HANDBOOK OF MECHANICAL DESIGN

机械设计手册 第七版

卷目

机械设计手册

HANDBOOK OF MECHANICAL DESIGN

第七版

第5卷

主　编
成大先

副主编
王德夫
刘忠明
唐颖达
蔡桂喜
王仪明
郭爱贵
成　杰

化学工业出版社
·北　京·

内容简介

《机械设计手册》第七版共6卷，涵盖了机械常规设计的所有内容。其中第5卷为液压传动与控制。本手册具有权威实用、内容齐全、简明便查的特点。突出实用性，从机械设计人员的角度考虑，合理安排内容取舍和编排体系；强调准确性，数据、资料主要来自标准、规范和其他权威资料，设计方法、公式、参数选用经过长期实践检验，设计举例来自工程实践；反映先进性，增加了许多适合我国国情、具有广阔应用前景的新材料、新方法、新技术、新工艺和新产品。本手册可作为机械设计人员和有关工程技术人员的工具书，也可供高等院校有关专业师生参考使用。

图书在版编目（CIP）数据

机械设计手册. 第5卷 / 成大先主编. -- 7版.
北京 ：化学工业出版社，2025. 3. -- ISBN 978-7-122-47047-8

Ⅰ. TH122-62

中国国家版本馆CIP数据核字第20253877QZ号

责任编辑：陈　喆　王　烨　金林茹　　装帧设计：尹琳琳
责任校对：李　爽

出版发行：化学工业出版社
（北京市东城区青年湖南街13号　邮政编码100011）
印　　装：三河市航远印刷有限公司
787mm×1092mm　1/16　印张101¼　字数3691千字
2025年3月北京第7版第1次印刷

购书咨询：010-64518888　　售后服务：010-64518899
网　　址：http://www.cip.com.cn
凡购买本书，如有缺损质量问题，本社销售中心负责调换。

定　　价：268.00元

ISBN 978-7-122-47047-8

撰稿人员
（按姓氏笔画排序）

马　侃　燕山大学
马小梅　洛阳轴承研究所有限公司
王　刚　北方重工集团有限公司
王　迪　北京邮电大学
王　新　3M 中国有限公司
王　薇　北京普道智成科技有限公司
王仪明　北京印刷学院
王延忠　北京航空航天大学
王志霞　太原科技大学
王丽斌　浙江大学
王建伟　燕山大学
王彦彩　同方威视技术股份有限公司
王晓凌　太原重工股份有限公司
王健健　清华大学
王逸琨　北京戴乐克工业锁具有限公司
王新峰　中航西安飞机工业集团股份有限公司
王德夫　中国有色工程有限公司
方　斌　西安交通大学
方　强　浙江大学
石照耀　北京工业大学
叶　龙　北方重工集团有限公司
冯　凯　湖南大学
冯增铭　吉林大学
成　杰　中国科学技术信息研究所
成大先　中国有色工程有限公司
曲艳双　哈尔滨玻璃钢研究院有限公司
任东升　同方威视技术股份有限公司
刘　尧　燕山大学
刘伟民　3M 中国有限公司
刘忠明　郑机所（郑州）传动科技有限公司
刘焕江　太原重型机械集团有限公司
齐臣坤　上海交通大学
闫　柯　西安交通大学
闫　辉　哈尔滨工业大学
孙小波　洛阳轴承研究所有限公司
孙鹏飞　厦门理工学院
杨　松　哈尔滨玻璃钢研究院有限公司
杨　虎　洛阳轴承研究所有限公司
杨　锋　中航西安飞机工业集团股份有限公司
李　斌　北京科技大学
李文超　洛阳轴承研究所有限公司
李优华　中原工学院
李炜炜　北方重工集团有限公司
李俊阳　重庆大学
李胜波　厦门理工学院
李爱峰　太原科技大学
李朝阳　重庆大学
何　鹏　哈尔滨工业大学
汪　军　郑机所（郑州）传动科技有限公司
迟　萌　浙江大学
张　东　北京戴乐克工业锁具有限公司
张　浩　燕山大学
张进利　咸阳超越离合器有限公司
张志宏　郑机所（郑州）传动科技有限公司
张宏生　哈尔滨工业大学
张建富　清华大学
陈　涛　大连华锐重工集团股份有限公司
陈永洪　重庆大学
陈志敏　北京戴乐克工业锁具有限公司
陈志雄　福建龙溪轴承（集团）股份有限公司
陈兵奎　重庆大学
陈建勋　太原科技大学
陈清阳　太原重工股份有限公司
武淑琴　北京印刷学院
苗圩巍　郑机所（郑州）传动科技有限公司
林剑春　厦门理工学院
岳海峰　太原重型机械集团有限公司
周　瑾　南京航空航天大学
周鸣宇　北方重工集团有限公司
周亮亮　太原重型机械集团有限公司

周琬婷　北京邮电大学
郑　浩　上海交通大学
郑中鹏　清华大学
郑晨瑞　北京邮电大学
郎作坤　大连科朵液力传动技术有限公司
孟文俊　太原科技大学
赵玉凯　郑机所（郑州）传动科技有限公司
赵亚磊　中国计量大学
赵建平　陕西法士特齿轮有限责任公司
赵海波　北方重工集团有限公司
赵绪平　北方重工集团有限公司
胡明祎　国机集团工程振动控制技术研究中心
信瑞山　鞍钢北京研究院
侯晓军　中车永济电机有限公司
须　雷　河南省矿山起重机有限公司
姜天一　哈尔滨工业大学
姜洪源　哈尔滨工业大学
秦建平　太原科技大学
敖宏瑞　哈尔滨工业大学
聂幸福　陕西法士特齿轮有限责任公司
贾志勇　深圳市土木建筑学会建筑运营专业委员会
柴博森　吉林大学
徐　建　中国机械工业集团有限公司
殷玲香　南京工艺装备制造股份有限公司
高　峰　上海交通大学
高　鹏　北京工业大学
郭　锐　燕山大学
郭爱贵　重庆大学
唐颖达　苏州美福瑞新材料科技有限公司
凌　丹　电子科技大学
黄　伟　国机集团工程振动控制技术研究中心
黄　海　武汉理工大学
黄一展　北京航空航天大学
康　举　北京石油化工学院
阎绍泽　清华大学
梁百勤　太原重型机械集团有限公司
梁晋宁　同方威视技术股份有限公司
程文明　西南交通大学
曾　钢　中国矿业大学（北京）
曾燕屏　北京科技大学
温朝杰　洛阳轴承研究所有限公司
谢京耀　英特尔公司
谢徐洲　江西华伍制动器股份有限公司
靳国栋　洛阳轴承研究所有限公司
窦建清　北京普道智成科技有限公司
蔡　伟　燕山大学
蔡学熙　中蓝连海设计研究院有限公司
蔡桂喜　中国科学院金属研究所
裴世源　西安交通大学
熊陈生　燕山大学
樊世耀　山西平遥减速机有限公司
颜世铛　郑机所（郑州）传动科技有限公司
霍　光　北方重工集团有限公司
冀寒松　清华大学
魏　静　重庆大学
魏冰阳　河南科技大学

审稿人员
（按姓氏笔画排序）

马文星　王文波　王仪明　文　豪　尹方龙　左开红　吉孟兰　吕　君　朱　胜　刘　实　刘世军　刘忠明
李文超　吴爱萍　何恩光　汪宝明　张晓辉　张海涛　陈清阳　陈照波　赵静一　姜继海　夏清华　徐　华
郭卫东　郭爱贵　唐颖达　韩清凯　蔡桂喜　裴　帮　谭　俊

编辑人员

张兴辉　王　烨　贾　娜　金林茹　张海丽　陈　喆　张燕文　温潇潇　张　琳　刘　哲

HANDBOOK OF
MECHANICAL DESIGN
SEVENTH EDITION

第七版前言
PREFACE

《机械设计手册》第一版于 1969 年出版发行，结束了我国机械设计领域此前没有大型工具书的历史，起到了推动新中国工业技术发展和为祖国经济建设服务的重要作用。经过 50 多年的发展，《机械设计手册》已修订六版，累计销售 135 万套。作为国家级重点科技图书，《机械设计手册》多次获得国家和省部级奖励。其中，1978 年获全国科技大会科技成果奖，1983 年获化工部优秀科技图书奖，1995 年获全国优秀科技图书二等奖，1999 年获全国化工科技进步二等奖，2003 年获中国石油和化学工业科技进步二等奖，2010 年获中国机械工业科技进步二等奖；多次荣获全国优秀畅销书奖。

《机械设计手册》（以下简称《手册》）始终秉持权威实用、内容齐全、简明便查的编写特色。突出实用性，从机械设计人员的角度考虑，合理安排内容取舍和编排体系；强调准确性，数据、资料主要来自标准、规范和其他权威资料，设计方法、公式、参数选用经过长期实践检验，设计举例来自工程实践；反映先进性，增加了许多适合我国国情、具有广阔应用前景的新技术、新材料和新工艺，采用了最新的标准、规范，广泛收集了具有先进水平并实现标准化的新产品。

《手册》第六版出版发行至今已有 9 年的时间，在这期间，机械设计与制造技术不断发展，新技术、新材料、新工艺和新产品不断涌现，标准、规范和资料不断更新，以信息技术为代表的现代科学技术与制造技术相融合也赋予机械工程全新内涵，给机械设计带来深远影响。在此背景之下，经过广泛调研、精心策划、精细编校，《手册》第七版将以崭新的面貌与全国广大读者见面。

《手册》第七版主要修订如下。

一、在适应行业新技术发展、提高产品创新设计能力方面

1. 新增第 22 篇“机器人构型与结构设计”，帮助设计人员了解机器人领域的关键技术和设计方法，进一步扩展机械设计理论的应用范围。

2. 新增第 23 篇“智能制造系统与装备”，推动机械设计人员适应我国智能制造标准体系下新的设计理念、设计场景和设计需求。

3. 第 3 篇新增了“机械设计中的材料选用”一章，为机械设计人员提供先进的选材理念、思路及材料代用等方面的指导性方法和资料。

4. 第 12 篇新增了摆线行星齿轮传动，谐波传动，面齿轮传动，对构齿轮传动，锥齿轮轮体、支承与装配质量检验，锥齿轮数字化设计与仿真等内容，以适应齿轮传动新技术发展。

5. 第 16 篇新增了减速器传动比优化分配数学建模，减速器的系列化、模块化，双圆弧人字齿减速器，机器人用谐波传动减速器，新能源汽车变速器，风电、核电、轨道交通、工程机械的齿轮箱传动系统设计等内容。

6. 第 18 篇新增了“工程振动控制技术应用实例”，通过 23 个实例介绍不同场景下振动控制的方法和效果。

7. 第19篇新增了“机架现代设计方法”一章，以突出现代设计方法在机架有限元分析和机架结构优化设计中的应用。

8. 将“液压传动”篇与“液压控制”篇合并成为新的第20篇“液压传动与控制”，完善了液压技术知识体系，新增了液压回路图的绘制规则，液压元件再制造，液压元件、系统及管路污染控制，液压元件和配管、软管总成、液压缸、液压管接头的试验方法等内容。

9. 第21篇完善了气动技术知识体系，新增了配管、气动元件和配管试验、典型气动系统及应用等内容。

二、在新产品开发、新型零部件和新材料推广方面

1. 各篇介绍了诸多适应技术发展和产业亟需的新型零部件，如永磁联轴器、风电联轴器、钢球限矩联轴器、液压安全联轴器等；活塞缸固定液压离合器、液压离合器-制动器、活塞缸气压离合器等；石墨滑动轴承、液体动压轴承、UCF型带座外球面球轴承、长弧面滚子轴承、滚柱交叉导轨副等；不锈弹簧钢丝、高应力液压件圆柱螺旋压缩弹簧等。

2. 在采用新材料方面，充实了钛合金相关内容，新增了3D打印PLA生物降解材料、机动车玻璃安全技术规范、碳纳米管材料及特性等内容。

三、在贯彻新标准方面

各篇均全面更新了相关国家标准、行业标准等技术标准和资料。

为适应数字化阅读需求，方便读者学习和查阅《手册》内容，本版修订同步推出了《机械设计手册》网络版，欢迎购买使用。

值此《机械设计手册》第七版出版之际，向参加各版编撰和审稿的单位和个人致以崇高的敬意！向一直以来陪伴《手册》成长的读者朋友表示衷心的感谢！ 由于编者水平和时间有限，加之《手册》内容体系庞大，修订中难免存在疏漏和不足，恳请广大读者继续给以批评指正。

编　者

HANDBOOK OF MECHANICAL DESIGN SEVENTH EDITION

目录

CONTENTS

第20篇 液压传动与控制

第 12 章 配管 …………………… 20-1302

HANDBOOK OF MECHANICAL DESIGN

机械设计手册

第5卷 第七版

HANDBOOK

OF

第20篇
液压传动与控制

篇主编	撰稿	审稿
唐颖达	唐颖达	赵静一
	蔡伟	
	刘尧	

MECHANICAL

DESIGN

修订说明

与第六版相比：①捋顺了液压学科知识体系；②完善了液压传动及控制的知识结构；③采用了最新标准，如GB/T 7939.2—2024《液压传动连接　试验方法　第2部分：快换接头》、GB/T 17446—2024《流体传动系统及元件　词汇》、GB/T 40565.1—2024《液压传动连接　快换接头　第1部分：通用型》等标准，并且勘误了这些标准；④丰富了内容，编排更加合理，突出了实用便查的特点。主要修订和新增内容如下：

（1）全面更新了相关国家、行业标准等技术标准和资料，新增了液压传动与控制相关术语和定义。

（2）将第六版的第21篇“液压传动”与第22篇“液压控制”合并。

（3）删除了第六版第21篇第4章中的“5　液压工作介质的添加剂”，第21篇第6章中的“5.10　密封件、防尘圈的选用”和“7.7　齿条齿轮摆动液压缸”，第22篇“第1章　控制理论基础”，第22篇“第6章　伺服阀、比例阀及伺服缸主要产品介绍”等一些内容。

（4）新增加了一些内容，如液压传动系统及元件术语，液压回路图的绘制规则，液压元件再制造，液压元件、系统及管路污染控制，液压缸及液压缸附件的安装尺寸，液压元件和配管的试验方法〔包括压力控制阀试验方法（GB/T 15623.3—2022）、软管总成试验方法（GB/T 7939.3—2023）、液压缸试验方法（GB/T 15622—2023）、液压管接头试验方法（GB/T 7939.1—2024）、快换接头试验方法（GB/T 7939.2—2024）〕；选编了一些最新标准、规范，如液压叠加阀和方向控制阀夹紧尺寸（摘自GB/T 39831—2021）、从工作系统管路中提取液样（摘自GB/T 17489—2022）、液压传动系统清洗程序和清洁度检验方法（摘自GB/T 42087—2022）、液压阀安装面和插装阀阀孔的标识代号（摘自GB/T 14043.1—2022）、液压螺纹插装阀安装连接尺寸（摘自GB/Z 41983—2022）、非带压连接式测压接头（摘自GB/T 41981.1—2022）、可带压连接式测压接头（摘自GB/T 41981.2—2022）、应用遮光技术监测液体颗粒污染度（摘自GB/T 37162.4—2023）、液压管接头的标识与命名（摘自GB/Z 43075—2023）、钢丝编织增强液压型橡胶软管和软管组合件（摘自GB/T 3683—2023）等。

本篇由苏州美福瑞新材料科技有限公司唐颖达主编，燕山大学赵静一教授主审。燕山大学蔡伟参编了第2章的部分内容，燕山大学刘尧参编第10章第10节，哈尔滨工业大学姜继海教授对本篇的目录进行了审查并提出了修改意见。

CHAPTER 1

第1章 液压传动系统及元件常用标准、图形符号、术语及液压流体力学常用公式

1 液压传动系统及元件常用标准

1.1 流体传动系统及元件的公称压力系列及压力参数代号（摘自GB/T 2346—2003/ISO 2944：2000，MOD和JB/T 2184—2007）

表20-1-1

MPa	(以bar为单位的等量值)	压力参数代号	备注
1	(10)		优先选用
[1.25]	[(12.5)]		
1.6	(16)	A	优先选用
[2]	[(20)]		
2.5	(25)	B	优先选用
[3.15]	[(31.5)]		
4	(40)		优先选用
[5]	[(50)]		
6.3	(63)	C	优先选用,C可省略
[8]	[(80)]		
10	(100)	D	优先选用
12.5	(125)		优先选用
16	(160)	E	优先选用
20	(200)	F	优先选用
25	(250)	G	优先选用
31.5	(315)	H	优先选用
[35]	[(350)]		
40	(400)	J	优先选用
[45]	[(450)]		
50	(500)	K	优先选用
63	(630)	L	优先选用
80	(800)	M	优先选用
100	(1000)	N	优先选用
125	(1250)	P	优先选用
160	(1600)	Q	优先选用
200	(2000)	R	优先选用
250	(2500)		优先选用

注：1. 方括号中的值是非优先选用的。

2. 术语“公称压力”是按GB/T 17446—2024给出的定义，其主要用于流体传动系统和元件的贸易与选型。

3. 液压气动管接头及其相关元件的公称压力系列另有标准规定。

4. 表中的公称压力应用于流体传动系统和元件的实际表压，即高于大气压的压力。

5. 在液压传动技术领域，通常以>0~2.5MPa为低压、>2.5~8.0MPa为中压、>8.0~16.0MPa为中高压、>16.0~31.5MPa为高压、>31.5MPa为超高压。

1.2 液压泵及马达公称排量系列（摘自 GB 2347—80/ISO 3662：1976）

表 20-1-2 mL/r

0.1	1.0	10	100	1000
			(112)	(1120)
	1.25	12.5	125	1250
		(14)	(140)	(1400)
0.16	1.6	16	160	1600
		(18)	(180)	(1800)
	2.0	20	200	2000
		(22.4)	(224)	(2240)
0.25	2.5	25	250	2500
		(28)	(280)	(2800)
	3.15	31.5	315	3150
		(35.5)	(355)	(3550)
0.4	4.0	40	400	4000
		(45)	(450)	(4500)
	5.0	50	500	5000
		(56)	(560)	(5600)
0.63	6.3	63	630	6300
		(71)	(710)	(7100)
	8.0	80	800	8000
		(90)	(900)	(9000)

注：1. 括号内公称排量值为非优先选用者。

2. 超出本系列 9000mL/r 的公称排量应按 GB/T 321—2005《优先数和优先数系》中 R10 数系选用。

3. JB/T 7041.2—2020《液压泵　第 2 部分：齿轮泵》等标准将其作为“规范性引用文件”。

1.3 液压缸缸径及活塞杆直径（摘自 GB/T 2348—2018/ISO 3320：2013，MOD）

（1）液压缸缸径

表 20-1-3 mm

AL					
8	25	63	125	220	400
10	32	80	140	250	(450)
12	40	90	160	280	500
16	50	100	(180)	320	
20	60	(110)	200	(360)	

注：1. 未列出的数值可按照 GB/T 321 中优选数系列扩展（数值小于 100 按 R10 系列扩展，数值大于 100 按 R20 系列扩展）。

2. 圆括号内为非优先选用值。

3. 表中 *AL* 为 GB/T 2348—2018 中图 1 所示缸径的符号，或采用单个字母如“*D*”表示。

（2）液压缸活塞杆直径

表 20-1-4 mm

MM					
4	16	32	63	125	280
5	18	36	70	140	320
6	20	40	80	160	360
8	22	45	90	180	400
10	25	50	100	200	450
12	28	56	110	220	
14	(30)	(60)	(120)	250	

注：1. 未列出的数值可按照 GB/T 321 中 R20 优选数系列扩展。

2. 圆括号内为非优先选用值。

3. 表中 *MM* 为 GB/T 2348—2018 中图 1 所示活塞杆直径的符号，或采用单个字母如“*d*”表示。

1.4 液压传动系统及元件用硬管外径和软管内径（摘自 GB/T 2351—2021/ISO 4397：2011，IDT）

表 20-1-5 mm

硬管外径	软管内径	硬管外径	软管内径	硬管外径	软管内径	硬管外径	软管内径
3	3.2	15	16	30	76	75	
4	4	16	19	32	90	90	
5	5	18	25	35	100	100	
6	6.3	20	31.5	38	125	115	
8	8	22	38	42	150	140	
10	10	25	51	50			
12	12.5	28	63	60			

1.5 液压传动连接用油口的公制螺纹（摘自 GB/T 2878.1—2011/ISO 6149-1：2006，IDT）

表 20-1-6 mm

M8×1	M10×1	M12×1.5	M14×1.5	M16×1.5
M18×1.5	M20×1.5	M22×1.5	M27×2	M30×2
M33×2	M42×2	M48×2	M60×2	

注：1. 建议新设计的液压系统和元件优先采用 GB/T 2878 系列的螺纹油口和螺柱端。

2. 液压元件通过其螺纹油口用管接头与硬管或软管连接。

1.6 在机器中与使用液压传动相关的重大危险一览表（摘自 GB/T 3766—2015/ISO 4413：2010，MOD）

表 20-1-7

危险		在 GB/T 3766—2015 标准中的相关条款
编号	类别	
1	机械危险 ——形状； ——运动零件的相对位置； ——质量和稳定性(元件的势能)； ——质量和速度(元件的动能)； ——机械强度不足； ——下列方式的势能聚集： • 弹性元件 • 液压和气体 • 真空	5.2.1;5.2.2;5.2.3;5.2.5;5.3.1;5.3.2.1;5.3.2.2;5.3.4;5.4.1;5.4.2;5.4.3;5.4.4;5.4.6;5.4.5.2;7.3;7.4.1
2	电气危险	5.3.1;5.4.4.4.1;5.4.5.2.2.8;5.4.7.2.1;5.4.7.2.2
3	热危险，由于可能的身体接触，火焰或爆炸以及热源辐射导致的人员烧伤和烫伤	5.2.6.1;5.2.6.2;5.3.1;5.2.7;5.4.5.4.2
4	噪声产生的危险	5.2.4;5.3.1;5.4.5.2.2.2
5	振动产生的危险	5.2.3;5.3.1;5.4.5.2.2.2
6	辐射/电磁场产生的危险	5.3.1
7	材料和物质产生的危险	5.4.2.15.2;5.4.5.1.2;7.2;7.3.1
8	在机器设计中因忽略环境要素产生的危险	5.3.1;5.3.1;5.3.2.2;5.3.2.3;5.3.2.4
9	打滑、脱离和坠落危险	5.2.5;5.3.1;5.3.2.2;5.3.2.6;5.4.6.1.4;5.4.7.6.2

续表

危险		在 GB/T 3766—2015 标准中的相关条款
编号	类别	
10	火灾或爆炸危险	5. 2. 5;5. 3. 1;5. 3. 2. 6;5. 4. 5. 1. 1;5. 4. 6. 5. 3
11	由能量供给失效、机械零件破坏及其他功能失控引起的危险	5. 3. 1;5. 4. 7
11. 1	能量供给失效(能量和/或控制回路) ——能量的变化; ——意外启动; ——停机指令无响应; ——由机械夹持的运动零件或部件坠落或射出; ——阻止自动或手动停机; ——保护装置仍未完全生效	5. 4. 4. 4. 1;5. 4. 7
11. 2	机械零件或流体意外射出	5. 2. 2; 5. 2. 5; 5. 2. 7; 5. 4. 1. 3; 5. 4. 2. 6; 5. 4. 6. 5. 3; 5. 4. 6. 6
11. 3	控制系统的失效和失灵(意外启动、意外超限)	5. 4. 7
11. 4	安装错误	5. 3. 1; 5. 3. 2; 5. 3. 4; 5. 4. 1. 1; 5. 4. 3. 3; 5. 4. 4. 2; 5. 4. 6;7. 4
12	由于暂时缺失和/或以错误的手段或方法安置保险装置所引起的危险。例如以下方面:	
12. 1	启动或停止装置	5. 4. 7. 2
12. 2	安全标志和信号	5. 4. 3. 1;7. 3;7. 4
12. 3	各种信息或警告装置	5. 4. 5. 2. 3;5. 4. 5. 3. 2. 2;5. 4. 7. 5. 1;7. 4
12. 4	能源供给切断装置	5. 4. 3. 2;5. 4. 7. 2. 1;7. 3
12. 5	应急装置	5. 4. 4. 4. 1;5. 4. 7. 7
12. 6	对于安全调整和/或维修的必要设备和配件	5. 3. 2. 2;5. 4. 2. 11;5. 4. 7. 3

注：在 GB/T 32216—2015 中规定："试验装置应充分考虑试验过程中人员及设备的安全，应符合 GB/T 3766 的相关要求，并有可靠措施，防止在发生故障时，造成电击、机械伤害或高压油射出等伤人事故。"

1.7 液压阀油口、底板、控制装置和电磁铁的标识（摘自 GB/T 17490—1998/ISO 9461：1992，IDT）

表 20-1-8

主油口数		2		3	4
阀的类型		溢流阀	其他阀	流量控制阀	方向控制阀和功能块
主油口	进油口	P	P	P	P
	第 1 出油口	—	A	A	A
	第 2 出油口	—	—	—	B
	回油箱油口	T	—	T	T
辅助油口	第 1 液控油口	—	X	—	X
	第 2 液控油口	—	—	—	Y
	液控油口(低压)	V	V	V	—
	泄油口	L	L	L	L
	取样点油口	M	M	M	M

注：1. 本表不适用于 GB 8100、GB 8098 和 GB 8101 中标准化的元件。

2. 原参考文献 GB/T 2514—93、GB 8098—87、GB 8100—87 和 GB 8101—87 已更新为 GB/T 2514—2008《液压传动　四油口方向控制阀安装面》、GB/T 8100. 2—2021《液压阀安装面　第 2 部分：调速阀》、GB/T 8100. 3—2021《液压阀安装面　第 3 部分：减压阀、顺序阀、卸荷阀、节流阀和单向阀》和 GB/T 8101—2002《液压溢流阀　安装面》。

3. 在 GB/T 786. 1—2021 中给出了"各种端口的标注示例"，其与本表不尽相同。

4. 标识多个功能相同油口的字母后数字，宜采用如 X1、X2，而不是下角标 X_1、X_2。标识多个同类型的油口也可参见 GB/Z 41983—2022《液压螺纹插装阀　安装连接尺寸》附录 A。

1.8 重型机械液压系统清洁度指标（摘自 JB/T 6996—2007）

表 20-1-9

液压系统类型	ISO 4406、GB/T 14039 油液固体颗粒污染等级代号									
	12/9	13/10	14/11	15/12	16/13	17/14	18/15	19/16	20/17	21/18
	14/12/09	15/13/10	16/14/11	17/15/12	18/16/13	19/17/14	20/18/15	21/19/16	22/20/17	23/21/18
	NAS1638 分级									
	3	4	5	6	7	8	9	10	11	12
精密电液伺服系统	+	+	+							
伺服系统			+	+	+					
电液比例系统					+	+	+			
高压系统				+	+	+	+			
中压系统						+	+	+	+	
低压系统							+	+	+	+
一般机器液压系统						+	+	+	+	+
行走机械液压系统				+	+	+	+	+		
冶金轧制设备液压系统				+	+	+	+	+		
重型锻压设备液压系统				+	+	+	+	+		

注：1. “+”表示适用，空格表示不适用。

2. 根据 GB/T 14039—2002《液压传动　油液固体颗粒污染等级代号》中规定的“用显微镜计数的代号确定”：①按照 ISO 4407 进行计数。②第一个代码按≥5μm 的颗粒数来确定。③第二个代码按≥15μm 的颗粒数来确定。④为了与用自动颗粒计数器所得的数据报告相一致，代号由三部分组成，第一部分用符号“—”表示。例如：—/18/13。在 JB/T 6996—2007《重型机械液压系统　通用技术条件》表 2 中给出的油液固体颗粒污染等级代号或缺第一部分符号“—”。

3. 本表与 GB/T 37400.16—2019《重型机械通用技术条件　第 16 部分：液压系统》中表 2 的规定基本相同。

4. GB/T 37400.16—2019 中规定的污染度等级代号是由三个代码组成的，即：第一个代码按≥4μm（c）的颗粒数来确定，第二个代码按≥6μm（c）的颗粒数来确定，第三个代码按≥14μm（c）的颗粒数来确定，这三个代码按次序书写，相互间用一条斜线分隔。

5. GB/T 25133—2010《液压系统　管路冲洗方法》表 A.1 中给出了满足系统高、中等清洁度要求的介质中固体颗粒污染等级的指南，其中液压系统压力>16MPa（160bar）时，高液压油液清洁度要求为 16/14/11，中等液压油液清洁度要求为 18/16/13。

2　液压系统及元件图形符号
（摘自 GB/T 786.1—2021/ISO 1219-1：2012，IDT）

2.1 总则

表 20-1-10

1	采用 GB/T 786.1—2021 规定的基本要素与规则创建元件符号
2	多数符号表示元件和具有特定功能的要素；部分符号表示功能或操作方法
3	符号不用来表示元件的实际结构
4	元件符号表示的是元件未受激励的状态（初始状态）。对于没有明确定义未受激励状态（初始状态）的元件的符号，应按 GB/T 786.1—2021 中列出的符号创建的特定规则给出 注：ISO 1219-2 中给出了适用于回路的规则
5	元件符号应给出所有的接口
6	符号应预留，用于指示端口/连接口的标识，如：压力、流量、电气连接等参数及其设定所需的空间

续表

7	依据 ISO 81714-1，当创建图形符号时，可对基本要素进行镜像或旋转
8	符号要按 GB/T 786.1—2021 和 ISO 81714-1 中定义的初始状态来表示。在不改变它们含义的前提下可将它们镜像或 90°旋转
9	如果一个符号用于表示具有两个或更多主要功能的流体传动元件，并且这些功能之间相互联系，则这个符号应由实线外框包围标出 注：1. 例如，方向控制阀控制机构的工作方式和过滤器的堵塞指示都不是主要功能 2. 此处与 GB/T 786.1—1993 的要求不同，从点画线变为实线，目的是提高区分度
10	当一个元件由两个或者更多元件集成时，应由点画线包围标出
11	点线在 GB/T 786.1—2021 中用来表示邻近的基本要素或元件，在图形符号中不使用
12	GB/T 786.1—2021 中的图形符号按照 ISO 14617、ISO 81714-1 以及 IEC81714-2 中的规则绘制。符合 ISO 14617 的图形符号按模数尺寸 m=2.5mm，线宽 0.25mm 绘制。为了缩小符号尺寸，GB/T 786.1—2021 的图形符号按模数尺寸 m=2.0mm，线宽 0.25mm 绘制。但是，对这两种模数尺寸，字符大小应为高 2.5mm，线宽 0.25mm。可根据需要来改变图形符号的大小以用于元件标识或样本
13	字符和端口标识的尺寸应按照 ISO 3098-5 中的规则绘制，字体类型 CB 型
14	GB/T 786.1—2021 中的每个图形符号按照 ISO 14617 赋有唯一的登记序号。在登记序号之后用 V1、V2、V3 等表示图形符号的改动 对于 ISO 14617 中仍未规定的登记序号，使用基本的登记序号。在流体传动领域，用"F"来标识基本要素，用"RF"来标识应用规则 用"X"来标识符号示例，流体传动技术领域的登记序号保留范围是 X10000~X39999

2.2 图形符号的基本要素

表 20-1-11

线 （共 3 种）	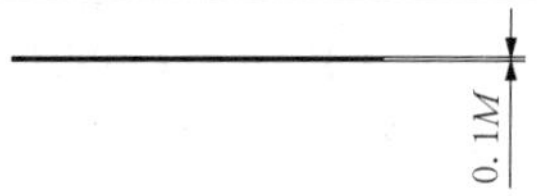	供油/气管路、回油/气管路、元件框线、符号框线（见 ISO 128）
		内部和外部先导（控制）管路、泄油管路、冲洗管路、排气管路（见 ISO 128）
		组合元件框线（见 ISO 128）
连接和管接头 （共 12 种）	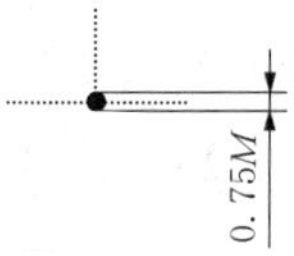	两个流体管路的连接
	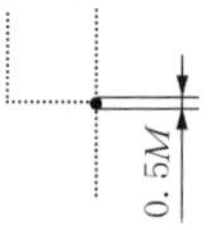	两个流体管路的连接（在一个元件符号内表示）
	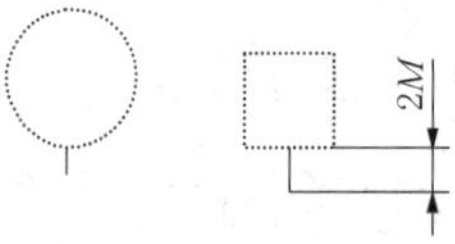	端口 （油/气）口
	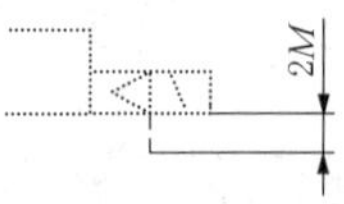	带控制管路或泄油管路的端口

续表

连接和管接头（共 12 种）	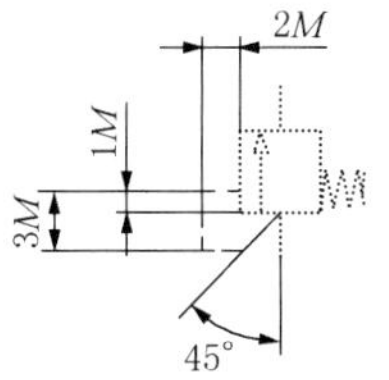	位于溢流阀内的控制管路
	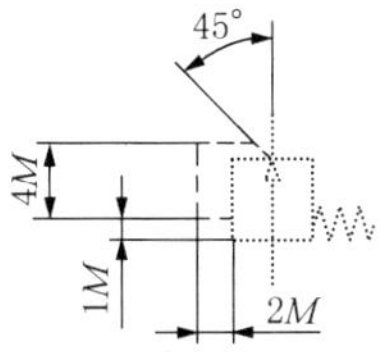	位于减压阀内的控制管路
	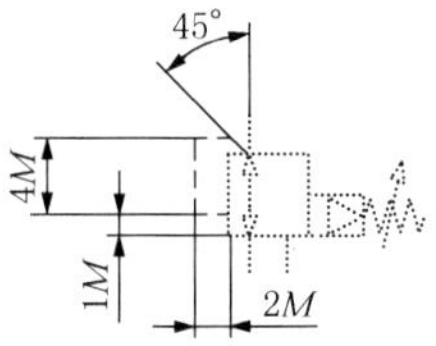	位于三通减压阀内的控制管路
		软管，蓄能器囊
	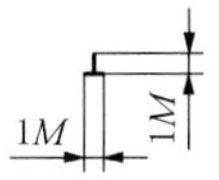	封闭管路或封闭端口
	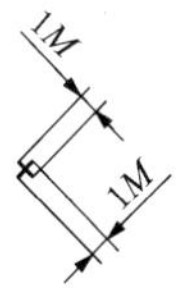	流体管路中的堵头
	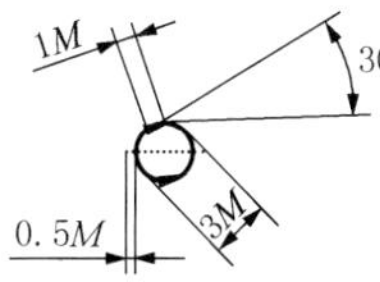	旋转连接
	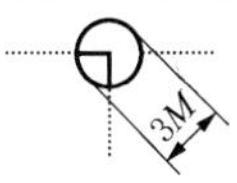	三通球阀
流动通道和方向的指示（共 20 种）	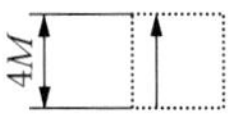	流体流过阀的通道和方向
	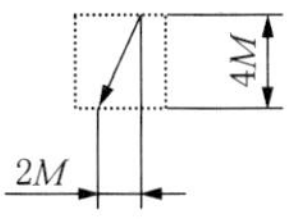	流体流过阀的通道和方向
	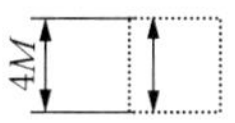	流体流过阀的通道和方向

续表

流动通道和方向的指示（共20种）	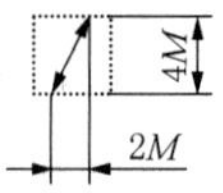	流体流过阀的通道和方向
	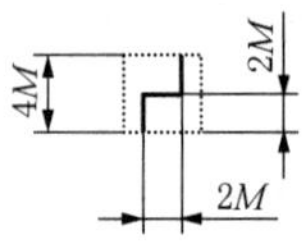	阀内部的流动通道
	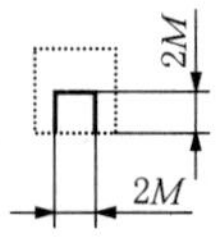	阀内部的流动通道
	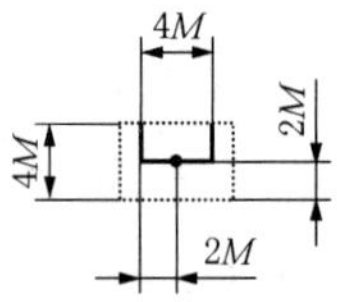	阀内部的流动通道
	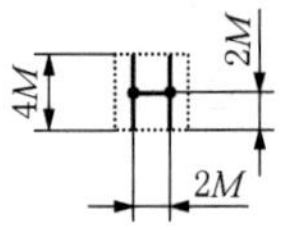	阀内部的流动通道
	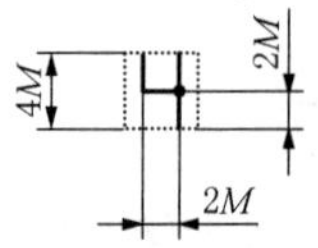	阀内部的流动通道
	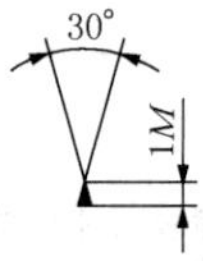	流体的流动方向
	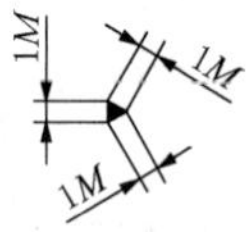	液压力的作用方向
	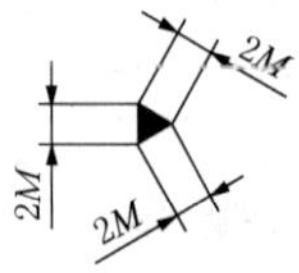	液压力的作用方向
	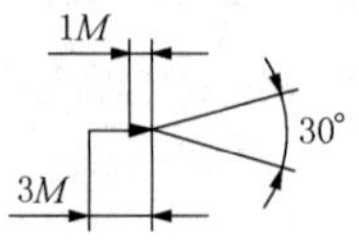	线性运动方向的指示
	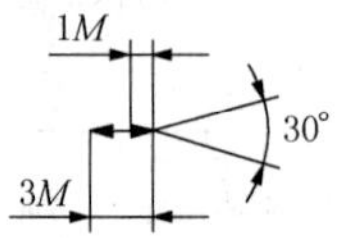	双方向线性运动的指示

续表

流动通道和方向的指示（共20种）	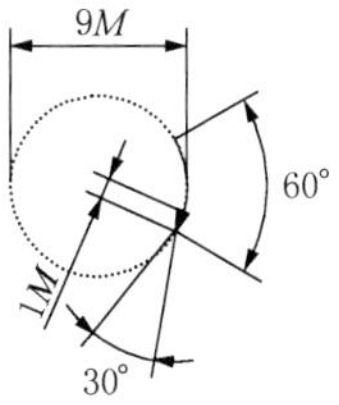	顺时针方向旋转的指示
	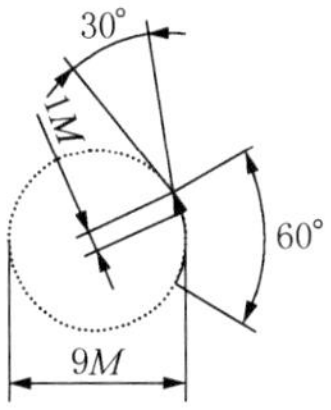	逆时针方向旋转的指示
	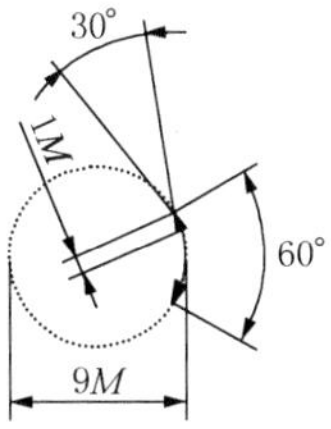	双方向旋转的指示
	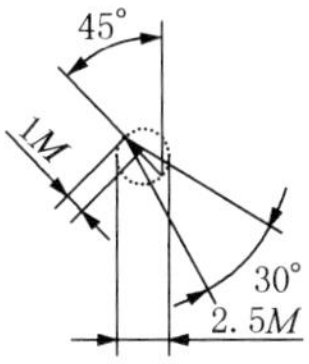	压力指示
	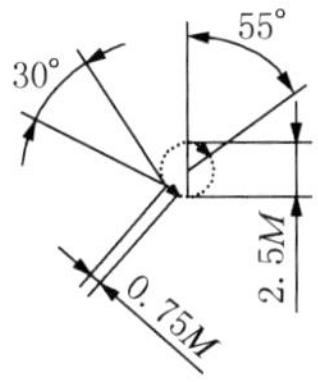	转矩指示
	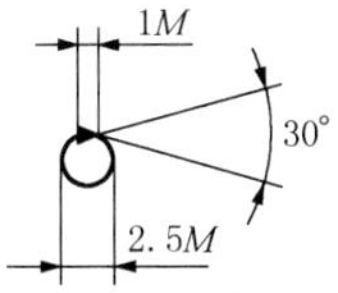	速度指示
机械基本要素（共59种）	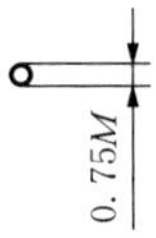	单向阀的运动部分，小规格
	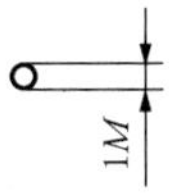	单向阀的运动部分，大规格
	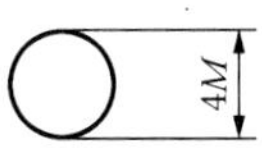	测量仪表、控制元件、步进电机的框线

续表

机械基本要素（共59种）	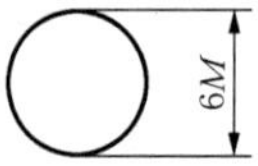	能量转换元件的框线（泵、压缩机、马达）
	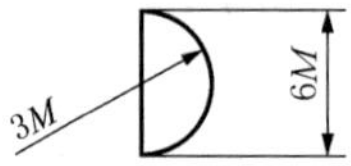	摆动泵或摆动马达的框线
	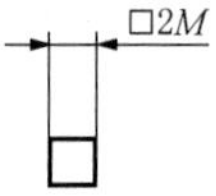	控制方式（简略表示）、蓄能器重锤、润滑点的框线
	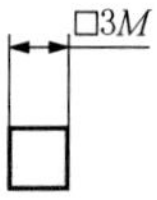	开关、转换器和其他类似器件的框线
	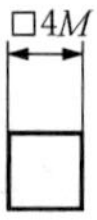	最多四个主油/气口阀的机能位的框线
	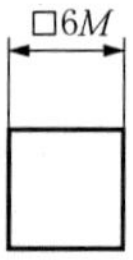	原动机的框线（如：内燃机）
	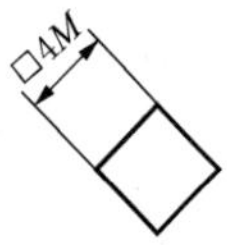	流体处理装置的框线（如：过滤器、分离器、油雾器和热交换器）
	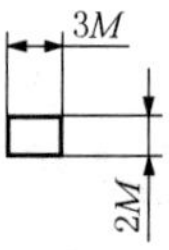	控制方式的框线（标准图）
	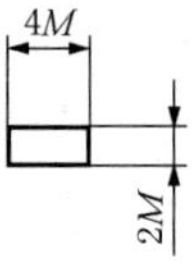	控制方式的框线（加长图）
	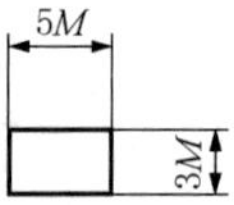	显示单元的框线
	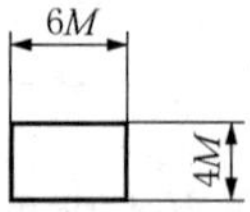	五个主油/气口阀的机能位的框线
	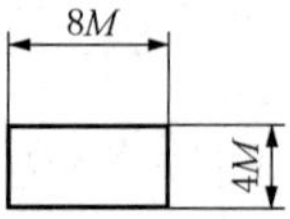	双压阀（与阀）的框线

续表

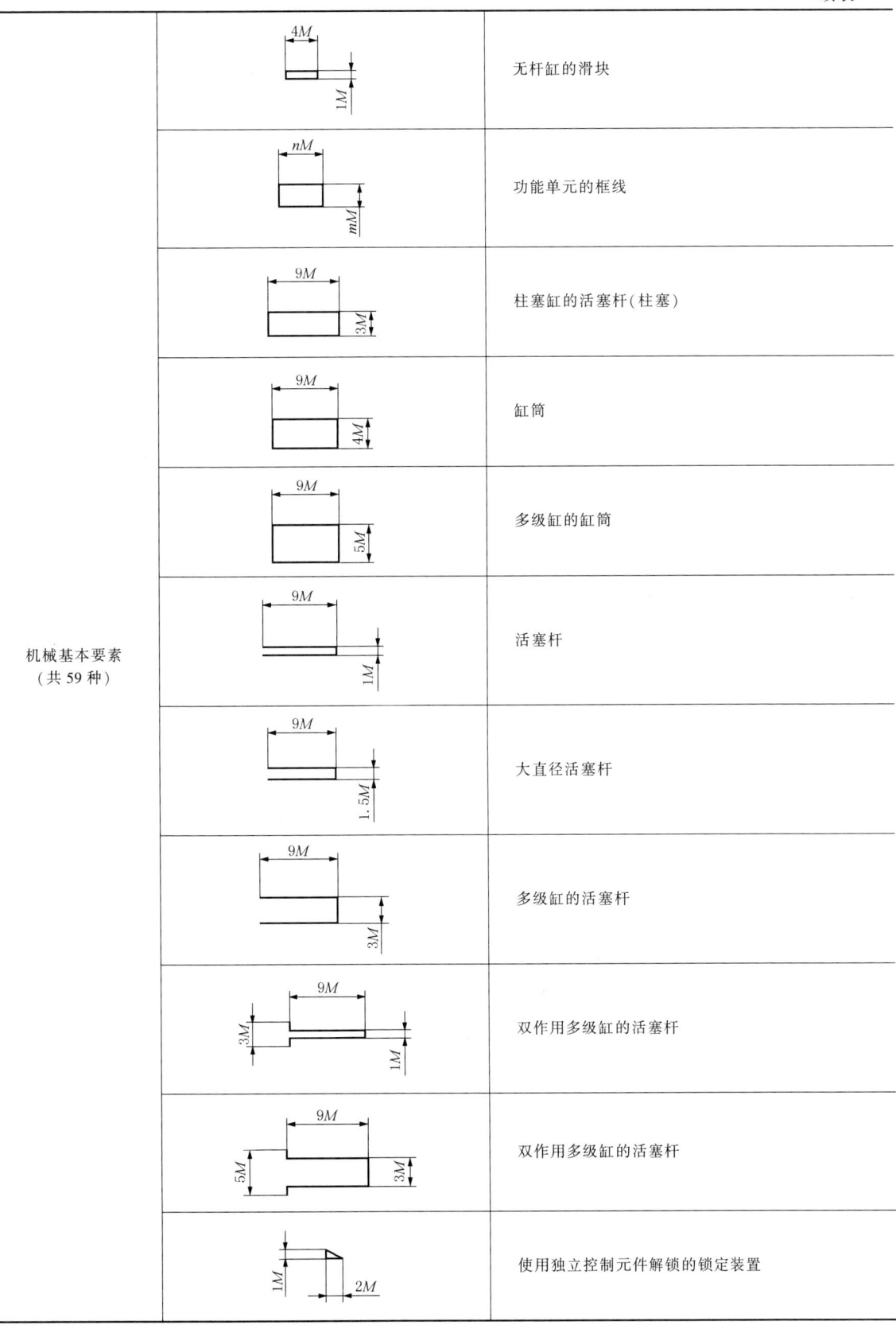

机械基本要素（共59种）	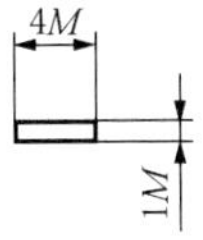	无杆缸的滑块
	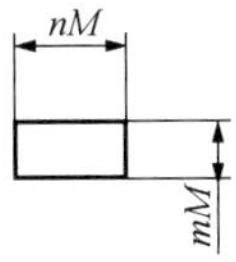	功能单元的框线
	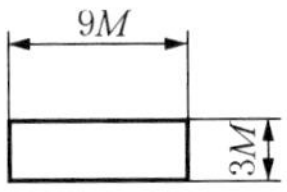	柱塞缸的活塞杆（柱塞）
	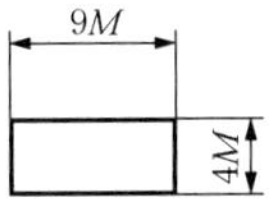	缸筒
	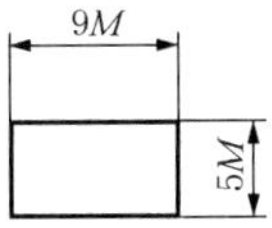	多级缸的缸筒
	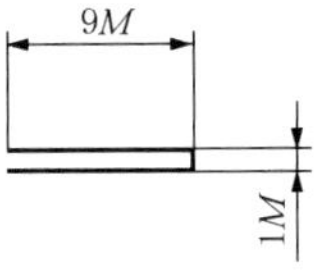	活塞杆
	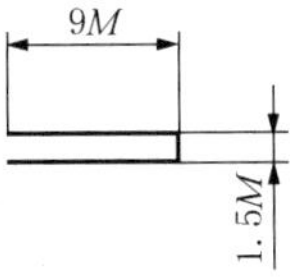	大直径活塞杆
	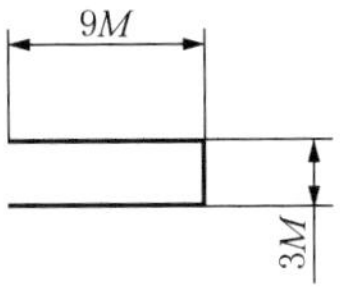	多级缸的活塞杆
	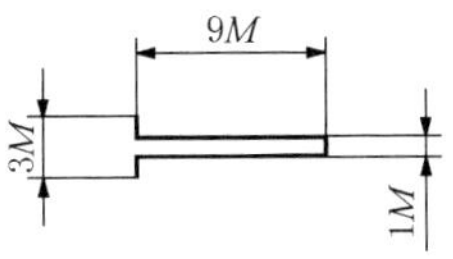	双作用多级缸的活塞杆
	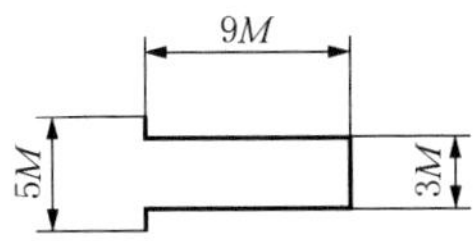	双作用多级缸的活塞杆
	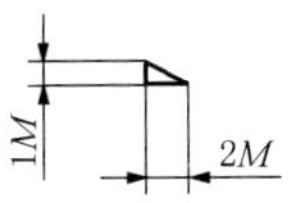	使用独立控制元件解锁的锁定装置

续表

机械基本要素（共59种）	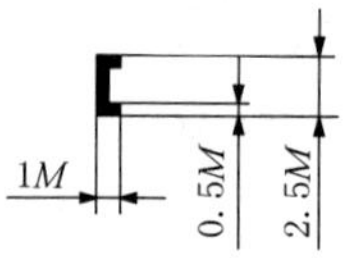	永磁铁
		膜片，囊
	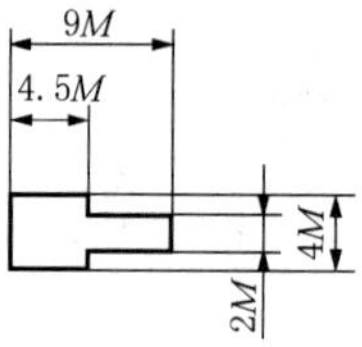	增压器的壳体
	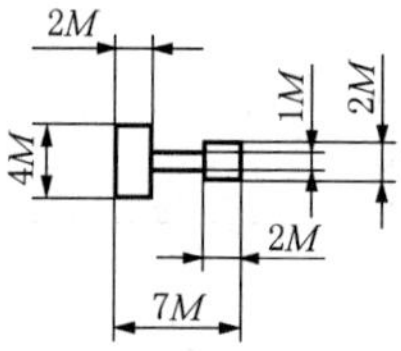	增压器的活塞
	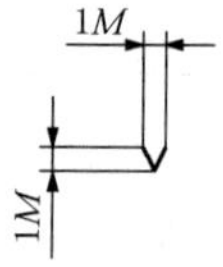	排气口
	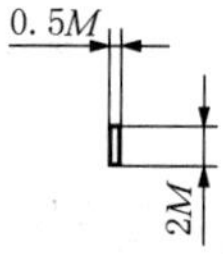	缸内缓冲
	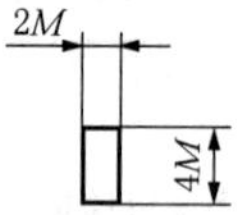	缸的活塞
	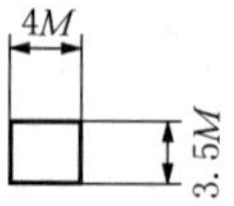	盖板式插装阀的阀芯
	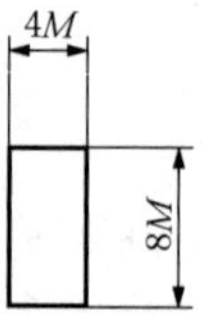	盖板式插装阀的阀套(可插装滑阀芯)
	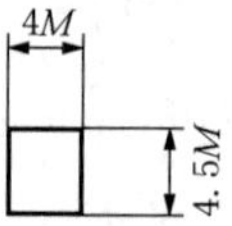	盖板式插装阀的阀芯(可插装滑阀芯)

续表

机械基本要素（共59种）	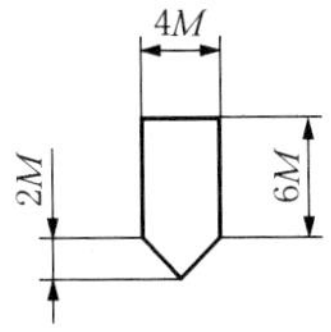	盖板式插装阀的插孔
	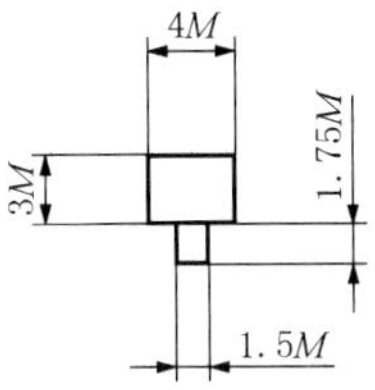	盖板式插装阀的阀芯（锥阀结构）
	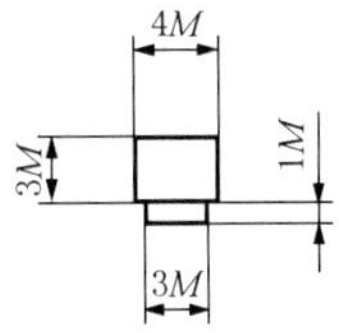	盖板式插装阀的阀芯（锥阀结构）
	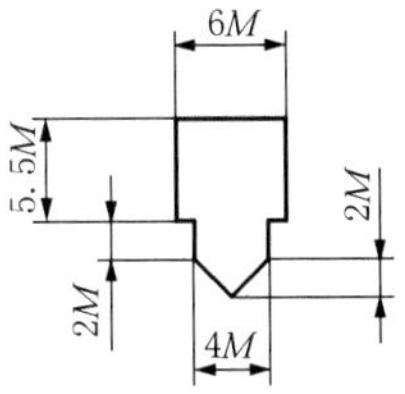	盖板式插装阀的阀套（可插装主动型锥阀芯）
	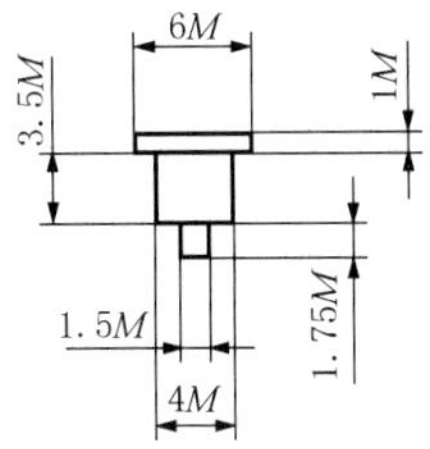	盖板式插装阀的阀芯（主动型锥阀结构）
	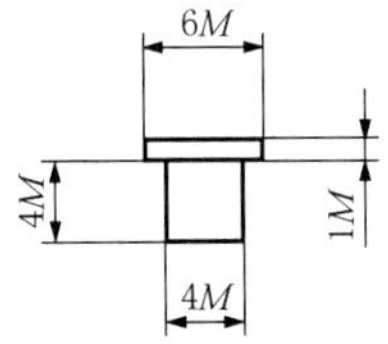	盖板式插装阀的阀芯（主动型锥阀结构）
	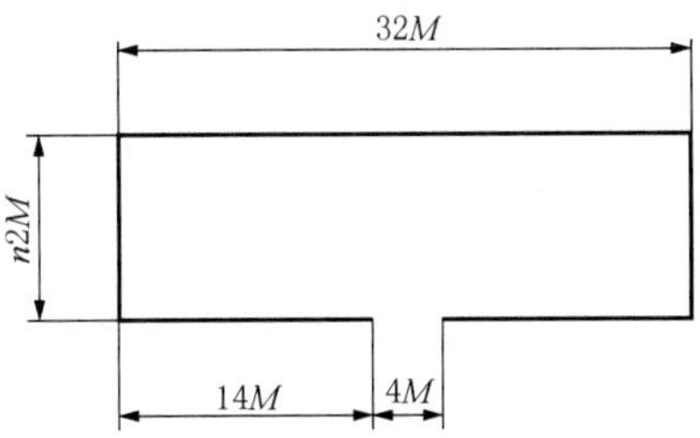	无端口控制盖板 盖板的最小高度尺寸为 4*M* 为实现功能扩展，盖板高度应调整为 2*M* 的倍数

续表

机械基本要素（共59种）	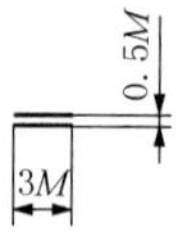	机械连接 轴 杆 机械反馈
	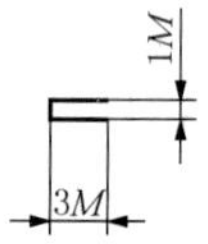	机械连接（如：轴、杆）
	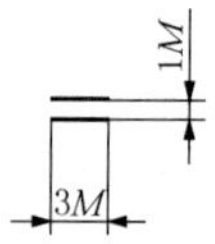	机械连接 轴 杆 机械反馈
	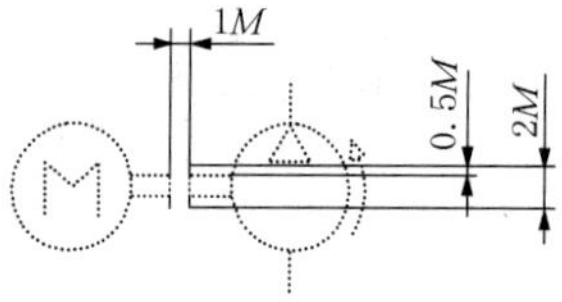	联轴器
	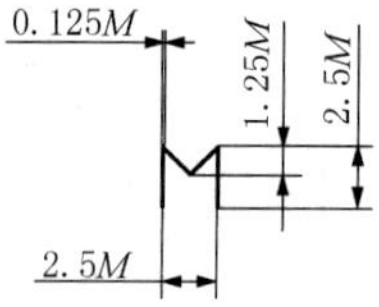	M 与登记序号为 2065V1 的符号结合使用表示电动机
	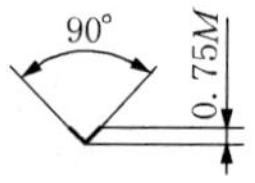	单向阀的阀座（小规格）
	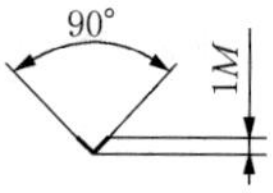	单向阀的阀座（大规格）
	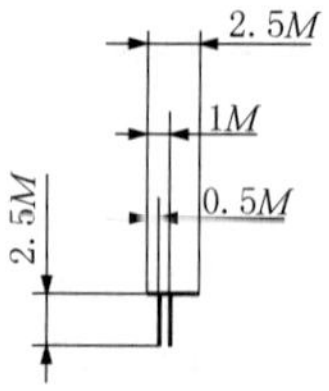	机械行程限制
	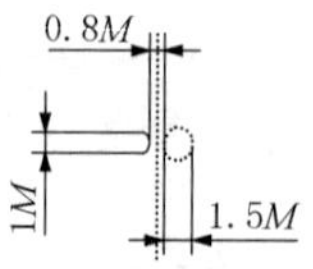	节流（小规格）
	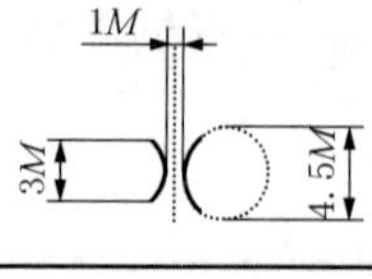	节流（流量控制阀，取决于黏度）

续表

机械基本要素（共59种）	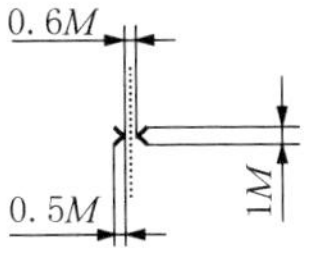	节流（小规格）
	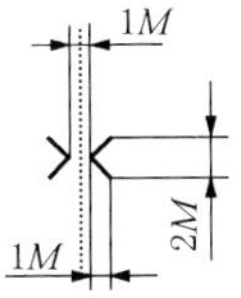	节流（锐边节流，很大程度上与黏度无关）
	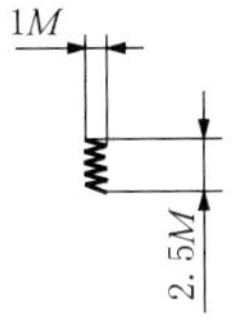	弹簧（嵌入式）
	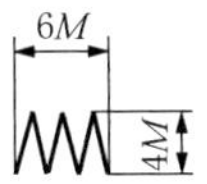	弹簧（缸用）
	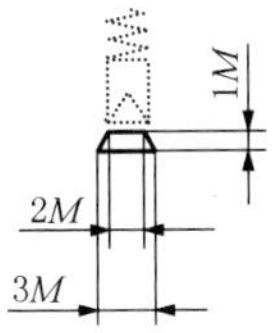	活塞杆制动器
	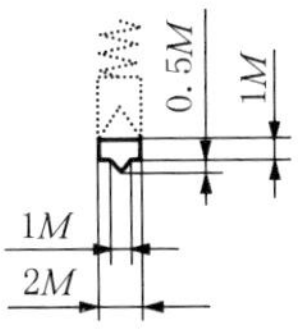	活塞杆锁定机构
控制机构要素（共31种）	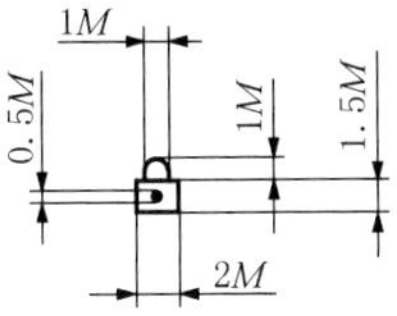	锁定元件（锁）
	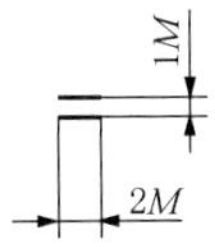	机械连接 轴 杆
	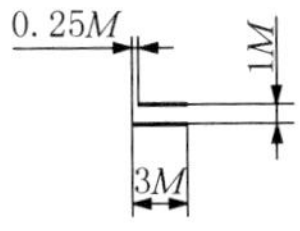	机械连接 轴 杆
	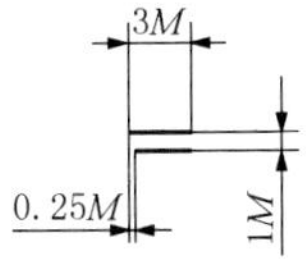	机械连接 轴 杆

续表

控制机构要素 （共31种）	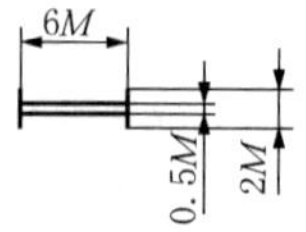	双压阀的机械连接
	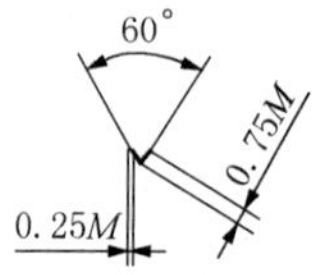	锁定槽
	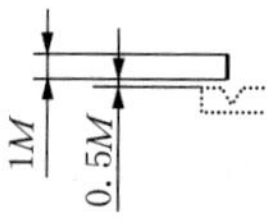	锁定销
	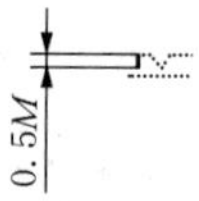	非锁定位置指示
	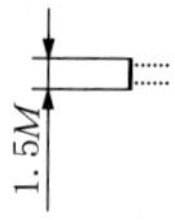	手动越权控制要素
	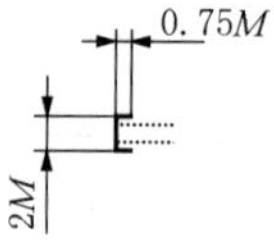	推力控制要素
	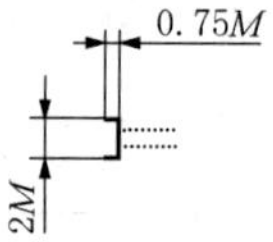	拉力控制要素
	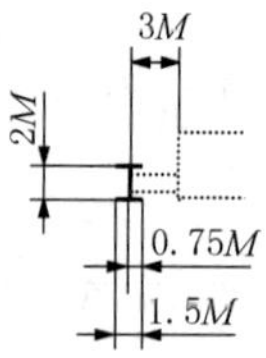	推拉控制要素
	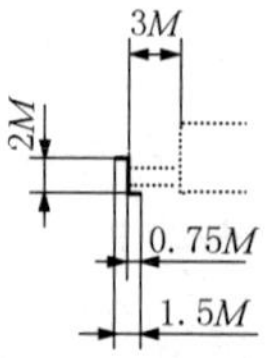	转动控制要素
	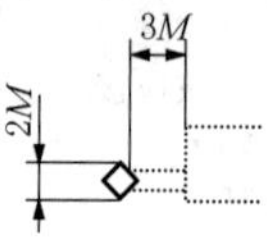	控制元件，可拆卸把手

续表

控制机构要素（共31种）	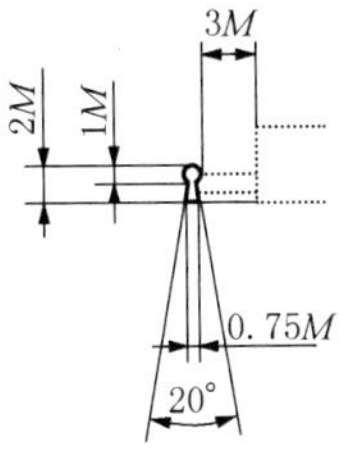	控制要素，钥匙
	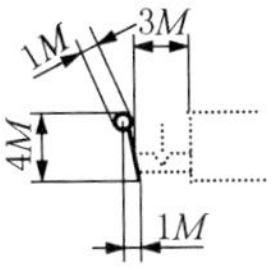	控制要素，手柄
	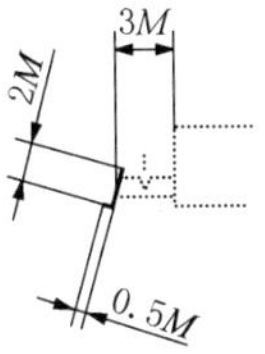	控制要素，踏板
	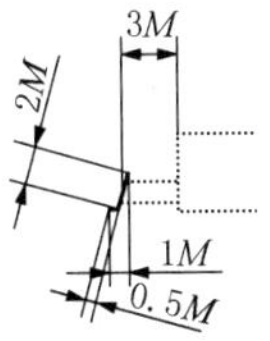	控制要素，双向踏板
	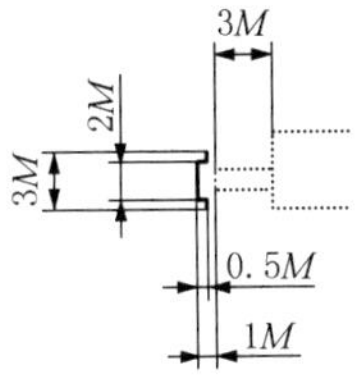	控制机构的操作防护要素
	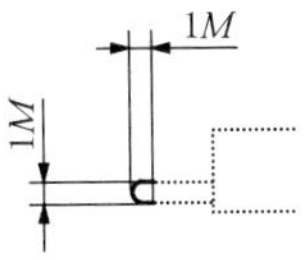	控制要素，推杆
	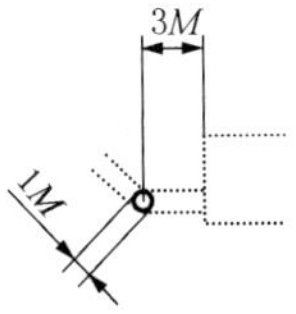	铰接
	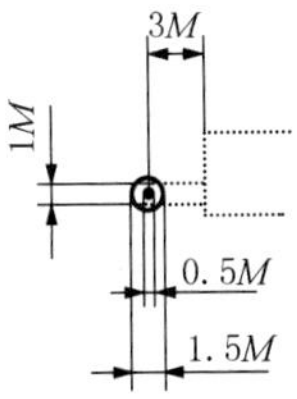	控制要素，滚轮

续表

控制机构要素 （共31种）	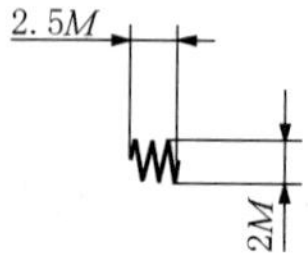	控制要素，弹簧
	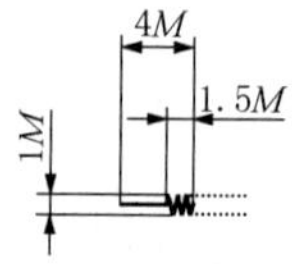	控制要素，带控制机构的弹簧
	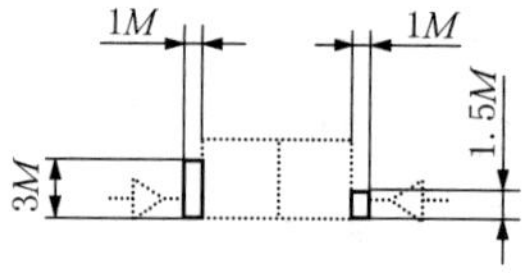	不同控制面积的直动操作要素
	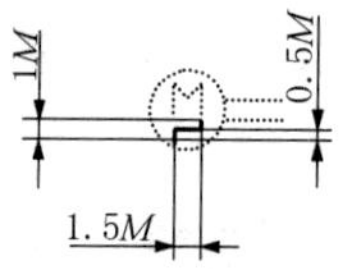	步进可调符号
	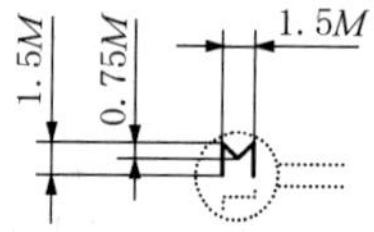	M与登记序号为F002V1的符号结合使用表示与元件连接的电动机
	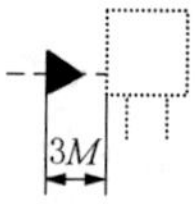	直动式液控机构（用于方向控制阀）
	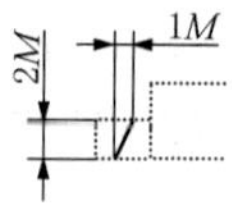	控制要素，线圈，作用方向指向阀芯（电磁铁、力矩马达、力马达）
	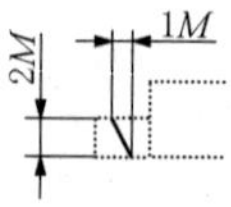	控制要素，线圈，作用方向背离阀芯（电磁铁、力矩马达、力马达）
	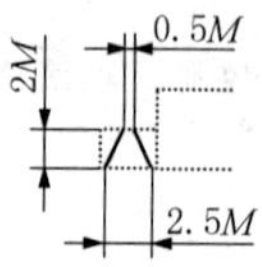	控制要素：双线圈，双向作用

续表

调节要素（共8种）	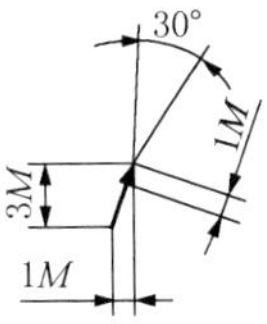	可调节（如：行程限制）
	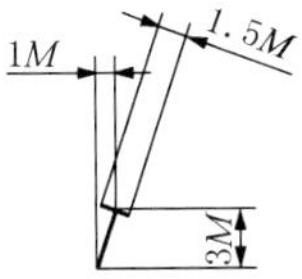	预设置（如：行程限制）
	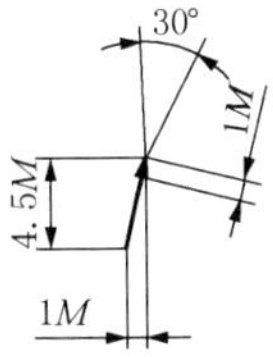	可调节（弹簧或比例电磁铁）
	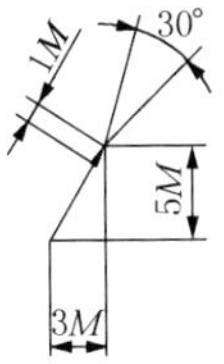	可调节（节流）
	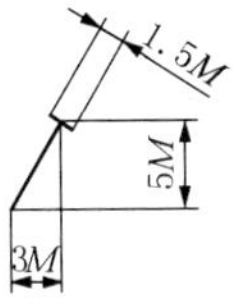	预设置（节流）
	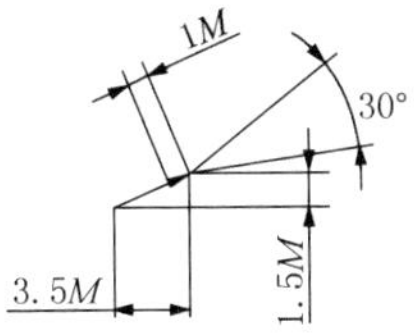	可调节（节流）
	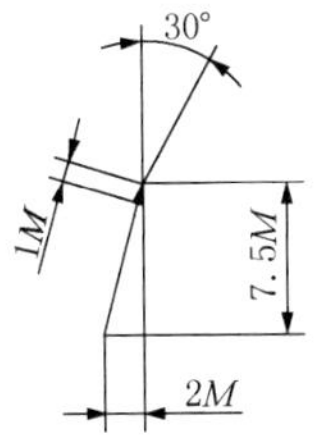	可调节（末端缓冲）
	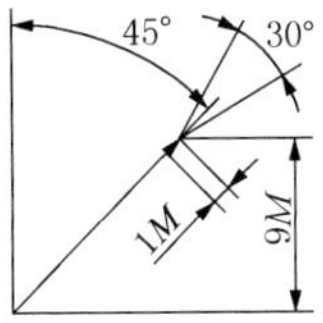	可调节（泵/马达）

续表

附件 （共37种）	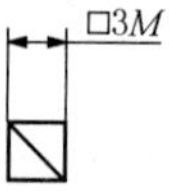	信号转换器（常规） 测量传感器
	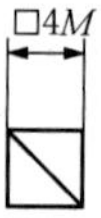	信号转换器（常规） 测量传感器
	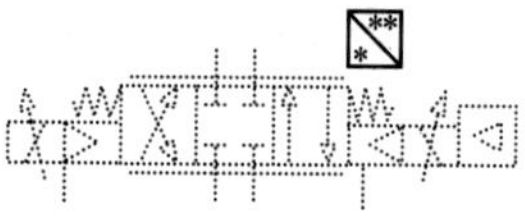	*——输入信号 **——输出信号
	F——流量 G——位置或长度 L——液位 P——压力或真空度 S——速度或频率 T——温度 W——重量或力	输入信号
	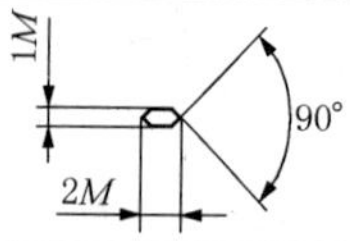	压电控制机构的元件
	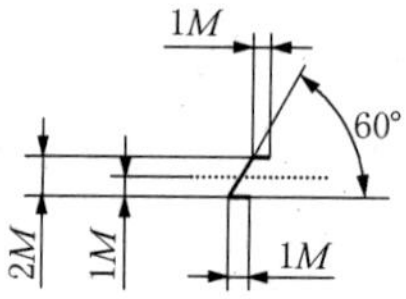	电线
	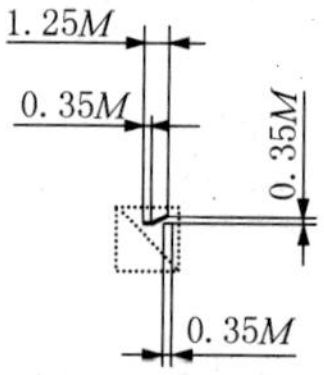	输出信号（电气开关信号）
	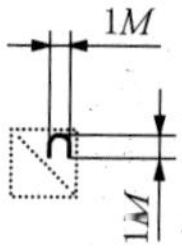	输出信号（电气模拟信号）
	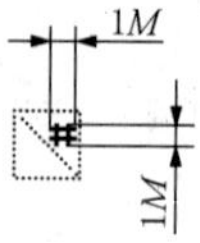	输出信号（电气数字信号）
	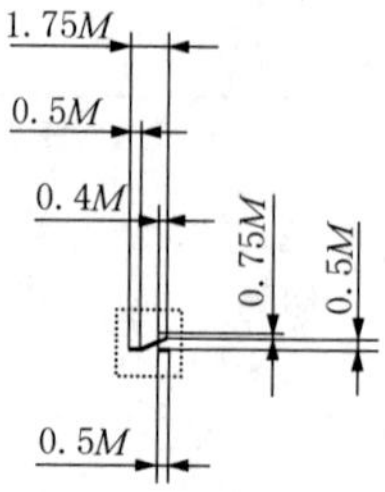	电气常闭触点

续表

附件 (共37种)	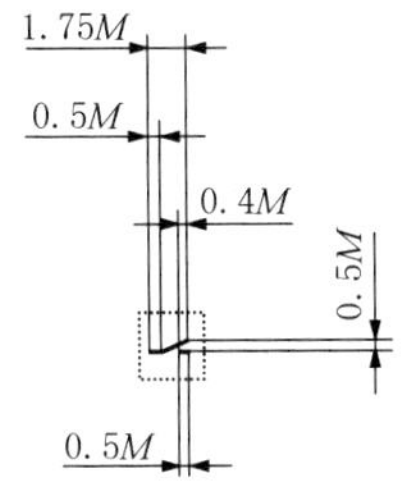	电气常开触点
	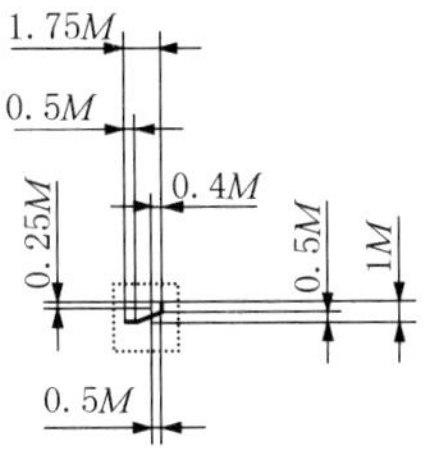	电气转换开关
	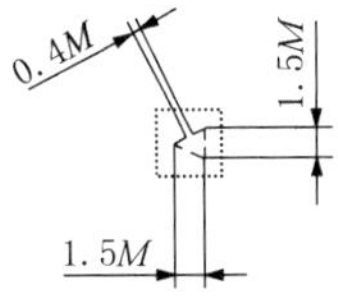	集成电子器件
	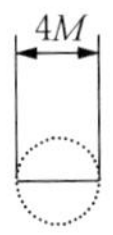	液位指示
	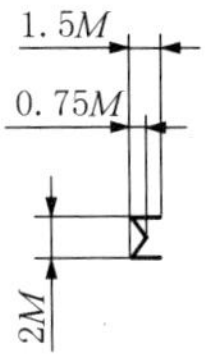	加法器
	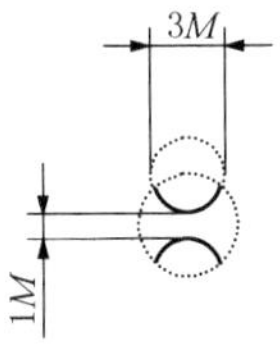	流量指示
	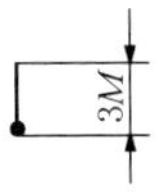	温度指示
	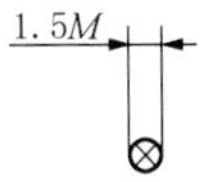	光学指示要素
	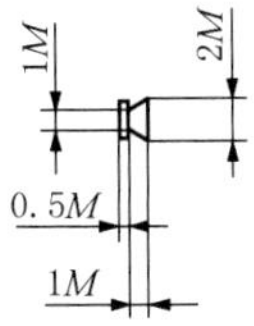	声音指示要素

续表

附件（共37种）	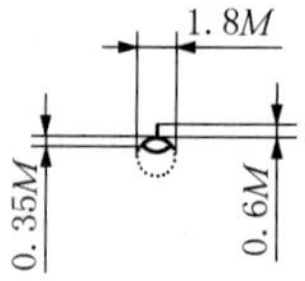	浮子开关要素
	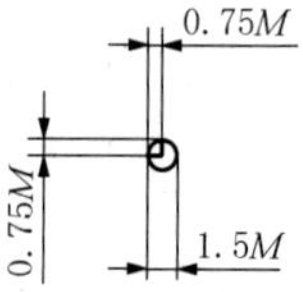	时间控制要素
		计数器要素
	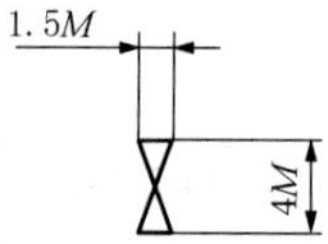	截止阀
	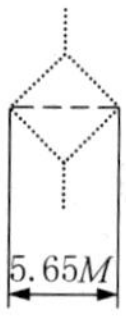	滤芯
	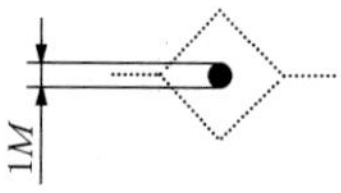	过滤器聚结功能
	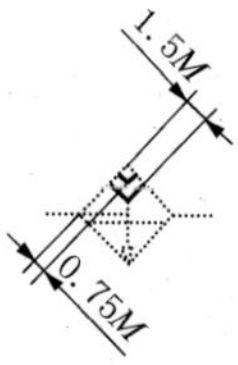	过滤器真空功能
	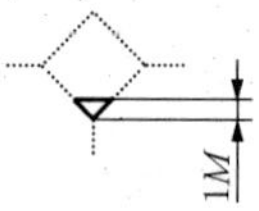	流体分离器要素（手动排水）
	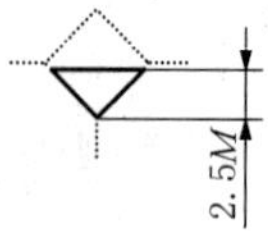	分离器要素
	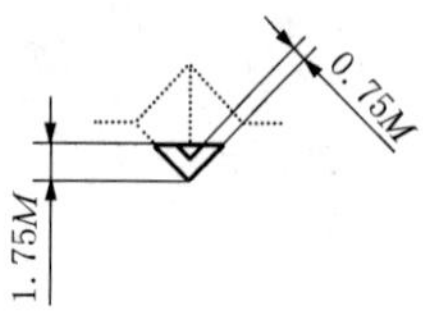	流体分离器要素（自动排水）

续表

	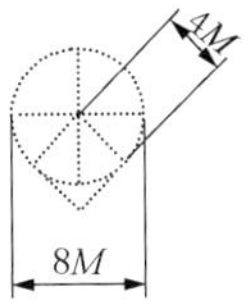	过滤器要素(离心式)
	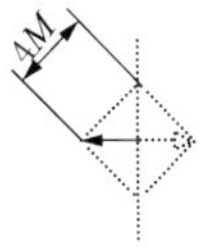	热交换器要素(冷却)
	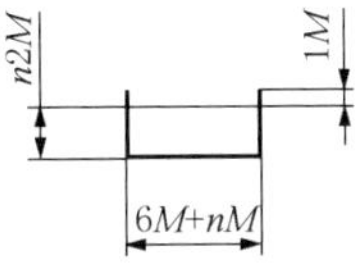	油箱
	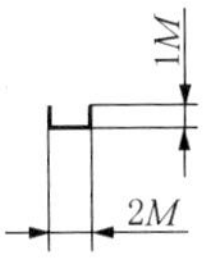	回油箱
附件 (共37种)	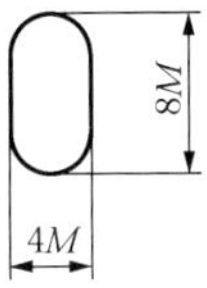	下列元件的要素 ——压力容器 ——压缩空气储气罐 ——蓄能器 ——气源 ——波纹管执行器软管缸
	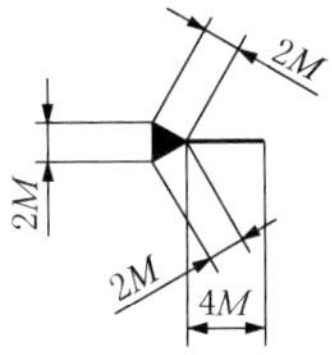	液压油源
	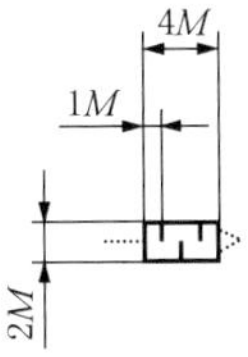	消声器
	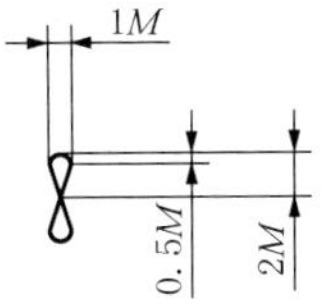	风扇

2.3 应用规则

表 20-1-12

常规符号（共 3 种）	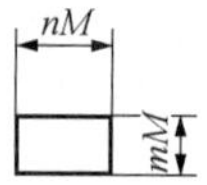	机能位的大小可随需要改变
		需要时，未连接排气口应标明
	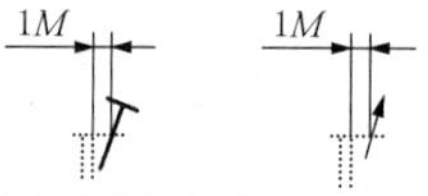	要素应居中且与相应符号有 1M 间隔
阀（共 25 种）	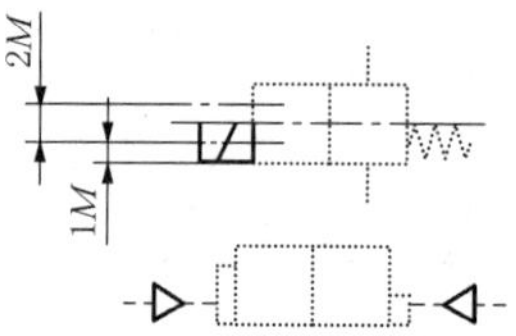	控制机构中心线位于长方形/正方形底边之上 1M 两个并联控制机构的中心线间距为 2M，且不能超出功能要素的底边
	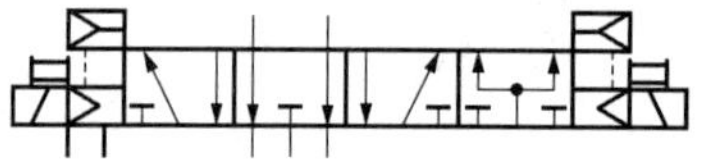	根据控制机构的工作状态，操作一端的控制机构可使阀芯从初始位置移入邻位 同时操纵四位阀两端的控制机构，可以控制阀芯从初始位置移动两个位置
	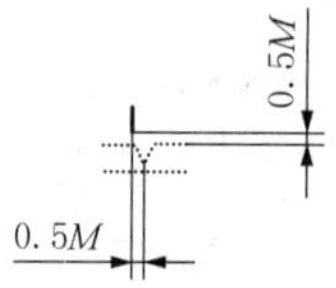	锁定机构应居中，或者在距凹口右或左 0.5M 的位置，且在轴上方 0.5M 处
	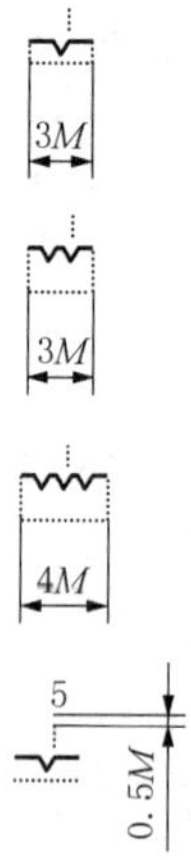	锁定槽应均匀置于轴上。对于三个以上锁定槽，在锁定槽（销）上方 0.5M 处用数字表示
		如有必要，应当标明非锁定的切换位置
	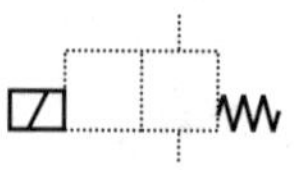	控制机构应当在图中相应的矩形/正方形中直接标明
	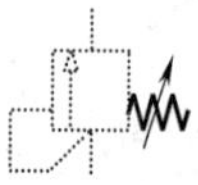	控制机构应画在矩形/正方形的右侧，除非两侧均有

续表

	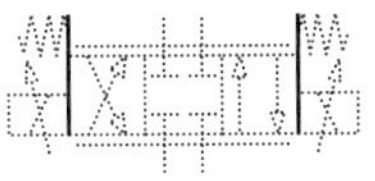	如果尺寸不足，需要画出延长线，在机能位的两侧均可
	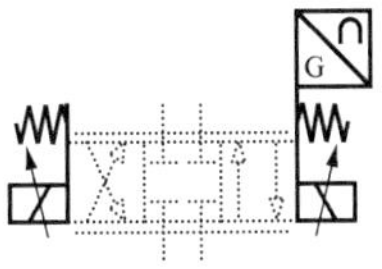	控制机构和信号转换器并联工作时，从底部到顶部应遵循以下顺序 ——液控/气控 ——电磁铁 ——弹簧 ——手动控制元件 ——转换器 如果同样的控制机构作用于机能位的两侧，其顺序必须对称放置，不允许符号重叠
		控制机构串联工作时应按照控制顺序表示
	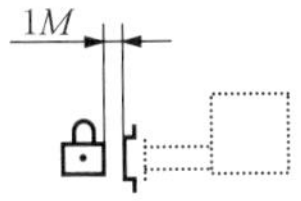	锁定符号应在距离锁定机构 1*M* 距离处标出，该锁定符号表示带锁调节
阀 （共 25 种）	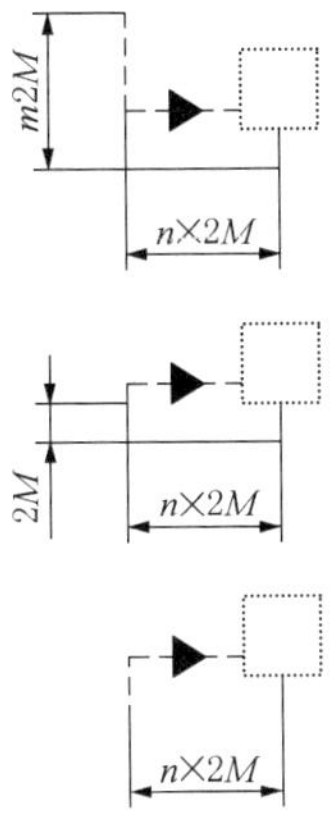	符号设计时应使端口末端在 2*M* 倍数的网格上
		单线圈比例电磁铁
		可调节弹簧
	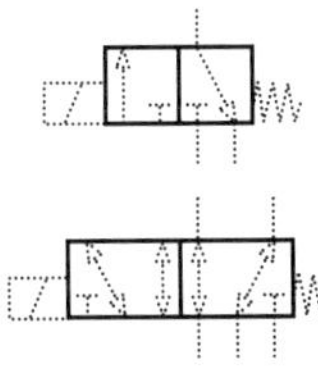	阀符号由各种机能位组成，每个机能位代表一种阀芯位置和不同机能
	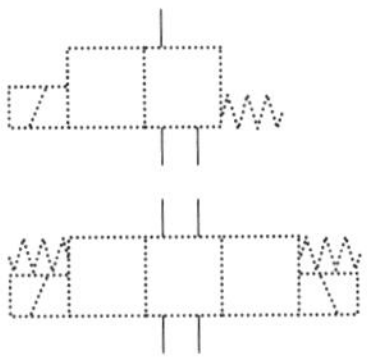	应在未受激励状态下的机能位（初始位置）上标注工作端口

续表

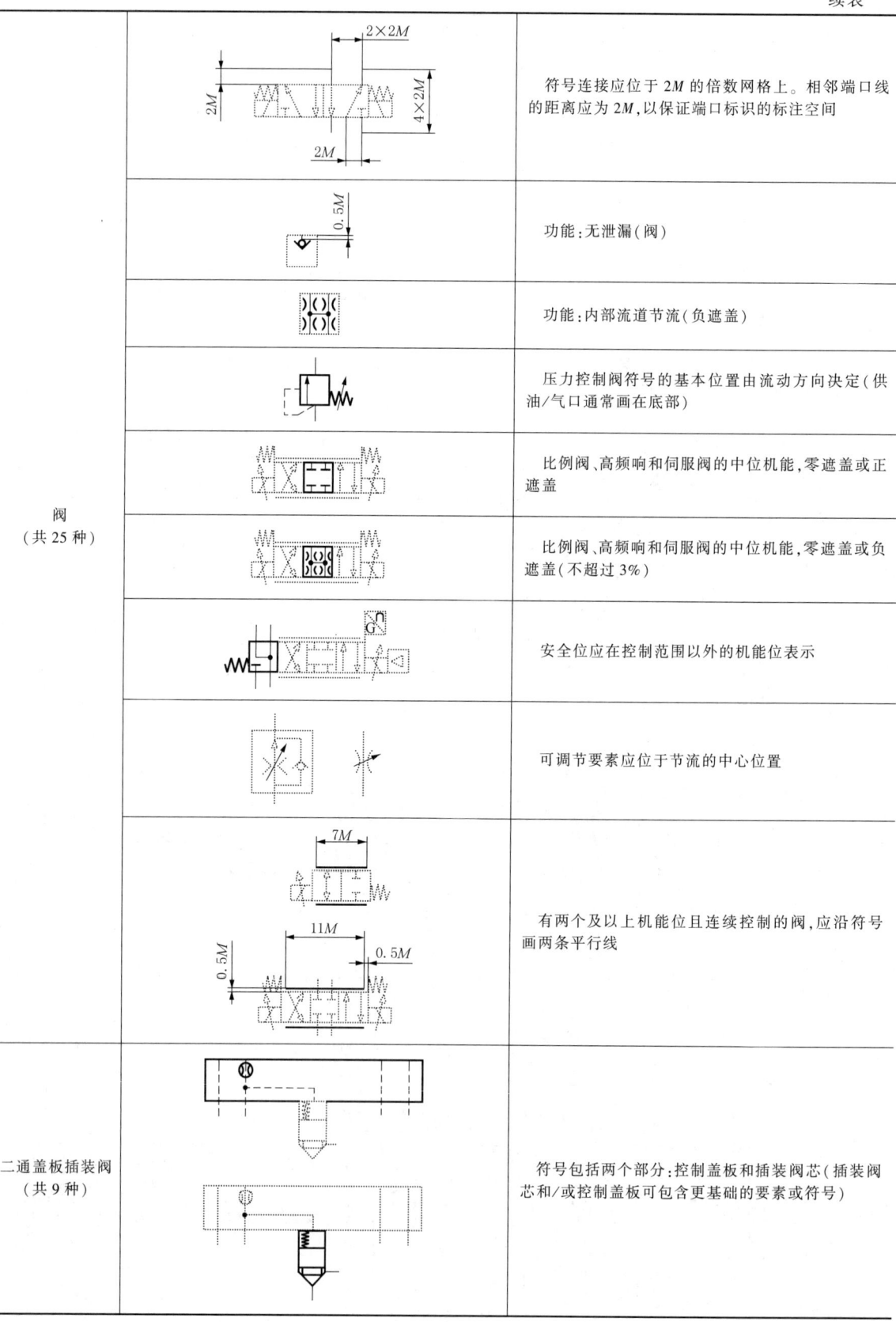

	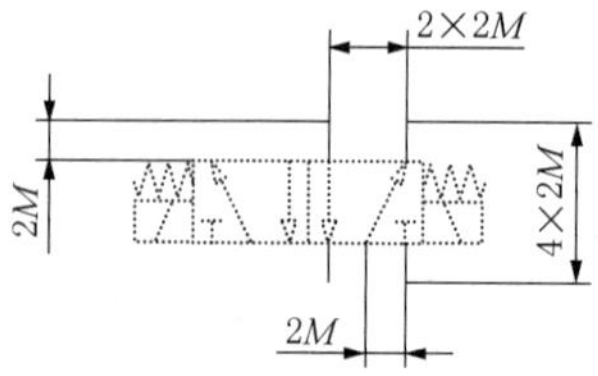	符号连接应位于 2M 的倍数网格上。相邻端口线的距离应为 2M，以保证端口标识的标注空间
	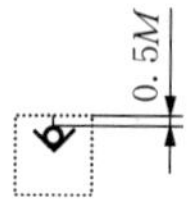	功能：无泄漏（阀）
		功能：内部流道节流（负遮盖）
	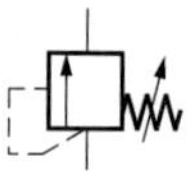	压力控制阀符号的基本位置由流动方向决定（供油/气口通常画在底部）
	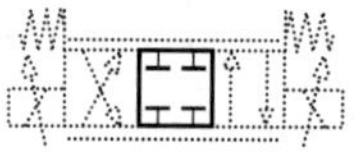	比例阀、高频响和伺服阀的中位机能，零遮盖或正遮盖
阀（共 25 种）	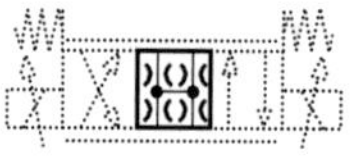	比例阀、高频响和伺服阀的中位机能，零遮盖或负遮盖（不超过 3%）
		安全位应在控制范围以外的机能位表示
	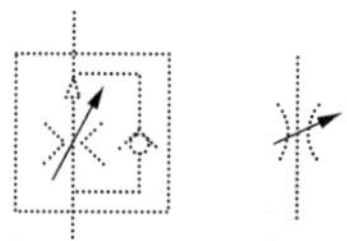	可调节要素应位于节流的中心位置
	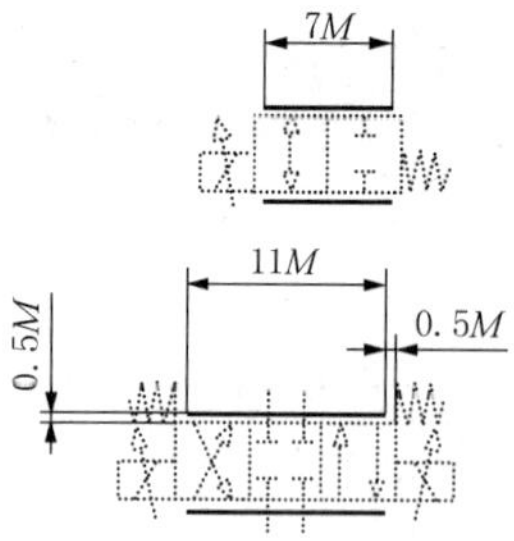	有两个及以上机能位且连续控制的阀，应沿符号画两条平行线
二通盖板插装阀（共 9 种）	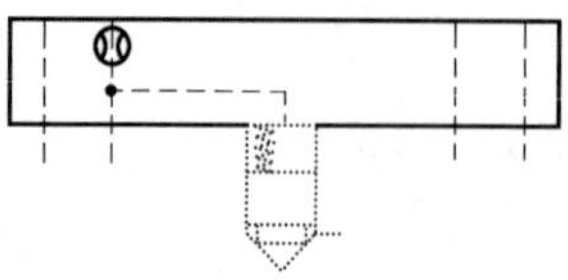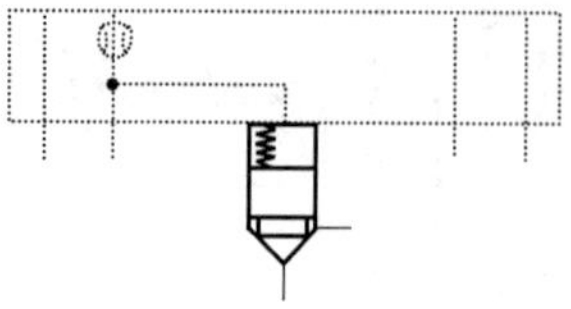	符号包括两个部分：控制盖板和插装阀芯（插装阀芯和/或控制盖板可包含更基础的要素或符号）

续表

二通盖板插装阀（共 9 种）	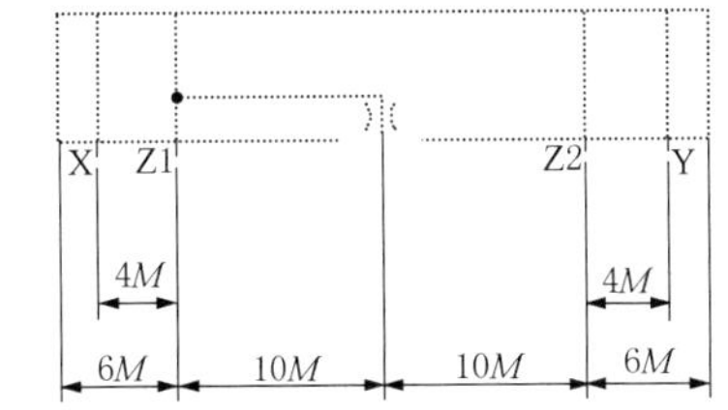	控制盖板的连接端口应位于框线中网格上，位置固定
	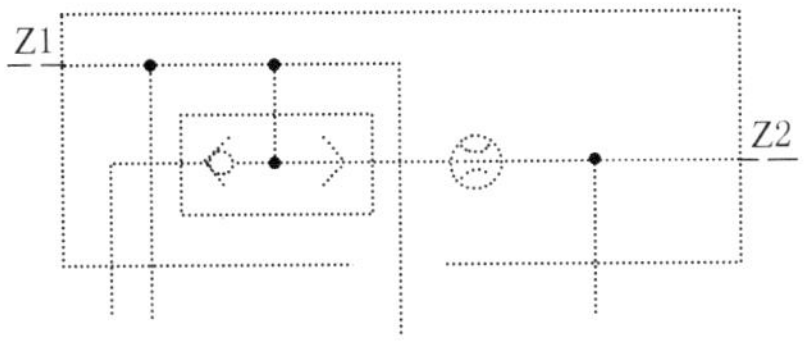	外部连接端口应画在两侧
	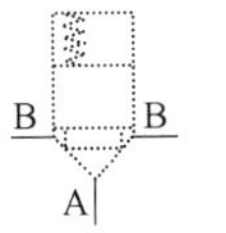	工作端口位于底部和符号两侧 A 口位于底部，B 口可在右侧，或者左边，或者两边都有
	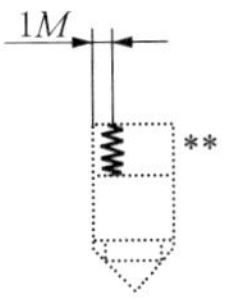	开启压力应在符号旁边标明（ ** 处）
	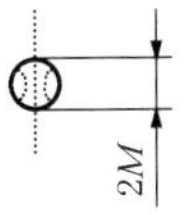	如果节流可更换，其符号应画一个圆
	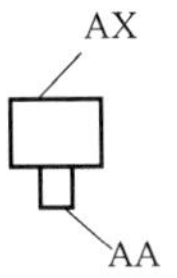	锥阀结构，阀芯面积比$\frac{AA}{AX}\leqslant 0.7$
	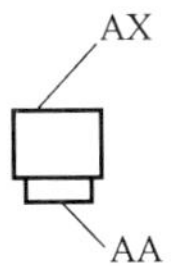	锥阀结构，阀芯面积比 $0.7<\frac{AA}{AX}<1$
		有节流功能的，应按图示涂黑
泵和马达（共 6 种）	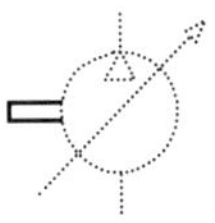	泵的驱动轴位于左边（首选位置）或右边，且可延长 2M 的倍数
	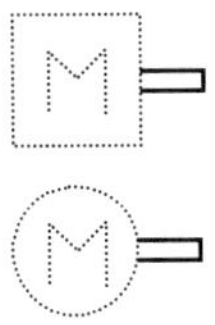	电动机的轴位于右边（首选位置）或左边

续表

泵和马达 (共6种)	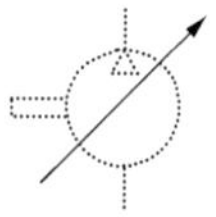	表示可调节的箭头应置于能量转换装置符号的中心,如果需要,可画得更长些
	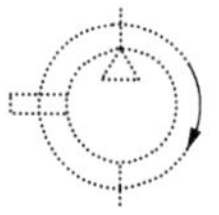	顺时针方向箭头表示泵轴顺时针方向旋转,并画在泵轴的对侧。应面对轴端判断旋转方向 注意:符号镜像时,应将指示旋转方向的箭头反向
	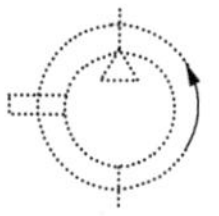	逆时针方向箭头表示泵轴逆时针方向旋转,并画在泵轴的对侧。应面对轴端判断旋转方向 注意:符号镜像时,应将指示旋转方向的箭头反向
	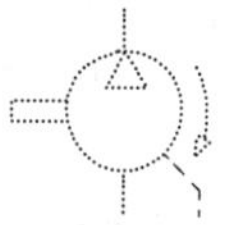	泵或马达的泄油管路画在右下底部,与端口线夹角小于45°
缸 (共5种)	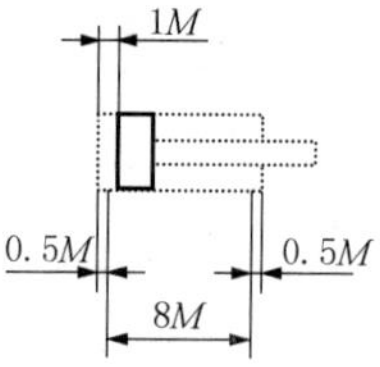	活塞应距离缸端盖1M以上,连接端口距离缸的末端应当在0.5M以上
	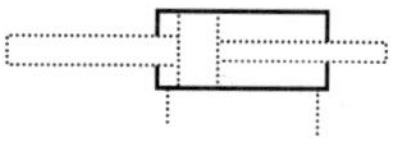	缸筒应与活塞杆要素相匹配
		行程限位应在缸筒末端标出
	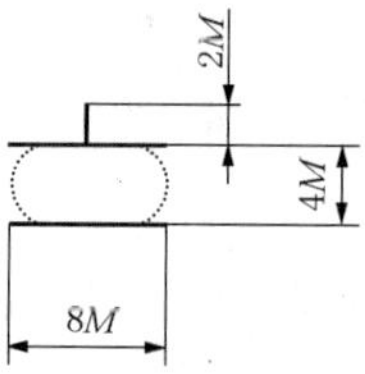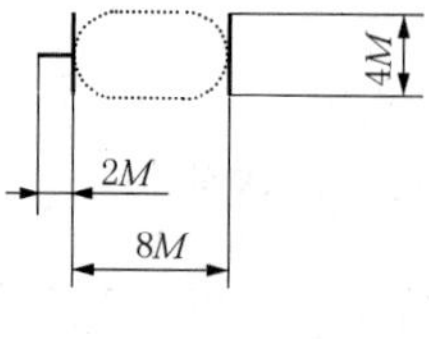	机械限位应以对称方式标出
	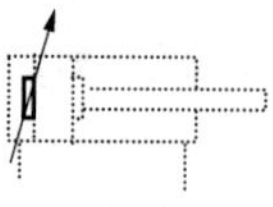	可调节机能由标识在调节要素中的箭头表示。如果有两个可调节要素,可调节机能应表示在其中间位置

续表

附件—管接头（共5种）	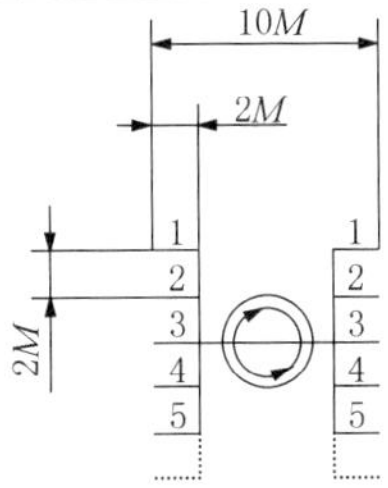	多路旋转管接头两边的接口都是2M间隔。数字可自定义并扩展。接口标号表示在接口符号上方 流道的汇集线应居中绘制
	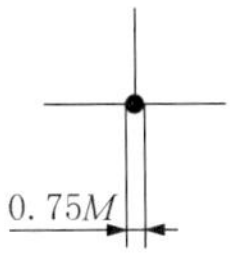	两条管路的连接应标出连接点
		两条管路交叉但没有连接点，表明它们之间没有连接
	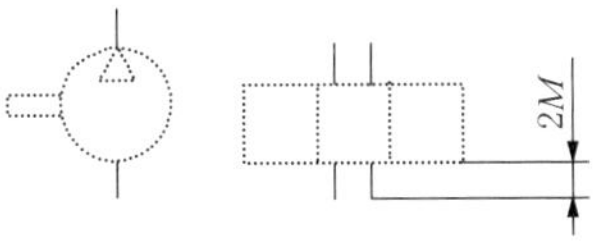	符号的所有端口应标出
	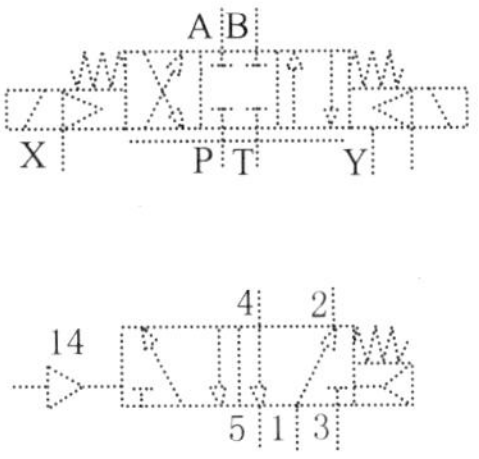	各种端口的标注示例 A——油口 B——油口 P——供油口 T——回油口 X——先导供油口 Y——先导泄油口 3,5——排气口 2,4——工作口 1——供气口 14——控制口 在每个端口的上方或者左边应留出充足的空间进行标注。每个端口的字母/数字标注，液压符合ISO 9461、气动符合ISO 11727
附件—电气装置（共4种）		机电式位置开关（如：阀芯位置）
		带开关量输出信号的接近开关（如：监视方向控制阀中的阀芯位置）
	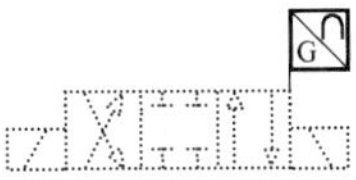	带模拟信号输出的位置信号转换器
	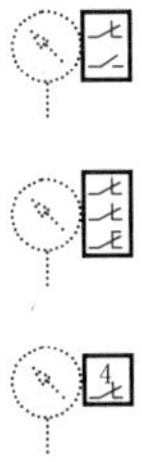	两个及以上触点可以画在一个框内，每个触点可有不同功能（常闭触点、常开触点、开关触点） 如果多于三个触点，可用数字标注在触点上方0.5M位置

续表

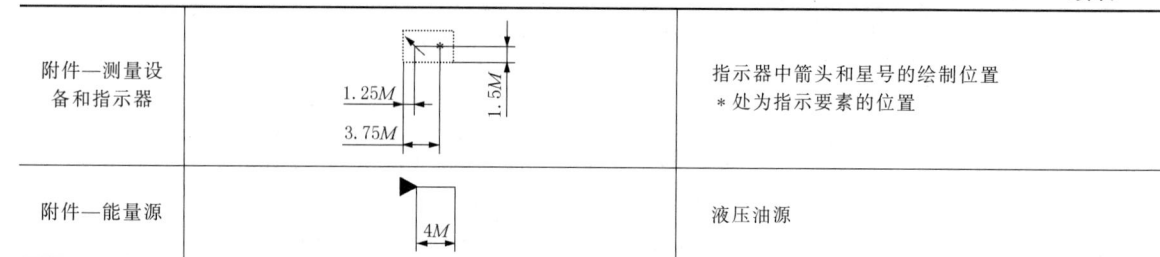

附件—测量设备和指示器	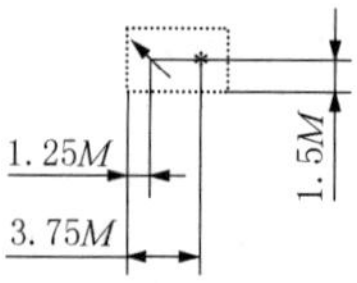	指示器中箭头和星号的绘制位置 ＊处为指示要素的位置
附件—能量源		液压油源

2.4 液压应用示例

表 20-1-13

阀—控制机构（共16种）	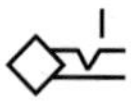	带有可拆卸把手和锁定要素的控制机构
	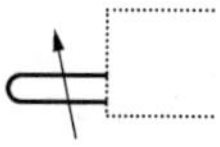	带有可调行程限位的推杆
	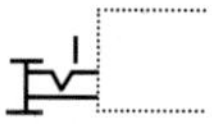	带有定位的推/拉控制机构
	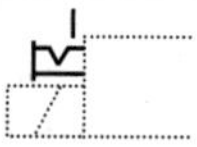	带有手动越权锁定的控制机构
	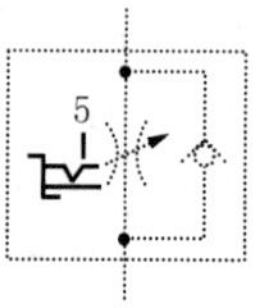	带有5个锁定位置的旋转控制机构
	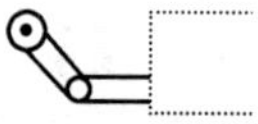	用于单向行程控制的滚轮杠杆
	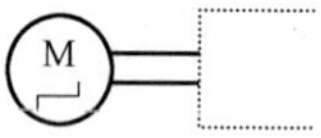	使用步进电机的控制机构
	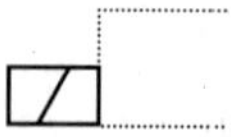	带有一个线圈的电磁铁(动作指向阀芯)
		带有一个线圈的电磁铁(动作背离阀芯)
	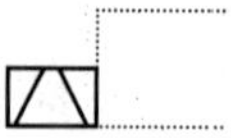	带有两个线圈的电气控制装置(一个动作指向阀芯,另一个动作背离阀芯)
	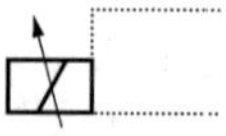	带有一个线圈的电磁铁(动作指向阀芯,连续控制)
	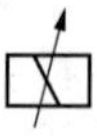	带有一个线圈的电磁铁(动作背离阀芯,连续控制)
		带有两个线圈的电气控制装置(一个动作指向阀芯,另一个动作背离阀芯,连续控制)

续表

阀—控制机构 (共16种)	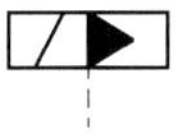	外部供油的电液先导控制机构
	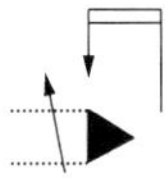	机械反馈
	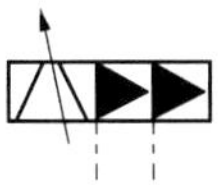	外部供油的带有两个线圈的电液两级先导控制机构(双向工作,连续控制)
阀—方向控制阀 (共18种)	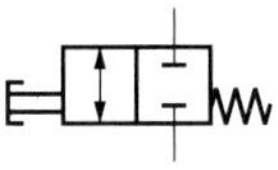	二位二通方向控制阀(双向流动,推压控制,弹簧复位,常闭)
	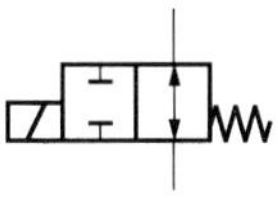	二位二通方向控制阀(双向流动,电磁铁控制,弹簧复位,常开)
	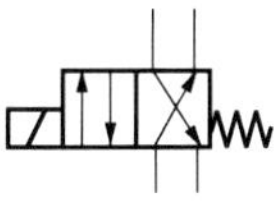	二位四通方向控制阀(电磁铁控制,弹簧复位)
	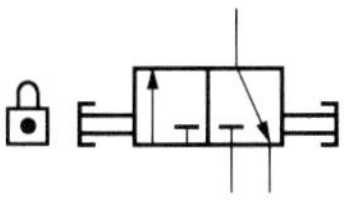	二位三通方向控制阀(带有挂锁)
	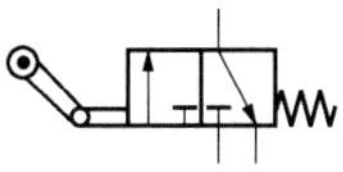	二位三通方向控制阀(单向行程的滚轮杠杆控制,弹簧复位)
	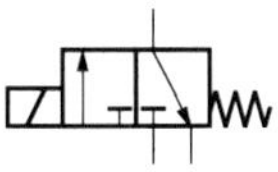	二位三通方向控制阀(单电磁铁控制,弹簧复位)
	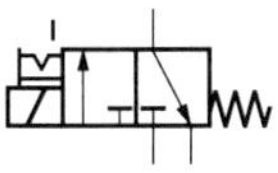	二位三通方向控制阀(单电磁铁控制,弹簧复位,手动越权锁定)
	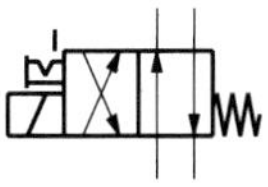	二位四通方向控制阀(单电磁铁控制,弹簧复位,手动越权锁定)
	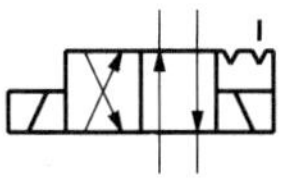	二位四通方向控制阀(双电磁铁控制,带有锁定机构,也称脉冲阀)
	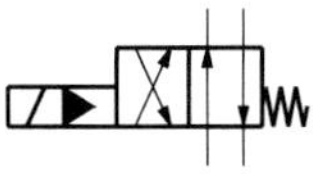	二位四通方向控制阀(电液先导控制,弹簧复位)
	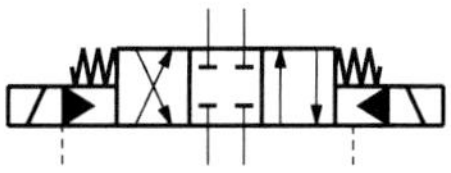	三位四通方向控制阀(电液先导控制,先导级电气控制,主级液压控制,先导级和主级弹簧对中,外部先导供油,外部先导回油)

续表

阀—方向控制阀（共18种）	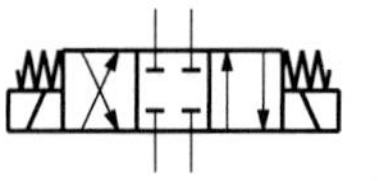	三位四通方向控制阀（双电磁铁控制，弹簧对中）
	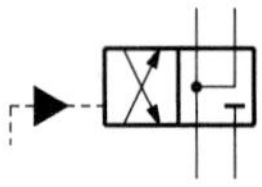	二位四通方向控制阀（液压控制，弹簧复位）
	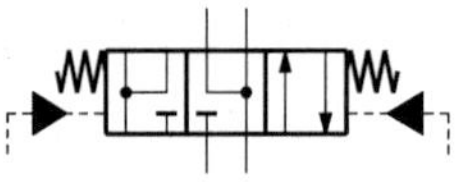	三位四通方向控制阀（液压控制，弹簧对中）
	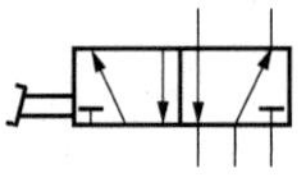	二位五通方向控制阀（双向踏板控制）
	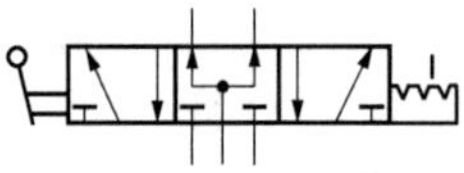	三位五通方向控制阀（手柄控制，带有定位机构）
	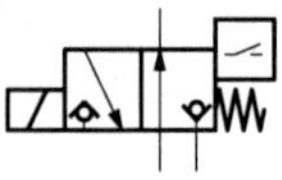	二位三通方向控制阀（电磁控制，无泄漏，带有位置开关）
	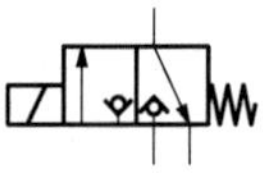	二位三通方向控制阀（电磁控制，无泄漏）
阀—压力控制阀（共9种）	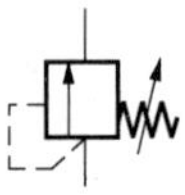	溢流阀（直动式，开启压力由弹簧调节）
	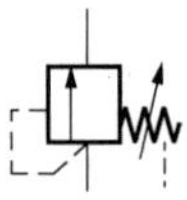	顺序阀（直动式，手动调节设定值）
	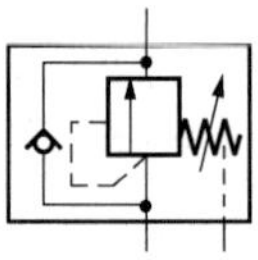	顺序阀（带有旁通单向阀）
		二通减压阀（直动式，外泄型）
	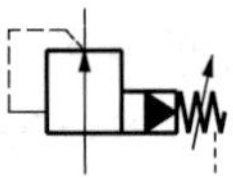	二通减压阀（先导式，外泄型）
	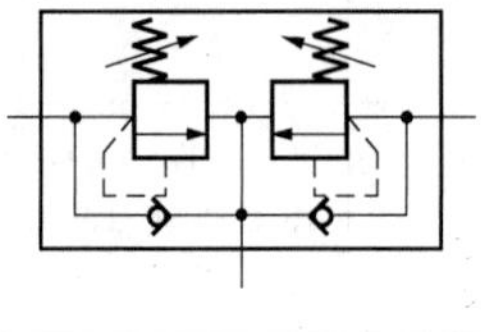	防气蚀溢流阀（用来保护两条供油管路）

续表

阀—压力控制阀（共9种）	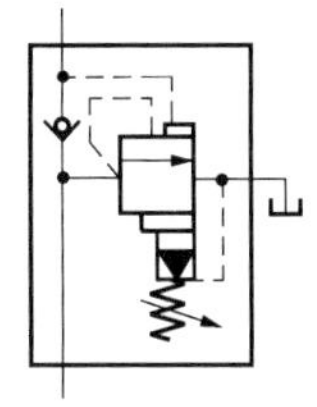	蓄能器充液阀
	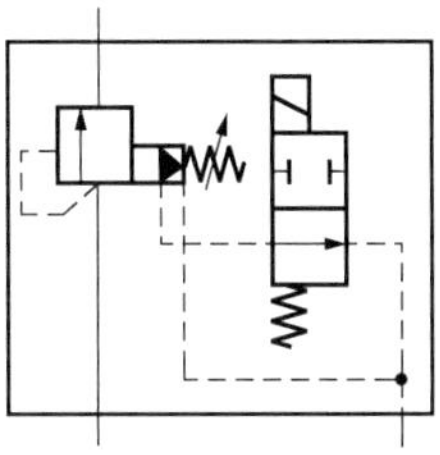	电磁溢流阀（由先导式溢流阀与电磁换向阀组成，通电建立压力，断电卸荷）
	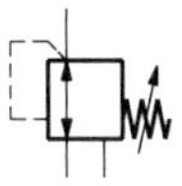	三通减压阀（超过设定压力时，通向油箱的出口开启）
阀—流量控制阀（共7种）		节流阀
	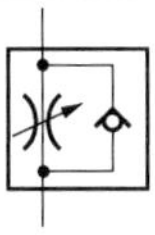	单向节流阀
	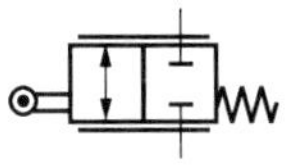	流量控制阀（滚轮连杆控制，弹簧复位）
	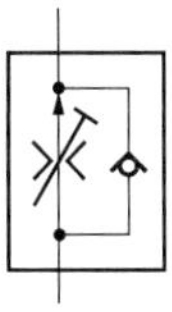	二通流量控制阀（开口度预设置，单向流动，流量特性基本与压降和黏度无关，带有旁路单向阀）
	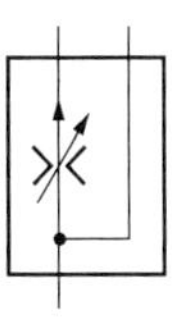	三通流量控制阀（开口度可调节，将输入流量分成固定流量和剩余流量）
	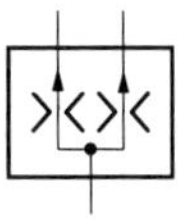	分流阀（将输入流量分成两路输出流量）
	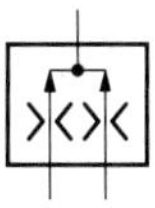	集流阀（将两路输入流量合成一路输出流量）

续表

		单向阀(只能在一个方向自由流动)
		单向阀(带有弹簧,只能在一个方向自由流动,常闭)
阀—单向阀和梭阀(共5种)	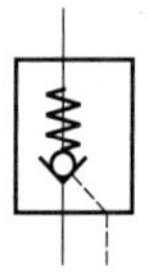	液控单向阀(带有弹簧,先导压力控制,双向流动)
	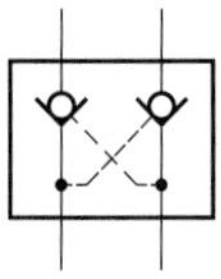	双液控单向阀
	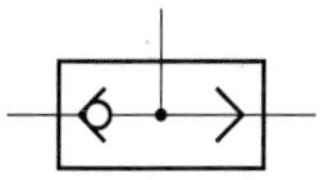	梭阀(逻辑“或”,压力高的入口自动与出口接通)
	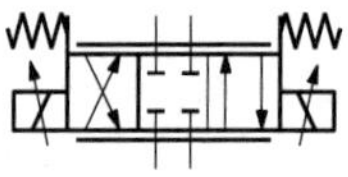	比例方向控制阀(直动式)
	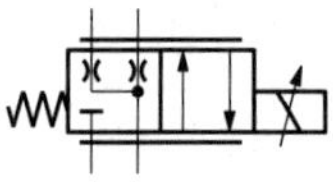	比例方向控制阀(直动式)
	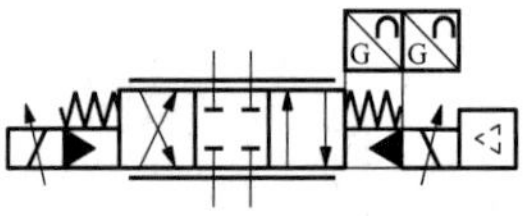	比例方向控制阀(主级和先导级位置闭环控制,集成电子器件)
阀—比例方向控制阀(共7种)	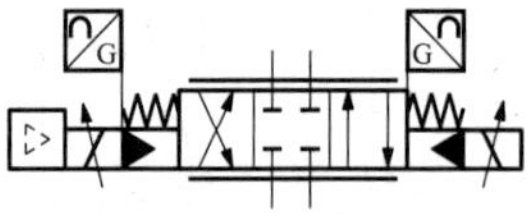	伺服阀(主级和先导级位置闭环控制,集成电子器件)
	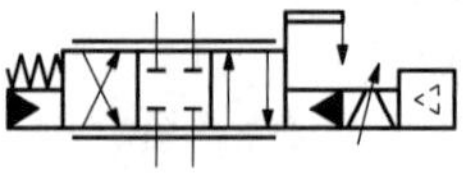	伺服阀(先导级带双线圈电气控制机构,双向连续控制,阀芯位置机械反馈到先导级,集成电子器件)
	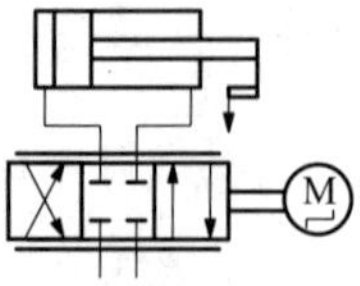	伺服阀控缸(伺服阀由步进电机控制,液压缸带有机械位置反馈)
		伺服阀(带有电源失效情况下的预留位置,电反馈,集成电子器件)

续表

阀—比例压力控制阀（共 6 种）	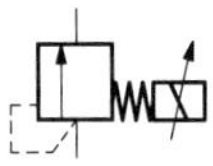	比例溢流阀（直动式，通过电磁铁控制弹簧来控制）
	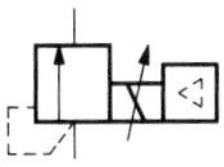	比例溢流阀（直动式，电磁铁直接控制，集成电子器件）
	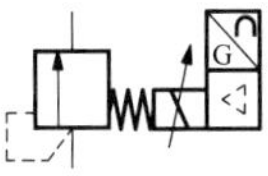	比例溢流阀（直动式，带有电磁铁位置闭环控制，集成电子器件）
		比例溢流阀（带有电磁铁位置反馈的先导控制，外泄型）
		三通比例减压阀（带有电磁铁位置闭环控制，集成电子器件）
	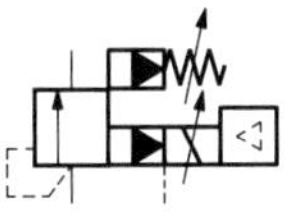	比例溢流阀（先导式，外泄型，带有集成电子器件，附加先导级以实现手动调节压力或最高压力下溢流功能）
阀—比例流量控制阀（共 4 种）	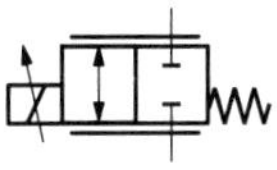	比例流量控制阀（直动式）
	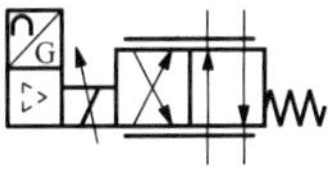	比例流量控制阀（直动式，带有电磁铁位置闭环控制，集成电子器件）
	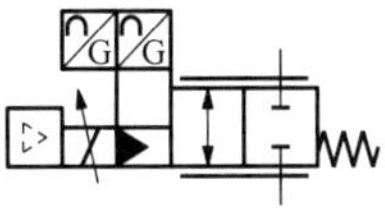	比例流量控制阀（先导式，主级和先导级位置控制，集成电子器件）
		比例节流阀（不受黏度变化影响）
阀—二通盖板式插装阀（共 30 种）		压力控制和方向控制插装阀插件（锥阀结构，面积比 1∶1）
	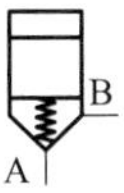	压力控制和方向控制插装阀插件（锥阀结构，常开，面积比 1∶1）
	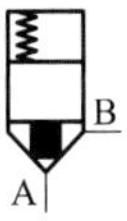	方向控制插装阀插件（带有节流端的锥阀结构，面积比≤0.7）
	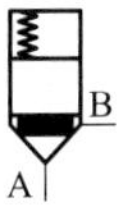	方向控制插装阀插件（带有节流端的锥阀结构，面积比>0.7）

续表

	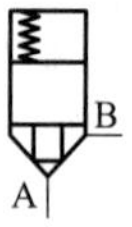	方向控制插装阀插件（锥阀结构，面积比≤0.7）
	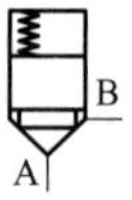	方向控制插装阀插件（锥阀结构，面积比>0.7）
	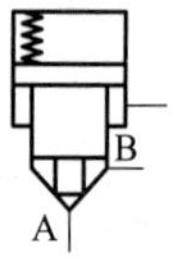	主动方向控制插装阀插件（锥阀结构，先导压力控制）
	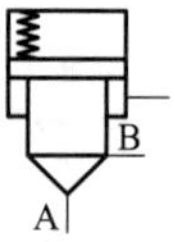	主动方向控制插装阀插件（B端无面积差）
	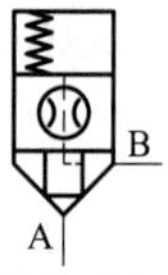	方向控制插装阀插件（单向流动，锥阀结构，内部先导供油，带有可替换的节流孔）
阀—二通盖板式插装阀（共30种）	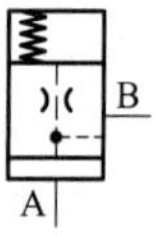	溢流插装阀插件（滑阀结构，常闭）
	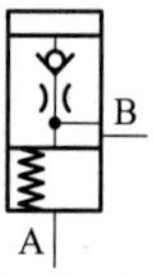	减压插装阀插件（滑阀结构，常闭，带有集成的单向阀）
	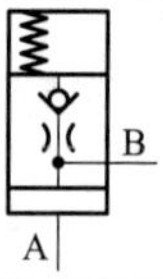	减压插装阀插件（滑阀结构，常开，带有集成的单向阀）
	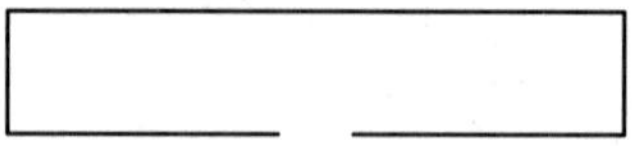	无端口控制盖板
	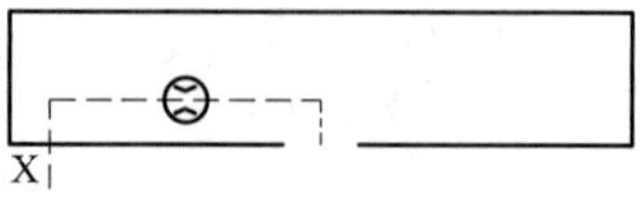	带有先导端口的控制盖板
	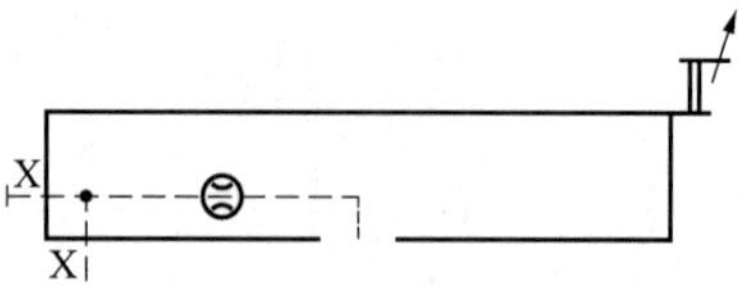	带有先导端口的控制盖板（带有可调行程限制装置和遥控端口）
	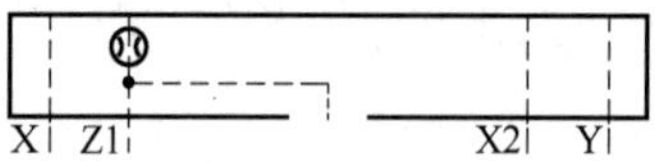	可安装附加元件的控制盖板

续表

阀—二通盖板式插装阀（共30种）	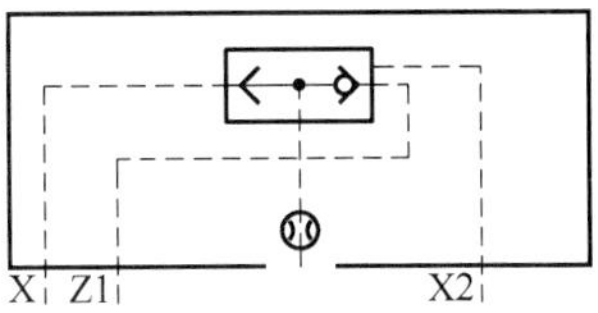	带有梭阀的控制盖板，梭阀液压控制
	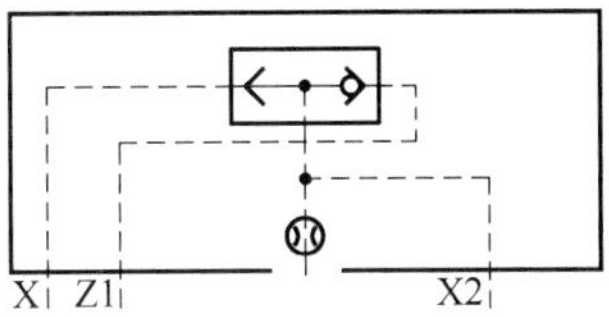	带有梭阀的控制盖板
	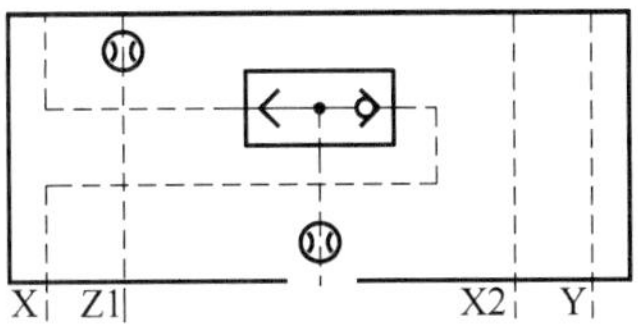	带有梭阀的控制盖板(可安装附加元件)
	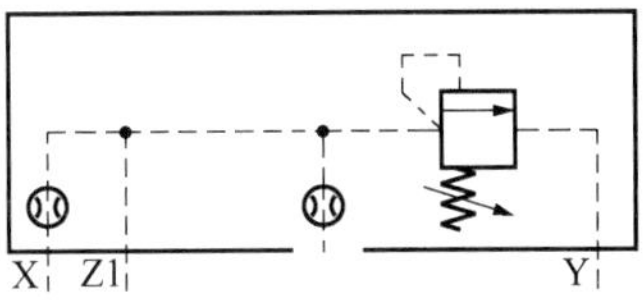	带有溢流功能的控制盖板
	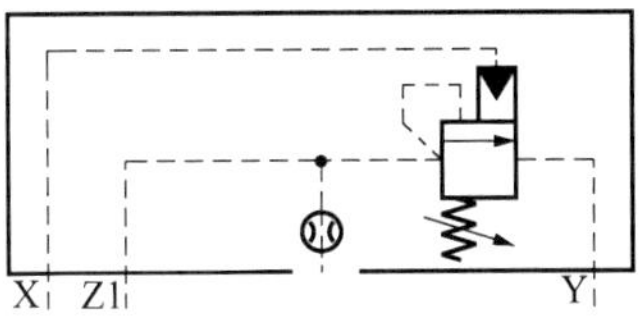	带有溢流功能和液压卸荷的控制盖板
	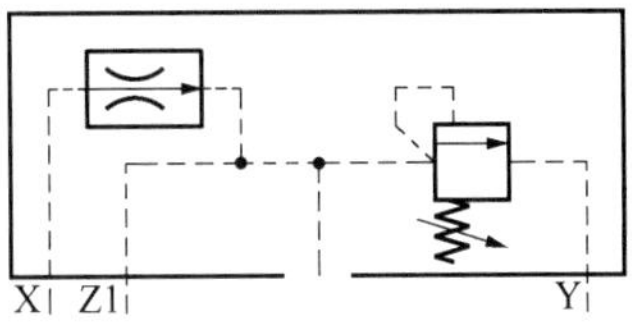	带有溢流功能的控制盖板(带有流量控制阀用来限制先导级流量)
	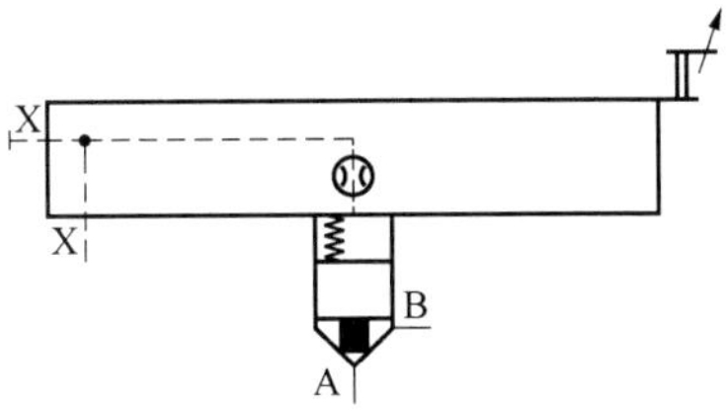	二通插装阀(带有行程限制装置)
	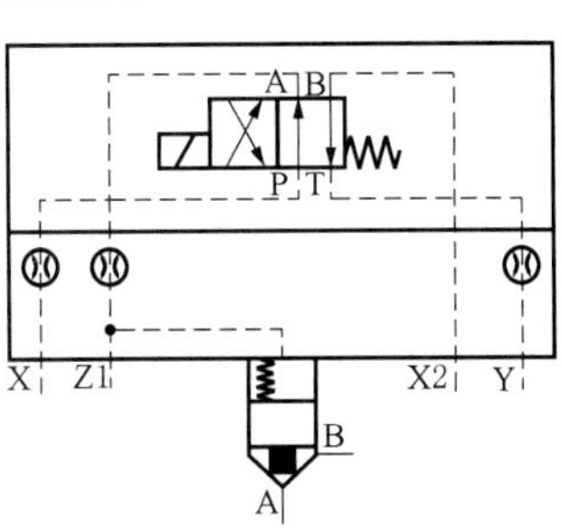	二通插装阀(带有内置方向控制阀)

续表

	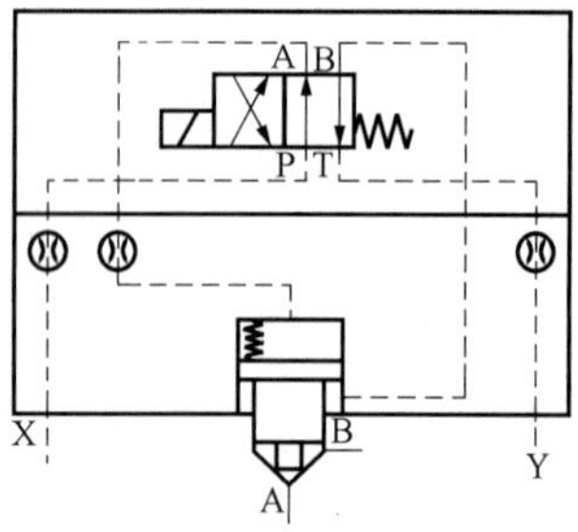	二通插装阀(带有内置方向控制阀,主动控制)
	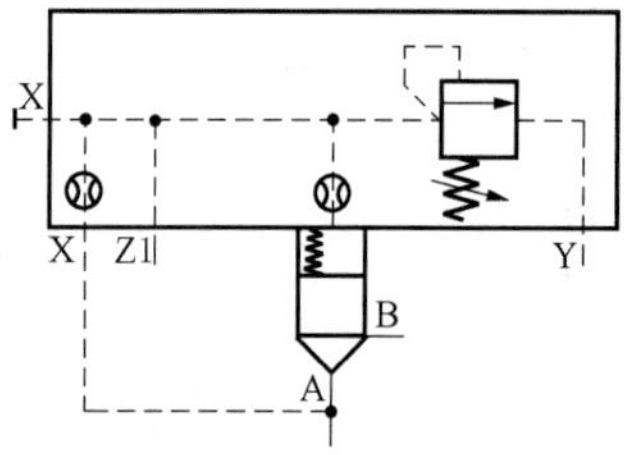	二通插装阀(带有溢流功能)
阀—二通盖板式插装阀(共30种)	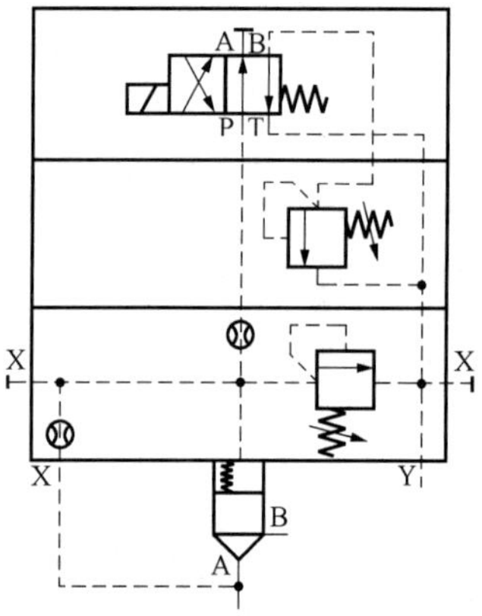	二通插装阀(带有溢流功能,两种调节压力可选择)
	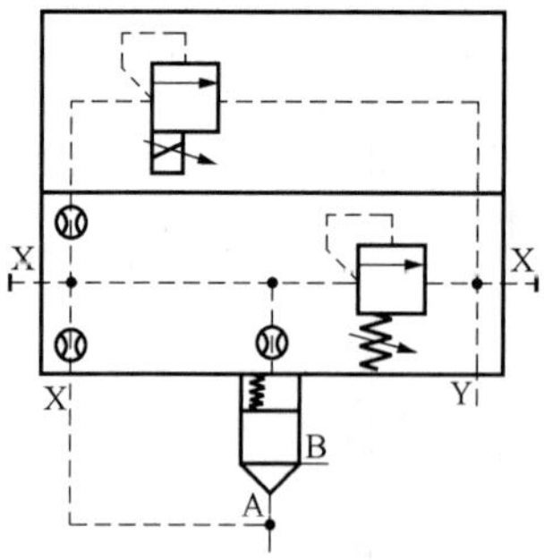	二通插装阀(带有比例压力调节和手动最高压力设定功能)
	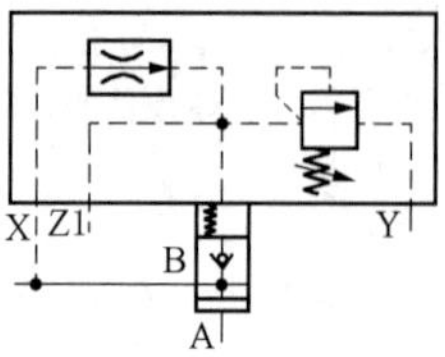	二通插装阀(带有减压功能,先导流量控制,高压控制)

续表

阀—二通盖板式插装阀（共 30 种）	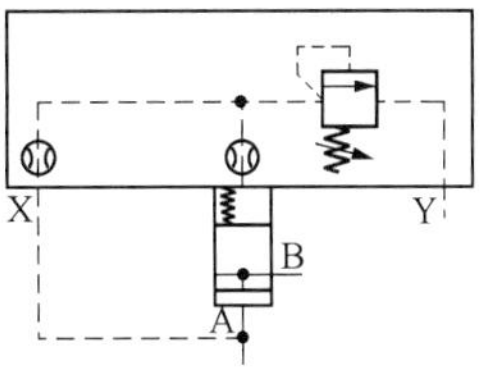	二通插装阀（带有减压功能，低压控制）
泵和马达（共 17 种）	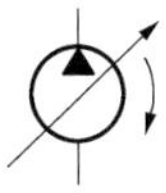	变量泵（顺时针单向旋转）
	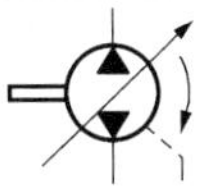	变量泵（双向流动，带有外泄油路，顺时针单向旋转）
	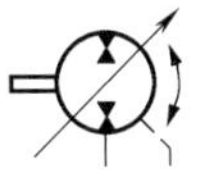	变量泵/马达（双向流动，带有外泄油路，双向旋转）
	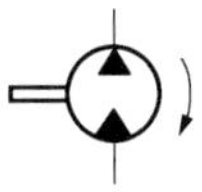	定量泵/马达（顺时针单向旋转）
	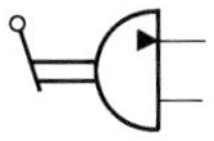	手动泵（限制旋转角度，手柄控制）
	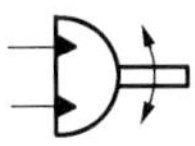	摆动执行器/旋转驱动装置（带有限制旋转角度功能，双作用）
	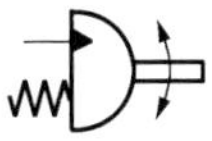	摆动执行器/旋转驱动装置（单作用）
	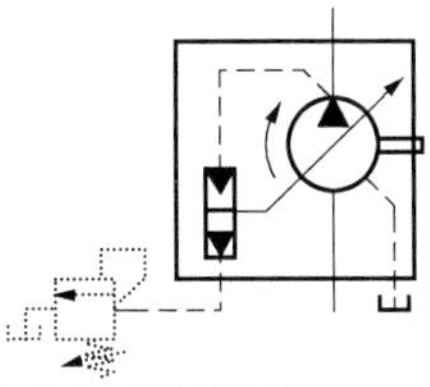	变量泵（先导控制，带有压力补偿功能，外泄油路，顺时针单向旋转）
	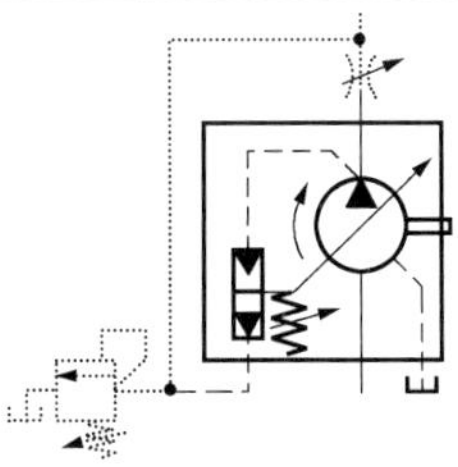	变量泵（带有压力/流量控制，负载敏感型，外泄油路，顺时针单向驱动）
	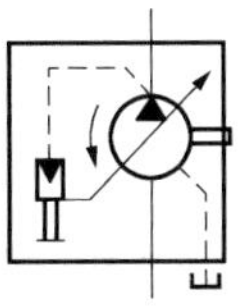	变量泵（带有机械/液压伺服控制，外泄油路，逆时针单向驱动）
	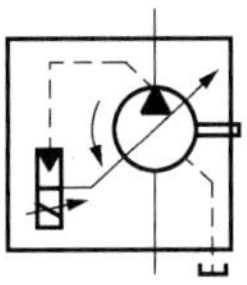	变量泵（带有电液伺服控制，外泄油路，逆时针单向驱动）

续表

泵和马达 （共17种）	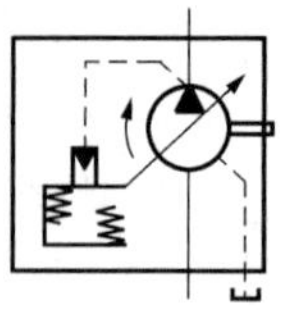	变量泵（带有功率控制，外泄油路，顺时针单向驱动）
	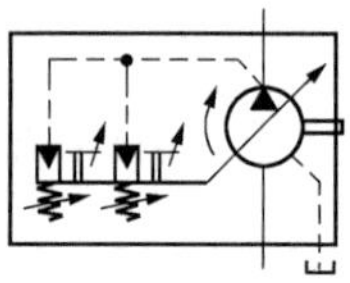	变量泵（带有两级可调限行程压力/流量控制，内置先导控制，外泄油路，顺时针单向驱动）
	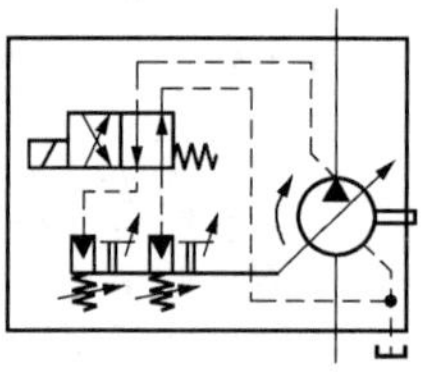	变量泵（带有两级可调限行程压力/流量控制，电气切换，外泄油路，顺时针单向驱动）
	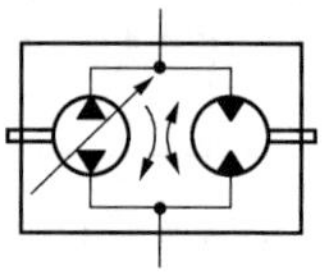	静液压传动装置（简化表达） 泵控马达闭式回路驱动单元（由一个单向旋转输入的双向变量泵和一个双向旋转输出的定量马达组成）
	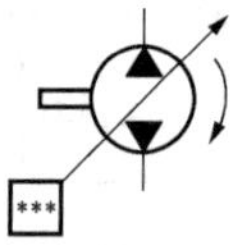	变量泵（带有控制机构和调节元件，顺时针单向驱动，箭头尾端方框表示调节能力可扩展，控制机构和元件可连接箭头的任一端，＊＊＊是复杂控制器的简化标志）
	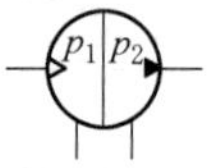	连续增压器（将气体压力 p_1 转换为较高的液体压力 p_2）
缸 （共15种）	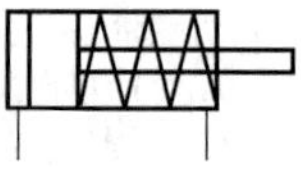	单作用单杆缸（靠弹簧力回程，弹簧腔带连接油口）
	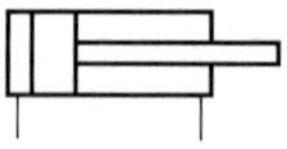	双作用单杆缸
	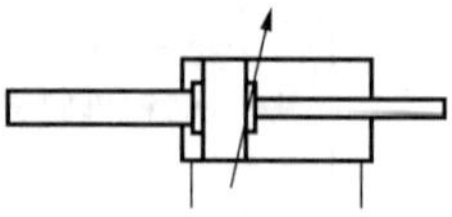	双作用双杆缸（活塞杆直径不同，双侧缓冲，右侧缓冲带调节）
	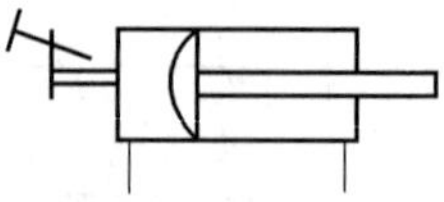	双作用膜片缸（带有预定行程限位器）
	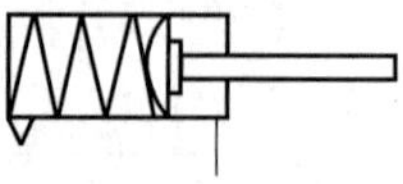	单作用膜片缸（活塞杆终端带有缓冲，带排气口）
	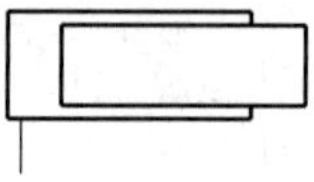	单作用柱塞缸

续表

缸 （共15种）	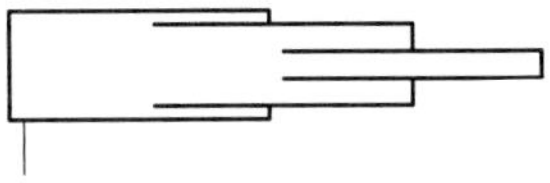	单作用多级缸
	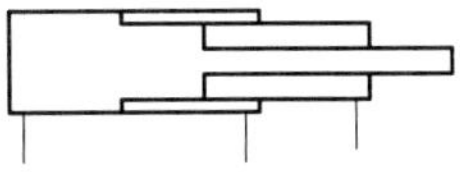	双作用多级缸
	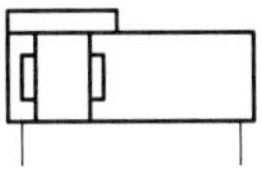	双作用带式无杆缸（活塞两端带有位置缓冲）
	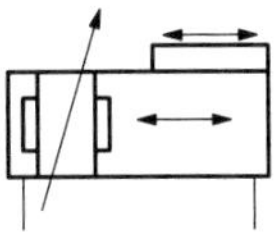	双作用绳索式无杆缸（活塞两端带有可调节位置缓冲）
	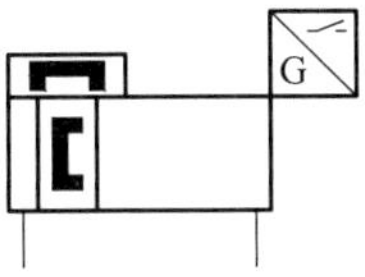	双作用磁性无杆缸（仅右边终端带有位置开关）
	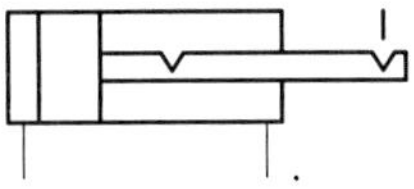	行程两端带有定位的双作用缸
	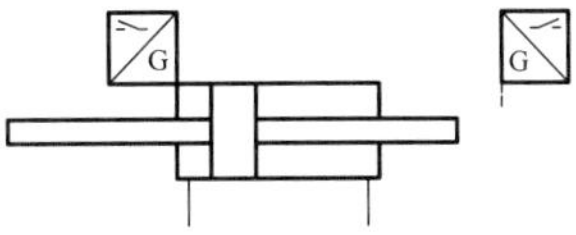	双作用双杆缸（左终点带有内部限位开关，内部机械控制，右终点带有外部限位开关，由活塞杆触发）
	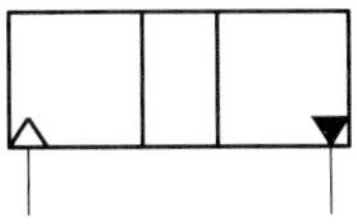	单作用气-液压力转换器（将气体压力转换为等值的液体压力）
	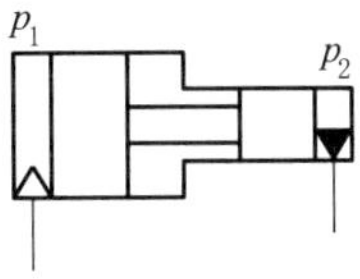	单作用增压器（将气体压力 p_1 转换为更高的液体压力 p_2）
附件—连接和管接头 （共8种）		软管总成
	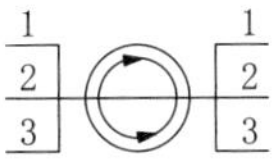	三通旋转式接头
		快换接头（不带有单向阀，断开状态）
	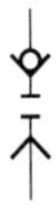	快换接头（带有一个单向阀，断开状态）

续表

附件—连接和管接头（共8种）		快换接头（带有两个单向阀，断开状态）
		快换接头（不带有单向阀，连接状态）
		快换接头（带有一个单向阀，连接状态）
		快换接头（带有两个单向阀，连接状态）
附件—电气装置（共3种）		压力开关（机械电子控制，可调节）
		电调节压力开关（输出开关信号）
	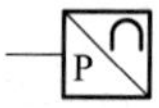	压力传感器（输出模拟信号）
附件—测量仪和指示器（共19种）	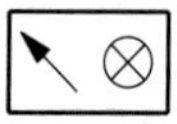	光学指示器
	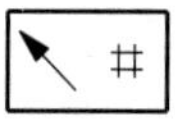	数字显示器
	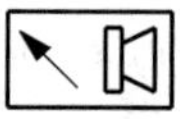	声音指示器
		压力表
		压差表
	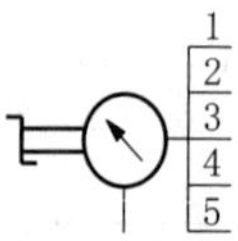	带有选择功能的多点压力表
		温度计
	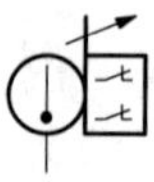	电接点温度计（带有两个可调电气常闭触点）

续表

		液位指示器(油标)
	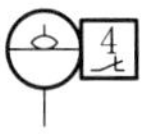	液位开关(带有四个常闭触点)
	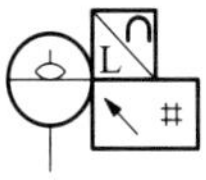	电子液位监控器(带有模拟信号输出和数字显示功能)
		流量指示器
	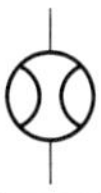	流量计
附件—测量仪和指示器(共19种)	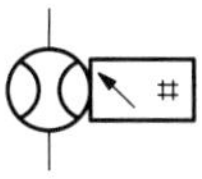	数字流量计
	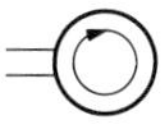	转速计
	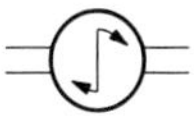	转矩仪
	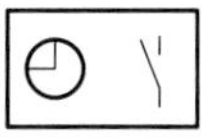	定时开关
	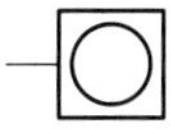	计数器
	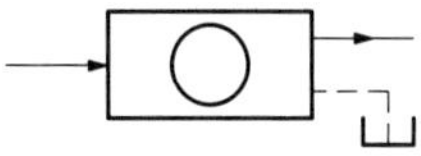	在线颗粒计数器
		过滤器
	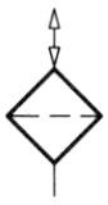	通气过滤器
附件—过滤器与分离器(共13种)		带有磁性滤芯的过滤器
	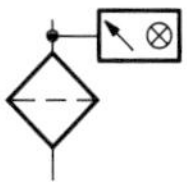	带有光学阻塞指示器的过滤器
	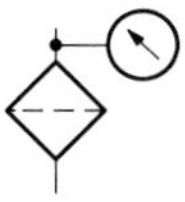	带有压力表的过滤器

续表

附件—过滤器与分离器（共13种）	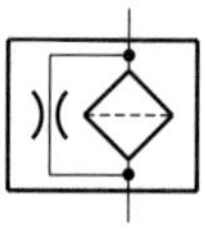	带有旁路节流的过滤器
	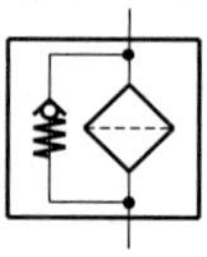	带有旁路单向阀的过滤器
	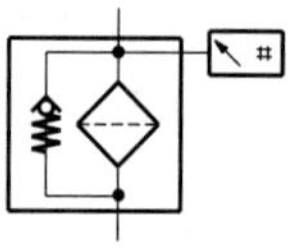	带有旁路单向阀和数字显示器的过滤器
	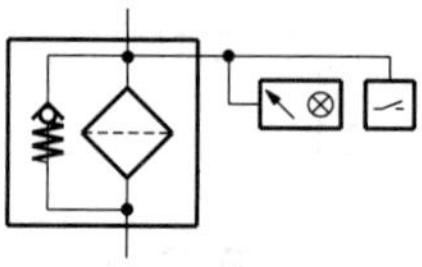	带有旁路单向阀、光学阻塞指示器和压力开关的过滤器
	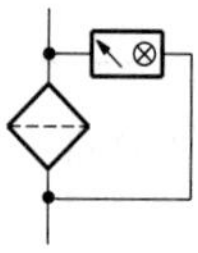	带有光学压差指示器的过滤器
	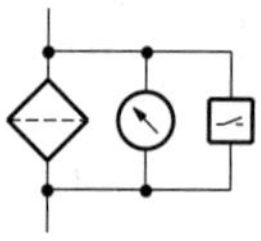	带有压差指示器和压力开关的过滤器
	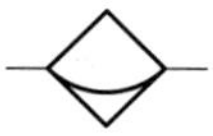	离心式分离器
	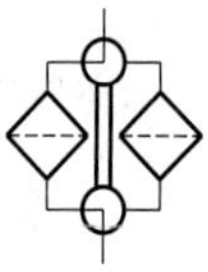	带有手动切换功能的双过滤器
附件—热交换器（共5种）		不带有冷却方式指示的冷却器
	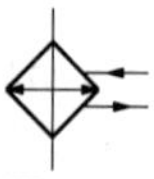	采用液体冷却的冷却器
	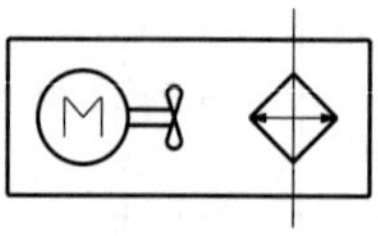	采用电动风扇冷却的冷却器
		加热器
	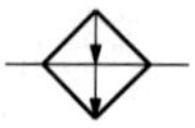	温度调节器

续表

附件—蓄能器(压力容器、气瓶)(共5种)		隔膜式蓄能器
		囊式蓄能器
		活塞式蓄能器
		气瓶
	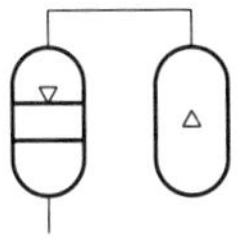	带有气瓶的活塞式蓄能器
附件—润滑点		润滑点

3 液压系统及元件基本术语(摘自GB/T 17446—2024)

3.1 常用的关键形容词和名词术语

表 20-1-14

序号	术语	定义
3.1.1.1	实际(的)	在给定时间和特定点进行物理测量所得到的
3.1.1.2	特性	物理现象的表征 示例:压力,流量,温度
3.1.1.3	工况	代表工作状态的一组特性值
3.1.1.4	导出(的)	规定工况下基于实际测量而得到的或者计算出的
3.1.1.5	有效(的)	特性中有用的
3.1.1.6	几何(的)	忽略诸如因制造引起的微小尺寸变化,利用基本设计尺寸计算出的
3.1.1.7	额定(的)	通过测试确定的,据此设计元件或配管以保证足够的使用寿命的 注:通常规定最大(高)值、最小(低)值
3.1.1.8	运行(的)	系统、子系统、元件或配管在实现其功能时所呈现的
3.1.1.9	理论(的)	利用基本设计尺寸,而非基于实际测量,仅以可能包括估计值、经验数据和特性系数的公式计算出的
3.1.1.10	工作(的)	系统或子系统预期在稳态运行工况下运行的

3.2 通用术语

表 20-1-15

序号	术语	定义
3.1.2.1	流体传动	使用受压流体作为(传动)介质传递、控制、分配信号和能量的方式或方法
3.1.2.2	流体传动系统	产生、传递、控制和转换流体传动能量的相互连接元件的配置
3.1.2.3	液压	使用受压液体作为流体传动介质的科学技术
3.1.2.5	液压动力学	作为液压的分支,研究液体运动所独立产生的力的科学技术
3.1.2.6	液压静力学	作为液压的分支,研究静止状态的液体及其作用力的科学技术
3.1.2.7	液体动力学	研究液体的运动和液体与边界相互作用的科学技术
3.1.2.8	静液压传动	一个或多个液压泵与液压马达组合的形式
3.1.2.9	整体式 静液压传动装置	以单一元件形式呈现的静液压传动 注:在 JB/T 10831—2008 中给出了术语“静液压传动装置”的定义:“集液压泵、马达于一体,将机械能通过液压泵转化为液压能,液压马达又将液压能转化为机械能的传动装置”
3.1.2.11	布置	与应用和场所有关的一个或多个流体传动系统的配置
3.1.2.12	系统冲洗	以专用的冲洗介质在低压力下清洗系统内部通路和腔室的操作 注:在系统服役之前,须使用正确的工作介质替换冲洗介质
3.1.2.13	系统加注	将规定量的液压流体加注到系统中的行为
3.1.2.14	系统排放	将流体从系统中去除
3.1.2.15	系统排气	去除滞留在液压系统中的空气
3.1.2.17	总成	包括两个或多个相互连接的元件组成的流体传动系统或子系统的部件
3.1.2.18	安装	固定元件、配管或系统的方式
3.1.2.23	公称规格	参数值的名称,是为便于参考的圆整值(制造参数仅是宽松关联) 注:公称直径(通径)通常由缩写 DN 表示
3.1.2.25	元件	由除配管以外的一个或多个零件组成,作为流体传动系统的一个功能件的独立单元 示例:缸、马达、阀、过滤器
3.1.2.26	执行元件	将流体能量转换成机械功的元件 示例:马达、缸
3.1.2.27	原动机	在流体传动系统中驱动泵或压缩机的机械动力源装置 示例:电动机、内燃机
3.1.2.32	额定工况	通过测试确定,以基本特性的最高值和最低值(必要时)表示,保证元件或配管的设计满足服役寿命的工况
3.1.2.33	极限工况	在给定时间内,特定应用的极端工况下,元件、配管或系统能满足运行工况的最大、最小值
3.1.2.34	规定工况	在运行或测试期间需要满足的工况
3.1.2.35	环境条件	系统当前的环境状态 示例:压力、温度等
3.1.2.36	空载工况	当没有外部负载引起的流动阻力时,系统、子系统、元件或配管所呈现的特性值
3.1.2.37	间歇工况	元件、配管或系统工作与非工作(停机或空运行)交替的运行工况
3.1.2.38	运行工况	系统、子系统、元件或配管在实现其功能时所呈现的特征值 注:这些工况可能在操作过程中变化
3.1.2.39	循环	周期性重复的一组完整事件或工况
3.1.2.41	待启动状态	液压系统和元件或装置处于开始工作循环之前且所有能源关闭的状态
3.1.2.45	额定温度	通过测试确定的,元件或配管按其设计能保证足够的使用寿命的温度 注:技术规格中可以包括一个最高、最低额定温度
3.1.2.46	环境温度	元件、配管或系统工作时周围环境的温度
3.1.2.50	液压功率	元件或系统单位时间内做功的能力(液压流体的流量和压力的乘积)
3.1.2.52	装机功率	原动机额定功率
3.1.2.53	功率损失	流体传动元件或系统所吸收的而没有等量可用输出的功率
3.1.2.54	功率消耗	规定工况下元件或系统消耗的总功率
3.1.2.56	缓冲	运动件在趋近其运动终点时借以减速的手段(有固定或可调两种)

续表

序号	术语	定义
3.1.2.59	节流孔	长度不大于其直径,设计成基本不受温度或黏度影响,保持恒定流量的孔
3.1.2.60	喷嘴	具有平滑形状的进口和平滑形状的或突然打开的出口的节流结构
3.1.2.61	流道	输送流体的通道
3.1.2.62	气液	借助于液体和压缩气体来发挥功能
3.1.2.63	定位机构	借助于辅助阻力把一个运动件保持在特定位置的装置
3.1.2.64	子系统	在一个流体传动系统中,提供设定功能的相互连接元件的配置
3.1.2.65	流体动力源	产生和维持有压力流体的流量的动力源
3.1.2.66	动力单元	原动机和泵(带或者不带油箱)以及辅助装置(例如控制装置、溢流阀)的总成
3.1.2.68	放气	从系统或元件中排出气体的方法
3.1.2.73	气动消声器	降低排气的噪声等级的元件
3.1.2.74	压力脉动阻尼器	减小压力变动和压力脉动的幅值的元件

3.3 流量与流动特性术语

表 20-1-16

序号	术语	定义
3.1.4.1	流量	在规定工况下,单位时间内通过流道横截面的流体体积 注:也用“体积流量”
3.1.4.2	额定流量	通过测试确定的,元件或配管按此设计、工作的流量
3.1.4.3	负载流量/带载流量	在负载压差下,通过阀出口的流量
3.1.4.4	供给流量	由动力源所产生的流量
3.1.4.5	进口流量	流过进口横截面的流量
3.1.4.6	控制流量	实现控制功能的流量
3.1.4.7	先导流量	先导管路或先导回路的流量
3.1.4.8	质量流量	单位时间流过流道横截面的流体质量
3.1.4.9	总流量	先导流量泄漏流量和出口流量的总和
3.1.4.10	流量放大率	输出流量与控制流量之间的比值
3.1.4.11	流量非线性度	实际流量曲线与理想流量曲线(斜率等于实际流量的增益)之间存在的偏差 注:1. 线性度被定义为最大偏差,并以额定信号的百分比表示 2. 对于具有循环特征的流量曲线,实际流量曲线是其中心轨迹线
3.1.4.12	流量恢复率	出口空载流量与供给流量之比
3.1.4.13	流量特性	对相关参数变化导致流量变化的描述(通常以图形表达)
3.1.4.14	流量系数	表征流体传动元件或配管的流通能力的系数
3.1.4.15	流量增益	在给定点处的输出流量的变化与输入信号变化之比
3.1.4.20	流量冲击	在某一时间段流量的急剧上升和下降
3.1.4.21	流量脉动	液压流体中流量的变动
3.1.4.22	液动力	由流体流动引起的,作用在元件内运动件上的力
3.1.4.23	流动	压力差引起的流体运动
3.1.4.24	流动损失	由于液体运动引起的功率损失
3.1.4.25	流体缓冲	通过回油节流或排气节流而实现的缓冲
3.1.4.26	流体摩擦	由流体的黏度所引起的摩擦
3.1.4.27	静摩擦	静止状态下对运动趋势的约束
3.1.4.28	层流	以流体层(层板)之间按有序方式相互滑动为特征的流体流动 注:这种类型的流动的摩擦最小 参见:紊流
3.1.4.29	紊流	以质点随机运动为特征的流体流动 参见:层流

续表

序号	术语	定义
3.1.4.30	临界雷诺数	在给定条件下，表示流动是层流或紊流的参考数值
3.1.4.31	泄漏	相对少量的流体不做有用功而引起能量损失的流动
3.1.4.32	内泄漏	元件内腔之间的泄漏
3.1.4.33	外泄漏	从元件或配管的内部向周围环境的泄漏

3.4 压力术语

表 20-1-17

序号	术语	定义
3.1.5.1	压力	受约束的流体施加于单位面积的法向力 注：物理领域通常称作压强
3.1.5.2	水头 标高压力	基准面以上的液体的高度 注：表述时要注明长度单位和流体类型
3.1.5.3	压头	产生给定压力所对应的液柱高度
3.1.5.4	标准大气压	海平面处的平均大气压（等于101325Pa）
3.1.5.5	大气压	在给定时间与地点的大气的绝对压力 参见：图2，图3
3.1.5.6	真空	压力或质量密度低于当地大气水平的状态 注：以绝对压力或负表压力表示
3.1.5.7	静压	由固定仪器测量的相对静止或运动流体的压力 参见：动压，图4 注：静压通常在壁上测量，垂直于流动方向
3.1.5.8	动压	在等熵条件下流动流体被阻断时上升的压力
3.1.5.9	总压	静压、动压和水头的总和 注：对于气动通常可以忽略水头。总压力等于滞止压力
3.1.5.10	表压	所测量的绝对压力减去大气压 参见：图2，图3 注：可以取正值或负值
3.1.5.11	绝对压力	以绝对真空作为基准的压力 参见：图2，图3
3.1.5.12	基准压力	确认作为基准的压力
3.1.5.13	外压	从外部作用于元件或系统的压力
3.1.5.14	内压	在系统、元件或配管内部作用的压力
3.1.5.15	背压	因下游阻力产生的压力
3.1.5.16	爆破压力	引起元件或配管爆破破坏且流体外泄的压力 参见：图3
3.1.5.17	充气（液）压力	元件充气（液）或膨胀后达到的压力 参见：预充气压力、预载压力和设定压力
3.1.5.18	进口压力	元件、配管或系统的进口处的压力
3.1.5.19	出口压力	元件、配管或系统的出口处的压力
3.1.5.20	额定压力	通过测试确定的，元件或配管按其设计、工作以保证达到足够的使用寿命的压力 参见：最高工作压力 注：技术规格中可以包括一个最高、最低额定压力
3.1.5.21	公称压力	为了方便表示和标识所属的系列而指派给系统、元件或配管的压力值
3.1.5.22	负载压力	由外部载荷引起的压力
3.1.5.23	供给压力	由动力源所产生的压力
3.1.5.24	关闭压力	在限定条件下使元件关闭的压力

续表

序号	术语	定义
3.1.5.25	缓冲压力	为使总运动质量体减速而产生的压力
3.1.5.26	回油压力	由流动阻力、压力油箱引起的回油管路中的压力
3.1.5.27	空转压力	在空转期间,维持系统或元件的流量、负载所需的压力 参见:图2
3.1.5.28	控制压力	油(气)口用来提供控制功能的压力
3.1.5.29	耐压压力	在装配后施加的,超过元件或配管的最高额定压力,不引起损坏或导致故障的试验压力
3.1.5.30	启动压力	启动某一项功能时的压力
3.1.5.31	启动压力	开始运动所需的最低压力
3.1.5.32	切换压力	系统或元件启动、停止或反向的启动压力
3.1.5.33	设定压力	压力控制元件被设置的压力
3.1.5.34	实际压力	在给定时间和特定点的压力
3.1.5.35	试验压力	元件、配管、子系统或系统为达到试验目的所承受的压力
3.1.5.36	所需压力	在给定时间和特定点所需要的压力
3.1.5.37	先导压力	先导管路或先导回路中的压力
3.1.5.38	循环压力	当系统或系统的一部分循环时,其内部的压力
3.1.5.39	循环试验压力	在疲劳试验中,循环试验高压下限值和循环试验低压上限值之差
3.1.5.40	循环试验高压下限值	在疲劳(压力)试验的每次循环期间,实际试验压力的高压区间的最小值
3.1.5.41	循环试验低压上限值	在疲劳(压力)试验的每个循环期间,要求实际试验压力所低于的压力
3.1.5.42	预充气压力	充气式蓄能器充气(液)压力
3.1.5.43	预载压力	施加在元件或者系统上的预设背压
3.1.5.44	最低工作压力	在稳态工况下,一个系统或子系统工作的最低压力 参见:图2 注:对于元件和配管,参见相关术语"额定压力"
3.1.5.45	最高工作压力	在稳态工况下,系统或子系统工作的最高压力 参见:图2 注:1. 对于元件和配管,参见相关术语"额定压力" 2. 对于"最高工作压力"的定义,当它涉及液压软管和软管总成时,请参阅 ISO 8330
3.1.5.46	最高压力	可能出现的对元件或系统的性能或寿命没有严重影响的短时极限压力 参见:图2
3.1.5.47	滞止压力	运动流体在等熵过程中停止时的压力 参见:图4 注:皮托管常用来测量滞止压力
3.1.5.48	压差	在不同测量点同时出现的两个压力之间的差
3.1.5.49	压降	流动过程中阻尼的两端的压力差 参见:图2
3.1.5.50	压力变动	压力随时间的不可控的变化 参见:图2
3.1.5.51	压力波	压力以相对小的振幅在长时间内呈现的周期性变化
3.1.5.52	压力峰值	超过稳态压力,甚至可能超过最高压力的压力脉冲 参见:图2
3.1.5.53	压力脉冲	压力短暂升降或降升 参见:图2
3.1.5.54	压力脉动	压力的周期性变化 参见:图2
3.1.5.55	压力波动	流量波动源与系统的相互作用引起的液压流体中压力的变动
3.1.5.56	压力冲击	在某一时间段的压力的变化 参见:图2
3.1.5.57	压力损失	由未转化为有用功的能量消耗引起的压力降低
3.1.5.58	压力梯度	稳态流动中压力随位置的变化率

续表

序号	术语	定义
3.1.5.59	运行压力范围	系统、子系统、元件或配管在实现其功能时承受的压力区间 参见:图 2 注:有关液压软管和软管组件的"最高工作压力"的定义,请参阅 ISO 8330 作者注:在 GB/T 7528—2019/ISO 8330:2014《橡胶和塑料软管及软管组合件　术语》中给出了术语"最大工作压力(额定压力)"的定义:"软管设计承受的最大压力,包括使用期间任何瞬间冲击"
3.1.5.60	工作压力范围	在稳态工况下,系统或子系统正常工作的压力区间
3.1.5.61	压力变化率	单位时间系统压力的变化量 注:压力增大(正)和压力降低(负)都存在压力变化率。参见"最大压力变化率"
3.1.5.62	最大压力变化率	压力范围内压力增加或降低时最大的允许变化率
3.1.5.63	压力放大率	出口压力与进口压力之比
3.1.5.65	压力衰减时间	流体压力从一个规定值下降到另一个较低的规定值所经历的时间
3.1.5.66	爆破	由过高压力引起结构破坏
3.1.5.67	冲击波	以声速在流体中传播的压力脉冲
3.1.5.68	气穴	在局部压力降低到临界压力(通常是液体的蒸气压)处,在液流中形成的气体或蒸气的空穴 注:在气穴状态下,液体以高速通过气穴空腔,产生锤击效应,不仅会产生噪声,还可能损坏元件
3.1.5.69	水锤	在系统内由流量骤减所产生的压力急剧上升现象

4　液压流体力学常用公式

4.1　流体主要物理性质公式

表 20-1-18

项　目	公　式	单　位	符号意义
重力	$G=mg$	N	m——质量,kg g——重力加速度,m/s^2 V——流体体积,m^3 p——绝对压力,Pa T——热力学温度,K R——气体常数,N·m/(kg·K),不同气体 R 值不同,空气 $R=$ 287 N·m/(kg·K) k——绝热指数,不同气体 k 值不同,空气 $k=1.4$ $\Delta V/V$——体积变化率 Δp——压力差,Pa Δt——温度的增值,℃ μ——动力黏度,Pa·s
密度	$\rho=\dfrac{m}{V}$	kg/m^3	
理想气体状态方程	$\dfrac{p}{\rho}=RT$		
等温过程	$\dfrac{p}{\rho}=$常数		
绝热过程	$\dfrac{p}{\rho^k}=$常数		
流体体积压缩系数	$\beta_p=\dfrac{\Delta V/V}{\Delta p}$	m^2/N	
流体体积弹性模量	$E_0=\dfrac{1}{\beta_p}$	N/m^2	
流体温度膨胀系数	$\beta_t=\dfrac{\Delta V/V}{\Delta t}$	℃$^{-1}$	
运动黏度系数	$\nu=\dfrac{\mu}{\rho}$	m^2/s	

4.2 流体静力学公式

表 20-1-19

项目	公式	单位	符号意义
压强或压力	$p=\frac{F}{A}$	Pa	F——总压力，N A——有效断面积，m^2 p_M——绝对压力，Pa p_a——大气压力，Pa h——液柱高，m p_1，p_2——同一种流体中任意两点的压力，Pa h_G——平面的形心距液面的垂直高度，m A_0——平板的面积，m^2 P_x——总压力的水平分量，N P_z——总压力的垂直分量，N A_x——曲面在 x 方向投影面积，m^2 h_{Gx}——A_x 的形心距液面的垂直高度，m V_p——通过曲面周边向液面作无数垂直线而形成的体积，m^3 θ——总压力与 x 轴夹角，(°)
相对压力	$p_r=p_M-p_a$	Pa	
真空度	$p_B=p_a-p_M$	Pa	
静力学基本方程	$p_2=p_1+\rho gh$ 使用条件：连续均一流体	Pa	
流体对平面的作用力	$P_0=\rho gh_GA_0$	N	
流体对曲面的作用力	$P=\sqrt{P_x^2+P_z^2}$ $P_x=\rho gh_{Gx}A_x$ $P_z=\rho gV_p$ $\tan\theta=\frac{P_z}{P_x}$	N N N	

注：A_0 按淹没部分的面积计算。

4.3 流体动力学公式

表 20-1-20

项目	公式	符号意义
连续性方程	$v_1A_1=v_2A_2=$常数 $Q_1=Q_2=Q$ 使用条件：①稳定流；②流体是不可压缩的	A_1，A_2——任意两断面面积，m^2 v_1，v_2——任意两断面平均流速，m/s Q_1，Q_2——通过任意两断面的流量，m^3/s Z_1，Z_2——断面中心距基准面的垂直高度，m α——动能修正系数，一般工程计算可取 $\alpha_1=\alpha_2\approx1$ h_w——总流断面 A_1 及 A_2 之间单位重力流体的平均能量损失，m H_0——单位重力流体从流体机械获得的能量（H_0 为"+"），或单位重力流体供给流体机械的能量（H_0 为"-"），m $\sum F$——作用于流体段上的所有外力，N
理想流体伯努利方程	$Z_1+\frac{p_1}{\rho g}+\frac{v_1^2}{2g}=Z_2+\frac{p_2}{\rho g}+\frac{v_2^2}{2g}$ $Z+\frac{p}{\rho g}+\frac{v^2}{2g}=$常数 使用条件：①质量力只有重力；②理想流体；③稳定流动	
实际流体总流的伯努利方程	$Z_1+\frac{p_1}{\rho g}+\frac{\alpha_1v_1^2}{2g}=Z_2+\frac{p_2}{\rho g}+\frac{\alpha_2v_2^2}{2g}+h_w$ 使用条件：①质量力只有重力；②稳定流动；③不可压缩流体；④缓变流；⑤流量为常数	
系统中有流体机械的伯努利方程	$Z_1+\frac{p_1}{\rho g}+\frac{\alpha_1v_1^2}{2g}\pm H_0=Z_2+\frac{p_2}{\rho g}+\frac{\alpha_2v_2^2}{2g}+h_w$ 使用条件：①质量力只有重力；②稳定流动；③不可压缩流体；④缓变流；⑤流量为常数	
稳定流的动量方程	$\sum F=\rho Q(v_2-v_1)$	

4.4 雷诺数、流态、压力损失公式

表 20-1-21 雷诺数、流态、压力损失计算公式

项目	公式	符号意义
雷诺数	$Re=\frac{vd}{\nu}$	v——管内平均流速，m/s d——圆管内径，m υ——流体的运动黏度，m^2/s $Re_{(L)}$——临界雷诺数：圆形光滑管，$Re_{(L)}=2000\sim2300$；橡胶管，$Re_{(L)}=1600\sim2000$ λ——沿程阻力系数，它是 Re 和相对粗糙度 ε/d 的函数，可按表 20-1-22 的公式计算，或从图 20-1-1 中直接查得，管壁的绝对粗糙度 ε 见表 20-1-23 l——圆管的长度，m ρ——流体的密度，kg/m^3 ζ——局部阻力系数，各种情况的局部阻力系数见表 20-1-24～表 20-1-31
层流	$Re<Re_{(L)}$	
紊流	$Re>Re_{(L)}$	
沿程压力损失	$\Delta p_f=\lambda\frac{l}{d}\times\frac{\rho v^2}{2}$	
局部压力损失	$\Delta p_r=\zeta\frac{\rho v^2}{2}$	
管路总压力损失	$\Delta p=\sum\lambda_i\frac{l_i}{d_i}\times\frac{\rho v_i^2}{2}+\sum\zeta_i\frac{\rho v_i^2}{2}$	

表 20-1-22 圆管的沿程阻力系数 λ 的计算公式

流动区域		雷诺数范围		λ 计算公式
层流		$Re<2320$		$\lambda=\frac{64}{Re}$
紊流	水力光滑管区	$Re<22\left(\frac{d}{\varepsilon}\right)^{8/7}$	$3000<Re<10^5$	$\lambda=0.3164Re^{-0.25}$
			$10^5\leqslant Re<10^8$	$\lambda=\frac{0.308}{(0.842-\lg Re)^2}$
	水力粗糙管区	$22\left(\frac{d}{\varepsilon}\right)^{8/7}\leqslant Re\leqslant597\left(\frac{d}{\varepsilon}\right)^{9/8}$		$\lambda=\left[1.14-2\lg\left(\frac{\varepsilon}{d}+\frac{21.25}{Re^{0.9}}\right)\right]^{-2}$
	阻力平方区	$Re>597\left(\frac{d}{\varepsilon}\right)^{9/8}$		$\lambda=0.11\left(\frac{\varepsilon}{d}\right)^{0.25}$

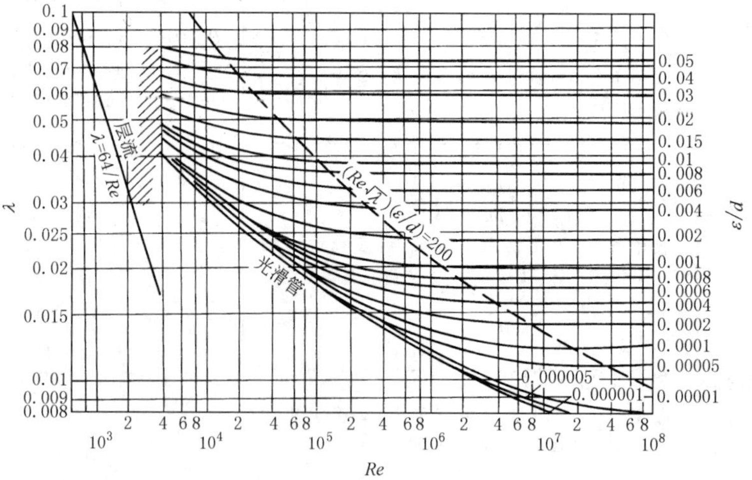

图 20-1-1 在粗糙管道内油的摩擦阻力系数

表 20-1-23　各种新管内壁绝对粗糙度 ε　mm

材　　料	管内壁状态	绝对粗糙度 ε	材　　料	管内壁状态	绝对粗糙度 ε
铜	冷拔铜管、黄铜管	0.0015~0.01	铸　铁	铸铁管	0.05
铝	冷拔铝管、铝合金管	0.0015~0.06	塑　料	光滑塑料管 d=100mm 的波纹管 $d \geqslant$200mm 的波纹管	0.0015~0.01 5~8 15~30
钢	冷拔无缝钢管 热拉无缝钢管 轧制无缝钢管 镀锌钢管 波纹管	0.01~0.03 0.05~0.1 0.05~0.1 0.12~0.15 0.75~7.5	橡　胶	光滑橡胶管 含有加强钢丝的胶管	0.006~0.07 0.3~4

表 20-1-24　管道入口处的局部阻力系数

<table>
<tr><th>入口型式</th><th>局部阻力系数 ζ</th></tr>
<tr><td>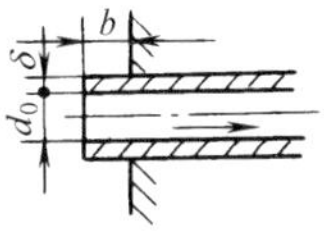

入口处为尖角凸边
$Re>10^4$</td>
<td>当 $\delta/d_0<0.05$ 及 $b/d_0 \leqslant 0.5$ 时，$\zeta=1$
当 $\delta/d_0 \geqslant 0.05$ 及 $b/d_0>0.5$ 时，$\zeta=0.5$</td></tr>
<tr><td>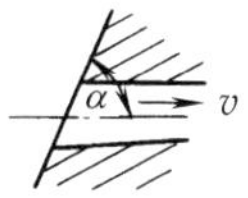

入口处为尖角
$Re>10^4$</td>
<td><table>
<tr><td>$\alpha/(^\circ)$</td><td>20</td><td>30</td><td>45</td><td>60</td><td>70</td><td>80</td><td>90</td></tr>
<tr><td>ζ</td><td>0.96</td><td>0.91</td><td>0.81</td><td>0.7</td><td>0.63</td><td>0.56</td><td>0.5</td></tr>
</table>一般垂直入口，$\alpha=90^\circ$</td></tr>
<tr><td>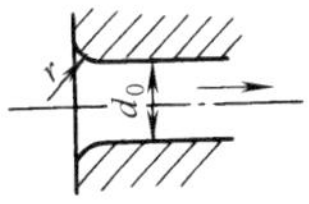

入口处为圆角</td>
<td><table>
<tr><td>r/d_0</td><td>0.12</td><td>0.16</td></tr>
<tr><td>ζ</td><td>0.1</td><td>0.06</td></tr>
</table></td></tr>
<tr><td>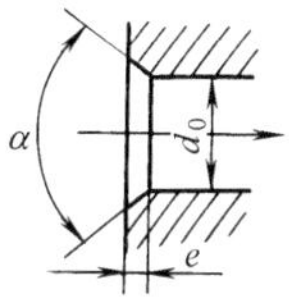

入口处为倒角
$Re>10^4$
（$\alpha=60^\circ$时最佳）</td>
<td><table>
<tr><td rowspan="3">$\alpha/(^\circ)$</td><td colspan="6">e/d_0</td></tr>
<tr><td>0.025</td><td>0.050</td><td>0.075</td><td>0.10</td><td>0.15</td><td>0.60</td></tr>
<tr><td colspan="6">ζ</td></tr>
<tr><td>30</td><td>0.43</td><td>0.36</td><td>0.30</td><td>0.25</td><td>0.20</td><td>0.13</td></tr>
<tr><td>60</td><td>0.40</td><td>0.30</td><td>0.23</td><td>0.18</td><td>0.15</td><td>0.12</td></tr>
<tr><td>90</td><td>0.41</td><td>0.33</td><td>0.28</td><td>0.25</td><td>0.23</td><td>0.21</td></tr>
<tr><td>120</td><td>0.43</td><td>0.38</td><td>0.35</td><td>0.33</td><td>0.31</td><td>0.29</td></tr>
</table></td></tr>
<tr><td>带丝网的进口
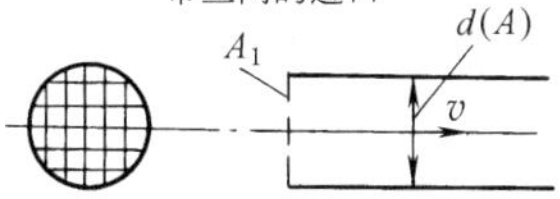
</td>
<td><table>
<tr><td>A_1/A</td><td>1</td><td>0.8</td><td>0.7</td><td>0.5</td><td>0.4</td><td>0.3</td><td>0.2</td><td>0.1</td></tr>
<tr><td>ζ</td><td>1</td><td>1.1</td><td>1.2</td><td>2</td><td>3.2</td><td>6.2</td><td>15</td><td>80</td></tr>
</table>适用于 $Re=\dfrac{v\delta}{\nu} \geqslant 400$
v——网前液体平均流速
δ——网孔平均孔径
ν——液体黏度
A_1——丝网眼孔有效过流面积
A——管道的过流断面面积</td></tr>
</table>

表 20-1-25　管道出口处的局部阻力系数

<table>
<tr><th>出口型式</th><th>局部阻力系数 ζ</th></tr>
<tr><td>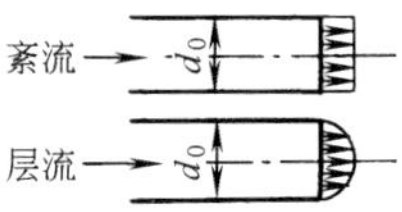

从直管流出</td>
<td>紊流时，$\zeta=1$
层流时，$\zeta=2$</td></tr>
</table>

续表

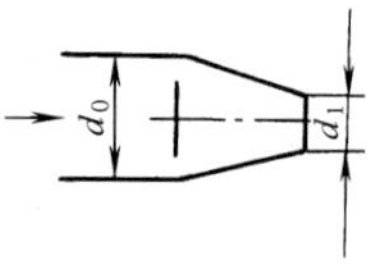

出口型式	局部阻力系数 ζ											
从锥形喷嘴流出，$Re>2\times10^3$	$\zeta=1.05(d_0/d_1)^4$											
	d_0/d_1	1.05	1.1	1.2	1.4	1.6	1.8	2.0	2.2	2.4	2.6	2.8	3.0
	ζ	1.28	1.54	2.18	4.03	6.88	11.0	16.8	24.6	34.8	48.0	64.5	85.0

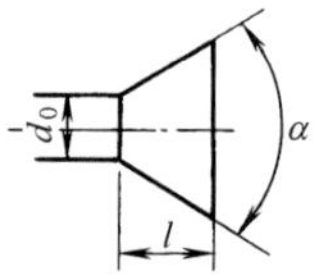

出口型式	l/d_0	$\alpha/(°)$									
从锥形扩口管流出，$Re>2\times10^3$		2	4	6	8	10	12	16	20	24	30
		ζ									
	1	1.30	1.15	1.03	0.90	0.80	0.73	0.59	0.55	0.55	0.58
	2	1.14	0.91	0.73	0.60	0.52	0.46	0.39	0.42	0.49	0.62
	4	0.86	0.57	0.42	0.34	0.29	0.27	0.29	0.47	0.59	0.66
	6	0.49	0.34	0.25	0.22	0.20	0.22	0.29	0.38	0.50	0.67
	10	0.40	0.20	0.15	0.14	0.16	0.18	0.26	0.35	0.45	0.60

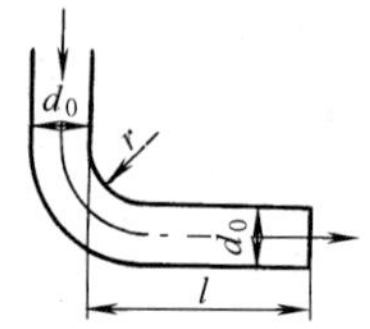

出口型式	r/d_0	l/d_0							
从90°弯管中流出，$Re>2\times10^3$ $\zeta=\zeta'+\lambda\dfrac{l}{d_0}$		0	0.5	1.0	1.5	2.0	3.0	6.0	12.0
		ζ'							
	0	2.95	3.13	3.23	3.00	2.72	2.40	2.10	2.00
	0.2	2.15	2.15	2.08	1.84	1.70	1.60	1.52	1.48
	0.5	1.80	1.54	1.43	1.36	1.32	1.26	1.19	1.19
	1.0	1.46	1.19	1.11	1.09	1.09	1.09	1.09	1.09
	2.0	1.19	1.10	1.06	1.04	1.04	1.04	1.04	1.04

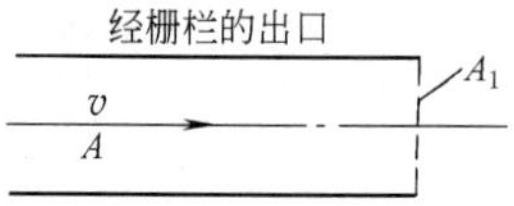

出口型式										
经栅栏的出口	A_1/A	0.9	0.8	0.7	0.6	0.5	0.4	0.3	0.2	0.1
	ζ	1.9	3.0	4.2	6.2	9.0	15	35	70	82.9

表 20-1-26　　管道扩大处的局部阻力系数

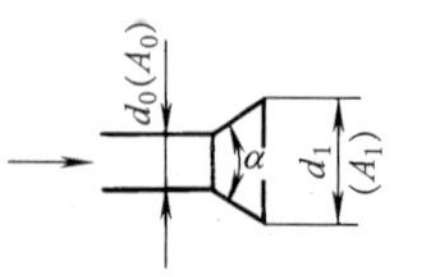

当 $\alpha=180°$，为突然扩大

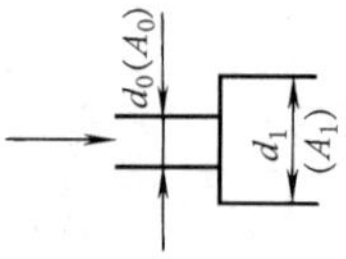

管道扩大型式	α/(°)	d_1/d_0					
		1.2	1.5	2.0	3.0	4.0	5.0
		ζ					
	5	0.02	0.04	0.08	0.11	0.11	0.11
	10	0.02	0.05	0.09	0.15	0.16	0.16
	20	0.04	0.12	0.25	0.34	0.37	0.38
	30	0.06	0.22	0.45	0.55	0.57	0.58
	45	0.07	0.30	0.62	0.72	0.75	0.76
	60		0.36	0.68	0.81	0.83	0.84
	90		0.34	0.63	0.82	0.88	0.89
	120		0.32	0.60	0.82	0.88	0.89
	180		0.30	0.56	0.82	0.88	0.89

表中未计摩擦损失，其值按下列公式决定：

$$\zeta_{摩擦}=\frac{\lambda}{8\sin\dfrac{\alpha}{2}}\left[1-\left(\frac{A_0}{A_1}\right)^2\right]$$

A_0，A_1——管道相应于内径 d_0、d_1 的通过面积

表 20-1-27　　　　管道缩小处的局部阻力系数

<table>
<tr><th>管道缩小型式</th><th colspan="11">局部阻力系数ζ</th></tr>
<tr><td rowspan="3">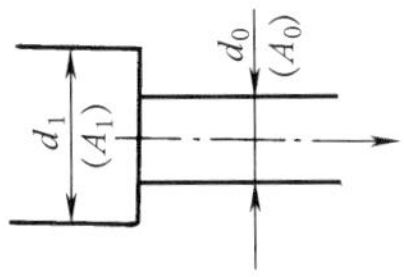
$Re>10^4$</td><td colspan="11">$\zeta=0.5\left(1-\frac{A_0}{A_1}\right)$</td></tr>
<tr><td>A_0/A_1</td><td>0.1</td><td>0.2</td><td>0.3</td><td>0.4</td><td>0.5</td><td>0.6</td><td>0.7</td><td>0.8</td><td>0.9</td><td>1.0</td></tr>
<tr><td>ζ</td><td>0.45</td><td>0.4</td><td>0.35</td><td>0.3</td><td>0.25</td><td>0.2</td><td>0.15</td><td>0.1</td><td>0.05</td><td>0</td></tr>
<tr><td>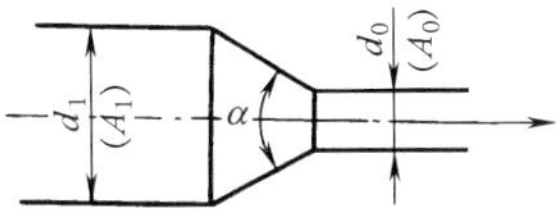
$Re>10^4$</td><td colspan="11">$\zeta=\zeta'\left(1-\frac{A_0}{A_1}\right)$
ζ′——按表 20-1-24 第 4 项管道“入口处为倒角”的ζ值
A_0、A_1——管道相应于内径 d_0、d_1 的通过面积</td></tr>
</table>

表 20-1-28　　　　弯管的局部阻力系数

<table>
<tr><th>弯管型式</th><th colspan="10">局部阻力系数ζ</th></tr>
<tr><td rowspan="2">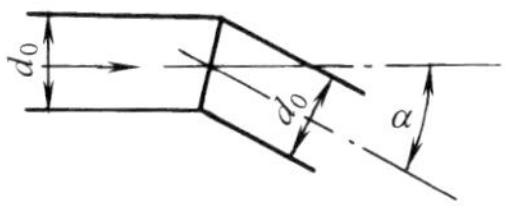
折管</td><td>α/(°)</td><td>10</td><td>20</td><td>30</td><td>40</td><td>50</td><td>60</td><td>70</td><td>80</td><td>90</td></tr>
<tr><td>ζ</td><td>0.04</td><td>0.1</td><td>0.17</td><td>0.27</td><td>0.4</td><td>0.55</td><td>0.7</td><td>0.9</td><td>1.12</td></tr>
<tr><td rowspan="4">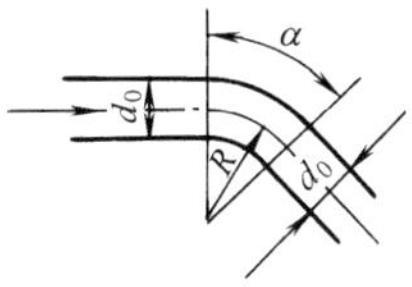
光滑管壁的均匀弯管</td><td colspan="10">$\zeta=\zeta'\frac{\alpha}{90°}$</td></tr>
<tr><td>$d_0/(2R)$</td><td colspan="2">0.1</td><td colspan="2">0.2</td><td colspan="2">0.3</td><td colspan="2">0.4</td><td>0.5</td></tr>
<tr><td>ζ′</td><td colspan="2">0.13</td><td colspan="2">0.14</td><td colspan="2">0.16</td><td colspan="2">0.21</td><td>0.29</td></tr>
<tr><td colspan="10">注：1. 对于粗糙管壁的铸造弯头，当紊流时，ζ′数值应当较表中大 3~4.5 倍
2. 两个弯管相连的情况：
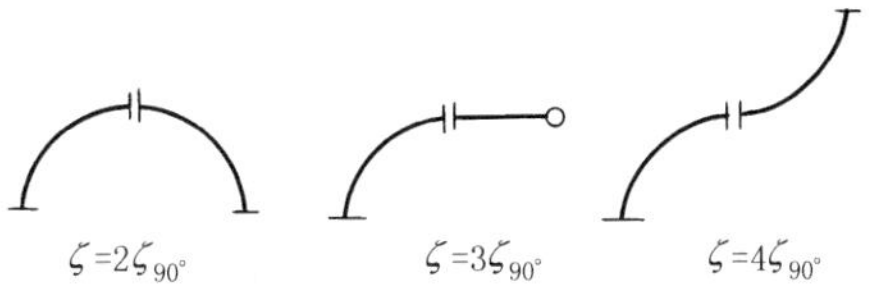</td></tr>
</table>

表 20-1-29　　　　分支管的局部阻力系数

型式及流向					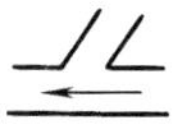	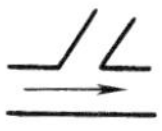
ζ	1.3	0.1	0.5	3	0.05	0.15

注：根据本表可以组合成各种分流或合流情况。

表 20-1-30　　　　交贯钻孔通道的局部阻力系数

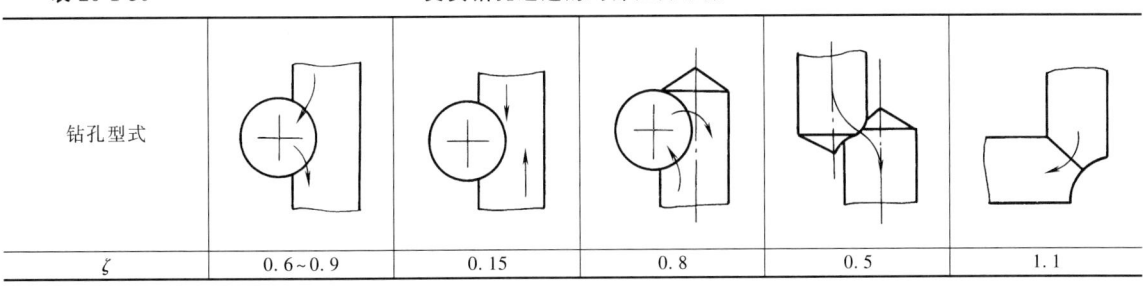

钻孔型式	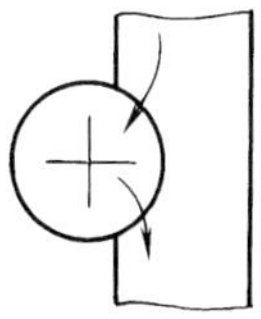	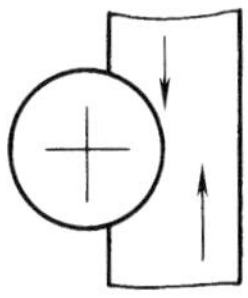	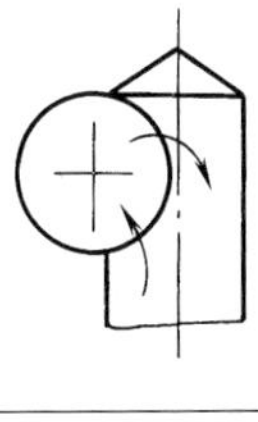	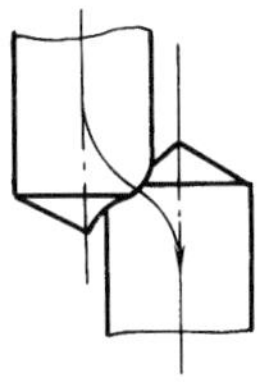	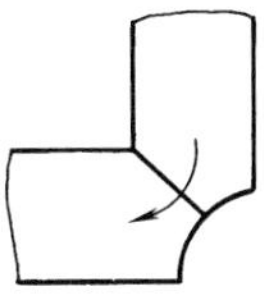
ζ	0.6~0.9	0.15	0.8	0.5	1.1

表 20-1-31　　阀口的局部阻力系数

<table>
<tr><th>图示</th><th>几何参数</th><th colspan="11">局部阻力系数 ζ</th></tr>
<tr><td rowspan="2">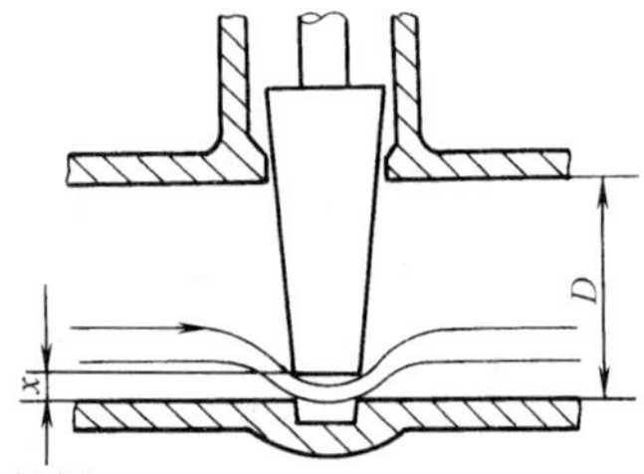
闸阀</td><td rowspan="2">x——阀的开度</td><td>x/D</td><td>1</td><td>0.9</td><td>0.8</td><td>0.7</td><td>0.6</td><td>0.5</td><td>0.4</td><td>0.3</td><td>0.2</td><td>0.1</td></tr>
<tr><td>ζ</td><td>1.3</td><td>1.6</td><td>2</td><td>3</td><td>4.5</td><td>6.2</td><td>10</td><td>20</td><td>50</td><td>200</td></tr>
<tr><td rowspan="2">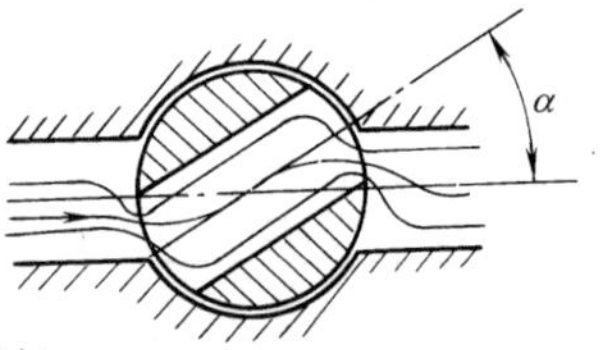
旋阀</td><td rowspan="2">α——阀口旋转角</td><td>α /(°)</td><td>0</td><td>10</td><td>20</td><td>30</td><td>40</td><td>50</td><td>60</td><td>70</td><td colspan="2">75</td></tr>
<tr><td>ζ</td><td>0</td><td>0.3</td><td>1.6</td><td>5.5</td><td>18</td><td>54</td><td>210</td><td>1000</td><td colspan="2">∞</td></tr>
<tr><td>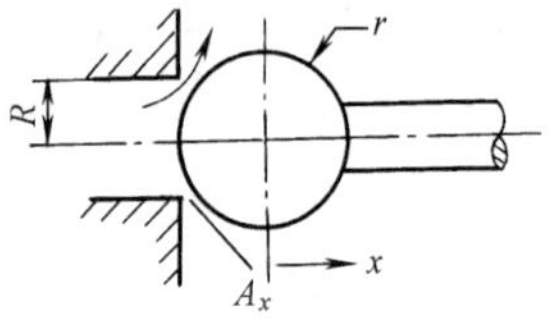
球阀</td><td>$A_x \approx 1.5R\pi x$
$\chi \approx 4\pi R$
χ——阀口的湿周</td><td colspan="11">$\zeta=0.5+0.15\left(\frac{A}{A_x}\right)^2$</td></tr>
<tr><td>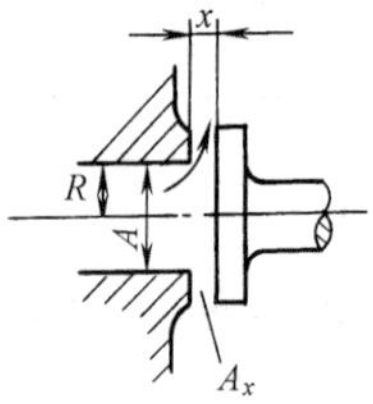
平底阀</td><td>$A=\pi R^2$
$\chi=4\pi R$
$A_x=2\pi Rx$</td><td colspan="11">$\zeta=1.3+0.2\left(\frac{A}{A_x}\right)^2$</td></tr>
<tr><td>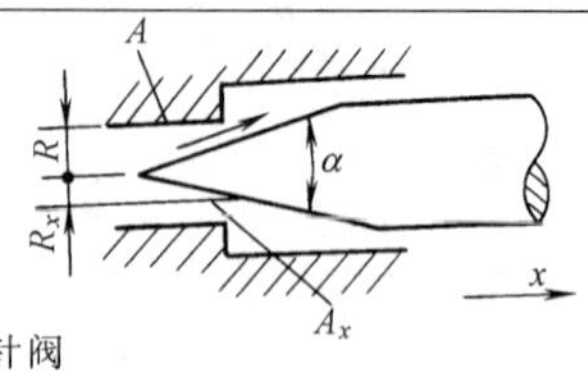
针阀</td><td>$A_x=\pi\left(2Rx\tan\frac{\alpha}{2}-x^2\tan^2\frac{\alpha}{2}\right)$
$\chi=2\pi\left(2R-x\tan\frac{\alpha}{2}\right)$</td><td colspan="11">$\zeta=0.5+0.15\left(\frac{A}{A_x}\right)^2$</td></tr>
<tr><td>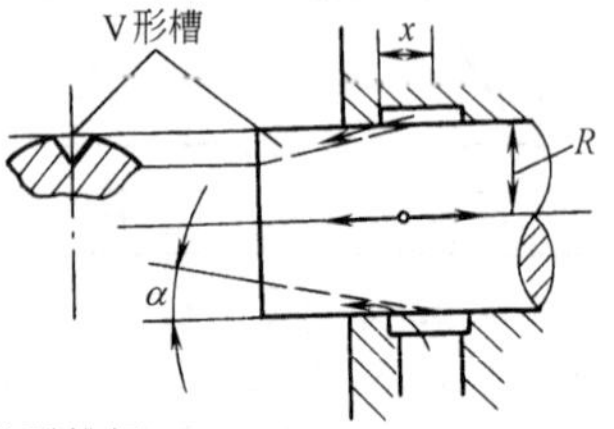
锥形槽阀</td><td>$A_x=n\frac{\pi}{6}x^2\tan^2\alpha$
n——槽数</td><td colspan="11">当 $Re<150$ 时
$\zeta\approx\frac{400}{Re}$
当 $Re=150\sim2000$ 时
$\zeta\approx\frac{10}{Re^{0.25}}$</td></tr>
<tr><td>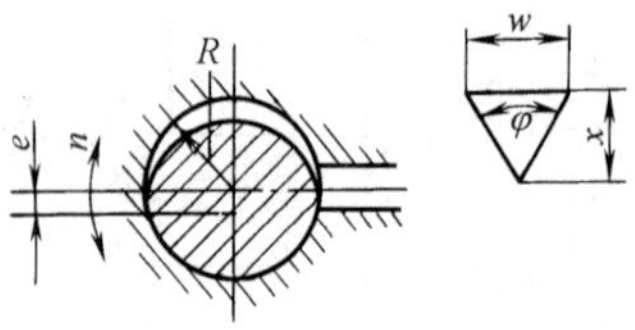
偏心槽旋阀</td><td>$A_x=\frac{wx}{2}$
w——槽宽</td><td colspan="11">当 $Re<150$ 时
$\zeta\approx\frac{400}{Re}$
当 $Re=150\sim2000$ 时
$\zeta\approx\frac{10}{Re^{0.25}}$</td></tr>
</table>

续表

图示	几何参数	局部阻力系数 ζ
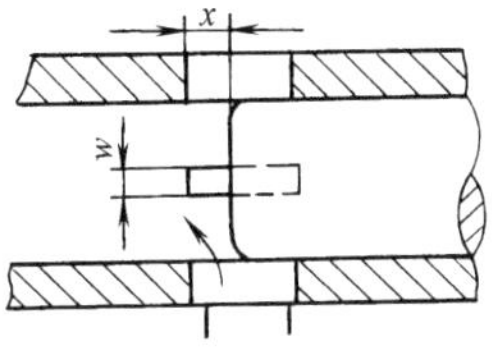 滑移槽阀	$A_x=nwx$ $\chi=2n(w+x)$ n——槽数	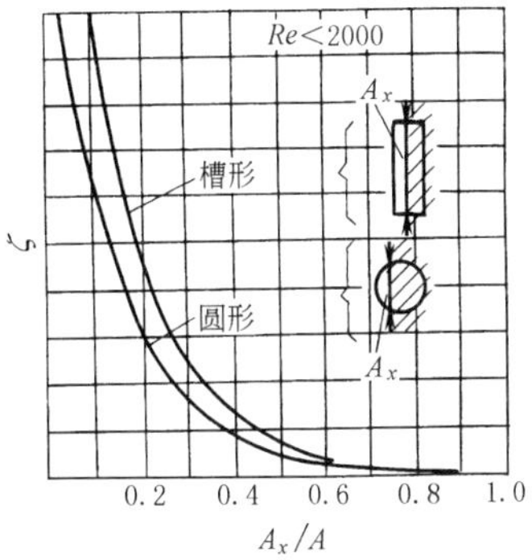
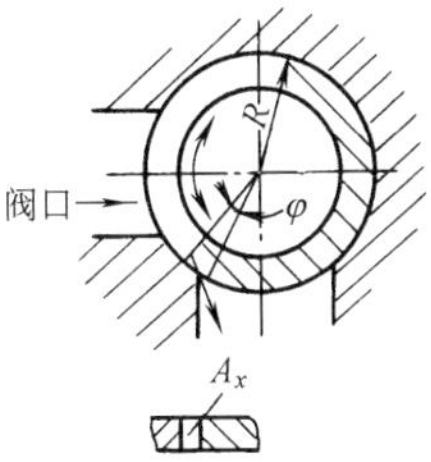 旋转槽阀	$A_x=Rw\varphi$ $\chi=2(w+R\varphi)$ w——槽宽 φ——旋转角度	
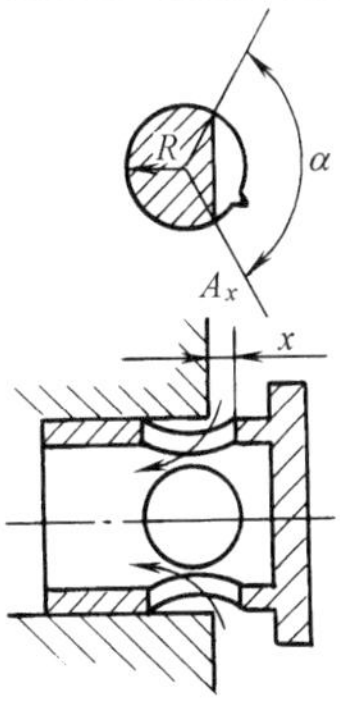 弓形口阀	$A_x=nR^2\arccos\dfrac{R-x}{R}-(R-x)\sqrt{2Rx-x^2}$ $\chi=R\left(\alpha+2\sin\dfrac{\alpha}{2}\right)$ n——阀孔数	

4.5 小孔流量公式

表 20-1-32

项目	薄壁节流小孔流量	薄壁小孔自由出流流量	阻尼长孔流量	管嘴自由出流流量
简　　图	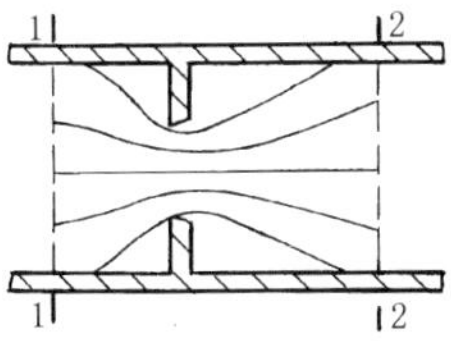	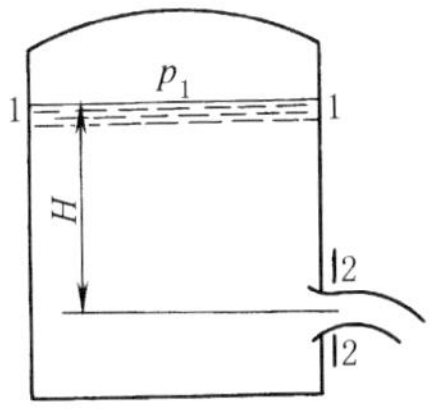	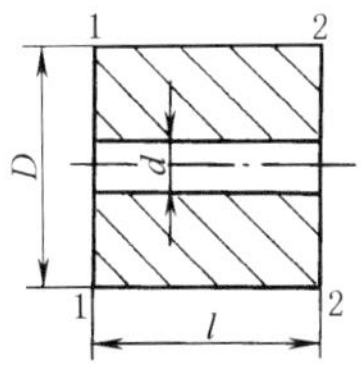	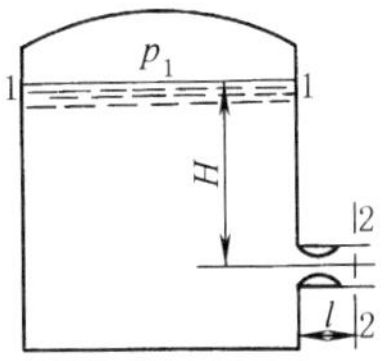
流量公式	$Q=C_dA_0\sqrt{\dfrac{2\Delta p}{\rho}}$	$Q=C_dA_0\sqrt{2\left(gH+\dfrac{\Delta p}{\rho}\right)}$	$Q=C_qA_0\sqrt{\dfrac{2\Delta p}{\rho}}$	$Q=C_qA_0\sqrt{2\left(gH+\dfrac{\Delta p}{\rho}\right)}$
公式使用条件	$\dfrac{l}{d}\leqslant 0.5$	$\dfrac{l}{d}\leqslant 0.5$	$l=(2\sim3)d$	$l=(2\sim4)d$

符号意义：Q——小孔流量，m^3/s；C_d——薄壁小孔流量系数，对于紊流，$C_d=0.60\sim0.61$；C_q——长孔及管嘴流量系数，$C_q=0.82$；A_0——孔口面积，m^2；ρ——流体的密度，kg/m^3；H——孔口距液面的高度，m；g——重力加速度，m/s^2；Δp——压力差，Pa，$\Delta p=p_1-p_2$；l——孔的长度，m；d——孔的直径，m

4.6 平行平板间的缝隙流公式

表 20-1-33

项目	两固定平板间的压差流	下板固定，上板匀速平移的剪切流	上板匀速顺移的压差、剪切合成流	上板匀速逆移的压差、剪切合成流
简图	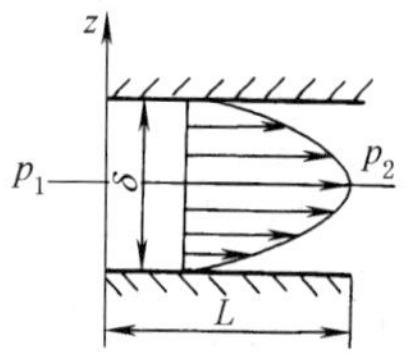	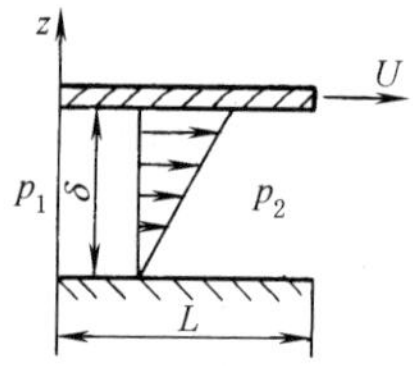	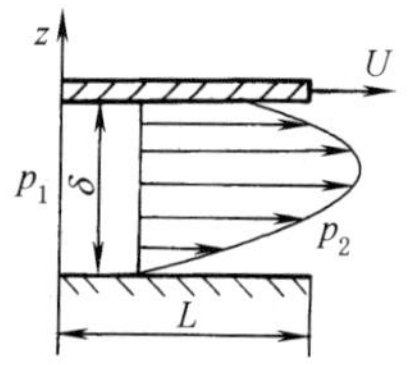	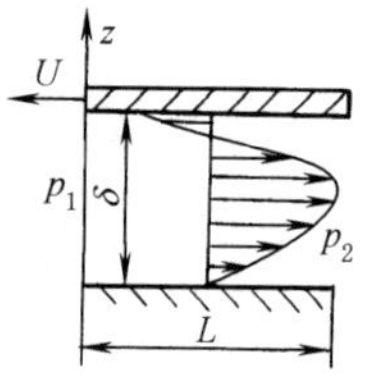
流速 $u/\mathrm{m\cdot s^{-1}}$	$u=\dfrac{\Delta p}{2\mu L}(\delta z-z^2)$	$u=\dfrac{Uz}{\delta}$	$u=\dfrac{\Delta p}{2\mu L}(\delta z-z^2)+\dfrac{Uz}{\delta}$	$u=\dfrac{\Delta p}{2\mu L}(\delta z-z^2)-\dfrac{Uz}{\delta}$
流量 $Q/\mathrm{m^3\cdot s^{-1}}$	$Q=\dfrac{\Delta pB\delta^3}{12\mu L}$	$Q=\dfrac{UB\delta}{2}$	$Q=\dfrac{\Delta pB\delta^3}{12\mu L}+\dfrac{UB\delta}{2}$	$Q=\dfrac{\Delta pB\delta^3}{12\mu L}-\dfrac{UB\delta}{2}$

注：符号意义：L——缝隙长度，m；B——缝隙垂直图面的宽度，m；δ——缝隙量，m，$\delta \ll L$，$\delta \ll B$；μ——动力黏度，Pa·s；Δp——压力差，Pa，$\Delta p=p_1-p_2$；U——上板平移速度，m/s；z——流体质点的纵坐标，m。

4.7 环形缝隙流公式

表 20-1-34

项目	同心环形缝隙	偏心环形缝隙	最大偏心环形缝隙
简图	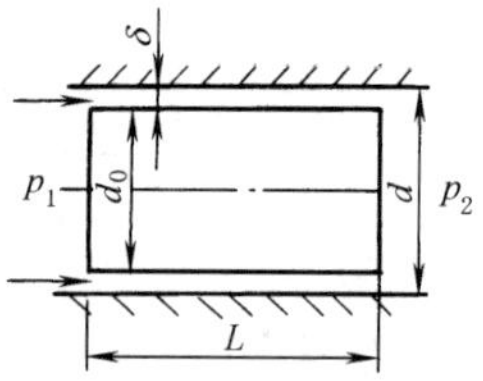	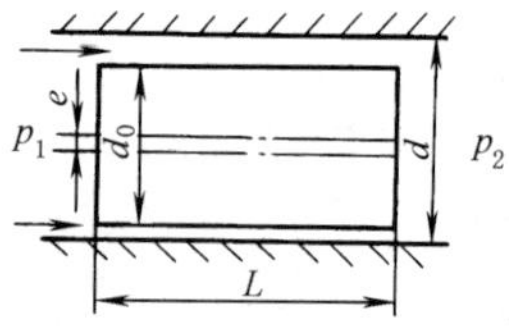	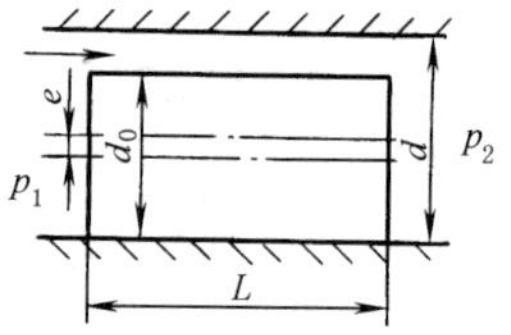
流量 $Q/\mathrm{m^3\cdot s^{-1}}$	$Q=\dfrac{\pi d\delta^3}{12\mu L}\Delta p$	$Q=\dfrac{\pi d\delta^3}{12\mu L}(1+1.5\varepsilon^2)\Delta p$	$Q=2.5\dfrac{\pi d\delta^3}{12\mu L}\Delta p$
压力差 Δp/MPa	$\Delta p=\dfrac{12\mu LQ}{\pi d\delta^3}$	$\Delta p=\dfrac{12\mu LQ}{\pi d\delta^3(1+1.5\varepsilon^2)}$	$\Delta p=\dfrac{4.8\mu LQ}{\pi d\delta^3}$

注：符号意义：d——孔直径，m；d_0——轴直径，m；δ——缝隙量，m，$\delta=\dfrac{d-d_0}{2}$；e——偏心距，m；ε——$\varepsilon=\dfrac{e}{\delta}$；其余符号的意义同表 20-1-33。

4.8 液压冲击公式

(1) 迅速关闭或打开液流通道时产生的液压冲击计算公式

表 20-1-35

项目	公式	单位	符号意义
冲击波在管内的传播速度	$a=\dfrac{\sqrt{\dfrac{E_0}{\rho}}}{\sqrt{1+\dfrac{E_0 d}{E\delta}}}$	m/s	E_0——液体体积弹性模量,Pa,对石油基液压油,$E_0=1.67\times10^9$ Pa ρ——液体密度,kg/m^3 d——管道内径,m δ——管壁厚度,m E——管道材料的弹性模量,Pa 钢 $E\approx2.1\times10^{11}$ Pa 紫铜 $E\approx1.2\times10^{11}$ Pa 黄铜 $E\approx1\times10^{11}$ Pa 橡胶 $E\approx(2\sim6)\times10^6$ Pa 铝合金 $E\approx7.2\times10^{10}$ Pa l——管道长度,m t——关闭或打开液流通道时间,s v_1——管内原流速,m/s v_2——关闭或打开液流通道后的管内流速,m/s
冲击波在管内往复所需时间	$T=\dfrac{2l}{a}$	s	
直接冲击	$t<T$	s	
直接冲击时管内压力增大值	$\Delta p=a\rho(v_1-v_2)$	Pa	
间接冲击	$t>T$	s	
间接冲击时管内压力增大值	$\Delta p=a\rho(v_1-v_2)\dfrac{T}{t}$	Pa	

(2) 急剧改变液压缸运动速度时由于液体及运动部件的惯性作用而引起的压力冲击公式

表 20-1-36

液压(压力)冲击	$\Delta p=(\sum l_i A_i \rho+m)\dfrac{\Delta v}{At}$	Δp——压力冲击的压力升值,Pa $\sum l_i A_i \rho$——第 i 段容腔的油液质量,kg l_i——第 i 段容腔的长度,m A_i——第 i 段容腔的截面积,m^2 ρ——第 i 段容腔内油液的质量密度,kg/m^3 m——活塞及活塞杆等运动零部件的质量,kg Δv——活塞及活塞杆的速度变化量,m/s A——活塞有效面积,m^2 t——活塞及活塞杆的速度变化 Δv 所需时间,s

CHAPTER 2

第2章 液压系统设计

1 概　　述

1.1 液压系统的组成和型式

为实现某种规定功能，由液压元件构成的组合，称为液压回路。液压回路按给定的用途和要求组成的整体，称为液压系统。液压系统通常由三个功能部分和其他元器件（辅助装置）以及配管等组成，见表20-2-1。液压系统按液流循环方式分，有开式和闭式两种，见表20-2-2。

注：在GB/T 17446—2024中没有“液压回路”“液压系统”这样的术语。

表20-2-1　液压系统的组成

动力部分	控制部分	执行部分	其他元器件
液压泵 用以将机械能转换为液体压力能；有时也将蓄能器作为紧急或辅助动力源	各类压力、流量、方向等控制阀 用以实现对执行元件的运动速度、方向、作用力等的控制，也用于实现过载保护、程序控制等	液压缸、液压马达等 用以将液体压力能转换为机械能	管路、蓄能器、过滤器、油箱、冷却器、加热器、压力表、流量计等

表20-2-2　液压系统的型式

型式	开式	闭式
图示	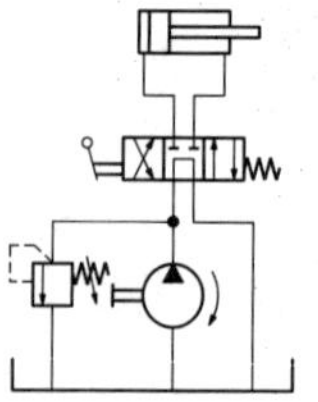	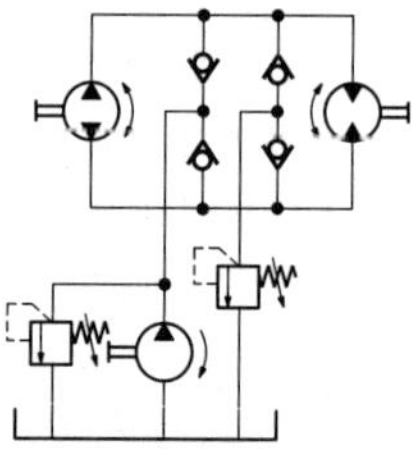
特点	泵从油箱吸油输入管路，油完成工作后排回油箱，优点是结构简单，散热、澄清条件好，应用较普遍。缺点是油箱体积较大，空气与油接触的机会多，容易渗入 注：在GB/T 3766—2015中规定的要求为：“宜使油箱内的液压油液低速循环，以允许夹带的气体释放和重的污染物沉淀”	泵的吸、排油口直接与液压执行元件的进、出油口相连，形成一个闭合循环。为了补偿泄漏损失，通常需要一个辅助补偿油泵和油箱。这种系统的优点是油箱的体积很小，结构紧凑，空气进入油液的机会少。缺点是系统结构复杂，散热条件较差，并要求有较高的过滤精度，故应用较少

1.2 液压系统的类型和特点

表 20-2-3

液压系统的类型		特点
按主要用途分	液压传动系统	以传递动力为主
	液压控制系统	注重信息传递，以达到液压执行元件运动参数（如行程速度、位移量或位置、转速或转角）的准确控制为主
按控制方法分	开关控制系统	系统由标准的或专用的开关式液压元件组成，执行元件运动参数的控制精度较低
	伺服控制系统	传动部分或控制部分采用液压伺服机构的系统，执行元件的运动参数能够精确控制
	比例控制系统	传动部分或控制部分采用电液比例元件的系统，从控制功能看，它介于伺服控制系统和开关控制系统之间，但从结构组成和性能特点看，它更接近于伺服控制系统
	数字控制系统	控制部分采用电液数字控制阀的系统，数字控制阀与伺服阀或比例阀相比，具有结构简单、价廉、抗污染能力强、稳定性与重复性好、功耗小等优点，在微机实时控制的电液系统中，它部分取代了比例阀或伺服阀工作，为计算机在液压领域中的应用开辟了新的方向

注：液压传动系统和液压控制系统在作用原理上通常是相同的，在具体结构上也多半是合在一起的，目前广泛使用的液压传动系统是属于传动与控制合在一起的开关控制系统。

1.3 液压传动与控制的优缺点

（1）优点

液压传动相对于其他传动具有以下主要优点：

① 在同等体积下，液压传动能产生出更大的动力，也就是说，在同等功率下，液压传动的体积小、质量小、结构紧凑，即它具有大的功率密度或力密度。

② 液压传动容易做到对执行元件速度的无级调节，而且调速范围大，对速度的调节还可以在工作过程中进行。

③ 液压传动工作平稳，换向冲击小，便于实现频繁换向。

④ 液压传动易于实现过载保护，能实现自动润滑，使用寿命长。

⑤ 液压传动易于实现自动化，便于对液体的流动方向、压力和流量进行调节和控制，更容易与电气、电子控制或气动控制结合起来，实现复杂的运动和操作。

⑥ 液压元件易于实现标准化、系列化和通用化。液压传动装置便于设计、制造和推广使用。

（2）缺点

当然，液压传动还存在以下明显的缺点：

① 液压传动中的泄漏和液体的可压缩性使其无法保证严格的传动比。

② 液压传动有较多的能量损失（如泄漏损失、摩擦损失等），因此，传动效率相对较低。

③ 液压传动的工作性能对油温的变化比较敏感，不宜在较高或较低的温度下工作。

④ 液压传动在出现故障时不易找出原因。

1.4 液压开关系统逻辑设计法

液压开关控制系统控制部分的原始输入，绝大多数是使用电信号，少数是用机械信号或气动信号。控制部分的输出，在传动和控制合一的系统中是用来操纵系统的执行元件；在传动部分和控制部分分开的系统中，则是用来操纵传动部分的控制元件，即成为这些元件的输入。

多数液压开关系统是属于组合式控制系统（无记忆元件），这种系统的输出只由输入的组合决定。少数液压开关系统属于顺序式控制系统（含记忆元件），这种系统的输出不仅取决于当前输入的组合，还取决于当前输入和先前输出的组合。

液压开关控制系统的输入-输出关系是一组逻辑事件的因果关系，可用布尔函数来表述。借助布尔函数进行系统设计的方法，称为逻辑设计法。用逻辑设计法进行液压开关系统的设计，要从挑选元件、建立输入-输出布尔函数开始，经过逻辑运算、实体转化、外形整理、提出各种可行的方案，然后再经评比、抉择，最后完成。因为布尔函数可以用多种方式表达，所以液压开关控制系统的逻辑设计法也有多种，见表20-2-4。

表 20-2-4　　液压开关控制系统逻辑设计法

设计方法名称	输入-输出布尔函数表达方式	设计方法的特点
运算法	布尔代数方程组	烦琐、工作量大
列表法	卡诺-魏其表(简称K-V表)	简单、方便，但必须对每种可能的方案逐一求解后才能评出最佳结构，工作量较大
图解法	"总调度阀"图形	清晰、直观，但分解、整理费时
矩阵法	布尔矩阵	简明、运算方便，能直接地找出各种分解形式的最佳方案，为应用CAD打下基础

1.5　液压CAD的应用

沿用至今的经验设计法，主要是凭借局部经验、零星资料，靠手工进行粗略的计算和绘图。设计出的产品，往往需要经过大量的样机试验和反复修改才能满足性能要求，费时、费力、费资源。应用CAD能大大提高设计质量和进度，并使设计师摆脱单调乏味的计算、绘图，以便从事更高的有创造性的工作。液压CAD的主要功能见表20-2-5。

表 20-2-5　　液压CAD主要功能

功能项目	主要内容
绘制液压系统原理图	从利用基本绘图软件预先建立的液压图形库调用少数标准元件和基本模块，就可以迅速绘出能满足各种不同需要的液压原理图
常规计算和信息存储	用预先编好的有关专用软件，完成元件结构方案或液压系统原理图确定之后需要进行的各种常规计算。设计者还可以将与工作有关的各种信息，如材料性能、元件规格、经验数据等，输入计算机组成公用数据库，供随时检索使用
自动绘制零、部件图	许多绘图软件能够自动按比例绘图和标注尺寸，并能按"菜单"定点、划线、作圆、注字和生成剖面线，还能进行放大、缩小、移动、转动和拷贝等
液压集成块的辅助设计和校验	利用CAD不仅可以自动绘制液压集成块的图样，还能逐一检查块中复杂孔系的连通关系和间隔壁厚，打印出校验结果
有限元分析和动态仿真	将设计对象的各种可能工况输入计算机，运用CAD系统进行应力和流场的有限元分析，评选出最优方案，并预测其可靠性和压力范围，无需在试验室内进行大量的样机试验和分析。运用动态仿真程序，还可预测元件和系统的动态特性，这些都是提高产品质量的可靠保证

1.6　液压系统及元件可靠性设计

（1）基本概念

表 20-2-6

概念名称	定义	表达式
可靠性	在给定的条件、给定的时间区间，能无失效地执行要求的能力	—
可靠度	指产品在规定的条件下和规定的时间内，完成规定功能的概率。它是时间的函数，记作$R(t)$	设N个产品从$t=0$时刻开始工作，到时刻t失效的总个数为$n(t)$，当N足够大时，可靠度表达式为 $R(t)=\dfrac{N-n(t)}{N}$

续表

概念名称	定义	表达式
失效率	指产品工作到 t 时刻后的单位时间内发生失效的概率,记作 $\lambda(t)$	设有 N 个产品,从 $t=0$ 时刻开始工作,到时刻 t 时的失效数为 $n(t)$,即 t 时刻的残存产品数为 $N-n(t)$,若在 $(t, t+\Delta t)$ 间隔内,有 $\Delta n(t)$ 个产品失效,在时刻 t 的失效率为 $\lambda(t)=\dfrac{n(t+\Delta t)-n(t)}{[N-n(t)]\Delta t}=\dfrac{\Delta n(t)}{[N-n(t)]\Delta t}$

注:“(产品的)可靠性”定义的注释可见 GB/T 2900.99—2016《电工术语　可信性》。在 GB/T 2900.99—2016 中还给出了“可靠度(量度)”“瞬时失效率或失效率”等术语和定义。

(2) 液压元件失效率

表 20-2-7

名称	失效次数/10^6h			名称	失效次数/10^6h		
	上限	平均	下限		上限	平均	下限
蓄能器	19.3	7.2	0.4	油箱	2.52	1.5	0.48
电动机驱动液压泵	27.4	13.5	2.9	滤油器	0.8	0.3	0.045
压力控制阀	5.54	2.14	0.7	O 形密封圈	0.03	0.02	0.01
溢流阀	14.1	5.7	3.27	管接头	2.01	0.03	0.012
电磁阀	19.7	11.0	2.27	压力表	7.8	4.0	0.135
单向阀	8.1	5.0	2.12	电动机	0.58	0.3	0.11
流量控制阀	19.8	8.5	1.68	弹簧	0.022	0.012	0.001
液压缸	0.12	0.008	0.005				

注:除 GB/T 35023—2018《液压元件可靠性评估方法》外,一些液压元件和其他液压元器件以及配管等暂还没有可靠性评估(或试验)方法的国家或行业标准。

(3) 液压系统可靠性预测的步骤和方法

① 根据设计方案所确定的元件类型,汇集元件失效率 λ。

② 根据设计方案和产品的使用环境条件,乘以降额因子 K_1、环境因子 K_2 及任务时间 T,得到元件应用失效率 $K_1K_2T\lambda$。

③ 根据部件可靠性结构模型,求出部件失效率。

④ 根据回路和系统的可靠性结构模型求出系统的失效率。

⑤ 将预测的系统失效率与设计方案所要求的失效率进行比较,如果满足要求且经费可行,则预测可以结束,否则应进行以下工作。

⑥ 提出改变设计方案建议,如通过元件应用分析,改变采用元件类型,改变降额因子或者改变可靠性结构模型等。可以改变某一项,也可同时改变多项,视情况而定。

⑦ 改变后再重复上述步骤,直到满足要求为止。

(4) 可靠性设计

可靠性设计是利用具体的设计方法来实现液压系统及元件可靠性目标的做法或过程。液压的新产品研制、老产品改进以及引进产品国产化的可靠性设计应进行评审。

表 20-2-8

可靠性设计项目	含义	方法或措施
强度可靠性设计	①假设零部件在设计中的参量都是随机变量,并可求得合成的失效应力分布 $f(x_1)$;②假设零部件的强度参量和使强度降低的因素也都是随机变量,并可求得合成的失效强度分布 $f(x_s)$。根据这两个假设并应用概率统计方法,将应力分布和强度分布连接起来进行可靠性设计	当函数 $f(x_1)$ 和 $f(x_s)$ 为已知时,应用下面任何一式就可以计算出零部件的可靠度 R $R=\int_{-\infty}^{+\infty} f(x_1)\left[\int_{x_1}^{+\infty} f(x_s)\mathrm{d}x_s\right]\mathrm{d}x_1$ 或 $R=\int_{-\infty}^{+\infty} f(x_s)\left[\int_{x_s}^{+\infty} f(x_1)\mathrm{d}x_1\right]\mathrm{d}x_s$

续表

可靠性设计项目	含义	方法或措施
液压系统储备设计	为确实保证完成系统的功能而附加一些元件、部件和设备,以此做到即使其中之一发生故障,而整个系统并无故障。这样的系统和设计,称为储备系统和储备设计(又称余度设计)	储备设计方法大体可分以下两类 ①工作储备:将几个回路并联起来而且同时工作,这样,只要不是所有回路都发生故障,系统就不会发生故障 ②非工作储备:一个或几个回路在工作,另一个或几个回路处于空运转(或不运转)等待状态,一旦工作的回路出现故障,空运转的(或不运转的)等待回路立即接替故障回路,使系统继续工作
降额设计	降额是指液压元件使用时的工作压力比其额定压力低,这样能够提高可靠度和延长使用寿命	降额要适当,过多会造成液压设备的体积和重量增加
集成化设计	减少管路、管接头,导致失效的环节相应减少,液压系统的可靠性自然提高	液压系统尽量采用板式、叠加式和块式集成,并使其标准化
人-机设计	设计时,把人的特性放在与机械完全相同的地位上一起考虑,使设计出的机器对操作者说来是宜人的,不容易因人引起故障,其可靠性就提高	①尽可能设计出人在操作该机时最省力和不容易发生差错的相应结构 ②设备的板面设计和环境的布置要符合人的要求 ③有适当的监控仪表,系统或机器有隐患或故障时及时提供信号

2　液压系统设计

液压系统设计是整机设计的重要组成部分，其应与整机总体设计（包括机械、电气设计）同时进行，液压系统及其控制设计就是要满足整机的技术条件（要求），包括满足安全性、可靠性、耐久性及经济性等要求。

液压系统及其控制设计应从实际出发，重视调查研究，注意及时吸取国内外先进技术，尤其是应吸取以往失败的经验和教训，力求设计出体积小、重量轻、结构简单、工作可靠、性能优良、成本低、效率高、操纵简单及维护方便的液压传动及控制系统。

液压系统设计应注意遵守整机的标准化、系列化和模块化设计要求。

电液伺服系统的设计方法及步骤见本篇第10章第4.1.4节。

2.1　液压系统设计流程

现在还没有标准规定液压系统及其（电气）控制设计流程。图20-2-1所示是目前常规设计的一般流程，在实际设计中还可能是变化的。对于简单的液压系统可以简化设计流程；对于重大工程中的大型复杂液压系统，应首先进行评估论证、方案筛选，在初步设计的基础上，还应增加子系统的验证试验或利用计算机进行仿真试验，反复改进、充分论（验）证后才能最后确定设计方案。

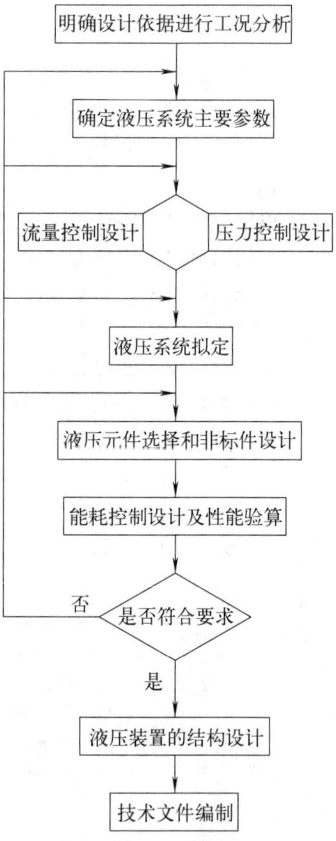

图20-2-1　常规设计的一般流程

2.2　明确设计要求

技术要求是进行液压系统设计的基本（原始）依据，通常是在主机的设计任务书或协议书中一同列出。

① 整机的概况，包括主要用途、工作特点、性能指标、工艺流程、作

业环境、总体布局等。

② 液压系统必须完成的动作、动作顺序及彼此联锁关系。

③ 液压执行机构的运动形式、运动速度及行程。

④ 各动作机构的负载大小及其性质。

⑤ 对调速范围、运动平稳性、转换精度、控制精度等性能方面的要求。

⑥ 自动化程度、操作控制方式的要求。

⑦ 对防尘、防爆、防寒、噪声控制要求。

⑧ 对效率、成本、经济性和可靠性要求等。

总之，在进行每项工程设计时，按照 GB/T 3766—2015 的相关规定对该液压系统的技术要求进行详细的研究是必需的。

2.3 确定液压执行元件

液压执行元件的类型、数量、安装位置及与主机的连接关系等，对主机的设计有很大影响，所以，在考虑液压设备的总体方案时，确定液压执行元件和确定主机整体结构布局是同时进行的。液压执行元件的选择可参考表 20-2-9。

表 20-2-9　　常用液压执行元件的类型、特点和应用

类型		特点	应用	可选用或需设计
柱塞缸	单出杆	结构简单,制造容易;靠自重或外力回程	液压机、千斤顶,小缸用于定位和夹紧	选用或自行设计
	双出杆	结构简单,杆在两处有导向,可做得细长	液压机、注塑机动梁回程缸	自行设计
活塞缸	双出杆	两杆直径相等,往返速度和出力相同;两杆直径不等,往返速度和出力不同	磨床;往返速度相同或不同的机构	选用或自行设计
	单出杆	一般连接,往返方向的速度和出力不同;差动连接,可以实现快进;$d=0.71D$,差动连接,往返速度和出力相同	各类机械	选用,非产品型号缸自行设计
复合增速缸		可获得多种出力和速度,结构紧凑,制造较难	液压机、注塑机、数控机床换刀机构	自行设计
复合增压缸		体积小,出力大,行程小	模具成型挤压机、金属成型压印机、六面顶	选用或自行设计
多级液压缸		行程是缸长的数倍,节省安装空间	汽车车厢举倾缸、起重机臂伸缩缸	选用
叶片式摆动缸		单叶片式转角小于360°;双叶片式转角小于180°。体积小,密封较难	机床夹具、流水线转向调头装置、装载机翻斗	选用
活塞齿杆液压缸		转角0°~360°,或720°。密封简单可靠,工作压力高,转矩大	船舶舵机、大转矩往复回转机构	选用
齿轮马达		转速高,转矩小,结构简单,价廉	钻床、风扇传动	选用
摆线齿轮马达		速度中等,转矩范围宽,结构简单,价廉	塑料机械、煤矿机械、挖掘机行走机械	选用
曲杆马达		直径小,转矩大。视定子材料,可用矿油、清水或含细颗粒介质	食品机械、化工机械、凿井设备	有专用产品
叶片马达		转速高,转矩小,转动惯量小,动作灵敏,脉动小,噪声低	磨床回转工作台、机床操纵机构,多作用大排量用于船舶锚机	选用
球塞马达		速度中等,转矩较大,轴向尺寸小	塑料机械、行走机械	选用
轴向柱塞马达		速度大,可变速,转矩中等,低速平稳性好	起重机、绞车、铲车、内燃机车、数控机床	选用
内曲线径向马达		转矩很大,转速低,低速平稳性很好	挖掘机、拖拉机、冶金机械、起重机、采煤机牵引部件	选用

注：执行元件的选择由主机的动作要求、载荷轻重和布置空间条件确定。

2.4 绘制液压系统工况图

在设计技术任务书阐明的主机规格中，通常能够直接知道作用于液压执行元件的载荷，但若主机的载荷是经过机械传动关系作用到液压执行元件上时，则需要经过计算才能明确。进行新机型液压系统设计，其载荷往往需要由样机实测、同类设备参数类比或通过理论分析得出。当用理论分析确定液压执行元件的载荷时，必须仔细考虑其所有可能组成项目，如工作载荷、惯性载荷、弹性载荷、摩擦载荷、重力载荷和背压载荷等。

根据设计要求提供的情况，对液压系统作进一步的工况分析，查明每个液压执行元件在工作循环各阶段中的速度和载荷变化规律，就可绘制液压系统有关工况图（表 20-2-10）。

表 20-2-10

内　容	工况图名称		
	动作线图(位移、转角图)	速度图	载荷图
函数式	$S,\varphi=f(t)$	$v,n=f(t)$	$F,\tau=f(t)$
式中参数的意义	S——液压缸行程 φ——摆动缸或液压马达转角	v——液压缸行程速度 n——液压马达转速	F——液压缸的载荷(力) τ——液压马达的工作转矩
	t:时间;$t=0\sim T$,T为工作循环周期时间		
工况图示例	图 20-2-2a	图 20-2-2b	图 20-2-2c

2.5 确定系统工作压力

系统工作压力由设备类型、载荷大小、结构要求和技术水平而定。系统工作压力高、省材料、结构紧凑、重量轻是液压系统的发展方向，并同时要妥善处理治漏、噪声控制和可靠性问题，具体选择可参见表 20-2-11。

表 20-2-11　　各类设备常用的工作压力

设备类型	压力范围/MPa	说明	设备类型	压力范围/MPa	说明
机床、压铸机、汽车	<7	低噪声、高可靠性系统	油压机、冶金机械、挖掘机、重型机械	21~31.5	空间有限、响应速度高、大功率下降低成本
农业机械、工矿车辆、注塑机、船用机械、搬运机械、工程机械、冶金机械	7~21	一般系统	金刚石压机、耐压试验机、飞机、液压机具	>31.5	追求大作用力、减轻重量

在 GB/T 3766—2015 中规定：“如果压力过高会引起危险，系统所有相关部分应在设计上或以其他方式采取保护，以防止可预见的压力超过系统最高工作压力或系统任何部分的额定压力。”

2.6 确定执行元件的控制和调速方案

根据已定的液压执行元件、速度图或动作线图，选择适当的方向控制、速度换接、差动连接回路，以实现对执行元件的控制。需要无级调速或无级变速时，参考表 20-2-12 选择方案，再从本篇第 3 章查出相应的回路组成。有级变速比无级调速使用方便，适用于速度控制精度不高，但要求速度能够预置，以及在动作循环过程中有多种速度自动变换的场合，回路组成和特点见表 20-2-13。完成以上的选择后，所需液压泵的类型就可基本确定。

表 20-2-12　　无级调速和变速的种类、特点和应用

种类			特性	特点及应用
无级调速	容积调速	手动变量泵-液压缸	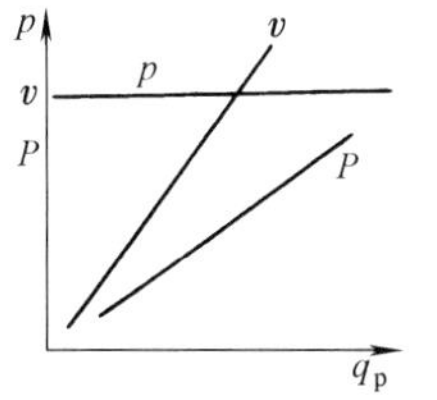	系统简单,压力恒定,一般不能在工作中进行调节,效率高,适用于各种场合,应用最广
		变量泵-定量马达	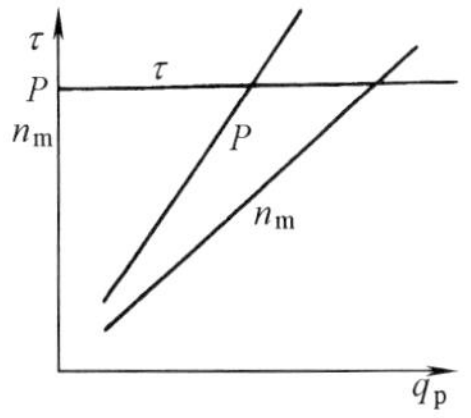	输出转矩恒定,调速范围大,元件泄漏对速度刚性影响大,效率高,适用于大功率场合
		定量泵-变量马达	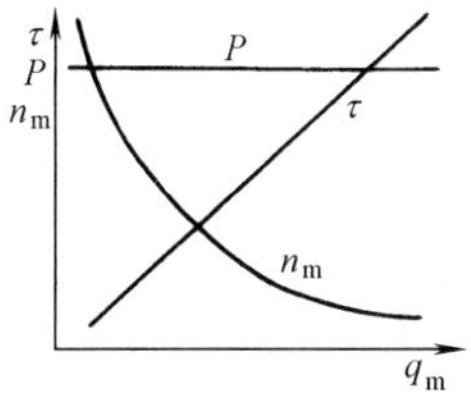	输出功率恒定,调速范围小,元件泄漏对速度刚性影响大,效率高,适用于大功率场合
		变量泵-变量马达	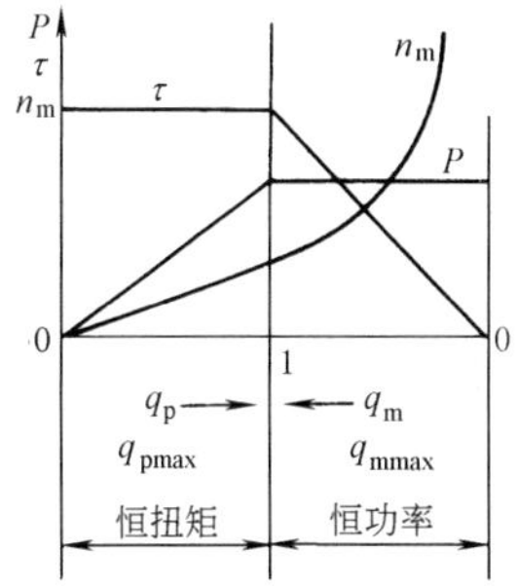	输出特性综合了上面两种马达调速回路的特性,调速范围大,但结构复杂,价格贵,适用于大功率场合
	节流调速	定量泵-进油节流调速	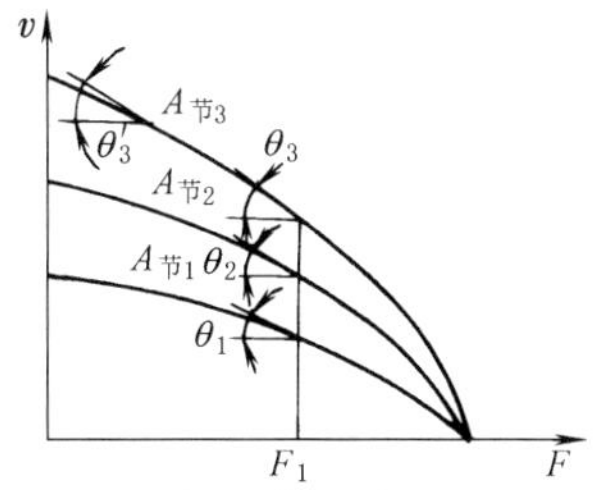 $A_{节3}>A_{节2}>A_{节1}$ $\theta_3>\theta_2>\theta_1$	结构简单,价廉,调速范围大,效率中等,不能承受负值载荷,适用于中等功率场合
		定量泵-回油节流调速		结构简单,价廉,调速范围大,效率低,适用于低速小功率的场合
		定量泵-旁路节流调速	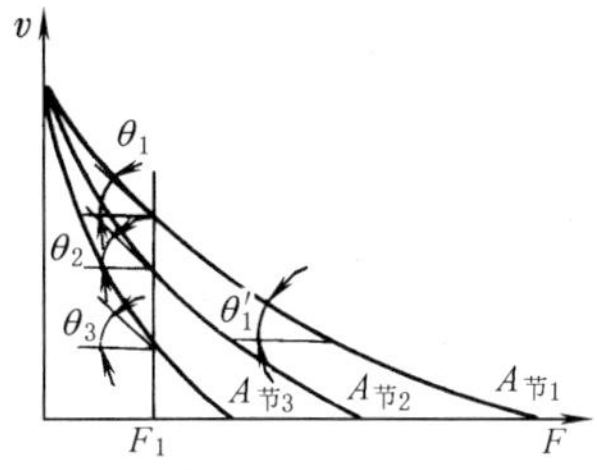 $A_{节3}>A_{节2}>A_{节1}$ $\theta_3>\theta_2>\theta_1$	结构简单,价廉,调速范围小,效率高,不能承受负值载荷,适用于高速中等功率场合

续表

种类			特性	特点及应用
无级调速	容积-节流调速	限压式变量泵-进油(或回油)节流调速	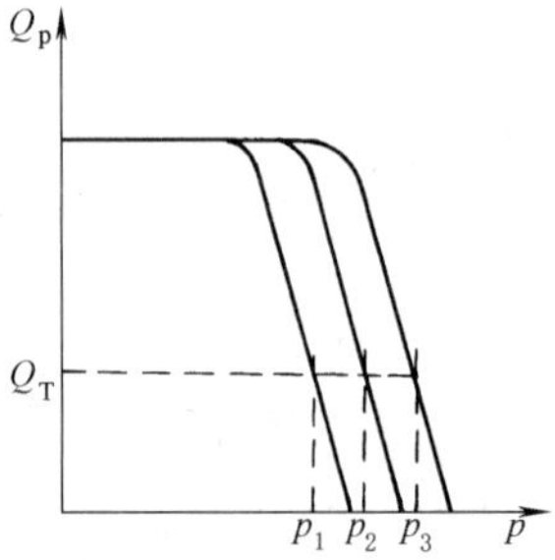	调速范围大,效率较高,价格较贵,适用于中、小功率场合,不宜长期在低速下工作
	伺服变量泵-定量执行元件		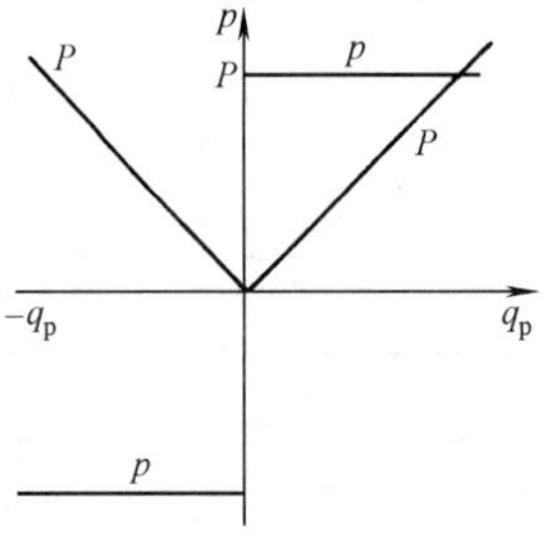	泵的输出压力恒定,用于随动或工作中进行变速的场合
	恒功率变量泵-液压缸		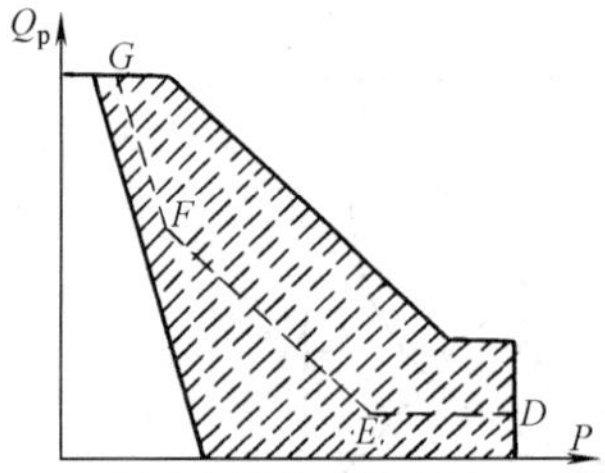GFED:恒功率调节曲线,近似双曲线 阴影部分:恒功率调节范围	泵的输出流量随压力自动减小,适用于快慢速自动转换的场合和节能系统
无级变速	恒压变量泵-液压缸		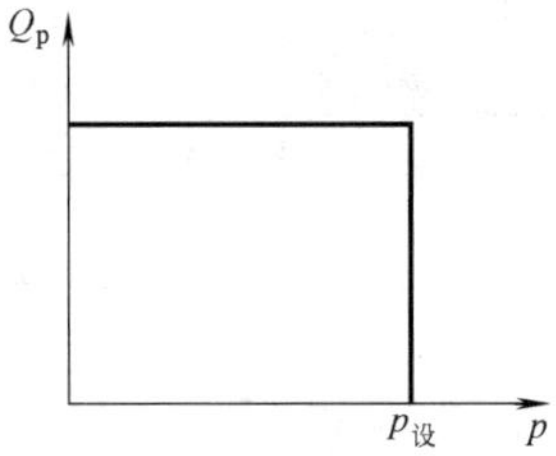	泵的压力达到设定值输出流量为零,自动防止系统过载

注:P——输出功率;τ——液压马达输出转矩;p——液压泵出口压力;q_p——液压泵排量;q_m——液压马达排量;n_m——液压马达转速;v——液压缸运动速度;Q_p——液压泵输出流量;Q_T——调速阀或节流阀的调节流量;$A_节$——节流口的通流面积;F——载荷;θ—速度负载特性曲线某点处切线的倾角,以 T 表示回路的速度刚度,则 $T=-\dfrac{1}{\tan\theta}$,即 θ 越小,回路的速度刚度越大。

表 20-2-13　　有级变速回路组成示例

变速方式	回路组成	回路参数	回路特点
多泵并联换接变速	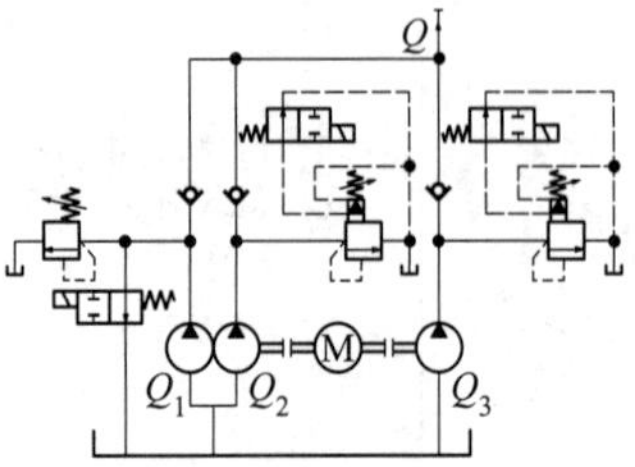	变速级数: $Z=2^N-1$ N——泵数 各泵流量分配: $Q_i=2^{i-1}Q_1$ Q_i——第 i 个泵的流量 i——泵的序号 Q_1——最小泵即第一个泵的流量	属容积式变速,效率高,变速级数少,价格较高

续表

<table>
<tr><th>变速方式</th><th>回路组成</th><th>回路参数</th><th>回路特点</th></tr>
<tr><td>并联泵并联流量控制阀换接变速</td><td>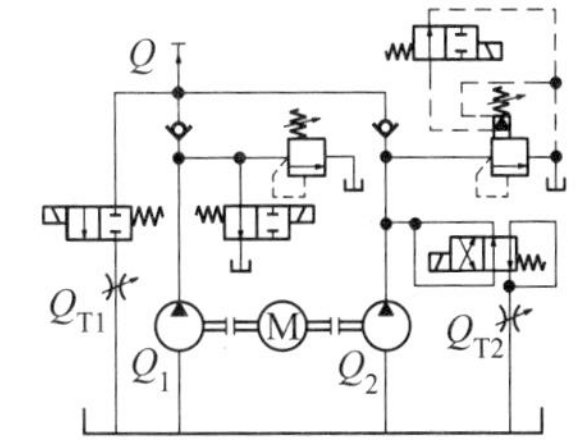

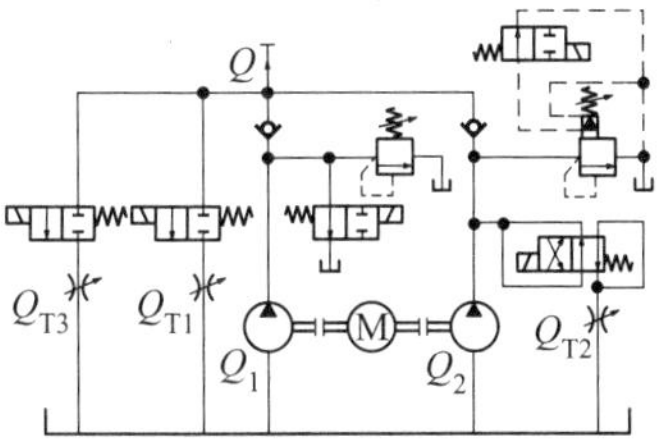
</td><td>设 Q_1、Q_2 分别为泵 1、泵 2 的流量，$Q_1+Q_2=Q$，Q_{T1}、Q_{T2}、Q_{T3} 为流量控制阀 1、阀 2、阀 3 的设定流量，则：
①当 $Q_1=20\%Q$
$Q_2=80\%Q$
$Q_{T1}=10\%Q$
$Q_{T2}=40\%Q$ 时
变速级数 $Z=10$
②当 $Q_1=20\%Q$
$Q_2=80\%Q$
$Q_{T1}=5\%Q$
$Q_{T2}=10\%Q$
$Q_{T3}=40\%Q$ 时
变速级数 $Z=20$</td><td>组成回路容易，变速级数多，有节流损失，效率较低，但高于无级节流调速，价格较低</td></tr>
</table>

2.7 草拟液压系统原理图

液压系统原理图由液压系统图、工艺循环顺序动作图表和元件明细表三部分组成。

(1) 拟定液压系统图的注意事项

① 不许有多余元件，使用的元件和电磁铁数量越少越好。

② 注意元件间的联锁关系，防止相互影响产生误动作。

③ 系统各主要部位的压力能够随时检测；压力表数目要少。

④ 按国家标准规定，元件符号按未受激励的状态（初始状态）绘出，非标准元件用简练的结构示意图表达。

(2) 拟定工艺循环顺序动作图表的注意事项

① 液压执行元件的每个动作成分，如始动、每次换速、运动结束等，按一个工艺循环的工艺顺序列出。

② 在每个动作成分的对应栏内，写出该动作成分开始执行的发信元件代号。同时，在表上标出发信元件所发出的信号是指令几号电磁铁或机控元件（如行程减速阀、机动滑阀）处于什么工作状态——得电或失电、油路通或断。

③ 液压系统有多种工艺循环时，原则上是一种工艺循环一个表，但若能表达清楚又不会误解，也可适当合并。

(3) 编制元件明细表的注意事项

习惯上将电动机与液压元件一同编号，并填入元件明细表；非标准液压缸不和液压元件一同编号，不填入元件明细表。

应按 GB/T 786.2—2018《流体传动系统及元件　图形符号和回路图　第 2 部分：回路图》绘制液压回路图，见本篇第 3 章“2　液压回路图的绘制规则”。

2.8 计算执行元件主要参数

根据液压系统载荷图和已确定的系统工作压力，计算：活塞缸的内径、活塞杆直径，柱塞缸的柱塞、柱塞杆直径，计算方法见本篇第 7 章；液压马达的排量，计算方法见本篇第 6 章。计算时用到回油背压的数据，见表 20-2-14。

表 20-2-14　　执行元件的回油背压

系统类型	背压/MPa	系统类型	背压/MPa
回油路上有节流阀的调速系统	0.2～0.5	采用辅助泵补油的闭式回路	1.0～1.5
回油路上有背压阀或调速阀的系统	0.5～1.5	回油路较短且直通油箱	约 0

2.9 选择液压泵

表 20-2-15 液压泵流量计算

系统类型	液压泵流量计算式	式中符号的意义
高低压泵组合供油系统	$Q_g=v_gA$ $Q_d=(v_k-v_g)A$	Q_g——高压小流量液压泵的流量,m^3/s v_g——液压缸工作行程速度,m/s A——液压缸有效作用面积,m^2 Q_d——低压大流量液压泵的流量,m^3/s v_k——液压缸快速行程速度,m/s
恒功率变量液压泵供油系统	$Q_h \geqslant 6.6v_{gmin}A$	Q_h——恒功率变量液压泵的流量,m^3/s v_{gmin}——液压缸工作行程最低速度,m/s A——液压缸有效作用面积,m^2
流量控制阀无级节流调速系统	$Q_p \geqslant v_{max}A+Q_y$ 或 $Q_p \geqslant n_{max}q_m+Q_y$	Q_p——液压泵的流量,m^3/s v_{max}——液压缸的最大调节速度,m/s A——液压缸有效作用面积,m^2 n_{max}——液压马达最高转速,r/s q_m——液压马达排量,m^3/r Q_y——溢流阀最小溢流流量,$Q_y=0.5\times10^{-4}m^3/s$
有级变速系统	$\sum_{i=1}^{N}Q_i=v_{max}A$ 或 $\sum_{i=1}^{N}Q_i=n_{max}q_m$	N——有级变速回路用泵数 $\sum_{i=1}^{N}Q_i$——N个泵流量总和,m^3/s Q_i——第i个泵的流量,m^3/s 其余符号的意义同无级节流调速系统
一般系统	$Q_p=K(\Sigma Q_s)_{max}$	Q_p——液压泵的流量,m^3/s Q_s——同时动作执行元件的瞬时流量,m^3/s K——系统泄漏系数,$K=1.1\sim1.3$
蓄能器辅助供油系统	$Q_p=\frac{K}{T}\sum_{i=1}^{Z}V_i$	Q_p——液压泵的流量,m^3/s T——工作循环周期时间,s Z——工作周期中需要系统供液进行工作的执行元件数 V_i——第i个执行元件在周期中的耗油量,m^3 K——系统泄漏系数,$K=1.1\sim1.2$
电液动换向阀控制油系统	$Q_p=\frac{\pi K}{4}\sum_{i=1}^{Z}d_i^2l_i/t$	Q_p——液压泵的流量,m^3/s K——裕度系数,$K=1.25\sim1.35$ Z——同时动作的电液动换向阀数 d_i——第i个换向阀的主阀芯直径,m l_i——第i个换向阀的主阀芯换向行程,m t——换向阀的换向时间,$t=0.07\sim0.20$s

注：1. 根据算出的流量和系统工作压力选择液压泵。选择时，泵的额定流量应与计算所需流量相当，不要超过太多，但泵的额定压力可以比系统工作压力高 25%，或更高些。

2. 电液动换向阀控制油系统的工作压力一般为 1.5~2.0MPa。对于 3~4 个中等流量电液动换向阀（阀芯直径 $d=32$mm）同时动作的系统，一般选用额定压力 2.5MPa、额定流量 20L/min 的齿轮泵作控制油源。同时动作数未必是系统上电液动换向阀的总数。系统上有流量较大的电液动换向阀（阀芯直径 $d=50\sim80$mm）时，控制油系统的需用流量要按表中公式校核或算出。

2.10 选择液压控制元件

根据液压系统原理图提供的情况，审查图上各阀在各种工况下达到的最高工作压力和最大流量，以此选择阀的额定压力和额定流量。一般情况下，阀的实际压力和流量应与额定值相接近，但必要时允许实际流量超过额定流量20%。有的电液换向阀有时会出现高压下换向停留时间稍长不能复位的现象，因此，用于有可靠性要求的系统时，其压力以降额（由32MPa降至20~25MPa）使用为宜，或选用液压强制对中的电液换向阀。

单出杆活塞缸的两个腔有效作用面积不相等，当泵供油使活塞内缩时，活塞腔的排油流量比泵的供油流量大得多，通过阀的最大流量往往在这种情况下出现，复合增速缸和其他等效组合方案也有相同情况，所以在检查各阀的最大通过流量时要特别注意。此外，选择流量控制阀时，其最小稳定流量应能满足执行元件最低工作速度的要求，即

$$Q_{vmin} \leqslant v_{gmin} A \qquad (20\text{-}2\text{-}1)$$

$$或\ Q_{vmin} \leqslant n_{mmin} q_m \qquad (20\text{-}2\text{-}2)$$

式中 Q_{vmin}——流量控制阀的最小稳定流量，m^3/s；

v_{gmin}——液压缸最低工作速度，m/s；

A——液压缸有效工作面积，m^2；

n_{mmin}——液压马达最低工作转速，r/s；

q_m——液压马达排量，m^3/r。

2.11 选择电动机

在泵的规格表中，一般同时给出额定工况（额定压力、转速、排量或流量）下泵的驱动功率，可按此直接选择电动机。也可按液压泵的实际使用情况，用式（20-2-3）计算其驱动功率。

$$P=\frac{\psi p_N Q_N}{10^3 \eta_p} \quad (kW) \qquad (20\text{-}2\text{-}3)$$

式中 p_N——液压泵的额定压力，Pa；

Q_N——液压泵的额定流量，m^3/s；

η_p——液压泵的总效率，从规格表中查出；

ψ——转换系数，一般液压泵，$\psi=p_{max}/p_N$，恒功率变量液压泵，$\psi=0.4$，限压式变量叶片泵，$\psi=0.85p_{max}/p_N$；

p_{max}——液压泵实际使用的最大工作压力，Pa。

驱动功率也可采用式（20-2-4）或式（20-2-5）计算。

$$P=\frac{\psi p_N Q_N}{60\eta_p} \quad (kW) \qquad (20\text{-}2\text{-}4)$$

式中 p_N——液压泵的额定压力，MPa；

Q_N——液压泵的额定流量，L/min。

η_p、ψ 同式（20-2-3）。

$$P=\frac{\psi p_N Q_N}{600\eta_p} \quad (kW) \qquad (20\text{-}2\text{-}5)$$

式中 p_N——液压泵的额定压力，bar（1bar=0.1MPa）。

Q_N 同式（20-2-4），η_p、ψ 同式（20-2-3）。

根据算出的驱动功率和泵的额定转速选择电动机的规格。通常，允许电动机短时间在超载25%的状态下工作。

若液压泵在工作循环周期各阶段所需的输入功率差别较大，则应首先按式（20-2-6）计算循环周期的等值功率。

$$\overline{P}=\sqrt{\frac{\sum_{i=1}^{N}P_i^2t_i}{\sum_{i=1}^{N}t_i}}\quad(\text{kW})\tag{20-2-6}$$

式中　N——工作循环阶段的总数；

P_i——循环周期中第 i 阶段所需的功率，kW；

t_i——第 i 阶段持续的时间，s。

若所需功率最大的阶段持续时间较短，而且经检验电动机的超载量在允许范围之内，则按等值功率$\overline{P}$ 选择电动机，否则按最大功率选择电动机。

2.12　选择、计算其他液压件

其他液压件包括蓄能器、过滤器、油箱和管件等，其选择与计算方法详见本篇第 11~13 章有关部分。

2.13　选择液压流体

液压工作介质的选择见本篇第 4 章“2　液压流体”。

2.14　验算液压系统性能

液压系统的参数有许多是由估计或经验确定的，其设计水平需通过性能的验算来评判。验算项目主要有压力损失、温升和液压冲击等。

（1）验算压力损失

管路系统上的压力损失由管路的沿程损失 $\sum\Delta p_T$、管件局部损失 $\sum\Delta p_j$ 和控制元件的压力损失 $\sum\Delta p_v$ 三部分组成。

$$\Delta p=\sum\Delta p_T+\sum\Delta p_j+\sum\Delta p_v\quad(\text{MPa})\tag{20-2-7}$$

Δp_T 和 Δp_j 值的计算见本篇第 1 章“4.4　雷诺数、流态、压力损失公式”。Δp_v 值可从元件样本中查出，当流经阀的实际流量 Q 与阀的额定流量 Q_N 不同时，Δp_v 值按式（20-2-8）近似算出。

$$\Delta p_v=\Delta p_{vN}\left(\frac{Q}{Q_N}\right)^2\quad(\text{MPa})\tag{20-2-8}$$

式中　Δp_{vN}——查到的阀在额定压力和流量下的压力损失值。

计算压力损失时，通常是把回油路上的各项压力损失折算到进油路上一起计算，以此算得的总压力损失若比原估计值大，但泵的工作压力还有调节余地时，将泵出口处溢流阀的压力适当调高即可。否则，就需修改有关元件的参数（如适当加大液压缸直径或液压马达排量），重新进行设计计算。

（2）验算温升

液流经液压泵、液压执行元件、溢流阀或其他阀及管路的功率损失都将转化为热量，使工作介质温度升高。系统的散热主要通过油箱表面和管道表面。若详细进行液压系统的发热及散热计算较麻烦。通常液压系统在单位时间内的发热功率 P_H，可以由液压泵的总输入功率 P_p 和执行元件的有效功率 P_e 概略算出。

$$P_H=P_p-P_e\quad(\text{kW})\tag{20-2-9}$$

液压系统在一个动作循环内的平均发热量$\overline{P_H}$ 可按它在各个工作阶段内的发热量 P_{Hi} 估算。

$$\overline{P_H}=\frac{\sum P_{Hi}t_i}{T}\quad(\text{kW})\tag{20-2-10}$$

式中　T——循环周期时间，s；

t_i——各个工作阶段所经历的时间，s。

系统中的热量全部由油箱表面散发时，在热平衡状态下油液达到的温度计算见本篇第 13 章“1　油箱”。在一般情况下，可进行以下简化计算。

① 在系统的发热量中，可以只考虑液压泵及溢流阀的发热。

② 在系统的散热量中，可以只考虑油箱的散热（在没有设置冷却器时）。

③ 在系统的贮存热量中，可以只考虑工作介质及油箱温升所需的热量。

在液压传动系统中，工作介质温度一般不应超过70℃。因此在进行发热计算时，工作介质最高温度（即温升加上环境温度）不应超过65℃。如果计算温度较高，就必须采取增大油箱散热面积或增加冷却器等措施。

各种机械的液压系统油温允许值见表20-2-16。

表20-2-16　　液压系统油温允许值　　℃

机械类型	正常工作温度	允许最高温度	机械类型	正常工作温度	允许最高温度
机床	30～55	55～65	机车车辆	40～60	70～80
数控机床	30～50	55～65	船舶	30～60	80～90
粗加工机械、液压机	40～70	60～90	冶金机械	50～80	70～90
工程机械、矿山机械	50～80	70～90			

（3）验算液压冲击

按本篇第1章“4.8　液压冲击公式”进行验算。

液压冲击常引起系统振动，过大的冲击压力与管路内的原压力叠加可能破坏管路和元件。对此，可以考虑采用带缓冲装置的液压缸或在系统上设置减速回路，以及在系统上安装吸收液压冲击的蓄能器等。

2.15　绘制工作图、编写技术文件

经过必要的计算、验算、修改、补充和完善后，便可进行施工设计，绘制泵站、阀站和专用元件图，编写技术文件等。

2.16　液压系统设计计算举例

2.16.1　ZS-500型塑料注射成型液压机液压系统设计

（1）设计要求

① 主机用途及规格如下。

本机用于热熔性塑料注射成型。一次注射量最大500g。

② 要求主机完成的工艺过程如下。

塑料粒从料斗底孔进入注射-预塑加热筒，螺杆旋转，将料粒推向前端的注射口，沿途被筒外电加热器加热逐渐熔化成黏稠流体，同时螺杆在物料的反作用力作用下后退，触及行程开关后停止转动。

合模缸事前将模具闭合锁紧，然后注射座带动注射加热筒前移，直至注射口在模具的浇口窝中贴紧，贴紧力达到设定的数值时，注射缸推动螺杆挤压熔化的物料注射入模具的型腔，经过保压、延时冷却（在此时间螺杆又转动输送和加热新物料），然后开模，顶出制件，完成一个工艺循环。

注射座的动作有每次注射后退回和不退回两种，由制件的工艺要求决定。

③ 系统设计技术参数如下。

表20-2-17

参数名称	代号	数值	参数名称	代号	数值
最大锁模力/kN	F_{SO}	4000	螺杆最大工作转速/r·min^{-1}	n_{Lmax}	93
最大脱模力/kN	F_{TO}	135	螺杆最大注射行程/mm	S_L	200
最大贴模力/kN	F_{TY}	87	合模缸最大行程/mm	S_{Hm}	450
最大顶出力/kN	F_D	35	注射座最大行程/mm	S_{ZZ}	280
最大注射压力/MPa	p_{Zmax}	116.4	顶出行程/mm	S_D	100
最大保压压力/MPa	p_{Bmax}	$0.84P_{Zmax}$	速度参考值/m·s^{-1}		
注射螺杆直径/mm	d_L	65	合模缸慢速闭模速度	v_8	0.02
螺杆最大工作转矩/N·m	τ_{max}	1100	合模缸快速闭模速度	v_1	0.11

续表

参数名称	代号	数值	参数名称	代号	数值
合模缸慢速脱模速度	v_7	0.03	注射座后移速度	v_6	0.1
合模缸快速启模速度	v_9	0.16	顶出缸顶出速度	v_4	0.14
注射缸注射行程速度(最大)	$v_{3\max}$	0.065	顶出缸回程速度	v_5	0.18
注射座前移速度	v_2	0.125			

④ 系统设计的其他要求如下。

主要包括：注射速度和螺杆转速要求 10 级可调，而且可预置；螺杆的注射压力，以及预塑过程后退的背压，要能调节；系统要能实现点动、半自动、全自动操作；为确保安全，合模缸在安全门关好后才能动作。

（2）总体规划、确定液压执行元件

表 20-2-18

机构名称	常用方案	优点	缺点	采用方案
合模机构	复合增速缸	①整机结构紧凑,构件少 ②无需动梁闭合量调节机构	①复合缸结构复杂,加工制造难度大 ②需设计充液阀;泵的流量大,液压系统复杂 ③行程速度低,生产效率低	
	活塞缸-连杆传动	①在行程的近末端将液压缸的出力放大,液压缸的缸径可以很小 ②空行程速度高,生产效率高 ③泵的流量小,液压系统简单	①连杆构件多,尺寸链多 ②需要动梁合闭量调节机构,结构复杂	✓
注射螺杆旋转机构	定量液压马达或电动机-变速箱	①旋转运动从螺杆侧面通过齿轮、花键带动,螺杆后端可布置注射缸 ②液压系统简单	机械结构复杂,体积大	
	轴向柱塞式定量液压马达	液压马达在螺杆后端直接驱动,结构简单、紧凑	需要有级变速回路,液压系统较复杂	✓
注射机构	不等径双出杆活塞缸一个①	装于螺杆后端直接推动螺杆,结构紧凑	影响螺杆旋转机构的布置,机械结构复杂,体积大	
	等径双出杆活塞缸两个	活塞杆置于螺杆两旁,同时作为注射座的承重、导向件,免用导轨	活塞杆粗、长,费材料,其安装位置对操作稍有影响	✓
注射座移动机构	活塞缸	最简单	装于注射座下方,装拆不便	✓
顶出机构	机械打料	装置简单	顶出力不能控制,有刚性冲击	
	活塞缸	能够自动防止过载	结构稍微复杂	✓

① 小直径的出杆用以显示缸内活塞的位置。在它的上面安装行程开关的碰块，以控制注射行程和动作。

（3）绘制系统工况图

① 明确工艺循环作用于各执行元件的载荷。

表 20-2-19

元件名称	载荷名称	载荷计算式	单位	说明
合模缸	锁模行程载荷 F_1	$F_1=\dfrac{F_{SO}}{18.6l_1/l+1}=\dfrac{4000}{18.6\times0.79+1}=255$	kN	F_{SO}——锁模力,见表 20-2-17 l_1,l——连杆长,见图 20-2-3,$l_1/l=0.79$
	脱模行程载荷 F_2	$F_2=F_{TO}=135$	kN	F_{TO}——脱模力,见表 20-2-17
	空程闭模载荷 F_3	$F_3=0.13F_1=0.13\times255=33.2$	kN	系数 0.13 为统计资料值
	空程启模载荷 F_4	$F_4=F_3=33.2$	kN	
注射座移动缸	最大贴模载荷 F_9	$F_9=F_{TY}=87$	kN	F_{TY}——贴模力,见表 20-2-17
	前移行程载荷 F_{10}	$F_{10}=0.14F_{TY}=0.14\times87=12.2$	kN	系数 0.14 为统计资料值
	后移行程载荷 F_{11}	$F_{11}=F_{10}=12.2$	kN	

续表

元件名称	载荷名称	载荷计算式	单位	说明
注射缸	最大注射载荷 F_5	$F_5=\frac{\pi}{4}d_L^2 p_{Zmax}=\frac{\pi}{4}0.065^2\times116.4\times10^3=386$	kN	d_L——注射螺杆直径 p_{Zmax}——最大注射压力，见表 20-2-17
	最大保压载荷 F_6	$F_6=\frac{\pi}{4}d_L^2 p_{Bmax}=\frac{\pi}{4}d_L^2\times0.84p_{Zmax}=0.84\times386=324$	kN	p_{Bmax}——最大保压压力，见表 20-2-17
顶出缸	顶出载荷	$F_7=F_D=35$	kN	F_D——顶出力，见表 20-2-17
	回程载荷	$F_8=0.1F_D=0.1\times35=3.5$	kN	系数 0.1 为统计资料值
液压马达	最大工作转矩	$\tau_{max}=1100$	N·m	见表 20-2-17

② 绘制系统工况图：按设计要求和注射座固定的注塑工艺过程绘制的工艺循环动作线图见图 20-2-2a，图中 S_i、φ 分别表示行程和转角，各电气或液压发信元件符号的意义见表 20-2-20 的表注；按表 20-2-17 的速度参数制作的速度图见图 20-2-2b，图中的 n_m 表示油马达的转速，v_i 表示液压缸的行程速度；载荷图见图 20-2-2c，图中 F_i、τ 分别表示力和转矩。

(4) 确定系统工作压力

据统计资料，公称注射量 250～500g 的注塑机，工作压力范围为 7～21MPa，其中，21MPa 占 23%，14MPa 占 40%～57%，故本机液压系统的工作压力采用 14MPa。

(5) 确定液压执行元件的控制和调速方案

根据设计要求，注射速度和注射螺杆的转速不仅要可调，还要能够预选，所以采用液压有级变速回路。这与确定螺杆旋转机构驱动元件时所做的选择取得一致。不过在具体设计时，要使有级变速回路能够同时满足注射和螺杆旋转两者的调速要求。

(6) 草拟液压系统原理图

初步拟定的液压系统图见图 20-2-3。电液换向阀 25 与机动二位四通阀 23 配合组成安全操作回路，安全门关闭到位压下阀 23 和触动行程开关 XK1 后控制油才能推动阀 25 使合模缸动作。单向阀 26 用以防止注射和保压时物料通过螺杆螺旋面的作用使螺杆和液压马达倒转。液控单向阀 18 和 15 用以保持液流切换后合模缸的锁模力和注射座压紧后的贴紧力。阀 9-2、21-※和三位四通电磁阀 22 组成注射、保压和预塑的压力控制回路。件号 4～13 中

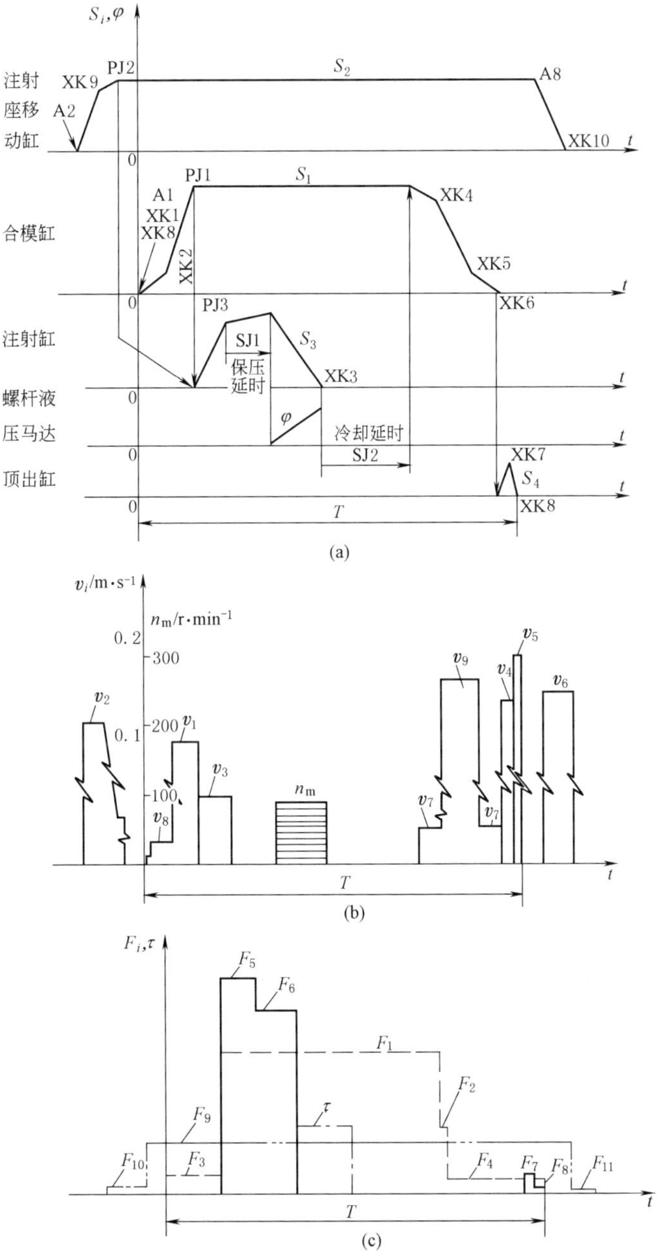

图 20-2-2 注射座固定的系统工况图

的泵、阀组成液压有级变速回路，并为系统空循环卸荷。其余部分是各执行元件的方向控制回路和电液动换向阀的控制油回路。系统动作循环图表见表 20-2-20。

注：根据参考文献［25］中“8.6 电液比例控制系统之一——XS-ZY-250A 型注塑机液压阀系统”，采用比例压力阀可代替“阀 9-2、21-※和三位四通电磁阀 22 组成注射、保压和预塑的压力控制回路”；采用比例流量阀可代替“件号 4~13 中的泵、阀组成液压有级变速回路”，该参考文献同时指出：“采用了比例压力阀和比例流量阀，可实现注射成型过程中的压力和速度的比例调节，以满足不同塑料品种及不同制品的几何形状和模具浇注系统对压力和速度的不同需要，大大简化了液压回路及系统，减少了液压元件的用量，提高了系统的可靠性。”

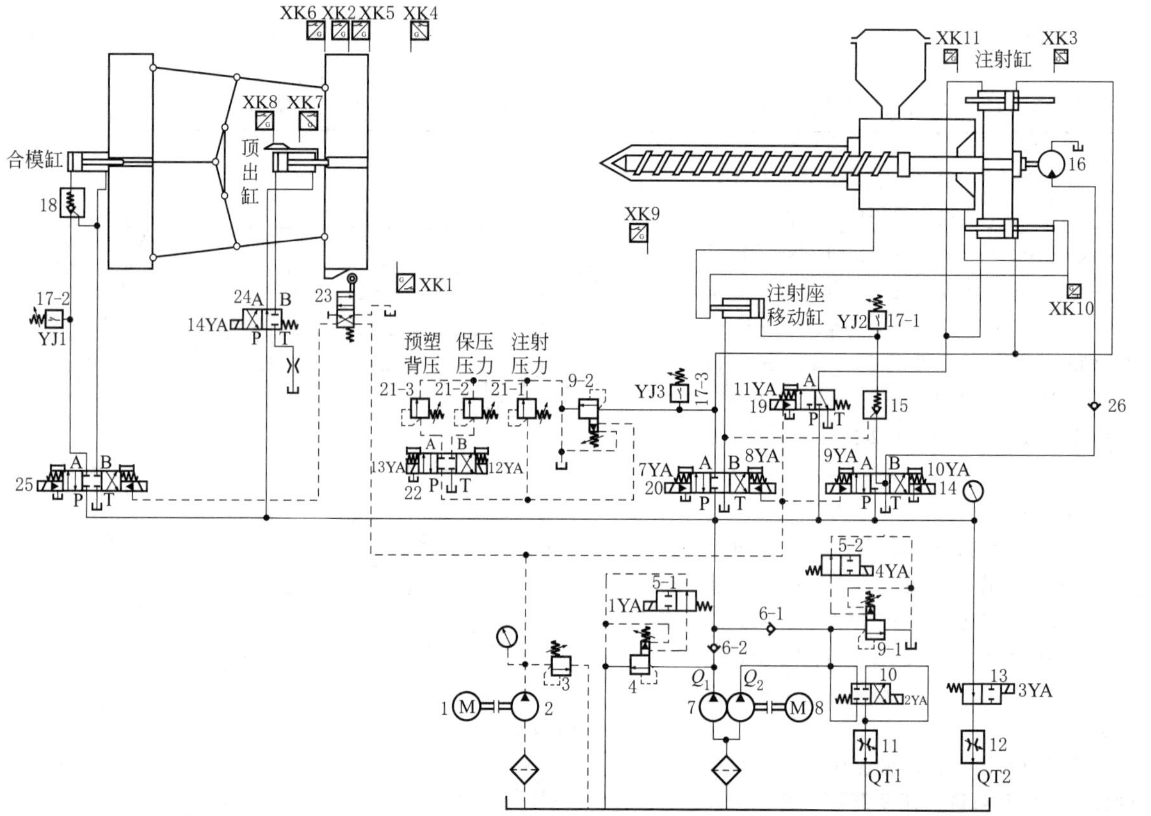

图 20-2-3 塑料注射成型机液压系统图

1,8—电动机；2—液压泵；3,21—溢流阀；4,9—先导式溢流阀；5,13—二位二通电磁换向阀；6,26—单向阀；7—双联液压泵；10,24—二位四通电磁换向阀；11,12—调速阀；14,20,25—三位四通电液换向阀；15,18—液控单向阀；16—液压马达；17—压力继电器；19—二位三通电液换向阀；22—三位四通电磁换向阀；23—机动二位四通换向阀

表 20-2-20　ZS-500 注塑机点动、半自动、全自动工作循环图表

动作名称		发信元件			电磁铁 YA														电动机		供给流量/%
		点动	半自动	全自动	1	2	3	4	5	6	7	8	9	10	11	12	13	14	D_1	D_2	
启动		QA																	+	+	0
慢速闭模		A1	XK1	XK1 XK8	+				+										+	+	20
快速	闭模 锁模		XK2	XK2	+			+	+										+	+	100
注射		A3	YJ1 YJ2	YJ1 YJ2	⊕	⊕	⊕	⊕	+		+		+						+	+	10~100
保压		A4	YJ3	YJ3	+				+		+		+			+			+	+	0
预塑		A5	SJ1	SJ1	⊕	⊕	⊕	⊕	+		+			+			+		+	+	10~100
冷却			XK3	XK3															+	+	0

续表

动作名称	发信元件			电磁铁 YA														电动机		供给流量/%
	点动	半自动	全自动	1	2	3	4	5	6	7	8	9	10	11	12	13	14	D_1	D_2	
慢速脱模	A6	SJ2	SJ2	+					+									+	+	20
快速启模		XK4	XK4	+			+		+									+	+	100
减速启模		XK5	XK5	+					+									+	+	20
顶出	A7	XK6	XK6	+													+	+	+	20
顶出退回		XK7	XK7	+														+	+	20
结束循环		XK8	XK1□															+	+	0
总停	TA																			
注射座快速前移	A2	YJ1	YJ1				+	+				+						+	+	80
注射座慢速前移		XK9	XK9	+				+				+						+	+	20
注射座退回	A8	XK3	XK3		+		+				+							+	+	40
注射座退回到位		XK11	XK11															+	+	0
螺杆退回	A9			+										+				+	+	20

注：1. QA、TA 分别表示启动和停止按钮；A※表示动作按钮；PJ※表示压力继电器；SJ※表示时间继电器；XK※表示行程开关。

2. XK1□：表示打开安全门。

3. ⊕表示电磁铁的吸合状况由速度预选开关确定。各挡速度电磁铁的吸合状况见表 20-2-26。

4. +表示电磁铁通电。

（7）计算执行元件主要参数

表 20-2-21

<table>
<tr><td rowspan="7">计算液压缸内径 D_i</td><td>项　目</td><td>公　式</td><td colspan="4">式中符号的意义和参数值</td></tr>
<tr><td>D_i 的计算公式
（i 代表的缸名：
$i=1$，合模缸
$i=2$，注射座移动缸
$i=3$，注射缸
$i=4$，顶出缸）</td><td>$D_i=2\sqrt{\dfrac{F_n}{\pi p\eta_g}}(i=1,2,4)$
$D_i=\sqrt{\dfrac{2F_n}{\pi p\eta_g}+d_i^2}(i=3)$</td><td colspan="4">$i$——缸名的下标编号
j——液压缸无杆腔、有杆腔的下标编号，见本表 A_{ij}，$j=1$，无杆腔，$j=2$，有杆腔
F_n——液压缸的载荷，n 代表载荷名称的下标编号，见表 20-2-19
η_g——液压缸效率，$\eta_g=0.95$
d_3——注射缸的活塞杆直径，由承重量及强度、刚度的要求决定，$d_3=0.07$m</td></tr>
<tr><td>计算的缸径 D_i（所用的载荷 F_n）</td><td>D_i 计算式</td><td>D_i 的标准值/m</td><td>选取的速比 φ_i</td><td>按 D_i、φ_i 查表所得的活塞杆直径 d_i/m</td><td>d_i 的标准值/m</td></tr>
<tr><td>合模缸内径 D_1（F_1）</td><td>$D_1=2\times\sqrt{\dfrac{255\times10^3}{\pi\times14\times10^6\times0.95}}=0.156$m</td><td>0.16</td><td>1.46</td><td>0.09</td><td>0.09</td></tr>
<tr><td>注射座移动缸内径 D_2（F_9）</td><td>$D_2=2\times\sqrt{\dfrac{87\times10^3}{\pi\times14\times10^6\times0.95}}=0.091$m</td><td>0.1</td><td>1.46</td><td>0.055</td><td>0.056</td></tr>
<tr><td>注射缸内径 D_3（F_5）</td><td>$D_3=\sqrt{\dfrac{2\times386\times10^3}{\pi\times14\times10^6\times0.95}+0.07^2}=0.153$m</td><td>0.16</td><td>1</td><td>—</td><td>0.07</td></tr>
<tr><td>顶出缸内径 D_4（F_7）</td><td>$D_4=2\times\sqrt{\dfrac{35\times10^3}{\pi\times14\times10^6\times0.95}}=0.058$m</td><td>0.063</td><td>1.25</td><td>0.028</td><td>0.028</td></tr>
<tr><td rowspan="2">验算</td><td>项目</td><td>验算式</td><td colspan="4">验算结果</td></tr>
<tr><td>合模缸最大回程启模力 F_H</td><td>$F_H=\dfrac{\pi}{4}(D_1^2-d_1^2)p\eta_g$
$=\dfrac{\pi}{4}(0.16^2-0.09^2)\times14\times10^3\times0.95$
$=183$kN</td><td colspan="4">$F_H=183\text{kN}>F_{TO}=135$kN，符合要求。$F_{TO}$ 为脱模力，见表 20-2-17</td></tr>
</table>

续表

项目		计算式	面积 A_{ij} 计算值/m²
计算各缸有效作用面积 A_{ij}^*	各缸无杆腔作用面积 A_{i1}	$A_{i1}=\frac{\pi}{4}D_i^2(i=1,2,4)$	$i=1,2,4$ $A_{i1}=0.02,0.0079,0.0031$
	各缸有杆腔作用面积 A_{i2}	$A_{i2}=\frac{\pi}{4}(D_i^2-d_i^2)(i=1,2,4)$ $A_{i2}=\frac{\pi}{2}(D_i^2-d_i^2)$（$i=3$，$A_{32}$ 为两个缸同方向作用面积之和）	$i=1,2,3,4$ $A_{i2}=0.0137,0.0054,0.0325,0.0025$

（8）计算液压泵的流量及选择液压泵、验算行程速度或转速

① 计算系统各执行元件最大需用流量：

表 20-2-22

项目		流量计算式	式中符号的意义
计算液压缸最大需用流量 Q_{gi}	Q_{gi} 计算公式	$Q_{gi}=6v_iA_{ij}\times10^4$	i,j——下标编号，见表 20-2-21 v_i——液压缸活塞杆外伸速度，m/s，其值见表 20-2-17 A_{ij}——液压缸有效作用面积，m²，其值见表 20-2-21
	合模缸闭合	$Q_{g1}=6\times0.11\times0.02\times10^4=132\text{L/min}(i=1,j=1)$	
	注射座移动缸前移	$Q_{g2}=6\times0.125\times0.0079\times10^4=58.5\text{L/min}(i=2,j=1)$	
	注射缸注射	$Q_{g3}=6\times0.065\times0.0325\times10^4=126.8\text{L/min}(i=3,j=2)$	
	顶出缸顶出	$Q_{g4}=6\times0.14\times0.0031\times10^4=26\text{L/min}(i=4,j=1)$	
计算液压马达在系统最大工作压力下所需流量 Q_{mmax}		$Q_{mmax}=\frac{2\pi n_{Lmax}\tau_{max}}{p\eta_m\times10^{-3}}=\frac{2\pi\times93\times1100}{14\times10^6\times0.85\times10^{-3}}=54\text{L/min}$	n_{Lmax}——注射螺杆最大转速，$n_{Lmax}=$ 93r/min τ_{max}——注射螺杆最大工作转矩，$\tau_{max}=1100\text{N}\cdot\text{m}$ p——系统最大工作压力，$p=$ 14MPa η_m——液压马达效率，$\eta_m=0.85$

由表 20-2-22 可知，系统最大所需流量为 $Q_{max}=Q_{g1}=132\text{L/min}$。

② 按有级变速回路的构成原理计算系统大、小泵的排量：

表 20-2-23

项目	计算式	单位	式中符号的意义
大泵流量 Q_1	$Q_1=Q_{max}\times80\%=132\times80\%=106$	L/min	Q_{max}——系统最大所需流量，$Q_{max}=132\text{L/min}$ n_D——驱动泵的电动机工作转速，$n_D=$ 1470r/min
小泵流量 Q_2	$Q_2=Q_{max}\times20\%=132\times20\%=26.4$	L/min	
大泵排量 q_1	$q_1=\frac{Q_1}{n_D}\times10^3=\frac{106}{1470}\times10^3=72$	mL/r	
小泵排量 q_2	$q_2=\frac{Q_2}{n_D}\times10^3=\frac{26.4}{1470}\times10^3=18$	mL/r	

③ 按 q_1、q_2 选择液压泵：选用 PV2R13-76/19 型双联叶片泵一台，其技术参数见表 20-2-24。

表 20-2-24

项　　目	理论排量/mL·r⁻¹	工作压力/MPa	$n_D=1470\text{r/min}$ 时的理论流量/L·min⁻¹
大泵	$q_{p1}=76.4$	14	$Q_{p1}=q_{p1}n_D=76.4\times1470\times10^{-3}=112.3$
小泵	$q_{p2}=19.1$	16	$Q_{p2}=q_{p2}n_D=19.1\times1470\times10^{-3}=28.1$
两泵总流量 Q_p	—	—	$Q_p=Q_{p1}+Q_{p2}=112.3+28.1=140.4$

注：n_D 为驱动泵的电动机的工作转速。

④ 调速阀的调整流量：组成有级变速回路，调速阀 12 的调整流量为

$$Q_{T1}=Q_p\times40\%=140.4\times40\%=56.2\text{L/min}$$

调速阀 13 的调整流量为

$$Q_{T2}=Q_p\times10\%=140.4\times10\%=14\text{L/min}$$

⑤ 计算液压马达排量、选择型号规格：

表 20-2-25

计算液压马达理论排量 q_m/L·r^{-1}		$q_m=\dfrac{Q_p\eta_{pv}\eta_{mv}}{n_{Lmax}}=\dfrac{140.4\times0.9\times0.92}{93}=1.25$			Q_p——两泵理论流量之和，$Q_p=140.4\text{L/min}$ η_{pv}——液压泵容积效率，$\eta_{pv}=0.9$ η_{mv}——液压马达容积效率，$\eta_{mv}=0.92$ n_{Lmax}——螺杆最大转速，$n_{Lmax}=93\text{r/min}$
所选液压马达	型号	1QJM12-1.25 型球塞式液压马达			
	主要参数	理论排量 q_m/L·r^{-1}	工作压力 /MPa	最大工作压力 /MPa	转速范围 /r·min^{-1}	最大输出转矩 /N·m
		1.25	10	16	4~160	2705
	最大使用工作压力 p_s/MPa	$p_s=\dfrac{2\pi\tau_{max}}{q_m\eta_{mm}}=\dfrac{2\pi\times1100}{1.25\times10^{-3}\times0.92\times10^6}=6.0$		τ_{max}——螺杆最大转矩，$\tau_{max}=1100\text{N·m}$ q_m——所选液压马达理论排量，m^3/r η_{mm}——液压马达机械效率，$\eta_{mm}=0.92$		

⑥ 计算液压马达转速和注射缸注射速度：

表 20-2-26

系统流量变换	主系统双泵总理论流量 Q_p/L·min^{-1}		$Q_p=Q_{p1}+Q_{p2}=140.4$ （$Q_{p1}=112.3$；$Q_{p2}=28.1$）									
	各挡流量 /L·min^{-1}	挡	Q_1	Q_2	Q_3	Q_4	Q_5	Q_6	Q_7	Q_8	Q_9	Q_{10}
		Q_k/Q_p	10%	20%	30%	40%	50%	60%	70%	80%	90%	100%
		$Q_k(k=1,2,\cdots,10)$	14	28.1	42.1	56.2	70.2	84.2	98.3	112.3	126.4	140.4
		Q_k 计算式	$Q_k=10kQ_p/100$									
	电磁铁工况	1YA	+	+			+	+			+	+
		2YA			+	+	+	+				
		3YA	+		+		+		+		+	
		4YA			+	+	+	+	+	+	+	+
	Q_{TS}/Q_p（Q_{TS} 为节流损失流量）		10%	0	50%	40%	50%	40%	10%	0	10%	0
液压马达转速变换	各挡转速 n_k/r·min^{-1}		9.3	18.6	27.9	37.2	46.5	55.8	65.1	74.4	83.7	93
	n_k 计算式		$n_k=\dfrac{Q_k}{q_m}\eta_{pv}\eta_{mv}$ （$q_m=1.25\text{L/r}$；$\eta_{pv}=0.9$；$\eta_{mv}=0.92$）									
注射缸注射速度变换	各挡速度 v_k/m·s^{-1}		0.006	0.013	0.019	0.026	0.032	0.039	0.045	0.052	0.058	0.065
	v_k 计算式		$v_k=\dfrac{Q_k\eta_{pv}}{6A_{32}\times10^4}$（注射缸有效作用面积 A_{32} 见表 21-2-21；$\eta_{pv}=0.9$）									

注：+表示电磁铁通电。

从表 20-2-26 中可看出，液压马达转速 $n_{10}=93\text{r/min}$ 和 $n_5=46.5\text{r/min}$ 时消耗流量（$100\%Q_p$）和功率最大，但转速为 n_5 时节流损失占 $50\%Q_p$，系统效率最低，所以，估算电动机功率和验算系统温升时按 n_5 挡转速计算。同理，注射缸用 v_5 挡速度计算。

(9) 计算工作循环系统的流量、工作压力和循环周期时间并绘制系统的流量、压力循环图

系统的流量和工作压力的计算见表 20-2-27 的第 1~4 栏；工作周期的计算见表 20-2-27 的第 5~7 栏。系统的流量、压力循环图见图 20-2-4 和图 20-2-5。

表 20-2-27

项目	1		2	3					4	5
	工作泵①理论输出流量 Q_{pg}/L·min^{-1} $Q_{p1}=112.3$ $Q_{p2}=28.1$		油路压力损失 $\Sigma\Delta p$ /MPa	工作泵出口压力 p_p/MPa 驱动液压缸：$p_p=\frac{F_n}{A_{ij}\eta_{gm}}\times10^3+\Sigma\Delta p$，机械效率 $\eta_{gm}=0.95$ 驱动液压马达：$p_p=\frac{2\pi\tau_{max}}{q_m\eta_{mm}}\times10^3+\Sigma\Delta p$③					工作泵实际输出流量 Q_{pa}/L·min^{-1} $Q_{pa}=Q_{p1}\left(1-\frac{0.1p_p}{14}\right)+Q_{p2}\left(1-\frac{0.1p_p}{16}\right)$④	液压缸运动速度 v/m·s^{-1} $v=\frac{Q_{pa}\times10^{-4}}{6A_{ij}}$
				载荷 F_n/kN		有效作用面积 A_{ij}②/m^2				
	$Q_{pg}=$	Q_{pg} 值		$F_n=$	F_n 值	$A_{ij}=$	A_{ij} 值	p_p 值		
慢速闭模	Q_{p2}	28.1	0.26	F_3	33.2	A_{11}	0.02	2	27.7	0.023
快速闭模	$Q_{p1}+Q_{p2}$	140.4	0.6	F_3	33.2	A_{11}	0.02	2.3	138.2	0.115
快速锁模	$Q_{p1}+Q_{p2}$	140.4	0.6	F_1	255	A_{11}	0.02	14	126.4	0.105
注射	$Q_{p1}+Q_{p2}$	140.4	0.6	F_5	386	A_{32}	0.0325	13.1	127.6	$v_5=0.032$⑤
保压	Q_{p2}	28.1	0	F_6	324	A_{32}	0.0325	10.5	26.2	≈0
预塑	$Q_{p1}+Q_{p2}$	140.4	0.4	[$\tau_{max}=1100$N·m；$q_m=1.25$L/r；$\eta_{mm}=0.92$]				6.4	134.1	($n_5=46.5$⑤ r/min)
冷却	0	0	0	0	0	0	0	0	0	0
慢速脱模	Q_{p2}	28.1	0.3	F_2	135	A_{12}	0.0137	10.6	26.2	0.032
快速启模	$Q_{p1}+Q_{p2}$	140.4	1.4	F_4	33.2	A_{12}	0.0137	4	136.5	0.166
减速启模	Q_{p2}	28.1	0.3	F_4	33.2	A_{12}	0.0137	2.9	27.6	0.034
顶出制件	Q_{p2}	28.1	0.6	F_7	35	A_{41}	0.0031	12.4	25.9	0.139
顶出回程	Q_{p2}	28.1	0.9	F_8	3.5	A_{42}	0.0025	2.4	27.7	0.185

项目	6	7	8		9			10	11	12	13
	液压缸动作行程 S /m	动作持续时间 $t(=\frac{S}{v})$/s	工作泵输入功率 $P_1=\frac{p_pQ_{pa}}{6\times10^7\eta_p}$kW η_p 为液压泵效率		卸荷泵输入功率 $P_2=\frac{p_xQ_{px}}{6\times10^7\eta_x}$kW 卸荷压力 $p_x=0.3$MPa 泵效率 $\eta_x=0.3$			电动机输出功率 $P(=P_1+P_2)$ /kW	P^2t /kW^2·s	系统输入功 $E_1(=Pt)$ /kJ	执行元件有效功 $E_2(=F_nS)$ /kJ
					总卸荷流量 Q_{px}/L·min^{-1}						
			η_p 值	P_1 值	$Q_{px}=$	Q_{px} 值	P_2 值				
慢速闭模	0.02	0.9	0.55	1.65	Q_{p1}	112.3	1.87	3.5	11	3.2	0.66
快速闭模	0.32	2.8	0.55	9.6	—	—	—	9.6	258	26.9	10.6
快速锁模	0.11	1	0.8	36.8	—	—	—	36.8	1354	36.8	28.1
注射	0.2	6	0.8	34.8	—	—	—	34.8	7266	208.8	77.2
保压	0.002	16⑥	0.8	5.7	Q_{p1}	112.3	1.87	7.6	924	121.6	0.65
预塑	—	15	0.75	19	($E_2=2\pi\tau_{max}n_5\frac{t}{60}=80.3$)			19	5415	285	80.3 (见左式)
冷却	0	30⑥	0	0	$Q_{p1}+Q_{p2}$	140.4	2.34	2.3	158	69	0
慢速脱模	0.03	0.9	0.8	5.8	Q_{p1}	112.3	1.87	7.7	47	6.2	4.1
快速启模	0.4	2.4	0.55	16.1	—	—	—	16.1	622	38.6	13.3
减速启模	0.02	0.6	0.55	2.4	Q_{p1}	112.3	1.87	4.3	11	2.6	0.66
顶出制件	0.1	0.7	0.8	6.7	Q_{p1}	112.3	1.87	8.6	52	6	3.5
顶出回程	0.1	0.5	0.55	2	Q_{p1}	112.3	1.87	3.9	8	2	0.35
Σ		76.8							16126	806.7	219.43

①"工作泵"指正在向系统输送压力油，供执行元件动作的泵。若该泵处在空循环吸排油状态，则称"卸荷泵"。

② 面积 A_{ij} 的下标编码的意义，所代表的面积及面积值，见表 20-2-21。

③ 式中有关参数的数值见表中［ ］内所列；η_{mm} 为液压马达的机械效率。

④ 此式是以泵的容积效率按线性规律变化和额定压力下其容积效率为 $\eta_{pv}=0.9$ 为基础导出的。系数 0.1 是 $1-\eta_{pv}=1-0.9$ 的得数。

⑤ 选用 v_5 和 n_5 计算是因为在此工况下系统耗费功率最大而效率最低。

⑥ 非计算所得数值。

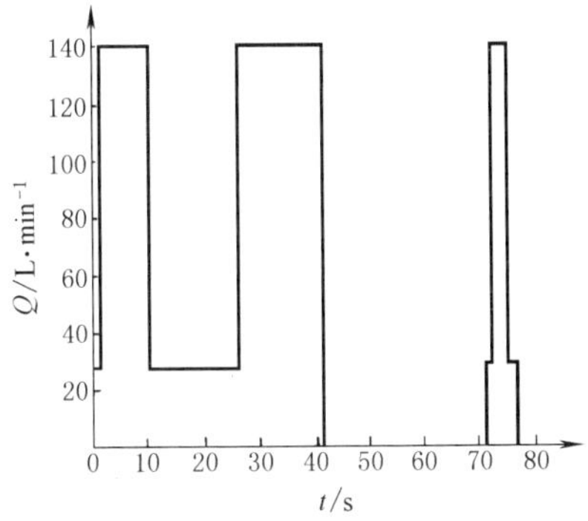

图 20-2-4 工作周期系统流量循环图

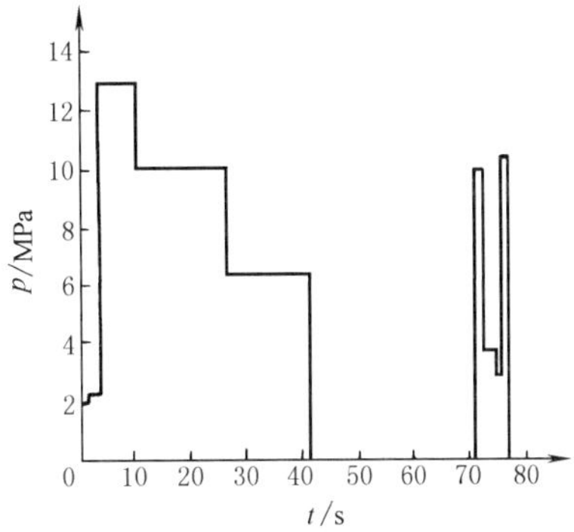

图 20-2-5 工作周期系统压力循环图

(10) 选择控制元件

流经换向阀 26 的最大流量是合模缸快速启模时的排油流量：

$$Q_{vmax}=(Q_{p1}+Q_{p2})\frac{A_{11}}{A_{12}}=(112.3+28.1)\times\frac{0.02}{0.0137}=205\text{L/min}$$

流经换向阀 25 的最大流量是顶出缸回程时的排油流量：

$$Q_{vmax}=Q_{p2}\frac{A_{41}}{A_{42}}=28.1\times\frac{0.0031}{0.0025}=35\text{L/min}$$

表 20-2-28

件号	名　　称	型　　号	规　　格		最大使用流量
			压力/MPa	流量/L·min^{-1}	/L·min^{-1}
4	先导式溢流阀	YF-B10C	14	40	28.1
10-1	先导式溢流阀	YF-B20C	14	100	112.3
10-2	先导式溢流阀	YF-B20C	14	100	140.4
6	单向阀	DF-B10K$_1$	35	30	28.1
7-1	单向阀	DF-B20K$_1$	35	100	112.3
7-2	单向阀	DF-B20K$_1$	35	100	112.3
27	单向阀	DF-B20K$_1$	35	100	140.4
14	电磁换向阀	23DO-B8C	14	22	14
11	电磁换向阀	24DO-B10H	21	30	56.2
25	电磁换向阀	24DO-B10H	21	30	35
23	电磁换向阀	34DO-B6C	14	7	<7
26	电液动换向阀	34DYO-B32H-T	21	190	205
21	电液动换向阀	34DYJ-B32H-T	21	190	140.4
15	电液动换向阀	34DYY-B32H-T	21	190	140.4
20	电液动换向阀	24DYO-B32H-T	21	190	140.4
16	液控单向阀	4CG2-O6A	21	114	112.3
19	液控单向阀	DFY-B32H	21	170	205

换向阀 11 的最大通过流量是 $Q_{p1}+Q_{p2}$ 的 40%，即 56.2L/min，选用公称流量为 30L/min 的二位四通换向阀，将其四个通路分成两组并联成为二通换向阀（图 20-2-3），通流能力便增加一倍，满足 56L/min 的需要。

本系统选择的主要控制元件的型号、规格见表 20-2-28。因为有的阀的压力规格没有 14MPa 这个压力级，故选用时向较高的压力挡选取。

(11) 计算系统工作循环的输入功率、绘制功率循环图并选择电动机

系统工作循环主系统输入功率的计算见表 20-2-27 的第

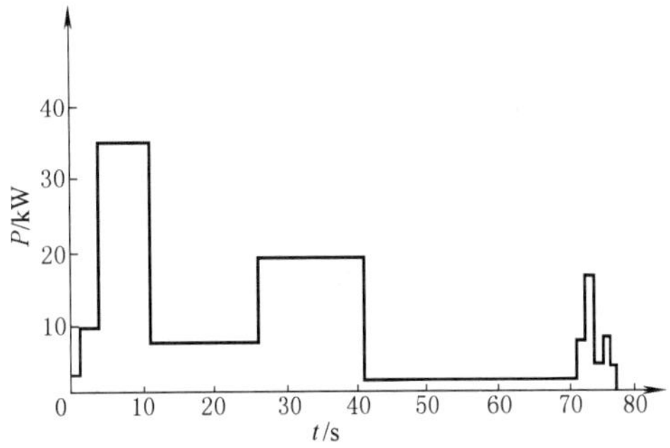

图 20-2-6 系统功率循环图

8~10栏。根据第10栏的数据绘制的功率循环图见图20-2-6。在工作循环中锁模阶段所用的功率是最大的，为$P_{max}=36.8kW$，但持续时间短，不能按它选择电动机。按表20-2-27第11栏和第7栏的数据求出工作循环周期所需的电动机等值功率为

$$\overline{P}=\sqrt{\frac{\sum P^2 t}{\sum t}}=\sqrt{\frac{16126}{76.8}}=14.5kW$$

而

$$\frac{P_{max}}{\overline{P}}=\frac{36.8}{14.5}=2.54$$

此比值过大，也不能按等值功率选择电动机，应按最大功率除以系数k选取，系数$k=1.5\sim2$，本机取$k=1.7$，求得电动机的功率为

$$P_{D1}=\frac{P_{max}}{k}=\frac{36.8}{1.7}=21.6kW$$

选取Y180L-4型电动机，额定功率22kW。

电液动换向阀控制油系统的工作压力为$p_k=1.5MPa$，流量为$Q_k=20L/min$，泵的效率为$\eta=0.84$，所需电动机的功率为

$$P_{D2}=\frac{p_k Q_k}{6\times10^7\eta}=\frac{1.5\times10^6\times20}{6\times10^7\times0.84}=0.6kW$$

选取Y802-4型电动机、额定功率0.75kW。

（12）液压辅件（油箱和配管）

① 计算油箱容积：油箱有效容积V_0按三个泵每分钟流量之和的4倍计算，即

$$V_0=4(Q_{p1}+Q_{p2}+Q_k)=4\times(112.3+28.1+20)=642L$$

本机的机身是由钢板焊成的箱体，可以利用它兼作油箱。油箱部分的长、宽、高尺寸为$a\times b\times c=2.5m\times1.1m\times0.32m$，油面高度为

$$h=\frac{V_0}{ab}=\frac{642}{2.5\times1.1\times10^3}=0.233m$$

油面高与油箱高之比为

$$\frac{h}{c}=\frac{0.233}{0.32}=0.73$$

② 计算油管直径、选择管子：系统上一般管路的通径按所连接元件的通径选取，现只计算主系统两泵流量汇合的管子，取管内许用流速为$v_p=4m/s$，管的内径为

$$d=1.13\sqrt{\frac{Q_{p1}+Q_{p2}}{6v_p\times10^4}}=1.13\times\sqrt{\frac{112.3+28.1}{6\times4\times10^4}}=0.027m$$

按标准规格选取管子为ϕ32mm×3mm，材料为20钢，供货状态为冷加工/软（R），$\sigma_b=451MPa$，安全系数$n=6$，验算管子的壁厚为

$$\delta=\frac{pd}{2\sigma_p}=\frac{pd}{2\dfrac{\sigma_b}{n}}=\frac{14\times10^6\times0.027}{2\times\dfrac{451\times10^6}{6}}=0.0025m$$

壁厚的选取值大于验算值。

（13）验算系统性能

① 验算系统压力损失。

a. 系统中最长的管路，泵至注射缸管路的压力损失：两泵汇流段的管子，内径$d=0.027m$，长$l_3=6.8m$，通过流量$Q_{p1}+Q_{p2}=140.4L/min=0.00234m^3/s$，工作介质为YA-N32普通液压油，工作温度下的黏度$\upsilon=27.5mm^2/s$，密度$\rho=900kg/m^3$，管内流速为

$$v=\frac{Q_{p1}+Q_{p2}}{\dfrac{\pi}{4}d^2}=\frac{0.00234}{\dfrac{\pi}{4}\times0.027^2}=4.1m/s$$

雷诺数为

$$Re=\frac{vd}{\nu}=\frac{4.1\times0.027}{27.5\times10^{-6}}=4025$$

因 $3000<Re<10^5$，故沿程阻力系数为 $\lambda=\frac{0.3164}{Re^{0.25}}$，则沿程压力损失为

$$\sum\Delta p_{T3}=\lambda\frac{l_3}{d}\times\frac{v^2}{2}\rho=\frac{0.3164}{4025^{0.25}}\times\frac{6.8}{0.027}\times\frac{4.1^2}{2}\times\frac{900}{10^6}=0.08\text{MPa}$$

泵出口至汇流点的管长小，沿程压力损失不计。

额定流量下有关阀的局部压力损失：单向阀和液控单向阀为0.2MPa；电液动换向阀为0.3MPa。管接头、弯头、相贯孔等的局部压力损失很小，不计。

按此，双泵输出最大流量时，大泵到注射缸的局部压力损失为

$$\sum\Delta p_{j3}=\Delta p_{7-1}+\Delta p_{21}+\Delta p_{(20)}=0.2\times\left(\frac{112.3}{100}\right)^2+0.3\times\left(\frac{140.4}{190}\right)^2+\frac{0.3}{\varphi_3}\times\left(\frac{140.4}{190\varphi_3}\right)^2=0.58\text{MPa}$$

式中，Δp 的下标是该阀在系统图中的编号，带（ ）者是表示该阀处在回油路，其压力损失是折算到进油路上的损失，即 $\Delta p_{(20)}=\frac{A_{32}}{A_{31}}\Delta p_{20}=\frac{1}{\varphi_3}\Delta p_{20}$。$\varphi_3$ 为注射缸的速比，$\varphi_3=1$。式中各阀的额定流量及使用流量见表20-2-28。

故大泵出口至注射缸的总压力损失为

$$\sum\Delta p_3=\sum\Delta p_{T3}+\sum\Delta p_{j3}=0.08+0.58=0.66\text{MPa}$$

b. 合模缸快速启模时的压力损失：通至合模缸的汇流管的内径与前者相同，但管长为 $l_1=3.8$m，系统两泵输出最大流量，汇流管的沿程压力损失为

$$\sum\Delta p_{T1}=\frac{l_1}{l_3}\Delta p_{T3}=\frac{3.8}{6.8}\times0.08=0.04\text{MPa}$$

大泵出口至合模缸的局部压力损失为

$$\begin{aligned}\sum\Delta p_{j3}&=\Delta p_{7-1}+\Delta p_{26}+\Delta p_{(19)}+\Delta p_{(26)}\\&=0.2\times\left(\frac{112.3}{100}\right)^2+0.3\times\left(\frac{140.4}{190}\right)^2+0.2\varphi_1\times\left(\frac{140.4\varphi_1}{170}\right)^2+0.3\varphi_1\times\left(\frac{140.4\varphi_1}{190}\right)^2\\&=1.35\text{MPa}\end{aligned}$$

φ_1 为合模缸的速比，$\varphi_1=1.46$。

快速启模时大泵至合模缸的总的压力损失为

$$\sum\Delta p_1=\sum\Delta p_{T1}+\sum\Delta p_{j1}=0.04+1.35=1.4\text{MPa}$$

以上算得的 $\sum\Delta p_1$、$\sum\Delta p_3$ 值与表20-2-27中所列的对应值很接近，因此，无需更正表中参数。

② 验算系统温升。

a. 系统的发热功率：主系统的发热功率为

$$P_{H1}=P-P_e\quad(\text{kW})$$

式中　P——工作循环输入主系统的平均功率，$P=\frac{\sum E_1}{\sum t}$；

P_e——执行元件的平均有效功率，$P_e=\frac{\sum E_2}{\sum t}$。

从表20-2-27的第7、12、13栏中查得 $\sum t$、$\sum E_1$、$\sum E_2$ 值代入，得

$$P_{H1}=\frac{\sum E_1-\sum E_2}{\sum t}=\frac{806.7-219.43}{76.8}=7.65\text{kW}$$

控制油系统的输入功率为0.6kW，该功率几乎全部转变为发热功率 P_{H2}，所以系统的总发热功率为

$$P_H=P_{H1}+P_{H2}=7.65+0.6=8.25\text{kW}$$

b. 验算温升：油箱的散热面积为

$$A_S=2ac+2bc+ab=2\times2.5\times0.32+2\times1.1\times0.32+2.5\times1.1=5.1\text{m}^2$$

系统的热量全部由 A_S 散发时，在平衡状态下油液达到的温度为

$$\theta=\theta_R+\frac{P_H}{k_S A_S}\quad (℃)$$

式中 θ_R——环境温度，$\theta_R=20℃$；

k_S——散热系数，$k_S=15\times10^{-3}\text{kW}/(\text{m}^2\cdot℃)$。

所以

$$\theta=20+\frac{8.25}{15\times10^{-3}\times5.1}=127.8℃$$

θ 超过表 20-2-16 列出的允许值，即系统需装设冷却器。

③ 冷却器的选择与计算：注塑机工作时模具和螺杆根部需用循环水冷却，所以冷却器也选用水冷式。需用冷却器的换热面积为

$$A=\frac{P_H-P_{HS}}{K\Delta t_m}\quad (\text{m}^2)$$

式中 P_{HS}——油箱散热功率，kW；

K——冷却器传热系数，$\text{kW}/(\text{m}^2\cdot℃)$；

Δt_m——平均温度差，℃。

$$P_{HS}=k_S A_S\Delta\theta\quad (\text{kW})$$

$\Delta\theta$ 是允许温升，$\Delta\theta=35℃$，故

$$P_{HS}=15\times10^{-3}\times5.1\times35=2.68\text{kW}$$

$$\Delta t_m=\frac{T_1+T_2}{2}-\frac{t_1+t_2}{2}\quad (℃)$$

油进入冷却器的温度 $T_1=60℃$，流出时的温度 $T_2=50℃$，冷却水进入冷却器的温度 $t_1=25℃$，流出时的温度 $t_2=30℃$，则

$$\Delta t_m=\frac{60+50}{2}-\frac{25+30}{2}=27.5℃$$

由手册或样本中查出，$K=350\times10^{-3}\text{kW}/(\text{m}^2\cdot℃)$，所以

$$A=\frac{8.25-2.68}{350\times10^{-3}\times27.5}=0.58\text{m}^2$$

冷却器在使用过程中换热面上会有沉积和附着物影响换热效率，因此实际选用的换热面积应比计算值大 30%，即取

$$A=1.3\times0.58=0.75\text{m}^2$$

按此面积选用 2LQFW-A0.8F 型多管式冷却器一台，换热面积为 0.8m^2。配管时，系统中各执行元件的回油和各溢流阀的溢出油都要通过冷却器回到油箱。调速阀的出油不经过冷却器直接进入油箱，以免背压影响调速精度。

2.16.2 80MN 水压机下料机械手液压系统设计

（1）设计要求

① 设备工况及要求如下。

水压机下料机械手服务于 80MN 水压机，它的任务是将已压制成型的重型热工件取出，放到规定的工作线上。该设备为直角坐标式机械手，它位于水压机的一侧，环境较为恶劣，温度较高，灰尘较多。

② 设备工作程序如下。

启动机械手（该设备像小车，以下简称小车）沿轨道前进到水压机侧的工作位置，液压定位缸定位锁紧。当工件成型后发出信号，小车的一级和二级移动缸前进（即机械手伸进水压机内），此时手张开，到预定位置后，升降缸下降（机械手下降），到位后，夹紧缸工作，夹紧工件（机械手夹紧），然后升起（升降缸工作），到预定位置后，一、二级移动缸返回（机械手退回）到预定位置，升降缸下降（机械手下降），到预定位置，夹紧缸松开，把工件放在小车的回转台上后再升起（机械手上升），而后回转缸工作，把工件送到预定的工作线上由吊车取走。

③ 控制与联锁要求如下。

a. 所有动作要求顺序控制，部分回路选用远程电控调速和调压。

b. 机械手放工件的位置控制精度±1mm。

c. 机械手的动作要与水压机配合，只有在水压机工作完成并升起后，机械手方可进入取料。

④ 执行元件工艺参数见表 20-2-29。

表 20-2-29

缸号	名称	数量	最大行程 /mm	最大速度 /mm · s^{-1}	最大载荷 /N	控制精度 /mm
1#	一级移动缸	2	1100	380	2×10000	±1
2#	二级移动缸	2	1100	380	2×10000	±1
3#	升降缸	1	200	220	80000	
4#	平衡缸	1	200	220	50000	
5#	回转缸	1	500	200	30000	
6#	夹紧缸	2	100	100	2×20000	
7#	定位缸	4	250	25	4×20000	
8#	脱模缸	2	200	100	2×110000	

⑤ 工作循环时间顺序图如图 20-2-7 所示。

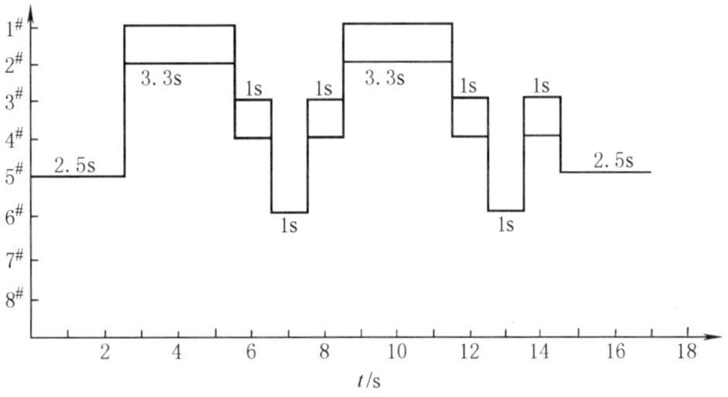

图 20-2-7 工作循环时间顺序图

(2) 执行机构的选择

机械手平移放料的位置控制精度取决于移动缸速度调节和定位方式及移动缸的加减速度，回转缸的加减速也需控制，故选用比例控制，而升降缸和平衡缸的压力需要互相匹配和远程调控，因而也选用比例控制，其他则选用普通液压控制。

① 移动缸选用四通比例方向阀控制的油缸，可供系统使用的压力为

$$p=p_s-\Delta p_v \quad (\mathrm{MPa})$$

式中 p_s——泵供油压力，MPa；

Δp_v——管道压力损失，MPa。

经验表明，若 p 做如下分配时，油缸的参数确定是合理的，$\frac{1}{3}p$ 用于推动负载，$\frac{1}{3}p$ 用于加速，$\frac{1}{3}p$ 用于运动速度。为保证$\frac{1}{3}p$ 用于负载，应当只有$\frac{1}{2}$（$p_s-\Delta p_v-p_{ST}$）（p_{ST} 为油缸稳态压力，MPa）用于减速，否则在从匀速到减速的过渡过程中，比例阀阀口过流断面的变化就太大，而难以准确地达到$\frac{1}{3}p$ 用于负载。

加减速时液压缸作用面积 A 按下式计算：

$$A \geqslant \frac{2mv/t_s+F_{ST}+F_\phi}{100(p_s-\Delta p_v)} \quad (\mathrm{cm}^2)$$

式中 F_{ST}——液压缸稳态负载，N；

F_ϕ——液压缸摩擦力，N；

m——液压缸运动部分质量，kg；

v——液压缸速度，m/s；

t_s——希望的加速时间，s。

本例中，预选供油压力 p_s = 8MPa，m = 10000kg，F_{ST} = 10000N，Δp_v = 1MPa，v = 0.38m/s，F_ϕ 忽略，t_s = 0.6s，则

$$A \geqslant \frac{2\times\frac{10000\times0.38}{0.6}+10000}{100\times(8-1)}=32.38\mathrm{cm}^2$$

在匀速及稳态负载作用下缸作用面积 A 按下式计算：

$$A \geqslant \frac{F_{ST}}{100(p_s - \Delta p_v - \Delta p_{阀})} \quad (cm^2)$$

式中　$\Delta p_{阀}$——比例阀的压降。

取 $\Delta p_{阀} = 1MPa$，则

$$A \geqslant \frac{10000}{100 \times (8-1-1)} = 16.67cm^2$$

由液压缸计算面积，结合设备状态查标准缸径，最后确定为 ϕ80mm/ϕ45mm。

② 其他缸根据设备的状态进行选择：升降缸 ϕ100mm/ϕ56mm，平衡缸 ϕ80mm/ϕ56mm，回转缸 ϕ80mm/ϕ45mm，定位缸 ϕ80mm/ϕ45mm，夹紧缸 ϕ63mm/ϕ35mm，脱模缸 ϕ110mm/ϕ63mm。

（3）计算各执行机构的压力和耗油量

表 20-2-30

名称	数量	活塞直径/mm	活塞杆直径/mm	活塞腔面积/cm^2	活塞杆腔面积/cm^2	活塞腔容积/dm^3	活塞杆腔容积/dm^3	最大流量/$L \cdot min^{-1}$	油缸压力/MPa
一级移动缸	2	80	45	50.27	34.36	5.53	3.78	115/230	2
二级移动缸	2	80	45	50.27	34.36	5.53	3.78	115/230	2
升降缸	1	100	56	78.54	53.91	1.57	1.08	104	10.2
平衡缸	1	80	56	50.27	25.64	1.01	0.51	66.4	9.95
回转缸	1	80	45	50.27	34.36	2.51	1.72	60.3	6
夹紧缸	2	63	35	31.17	21.55	0.31	0.22	18.7/37.4	6.4
定位缸	4	80	45	50.27	34.36	1.26	0.86	7.56/30.2	2
脱模缸	2	110	63	95.03	63.86	1.9	1.28	57/114	9

（4）绘制各执行机构流量-时间循环图

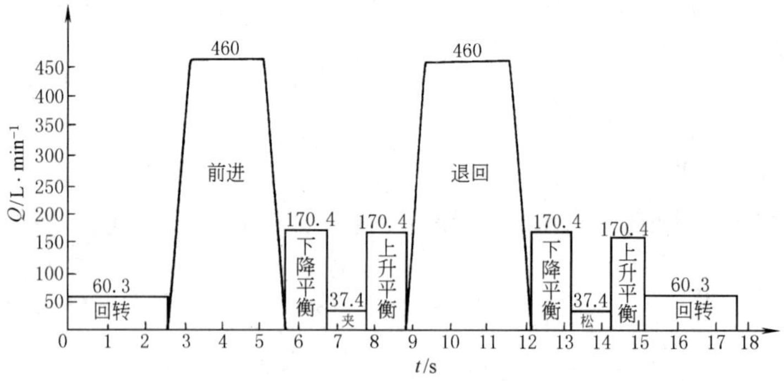

图 20-2-8

（5）草拟液压系统原理图

液压系统原理图如图 20-2-9 所示。

（6）液压泵站的设计与计算

① 工作压力的确定：根据执行机构的工作压力状况，液压泵站的压力宜分为二级。

a. 低压系统——用于移动缸：

$$p_1 = p_{1max} + \sum \Delta p_1$$

式中　p_{1max}——执行机构的最大工作压力，MPa；

$\sum \Delta p_1$——系统总压力损失，MPa。

$$p_{1max} = \frac{F_{ST}}{A} = \frac{10000}{50.27 \times 10^{-4} \times 10^6} = 2MPa$$

取 $\sum \Delta p_1 = 0.4MPa$，则 $p_1 = 2 + 0.4 = 2.4MPa$，考虑储备量取 8MPa。

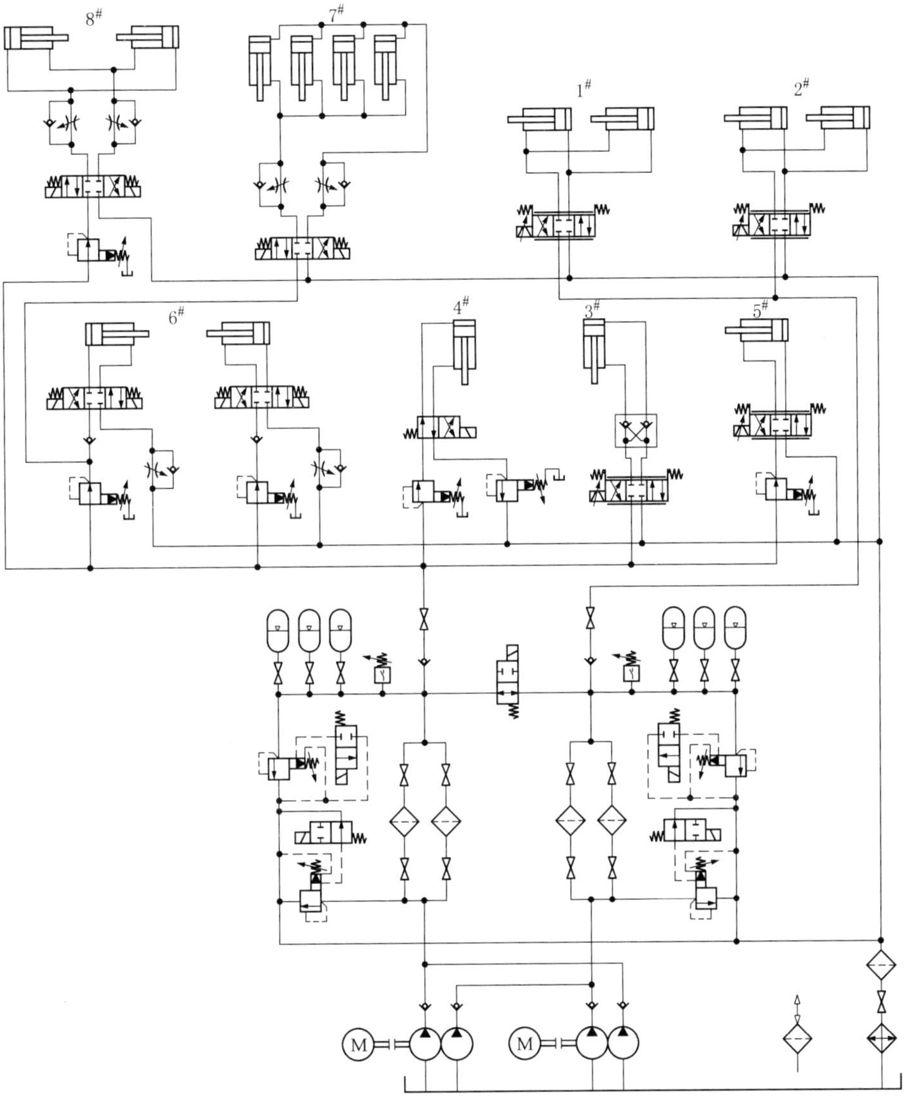

图 20-2-9　液压系统原理图

b. 高压系统——用于其他执行机构：

$$p_2 = p_{2\max} + \sum \Delta p_2$$

式中　$\sum \Delta p_2$——系统总压力损失，MPa；

$p_{2\max}$——升降缸压力。

$p_{2\max} = 10.2$MPa，取 $\sum \Delta p_2 = 1$MPa，则 $p_2 = 10.2 + 1 = 11.2$MPa，考虑储备量取 16MPa。

② 流量的确定：按平均流量选择，参见图 20-2-8。

a. 低压系统：因为此系统仅为移动缸动作，所以平均流量 $Q_1 = \frac{460}{2} = 230$L/min，考虑系统的泄漏取 $Q_1 = 1.1 \times 230 = 253$L/min。

b. 高压系统：因其他缸动作时夹紧缸不动作，故平均流量 $Q_2 = (170.4 - 37.4)/2 = 66.5$L/min，考虑系统的泄漏取 $Q_2 = 1.2 \times 66.5 = 79.8$L/min。

根据平均流量及工作状态，选用双级泵较合适。低压系统流量大，使用双泵供油则经济些。查样本选双级叶片泵：$p_1 = 8$MPa，$Q_{V1} = 168$L/min；$p_2 = 16$MPa，$Q_{V2} = 100$L/min。对低压系统 $Q_V = Q_{V1} + Q_{V2} = 168 + 100 = 268$L/min>253L/min，对高压系统 $Q_V = Q_{V2} = 100$L/min>79.8L/min。

③ 蓄能器参数的确定与验算。

a. 蓄能器压力的确定：对低压回路，选气囊式蓄能器，按绝热状态考虑，最低压力 $p_1=p+\sum\Delta p_{max}=5\text{MPa}$，最高压力 $p_2=(1.1\sim1.25)p_1=1.25\times5=6.25\text{MPa}$，充气压力 $p_0=(0.7\sim0.9)p_1=0.8\times5=4\text{MPa}$；对高压回路，最低压力 $p_1=13\text{MPa}$，最高压力 $p_2=1.1\times13=14.3\text{MPa}$，充气压力 $p_0=0.8\times13=10.4\text{MPa}$。

b. 蓄能器容量的确定：对低压回路，从流量-时间循环图中可知，尖峰流量在移动缸工作期间，为满足移动缸要求，最大负载时泵工作时间 $t=3.5\text{s}$，缸耗油量 $4\times5.53=22.12\text{L}$，漏损系数 1.2，则蓄能器工作容积 $V_{\beta1}=22.12\times1.2-3.5\times(100+168)/60=10.91\text{L}$，蓄能器总容积 $V_{01}=V_{\beta1}/\{4^{0.7143}\times[(1/5)^{0.7143}-(1/6.25)^{0.7143}]\}=10.91/0.1256=86.9\text{L}$，选择标准皮蓄能器 3×40=120L；对高压回路，从流量-时间循环图中可知，尖峰流量在脱模缸工作期间，为满足脱模缸要求，最大负载时泵工作时间 $t=0\text{s}$，缸耗油量 $2\times1.9=3.8\text{L}$，漏损系数 1.2，则蓄能器工作容积 $V_{\beta2}=3.8\times1.2=4.56\text{L}$，蓄能器工作总容积 $V_{02}=V_{\beta2}/\{10.4^{0.7143}\times[(1/13)^{0.7143}-(1/14.3)^{0.7143}]\}=4.56/0.0561=81.3\text{L}$，选择标准皮蓄能器 3×40=120L。

④ 蓄能器补液验算。

a. 蓄能器工作制度：由压力继电器控制蓄能器的补液工作，即当蓄能器工作油液减少到一定程度时，压力则降到最低压力，压力继电器发出信号，启动泵，使之给蓄能器补液。

b. 选定的蓄能器工作容积：低压回路 $V_{\beta1}=V_0\,p_0^{0.7143}[(1/p_1)^{0.7143}-(1/p_2)^{0.7143}]=120\times0.1256=15.07\text{L}$，高压回路 $V_{\beta2}=120\times0.0561=6.332\text{L}$，蓄能器工作容积验算见表 20-2-31。

表 20-2-31

工序名称	缸数	油缸总耗油量/L	油缸工作时间/s	高压泵供油量/L	低压泵供油量/L	进高压蓄能器油量/L	进低压蓄能器油量/L	高压蓄能器累计油量/L	低压蓄能器累计油量/L	备　注
准备工序				5.01 (1.67×3)	15.4 (2.8×5.5)	+5.01	+15.4	+5.01	+15.4	高低压泵工作
脱模	2	3.8 (1.9×2)	2	0	0	-3.8	0	+1.21	+15.4	高低压泵循环
脱模复位	2	2.56 (1.28×2)	2	3.34 (1.67×2)	0	+0.78	0	+1.99	+15.4	高压泵工作
夹钳夹紧	2	0.44 (0.22×2)	1	1.67	0	+1.23	0	+3.22	+15.4	高压泵工作
移动缸进	4	22.12 (5.53×4)	3.5	5.845 (1.67×3.5)	9.8 (2.8×3.5)	0	-6.475	+3.22	+8.925	双泵同在低压下工作
夹钳松开	2	0.62 (0.31×2)	1	1.67	2.8	+1.05	+2.8	+4.27	+11.725	双泵在各自压力下工作
升降缸降	1 1	2.58 (1.57+1.01)	1	1.67	2.8	-0.91	+2.8	+3.36	+14.525	双泵在各自压力下工作
夹钳夹紧	2	0.44 (0.22×2)	1	1.67	0	+1.23	0	+4.59	+14.525	高压泵工作
升降缸升	1 1	1.59 (1.08+0.51)	1	1.67	0	+0.08	0	+4.67	+14.525	高压泵工作
移动缸退	4	15.12 (3.78×4)	3.5	0	9.8 (2.8×3.5)	0	-5.32	+4.67	+9.205	低压泵工作
升降缸降	1 1	2.58 (1.57+1.01)	1	0	2.8	-2.58	+2.8	+2.09	+12.005	低压泵工作
夹钳松开	2	0.62 (0.31×2)	1	1.67	2.8	+1.05	+2.8	+3.14	+14.805	双泵在各自压力下工作
升降缸升	1 1	1.59 (1.08+0.51)	1	1.67	0	+0.08	0	+3.22	+14.805	高压泵工作
回转	1	1.72	2.5	4.175 (1.67×2.5)	0	+2.455	0	+5.675	+14.805	高压泵工作
回转复位	1	2.51	2.5	3.34 (1.67×2)	0	+0.83	0	+6.505	+14.805	高压泵工作

结论：在整个工作周期中，在尖峰流量工作时，蓄能器与泵同时供油，能满足执行机构的流量要求；同时在整个工作周期中，双泵均可给蓄能器补足液，因而上述设计是合理的。

在整个工作循环中，高压小泵基本上都在工作，除供给执行机构油外，还能满足高压蓄能器补液要求；低压大泵则只需工作一段时间就可满足低压蓄能器补液要求。消耗合理，节省电能。

⑤ 驱动电动机的功率计算：在整个工作循环周期内，把泵最大耗能量作为电动机的选择功率。

a. 双泵在各自压力下工作时的功率：

$$P_1=\frac{Q_1p_1}{60\eta}=\frac{168\times6.25}{60\times0.8}=21.9\text{kW}$$

$$P_2=\frac{Q_2p_2}{60\eta}=\frac{100\times14.3}{60\times0.8}=29.8\text{kW}$$

$$P=P_1+P_2=51.7\text{kW}$$

b. 双泵在低压下工作时的功率：

$$P=\frac{(Q_1+Q_2)p_1}{60\eta}=\frac{(100+168)\times6.25}{60\times0.8}=34.9\text{kW}$$

从上述计算中选择最大值，作为电动机的功率，选择电动机：$P=55\text{kW}$，$n=1000\text{r/min}$。

⑥ 油箱容积的确定：根据经验确定 $V=11Q=11\times268=2948\text{L}\approx3\text{m}^3$。

⑦ 冷却器和加热器的选择：根据现场状况，液压站在热车间工作，不需要加热器，但需考虑加冷却器，因而需计算系统热平衡。

a. 系统发热量计算如下。

泵动力损失产生的热量为

$$H_1=860P(1-\eta)=860\times55\times(1-0.8)=9460\text{kcal}^{❶}/\text{h}$$

执行元件发热忽略。

溢流阀溢流产生的热量为

$$H_2=1.41PQ=14.1\times(8\times168+13\times100)=37280\text{kcal/h}$$

其他阀产生的热量为

$$H_3=14.1\Delta pQ$$

各执行元件只有移动缸和升降缸压力损失大，其他阀压力损失都不及它们大，故只计算它们的发热量。

移动缸 $\Delta p=2\text{MPa}$，$Q=460\times2=920\text{L/min}$，则 $H_3=14.1\times920=12972\text{kcal/h}$；升降平衡缸 $\Delta p=2\text{MPa}$，$Q=(104+66.4)\times2=340.8\text{L/min}$，则 $H_3=14.1\times340.8=4805\text{kcal/h}$。

两者不同时工作，取大值，$H_3=12972\text{kcal/h}$。

流经管道产生的热量为

$$H_4=(0.03\sim0.05)P\times860=0.04\times55\times860=1892\text{kcal/h}$$

系统总发热量为

$$H=H_1+H_2+H_3+H_4=9460+37280+12972+1892=61604\text{kcal/h}$$

b. 系统的散热量计算如下。

油箱的散热量为

$$H_{k1}=K_1A(t_1-t_2)$$

式中 A——油箱散热面积，m^2；

K_1——散热系数，$\text{kcal/(m}^2\cdot\text{h}\cdot℃)$；

t_1，t_2——油进、出口温度，℃。

$A=0.065\sqrt[3]{V}=0.065\times\sqrt[3]{9}\times10^2=13.5\text{m}^2$，$K_1=13\text{kcal/(m}^2\cdot\text{h}\cdot℃)$，$t_1-t_2=55-35=20℃$，则 $H_{k1}=13\times13.5\times20=3510\text{kcal/h}$。

根据系统的热平衡 $H=H_{k1}+H_{k2}$，则冷却器的散热量 H_{k2} 为

$$H_{k2}=H-H_{k1}=61604-3510=58094\text{kcal/h}$$

---

❶ 1kcal = 4.1868kJ。

c. 冷却器散热面积计算如下。

$$A_k=\frac{H_{k2}}{K\Delta t_\mu}$$

式中　A_k——冷却器散热面积，m^2；

K——板式冷却器散热系数，$K=450\text{kcal}/(m^2\cdot h\cdot ℃)$。

$$\Delta t_\mu=\frac{t_{油1}+t_{油2}}{2}-\frac{t_{水1}+t_{水2}}{2}$$

式中　$t_{油1}$，$t_{油2}$——油的进、出口温度，$t_{油1}=55℃$，$t_{油2}=48℃$；

$t_{水1}$，$t_{水2}$——水的进、出口温度，$t_{水1}=25℃$，$t_{水2}=30℃$。

$\Delta t_\mu=51.5-27.5=24℃$，则 $A_k=58094/(450\times24)=5.4m^2$，选板式冷却器 $6m^2$。

⑧ 过滤器的选择：系统中选用比例元件，而且设备要求故障率低，所以选过滤精度为 10μm 的过滤器。压油过滤器，通流量 250L/min；回油过滤器，通流量 630L/min。

⑨ 液压控制阀的选择。

a. 普通液压阀的选择：根据流量与压力选择阀的规格。本系统最高压力为 21MPa，为便于维修更换，均选用此挡压力。再根据执行机构的通流量查样本选择阀的通径。如脱模缸的换向阀，压力 $p=21\text{MPa}$，流量 $Q=114\text{L/min}$，查样本选 PG5V-7-2C-T-VMUH7-24 的板式三位四通电液阀。

b. 比例方向阀的选择：选择移动缸的比例方向阀。系统最高压力 $p=21\text{MPa}$，通过比例阀的流量 $Q_x=230\text{L/min}$，通过该阀的压降 $\Delta p=1\text{MPa}$，根据公式：

$$Q_x=Q_p\sqrt{\frac{\Delta p_x}{\Delta p_p}}$$

式中　Q_p——基准流量，L/min；

Δp_p——基准流量下的压降，MPa，查样本；

Δp_x——所需压降，MPa；

Q_x——通过该阀的流量，L/min。

得 $Q_p=\dfrac{230}{\sqrt{\dfrac{1}{0.5}}}=163\text{L/min}$，查样本选额定流量的阀，即 KFDG5V-7-200N。

比例节流阀系统的设计示例见本篇第 9 章 4.3 节。

液压伺服系统设计实例（轧机液压压下系统）见本篇第 10 章第 8 节。

CHAPTER 3

第3章 液压回路图的绘制规则与液压基本回路

1 控制、控制回路、管路与端口术语（摘自 GB/T 17446—2024）

1.1 控制术语

表 20-3-1

序号	术语	定义
3.3.1.1	控制系统	控制流体传动系统的方法与操纵者和控制信号源(如有)连接起来的方法
3.3.1.2	控制机构	向元件提供输入信号的装置 示例:控制杆、电磁铁
3.3.1.3	电气控制	靠改变电气状态来操纵的控制方式
3.3.1.4	机械控制	采用机械方法操纵的控制方式
3.3.1.5	液压控制	通过改变先导管路中的液压压力来操纵的控制方式
3.3.1.6	气动控制	通过改变先导管路中的气动压力来操纵的控制方式
3.3.1.7	人工控制	用手或脚操纵的控制方式
3.3.1.8	应急控制	用于失效情况下的替代控制方式
3.3.1.9	越权控制	优先于正常控制方式的替代控制方式
3.3.1.10	人工越权装置	提供越权控制,安装在阀上的人工操作装置 注:该装置可直接或通过先导配置作用于阀芯
3.3.1.11	缸控	使用缸的一种控制
3.3.1.12	间接压力控制	通过中间先导装置,靠控制压力的变化来控制运动部件的位置的控制方式
3.3.1.13	直接压力控制	靠改变控制压力直接控制运动部件位置的控制方式
3.3.1.14	喷嘴挡板控制	喷嘴和配套的冲击平板或圆板,造成一个可变的缝隙,借以控制穿过该喷嘴的流量的方式
3.3.1.15	压力操纵控制	通过控制管路中流体压力的变化来操纵系统的控制方式
3.3.1.17	操纵装置	向控制机构提供输入信号的装置
3.3.1.18	单向棘爪	仅从规定方向操作时才提供操作力的控制机构
3.3.1.19	单向踏板	单向操作的脚踏控制机构
3.3.1.20	双向踏板	双向操作的脚踏控制机构
3.3.1.21	滚轮	借助凸轮或滑块操纵的控制机构的旋转件
3.3.1.22	滚轮杠杆	带滚轮的杠杆控制机构
3.3.1.23	滚轮推杆	带滚轮的推杆控制机构
3.3.1.24	滚轮摇杆	两端带滚轮的杠杆控制机构
3.3.1.25	过中位控制机构	一种运动部件不能停在过渡位置的控制机构
3.3.1.26	推杆控制机构	推杆直接作用在阀芯上的控制机构
3.3.1.27	弹簧复位	在控制力去除后,运动件靠弹簧力返回初始位置
3.3.1.29	有源输出	装置在所有状态下的功率输出均来自动力源

1.2 控制回路术语

表 20-3-2

序号	术语	定义
3.2.1	闭式回路	返回的流体被引入泵进口的回路
3.2.2	开式回路	返回的流体在循环前被引入油箱的回路
3.2.3	出口节流控制	通过节流的方式对元件的输出流量的控制
3.2.4	进口节流控制	通过节流的方式对元件的输入流量的控制
3.2.5	旁通回路	旁路流体的额外通道
3.2.6	负载敏感控制	能改变流量和压力以匹配负载需求的泵控技术
3.2.7	同时操作回路	控制多个操作同时发生的回路
3.2.8	差动回路	从执行元件(通常是液压缸)排出的液压流体被直接引到执行元件或系统的进口,以降低执行元件输出力为代价提高速度的回路 注:又称再生回路
3.2.9	先导回路	在流体传动系统中实现先导控制的回路
3.2.10	卸荷回路	当系统不需要供油时,使泵输出的流体在最低压力下返回油箱的回路
3.2.11	压力控制回路	调整或控制系统中流体压力的回路
3.2.12	压力补偿	在元件或回路中压力的自动调节
3.2.13	功率控制系统	系统中控制执行元件的流体功率的部分
3.2.14	流体传动回路图	用图形符号绘制流体传动系统或其局部的功能的图样

1.3 管路与端口术语

表 20-3-3

序号	术语	定义
3.1.6.1	工作管路	将流体传送到执行元件的流道
3.1.6.2	补油管路	根据需要向系统提供流体以补充损失的流道
3.1.6.3	供压管路	从压力源向控制元件供给流体的流道
3.1.6.4	回油管路	使液压流体返回油箱的流道
3.1.6.5	排气管路	将空气从液压系统排出的流道
3.1.6.6	泄流管路	使内泄漏返回油箱的流道
3.1.6.7	先导管路	通过它提供流体以实现控制功能的流道
3.1.6.8	出口	为输出流动提供通道的油(气)口
3.1.6.9	进口	为输入流动提供通道的油(气)口
3.1.6.10	法兰口	法兰管接头的油(气)口
3.1.6.11	工作口	与工作管路配合使用的元件的油(气)口
3.1.6.12	回油口	元件上液压流体通往油箱的油口
3.1.6.13	螺纹口	用于安装带螺纹管接头的油(气)口
3.1.6.16	先导口	连接先导管路的油(气)口
3.1.6.17	泄流口	通向泄流管路的油(气)口
3.1.6.18	油(气)口	可以对外连接的元件流道的终端
3.1.6.19	通气口	通向基准压力(通常指环境压力)的气口

2　液压回路图的绘制规则（摘自 GB/T 786.2—2018）

2.1　总则

表 20-3-4

一般要求	①回路图应标识清晰，并按照回路能实现系统所要求的动作和控制功能 ②回路图应能体现所有流体传动元件及其连接关系 ③回路图不必考虑元件在实际装配中的物理排列关系。关于元件本身及其组装关系的信息（包括图样和其他相关细节信息），应按 GB/T 3766 和 GB/T 7932 的相关要求编制完整的技术文件 ④针对采用不同类型传动介质的系统，其回路图应按照传动介质的种类设计各自独立的回路图。例如：使用气压作为动力源（如气液油箱或增压器）的液压传动系统应设计单独的气动回路图
幅面	纸质版回路图应采用 A4 或 A3 幅面。如果需要提供 A3 幅面的回路图，应按 GB/T 14689—2008《技术制图　图纸幅面和格式》规定的方法将回路图折叠成 A4 幅面。在供需双方同意的前提下，可以使用其他载体形式传递回路图，其要求应符合 GB/T 14691—1993《技术制图　字体》的规定
布局	①不同元件之间的（线）连接处应使用最少的交叉点来绘制。连接处的交叉应符合 GB/T 786.1 的规定 ②元件名称及说明不得与元件连接线及符号重叠 ③代码和标识的位置不应与元件和连接线的预留空间重叠 ④根据系统的复杂程度，回路图应根据其控制功能来分解成各种功能模块。一个完整的控制功能模块（包括执行元件）应尽可能绘制在一张图样上，并用双点画线作为各功能模块的分界线 ⑤由执行元件驱动的元件，如限位阀和限位开关，其元件的图形符号应绘制在执行元件（如液压缸）运动的位置上，并标记一条标注线和其标识代码。如果执行元件是单向运动，应在标注线上加注一个箭头符号（→） ⑥回路图中，元件的图形符号应按照从底部到顶部，从左到右的顺序排列，规则如下 a. 动力源：左下角 b. 控制元件：从下向上，从左到右 c. 执行元件：顶部，从左到右 ⑦如果回路图由多张图样组成，并且回路图从一张延续到另一张，则应在相应的回路图中用连接标识对其标记，使其容易识别。连接标识应位于线框内部，至少由标识代码（相应回路图中的标识代码应标识一致）、“—”符号，以及关联页码组成，见图 1。如果需要，连接标识可进一步说明回路图类型（如液压回路、气动回路等）以及连接标识在图样中网格坐标或路径，见图 2 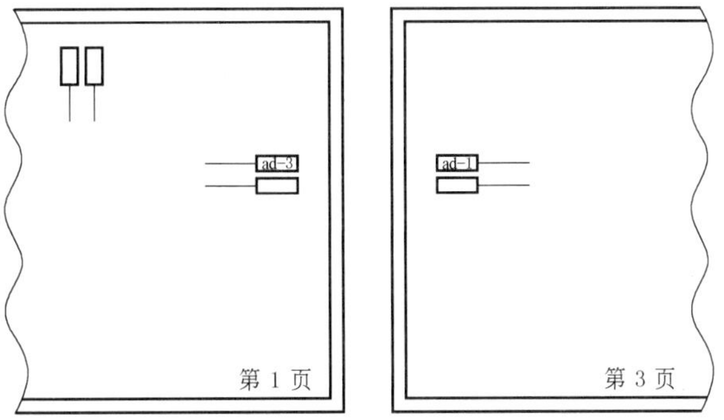 说明 ad——标识代码 1,3——关系页码 图 1　回路图（由多张图样组成）上连接回路图的连接标识

续表

布局	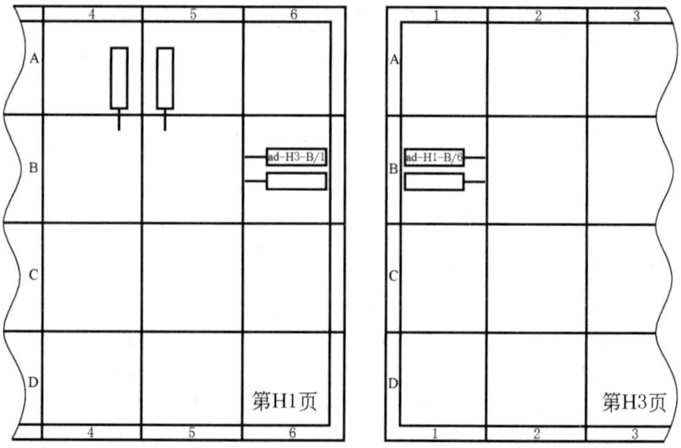 说明 ad——标识代码 H——回路类型，如液压回路图 1，3——关联页码 B/1，B/6——关联页码上的网络坐标或路径 图 2　回路图(由多张图样组成)上连接回路图的扩展连接标识
元件	①流体传动元件的图形符号应符合 GB/T 786.1 的规定 ②依据 GB/T 786.1 的规定，回路图中元件的图形符号表示的是非工作状态。在特殊情况下，为了更好地理解回路的功能，允许使用与 GB/T 786.1 中不一致的图形符号。例如： ——活塞杆伸出的液压缸(待命状态) ——机械控制型方向阀正在工作的状态

2.2　回路图中元件的标识规则

表 20-3-5

元件和软管总成的标识代码	总则	①元件和软管总成应使用标识代码进行标记，标识代码应标记在回路图中其各自的图形符号附近，并应在相关文件中使用 ②标识代码应由以下组成 a. 功能模块代码，应按照“功能模块代码(×-××.×)”的规定，后加一个“-”符号 b. 传动介质代码，应按照“传动介质代码(×-××.×)”的规定 c. 回路编号，应按照“回路代码(×-××.×)”的规定，后加一个“-”符号 d. 元件编号，应按照“元件代码(×-××.×)”的规定 上述标识代码应封闭在一个线框内部，见图 1 注：功能模块、回路以及元件的关系说明参见附录 A 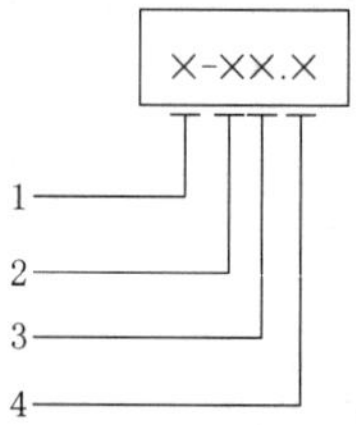 说明 1——功能模块代码 2——传动介质代码 3——回路编号 4——元件编号 图 1　元件和软管总成的标识代码

续表

元件和软管总成的标识代码	功能模块代码(×-××.×)	如果回路图由多个功能模块构成,回路图标识代码中应包含功能模块代码,使用一个数字或字母表示。如果回路图只由一个功能模块构成,回路图标识代码中功能模块代码可省略
	传动介质代码(×-××.×)	①如果回路图中使用多种传动介质,回路图标识代号中应包含传动介质代号,其应使用下面要求的字母符号表示。如果回路图只使用一种传动介质,传动介质代码可省略 ②使用多种传动介质的回路图应使用以下表示不同传动介质的字母符号 H——液压传动介质 P——气压传动介质 C——冷却介质 K——冷却润滑介质 L——润滑介质 G——气体介质
	回路代码(×-××.×)	每个回路应对应一个回路编号,其编号从 0 开始,并按顺序以连续数字来表示
	元件代码(×-××.×)	每个给定的回路中,每个元件应给予一个元件编号,其编号从 1 开始,并按顺序以连续数字来表示
连接口标识		在回路图中,连接口应按照元件、底板、油路块的连接口特征进行标识 为清晰表达功能性连接的元件或管路,必要时,在回路图中的元件上或附近宜添加所有隐含的连接口标识
管路标识代码	总则	①硬管和软管(除了"元件和软管总成的标识代码"中涉及的软管总成)应在回路图中用管路标识代码标识,该标识代码应靠近图形符号,并用于所有相关文件 注:必要时,为了避免安装维修时各实物部件(硬管、软管、软管总成)错配,管路部件上的或其附带的物理标记可以使用以下基于回路图上的数据的标记方式 a. 使用标识代码标记 b. 管路端部使用元件标识或连接口标识来标记,一端连接标记或两端标记 c. 所有管路以及它们的端部的标记要结合 a 和 b 所描述的方法 ②标识代码由以下组成 a. 非强制性的标识号应按照下面"非强制性的标识号"的规定,后加一个"-"符号 b. 强制性的技术信息应按照下面"技术信息"的规定,以直径符号(ϕ)开始,后加符合表 20-3-6 中的"管路"要求的数字和符号,见图 2 ×-ϕ××× ×-ϕ× ×-ϕ×/× 1 2 说明 1——标识号(非强制性的) 2——管路技术信息 注:见下面"示例" 图 2　管路标识代码
	非强制性的标识号	标识号的使用是非强制性的。如果使用标识号,在一个回路图中所有管路(除软管总成,见"元件和软管总成的标识代码")应连续编号
	技术信息	技术信息是强制性的,应按照表 20-3-5 中的"管路"的规定
	示例	示例 1:1-ϕ30×4,其中:"1"是管路的标识号,"ϕ30×4"是硬管的"公称外径×壁厚",单位为毫米(mm) 示例 2:3-ϕ25,其中:"3"是管路的标识号,"ϕ25"是软管的"公称内径",单位为毫米(mm) 示例 3:12-ϕ8/5.5,其中:"12"是管路的标识号,"ϕ8/5.5"是"外径/内径",单位为毫米(mm),对于硬管是非强制性的技术信息

续表

非强制性的管路应用代码	总则	①为了便于说明回路图,可以使用非强制性的管路应用代码。该非强制性的应用代码可标识在管路沿线上任何便于理解和说明回路图的位置 ②管路应用代码由以下组成 a. 传动介质代码应按照下面“传动介质代码”的规定,后加一个“-”符号 b. 应用标识代码,组成如下:管路代码,其应按照下面“管路代码”的规定;后加一个字母或数字,表示压力等级编号,其应按照下面“压力等级编码”的规定,见图3 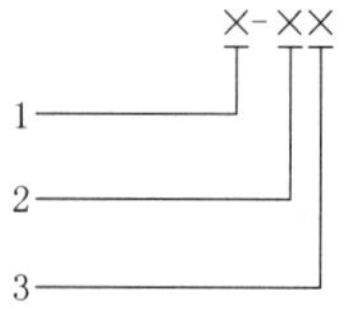 说明 1——传动介质代码 2——管路代码 3——压力等级编号 图3　管路应用代码
	传动介质代码	如果回路图中使用了多种传动介质,管路应用代码应包含“传动介质代码(×-××.×)”②中给出的使用不同字母表示的传动介质代号。如果是使用一种介质,传动介质代码可以省略
	管路代码	以应用标识代码的首字符表示回路图中不同类型的管路时,应使用以下字母符号 P——压力供油管路和辅助压力供油管路 T——回油管路 L,X,Y,Z——其他的管路代码,如先导管路、泄油管路等 作者注:在GB/T 17446—2012中没有“压力供油管路”“辅助压力供油管路”和“先导管路”
	压力等级编码	在不同压力下传输流体的管路,且传输到具有相同管路代码的管路,可以单独标识,在其应用标识代码中的第二个字符上用数字区别,编码顺序应从1开始
	示例	示例:H-P1,其中,H代表液压传动介质;P代表压力供油管路;1代表压力等级编码

2.3　回路图中的技术信息和补充信息

表 20-3-6

总则		回路功能、电气参考名称和元件要求的技术信息应包含在回路图中,标识在相关符号或回路图的附近。可包含额外的技术信息,且应满足“布局”的要求
		在同一回路中,应避免同一参数(如流量或压力等)使用不同的量纲单位
回路功能		功能模块的每个回路应根据其功能进行规定,如夹紧、举升、翻转、钻孔或驱动。该信息应标识在回路图中每个回路的上方位置
电气参考名称		电气原理图中使用的参考名称应在回路图所指示的电磁铁或其他电气连接元件处进行说明
元件	油箱、储气罐、稳压罐	对于液压油箱,回路图中应给出以下信息 a. 最大推荐容量,单位为升(L) b. 最小推荐容量,单位为升(L) c. 符合GB/T 3141—1994《工业液体润滑剂 ISO黏度分类》、GB/T 7631.2—2003《润滑剂、工业用油和相关产品(L类)的分类　第2部分:H组(液压系统)》的液压传动介质型号、类别以及黏度等级 d. 当油箱与大气不连通时,油箱最大允许压力,单位为兆帕(MPa)
		对于气体储气罐、稳压罐、回路图中应给出以下信息 a. 容量,单位为升(L) b. 最大允许压力,单位为千帕(kPa)或兆帕(MPa)

续表

元件	泵	对于定量泵,回路图中应给出以下信息 a. 额定流量,单位为升每分(L/min) b. 排量,单位为毫升每转(mL/r) c. a 和 b 同时标记
		对于带有转速控制功能的原动机驱动的定量泵,回路图中应给出以下信息 a. 最大旋转速度,单位为转每分(r/min) b. 排量,单位为毫升每转(mL/r)
		对于变量泵,回路图中应给出以下信息 a. 额定最大流量,单位为升每分(L/min) b. 最大排量,单位为毫升每转(mL/r) c. 设置控制点
	原动机	回路图中应给出以下信息 a. 额定功率,单位为千瓦(kW) b. 转速或转速范围,单位为转每分(r/min)
	方向控制阀	方向控制阀的控制机构应使用元件上标示的图形符号在回路图中给出标识。为了准确地表达工作原理,必要时,应在回路中、元件上或元件附近增加所有缺失的控制机构的图形符号
		回路图中应给出方向控制阀处于不同的工作位置对应的控制功能
	流量控制阀、节流孔和固定节流阀	对于流量控制阀,其设定值(如角度位置或转速)及受其影响的参数(如缸运行时间),应在回路图中给出
		对于节流孔或固定节流阀,其节流口尺寸应在回路图上给出标识,由符号“ϕ”后用直径表示(如 ϕ1.2mm) 作者注:在 GB/T 17446—2012 标准中定义了术语“固定节流阀”,但在 GB/T 786.1—2021 中没有“固定节流阀”及其图形符号
	压力控制阀和压力开关	回路图中应给出压力控制阀和压力开关的设定压力值标识,单位为千帕(kPa)或兆帕(MPa),必要时,压力设定值可进一步标记调节范围
	缸	回路图中应给出以下信息 a. 缸径,单位为毫米(mm) b. 活塞杆直径,单位为毫米(mm)(仅为液压缸要求,气缸不做此要求) c. 最大行程,单位为毫米(mm) 示例:液压缸的信息为缸径 100mm,活塞杆直径 56mm,最大行程 50mm,可以表示为:ϕ100/56×50
	摆动马达	回路图中应给出以下信息 a. 排量,单位为毫升每转(mL/r) b. 旋转角度,单位为度(°)
	马达	对于定量马达,回路图中应给出排量信息,单位为毫升每转(mL/r)
		对于变量马达,回路图中应给出以下信息 a. 最大和最小排量,单位为毫升每转(mL/r) b. 转矩范围,单位为牛·米(N·m) c. 转速范围,单位转每分(r/min)
	蓄能器	对于所有种类的蓄能器,回路图中应给出容量信息,单位为升(L)
		对于气体加载式蓄能器,除上条要求的以外,回路图中应给出以下信息 a. 在指定温度[单位为摄氏度(℃)]范围内的预充压力(p_0),单位为兆帕(MPa) b. 最大工作压力(p_2)以及最小工作压力(p_1),单位为兆帕(MPa) c. 气体类型
	过滤器	对于液压过滤器,回路图中应给出过滤比信息。过滤比应按照 GB/T 18853—2015《液压传动过滤器 评定滤芯过滤性能的多次通过方法》的规定
		对于气体过滤器,回路图中应给出公称过滤精度信息,单位为微米(μm)或被使用过的过滤系统的具体参数值
	管路	对于硬管,回路图中应给出符合 GB/T 2351—2021《流体传动系统及元件 硬管外径和软管内径》规定的公称外径和壁厚信息,单位为毫米(mm)(如:ϕ38×5)。必要时,外径和内径信息均应在回路图中给出,单位为毫米(mm)(如:ϕ8/5)

续表

元件	管路	对于软管或软管总成，回路图中应给出符合 GB/T 2351—2021 或相关软管标准规定的软管公称内径尺寸信息（如：$\phi16$）
	液位指示器	回路图中应给出以适当的单位标识的介质容量的报警液面的参考信息
	温度计	回路图中应给出介质的报警温度信息，单位为摄氏度（℃）
	恒温控制器	回路图中应给出温度设置信息，单位为摄氏度（℃）
	压力表	回路图中应给出最大压力或压力范围信息，单位为千帕（kPa）或兆帕（MPa）
	计时器	回路图中应给出延迟时间或计时范围信息，单位为秒（s）或毫秒（ms）
补充信息		元件清单作为补充信息，应在回路图中给出或单独提供，以便保证元件的标识代码与其资料信息保持一致 元件清单应至少包含以下信息 a. 标识代码 b. 元件型号 c. 元件描述 元件清单示例参见 GB/T 786.2—2018 附录 B
		功能图作为补充信息，其使用是非强制性的。可以在回路图中给出或单独提供，以便进一步说明回路图中的电气元件处于受激励状态和非受激励状态时，所对应动作或功能 功能图应至少包含以下信息 a. 电气参考名称 b. 动作或功能描述 c. 动作或功能与对应处于受激励状态和非受激励状态的电气元件的对应标识

3　液压基本回路

液压基本回路是用于实现液体压力、流量及方向等控制的典型回路，它由有关液压元件组成。现代液压传动系统虽然越来越复杂，但仍然是由一些基本回路组成的。因此，掌握基本回路的构成、特点及作用原理，是设计液压传动系统的基础。

注：参考文献［17］指出：液压回路不是惯常所讲的“构成液压系统结构和功能的基本单元”。

3.1　液压源回路

油源回路是液压系统中提供一定压力和流量传动介质的动力源回路。在设计油源时要考虑压力的稳定性、流量的均匀性、系统工作的可靠性、传动介质的温度、污染度以及节能等因素，针对不同的执行元件功能的要求，综合上述各因素，考虑油源装置中各种元件的合理配置，达到既能满足液压系统各项功能的要求，又不因配置不必要的元件和回路而造成投资成本的提高和浪费。油源结构有多种形式，表 20-3-7 列出了一些常用油源的组合形式。

以变量泵为主的油源主要考虑节省能源的因素，故在相关的节能回路和容积调速回路中作了介绍，利用油泵及其他元件可组成具有特定功能的回路。应依据液压系统功能的要求，参考相应的回路，进行油源的原理设计。

表 20-3-7　　**油源回路**

类别	回路	特点
单定量泵供油回路	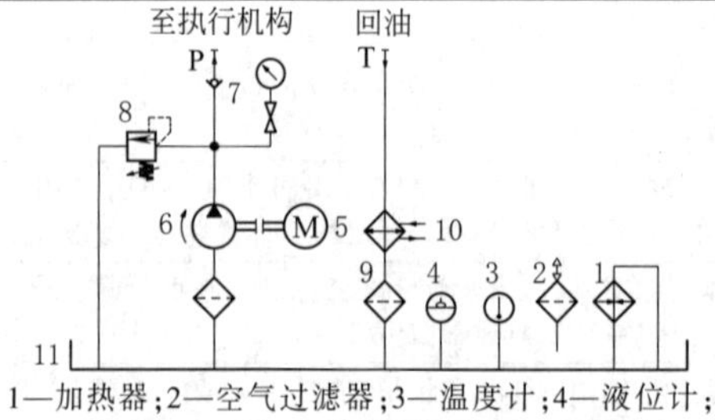 1—加热器；2—空气过滤器；3—温度计；4—液位计；5—电动机；6—液压泵；7—单向阀；8—溢流阀；9—过滤器；10—冷却器；11—油箱	单定量泵回路用于对液压系统可靠性要求不高或者流量变动量不大的场合，溢流阀用于设定泵站的输出压力 该图也表述了液压油站的基本组成。其中加热器、冷却器可以根据系统发热、环境温度、系统的工作性质决定取舍

续表

类别	回路	特点
多定量泵供油回路	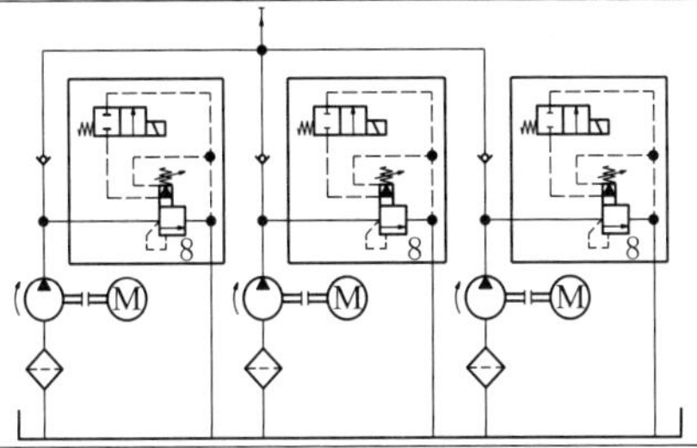 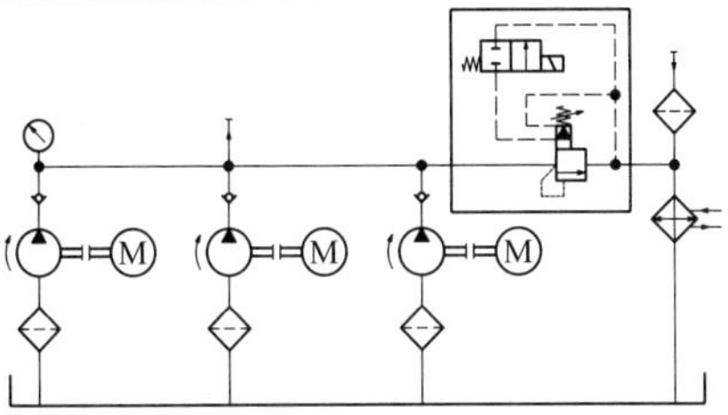	本回路采用多个油泵并联向系统供压力油。该回路用于要求液压系统可靠性较高的设备和场合，采用数台泵工作一台备用的工作方式，当系统流量变化较大时也可以采用，当系统需要流量小时，一部分泵工作，其余泵卸荷，当需要大流量时，泵全部工作，达到节省能源的目的 本回路采用多个油泵并联向系统供压力油。用于要求液压系统可靠性较高，不能中断供压力油的设备和场合，数台泵工作，一台泵备用或检修
定量泵辅助循环泵供油回路	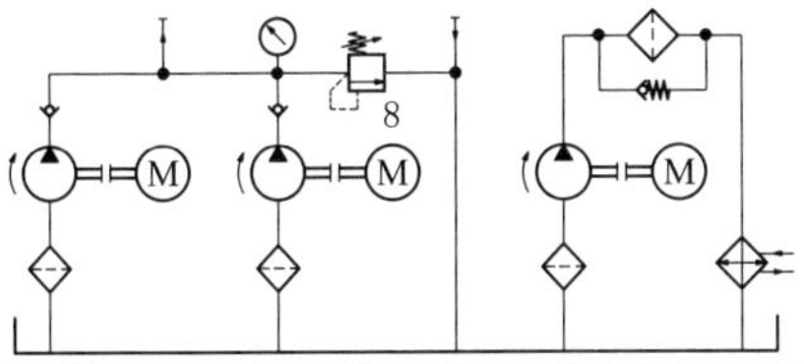	为了提高对系统温度、污染度的控制，该油站采用了独立的过滤、冷却循环回路。即使主系统不工作，采用这种结构，同样可以对系统进行过滤和冷却，主要用于对液压油的污染度和温度要求较高的场合
压力油箱供油回路	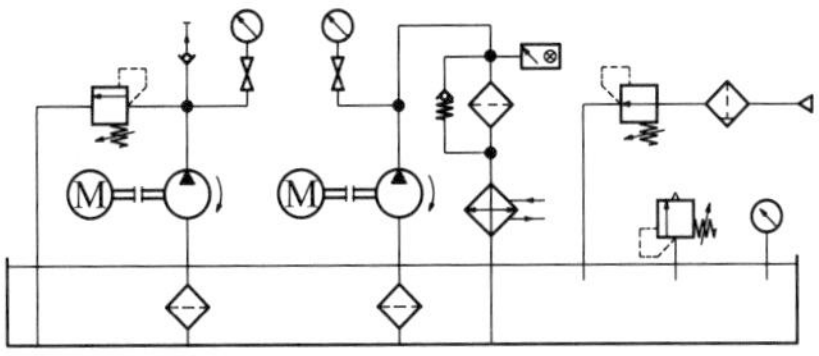	本回路用于水下作业或者环境条件恶劣的场合。油箱采用全封闭式设计，由充气装置向油箱提供过滤的压力空气，使箱内压力大于环境压力，防止传动介质被污染。充气压力根据环境条件确定
主辅泵供油回路	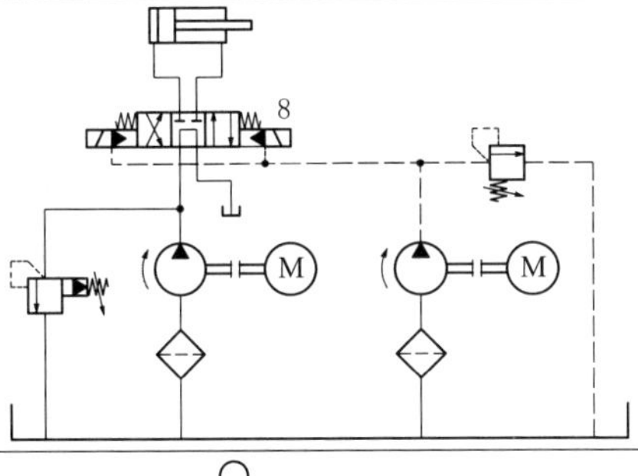	本回路采用两油泵向系统供压力油。主泵为高压、大流量恒功率变量泵。辅助泵为低压、小流量定量泵，该泵主要用于向系统提供控制压力油
设有蓄能器的供油回路	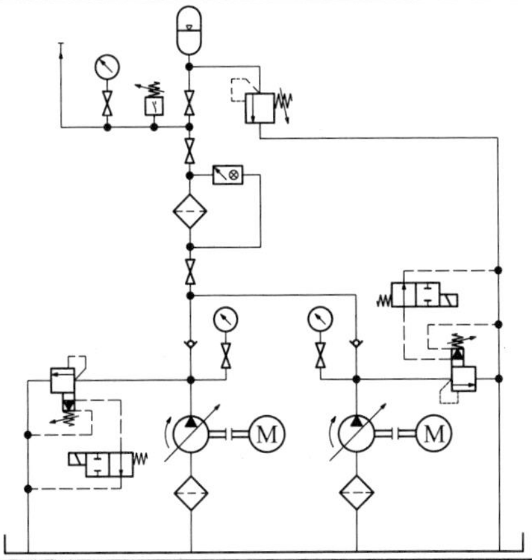	供油回路采用蓄能器作为辅助油源，起到节省能源的作用，降低油泵投资成本，同时还起到吸收压力冲击、减少流量脉动、短时大流量供油的作用。回路采用蓄能器，要注意与泵的连接方式和蓄能器过载保护

3.2 压力控制回路

压力控制回路是控制回路压力，使之完成特定功能的回路。压力控制回路种类很多，如液压泵的输出压力控制有恒压、多级、无级连续压力控制及控制压力上下限等回路。在设计液压系统、选择液压基本回路时，一定要根据设计要求、方案特点、适用场合等认真考虑。当载荷变化较大时，应考虑多级压力控制回路；在一个工作循环的某一段时间内执行元件停止工作不需要液压能时，则考虑卸荷回路；当某支路需要稳定的低于动力油源压力时，应考虑减压回路；在有升降运动部件的液压系统中，应考虑平衡回路；当惯性较大的运动部件停止、容易产生冲击时，应考虑缓冲或制动回路等。即使在同一种压力控制基本回路中，也要结合具体要求仔细研究，才能选择出最佳方案。例如，选择卸荷回路时，不但要考虑重复加载的频繁程度，还要考虑功率损失、温升、流量和压力的瞬时变化等因素。在压力不高、功率较小、工作间歇较长的系统中，可采用液压泵停止运转的卸荷回路，即构成高效率的液压回路。对于大功率液压系统，可采用改变泵排量的卸荷回路；对频繁地重复加载的工况，可采用换向阀卸荷回路或卸荷阀与蓄能器组成的卸荷回路等。

3.2.1 调压回路

液压系统中压力必须与载荷相适应，才能既满足工作要求，又减少动力损耗，这就要通过调压回路来实现。调压回路是指控制整个液压系统或系统局部的油液压力，使之保持恒定或限制其最高值的回路。

表 20-3-8 **调压回路**

类别		回路	特点
用溢流阀的调压回路	远程调压回路	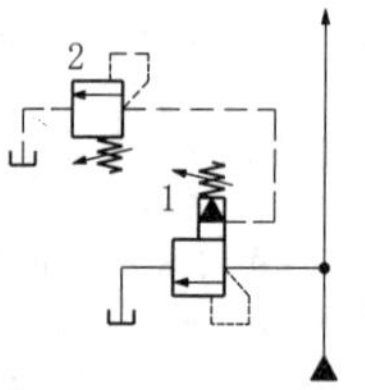	系统的压力可由与先导式溢流阀 1 的遥控口相连通的远程调压阀 2 进行远程调节。远程调压阀 2 的调整压力应小于溢流阀 1 的调整压力，否则阀 2 不起作用
		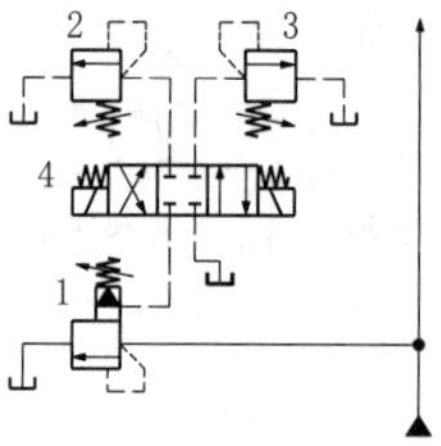	用三个溢流阀(1～3)进行遥控连接，使系统有三种不同的压力调定值。主溢流阀 1 的遥控口接入一个三位四通换向阀 4，操纵换向阀使其处于不同工作位置，可使液压系统得到不同的压力
		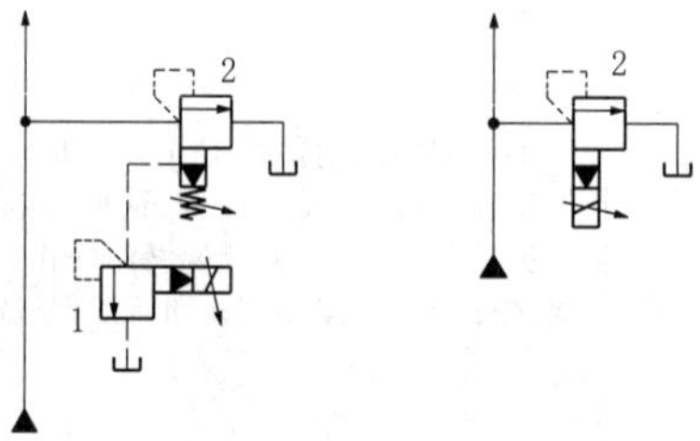 (a) (b)	远程调压回路适用于载荷变化较大的液压系统，随着外载荷的不断变化，实现自动控制调节系统的压力 图(a)是将比例先导压力阀 1 与溢流阀 2 的遥控口相连接，实现无级调压。其特点是只用一个小型的比例先导阀，实现连续控制和远距离控制，但由于受到主阀性能限制和增加了控制管路，所以控制性能较差，适用于大流量控制 图(b)是采用比例溢流阀，由于减少了控制管路，因此控制性能较好。与普通溢流阀比较，比例溢流阀的调压范围广，压力冲击小 注：电压控制因信号衰减，电缆一般不超过 10m

续表

类别		回路	特点
用溢流阀的调压回路	单泵双压回路	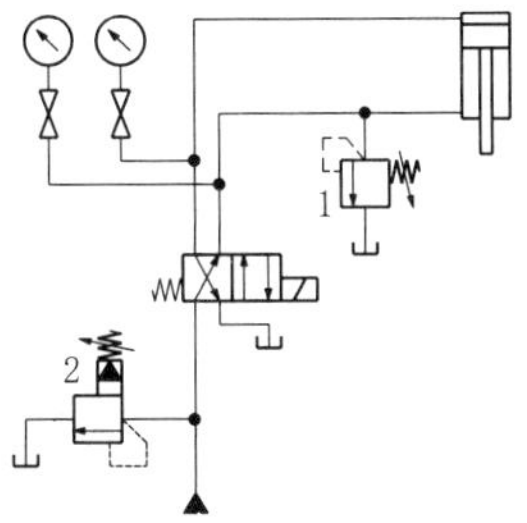	调整溢流阀 1，使系统刚好维持活塞上升到终点时，不因自重而下降保持的压力。可减小从溢流阀 2 溢流发热，节省动力消耗
用变量泵的调压回路		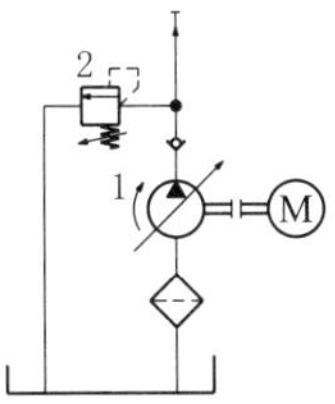	采用非限压式变量泵 1 时，系统的最高压力由安全阀 2 限定，安全阀一般采用直动型溢流阀为好；当采用限压式变量泵时，系统的最高压力由泵调节，其值为泵处于无流量输出时的压力值
用复合泵的调压回路		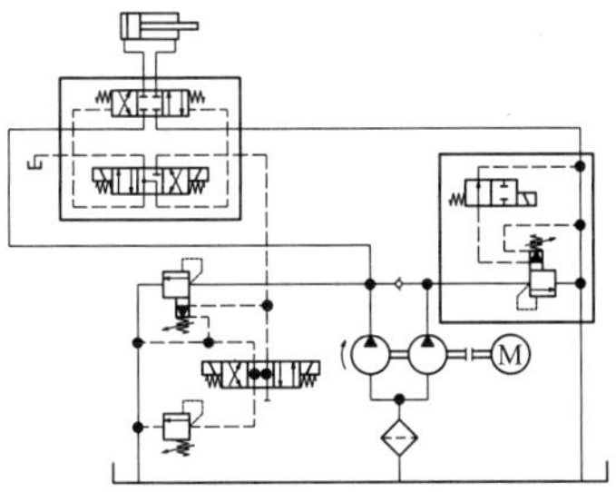	采用复合泵调压回路时，泵的容量必须与工作要求相适应，并减少在低速驱动时因流量过大而产生无用的热。本回路采用电气控制，能按要求以不同的压力和流量工作，保持较高的效率，具有压力补偿变量泵所具有的优点。回油路中电液动换向阀的操纵油路从溢流阀的遥控口引出，避免了主换向阀切换时所引起的冲击
用插装阀组成的调压回路		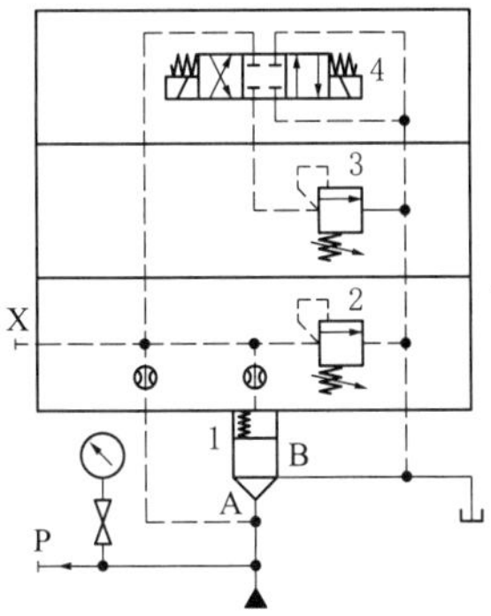	本回路由插装阀 1、带有调压阀的控制盖板 2、可叠加的调压阀 3 和三位四通阀 4 组成，具有高低压选择和卸荷控制功能。插装阀组成的调压回路适用于大流量的液压系统
用插装阀组成的调压回路		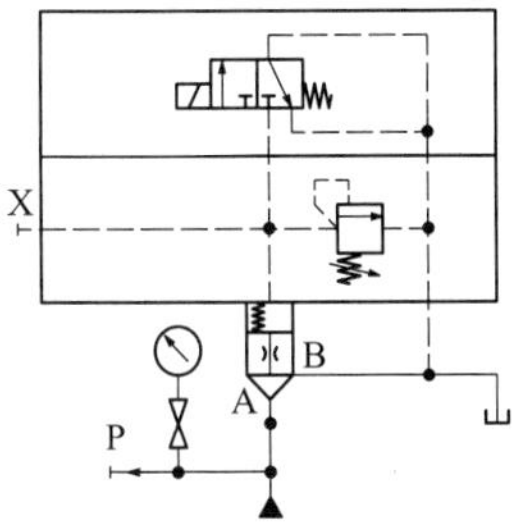	采用插装阀组成的一级调压系统，插装阀采用具有阻尼小孔结构的组件。溢流阀用于调节系统的输出压力，二位三通电磁阀用于系统卸荷。此回路适合于大流量系统

3.2.2 减压回路

减压回路的作用在于使系统中部分油路得到比油源供油压力低的稳定压力。当泵供油源高压时，回路中某局部工作系统或执行元件需要低压，便可采用减压回路。

表 20-3-9　　减压回路

类别	回路	特点
单级减压回路	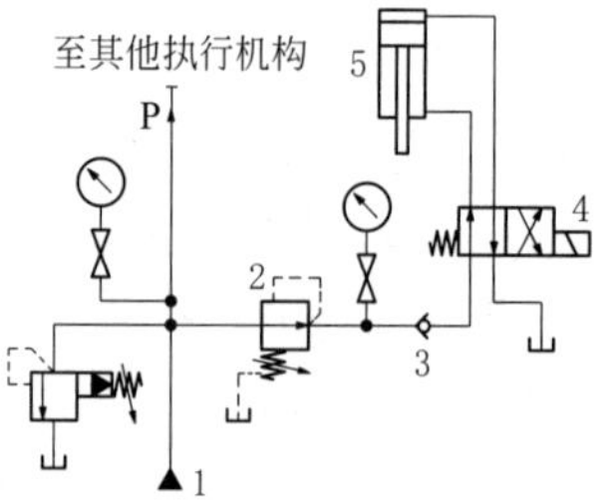	液压泵 1 除了供给主工作回路的压力油外，还经过减压阀 2、单向阀 3 及换向阀 4 进入工作液压缸 5。根据工作所需力的大小，可用减压阀来调节
	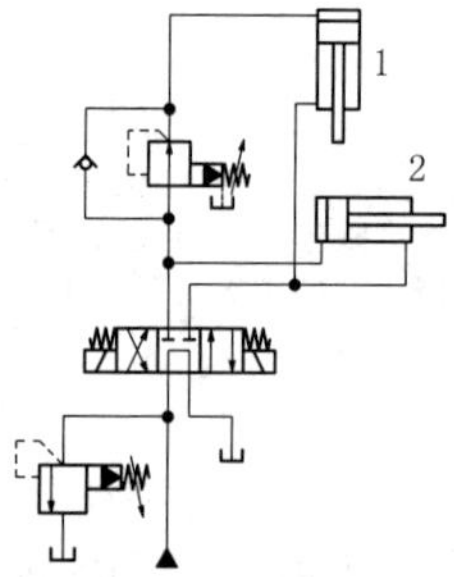	进入液压缸 2 的油压由溢流阀调定；进入液压缸 1 的油压由单向减压阀调节。采用单向减压阀是为了在缸 1 活塞向上移动时，使油液经单向减压阀中的单向阀流回油箱。减压阀在进行减压工作时，有一定的泄漏，在设计时，应该考虑这部分流量损失
二级减压回路	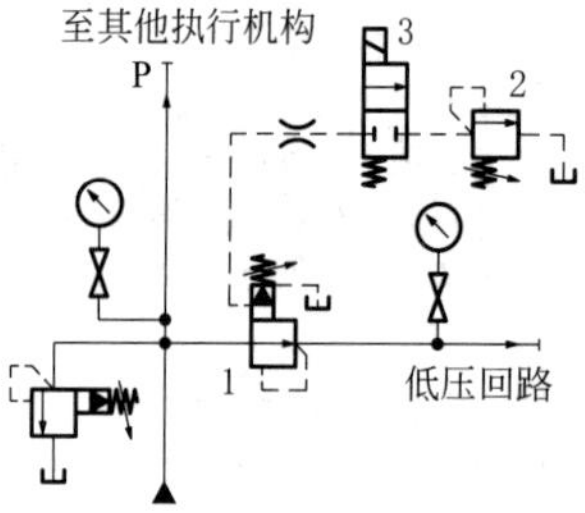	在先导式减压阀 1 遥控油路上接入远程调压阀 2 使减压回路获得两种预定的压力。图示位置，减压阀出口压力由该阀本身调定；当二位二通阀 3 切换后，减压阀出口压力改为由阀 2 调定的另一个较低的压力值。阀 3 接在阀 2 之后，可以使压力转换时冲击小些
	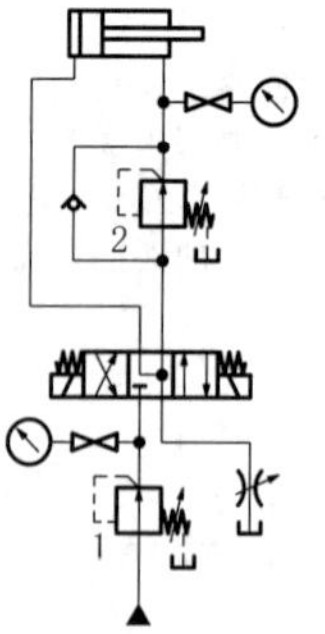	液压缸向右移动的压力，由减压阀 1 调定；液压缸向左移动的压力，由减压阀 2 调定。该回路适用于液压系统中需要低压的部分回路
多级减压回路	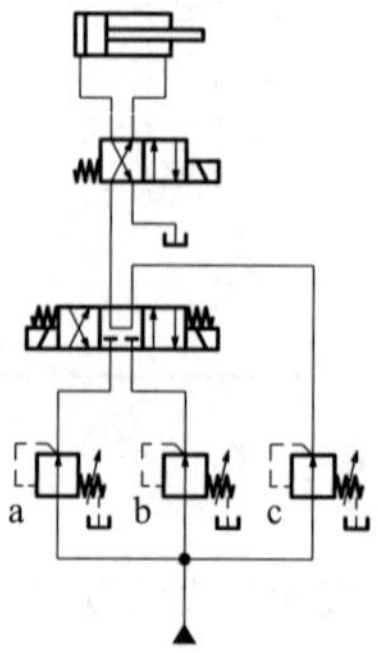	本回路用减压阀并联，由三位四通换向阀进行转换，可使液压缸得到不同的压力。图示位置时，供油经阀 c 减压；三位阀切换到左位时，供油由阀 b 减压；三位阀切换到右位，供油由阀 a 减压

续表

类别	回路	特点
多级减压回路	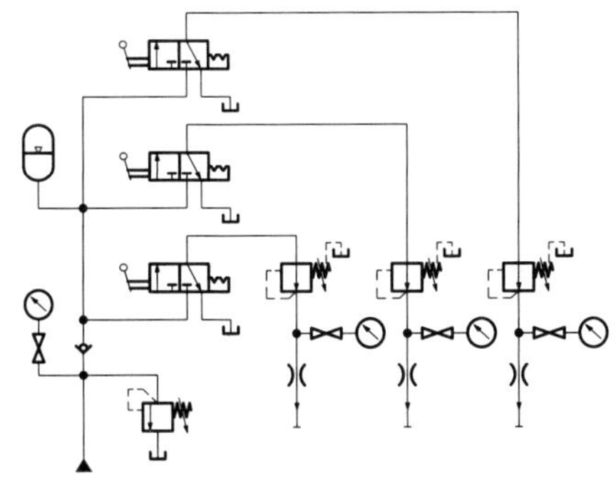	本回路采用多个减压阀并联组成减压回路。泵供油压力最高,在高压油路上依次并联减压阀,根据需要分别获得多路减压支路,各支路互不干扰。采用蓄能器后,只需采用小流量的泵即可
无级减压回路	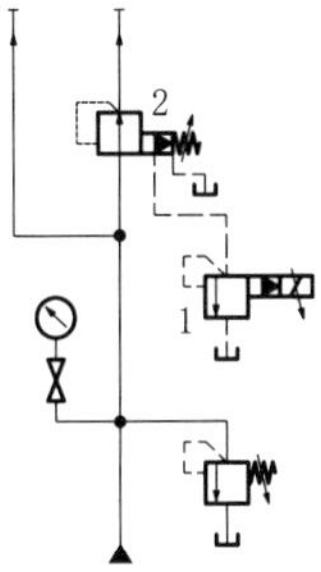	用比例先导压力阀 1 接在减压阀 2 的遥控口上,使分支油路实现连续无级减压。该回路只需采用小规格的比例先导压力阀,即可实现遥控无级减压
	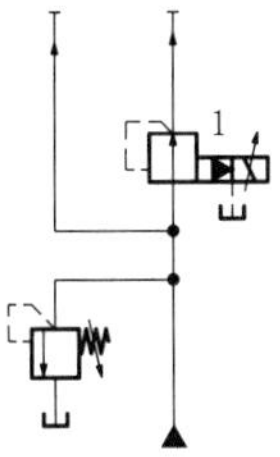	用比例减压阀组成减压回路。调节输入比例减压阀 1 的电流,即可使分支油路无级减压,并易实现遥控

3.2.3 增压回路

增压回路用来提高系统局部油路中的油压，它能使局部压力远高于油源的工作压力。采用增压回路比选用高压大流量液压泵要经济得多。

表 20-3-10 **增压回路**

类别	回路	特点
用增压器的增压回路	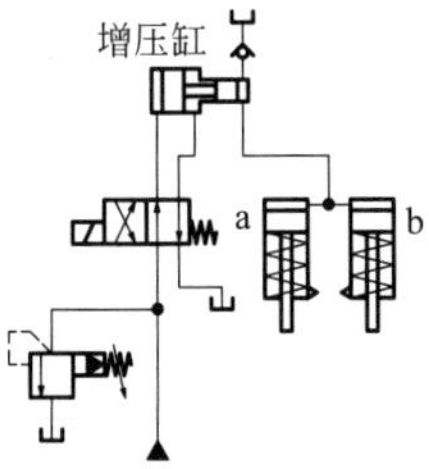	本回路用增压液压缸进行增压,工作液压缸 a、b 靠弹簧力返回,充油装置用来补充高压回路漏损。在气液并用的系统中可用气液增压器,以压缩空气为动力获得高压

续表

类别	回路	特点
用增压器的增压回路	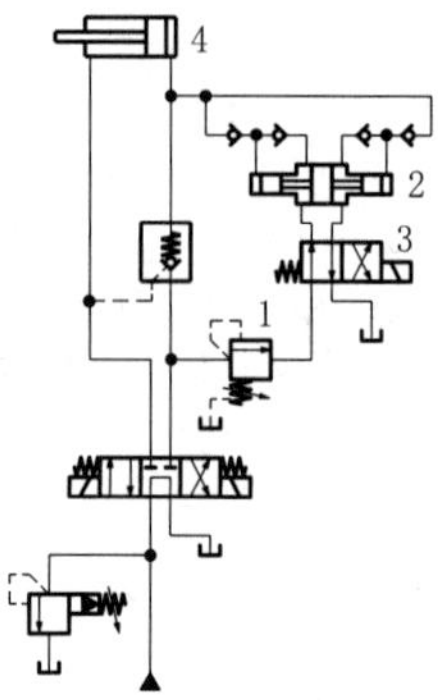	本回路利用双作用增压器实现双向增压,保证连续输出高压油。当液压缸4活塞左行遇到较大载荷时,系统压力升高,油经顺序阀1进入双作用增压器2,无论增压器左行或右行,均能输出高压油液至液压缸4右腔,只要换向阀3不断切换,就能使增压器2不断地往复运动,使液压缸4活塞左行较长的行程连续输出高压油
用液压泵的增压回路	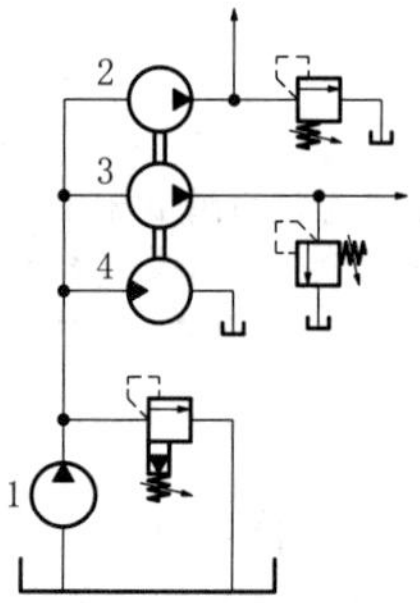	本回路多用于起重机的液压系统。液压泵2和3由液压马达4驱动,泵1与泵2或泵3串联,从而实现增压
	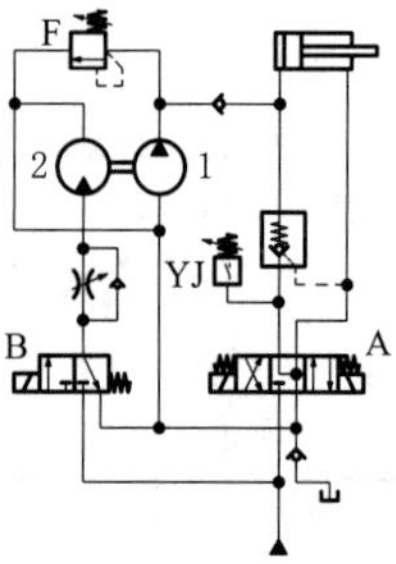	液压马达2与高压泵1的轴刚性连接,当阀A在右位时,活塞向右移动,压力上升到继电器YJ调节压力时,B通电,压力油使液压马达2带动泵1旋转,泵1向液压缸连续输出高压油(最高压力由阀F限制)。若马达供油压力为 p_0,则泵输出压力为 $p_1=\alpha p_0$,α 为马达与泵排量之比,即 $\alpha=q_2/q_1$,调速阀用来调节活塞的速度。若马达2采用变量马达,则可通过改变其排量 q_2 来改变增压压力 p_1
用液压马达的增压回路	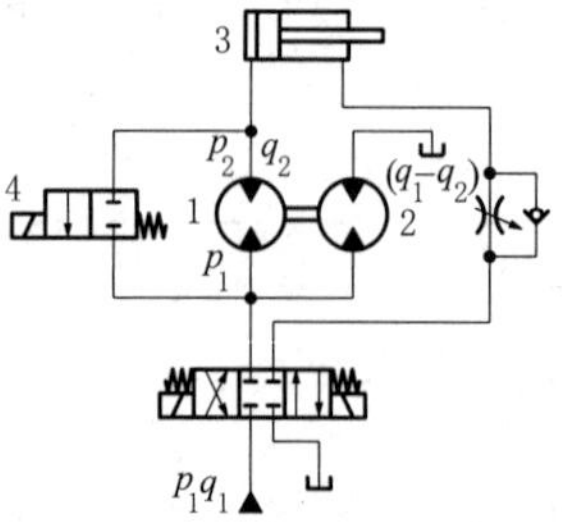	液压马达1、2的轴为刚性连接,马达2出口通油箱,马达1出口通液压缸3的左腔。若马达进口压力为 p_1,则马达1出口压力 $p_2=(1+\alpha)p_1$,α 为两马达的排量之比,即 $\alpha=q_2/q_1$。例如,若 $\alpha=2$,则 $p_2=3p_1$,实现了增压的目的。当马达2采用变量马达时,则可通过改变其排量 q_2 来改变增压压力 p_2。阀4用来使活塞快速退回。本回路适用于现有液压泵不能实现的而又需要连续高压的场合

3.2.4 保压回路

有些机械要求在工作循环的某一阶段内保持规定的压力，为此，需要采用保压回路。保压回路应满足保压时间、压力稳定、工作可靠性及经济性等多方面的要求。

表 20-3-11 **保压回路**

类别		回路	特点
用液压泵的保压回路	用定量泵的保压回路	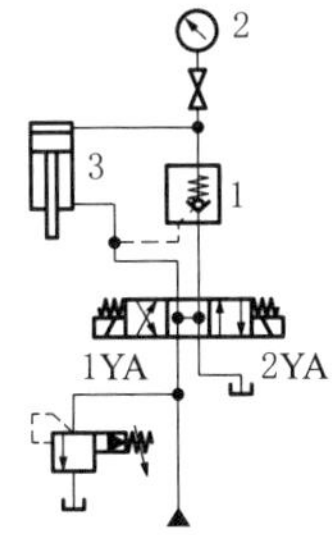	采用液控单向阀 1 和电接点式压力表 2 实现自动补油的保压回路。电接点式压力表控制压力变化范围。当压力上升到调定压力时，上触点接通，换向阀 1YA 断电，泵卸荷，液压缸 3 由单向阀 1 保压。当压力下降到下触点调定压力时，1YA 通电，泵开始供油，使压力上升，直到上触点调定值。为了防止电接点压力表冲坏，应装有缓冲装置。本回路适用于保压时间长、压力稳定性要求不高的场合
	用辅助泵的保压回路	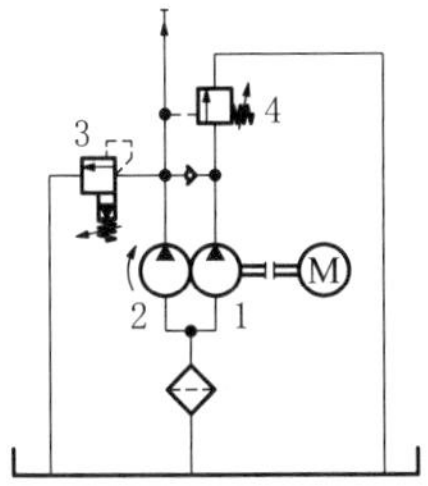	本回路为机械中常用的辅助泵保压回路。当系统压力较低时，低压大泵 1 和高压小泵 2 同时供油；当系统压力升高到卸荷阀 4 的调定压力时，泵 1 卸荷，泵 2 供油保持溢流阀 3 调定值。由于保压状态下液压缸只需微量位移，仅用小泵供给，便可减少系统发热，节省能耗
		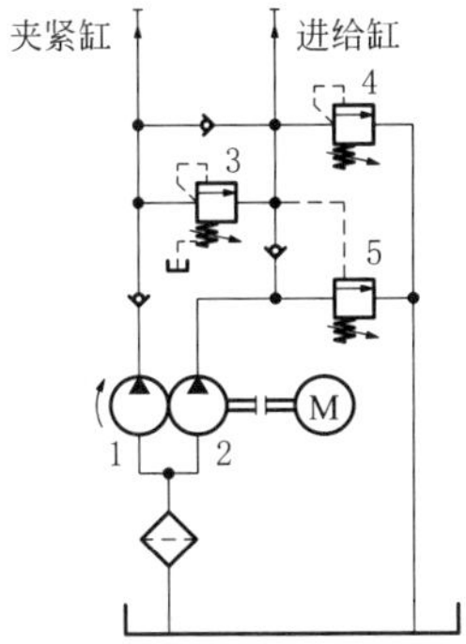	在夹紧装置回路中，夹紧缸移动时，小泵 1 和大泵 2 同时供油。夹紧后，小泵 1 压力升高，打开顺序阀 3，使夹紧缸夹紧并保压。此后进给缸快进，泵 1 和 2 同时供油。慢进时，油压升至阀 5 所调压力，阀 5 打开，泵 2 卸荷，泵 1 单独供油，供油压力由阀 4 调节
	用压力补偿变量泵的保压回路	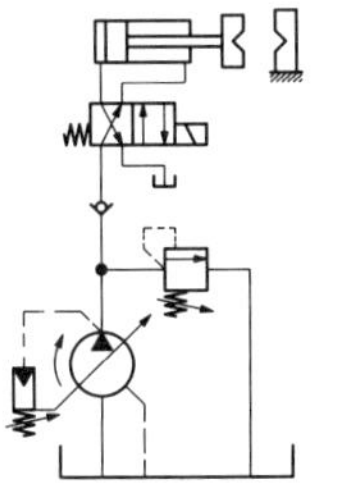	采用压力补偿变量泵可以长期保持液压缸的压力。当液压缸中压力升高后，液压泵的输出油量自动减到补偿泄漏所需的流量，并能随泄漏量的变化自动调整，且效率较高
用蓄能器的保压回路		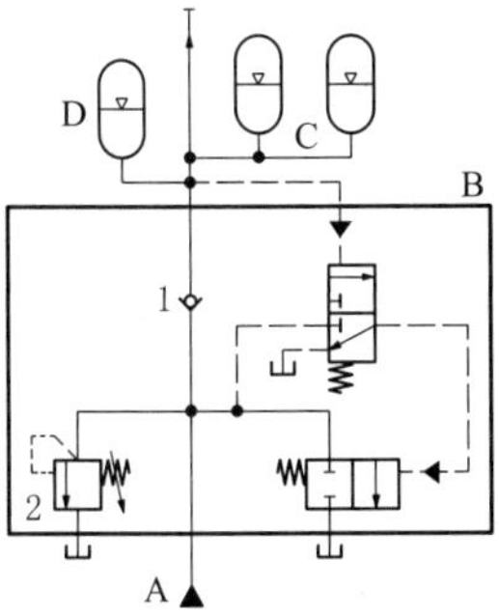	液压泵卸荷时，蓄能器作为能源使液压系统实现保压。液压泵 A 输出的油液流入卸荷腔，同时经单向阀进入液压系统。液压泵的最高压力由溢流阀 2 控制。液压泵在卸荷期间，由蓄能器 C 来补偿泄漏，保持系统压力。当系统压力下降到一定值时，液压泵在卸荷阀作用下，重新经单向阀 1 向系统供油，直至达到给定压力为止。为了降低自动卸荷阀 B 及泵的动载荷，并减少系统中压力波动，在泵与自动卸荷阀 B 之间装一小容量气液蓄能器 D

续表

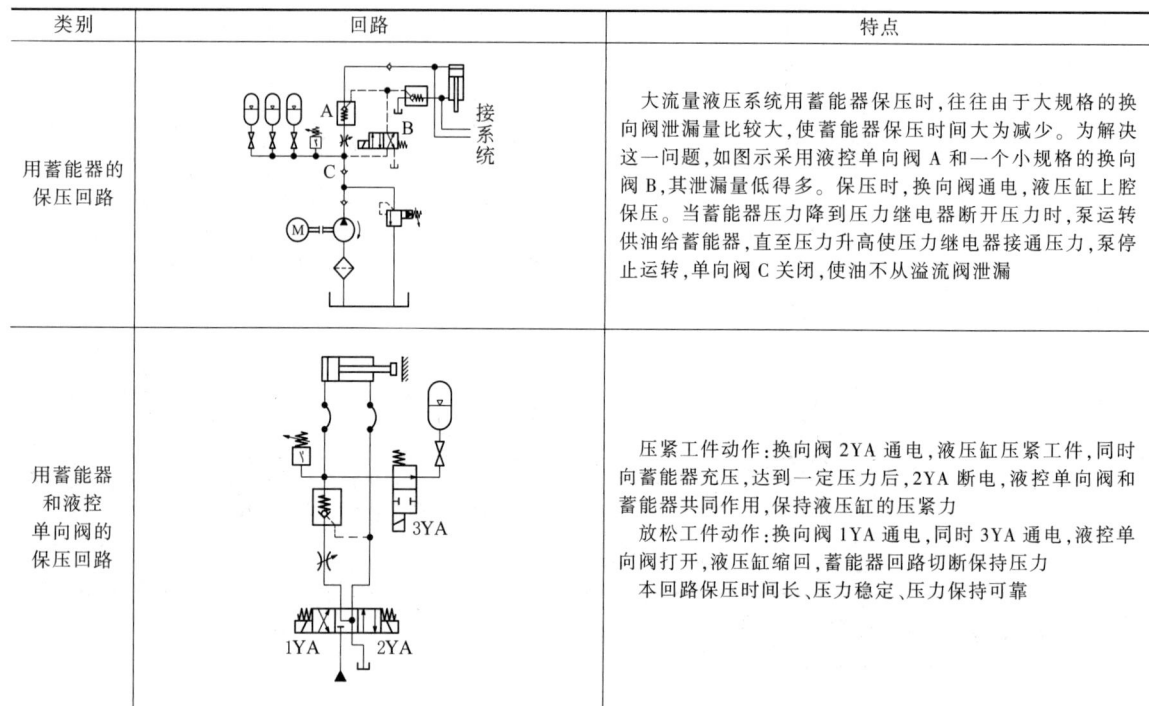

类别	回路	特点
用蓄能器的保压回路	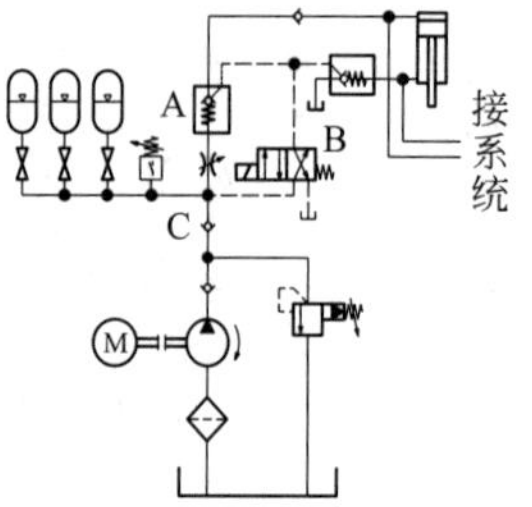	大流量液压系统用蓄能器保压时,往往由于大规格的换向阀泄漏量比较大,使蓄能器保压时间大为减少。为解决这一问题,如图示采用液控单向阀 A 和一个小规格的换向阀 B,其泄漏量低得多。保压时,换向阀通电,液压缸上腔保压。当蓄能器压力降到压力继电器断开压力时,泵运转供油给蓄能器,直至压力升高使压力继电器接通压力,泵停止运转,单向阀 C 关闭,使油不从溢流阀泄漏
用蓄能器和液控单向阀的保压回路	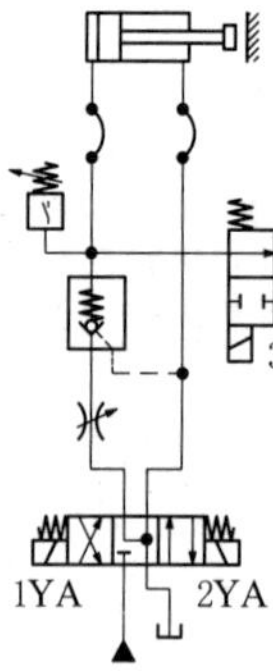	压紧工件动作:换向阀 2YA 通电,液压缸压紧工件,同时向蓄能器充压,达到一定压力后,2YA 断电,液控单向阀和蓄能器共同作用,保持液压缸的压紧力 放松工件动作:换向阀 1YA 通电,同时 3YA 通电,液控单向阀打开,液压缸缩回,蓄能器回路切断保持压力 本回路保压时间长、压力稳定、压力保持可靠

3.2.5 泄压回路

泄压回路是指液压缸(或蓄能器——压力容器)内的液压流体压力(能)在一定条件下能够逐渐从高到低地降低(释放)的液压回路。

表 20-3-12 **泄压回路**

类别	回路	特点
节流阀泄压回路	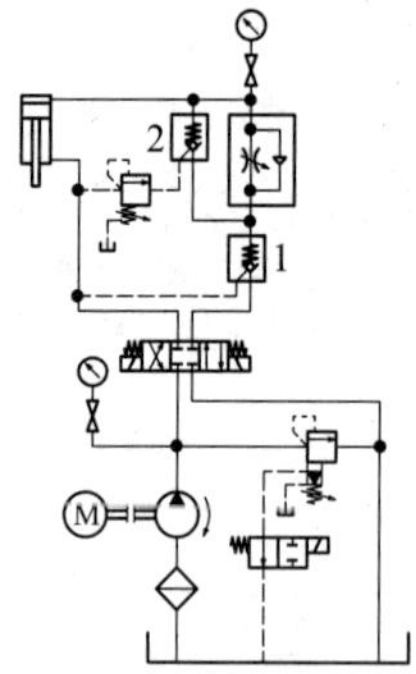	泄压时先使换向阀右位接通,液压缸有杆腔升压,首先使阀 1 开启,液压缸上腔经节流阀泄压,当压力达到顺序阀调定压力时,液控单向阀 2 开启,主缸活塞及活塞杆回程。泄压速度取决于节流阀开度的大小及顺序阀调定压力值的大小
先导式液控单向阀泄压回路	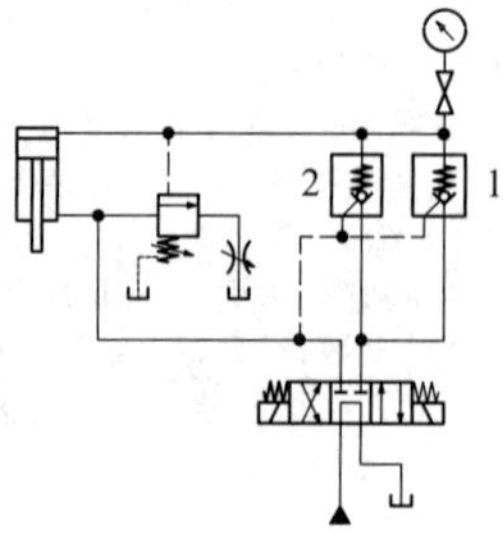	当三位四通电磁换向阀换向至左位,液压缸无杆腔加压。当此加压结束后,三位四通电磁换向阀直接换向至右位,此时顺序阀仍处于开启状态,液压源经换向阀供给的液压流体通过顺序阀和节流阀回油箱,节流阀使回油压力保持在 2MPa 左右,此压力不足以使液压缸回程,但可以打开作为先导阀的液控单向阀 2,使液压缸无杆腔压力油经此先导阀回油箱,无杆腔压力缓慢降低。当液压缸无杆腔的压力降至顺序阀调定压力(一般为 2~4MPa)下,顺序阀关闭,液压缸有杆腔压力上升并打开作为主阀的液控单向阀 1,液压缸回程。顺序阀的调定压力应大于节流阀产生的背压;主液控单向阀的控制压力应大于顺序阀的调定压力,系统才能正常工作

3.2.6 卸荷回路

当执行元件工作间歇（或停止工作）时，不需要液压能，应自动将泵源排油直通油箱，组成卸荷回路，使液压泵处于无载荷运转状态，以便达到减少动力消耗和降低系统发热的目的。

表 20-3-13 卸荷回路

类别	回路	特点
用换向阀的卸荷回路	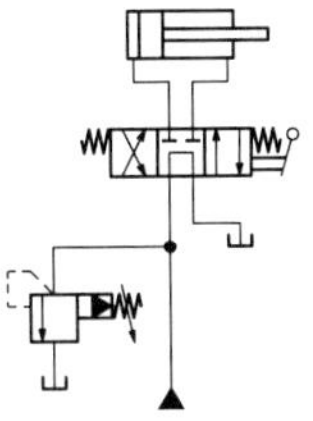	本回路结构简单，一般适用于流量较小的系统中。对于压力较高、流量较大（大于 3.5MPa、40L/min）的系统，回路将会产生冲击 图中所示为用三位四通 M 型换向阀进行卸荷的回路。换向阀也可用 H 型、K 型，均能达到卸荷目的。本回路不适用于一泵驱动多个液压缸的多支路场合 本回路一般采用电液动换向阀以减少液压冲击
	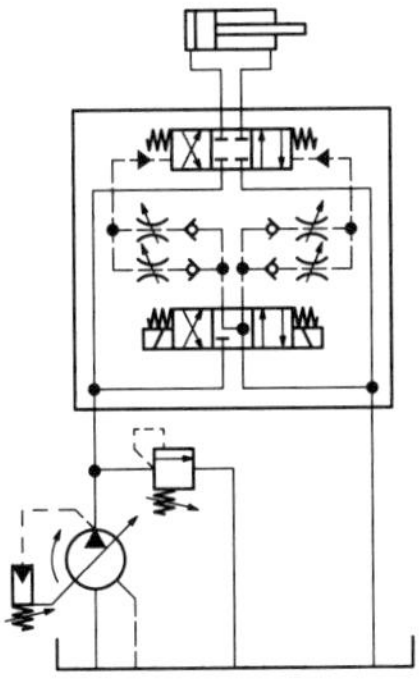	本回路为采用电液动换向阀组成的卸荷回路。通过调节控制油路中的节流阀，控制阀芯移动的速度，使阀口缓慢打开，避免液压缸突然卸压，因而实现较平稳卸压
用溢流阀的卸荷回路	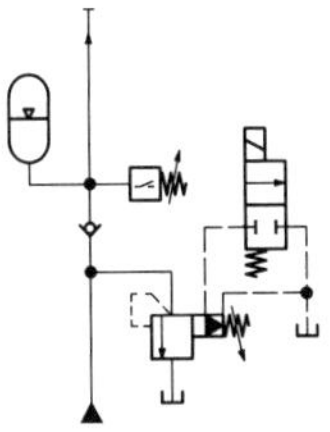	溢流阀的遥控口与电磁二通阀连接。由于使用电磁阀，能广泛用于自动控制系统中，用于一般机械和锻造机械。电磁阀由回路中的压力继电器控制，回路中达到一定压力时，电磁二通阀打开，使油泵卸荷。单向阀是为了在油泵卸荷时保持回路的压力。电磁二通阀只通过溢流阀遥控口排出的油流，其流量不大，故可使用小规格的二通阀
	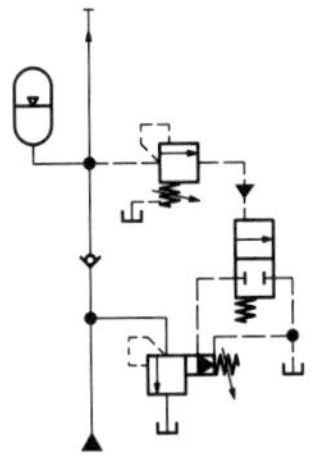	本回路与上述回路相似，不同的是使用顺序阀来操纵液动二通阀，控制回路的压力。由于溢流阀安装了控制管路，增加了控制腔的容积，将会产生动作不稳定现象，为此，可在其管路中加设阻尼器，以改善其性能
	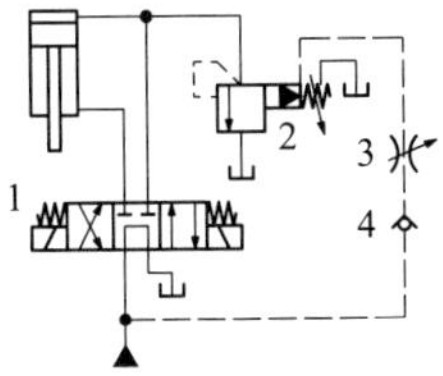	当液压缸工作行程结束时，换向阀 1 切换到中位，溢流阀 2 遥控口通过节流阀 3 与单向阀 4 通油箱。调节阀 3 的开口量可改变阀 2 的开启速度，也可调节液压缸上腔的卸荷速度。溢流阀 2 在回路中同时作安全阀用

续表

类别	回路	特点
用溢流阀的卸荷回路	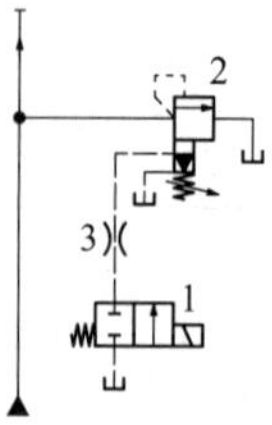	采用小规格二位二通电磁阀1,将先导式溢流阀2遥控口接通油箱,即可使泵卸荷。卸荷压力的大小取决于溢流阀弹簧的强弱,一般为0.2~0.4MPa。当进行远距离控制时,由于阀2的控制容积增大,工作中容易产生不稳定现象。为解决这一问题,在连接油路上加设节流阀3
	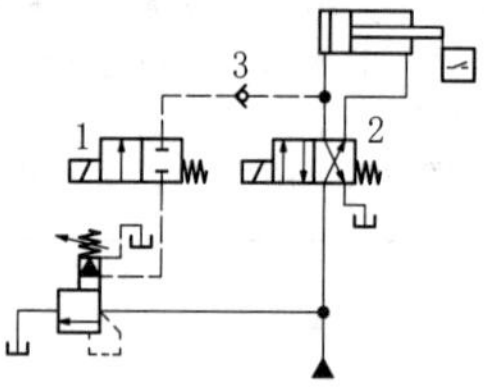	在换向阀2断电,压力油推动液压缸活塞左移到达终点时,压住微动开关,使换向阀1通电,泵排油通过溢流阀卸荷。电磁换向阀2通电,活塞向右移动,而电磁换向阀1断电。单向阀3的作用是压力推进活塞前进时阀关闭,减少换向阀的泄漏影响
	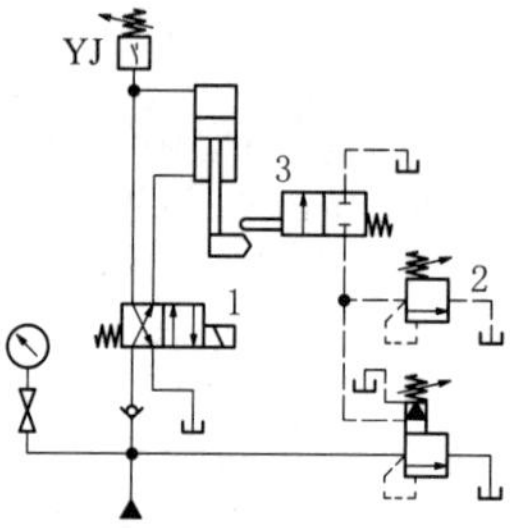	本回路为小型压机上用溢流阀卸荷的回路。当阀1通电,活塞下降压住工件后,液压缸内压力升高,达到继电器调定压力时,阀1断电,活塞返回。当撞块推动换向阀3后,泵卸荷。泵的压力由阀2调节,加压压力由继电器调节
用泵的卸荷回路	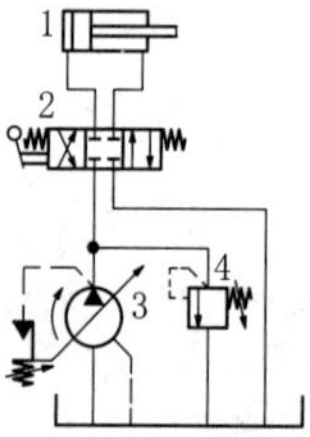	本回路为压力补偿变量泵卸荷回路。在液压缸1处于端部停止运动或者换向阀2处于中位时,泵3的排油压力升高到补偿装置动作所需的压力,这时泵3的流量便减到接近于零,即实现泵的卸荷。此时,泵的流量用于补充系统的泄漏量。安全阀4是为了防止补偿装置失灵而设置的
	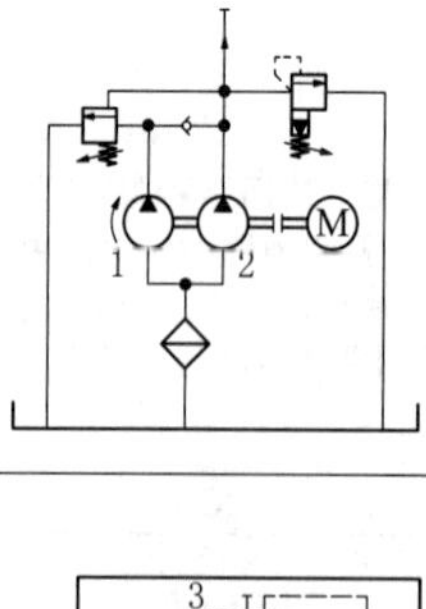	本回路是使用复合泵的卸荷回路。在液压缸需要大流量和高速工作时,两泵同时向回路送油。当液压缸运行至接触工件时,油压升高,使卸荷阀打开,则低压大流量泵1无载荷运转,只由高压小油泵2向回路供油
用二通插装阀的卸荷回路	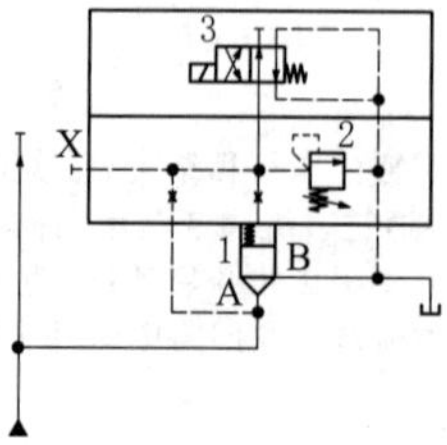	用插装阀调压卸荷的回路适用于大流量液压系统。在图示位置时,插装阀1上腔的压力由溢流阀2调定,插装阀由差动力打开并保持恒压。当换向阀3通电后,插装阀上腔通油箱,插装阀打开使泵卸荷

续表

类别	回路	特点
多缸系统的卸荷回路	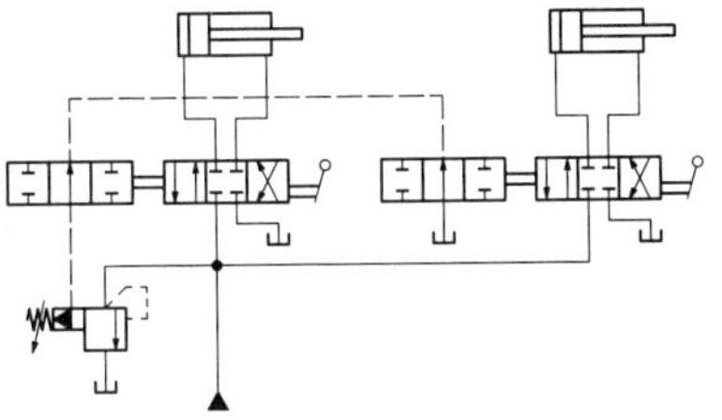	由一个液压泵向两个以上液压缸供油，形成多缸系统的卸荷回路。该回路把四通换向阀和二通换向阀连接在一起动作，当各液压缸的换向阀都在中间位置时，泵就处于无载荷运转状态

3.2.7 平衡回路

在下降机构中，用以防止下降工况超速，并能在任何位置上锁紧的回路称为平衡回路。

表 20-3-14　　　　平衡回路

类别	回路	特点
用顺序阀的平衡回路	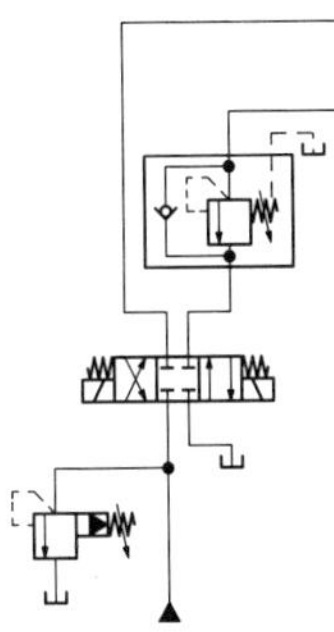	将单向顺序阀的调定压力调整到与重物 *W* 相平衡或稍大于 *W*，并设置在承重液压缸下行的回油路上，产生一定背压，阻止其下降或使其缓慢下降，避免因其重力作用而突然下落
减压平衡回路	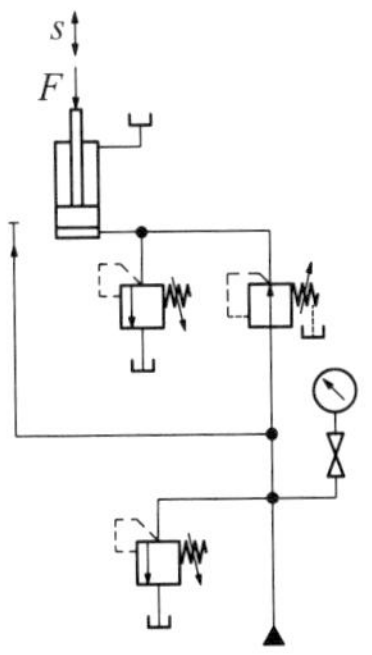	由减压阀和溢流阀组成减压平衡回路。进入液压缸的压力由减压阀调节，以平衡载荷 *F*，液压缸的活塞杆跟随载荷作随动位移 *s*，当活塞杆向上移动时，减压阀向液压缸供油，当活塞杆向下移动时，溢流阀溢流，保证液压缸在任何时候都保持对载荷的平衡。溢流阀的调定压力要大于减压阀的调定压力
用单向节流阀的平衡回路	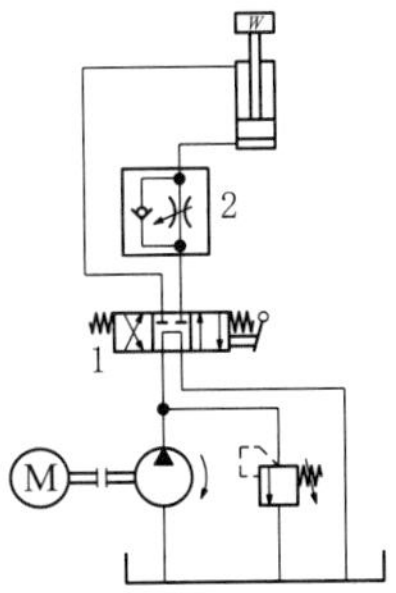	本回路是用单向节流阀 2 和换向阀 1 组成的平衡回路。液压缸活塞杆上的外载荷 *W* 下降。当换向阀处于右位时，回油路上的节流阀处于调速状态。适当调节单向节流阀 2 节流口，就可防止超速下降。换向阀处于中位时，液压缸进出口被封死，活塞即停住。但这种回路受载荷大小影响，使下降速度不稳定。如将阀 2 用单向调速阀代替，效果明显提高。这种平衡回路常用于对速度稳定性及锁紧要求不高、功率不大或功率虽然较大但工作不频繁的定量泵油路中，如用于货轮舱口盖的启闭、铲车的升降、电梯及升降平台的升降等液压系统中

续表

类别	回路	特点
用单向节流阀和液控单向阀的平衡回路	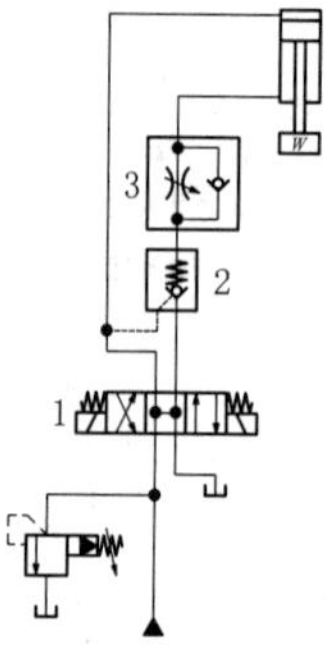	本回路是用单向节流阀限速、液控单向阀锁紧的平衡回路。油缸活塞下降时,单向节流阀 3 处于节流限速工作状态;当泵突然停止转动或阀 1 突然停在中位时,油缸下腔油压力升高,单向阀 2 关闭,使液压缸下腔不能回油,从而使机构锁住。该回路锁紧性能好
	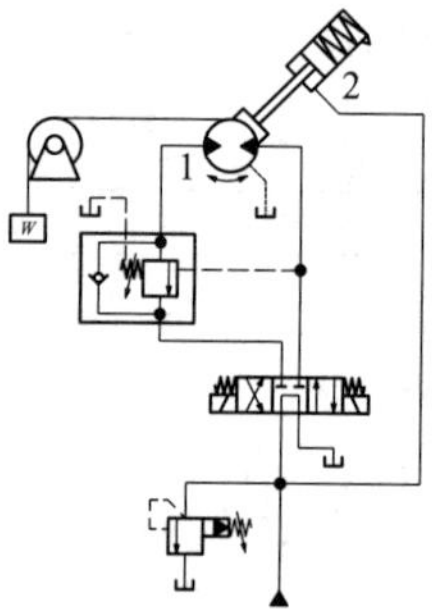	本回路为起升机构的平衡回路。它适用于功率较大、外载荷变化而又要求下降速度平稳、容易控制和锁紧时间要求较长的机构中,如汽车起重机、高空作业车的起升变幅及臂架伸缩等重力下降机构的液压回路中。但在液压马达 1 为执行元件的平衡回路中,由于液压马达的泄漏,无论采用哪种平衡回路,重力下降机构长时间锁紧或严格不动是不可能的,因此,必须设置制动器 2,以防液压马达失去控制,出现事故
用平衡阀的平衡回路	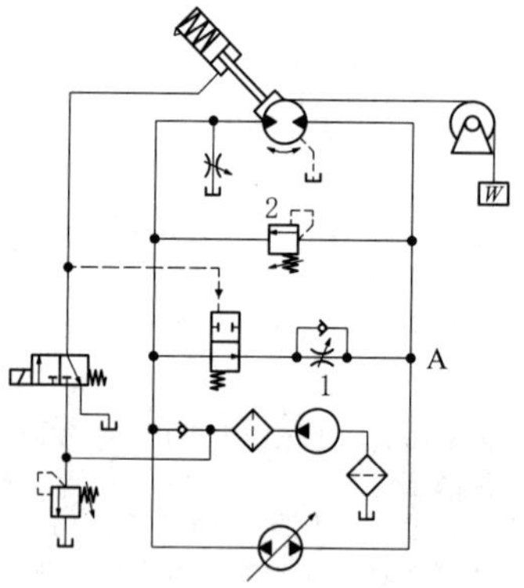	本回路适用于液压泵由电动机驱动的重力下降机构中。它对重力下降机构的下降速度实现比较可靠的锁紧、方便的控制,并可回收重力载荷下降时储存在回路中的能量。在制动器失控时,马达在重物作用下被拖动旋转,由于泵的变量机构在零位,马达排油经阀 1 流入左腔,故 A 管中油液呈高压状态,从而可防止重物加速下降。溢流阀 2 呈常闭状态,用以防止系统过载,又能防止重物制动时系统产生冲击
	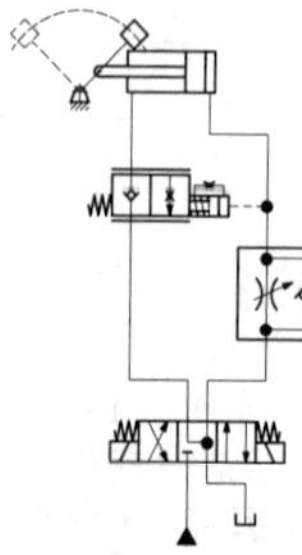	流量控制采用调速阀,在正负载荷时运行速度平稳

3.2.8 制动回路

在液压马达带动部件运动的液压系统中，由于运动部件具有惯性，要使液压马达由运动状态迅速停止，只靠液压泵卸荷或停止向系统供油仍然难以实现，为了解决这一问题，需要采用制动回路。制动回路是利用溢流阀等元件在液压马达的回油路上产生背压，使液压马达受到阻力矩而被制动。也有利用液压制动器产生摩擦阻力矩使液压马达制动的回路。

表 20-3-15 制动回路

类别	回路	特点
用顺序阀的制动回路	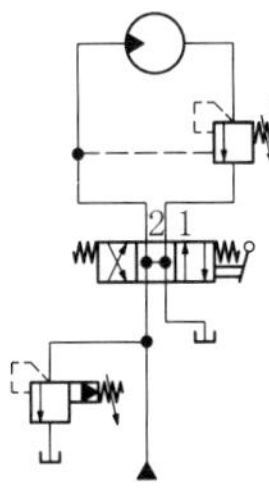	本回路适用于液压马达产生负载荷时的工况。四通阀切换到 1 位置,当液压马达为正载荷时,顺序阀由于压力油作用而被打开;但当液压马达为负载荷时,液压马达入口侧的油压降低,顺序阀起制动作用。如四通阀处于 2 位置,液压马达停止
用制动组件的制动回路	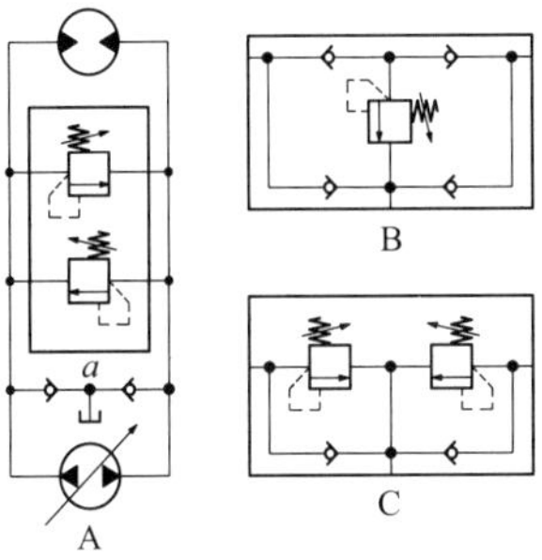	采用制动组件 A、B 或 C 组成的制动回路,在执行元件正、反转时都能实现制动作用 当主油路压力超过溢流阀调定压力时,溢流阀被打开,在液压系统中起安全阀作用。减速时变量泵的排油量减至最小,但由于载荷的惯性作用使马达转为泵的工况,出口产生高压,此时溢流阀起缓冲和制动作用 回路中 a 点接油箱,通过单向阀从油箱补油。对于无自吸能力的液压马达,应在 a 点通油箱的油路上串接一个背压阀,或通过辅助油泵进行补油,从而避免液压马达产生吸空现象 制动组件用于开式回路时,组件内溢流阀调定压力,要比限制液压泵输出压力的溢流阀的调定值高 0.5~1MPa
用溢流阀的制动回路	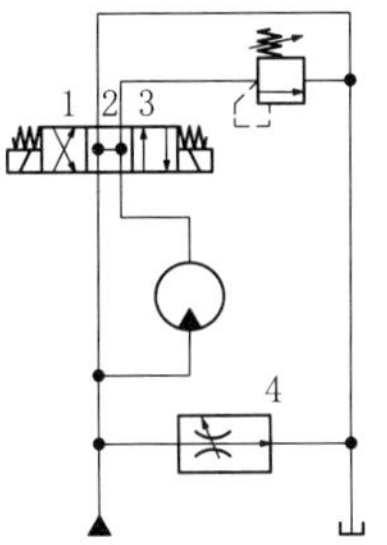	回路中换向阀处在 1 位时,液压马达运转;处于 2 位时,液压马达在惯性作用下转动并逐渐减速到停止转动;处于 3 位时,液压马达回油路被溢流阀所阻,于是回油路压力升高,直至打开溢流阀,液压马达便在背压等于溢流阀调定压力阻力的作用下被制动。用节流阀 4 代替溢流阀产生的制动背压也可实现制动
	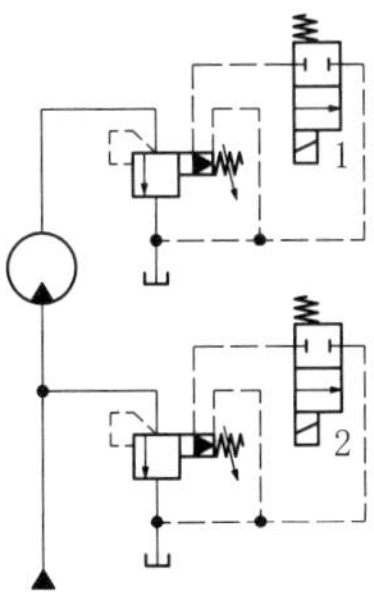	本回路为用液控溢流阀的制动回路。以两个电磁阀分别操纵两个溢流阀的遥控口,电磁阀 1 用于减速或制动,电磁阀 2 用于加速或液压泵卸荷
	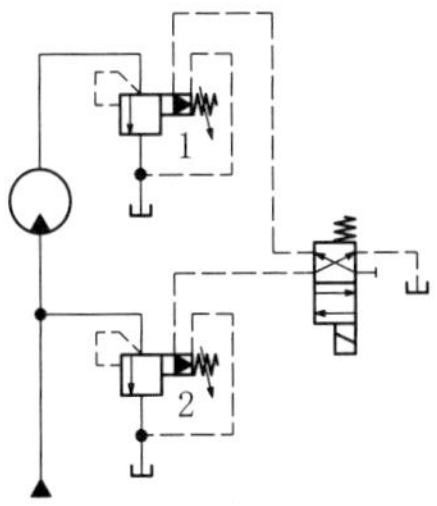	本回路采用一个电磁阀控制两个溢流阀的遥控口。图示位置为电磁阀断电,溢流阀 2 的遥控口直接通油箱,液压泵卸荷,而溢流阀 1 的遥控口堵塞,此时液压马达被制动。当电磁阀通电,阀 1 遥控口通油箱,阀 2 遥控口堵塞,使液压马达运转

3.3 速度控制回路

在液压传动系统中，各机构的运动速度要求各不相同，而液压能源往往是共用的，要解决各执行元件不同的速度要求，就要采取速度控制回路。其主要控制方式是阀控和液压泵（或液压马达）控制。

3.3.1 调速回路

根据液压系统的工作压力、流量、功率的大小及系统对温升、工作平稳性等要求，选择调速回路。调速回路主要通过节流调速、容积调速及两者兼有的联合调速方法实现。

3.3.1.1 节流调速回路

节流调速系统装置简单，并能获得较大的调速范围，但系统中节流损失大，效率低，容易引起油液发热，因此节流调速回路只适用于小功率（一般为2~5kW）及中低压（一般在6.5MPa以下）场合，或系统功率较大但节流工作时间短的情况。

根据节流元件安放在油路上的位置不同，分为进口节流调速、出口节流调速、旁路节流调速及双向节流调速。节流调速回路，无论采用进口、出口或旁路节流调速，都是通过改变节流口的大小来控制进入执行元件的流量，这样就要产生能量损失。旁路节流回路，外载荷的压力就是泵的工作压力，外载荷变化，泵输出功率也变化，所以旁路节流调速回路的效率高于进口、出口节流调速回路，但旁路节流调速回路因为低速不稳定，其调速比也就比较小。出口节流调速由于在回油路上有节流背压，工作平稳，在负的载荷下仍可工作，而进口和旁路节流调速背压为零，工作稳定性差。

表 20-3-16　　节流调速回路

类别	回路	特点
进口、出口节流调速回路	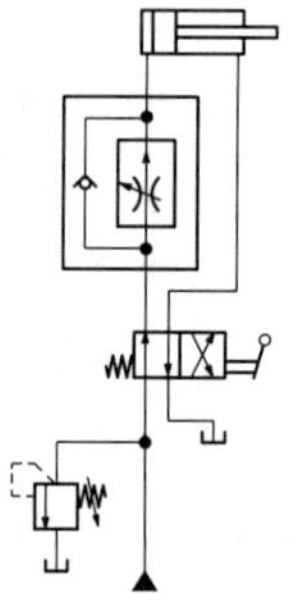	本回路将调速阀装在进油回路中，适用于以正载荷操作的液压缸。液压泵的余油经过溢流阀排出，液压泵以溢流阀设定压力工作。这种回路效率低，油液易发热，但调速范围大，适用于轻载低速工况。应用调速阀比节流阀调速稳定性好，因此，在对速度稳定性要求较高的场合一般选用调速阀
	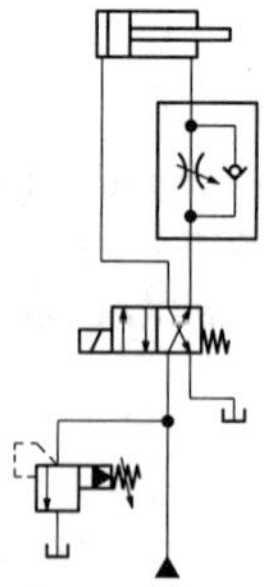	本回路将调速阀装在回油路中，适用于工作执行元件产生负载荷或载荷突然减小的情况。液压泵的输出压力为溢流阀的调定压力，与载荷无关，效率较低，但它可产生背压，以抑制负载荷产生，防止突进，动作比较平稳，应用较多
	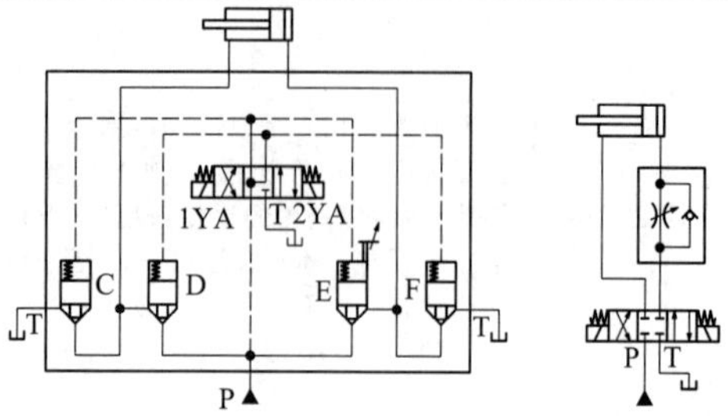	本回路是用二通插装阀装在进油路上的节流调速回路。在插装阀内装有挡块，限制阀芯的行程，以形成节流口。调节插装阀E的挡块位置可以实现调节活塞移动速度。本回路适用于大流量液压系统

续表

类别	回路	特点
进口、出口节流调速回路	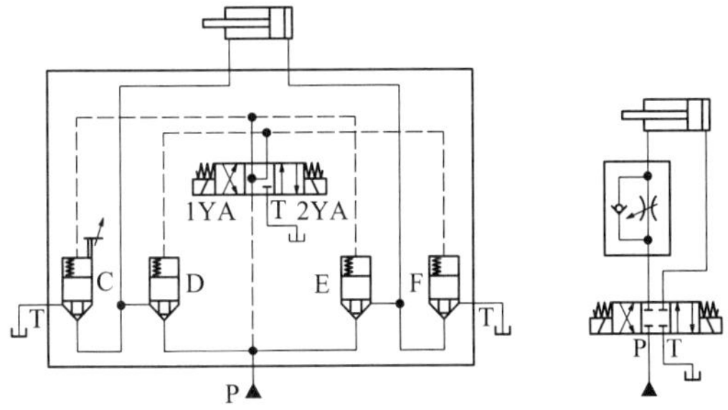	本回路是将二通插装阀装在回油路上的节流调速回路。作用原理同上。当液压缸左腔背压超过油源压力时，液压缸左腔的油可通过阀 C 作用在阀 D 的上端，把阀芯压紧在阀座上，防止液压缸左腔的油经阀 D 漏到 P 口。本回路适用于大流量液压系统
	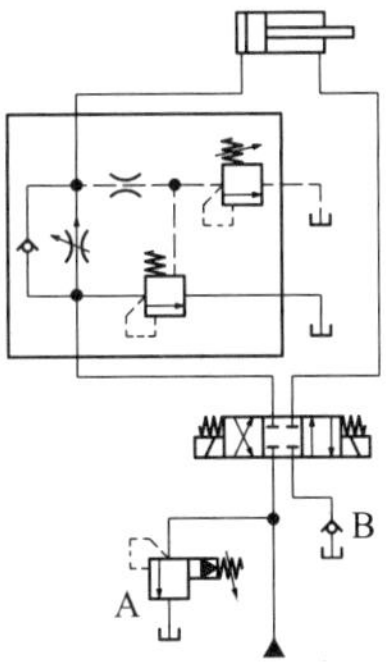	本回路采用溢流节流阀在进油路调速，流入液压缸的流量由节流阀调节，多余的油液经定差溢流阀流回油箱，节流阀前压差恒定，故活塞速度不受载荷变化的影响，但性能不如调速阀。泵的工作压力随载荷而变，因此，效率较高，适用于功率较大的液压系统
	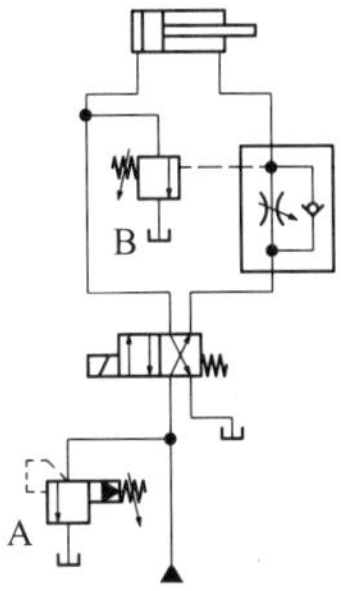	本回路采用单向节流阀和外控溢流阀在回油路调速。活塞向右移动，当载荷较小时，液压缸右腔的压力较大，阀 B 开口量增大；液压缸左腔压力减小，并与载荷相适应。当载荷增大时，液压缸右腔的压力减小，阀 B 开口量减小，液压缸左腔压力随着增大，并与载荷相适应。在该回路中，泵的压力随着载荷而变化，效率较高，载荷特性好
	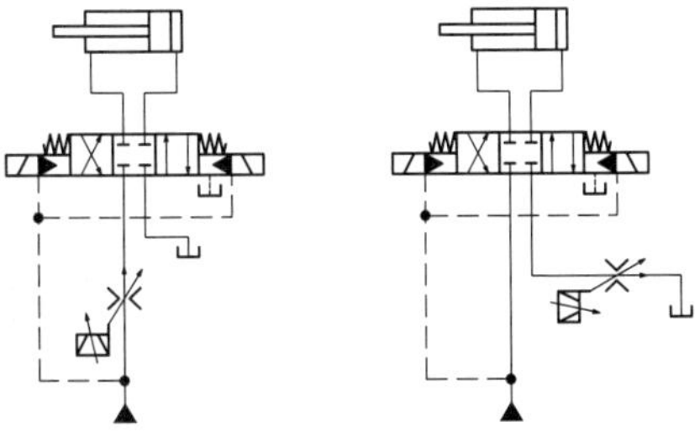 (a)　　(b)	图(a)所示回路是用比例流量阀装在进油路上的调速回路。本回路适用于复杂的流量控制，使回路简化，并避免速度换接时的冲击 图(b)所示回路是将比例流量阀装在回油路上的调速回路，特点与图(a)相同。用比例流量阀调速连续性自动化控制容易，一般称为自动调速回路

续表

<table>
<tr><th>类别</th><th>回路</th><th>特点</th></tr>
<tr><td rowspan="3">进口、出口节流调速回路</td><td>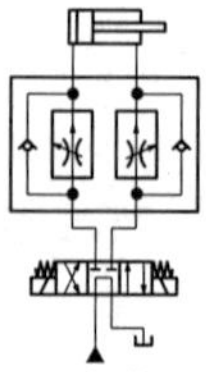
(a) 双向进口节流调速回路
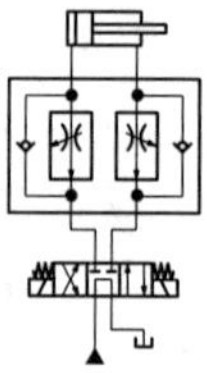
(b) 双向出口节流调速回路
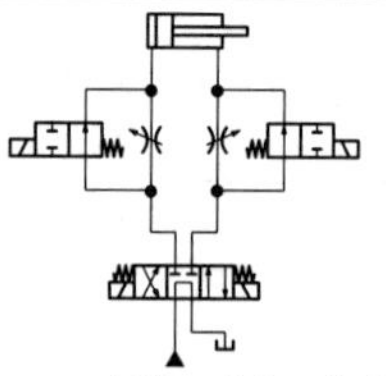
(c) 双向进口或出口节流调速均可的回路
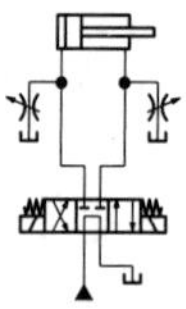
(d) 双向旁路调速回路
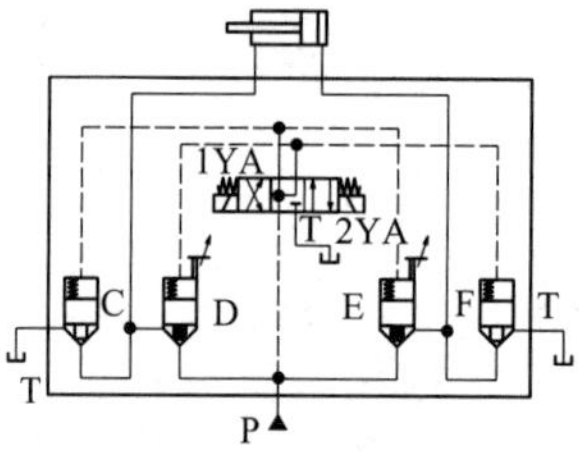

(e) 采用嵌入式锥阀的双向进口节流调速回路
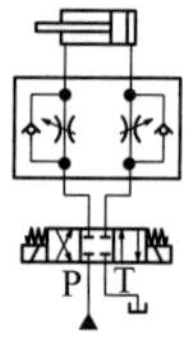

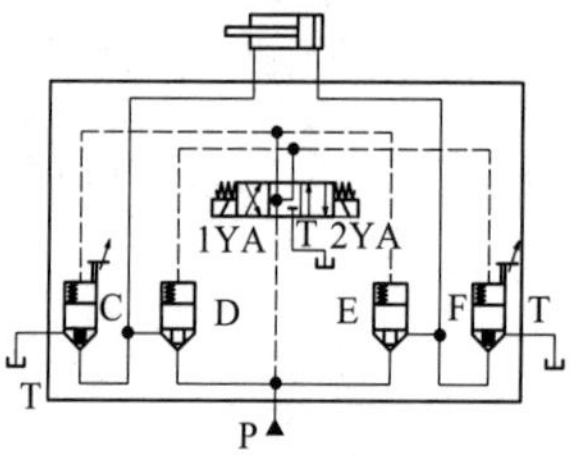

(f) 采用嵌入式锥阀的双向出口节流调速回路
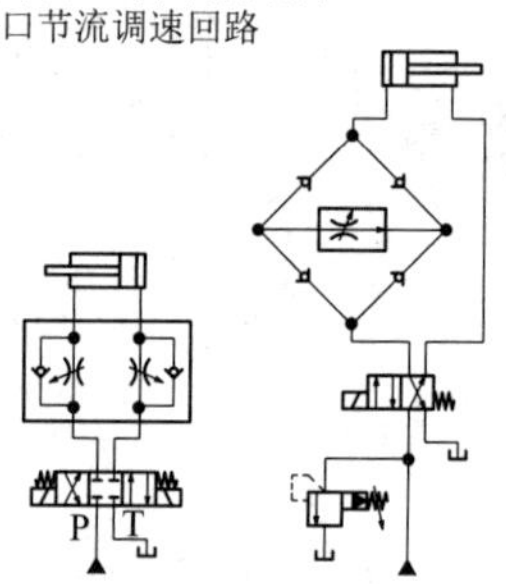

(g) 双向调速器</td><td>图(a)~图(f)所示的各回路为执行元件往返速度都可以调节的回路。调节节流阀或调速阀,可满足执行元件往返速度的要求
图(e)、图(f)所示的调速回路适用于大流量液压系统
图(g)所示为用一个调速回路和四个单向阀组成的调速器实现双向节流调速。四个单向阀的作用是保证油液均能沿同一方向流经调速阀,保证调速阀中的定差减压阀起压力补偿作用。由于调速阀对同一个油腔进行节流,因此,即使是单杆式的液压缸,也能实现活塞的往返速度相等</td></tr>
<tr><td>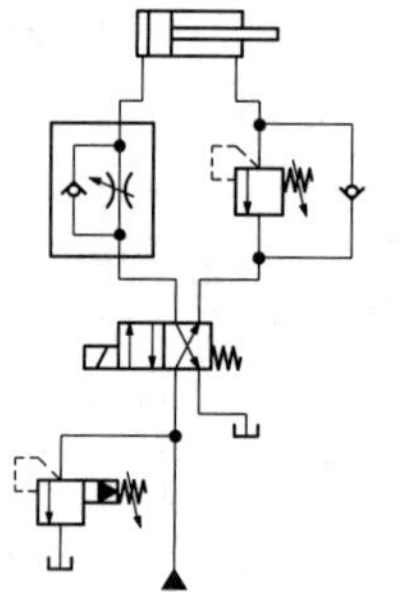</td><td>在进口节流回路的回油路中增加一个背压阀,液压缸的有杆腔形成一定背压。当液压缸出现负载荷时,进油腔压力不会出现负压,使液压缸运动平稳。背压阀使系统增加了附加压力,要求供油压力相应提高,增加能耗</td></tr>
<tr><td>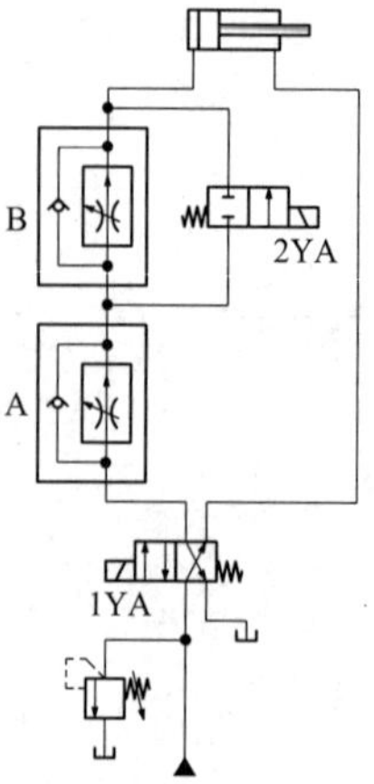
</td><td>本回路是将两个调速阀串联配置,实现液压缸的运动在两种速度之间切换。1YA通电液压缸以调速阀A调定的速度运行;当1YA和2YA通电,液压缸以调速阀B调定的速度运行。该回路中,调速阀A的调定流量应大于调速阀B的调定流量</td></tr>
</table>

续表

类别	回路	特点
旁路节流调速回路	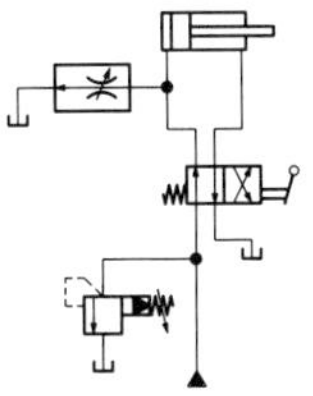	本回路中余油直接由节流阀排入油箱，液压泵的压力随载荷而变，其安全阀仅在油压超出安全压力时才打开，所以效率较高
	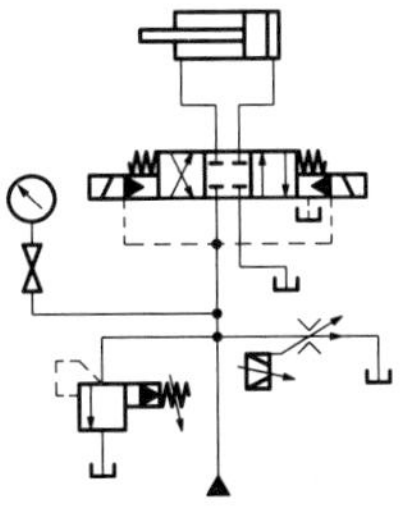	本回路为用比例调速阀进行调速的旁路调速回路。可实现连续调速，并可遥控。对较复杂的流量控制，采用比例调速阀调速可以简化回路和避免速度换接时的冲击

3.3.1.2 容积调速回路

液压传动系统中，为了达到液压泵输出流量与负载元件流量相一致而无溢流损失的目的，往往采取改变液压泵或改变液压马达（同时改变）的有效工作容积进行调速。这种调速回路称为容积调速回路。这类回路无节流和溢流能量损失，所以系统不易发热，效率较高，在功率较大的液压传动系统中得到广泛应用，但液压装置要求制造精度高，结构较复杂，造价较高。

容积调速回路有变量泵-定量马达（或液压缸）、定量泵-变量马达、变量泵-变量马达回路。若按油路的循环形式可分为开式调速回路和闭式调速回路。在变量泵-定量马达的液压回路中，用变量泵调速，变量机构可通过零点实现换向。因此，多采用闭式回路。在定量泵-变量马达的液压回路中，用变量马达调速。液压马达在排量很小时不能正常运转，变量机构不能通过零点。为此，只能采用开式回路。在变量泵-变量马达回路中，可用变量泵换向和调速，以变量马达作为辅助调速，多数采用闭式回路。

大功率的变量泵和变量马达或调节性能要求较高时，则采用手动伺服或电动伺服调节。在变量泵-定量马达、定量泵-变量马达回路中，可分别采用恒功率变量泵和恒功率变量马达实现恒功率调节。

变量泵-定量马达、液压缸容积调速回路，随着载荷的增加，使工作部件产生进给速度不稳定状况。因此，这类回路，只适用于载荷变化不大的液压系统中。当载荷变化较大、速度稳定性要求又高时，可采用容积节流调速回路。

表 20-3-17　　容积调速回路

类别	回路	特点
变量泵-定量马达调速回路	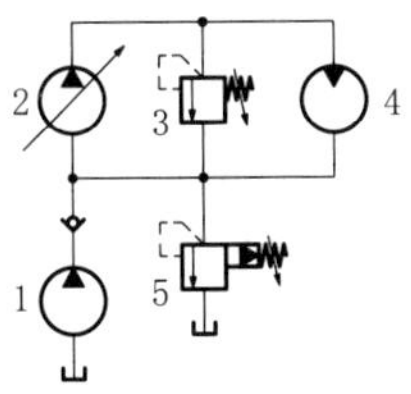	本回路是由单向变量泵和单向定量马达组成的容积调速回路。改变变量泵2的流量，可以调节液压马达4的转速。在高压管路上装有安全阀3，防止回路过载。在低压管路上装有一小容量的补油泵1，用以补充变量泵和定量马达的泄漏，泵的流量一般为主泵2的20%~30%，补油泵向变量泵供油，以改变变量泵的特性和防止空气渗入管路。泵1工作压力由溢流阀5调整。本回路为闭式油路，结构紧凑

续表

类别	回路	特点
变量泵-液压缸调速回路	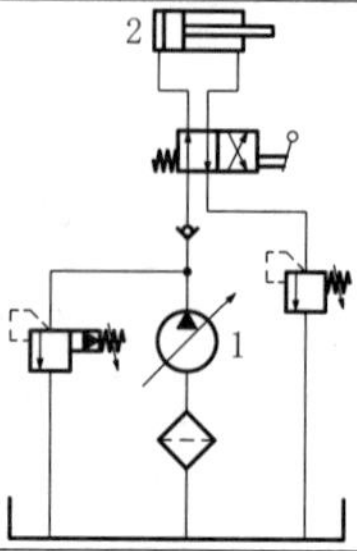 	本回路为变量泵-液压缸组成的容积调速回路。改变变量泵 1 的流量，可调节液压缸 2 的运动速度。变量泵 1 的输出流量与液压缸的载荷流量相协调。根据液压缸运动速度的要求，调节变量泵的变量机构实现液压缸运行工况
定量泵-变量马达调速回路	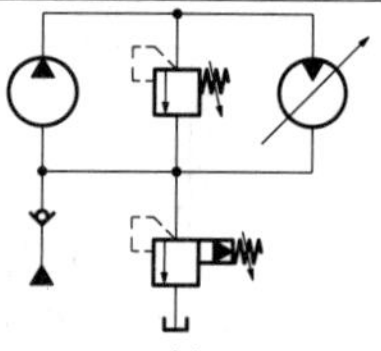 (a) 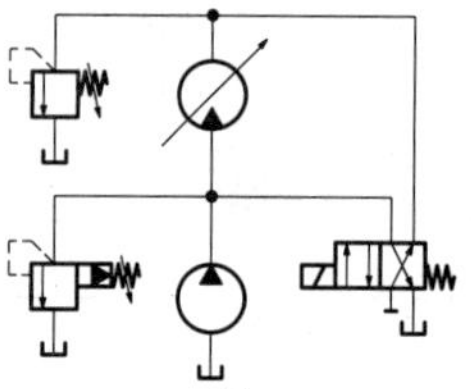 (b)	本回路为定量泵-变量马达组成的容积调速回路。图(a)所示为闭式油路，图(b)所示为开式油路 泵出口为定压力、定流量，当调节变量马达时，其排量增大，转矩成正比增大而转速成正比减小，功率输出为恒值。因此，这类回路又称为恒功率回路。该回路适用于卷扬机、起重运输机械上，可使原动机保持在恒功率的高效率点工作，从而能最大限度地利用原动机的功率，达到节省能源的目的 闭式调速回路，需一个小型液压泵作为补油泵，以补充主油泵和马达的泄漏
变量泵-变量马达调速回路	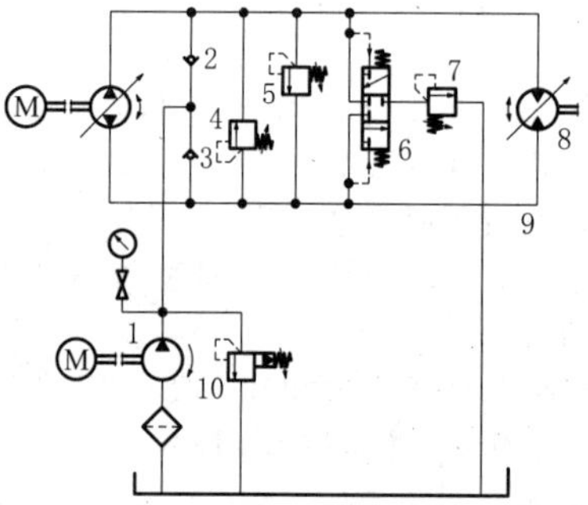 	本回路为双向变量泵与双向变量马达组成的容积调速回路。变量泵可以正反向供油，变量马达可以正反向旋转 当压力油从上管路进入马达 8，推动其转动时，下管路 9 是低压管路。溢流阀 5 防止过载，此时阀 4 不起作用。补油泵 1 供的低压油推开阀 3 向管路 9 供油，另一单向阀 2 在高压油作用下关闭。当上管路和下管路压差大于一定数值时，滑阀阀芯被下移，使低压溢流阀 7 和低压管路 9 接通，以便将回路中一部分热油从低压溢流阀 7 排出，与补油泵供给的冷油交换。当高、低压管路的压差很小时，滑阀 6 处于中位，此时，补油泵供给的多余油从低压溢流阀 10 流回油箱。溢流阀 10 调整压力应略大于溢流阀 7 的调整压力，以保证阀 6 动作所需的压差，使低压管路的热油排出，新的冷油又能进入低压管路而不至于从溢流阀 10 流掉 当液压泵反向供油时，上管路是低压管路，下管路是高压管路，液压马达 8 反转，其元件工作原理同上 在变量泵-变量马达调速回路中，可用变量泵换向、调速，而以变量马达辅助调速，多采用闭式回路。在小功率变量泵-变量马达调速回路中多用手动调节；大功率的变量泵-变量马达或要求调节性能较高时，则用手动伺服或电动伺服调节
改变泵组连接调速回路	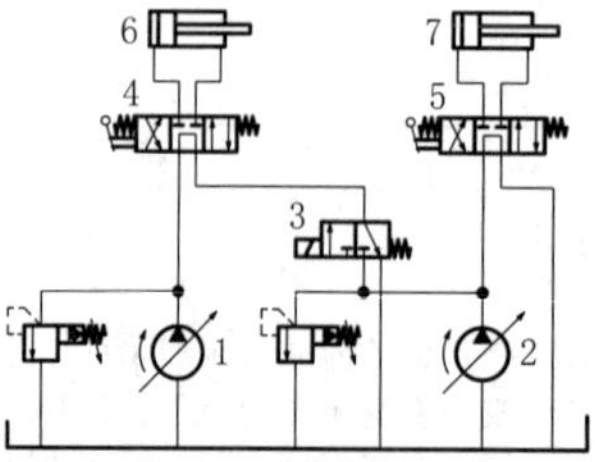 (a) 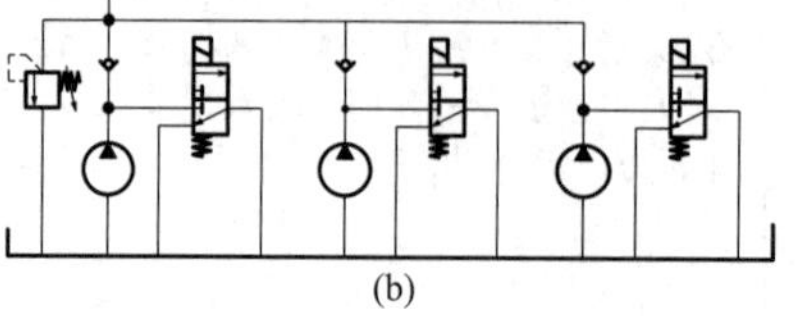 (b)	图(a)所示回路采用换向阀改变泵组连接，实现有级调速。泵 1、2 分别通过阀 4、5 向缸 6、7 供油，此时为低速状态；若阀 3 的电磁铁通电，阀 4 处于中位，则泵 1、2 合流，共同向液压缸 7 供油，此时为高速工况 图(b)所示为由三个泵构成的调速回路。改变各换向阀的通断电状态，即可达到调速的目的。各泵出口的单向阀防止三泵之间干扰

续表

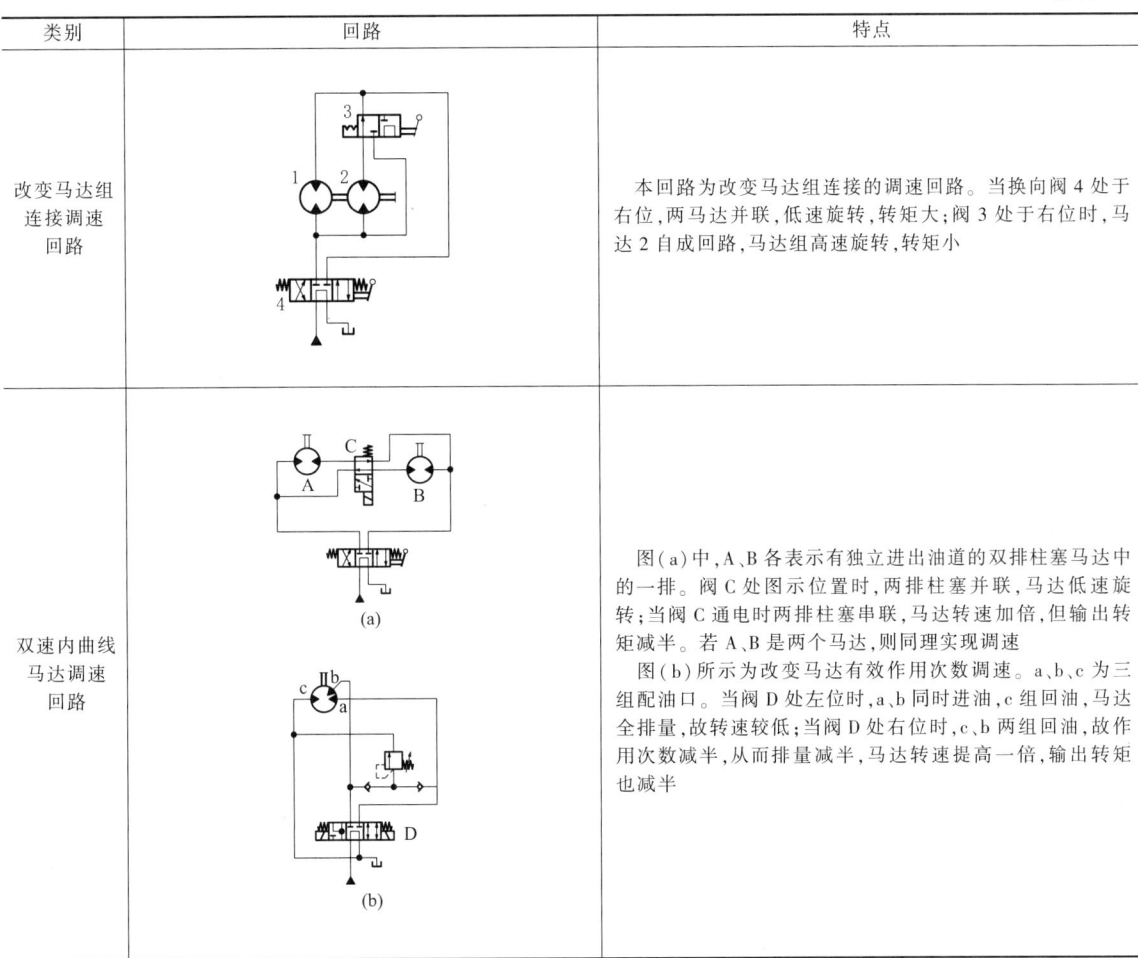

类别	回路	特点
改变马达组连接调速回路	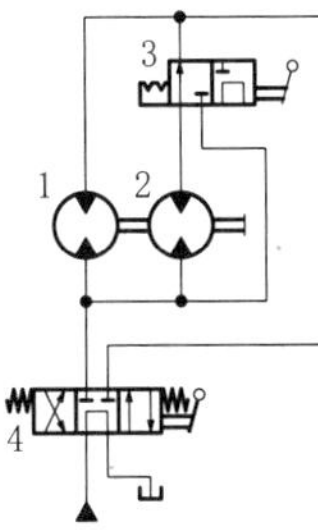	本回路为改变马达组连接的调速回路。当换向阀 4 处于右位,两马达并联,低速旋转,转矩大;阀 3 处于右位时,马达 2 自成回路,马达组高速旋转,转矩小
双速内曲线马达调速回路	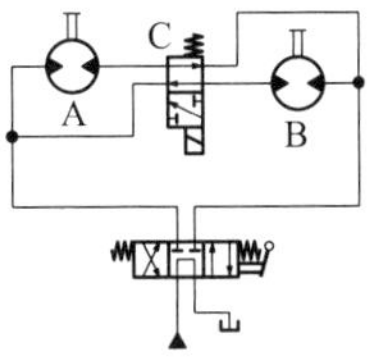 (a) 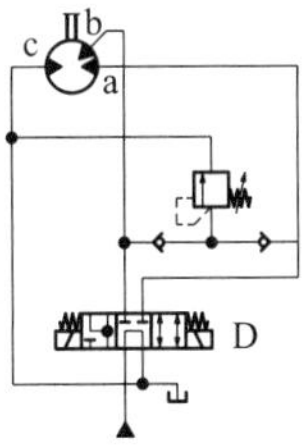 (b)	图(a)中,A、B 各表示有独立进出油道的双排柱塞马达中的一排。阀 C 处图示位置时,两排柱塞并联,马达低速旋转;当阀 C 通电时两排柱塞串联,马达转速加倍,但输出转矩减半。若 A、B 是两个马达,则同理实现调速 图(b)所示为改变马达有效作用次数调速。a、b、c 为三组配油口。当阀 D 处左位时,a、b 同时进油,c 组回油,马达全排量,故转速较低;当阀 D 处右位时,c、b 两组回油,故作用次数减半,从而排量减半,马达转速提高一倍,输出转矩也减半

3.3.1.3 容积节流调速回路

容积节流调速回路，是由调速阀或节流阀与变量泵配合进行调速的回路。在容积调速的液压回路中，存在着与节流调速回路相类似的弱点，即执行元件（液压缸或液压马达）的速度随载荷的变化而变化。但采用变量泵与节流阀或调速阀相配合，就可以提高其速度的稳定性，从而适用于对速度稳定性要求较高的场合。

表 20-3-18　　容积节流调速回路

类别	回路	特点
用变量泵和调速阀的调速回路	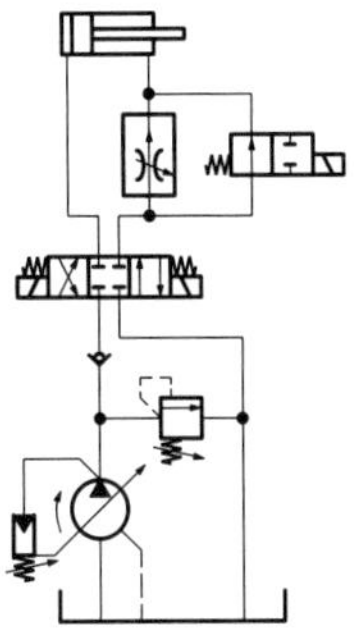	本回路采用限压变量叶片泵与调速阀联合调速。液压缸的慢进速度由调速阀调节,变量泵的供油量与调速阀调节流量相适应,且泵的供油压力和流量在工作进给和快速行程时能自动变换,以减少功率消耗和系统的发热。要保证该回路正常工作,必须使液压泵的工作压力满足调速阀工作时所需的压力降

续表

类别	回路	特点
用变量泵和节流阀的调速回路	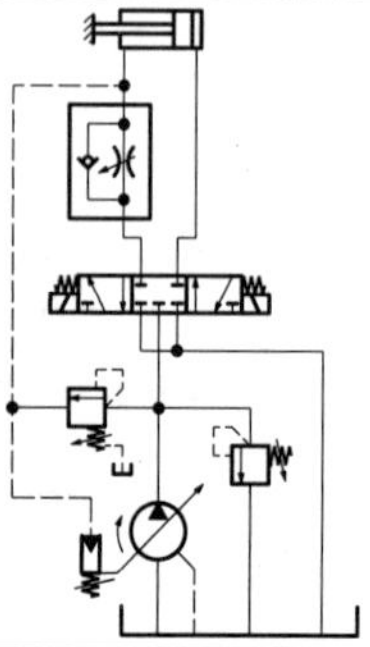	本回路采用压力补偿泵与节流阀联合调速。变量泵的变量机构与节流阀的油口相连。液压缸向右为工作行程，油口压力随着节流阀开口量减小而增加，泵的流量也自动减小，并与通过节流阀的流量相适应。如果快进时，油口压力趋于零，则泵的流量最大。泵输出压力随载荷而变化，泵的流量基本上与载荷无关

3.3.1.4 节能调速回路

节能调速回路效率较低，大量的能量转为热能，促使液压系统油液发热。本节介绍的压力适应回路、流量适应回路、功率适应回路等效率较高的节能回路，可作为回路设计时的参考。

表 20-3-19　　节能调速回路

类别	回路	特点
压力适应回路	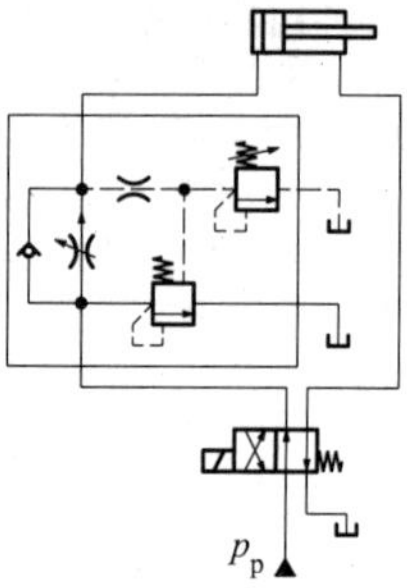	液压泵的工作压力 p_p 能随外载荷而变化，即 p_p 能与外载荷相适应，使原动机的功率能随外载荷的减小而减小。回路中采用定差溢流阀，它能使节流阀前后的压差保持常数（$\Delta p=0.2\sim0.7$MPa）。此类调速回路的效率一般比节流调速回路效率提高 10%左右
	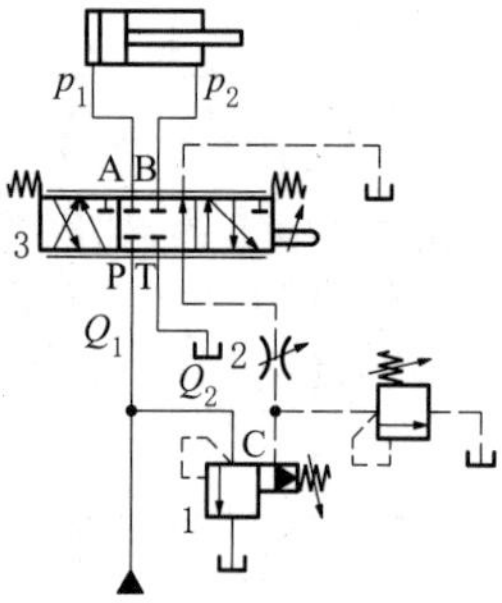	本回路采用机动比例方向阀 3，当处中位时，定差溢流阀 1 的 C 口与油箱相通，液压泵卸荷。当阀 3 换向，阀 1 控制管路随之换向，与阀 1 流出侧管路相通，C 口与阀 3 工作油口（A 或 B）相通。此时，阀 1 的阀芯就成为带有节流功能的比例方向阀的压力补偿阀，使比例方向阀工作油口压差为一定值。通过该阀的流量 Q_1 仅与阀口开度成比例，而与载荷压力变化无关 由于载荷压力反馈作用，液压泵的压力自动与载荷压力相适应，始终保持比载荷压力高一恒定值，实现压力适应状态。节流阀 2 起载荷压力反馈阻尼作用，使液压泵随载荷压力变化的速率不至于过快
用液压缸和蓄能器的节能回路	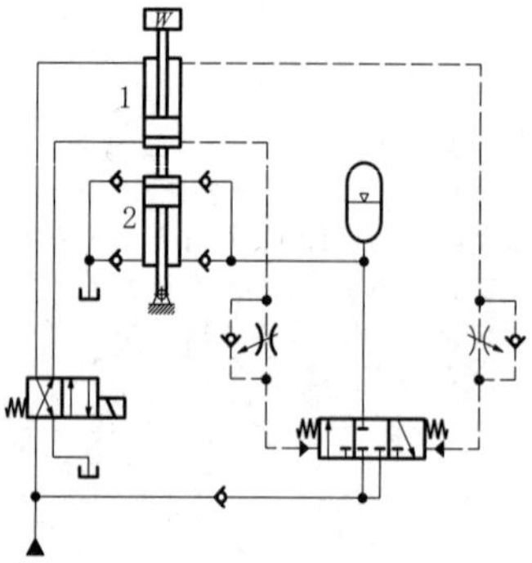	本回路为采用液压缸与蓄能器组成的节能回路。液压缸 1 为主动油缸，驱动大质量载荷运动。在液压缸 1 启动和制动时，会产生很大的冲击。本回路采用了缓冲液压缸与蓄能器，既解决了回路的液压冲击，又能将冲击能量储存利用。图中液压缸 1 为动力液压缸，液压缸 2 为缓冲液压缸，两缸筒成串联刚性连接，缓冲液压缸的活塞杆铰接于基础上 当动力液压缸启动上升时，启动冲击压力传到缓冲液压缸无杆腔，无杆腔内压力升高，将液压油经单向阀充入蓄能器，存储压力能。当动力液压缸制动时，蓄能器也起到存储压力能的作用。同理，动力液压缸启动下降和制动时，蓄能器仍起到存储压力能的作用 蓄能器内的压力能经过液控阀回补到动力源得到利用。液控阀由动力液压缸内的压力控制。由于单向节流阀的作用，液控阀的启动要迟于冲击压力，这样起到缓冲、控制加减速和利用冲击能的作用

续表

类别	回路	特点
流量适应回路	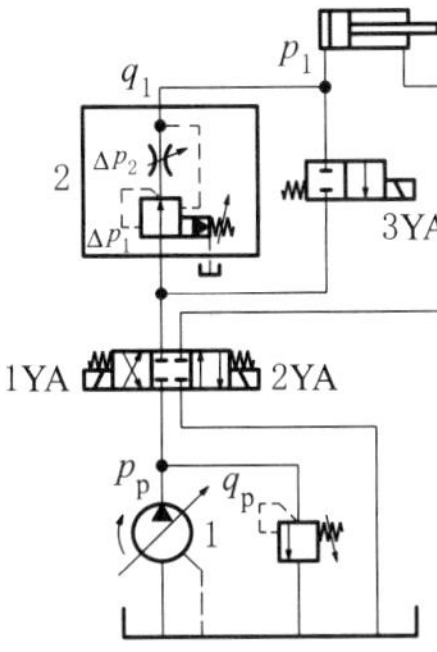 (a) 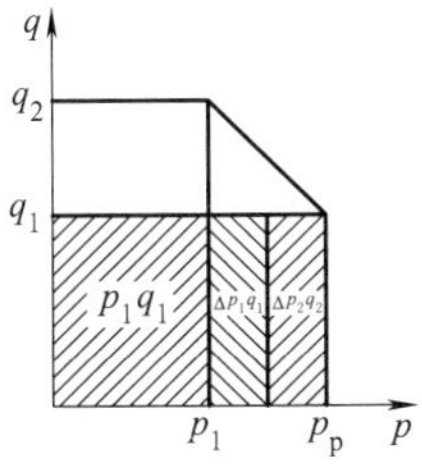 (b)	本回路为由限压式变量叶片泵1和调速阀2组成的流量适应回路。当泵的工作压力 p_p 小于 p_1 时，令电磁阀2YA、3YA通电，液压缸快进，快进速度由泵的流量调节到最大流量 Q_a 决定。同样，当1YA、3YA通电时，液压缸快退 通过调节阀2中的节流阀，再调节泵的调压螺钉，可调节工作推进状态。随着泵的工作压力升高，偏心距自动减小，流量减小，直至与 q_1 相等，即称之为流量适应，系统效益较高 由图(b)可知，该系统有用功率为 p_2q_2，经阀2的减压、节流损失为 $\Delta p_1q_2+\Delta p_2q_2$，若调压螺钉拧得太紧，会使减压、节流损失增大，这是不利的 本回路不适于外载荷变化较大，且经常在轻载下工作的系统。此时，应改用功率适应回路
功率适应回路	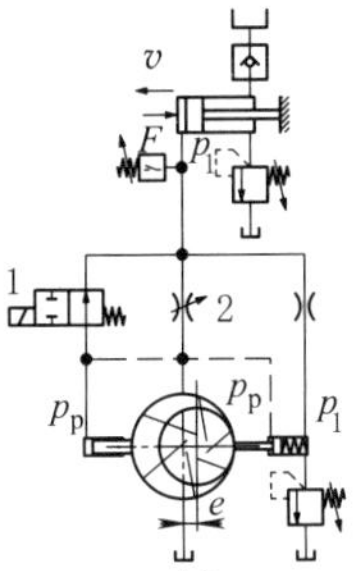 (a) 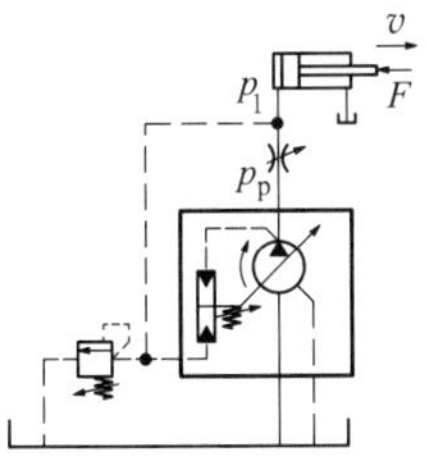 (b)	本回路为由压差式变量泵(叶片泵或柱塞泵)与节流阀(安装位置可在进油路上或回油路上)组成的功率适应回路 图(a)所示位置时，泵排出油不经节流阀2而经阀1左位进液压缸左腔，此时，控制泵定子与转子偏心距的两个液压缸油压相等，液压泵的定子在弹簧力的作用下，处于最左位置，定子与转子之间偏心距 e 最大，泵的流量也最大，液压缸处于快速工作状态。当阀1处右位时，泵排油经节流阀2进入油缸。由于压力损失，所以 $p_p>p_1$，压缩弹簧，定子右移，偏心距变小，泵流量减小，液压缸处于慢速运行。为了可靠地控制转子与定子间距离，节流阀进、出口压差一般为0.3~0.4MPa 本回路在泵的出口压力 p_p 随外载荷变化而变化，属于功率适应回路，其效率高于流量适应回路，也高于压力适应回路。例如，图(b)所示为由载荷敏感泵组成的功率适应系统，通过节流阀压差控制泵的排量，实现功率适应控制。该系统的效率高达85%
	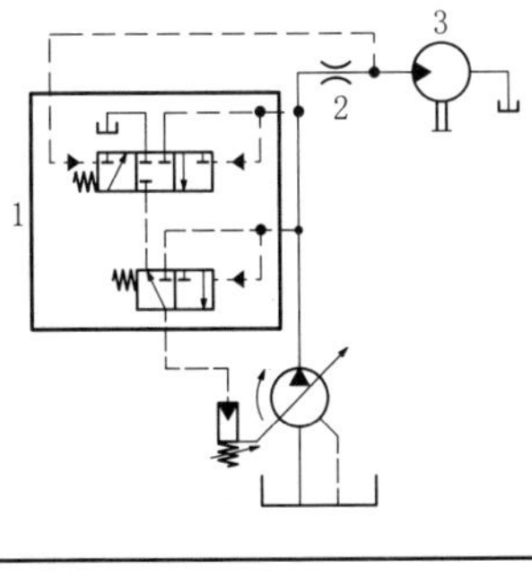	本回路为功率适应回路应用实例。清扫道路尘埃旋转刷由液压马达3带动。为了保证驱动液压泵原动机转速发生变化时，液压泵输出给马达的流量不变，实现旋转刷转速不变的目的，在回路中设置一个功率适应阀1，用来保证固定节流孔2前后压差一定

续表

类别	回路	特点
用蓄能器的节能回路	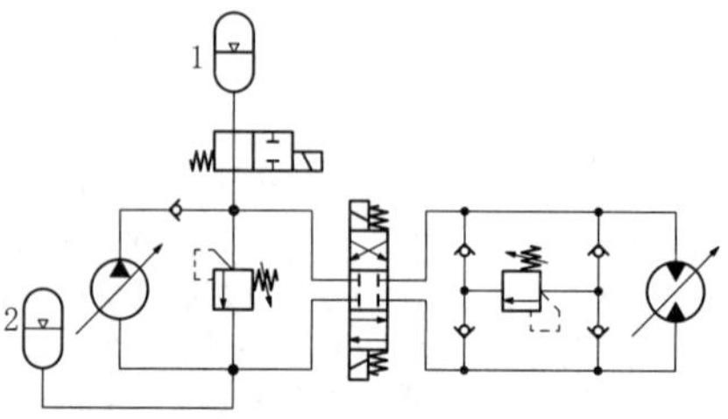	本回路为用蓄能器在行走机械闭式传动系统中实现节能的回路。高压蓄能器 1 装在回路的高压侧，用于蓄能。低压蓄能器 2 装在液压泵入口，用于补油，并保证油路具有一定背压。当车辆启动时，蓄能器储存的能量与发动机带动泵输出的能量共同使车辆加速；在正常运行载荷阻力增大时，蓄能器供给能量，反之储存能量；在车辆减速制动时减小液压泵摆角并将液压马达的摆角通过零点向其反向调节，液压马达在惯性带动下呈现泵工况运转，将制动能量回馈到高压侧由蓄能器蓄能，在需要的时候又能输出，使发动机在高效区工作，因此节省能量

3.3.2　增速回路

增速回路是指在不增加液压泵流量的前提下，使执行元件运行速度增加的回路。通常采用差动缸、增速缸、自重充液、蓄能器等方法实现。

表 20-3-20　　**增速回路**

类别	回路	特点
差动缸增速回路	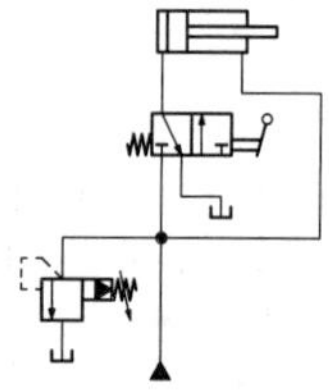	液压缸由有杆腔和无杆腔构成。两腔受压面积不等，其面积比值即为速度变化的倍数。图示当换向阀换到右位时，液压缸呈差动连接，泵输出的油液和液压缸返回的油液合流进入液压缸无杆腔，活塞实现快速运动。该回路在设计应用时，一定要考虑有杆腔反力作用
增速缸增速回路	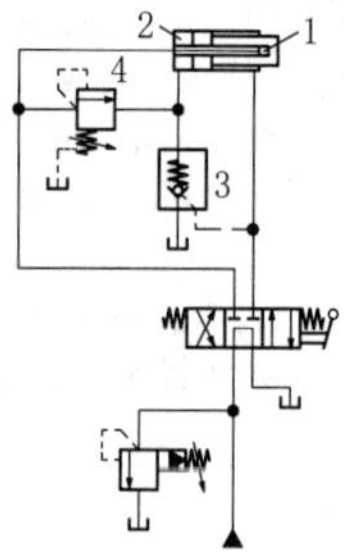	采用增速活塞的结构实现增速。活塞快速右行时，泵只供给增速活塞小腔 1 所需的油液，大腔 2 所需的油液通过液动单向阀 3 从油箱中吸取；当外载荷增加时，系统压力升高，使顺序阀 4 打开，阀 3 关闭，压力油进大腔 2，活塞慢速移动。回程时，压力油打开阀 3，腔 2 油排回油箱，活塞快速回程
辅助缸增速回路	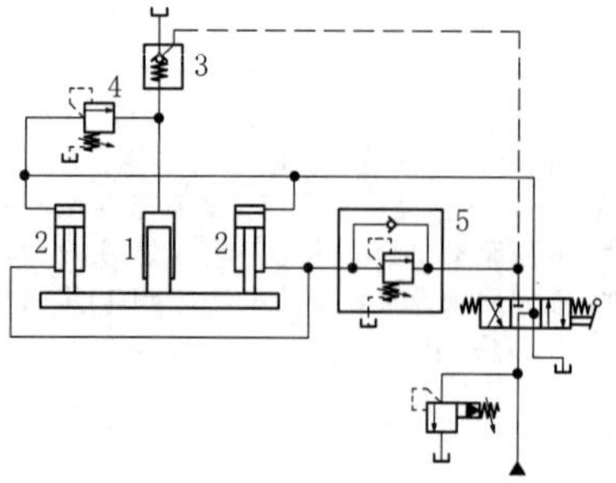	辅助缸增速回路多用于大中型液压机中，为了减少泵的容量，设置成对的辅助缸。在主缸 1 活塞快速下降时，泵只向辅助缸 2 供油，主缸通过阀 3 从充油箱中补油，直到压板接触工件后，油压上升，顺序阀 4 被打开，压力油进入主缸，转为慢速下行。回程时压力油进入辅助缸下腔，主缸上腔油通过阀 3 回充油箱。平衡阀 5 防止自重下滑

续表

类别	回路	特点
蓄能器增速回路	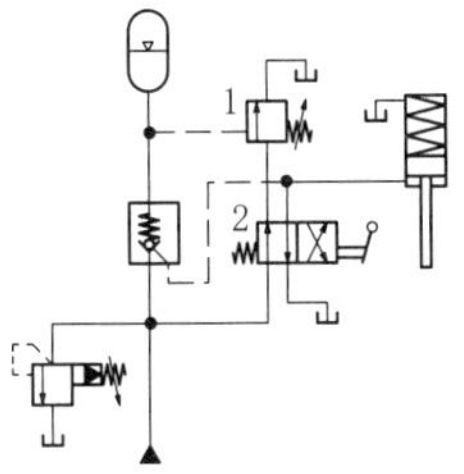	液压泵通过单向阀向蓄能器充液直至压力升高到调压阀1调定压力后，泵通过调压阀1卸荷。四通阀2处右位时，单向阀打开，泵和蓄能器同时向液压缸下侧供油，推动活塞上升
	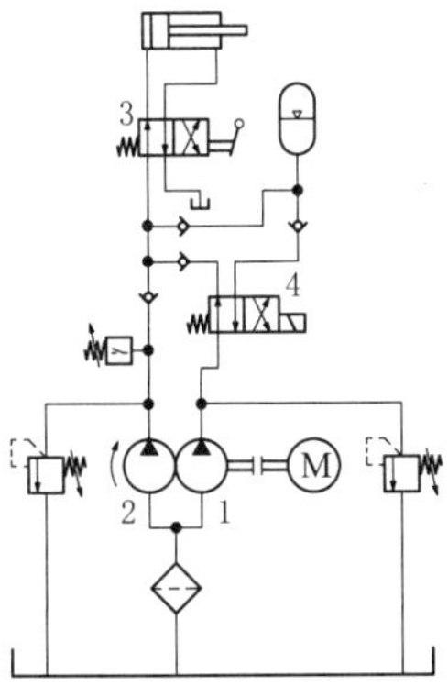	图示位置时泵1(低压泵)、泵2(高压泵)和蓄能器同时向液压缸供油，此时为快速行程；阀4切至右位，泵2向液压缸供油，泵1向蓄能器充液，此时为慢速加压行程；加压结束，阀3至右位、阀4至左位，泵1、2与蓄能器同时向液压缸供油，活塞快速退回，退到终点，压力升高，压力继电器动作，阀4通电，泵1向蓄能器充液，泵2油液从溢流阀回油箱
自动补油增速回路	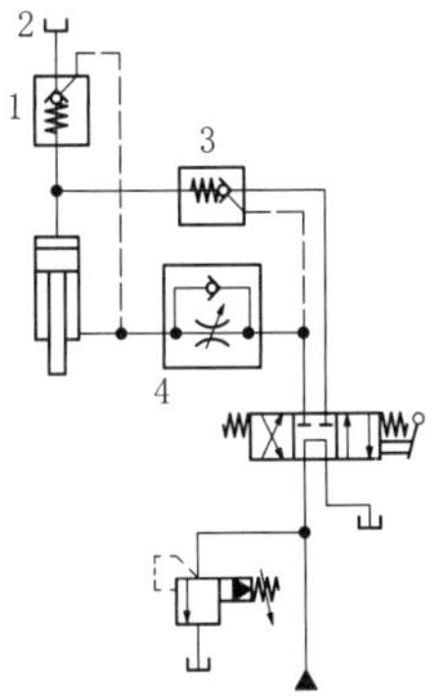	本回路常用于运动部件较大的液压机中。换向阀处左位，活塞下行，由于自重快速下降(下降速度由阀4控制)，上腔需油如超过泵供油量，阀1打开，自动补油。当运动部件接触工件时，载荷增加，阀1被关闭，缸上腔只有泵供油，此时为低速行程。回程时，换向阀处右位，压力油进入液压缸下腔，同时打开阀1、3，液压缸上腔油回充油箱2

3.3.3 减速回路

减速回路是使执行元件由泵供给全流量的速度平缓地降低，以达到实际运行速度要求的回路。

表 20-3-21　　减速回路

类别	回路	特点
用行程阀的减速回路	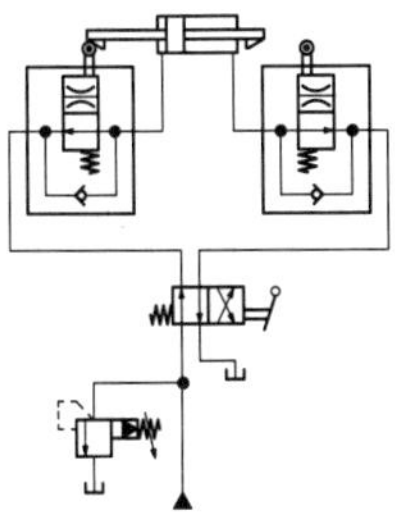	在液压缸两侧接入行程阀，通过活塞杆上的凸轮进行操作，在每次行程接近终端时，进行排油控制，使其逐渐减速，平缓停止

续表

类别	回路	特点
用行程阀的减速回路	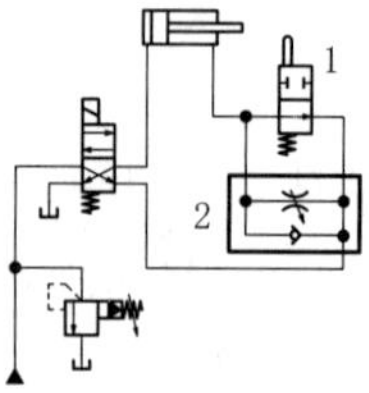	本回路为采用行程阀的减速回路。在液压缸回油路上接入行程阀1和单向调速阀2,活塞右行时,快速运行;当挡块碰到阀1凸轮后,压下行程阀,液压缸回油只能通过调速阀2回油箱,此时为慢速行进。回程时,液压油通过单向阀进入右腔,快速退回
用比例调速阀的减速回路	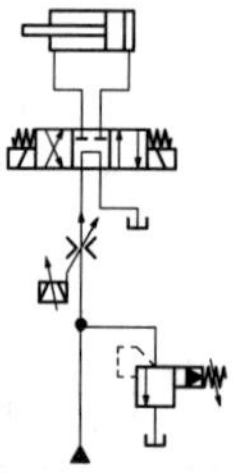	本回路为用比例调速阀组成的减速回路,通过比例调速阀控制活塞减速。根据减速行程的要求,通过发信装置,使输入比例阀的电流减小,比例阀的开口量随之减小,活塞运行的速度也减小。这种减速回路,速度变换平稳,且适于远程控制
用复合缸和单向调速阀的减速回路	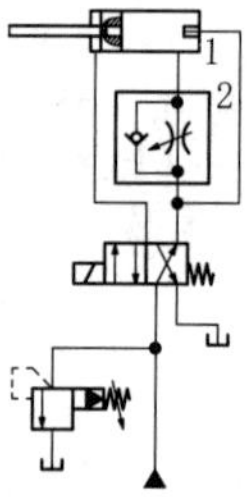	本回路为利用复合液压缸和单向调速阀的减速回路。当复合液压缸活塞右行时,在活塞内孔未进入凸台1之前,回油通过凸台1油孔直接回油箱,为活塞快速行进;当活塞内孔插入凸台1后,油液只能经单向调速阀2回油箱,实现慢速进给

3.3.4 同步回路

有两个或多个液压执行元件的液压系统中,在要求执行元件以相同的位移或相同的速度(或固定的速度比)同步运行时,就要用同步回路。在同步回路的设计中,必须注意到执行元件名义上要求的流量,还受到载荷不均衡、摩擦阻力不相等、泄漏量有差别、制造上有差异等种种因素影响。为了弥补它们在流量上造成的变化,应采取必要的措施。

表 20-3-22 同步回路

类别	回路	特点
机械连接同步回路	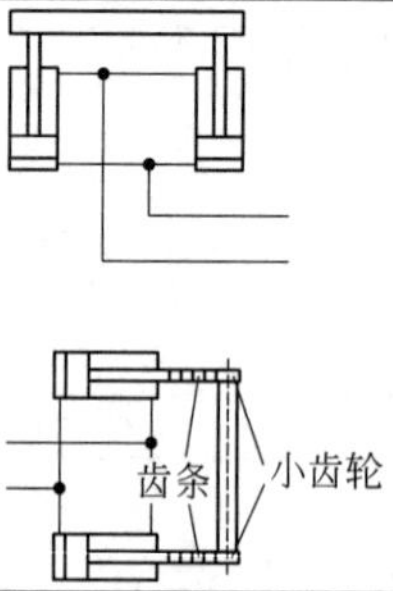	液压缸机械连接方式同步回路,采用刚性梁、齿条、齿轮等将液压缸连接起来。该回路简单,工作可靠,但只适用于两缸载荷相差不大的场合,连接件应具有良好的导向结构和刚性,否则,会出现卡死现象
串联同步回路	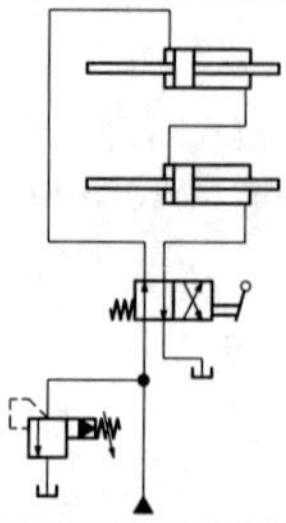	串联油缸同步回路必须使用双侧带活塞杆的油缸或串联的两缸有效工作面积相等。这种回路对同样的载荷来讲,需要的油路压力增加,其增加的倍数为串联液压缸的数目。这种回路简单,能适应较大的偏载,但由于制造上的误差、内部泄漏及混入空气等因素将影响同步性。因此一般设有补油、放油等设施

续表

类别	回路	特点
串联同步回路	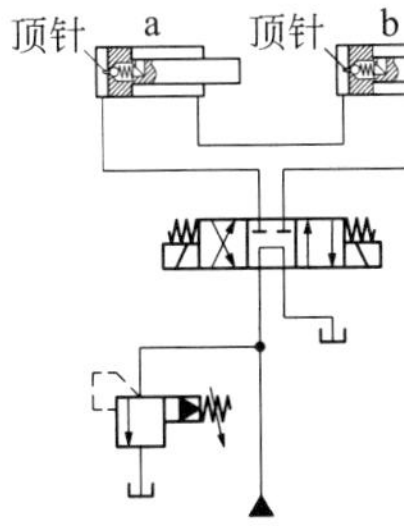 (a) 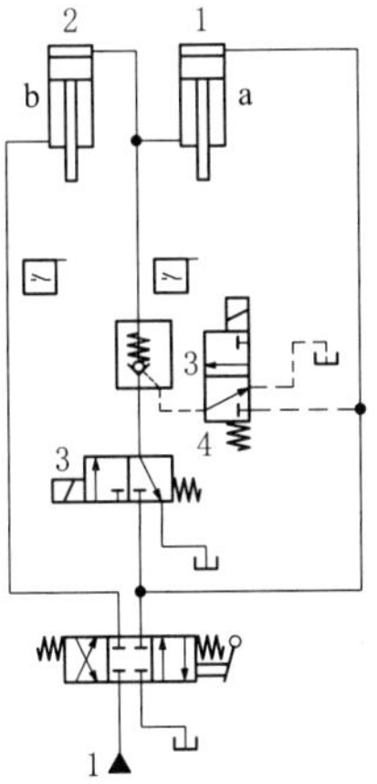 (b)	本回路为带有补油装置的串联液压缸同步回路 图(a)所示加简易补油设施。液压缸 a 腔与 b 腔有效工作面积相等，为了消除因泄漏或其他原因产生积累误差，在活塞内设置双作用单向阀的简单补油装置。当每一往复行程产生误差时，如其中一缸的活塞先到左端，缸底顶针顶开单向阀，使另一缸的活塞相继到达油缸端部 图(b)是单侧带杆的液压缸串联，缸 1 有活塞杆油腔 a 与缸 2 的无活塞杆油腔 b 的受压面积相等。每次循环中，如缸 1 或缸 2 先到底部，则限位开关作用使电磁换向阀 3 或 4 励磁，进行油的补偿，向 a、b 腔内补入或放出部分油液，使两个液压缸活塞完成全部行程
用节流阀的同步回路	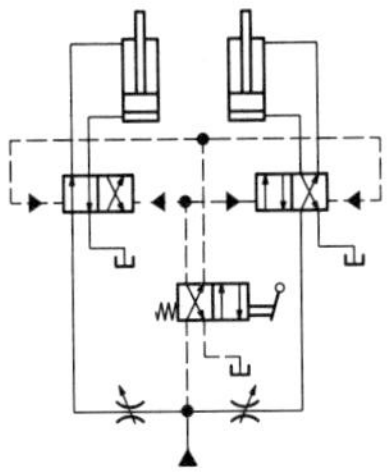	本回路主要采用节流阀控制工作液压缸，结构简单，造价低廉，但由于载荷、泄漏与阻力不同等因素影响，其同步精度一般低于 4%~5%。两个节流阀安装在两只液压缸的进油路上，实现双向同步(活塞往返速度不等)
	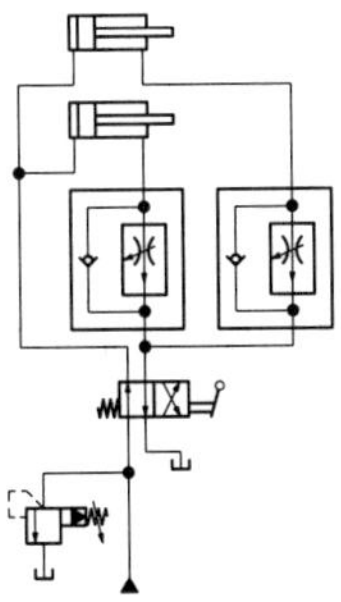	该回路采用两个调速阀，实现两个液压缸单向同步。两个调速阀装在回油路上，使液压缸活塞右移时同步。该回路也可应用于多缸同步，但同步精度受调速阀性能和油温的影响，一般同步误差在 5%~10%。系统效率较低

续表

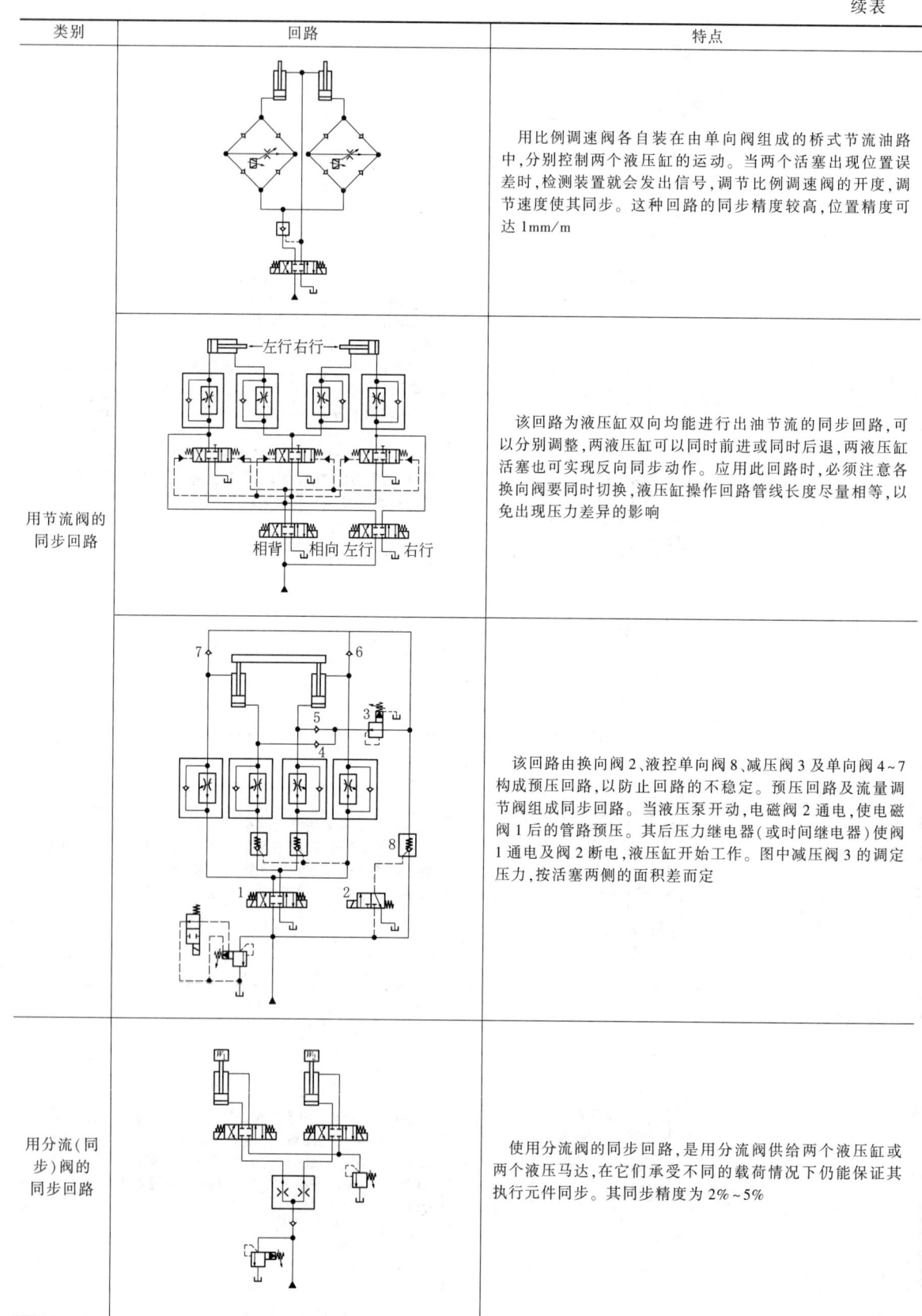

类别	回路	特点
用节流阀的同步回路	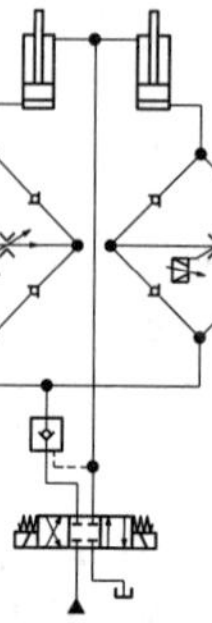	用比例调速阀各自装在由单向阀组成的桥式节流油路中，分别控制两个液压缸的运动。当两个活塞出现位置误差时，检测装置就会发出信号，调节比例调速阀的开度，调节速度使其同步。这种回路的同步精度较高，位置精度可达 1mm/m
	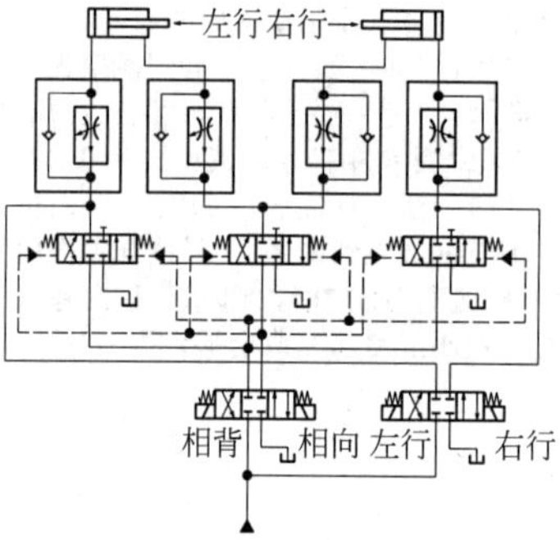	该回路为液压缸双向均能进行出油节流的同步回路，可以分别调整，两液压缸可以同时前进或同时后退，两液压缸活塞也可实现反向同步动作。应用此回路时，必须注意各换向阀要同时切换，液压缸操作回路管线长度尽量相等，以免出现压力差异的影响
	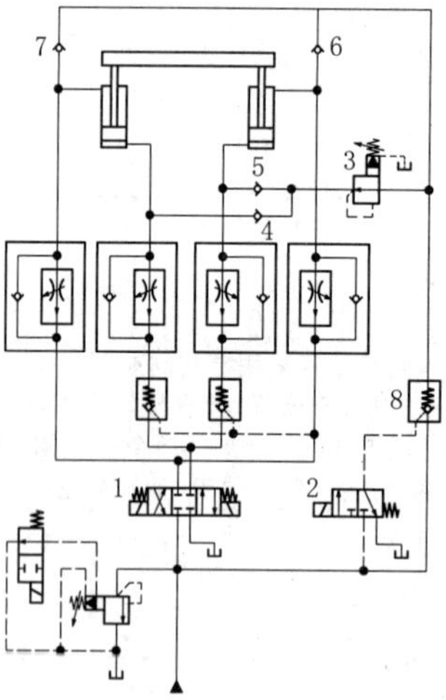	该回路由换向阀 2、液控单向阀 8、减压阀 3 及单向阀 4~7 构成预压回路，以防止回路的不稳定。预压回路及流量调节阀组成同步回路。当液压泵开动，电磁阀 2 通电，使电磁阀 1 后的管路预压。其后压力继电器（或时间继电器）使阀 1 通电及阀 2 断电，液压缸开始工作。图中减压阀 3 的调定压力，按活塞两侧的面积差而定
用分流（同步）阀的同步回路	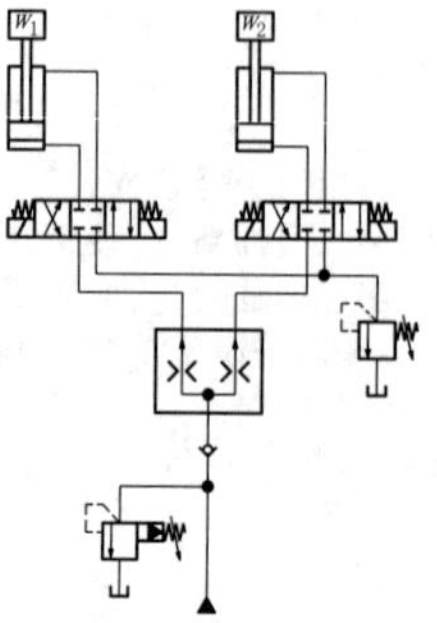	使用分流阀的同步回路，是用分流阀供给两个液压缸或两个液压马达，在它们承受不同的载荷情况下仍能保证其执行元件同步。其同步精度为 2%~5%

续表

类别	回路	特点
用分流(同步)阀的同步回路	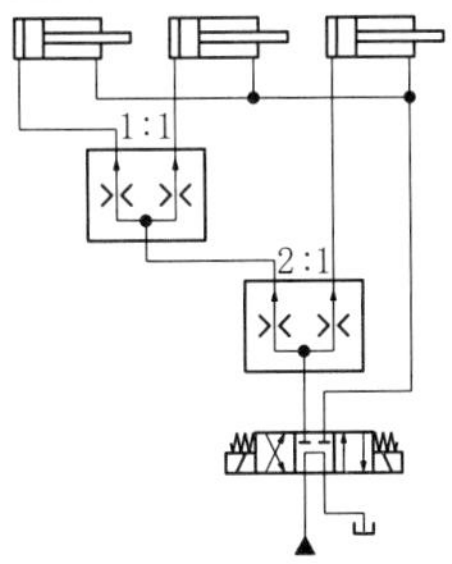	该回路用两个分流阀实现三个液压缸同步。第一级为比例分流阀,分流比为 2∶1,第二级为等量分流阀。采用分流阀同步回路,阀上压降一般达 0.8~1.2MPa,因此,它不适用于低压系统
用同步缸的同步回路	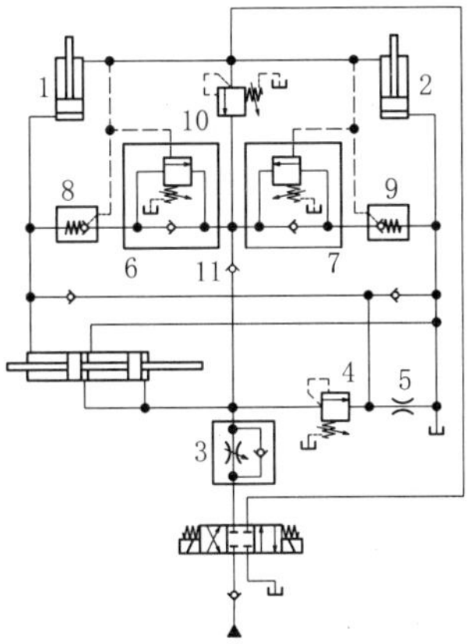	本回路为采用同步缸和补油装置的同步回路。同步提升机构,上升时压力油经同步缸将等量油送入提升缸 1、2,同步缸是同一活塞杆串联有两个相同的活塞,在两个相同缸体内移动的液压缸。用节流阀 3 控制提升缸下行的速度。其他元件的作用是为了消除因泄漏而影响同步精度。其补偿作用为: ①提升时,当缸 1、2 或同步缸中一缸先到终点时,压力上升,顺序阀 4 打开,压力油进入缸 1 或 2 使其完成行程。阀 4 关闭时,由于其内部泄漏,使压力油流入系统内,将破坏缸 1、2 的平衡,所以装上一个流量稍大于阀 4 漏损量的节流阀 5 ②下降时,三个缸因有泄漏,当其中一缸先到底部时,压力增高,压力油使平衡阀 6 和 7 及液控单向阀 8 和 9 打开,此时,缸 1、2 的排油可不经同步缸而排出,以完成其行程。阀 8 和 9 是为了防止阀 6 和 7 漏损而引起缸 1、2 的不平衡 ③同步缸的补油。为了保证提升时,缸 1、2 确实紧固地处于顶端位置,两提升缸必须比同步缸先到达顶端。因此,下行时,三个缸都要完全返回底部,这由阀 10 与阀 11 来执行,在下行时缸 1、2 已到达底部,这时回路压力升高,阀 10 打开,使油经过阀 6~9 进入同步缸,以完成其行程
用泵或马达的同步回路	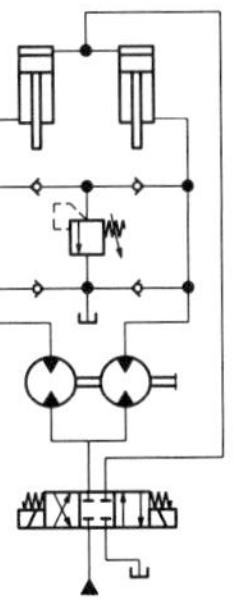 (a) 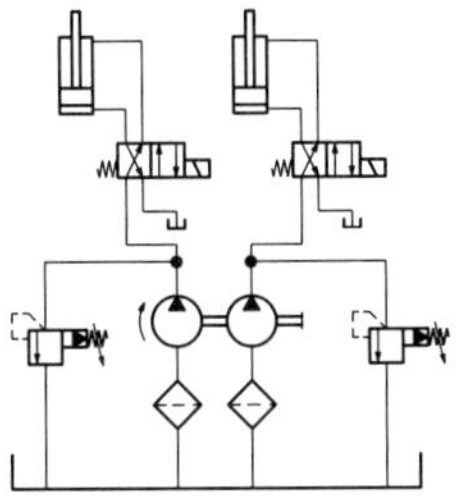 (b)	图(a)所示回路用两个等排量的液压马达同轴连接,输出相同流量的油分别供给两个有效工作面积相等的液压缸,实现同步运行。为了消除液压缸在行程终点产生的误差,设置单向阀和溢流阀组成的交叉溢流补油回路。并联液压马达同步回路,其同步精度比流量控制阀的同步回路要高,但造价较贵。适用于大载荷、大容量液压系统 图(b)所示回路用两个等排量液压泵向两个有效工作面积相等的液压缸供油,与图(a)工作原理和特点类似

续表

类别	回路	特点
用泵或马达的同步回路	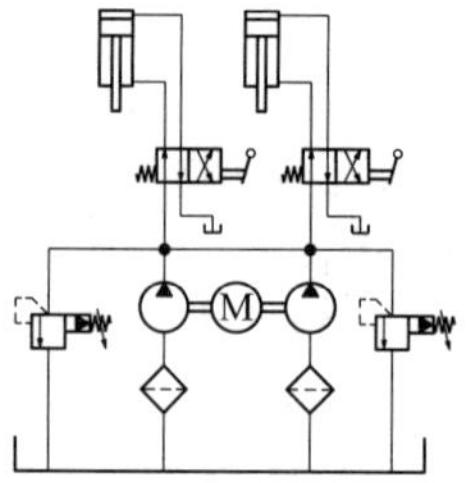	采用两个等排量的泵，同轴连接，分别向两个液压缸供油，实现两缸同步运行。在要求同步运行时，两个换向阀应同时动作；在需要排除液压缸终点位置误差时，两个换向阀可单独动作。本回路的精度取决于两个泵的容积效率、排量差异及两缸载荷不同等因素。一般采用容积效率稳定的柱塞泵
用串联油缸的同步回路	双锥头开卷机液压系统 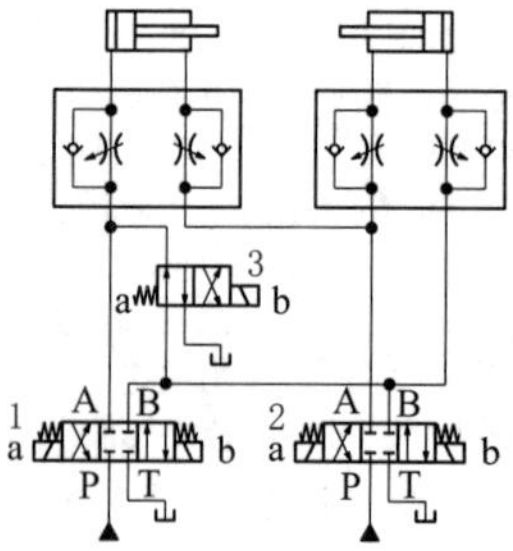	电气控制表（见下）

电气控制表

机械动作	阀 1		阀 2		阀 3	
	a	b	a	b	a	b
双缸同步左移	a					b
双缸同步右移		b				b
双缸相向移动			a			
双缸相背移动				b		
右缸单独左移			a			b
右缸单独右移				b		b
停止						

注：空白格不通电，标注 a 或 b 为通电阀位

3.4 方向控制回路

在液压传动系统中执行元件的启动、停止或改变运动方向均采用控制进入执行元件的液流通断或改变方向来实现。实现方向控制的基本方法有阀控、泵控、执行元件控制。阀控主要是采用方向控制阀分配液压系统中的能量；泵控是采用双向定量泵和双向变量泵改变液流的方向和流量；执行元件控制是采用双向液压马达改变液流方向。

表 20-3-23　　方向控制回路

类别	回路	特点
用阀控制的方向回路	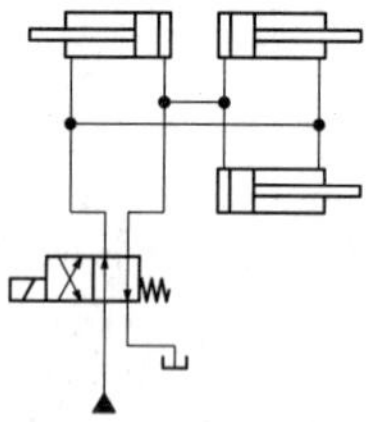	本回路为用二位四通阀的方向控制回路。电磁阀通电，压力油进入三个液压缸的无杆腔，推动活塞。当电磁阀断电时（如图示位置），压力油进入有杆腔，活塞反向运动
	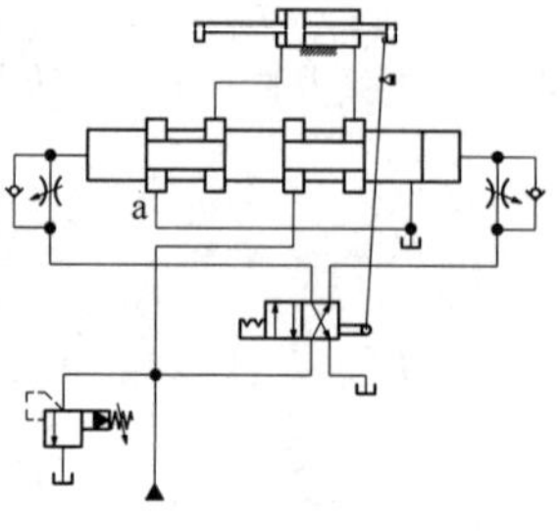	本回路为二位五通液控阀按时自动换向的方向控制回路。在图示位置时活塞向左运动，活塞杆上的凸块碰上挡铁，先导阀换位，压力油进入液控阀左端，使其阀芯向右移动。阀口 a 逐渐关小，活塞左腔回油受到节制作用，当 a 全部关闭时，回油被封死，活塞完全制动。通过调整节流阀可以调节被制动的时间

续表

<table>
<tr><th>类别</th><th>回路</th><th>特点</th></tr>
<tr><td rowspan="5">用阀控制的方向回路</td><td>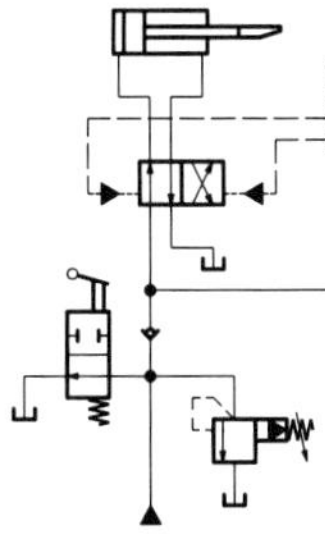</td><td>本回路为用行程阀和液控阀换向的方向控制回路。用行程阀作先导阀,由固定在活塞部件上的凸轮控制动作,从而使液控阀控制油路方向改变,实现活塞运动换向</td></tr>
<tr><td>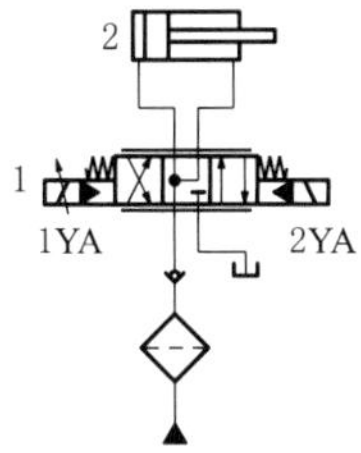
</td><td>本回路为用比例电液阀换向的方向控制回路。用比例电液阀 1 控制液压缸 2 的运动方向和速度,改变比例电液阀电磁铁的通电、断电状态,就可改变液压缸的运动方向,改变输入比例电液阀电磁铁的电流大小,就可改变液压缸的运行速度。本回路比常规阀组成的同功能换向回路平稳,无冲击,工作可靠</td></tr>
<tr><td>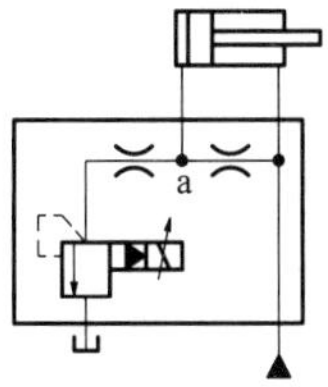
</td><td>本回路采用比例压力换向阀,控制活塞的运动方向和速度。当比例阀输入电流最小时,a 处压力最低,活塞左移;当比例阀输入电流最大时,a 处压力几乎与进油压力相等,此时,活塞右移;当比例阀输入的电流在其最小至最大之间时,可控制活塞运动速度和方向的变化</td></tr>
<tr><td>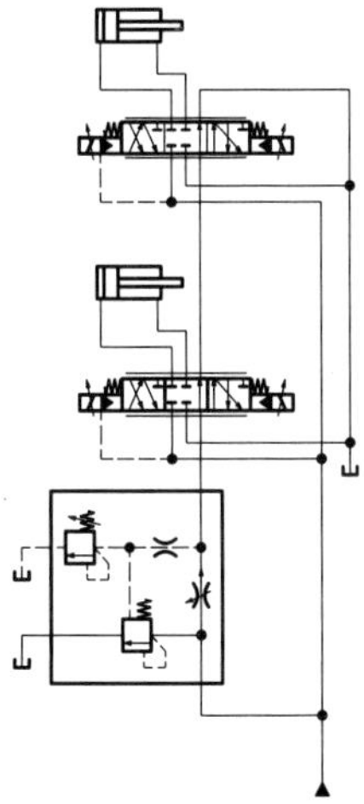</td><td>本回路采用定差溢流阀作为压力补偿装置的比例电液方向流量复合阀。该回路既可改变速度的大小,又能控制方向,而且效率高,启动、停止时无冲击,易于实现遥控</td></tr>
<tr><td>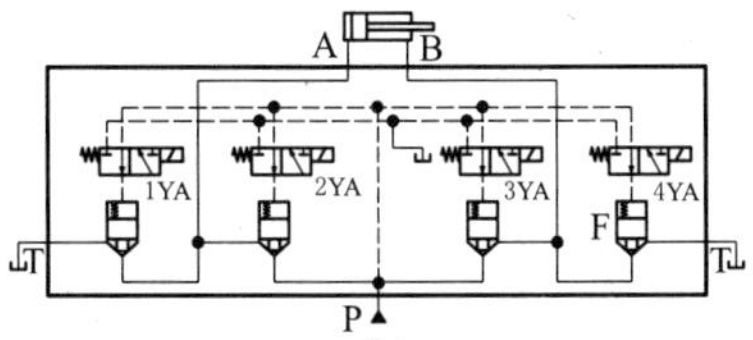

(a)
<table>
<tr><th></th><th>1</th><th>2</th><th>3</th><th>4</th><th>5</th><th>6</th><th>7</th><th>8</th><th>9</th><th>10</th><th>11</th><th>12</th></tr>
<tr><td>1YA</td><td></td><td></td><td>+</td><td></td><td></td><td></td><td></td><td></td><td></td><td>+</td><td></td><td>+</td></tr>
<tr><td>2YA</td><td></td><td></td><td></td><td>+</td><td></td><td></td><td>+</td><td></td><td>+</td><td></td><td>+</td><td>+</td></tr>
<tr><td>3YA</td><td></td><td></td><td></td><td></td><td>+</td><td></td><td></td><td>+</td><td></td><td>+</td><td></td><td>+</td></tr>
<tr><td>4YA</td><td></td><td>+</td><td></td><td></td><td></td><td>+</td><td>+</td><td>+</td><td></td><td></td><td></td><td>+</td></tr>
</table>(b)</td><td>本回路为用二通插装阀组成的方向控制回路。它通过四个小流量的二位三通电磁阀各控制一个锥阀。当电磁阀按不同组合通电时,可以组成多种机能的切换回路。本回路适用于大流量系统。根据需要采用电磁阀的数目</td></tr>
</table>

续表

类别	回路	特点
用阀控制的方向回路	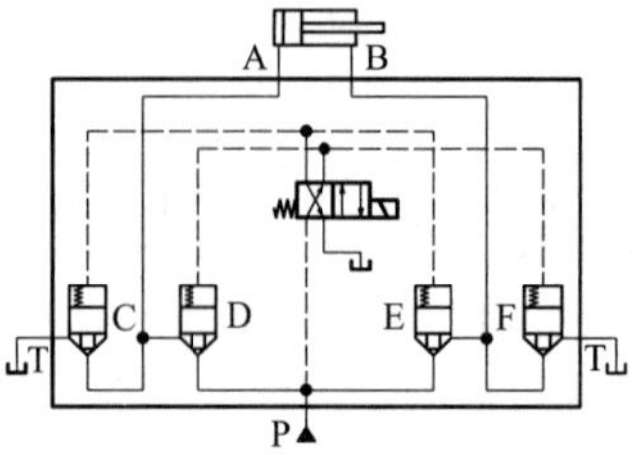 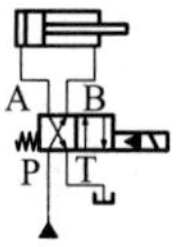	本回路采用相当于一个二位四通阀的插装阀控制方向。当电磁阀通电时,液压油通过插装阀D流入液压缸左腔,活塞右移,左腔的油通过插装阀F回油箱。当电磁阀断电时,插装阀C与E上腔通油箱、D与F上腔通压力油,压力油由阀E流入液压缸右腔,左腔油通过阀C回油箱,活塞左移。本回路只需小规格电磁阀控制,是可实现大流量控制的系统
	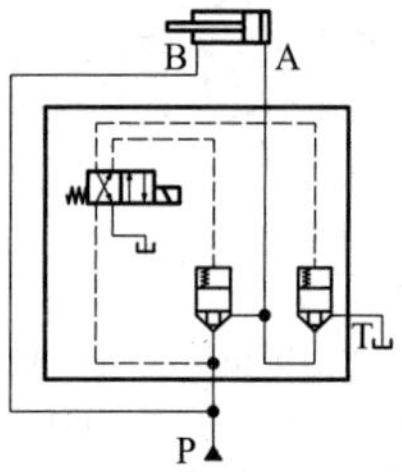 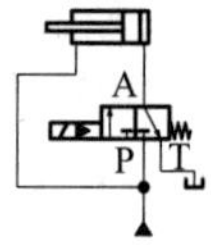	本回路是由二通插装阀组成的方向控制回路,作用于一个二位三通电液换向阀组成的换向回路
用泵控制的方向回路	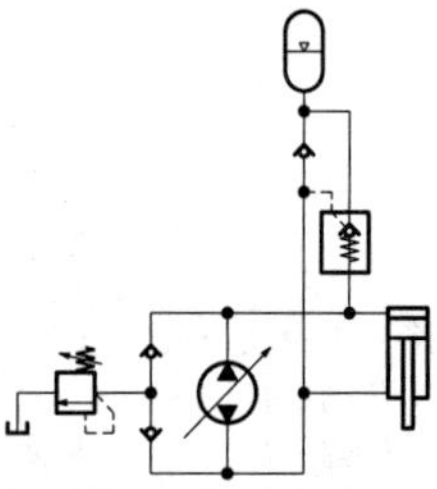	本回路是用双向变量泵控制的方向回路,为了补偿在闭式液压回路中单杆液压缸两侧油腔的油量差,采用了一个蓄能器。当活塞向下运行时,蓄能器放出油液以补偿泵吸油量的不足。当活塞向上运行时,压力油将液控单向阀打开,使液压缸上腔多余的回油流入蓄能器
	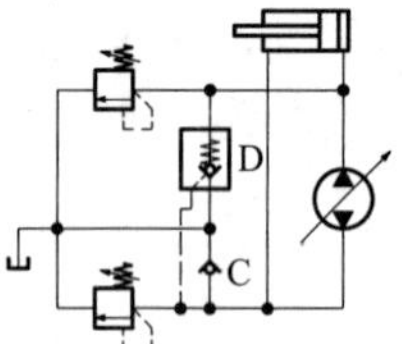	本回路是用双向变量泵控制的方向回路。液压泵正转时,供油使液压缸活塞向左移动,液压泵从液压缸左腔吸油输入右腔,不足的油从油箱经单向阀C吸入。液压泵反转时,供油使液压缸向右移动,压力油把液控单向阀D打开,液压缸右腔的回油,除了泵吸入外,多余的油经阀D流回油箱。活塞往复运动的速度由变量泵调节
	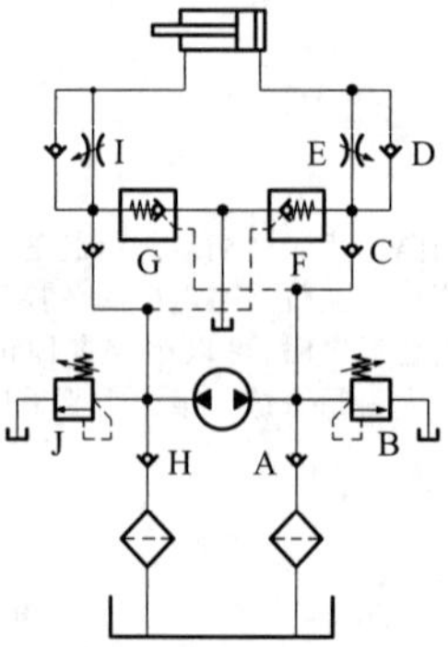	本回路是用双向定量泵控制的方向回路。液压泵正转时,液压泵提供的压力油经单向阀C、D流入液压缸右腔,同时将液控单向阀打开。液压缸左腔的油经节流阀I和阀G流回油箱,液压缸活塞向左移动。液压缸推力由溢流阀B调节。液压泵反转时,活塞向右移动。液压泵停止运转时,液控单向阀G和F将液压缸锁紧

续表

类别	回路	特点
用多路换向阀控制的方向回路	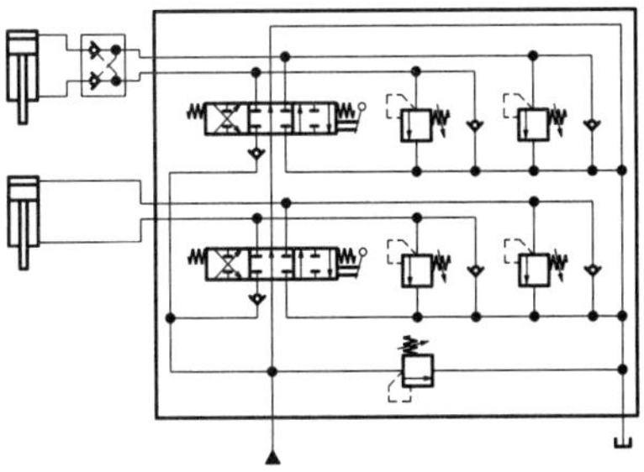	本回路是采用多路换向阀组成的并联换向回路。它是由多个换向阀及单向阀、压力阀组成的多路组合阀,具有结构紧凑、流量特性好、一阀多能、不易泄漏等优点。各换向阀可独立操作,也可联动操作。联动操作时,载荷小的执行元件先动作
	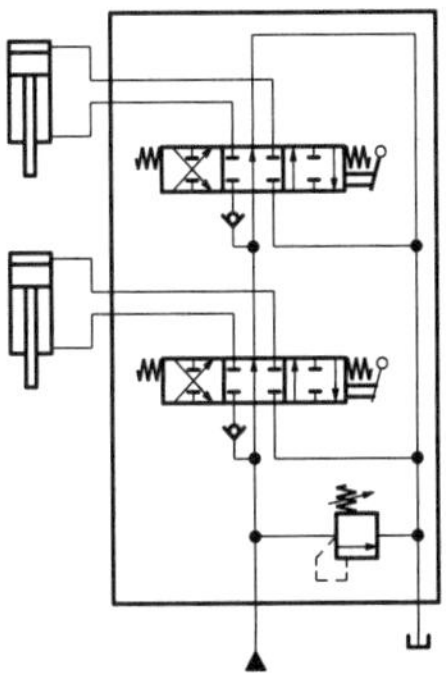	本回路为采用多路换向阀组成的串联换向回路,各换向阀进油路串联。上游阀不在中位时,下游阀的进油口被切断。这种组合阀总是只有一个阀在工作,实现了阀之间的互锁。上游阀在进行微动调节时,下游阀仍能进行执行元件的动作操作
薄板卷取机方向回路	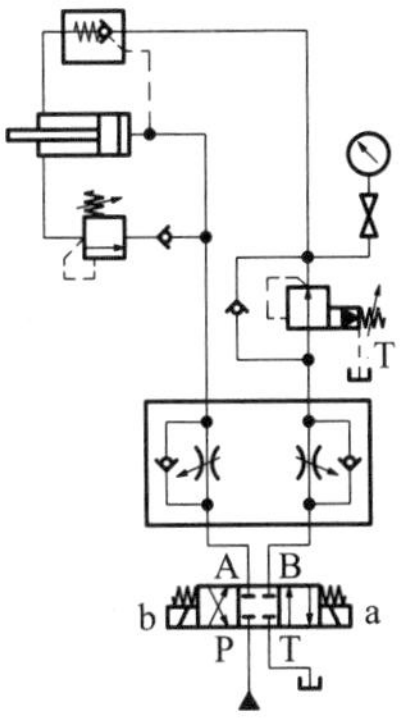	在带钢厚度不大于 0.25mm 时,采用图示减压阀;其他厚度带钢,去掉减压阀 在回转接头上设置安全阀,主要用于生产大张力带钢时防止产生斜楔粘连现象

3.5 其他液压回路

本节介绍的回路为压力控制、速度控制和方向控制以外的其他功能回路。

3.5.1 顺序动作回路

顺序动作回路是实现多个执行元件依次动作的回路。按其控制的方法不同可分为压力控制、行程控制和时间控制。

压力控制顺序动作回路是用油路中压力的差别自动控制多个执行元件先后动作的回路。压力控制顺序动作回路对于多个执行元件要求顺序动作,有时在给定的最高工作压力范围内难以安排各调定压力。对于顺序动作要求严格或多执行元件的液压系统,采用行程控制回路实现顺序动作更为合适。

行程控制顺序动作回路是在液压缸移动一段规定行程后,由机械机构或电气元件作用,改变液流方向,使另一液压缸移动的回路。

时间控制顺序动作回路是采用延时阀、时间继电器等延时元件,使多个液压缸按时间先后完成动作的回路。

表 20-3-24　　顺序动作回路

类别	回路	特点
压力控制顺序动作回路	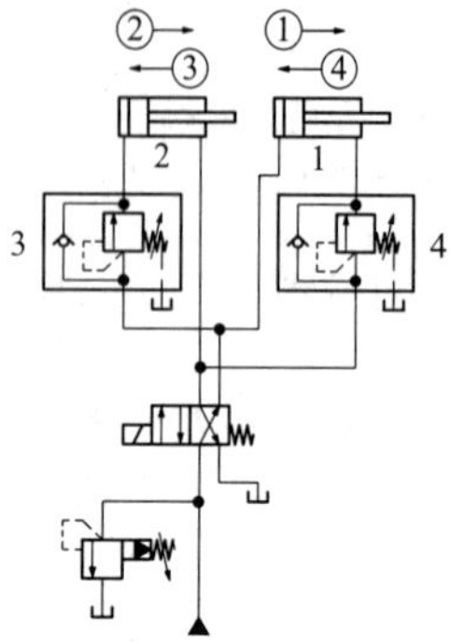	本回路为采用顺序阀动作的回路。换向阀右位时，液压缸 1 的活塞前进，当活塞杆接触工件后，回路中压力升高，顺序阀 3 接通液压缸 2，其活塞右行。工作结束后，将换向阀置于左位，此时，缸 2 活塞先退，当退至左端点，回路压力升高，从而打开顺序阀 4，液压缸 1 活塞退回原位。完成①—②—③—④顺序动作 用顺序阀的顺序动作回路中，顺序阀的调定压力必须大于前一行程液压缸的最高工作压力，否则前一行程尚未终止，下一行程就开始动作
	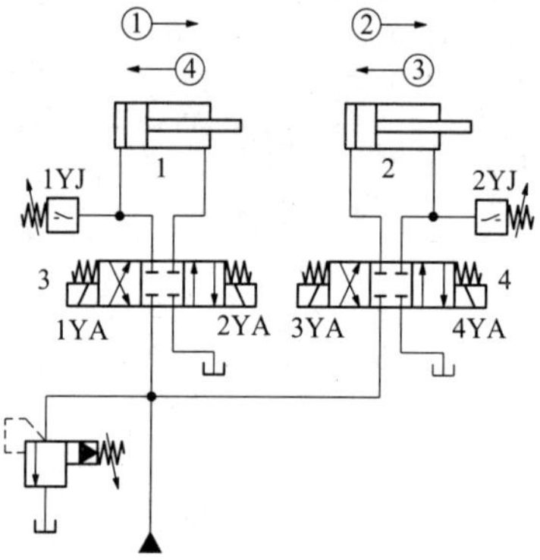	本回路为用压力继电器控制的顺序回路。压力继电器 1YJ、2YJ 分别控制换向阀 4YA 和 1YA，2YA 通电，液压缸 1 活塞右移；当活塞行至终点，回路中压力升高，压力继电器 1YJ 动作，使 4YA 通电，液压缸 2 活塞右移。返回时，2YA、4YA 断电，3YA 通电，液压缸 2 活塞先退；当其退至终点，回路压力升高，压力继电器 2YJ 动作，使 1YA 通电，液压缸 1 活塞退回。全部循环按①—②—③—④的顺序动作完成 为防止压力继电器误动作，它的调定压力应比先动作的液压缸工作压力高出 0.3~0.5MPa，比溢流阀的调定压力低 0.3~0.5MPa。为了提高顺序动作的可靠性，可以采用压力与行程控制相结合的方式，即在活塞终点安装一个行程开关，只有在压力继电器和行程开关都发出信号时，才能使换向阀动作
	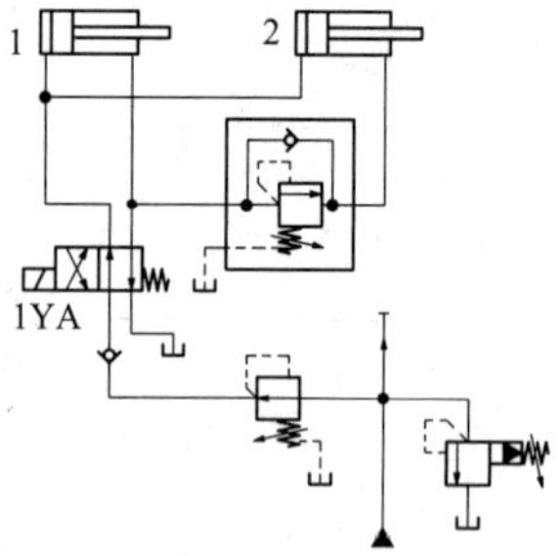	本回路为用减压阀和顺序阀组成的定位夹紧回路。1YA 通电，液压缸 1 先动作，夹紧工件定位；定位后，液压缸 1 停止动作，回路压力上升，顺序阀打开，液压缸 2 动作夹紧工件。调节减压阀的输出压力控制夹紧力的大小，同时保持夹紧力的稳定
	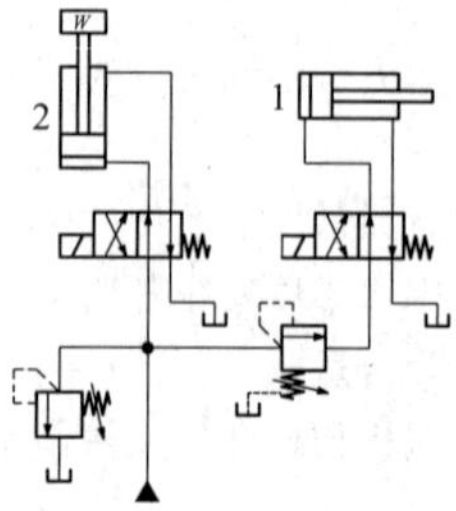	本回路中，液压缸 2 先动作，驱动载荷上行，液压缸 2 到位后，回路压力上升，顺序阀打开，液压缸 1 动作。此回路载荷大的液压缸先动作，载荷小的液压缸后动作；在液压缸 1 动作时，顺序阀起到对回路的保压作用

续表

类别	回路	特点
行程控制顺序动作回路	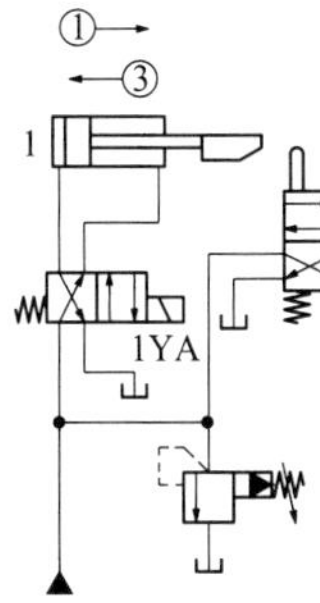	本回路为采用行程阀控制的顺序动作回路。根据需要将行程阀装在指定的位置上。当1YA通电、液压缸1活塞右移,直到其碰块压下行程阀触头后,液压缸2活塞开始右移;当电磁阀复位后,缸1活塞先退回,直至脱开行程阀2触头后,缸2的活塞才退回。动作顺序按①—②—③—④完成。该回路工作可靠,但改变动作顺序比较困难
	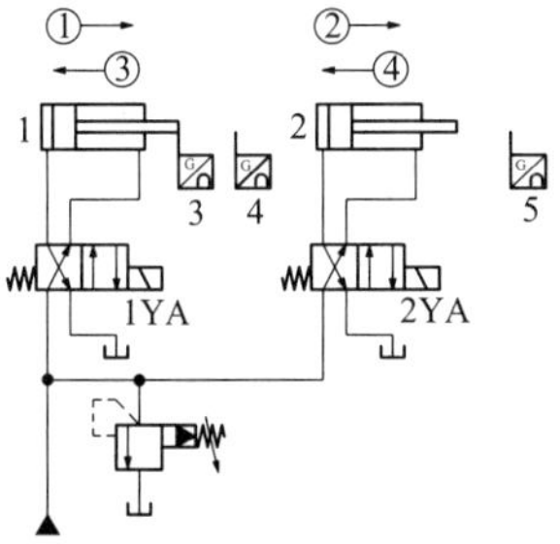	本回路为采用电气行程开关控制的顺序动作回路。1YA通电,液压缸1活塞右行;当触动行程开关4后,2YA通电,液压缸2活塞右行;直至行程终点触动行程开关5,使1YA断电,缸1活塞向左退回,当退至触动行程开关3时,使2YA断电,缸2活塞向左退回。这样完成①—②—③—④全部顺序动作循环,活塞均回原位。本回路利用电气行程开关控制顺序动作,调整行程和改变其动作顺序方便;利用电气实现互锁,使顺序动作可靠,因此应用较广泛。在机床刀架的液压系统中应用很常见
	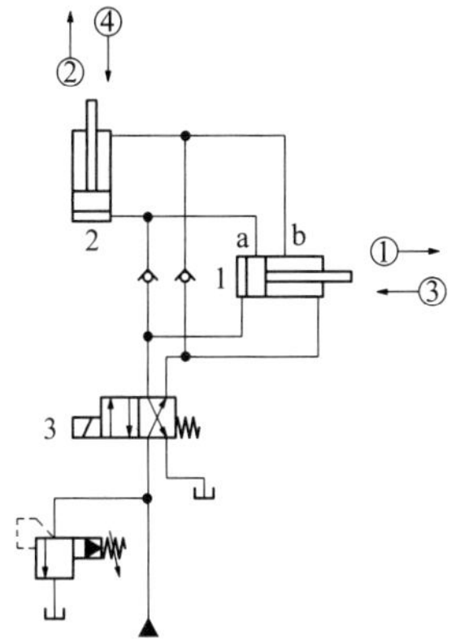	本回路为采用顺序缸的顺序动作回路。电磁阀3通电,顺序缸1活塞先行,油口a开,缸2活塞上升;电磁阀3断电,缸1活塞先退回,油口b打开,缸2退回,完成①—②—③—④顺序动作。本回路适用于完成固定顺序和位置情况下的顺序动作,而改变其动作顺序和行程位置是较难的。又由于顺序缸不宜用密封圈,故只适用于低压系统
时间控制顺序动作回路	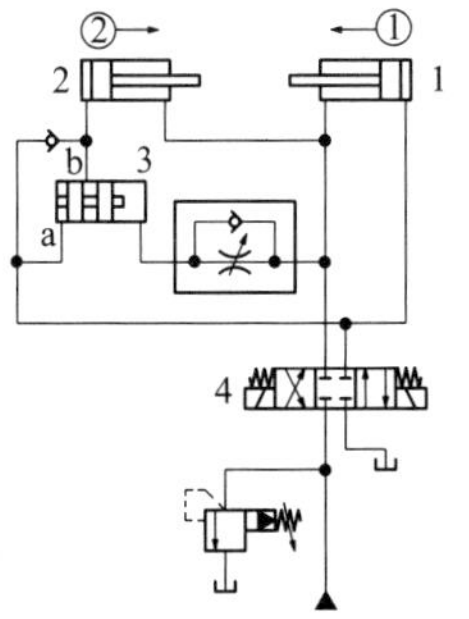	本回路为采用延时阀实现液压缸1、2工作行程的顺序动作回路。当阀4处左位,液压缸1活塞左移,压力油同时进入延时阀3。由于节流阀的节流作用,延时阀滑阀缓慢右移,延续一定时间后,油口a、b接通,油液进入液压缸2,使其活塞右移。通过调节节流阀开度,即可调节液压缸1和缸2的先后动作时间差。因为节流阀的流量受载荷和温度的影响,不能保持恒定,所以用节流阀难以准确地实现时间控制;一般与行程控制方式配合使用

3.5.2 缓冲回路

执行元件所带动的工作机构如果速度较高或质量较大,若突然停止或换向时,会产生很大的冲击和振动。为了减少或消除冲击,除了对液压元件本身采取一些措施外,就是在液压系统的设计上采取一些办法实现缓冲,这种回路为缓冲回路。

表 20-3-25　　缓冲回路

类别	回路	特点
用节流阀的缓冲回路	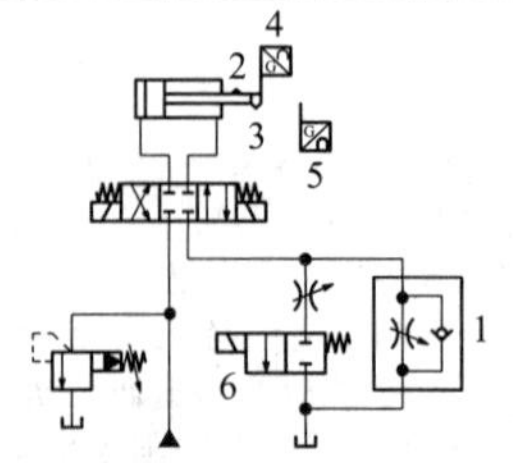 (a) 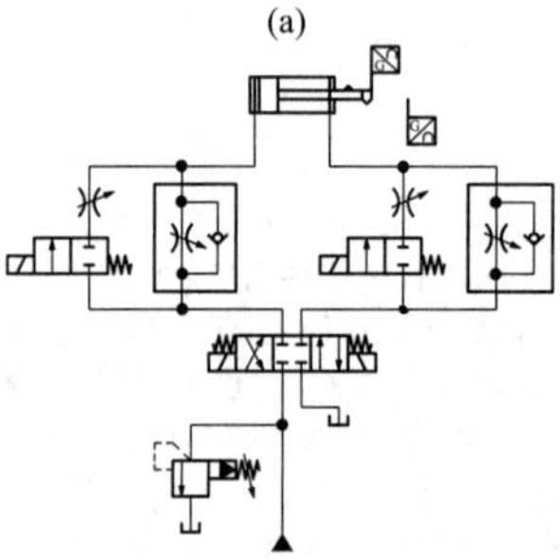 (b)	图(a)所示回路是将节流阀 1 安装在出油口的节流缓冲回路。在活塞杆上有凸块 4 或 5，碰到行程开关 2 或 3 时，电磁阀 6 断电，单向节流阀开始节流，实现回路的缓冲作用。根据要求缓冲的位置，调整行程开关的安放 图(b)所示回路与图(a)工作原理相同，但该回路为往复行程分别可调的缓冲回路
用溢流阀的缓冲回路	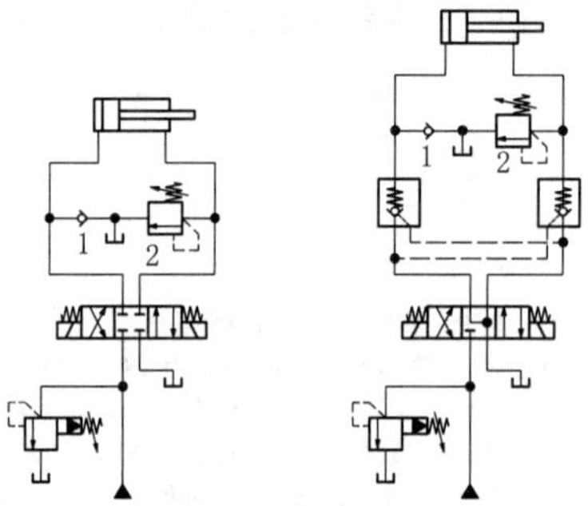	本回路中运动中的活塞有外力及移动部件惯性，要使其换向阀处于中位，回路停止工作，此时，溢流阀 2 起制动和缓冲作用。液压缸左腔经单向阀 1 从油箱补油
	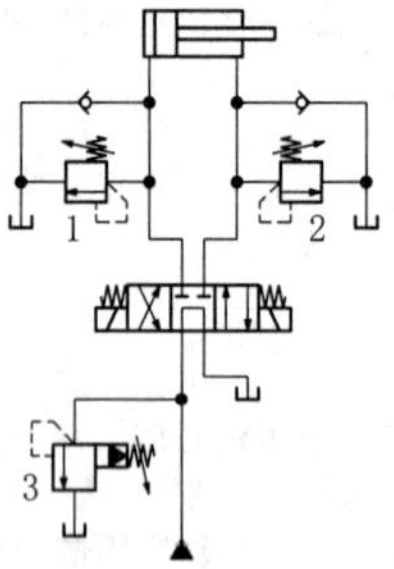	本回路使液压缸活塞进行双向缓冲。作为缓冲的溢流阀 1、2，必须比主油路中的溢流阀 3 的调定压力高 5%～10%，缓冲时，经单向阀由油箱补油
用电液阀的缓冲回路	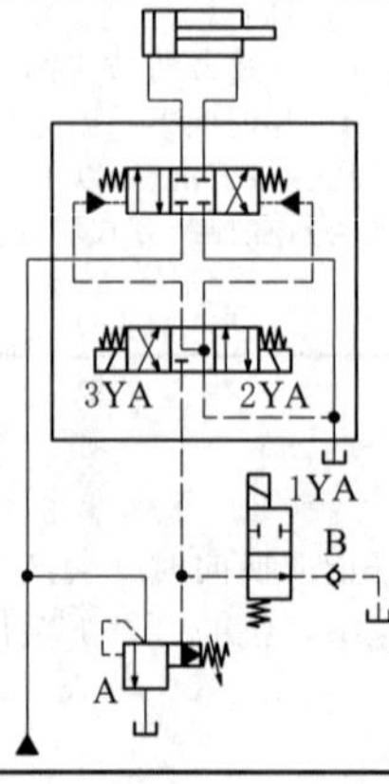	如图示位置，液压缸不工作。当 1YA 和 2YA 通电，从溢流阀遥控口来的控制油被引入液动换向阀的左端。在压力升到 0.3～0.5MPa 时，换向阀逐渐被切换到左位，压力油进入液压缸的左腔，推动活塞右移；当要求活塞向左返回时，使 1YA 和 3YA 通电即可。本回路的特点是换向阀在低压下逐渐切换，液压缸工作压力逐渐上升，不工作时卸荷，可以防止发热和冲击，适用于大功率液压系统

续表

类别	回路	特点
用蓄能器的缓冲回路	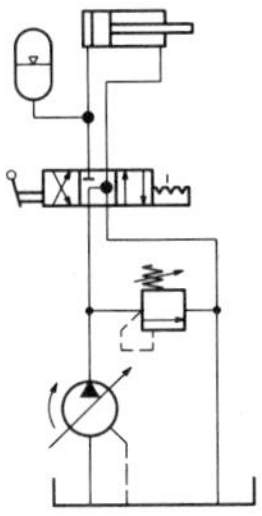	本回路为用蓄能器减少冲击的缓冲回路。将蓄能器安装在液压缸的端部,在活塞杆带动载荷运行近于端部要停止时,油液压力升高,此时由蓄能器吸收,减少冲击,实现缓冲
用液压缸的缓冲回路	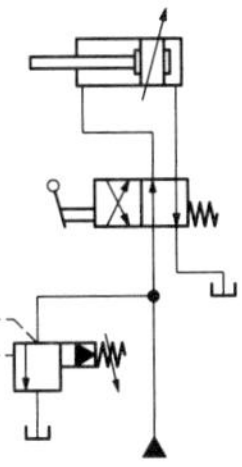	由缓冲液压缸组成的缓冲回路,对液压回路没有特殊的要求,缓冲动作可靠,但对缓冲液压缸的行程设计要求严格,不容易变换,适合于缓冲行程位置固定的工作场合,故限制了适用的范围。其缓冲效果由缓冲液压缸的缓冲装置调整

3.5.3 锁紧回路

锁紧回路是使执行元件停止工作时，将其锁紧在要求的位置上的回路。

表 20-3-26 **锁紧回路**

类别	回路	特点
用单向阀的锁紧回路	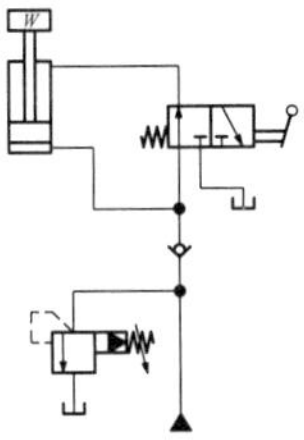	本回路采用一个单向阀,使液压缸活塞锁紧在行程的终点。单向阀的作用是防止重物因自重下落,也防止外载荷变化时活塞移动。本回路只能实现在液压缸一端锁紧
	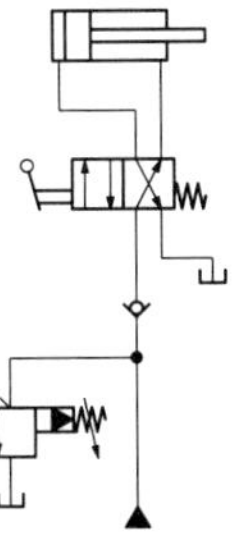	本回路用二位四通阀和单向阀使液压缸活塞锁紧在液压缸的两端。图示位置时,液压缸活塞左移至终点,停止工作的,活塞被锁紧;同理,换向阀至左位时,活塞右移,当到达端点,停止工作时,活塞被锁紧在右端,即双端锁紧
	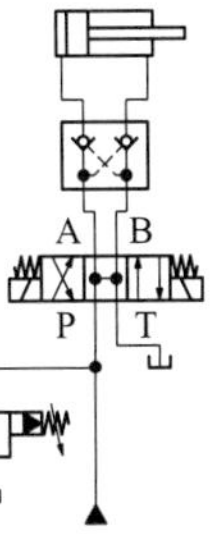	本回路为采用两个液控单向阀组成的联锁回路,可以实现活塞在任意位置上的锁紧。只有在电磁换向阀通电切换时,压力油向液压缸供给,液控单向阀被反向打开,液压缸活塞才能运动。此回路锁紧精度高 设计中应用本回路时,为了保证可靠的锁紧,其换向阀应该采用H型或Y型。这样当换向阀处于中位时,A、B两油口直通油箱,液控单向阀才能立即关闭,活塞停止运动并被锁紧。否则(如采用E型阀),往往因单向阀控制腔压力油被封闭而不能立即关闭,直到换向阀内泄后才使液控单向阀关闭,这样就影响其锁紧精度

续表

类别	回路	特点
用换向阀的锁紧回路	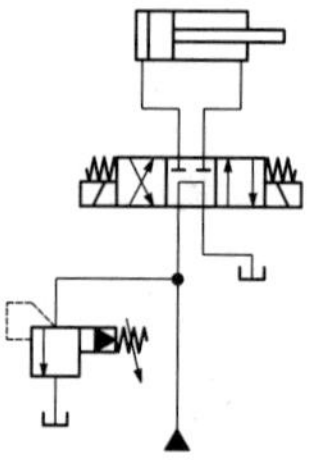	本回路是双向锁紧回路。但是由于滑阀有一定的泄漏，因此在使用这种回路进行锁紧时，在需要较长时间且精度要求较高的系统中是不适当的
用液控顺序阀的锁紧回路	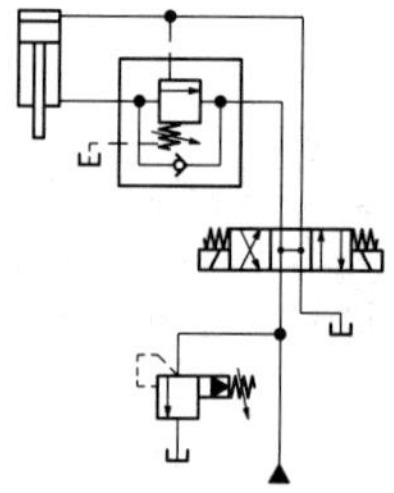	本回路为液控顺序阀单向锁紧回路。当液压缸上腔不进油或上腔油压低于液控顺序阀所调定的压力时，液控顺序阀关闭，液压缸下腔不能回油，活塞被锁紧不能下落。但由于液控顺序阀有一定泄漏，因此，锁紧时间不能太长
	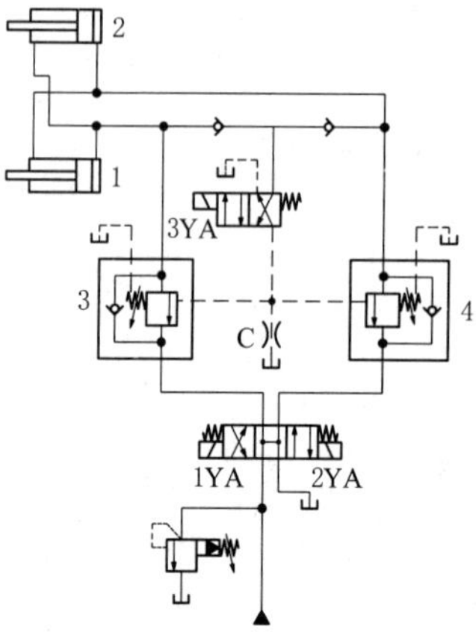	本回路为液控顺序阀双向锁紧回路。当2YA、3YA通电时，压力油将阀3、4打开，液压缸1活塞左移，液压缸2活塞右移。停车时，2YA断电，3YA通电，阀3遥控腔油经C回油箱，阀3逐渐关闭。当需要失效保护措施时，将3YA断电，阀3与4迅速关闭，将液压缸锁紧

CHAPTER 4

第4章 液压流体与污染控制

1 石油产品、液压流体、特性与污染控制术语

1.1 石油产品术语（摘自GB/T 4016—2019/ISO 1998-1：1998，NEQ）

表20-4-1

序号	术语	定义
1.20.002	矿物油	天然存在的或矿物原料经加工得到的，由烃类混合物组成的油品
1.20.007	润滑油	经精制的主要用于减小运动表面之间摩擦的油品
1.20.008	润滑剂	置于两相对运动表面之间以减小表面摩擦、降低磨损的物质
1.20.041	液压油 液压液	用于液压系统中，其作用为传输动力和提供润滑的石油或非石油液体 作者注：根据GB/T 7631.2—2003《润滑剂、工业用油和相关产品(L类)的分类 第2部分：H组(液压系统)》的规定，GB 11118.1—2011《液压油(L-HL、L-HM、L-HV、L-HS、L-HG)》规定的液压油包括在液压液中
1.20.042	石油型液压油	以石油烃为主要成分的液压油，可含有其他添加组分
1.40.036	填充剂填料	加入产品中以改变某些特性的粉状惰性固体物质
2.05.008	黏度	流体流动的内部阻力
2.05.009	动力黏度	施加于流动流体的剪切应力与其剪切速率之比 注：它是流体流动阻力的度量
2.05.010	运动黏度	液体的动力黏度与其在黏度测定温度下的密度之比
2.05.018	牛顿液体	黏度不随剪切速率改变的液体
2.05.019	非牛顿液体	黏度随剪切应力或剪切速率的变化而改变的液体
2.05.052	凝点	在规定条件下，油品冷却至液面停止移动时的最高温度
2.05.096	机械杂质	存在于油品中所有不溶于规定溶剂的杂质
2.05.099	腐蚀	在一种材料(通常为金属)表面和其所处环境介质之间所发生的化学或电化学反应，从而引起材料的损毁及其性能的降低 注：电化学反应产生的腐蚀也称锈蚀
2.05.105	抗磨性 抗磨损性	石油产品通过保持在运动部件表面间的油膜，防止金属对金属相接触而磨损的能力
2.05.116	润滑性	产品除通过其本身的黏稠性外可减少磨损和摩擦的能力
2.05.135	黏附性	一种物料(如油、脂等)黏附在其他物体表面的能力
2.05.141	测定	按试验方法要求进行一系列操作，从而得到一个结果的过程
2.20.025	密封适应性	弹性密封体经受油品(主要指液压油)接触对其尺寸和机械性能影响的程度和适应能力
2.20.026	密封适应性指数	在规定试验条件下，由一个标准的丁腈橡胶环在油品试样中的直径膨胀换算得到的体积膨胀百分数

续表

序号	术语	定义
2.20.067	摩擦	在力作用下物体相互接触表面之间发生切向相对运动或有运动趋势时出现阻碍该运动行为并且伴随着机械能量损耗的现象和过程
2.20.069	磨耗	由坚硬的颗粒或坚硬的突起物所引起的物料位移而产生的损耗
2.20.070	磨损	由于摩擦造成表面的变形、损伤或表层材料逐渐流失的现象和过程
2.20.077	粘焊 刮伤	相对运动的摩擦表面之间由于闪温过高使许多小接触点出现焊接并在相对滑动中被撕裂的磨损
2.20.078	胶合 擦伤	粘焊这类磨损中更为严重的一种形式
2.20.079	划伤	由于微凸体的滑动作用造成固体摩擦表面上出现划痕的一种磨损 注:微凸体为固体表面上微小的不规则凸起
2.20.080	划痕	由微凸体划过运动表面所造成的材料从一个表面机械脱落或/和迁移的结果
2.20.081	咬死 卡咬	在摩擦表面产生严重的黏着或材料转移,使相对运动停止或断续停止的严重磨损
2.20.082	点蚀	因表面疲劳作用导致材料流失,在摩擦表面留下小而浅的锥形凹坑的损伤形式
2.20.083	微点蚀	由于循环接触应力和塑性流动而造成少量材料流失,在表面留下的微小裂纹和/或凹坑的磨损形式,受损表面呈灰色
2.25.018	稠度	润滑脂在压力下流动阻力的度量

注：在流体传动与控制领域，上表中的术语和定义与 GB/T 17446—2024 不一致的，以 GB/T 17446—2024 为准，上表中术语和定义仅为参考。

1.2 液压流体、特性与污染控制术语（摘自 GB/T 17446—2024）

表 20-4-2

序号	术语	定义
3.1.3.1	流体	在流体传动系统中用作传动介质的液体或气体
3.1.3.2	牛顿流体	黏度与剪切应变率无关的流体
3.1.3.4	液压流体	液压系统中用作传动介质的液体
3.1.3.5	矿物油	由可能含有不同精炼程度和其他成分的石油烃类组成的液压流体
3.1.3.6	合成液压油	通过不同的聚合工艺生产的主要基于酯、聚醇或 α-烯烃的液压流体 注:1. 合成液压油,可以含有其他成分,不含水分 2. 合成液压油的一个例子是磷酸酯液
3.1.3.7	抗燃液压油	不易点燃,且火焰传播趋于极小的液压流体
3.1.3.8	磷酸酯液	由磷酸酯组成的合成液压流体 注:可以包含其他成分。其难燃性来自该油液的分子结构。它有良好的润滑性、抗磨性、贮存稳定性和耐高温性
3.1.3.9	氯代烃类液	不含水,由于部分氢原子被氯原子代替而具有抗燃特性的芳香烃或链烷烃流体组成的合成液压流体 注:1. 这类难燃液压油具有良好的润滑性和抗磨性、良好的贮存稳定性和耐高温性 2. 由于环境风险和生物积累,氯化烃类液的使用受到普遍限制
3.1.3.10	可生物降解的流体	可由生物进行降解的流体 示例:1. 甘油三酯(植物油) 2. 聚乙二醇 3. 合成脂类
3.1.3.11	水基液	除了其他成分外,含有水作为主要成分的液压流体 示例:1. 水包油乳化液 2. 油包水乳化液 3. 水聚合物溶液 作者注:GB/T 38045—2019《船用水液压轴向柱塞泵》适用的工作介质为不含颗粒(过滤精度达到 10μm)的海水、淡水

续表

序号	术语	定义
3.1.3.12	水包油乳化液	油微滴在水中形成的悬浊液 注:水包油乳化液具有很低的溶解油含量并高度难燃
3.1.3.13	油包水乳化液	微细的分散水滴在矿物油的连续相中的悬浮液(带有特殊的乳化剂、稳定剂和抑制剂)
3.1.3.14	水聚合物溶液	主要成分是水和一种或多种乙二醇或聚乙二醇的难燃液压流体
3.1.3.15	流体稳定性	在规定条件下,流体对永久改变其性质的抵抗力
3.1.3.16	流体相容性	材料抵抗受流体影响而性质变化的能力或一种流体抵抗受另一种流体影响而性质变化的能力
3.1.3.17	相容流体	对系统、元件、配管或其他流体的性质和寿命没有不良影响的流体
3.1.3.18	不相容流体	对系统、元件、配管或其他流体的性质和寿命具有不良影响的流体
3.1.3.19	液体可混合性	液体以任何比率混合而无不良后果的能力
3.1.3.20	液压流体劣化	液压流体的化学或力学性能降低 注:这类变化可能由油液与氧的反应或过高温度所致
3.1.3.21	乳化不稳定性	乳化液分离成两相的能力
3.1.3.22	乳化稳定性	乳化液在规定条件下对分离的抵抗力
3.1.3.23	剪切稳定性	流体受到剪切时保持其黏度的能力
3.1.3.24	抗磨性-润滑性	在已知的运行工况下,液压流体通过在运动表面之间保持润滑膜来抵抗摩擦副磨损的能力
3.1.3.25	耐腐蚀性	液压流体防止金属腐蚀的能力 注:这在含水液体中尤为重要
3.1.3.26	消泡性	液压流体排出悬浮于其中的气泡的能力
3.1.3.27	流体调节	获得系统流体期望特性的过程 示例:加热、冷却、净化、添加添加剂
3.1.3.28	黏度指数改进剂	添加到流体中以改变其黏度与温度特性关系的化合物
3.1.3.29	添加剂	添加到液压流体中以产生新的性质或增强已有性质的化学品
3.1.3.30	抑制剂	减缓、防止或改变流体产生诸如腐蚀或氧化之类的化学反应的一种添加剂
3.1.3.31	露点	水蒸气开始凝结的温度
3.1.3.32	大气露点	在大气压下测量的露点
3.1.3.34	黏度	由内部摩擦造成的抵抗流体流动的特性
3.1.3.35	运动黏度	流体的动力黏度与流体质量密度之比 注:在国际单位中,运动黏度的单位是平方米每秒(m^2/s)。部分文件也使用单位厘斯(cSt),cSt 是 $10^{-6}m^2/s$,即 $1cSt=1mm^2/s$
3.1.3.36	动力黏度	流体单位速度梯度下的切应力 注:它通常表达为动力黏度系数,或简称(动力)黏度。在国际单位中动力黏度的单位是帕斯卡秒(Pa·s)。部分文件也使用单位厘泊(cP),cP 是 $10^{-3}Pa\cdot s$,即 $1cP=1mPa\cdot s$
3.1.3.37	黏度指数	流体黏度与温度的特性关系的经验度量 注:当黏度变化小时,黏度指数高
3.1.3.38	流体密度	在规定温度下,流体单位体积的质量
3.1.3.39	流体压缩率	流体的体积变化率与所施加的压力变化量之比 注:流体压缩率是流体体积弹性模量的倒数
3.1.3.40	流体体积弹性模量	施加于流体的压力变化与所引起的体积应变之比 注:流体体积弹性模量是流体压缩率的倒数
3.1.3.42	倾点	规定工况下液体能够流动的最低温度
3.1.3.43	燃点	在受控条件下,液体挥发出的足量蒸气在空气中遇微小明火被点燃并持续燃烧的温度
3.1.3.44	闪点	在受控条件下,液体蒸发出的足量蒸气在空气中遇微小明火被点燃的最低温度
3.1.3.45	自燃温度	流体在没有外部火源的情况下达到燃烧的温度 注:实际值可以用几种认可的测试方法之一测定
3.1.3.46	含水量	流体中所含水的量
3.1.3.47	溶解水	以分子形式分散于液压流体中的水

续表

序号	术语	定义
3.1.3.48	游离水	进入系统但与系统中的流体的密度不同而具有分离的趋势的水
3.1.3.49	含气量	系统流体中的空气体积 注:含气量以体积百分比表示
3.1.3.50	空气混入	空气被带入液压流体中的过程
3.1.3.51	混入空气	与液体形成乳化液的空气或气体(其中气泡趋于从液相分离) 注:在使用矿物油的液压系统中混入空气可能对元件、密封件和塑料件产生十分有害的影响
3.1.3.52	溶解空气	以分子形式分散于液压流体中的空气
3.1.3.54	游离气体	困在液压系统中的未冷凝、乳化或溶解的气体
3.1.3.55	蒸气	处于其临界温度以下,并可以通过绝热压缩被液化的气体
3.1.3.56	污染	污染物侵入或存在
3.1.3.57	污染代码	用于简略描述液压流体中污染物颗粒尺寸分布的一组数字
3.1.3.58	污染度	定量表示污染的程度
3.1.3.59	清洁度	定量表示清洁的程度
3.1.3.60	污染敏感度	由污染物引起的元件性能降低的程度
3.1.3.61	污染物	对系统、子系统、元件、配管及流体有不良影响的所有物质(固体、液体、气体或其组合)
3.1.3.62	环境污染物	存在于系统当前周围环境中的污染物
3.1.3.63	生成污染	在系统或元件的工作过程中产生的污染
3.1.3.64	初始污染	初次使用之前,在流体、元件、配管、子系统或系统中已存在的或在装配过程中产生的残留污染
3.1.3.65	蒸气污染	在规定的运行温度下,以质量比表示的蒸气形态的污染
3.1.3.66	污染物颗粒尺寸分布	依照颗粒尺寸范围表达污染物颗粒的数量和分布的表格或图形
3.1.3.67	颗粒污染物迁移	被阻留污染物颗粒的脱落
3.1.3.68	颗粒	小的离散的固态或液态物质
3.1.3.69	团粒	不能被轻微扰动及由此而产生的微弱剪切力所分开的两个或多个紧密接触的颗粒
3.1.3.70	磨损	因磨耗、磨削或摩擦造成材料的损失 注:磨损的产物在系统中形成颗粒污染
3.1.3.71	冲蚀	流体或含有悬浮颗粒的流体以冲刷、微射流等方式造成机械零件的磨损 注:冲蚀的产物在系统中形成颗粒污染
3.1.3.72	微动磨损	由两个表面滑动或周期性压缩造成,产生微细颗粒污染而没有化学变化的磨损
3.1.3.73	卡紧	元件内部的运动件因非预期力而卡住
3.1.3.74	液压卡紧	由于一定量的受困液体阻止运动,致使活塞或阀芯卡住
3.1.3.75	淤积	由流体所裹挟的微小污染物颗粒在系统中特定部位的聚集
3.1.3.76	淤积卡紧	活塞或阀芯因污染物淤积导致的卡住
3.1.3.77	堵塞	由于固体或液体颗粒沉积致使流动减缓、压差增大的现象
3.1.3.78	自动颗粒计数	采用自动方式测量流体中颗粒污染的方法
3.1.3.79	颗粒计数分析	利用计数法在给定时间测量给定体积的流体样品中颗粒尺寸分布的分析方式
3.1.3.80	颗粒污染监测仪	自动测量悬浮在流体中一定尺寸颗粒的浓度,输出为一定范围的颗粒尺寸分布或污染代码,但不适用液体自动颗粒计数器校准方法的仪器
3.1.3.81	可视颗粒计数	以光学手段测量流体中固体污染颗粒尺寸分布的方法
3.1.3.82	流体取样	从系统中提取流体的样品
3.1.3.83	主线分析	向永久连接于工作管路中的仪器直接提供流体,管路中的液体全部通过传感器的污染分析方式 另见在线分析
3.1.3.84	离线分析	对从系统中提取的液样进行污染分析的方式

续表

序号	术语	定义
3.1.3.85	在线分析	通过连续管路直接将液压系统的液样供给仪器检测的污染分析方式 注：仪器既可以固定连接在工作管路上，也可以在分析前连接。另见主线分析

2 液压流体

2.1 液压流体的类别、组别、产品符号和命名（摘自 GB/T 7631.1—2008、GB/T 7631.2—2003）

表 20-4-3

<table>
<tr><th>类别</th><th>组别</th><th>应用场合</th><th>更具体应用</th><th>产品符号 L-</th><th>组成和特性</th><th>备　注</th><th>产品的命名</th></tr>
<tr><td rowspan="13">L</td><td rowspan="13">H</td><td rowspan="13">液压系统（流体静压系统）</td><td rowspan="10">用于要求使用环境可接受液压液的场合</td><td>HH</td><td>无抑制剂的精制矿油</td><td></td><td rowspan="13">① 产品名称的一般形式
类-品种 数字
② 产品名称的举例
例 1：
L - HM 32
数字（根据 GB/T 3141—1994 标准规定的黏度等级）
品种（具有防锈、抗氧和抗磨性的精制矿油，H 为 L 类产品所属的组别，其应用场合为液压系统）
类别（润滑剂和有关产品）
例 2：
L - HFDR 46
数字（根据 GB/T 3141—1994 标准规定的黏度等级）
品种（磷酸酯无水合成液，H 为 L 类产品所属的组别，其应用场合为液压系统）
类别（润滑剂和有关产品）</td></tr>
<tr><td>HL</td><td>精制矿油，并改善其防锈和抗氧性</td><td></td></tr>
<tr><td>HM</td><td>HL 油，并改善其抗磨性</td><td>典型应用为有高载荷部件的一般液压系统</td></tr>
<tr><td>HR</td><td>HL 油，并改善其黏温性</td><td></td></tr>
<tr><td>HV</td><td>HM 油，并改善其黏温性</td><td>典型应用为建筑和船舶设备</td></tr>
<tr><td>HS</td><td>无特定难燃性的合成液</td><td>特殊性能</td></tr>
<tr><td>HETG</td><td>甘油三酸酯</td><td rowspan="4">每个品种的基础液的最小含量应不少于 70%（质量分数）
典型应用为一般液压系统（可移动式）</td></tr>
<tr><td>HEPG</td><td>聚乙二醇</td></tr>
<tr><td>HEES</td><td>合成酯</td></tr>
<tr><td>HEPR</td><td>聚 α 烯烃和相关烃类产品</td></tr>
<tr><td>液压导轨系统</td><td>HG</td><td>HM 油，并具有抗黏-滑性</td><td>这种液体具有多种用途，但并非在所有液压应用中皆有效。典型应用为液压和滑动轴承导轨润滑系统合用的机床，在低速下使振动或间断滑动（黏-滑）减为最小</td></tr>
<tr><td rowspan="2">用于使用难燃液压液的场合</td><td>HFAE</td><td>水包油型乳化液</td><td>通常含水量大于 80%（质量分数）</td></tr>
<tr><td>HFAS</td><td>化学水溶液</td><td>通常含水量大于 80%（质量分数）</td></tr>
</table>

续表

<table>
<tr><th>类别</th><th>组别</th><th>应用场合</th><th>更具体应用</th><th>产品符号L-</th><th>组成和特性</th><th>备　注</th><th>产品的命名</th></tr>
<tr><td rowspan="6">L</td><td rowspan="6">H</td><td rowspan="4">液压系统（流体静压系统）</td><td rowspan="4">用于使用难燃液压液的场合</td><td>HFB</td><td>油包水乳化液</td><td></td><td rowspan="6"></td></tr>
<tr><td>HFC</td><td>含聚合物水溶液①</td><td>通常含水量大于35%（质量分数）</td></tr>
<tr><td>HFDR</td><td>磷酸酯无水合成液②</td><td>通常含水量小于4%（质量分数）</td></tr>
<tr><td>HFDU</td><td>脂肪酸酯合成液③</td><td>5%（质量分数）</td></tr>
<tr><td rowspan="2">液压系统（流体动力系统）</td><td>自动传动系统</td><td>HA</td><td></td><td rowspan="2">与这些应用有关的分类尚未进行详细研究，以后可以增加</td></tr>
<tr><td>偶合器和变矩器</td><td>HN</td><td></td></tr>
</table>

① 由水、乙二醇及特种高分子聚合物组成，无毒，易生物降解。应注意材料的适应性（密封材料相容性）。

② 磷酸酯采用三芳基磷酸酯配以防腐剂及抗氧化剂，与含水介质不相容。

③ 脂肪酸酯是由有机酯（天然酯和合成酯）和抗氧化剂、防腐剂，抗金属活化剂、消泡剂以及抗乳化剂组成。具有无毒、黏度-压力特性好和材料相容性好等优点。

注：1. 液压工作介质有液压油和液压液两类，根据 GB/T 498—1987《石油产品及润滑剂的总分类》（GB/T 498—2014《石油产品及润滑剂　分类方法和类别的确定》）和 GB/T 7631.1—2008《润滑剂和有关产品（L类）的分类——第1部分：总分组》的规定，将其归入“润滑剂和有关产品（L类）”和该类的“H组（液压系统）”。本分类标准系等效采用 ISO 6743/0—1981《润滑剂、工业润滑油和有关产品（L类）的分类——第0部分：总分组》和等同采用 ISO 6743-4：1999《润滑剂、工业用油和相关产品（L类）的分类第4部分：H组（液压系统）》（英文版）而制定的。

2. 本类产品的类别名称和组别符号分别用英文字母“L”和“H”表示。分组原则系根据产品的应用场合。

3. 本分类暂不包括汽车刹车液和航空液压液。

4. H组的详细分类根据符合本组产品品种的主要应用场合和相应产品的不同组成来确定。

5. 每个品种由一组字母组成的符号表示，它构成一个编码，编码的第一个字母（H）表示产品所属的组别，后面的字母单独存在时本身无含义。

6. 每个品种的符号中可以附有按 GB/T 3141—1994《工业液体润滑剂 ISO 黏度分类》规定的黏度等级。

在 T/CMES 24002—2018《水液压系统通用技术条件》中规定：“根据含盐量的不同，将水介质分为海水、淡水和其他水，其他水即含盐量介于海水和淡水之间的水。含盐量超出海水的一般不宜用来作为工作介质。”

GB/T 38045—2019《船用水液压轴向柱塞泵》适用于以不含颗粒（过滤精度达到10μm）的海水、淡水为工作介质，额定压力不大于16MPa的船用水液压轴向柱塞泵的设计、制造和验收。

2.2 液压流体黏度分类

黏度是液压油（液）划分牌号的依据。液压油（液）属于工业液体润滑剂的（H）组，其黏度分类按 GB/T 3141—1994《工业液体润滑剂 ISO 黏度分类》进行。此分类法系等效采用 ISO 3448—1992 编制的。标称黏度等级用40℃时的运动黏度中心值表示（每个黏度等级是用最接近40℃时中间点运动黏度的 mm^2/s 正数值来表示，每个黏度等级的运动黏度范围允许为中间点运动黏度的±10%），单位为 mm^2/s，并以此表示液压油（液）的牌号。对于某一黏度等级，其黏度范围距中心值的允许偏差为±10%，相邻黏度等级间的中心黏度值相差50%。液压油（液）常用的黏度等级，或称牌号，为10号~100号，主要集中在15号~68号。具体黏度等级分类见表20-4-4。

表 20-4-4　　工业液体润滑剂 ISO 黏度分类（摘自 GB/T 3141—1994）

ISO 黏度等级		2	3	5	7	10	15	22	32	46	68
中间点运动黏度(40℃)/$mm^2 \cdot s^{-1}$		2.2	3.2	4.6	6.8	10	15	22	32	46	68
运动黏度范围(40℃)/$mm^2 \cdot s^{-1}$	最小	1.98	2.88	4.14	6.12	9.0	13.5	19.8	28.8	41.4	61.2
	最大	2.42	3.52	5.06	7.48	11.0	16.5	24.2	35.2	50.6	74.8
ISO 黏度等级		100	150	220	320	460	680	1000	1500	2200	3200
中间点运动黏度(40℃)/$mm^2 \cdot s^{-1}$		100	150	220	320	460	680	1000	1500	2200	3200
运动黏度范围(40℃)/$mm^2 \cdot s^{-1}$	最小	90.0	135	198	288	414	612	900	1350	1980	2880
	最大	110	165	242	352	506	748	1100	1650	2420	3520

2.3 对液压流体的主要要求

表 20-4-5

要求	说明
黏度合适，随温度的变化小	工作介质黏度是根据液压系统中重要液压元件的油膜承载能力确定的，故应在保证承载能力的条件下，选择合适的介质黏度。工作介质的黏度太大，系统的压力损失大，效率降低，而且泵的吸油状况恶化，容易产生空穴和汽蚀作用，使泵运转困难。黏度太小，则系统泄漏太多，容积损失增加，系统效率亦低，并使系统的刚性变差。此外，季节改变，以及机器在启动前后和正常运转的过程中，工作介质的温度会发生变化，因此，为了使液压系统能够正常和稳定地工作，要求工作介质的黏度随温度的变化要小
润滑性良好	工作介质对液压系统中的各运动部件起润滑作用，以降低摩擦和减少磨损，保证系统能够长时间正常工作。近来，液压系统和元件正朝高性能化方向发展，许多摩擦部件处于边界润滑状态，所以，要求液压工作介质具有良好的润滑性
抗氧化	工作介质与空气接触会产生氧化变质，高温、高压和某些物质（如铜、锌、铝等）会加速氧化过程。氧化后介质的酸值增加，腐蚀性增强，而且氧化生成的黏稠物会堵塞元件的孔隙，影响系统的正常工作，因此，要求工作介质具有良好的抗氧化性
剪切安定性好	工作介质在经过泵、阀和微孔元器件时，要经受剧烈的剪切。这种机械作用会使介质产生两种形式的黏度变化，即在高剪切速度下的暂时性黏度损失和聚合型增黏剂分子破坏后造成的永久性黏度下降。在高速、高压时这种情况尤为严重。黏度降低到一定程度后就不能够继续使用，因此，要求工作介质的剪切安定性好
防锈和不腐蚀金属	液压系统中许多金属零件长期与工作介质接触，其表面在溶解于介质中的水分和空气的作用下会发生锈蚀，使精度和表面质量受到破坏。锈蚀颗粒在系统中循环，还会引起元件加速磨损和系统故障。同时，也不允许介质自身对金属零件有腐蚀作用，或会缓慢分解产生酸等腐蚀性物质。所以，要求液压工作介质具有良好的保护金属、防止生锈和不腐蚀金属的性能
同密封材料相容	工作介质必须同元件上的密封材料相容，不引起溶胀、软化或硬化，否则，密封会失效，产生泄漏，使系统压力下降，工作不正常
消泡和抗泡沫性好	混入和溶于工作介质的空气，常以气泡（直径大于1.0mm）和雾沫空气（直径小于0.5mm）两种形式析出，即起泡。起泡的介质使系统的压力降低，润滑条件恶化，动作刚性下降，并引起系统产生异常噪声、振动和气蚀。此外，空气泡和雾沫空气的表面积大，同介质接触使氧化加速，所以，要求工作介质具有良好的消泡和抗泡沫性
抗乳化性好	水可能从不同途径混入工作介质。含水的液压油工作时受剧烈搅动，极易乳化，乳化使油液劣化变质和生成沉淀物，妨碍冷却器的导热，阻滞管道和阀门，降低润滑性及腐蚀金属，所以，要求工作介质具有良好的抗乳化性
清洁度符合要求	工作介质中的机械杂质会堵塞液压元件通路，引起系统故障。机械杂质又会使液压元件加速磨损，影响设备正常工作，加大生产成本。各种液压系统工作介质都应符合相应清洁度的要求
其他	良好的化学稳定性、低温流动性、难燃性，以及无毒、无臭，在工作压力下，具有充分的不可压缩性

2.4 常用液压流体的组成、特性和应用

表 20-4-6

	产品符号	黏度等级	组成、特性和主要应用介绍	相当、相近和可代用产品
	（或产品名称）			
GB/T 7631.2—2003 体系液压油（液）	L-HH	15、22、32、46、68、100、150	本产品为不加添加剂或加有少量抗氧剂的精制矿油。产品质量比全损耗系统用油（L-AN油）高，抗氧和防锈性比汽轮机油差。用于低压或简单机具的液压系统。无本品时可选用L-HL油	L-HL
	L-HL	15、22、32、46、68、100	原油经常减压蒸馏所得馏分油，再经溶剂脱蜡、白土精制或加氢精制所得中性油，加入抗氧、防锈、抗泡等添加剂调和而成。具有良好的防锈及抗氧化安定性，使用寿命较机械油长一倍以上，并有较好的空气释放性、抗泡性、分水性及橡胶密封相容性。主要应用于机床和其他设备的低压齿轮泵系统。适用环境温度为0℃以上，最高使用温度为80℃。无本产品时可用L-HM油等	L-FC L-TSA L-HM

续表

产品符号（或产品名称）	黏度等级	组成、特性和主要应用介绍	相当、相近和可代用产品
L-HM	15、22、32、46、68、100、150	由深度精制矿油加入抗氧、防锈、抗磨、抗泡等添加剂调和而成。产品具有良好的抗磨性，在中、高压条件下能使摩擦面具有一定的油膜强度，降低摩擦和磨损；有良好的润滑性、防锈性及抗氧化安定性，与丁腈橡胶有良好的相容性。适用于各种液压泵的中、高压液压系统。适用环境温度为-10~40℃。对油有低温性能要求或无本产品时，可选用 L-HV 和 L-HS 油	L-HV L-HS
L-HV	15、22、32、46、68、100、150	本产品为在 L-HM 油基础上改善其黏温性的润滑油。适用于环境温度变化较大和工作条件恶劣（指野外工程和远洋船舶等）的低、中、高压液压系统。对油有更好的低温性能要求或无本产品时，可选用 L-HS 油。本产品黏度指数大于 170 时还可用于数控液压系统	L-HS
L-HR	15、32、46	本产品为在 L-HL 油基础上改善其黏温性的润滑油。适用于环境温度变化较大和工作条件恶劣（野外工程、远洋船舶）的低压液压系统以及有青铜或银部件的液压系统	
L-HS	10、15、22、32、46	本产品为无特定难燃性的合成液，目前暂考虑为合成烃油。加有抗氧、防锈、抗磨剂和黏温性能改进剂，应用同 L-HV 油，但低温黏度更小，更适用于严寒区，也可全国四季通用	
L-HG	32、68	本产品为在 L-HM 油基础上改善其黏-滑性的润滑油，具有良好的黏-滑特性，是液压和导轨润滑合用系统的专用油	
L-HFAE	7、10、15、22、32	本产品为水包油型（O/W）乳化液，也是一种乳化型高水基液，通常含水量在 80%以上，低温性、黏温性和润滑性差，但难燃性好，价格便宜。适用于煤矿液压支架静压液压系统和其他不要求回收废液，不要求有良好润滑性，但要求有良好难燃性液体的液压系统或机械部位。使用温度为 5~50℃	
L-HFAS	7、10、15、22、32	本产品为水的化学溶液，是一种含有化学品添加剂的高水基液，通常为呈透明状的真溶液。低温性、黏温性和润滑性差，但难燃性好，价格便宜。适用于需要难燃液的低压液压系统和金属加工等机械。使用温度为 5~50℃	
L-HFB	22、32、46、68、100	本产品为油包水型（W/O）乳化液，常含油 60%以上，其余为水和添加剂，低温性差，难燃性比 L-HFDR 液差。适用于冶金、煤矿等行业的中压和高压、高温和易燃场合的液压系统。使用温度为 5~50℃	
L-HFC	15、22、32、46、68、100	本产品通常为含乙二醇或其他聚合物的水溶液，低温性、黏温性和对橡胶适应性好。它的难燃性好，但比 L-HFDR 液差。适用于冶金和煤矿等行业的低压和中压液压系统。使用温度为-20~50℃	WG-38 WG-46
L-HFDR	15、22、32、46、68、100	本产品通常为无水的各种磷酸酯作基础油加入各种添加剂而制得，难燃性较好，但黏温性和低温性较差，对丁腈橡胶和氯丁橡胶的适应性不好。适用于冶金、火力发电、燃气轮机等高温高压下操作的液压系统。使用温度为-20~100℃	4613-1 4614 HP-38 HP-46
L-HFDU	15、22、32、46、68、100	本产品通常为无水的各种有机酯作为基础油，加入各种添加剂制得，难燃性好，黏度-压力特性和低温流动性好，无毒、有较好的防锈性和抗腐蚀性，油泵使用寿命极好，并具有再生性和非常好的材料适用性	

续表

专用液压油(液)	10 号航空液压油	10 号航空液压油以深度精制的轻质石油馏分油为基础油,加有 8%~9%的 T601 增黏剂、0.5%的 T501 抗氧防胶剂、0.007%的苏丹Ⅳ染料。具有良好的黏温特性,凝点低,低温性能和抗氧化安定性好,不易生成酸性物质和胶膜,油液高度清洁,应用于飞机的液压系统和起落架、减振器、减摆器等,也应用于大型舰船的武器和通信设备,如雷达、导弹发射架和火炮的液压系统等。寒区作业的工程机械,有的规定冬季使用航空液压油,如日本的加藤挖掘机等	
	合成锭子油	合成锭子油是由含烯烃的轻质石油馏分,经三氯化铝催化叠合等工艺制得的合成润滑油,再经白土精制并加添加剂调和而成。此品种低温性能好,相对密度大,黏度范围宽,质量稳定,安定性好,长期贮存不易变质,适用于低温系统和普通液压油不能胜任的系统	
	炮用液压油	炮用液压油由原油经常压蒸馏、尿素脱蜡、白土精制所得的润滑油馏分作基础油,添加增黏剂、防锈剂、抗氧剂调和制成,呈浅黄色透明液体,具有良好的抗氧、防锈及黏温性能,凝点很低,可南北四季适用。用作各种炮、重型火炮液压系统工作介质	
	机动车辆制动液	机动车辆制动液是以非石油基原料为基础液并加入了多种添加剂制成的,可应用于机动车辆液压制动和液压离合系统,但不可应用于极地环境条件下使用的机动车辆。GB 12981—2012/ISO 4925:2005,MOD《机动车辆制动液》删除了 GB 12981—2003(已被代替)中的硅酮型制动液,HZY 产品系列按产品使用工况温度和黏度要求的不同分为 HZY3、HZY4、HZY5、HZY6 四种级别,分别对应国际标准 ISO 4925:2005 中 Class3、Class4、Class5.1、Class6,其中 HZY3、HZY4、HZY5 对应于美国交通运输部制动液类型的 DOT3、DOT4、DOT5.1	

注:《机械设计手册》第六版的“合成锭子油(摘自 SH/T 0111)”已删掉,可参考 SH/T 0111—92(1998 年确认),但该标准状态不清楚;《机械设计手册》第六版的“炮用液压油(摘自 Q/SH 018·4401)”已删掉,现也查不到 Q/SH 018·4401,可参见 GJB 3238—98《炮用液压油规范》。

2.5 液压流体的其他物理特性

2.5.1 密度

单位容积液压介质的质量称为密度。常温下各种液压介质的密度见表 20-4-7。

表 20-4-7 液压介质的密度 g/cm^3

介质种类	一般矿物液压油	HFA 系列水包油乳化液	HFB 系列油包水乳化液	HFC 系列水-乙二醇液压液	磷酸酯液压液	脂肪酸酯液压液	纯水
密度值	0.85~0.95	0.99~1.0	0.91~0.96	1.03~1.08	1.12~1.2	0.90~0.93	1.0

2.5.2 可压缩性和膨胀性

表 20-4-8

物理代号	定义及计算公式	说明	符号意义
体积压缩系数 K	液压介质的体积压缩系数用来表示可压缩性的大小,其定义式为 $K=-\dfrac{\Delta V/V_0}{\Delta p}$	对于未混有空气的矿物油型液压油,其体积压缩系数 $K=(5\sim7)\times10^{-10}m^2/N$ 显然,液压介质的体积压缩系数很小,因而,工程上可认为液压介质是不可压缩的。然而,在高压液压系统中,或研究系统动特性及计算远距离操纵的液压机构时,必须考虑工作介质压缩性的影响	ΔV——液压介质的体积变化量,m^3 V_0——常温下的液压介质初始体积,m^3 Δp——压力变化量,Pa

续表

物理代号	定义及计算公式	说明	符号意义
液压介质的体积弹性模量 E	液压介质体积压缩系数的倒数称为体积弹性模量，用 E 表示 $E=1/K$	对于未混入空气的矿物油型液压油，其值为 $E=1.4\sim2\text{GPa}$；油包水型乳化液，$E=2.3\text{GPa}$；水-乙二醇液压液，$E=3.45\text{GPa}$	K——体积压缩系数
含气液压介质的体积弹性模量	考虑含气液压介质中空气是等温变化时公式为： $E'=\left[\dfrac{\dfrac{V_{f0}}{V_{a0}}+\dfrac{p_0}{p}}{\dfrac{V_{f0}}{V_{a0}}+\dfrac{Ep_0}{p^2}}\right]E$ 或 $E'=\left[\dfrac{\dfrac{1-x_0}{x_0}+\dfrac{p_0}{p}}{\dfrac{1-x_0}{x_0}+\dfrac{Ep_0}{p^2}}\right]E$	液压系统中所用的液压介质，均混有一定的空气。液压介质混入空气后，会显著地降低介质的体积弹性模量，当空气是等温变化时，其值可由下式给出	E'——液压介质中混入空气时的体积弹性模量，Pa E——液压介质的体积弹性模量，Pa V_{f0}——1大气压下液压介质的体积，m^3 V_{a0}——1大气压下混入液压介质中的空气体积，m^3 p_0——绝对大气压力，Pa p——系统绝对压力，Pa x_0——1大气压下，空气体积的混入比 $x_0=V_{a0}/(V_{a0}+V_{f0})$
液压介质的热膨胀性	热膨胀率 α $\alpha=\dfrac{\Delta V/V_0}{\Delta t}$	液压介质的体积随温度变化而变化的性质称为热膨胀性	ΔV——液压介质的体积变化量，m^3 V_0——常温下的液压介质初始体积，m^3 Δt——相对于常温的温度变化，℃

2.6 液压流体的质量指标

2.6.1 液压油（摘自 GB 11118.1—2011）

表 20-4-9　　液压油（L-HL、L-HM 和 L-HG）质量指标

项目	质量指标																				试验方法
	L-HL							L-HM 高压				L-HM 普通						L-HG			
黏度等级（GB/T 3141）	15	22	32	46	68	100	150	32	46	68	100	22	32	46	68	100	150	32	46	68	100	
密度（20℃）[①] /kg·m^{-3}	报告							报告				报告						报告				GB/T 1884 和 GB/T 1885
色度/号	报告							报告				报告						报告				GB/T 6540
外观	透明							透明				透明						透明				目测
闪点/℃ 开口 不低于	140	165	175	185	195	205	215	175	185	195	205	165	175	185	195	205	215	175	185	195	205	GB/T 3536
运动黏度 /mm^2·s^{-1} 40℃	13.5~16.5	19.8~24.2	28.8~35.2	41.4~50.6	61.2~74.8	90~110	135~165	28.8~35.2	41.4~50.6	61.2~74.8	90~110	19.8~24.2	28.8~35.2	41.4~50.6	61.2~74.8	90~110	135~165	28.8~35.2	41.4~50.6	61.2~74.8	90~110	GB/T 265
0℃ 不大于	140	300	420	780	1400	2560	—	—	—	—	—	300	420	780	1400	2560	—	—	—	—	—	
黏度指数[②] 不小于	80							95				85						90				GB/T 1995
倾点[③]/℃ 不高于	-12	-9	-6	-6	-6	-6	-6	-15	-9	-9	-9	-15	-15	-9	-9	-9	-9	-6	-6	-6	-6	GB/T 3535
酸值[④]（以 KOH 计）/mg·g^{-1}	报告							报告				报告						报告				GB/T 4945

续表

项目	质量指标																					试验方法
	L-HL							L-HM 高压				L-HM 普通						L-HG				
黏度等级(GB/T 3141)	15	22	32	46	68	100	150	32	46	68	100	22	32	46	68	100	150	32	46	68	100	
水分(质量分数)/% 不大于	痕迹							痕迹				痕迹						痕迹				GB/T 260
机械杂质	无							无				无						无				GB/T 511
清洁度	⑤							⑤				⑤						⑤				DL/T 432 和 GB/T 14039
铜片腐蚀(100℃,3h)/级 不大于	1							1				1						1				GB/T 5096
泡沫性(泡沫倾向/泡沫稳定性)/mL·mL^{-1} 程序Ⅰ(24℃) 不大于 程序Ⅱ(93.5℃) 不大于 程序Ⅲ(后24℃) 不大于	 150/0 75/0 150/0							 150/0 75/0 150/0				 150/0 75/0 150/0						 150/0 75/0 150/0				GB/T 12579
密封适应性指数 不大于	14	12	10	9	7	6	报告	12	10	8	报告	13	12	10	8	报告	报告	报告				SH/T 0305
抗乳化性(浮化液到3mL的时间)/min 54℃ 不大于 82℃ 不大于	 30 —	 30 —	 30 —	 30 —	 30 —	 — 30	 — 30	 30 —	 30 —	 30 —	 — 30	 30 —	 30 —	 30 —	 30 —	 — 30	 — 30	 报告 —			 — 报告	GB/T 7305

① 测定方法也包括用 SH/T 0604。
② 测定方法也包括用 GB/T 2541，结果有争议时，以 GB/T 1995 为仲裁方法。
③ 用户有特殊要求时，可与生产单位协商。
④ 测定方法也包括用 GB/T 264。
⑤ 由供需双方协商确定，也包括用 NAS 1638 分级。

表 20-4-10　　液压油（L-HV 和 L-HS）质量指标

项目	质量指标												试验方法
	L-HV 低温							L-HS 超低温					
黏度等级(GB/T 3141)	10	15	22	32	46	68	100	10	15	22	32	46	
密度①(20℃)/kg·m^{-3}	报告							报告					GB/T 1884 和 GB/T 1885
色度/号	报告							报告					GB/T 6540
外观	透明							透明					目测
闪点/℃ 开口 不低于 闭口 不低于	 — 100	 125 —	 175 —	 175 —	 180 —	 180 —	 190 —	 — 100	 125 —	 175 —	 175 —	 180 —	GB/T 3536 GB/T 261
运动黏度(40℃)/mm^2·s^{-1}	9.00~11.0	13.5~16.5	19.8~24.2	28.8~35.2	41.4~50.6	61.2~74.8	90~110	9.00~11.0	13.5~16.5	19.8~24.2	28.8~35.2	41.4~50.6	GB/T 265
运动黏度 1500mm^2/s 时的温度/℃ 不高于	-33	-30	-24	-18	-12	-6	0	-39	-36	-30	24	-18	GB/T 265
黏度指数② 不小于	130	130	140	140	140	140	140	130	130	150	150	150	GB/T 1995
倾点③/℃ 不高于	-39	-36	-36	-33	-33	-30	-21	-45	-45	-45	-45	-39	GB/T 3535
酸值④(以 KOH 计)/mg·g^{-1}	报告							报告					GB/T 4945
水分(质量分数)/% 不大于	痕迹							痕迹					GB/T 260
机械杂质	无							无					GB/T 511

续表

项目	质量指标												试验方法
	L-HV 低温							L-HS 超低温					
黏度等级(GB/T 3141)	10	15	22	32	46	68	100	10	15	22	32	46	
清洁度	⑤							⑤					DL/T 432 和 GB/T 14039
铜片腐蚀(100℃,3h)/级 不大于	1							1					GB/T 5096
硫酸盐灰分/%	报告							报告					GB/T 2433
液相锈蚀(24h)	无锈							无锈					GB/T 11143 (B法)
泡沫性(泡沫倾向/泡沫稳定性)/mL·mL^{-1}													GB/T 12579
程序Ⅰ(24℃) 不大于	150/0							150/0					
程序Ⅱ(93.5℃) 不大于	75/0							75/0					
程序Ⅲ(后24℃) 不大于	150/0							150/0					
空气释放值(50℃)/min 不大于	5	5	6	8	10	12	15	5	5	6	8	10	SH/T 0308
抗乳化性(乳化液到3mL的时间)/min													GB/T 7305
54℃ 不大于	30	30	30	30	30	30	—	30					
82℃ 不大于	—	—	—	—	—	—	30	—					
剪切安定性(250次循环后,40℃运动黏度下降率)/% 不大于	10							10					SH/T 0103
密封适应性指数 不大于	报告	16	14	13	11	10	10	报告	16	14	13	11	SH/T 0305
氧化安定性													GB/T 12581 SH/T 0565
1500h后总酸值(以KOH计)⑥/mg·g^{-1} 不大于	—	—	2.0					—	—	2.0			
1000h后油泥/mg	—	—	报告					—	—	报告			
旋转氧弹(150℃)/min	报告	报告	报告					报告	报告	报告			SH/T 0193
抗磨性 齿轮机试验⑦/失效级 不小于	—	—	—	10	10	10	10	—	—	—	10	10	SH/T 0306
抗磨性 磨斑直径(392N,60min,75℃,1200r/min)/mm	报告							报告					SH/T 0189
抗磨性 双泵(T6H20C)试验⑦													
叶片和柱销总失重/mg 不大于	—	—	—	15				—	—	—	15		
柱塞总失重/mg 不大于	—	—	—	300				—	—	—	300		
水解安定性													SH/T 0301
铜片失重/mg·cm^{-2} 不大于	0.2							0.2					
水层总酸度(以KOH计)/mg 不大于	4.0							4.0					
铜片外观	未出现灰、黑色							未出现灰、黑色					

续表

项目	质量指标												试验方法
	L-HV 低温							L-HS 超低温					
黏度等级(GB/T 3141)	10	15	22	32	46	68	100	10	15	22	32	46	
热稳定性(135℃,168h)													SH/T 0209
铜棒失重/mg·(200mL)$^{-1}$ 不大于	10							10					
钢棒失重/mg·(200mL)$^{-1}$	报告							报告					
总沉渣重/mg·(100mL)$^{-1}$ 不大于	100							100					
40℃运动黏度变化/%	报告							报告					
酸值变化率/%	报告							报告					
铜棒外观	报告							报告					
钢棒外观	不变色							不变色					
过滤性/s													SH/T 0210
无水 不大于	600							600					
2%水[⑧] 不大于	600							600					

① 测定方法也包括用 SH/T 0604。

② 测定方法也包括用 GB/T 2541。结果有争议时，以 GB/T 1995 为仲裁方法。

③ 用户有特殊要求时，可与生产单位协商。

④ 测定方法也包括用 GB/T 264。

⑤ 由供需双方协商确定，也包括用 NAS 1638 分级。

⑥ 黏度等级为 10 和 15 的油不测定，但所含抗氧剂类型和量应与产品定型黏度等级为 22 的试验油样相同。

⑦ 在产品定型时，允许只对 L-HV 32 油进行齿轮机试验和双泵试验，其他各黏度等级所含功能剂类型和量应与产品定型时黏度等级为 32 的试验油样相同。

⑧ 有水时的过滤时间不超过无水时的过滤时间的 2 倍。

2.6.2 专用液压油

表 20-4-11　　10 号和 12 号航空液压油技术性能（摘自 SH 0358—1995）

项　目			质量指标		试验方法
			10 号	12 号	
外观			红色透明液体		目　测
运动黏度/mm^2·s^{-1}	50℃	不小于	10	12	GB/T 265
	-50℃	不大于	1250	—	
初馏点/℃		不低于	210	230	GB/T 6536
酸值/mg(KOH)·g^{-1}		不大于	0.05	0.05	GB/T 264[①]
闪点(开口)/℃		不低于	92	100	GB/T 267
凝点/℃		不高于	-70	-60	GB/T 510
水分/mg·kg^{-1}		不大于	60	—	GB/T 11133
机械杂质/%			无	无	GB/T 511
水溶性酸或碱			无	无	GB/T 259
油膜质量(65℃±1℃,4h)			合格	—	②
低温稳定性(-60℃±1℃,72h)			合格	合格	另有规定
超声波剪切(40℃运动黏度下降率)/%		不大于	16	20	SH/T 0505
氧化安全性(140℃,60h)	氧化后运动黏度/mm^2·s^{-1}				SH/T 0208
	50℃	不小于	9	变化率	
	-50℃	不大于	1500	-5%~+12%	
	氧化后酸值/mg(KOH)·g^{-1}	不大于	0.15	0.3	GB/T 264
	腐蚀度/mg·cm^{-2}				SH/T 0208
	钢片	不大于	±0.1	±0.1	
	铜片	不大于	±0.15	±0.2	
	铝片	不大于	±0.15	±0.1	
	镁片	不大于	±0.1	±0.2	

续表

项目		质量指标		试验方法
		10号	12号	
密度(20℃)/kg·m^{-3}	不大于	850	800~900	GB/T 1884及 GB/T 1885
铜片腐蚀(70℃±2℃,24h)/级	不大于	2	—	GB/T 5096

① 用95%乙醇（分析纯）抽提，取0.1%溴麝香草酚蓝作指示剂。

② 油膜质量的测定：将清洁的玻璃片浸入试油中取出，垂直地放在恒温器中干燥，在65℃±1℃下保持4h，然后在15~25℃下冷却30~45min，观察在整个表面上油膜不得呈现硬的黏滞状。

表 20-4-12　　15号航空液压油技术性能（摘自 GJB 1177A—2013）

项目		质量指标	试验方法
外观		无悬浮物,红色透明液体	目测
钡含量/mg·kg^{-1}	不大于	10	GB/T 17476
密度(20℃)/kg·m^{-3}		报告	GB/T 1884
运动黏度/mm^2·s^{-1}			GB/T 265
100℃	不小于	4.90	
40℃	不小于	13.2	
-40℃	不大于	600	
-54℃	不大于	2500	
倾点/℃	不高于	-60	GB/T 3535
闪点(闭口)/℃	不低于	82	GB/T 261
酸值/mg(KOH)·g^{-1}	不大于	0.20	GB/T 7304
水溶性酸或碱		无	GB/T 259
橡胶膨胀率(NBR-L型标准胶)/%		19.0~30.0	SH/T 0691
蒸发损失(71℃,6h,质量分数)/%	不大于	20	GB/T 7325
铜片腐蚀(135℃,72h)/级		2e	GB/T 5096
水分(质量分数)/%	不大于	0.01	GB/T 11133
磨斑直径(75℃,1200r/min,392N,60min)/mm	不大于	1.0	SH/T 0189
腐蚀和氧化安定性(160℃,100h)			GJB 563—1998
40℃运动黏度变化/%		-50~20	
氧化后酸值/mg(KOH)·g^{-1}	不大于	0.04	
油外观①		无不溶物或沉淀	
金属腐蚀(质量变化)/mg·cm^{-2}			
钢(15#)	不大于	±0.2	
铜(T_2)	不大于	±0.6	
铝(LY12)	不大于	±0.2	
镁(MB_2)	不大于	±0.2	
阳极镉②(Cd-0)	不大于	±0.2	
金属片外观		金属表面上不应有点蚀或看得见的腐蚀,铜片腐蚀不大于3级	用20倍放大镜观察
低温稳定性(-54℃±1℃,72h)		合格	SH/T 0644
剪切安定性			SH/T 0505
40℃黏度下降率/%	不大于	16	
-40℃黏度下降率/%	不大于	16	
固体颗粒杂质			GJB 380.4A—2004
自动颗粒计数仪法			
可允许的颗粒数/个·(100mL)$^{-1}$			
5~15μm	不大于	10000	
>15~25μm	不大于	1000	
>25~50μm	不大于	150	
>50~100μm	不大于	20	
>100μm	不大于	5	
质量法/mg·(100mL)$^{-1}$	不大于	0.3	附录A

续表

项目		质量指标	试验方法
过滤时间/min	不大于	15	附录 A
泡沫性能(24℃) 吹起 5min 后泡沫体积/mL 静置 10min 后泡沫体积/mL	不大于	65 0	GB/T 12579
贮存安定性(24℃±3℃,12 个月)		无混浊、沉淀、悬浮物等,符合全部技术要求	SH/T 0451

① 试验结束后立即观察。
② 阳极镉的组装为 GJB 563—1998 图 2 中银的位置。

表 20-4-13　风力发电机组专用液压油的技术性能（摘自 GB/T 33540.4—2017）

项目		质量指标(GB/T 3141)	试验方法
密度(20℃)/$kg \cdot m^{-3}$		报告	GB/T 1884 和 GB/T 1885 或 SH/T 0604①
色度		报告	GB/T 6540
外观		透明	目测
闪点(开口)/℃	不低于	200	GB/T 3536
运动黏度(40℃)/$mm^2 \cdot s^{-1}$		28.8~35.2	GB/T 265 或 NB/SH/T 0870②
运动黏度 1500mm^2/s 时的温度/℃	不高于	-18	GB/T 265 或 NB/SH/T 0870②
黏度指数	不小于	140	GB/T 1995 或 GB/T 2541③
倾点/℃	不高于	-42	GB/T 3535
酸值(以 KOH 计)/$mg \cdot g^{-1}$		报告	GB/T 4945 或 GB/T 7304④
水分(质量分数)/%	不大于	痕迹	GB/T 260
清洁度⑤/级	不大于	8	DL/T 432
铜片腐蚀(100℃,3h)/级	不大于	1	GB/T 5096
硫酸盐灰分/%		报告	GB/T 2433
液相锈蚀(24h)		无锈	GB/T 11143(B 法)
泡沫特性(泡沫倾向/泡沫稳定性)/$mL \cdot mL^{-1}$ 程序Ⅰ(24℃) 程序Ⅱ(93.5℃) 程序Ⅲ(后 24℃)	 不大于 不大于 不大于	 150/0 75/0 150/0	GB/T 12579
空气释放值(50℃)/min	不大于	5	SH/T 0308
水分释放值(乳化液到 3mL 的时间)/min 54℃	不大于	30	GB/T 7305
剪切安定性(250 次循环后,40℃运动黏度下降率)/%	不大于	6	SH/T 0103
橡胶相容性⑥ NBR1(100℃,168h) 体积变化/% 硬度变化		 0~12 0~-7	GB/T 14832
氧化安定性 1500h 后总酸值(以 KOH 计)/$mg \cdot g^{-1}$ 1000h 后油泥/mg	 不大于	 1.5 报告	GB/T 12581 SH/T 0565
承载能力 FZG 齿轮机试验/失效级	不大于	10	NB/SH/T 0306
叶片泵磨损特性(35VQ25) 总失重/mg	不大于	90	SH/T 0787
水解安定性 铜片失重/$mg \cdot cm^{-2}$ 水层总酸值(以 KOH 计)/mg 铜片外观	 不大于 不大于	 0.2 4.0 未出现灰、黑色	SH/T 0301

续表

项目		质量指标(GB/T 3141)	试验方法
热稳定性(135℃,168h)			
铜棒失重/mg·(200mL)$^{-1}$	不大于	10	SH/T 0209
钢棒失重/mg·(200mL)$^{-1}$		报告	
总沉渣重/mg·(100mL)$^{-1}$	不大于	100	
40℃运动黏度变化率/%		报告	
酸值变化率/%		报告	
铜棒外观		报告	
钢棒外观		不变色	
过滤性/s			
无水	不大于	300	SH/T 0210
2%水⑦	不大于	300	

① 结果有争议时，以 GB/T 1884 和 GB/T 1885 为仲裁方法。

② 结果有争议时，以 GB/T 265 为仲裁方法。

③ 结果有争议时，以 GB/T 1995 为仲裁方法。

④ 结果有争议时，以 GB/T 4945 为仲裁方法。

⑤ 按照 DL/T 432—2018《电力用油中颗粒污染度测量方法》测定方法进行判定，在客户需要时，可同时提供按 GB/T 14039 的分级结果。

⑥ 橡胶试验件的种类、试验条件和指标可与用户协商确定。

⑦ 有水时的过滤时间不超过无水时的过滤时间的 2 倍。

表 20-4-14　　舰用液压油技术性能（摘自 GJB 1085—1991）

项目			质量指标	试验方法
运动黏度(40℃)/mm^2·s^{-1}			28.8~35.2	GB/T 265
黏度指数		不小于	130	GB/T 2541
倾点/℃		不高于	-23	GB/T 3535
闪点(开口)/℃		不低于	145	GB/T 3536
液相锈蚀试验(合成海水)			无锈	GB/T 11143
腐蚀试验(铜片 100℃,3h)/级		不大于	1	GB/T 5096
密封适应性指数(100℃,24h)			报告	SH/T 0305
空气释放值(50℃)/min			报告	SH/T 0308
泡沫性(泡沫倾向/泡沫稳定性)/mL·mL^{-1}	24℃	不大于	60/0	GB/T 12579
	93.5℃	不大于	100/0	
	后 24℃	不大于	60/0	
抗乳化性(40mL/37mL/3mL,54℃)/min		不大于	30	GB/T 7305
抗磨性	叶片泵试验(100h,总失重)/mg	不大于	150	SH/T 0307
	最大无卡咬载荷/N		报告	GB/T 3142
氧化安定性[酸值达 2.0mg(KOH)/g 的时间]/h		不小于	1000	GB/T 12581
水解安定性	铜片失重/mg·cm^{-2}	不大于	0.5	SH/T 0301
	铜片外观		无灰、黑色	
	水层总酸度/mg(KOH)·g^{-1}	不大于	6.0	
剪切安定性(40℃运动黏度变化率)/%		不大于	15	SH/T 0505
中和值/mg(KOH)·g^{-1}		不大于	0.3	GB/T 4945
水分/%			无	GB/T 260
机械杂质/%			无	GB/T 511
水溶性酸(pH 值)			报告	GB/T 259
外观			透明	目测
密度(20℃)/kg·cm^{-3}			报告	GB/T 1884

注：叶片泵试验、氧化安定性为保证项目，每年测一次。

2.6.3 难燃液压液和磷酸酯抗燃油

(1) 水-乙二醇型难燃液压液

表 20-4-15 水-乙二醇型难燃液压液的技术性能（摘自 GB/T 21449—2008）

项目		质量指标				试验方法
黏度等级(按 GB/T 3141)		22	32	46	68	—
运动黏度(40℃)/$mm^2 \cdot s^{-1}$		19.8~24.2	28.8~35.2	41.4~50.6	61.2~74.8	GB/T 265
外观		清澈透明①				目测
水分(质量分数)/%	不小于	35				SH/T 0246
倾点/℃		报告				GB/T 3535
泡沫特性(泡沫倾向/泡沫稳定性)/$mL \cdot mL^{-1}$ 25℃ 50℃	 不大于 不大于	 300/10 300/10				GB/T 12579
空气释放值(50℃)/min	不大于	20	20	25	25	SH/T 0308
pH 值(20℃)		8.0~11.0				ISO 20843
剪切安定性: 黏度变化率(20℃)/% 黏度变化率(40℃)/% 剪切前后 pH 值变化 剪切前后水分变化/%	 不大于 不大于	 报告 报告 ±1.0 8				SH/T 0505 ISO 20843 SH/T 0246
抗腐蚀性(35℃±1℃,672h±2h)②		通过				SH/T 0752
密度(20℃)/$kg \cdot m^{-3}$		报告				GB/T 1884、GB/T 1885 或 GB/T 2540 或 SH/T 0604
橡胶相容性(60℃/168h): 丁腈橡胶(NBR Ⅰ) 体积变化率/% 硬度变化 拉伸强度变化率/% 扯断伸长率变化率/%	 不大于 不小于/不大于 	 7 -7/+2 报告 报告				GB/T 14832
芯式燃烧持久性		通过				SH/T 0785
歧管燃烧试验		通过				SH/T 0567
喷射燃烧试验		③				ISO 15029-1
老化特性 pH 值增长 不溶物/%		 ③ ③				ISO 4263-2
四球机试验: 最大无卡咬负荷 P_B 值/N 磨斑直径(1200r/min,294N,30min,常温)/mm		 ③ ③				 GB/T 3142 SH/T 0189
FZG 齿轮机试验		③				SH/T 0306

① 用一个直径大约 10cm 的干净玻璃容器盛装水-乙二醇型难燃液压液，并在室温可见光下观察，外观应是清澈透明的，并且无可见的颗粒物质。

② 抗腐蚀试验所用的金属试片由生产单位和使用单位协商确定。若仅使用铜片，可采用 GB/T 5096 石油产品铜片腐蚀试验法（条件为 T_2 铜片，50℃，3h），作为出厂检验项目，不大于 1 级为通过。

③ 指标值由供应者和使用者协商确定。

注：本产品一般以配好的成品供应。根据 GB/T 16898《难燃液压液使用导则》，使用温度一般为-20~50℃。

(2) 磷酸酯抗燃油

表 20-4-16 磷酸酯抗燃油的技术性能（摘自 DL/T 571—2014）

项目	指标	试验方法
外观	透明，无杂质或悬浮物	DL/T 429.1
颜色	无色或淡黄	DL/T 429.2
密度(20℃)/$kg \cdot m^{-3}$	1130~1170	GB/T 1884

续表

项目		指标	试验方法
运动黏度(40℃)/$mm^2 \cdot s^{-1}$	ISO VG32	28.8~35.2	GB/T 265
	ISO VG46	41.4~50.6	
倾点/℃		≤-18	GB/T 3535
闪点(开口)/℃		≥240	GB/T 3536
自燃点/℃		≥530	DL/T 706
颗粒污染度 SAE AS4059F/级		≤6	DL/T 432
水分/$mg \cdot L^{-1}$		≤600	GB/T 7600
酸值/mg(KOH)·g^{-1}		≤0.05	GB/T 264
氯含量/$mg \cdot kg^{-1}$		≤50	DL/T 433 或 DL/T 1206
泡沫特性/$mL \cdot mL^{-1}$	24℃	≤50/0	GB/T 12579
	93.5℃	≤10/0	
	后 24℃	≤50/0	
电阻率(20℃)/Ω·cm		≥1×10^{10}	DL/T 421
空气释放值(50℃)/min		≤6	SH/T 0308
水解安定性/mg(KOH)·g^{-1}		≤0.5	EN 14833
氧化安定性	酸值/mg(KOH)·g^{-1}	≤1.5	EN 14832
	铁片质量变化/mg	≤1.0	
	铜片质量变化/mg	≤2.0	

2.7 液压工作介质的选择

表 20-4-17　　选择液压工作介质应考虑的因素

项目	考虑因素
液压工作介质品种的选择	①液压系统所处的工作环境:液压设备是在室内或户外作业,还是在寒区或温暖的地带工作,周围有无明火或高温热源,对防火安全、保持环境清洁、防止污染等有无特殊要求 ②液压系统的工况:液压泵的类型,系统的工作温度和工作压力,设备结构或动作的精密程度,系统的运转时间,工作特点,元件使用的金属、密封件和涂料的性质等 ③液压工作介质方面的情况:货源、质量、理化指标、性能、使用特点、适用范围,以及对系统和元件材料的相容性(见表 20-4-21)等 ④经济性:考虑液压工作介质的价格,更换周期,维护使用是否方便,对设备寿命的影响等 ⑤液压工作介质品种的选择,参考表 20-4-4
液压工作介质黏度的选择	①意义:对多数液压工作介质来说,黏度选择就是介质牌号的选择,黏度选择适当,不仅可提高液压系统的工作效率、灵敏度和可靠性,还可以减少温升,降低磨损,从而延长系统元件的使用寿命 ②选择依据:液压系统的元件中,液压泵的载荷最重,所以,介质黏度的选择,通常是以满足液压泵的要求来确定,见表 20-4-19 ③修正:对执行机构运动速度较高的系统,工作介质的黏度要适当选小些,以提高动作的灵敏度,减少流动阻力和系统发热

表 20-4-18　　液压油（液）种类的选择

种类	矿物油	水包油乳化液	油包水乳化液	水-乙二醇液压液	磷酸酯液压液	脂肪酸酯
主要用途	用于不接近高温热源和明火源的液压系统 按不同品种,用于低、中、高压装置	含水型难燃液压液,用于操作简便的中、低压装置 用于泄漏量大、润滑性要求不高的静压平衡油压装置	用于泄漏量较大、要求有一定润滑性的单纯油压装置	用于运行复杂的油压装置、要求换油期长的装置和室内低温条件下工作的装置	用于高压装置、具有复杂线路的装置、具有精密控制伺服机构的装置、高温下操作的装置和维护管理难的装置	用于高压装置、具有复杂油路的配套装置,具有精密控制伺服、比例机构控制装置,高温下可使用、适用范围很广和维护管理难的现场

续表

种类		矿物油	水包油乳化液	油包水乳化液	水-乙二醇液压液	磷酸酯液压液	脂肪酸酯
油泵类型	叶片泵	可用	不能用	可用	可用	可用	可用
	齿轮泵	可用	不能用	可用(最好是滑动轴承)	可用(最好是滑动轴承)	可用	可用
	柱塞泵	可用	不能用		可用(最好是滑动轴承)	可用	可用
	螺杆泵	可用	不能用			可用	可用
	往复活塞泵	可用	不能用	可用	可用	可用	可用
选择中的其他参考事项	装置部件材料,密封衬垫材料	可用丙烯腈橡胶、丙烯酯橡胶、氯丁橡胶、丁腈橡胶、硅橡胶、氟橡胶等,不能用天然橡胶和丁基橡胶	无特别要求,对于密封衬垫材料无特别限制 不能用纸、皮革、软木、合成纤维等,对丁基橡胶也有影响	不宜用铜、锌 与矿物油相同,但不能用纸、皮革、软木、合成纤维等	不宜用锌、银、镉、铜 可用天然橡胶、氯丁橡胶、丁腈橡胶、丁基橡胶、硅橡胶和氟橡胶等,不能用纸、皮革、软木、合成纤维等	最好不用铜 可用乙丙基或丁基橡胶、硅橡胶、氟橡胶和聚四氟乙烯等 不能用矿物油所用的材料,某些塑料也不可用	可用丙烯腈橡胶、丙烯酯橡胶、氯丁橡胶、丁腈橡胶、硅橡胶、氟橡胶等,不能用天然橡胶和丁基橡胶
	涂料	无特殊要求	最好不用	最不能用	某些油漆不适用,一般用于矿物油的涂料都不适用。可用环氧树脂乙烯基涂料	能溶解大部分油漆和绝缘材料,故最好不用。可用聚环氧型和聚脲型涂料	一般无特殊要求,但注意与含锌类油漆是不相容的
相对价格比		中~高	最低	中~高	高	最高	较高

表 20-4-19　　工作介质黏度选择（供参考）

液压设备类型			工作温度下适宜运动黏度范围和最佳运动黏度/$mm^2 \cdot s^{-1}$			推荐选用运动黏度(37.8℃)/$mm^2 \cdot s^{-1}$		适用工作介质品种及黏度等级
			最低	最佳	最高	工作温度/℃ 5~40	工作温度/℃ 40~85	
液压泵	叶片泵	<7MPa	20	25	400~800	30~49	43~77	HM 油:32、46、68
		≥7MPa	20	25	400~800	54~70	65~95	HM 油:46、68、100
	齿轮泵		16~25	70~250	850	30~70	110~154	HL 油(中、高压用 HM):32、46、68、100、150
	柱塞泵	轴向	12	20	200	30~70	110~220	HL 油(高压用 HM):32、46、68、100、150
		径向	16	30	500	30~70	110~200	HL 油(高压用 HM):32、46、68、100、150
	螺杆泵		7~25	75	500~4000	30~50	40~80	HL 油:32、46、68
	电液脉冲马达		17	25~40	60~120			
机床	普通①		10		500			
	精密①		10		500			
	数控②		17		60			

① 允许系统工作温度：0~55℃。

② 允许系统工作温度：15~60℃。

表 20-4-20　　按环境、工作压力和温度选择液压油（液）

环境	压力<7MPa 温度<50℃	压力 7~14MPa 温度<50℃	压力 7~14MPa 温度 50~80℃	压力>14MPa 温度 80~100℃
室内 固定液压设备	HL	HL 或 HM	HM	HM
寒天 寒区或严寒区	HR	HV 或 HS	HV 或 HS	HV 或 HS

续表

环境	压力<7MPa 温度<50℃	压力7~14MPa 温度<50℃	压力7~14MPa 温度50~80℃	压力>14MPa 温度80~100℃
地下 水上	HL	HL或HM	HM	HM
高温热源 明火附近	HFAE HFAS	HFB HFC	HFDR	HFDR

注：在JB/T 12672—2016《土方机械　液压油应用指南》中给出了“常用液压油的选用”可供参考。

表20-4-21　　液压工作介质与常用材料的相容性

材料名称		石油基液压油	高水基液压液	油包水乳化液	水-乙二醇液压液	磷酸酯液压液	脂肪酸酯
金属	铁	相容	相容	相容	相容	相容	相容
	铜、黄铜	相容	相容	相容	相容	相容	相容
	青铜	不相容	相容	相容	勉强	相容	相容
	铝	相容	不相容	相容	不相容	相容	相容
	锌、镉	相容	不相容	相容	不相容	相容	不相容
	镍、锡	相容	相容	相容	相容	相容	相容
	铅	相容	相容	不相容	不相容	相容	不相容
	镁	相容	不相容	不相容	不相容	相容	相容
橡胶	天然橡胶	不相容	相容	不相容	相容	不相容	不相容
	氯丁橡胶	相容	相容	相容	相容	不相容	相容
	丁腈橡胶	相容	相容	相容	相容	不相容	相容
	丁基橡胶	不相容	不相容	不相容	相容	相容	不相容
	乙丙橡胶	不相容	相容	不相容	相容	相容	不相容
	聚氨酯橡胶	相容	不相容	不相容	不相容	不相容	相容
	硅橡胶	相容	相容	相容	相容	相容	相容
	氟橡胶	相容	相容	相容	相容	相容	相容
	丁苯橡胶	不相容	不相容	不相容	相容	不相容	不相容
	聚硫橡胶	相容	勉强	勉强	相容	勉强	相容
	聚丙烯酸酯橡胶	勉强	不相容	不相容	不相容	不相容	勉强
	氟磺化聚乙烯橡胶	勉强	勉强	勉强	相容	不相容	勉强
塑料	丙烯酸塑料(包括有机玻璃)	相容	相容	相容	相容	不相容	相容
	苯乙烯塑料	相容	相容	相容	相容	不相容	相容
	环氧塑料	相容	相容	相容	相容	相容	相容
	酚型塑料	相容	相容	相容	相容	相容	相容
	硅酮塑料	相容	相容	相容	相容	相容	相容
	聚氯乙烯塑料	相容	相容	相容	相容	不相容	相容
	尼龙	相容	相容	相容	相容	相容	相容
	聚丙烯塑料	相容	相容	相容	相容	相容	相容
	聚四氟乙烯塑料	相容	相容	相容	相容	相容	相容
涂料和漆	普通耐油工业涂料	相容	不相容	不相容	不相容	不相容	相容
	环氧型	相容	相容	相容	相容	相容	相容
	酚型	相容	相容	相容	相容	相容	相容
	搪瓷	相容	相容	相容	相容	相容	相容
其他材料	皮革	相容	不相容	不相容	不相容	不相容	相容
	纸、软木	相容	不相容	不相容	不相容	—	相容
	合成纤维	—	不相容	不相容	不相容	—	—

注：在GB/T 3452.5—2022《液压气动用O形橡胶密封圈　第5部分：弹性体材料规范》附录B（资料性）中规定，硅橡胶（VMQ）不耐油。

2.8 液压工作介质的使用要点

液压系统的液压工作介质中存在各种各样的污染物，它是造成液压系统使用故障的主要原因，通过实践分析其中最主要的污染物是固体颗粒，此外还有水、气及有害的化学物质。造成污染物及污染原因主要有以下几个方面。

① 新油，由于液压介质本身生产制造过程中产生，或在储藏、运输过程中和在液压介质向液压系统输入过程中产生的。

② 液压系统中残留的，主要指液压系统中的液压元件、液压附件和组装过程中残留的金属铁屑、清洁化纤、清洁溶剂等。

③ 液压系统使用过程中由外界侵入的污染物。例如在油箱呼吸气体过程中带入的空气中的颗粒物，液压缸外露活塞杆由于往复运动由外界环境侵入液压系统的污染物以及在维修人员工作过程中带入的污染物等。

④ 液压系统使用过程中内部生成的污染物。其主要是指液压系统中的液压元件使用磨损及腐蚀，以及液压介质长期使用中油液氧化分解产生的化合物，或者由于液压介质使用不当造成污染物的堆积。

表 20-4-22　　液压工作介质的日常维护、更换及安全事项

使用要点	内容或措施
日常维护	①保持环境整洁，正确操作，防止水分、杂物或空气混入 ②含水型液压液的使用温度不要超过规定值，以免水分过度蒸发。要定期检查和补充水分，否则，其理化性质会发生变化，影响使用，甚至失去难燃性，成为可燃液体 ③对磷酸酯液压液要特别注意防止进水，以免发生水解变质
及时更换	液压工作介质在使用过程中会逐渐老化变质，达到一定程度要及时更换。为了确保液压系统正常运转，应参照相应的标准进行介质检测。当运行中的液压油已超出规定的技术要求时，则已达到了换油期，应及时更换工作介质。确定是否更换的方法有三种： ①定期更换法：每种工作介质都有一定的使用寿命，到期更换。设备正常运转，日常正确维护，一般采用此法 ②经验判断更换法：按介质颜色、气味、透明或浑浊度、有无沉淀物等，对比新介质或凭经验确定是否更换 ③化验确定更换法：介质老化变质，其理化指标有变化，定期对介质取样化验，对比表 20-4-23～表 20-4-27 所列指标确定是否更换，这是一种客观和科学的方法
安全事项	①使用液压油要注意防火安全 ②磷酸酯有极强的脱脂能力，会使触及的皮肤干裂。误触后应立即用流水、肥皂清洗

表 20-4-23　　液压工作介质的更换指标

项目	石油基液压油		油包水乳化液	水-乙二醇液压液	磷酸酯液压液
	一般机械	精密机械			
运动黏度变化率(40℃)/%	±15	±10	±20①	±(15～20)①	±20
酸值增加/mg(KOH)·g^{-1}	0.5	0.25～0.5			0.4～1.0
碱度变化/%			-15②	-15②	
水分/%	0.2	0.1	±5③	±(5～9)③	0.5
污物含量/mg·$(100mL)^{-1}$	40	10			15
腐蚀性试验	不合格	不合格	不合格	不合格	不合格
颜色	变化大	有变化			ASTM 4.5 级

① 黏度减到此值，换液；增到此值，补充纯水（软水）。
② 达此值补充适量添加剂。
③ 水分增加到此值，换液；减少到此值，补充纯水（软水）。

表 20-4-24　　L-HL 液压油换油指标［摘自 SH/T 0476—1992（2003 年确认）］

项目		换油指标	试验方法
外观		不透明或浑浊	目测
40℃运动黏度变化率/%	超过	±10	本标准 3.2 条
色度变化(比新油)/号	等于或大于	3	GB/T 6540
酸值/mg(KOH)·g^{-1}	大于	0.3	GB/T 264

续表

项目		换油指标	试验方法
水分/%	大于	0.1	GB/T 260
机械杂质/%	大于	0.1	GB/T 511
铜片腐蚀(100℃,3h)/级	等于或大于	2	GB/T 5096

注：设备技术状况正常，液压油中有一项指标达到换油指标时应更换新油。

表 20-4-25　　L-HM 液压油换油指标（摘自 NB/SH/T 0599—2013）

项目		换油指标	试验方法
40℃运动黏度变化率/%	超过	±10	GB/T 265 及本标准 3.2 条
水分/%	大于	0.1	GB/T 260
色度增加(比新油)/号	大于	2	GB/T 6540
酸值增加/mg(KOH)·g^{-1}	大于	0.3	GB/T 264、GB/T 7304
正戊烷不溶物①/%	大于	0.1	GB/T 8926(A 法)
铜片腐蚀(100℃,3h)/级	大于	2a	GB/T 5096

① 允许采用 GB/T 511 方法，使用 60~90℃石油醚作溶剂，测定试样机械杂质。
注：设备技术状况正常，液压油中有一项指标达到换油指标时应更换新油。

表 20-4-26　　冶金设备液压系统 L-HM 液压油换油指标（摘自 YB/T 4629—2017）

项目		限值			试验方法
40℃运动黏度变化率①/%	超过	±10			GB/T 11137 GB/T 256 及本标准 3.2 条
水分②(质量分数)/%	大于	0.10			GB/T 260 或 GB/T 11133
酸值增加③(以 KOH 计)/mg·g^{-1}	大于	0.30			GB/T 7034 或 GB/T 264 及本标准 3.3 条
正戊烷不溶物④/%	大于	0.20			GB/T 8926
铜片腐蚀(100℃,3h)/级	大于	2a			GB/T 5096
清洁度⑤/级	大于	NAS5 (伺服系统)	NAS7 (比例系统)	NAS9 (一般系统)	DL/T 432 或 GJB 380.4A

① 结果有争议时，以 GB/T 11137 为仲裁方法。
② 结果有争议时，以 GB/T 260 为仲裁方法。
③ 结果有争议时，以 GB/T 7034 为仲裁方法。
④ 允许采用 GB/T 511 方法测定油样机械杂质，结果有争议时，以 GB/T 8926 为仲裁方法。
⑤ 客户需要时，可提供 GB/T 14039 的分级结果，结果有争议时，以 DL/T 432 为仲裁方法，清洁度限值可根据设备制造商或用户要求适当调整。

表 20-4-27　　运行中磷酸酯抗燃油换油指标（摘自 DL/T 571—2014）

项目		指标	异常极限值	试验方法
外观		透明,无杂质或悬浮物	混浊、有悬浮物	DL/T 429.1
颜色		橘红	迅速加深	DL/T 429.2
密度(20℃)/kg·m^{-3}		1130~1170	<1130 或>1170	GB/T 1884
运动黏度(40℃)/mm^2·s^{-1}	ISO VG32	27.2~36.8	与新油牌号代表的运动黏度中心值相差超过±20%	GB/T 265
	ISO VG46	39.1~52.9		
倾点/℃		≤-18	>-15	GB/T 3535
闪点(开口)/℃		≥235	<220	GB/T 3536
自燃点/℃		≥530	<500	DL/T 706
颗粒污染度 SAE AS4059F/级		≤6	>6	DL/T 432
水分/mg·L^{-1}		≤1000	>1000	GB/T 7600
酸值/mg(KOH)·g^{-1}		≤0.15	>0.15	GB/T 264
氯含量/mg·kg^{-1}		≤100	>100	DL/T 433 或 DL/T 1206

续表

项目		指标	异常极限值	试验方法
泡沫特性/mL·mL^{-1}	24℃	≤200/0	>250/50	GB/T 12579
	93.5℃	≤40/0	>50/10	
	后24℃	≤200/0	>250/50	
电阻率(20℃)/Ω·cm		≥6×10^{9}	<6×10^{9}	DL/T 421
空气释放值(50℃)/min		≤10	>10	SH/T 0308
矿物油含量(质量分数)/%		≤0.5	>4	附录C

注：国标《磷酸酯液压液再生与使用导则》正在起草中。

3 污染控制

3.1 污染控制的基础知识

3.1.1 液压污染的定义与类型

表 20-4-28

内容		说明
液压污染定义		洁净的系统油液中混入或生成一定数量的有害物质称为污染
液压污染类型	外界侵入污染	①不恰当的安装、维修或清洗使固体颗粒、纤维、密封碎片等进入系统 ②空气中灰尘从密封不严的油箱或精度不高的空气滤清器进入系统 ③储运过程中油液受到污染，未经精密过滤将油液加入系统 ④开式加油时从空气中吸入灰尘
	内部自生污染	①泵、阀、缸(马达)摩擦副的机械正常磨损产生的金属磨损颗粒或密封磨损颗粒 ②软管或滤芯的脱落物 ③油液劣化产物

注：进一步还可参考 JB/T 12921—2016《液压传动　过滤器的选择与使用规范》附录C（资料性附录）“污染物类型和污染源”。

3.1.2 液压污染物的种类及来源

表 20-4-29

内容		说明
污染物的种类	颗粒状污染物	铁锈、金属屑、焊渣、砂石、灰尘等
	纤维污染物	纤维、棉纱、密封胶带片、油漆皮等
	化学污染物	油液氧化或残存的清洗溶剂引起的油液劣化胶质等
	水或空气	从油箱或液压缸活塞杆处带入水分、热交换器泄漏进水、油液中的空气混入等
污染物的来源	元件或装置的原有污染物	液压泵、阀、缸、马达、油箱、过滤器、阀块、管道、软管中原有的污染物
	外界侵入污染物	①油箱通气、液压缸活塞杆密封、轴承密封进入的污染物 ②系统组装、调试带入的外部污染物
	内部生成污染物	系统运转或油液变质生成的污染物
	维护造成的污染物	系统维修、更换元件、拆装及加油造成的污染

注：进一步还可参考 JB/T 12921—2016《液压传动　过滤器的选择与使用规范》附录C（资料性附录）“污染物类型和污染源”。

3.1.3 固体颗粒污染物及其危害

表 20-4-30

内容		说明
固体颗粒的危害性		①固体颗粒最为普遍：颗粒尺寸从 1~100μm 以上不等，其中：<10μm 者，数量上占 85%~95%以上，重量上占 70%以上 ②固体颗粒危害性最大：加速元件的磨损、老化、性能降低；堵塞导致控制失灵、引起故障、设备可靠性降低
颗粒形状和尺寸	形 状	形状多样不规则，如：多面体状、球状、片状和纤维状
	尺 寸	为定量描述污染颗粒的大小，需要定义颗粒的尺寸： ①对于形状规则的颗粒，采用球形体直径、正方体边长等 ②对于形状不规则的颗粒，颗粒尺寸很大程度上取决于测量方法，例如，用显微镜测量时，以颗粒的最大长度作为颗粒尺寸；用光电仪器测量时，以等效投影面积的直径——投影直径作为颗粒尺寸
颗粒尺寸分布		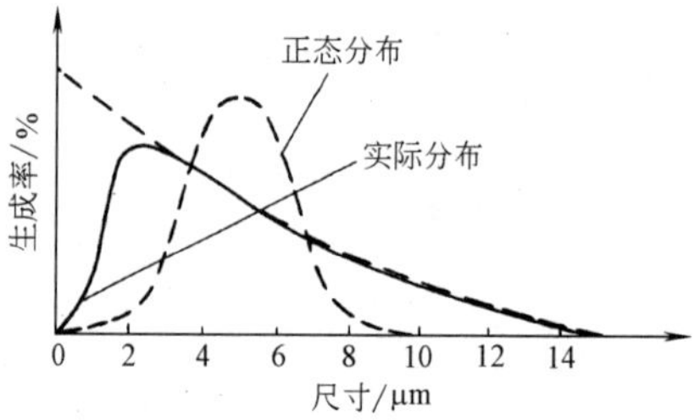 实际液压系统中，由于小颗粒尺寸的生成率高，数量很多，因而分布曲线向小颗粒尺寸偏斜，而非标准的正态分布 但采用对数坐标后，实际系统的颗粒尺寸便呈现对数正态分布规律

注：进一步还可参考 JB/T 12921—2016《液压传动　过滤器的选择与使用规范》附录 D（资料性附录）“颗粒污染的影响和去除颗粒污染的意义”。

3.1.4 油液中的水污染、危害及脱水方法

表 20-4-31

内容	说明
水污染来源	①热交换器泄漏 ②从液压缸活塞杆密封处带进水分 ③油箱顶盖结构或密封不当而渗水 ④从空气滤清器吸入潮湿空气，冷凝后使油箱上部内表面出现水珠 ⑤温度降低，溶解水析出，变成游离水
水在油中的存在形式	①溶解水：当油液中含水量低于饱和度时，水以溶解态存在于油液中 ②游离水：当油液中含水量超过饱和度时，过量的水以水珠状悬浮在油液中，或以自由状态沉淀在油液底部。油液暴露在潮湿环境下，或与水接触，其吸水量大约经过 8 周可达饱和，油液的含水饱和度与油液的类型、黏度及油温有关，如图所示 常用油的含水饱和度： 液压油　0.02%~0.04% 润滑油　0.02%~0.075% 变压器油　0.003%~0.005% 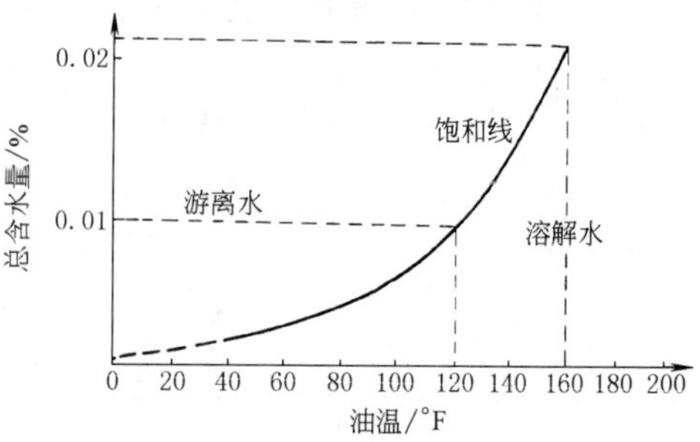
水对液压系统的危害	①水与油添加剂中的硫或元件清洗剂中的残留氯作用产生硫酸或盐酸，对元件有强烈的腐蚀作用。实践表明：同时存在固体颗粒和水比单独存在固体颗粒、水时所产生的磨损及腐蚀的总和要严重得多，这是由于颗粒磨损后暴露出的新表面，易被水产生的酸类腐蚀 ②水与油中某些添加剂易产生沉淀物，并加速油液的变质与劣化 ③水与油因在泵、阀中高压、高速激烈搅动、乳化，使油膜变薄，润滑性降低，加速了金属表面的疲劳失效 ④低温工作条件下，油液中水结成微小冰柱，易堵塞元件孔口或间隙，造成故障

续表

内容	说明	
脱水方法	沉淀法	用放水阀排水,只能除去游离水
	离心脱水	用高速离心机脱水,只能除游离水
	吸附脱水	只能除游离水,而且处理量很小
	真空脱水	可除游离水和溶解水,适合单机及大批量处理,使用方便,性能价格比最优

3.1.5 油液中的空气污染、危害及脱气方法

表 20-4-32

内容	说明	
油中空气的存在形式	①溶解于油液中:当油液中空气含量低于空气溶解饱和度时,空气溶解于油液中 ②游离气泡:当油液中空气含量高于空气溶解饱和度时,以气泡形式悬浮于油液中 空气在油中的溶解度与压力、油液的种类及油温有关,如右图所示。1个大气压下,空气在矿物油中的溶解度为10%(体积),即10L油液在大气环境下经过数天可溶解1L空气。当压力减小或温度升高时,溶解在油液中的空气会分离出来成为气泡 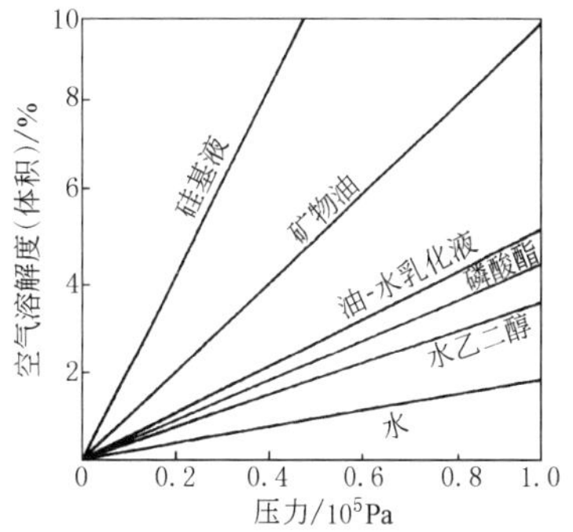 油液中的空气溶解度	
空气对液压伺服系统的危害	①空气混入将大大降低油液的容积弹性模量,从而显著地降低液压谐振频率、系统响应速度及系统刚度。若油中空气含量1%(体积),则β_e将降至纯净油液β_e的35.6%。纯油$\beta_e=1380$MPa。空气含量对β_e的影响见右图 ②油液混入空气使压缩性增大,压缩油液过程中消耗能量,并释放热量会使油温升高 ③容易产生汽蚀,加剧元件表面的损坏,并易引起振动、噪声和不稳定 ④加速油液的氧化变质、劣化 ⑤油中气泡使油液的润滑性变差 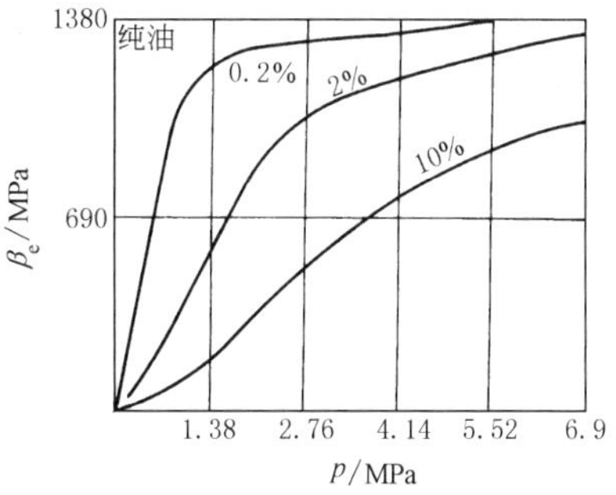 β_e与油中空气含量及压力的关系	
空气分离方法	加热脱气	温度升高,油中空气容易分离成气泡
	真空脱气	压力低于饱和蒸气压力时,油中空气便可分离出来

3.1.6 油液污染度的测量方法及特点

表 20-4-33

方法	单位	特点	局限性	适用范围
光学显微镜颗粒计数法	个/mL	提供准确的颗粒尺寸及颗粒分布	计数时间长	实验室
自动颗粒计数器法	个/mL	快速、重复性好,自动打印计数结果	对颗粒浓度及非颗粒性污染物(水、空气、胶质)很敏感	实验室 便携式自动颗粒计数器亦可用于工厂现场
显微镜油液污染比较法	目视比较确定清洁度等级	在现场能较迅速测出系统油液清洁度等级,也可帮助确定污染物的种类。精度较好、重复精度也较高	只能提供近似的污染度等级	工厂现场
铁谱分析法	标定大/小颗粒数目	提供基本参数	无法检测非金属(青铜、黄铜、硅土等)颗粒数	实验室

续表

方法	单位	特点	局限性	适用范围
光谱分析法	1×10^{-6}（质量分数）	验明污染物种类及含量	无法测出污染物颗粒尺寸大小	实验室
重量分析法	mg/L	显示污染物总重量	无法测出污染物颗粒尺寸大小	实验室
PCM 100	NAS 1638 ISO 4406	快速，可在线检测，不受气泡与水的影响	不提供具体颗粒数值	现场在线测试

注：进一步还可参考 JB/T 12921—2016《液压传动　过滤器的选择与使用规范》附录 E（资料性附录）“污染度评定”。

3.1.7　液压污染控制中的有关概念

表 20-4-34

<table>
<tr><th>概念</th><th colspan="2">说　明</th></tr>
<tr><td>高清洁度=高可靠性</td><td colspan="2">由于液压伺服系统的绝大多数故障是由于油液污染造成的，因此确保油液的高清洁度，意味着获得系统工作的高可靠度</td></tr>
<tr><td>新油是脏油</td><td colspan="2">由于油液在贮运和管理过程中可能受到污染，即使是新油也必须看做是受过污染的脏油；新油必须通过精度足够高的过滤小车，才允许加入系统中</td></tr>
<tr><td>动态间隙与间隙保护过滤</td><td colspan="2">元件工作状态下的间隙称为动态间隙。典型液压阀的动态间隙：伺服阀 1～5μm，比例阀 3～8μm，换向阀 3～10μm。颗粒尺寸与动态间隙相当时最为危险，易导致阀芯卡死、交流电磁铁线圈烧坏、响应慢、不稳定、磨损加剧、系统失效等；要把磨损降到最低，并最大限度地延长元件寿命，必须滤除间隙尺寸颗粒
注：在 JB/T 12921—2016《液压传动　过滤器的选择与使用规范》附录 E（资料性附录）“污染度评定”中给出了普通液压元件“典型的动态工作间隙”可供参考。在所感兴趣的颗粒尺寸范围内，直观地感知和理解颗粒的尺寸存在一定的困难。对于大多数颗粒尺寸而言，科学仪器需要同时测量颗粒的尺寸及数量，而人类肉眼看到的最小颗粒尺寸是 40μm</td></tr>
<tr><td>磨损的种类与定义</td><td colspan="2">磨料磨损——硬颗粒嵌在两运动表面之间、划伤一个或两个表面
黏附磨损——丧失油膜的两运动表面之间，金属对金属的接触磨损
疲劳磨损——嵌进间隙的颗粒引起表面应力集中点或微裂纹，由于危险区的重复应力作用扩展成金属剥离
冲刷磨损——高速液流中的精细颗粒磨掉节流棱边或关键表面
气蚀磨损——泵吸油受阻造成气泡，气泡在高压腔爆聚产生冲击剥离金属表面
腐蚀磨损——油液中水或化学污染引起锈蚀或化学反应，使表面劣化
注：在 GB/T 17754—2012《摩擦学术语》中给出的“磨损”术语和定义与上述不尽相同，但可进一步参考</td></tr>
<tr><td>污染敏感度与污染耐受度</td><td colspan="2">油液中某尺寸规范的固体颗粒对元件产生并导致性能下降的敏感程度称为污染敏感度
反之，小于某尺寸的固体颗粒，不致对元件造成显著磨损的耐受程度称为污染耐受度</td></tr>
<tr><td>临界颗粒尺寸</td><td colspan="2">元件耐受的最大颗粒尺寸为临界颗粒尺寸
元件的临界颗粒尺寸是通过试验而测出的，即在洁净的油液中人为地逐段加入某尺寸范围的标准试验粉尘（ACFTD）作为颗粒污染物，通过试验评定性能下降时对污染敏感时的临界颗粒尺寸。液压泵以流量下降来评定，液压阀以污染淤积力来评定，比例阀和伺服阀则以滞环加大来评定。各种元件的临界颗粒尺寸是不同的</td></tr>
<tr><td>表面型过滤与深度型过滤</td><td>过滤器件壁薄，直接阻截颗粒污染物的过滤器为表面型过滤器，如网式、线隙式、片式过滤器
过滤器壁厚，除直接阻截外，还具有吸附作用的过滤器为深度型过滤器，如金属粉末过滤器、多层微孔纤维过滤器
表面型、深度型过滤器的过滤特性不同，如图示</td><td>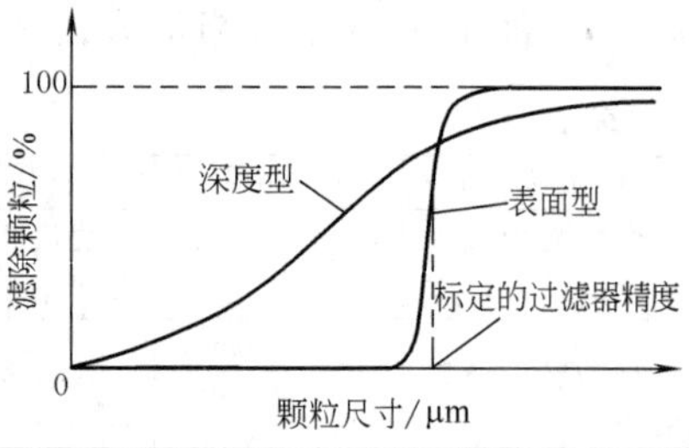
</td></tr>
<tr><td>过滤比 β_x 与过滤效率</td><td colspan="2">定义过滤比 β_x 为过滤器上游油液单位体积中大于某一给定尺寸 x（μm）的颗粒数，与下游油液单位体积中大于同一尺寸的颗粒数的比值，过滤比反映了过滤器的过滤能力：过滤精度及过滤效率
根据 β_x 的定义，可得不同 β_x 的对应过滤效率
<table>
<tr><td>β_x</td><td>1</td><td>2</td><td>5</td><td>10</td><td>20</td><td>75</td><td>100</td><td>200</td><td>1000</td><td>5000</td></tr>
<tr><td>效率/%</td><td>0</td><td>50.00</td><td>80.00</td><td>90.00</td><td>95.00</td><td>98.70</td><td>99.00</td><td>99.50</td><td>99.90</td><td>99.98</td></tr>
</table></td></tr>
</table>

续表

概念	说　明
过滤精度的定义	名义过滤精度——由过滤器制造商指明的一个随意的微米值 绝对过滤精度——在规定试验条件下能穿过过滤器的最大颗粒的直径，它是滤芯中最大微孔尺寸的指标 过滤比——见上述

3.2　油液固体颗粒污染等级代号

3.2.1　油液固体颗粒污染等级代号（摘自 GB/T 14039—2002/ISO 4406：1999，MOD）

表 20-4-35

项目	内　容
引用标准	GB/T 18854—2002/ISO 11171:1999,MOD《液压传动　液体自动颗粒计数器的校准》 ISO 4407:1991《液压传动　油液污染　用显微镜计数法测定颗粒污染》 ISO 11500:1997《液压传动　利用遮光原理自动计数测定颗粒污染》
代号说明	代号的目的，是通过将单位体积油液中的颗粒数转换成较宽范围的等级或代码，以简化颗粒计数数据的报告形式。油液的污染等级代号由代码组成。代码每增加一级，颗粒数一般增加一倍 按照 GB/T 14093—1993 的原代号，液压污染等级用≥5μm 和≥15μm 两个尺寸范围的颗粒浓度代码表示。但是，考虑到光学自动颗粒计数器采用不同的校准标准，所以在本标准中已将以上颗粒尺寸作了改变。改后的报告尺寸为≥4μm(c)、≥6μm(c)和≥14μm(c)，后两个尺寸相当于采用 ISO 4402：1991 自动颗粒计数器校准方法所得到的 5μm 和 15μm 的颗粒尺寸。ISO 4402：1991 已被 ISO 11171：1999 所代替。μm(c)的意思是指按照 GB/T 18854—2002 校准的自动颗粒计数器测量的颗粒尺寸 按 ISO 4407：1991 用光学显微镜测得的颗粒大小是颗粒的最大尺寸，而自动颗粒计数器测得的尺寸是由颗粒的投影面积换算而来的等效尺寸，在大多数情况下它与采用显微镜法测得的值是不同的。用光学显微镜测量时报告的颗粒尺寸(≥5μm 和≥15μm)与 GB/T 14039—1993 规定的相同 注意：颗粒计数受多种因素的影响。这些因素包括取样方法、位置、颗粒计数的准确性以及取样容器及其清洁度等。在取样时要特别小心，以确保所取得的液样能够代表整个系统中的循环油液
代号组成	使用自动颗粒计数器计数所报告的污染等级代号，由三个代码组成，该代码可分辨如下的颗粒尺寸及其分布： 第一个代码代表每毫升油液中颗粒尺寸≥4μm(c)的颗粒数 第二个代码代表每毫升油液中颗粒尺寸≥6μm(c)的颗粒数 第三个代码代表每毫升油液中颗粒尺寸≥14μm(c)的颗粒数 用显微镜计数所报告的污染等级代号，由 5μm 和 15μm 两个尺寸的代码组成
代码的确定	代码是根据每毫升液样中的颗粒数确定的，见下表 正如下表所给出的，每毫升液样中颗粒数的上、下限之间，采用了通常为 2 的等比级差，使代码保持在一个合理的范围内，并且保证每一等级都有意义

代 码 的 确 定 表

每毫升中颗粒数		代　码	每毫升中颗粒数		代　码
>	≤		>	≤	
2500000		>28	80	160	14
1300000	2500000	28	40	80	13
640000	1300000	27	20	40	12
320000	640000	26	10	20	11
160000	320000	25	5	10	10
80000	160000	24	2.5	5	9
40000	80000	23	1.3	2.5	8
20000	40000	22	0.64	1.3	7
10000	20000	21	0.32	0.64	6
5000	10000	20	0.16	0.32	5
2500	5000	19	0.08	0.16	4
1300	2500	18	0.04	0.08	3
640	1300	17	0.02	0.04	2
320	640	16	0.01	0.02	1
160	320	15	0.00	0.01	0

注：代码小于 8 时，重复性受液样中所测得的实际颗粒数的影响。原始计数值应大于 20 个颗粒，如果不可能，则参考下述内容③

续表

项目	内容
用自动颗粒计数器计数的代号确定	①应使用按照 GB/T 18854—2002 规定的方法校准过的自动颗粒计数器，按照 ISO 11500 或其他公认的方法来进行颗粒计数 第一个代码按≥4μm(c)的颗粒数来确定 第二个代码按≥6μm(c)的颗粒数来确定 第三个代码按≥14μm(c)的颗粒数来确定 这三个代码应按次序书写，相互间用一条斜线分隔 例如：代号 22/18/13，第一个代码 22 表示在每毫升油液中≥4μm(c)的颗粒数在大于 20000～40000 之间（包括 40000 在内）；第二个代码 18 表示≥6μm(c)的颗粒数在大于 1300～2500 之间（包括 2500 在内）；第三个代码 13 表示≥14μm(c)的颗粒数在大于 40～80 之间（包括 80 在内） ②在应用时，可用“*”（表示颗粒数太多而无法计数）或“-”（表示不需要计数）两个符号来报告代码 例 1：*/19/14，表示油液中≥4μm(c)的颗粒数太多而无法计数 例 2：-/19/14，表示油液中≥4μm(c)的颗粒数不需要计数 ③当其中一个尺寸范围的原始颗粒计数值小于 20 时，该尺寸范围的代码前应标注≥符号 例如：代号 14/12/≥7，第一个代码 14 表示在每毫升油液中，≥4μm(c)的颗粒数在大于 80～160 之间（包括 160 在内）；第二个代码 12 表示≥6μm(c)的颗粒数在大于 20～40 之间（包括 40 在内）；第三个代码≥7 表示，每毫升油液中≥14μm(c)的颗粒数在大于 0.64～1.3 之间（包括 1.3 在内），但计数值小于 20。这时，统计的可信度降低。由于可信度较低，14μm(c)部分的代码实际上可能高于 7，即表示每毫升油液中的颗粒数可能大于 1.3 个
用显微镜计数的代号确定	应按照 ISO 4407 进行计数 第一个代码按≥5μm 的颗粒数来确定 第二个代码按≥15μm 的颗粒数来确定 为了与用自动颗粒计数器所得的数据报告相一致，代号应由三部分组成，第一部分用符号“-”表示 例如：-/18/13
附录 A（规范性的附录）代号的图示法	在用自动颗粒计数器分析确定污染等级时，根据≥4μm(c)的总颗粒数确定第一个代码，根据≥6μm(c)的总颗粒数确定第二个代码，根据≥14μm(c)的总颗粒数确定第三个代码，然后将这三个代码依次书写，并用斜线分隔。例如：参见右图的 22/18/13。在用显微镜进行分析时，用符号“-”替代第一个代码，并根据 5μm 和 15μm 的颗粒数分别确定第二个和第三个代码 允许内插，但不允许外推 注：采用自动颗粒计数器法，列出在 4μm(c)、6μm(c)和 14μm(c)的等级代码 采用显微镜计数法，列出在 5μm 和 15μm 的等级代码 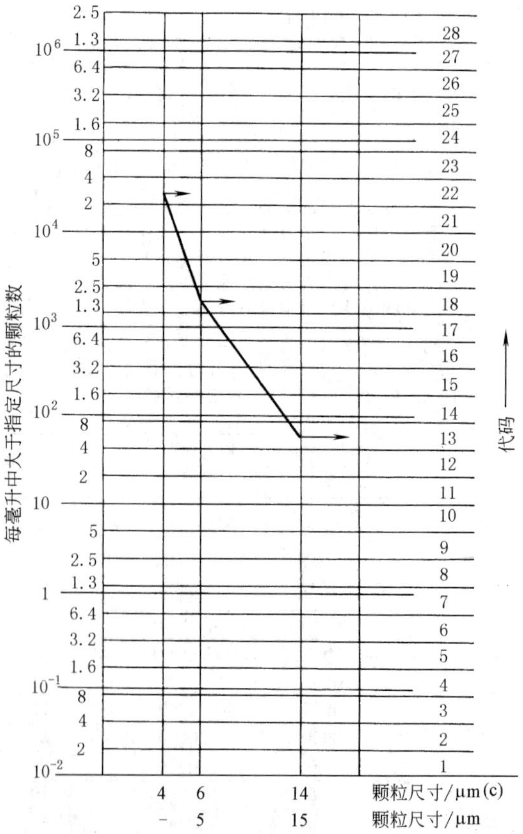

注：1. 在 GB/T 42087—2022《液压传动　系统　清洗程序和清洁度检验方法》中规定的验收准则为：“当液压系统总成出厂时，其油液污染度达到或优于供方和买方的一致的要求，则该系统的清洁度验收合格”。

2. GB/T 39095—2020《航空航天　液压流体零部件　颗粒污染度等级的表述》规定了航空航天流体系统零部件清洁度或颗粒污染度等级的表述和报告方法。同时规定了一个代码系统，当表达颗粒污染物等级测量结果或详述清洁度要求的时候，允许用简短或完整的方式表征清洁度数据。

3.2.2 PALL 污染度等级代号

表 20-4-36

代号的图示法	等级代号说明
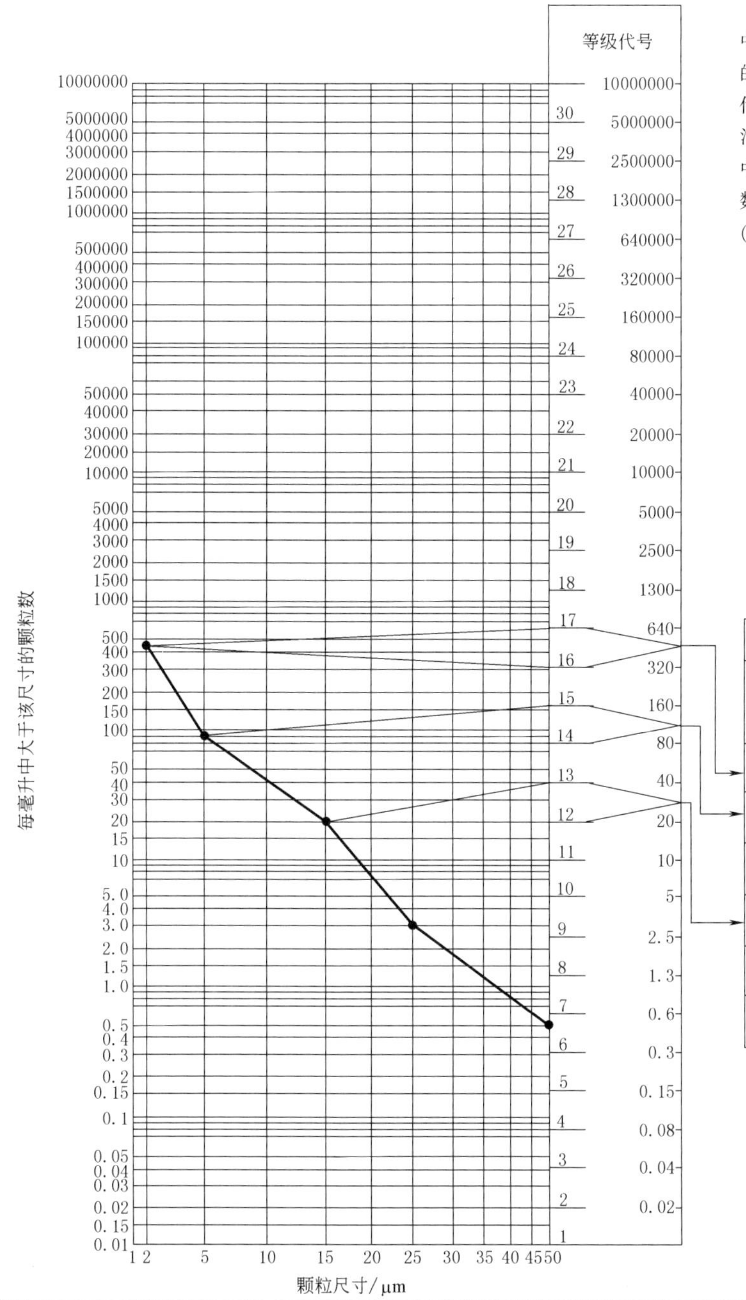 	PALL 污染度等级代号表示在每毫升液体中，大于 2μm、5μm 和 15μm 的颗粒数。颗粒的数目在图中左侧标出，找出其污染度等级代号。PALL 污染度等级代号标准是从 ISO 污染度等级代号标准(ISO 4406/SAE J1165)中扩展而来的。它增加了对大于 2μm 颗粒数目的描述，这样对样液中的微粒污染物(1～5μm)的含量亦可有所了解 等级代号每增加一挡，污染度增加一倍

3.2.3 NAS 1638 污染度等级标准

NAS 1638 污染度等级由美国国家宇航学会在 1964 年提出。它扩充了 SAE 749D 等级的范围，将污染度等级扩展到 14 个等级。NAS 1638 等级标准目前在美国和世界各国仍得到广泛应用。从表中可以看出相邻两等级颗粒浓度的递增比位。因此，当油液污染度超过表中 12 级，可用外推法确定更高的污染等级。英国流体动力研究协会（BHRA）按照 NAS 1638 将最高污染度等级扩展到 16 级。

表 20-4-37

项目	内容					
代号的组成	固体颗粒污染等级由14个等级的数字代号组成，相邻两等级颗粒浓度的递增比为2。其中的颗粒数表示100mL中的颗粒数					
标号的规定	污染度等级	颗粒尺寸范围/μm				
		5~15	15~25	25~50	50~100	>100
	0	125	22	4	1	0
	0	250	44	8	2	0
	1	500	89	16	3	1
	2	1000	178	32	6	1
	3	2000	356	63	11	2
	4	4000	712	126	22	4
	5	8000	1425	253	45	8
	6	16000	2850	506	90	16
	7	32000	5700	1012	180	32
	8	64000	11400	2025	360	64
	9	128000	22800	4050	720	128
	10	256000	45600	8100	1440	256
	11	512000	91200	16200	2880	512
	12	1024000	182400	32400	5760	1024

3.2.4 SAE 749D 污染度等级标准

SAE 749D 污染度等级是美国汽车工程学会在1963年提出的。它以颗粒浓度为基础，根据100mL油液中在五个尺寸区段内的最大允许颗粒数划分为7个污染度等级。

表 20-4-38

项目	内容					
代号的组成	固体颗粒污染等级由5个等级的数字代号组成，以颗粒浓度为基础。其中的颗粒数表示100mL中的颗粒数					
标号的规定	污染度等级	颗粒尺寸范围/μm				
		5~10	10~25	25~50	50~100	>100
	0	2700	670	93	16	1
	1	4600	1340	210	26	3
	2	9700	2680	350	56	5
	3	24000	5360	780	110	11
	4	32000	10700	1510	225	21
	5	87000	21400	3130	430	41
	6	128000	42000	6500	1000	92

3.2.5 几种污染度等级对照表

表 20-4-39

ISO 4406：1987	NAS 1638	SAE 749D	每毫升油液中大于10μm颗粒数	ACFTD质量浓度/$mg \cdot L^{-1}$
26/23			140000	1000
25/23			85000	
23/20			14000	100
21/18	12		44500	
20/18			2400	

续表

ISO 4406：1987	NAS 1638	SAE 749D	每毫升油液中大于10μm颗粒数	ACFTD质量浓度/$mg\cdot L^{-1}$
20/17	11		2300	
20/16			1400	10
19/16	10		1200	
18/15	9	6	580	
17/14	8	5	280	
16/13	7	4	140	1
15/12	6	3	70	
14/12			40	
14/11	5	2	35	
13/10	4	1	14	0.1
12/9	3	0	9	
11/8	2		5	
10/8			3	
10/7	1		2.3	
10/6			1.4	0.01
9/6	0		1.2	
8/5	00		0.6	
7/5			0.3	
6/3			0.14	0.001

3.3 不同污染度等级油液的显微图像比较

表 20-4-40（PALL 提供）

100倍放大显微镜	说　明	颗粒数/mL	PALL污染度等级代号
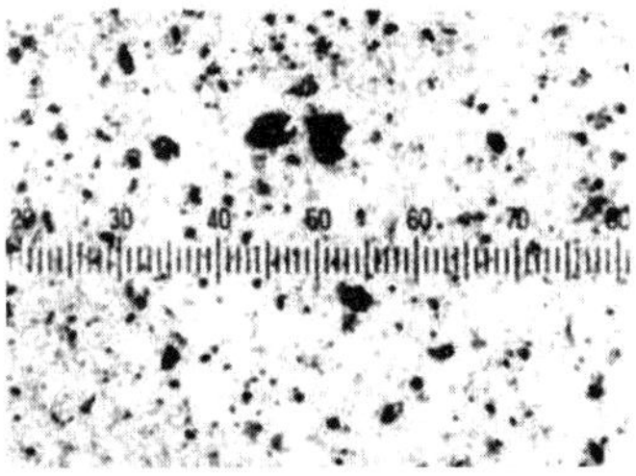	桶中新油	>2　33121 >5　7820 >10　5010 >15　2440	22/20/18
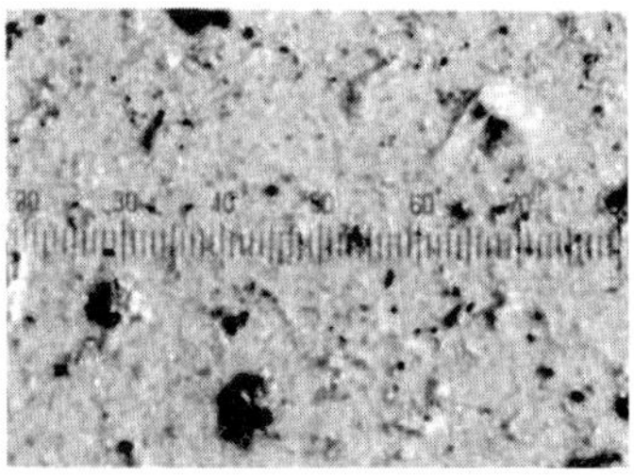	新安装系统内在的污染物	>2　79854 >5　21070 >10　12320 >15　8228	23/22/20

续表

100倍放大显微镜	说　明	颗粒数/mL	PALL污染度等级代号
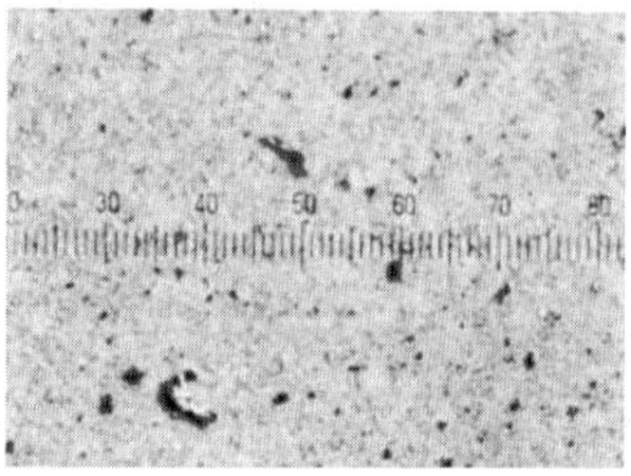	系统使用常规液压过滤器后的油样	>2　9870 >5　2400 >10　1800 >15　540	20/18/16
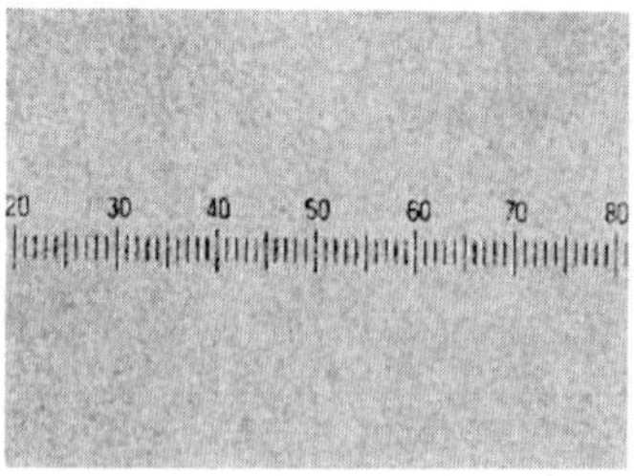	系统使用 $\beta_3 \geq 200$ 间隙保护过滤器后的油样	>2　80 >5　41 >10　20 >15　12	14/13/11

3.4　从工作系统管路中提取液样（摘自GB/T 17489—2022/ISO 4021：1992，MOD）

表 20-4-41

<table>
<tr><td colspan="2">范围</td><td>GB/T 17489—2022《液压传动　颗粒污染分析　从工作系统管路中提取液样》规定了一种从正在工作的液压系统中提取液样的方法和程序
本标准适用于液压系统颗粒污染分析用液样的提取</td></tr>
<tr><td rowspan="2">取样点的设置</td><td>通则</td><td>①取样点的位置和数量应与液压系统对清洁度的要求和取样分析的目的相适应
②取样点应尽可能设置在所监测对象主流量管路上
③取样点应设置在易于操作的区域，便于在线分析或采用清洁取样瓶取样</td></tr>
<tr><td>典型位置</td><td>①主回油管路过滤器的上游。该位置的液样可表征液压系统的污染程度，是诊断液压系统工作状况的最佳位置
②主压力管路过滤器的下游，该位置的液样可表征进入到液压系统执行机构的液体污染程度
③液压泵壳体泄油管路过滤器的上游。该位置的液样可表征液压泵的污染程度
注：由于存在液压泵磨损产生的颗粒，液压泵壳体泄漏处可能是液压系统中污染最严重的部位
④主回油管路过滤器的下游和液压泵的上游。该位置的液样可表征回油过滤器的性能，同时还可表征进入到油箱和液压泵的液体污染程度
注：1. 在某些液压系统中，从液压泵的壳体泄油管路和外界空气中侵入的污染物可能会对油箱中液体的污染程度造成重要影响
2. 对于有旁路循环过滤系统的液压系统，其旁路循环过滤系统的性能会影响取自液压泵上游液样的污染程度
⑤除非特殊情况，不宜从油箱和过滤器的壳体中取样进行污染分析
注：该位置的液样可能无法充分表征液压系统的运行状况，有可能无法代表液压系统中液体的污染程度</td></tr>
<tr><td>取样瓶的选择</td><td>材料</td><td>警告：若所取液样为磷酸酯抗燃液等具有强腐蚀性液体，应使用确定与所取液样相容的材料，如玻璃，避免出现腐蚀性和人身伤害问题
取样瓶的材料应与所取液样相容，温度范围应与所取液样相适应，宜采用无色、透明材料，以便于观察液样的位置和状态。不应采用易使液样中的颗粒聚合或产生颗粒的材料</td></tr>
</table>

续表

取样瓶的选择	外观	取样瓶应内表面光滑,底部转角处呈圆弧形,开口平滑以防止固体颗粒的滞留。宜采用广口平底瓶,以便于清洗,但不应采用磨砂瓶口
	密封	为了便于运输,防止二次污染,取样瓶的瓶口应采用密封结构。宜采用瓶盖密封方式,既可用不带内塞且无脱落的螺纹瓶盖密封方式,也可用内带密封垫的瓶盖密封方式
	规格	取样瓶的规格应与所用颗粒污染度检测仪器取样器的类型和所需检测液样的体积相适应,一般容积不宜低于150mL
	清洁度	取样瓶的清洁级一般应满足如下要求 a. 用于提取污染度等级高于14/12/9(见GB/T 14039)液样的取样瓶,应至少低于被提取液样4个等级 b. 用于提取污染度等级等于14/12/9(见GB/T 14039)液样的取样瓶,应至少达到11/9/6等级(见GB/T 14039) c. 用于提取污染度等级低于14/12/9(见GB/T 14039)液样的取样瓶,应至少低于被提取液样2个等级,或其颗粒数量浓度不超过所取液样的25% 注:污染度等级越高,油液颗粒污染越严重
取样原则	管路取样	警告:从高压管路中取样是危险的,只能由经过培训的人员操作。取样时,如果液样触及皮肤,有可能造成严重伤害,应视情就医 ①用满足以下要求的取样器,从处于紊流状态的主流量管路中提取液样(见图1中的示例) a. 与所取液样相容,且与液压系统工作压力相适应 b. 允许用截止阀控制取样流量的通/断 c. 具有减压功能,开启时,可在最小流量为100mL/min(最好是500mL/min)下将系统压力减低到大气压力,且减压装置不应改变污染物的颗粒尺寸分布状态 d. 取样管的内径为1.2~5mm e. 取样点位于紊流区,如果难以保证,则采用可产生紊流的方法,例如,采用紊流诱导器产生紊流 f. 与所用的取样方法和颗粒污染度检测仪器相适应 g. 保证所取液样的重复性和复现性 h. 使用方便且无泄漏 i. 内部结构合理,便于冲洗干净,自身所产生的污染物最少,且不工作时颗粒污染物的沉积区域最小 ②取样器宜从系统管路上部接入,其轴线应近似垂直于系统管路,且取样点应避开系统管路的边界层,并使液流竖直向下 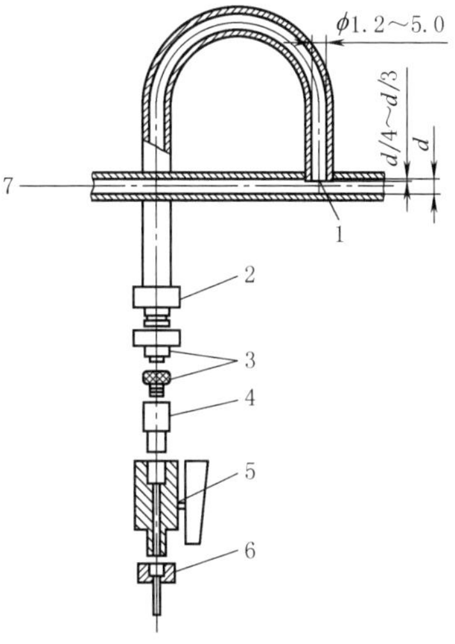 图1 管路取样器的典型示例 1—取样点;2—带单向阀的快换接头阳端;3—防尘帽;4—无单向阀的快换接头阴端(如果用);5—截止阀;6—座盖;7—液流方向;d—主管路内径 ③将截止阀或者快换接头的单向阀固定连接在取样点上。为减少环境污染物的侵入,将出口盖上防尘帽 ④运行液压回路,使颗粒污染物尽可能均匀地弥散在整个液压系统中 ⑤取样时,取样器应处于全开位置,保证取样流量范围为100~500mL/min。为减小取样流量,依据液压系统的压力和阀的规格,可能需要在截止阀的出口连接一段小内径的管路,但管路的内径应不小于1.2mm 注:在线分析取样时,受颗粒污染物监测仪器所限,取样流量可能会低于100mL/min,由此造成颗粒在管路中的沉淀,影响检测结果。解决该问题的一种方法是在取样管路中采用分流装置,保证液样流量在进入颗粒污染物监测仪器的传感器前不低于100mL/min ⑥将取样器安装在易于操作且远离环境污染的位置
	油箱取样	①如果无法直接在液压系统的管路上安装取样器,则可从该系统的油箱中取样。取样时应注意避免外界污染物的侵入 ②应从油液(箱)的中心区取样,远离由于拐角或挡板造成的液体静止区 ③在油箱液面以上选择开口,便于取样器由此进入。通过在取样器上设置一个参考标志,以保证取样端伸入到液面下$h/2$的深度处

续表

取样原则	油箱取样	④仔细选择取样方法，确保由环境侵入的污染物最少 ⑤图 2 给出了一种采用抽真空的取样装置。利用抽真空的方法将液样吸进取样瓶中 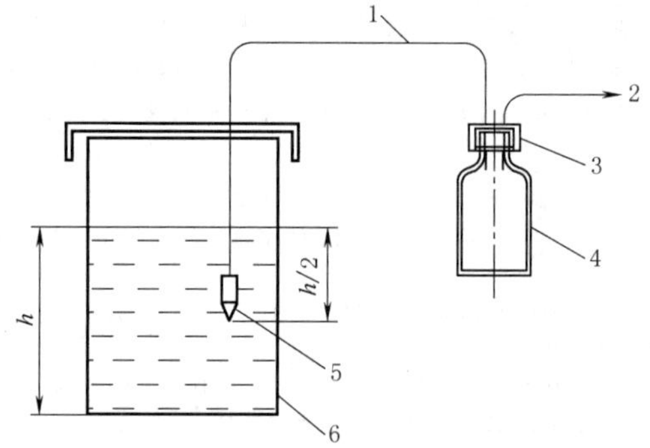 图 2　油箱真空取样装置的典型示例 1—软管；2—负压（真空）源；3—专用瓶盖；4—取样瓶；5—垂体（需要时）；6—油箱；h—液面高度 ⑥图 3 给出了一种采用取样阀的取样装置。通过大气压力将液样提取到取样瓶中 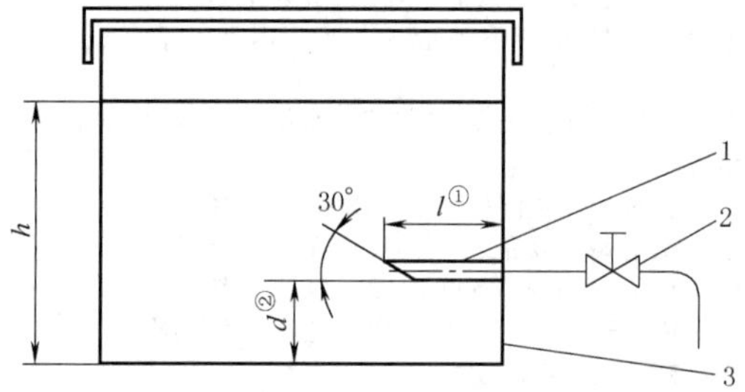 图 3　油箱截止阀取样装置的典型示例 1—取样管路；2—截止阀；3—油箱；h—液面高度；l—取样管路长度；d—取样管路高度 ①长度应为 50～200mm ②高度应大于或等于 50mm ⑦应采用两只取样瓶取样。取样瓶 A 为普通取样瓶，清洁度无要求，用于取样前冲洗液流管路，可反复使用；取样瓶 B 为清洁取样瓶，清洁度应符合取样瓶的选择“清洁度”的要求，用来盛放所取的液样 ⑧如有必要，取样前采用过滤后的清洁溶剂清洗取样区域和取样装置。所用溶剂应与所取液样相容，污染度等级低于 14/12/9（按 GB/T 14039）。若所取液样为矿物油基液体，宜采用石油醚；若所取液样为水基液体，宜采用异丙醇 ⑨运行液压回路，使颗粒污染物尽可能均匀地弥散在整个油箱中
取样程序	离线分析取样程序	①管路中取样 从管路中取样应按如下程序进行 a. 采用过滤后的清洁溶剂清洗取样器的外表面和取样区域 b. 当采用含有快换接头的取样器时，取下防尘帽，将取样器的分离部分与固定部分连接好 c. 打开取样器的截止阀，用液体冲洗。通常冲洗量至少为 500mL，且不少于取样器总容积的 5 倍。将冲洗后的液体收集在一个单独的容器中。冲洗之后不应关闭截止阀 d. 取下清洁取样瓶的盖子，将清洁取样瓶放在液流之下取样，当液位到达清洁取样瓶总容积约 75% 的位置时停止取样。取样期间应防止取样器与取样瓶接触，并防止瓶盖被污染 注：也可采用无需取下瓶盖的专用取样瓶取样。当采用该方法取样时，有可能会出现截止阀与取样瓶的进口管不得不相接触的问题，由此会给所取液样带来二次污染 e. 移走取样瓶，立即盖上瓶盖，然后关闭截止阀。取样期间不应调整截止阀 f. 当采用含有快换接头的取样器时，取下取样器的分离部分，采用过滤后的清洁溶剂冲洗，去除残留的油膜 g. 将固定安装在管路上的取样口盖上防尘帽，恢复系统原有状态 ②油箱取样 从油箱中取样应按如下程序进行 a. 在油箱上选择适当的位置进行取样。从油箱中取样之前，应首先采用过滤后的清洁溶剂清洗该取样点周围的区域

续表

取样程序	离线分析取样程序	b. 利用图 2 所示装置，采用抽真空的方法，经过取样管路向取样瓶 A 中抽取大约 200mL 过滤后的清洁溶剂 c. 从油箱真空取样装置的专用瓶盖上取下取样瓶 A 并倒掉溶剂，然后将取样瓶 A 重新装回到专用瓶盖上，并把取样管插进选定的油箱取样区域 d. 抽取大约 500mL 的液样流经取样管路，且流经的液样量不少于所用取样管路总容积的 5 倍。从专用瓶盖上取下取样瓶 A，并将抽取的液样废弃 e. 取下清洁取样瓶 B 的瓶盖，并将清洁取样瓶 B 装到专用瓶盖上。采用抽真空的方法，向清洁取样瓶 B 中抽取总容积约 75% 的液样。取样期间应防止瓶盖被污染 f. 从专用瓶盖上取下清洁取样瓶 B，立即用原瓶盖盖好，然后将取样瓶 A 重新装回到专用瓶盖上，从油箱中拔出取样管 g. 盖上油箱盖，恢复系统原有状态 h. 或者利用图 3 所示装置，采用安装在油箱上的截止阀，按照①中 c～e 的程序直接从截止阀处取样
	在线分析取样程序	①管路取样 从管路中取样应按如下程序进行 a. 采用过滤后的清洁溶剂清洗取样器的外表面和取样区域 b. 当采用含有快换接头的取样器时，取下防尘帽，将取样器的分离部分与固定部分连接好 c. 检查截止阀出口处的工作压力和液体温度，应在颗粒污染度检测仪器允许的范围内，否则，应采用减压、降温装置，但减压、降温装置不应改变颗粒污染物的颗粒尺寸分布状态 注：1. 若颗粒污染度检测仪器接入点处的工作压力低于 350kPa，在线分析时有可能抽入空气，产生不易察觉的气泡，引起颗粒计数误差 2. 若颗粒污染度检测仪器所分析的液样温度长期高于 65℃，在线分析时有可能造成电子元器件温漂，引起颗粒计数误差 d. 连接在线流量控制装置和颗粒污染度检测仪器，颗粒污染度检测仪器在使用前，应按照 GB/T 18854 或 GB/T 21540 校准 e. 打开取样器，在取样管路具有压力的情况下，调整截止阀和在线流量控制装置，使流量满足颗粒污染度检测仪器的取样流量要求 f. 在线分析前，应至少采用 500mL 的液样冲洗整个取样管路，且冲洗量不少于整个取样管路总容积的 5 倍；将冲洗后的液体收集在一个单独的容器中。冲洗之后不应关闭截止阀 g. 按 GB/T 37162.1 的要求进行在线分析 注：1. 在线分析不需要清洁取样瓶，可减小因取样带来的二次污染，但往往无法直观观察到所分析液样的状态，因此易受诸如气泡、水分、两相液体等液样状态的影响 2. 在线分析受颗粒污染度检测仪器取样流量所限，取样管路过长、过细或管路走向不合理时，易造成大颗粒在管路中的沉淀，引起大颗粒计数减少 h. 在线分析结束后，关闭截止阀，拆除在线流量控制装置和颗粒污染度检测仪器 i. 恢复系统原有状态 ②油箱取样 从油箱中取样应按如下程序进行 a. 在油箱上选择适当的位置进行取样；从油箱取样之前，应首先采用过滤后的清洁溶剂清洗该取样点周围的区域 注：因潜在的误差和变动性较大，采用这种方法是最不利的选择 b. 应从液体流动的位置取样 c. 采用过滤后的溶剂清洗颗粒污染度检测仪器进口取样管路的外表面；颗粒污染度检测仪器在使用前，应按照 GB/T 18854 或 GB/T 21540 校准 d. 将颗粒污染度检测仪器的进口取样管路插入油箱中选定的取样位置并固定，或者连接到安装在油箱上的截止阀上，将出口取样管路连接到一个固定的容器内并固定 e. 将颗粒污染度检测仪器设置为抽吸分析方式并让其工作，确认取样流量和工作状态是否正常 注：抽吸分析方式需要将液样从油箱中输送到传感器（例如：通过内置泵），这是一个误差来源，可能会影响分析结果。如果需用泵将液样提升至颗粒污染度检测仪器中时，会产生负压，从液样中或管接头处抽入空气，而被分析液样中的气泡将影响仪器的分析结果并产生误差。如果采用的泵位于传感器的前端，由于泵在工作期间可产生额外的颗粒，因此将引入附加的误差，导致分析结果不具有代表性 f. 采用油箱中的液体冲洗取样系统，冲洗量至少为 500mL，且不少于整个取样管路内容积的 5 倍 g. 按 GB/T 37162.1 的要求进行在线分析 h. 在线分析结束后，从油箱中取出取样管路或关闭截止阀，拆除颗粒污染度检测仪器 i. 盖上油箱盖，恢复系统原有状态

续表

标签	取样结束后,应在取样瓶的外壁上粘贴标签,对所取液样进行标识。取样瓶的标签上应视情提供下列信息 a. 液样编号 b. 取样日期和时间 c. 液压系统编号 d. 液样类型、温度和系统流量(如果已知) e. 取样部位和系统压力 f. 运行时间
标注说明	当完全遵照本文件时,可在试验报告、产品样本和销售文件中作如下说明 “取样方法符合 GB/T 17489—2022《液压传动　颗粒污染分析　从工作系统管路中提取液样》”

3.5　测定颗粒污染度的方法

3.5.1　称重法（摘自 GB/T 27613—2011/ISO 4405：1991，MOD）

表 20-4-42

范围		GB/T 27613—2011《液压传动　液体污染　采用称重法测定颗粒污染度》规定了液压系统工作介质颗粒污染度的两种称重法(双滤膜法和单滤膜法)。双滤膜法可得到更精确的检测结果 适用于检测颗粒污染度大于 0.2mg/L 的液压系统工作介质
原理		在真空条件下,通过一片滤膜或两片同样的重叠滤膜过滤已知体积的液体。采用一片滤膜时,过滤后增加的质量相当于该体积液体中杂质的含量;采用两片滤膜时,过滤后这两片滤膜分别增加的质量之差相当于该体积液体中杂质的含量
取样		①应保证液样对所评定的液体具有代表性 a. 应保证由各个团体或实验室制定的取样程序具有良好的重复性 b. 应通过间隔地收集两个液样,并对同一液样做两种不同测试,检查取样程序 ②按 GB/T 17489 规定的方法从工作的液压传动系统中提取至少 100mL 油液。在任何情况下,用于测量的液样体积允许误差为±1% 注:液样体积可以增减,以适应不同的污染度等级
测试程序	一般要求	为保证测试液样不受环境污染影响,所有的操作宜在符合 GB 50073—2001 规定的清洁度 7 级以上的环境中进行
	滤膜标定	①滤膜湿润及抽真空操作程序如下 a. 用镊子从包装中取出两片滤膜,用圆珠笔对它们做出标记,分别为字母 E(试验)和 T(检验) b. 用镊子将滤膜 E 和滤膜 T 整齐居中叠放在过滤装置的支撑盘上,滤膜 T 放在下面。然后安放漏斗上部件,将漏斗上部件的环形端面对准滤膜边缘压在滤膜上,并用夹紧装置夹紧漏斗上部件、支撑盘和漏斗下部件 c. 用装有洁净溶剂的冲洗瓶由上到下按螺旋方向冲洗漏斗上部件内壁,用足量的洁净溶剂清洗漏斗上部件,以保证漏斗上部件和滤膜全部湿润 d. 抽真空直到滤膜变干 e. 移去夹紧装置和漏斗上部件,并停止抽真空 ②将滤膜并排放入清洁的培蒂氏培养皿中。将口半开的培蒂氏培养皿放入烘箱中,将温度设定为 60℃,并保持 30min。然后将培蒂氏培养皿放入干燥器中 30min ③打开分析天平防风罩,从干燥器中取出滤膜 E,放在天平盘上,关上防风罩,待数值稳定后,记录滤膜 E 的质量 m_E。用同样的方法称量并记录滤膜 T 的质量 m_T
	空白测试	①液样测试前要进行空白测试。除非证明不用进行空白测试,否则应完成此步骤,或至少有一次空白测试过程 ②若采用双滤膜法进行试验,则空白测试操作程序如下 a. 按“滤膜标定”①的 c 安放滤膜 E、滤膜 T 和过滤装置 b. 将 100mL 洁净溶剂倒入漏斗上部件 c. 盖好漏斗盖 d. 抽真空,直到滤膜变干 e. 停止抽真空

续表

测试程序	空白测试	f. 按“滤膜标定”②进行干燥 g. 按“滤膜标定”③进行称量，分别记录滤膜 E 的质量 M'_E 和滤膜 T 的质量 M'_T ③若采用单滤膜法进行试验，则空白测试操作程序如下 a. 用镊子将滤膜 E 居中放在过滤装置的支撑盘上。然后安放漏斗上部件，将漏斗上部件的环形端面对准滤膜边缘压在滤膜上，并用夹紧装置夹紧漏斗上部件、支撑盘和漏斗下部件 b. 按②的 b~e 步骤进行操作 c. 将滤膜放入清洁的培蒂氏培养皿中。将口半开的培蒂氏培养皿放入烘箱中，将温度设定为 60℃，并保持 30min。然后将培蒂氏培养皿放入干燥器中 30min d. 打开分析天平防风罩，从干燥器中取出滤膜 E，放在天平盘上，关上防风罩，待数值稳定后，记录滤膜 E 的质量 M'_E
	液样测试（双滤膜法）	①液样过滤操作程序如下 a. 按“滤膜标定”①的 c 安放滤膜 E、滤膜 T 和过滤装置 b. 将冲洗瓶中注满洁净石油醚 c. 充分晃动装有液样的取样瓶，然后取下瓶盖 d. 将液样倒入量筒中，准确量取 100mL 液体 e. 移开漏斗盖，将量筒中的液体全部倒入漏斗上部件 f. 将约 50mL 的洁净石油醚倒入量筒中，摇动并将混合液倒入漏斗上部件 g. 盖好漏斗盖 h. 抽真空，直到漏斗上部件中剩下约 2mL 的液体 i. 移开漏斗盖，用冲洗瓶由上到下按螺旋方向冲洗漏斗上部件内壁，再盖好漏斗盖 j. 抽真空，直到滤膜变干 k. 按先后顺序分别移开漏斗盖、夹紧装置和漏斗上部件 l. 在抽真空状态，用冲洗瓶向心冲洗滤膜 E 上表面，石油醚用量至少为 300mL 注：此操作的目的是将沉淀物收集在滤膜 E 中央，并保证充分清洗检验滤膜 m. 停止抽真空 ②按“滤膜标定”②进行干燥 ③按“滤膜标定”③进行称量，分别记录滤膜 E 的质量 M_E 和滤膜 T 的质量 M_T
	液样测试（单滤膜法）	①如果滤膜标定和检验过程的置信水平明显与测试程序“滤膜标定”的标定结果相一致，则可选用下列程序 ②液样过滤操作程序如下 a. 用镊子将滤膜 E 居中放在过滤装置的支撑盘上。然后安放漏斗上部件，将漏斗上部件的环形端面对准滤膜边缘压在滤膜上，并用夹紧装置夹紧漏斗上部件、支撑盘和漏斗下部件 b. 按“液样测试（双滤膜法）”①的 b~m 步骤进行操作 ③将滤膜放入清洁的培蒂氏培养皿中。将口半开的培蒂氏培养皿放入烘箱中，将温度设定为 60℃，并保持 30min。然后将培蒂氏培养皿放入干燥器中 30min ④打开分析天平防风罩，从干燥器中取出滤膜 E，放在天平盘上，关上防风罩，待数值稳定后，记录滤膜 E 的质量 M_E
测试结果		①液样中含有的固体杂质含量 ΔM 按公式（1）（适用于“空白测试”）或公式（3）〔适用于“液样测试（双滤膜法）”〕计算 $\Delta M=(M_E-m_E)-(M_T-m_T)$　（1） $\Delta M'=(M'_E-m_E)-(M'_T-m_T)$　（2） $\Delta M=M_E-m_E$　（3） $\Delta M'=M'_E-m_E$　（4） 式中　ΔM——每 100mL 液体中固体杂质含量，mg $\Delta M'$——空白测试的固体杂质含量，mg M_E——过滤液体后滤膜 E 质量，mg M'_E——空白测试后滤膜 E 质量，mg m_E——滤膜 E 的校验质量，mg M_T——过滤液体后滤膜 T 质量，mg M'_T——空白测试后滤膜 T 质量，mg m_T——滤膜 T 的校验质量，mg ②用①的公式（2）（适用于“空白测试”②）或公式（4）（适用于“空白测试”③）的杂质含量 $\Delta M'$。如果结果大于 0.5mg，则应从测试结果中减去 ③按 ISO 3938 的要求出具测试报告，在测试结果叙述中应说明滤膜孔径及所使用的称重法

续表

测试复现性	对同一液样,同一操作者两次测定结果进行比较。如果存在下列任一情况,则应重新测试 a. 采用双滤膜法,两次测定结果差值的绝对值大于每 100mL 液体中杂质含量的 5%(质量分数) b. 采用单滤膜法,两次测定结果差值的绝对值大于每 100mL 液体中杂质含量的 7%(质量分数)

3.5.2 光学显微镜颗粒计数法(摘自 GB/T 20082—2006/ISO 4407：2002，IDT)

表 20-4-43

范围		GB/T 20082—2006《液压传动　液体污染　采用光学显微镜测定颗粒污染度的方法》规定了采用光学显微镜通过对收集在滤膜表面的污染物颗粒计数,测定液压系统液体的颗粒污染度的方法,包括应用透射或入射光学系统,人工进行颗粒计数和图像分析两种方式 尺寸≥2μm 的颗粒可采用本方法计数,但结果的分辨率和准确度与使用的光学系统及操作者的能力有关 所有液压系统液体的污染度等级都可以根据本标准进行分析。在有细的沉淀物或高颗粒浓度的液样中,如果为了使更小尺寸的颗粒能够被计数而减少过滤体积,将会增加大尺寸颗粒计数的不确定度
计数原理		已知体积的液样通过真空过滤,将颗粒污染物收集到滤膜上,制备成不透明或透明的试片。通过显微镜入射光或透射光进行颗粒计数,按照颗粒的最长尺寸统计出颗粒的尺寸和数量
玻璃器皿清洗程序		①按照 GB/T 17484 要求清洗并检验过滤用的器皿:带刻度的量筒、取样瓶、玻璃载片和盖片、滤膜固定器。如果液样是石油基或合成油品,采用石油醚或等效的容积;如果液样是水基的,采用异丙醇或蒸馏水,在试验前进行清洗 ②器皿要求的清洁度(RCL)应使污染物不影响整个计数结果。取样瓶的 RCL 值为每 100mL 容积中大于 5μm 的颗粒数小于 250 个 所有用于清洗和冲洗的溶剂都需经过 1μm 或更细滤膜的过滤
试片制作	液样处理	①给所有液样瓶标上详细识别号,并去掉所有其他的标签,以保证液样瓶具有唯一标记。用已过滤的溶剂冲洗液样瓶外面,特别是盖子外面 ②如果该液样已存放一段时间,颗粒可能会沉淀,甚至结块。在分析前,应将结块振开,并使液样中的污染颗粒重新弥散均匀 ③用手剧烈摇晃液样至少 1min,或用一种合适的方法混合均匀,例如使用三轴晃动器至少晃动 5min,以重新分散液样瓶中的颗粒污染物。这种方法不应改变污染物颗粒的尺寸分布 ④如果使用超声波振荡的方法振开结块颗粒,则把液样瓶放在超声波发生器中,超声波发生器中液体的液面应低于取样器,且至少在取样瓶的 3/4 处。超声波振荡时间不超过 1min,然后用手晃动约 30s
	空白分析试验	①每个液样分析前都要进行空白分析试验。除非证明不用进行空白分析试验,否则在计数程序开始前应做此试验,或至少有一次空白分析试验过程 ②按下面"真空过滤收集污染物"进行制片,用溶剂代替液样,将 100mL 已过滤的溶剂倒入放有滤膜的过滤装置中,真空过滤并抽吸至干燥 ③按下面"统计计数程序"进行统计计数。计数≥5μm 尺寸的颗粒,如果≥5μm 尺寸的颗粒计数超出下面"注"中给出的颗粒,则表示清洁度不够,重新清洗这些器皿并重复②和③ 注:空白分析计数的颗粒数应小于被分析液样预计颗粒数的 10%。如果超出,则应将 100mL 溶剂中≥5μm 尺寸颗粒过滤到少于 100 个 ④重新清洗后,若空白数仍较高,则需重新检查整个过程,即器皿清洗程序、溶剂的过滤程序、准备过程和环境 ⑤在显微镜颗粒计数表上记录空白数(见表 1)

表 1　显微镜颗粒计数表

液样编号		显微镜编号			操作者		
滤膜的有效过滤直径 D/mm		滤膜的有效过滤面积 A/mm^2			滤膜孔径/μm		
单元面积的长度 L/mm		液样体积 V/mL			光源方法(入射光/透射光)		
颗粒尺寸/μm							纤维①
空白	颗粒数 n						
	单元数 f						
	单元的宽度 W/μm						
	每 100mL 中颗粒数 N②						
液样	颗粒数 n						
	单元数 f						
	单元的宽度 W/μm						
	每 100mL 中颗粒数 N②						

说明:
操作日期:

①长宽比大于或等于 10，尺寸≥100μm 的颗粒

②根据本公式计算颗粒数：$N=\dfrac{An\times10^3}{fLWV}$ (每 100mL 中)

续表

试片制作	真空过滤收集污染物	①按 GB 50073—2001 要求的空气洁净度等级控制环境，环境洁净度应达到 5 级或更好。按"液样处理"程序处理液样 ②确保所有使用的器皿都达到要求的清洁度标准 ③用滤过的溶剂冲洗镊子，从滤膜盒中取出滤膜，小心冲洗上表面，然后将滤膜放在滤膜支撑盘中间，将冲洗干净的上部漏斗压在滤膜上，盖住漏斗盖，用夹紧装置夹紧整个组件，并连上防静电电线。将真空装置连接到长颈瓶的侧臂上，在操作过程中注意不要移开漏斗的盖子 ④按"液样处理"③说明重新弥散液样后，按确定的体积将液样倒入量筒中测量后，再倒入上部漏斗，将量筒中的剩余液样彻底冲洗干净，再倒入上部漏斗；如果取样瓶或上部漏斗刻度已校准过，可将液样直接倒入上部漏斗，盖上漏斗盖子，抽真空过滤 ⑤当漏斗内液体已滤至很小体积时（例如 20mL），关掉真空泵。用装有洁净溶剂的冲洗瓶按螺旋方向冲洗漏斗内壁，注意不要使液流搅动滤膜表面的颗粒。用足够量的洁净溶剂冲洗漏斗，直至液样中的污染物完全沉附到滤膜上，然后真空抽滤至滤膜干燥 ⑥用干净镊子从滤膜支持盘上取下滤膜，小心放到干净滤膜固定盒的载片上，使滤膜的格线与载片的边线平行。盖子盖上以防滤膜被外界污染，并在滤膜固定盒上做出标记用于识别 ⑦对于水基液样，真空抽滤滤膜干燥较难，需要干燥箱烘干。因此需用一合适盖子盖住载片上的滤膜，以防止空气的污染和潮气。放入温度在 55～60℃ 的干燥箱中至少 1h。如果滤膜上仍有剩余液样的痕迹，不要抖动滤膜上的污染物，应按③～⑥程序重新进行制片
	计数适用性的评价	①按照"真空过滤收集污染物"用（100±5）mL 液样制备成试片，在×50 放大倍数下，采用入射光进行观察，检查试片有效过滤面积上颗粒的分布状态 注：对于试片上重叠的或接近单一较大的颗粒，需在放大倍数×100 或×200 下观察 ②试片上颗粒分布均匀且无颗粒重叠现象，按"颗粒计数尺寸选择和计数程序"计算出颗粒数。如果观察颗粒分布无规律，则废除此试片，再重新制作试片 ③如果观察到重叠颗粒估计是≥5μm 的颗粒，为了获得准确的颗粒计数，根据被过滤的液样体积，再次取合适体积的液样，按"真空过滤收集污染物"重新制作试片。在工作单上记录该液样的体积 ④如果在 100mL 液样未过滤完时滤膜已接近堵塞，则应将漏斗中剩余的液样倒回量筒中，然后冲洗漏斗内壁，真空过滤，抽滤至干燥 a. 如果是颗粒浓度高引起的堵塞，根据估计出可以获得的颗粒分布需要的体积，按"真空过滤收集污染物"重新制作试片。在工作单上记录该液样的体积 b. 如果是细碎颗粒沉淀引起的堵塞，应选择较粗的滤膜或减少一定体积，按"真空过滤收集污染物"重新制作试片。在工作单上记录该液样的体积和滤膜孔径 注：1. 若用粗滤膜，则对于较小尺寸的颗粒来说，收集效率或降低 2. 若用粗滤膜，则计数的最小颗粒尺寸会增大，按照说明书，最小计数颗粒的尺寸应为滤膜平均孔径的 1.5 倍 ⑤当过滤体积和/或滤膜孔径配置得当时，用入射光或透射光对试片上的颗粒计数
	用于透射光计数试片的制备	①取一干净玻璃片，用已过滤的溶剂冲洗干净并涂上足够浸透滤膜的固定液 ②用镊子小心地从滤膜支撑盘上或滤膜固定盒中取出滤膜，滤膜有污染颗粒的面向上，滤膜格子与玻璃载片边缘平行，放在涂有固定剂的玻璃载片上。为了便于识别，在载片上做出标记 ③为防止在加热或晾干时滤膜被环境污染，用培养皿罩住放有滤膜的玻璃载片，放入温度为 55～60℃ 的干燥箱中，烘干约 1h。滤膜固定在玻璃载片上时应为不透明和白色的 ④从干燥箱中取出玻璃载片并罩住。晾 2～3min，使其与外界温度平衡。晾干后，取一玻璃盖片，用滤过的溶剂冲洗其接触面，晾干，并立即在洁净面上涂上浸渍油 ⑤取掉玻璃载片上的盖子，在盖上涂有浸渍油的盖片前，应排出载片与滤膜间的空气，对齐载片和盖片的位置后，固定试片 注：注意避免盖片碰掉滤膜上的颗粒 ⑥小心将组合好的试片放到干燥箱中，在 55～60℃ 温度下烘干至少 90min 注：如要保证试片的持久性，需在上述温度下继续烘干（至少 36h） ⑦干燥后，从干燥箱中取出试片，晾至室温
颗粒计数尺寸选择和计数程序	颗粒计数尺寸的选择	根据要求选择的尺寸，至少应包括下列部分或全部尺寸：≥2μm、≥5μm、≥15μm、≥25μm、≥50μm、≥100μm，以适合各种污染度等级标准的需要。若需要的数据在计数要求的尺寸范围内，也可根据积累颗粒数的最终结果计算出差分颗粒数 纤维包括在≥100μm 尺寸的颗粒数中，但应单独注明

续表

颗粒计数尺寸选择和计数程序

名义放大倍数的选择

按照计数颗粒尺寸的范围，选择表2中合适的放大倍数

表2　名义放大倍数的光学组合

放大倍数(名义)	目镜	物镜	建议最小颗粒尺寸/μm
×50	×10	×5	20
×100	×10	×10	10
×200	×10	×20	5
×500	×10	×50	2

统计计数程序

①将滤膜固定盒（入射光）或试片（透射光）放在显微镜载物台上，调节焦距和滤膜方格的方向，如果是倾斜光源，调整角度和亮度，以保证最好的颗粒清晰度

②为更好地进行图像分析，根据厂家的说明书调整亮度、设置参数和修正明暗度

③选择被计数试片的面积与计数最大颗粒尺寸相匹配的放大倍数（见表2）。观察第一个单元面积并根据尺寸的定义计数大于或等于被选择尺寸的颗粒数

注：为了减少颗粒失落的影响，获得更具有代表性的统计结果，应首先统计最大尺寸的颗粒数

④按本标准规定的术语“统计计数”的定义选择计数的单元面积，统计滤膜上的总颗粒数

⑤再选择滤膜的另一区域，计算它的单元面积，计数包括已被单独确认为纤维的所有颗粒。继续选择滤膜独立区域，或任一组合方式（见图1建议的选取方式）或任意地选择面积，计数所选尺寸的颗粒数，直到对至少10处独立的区域统计总数不少于150个颗粒数。在数据表中记录颗粒数及统计的区域个数

注：1. 所选择的单元面积应该均匀分布在整个滤膜的有效过滤面积上，而不能从相近区域选择

2. 如果颗粒处在格子的上边线或左边线上时，应算作该格子的颗粒数。颗粒处在下边线和右边线上时，则不算作该格子的颗粒数

3. 如果某区域滤膜上的颗粒浓度很低或在10处独立区域计数到的颗粒数不足（少于150个），继续计数其他区域的颗粒，直到颗粒数达到计数要求为止

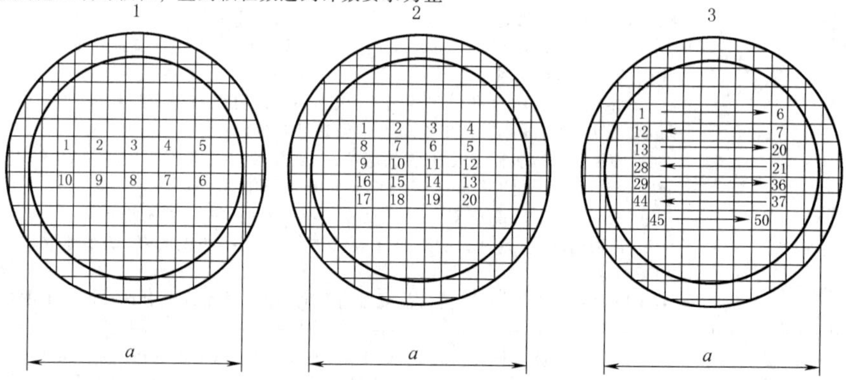

图1　10、20和50个计数方格选择示例

1——10个方格

2——20个方格

3——50个方格

a——滤膜的有效过滤直径

⑥选择其他尺寸的放大倍率，重复①~⑤

颗粒总数的计算

每100mL液样中大于等于所选尺寸的颗粒数，用N表示

$$N=\frac{An\times10^5}{fLWV}$$

式中　A——滤膜的有效过滤面积，mm^2

n——大于等于所选尺寸的颗粒数

f——计数的单元数

10^5——规范单位所用的因子

L——单位的长度或方格的尺寸或直径长度，mm

W——单元的宽度，mm

V——液样过滤的体积，mL

续表

颗粒计数尺寸选择和计数程序	数据的确认	检测结果发出前,必须进行数据检查确认。分析大尺寸颗粒数逐渐减少的原因,或按 GB/T 14039—2002 的图 A.1,在污染图表上查验数据。同时检查确认也是为了分析颗粒尺寸的增大,颗粒数减少或颗粒尺寸增大计数变化较小的原因。两者都说明滤膜分布不均匀,如果检查确认是数据统计的错误,则应对滤膜特定尺寸或所有尺寸重新计数
结果表示		在工作表中详细记录所有的试验结果。报告至少应包括如下信息 a. 液样名称 b. 每 100mL 液样所有被计数尺寸的颗粒数 c. 空白试验中每 100mL 液样计数的颗粒数 d. 滤膜的有效过滤面积及孔径 e. 统计方法(手动或图像分析)和所用光源类型(入射光或透射光) f. 分析所用的液样体积,mL g. 其他说明

3.5.3 自动颗粒计数法(摘自 GB/T 37163—2018/ISO 11500:2008, MOD)

自动颗粒计数器是一种合适的且广泛使用的设备，可用来测定颗粒污染物的尺寸分布和数量浓度。仪器的准确度通过校准来保证。

表 20-4-44

范围		GB/T 37163—2018《液压传动　采用遮光原理的自动颗粒计数法测定液样颗粒污染度》规定了采用遮光原理的自动颗粒计数器测定透明、均匀、单相液样颗粒污染度的操作程序 本标准描述的方法适用于监测 a. 液压系统的清洁度 b. 冲洗过程 c. 辅助设备和试验台 d. 本标准也适用于其他液体(例如:润滑油、燃油、处理液)的监测
测试前的要求和程序	预防措施	①化学制品 由于化学制品可能是有害、有毒或易燃的,因此在准备和使用化学制品过程中,应严格遵守实验室规程。应注意保证化学制品与使用材料的相容性。针对每一种化学制品都可参考化学品安全技术说明书(MSDS),它描述了安全处理和使用的预防措施 ②电子干扰 应采取预防措施来保证试验区域的电子干扰不超过自动颗粒计数器承受射频干扰(RFI)和电磁干扰(EMI)的能力范围 注:1. 自动颗粒计数器是一种典型的高度灵敏的装置,会受到 RFI 和 EMI 的影响,仪器的供电稳定且无电噪声 2. 通常宜采用稳压电源 ③磁力搅拌器的应用 含有铁或其他磁性颗粒的液样不能使用磁力搅拌器。如果磁力搅拌器是设备的标准装置,则应去除或消除驱动磁场 ④相对湿度 试验区域的相对湿度应不大于 70% 注:相对湿度可能会影响颗粒计数 ⑤液样存贮 宜于细菌生长的液样应在低温条件下(5℃±2℃)冷藏,在评定和分析之前应将液样调至室温,并在室温下保持 1h
	玻璃制品清洗程序	①玻璃制品清洗程序 按照使用的玻璃制品应按照 GB/T 17484 的有关规定进行清洗和检验,清洗采用的溶剂应为 a. 如果分析的液样是石油基或合成液体,应采取洁净石油醚或汽油 b. 如果分析的液样为水基液体,应采取洁净异丙醇或水 ②所有的玻璃制品应达到合适的清洁度水平,保证对污染度测试结果不产生影响 注:通常认为合适的玻璃制品清洁度水平为每毫升玻璃装置体积中大于 4μm(c)的颗粒数少于 10 个,大于 6μm(c)的颗粒数少于 2 个 ③所有清洗和冲洗用的溶剂需采用孔径不大于 1μm 滤膜过滤

续表

<table>
<tr><td rowspan="3">测试前的要求和程序</td><td>自动颗粒计数器校准程序</td><td>按照 GB/T 18854 规定的校准程序校准自动颗粒计数器</td></tr>
<tr><td>自动颗粒计数器操作</td><td>①应在制造商说明书的指导下使用自动颗粒计数器，所有测试液样的颗粒数量浓度应低于仪器制造商规定的重合误差极限的 80%，且每一颗粒尺寸设定的电压值应不低于 1.5 倍仪器阈值噪声水平
②打开自动颗粒计数器预热使其趋于稳定
③采用洁净溶剂清洗传感器通道及其管道
注：在高于工作流量大约 50%的流量下冲洗传感器通道及其管路，在分析液样前排空取样管，否则在两个液样混合时将产生光学界面可能会导致错误结果
④若传感器先前分析的液样和将要分析的液样不相容，则应按下面“不同液体的分析”清洗传感器
⑤通过分析一定体积的稀释液检验颗粒计数系统的清洁度水平</td></tr>
<tr><td>计数前液样的准备</td><td>①概要
液样进行颗粒计数前其准备流程如图 1 所示

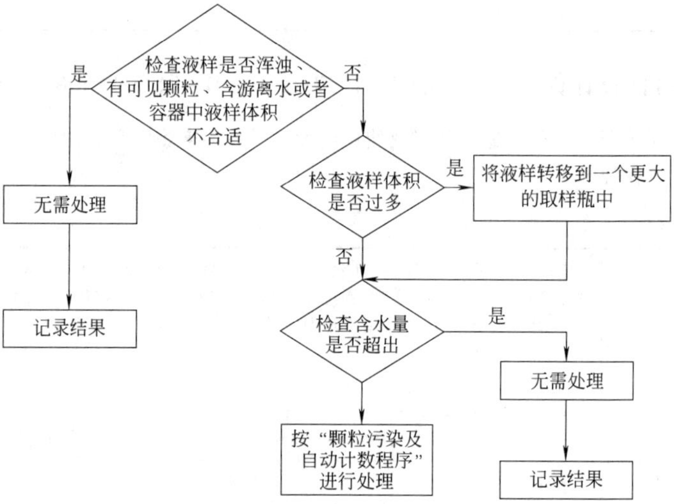

图 1　液样准备流程图

②初始准备和检查
Ⅰ. 用无尘抹布擦去取样瓶外表面的可视污染物，目视检查液样是否存在以下情况
a. 浑浊（可能含有过多的颗粒或游离水）
b. 肉眼可见的颗粒
c. 游离水
d. 不合适的容器（如泄漏或损坏或不符合规定的“取样瓶”的容器）
e. 液样体积过多（即液样超过取样瓶体积的 80%）
Ⅱ. 如液样出现Ⅰ中 a～d 所描述现象，则不能采用本标准进行颗粒计数，因为这些现象可能影响传感器的性能，在测试报告上记录肉眼检查结果，测试结束
Ⅲ. 如液样出现Ⅰ中 e 所描述现象，则执行③
Ⅳ. 如液样未出现Ⅰ中 a～e 所描述现象，则执行④
③液样体积过多的处理
Ⅰ. 估计取样瓶中液体的体积，当液体体积少于取样瓶的 80%时，执行④。当液体体积大于取样瓶体积的 80%时，执行程序Ⅱ～Ⅳ
注：当液样体积大于取样瓶体积的 80%时，液样弥散非常困难，不能保证液样中颗粒污染物均匀。执行程序Ⅱ～Ⅳ时注意不要产生二次污染
Ⅱ. 液样体积，选择一个清洁的新取样瓶（第二个取样瓶），保证当液样全部倒入新取样瓶时，液样体积为新取样瓶体积的 5%～80%
Ⅲ. 按以下步骤处理液样
a. 将大约一半液样倒入新取样瓶中
b. 剧烈摇晃剩余的液样
c. 立即将剩余的液样倒入新取样瓶中
注：在液样处理过程中注意不要溅出任何液样，如果溅出或丢失，此样品不能进行颗粒计数
Ⅳ. 拧紧新取样瓶的瓶盖</td></tr>
</table>

续表

<table>
<tr><td rowspan="2">测试前的要求和程序</td><td>计数前液样的准备</td><td>④含水量检查
Ⅰ. 检查液样含水量是否过多可采用加热法，具体步骤如下
a. 将加热盘预热至 140℃±2℃
b. 剧烈摇晃液样 5min
c. 将液样放入超声波中处理 30s
d. 取 1~2mL 液样滴到加热盘上，如液样产生气泡，则说明液样含水量过多；如果液样没有分散开，形成一层薄膜，则说明液样含水量较少
Ⅱ. 如果检测液样含水量较少不影响自动颗粒计数器的颗粒计数，则能够采用本标准对液样进行颗粒计数
Ⅲ. 如果检测液样含水量较多，则不应采用本标准对液样进行颗粒计数，并记录观察结果</td></tr>
<tr><td>液样稀释的必要性检查</td><td>最好不对液样进行稀释。但如果液样不透明、黏度过大或颗粒浓度过高时则应稀释，稀释方法见下面“液样稀释的作用”</td></tr>
<tr><td>颗粒污染度自动计数程序</td><td>概要</td><td>液样颗粒污染度测试流程如图 2 所示
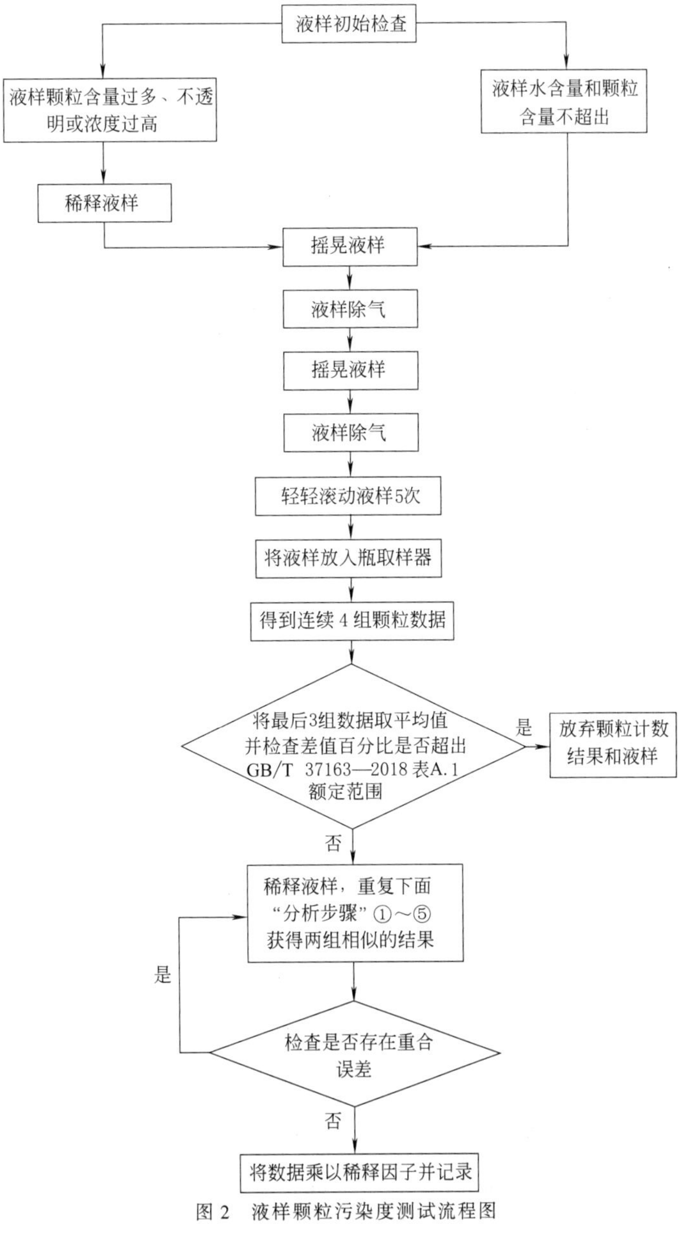

图 2　液样颗粒污染度测试流程图</td></tr>
</table>

续表

颗粒污染度自动计数程序	液样稀释	①液样稀释的作用 Ⅰ. 降低液样的黏度使之与取样器的设计相匹配 Ⅱ. 降低颗粒数量浓度使其不超过自动颗粒计数器的重合误差极限 Ⅲ. 降低液样的遮光度,如果液样颜色过深,自动颗粒计数器不能正确计数 Ⅳ. 进行试探性测量,找出最佳稀释比或者对测量结果进行数据有效性验证 注:液样初始检查是基于液样的透光性,而仅仅通过肉眼观察不能分辨液样中颗粒数量浓度是否超过自动颗粒计数器的重合误差极限,因此通常透明液样测量前不进行稀释。如果液样不透明,通常按照1∶3的稀释比进行稀释 ②注意事项　由于在液样稀释过程中可能带来二次污染,稀释过程应在洁净环境下进行,稀释过程中采用的所有玻璃制品应按照"玻璃制品清洗程序"的规定程序进行处理 注:采用溶剂稀释可能会改变液样的水饱和特性,加入溶剂的水饱和度需不大于被稀释液样的水饱和度且小于100mg/L ③体积稀释法 Ⅰ. 体积稀释采用的玻璃制品应符合"注"的要求 注:经计量合格带刻度注射器或定量移液器(应优于JJG 196—2006规定的B级),其清洁度和检验方法见"玻璃制品清洗程序" Ⅱ. 选择合适的稀释比(例如按照1∶9稀释) Ⅲ. 按下列步骤处理液样 a. 剧烈摇晃液样至少60s b. 将液样置于超声波清洗槽内,沐振至少30s c. 重复a d. 采用抽真空或者超声波沐振的方式对液样进行除气,观察液样,直至液面不产生气泡 e. 缓慢旋转取样瓶至少5次,并保证液压不产生气泡,立即执行④ 注:可使用机械滚动装置滚动取样瓶,测试液样前需不停滚动取样瓶以预防颗粒沉淀 Ⅳ. 根据Ⅱ选择的稀释比,量取稀释液体积,并记录,将约50%稀释液倒入取样瓶中 Ⅴ. 根据Ⅱ选择的稀释比,量取液样体积,并倒入取样瓶中 Ⅵ. 用剩余的稀释液冲洗量取液样体积的玻璃容器,并倒入取样瓶中,测试并记录总体积 Ⅶ. 按照式(1)计算实际的稀释因子D_R $D_R=\frac{V_t}{V_t-V_d}$　(1) 式中　V_t——总体积, mL V_d——稀释液体积, mL ④质量稀释法 Ⅰ. 测量并记录液样和稀释液的密度, 密度测量时不能对液样产生二次污染 Ⅱ. 将空的取样瓶放在天平上, 称重并记录取样瓶质量 Ⅲ. 按③中Ⅰ~Ⅲ处理液样 Ⅳ. 根据③的Ⅱ选择的稀释比估计所需液样的质量, 将液样倒入取样瓶中测量并记录液样的质量 Ⅴ. 根据③的Ⅱ选择的稀释比估计所需稀释液的质量, 将稀释液倒入取样瓶中测量并记录液样和稀释液总质量 Ⅵ. 按照式(2)计算实际稀释因子D_R $D_R=\frac{\frac{M_t-M_s}{\rho_d}+\frac{M_s}{\rho_s}}{\frac{M_s}{\rho_s}}$　(2) 式中　M_t——总质量, g M_s——液样质量, g ρ_d——稀释液的密度, g/cm^3 ρ_s——液样的密度, g/cm^3
	分析步骤	①按上面③的Ⅲ处理液样, 如果按照③~④对液样进行稀释, 则忽略③Ⅲb和③Ⅲc 警告: 液样除气后到进行液样测量的时间应尽可能短, 最好在1min以内 ②将液样放入瓶式取样器 ③确定测量的颗粒尺寸并连续测量液样4次, 获得4组连续的测量数据 注: 通常选择的测量尺寸为4μm (c)、6μm (c)、10μm (c)、14μm (c)、21μm (c)、38μm (c)和70μm (c), 记录测量液样体积及传感器的工作流量

续表

颗粒污染度自动计数程序	分析步骤	④舍弃第1组数据并计算后3组数据的平均值,按照GB/T 37163—2018附录C中式(C.1)计算差值百分比。如果差值百分比大于表C.1给出的允许最大差值百分比,则此组数据和液样应舍弃。重新采取进行测量,并确保所关注的最大颗粒尺寸测量的颗粒数不少于20个 ⑤如果液样在按照③测量之前未被稀释,则采用稀释液按1:9稀释比对其进行稀释。如果液样在按照③测量之前已经稀释,则选择更高的稀释比对其进行稀释,并按照"液样稀释"③Ⅶ或④Ⅵ确定最终稀释比 ⑥重复①~⑤,直至获得两组相似的测量数据,如果两组测量数据中的第一组和第二组采用更高稀释比得到的测量数据之间差值百分比满足GB/T 37163—2018表C.1所给出的范围,则认为两组数据相似,选择两组测量数据中采用较小稀释比得到的测量数据为最终测量数据 ⑦确认测量结果是否超过自动颗粒计数器的重合误差极限,如果超出,选择一个更高的稀释比并重复①~⑤,如果不超出,继续处理测量数据。颗粒的重合会使测量的大颗粒增多、小颗粒减少,自动颗粒计数器的重合误差极限主要针对的是仪器最小颗粒尺寸能够测量的最大颗粒数量浓度,因此所有测量液样的颗粒数量浓度应低于仪器制造商规定的重合误差极限的80%,重合误差极限通常由仪器生产厂家给出。液样稀释可以减少颗粒的重合 ⑧按稀释比修正测量数据,提供每毫升液样中所含实际颗粒数,测量数据统计方法见GB/T 37163—2018附录C
	不同液体的分析	①当传感器连续测量不相容的液样时,应对传感器进行冲洗 注:先前残留在传感器视窗上液样的薄膜或液滴很可能导致错误计数,换液过程时采用一系列溶剂进行冲洗,每种溶剂都和前次冲洗溶剂相容 ②当第一次测量液样为水、第二次测量液样为油时,典型冲洗步骤如下 a. 用异丙醇冲洗 b. 用石油醚冲洗 c. 用干燥、无油、洁净的压缩空气吹干 d. 如果第二次测量液样充足,用第二次测量液样冲洗
检测报告		检测报告格式参考GB/T 37163—2018附录D,检测报告应包含以下信息 a. 实验室标识 b. 检测时间 c. 样品标识 d. 样品名称 e. 自动颗粒计数器制造商及型号 f. 传感器型号 g. 传感器工作流量 h. 传感器重合误差极限 i. 校准方法 j. 校准数据 k. 稀释比 l. 稀释液 m. 每次计数体积 n. 每毫升颗粒计数应最少保留3位有效数字 o. 如果需要,按照GB/T 14039的规定,对每个颗粒数平均值进行污染度判级 p. 关于分析的任何注释

3.6 液压油含水量检测方法(摘自JB/T 12920—2016)

表 20-4-45

范围		JB/T 12920—2016《液压传动 液压油含水量检测方法》规定了用卡尔费休滴定法检测液压油含水量的方法 适用于液压油含水量的检测,其他系统工作介质含水量的检测也可参照执行
准备工作	实验室样品的制备	①观察盛放被试样品的容器内部是否有析出的游离水。若有析出的游离水,执行②~⑤;若无析出的游离水,直接执行③和⑤ ②用干燥洁净的取样器抽取1mL的异丙醇注入被测样品中,密封被测样品容器 ③上下剧烈晃动5min,用超声波清洗器处理2min,消除气泡

续表

准备工作	实验室样品的制备	④若被测样品容器内部仍有析出的游离水,重复步骤②和③直至被测样品容器内部无析出的游离水为止 ⑤将洁净、干燥的磁力搅拌棒放入消泡处理后的被测样品中,将被测样品容器密封后,安放在磁力搅拌器上,调整搅拌转速,直至有明显的漩涡出现,搅拌10min,确保被测样品均匀混合 注:异丙醇中的含水量微乎其微,在采用异丙醇处理浑浊、有游离水的样品时,对其含水量的影响可以忽略不计
	卡尔费休滴定仪准备	应按照以下程序准备试验仪器 a. 按照仪器操作手册检查卡尔费休滴定仪各处连接口 b. 检查干燥管中的分子筛(干燥剂),如变色,应更换 c. 根据不同被测样品的含水量,选用相对应的滴定法,对于不同的方法在操作中应注意 • 对于液压油含水量(质量分数)小于1%的样品宜采用卡尔费休库仑滴定法,对于液压油含水量(质量分数)大于1%的样品宜采用卡尔费休容量滴定法 • 采用容量滴定法,但在使用单组分或双组分试剂时,滴定管内应充满试剂,确保滴定管和其他管道中无空气 • 采用库仑滴定法,在注入电解液时,应确保注入滴定池外隔室中的阳极液达到操作手册要求的液位,确保注入滴定池内隔室中的阴极液的液面低于阳极液的液面3~5mm d. 打开卡尔费休滴定仪电源开关,预热30min e. 根据检测要求,按照仪器操作手册设置相应参数 f. 启动卡尔费休滴定仪,仪器执行预滴定程序 g. 采用容量滴定法在完成预滴定后,尽可能地将滴定速度调至最低并保持
	单组分试剂和双组分试剂浓度标定	①一般要求 采用容量滴定法在每次检测样品时,应对单组分试剂和双组分试剂浓度进行标定。当结果出现争议时,以质量浓度标定方式作仲裁 ②标定程序 浓度标定应使用新启封的标准水,并尽可能减少标准水暴露于空气中的时间,未用完的标准水不得再次使用,以免因外界水分的侵入而导致不准确的标定结果。每瓶标准水可完成3~5次标定。用标准水标定浓度按下列程序进行 a. 打开安瓿瓶的封口 b. 用约1mL标准水浸湿10mL取样器内壁 c. 用取样器抽取安瓿瓶中剩余的全部标准水 d. 将取样器针头插入滴定池内,注入1.0~1.5mL标准水,立即启动滴定,记录标定值 e. 重复步骤d的操作3次,记录每次的标定值 f. 检查标定值是否在规定范围内。若在规定范围内,标定程序完成;若不在规定范围内,则查明原因,更换标准水或试剂,重复步骤a~e,直至标定值符合要求,并做记录 注:标准水密封在安瓿瓶内,目前市面上有各种不同的容量规格。对于不同规格的标准水,在完成标定程序后安瓿瓶中剩余标准水的量也不一样
检验步骤		液压油中含水量的检测应按照以下程序进行 a. 用按照"实验室样品的制备"规定制备的样品冲洗干燥的取样器内壁3次 b. 打开盛放被测样品的容器口,取样器针头迅速插入测试样品液面下,在距液面高度约1/2处抽取一定量的被测样品(参见JB/T 12920—2016附录A),快速抽出取样器针头,拭净取样器针头外壁的残留液,用硅橡胶块将取样器针头堵住,迅速置于天平内称重,并记录质量值 W_1(mg) c. 取下取样器针头上的硅橡胶块,将针头插入注射孔口,在滴定液面下方约10mm处迅速注入被测样品,开始检测 d. 将针头提离液面,略微回抽取样器活塞,把取样器针头悬挂的液体吸入取样器,然后拔出取样器针头,用原硅橡胶块将取样器针头堵住,迅速置于天平称重,并记录质量 W_2(mg) e. 按公式(1)计算注入被测样品的质量 W $$W=W_1-W_2 \quad (1)$$ 式中 W_1——被测样品质量、取样器质量与硅橡胶块质量之和, mL W_2——残留样品质量、取样器质量与硅橡胶块质量之和, mL f. 将被测样品质量 W 的数值输入卡尔费休滴定仪 g. 滴定终止后，记录被测样品的含水量结果 h. 按上述程序对每个被测样品做3次检测

续表

<table>
<tr><td rowspan="2">检测结果判定</td><td>重复性</td><td>由同一操作者按照本标准的操作要求,在同一台仪器上,对同一被测样品进行3次检测,计算差值百分率(最大值与最小值的差值,除以3个检测结果算术平均值,取百分率的绝对值),结果应符合表1中的重复性要求,否则应重新检测

表1　检测结果的重复性和复现性要求
<table><tr><th>含水量/μg·g⁻¹</th><th>重复性</th><th>复现性</th></tr><tr><td>≤50</td><td colspan="2">差值百分率≤15%</td></tr><tr><td>>50</td><td colspan="2">差值百分率≤10%</td></tr></table></td></tr>
<tr><td>复现性</td><td>在同一实验室，由不同的操作者按照本标准的操作要求，对同一被测样品进行3次检测并取算术平均值作为检测结果，计算差值百分率，结果应符合表1中的复现性要求，否则应重新检测</td></tr>
<tr><td rowspan="2">数据表达</td><td>数据处理</td><td>取三个检测结果的算术平均值作为被测样品含水量报告的数值</td></tr>
<tr><td>检测报告</td><td>检测报告应至少包括以下信息
——检测依据标准
——检测环境
——被测样品名称、型号或牌号、来源
——检测结果
——检测日期
——检测单位
——检测人
——仪器名称及型号
——试剂</td></tr>
</table>

3.7　液压元件、系统及管路污染控制

3.7.1　液压件清洁度评定方法及液压件清洁度指标（摘自JB/T 7858—2006）

在液压元件污染控制过程中，需要针对不同的控制要求选择适当的污染物（清洁度）分析方法和评价指标。GB/T 20110—2006/ISO 18413：2002，IDT《液压传动　零件和元件的清洁度与污染物的收集、分析和数据报告相关的检验文件和准则》提供了对液压元件污染物（清洁度）进行分析、评价的基本方法和准则，包括：

——称重法；

——颗粒尺寸法；

——化学成分法；

——颗粒尺寸分布法。

JB/T 7858—2006仅对其中“称重法”的具体操作程序做出详细叙述，同时推荐相应的元件清洁度指标。

需要说明是JB/T 7858—2006规定的液压件清洁度评定方法要求“将被测元件解体”。在GB/Z 19848—2005中规定：“如果在包装、贮存和运输前元件被重新组装，则元件应通过最后生产阶段（冲洗和试验）来去除重新组装过程中产生的污染物。”

表20-4-46

范围	JB/T 7858—2006《液压件清洁度评定方法及液压件清洁度指标》规定了以液压元件内部残留污染物质量评定液压元件清洁度的方法,以及按液压元件内部污染物允许残留量(质量)确定的清洁度指标 本标准适用于以矿物油为工作介质的各类液压元件和辅件
检测环境和条件	①检测工作室的洁净度应达到GB/T 50073—2001(2013)规定的100000级,操作者应穿着专用工作服 ②被测元件应是完成全部加工、试验工序的元件 ③洁净容器应是经过预清洗的取样瓶及其他需用容器,其清洁度不得超出被检测元件所要求的清洁度的5% ④洁净清洗液应是经过预过滤的石油醚(沸程90~120℃)或120号工业汽油等溶剂,其清洁度不应超出被检测元件所要求的清洁度的10% 注:推荐用孔径0.45μm的微孔过滤膜过滤

续表

检测程序

①测量并记录被测元件的磁性，需要时退磁到 12Gs（高斯，$1Gs=10^{-4}T$）以下

②清洗被测元件的外表面

③确定被测元件的内腔湿容积

④将被测元件解体（工艺螺堵及过盈配合的部件不拆卸）

⑤取下各结合面的密封件（液压缸活塞密封件除外），用白绸布擦净密封面上不与工作介质接触的部分

⑥将元件解体后的所有内腔零件放入洁净容器内

⑦用洁净清洗液喷洗与工作介质接触的零件。对与工作介质部分接触的零件，只清洗其接触工作介质的部分。不与工作介质接触的零件（如泵的法兰盘、阀的手柄、缸的耳环等）不清洗。洁净清洗液用量为被测元件内腔湿容积的 2～5 倍

⑧将⑦的清洗液收集至符合清洁度要求的容器中，并标注容器编号（如 1 号样）

⑨重复⑥～⑧的步骤，容器编号依次为 2 号样和 3 号样

⑩按下述单滤膜或双滤膜质量分析程序，对 1 号样、2 号样、3 号样进行质量分析

注：单滤膜和双滤膜质量分析法是两种可供选择的质量分析法。当确信能够充分冲洗滤膜时，可选择单滤膜分析法

⑪单滤膜质量分析程序

Ⅰ．取适量备用滤膜（0.8μm）置于培养皿中，半开盖放入干燥箱，在 80℃（或滤膜规定的使用温度）恒温下保持 30min。取出后合盖冷却 30min。此过程应保持滤膜平整，无变形

Ⅱ．从培养皿中取出一张经烘干的滤膜，称出其初始质量 G_A

Ⅲ．将滤膜固定在过滤装置上，充分搅拌待测样品后倒入过滤装置，再用 50mL 洁净清洗液冲洗样品容器并倒入过滤装置。盖上漏斗盖进行抽滤，待抽滤到约剩余 2mL 余液时，取下漏斗盖用洁净清洗液冲洗漏斗侧壁，再盖上漏斗盖并继续抽滤，直至抽干滤膜上的清洗液

Ⅳ．用注射器吸取洁净清洗液，顺漏斗壁注射清洗，直至滤膜上无清洗液为止

Ⅴ．停止抽滤。小心取下滤膜放入培养皿中，将培养皿半开盖放进干燥箱内，在 80℃（或滤膜规定的使用温度）恒温下保持 30min。取出后合盖冷却 30min，称出质量 G_B

Ⅵ．被测样品的污染物质量 $G_a=G_B-G_A$

⑫ 双滤膜质量分析程序

Ⅰ．取适量备用滤膜（0.8μm）置于培养皿中，半开盖放入干燥箱，在 80℃（或滤膜规定的使用温度）恒温下保持 30min。取出后合盖冷却 30min。此过程应保持滤膜平整，无变形

Ⅱ．从培养皿中取出两张经烘干的滤膜 E 和 T，称出其初始质量 E_A 及 T_A

Ⅲ．将滤膜固定在过滤装置上，滤膜 E 在上，T 在下。充分搅拌待测样品后，倒入过滤装置，再用 50mL 洁净清洗液冲洗样品容器并倒入过滤装置。盖上漏斗盖进行抽滤，待抽滤到约剩余 2mL 余液时，取下漏斗盖用洁净清洗液冲洗漏斗侧壁，盖上漏斗盖继续抽滤，直至抽干滤膜上的清洗液

Ⅳ．取下漏斗盖，用注射器吸取洁净清洗液，顺漏斗壁注射清洗，直至滤膜上无清洗液为止

Ⅴ．停止抽滤。小心取下滤膜放入培养皿中，将培养皿半开盖放进干燥箱内，在 80℃（或滤膜规定的使用温度）恒温下保持 30min。取出后，合盖冷却 30min，称出其质量 E_B 及 T_B

Ⅵ．被测样品的污染物质量 $G_n=(E_B-E_A)+(T_B-T_A)$

Ⅶ．若 (T_B-T_A) 值大于 0.5mg，表示滤膜冲洗不充分，应该重复Ⅰ～Ⅶ

清洁度检测数据处理及报告格式

①分别记录 1 号样、2 号样、3 号样污染物质量 G_1、G_2、G_3，并计算三个样品的总质量 $G=G_1+G_2+G_3$。若 $G_3\leqslant0.1G$，则认为检测结果有效。否则，重复"检测程序"的⑥～⑧，依次取得 4 号样、5 号样、…、n 号样，直至第 n 个样品的污染质量 $G_n\leqslant0.1G$ 时为止，n 个样品的总质量 $G=G_1+G_2+G_3+G_4+G_5+\cdots+G_n$

②记录检测结果，被测元件残留污染物总质量 G 为全部样品污染物质量之和，即 $G=G_1+G_2+G_3+\cdots+G_n$

③填写液压元件清洁度检测报告，其格式见表 1 规定

表 1　液压元件清洁度检测报告

送检单位		被检产品	
检测部门		检测人员	
检测时间	年　月　日		
滤膜孔径		清洁度指标	
检测结果			
磁感应强度		残留污染物总质量	
备注			

续表

清洁度指标

液压元件的清洁度指标应按相应产品标准的规定，产品标准中未作规定的主要液压元件和附件的清洁度指标应按表2的规定

表2 主要液压元件清洁度指标

产品名称	产品规格		清洁度指标值/mg		备注
齿轮泵及马达	公称排量/mL·r^{-1}	项目	铝壳体	铸铁壳体	
		$V\leqslant10$	≤30	≤60	
		$10<V\leqslant50$	≤40	≤70	
		$50<V\leqslant100$	≤60	≤100	
		$100<V\leqslant200$	≤70	≤120	
		$V>200$	≤100	≤180	
叶片泵及马达	公称排量/mL·r^{-1}	$V\leqslant10$	≤25		
		$10<V\leqslant25$	≤30		
		$25<V\leqslant63$	≤40		
		$63<V\leqslant160$	≤50		
		$160<V\leqslant400$	≤65		
轴向柱塞泵及马达	公称排量/mL·r^{-1}	项目	定量	变量	
		$V\leqslant10$	≤25	≤30	
		$10<V\leqslant25$	≤40	≤48	
		$25<V\leqslant63$	≤75	≤90	
		$63<V\leqslant160$	≤100	≤120	
		$160<V\leqslant250$	≤130	≤155	
低速大转矩马达	公称排量/mL·r^{-1}	$V\leqslant1600$	≤120		
		$1600<V\leqslant8000$	≤240		
		$8000<V\leqslant16000$	≤390		
		$16000<V\leqslant25000$	≤525		
压力控制类阀	公称通径/mm	≤10	≤15		包括溢流阀、减压阀、顺序阀
		16	≤19		
		20	≤22		
		25	≤29		
		≥32	≤35		
节流阀	公称通径/mm	≤10	≤10		
		16	≤12		
		20	≤14		
		25	≤19		
		≥32	≤27		
调速阀	公称通径/mm	≤10	≤22		
		16	≤26		
		20	≤30		
		25	≤35		
		≥32	≤45		
电磁、电液换向阀	公称通径/mm	6	≤12		
		10	≤25		
		16	≤29		
		20	≤33		
		25	≤39		
		≥32	≤50		
分片式多路阀	公称通径/mm	10	$\leqslant25+14N$		N为片数
		15	$\leqslant30+16N$		
		20	$\leqslant33+22N$		
		25	$\leqslant50+31N$		
		32	$\leqslant67+47N$		
二通插装阀	公称通径/mm	16	≤0.68		表中为插装件的指标值。控制盖板的指标值应按相应通径增加20%；先导阀的指标值按相应阀类指标值
		25	≤1.72		
		32	≤3.6		
		40	≤6.96		
		50	≤11.64		
		63	≤26.3		

续表

续表

	产品名称	产品规格		清洁度指标值/mg	备注
清洁度指标	双作用液压缸	缸筒内径/mm	ϕ40～63	行程为1m时，≤35	实际指标值按下式计算： $G \leqslant 0.5(1+x)G_0$ 式中　G——实际指标值，mg x——缸实际行程，m G_0——表中给定的指标值，mg 多级套筒式单作用缸套筒外径为最终一级柱塞直径和各级套筒外径之和的平均值
			ϕ80～110	行程为1m时，≤60	
			ϕ125～160	行程为1m时，≤90	
			ϕ180～250	行程为1m时，≤135	
			ϕ320～500	行程为1m时，≤260	
	活塞式、柱塞式单作用缸	缸径、柱塞直径/mm	<ϕ40	行程为1m时，≤30	
			ϕ40～63	行程为1m时，≤35	
			ϕ80～110	行程为1m时，≤60	
			ϕ125～160	行程为1m时，≤90	
			ϕ180～250	行程为1m时，≤135	
	多级套筒式单作用缸	套筒外径/mm	ϕ50～70	行程为1m时，≤40	
			ϕ80～100	行程为1m时，≤70	
			ϕ110～140	行程为1m时，≤110	
			ϕ160～200	行程为1m时，≤150	
	囊式蓄能器	公称容积/L	1.6	≤6	
			2.5	≤14	
			4	≤17	
			6.3	≤27	
			10	≤34	
			16	≤49	
			25	≤70	
			40	≤93	
			63	≤120	
			100	≤168	
			160	≤228	
			200	≤281	
			250	≤362	
	过滤器	公称流量/$L \cdot min^{-1}$	10	≤7	
			25	≤11	
			63	≤17	
			100	≤23	
			160	≤29	
			250	≤42	
			400	≤57	
			630	≤78	
	软管总成	内径/mm	5	≤1.57L	L为软管长度，m
			6.3	≤1.98L	
			8	≤2.52L	
			10	≤3.15L	
			12.5	≤3.93L	
			16	≤5.03L	
			19	≤5.98L	
			22	≤6.92L	
			25	≤7.86L	
			31.5	≤9.91L	
			38	≤11.95L	
			51	≤16.04L	
	注：表中未包括的元件和辅件，其清洁度指标可根据产品结构型式和规格参照同类型产品的指标。如单向阀，可参照二通插装阀的指标				

注：在JB/T 7858—2006的“双滤膜质量分析程序”中规定的“被测样品的污染物质量 $G_n=(E_B-E_A)+(T_B-T_A)$”与JB/T 7858—1995（已被代替）和GB/T 27613—2011的规定都不同，而正确的原理表述应为“采用两片滤膜时，过滤后这两片滤膜分别增加的质量之差相当于该体积液体中杂质的含量。”

3.7.2 液压件从制造到安装达到和控制清洁度的指南（摘自GB/Z 19848—2005/ISO/TR 10949：2002，IDT）

循环工作液体中存在的污染物将引起系统性能的下降。减少系统中这些污染物数量的方法之一是在制造、包装、运输、贮存和安装元件过程中达到和控制元件期望的清洁度等级。

表 20-4-47

范围		GB/Z 19848—2005《液压件从制造到安装达到和控制清洁度的指南》指导性技术文件提供了液压元件从制造到安装到液压系统的过程中，达到、评定和控制其清洁度的指南
一般原则	生产过程中的元件清洁度	制造商有责任按其承诺的或买方认同的要求提供元件。包括生产过程中元件所要达到和评定的清洁度等级 元件在生产过程中所要求的清洁度等级应明确地写在检验文件中，该文件依据 ISO 18413 的有关规定进行起草，并获得制造商与买方的一致认同 制造商应在生产过程中的各个阶段仔细操作，以确保达到控制要求的元件清洁度等级。制造商的具体责任有 ——为达到要求的清洁度等级，元件在组装之前应清洗其各组成零件 ——在总体污染度等级不会明显影响元件清洁度的场合（包括环境、设备、工具等）组装元件 ——为达到要求的清洁度等级，元件应进行冲洗 ——对元件进行试验的流体应不会明显增加元件的污染物 ——用适当的试验方法评定元件的清洁度 ——对元件进行包装，包括防腐剂油口密封等
	包装、贮存及运输过程中的元件清洁度	供、购双方应签订协议，规定在包装、贮存及运输到买方的过程中由谁来负责元件清洁度的控制。如果制造商和供货商是相互独立的，则须各自明确承诺相应的责任 供货商（或同意承担保证元件清洁度责任的其他方）应在包装、贮存及运输过程中各个阶段仔细操作，确保元件所需清洁度等级维持不变。具体责任有 ——为元件的贮存和装运提供完善的包装 ——采用合适的贮存条件 ——采用合适的装运方法 如果在制造商发货后至买方收货前这段过程中元件清洁度出现下降，则供、购双方应联合调查原因，并采取正确的措施
	买方收货后的元件清洁度	买方有责任从元件的接收至将其安装到液压系统期间，或从元件的接收至转售给另一方期间，控制元件的清洁度 买方应在元件的接收、拆箱和贮存过程中的各个阶段仔细操作，买方的具体责任有 ——拆箱时仔细操作 ——采用合适的贮存方式 ——在去掉防护塞后，应避免有影响的污染物进入元件 在将元件装到系统时仍需谨慎操作，以免污染物进入
达到元件清洁度	元件清洗	为了保证元件达到适当的清洁度等级，最根本的一点是，组成元件的所有零件在组装前必须满足规定的清洁度等级。使用清洁零件对于确保在冲洗或性能试验过程中元件不会出现明显的损坏是十分重要的 每个零件或元件都按适当的程序进行清洗，以去除诸如切屑、沙子、锉屑、灰尘、焊滴、焊渣、橡胶、密封胶、水、含水杂质、氯、酸和除垢剂等残留物 在清洗元件时，要特别注意将空心通道及深孔清洗干净。切记像滑阀芯沟槽等设计成锐角边缘的结构，在人手接触时会滞留污染物。清洗过程可按以下步骤进行 ——在切削加工前，用喷丸法、超声波法或化学法清洗铸件，以去除型砂和氧化皮，在组装前，仔细地去除毛刺并清洗铸件 ——用机械法、超声波法或化学法去除制造过程中产生的残余物、毛刺和飞边等 ——使用化学法（如滤后的溶剂）或干燥的经过过滤的压缩空气去除清洗过程中产生的残余物 ——烘干或用干燥的经过过滤的压缩空气吹干
	常用清洗方法的说明	①喷丸法 喷丸法通过冲击材料去除铸件表面的污染物而不损害铸件表面。喷丸法可使用沙子、玻璃珠、炭粒、金属球或其他能够达到此目的的材料。期望清洗的污物种类和下层表面的耐久性是选择喷丸材料的重要考虑因素。喷丸对机械加工前去除型砂和氧化皮等污染物是非常有效的。需要注意的是，必须保证这种清洗方法不会在无意间破坏材料的性能或表面状态 ②超声波清洗法 利用通过液体介质传递的高频能量给元件表面赋予振动能量，从而去除表面的污染物。由于超声波清洗法主要依靠气泡在元件表面的爆炸作用，因此清洗槽及元件温度的正确与否对于清洗效果的影响很大。在元件浸没在清洗液中之后，要提供足够长的时间使之达到工作温度。容器的设计及元件的放置间隔也很重要，要提供合适的流道，使超声波能达到元件的每个部位。建议使用适当的过滤器对清洗槽中的液体进行连续过滤，以避免污染物的聚集 ③化学清洗法 Ⅰ. 健康和安全 使用化学制品、溶剂及挥发性液体可能危害健康，因此，必须牢记材料安全数据表的说明及所有适用的安全规程。在任何合适的地方都应配备人体防护装置。挥发性液体要远离热源和火源。必须遵循所有适用的关于溶剂使用和废弃的规章制度

续表

<table>
<tr>
<td rowspan="4">达到元件清洁度</td>
<td>常用清洗方法的说明</td>
<td>Ⅱ．水清洗法
水清洗法采用水和洗涤剂、酸、碱，单独或同时进行加热和搅拌来清洗元件。水基系统可用来清洗多种材料。水清洗法经常采用喷洗和浸泡箱。超声波振动经常用来提高水和洗涤剂的溶解程度。采用水基清洗系统，应尽可能减少用水量和谨慎地选择化学制品，使其符合清洗效率和环保的双重要求。可以通过连续过滤使清洗液保持在一个合适的清洁度等级
Ⅲ．半溶剂清洗法
水中时常加入溶剂以提高清洗质量和降低成本。根据所使用的溶剂，半溶剂清洗法采用与水清洗法相同的方法。在选择半溶剂清洗法时，应仔细考虑溶剂的闪点、溶剂挥发、操作人员的防护、废弃物的处理和排放等因素。可以通过连续过滤使清洗液保持在一个合适的清洁度等级
Ⅳ．溶剂清洗法
使用纯净的或混合的溶剂可以去除元件表面的涂料或油脂。溶剂用于手擦洗、喷洗、浸泡箱和蒸气去油装置中。搅拌、超声波及加热可以提高溶剂清洗的效率。不应使用有毒的或消耗臭氧的溶剂。可以通过连续过滤使清洗液保持在一个合适的清洁度等级
④冲洗法
冲洗法可以用来去除元件在制造或安装过程中产生的污染物。冲洗法的原理是使用足够高的能量去除污染物，将污染物从元件上洗去，并随后收集在过滤器内。一种首选的冲洗程序是，在规定的流量和温度条件下，循环一定清洁度等级的液体，使之通过元件。用于冲洗的液体可以是元件工作时使用的液体或为冲洗专门配制的液体，该液体应与元件和密封件相容
如果冲洗液与元件实际工作的液体不相容，则应采用措施以确保完全清除元件上的冲洗液</td>
</tr>
<tr>
<td>元件的组装</td>
<td>元件应在清洗后尽快组装，即使短时间地暴露在大气中也会引起腐蚀或空气中的灰尘落在元件上。暂时不组装的元件应采取充分的保护措施。组装人员的双手、组装工具及工作台应保持清洁，所用的清洗材料应是非棉织物
组装场地的环境应符合元件清洁度的要求。组装场地应远离磨削、焊接、机加工等产生污染物的操作。组装工位的附近应避免使用气流吹扫元件，因为空气吹扫会使污染物移动几米的距离
如果在组装过程中使用粘接剂或聚四氟乙烯生料带，应避免它们进入组装元件内部，如果使用油脂，则油脂必须是干净的，且应少量使用，因为油脂可能不溶于系统液体而引起过滤器的堵塞
元件组装后，所有连接表面和油口应覆盖住，除非立即进行试验。盖板或其他挡板至少应和元件一样清洁。用于这种目的的挡板可能是涂上油的，重新使用前应对其清洗
组装后的元件若需要进一步的清洗，应于试验前在配有适当的过滤器的专用冲洗装置上进行冲洗。产品试验台可以用来进行冲洗，只要其具备合适的过滤和适于冲洗的流量和温度等条件。“冲洗法”中关于冲洗的说明是适用的</td>
</tr>
<tr>
<td>清洁元件的保护</td>
<td>湿气可以导致元件表面的腐蚀，因此去除湿气很重要。清洁元件的一些保护方法列于表1中
表1　清洁元件的保护方法
<table>
<tr><th>保护方法的种类</th><th>对清洁元件适用方法的建议①</th></tr>
<tr><td>挤压金属塞或盖</td><td>T</td></tr>
<tr><td>带密封的螺纹金属圆柱塞</td><td>R</td></tr>
<tr><td>带密封的法兰板</td><td>R</td></tr>
<tr><td>挤压塑料塞</td><td>T</td></tr>
<tr><td>带螺纹的塑料塞</td><td>R</td></tr>
<tr><td>自切式塑料塞</td><td>F</td></tr>
<tr><td>防腐牛皮纸</td><td>T</td></tr>
<tr><td>塑料包装</td><td>R</td></tr>
<tr><td>注满清洁、相容的液压流体</td><td>R</td></tr>
<tr><td>与挥发性防腐剂接触，适用于备用件</td><td>R(需经同意)</td></tr>
<tr><td>真空密闭包装②</td><td>R</td></tr>
<tr><td>压力密闭包装②</td><td>R</td></tr>
</table>
① R＝推荐；T＝允许；F＝禁止
② 加上油口塞</td>
</tr>
<tr>
<td>元件的试验</td>
<td>如果有必要进行元件的性能试验，则试验台的油液清洁度等级必须与被试元件的清洁度等级相同或更高。这通常意味着试验台须配备适当的过滤装置。当试验过程中产生大量污染物时，应使用在线过滤器来迅速去除试验过程中产生的污染物，从而将污染物在试验台中重复循环所造成的损坏减小到最低程度</td>
</tr>
</table>

续表

元件清洁度的评定		ISO 18413 提供了适用的污染物收集、分析和数据报告的方法，可用来评定元件或部件的残留污染物水平。按照 ISO 18413 编写的检查文件应作为指定元件的污染物收集、分析和数据报告方法的参考。如果在包装、贮存和运输前元件被重新组装，则元件应通过最后生产阶段（冲洗和试验）来去除重新组装过程中产生的污染物
元件清洁度的控制	概述	在元件生产的全过程，特别是两道工序间的传递过程中，应建立适当的程序来控制和维护其清洁度。在随后的工序（如试验后的处理、喷漆、包装和运输）中应仔细操作，否则，制造商在元件组装过程中所保持的元件清洁度等级很容易被降低。为保证不会因污染而降低元件的性能，从而满足买方的要求，在这些工序点也应采取预防措施。此外，人员培训、适当的防护规程以及对环境的控制也同样重要
	培训	为将污染降低到最小，对生产和运输过程中每一环节的有效培训是必不可少的。流体传动元件制造、组装、试验、包装和贮存以及检查过程中，所涉及的人员应经过污染控制的基础教育。培训内容应包括对污染影响的评价以及对完成特定任务的指导。如果工作人员不知道污染的有害影响，他们可能不会遵守规定的规程
	工作环境	工作间应这样设计，即像机加工、去毛刺、装配焊接和磨削这些“脏”的生产过程应与元件的最后组装过程分开。如果难以实现，则应采用有效的抽吸设备，迅速去除产生的污染物 空气中的污染物应控制在与产品在生产和组装过程中清洁度要求相适应的水平。地板、工作台和工作地点的清洗方法和清洗频率取决于污染物产生的总量和产品的清洁度要求。那些对污染敏感的元件或生产过程则需要特别清洁的工作地点 如果环境的清洁度水平没有规定，则通过监视零件或元件的清洁度来证实环境的适应性
	工作规程	应尽快建立生产过程中的各种规程，并易于理解。建立的规程中，应限制生产过程中各工序及其转移到下一工序所增加的污染物总量。工作规程应定期审查，以保证其连续性和有效性
	试验后的处理	元件试验后，应在清洁场所将元件内部的液体排放干净。如果需要，在运输和贮存过程中可通过加注制造商指定的清洁防腐液来保护元件的内表面。在此过程中，应重新密封元件上所有的油口以避免污染物的侵入。应使用干净的塑料膜保护通气过滤器，在可能的场合，应将元件装入袋中，并最好使用不透气的密封袋
	涂漆	如果产品在试验后需要涂漆，在涂漆前应检查并确认所有的油口都已密封。通气口在涂漆前应予以保护，以避免油漆堵塞。活塞杆之类的运动零件易于受到油漆颗粒的污染，应屏蔽保护使其不受油漆的污染
	包装	元件应进行包装，以保证其在贮存和运输过程中不会受到物理损坏和污染
	贮存	元件应贮存在远离生产场所的清洁、干燥和安全的地方
	运输	元件的装运方法要避免元件受到物理损坏和污染
买方的注意事项	概述	制造商和供货商应明确地告诫买方在收货后污染物进入元件内部会造成的有害影响。这可以通过下列方式实现 ——产品资料中的信息，如使用说明，推荐的安装、使用和维修规程等 ——与产品一起提供的信息，如包装箱上或元件粘贴标签上的警示语等 这些信息可能有效地参考了制造商声明的标准或产品清洁度。例如：“在组装过程中，本元件的全部零件应仔细地进行清洗。组装后的元件应使用污染度等级为 14039 规定的 x/y/z 的油液进行试验。在元件立即安装前，不要去掉任何保护。清洁和仔细处理将有助于延长元件的工作寿命。”
	贮存	元件应以能保持其包装时的清洁度等级的方式进行贮存
	专业化	如果标准元件为适应特殊系统而需要专业化，且制造商也允许专业化，则元件的专业化工作应该在清洁度的条件下进行，且应遵守适当的预防措施，以防止污染。为使元件暴露在污染中的可能性降到最小，只有必要时才允许打开元件
	检查	一般来说，买方不得拆卸元件，即使作为质量保证程序中的部分内容而按百分比抽样基础上的拆卸也不允许。若确需拆卸，应向买方建议正确的重新组装、防腐与包装等规程，并给出如何避免污染物进入元件的指导性说明。另外，还应告知买方因他们的行为而导致的制造商担保内容的变化

注：GB/T 20110—2006/ISO 18413：2002，IDT《液压传动　零件和元件的清洁度与污染物的收集、分析和数据报告相关的检验文件和准则》准备按 ISO 18413：2015 修订。

3.7.3 液压传动系统清洗程序和清洁度检验方法（摘自 GB/T 42087—2022/ISO 16431：2012，IDT）

本标准描述了在液压系统装配完成后使用过滤器对其进行清洗的方法，但该方法不能取代在最终装配前，使用其他更好的能使系统达到并保持目标清洁度的方法。

表 20-4-48

范围	GB/T 42087—2022/ISO 16431:2012,IDT《液压传动　系统　清洗程序和清洁度检验方法》描述的方法适用于 a. 液压系统总成油液污染度的检验 b. 出厂前液压系统目标清洁度的验证 c. 如果需要,将液压系统净化至目标清洁度 本标准规定的清洗步骤不是用来代替合适的系统清洗程序,系统清洗程序参见 ISO 23309。液压系统中使用的零件和元件在装配前宜经过清洗,指导准则参见 ISO 18413
检测设备	①油液在线取样器,应符合 ISO 4021。如果没有这种取样器,只要油液是从主油路提取的,也可以使用测压接头 ②液压取样器,应符合 ISO 3722。如果进行在线分析,则不需要这种取样容器 ③颗粒计数或检测设备,能够对固体污染物颗粒进行计数和尺寸测定。符合 ISO 11500 的自动颗粒计数器(APCs)或符合 ISO 4407 的光学显微镜或图像分析设备或符合 ISO 21018-1 的颗粒污染度检测仪均满足本条要求 ④净化过滤器或辅助过滤系统以及一种通过过滤器进行系统油液循环的装置,只有当系统未达到目标清洁度时,才使用这些装置
取样	警告:从高压管路中取样可能有危险,应提供一种减压方法 在条件允许的情况下,应按照 ISO 4021 进行取样;对于其他情况,见上面检测设备中①。充分冲洗取样管路中残留的颗粒,确保得到具有代表性的液样 除非无其他可选择的取样点,否则不应在系统油箱中取样
检验程序	①在"检测程序"中包含的程序应被作为最低要求,并且可能无法满足所有系统的清洁度,尤其是那些大管径和管路复杂的系统。对于这些系统,可能需采用更有针对性的清洗程序 图 1 所示的流程图举例说明了一个液压系统总成的清洁度检验步骤,并提供了程序中每一步所对应的 GB/T 42087—2022 条款号 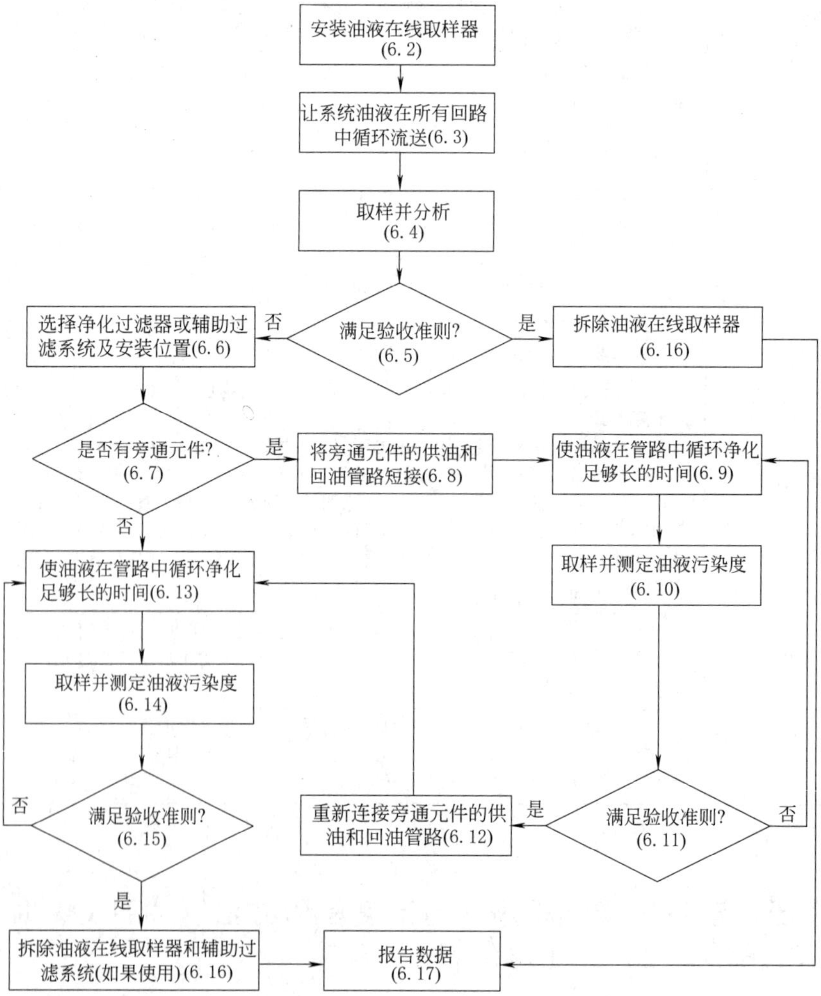 注:圆括号中的数字代表对应的 GB/T 42087—2022 条款号 图 1　液压系统总成清洗和清洁度检验程序流程图

续表

检验程序	②如果系统中未安装油液在线取样器,应安装并记录其位置。如果使用自动颗粒计数器或油液污染度检测仪,则通过管路将其与油液在线取样器连接。油液在线取样器应安装在系统过滤器的上游 注:在过滤器上游取样便于获得系统的最大污染度,并对清洗进度提供更明确的指示 ③让系统油液以最大工作流量在系统所有回路中循环流通,直至达到制造商规定的运行条件,使系统所有元件运转。对系统油液进行循环前,可采用单独的净化过滤器和净化程序,参见下面⑥~⑫ ④通过以下方法之一测定油液污染度 a. 采集具有代表性的瓶装液样,按 ISO 11500 或 ISO 4407 进行颗粒计数离线分析 b. 按 ISO 21018-1 进行污染度检测在线分析 应检查所使用的在线仪器,以确保其监测的是实际颗粒污染物,而非气泡、水滴或添加剂。记录数据,并按下面"验收准则"的要求对测定结果进行评价 ⑤如果没有达到下面"验收准则"的要求,则执行下面⑥,再次进行清洗操作。如果达到下面"验收准则"的要求,则执行⑯ ⑥选择净化过滤器或辅助过滤系统,依照系统制造商的推荐程序安装到系统中适当的位置(例如,系统主泵的出口,现有过滤器的壳体内,或油箱的外接口处) ⑦确定是否有元件应被暂时旁通。如果没有,则执行⑬ ⑧按要求将元件的供油管路和回油管路相短接,实现元件的旁通 注:添加或拆除管路或元件,添加油液或对系统的其他改造都可能增加系统的污染物 ⑨使系统充分运行一段时间,让油液以最大工作流量在系统所有的回路中循环流通,直到预估油污污染度达到下面"验收准则"的要求 ⑩通过以下方法之一测定油液污染度 a. 采集具有代表性的瓶装液样,按 ISO 11500 或 ISO 4407 进行颗粒计数离线分析 b. 按 ISO 21018-1 进行污染度检测在线分析 记录数据,并按下面"验收准则"的要求对测定结果进行评价 作者注:第⑩与上面第④检查程序基本一样 ⑪如果没有达到下面"验收准则"的要求,则重复执行⑨和⑩,再次进行清洗操作。如果达到下面"验收准则"的要求,则执行⑫。如果经过约定的时间后,仍未达到事先商定的系统目标清洁度,应检查系统零件和元件产生过程中的污染控制方法 ⑫将所有旁通元件的供油和回油管路重新连接 ⑬使系统充分运行一段时间,让油液以最大工作流量在系统所有的回路中循环流通,直到预估油污污染度达到下面"验收准则"的要求 作者注:第⑬与上面第⑨检查程序一样 ⑭通过以下方法之一测定油液污染度 a. 采集具有代表性的瓶装液样,按 ISO 11500 或 ISO 4407 进行颗粒计数离线分析 b. 按 ISO 21018-1 进行污染度检测在线分析 记录数据,并按下面"验收准则"的要求对测定结果进行评价 作者注:第⑭与上面第⑩和第④检查程序基本一样 ⑮如果达到下面"验收准则"的要求,则执行⑯。如果没有达到下面"验收准则"的要求,则重复执行⑬和⑭,再次进行清洗操作 ⑯如有必要,拆除油液在线取样器与自动颗粒计数器或油液污染度监测仪之间的连接管路。如果使用了辅助过滤系统,将其与系统之间的连接管路拆除 ⑰按照下面"检验报告"的要求报告最终数据
验收准则	当液压系统总成出厂时,其油液污染度达到或优于供方和买方的一致的要求,则该系统的清洁度验收合格
检验报告	液压系统总成清洁度的检验报告至少应包含以下内容 a. 检测日期 b. 被检测系统的标识号码(如序列号) c. 系统总成出厂时的清洁度 d. 取样方法 e. 是否有旁通的元件 f. 运行条件(油液温度、系统压力、油液类别和黏度及买方要求的其他运行条件) g. 颗粒污染分析,包含分析方法和分析模式(如在线或离线) GB/T 42087—2022 附录 A 提供了一份检验报告模板,附录 B 提供了一份完整的检验报告示例
标注说明	当完全遵照本标准时,可在试验报告、产品样本和销售文件中做如下说明 "液压系统清洁度检验方法符合 GB/T 42087—2022《液压传动　系统　清洗程序和清洁度检验方法》"

3.7.4 液压系统总成管路冲洗方法（摘自 GB/T 25133—2010/ISO 23309：2007，IDT）

冲洗液压系统的管路是清除系统内部颗粒污染物的一种方法，但不是唯一的方法。

表 20-4-49

范围		GB/T 25133—2010《液压系统总成　管路冲洗方法》规定了冲洗液压系统管路中固体颗粒污染物的方法。这些污染物可能是在新液压系统的制造过程中或是对现有系统的维修与改造的过程中被带入 本标准补充但不代替系统供应商和用户的要求，尤其当其要求比本标准的规定更为严格时 本标准不适用于以下情形 a. 液压管件的化学清洗和酸洗 b. 系统主要元件的清洗(见 GB/Z 19848—2005) 系统总成的清洁度等级检验按照 GB/Z 20423 进行
清洁度等级		冲洗的主要目的是达到用户或供应商要求的系统或元件清洁度等级。对于未规定清洁度等级的情况，可参见表 20-4-50 的选择指南
液压系统中管路的冲洗	影响因素	为使液压系统管路达到满意的清洁度等级，需要考虑以下影响因素 a. 选择按 GB/Z 19848—2005 清洗过的元件 b. 配接管路的初始清洁度 c. 采用合适的冲洗程序 d. 选择过滤比合适的过滤器，保证能在允许的时间周期内达到需要的清洁度等级 e. 建立紊流状态，以移出并传输颗粒到过滤器
	系统设计	①液压系统的设计人员在设计阶段就应考虑系统的冲洗问题。应避免设计不能冲洗的盲端。如果颗粒污染物有从盲端移动到系统其他部分的风险，则此盲端应能够进行外冲洗 ②因冲洗需要而连接的管路不允许作并联连接，只允许在保证紊流的条件下作串联连接。液压系统中的管路也应避免并联流道，除非用仪器检测证明每个平行的流道中都具有足够的流量 ③限流元件和易被高流速或颗粒污染物损坏的元件应能从回路或旁路中拆除。拆除元件后还应保证各管路能相互连接，以便冲洗 ④系统中的关键位置应设有符合 GB/T 17489 的取样阀
	元件清洁度等级	安装于系统中的元件和组件的清洁度等级应至少与规定的系统清洁度等级相同或更高。元件供应商应提供元件清洁度等级的资料
	防腐剂	如果元件含有与系统工作介质不相容的防腐剂，可使用与系统密封件和工作介质相容的去污剂清洗元件。去污剂不允许影响元件的密封
管路处理	制造时管路的准备	用作液压管路的管件应按照制造商与用户间达成的协议去除毛刺。有氧化皮和铁锈的管件应按照制造商和用户达成的协议进行处理
	表面处理	管路安装前，为了维持其清洁度，应使用适当的防护液进行处理。在存储过程中需要采取防腐措施
	管路与接头的存储	清洁和表面处理过的管件和管接头应立即使用干净的盖子封堵端头，并存放在清洁、干燥的地方
液压管路的安装		①在液压管路的安装过程中，应避免对管路进行熔焊、钎焊和加热，以防止产生氧化层。如果不可避免，则管路应重新清洗和保护(见 GB/Z 19848—2005 中的 5.3) ②宜使用法兰或标准接头。在安装过程中，管路和元件所有的保护元件(如盖)应尽可能在最后阶段移去
冲洗要求	总则	①要求冲洗的管路应建立专项文件来识别，并记录它们达到的清洁度等级 ②冲洗方法宜与实际条件相适应。但是，为保证获得满意的效果，应满足下列主要准则 a. 冲洗设备的油箱应至少清洁到与系统指定的清洁度相适应的水平 b. 注入系统的冲洗介质应通过合适的过滤器过滤。在加注冲洗介质的过程中，不应将空气带入系统中，如果必要，系统应加满冲洗介质至溢流状态 c. 冲洗设备的泵应尽可能近地靠近管路的吸油口，以使流量损失最小 d. 流量和温度测量装置应尽可能地靠近管路的回油口 e. 过滤器应靠近管路的回油口；吸油口也可以使用过滤器

续表

<table>
<tr><td rowspan="3">冲洗要求</td><td>清除内部颗粒</td><td>①为了有效地清除液压管路的颗粒污染物,要求冲洗介质的流动状态为紊流。介质的紊流流动能保证使管路系统中的颗粒污染物脱落并通过过滤器滤除。应使用雷诺数(Re)大于4000的流动介质冲洗系统
注:如果使用雷诺数小于4000的流体进行冲洗,管路中可能有层流段
②使用公式(1)和公式(2)可计算 Re 和要求的流量(q_v)
$$Re=\frac{21220q_v}{vd} \quad (1)$$
$$q_v=\frac{dRev}{21220} \quad (2)$$
式中 q_v——流量, L/min
v——运动黏度, mm^2/s
d——管路的内径, mm
③获得大于4000的 Re 可能比较困难。Re 随着流量的增大或黏度的降低而增大。降低黏度是获得紊流的首选方法。降低黏度可通过提高冲洗介质温度或使用低黏度等级的系统工作介质
如果提高冲洗介质温度,温度的增高应加以限制,以保证冲洗介质的性质不会变化或系统元件不会受到不利的影响。如果使用专用的冲洗介质,冲洗介质应能与系统计划使用的工作介质相容。首选方案是使用系统工作介质来冲洗或使用与系统工作介质相同的低黏度等级的介质
④在寒冷的环境下,冲洗介质的热量可能会受到损失。在这种情况下,为了验证 Re 大于4000,应在估计的系统温度最低点检查冲洗介质温度。当测量的介质的最低温度能保证 Re 大于4000(向制造商咨询相关冲洗介质的黏度和温度数据)时,才允许使用此介质进行冲洗。在非常寒冷的条件下,系统应能保温以保证冲洗介质温度高于使 Re 大于4000的最低值
⑤在考虑通过减小液压管路的直径来维持需要的 Re 数时应谨慎,因为这可能会对冲洗流量或低压元件产生影响
⑥振动、超声波或改变流向将有助于更快地使管路系统中的颗粒污染物脱落。然而,这仅是对紊态流动的补充,而不能代替流体的紊态流动
⑦应监测管道系统的压力,保证其不超过系统允许的最高工作压力</td></tr>
<tr><td>过滤器及颗粒的分离</td><td>①总体要求
Ⅰ. 冲洗使用的过滤器决定了系统最终的清洁度等级和冲洗时间
Ⅱ. 应选用具有合适过滤比的过滤器。如果选用过滤比不合适的过滤器,将出现达不到指定的清洁度等级或需经过延长冲洗时间才能达到的情况
注:过滤比按 GB/T 18853 确定
Ⅲ. 过滤器应带有堵塞监控装置(如压差指示器)。必要时应更换滤芯,以保证压差在滤芯允许工作范围内
②辅助冲洗过滤器
Ⅰ. 在冲洗过程中可能需要附加辅助冲洗过滤器,以便
a. 保护敏感元件,避免颗粒侵入(如用在吸油管处可保护泵免于油箱中污染物的危害),应考虑附加压降的作用
b. 直接过滤掉元件释放的颗粒(如使用回油过滤器可防止颗粒沉降于油箱中)
c. 减少冲洗时间
Ⅱ. 应尽可能使用大的冲洗过滤器。最小冲洗过滤器应满足在冲洗介质的实际黏度和最大流量下,通过清洁滤芯的最大压降不超过旁路阀或堵塞报警指示器设定值的5%</td></tr>
<tr><td>最短冲洗时间</td><td>①所需要的最短冲洗时间取决于液压系统的容量和复杂程度。在冲洗一小段时间后,即使冲洗介质取样表明已经达到指定的固体颗粒污染等级,也应继续进行紊流冲洗
注意:继续冲洗增加了清除黏附在管壁上颗粒的可能性
②推荐的最短冲洗时间(t)可用公式(3)来计算
$$t=\frac{20V}{q_v} \quad (3)$$
式中 q_v——流量, L/min
V——系统容积, L</td></tr>
<tr><td colspan="2">最终清洁度的检验</td><td>最终清洁度等级应按照 GB/Z 20423 验证,并应在冲洗操作完成前形成文件</td></tr>
</table>

表 20-4-50

<table>
<tr><td rowspan="3">系统清洁度等级要求指南</td><td>系统可能需要高清洁度的应用场合</td><td>当高可靠性为控制要素或系统包含下列元件时，系统需要高的清洁度
a. 比例阀或伺服阀
b. 小流量的流量控制阀和减压阀，特别是在承受高压降的条件下
c. 工作状态接近性能极限的马达或泵</td></tr>
<tr><td>系统可能需要中等清洁度的应用场合</td><td>当元件在供应商和用户一致同意的非正常工况下运行，且总运行时间又相对受控时，系统应规定中等清洁度</td></tr>
<tr><td>满足系统高、中等清洁度要求的介质中固体颗粒污染等级指南</td><td>表 1 给出了满足系统高、中等清洁度要求的介质中固体颗粒污染等级的指南
表 1　满足运行液压系统高、中等清洁度要求的介质中固体颗粒污染等级指南
<table>
<tr><td rowspan="2">液压系统压力</td><td colspan="2">液压油液清洁度要求，按 GB/T 14039 表达</td></tr>
<tr><td>高</td><td>中等</td></tr>
<tr><td>≤16MPa(160bar)</td><td>17/15/12</td><td>19/17/14</td></tr>
<tr><td>>16MPa(160bar)</td><td>16/14/11</td><td>18/16/13</td></tr>
</table></td></tr>
</table>

3.7.5　液体颗粒污染度的监测（摘自 GB/T 37162.1—2018、GB/T 37162.3—2021、GB/T 37162.4—2023）

（1）液体颗粒污染度监测总则（摘自 GB/T 37162.1—2018/ISO 21018-1：2008，MOD）

液压设备的用户通常会依次规定元件、系统和生产过程的最高颗粒污染度，这些规定的最高颗粒污染度通常被称为目标清洁度（RCL）。颗粒污染度一旦超出 RCL，将采取措施，重新将其控制在正常范围内。清洁度通过对液压油液取样并测量颗粒污染度得到。如果测得的颗粒污染度高于 RCL，则应采取措施恢复系统原态。为了避免采取不必要的措施（如换油）付出昂贵代价，就需要准确取样并测量颗粒污染度。

可供选择的测量仪器非常多，但是这些仪器通常是以实验室为基础的，需要由专业实验室在特定的环境中使用，液压设备的用户无法及时获得测量结果。为了克服这一缺陷，可用于工作现场、临时工作现场或直接采用在线或主线测量技术测量颗粒污染度的仪器正不断被研发出来。对这些工作现场使用的仪器，直接溯源到国家测量标准可能不太合适，或者不切实际，因为这些仪器通常用于监测系统大致的颗粒污染度或仅告知用户颗粒污染度有无明显变化。当监测到的颗粒污染度有明显变化时，通常才采用认可的颗粒计数方法去判定实际的颗粒污染度。而且，与同类的实验室仪器相比，这些监测仪器简化了电路和结构，这也就意味着它们的结果并不精确。

另外，还有一些仪器是按照“合格/不合格”的原则设计的，具有快速评定清洁度的能力，因此在流体传动行业和其他行业的应用大增。然而，这些仪器由于缺乏一个使用、重新校准（若适用）和检查输出结果有效性的标准方法，其测量数据的变动性比预期的要高得多。

GB/T 37162.1—2018《液压传动　液体颗粒污染度的监测　第 1 部分：总则》为这些监测液压系统污染度的仪器（尤其是那些无法或不适用于直接溯源到国家测量标准的仪器）提供一个统一的、一致的程序。

表 20-4-51

<table>
<tr><td colspan="2">范围</td><td>GB/T 37162.1—2018/ISO 21018-1;2008,MOD《液压传动　液体颗粒污染度的监测　第 1 部分：总则》规定了用于监测液压系统颗粒污染度的方法和技术，同时描述了各种方法的优缺点，以便在给定条件下正确选择监测方法
本文件描述的方法适用于监测
a. 液压系统的清洁度
b. 冲洗过程
c. 辅助设备和试验台
本标准也适用于其他液体（例如：润滑油、燃油、处理液）的监测
注：用于监测颗粒污染的仪器不能当作或称为颗粒计数器，即使它们采用了与颗粒计数器相同的物理原理</td></tr>
<tr><td rowspan="2">健康与安全</td><td>总则</td><td>应始终按照制造商提供的说明书使用仪器，并遵守当地的健康和安全规程。必要时应使用个人防护装置</td></tr>
<tr><td>电源</td><td>将仪器通电时，应按照制造商提供的说明书小心操作，并确保电气设备安装了合适的保险</td></tr>
</table>

续表

健康与安全	流体动力源	应按制造商的使用说明，并以可靠和无泄漏的连接方式将仪器连接到压力管路。所用管接头应适合取样点的压力 在拆下管接头或堵头前，确保已泄掉内部压力 注：关于带压管路取样，参见“程序及注意事项”
	流体处理	①挥发性液体　使用易燃的挥发性液体时应注意 a. 遵守相关的化学品安全说明书（MSDS） b. 在低于规定的闪点温度下使用 c. 远离潜在的火源 将挥发性液体从一个容器转移到另一个容器时应加倍小心，以免遇到火花造成危险 ②溶剂　应在通风良好的环境中使用，并避免产生雾气 ③电气接地　用于过滤、输送溶剂或挥发性可燃液体的装置均应接地，以免喷嘴静电放电造成危险 ④环境保护　所有的液体和材料均应按当地环保规章的要求进行处理 泄漏物应按有关的化学品安全说明书清除干净 ⑤化学相容性　应确保在各种处理过程中使用的所有化学品、液体和仪器之间在化学上相容
监测方法的选择	总则	监测仪器或方法的选择取决但不限于 a. 仪器的使用，即工作方式 b. 分析的目的 c. 待测的参数 d. 液体的性质
	选择	首先应综合考虑 GB/T 37162.1—2018 附录 A 和附录 B 所述的各种工作参数，然后根据监测要求选定监测方法，再选择确定监测仪器 注：GB/T 37162.1—2018 附录 A 中 A.1 阐述了各种工作和分析方式，A.2 给出了选择监测方法时应综合考虑的各种因素，同时给出了选择表。GB/T 37162.1—2018 附录 B 给出了各种监测方法及其优缺点
程序及注意事项	总则	无论选择哪种监测或测量方法，均应事先采取措施，确保测得的数据有效并使误差最小 GB/T 37162.1 仅给出了限定误差的通用程序，具体监测方法的注意事项在 GB/T 37162 的相关部分中给出
	获取代表性液样	①根据取样目的选择取样点，见 GB/T 17489 下面“离线取样”~“从油箱或容器中抽吸分析”所述准则是获得可靠结果的常规良好做法，并宜结合 GB/T 17489 理解 注：1. 正确使用取样技术非常重要，将仪器直接连接或固定在主流量管路上，可减小因外来污染引起的误差 2. 取样过程中增加的颗粒物，可能会比滤后液压系统实际的颗粒污染物高很多 ②使用符合 GB/T 17489 规定的取样阀 ③常规监测宜在系统运行且状态稳定时取样 注：运行 30min 后取样比较合适 ④定期监测应在设备或过程运行正常且运行状态稳定时，采用同样的方法从同一位置重复取样
	离线取样	①使用按 GB/T 17484 清洗并检验合格的取样瓶 ②根据取样目的设置取样阀的位置 ③将取样阀安装在污染物有良好混合状态的位置 ④在最小 2L/min 的流量下冲洗取样阀和取样管路，最小冲洗体积宜为 500mL。若有下列情况，应采用更多的冲洗体积（1~3L） a. 取样阀不符合 GB/T 17489 的要求 b. 取样管路过长 c. 系统中的液体过于洁净（污染度不劣于 14/12/9，依据 GB/T 14039—2002 的规定） ⑤取样方式应减少外界污染物的侵入 ⑥取样后应立即盖上取样瓶盖，并贴上唯一性标识 ⑦不宜从排液阀口取样

续表

程序及注意事项	在线取样	①使用符合 GB/T 17489 规定的取样阀和程序 ②对仪器接入点提供足够的压力,避免仪器抽空或产生气穴 ③连接仪器后,在有效监测前应至少采用 1~2L 的液样冲洗取样管路 ④持续监测,直至两个连续液样的检测数据满足下列条件之一 a. 结果在仪器制造商设定的允许范围内 b. 若监测的结果为颗粒数,则在所监测的最小颗粒尺寸上,两个液样的监测结果之差小于 10% c. 污染度等级相同
	主线取样	应将仪器安装在下列位置 a. 主流量管路 b. 混合均匀的位置
	从油箱或容器中抽吸分析	①应从液体流动的位置取样 ②从静止的容器中取样前,应充分晃动容器,使容器中的液体混合均匀 如果无法将容器中的液体混合均匀,应在报告中注明 注:因潜在的误差和变动性最大,采用这种方法是最不利的选择 ③清洁取样点的周边区域,防止污染物落入液样、容器或油箱中 ④持续监测,直至两个连续液样的监测数据满足下列条件之一 a. 结果在仪器制造商设定的允许范围内 b. 若监测的结果为颗粒数,则在所监测的最小颗粒尺寸上,两个液样的监测结果之差小于 10% c. 污染度等级相同
	校准程序	尽管某些监测方法可能不适合于校准,但是应尽可能遵守国家标准的要求和原则。例如:可以自动检测的监测仪器应采用 A3 试验粉末(见 GB/T 28957.1)进行校准或检查。按照这种方式,采用按 GB/T 18854 或 GB/T 21540 校准的自动颗粒计数器(APC)测得的数据,将和采用 A3 试验粉末配制的油悬浮液校准/检查的监测仪器测得的数据之间的偏差最小 基于显微镜的方法应采用最长弦尺寸作为测量参数
	数据有效性检查	①为保证在数据报告之前及时发现错误,应设置数据检查程序,并根据情况选用检查方法 ②对可自动检测的仪器,重复监测,直至两个连续数据满足下列条件 a. 结果在仪器制造商设定的允许范围内 b. 若监测结果为颗粒数,则在所监测的最小颗粒尺寸上,两个液样的检测结果之差小于 10% c. 污染度等级相同 ③复核监测数据,应与下列数据具有同样的规律 a. 过去同一系统或过程的监测数据 b. 过去采用相同过滤精度的类似系统的监测数据 ④对检测收集在取样瓶中液样的离线仪器,检测前应检查液样的状态。如 a~d 所示的液样状态将影响仪器检测的有效性 a. 被测液样中存在大颗粒,不仅可堵塞小的通道、孔隙或仪器的传感器,而且也表明液样中存有更多的小颗粒 b. 被测液样浑浊,表面存在另一种液体,如油中含水、水基液体中含油、混合液体等,均可影响采用光的传输原理测量颗粒的仪器 c. 被测液样中出现明亮的黑色物,通常表明存在细小的磨损颗粒(如磨屑或氧化物),各类颗粒由于重合效应,可影响监测仪器的有效性 d. 被测液样中存在气泡,会影响光的通过,任何液样分析前均应除去气泡
	培训	应从所用的方法和使用的特定仪器两个方面培训操作人员,且应侧重于能力培训(若适用) 制定培训计划,包括但不限于 a. 所用监测方法的原理及其优缺点 b. 仪器的主要特征 c. 仪器的操作,特别是难以检测液样的处理 d. 简单问题的处理 建议用户保存操作人员的培训记录 注:在仪器的操作和监测方法上进行适当而全面的培训非常重要,唯有知识和经验才能识别差错并使其最小
	监测准确性的控制	①对与监测相关的操作人员,应设置程序进行能力评估,因为监测结果与操作人员直接相关 ②保存记录以评估所用监测方法的复现性和操作人员的一致性,若发现变化较大,应重新培训操作人员

续表

监测报告	液样检测结果的报告至少应包括 a. 样品名称 b. 分析日期 c. 仪器名称 d. 分析方法 e. 监测结果及需采取的措施(若适用) f. 液样或结果的相关说明

表 20-4-52

取样和分析的方式	总则	取样和分析液样有四种方式(图1中的4~7),如图1所示和下面"离线分析"~"抽吸分析"所述 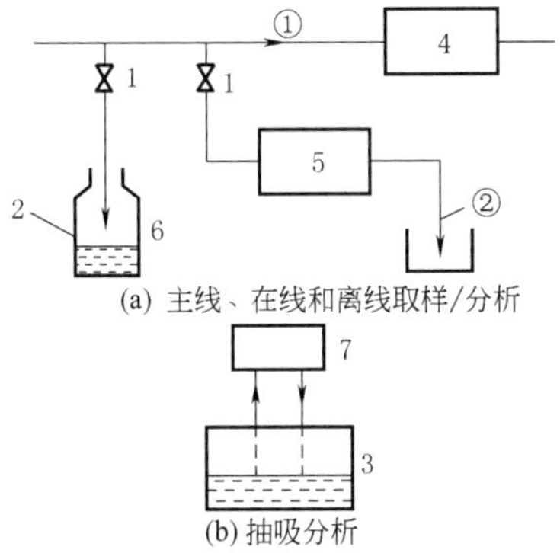 图1 工作方式示意图 1—取样阀;2—取样瓶;3—油箱或容器;4—主线分析; 5—在线分析;6—离线分析;7—抽吸分析;①—液流方向;②—回到油箱或废液箱
	离线分析	离线取样分析是最常用的分析方法,可适用于多种污染分析方法 离线分析需从系统中采取有代表性的液样,并将其收集在取样瓶或合适的容器中用于后续分析。液样可在本部门或送到外部的实验室进行分析 该分析方法由于环节较多,易引起误差,导致测量结果的数据改变,因此有必要采取适当的措施,限制外来污染物侵入样品 注:污染物可由以下几个方面侵入样品 a. 取样过程 b. 外部环境(包括工作管路) c. 分析过程
	在线分析	在线分析用的测量仪器既可以直接连接在主流量管路上,也可以连接在与主流量管路连通的支路上 在线分析虽然克服了外界环境污染物侵入液样的问题,但是测量仪器连接管路中的污染物仍会侵入液样中,因此在线分析液样前,有必要将连接管路中残留的污染物冲洗干净 大多数在线分析仪器采用低流量(20~100mL/min)工作,连接到系统后难以将连接管路冲洗干净,因此需要预先冲洗连接管路;再者,所用的流量也难以使取样点处产生充分的紊流,确保采集的液样具有代表性;此外,由于较小的分析体积(例如:10mL或20mL)统计到的颗粒数非常少,也可能难以确定系统实际的污染度等级(见GB/T 14039—2002的3.4.7)
	主线分析	主线分析用的测量仪器被永久固定在主流量管路上,因此可连续监测系统的污染度,避免了"离线分析"所述的取样误差。该分析方法要求的测量点的上游具备良好的混匀状态,保证通过传感区的颗粒数量能代表系统管路内的真实状况
	抽吸分析	抽吸分析用的测量仪器主要用于非压力容器内的液体分析,例如:油桶或系统油箱(见图1)。该分析方式需要将液样从容器中输送到传感器(例如:通过内置泵),这是一个误差来源。如果需用泵将液体提升至仪器中时,会产生负压(真空),从液体中或管接头处抽入空气,而被分析液体中的气泡将影响仪器的检测并产生误差。如果采用的泵位于传感器上游,由于泵工作期间可产生额外的颗粒,因此将引入附加的误差,导致测试数据不具有代表性 其他的误差来源参见GB/T 17489中相关的叙述

续表

<table>
<tr><td rowspan="3">监测仪器的选择</td><td>总则</td><td>监测仪器或方法的选择取决但不限于
a. 分析的目的
b. 待测的参数
c. 仪器的使用，即工作方式
d. 液体的性质
本条款详细说明了在选择合适的分析方法之前应考虑的因素。表 20-4-53 以汇总表的形式总结了各种分析方法的特征，表 20-4-54 中对各种分析方法做了简要的介绍，但给出的分析方法种类可能没有完全覆盖目前所有的应用范围，因此有必要与制造商一起确认所选择仪器的适用性</td></tr>
<tr><td>测量或监测的目的</td><td>测量数据的预期用途和期望的准确度决定所选择的分析方法和所需仪器的精密度
污染度等级和趋势的大致评估，定性的测量数据即可（例如：以污染等级作为测量结果），此时采用监测仪将是非常合适的选择
系统或产品清洁度的鉴定通常需要定量数据</td></tr>
<tr><td>颗粒的物理参数</td><td>①总则　物理参数的选择与分析的目的密切相关（例如：需要以污染度等级作为测量结果，则应选择颗粒尺寸）
表 1～表 3 列出了可以使用的各种分析方法，并按汉语拼音字母顺序排列，而非按照适用性或等级排列。此外，表中还列出了该分析方法给出的是定性数据或是定量数据
②颗粒尺寸　评价颗粒影响元件间隙和/或通道的可能性时，需要用到颗粒的尺寸信息
表 1　颗粒尺寸的分析方法
<table>
<tr><th rowspan="2">参数</th><th colspan="2">分析方法</th></tr>
<tr><th>定量数据</th><th>定性数据</th></tr>
<tr><td>长度</td><td>光学显微镜计数法
扫描电子显微镜法
图像分析法
直接测量法（例如：直尺、千分尺）
自动颗粒计数法</td><td>无</td></tr>
<tr><td>面积</td><td>扫描电子显微镜法
图像分析法
自动颗粒计数法</td><td>无</td></tr>
<tr><td>体积</td><td>电阻法</td><td>激光衍射法</td></tr>
</table>
③颗粒数量　评估污染的程度和颗粒引发故障的可能性时，需要用到污染物的数量信息
表 2　颗粒数量的分析方法
<table>
<tr><th rowspan="2">参数</th><th colspan="2">分析方法</th></tr>
<tr><th>定量数据</th><th>定性数据</th></tr>
<tr><td>特定尺寸的颗粒数（尺寸分布）</td><td>电阻法
光学显微镜计数法
扫描电子显微镜法
图像分析法
自动颗粒计数法</td><td>激光衍射法
滤网堵塞法</td></tr>
<tr><td>特定尺寸的颗粒浓度</td><td>—</td><td>激光衍射法
滤膜对比法
滤网堵塞法</td></tr>
<tr><td>总浓度（例如：覆盖尺寸范围宽的污染严重性指数）</td><td>质量分析法</td><td>薄膜磨蚀法
磁检法
浊度法</td></tr>
</table>
</td></tr>
</table>

续表

监测仪器的选择	工作方式	以离线、在线、主线或抽吸方式分析液样的仪器，如表3所示，同时见图1

表3　液样分析方式及分析方法

分析方式	分析方法	
	定量数据	定性数据
离线分析	磁检法 电阻法 光学显微镜计数法 扫描电子显微镜法 图像分析法 直接测量法 自动颗粒计数法	薄膜磨蚀法 磁检法 激光衍射法 滤膜对比法 滤网堵塞法 浊度法
在线分析	磁检法 图像分析法 自动颗粒计数法	薄膜磨蚀法 激光衍射法 滤网堵塞法 浊度法
主线分析	磁检法 自动颗粒计数法	激光衍射法
抽吸分析	图像分析法 自动颗粒计数法	薄膜磨蚀法 激光衍射法 滤网堵塞法

监测仪器的选择	液体的类型	仅当所分析的颗粒处于液体中，且液体本身的状态会影响测量方法正常工作时，才需要考虑液体的类型
	液样的特性和光学性能	①单相液体　采用光学原理的仪器分析的液体，应当是清澈和均质的，且没有明显的光学界面 ②多相液体　多相液体既可以是人为的（例如：乳化液），也可以是无意形成的（例如：切削液中的浮油、油中含水、油中含气），且在相之间形成了光学界面。液样中任何光学界面的存在均可影响光在液体中传输，当采用光学原理的仪器分析时将产生错误的数据 ③不透明液体　不透明液体可以完全或部分地阻碍光在其中的传输，影响仪器的正常使用。由于没有足够的光透过液样进行精确检测，因此，在这种情况下不能使用基于光学原理的测量仪器
	电气性能	仅当采用电阻法时，才需要考虑液体的电导率

表 20-4-53　　监测技术的属性汇总表

方法名称	工作方式①				测量尺寸/μm		
	IN	ON	OFF	SIP	最小	最大	动态范围
自动颗粒计数法	Y	Y	Y	Y	1	>3000	100
光学显微镜计数法	N	N	Y	N	2	>3000	200
图像分析法	N	Y	Y	Y	2	>3000	200
激光衍射法	Y	Y	Y	Y	0.2	>2000	10000
滤网堵塞法	N	Y	Y	Y	6	14	3.5
扫描电子显微镜法	N	N	Y	N	0.01	>3000	5000
直接测量法	N	N	Y	N	100	>3000	N/A
电阻法	N	N	Y	N	0.5	>1500	100
滤膜对比法	N	N	Y	N	5	>3000	N/A
重量分析法	N	N	Y	N	1	>3000	N/A
磁检法（ⅰ）	N	N	Y	N	0.5	>3000	N/A
磁检法（ⅱ）	Y	Y	Y	N	50	>3000	>100
磁检法（ⅲ）	Y	Y	N	N	15	>3000	>100
薄膜磨蚀法	Y	Y	Y	Y	5	>3000	N/A

续表

方法名称	结果输出①				输出精度	技术水平②	样品分析后适于其他分析方法
	尺寸	数量	污染等级	其他			
自动颗粒计数法	Y	Y	Y	N	定量	B	N
光学显微镜计数法	Y	Y	Y	种类	定量	A	Y
图像分析法	Y	Y	Y	形状	定量	B	Y
激光衍射法	Y	Y	Y	体积	定性	B	N
滤网堵塞法	Y	N	Y	N	定性	C	N
扫描电子显微镜法	Y	Y	Y	种类和形状	定量	A	Y
直接测量法	Y	N/A	N	N	定量	B	Y
电阻法	Y	Y	Y	体积	定量	B	N
滤膜对比法	N	N	Y	种类	定性	B	Y
重量分析法	N	N	N	质量	定量	A	Y
磁检法(ⅰ)	N	N	N	污染指数	定性	C	Y
磁检法(ⅱ)	Y	Y	N	磁性和颗粒	定量	C	N
磁检法(ⅲ)	N	N	N	磁性和颗粒	定量	C	Y
薄膜磨蚀法	N	N	N	磨损指数	定性	C	Y

① Y——是；N——否；N/A——不适用；IN——主线；ON——在线；OFF——离线；SIP——抽吸。
② A——高水平培训；B——中等水平培训，熟练操作并正确理解；C——一般操作人员，能够正确理解。

表 20-4-54　　各种污染监测方法及其优缺点

监测方法	优缺点
滤膜对比法	①概要　滤膜对比法是将收集在被试滤膜表面上的颗粒与先前制备好的一系列表征不同污染度等级的标准滤膜(或其图片)进行光学对比的一种方法。被试滤膜既可以离线制备,也可以在线制备,但需要采用与标准滤膜同样的孔径和分析体积 被试滤膜或其图像准备好后,操作人员首先通过光学显微镜在与观察标准滤膜相同的放大倍数下,观察被试滤膜上的总体颗粒浓度,然后将颗粒浓度与一系列表征不同污染度等级的标准滤膜进行比较,选定的等于或劣于被试滤膜的标准滤膜所代表的污染度等级,即是被测液样的污染度等级 滤膜通常被称为“膜片”,因此该方法又常被称为“膜片试验” ②主要特点　已确认的主要特点如下 a. 制备并分析一个液样约需 5min b. 成本低,效益高 c. 要求中等操作技能水平 d. 液样问题可直观看到 e. 可用于识别颗粒的种类,作为故障诊断的工具 f. 可用于合格/不合格监测方法 ③局限性　已确认的主要局限性如下 a. 仅用于离线分析 b. 总的检测时间取决于滤膜的过滤时间 c. 受环境影响,无法检测过于清洁的液样 d. 为降低变动性,液样需精心准备 e. 无法给出颗粒数或尺寸 f. 颗粒可被油泥和凝胶遮蔽 g. 与标准液样的一致程度取决于颗粒尺寸分布的相关性
激光衍射法	①概要　激光衍射法是一种光散射原理的颗粒分析方法,可用于测量宽分布的颗粒尺寸和浓度。此方法通过将一束低功率的透射激光扩展为平行光束后,横向照射在传感通道上,当颗粒通过平行光束时,光将依据颗粒的尺寸按照不同的角度进行散射和衍射,衍射的光束被聚焦在一个多元的固态探测器上,然后通过对所测的衍射光束进行计算,或者通过采用特定试验粉末进行校准,可最终确定所测的颗粒尺寸分布 ②主要特点　已确认的主要特点如下 a. 可用于离线和在线分析,采用玻璃测量窗口也可用于主线分析 b. 颗粒尺寸测量范围宽(0.2~2000μm) c. 可分析高浓度的颗粒液样,例如:污染度劣于 20/18/15(见 GB/T 14039—2002) d. 分析时间通常为 5min ③局限性　已确认的主要局限性如下 a. 精确检测需要很高的颗粒浓度,污染度约为 19/17/14(见 GB/T 14039—2002) b. 颗粒尺寸分布基于颗粒的体积 c. 流体传动行业不常用 d. 测量装置体积庞大 e. 不适用于多相液体

续表

监测方法	优缺点
电阻法	①概要　让导电液体通过一个两侧装有电极的绝缘小孔，若无颗粒时，电极两端的阻抗为常数；若有颗粒时，通过小孔的液体的电导率将会发生变化，产生一个与颗粒体积成比例的电脉冲 该方法由于分析过程涉及诸多其他工序，诸如分离颗粒并重新分散在电解液中，或制备一系列化学物质使油导电等，因此不常用于监测油基液体系统，而是用于监测水基液体系统 参见 GB/T 29025—2012《粒度分析　电阻法》 ②主要特点　已确认的主要特点如下 a. 通过使用不同的分析小孔可实现宽的颗粒尺寸范围测量(0.5~1500μm) b. 精确的体积测量方法 c. 可给出颗粒尺寸分布 d. 若液样可直接分析，分析时间通常为 5min ③局限性　已确认的主要局限性如下 a. 仅用于离线分析 b. 要求被测液体导电 c. 液样中的颗粒污染物与载液的电导率不能相同 d. 液样是非导电液体时，分析时间将延长(通常 20~40min) e. 在流体传动行业应用较少
滤网堵塞法	①概要　滤网堵塞法是当污染液通过一个具有均匀且已知开口(或微孔)的滤网时，测定滤网特性变化的一种检测方法。当污染液通过滤网时，尺寸大于微孔孔径的颗粒被滤除，滤网逐渐堵塞，从而引起滤网两端的压差增加(恒流量原理)或者通过滤网的流量减小(恒压差原理) 通过分析滤网微孔堵塞的数量(堵塞状况)以及流过滤网的液体体积，或者通过校准的方法，可以估算出液样中尺寸大于滤网孔径的颗粒浓度，然后再将检测结果转换为污染度等级代号(见 GB/T 14039—2002) 由于滤网的压降与黏度成正比，因此对于恒流量检测仪器，在分析过程中需修正黏度变化的影响，修正的程度取决于所用的仪器。分析过程中液样密度的变化对检测结果影响不大 参见 ISO 21018-3 ②主要特点　已确认的主要特点如下 a. 可用于多种分析方式 • 高低压管路在线分析 • 油箱和容器抽吸分析 • 取样瓶离线分析 b. 可检测多种液体(例如：矿物油、合成液、乳化液、溶剂、燃油、清洗液和水基液体) c. 分析期间只要液体的状态不变，可检测带有光学界面的液体(例如：油中含水、液体中含气、不相容液体) d. 采用单一仪器可检测的污染度等级范围宽 e. 根据仪器类型，分析时间通常为 3~6min ③局限性　已确认的主要局限性如下 a. 颗粒尺寸范围有限(目前的仪器通常只有一个或两个滤网) b. 恒压差仪器无法检测颗粒污染度等级低的液样(例如：污染度优于—/13/11) c. 恒流量仪器检测颗粒污染度等级低的液样(例如：污染度优于—/10/8)时，检测时间长(约为 8min) d. 无法测量单个颗粒，因为该方法仅限于监测系统大致的颗粒污染度水平
质量分析法	①概要　质量分析法是通过真空抽滤的方法将液样中颗粒分离收集在预先称重的滤膜(孔径≤1.0μm)上，除油干燥后重新称量滤膜并计算颗粒质量的一种检测方法 参见 GB/T 27613 ②主要特点　已确认的主要特点如下 a. 可测量量大的污染物 b. 滤膜上的污染物可采用其他方法进行分析 ③局限性　已确认的主要局限性如下 a. 检测污染度等级低的液样时误差很大 b. 除非增大分析液体的体积，否则不适用于过于清洁(污染度优于 17/15/12，见 GB/T 14039—2002)的系统 c. 液样分析时间通常为 35min d. 无法测量颗粒尺寸分布 e. 需要辅助设备(例如：烘箱和天平)

续表

监测方法	优缺点
磁检法	①概要　磁检法是测量含有磁性和顺磁性颗粒的被测液体通过传感区时产生的辐射磁场变化的一种检测方法。该类仪器具有多种配置 a. 一些仪器可将样品(含有颗粒的液体、收集有颗粒的滤膜或含有磁性分离的颗粒的基片)放置到检测器中,测量磁性颗粒的含量。通过校准,该含量既可以无量纲的指数给出,也可以质量分数的形式给出。此类仪器测量颗粒尺寸的范围宽,并可检测亚微米尺寸的颗粒(<0.5μm) b. 一些仪器可将磁性检测器安装在系统管路上(主线或在线)检测通过的单个颗粒。此类仪器仅能检测大颗粒(>75μm),同时给出基于体积的颗粒数量测量结果 c. 一些仪器通过磁体收集颗粒,随着收集的颗粒浓度逐渐增加,传感器的电容将发生变化。收集的颗粒可通过关断磁场或采用高电压气化的方法除去。此类仪器被称为"磨屑检测器" ②主要特点　已确认的主要特点如下 a. 可快速分析磁性颗粒(磨屑分析仅需 5s) b. 操作简单 c. 仪器通常价格较低 ③局限性　已确认的主要局限性如下 a. 仅用于检测磁性和顺磁性颗粒 b. 检测结果无法给出颗粒尺寸分布或污染度等级代号 c. 除非增大分析液体的体积,否则对过于清洁(污染度优于 17/15/13,见 GB/T 14039—2002)液样的检测效果有限 d. 检测结果的单位混乱
自动颗粒计数法	①概要　该类仪器中,被检测的液样通过传感器的一个被光照亮(例如:低功率的激光)的狭窄通道,当有单个颗粒通过光束时,检测器(通常位于液流的对面)接收到的光量减弱,减弱量与颗粒的投影表面积成比例,这样,颗粒通过光束时将会产生一个电压脉冲,进而被仪器检测并记录。仪器/传感器的颗粒尺寸与脉冲电压之间的对应关系可通过 GB/T 18854—2015 或 GB/T 21540 校准获得。检测过程中需要一定体积的液样通过传感器 参见 ISO 11500 和 ISO 21018-4 ②主要特点　已确认的主要特点如下 a. 可用于多种分析方法 ——高低压在线分析 ——固定安装在系统中主线分析 ——油箱和容器抽吸分析 ——取样瓶离线分析 b. 颗粒尺寸测量范围宽,可达 1.0~3000μm(根据设计,此类仪器的动态范围通常为 50~100) c. 根据工作方式,分析时间通常为 2~15min d. 具有自动检测功能,在线仪器无需操作人员 e. 不稀释的情况下,可检测的颗粒浓度范围宽 f. 若增大测量体积,提高颗粒的统计数量,该方法在检测超洁净液体时准确度非常高 g. 操作相对简单,但需要数据理解能力 ③局限性　已确认的主要局限性如下 a. 所测液体要求是清澈的和均质的 b. 检测具有光学界面的液体(例如:油中含水、液中含气、不容液体的混合液、乳化液)时,会产生错误的颗粒计数 c. 严重污染的液体检测前需要稀释,否则会产生错误的结果 d. 液样中存在大量小于仪器最低设定尺寸的小颗粒时,将会影响计数的准确度 e. 离线分析对环境要求高 f. 大颗粒(>200μm)可堵塞传感器 g. 检测结果易受液体状态(例如:凝胶和不透明)的影响

续表

监测方法	优缺点
光学显微镜计数法	①概要　通过真空抽滤的方式将液样中的颗粒分离收集在滤膜上，滤膜的孔径取决于液样的状态和所需计数的最小颗粒尺寸，但通常为 1.2μm。为便于人工计数，滤膜上通常印有 3.1mm 的方格，但采用图像分析法时无需使用带有方格的滤膜 滤膜干燥后，既可以直接放在光学显微镜下采用入射光进行分析，也可以处理透明后采用透射光进行分析。利用定标后的目镜标尺(人工计数)或通过分析颗粒所占据的像素数(图像分析)、按颗粒的最长弦来测量颗粒的尺寸。这两种方法均采用可溯源的测微尺进行校准 人工计数时，采用统计技术可减少测量时间。首先对选定数量的方格内的单个颗粒测量尺寸并计数，得到所需任一尺寸的数值，然后将其修正为通过滤膜的整个液样体积的结果。采用图像分析法自动计数时，可对整个滤膜的表面进行测量分析。测量不同的颗粒尺寸时，需采用不同的显微镜放大倍数 图像分析法也可以采用摄像机将滤膜上收集的颗粒或直接将液流中的颗粒转换为影像，然后利用计算机或电子装置进行图像分析 参见 GB/T 20082 ②主要特点　已确认的主要特点如下 a. 被认为是一种标准方法，大多数国际和国家标准规定的计数方法均涉及该方法 b. 测量的颗粒尺寸范围宽(≥2μm) c. 颗粒是可见的，可及时发现潜在的计数问题 d. 人工计数时设备费用低 e. 需要时可获得颗粒的种类信息 f. 若液体可过滤，则检测结果与液体的状态无关 g. 采用图像分析法可自动检测，减小人为误差，提高测量准确度 h. 图像分析法既可以离线分析，也可以在线分析 ③人工计数法的局限性　已确认的主要局限性如下 a. 技能水平要求高 b. 完成 6 个颗粒尺寸的计数需要 30min c. 环境要求高 d. 仅用于离线分析 e. 颗粒易被油泥、凝胶掩盖 ④图像分析法的局限性　已确认的主要局限性如下 a. 颗粒重合(重叠)或不聚焦时，需要手动处理，导致检测时间延长 b. 为使结果更具代表性，需要在其他放大倍数下检测复核
扫描电子显微镜法	①概要　将含有颗粒的一小片(通常 $1cm^2$)滤膜固定在一个铝基座上，溅射一层导电层(金、银或碳)，然后放入扫描电子显微镜的真空腔内采用电子轰击。电子照射样片(类似于光学显微镜中光子的作用)，并将图像显示在显示器上。最后以类似于图像分析法(参见上面的光学显微镜计数法)的方式对该图像进行电子处理并输出相应结果 当电子束聚焦在样品的表面时，使得原子电离，产生材料的 X 特性射线。通过分析 X 特性射线的光谱，可得到颗粒的元素成分及其含量 参见 ISO 16232-7 与 ISO 16232-8 ②主要特征　已确认的主要特点如下 a. 分辨率高(颗粒的检测下限为 0.01μm) b. 采用图像分析法时，可同时给出颗粒尺寸和数量 c. 可给出颗粒的元素成分 d. 可给出几乎不受景深影响的高清晰度图像 e. 采用软件可绘制基于种类和尺寸的颗粒图谱 ③局限性　已确认的主要局限性如下 a. 仅用于实验室分析 b. 成本高，耗时长(分析时间通常为 1~3h) c. 需要熟练的操作人员 d. 电子穿透材料的深度有限(约为 5μm)

续表

监测方法	优缺点
薄膜磨蚀法	①概要　将监测仪安装在液压系统的支路上(在线分析),利用喷嘴导引液流以相对高的速度(25m/s)喷射到传感器两根金属条中的其中一根上。传感器中第二根金属条位于第一根金属条的正对面,且两根金属条上真空镀有一层薄的导电膜,经电气连接后形成桥接网络。碰撞正向(有源)传感器的颗粒,将会磨除部分导电膜,改变金属条的电阻,而电阻的改变量与颗粒的浓度、硬度和磨蚀度成比例。仪器记录电阻随时间和频率的变化量,并表示为“磨蚀度”。该方法可检测尺寸较大的单个颗粒 ②主要特点　已确认的主要特点如下 a. 可给出颗粒的硬度和磨蚀度 b. 用于在线/主线分析 ③局限性　已确认的主要局限性如下 a. 无法检测颗粒的尺寸、数量和污染度等级 b. 在流体传动行业不常用 c. 检测结果与液体的黏度相关 d. 检测结果随颗粒的硬度变化

(2) 利用滤膜阻塞技术监测液体颗粒污染度(摘自 GB/T 37162.3—2021/ISO 21018-3：2008，IDT)

表 20-4-55

范围		GB/T 37162.3—2021《液压传动　液体颗粒污染度的监测　第3部分:利用滤膜阻塞技术》规定了利用滤膜阻塞技术(也称网眼遮挡法或孔阻塞技术)在线或离线半定量监测液体颗粒污染度的方法。本标准还规定了实验室及现场校准仪器以及验证仪器正确使用的操作程序 本标准描述的方法适用于监测 a. 液压系统的清洁度 b. 冲洗过程 c. 辅助设备和试验台 该方法适用于所有单位或多相液体系统
健康与安全	总则	应始终按照制造商提供的说明书使用仪器,并遵守当地的健康和安全规程
	电源	将仪器通电时,应按照制造商提供的说明书小心操作,并确保安装了合适的安全熔断器
	流体动力源	应按制造商的使用说明,以可靠和无泄漏的连接方式将仪器连接到压力管路。所用管接头应符合取样点的压力要求 在拆下管接头或堵头前,确保已卸掉内部压力 注:从压力管路中取样的操作说明见下面“从压力管路中取样测试”
	液体处理	①挥发性液体　使用易燃的挥发性液体时应注意 a. 遵守相关的化学品安全说明书(MSDS) b. 温度低于液体标称的闪点 c. 远离任何潜在火源 ②溶剂　溶剂应在通风良好的环境中使用,避免产生雾气 ③电气接地　用于过滤、输送溶剂或任何挥发性可燃液体的装置均应接地,以避免气流附近静电放电带来的危险 ④环境保护　使用的所有液体和材料均应按照当地环境保护法规进行处理 泄漏物应按照相关化学品安全技术说明书(MSDS)进行清理 ⑤化学相容性　应确保在各种处理过程中使用的所有化学品、液体和设备之间在化学上相容
滤膜阻塞技术原理		滤膜阻塞技术基于以下原理之一 a. 通过滤膜的压差恒定:使一定体积的液体通过滤膜,测量滤膜逐渐被颗粒阻塞引起的通过滤膜的流量变化。流量的变化与滤膜从液体中滤除的颗粒数量有关 b. 通过滤膜的流量恒定:使一定体积的液体通过滤膜,测量滤膜逐渐被颗粒阻塞引起的滤膜两侧压差变化。压差的变化与滤膜从液体中滤除的颗粒数量有关 在进行下一次测试之前,通过反冲洗去除截流在滤膜表面的颗粒 注:1. 测试过程中无法检测单个颗粒,因此任何报告中的数量仅为颗粒数的估计值 2. 如果被分析液体中含有颗粒以外的污染物(如凝胶或不溶性添加剂),这些污染物也会阻塞滤膜,影响测试结果

续表

操作程序	总则	选择下列操作方式 a. 从压力管路中取样测试 b. 从系统油箱中取样测试 c. 从大体积容器中取样测试 d. 瓶取样测试 注：优先选择从压力管路中在线取样，因为该操作方式能避免周围环境带来的污染 根据 ISO 4021 选择取样位置和取样阀 如果要对一台机器或一个工作过程进行周期性或连续性监测，则需要在相同操作条件下在相同位置以同一取样方式重复取样
	从压力管路中取样测试	①总则　根据 ISO 4021 选择取样阀；将取样阀安装在能传递主要流动液体的流动管路的紊流点处，例如弯头之后；压力表接头点处不适合安装取样阀，除非符合 ISO 4021 要求。这类检测点在取样前需要持续冲洗 警告：确保使用的所有装置、设备和程序能安全承受系统最大压力 ②程序 Ⅰ. 使系统稳定正常工作条件下，确保最小系统压力足以使仪器正常工作 Ⅱ. 检查仪器中是否存在之前分析的液体残留物，以及该残留物是否与当前试验液相容。如果不相容或有任何问题，参照 GB/T 37162. 3—2021 附录 A 中 A. 3“不同和不相容液体的使用”的步骤将残留液体冲洗出仪器。如果相容，则继续Ⅲ Ⅲ. 清洗取样阀外表面，然后将仪器与取样阀连接 Ⅳ. 按照制造商说明书操作仪器。如果仪器没有自动冲洗程序，运行仪器以确保取样管路和仪器被冲洗干净（如有必要，请咨询制造商）。如果仪器之前用于分析不同但相容的液体，至少用 10 倍系统体积（包括仪器和连接管路）的液体冲洗仪器，并直接排掉废液 Ⅴ. 按照制造商说明书分析液样，至少连续分析两次并比较结果。如果连续两次分析结果之差大于一个污染度等级，说明冲洗不彻底或系统不稳定，根据需要重新进行分析 Ⅵ. 分析完成后，关闭取样阀。仪器断开前，确保取样管路中所有剩余压力都已释放 Ⅶ. 记录数据
	从系统油箱中取样测试	①使系统稳定在正常工作条件下，检查油箱中液体流动的充分性，以保证采集液样区域颗粒充分分散 注：如果液体流动不充分，分析的液样可能无法代表整个系统 ②检查仪器中是否存在之前分析的液体残留物，以及该残留物是否与当前试验液相容。如果不相容或有任何问题，参照 GB/T 37162. 3—2021 附录 A. 3 的步骤将残留液体冲洗出仪器。如果相容则继续③ ③清洗取样管路插入处的油箱进口区域，固定好螺钉、配件等，清洗取样管路外部 ④将进液软管插入油箱抽取具有代表性的液样（通常为液体的中间深度） ⑤如果仪器没有自动冲洗程序，运行仪器以确保取样管路和仪器被冲洗干净（如有必要，请咨询制造商）。如果仪器之前用于分析不同但相容的液体，至少用 10 倍系统体积（包括仪器和连接管路）的液体冲洗仪器，并直接排掉废液 ⑥在油箱中安装回液软管，或将液样直接导入另一个容器或废液桶中，以免液样再次进入仪器取样管路 ⑦按照制造商说明书分析液样，至少连续分析两次并比较结果。如果连续两次分析结果之差大于一个污染度等级，说明冲洗不彻底或系统不稳定，根据需要重新进行分析 ⑧记录数据

续表

<table>
<tr><td rowspan="2">操作程序</td><td>从大体积容器中取样测试</td><td>①总则　本程序需要通过泵将液样从大体积容器中抽出(或吸出),该泵可与设备集成,也可单独提供。这可能会带来测量值的误差和变化,并需要附加步骤。误差来源包括
a. 液样不流动:无法摇晃容器使颗粒再分散,抽取的液样可能不代表整个系统。需要一台辅助循环泵
b. 高黏度:在环境温度下液体黏度可能很高。当泵吸入高黏度液体时会产生真空,导致气泡产生或管路入口无法抽取足够的液样,这会使流量降低或造成仪器运行不稳定
②程序
Ⅰ. 摇晃容器使液体中颗粒重新分散,如果不可行,提供一台辅助循环泵来分散颗粒。如果做不到,请在报告中注明无法搅拌样品
Ⅱ. 检查仪器中是否存在之前分析的液体残留物,以及该残留物是否与当前试验液体相容,如果不相容或有任何问题,参照GB/T 37162.3—2021附录A.3的步骤将残留液体冲洗出仪器。如果相容,则继续Ⅲ
Ⅲ. 清洗取样管路插入处的进口区域以及取样管路外部
Ⅳ. 将进液软管插入大体积容器,从液面下方抽取液样。如果使用辅助循环泵,应使进液管位于循环区域,并远离泵的吸液软管及回液软管
Ⅴ. 如果仪器没有自动冲洗程序,运行仪器以确保取样管路和仪器被充分冲洗(如有必要,请咨询制造商)。如果仪器之前用于分析不同但相容的液体,至少用10倍系统体积(包括仪器和连接管路)的液体冲洗仪器,并直接排掉废液
Ⅵ. 在容器中安装回液软管,或将液样直接导入另一个容器或废液桶中,以免液样再次进入仪器取样管路
Ⅶ. 按照制造商说明书分析液样,至少连续分析两次并比较结果。如果连续两次分析结果之差大于一个污染度等级,说明冲洗不彻底或系统不稳定,根据需要重新进行分析
Ⅷ. 记录数据</td></tr>
<tr><td>瓶取样测试</td><td>①总则　这是最不理想的方式,如果没有瓶取样器,会增加外来污染物进入液样的可靠性
如果没有瓶取样器,建议使用取样探头,以便于从瓶中或容器中取样,由此可避免将进液软管浸入取样瓶。而且,这种探头也容易清洗
液样通过仪器后,要直接排到废液桶,不应返回取样瓶或容器
②程序
Ⅰ. 仪器和所有连接软管中的残留液体都要被冲洗干净。如果液样与之前的试验液不相容,参照GB/T 37162.3—2021附录A.3的步骤将残留液体冲洗出仪器
Ⅱ. 如果必要,按照制造商提供的说明验证仪器的清洁度。冲洗仪器,使空白试验数据小于后续分析数据的10%
Ⅲ. 手动摇晃取样瓶不少于30s或使用合适的样品搅拌装置,使污染物再次分散在取样瓶悬浮液中。使用合适的装置消除气泡,或等待大多数气泡上升至自由液面。开始分析前的消泡处理时间不应超过2min
Ⅳ. 用已过滤的溶剂冲洗取样管外表面,并将其浸入取样瓶底约5mm处。避免管路末端接触瓶底
Ⅴ. 按照制造商提供的说明操作仪器(及瓶取样装置,如果使用)。试验前用液样冲洗仪器,或将第一次分析结果剔除,至少再连续分析两次并比较结果
Ⅵ. 如果连续两次分析结果之差大于一个污染度等级,表明容器中污染物可能未充分分散均匀。按需要重复步骤Ⅱ~Ⅴ
Ⅶ. 记录数据</td></tr>
<tr><td colspan="2">校准和验证程序</td><td>见GB/T 37162.3—2021</td></tr>
<tr><td colspan="2">校准和/或验证</td><td>根据表1~表3所提供的表格形式报告以下信息
a. 校准(是/否)
b. 校准验证(是/否)
c. 分析模式:在线(是/否)
d. 瓶取样(是/否)

表1　试验信息
<table><tr><th>参数</th><th>信息</th></tr><tr><td>校准/验证液样识别号</td><td></td></tr><tr><td>校准/验证日期</td><td></td></tr><tr><td>仪器名称</td><td></td></tr><tr><td>参照仪器</td><td></td></tr><tr><td>使用的ISO 12103-A3粉尘浓度</td><td></td></tr><tr><td>ISO 12103-A3粉尘批号</td><td></td></tr></table></td></tr>
</table>

续表

校准和/或验证

表2　结果

参数	颗粒浓度或污染度等级[①]		
	>6μm(c)	>10μm(c)	>14μm(c)
被试仪器清洁度			
参照仪器清洁度			
被试仪器结果平均值			
参照仪器结果平均值			
试验限度:最大值			
试验限度:最小值			
	被试仪器	参照仪器	
分析体积			
分析持续时间			

① 不适用时可删除。

需要调整(是/否)

表3　验证

参数	颗粒浓度或污染度等级[①]		
	>6μm(c)	>10μm(c)	>14μm(c)
被试仪器清洁度			
被试仪器结果			
参照仪器结果			
试验限度:最大值			
试验限度:最小值			
	被试仪器	参照仪器	
分析体积			
分析持续时间			

① 不适用时可删除。

验证报告

液样分析结果报告至少应包括以下信息

a. 液样名称

b. 分析日期

c. 仪器名称

d. 分析模式

e. 对应尺寸污染等级的分析结果

f. 与液样或结果有关的任何说明

标注说明

当完全遵照本文件时,在试验报告、产品目录和销售文件中可作如下说明

"利用滤膜阻塞技术测定固体颗粒污染度完全符合 GB/T 37162.3—2021《液压传动　液体颗粒污染度的监测　第3部分:利用滤膜阻塞技术》"

(3) 应用遮光技术监测液体颗粒污染度（摘自 GB/T 37162.4—2023/ISO 21018：2019，IDT）

表 20-4-56

范围

GB/T 37162.4—2023《液压传动　液体颗粒污染度的监测　第4部分:遮光技术的应用》规定了采用遮光技术(也称光阻法或遮光法)在线或离线监测颗粒污染度的方法,同时还规定了实验室和现场校准仪器以及验证仪器正确使用的操作程序

本文件规定的方法适用于检测

——液压系统的清洁度

——冲洗过程

——辅助设备和试验台

该方法仅适用于单相液体系统

续表

健康与安全		应始终按照制造商提供的说明书操作仪器 警告:本标准可能涉及危险的物质、操作和设备。本标准在使用中所涉及的安全须知没有必要一一列举出来。按照本文件操作时,操作者有责任先制定适当的安全预防和健康保护措施,并判断符合相关规程
设备		如果采用取样瓶或容器(见下面瓶取样)进行分析,有可能需要瓶取样器(见下面从压力管路中取样①概述)。瓶取样器的进油管插入取样瓶时不应带入污染物。正确的校准和验证操作程序详见 GB/T 37162.4—2023 的第 7 章
操作程序	概述	从下列选项中选择操作程序 ——从压力管路中取样 ——从系统油箱中取样 ——从大体积容器中取样 ——瓶取样 优先选择从压力管路中在线取样,因为该操作方式能避免周围环境带来的污染。根据 ISO 4021 选择取样位置和取样阀。如果要对机器或工作过程进行周期性或连续性趋势监测,则需要在相同的地点、相同的方式和相似的操作条件下重复取样
	从压力管路中取样	①概述　根据 ISO 4021 选择取样阀或者取样装置。将取样阀安装在具有较大流量流道的紊流点处,例如弯头之后。取样阀的连接头均应符合 ISO 4021 的要求。这类取样点需持续冲洗 警告:确保使用的所有设备和程序是安全的,并能与系统最大压力相适应 ②程序 Ⅰ. 确保系统处于正常运行状态,确保连接到液压系统的仪器在最小压力和最大压力下均能正常工作 Ⅱ. 检查仪器是否存在之前分析的残留液体,且残留液体是否与当前试验液样相容。如有任何疑问,应按照仪器制造商的建议将残余液体冲出 Ⅲ. 采用合适的溶剂和不脱落的抹布清洁取样阀外部,然后将取样阀与仪器连接 Ⅳ. 按照仪器制造商的说明书操作仪器。如果仪器没有自动冲洗功能,运行仪器以确保取样管路和仪器被充分冲洗。如果仪器之前用于分析不同但相容的液体,至少用 10 倍系统(包括仪器和连接管路)体积的液体冲洗仪器,并直接排出废液 Ⅴ. 按照仪器制造商的说明书启动 PCM 进行分析,至少连续测试两次并将测试结果进行比对。如果出现以下任一结果,则核查试验程序是否正确,并重新分析液样 a. 连续两次仪器测得的清洁度等级相差大于 1 级 b. 在稳定状态下,所监测最小颗粒尺寸的颗粒数相差大于 20% Ⅵ. 分析结束,关闭取样阀,并在仪器断开前,确保所有残留压力已从取样管路释放 Ⅶ. 按照下面"试验报告"的要求记录数据
	从系统油箱中取样	①概述　根据 ISO 4021 选择油箱取样装置(取样器)。取样装置应能顺畅地抵达油箱内部取样点,并易于清除外部污染物。其目的是方便取样,而不需要将进油管浸入液体 ②程序 Ⅰ. 检查仪器是否存在之前分析的残留液体,且残留液体是否与当前试验液样相容。如果不相容或有任何问题,应按照仪器制造商的建议将残余液体冲出 Ⅱ. 清洗取样管插入处的油箱进口区域,并紧固螺栓、配件等。用合适的溶剂和不起毛、不脱落的抹布清洗取样阀或取样装置 Ⅲ. 确保系统处于正常运行状态,并检查油箱中液体是否有充分的流动,以确保采样区域颗粒充分弥散 注:如果液体流动不充分,所分析的液样可能不具有代表性 Ⅳ. 将取样器插入油箱,以便从中抽取具有代表性的液体(通常为中间深度) Ⅴ. 如果仪器没有自动冲洗功能,运行仪器以确保取样管路和仪器被(充分)冲洗。不准许在低于仪器制造商声明的传感器最小压力或最大黏度下运行仪器。如果仪器之前分析了一种不同但相容的液体,至少用 10 倍系统(包括仪器和连接管路)体积的液体冲洗仪器,并直接排出废液 Ⅵ. 回液管可以安装在油箱中避免液样再次进入仪器取样管路的位置,或将液样直接导入另一个容器或废液桶中 Ⅶ. 按照仪器制造商的说明书启动 PCM 进行分析,至少连续测试两次并将测试结果进行比对。如果出现以下任一结果,则核查试验程序是否正确,并重新分析液样 a. 连续两次仪器测得的清洁度等级相差大于 1 级 b. 在稳定状态下,所监测最小颗粒尺寸的颗粒数相差大于 20% Ⅷ. 按照下面"试验报告"的要求记录数据

续表

操作程序	从大体积容器中取样	①概述　本程序需要通过泵将液样从大体积容器中抽出(或吸出),该泵可与仪器集成,也可单独提供。这可能会带来测量值的误差和变化,需要附加步骤。误差来源包括以下方面 ——液样不流动:无法摇晃容器使颗粒再分散,抽取的液样不具有代表性。需要一台辅助循环泵 ——高黏度:在环境温度下具有高黏度的液样。用泵抽取该液样时会产生真空,导致气泡产生或管路入口无法抽取足够的液样,这可能使流量降低或造成仪器运行不稳定 ②程序 Ⅰ.摇晃容器使液体中颗粒重新分散。如果不可行,提供一个辅助循环泵来分散颗粒。如果无法搅拌液样,无需进行下一步,因为未充分的搅拌可能造成测试结果不具有代表性。在报告中注明无法搅拌液样 Ⅱ.检查仪器中是否存在之前分析的残余液体,以及该残余液体是否与当前试验液体相容,如果不相容或有任何问题,应按照仪器制造商的建议将残余液体冲出 Ⅲ.用合适的溶剂和不起毛、不脱落的抹布清洗取样器插入处的进口区域和取样管的外部 Ⅳ.将取样器安装在大体积容器内部,以便进液软管从液面以下吸油。如果使用了辅助循环泵,应使进液管位于循环区域,远离泵的吸液软管及回液软管 Ⅴ.如果仪器没有自动冲洗程序,运行仪器以确保取样管路和仪器被(充分)冲洗。不准许在低于仪器制造商声明的传感器最小压力或最大黏度下运行仪器。如果仪器之前分析不同但相容的液体,至少用10倍系统(包括仪器和连接管路)体积的液体冲洗,并直接排出废液 Ⅵ.回液管可以安装在油箱中避免液样再次进入仪器取样管路的位置,或将液样直接导入另一个容器或废液桶中 Ⅶ.按照仪器制造商的说明书启动PCM进行分析,至少连续测试两次并将测试结果进行比对。如果出现以下任一结果,则核查试验程序是否正确,并重新分析液样 a.连续两次仪器测得的清洁度等级相差大于1级 b.在稳定状态下,所监测最小颗粒尺寸的颗粒数相差大于20% Ⅷ.按照下面"试验报告"的要求记录数据
	瓶取样	①概述　这是最不值得推荐的方式,因为对取样瓶的分析可能由于外来污染物的引入导致产生较大误差,系统越干净,误差越大。使用瓶取样装置并结合规定的试验程序(见ISO 11500)能减少这种误差。如果没有瓶取样器,建议使用取样探头,以便于从瓶中或容器中取样,由此避免将进液软管浸入取样瓶。而且,这种探头也易于清洗。液样一旦通过仪器,应直接排掉,不应返回取样瓶或容器 ②程序 Ⅰ.按照仪器制造商的建议冲洗掉仪器和所有连接管中之前分析的残留液体 Ⅱ.如果必要,按照仪器制造商的说明验证仪器的清洁度。用洁净的溶剂冲洗仪器,并确认其清洁度高于预期清洁度10% Ⅲ.手动猛烈摇晃取样瓶约60s使取样瓶中污染物重新分散(见ISO 11500),采用真空源消除液体摇晃后产生的气泡。超声波清洗器可作为一种替代方法。开始分析前的消泡处理时间不应超过2min 注:1.如果设备采用恒压源,则可能不需要消泡 2.超声波消泡的效果随液体黏度的增大而降低 3.对于试验温度下黏度大于50mm^2/s的液体,需要更长的摇晃时间 4.摇晃前添加洁净的溶剂可降低黏度 5.使用取样瓶采集液样时采集量能到达取样瓶的标记线或满足采样量要求 Ⅳ.用已过滤的溶剂清洗取样管外表面,然后将取样管浸入距取样瓶底约5mm的位置。取样管末端不准许接触取样瓶底部 Ⅴ.按照制造商的说明运行仪器(和瓶取样装置,如果使用的话)。先用取样液体冲洗仪器,或者执行第一次测试,并剔除此次测试结果,至少再连续测试两次并将结果进行比对 Ⅵ.如果连续两次分析结果相差大于1个污染度等级,或者所监测最小颗粒尺寸的颗粒数目相差大于20%,表明容器中污染物可能没有充分均匀分散。按需要重复步骤Ⅱ~Ⅴ Ⅶ.按照下面"试验报告"的要求记录数据

续表

<table>
<tr><td>校准和验证程序</td><td>见 GB/T 37162.4—2023</td></tr>
<tr><td>校准和验证程序的结果报告</td><td>
根据表 1～表 3 提供的表格形式报告以下信息
表 1　试验信息
校准(是/否)　校准验证(是/否)
分析模式:在线(是/否)　瓶取样(是/否)
<table>
<tr><th>参数</th><th>信息</th></tr>
<tr><td>单位名称</td><td></td></tr>
<tr><td>技术人员</td><td></td></tr>
<tr><td>试验说明</td><td></td></tr>
<tr><td>校准/验证液样识别号</td><td></td></tr>
<tr><td>校准或验证日期</td><td></td></tr>
<tr><td>仪器名称</td><td></td></tr>
<tr><td>参考仪器</td><td></td></tr>
<tr><td>分析模式</td><td></td></tr>
<tr><td>试验污染物或瓶装样品的批号</td><td></td></tr>
</table>
表 2　校准结果
<table>
<tr><th rowspan="2">参数</th><th colspan="3">数量浓度或污染度等级①</th></tr>
<tr><th>≥4μm(c)</th><th>≥6μm(c)</th><th>≥14μm(c)</th></tr>
<tr><td>试验仪器清洁度</td><td></td><td></td><td></td></tr>
<tr><td>参考仪器清洁度</td><td></td><td></td><td></td></tr>
<tr><td>试验仪器结果平均值</td><td></td><td></td><td></td></tr>
<tr><td>参考仪器结果平均值</td><td></td><td></td><td></td></tr>
<tr><td>试验极限——最大值</td><td></td><td></td><td></td></tr>
<tr><td>试验极限——最小值</td><td></td><td></td><td></td></tr>
<tr><td></td><td>试验系统</td><td>参考系统</td><td></td></tr>
<tr><td>分析体积</td><td></td><td></td><td></td></tr>
<tr><td>分析持续时间</td><td></td><td></td><td></td></tr>
</table>
① 不适用时可删除。
需要调整(是/否)
表 3　校准验证
<table>
<tr><th rowspan="2">参数</th><th colspan="3">数量浓度或污染度等级①</th></tr>
<tr><th>≥4μm(c)</th><th>≥6μm(c)</th><th>≥14μm(c)</th></tr>
<tr><td>试验仪器清洁度</td><td></td><td></td><td></td></tr>
<tr><td>试验仪器结果平均值</td><td></td><td></td><td></td></tr>
<tr><td>参考仪器结果平均值</td><td></td><td></td><td></td></tr>
<tr><td>试验极限的最大值</td><td></td><td></td><td></td></tr>
<tr><td>试验极限的最小值</td><td></td><td></td><td></td></tr>
<tr><td></td><td>试验系统</td><td>参考系统</td><td></td></tr>
<tr><td>分析体积</td><td></td><td></td><td></td></tr>
<tr><td>分析持续时间</td><td></td><td></td><td></td></tr>
</table>
① 不适用时可删除。
</td></tr>
<tr><td>试验报告</td><td>
样品分析结果的报告至少应包括以下信息
——液样名称
——被取样系统
——单位名称
——分析人员
——分析日期
——仪器名称
——分析模式
——对应尺寸污染等级的分析结果
——与样品或结果有关的任何说明
</td></tr>
<tr><td>标注说明</td><td>
当完全遵照本标准时,在试验报告、产品目录和销售文件中可做如下说明
“采用遮光技术监测液体颗粒污染度的方法符合 GB/T 37162.4—2023《液压传动　液体颗粒污染度的监测　第 4 部分:遮光技术的应用》”
</td></tr>
</table>

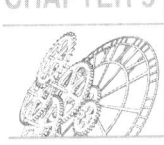

CHAPTER 5

第5章 液压泵

1 液压泵及其特性与参数术语（摘自GB/T 17446—2024）

1.1 液压泵术语

表 20-5-1

序号	术语	定义
3.4.1.1	液压泵	将机械能转换成液压能的元件
3.4.1.2	气动液压泵	靠压缩空气驱动的液压泵 注:气动液压泵通常是一个连续增压器
3.4.1.3	容积式泵	利用密闭容腔内的容积变化来输送液体的液压泵
3.4.1.4	柱塞泵	由一个或多个柱塞往复运动排出液体的液压泵
3.4.1.5	轴向柱塞泵	柱塞轴线与缸体轴线平行或略有倾斜的柱塞泵
3.4.1.6	摆盘式轴向柱塞泵	驱动轴与缸体同轴线,斜盘连接于驱动轴,柱塞被斜盘所驱动的轴向柱塞泵
3.4.1.7	斜盘式轴向柱塞泵	驱动轴与缸体的同轴线且斜盘与驱动轴不连接的轴向柱塞泵
3.4.1.8	斜轴式轴向柱塞泵	驱动轴与缸体轴线成一定角度的轴向柱塞泵
3.4.1.9	直列式柱塞泵	在同一个平面内,若干个柱塞轴线相互平行排列的柱塞泵
3.4.1.10	径向柱塞泵	具有若干个柱塞径向配置的柱塞泵
3.4.1.11	齿轮泵	由两个或多个齿轮相互啮合的液压泵
3.4.1.12	内啮合齿轮泵	内啮合形式的齿轮泵
3.4.1.13	外啮合齿轮泵	外啮合形式的齿轮泵
3.4.1.14	螺杆泵	由一个或多个旋转的螺杆排出液体的液压泵
3.4.1.15	摆线泵	具有一个或多个摆线齿轮相互啮合的液压泵 参见:摆线马达
3.4.1.16	补油泵	在另一个液压泵的进口提供必需的流量以建立补油压力的液压泵 注:典型应用是为闭式回路的主泵补充流量
3.4.1.17	增压泵	其作用是提高另一液压泵的进口压力的液压泵
3.4.1.19	单流向泵	流动方向与驱动轴的旋转方向无关的泵
3.4.1.20	双向泵	通过改变驱动轴的旋转方向使液体反向流动的泵

续表

序号	术语	定义
3.4.1.21	多级泵	带有串联工作的泵送组件的液压泵
3.4.1.22	串联泵	采用液压方式串联在一起的两个或多个液压泵
3.4.1.23	多联泵	由同一个公共轴驱动的两个或多个液压泵
3.4.1.24	过中位泵	在不改变驱动轴旋转方向的情况下,流动方向可以逆转的泵
3.4.1.25	叶片泵	通过一组径向滑动叶片排出液体的液压泵
3.4.1.26	手动泵	靠手动操作的液压泵
3.4.1.27	循环泵	通过使液压流体循环实现冷却、过滤、润滑等主要功能的液压泵
3.4.1.28	通轴驱动连接套	连接两个泵轴的机械连接元件 注:通常设计为带有内部相互传动装置的套筒轴,以传递转矩并补偿可能出现的位置窜动

1.2 液压泵特性与参数术语

表 20-5-2

序号	术语	定义
3.4.3.1	排量	每一行程,每一转或每一循环所吸入或排出的液体体积 注:其可以是固定的或可变的
3.4.3.2	导出排量	基于规定工况下实际测量值所计算出的排量
3.4.3.3	几何排量	不考虑公差、间隙或变形,用几何关系计算出的排量
3.4.3.14	泵总效率	泵的有效输出液压功率与输入的机械功率之比
3.4.3.15	泵的液压机械效率	液压泵的导出转矩与吸收液压转矩之比
3.4.3.16	泵吸收功率	在某一时刻或在给定的负载条件下,泵的驱动轴处所吸收的功率
3.4.3.17	泵功率损失	泵所吸收功率未转换成流体传动功率的部分,包括容积损失和机械损失
3.4.3.18	泵导出流量	泵的导出排量与单位时间转数或循环数之积
3.4.3.19	泵容积损失	泵因泄漏而损失的流量
3.4.3.20	泵容积效率	泵有效输出流量与泵导出流量之比
3.4.3.21	整体式静液压传动装置的自由位	泵和马达均处于零排量位置的配置
3.4.3.23	泵的零位	泵处于零排量的位置
3.4.3.24	通轴驱动	通过同轴将转矩从第一个泵传递至第二个泵,泵轴和法兰可拆卸的机械连接方式
3.4.3.25	最大通轴驱动转矩	液压泵通轴驱动其串联的单泵或多泵时能够获得的最大转矩
3.4.3.26	旋转方向	从泵、马达或其他元件的轴端视角观察到的轴的转动方向
3.4.3.27	马达或泵的刚度	施加于马达或泵轴的转矩变化与轴的角位置变化之比
3.4.3.28	吸油压力	泵进口处流体的绝对压力
3.4.3.29	补油压力	通常给闭式回路或次级泵补油的压力

2　液压泵（液压马达）的分类与工作原理

液压泵和液压马达都是能量转换装置。液压泵向系统提供具有一定压力和流量的液体，把机械能转换成液体的压力能。液压马达正相反，它是液压系统中的执行元件，把液体的压力能转换成机械能。

表 20-5-3　　**液压泵分类（按结构特点分）与工作原理**

类别		简图和工作原理
齿轮泵	外啮合齿轮泵	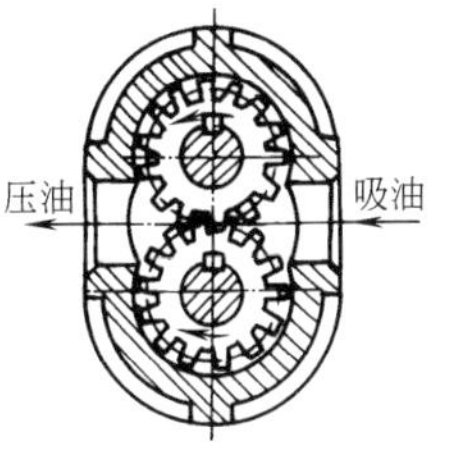 在密封壳体内的一对啮合齿轮，以啮合点沿齿宽方向的接触线将其吸油腔和压油腔分开，在其旋转时，齿轮脱开啮合的一侧形成局部真空，将油液吸入，而齿轮另一侧进入啮合，齿槽容积变小，油液被压出
	内啮合齿轮泵	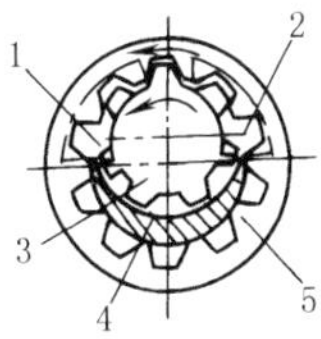 1—吸油腔；2—压油腔； 3—主动齿轮；4—月形件； 5—从动齿轮 主动齿轮按图示方向旋转时，从动齿轮随之同向旋转，在齿轮脱开处形成真空吸油，而齿轮进入啮合处，油液被挤出，输到工作管路中去 月形件（隔板）的作用是隔开吸油腔和排油腔
	摆线内啮合齿轮泵	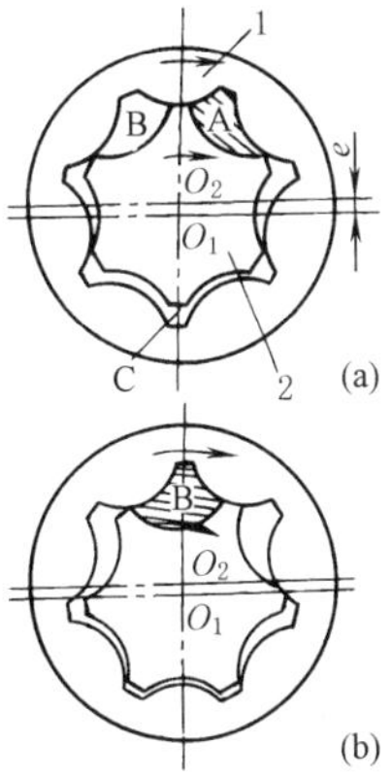 具有摆线共轭齿形的外转子 1 和内转子 2 之间有偏心距 e，内转子绕中心 O_1 顺时针转动时，带动外转子绕中心 O_2 同向旋转，此时 B 容腔逐渐增大形成真空，与其相通的配油盘槽进油，形成吸油过程。当内、外转子转至图（b）位置时，B 容腔为最大，而 A 容腔随转子转动逐渐缩小，同时与配油盘出油口相通，形成排油过程。当 A 容腔转到图（a）中 C 处时，封闭容积最小，压油过程结束。继而又是吸油过程。这样，内、外转子异速同向绕各自中心 O_1、O_2 转动，使内、外转子所围成的容腔不断发生容积变化，形成吸、排油过程
叶片泵	单作用叶片泵、双作用叶片泵、凸轮转子式叶片泵	容积变化元件： 叶片、转子、定子圈 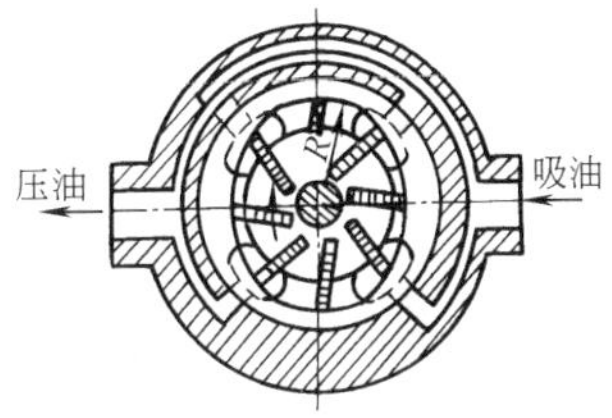 叶片泵的转子旋转时，嵌于转子槽内的叶片沿着定子内廓曲线伸出或缩入，使两相邻叶片之间所包容的容积不断变化。当叶片伸出，所包容的容积增加时，形成局部真空，吸入油液；当叶片缩入，所包容的容积减小时，油液压出。转子转一周，容积变化循环一次，称为单作用叶片泵；容积变化循环两次，则称为双作用叶片泵
柱塞泵	轴向柱塞泵（分斜轴式、直轴式）	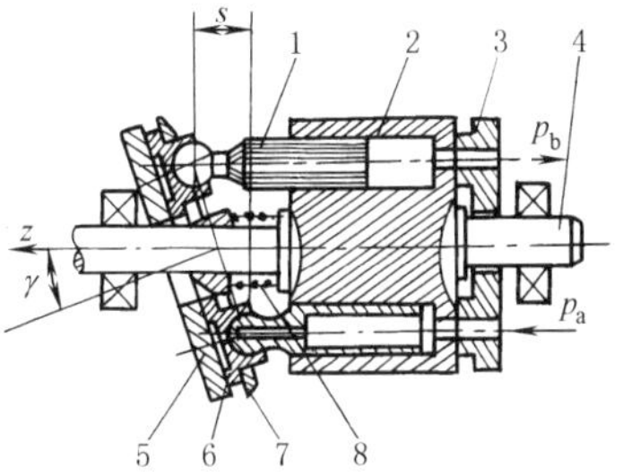 1—柱塞； 2—缸体； 3—配油盘； 4—传动轴； 5—斜盘； 6—滑靴； 7—同程盘； 8—中心弹簧 柱塞的头部安装有滑靴，它始终贴住斜盘平面运动。当缸体带动柱塞旋转时，柱塞在柱塞腔内作直线往复运动。柱塞伸出，腔容积增大，腔内吸入油液，称吸油过程。随着缸体旋转，柱塞缩回，腔容积减小，油液通过排油窗排出，称排油过程。缸每转一周，各柱塞腔有半周吸油，半周排油，缸不断旋转，实现连续地吸油和排油

续表

类别		简图和工作原理	类别	简图和工作原理
柱塞泵	径向柱塞泵	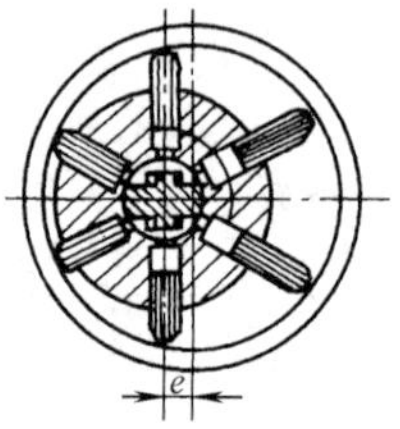 当每个柱塞在转子套内伸出及缩入时，产生容积变化。转子旋转时，由于转子与定子圈存在有偏心 e，所以柱塞在沿定子圈内圆滑动的同时，柱塞伸出或缩入。伸出时容积增大，形成局部真空，将油液吸入；缩入时容积减小，将油液压出。其吸油及压油腔由输油轴（配流轴）上的配流槽隔开	螺杆泵	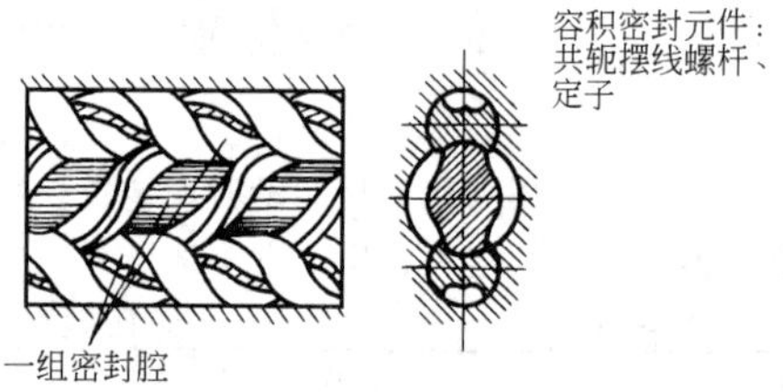 三杆螺杆泵由于三根螺杆具有特殊的形状，在它们互相接触处形成严密的密封，再加上螺杆有适当的头数和导程，定子（泵体或套筒）与螺杆的接触处有适当的长度和适当的径向间隙，因而使螺杆的凹槽形成一些密闭的容积。当螺杆转动时，这些容积便沿轴向移动——从吸入室沿轴线向压出室移动。这样，在吸入室方面充满螺杆凹槽的油液，在螺杆稍微转动以后便与吸入室隔绝，形成一封闭容积，在螺杆螺纹的作用下被推动沿轴线方向向前移动至压出腔，再通过压力油管输送到液压系统中去。如同螺母在转动螺杆上的走动情况一样，油液在螺杆泵内是做匀速直线运动的（设螺杆做匀速转动），而且这些油液彼此间没有相对运动，即无搅动地移动，不能变量

注：1. 液压泵按流量变化分类有定量泵和变量泵两大类。

2. 液压泵与液压马达在结构上类似，除了一些特殊要求外，两者使用是可逆的，因此，对液压马达不进行详细介绍。

3 液压泵（液压马达）的选用

液压泵和液压马达的应用范围很广，总体归纳为两大类：一类为固定设备用液压装置，如各类机床、液压机、轧钢机、注塑机等；另一类为移动设备用液压装置，如起重机、各种工程机械、汽车、飞机、矿山机械等。两类液压装置所处环境和要求对液压泵和液压马达的选用有较大差异（表 20-5-4），需要结合使用装置要求和系统的工况来选择液压泵和液压马达。液压泵（马达）有：齿轮泵（马达）、叶片泵（马达）、柱塞泵（马达）、螺杆泵（马达）等，其各自特点见表 20-5-5。

液压泵的主要技术参数有压力、排量、转速、效率等（表 20-5-6）。为了保证系统正常运转和使用寿命，一般在固定设备中，正常工作压力为泵的额定压力的 80%左右；要求工作可靠性较高的系统或移动的设备，系统正常工作压力为泵的额定压力的 60%~70%。

液压马达的主要技术参数有转矩、转速、压力、排量、效率等（见表 20-5-7）。液压马达要根据运转工况进行选择，对于低速运转工况，除了用低速马达之外，也可用高速马达加减速装置。

液压系统中选用液压泵（马达）的主要参数及计算公式见表 20-5-8。

表 20-5-4　　两类不同液压装置的主要区别

项目	固定设备用	移动设备用
原动机类型	原动机多为电机，驱动转速较稳定，且多为 960~2800r/min	原动机多为内燃机，驱动转速变化范围较大，一般为 500~4000r/min
工作压力	多采用中压范围，为 7~21MPa，个别可达 25~32MPa	多采用中高压范围，为 14~35MPa，个别高达 40MPa
工作温度	环境温度较稳定，液压装置工作温度约为 50~70℃	环境温度变化范围大，液压装置工作温度约为 -20~110℃
工作环境	工作环境较清洁	工作环境较脏、尘埃多
噪声	因在室内工作，要求噪声低，应不超过 80dB	因在室外工作，噪声较大，允许达 90dB
空间布置	空间布置尺寸较宽裕，利于维修、保养	空间布置尺寸紧凑，不利于维修、保养

表 20-5-5　　液压泵和液压马达的主要特点及应用

类型	特点及应用
齿轮泵	结构简单,工艺性好,体积小,重量轻,维护方便,使用寿命长,但工作压力较低,流量脉动和压力脉动较大,如高压下不采用端面补偿,其容积效率将明显下降 内啮合齿轮泵与外啮合齿轮泵相比,其优点是结构更紧凑、体积小、吸油性能好、流量均匀性较好,但结构较复杂,加工性较差
叶片泵	结构紧凑,外形尺寸小,运动平稳,流量均匀,噪声小,寿命长,但与齿轮泵相比对油液污染较敏感,结构较复杂 单作用叶片泵有一个排油口和一个吸油口,转子旋转一周,每两片间的容积各吸、排油一次,若在结构上把转子和定子的偏心距做成可变的,就是变量叶片泵。单作用叶片泵适用于低压大流量的场合 双作用叶片泵转子每转一周,叶片在槽内往复运动两次,完成两次吸油和排油。由于它有两个吸油区和两个排油区,相对转子中心对称分布,所以作用在转子上的作用力相互平衡,流量比较均匀
柱塞泵	精度高,密封性能好,工作压力高,因此得到广泛应用。但它结构比较复杂,制造精度高,价格贵,对油液污染敏感 轴向柱塞泵是柱塞平行缸体轴线,沿轴向运动;径向柱塞泵的柱塞垂直于配油轴,沿径向运动,这两类泵均可作为液压马达用
螺杆泵	螺杆泵实质上是一种齿轮泵,其特点是结构简单,重量轻;流量及压力的脉动小,输送均匀,无紊流,无搅动,很少产生气泡;工作可靠,噪声小,运转平稳性比齿轮泵和叶片泵高,容积效率高,吸入扬程高。其加工较难,不能改变流量。适用于机床或精密机械的液压传动系统。一般应用两螺杆或三螺杆泵,有立式及卧式两种安装方式。一般船用螺杆泵用立式安装
齿轮马达	与齿轮泵具有相同的特点,另外其制造容易,但输出的转矩和转速脉动性较大;当转速高于 1000r/min 时,其转矩脉动受到抑制,因此,齿轮马达适用于高转速低转矩情况下
叶片马达	结构紧凑,外形尺寸小,运动平稳,噪声小,负载转矩较小
轴向柱塞马达	结构紧凑,径向尺寸小,转动惯量小,转速高,耐高压,易于变量,能用多种方式自动调节流量,适用范围广
球塞式马达	负载转矩大,径向尺寸大,适合于速度中等工况
内曲线马达	负载转矩大,转速低,平稳性好

表 20-5-6　　各类液压泵的主要技术参数

类型			压力 /MPa	排量 /mL·r^{-1}	转速 /r·min^{-1}	最大功率 /kW	容积效率 /%	总效率 /%	最高自吸能力 /kPa	流量脉动 /%
齿轮泵	外啮合		≤25	0.5~650	300~7000	120	70~95	63~87	50	11~27
	内啮合	楔块式	≤30	0.8~300	1500~2000	350	≤96	≤90	40	1~3
		摆线转子式	1.6~16	2.5~150	1000~4500	120	80~90	65~80	40	≤3
螺杆泵			2.5~10	25~1500	1000~3000	390	70~95	70~85	63.5	<1
叶片泵	单作用		≤6.3	1~320	500~2000	300	85~92	64~81	33.5	≤1
	双作用		6.3~32	0.5~480	500~4000	320	80~94	65~82	33.5	≤1
柱塞泵	轴向	直轴端面配流	≤10	0.2~560	600~2200	730	88~93	81~88	16.5	1~5
		斜轴端面配流	≤40	0.2~3600	600~1800	260	88~93	81~88	16.5	1~5
		阀配流	≤70	≤420	≤1800	750	90~95	83~88	16.5	<14
	径向轴配流		10~20	20~720	700~1800	250	80~90	81~83	16.5	<2
	卧式轴配流		≤40	1~250	200~2200	260	90~95	83~88	16.5	≤14

注：在 JB/T 7041.2—2020《液压泵　第 2 部分：齿轮泵》中规定容积效率为 80%~94%，总效率为 65%~82%。

表 20-5-7　　各类液压马达的主要技术参数

结构形式		压力/MPa		转速/$r \cdot min^{-1}$		容积效率/%	机械效率/%	总效率/%
		额定	最高	最低	最高			
单作用	曲柄连杆式	20.5	24	5~10	200	96.8	93	90
	静力平衡式	17	28	2	275	95	95	90
	双斜盘式	20.5	24	5~10	200	95	96	91.2
多作用	内曲线柱塞传力	13.5	20.5	0.5	120	95	95	90
	内曲线横梁传力	29.0	39.0	0.5	75	95	95	90
	内曲线环塞式	13.5	20.5	1	600	95	95	90
	摆线式	20	28	30	950	95	80	76
	双凸轮盘式	12~16	20~25	5~10	200~300	—	—	85~90

表 20-5-8　　液压泵和液压马达的主要参数及计算公式

参数名称		单位	液压泵	液压马达
排量、流量	排量 q_0	m^3/r	每转一转，由其密封腔内几何尺寸变化计算而得的排出液体的体积	
	理论流量 Q_0	m^3/s	泵单位时间内由密封腔内几何尺寸变化计算而得的排出液体的体积 $Q_0=\frac{1}{60}q_0n$	在单位时间内为形成指定转速，液压马达封闭腔容积变化所需要的流量 $Q_0=\frac{1}{60}q_0n$
	实际流量 Q		泵工作时出口处流量 $Q=\frac{1}{60}q_0n\eta_v$	马达进口处流量 $Q=\frac{1}{60}q_0n\frac{1}{\eta_v}$
压力	额定压力	Pa	在正常工作条件下，按试验标准规定能连续运转的最高压力	
	最高压力 p_{max}		按试验标准规定允许短暂运行的最高压力	
	工作压力 p		工作时的压力	
转速	额定转速 n	r/min	在额定压力下，能连续长时间正常运转的最高转速	
	最高转速		在额定压力下，超过额定转速而允许短暂运行的最大转速	
	最低转速		正常运转所允许的最低转速	同左（马达不出现爬行现象）
功率	输入功率 P_i	W	驱动泵轴的机械功率 $P_i=pQ/\eta$	马达入口处输出的液压功率 $P_i=pQ$
	输出功率 P_0		泵输出的液压功率，其值为泵实际输出的实际流量和压力的乘积 $P_0=pQ$	马达输出轴上输出的机械功率 $P_0=pQ\eta$
	机械功率		$P_i=\frac{\pi}{30}Tn$	$P_0=\frac{\pi}{30}Tn$
			T——压力为 p 时泵的输入转矩或马达的输出转矩，$N \cdot m$	
转矩	理论转矩	$N \cdot m$		液体压力作用于液压马达转子形成的转矩
	实际转矩		液压泵输入转矩 T_i $T_i=\frac{1}{2\pi}pq_0\frac{1}{\eta_m}$	液压马达轴输出的转矩 T_o $T_o=\frac{1}{2\pi}pq_0\eta_m$

续表

参数名称		单位	液压泵	液压马达
效率	容积效率 η_v		泵的实际输出流量与理论流量的比值 $\eta_v = Q/Q_0$	马达的理论流量与实际流量的比值 $\eta_v = Q_0/Q$
	机械效率 η_m		泵理论转矩(由压力作用于转子产生的液压转矩)与泵轴上实际输出转矩之比 $\eta_m = \dfrac{pq_0}{2\pi T_i}$	马达的实际转矩与理论转矩之比值 $\eta_m = \dfrac{2\pi T_0}{pq_0}$
	总效率 η		泵的输出功率与输入功率之比 $\eta = \eta_v \eta_m$	马达输出的机械功率与输入的液压功率之比 $\eta = \eta_v \eta_m$
单位换算式①	q_0	$mL \cdot r^{-1}$	$Q = 10^{-3} q_0 n \eta_v$ $P_i = \dfrac{pQ}{60\eta}$	$Q = 10^{-3} q_0 n / \eta_v$ $T_0 = \dfrac{1}{2\pi} pq_0 \eta_m$
	n	$r \cdot min^{-1}$		
	Q	$L \cdot min^{-1}$		
	p	MPa		
	P_i	kW		
	T_0	$N \cdot m$		

① 因为在介绍的产品中现仍使用 $q_0(mL \cdot r^{-1})$、$Q(L \cdot min^{-1})$、$p(MPa)$，为方便读者，故增加此栏。

4 液压泵产品及选用指南

4.1 齿轮泵产品及选用指南

齿轮泵部分产品技术参数见表 20-5-9。

选择齿轮泵参数时，其额定压力应为液压系统安全阀开启压力的 1.1~1.5 倍；多联泵的第一联泵应比第二联泵能承受较高的负荷（压力×流量），多联泵总负荷不能超过泵轴伸所能承受的转矩；在室内和对环境噪声有要求的情况下，注意选用对噪声有控制的产品。

泵的自吸能力要求不低于 16kPa，一般要求泵的吸油高度不得大于 0.5m，在进油管较长的管路系统中进油管径要适当加大，以免造成流动阻力太大吸油不足，影响泵的工作性能。

表 20-5-9　　齿轮泵部分产品技术参数

类别	型号	排量 /$mL \cdot r^{-1}$	压力/MPa		转速/$r \cdot min^{-1}$		容积效率 /%
			额定	最高	额定	最高	
外啮合齿轮泵	CB	32、50、100	10	12.5	1450	1650	≥90
	CBB	6、10、14	14	17.5	2000	3000	≥90
	CB-B	2.5~125	2.5	—	1450	—	≥70~95
	CB-C	10~32	10	14	1800	2400	≥90
	CB-D	32~70					
	CB-F_A	10~32	14	17.5	1800	2400	≥90
	CB-F_C	10~40	16	20	2000	3000	≥90
	CB-F_D	10~40	20	25	2000	3000	≥90
	CBG	16~160	12.5	20	2000	2500	≥91

续表

类别	型号	排量/mL·r⁻¹	压力/MPa		转速/r·min⁻¹		容积效率/%
			额定	最高	额定	最高	
外啮合齿轮泵	CB-L	40~200	16	20	2000	2500	≥90
	CB-Q	20~63	20	25	2500	3000	≥91~92
	CB※-E	4~125	16	20	2000	3000	≥91~93
	CB※-F	4~20	20	25	2000	3000	≥90
	FLCB-D	25~63	10	12.5	2000	2500	—
	HLCB-D	10~20	10	12.5	2500	3000	—
	P※	15~200	23	28	2400	—	—
外啮合单级齿轮泵	G30	58~161	14~23	—	—	2200~3000	≥90
	BBXQ	12、16	3、5	6	1500	2000	≥90
	GPA	1.76~63.6	10	—	2000~3000	—	≥90
	CB-Y	10.18~100.7	20	25	2500	3000	≥90
	CB-H_B	51.76~101.5	16	20	1800	2400	≥91~92
	CBF-E	10~140	16	20	2500	3000	≥90~95
	CBF-F	10~100	20	25	2000	2500	≥90~95
	CBQ-F5	20~63	20	25	2500	3000	≥92~96
	CBZ2	32~100.6	16~25	20~31.5	2000	2500	≥94
	GB300	6~14	14~16	17.5~20	2000	3000	≥90
	GBN-E	16~63	16	20	2000	2500	≥91~93
外啮合双联齿轮泵	CBG2	40.6/40.6~140.3/140.3	16	20	2000	3000	≥91
	CBG3	126.4/126.4~200.9/200.9	12.5~16	16~20	2000	2200	≥91
	CBY	10.18/10.18~100.7/100.7	20	25	2000	3000	≥90
	CBQL	20/20~63/32	16~20	20~25	—	3000	≥90
	CBZ	32.1/32.1~80/(80~250)	25	31.5	2000	2500	≥94
	CBF-F	50/10~100/40	20	25	2000	2500	≥90~93
内啮合齿轮泵	NB	10~250	25	32	1500~2000	3000	≥83
	BB-B	4~125	2.5	—	1500	—	≥80~90

4.1.1 CB型齿轮泵

该泵采用铝合金壳体和浮动轴套等结构，具有重量轻、能长期保持较高容积效率等特点，适用于工程机械、运输机械、矿山机械及农业机械等液压系统。

型号意义:

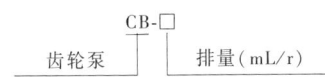

CB-□
齿轮泵 排量(mL/r)

表 20-5-10 技术参数

型 号	排量 /mL·r^{-1}	压力/MPa		转速/r·min^{-1}		容积效率 /%	驱动功率 /kW	质量 /kg
		额定	最高	额定	最高			
CB-32	32.5	10	12.5	1450	1650	≥90	8.7	6.4
CB-50(48)	48.7						13.1(11.5)	7
CB-100(98)	99.45						27.1	18.3

表 20-5-11 外形尺寸 mm

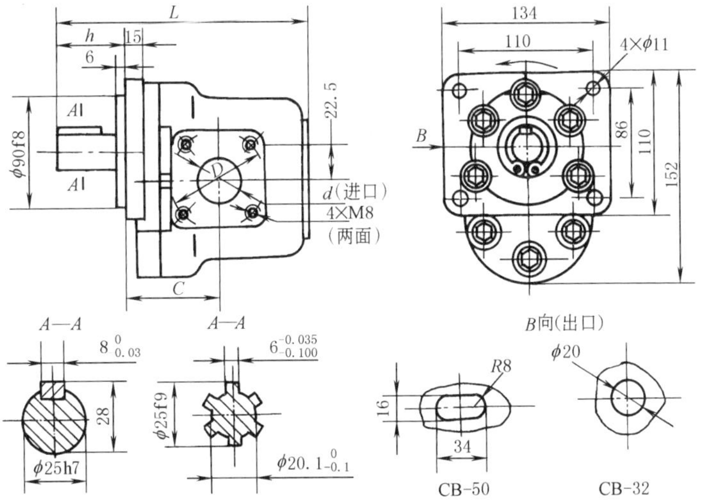

CB-32、CB-50型

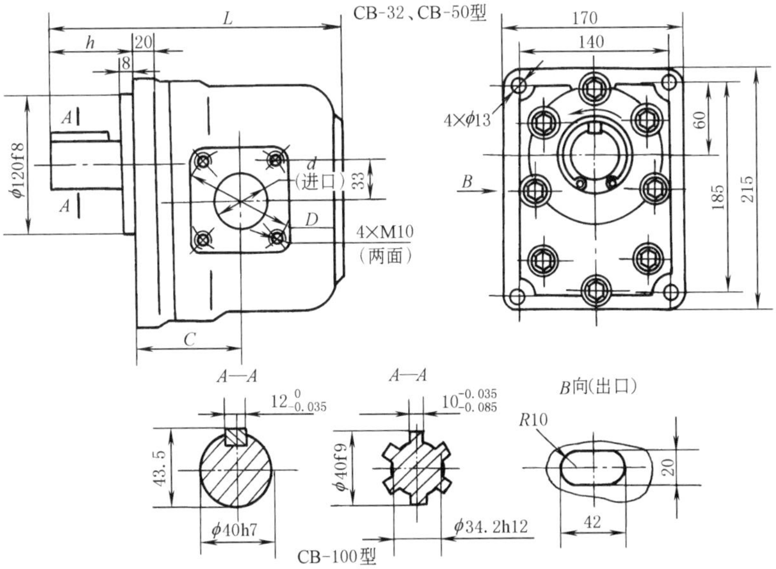

CB-100型

型 号	L	C	D	d	h
CB-32	186	68.5	ϕ65±0.2	ϕ28	48
CB-50(48)	200	74	ϕ76±0.4	ϕ34	51
CB-100(98)	261	98	ϕ95	ϕ46	68

4.1.2 CB-F 型齿轮泵

本系列外啮合齿轮泵采用铝合金压铸成型泵体，径向密封采用齿顶扫膛，轴向密封采用浮动压力平衡侧板，因而达到了高效率。该泵具有体积小、重量轻、效率高、性能好、工作可靠、价格低等特点，单向运转，旋向可根据用户需要提供。由于该泵具有上述特点，因此可广泛用于工作条件恶劣的工程机械、矿山机械、起重运输机械、建筑机械、石油机械、农业机械以及其他压力加工设备中。

型号意义：

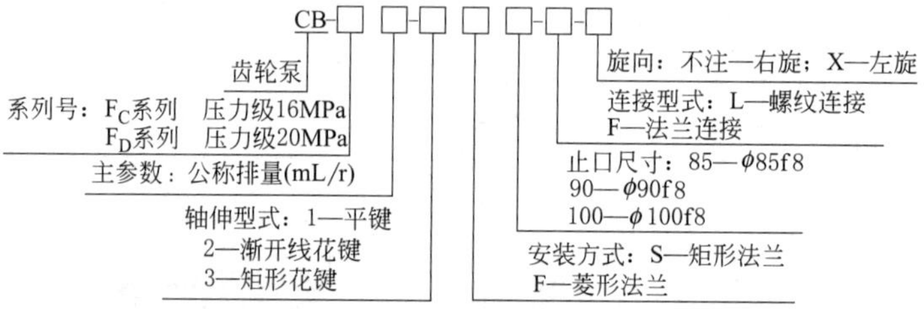

表 20-5-12　技术参数

型　号	理论排量 /mL·r^{-1}	压力/MPa		转速/r·min^{-1}			容积效率 /%	总效率 /%	驱动功率(额定工况下)/kW	质量 /kg
		额定	最高	额定	最高	最低				
CB-F_C10	10.44	16	20	2000	2500(允许用户长期使用)	600	≥90	≥81	6.4	7.85
CB-F_C16	16.01								9.9	
CB-F_C20	20.19						≥91	≥82	12.4	
CB-F_C25	25.06								15.36	
CB-F_C31.5	32.02								19.6	
CB-F_C40	40.00								24.8	8.85
CB-F_D10	10.44	20	25	2000	3000(允许用户长期使用)	600	≥90	≥81	8	
CB-F_D16	16.01								12.3	
CB-F_D20	20.19						≥91	≥82	15.5	
CB-F_D25	25.06								19.2	
CB-F_D31.5	32.02								24.5	
CB-F_D40	40.38								31	

注：1. 表中最高压力为峰值压力，每次持续时间不得超过 3min。
2. 容积效率、总效率为油温 50℃±5℃额定工况时的数值。

表 20-5-13　外形尺寸　mm

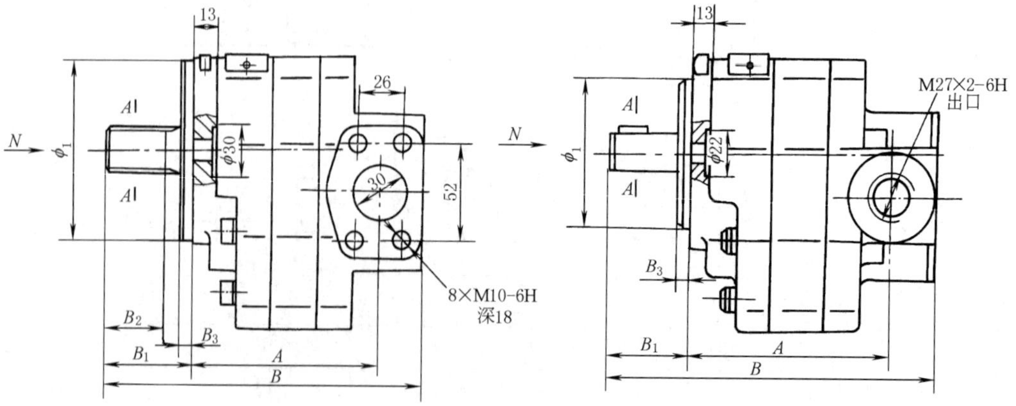

CB-F_C、CB-F_D法兰连接型　　CB-F_C、CB-F_D螺纹连接型

续表

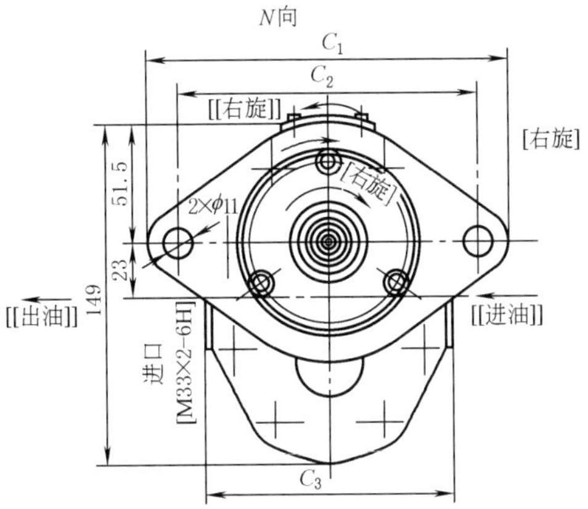

渐开线花键参数(GB/T 3478.1—1995)

模数	1.75
齿数	13
分度圆压力角	30°
公差等级	5h
配件号	CB-F_D-05

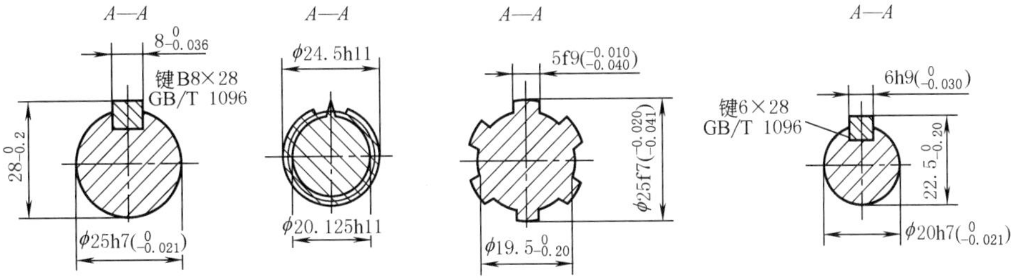

EXT13Z×1.75m×30P×5h

CB-F_D型轴伸　　　　CB-F_C型轴伸

型号	A	B	C_1	C_2	螺纹连接					法兰连接				
					B_1	B_2	B_3	C_3	ϕ_1	B_1	B_2	B_3	C_3	ϕ_1
CB-F_C10	97	168												
CB-F_C16	101	172												
CB-F_C20	104	175			46	—	6.5	110	$85^{-0.036}_{-0.090}$	50	35	7	120	100h7
CB-F_C25	107	178												
CB-F_C31.5	112	183												
CB-F_C40	118	189												
CB-F_D10	96.4	171.2	155	130										
CB-F_D16	100.4	175.2												
CB-F_D20	103.5	178.3			50	25	7	110	100h7	50	25	7	120	100h7
CB-F_D25	107	181.8												
CB-F_D31.5	112	186.8												
CB-F_D40	118	192.8												

注：N 向视图中 [ ] 内为螺纹连接型内容，[[ ]] 内为法兰连接型内容，其他尺寸为共用。

2CB-F_A、2CB-F_C 双联齿轮泵由两个单级齿轮泵组成，可以组合获得多种流量。此类型双联泵具有一个进油口、两个出油口。双联齿轮泵能达到给液压传动系统分别供油的目的，并可以节约能源。

型号意义：

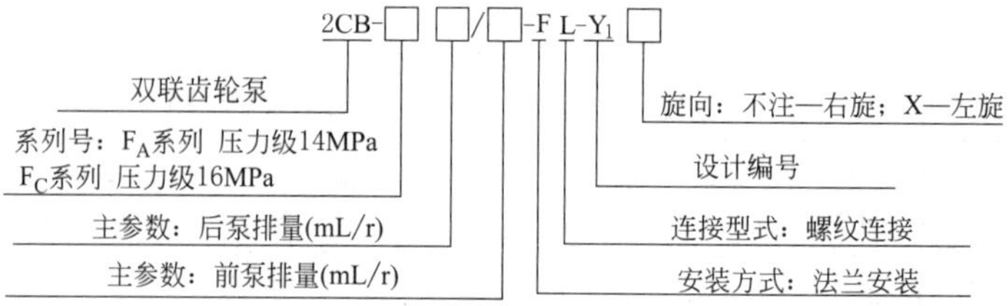

表 20-5-14 技术参数

型号	压力/MPa 额定	压力/MPa 最高	转速/r·min^{-1} 额定	转速/r·min^{-1} 最高	排量/mL·r^{-1}	驱动功率/kW 6.3MPa 1800r/min	驱动功率/kW 10MPa 1800r/min	驱动功率/kW 14MPa 1800r/min	质量/kg
2CB-F_A10/10-FL	14	17.5	1800	2400	11.27/11.27	2.13/2.13	3.38/3.38	4.73/4.73	12.7
2CB-F_A18/10-FL					18.32/11.27	3.46/2.13	5.5/3.38	7.7/4.73	13.1
2CB-F_A25/10-FL					25.36/11.27	4.8/2.13	7.62/3.38	10.7/4.73	13.5
2CB-F_A32/10-FL					32.41/11.27	6.13/2.13	9.73/3.38	13.6/4.73	13.9
2CB-F_A18/18-FL					18.32/18.32	3.46/3.46	5.5/5.5	7.7/7.7	13.5
2CB-F_A25/18-FL					25.36/18.32	4.8/3.46	7.62/5.5	10.7/7.7	13.9

型号	压力/MPa 额定	压力/MPa 最高	转速/r·min^{-1} 最低	转速/r·min^{-1} 额定	转速/r·min^{-1} 最高	理论排量/mL·r^{-1}	容积效率/%	总效率/%	驱动功率(额定工况下)/kW
2CB-F_C10/10-FL	16	20	600	2500	3000	10.44/10.44	90/90	≥81	13
2CB-F_C16/10-FL						16.01/10.44	90/90	≥81	16
2CB-F_C16/16-FL						16.01/16.01	90/90	≥81	19
2CB-F_C25/10-FL				2000		25.06/10.44	91/90	≥82	22
2CB-F_C31.5/10-FL						32.02/10.44	91/90	≥82	26
2CB-F_C20/10-FL						20.19/10.44	91/90	≥82	20
2CB-F_C20/16-FL						20.19/16.01	91/90	≥82	22
2CB-F_C25/16-FL						25.06/16.01	91/90	≥82	25
2CB-F_C20/20-FL						20.19/20.19	91/91	≥82	25
2CB-F_C25/20-FL						25.06/20.19	91/91	≥82	28

注：表中最高压力和最高转速为使用中短暂时间内允许的最高峰，每次持续时间不宜超过 3min。

表 20-5-15 外形尺寸 mm

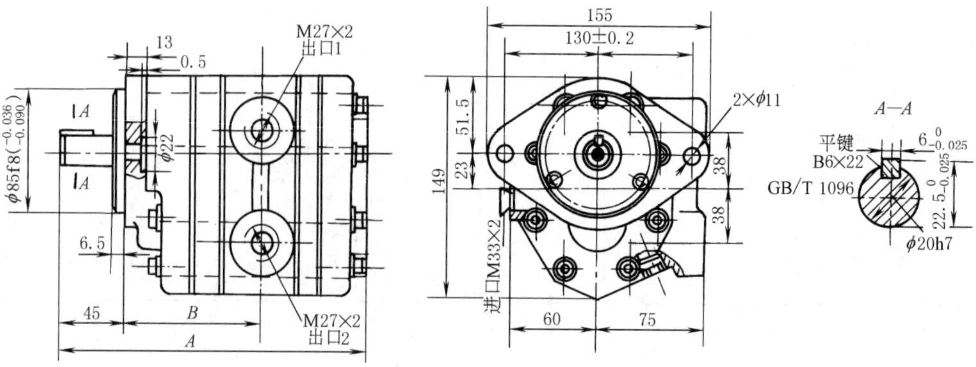

续表

型　　号	$2CB\text{-}F_A10/10$	$2CB\text{-}F_A18/10$	$2CB\text{-}F_A25/10$	$2CB\text{-}F_A32/10$	$2CB\text{-}F_A18/18$	$2CB\text{-}F_A25/18$
A	210	215	220	225	220	225
B	87	92	97	102	92	97

型　　号	$2CB\text{-}F_C$ 10/10	$2CB\text{-}F_C$ 16/10	$2CB\text{-}F_C$ 20/10	$2CB\text{-}F_C$ 25/10	$2CB\text{-}F_C$ 31.5/10	$2CB\text{-}F_C$ 16/16	$2CB\text{-}F_C$ 20/16	$2CB\text{-}F_C$ 25/16	$2CB\text{-}F_C$ 20/20	$2CB\text{-}F_C$ 25/20
A	207	211	214	218	223	215	218	222	221	225
B	91	95	98	102	107	95	98	102	98	102

4.1.3 CBG 型齿轮泵

型号意义：

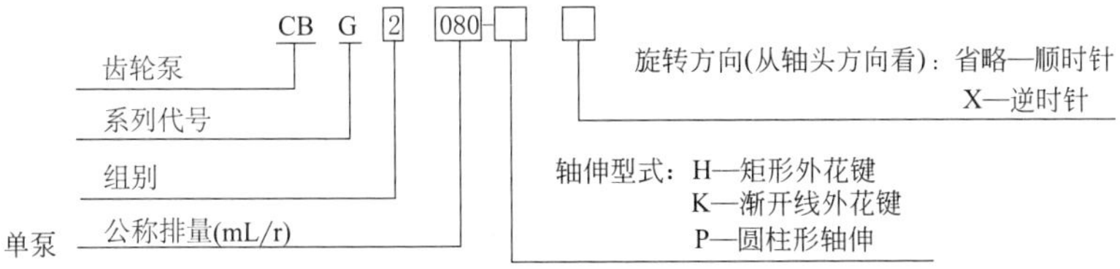

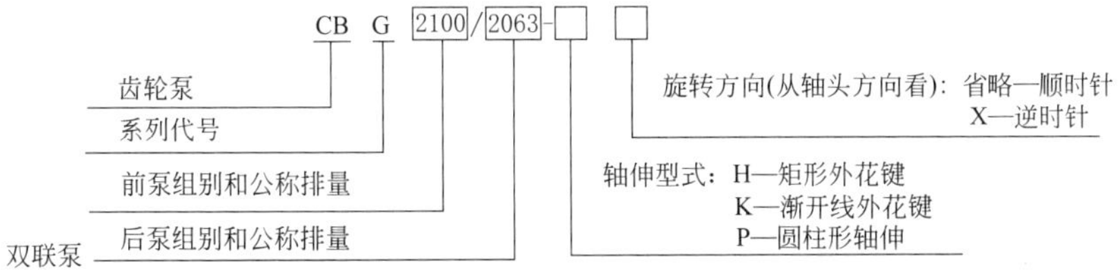

齿轮马达将 CB 改为 CM 即可，其他型号标记同齿轮泵。

表 20-5-16　　　**技术参数**

型　号	公称排量 /mL·r^{-1}	压力/MPa 额定	压力/MPa 最高	转速/r·min^{-1} 额定	转速/r·min^{-1} 最高	额定功率 /kW	容积效率 /%	总效率 /%	质量 /kg
CBGF1018	18	16	20	2000	3000	11.5	泵≥91 马达≥85	泵≥82 马达≥76	11.9
CBGF1025	25					15.9			12.9
CBGF1032	32				2500	20.4			13.8
CBGF1040	40	14	17.5			22.3			14.8
CBGF1050	50	12.5	16			24.9			16.1
CBG1016	16	16	20		3000	10.2			
CBG1025	25					15.9			
CBG1032	32					20.4			
CBG1040	40	12.5	16		2500	19.9			
CBG1050	50	10	12.5			19.9			
CBG2040	40	16	20			29.5			21.5
CBG2050	50					32.3			22.5
CBG2063	63					40.7			23.2
CBG2080 CBG2080-A	80					51.6			24.9
CBG2100	100	12.5	16			50.4			35.5
CBG125	125	16	20			73.4			39.5
CBG3140	140					81.5			41
CBG160 CBG3160 CBG3160-A	160					93.6			42.5
CBG3180	180	12.5	16			83.4			44
CBG3200	200					93			45.5

注：CBG 型双联齿轮泵中各单泵的技术参数与表 20-5-16 相同。

表 20-5-17 外形尺寸 mm

CBGF1 型

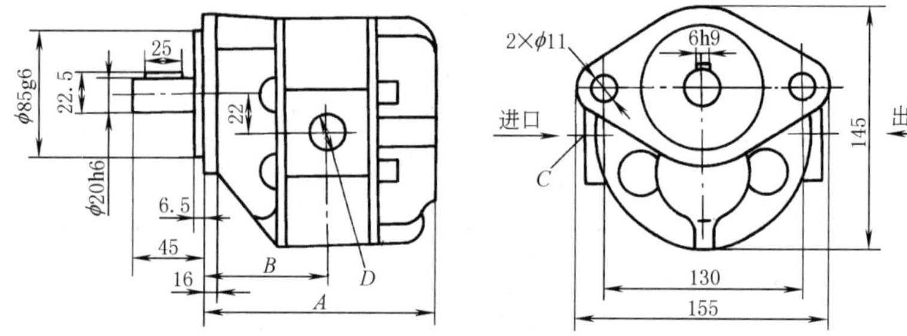

说明:图示为顺时针旋转泵,逆时针旋转时进、出口位置与图示相反

<table>
<tr><th>型　　号</th><th>A</th><th>B</th><th>C(进口)</th><th>D(出口)</th></tr>
<tr><td>CBGF1018</td><td>148.5</td><td>79</td><td>M22×1.5</td><td>M18×1.5</td></tr>
<tr><td>CBGF1025</td><td>155.5</td><td>82.5</td><td>M27×2</td><td>M22×1.5</td></tr>
<tr><td>CBGF1032</td><td>161.5</td><td>85.5</td><td rowspan="3">M33×2</td><td rowspan="3">M27×2</td></tr>
<tr><td>CBGF1040</td><td>168.5</td><td>89</td></tr>
<tr><td>CBGF1050</td><td>177.5</td><td>93.5</td></tr>
</table>

CBG1 型

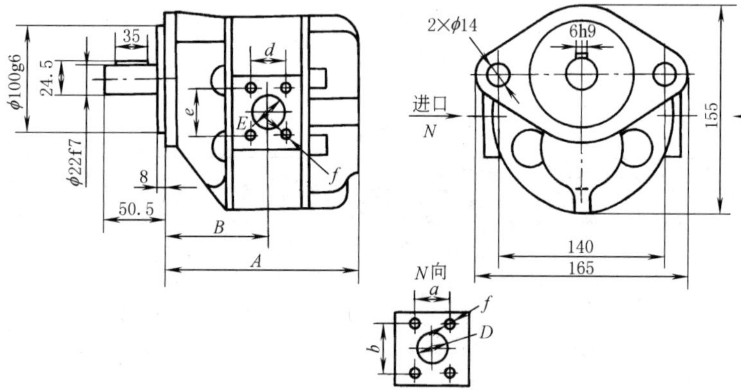

说明:图示为顺时针旋转泵,逆时针旋转时进、出口位置与图示相反

<table>
<tr><th>型　号</th><th>A</th><th>B</th><th>D(进口)</th><th>E(出口)</th><th>a</th><th>b</th><th>d</th><th>e</th><th>f</th></tr>
<tr><td>CBG1016</td><td>143.5</td><td>71</td><td>φ18</td><td>φ14</td><td rowspan="2">22</td><td rowspan="2">48</td><td rowspan="4">22</td><td rowspan="4">48</td><td rowspan="2">M8 深 22</td></tr>
<tr><td>CBG1025</td><td>152</td><td>75</td><td>φ20</td><td>φ16</td></tr>
<tr><td>CBG1032</td><td>158</td><td>78</td><td>φ22</td><td>φ18</td><td rowspan="3">26</td><td rowspan="3">52</td><td rowspan="3">M10 深 25</td></tr>
<tr><td>CBG1040</td><td>165</td><td>81.5</td><td>φ24</td><td>φ20</td></tr>
<tr><td>CBG1050</td><td>174</td><td>86</td><td>φ28</td><td>φ24</td><td>26</td><td>52</td></tr>
</table>

续表

CBG2型

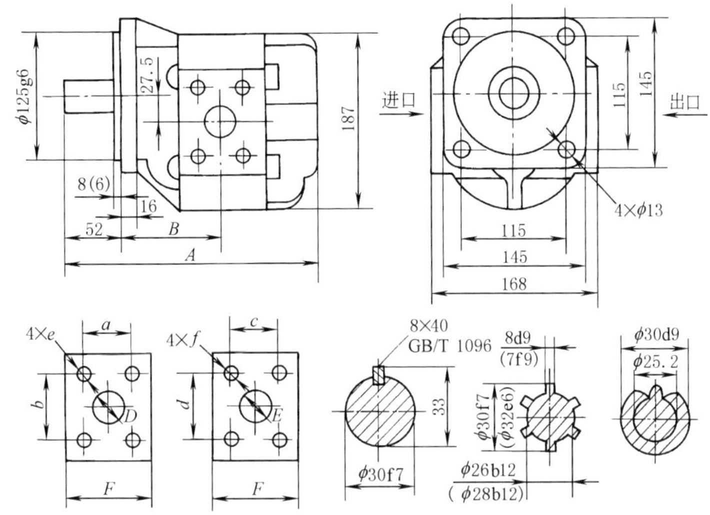

说明：1. 轴伸花键有效长32(30)。渐开线花键参数：模数为2mm，齿数为14，压力角为30°

2. 图示为顺时针旋转泵，逆时针旋转时进、出口位置与图示相反

3. 图中括号内尺寸用于CBG2080-A(该泵旋向为逆时针)

型　　号	A	B	D(进口)	E(出口)	F	a	b	c	d	e	f
CBG2040	231	95.5	φ20	φ20	55	22	48	22	48	M8 深 20	M8 深 20
CBG2050	236.5	98	φ25	φ20	60.5	26	52	22	48	M10 深 20	M8 深 20
CBG2063	244	102	φ32	φ25	68	30	60	26	52	M10 深 20	M10 深 20
CBG2080 CBG2080-A	253.5	107	φ35	φ32	77.5	36	70	30	60	M12 深 20	M10 深 20
CBG2100	265	112.5	φ40	φ32	89	36	70	30	60	M12 深 20	M10 深 20

CBG3型

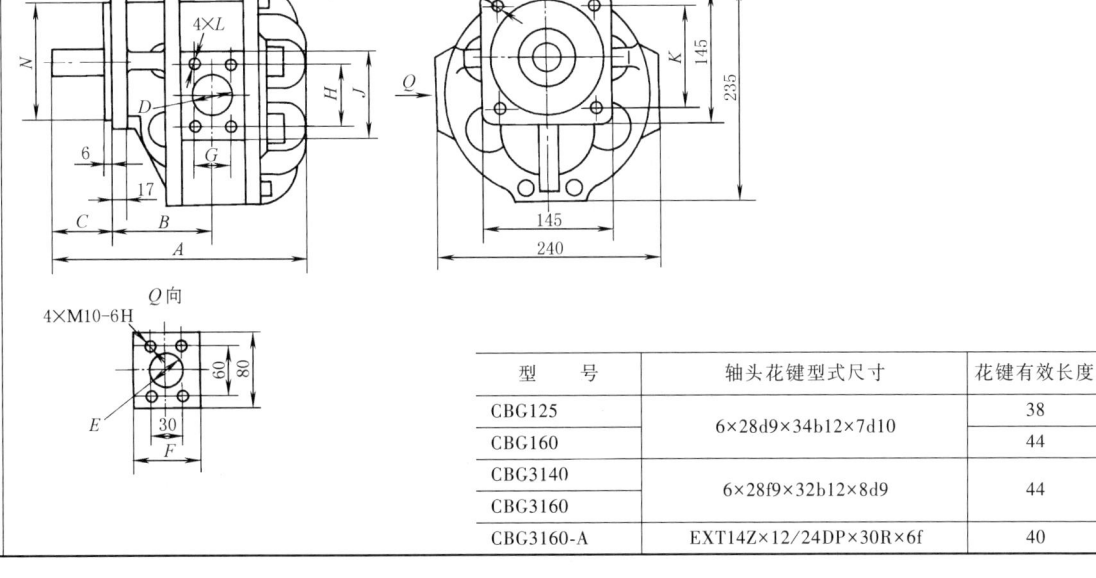

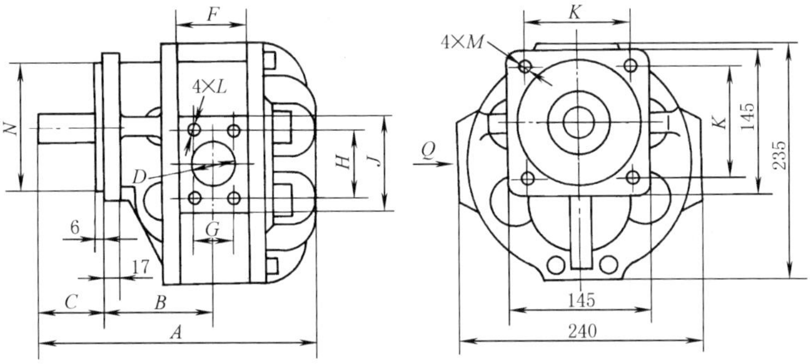

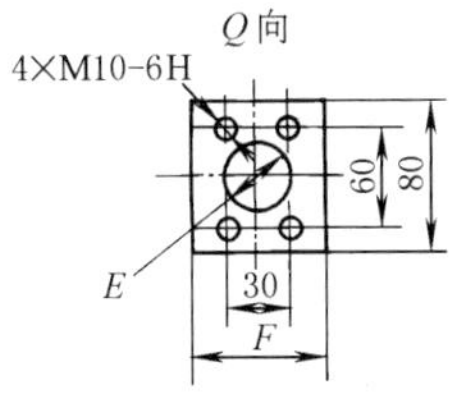

型　　号	轴头花键型式尺寸	花键有效长度
CBG125	6×28d9×34b12×7d10	38
CBG160		44
CBG3140	6×28f9×32b12×8d9	44
CBG3160		
CBG3160-A	EXT14Z×12/24DP×30R×6f	40

续表

CBG3型

说明：图示为逆时针旋转泵，顺时针旋转时进、出口位置与图示相反

<table>
<tr><th colspan="2">型　号</th><th>A</th><th>B</th><th>F</th><th>E</th><th>D</th><th>C</th><th>N</th><th>M</th><th>H</th><th>G</th><th>K</th><th>J</th><th>L</th></tr>
<tr><td rowspan="2">厦门型</td><td>CBG125</td><td>274</td><td>109</td><td>62</td><td rowspan="2">φ32</td><td rowspan="2">φ35</td><td>63</td><td rowspan="4">φ125g6</td><td rowspan="4">φ13.5</td><td rowspan="2">60</td><td rowspan="2">30</td><td rowspan="4">115</td><td>95</td><td rowspan="2">M10</td></tr>
<tr><td>CBG160</td><td>288</td><td>113</td><td>70</td><td>69</td><td>80</td></tr>
<tr><td rowspan="3">柳州型</td><td>CBG3140</td><td>279.5</td><td>112</td><td>68</td><td rowspan="3">φ35</td><td>φ38</td><td rowspan="2">62.5</td><td rowspan="3">70</td><td rowspan="3">36</td><td rowspan="3">95</td><td rowspan="3">M12</td></tr>
<tr><td>CBG3160</td><td>285.5</td><td>115</td><td rowspan="2">74</td><td rowspan="2">φ44</td></tr>
<tr><td>CBG3160-A</td><td>278</td><td>114</td><td>56</td><td>$\phi127_{-0.051}^{\ 0}$</td><td>φ14.5</td><td>114.5</td></tr>
</table>

CBGF1型双联泵（一进两出）

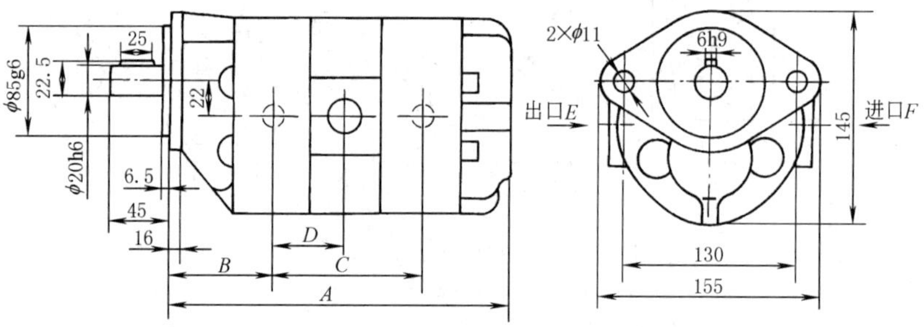

说明：图示为逆时针旋转双联泵，顺时针旋转双联泵进、出口位置与图示相反

<table>
<tr><th rowspan="2">型　号</th><th rowspan="2">A</th><th rowspan="2">B</th><th rowspan="2">C</th><th rowspan="2">D</th><th colspan="2">E（出口）</th><th rowspan="2">F（进口）</th></tr>
<tr><th>前　泵</th><th>后　泵</th></tr>
<tr><td>CBGF1018/1018</td><td>274</td><td>80</td><td>124</td><td>62</td><td>M18×1.5</td><td>M18×1.5</td><td rowspan="2">M33×2</td></tr>
<tr><td>CBGF1025/1025</td><td>288</td><td>83.5</td><td>131</td><td>65.5</td><td>M22×1.5</td><td>M22×1.5</td></tr>
<tr><td>CBGF1032/1032</td><td>300</td><td>86.5</td><td>137</td><td>68.5</td><td>M27×2</td><td>M27×2</td><td>M42×2</td></tr>
<tr><td>CBGF1025/1018</td><td>281</td><td>82</td><td>127.5</td><td>65.5</td><td>M22×1.5</td><td rowspan="4">M18×1.5</td><td rowspan="3">M33×2</td></tr>
<tr><td>CBGF1032/1018</td><td>284</td><td>85</td><td>130.5</td><td>68.5</td><td rowspan="5">M27×2</td></tr>
<tr><td>CBGF1040/1018</td><td>291</td><td>88.5</td><td>134</td><td>72</td></tr>
<tr><td>CBGF1050/1018</td><td>300</td><td>93</td><td>138.5</td><td>76.5</td><td>M42×2</td></tr>
<tr><td>CBGF1032/1025</td><td>291</td><td>85</td><td>134</td><td>68.5</td><td rowspan="2">M22×1.5</td><td>M33×2</td></tr>
<tr><td>CBGF1040/1025</td><td>298</td><td>88.5</td><td>137.5</td><td>72</td><td>M42×2</td></tr>
</table>

CBG2型双联泵（一进两出）

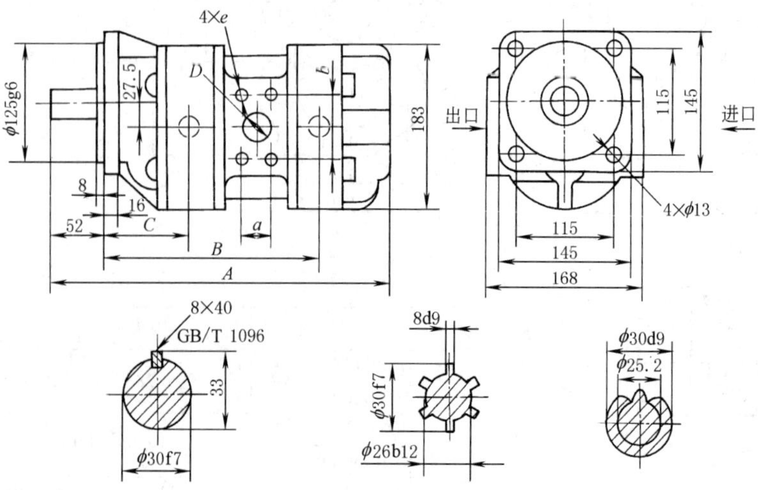

续表

	说明：1. 轴伸花键有效长32 2. 图示为逆时针旋转双联泵，顺时针旋转双联泵进、出口位置与图示相反 3. 两个出口和单泵出口尺寸相同							
	型　号	*A*	*B*	*C*	*D*	*a*	*b*	*e*
CBG2型双联泵（一进两出）	CBG2040/2040	372	236	96	ϕ32	30	60	M10深17
	CBG2050/2040	377	242	99	ϕ32	30	60	M10深17
	CBG2063/2040	384	249	103	ϕ35	36	70	M12深20
	CBG2080/2040	394	258	107.5	ϕ40	36	70	M12深20
	CBG2100/2040	406	270	113	ϕ40	36	70	M12深20
	CBG2050/2050	383	244	99	ϕ35	36	70	M12深20
	CBG2063/2050	390	252	103	ϕ40	36	70	M12深20
	CBG2080/2050	400	261	107.5	ϕ40	36	70	M12深20
	CBG2100/2050	411	273	113	ϕ40	36	70	M12深20
	CBG2063/2063	397	255	103	ϕ40	36	70	M12深20
	CBG2080/2063	407	265	107.5	ϕ40	36	70	M12深20
	CBG2100/2063	418	276	113	ϕ50	45	80	M12深20
	CBG2080/2080	416	269	107.5	ϕ50	45	80	M12深20
	CBG2100/2080	428	281	113	ϕ50	45	80	M12深20
	CBG2100/2100	439	287	113	ϕ50	45	80	M12深20

4.1.4 CB※-E、CB※-F型齿轮泵

该系列产品是一种中、高压，中、小排量的齿轮泵，结构简单、体积小、重量轻，适用于汽车、拖拉机、船舶、工程机械等液压系统。

型号意义：

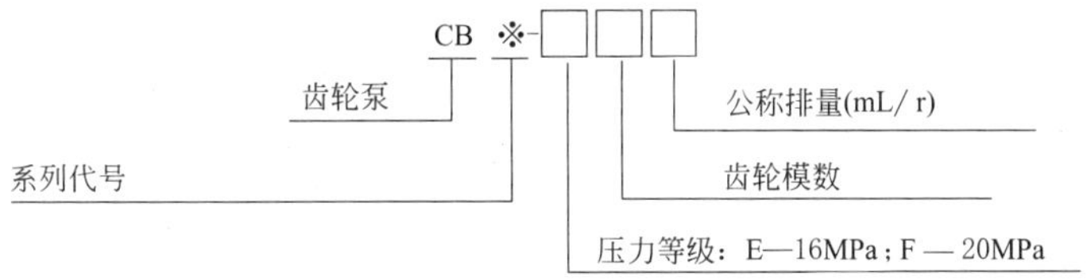

表 20-5-18　　　　**技术参数**

型　号	公称排量/mL·r⁻¹	额定压力/MPa	最高压力/MPa	额定转速/r·min⁻¹	最高转速/r·min⁻¹	驱动功率/kW	质量/kg	型　号	公称排量/mL·r⁻¹	额定压力/MPa	最高压力/MPa	额定转速/r·min⁻¹	最高转速/r·min⁻¹	驱动功率/kW	质量/kg
CB-E1.5 1.0	1.0	16	20	2000	3000	0.52	0.8	CBN-E416	16	16	20	2000	2500	10.5	4.15
CB-E1.5 1.6	1.6					0.84	0.81	CBN-E420	20					13.1	4.3
CB-E1.5 2.0	2.0					1.05	0.82	CBN-E425	25					16.4	4.45
CB-E1.5 2.5	2.5					1.31	0.84	CBN-E432	32	12.5	16			21	4.75
CB-E1.5 3.15	3.15					1.65	0.86	CBN-F416	16	20	25	2500	3000	16.4	4.15
CB-E1.5 4.0	4.0					2.09	0.88	CBN-F420	20					20.46	4.3
CBN-E304	4					2.5	2.1	CBN-F425	25					25.6	4.45
CBN-E306	6					3.7	2.15	CBN-F432	32					21	4.75
CBN-E310	10					6.2	2.25	CBN-E532	32	16	20	2000	2500	20.5	5.4
CBN-E314	14					7.7	2.35	CBN-E540	40					25	5.6
CBN-E316	16					10.5	2.4	CBN-E550	50					31	6.2
CBN-F304	4	20	25	3000	3600	4.68	2.15	CBN-E563	63	12.5	16			31.5	6.6
CBN-F306	6					6.94	2.2	CBN-E663	63	16	20	1800	2500	37	13.3
CBN-F310	10					11.63	2.3	CBN-E680	80					47	15.1
CBN-F314	14					14.44	2.4	CBN-E6100	100					59	17.5
CBN-F316	16					16.3	2.45	CBN-E6125	125	12.5	16			58	21

表 20-5-19　　外形尺寸　　mm

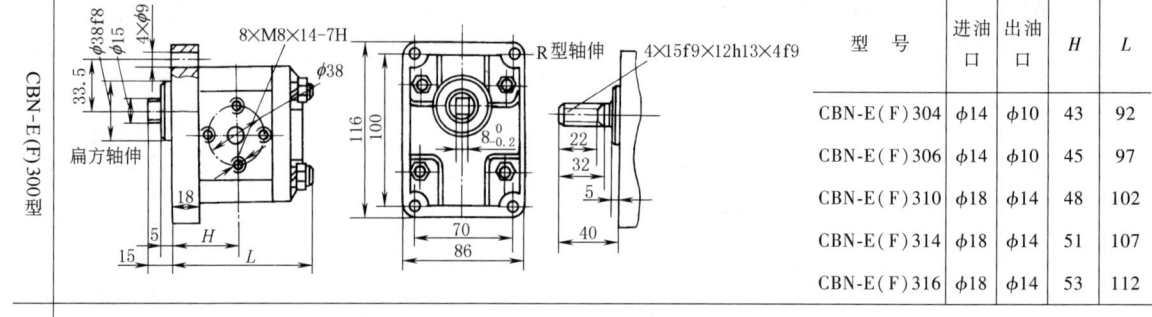

CBN-E(F)300型

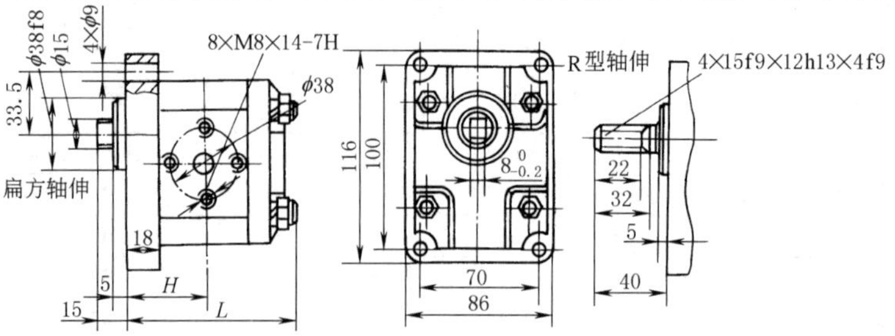

型　号	进油口	出油口	H	L
CBN-E(F)304	ϕ14	ϕ10	43	92
CBN-E(F)306	ϕ14	ϕ10	45	97
CBN-E(F)310	ϕ18	ϕ14	48	102
CBN-E(F)314	ϕ18	ϕ14	51	107
CBN-E(F)316	ϕ18	ϕ14	53	112

CBN-E(F)400型

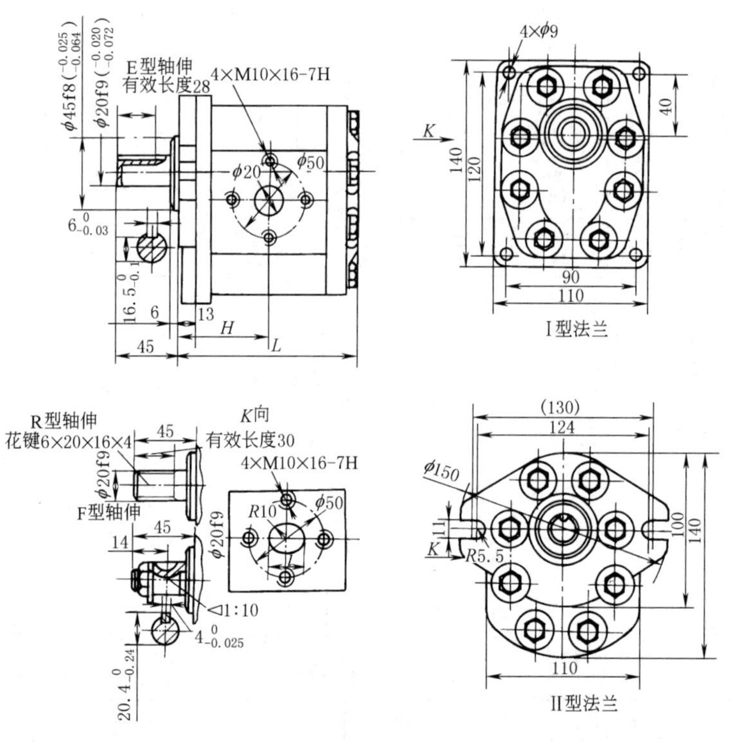

型　号	L	H	型　号	L	H
CBN-E(F)416	114	57	CBN-E(F)425	123	61.5
CBN-E(F)420	118	58	CBN-E(F)432	130	65

CB-E1.5型

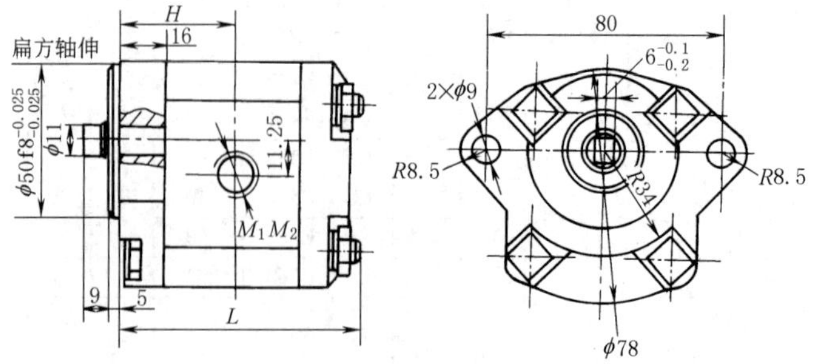

续表

CB-E1.5型

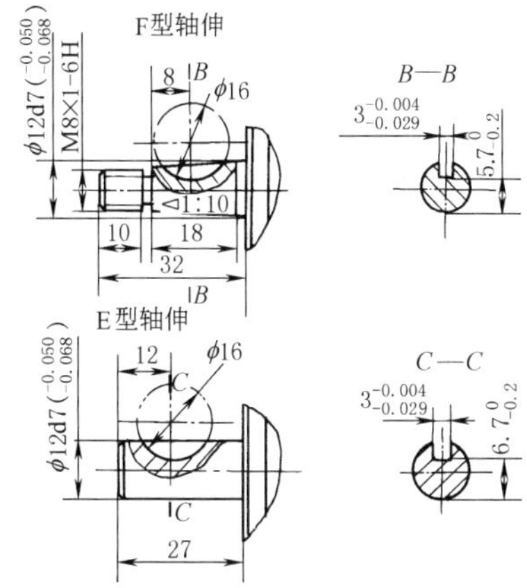

型　号	L	H	M_1	M_2
CB-E1.5 1.0	90.5	33.5	M18×1.5	M22×1.5
CB-E1.5 1.6	90.5	35	M18×1.5	M22×1.5
CB-E1.5 2.0	95.5	36	M18×1.5	M22×1.5
CB-E1.5 2.5	95.5	37	M18×1.5	M22×1.5
CB-E1.5 3.15	100.5	38.5	M18×1.5	M22×1.5
CB-E1.5 4.0	100.5	40.5	M18×1.5	M22×1.5

CBN-E500型

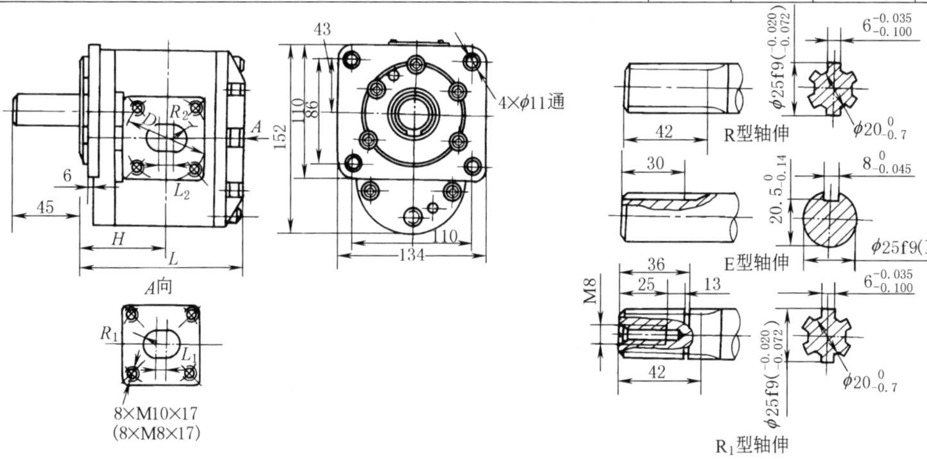

型　　号	L	H	D	R_1	L_1	R_2	L_2
CBN-E532	140	73	ϕ65	12.5	0	12.5	0
CBN-E540	146	76	ϕ65	15	0	8	14
CBN-E550	153	79.5	ϕ76	15	5	8	16
CBN-E563	162	84	ϕ76	15	5	8	16

CBN-E600型

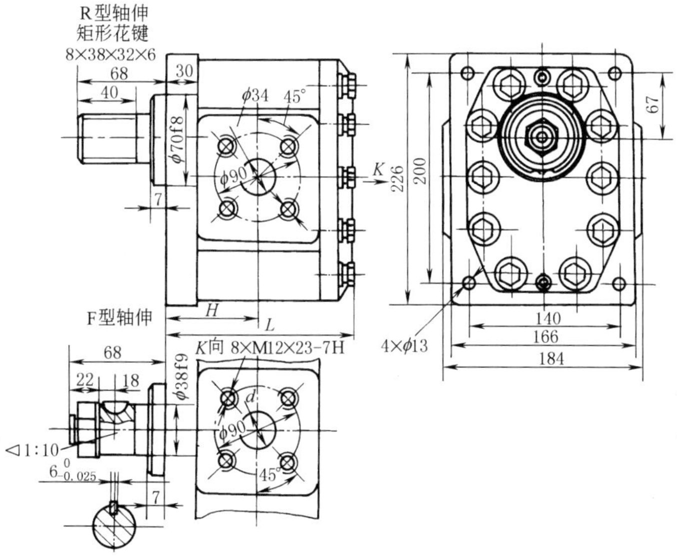

型　　号	H	L	d
CBN-E663	91.5	181	ϕ36
CBN-E680	94	188	ϕ36
CBN-E6100	98	196	40×40 方形
CBN-E6125	113	206	40×40 方形

续表

CBF-E(10～40)、CBF-F(10～40)型

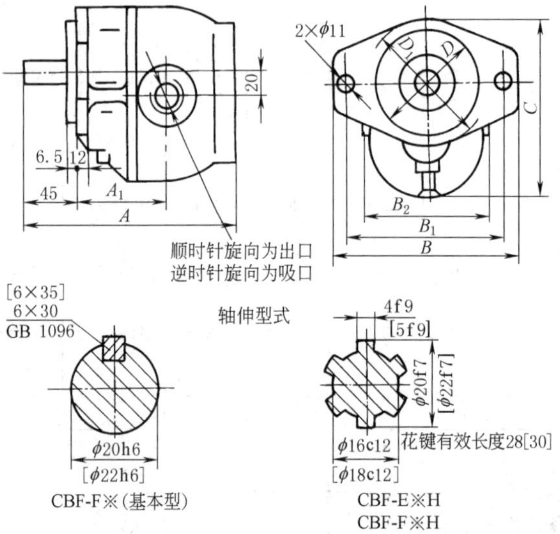

[ ]内为 CBF-F 型数据

型　　号	A	A_1	吸口径	出口径	CBF-E※型号的主要尺寸
CBF-E10 CBF-E10H CBF-F10	162.5	69.5	M22×1.5	M18×1.5	$B=155$ $B_1=130$ $B_2=104$ $D=85f8$ $D_1=102$ $C=141$
CBF-E16 CBF-E16H CBF-F16	168	73	M27×2	M22×1.5	
CBF-E18 CBF-E18H	170	72	M27×2	M22×1.5	
CBF-E25 CBF-F25H CBF-F25	177	75	M33×2	M27×2	左列 CBF-F 型号的主要尺寸
CBF-E32 CBF-E32H CBF-F32	183.5	81.5	M33×2	M27×2	$B=165$ $B_1=140$ $B_2=104$ $D=100f8$ $D_1=112$ $C=146$
CBF-E40 CBF-E40H CBF-F40	189.5	89.5	M33×2	M27×2	

CBF-E(50～140)、CBF-F(50～140)型

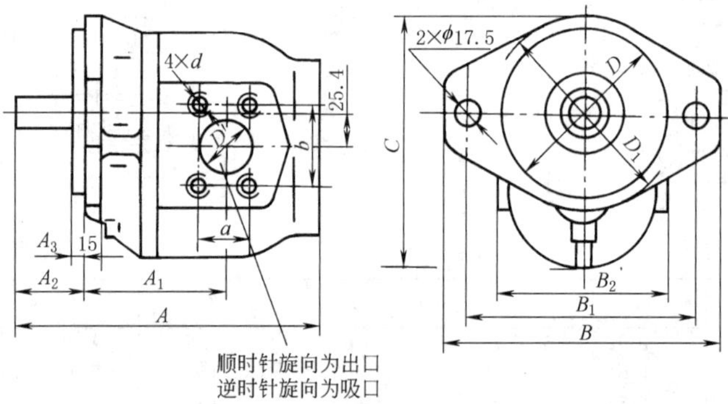

轴伸型式

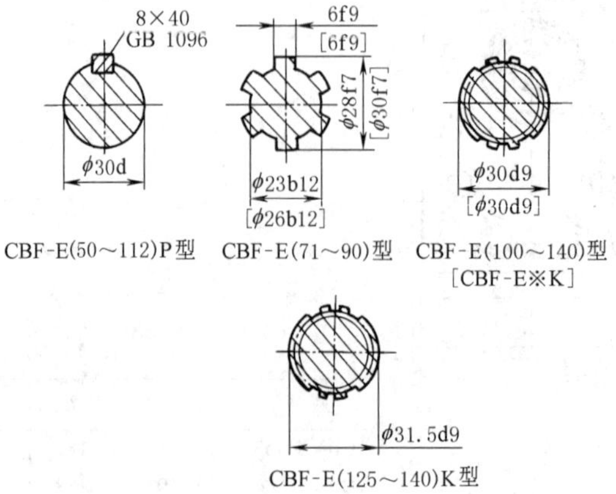

轴伸花键有效长度 32[35]

渐开线花键参数	
模数	2
齿数	14
分度圆直径	28
压力角	30°
径节(DP)	12
齿数	14
分度圆直径	29.63
压力角	30°

续表

CBF-E(50~140)、CBF-F(50~140)型

型号		A		A_1	A_2	A_3	B	B_1	B_2	C	D	D_1	a	b	D′	d
CBF-E50P	(-F)	212	[211.5]	91	56	8 [7]	200 [215]	160 [180]	146 [150]	185	φ80f8	φ142	30/26	60/52	φ32/φ25	M10/M8
CBF-E63P	(-F)	217	[216.5]	96												
CBF-E71	(-F)	221	[220]	94									36/36	60/60	φ36 [φ35]/φ28	M10/M10
CBF-E71P																
CBF-E80	(-F)	225	[224]	98												
CBF-E80P																
CBF-E90	(-F)	229	[228]	102									36/36	60/60	φ40/φ32	M10/M10
CBF-E90P																
CBF-E100	(-F)	232	[233]	107		6.5	215	180		189	φ127f8	φ150				
CBF-E100P		234														
CBF-E112		237		112												
CBF-E112P		239														
CBF-E125		243		110	55				133				43/30	78/59	φ50/φ35	M12/M10
CBF-E125K																
CBF-E140		252		119												
CBF-E140K																

说明：1. [ ]内尺寸为 CBF-F 型的数值

2. 分子数值为吸口的,分母数值为出口的

CBQ-F500型

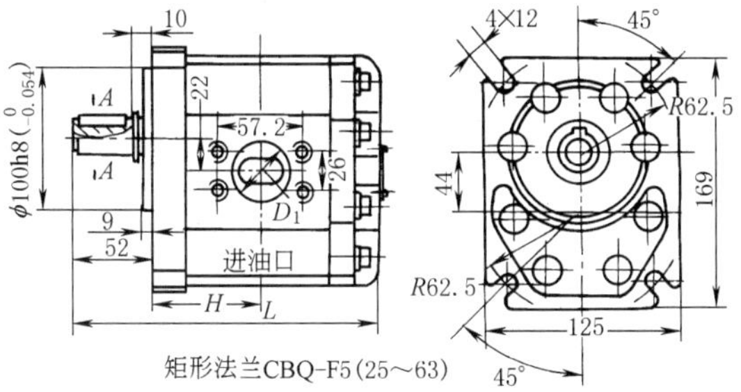

矩形法兰CBQ-F5(25~63)

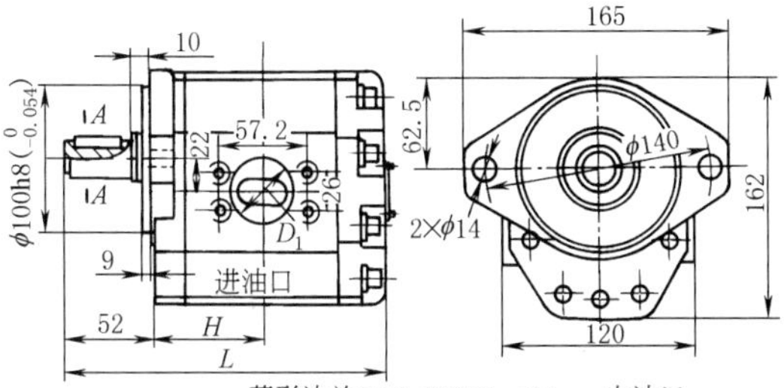

菱形法兰CBQ-F5(25~63)　　出油口

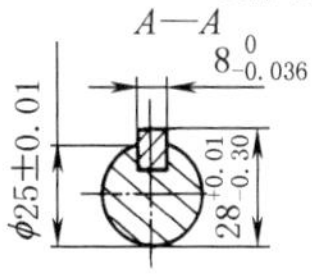

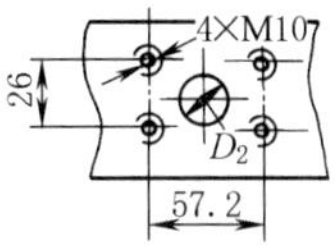

型号	L	H	D_1	D_2
CBQ-F525	190	67	25	20
CBQ-F532	195	69.5	30	
CBQ-F540	200	72	35	25
CBQ-F550	207	75.5	40	
CBQ-F563	216	80		

4.1.5 三联齿轮泵

(1) CBKP、CBPa、CBP 型三联齿轮泵

型号意义：

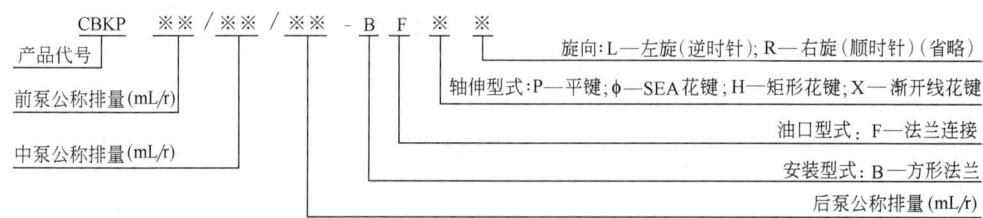

CBKP ※※ / ※※ / ※※ - B F ※ ※

- 产品代号
- 前泵公称排量(mL/r)
- 中泵公称排量(mL/r)
- 后泵公称排量(mL/r)
- 安装型式：B—方形法兰
- 油口型式：F—法兰连接
- 轴伸型式：P—平键；ϕ—SEA花键；H—矩形花键；X—渐开线花键
- 旋向：L—左旋(逆时针)；R—右旋(顺时针)(省略)

表 20-5-20　　技术参数及外形尺寸　　mm

CBKP型（两进油口）

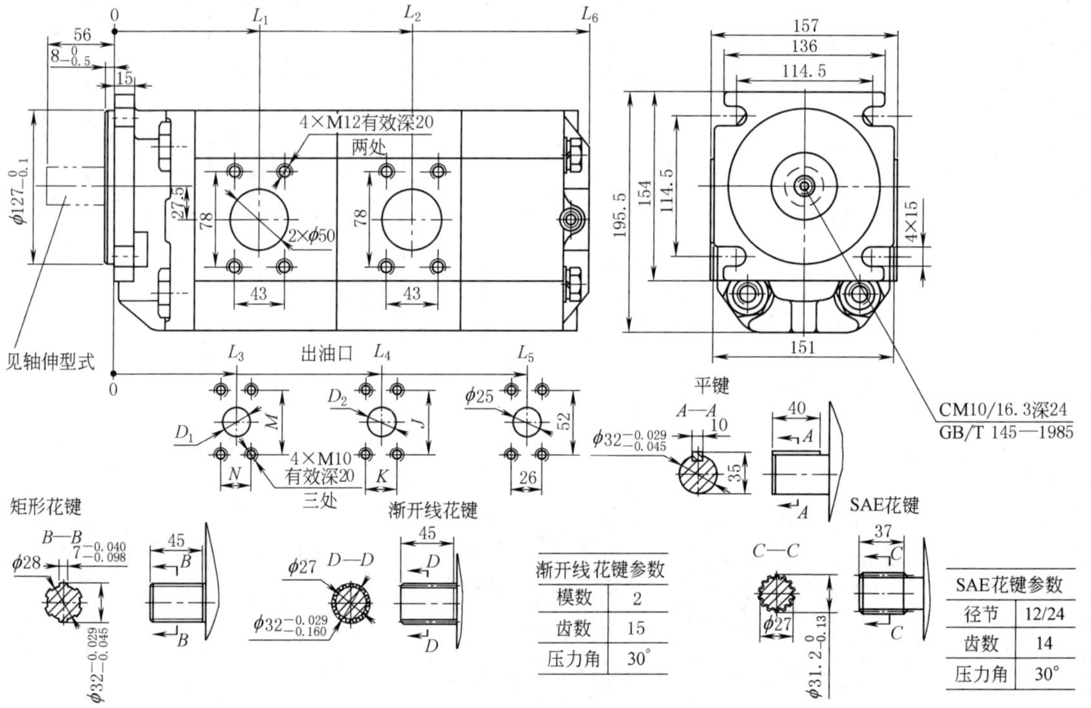

渐开线花键参数	
模数	2
齿数	15
压力角	30°

SAE花键参数	
径节	12/24
齿数	14
压力角	30°

型号	公称排量 /mL·r⁻¹	压力/MPa 额定	压力/MPa 最高	转速/r·min⁻¹ 最低	转速/r·min⁻¹ 额定	转速/r·min⁻¹ 最高	容积效率/%	进油口 L_1	进油口 L_2	出油口 L_3	出油口 L_4	出油口 L_5	出油口 D_1	出油口 $M\times N$	出油口 D_2	出油口 $J\times K$	L_6	质量 /kg
CBKP50/50/40-BF※※	50/50/40	20	25	500	2000	2500	≥90	119	239.5	100	220.5	345	ϕ25	52×26	ϕ25	52×26	404.5	32.7
CBKP63/40/32-BF※※	63/40/32							125	241	106	224	346					401.5	32.3
CBKP63/50/32-BF※※	63/50/32								245		226	350.5					406.5	33
CBKP63/63/32-BF※※	63/63/32								251		232	356					412	34
CBKP63/63/40-BF※※	63/63/40																415.5	34.5
CBKP80/50/32-BF※※	80/50/32							128	254	110	235	359.5	ϕ32	60×30			415.5	34.5
CBKP80/50/50-BF※※	80/50/50																424	34.9
CBKP80/63/32-BF※※	80/63/32								260		241	365					421	35.1
CBKP80/63/40-BF※※	80/63/40																424.5	35.8
CBKP80/80/32-BF※※	80/80/32								263		245	374			ϕ32	60×30	430	37.2
CBKP80/80/40-BF※※	80/80/40																433.5	37.7
CBKP100/63/40-BF※※	100/63/40								269	120	250				ϕ25	52×26	434.5	37.4
CBKP100/63/50-BF※※	100/63/50																439.5	38.2
CBKP100/80/32-BF※※	100/80/32								272		254	383			ϕ32	60×30	440	38.5
CBKP100/80/40-BF※※	100/80/40																443.5	39
CBKP100/80/63-BF※※	100/80/63																454	41.5

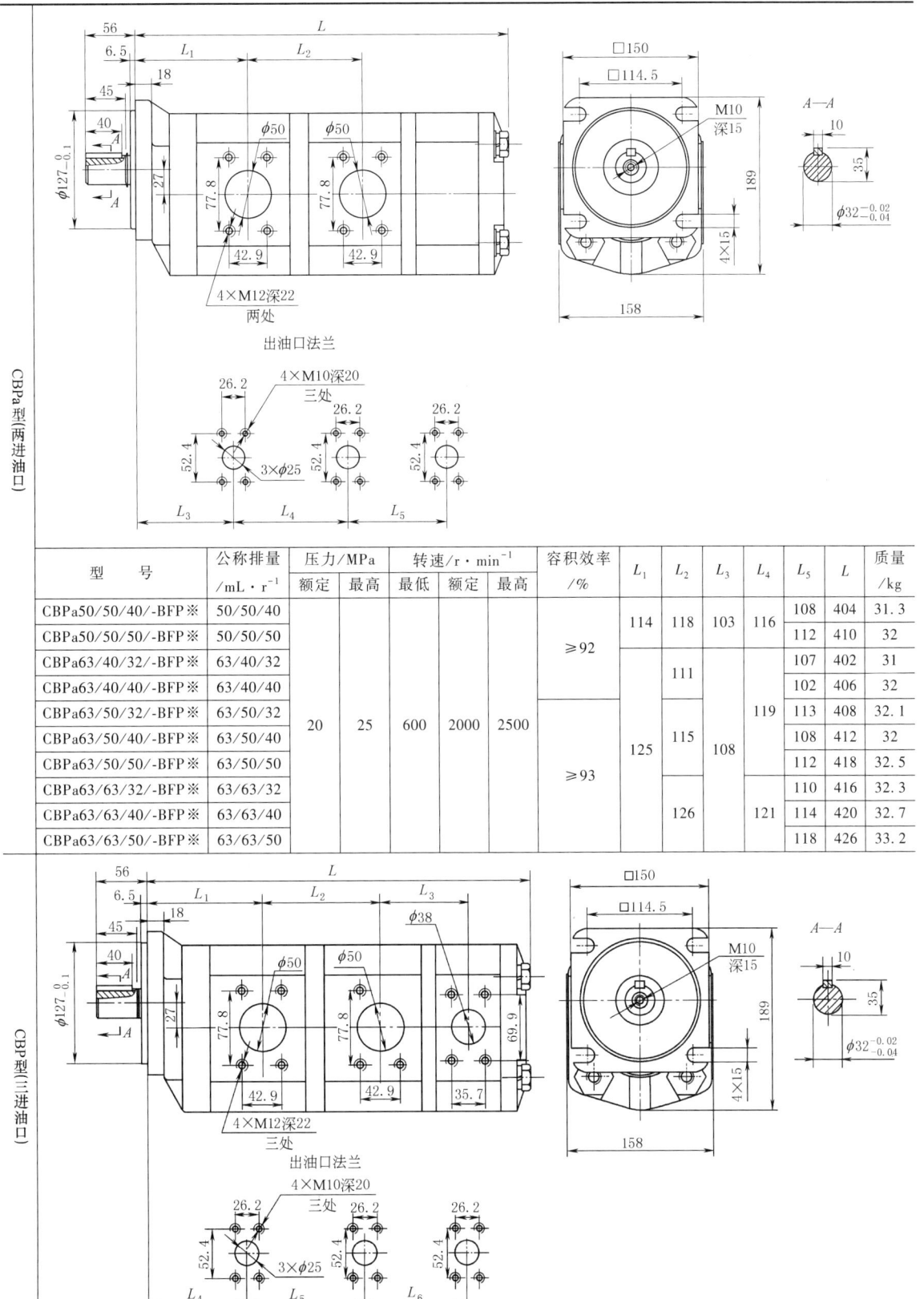

续表

CBPa型(两进油口)

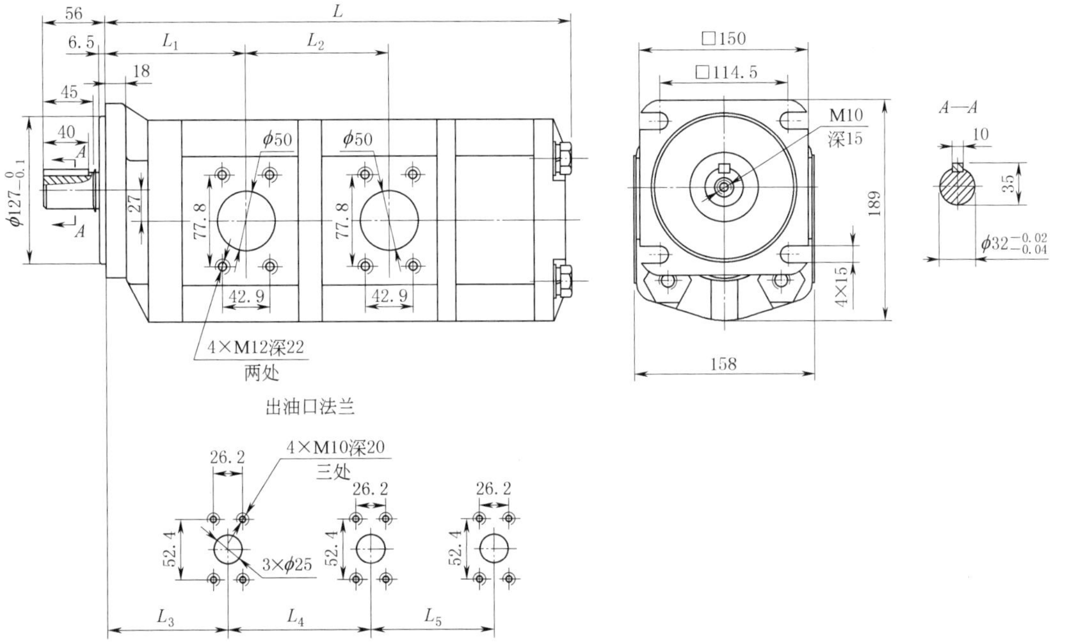

型号	公称排量/mL·r⁻¹	压力/MPa 额定	压力/MPa 最高	转速/r·min⁻¹ 最低	转速/r·min⁻¹ 额定	转速/r·min⁻¹ 最高	容积效率/%	L_1	L_2	L_3	L_4	L_5	L	质量/kg
CBPa50/50/40/-BFP※	50/50/40	20	25	600	2000	2500	≥92	114	118	103	116	108	404	31.3
CBPa50/50/50/-BFP※	50/50/50											112	410	32
CBPa63/40/32/-BFP※	63/40/32							125	111	108	119	107	402	31
CBPa63/40/40/-BFP※	63/40/40											102	406	32
CBPa63/50/32/-BFP※	63/50/32						≥93		115			113	408	32.1
CBPa63/50/40/-BFP※	63/50/40											108	412	32
CBPa63/50/50/-BFP※	63/50/50											112	418	32.5
CBPa63/63/32/-BFP※	63/63/32								126		121	110	416	32.3
CBPa63/63/40/-BFP※	63/63/40											114	420	32.7
CBPa63/63/50/-BFP※	63/63/50											118	426	33.2

CBP型(三进油口)

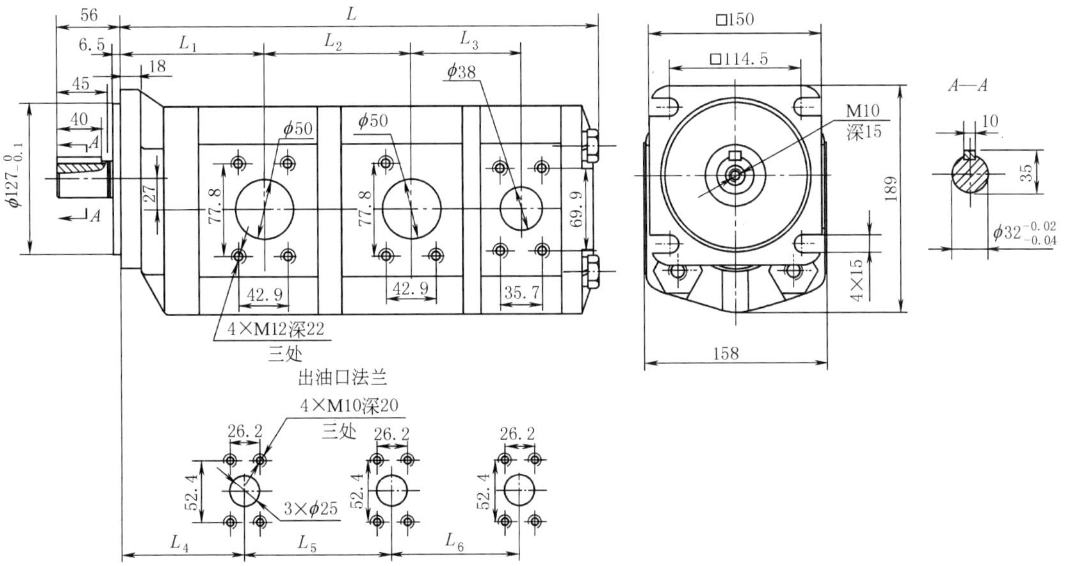

续表

	型号	公称排量 /mL·r⁻¹	压力/MPa		转速/r·min⁻¹			容积效率 /%	L_1	L_2	L_3	L_4	L_5	L_6	L	质量 /kg
			额定	最高	最低	额定	最高									
CBP型(三进油口)	CBP50/50/40-BFP※	50/50/40	20	25	600	2000	2500	≥92	114	118	109	103	116	113	424	31.3
	CBP50/50/50-BFP※	50/50/50									107			112	430	32
	CBP63/40/32-BFP※	63/40/32							125	116	105	108	119	102	422	31
	CBP63/40/40-BFP※	63/40/40									107			107	426	32
	CBP63/50/32-BFP※	63/50/32						≥93		120	104			112	428	32.1
	CBP63/50/40-BFP※	63/50/40									109			113	432	32
	CBP63/50/50-BFP※	63/50/50									107			112	438	32.5
	CBP63/63/32-BFP※	63/63/32								126	109		121	114	436	32.3
	CBP63/63/40-BFP※	63/63/40									111			119	440	32.7
	CBP63/63/50-BFP※	63/63/50									109			118	446	33.2

(2) CBTSL、CBWSL、CBWY 型三联齿轮泵

型号意义：

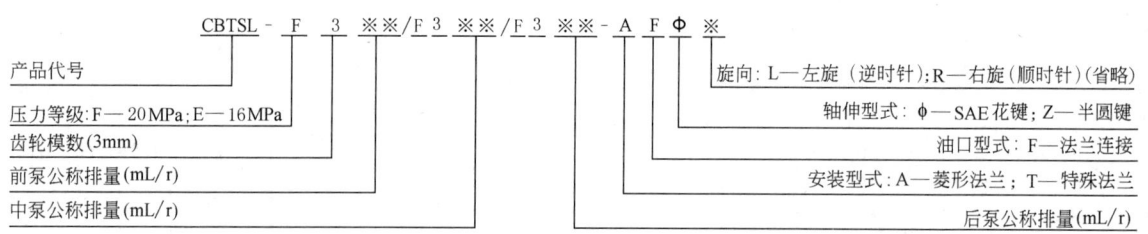

CBTSL - F 3 ※※/F 3 ※※/F 3 ※※ - A F Φ ※

- 产品代号
- 压力等级：F—20MPa；E—16MPa
- 齿轮模数(3mm)
- 前泵公称排量(mL/r)
- 中泵公称排量(mL/r)
- 后泵公称排量(mL/r)
- 安装型式：A—菱形法兰；T—特殊法兰
- 油口型式：F—法兰连接
- 轴伸型式：Φ—SAE花键；Z—半圆键
- 旋向：L—左旋（逆时针）；R—右旋（顺时针）（省略）

表 20-5-21　　技术参数及外形尺寸　　mm

CBTSL型

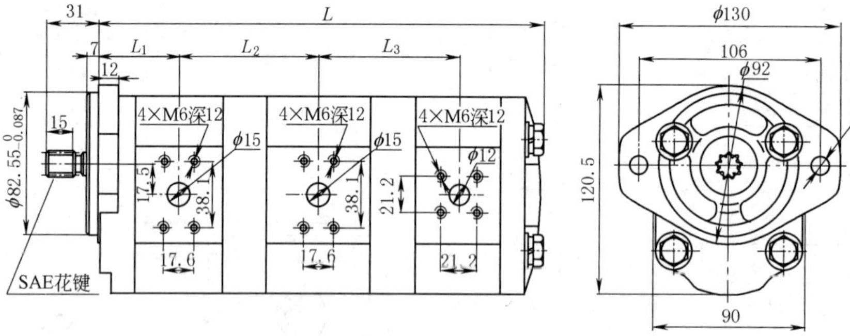

进油口法兰

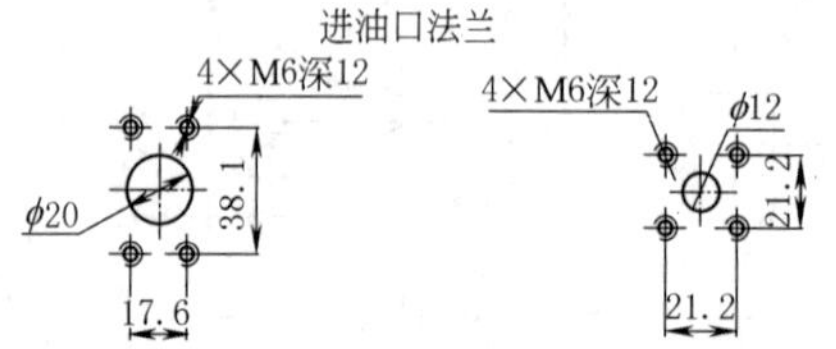

SAE 花键参数	
径节	16/32
齿数	9
压力角	30°
大径	$15.45_{-0.127}^{0}$
小径	12.28

型号	公称排量 /mL·r⁻¹	压力/MPa		转速/r·min⁻¹			容积效率(前泵/中泵/后泵)/%≥	L_1	L_2	L_3	L	质量 /kg
		额定	最高	最低	额定	最高						
CBTSL-F308/F308/F303-AFϕ※	8/8/3	20	25	800	2500	3000	90/90/85	48.75	77.5	72.25	246	6.8
CBTSL-F310/F310/F305-AFϕ※	10/10/5						90/90/90	50	78	74.25	253	7.3

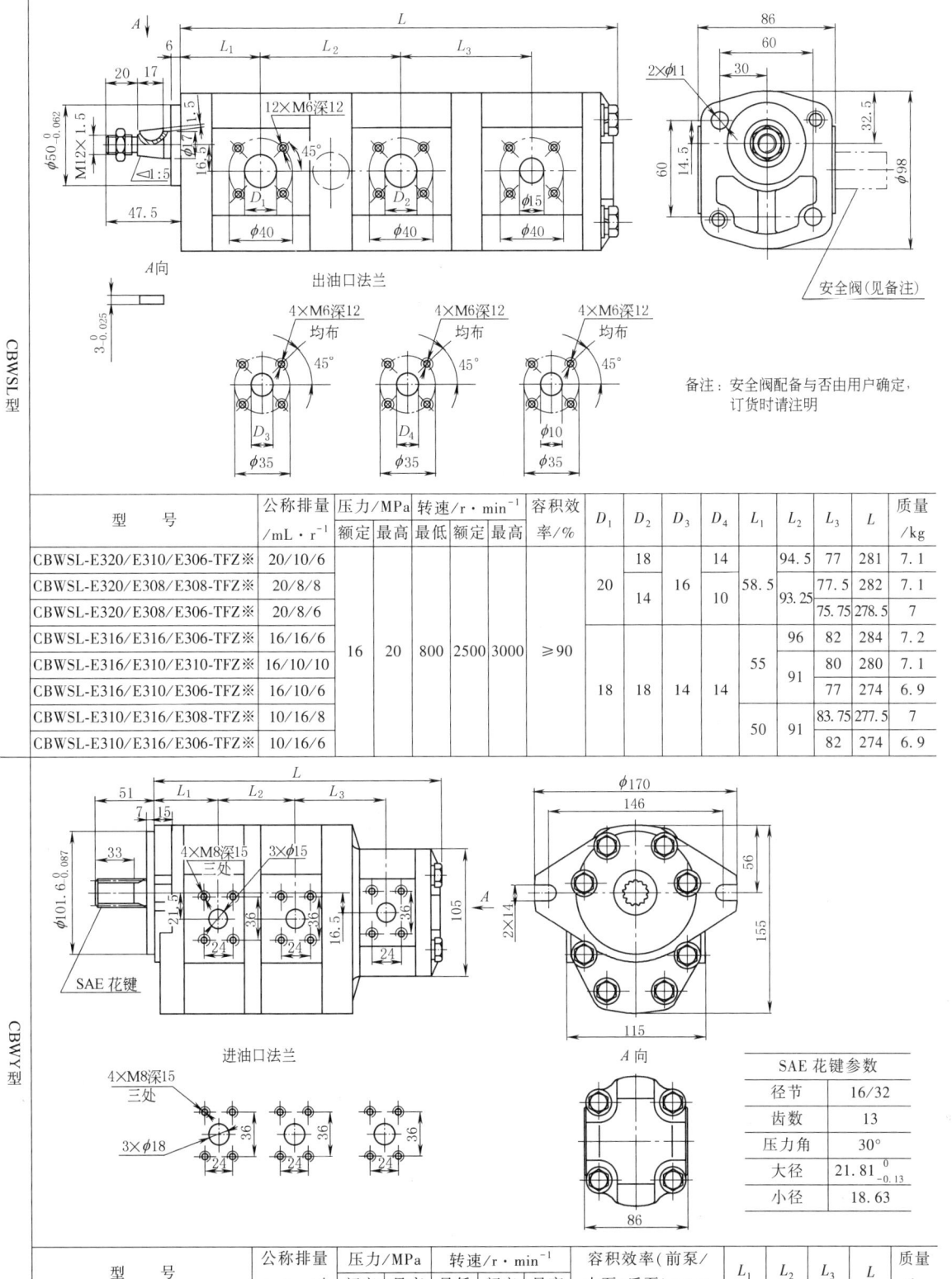

续表

CBWSL型

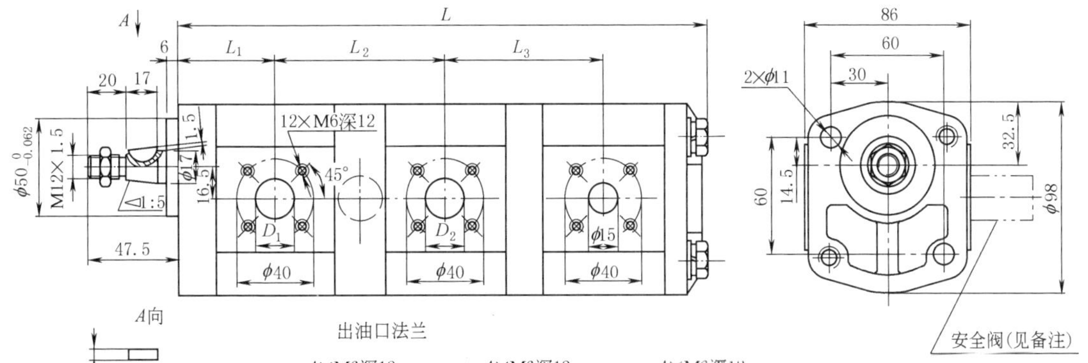

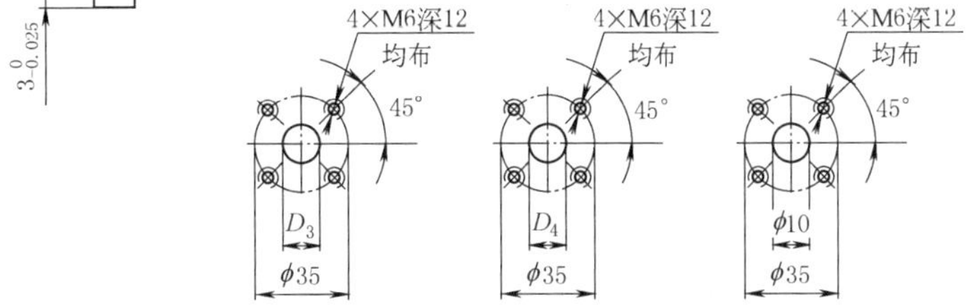

备注：安全阀配备与否由用户确定，订货时请注明

型号	公称排量/mL·r⁻¹	压力/MPa 额定	压力/MPa 最高	转速/r·min⁻¹ 最低	转速/r·min⁻¹ 额定	转速/r·min⁻¹ 最高	容积效率/%	D_1	D_2	D_3	D_4	L_1	L_2	L_3	L	质量/kg
CBWSL-E320/E310/E306-TFZ※	20/10/6	16	20	800	2500	3000	≥90	20	18	16	14	58.5	94.5	77	281	7.1
CBWSL-E320/E308/E308-TFZ※	20/8/8								14		10		93.25	77.5	282	7.1
CBWSL-E320/E308/E306-TFZ※	20/8/6													75.75	278.5	7
CBWSL-E316/E316/E306-TFZ※	16/16/6							18	18	14	14	55	96	82	284	7.2
CBWSL-E316/E310/E310-TFZ※	16/10/10												91	80	280	7.1
CBWSL-E316/E310/E306-TFZ※	16/10/6													77	274	6.9
CBWSL-E310/E316/E308-TFZ※	10/16/8											50	91	83.75	277.5	7
CBWSL-E310/E316/E306-TFZ※	10/16/6													82	274	6.9

CBWY型

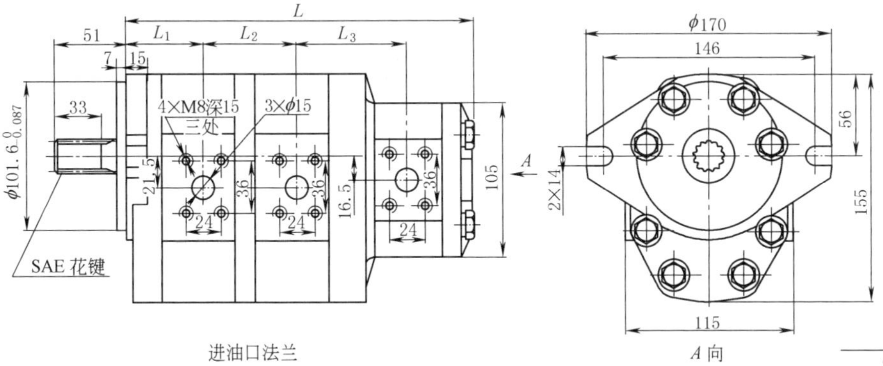

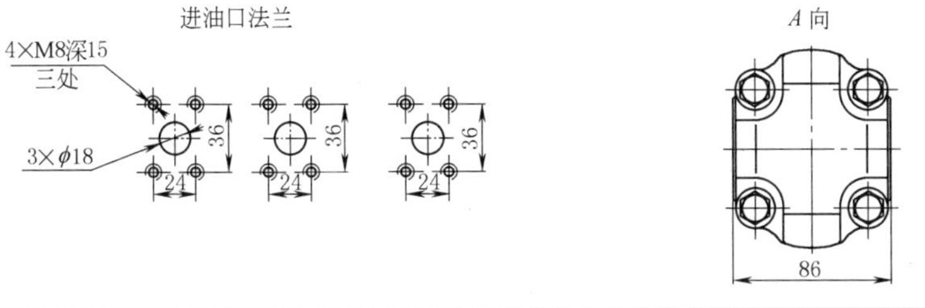

SAE 花键参数	
径节	16/32
齿数	13
压力角	30°
大径	$21.81_{-0.13}^{0}$
小径	18.63

型号	公称排量/mL·r⁻¹	压力/MPa 额定	压力/MPa 最高	转速/r·min⁻¹ 最低	转速/r·min⁻¹ 额定	转速/r·min⁻¹ 最高	容积效率(前泵/中泵/后泵)/%≥	L_1	L_2	L_3	L	质量/kg
CBWY-F409/F409/F304-AFϕ※	9/9/4	20	25	800	2500	3000	92/92/90	52	64	75.75	236.5	9.3
CBWY-F411/F411/F305-AFϕ※	11/11/5							54	64	77.25	242	9.6

4.1.6 P7600、P5100、P3100、P197、P257 型高压齿轮泵（马达）

该系列泵（马达）属高压齿轮泵（马达），产品采用了先进的压力平衡结构和经过特殊表面处理的侧板结构，耐压抗磨性强，采用专门设计的特殊油泵轴承，更适合重载冲击等苛刻条件件，具有体积小、噪声低、压力高、排量大、性能好、寿命长等特点。各种规格的单泵（马达）可组成双泵（马达）、多联泵（马达），并提供泵阀一体的复合泵，广泛应用于各种工程机械、装载机、推土机、压路机、挖掘机、起重机等。

型号意义：

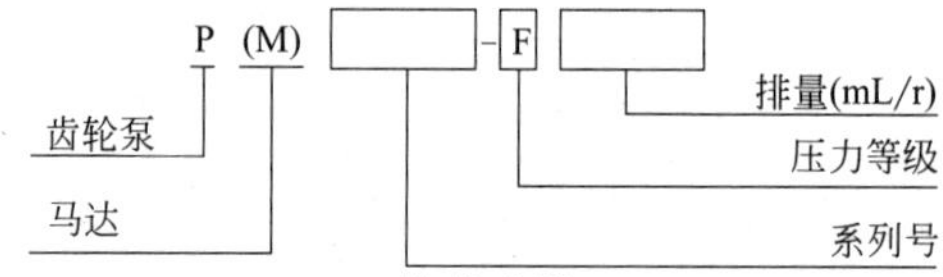

表 20-5-22　　技术参数

系　列	型号	排量/mL·r⁻¹	齿宽/in①	压力/MPa 额定	压力/MPa 最高	工作转速/r·min⁻¹	输入功率/kW	质量/kg
7600	P7600-F63	63	1	23	28	2400	69.36	31.6
	P7600-F80	80	1¼				86	32.6
	P7600-F100	100	1½				109.9	33.4
	P7600-F112	112	1¾				123.2	34.8
	P7600-F125	125	2				141	36.1
	P7600-F140	140	2⅛				154	36.8
	P7600-F150	150	2¼				160	37.4
	P7600-F160	160	2½				176	38.7
	P7600-F180	180	2¾				198	39.6
	P7600-F200	200	3				220	40.5
5100	P5100-F20	20	1/2				22.5	14.5
	P5100-F32	32	3/4				36	16.1
	P5100-F40	40	1				44	17.6
	P5100-F50	50	1¼				55	19.6
	P5100-F63	63	1½				69.4	20.2
	P5100-F80	80	2				86	21.6
	P5100-F90	90	2¼				99	22.4
	P5100-F100	100	2½				109.9	23.3
3100	P3100-F15	15	1/2				16.5	13.1
	P3100-F20	20	3/4				22	13.7
	P3100-F32	32	1				35.2	14.3
	P3100-F40	40	1¼				44	14.9
	P3100-F50	50	1½				55	15.5
	P3100-F55	55	1¾				62	15.95
	P3100-F63	63	2				69.4	16.4
197	P197-G15	15	1/2	28			23.1	13.1
	P197-G20	20	3/4				32.9	13.7
	P197-G32	32	1				46.3	14.3
	P197-G40	40	1¼				55.6	14.9
	P197-G50	50	1½				65.9	15.5
	P197-G63	63	2				88.8	16.4
257	P257-H20	20	1/2	31.5			35.2	15.6
	P257-H32	32	3/4				49	16.8
	P257-H40	40	1				68.4	17.6
	P257-H50	50	1¼				82	19.6
	P257-H63	63	1½				98.25	20.2
	P257-H80	80	2				119.9	21.6
	P257-H90	90	2¼				127.5	22.4
	P257-H100	100	2½				134.3	23.3

① 1in=25.4mm，下同。

表 20-5-23 外形尺寸 mm

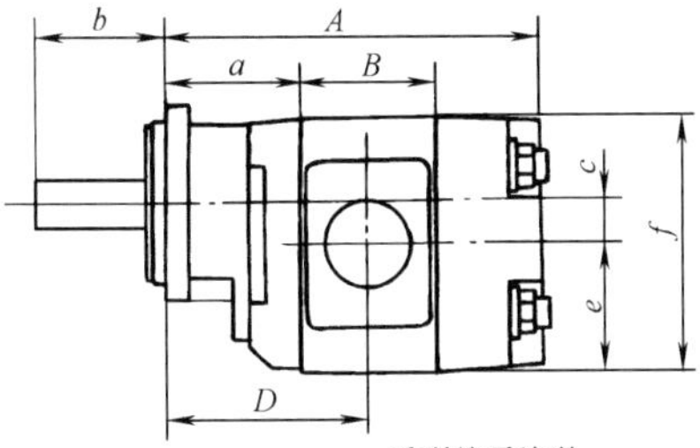

7600、5100、3100系列单泵外形

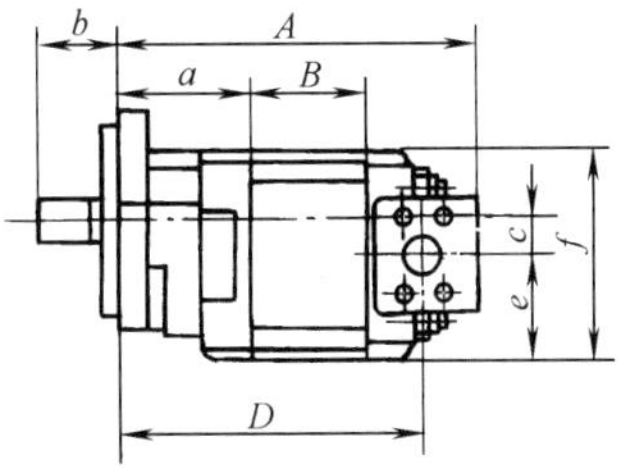

197、257系列单泵外形

型号		a	A	B	b	c	e	f	D
P7600	F63	95.25	196.85	50.8	56	31.75	101.6	203.2	120.65
	F80		203.2	57.15					123.83
	F100		209.55	63.50					127
	F112		215.9	69.85					130.18
	F125		222.25	76.20					133.35
	F140		225.43	79.38					134.94
	F150		228.6	82.55					136.53
	F160		234.95	88.90					139.7
	F180		241.3	95.25					142.88
	F200		247.65	101.60					146.05
P5100	F40	85.85	174.7	44.40	56	25.4	79.25	158.75	108.05
	F50		181.05	50.75					111.23
	F63		187.4	57.10					114.4
	F80		200.1	69.80					120.75
	F90		206.45	76.15					123.93
	F100		212.8	82.50					127.1
P3100	F15	74.68	150.88	31.70	42	22.35	70.61	139.7	90.35
	F20		157.23	38.05					93.53

型号		a	A	B	b	c	e	f	D
P3100	F32	74.68	163.58	44.4	42	22.35	70.61	139.7	96.7
	F40		169.93	50.75					99.88
	F50		176.28	57.1					103.05
	F63		188.98	69.8					109.4
P197	G15	74.68	164.34	25.4	42	22.35	71.88	143.76	133.35
	G20		170.69	31.75					139.7
	G32		177.04	38.1					146.05
	G40		183.39	44.45					152.4
	G50		189.39	50.8					158.75
	G63		202.44	63.5					171.45
P257	H20	88.7	190.3	25.4	56	25.4	72.18	144.37	152.15
	H32		196.65	31.75					158.5
	H40		203	38.1					164.85
	H50		209.35	44.45					171.2
	H63		215.7	50.8					177.55
	H80		228.4	63.5					190.25
	H90		234.75	69.85					196.6
	H100		241.1	76.2					202.95

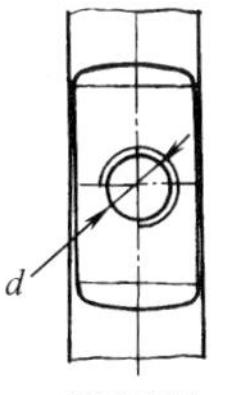

螺纹连接

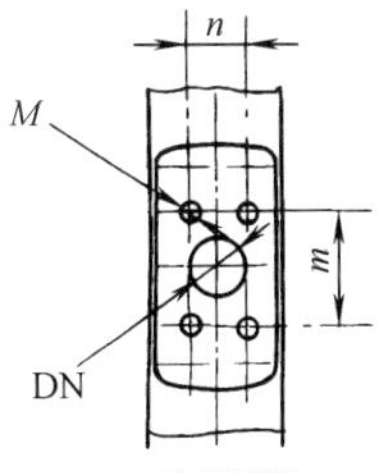

法兰连接

进、出油口型式(根据用户需要选定)

DN	m+0.1	n+0.1	M	d(NPT) /in
13	38.1	17.5	M8	1/2
19	47.6	22.3	M10	3/4
25	52.4	26.2	M10	1
32	58.7	30.2	M10	1¼
38	69.9	35.7	M12	1½
51	77.8	42.92	M12	2
64	88.9	50.8	M12	2½

前盖及轴伸型式(根据用户需要选定)

系列	7600	5100	3100	197	257
前盖型式	a、b、c、d	e、f、g、h	f、g、h、i、j	e、f、g、h	e、f、g、h
轴伸型式	Ⅲ、Ⅳ、Ⅴ、Ⅶ	Ⅲ、Ⅳ、Ⅴ、Ⅵ、Ⅶ	Ⅰ、Ⅱ、Ⅴ、Ⅵ	Ⅰ、Ⅱ、Ⅵ、Ⅶ	Ⅰ、Ⅱ、Ⅳ、Ⅶ

续表

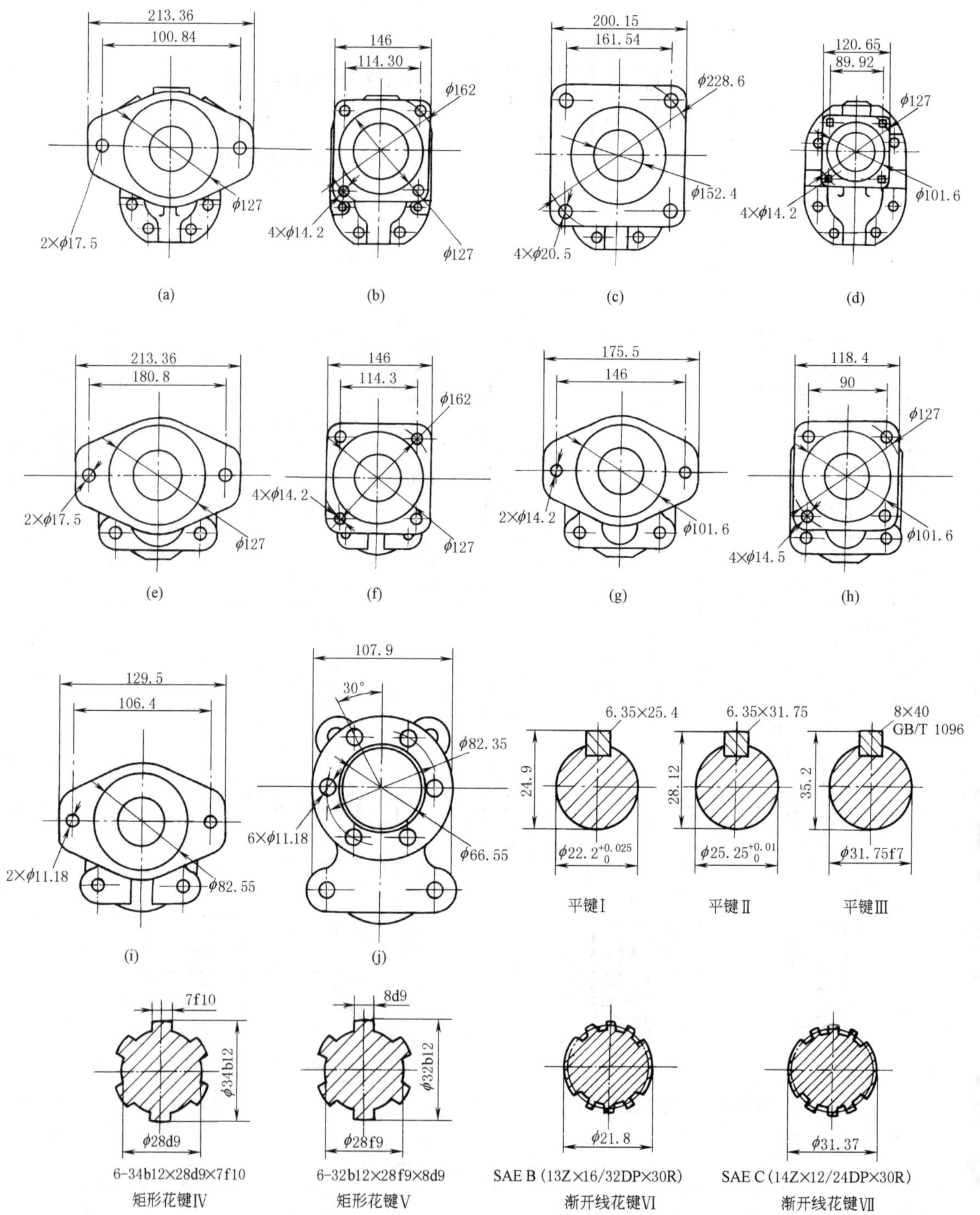

4.1.7 恒流齿轮泵

(1) FLCB-D500/※※单稳分流泵

该系列泵属于液压动力转向系统和液压操纵控制系统的混合动力泵，既能满足液压动力转向系统恒流输出的特殊要求，又能满足操纵控制作业动力的要求，是行走机械及车辆采用静液压动力转向或液压助力转向的配套产品。

型号意义：

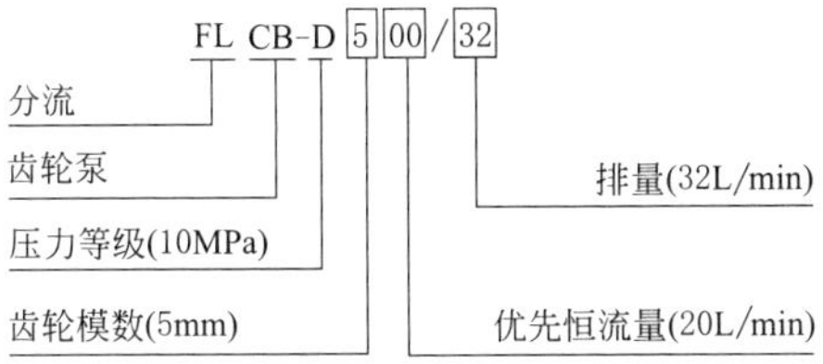

表 20-5-24 **技术参数及外形尺寸** mm

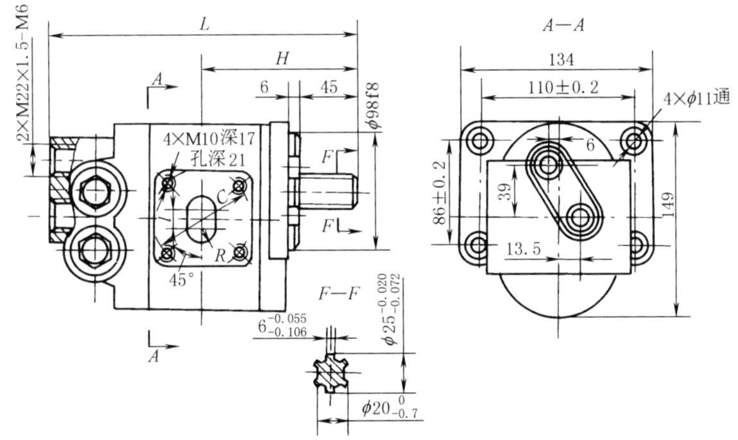

型　　号	公称排量 /mL·r⁻¹	优先恒流量 /L·min⁻¹	额定压力 /MPa	最高压力 /MPa	额定转速 /r·min⁻¹	最高转速 /r·min⁻¹	L	H	C	l	R
FLCB-D500/25	25	12~20	10	12.5	2000	2500	224.5	61.5	65	0	12.5
FLCB-D500/32	32	12~20	10	12.5	2000	2500	231	64	65	0	12.5
FLCB-D500/40	40	20~40	10	12.5	2000	2500	241	72.5	76	5	15
FLCB-D500/50	50	20~40	10	12.5	2000	2500	250	77	76	5	15
FLCB-D500/63	63	20~40	10	12.5	2000	2500	259	82	76	5	15

注：1. 优先输出流量可以由 12~40L/min 选择。
2. 压力可以从 5~16MPa 调节。
3. 流量变化率 δ 在±15%内。

（2）CBW/F_B-E3 恒流齿轮泵

CBW/F_B-E3 系列恒流齿轮油泵由一齿轮油泵及一恒流阀组合而成，为液压系统提供一恒定流量，主要用于液压转向系统，有多种稳流流量可供用户选择，广泛应用于叉车、装载机、挖掘机、起重机、压路机等工程机械及矿山、轻工、环卫、农机等行业。

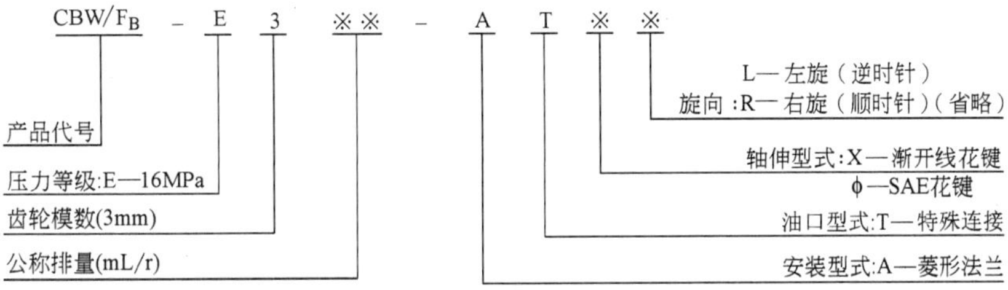

表 20-5-25　　　　技术参数及外形尺寸　　　　mm

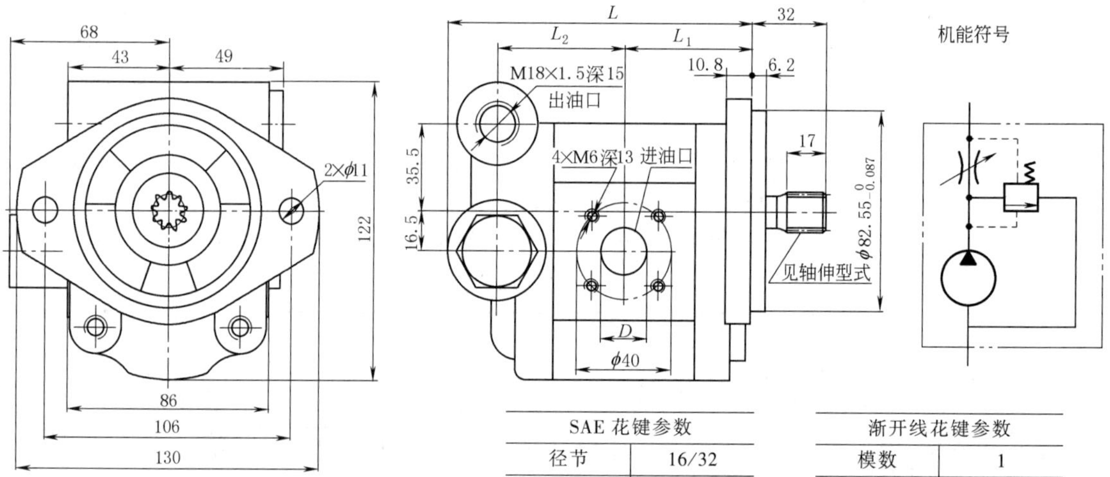

SAE 花键参数	
径节	16/32
齿数	9
压力角	30°
大径	$15.45_{-0.127}^{\ 0}$
小径	12.28

渐开线花键参数	
模数	1
齿数	16
压力角	30°
大径	$17_{-0.04}^{-0.02}$
小径	14.5

型号	公称排量 /mL·r^{-1}	压力/MPa		转速/r·min^{-1}			恒定流量 A/L·min^{-1}	D	L_1	L_2	L	质量 /kg
		额定	最高	最低	额定	最高						
CBW/F_B-E306-AT※※	6	16	20	1350	2000	2500	6.7～8.6	14	50.5	50.5	122	4.3
CBW/F_B-E308-AT※※	8						9～11.5		52.25	52.25	125.5	4.4
CBW/F_B-E310-AT※※	10						11.7～15	18	53.5	53.5	128	4.5
CBW/F_B-E314-AT※※	14						16.2～20.7		56.5	56.5	134	4.7
CBW/F_B-E316-AT※※	16						18.9～24.2	20	58.5	58.5	138	4.8
CBW/F_B-E320-AT※※	20						23.4～29.9		62	62	145	5

4.1.8　复合齿轮泵

CBW/F_A-E4 系列复合齿轮油泵由一齿轮油泵与一单稳分流阀组合而成，为液压系统提供一主油路油流及另一稳定油流，有多种分流流量供用户选择，广泛应用于叉车、装载机、挖掘机、起重机、压路机等工程机械及矿山、轻工、环卫、农机等行业。

CBWS/F-D3 系列复合双向齿轮油泵由一双向旋转齿轮油泵和一组合阀块组合而成，组合阀块由梭形阀、安全阀、单向阀及液控单向阀组成，具有结构紧凑、性能优良、压力损失小等特点，主要用于液控阀门、液控推杆等闭式液压系统，为油缸提供双向稳定油流。

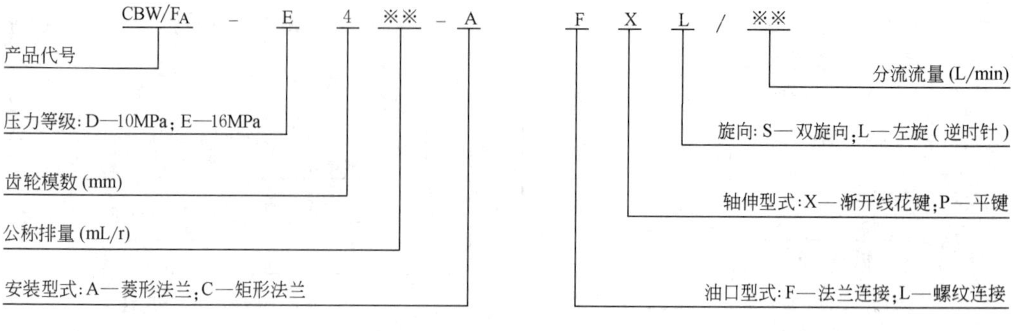

表 20-5-26 技术参数及外形尺寸 mm

CBW/F_A型

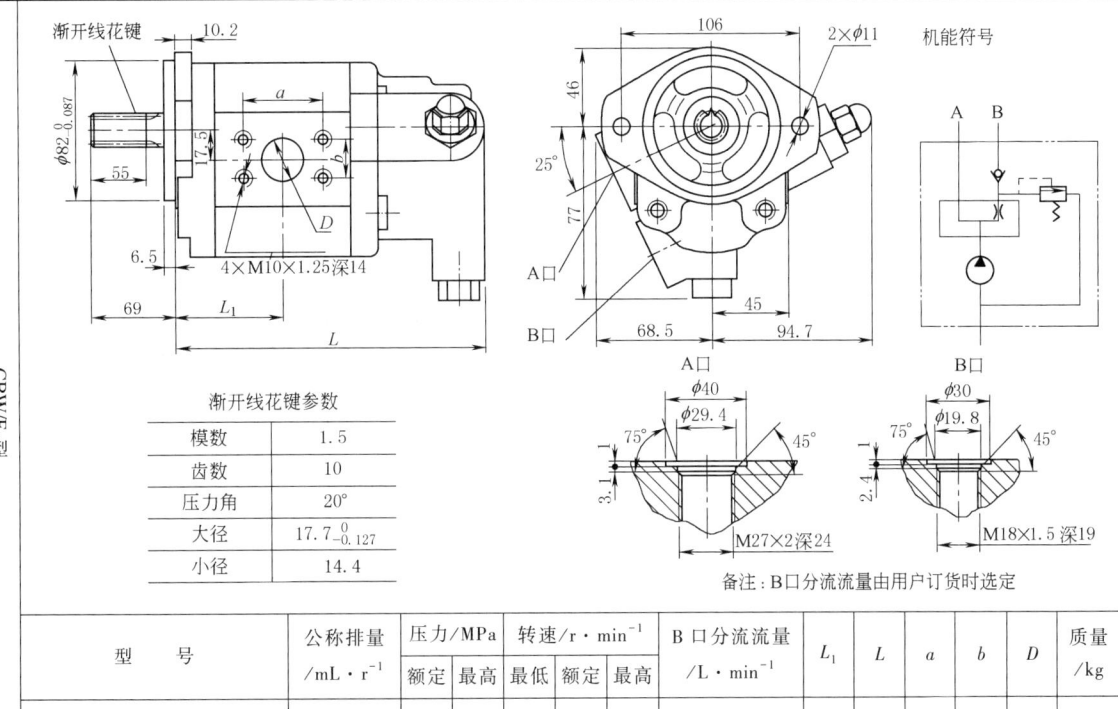

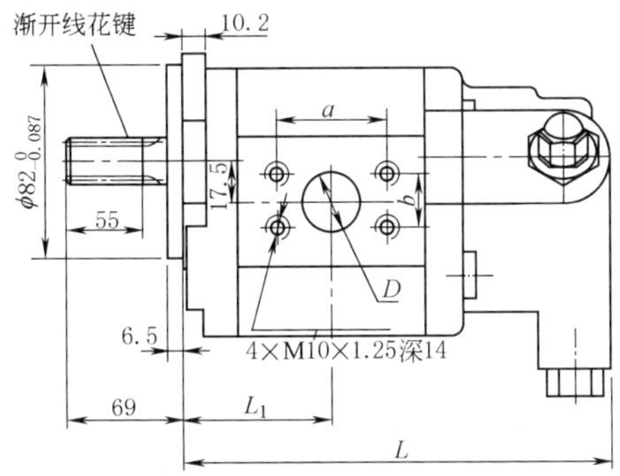

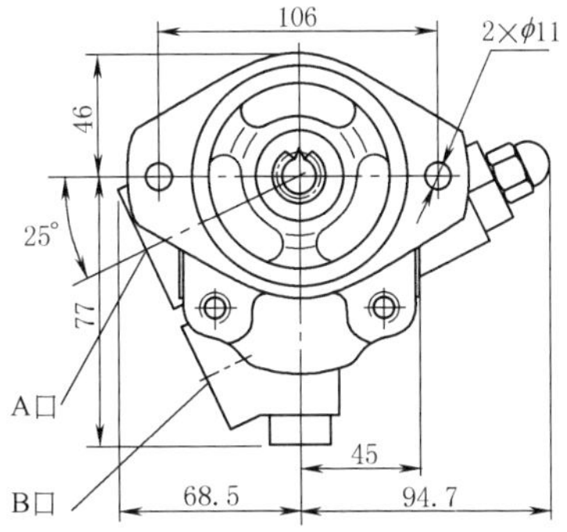

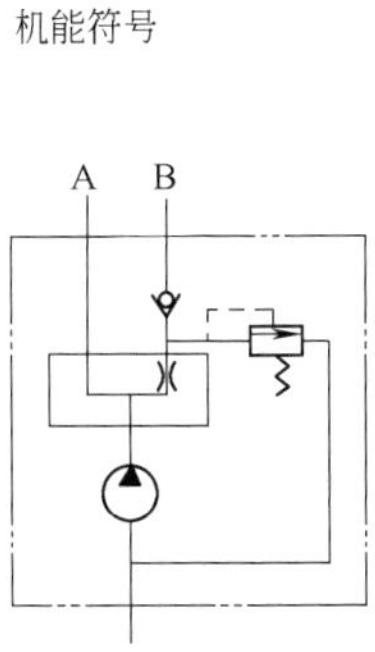

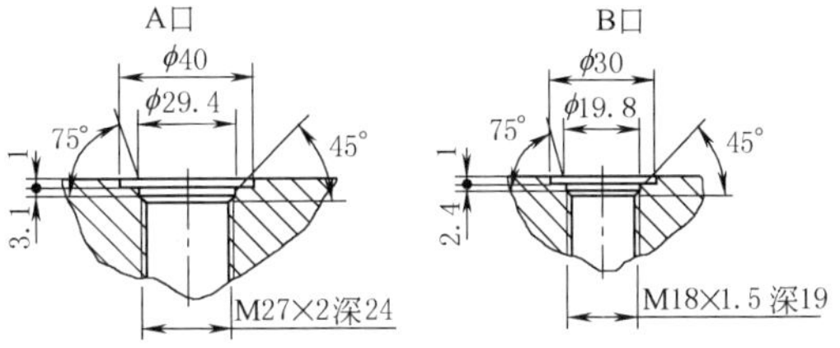

渐开线花键参数

模数	1.5
齿数	10
压力角	20°
大径	$17.7_{-0.127}^{0}$
小径	14.4

备注：B口分流流量由用户订货时选定

型号	公称排量 /mL·r^{-1}	压力/MPa		转速/r·min^{-1}			B口分流流量 /L·min^{-1}	L_1	L	a	b	D	质量 /kg
		额定	最高	最低	额定	最高							
CBW/F_A-E425-AFXL/※※	25	16	20	600	2500	3000	8,10,12,14,16	65.8	188	52.4	26.2	26	7.0
CBW/F_A-E432-AFXL/※※	32							69.5	195.5				7.3
CBW/F_A-E440-AFXL/※※	40							74	204.5	57.2	26	30	7.6

CBWS/F型

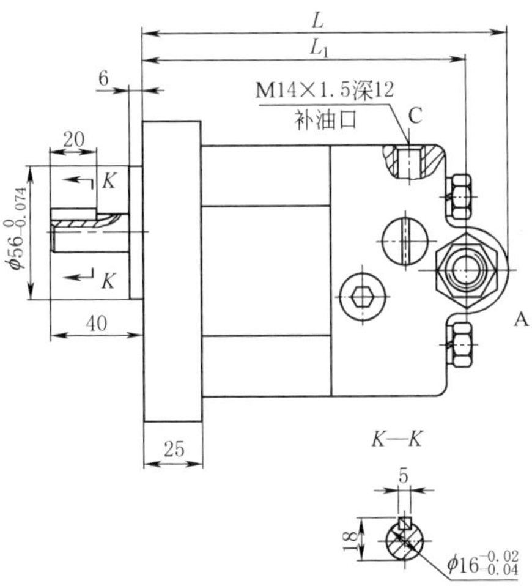

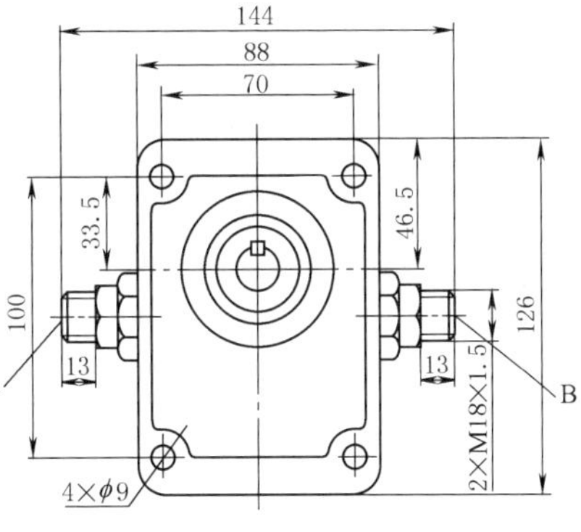

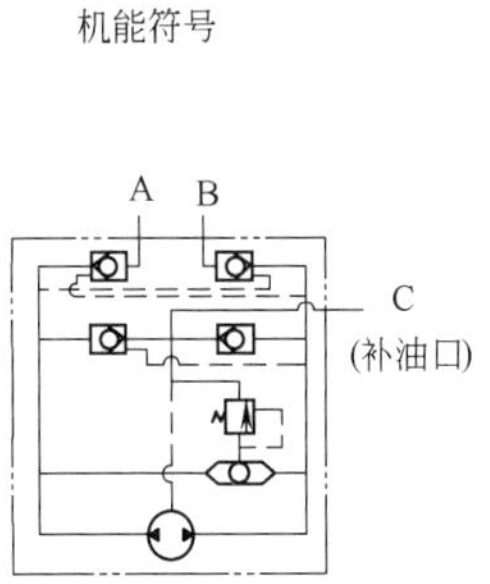

型号	公称排量 /mL·r^{-1}	压力/MPa		转速/r·min^{-1}			容积效率 /%	L_1	L	质量 /kg
		额定	最高	最低	额定	最高				
CBWS/F-D304-CLPS	4	10	12	800	1500	1800	≥80	135.5	153.5	5.5
CBWS/F-D306-CLPS	6							139	157	5.6
CBWS/F-D308-CLPS	8							142.5	160.5	5.7
CBWS/F-D310-CLPS	10							145	163	5.8

4.2 叶片泵产品及选用指南

叶片泵具有噪声低、寿命长的优点，但抗污染能力差，加工工艺复杂，精度要求高，价格也较高。若系统的过滤条件较好，油箱的密封性也好，则可选择寿命较长的叶片泵，正常使用的叶片泵工作寿命可达 10000h 以上。从节能的角度考虑可选用变量泵，采用双联或三联泵。叶片泵的使用要点如下。

① 为提高泵（马达）的性能，延长使用寿命，推荐使用抗磨液压油，黏度范围 17～38mm²/s（2.5°E～5°E），推荐使用 24mm²/s。

② 油液应保持清洁，系统过滤精度不低于 25μm。为防止吸入污物和杂质，在吸油口外应另置过滤精度为 70～150μm 的滤油器。

③ 安装泵时，泵轴线与原动机轴线同轴度应保证在 0.1mm 以内，且泵轴与原动机轴之间应采用挠性连接。泵轴不得承受径向力。

④ 泵吸油口距油面高度不得大于 500mm。吸油管道必须严格密封，防止漏气。

⑤ 注意泵轴转向。

叶片泵部分产品的技术参数见表 20-5-27。

表 20-5-27　　叶片泵部分产品技术参数

类别	型号	排量/mL·r⁻¹	压力/MPa	转速/r·min⁻¹
定量叶片泵	YB_1	2.5～100 2.5/2.5～100/100	6.3	960～1450
	YB	6.4～200	7	1000～2000
		10～114	10.5	1500
	YB-D	6.3～100	10	600～2000
	YB-E	6～80 10/32～50/100	16	600～1500
	YB_1-E	10～100	16	600～1800
	YB_2-E	10～200	16	600～2000
	PFE PV2R	5～250 6/26～116/250	14～21	600～1800
	T6	10～214	24.5～28	600～1800
	YB-※	10～114	10.5	600～2000
	Y2B	6～200	14	600～1200
	YYB	6/6～194/113	7	600～2000
变量叶片泵	YBN	20,40	7	600～1800
	YBX	16,25,40	6.3	600～1500
	YBP	10～63	6.3～10	600～1500
	YBP-E	20～125	16	1000～1500
	V4	20～50	16	1450

4.2.1 YB 型、YB_1 型叶片泵

YB 型泵是我国第一代国产叶片泵第 5 次改型产品，具有结构简单、性能稳定、排量范围大、压力流量脉动小、噪声低、寿命长等一系列优点，广泛用于机床设备和其他中低压液压传动系统中。

$YB\text{-}Y_2$ 型、YB_1 型均为 YB 型的改进型。

型号意义：

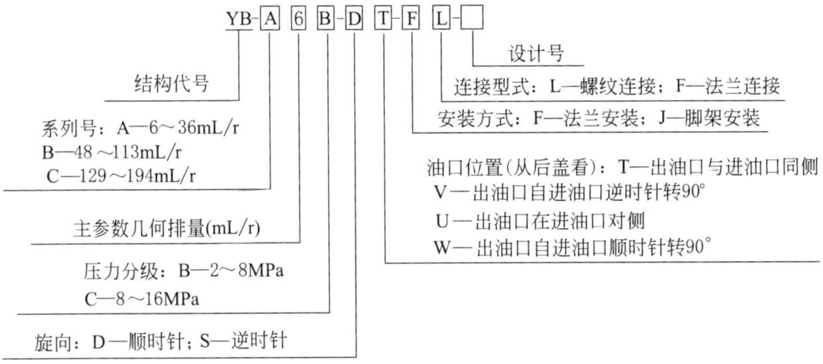

(1) YB 型叶片泵

表 20-5-28　　　　**主要技术参数**

型号	理论排量 /mL·r⁻¹	额定压力 /MPa	输出流量 /L·min⁻¹	驱动功率 /kW	转速/r·min⁻¹			质量/kg		油口尺寸	
					额定	最低	最高	脚架安装	法兰安装	进口	出口
YB-A6B	6.5	7	4.0	1.0	1000	800	2000	10	9	Rc1	Rc¾
YB-A9B	9.1		6.9	1.3		600					
YB-A14B	14.5		11.9	2.1							
YB-A16B	16.3		13.7	2.4			1800				
YB-A26B	26.1		22.5	3.8							
YB-A36B	35.9		30.9	5.2			1500				
YB-B48B	48.3		42.7	6.9			1500	25	25	Rc1½	Rc1¼
YB-B60B	61.0		53.9	8.7							
YB-B74B	74.8		66.1	10.7							
YB-B92B	93.5		83.5	13.4			1200				
YB-B113B	115.4		102.8	16.5							
YB-C129B	133.9		119.3	19.2				114	110	Rc2	Rc1½
YB-C148B	153.0		136.3	21.9							
YB-C171B	176.9		157.6	25.3							
YB-C194B	200.9		179.0	28.8							

注：输出流量、驱动功率均为额定工况下保证值。

表 20-5-29 外形尺寸 mm

<table>
<tr><td rowspan="2">YB-A※B型</td><td>脚架安装式</td><td>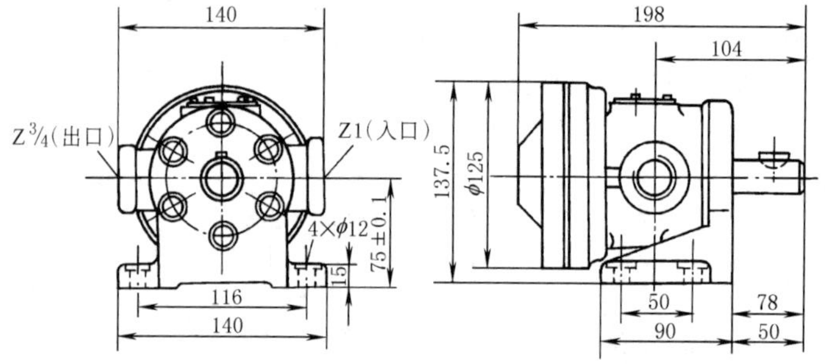
</td></tr>
<tr><td>法兰安装式</td><td>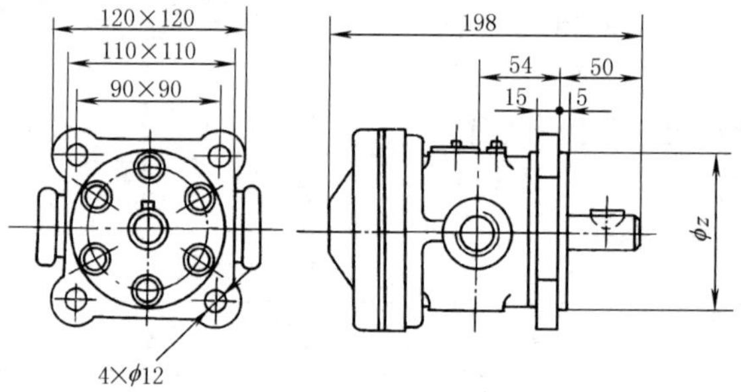
</td></tr>
<tr><td rowspan="2">YB-B※B型</td><td>脚架安装式</td><td>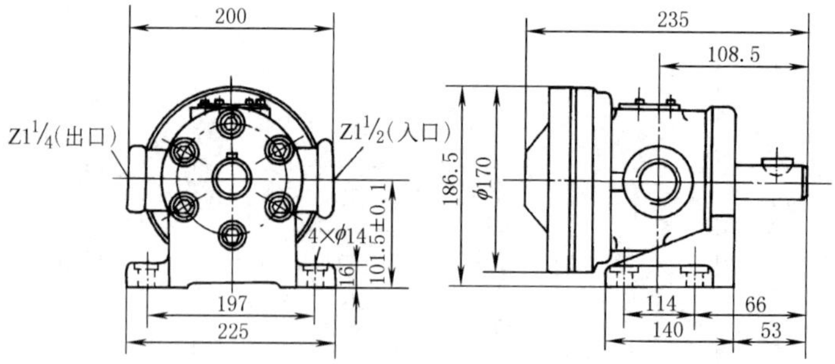
</td></tr>
<tr><td>法兰安装式</td><td>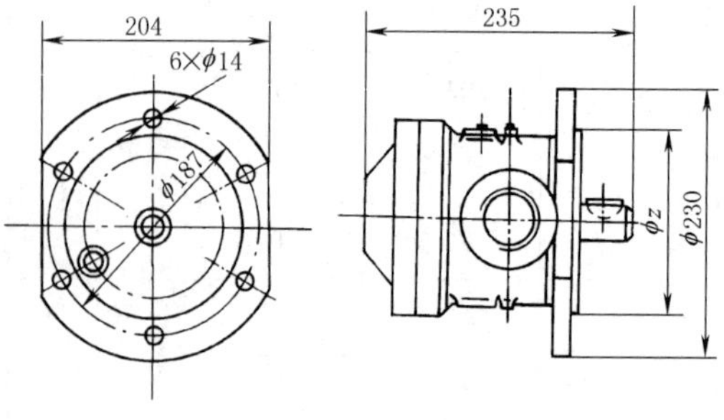
</td></tr>
</table>

续表

YB-C※B型	脚架安装式	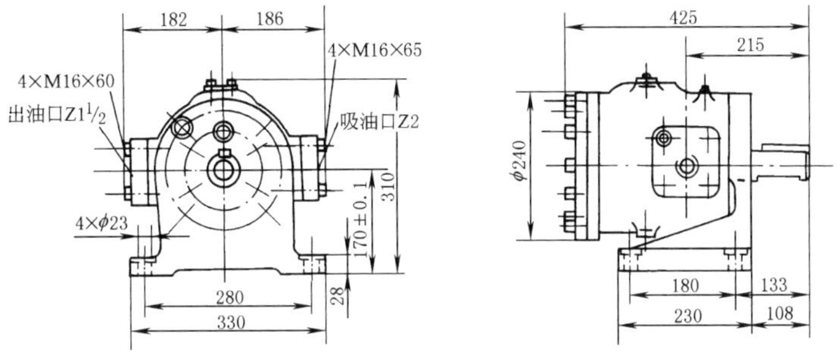
	法兰安装式	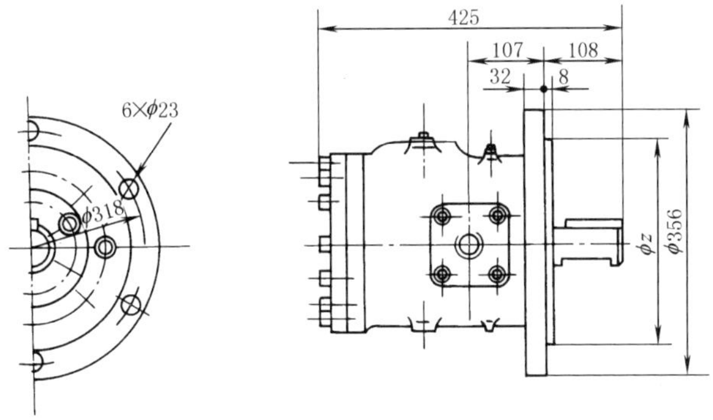
轴伸尺寸		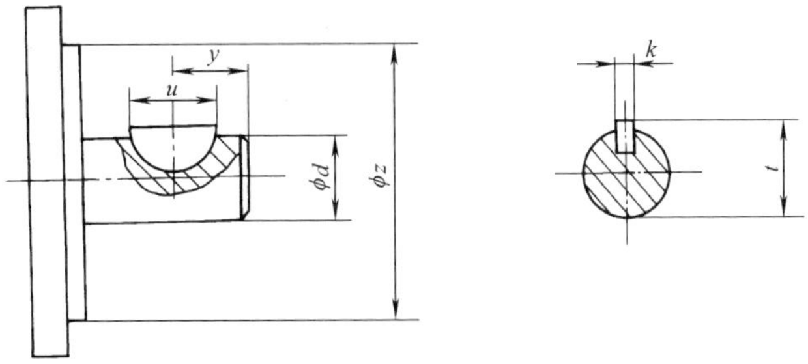

型　号	ϕd	k	t	u	y	ϕz
YB-A※B	$22_{-0.021}^{0}$	$5_{-0.022}^{-0.010}$	24	21	20	$96_{-0.035}^{0}$
YB-B※B	$30_{-0.021}^{0}$	$7_{-0.027}^{-0.013}$	33	25	25	$160_{-0.040}^{0}$
YB-C※B	$50_{-0.025}^{0}$	$12_{-0.027}^{0}$	53.5	85	—	$280_{-0.054}^{0}$

注：需要其他类型的轴伸时，请与生产厂联系。

（2）YB-※-Y_2 型叶片泵

表 20-5-30　　主要性能参数与外形尺寸　　mm

主要性能参数

型　号	理论排量 /mL·r^{-1}	额定压力 /MPa	输出流量 /L·min^{-1}	驱动功率 /kW	转速/r·min^{-1}			质量/kg		油口尺寸	
					额定	最低	最高	脚架安装	法兰安装	进口	出口
YB-A6B-Y_2	6.5	7	4.0	1.0	1000	800	2000	8	6.4	Z1	Z3/4
YB-A9B-Y_2	9.1		6.9	1.3		600					
YB-A14B-Y_2	14.5		11.9	2.1							
YB-A16B-Y_2	16.3		13.7	2.4			1800				
YB-A26B-Y_2	26.1		22.5	3.8							
YB-A36B-Y_2	35.9		30.9	5.2			1500				

外形尺寸

法兰安装式

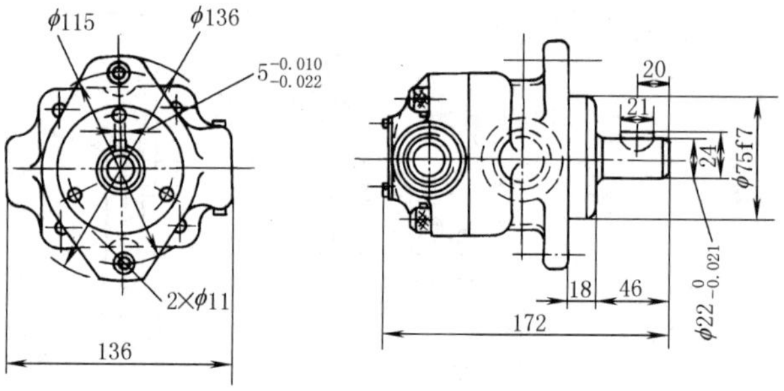

脚架安装式

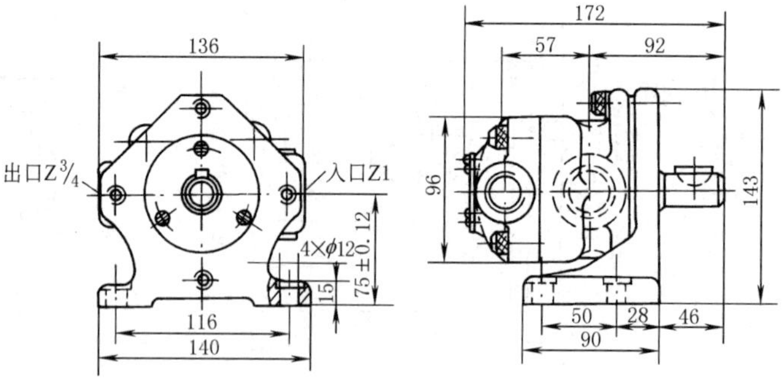

注：输出流量、驱动功率均为额定工况下保证值。

（3）YB_1 型中、低压单级叶片泵

型号意义：

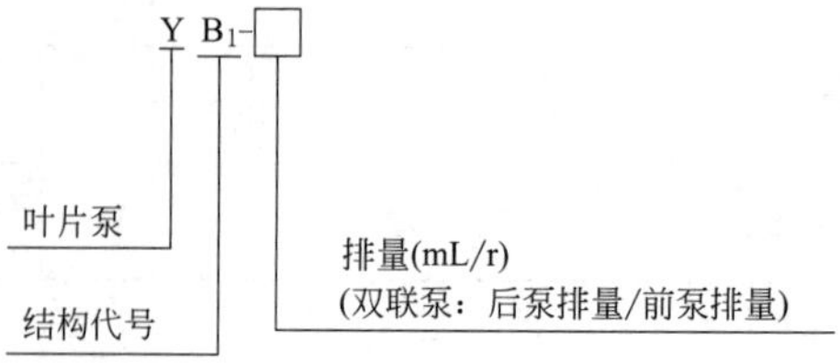

表 20-5-31　　技术参数

型　号	排量/mL·r^{-1}	额定压力/MPa	转速/r·min^{-1}	容积效率/%	总效率/%	驱动功率/kW	质量/kg
YB_1-2.5	2.5	6.3	1450	≥80	≥80	0.6	5.3
YB_1-4	4					0.8	
YB_1-6.3	6					1.5	
YB_1-10	10					2.2	
YB_1-12	12		960	≥90		2	8.7
YB_1-16	16					2.2	
YB_1-25	25					4	
YB_1-32	32					5	16
YB_1-40	40					5.5	
YB_1-50	50					7.5	
YB_1-63	63					10	20
YB_1-80	80					12	
YB_1-100	100					13	

表 20-5-32　　外形尺寸　　mm

YB_1型单级

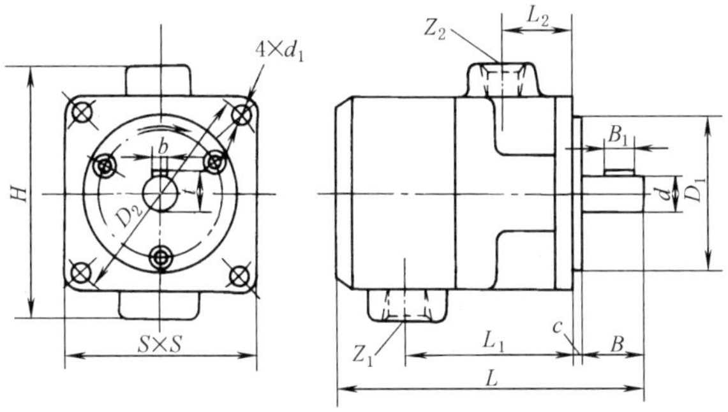

型　号	L	L_1	L_2	B	B_1	H	S	D_1	D_2	d	d_1	c	t	b	Z_1	Z_2
YB_1-2.5、4、6.3、10	149	80	36	36	16	114	90	75f7	100	15h6	9	5	17	5	Z3/8	Z1/4
YB_1-16、25	184	98	38	45	20	140	110	90f7	128	20h6	11	5	22	5	Z1	Z3/4
YB_1-32、40、50	210	110	45	50	25	170	130	90f7	150	25h6	13	5	28	8	Z1	Z1
YB_1-63、80、100	224	118	49	50	30	200	150	90f7	175	30h6	13	5	33	8	Z1 1/4	Z1

YB_1型双级

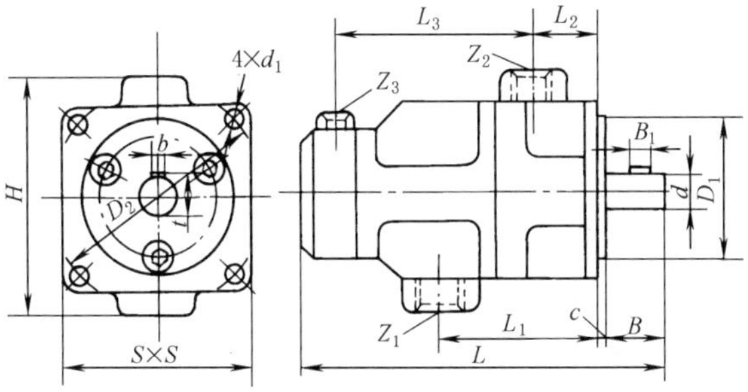

续表

型　　号	L	L_1	L_2	L_3	B	B_1	H	S	D_1	D_2	d	d_1	c	t	b	Z_1	Z_2	Z_3
YB_1-2. 5～10/2. 5～10	218	98	36	128	36	19	119	90	75f7	100	15h6	9	5	17	5	Z¾	Z¼	Z¼
YB_1-2. 5～10/16～25	248	105	38	136	45	19	142	110	90f7	128	20h6	11	5	22	5	Z1	Z¾	Z¼
YB_1-2. 5～10/32～50	278	119	45	166	50	30	175	130	90f7	150	25h6	13	5	28	8	Z1¼	Z1	Z¼
YB_1-2. 5～10/63～100	303	150	49	178	50	30	200	150	90f7	175	30h6	13	5	33	8	Z1½	Z1	Z¼
YB_1-16～25/16～25	276	122	38	166	45	19	142	110	90f7	128	20h6	11	5	22	5	Z1	Z¾	Z¾
YB_1-16～25/32～50	304	121	45	183	50	30	175	130	90f7	150	25h6	13	5	28	8	Z1¼	Z1	Z¾
YB_1-16～25/63～100	320	144	49	194	50	30	205	150	90f7	175	30h6	13	5	33	8	Z1½	Z1	Z¾
YB_1-32～50/32～50	316	139	45	190	50	30	175	130	90f7	150	25h6	13	5	28	8	Z1¼	Z1	Z1
YB_1-32～50/63～100	337	128	49	207	50	30	205	150	90f7	175	30h6	13	5	33	8	Z2	Z1	Z1
YB_1-63～100/63～100	348	158	49	218	50	30	205	150	90f7	175	30h6	13	5	33	8	Z2	Z1	Z1

4.2.2 YB-※车辆用叶片泵

YB 型车辆用泵内部零件用螺钉装配成一个组合体，使得装配与维修更加容易。泵内装有一个浮动式配流盘，可自动补偿轴向间隙。关键零件选用优质合金钢并经氮化处理，可进一步提高零件加工精度，因此，压力、效率较一般叶片泵为高。该型泵结构紧凑，压力流量脉动少，对冲击载荷的适应性好，安装连接符合 ISO 标准，可广泛用于起重运输车辆、工程机械及其他行走式机械，也可用于一般工业设备的液压系统。

型号意义：

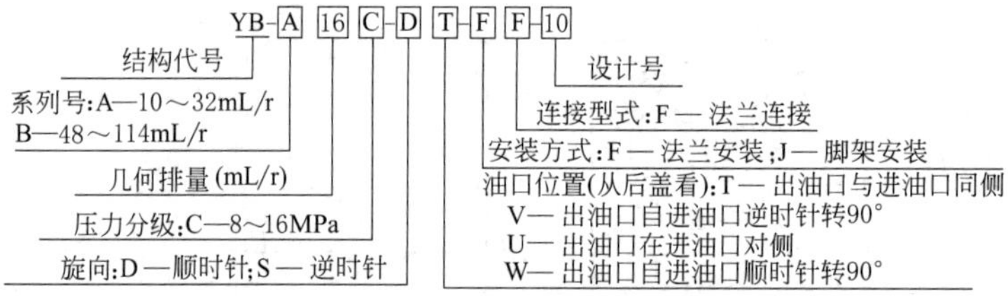

表 20-5-33　　　　　　　　　　**主要技术参数**

型　号	理论排量 /mL·r^{-1}	额定压力 /MPa	输出流量 /L·min^{-1}	驱动功率 /kW	转速/r·min^{-1}			质量/kg		油口尺寸	
					额定	最低	最高	法兰安装	脚架安装	进口	出口
YB-A10C	10. 4	10. 5	13. 1	3. 4	1500	600	2000	12. 3	15. 1	Z1¼	Z¾
YB-A16C	16. 2		21. 6	5. 2							
YB-A20C	21. 6		28. 9	7. 0							
YB-A25C	24. 6		32. 9	8. 0							
YB-A30C	30. 0		40. 6	9. 7							
YB-A32C	32. 0		43. 4	10. 3							
YB-B48C	48. 3		64. 2	15. 6				30	36	Z2	Z1¼
YB-B58C	58. 3		78. 0	18. 8							
YB-B75C	75. 0		100. 3	24. 2							
YB-B92C	92. 5		125. 4	29. 8							
YB-B114C	114. 2		154. 8	36. 8							

注：输出流量、驱动功率均为额定工况下保证值。

表 20-5-34 外形尺寸 mm

法兰安装式

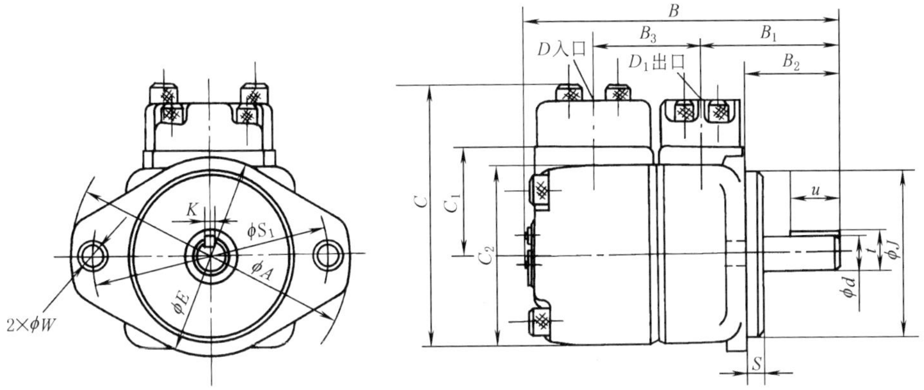

型　　号	φA	B	B_1	B_2	B_3	C	C_1	C_2	D	D_1
YB-A※C	174	192	87	59	67	157	65	110×110	Z$1\frac{1}{4}$	Z$\frac{3}{4}$
YB-B※C	213	262	112	73	88	202.5	85	155×155	Z2	Z$1\frac{1}{4}$

型　　号	S	ϕS_1	t	u	φW	φE	φd	φJ	K
YB-A※C	9.5	146	24.5	32	14	120	$22.22_{-0.033}^{0}$	$101.6_{-0.075}^{-0.040}$	$4.76_{-0.018}^{0}$
YB-B※C	9.5	181	34.5	38	18	148	$31.75_{-0.038}^{0}$	$127_{-0.090}^{-0.050}$	$7.94_{-0.022}^{0}$

脚架安装式

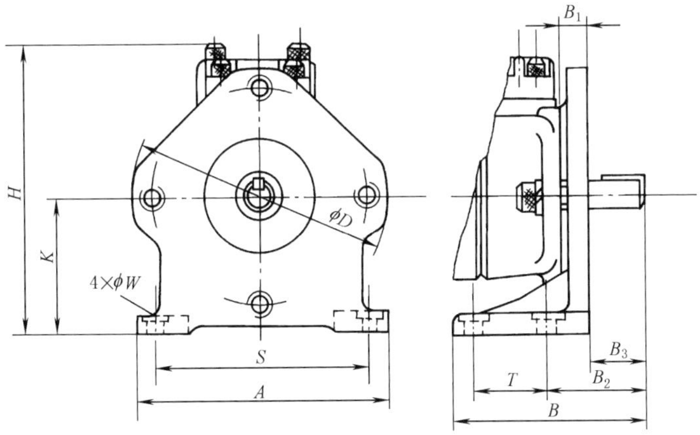

备注：轴、键尺寸见法兰安装型式

型　　号	A	B	B_1	B_2	B_3	φD	S	T	φW	H	K
YB2-A	172	137.5	17.5	74	41.5	174	146	50.8	11	194.1	92.1
YB2-B	265	185	19	92	54	213	235	76.2	18	234.5	109.5

4.2.3 PFE 系列柱销式叶片泵

PFE 系列叶片泵有单泵和双联泵两种。其排量范围为 5~250mL/r，额定压力为 21~30MPa，转速范围为 600~2800r/min，采用偏心柱销式叶片结构，具有压力高、流量大、体积小、运转平稳、噪声低、效率高等优点。

表 20-5-35　　型号意义

PFE 系列定量叶片泵	系列号	单泵或双联泵大排量侧几何排量/mL·r^{-1}	双联泵小排量侧几何排量/mL·r^{-1}	轴伸型式	旋向（从轴端看）	油口位置	适用流体记号
PFE 单泵系列	21	5、6、8、10、12、16	—	1—圆柱形轴伸（标准型） 2—圆柱形轴伸（ISO/DIS 3019） 3—圆柱形轴伸（大转矩型） 5—花键轴伸	D:顺时针 S:逆时针	进口与出口共有 T（标准）、V、U、W 4 组位置关系	无记号：石油基 水-乙二醇/ PF:磷酸酯
	31	16、22、28、36、44	—				
	41	29、37、45、56、70、85	—				
	51	90、110、129、150	—				
	61	160、180、200、224	—				
	22	8、10、12	—				
	32	22、28、36	—				
	42	45、56、70	—				
	52	90、110、129	—				
PFED 双联泵系列	4131	29、37、45、56、70、85	16、22、28、36、44	1—圆柱形轴伸（标准型） 2—圆柱形轴伸（ISO/DIS 3019） 3—圆柱形轴伸（大扭矩型） 5—花键轴伸：PFED-43　SAE B　13T 16/32 DP（13 齿） PFED-54　SAE C　14T　12/24 DP（14 齿） 6—花键轴伸：（仅 PFE-43）：PFED-43　SAE C　14T　12/24 DF（14 齿）	D:顺时针 S:逆时针	进口与两个出口共有 TO（标准）、VG 等 32 组位置关系	
	5141	90、110、129、150	29、37、45、56、70、85				

表 20-5-36　　单泵 PFE-※1 系列技术参数

型　号	排量/mL·r^{-1}	额定压力/MPa	输出流量/L·min^{-1}	驱动功率/kW	转速范围/r·min^{-1}	质量/kg	油口通径/in	
							进口	出口
PFE-21005	5.0	21	4.8	3.5	900~3000	6	¾	½
PFE-21006	6.3		5.8	4				
PFE-21008	8.0		7.8	5.5				
PFE-21010	10.0		9.7	6.5				
PFE-21012	12.5		12.2	8				
PFE-21016	16.0		15.6	10				
PFE-31016	16.5	21	16	6.5	800~2800	9	1¼	¾
PFE-31022	21.6		23	10				
PFE-31028	28.1		33	14				
PFE-31036	35.6		43	18				
PFE-31044	43.7		55	23				
PFE-41029	29.3	21	34	14	700~2500	14	1½	1
PFE-41037	36.6		45	18				
PFE-41045	45.0		57	23				
PFE-41056	55.8		72	30				
PFE-41070	69.9		91	37				
PFE-41085	85.3		114	47	700~2000			

续表

型号	排量 /mL·L⁻¹	额定压力 /MPa	输出流量 /L·min⁻¹	驱动功率 /kW	转速范围 /r·min⁻¹	质量 /kg	油口通径/in	
							进口	出口
PFE-51090	90.0	21	114	47	600~2200	25.5	2	1¼
PFE-51110	109.6		141	58				
PFE-51129	129.2		168	69				
PFE-51150	150.2		197	80	600~1800			
※PFE-61160	160	21	211	94	600~1800		2½	1½
※PFE-61180	180		237	106				
※PFE-61200	200		264	117				
※PFE-61224	224		295	131				

注：1in=25.4mm，下同。

表 20-5-37　　单泵 PFE-※2 系列技术参数

型号	排量 /mL·r⁻¹	额定压力 /MPa	输出流量 /L·min⁻¹	驱动功率 /kW	转速范围 /r·min⁻¹	质量 /kg	油口通径/in	
							进口	出口
PFE-32022	21.6	30	20	15	1200~2500	9	1¼	¾
PFE-32028	28.1		30	21				
PFE-32036	35.6		40	27				
PFE-42045	45.0	28	56	31	1000~2200	14	1½	1
PFE-42056	55.8		70	40				
PFE-42070	69.9	25	90	47				
PFE-52090	90.0		111	57	1000~2000	25.5	2	1¼
PFE-52110	109.6		138	69				
PFE-52129	129.2		163	81				

表 20-5-38　　单泵外形尺寸　　mm

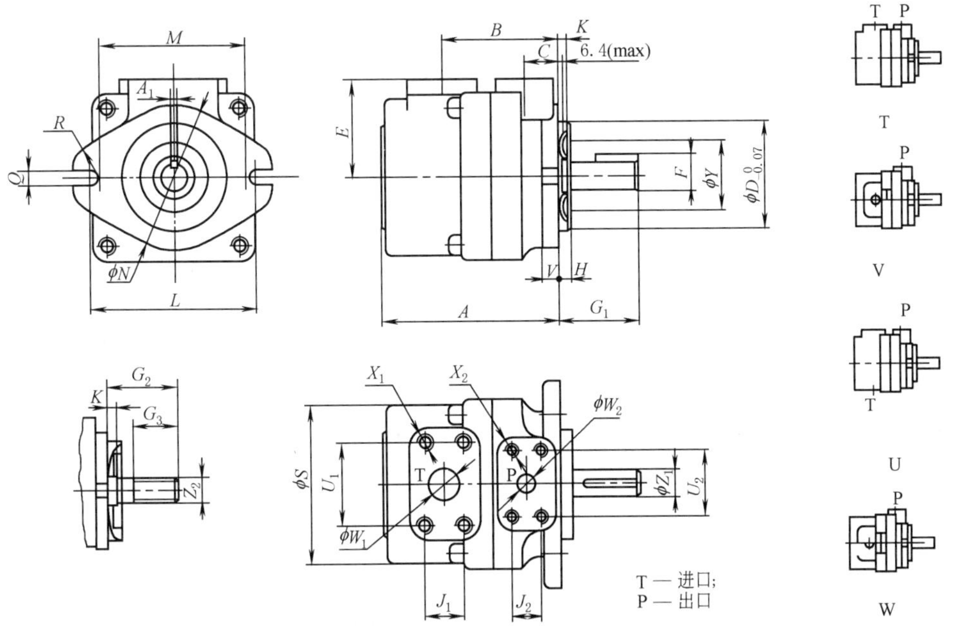

续表

型号	A	B	C	φD	E	H	L	M	φN	Q	R
PFE-21	105	69	20	63	57	7	100	—	84	9	—
PFE-31/32	135	98.5	27.5	82.5	70	6.4	106	73	95	11.1	28.5
PFE-41/42	159.5	121	38	101.6	76.2	9.7	146	107	120	14.3	34
PFE-51/52	181	125	38	127	82.6	12.7	181	143.5	148	17.5	35
PFE-61	200	144	40	152.4	98	12.7	229	—	188	22	—
型号	φS	U_1	U_2	V	$φW_1$	$φW_2$	J_1	J_2	X_1	X_2	φY
PFE-21	92	47.6	38.1	10	19	11	22.2	17.5	M10×17	M8×15	40
PFE-31/32	114	58.7	47.6	10	32	19	30.2	22.2	M10×20	M10×17	47
PFE-41/42	134	70	52.4	13	38	25	35.7	26.2	M12×20	M10×17	76
PFE-51/52	158	77.8	58.7	15	51	32	42.9	30.2	M12×20	M10×20	76
PFE-61	185	89	70	18	63.5	38	50.8	35.7	M12×22	M12×22	100

型号	1型轴(标准)					2型轴					3型轴					5型轴			
	$φZ_1$	G_1	A_1	F	K	$φZ_1$	G_1	A_1	F	K	$φZ_1$	G_1	A_1	F	K	Z_2	G_2	G_3	K
PFE-21	15.88 15.85	48	4.00 3.98	17.37 17.27	8	—	—	—	—	—	—	—	—	—	—	—	—	—	—
PFE-31/32	19.05 19.00	55.6	4.76 4.75	21.11 20.94	8	—	—	—	—	—	22.22 22.20	55.6	4.76 4.75	24.54 24.41	8	9T 16/32 DP	32	19.5	8
PFE-41/42	22.22 22.20	59	4.76 4.75	24.54 24.41	11.4	22.22 22.20	71	6.36 6.35	25.07 25.03	8	25.38 25.36	78	6.36 6.35	28.30 28.10	11.4	13T 16/32 DP	41	28	8
PFE-51/52	31.75 31.70	73	7.95 7.94	35.33 35.07	13.9	31.75 31.70	84	7.95 7.94	35.33 35.07	8	34.90 34.88	84	7.95 7.94	38.58 38.46	13.9	14T 12/24 DP	56	42	8
PFE-61	38.10 38.05	91	9.56 9.53	42.40 42.14	8	—	—	—	—	—	—	—	—	—	—	—	—	—	—

表 20-5-39　　PFED 系列（4131）技术参数

型号	理论排量 /mL·r^{-1}		额定压力 /MPa		输出流量 /L·min^{-1}		驱动功率 /kW		转速范围 /r·min^{-1}	质量 /kg	油口通径/in		
	前泵	后泵	前泵	后泵	前泵	后泵	前泵	后泵			进口	前泵出口	后泵出口
PFED-4131029/016	29.3	16.5	21	21	34	16	14	6.5	800~2500	24.5	2½	1	¾
PFED-4131029/022		21.6				23		10					
PFED-4131029/028		28.1				33		14					
PFED-4131037/016	36.6	16.5			45	16	18	6.5					
PFED-4131037/022		21.6				23		10					
PFED-4131037/028		28.1				33		14					
PFED-4131037/036		35.6				43		18					
PFED-4131045/016	45.0	16.5			57	16	24	6.5					
PFED-4131045/022		21.6				23		10					
PFED-4131045/028		28.1				33		14					
PFED-4131045/036		35.6				43		18					
PFED-4131045/044		43.7				55		23					

续表

型号	理论排量/mL·r⁻¹		额定压力/MPa		输出流量/L·min⁻¹		驱动功率/kW		转速范围/r·min⁻¹	质量/kg	油口通径/in		
	前泵	后泵	前泵	后泵	前泵	后泵	前泵	后泵			进口	前泵出口	后泵出口
PFED-4131056/016	55.8	16.5	21	21	72	16	30	6.5	800~2500	24.5	2½	1	¾
PFED-4131056/022		21.6				23		10					
PFED-4131056/028		28.1				33		14					
PFED-4131056/036		35.6				43		18					
PFED-4131056/044		43.7				55		23					
PFED-4131070/016	69.9	16.5			91	16	37	6.5					
PFED-4131070/022		21.6				23		10					
PFED-4131070/028		28.1				33		14					
PFED-4131070/036		35.6				43		18					
PFED-4131070/044		43.7				55		23					
PFED-4131085/016	85.3	16.5			114	16	46	6.5	800~2000				
PFED-4131085/022		21.6				23		10					
PFED-4131085/028		28.1				33		14					
PFED-4131085/036		35.6				43		18					
PFED-4131085/044		43.7				55		23					

注：1. 表中的输出流量和驱动功率均为 $n=1500$r/min、$p=p_n$（额定压力）工况下保证值。

2. 前泵指轴端（大排量侧）泵，后泵指盖端（小排量侧）泵。

表 20-5-40　　PFED 系列（5141）技术参数

型号	理论排量/mL·r⁻¹		额定压力/MPa		输出流量/L·min⁻¹		驱动功率/kW		转速范围/r·min⁻¹	质量/kg	油口通径/in		
	前泵	后泵	前泵	后泵	前泵	后泵	前泵	后泵			进口	前泵出口	后泵出口
PFED-5141090/029	90.0	29.3	21	21	114	34	48	14	700~2000	36	3	1¼	1
PFED-5141090/037		36.6				45		18					
PFED-5141090/045		45.0				57		24					
PFED-5141090/056		55.8				72		30					
PFED-5141090/070		69.9				91		37					
PFED-5141090/085		85.3				114		46					
PFED-5141110/029	109.6	29.3			141	34	58	14					
PFED-5141110/037		36.6				45		18					
PFED-5141110/045		45.0				57		24					
PFED-5141110/056		55.8				72		30					
PFED-5141110/070		69.9				91		37					
PFED-5141110/085		85.3				114		46					
PFED-5141129/029	129.2	29.3			168	34	69	14					
PFED-5141129/037		36.6				45		18					
PFED-5141129/045		45.0				57		24					

续表

型号	理论排量/mL·r^{-1}		额定压力/MPa		输出流量/L·min^{-1}		驱动功率/kW		转速范围/r·min^{-1}	质量/kg	油口通径/in		
	前泵	后泵	前泵	后泵	前泵	后泵	前泵	后泵			进口	前泵出口	后泵出口
PFED-5141129/056	129.2	55.8	21	21	168	72	69	30	700~2000	36	3	1¼	1
PFED-5141129/070		69.9				91		37					
PFED-5141129/085		85.3				114		46					
PFED-5141150/029	150.2	29.3			197	34	80	14	700~1800				
PFED-5141150/037		36.6				45		18					
PFED-5141150/045		45.0				57		24					
PFED-5141150/056		55.8				72		30					
PFED-5141150/070		69.9				91		37					
PFED-5141150/085		85.3				114		46					

注：1. 表中的输出流量和驱动功率均为 $n=1500$r/min、$p=p_n$（额定压力）工况下保证值。

2. 前泵指轴端（大排量侧）泵，后泵指盖端（小排量侧）泵。

表 20-5-41 双联泵外形尺寸

PFED-4131

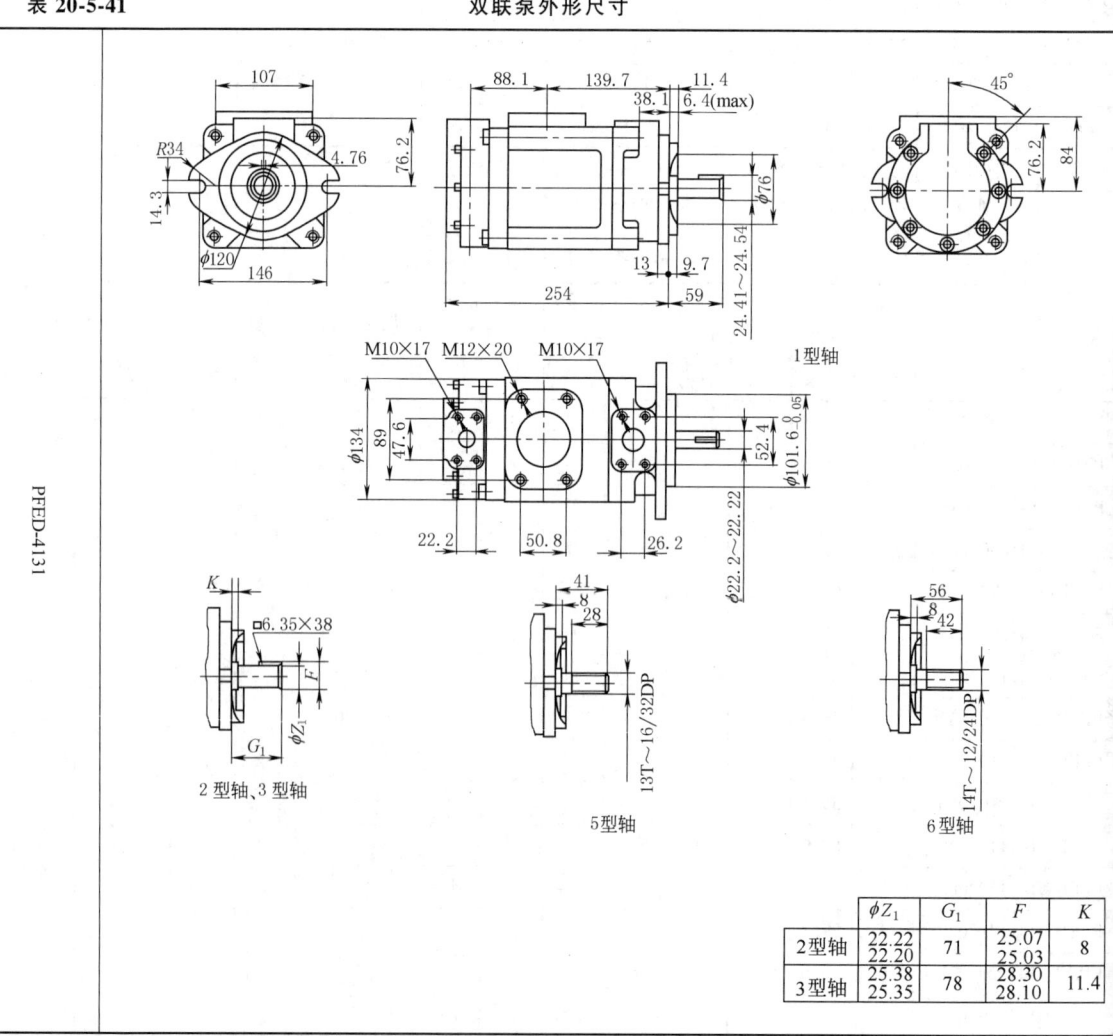

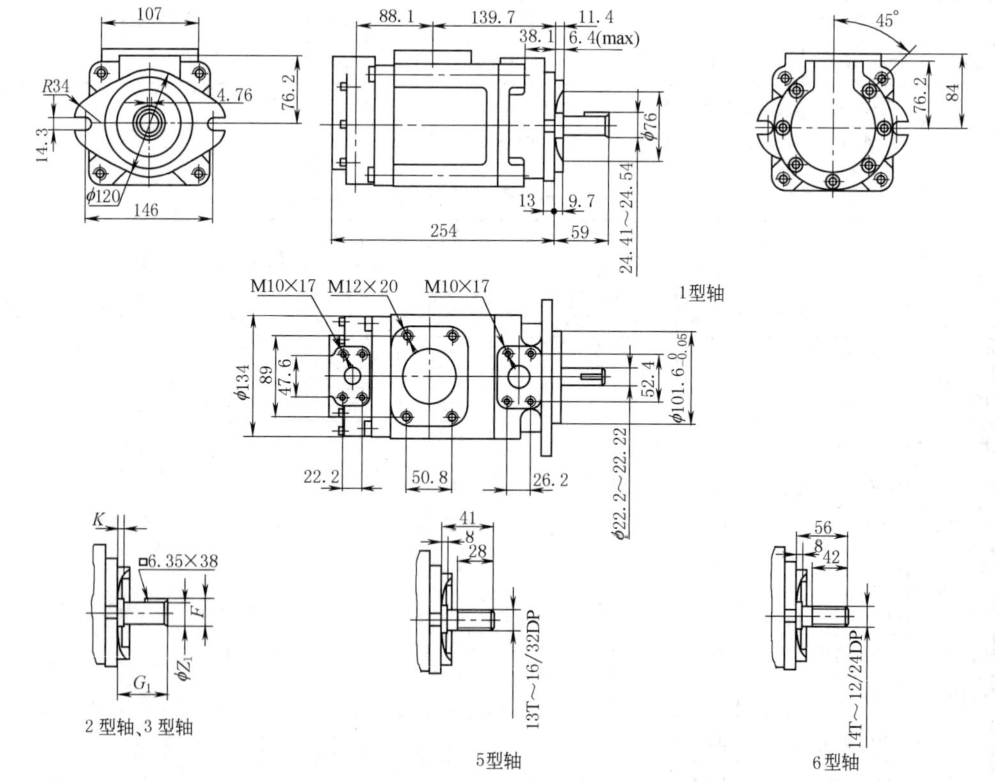

	ϕZ_1	G_1	F	K
2型轴	22.22 22.20	71	25.07 25.03	8
3型轴	25.38 25.35	78	28.30 28.10	11.4

续表

PFED-5141

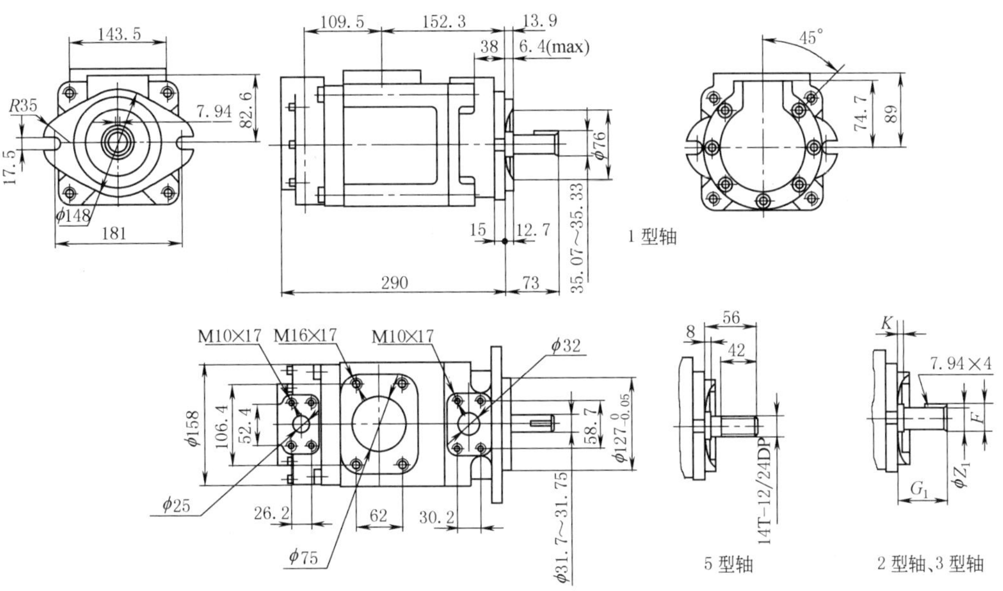

	ϕZ_1	G_1	F	K
2型轴	31.75 31.70	84	35.07 35.03	8
3型轴	34.90 34.88	84	38.58 38.46	13.9

4.2.4 Y2B 型双级叶片泵

Y2B 型泵由两个同一轴驱动的 YB 型单泵组装在一壳体内而成，具有一个进口、一个出口。其额定压力为单泵的 2 倍。两泵之间装有面积比为 1∶2 的定比减压阀，使两泵进、出口压差相等，保证两泵均在允许负荷下工作。

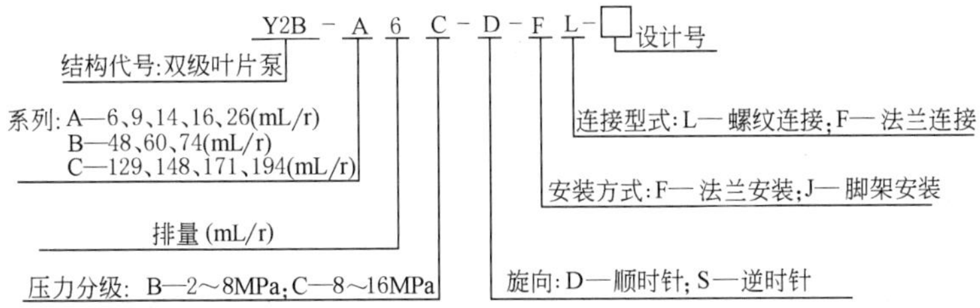

表 20-5-42 **主要技术参数**

型号	理论排量 /mL·r^{-1}	额定压力 /MPa	输出流量 /L·min^{-1}	驱动功率 /kW	转速/r·min^{-1}			质量/kg		油口尺寸	
					额定	最低	最高	脚架安装	法兰安装	进口	出口
Y2B-A6C	6.5	14	2.7	2.4	1000	800	1800	31	30	Z1	Z¾
Y2B-A9C	9.1		3.8	2.9		600					
Y2B-A14C	14.5		8.2	4.1							
Y2B-A16C	16.3		10.1	4.5							
Y2B-A26C	26.1		18.6	6.7			1500				
Y2B-B48C	48.3		35.0	14.2			1200	71	68	Z1½	Z1¼
Y2B-B60C	61.0		47.0	16.9							
Y2B-B74C	74.8		57.6	20.6							
Y2B-C129C	133.9		103.2	39.5				190	170	Z2	Z1½
Y2B-C148C	153.0		117.9	44.9							
Y2B-C171C	176.9		136.4	49.6							
Y2B-C194C	200.9		159.5	55.0							

注：输出流量、驱动功率均为额定工况下保证值。

表 20-5-43 **外形尺寸** mm

脚架安装式

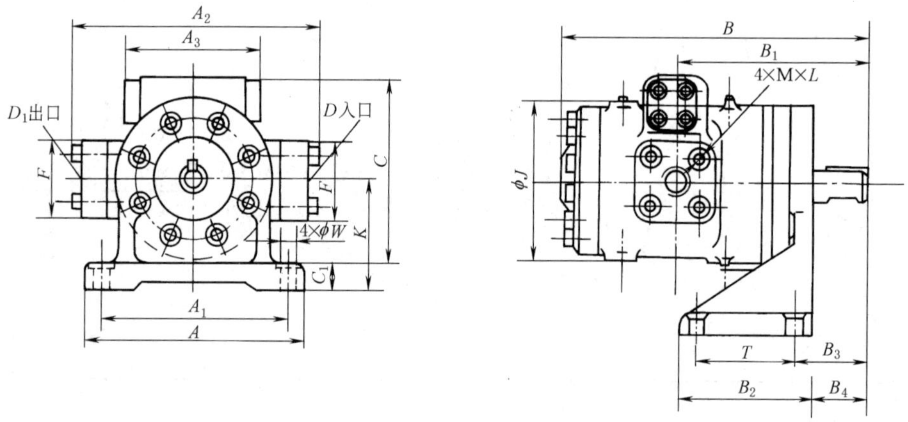

备注：轴键尺寸见法兰安装式

型号	A	A_1	A_2	A_3	B	B_1	B_2	B_3	B_4	C	C_1	D	D_1	F 入口	F 出口	ϕJ	K	T	ϕW	M×L 入口	M×L 出口
Y2B-A※C	210	180	248	156	286	182	120	20	5	208	20	Z1	Z¾	79×79	60×60	127	108	90	14	12×45	10×40
Y2B-B※C	275	235	316	176	382	239	165	35	15	262	23	Z1½	Z1¼	105×105	80×80	193	133	125	18	16×60	12×50
Y2B-C※C	375	324	408	224	519	345	250	130	105	383	32	Z2	Z1½	105×105	105×105	252	210	200	23	16×65	16×60

续表

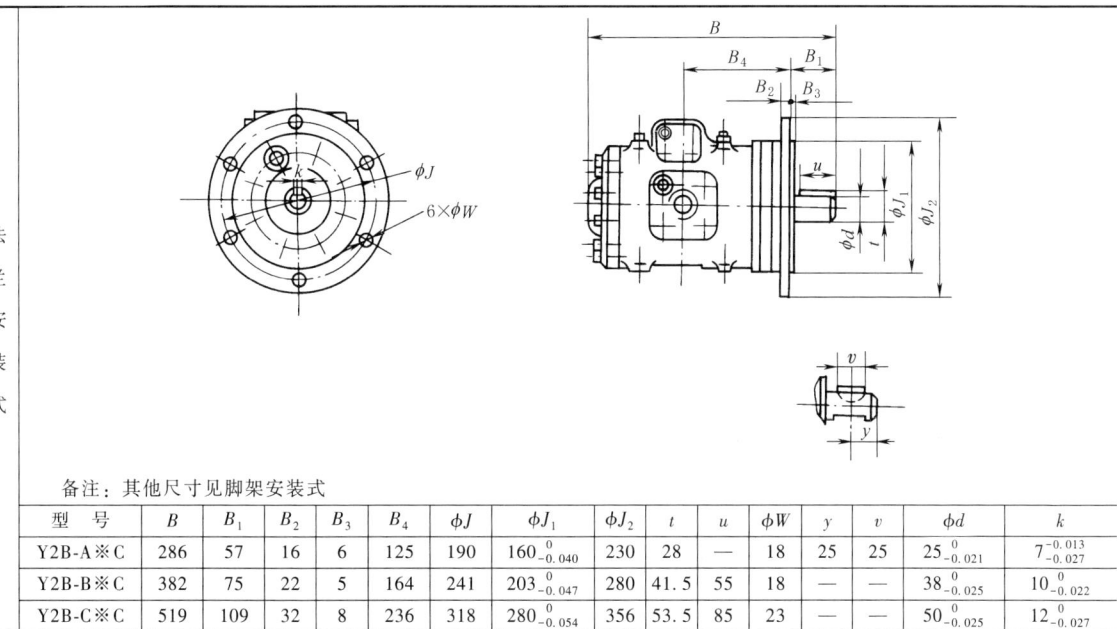

法兰安装式

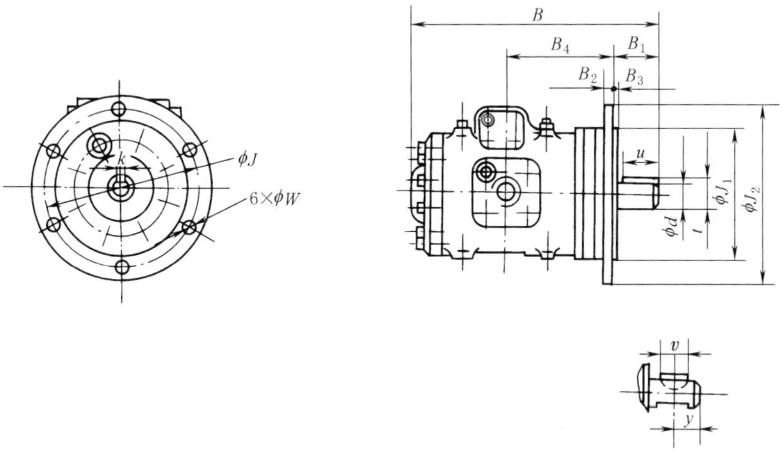

备注：其他尺寸见脚架安装式

型　号	B	B_1	B_2	B_3	B_4	ϕJ	ϕJ_1	ϕJ_2	t	u	ϕW	y	v	ϕd	k
Y2B-A※C	286	57	16	6	125	190	$160_{-0.040}^{0}$	230	28	—	18	25	25	$25_{-0.021}^{0}$	$7_{-0.027}^{-0.013}$
Y2B-B※C	382	75	22	5	164	241	$203_{-0.047}^{0}$	280	41.5	55	18	—	—	$38_{-0.025}^{0}$	$10_{-0.022}^{0}$
Y2B-C※C	519	109	32	8	236	318	$280_{-0.054}^{0}$	356	53.5	85	23	—	—	$50_{-0.025}^{0}$	$12_{-0.027}^{0}$

4.2.5 YB※型变量叶片泵

YB※型泵属“内反馈”限压式变量泵。泵的输出流量可根据载荷变化自行调节，即在调压弹簧的压力（可根据需要自行调节）调定情况下，出口压力升到一定值以后，流量随压力增加而减少，直至为零。根据这一特性，该型泵特别适用于作容积调速的液压系统中的动力源。由于其输出功率与载荷工作速度和载荷大小相适应，故没有节流调速而产生的溢流损失和节流损失，系统工作效率高、发热少、能耗低、结构简单。

YB※型变量叶片泵有 YBN 型和 YBX 型两种，其功能和特点基本相同，而 YBX 型由于改进了泵的部分结构，使其额定压力高于 YBN 型。

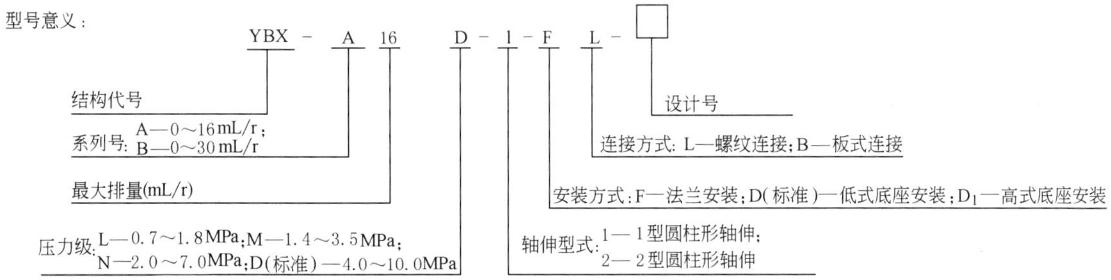

表 20-5-44　　主要技术参数

型　号	最大排量 /mL·r⁻¹	压力调节范围 /MPa	转速/r·min⁻¹			驱动功率 /kW	质量/kg		
							安装方式		
			额　定	最　低	最　高		F	D	D_1
YBX-A※L	16	0.7～1.8	1500	600	2000	0.9	7	—	—
YBX-A※M		1.4～3.5				1.8			
YBX-A※N		2.0～7.0				3.5			
YBX-A※D		4.0～10.0				4.9			

续表

型号	最大排量 /mL·r⁻¹	压力调节范围 /MPa	转速/r·min⁻¹			驱动功率 /kW	质量/kg		
							安装方式		
			额定	最低	最高		F	D	D_1
YBX-B※L	30	0.7~1.8	1500	600	1800	1.7	—	30	32
YBX-B※M		1.4~3.5				3.2			
YBX-B※N	25	2.0~7.0				5.4			
YBX-B※D		4.0~10.0				7.7			

注：驱动功率指在1500r/min、最大调节压力及最大排量工况下的保证值。

表 20-5-45 **外形尺寸** mm

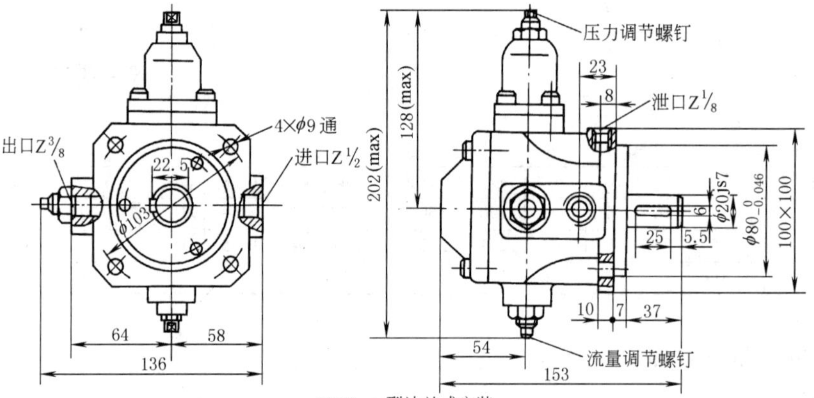

YBX-A型法兰式安装

备注：法兰安装只有1型轴伸型式

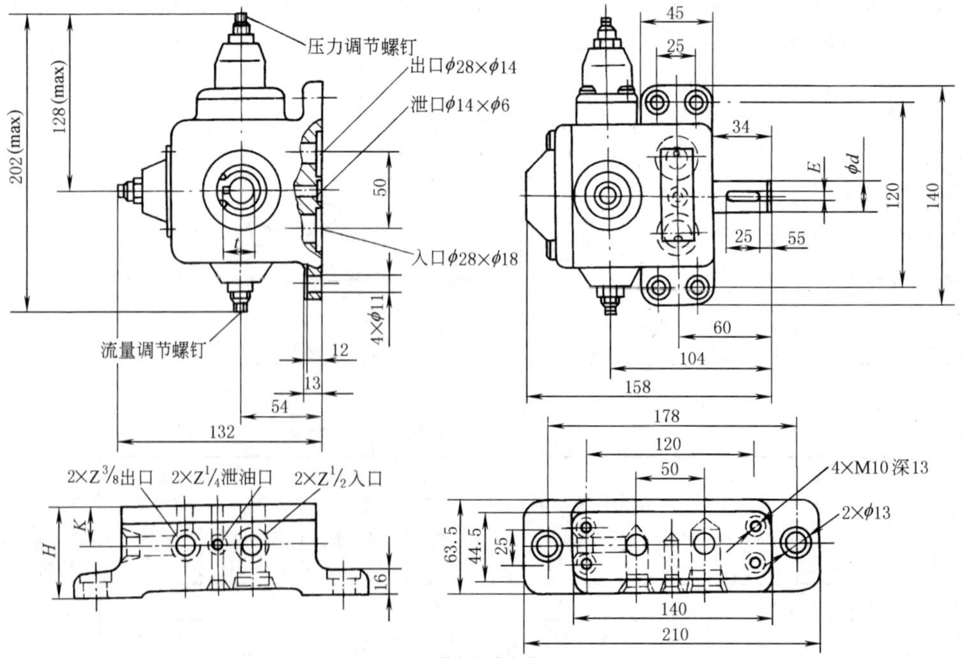

YBX-A型底座式安装

续表

型号	H	K	1型圆柱形轴伸			2型圆柱形轴伸		
			E	φd	t	E	φd	t
YBX-A※※※-DB	61	26	6h9	20js7	22.5	$5_{-0.03}^{0}$	$19_{-0.021}^{0}$	21
YBX-A※※※-D_1B	81	40						

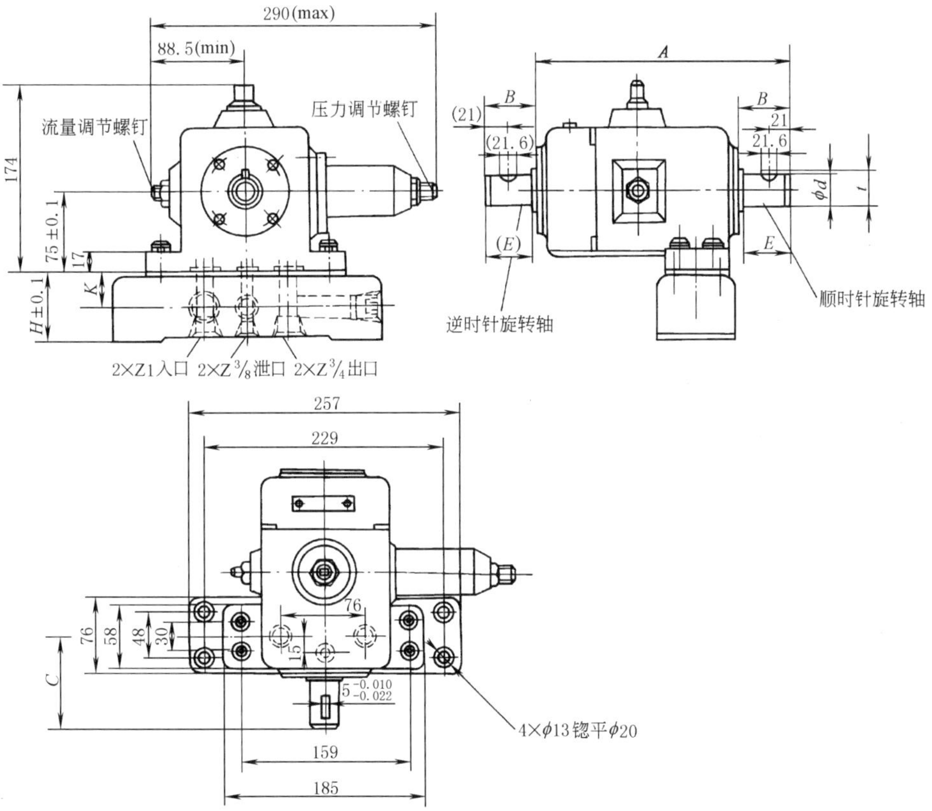

YBX-B型底座式安装

注：YBX-B型只有底座式安装一种型式

型号	H	K	1型圆柱形轴伸						2型圆柱形轴伸					
			A	B	C	E	φd	t	A	B	C	E	φd	t
YBX-B※※※-DB	60	29	231.5	42.5	80.5	42	25js7	27.5	237	48	86	47	$25.4_{-0.021}^{0}$	27.4
YBX-B※※※-D_1B	85	36.5												

4.3 柱塞泵（马达）产品及选用指南

(1) 轴向柱塞泵（马达）产品选用

① 基型的选择　斜轴式轴向柱塞泵（马达）有各种结构类型，如斜轴泵有定量泵和变量泵，斜轴马达有定量马达和变量马达，变量泵中有单向变量泵和双向变量泵，以及变量双泵等。

如果液压系统的功率较小，对变量要求不太重要，为了降低成本可以选择定量泵（马达）。如果使用功率较大，为了满足工作机构的需要和节能，则应选择变量泵（马达）。

通常变量泵与定量马达组成的容积调速系统为恒转矩系统，调速范围取决于泵的变量范围。定量泵与变量马达组成的系统为恒功率系统，调速范围取决于马达的变量范围。变量泵与变量马达组成的系统，其转矩和功率均可变，调速范围最大。因此，应根据系统的需要选用定量泵（马达）或变量泵（马达）。

对于闭式液压系统需要双向变量时，应选用双向变量泵，如 A4V、A2V、ZB 系列等。对于开式系统，只需单向变量，可选用单向变量泵。

定量泵（马达）有 A2F 系列，变量泵有 A7V 系列、A4V 系列、A10V 系列和变量双泵 A8V 系列，变量马达有 A6V 系列。

② 参数的选择　斜轴式轴向柱塞泵（马达）具有较高的性能参数，如性能参数中规定额定压力为 35MPa，最高压力为 40MPa，并规定了各种排量、各种规格的最高转速。在实际使用中不应采用压力和转速的最高值，应该有一定的裕量。特别是最高压力与最高转速不能同时使用，这样可以延长液压泵（马达）及整个液压系统的使用寿命。

应正确选择泵的进口压力和马达的出口压力。在开式系统中，泵的进口压力不得低于 0.08MPa（绝对压力），在闭式系统中，补油压力应为 0.2~0.6MPa。如果允许马达有较高的出口压力，则马达可以在串联工况下使用，但制造厂规定马达进口与出口压力之和不得超过 63MPa。

要特别注意壳体内的泄油压力。因为壳体内的泄油压力取决于轴头油封所能允许的最高压力，壳体泄油压力对于 A2F 和 A6V 系列为 0.2MPa（绝对压力），过高的泄油压力将导致轴头油封的早期损坏，甚至漏油。

斜轴式轴向柱塞泵（马达）的转速应严格按照产品的性能参数表中规定的数据使用，不得超过最高转速值。一旦超过会造成泵的吸空、马达的超速，也会引起振动、发热、噪声，甚至损坏。

③ 变量方式的选择　选择变量泵（马达）时，选择哪种变量方式是一个很重要的问题。为此，要分析工作机械的工作情况，如出力的大小、速度的变化、控制方式的选择等。

恒功率变量泵是常用的一种变量方式，在负载压力较小时能输出较大的流量，可以使工作机械得到较高的运行速度。当负载压力较大时，它能自动地输出较小的流量，使工作机械获得较小的运行速度，而保持输出功率不变。

恒压变量泵在工作时能使系统压力始终保持不变而流量自动调节。它在输出流量为零时仍可保持压力不变。

上面两种变量方式是由泵的本身控制实现的。如果需要由人来随意进行变量时，可选用液控变量（HD）、比例电控变量（EP）、手动变量（MA）等。

④ 安装方式　斜轴式轴向柱塞泵可以安装在油箱内部或油箱外部。

当泵安装在油箱内部时，泵的吸油口必须始终低于油箱内的最低油面，保证液压油始终能注满泵体内部，防止空气进入泵体产生吸空。当使用 A2F、A7V、A8V 泵时，如果将泵置于油箱内部，则要注意打开泄油口。

当泵安装在油箱外部时，泵的吸油口最好低于油箱的出油口，以便油液靠自重能自动充满泵体。也允许泵的吸油口高于油箱的出油口，但要保证吸油口压力不得低于 0.08MPa。

当使用 A2F 定量泵（马达）和 A6V 变量马达时，如驱动轴向上，要避免在停止工作时，壳体里的油自动流出，即泄油管的最高点要高于泵（马达）的最高密封位置，否则将从轴头的骨架式密封圈进气而使泵芯锈蚀。泄油管的尺寸要足够大，保证壳体内的泄油压力不超过 0.2MPa（绝对压力）。

⑤ 其他问题

a. 从轴头方向看，泵有右转和左转之分。要根据工作机械的整体布置来选择。马达一般选择正反转均可。

b. 轴伸有平键和花键之分，一般泵可以使用平键和花键，而马达最好使用花键。花键有德标（DIN 5480）和国标（GB 3478.1）花键之分，两种花键不能通用。

c. 油口连接有法兰连接和螺纹连接两种，一般小排量的用螺纹连接，多数为法兰连接。

d. 在 A7V 和 A8V 变量泵中限位装置有两种：一种是机械行程限位；另一种是液压行程限位，它是在恒功率变量和恒压变量方式的基础上再加一个液控装置，可以人为地改变排量的大小，满足工况的需要。

（2）径向柱塞式液压马达选用

① 效率　对于功率较大（10kW 以上）的传动装置，选型时首先要考虑效率问题。因为选用高效率的产品不仅可以节能，还有利于降低液压系统的油温，同时，也提高了系统的工作稳定性。高效率的产品摩擦损失小，相应地提高了产品的寿命。一般来讲，端面配流和柱塞处采用塑料活塞环密封，以及柱塞和缸体之间无侧向力的结构，具有较高的容积效率和液压机械效率。

② 启动转矩和低速稳定性　对大多数机械来讲，启动时的负载最大。因为这时一方面要克服传动装置的惯性，另一方面又要克服静摩擦力。因此，衡量马达性能时启动转矩也是一个重要指标。选用时，一般是按照所需的启动转矩来初步选定型号和规格，同时，马达的启动性能好坏与马达的低速稳定性又是密切相关的。也就是说，启动效率高的马达其低速稳定性也好。对于许多机械来讲，低速稳定性也是一个重要指标，而启动效率和低速稳定性一般又与马达的容积效率和液压机械效率有密切的关系。通常，容积效率和液压机械效率高的产品，其低速稳定性和启动性能也好。

③ 寿命　主机对传动部件的寿命一般都有要求。如何合理地选型以保证所需的寿命，是必须考虑的问题。对于要求工作压力较低、工作寿命不长或每天工作时间较短的用户，可以选用外形尺寸较小、重量较轻和体积较小的型号规格。这样在保证寿命的基础上，马达不但轻和小，而且价格便宜。而对于要求工作压力较高、寿命长、输出轴承受较大径向力和每天频繁工作的用户，就需要选用规格较大的、外形尺寸也较大的马达，这样价格就会较高。

④ 速度调节比　对不少主机来讲，马达工作中需要调节转速，转速调节中最高转速与最低转速之比称为速度调节比。这个指标也很重要。如果马达在很低的转速下（如 1r/min，甚至更低）能平稳运转，而高速时也能高效可靠地工作，那么，这种马达的适用范围就相当大了。目前，优质马达的速度调节比可达 1000 以上。

⑤ 噪声　随着环境意识的提高，对为主机配套的马达，噪声要求也日益增强了。同一类型的马达，其噪声除马达本身的运转噪声外，还与马达安装机架的刚度、使用时的工作压力和工作转速等有关。安装刚性好、压力低和转速小，马达的噪声就小，反之，则噪声就大。

在考虑了以上五个问题以后，应根据各种类型马达的产品样本来确定马达的类型和规格。

在选择马达规格时，配套主机应提供以下技术资料。

① 马达的工作负载特性。此特性即从启动到正常工作，直到停止的整个工作循环中，马达的负载转矩和工作转速的情况。最好以时间为横坐标、转矩和转速为纵坐标，给出负载特性曲线，由此来确定马达实际工作时的尖峰转矩和长期连续工作的转矩数值，以及相关的最高转速和长期工作的转速。

② 主机上原动机和液压泵的相关参数。在有些主机上，向马达供油的液压泵和驱动该泵的内燃机或电机已确定下来，此时，需传递的功率也就已经明确，供给马达的流量、系统的工作压力和最高压力受到供油液压泵的限制。

有了以上的技术资料，应先计算出所需马达的排量，在产品性能参数表中找出相近的规格。然后按尖峰转矩和连续工作转矩计算出尖峰压力和连续工作压力，如果计算值在该马达性能参数范围内，则上述选择是合理的。

下一步应再按功率公式验算一下功率够不够。

一般情况下实际选用的连续工作压力应比样本中推荐的额定压力低 20%～25%，这有利于提高使用寿命和工作可靠性。尖峰转矩出现在启动瞬间，最高压力可以选用样本中提供的最高压力的 80%，有 20% 的储备比较理想。

最后，按选定的型号规格，参照生产厂提供的资料，对实际使用工况下，液压马达可能有的寿命进行评估或验算，以确定上述选型是否能满足主机要求。如果寿命不够，则必须选用规格更大一些的产品。

柱塞泵产品技术参数概览见表 20-5-46。

表 20-5-46　　　　柱塞泵产品技术参数概览

类别		型　号	排量 /mL·r^{-1}	压力 /MPa	转速 /r·min^{-1}	变量方式
轴向柱塞泵	斜盘式轴向柱塞泵	※CY14-1B	2.5~400	31.5	1000~3000	有定量、手动、伺服、液控变量、恒功率、恒压、电动、比例等
		XB※	9.5~227	28	1500~4000	有定量、手动伺服、液控、恒压、恒功率等
		PVB※	10.55~61.6	21	1000~1800	有恒压、手轮、手柄等
		TDXB	31.8~97.5	31.5	1500~1800	有定量、手动、恒功率、恒压、电液比例、负载敏感等
		CY-Y	10~250		1000~1500	有定量、手动、恒压、恒功率等
		A4V	40~500	31.5	1000~1500	有恒压、恒功率、液控、电动、电液比例、负载敏感等
		A10V	18~140	28	1000~1500	有恒压、恒功率等
	斜轴式轴向柱塞泵	A7V	20~500	35	1200~4100	有恒功率、液控、恒压、手动等
		A2F	9.4~500		1200~5000	定量泵
		A8V	28.1~107		1685~3800	有总功率控制、恒压手动变量
		Z※B	106.7~481.4	16	970~1450	有定量、恒功率、手动伺服等
		ZB※-H※	915	32	1000	—
		A2V	28.1~225		4750	—
径向柱塞泵		JB-G	57~121	25	1000	—
		JB-H	17.6~35.5	31.5		
		BFW01	26.6	20	1500	—
		BFW01A	16.7	40		
		JB※	16~80	20~31.5	1800	—
		JBP	10~250	32	1500	—

4.3.1　※CY14-1B 型斜盘式轴向柱塞泵

※CY14-1B 型轴向柱塞泵由主体部分和变量机构两大部分组成。

四种变量操纵方式的轴向柱塞泵的主体部分是相同的，仅变量机构不同。

① 伺服变量采用泵本身输出的高压油控制变量机构，可以用手动或机械等方式操纵伺服机构，以达到变量的目的。其倾斜盘可倾斜±γ。泵的输出油流可换向。

② 压力补偿变量采用双弹簧控制泵的流量和压力特性，使两者近似地按恒功率关系变化。

③ 手动变量采用手轮调节泵的流量，泵的输出油流不可换向。

④ 定量倾斜盘固定，没有变量机构。

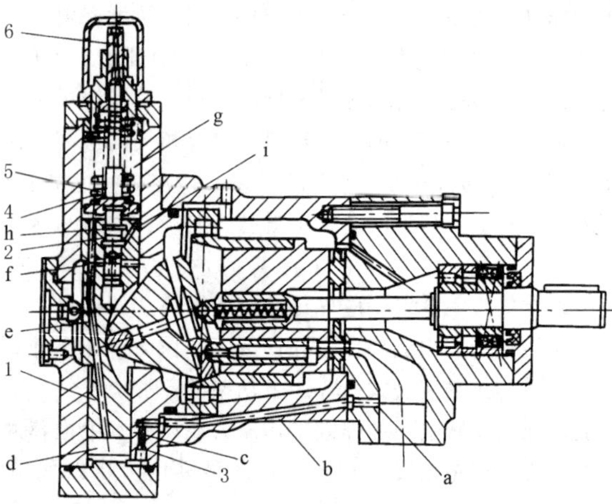

图 20-5-1　YCY14-1B 型压力补偿变量轴向柱塞泵工作原理

这里着重介绍压力补偿变量泵的工作原理，如图 20-5-1 所示。从泵打出的高压油由通道 a、b、c，再经单向阀 3 进入变量机构的下腔 d，并由此经通道 e 分别进入通道 f、h。当弹簧 4、5 的向下推力大于由通道 f 进入控制差动活塞 2 下端的压力油所产生的向上推力时，h 通道打开，则高压油经 h 通道进入上腔 g，推动变量差动活塞 1 向下运动使得 γ 增大，泵的输出流量增加。当泵的压力升高，使得控制差动活塞 2 下端的向上推力大于弹簧 4、5 的向下推力时，则控制差动活塞向上运动，h 通道关闭，使 g 腔的油经通道 i 卸压，变量差动活塞 1 向上运动，倾斜角 γ 减小，泵的输出流量减小。图 20-5-2 的阴影线部分是压力补偿泵的特性调节范围。$\overline{AB}$ 的斜率是由外弹簧 4 的刚度决定的，$\overline{GE}$ 的斜率是由外弹簧 4 和内弹簧 5 的合成刚度决定的，$\overline{ED}$ 的长短是由调节螺杆 6 调节的位置（限制 γ）决定的。使用者只要根据自己要求的特性转换点（$G'F'E'D'$）的压力和流量值，在调节范围内采用作平行线的方法，即可求出所要求的特性。

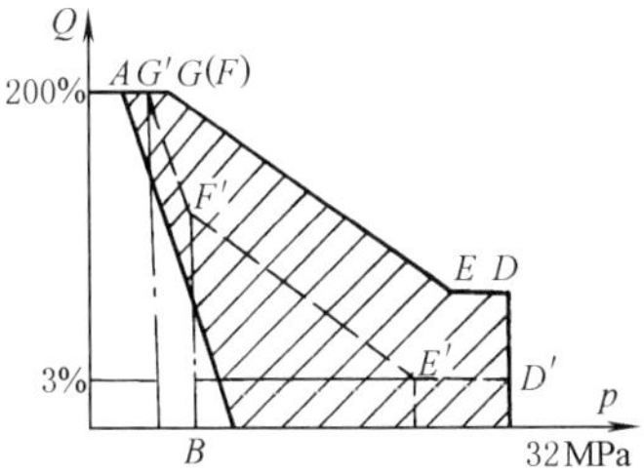

图 20-5-2　YCY14-1B 型压力补偿变量泵特性调节范围

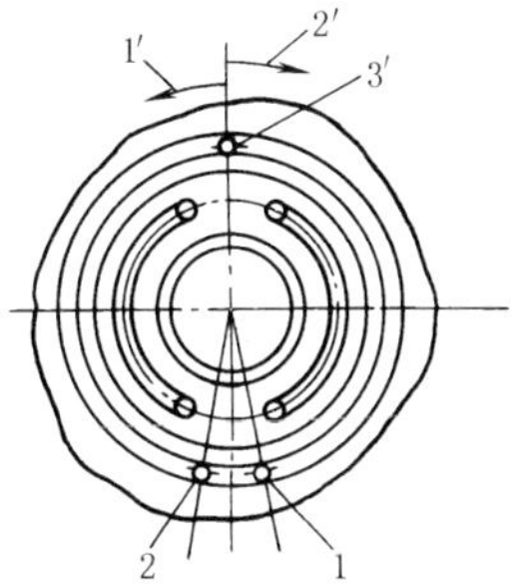

图 20-5-3　配油盘的安装

油泵推荐采用黏度为 3°E～6°E 的液压油或透平油，正常工作油温为 20～60℃。为了保持油液清洁，在油箱里的吸、排油管的隔挡之间需装 100～200 目的滤油网。最好在液压系统中装有磁性滤油器或其他滤油器。

油泵具有自吸能力，可以安装在油箱上面，吸油高度小于 500mm。禁止在吸油管道上安装滤油器。为防止吸真空，也可以采用压力补油。本泵也适合于安装在油箱里面。

泵和电机之间用弹性联轴器相连接，两轴应力求同心；严禁用带轮或齿轮直接装在泵的传动轴上；泵和电机的公共基础或底座应具有足够的刚度。

如果需要改变油泵出厂时的旋转方向或作油马达使用时，需特别注意泵中配油盘的安装，如图 20-5-3 所示。

① 泵若按箭头 1′或 2′的方向旋转（面对泵伸出的轴端看，以下同），则定位销必须插在对应的销孔 1 或 2 内。

② 如果把泵作为油马达使用时，则定位销永远插在销孔 3′内。

泵在启动前必须通过回油口向泵体内灌满洁净的工作油液。

本系列轴向柱塞泵是一种靠倾斜盘变量的高压泵，采用配油盘配油，缸体旋转，滑靴和倾斜盘之间、配油盘和缸体之间采用了液压静力平衡结构，具有结构简单、体积小、重量轻、效率高、自吸能力强等特点，适用于机床、锻压、冶金及工程机械、矿山机械和船舶等液压传动系统中。本系列轴向柱塞泵技术特性见表 20-5-47，外形尺寸见表 20-5-48、表 20-5-49。

型号意义：

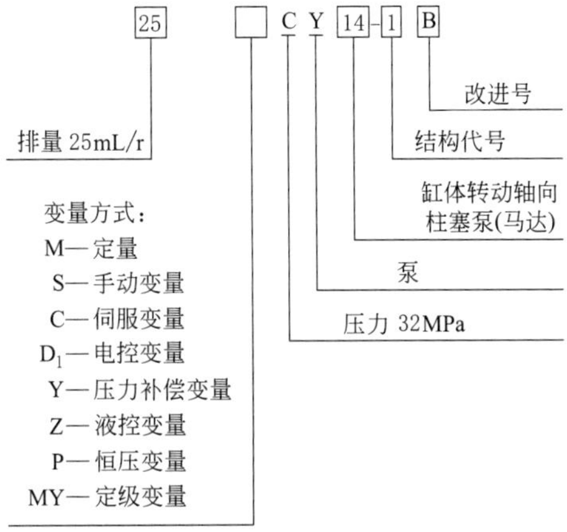

表 20-5-47 **技术参数**

型号	排量 /mL·r^{-1}	额定压力 /MPa	额定转速 /r·min^{-1}	驱动功率 /kW	容积效率/%	质量 /kg
2.5MCY14-1B	2.5	32	3000	6	≥92	4.5
10MCY14-1B	10		1500	10		16
10SCY14-1B						19
10CCY14-1B						22
10YCY14-1B						24
25MCY14-1B	25			24.6		27
25SCY14-1B						34
25CCY14-1B						34
25YCY14-1B						36
25ZCY14-1B						34
25MYCY14-1B						36
63MCY14-1B	63			59.2		56
63SCY14-1B						65
63CCY14-1B						70
63YCY14-1B						71
63ZCY14-1B						68
63MYCY14-1B						60
160MCY14-1B	160		1000	94.5		140
160SCY14-1B						155
160CCY14-1B						158
160YCY14-1B						160
160ZCY14-1B						155
250MCY14-1B	250			148		210
250SCY14-1B						240
250CCY14-1B						245
250YCY14-1B						255
250ZCY14-1B						245
400SCY14-1B	400			250		
400YCY14-1B						

表 20-5-48　※CY14-1B 型轴向柱塞泵外形尺寸　mm

MCY14-1B型

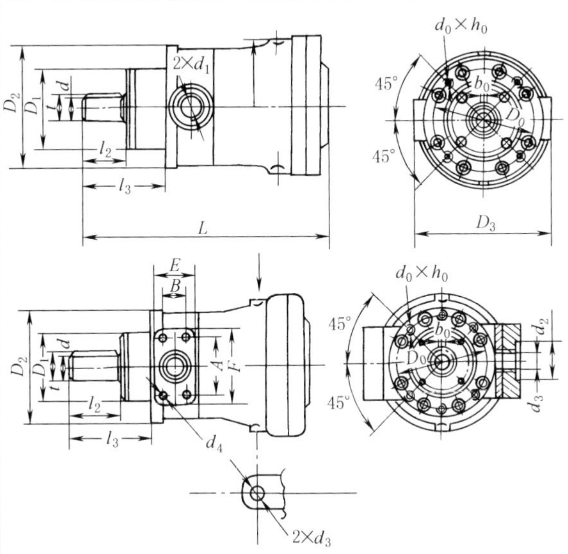

型　号	d (h6)	d_1
2.5MCY14-1B	14	M18×1.5
10MCY14-1B	25	M22×1.5
25MCY14-1B	30	M33×2
63MCY14-1B	40	M42×2

型号	d_3	D_0	D_1 (f9)	D_2	D_3
2.5MCY14-1B	M10×1	80	52		92
10MCY14-1B	M14×1.5	100	75	125	150
25MCY14-1B	M14×1.5	125	100	150	170
63MCY14-1B	M18×1.5	155	120	190	225

型号	l_2	l_3	b_0 (h8)	t	L	$d_0 \times h_0$
2.5MCY14-1B	26	63	5	16	171	M8×20
10MCY14-1B	41	86	8	27.5[28]	253	M10×25
25MCY14-1B	54	104	8	32.5	308	M10×25
63MCY14-1B	62	122	12	42.5	390	M12×25

型　号	d (h6)	d_1	d_2	d_3	d_4	D_0	D_1 (f9)	D_2	D_3	l_2	l_3	A	B	E	F	b_0 (h8)	t	L	$d_0 \times h_0$
160MCY14-1B	55	50	64	M22×1.5	M20	198	150	240	300	110	180	120	50	90	160	16	58.5	525	M16×35
250MCY14-1B	60	55	76	M22×1.5	M30	230	180	280	360	112	210	125	55	110	180	16(18)	63.5	670	M20×45

SCY14-1B型

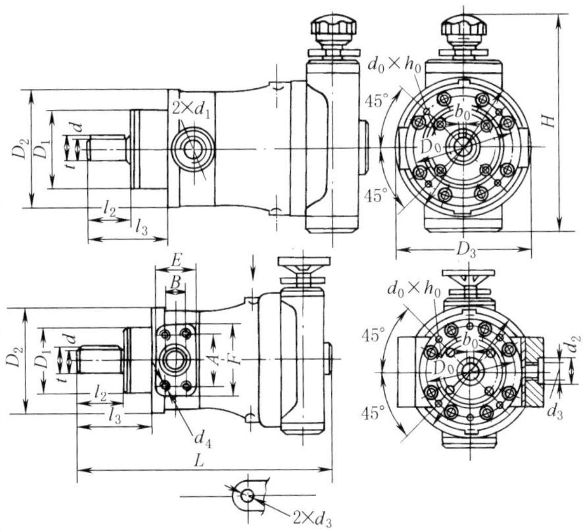

型　号	d (h6)	d_1	d_3
10SCY14-1B	25	M22×1.5	M14×1.5
25SCY14-1B	30	M33×2	M14×1.5
63SCY14-1B	40	M42×2	M18×1.5

型号	D_0	D_1 (f9)	D_2	D_3	l_2	l_3
10SCY14-1B	100	75	125	150	41	86
25SCY14-1B	125	100	150	170	54	104
63SCY14-1B	155	120	190	225	62	122

型号	H	b_0 (h8)	t	L	$d_0 \times h_0$
10SCY14-1B	231	8	27.5[28]	295	M10×25
25SCY14-1B	266	8	32.5	362	M10×25
63SCY14-1B	315	12	42.5	438	M12×25

型　号	d (h6)	d_1	d_2	d_3	d_4	D_0	D_1 (f9)	D_2	D_3	l_2
160SCY14-1B	55	50	64	M22×1.5	M20	103	150	240	300	110
250SCY14-1B	60	55	76	M22×1.5	M30	230	180	280	360	112

型　号	l_3	A	B	E	F	H	b_0 (h8)	t	L	$d_0 \times h_0$
160SCY14-1B	180	120	50	90	160	405	16	58.5	585	M16×35
250SCY14-1B	212	125	55	110	180	456	16(18)	63.5	670	M20×45

续表

YCY14-1B型

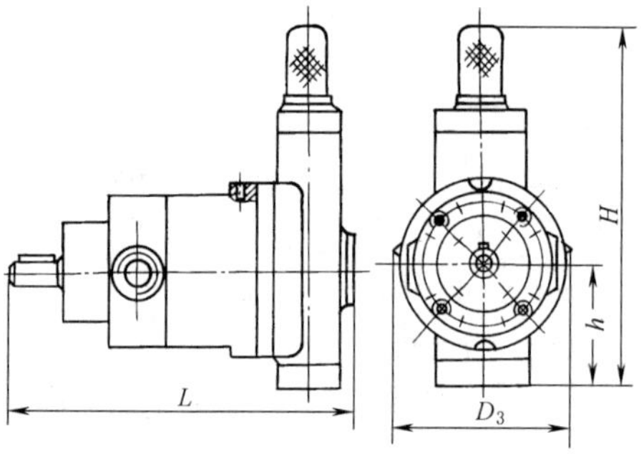

型　　号	D_3	H	h	L
10YCY14-1B	175	302	109	299
25YCY14-1B	195	337[366]	136	362
63YCY14-1B	250	368[417]	157	439
160YCY14-1B	322	460[470]	191	585
250YCY14-1B	382	571	236	691

注:其他尺寸与MCY14-1B型相同

CCY14-1B型

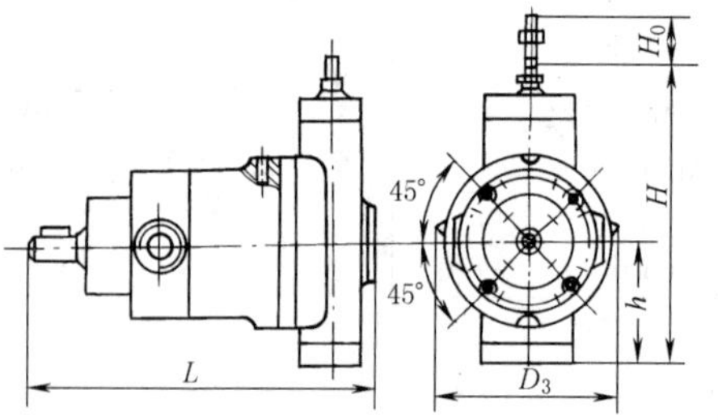

型　　号	D_3	H	H_0	h	L
10CCY14-1B	175	247	27[23.4]	103	299
25CCY14-1B	195	305[311]	36.4[34.6]	123[141]	362
63CCY14-1B	250	337[372]	43.4[41.4]	138[157]	439[441]
160CCY14-1B	322	307[417]	45[42.8]	178[182]	585[596]
250CCY14-1B	382	452	60	208	691

注:其他尺寸与MCY14-1B型相同

ZCY14-1B型

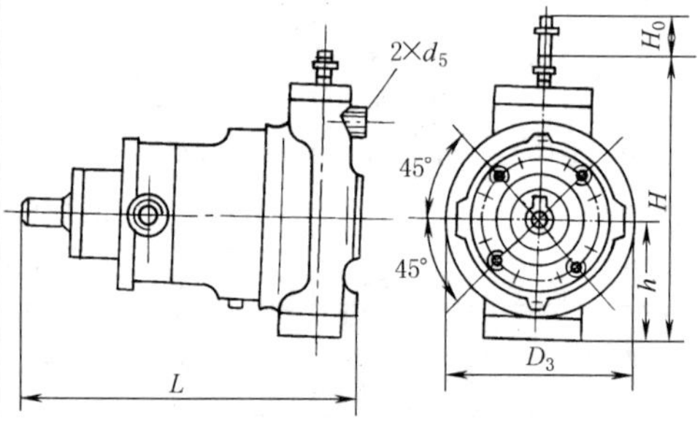

型　　号	D_3	H	H_0	h	L	d_5
25ZCY14-1B	172	283	34.6	123	362	M18×1.5
63ZCY14-1B	200	315	41.4	143	446	M18×1.5
160ZCY14-1B	340	421	45	184	594	M18×1.5
250ZCY14-1B	420	478	58.6	208	690	M22×1.5

注:其他尺寸与MCY14-1B型相同

10PCY14-1B、25PCY14-1B型

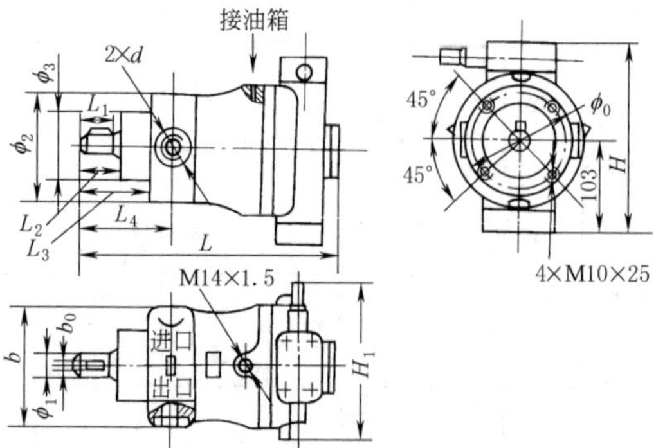

型　　号	L	L_1	L_2	L_3	L_4	b_0
10PCY14-1B	299	40	41	86	109	8
25PCY14-1B	363	52	54	104	134	8

型号	b	ϕ_0	ϕ_1	ϕ_2	ϕ_3	H	H_1
10PCY14-1B	142	100	25	125	75	230	238
25PCY14-1B	172	125	30	150	100	258	240

型号	d	管道尺寸($d_{外}\times d_{内}$)	
		进　口	出　口
10PCY14-1B	M22×1.5	22×16	18×13
25PCY14-1B	M33×2	34×24	28×20

续表

63PCY14-1B、160PCY14-1B型

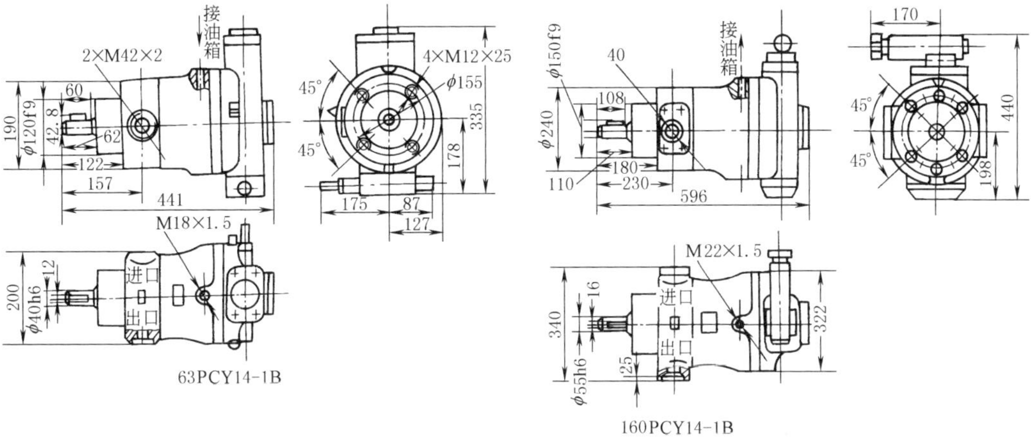

推荐使用管道尺寸($d_{外}\times d_{内}$)

泵的型号	进口	出口	泵的型号	进口	出口
63PCY 14-1B	42×30	34×24	160PCY 14-1B	50×38	42×30

25DCY14-1B、63DCY14-1B型

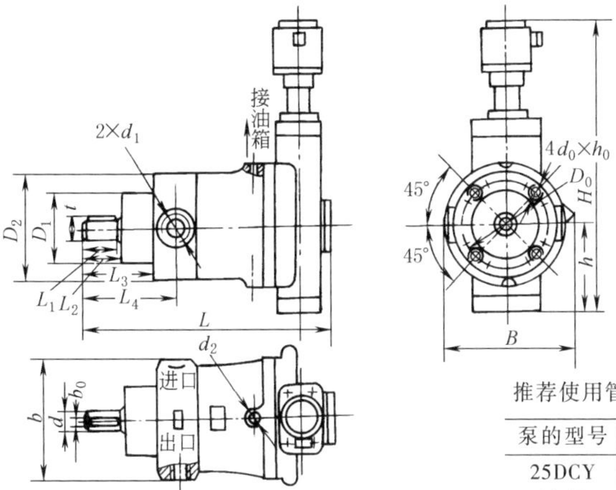

电机(可逆)
型号:ND-4.5
励磁电压:127V
励磁电流:90mA
控制电压:190V
控制电流:90mA
空载转速:4.5r/min

推荐使用管道尺寸($d_{外}\times d_{内}$)

泵的型号	进口	出口
25DCY 14-1B	34×24	28×20
63DCY 14-1B	42×30	34×24

型号	B	b	b_0	t	D_1	D_2	D_0	d	d_1	d_2	L	L_1	L_2	L_3	L_4	h	H	$d_0\times h_0$
25DCY14-1B	195	172	8	32.5	100f9	150	125	30h6	M33×2	M14×1.5	363	52	54	104	134	141	384	M10×25
63DCY14-1B	259	200	12	42.8	120f9	190	155	40h6	M42×2	M18×1.5	441	60	62	122	157	157	450	M12×25

注:表列数值( )内为启东高压油泵有限公司数据,[ ]为邵阳液压有限公司数据。

表 20-5-49　　※CY14-1B 型轴向柱塞泵的安装支座外形尺寸　　mm

型号	a	a_0	a_1	a_2	a_3	a_4	b	b_0	b_1	d_1	d_2	d_3	d_4	D
10※CY14-1B	150	114	90	36	11	30	176	140	92	11	17	12	26	130
25※CY14-1B	180	140	100	40	11	34	220	180	108	11	17	14	28	170
63※CY14-1B	244	200	140	50	13	44	264	250	160	13	20	18	36	210
160※CY14-1B	366	300	200	50	17	50	340	280	190	17	26	26	50	250
250※CY14-1B	420	300	200	80	24	75	380	320	200	21	31	26	50	290

续表

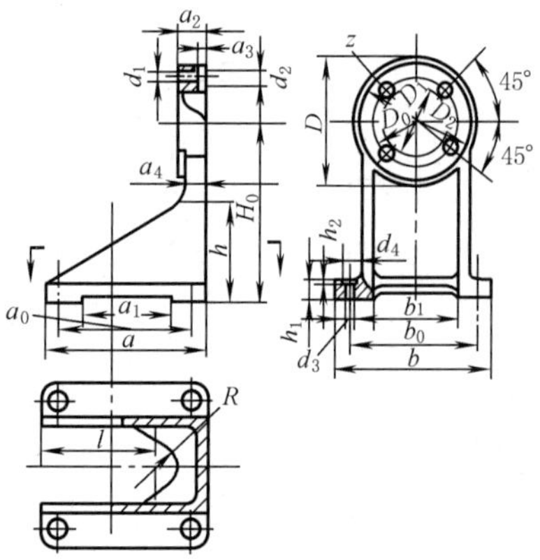

型号	D_0	D_1	D_2	h			h_1	h_2	H_0			l	R	孔数 z
10※CY14-1B	100	75H9	125	54	64	92	20		112	132	160	90	25	
25※CY14-1B	125	100H9	160	60 147	82	102	25	1	132 225	160	180	110	35	4
63※CY14-1B	155	120H9	200	60 130	80	110	30		160 250	180	225	155	40	
160※CY14-1B	193	150H9	240	90 216	110	131	40	2	225 375	250	280	252	50	6
250※CY14-1B	230	180H9	280	90 205	110 280	110	40		225 375	250 450	280	252	50	

注：关于25※CY14-1B型轴向柱塞泵的安装支座，有制造商推荐 d_1 为14mm。根据GB/T 152.3—1998的规定，d_1 应为11mm，d_2 应为18mm。

4.3.2 ZB系列非通轴泵（马达）

型号意义：

Z B P - F 40

结构：斜盘式轴向柱塞

类别：B—泵；M—马达

控制方式：D—定量；P—恒压；SC—手动伺服；N—恒功率；Y—液控

压力级：F—21MPa；省略—14MPa

规格：9.5—9.5mL/r；40—40mL/r；75—75mL/r；160—160mL/r；227—227mL/r

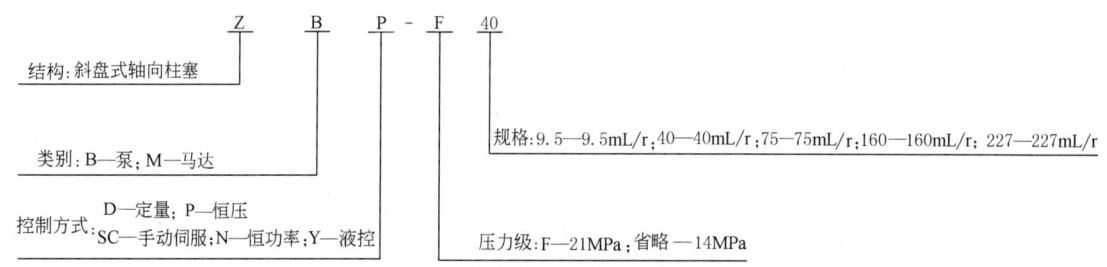

表 20-5-50　　技术参数与外形尺寸　　mm

规格		9.5	40	75	160	227
公称排量/mL·r^{-1}		9.5	40	75	160	227
压力	额定 p_n/MPa	21				14
	最高 p_{max}/MPa	28				24
转速	额定(自吸工况)n_n/r·min^{-1}	1500				1000
	最高(供油工况)n_{max}/r·min^{-1}	3000	2500	2000	2000	1500
理论转矩(在 p_n 时)/N·m		31.7	133.6	250.4	534.2	505.3
理论功率(在1000r/min、p_n 时)/kW		3.32	14.0	26.2	56.0	53.0

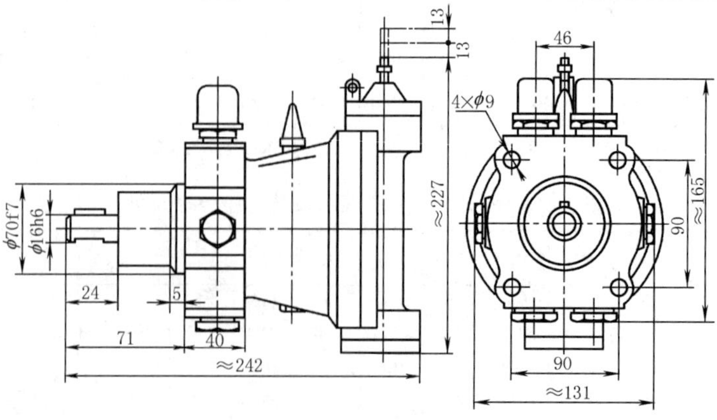

ZBSC-F9.5手动伺服泵

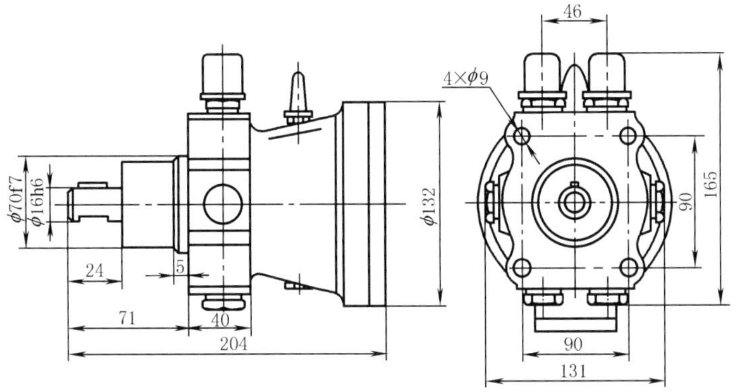

ZBD(ZM)-F9.5 定量泵(马达)

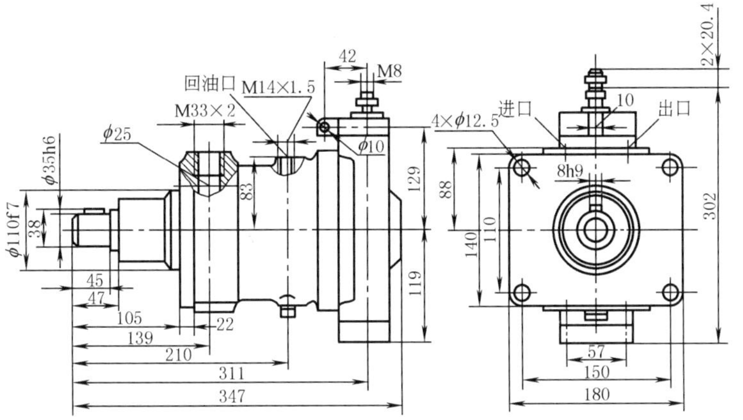

ZBSC-F40 手动伺服泵

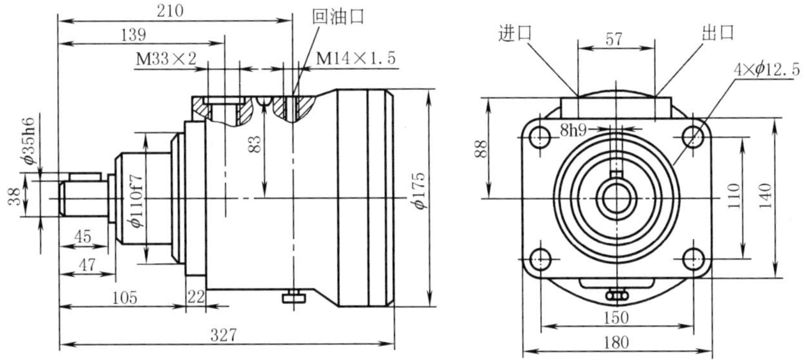

ZBD(ZM)-F40 定量泵(马达)

续表

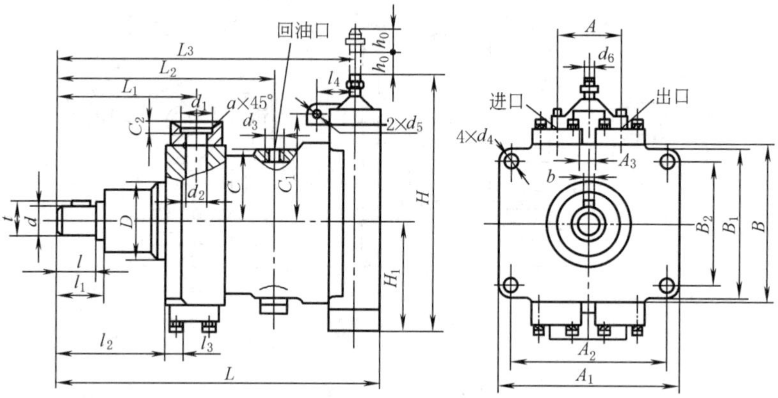

ZBSC-F75、ZBSC-F160 手动伺服泵

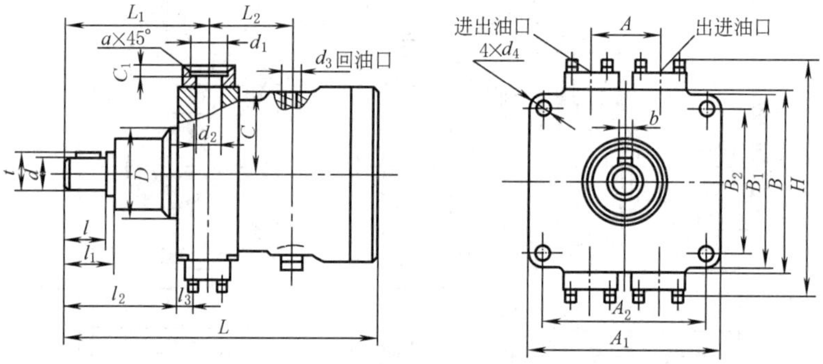

ZBD(ZM)-F75、ZBD(ZM)-F160 定量泵(马达)

型　号	A	A_1	A_2	A_3	B	B_1	B_2	b	C	C_1	C_2	D (h6)	d (h8)	d_1	d_2	d_3
ZBSC-F75	74	224	188	12	200	200	140	10	104.5	142.5	8	110	45	44	34	M22×1.5
ZBSC-F160	100	285	245	14	246	240	200	12	129.5	169	12	125	48	53	38	M27×2

型　号	d_4	d_5 (h9)	d_6	H	H_1	a	h_0	L	L_1	L_2	L_3	l	l_1	l_2	l_3	l_4	t
ZBSC-F75	17	12	M8	338	145	3	23.5	440	199	290	398.5	65	71	162	24	50	48.5
ZBSC-F160	21	14	M8	403	175	4	28	506	214	338	468	65	68	166	28	58	51.5

续表

型　号	A	A_1	A_2	a	B	B_1	B_2	b	C	C_1	D (h6)	d (h8)	d_1	d_2	d_3	d_4
ZBD(ZM)-F75	74	224	188	3	200	200	140	10	104.5	8	110	45	44	34	M22×1.5	17
ZBD(ZM)-F160	100	285	245	4	246	240	200	12	129.5	12	125	48	53	38	M27×2	21

型　号	H	L	L_1	L_2	l	l_1	l_2	l_3	t
ZBD(ZM)-F75	272	398	199	91	65	71	162	24	48.5
ZBD(ZM)-F160	334	468	214	124	65	68	166	28	51.5

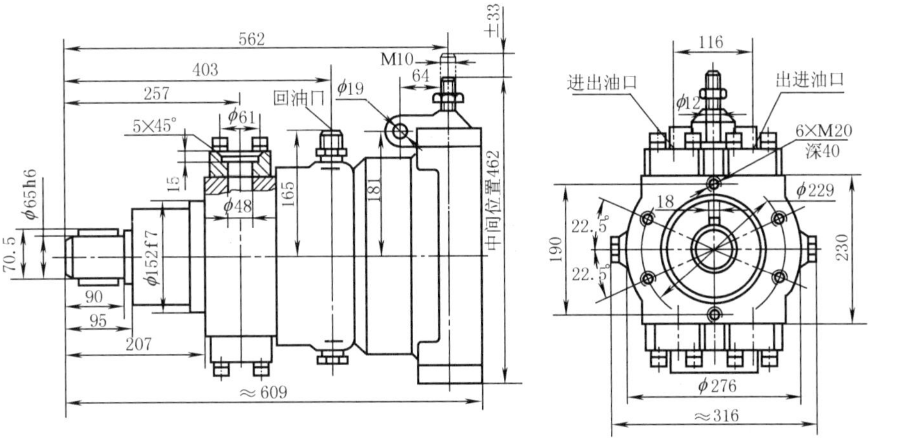

ZBSC-227 手动伺服泵

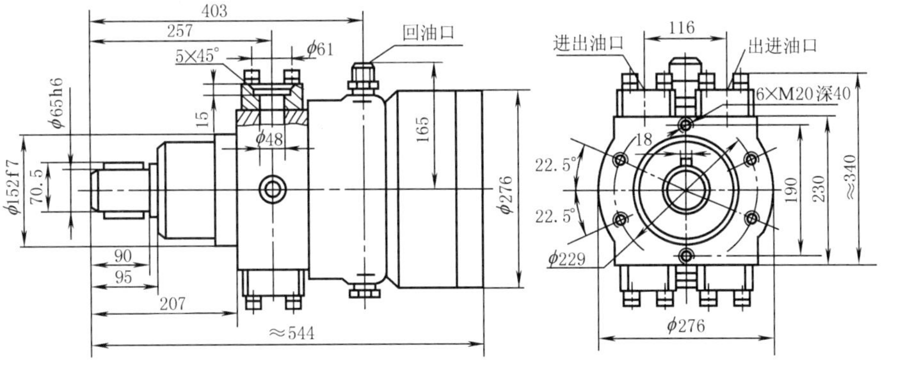

ZBD(ZM)-227 定量泵(马达)

ZB※-H※型柱塞泵为无铰式斜轴轴向柱塞泵。它采用了双金属缸体、滚动成型柱塞副、成对向心推力球轴承，使泵结构简化，压力和寿命提高。它具有压力高、流量大、耐冲击、耐振动等特点，适用于航空、船舶、矿山、冶金等机械的液压传动系统。

型号意义：

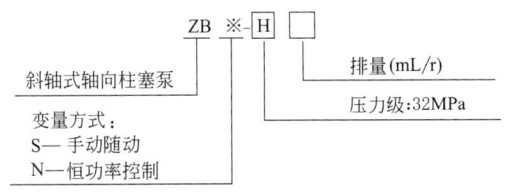

ZB ※-H □

- ZB：斜轴式轴向柱塞泵
- ※：变量方式：S— 手动随动；N— 恒功率控制
- H：压力级:32MPa
- □：排量(mL/r)

表 20-5-51　ZB※-H※型柱塞泵技术性能

型号	变量型式	排量/mL·r⁻¹	摆角/(°) 最小	摆角/(°) 最大	转速/r·min⁻¹ 0.5MPa压力供油	转速/r·min⁻¹ 自吸	压力/MPa 额定	压力/MPa 最高	额定功率①/kW	容积效率/%	总效率/%	质量/kg
ZBN-H355	恒功率控制	355	0	±26.5			32	40	22~110			370
ZBS-H500	手动启动	500	0	±36.5	1000		32	40	278.27	95	92	537
ZBS-H915		915	0	±25		875	32		487			1010

① 在额定压力、最大摆角、转速为875r/min时的功率。

表 20-5-52　ZB※-H※型柱塞泵外形尺寸　mm

ZBN-H355型	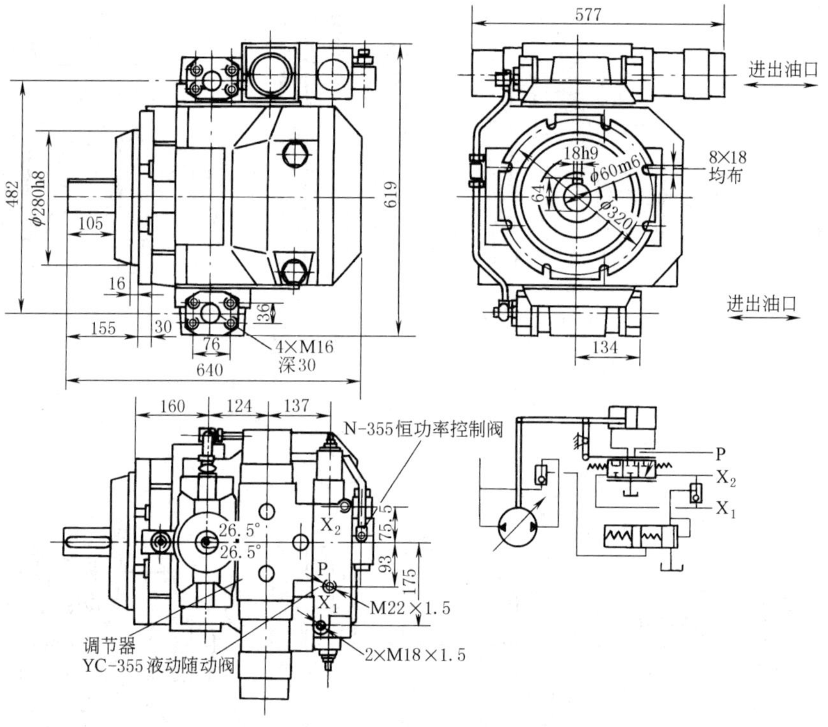
ZBS-H500型	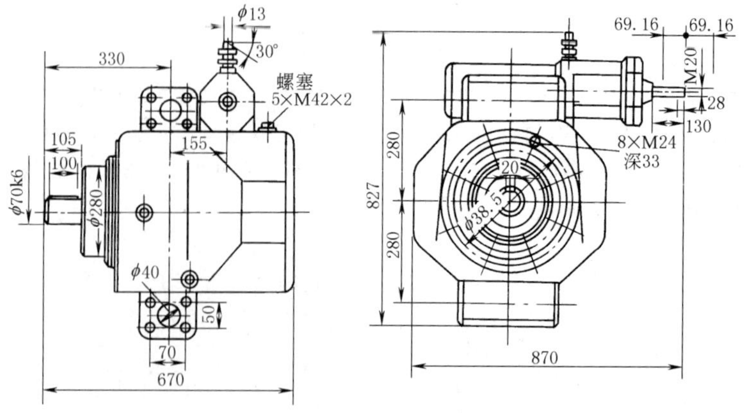

续表

ZBS-H915型	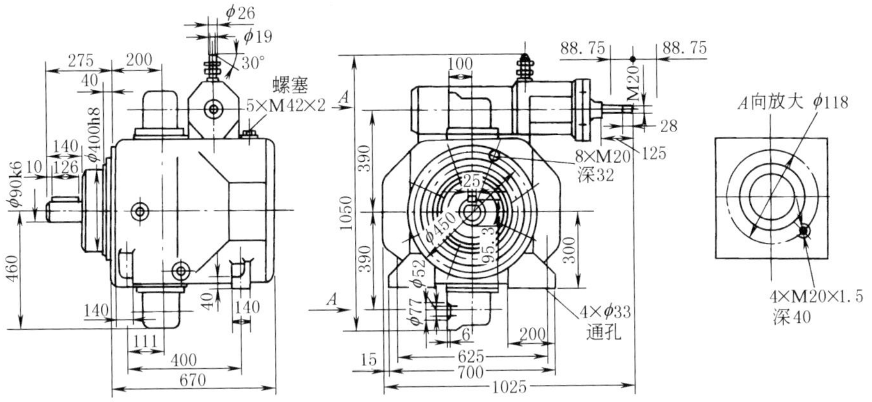

4.3.3 Z※B 型斜轴式轴向柱塞泵

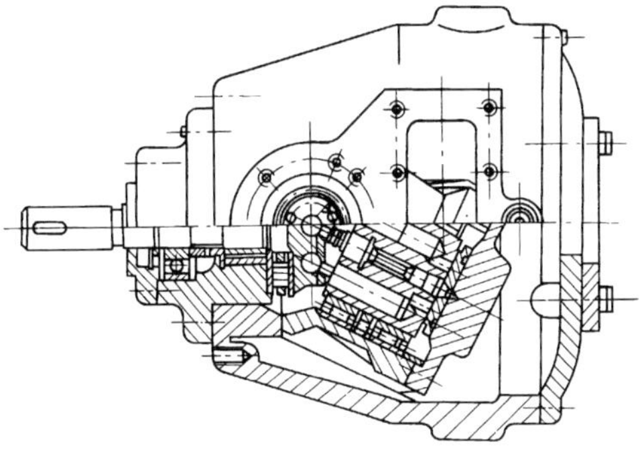

图 20-5-4 Z※B 型斜轴式轴向柱塞泵结构

型号意义：

1 Z※B 7 40

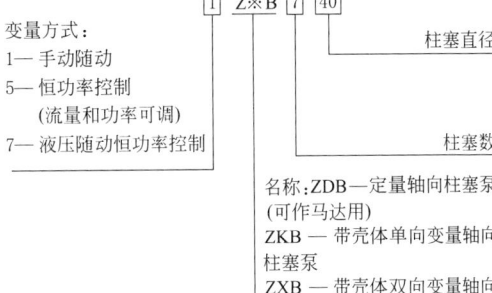

变量方式：
1— 手动随动
5— 恒功率控制
(流量和功率可调)
7— 液压随动恒功率控制

柱塞直径

柱塞数

名称：ZDB—定量轴向柱塞泵(可作马达用)
ZKB — 带壳体单向变量轴向柱塞泵
ZXB — 带壳体双向变量轴向柱塞泵

表 20-5-53 **技术参数**

型号	排量 /mL·r^{-1}	压力/MPa 额定	压力/MPa 最大	转速 /r·min^{-1}	驱动功率 /kW	转矩 /N·m	缸体(与轴夹角)摆角范围	容积效率 /%	总效率 /%	恒功率压力范围 /MPa	控制油泵 压力 /MPa	控制油泵 流量 /L·min^{-1}	操纵油泵 压力 /MPa	操纵油泵 流量 /L·min^{-1}	质量 /kg
ZDB725	106.7	16	25	1450	43.2	251	25°	≥97	90						72.5
ZDB732	234.3			970	63.4	553									102
ZDB740	481.4			970	130.2	1136									320
1ZXB725	106.7			1450	43.2		-25°~+25°	≥96	≥90				≥2.5	9	177
1ZXB732	234.3			970	63.4								≥2.5	50	269.7
1ZXB740	481.4			970	130.2								≥2.5	50	600.6
5ZKB725	106.7			1450	24.5		7°~25°			9~21					188.8
5ZKB732	234.3			970	36										270
7ZXB732	234.3			970	63.4		-25°~+25°			15.8~30	>4.5	4~10	≥2.5	9	322.6
7ZXB740	481.4			970	130.2								≥3	50	667

表 20-5-54　　外形尺寸　　mm

ZDB型

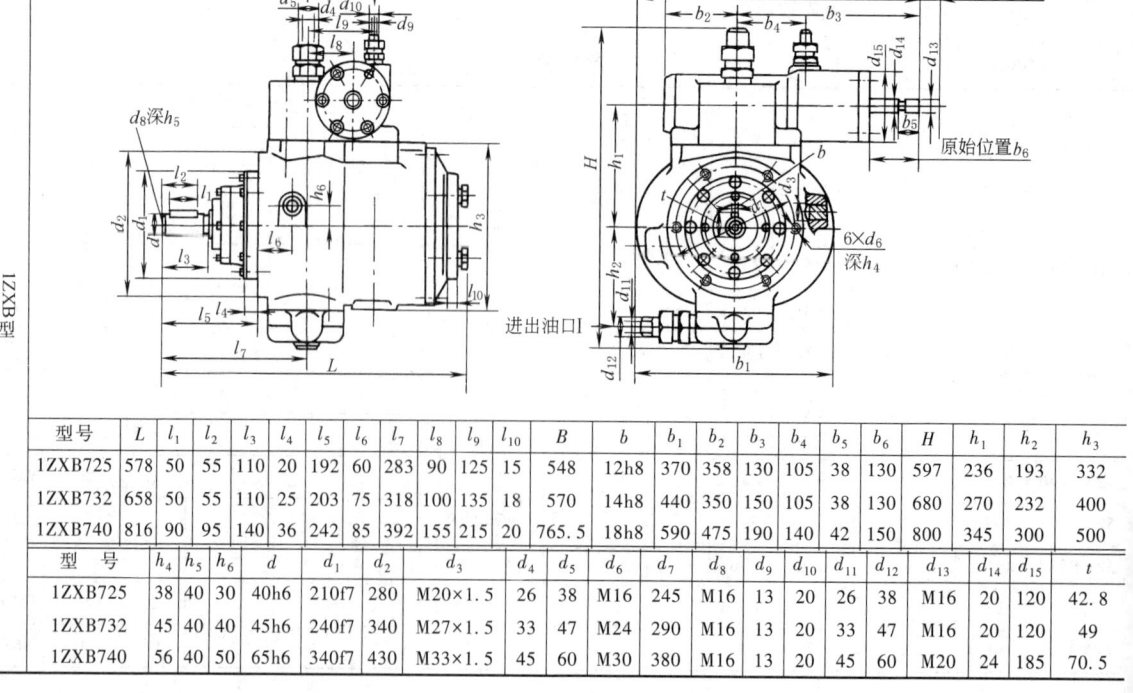

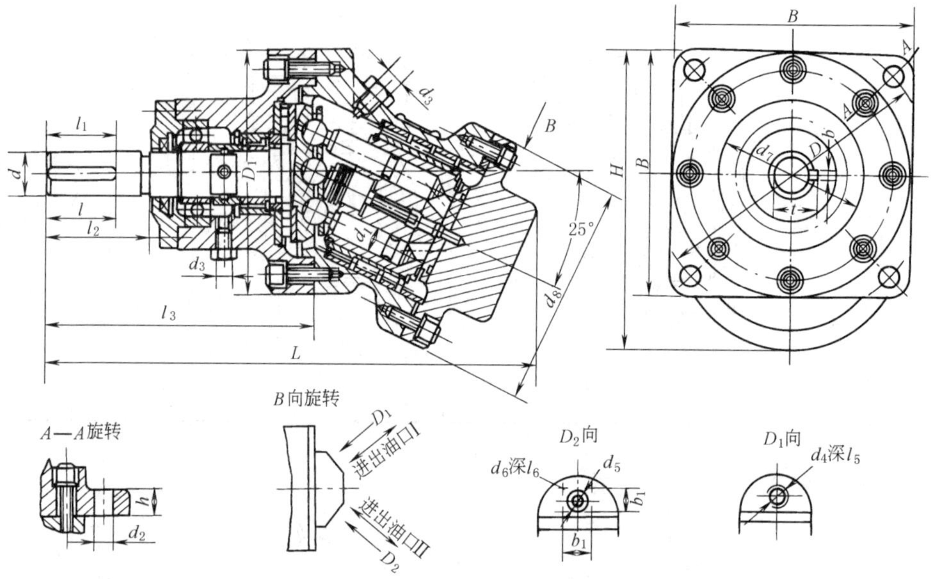

型　号	d	d_1	d_2	d_3	d_4	d_5	d_6	d_7	d_8	D	D_1	H
ZDB725	40h6	25	21	M16×1.5	M36×2			140	218	290	252f7	295
ZDB732	45h6	32	25	M16×1.5	M48×2			150	260	355	300f7	350
ZDB740	65h6	40	38	M33×1.5		42	M16	200	330	480	410f7	470
型　号	**h**	**B**	**b**	**L**	**l**	**l_1**	**l_2**	**l_3**	**l_5**	**l_6**	**b_1**	**t**
ZDB725	30	252	12h8	495	50	55	110	283	30			42.8
ZDB732	35	300	14h8	580	50	55	110	320	45			49
ZDB740	40	410	18h8	687	90	95	140	392		25	65	70.5

1ZXB型

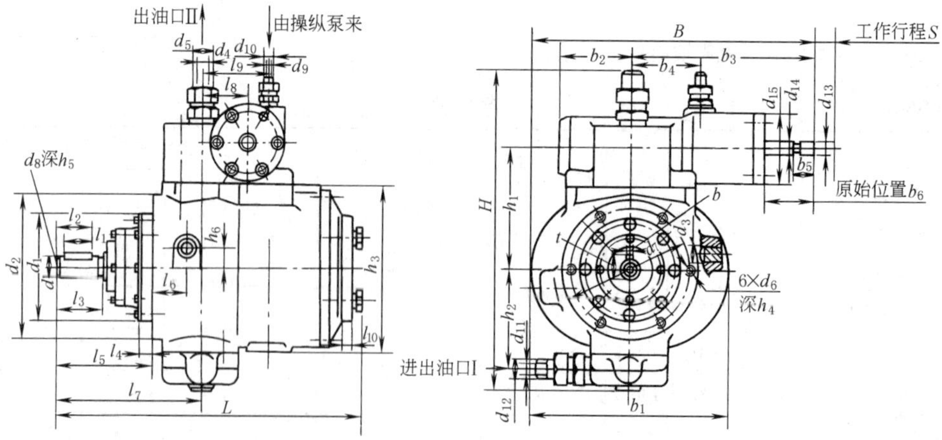

型号	L	l_1	l_2	l_3	l_4	l_5	l_6	l_7	l_8	l_9	l_{10}	B	b	b_1	b_2	b_3	b_4	b_5	b_6	H	h_1	h_2	h_3
1ZXB725	578	50	55	110	20	192	60	283	90	125	15	548	12h8	370	358	130	105	38	130	597	236	193	332
1ZXB732	658	50	55	110	25	203	75	318	100	135	18	570	14h8	440	350	150	105	38	130	680	270	232	400
1ZXB740	816	90	95	140	36	242	85	392	155	215	20	765.5	18h8	590	475	190	140	42	150	800	345	300	500

型　号	h_4	h_5	h_6	d	d_1	d_2	d_3	d_4	d_5	d_6	d_7	d_8	d_9	d_{10}	d_{11}	d_{12}	d_{13}	d_{14}	d_{15}	t
1ZXB725	38	40	30	40h6	210f7	280	M20×1.5	26	38	M16	245	M16	13	20	26	38	M16	20	120	42.8
1ZXB732	45	40	40	45h6	240f7	340	M27×1.5	33	47	M24	290	M16	13	20	33	47	M16	20	120	49
1ZXB740	56	40	50	65h6	340f7	430	M33×1.5	45	60	M30	380	M16	13	20	45	60	M20	24	185	70.5

续表

5ZKB型

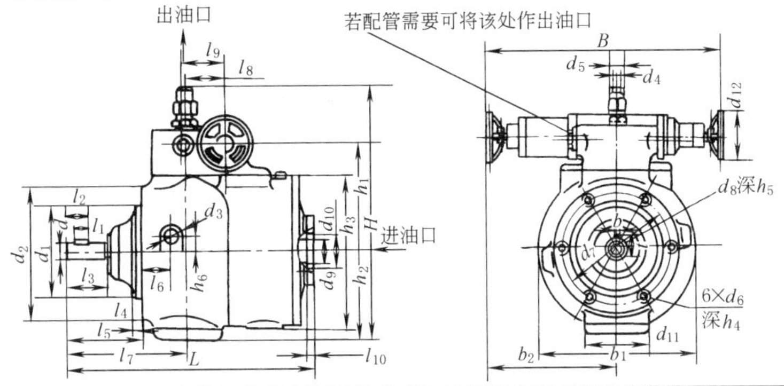

型　号	L	l_1	l_2	l_3	l_4	l_5	l_6	l_7	l_8	l_9	l_{10}	B	b	b_1	b_2	H	h_1	h_2
5ZKB725 5ZKB732	578 660	50	55	110	20 25	192 203	60 75	283 318	90 100	100 110	15 18	628	12h8 14h8	370 440	343 350	571 656	251 285	189 230

型　号	h_3	h_4	h_5	h_6	d	d_1	d_2	d_3	d_4	d_5	d_6	d_7	d_8	d_9	d_{10}	d_{11}	d_{12}	t
5ZKB725 5ZKB732	332 400	38 45	40	30 40	40h6 45h6	210f7 240f7	280 340	M20×1.5 M27×1.5	26 33	38 47	M16 M24	245 290	M16	60 70	78	140 175	150	42.8 49

7ZXB型

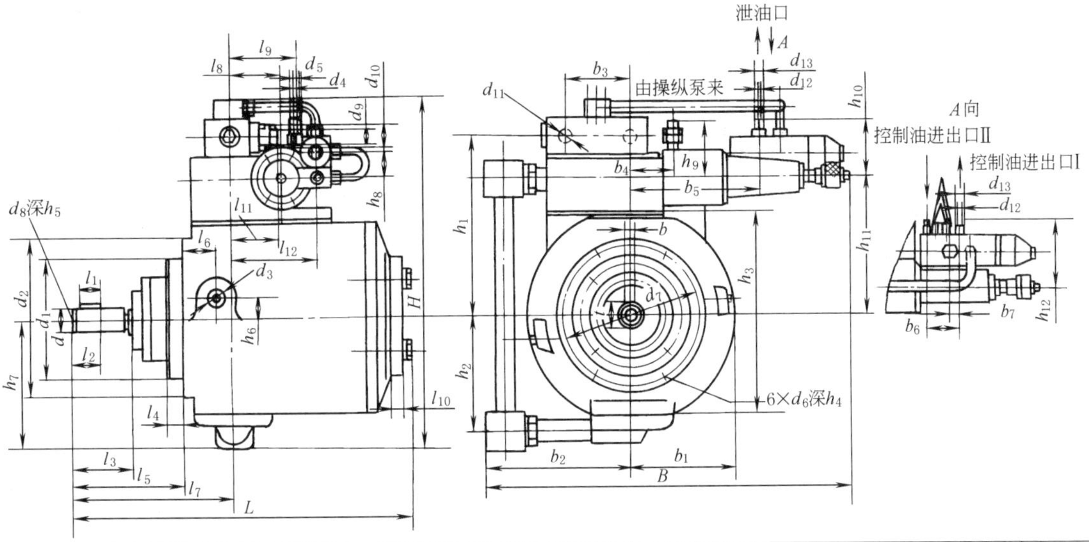

型　号	L	l_1	l_2	l_3	l_4	l_5	l_6	l_7	l_8	l_9	l_{10}	l_{11}	l_{12}	B	b	b_1	b_2
7ZXB732 7ZXB740	658 816	50 90	55 95	110 140	25 36	203 242	75 85	318 392	100 155	113.5 215	18 20	114 175	165 230	807 986	14h8 18h8	220 295	301 340

型　号	b_3	b_4	b_5	b_6	b_7	H	h_1	h_2	h_3	h_4	h_5	h_6	h_7	h_8	h_9	h_{10}	h_{11}
7ZXB732 7ZXB740	100	105 140	301 360.5	66	17	725 914	363 476	232 305	400 500	45 56	40	40 50	273 355	52.5	119.5 144.5	130	270 346

型　号	h_{12}	d	d_1	d_2	d_3	d_4	d_5	d_6	d_7	d_8	d_9	d_{10}	d_{11}	d_{12}	d_{13}	t
7ZXB732 7ZXB740	145 155	45h6 65h6	240f7 340f7	340 430	M27×1.5 M33×1.5	13	20	M24 M30	290 380	M16	33 45	48 60	32 —	6	12	49 70.5

4.3.4　A※V、A※F 型斜轴式轴向柱塞泵（马达）

A※V 斜轴式轴向柱塞泵（马达）的结构特点为：采用大压力角向心推力串联轴承组，主轴与缸体间通过连杆柱塞副中的连杆传递运动，采用双金属缸体，中心轴和球面配油盘使缸体自行定心，拨销带动配油盘在后盖弧形轨道上滑动改变缸体摆角实现变量。它与斜盘式轴向柱塞泵相比，具有柱塞侧向力小、缸体摆角较大、配油盘分布圆直径小、转速高、自吸能力强、耐冲击性能好、效率高、易于实现多种变量方式等优点。

(1) A7V 型斜轴式轴向变量柱塞泵

型号意义：

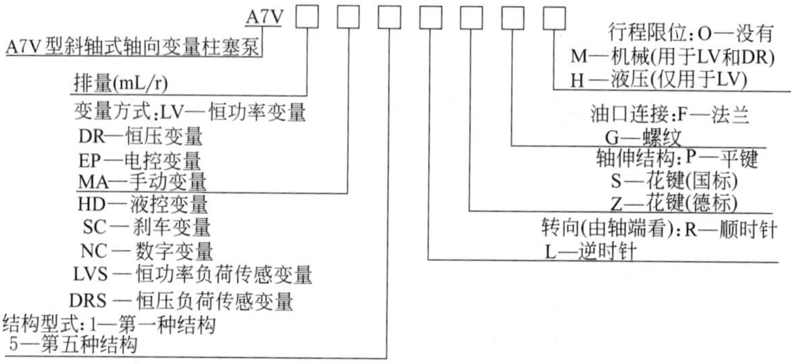

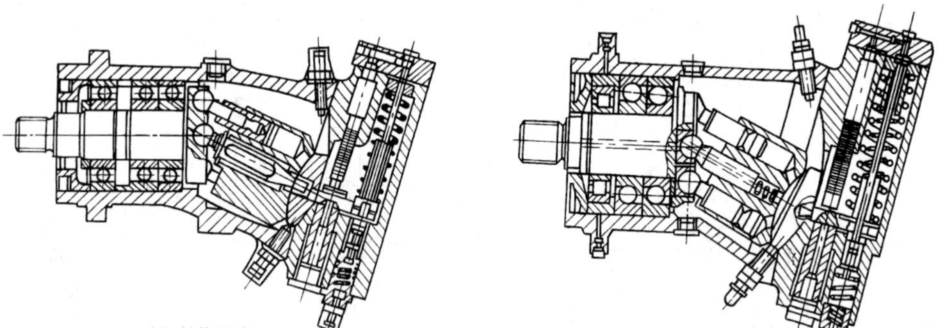

(a) 结构型式 1
规格 20～160

(b) 结构型式 5.1
规格 250～500

图 20-5-5 A7V 型斜轴式轴向变量柱塞泵结构

注：1. 结构型式 1 的特点是：高性能的旋转组件及球面配油盘，可实现自动对中，低转速，高效率；驱动轴能承受径向载荷；寿命长；低噪声级。

2. 结构型式 5.1 的特点是：具有提高技术数据后的新型高性能旋转组件及经过考验的球面配油盘；结构紧凑。

表 20-5-55 **技术参数**

型号	压力/MPa		排量/mL·r^{-1}		最高转速/r·min^{-1}		流量(1450r/min)/L·min^{-1}	功率(35MPa)/kW	转矩(35MPa)/N·m	质量/kg
	额定	最高	最大	最小	吸口压力 0.1MPa	吸口压力 0.15MPa				
A7V20	35	40	20.5	0	4100	4750	28.8	17	114	19
A7V28			28.1	8.1	3000	3600	39.5	24	156	
A7V40			40.1	0	3400	3750	56.4	34	223	28
A7V55			54.8	15.8	2500	3000	77.1	46	305	
A7V58			58.8	0	3000	3350	82.3	50	326	44
A7V80			80	23.1	2240	2750	112.5	68	446	
A7V78			78	0	2700	3000	109.7	66	431	53
A7V107			107	30.8	2000	2450	150.5	91	594	
A7V117			117	0	2360	2650	164.6	99	651	76
A7V160			160	46.2	1750	2100	235	135	889	
A7V250			250	0	1500	1850	—	—	1391	105
A7V355			355	0	1320	1650	—	—	1975	165
A7V500			500	0	1200	1500	—	—	2782	245

表 20-5-56　　外形尺寸　　mm

A7V20～160　　LV:恒功率变量

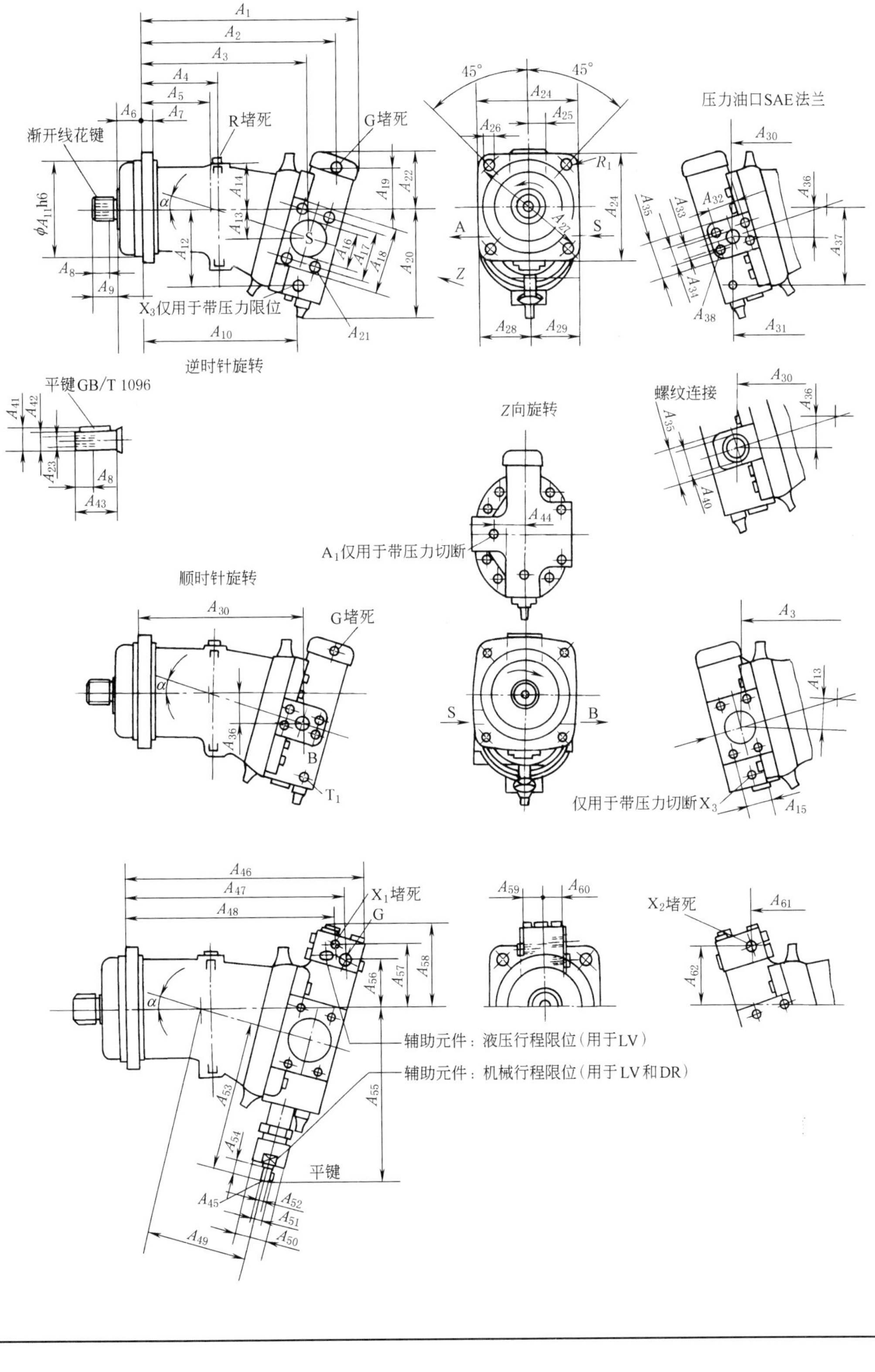

续表

规格	α	A_1	A_2	A_3	A_4	A_5	A_6	A_7	A_8	A_9	A_{10}	A_{11}	A_{12}	A_{13}	A_{14}	A_{15}	A_{16}	A_{17}	A_{18}
20	9°	251	221	199	107	75	25	15	19	43	160	100	85	20	52	35.7	38	60.0	94
28	16°	260	232	195							140		95	34	50				
40	9°	317	287	255	123	108	32	20	28	35	244	125	—	23	63	42.9	50	77.8	102
55	16°	327	296	251	128						—		106	41					
58	9°	374	337	304	152	137		23		40	295	140	—	26.5	77	50.8	63	83.9	115
80	16°	385	347	300							—		113	48					
78	9°	381		310	145	130	40	25		45	298	160	—	29	80				
107	16°	393	358	305							—		130	50					
117	9°	443	402	364	214	156		28	36	50	350	180	—	33	93	61.9	75	106.4	135
160	16°	454	414	359	213						—		—	58	88				

规格	A_{19}	A_{20}	A_{21}	A_{22}	A_{23}	A_{24}	A_{25}	A_{26}	A_{27}	A_{28}	A_{29}	A_{30}	A_{31}	A_{32}	A_{33}	A_{34}	A_{35}	A_{36}	A_{37}	A_{38}
20	78	132	M12	95	M8	118	23.5	11	125	58	58	193	—	50.8	19	23.8	46	19	—	M10
28	59	145		80								189						33		
40	87	166		109	M12	150	29	13.5	160	71	81	253	261				53	23	98	
55	64	182		91								249	—					40	—	
58	93	168		133		165	33		180	86	92	301	313	57.2	25	27.8	64	26	109	M12
80	68	194		—								297	—					47	—	
78	101	180		120		190		17.5	200	89	93	306	318					28	119	
107	73	200		98								301	—					49	—	
117	114	195	M16	137	M16	210	34		224	104	113	359	369	66.7	32	31.8	70	32	136	M14
160	83	222		112								354	—					57	—	

规格	A_{40}	A_{41}	A_{42}	A_{43}	A_{44}	A_{45}	A_{46}	A_{47}	A_{48}	A_{49}	A_{50}	A_{51}	A_{52}	A_{53}	A_{54}	A_{55}	A_{56}	A_{57}
20	M27×2	27.9	25	50	38	M3	257	226	230	108	42	8.8	8	161	14	176	77	104
28							269	234	242							186	58	84
40	M33×2	32.9	30	60	40	M4	323	290	279	134	—	11.2	10	184	16	204	85	117
55							337	299	292							215	62	98
58	M42×2	38	35	70	62	M5	378	344	330	155.5	52	18	16	228	24	251	91	116
80							391	354	343							265	65	91
78		43.1	40	80	55		385	352	338	169				236		261	99	124
107							400	363	351							276	71	97
117	M48×2	48.5	45	90	65		445	408	354	192	65			266		294	111	137
160							461	420	399							310	79	108

续表

规格	A_{58}	A_{59}	A_{60}	A_{61}	A_{62}	平键 GB/T 1096		花键 GB/T 3478.1	R_1	油口 R	油口 A_1、X_3
20	129	35	30	228	92	2×10	8×40	EXT18Z×1.25m×30R×5f	12	M16×1.5	M12×1.5
28	114			238	73						
40	147	30		276	104	3×10	8×50	EXT14Z×2m×30R×5f	16		
55	128			288	83						
58	142	33	33	328	104	5×16	10×56	EXT16Z×2m×30R×5f		M18×1.5	M18×1.5
80	120			339	80						
78	150			336	112		12×63	EXT18Z×2m×30R×5f	20		
107	126			348	86						
117	164	34	34	382	125		14×70	EXT21Z×2m×30R×5f		M22×1.5	M20×1.5
160	137			396	96						

DR:恒压变量

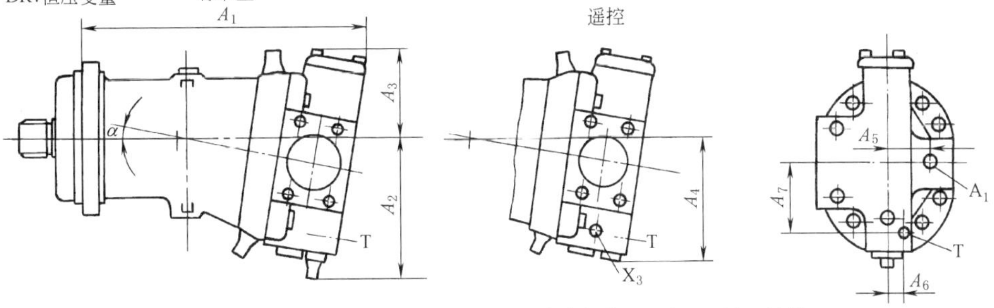

规格 20，A_1 和 X_3 仅用于带压力限位；其余规格，A_1 和 X_3 用于遥控

规格	α	A_1	A_2	A_3	A_4	A_5	A_6	A_7
20	9°	251	134	95	106	38	—	—
40		315	166	107	127	40	14	53
58		372	160		138	62	15	69

规格	α	A_1	A_2	A_3	A_4	A_5	A_6	A_7
78	9°	380	180	114	147	60	14	70
117		441	199	132	165	65		83

EP:电控比例变量

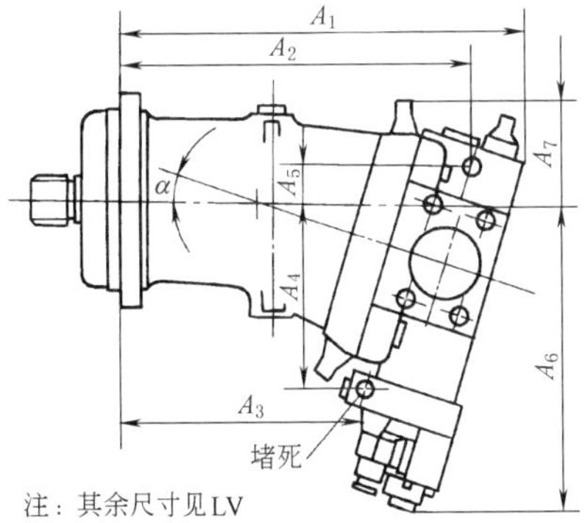

注：其余尺寸见LV

规格	α	A_1	A_2	A_3	A_4	A_5	A_6	A_7
20	9°	248	182	144	113	54	216	75
28	16°	252	188	130	121	41	229	75
40	9°	312	267	201	130	49	234	110
55	16°	318	271	184	140	29	249	84
58	9°	367	320	249	141	52	245	111
80	16°	373	325	231	154	29	264	105
78	9°	374	325	254	153	55	257	122
107	16°	381	330	234	167	31	227	106
117	9°	434	381	294	172	64	279	132
160	16°	442	387	272	187	36	298	114

MA:手控变量

手轮朝下

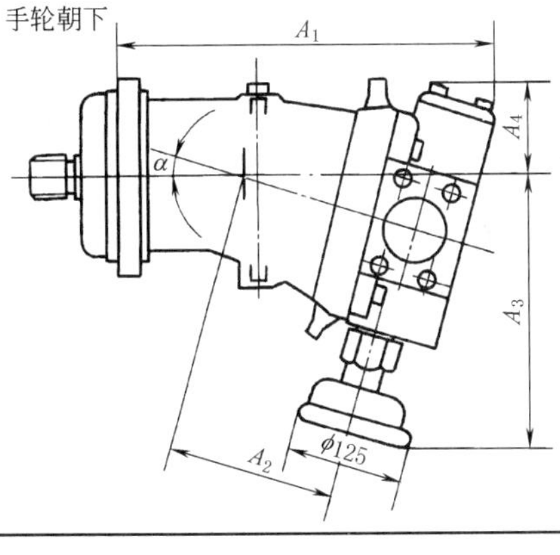

规格	α	A_1	A_2	A_3	A_4
20	9°	251	108	175	95
28	16°	260	108	190	80
40	9°	315	134	197	107
55	16°	323	134	215	89
58	9°	372	155.5	215	107
80	16°	380	155.5	235	86
78	9°	380	169	246	114
107	16°	390	169	270	92
117	9°	441	192	261	132
160	16°	450	192	285	107

续表

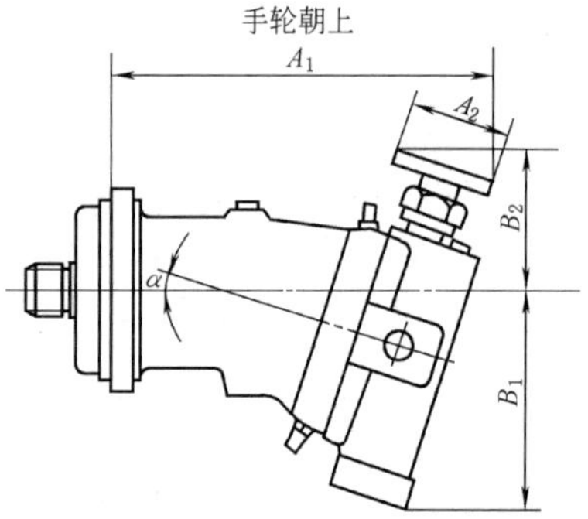

规格	α	A_1	A_2	B_1	B_2
20	9°	—	—	—	—
28	16°	—	—	—	—
40	9°	317	100	175	132.5
58	9°	—	—	—	—
80	16°	—	—	—	—
78	9°	315	100	180	157.5
107	16°	383	100	270.5	132.5
117	9°	—	—	—	—
160	16°	445	100	225	143
250	26.5°	584	120	320	230

NC:数字变量

规格	α	A_1	B_1	B_2
107	16°	419	225.5	224.5

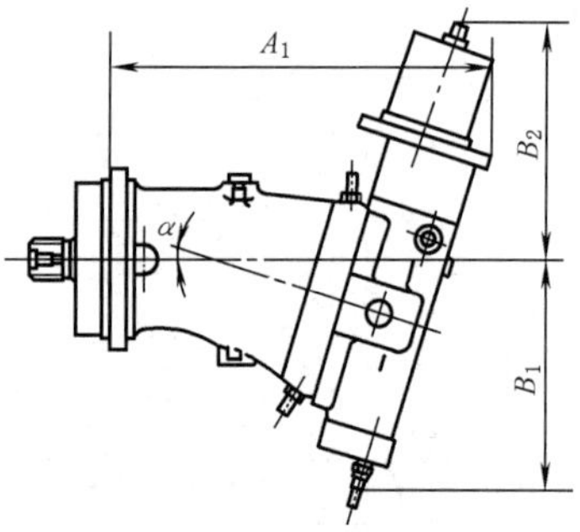

LVS:恒功率负荷传感变量

规格	α	A_1	B_1	B_2
117	9°	443	215	137

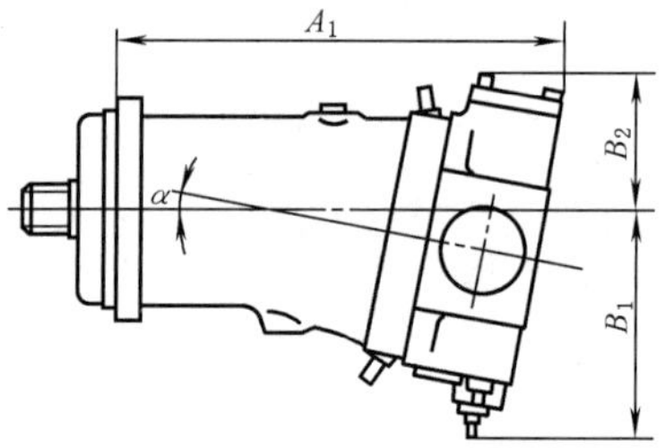

DRS:恒压负荷传感变量

规格	α	A_1	B_1	B_2
117	9°	441	214	132

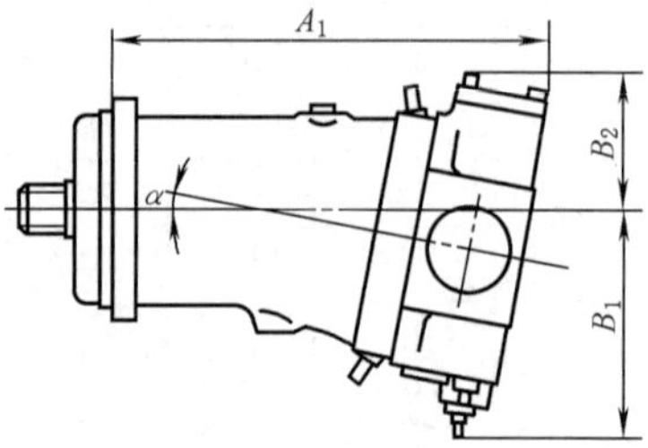

SC:刹车变量

规格	α	A_1	B_1	B_2
160	16°	441	230	98

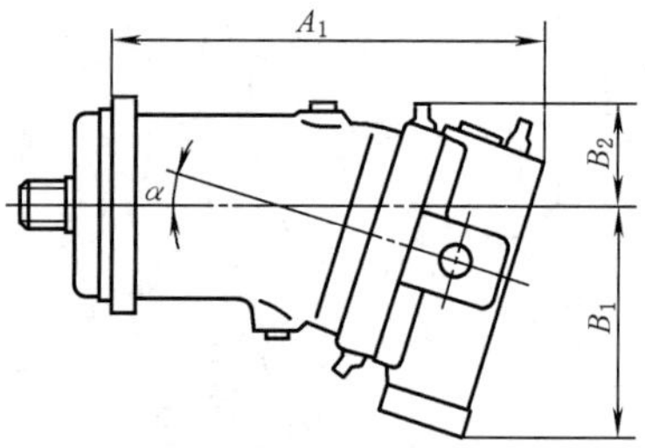

续表

A7V250～500　　LV：恒功率变量

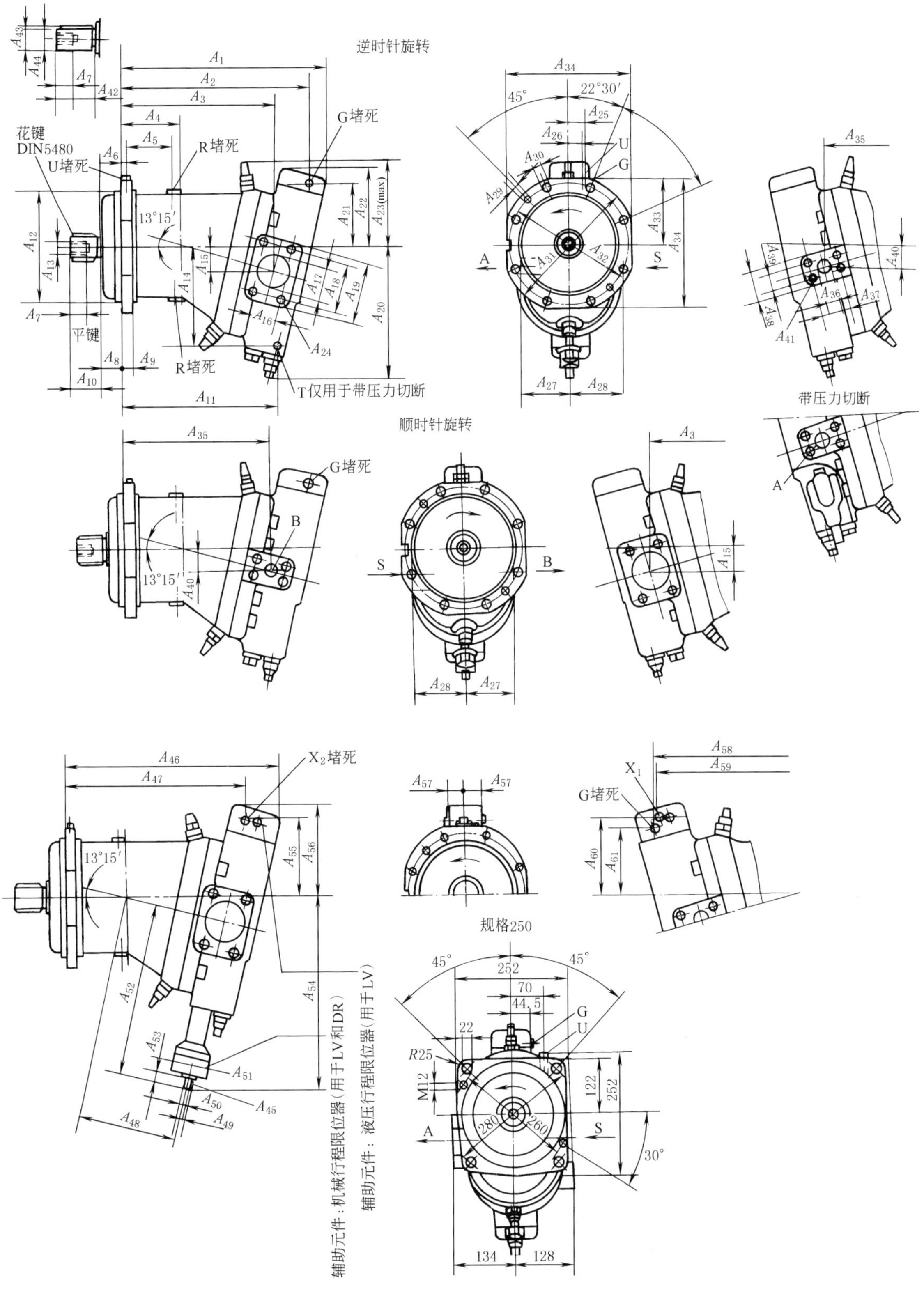

续表

规格	A_1	A_2	A_3	A_4	A_5	A_6	A_7	A_8	A_9	A_{10}	A_{11}	A_{12}	A_{13}	A_{14}	A_{15}	A_{16}	A_{17}	A_{18}	A_{19}
250	491	450	364	134	120	13	36	50	25	58	371	224	M16	223	54	77.8	100	130.2	180
355	552	511	412	160	142		42		28	82	427	280	M20	240	59				162
500	615	563	465	194	175	15			30		464	315		252	68	92.1	125	152.4	185

规格	A_{20}	A_{21}	A_{22}	A_{23}	A_{24}	A_{25}	A_{26}	A_{27}	A_{28}	A_{29}	A_{30}	A_{31}	A_{32}	A_{33}	A_{34}	A_{35}	A_{36}	A_{37}	A_{38}	A_{39}
250	296	145	179	198	M16	44.5	20	134	128	M12	22	—	280	122	252	354	32	66.7	95	31.8
355	328	157	194	206		48.5	35	130	140	M16	18	360	320	166	335	407	40	79.4	80	36.6
500	343	194	230	—		53		144	150	M20	22	400	360	186	373	446				36.5

规格	A_{40}	A_{41}	A_{42}	A_{43}	A_{44}	A_{45}	A_{46}	A_{47}	A_{48}	A_{49}	A_{50}	A_{51}	A_{52}	A_{53}	A_{54}	A_{55}	A_{56}	A_{57}	A_{58}	A_{59}
250	51	M14	82	53.5	50	5×16	498	411	223	18	16	90	366	24	407	175	210	44.5	450	433
355	58	M16	105	64	60		562	470	252				397		444	187	225	48.5	511	492
500	64			74.5	70	6×16	617	559	513	20.5	18	100	418	22	471	215	240	53	—	535

规格	A_{60}	A_{61}	平键	花键 DIN 5480	油口 G	油口 X_1	油口 X_2	油口 R	油口 U
250	169	145	14×80	W50×2×24×9g	M14×1.5	M14×1.5	M14×1.5	M22×1.5	M14×1.5
355	182	157	18×100	W60×2×28×9g	M16×1.5	M16×1.5	M16×1.5	M33×1.5	
500	210	—	20×100	W70×3×22×9g					M18×1.5

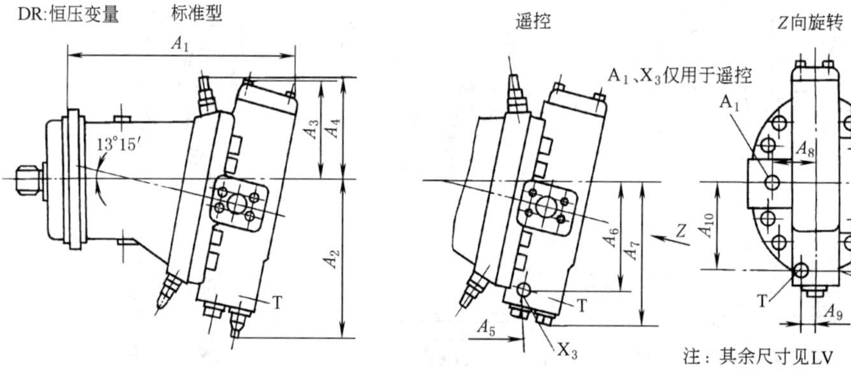

规格	A_1	A_2	A_3	A_4	A_5	A_6	A_7	A_8	A_9	A_{10}
250	489	296	173	198	314	211	272	84	28	165
355	552	328	194	206	366	228	306	85	32	175
500	610	343	221	—	417	241	—	84	38	180

注：A，B—工作油口；S—吸油口；G—遥控压力口（总功率控制口）；X_1—先导压力口；X_2—遥控压力口；A_1，X_3—遥控阀油口；T，T_1—先导油回油口；R—排气口；U—冲洗口。

（2）A8V 型斜轴式轴向变量柱塞双泵

A8V 型斜轴式轴向变量柱塞双泵由两个排量相同的轴向柱塞泵、减速齿轮、总功率调节器组成。两个泵装在一个壳体内通过同一驱动轴传动。总功率控制器是一个压力先导控制装置，该装置随外载荷的改变而连续地改变两个连在一起的泵的摆角和相应的行程容积。摆角 α 在 7°~25°之间变动。当外载荷增大时系统压力也增加，这时摆角变小，流量也减小，因而使泵输出的功率在一定转速下保持恒定。

A8V 型斜轴式轴向变量柱塞双泵具有压力高、体积小、重量轻、寿命长、易于保养等特点，适用于工程机械及其他机械，如应用在挖掘机、推土机等双泵变量开式液压系统中。

型号意义：

A8V □ □ □ □ □ □ □ □ □

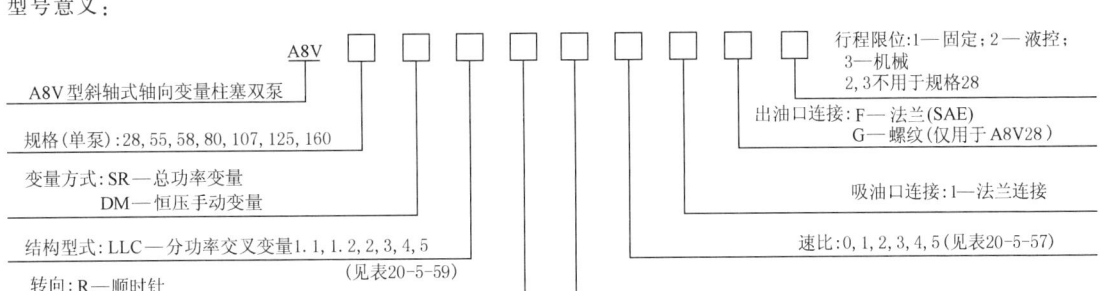

A8V型斜轴式轴向变量柱塞双泵

规格(单泵)：28，55，58，80，107，125，160

变量方式：SR—总功率变量
DM—恒压手动变量

结构型式：LLC—分功率交叉变量1.1，1.2，2，3，4，5（见表20-5-59）

转向：R—顺时针
L—逆时针

系列：1

速比：0，1，2，3，4，5（见表20-5-57）

吸油口连接：1—法兰连接

出油口连接：F—法兰(SAE)
G—螺纹(仅用于A8V28)

行程限位：1—固定；2—液控；
3—机械
2，3不用于规格28

表 20-5-57　A8V 变量双泵速比 *i*（=驱动转速/泵转速）

规　格	代　号					
	0	1	2	3	4	5
28	—	0.73	0.85	—	—	—
55	1.00	0.75	0.93	1.17	0.85	1.05
58	—	0.87	1.06	—	0.81	—
80	1.00	0.87	1.06	1.35	—	1.18
107	1.00	0.85	1.08	1.23	—	—
125	1.00	—	—	—	—	—
160	1.00	—	—	—	—	—

表 20-5-58　A8V（1.1~1.2）辅助驱动速比

结　构	规　格				
	55	80	107	125	160
1.1	1.244	1.333	1.256		
1.2	1.00	1.00	1.00	1.00	1.00

注：从轴端看，顺时针方向旋转。

表 20-5-59　结构型式 1.1~5 的外形

结　构　型　式	外　形　图	结　构　型　式	外　形　图
1.1 不带减速齿轮、带辅助驱动	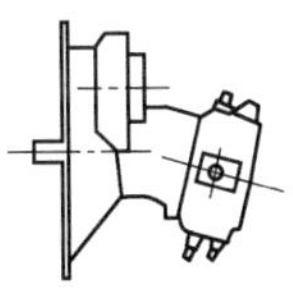	3 带减速齿轮、带辅助驱动和安装定量泵 A2F 23.28（带花键轴）的联轴器	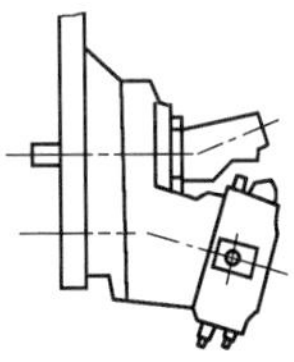
1.2 不带减速齿轮、带辅助驱动	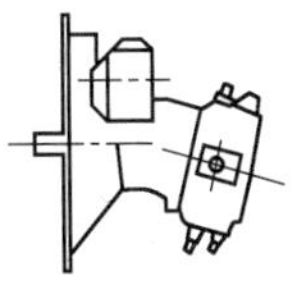	4 带减速齿轮、带辅助驱动、可安装齿轮泵（带锥轴和螺钉固定）的联轴器	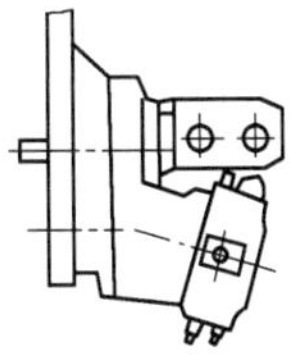
2 带减速齿轮、不带辅助驱动	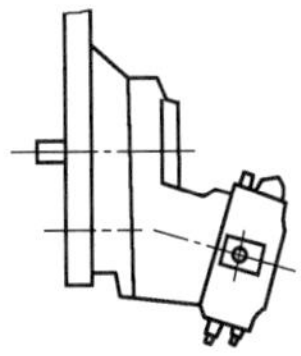	5 带减速齿轮、带辅助驱动、有盖板	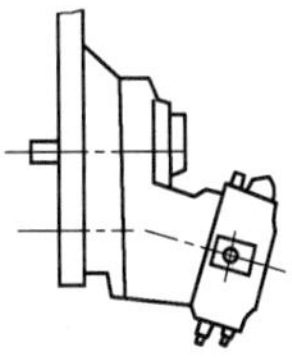

表 20-5-60　　技术参数

规格	单侧泵排量 V_{gmax} /mL·r^{-1}	分动箱齿轮速比 $i=\frac{n_A}{n_p}$	当吸油口S绝对压力为 p 及排量为 V_{gmax} 时的最大传动转速 n_{Amax}/r·min^{-1}			双泵最大流量 q_{vmax}（考虑3%的容积损失）/L·min^{-1}			双泵驱动功率 P /kW			惯性矩 J /kg·m^2	质量 /kg
			p=0.09MPa $n_{0.09}$	p=0.1MPa $n_{0.1}$	p=0.15MPa $n_{0.15}$	$n_{0.09}$	$n_{0.1}$	$n_{0.15}$	$n_{0.09}$	$n_{0.1}$	$n_{0.15}$		
28	28.1	0.729 0.860	2040 2410	2185 2580	2350 2770	2×76	2×82	2×88	46	49	53	0.014020 0.009351	54
		1.000	2360	2500	2640	2×125	2×133	2×140	75	80	84	0.012475	
55	54.8	0.745 0.837 0.9318 1.051 1.1714	1760 1975 2200 2480 2765	1860 2090 2330 2625 2930	1965 2210 2460 2775 3090	2×125	2×133	2×140	75	80	84	0.03743 0.02818 0.02175 0.01639 0.012977	100
58	58.8	0.8125 0.8667 1.054	2315 2470 3000	2435 2600 3160	2720 2900 3530	2×165	2×174	2×194				0.06189 0.05590 0.03579	130
		1.000	2120	2240	2370	2×164	2×174	2×184	99	105	111	0.02680	
80	80	0.8666 1.054 1.181 1.3448	1840 2235 2505 2850	1940 2360 2645 3010	2055 2500 2800 3185	2×164	2×174	2×184	99	105	111	0.05590 0.03579 0.02797 0.02137	130
		1.000	1900	2000	2135	2×197	2×208	2×222	119	125	133	0.03625	
107	107	0.8431 1.075 1.2285	1600 2040 2335	1685 2150 2455	1800 2295 2625	2×197	2×208	2×222	119	125	133	0.08257 0.047012 0.035353	165
125	125	1.000	1900	2000	2135	2×230	2×242	2×258	139	146	156	0.055	180
160	160	1.000	1750	1900	2100	2×271	2×284	2×325	164	178	196	0.064	200

注：1. 表中单侧泵排量为 $\alpha=25°$ 时的排量。

2. 速比中 n_A 为主轴的输入转速，n_p 为泵的转速。

3. $n_{0.09}$、$n_{0.1}$、$n_{0.15}$ 分别为泵的吸油口绝对压力在0.09MPa、0.1MPa、0.15MPa时的最高允许转速。

4. 表中所列数值未考虑液压机械效率、容积效率，数值经过圆整。

表 20-5-61　　外形尺寸　　mm

规格 55、80 和 107

结构 1.1

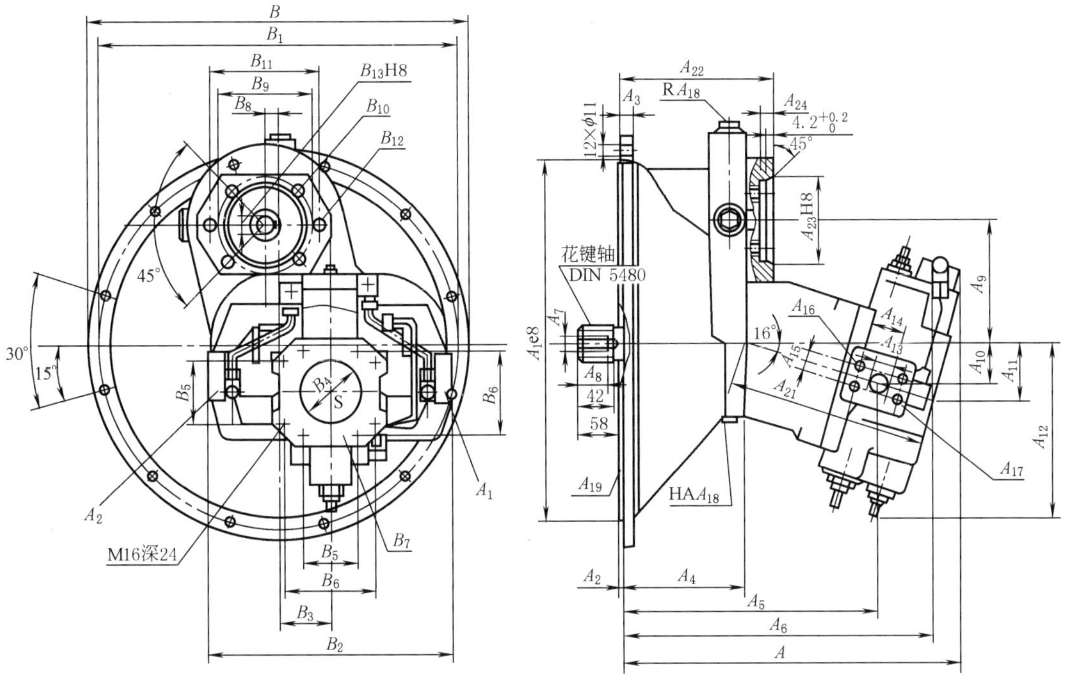

A_1,A_2—工作油口;S—吸油油口;R—排气口(堵死);HA—泄油口(堵死)

规格	A	A_1	A_2	A_3	A_4	A_5	A_6	A_7	A_8	A_9	A_{10}	A_{11}	A_{12}	A_{13}	A_{14}	A_{15}	A_{16}	A_{17}
55	361	361.95	5	12	130	273	331	M12	28	92	41	57.6	179.5	20	50.8	23.8	M10 深 17	法兰 SAE3/4 42MPa
80	418	409.575	6	12	144	310	383	M16	36	107.3	47.2	68.5	214.3	25	57.2	27.8	M12 深 17	法兰 SAE1 42MPa
107	443	447.7	6	16	157	385	407	M16	36	115.6	51	71.6	216.3	25	57.2	27.8	M12 深 18	法兰 SAE1 42MPa

规格	A_{18}	A_{19}	A_{21}	A_{22}	A_{23}	A_{24}	B	B_1	B_2	B_3	B_4	B_5	B_6	B_7	B_8	B_9
55	M18×1.5	法兰 SAE4	209	66.5	80	11.5	407	381	270	54.25	76	61.9	106.4	法兰 SAE3 3.5MPa		
80	M22×1.5	法兰 SAE3	248.5	180	100	12	456	428.625	290	60.5	102	77.8	130.2	法兰 SAE4 3.5MPa	20	125
107	M22×1.5	法兰 SAE2	260	192	100	12	495	466.7	320	67	102	77.8	130.2	法兰 SAE4 3.5MPa	20	125

规格	B_{10}	B_{11}	B_{12}	B_{13}	平键 GB/T 1096	花键 DIN 5480	质量/kg
55		109	M10 深 16	18	6×25	W40×2×18×9g	72
80	M10 深 16	140	M14 深 20	25	8×15	W45×2×21×9g	100
107	M10 深 16	140	M14 深 20	25	8×15	W50×2×24×9g	135

续表

规格 55、80、107、125 和 160

结构 1.2

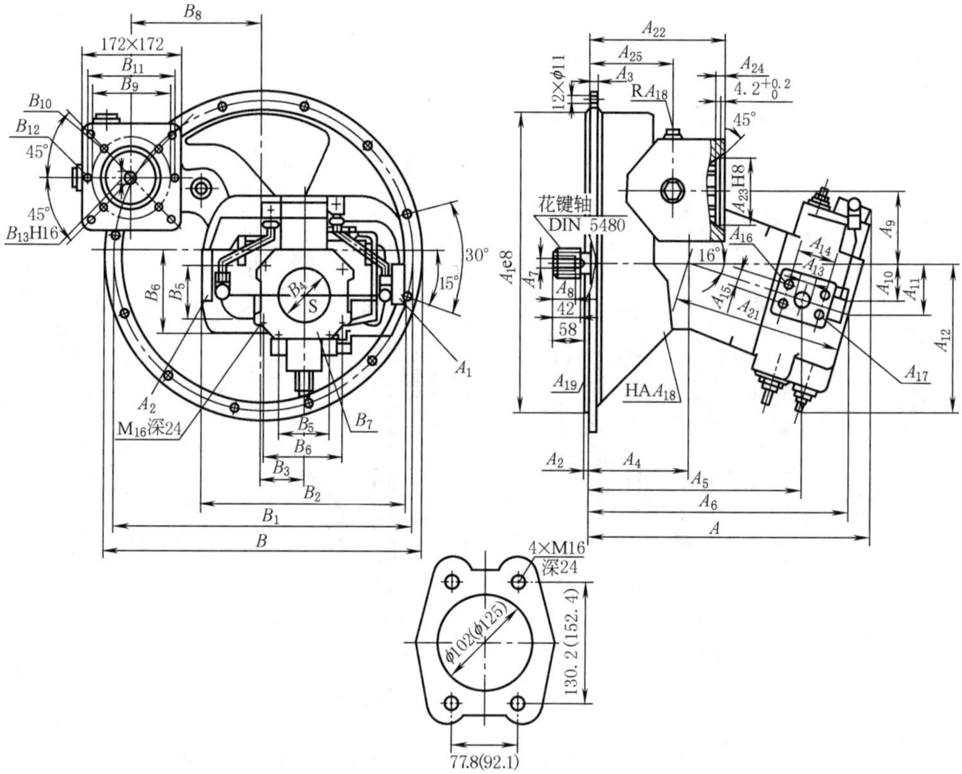

A8V125(160)吸油口

A_1,A_2—工作油口;S—吸油口;R—排气口(堵死);HA—泄油口(堵死)

规格	A	A_1	A_2	A_3	A_4	A_5	A_6	A_7	A_8	A_9	A_{10}	A_{11}	A_{12}	A_{13}	A_{14}	A_{15}	A_{16}	A_{17}
55	361	361.95	5	12	130	273	331	M12	28	92	41	57.6	179.5	20	50.8	23.8	M10 深 17	法兰 SAE3/4 42MPa
80	418	409.575	6	12	144	310	383	M16	36	107.3	47.2	68.5	214.3	25	57.2	27.8	M12 深 17	法兰 SAE1/4 42MPa
107	443	447.7	6	16	157	385	407	M16	36	115.6	51	71.6	216.3	25	57.2	27.8	M12 深 18	法兰 SAE1/4 42MPa
125	426	447.7	6	16	157	307.7	354.4	M16	36	272	47.5	62.2	222	25	57.2	27.8	M12 深 18	法兰 SAE1 42MPa
160	542	511.2	6	20	221	421	473	M20	42	224	57	72	257	32	31.8	66.7	M14 深 19	法兰 SAE1/4 42MPa

规格	A_{18}	A_{19}	A_{21}	A_{22}	A_{23}	A_{24}	A_{25}	B	B_1	B_2	B_3	B_4	B_5	B_6	B_7
55	M18×1.5	法兰 SAE4						407	381	270	54.25	76	61.9	106.4	法兰 SAE3 3.5MPa
80	M22×1.5	法兰 SAE3	240.5	211	100	12	127	456	428.625	290	60.5	102	77.8	103.2	法兰 SAE4 3.5MPa
107	M22×1.5	法兰 SAE2	260	214	100	12	137	495	466.7	320	67	102	77.8	130.2	法兰 SAE4 3.5MPa
125	M22×1.5	法兰 SAE2	157	214	100	12	137	495	466.7	320	67	102			法兰 SAE4 3.5MPa
160	M22×1.5	法兰 SAE1	208	280	110	25		555	530.2	384	85.5	125			法兰 SAE5 3.5MPa

规格	B_8	B_9	B_{10}	B_{11}	B_{12}	B_{13}	平键 GB/T 1096	花键 DIN 5480	质量/kg
55								W40×2×18×9g	80
80	175	125	M10 深 16	140	M14 深 20	25	8×36	W45×2×21×9g	110
107	198.5	125	M10 深 16	140	M14 深 20	25	8×45	W50×2×24×9g	145
125	198.5	125	M10 深 16	140	M14 深 20	25	8×45	W50×2×24×9g	180
160	202.8	138	M10 深 16	160	M14 深 20	25	8×45	W60×2×28×9g	200

规格 55、80 和 107

结构 2~5

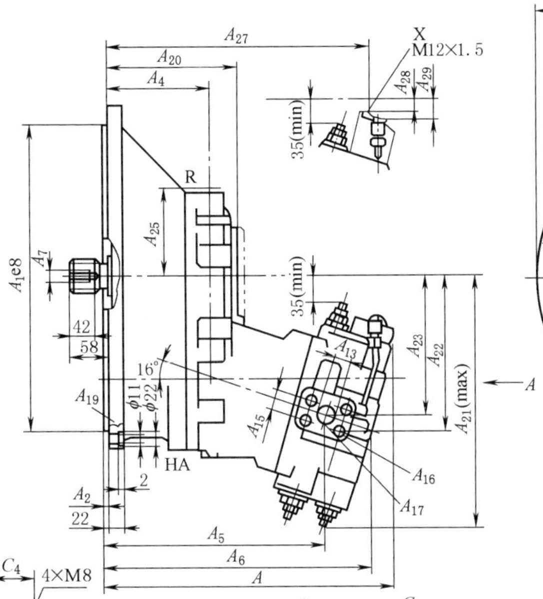

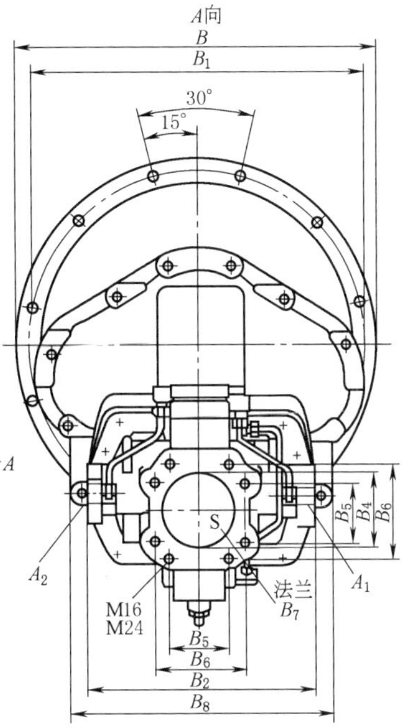

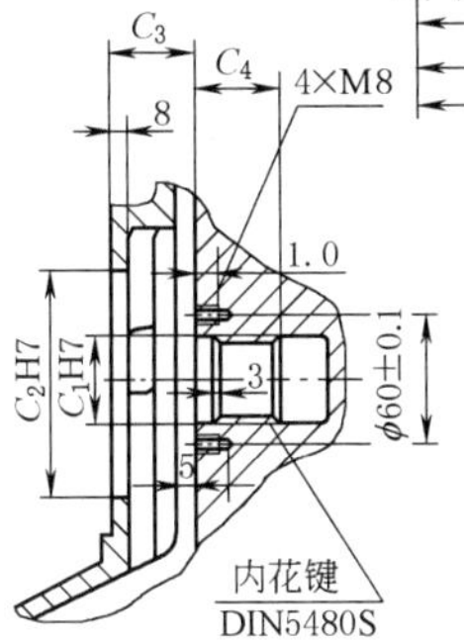

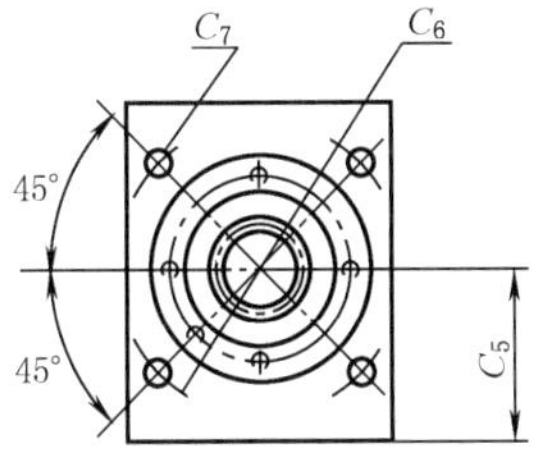

A_1,A_2—工作油口;S—吸油口;R—排气口(堵死);HA—泄油口(堵死);X—先导口

规格	C_1	C_2	C_3	C_4	C_5	C_6	C_7	内花键 DIN 5480
55	34	80	42.5	33	55	100	M8 深 17	N30×2×14×9H
80	40	105	42.5	41	60	125	M10 深 12.5	N35×2×16×9H
107	40	105	42	41	62	125	M10 深 12.5	N35×2×16×9H

规格	A	A_1	A_2	A_4	A_5	A_6	A_7	A_{13}	A_{15}	A_{16}	A_{17} 法兰	A_{19} 法兰	A_{20}	A_{21}
55	361	361.95	5	130	273	331	M12	20	23.8	M10 深 17	SAE3/4 42MPa	SAE4	176	312
80	418	409.575	6	144	310	383	M16	25	27.8	M12 深 17	SAE 42MPa	SAE3	191	344
107	443	447.7	6	157	335	407	M16	25	27.8	M12 深 17	SAE1 42MPa	SAE2	204	360

规格	A_{22}	A_{23}	A_{25}	A_{27}	A_{28}	A_{29}	B	B_1	B_2	B_4	B_5	B_6	B_7 法兰	B_8	花键 DIN 5480	质量/kg
55	181	164.3	115	322	6	8	407	381	270	76	61.9	106.4	SAE3 3.5MPa	320	W40×2×18×9g	100
80	198.2	177.5	115	382	7	12.5	456	428.6	290	102	77.8	130.2	SAE4 3.5MPa	340	W45×2×21×9g	130
107	215.3	194.7	128	406	21.5	27	495	466.7	320	102	77.8	130.2	SAE4 3.5MPa	360	W50×2×24×9g	165

规格 28

结构 2~5

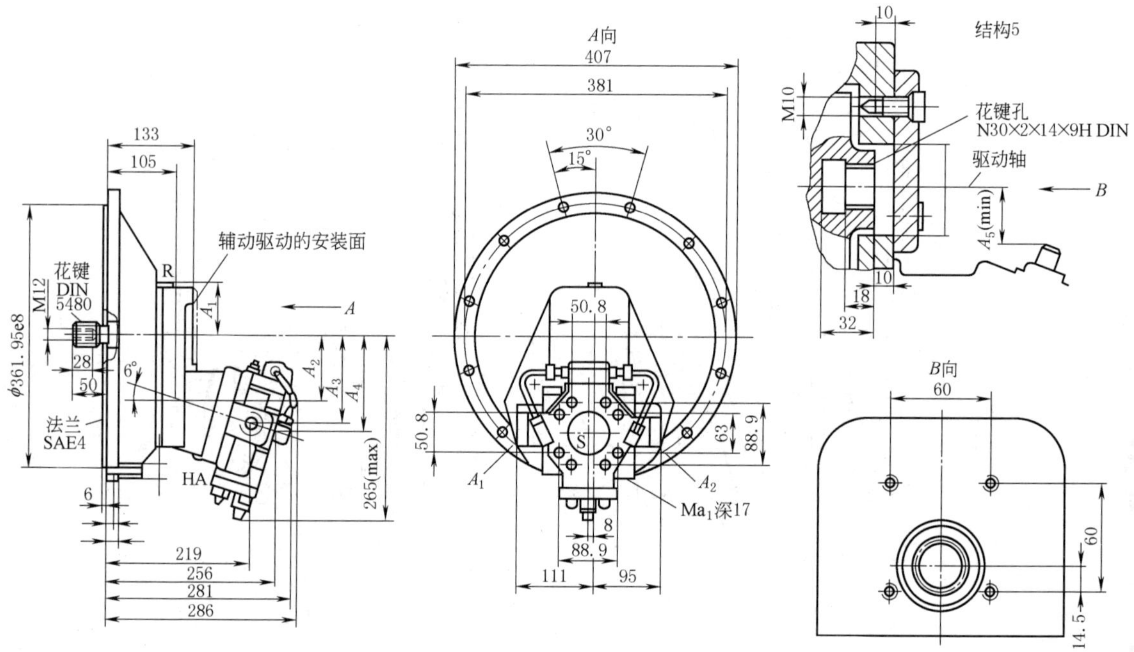

速比	A_1	A_2	A_3	A_4	A_5	质量/kg
1	83	100	133	143	42	54
2	73.5	91	124	134	33	54

A_1,A_2—工作油口 M33×2;S—吸油口 SAE2½ 21MPa;R—排气口 M14×1.5(堵死);HA—泄油口 M14×1.5(堵死)

规格 58

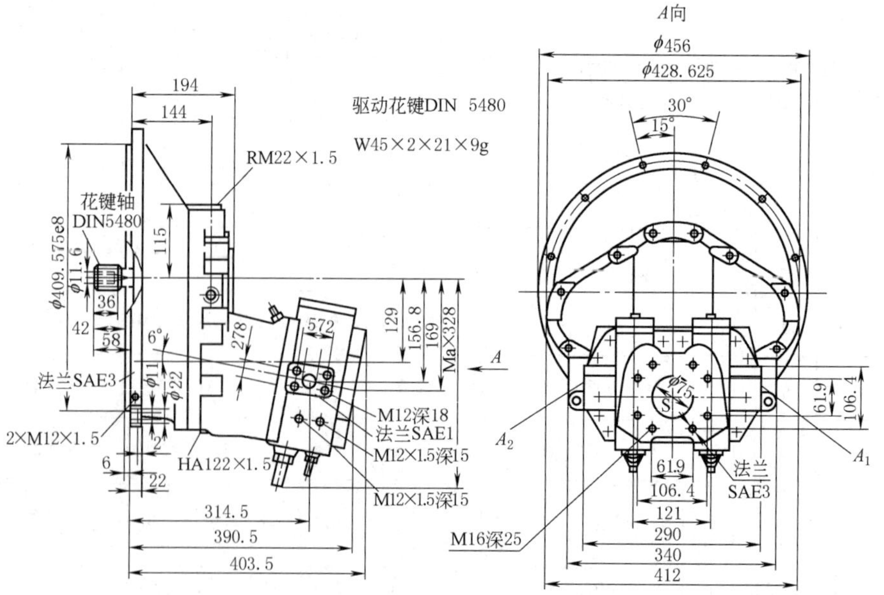

A_1,A_2—工作油口 M33×2;S—吸油口 SAE2½ 21MPa;

R—排气口 M14×1.5(堵死);HA—泄油口 M14×1.5(堵死)

(3) A2F型斜轴式轴向定量柱塞泵

型号意义：

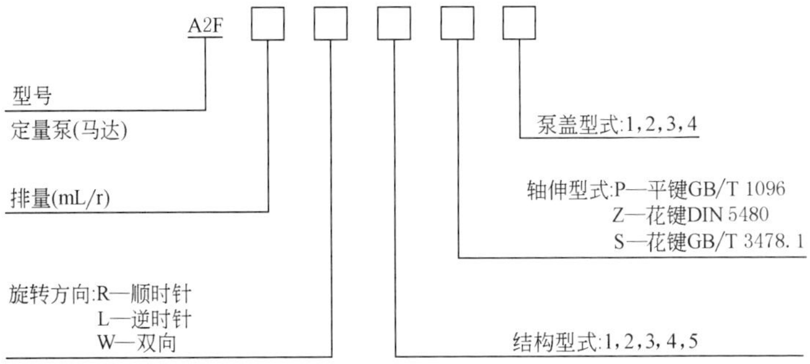

表 20-5-62 **技术参数**

型　号	排量 /mL·r^{-1}	压力/MPa 额定	压力/MPa 最高	闭式系统(35MPa) 转速 /r·min^{-1}	闭式系统(35MPa) 流量 /L·min^{-1}	闭式系统(35MPa) 功率 /kW	开式系统(35MPa) 转速 /r·min^{-1}	开式系统(35MPa) 流量 /L·min^{-1}	开式系统(35MPa) 功率 /kW	转矩 /N·m	质量 /kg
A2F10	9.4	35	40	7500	71	41	5000	46	27	52.5	5
A2F12	11.6			6000	70		4000	45		64.5	
A2F23	22.7			5600	127	74		88	53	126	12
A2F28	28.1			4750	133	78	3000	82	49	156	
A2F45	44.3			3750	166	97		129	75	247	23
A2F55	54.8				206	120	2500	133	80	305	
A2F63	63			4000	252	147	2700	165	99	350	33
A2F80	80			3350	268	156	2240	174	105	446	
A2F107	107			3000	321	187	2000	208	125	594	44
A2F125	125			3150	394	230	2240	272	163	693	63
A2F160	160			2650	424	247	1750			889	
A2F200	200			2500	500	292	1800	349	210	1114	88
A2F250	250				625	365	1500	364	218	1393	
A2F355	355			2240	795	464	1320	455	273	1978	138
A2F500	500			2000	1000	583	1200	582	350	2785	185

表 20-5-63 外形尺寸 mm

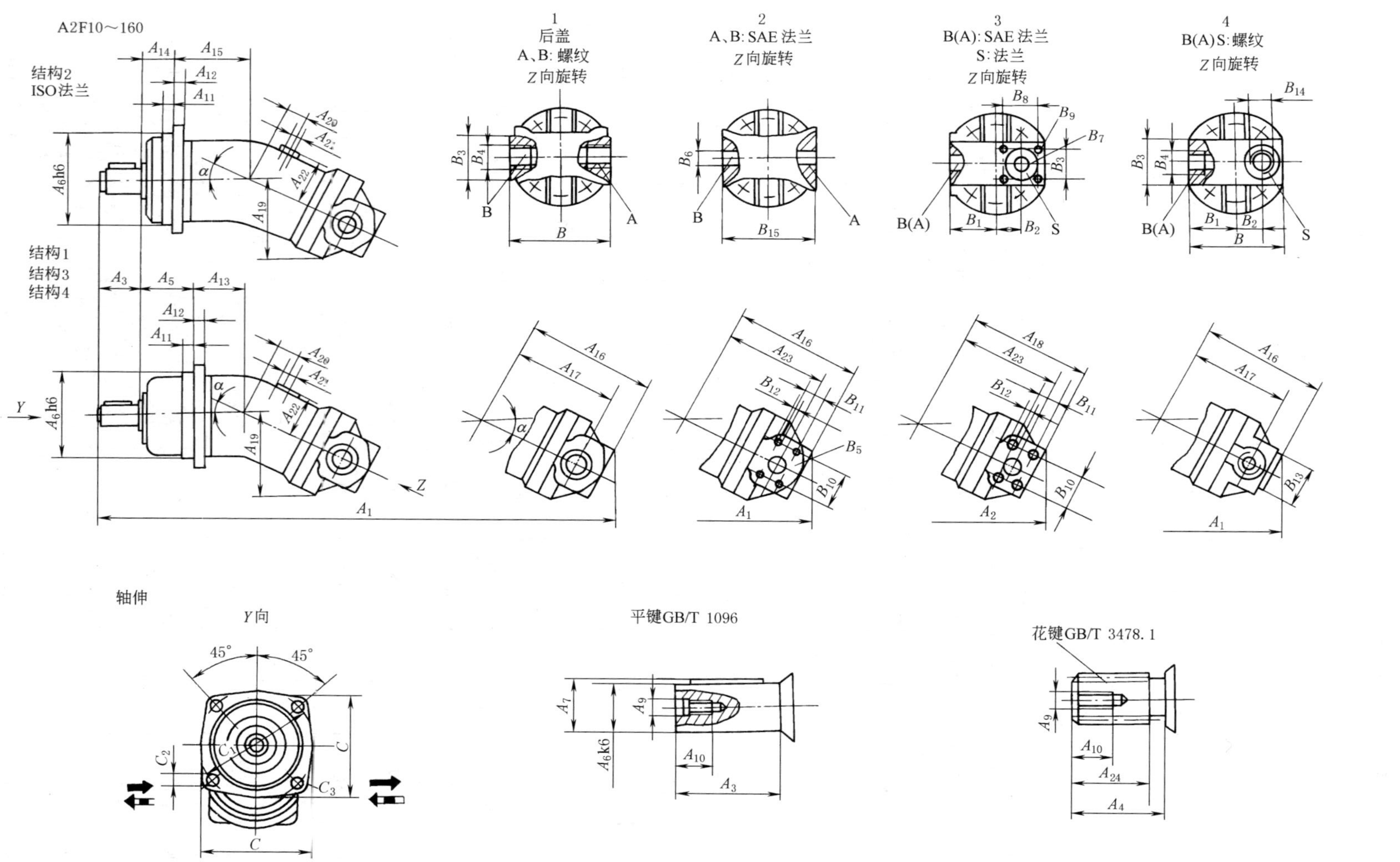

续表

规格 α=20°	规格 α=25°	结构型式	后盖型式	A_1 α=20°	A_1 α=25°	A_2 α=20°	A_2 α=25°	A_3	A_4	A_5	A_6	A_7	A_9	A_{10}	A_{11}	A_{12}
10	12	4	1、4	235	232	—	—	40	34	40	80	22.5	M6	16	8	12.5
23	28	2.3		296	293			50	34	50	100	27.9	M8	19		16
45	55	1.2	1、2、3	384	381	378	376	60	35	63	125	32.9	M12	28	10	20
63	80	2		452	450	447	444	70	40	—	140	38				23
87	107	1.2		480	476	473	468	80	45	80	160	43.1			12	25
125	160	2		552	547	547	540	90	50	—	180	48.5	M16	36	10	28

规格 α=20°	规格 α=25°	A_{13}	A_{14}	A_{15}	A_{16}	A_{17}	A_{18}	A_{19} α=20°	A_{19} α=25°	A_{20}	A_{21}	A_{22}	A_{23}	A_{24}	B	B_1	B_2	B_3	B_4
10	12	42	—	—	112	90	—	69	75	10	M12×1.5	40	—	22	89	42.5	18	40	M22×1.5深14
23	28	50	25	75	145	118		88	95	25	M16×1.5	50		28	100	53	25	47	M27×2深16
45	55	77	32	108	183	150	178	110	118	31.5	M18×1.5	63	151		132	63	29	53	M33×2深18
63	80	—		130	213	173	208	126	140	36		77	173	33	156	75	35.5	63	M42×2深20
87	107	90	40	137	230	190	225	138	149	40		80	190	37.5	165	80		66	
125	160	—		156	262	212	257	159	173.5	45	M22×1.5	93	212	42.5	195	95	42.2	70	M48×2深20

规格 α=20°	规格 α=25°	B_5 法兰	B_6	B_7	B_8	B_9	B_{10}	B_{11}	B_{12}	B_{13}	B_{14}	B_{15}	C	C_1	C_2	C_3	平键 GB/T 1096	花键 GB/T 3478.1	花键 DIN 5480	质量/kg
10	12	—	—	—	—	—	—	—	—	42	M33×2	—	95	100	9	10	6×32	EXT14Z×1.25m×30R×5f	W20×1.25×14×9g	5.5
23	28	SAE1/2	13				40.5			53	M42×2	120	118	125	11	12	8×40	EXT18Z×1.25m×30R×5f	W25×1.25×18×9g	12.5
45	55	SAE3/4	19	50	48	M10	50.8	23.8	M10	—	—	126	150	160	13.5	16	8×50	EXT14Z×2m×30R×5f	W30×2×14×9g	23
63	80	SAE1	25	56	60	M12	57.1	27.8	M12			156	165	180			10×56	EXT16Z×2m×30R×5f	W35×2×16×9g	33
87	107			63								160	190	200	17.5	20	12×63	EXT18Z×2m×30R×5f	W40×2×18×9g	42
125	160	SAE1¼	32	70	75	M16	66.7	31.8	M14			190	210	224			14×70	EXT21Z×2m×30R×5f	W45×2×21×9g	63

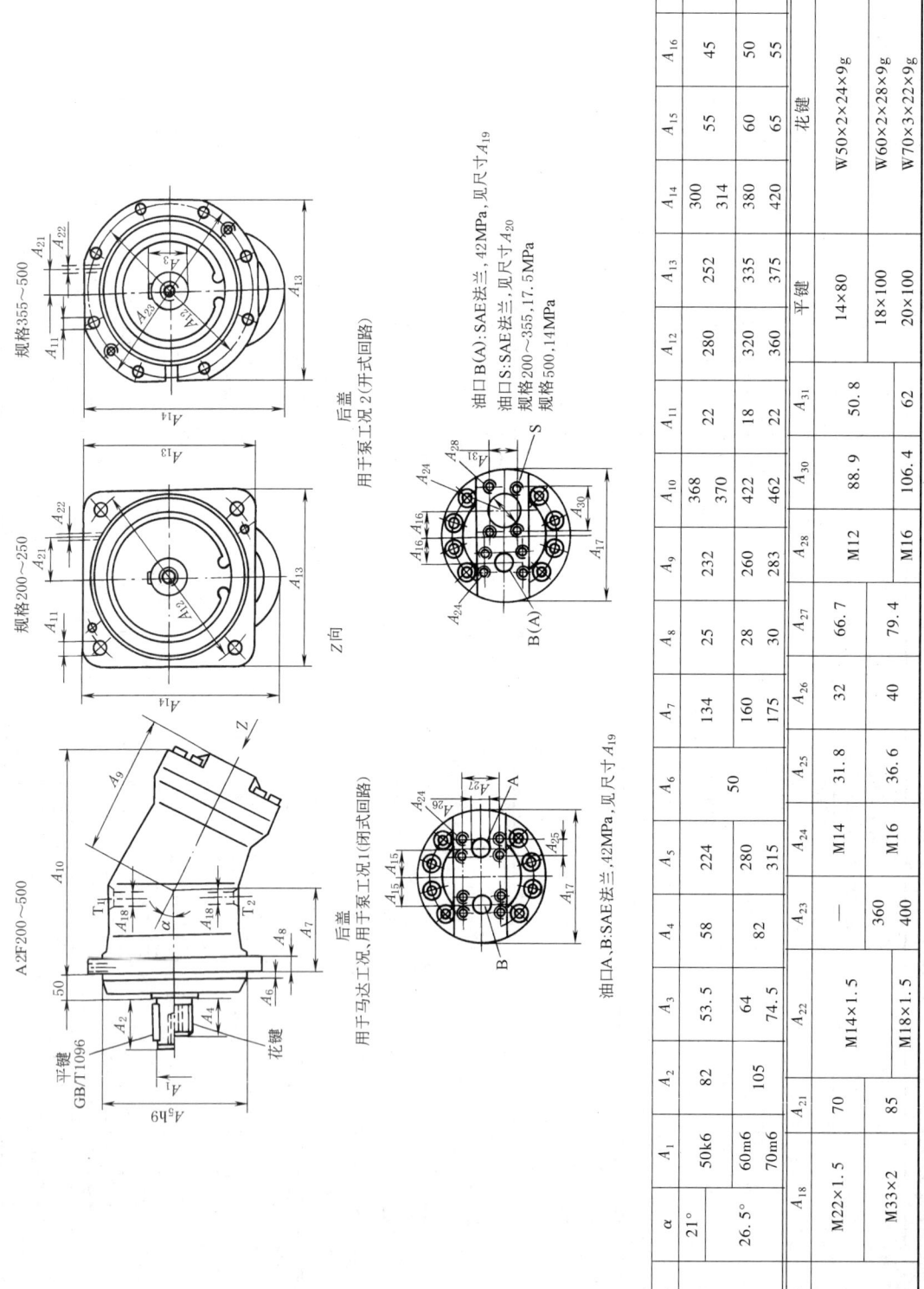

续表

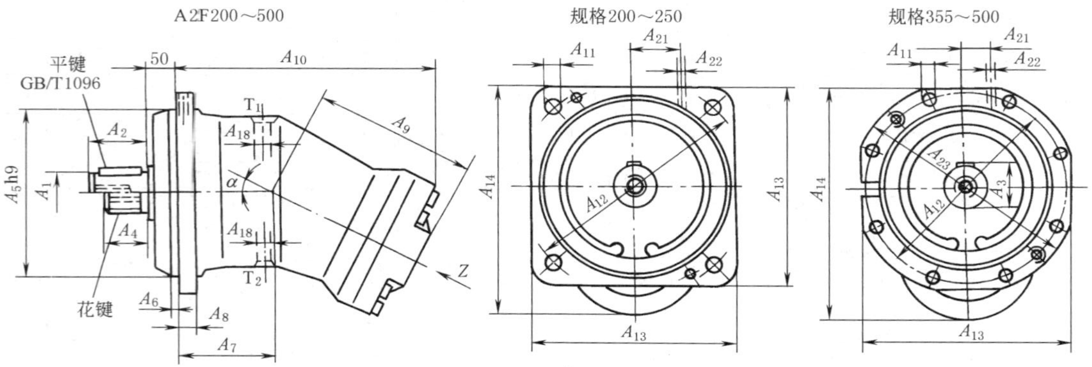

后盖
用于马达工况、用于泵工况1(闭式回路)

Z向

后盖
用于泵工况2(开式回路)

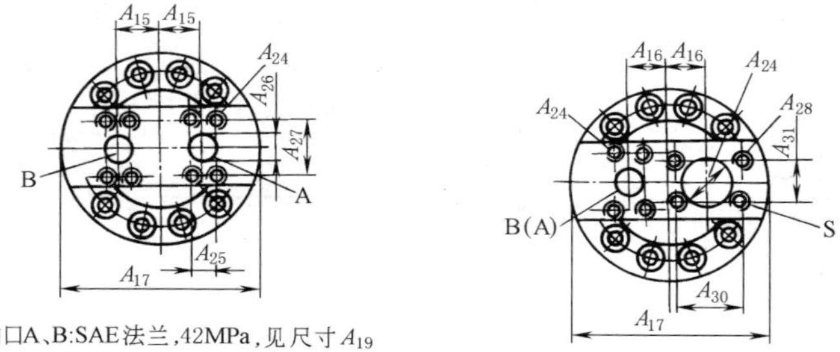

油口A、B:SAE法兰,42MPa,见尺寸A_{19}

油口B(A):SAE法兰,42MPa,见尺寸A_{19}
油口S:SAE法兰,见尺寸A_{20}
规格200～355,17.5MPa
规格500,14MPa

规格	α	A_1	A_2	A_3	A_4	A_5	A_6	A_7	A_8	A_9	A_{10}	A_{11}	A_{12}	A_{13}	A_{14}	A_{15}	A_{16}	A_{17}
200	21°	50k6	82	53.5	58	224	50	134	25	232	368	22	280	252	300	55	45	216
250	26.5°										370				314			
355		60m6	105	64	82	280		160	28	260	422	18	320	335	380	60	50	245
500		70m6		74.5		315		175	30	283	462	22	360	375	420	65	55	270

规格	A_{18}	A_{21}	A_{22}	A_{23}	A_{24}	A_{25}	A_{26}	A_{27}	A_{28}	A_{30}	A_{31}	平键	花键	质量/kg
200	M22×1.5	70	M14×1.5	—	M14	31.8	32	66.7	M12	88.9	50.8	14×80	W50×2×24×9g	88
250														
355	M33×2	85		360	M16	36.6	40	79.4				18×100	W60×2×28×9g	138
500			M18×1.5	400					M16	106.4	62	20×100	W70×3×22×9g	185

4.3.5 JB-※型径向柱塞定量泵

JB-※型泵属于直列式径向柱塞定量泵，不改变进出油方向做正反转（除 4JB-H125 型外）。只能作泵使用，不能作马达使用。该泵为阀式配油，具有各个独立输出口，各输出油源，既可单独使用，也可合并使用。该泵具有耐振动、耐冲击、有一定自吸能力、对工作油液的过滤精度要求不太高等特点，适用于工程机械、起重运输机械、轧机和锻压设备等液压系统中。

型号意义：

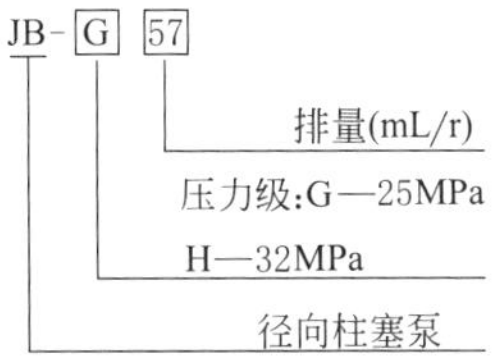

表 20-5-64　　技术参数及外形尺寸

型　号	排量 /mL·r^{-1}	压力/MPa 额定	压力/MPa 最高	转速/r·min^{-1} 额定	转速/r·min^{-1} 最高	驱动功率 /kW	容积效率 /%	质量 /kg
JB-G57	57	25	32		1500	45	≥95	105
JB-G73	73					55		140
JB-G100	100					75		180
JB-G121	121				1800	110		250
4JB-H125	128	32	40	1800	2400	140	≥88	
JB-H18	17.6			1000		11.36	≥90	
JB-H30	29.4					18.9		
JB-H35.5	35.5					22.9		

JB-G57、JB-G73型

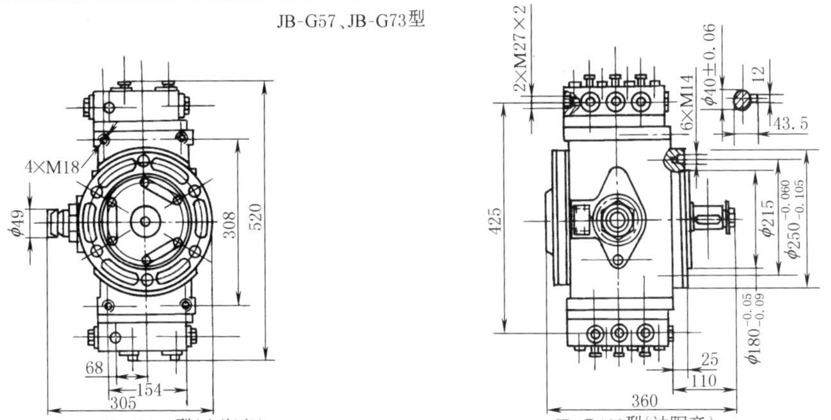

JB-G 100型(上海产)

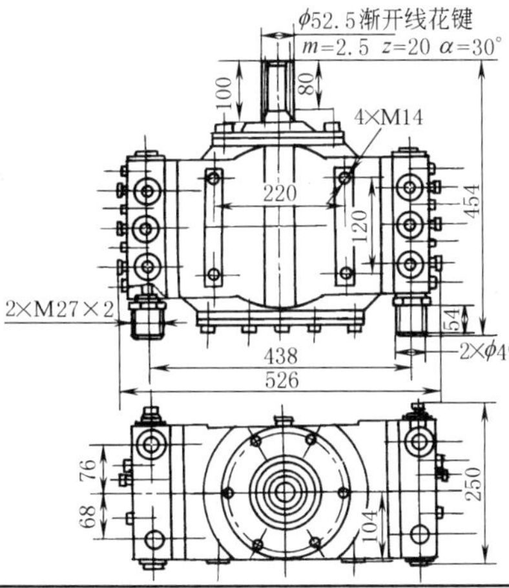

JB-G 100型(沈阳产)

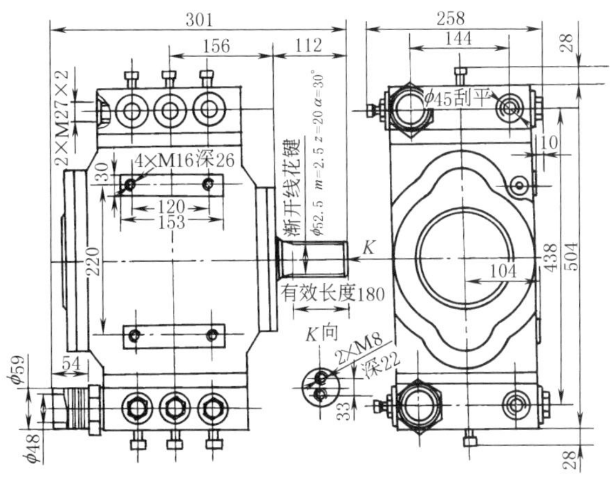

续表

JB-G121型

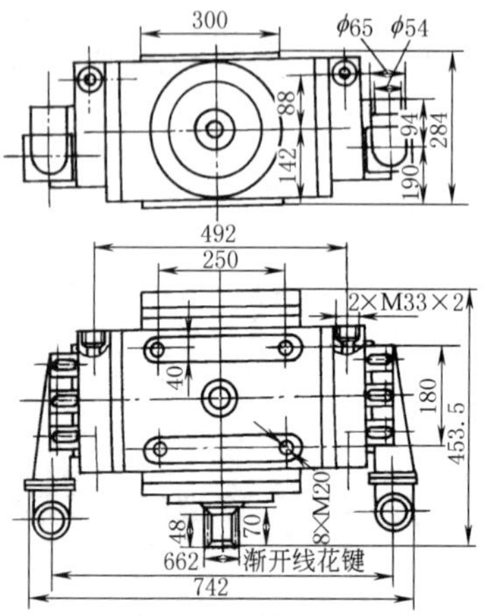

JB-H18、JB-H30、JB-H35.5 型

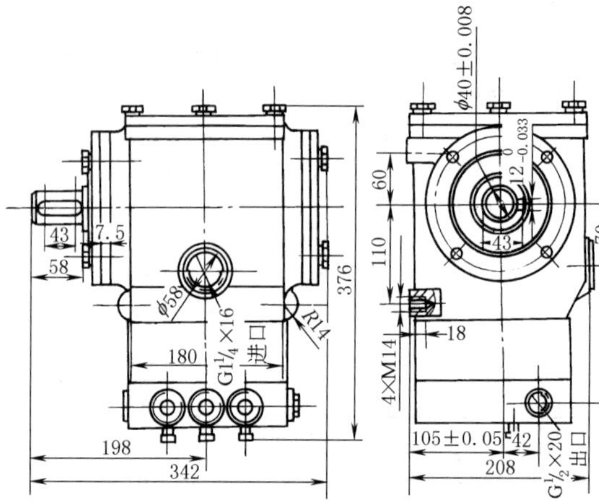

4JB-H125 型

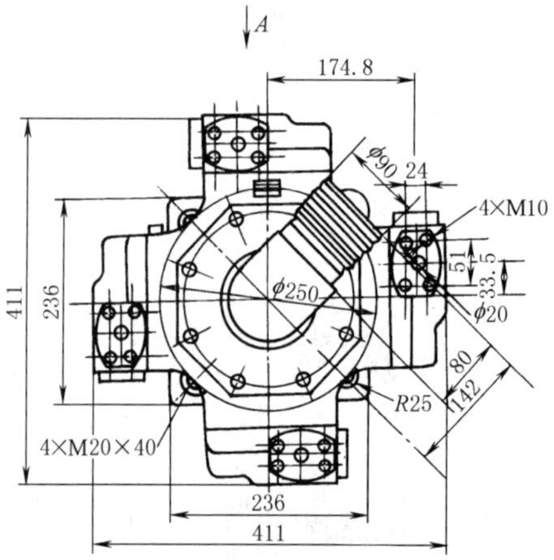

A向

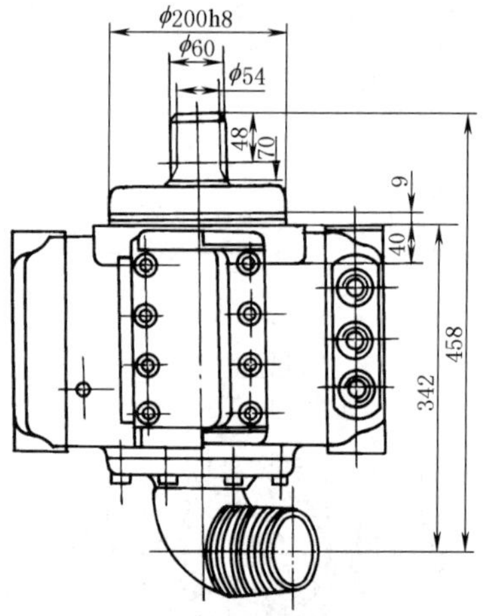

渐开线花键：$Z=22, m=2.5, \alpha=20°, n=4$，公法线长度为 $27.97_{-0.118}^{-0.061}$，移距系数为 0.8

4.3.6 JB※型径向变量柱塞泵

JB※型径向柱塞泵的主要摩擦副采用了静压技术，有多种变量控制方式，具有工作压力高、寿命长、耐冲击、噪声低、响应快、抗污染能力强、自吸性能好等特点。有单联、双联、三联及与齿轮泵连接等多种连接型式，主要用于矿山、冶金、起重、轻工机械等液压系统中。

型号意义：

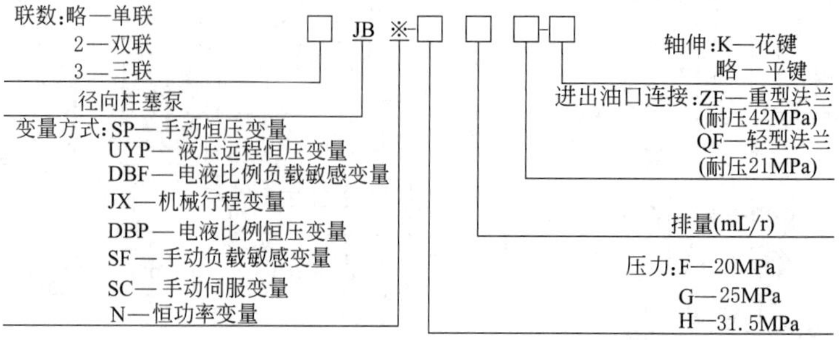

表 20-5-65 技术参数及外形尺寸 mm

规 格	排量/mL · r^{-1}	压力/MPa	转速/r · min^{-1}		调压范围/MPa	过滤精度/μm
			最佳	最高		
16	16	F:20 G:25 H:31.5 最大:35	1800	3000	3~31.5	吸油:100 回油:30
19	19		1800	2500		
32	32		1800	2500		
45	45		1800	1800		
63	63		1800	2100		
80	80		1800	1800		

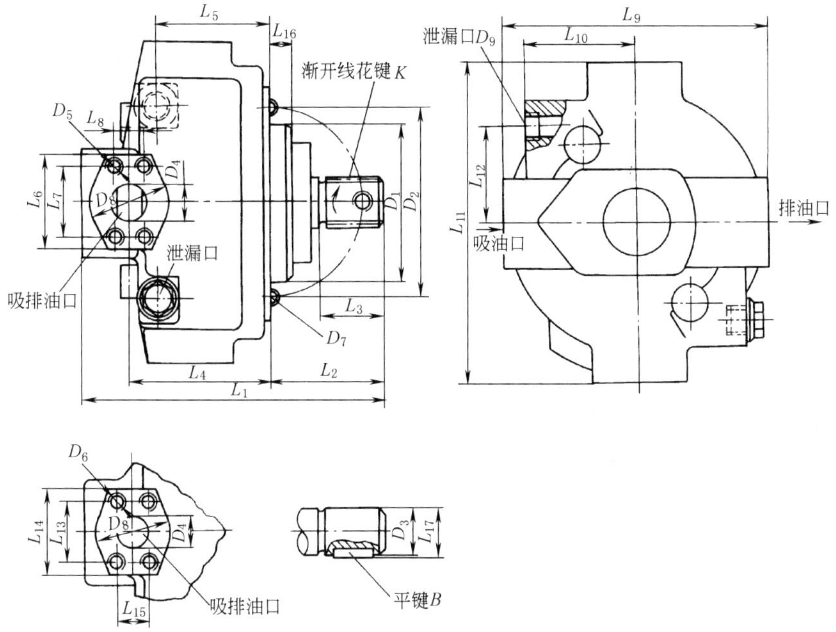

排量/mL · r^{-1}	L_1	L_2	L_3	L_4	L_5	L_6	L_7	L_8	L_9	L_{10}	L_{11}
16 和 19	200	71	42	84	72	71	47.6±0.20	22.2±0.20	181	85	217
32 和 45	242	83	58	106	84	80			225	90	257
63 和 80	301	116	64	140	108	80	58.74±0.25	30.16±0.20	272	110	330

排量/mL · r^{-1}	L_{12}	L_{13}	L_{14}	L_{15}	L_{16}	L_{17}	D_1	D_2	D_3	D_4
16 和 19	56	50.8±0.25	71	23.9±0.20	7	28	100h8	125±0.15	25js7	20
32 和 45	78	52.4±0.25	71	26.2±0.25	8	35	100h8	125±0.15	32k7	26
63 和 80	90	57.2±0.25	80	27.8±0.25	13	48.5	$160^{-0.043}_{-0.106}$	200±0.15	45k7	26

排量/mL · r^{-1}	D_5	D_6	D_7	D_8	D_9	B 平键	K 渐开线花键
16 和 19	M10 深 16	M10 深 16	M10 深 15	60	M18×1.5 深 13	8×30	
32 和 45		M10 深 21	M10 深 20	60	M22×1.5 深 14	10×45	
63 和 80	M12 深 21	M12 深 21	M16 深 20	72	M27×1.5 深 16	14×56	EXT21Z×2m×30P×65

4.3.7 JBP 径向柱塞泵

JBP 径向柱塞泵为机电控制式变量泵，采用新的静压平衡技术与新材料技术，克服了转子抱轴和滑靴与定子摩擦副的胶合现象。该系列产品具有工作压力高、噪声低、寿命长、抗冲击能力强等特点，并具有多种高效节能的控制方式，主要控制形式有恒压控制、电液控制、恒功率控制、伺服控制等。该产品适用于矿山机械、化工机械、冶金机械等中高压液压系统。

型号意义：

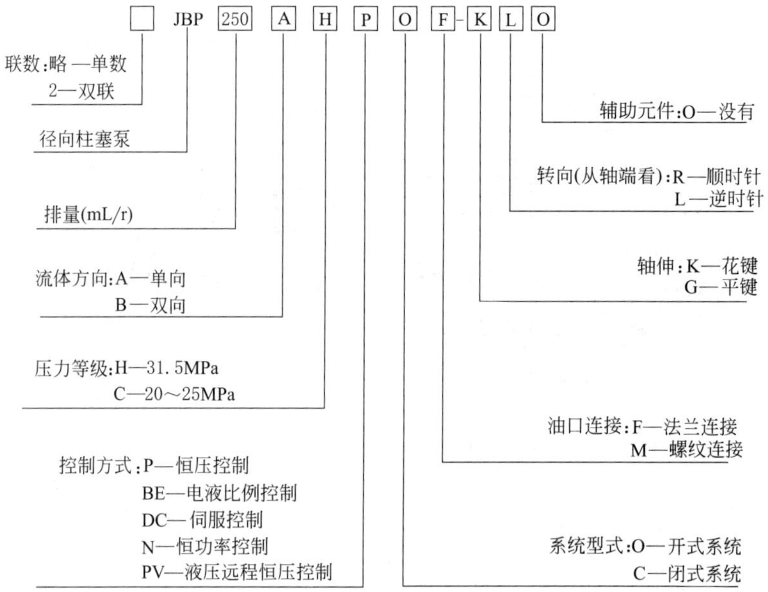

表 20-5-66　技术参数及外形尺寸　mm

单联泵	公称排量/mL·r^{-1}	10	16	25	40	50	58	65	80	90	125	160	180	250
	额定转速/r·min^{-1}	1500	1500	1500	1500	1500	1500	1500	1500	1500	1500	1500	1500	1500
	最高转速/r·min^{-1}	2500	2500	2000	2000	2000	2000	2000	1800	1800	1800	1800	1800	1800
	额定压力/MPa	32	32	32	32	32	32	32	32	32	32	32	32	32
	噪声级/dB	70	70	71	72	72	74	74	74	75	78	78	80	84

双联泵	公称排量/mL·r^{-1}	65/25	65/32	90/25	125/25	160/25	250/25	80/58	90/58	160/58	250/58
	额定转速/r·min^{-1}	1500	1500	1500	1500	1500	1500	1500	1500	1500	1500
	最高转速/r·min^{-1}	2000	2000	1800	1800	1800	1800	1800	1800	1800	1800
	最高压力/MPa	32/10	32/10	32/10	32/10	28/10	28/10	32/10	32/10	28/8	28/8
	噪声级/dB	74	75	76	77	78	81	76	76	79	84

续表

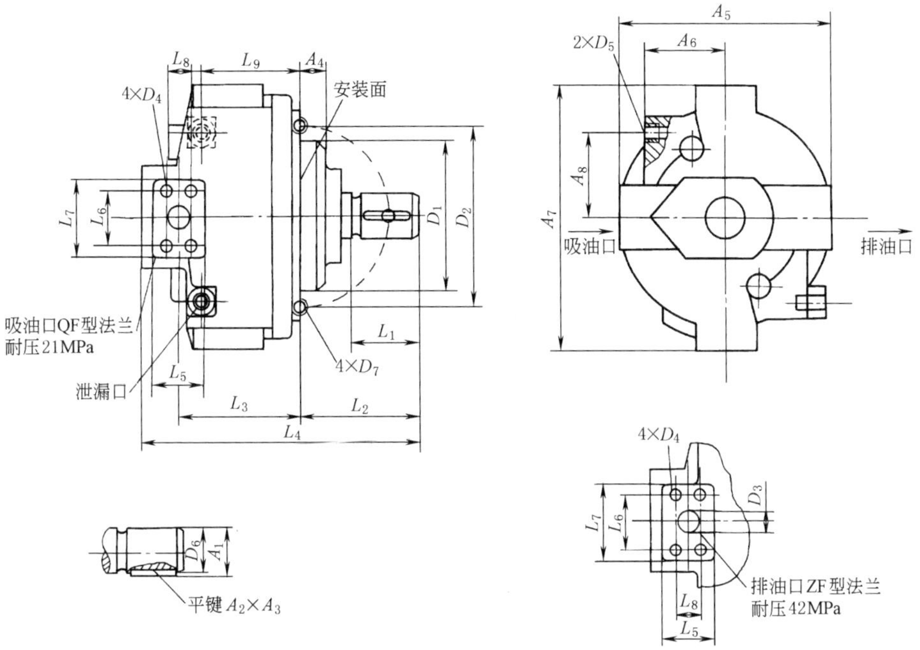

公称排量 /mL·r^{-1}	L_1	L_2	L_3	L_4	L_5	L_6	L_7	L_8	L_9	D_1	D_2	D_3
25	61.5	97.2	119	245.2	60	53	72	28	80	100	125	26
50	54	100.5	119.5	258	60	53	71	28	85.5	140	168	36
65	54	114.3	143.3	340	74	59	83	30	128.7	160	200	36
80	54	112.6	171.7	336.3	74	58	83	47	126.7	160	200	36
160	94	117.5	239	412.5	105	67(排) 106.5(吸)	136	44(排) 62(吸)	55	160	200	50
180	94	117.5	239	412.5	105	67(排) 106.5(吸)	136	32(排) 62(吸)	55	160	200	32(排) 75(吸)
250	90	131	266.5	457	114	96	137	44	204	200	250	52

公称排量 /mL·r^{-1}	D_4	D_5	D_6	D_7	A_1	A_2	A_3	A_4	A_5	A_6	A_7	A_8
25	M10 深 16	M20×1.5 深 15	30	M10 深 28	33	8	50	25.7	210	85	248	65
50	M10 深 16	M22×1.5 深 20	40	M10 深 18	43	10	45	10	253	110	294	82
65	M12 深 16	M27×2 深 20	45	M16 深 20	48.5	14	56	13	272	110	330	82
80	M12 深 25	M27×2 深 25	45	M16 深 20	48.5	14	56	13	277	119	339	91
160	M18 深 20	M33×2 深 20	63	M18 深 20	67	18	90	20	359	178	449	
180	M18 深 20	M33×2 深 20	50	M18 深 20	53.5	14	90	20	359	178	449	
250	M20 深 35	M42×2 深 30	70	M20 深 25	74.5	20	75	11.7	435	172	518.8	131

注：1. 如需花键轴请单独说明。

2. 如需串联泵请单独说明。

4.3.8 A4VSO 系列斜盘轴向柱塞泵

A4VSO 系列斜盘轴向柱塞泵广泛应用于开路中液压传动装置，通过调节斜盘角度，流量与输入传动速度和排量成正比，可对输出流量进行无级调节。

A4VSO 系列斜盘轴向柱塞泵，采用模块化设计，具有出色的吸油特性和快速的响应时间，设计结构紧凑、重量轻，具有低噪声等级，通过选用长寿命、高精度轴承以及静压平衡滑靴，使得该泵具有长久的使用寿命。

型号意义：

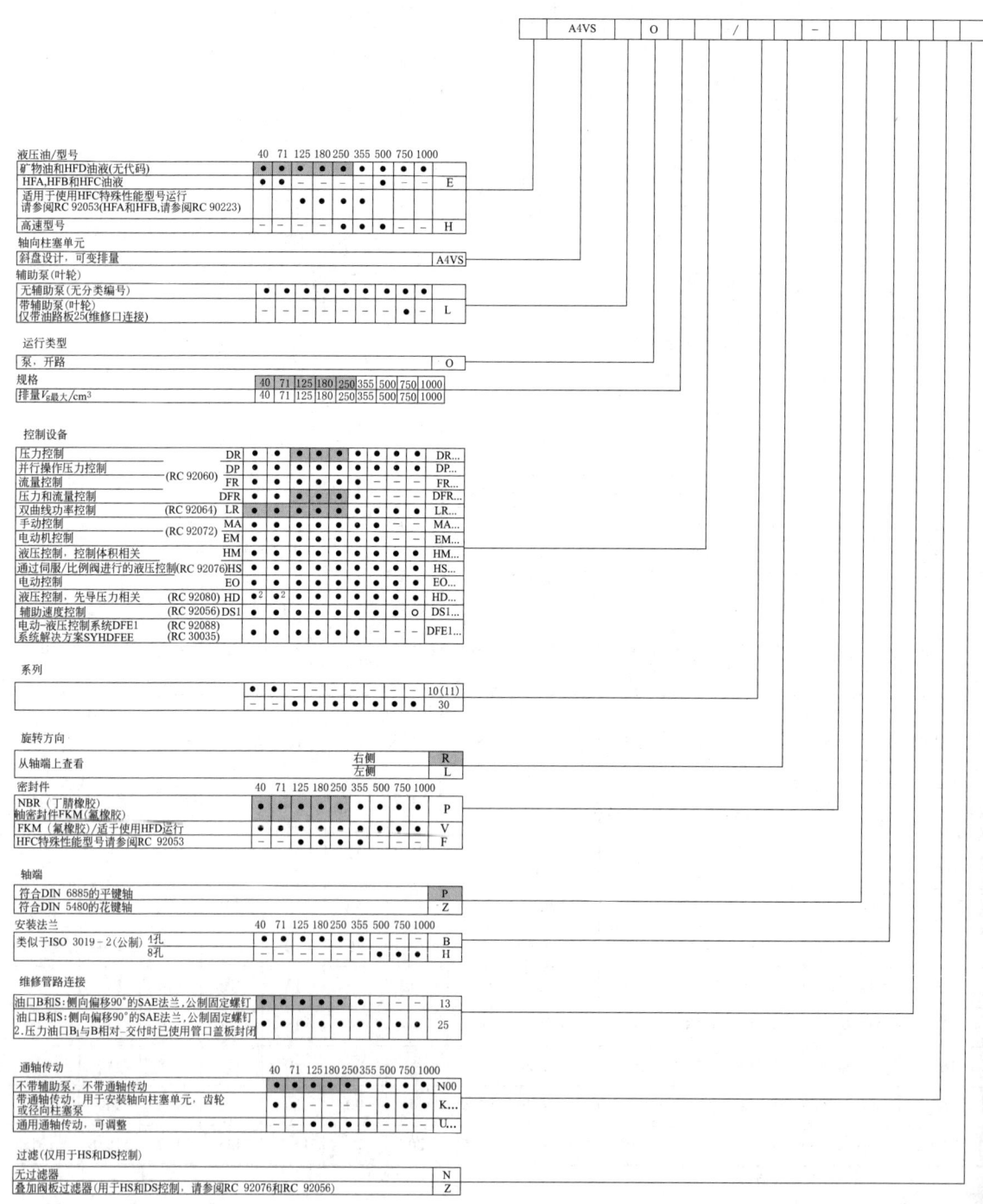

	A4VS		O			/			–						

液压油/型号

	40	71	125	180	250	355	500	750	1000	
矿物油和HFD油液(无代码)	●	●	●	●	●	●	●	●	●	
HFA,HFB和HFC油液	●	●	–	–	–	–	●	–	–	E
适用于使用HFC特殊性能型号运行 请参阅RC 92053(HFA和HFB,请参阅RC 90223)			●	●	●	●				
高速型号	–	–	–	–	●	●	●	–	–	H

轴向柱塞单元

斜盘设计，可变排量	A4VS

辅助泵(叶轮)

	40	71	125	180	250	355	500	750	1000	
无辅助泵(无分类编号)	●	●	●	●	●	●	●	●	●	
带辅助泵(叶轮) 仅带油路板25(维修口连接)	–	–	–	–	–	–	–	●	–	L

运行类型

泵，开路	O

规格

	40	71	125	180	250	355	500	750	1000
排量$V_{g最大}$/cm^3	40	71	125	180	250	355	500	750	1000

控制设备

			40	71	125	180	250	355	500	750	1000	
压力控制	(RC 92060)	DR	●	●	●	●	●	●	●	●	●	DR...
并行操作压力控制	(RC 92060)	DP	●	●	●	●	●	●	●	●	●	DP...
流量控制	(RC 92060)	FR	●	●	●	●	●	●	–	–	–	FR...
压力和流量控制		DFR	●	●	●	●	●	●	–	–	–	DFR...
双曲线功率控制	(RC 92064)	LR	●	●	●	●	●	●	●	●	●	LR...
手动控制	(RC 92072)	MA	●	●	●	●	●	●	●	–	–	MA...
电动机控制	(RC 92072)	EM	●	●	●	●	●	●	●	–	–	EM...
液压控制，控制体积相关		HM	●	●	●	●	●	●	●	●	●	HM...
通过伺服/比例阀进行的液压控制	(RC 92076)	HS	●	●	●	●	●	●	●	●	●	HS...
电动控制		EO	●	●	●	●	●	●	●	●	●	EO...
液压控制，先导压力相关	(RC 92080)	HD	●[2]	●[2]	●	●	●	●	●	●	●	HD...
辅助速度控制	(RC 92056)	DS1	●	●	●	●	●	●	●	●	○	DS1...
电动-液压控制系统DFE1 系统解决方案SYHDFEE	(RC 92088) (RC 30035)		●	●	●	●	●	●	–	–	–	DFE1...

系列

	40	71	125	180	250	355	500	750	1000	
	●	●	–	–	–	–	–	–	–	10(11)
	–	–	●	●	●	●	●	●	●	30

旋转方向

从轴端上查看	右侧	R
	左侧	L

密封件

	40	71	125	180	250	355	500	750	1000	
NBR（丁腈橡胶） 轴密封件FKM(氟橡胶)	●	●	●	●	●	●	●	●	●	P
FKM（氟橡胶)/适于使用HFD运行	●	●	●	●	●	●	●	●	●	V
HFC特殊性能型号请参阅RC 92053	–	–	●	●	●	●	–	–	–	F

轴端

符合DIN 6885的平键轴	P
符合DIN 5480的花键轴	Z

安装法兰

		40	71	125	180	250	355	500	750	1000	
类似于ISO 3019－2(公制)	4孔	●	●	●	●	●	●	–	–	–	B
	8孔	–	–	–	–	–	–	●	●	●	H

维修管路连接

	40	71	125	180	250	355	500	750	1000	
油口B和S：侧向偏移90°的SAE法兰，公制固定螺钉	●	●	●	●	●	●	–	–	–	13
油口B和S：侧向偏移90°的SAE法兰，公制固定螺钉 2.压力油口B_1与B相对–交付时已使用管口盖板封闭	●	●	●	●	●	●	●	●	●	25

通轴传动

	40	71	125	180	250	355	500	750	1000	
不带辅助泵，不带通轴传动	●	●	●	●	●	●	●	●	●	N00
带通轴传动，用于安装轴向柱塞单元，齿轮或径向柱塞泵	●	●	–	–	–	–	●	●	●	K...
通用通轴传动，可调整	–	–	●	●	●	●	–	–	–	U...

过滤(仅用于HS和DS控制)

无过滤器	N
叠加阀板过滤器(用于HS和DS控制，请参阅RC 92076和RC 92056)	Z

表 20-5-67　技术参数

值表(理论值,不考虑有效位和误差;经四舍五入的值)

规格			40	71	125	180	250/H	355/H	500/H	750	750 带叶轮	1000
排量		$V_{g最大}/cm^3$	40	71	125	180	250/250	355/355	500/500	750	750	1000
速度	在 $V_{g最大}$ 时最大	$n_{0最大}/r \cdot min^{-1}$	2600	2200	1800	1800	1500/1900	1500/1700	1320/1500	1200	1500	1000
	在 $V_g \leqslant V_{g最大}$ 时最大(速度极限)	$n_{0最大允许}/r \cdot min^{-1}$	3200	2700	2200	2100	1800/2100	1700/1900	1600/1800	1500	1500	1200
流量	在 $n_{0最大}$ 时	$q_{V0最大}/L \cdot min^{-1}$	104	156	225	324	375/475	533/604	660/750	900	1125	1000
	当 n_E = 1500r/min 时	$q_{VE最大}/L \cdot min^{-1}$	60	107	186	270	375	533	581	770	1125	—
功率	Δp = 350bar 在 $n_{0最大}$ 时	$P_{0最大}/kW$	61	91	131	189	219/277	311/352	385/437	525	656	583
	当 n_E = 1500r/min 时	$P_{E最大}/kW$	35	62	109	158	219	311	339	449	656	—
转矩在 V_{gmax} 时	Δp = 350bar	$T_{最大}/N \cdot m$	223	395	696	1002	1391	1976	2783	4174	4174	5565
	Δp = 100bar	$T/N \cdot m$	64	113	199	286	398	564	795	1193	1193	1590
转动刚度	轴端 P	$c/kN \cdot m \cdot r^{-1}$	80	146	260	328	527	800	1145	1860	1860	2730
	轴端 Z	$c/kN \cdot m \cdot r^{-1}$	77	146	263	332	543	770	1136	1812	1812	2845
面积矩惯性矩		$J_{TW}/kg \cdot m^2$	0.0049	0.0121	0.03	0.055	0.0959	0.19	0.3325	0.66	0.66	1.20
最大角加速度		$\alpha/r \cdot s^{-2}$	17000	11000	8000	6800	4800	3600	2800	2000	2000	1450
箱体容量		V/L	2	2.5	5	4	10	8	14	19	22	27
质量(含压力控制设备)近似值		m/kg	39	53	88	102	184	207	320	460	490	605

传动轴上的允许径向力和轴向力

规格		40	71	125	180	250	355	500	750	1000
最大径向力 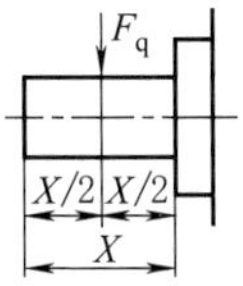	在 $X/2$ 处, $F_{q最大}/N$	1000	1200	1600	2000	2000	2200	2500	3000	3500
最大轴向力 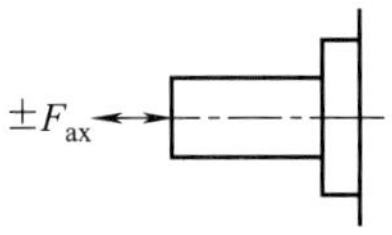	$\pm F_{ax最大}/N$	600	800	1000	1400	1800	2000	2000	2200	2200

注：各生产厂家的性能指标、外形连接尺寸略有不同，选用时可查询各生产厂家。

表 20-5-68　　　外形尺寸　　　mm

公称规格 40

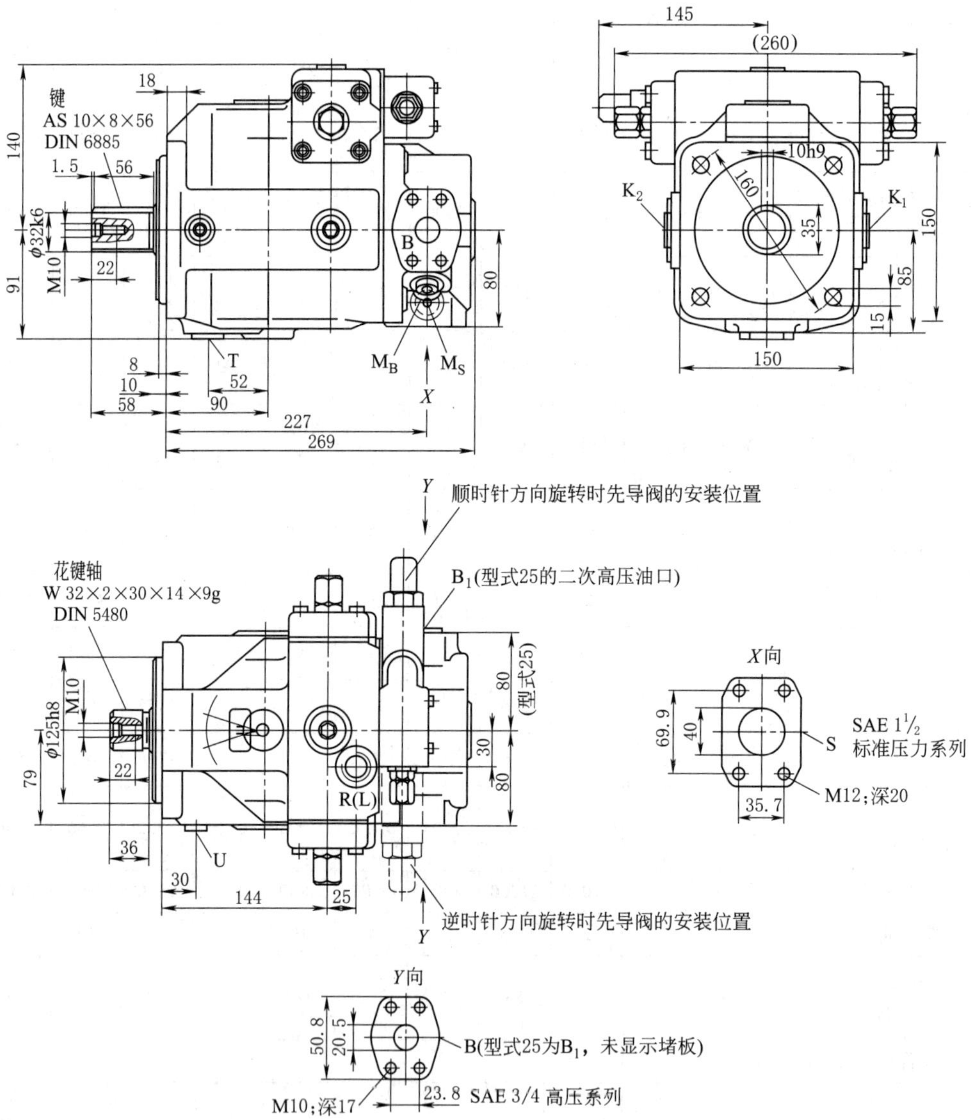

型式 13 的油口

B	压力油口	SAE ¾(高压系列)
B_1	辅助油口	M22×1.5;深 14(堵住)

型式 25 的油口

B	压力油口	SAE ¾(高压系列)
B_1	二次压力油口	SAE ¾(高压系列)

油口

S	吸油口	SAE 1½(标准系列)
K_1,K_2	冲洗油口	M22×1.5;深 14(堵住)
T	泄油口	M22×1.5;深 14(堵住)
M_B,M_S	测压口	M14×1.5;深 12(堵住)
R(L)	注油和排气口	M22×1.5; 精确位置参见控制装置的单独数据表(堵住)
U	冲洗油口	M14×1.5;深 12(堵住)

续表

公称规格 71

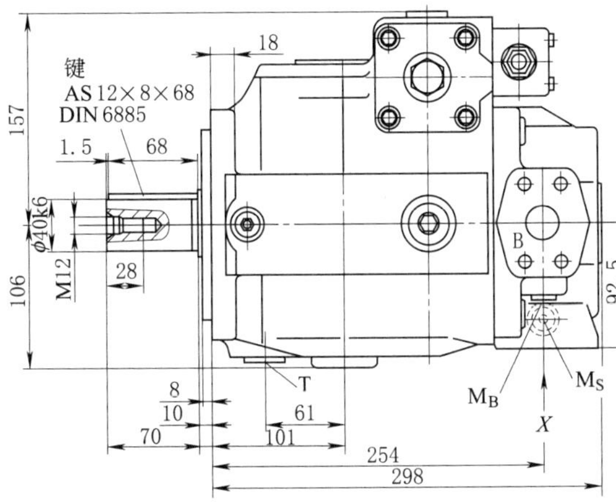

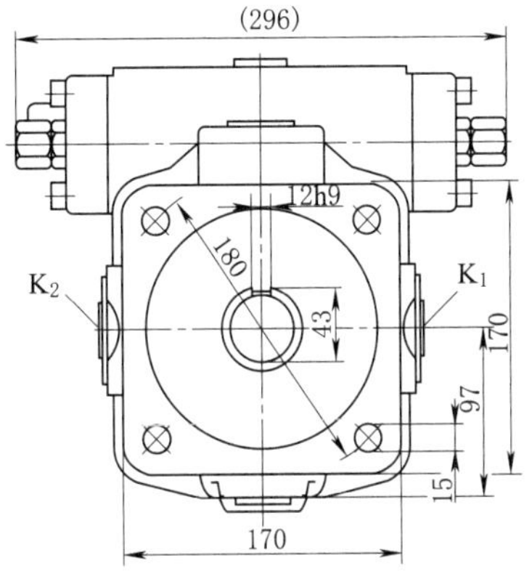

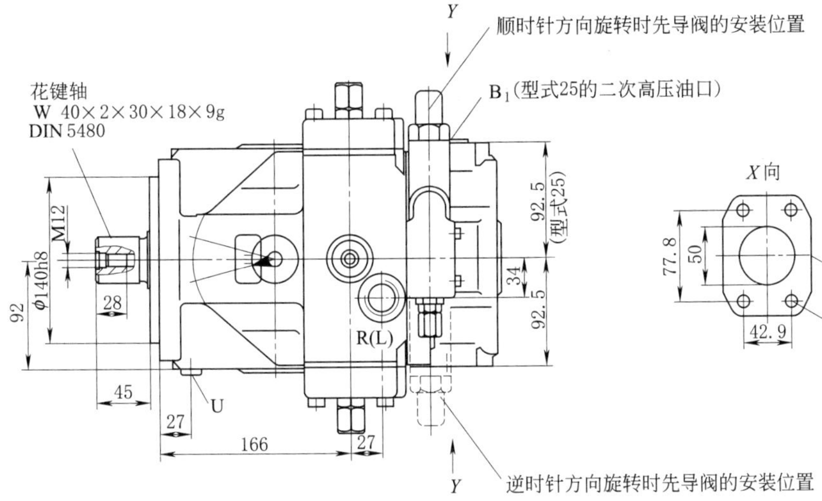

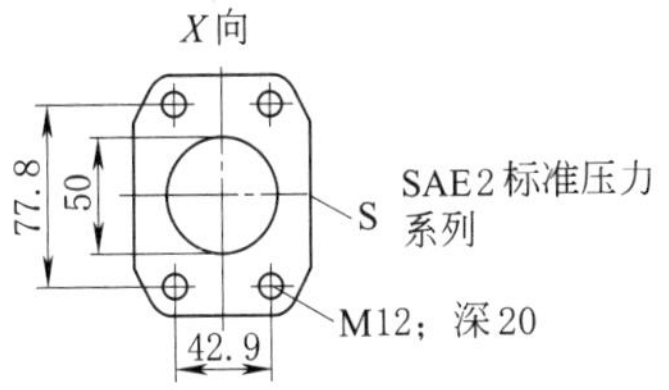

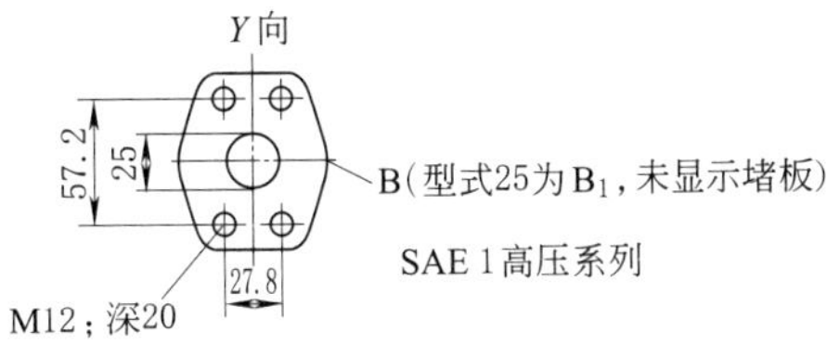

型式 13 的油口

B	压力油口	SAE 1(高压系列)
B_1	辅助油口	M27×2;深 16(堵住)

型式 25 的油口

B	压力油口	SAE 1(高压系列)
B_1	二次压力油口	SAE 1(高压系列)(堵住)

油口

S	吸油口	SAE 2(标准系列)
K_1,K_2	冲洗油口	M27×2;深 16(堵住)
T	泄油口	M27×2;深 16(堵住)
M_B,M_S	测压口	M14×1.5;深 12(堵住)
R(L)	注油和排气口	M27×2; 精确位置参见控制装置的单独数据表
U	冲洗油口	M14×1.5;深 12(堵住)

公称规格 125

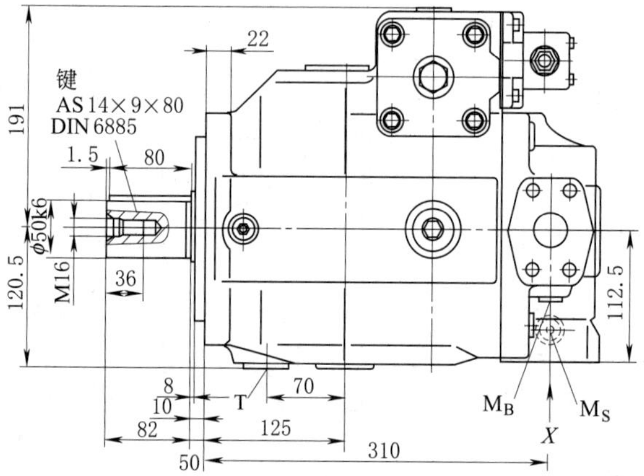

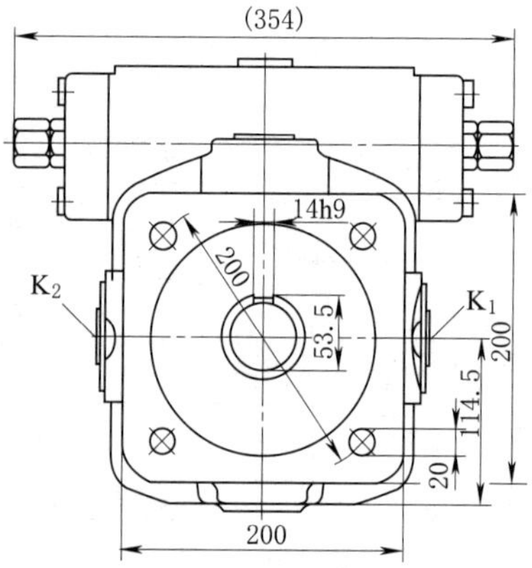

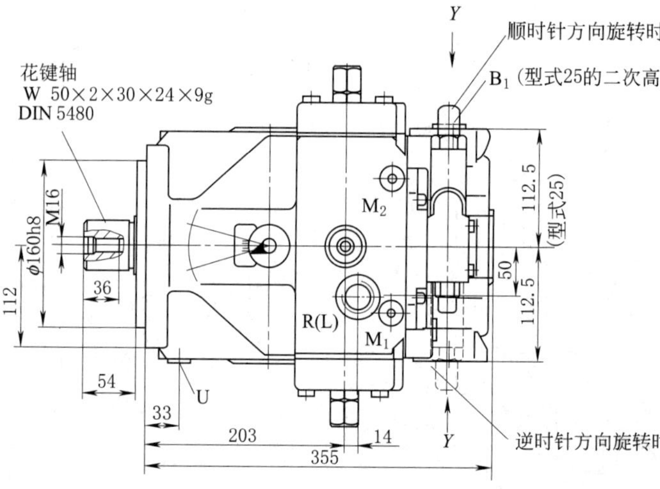

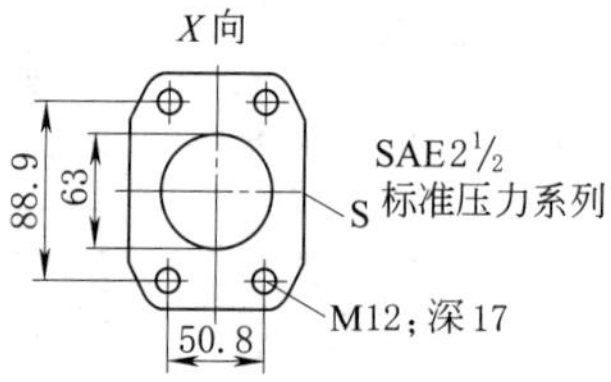

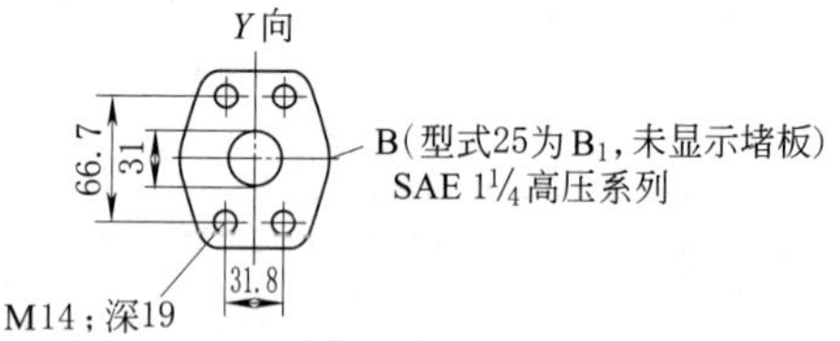

型式 13 的油口

B	压力油口	SAE 1¼(高压系列)
B_1	辅助油口	M33×2;深 18(堵住)

型式 25 的油口

B	压力油口	SAE 1¼(高压系列)
B_1	二次压力油口	SAE 1¼(高压系列)(堵住)

油口

S	吸油口	SAE 2½(标准系列)
K_1,K_2	冲洗油口	M33×2;深 18(堵住)
T	泄油口	M33×2;深 18(堵住)
M_B,M_S	测压口	M14×1.5;深 12(堵住)
R(L)	注油和排气口 精确位置参见控制装置的单独数据表	M33×2;
U	冲洗油口	M14×1.5;深 12(堵住)
M_1,M_2	用于调节压力的测压口仅适用于系列 3	M14×1.5(堵住)

续表

公称规格 180

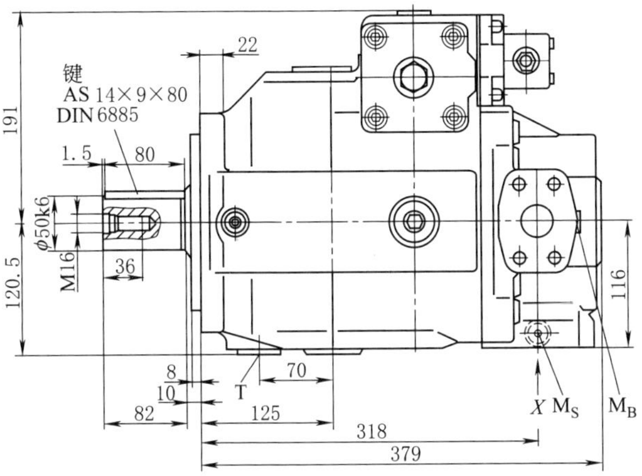

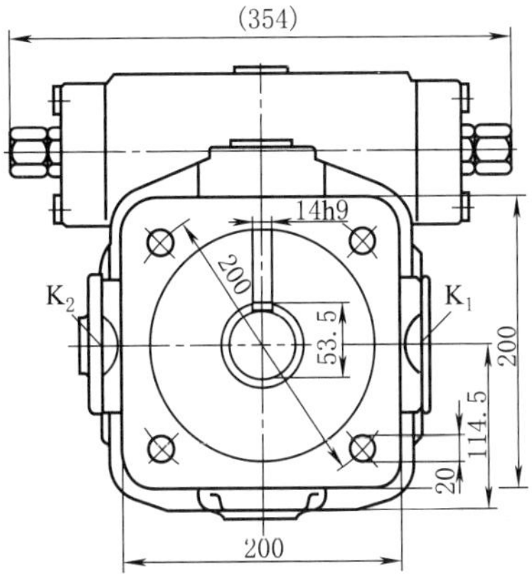

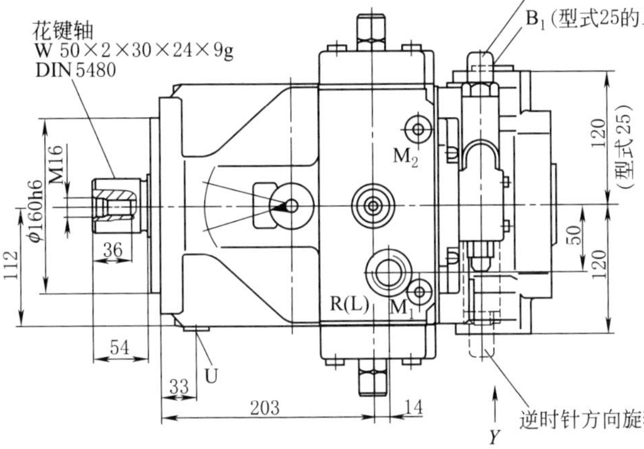

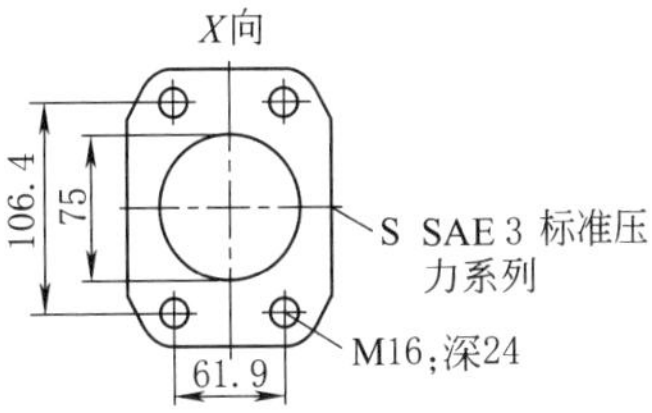

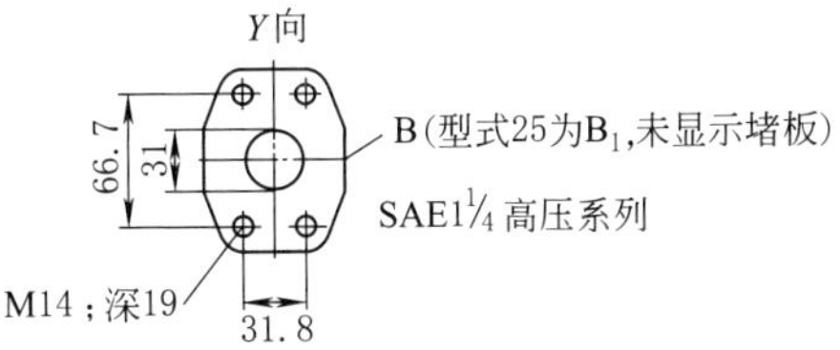

型式 13 的油口

B	压力油口	SAE 1¼(高压系列)
B_1	辅助油口	M33×2;深 18(堵住)

型式 25 的油口

B	压力油口	SAE 1¼(高压系列)
B_1	二次压力油口	SAE 1¼(高压系列)(堵住)

油口

S	吸油口	SAE 3(标准系列)
K_1,K_2	冲洗油口	M33×2;深 18(堵住)
T	泄油口	M33×2;深 18(堵住)
M_B,M_S	测压口	M14×1.5;深 12(堵住)
R(L)	注油和排气口	M33×2;
	精确位置参见控制装置的单独数据表	
U	冲洗油口	M14×1.5;深 12(堵住)
M_1,M_2	用于调节压力的测压口仅适用于系列 3	M14×1.5(堵住)

续表

公称规格 250

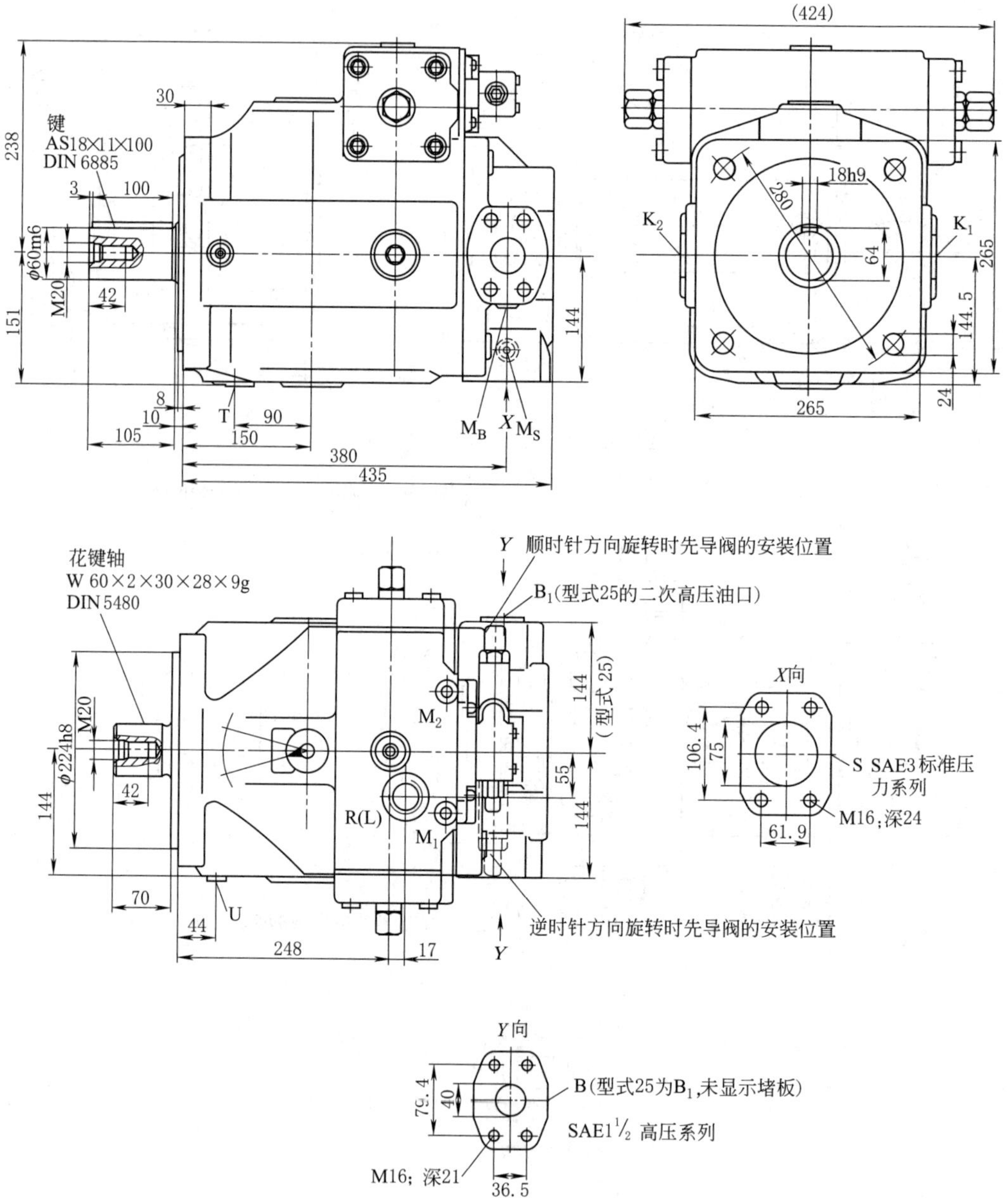

型式 13 的油口

B	压力油口	SAE 1½(高压系列)
B_1	辅助油口	M42×2;深 20(堵住)

型式 25 的油口

B	压力油口	SAE 1½(高压系列)
B_1	二次压力油口	SAE 1½(高压系列)(堵住)

油口

S	吸油口	SAE 3(标准系列)
K_1,K_2	冲洗油口	M42×2;深 20(堵住)
T	泄油口	M42×2;深 20(堵住)
M_B,M_S	测压口	M14×1.5;深 12(堵住)
R(L)	注油和排气口	M42×2;精确位置参见控制装置的单独数据表
U	冲洗油口	M14×1.5;深 12(堵住)
M_1,M_2	用于调节压力的测压口	M18×1.5(堵住)

公称规格 355

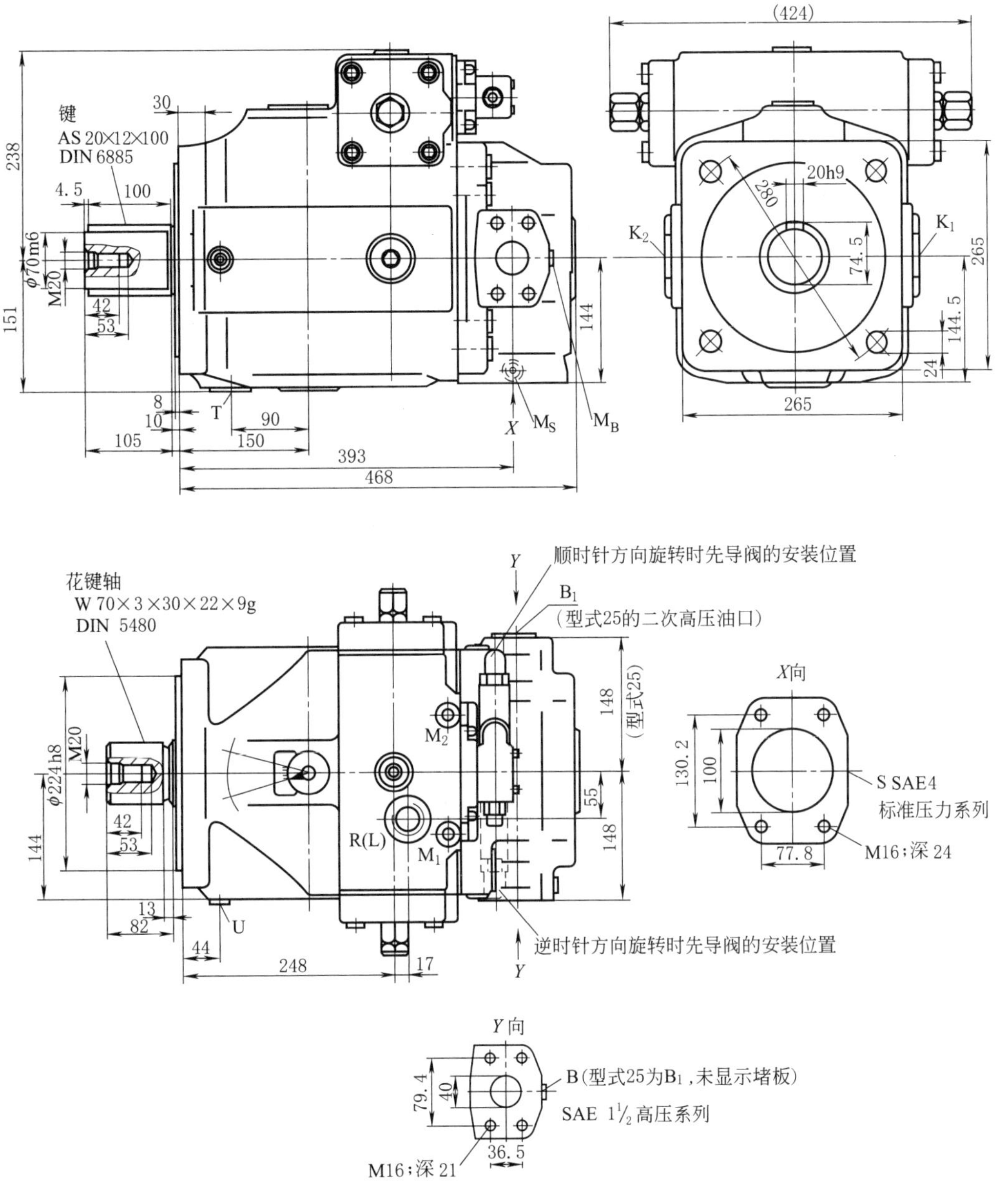

型式 13 的油口

B	压力油口	SAE 1½(高压系列)
B_1	辅助油口	M42×2;深 20(堵住)

型式 25 的油口

B	压力油口	SAE 1½(高压系列)
B_1	二次压力油口	SAE 1½(高压系列)(堵住)

油口

S	吸油口	SAE 4(标准系列)
K_1,K_2	冲洗油口	M42×2;深 20(堵住)
T	泄油口	M42×2;深 20(堵住)
M_B,M_S	测压口	M14×1.5;深 12(堵住)
R(L)	注油和排气口	M42×2;
	精确位置参见控制装置的单独数据表	
U	冲洗油口	M18×1.5;深 12(堵住)
M_1,M_2	用于调节压力的测压口	M18×1.5(堵住)
	仅适用于系列 3	

续表

公称规格 500

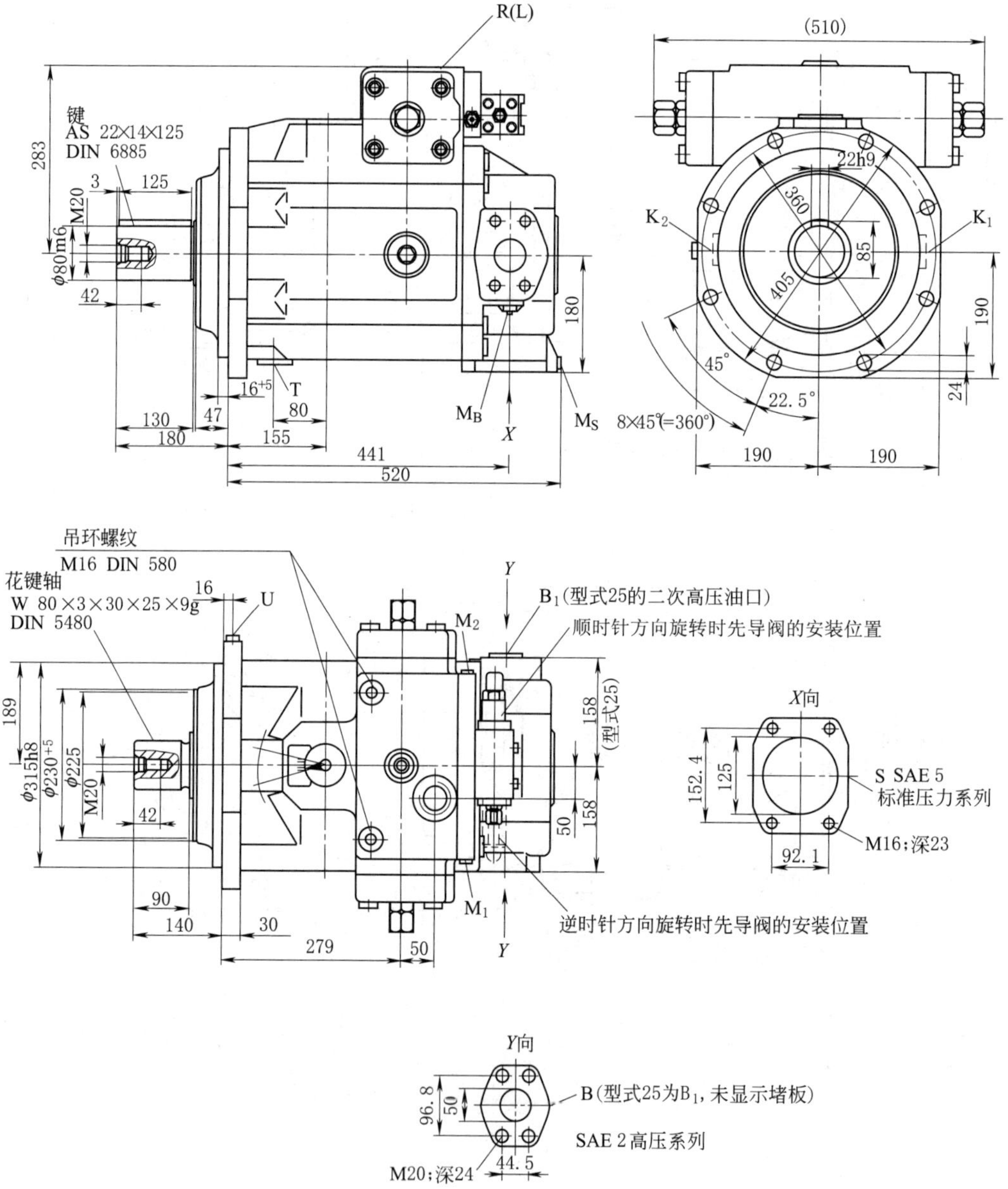

型式 13 的油口

B	压力油口	SAE 2(高压系列)
B_1	辅助油口	M48×2;深 20(堵住)

型式 25 的油口

B	压力油口	SAE 2(高压系列)
B_1	二次压力油口	SAE 2(高压系列)(堵住)

油口

S	吸油口	SAE 5(标准系列)
K_1,K_2	冲洗油口	M48×2;深 22(堵住)
T	泄油口	M48×2;深 22(堵住)
M_B,M_S	测压口	M18×1.5;深 12(堵住)
R(L)	注油和排气口	M48×2;精确位置参见控制装置的单独数据表
U	冲洗油口	M18×1.5;深 12(堵住)
M_1,M_2	用于调节压力的测压口	M18×1.5(堵住)

4.3.9 船用水液压轴向柱塞泵（摘自 GB/T 38045—2019）

表 20-5-69

<table>
<tr><td colspan="2">范围</td><td>GB/T 38045—2019《船用水液压轴向柱塞泵》规定了船用水液压轴向柱塞泵(以下简称泵)的术语和定义、分类和标记、要求、试验方法、检验规则、标志、包装、运输和贮存
本标准适用于以不含颗粒(过滤精度达到 10μm)的海水、淡水为工作介质,额定压力不大于16MPa的船用水液压轴向柱塞泵的设计、制造和验收</td></tr>
<tr><td rowspan="3">分类和标记</td><td>分类</td><td>泵的分类型式如下
a. 按结构型式分为:斜盘式泵和斜轴式泵
b. 按流量输出特征分为:定量泵和变量泵
c. 按流入介质分为:淡水泵和海水泵</td></tr>
<tr><td>基本参数</td><td>泵的基本参数见表 1
表 1　泵的基本参数
<table>
<tr><th>参数</th><th colspan="2">数值</th></tr>
<tr><td>额定压力/MPa</td><td colspan="2">8,10,12,14,16</td></tr>
<tr><td>额定转速/r·min⁻¹</td><td>750,1500,3000</td><td>750,1500</td></tr>
<tr><td>公称排量/mL·r⁻¹</td><td>2,4,6.3,10,12.5,20,25,31.5</td><td>50,63,71,80,100,125,160,200,250,315</td></tr>
</table>
注:表中公称排量为优选值</td></tr>
<tr><td>产品标记</td><td>①型号表示方法　泵的型号表示方法如下
CZB □-□-□ □ □ □ □
旋转方向:从轴端看,无标记为顺时针方向,F—逆时针方向
流量输出特征:B—变排量,定排量不标
结构分类:P—斜盘,Z—斜轴
介质分类:H—海水,D—淡水
额定压力
额定转速
公称排量
船用水液压轴向柱塞泵
②标记及示例　产品标记由本标准编号加泵的型号共同构成
示例 1:额定压力为 10MPa,额定转速为 750r/min,公称排量为 80mL/r,旋转方向逆时针方向,斜轴式变排量海水泵标记为
船用水液压轴向柱塞泵 GB/T 38045—2019 CZB 80-750-10HZBF
示例 2:额定压力为 12MPa,额定转速为 1000r/min,公称排量为 160mL/r,旋转方向顺时针方向,斜盘式定排量淡水泵标记为
船用水液压轴向柱塞泵 GB/T 38045—2019 CZB 160-1000-12DP</td></tr>
<tr><td rowspan="3">要求</td><td>设计与结构</td><td>①泵的进水过滤精度不低于 10μm
②泵的入口压力应在 0~0.4MPa 范围内
③泵的入口介质温度范围:淡水为 1~55℃,海水为-3~55℃
④泵的安装法兰和轴伸尺寸应符合 GB/T 2353—2005 的规定
⑤泵的螺纹接口型式和尺寸应符合 GB/T 2878.1—2011 的规定
⑥泵的液压技术要求应符合 GB/T 7935—2005 中 4.3 的规定
⑦泵的装配应按 GB/T 7935 中 4.4~4.7 的规定</td></tr>
<tr><td>外观</td><td>①机加工的泵外表面粗糙度应不大于 Ra12.5μm
②产品铭牌、流向标牌等应固定牢固,标识明晰</td></tr>
<tr><td>材料</td><td>材料选用应根据实际工况、环境和介质确定,选用耐腐蚀、耐磨损、能承受一定高压的材料。泵的主体材料、密封材料、表面镀层材料应能与所接触的工作介质相容。不同类金属的相互配合和接触,不应引起电化学腐蚀。泵的主要零件材料见表 2。允许采用性能不低于表 2 规定且符合相关标准的材料</td></tr>
</table>

续表

要求

材料

表 2　泵的主要零件材料

零部件名称	海水		淡水	
	材料牌号	标准号	材料牌号	标准号
壳体	022Cr22Ni5Mo3N	GB/T 21833—2008	022Cr19Ni10	GB/T 20878—2007
泵轴、机封	022Cr17Ni12Mo2	GB/T 20878—2007		
泵盖、配流盘、回承盘	022Cr25Ni7Mo4N	GB/T 21833—2008		
斜盘、柱塞、滑靴、转子、球铰			14Cr17Ni2	

注：GB/T 21833—2008 已被 GB/T 21833.1—2020《奥氏体-铁素体型双相不锈钢无缝钢管　第1部分：热交换器用管》代替

内部清洁度指标

按照 JB/T 7858—2006，泵的内部清洁度应符合表 3 的规定

表 3　泵的内部清洁度指标

公称排量 V/mL·r^{-1}	定量泵/mg	变量泵/mg
$V \leqslant 10$	≤25	≤30
$10 < V \leqslant 25$	≤40	≤48
$25 < V \leqslant 63$	≤75	≤90
$63 < V \leqslant 160$	≤100	≤120
$160 < V \leqslant 315$	≤130	≤155

外泄漏

装配后的泵，在封闭的泵体内充入 0.16MPa 的气体，不应有漏气现象

性能

①空载排量　空载排量应在公称排量的 90%～110%范围内

②容积效率和总效率　在额定工况下，泵的容积效率和总效率应符合表 4 的规定

表 4　泵的容积效率和总效率

公称排量 V/mL·r^{-1}	$2 \leqslant V < 10$	$10 \leqslant V < 25$	$25 \leqslant V < 120$	$120 \leqslant V \leqslant 315$
容积效率/%	≥80	≥83	≥90	≥90
总效率/%	≥75	≥80	≥82	≥80

③超速　在泵的驱动转速达到 115%额定转速或设计规定的最高转速下，泵应能够短时间正常运转

④超载　在额定转速、最高压力或 125%额定压力（取其中较高者）的工况下，泵应能够连续正常运转 1min 以上，无异常现象出现

⑤密封　泵的密封要求分为静密封和动密封

a. 静密封：各静密封部位在任何工况条件下，不应渗水

b. 动密封：各动密封部位在泵正常运转 4h 内，不应滴水

⑥耐久性　在额定工况下，泵满载连续运转 168h 后，泵的容积效率不应低于表 4 规定值 97%；零部件不应有异常磨损或其他形式的损坏

环境适应性

①低温　在进口水温最低为 1℃（淡水）、-3℃（海水），泵应在最大排量、空载压力工况下正常启动

②高温　在额定工况下，在进口水温达到 55℃±2℃，泵应正常运转 5min 以上

③盐雾　在 GB/T 10125—2012 规定条件下试验 168h 后，泵表面及腔体无生锈

④倾斜和摇摆　泵在以下倾斜摇摆条件下应能稳定、可靠地工作

a. 横摇±22.5°，横摇周期 5～10s

b. 横倾±22.5°

c. 纵摇±10°，纵摇周期 5～10s

d. 纵倾±5°

注：GB/T 10125—2012 已被 GB/T 10125—2021《人造气氛腐蚀试验　盐雾试验》代替

噪声

泵在额定工况下应运转平稳，无异常振动及噪声，噪声值应符合表 5 的规定

表 5　泵的噪声值

公称排量 V/mL·r^{-1}	$2 \leqslant V < 10$	$10 \leqslant V < 25$	$25 \leqslant V < 63$	$63 \leqslant V \leqslant 315$
噪声/dB(A)	≤74	≤78	≤87	≤92

续表

要求 — 振动

按照 GB/T 16301—2008 规定，泵的振动烈度的评价分为 A 级(优)、B 级(良)、C 级(合格)、D 级(不合格)四个等级，按照表 6 振动烈度进行评价，泵的工作状态不应低于 C 级

表 6　泵在弹性支承安装方式下的振动烈度判别表

振动烈度限值 /mm·s^{-1}	评价等级	
	功率≤75kW	功率>75kW
0.28	A	A
0.45	A	A
0.71	A	A
1.12	A	A
1.8	A	A
2.8	A	A
4.5	A	A
7.1	B	A
11.2	B	B
18	C	B
28	C	C
45	D	C
71	D	D
112	D	D

试验方法 — 试验装置

①试验回路　泵的试验回路原理图见图 1

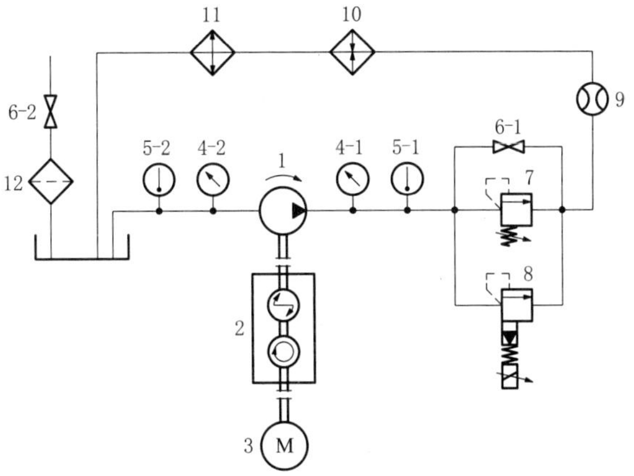

图 1　试验回路原理图

1—被试泵；2—转矩传感器；3—电动机；4-1，4-2—压力表；5-1，5-2—温度计；6-1，6-2—截止阀；7—溢流阀；8—比例溢流阀；9—流量计；10—加热器；11—冷却器；12—过滤器

②压力测量点位置　压力测量点应设置在距离被试泵进出水口 $2d\sim4d$ 处(d 为管道内径)。稳态试验时，运行将测量点的位置移至被试泵更远处，但应考虑管路的压力损失

③温度测量点位置　温度测量点的位置应设置在距离压力测量点 $2d\sim4d$ 处，且比压力测量点更远离被试泵

④噪声测量点的位置　噪声测量点位置和数量应按 GB/T 17483 的规定

⑤振动测量点的位置　振动测量点位置和数量应按 GB/T 16301—2008 的规定

试验方法 — 试验条件

①试验介质

Ⅰ. 试验介质应为被试泵适用的工作介质：海水或淡水

Ⅱ. 试验介质的温度：除明确规定外，型式试验应在 25℃±2℃ 下进行，出厂试验应在 25℃±4℃ 下进行

Ⅲ. 试验介质的污染度：试验系统进水过滤器的过滤精度应达到 10μm，且过滤比 $\beta_{10}\geqslant5000$

②测量准确度　测量准确度等级分为 A、B、C 三级，型式试验不应低于 B 级，出厂试验不应低于 C 级。各等级测量系统的允许系统误差符合表 7 的规定

续表

<table>
<tr>
<td rowspan="2">试验方法</td>
<td>试验条件</td>
<td>
表 7　测量系统的允许系统误差
<table>
<tr><td rowspan="2">测量参量</td><td colspan="3">允许系统误差/%</td></tr>
<tr><td>测量准确度 A 级</td><td>测量准确度 B 级</td><td>测量准确度 C 级</td></tr>
<tr><td>压力(表压力<0.2MPa 时)</td><td>±1.0</td><td>±3.0</td><td>±5.0</td></tr>
<tr><td>压力(表压力≥0.2MPa 时)</td><td>±0.5</td><td>±1.5</td><td>±2.5</td></tr>
<tr><td>排量</td><td>±0.5</td><td>±1.5</td><td>±2.5</td></tr>
<tr><td>转矩</td><td>±0.5</td><td>±1.0</td><td>±2.0</td></tr>
<tr><td>转速</td><td>±0.5</td><td>±1.0</td><td>±2.0</td></tr>
<tr><td>温度</td><td>±0.5</td><td>±1.0</td><td>±2.0</td></tr>
</table>
③试验前磨合　磨合应在试验前进行，在额定转速下，从空载压力开始逐级加载，分级磨合。磨合时间与压力分级应根据需要确定，其中额定压力下的磨合时间不应低于 2min
</td>
</tr>
<tr>
<td>试验项目</td>
<td>
①外观　目测法检验泵的外观质量
②内部清洁度指标　泵的内部清洁度指标可采用单滤膜质量分析方法进行测试
a. 取适量备用滤膜(0.8μm)置于培养皿中，半开盖放入干燥箱，在 80℃(或滤膜规定的使用温度)恒温下保持 30min。取出后合盖冷却 30min。此过程应保持滤膜平整，无变形
b. 从培养皿中取出一张经烘干的滤膜，称出其初始质量 G_A
c. 将滤膜固定在过滤装置上，充分搅拌待测样品后倒入过滤装置，再用 50mL 洁净清洗液冲洗样品容器并倒入过滤装置。盖上漏斗盖进行抽滤，直至抽干滤膜上的清洗液
d. 用注射器吸取洁净清洗液，顺漏斗壁注射清洗，直至滤膜上无清洗液为止
e. 停止抽滤。小心取下滤膜放入培养皿中，将培养皿半开盖放进干燥箱内，在 80℃(或滤膜规定的使用温度)恒温下保持 30min。取出后合盖冷却 30min，称出质量 G_B
f. 被测样品的污染物质量 $G_a=G_B-G_A$
注：该方法存在的主要问题见第 4 章液压流体与污染控制中的“3.7.1　液压件清洁度评定方法及液压件清洁度指标(JB/T 7858—2006)”
③外渗漏　在被试泵内腔充满压力为 0.16MPa 的干净气体，然后将其浸没在水中，停留 1min 以上，并稍加摇动，观察液体中有无气泡产生
④空载排量　在被试泵最低转速到额定转速范围内至少设定 5 个等分转速点(包括最低转速和额定转速)，测量被试泵在空载稳态工况下的设定转速的流量和转速，并计算出相应的排量
⑤容积效率和总效率　在额定工况下，对泵的容积效率和总效率进行试验，试验程序如下
a. 在额定转速下，使被试泵的出口压力逐渐增加至额定压力的 25%，待测试状态稳定后，测量与效率有关的数据
b. 按程序 a，被试泵的出口压力为额定压力的 40%、55%、70%、80%、100%时，分别测量与效率有关的数据
c. 在被试泵最低转速到额定转速范围内至少设定 8 个等分转速点(包括最低转速和额定转速)，在 b 各试验压力点，分别测量被试泵与效率有关的数据
d. 额定转速下，进口水温为 10~20℃和 40~50℃时，分别测量被试泵在空载压力至额定压力范围内至少 6 个等分压力点的容积效率
e. 绘出效率、流量、功率随转速、压力变化的特性曲线图
⑥超速　在转速为 115%额定转速以及进口水温 20~40℃下，分别在空载压力和额定压力下连续运转 15min 以上，检查泵是否正常运转
⑦超载　在额定转速、最高压力或 1.25 倍额定压力(选择其中高者)的工况下，连续运转 5min，检查有无异常现象出现
⑧密封性　试验前将被试泵擦干净，如有个别部位不能一次擦干净，运转后产生“假”渗漏现象，允许再次擦干净，重新试验。待泵停止运转后，将干净吸水纸压贴于静密封部位，然后取下，检查吸水纸上是否出现水迹，纸上如有水迹即为渗水，如未发现水迹则密封性正常
⑨耐久性　泵在额定工况下连续工作 168h 以上，测量与效率有关的数据，检查泵的容积效率，并检查泵的零部件是否出现异常磨损或其他形式的损坏
⑩低温　在进口水温最低为 1~3℃(淡水)、-3~-1℃(海水)，在介质中不存在结冰的条件下，泵应能够在最大排量、空载压力工况下正常启动至少 5 次
⑪高温　在额定工况下，进口水温达到 55℃±2℃，泵连续运转 5min 以上，检查有无异常现象出现
⑫盐雾　使用盐水喷雾试验机将氯化钠溶液的试验液，以雾状喷于测试金属件表面，持续时间 168h，试验后在清洗前放在室内自然干燥 0.5~1h，然后以低于 40℃的清洁流动水洗去表面残留盐雾溶液，在距离试样约 300mm 处用气压不超过 200kPa 的空气吹干，检查表面及腔体有无生锈
⑬倾斜和摇摆　可用固定倾斜代替倾斜、摇摆试验。固定倾斜试验台的倾斜角为 22.5°，即泵的轴线与水平面的夹角为 22.5°。试验在泵的额定转速、额定流量下进行，试压历时 1h
</td>
</tr>
</table>

续表

试验方法	试验项目	⑭噪声　在设定转速下，分别测量被试泵空载压力至额定压力范围内至少6个等分压力点的噪声值。当额定转速不小于1500r/min时，设定转速为1500r/min；当额定转速不小于1000r/min且不大于1500r/min时，设定转速为1000r/min；当额定转速<1000r/min时，设定转速为额定转速 ⑮振动　将振动传感器安装在被测物上，其安装共振频率应高于测量频带的上限频率2.5倍以上。振动测量频率范围为10~1000Hz。测点选择在能代表机器整体运动的刚性较强的机器表面、轴承座和机脚上。不应安装在局部振动过大的部位，每台机器至少选择4~8个测量点，记录测量点在X、Y、Z三个相互垂直的方向上的振动速度均方根值，计算整机的振动烈度 $$v_s=\sqrt{\left(\frac{\sum v_X}{N_X}\right)^2+\left(\frac{\sum v_Y}{N_Y}\right)^2+\left(\frac{\sum v_Z}{N_Z}\right)^2}$$ 式中　v_s——振动烈度，mm/s v_X,v_Y,v_Z——X、Y、Z三个相互垂直的方向上的振动速度均方根值，mm/s N_X,N_Y,N_Z——X、Y、Z三个方向上的测点数
标志、包装、运输和贮存	标志	①应在泵的明显部位设置清晰永久产品铭牌，内容包括 ——名称、型号、出厂编号 ——主要技术参数 ——制造商名称 ——出厂日期 ②应在泵的明显部位用箭头或相应记号标明泵的旋向
	包装	①泵的包装应采用封闭式包装，结实可靠，并有防震措施 ②随机文件和装箱单应包装在防潮袋中，封号后装在包装箱中 ③包装储运标志按照GB/T 191的规定，在包装箱外壁的醒目位置，宜用文字清晰地标明下列内容 ——名称、型号 ——件数和毛重 ——包装箱外形尺寸(长、宽、高) ——制造商名称 ——装箱日期 ——用户名称、地址 ——运输注意事项
	运输	运输过程中，需要做好相应保护和防水措施。运输过程中可以堆放，应保证堆层和货物的稳定
	贮存	如果泵需长期贮存，应按如下说明处理 a. 将泵存放到干燥的地方，做适当的防护以防灰尘及腐蚀 b. 贮存前排干泵内液体并擦干水迹 c. 泵的进、出口以堵头密封，防止灰尘进入泵内

5　液压泵再制造（摘自JB/T 13788—2020）

表20-5-70

范围		JB/T 13788—2020《土方机械　液压泵再制造　技术规范》规定了土方机械液压泵再制造的术语和定义、要求、试验方法、检验规则、标志、包装、运输和贮存 适用于土方机械液压柱塞泵再制造，齿轮泵和叶片泵等其他泵类产品也可参照使用
要求	拆解	①液压泵的拆解应符合JB/T 13791—2020《土方机械　液压元件再制造　通用技术规范》的规定 ②液压泵应拆解成以下单元 ——转子总成：缸体、配流盘、柱塞组件、中心轴、球铰、回程盘和压板等 ——变量单元：阀芯、阀体、变量活塞和斜盘等 ——主轴 ——壳体 ——后端盖 ——齿轮 ——其他零件(如碟簧、弹簧、轴承、紧固件和密封件等)

续表

要求	拆解	③液压泵拆解过程中应封闭所有的外露油口 ④拆解后的液压泵零部件应进行标记和做好旧件跟踪，并将其分类摆放到规定的区域或专用的器具中 ⑤在拆解过程中应记录用于后续装配的零部件的基本信息 ⑥在拆解过程中不应使用铁锤等工具进行破坏性拆解，以免对旧件造成二次损伤
	清洗	液压泵的清洗应符合 JB/T 13791 的规定
	检测	①整体检测　液压泵的检测方法应符合 JB/T 13791 的规定 ②转子总成检测 Ⅰ. 检测缸体有无烧焦、划痕、气蚀和磨损等缺陷 Ⅱ. 检测缸体直径、柱塞孔直径和圆柱度等尺寸精度、几何精度和表面粗糙度 Ⅲ. 检测配流盘有无烧焦、划痕、气蚀和磨损等缺陷 Ⅳ. 检测配流盘厚度、直径等尺寸精度和表面粗糙度 Ⅴ. 检测柱塞组件的间隙 Ⅵ. 检测柱塞组件有无划痕和磨损等缺陷 Ⅶ. 检测柱塞组件直径、镀层厚度、球铰球径和圆柱度等尺寸精度和几何精度 Ⅷ. 检测中心轴、球铰、回程盘、压板有无磨损和变形等缺陷 Ⅸ. 检测中心轴、球铰、回程盘、压板直径和厚度等尺寸精度 ③壳体检测 Ⅰ. 检测壳体油口、轴承位、密封槽和法兰面等配合部位有无磨损和划伤等缺陷 Ⅱ. 检测壳体油口、轴承位、密封槽和法兰面等配合的直径等尺寸精度和表面粗糙度 Ⅲ. 检测壳体有无砂眼等缺陷 ④主轴检测 Ⅰ. 检测主轴有无裂纹和磨损等缺陷 Ⅱ. 检测主轴花键外径和键槽宽度等尺寸精度 Ⅲ. 检测主轴外径、球铰球径和圆柱度等尺寸精度和几何精度 ⑤变量单元检测 Ⅰ. 检测阀芯和阀体有无磨损和划痕等缺陷 Ⅱ. 检测阀芯和阀体阀芯孔的直径和圆度等尺寸精度和几何精度 Ⅲ. 检测变量活塞有无划痕和磨损等缺陷 Ⅳ. 检测变量活塞的直径和圆度等尺寸精度和几何精度 Ⅴ. 检测斜盘有无划痕和磨损等缺陷 Ⅵ. 检测斜盘厚度和平面度等尺寸精度、几何精度和表面粗糙度 ⑥后端盖检测 Ⅰ. 检测后端盖与配流盘接触面和油道有无磨损和划伤等缺陷 Ⅱ. 检测后端盖与配流盘接触面和油道配合的直径等尺寸精度和表面粗糙度 Ⅲ. 检测后端盖有无砂眼等缺陷 ⑦齿轮检测 Ⅰ. 检测齿轮有无划痕、磨损和点蚀等缺陷 Ⅱ. 检测齿轮厚度和公法线长度等尺寸精度和几何精度 ⑧其他零件检测 Ⅰ. 检测碟簧、弹簧、轴承和紧固件等有无磨损和变形等缺陷 Ⅱ. 检测碟簧厚度和直径等尺寸精度 Ⅲ. 检测弹簧长度和直径等尺寸精度 Ⅳ. 检测轴承游隙和直径等尺寸精度 Ⅴ. 检测紧固件直径和长度等尺寸精度
	再制造性评估和分类	①液压泵的再制造性评估和分类应符合 JB/T 13791 的规定 ②液压泵若同时出现壳体和后端盖开裂，主轴花键断裂或严重弯曲等现象，则判定为弃用件。拆解后液压泵的常用零部件判定为再循环件或弃用件的条件参见表 20-5-71
	再制造方案设计	液压泵的再制造方案设计应符合 JB/T 13791 的规定
	修复	①整体修复　液压泵应按本文件“拆解”②分类拆解后进行修复和加工，具体方法应符合 JB/T 13791 的规定 ②转子总体修复 Ⅰ. 缸体轻微烧焦、划痕、气蚀和磨损应采用研磨、镗削和激光熔覆等工艺修复 Ⅱ. 配流盘轻微烧焦、划痕、气蚀和磨损应采用研磨和激光熔覆等工艺修复 Ⅲ. 柱塞组件轻微划痕和磨损应采用研磨和热喷涂等工艺修复

续表

要求	修复	③壳体修复 壳体油口、轴承位、密封槽和法兰面等配合面轻微磨损和刮伤应采用堆焊等工艺修复 ④主轴修复 Ⅰ. 主轴轴承位轻微磨损应采用堆焊和热喷涂等工艺修复 Ⅱ. 主轴球铰轻微烧焦、划伤和气蚀应采用研磨和电沉积等工艺修复 ⑤变量单元修复 Ⅰ. 阀芯、阀体阀芯孔轻微划痕和磨损应采用研磨和电沉积等工艺修复 Ⅱ. 变量活塞轻微划痕和磨损应采用堆焊等工艺修复 Ⅲ. 斜盘轻微划痕和磨损应采用研磨和激光熔覆等工艺修复 ⑥后端盖修复　后端盖与配流盘接触面、油道轻微磨损和刮伤应采用堆焊等工艺修复 ⑦齿轮修复　齿轮轻微划痕和磨损应采用研磨和堆焊等工艺修复
	装配	①再制造液压泵的装配应符合 JB/T 13791 的规定 ②再制造液压泵的连接紧固按原型新品的要求 ③再制造液压泵装配过程中柱塞副、配流副、球铰副和滑靴副等零部件间的配合间隙,应符合原型新品的技术要求
	涂装	再制造液压泵的涂装应符合 JB/T 13791 的规定
试验方法		①再制造液压泵的试验方法应符合 JB/T 7043 的规定 ②再制造液压泵的空载排量试验应符合 GB/T 7936 的规定
检验规则		再制造液压泵的检验规则应符合 JB/T 13791 的规定
标志、包装、运输和贮存		再制造液压泵的标志、包装、运输和贮存应符合 JB/T 13791 的规定

拆解后液压泵的常用零部件判定为再循环件或弃用件的条件见表 20-5-71。

表 20-5-71

序号	零部件名称	判定报废状态
1	缸体	严重烧焦、划痕、气蚀和磨损等缺陷
2	配流盘	严重烧焦、划痕、气蚀和磨损等缺陷
3	柱塞组件	间隙过大或转动不灵活、翻边、镀层大面积脱落、严重划痕和磨损等缺陷
4	中心轴、球铰	磨损和变形等缺陷
5	回程盘、压板	磨损和变形等缺陷
6	壳体	严重磨损和刮伤等缺陷
7	主轴花键	磨损和裂纹等缺陷
8	主轴轴承位	严重磨损等缺陷
9	主轴球铰	严重烧焦、划痕、气蚀和磨损等缺陷
10	阀芯、阀体阀芯孔	严重磨损和划痕等缺陷
11	变量活塞	严重磨损和划痕等缺陷
12	斜盘	严重磨损和划痕等缺陷
13	后端盖与配流盘接触面、油道	严重磨损和刮伤等缺陷
14	齿轮	严重划伤、磨损、崩齿和断齿等缺陷
15	标准件	性能和质量缺陷
16	密封件	已使用

6 液压泵（马达）试验方法

6.1 液压泵和马达空载排量测定方法（摘自 GB/T 7936—2012/ISO 8426：2008，MOD）

表 20-5-72

范围		GB/T 7936—2012《液压泵和马达 空载排量测定方法》规定了稳态工况和规定的连续转速下容积式液压泵和马达空载排量的测定方法 被试元件作为泵进行试验时，在轴端输入机械能，油口输出液压能；而被试元件作为马达进行试验时，从油口输入液压能，轴端输出机械能
试验装置	概述	①试验前条件 在进行试验前，元件应制造商的建议进行试运转 ②试验装置 试验装置的设计应防止空气混入。在试验之前，应采取措施从系统中排除所有游离空气 应按照制造商的使用说明在试验回路中安装和运行被试元件。被试元件的进油口连接管应为直硬管，其管径应均匀并与被试元件的进油口尺寸一致 ③试验介质的污染度 试验介质的污染度应符合被试元件制造商的要求。试验回路中应安装足够数量和适当型式的过滤器，以控制试验介质的污染度。在试验报告中，应说明用于试验回路中过滤器的详细情况
	试验回路	①概述 图 1~图 3 给出了 3 种基本试验回路，这些回路不包含任何必要的安全装置。试验负责人应对人员和设备的安全保护给予应有的重视 ②液压泵试验回路 应采用图 1 所示的开式试验回路或图 2 所示的闭式试验回路 如果要求泵的进油为压力供油，应在泵的进油管路中安装一个压力控制阀，其安装位置距离压力测量点不小于 $10d$。 如果需要增加被试泵的进口压力，可采用下列方法： a. 使用供油泵和压力控制阀使被试泵的进口压力保持要求值 注：如果采用闭式回路（见图 2），除非因冷却器需要而要求较大的流量，补油泵只需提供略超过系统总回路损失的流量 b. 如果采用不同于供油泵的其他方式（如充气油箱或加压油箱），则应采用适当措施尽量减少混入或溶入试验回路的空气所造成的影响 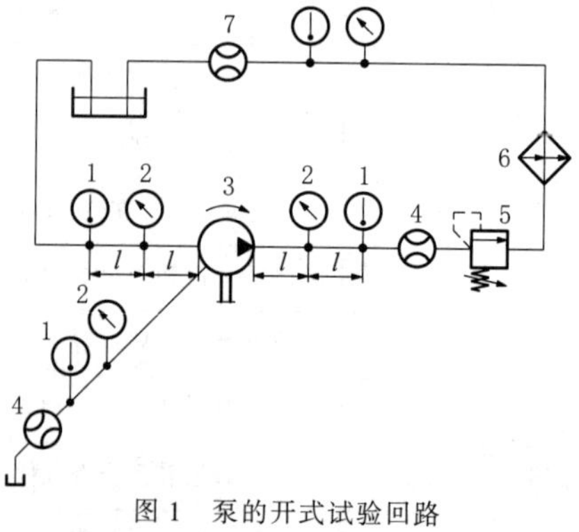 图 1 泵的开式试验回路 1—温度测量仪；2—压力测量仪；3—被试元件；4—积累式流量仪；5—压力控制阀；6—温度调节器；7—积累式流量仪（可选择位置） 注：1. 压力和温度测量点的位置见下面试验条件“压力和温度的测量点位置” 2. 试验回路中虚线部分仅用于被试元件带壳体泄漏油口的情况

试验装置 — **试验回路**

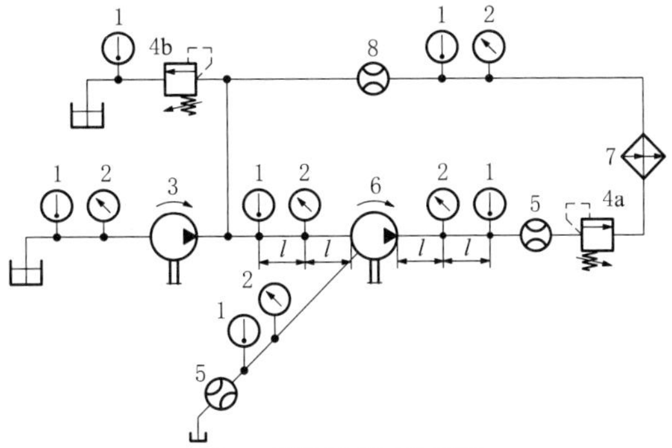

图 2　泵的闭式试验回路

1—温度测量仪；2—压力测量仪；3—供油泵；4—压力控制阀（4a 和 4b）；5—积累式流量仪；6—被试元件；7—温度调节器；8—积累式流量仪（可选择位置）

注：1. 压力和温度测量点的位置见下面试验条件"压力和温度的测量点位置"

2. 试验回路中虚线部分仅用于被试元件带壳体泄漏油口的情况

③液压马达试验回路

应采用图 3 所示的带可控液压源的试验回路

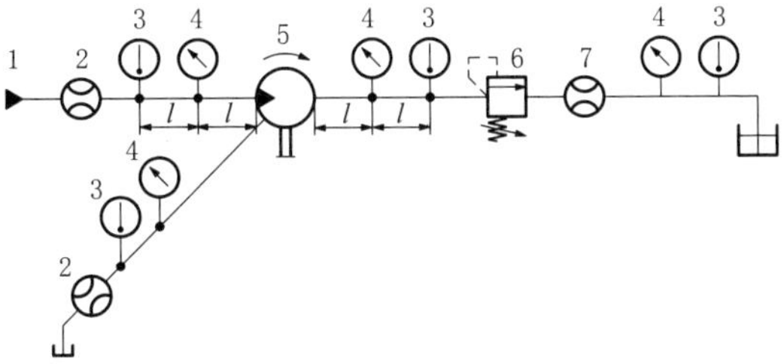

图 3　马达的试验回路

1—可控液压源；2—积累式流量计；3—温度测量仪；4—压力测量仪；5—被试元件；6—压力控制阀；7—积累式流量仪（可选择位置）

注：1. 压力和温度测量点的位置见下面试验条件"压力和温度的测量点位置"

2. 试验回路中虚线部分仅用于被试元件带壳体泄漏油口的情况

试验条件

试验介质

进行试验时应使用元件制造商认可的试验介质，并应在试验报告中说明

应记录试验期间在受控温度下试验介质的运动黏度 ν 和质量密度 ρ

对每种试验条件，至少应记录下列参数

a. 被试元件进口油温

b. 被试元件出口油温

c. 流量测量点的油温

d. 试验区域环境温度

试验温度

应在被试元件制造商所推荐的油液温度范围内进行试验。试验介质的温度与环境温度应保持在表 1 中规定的允许变化范围内

壳体压力

如果壳体压力（即被试元件壳体内的液体压力）影响其性能，试验期间壳体的油液压力应控制在元件制造商推荐的压力范围内，试验报告应记录壳体的油液压力值

稳态条件

每组测量值应只有当受控参数值在表 1 规定的允许变化范围内时，才可读取

表 1　在规定的试验条件下受控参数值的允许变化范围

受控参数	各测量准确度等级受控参数值的允许变化范围		
	A	B	C
转速/%	±0.5	±1	±2
流量/%	±0.5	±1.5	±2.5
压力[表压 p<0.15(1.5)]/MPa(bar)	±0.001(±0.01)	±0.003(±0.03)	±0.005(±0.05)
压力[表压 p≥0.15MPa(1.5bar)]/%	±0.5	±1.5	±2.5
试验介质温度/℃	±0.5	±1	±2
环境温度/℃	±2.5	±2.5	±2.5

续表

<table>
<tr><td rowspan="2">试验条件</td><td>体积流量</td><td>应在紧靠被试泵的出油口处或被试马达的进油口处测量其体积流量($q_{v_{2,e,p}}$ 或 $q_{v_{1,e,m}}$),视具体情况而定,并记录试验介质相应的温度和压力</td></tr>
<tr><td>压力和温度的测量点位置</td><td>压力测量点应在紧邻被试元件的管路上,距被试元件油口端面的距离应为(2~4)d
温度测量点应在紧邻压力测量点的管路上,距压力测量点的距离应为(2~4)d,并离被试元件更远
在考虑了管路压力损失的影响时,可将管路上压力测量点的位置移至更远处</td></tr>
<tr><td rowspan="3">试验程序</td><td>总则</td><td>①当被试元件为容积式液压马达时,应按照马达的试验程序进行试验;当被试元件为容积式液压泵时,应按照泵的试验程序进行试验。对于一个给定元件,其空载排量按两种试验程序进行试验将得到不同的试验结果
②选择的被测参量测量值的读取次数及其测量范围内的分布,应能反映被测元件在整个工作范围内的性能
③如果不是在油口端面处(泵的出口或马达的进口)测量流量,而是在可选择位置测量流量,应记录相应位置上试验介质的温度压力,并对流量的测量值进行修正以反映出在被试油口端面的流量。修正要符合 GB/T 17491 的规定
注:1. 流量修正是必要的,这样才能消除被试油口端面处与可选择位置处因温度和压力不同对流量测量值产生的影响
2. 在可选择位置测量流量时,积累式流量仪前面的压力控制阀如果是外泄式,还要消除外泄流量对流量测量值产生的影响</td></tr>
<tr><td>容积式液压泵</td><td>①在每次的试验期间,输入轴转速与出口油温测量准确度应保持在表 1 规定的范围内
②如果测试的是变量泵,测试时应调定在最大排量和要求的其他排量(如最大排量的 75%、50%和 25%)下进行
③如果测试的双向泵,应对图 1 和图 2 所示的试验回路做适当修改,因为图 1 和图 2 所示的试验回路仅适用于单向泵的试验
④按表 2 中规定的增量,测量出口的压力 p_2 和流量 q_v
表 2　液压泵和马达压力测试
<table>
<tr><th>测量准确度等级</th><th>测量压力的数量</th><th>整个连续的额定压力范围内</th></tr>
<tr><td>A</td><td>10 个或更多</td><td>等量增加(至被试元件额定压力的 100%)</td></tr>
<tr><td>B</td><td>5 个或更多</td><td>等量增加(至被试元件额定压力的 100%)</td></tr>
<tr><td>C</td><td>3 个或更多</td><td>在被试元件额定压力的 20%、50%和 100%下</td></tr>
</table>
⑤依据每一组输入轴转速,进口油温和排量试验条件下的测量结果,利用 GB/T 7936—2012 附录 B“用零压力截取法进行空载排量的计算”规定的方法计算空载排量 V_i</td></tr>
<tr><td>容积式液压马达</td><td>①在每次试验期间,输出轴的转速与进口油温应保持在表 1 规定的范围内
②如果试验的是变量马达,试验时应调定在最大排量和要求的其他排量(如最大排量的 75%、50%和 25%)下进行
③如果试验的双向马达,应对图 3 所示的试验回路做适当修改,因为图 3 所示的试验回路仅适用于单向马达的试验
④按表 2 中规定的增量,测量进口的压力 p_1 和流量 $q_{v_{1,e}}$
⑤如果选择马达的出口作为流量测量点,并且被试马达有外泄漏返回油箱,那么根据马达出口流量和壳体泄漏量之和得到的马达进口流量值应根据压力和温度按“总则”的规定对其进行修正
⑥依据每一组输出轴转速,进口油温和排量试验条件下的测量结果,利用 GB/T 7936—2012 附录 B“用零压力截取法进行空载排量的计算”规定的方法计算空载排量 V_i</td></tr>
<tr><td>试验报告</td><td>总则</td><td>撰写试验报告时应至少包含下列内容
a. 试验的时间和地点
b. 试验员和/或试验责任工程师的姓名
c. 被试元件的描述,包括型号和系列号(如果有)
d. 测量准确度等级(见表 20-5-73)
e. 试验区域的环境温度(见“试验温度”)
f. 试验回路过滤器的详细情况(见“概述　③试验介质的污染度”)
g. 试验回路的说明,包括流量计的位置(见“试验回路”)
h. 试验介质的详细资料(即符合 GB/T 763. 2 的类别,符合 GB/T 3141 的黏度,质量密度)(见“试验介质”)
i. 试验温度(见“试验温度”)
j. 壳体内的油液压力,如果需要(见壳体压力)</td></tr>
</table>

续表

<table>
<tr><td rowspan="1">试验报告</td><td>试验结果表达</td><td>①容积式泵或马达的空载排量构成了依据 GB/T 17491 确定被试元件的容积效率和机械效率的基础。因此，空载排量是一个很重要的参数值，应采用经济上可行的最准确的方法来测定。由于空载排量的重要性，试验数据应以数字形式表示并经过计算确定最终值。只有当表示每转的排出量的绘图比例足够大，可以满足准确度的要求时，方可考虑以图表形式表示
②至少应提交下列信息
a. 进口压力
b. 出口压力
c. 转速
d. 泵的出口流量或马达的进口流量
e. 流量测量的时间间隔
f. 试验介质的温度
③由试验数据至少应确定和提交下列结果
a. 通过被试元件的压差，以 MPa(或 bar)表示
b. 流量，用 L/min 表示
c. 实际的轴转速，用 r/min 表示
d. 试验介质运动黏度，用 mm^2/s 表示
e. 试验介质的质量密度，用 kg/m^3 表示
f. 计算出的空载排量(每转液体的排出量)，用 mL/r 表示</td></tr>
</table>

注：GB/T 28782.1—2023《液压传动　测量技术　第 1 部分：通则》发布后，JB/T 7033—2007《液压传动　测量技术通则》将废止。

表 20-5-73

<table>
<tr><td rowspan="2">测量准确度等级</td><td>测量准确度等级</td><td>根据所需准确度要求，试验应按照有关方面的商定以 A、B、C 三种测量准确度等级之一来进行
注：1. A 级和 B 级适用于要求非常准确地测定性能的特殊场合
2. 注意 A 级和 B 级试验要求非常准确的仪器和方法，因此或增加这类试验的费用</td></tr>
<tr><td>误差</td><td>所使用的任何测量仪器和方法，应通过校准或与国际基准比对证明其具有不超过表 1 所给系统误差的测量能力
表 1　测量仪器的允许系统误差
<table>
<tr><td rowspan="2">参数</td><td colspan="3">每级测量准确度等级的允许系统误差</td></tr>
<tr><td>A</td><td>B</td><td>C</td></tr>
<tr><td>转速/%</td><td>±0.5</td><td>±1</td><td>±2</td></tr>
<tr><td>流量/%</td><td>±0.5</td><td>±1.5</td><td>±2.5</td></tr>
<tr><td>压力[表压 p<0.15(1.5)]/MPa(bar)</td><td>±0.001(±0.01)</td><td>±0.003(±0.03)</td><td>±0.005(±0.05)</td></tr>
<tr><td>压力[表压 p≥0.15MPa(1.5bar)]/%</td><td>±0.5</td><td>±1.5</td><td>±2.5</td></tr>
<tr><td>试验介质温度/℃</td><td>±0.5</td><td>±1</td><td>±2</td></tr>
</table>
注：1. 表中所给出的百分数范围使用于测量值，而不适用于试验的最大值或仪器的最大读数
2. 由于仪器固有的和结构的限制，以及标定的条件的限制，仪器指示的平均读数值与被测量值绝对真实的平均值存在差别，这类不确定的变化量称为系统误差</td></tr>
</table>

6.2 液压泵空气传声噪声级测定规范（摘自 GB/T 17483—1998/ISO 4412-1：1991）

表 20-5-74

范围	GB/T 17483—1998《液压泵空气传声噪声级测定规范》规定了在稳态条件下工作的液压泵(以下简称泵)空气传声噪声级的测定规范 本标准适用于测量泵的 A 计权声功率级，泵的倍频程带(中心频率从 125～8000Hz)声功率级
试验环境	试验可在以下两种环境之一进行 ①反射面上方的自由场，其环境要求按 GB/T 3767 ②半消声室试验时，其环境要求按 GB 6882(现行标准为 GB/T 6882—2016)
测量仪表	①用于测量泵的流量、压力、转速和介质温度的仪表，其允许的系统不确定度见 GB/T 17483—1998 附录 B(标准的附录)中表 B1。测量等级不低于 C 级("工业级"测试准确度) ②使用的声学测量仪器按 GB 3785(被 GB/T 3785.1—2010、GB/T 3785.2—2010 代替部分)中规定的 Ⅰ 型或 Ⅰ 型以上的仪器的要求；进行频谱分析时，使用的 1/1 或 1/3 倍频谱滤波器按 JB/T 7861(被 GB/T 3241—2010 代替)的规定 ③测量仪表在测量前后要进行校准，并按有关规定进行定期检定

续表

<table>
<tr><td>泵的安装条件</td><td>①泵的安装位置　在泵的噪声测试场所，泵应安装在反射平面上，测量面与吸声面的距离不小于 $\lambda/4$（λ 为测试频率范围内最低频率的相应波长）
②泵座
Ⅰ. 泵的安装座采用高阻尼减振材料或声阻尼和吸声材料制造，并有足够的刚度
Ⅱ. 即使泵已经可靠安装，仍应采取隔振措施
③泵的驱动　驱动电机应布置在试验空间之外，如必须安装在试验空间内，则必须用隔声罩隔离电机，直至满足测试环境的要求。传动轴必须采用高弹性联轴器连接
④液压回路
Ⅰ. 回路中所用的过滤器、冷却器、油箱、控制阀均应符合泵的运行条件的要求
Ⅱ. 根据制造厂的推荐，选用试验油液和过滤精度
Ⅲ. 泵出口至负载阀间的管路长度不应小于 15m。进油口油管应采用软管连接，软管长度不应小于 1.5m。管路的通径应符合泵的安装要求。在装配进口油管时，要特别注意管路的密封性，以免工作时空气进入回路
Ⅳ. 各测试仪表（或传感器）的安装位置应与其性能试验所规定的要求相一致。进口压力表的安装如有高度差则要予以修正
Ⅴ. 液压系统所必需的液压元件、附件和测试仪表安装在试验空间外，如必须安装在试验空间内，而又不能保证测试环境要求时，则其表面要进行声学处理
注：进行表面声学处理时，所用的隔声材料在 125~8000Hz 范围内至少能衰减 10dB
Ⅵ. 使用稳定的加载阀。加载阀应远离被试泵，最好是安装在试验室外，只有当加载阀的声学性能满足试验间的测试环境要求时，才能安装在泵的附近
注：在泵出口管路上，不稳定的加载阀会通过流体和管道产生并传递噪声，这些噪声能形成泵的空气传声噪声</td></tr>
<tr><td>运行条件</td><td>①可在任何要求的运行条件下，测定泵的声功率级
②试验中，应使试验条件保持在表 1 所规定的范围内
表 1　试验条件的允许变化<table><tr><th>试验参数</th><th>允许变化</th><th>试验参数</th><th>允许变化</th></tr><tr><td>流量</td><td>±2%</td><td>转速</td><td>±2%</td></tr><tr><td>压力</td><td>±2%</td><td>温度</td><td>±2℃</td></tr></table>③当被试泵带有辅助泵和阀等附件作为整体时，在试验中应一起测试，以使泵的空气传声噪声级包括这些附件所辐射的噪声</td></tr>
<tr><td>噪声测量点位置和测点数</td><td>噪声测量点位置和测点数见 GB/T 17483—1998 附录 C</td></tr>
<tr><td>测定程序</td><td>①背景噪声测定
Ⅰ. 测量出泵在试验工况时的背景噪声，该噪声不是泵所产生，但在泵试验时一直存在
Ⅱ. 在 125~8000Hz 频率范围内，每个测点处背景噪声的频带声压级应至少比泵的频带声压级低 6dB
Ⅲ. 当不便于测量背景噪声的频带级时，可测量 A 计权背景噪声级。每个测点处的 A 计权背景噪声级应至少要比泵的 A 计权噪声级低 6dB(A)
注：每个测点 A 计权背景噪声级的测定方法：用整个频率范围内传递损失至少为 10dB 的隔声材料包裹油泵
Ⅳ. 测出背景噪声后，应进行修正。修正值 K_1 见 GB/T 17483—1998 附录 D
Ⅴ. 如果发现背景噪声级太高，则应进一步检查泵座、驱动装置或液压回路的噪声控制是否符合测试环境的要求
②泵噪声的测定　在进行试验之前，先使泵充分运行，以便从系统中排出空气。然后调至需测试的工况，并使运行参数稳定在表 1 规定的范围内
每次试验测量下列各组数据
a. 泵的转速（n），r/min
b. 泵的流量（q），L/min
c. 泵进口压力（p_1），MPa
d. 泵出口压力（p_2），MPa
e. 泵进口油温（T），℃
f. 在 125~8000Hz 的频率范围内每一测点处的频带声压级
g. 每一测点处 A 计权声压级
③泵的声压级和声功率级的计算　依照 GB/T 17483—1998 附录 A，计算出泵的声压级和声功率级</td></tr>
</table>

续表

试验报告	①说明　按照 GB/T 17483—1998 要求进行测试,其试验报告应整理并记录以下所要求的内容 ②一般资料 a. 泵制造厂的厂名和地址 b. 泵的出厂日期和标注号 c. 送试单位 d. 负责泵声学试验的人员和机构的名称及地址 e. 声学试验的日期和地点 ③被试泵 Ⅰ. 泵的说明 a. 泵(包括附件)的型式、型号、规格 b. 主要技术参数 Ⅱ. 声学试验环境 a. 试验室的内部尺寸和进行测量的声场类型 b. 试验室内附件的声学处理(如果采用的话) c. 环境空气温度(℃)、相对湿度(%)和大气压(kPa) Ⅲ. 标准声源(如果采用的话) a. 制造厂、类型和系列号 b. 声功率级校准资料,包括校准实验室的名称和校准日期 Ⅳ. 泵的安装条件 a. 泵的安装位置说明,应附一张表示泵和试验室墙面、底面、天花板相对位置的示意图。草图要表明其他可能影响测试的反射面、吸声屏或噪声源的位置 b. 泵的安装条件说明 c. 其他对泵噪声测量有影响的机械设备的声学处理说明(如果有的话) Ⅴ. 仪器仪表 a. 用于监视泵运行条件的仪器仪表的说明,包括型式、系列号和制造厂 b. 用于声学测试的仪器仪表的说明,包括名称、型式、系列号和制造厂 Ⅵ. 泵的运行工况 a. 说明试验用油液牌号 b. 泵的转速(n),r/min c. 泵的流量(q),L/min d. 泵进口压力(p_1),MPa e. 泵出口压力(p_2),MPa f. 泵进口油温(T),℃ Ⅶ. 声学测试数据 a. A 计权背景噪声值,dB(A) b. 泵的 A 计权声功率级,dB(A) c. 倍频程带声功率级,dB d. 倍频程带声功率级频谱图 ④标注说明　当完全遵照 GB/T 17483—1998 时,可在试验报告、产品目录和销售文件中作如下说明:"空气传声噪声级测定的试验规范符合 GB/T 17483—1998"

.3 液压泵、马达稳态性能的试验方法（摘自 GB/T 17491—2023/ISO 4409:2019, IDT)

GB/T 17491—2023 同被其代替的 GB/T 17491—2011《液压泵、马达和整体传动装置　稳态性能的试验及表达方法》一样，包括整体传动装置。

在 GB/T 17491—2023 的前言中给出，整体传动装置（静液压驱动装置）是一个或多个液压泵和马达及适当的控制元件形（组）成的一个装置。

表 20-5-75

范围	GB/T 17491—2023/ISO 4409:2019《液压传动　泵、马达　稳态性能的试验方法》描述了液压传动用容积式泵、马达和整体传动装置性能的测定方法,包括在稳态条件下对试验装置、试验程序的要求和试验结果的表达 本标准适用于具有连续旋转轴的容积式液压泵、马达和整体传动装置

续表

测试　要求

①通则　设备安装时应防止空气混入,并应在试验之前从系统中排除所有游离空气

被试元件应按照制造商的说明在测试回路中安装和操作,见 GB/T 17491—2023 附录 B

应记录测试区域的环境温度

测试回路中应安装过滤器,以满足被测元件制造商规定的油液清洁度等级要求,并记录测试回路中使用的每个过滤器的位置、数量和型号

在管路内进行压力测量时,应按照 ISO 9110-1、ISO 9110-2 的要求

进行流量测量时,应按照 ISO 11631 的要求

在管路中进行温度测量时,温度测量点应远离被测元件并距压力测量点 2~4 倍管子内径处

图 1~图 4 所示为基本回路,该回路未设置当系统发生故障时防止系统损坏的安全装置。重要的是,应采取防止人员和设备受到伤害的安全措施

注:测试之前进行“跑合”会对测试结果产生积极影响

②被试件的安装　被试件应按图 1~图 4 给出的试验回路进行安装

③试验用油　液压油的特性会影响泵和马达的性能。如果有关各方同意,任何一种液压油都可以用于测试,但油液特性应按表 1 中列出的属性进行明确。如果两个元件进行试验对比,应使用相同的液压油

表 1　试验油液规格

属性		标准	推荐	
黏度等级		ISO 3448	ISO VG 32	ISO VG 46
流体分类		ISO 6743-4	HM	
流体规格		ISO 11158	ISO 11158 中表 3	
其他要求	密度/$kg \cdot m^{-3}$	ISO 3675	860~880	
	黏度指数	ISO 2909	95~115	
	黏度调节		禁止使用其他黏度指数改进剂	
	抗磨调节		禁止使用其他抗磨剂	

④温度

Ⅰ. 受控温度。测试应在规定的油液温度下进行,油液温度应在被测元件的进口处测量,并应在制造商建议的范围内,建议在 50℃ 和 80℃ 两个温度水平下进行测量

试验油液的温度变化应在表 2 规定的范围内

表 2　试验油液温度的允许偏差

测量准确度等级	A	B	C
温度偏差/℃	±1.0	±2.0	±4.0

Ⅱ. 其他温度。可记录以下位置的油液温度

a. 被试元件的出口处

b. 试验回路中流量测量点处

c. 泄油口(适用时)

对于整体传动装置,上述某些温度可能无法测量。无法测量的温度应在试验报告中注明

⑤壳体压力　如果被试元件壳体内的油液压力可能影响其性能,应保持并记录壳体内的油液压力值

⑥稳态条件　针对所选定的参数的受控值,采集的每组读数应仅在该受控参数的指示值处于表 3 中所示的范围之内时才被记录。当控制参数在有效范围时,如果采集的读数是一组变化的值,应记录其平均值,建议在不低于 1000Hz 采集频率下,最长采集时间不超过 10s。数据采集宜包括零排量和空载工况

测试参数在表 3 的范围内被认为是稳定的

表 3　所选定的参数的平均指示值的允许变化范围

参数	测量准确度等级允许变化范围①		
	A	B	C
转速/%	±0.5	±1.0	±2.0
转矩/%	±0.5	±1.0	±2.0
体积流量/%	±0.5	±1.5	±2.5
压力/Pa ($p_e < 2\times10^5$Pa)	$\pm1\times10^3$	$\pm3\times10^3$	$\pm5\times10^3$
压力/% ($p_s \geq 2\times10^5$Pa)	±0.5	±1.5	±2.5

①表中所列的允许变化指该指示仪器读数的偏差而不是仪器量程的误差范围,这些变化被用作稳态的指示指标,还用于表达具有固定值的参数图形结果的场合。在功率、效率或功率损失的任何后续计算中应使用实际指示值

续表

测试	要求	⑦泵进口压力　泵进口管路压力不宜超过25000Pa。除非另有要求,泵在最大排量、额定转速时,泵进口压力应保持在大气压以上3386Pa范围内,能通过油箱液位或油液压力来控制。泵排量减小时,允许进口压力在要求范围内上升。在泵进口管路上游不少于20倍管内径处可安装截止阀
	泵试验	①试验回路 Ⅰ. 开式回路。试验回路如图1所示,图中所示元件为试验回路必备元件。如果有进口加压要求,应在限定的范围内提供保压措施。如果使用可选位置的流量传感器,则使用点1处的压力 p 和温度 θ 测量值,按ISO 4391中相应的公式进行计算。在泄油管路中测量的流量、压力和温度不在公式中使用 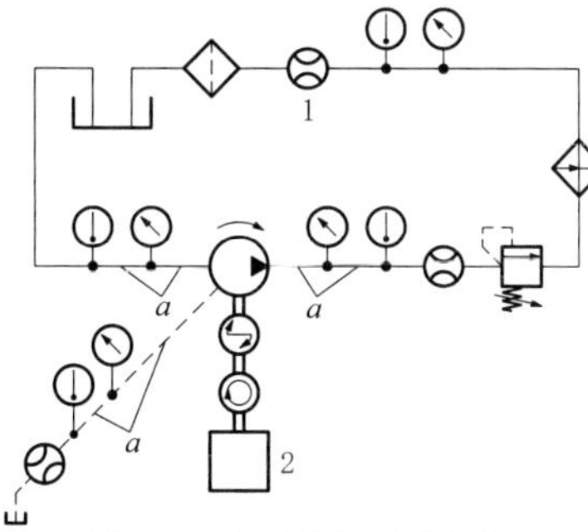 图1　泵试验回路(开式回路) 1—可选位置;2—驱动装置;a—管子长度见上面"要求"中"①通则" Ⅱ. 闭式试验。试验回路如图2所示,图中所示元件为试验回路必备元件。在这个回路中,补油泵提供的流量略高于回路的总泄漏量,可提供更大流量用于系统冷却。如果使用可选位置的流量传感器,则使用点1处的压力 p 和温度 θ 测量值,按ISO 4391中相应的公式进行计算。在泄油管路中测量的流量、压力和温度不在公式中使用 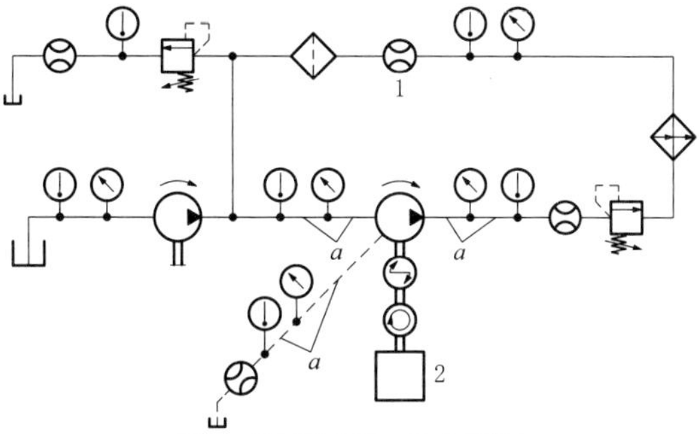 图2　泵试验回路(闭式回路) 1—可选位置;2—驱动装置;a—管子长度见"要求"中"①通则" ②进口压力　在每次试验中,要按制造商的规定,保持进口压力在允许范围内恒定(见表3),如需要,试验可在不同的进口压力下进行 ③试验测量　记录以下测量数据 a. 输入转矩 b. 出口流量 c. 泄油流量(如适用) d. 油液温度 在恒定转速(见表3)和若干输出压力下,测出一组数据,以便在出口压力的整个范围内给出具有代表性的泵性能参数 在其他转速时,重复上面a~d的测量,在转速的整个范围内给出具有代表性的泵性能参数 ④变排量　在最大排量值和要求的其他排量值(如最大排量的75%、50%及25%)下进行完整的测试。对于变量机构,该测试需要检测和记录位移传感器的位置,以确保其在测试过程中不发生变化。如果使用斜盘式装置,可通过位移传感器测量位置来记录摆角。记录的是摆角而不是位移传感器测量的位置

续表

测试	泵试验	对每一个排量设定值，都应给出试验指定的最小转速、最小出口压力下所要求的流量百分比 ⑤反向流动　双向泵应对两种流动方向进行试验 ⑥非整体式补油泵　如果被试泵配套一个补油泵，而且功率输入能够分别测量，则每个泵应单独试验并给出结果 ⑦全流量整体式补油泵　如果补油泵与主泵成整体，使功率输入无法分别测量，且补油泵提供主泵的全流量，则两个泵应作为一个整体元件来处理并相应地给出结果 注：所测得的进口压力是补油泵的进口压力 对于外置式补油泵应测量和记录多余流量 ⑧部分流量整体式补油泵　如果补油泵与主泵成整体，使功率输入无法分别测量，但补油泵仅向主泵的液压回路供给一部分流量而其余部分旁通或用于某些辅助用途（如冷却循环等），应测量并记录来自补油泵的流量
	马达试验	①试验回路　试验回路如图 3 所示，图中所示元件为试验回路必备元件 流量测量时，流量传感器宜安装在图 3 所示的进口高压处标准位置。如果安装在可选位置处，使用点 1 处的压力 p 和温度 θ 测量值，按 ISO 4391 中相应的公式和符号进行计算。计算流量时，宜测量泄漏流量，使用泄油管（路）中测量的压力、温度，按同样的公式计算泄漏流量 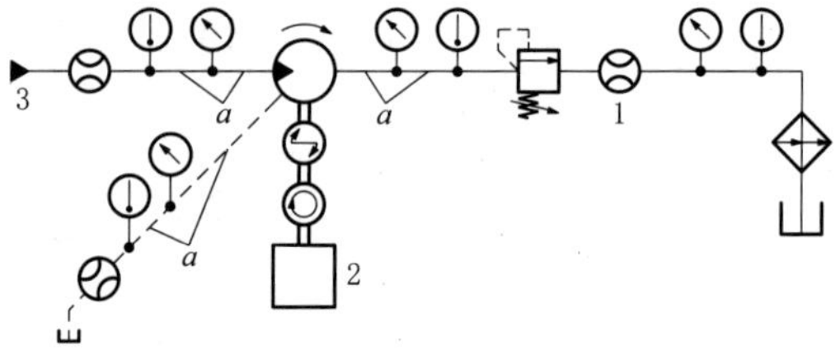 图 3　马达试验回路 1—可选位置；2—负载；3—油源；a—管子长度见“要求”中“ ①通则” ②出口压力　控制马达的出口压力（例如用压力控制阀），其变化范围符合表 3 的要求，并在整个试验过程中保持出口压力的恒定 此出口压力应满足不同的应用要求及符合制造商的推荐 ③试验测量　记录下列测量值 a. 进口流量 b. 泄油流量（如适用） c. 输出转矩 d. 油温 在马达的转速范围内和不同的进口压力下测试，给出进口压力范围内具有代表性的马达性能曲线 ④变排量　按最大排量值和最小排量值及要求的其他排量值（如最大排量的 75%、50%和 25%）进行试验 按马达在最小排量、最高转速条件确定进口流量。在零输出转矩下按相同的进口流量调节变量机构，获得马达的输出转速 ⑤反向旋转　双向马达，应对两个旋转方向进行试验

续表

测试 — 整体传动装置的试验

①试验回路　试验回路按图4，图中所示元件为试验回路必备元件

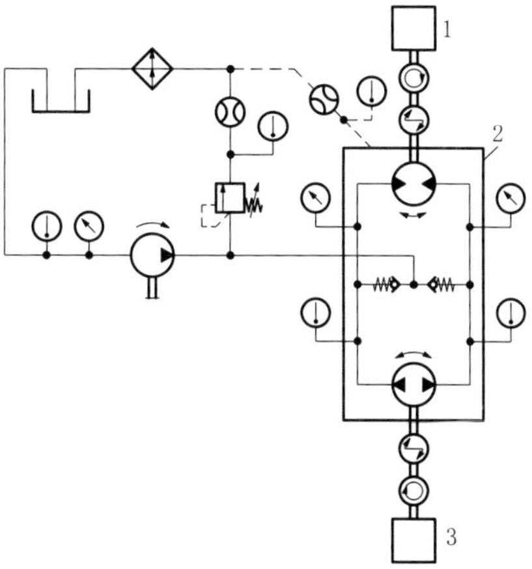

图4　整体传动装置试验回路
1—负载；2—整体传动箱；3—驱动装置

②试验测量　在最大排量及规定的转速下，测试以下项目

a. 输入转矩
b. 输出转矩
c. 输出转速
d. 试验压力
e. 试验油液温度（如适用）

在规定的输入转速下，按制造商推荐的功率范围进行测试

在表3规定的范围内，按照上面a～e在不同的输入转速重复测量

如果泵是变量式的，则在马达排量最大情况下，以泵最大排量的75%、50%、25%按照上面a～e重复测量

泵的排量按照马达空载、排量最大情况下，调整泵排量，使输出转速达到最大转速的相应比值来确定

如果马达是变量式，在马达为最小排量时按照上面a～e重复测量

③补油泵　如果补油泵与该传动装置的泵成整体并由同一输入轴驱动，则应作为一个整体元件来处理并应在试验结果中注明这个情况

如果补油泵被单独驱动，则所需功率应从传动装置的性能中扣除并应在试验结果中注明这个情况

④反向旋转　双向整体传动装置，应对两个旋转方向进行试验

结果的表达 — 通则

所有试验测量及导出的计算结果应由试验机构列成表格并以图形表示

结果的表达 — 泵的试验

①恒定转速下泵的试验　在恒定转速下试验的泵，应对有效出口压力（$p_{2,e}$）绘制与下列各项的关系曲线

a. 容积效率
b. 总效率
c. 有效出口流量
d. 有效输入机械效率

另外，应记录表4中的参数

表4　恒定转速下泵测试的参数

参数	结果	单位
所用试验油液		—
泵进口处油温		℃
环境温度		℃
试验油液的运动黏度		$m^2 \cdot s^{-1}$
试验油液的密度		$kg \cdot m^{-3}$
泵有效进口压力		Pa
泵全排量百分比		%
泵的转速		s^{-1}

续表

<table>
<tr>
<td rowspan="3">结果的表达</td>
<td>泵的试验</td>
<td>泵性能与有效出口压力关系如 GB/T 17491—2023 附录 C 中图 C.1 所示
②不同恒定转速下泵的试验　泵在一系列恒定转速下进行试验，针对不同的有效出口压力的结果，应按上面①给出或绘制转速与下列各项的关系曲线
a. 容积效率
b. 总效率
c. 有效出口流量
d. 有效输入机械效率
另外，应记录表 5 中的参数
表 5　不同恒定转速下泵测试的参数
<table>
<tr><th>参数</th><th>结果</th><th>单位</th></tr>
<tr><td>所用试验油液</td><td></td><td>—</td></tr>
<tr><td>泵进口处油温</td><td></td><td>℃</td></tr>
<tr><td>环境温度</td><td></td><td>℃</td></tr>
<tr><td>试验油液的运动黏度</td><td></td><td>$m^2 \cdot s^{-1}$</td></tr>
<tr><td>试验油液的密度</td><td></td><td>$kg \cdot m^{-3}$</td></tr>
<tr><td>泵有效进口压力</td><td></td><td>Pa</td></tr>
<tr><td>泵全排量百分比</td><td></td><td>%</td></tr>
<tr><td>泵有效出口压力</td><td></td><td>Pa</td></tr>
</table>
性能与转速关系如 GB/T 17491—2023 附录 C 中图 C.2 所示</td>
</tr>
<tr>
<td>马达试验</td>
<td>针对不同的有效进口压力 $p_{1,e}$ 进行马达试验，结果应绘制成曲线，表示以下各项与转速 n 的关系
a. 容积效率
b. 总效率
c. 有效进口流量
d. 输出转矩
另外，应记录表 6 中的参数
表 6　马达测试参数
<table>
<tr><th>参数</th><th>结果</th><th>单位</th></tr>
<tr><td>所用试验油液</td><td></td><td>—</td></tr>
<tr><td>马达进口处油温</td><td></td><td>℃</td></tr>
<tr><td>环境温度</td><td></td><td>℃</td></tr>
<tr><td>试验油液的运动黏度</td><td></td><td>$m^2 \cdot s^{-1}$</td></tr>
<tr><td>试验油液的密度</td><td></td><td>$kg \cdot m^{-3}$</td></tr>
<tr><td>马达全排量百分比</td><td></td><td>%</td></tr>
<tr><td>马达有效出口压力</td><td></td><td>Pa</td></tr>
</table>
马达性能与转速关系如 GB/T 17491—2023 附录 C 中图 C.3 所示</td>
</tr>
<tr>
<td>整体传动装置测试</td>
<td>传动装置应在一个恒定的输入转速（恒定的输入功率）下进行测试，并且应绘制出总效率 η_t 与输出转速 n_2 的关系图
在三种不同的有效输出功率 $p_{2,e}$ 下进行测试，绘制出转速比 Z 与有效泵出口压力 p_2 的关系图
另外，应记录表 7 中的参数
表 7　恒定输入转速（恒定输入功率）下整体传动装置的测试参数
<table>
<tr><th>参数</th><th>结果</th><th>单位</th></tr>
<tr><td>所用试验油液</td><td></td><td>—</td></tr>
<tr><td>马达进口处油温</td><td></td><td>℃</td></tr>
<tr><td>环境温度</td><td></td><td>℃</td></tr>
<tr><td>试验油液的运动黏度</td><td></td><td>$m^2 \cdot s^{-1}$</td></tr>
<tr><td>试验油液的密度</td><td></td><td>$kg \cdot m^{-3}$</td></tr>
<tr><td>有效输入转速</td><td></td><td>s^{-1}</td></tr>
<tr><td>有效输出功率</td><td></td><td>W</td></tr>
<tr><td>泵全排量百分比</td><td></td><td>%</td></tr>
<tr><td>试验时马达总排量百分比</td><td></td><td>%</td></tr>
</table>
总效率与输出转速关系如 GB/T 17491—2023 附录 C 中图 C.4 所示</td>
</tr>
<tr>
<td colspan="2">标注说明</td>
<td>当选择遵守本标准时，宜在试验报告、产品目录和销售文件中做下述说明
“稳态性能数据的测定和表达符合 GB/T 17491—2023《液压传动　泵、马达　稳态性能的试验方法》”</td>
</tr>
</table>

6.4 叶片泵、齿轮泵、轴向柱塞泵试验方法

6.4.1 叶片泵试验方法（摘自 JB/T 7041.1—2023）

表 20-5-76

范围

JB/T 7041.1—2023《液压泵　第 1 部分：叶片泵》规定了液压叶片泵的基本参数、技术要求、试验方法、装配和外观的检验方法、检验规则及标识和包装等要求

本标准适用于以液压油液或性能相当的其他液体为工作介质的液压叶片泵的设计、制造和检验

试验方法 — 试验装置

①试验回路原理图　叶片泵试验应具备符合图 1 所示试验回路的试验台

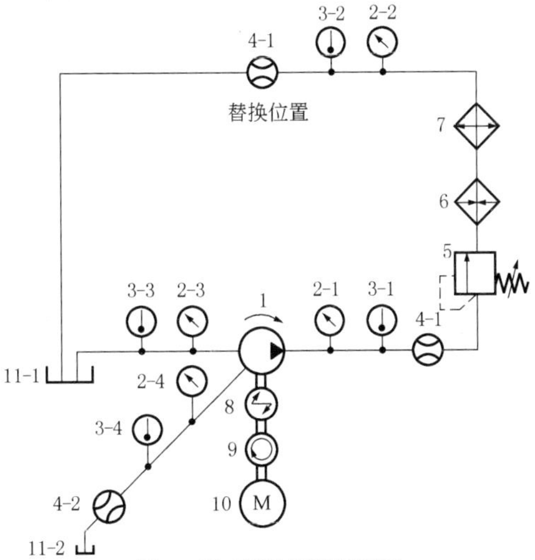

图 1　开式试验回路原理图

1—被试泵；2-1～2-4—压力表；3-1～3-4—温度计；4-1，4-2—流量计；5—溢流阀；6—加热器；7—冷却器；8—转矩仪；9—转速仪；10—电动机；11-1，11-2—油箱

②压力测量点的位置　压力测量点应设置在距被测泵进、出油口的（2～4）d 处（d 为管道内径）。稳态试验时，可将测量点的位置移至距被试泵更远处，但应考虑管路的压力损失

③温度测量点的位置　温度测量点应设置在距压力测量点（2～4）d 处，且比压力测量点更远离被试泵

④噪声测量点的位置　噪声测量点的位置和数量应按 GB/T 17483 的规定

试验方法 — 试验条件

①试验介质

Ⅰ. 试验介质应为被试泵适用的工作介质

Ⅱ. 试验介质的黏度：40℃时的运动黏度为 42～74mm^2/s（特殊要求另行规定）

Ⅲ. 试验介质的温度：除明确规定外，出厂试验和型式试验项目都应在 50℃±4℃下进行

Ⅳ. 试验介质的污染度：试验系统油液的固体颗粒污染等级不应高于 GB/T 14039 规定的—/19/16。

②稳态工况　在稳态工况下，被控参量平均显示值的变化范围应符合表 1 的规定。应在稳态工况下记录试验参量的测量值

表 1　叶片泵被控参量平均显示值允许变化范围

测量参量	各测量准确度等级对应的被控参量平均显示值允许变化范围		
	A	B	C
压力（表压力 p<0.2MPa 时）/kPa	±1.0	±3.0	±5.0
压力（表压力 p≥0.2MPa 时）/%	±0.5	±1.5	±2.5
流量/%	±0.5	±1.5	±2.5
转矩/%	±0.5	±1.0	±2.0
转速/%	±0.5	±1.0	±2.0

续表

<table>
<tr>
<td></td>
<td>试验条件</td>
<td>

③测量准确度　测量准确度等级分为A、B、C三级，型式试验不低于B级，出厂试验不低于C级。各等级测量系统的允许系统误差应符合表2的规定

表2　测量系统的允许系统误差

<table>
<tr><th rowspan="2">测量参量</th><th colspan="3">测量准确度等级</th></tr>
<tr><th>A</th><th>B</th><th>C</th></tr>
<tr><td>压力(表压力 $p<0.2$MPa时)/kPa</td><td>±1.0</td><td>±3.0</td><td>±5.0</td></tr>
<tr><td>压力(表压力 $p\geqslant0.2$MPa时)/%</td><td>±0.5</td><td>±1.5</td><td>±2.5</td></tr>
<tr><td>流量/%</td><td>±0.5</td><td>±1.5</td><td>±2.5</td></tr>
<tr><td>转矩/%</td><td>±0.5</td><td>±1.0</td><td>±2.0</td></tr>
<tr><td>转速/%</td><td>±0.5</td><td>±1.0</td><td>±2.0</td></tr>
<tr><td>温度/℃</td><td>±0.5</td><td>±1.0</td><td>±2.0</td></tr>
</table>

</td>
</tr>
<tr>
<td>试验方法</td>
<td>试验项目和试验方法</td>
<td>

①跑合

Ⅰ. 跑合应在试验前进行

Ⅱ. 在额定转速下，从空载压力开始逐渐加载，分级跑合。跑合时间与压力分级应根据需要确定，其中额定压力下(变量泵为70%切断压力)的跑合时间不应少于2min

②出厂试验　出厂试验项目与试验方法按表3的规定

表3　叶片泵出厂试验项目与试验方法

<table>
<tr><th>序号</th><th>试验项目</th><th>试验方法</th><th>试验类别</th><th>备注</th></tr>
<tr><td>1</td><td>排量验证试验</td><td>按GB/T 7936的规定进行(变量泵进行最大排量验证)</td><td>必试</td><td></td></tr>
<tr><td>2</td><td>容积效率试验</td><td>在额定压力(变量泵为70%切断压力)、额定转速①下，测量容积效率(变量泵在最大排量下试验)</td><td>必试</td><td></td></tr>
<tr><td>3</td><td>压力波动试验</td><td>在额定压力及额定转速①工况下，观察并记录被试泵出口压力波动范围(变量泵在最大排量下试验)</td><td>抽试</td><td></td></tr>
<tr><td>4</td><td>变量特性试验</td><td>在最大排量及额定转速①下，调节负载使被试泵出口压力缓慢地升至切断压力，然后再缓慢地降至空载压力，重复三次。按规定记录变量特性数据</td><td>必试</td><td>仅对变量泵</td></tr>
<tr><td>5</td><td>噪声试验</td><td>在进油口压力为0~30kPa、额定转速①下，分别测量被试泵在空载压力至额定压力(变量泵为70%切断压力)范围内至少六个等分压力点的噪声值(变量泵在最大排量下试验)</td><td>必试</td><td></td></tr>
<tr><td>6</td><td>超载性能试验</td><td>在最大排量、额定转速①、出口压力按JB/T 7041.1—2023的6.2.9规定的工况下，连续运转不少于1min</td><td>抽试</td><td>仅对定量泵</td></tr>
<tr><td>7</td><td>冲击试验</td><td>在额定转速①下按下述要求连续冲击10次以上；冲击频率为10~30次/min，切断压力下保压时间大于 $T/3$(T为循环周期)，卸载压力低于切断压力的10%</td><td>抽试</td><td>仅对变量泵</td></tr>
<tr><td>8</td><td>外渗漏检查</td><td>在上述全部试验过程中，检查各动、静密封部位，不应有外渗漏</td><td>必试</td><td></td></tr>
</table>

①可采用试验转速代替额定转速。试验转速可由供方根据试验设备条件自行确定，但应保证产品性能

</td>
</tr>
</table>

续表

试验方法	试验项目和试验方法	③型式试验　型式试验项目与试验方法按表4的规定（见下表4）

表4　叶片泵型式试验项目与试验方法

序号	试验项目	试验方法	备注
1	排量验证试验	按GB/T 7936的规定进行(变量泵进行最大排量验证)	
2	效率试验	a. 在额定转速至最低转速范围内的五个等分转速下,出口压力为额定压力的25%、40%、55%、70%、80%、100%时,分别测量与效率有关的数据。绘制不同压力时的功率、流量、效率随转速变化的曲线(见JB/T 7041.1—2023图A.2) b. 在额定转速下,进口油温为20~35℃和70~80℃时,分别测量被试泵在空载压力至额定压力(变量泵为70%切断压力)范围内至少六个等分压力点与效率有关的数据。绘制效率、流量、功率随压力变化的曲线(见JB/T 7041.1—2023图A.3)	a、b中分别按百分比和等分点计算出的压力值修约至1MPa;a中按百分比计算出的转速值修约至10r/min
3	压力波动检查	在额定压力及额定转速工况下,观察并记录被试泵出口压力波动范围(变量泵在最大排量下试验)	
4	变量特性试验	在最大排量及额定转速下,调节负载使被试泵出口压力缓慢地升至切断压力,然后再缓慢地降至空载压力重复三次。按规定记录变量特性数据	仅对变量泵
5	瞬态特性曲线	在最大排量及额定转速下,将被试泵压力调至切断压力,锁死调节机构,用阶跃加载使流量从最大到最小,再从最小到最大 绘制瞬时压力和时间函数波形,参见JB/T 7041.1—2023图A.4 确定峰值压力p_{max}、压力脉动Δp、过渡过程时间t_a、响应时间t_p和压力超调量$\delta(p_{max}-p_b)$	a. 仅对变量泵 b. 建议试验项目
6	自吸试验	在额定转速、空载压力工况下,测量被试泵吸油口真空度为0时的排量,以此为基础,逐渐增加吸油阻力,直至排量下降1%时,测量其真空度(变量泵在最大排量下试验)	
7	噪声试验	在进油口压力为0~30kPa、额定转速下,分别测量被试泵在空载压力至额定压力(变量泵为70%切断压力)范围内至少六个等分压力点的噪声值(变量泵在最大排量下试验)	本底噪声应比被试泵实际噪声低10dB(A)以上,否则应进行修正
8	低温试验	使被试泵工作环境为-25~-20℃,油液黏度在被试泵所允许的最大黏度范围内,在额定转速、空载压力工况(变量泵在最大排量)下正常启动被试泵至少五次	a. 有要求时做此项试验;b. 可以由制造商与用户协商,在工业应用中进行
9	高温试验	在额定压力(变量泵为70%切断压力)及额定转速下,被试泵进口油温均处于90~100℃,油液黏度不低于被试泵所允许的最低黏度条件,连续运行至少1h(变量泵在最大排量下试验)	
10	低速试验	在转速为600r/min或设计规定的最低转速条件下,叶片泵应能够保持稳定的额定压力(变量泵为70%切断压力)输出,连续正常运转1min以上(变量泵在最大排量下试验)	
11	超速试验	在115%额定转速的工况下,分别在额定压力(变量泵为70%切断压力)及空载压力下连续运转15min(变量泵在最大排量下试验)	

续表

试验方法

试验项目和试验方法

续表

序号	试验项目	试验方法	备注
12	超载试验	a. 定量泵:在额定转速和下列压力之一条件下的工况进行试验: ⅰ. 额定压力不大于 20MPa 的叶片泵,在额定转速、最高压力或 125%额定压力(选择其中高者)的工况下 ⅱ. 额定压力大于 20MPa 的叶片泵,在额定转速、最高压力的工况下 b. 变量泵:调节变量机构,使被试泵拐点移至切断压力处,在最大排量、额定转速和切断压力工况下做连续运转。试验完毕后将拐点移回原点 被试泵进口油温为 30~60℃,试验时间应符合 JB/T 7041.1—2023 的 6.2.12.1 的规定	
13	冲击试验	在被试泵的进口油温为 30~60℃、额定转速下按上述要求连续冲击:冲击频率为 10~30 次/min,额定压力(变量泵为切断压力)下保压时间大于 $T/3$(T 为循环周期),卸载压力低于额定压力(变量泵为切断压力)的 10%(冲击波形参见 JB/T 7041.1—2023 图 A.5),冲击次数应符合 JB/T 7041.1—2023 的 6.2.12.1 的规定	
14	满载试验	在被试泵的进口油温为 30~60℃、额定压力(变量泵为 70%切断压力)及额定转速下,做连续运转。试验时间应符合 JB/T 7041.1—2023 的 6.2.12.1 的规定(变量泵在最大排量下试验)	
15	效率检查	完成上述规定项目试验后,测量被试泵在额定压力(变量泵为 70%切断压力)及额定转速下的容积效率和总效率(变量泵在最大排量下试验)	
16	密封性能检查	将被试泵擦干净,如有个别部位不能一次擦干净,运转后产生“假”渗漏现象,可再次擦干净 a. 静密封:将干净吸水纸压贴于静密封部位,然后取下,纸上有油迹即为渗油 b. 动密封:在密封部位下方放置白纸,在整个试验过程中纸上不应有油滴	

注:序号 12、13、14 项属于耐久性试验项目

(试验)数据处理和结果表达

①数据处理　利用试验数据和下列公式,计算出被试柱塞泵的相关性能指标

容积效率

$$\eta_V=\frac{V_{2,e}}{V_i}=\frac{q_{V2,e}/n_e}{V_i}\times100\% \tag{1}$$

总效率

$$\eta_t=\frac{p_{2,e}q_{V2,e}-p_{1,e}q_{V1,e}}{2\pi n_e T_1}\times100\% \tag{2}$$

作者注:式(2)中如果 $p_{2,e}$、$p_{1,e}$ 单位为 MPa,$q_{V2,e}$、$q_{V1,e}$ 单位为 L/min(见 JB/T 7041.1—2023 表 1),其他如下面“式中”,则式(2)应为

$$\eta_t=\frac{p_{2,e}q_{V2,e}-p_{1,e}q_{V1,e}}{2\pi n_e T_1}\times1000\times100\%$$

输出液压功率,单位为千瓦(kW)

$$P_{2,h}=\frac{p_{2,e}q_{V2,e}}{60} \tag{3}$$

输入机械功率,单位为千瓦(kW)

$$P_{1,m}=\frac{2\pi n_e T_1}{60000} \tag{4}$$

式中　$V_{2,e}$——试验压力时的排量,mL/r

n_e——试验压力时的转速,r/min

T_1——输入转矩,N·m

②结果表达　试验报告应包括试验数据和相关特性曲线,特性曲线示例参见 JB/T 7041.1—2023 图 A.2~图 A.5。试验报告还应提供试验人员、设备、工况及被试泵基本特征等信息

续表

<table>
<tr><td>装配和外观的检验方法</td><td>装配和外观的检验方法按表 5 的规定

表 5　叶片泵装配和外观的检验方法

<table>
<tr><th>序号</th><th>检验项目</th><th>检验方法</th><th>备注</th></tr>
<tr><td>1</td><td>装配质量</td><td>采用目测法和测量工具检查，应符合 GB/T 7935 的规定</td><td></td></tr>
<tr><td>2</td><td>气密性</td><td>在被试泵内腔充满压力为 0.16MPa 的干净气体，然后将其浸没在防锈液中，停留 1min 以上，并稍加摇动，观察液体中有无气泡产生</td><td>允许采用“压降法”或其他的方法，但检查效果应等同于上述方法</td></tr>
<tr><td>3</td><td>内部清洁度</td><td>按 JB/T 7858 的规定</td><td>内部清洁度可由经过企业自行检验的工艺规范保证</td></tr>
<tr><td>4</td><td>外观质量</td><td>采用目测法</td><td></td></tr>
</table>
</td></tr>
</table>

6.4.2　齿轮泵试验方法（摘自 JB/T 7041.2—2020）

本试验方法适用于以液压油液或性能相当的其他液体为工作介质的外啮合液压齿轮泵。

表 20-5-77

<table>
<tr><td colspan="2">范围</td><td>JB/T 7041.2—2020《液压泵　第 2 部分：齿轮泵》规定了外啮合液压齿轮泵（以下简称齿轮泵）的术语和定义、量、符号和单位，基本参数和标记，技术要求，试验方法，装配和外观的检验方法，检验规则，标志和包装，以及标注说明
本标准适用于以液压油液或性能相当的其他液体为工作介质的齿轮泵</td></tr>
<tr><td>试验方法</td><td>试验装置</td><td>①试验回路原理图
齿轮泵试验应具备符合图 1 或图 2 所示试验回路的试验台

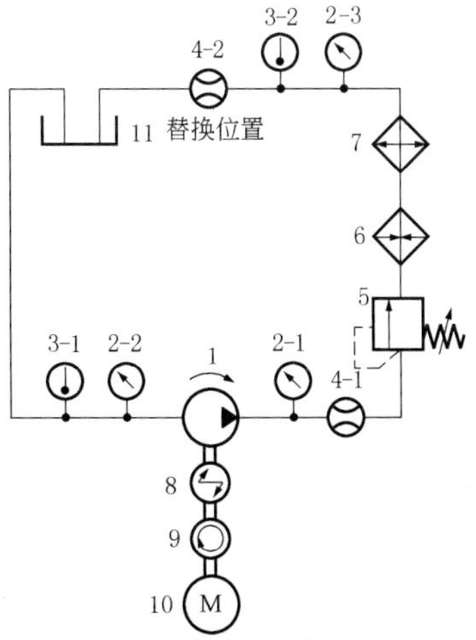

图 1　开式试验回路原理图
1—被试齿轮泵；2-1～2-3—压力表；3-1，3-2—温度计；4-1，4-2—流量计；5—溢流阀；6—加热器；7—冷却器；8—转矩仪；9—转速仪；10—马达；11—油箱</td></tr>
</table>

续表

试验方法

试验装置

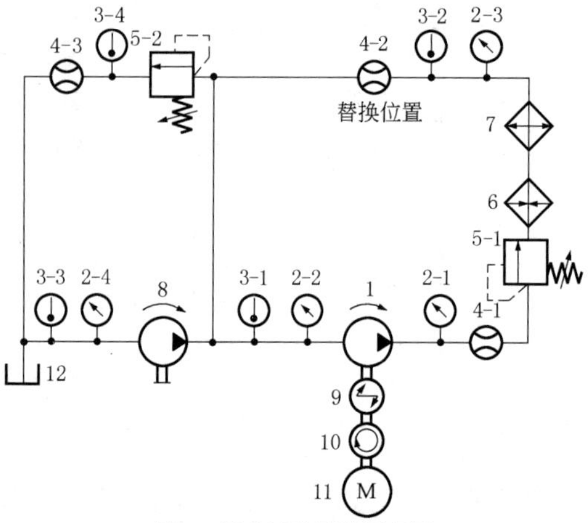

图 2　闭式试验回路原理图

1—被试齿轮泵；2-1～2-4—压力表；3-1～3-4—温度计；4-1～4-3—流量计；5-1,5-2—溢流阀；6—加热器；7—冷却器；8—补油泵；9—转矩仪；10—转速仪；11—马达；12—油箱

②压力测量点的位置

压力测量点应设置在距被测齿轮泵进、出油口的(2～4)d处(d为管道内径)。稳态试验时，允许将测量点的位置移至距被试齿轮泵更远处，但应考虑管路的压力损失

③温度测量点的位置

温度测量点应设置在距压力测量点(2～4)d处，且比压力测量点更远离被试齿轮泵

④噪声测量点的位置

噪声测量点的位置和数量应按 GB/T 17483 的规定

⑤测量准确度等级分为 A、B、C 三级，型式试验应不低于 B 级，出厂试验应不低于 C 级。各等级测量系统的允许系统误差应符合表 1 的规定

表 1　测量系统的允许系统误差

测量参量	测量准确度等级		
	A	B	C
压力(表压力 p<0.2MPa 时)/kPa	±1.0	±3.0	±5.0
压力(表压力 p≥0.2MPa 时)/%	±0.5	±1.5	±2.5
流量/%	±0.5	±1.5	±2.5
转矩/%	±0.5	±1.0	±2.0
转速/%	±0.5	±1.0	±2.0
温度/℃	±0.5	±1.0	±2.0

试验条件

①试验介质

Ⅰ. 试验介质应为被试齿轮泵适用的工作介质

Ⅱ. 试验介质的温度：除明确规定外，型式试验应在 50℃±2℃下进行，出厂应在 50℃±4℃下进行

Ⅲ. 试验介质的黏度：40℃时的运动黏度为 42～74mm^2/s(特殊要求另行规定)

Ⅳ. 试验介质的污染度：试验系统油液的固体颗粒污染等级应不高于 GB/T 14039 规定的—/19/16

②在稳态工况下，被控参量平均显示值的变化范围应符合表 2 的规定。在稳态工况下记录试验参量的测量值

表 2　被控参量平均显示值允许变化范围

测量参量	测量准确度等级		
	A	B	C
压力(表压力 p<0.2MPa 时)/kPa	±1.0	±3.0	±5.0
压力(表压力 p≥0.2MPa 时)/%	±0.5	±1.5	±2.5
流量/%	±0.5	±1.5	±2.5
转矩/%	±0.5	±1.0	±2.0
转速/%	±0.5	±1.0	±2.0

续表

试验方法	试验项目和试验方法	（见下文）

①跑合

Ⅰ. 跑合应在试验前进行

Ⅱ. 在额定转速下，从空载压力开始逐级加载，分级跑合。跑合时间与压力分级应根据需要确定，其中额定压力下的跑合时间应不少于1min

②出厂试验　出厂试验项目与试验方法按表3的规定

表3　出厂试验项目与试验方法

序号	试验项目	试验方法	试验类型	备注
1	排量试验	在额定转速①、空载压力下，测量排量	必试	
2	容积效率试验	在额定转速①、额定压力下，测量容积效率	必试	
3	总效率试验	在额定转速①、额定压力下，测量总效率	抽试	
4	超载性能试验	在额定转速①和下列压力之一的工况下进行试验： a. 125%的额定压力（当额定压力低于20MPa时），连续运转1min以上 b. 最高压力或125%的额定压力（当额定压力不低于20MPa时），连续运转1min以上	必试	
5	外渗漏检查	在上述试验全过程中，检查各部位渗漏情况	必试	

①可采用试验转速代替额定转速。试验转速可由制造商根据试验设备条件自行确定，但应保证产品性能

③型式试验　型式试验项目与试验方法按表4的规定

表4　型式试验项目与试验方法

序号	试验项目	试验内容和方法	备注
1	排量验证试验	应按照GB/T 7936的规定进行	
2	效率试验	a. 在额定转速至最低转速范围内的五个等分转速①下，分别测量空载压力至额定压力范围内至少六个等分压力点②的有关效率的各组数据 b. 在额定转速下，进口油温为20～35℃和70～80℃时，分别测量被试齿轮泵在空载压力至额定压力范围内至少六个等分压力点②的有关效率的各组数据 c. 绘制50℃油温、不同压力时的功率、流量、效率随转速变化的曲线 d. 绘制20～35℃、50℃、70～80℃油温时，功率、流量、效率随压力变化的曲线	
3	自吸试验	在额定转速、空载压力工况下，测量被试泵吸入口真空度为零时的排量。以此为基准，逐渐增加吸入阻力，直至排量下降1%时，测量其真空度	
4	噪声试验	在1500r/min的转速下（当额定转速小于1500r/min时，在额定转速下），并保证进口压力在-16kPa至设计规定的最高进口压力的范围内，分别测量被试齿轮泵空载压力至额定压力范围内，至少三个等分压力点②的噪声值	a. 本底噪声（来自被测声源以外所有其他声源的噪声）应比被试齿轮泵实测噪声至少低10dB（A），否则应进行修正 b. 本项目为考查项目
5	低温试验	使被试齿轮泵和进口油温均为-25～-20℃，油液黏度在被试齿轮泵所允许的最大黏度范围内，在额定转速、空载压力工况下启动被试齿轮泵至少五次	a. 有要求时做此项试验 b. 可以由制造商与用户协商确定，在工业应用中进行
6	高温试验	在额定工况下，进口油温为90～100℃时，油液黏度不低于被试齿轮泵所允许的最低黏度条件下，连续运转1h以上	

续表

续表

序号	试验项目	试验内容和方法	备注
7	低速试验	在输出稳定的额定压力下,连续运转10min以上测量流量、压力数据,计算容积效率并记录最低转速	
8	超速试验	在转速为115%额定转速或规定的最高转速下,分别在额定压力与空载压力下各连续运转15min以上	
9	超载试验	在被试齿轮泵的进口油温为80~90℃、额定转速和下列压力之一工况下: a. 125%的额定压力(当额定压力低于20MPa时)做连续运转 b. 最高压力或125%的额定压力(当额定压力不低于20MPa时)做连续运转	
10	冲击试验	在80~90℃的进口油温和额定转速、额定压力下进行冲击。冲击频率20~40次/min。记录冲击波形	
11	满载试验	在额定工况下,被试齿轮泵进口油温为30~60℃时做连续运转	
12	效率检查	完成上述规定项目试验后,测量额定工况下的容积效率和总效率	
13	密封性能检查	将被试泵擦干净,若有个别部位不能一次擦干净,运转后产生"假"渗漏现象,在满载试验前允许再次擦干净 a. 静密封:将干净吸水纸压贴于静密封部位,然后取下,纸上若有油迹即为渗油 b. 动密封:在动密封部位下方放置白纸,在整个试验过程中纸上不应有油滴	

① 包括最低转速和额定转速

② 包括空载压力和额定压力

注:试验项目序号9~11属于耐久性试验项目

(左栏:试验方法 — 试验项目和试验方法)

试验方法 — 试验数据处理和结果表达

①数据处理 利用试验数据和下列计算公式,计算被试齿轮泵的相关性能指标

容积效率

$$\eta_V=\frac{V_{2,e}}{V_{2,i}}=\frac{q_{V2,e}/n_e}{q_{V2,i}/n_i}\times100\% \quad (1)$$

总效率

$$\eta_t=\frac{p_{2,e}q_{V2,e}-p_{1,e}q_{V1,e}}{2\pi n_e T_1}\times100\% \quad (2)$$

输出液压功率,单位为kW

$$P_{2,h}=\frac{P_{2,e}q_{V2,e}}{60000} \quad (3)$$

输入机械功率,单位为kW

$$P_{1,m}=\frac{2\pi n_e T_1}{60000} \quad (4)$$

续表

<table>
<tr><td>试验方法</td><td>试验数据处理和结果表达</td><td>式中 $V_{2,e}$——试验压力时的排量,mL/r
$V_{2,i}$——空载排量,mL/r
$q_{V2,e}$——试验压力时的输出流量,L/min
n_e——试验压力时的转速,r/min
$q_{V2,i}$——空载压力时的输出流量,L/min
n_i——空载压力时的转速,r/min
$p_{2,e}$——输出试验压力,kPa
$p_{1,e}$——输入压力,大于大气压为正,小于大气压为负,kPa
$q_{V1,e}$——试验压力时的输入流量,L/min
T_1——输入转矩,N·m
②试验报告　应包括试验数据和相关特性曲线。特性曲线示例参见 JB/T 7041.2—2020 中图 B.1 和图 B.2。试验报告还应提供试验时间、地点、人员、设备、工况及被试齿轮泵基本特征等信息</td></tr>
<tr><td colspan="2">装配和外观的检验方法</td><td>装配和外观的检验方法按表 5 的规定
表 5　装配和外观的检验方法
<table>
<tr><th>序号</th><th>检验项目</th><th>检验方法</th><th>备注</th></tr>
<tr><td>1</td><td>装配质量</td><td>采用目测法</td><td></td></tr>
<tr><td>2</td><td>气密性</td><td>在被试齿轮泵内腔充满压力为 0.16MPa 的干净气体,然后将其浸没在防锈液中,停留 1min 以上,并稍加摇动,观察液体中有无气泡产生</td><td>允许采用“压降法”或其他方法,但检查效果应等同于上述方法</td></tr>
<tr><td>3</td><td>内部清洁度</td><td>应符合 JB/T 7858 的规定</td><td>内部清洁度可以由经过验证的工艺规范保证</td></tr>
<tr><td>4</td><td>外观质量</td><td>采用目测法</td><td></td></tr>
</table></td></tr>
</table>

6.4.3 轴向柱塞泵试验方法（摘自 JB/T 7041.3—2023）

表 20-5-78

<table>
<tr><td colspan="2">范围</td><td>JB/T 7041.3—2023《液压泵　第 3 部分:轴向柱塞泵》规定了液压轴向柱塞泵的基本参数、技术要求、试验方法、装配和外观的检验方法、检验规则及标识和包装等要求
本标准适用于以液压油液或性能相当的其他液体为工作介质,额定压力不大于 45MPa 的液压轴向柱塞泵的设计、制造和检验</td></tr>
<tr><td>试验方法</td><td>试验装置</td><td>①试验回路原理图　柱塞泵试验应具备符合图 1 或图 2 试验回路的试验台。图中所示为试验回路必备元件,不包括为安全、动态冲击试验、污染度控制等要求设置的元件
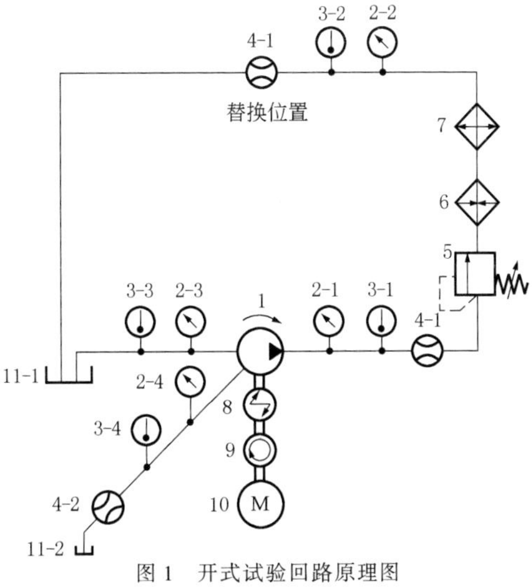

图 1　开式试验回路原理图
1—被试泵;2-1～2-4—压力表;3-1～3-4—温度计;4-1,4-2—流量计;5—溢流阀;6—加热器;7—冷却器;8—转矩仪;9—转速仪;10—电动机;11-1,11-2—油箱</td></tr>
</table>

续表

试验方法

试验装置

试验时宜采取适当的措施，保证吸油口压力满足各试验项目的要求

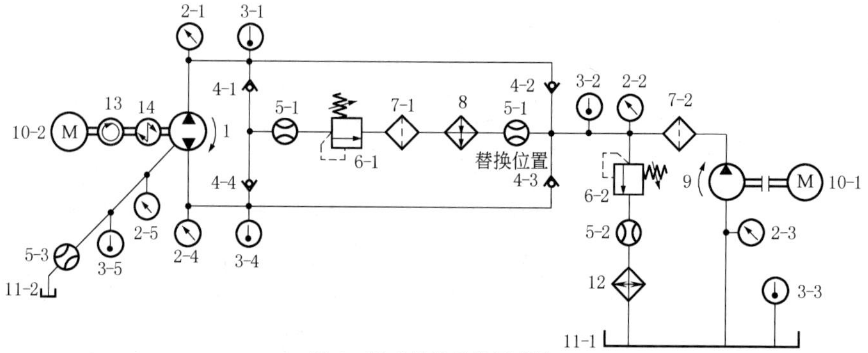

图 2　闭式试验回路原理图

1—被试泵；2-1～2-5—压力表；3-1～3-5—温度计；4-1～4-4—单向阀；5-1～5-3—流量计；6-1，6-2—溢流阀；7-1，7-2—过滤器；8—温度调节器；9—辅助泵；10-1，10-2—电动机；11-1，11-2—油箱；12—冷却器；13—转速仪；14—转矩仪

②压力测量点的位置　压力测量点应设置在距被试泵进、出油口（2～4）d 处（d 为管路内径）。稳态试验时，可将测量点的位置移至距被试泵更远处，但应考虑管路的压力损失或给予修正说明

③温度测量点的位置　温度测量点应设置在距邻近的压力测量点（2～4）d 处，且比压力测量点更远离被试泵

④噪声测量点的位置　噪声测量点的位置和数量应符合 GB/T 17483 的规定

⑤流量测量点的位置　流量测量点应设置距邻近的压力测量点不小于 10d 处，且比压力测量点更远离被试泵

⑥测量准确度　测量准确度等级分为 A、B、C 三级，型式试验不应低于 B 级，出厂试验不应低于 C 级。各等级测量系统允许的系统误差应符合表 1 的规定

表 1　测量系统允许的系统误差

测量参量	测量准确度等级允许的系统误差		
	A	B	C
压力（表压力 p<0.15MPa 时）/MPa	±0.001	±0.003	±0.005
压力（表压力 p≥0.15MPa 时）/MPa	±0.05	±0.15	±0.25
体积流量/%	±0.5	±1.0	±2.5
转矩/%	±0.5	±1.0	±2.0
转速/%	±0.5	±1.0	±2.0
温度/℃	±0.5	±1.0	±2.0
机械功率/%	—	—	±4.0

注：1. 百分数范围适用于被测量的值而不适用于试验的最大值或仪器的最大读数

2. 仪器读数的平均指示值可能与被测量值的真实平均绝对值不同。这是由于仪器的固有和结构上的限制以及校准的限制所致。这种不确定性的来源称为“系统误差”

试验条件

①试验介质

Ⅰ. 试验介质应为被试泵适用的工作介质

Ⅱ. 试验介质的温度：除明确规定外，出厂试验和型式试验项目都应在 50℃±4℃下进行

Ⅲ. 试验介质的黏度：40℃时的运动黏度为 42～74mm^2/s（特殊要求另行规定）

Ⅳ. 试验介质的污染度：试验系统油液的固体颗粒污染等级不应高于 GB/T 14039 规定的—/18/15

②稳态工况　在稳态工况下，针对所选定的参数的受控值，采集的每组读数应仅在该受控参数的指示值处于表 2 中所示的范围之内时才被记录。当控制参数在有效范围时，如果采集的读数是一组变化的值，应记录其平均值，建议在不低于 1000Hz 的采集频率下，最长采集时间不超过 10s。数据采集宜包括零排量和空载工况

测试参数在表 2 的范围内被认为是稳定的

续表

试验条件

表 2　被控参量平均显示值允许变化范围

测量参量	各测量准确度等级对应的被控参量平均显示值允许变化范围①		
	A	B	C
转速/%	±0.5	±1.0	±2.0
转矩/%	±0.5	±1.0	±2.0
体积流量/%	±0.5	±1.5	±2.5
压力(表压力 $p<0.2$MPa 时)/MPa	±0.001	±0.003	±0.005
压力(表压力 $p\geqslant 0.2$MPa 时)/%	±0.5	±1.5	±2.5
温度/℃	±1.0	±2.0	±4.0

①表中所列的允许变化是指该指示仪器读数的偏差而不是仪器量程的误差范围(见表 1)。这些变化被用作稳态的指示指标,还用于表达具有固定值的参数图形结果的场合。在功率、效率或功率损失的任何后续计算中应使用实际指示值

试验方法

试验项目和试验方法

①跑合

Ⅰ. 跑合应在试验前进行,且试验前被试泵应按照制造商的使用说明书进行安装

Ⅱ. 在额定转速下,从空载压力开始逐级加载,分级跑合。跑合时间与压力分级应根据需要确定,其中额定压力下的跑合时间不应少于 2min

②出厂试验　出厂试验项目与试验方法按表 3 的规定

表 3　出厂试验项目与试验方法

序号	试验项目	试验方法	试验类型	备注
1	容积效率试验	在额定工况下,测量容积效率	必试	
2	总效率试验	在额定工况下,测量总效率	抽试	
3	变量特性试验	在额定转速①下,使被试泵变量机构在规定的条件下全行程至少往复变化三次,记录变量特性数据	必试	仅对变量泵
4	超载性能试验	在最大排量、额定转速①、出口压力按“超载性能”规定的工况下,连续运转不少于 1min	抽试	
5	外渗漏检查	在上述全部试验过程中,检查各动、静密封部位,不应有外渗漏	必试	

①可采用试验转速代替额定转速。在保证产品性能的前提下,试验转速可由供、需双方商定

③型式试验　型式试验项目与试验方法按表 4 的规定

表 4　型式试验项目与试验方法

序号	试验项目	试验方法	备注
1	排量验证试验	应按 GB/T 7936 的规定进行	
2	效率试验	a. 在最大排量下,转速为额定转速的 100%、85%、70%、55%、40%、25%和设计规定的最低转速(以下简称最低转速)时,出口压力为额定压力的 25%、40%、55%、70%、85%、100%时,分别测量与效率有关的数据。绘制不同压力下效率、流量、功率随转速变化的曲线 b. 在额定转速下,进口油温为 20~35℃和 70~80℃时,分别测量被试泵在空载压力至额定压力范围内至少 6 个等分压力点①与效率有关的数据。绘制效率、流量、功率随压力变化的曲线	按百分比和等分点计算出的压力值修约至 1MPa;按百分比计算出的转速值修约至 10r/min
3	变量特性试验	a. 恒功率变量泵 ⅰ. 最低压力转换点的测定:调节变量机构使被试泵处于最低压力转换状态时,测量被试泵的出口压力 ⅱ. 最高压力转换点的测定:调节变量机构使被试泵处于最高压力转换状态时,测量被试泵的出口压力 ⅲ. 恒功率特性的测定:根据设计要求调节变量机构,测量压力、流量相对应的数据,绘制恒功率变量特性曲线(流量-压力特性曲线) ⅳ. 其他特性按设计要求进行试验	变量泵做该项试验

续表

续表

		序号	试验项目	试验方法	备注
试验方法	试验项目和试验方法	3	变量特性试验	b. 恒压变量泵　恒压静特性试验：在最大排量、额定转速下，出口压力从空载压力逐渐加载至恒压阀调定压力，稳定后再逐渐减小至空载压力，绘制不同调定压力（33%p_n、66%p_n、100%p_n）下的恒压变量曲线（流量-压力特性曲线） c. 负载敏感变量泵　在额定转速、最大排量下，出口压力为空载压力和75%额定压力，通过调节节流阀5-1的开度使被试泵输出流量为当前输出流量的25%、50%、75%、100%时，转速由额定转速逐渐减小至最低转速，稳定后再逐渐增加至额定转速，分别绘制负载敏感变量特性曲线（流量-转速特性曲线），试验回路参见JB/T 7041.3—2023图B.4 d. 电控变量泵　电控柱塞泵变量特性试验按GB/T 23253的规定进行 e. 其他型变量泵　按设计要求或用户要求进行试验	变量泵做该项试验
		4	自吸试验	在最大排量、额定转速、空载压力工况下，测量被试泵吸油口真空度为零时的排量。以此为基准，逐渐增加吸入阻力，对于斜盘式柱塞泵，在真空度为16kPa时，排量下降不应大于1%；对于斜轴式柱塞泵，在真空度为30kPa时，排量下降不应大于1%	自吸泵做该项试验
		5	噪声试验	在最大排量、设定转速下，被试泵吸油口真空度为零时，分别测量被试泵空载压力至额定压力范围内至少六个等分压力点[①]的噪声值 当额定转速不小于1500r/min时，设定转速为1500r/min；当额定转速不小于1000r/min且小于1500r/min时，设定转速为1000r/min；当额定转速小于1000r/min时，设定转速为额定转速 试验方法按GB/T 17483的规定进行	本项目为考查项目
		6	低温试验	使被试泵工作环境为-25～-20℃，油液黏度在被试泵所允许的最大黏度范围内，在额定转速、空载压力工况（变量泵在最大排量）下正常启动被试泵至少五次	有要求时做此项试验；可由供、需双方商定，在工业应用中进行
		7	高温试验	在额定工况下，进口油温为90～100℃，油液黏度不低于被试泵所允许的最低黏度条件，连续运转1h以上	
		8	超速试验	转速为115%额定转速（变量泵在最大排量）或设计规定的最高转速时，分别在空载压力和额定压力下连续运转15min以上。试验时被试泵的进口油温为30～60℃	
		9	超载试验	在额定转速、出口压力按“超载性能”规定（变量泵在最大排量）的工况下，连续运转。试验时被试泵的进口油温为30～60℃，试验时间应符合“耐久性”试验的规定	
		10	冲击试验	a. 定量和手动变量泵　在最大排量、额定转速下，进行压力冲击试验。冲击频率为10～30次/min，冲击波形符合JB/T 7041.3—2023图C.1，连续运转 b. 恒功率变量泵　在40%额定功率的恒功率特性和额定转速下，进行压力冲击试验。冲击频率为10～30次/min，冲击波形符合JB/T 7041.3—2023图C.1，连续运转	记录冲击波形。有要求时确认压力变化速率

续表

试验方法

试验项目和试验方法

续表

序号	试验项目	试验方法	备注
10	冲击试验	c. 恒压变量泵　在额定转速下，输出流量在 $10\% q_{V2,emax} \leqslant q_{V2,e} \leqslant 80\% q_{V2,emax}$ 范围内连续进行恒压段循环冲击（阶跃）试验，冲击波形如 JB/T 7041.3—2023 图 C.2 所示 d. 其他变量型式　按最大功率的变量特性或用户要求试验 以上不同型式的柱塞泵在做冲击试验时，被试泵的进口油温为 30～60℃，试验次数应符合“耐久性”试验的规定	记录冲击波形。有要求时确认压力变化速率
11	满载试验	在额定工况下，被试泵的进口油温为 30～60℃时做连续运转，试验时间应符合“耐久性”试验的规定	
12	效率检查	完成上述规定的试验项目后，测量额定工况下的容积效率和总效率	
13	密封性能检查	将被试泵表面及各密封部位清理干净，如有个别部位不能一次清理干净，运转后产生“假”渗漏现象，允许再次清理干净，检查方式 a. 静密封：将干净吸水纸压贴于静密封部位，然后取下，纸上如有油迹即为渗油 b. 动密封：在动密封部位下方放置白纸，于规定时间内纸上不应有油滴	

① 包括空载压力和额定压力

注：1. 连续运转试验时间或次数是指扣除与被试泵无关的故障时间或次数后的累积值

2. 试验项目序号 9～11 属于耐久性试验项目。不同的耐久试验项目可分别在多台泵上进行

3. 恒压变量泵和负载敏感变量泵的响应与恢复性试验方法参见附录 B（选择性项目）

试验数据处理和结果表达

①数据处理　利用试验数据和下列公式，计算出被试柱塞泵的相关性能指标

容积效率
$$\eta_V = \frac{V_{2,e}}{V_i} = \frac{q_{V2,e}/n_e}{V_i} \times 100\% \tag{1}$$

总效率
$$\eta_t = \frac{p_{2,e} q_{V2,e} - p_{1,e} q_{V1,e}}{2\pi n_e T_1} \times 1000 \times 100\% \tag{2}$$

输出液压功率，单位为千瓦（kW）
$$P_{2,h} = \frac{p_{2,e} q_{V2,e}}{60} \tag{3}$$

输入机械功率，单位为千瓦（kW）
$$P_{1,m} = \frac{2\pi n_e T_1}{60000} \tag{4}$$

注：有效输出流量 $q_{V2,e}$ 为在温度 $\theta_{2,e}$ 和出口压力 $p_{2,e}$ 下测得的实际流量。如果流量是在泵出口高压位置之外的其他位置测量，在温度 $\theta_{2,e1}$ 和出口压力 $p_{2,e1}$ 下测得的流量 $q_{V2,e1}$ 应通过公式（5）进行修正，以得到有效输出流量 $q_{V2,e}$ 的值

$$q_{V2,e} = q_{V2,e1} \left[1 - \frac{p_{2,e} - p_{2,e1}}{K} + \alpha(\theta_{2,e} - \theta_{2,e1}) \right] \tag{5}$$

式中　$V_{2,e}$——试验压力时的排量，mL/r

V_i——导出排量，mL/r

n_e——试验压力时的转速，r/min

$p_{2,e}$——出口压力，MPa

$q_{V2,e}$——有效输出流量，L/min

$p_{1,e}$——进口压力，MPa

$q_{V1,e}$——进口压力为 $p_{1,e}$ 时的有效输入流量，L/min

T_1——输入转矩，N·m

$q_{V2,e1}$——出口低压处测得的实际流量，L/min

$p_{2,e1}$——出口低压处的压力，MPa

K——体积弹性模量，MPa

续表

试验方法	试验数据处理和结果表达	$\theta_{2,e}$——出口压力 $p_{2,e}$ 处的温度,℃ $\theta_{2,e1}$——出口压力 $p_{2,e1}$ 处的温度,℃ α ——体热膨胀系数,$℃^{-1}$ ②结果表达　试验报告应包括试验数据及相关的特性曲线和试验波形。冲击试验波形示例参见 JB/T 7041.3—2023 图 C.1、图 C.2。试验报告还应提供试验人员、设备、工况及被试泵基本特征等信息
装配和外观的检验方法		装配和外观的检验方法按表 5 的规定（见下表 5）

表 5　柱塞泵装配和外观检验方法

序号	检验类别	检验项目	检验方法	备注
1	装配检验	装配尺寸	使用测量工具检查	
2		气密性	在被试泵内腔充满压力为 0.16MPa 的干净气体,然后将其浸没在防锈液中,停留 1min 以上,并稍加摇动,观察液体中有无气泡产生	允许采用“压降法”或其他方法,但检查效果应等同于上述方法
3		内部清洁度	应符合 JB/T 7858 的规定	内部清洁度可由经过验证的工艺规范保证
4	外观检验	外观质量	采用目测法	

CHAPTER 6

第6章 液压马达

1 液压马达及其特性与参数术语（摘自 GB/T 17446—2024）

1.1 液压马达术语

表 20-6-1

序号	术语	定义
3.4.2.1	马达	提供旋转运动的执行元件
3.4.2.2	容积式马达	轴转速与输入流量相关的马达
3.4.2.3	液压马达	靠受压的液压流体驱动的马达
3.4.2.5	摆动执行器	轴旋转角度受限制的马达
3.4.2.6	摆线马达	具有一个或多个摆线齿轮相互啮合的马达
3.4.2.7	齿轮马达	由两个或多个齿轮相互啮合的马达
3.4.2.8	内啮合齿轮马达	内啮合形式的齿轮马达
3.4.2.9	外啮合齿轮马达	外啮合形式的齿轮马达
3.4.2.10	螺杆马达	有两个或多个螺杆啮合的液压马达
3.4.2.11	柱塞马达	由作用在一个或多个往复运动柱塞上的流体压力实现轴旋转的马达
3.4.2.12	径向柱塞马达	具有若干个柱塞径向配置的柱塞马达
3.4.2.13	轴向柱塞马达	柱塞轴线与缸体轴线平行或略有倾斜的柱塞马达
3.4.2.14	斜盘式轴向柱塞马达	驱动轴平行于公共轴且斜盘与驱动轴不连接的轴向柱塞马达
3.4.2.15	斜轴式轴向柱塞马达	驱动轴与缸体轴线成一定角度的轴向柱塞马达
3.4.2.16	多联马达	具有一个公共轴的两个或多个马达
3.4.2.17	过中位马达	不改变流动方向的情况下，可改变驱动轴的旋转方向的马达
3.4.2.18	叶片马达	通过作用在一组径向叶片上的流体压力来实现轴旋转的马达
3.4.2.19	平衡式叶片马达	作用于内部转子上的径向力保持平衡的叶片马达
3.4.2.20	双向马达	通过改变流体流动方向来改变输出轴旋转方向的马达
3.4.2.21	液压泵-马达	既可作为液压泵又可作为液压马达的元件
3.4.2.22	液压步进马达	按照步进输入信号的指令实现位置控制的液压马达

1.2 液压马达特性与参数术语

表 20-6-2

序号	术语	定义
3.4.3.4	有效转矩	在规定工况下轴伸上的可用转矩
3.4.3.5	导出转矩	基于规定工况下实际测量值所计算出的转矩
3.4.3.6	启动转矩	在规定工况和给定压差下,马达从静止状态启动时在轴上输出的最小转矩
3.4.3.7	马达总效率	马达输出的机械功率与马达进口的液压功率之比
3.4.3.8	马达的液压机械效率	液压马达的实际转矩与导出转矩之比
3.4.3.9	马达输出功率	马达输出的机械功率
3.4.3.10	马达功率损失	马达有效液压(输入)功率中没有转化为输出功率的部分(包括容积损失,液压动力损失和机械损失)
3.4.3.11	马达导出进口流量	马达的导出排量与转速的乘积
3.4.3.12	马达容积损失	马达因泄漏而损失的流量 注:为了补偿泄漏,需要相应地增加马达进口流量
3.4.3.13	马达容积效率	马达导出进口流量与有效的进口流量之比
3.4.3.22	马达零位	马达被调整到零排量的位置

注：一些马达和泵共有的参数与特性术语，如“旋转方向”“马达或泵的刚度”等见表 20-5-2。

2 液压马达的分类与工作原理

见本篇第 5 章液压泵中的“2 液压泵（液压马达）的分类与工作原理”。

3 液压马达的选用

见本篇第 5 章液压泵中的“3 液压泵（液压马达）的选用”。

4 液压马达产品及选用指南

表 20-6-3 液压马达产品的技术参数

类型	型号	额定压力/MPa	转速/r·min^{-1}	排量/mL·r^{-1}	输出转矩/N·m
齿轮马达	CM-C、(D)	10	1800~2400	10~32(32~70)	17~52(53~112)
	CM-E	10	1900~2400	70~210	110~339
	CM-F	14	1900~2400	11~40	20~70
	CMG	16	500~2500	40.6~161.1	101.0~402.1
	CM4	20	150~2000	40~63	115~180
	GM5	16~25	500~4000	5~25	17~64

续表

类型	型号	额定压力/MPa	转速/r·min^{-1}	排量/mL·r^{-1}	输出转矩/N·m
齿轮马达	CMG4	16	150~2000	40~100	94~228
	BM-E	11.5~14	125~320	312~797	630~1260
	CMZ	12.5~20	150~2000	32.1~100	102~256
	BM※	10	125~400	80~600	100~750
	BMS、BMT、BMV	10~16	10~800	80~800	175~590
叶片马达	YM	6	100~2000	16.3~93.6	11~72
	YM-F-E	16	200~1200	100~200	215~490
	M	15.5	100~4000	31.5~317.1	77.5~883.7
	M2	5.5	50~2200	23.9~35.9	16.2~24.5
柱塞马达	B	16~20	50~3600	10~95	31~258
	2JM-F	20	100~600	500~4400	1560~12810
	JM	8~20	3~1250	20~8000	26~23521
	1JM-F	20	100~500	200~4000	68.6~16010
	NJM	16~25	12~100	1000~40000	3310~114480
	QJM	10~20	1~800	64~10150	95~15333
	QKM	10~20	1~600	317~10150	840~10490
	DMQ	20~40	3~150	125~8160	800~25000
	A6V	35		8~500	45~2604
摆动马达	YMD	14	0°~270°	30~7000	71~20000
	YMS	14	0°~90°	60~7000	142~20000

4.1 齿轮液压马达产品及选用指南

一些齿轮液压马达见第 5 章液压泵的“4.1.6　P7600、P5100、P3100、P197、P257 型高压齿轮泵(马达)”。

4.1.1 CM 系列齿轮马达

型号意义：

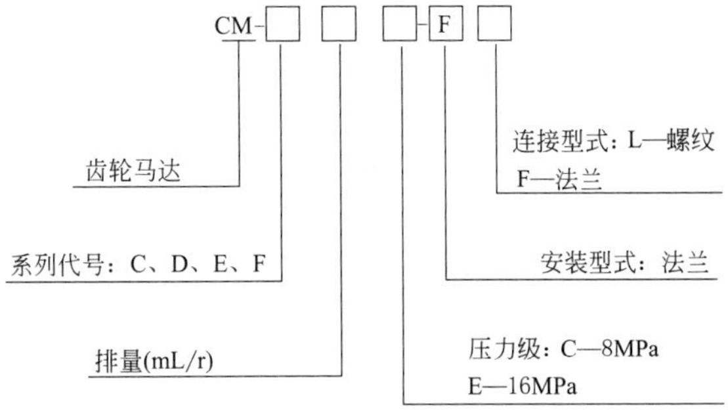

表 20-6-4　　技术参数

型号	排量/mL·r^{-1}	压力/MPa 额定	压力/MPa 最高	转速/r·min^{-1} 额定	转速/r·min^{-1} 最高	转矩(10MPa时)/N·m	型号	排量/mL·r^{-1}	压力/MPa 额定	压力/MPa 最高	转速/r·min^{-1} 额定	转速/r·min^{-1} 最高	转矩(10MPa时)/N·m
CM-C10C	10.9	10	14	1800	2400	17.4	CM-E105C	105.5	10	14	1900	2400	167.5
CM-C18C	18.2	10	14	1800	2400	29	CM-E140C	141.6	10	14	1900	2400	225
CM-C25C	25.5	10	14	1800	2400	40.5	CM-E175C	177.7	10	14	1900	2400	282.2
CM-C32C	32.8	10	14	1800	2400	52.1	CM-E210C	213.8	10	14	1900	2400	339
CM-D32C	33.6	10	14	1800	2400	53.5	CM-F10C	11.3	14	17.5	1900	2400	17.9
CM-D45C	46.1	10	14	1800	2400	73.4	CM-F18C	18.3	14	17.5	1900	2400	29.2
CM-D57C	58.4	10	14	1800	2400	92.9	CM-F25C	25.4	14	17.5	1900	2400	40.4
CM-D70C	70.8	10	14	1800	2400	112.7	CM-F32C	32.4	14	17.5	1900	2400	51.6
CM-E70C	69.4	10	14	1800	2400	110.2	CM-F40C	39.5	14	17.5	1900	2400	63

表 20-6-5　　外形尺寸　　mm

CM-C10C～C32C

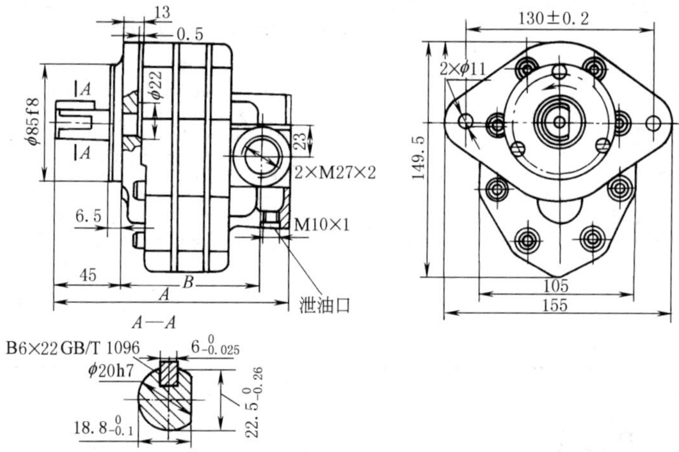

型号	CM-C10C	CM-C18C	CM-C25C	CM-C32C
A	156.5	161.5	166.5	171.5
B	90.5	95.5	100.5	105.5

CM-D32C～D70C

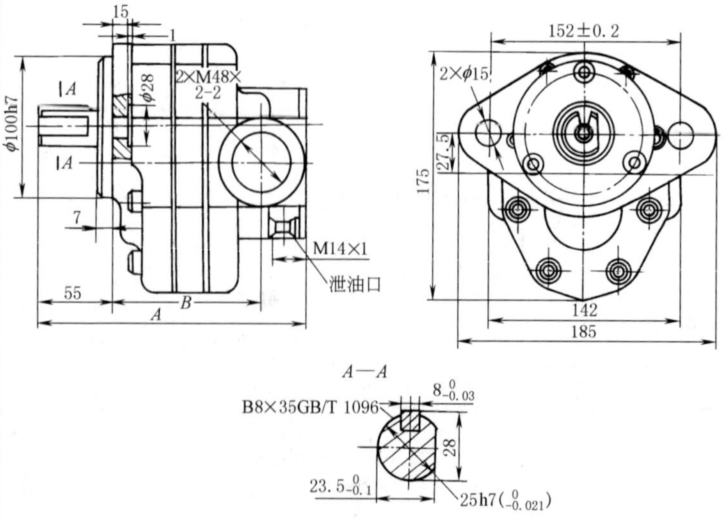

型号	CM-D32C	CM-D45C	CM-D57C	CM-D70C
A	209	216	223	230
B	121	128	135	142

续表

CM-E70C～E210C

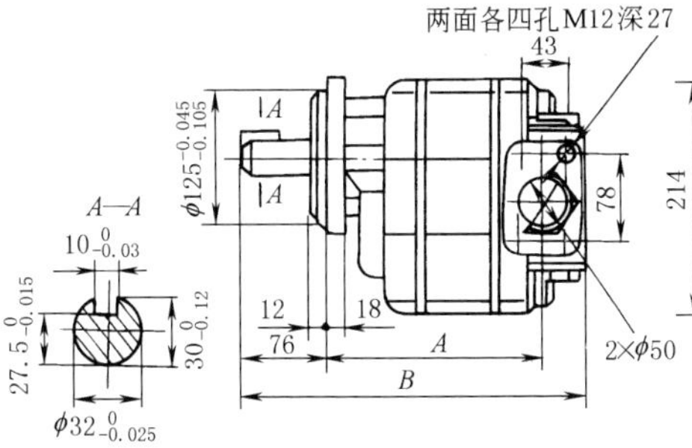

型号	CM-E70C	CM-E105C	CM-E140C	CM-E175C	CM-E210C
A	164.4	177.4	190.4	203.4	216.4
B	280.7	293.7	306.7	319.7	332.7

CM-F10C～F40C

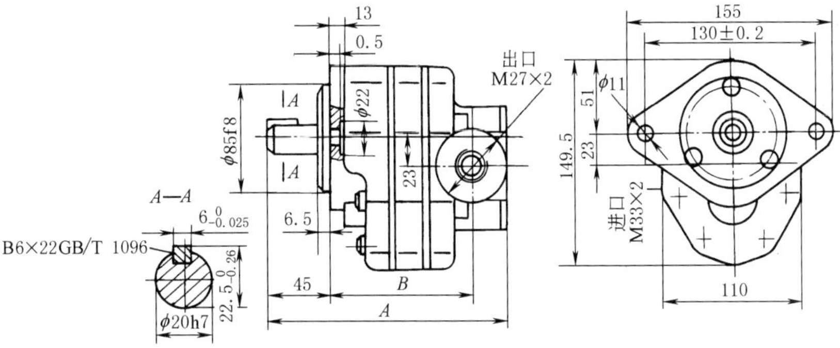

型　　号	CM-F10C	CM-F18C	CM-F25C	CM-F32C	CM-F40C
A	159	164	169	174	179
B	89	94	99	104	109

4.1.2　CM5系列齿轮马达

GM5系列高压齿轮马达为三片式结构，主要由铝合金制造的前盖、中间体、后盖，合金钢制造的齿轮和铝合金制造的压力板等零部件组成。前、后盖内各压装两个DU轴承，DU材料使齿轮泵提高了寿命。压力板是径向和轴向压力补偿的主要元件，可以减轻轴承载荷和自动调节齿轮轴向间隙，从而有效地提高了齿轮马达的性能指标和工作可靠性。

GM5系列齿轮马达有单旋向不带前轴承、双旋向不带前轴承和单旋向带前轴承、双旋向带前轴承四种结构型式，其中带前轴承的马达可以承受径向力和轴向力。

型号意义：

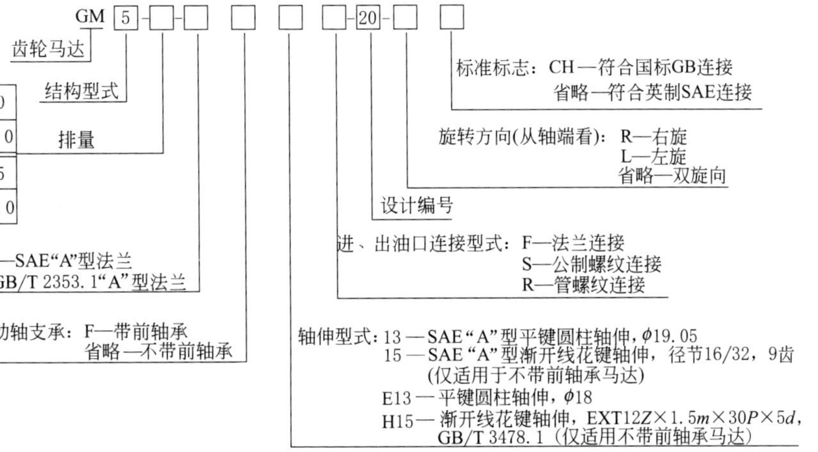

公称排量/mL·r⁻¹	5	6	8	10
理论排量/mL·r⁻¹	5.2	6.4	8.1	10.0
公称排量/mL·r⁻¹	12	16	20	25
理论排量/mL·r⁻¹	12.6	15.9	19.9	25.0

表 20-6-6　　　　技术参数及外形尺寸　　　　mm

项目	型号	理论排量 /mL·r^{-1}	额定压力/MPa		公称转速 /r·min^{-1}		最低转速 /r·min^{-1}		理论转矩(额定压力)/N·m		质量/kg	
			单旋向	双旋向	单旋向	双旋向	单旋向	双旋向	单旋向	双旋向	带前轴承	不带前轴承
技术参数	GM5-5	5.2	20	20	4000	4000	900	800	17	17	2.6	1.9
	GM5-6	6.4	25	21	4000	4000	1000	700	25	21	2.7	2.0
	GM5-8	8.1	25	21	4000	4000	1000	650	32	27	2.8	2.1
	GM5-10	10.0	25	21	4000	4000	900	600	40	33	2.9	2.2
	GM5-12	12.6	25	21	3600	3600	900	550	50	42	3.0	2.3
	GM5-16	15.9	25	21	3300	3300	900	500	63	53	3.1	2.4
	GM5-20	19.9	20	20	3100	3100	750	500	63	63	3.2	2.5
	GM5-25	25.0	16	16	2800	3000	600	500	64	64	3.4	2.7

外形尺寸

带前轴承

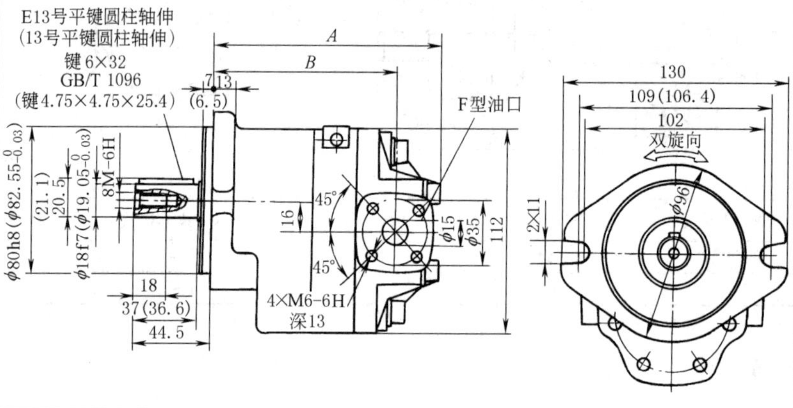

型号	GM5-5	GM5-6	GM5-8
A	112.0	114.0	116.5
B	87.0	89.0	91.5

型号	GM5-10	GM5-12	GM5-16
A	119.5	123.5	128.5
B	94.5	98.5	103.5

型号	GM5-20	GM5-25
A	134.5	142.5
B	109.5	117.5

不带前轴承

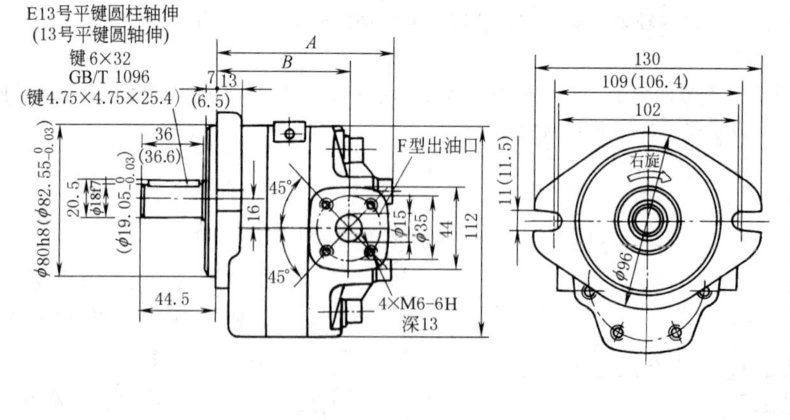

型号	GM5-5	GM5-6	GM5-8
A	84.0	86.0	88.5
B	59.0	61.0	63.5

型号	GM5-10	GM5-12	GM5-16
A	91.5	95.5	100.5
B	66.5	70.5	75.5

型号	GM5-20	GM5-25
A	106.5	114.5
B	81.5	89.5

4.1.3　BMS、BMT、BMV 系列摆线液压马达

BMS、BMT、BMV 系列摆线液压马达是一种端面配流结构液压马达，使用镶柱式转定子副，具有工作压力高、输出转矩大、工作寿命长等特点。

该系列马达采用圆锥滚子轴承结构，承受轴向、径向负荷能力强，使马达可直接驱动工作机构，使用范围扩大。

该系列马达可串联或并联使用，串联或并联使用时背压超过 2MPa 必须用外泄油口泄压，最好将外泄油口与油箱直接相通。

表 20-6-7　　马达产品系列技术参数一览

配流型式	型　　号	排量 /mL·r^{-1}	最大工作压力 /MPa	转速范围 /r·min^{-1}	最大输出功率 /kW
端面配流	BMS	80~375	22.5	30~800	20
	BMT	160~800	24	30~705	35
	BMV	315~800	28	10~446	43

(1) BMS 系列摆线液压马达

表 20-6-8　　技术参数

项　　目		型　号							
		BMS 80	BMS 100	BMS 125	BMS 160	BMS 200	BMS 250	BMS 315	BMS 375
排量/mL·r^{-1}		80.6	100.8	125	157.2	200	252	314.5	370
转速/r·min^{-1}	额定	675	540	432	337	270	216	171	145
	连续	800	748	600	470	375	300	240	200
	断续	988	900	720	560	450	360	280	240
转矩/N·m	额定	175	220	273	316	340	450	560	576
	连续	190	240	310	316	400	450	560	576
	断续	240	300	370	430	466	540	658	700
	峰值	260	320	400	472	650	690	740	840
输出功率/kW	额定	12.4	12.4	12.4	11.2	9.6	10.2	10	8.6
	连续	15.9	18.8	19.5	15.6	15.7	14.1	14.1	11.8
	断续	20.1	23.5	23.2	21.2	18.3	17	18.9	17
工作压差/MPa	额定	16	16	16	15	12.5	12.5	12	10
	连续	17.5	17.5	17.5	15	14	12.5	12	10
	断续	21	21	21	21	16	16	14	12
	峰值	22.5	22.5	22.5	22.5	22.5	20	18.5	14
流量/L·min^{-1}	连续	65	75	75	75	75	75	75	75
	断续	80	90	90	90	90	90	90	90
进油压力/MPa	额定	21	21	21	21	21	21	21	21
	连续	25	25	25	25	25	25	25	25
	断续	30	30	30	30	30	30	30	30
质量/kg		9.8	10	10.3	10.7	11.1	11.6	12.3	12.6

注：1. 额定转速、转矩是指在额定流量、压力下的输出值。
2. 连续值是指该排量马达可以连续工作的最大值。
3. 断续值是指该排量马达在 1min 内工作 6s 的最大值。
4. 峰值是指该排量马达在 1min 内工作 0.6s 的最大值。

表 20-6-9 外形尺寸 mm

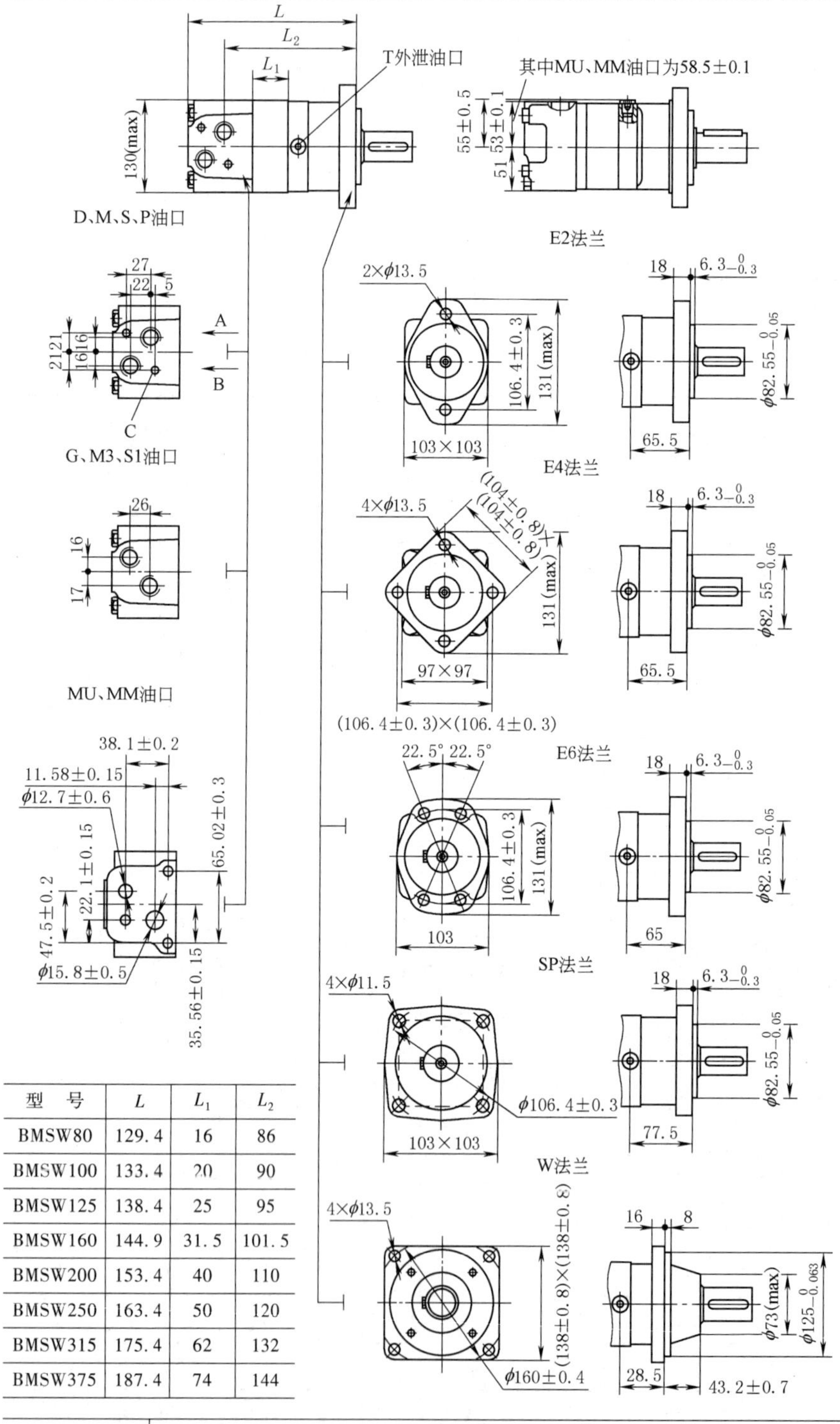

型号	L	L_1	L_2
BMS80	167	16	123.2
BMS100	171	20	127.2
BMS125	176	25	132.2
BMS160	182	31.5	138.7
BMS200	191	40	147.2
BMS250	201	50	157.2
BMS315	213	62	169.2
BMS375	225	74	181.2

型 号	L	L_1	L_2
BMSW80	129.4	16	86
BMSW100	133.4	20	90
BMSW125	138.4	25	95
BMSW160	144.9	31.5	101.5
BMSW200	153.4	40	110
BMSW250	163.4	50	120
BMSW315	175.4	62	132
BMSW375	187.4	74	144

连接型式	代号						
	D	M	S	P	G	M3	S1(深)
P(A,B)	G½深 18	M22×1.5 深 18	⅞-14O 形圈深 18	½-14NPTF 深 15	G½深 18	M22×1.5 深 18	⅞-14O 形圈
T	G¼深 12	M14×1.5 深 12	7/16-20UNF 深 12	7/16-20UNF 深 12	G¼深 12	M14×1.5 深 12	7/16-20UNF
C	2×M10 深 13	2×M10 深 13	2⅜-16UNC 深 13	2⅜-16UNC 深 13	—	—	—

表 20-6-10　　　　**轴伸连接尺寸**　　　　mm

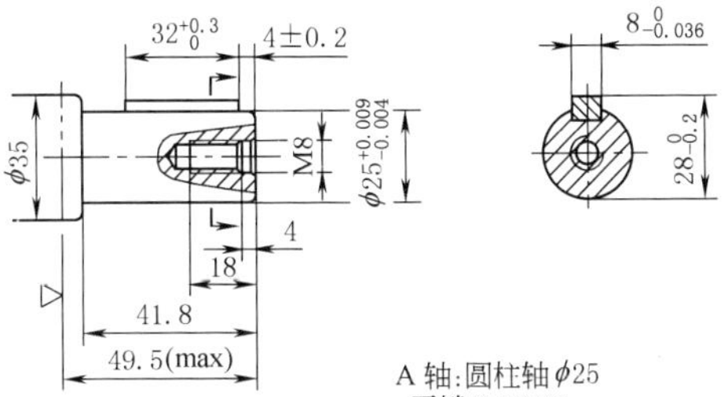

A 轴:圆柱轴φ25
平键8×7×32

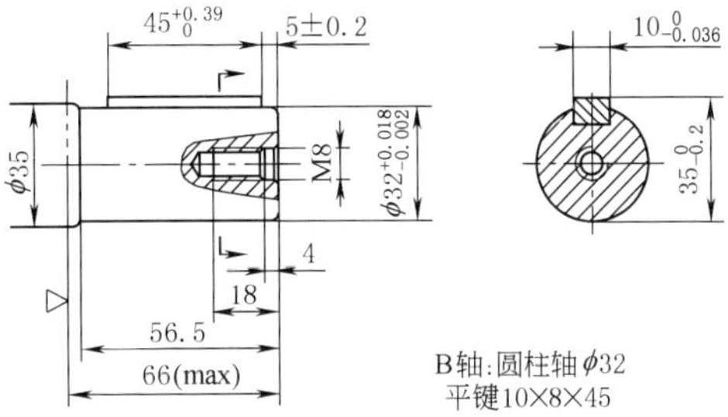

B轴:圆柱轴φ32
平键10×8×45

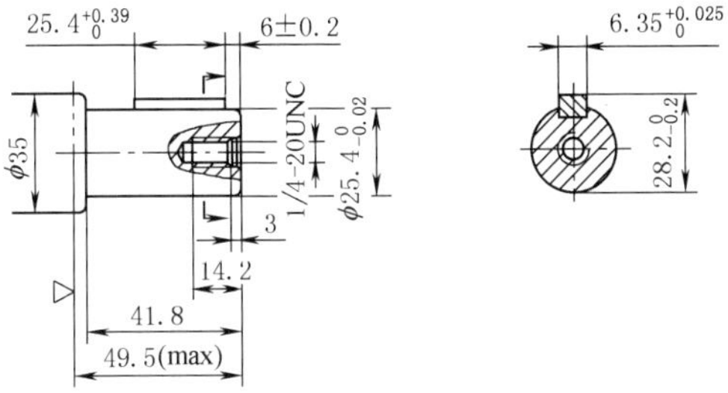

D轴:圆柱轴φ25.4
平键6.35×6.35×25.4

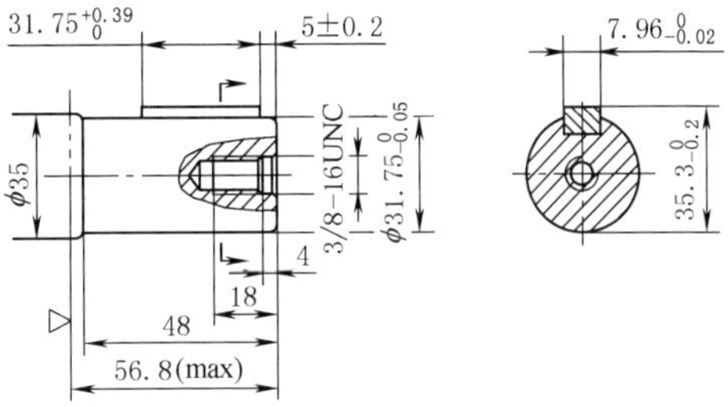

G轴:圆柱轴φ31.75
平键7.96×7.96×31.75

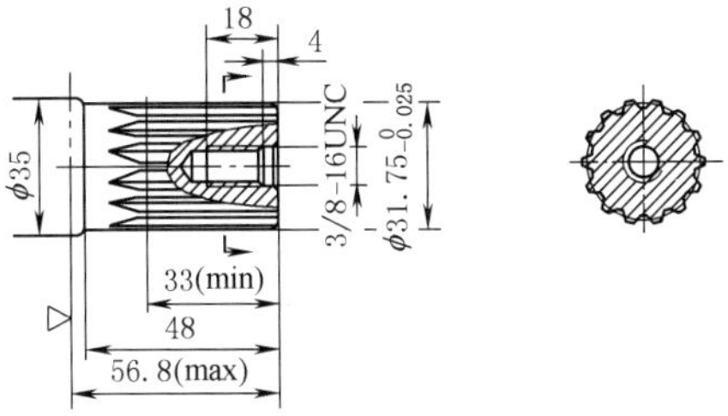

F 轴:花键14-DP12/24

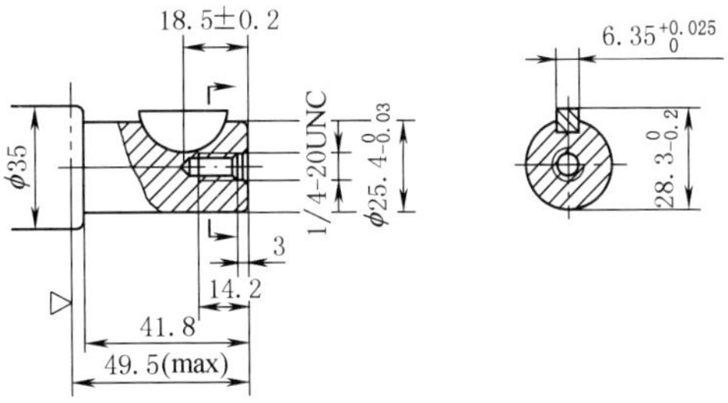

K 轴: 圆柱轴φ25.4
半圆键φ25.4×6.35

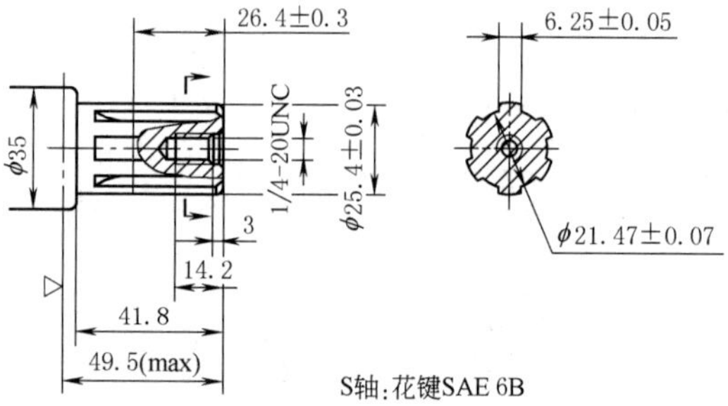

S轴:花键SAE 6B

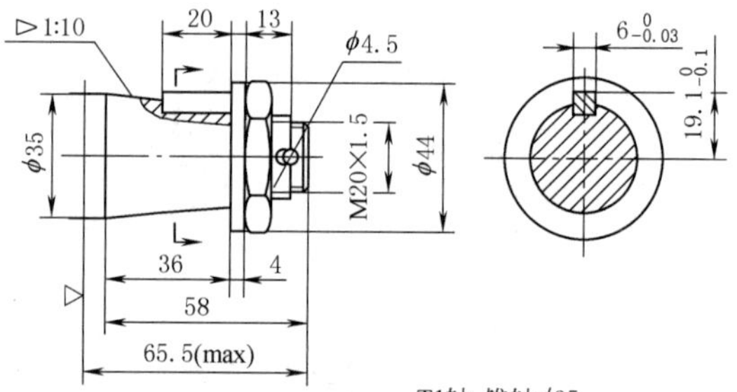

T1轴:锥轴φ35
平键:B6×6×20

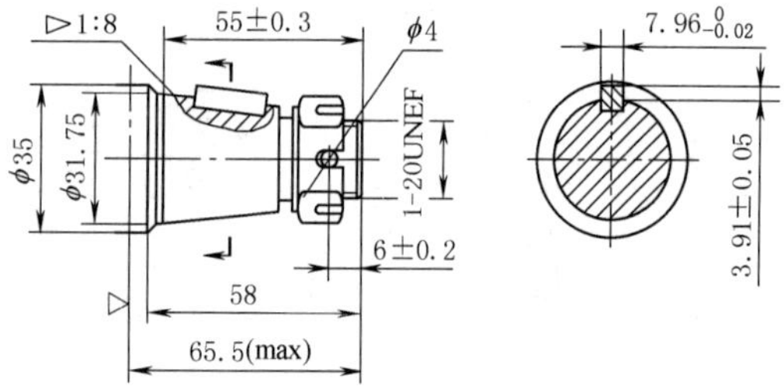

T3轴:锥轴φ31.75
平键7.96×7.96×31.75
螺母拧紧力矩220N·m±10N·m

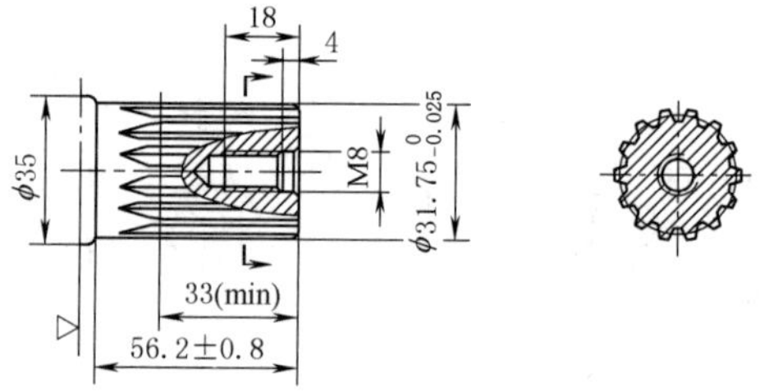

FD轴:花键14-DP12/24

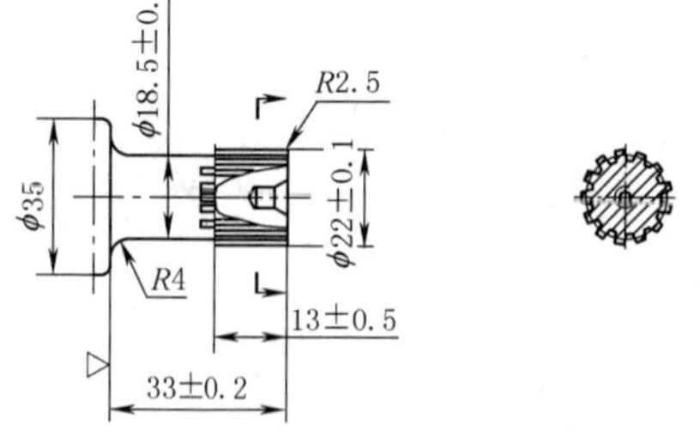

I轴:花键14-DP12/24

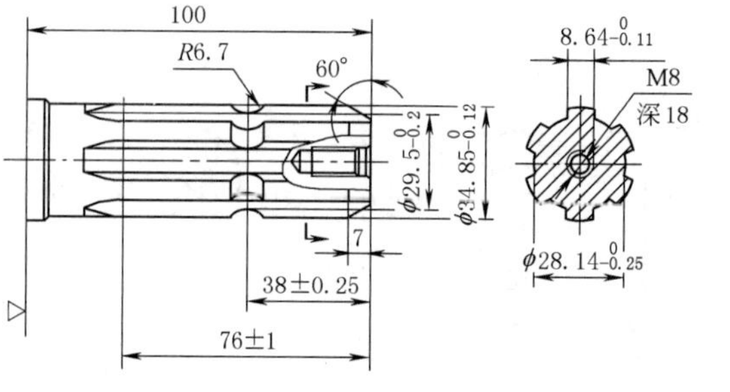

SL轴:花键6×34.85×28.14×8.64

注:"▷"为马达安装面。

表 20-6-11　　BMSS 外形尺寸　　mm

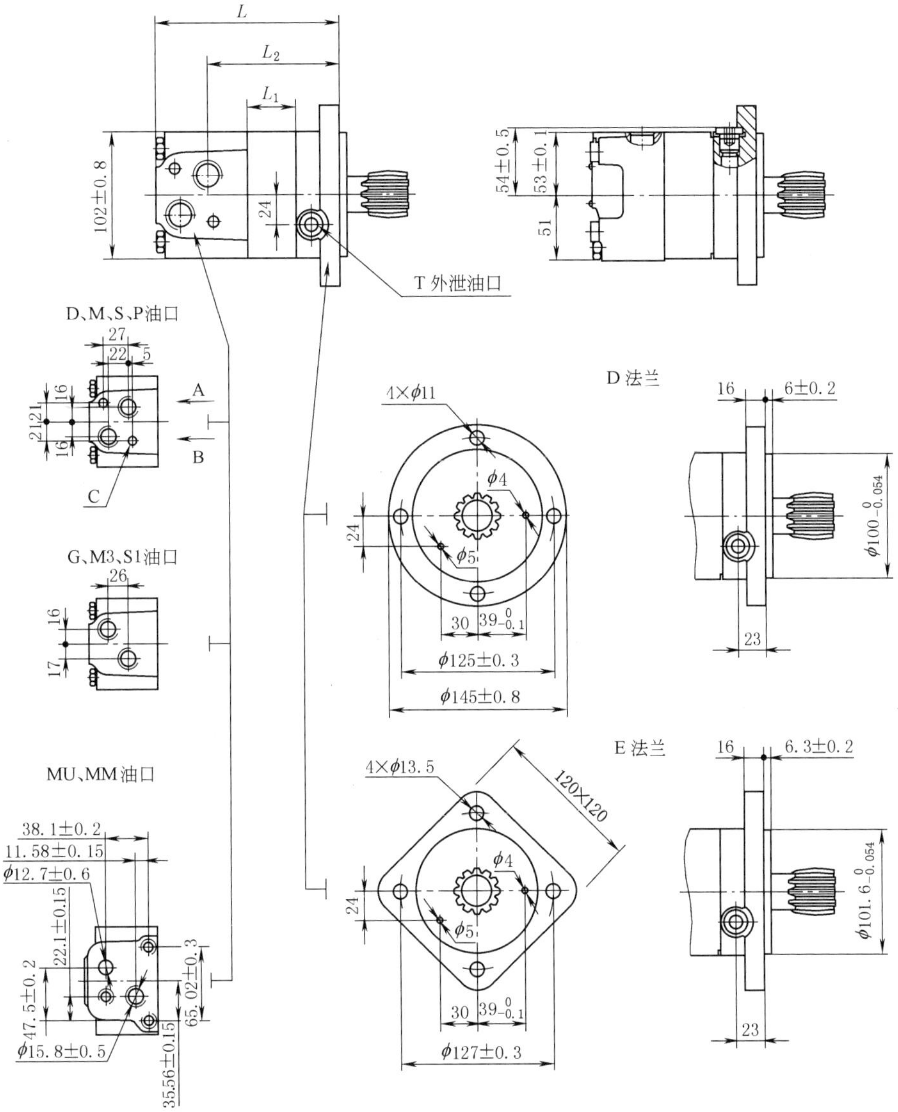

型号	L	L_1	L_2
BMSS80	125	16	82.5
BMSS100	134	20	90
BMSS125	139	25	95
BMSS160	145.5	31.5	101.5
BMSS200	154	40	110
BMSS250	164	50	120
BMSS315	176	62	132
BMSS375	188	74	144

连接型式	代号						
	D	M	S	P	G(深)	M3	S1(深)
P(A,B)	G½深 18	M22×1.5 深 18	⅞-14O 形圈深 18	½-14NPTF 深 15	G½(18)	M22×1.5 深 18	⅞-14O 形圈
T	G¼深 12	M14×1.5 深 12	7/16-20UNF 深 12	7/16-20UNF 深 12	G¼(12)	M14×1.5 深 12	7/16-20UNF
C	2×M10 深 13	2×M10 深 13	2 3/8-16UNC 深 13	2 3/8-16UNC 深 13	—	—	—

续表

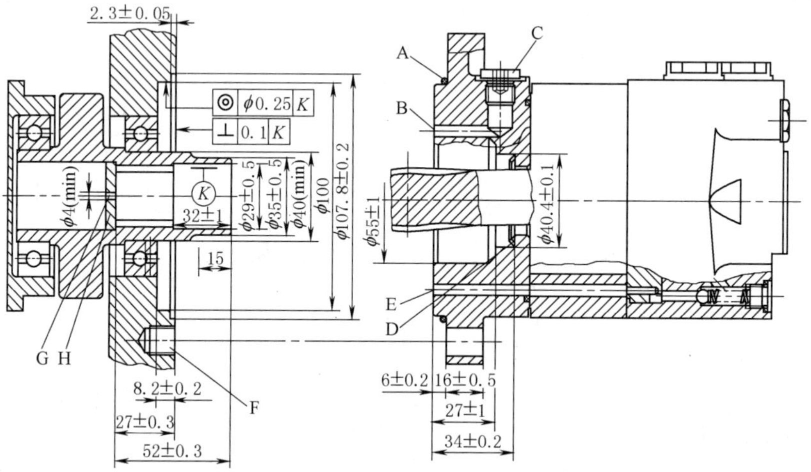

A—O 形圈：100×3；B—外泄油通道；C—泄油口连接深 12；D—锥形密封圈；E—内泄油通道；F—连接深 15；G—回油孔；H—硬化挡板

用户内花键孔参数表

齿侧配合		数值
齿数	Z	12
径节	DP	12/24
压力角	α	30°
分度圆	D	$\phi25.4$
大径	D_{ei}	$\phi28_{-0.1}^{0}$
小径	D_{ii}	$\phi23_{0}^{+0.033}$
齿槽宽	E	4.308±0.02

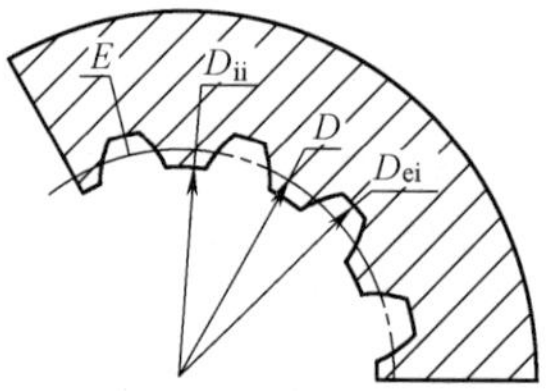

材料硬度　62HRC±2HRC

渗层深　0.7±0.2

（2）BMT 系列摆线液压马达

表 20-6-12　　技术参数

项目		BMT160	BMT200	BMT250	BMT315	BMT400	BMT500	BMT630	BMT800
排量/mL·r^{-1}		161.1	201.4	251.8	326.3	410.9	523.6	629.1	801.8
转速/r·min^{-1}	额定	470	475	381	294	228	183	150	121
	连续	614	615	495	380	302	237	196	154
	断续	770	743	592	458	364	284	233	185
转矩/N·m	额定	379	471	582	758	896	1063	1156	1207
	连续	471	589	727	962	1095	1245	1318	1464
	断续	573	718	888	1154	1269	1409	1498	1520
	峰值	669	838	1036	1346.3	1450.3	1643.8	1618.8	1665
输出功率/kW	额定	18.7	23.4	23.2	23.3	21.4	20.4	18.2	15.3
	连续	27.7	34.9	34.5	34.9	31.2	28.8	25.3	22.2
	断续	32	40	40	40	35	35	27.5	26.8
工作压差/MPa	额定	16	16	16	16	15	14	12	10.5
	连续	20	20	20	20	18	16	14	12.5
	断续	24	24	24	24	21	18	16	13
	峰值	28	28	28	28	24	21	19	16
流量/L·min^{-1}	额定	80	100	100	100	100	100	100	100
	连续	100	125	125	125	125	125	125	125
	断续	125	150	150	150	150	150	150	150
允许进油压力/MPa	额定	21	21	21	21	21	21	21	21
	连续	21	21	21	21	21	21	21	21
	断续	25	25	25	25	25	25	25	25
	峰值	30	30	30	30	30	30	30	30
质量/kg		20	21	21	21	23	24	25	26

注：1. 额定转速、转矩是指在额定流量、压力下的输出值。
2. 连续值是指该排量马达可以连续工作的最大值。
3. 断续值是指该排量马达在 1min 内工作 6s 的最大值。
4. 峰值是指该排量马达在 1min 内工作 0.6s 的最大值。

表 20-6-13 外形尺寸 mm

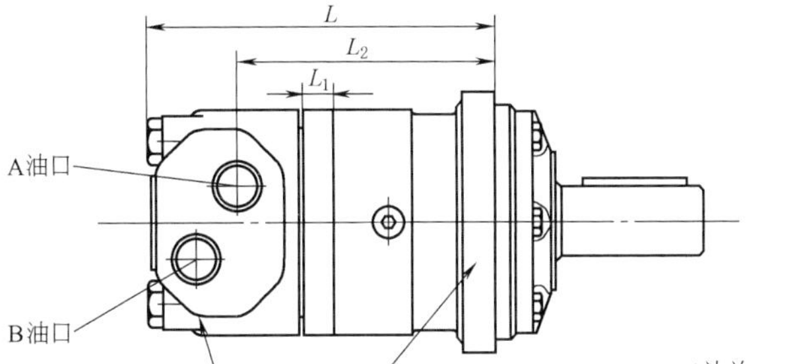

型号	L	L_1	L_2
BMTW230	147	19	96
BMTW250	149	21	98
BMTW315	155	27	104
BMTW400	161	34	111
BMTW500	170	42	119
BMTW630	182	54	131
BMTW725	186	58	135
BMTW800	193	65	142

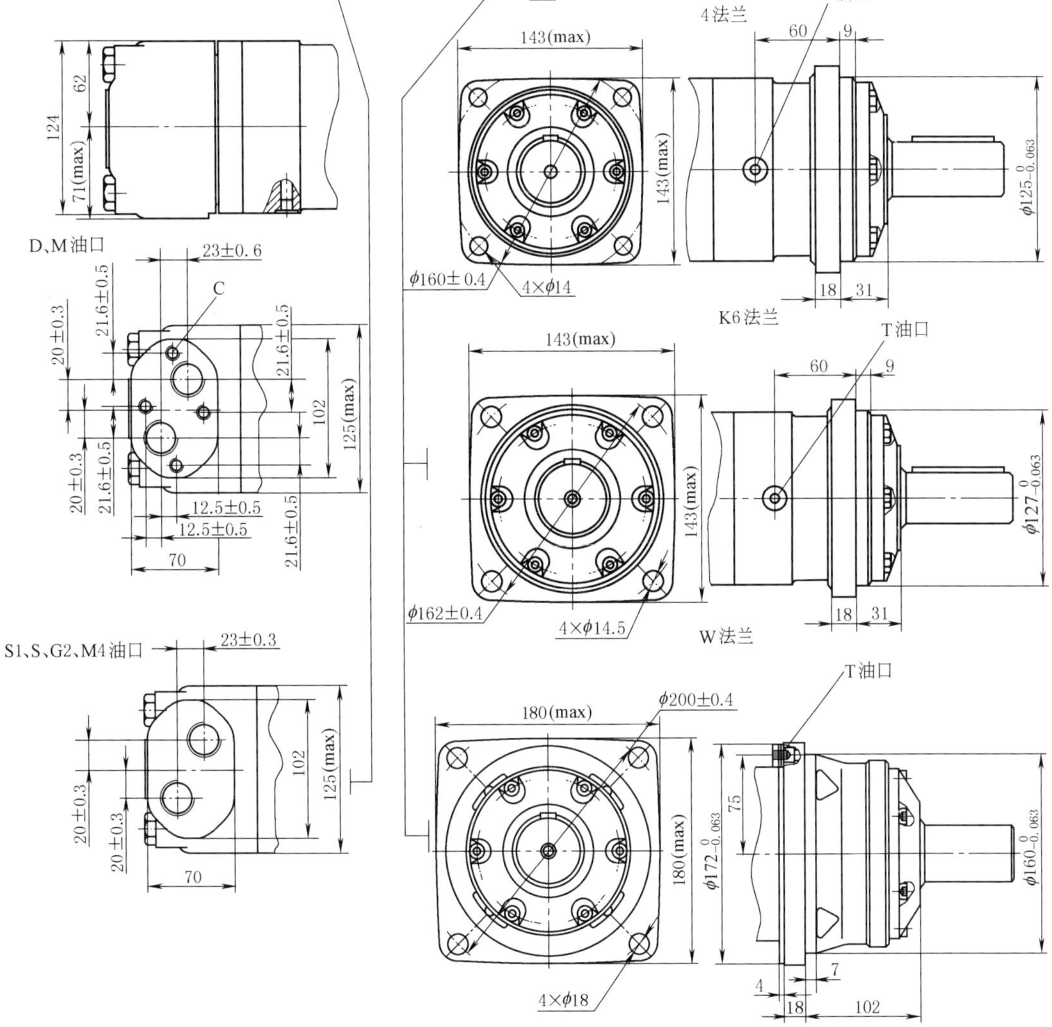

型号	L	L_1	L_2
BMT230	213	19	161.5
BMT250	215	21	163.5
BMT315	221	27	169.5
BMT400	228	34	176.5
BMT500	236	42	184.5
BMT630	248	54	196.5
BMT725	252	58	200.5
BMT800	259	65	207.5

连接型式	代号					
	D	M	S	G2	M4	S1
P(A,B)	G¾深 18	M27×2 深 18	1$\frac{1}{16}$-12UN 深 18	G¾深 18	M27×2 深 18	1$\frac{1}{16}$-12UN 深 18
T	G¼深 12	M14×1.5 深 12	$\frac{9}{16}$-18UNF 深 12	G¼深 12	M14×1.5 深 12	$\frac{7}{16}$-20UNF 深 12
C	4×M10 深 10	4×M10 深 10	—	—	—	—

表 20-6-14　　轴伸连接尺寸　　mm

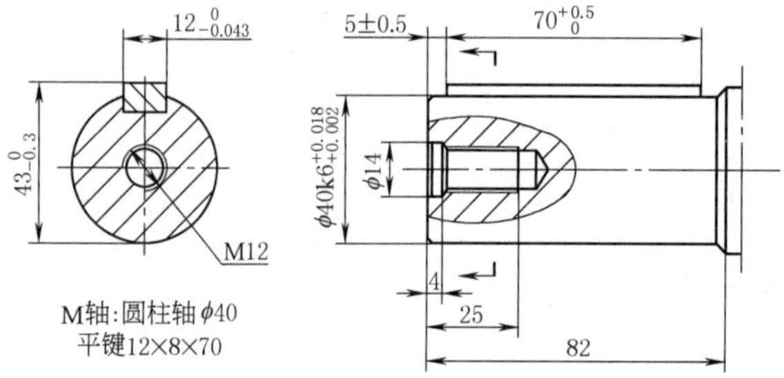

M轴:圆柱轴φ40
平键12×8×70

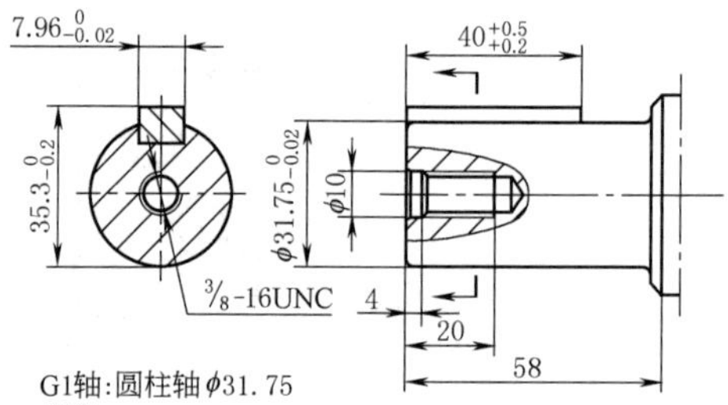

G1轴:圆柱轴φ31.75
平键7.96×7.96×40

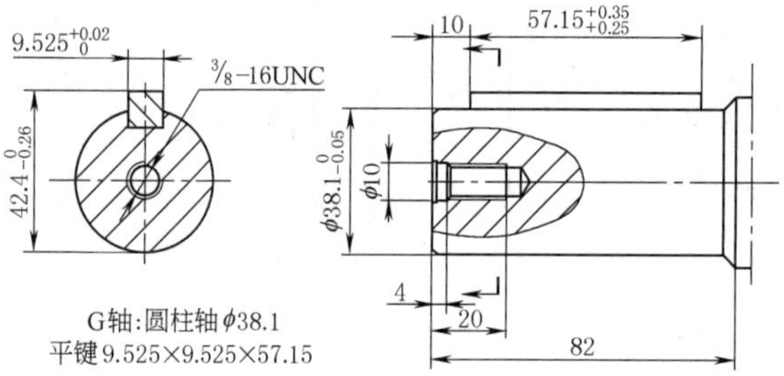

G轴:圆柱轴φ38.1
平键9.525×9.525×57.15

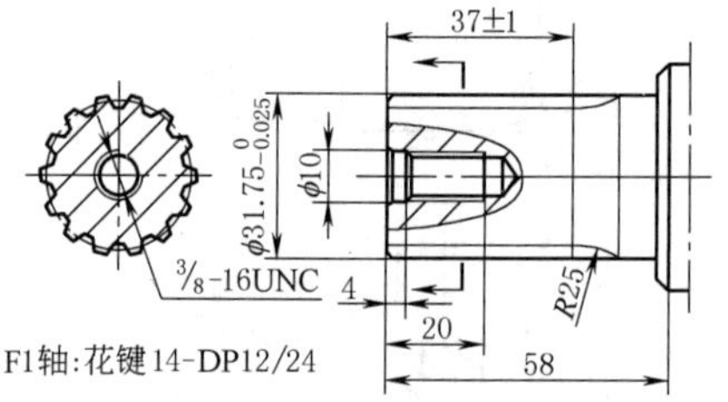

F1轴:花键14-DP12/24

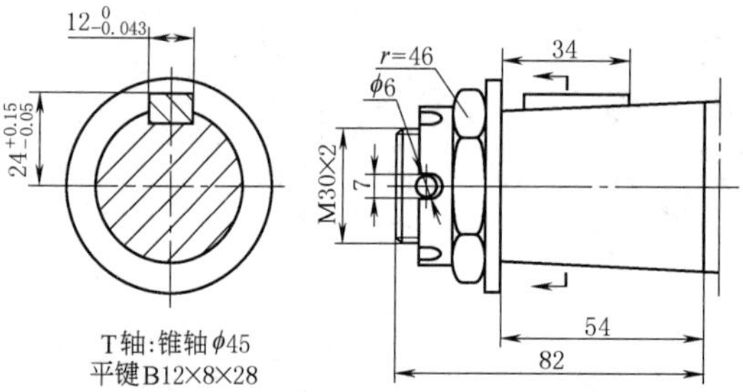

T轴:锥轴φ45
平键B12×8×28
螺母拧紧力矩:500N·m±10N·m

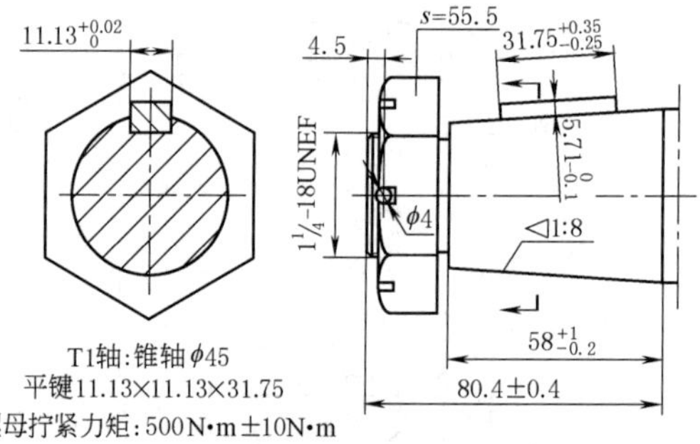

T1轴:锥轴φ45
平键11.13×11.13×31.75
螺母拧紧力矩:500N·m±10N·m

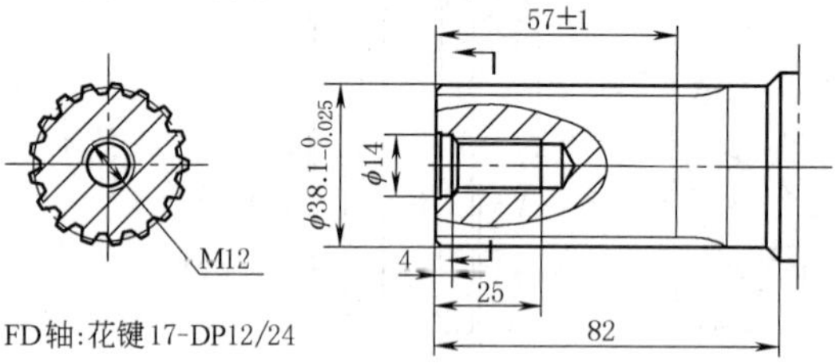

FD轴:花键17-DP12/24

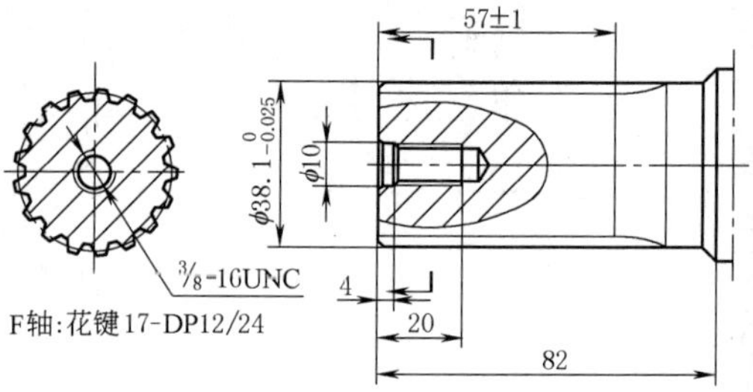

F轴:花键17-DP12/24

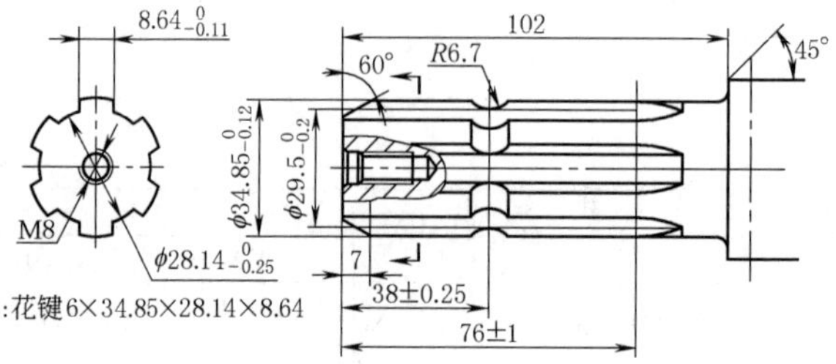

SL轴:花键6×34.85×28.14×8.64

表 20-6-15　　BMTS 外形尺寸　　mm

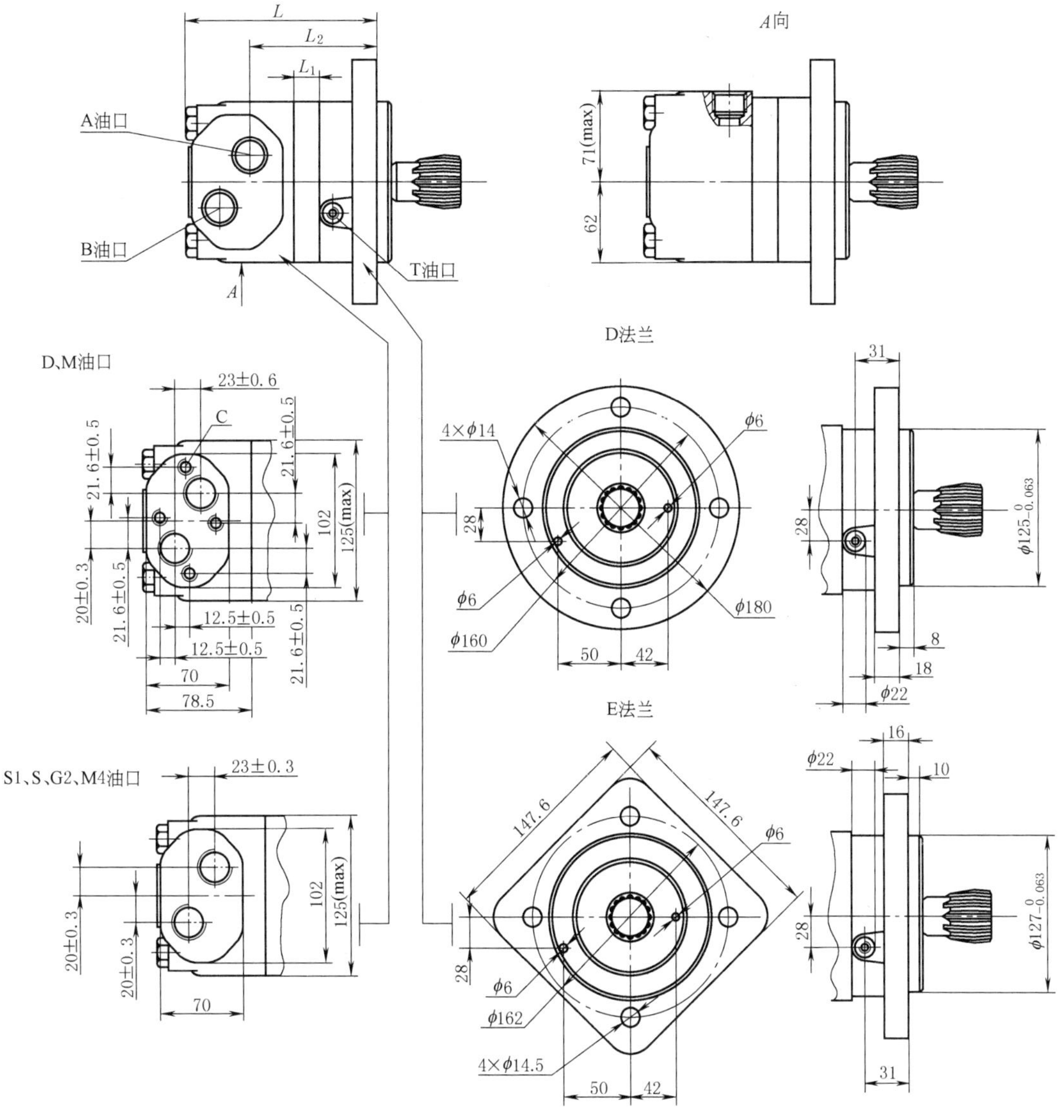

型号	L	L_1	L_2
BMTS160	157.5	20	107.5
BMTS200	162.5	25	112.5
BMTS250	168.5	31	118.5
BMTS315	17.5	40	127.5
BMTS400	187.5	50	137.5
BMTS500	200	62.5	150

连接型式	代号					
	D	M	S	G2	M4	S1
P(A,B)	G$\frac{3}{4}$深 18	M27×2 深 18	1$\frac{1}{16}$-12UN 深 18	G$\frac{3}{4}$深 18	M27×2 深 18	1$\frac{1}{16}$-12UN 深 18
T	G$\frac{1}{4}$深 12	M14×1.5 深 12	$\frac{9}{16}$-18UNF 深 12	G$\frac{1}{4}$深 12	M14×1.5 深 12	$\frac{7}{16}$-20UNF 深 12
C	4×M10 深 10	4×M10 深 10	—	—	—	—

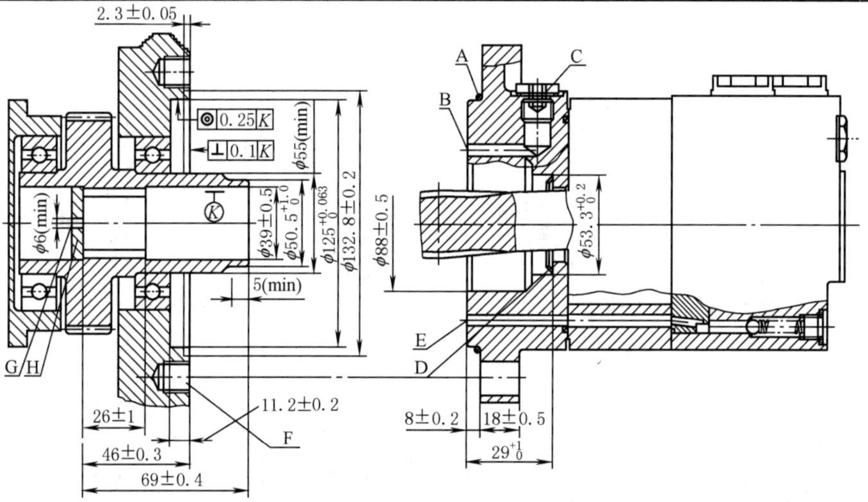

A—O 形圈：125×3；B—外泄油通道；C—泄油口连接深 12；D—锥形密封圈；E—内泄油通道；F—连接深 18；G—回油孔；H—硬化挡板

用户内花键孔参数表

齿侧配合		数 值
齿数	Z	12
径节	DP	12/24
压力角	α	30°
分度圆	D	φ33.8656
大径	D_{ei}	$\phi 38.4^{+0.25}_{0}$
小径	D_{ii}	$\phi 32.15^{+0.04}_{0}$
齿槽宽	E	4.516±0.037

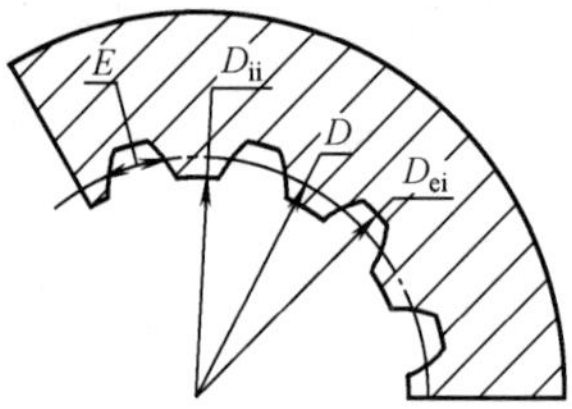

材料硬度 (62±2)HRC
渗层深 0.7±0.2

（3）BMV 系列摆线液压马达

表 20-6-16 **技术参数**

项 目		类型 BMV315	BMV400	BMV500	BMV630	BMV800
排量/mL·r^{-1}		333	419	518	666	801
转速/r·min^{-1}	额定	335	270	215	170	140
	连续	446	354	386	223	185
	断续	649	526	425	331	275
转矩/N·m	额定	730	1020	1210	1422	1590
	连续	925	1220	1450	1640	1810
	断续	1100	1439	1780	2000	2110
	峰值	1349	1700	2121	2338	2470
输出功率/kW	额定	25.6	28.8	27.2	25.3	23.3
	连续	43	45.2	58.6	38.3	35.1
	断续	52	52	52	46	40
工作压差/MPa	额定	16	16	16	16	14
	连续	20	20	20	18	16
	断续	24	24	24	21	18
	峰值	28	28	28	24	21
流量/L·min^{-1}	额定	110	110	110	110	110
	连续	150	150	150	150	150
	断续	225	225	225	225	225
允许进油压力/MPa	额定	21	21	21	21	21
	连续	21	21	21	21	21
	断续	25	25	25	25	25
	峰值	30	30	30	30	30
质量/kg		31.8	32.6	33.5	34.9	36.5

注：1. 额定转速、转矩是指在额定流量、压力下的输出值。
2. 连续值是指该排量马达可以连续工作的最大值。
3. 断续值是指该排量马达在 1min 内工作 6s 的最大值。
4. 峰值是指该排量马达在 1min 内工作 0.6s 的最大值。

表 20-6-17 外形尺寸 mm

型号	L	L_1	L_2
BMV315	217	27	161.5
BMV400	224	34	168.5
BMV500	232	42	176.5
BMV625	240	50	184.5
BMV630	244	54	188.5
BMV800	255	65	199.5

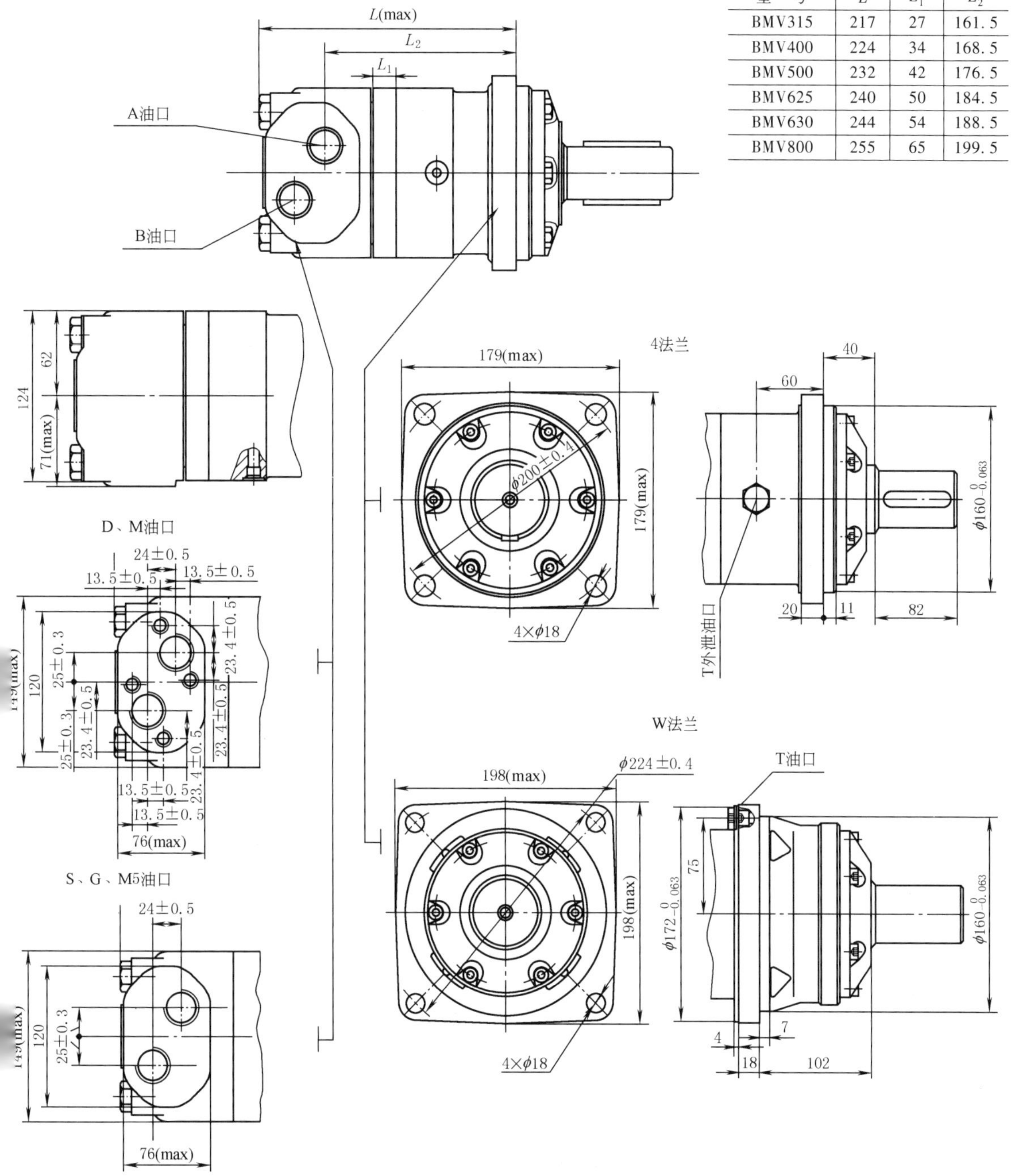

型号	L	L_1	L_2
BMVW315	148.5	27	93.5
BMVW400	155.5	34	100.5
BMVW500	163.5	42	108.5
BMVW625	171.5	50	116.5
BMVW630	175.5	54	120.5
BMVW800	186.5	65	131.5

连接型式	代号				
	D	M	S	G	M5
P(A,B)	G1 深 18	M33×2 深 18	1$\frac{5}{16}$-12UN 深 18	G1 深 18	M23×2 深 18
T	G$\frac{1}{4}$深 12	M14×1.5 深 12	$\frac{9}{16}$-18UNF 深 12	G$\frac{1}{4}$深 12	M14×1.5 深 12
C	4×M12 深 10	4×M12 深 10	—	—	—

表 20-6-18 轴伸连接尺寸 mm

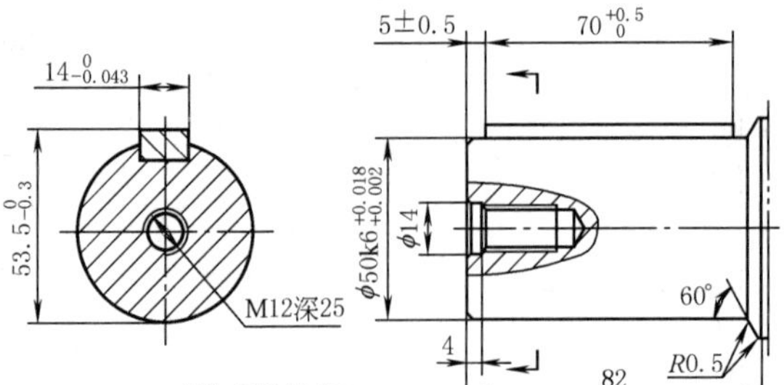

A轴:圆柱轴φ50

平键 14×9×70

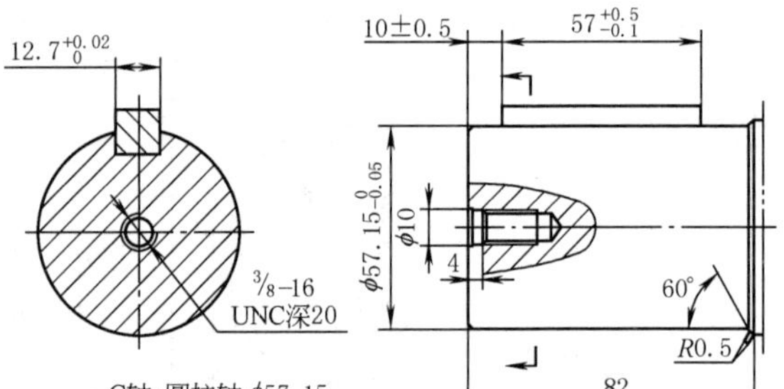

C轴:圆柱轴φ57.15

平键12.7×12.7×57

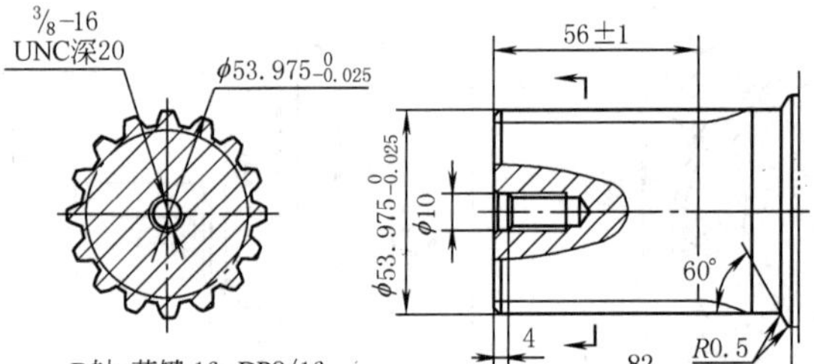

B轴:花键 16-DP8/16

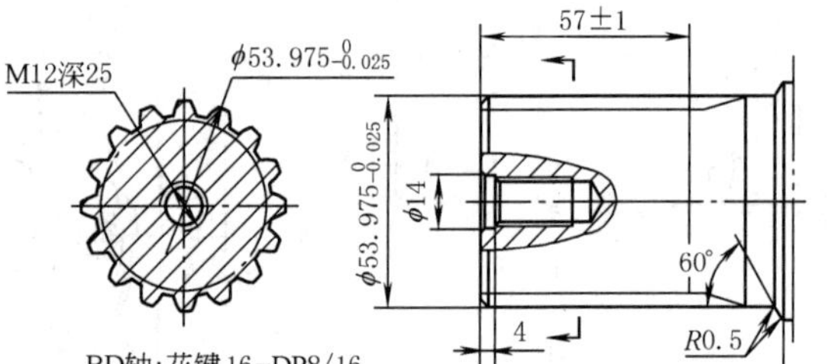

BD轴:花键 16-DP8/16

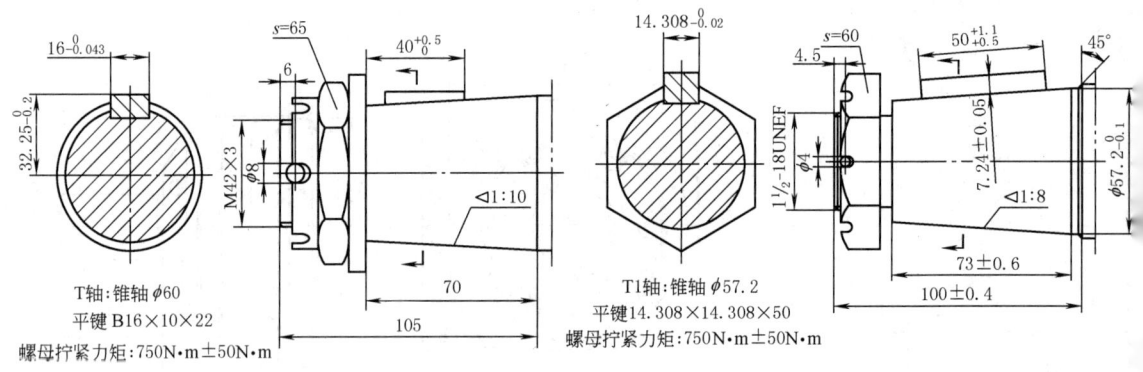

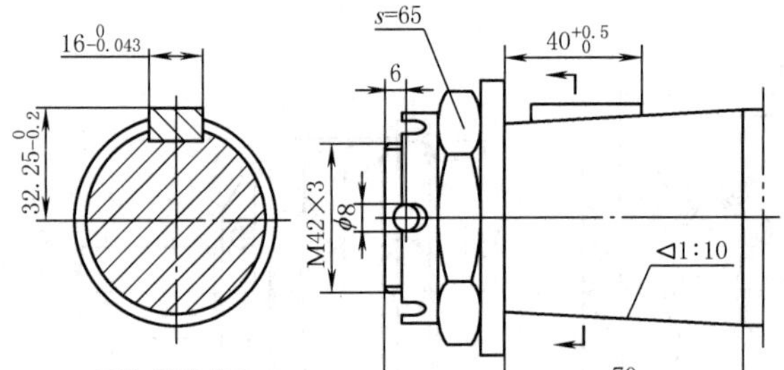

T轴:锥轴φ60

平键 B16×10×22

螺母拧紧力矩:750N·m±50N·m

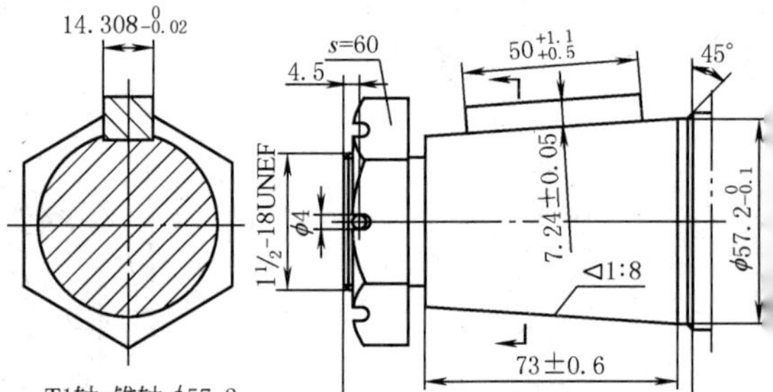

T1轴:锥轴φ57.2

平键14.308×14.308×50

螺母拧紧力矩:750N·m±50N·m

4.2 叶片液压马达产品及选用指南

(1) YM 型叶片马达

表 20-6-19 型号意义

YM	A	25	B	T	J	L	10
结构代号	系列号	几何排量/mL·r⁻¹	压力分级/MPa	油口位置	安装方式	连接型式	设计号
YM 型叶片马达	A	19、22、25、28、32	2~8	T(标准):两油口方向相同	F:法兰安装	L:螺纹连接	10
	B	67、102		V:两油口方向相反	J:脚架安装	F:法兰连接	

表 20-6-20　　技术参数及外形尺寸　　mm

型号	理论排量/$mL \cdot r^{-1}$	额定压力/MPa	转速/$r \cdot min^{-1}$		输出转矩/N·m	质量/kg		油口尺寸(Z)/in	
			最高	最低		法兰安装	脚架安装	进口	出口
YM-A19B	16.3	6.3	2000	100	9.7	9.8	12.7	¾	¾
YM-A22B	19.0				12.3				
YM-A25B	21.7				14.3				
YM-A28B	24.5				16.1				
YM-A32B	29.9				21.6				
YM-B67B	61.1				43.1	25.2	31.5	1	1
YM-B102B	93.6				66.9				

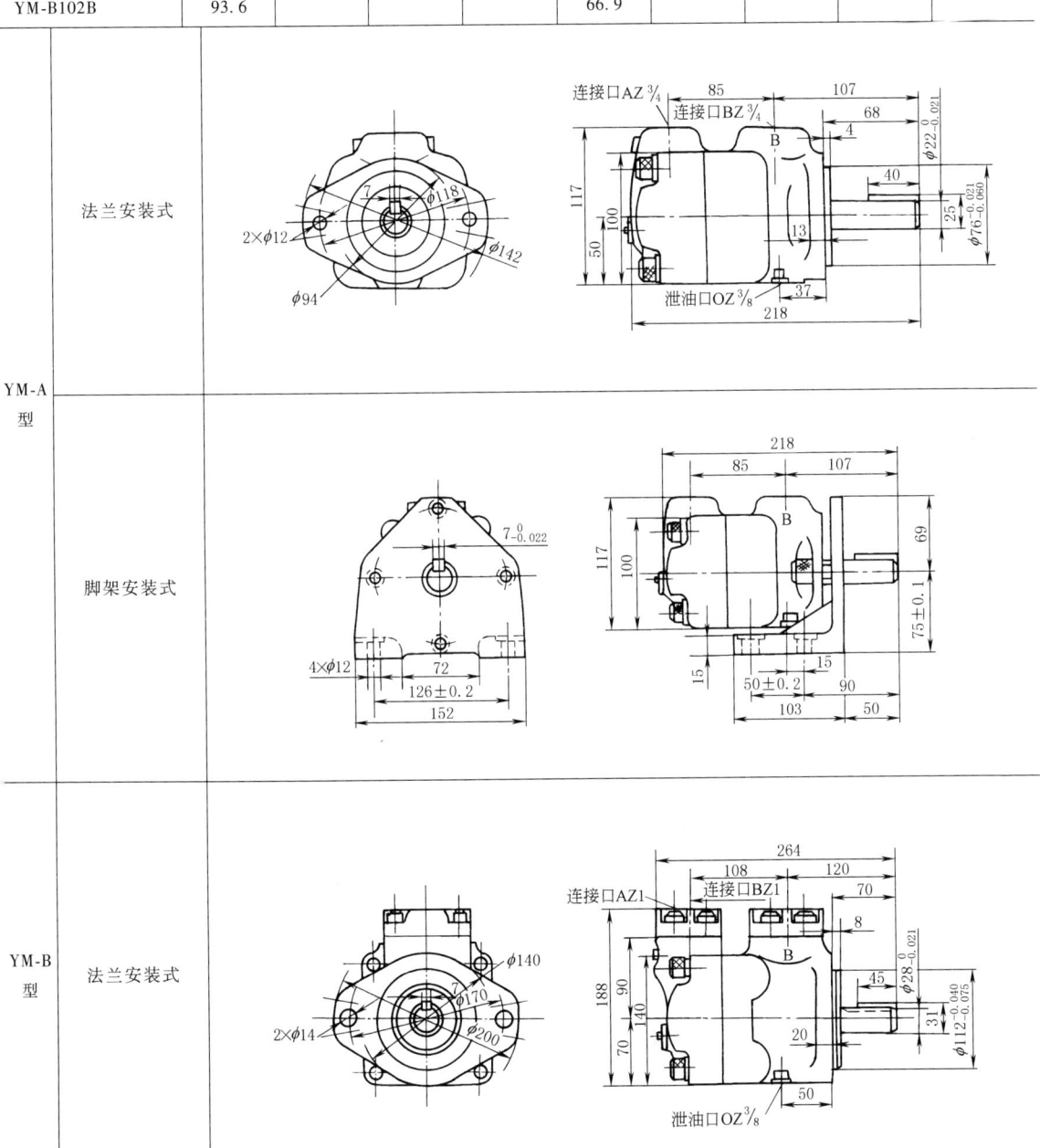

YM-A型	法兰安装式	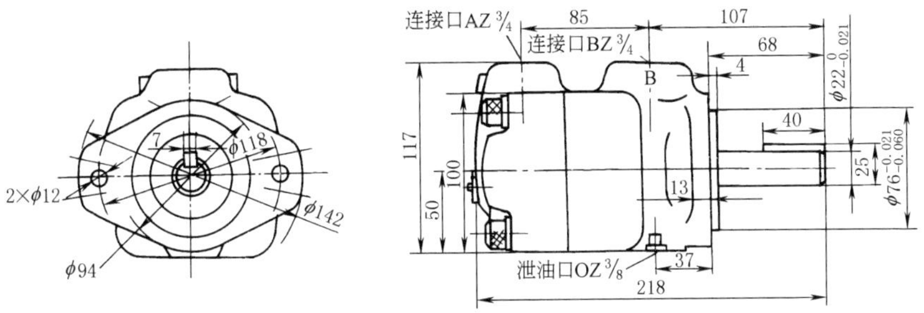
	脚架安装式	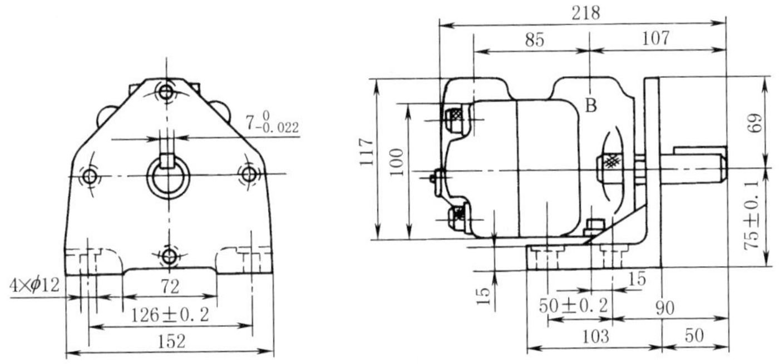
YM-B型	法兰安装式	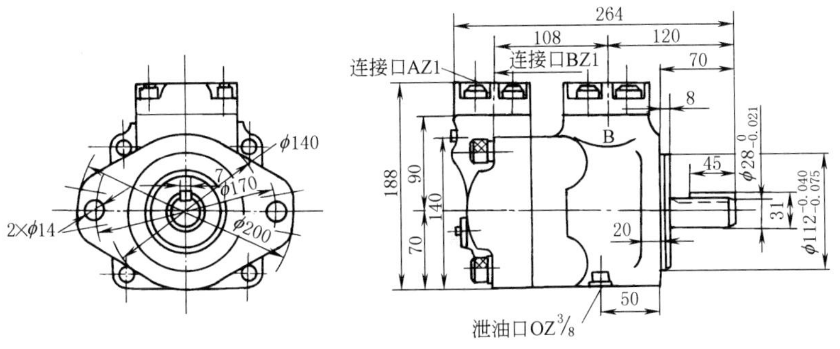

续表

YM-B型	脚架安装式	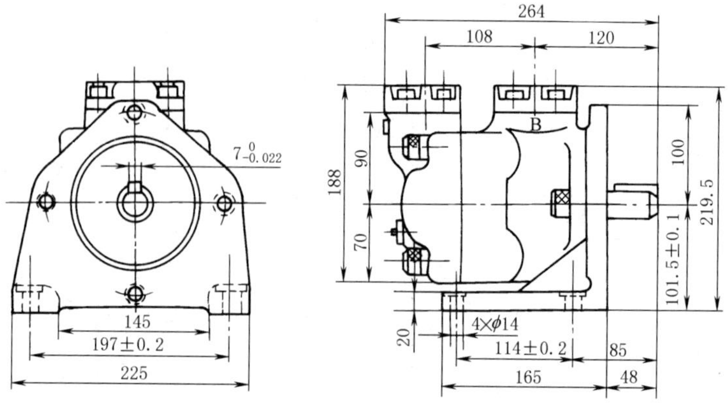

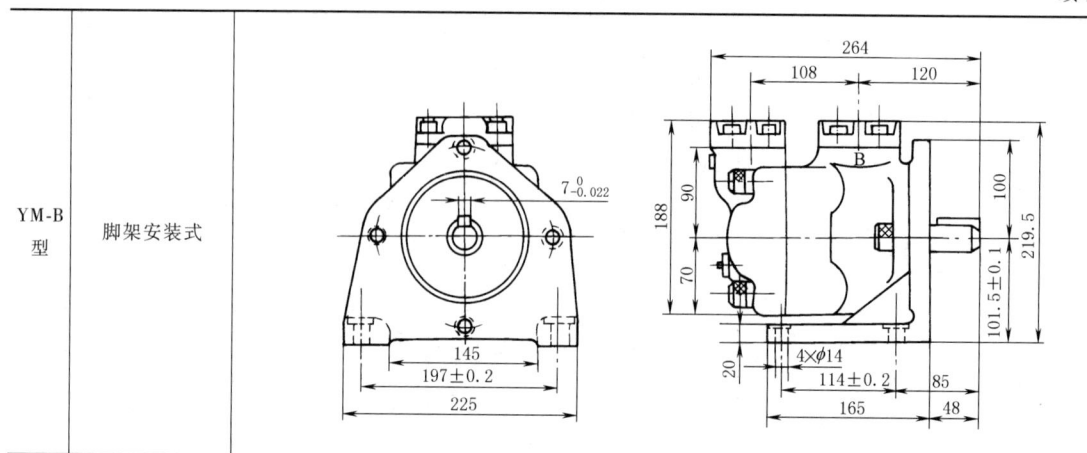

注：输出转矩指在6.3MPa压力下的保证值。

（2）YM-F-E型叶片马达

型号意义：

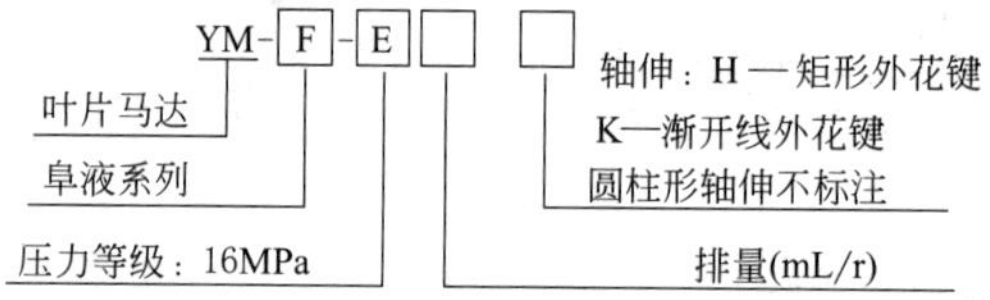

表 20-6-21　　技术参数及外形尺寸　　mm

	型号	压力/MPa		转速/r·min^{-1}		额定转矩/N·m	容积效率/%	总效率/%
		额定	最高	最低	最高			
技术参数	YM-F-E125	16	20	200	1200	284	88	78
	YM-F-E160	16	20	200	1200	363	89	79
	YM-F-E200	16	20	200	1200	461	90	80
外形尺寸	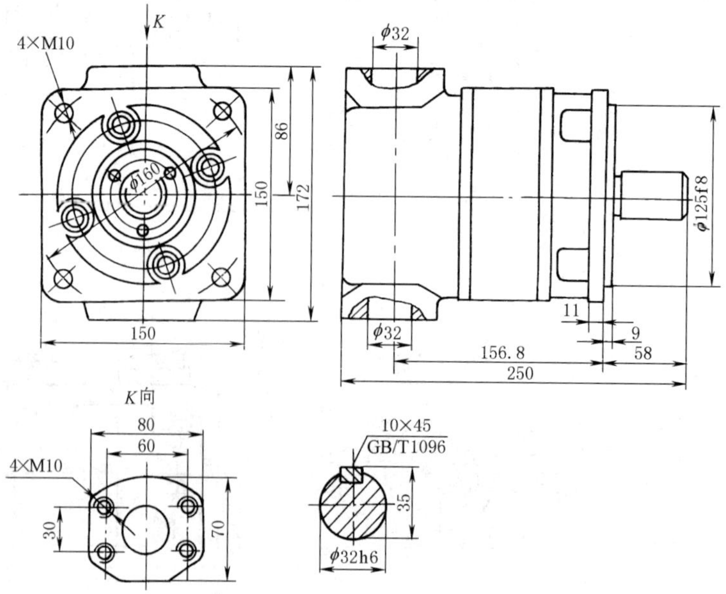							

4.3 柱塞液压马达产品及选用指南

一些柱塞液压马达产品及选用指南见第 5 章液压泵的“4.3 柱塞泵（马达）产品及选用指南”。

4.3.1 A6V 变量马达

型号意义：

A6V	80	HA2	2	F	Z	2	–	039

马达型号

变量马达	A6V

规格（排量 V_{gmin}～V_{gmax}）

8.1～28.1mL/r	28
15.8～54.8mL/r	55
23～80mL/r	80
30.8～107mL/r	107
46～160mL/r	160
64.8～225mL/r	225
137～500mL/r	500

变量方式

液控变量	控制压差（Δp=1MPa）	HD1
	带恒压控制（Δp=1MPa）	HD1D
	控制压差（Δp=2.5MPa）	HD2
	带恒压控制（Δp=2.5MPa）	HD2D
液控双速变量	控制起点（0.2～2MPa）	HS1
	控制起点（0.5～5MPa）	HS2
高压自动变量	恒压不带超调	HA1
	恒压带超调	HA1H
	升压不带超调	HA2
	升压带超调	HA2H
	转速液控变量	DA
电控双速变量	控制电压 12V	ES1
	控制电压 24V	ES2
电控比例变量	控制电压 12V	EP1
	控制电压 24V	EP2
	扭矩变量	MO
	手动变量	MA

结构型式

结构 2，规格 28～225	2
结构 1，规格 500	1

油口连接

SAE 法兰，侧面	F
螺纹连接，侧面	G

轴伸

平键 GB/T 1096—2003	P
花键 DIN 5480	Z
花键 GB/T 3478.1—2008	S

装配方式

解释见变量说明及元件尺寸	1
	2

起重机系列产品专用（带单向节流阀）

	–

最小排量设定值

例：V_{gmin}=39mL/r	039

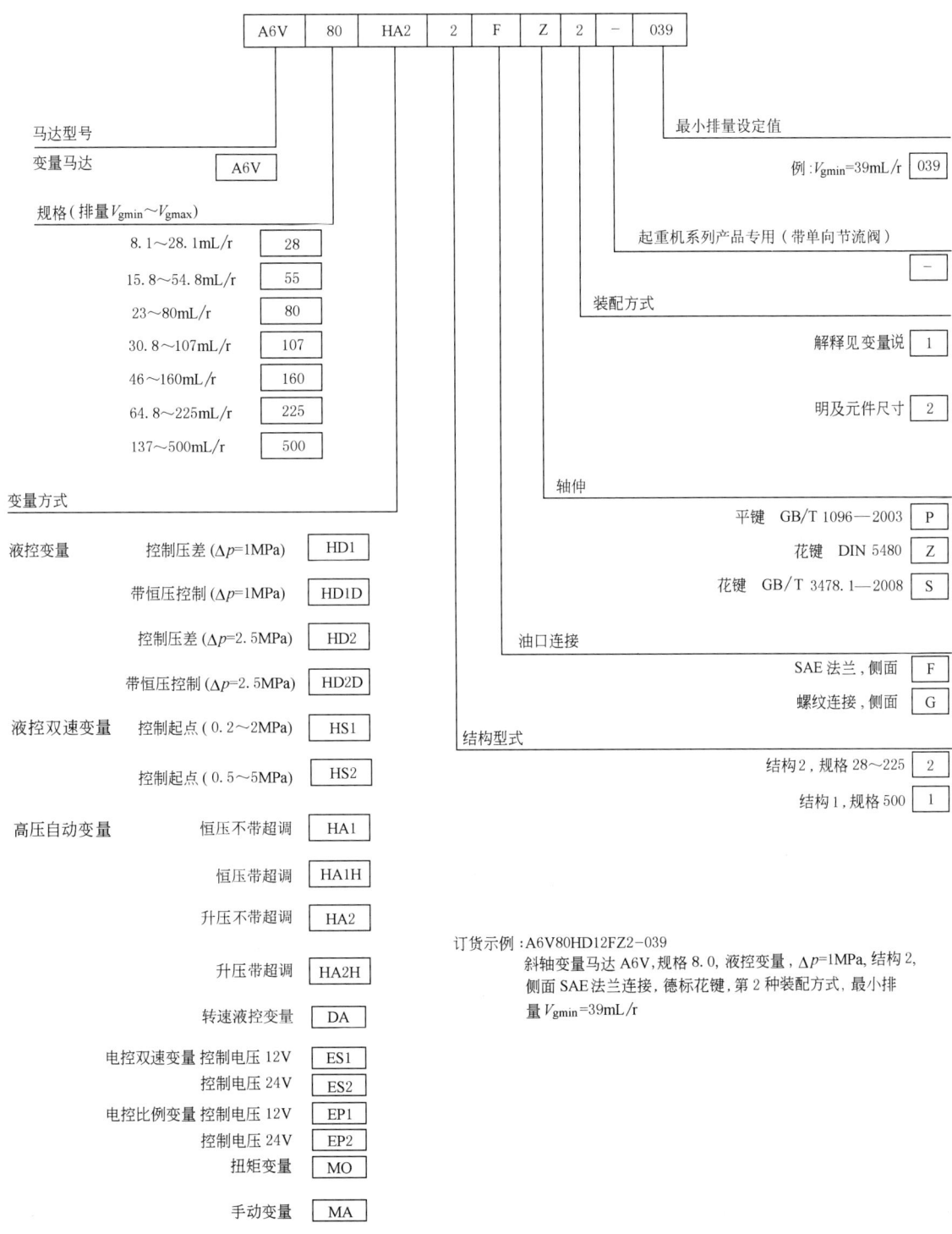

订货示例：A6V80HD12FZ2-039
斜轴变量马达 A6V，规格 8.0，液控变量，Δp=1MPa，结构 2，侧面 SAE 法兰连接，德标花键，第 2 种装配方式，最小排量 V_{gmin}=39mL/r

表 20-6-22　　　技术参数

规格		28	55	80	107	160	225	500
HD 液控变量		•	•	•	•	•	•	•
HD1D 液控恒压变量			•		•			
HS 液控(双速)变量		•	•	•	•	•	•	•
HA 高压自动变量		•	•	•	•	•	•	
DA 转速液控变量		•	•	•	•	•		
ES 电控(双速)变量		•	•	•	•	•		
EP 电控(比例)变量		•	•	•	•	•		
MO 转矩变量		•	•	•	•	•	•	
MA 手动变量								
排量/mL·r^{-1}	V_{gmax}	28.1	54.8	80	107	160	225	500
	V_{gmin}	8.1	15.8	23	30.8	46	64.8	137
最大允许流量 Q_{gmax}/L·min^{-1}		133	206	268	321	424	530	950
最高转速(在 Q_{max} 下)n_{max} /r·min^{-1}	在 V_{gmax}	4750	3750	3350	3000	2650	2360	1900
	在 $V_g<V_{gmax}$	6250	5000	4500	4000	3500	3100	2500
转矩常数 M_x/N·m·MPa^{-1}	在 V_{gmax}	4.463	8.701	12.75	16.97	25.41	35.71	79.577
	在 V_{gmin}	1.285	2.511	3.73	4.9	7.35	10.3	21.804
最大转矩(在 $\Delta p=35$MPa) M_{max}/N·m	在 V_{gmax}	156	304	446	594	889	1250	2782
	在 V_{gmin}	45	88	130	171	257	360	763
最大输出功率(在 35MPa 和 Q_{max} 下)/kW		78	120	156	187	247	309	507
惯性矩/kg·m^2		0.0017	0.0052	0.0109	0.0167	0.0322	0.0532	
质量/kg		18	27	39	52	74	103	223

注：表中“•”表示有规格产品。

表 20-6-23　　　外形尺寸　　　mm

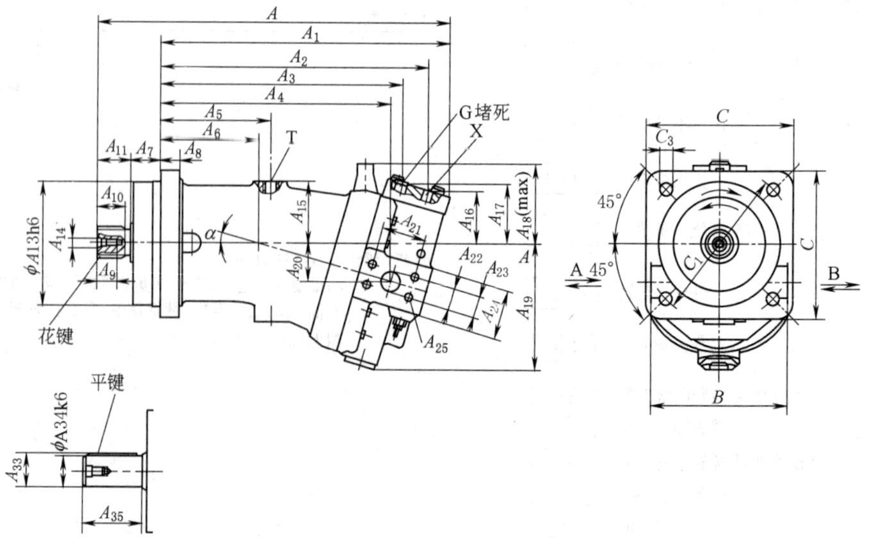

规格　28~225

续表

螺纹连接(压力油口)

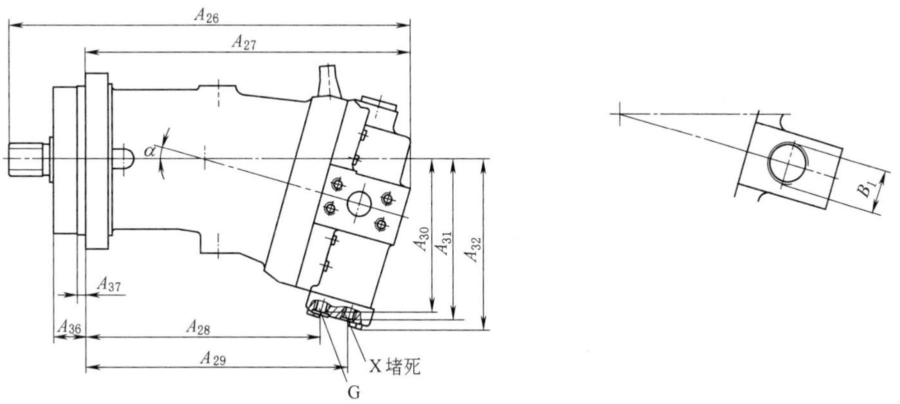

规格	A	A_1	A_2	A_3	A_4	A_5	A_6	A_7	A_8	A_9	A_{10}	A_{11}	A_{13}	A_{14}	A_{15}
28	317	249	230	206	189	107	75	25	16	19	28	43	100	M8	50
55	379	312	291	264	249	123	108	32	20	28	28	35	125	M12	63
80	440	368	345	316	297	152	137	32	23	28	33	40	140	M12	71
107	463	378	356	326	301	145	130	40	25	28	37.5	45	160	M12	80
160	530	440	412	377	354	213	156	40	28	36	42.5	50	180	M16	88
225	573	468	441	405	375	222	162	50	32	36	43.5	55	200	M16	96

规格	A_{16}	A_{17}	A_{18}	A_{19}	A_{20}	A_{21}	A_{22}	A_{23}	A_{24}	A_{25}	A_{26}	A_{27}	A_{28}
28	57	64	81	110	33	50.8	20	23.8	45	M10 深 17	298	230	152
55	52	60	84	132	40	50.8	20	23.8	53	M10 深 17	368	301	208
80	59	68	99	150	46	57.2	25	27.8	64	M12 深 18	425	353	252
107	63	71	104	162	49	57.2	25	27.8	64	M12 深 18	442	357	259
160	66	77	108	182	57	66.7	32	31.8	70	M14 深 19	513	423	302.5
225	74	85	121	199	61	66.7	32	31.8	70	M14 深 21	546	441	324

规格	A_{29}	A_{30}	A_{31}	A_{32}	A_{33}	A_{34}	A_{35}	A_{36}	A_{37}	B	B_1	C	C_1	C_3
28	176	124	131	139	27.9	25	50	23	8	116	M27×2	118	125	11
55	235	133	141	153	32.9	30	60	29	10	142	M33×2	150	160	13.5
80	282	152	161	177	38	35	70	29.5	10	172	M42×2	165	180	13.5
107	288	164	173	188	43.1	40	80	35	10	178	M42×2	190	200	17.5
160	338	182.5	193	201	48.5	45	90	36.5	11.5	208	M48×2	210	224	17.5
225	359	201	211	219	53.5	50	100	50	12	226	M48×2	236	250	22

规格	平键 GB/T 1096—2003	花键 DIN 5480	花键 GB/T 3478.1—2008	G	X
28	8×50	W25×1.25×18×9g	EXT18Z×1.25m×30R×5f	M12×1.5	M14×1.5
55	8×50	W30×2×14×9g	EXT14Z×2m×30R×5f	M14×1.5	M14×1.5
80	10×56	W35×2×16×9g	EXT16Z×2m×30R×5f	M14×1.5	M14×1.5
107	12×63	W40×2×18×9g	EXT18Z×2m×30R×5f	M14×1.5	M14×1.5
160	14×70	W45×2×21×9g	EXT21Z×2m×30R×5f	M14×1.5	M14×1.5
225	14×80	W50×2×24×9g	EXT24Z×2m×30R×5f	M14×1.5	M14×1.5

续表

DA 变量装配方式 2

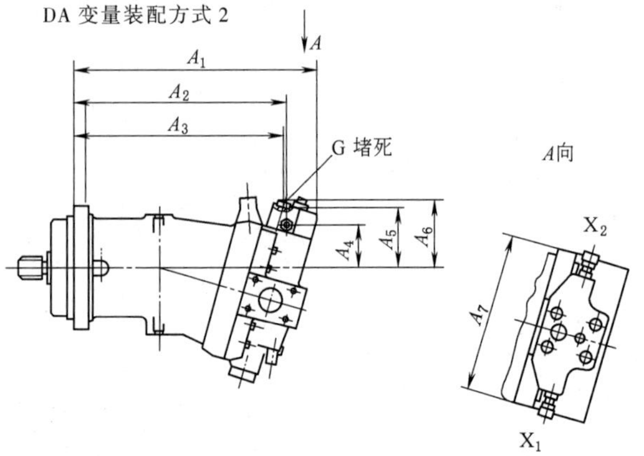

规格	A_1	A_2	A_3	A_4	A_5	A_6	A_7	X_1、X_2
28	253	212	209	53	73	81	144	M14×1.5
55	317	272	268	49	70	77	146	M14×1.5
80	371	326	322	56	77	83	152	M14×1.5
107	380	336	332	59	81	88	152	M14×1.5
160	442	387	383	65	86	94	158	M14×1.5
225	471	416	411	73	95	103	158	M14×1.5

其余尺寸见 HD/HA

EP 变量

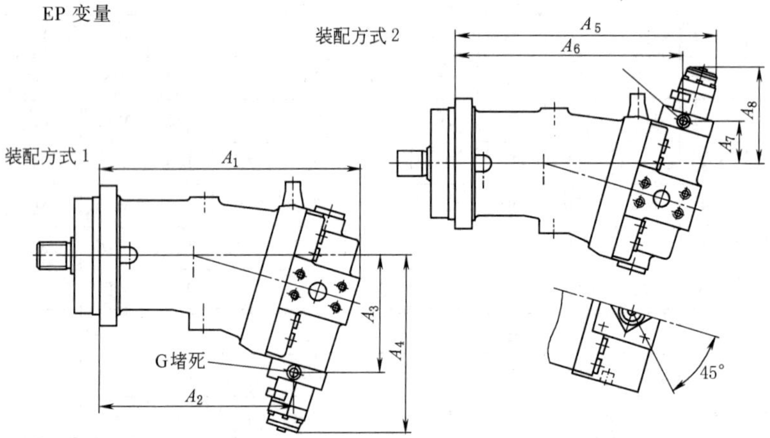

规格	A_1	A_2	A_3	A_4	A_5	A_6	A_7	A_8
28	230	164	119	204	266	212	53	13[illegible]
55	301	233	129	213	334	274	48	12[illegible]
80	353	267	148	240	392	326	56	13[illegible]
107	357	269.5	160	254	393	333	61.5	14[illegible]
160	423	313	177	265	452	386	70	13[illegible]
255	441	334	196	284	481	414	74.5	14[illegible]

其余尺寸见 HD/HA

MA 变量

装配方式 1

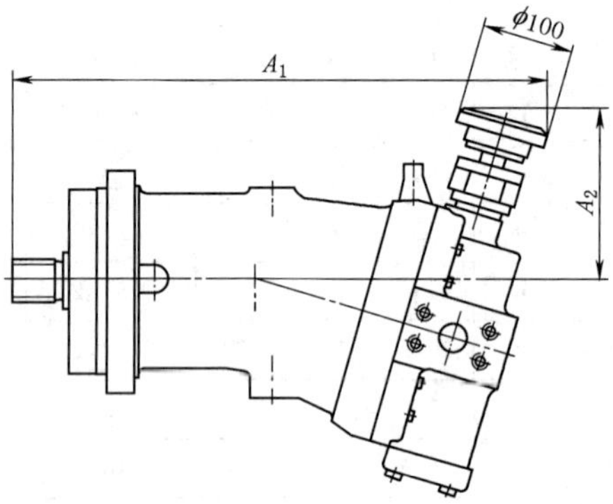

规格	A_1	A_2
28	269	128
55	329	134
80	381	138
107	390	137
160	441	149
225	470	155

其余尺寸见 HD/HA

HD1D 变量

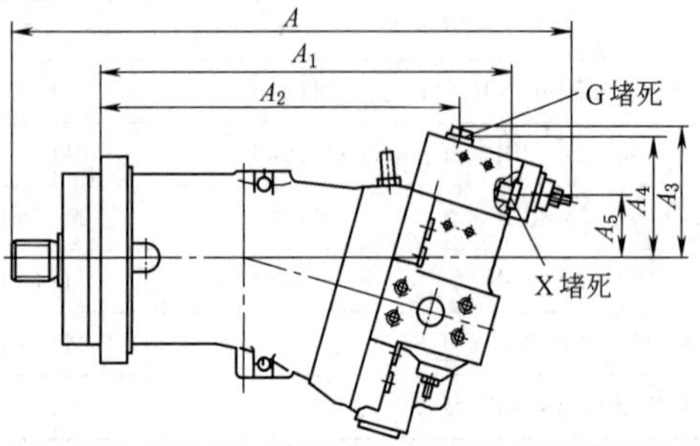

规格	A	A_1	A_2	A_3	A_4	A_5
55	422	311	273	96	89	46
107	496	376.5	335.5	108	100	56

续表

MO 变量

装配方式 1

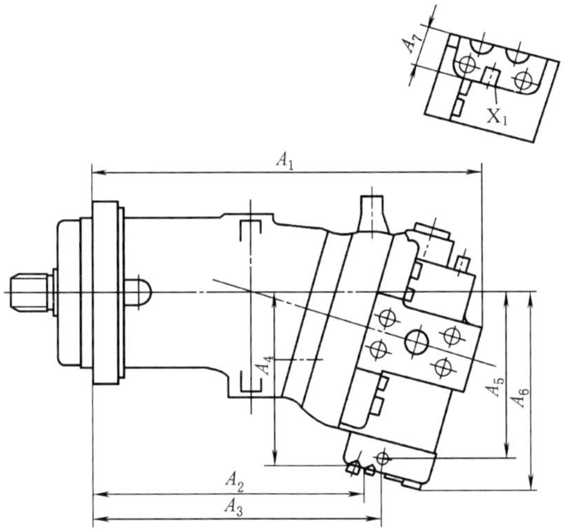

规格	A_1	A_2	A_3	A_4	A_5	A_6	A_7	X_1
55	301	208	224	138	130	155	30	M14×1.5
80	353	252	268	157	149	177	33	M14×1.5
107	357	257	273	169	161	188	33	M14×1.5
160	423	300	312	187	178	206	34	M14×1.5
225	441	322	334	206	197	225	34	M14×1.5

其余尺寸见 HD/HA

规格　500

HA 变量

装配方式 1

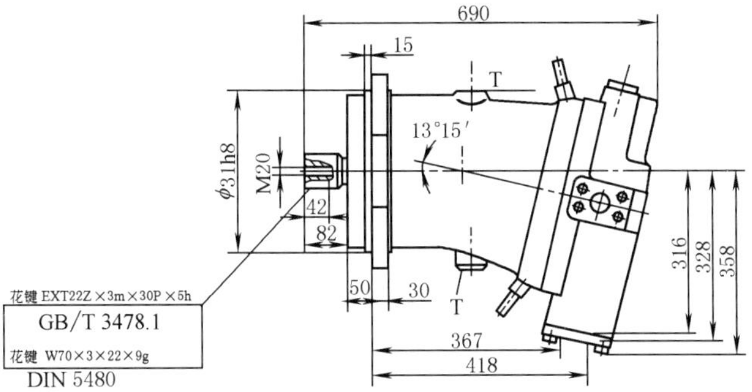

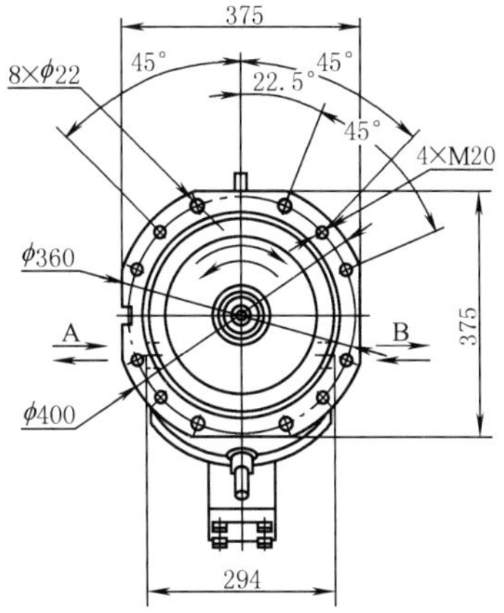

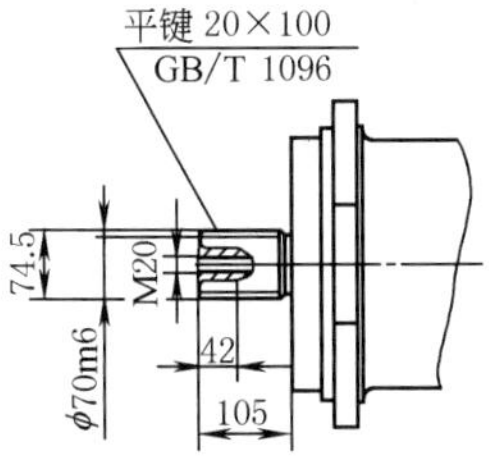

HD变量

装配方式2

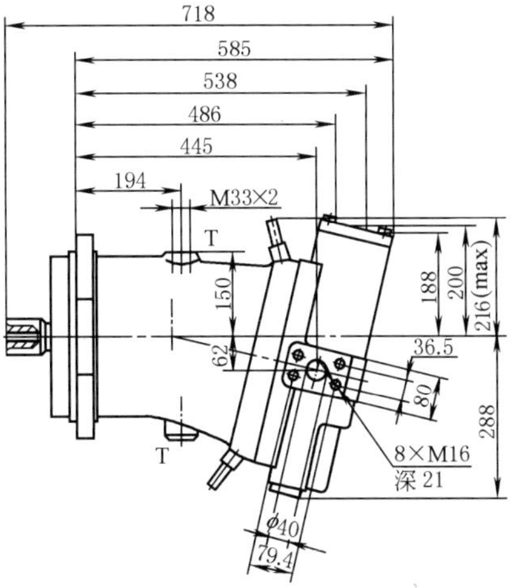

注：A，B—工作油口；G—多元件同步控制和遥控压力油口；X—先导（外控）油口；T—壳体油口。

4.3.2 A6VG 变量马达

型号意义：

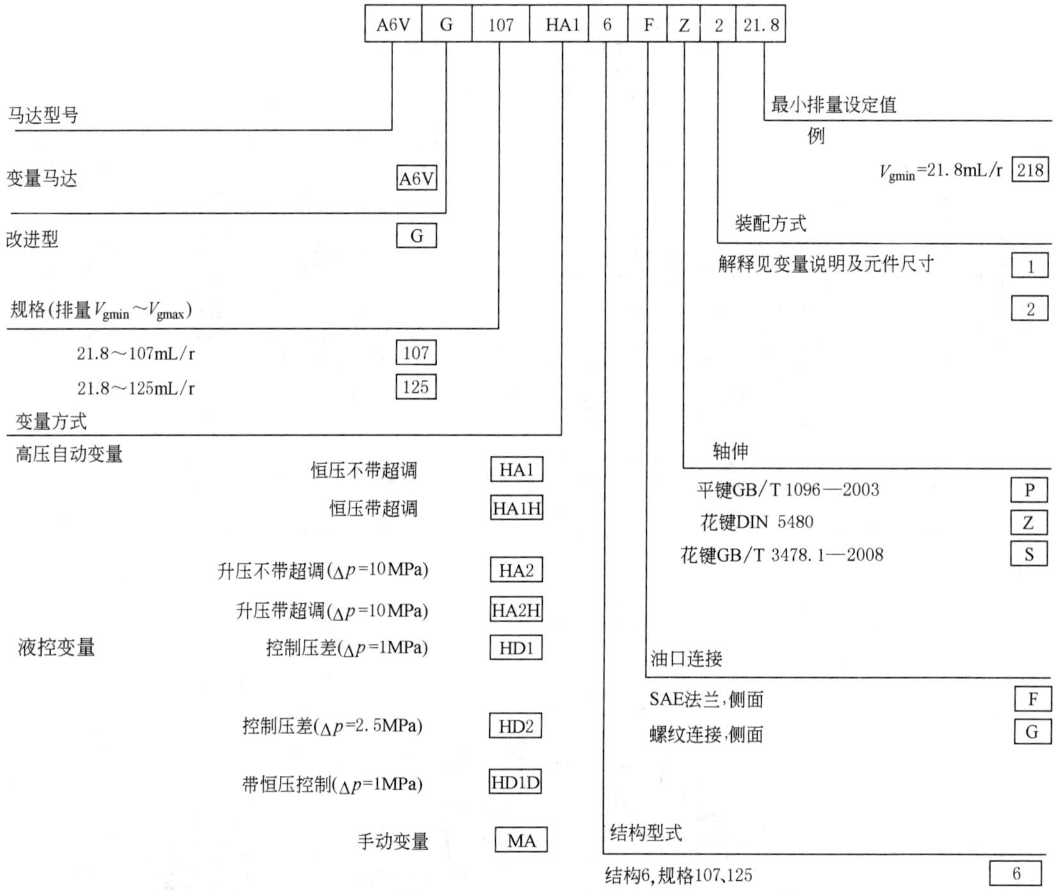

订货示例：A6VG，107HD1.6.F.Z.2.21.8

斜轴变量马达 A6VG，规格 107，液控变量，Δp=1MPa，结构 6，侧面 SAE 法兰连接，德标花键，第 2 种装配方式，最小排量 V_{gmin}=21.8mL/r

表 20-6-24　　　　技术参数

规格		107	125
HD 液控变量		•	•
HA 高压自动变量		•	•
MA 手动变量		•	•
排量/mL·r^{-1}	V_{gmax}	107	125
	V_{gmin}	21.8	21.8
最大允许流量 Q_{gmax}/L·min^{-1}		342	400
最高转速(在 Q_{max} 下)n_{max}/r·min^{-1}	在 V_{gmax}	3200	3200
	在 $V_g<V_{gmax}$	4200	4200
转矩常数 M_x/N·m·MPa^{-1}	在 V_{gmax}	1.7	1.7
	在 V_{gmin}	0.35	0.34
最大转矩(在 Δp=35MPa)M_{max}/N·m	在 V_{gmax}	594	696
	在 V_{gmin}	171	201
最大输出功率(在 35MPa 和 Q_{max} 下)/kW		187	199
惯性矩/kg·m^2		0.0127	0.0127
质量/kg		46.5	46.5

注：表中“•”表示有规格产品。

(1) HD1D 液控恒压变量（图 20-6-1）

恒压控制是在 HD 功能基础上增加的。如果系统压力由于负载转矩或由于马达摆角减小而升高，则达到恒压控制的设定值时，马达摆到较大的摆角。由于增大排量和减小压力，控制偏差消失。通过增大排量，马达在恒压下产生较大转矩。通过在油口 G2 处施加一压力信号可得到第二个恒压设定压力。如起升和下降，该信号需在 2~5MPa 之间。恒压控制阀的设定范围为 8~40MPa。

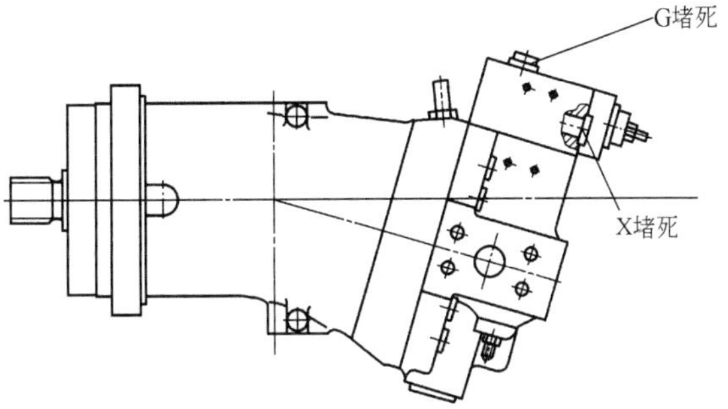

图 20-6-1　HD1D 液控恒压变量

标准型：按第 2 种装配方式供货

控制起点在 V_{gmax}（最大转矩、最低转速）

控制起点在 V_{gmin}（最小转矩、最高转速）

(2) HA 高压自动变量（图 20-6-2）

按工作压力自动控制马达排量

标准型：按第 1 种装配方式供货

控制起点在 V_{gmin}（最小转矩、最高转速）

控制终点在 V_{gmax}（最大转矩、最低转速）

此种变量方式，当 A 口或 B 口的内部工作压力达到设定值时，马达由最小排量 V_{gmin} 向最大排量 V_{gmax} 转变。控制起点在 8~35MPa 间转变。

有两种方式供选用：

HA1——在控制范围内，工作压力保持恒定，$\Delta p=1$MPa，从 V_{gmin} 变至 V_{gmax} 时，压力升高约为 1MPa；

HA2——在控制范围内，工作压力保持恒定，$\Delta p=10$MPa，从 V_{gmin} 变至 V_{gmax} 时，压力升高约为 10MPa。

HA 变量可在 X 口进行外控（即带有超调），在这种情况下，变量机构的压力设定值（工作压力）按每 0.1MPa 先导（外控）压力下降 1.6MPa 的比率降低。例如：变量机构起始变量压力设定值为 30MPa，先导压力（X 口）0MPa 时变量起点在 30MPa，先导压力（X 口）1MPa 时变量起点在 14MPa（30MPa－10×1.6MPa＝14MPa）。

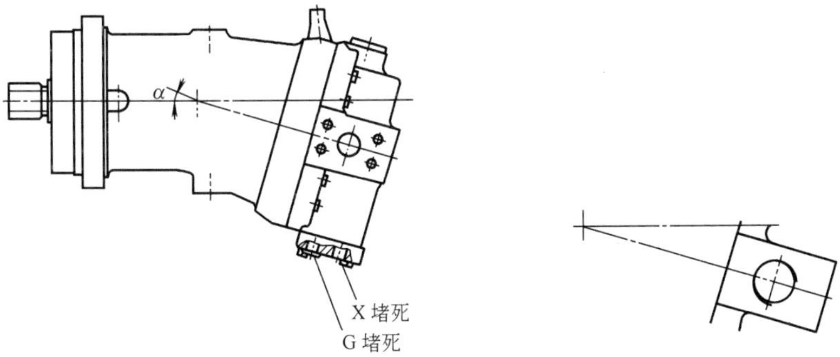

图 20-6-2　HA 高压自动变量

带有超调的 HA 变量有两种方法供选用：

HA1H——在控制范围内，工作压力保持恒定，$\Delta p=1$MPa；

HA2H——在控制范围内，工作压力保持恒定，$\Delta p=10$MPa。

如果控制仅需要达到最大排量，则允许先导压力最高为 5MPa。外控口 X 处的供油量约 0.5L/min。

(3) MA 手动变量（图 20-6-3）

通过手轮驱动螺杆以调节马达的排量。

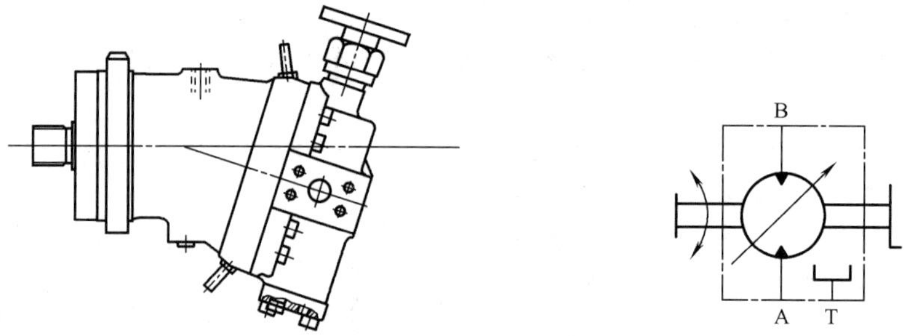

图 20-6-3　MA 手动变量

表 20-6-25　　　　**外形尺寸**　　　　mm

规格 107、125

HA 高压自动变量

装配方式 1

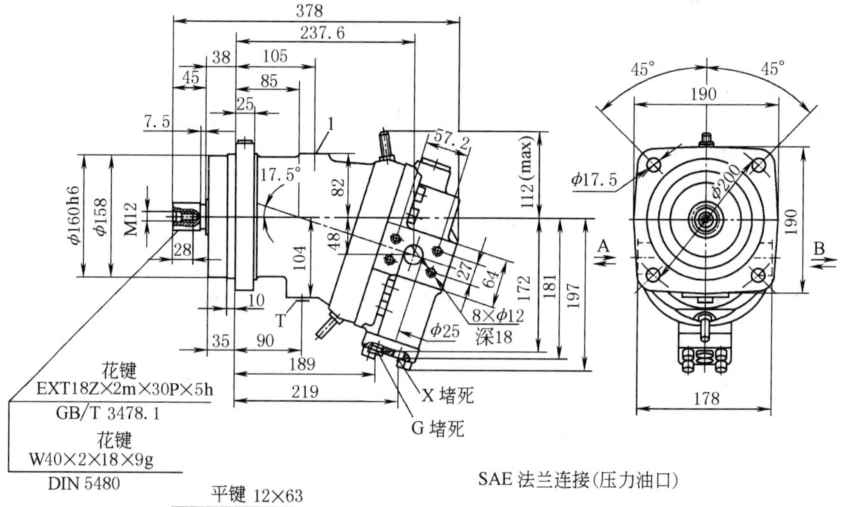

SAE 法兰连接(压力油口)

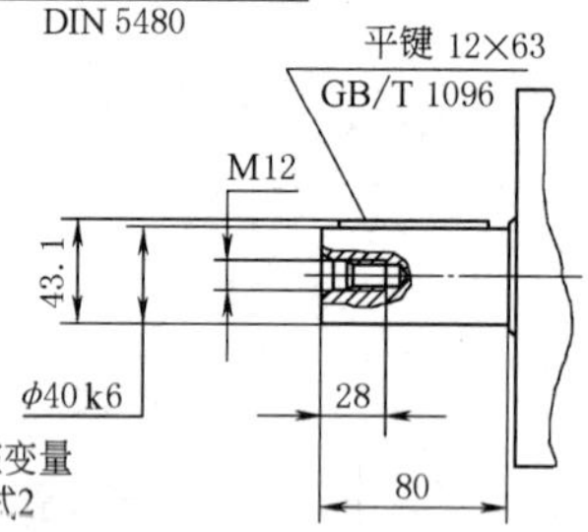

螺纹连接(压力油口)

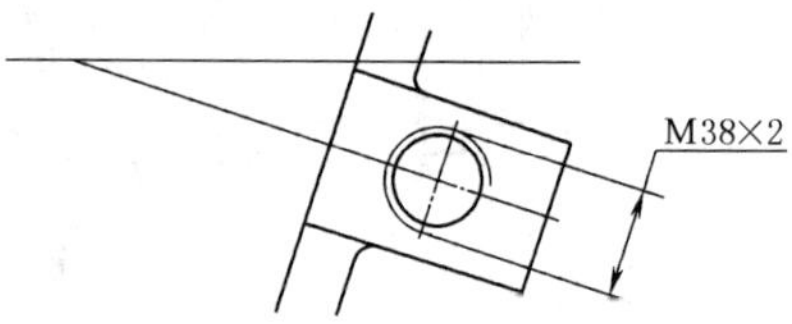

HD液控变量

装配方式2

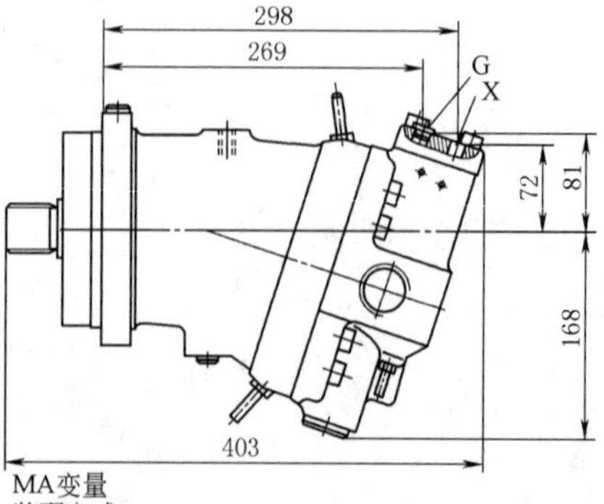

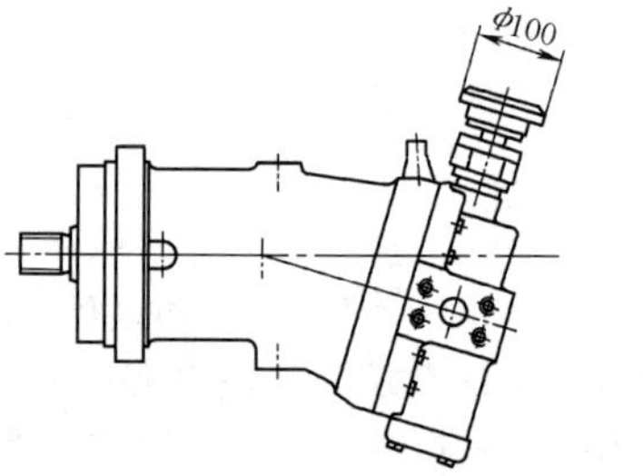

MA变量

装配方式1

其余尺寸见HD/HA

注：A，B—工作油口；G—多元件同步控制和遥控压力油口；X—先导（外控）油口；T—壳体油口。

4.3.3 A6VE 内藏式变量马达

型号意义：

A6V	E	80	HA1	2	F	Z	1	039

马达型号

变量马达 A6V

安装型式

内藏式E E

规格（排量V_{gmin}～V_{gmax}）

15.8～54.8mL/r 55

23～80mL/r 80

30.8～107mL/r 107

46～160mL/r 160

变量方式

液控变量 控制压差 Δp=1MPa HD1

控制压差 Δp=2.5MPa HD2

高压自动变量 恒压不带超调 HA1

升压不带超调（Δp=10MPa） HA2

电控双速变量 控制电压12V ES1

控制电压24V ES2

电控比例变量 控制电压12V EP1

控制电压24V EP2

手动变量 MA

结构型式 Series

结构2，规格55、80、107、160 2

油口连接

SAE 法兰，侧面 F

螺纹连接，侧面 G

轴伸

平键 GB/T 1096—2003 P

花键 DIN 5480 Z

花键 GB/T 3478.1—2008 S

装配方式

解释见变量说明及元件尺寸 1

2

最小排量设定值

例：

V_{gmin}=39mL/r 039

V_{gmin}=54mL/r 054

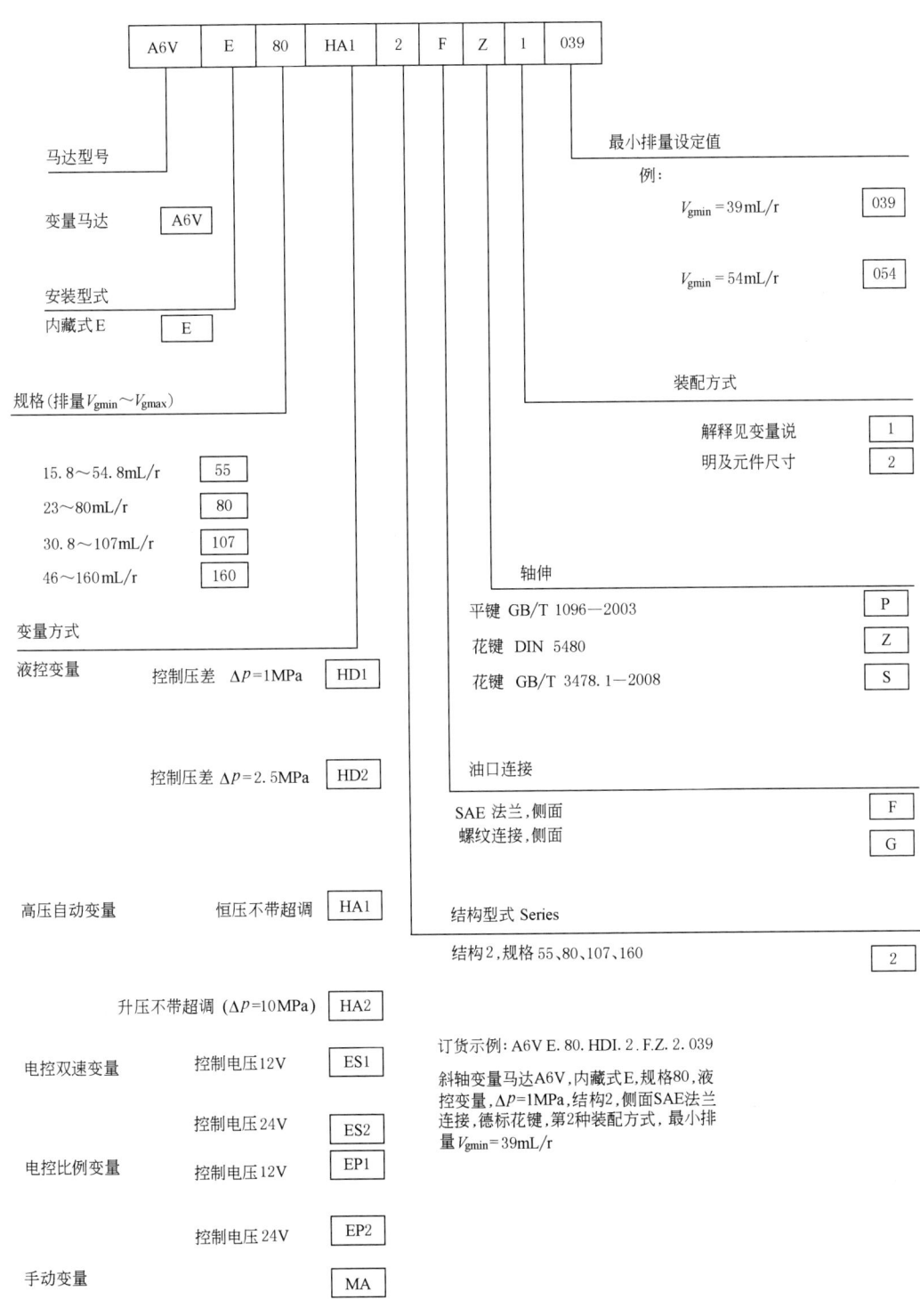

订货示例：A6V E.80.HDl.2.F.Z.2.039

斜轴变量马达A6V，内藏式E，规格80，液控变量，Δp=1MPa，结构2，侧面SAE法兰连接，德标花键，第2种装配方式，最小排量 V_{gmin}=39mL/r

表 20-6-26　　技术参数　　mm

规格		55	80	107	160
最大排量 V_{max}/mL·r^{-1}	V_{gmax}	54.8	80	107	160
	V_{gmin}	15.8	23	30.8	46
最大允许流量 Q_{gmax}/L·min^{-1}		206	268	321	424
最高转速（在 Q_{max} 下）n_{max}/r·min^{-1}	在 V_{gmin} 时	3750	3350	3000	2650
	在 V_{gmax} 时	5000	4500	4000	3500
转矩常数 M_x/N·m·MPa^{-1}	在 V_{gmax} 时	8.701	12.75	16.97	25.41
	在 V_{gmin} 时	2.511	3.73	4.9	7.35
最大转矩（在 Δp=35MPa）M_{max}/N·m	在 V_{gmax} 时	304	446	594	889
	在 V_{gmin} 时	88	130	171	257
最大输出功率（在 35MPa 和 Q_{max} 下）/kW		120	156	187	247
惯性矩/kg·m^2		0.0042	0.008	0.0127	0.0253
质量/kg		26	34	45	64

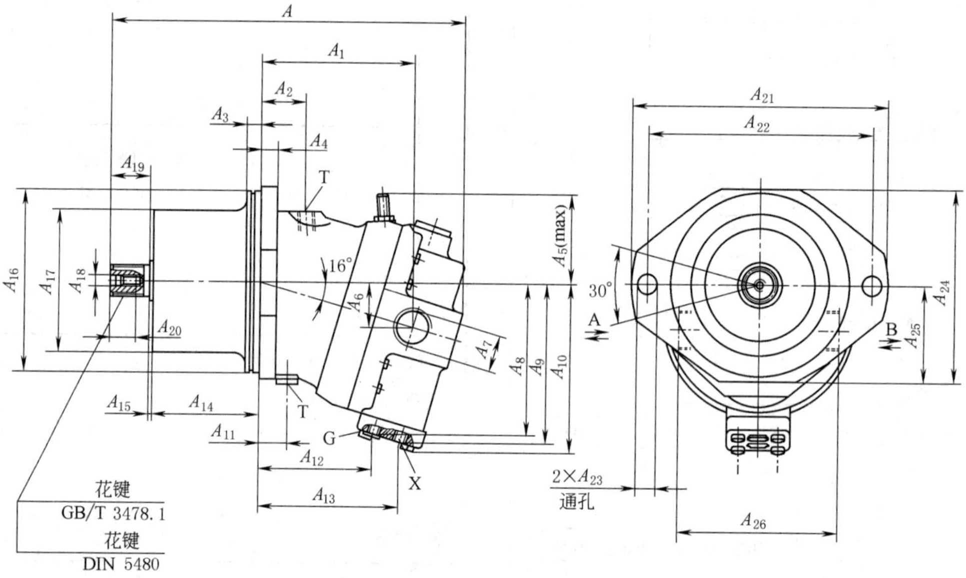

HD液控变量
装配方式2

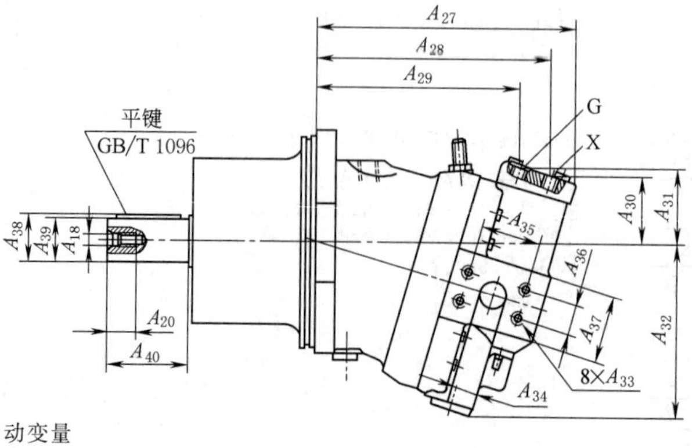

规格　160
HA 高压自动变量
装配方式 1

注：A，B—工作油口；G—多元件同步控制和遥控压力油口，M14×1.5；X—先导油口，M22×1.5；T—壳体油口，M14×1.5。

4.3.4 ※JM、JM※系列曲轴连杆式径向柱塞液压马达

（1）1JM 系列液压马达

1JM 系列产品系 1JMD 型液压马达的改进型，采用了静压平衡结构，提高了工作压力和转速范围，改善了低速稳定性，适用于工程运输、注塑、船舶、锻压、石油化工等机械的液压系统中。

型号意义：

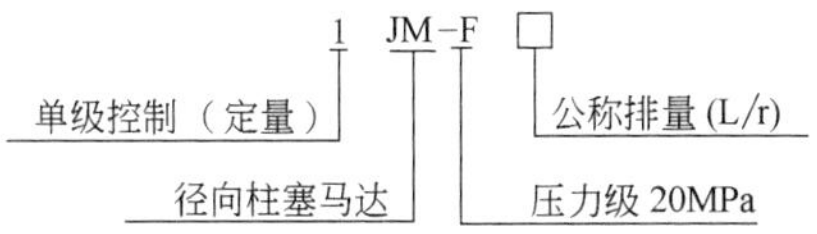

表 20-6-27　　　　技术参数及外形尺寸　　　　mm

名　　称	1JM-F 0.200	1JM-F 0.400	1JM-F 0.800	1JM-F 1.600	1JM-F 3.150	1JM-F 4.000
公称排量/L·r^{-1}	0.2	0.4	0.8	1.6	3.15	4.0
理论排量/L·r^{-1}	0.189	0.393	0.779	1.608	3.14	4.346
额定压力/MPa	20.0	20.0	20.0	20.0	20.0	20.0
最高压力/MPa	25.0	25.0	25.0	25.0	25.0	25.0
额定转速/r·min^{-1}	500	450	300	200	125	100
额定转矩/N·m	5.49	11.7	22.6	46.8	91.5	128.1
最大转矩/N·m	68.6	1460	2830	5850	11440	16010
额定功率/kW	28	54	70	96	117.5	131.5
质量/kg	50	59	112	152	280	415

1JM-F（0.200～3.150）型

1JM-F4.000 型

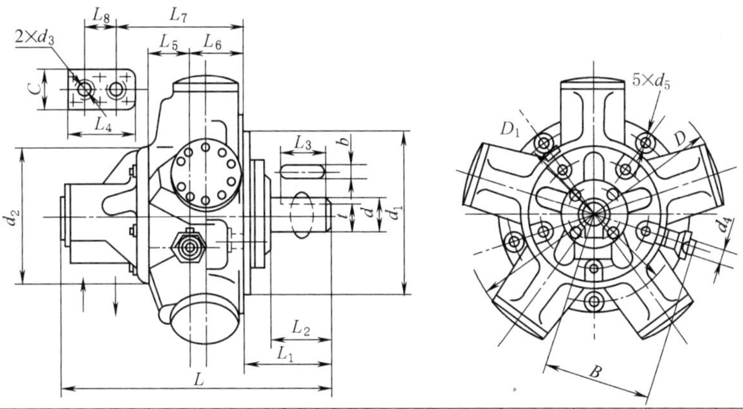

型　　号	L	L_1	L_2	L_3	L_4	L_5	L_6	L_7	L_8	B	b	C
1JM-F0.200	330	50	43	40	102	58	90	199.5	42	142	12	52
1JM-F0.400	423	143	102	90	112	65.5	55	184.5	44	154	16	52
1JM-F0.800	465	136	98	90	115	76	80	234	45	185	18	67
1JM-F1.600	520	173.5	120	110	120	77.5	96	242	60	201	20	67
1JM-F3.150	630	181	150	125	130	85	135	242.5	52	238	24	76
1JM-F4.000	650	190	150	140	152	92	140	330	70	270	24	76

型　　号	D	D_1	d	d_1	d_2	d_3	d_4	d_5	t
1JM-F0.200	290	216	40h6	178h8	150	M22×1.5	14	14	$35.5_{-0.17}^{0}$
1JM-F0.400	367	260	55h6	240h8	185	M27×1.5	16	14	$48.5_{-0.17}^{0}$
1JM-F0.800	440	300	65h6	260h8	215	M33×1.5	16	17	$57.9_{-0.2}^{0}$
1JM-F1.600	520	360	75h6	330h8	250	M33×1.5	16	21	$68_{-0.2}^{0}$
1JM-F3.150	664	420	85h6	380h8	260	M36×1.5	18	22	$76_{-0.2}^{0}$
1JM-F4.000	700	500	90h6	450h8	310	M36×1.5	18	20	$83_{-0.23}^{0}$

（2）2JM 系列液压马达

2JM 系列是在 1JM 型马达基础上发展起来的，采用了分体组装可调式结构——曲轴的偏心量可调，使液压马达具有两种预定的排量值（即两种转速值）。当采用手动控制变量时，马达在载荷运转下，用 2s 左右的时间，进行两种排量的变换；采用恒压自动控制变量时，马达能有效地实现恒功率调速；若排量为零时，马达可作为自由轮使用。该系列液压马达适用于行走机械、牵引绞车、搅拌装置、恒张力装置、钻孔设备等液压系统中。

型号意义：

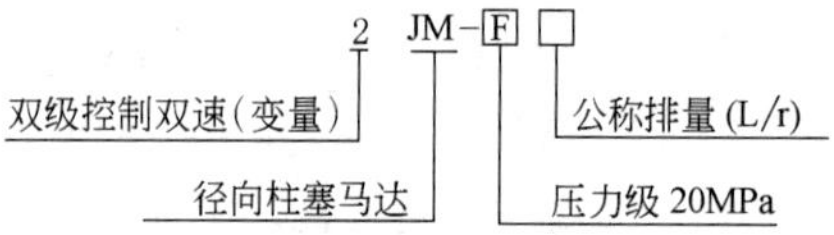

表 20-6-28　　技术参数及外形尺寸　　mm

型号	2JM-F1.6	2JM-F3.2	2JM-F4.0
公称排量(大排量/小排量)/L·r^{-1}	1.61/0.5	3.2/1.0	4.0/1.25
理论排量(大排量/小排量)/L·r^{-1}	1.608/0.536	3.14/0.98	4.396/1.373
额定压力/MPa	20.0	20.0	20.0
最高压力/MPa	25.0	25.0	25.0
额定转速/r·min^{-1}	200/600	125/400	100/320
额定转矩/N·m	4680/1560	9150/2860	12810/4000
最大转矩/N·m	5850/1950	11440/3575	16010/5000
额定功率/kW	96	117.5	131.5
速比	1∶3	1∶3.2	1∶3.2
质量/kg	166	295	435

型　　号	尺　　寸												连接法兰	
	R	*B*	*C*	*D*	*E*	*F*	*G*	*H*	*K*	*L*	M	*S*	*d*	*ϕ*
2JM-F1.6	570	520	233	250	330	173	75	120	M12×1	60	M33×1.5	116	5×ϕ21	360
2JM-F3.2	680	664	275	260	380	185	85	140	M12×1	52	M36×1.5	118	5×ϕ21	420
2JM-F4.0	700	700	278	310	450	190	90	150	M12×1	70	M36×1.5	140	5×ϕ21	500

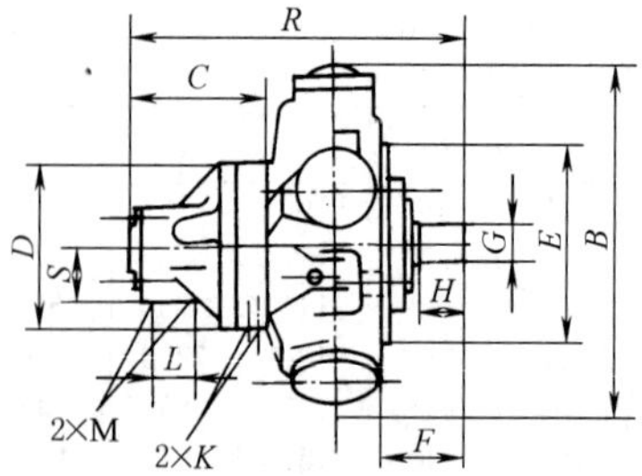

轴伸平键尺寸	型　　号	平键 *b*×*h*
	2JM-F1.6	20×110
	2JM-F3.2	24×125
	2JM-F4.0	24×140

(3) JM※系列径向柱塞液压马达

型号意义：

JM ※ □ □-□ □ □-□ □

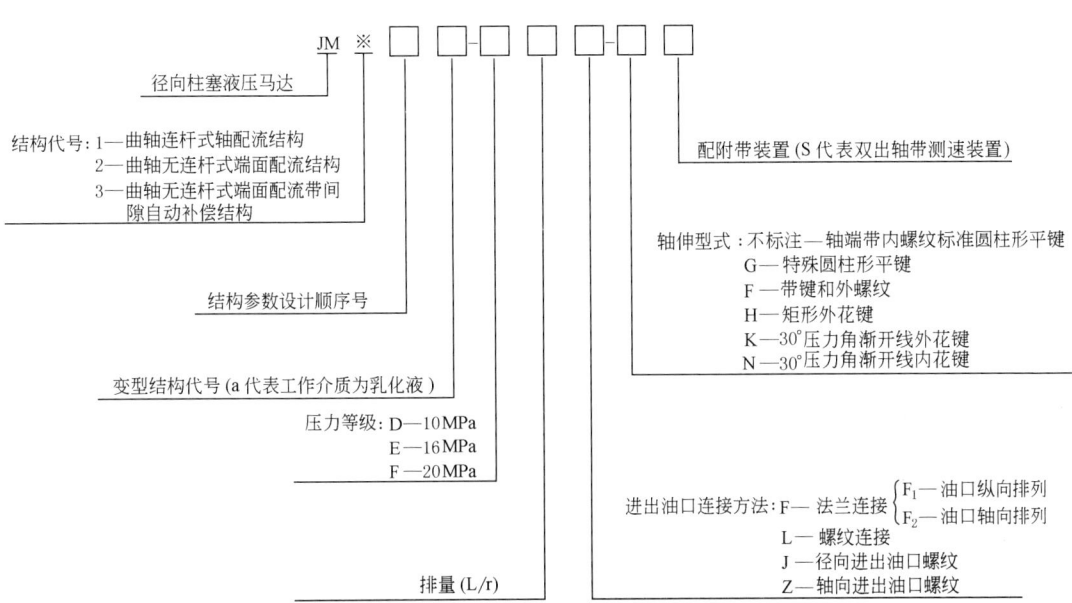

径向柱塞液压马达

结构代号：1—曲轴连杆式轴配流结构
2—曲轴无连杆式端面配流结构
3—曲轴无连杆式端面配流带间隙自动补偿结构

结构参数设计顺序号

变型结构代号（a代表工作介质为乳化液）

压力等级：D—10MPa
E—16MPa
F—20MPa

排量（L/r）

进出油口连接方法：F—法兰连接 {F_1—油口纵向排列；F_2—油口轴向排列}
L—螺纹连接
J—径向进出油口螺纹
Z—轴向进出油口螺纹

轴伸型式：不标注—轴端带内螺纹标准圆柱形平键
G—特殊圆柱形平键
F—带键和外螺纹
H—矩形外花键
K—30°压力角渐开线外花键
N—30°压力角渐开线内花键

配附带装置（S代表双出轴带测速装置）

表 20-6-29　　技术参数

型号	排量 /mL·r^{-1}	压力/MPa		转速/r·min^{-1}		效率/%		有效转矩/N·m		质量 /kg
		额定	最高	额定	范围	容积效率	总效率	额定	最大	
JM10-F0.16F$_1$	163	20	25	500	18~630	≥92	≥83	468	585	50
JM10-F0.18F$_1$	182							523	653	
JM10-F0.2F$_1$	201							578	723	
JM10L-F0.2								578	723	
JM10-F0.224F$_1$	222			400	18~500			638	797	
JM10-F0.25F$_1$	249							715	894	
JM11-F0.315F$_1$	314			320	18~400			902	1127	75
JM11-F0.355F$_1$	353							1014	1267	
JM11-F0.4F$_1$	393							1128	1411	
JM11-F0.45	442							1270	1587	
JM11-F0.5F$_1$	493			250				1424	1780	
JM11-F0.56F$_1$	554							1591	1989	
JM12-F0.63F$_2$	623			250	15~320	≥92	≥84	1812	2264	115
JM12-F0.71F$_2$	717			200	15~250			2084	2605	
JM12-F0.8F$_2$	779							2265	2831	
JM12L-F0.8F$_2$										
JM12-F0.9F$_2$	873							2537	3172	
JM12-E1.0F$_2$	1104	16	20					2567	3209	
JM12-E1.25F$_2$	1237							2876	3595	

续表

型号	排量/mL·r^{-1}	压力/MPa		转速/r·min^{-1}		效率/%		有效转矩/N·m		质量/kg
		额定	最高	额定	范围	容积效率	总效率	额定	最大	
JM13-F1.25F_1	1257	20	25	200	12~250	≥92	≥84	3653	4543	160
JM13-F1.4F_1	1427							4147	5184	
JM13-F1.6F_1	1608							4653	5816	
JM13-F1.6	1608							4653	5816	
JM13-F1.8F_1	1816							5278	6598	
JM13-F2.0F_1	2014			160	12~200			5853	7317	
JM14-F2.24F_1	2278			100	10~175	≥91	≥84	6693	8367	320
JM14-F2.5F_1	2513							7384	9270	
JM14-F2.8F_1	2827							8216	10270	
JM14-F3.15F_1	3181				10~125			9346	11689	
JM14-F3.55F_1	3530							10372	12965	
JM15-E5.6	5645	16	20	63	8~75			13269	16586	520
JM15-E6.3	6381							14999	18749	
JM15-E7.1	7116							16727	20909	
JM15-E8.0	8005			50	3~60			18817	23521	
JM16-F4.0F_1	3958	20	25	100	8~125			11630	14537	420
JM16-F4.5F_1	4453							13084	16355	
JM16-F5.0	5278							15508	19385	480
JM21-D0.02	20.2	10	12.5	1000	20~1500	≥92	≥74	26	33	16
JM21-D0.0315	36.5				30~1250			47	59	
JM21a-D0.0315		8	10	850	50~1000	≥88	≥70	37	46	
JM22-D0.05	49.3	10	12.5	750	25~1250	≥92	≥74	64	80	19
JM22-D0.063	73				25~1000			100	125	
JM22a-D0.063		8	10	650	40~800	≥88	≥70	74	93	
JM23-D0.09	110	10	12.5	600	25~750	≥92	≥74	150	180	22
JM23a-D0.09		8	10	500	40~600	≥88	≥70	111	139	
JM31-E0.08	81	16	20	750	25~1000	≥91	≥78	177	221	40
JM31-E0.125	126			630	25~800			275	344	
JM33-E0.16	161			750	25~1000			352	439	58
JM33-E0.25	251			500	25~600			548	685	

表 20-6-30　　　外形尺寸　　　mm

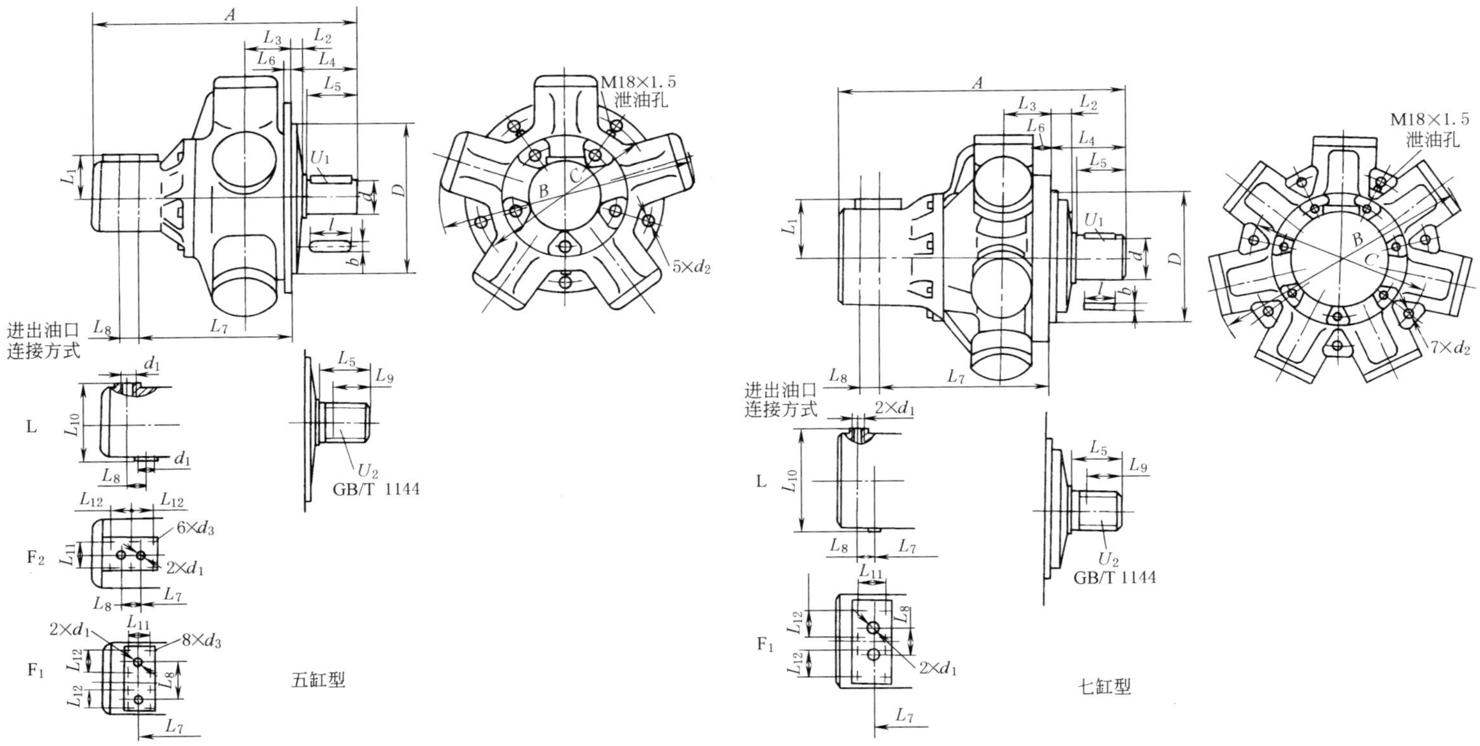

JM1 型径向柱塞马达外形尺寸

续表

型号	A	B	C	D	d	d_1	d_2	d_3	轴伸 $U_1(b\times l)$	轴伸 U_2 (GB/T 1144)	L_1	L_2	L_3	L_4	L_5	L_6	L_7	L_8	L_9	L_{10}	L_{11}	L_{12}
JM10-F0. 16F$_1$																						
JM10-F0. 18F$_1$			230	204h8		ϕ22		M12×1. 6			78	34					213	75		—	51	51
JM10-F0. 2F$_1$																						
JM10L-F0. 2	287	328	235	205h8	40g6	M33×2	5×ϕ14	—	A12×60	6×40×35×10	—	37	42	108	65	18	194. 5	37	45	138	—	—
JM10-F0. 224F$_1$			230	204h8		ϕ22		M12×1. 6			78	34					213	75		—	51	51
JM10-F0. 25F$_1$																						
JM11-F0. 315F$_1$																						
JM11-F0. 355F$_1$						ϕ22		M12×1. 6			78						266	75		—	51	51
JM11-F0. 4F$_1$																						
JM11-F0. 45	338	408	260	180h6	55m7	M33×2	5×ϕ18	—	A18×90	8×54×46×9	—	27	75	132	100	35	243. 5	37	73	138	—	—
JM11-F0. 5F$_1$						ϕ22		M12×1. 6			78						266	75		—	51	51
JM11-F0. 56F$_1$																						
JM12-F0. 63F$_2$																						
JM12-F0. 71F$_2$			300	250h8	63m7		5×ϕ22		A18×90	8×60×52×10				145	105				75			
JM12-F0. 8F$_2$	344					ϕ26（加连接板为M33×2）					80（加连接板为105）		66			30						
JM12L-F0. 8F$_2$		480	295	260h8	60f7		5×ϕ18	M10 深 20	A18×85	6×60×54×14		37		128	88		241. 5	50	68	—	50	45
JM12-F0. 9F$_2$			300	250h8	63m7		5×ϕ22		A18×90	8×60×52×10				145	105				75			
JM12-E1. 0F$_2$	348												70			34						
JM12-E1. 25F$_2$																						
JM13-F1. 25F$_1$																						
JM13-F1. 4F$_1$	401	573	360	320h8	75m7	ϕ28	5×ϕ22	M12 深 20	A22×100（双键）	6×75×65×16	85	39	80	148	109	34	324	75	84	—	51	51
JM13-F1. 6F$_1$																						

续表

型号	A	B	C	D	d	d_1	d_2	d_3	轴伸 $U_1(b\times l)$	轴伸 U_2（GB/T 1144）	L_1	L_2	L_3	L_4	L_5	L_6	L_7	L_8	L_9	L_{10}	L_{11}	L_{12}
JM13-F1. 6	377	573	360	330h8	75m7	M42×2	5×ϕ22	M12 深 20	A22×100（双键）	6×75×65×16	—	39	80	148	109	34	288	30	84	164	—	—
JM13-F1. 8F$_1$	401			320h8	80m7	ϕ28			A24×150	10×82×72×12	85			198	平键 159 花键 125		324	75	100	—	51	51
JM13-F2. 0F$_1$																						
JM14-F2. 24F$_1$	445	660	420	380h8	90g7	ϕ30	5×ϕ22	M12 深 20	C25×170	6×90×80×20	100	30	110	235	平键 180 花键 130	38	376	75	100	—	51	51
JM14-F2. 5F$_1$																						
JM14-F2. 8F$_1$												50										
JM14-F3. 15F$_1$																						
JM14-F3. 55F$_1$																						
JM15-E5. 6	490	825	580	500h8	120g7	M48×2	5×ϕ33	4×M16 深 30	A32×180	10×120×112×18	—	54	120	245	190	50	395	—	150	250（有连接板为340）	100	—
JM15-E6. 3																						
JM15-E7. 1																						
JM15-E8. 0																						
JM16-F4. 0F$_1$	450	692	520. 7	457h8	100m7	ϕ32	7×ϕ22	M12 深 25	C28×170	—	95	36	120	210	170	40	358	82	—	—	60	30
JM16-F4. 5F$_1$																						
JM16-F5. 0	516	740			110m7	G1/2		4×M20 深 25	A28×200（双键）		—	30	150	242	210	52	445	—		220	130	—

续表

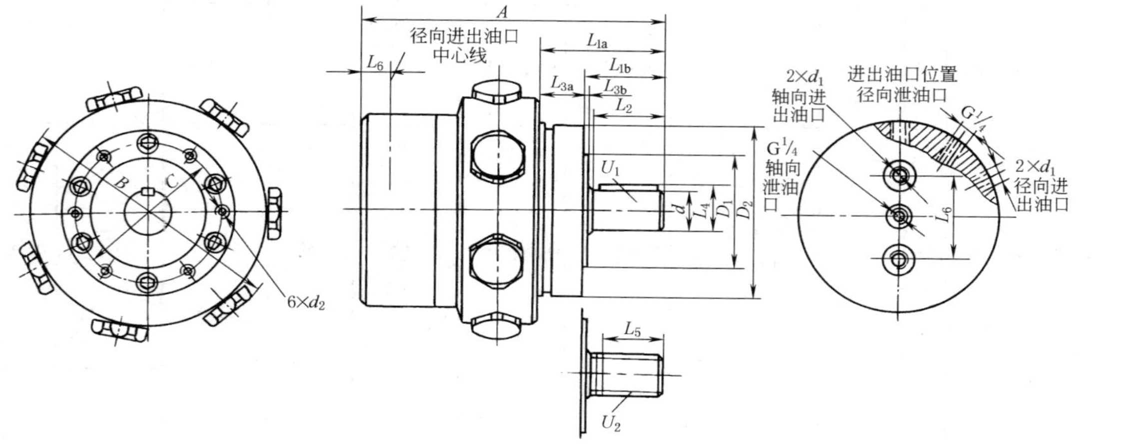

JM21 型径向柱塞马达外形尺寸(单排缸)

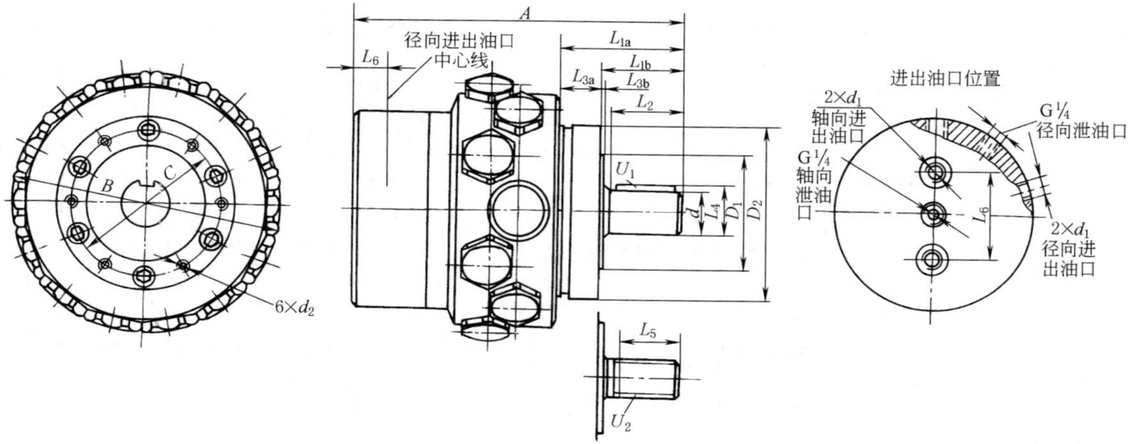

JM22 型径向柱塞马达外形尺寸(双排缸)

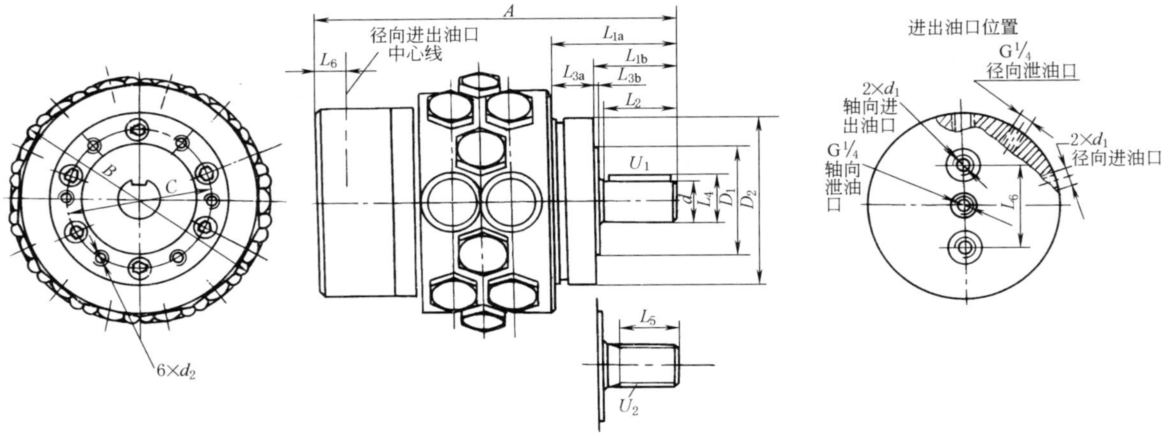

JM23 型径向柱塞马达外形尺寸（三排缸）

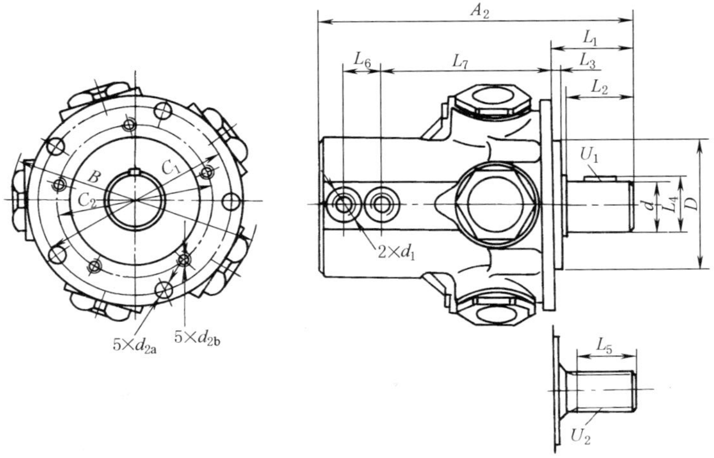

JM31 型径向柱塞马达外形尺寸（单排缸）

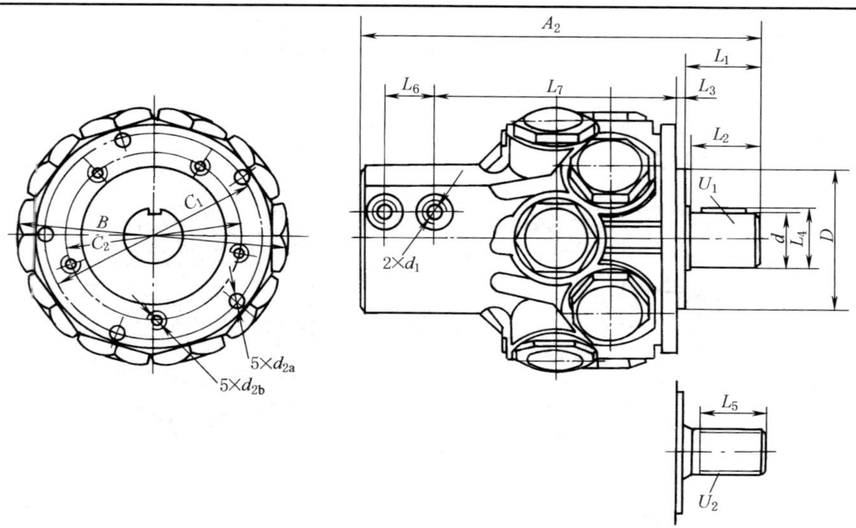

JM33 型径向柱塞马达外形尺寸(三排缸)

型号	A①		B	C②		D②		d	d_1	d_2		轴伸③		L_1		$L_2$④		L_3		L_4	L_5	L_6	L_7
	A_1	A_2		C_1	C_2	D_1	D_2			d_{2a}	d_{2b}	U_1	U_2	L_{1a}	L_{1b}	L_{2a}	L_{2b}	L_{3a}	L_{3b}				
JM21-D0.02	202	189	178	100		80h6	129h6	30js7	G1/2	M8		A8×45	6×30×26×6	78	56	50	50	22	4	33	35	26	—
JM21-D0.0315																							
JM21a-D0.0315																							
JM22-D0.05	222	209																					
JM22-D0.063																							
JM22a-D0.063																							
JM23-D0.09	242	229																					
JM23a-D0.09																							
JM31-E0.08	—	337	245	200	160	140		40k7	G1	φ11	M12	A12×56	6×38×32×6 (W40×2×18×7h)	67		65	55	11		43	30 (30)	54	152
JM31-E0.125																							
JM33-E0.16	—	391	248					50k7				A16×63	8×48×42×8 (W50×2×24×7h)	77		75	65			54	45 (38)		196
JM33-E0.25																							

① A 栏中 A_1 为径向进油尺寸，A_2 为轴向进油尺寸。
② C、D 为止口安装用尺寸，C_1、C_2 和 D_1、D_2 可根据实际使用。
③ 花键规格按 GB/T 1144 标准，括号内为 DIN 5480 标准。
④ L 栏中 L_a 为平键轴伸尺寸，L_b 为花键轴伸尺寸。

4.3.5 DMQ 系列径向柱塞马达

DMQ 系列液压马达为等接触应力、低速大转矩液压马达。它可正反两个方向旋转，技术参数不变，进出油口可互换，并用两台相同型号的液压马达组成双输出轴的液压马达驱动器。该系列马达压力高、转矩大、噪声低、效率高。其工作原理见表 20-6-31 中图。马达工作时，压力油由入口进入，经过配油盘 C 分配至四个配油孔内，在图示位置时，与缸体 B 的 1 号、3 号、5 号配油孔连通，压力油进入对应的缸体缸孔，推动 1 号、3 号、5 号活塞组件沿着滚道环 A 的轨道 0°~45°上作升程运动，活塞组件对轨道产生作用力，而轨道对活塞组件产生反作用力，该反作用力的切向分力又作用于缸体 B，由此驱动缸体旋转产生转矩，通过传动轴输出。活塞组件 1 号在升程工作至 45°时，进油结束，当进入 45°~90°时，缸体缸孔 1 号与配油盘 C 的回油孔（低压腔）接通，开始进入轨道的回程运动，至 90°时，活塞组件 1 号回程工作结束。至此，活塞组件 1 号的一个作用（升、回程）全部结束，再进入下一个作用。其余活塞组件工作类推。回油路线：低压油经配油盘 C 的回油孔、马达出口流至油箱。

型号意义：

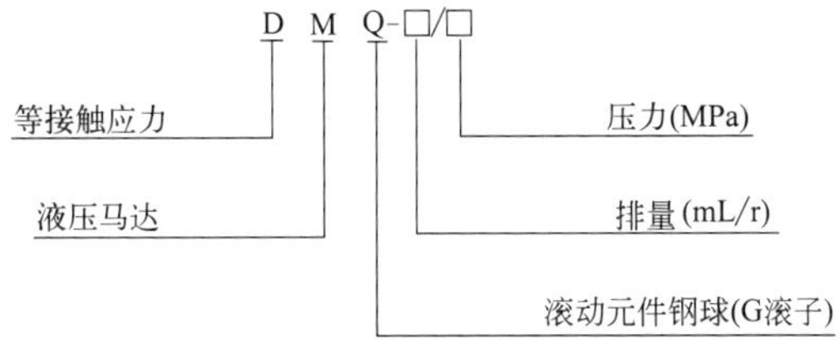

表 20-6-31　　技术参数及外形尺寸　　mm

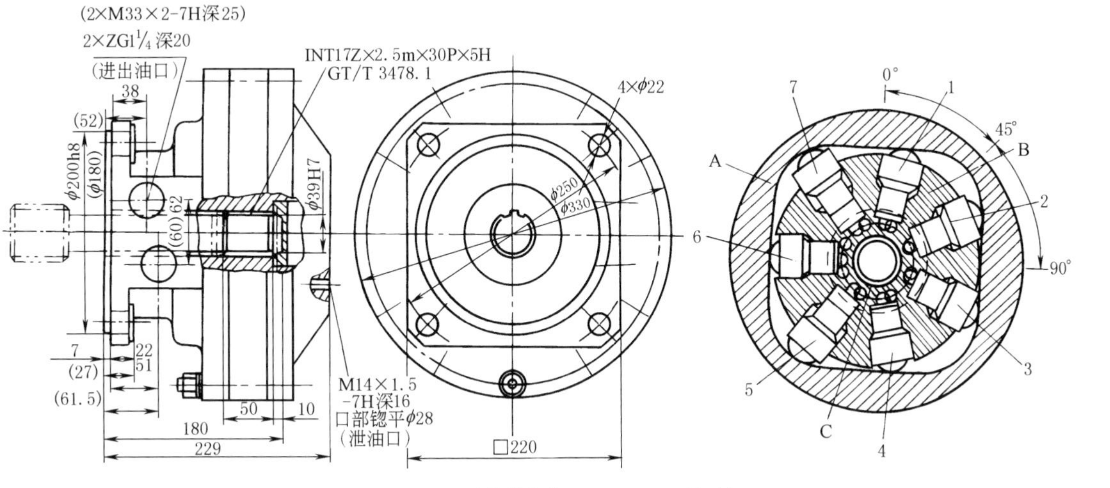

DMQ-1000/20(括号内为 DMQ-500/40 尺寸)

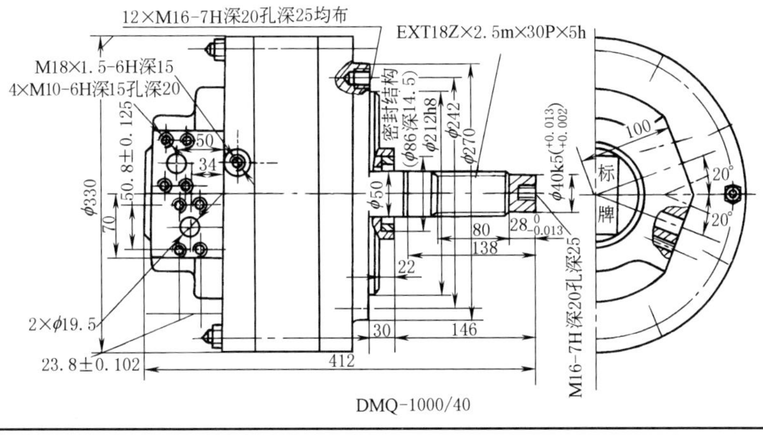

DMQ-1000/40

续表

型号	排量/mL·r⁻¹	最高压力/MPa	最大转矩/N·m	转速/r·min⁻¹	型号	排量/mL·r⁻¹	最高压力/MPa	最大转矩/N·m	转速/r·min⁻¹
DMQ-125/40	125	40	800	3~150	DMQ-200/25	203	25	800	3~150
DMQ-250/40	250		1600		DMQ-400/25	391		1600	
DMQ-500/40	500		3150		DMQ-800/25	826		3150	
DMQ-1000/40	1000		6300		DMQ-1600/25	1494		6300	
DMQ-2000/40	2000		12500		DMQ-3150/25	3240		12500	
DMQ-4000/40	4000		25000		DMQ-6300/25	6612		25000	
DMQ-160/31.5	160	31.5	800		DMQ-250/20	264	20	800	
DMQ-315/31.5	315		1600		DMQ-500/20	510		1600	
DMQ-630/31.5	630		3150		DMQ-1000/20	1020		3150	
DMQ-1250/31.5	1250		6300		DMQ-2000/20	1960		6300	
DMQ-2500/31.5	2624		12500		DMQ-4000/20	4231		12500	
DMQ-5000/31.5	5224		25000		DMQ-8000/20	8163		25000	

4.3.6 NJM型内曲线径向柱塞马达

NJM型内曲线马达是多作用横梁传动径向柱塞低速大转矩马达。它具有结构紧凑、效率高、转矩大、低速稳定性好等优点，一般不需要经过变速装置而直接传递转矩。NJM型内曲线马达广泛用于工程、矿山、起重、运输、船舶、冶金等机械设备的液压系统中。

型号意义：

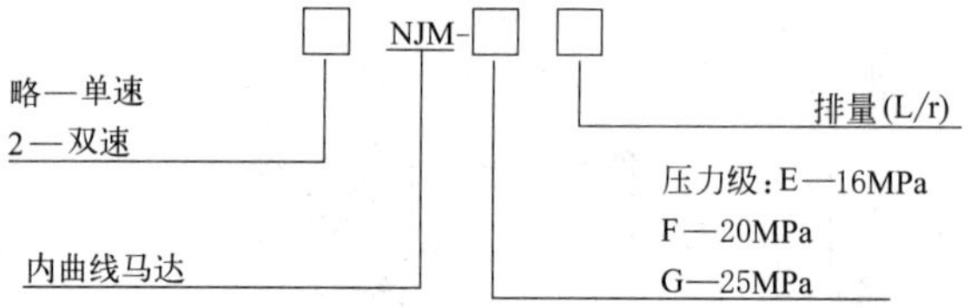

表 20-6-32　　技术参数

型号	排量/L·r⁻¹	压力/MPa		最高转速/r·min⁻¹	转矩/N·m		质量/kg
		额定	最大		额定	最大	
NJM-G1	1	25	32	100	3310	4579	160
NJM-G1.25	1.25	25	32	100	4471	5724	230
NJM-G2	2	25	32	63(80)	7155	9158	230
NJM-G2.5	2.5	25	32	80	8720	11448	290
NJM-G2.84	2.84	25	32	50	10160	13005	219
2NJM-G4	2/4	25	32	63/40	7155/14310	9158/18316	425
NJM-G4	4	25	32	40	14310	18316	425
NJM-G6.3	6.3	25	32	40		28849	524
NJM-F10	9.97	20	25	25		35775	638
NJM-G3.15	3.15	25	32	63		15706	291
2NJM-G3.15	1.58/3.15	25	32	120/63		7853/15706	297
NJM-E10W	9.98	16	20	20		28620	
NJM-F12.5	12.5	20	25	20		44719	
NJM-E12.5W	12.5	16	25	20		35775	
NJM-E40	40	16	25	12		114480	

表 20-6-33 外形尺寸 mm

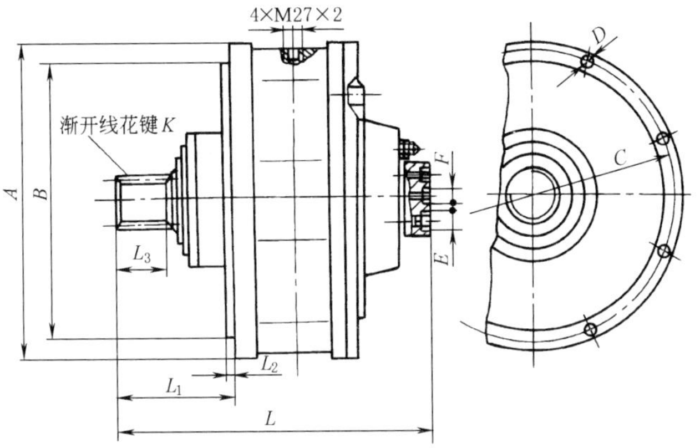

NJM-G(1.25、2、2.84、6.3、3.15)型、2NJM-G(4、3.15)型
液压马达外形尺寸

型号	A	B	C	D	E	F	L	L_1	L_2	L_3	K
NJM-G1.25	460	$400^{-0.08}_{-0.14}$	430	8×ϕ20	M27×2	—	418	167	8	75	EXT28Z×2.5m×20P×5h
NJM-G2	560	$480^{-0.08}_{-0.14}$	524	8×ϕ21	M27×2	—	475	200	8	85	EXT38Z×2.5m×20P×5h
NJM-G2.84	466	380h8	426	8×ϕ18	M22×1.5	—	449	174		72	EXT24Z×3m×30R×5h
2NJM-G4	560	$480^{-0.08}_{-0.14}$	524	8×ϕ21	M35×2	M14×1.5	564	200	8	78	EXT38Z×2.5m×20P×5h
NJM-G6.3	600	480f7	560	6×ϕ26	M42×2	—	570	219	8	100	EXT40Z×3m×30P×5h
NJM-G3.15	530	$400^{-0.08}_{-0.14}$	493	6×ϕ22	M27×2	—	517	185	6	78	EXT32Z×3m×30P×5h
2NJM-G3.15	530	$400^{-0.08}_{-0.14}$	493	6×ϕ22	M27×2	M14×1.5	540	185	6	70	EXT24Z×3m×30P×5h

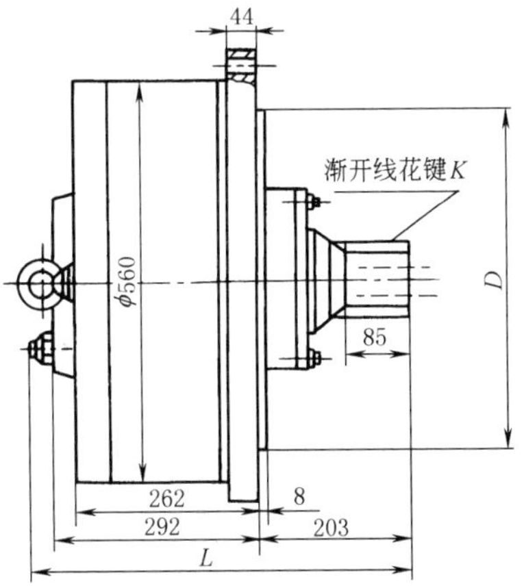

NJM-G4 型、2NJM-G4 型液压马达外形尺寸

型号	L	D	K
NJM-G4	526	420f9	EXT58Z×2.5m×20P×5h
2NJM-G4	550	480f9	EXT38Z×2.5m×20P×5h

续表

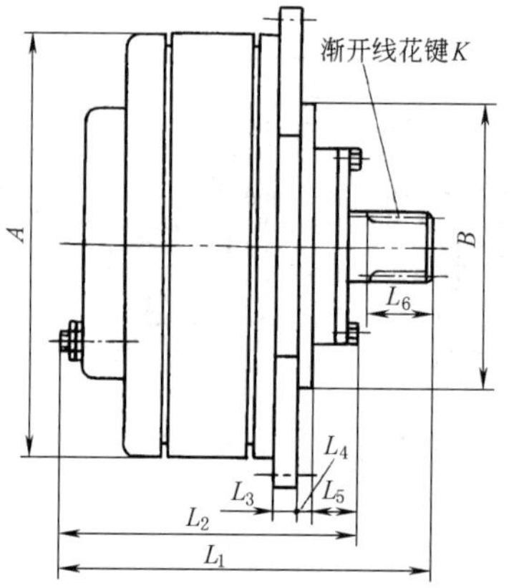

NJM-G(2、2.5)型液压马达外形尺寸

型　　号	A	B	L_1	L_2	L_3	L_4	L_5	L_6	K
NJM-G2	485	$400^{-0.02}_{-0.10}$	465	365	30	10	48	80	EXT25Z×2.5m×30P×5h
NJM-G2.5	560	$480^{-0.10}_{-0.25}$	430	330	34	8	60	85	EXT38Z×2.5m×30P×5h

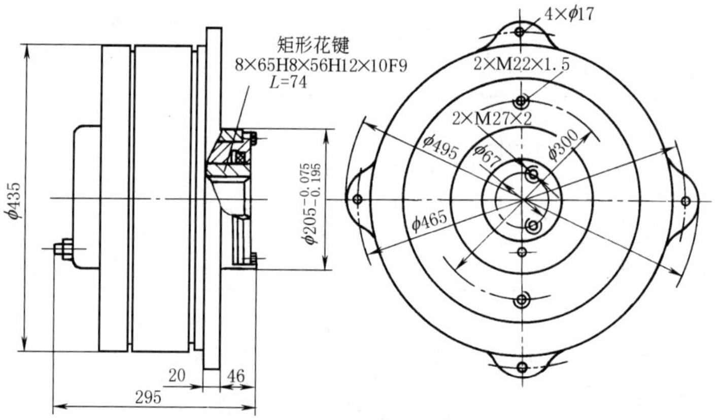

NJM-G1 型液压马达外形尺寸

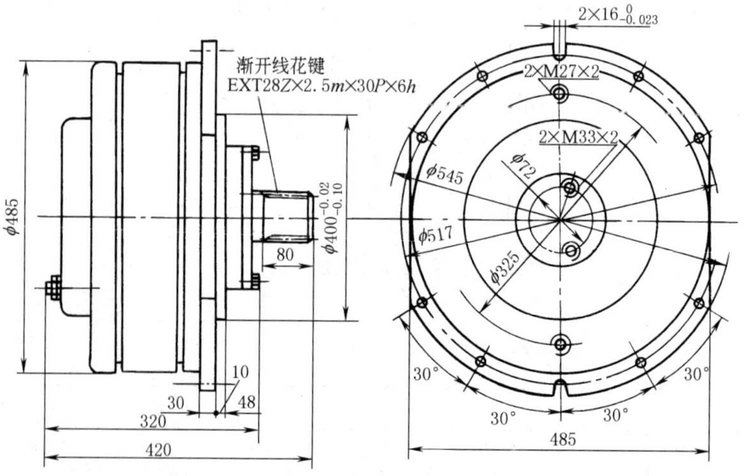

NJM-G1.25 型液压马达外形尺寸

续表

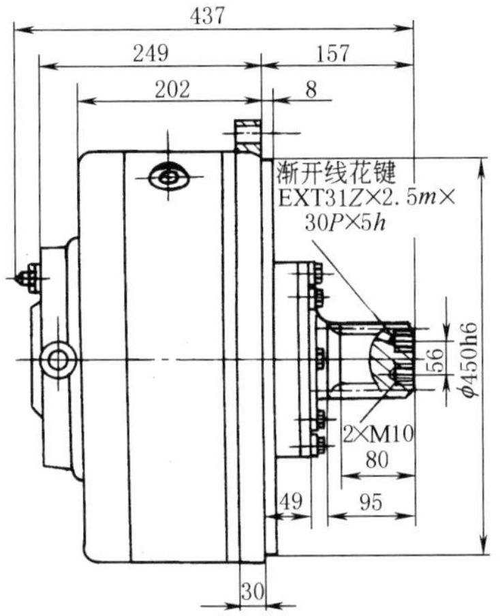

NJM-G1.25 型液压马达外形尺寸

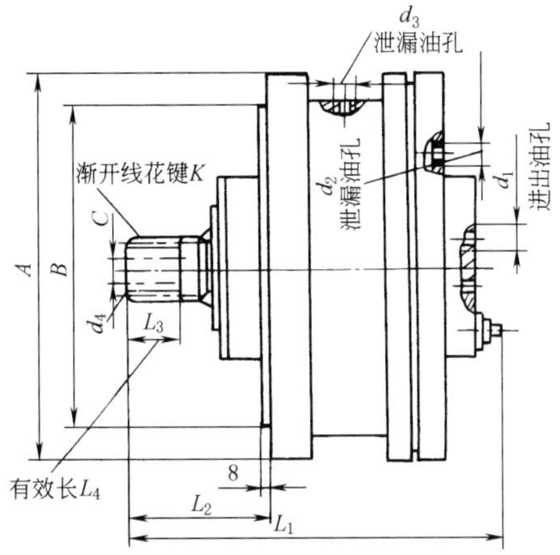

NJM-G(2、2.84)型液压马达外形尺寸

型　号	A	B	C	L_1	L_2	L_3	L_4	d_1	d_2	d_3	d_4	K
JM-G2	560	$480^{-0.08}_{-0.14}$	35	475	200	116	85	4×M27×2	4×M27×2	M27×2	2×M12	EXT38Z×2.5m×30R×6h
JM-G2.84	462	$380^{-0.08}_{-0.14}$	35	448	174	103	72	2×M22×1.5	2×M22×1.5	M22×1.5	2×M10	EXT24Z×3m×30R×6h

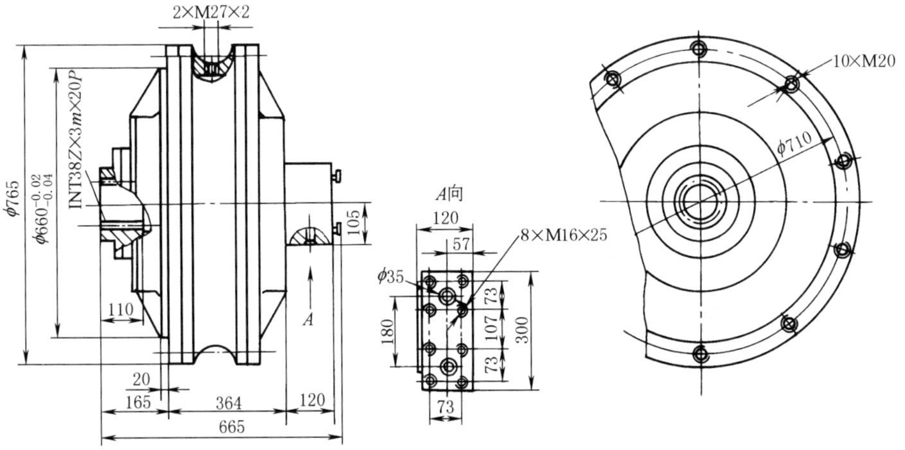

NJM-E10W 型液压马达外形尺寸

续表

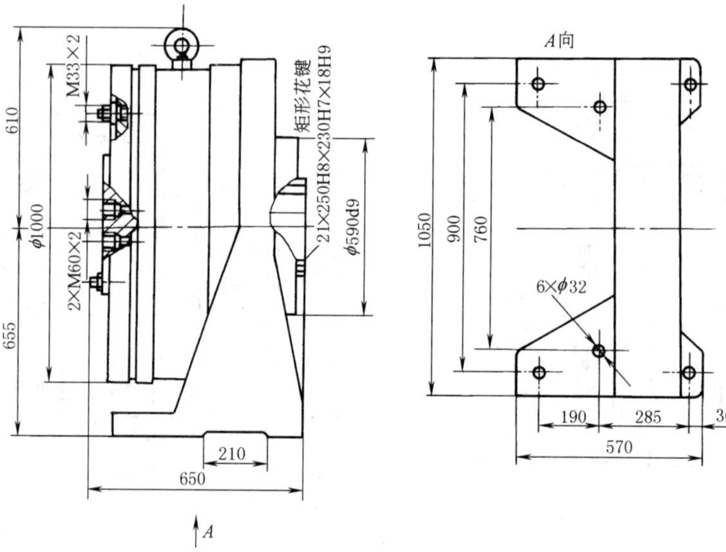

NJM-E40 型液压马达外形尺寸

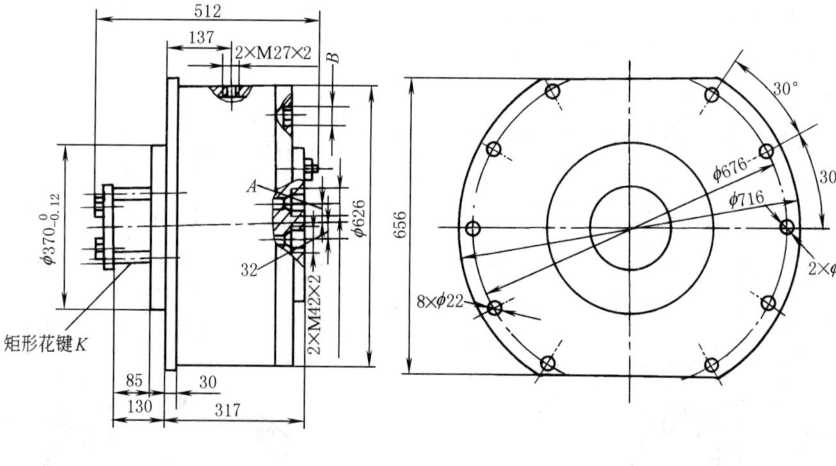

NJM-F(10、12.5)型液压马达外形尺寸

型　　号	A	B	K
NJM-F10	45	M16×1.5	10×145f7×160f5×22f9
NJM-F12.5	43	M18×1.5	10×145f7×160f5×22f9

4.3.7 QJM 型、QKM 型液压马达

QJM 型液压马达有以下主要特点。

① 该型马达的滚动体用一只钢球代替了一般内曲线液压马达所用的两只以上滚轮和横梁，因而结构简单工作可靠，体积、重量显著减小。

② 运动副惯量小，钢球结实可靠，故该型马达可以在较高转速和冲击载荷下连续工作。

③ 摩擦副少，配油轴与转子内力平衡，球塞副通过自润滑复合材料制成的球垫传力，并具有静压平衡和良好的润滑条件，采用可自动补偿磨损的软性塑料活塞环密封高压油，因而具有较高的机械效率和容积效率，能在很低的转速下稳定运转，启动转矩较大。

④ 因结构具有的特点，该型马达所需回油背压较低，一般需 0.3~0.8MPa，转速越高，背压应越大。

⑤ 因配油轴与定子刚性连接，故该型马达进出油管允许用钢管连接。

⑥ 该型马达具有二级和三级变排量，因而具有较大的调速范围。

⑦ 结构简单，拆修方便，对清洁度无特殊要求，油的过滤精度可按配套油泵的要求选定。

⑧ 除壳转和带支承型外，液压马达的出轴一般只允许承受转矩，不能承受径向和轴向外力。

⑨ 带 T 型液压马达，中心具有通孔，传动轴可以穿过液压马达。

⑩ 带 S 型液压马达，具有能自动启闭的机械制动器，能实现可靠的制动。

⑪ 带 Se 型和 SeZ 型液压马达，其启动和制动可用人工控制，也可自动控制，控制压力较低，制动转矩大，操作方便可靠。

型号意义：

□ □ QJM □-□ □

- 1—定量；2—2级变量；3—3级变量
- 变量控制方式：FS—滑阀手动；LS—螺杆手动；略—液控
- 径向球塞轴转液压马达（壳转液压马达用QKM表示）
- 基型编号（相同基型主要外形尺寸和主要零件相同）
- 排量（L/r）
- 略—标准型
  - Z—带支承，注脚数字表示种类，Ze※表示轴承外置式
  - T—通孔，注脚数字表示通孔直径
  - B—带通油板
  - S，S_2—带自控式制动器（同基型马达中 S_2 的制动转矩大于S的制动转矩）
  - Se—带外控式制动器矩形花键孔输出
  - SeZ—带外控式制动器平键轴输出
  - SeZH—带外控式制动器矩形花键轴输出
  - F—带阀组
  - A—花键尺寸与本系列马达的花键尺寸不同
  - D—壳转马达单出轴

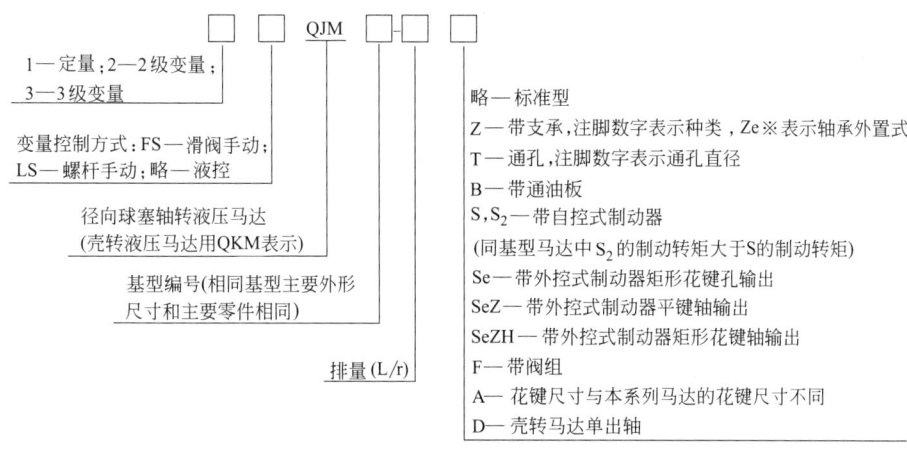

表 20-6-34　QJM 型定量液压马达技术参数

型号	排量/L·r⁻¹	压力/MPa		转速范围/r·min⁻¹	额定输出转矩/N·m	型号	排量/L·r⁻¹	压力/MPa		转速范围/r·min⁻¹	额定输出转矩/N·m
		额定	尖峰					额定	尖峰		
QJM001-0.063	0.064	10	16	8~800	95	1QJM21-0.5	0.496	16	31.5	2~320	1175
QJM001-0.08	0.083	10	16	8~500	123	1QJM21-0.63	0.664	16	31.5	2~250	1572
QJM001-0.1	0.104	10	16	8~400	154	1QJM21-0.8	0.808	16	25	2~200	1913
QJM002-0.2	0.2	10	16	5~320	295	1QJM21-1.0	1.01	10	16	2~160	1495
QJM01-0.063	0.064	16	25	8~600	149	1QJM21-1.25	1.354	10	16	2~125	2004
QJM01-0.1	0.1	10	16	8~400	148	1QJM21-1.6	1.65	10	16	2~100	2442
QJM01-0.16	0.163	10	16	8~350	241	1QJM12-1.0	1.0	10	16	4~200	1480
QJM01-0.2	0.203	10	16	8~320	300	1QJM12-1.25	1.33	10	16	4~160	1968
QJM02-0.32	0.346	10	16	5~320	483	1QJM31-0.8	0.808	20	31.5	2~250	2392
QJM02-0.4	0.406	10	16	5~320	600	1QJM31-1.0	1.06	16	25	1~200	2510
QJM11-0.32	0.339	10	16	5~500	468	1QJM31-1.6	1.65	10	16	1~125	2440
QJM1A1-0.4	0.404	10	16	5~400	598	1QJM32-0.63	0.635	20	31.5	1~500	1880
QJM11-0.5	0.496	10	16	5~320	734	1QJM32-0.8	0.808	20	31.5	1~400	2368
QJM11-0.63	0.664	10	16	4~250	983	1QJM32-1.0	1.06	20	31.5	1~400	3138
QJM1A1-0.63	0.664	10	16	4~250	983	1QJM32-1.25	1.295	20	31.5	2~320	3833
QJM21-0.4	0.404	16	31.5	2~400	957	1QJM32-1.6	1.649	20	31.5	2~250	4881

续表

型号	排量/L·r^{-1}	压力/MPa		转速范围/r·min^{-1}	额定输出转矩/N·m	型号	排量/L·r^{-1}	压力/MPa		转速范围/r·min^{-1}	额定输出转矩/N·m
		额定	尖峰					额定	尖峰		
1QJM32-2.0	2.03	16	25	2~200	4807	1QJM52-3.2	3.24	20	31.5	1~250	9590
1QJM32-2.5	2.71	10	16	1~160	4011	1QJM52-4.0	4.0	16	25	1~200	9472
1QJM32-3.2	3.3	10	16	1~125	4884	1QJM52-5.0	5.23	10	16	1~160	7740
1QJM32-4.0	4.0	10	16	1~100	5920	1QJM52-6.3	6.36	10	16	1~125	9413
1QJM42-2.0	2.11	20	31.5	1~320	6246	1QJM62-4.0	4.0	20	31.5	0.5~200	11840
1QJM42-2.5	2.56	20	31.5	1~250	7578	1QJM62-5.0	5.18	20	31.5	0.5~160	15333
1QJM42-3.2	3.24	16	25	1~200	7672	1QJM62-6.3	6.27	16	25	0.5~125	14847
1QJM42-4.0	4.0	10	16	1~160	5920	1QJM62-8	7.85	10	16	0.5~100	11618
1QJM42-4.5	4.6	10	16	1~125	6808	1QJM62-10	10.15	10	16	0.5~80	15022
1QJM52-2.5	2.67	20	31.5	1~320	7903						

注：1. 各型带支承和带阀组液压马达的技术参数与表中对应的标准型液压马达技术参数相同。

2. 1QJM322 马达的技术参数与表中 1QJM32 相同。

3. 1QJM432 马达的技术参数与表中 1QJM42 相同。

表 20-6-35　　QJM 型变量液压马达技术参数

型号	排量/L·r^{-1}	压力/MPa		转速范围/r·min^{-1}	额定输出转矩/N·m	型号	排量/L·r^{-1}	压力/MPa		转速范围/r·min^{-1}	额定输出转矩/N·m
		额定	尖峰					额定	尖峰		
2QJM02-0.4	0.406,0.203	10	16	5~320	600	2QJM32-2.5	2.71,1.355	10	16	1~160	4011
2QJM11-0.4	0.404,0.202	10	16	5~630	598	2QJM32-3.2	3.3,1.65	10	16	1~125	4884
2QJM11-0.5	0.496,0.248	10	16	5~400	734	2QJM42-2.0	2.11,1.055	20	31.5	1~320	6246
2QJM11-0.63	0.664,0.332	10	16	5~320	983	2QJM42-2.5	2.56,1.28	20	31.5	1~250	7578
2QJM21-0.32	0.317,0.159	16	31.5	2~630	751	2QJM42-3.2	3.24,1.62	10	16	1~200	4850
2QJM21-0.5	0.496,0.248	16	31.5	2~400	1175	2QJM42-4.0	4.0,2.0	10	16	1~200	5920
2QJM21-0.63	0.664,0.332	16	31.5	2~320	1572	2QJM52-2.5	2.67,1.335	20	31.5	1~320	7903
2QJM21-1.0	1.01,0.505	10	16	2~250	1495	2QJM52-3.2	3.24,1.62	20	31.5	1~250	9590
2QJM21-1.25	1.354,0.677	10	16	2~200	2004	2QJM52-4.0	4.0,2.0	16	25	1~200	9472
2QJM31-0.8	0.808,0.404	20	31.5	2~250	2392	2QJM52-5.0	5.23,2.615	10	16	1~160	7740
2QJM31-1.0	1.06,0.53	16	25	1~200	2510	2QJM52-6.3	6.36,3.18	10	16	1~125	9413
2QJM31-1.6	1.65,0.825	10	16	1~125	2442	2QJM62-4.0	4.0,2.0	20	31.5	0.5~200	11840
2QJM32-0.63	0.635,0.318	20	31.5	1~500	1880	2QJM62-5.0	5.18,2.59	20	31.5	0.5~160	15333
2QJM32-1.0	1.06,0.53	20	31.5	1~400	3138	2QJM62-6.3	6.27,3.135	16	25	0.5~125	14847
2QJM32-1.25	1.295,0.648	20	31.5	2~320	3833	2QJM62-8.0	7.85,3.925	10	16	0.5~100	11618
2QJM32-1.6	1.649,0.825	20	31.5	2~250	4881	2QJM62-10	10.15,5.075	10	16	0.5~80	15022
2QJM32-1.6/0.4	1.6,0.4	20	31.5	2~250	4736	3QJM32-1.25	1.295,0.648,0.324	20	31.5	1~320	3833
2QJM32-2.0	2.03,1.015	16	25	2~200	4807	3QJM32-1.6	1.649,0.825,0.413	20	31.5	2~250	4881

注：各型带支承和带阀组变量液压马达的技术参数与表中对应的变量液压马达技术参数相同。

表 20-6-36　　QJM 型自控式带制动器液压马达技术参数

型　号	排量 /L·r^{-1}	压力/MPa		转速范围 /r·min^{-1}	额定输出转矩 /N·m	制动器开启压力 /MPa	制动器制动转矩 /N·m
		额定	尖峰				
1QJM11-0.32S	0.317	10	16	5~500	468	4~6	400~600
QJM11-0.40S	0.404	10	16	5~400	598	3~5	
QJM11-0.50S	0.496	10	16	5~320	734		
QJM11-0.63S	0.664	10	16	4~250	983		
QJM11-0.40S	0.404	10	16	5~400	598		
QJM11-0.50S	0.496	10	16	5~320	734		
QJM11-0.63S	0.664	10	16	5~200	983		
QJM21-0.32S	0.317	16	31.5	2~500	751	4~6	1000~1400
QJM21-0.40S	0.404	16	31.5	2~400	957		
QJM21-0.50S	0.496	16	31.5	2~320	1175		
QJM21-0.63S	0.664	16	31.5	2~250	1572		
QJM21-0.8S	0.808	16	25	2~200	1913		
QJM21-1.0S	1.01	10	16	2~160	1495	3~5	
QJM21-1.25S	1.354	10	16	2~125	2004		
QJM21-1.6S	1.65	10	12.5	2~100	2442		
QJM21-0.32S	0.317,0.159	16	31.5	2~600	751	4~7	
QJM21-0.40S	0.404,0.202	16	31.5	2~500	957		
QJM21-0.50S	0.496,0.248	16	31.5	2~400	1175		
QJM21-0.63S	0.664,0.332	16	31.5	2~320	1572		
QJM21-0.8S	0.808,0.404	16	25	2~200	1913		
QJM21-1.0S	1.01,0.505	10	16	2~250	1495	3~5	
QJM21-1.25S	1.354,0.677	10	16	2~200	2004		
QJM21-1.6S	1.65,0.825	10	16	2~100	2442		
QJM32-0.63S	0.635 0.635,0.318	20	31.5	3~500	1880	4~7	2500
QJM32-0.8S	0.808 0.808,0.404	20	31.5	3~400	2368		
QJM32-1.0S	1.06 1.06,0.53	20	31.5	2~400	3138		
QJM32-1.25S	1.295 1.295,0.648	20	31.5	2~320	3833	3~5	
QJM32-1.6S	1.649 1.649,0.825	20	31.5	2~250	4881		
QJM32-2.0S	2.03 2.03,1.02	16	25	2~200	4807		
QJM32-2.5S	2.71 2.71,1.36	10	16	1~160	4011		
QJM32-3.2S	3.3 3.3,1.65	10	16	1~125	4884		

续表

型号	排量/L·r^{-1}	压力/MPa		转速范围/r·min^{-1}	额定输出转矩/N·m	制动器开启压力/MPa	制动器制动转矩/N·m
		额定	尖峰				
$_{2}^{1}$QJM32-4.0S	4.0 4.0,2.0	10	16	1～100	5920	3～5	4000
$_{2}^{1}$QJM32-0.63S_2	0.635 0.635,0.318	20	31.5	3～500	1880	4～7	
$_{2}^{1}$QJM32-0.8S_2	0.808 0.808,0.404	20	31.5	3～400	2368		
$_{2}^{1}$QJM32-1.0S_2	0.993 0.993,0.497	20	31.5	2～400	3138		
$_{2}^{1}$QJM32-1.25S_2	1.295 1.295,0.648	20	31.5	2～320	3833	3～5	
$_{2}^{1}$QJM32-1.6S_2	1.649 1.649,0.825	20	31.5	2～250	4881		
$_{2}^{1}$QJM32-2.0S_2	2.03 2.03,1.015	16	25	2～200	4807		
$_{2}^{1}$QJM32-2.5S_2	2.71 2.71,1.355	10	16	1～160	4011		
$_{2}^{1}$QJM32-3.2S_2	3.3 3.3,1.65	10	16	1～125	4884		
$_{2}^{1}$QJM32-4.0S_2	4.0 4.0,2.0	10	16	1～100	5920		
$_{2}^{1}$QJM42-2.0S	2.11 2.11,1.055	20	31.5	1～320	6246	4～7	5000
$_{2}^{1}$QJM42-2.5S	2.56 2.56,1.28	20	31.5	1～250	7578		
$_{2}^{1}$QJM42-3.2S	3.28 3.28,1.64	10	16	1～200	4884	4～6	
$_{2}^{1}$QJM42-4.0S	4.0 4.0,2.0	10	16	1～160	5920	3～5	
$_{2}^{1}$QJM42-4.5S	4.56 4.56,2.28	10	16	1～125	6808		
$_{2}^{1}$QJM52-2.5S	2.67 2.67,1.355	20	31.5	1～320	7903	4～7	6000
$_{2}^{1}$QJM52-3.2S	3.24 3.24,1.62	20	31.5	1～250	9590		
$_{2}^{1}$QJM52-4.0S	4.0 4.0,2.0	16	25	1～200	9472	4～6	
$_{2}^{1}$QJM52-5.0S	5.23 5.23,2.615	16	16	1～160	7740	3～5	
$_{2}^{1}$QJM52-6.3S	6.36 6.36,3.18	16	16	1～125	9413		
1QJM31-0.63SZ	0.66	20	31.5	1～320	1954	4～7	1800
1QJM31-1.0SZ	1.06	16	25	1～200	2510	4～6	
1QJM31-1.25SZ	1.36	10	16	1～160	2013	3～5	
1QJM31-1.6SZ	1.65	10	16	1～125	2442		

续表

型　　号	排量 /L·r^{-1}	压力/MPa		转速范围 /r·min^{-1}	额定输出转矩 /N·m	制动器开启压力 /MPa	制动器制动转矩 /N·m
		额定	尖峰				
$^{1}_{2}$QJM32-0.63SZ	0.635 0.635,0.318	20	31.5	3~500	1880	4~7	2500
$^{1}_{2}$QJM32-0.8SZ	0.808 0.808,0.404	20	31.5	3~400	2368		
$^{1}_{2}$QJM32-1.0SZ	1.06 1.06,0.53	20	31.5	2~400	3138		
$^{1}_{2}$QJM32-1.25SZ	1.295 1.295,0.648	20	31.5	2~320	3833	3~5	
$^{1}_{2}$QJM32-1.6SZ	1.649 1.649,0.825	20	31.5	2~250	4881		
$^{1}_{2}$QJM32-2.0SZ	2.03 2.03,1.015	16	25	2~200	4807		
$^{1}_{2}$QJM32-2.5SZ	2.71 2.71,1.355	10	16	1~160	4011		
$^{1}_{2}$QJM32-3.2SZ	3.3 3.3,1.65	10	16	1~125	4884		
$^{1}_{2}$QJM32-4.0SZ	4.0 4.0,2.0	10	16	1~100	5920		

表 20-6-37　　外形尺寸　　mm

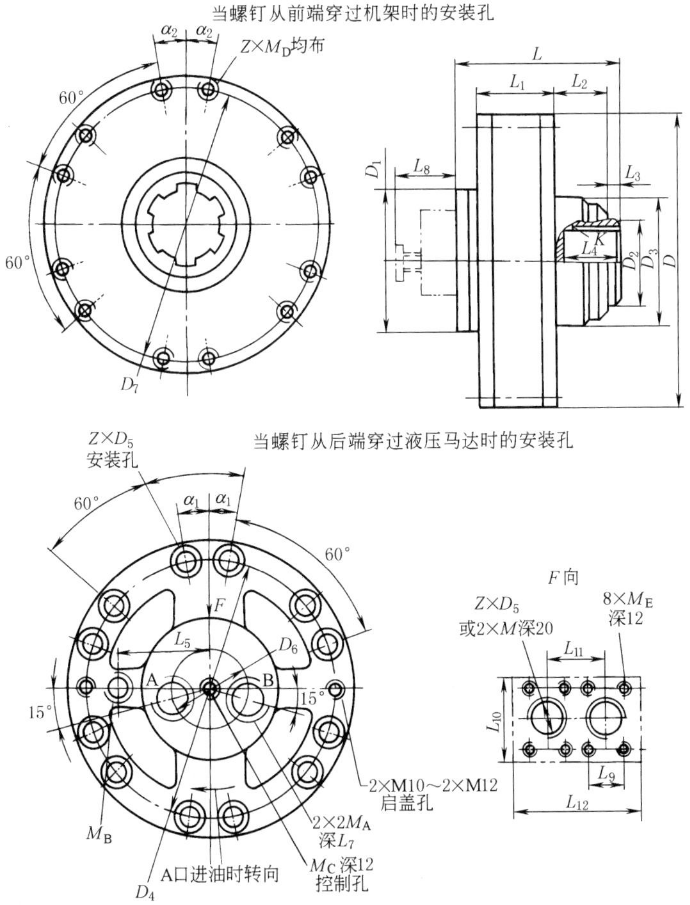

续表

型号	L	L_1	L_2	L_3	L_4	L_5	L_7	L_8	L_9	L_{10}	L_{11}	L_{12}	D	D_1	D_2	D_3	D_4
1QJM001-※※	101	58	38	5	20	43	20	37	—	37	35±0.3	63	ϕ140	—	ϕ60	ϕ110g6	ϕ128±0.3
1QJM01-※※	130	80	38	3	30	62	20	—	—	—	—	—	ϕ180	ϕ100	ϕ70	ϕ130g7	ϕ165±0.3
1QJM02-※※	152	102	38	3	30	62	20	—	—	—	—	—	ϕ180	ϕ100	ϕ70	ϕ130g7	ϕ165±0.3
$\frac{1}{2}$QJM11-※※	132	82	33	3	32	87	20	—	—	—	—	—	ϕ240	ϕ150	ϕ100	ϕ160g7	ϕ220±0.3
1QJM1A1-※※	132	82	24.5	11.5	38	87	20	—	—	—	—	—	ϕ240	ϕ150	ϕ60h8	ϕ200g7	ϕ220±0.3
$\frac{1}{2}$QJM12-※※	165	115	33	3	32	87	20	—	—	—	—	—	ϕ240	ϕ150	ϕ100	ϕ160g7	ϕ220±0.3
$\frac{1}{2}$QJM21-※※	168	98	29	14	38	—	20	—	—	—	—	—	ϕ300	ϕ150	ϕ110	ϕ160g7	ϕ283±0.3
2LSQJM21-※※								110	—	48	58	150					
$\frac{1}{2}$QJM32-※※	213	138	43	10	55	115	20	—	—	—	—	—	ϕ320	ϕ165	ϕ120	ϕ170g7	ϕ299±0.3
2LSQJM32-※※								95	—	48	70	165					
$\frac{1}{2}$QJM42-※※	209	160	16	12	35	124	22	—	—	—	—	—	ϕ350	ϕ190	ϕ140	ϕ200g7	ϕ320±0.3
2LSQJM42-※※								151	73	108	104	204					
1QJM42-※※A	200	153	23	5	35	124	22	—	—	—	—	—	ϕ340	ϕ190	ϕ120	ϕ170g7	ϕ320±0.3
$\frac{1}{2}$QJM31-※※	181.5	100	42.5	14	55	115	20	—	—	—	—	—	ϕ320	ϕ165	ϕ120	ϕ170g7	ϕ299±0.3
$\frac{1}{2}$QJM52-※※	237	175	20	16	45	135	24	—	—	—	—	—	ϕ420	ϕ220	ϕ160	ϕ315g7	ϕ360±0.3
2LSQJM52-※※								144	73	101	105	205					
$\frac{1}{2}$QJM62-※※	264	162	24	16	45	167.5	24	—	—	—	—	—	ϕ485	ϕ255	ϕ170	ϕ395g7	ϕ435±0.3
2LSQJM62-※※								144	73	101	123	255					
$\frac{1}{2}$QJM11-※S_1	146.5	97	20	11.5	28	87	20	—	—	—	—	—	ϕ240	ϕ150	ϕ100	ϕ160g7	ϕ220±0.3
$\frac{1}{2}$QJM21-※S_1	168	117	17	7	31	100	20	—	—	—	—	—	ϕ304	ϕ150	ϕ100	ϕ160g7	ϕ220±0.3
$\frac{1}{2}$QJM21-※S_2	184	127	12	13	32	100	20	—	—	—	—	—	ϕ304	ϕ150	ϕ110	ϕ160g7	ϕ283±0.3
$\frac{1}{2}$QJM32-※S	231	140	58	3	55	115	20	—	—	—	—	—	ϕ320	ϕ165	ϕ170	ϕ280g7	ϕ299±0.3
$\frac{1}{2}$QJM32-※S_2	252	167.5															
$\frac{1}{2}$QJM42-※S	229	187	16	3	35	124	22	—	—	—	—	—	ϕ350	ϕ190	ϕ140h8	ϕ200g7	ϕ320±0.3
$\frac{1}{2}$QJM52-※S	266	178	56	3	55	135	24	—	—	—	—	—	ϕ420	ϕ220	ϕ160	ϕ315g7	ϕ360±0.3
$\frac{1}{2}$QJM11-※S_2	156	103	25	10	28	87	20	—	—	—	—	—	ϕ240	ϕ150	ϕ100	ϕ160g7	ϕ220±0.3

型号	$Z\times D_5$	D_6	D_7	M_A	M_B	M_C	$Z\times M_D$	M_E	α_1	α_2	K 对花键轴要求	质量/kg
1QJM001-※※	12×ϕ6.5	—	—	—	M16×1.5	—	—	—	10°	10°	$6\times\frac{48H11\times42H11\times12D9}{48b12\times42b12\times12d9}$	7
1QJM01-※※	12×ϕ9	ϕ58	—	M27×2	M12×1.5	—	—	—	10°	—	$6\times\frac{48H11\times42H11\times12D9}{48b12\times42b12\times12d9}$	15

续表

型号	$Z\times D_5$	D_6	D_7	M_A	M_B	M_C	$Z\times M_D$	M_E	α_1	α_2	K 对花键轴要求	质量/kg
1QJM02-※※	12×φ9	φ58	—	M27×2	M12×1.5	—	—	—	10°	—	$6\times\frac{48H11\times42H11\times12D9}{48b12\times42b12\times12d9}$	24
QJM11-※※	12×φ11	φ69	—	M33×2	M16×1.5	M12×1.5	—	—	10°	—	$6\times\frac{70H11\times62H11\times16D9}{70b12\times62b12\times16d9}$	28
1QJM1A1-※※	12×φ11	φ69	—	M33×2	M16×1.5	—	—	—	10°	—	$8\times\frac{42H11\times36H11\times7D9}{42b12\times36b12\times7d9}$	28
QJM12-※※	12×φ11	φ69	—	M33×2	M16×1.5	M12×1.5	—	—	10°	—	$6\times\frac{90H11\times80H11\times20D9}{90b12\times80b12\times20d9}$	39
QJM21-※※	12×φ11	φ69	—	M33×2	M22×1.5	—	—	—	10°	—	$6\times\frac{90H11\times80H11\times20D9}{90b12\times80b12\times20d9}$	50
2LSQJM21-※※						M12×1.5						
QJM32-※※	12×φ13	φ79	—	M33×2	M22×1.5	—	—	—	10°	—	$10\times\frac{98H11\times92H11\times14D9}{98b12\times92b12\times14d9}$	70
2LSQJM32-※※						M12×1.5						78
QJM42-※※	12×φ13	φ100	—	M42×2	M22×1.5	—	—	—	10°	—	$10\times\frac{112H11\times102H11\times16D9}{112b12\times102b12\times16d9}$	90
2LSQJM42-※※						M16×1.5		M16				100
QJM42-※※A	12×φ13	φ100	—	M42×2	M22×1.5	—	—	—	10°	—	$10\times\frac{98H11\times92H11\times14D9}{98b12\times92b12\times14d9}$	90
QJM31-※※	12×φ13	φ79	—	M33×2	M22×1.5	M12×1.5	—	—	10°	—	$10\times\frac{98H11\times92H11\times14D9}{98b12\times92b12\times14d9}$	60
QJM52-※※	6×φ22	φ110	φ360±0.3	M48×2	M22×1.5	—	—	—	6°	—	$10\times\frac{120H11\times112H11\times18D9}{120b12\times112b12\times18d9}$	150
2LSQJM52-※※						M12×1.5		M16				160
QJM62-※※	6×φ22	φ128	φ435±0.3	M48×2	2×M22×1.5	—	—	—	6°	—	$10\times\frac{120H11\times112H11\times18D9}{120b12\times112b12\times18d9}$	200
2LSQJM62-※※						M12×1.5		M16				212
QJM11-※S_1	12×φ11	φ69	—	M33×2	M16×1.5	M12×1.5	—	—	10°	—	$6\times\frac{70H11\times62H11\times16D9}{70b12\times62b12\times16d9}$	35
QJM21-※S_1	12×φ11	φ69	—	M33×2	M22×1.5	M12×1.5	—	—	10°	—	$6\times\frac{90H11\times80H11\times20D9}{90b12\times80b12\times20d9}$	53
QJM21-※S_2	12×φ11	φ69	—	M33×2	M22×1.5	M12×1.5	—	—	10°	—	$6\times\frac{90H11\times80H11\times20D9}{90b12\times80b12\times20d9}$	55
QJM32-※S	12×φ13	φ79	—	M33×2	M22×1.5	—	—	—	10°	—	$10\times\frac{98H11\times92H11\times14D9}{98b12\times92b12\times14d9}$	86
QJM32-※S_2						M12×1.5						
QJM42-※S	12×φ13	φ100	φ320±0.3	M42×2	M22×1.5	M12×1.5	6×M12	—	10°	10°	$10\times\frac{112H11\times102H11\times16D9}{112b12\times102b12\times16d9}$	108
QJM52-※S	10×φ22	φ110	φ360±0.3	M48×2	M22×1.5	M12×1.5	—	—	6°	—	$10\times\frac{120H11\times112H11\times18D9}{120b12\times112b12\times18d9}$	167
QJM11-※S_2	12×φ11	φ69	—	M33×2	M16×1.5	M12×1.5	—	—	10°	—	$6\times\frac{70H11\times62H11\times16D9}{70b11\times62b11\times16d9}$	35

注：1QJM12-※※A 输出轴花键为 $6\times\frac{70H11\times62H11\times16D9}{70b11\times62b11\times16d9}$，其余尺寸皆与 1QJM12-※※相同。

表 20-6-38　　外形尺寸　　mm

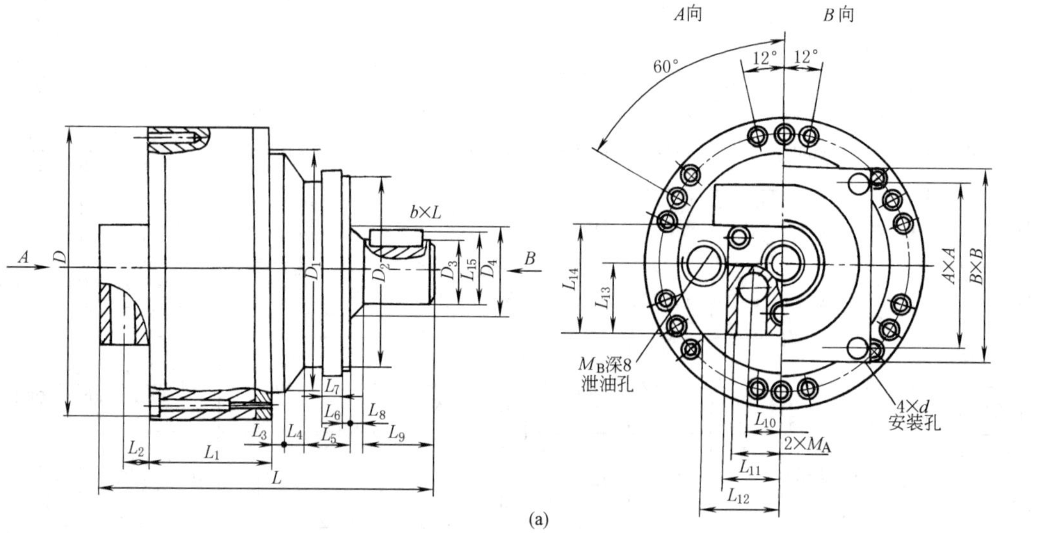

(a)

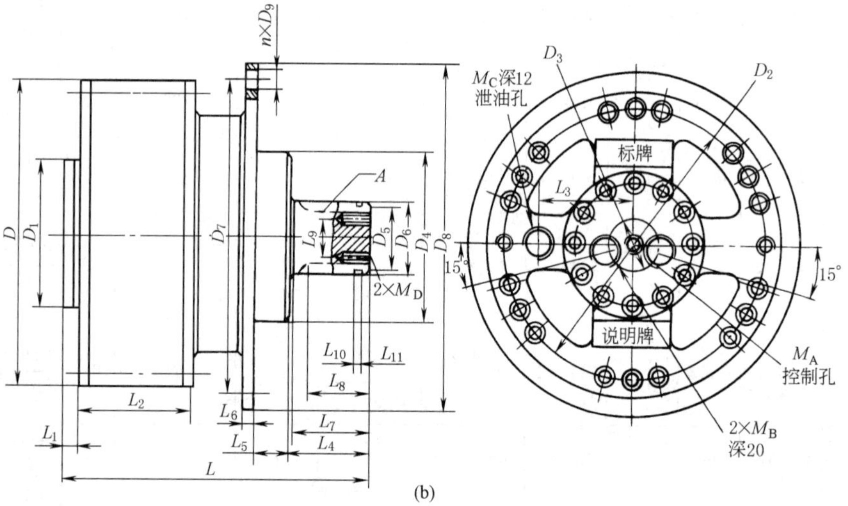

(b)

	型　号	L	L_1	L_2	L_3	L_4	L_5	L_6	L_7	L_8	L_9	L_{10}	L_{11}	L_{12}	L_{13}	L_{14}	L_{15}	D	D_1	D_2	D_3	D_4
图(a)	1QJM001-※※Z	237	68	17	6	16	70	48	12	3	40	38	63	43	32	49	27.5	φ140	φ110g7	φ75g7	φ25h8	φ35H7、φ35K6
	1QJM002-※※Z	257	88	17	6	16	70	48	12	3	40	38	63	43	32	49	27.5	φ140	φ110g7	φ75g7	φ25h8	φ35H7、φ35K6
	1QJM02-※※Z	290	102	22	—	52	32	5	18	3	56.5	58	100	60	41	82	43	φ180	—	φ125g7	φ40k6	—
	1QJM11-※※Z	353	82	—	—	—	—	5	20	—	74	—	—	—	—	—	—	φ240	—	—	—	—
	1QJM12-※※Z	472	123	40	—	—	—	10	20	30	82	70	150	87	40	65	54	φ240	—	φ160h7	φ50h7	φ60

	型　号	d	M_A	M_B	A×A	B×B	b×L	花　键	质量/kg
图(a)	1QJM001-※※Z	φ11	M18×1.5	M16×1.5	70×70	90×90	8×36	—	10
	1QJM002-※※Z	φ11	M18×1.5	M16×1.5	70×70	90×90	8×36	—	12
	1QJM02-※※Z	φ13	G3/4	M12×1.5	—	140×140	12×45	—	24
	1QJM11-※※Z	φ22	—	—	—	—	18×60	—	—
	1QJM12-※※Z	φ18	G1	M16×1.5	141.5×141.5	178×178	14×72	—	—

续表

型　号	L	L_1	L_2	L_3	L_4	L_5	L_6	L_7	L_8	L_9	L_{10}	L_{11}	D	D_1	D_2	D_3	D_4	D_5	D_6	D_7
$\frac{1}{2}$QJM21-※※Z_3	328	26	99	100	81	45	16	78	75	38	—	—	φ300	φ150	φ283	φ69	φ295f9	—	φ65f2	φ335
1QJM31-※※SZ	402	26	102.5	115	78	44	18	77	75	—	—	—	φ320	φ165	φ299	φ79	φ230g6	—	φ70h6	φ270±0.3
$\frac{1}{2}$QJM32-※※SZ	453	26.5	140.5	115	78	44	18	77	75	—	—	—	φ320	φ165	φ299	φ79	φ230g6	—	φ70h6	φ270±0.3
$\frac{1}{2}$QJM32-※※SZH	473	26.5	140.5	115	98	44	18	97	70	35	—	—	φ320	φ165	φ299	φ79	φ230g6	—	φ70d11	φ270±0.3
$\frac{1}{2}$QJM32-※※Z	395	24.5	144	115	101	30	25	101	70	40	2.65	3	φ320	φ165	φ299	φ79	φ250f7	φ79	φ82b11	φ300±0.3
$\frac{1}{2}$QJM32-※※Ze_3	446	24.5	138	115	81	55	16	78	75	—	—	—	φ320	φ165	φ299	φ79	φ215f9	—	φ65f7	φ335±0.3
$\frac{1}{2}$QJM32-※※Z_3	363.5	24.5	138	115	81	55	16	78	75	38	—	—	φ320	φ165	φ299	φ79	φ295f9	—	φ65f7	φ335±0.3
$\frac{1}{2}$QJM52-※※SZ_4	636	27	282	135	150	10	30	105	80	40	—	—	φ420	φ220	φ360	φ110	φ381f9	—	φ84h5	φ419±0.2
$\frac{1}{2}$QJM52-※※Z	516	27	176	135	131	10	30	131	131	—	—	—	φ420	φ220	φ360	φ110	φ290f7	—	φ78h7	φ340±0.3
$\frac{1}{2}$QJM52-※※SZ	596	27	282	135	115	25	30	106	103	—	—	—	φ420	φ220	φ360	φ110	φ250f7	—	φ100h9	φ300±0.3
$\frac{1}{2}$QJM32-※※Z_4	383	24.5	138	115	105	24	25	90	88	35	—	—	φ320	φ165	φ299	φ79	φ260f8	—	$φ65_{-0.1}^{0}$	φ380±0.3
$\frac{1}{2}$QJM32-※※Z_6	490	24.5	138	115	103	44	18	97	85	35	—	—	φ320	φ165	φ299	φ79	φ230f6	—	φ72d11	φ270±0.3
2QJM62-※※Z	487	42	162	330	157	5	20	155	152	—	—	—	φ485	φ255	φ435	φ110	φ400f8	—	φ101.55	φ490

型　号	D_8	$n×D_9$	M_A	M_B	M_C	M_D	平键 A	花键 A	质量/kg
$\frac{1}{2}$QJM21-※※Z_3	φ379	6×φ18	M12×1.5	M33×2	M22×1.5	2×M12 深 20	C18×70	—	75
1QJM31-※※SZ	φ300	8×φ17	—	M33×2	M22×1.5	中央孔 M12 深 25	C20×70	—	105
$\frac{1}{2}$QJM32-※※SZ	φ300	8×φ17	M12×1.5	M33×2	M22×1.5	中央孔 M12 深 25	C20×70	—	120
$\frac{1}{2}$QJM32-※※SZH	φ300	8×φ17	M16×1.5	M33×2	M22×1.5	中央孔 M16 深 40 2×M10 深 20	—	8d×72d11× 62d11×12f8	132
$\frac{1}{2}$QJM32-※※Z	φ335	7×φ18 均布	M16×1.5	M33×2	M22×1.5	2×M12 深 25	—	10d×82b11× 72b12×12f9	106
$\frac{1}{2}$QJM32-※※Ze_3	φ379	6×φ18	M12×1.5	M33×2	M22×1.5	中央孔 M12 深 25	C18×70	—	140
$\frac{1}{2}$QJM32-※※Z_3	φ379	6×φ18	M12×1.5	M33×2	M22×1.5	2×M12 深 25	C20×70	—	108
$\frac{1}{2}$QJM52-※※SZ_4	φ450±0.3	5×φ22 均布	M16×1.5	M48×2	M22×1.5	4×M10 深 25	—	渐开线花键	190
$\frac{1}{2}$QJM52-※※Z	φ370	8×φ20	M16×1.5	M48×2	M22×1.5	中央孔 M16 深 40	22×132	—	190
$\frac{1}{2}$QJM52-※※SZ	φ355	12×φ17	M16×1.5	M48×2	M22×1.5	中央孔 M16 深 40	C32×103	—	190
$\frac{1}{2}$QJM32-※※Z_4	—	5×φ22 均布	M12×1.5	M33×2	M22×1.5	中央孔 M16 深 40 2×M10 深 20	—	渐开线花键	106
$\frac{1}{2}$QJM32-※※Z_6	φ300	8×φ17	M12×1.5	M33×2	M22×1.5	中央孔 M16 深 40 2×M10 深 20	—	8d×72d11× 62d11×12f8	106
2QJM62-※※Z	φ530	8×φ22	M16×1.5	M48×2	M22×1.5	—	150×25.4	—	240

注：渐开线花键输出轴各项参数可向厂方索取。

表 20-6-39　　QJM 带外控式制动器液压马达技术参数

型　　号	排量/L·r^{-1}	压力/MPa		转速范围/r·min^{-1}	额定输出转矩/N·m	制动器开启压力/MPa	制动器制动转矩/N·m
		额定	尖峰				
1QJM12-0.8Se	0.808	10	16	4～250	1076	1.3≤p≤6.3	≥1800
1QJM12-1.0Se	0.993	10	16	4～200	1332		
1QJM12-1.25Se	1.328	10	16	4～160	1771		
$^{1}_{2}$QJM21-0.32Se	0.317 0.317,0.159	16	31.5	2～500	751	2.5≤p≤6.3	≥2500
$^{1}_{2}$QJM21-0.40Se	0.404 0.404,0.202	16	31.5	2～400	957		
$^{1}_{2}$QJM21-0.50Se	0.496 0.496,0.248	16	31.5	2～320	1175		
$^{1}_{2}$QJM21-0.63Se	0.664 0.664,0.332	12	31.5	2～250	1572		
$^{1}_{2}$QJM21-0.8Se	0.808 0.808,0.404	16	25	2～200	1913		
$^{1}_{2}$QJM21-1.0Se	1.01 1.01,0.505	10	16	2～160	1495		
$^{1}_{2}$QJM21-1.25Se	1.354 1.354,0.677	10	16	2～125	2004		
$^{1}_{2}$QJM21-1.6Se	1.65 1.65,0.825	10	12.5	2～100	2442		
$^{1}_{2}$QJM32-0.63Se	0.635 0.635,0.318	20	31.5	3～500	1880		≥6000
$^{1}_{2}$QJM32-0.8Se	0.808 0.808,0.404	20	31.5	3～400	2368		
$^{1}_{2}$QJM32-1.0Se	0.993 0.993,0.497	20	31.5	2～400	3138		
$^{1}_{2}$QJM32-1.25Se	1.328 1.328,0.664	20	31.5	2～320	3883		
$^{1}_{2}$QJM32-1.6Se	1.616 1.616,0.808	20	31.5	2～250	4881		
$^{1}_{2}$QJM32-2.0Se	2.03 2.03,1.015	16	25	2～200	4807		
$^{1}_{2}$QJM32-2.5Se	2.71 2.71,1.355	10	16	1～160	4011		
$^{1}_{2}$QJM32-3.2Se	3.3 3.3,1.65	10	16	1～125	4884		
$^{1}_{2}$QJM32-4.0Se	4.0 4.0,2.0	10	16	1～100	5920		
$^{1}_{2}$QJM42-2.0Se	2.11 2.11,1.055	20	31.5	1～320	6246	2.1≤p≤6.3	≥9000
$^{1}_{2}$QJM42-2.5Se	2.56 2.56,1.28	20	31.5	1～250	7578		
$^{1}_{2}$QJM42-3.2Se	3.3 3.3,1.65	10	16	1～200	4884		
$^{1}_{2}$QJM42-4.0Se	4.0 4.0,2.0	10	16	1～160	5920		
$^{1}_{2}$QJM42-4.5Se	4.56 4.56,2.28	10	16	1～125	6808		
$^{1}_{2}$QJM52-2.5Se	2.67 2.67,1.335	20	31.5	1～320	7903	2.2≤p≤6.3	≥10000
$^{1}_{2}$QJM52-3.2Se	3.24 3.24,1.62	20	31.5	1～250	9590		
$^{1}_{2}$QJM52-4.0Se	4.0 4.0,2.0	16	25	1～200	9472		
$^{1}_{2}$QJM52-5.0Se	5.23 5.23,2.615	10	16	1～160	7740		
$^{1}_{2}$QJM52-6.3Se	6.36 6.36,3.18	10	16	1～125	9413		

续表

型号	排量/L·r^{-1}	压力/MPa		转速范围	额定输出转矩	制动器开启压力	制动器制动转矩
		额定	尖峰	/r·min^{-1}	/N·m	/MPa	/N·m
1QJM12-0. 8SeZ 1QJM12-0. 8SeZH	0. 808	10	16	4～200 4～250	1076	3≤p≤6. 3 1. 3≤p≤6. 3	≥1800
1QJM12-1. 0Se 1QJM12-1. 0SeZH	0. 993	10	16	4～200 5～150	1332	3≤p≤6. 3 1. 3≤p≤6. 3	
1QJM12-1. 25SeZ 1QJM12-1. 25SeZH	1. 328	10	16	4～160 5～120	1771	3≤p≤6. 3 1. 3≤p≤6. 3	
$^{1}_{2}$QJM21-0. 32SeZ	0. 317 0. 317,0. 1585	16	31. 5	2～500	751	2. 5≤p≤6. 3	≥2500
$^{1}_{2}$QJM21-0. 4SeZ	0. 404 0. 404,0. 202	16	31. 5	2～400	957		
$^{1}_{2}$QJM21-0. 5SeZ	0. 496 0. 496,0. 248	16	31. 5	2～320	1175		
$^{1}_{2}$QJM21-0. 63SeZ	0. 664 0. 664,0. 332	16	31. 5	2～250	1572		
$^{1}_{2}$QJM21-0. 8SeZ	0. 808 0. 808,0. 404	16	25	2～200	1913		
$^{1}_{2}$QJM21-1. 0SeZ	1. 01 1. 01,0. 505	10	16	2～160	1495		
$^{1}_{2}$QJM21-1. 25SeZ	1. 354 1. 354,0. 677	10	16	2～125	2004		
$^{1}_{2}$QJM21-1. 6SeZ	1. 65 1. 65,0. 825	10	12. 5	2～100	2442		
$^{1}_{2}$QJM32-0. 63SeZ $^{1}_{2}$QJM32-0. 63SeZH	0. 635 0. 635,0. 318	20	31. 5	3～500	1880		≥1600
$^{1}_{2}$QJM32-0. 8SeZ $^{1}_{2}$QJM32-0. 8SeZH	0. 808 0. 808,0. 404	20	31. 5	3～400	2368		
$^{1}_{2}$QJM32-1. 0SeZ $^{1}_{2}$QJM32-1. 0SeZH	0. 993 0. 993,0. 497	20	31. 5	2～400	3138		
$^{1}_{2}$QJM32-1. 25SeZ $^{1}_{2}$QJM32-1. 25SeZH	1. 328 1. 328,0. 664	20	31. 5	2～320	3833		
$^{1}_{2}$QJM32-1. 6SeZ $^{1}_{2}$QJM32-1. 6SeZH	1. 616 1. 616,0. 808	20	31. 5	2～250	4881		
$^{1}_{2}$QJM32-2. 0SeZ $^{1}_{2}$QJM32-2. 0SeZH	2. 03 2. 03,1. 015	16	25	2～200	4807		
$^{1}_{2}$QJM32-2. 5SeZ $^{1}_{2}$QJM32-2. 5SeZH	2. 71 2. 71,1. 355	10	16	1～160	4011		
$^{1}_{2}$QJM32-3. 2SeZ $^{1}_{2}$QJM32-3. 2SeZH	3. 3 3. 3,1. 65	10	16	1～125	4884		
$^{1}_{2}$QJM32-4. 0SeZ $^{1}_{2}$QJM32-4. 0SeZH	4. 0 4. 0,2. 0	10	16	1～100	5920		
$^{1}_{2}$QJM42-2. 0SeZ $^{1}_{2}$QJM42-2. 0SeZH	2. 11 2. 11,1. 055	20	31. 5	1～320	6246	2≤p≤6. 3	≥9000
$^{1}_{2}$QJM42-2. 5SeZ $^{1}_{2}$QJM42-2. 5SeZH	2. 56 2. 56,1. 28	20	31. 5	1～250	7578		
$^{1}_{2}$QJM42-3. 2SeZ $^{1}_{2}$QJM42-3. 2SeZH	3. 28 3. 28,1. 64	10	16	1～200	4884		
$^{1}_{2}$QJM42-4. 0SeZ $^{1}_{2}$QJM42-4. 0SeZH	4. 0 4. 0,2. 0	10	16	1～160	5920		
$^{1}_{2}$QJM42-4. 5SeZ $^{1}_{2}$QJM42-4. 5SeZH	4. 56 4. 56,2. 28	10	16	1～125	6808		
$^{1}_{2}$QJM52-2. 5SeZ $^{1}_{2}$QJM52-2. 5SeZH	2. 67 2. 67,1. 335	20	31. 5	1～320	7903	2. 2≤p≤6. 3	≥10000
$^{1}_{2}$QJM52-3. 2SeZ $^{1}_{2}$QJM52-3. 2SeZH	3. 24 3. 24,1. 62	20	31. 5	1～250	9590		
$^{1}_{2}$QJM52-4. 0SeZ $^{1}_{2}$QJM52-4. 0SeZH	4. 0 4. 0,2. 0	16	25	1～200	9472		
$^{1}_{2}$QJM52-5. 0SeZ $^{1}_{2}$QJM52-5. 0SeZH	5. 23 5. 23,2. 615	10	16	1～160	7740		
$^{1}_{2}$QJM52-6. 3SeZ $^{1}_{2}$QJM52-6. 3SeZH	6. 36 6. 36,3. 18	10	16	1～125	9413		

表 20-6-40　　外形尺寸　　mm

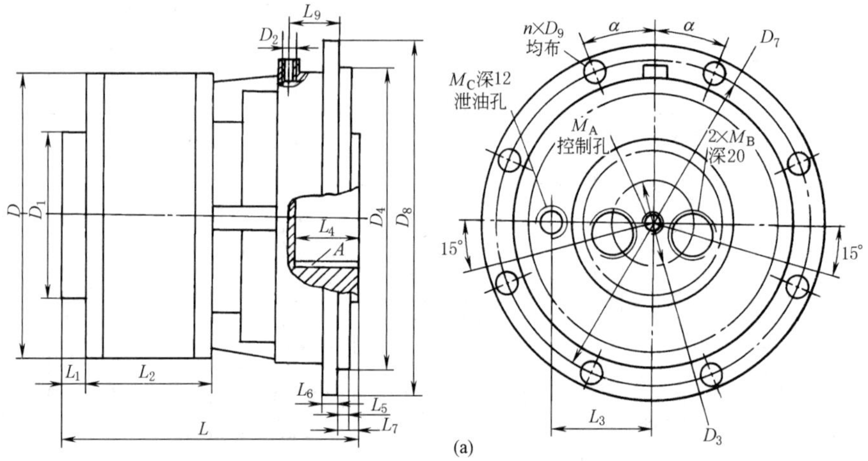

(a)

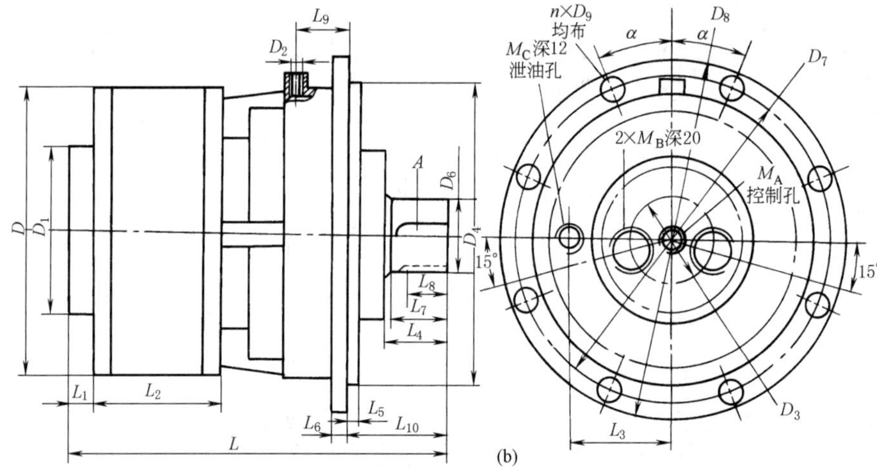

(b)

	型　号	L	L_1	L_2	L_3	L_4	L_5	L_6	L_7	L_9	D	D_1	D_2	D_3	D_4
图(a)	1QJM12-※Se	228	17	121	87	60	12	13	25	33	ϕ240	ϕ150	M16×1.5	ϕ69	ϕ290g7
	$^1_2$QJM21-※Se	245	27	102	100	60	16	16	24	36	ϕ304	ϕ150	M18×1.5	ϕ69	ϕ310g7
	$^1_2$QJM32-※Se	285	24	140	115	55	13	16	19	35	ϕ320	ϕ165	M16×1.5	ϕ79	ϕ335g7
	$^1_2$QJM42-※Se	278	21	160	124	35	15	18	22	45	ϕ350	ϕ190	M16×1.5	ϕ100	ϕ395f6
	$^1_2$QJM52-※Se	318	27	175	135	45	17	18	22	45	ϕ420	ϕ200	M16×1.5	ϕ110	ϕ395f6

	型　号	D_7	D_8	n×D_9	M_A	M_B	M_C	α	花键 A
图(a)	1QJM12-※Se	ϕ307±0.2	ϕ327	8×ϕ11	—	M33×2	M16×1.5	22.5°	6D×90H11×80H11×20D9
	1QJM21-※Se	ϕ330±0.2	ϕ360	8×ϕ13	M12×1.5	M33×2	M22×1.5	22.5°	6D×90H11×80H11×20D9
	$^1_2$QJM32-※Se	ϕ354±0.2	ϕ380	8×ϕ13	M12×1.5	M33×2	M22×1.5	15°	10D×98H11×92H11×14D9
	$^1_2$QJM42-※Se	ϕ418±0.2	ϕ445	12×ϕ17	M16×1.5	M42×2	M22×1.5	15°	10D×112H11×102H11×16D9
	$^1_2$QJM52-※Se	ϕ418±0.2	ϕ445	12×ϕ17	M16×1.5	M48×2	M22×1.5	15°	10D×120H11×112H11×18D9

续表

	型　号	L	L_1	L_2	L_3	L_4	L_5	L_6	L_7	L_8	L_9	L_{10}	D	D_1	D_2	D_3	D_4	D_6
图(b)	1QJM12-※SeZ	350	17	121	87	66	10	13	62	—	24	96	ϕ240	ϕ150	M16×1.5	ϕ69	ϕ250g7	ϕ60h7
	1QJM12-※SeZH	370	17	121	87	62	12	13	58	39	24	100	ϕ240	ϕ150	M16×1.5	ϕ69	ϕ290g7	—
	$^{1}_{2}$QJM21-※SeZ	444	27	102	100	67	16	16	65	—	36	113	ϕ304	ϕ150	M18×1.5	ϕ69	ϕ310g7	ϕ70h7
	$^{1}_{2}$QJM32-※SeZ	450	24	140	115	81	13	16	78	—	35	136	ϕ320	ϕ165	M16×1.5	ϕ79	ϕ335g7	ϕ70h7
	$^{1}_{2}$QJM32-※SeZH	410	24	140	115	75	13	16	72	55	35	114	ϕ320	ϕ165	M16×1.5	ϕ79	ϕ335g7	—
	$^{1}_{2}$QJM42-※SeZ	490	21	160	124	100	15	18	95	—	37	160	ϕ350	ϕ190	M16×1.5	ϕ100	ϕ365g7	ϕ75h7
	$^{1}_{2}$QJM42-※SeZH	456	21	160	124	75	15	18	71	50	37	120	ϕ350	ϕ190	M16×1.5	ϕ100	ϕ365g7	—
	$^{1}_{2}$QJM52-※SeZ	532	27	175	135	141	17	18	136	—	45	184	ϕ420	ϕ200	M16×1.5	ϕ110	ϕ395f6	ϕ78h7
	$^{1}_{2}$QJM52-※SeZH	462	27	175	135	71	17	18	66	45	45	114	ϕ420	ϕ200	M16×1.5	ϕ110	ϕ395f6	—

	型　号	D_7	D_8	$n\times D_9$	M_A	M_B	M_C	α	平键 A	花键 A
图(b)	1QJM12-※SeZ	ϕ265±0.2	ϕ285	8×ϕ11	—	M33×2	M16×1.5	22.5°	18×60	—
	1QJM12-※SeZH	ϕ307±0.2	ϕ327	8×ϕ11	—	M33×2	M16×1.5	22.5°	—	6d×90b12×80b12×20d9
	$^{1}_{2}$QJM21-※SeZ	ϕ330±0.2	ϕ360	8×ϕ13	M12×1.5	M33×2	M22×1.5	22.5°	20×60	—
	$^{1}_{2}$QJM32-※SeZ	ϕ354±0.2	ϕ380	12×ϕ13	M12×1.5	M33×2	M22×1.5	15°	C20×70	—
	$^{1}_{2}$QJM32-※SeZH	ϕ354±0.2	ϕ380	12×ϕ13	M12×1.5	M33×2	M22×1.5	15°	—	10d×98b12×92b12×14d9
	$^{1}_{2}$QJM42-※SeZ	ϕ398±0.2	ϕ430	12×ϕ17	M16×1.5	M42×2	M22×1.5	15°	C22×90	—
	$^{1}_{2}$QJM42-※SeZH	ϕ398±0.2	ϕ430	12×ϕ17	M16×1.5	M42×2	M22×1.5	15°	—	10d×112b12×102b12×16d9
	$^{1}_{2}$QJM52-※SeZ	ϕ418±0.2	ϕ445	12×ϕ17	M16×1.5	M48×2	M22×1.5	15°	C22×132	—
	$^{1}_{2}$QJM52-※SeZH	ϕ418±0.2	ϕ445	12×ϕ17	M16×1.5	M48×2	M22×1.5	15°	—	10d×120b12×112b12×18d9

表 20-6-41　　外形尺寸及技术参数

3QJM32-※※型液压马达

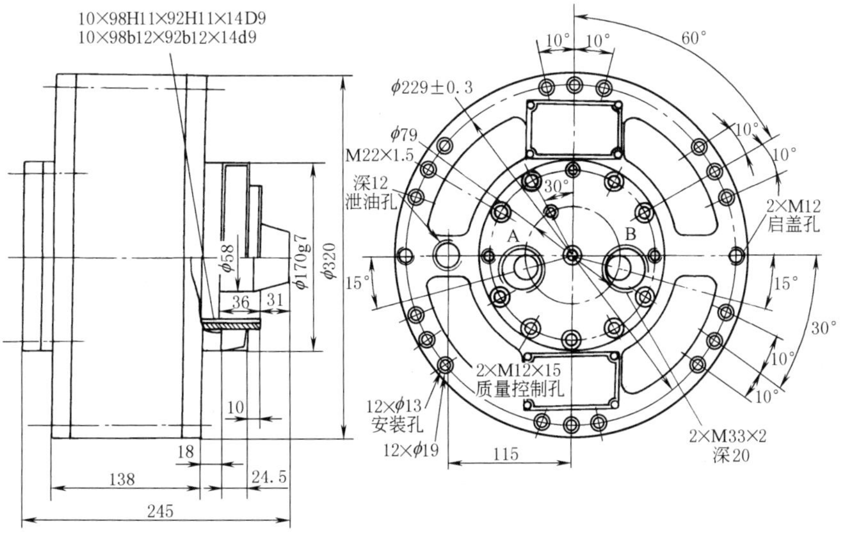

续表

SYJ12-1250型液压绞车

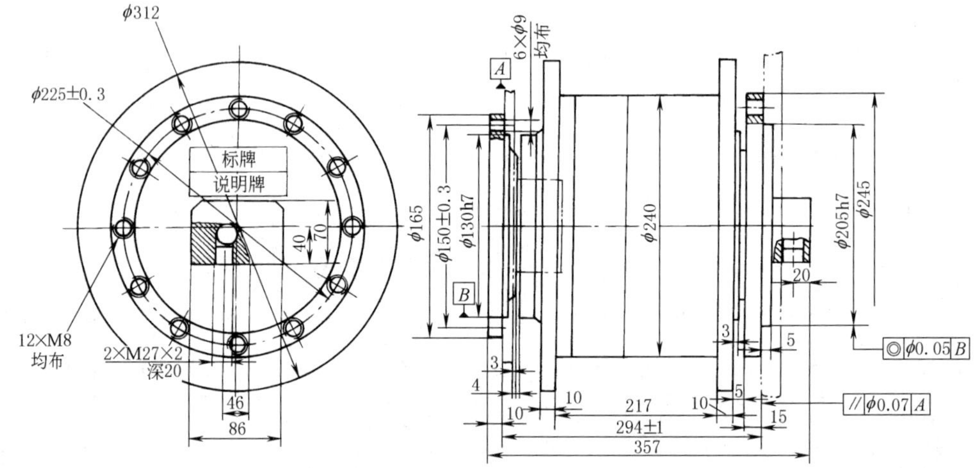

排量/L·r^{-1}	1.25	单绳额定压力/N	12500	钢丝绳卷绕层数	3	制动开启压力/MPa	3.5
额定压力/MPa	10	单绳速度/m·min^{-1}	31	钢丝绳规格/mm	(1+6+12+18) 6×37φ8.7	质量/kg	66
最大压力/MPa	16	卷筒规格/mm	240×217	制动转矩/N·m	2000		

SYJ32-3000型液压绞车

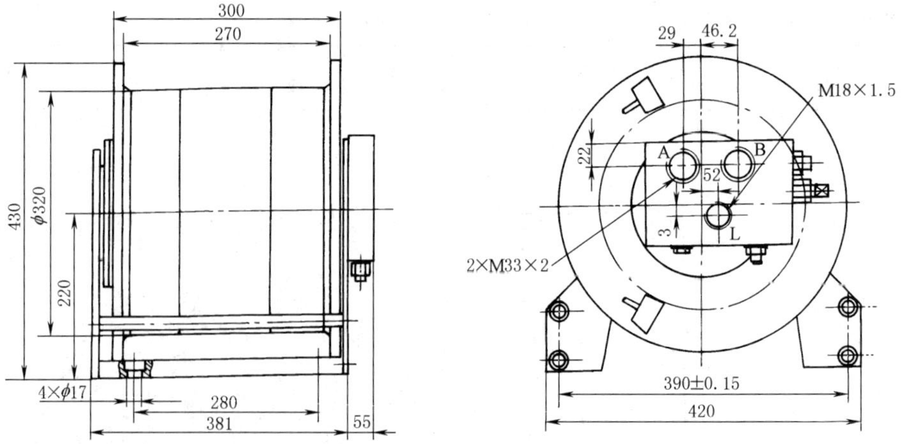

马达额定工作压力/MPa	10	钢丝绳规格/mm	φ13~15
马达排量/L·r^{-1}	3.2	制动转矩/N·m	≥6000
单绳拉力/N	≤29400	容绳量(φ15mm 钢丝绳)/m	50
单绳速度/m·min^{-1}	6~30		

表 20-6-42　　QJM 型通孔液压马达技术参数

型　　号	排量/L·r^{-1}	压力/MPa 额定	压力/MPa 尖峰	转速范围/r·min^{-1}	额定输出转矩/N·m	通孔直径/mm	质量/kg
1QJM01-0.1T40	0.1	10	16	8～800	148	40	15
1QJM01-0.16T40	0.163	10	16	8～630	241		
1QJM01-0.2T40	0.203	10	16	8～500	300		
1QJM11-0.32T50	0.317	10	16	5～500	469	50	26
1QJM11-0.4T50	0.404	10	16	5～400	498		
1QJM11-0.5T50	0.5	10	16	5～320	734		
2QJM21-0.32T65	0.317,0.159	16	31.5	2～630	751	65	64
2QJM21-0.5T65	0.496,0.248	16	31.5	2～400	1175		
2QJM21-0.63T65	0.664,0.332	16	31.5	2～320	1572		
2QJM21-1.0T65	1.01,0.505	10	16	2～250	1495		
2QJM21-1.25T65	1.354,0.677	10	16	2～200	2004		
2QJM32-0.63T75	0.635,0.318	20	31.5	1～500	1880	75	88
2QJM32-1.0T75	1.06,0.53	20	31.5	1～400	3138		
2QJM32-1.25T75	1.30,0.65	20	31.5	2～320	3833		
2QJM32-2.0T75	2.03,1.02	16	25	2～200	4807		
2QJM32-2.5T75	2.71,1.36	10	16	1～160	4011		
2QJM42-2.5T80	2.56,1.28	20	31.5	1～250	7578	80	—
2QJM52-3.2T80	3.24,1.62	20	31.5	1～250	9590		
2QJM52-4.0T80	4.0,2.0	16	25	1～200	9472		
2QJM52-5.0T80	5.23,2.615	10	16	1～160	7740		
2QJM52-6.3T80	6.36,3.18	10	16	1～100	9413		
1QJM62-4.0T125	4.0	20	31.5	0.5～200	11840	125	—
1QJM62-5.0T125	5.18	20	31.5	0.5～160	15333		
1QJM62-6.3T125	6.27	16	25	1.5～125	14847		
1QJM62-8.0T125	7.85	10	16	0.5～100	11618		
1QJM62-10T125	10.15	10	16	0.5～80	15022		

表 20-6-43　　外形尺寸　　mm

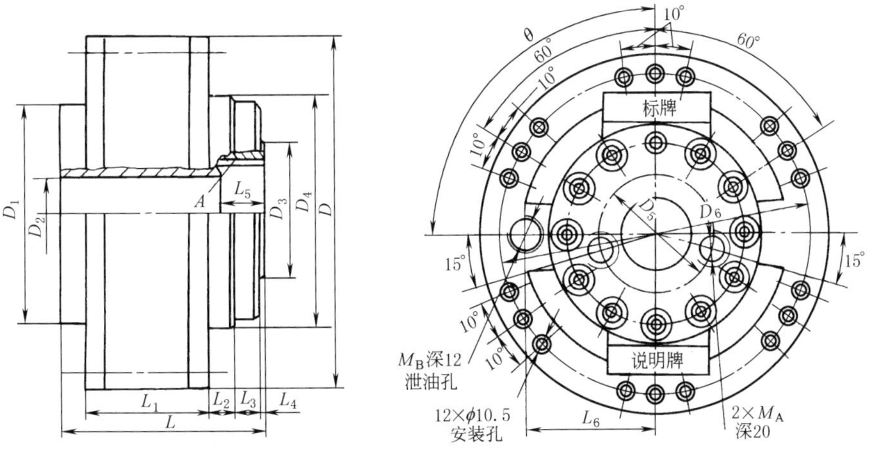

1QJM01、1QJM11 型马达外形安装尺寸

型号	L	L_1	L_2	L_3	L_4	L_5	L_6	θ	D	D_1	D_2	D_3
1QJM01-※T40	130	79	15	23	3	30	53	180°	φ180	φ130	φ40	φ110
1QJM11-※T50	132	82	16	17	3	28	87	90°	φ240	φ150	φ50	φ150

续表

型号	D_4	D_5	D_6	M_A	M_B	A 对花键轴的要求
1QJM01-※T40	ϕ130g6	ϕ70	ϕ165	M22×1.5	M12×1.5	$6\times\frac{48H11\times42H11\times12D9}{48b12\times42b12\times12d9}$
1QJM11-※T50	ϕ160g6	ϕ80	ϕ220	M22×1.5	M16×1.5	$6\times\frac{70H11\times62H11\times16D9}{70b12\times62b12\times16d9}$

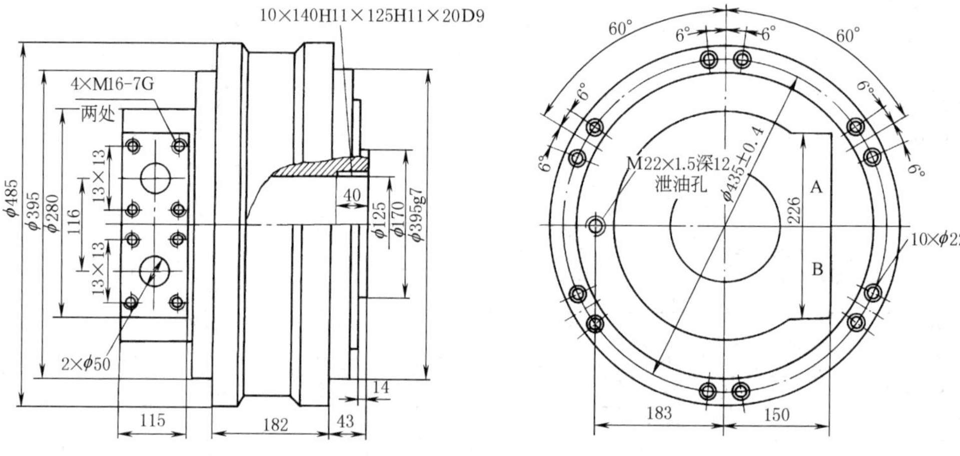

1QJM62 型马达外形安装尺寸

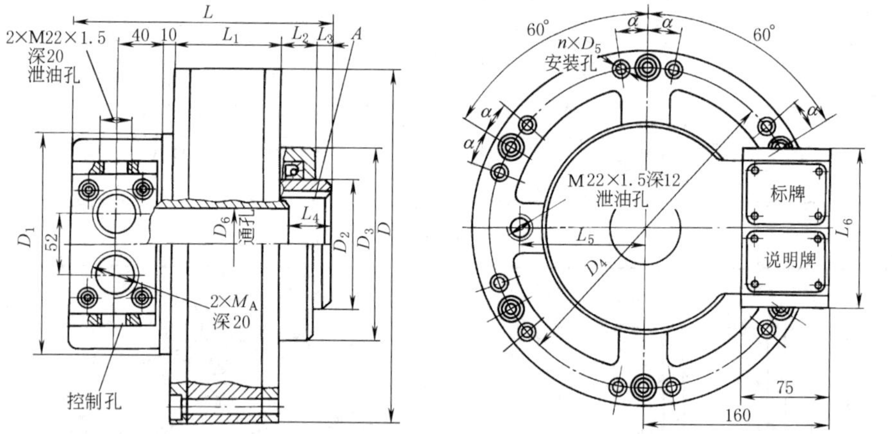

2QJM21、2QJM32、2QJM42、2QJM52 型马达外形安装尺寸

型号	L	L_1	L_2	L_3	L_4	L_5	L_6	D	D_1	D_2	D_3	D_4	$n\times D_5$	D_6	M_A	α	A 对花键轴的要求
2QJM21-※T50	230	98	29	14	36	110	156	ϕ300	ϕ148	ϕ110	ϕ160g6	ϕ283	10×ϕ11	ϕ50	M27×2	10°	$6\times\frac{90H11\times80H11\times20D9}{90b12\times80b12\times20d9}$
2QJM21-※T65	230	98	29	14	36	110	150	ϕ300	ϕ186	ϕ110	ϕ160g6	ϕ283	10×ϕ11	ϕ65	M33×2	10°	$10\times\frac{98H11\times92H11\times14D9}{98b12\times92b12\times14d9}$
2QJM32-※T75	273	138	43	10	47	115	150	ϕ320	ϕ186	ϕ120	ϕ170g6	ϕ299	10×ϕ13	ϕ75	M33×2	10°	$10\times\frac{98H11\times92H11\times14D9}{98b12\times92b12\times14d9}$
2QJM42-25T80	292	160	16	30	40	124	150	ϕ350	ϕ190	ϕ140	ϕ200h8	ϕ320	10×ϕ13	ϕ80	M42×2	10°	$10\times\frac{112H11\times102H11\times16D9}{112b11\times102d11\times16d9}$
2QJM52-2.5T80	367	175	20	34	45	135	190	ϕ420	ϕ220	ϕ215	ϕ315g7	ϕ360	6×ϕ22	ϕ80	M48×2	6°	$10\times\frac{120H11\times112H11\times18D9}{120d11\times112d11\times18d9}$

备注：2QJM52-2.5T80 马达控制口和泄油口与图中所示对调

表 20-6-44　　QKM 型壳转液压马达技术参数

型　　号		排量 /L·r^{-1}	压力/MPa		转速范围 /r·min^{-1}	额定输出转矩 /N·m	质量 /kg
			额　定	尖　峰			
1QKM11-0.32	1QKM11-0.32D	0.317	16	25	5～630	751	—
1QKM11-0.4	1QKM11-0.4D	0.404	10	16	5～400	598	
1QKM11-0.5	1QKM11-0.5D	0.496	10	16	5～320	734	
1QKM11-0.63	1QKM11-0.63D	0.664	10	16	4～250	983	
1QKM32-2.5	1QKM32-2.5D	2.56	10	16	1～160	4011	
1QKM32-3.2	1QKM32-3.2D	3.24	10	16	1～125	4884	
1QKM32-4.0	1QKM32-4.0D	4.0	10	16	1～100	5920	
1QKM42-3.2	1QKM42-3.2D	3.28	10	16	1～200	4884	129
1QKM42-4.0	1QKM42-4.0D	4.0	10	16	1～160	5920	
1QKM42-4.5	1QKM42-4.5D	4.56	10	16	1～125	6808	
1QKM52-5.0	1QKM52-5.0D	5.237	10	16	1～160	7740	194
1QKM52-6.3	1QKM52-6.3D	6.36	10	16	1～125	9413	
1QKM62-4.0	—	4.0	20	31.5	0.5～200	11840	250
1QKM62-5.0	—	5.18	20	31.5	0.5～160	15333	
1QKM62-6.3	—	6.27	16	25	0.5～125	14840	
1QKM62-8.0	—	7.85	10	16	0.5～100	11618	
1QKM62-10	—	10.15	10	16	0.5～80	15022	

注：带“D”型号表示单出轴，不带“D”型号表示双出轴，单出轴时外形 $L_3=0$。

表 20-6-45　　QKM 型液压马达外形尺寸　　mm

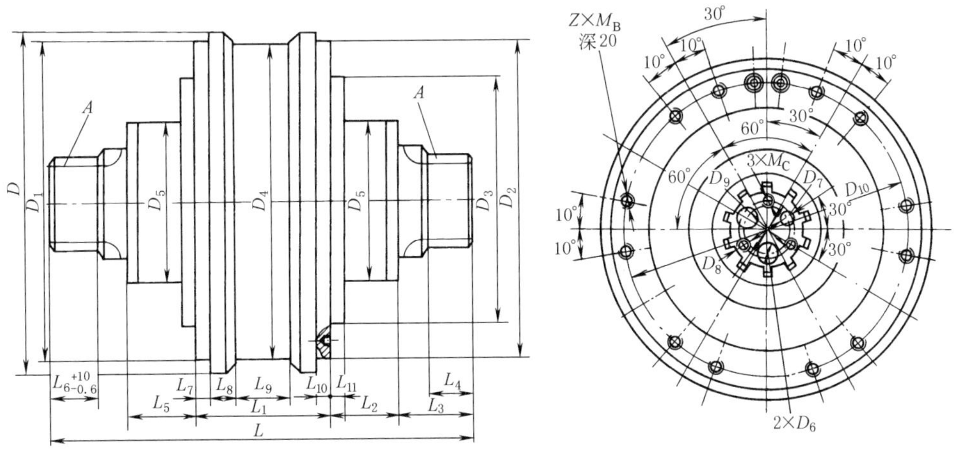

QKM32、QKM42、QKM52、QKM62 型

型　号	L	L_1	L_2	L_3	L_4	L_5	L_6	L_7	L_8	L_9	L_{10}	L_{11}	D	D_1	D_2	D_3	D_4	D_5	D_6
1QKM32-※	510	146	83	99	58	83	58	—	—	33	—	18	ϕ320	—	—	ϕ280f8	—	ϕ178	ϕ25
1QKM42-※	548	154	65	131	60	65	60	—	80	36	—	24	ϕ376f7	—	—	ϕ214	ϕ340	ϕ182	ϕ28
$^{1}_{2}$QKM52-※	548	174	91	96	60	91	60	20	80	35	20	20	ϕ430	ϕ400e8	ϕ400e8	ϕ315	ϕ398	ϕ205	ϕ29
$^{1}_{2}$QKM62-※	665	175	120	125	100	120	100	—	79	45	—	53	ϕ485	—	—	ϕ397g7	ϕ465	ϕ262	ϕ32

续表

型　号	D_7	D_8	D_9	D_{10}	$Z\times M_B$	M_C	A
1QKM32-※	ϕ16	ϕ60±0.3	ϕ43±0.2	ϕ299±0.3	12×M12	M16	6×90b12×80b12×20d9
1QKM42-※	ϕ18	ϕ68±0.3	ϕ50±0.4	ϕ346±0.3	9×M16	M16	10×98b12×92b12×14d9
$^{1}_{2}$QKM52-※	ϕ16.5	ϕ68±0.3	ϕ50±0.4	ϕ370±0.3	12×M16	M16	10×98b12×92b12×14d9
$^{1}_{2}$QKM62-※	ϕ20	ϕ68±0.3	ϕ50±0.4	ϕ435±0.3	11×M20	M16	10×112b12×102b12×16d9

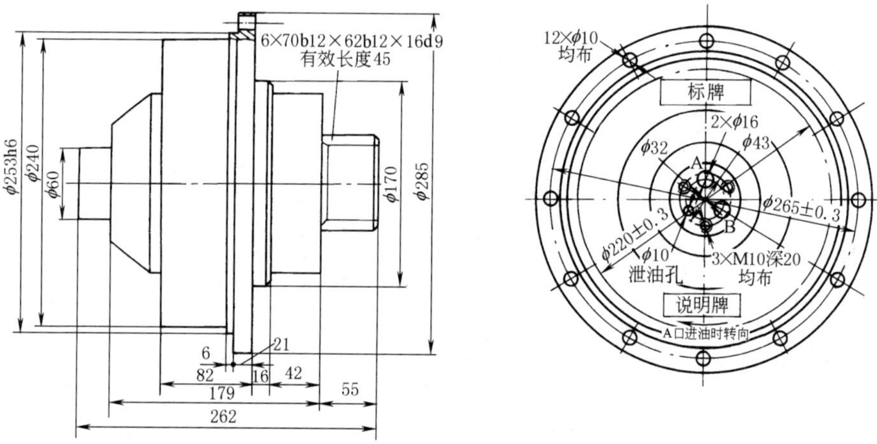

QKM11 型

4.4 摆动液压马达产品及选用指南

摆动马达型号意义：

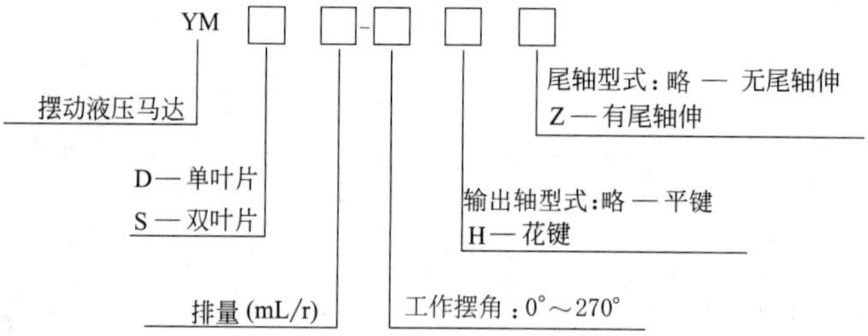

表 20-6-46　　**技术参数**

型　号	摆角/(°)	额定压力/MPa	额定理论转矩/N·m	排量/mL·r^{-1}	内泄漏量/mL·min^{-1}		额定理论启动转矩/N·m	质量/kg
					摆角 90°	摆角 270°		
YMD30	90 180 270	14	71	30	300	315	24	5.3
YMD60			137	60	390	410	46	6
YMD120			269	120	410	430	96	11
YMD200			445	200	430	450	162	21
YMD300			667	300	450	470	243	23
YMD500			1116	500	480	500	404	40
YMD700			1578	700	620	650	571	44
YMD1000			2247	1000	690	720	894	75
YMD1600			3360	1600	780	820	1400	70
YMD2000			4686	2000	950	990	1973	85
YMD4000			9100	4000	1160	1220	3570	100
YMD7000			20000	7000	1280	1340	6570	120

续表

型号	摆角/(°)	额定压力/MPa	额定理论转矩/N·m	排量/mL·r^{-1}	内泄漏量/mL·min^{-1} 摆角90°	摆角270°	额定理论启动转矩/N·m	质量/kg
YMS60	90（最大）	14（进出油口压力）	142	60	480		48	5.3
YMS120			282	120	530		104	10
YMS200			488	200	570		167	20
YMS300			732	300	700		251	22
YMS450			1031	450	700		379	38
YMS600			1363	600	800		501	41
YMS800			1814	800	850		722	68
YMS1000			2268	1000	1070		883	71
YMS1600			3360	1600	1090		1410	80
YMS2000			4686	2000	1150		1770	85
YMS4000			9096	4000	1220		3530	101
YMS7000			20000	7000	1250		6180	121

表 20-6-47 外形尺寸 mm

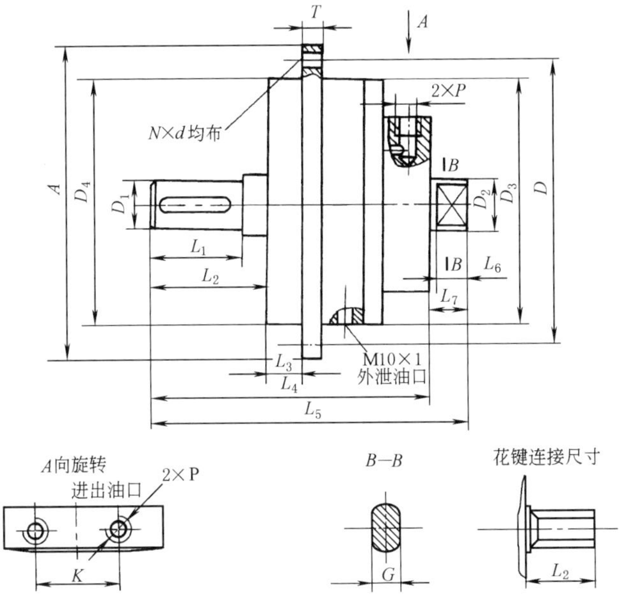

型号	A	D (h3)	D_1	D_2	D_3	D_4	L_1	L_2	L_3	90° L_4	90° L_5	180° L_4	270° L_5
YMD-30	125×125	ϕ125	ϕ20	ϕ20	ϕ100	ϕ100	36	46	15	—	—	116	132
YMD-60	125×125	ϕ125	ϕ20	ϕ20	ϕ100	ϕ100	36	46	15	116	132	130	145
YMD-120	150×150	ϕ160	ϕ25	ϕ25	ϕ130	ϕ125	42	52	15	137	153	149	165
YMD-200	190×190	ϕ200	ϕ32	ϕ32	ϕ168	ϕ160	58	68	18	169	190	177	198
YMD-300	190×190	ϕ200	ϕ32	ϕ32	ϕ168	ϕ160	58	68	18	179	200	191	202
YMD-500	236×236	ϕ250	ϕ40	ϕ40	ϕ206	ϕ200	82	92	20	228	254	238	264
YMD-700	236×236	ϕ250	ϕ40	ϕ40	ϕ206	ϕ200	82	92	20	238	264	255	287
YMD-1000	301×301	ϕ315	ϕ50	ϕ50	ϕ260	ϕ250	82	92	25	247	278	268	299
YMD-1600	ϕ300	ϕ260	ϕ65	ϕ65	ϕ232	ϕ220	82	102	20	302	332	302	332
YMD-2000	ϕ320	ϕ280	ϕ71	ϕ71	ϕ244	ϕ225	105	108	20	302	332	302	332
YMD-4000	ϕ320	ϕ282	ϕ90	ϕ90	ϕ252	ϕ225	140	161	21	402	442	402	442
YMD-7000	ϕ360	ϕ330	ϕ90	ϕ90	ϕ300	ϕ300	140	161	21	402	442	402	442

续表

型号	L_6	L_7	T	K	G	$N\times d$	P(油口)	与输出轴的连接方式	
								平键	花键
								GB/T 1096	GB/T 1144
YMD-30	12	16	15	23	14	$4\times\phi 11$	M10×1.0-6H	6×6	6×16×20×4
YMD-60	12	16	15	23	14	$4\times\phi 11$	M10×1.0-6H	6×6	6×16×20×4
YMD-120	12	16	15	30	14	$4\times\phi 14$	M10×1.0-6H	8×7	6×21×25×5
YMD-200	16	21	18	39	21	$4\times\phi 18$	M14×1.5-6H	10×8	6×28×32×7
YMD-300	16	21	18	39	21	$4\times\phi 18$	M14×1.5-6H	10×8	6×28×32×7
YMD-500	20	26	20	48	21	$4\times\phi 22$	M18×1.5-6H	12×8	8×36×40×7
YMD-700	20	26	20	48	21	$4\times\phi 22$	M18×1.5-6H	12×8	8×36×40×7
YMD-1000	25	31	25	58	26	$4\times\phi 26$	M22×1.5-6H	14×9	8×46×50×9
YMD-1600	30	34	25	60	30	$6\times\phi 18$	M18×1.5-6H	18×11	8×56×65×10
YMD-2000	30	34	25	60	34	$6\times\phi 18$	M18×1.5-6H	20×12	8×62×72×12
YMD-4000	34	40	25	60	45	$12\times\phi 18$	M27×2.0-6H	25×14	10×82×92×12
YMD-7000	34	40	25	60	55	$16\times\phi 18$	M27×2.0-6H	25×14	10×82×92×12

5 液压马达再制造（摘自 JB/T 13789—2020）

表 20-6-48

范围		JB/T 13789—2020《土方机械　液压马达再制造　技术规范》规定了土方机械液压马达再制造的术语和定义、要求、试验方法、检验规则、标志、包装、运输和贮存 本标准适用于土方机械液压柱塞马达再制造，齿轮马达和叶片马达等其他马达类产品也可参照使用
要求	拆解	①液压马达的拆解应符合 JB/T 13791—2020《土方机械　液压元件再制造　通用技术规范》的规定 ②液压马达应拆解成以下单元 ——转子总成：缸体、配流盘、柱塞组件、中心轴、球铰、回程盘和压板等 ——变量单元：阀芯、阀体、变量活塞和斜盘等 ——主轴 ——壳体 ——后端盖 ——齿轮 ——其他零件（如碟簧、弹簧、轴承、紧固件和密封件等） ③液压马达拆解过程中应封闭所有的外露油口 ④拆解后的液压马达零部件应进行标记和做好旧件跟踪，并将其分类摆放到规定的区域或专用的器具中 ⑤在拆解过程中应记录用于后续装配的零部件的基本信息 ⑥在拆解过程中不应使用铁锤等工具进行破坏性拆解，以免对旧件造成二次损伤
	清洗	液压马达的清洗应符合 JB/T 13791 的规定
	检测	①整体检测　液压马达的检测方法应符合 JB/T 13791 的规定 ②转子总成检测 Ⅰ. 检测缸体有无烧焦、划痕、气蚀和磨损等缺陷 Ⅱ. 检测缸体直径、柱塞孔直径和圆柱度等尺寸精度、几何精度和表面粗糙度 Ⅲ. 检测配流盘有无烧焦、划痕、气蚀和磨损等缺陷 Ⅳ. 检测配流盘厚度、直径等尺寸精度和表面粗糙度 Ⅴ. 检测柱塞组件的间隙 Ⅵ. 检测柱塞组件有无划痕和磨损等缺陷 Ⅶ. 检测柱塞组件直径、镀层厚度、球铰球径和圆柱度等尺寸精度和几何精度 Ⅷ. 检测中心轴、球铰、回程盘、压板有无磨损和变形等缺陷 Ⅸ. 检测中心轴、球铰、回程盘、压板直径和厚度等尺寸精度 ③壳体检测 Ⅰ. 检测壳体油口、轴承位、密封槽和法兰面等配合部位有无磨损和划伤等缺陷 Ⅱ. 检测壳体油口、轴承位、密封槽和法兰面等配合的直径等尺寸精度和表面粗糙度 Ⅲ. 检测壳体有无砂眼等缺陷

续表

	检测	④主轴检测 Ⅰ. 检测主轴有无裂纹和磨损等缺陷 Ⅱ. 检测主轴花键外径和键槽宽度等尺寸精度 Ⅲ. 检测主轴外径、球铰球径和圆柱度等尺寸精度和几何精度 ⑤变量单元检测 Ⅰ. 检测阀芯和阀体有无磨损和划痕等缺陷 Ⅱ. 检测阀芯和阀体阀芯孔的直径和圆度等尺寸精度和几何精度 Ⅲ. 检测变量活塞有无划痕和磨损等缺陷 Ⅳ. 检测变量活塞的直径和圆度等尺寸精度和几何精度 Ⅴ. 检测斜盘有无划痕和磨损等缺陷 Ⅵ. 检测斜盘厚度和平面度等尺寸精度、几何精度和表面粗糙度 ⑥后端盖检测 Ⅰ. 检测后端盖与配流盘接触面和油道有无磨损和划伤等缺陷 Ⅱ. 检测后端盖与配流盘接触面和油道配合的直径等尺寸精度和表面粗糙度 Ⅲ. 检测后端盖有无砂眼等缺陷 ⑦齿轮检测 Ⅰ. 检测齿轮有无划痕、磨损和点蚀等缺陷 Ⅱ. 检测齿轮厚度和公法线长度等尺寸精度和几何精度 ⑧其他零件检测 Ⅰ. 检测碟簧、弹簧、轴承和紧固件等有无磨损和变形等缺陷 Ⅱ. 检测碟簧厚度和直径等尺寸精度 Ⅲ. 检测弹簧长度和直径等尺寸精度 Ⅳ. 检测轴承游隙和直径等尺寸精度 Ⅴ. 检测紧固件直径和长度等尺寸精度
要求	再制造性评估和分类	①液压马达的再制造性评估和分类应符合 JB/T 13791 的规定 ②液压马达若同时出现壳体、后端盖开裂,主轴花键断裂或严重弯曲等现象,则判定为弃用件。拆解后液压马达的常用零部件判定为再循环件或弃用件的条件参见表 20-6-49
	再制造方案设计	液压马达的再制造方案设计应符合 JB/T 13791 的规定
	修复	①整体修复　液压马达应按本文件“拆解”②分类拆解后进行修复和加工,具体方法应符合 JB/T 13791 的规定 ②转子总体修复 Ⅰ. 缸体轻微烧焦、划痕、气蚀和磨损应采用研磨、镗削和激光熔覆等工艺修复 Ⅱ. 配流盘轻微烧焦、划痕、气蚀和磨损应采用研磨和激光熔覆等工艺修复 Ⅲ. 柱塞组件轻微划痕和磨损应采用研磨和热喷涂等工艺修复 ③壳体修复　壳体油口、轴承位、密封槽和法兰面等配合面轻微磨损和刮伤应采用焊接(堆焊)等工艺修复 ④主轴修复 Ⅰ. 主轴轴承位轻微磨损应采用堆焊和热喷涂等工艺修复 Ⅱ. 主轴球铰轻微烧焦、划伤和气蚀应采用研磨和电沉积等工艺修复 ⑤变量单元修复 Ⅰ. 阀芯、阀体阀芯孔轻微划痕和磨损应采用研磨和电沉积等工艺修复 Ⅱ. 变量活塞轻微划痕和磨损应采用堆焊等工艺修复 Ⅲ. 斜盘轻微划痕和磨损应采用研磨和激光熔覆等工艺修复 ⑥后端盖修复　后端盖与配流盘接触面、油道轻微磨损和刮伤应采用堆焊等工艺修复 ⑦齿轮修复　齿轮轻微划痕和磨损应采用研磨和堆焊等工艺修复
	装配	①再制造液压马达的装配应符合 JB/T 13791 的规定 ②再制造液压马达的连接紧固按原型新品的要求 ③再制造液压马达装配过程中柱塞副、配流副、球铰副、滑靴副等零部件间的配合间隙,应符合原型新品的技术要求
	涂装	再制造液压马达的涂装应符合 JB/T 13791 的规定
试验方法		①再制造液压马达的试验方法应符合 JB/T 10829 的规定 ②再制造液压马达的空载排量试验应符合 GB/T 7936 的规定
检验规则		再制造液压马达的检验规则应符合 JB/T 13791 的规定
标志、包装、运输和贮存		再制造液压马达的标志、包装、运输和贮存应符合 JB/T 13791 的规定

注：与液压泵再制造要求基本相同。

拆解后液压马达的常用零部件判定为再循环件或弃用件的条件见表 20-6-49。

表 20-6-49

序号	零部件名称	判定报废状态
1	缸体	严重烧焦、划痕、气蚀和磨损等缺陷
2	配流盘	严重烧焦、划痕、气蚀和磨损等缺陷
3	柱塞组件	间隙过大或转动不灵活、翻边、镀层大面积脱落、严重划痕和磨损等缺陷
4	中心轴、球铰	磨损和变形等缺陷
5	回程盘、压板	磨损和变形等缺陷
6	壳体	严重磨损和刮伤等缺陷
7	主轴花键	磨损和裂纹等缺陷
8	主轴轴承位	严重磨损等缺陷
9	主轴球铰	严重烧焦、划痕、气蚀和磨损等缺陷
10	阀芯、阀体阀芯孔	严重磨损和划痕等缺陷
11	变量活塞	严重磨损和划痕等缺陷
12	斜盘	严重磨损和划痕等缺陷
13	后端盖与配流盘接触面、油道	严重磨损和刮伤等缺陷
14	齿轮	严重划伤、磨损、崩齿和断齿等缺陷
15	标准件	性能和质量缺陷
16	密封件	已使用

注：与液压泵再制造要求基本相同。

6 液压马达试验方法

6.1 液压马达特性的测定

6.1.1 液压马达的低速特性的测定方法（摘自 GB/T 20421.1—2006/ISO 4392-1：2002，IDT）

表 20-6-50

范围		GB/T 20421.1—2006《液压马达特性的测定　第 1 部分：在恒低速和恒压力下》规定了定量或变量容积式旋转液压马达的低速特性的测定方法 本方法包括了在低速条件下的试验，在这种速度下，可能产生对马达稳定持续的转矩输出有重要影响的液压脉冲频率，并且会影响到马达所连接的系统 测量的准确度分为 A、B、C 三个等级，在 GB/T 20421.1—2006 附录 A 中给出说明
试验设备	液压试验回路	①液压试验回路如图 1 所示 图 1 没有表示出为防止元件意外失效造成破坏所需的所有安全装置。试验人员应对人身安全和设备安全给予应有的重视 注：1. 虽然图 1 列举的是双向马达的基本试验回路，但是经适当的修改即可用作单向马达的试验 2. 当柱塞马达进行试验时，可能需要增加补油泵回路 ②应使用安装溢流阀（图 1 中的 2a 和 2b）的液压源（图 1 中的 1a 和 1b）以满足下面"试验步骤"②的要求 ③应安装油液调节回路，提供必要的过滤，以保护被试马达和回路中的其他元件，并保持下面"试验条件"中规定的油液温度 ④如果被试马达配有壳体外泄漏管，应将其与被试马达的回油管连接，以便测量总流量，见"仪器"① ⑤作为④的一种选择，可以在马达的进油管路上安装一个高压流量计（见"仪器"①d）来测量其流量 ⑥将被试马达进、出油口与液压回路连接，应使马达输出轴与恒速负载同向旋转

续表

<table>
<tr><td rowspan="3">试验设备</td><td>液压试验回路</td><td>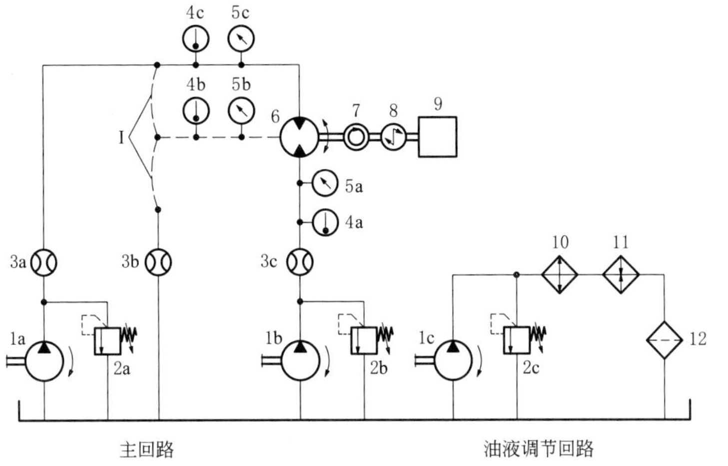

图 1　双向马达的液压试验回路
1a,1b,1c—泵;2a,2b,2c—溢流阀;3a,3b,3c—流量计;4a,4b Ⅱ ,4c—温度计;5a,5b,5c—压力表;6—被试马达;7—转速和轴角度测量仪;8—转矩传感器;9—可调节恒速负载 Ⅲ ;10—冷却器;11—加热器;12—过滤器
Ⅰ二选一连接
Ⅱ可选择
Ⅲ蜗轮传动箱与恒速驱动装置的组合是可调节恒速负载的一个例子</td></tr>
<tr><td>试验装置</td><td>①试验台试验回路应符合“液压试验回路”中的规定,并具有图 1 所示的装备
②对连续变量马达应有可靠的变量锁定装置,以防止在各个试验工况期间排量发生偶然变化</td></tr>
<tr><td>仪器</td><td>①应选择和安装测量仪器,测量被试马达的下列参数
a. 总流量
b. 进、出油口温度
c. 进、出油口压力
d. 进油口流量
e. 输出转矩
f. 输出轴转速和排量
②测量仪器应符合 JB/T 7033 和 ISO 9110-2 的要求,其系统误差应与所选择的测量准确度等级相一致
③应选择和安装合适的记录仪,该记录仪应具有比预期的最高基本数据频率高 10 倍以上的信号分辨能力</td></tr>
<tr><td colspan="2">试验前的数据</td><td>①按照马达制造商提供的数据和其他已知条件,收集试验前的以下数据
a. 根据马达在额定压力下的几何排量或空载排量,用下式计算马达的额定几何转矩 $T_{g,n}$ 或导出转矩 $T_{i,n}$
$$T_{g,n}=\frac{\Delta p_n V_g}{2\pi}$$
或
$$T_{i,n}=\frac{\Delta p_n V_i}{2\pi}$$
式中　Δp_n——额定压差
V_g——几何排量
V_i——空载排量
b. 确定该马达轴的每转排量脉冲数,应考虑对该频率会产生影响的任何传动装置
c. 利用下式计算基本数据频率 f_e,单位为 Hz
$$f_e=\frac{n_e}{60}N$$
式中　n_e——试验转速,r/min
N——排量脉冲数(取自①b)
②利用马达制造商推荐的马达额定转速值 n_n,用下式计算在额定转速时的几何流量 $q_{Vg,n}$ 或空载流量 $q_{Vi,n}$
$$q_{Vg,n}=n_n V_g$$
或
$$q_{Vi,n}=n_n V_i$$
③根据 GB/T 3141 确定油液黏度
④利用如①a 所确定的马达额定转矩 $T_{g,n}$ 或 $T_{i,n}$,来估算在试验期间马达产生的预期最大输出转矩</td></tr>
</table>

续表

试验条件	应适用下述试验条件 a. 马达进口的油液温度 θ:50℃或 80℃ b. 进口压力:额定压力的 100%和 50% c. 背压:在马达制造商给出的范围内,保持恒定在一个值 d. 输出轴转速:由马达制造商推荐的给定方向上的最小转速。如无此数据时,采用 1r/min e. 排量:对于变量马达,为制造商推荐的可能的最大值和最小值
试验步骤	①连接测量仪器和记录仪,记录压差(或任选进、出油口压力)、输出转矩和总流量 如果需要,在开始试验前,向马达壳体内注满液压油 ②保持被测量进、出油口压力恒定在读取值的±2%或 0.1MPa(1bar)变化范围内,二者取大值 ③保持输出轴转速在平均值的±2%变化范围内 ④在记录期间,保持进口油液温度恒定在±2%的变化范围内,即确保仅在上述温度范围内记录试验数据 ⑤在记录每组试验数据之前,应建立热平衡 注:例如,可以通过以下方式达到 a. 将马达与可调节恒速负载断开 b. 当马达以额定转速运转时,保持进口油液温度,直至出口油液温度达到稳定 c. 重新连接恒速负载,并记录要求的试验值的组合数据 ⑥同时分别记录①所列的压差、进油口温度、排量和旋转方向的每组试验值中的各个变量 ⑦持续记录直至达到马达全周期所必需的转速 ⑧记录相应参数的实际测量值和试验值 ⑨注意记录马达出现爬行或不均匀方式运转的任何趋向 ⑩当采用数字采集技术时,选择的采样间隔应可提供试验前所确定的泄漏和转矩的最大值和最小值,并具有 95%的可信度 ⑪应注意马达出现不重复的转矩或泄漏量的任何趋向
结果表达	①对于所选择的各个轴位置(即在马达全周期的等分处)的各项记录,要确定通过被试马达的体积流量 $q_{\mathrm{Ve},\varphi}$ 在下式中的体积流量应引起注意 $$q_{\mathrm{Ve},\varphi}=\frac{\omega}{2\pi}V_{\mathrm{i},\varphi}+q_{\mathrm{Vs},\varphi}$$ 由于角速度 $\omega=2\pi n$ 很小,因此,在选定轴位置处的容积损失部分 $q_{\mathrm{Vs},\varphi}$ 起主要作用 在公式中 $V_{\mathrm{i},\varphi}$ 是在选定轴位置的空载排量 ②利用下式计算一个马达全周期的平均流量 $q_{\mathrm{Ve,ma}}$ $$q_{\mathrm{Ve,ma}}=\frac{q_{\mathrm{Ve},\varphi1}+q_{\mathrm{Ve},\varphi2}+q_{\mathrm{Ve},\varphi3}+\cdots+q_{\mathrm{Ve},\varphi z}}{z}$$ 式中　下标 $\varphi_1,\varphi_2,\varphi_3,\cdots,\varphi_z$——各个选定的轴位置 z——每个马达全周期内读数次数 ③利用下式计算在每一个选定的轴位置处的流量不均匀度 $\Delta q_{\mathrm{Ve},\varphi}$ $$\Delta q_{\mathrm{Ve},\varphi}=\lvert q_{\mathrm{Ve,ma}}-q_{\mathrm{Ve},\varphi}\rvert$$ ④利用下式计算一个马达全周期的平均流量不均匀度 $\Delta q_{\mathrm{Ve,ma}}$ $$\Delta q_{\mathrm{Ve,ma}}=\frac{\Delta q_{\mathrm{Ve},\varphi1}+\Delta q_{\mathrm{Ve},\varphi2}+\Delta q_{\mathrm{Ve},\varphi3}+\cdots+\Delta q_{\mathrm{Ve},\varphi z}}{z}$$ ⑤利用下式确定流量不均匀度系数 $$Ir_{\mathrm{qV}}=\frac{\Delta q_{\mathrm{Ve,ma}}}{q_{\mathrm{Ve,ma}}}$$ 或 $$Ir_{\mathrm{qV}}=\frac{\lvert q_{\mathrm{Ve,ma}}-q_{\mathrm{Ve},\varphi1}\rvert+\lvert q_{\mathrm{Ve,ma}}-q_{\mathrm{Ve},\varphi2}\rvert+\cdots+\lvert q_{\mathrm{Ve,ma}}-q_{\mathrm{Ve},\varphi z}\rvert}{q_{\mathrm{Ve},\varphi1}+q_{\mathrm{Ve},\varphi2}+\cdots+q_{\mathrm{Ve},\varphi z}}$$ ⑥利用下式计算马达转速最低时的平均容积效率 $\eta_{\mathrm{V,ma}}$ $$\eta_{\mathrm{V,ma}}=\frac{V_{\mathrm{i,ma}}\dfrac{\omega}{2\pi}}{q_{\mathrm{Ve,ma}}}$$ 式中　$V_{\mathrm{i,ma}}$——平均空载排量 ω——角速度 $q_{\mathrm{Ve,ma}}$——平均体积流量 ⑦利用下式计算流量峰值间的相对差值 δq_{Ve}

续表

结果表达	$\delta q_{\mathrm{Ve}}=\dfrac{q_{\mathrm{Ve,max}}-q_{\mathrm{Ve,min}}}{q_{\mathrm{Ve,ma}}}$ ⑧对在等分一个马达全周期的选定轴位置处的每个记录，利用下式确定马达的输出转矩 $T_{\mathrm{e},\varphi}$ $T_{\mathrm{e},\varphi}=\Delta p\dfrac{V_{\mathrm{i},\varphi}}{2\pi}-T_{\mathrm{s},\varphi}$ 式中　Δp——压差 $V_{\mathrm{i},\varphi}$——选定轴位置处的空载排量 $T_{\mathrm{s},\varphi}$——选定轴位置处的转矩损失 ⑨利用下式计算马达一整转的平均转矩 $T_{\mathrm{e,ma}}$ $T_{\mathrm{e,ma}}=\dfrac{T_{\mathrm{e},\varphi1}+T_{\mathrm{e},\varphi2}+T_{\mathrm{e},\varphi3}+\cdots+T_{\mathrm{e},\varphi z}}{z}$ ⑩利用下式计算每一个选定轴位置处的转矩不均匀度 $\Delta T_{\mathrm{e},\varphi}$ $\Delta T_{\mathrm{e},\varphi}=T_{\mathrm{e,ma}}-T_{\mathrm{e},\varphi}$ ⑪利用下式计算一个马达全周期的平均转矩不均匀度 $\Delta T_{\mathrm{e,ma}}$ $\Delta T_{\mathrm{e,ma}}=\dfrac{\Delta T_{\mathrm{e},\varphi1}+\Delta T_{\mathrm{e},\varphi2}+\Delta T_{\mathrm{e},\varphi3}+\cdots+\Delta T_{\mathrm{e},\varphi z}}{z}$ ⑫利用下式确定转矩不均匀度系数 Ir_{T} $Ir_{\mathrm{T}}=\dfrac{\Delta T_{\mathrm{e,ma}}}{T_{\mathrm{e,ma}}}$ 或 $Ir_{\mathrm{T}}=\dfrac{\lvert T_{\mathrm{e,ma}}-T_{\mathrm{e},\varphi1}\rvert+\lvert T_{\mathrm{e,ma}}-T_{\mathrm{e},\varphi2}\rvert+\cdots+\lvert T_{\mathrm{e,ma}}-T_{\mathrm{e},\varphi z}\rvert}{T_{\mathrm{e},\varphi1}+T_{\mathrm{e},\varphi2}+\cdots+T_{\mathrm{e},\varphi z}}$ ⑬利用下式计算平均液压机械效率 $\eta_{\mathrm{hm,ma}}$ $\eta_{\mathrm{hm,ma}}=\dfrac{T_{\mathrm{e,ma}}}{\Delta p\dfrac{V_{\mathrm{i}}}{2\pi}}$ ⑭利用下式计算转矩峰值间的相对值 δT_{e} $\delta T_{\mathrm{e}}=\dfrac{T_{\mathrm{e,max}}-T_{\mathrm{e,min}}}{T_{\mathrm{e,ma}}}$
试验报告	①总则　在试验报告中，应记录在每个试验转速和试验压力下的所有相关试验数据及③所列内容 ②试验数据的表达　应采用表格和适当图形表示所有试验测量值和由测量值得出的计算结果 ③试验数据　试验报告中应包含下列数据 a. 被试马达的说明 b. 采用的测量准确度等级 c. 液压试验回路及元件的说明 d. 试验用油液的说明 e. 油液黏度 f. 油液温度 θ g. 在恒压力和恒转速下，流量与转角的函数关系 h. 在恒压力、恒转速和恒温度下，转矩与转角的函数关系 i. 几何排量 V_{g} 或空载排量 V_{i} j. 一个马达全周期的平均流量 $q_{\mathrm{ve,ma}}$ k. 一个马达全周期的平均流量不均匀度 $\Delta q_{\mathrm{ve,ma}}$ l. 流量不均匀度系数 Ir_{qV} m. 在 1r/min 的容积效率 $\eta_{\mathrm{V,ma}}$ n. 流量峰值的相对差值 δq_{Ve} o. 一个马达全周期的平均转矩 $T_{\mathrm{e,ma}}$ p. 一个马达全周期的平均转矩不均匀度 $\Delta T_{\mathrm{e,ma}}$ q. 转矩不均匀度系数 Ir_{T} r. 平均液压机械效率 $\eta_{\mathrm{hm,ma}}$ s. 转矩峰值的相对差值 δT_{e}

6.1.2 液压马达启动性的测定方法（摘自 GB/T 20421.2—2006/ISO 4392-2：2002，IDT）

表 20-6-51

范围		GB/T 20421.2—2006《液压马达特性的测定　第 2 部分：启动性》描述了测定旋转液压马达启动性的两种方法 这是两种相似的测量方法：恒转矩法和恒压力法。由于获得的结果是相同的，所以两种方法没有优劣之分 在 GB/T 20421.2—2006 附录 A 中给出附加物理及字母符号的说明 测量的准确度划分为 A、B、C 三个等级，在 GB/T 20421.2—2006 附录 B 中给出说明
试验设备	液压试验回路	①液压试验回路如图 1 所示 图 1 没有表示出为防止元件意外失效造成破坏所需的所有安全装置。试验人员应对人身安全和设备安全给予应有的重视 注：1. 虽然图 1 列举的是单向马达的基本试验回路，但是经适当的修改即可用作双向马达的试验 2. 当柱塞马达进行试验时，可能需要增加补油泵回路 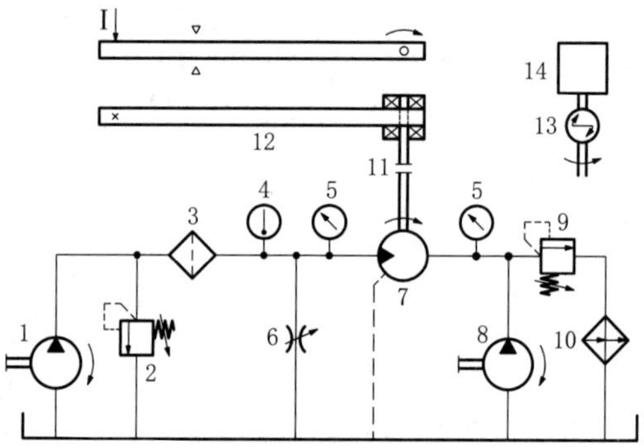 图 1　单向马达的液压试验回路 1—供油泵；2—压力控制阀(手动)；3—过滤器；4—温度指示器；5—压力指示器； 6—节流阀；7—被试马达；8—背压泵；9—背压控制阀；10—热交换器； 11—联轴器；12—安装在静压轴承上的杆；13—转矩传感器；14—电转矩负载 Ⅰ可变负载 ②应安装油温调节回路，提供必要的过滤，以保护被试马达和回路中的其他元件，并保持马达进油口的油液温度在 50℃或 80℃，误差不超过±2℃ ③被试马达进、出油口与液压回路的连接，应使马达输出轴旋转方向与负载转矩方向相反 ④最高试验压力不应超过马达制造商推荐值
	仪器	测量仪器应符合 JB/T 7033 和 ISO 9110-2 的要求，其系统误差应与所选择的测量准确度等级相一致
恒转矩方法	试验装置	①试验台应采用“液压试验回路”规定的试验回路，并提供图 1 所示及②和③中所描述的装备 ②提供一种转矩加载装置，如图 1 中的 12 所示，可以在马达启动时限制马达轴的转动，例如可调节末端质量的水平臂，也可采用如图 1 中 14 所示的可控电子变转矩加载设备 ③提供一个机械锁定装置防止转矩加载装置使被试马达反转
	试验条件	①开始试验前被试马达应处于热平衡状态 ②出口压力应一直保持在马达制造商推荐的压力范围内 ③马达进口压力每秒的增长率要小于或等于试验的 20%，不会明显地影响马达的启动压力 ④进行测量前，首先应把经过马达的压差降低到最高试验压力的 5%或 1MPa(10bar)，取小值 注：这一要求不适用于特殊用途的马达，如绞盘驱动 ⑤以不同轴位置的测量次数，应多于在一转范围内测得最高启动压力(具有 95%的置信度)所需的最少数量 ⑥转矩值应保持恒定，变化在±1%以内
	试验步骤	①调节马达出口的背压，使之处于一个恒定值(见“试验条件”②) ②逐渐增加进口压力直到马达开始转动(见“试验条件”③)。同时记录下马达轴相对于进口压力的角位移 ③把②步骤中获得数据制成图表并注明使马达开始转动的压力值，即特征曲线的斜率发生突变点 ④在若干不同的轴位置上重复步骤②～③(见“试验条件”⑤) ⑤在若干不同的转矩下重复步骤②～④(见“试验条件”⑥)，以获得一个覆盖典型启动条件范围的特征曲线 ⑥双向马达要在反方向重复步骤②～⑤

续表

恒转矩方法	结果表达	使用下面的公式计算每个试验转矩下的最小启动效率 $\eta_{hm,min}$ $\eta_{hm,min}=\frac{\Delta p_{i,mi}}{\Delta p_{e,max}}$ 或 $\eta_{hm,min}=\frac{\Delta p_{g,mi}}{\Delta p_{e,max}}$ $\Delta p_{i,mi}=\frac{2\pi}{V_i}T'$ $\Delta p_{g,mi}=\frac{2\pi}{V_g}T'$ 式中　T'——试验转矩 $\Delta p_{e,max}$——试验中测得的指定转矩下的最大压差
恒压力方法	试验装置	①试验台应采用"液压试验回路"规定的试验回路,并提供图1所示及②中所描述的装备 ②应提供一种符合"恒转矩方法""试验装置"②要求的转矩加载装置(图1的11和12或13和14)
	试验条件	①开始试验前被试马达应处于热平衡状态 ②出口压力应一直保持在马达制造商推荐的压力范围内 ③转矩每秒的减小率要小于或等于试验转矩的20%,不会明显地影响马达的启动压力 ④进行测量前,首先应把经过马达的压差降低到最高试验压力的5%或1MPa(10bar),取小值 注:这一要求不适用于特殊用途的马达,如绞盘驱动 ⑤以同一转矩、不同轴位置测量的次数应足以得到最小启动转矩(具有95%的置信度)
	试验步骤	①调节马达出口的背压,使之处于一个恒定值(见"试验条件"②) ②在适当的压力下,调节转矩加载装置的转矩值,稍大于马达理论转矩的最大值 ③逐渐增加马达进口压力至试验所需的压力,如果超过试验压力,应将压力降下并重复前述步骤 ④平滑地降低加载转矩(见"试验条件"③)直到马达开始转动。同时记录马达轴相对于转矩的角位移 ⑤把④步骤中获得的数据制成图表并注明使马达开始转动的转矩值,即特征曲线的斜率发生突变点 ⑥在多个不同的压力下及轴的不同位置上重复步骤②~⑤,以获得一个覆盖典型启动条件范围的特征曲线 ⑦双向马达要在反方向重复步骤②~⑤
	结果表达	使用下面的公式计算每个试验压力下的最小启动转矩效率 $\eta_{hm.min}$ $\eta_{hm,min}=\frac{T_{e,min}}{T_{i,mi}}$ 或 $\eta_{hm,min}=\frac{T_{e,min}}{T_{g,mi}}$ $T_{i,mi}=\frac{1}{2\pi}V_i p'$ $T_{g,mi}=\frac{1}{2\pi}V_g p'$ 式中　p'——所用的试验压力 $T_{e,min}$——试验中测得的指定压力下的最低转矩
试验报告	总则	在各试验压力下的所有相关试验数据以及"试验数据"中所列内容均应记录在试验报告中
	试验数据的表达	所有试验测量值和由测量值得出的计算结果,均应用列表和适当图形表示
	试验数据	试验报告中应包含下列数据 a. 试验马达的说明 b. 采用的试验方法,即恒转矩法或恒压力法 c. 采用的测量准确度等级 d. 液压试验回路及元件的说明 e. 试验用油液的说明 f. 油液黏度(依据GB/T 3141确定) g. 油液温度 h. 出口压力 i. 几何排量 V_g 或理论排量 V_i j. 根据所用的试验方法选择其中之一 • 试验压力和各试验压力下相应的马达轴旋转一周中最小及最大的启动转矩 • 试验转矩和各试验转矩下相应的马达轴旋转一周中最小及最大的启动压力 k. 最小启动效率 $\eta_{hm.min}$ l. 从轴端观察的启动方向(顺时针或逆时针)

6.1.3 液压马达在恒流量和恒转矩下低速特性的测定方法（摘自 GB/T 20421.3—2006/ISO 4392-3：1993，MOD）

表 20-6-52

范围		GB/T 20421.3—2006《液压马达特性的测定　第 3 部分:在恒流量和恒转矩下》规定了定量或变量容积式液压马达在恒流量和恒转矩下低速特性的测定方法 本方法包括了在低速条件下的试验,在这种速度下,可能产生对马达稳定持续的转矩输出有重要影响的液压脉冲频率,并且会影响马达所连接的系统 测量的准确度分为 A、B、C 三个等级,在 GB/T 20421.3—2006 附录 A 中给出说明
液压设备	液压试验回路	①液压试验回路如图 1 所示 图 1 所示回路是基本回路,不包括为防止元件意外失效造成破坏所需要的所有安全装置。重要的是试验人员对人身安全和设备安全给予应有的重视 ②应安装油液调节回路(见图 1),以及截止阀 5 和溢流阀 7。可以打开阀 5,以加速达到试验温度。在试验过程中阀 5 应被关闭 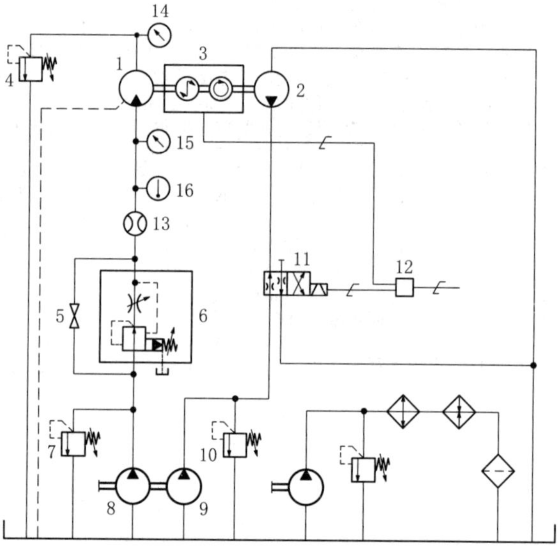 图 1　液压试验回路 1—被试马达;2—恒转矩负载(容积式泵);3—转矩、转速和角度测量仪器;4,7—溢流阀;5—截止阀;6—恒流量元件;8,9—容积式泵;10~12—转矩负载控制元件;13—流量计;14,15—压力表;16—温度计 ③应安装油液调节回路,提供必要的过滤,以保护被试马达和回路中的其他元件,并保持下面"试验条件"中所规定的油液温度 ④通过具有黏度和压力补偿的流量控制阀获得马达恒定的供油流量 ⑤可利用一台容积式泵和一个带有转矩信号电反馈的流量控制阀获得(或磁动力加载装置和其他适合的系统)马达的恒转矩负载
	试验装置	①试验台试验回路应符合"液压试验回路"中的规定,并具有图 1 所示的装备 ②对连续变量马达应有可靠的锁定装置,以防止在各个试验工况期间排量发生偶然变化
	仪器	①应选择和安装测量仪器,测量被试马达的下列参数 a. 输入流量 b. 进口温度(见 GB/T 17491 的测量接点的位置控制) c. 进、出口压力(见 GB/T 17491 的测量接点的位置控制) d. 输出转矩 e. 马达轴的转速和转角 ②测量仪器的系统误差应与所选择的测量准确度等级相一致 ③应选择和安装合适的记录仪,该记录仪应具有比预期的最高基本数据频率高 10 倍以上的信号分辨能力 ④试验测量应以相同的轴角度增量量取,增量数至少不低于每转排量脉冲数的 10 倍达到下面"试验前的数据"①b 的要求

续表

试验前的数据	①按照马达制造商提供的数据和其他已知条件，收集试验前的以下数据 a. 根据马达在额定压力下的几何排量或空载排量，用下式计算马达的额定几何转矩 $T_{g,n}$ 或导出转矩 $T_{i,n}$ $$T_{g,n}=\frac{\Delta p_n V_g}{2\pi}$$ 或 $$T_{i,n}=\frac{\Delta p_n V_i}{2\pi}$$ 式中 Δp_n——额定压差 V_g——几何排量 V_i——空载排量(见 GB/T 7936) b. 确定该马达轴的每转排量脉冲数，应考虑对该频率会产生影响的任何传动装置 c. 利用下式计算基本数据频率 f_e(单位 Hz) $$f_e=\frac{n_e}{60}\times 排量脉冲数$$ 式中 n_e——试验转速，r/min，排量脉冲数取自①b ②利用马达制造商推荐的马达额定转速值 n_n，用下式计算在额定转速时的几何流量 $q_{Vg,n}$ 或空载流量 $q_{Vi,n}$ $$q_{Vg,n}=n_n V_g$$ 或 $$q_{Vi,n}=n_n V_i$$ ③根据 GB/T 3141 确定油液黏度 ④利用如①a 所确定的马达额定转矩 $T_{g,n}$ 或 $T_{i,n}$，来估算在试验期间马达产生的预期最大输出转矩 ⑤与马达轴连接的所有转动元件的转动惯量和流体控制阀与马达进油口之间的容积，均应保持最小值
试验条件	应适用下述试验条件 a. 马达进口的油液温度 θ：50℃或 80℃ b. 使用经马达制造商认可的牌号和黏度的液压油，并符合选定的试验温度 c. 在马达额定转矩的 50%和 100%的条件下进行试验 d. 在 c 中给定的两种转矩条件下确定最小输入流量，该最小允许流量会导致马达停转 e. 对于变量马达，应选择制造商推荐的最小和最大排量进行试验 f. 对于双向马达，要进行双转向试验
试验步骤	①连接测量仪器和记录仪。记录如"仪器"①所列和图 1 所示的马达的试验数据 注：如果需要，在开始试验前，向马达壳体内注入液压油 ②在进行测量前，运转试验回路，以使系统温度稳定 ③尽可能地保持恒转矩，转矩从最小值到最大值的变化至少在平均值的 4%的范围内。应考虑到"仪器"③(②)中规定的要求 ④尽可能地保持恒流量，并做记录。瞬时流量的变化应保持在平均值的 4%的范围内，与"仪器"③(②)给出的详细说明一致 ⑤在持续记录期间，保持测量的被试马达进口油液温度恒定在±2℃范围内 ⑥在要求的试验条件下，同时记录"仪器"①所列的被试马达各项参量的变化 ⑦记录时间延续至一个马达全周期所需的转速 ⑧当采用数字采集技术时，选择的采样间隔应可提供试验前所确定的转速和压力的最大值和最小值，并具有 95%的置信度
结果表达	①在等分一个马达全周期上各轴位置处确定转速 n_φ 计算一个马达全周期的平均速度 n_{ma} $$n_{ma}=\frac{n_{\varphi1}+n_{\varphi2}+\cdots+n_{\varphi z}}{z}$$ 式中 下标 $\varphi1,\varphi2,\cdots,\varphi z$——各个选定的轴位置 z——按照"仪器"④所述，每个马达全周期内读数次数 ②利用下式，计算在每个选定的轴位置处转速的不均匀度 Δn_φ $$\Delta n_\varphi=\mid n_{ma}-n_\varphi \mid$$ ③计算每一个马达全周期内平均转速的不均匀度 Δn_{ma} $$\Delta n_{ma}=\frac{\Delta n_{\varphi1}+\Delta n_{\varphi2}+\cdots+\Delta n_{\varphi z}}{z}$$

续表

结果表达		④利用下式，求出转速不均匀度变化系数 Ir_{n} $Ir_{\mathrm{n}}=\dfrac{\Delta n_{\mathrm{ma}}}{n_{\mathrm{ma}}}$ 或 $Ir_{\mathrm{n}}=\dfrac{\lvert n_{\mathrm{ma}}-n_{\varphi1}\rvert+\lvert n_{\mathrm{ma}}-n_{\varphi2}\rvert+\cdots+\lvert n_{\mathrm{ma}}-n_{\varphi z}\rvert}{n_{\varphi1}+n_{\varphi2}+\cdots+n_{\varphi z}}$ ⑤利用下式，计算至少一个马达周期的平均容积效率 $\eta_{\mathrm{V,ma}}$ $\eta_{\mathrm{V,ma}}=\dfrac{V_{\mathrm{i,ma}}n_{\mathrm{ma}}}{q_{\mathrm{Ve}}}$ 式中　$V_{\mathrm{i,ma}}$——平均空载排量（见 GB/T 7936） n_{ma}——平均转速 q_{Ve}——体积流量 ⑥利用下式，计算转速峰值间的相对差值 δ_{n} $\delta_{\mathrm{n}}=\dfrac{n_{\max}-n_{\min}}{n_{\mathrm{ma}}}$ ⑦确定超过轴的一转以上所选位置的有效压差 $\Delta p_{\mathrm{e},\varphi}$ $\Delta p_{\mathrm{e},\varphi}=\Delta p_{1,\varphi}-\Delta p_{2,\varphi}$ 式中　$\Delta p_{1,\varphi}$——进口压力 $\Delta p_{2,\varphi}$——出口压力 ⑧利用下式，计算超过一个全周期以上的平均有效压力差 $\Delta p_{\mathrm{e,ma}}$ $\Delta p_{\mathrm{e,ma}}=\dfrac{\Delta p_{\mathrm{e},\varphi1}+\Delta p_{\mathrm{e},\varphi2}+\cdots+\Delta p_{\mathrm{e},\varphi z}}{z}$ ⑨利用下式，计算每个所选轴位置的压差不均匀度 $\Delta(\Delta p_{\mathrm{e},\varphi})$ $\Delta(\Delta p_{\mathrm{e},\varphi})=\lvert\Delta p_{\mathrm{e,ma}}+\Delta p_{\mathrm{e},\varphi}\rvert$ ⑩利用下式，计算超过一个马达周期以上的平均压差不均匀度 $\Delta(\Delta p_{\mathrm{e,ma}})$ $\Delta(\Delta p_{\mathrm{e,ma}})=\dfrac{\Delta(\Delta p_{\mathrm{e},\varphi1})+\Delta(\Delta p_{\mathrm{e},\varphi2})+\cdots+\Delta(\Delta p_{\mathrm{e},\varphi z})}{z}$ ⑪利用下式，确定压差不均匀度系数 $Ir_{\Delta\mathrm{p}}$ $Ir_{\Delta\mathrm{p}}=\dfrac{\Delta(\Delta p_{\mathrm{e,ma}})}{\Delta p_{\mathrm{e,ma}}}$ 或 $Ir_{\Delta\mathrm{p}}=\dfrac{\lvert\Delta p_{\mathrm{e,ma}}-\Delta p_{\mathrm{e},\varphi1}\rvert+\lvert\Delta p_{\mathrm{e,ma}}-\Delta p_{\mathrm{e},\varphi2}\rvert+\cdots+\lvert\Delta p_{\mathrm{e,ma}}-\Delta p_{\mathrm{e},\varphi z}\rvert}{\Delta p_{\mathrm{e},\varphi1}+\Delta p_{\mathrm{e},\varphi2}+\cdots+\Delta p_{\mathrm{e},\varphi z}}$ ⑫利用下式，计算平均的液压机械效率 $\eta_{\mathrm{hm,ma}}$ $\eta_{\mathrm{hm,ma}}=\dfrac{T_{\mathrm{e}}}{\Delta p_{\mathrm{e,ma}}\dfrac{V_{\mathrm{i,ma}}}{2\pi}}$ ⑬利用下式，计算压差峰值间的相对差值 $\delta_{\Delta\mathrm{p}}$ $\delta_{\Delta\mathrm{p}}=\dfrac{\Delta p_{\mathrm{e,max}}-\Delta p_{\mathrm{e,min}}}{\Delta p_{\mathrm{e,ma}}}$
试验报告	总则	与试验转矩和试验流量条件相关的试验数据以及“试验数据”中所列内容，均应记录在试验报告中
	试验数据的表示	所有试验测量值和由测量值得出的计算结果，均应用列表和适当图形（如有需要）表示
	试验数据	试验预期达到的转矩和流量的目标值及下列内容均应记录 a. 油液温度“试验条件” b. 在恒定流量、恒定转矩和恒定温度条件下，转矩与转角的函数关系 c. 在恒定流量、恒定转矩和恒定温度条件下，压差与转角的函数关系 d. 几何排量 V_{g} 或空载排量 V_{i} e. 马达全周期内平均转速 n_{ma} f. 马达全周期内平均转速的不均匀度 Δn_{ma} g. 转速不均匀度系数 Ir_{n}

续表

试验报告	试验数据	h. 平均容积效率 $\eta_{V,ma}$ i. 转速峰值的相对差 δ_n j. 马达全周期的平均有效压差 $\Delta p_{e,ma}$ k. 马达全周期的平均有效压差不均匀度 $\Delta(\Delta p_{e,ma})$ l. 压差不均匀度系数 $Ir_{\Delta p}$ m. 平均液压机械效率 $\eta_{hm,ma}$ n. 压差峰值的相对差 $\delta_{\Delta p}$

. 2 摆线液压马达、液压轴向柱塞马达、外啮合渐开线齿轮马达、叶片马达、低速大转矩液压马达试验方法

. 2. 1 摆线液压马达试验方法（摘自 JB/T 10206—2010）

表 20-6-53

范围		JB/T 10206—2010《摆线液压马达》规定了摆线液压马达（以下简称马达）的结构型式、基本参数、技术要求、试验方法、检验规则和标志、包装 本标准适用于以液压油或性能相当的其他矿物油为工作介质的马达
性能试验方法	试验装置	①试验回路　试验回路原理图见附录 A 中的图 1，图形符号符合 GB/T 786.1 的规定 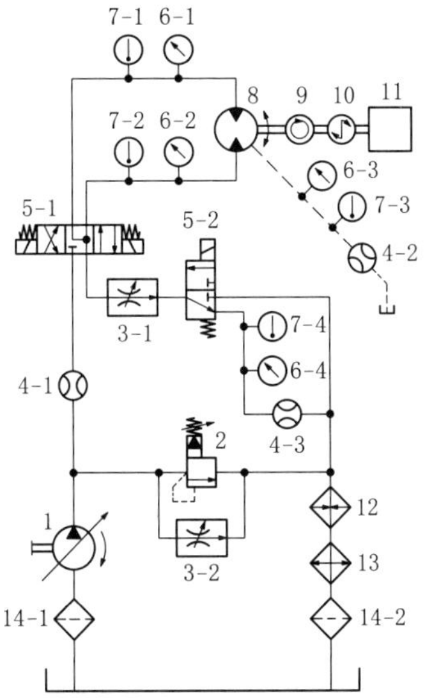 图 1　试验回路原理 1—液压泵；2—溢流阀；3-1，3-2—调速阀；4-1～4-3—流量计；5-1，5-2—换向阀；6-1～6-4—压力表；7-1～7-4—温度计；8—被试马达；9—转速仪；10—转矩仪；11—负载；12—加热器；13—冷却器；14-1，14-2—过滤器 ②测量点位置 Ⅰ. 压力测量点：设置在距离被试马达进口、出口的（2～4）d（d 为管路通径）处。试验时，允许将测量点的位置移至距被试马达更远处，但必须考虑管路的压力损失 Ⅱ. 温度测量点：设置在距离测压点（2～4）d（d 为管路通径）处，比测压点更远离被试马达
	试验用油	①黏度：40℃时的运动黏度为 42～74mm^2/s，特殊要求另行规定 ②油温：除另行规定外，型式试验在（50±2）℃下进行；出厂试验在（50±4）℃下进行 ③污染度等级：试验油液的固体颗粒污染度等级不得高于 GB/T 14039—2002 规定的—/19/16
	稳态工况	各参量平均指示值的变化范围符合表 1 规定时为稳态工况。在稳态工况下应同时测量每个设定点的各参量（压力、流量、转矩、转速等）

续表

性能试验方法

稳态工况

表 1　被控参量平均指示值允许变化范围

测量参量	测量准确度等级		
	A	B	C
压力(表压力 $p<0.2\mathrm{MPa}$)/kPa	±1.0	±3.0	±5.0
压力(表压力 $p\geqslant0.2\mathrm{MPa}$)/%	±0.5	±1.5	±2.5
流量/%	±0.5	±1.5	±2.5
转矩/%	±0.5	±1.0	±2.0
转速/%	±0.5	±1.0	±2.0

注:型式试验不得低于 B 级测量准确度,出厂试验不得低于 C 级测量准确度

测量准确度

测量准确度等级分为 A、B、C 三级。测量系统的允许系统误差见表 2 规定

表 2　测量系统的允许系统误差

测量参量	测量准确度等级		
	A	B	C
压力(表压力 $p<0.2\mathrm{MPa}$)/kPa	±1.0	±3.0	±5.0
压力(表压力 $p\geqslant0.2\mathrm{MPa}$)/%	±0.5	±1.5	±2.5
流量/%	±0.5	±1.5	±2.5
转矩/%	±0.5	±1.0	±2.0
转速/%	±0.5	±1.0	±2.0
温度/℃	±0.5	±1.0	±2.0

注:型式试验不得低于 B 级测量准确度,出厂试验不得低于 C 级测量准确度

试验项目和试验方法

①跑合　跑合应在性能试验前进行

在额定转速下或试验转速,从空载压力开始,逐级加载、分级跑合。跑合时间与压力分级按需要确定,其中额定压力下的跑合时间应不得少于 2min

②型式试验　型式试验项目和方法按表 3 规定

表 3　型式试验项目和方法

序号	试验项目	内容和方法	备注
1	排量验证	按 GB/T 7936 的规定进行	
2	效率试验	①在额定转速、额定压力的 25%下,待运转稳定后测量流量等一组数据(参见附录 B)。然后逐级加载,按上述方法,分别测量从额定压力 25%至额定压力间六个以上等分的试验压力点的各组数据,计算效率值 ②在最高的转速和额定转速的 85%、70%、55%、40%、25%时,分别测量上述各试验压力点的各组数据,计算效率值 ③反向试验方法和正向试验方法相同 ④进口温度在 20~35℃ 和 70~80℃ 条件下,分别测量在额定转速时从空载压力到额定压力范围内七个以上等分压力点的各组数据,计算容积效率	
3	启动效率	采用恒转矩启动方法或恒压力启动方法,以不同的恒定转矩或恒定压力值,分别测量马达输出轴在不同的相位角以及正、反方向在额定压力的 25%、75%、100%和规定背压条件下的启动压力或转矩,计算启动效率	
4	低速性能	在额定压力和规定背压条件下,以逐级降速和升速的方法分别重复测量正、反方向不爬行的最低转速 按上述方法分别测量从额定压力的 50%至额定压力之间四个等分压力点的最低转速	
5	低温性能	被试马达温度和进入马达的油液温度为-20℃或设计规定的低温条件,在空载压力工况下,从低速至额定转速分别进行启动试验五次以上。油液黏度根据设计要求	可在工业性试验中进行

续表

试验项目和试验方法

续表

序号	试验项目	内容和方法	备注
6	高温性能	在额定工况下,进入马达的油液温度达到90℃或设计规定的高温条件时,连续运转1h以上,油液黏度根据设计要求	
7	超速性能	在额定转速的125%工况下,分别以空载压力和额定压力连续运转15min	
8	超载性能	在额定转速下,以额定压力的125%连续运转试验。试验时,进口油温为30~60℃,连续运转10h以上	
9	连续换向性能	在额定工况下,以1/12Hz(一个往复为一次)以上的频率做正、反转换向试验。试验时,进口油温为30~60℃,连续换向5万次以上	
10	连续超载性能	在额定转速下,以最高的压力或额定压力的125%(选最高者)进口油温30~60℃做连续运转试验,其中轴配流结构型式正、反各运转100h;平面配流结构型式正、反各运转125h。在连续运转过程中,定期测量容积效率(或外泄漏)、进口油温及马达外壳最高温度等	
11	连续满载性能	在额定工况下,进口油温为30~60℃做连续运转试验,其中轴配流结构型式正、反各运转400h;平面配流结构型式正、反转各运转500h。在连续运转过程中,定期测量容积效率(或外泄漏)、进口油温及马达外壳最高温度等	
12	效率检查	在完成上述规定项目试验后,测量额定工况下的容积效率和总效率	
13	外渗漏检查	将被试马达擦干净,如有个别部位不能一次擦干净,运转后产生"假"渗漏现象,允许再次擦干净 a. 静密封:将干净的吸水纸压贴于静密封部位,然后取下,纸上如有油迹即为漏油 b. 动密封:在动密封部位下放置白纸,规定时间内纸上如有油滴即为漏油	

注:第9~11项属于耐久性试验项目

③出厂试验　出厂试验项目和方法按表4规定

表4　出厂试验项目和方法

序号	试验项目	类别	内容和方法	备注
1	空载排量验证	必试	在额定转速、空载压力工况下,计算排量值	
2	容积效率	必试	在额定转速、额定压力下,测量并计算容积效率	
3	超载性能	抽试	在额定转速下,以额定压力的125%运转1min以上	抽试比例1%
4	外渗漏检查	必试	在上述项目试验全过程中,检查固定密封和旋转密封部位的渗漏情况	

数据处理与结果表述

①试验数据　应填入记录表中。记录表格式参见JB/T 10206—2010附录B

②计算公式

a. 容积效率见式(1)

$$\eta_V=\frac{V_{1,i}}{V_{1,e}}=\frac{q_{V1,i}/n_i}{q_{V1,e}/n_e}=\frac{(q_{V2,i}+q_{Vd,i})/n_i}{(q_{V2,e}+q_{Vd,e})/n_e}\times100\% \tag{1}$$

b. 总效率见式(2)

$$\eta_t=\frac{2\pi n_e T_2}{p_{1,e}q_{V1,e}-p_{2,e}q_{V2,e}}\times100\% \tag{2}$$

c. 输入液压功率(单位为kW)见式(3)

$$P_{1,n}=\frac{q_{V1,e}p_{1,e}}{60} \tag{3}$$

d. 输入机械功率(单位为kW)见式(4)

$$P_{2,m}=\frac{2\pi n_e T_2}{60000} \tag{4}$$

续表

性能试验方法 — 数据处理与结果表述

式中 $V_{1,e}$——试验压力时的输入排量，mL/r

$V_{1,i}$——空载压力时的输入排量，mL/r

$q_{V1,i}$——空载压力时的输入流量，L/min

$q_{V1,e}$——试验压力时的输入流量，L/min

$q_{V2,i}$——空载压力时的输出流量，L/min

$q_{V2,e}$——试验压力时的输出流量，L/min

$q_{Vd,i}$——空载压力时的泄漏流量，L/min

$q_{Vd,e}$——试验压力时的泄漏流量，L/min

n_i——空载压力时的转速，r/min

n_e——试验压力时的转速，r/min

$p_{1,e}$——输入试验压力，MPa

$p_{2,e}$——输出试验压力（即背压），MPa

T_2——输出转矩，N·m

e. 恒转矩启动效率见式(5)

$$\eta_0=\frac{\Delta p_{i,mi}}{\Delta p_e}\times 100\% \tag{5}$$

式中 $\Delta p_{i,mi}$——$\frac{2\pi}{V_i}T_e$（给定的转矩），MPa

Δp_e——对应某一给定的转矩所测得的压差值，MPa

f. 恒压力启动效率见式(6)

$$\eta_0=\frac{T_e}{T_{i,mi}}\times 100\% \tag{6}$$

式中 $T_{i,mi}$——$\frac{1}{2\pi}V_i\Delta p_e$（给定的压差），N·m

T_e——对应某一给定的压力值所测得的转矩值，MPa

③特性曲线　绘制综合特性曲线图，见图2

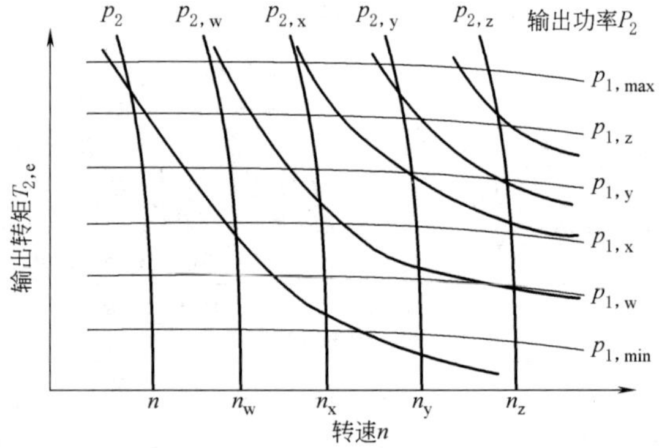

图2　综合特性曲线

装配和外观的检验方法

装配和外观的检验方法按表5的规定

表5　马达装配和外观的检验方法

序号	检验项目	检验方法	备注
1	装配质量	采用目测法	必检
2	气密性	在被试马达内腔充入0.55MPa以上压力的洁净气体，浸没在有防锈功能的溶液中停留15s以上时间，观察液体中有无气泡产生	必检。允许采用“压降法”或其他的方法，但检查效果应等同于上述方法
3	内部清洁度	按JB/T 7858规定的方法	抽检。内部清洁度允许由经过验证的工艺规范保证
4	外观质量	采用目测法	必检

6.2.2 液压轴向柱塞马达、外啮合渐开线齿轮马达、叶片马达试验方法（摘自 JB/T 10829—2008）

表 20-6-54

范围

JB/T 10829—2008《液压马达》规定了液压轴向柱塞马达（以下简称柱塞马达）、外啮合渐开线齿轮马达（以下简称齿轮马达）和叶片马达的术语和定义、基本参数、技术要求、试验方法、检验规则、标志和包装等要求

本标准适用于以液压油液或性能相当的其他液体为工作介质，额定压力≤42MPa 的上述三类液压马达

性能试验方法

试验装置

①液压马达试验回路参见图 1

警告：图 1 所示回路是基本回路，不包括为防止由于元件失效造成破坏所需要的安全装置。重要的是试验负责人对人员安全和设备安全给予应有的重视

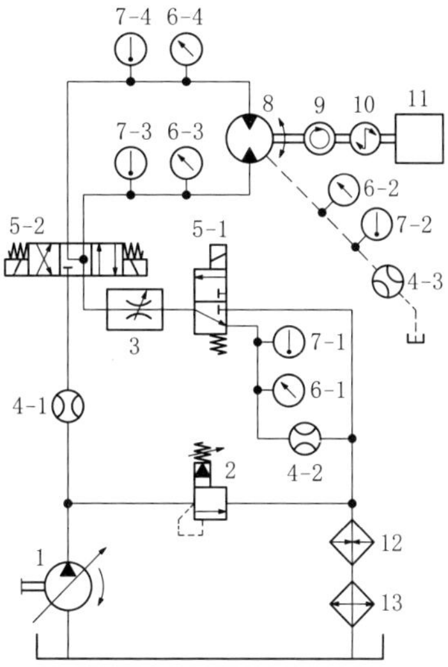

图 1 试验回路原理图

1—液压泵；2—溢流阀；3—节流阀；4-1～4-3—流量计；5-1，5-2—换向阀；6-1～6-4—压力表；7-1～7-4—温度计；8—被试马达；9—转速仪；10—转矩仪；11—负载；12—加热器；13—冷却器

②压力测量点的位置

压力测量点应设置在距被试马达进油口、出油口的（2～4）d（d 为管路内径）处。稳态试验时，允许将测量点的位置移至距被试马达更远处，但必须考虑管路的压力损失

③温度测量点的位置

温度测量点应设置在距压力测量点（2～4）d 处，且比压力测量点更远离被试马达

④噪声测量点的位置

噪声测量点的位置和数量应按 GB/T 17483 的规定

试验条件

①试验介质

Ⅰ. 试验介质的温度：除明确规定外，型式试验应在 50℃±2℃下进行，出厂应在 50℃±4℃下进行

Ⅱ. 试验介质的黏度：40℃时的运动黏度为 42～74mm^2/s（特殊要求另行规定）

Ⅲ. 试验介质的清洁度：试验系统油液的固体颗粒污染等级应不高于 GB/T 14039—2002 规定的等级—/19/16

②稳态工况

被控参量平均显示值的变化范围符合表 1 规定时为稳态工况。应在稳态工况下记录试验参量的测量值

表 1 被控参量平均显示值允许变化范围

测量参量	各测量准确度等级对应的被控参量平均显示值允许变化范围		
	A	B	C
压力（表压力 $p<0.2$MPa 时）/kPa	±1.0	±3.0	±5.0
压力（表压力 $p\geqslant0.2$MPa 时）/%	±0.5	±1.5	±2.5
流量/%	±0.5	±1.5	±2.5
转矩/%	±0.5	±1.0	±2.0
转速/%	±0.5	±1.0	±2.0

注：测量准确度等级见下面“③测量准确度”

续表

性能试验方法

试验条件

③测量准确度

测量准确度等级分为A、B、C三级，型式试验不应低于B级，出厂试验不应低于C级。各等级测量系统的允许系统误差应符合表2的规定。

表2 测量系统的允许系统误差

测量参量	测量准确度等级		
	A	B	C
压力(表压力 $p<0.2$MPa时)/kPa	±1.0	±3.0	±5.0
压力(表压力 $p\geqslant0.2$MPa时)/%	±0.5	±1.5	±2.5
流量/%	±0.5	±1.5	±2.5
转矩/%	±0.5	±1.0	±2.0
转速/%	±0.5	±1.0	±2.0
温度/℃	±0.5	±1.0	±2.0

试验项目和试验方法

①跑合

在试验前应进行跑合。在额定转速下，从空载压力开始逐级加载、分级跑合。跑合时间与压力分级应根据需要确定，其中额定压力下的跑合时间应≥2min

②型式试验

型式试验项目与试验方法按表3的规定

表3 液压马达型式试验项目与方法

序号	试验项目	试验方法	备注
1	排量验证试验	按GB/T 7936的规定进行	
2	效率试验	a. 在额定转速、空载压力下运转稳定后测量流量等一组数据，填入附录B的“液压马达试验记录表”。然后逐级加载，按上述方法测量从额定压力的25%至额定压力，六个以上等分试验压力点的各组数据并计算效率值 b. 分别测量约为额定转速的85%、70%、55%、40%、25%时上述各试验压力点的各组数据并计算效率值 c. 对双向马达按相同方式做反方向试验 d. 绘出综合特性曲线图和做效率特性数据表	a、b中按百分比计算出的压力值修约至1MPa；c中按百分比计算出的转速值修约至10r/min
3	变量特性试验	根据变量控制方式，在设计规定的条件下，测量不同的控制量与被控制量之间的对应数据，绘制变量特性曲线	仅对变量马达
4	启动效率试验	在额定压力、零转速及马达要求的背压条件下，分别测量马达输出轴处于不同的相位角(12个点)时的输出转矩，以所测得的最小输出转矩计算启动效率	双向旋转的马达应分别测试正反向输出转矩
5	低速性能试验	在额定压力下，改变马达的转速，目测马达运转稳定性，以不出现肉眼可见的爬行的最低转速为马达的最低稳定转速。试验至少进行三次，以最高者为准	双向旋转的马达应进行双向试验
6	噪声试验	在额定转速下，按GB/T 17483的要求，分别测量额定压力的100%、75%时，其最高转速、额定转速、额定转速的75%各工况的噪声值。本底噪声应比被试马达实测噪声低10dB(A)以上，否则应进行修正	本项目为考查项目
7	满载试验	在额定工况下，进口油温为30~60℃时做连续运转，运转时间按JB/T 10829—2008中的相关要求 连续运转过程中每50h测量一次容积效率	本项属于耐久性试验项目
8	冲击试验	对双向运转的柱塞马达和叶片马达，在最大排量、额定压力条件下，调整马达转速，使马达正反向换向时的冲击压力峰值为马达额定压力的120%~125%，以每分钟10~30次的频率进行马达正、反向冲击试验10次(换向一次即为冲击一次) 对双向运转的齿轮马达，在额定转速和额定压力工况下(当额定压力大于20MPa时，按20MPa)以每分钟10~30次的频率进行马达正、反向冲击试验(换向一次即为冲击一次)，冲击次数按JB/T 10829—2008中6.2.11的相关要求 对单向马达，在额定转速下，以每分钟10~30次的频率进行压力冲击试验，冲击次数按JB/T 10829—2008中6.2.11的相关要求，冲击波形应符合JB/T 10829—2008中图A.2	本项属于耐久性试验项目

续表

性能试验方法	试验项目和试验方法	续表（见下）

续表

序号	试验项目	试验方法	备注
9	超载试验	在额定转速、最高压力或125%的额定压力的工况下，连续运转，运转时间按JB/T 10829—2008中6.2.11的相关要求。试验时被试马达的进口油温应为30~60℃	本项属于耐久性试验项目
10	超速试验	以110%额定转速或设计规定的最高转速（选择其中高者），分别在空载压力和额定压力下连续运转15min。试验时被试马达的进口油温应为30~60℃	
11	低温试验	使环境温度和油液温度为-25~-20℃，在额定转速、空载压力工况（变量马达在最小排量）下启动被试马达至少5次	a. 有要求时做此项试验 b. 可以由制造商与用户协商，在工业应用中进行
12	高温试验	在额定工况下，进口油温为90~100℃，油液黏度不低于马达所允许的最低黏度条件，连续运转至少1h	
13	效率检查	完成上述规定项目试验后，在额定工况下测量马达的容积效率	
14	密封性能检查	将被试马达擦拭干净，进行上述试验，试验完成后马达泄漏量应满足以下要求 a. 静密封：上述试验完成后，将干净吸水纸压贴于静密封部位，然后取下，纸上如有油迹即为渗油 b. 动密封：上述试验进行前，在动密封部位下放置白纸，4h内纸上不应有油滴	

注：1. 连续运转试验时间或次数是指扣除与被试马达无关的故障时间或次数后的累积值

2. 上述试验中，除第3项和第10项外，变量马达均在最大排量下进行试验

③出厂试验　出厂试验项目与试验方法按表4的规定

表4　出厂试验项目与方法

序号	试验项目	试验方法	试验类型	备注
1	排量试验	按GB/T 7936的规定进行	必试	柱塞马达可不进行此项试验
2	容积效率试验	在额定转速条件下，分别测量马达在空载压力和额定压力时的实际转速、输入流量或输出流量和内泄漏量，按下面"①数据处理"的公式(1)计算容积效率	必试	
3	总效率试验	在额定转速和额定压力条件下，测量马达的输出转矩、实际转速、输入压力、输出压力、输入流量、输出流量和内泄漏量，按下面"①数据处理"的公式(2)计算总效率	抽试	
4	变量特性试验	根据变量控制方式，在设计规定的条件下，测量不同的控制量与被控制量之间的对应数据	必试	仅对变量马达
5	冲击试验	对双向运转的柱塞马达和叶片马达，在最大排量、额定压力条件下，调整马达转速，使马达正反向换向时的冲击压力峰值为马达额定压力的120%~125%，以每分钟10~30次的频率进行马达正、反向冲击试验10次（换向一次即为冲击一次） 对双向运转的齿轮马达，在额定转速和额定压力工况下（当额定压力大于20MPa时，按20MPa）以每分钟10~30次的频率进行马达正、反向冲击试验10次（换向一次即为冲击一次） 对单向马达，在额定转速下，以每分钟10~30次的频率进行压力冲击试验10次，冲击波形应符合JB/T 10829—2008中图A.2	抽试	
6	超载试验	在额定转速、最高压力或125%的额定压力的工况下，连续运转不少于1min	抽试	
7	外渗漏检查	在上述全部试验过程中，检查动、静密封部位，不应有外渗漏	必检	

注：上述试验中，除第4项外，变量马达均在最大排量下进行试验

续表

性能试验方法 — 试验数据处理和结果表达

①数据处理　应利用试验数据和下列公式，计算出被试马达的相关性能指标

容积效率

$$\eta_V=\frac{V_{1,i}}{V_{1,e}}=\frac{q_{V1,i}/n_i}{q_{V1,e}/n_e}=\frac{(q_{V2,i}+q_{Vd,i})/n_i}{(q_{V2,e}+q_{Vd,e})/n_e}\times100\% \quad (1)$$

总效率

$$\eta_t=\frac{2\pi n_e T_2}{1000(p_{1,e}q_{V1,e}-p_{2,e}q_{V2,e})}=\frac{2\pi n_e T_2}{1000\,[p_{1,e}(q_{V2,e}+q_{Vd,e})-p_{2,e}q_{V2,e}]}\times100\% \quad (2)$$

输入液压功率

$$P_{1,n}=\frac{p_{1,e}q_{V1,e}}{60}=\frac{p_{1,e}(q_{V2,e}+q_{Vd,e})}{60}(\mathrm{kW}) \quad (3)$$

输出机械功率

$$P_{2,m}=\frac{2\pi n_e T_2}{60000}(\mathrm{kW}) \quad (4)$$

启动效率

$$\eta_{hm}=\frac{2\pi T_2}{\Delta p V_{1,i}}\times100\%$$

式中　$V_{1,i}$——空载压力时的输入排量，mL/r

$V_{1,e}$——试验压力时的输入排量，mL/r

$q_{V1,i}$——空载压力时的输入流量，L/min

$q_{V1,e}$——试验压力时的输入流量，L/min

n_i——空载压力时的转速，r/min

n_e——试验压力时的转速，r/min

$q_{V2,i}$——空载压力时的输出流量，L/min

$q_{Vd,i}$——空载压力时的泄漏流量，L/min

$q_{V2,e}$——试验压力时的输出流量，L/min

$q_{Vd,e}$——试验压力时的泄漏流量，L/min

Δp——输入试验压力与输出试验压力之差，MPa

$p_{1,e}$——输入试验压力，高于大气压为正，低于大气压为负，MPa

$p_{2,e}$——输出试验压力（即背压），MPa

T_2——输出转矩，N · m

注：在公式(1)～公式(3)中，如果油液压缩性对马达容积效率有明显影响，应考虑进行修正

②结果表达　试验报告应包括试验数据、液压马达试验记录表和综合特性曲线，综合特性曲线示例见图2。试验报告还应提供试验人员、设备、工况及被试马达基本特征等信息

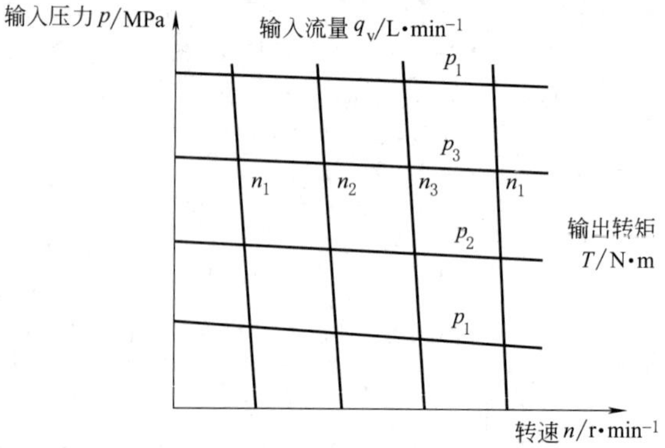

图2　综合特性曲线

装配和外观的检验方法

装配和外观的检验方法按表5的规定

表5　液压马达装配和外观检验方法

序号	检验项目	检验方法	备注
1	装配质量	采用目测法及使用测量工具检查，应符合 JB/T 10829—2008 中 6.3 的要求	

续表

续表

	序号	检验项目	检验方法	备注
装配和外观的检验方法	2	气密性	在被试马达内腔充满压力为 0.16MPa 的干净气体，然后将其浸没在防锈液中，停留 1min 以上并稍加摇动，观察液体中有无气泡产生	允许采用“压降法”或其他的方法，但检查效果应等同于上述方法
	3	内部清洁度	按 JB/T 7858 的规定	内部清洁度也可以由经过验证的工艺规范保证
	4	外观质量	采用目测法	

6.2.3 低速大转矩液压马达试验方法（摘自 JB/T 8728—2010）

表 20-6-55

范围		JB/T 8728—2010《低速大转矩液压马达》规定了曲轴连杆径向柱塞马达、曲轴无连杆径向柱塞马达、曲轴摆缸径向柱塞马达、内曲线径向柱塞马达、径向钢球马达（内曲线径向球塞式马达）、双斜盘轴向柱塞马达等六种低速大转矩液压马达的结构类型、基本参数、技术要求、试验方法、检验规则和标志、包装 本标准适用于以液压油或性能相当的其他矿物油为工作介质的上述低速大转矩液压马达。其他结构类型的低速大转矩液压马达可参照使用
性能试验方法	试验装置	①试验回路　试验回路原理图参见图 1 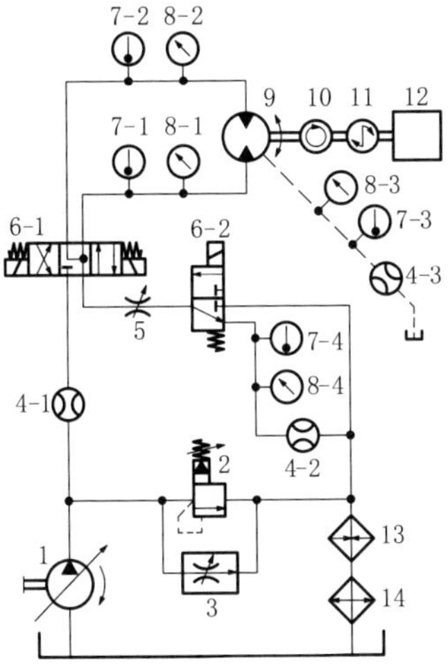 图 1　试验回路原理图 1—液压泵；2—溢流阀；3—调速阀；4-1～4-3—流量计；5—节流阀；6-1，6-2—换向阀；7-1～7-4—温度计；8-1～8-4—压力表；9—被试马达；10—转速仪；11—转矩仪；12—负载；13—加热器；14—冷却器 ②压力测量点　设置在距离被试马达进油口、出油口的（2～4）d（d 为管路通径）处。试验时，允许将测量点的位置移至距被试马达更远处，但必须考虑管路的压力损失 ③温度测量点　设置在距离测压点（2～4）d（d 为管路通径）处，比测压点更远离被试马达 ④噪声测量点　测量的位置和数量应按 GB/T 3767—1996 中 7.1～7.4 的规定
	试验条件	①试验介质 Ⅰ. 试验介质为一般液压油 Ⅱ. 试验介质的温度 除明确规定外，型式试验在 50℃ ±2℃ 下进行，出厂应在 50℃ ±4℃ 下进行 Ⅲ. 试验介质的黏度 试验介质在 40℃ 时的运动黏度为 42～47mm^2/s，特殊要求另行规定 Ⅳ. 试验介质的污染度 试验系统工作介质的固体颗粒污染等级不应高于 GB/T 14039—2002 规定的等级—/19/16

续表

性能试验方法

试验条件

②稳态工况　各参量平均显示值的变化范围符合表 1 规定时为稳态工况。在稳态工况下应同时测量每个设定点的各参量(压力、流量、转矩、转速等)

表 1　稳态工况指标

测量参量	测量准确度等级		
	A	B	C
压力(表压力 $p<0.2$MPa)/kPa	±1.0	±3.0	±5.0
压力(表压力 $p\geqslant 0.2$MPa)/%	±0.5	±1.5	±2.5
流量/%	±0.5	±1.5	±2.5
转矩/%	±0.5	±1.5	±2.0
转速/%	±0.5	±1.0	±2.0

注:型式试验不得低于 B 级测量准确度;出厂试验不得低于 C 级测量准确度

③测量准确度　测量准确度等级分为 A、B、C 三级。测量系统的允许系统误差见表 2 规定

表 2　测量系统的允许系统误差

测量参量	测量准确度等级		
	A	B	C
压力(表压力 $p<0.2$MPa)/kPa	±1.0	±3.0	±5.0
压力(表压力 $p\geqslant 0.2$MPa)/%	±0.5	±1.5	±2.5
流量/%	±0.5	±1.5	±2.5
转矩/%	±0.5	±1.5	±2.0
转速/%	±0.5	±1.0	±2.0
温度/℃	±0.5	±1.0	±2.0

注:型式试验不得低于 B 级测量准确度;出厂试验不得低于 C 级测量准确度

试验项目和试验方法

①跑合　跑合应在马达试验前进行

在额定转速或试验转速下,从空载压力开始,逐级加载、分级跑合;跑合时间与压力分级(应根据)需要确定,其中额定压力下的跑合时间不得少于 2min

②型式试验　型式试验项目和方法按表 3 的规定

表 3　型式试验项目与方法

序号	试验项目	内容和方法	备注
1	排量验证试验	按 GB/T 7936 规定进行	
2	效率试验	在额定转速、额定压力的 25%下,待运转稳定后测量流量等一组数据。然后逐级加载,按上述方法分别测量从额定压力的 25%至额定压力间六个以上等分的试验压力点的各数据 在最高转速和约为额定转速的 85%、70%、55%、40%、25%时,分别测量上述各试验压力点的各组数据 对双向马达按相同方式做反方向试验 双速或多速变量马达,除低速(最大排量)外,其余几级速度仅要求测量在额定压力的 100%、50%各级的容积效率和输出转矩 马达进口油温在 20~35℃和 70~80℃条件下,分别测量在额定转速、最大排量时,从空载压力至额定压力范围内七个以上等分压力点的容积效率 绘出等效率特性曲线图、综合特性曲线图	
3	启动转矩试验	采用恒转矩启动方法或恒压力启动方法,在最大排量工况下,以不同的恒定转矩或恒定压力值,分别测量马达输出轴不同的相位角以及正反方向在额定压力的 25%、75%、100%和规定背压条件下的启动压力或转矩,计算启动效率	
4	低速性能试验	在最大排量、额定压力和规定背压的条件下,以逐级降速和升速的方法分别重复测量正、反方向不爬行的最低稳定转速 按上述方法分别测量从额定压力的 50%至额定压力之间四个等分压力点的最低稳定转速 各试验压力点在正、反转向各试验五次以上	

续表

性能试验方法 | 试验项目和试验方法

续表

序号	试验项目	内容和方法	备注
5	噪声试验	在最大排量、额定转速和规定背压条件下，分别测量三个常用压力等级(包括额定压力)的噪声值 按上述方法分别测量最高转速、额定转速的70%各工况下的噪声值	背景噪声应比被试马达实测噪声低10dB(A)以上，否则应进行修正 本项目为考查项目
6	低温试验	被试马达温度和进口油温低于-25～-20℃以下，在空载压力工况下，从低速至额定转速分别进行启动试验5次以上 油液黏度根据设计要求	可在工业性试验中进行
7	高温试验	在额定工况下，进口油温90～100℃以上时，连续运转1h以上，油液黏度根据设计要求	
8	超速试验	在最大排量、最高转速或额定转速125%(选其中高者)工况下，分别以空载压力和额定压力做连续运转试验15min	
9	超载试验	在额定转速、最大排量的工况下，以最高压力或额定压力的125%(选其中高者)作连续运转试验 试验时，进口油温为30～60℃，连续运转10h以上	
10	冲击试验	在最大排量、额定压力条件下，调整马达转速，使马达正反向时的冲击压力峰值为马达额定压力的120%～125%，以每分钟10～30次的频率进行马达正反向冲击试验(换向一次即为一次冲击)，达到JB/T 8728—2010中6.2.11.1规定的次数要求	本项目属于耐久性试验项目
11	满载试验	在额定工况下，进口油温为30～60℃时作连续运转	
12	效率检查	完成上述规定项目试验后，测量额定工况下的容积效率、总效率	
13	密封性能试验	将被试马达擦干净，如有个别部位不能一次擦干净，运转后产生"假"渗漏现象，允许再次擦干净 静密封：将干净的吸水纸压贴于静密封部位，然后取下，纸上如有油迹即为渗油 动密封：在动密封部位下放置白纸，规定时间内纸上如有油滴即为漏油	

注：1. 表中的最大排量是针对变量马达而言，定量马达不受影响

2. 连续运转试验时间或次数是指扣除与被试马达无关的故障时间或次数后的累积值

③出厂试验　出厂试验项目和方法按表4的规定

表4　出厂试验项目与方法

序号	试验项目	内容和方法	试验类型	备注
1	空载排量验证试验	在最大排量、额定转速、空载压力工况下，测量排量值	必试	
2	容积效率试验	在额定转速、额定压力下，测算容积效率	必试	
3	总效率试验	在额定转速和额定压力条件下，测量马达的输出转矩、实际转速、输入压力、输出压力、输入流量、输出流量和外泄漏量，按下面"计算公式"中的公式(2)计算总效率	抽试	
4	变量特性试验	根据变量控制方式，在设计规定的条件下，测量不同的控制量与被控制量之间的对应数据	必试	仅对变量马达
5	超载试验	在最大排量下、额定转速工况下，以最高压力或额定压力的125%(选其中高者)运转1min以上	抽试	
6	密封性能试验	在上述试验全过程中，检查各部位的渗漏情况	必试	

注：表中的最大排量是针对变量马达而言，定量马达不受影响

续表

<table>
<tr>
<td colspan="2">装配和外观的检验方法</td>
<td>
装配和外观的检验方法应按表 5 的规定

表 5　装配和外观检验方法

<table>
<tr><th>序号</th><th>检验项目</th><th>检验方法</th><th>备注</th></tr>
<tr><td>1</td><td>装配质量</td><td>采用目测法及使用测量工具检查，应符合 JB/T 8728—2010 中 6.3 的要求</td><td></td></tr>
<tr><td>2</td><td>内部清洁度</td><td>按 JB/T 7858 的规定</td><td>内部清洁度也可以由经过验证的工艺规范保证</td></tr>
<tr><td>3</td><td>外观质量</td><td>采用目测法</td><td></td></tr>
</table>
</td>
</tr>
<tr>
<td>试验数据处理和结果表达</td>
<td>计算公式</td>
<td>
容积效率

$$\eta_V=\frac{V_{1,i}}{V_{1,e}}=\frac{q_{V1,i}/n_i}{q_{V1,e}/n_e}=\frac{(q_{V2,i}+q_{Vd,i})/n_i}{(q_{V2,e}+q_{Vd,e})/n_e}\times100\% \qquad (1)$$

总效率

$$\eta_t=\frac{2\pi n_e T_2}{1000(p_{1,e}q_{V1,e}-p_{2,e}q_{V2,e})}\times100\% \qquad (2)$$

输入液压功率（单位为 kW）

$$P_{1,n}=\frac{p_{1,e}q_{V1,e}}{60} \qquad (3)$$

输出机械功率（单位为 kW）

$$P_{2,m}=\frac{2\pi n_e T_2}{60000} \qquad (4)$$

恒转矩启动效率

$$\eta_0=\frac{\Delta p_{i,min}}{\Delta p_e}\times100\% \qquad (5)$$

恒压力启动效率

$$\eta_0=\frac{T_e}{T_i}\times100\% \qquad (6)$$

最小恒转矩启动效率

$$\eta_0=\frac{\Delta p_{i,min}}{\Delta p_{e,max}}\times100\% \qquad (7)$$

最小恒压力启动效率

$$\eta_0=\frac{T_{e,min}}{T_{i,min}}\times100\% \qquad (8)$$

式中　$V_{1,i}$——空载压力时的输入排量的数值，mL/r
$V_{1,e}$——试验压力时的输入排量的数值，mL/r
$q_{V1,i}$——空载压力时的输入流量的数值，L/min
$q_{V2,i}$——空载压力时的输出流量的数值，L/min
$q_{V1,e}$——试验压力时的输入流量的数值，L/min
$q_{V2,e}$——试验压力时的输出流量的数值，L/min
$q_{Vd,i}$——空载压力时的泄漏流量的数值，L/min
$q_{Vd,e}$——试验压力时的泄漏流量的数值，L/min
n_i——空载压力时的转速的数值，r/min
n_e——试验压力时的转速的数值，r/min
$p_{1,e}$——输入试验压力的数值，MPa
$p_{2,e}$——输出试验压力（即背压）的数值，MPa
$\Delta p_{i,min}$——空载压力时最小恒转矩下的马达进口压差的数值$\left(\Delta p_{i,min}=\frac{2\pi}{V_i}T_e\right)$，MPa
T_e——对应某一给定的压力值所测得的转矩的数值，N·m
Δp_e——对应的压力差的数值，MPa
T_i——空载压力时对应某个试验压力的转矩的数值$\left(T_i=\frac{V_1 p_{1,e}}{2\pi}\right)$，N·m
T_2——输出转矩，N·m
$\Delta p_{e,max}$——对应某一给定的转矩值所测得的最大压差的数据，MPa
$T_{e,min}$——对应某一给定的压力值所测得的最小转矩的数值，N·m
$T_{i,min}$——空载最小恒压力下的转矩的数值$\left(T_{i,min}=\frac{1}{2\pi}V_i p_e\right)$，N·m
p_e——试验时施加的压力差的数值（$p_e=p_{1,e}-p_{2,e}$），MPa
</td>
</tr>
</table>

续表

<table>
<tr><td rowspan="2">试验数据处理和结果表达</td><td>试验数据记录</td><td>应记录全部试验数据和试验结果，试验记录表的格式参见 JB/T 8728—2010 附录 B</td></tr>
<tr><td>特性曲线</td><td>特性曲线参见图 2～图 4
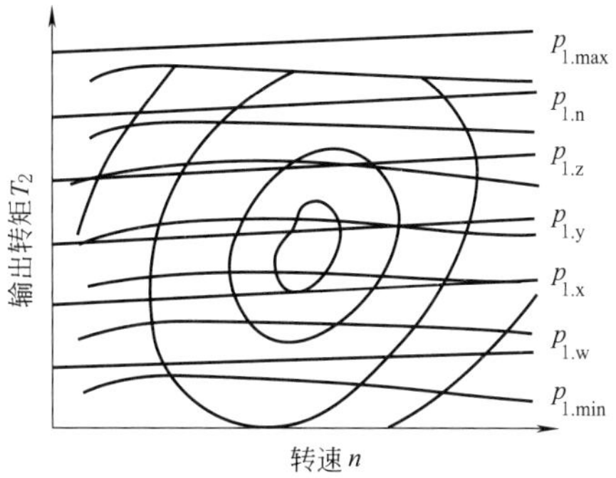
图 2　等效率特性曲线
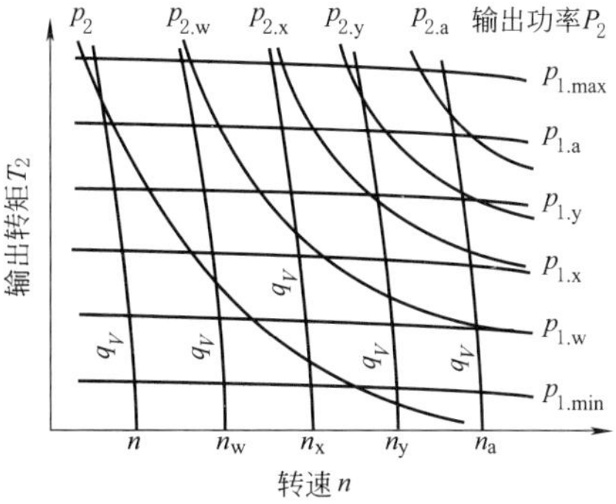
图 3　综合特性曲线
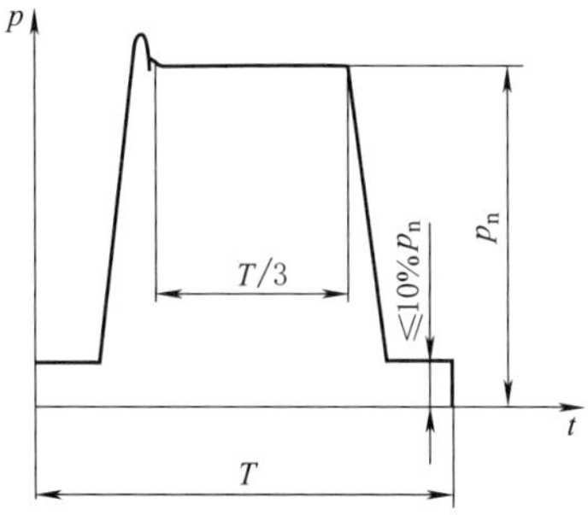
图 4　冲击循环波形</td></tr>
</table>

CHAPTER 7

第7章 液压缸

1 液压缸术语（摘自 GB/T 17446—2024）

1.1 液压缸种类与组件术语

表 20-7-1

序号	术语	定义
3.5.1.1	缸	实现直线运动的执行元件
3.5.1.2	差动缸	活塞两侧的有效面积不同(等)的双作用缸
3.5.1.3	冲击缸	配置有整体式油箱和座阀,在伸出过程中能使活塞和活塞杆组件快速加速的双作用缸
3.5.1.4	活塞杆防转缸	能防止缸筒与活塞杆相对转动的缸
3.5.1.5	膜片缸	靠作用于膜片上的流体压力产生机械力的缸
3.5.1.6	柱塞缸	缸筒内没有活塞,压力直接作用于活塞杆的单作用缸
3.5.1.7	多级缸	使用中空活塞杆使得另一个活塞杆在其内部滑动来实现两级或多级伸缩的缸
3.5.1.8	串联缸	在同一活塞杆上至少有两个活塞在同一个缸的分隔腔室内运动的缸
3.5.1.9	可调行程缸	可以通过停止位置的改变实现行程变化的缸
3.5.1.10	单出杆缸	只从一端伸出活塞杆的缸
3.5.1.11	双出杆缸	活塞杆从缸体两端伸出的缸
3.5.1.12	单作用缸	流体力仅能在一个方向上作用于活塞(柱塞)的缸
3.5.1.13	双作用缸	流体力可以沿两个方向作用于活塞的缸
3.5.1.14	双活塞杆缸	具有两根互相平行动作的活塞杆的缸
3.5.1.15	多杆缸	在不同轴线上具有一个以上活塞杆的缸
3.5.1.16	多位缸	除了静止位置外,提供至少两个独立位置的缸 示例:由至少两个在同一轴线上,在分成几个独立控制腔的公共缸筒中运动的活塞组成的缸;由两个单独控制的,用机械连接在一个公共轴的缸组成的元件或总成(其通常称为双联缸)
3.5.1.17	伺服缸	能够响应可变控制信号实现特定行程位置的缸
3.5.1.22	磁性活塞缸	一种活塞上带有永磁体,能够触发沿行程长度方向布置的传感器的缸
3.5.1.23	带缓冲的缸	具有缓冲装置或结构的缸
3.5.1.24	液压阻尼器	作用于气缸使其运动减速的辅助液压装置
3.5.1.25	波纹管执行器	一种不用活塞和活塞杆,而是靠带一个或多个波纹的挠性波纹管的膨胀产生机械力和运动的单作用线性执行元件
3.5.1.26	活塞	由流体的压力作用,在缸筒中运动并传递机械力和运动的缸零件
3.5.1.27	活塞杆	与活塞同轴并连为一体,传递来自活塞的机械力和运动的缸零件
3.5.1.28	缸的活塞杆端 缸头端,缸前端	缸的活塞杆伸出端
3.5.1.29	活塞杆连接方式	活塞杆外露端部的连接的方式 示例:带螺纹的,平面的,耳环

续表

序号	术语	定义
3.5.1.30	活塞杆锁	一种连接到缸上或安装在缸组件中机械地夹紧活塞杆的装置(当活塞杆静止时将活塞杆保持在行程末端) 注:其保持静止位置的能力具有额定值,通常不能制动
3.5.1.31	活塞杆制动器	一个连接到缸上,在活塞杆运动时机械地夹紧活塞杆并使缸停止的装置 注:其停止运动的能力是有额定值的
3.5.1.32	缸底	缸没有活塞杆的一端
3.5.1.33	缸筒	活塞或柱塞在其内部运动的中空承压零件

注:术语"3.8.43 排气阀"见表 20-11-2。

1.2 液压缸安装方式术语

表 20-7-2

序号	术语	定义
3.5.2.1	缸的单耳环安装	利用突出缸结构外的耳环,以销轴或螺栓穿过它实现缸的铰接安装
3.5.2.2	缸的双耳环安装	利用一个 U 字形安装装置,以销轴或螺栓穿过它实现缸的铰接安装
3.5.2.3	缸的端螺纹安装	借助于与缸轴线同轴的外螺纹或内螺纹进行的安装 示例:加长螺纹,在端盖耳环上承装大螺母的螺纹,固定端盖的双头螺栓,在缸头处的螺柱或压盖,在端盖中的内螺纹和缸头中的内螺纹
3.5.2.4	缸有杆端螺纹安装	在缸有杆端借助与缸轴线同轴的凸台上的螺纹进行的安装
3.5.2.5	缸的铰接安装	允许缸有角运动的安装
3.5.2.6	缸的球铰安装	允许缸在包含其轴线的任何平面内角运动的安装 示例:在耳环或双耳环安装中的球面轴承
3.5.2.7	缸的耳轴安装	利用缸两侧与缸轴线垂直的一对销轴或销孔来实现的铰接安装
3.5.2.8	缸的拉杆安装	借助于在缸筒外侧并与之平行的缸装配用拉杆的延长部分,从缸的一端或两端进行的安装
3.5.2.9	缸横向安装	靠与缸的轴线成直角的一个平面来界定的安装
3.5.2.10	缸脚架安装	用角形结构支架来固定缸的安装

1.3 液压缸参数术语

表 20-7-3

序号	术语	定义
3.5.3.1	活塞位移	活塞从一个位置移动到另一位置的所走过的距离
3.5.3.2	缸径	缸筒的内径
3.5.3.3	缸行程	可移动件从一个极限位置到另一个极限位置的距离
3.5.3.4	缸行程时间	完成一个缸行程的时间
3.5.3.5	缸进程	活塞杆或柱塞从缸筒伸出的运动(对双出杆缸或无杆缸是活塞离开其初始位置的运动)
3.5.3.6	缸回程	活塞杆缩进缸筒的运动(对双出杆缸或无杆缸,是指活塞返回其初始位置的运动)
3.5.3.7	缸回程排量	在一次完整的回程期间缸的排量
3.5.3.8	缸回程时间	活塞回程所用的时间
3.5.3.9	缸回程输出力	在回程期间缸产生的力
3.5.3.10	缸进程排量	活塞在一个完整的进程期间的排量
3.5.3.11	缸进程时间	活塞进程所用的时间
3.5.3.12	缸进程输出力	在进程期间缸产生的力
3.5.3.13	缸理论输出力	忽略背压或摩擦产生的力以及泄漏的影响所计算出的缸输出力
3.5.3.14	缸输出力	由作用在活塞或柱塞上的压力产生的力

续表

序号	术语	定义
3.5.3.15	缸的有效输出力	在规定工况下，缸所传递的可用的力
3.5.3.16	缸输出力效率	缸的实际输出力与理论输出力之间的比值 注：又称缸负载效率
3.5.3.17	活塞杆面积	活塞杆的横截面积
3.5.3.18	缸有效作用面积	流体压力作用其上，以提供可用力的面积
3.5.3.19	有杆端有效面积	在有杆端的缸有效作用面积
3.5.3.20	缸的缓冲长度	缓冲开始点与缸行程末端之间的距离

2　液压缸的分类

表 20-7-4

名称			简图	符号	说明
单作用（液压）缸		活塞（液压）缸	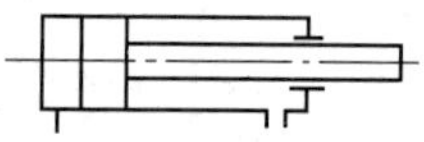	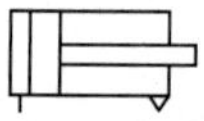	活塞仅单向运动，由外力使活塞反向运动 注：见术语“单作用缸”的定义：“流体力仅能在一个方向上作用于活塞（柱塞）的缸”
单作用（液压）缸		柱塞（液压）缸	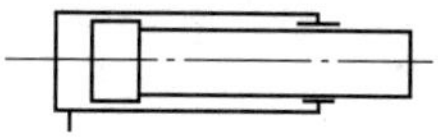	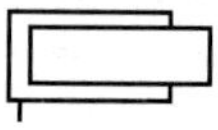	柱塞仅单向运动，由外力使柱塞反向运动 注：见术语“柱塞缸”的定义：“缸筒内没有活塞，压力直接作用于活塞杆的单作用缸”
单作用（液压）缸		（单作用）伸缩式套筒液压缸（多级伸缩缸）	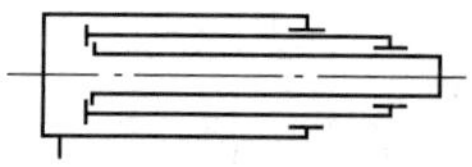	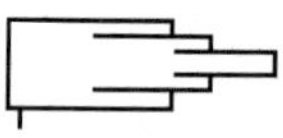	有多个互相联动的活塞液压缸，其短缸筒可实现长行程。由外力使活塞返回 注：见术语“多级缸”的定义：“使用中空活塞杆使得另一个活塞杆在其内部滑动来实现两级或多级伸缩的缸”
双作用（液压）缸	单活塞杆	不带缓冲液压缸	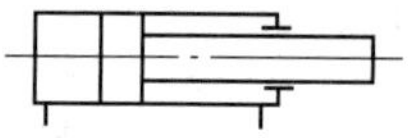	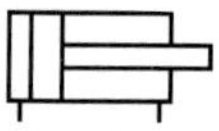	活塞双向运动，活塞在行程终了时无缓冲 注：见术语“单出杆缸”的定义：“只从一端伸出活塞杆的缸”和术语“双作用缸”的定义：“流体力可以沿两个方向作用于活塞的缸”
双作用（液压）缸	单活塞杆	带不可调双向缓冲液压缸		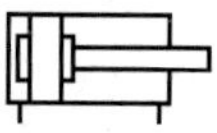	活塞在行程终了时缓冲 注：见术语“带缓冲的缸”的定义：“具有缓冲装置或结构的缸”
双作用（液压）缸	单活塞杆	带可调双向缓冲液压缸		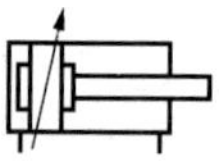	活塞在行程终了时缓冲，缓冲可调节
双作用（液压）缸	单活塞杆	差动液压缸	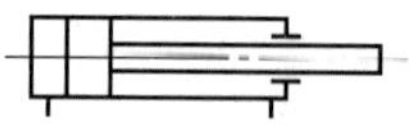	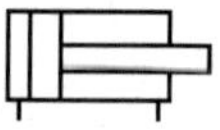	活塞两端的面积差较大，使液压缸往复的作用力和速度差较大 注：见术语“差动缸”的定义：“活塞两侧的有效面积不同的双作用缸”
双作用（液压）缸	双活塞杆	等速、等行程液压缸	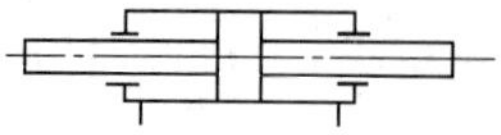	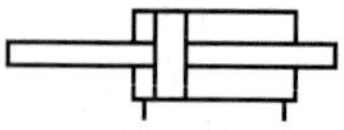	活塞左右移动速度和行程均相等 注：1. 见术语“双出杆缸”的定义：“活塞杆从缸体两端伸出的缸” 2. 其不是“双活塞杆缸”
双作用（液压）缸	双活塞杆	双向液压缸	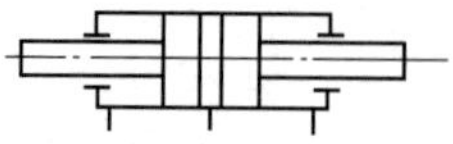	 *	两个活塞同时向相反方向运动 注：其也不是“双活塞杆缸”
双作用（液压）缸		（双作用）伸缩式套筒液压缸	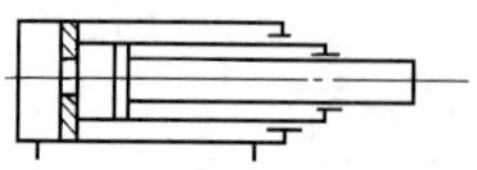	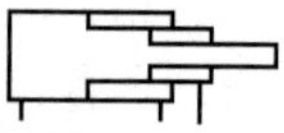	有多个互相联动的活塞液压缸，其短缸筒可实现长行程。活塞可双向运动

续表

<table>
<tr><th colspan="2">名称</th><th>简图</th><th>符号</th><th colspan="2">说明</th></tr>
<tr><td rowspan="6">组合液压缸</td><td>弹簧复位液压缸(弹簧复位单作用缸)</td><td>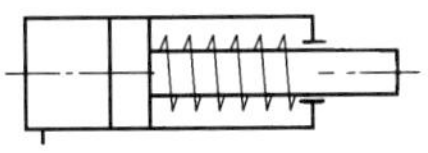</td><td>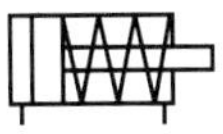</td><td colspan="2">活塞单向运动,由弹簧使活塞复位</td></tr>
<tr><td>串联液压缸(串联缸)</td><td>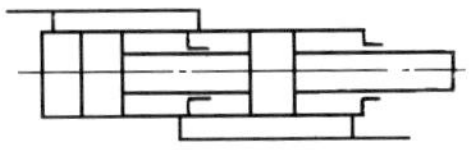</td><td>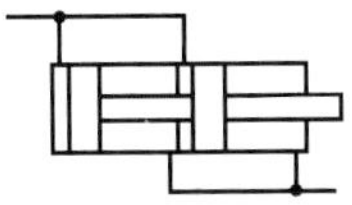 *</td><td colspan="2">当液压缸直径受限制,而长度不受限制时,用以获得大的推力</td></tr>
<tr><td>增压液压缸(增压器)</td><td>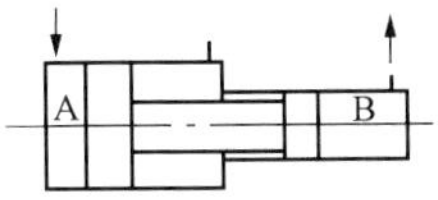</td><td>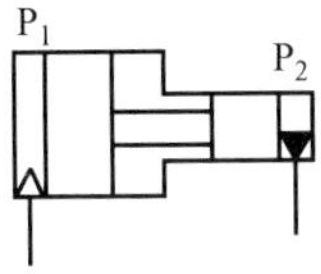</td><td colspan="2">由两个不同的压力室 A 和 B 组成,以提高 B 室中液体的压力
注:见术语“增压器”的定义:“用于将初级流体进口压力转换成较高值的次级流体出口压力的元件”</td></tr>
<tr><td>多位液压缸</td><td>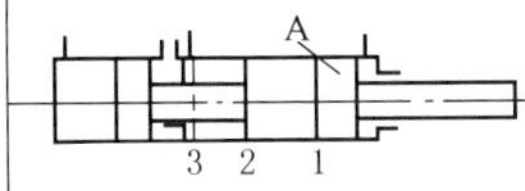</td><td> *</td><td colspan="2">活塞 A 有三个位置
注:见术语“多位缸”的定义:“除了静止位置外,提供至少两个独立位置的缸”</td></tr>
<tr><td>齿条传动活塞液压缸</td><td>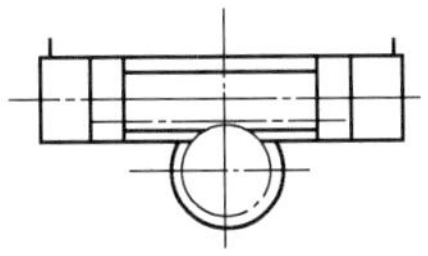</td><td>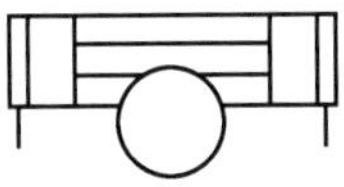 *</td><td colspan="2">活塞经齿条带动小齿轮产生回转运动</td></tr>
<tr><td>齿条传动柱塞液压缸</td><td>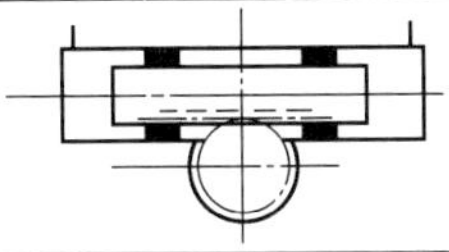</td><td>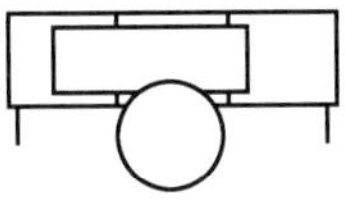 *</td><td colspan="2">柱塞经齿条带动小齿轮产生回转运动</td></tr>
<tr><td rowspan="2">摆动液压缸</td><td>单叶片摆动液压缸</td><td>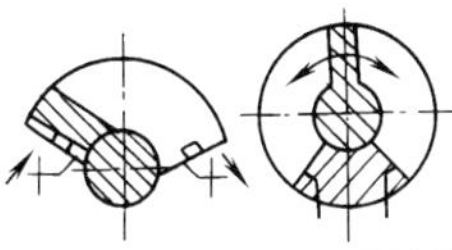</td><td rowspan="2">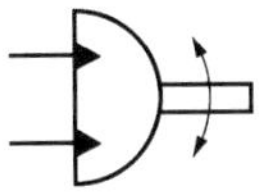</td><td rowspan="2">摆动液压缸也叫摆动油马达。把液压能变为回转运动机械能
注:见术语“摆动执行器”的定义:“轴旋转角度受限制的马达”</td><td>出轴只能做小于360°的摆动运动</td></tr>
<tr><td>双叶片摆动液压缸</td><td>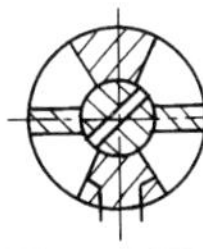</td><td>出轴只能做小于180°的摆动运动</td></tr>
</table>

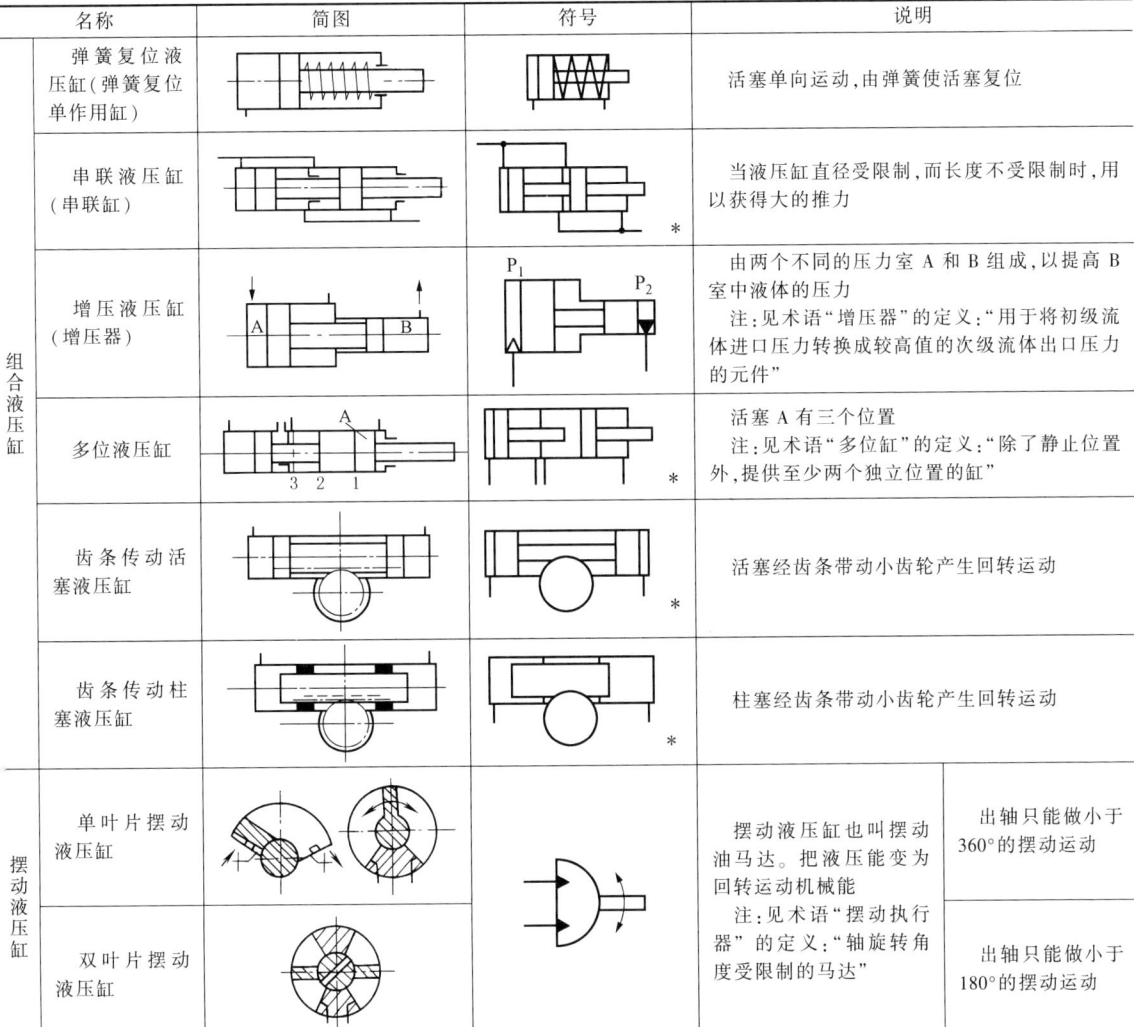

注:1. 圆括号内的名称为在 GB/T 17446—1998(已被代替)中的曾用名。
2. 带“ * ”的不是 GB/T 786.1—2021 中规定的图形符号,仅供参考。

3 液压缸的主要参数

表 20-7-5

名称		数值
流体传动系统及元件公称压力系列(GB/T 2346—2003)/MPa		见表 20-1-1
液压缸缸径系列(GB/T 2348—2018)/mm		见表 20-1-3
活塞杆直径系列(GB/T 2348—2018)/mm		见表 20-1-4
活塞行程系列①(GB/T 2349—1980)/mm	第一系列	25、50、80、100、125、160、200、250、320、400、500、630、800、1000、1250、1600、2000、2500、3200、4000
	第二系列	40、63、90、110、140、180、220、280、360、450、550、700、900、1100、1400、1800、2200、2800、3600
	第三系列	240、260、300、340、380、420、480、530、600、650、750、850、950、1050、1200、1300、1500、1700、1900、2100、2400、2600、3000、3400、3800

① 活塞行程参数依优先次序按表第一、二、三系列选用。活塞行程大于 4000mm 时,按 GB/T 321《优先数和优先数系》中 R10 数系选用。如不能满足时,允许按 R40 数系选用。

4 液压缸主要技术性能参数的计算

表 20-7-6

<table>
<tr><th>参数</th><th>计 算 公 式</th><th>说 明</th></tr>
<tr><td>压
力
p</td><td>液压流体作用在单位面积上的压强(工程上称为压力)
$$p=\frac{F}{A}(\mathrm{Pa})$$
从上式可知,压力 p 是由载荷 F 的存在而产生的。在同一个活塞的有效工作面积上,载荷越大,克服载荷所需要的压力就越大。如果活塞的有效工作面积一定,液压流体压力越大,活塞产生的作用力就越大
公称压力应符合 GB/T 2346 的规定。额定压力 PN,是液压缸能用以长期工作的压力,右表压力分级仅供参考
最高允许压力 p_{max},也是动态试验压力,是液压缸在瞬间所能承受的极限压力。各国规范通常规定为
$$p_{max}\leqslant 1.5\mathrm{PN}\ (\mathrm{MPa})$$
耐压试验压力 p_r,是检查液压缸质量时所需承受的试验压力,即在此压力下不出现变形、裂缝或破裂。各国规范多数规定为
$$p_r\leqslant 1.5\mathrm{PN}$$
军品规范则规定为
$$p_r=(2\sim 2.5)\mathrm{PN}$$
注:在 GB/T 2346—2003 中给出的术语“公称压力”定义:“为了便于表示和标识元件、管路或系统归属的压力系列,而对其指定的压力值。”可以进一步参考</td><td>F——作用在活塞上的载荷,N
A——活塞的有效工作面积,m^2
在液压系统中,为便于选择液压元件和管路的设计,将压力分为下列等级

液压缸压力分级 MPa
<table><tr><th>级别</th><th>额定压力</th></tr><tr><td>低压</td><td>0~2.5</td></tr><tr><td>中压</td><td>>2.5~10(8)</td></tr><tr><td>中高压</td><td>>10(8)~16</td></tr><tr><td>高压</td><td>>16~31.5</td></tr><tr><td>超高压</td><td>>31.5</td></tr></table></td></tr>
<tr><td>流
量
Q</td><td>单位时间内油液通过缸筒有效截面的体积
$$Q=\frac{V}{t}(\mathrm{L/min})$$
由于 $V=vAt\times 10^3(\mathrm{L})$
则 $Q=vA\times 10^3=\frac{\pi}{4}D^2v\times 10^3(\mathrm{L/min})$
对于单活塞杆液压缸
活塞杆伸出 $Q=\frac{\pi}{4\eta_V}D^2v\times 10^3(\mathrm{L/min})$
活塞杆缩回 $Q=\frac{\pi}{4\eta_V}(D^2-d^2)v\times 10^3(\mathrm{L/min})$
活塞杆差动伸出 $Q=\frac{\pi}{4\eta_V}d^2v\times 10^3(\mathrm{L/min})$</td><td rowspan="2">$V$——液压缸活塞一次行程中所消耗的油液体积,L
t——液压缸活塞一次行程所需时间,min
D——液压缸内径,m
d——活塞杆直径,m
v——活塞杆运动速度,m/min
η_V——液压缸容积效率,当活塞密封为弹性密封材料时 $\eta_V=1$,当活塞密封为金属环时 $\eta_V=0.98$
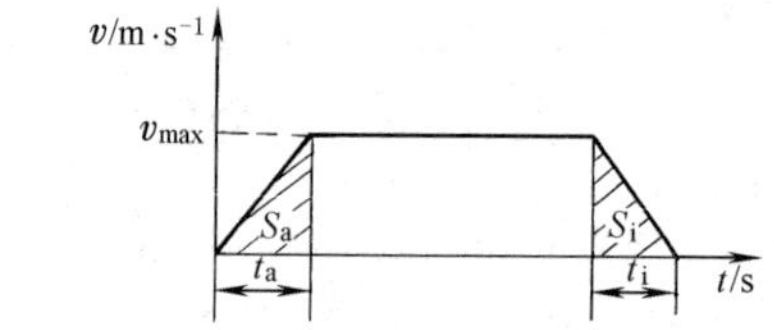
</td></tr>
<tr><td>活
塞
的
运
动
速
度
v</td><td>单位时间内压力油液推动活塞(或柱塞)移动的距离
$$v=\frac{Q}{A}\times 10^{-3}(\mathrm{m/min})$$
活塞杆伸出 $v=\frac{4Q\eta_V}{\pi D^2}\times 10^{-3}(\mathrm{m/min})$
活塞杆缩回 $v=\frac{4Q\eta_V}{\pi(D^2-d^2)}\times 10^{-3}(\mathrm{m/min})$
当 Q=常数时,v=常数。但实际上,活塞在行程两端各有一个加、减速阶段,如右图所示,故上述公式中计算的数值均为活塞的最高运动速度
活塞的最高运动速度 v_{max} 受到活塞和活塞杆密封圈以及行程末端缓冲机构所能承受的动能的限制
活塞的最低运动速度 v_{min} 受活塞与活塞密封件摩擦力和加工精度的影响,不能太低,以免产生爬行,一般 v_{min}>0.1~0.2m/min</td></tr>
</table>

续表

<table>
<tr><th>参数</th><th>计 算 公 式</th><th>说 明</th></tr>
<tr><td>两腔面积比 φ</td><td>单活塞杆液压缸两腔面积比,即活塞往复运动时的速度之比
$$\varphi=\frac{v_2}{v_1}=\frac{A_1}{A_2}=\frac{\frac{\pi}{4}D^2}{\frac{\pi}{4}(D^2-d^2)}=\frac{D^2}{D^2-d^2}$$
计算面积比主要是为了确定活塞杆的直径和要否设置缓冲装置。面积比不宜过大或过小,以免产生过大的背压或造成因活塞杆太细导致稳定性不好。两腔面积比应符合 JB/T 7939 的规定,也可参考下表选定
<table><tr><td>公称压力/MPa</td><td>≤10</td><td>12.5~20</td><td>>20</td></tr><tr><td>φ</td><td>1.32</td><td>1.4~2</td><td>2</td></tr></table></td><td>v_1——活塞杆的伸出速度,m/min
v_2——活塞杆的缩回速度,m/min
D——液压缸活塞直径,m
d——活塞杆直径,m</td></tr>
<tr><td>行程时间 t</td><td>活塞在缸体内完成全部行程所需要的时间
$$t=\frac{60V}{Q}\ (\mathrm{s})$$
活塞杆伸出 $t=\frac{15\pi D^2S}{Q}\times10^3\ (\mathrm{s})$
活塞杆缩回 $t=\frac{15\pi(D^2-d^2)S}{Q}\times10^3\ (\mathrm{s})$
上述时间的计算公式只适用于长行程或活塞速度较低的情况,对于短行程、高速度时的行程时间(缓冲段除外),除与流量有关,还与负载、惯量、阻力等有直接关系。可参见有关文献</td><td>V——液压缸容积,L,$V=AS\times10^3$
S——活塞行程,m
Q——流量,L/min
D——缸筒内径,m
d——活塞杆直径,m</td></tr>
<tr><td>活塞的理论推力 F_1 和拉力 F_2</td><td>油液作用在活塞上的液压力,对于双作用单活塞杆液压缸来讲,活塞受力如下图所示
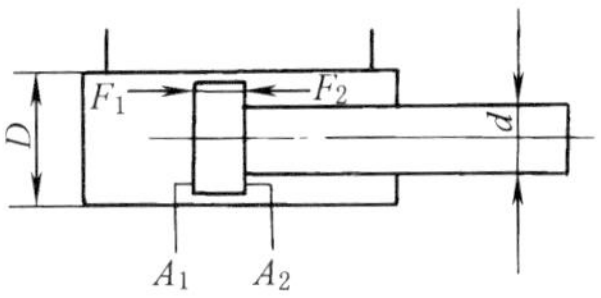

活塞杆伸出时的理论推力 F_1 为
$$F_1=A_1p\times10^6=\frac{\pi}{4}D^2p\times10^6\ (\mathrm{N})$$
活塞杆缩回时的理论拉力 F_2 为
$$F_2=A_2p\times10^6=\frac{\pi}{4}(D^2-d^2)p\times10^6\ (\mathrm{N})$$
当活塞差动前进(即活塞的两侧同时进压力相同的油液)时的理论推力为
$$F_3=(A_1-A_2)p\times10^6=\frac{\pi}{4}d^2p\times10^6\ (\mathrm{N})$$</td><td>A_1——活塞无杆侧有效面积,m^2
A_2——活塞有杆侧有效面积,m^2
p——供油压力(工作油压),MPa
D——活塞直径(液压缸内径),m
d——活塞杆直径,m</td></tr>
<tr><td>活塞的最大允许行程 S</td><td>在初步确定活塞行程时,主要是按实际工作需要的长度来考虑,但这一工作行程并不一定是液压缸的稳定性所允许的行程。为了计算行程,应首先计算出活塞杆的最大允许长度 L_k。因活塞杆一般为细长杆,当 $L_k\geqslant(10\sim15)d$ 时,由欧拉公式推导出
$$L_k=\sqrt{\frac{\pi^2EI}{F_k}}\ (\mathrm{mm})$$
将右列数据代入并简化后
$$L_k\approx320\frac{d^2}{\sqrt{F_k}}\ (\mathrm{mm})$$</td><td>F_k——活塞杆弯曲失稳临界压缩力,N,$F_k\geqslant Fn_k$
F——活塞杆纵向压缩力,N
n_k——安全系数,通常 $n_k=3.5\sim6$
E——材料的弹性模量,钢材 $E=2.1\times10^5$ MPa
I——活塞杆横截面惯性矩,mm^4,圆截面 $I=\frac{\pi d^4}{64}=0.049d^4$
d——活塞杆直径,mm</td></tr>
</table>

续表

参数	计算公式	说明
活塞的最大允许行程 S	对于各种安装导向条件的液压缸，活塞杆计算长度 $$L=\sqrt{n}L_k$$ 为了计算方便，可将 F_k 用液压缸工作压力 p 和液压缸直径 D 表示。根据液压缸的各种安装型式和欧拉公式所确定的活塞杆计算长度及导出的允许行程计算公式见表 20-7-7 一般情况下，活塞杆的纵向压缩力 F（或 p、D）是已知量，根据上面公式即可大概地求出活塞杆的最大允许行程。然而，这样确定的行程很可能与设计的活塞杆直径矛盾，达不到稳定性要求，这时，就应该对活塞杆的直径进行修正。修正了活塞杆直径后，再核算稳定性是否满足要求，满足要求了再按实际工作行程选取与其相近似的标准行程	n——液压缸末端条件系数（安装及导向系数），见表 20-7-7 标准行程参见表 20-7-5
液压缸的功 W 和功率 N	液压缸所做的功 $$W=FS \quad (\mathrm{J})$$ 功率 $$N=\frac{W}{t}=\frac{FS}{t}=F\frac{S}{t}=Fv \quad (\mathrm{W})$$ 由于 $F=pA$，$v=Q/A$，代入上式得 $$N=Fv=pA\frac{Q}{A}=pQ \quad (\mathrm{W})$$ 即液压缸的功率等于压力与流量的乘积	F——液压缸的载荷（推力或拉力），N S——活塞行程，m t——活塞运动时间，s v——活塞运动速度，m/s p——工作压力，Pa Q——输入流量，$\mathrm{m^3/s}$
液压缸的总效率 η_t	液压缸的总效率由以下效率组成： ① 机械效率 η_m，由活塞及活塞杆密封处的摩擦阻力所造成的摩擦损失，在额定压力下，通常可取 $\eta_m=0.9\sim0.95$ ② 容积效率 η_V，由各密封件泄漏所造成，通常取活塞密封为弹性材料时 $\eta_V=1$，活塞密封为活塞环（金属环）时 $\eta_V=0.98$ ③ 作用力效率 η_d，由排出口背压所产生的反向作用力造成 活塞杆伸出时 $$\eta_d=\frac{p_1A_1-p_2A_2}{p_1A_1}$$ 活塞杆缩回时 $$\eta_d=\frac{p_2A_2-p_1A_1}{p_2A_2}$$ 当排油直接回油箱时 $\eta_d=1$ 液压缸的总效率 η_t 为 $$\eta_t=\eta_m\eta_V\eta_d$$	p_1——当活塞杆伸出时为进油压力，当活塞杆缩回时为排油压力，MPa p_2——当活塞杆伸出时为排油压力，当活塞杆缩回时为进油压力，MPa
活塞作用力 F	液压缸工作时，活塞作用力 F 计算如下： $$F=F_a+F_b+F_c\pm F_d \quad (\mathrm{N})$$ 式中 F_a——外载荷阻力（包括外摩擦阻力） F_b——回油阻力，当油无阻碍回油箱时 $F_b\approx0$，当回油有阻力（背压）时，F_b 则为作用在活塞承压面上的液压阻力 F_c——密封圈摩擦阻力，N，$F_c=f\Delta p\pi(Db_Dk_D+db_dk_d)\times10^6$ F_d——活塞在启动、制动时的惯性力	f——密封件的摩擦因数，按不同润滑条件，可取 $f\approx0.05\sim0.2$ Δp——密封件两侧的压力差，MPa D，d——液压缸内径与活塞杆直径，m b_D，b_d——活塞及活塞杆密封件宽度，m k_D，k_d——活塞及活塞杆密封件的摩擦修正系数，O 形密封圈 $k\approx0.15$，带唇边密封圈 $k\approx0.25$，压紧型密封圈 $k\approx0.2$

表 20-7-7　　　　**允许行程 S 与计算长度 L 的计算公式**

欧拉载荷条件（末端条件）	图示	液压缸安装型式	最大允许长度 L_k	计算长度 L	允许行程 S
两端铰接，刚性导向 $n=1$	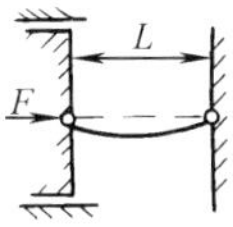	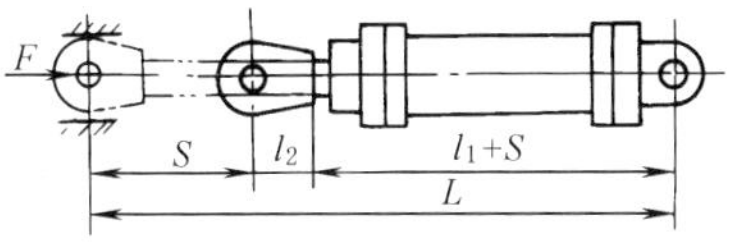	$L_k=\dfrac{192.4d^2}{D\sqrt{p}}$（安全系数 n_k=3.5时） L_k——最大计算长度，mm D——液压缸内径，mm d——活塞杆直径，mm p——工作压力，MPa	$L=L_k$	$S=\dfrac{1}{2}(L-l_1-l_2)$
		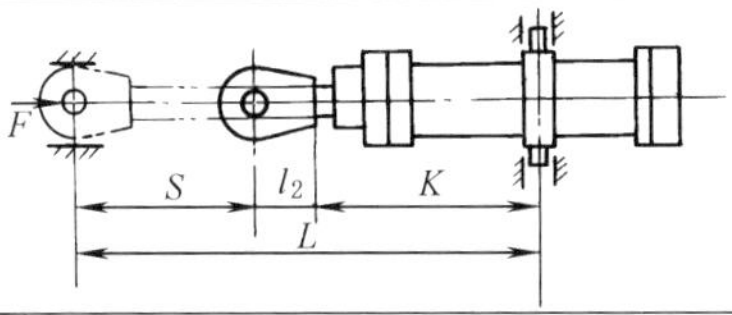			$S=L-l_2-K$
一端铰接，刚性导向，一端刚性固定 $n=2$	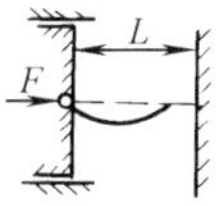	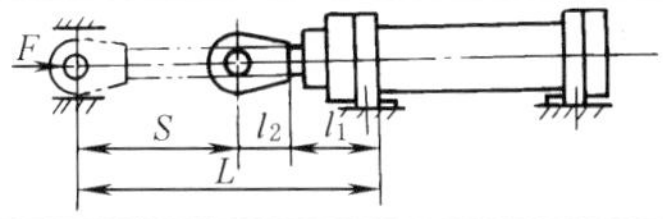		$L=\sqrt{2}L_k$	$S=L-l_1-l_2$
		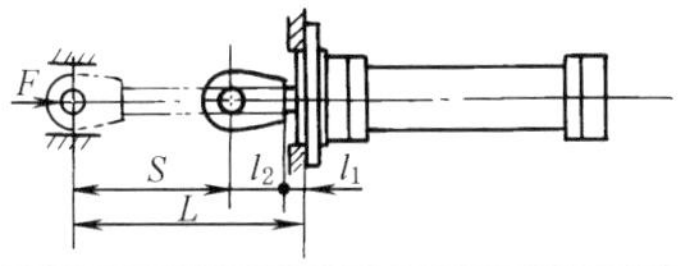			$S=L-l_1-l_2$
		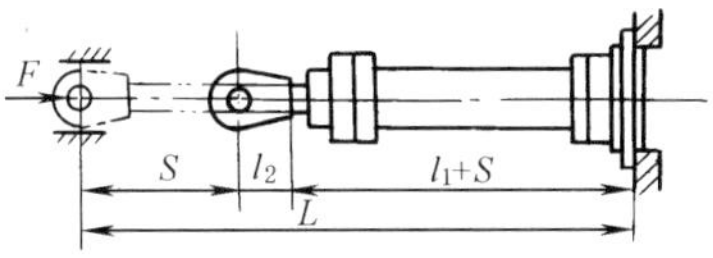			$S=\dfrac{1}{2}(L-l_1-l_2)$
两端刚性固定，刚性导向 $n=4$	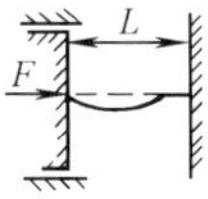	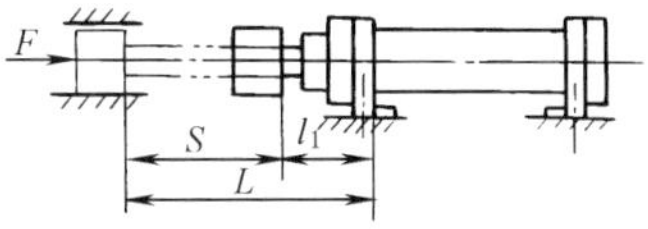		$L=2L_k$	$S=L-l_1$
		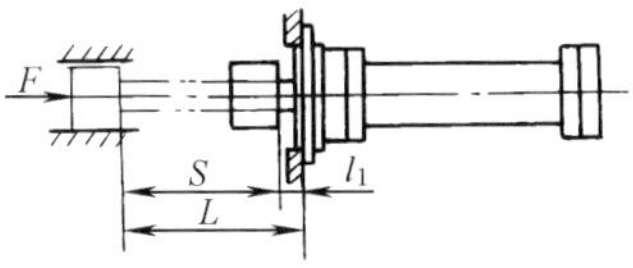			$S=L-l_1$
		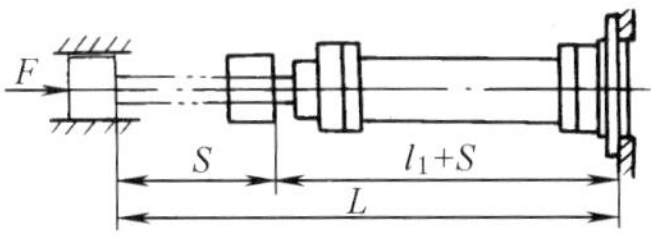			$S=\dfrac{1}{2}(L-l_1)$
一端刚性固定，一端自由 $n=\dfrac{1}{4}$	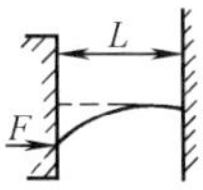	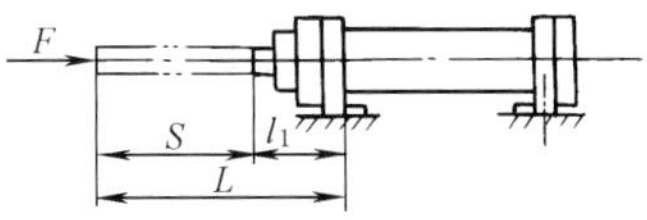		$L=\dfrac{L_k}{2}$	$S=L-l_1$
		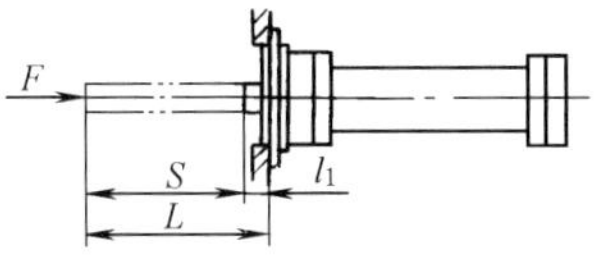			$S=L-l_1$
		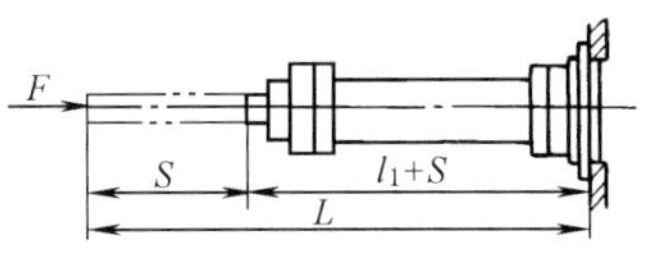			$S=\dfrac{1}{2}(L-l_1)$

5　通用液压缸的典型结构

通用液压缸用途较广，适用于机床、车辆、重型机械、自动控制等的液压传动，已有国家标准和国际标准规定其安装尺寸。

表 20-7-8　　端盖与缸筒连接方式

<table>
<tr><th>名称</th><th>结　　构</th><th>特　　点</th></tr>
<tr><td>拉杆型液压缸</td><td>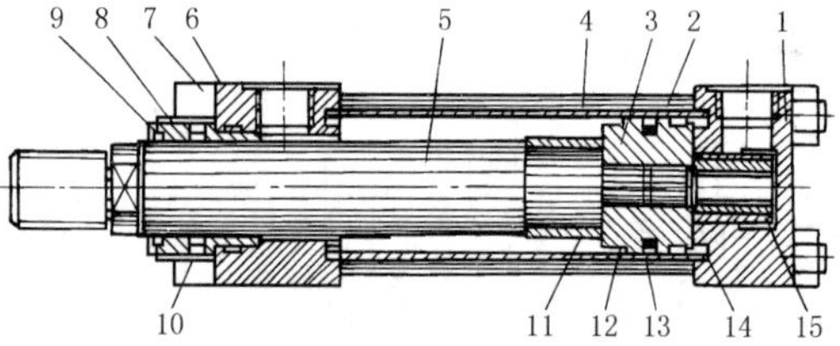
1—后端盖；2—拉杆；3—活塞；4—缸筒；5—活塞杆；6—前端盖；7—压盖；8—活塞杆密封座；9—防尘圈；10—活塞杆密封圈；11—前缓冲柱塞；12—支承环；13—活塞密封；14—缸筒密封；15—后缓冲柱塞
两端盖和缸筒多采用四根拉杆连接，两端盖为正方形或长方形</td><td>结构简单，制造和安装均较方便，缸筒为用内径经过珩磨的无缝钢管半成品，按行程要求的长度切割。端盖与活塞均为通用件。但受行程长度、缸内径和额定工作压力的限制。当行程即拉杆长度过长时，安装时容易偏歪，致使缸筒端部泄漏。缸筒内径过大或额定工作压力过高时，由于径向尺寸布置和拆装问题，拉杆直径尺寸受到限制，致使拉杆的拉应力可能超过屈服极限。通常用于行程不大于 1.5m、缸内径不大于 250mm、额定压力不大于 20MPa（个别系列可达 25MPa）的场合</td></tr>
<tr><td>焊接型液压缸</td><td>缸体有杆侧的端盖与缸筒之间为内外螺纹连接及内外卡环、卡圈连接，而后端盖与缸筒常采用焊接连接
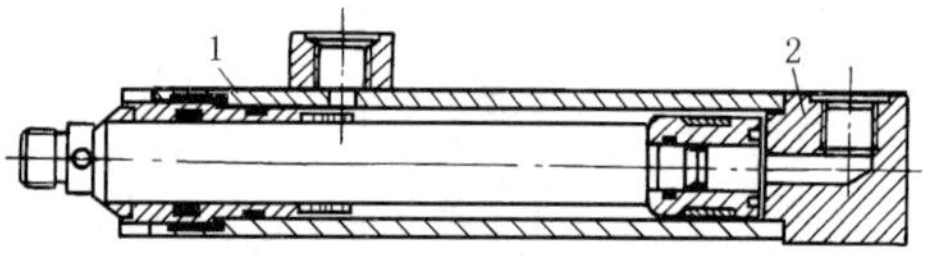
1—前端盖；2—后端盖</td><td>暴露在外面的零件较少，外表光洁，外形尺寸小，能承受一定的冲击负载和恶劣的外界环境条件。但由于前端盖螺纹强度和预紧时端盖对操作的限制，不能用于过大的缸内径和较高的工作压力，常用于缸内径不大于 200mm、额定压力不大于 25MPa 的场合，多用于车辆、船舶和矿业等机械上</td></tr>
<tr><td>法兰型液压缸</td><td colspan="2">缸体的两个端盖均用法兰螺钉（栓）连接的结构如图（a）所示；缸底为焊接而缸前盖用法兰连接的结构如图（b）所示
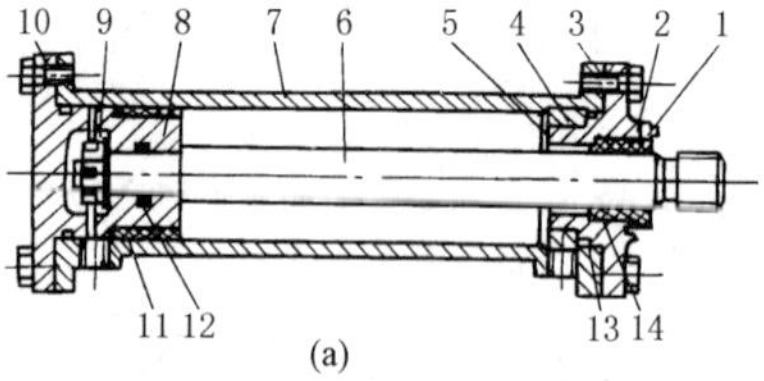
(a)
1—防尘圈；2—密封压盖；3—法兰螺钉；4—前端盖；5—导向套；6—活塞杆；7—缸筒；8—活塞；9—螺母；10—后端盖；11—活塞密封；12—密封圈；13—缸筒密封；14—活塞杆密封
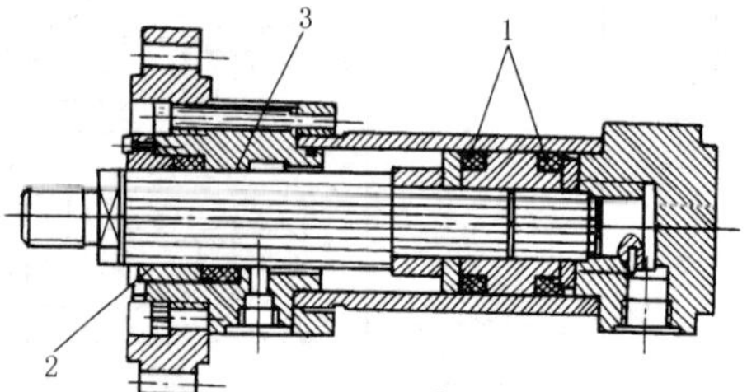
(b)
1—V 形密封圈；2—活塞杆直径小于或等于 100mm 时的导向段；3—活塞杆直径大于 100mm 时的导向段
这类缸外形尺寸较大，适用于大、中型液压缸，缸内径通常大于 100mm，额定压力为 25～40MPa，能承受较大的冲击负荷和恶劣的外界环境条件，属重型缸，多用于重型机械、冶金机械等</td></tr>
</table>

注：液压缸安装尺寸和安装型式代号（GB/T 9094—2020/ISO 6099：2018）规定了 64 种安装型式，目前应用较广的有三种，详见本章第 6.12.1 节液压缸的安装尺寸“（3）16MPa 系列中型单杆液压缸的公制安装尺寸（摘自 JB/T 12706.1—2016/ISO 6020-1：2007，MOD）”“（4）16MPa 系列紧凑型单杆液压缸的公制安装尺寸（摘自 JB/T 12706.2—2017/ISO 6020-2：2015，MOD）”“（6）25MPa 系列单杆液压缸的安装尺寸（摘自 JB/T 13291—2017/ISO 6022：2006，MOD）”。

6 液压缸主要零部件设计与选用

6.1 缸筒（摘自 JB/T 10205.2—2023）

JB/T 10205.2—2023《液压缸 第 2 部分：缸筒技术规范》代替了 JB/T 11718—2013《液压缸 缸筒技术条件》，其规定了液压缸用缸筒的分类和标记，技术要求，检验项目和方法，检验、抽样及判定规则，标识等要求，适用于以液压油或性能相当的其他液压流体为工作介质的液压缸用缸筒的设计、制造和检验。

（1）缸筒与缸盖的连接

常用的缸体结构有八类，表 20-7-9 列举了采用较多的 16 种结构，通常根据缸筒与缸盖的连接型式选用，而连接型式又取决于额定压力、用途和使用环境等因素。

表 20-7-9

连接型式	结构	优缺点
法兰连接	① 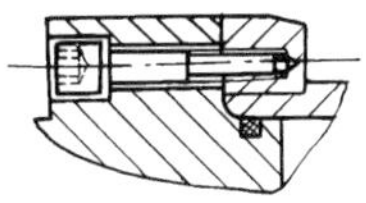	优点：结构较简单；易加工，易装卸 缺点：重量比螺纹连接的大，但比拉杆连接的小；外径较大 ①、②缸筒为钢管，端部焊法兰 ③缸筒为钢管，端部镦粗 ④缸筒为锻件或铸件
	② 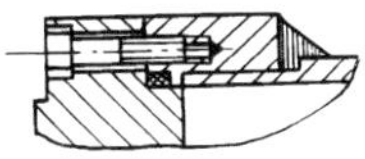	
	③ 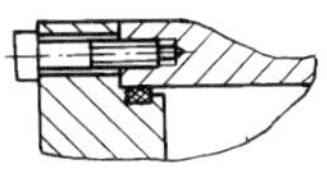	
	④ 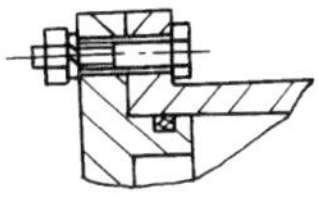	
外螺纹连接	⑤ 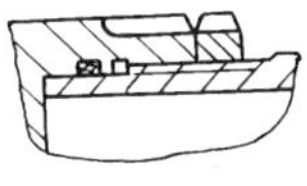	优点：重量较轻；外径较小 缺点：端部结构复杂；装卸时要用专门的工具；拧端部时，有可能把密封圈拧扭，如⑤、⑦所示
	⑥ 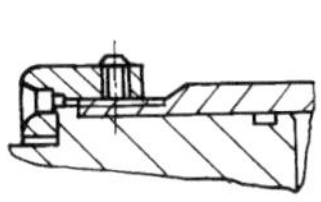	
内螺纹连接	⑦ 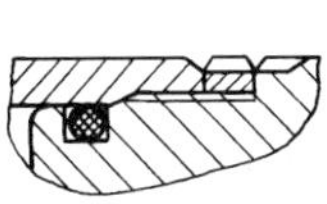	
	⑧ 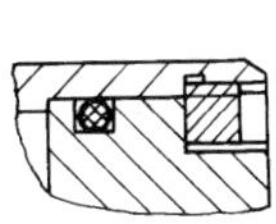	
外半环连接	⑨ 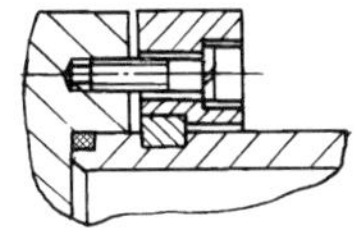	优点：重量比拉杆连接的轻 缺点：缸筒外径要加工；半环槽削弱了缸筒，相应地要加厚缸筒壁厚
	⑩ 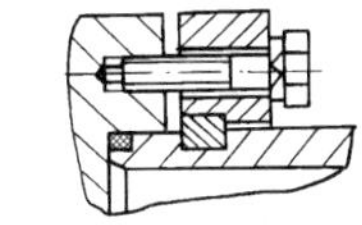	
内半环连接	⑪ 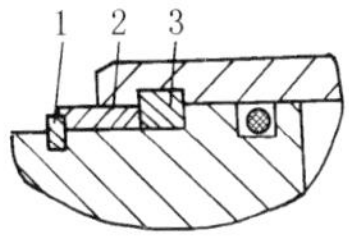 1—弹簧圈；2—轴套；3—半环	优点：结构紧凑，重量轻 缺点：安装时，端部进入缸筒较深，密封圈有可能被进油孔边缘擦伤
	⑫ 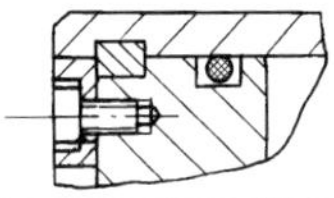	
拉杆连接	⑬ 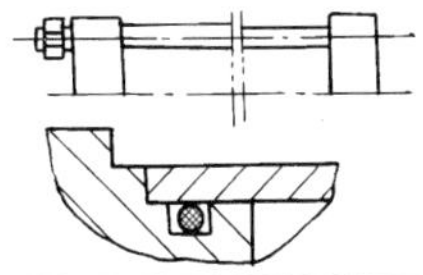	优点：缸筒最易加工；最易装卸；结构通用性大 缺点：重量较重，外形尺寸较大
	⑭ 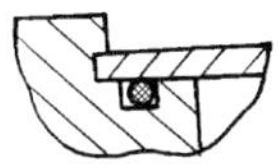	
焊接	⑮ 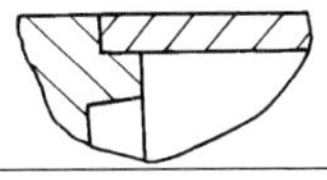	优点：结构简单，尺寸小 缺点：缸筒有可能变形
钢丝连接	⑯ 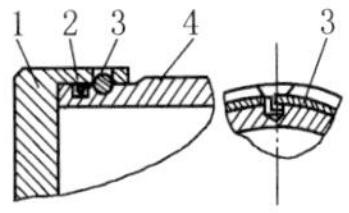 1—端盖；2—密封圈；3—钢丝；4—缸筒	优点：结构简单，重量轻，尺寸小

（2）对缸筒的要求

① 有足够的强度，能长期承受最高工作压力（作为元件应为最高额定压力或额定压力）及短期动态试验压力而不致产生永久变形。

② 有足够的刚度，能承受活塞侧向力和安装的反作用力而不致产生弯曲。

③ 内表面在活塞密封件及导向环的摩擦力作用下，能长期工作而磨损少，尺寸公差等级和形位公差等级足以保证活塞密封件的密封性。

④ 需要焊接的缸筒还要求有良好的可焊性，以便在焊上法兰或管接头后不至于产生裂纹或过大的变形。

总之，缸筒是液压缸的主要零件，它与缸盖、缸底、油口等零件构成密封的承压壳体，用以容纳液压流体同时它还是活塞的运动“轨道”。设计液压缸缸筒时，应该正确确定各部分的尺寸，保证液压缸有足够的输出力、运动速度和有效行程，同时还必须具有一定的强度，能足以承受液压力、负载力和意外的冲击力；缸筒的内表面应具有合适的尺寸公差等级、表面粗糙度和形位公差等级，以保证液压缸的密封性、运动平稳性和耐用性。

（3）缸筒材料

按 JB/T 10205.2—2023《液压缸　第 2 部分：缸筒技术规范》的规定，制造缸筒的材料根据液压缸的参数性能和材料来源等选择，推荐优先选用该标准给出的以下材料：

优质碳素结构钢牌号（参考标准 GB/T 699）：20、35、45、20Mn、25Mn；

低合金高强度结构钢牌号（参考标准 GB/T 1591）：Q355B、Q355C、Q355D、Q355NE；

合金结构钢牌号（参考标准 GB/T 3077）：20MnVB、27SiMn、30CrMo、35CrMo、42CrMo、20MnTiB；

不锈钢牌号（参考标准 GB/T 1220）：12Cr13、20Cr13、06Cr19Ni10、06Cr17Ni12Mo2、12Cr18Ni9。

根据需方要求，经供需双方协商，可采用其他牌号的材料。

缸筒材料的化学成分应符合相关标准要求，参见参考标准。

缸筒材料的力学性能应符合相应标准要求，参见参考标准。冷拔或冷轧加工的缸筒，其力学性能由供需双方协商确定。

大型液压缸缸筒材料按 JB/T 11588—2013 大型液压油缸规定，材料的力学性能屈服强度应不低于 280MPa。

（4）缸筒计算

表 20-7-10

项目	计 算 公 式	说　明
缸筒内径	当液压缸的理论作用力 F（包括推力 F_1 和拉力 F_2）及供油压力 p 为已知时，则无活塞杆侧的缸筒内径为 $$D=\sqrt{\frac{4F_1}{\pi p}\times 10^{-3}}\ \text{(m)}$$ 有活塞杆侧缸筒内径为 $$D=\sqrt{\frac{4F_2}{\pi p\times 10^6}+d^2}\ \text{(m)}$$ 液压缸的理论作用力按下式确定 $$F=\frac{F_0}{\psi\eta_t}\ \text{(N)}$$ 当 Q_V 及 v 为已知时，则缸筒内径（未考虑容积效率 η_V）按无活塞杆侧为 $$D=\sqrt{\frac{4}{\pi}\times\frac{Q_V}{v_1}}\ \text{(m)}$$ 按有活塞杆侧为 $$D=\sqrt{\frac{4Q_V}{\pi v_2}+d^2}\ \text{(m)}$$ 最后将以上各式所求得的 D 值进行比较，选择其中最大者，圆整到标准值（见表 20-7-5 和表 20-1-3）	d——活塞杆直径，m（表 20-7-18） p——供油压力，MPa F_1,F_2——液压缸的理论推力和拉力，N F_0——活塞杆上的实际作用力，N ψ——负载率，一般取 $\psi=0.5\sim0.7$ η_t——液压缸的总效率（表 20-7-6） Q_V——液压缸的体积供油量（假定两侧的供油量相同，即 $Q_{V1}=Q_{V2}$），m^3/s v_1,v_2——活塞杆伸出及缩回时的速度，m/s δ_0——缸筒材料强度要求的最小值，m c_1——缸筒外径公差余量，m c_2——腐蚀余量，m D——缸筒内径，m D_1——缸筒外径，m p_{max}——缸筒内最高工作压力，MPa σ_p——缸筒材料的许用应力，MPa，$\sigma_p=\frac{\sigma_b}{n}$ σ_b——缸筒材料的抗拉强度，MPa n——安全系数，通常取 $n=5$，最好是按下表进行选取

续表

<table>
<tr><th>项目</th><th>计 算 公 式</th><th>说 明</th></tr>
<tr><td>缸筒壁厚</td><td>缸筒壁厚为
$$\delta=\delta_0+c_1+c_2$$
关于 δ_0 的值,可按下列情况分别进行计算:
当 $\delta/D\leqslant0.08$ 时,可用薄壁缸筒的实用公式
$$\delta_0\geqslant\frac{p_{\max}D}{2\sigma_{\mathrm{p}}}\ (\mathrm{m})$$
当 $\delta/D=0.08\sim0.3$ 时
$$\delta_0\geqslant\frac{p_{\max}D}{2.3\sigma_{\mathrm{p}}-3p_{\max}}\ (\mathrm{m})$$
当 $\delta/D\geqslant0.3$ 时
$$\delta_0\geqslant\frac{D}{2}\left(\sqrt{\frac{\sigma_{\mathrm{p}}+0.4p_{\max}}{\sigma_{\mathrm{p}}-1.3p_{\max}}}-1\right)\ (\mathrm{m})$$
或 $$\delta_0\geqslant\frac{D}{2}\left(\sqrt{\frac{\sigma_{\mathrm{p}}}{\sigma_{\mathrm{p}}-\sqrt{3}p_{\max}}}-1\right)\ (\mathrm{m})$$</td><td>液压缸的安全系数
<table>
<tr><th>材料名称</th><th>静载荷</th><th>交变载荷</th><th></th><th>冲击载荷</th></tr>
<tr><td></td><td></td><td>不对称</td><td>对称</td><td></td></tr>
<tr><td>钢、锻铁</td><td>3</td><td>5</td><td>8</td><td>12</td></tr>
</table></td></tr>
<tr><td>缸筒壁厚验算</td><td>对最终采用的缸筒壁厚应进行四方面的验算
额定压力 PN 应低于一定极限值,以保证工作安全
$$\mathrm{PN}\leqslant0.35\frac{\sigma_{\mathrm{s}}(D_1^2-D^2)}{D_1^2}\ (\mathrm{MPa})$$
或 $$\mathrm{PN}\leqslant0.5\frac{\sigma_{\mathrm{s}}(D_1^2-D^2)}{\sqrt{3D_1^4+D^4}}\ (\mathrm{MPa})$$
同时额定压力也应与完全塑性变形压力有一定的比例范围,以避免塑性变形的发生,即
$$\mathrm{PN}\leqslant(0.35\sim0.42)p_{\mathrm{rL}}\ (\mathrm{MPa})$$
此外,尚需验算缸筒径向变形 ΔD 应处在允许范围内
$$\Delta D=\frac{Dp_{\mathrm{r}}}{E}\left(\frac{D_1^2+D^2}{D_1^2-D^2}+\upsilon\right)\ (\mathrm{m})$$
变形量 ΔD 不应超过密封圈允许范围
最后,还应验算缸筒的爆裂压力 p_{E}
$$p_{\mathrm{E}}=2.3\sigma_{\mathrm{b}}\lg\frac{D_1}{D}\ (\mathrm{MPa})$$
也可用费帕尔(FAUPEL)公式
$$p_{\mathrm{E}}=2.65\sigma_{\mathrm{b}}\left(2-\frac{\sigma_{\mathrm{b}}}{\sigma}\right)\lg\frac{D_1}{D}\ (\mathrm{MPa})$$
计算的 p_{E} 值应远超过耐压试验压力 p_{r},即 $p_{\mathrm{E}}\gg p_{\mathrm{r}}$</td><td>$\sigma_{\mathrm{s}}$——缸筒材料屈服点,MPa
p_{rL}——缸筒发生完全塑性变形的压力,MPa,$p_{\mathrm{rL}}\leqslant2.3\sigma_{\mathrm{s}}\lg\frac{D_1}{D}$
p_{r}——缸筒耐压试验压力,MPa
E——缸筒材料弹性模量,MPa
υ——缸筒材料泊松比,钢材 $\upsilon=0.3$

实际上,当 $\delta/D>0.2$ 时,材料使用不够经济,应改用高屈服强度的材料
国内外工厂实际采用的缸筒外径 D_1 见表 20-7-11,供设计时参考</td></tr>
<tr><td>缸筒底部厚度</td><td>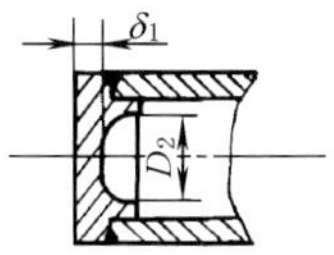

缸筒底部为平面时,其厚度 δ_1 可以按照四周嵌住的圆盘强度公式进行近似的计算
$$\delta_1\geqslant0.433D_2\sqrt{\frac{p}{\sigma_{\mathrm{p}}}}\ (\mathrm{m})$$
缸筒底部为拱形时(如图中所示 $R\geqslant0.8D$、$r\geqslant0.125D$),其厚度用下式计算
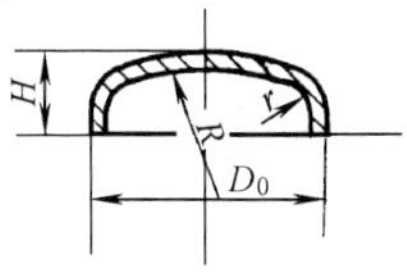

$$\delta_1=\frac{pD_0}{4\sigma_{\mathrm{p}}}\beta\ (\mathrm{m})$$</td><td>p——筒内最大工作压力,MPa
σ_{p}——筒底材料许用应力,MPa,其选用方法与上述缸筒厚度计算相同
D_2——计算厚度外直径,m
β——系数,当 $H/D_0=0.2\sim0.3$ 时,取 $\beta=1.6\sim2.5$
D_0——缸底外径,m</td></tr>
</table>

续表

项目	计 算 公 式	说 明
缸筒头部法兰厚度	$h=\sqrt{\dfrac{4Fb}{\pi(r_a-d_L)\sigma_p}}\times10^{-3}$ (m) 如不考虑螺孔(d_L),则为 $h=\sqrt{\dfrac{4Fb}{\pi r_a\sigma_p}}\times10^{-3}$ (m)	F——法兰在缸筒最大内压下所承受的轴向压力,N 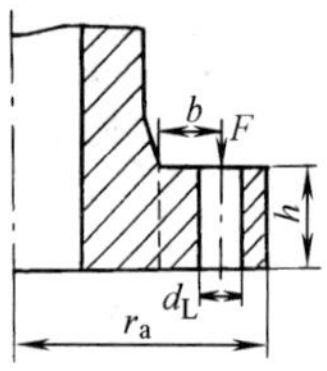 缸筒头部法兰厚度
缸筒螺纹连接部分	缸筒与端部用螺纹连接时,缸筒螺纹处的强度计算如下: 螺纹处的拉应力 $\sigma=\dfrac{KF}{\dfrac{\pi}{4}(d_1^2-D^2)}\times10^{-6}$ (MPa) 螺纹处的切应力 $\tau=\dfrac{K_1KFd_0}{0.2(d_1^3-D^3)}\times10^{-6}$ (MPa) 合成应力 $\sigma_n=\sqrt{\sigma^2+3\tau^2}\leqslant\sigma_p$ 许用应力 $\sigma_p=\dfrac{\sigma_s}{n_0}$	F——缸筒端部承受的最大推力,N D——缸筒内径,m d_0——螺纹外径,m d_1——螺纹底径,m K——拧紧螺纹的系数,不变载荷取 $K=1.25\sim1.5$,变载荷取 $K=2.5\sim4$ K_1——螺纹连接的摩擦因数,$K_1=0.07\sim0.2$,平均取 $K_1=0.12$ σ_s——缸筒材料的屈服点,MPa n_0——安全系数,取 $n_0=1.2\sim2.5$ 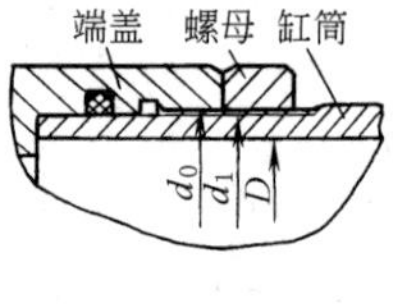 缸筒的螺纹连接
缸筒法兰连接螺栓	缸筒与端部用法兰连接或拉杆连接时,如图 a 所示。螺栓或拉杆的强度计算如下: 螺纹处的拉应力 $\sigma=\dfrac{KF}{\dfrac{\pi}{4}d_1^2z}\times10^{-6}$ (MPa) 螺纹处的切应力 $\tau=\dfrac{K_1KFd_0}{0.2d_1^3z}\times10^{-6}$ (MPa) 合成应力 $\sigma_n=\sqrt{\sigma^2+3\tau^2}\approx1.3\sigma\leqslant\sigma_p$ 如采用长拉杆连接,当行程超过缸筒内径 20 倍($S>20D$)时,为防止拉杆偏移,需加装中接圈或中支承块,焊接或用螺钉固定在缸筒外壁中部上,如图 b、图 c 所示	z——螺栓或拉杆的数量 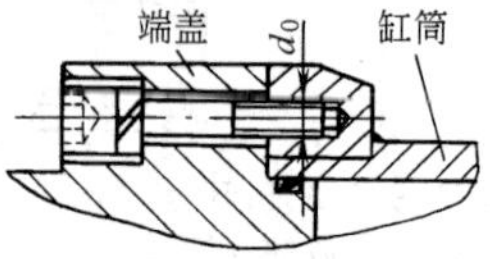 (a) 缸筒的法兰连接 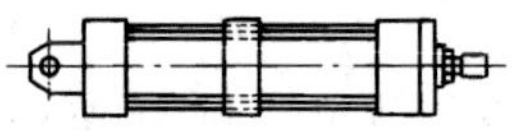 (b) 长拉杆螺栓中接圈 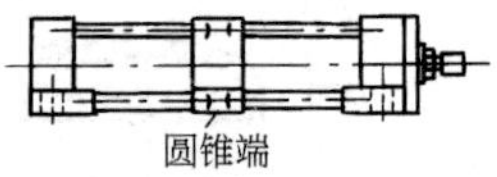 (c) 中支承块

续表

项目	计 算 公 式	说 明
缸筒卡环连接	缸筒与端部用卡环连接时，卡环的强度计算如下： 卡环的切应力（$A—A$ 断面处） $\tau=\dfrac{p\dfrac{\pi D_1^2}{4}}{\pi D_1 l}=\dfrac{pD_1}{4l}$（MPa） 卡环侧面的挤压应力（$ab$ 侧面上） $\sigma_c=\dfrac{p\dfrac{\pi D_1^2}{4}}{\dfrac{\pi D_1^2}{4}-\dfrac{\pi(D_1-2h_2)^2}{4}}=\dfrac{pD_1^2}{4h_2D_1-4h_2^2}$ $=\dfrac{pD_1^2}{h(2D_1-h)}$（MPa） 卡环尺寸一般取 $h=\delta, l=h, h_1=h_2=\dfrac{h}{2}$ 验算缸筒在 $A—A$ 断面上的拉应力 $\sigma=\dfrac{p\dfrac{\pi D_1^2}{4}}{\dfrac{\pi[(D_1-h)^2-D^2]}{4}}=\dfrac{pD_1^2}{(D_1-h)^2-D^2}$（MPa）	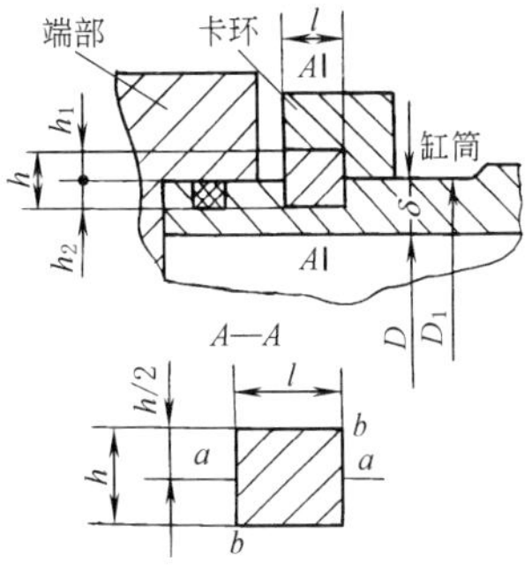 缸筒的卡环连接 p——缸内最大工作压力，MPa D_1——缸筒外径，m d_1——焊缝底径，m F——缸内最大推力，N η——焊接效率，取 $\eta=0.7$ σ_b——焊条材料的抗拉强度，MPa n——安全系数，参照缸筒壁的安全系数选取
缸筒与端部焊接	缸筒与端部用焊接连接时，其焊缝应力计算如下： $\sigma=\dfrac{F}{\dfrac{\pi}{4}(D_1^2-d_1^2)\eta}\times10^{-6}\leqslant\dfrac{\sigma_b}{n}$（MPa）	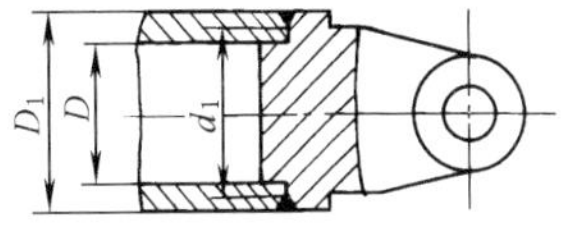 缸筒的焊接连接

注：在 GB/T 150.1—2011《压力容器　第 1 部分：通用要求》中规定了“应考虑腐蚀裕量”，但液压缸设计一般不考虑腐蚀裕量”。

（5）缸径和缸筒壁厚

缸径应符合 GB/T 2348—2018《流体传动系统及元件　缸径及活塞杆直径》，见表 20-1-3。

缸筒壁厚设计计算公式参见表 20-7-10。缸筒壁厚应根据设计计算结果，在保证其具有足够的安全裕量的前提下，优先选用表 20-7-11 中的推荐值。

表 20-7-11　　缸筒推荐壁厚　　mm

缸径 AL	壁厚 S
25～63	4、5、6、6.5、7.5、8、9、10
>63～110	5、6.5、7、8、9、10、11、13.5、14、15
>110～160	7.5、9、10.5、12.5、13.5、15、17、19、21.5
>160～220	10、12、13、15、18、19.5、22.5、26.5
>220～280	12.5、16.5、17.5、20、22.5、25、30、35.5
>280～360	15、18.5、22.5、28.5、30、33、35、40、45
>360～400	18、21、25、30、33、40、45、51
>400～500	20、25、28.5、30、35、40、45、50、55

（6）缸筒制造加工要求

液压缸用缸筒按交货状态分类，代号如下：

a. 冷拔或冷轧/硬：+C；

b. 冷拔或冷轧/软：+LC；

c. 冷拔或冷轧后消除应力退火：+SR；

d. 退火：+A；

e. 正火：+N；

f. 调质：Q+T。

① 缸径公差宜采用GB/T 1800.2规定的H7、H8、H9和H10。表面粗糙度 *Ra* 值一般为0.1~0.8μm。供参考 *Rz* 数值见JB/T 10205.2—2023。

缸筒外径公差为缸筒外径尺寸的±0.5%。

注：特殊情况下，由供需双方协商确定优先保证外径公差或壁厚公差。

② 缸筒壁厚公差、内孔圆度和内孔轴线直线度等，应符合JB/T 10205.2—2023的规定。

③ 缸筒端面 *T* 对内径的垂直度公差为缸筒外径的1.5%，特殊要求由供需双方协商确定。

④ 当缸筒为尾部和中部耳轴型时：孔 d_1 的轴线对缸径 *D* 轴线的偏移不大于0.03mm；孔 d_1 的轴线对缸径 *D* 轴线的垂直度公差在100mm长度上不大于0.1mm；轴径 d_2 对缸径 *D* 轴线的垂直度公差在100mm长度上不大于0.1mm。

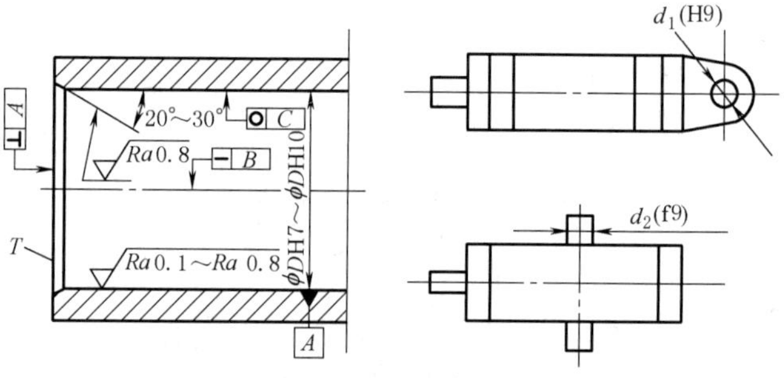

图 20-7-1　缸筒加工要求

⑤ 热处理：调质，硬度241~285HB。

此外，通往油口、排气阀孔的内孔口必须倒角，不允许有飞边、毛刺，以免划伤密封件。为便于装配和不损坏密封件，缸筒内孔口应倒角20°~30°。需要在缸筒上焊接法兰、油口、排气阀座时，均必须在半精加工以前进行，以免精加工后焊接而引起内孔变形。如欲防止腐蚀生锈和提高使用寿命，在缸筒内表面可以镀铬，再进行研磨或抛光，在缸筒外表面涂耐油油漆。

6.2　活塞及其密封

由于活塞在液体压力的作用下沿缸筒往复滑动，因此，它与缸筒的配合应适当，既不能过紧，也不能间隙过大。配合过紧，不仅使最低启动压力增大，降低机械效率，而且容易损坏缸筒和活塞的滑动配合表面；间隙过大，会引起液压缸内部泄漏，降低容积效率，使液压缸达不到要求的设计性能。

液压力的大小与活塞的有效工作面积有关，活塞直径应与缸筒内径一致。设计活塞时，主要任务就是确定活塞的结构型式。

（1）活塞结构型式

根据密封装置型式来选用活塞结构型式（密封装置则按工作条件选定）。通常分为整体活塞和组合活塞两类。

整体活塞在活塞圆周上开沟槽，安置密封圈，结构简单，但给活塞的加工带来困难，密封圈安装时也容易拉伤和扭曲。组合活塞结构多样，主要由密封型式决定。组合活塞大多数可以多次拆装，密封件使用寿命长。随着耐磨的导向环的大量使用，多数密封圈与导向环联合使用，大大降低了活塞的加工成本。

表 20-7-12　　活塞结构型式

整体活塞	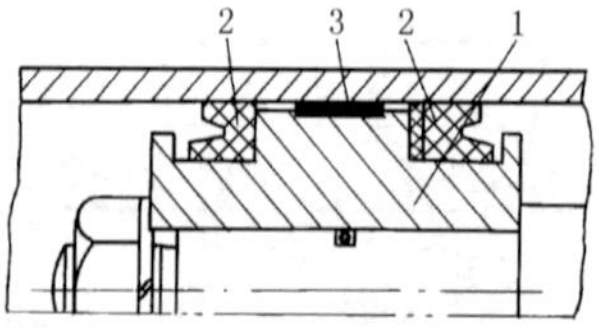 唇形密封圈密封 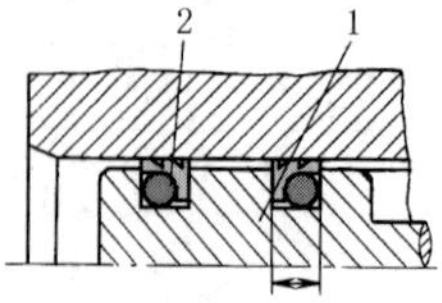 滑环组合密封 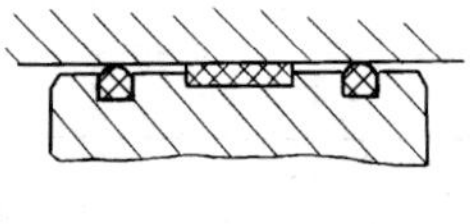 O形密封圈密封

续表

组合活塞	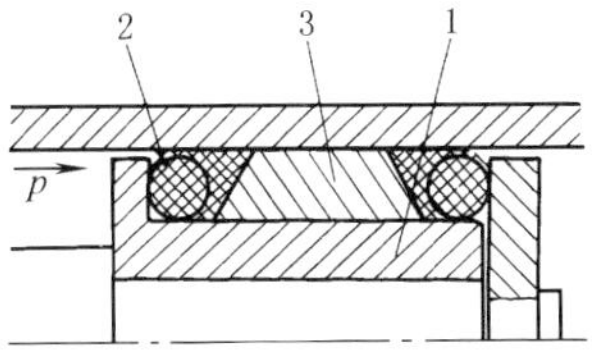 滑环组合密封	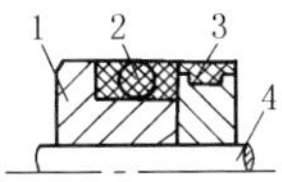 V形密封圈密封	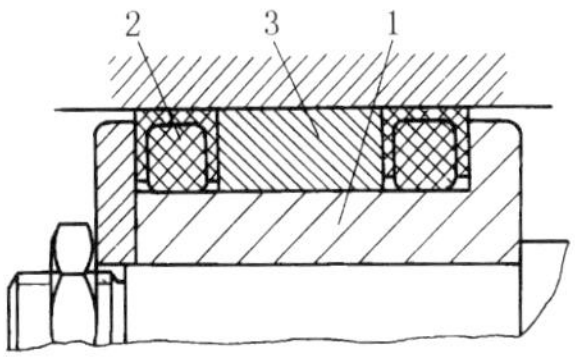 滑环组合密封
无活塞（整套密封件代替活塞）	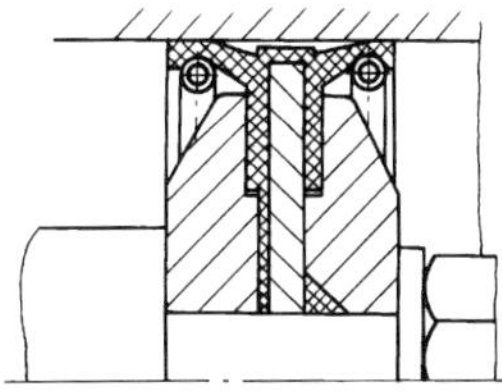 带支承板整体密封	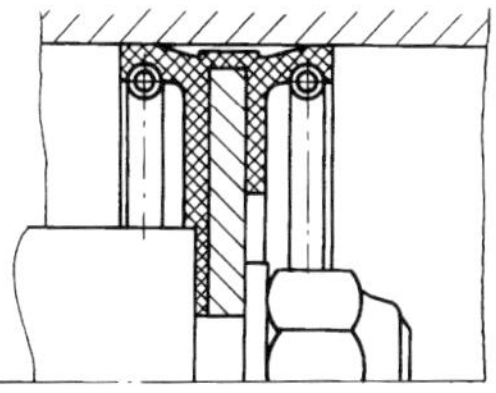 不带支承板密封	适用于2.5MPa以下液压油密封，结构简单，更换容易

注：1—活塞；2—密封装置；3—导向套；4—活塞杆。

(2) 活塞与活塞杆连接型式

活塞与活塞杆连接有多种型式，所有型式均需有锁紧措施，以防止工作时由于往复运动而松开。同时在活塞与活塞杆之间需设置静密封。

表 20-7-13　　常用活塞与活塞杆连接型式

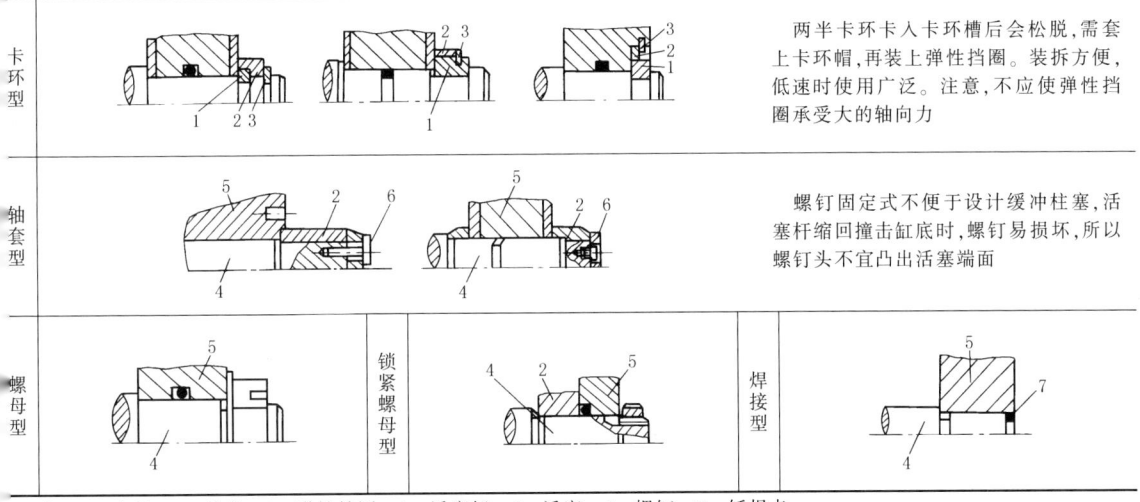

卡环型	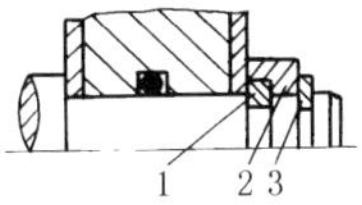 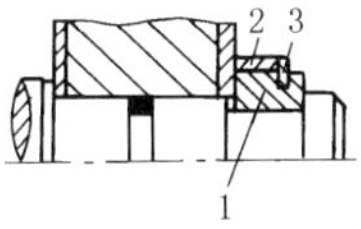 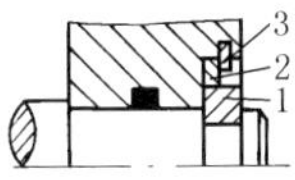					两半卡环卡入卡环槽后会松脱，需套上卡环帽，再装上弹性挡圈。装拆方便，低速时使用广泛。注意，不应使弹性挡圈承受大的轴向力
轴套型	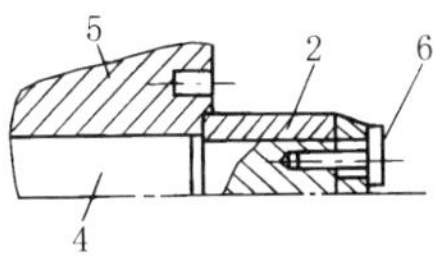 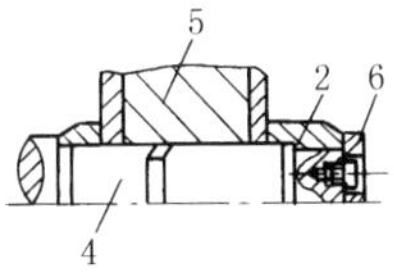					螺钉固定式不便于设计缓冲柱塞，活塞杆缩回撞击缸底时，螺钉易损坏，所以螺钉头不宜凸出活塞端面
螺母型	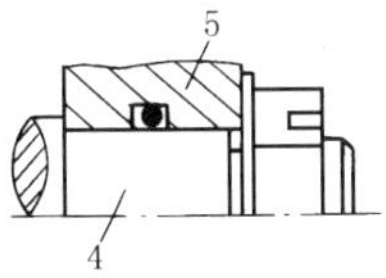	锁紧螺母型	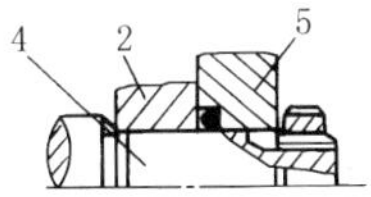	焊接型	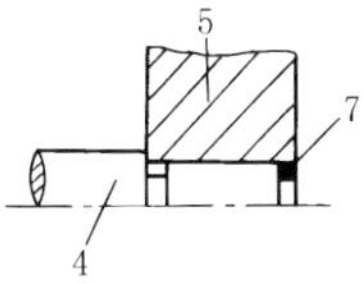	

注：1—卡环；2—轴套；3—弹性挡圈；4—活塞杆；5—活塞；6—螺钉；7—钎焊点。

(3) 活塞密封结构

活塞的密封型式与活塞的结构有关，可根据液压缸的不同作用和不同工作压力来选择。

表 20-7-14　　常用活塞密封结构

密封圈密封	O形密封圈	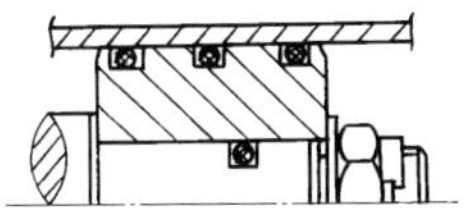 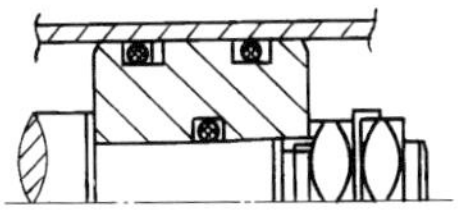 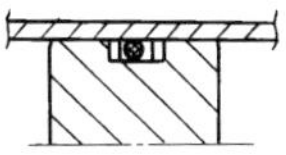

续表

密封圈密封	Y 形密封圈	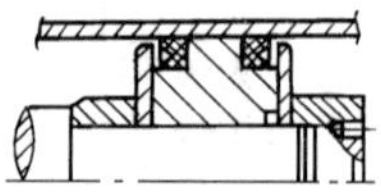 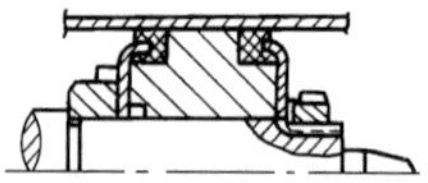	Yx 形密封圈 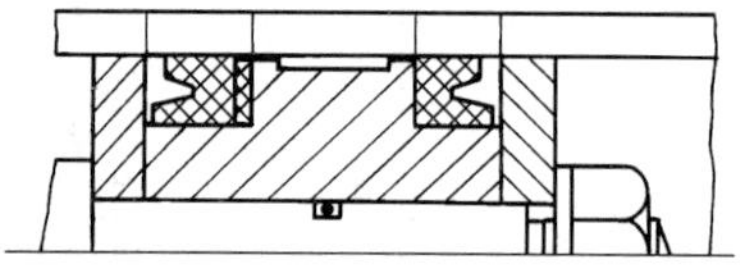
	V 形密封圈	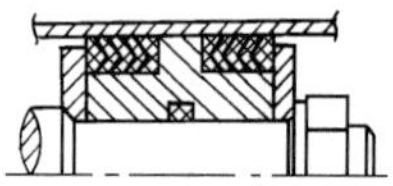 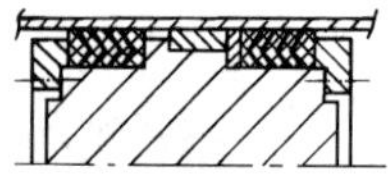 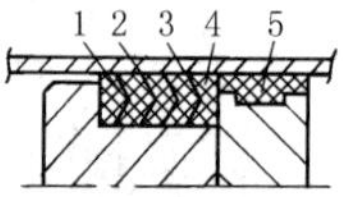	1,4,5—尼龙环(尼龙 1010);2,3—橡胶密封圈
	滑环组合密封	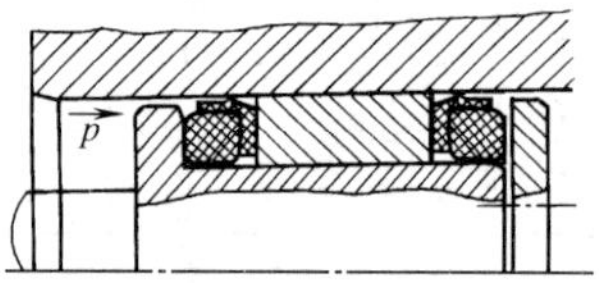 齿形滑环式 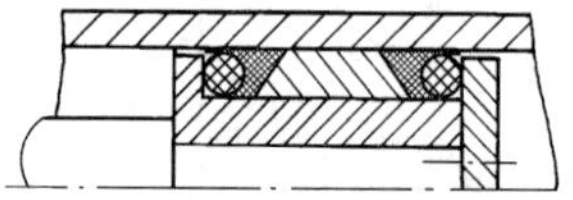 脚形滑环式	增强四氟材料制作的滑环及O形圈组合,结构简单,摩擦阻力小,密封性能好,多次拆卸可重复使用
活塞环密封		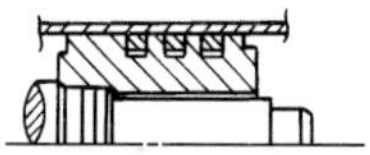	使用活塞环密封,摩擦阻力小,耐磨,寿命长,适用于高温、高速工况,但是活塞环制造工艺复杂,内部泄漏较大,密封效果差,对于内泄漏要求较严的液压缸不宜采用
间隙密封		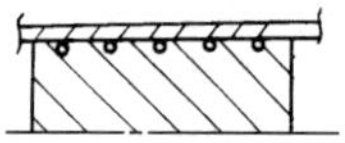	这种密封不用密封件,在活塞上开出几个小沟槽,完全依靠活塞与缸筒间的精密配合保证密封效果。因此,它与缸筒的尺寸公差等级、形位公差等级要求很高,表面粗糙度值小,一般均需配研。这种活塞多用于精度高、直径小、速度低的液压缸。对于需要通过孔、槽的活塞采用这种结构有独特的优点,因为它没有容易刮伤的密封件,不会因密封件的损坏而发生泄漏

注:活塞密封件和支承环见本篇第 11 章其他元器件“10 液压密封件”,或见第 10 篇润滑与密封第 4 章密封件及其沟槽相关内容。

(4) 活塞材料

无导向环活塞:高强度铸铁 HT200~HT300 或球墨铸铁。

有导向环活塞:优质碳素钢 20、35 及 45,有的在外径套尼龙或聚四氟乙烯+玻璃纤维和聚三氟氯乙烯材料制成的支承环,装配式活塞外环可用锡青铜。

注:GB/T 15242.2—2017 适用于聚甲醛支承环、酚醛树脂夹织物支承环和填充聚四氟乙烯(PTFE)支承环。

还有用铝合金作为活塞材料。

(5) 活塞尺寸及加工公差

活塞宽度一般为活塞外径的 0.6~1.0 倍,但也要根据密封件的型式、数量和安装导向环的沟槽尺寸而定有时,可以结合中隔圈的布置确定活塞宽度。

活塞外径的配合一般采用 f9,外径对内孔的同轴度公差不大于 0.02mm,端面与轴线的垂直度公差不大于 0.04mm/100mm,外表面的圆度和圆柱度公差一般不大于外径公差之半,表面粗糙度视结构型式不同而异。

6.3 活塞杆(摘自 JB/T 10205.3—2020)

首次发布的 JB/T 10205.3—2020《液压缸 第 3 部分:活塞杆技术条件》规定了液压缸用活塞杆(以下简称活塞杆)的基本参数、技术要求、检验和试验方法、检验规则、标志、包装、运输、贮存和标注说明等要求适用于以液压油或性能相当的其他液体为工作介质的液压缸用表面镀铬处理的圆柱形实心及空心活塞杆。

（1）结构

表 20-7-15

<table>
<tr><td rowspan="2">杆体</td><td>实心杆</td><td>一般情况多用</td></tr>
<tr><td>空心杆</td><td>多在以下情况采用
①缸筒运动的液压缸，用来导通油路
②大型液压缸的活塞杆（或柱塞杆）为了减轻重量
③为了增加活塞杆的抗弯能力
④d/D 比值较大或杆心需装有如位置传感器等机构的情况
作者注：相同截面积的空心活塞杆比实心活塞杆抗弯</td></tr>
<tr><td>杆内端</td><td colspan="2">见表 20-7-13</td></tr>
<tr><td rowspan="3">杆外端</td><td colspan="2">活塞杆（或柱塞杆）的外端头部与载荷的拖动机构相连接，为了避免活塞杆在工作中产生偏心承载力，适应液压缸的安装要求，提高其作用效率，应根据载荷的具体情况，选择适当的杆头连接型式</td></tr>
<tr><td colspan="2">缸工作时轴线固定不动的多采用
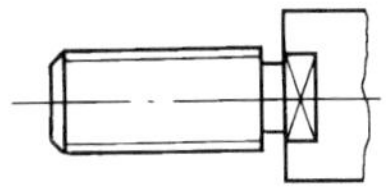
小螺栓头
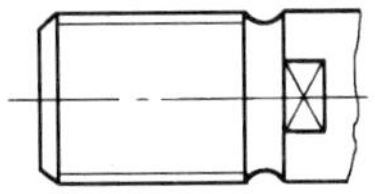
大螺栓头
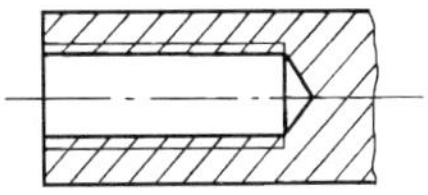
螺孔头</td></tr>
<tr><td colspan="2">缸工作时轴线摆动的多采用
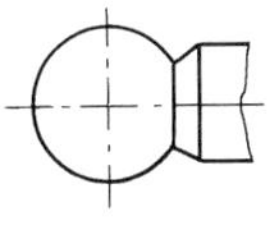
小球头
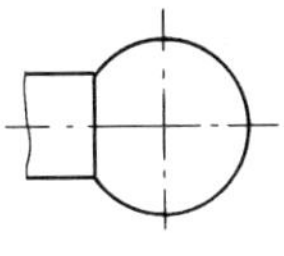
大球头
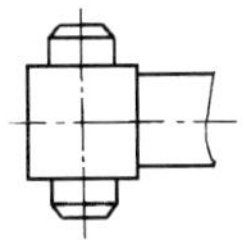
轴销
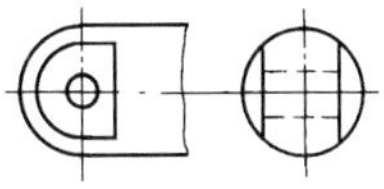
光杆耳环
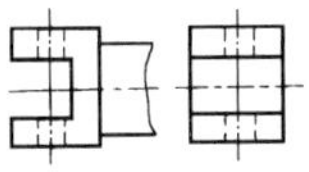
方形双耳环
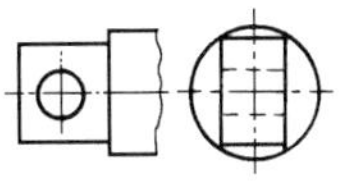
方形单耳环
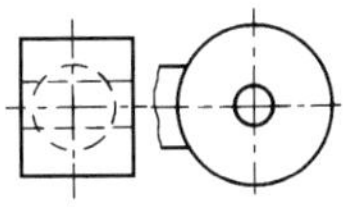
圆耳环
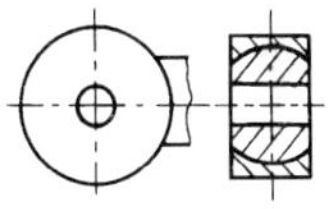
球铰单耳环</td></tr>
</table>

表 20-7-16　液压缸活塞杆端结构和尺寸（摘自 GB/T 2350—2020）　mm

活塞杆螺纹型式和尺寸 — 活塞杆端外螺纹型式和尺寸

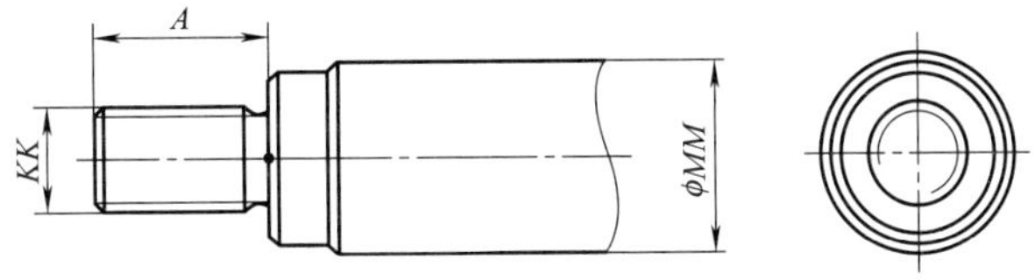

图 1　液压缸带外螺纹的活塞杆端（带肩）

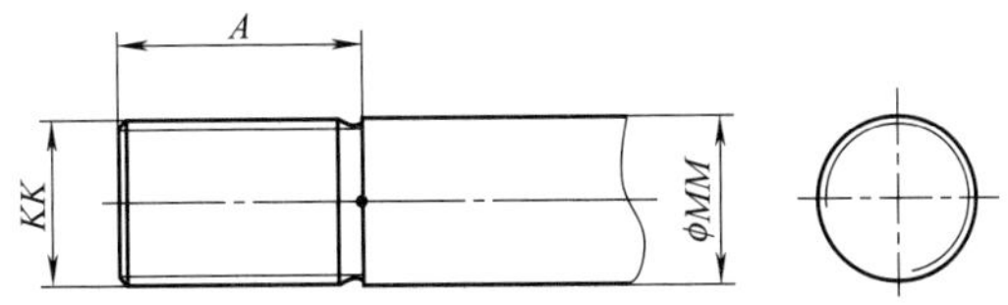

图 2　液压缸带外螺纹的活塞杆端（无肩）

表 1　液压缸活塞杆端外螺纹尺寸

螺纹规格 *KK*	螺纹长度 *A*①		螺纹规格 *KK*	螺纹长度 *A*①	
	短型	长型②③		短型	长型②③
M10×1.25	14	22	M18×1.5	25	36
M12×1.25	16	24	M20×1.5	28	40
M14×1.5	18	28	M22×1.5	30	44
M16×1.5	22	32	M24×2	32	48

续表

活塞杆螺纹型式和尺寸

活塞杆端外螺纹型式和尺寸

续表

螺纹规格 KK	螺纹长度 A① 短型	螺纹长度 A① 长型②③	螺纹规格 KK	螺纹长度 A① 短型	螺纹长度 A① 长型②③
M27×2	36	54	M100×3	112	—
M30×2	40	60	M110×3	112	—
M33×2	45	66	M125×4	125	—
M36×2	50	72	M140×4	140	—
M42×2	56	84	M160×4	160	—
M48×2	63	96	M180×4	180	—
M56×2	75	112	M200×4	200	—
M64×3	85	128	M220×4	220	—
M72×3	90	128	M250×6	250	—
M80×3	95	140	M280×6	280	—
M90×3	106	160			

① 螺纹长度 A 是指最大值

② 用锁紧螺母调整时，采用长型螺纹，应考虑弯曲负载

③ 本表中未规定的长型螺纹长度与其相应的短型螺纹长度比应不小于 1.5

活塞杆端内螺纹型式和尺寸

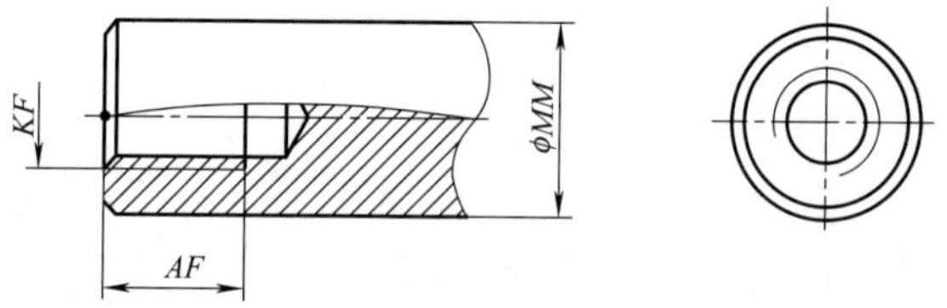

图 3　液压缸带内螺纹的活塞杆端

表 2　液压缸活塞杆端内螺纹尺寸

螺纹规格 KF	螺纹长度 AF①	螺纹规格 KF	螺纹长度 AF①	螺纹规格 KF	螺纹长度 AF①	螺纹规格 KF	螺纹长度 AF①
M8×1	12	M20×1.5	28	M48×2	63	M125×4	125
M10×1.25	14	M27×2	36	M64×3	85	M160×4	160
M12×1.25	16	M33×2	45	M80×3	95		
M16×1.5	22	M42×2	56	M100×3	112		

① 螺纹长度 AF 是指最小值

活塞杆端扳手面、扳手孔的型式和尺寸

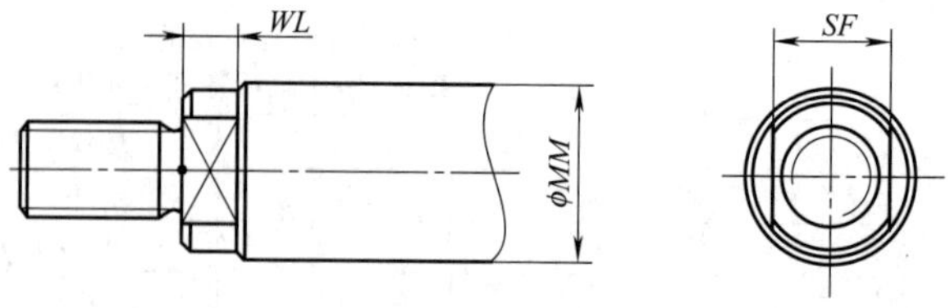

图 4　液压缸带扳手面的活塞杆端(外螺纹)

续表

活塞杆端扳手面、扳手孔的型式和尺寸

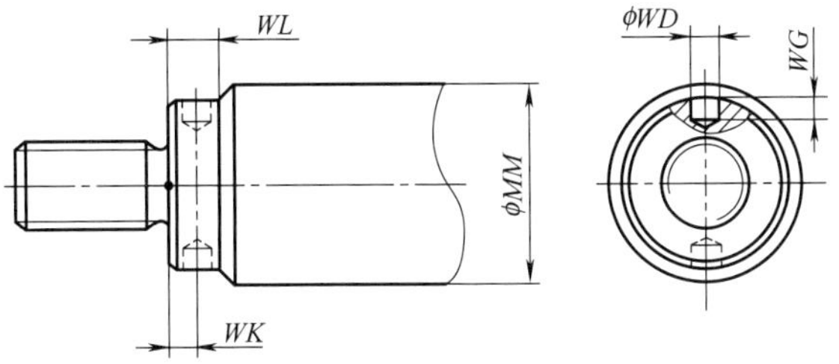

图 5　液压缸带扳手孔的活塞杆端(外螺纹)

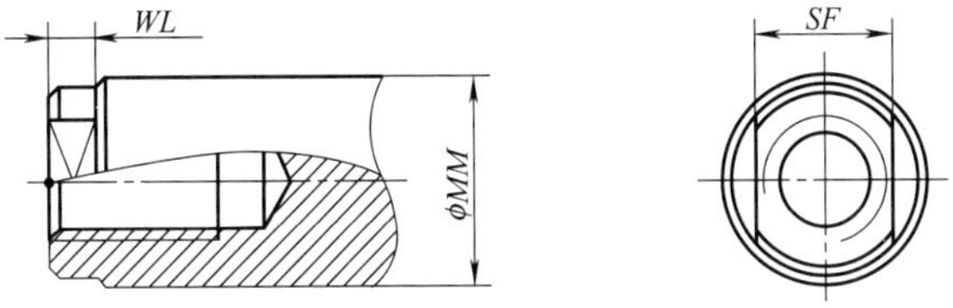

图 6　液压缸带扳手面的活塞杆端(内螺纹)

表 3　液压缸活塞杆端扳手面、扳手孔尺寸

活塞杆直径 *MM*①	扳手面	扳手孔			扳手面或扳手孔	活塞杆直径 *MM*①	扳手面	扳手孔			扳手面或扳手孔
	SF h14	*WD* min	*WG* min	*WK* min	*WL* min		*SF* h14	*WD* min	*WG* min	*WK* min	*WL* min
12	10	2	2.5	2.5	5	60	55	5	7	6	10
14	12	2	2.5	2.5	5	63	55	5	7	6	10
16	12	2.5	4.5	2.5	5	70	60	6	8	6	10
18	15	2.5	4.5	2.5	5	80	65	6	8	6	15
20	17	2.5	4.5	2.5	5	90	80	6	8	6	15
22	19	2.5	4.5	2.5	5	100	85	8	10	6	15
25	22	3	5	4	7	110	100	8	10	6	15
28	22	3	5	4	7	120	105	8	10	8	15
32	27	4	6	4	8	125	110	8	10	8	15
36	30	4	6	5	8	140	128	8	10	8	15
40	34	4	6	5	10	160	140	8	10	8	18
45	41	5	7	6	10	180	160	10	12	11	25
50	46	5	7	6	10	200	—	10	12	11	25
56	50	5	7	6	10	220	—	10	12	11	25

① 活塞杆直径(*MM*)符合 GB/T 2348 的规定

(2) 活塞杆的材料和技术要求

在 JB/T 10205.3—2020 中规定：活塞杆的材料宜优先选用 45、Q355B、Q355E、40Cr、42CrMo、20Cr13（2Cr13）、06Cr19Ni10（0Cr18Ni9）、06 Cr17Ni12Mo2（0Cr17Ni12Mo2）推荐的圆钢或钢管。材料可经机械加工、冷拉或冷拔（冷轧）加工、热处理后再精加工。经冷拉或冷拔（冷轧）加工的材料应进行消除应力处理。

根据用户要求，经供需双方协商，可采用其他牌号的材料、其他加工方法及热处理要求。

液压机用液压缸的活塞杆或柱塞，一般采用 GB/T 33083—2016《大型碳素结构钢锻件　技术条件》规定的碳素结构钢或 GB/T 33084—2016《大型合金结构钢锻件　技术条件》规定的合金结构钢锻件制造，并应进行相应的热处理。

但手册第六版的相关内容仍具有一定参考价值。

表 20-7-17

材料选择	一般用中碳钢(如 45 钢)调质处理;对只承受推力的单作用活塞杆和柱塞,不必进行调质处理。对活塞杆通常要求淬火,淬火深度一般为 0.5~1mm,或活塞杆直径每毫米淬深 0.03mm											
常用材料力学性能	材 料	σ_b/MPa ≥	σ_s/MPa ≥	δ_5/% >	热处理	表面处理	材 料	σ_b/MPa ≥	σ_s/MPa ≥	σ_5/% >	热处理	表面处理
	35	520	310	15	调质	镀铬 20~30μm	35CrMo	1000	850	12	调质	镀铬 20~30μm
	45	600	340	13	调质		1Cr18Ni9	520	205	45	淬火	

活塞杆要在导向套中滑动，杆外径公差一般采用 f7~f9。太紧了，摩擦力大；太松了，容易引起卡滞现象和单边磨损。其圆度和圆柱度公差不大于直径公差之半。安装活塞的轴颈与外圆的同轴度公差不大于 0.01mm，可保证活塞杆外圆与活塞外圆的同轴度，避免活塞与缸筒、活塞杆与导向套的卡滞现象。安装活塞的轴肩端面与活塞杆轴线的垂直度公差不大于 0.04mm/100mm，以保证活塞安装时不产生歪斜。

活塞杆的外圆粗糙度 *Ra* 值一般为 0.1~0.3μm。太光滑了，表面形成不了油膜，反而不利于润滑。为了提高耐磨性和防锈性，活塞杆表面需进行镀铬处理，镀层厚 0.03~0.05mm，并进行抛光或磨削加工。对于工作条件恶劣、碰撞机会较多的情况，工作表面需先经高频淬火后再镀铬。用于低载荷（如低速度、低工作压力）和良好环境条件时，可不进行表面处理。

活塞杆内端的卡环槽、螺纹和缓冲柱塞也要保证与轴线的同心，特别是缓冲柱塞，最好与活塞杆做成一体。卡环槽取动配合公差，螺纹则取较紧的配合。

（3）活塞杆的计算

表 20-7-18

项目	计 算 公 式	说 明
活塞杆直径计算	活塞杆是液压缸传递力的重要零件,它承受拉力、压力、弯曲力和振动冲击等多种作用力,必须有足够的强度和刚度 对于双作用单边活塞杆液压缸,其活塞杆直径 d 可根据两腔面积比 φ 来确定: $d=D\sqrt{\frac{\varphi-1}{\varphi}}$ (m)	D——缸筒内径,m φ——两腔面积比,按 JB/T 7939—2010 选取 下表是根据缸径、速比确定的 d 值

缸筒内径 D/mm	两腔面积比 φ≈ 2.00	1.60	1.40	1.32	1.25	缸筒内径 D/mm	两腔面积比 φ≈ 2.00	1.60	1.40	1.32	1.25
	d/mm						d/mm				
40	28	25	22	20	18	150	105	90	85	75	70
50	36	32	28	25	22	160	110	100	90	80	70
63	45	40	36	32	28	180	125	110	100	90	80
80	56	50	45	40	36	200	140	125	110	100	90
90	63	56	50	45	40	220	160	140	125	110	100
100	70	63	56	50	45	250	180	160	140	125	110
110	80	70	63	56	50	280	200	180	160	140	125
125	90	80	70	63	56	320	220	200	180	160	140
140	100	90	80	70	63	360	250	220	200	180	160

项目	计 算 公 式	说 明
活塞杆直径计算	如果对液压缸无速比要求,可根据液压缸的推力和拉力确定,参照上表确定 D、d 值;也可按下式初步选取 d 值: $d=\left(\frac{1}{5}\sim\frac{1}{3}\right)D$ (m) 如果活塞杆长度小于或等于 10 倍的缸径 D,不能确定速比时,可按下式计算: 实心杆 $d=\sqrt{\frac{4F_1}{\pi\sigma_p}}\times10^{-3}$ (m) 空心杆 $d=\sqrt{\frac{4\times10^{-6}F_1}{\pi\sigma_p}+d_1^2}$ (m)	F_1——液压缸的推力,N σ_p——材料的许用应力,MPa,$\sigma_p=\frac{\sigma_s}{n}$ d_1——活塞杆空心直径,m 计算出活塞杆直径后,应该按表 20-7-5 的尺寸系列进行圆整并校核其稳定性

续表

项目	计算公式	说明
活塞杆强度计算	活塞杆在稳定工况下，如果只受轴向推力或拉力，可以近似地用直杆承受拉压载荷的简单强度计算公式进行计算： $$\sigma=\frac{F\times10^{-6}}{\frac{\pi}{4}d^2}\leqslant\sigma_p\ (\text{MPa})$$ 如果液压缸工作时，活塞杆所承受的弯曲力矩不可忽略时（如偏心载荷等），则可按下式计算活塞杆的应力： $$\sigma=\left(\frac{F}{A_d}+\frac{M}{W}\right)\times10^{-6}\leqslant\sigma_p$$ 活塞杆一般均有螺纹、退刀槽等，这些部位往往是活塞杆上的危险截面，也要进行计算。危险截面处的合成应力应满足： $$\sigma_n\approx1.8\frac{F_2}{d_2^2}\leqslant\sigma_p\ (\text{MPa})$$ 对于活塞杆上有卡环槽的断面，除计算拉应力外，还要计算校核卡环对槽壁的挤压应力 $$\sigma=\frac{4F_2\times10^{-6}}{\pi[d_1^2-(d_3+2c)^2]}\leqslant\sigma_{pp}$$	F——活塞杆的作用力，N d——活塞杆直径，m σ_p——材料的许用应力，无缝钢管 $\sigma_p=100\sim110$MPa，中碳钢（调质）$\sigma_p=400$MPa A_d——活塞杆断面积，m^2 W——活塞杆断面模数，m^3 M——活塞杆所承受的弯曲力矩，N · m，如果活塞杆仅受轴向偏心载荷 F 时，则 $M=FY_{max}$，其中 Y_{max} 为 F 作用线至活塞杆轴心线最大挠度处的垂直距离 F_2——活塞杆的拉力，N d_2——危险截面的直径，m d_1——卡环槽处外圆直径，m d_3——卡环槽处内圆直径，m c——卡环挤压面倒角，m σ_{pp}——材料的许用挤压应力，MPa
活塞杆弯曲稳定性验算	当液压缸支承长度 $L_B\geqslant(10\sim15)d$ 时，需验算活塞杆弯曲稳定性。液压缸弯曲示意如图 a、图 b 所示，图中 L_B 以 m 计 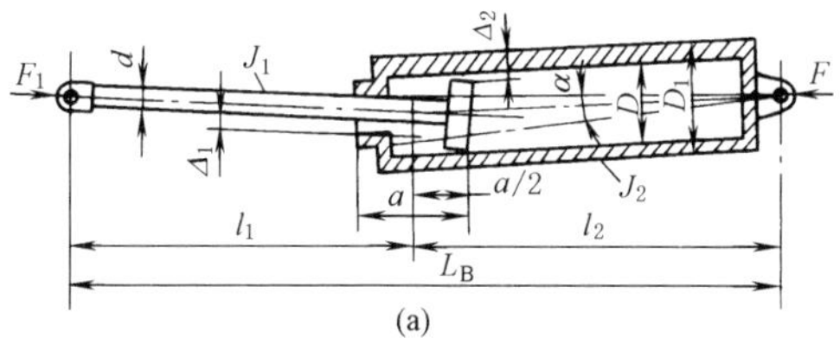 (a) ① 若受力 F_1 完全在轴线上，主要是按下式验算： $$F_1\leqslant F_k/n_k$$ $$F_k=\frac{\pi^2E_1I\times10^6}{K^2L_B^2}\ (\text{N})$$ 其中 $E_1=\frac{E}{(1+a)(1+b)}=1.80\times10^5$MPa 圆截面：$I=\frac{\pi d^4}{64}=0.049d^4\ (m^4)$ ② 若受力 F_1 偏心时，推力与支承的反作用力不完全处在轴线上，可用下式验算： $$F_k=\frac{\sigma_sA_d\times10^6}{1+\frac{8}{d}e\sec\beta}\ (\text{N})$$ 其中 $\beta=a_0\sqrt{\frac{F_kL_B^2}{EI\times10^6}}$ 一端固定，另一端自由 $a_0=1$；两端球铰 $a_0=0.5$；两端固定 $a_0=0.25$；一端固定，另一端球铰 $a_0=0.35$ ③ 实用验算法： 活塞杆弯曲计算长度 L_f 为 $$L_f=KS\ (\text{m})$$ 如已知作用力 F_1 和活塞杆直径 d，从图 c 可得活塞杆弯曲临界长度 L_{f1}。如 $L_f<L_{f1}$，则活塞杆弯曲稳定性良好 如已知 L_{f1}、F_1，从图 c 可得 d 的最小值	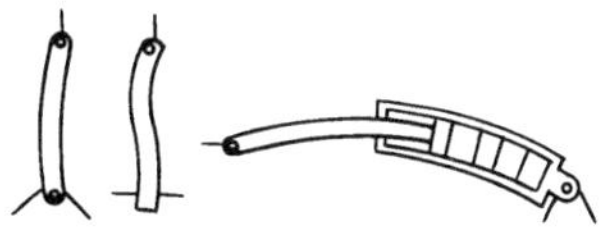 (b) 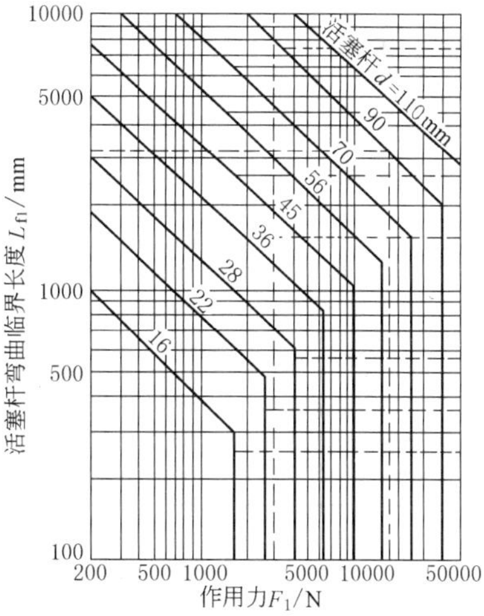 (c) F_k——活塞杆弯曲失稳临界压缩力，N n_k——安全系数，通常取 $n_k\approx3.5\sim6$ K——液压缸安装及导向系数，见表 20-7-19 E_1——实际弹性模量，MPa a——材料组织缺陷系数，钢材一般取 $a\approx1/12$ b——活塞杆截面不均匀系数，一般取 $b\approx1/13$ E——材料的弹性模量，钢材 $E=2.10\times10^5$，MPa I——活塞杆横截面惯性矩，m^4 A_d——活塞杆截面面积，m^2 e——受力偏心量，m σ_s——活塞杆材料屈服点，MPa S——行程，m

注：在 GB/T 2348—2018《流体传动系统及元件　缸径及活塞杆直径》中也给出了液压缸的无杆腔与有杆腔的两腔面积比 φ)。

表 20-7-19　　　　液压缸安装及导向系数 *K*

安装型式	活塞杆外端	安装示意图	K	安装型式	活塞杆外端	安装示意图	K	安装型式	活塞杆外端	安装示意图	K
前端法兰	刚性固定,有导向	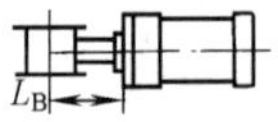	0.5	前端耳轴	前耳环,无导向	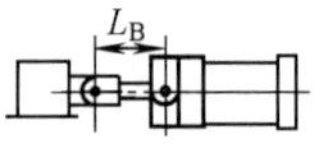	2	后耳环	螺纹,有导向	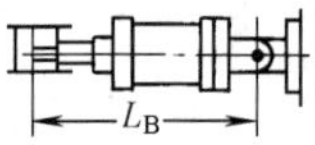	1.5
	前耳环,有导向	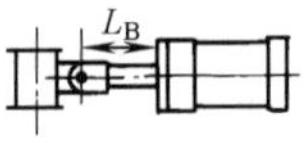	0.7	中间耳轴	榫头,有导向	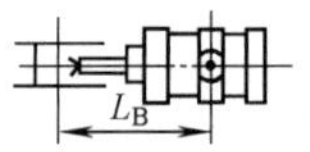	1.5		榫头或螺纹,无导向	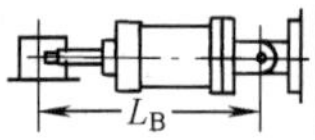	4
	支承,无导向	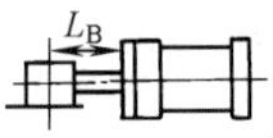	2		前耳环,有导向	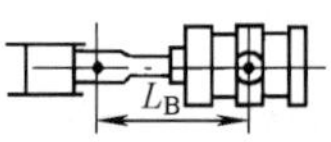	1.5	脚架	榫头,有导向	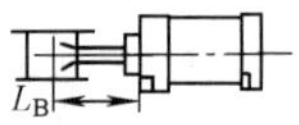	0.7
后端法兰	刚性固定,有导向	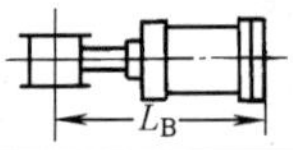	1		螺纹,有导向	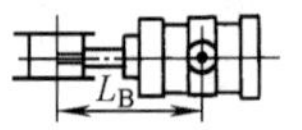	1		前耳环,有导向	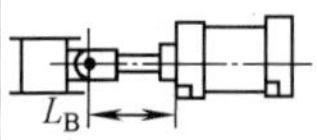	0.7
	前耳环,有导向	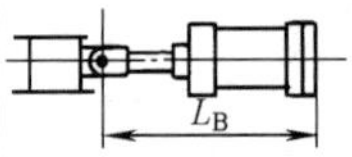	1.5		榫头或螺纹,无导向	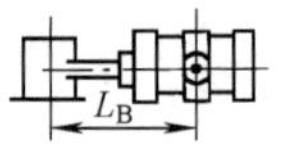	3		螺纹,有导向	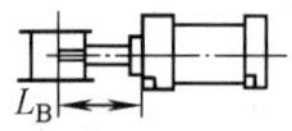	0.5
	支承,无导向	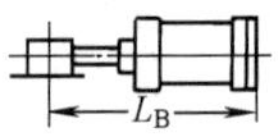	4	后耳环	榫头,有导向	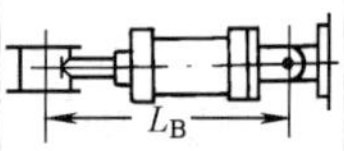	2		榫头或螺纹,无导向	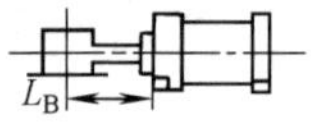	2
前端耳轴	前耳环,有导向	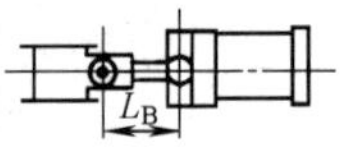	1		前耳环,有导向	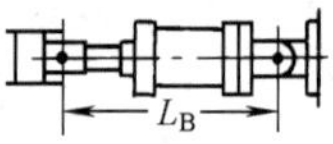	2				

6.4　导向套及其活塞杆密封

活塞杆导向套装在液压缸的有杆侧端盖内，用以对活塞杆进行导向，内装有密封装置以保证缸筒有杆腔的密封。外侧装有防尘圈，以防止活塞杆在后退时把杂质、灰尘及水分带到密封装置处，损坏密封装置。当导向套采用非耐磨材料时，其内圈还可装设导向环，用作活塞杆的导向。导向套的典型结构型式有轴套式和端盖式两种。

(1) 导向套的结构

表 20-7-20　　　　导向套典型结构型式

类别	结　构	特　点	类别	结　构	特　点
端盖式	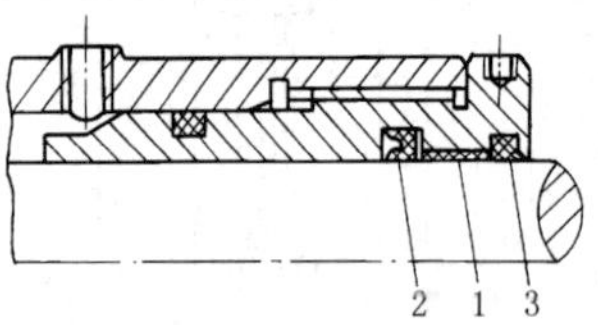 1—非金属材料导向套；2—组合密封；3—防尘圈	前端盖采用球墨铸铁或青铜制成。其内孔对活塞杆导向 成本高 适用于低压、低速、小行程液压缸	轴套式	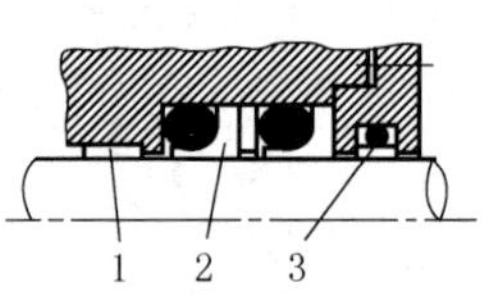 1—金属材料导向套；2—滑环组合密封；3—防尘圈	摩擦阻力大，一般采用青铜材料制作 适用于重载低速的液压缸中
端盖式加导向环	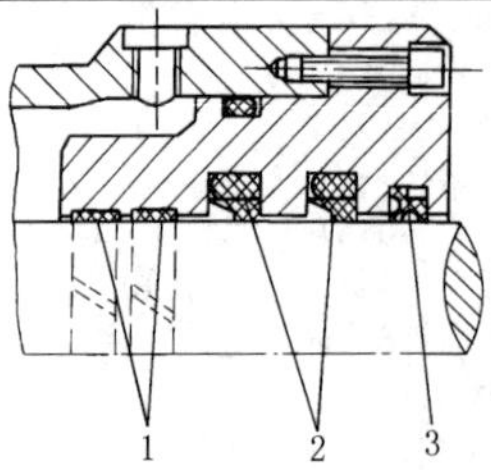 1—非金属材料导向环；2—组合式密封；3—防尘圈	非金属材料制作的导向环，价格便宜，更换方便，摩擦阻力小，低速启动不爬行 多用于工程机械且行程较长的液压缸中		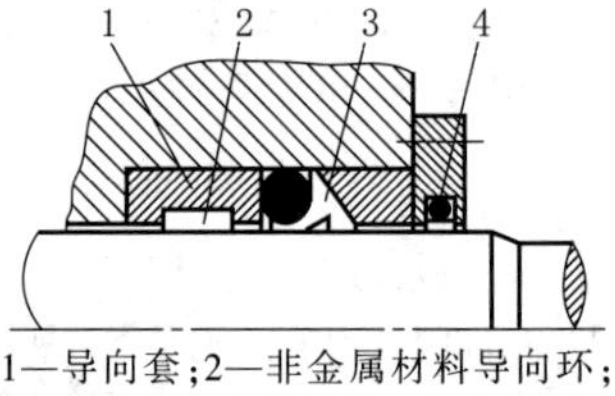 1—导向套；2—非金属材料导向环；3—滑环组合密封件；4—防尘圈	导向环的使用降低了导向套加工的成本 该结构增加了活塞杆的稳定性，但也增加了长度 适用于有侧向负载且行程较长的液压缸中

注：活塞杆密封件、防尘密封圈和支承环见本篇第 11 章其他元器件“10　液压密封件”，或见第 10 篇润滑与密封第 4 章密封件及其沟槽相关内容。

（2）导向套的材料

金属导向套一般采用摩擦因数小、耐磨性好的青铜材料制作，非金属导向套可以用尼龙、聚四氟乙烯+玻璃纤维和聚三氟氯乙烯材料制作。端盖式直接导向型的导向套材料用青铜、灰铸铁、球墨铸铁、氧化铸铁等制作。

（3）导向套长度的确定

表 20-7-21

项目	计 算 公 式	说 明
导向套尺寸配置	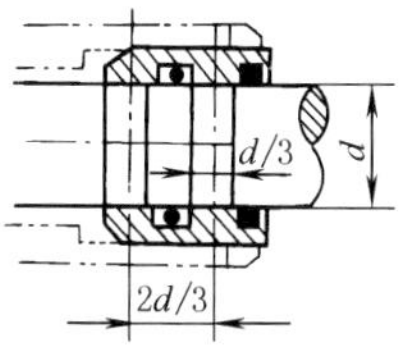 (a) 活塞杆导向套尺寸配置 导向套的主要尺寸是支承长度，通常按活塞杆直径、导向套的型式、导向套材料的承压能力、可能遇到的最大侧向负载等因素来考虑。通常可采用两段导向段，每段宽度一般约为 $d/3$，两段的线间距离取 $2d/3$，如图 a 所示	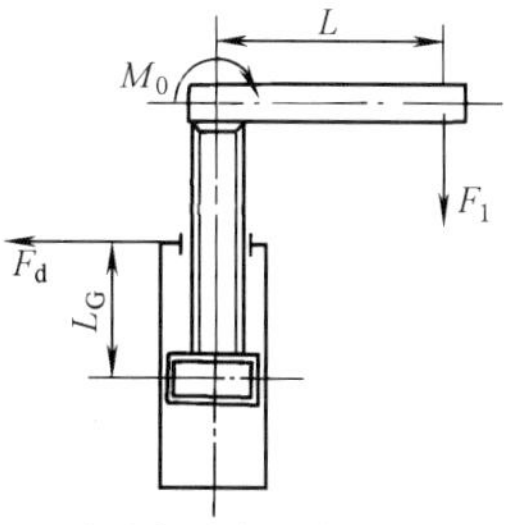 (b) 活塞杆导向套受力示意
受力分析	导向套的受力情况，应根据液压缸的安装方式、结构、有无负载导向装置以及负载作用情况等的不同进行具体分析 ① 图 b 所示为最简单的受力情况，垂直安装的液压缸，无负载导向装置，受偏心轴向载荷 F_1 作用时 $M_0=F_1L$ （N·m） $F_d=K_1\dfrac{M_0}{L_G}$ （N） ② 对于其他受力情况（如非垂直安装的液压缸，则在 M_0 内还要考虑液压缸的重力作用），求出必须由导向套所承受的力矩 M_0 后，即可利用下式求出导向套受到的支承压应力 p_d $p_d=\dfrac{F_d}{db}\times10^{-6}$ （MPa） 图 c 所示结构　$b=\dfrac{2}{3}d$ （m） 支承压应力应在导向材料允许范围内 导向套总长度不应过大，特别是高速缸，以避免摩擦力过大	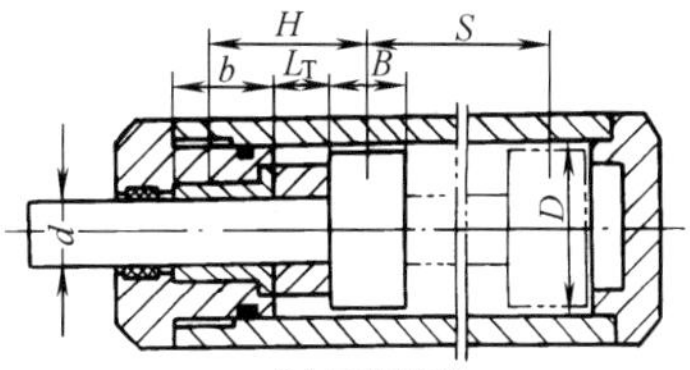 (c) 导向长度 F_d——导向套承受的载荷，N M_0——外力作用于活塞上的力矩，N·m F_1——作用于活塞杆上的偏心载荷，N K_1——安装系数，通常取 $1<K_1\leqslant2$ L——载荷作用的偏心距，m L_G——活塞与导向套间距，m，当活塞向上推，行程末端为最不利位置时，取 $L_G\approx D+\dfrac{d}{2}$ D，d——活塞及活塞杆外径，m b——导向套宽度，m p_d——支承压应力，通常为青铜 $p_d<8$MPa，纤维增强聚四氟乙烯 $p_d<3$MPa H——最小导向长度，是从活塞支承面中点到导向套滑动面中点的距离 D——缸筒内径，m S——最大工作行程，m B——活塞宽度，m
最小导向长度	导向长度过短，将使缸因配合间隙引起的初始挠度增大，影响液压缸的工作性能和稳定性，因此，设计必须保证缸有一定的最小导向长度，一般缸的最小导向长度应满足 $H\geqslant\dfrac{S}{20}+\dfrac{D}{2}$ （m） 导向套滑动面的长度 A，在缸径小于或等于 80mm 时，取 $A=(0.6\sim1.0)D$ 当缸径大于 80mm 时，取 $A=(0.6\sim1.0)d$ 活塞宽度取 $B=(0.6\sim1.0)D$	为了保证最小导向长度，过多地增加导向长度 b 和活塞宽度 B 是不合适的，较好的办法是在导向套和活塞之间装一中隔圈，中隔圈长度 L_T 由所需的最小导向长度决定。采用中隔圈不仅能保证最小导向长度，还可以提高导向套和活塞的通用性

（4）加工要求

导向套内孔与活塞杆外圆的配合多为 H8/f7～H9/f9。外圆与内孔的同轴度公差不大于 0.03mm，圆度和圆柱度公差不大于直径公差之半，内孔中的环形油槽和直油槽要浅而宽，以保证良好的润滑。

6.5 中隔圈

在长行程液压缸内，由于安装方式及负载的导向条件，可能使活塞杆导向套受到过大的侧向力而导致严重磨损因此在长行程液压缸内需在活塞与有杆侧端盖之间安装一个中隔圈（也称限位圈），使活塞杆在全部外伸时仍能有足的支承长度，其结构见表 20-7-22。活塞杆在缸内支承长度 L_G［见表 20-7-21 图 b］的最小值应满足下式：

$$L_G \geqslant D+\frac{d}{2}\ (\mathrm{m})$$

（1）中隔圈的结构

表 20-7-22

结构图	应用场合
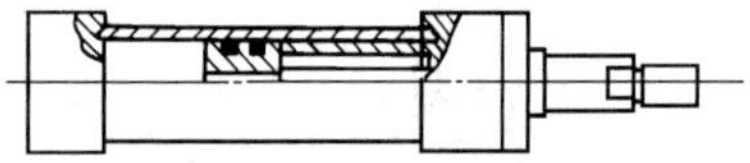	用于无缓冲液压缸
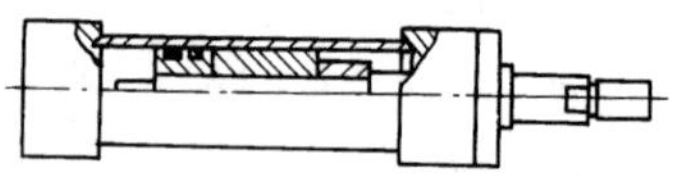	用于有缓冲液压缸
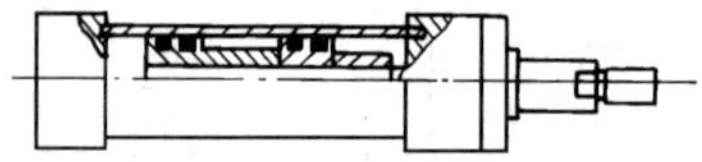	用于特长行程液压缸，增加一个活塞，把中隔圈放在两活塞之间，因此中隔圈的当量长度为中隔圈实际长度加第二活塞的长度

（2）中隔圈长度的确定

各生产厂按各自生产的液压缸结构、间隙等因素和试验结果来确定中隔圈长度 L_T。下列两例可作为参考。

① 当行程长度 S 超过缸筒内径 D 的 8 倍时，可装一个 $L_T=100\mathrm{mm}$ 的中隔圈；超过部分每增加 700mm，中隔圈的长度 L_T 即增加 100mm，依此类推。

② 当 $1000\mathrm{mm}<S<2500\mathrm{mm}$ 时，需安装中隔圈的长度如下：$S=1001\sim1500\mathrm{mm}$，$L_T=50\mathrm{mm}$；$S=1501\sim2000\mathrm{mm}$，$L_T=100\mathrm{mm}$；$S=2001\sim2500\mathrm{mm}$，$L_T=150\mathrm{mm}$。

6.6 缓冲装置

液压缸的活塞杆（或柱塞杆）具有一定的质量，在液压力的驱动下运动时具有很大的动量。在它们的行程终端，当杆头进入液压缸的端盖和缸底部分时，会引起机械碰撞，产生很大的冲击压力和噪声。采用缓冲装置就是为了避免这种机械碰撞，但冲击压力仍然存在，大约是额定工作压力的 2 倍，这必然会严重影响液压缸和整个液压系统的强度及正常工作。缓冲装置可以防止和减少液压缸活塞及活塞杆等运动部件在运动时对缸底或端盖的冲击，在它们的行程终端实现速度的递减，直至为零。

缓冲装置的工作原理是使缸筒低压腔内油液（全部或部分）通过节流把动能转换为热能，热能则由循环的油液带到液压缸外。如图 20-7-2 所示，质量为 m 的活塞和活塞杆以速度 v 运动，当缓冲柱塞 1 进入缓冲腔 2 时，就在被遮断的 2 腔内产生压力 p_c，液压缸运动部分的动能被 2 腔内的液体吸收，从而达到缓冲的目的。

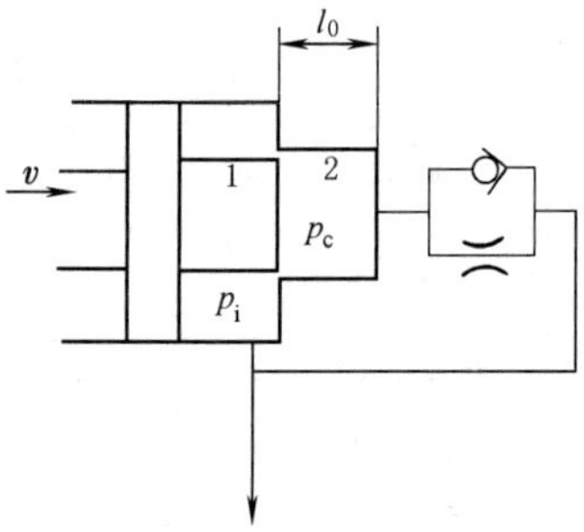

图 20-7-2 缓冲原理

液压缸活塞运动速度在 0.1m/s 以下时，不必采用缓冲装置；在 0.2m/s 以上时，必须设置缓冲装置。

（1）一般技术要求

① 缓冲装置应能以较短的缓冲行程 l_0 吸收最大的动能。

② 缓冲过程中尽量避免出现压力脉冲及过高的缓冲腔压力峰值，使压力的变化为渐变过程。

③ 缓冲腔内峰值压力 $p_{cmax}\leqslant1.5p_i$（p_i 为供油压力）。

④ 动能转变为热能使油液温度上升时，油液的最高温度不应超过密封件的允许极限。

（2）缓冲装置的结构

表 20-7-23

结构	简图与说明
恒节流型缓冲装置	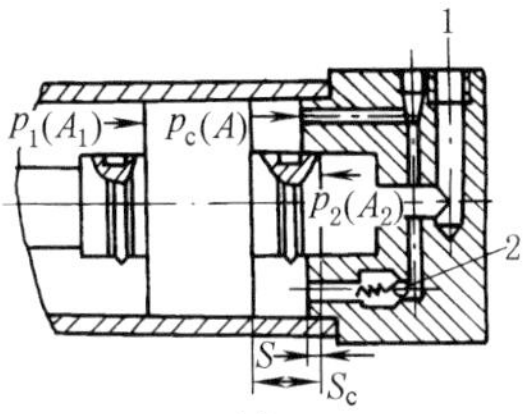 (a) 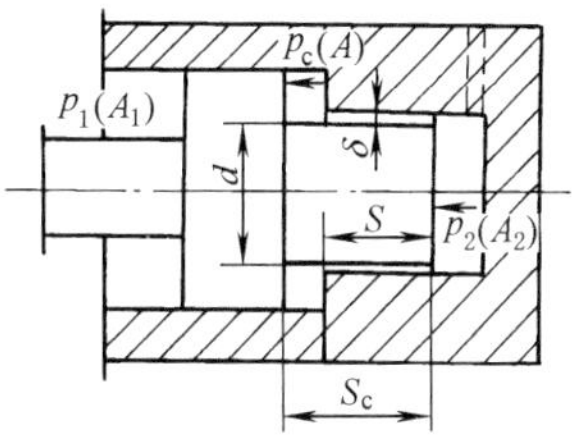 (b) 缓冲柱塞为圆柱形，当进入节流区时，油液被活塞挤压而通过缓冲柱塞周围的环形间隙（图 b）或通过缓冲节流阀（图 a）而流出，活塞 A 侧腔内的压力上升到高于 A_1 侧腔内的工作压力，使活塞部件减速 此类缓冲装置在缓冲过程中，由于其节流面积不变，故在缓冲开始时，产生的缓冲制动力很大，但很快就降低下来，最后不起什么作用，缓冲效果很差。但是在一般系列化的成品液压缸中，由于事先无法知道活塞的实际运动速度以及运动部分的质量和载荷等，因此为了使结构简单，便于设计，降低制造成本，仍多采用此种节流缓冲方式。尤其是如图 a 所示那样，采用缓冲节流阀 1 进行节流的缓冲装置，可根据液压缸实际负载情况，调节节流孔的大小即可以控制缓冲腔内缓冲压力的大小，同时当活塞反向运动时，高压油从单向阀 2 进入液压缸内，活塞也不会因推力不足而产生启动缓慢或困难等现象（除自调节流型外，一般缓冲机构常需装有此种返行程快速供油阀）
变节流型缓冲装置	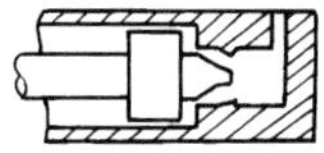 (c) 抛物线型 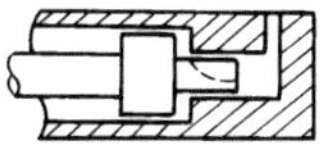 (d) 铣槽型 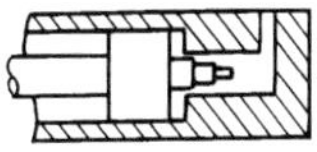 (e) 梯阶型 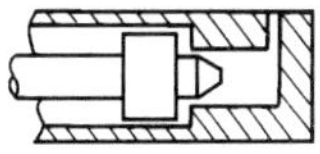 (f) 圆锥型 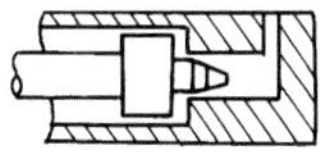 (g) 双圆锥型 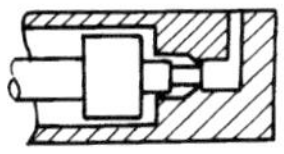 (h) 两级缓冲型 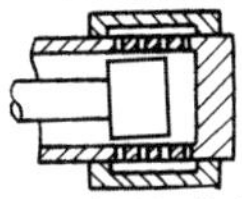 (i) 多孔缸筒型 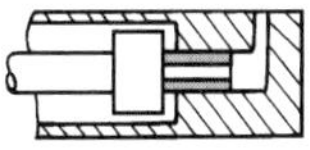 (j) 多孔柱塞型 变节流缓冲装置在缓冲过程中通流面积随缓冲过程的变化而变化，缓冲腔内的缓冲压力保持均匀或按一定的规律变化，能取得满意的缓冲效果，但只能适应一定的工作负载和运动情况，其结构也比较复杂，生产成本高，因此这类缓冲装置多用在专用液压缸上 图 c 为抛物线柱塞，凹抛物线形缓冲柱塞最理想，可达到恒减速度，而且缓冲腔压力较低而平坦，但加工需用数控机床，成本高 图 d～图 h 等形状都是从加工方便出发，尽量接近于凹抛物线，降低缓冲腔压力的峰值，但缓冲腔压力仍有轻微的脉冲，这对于有高精度要求的场合（如高精度机床的进给）仍有不利之处 图 i、图 j 为多孔缸筒或多孔柱塞型，可适当布置每排小孔的数量和各排之间的距离，使节流面积更接近于理想抛物线。这种形式的加工可用普通机床进行，缓冲腔压力基本接近理想曲线

（3）缓冲装置的计算

缓冲装置计算中，假设油液是不可压缩的；节流系数 C_4 是恒定的；流动是紊流；缓冲过程中，供油压力不变；密封件摩擦阻力相对于惯性力很小，可略去不计。

表 20-7-24

项目	计算公式	说明
缓冲压力的一般计算式	在缓冲制动情况下，液压缸活塞（见表 20-7-23 图 a、图 b）的运动方程式为 $A_1p_1\times10^6-A_2p_2\times10^6\pm R-Ap_c\times10^6=\dfrac{G\mathrm{d}v}{g\mathrm{d}t}=-\dfrac{G}{g}a$ 在一般情况下，排油压力 $p_2\approx0$，由此可得 $p_c=\dfrac{A_1p_1+\left(\dfrac{G}{g}a\pm R\right)\times10^{-6}}{A}$ （MPa）	p_c——缓冲腔内的缓冲压力，MPa A——缓冲压力在活塞上的有效作用面积，m^2 p_1——液压油的工作压力，MPa A_1——工作腔活塞的有效作用面积，m^2 R——折算到活塞上的一切外部载荷，包括重力及液压缸内外摩擦阻力在内，N，其作用方向与活塞的运动方向一致者取“+”号，反之则取“－”号（因此摩擦阻力取“－”号） G——折算到活塞上的一切有关运动部分的重力，N g——重力加速度，$g=9.81m/s^2$ a——活塞的减速度，m/s^2

续表

项目	计算公式	说明
恒节流型缓冲机构计算	对采用缓冲节流阀进行节流的缓冲机构（表20-7-23图a），在上式中代入平均减速度 $a_m=v_0^2/2S_c$，即得平均缓冲压力： $$p_{cm}=\frac{A_1p_1S_c+\left(\frac{1}{2}\times\frac{G}{g}v_0^2\pm RS_c\right)\times10^{-6}}{AS_c}\ \text{(MPa)}$$ 最高缓冲压力发生在活塞刚进入缓冲区一瞬时内，假定此时的减速度（最大减速度）$a_0=2a_m=v_0^2/S_c$，将其代入上式中，即得最高缓冲压力： $$p_{cmax}=\frac{A_1p_1S_c+\left(\frac{G}{g}v_0^2\pm RS_c\right)\times10^{-6}}{AS_c}\ \text{(MPa)}$$ 上式为 p_{cmax} 的近似计算公式，p_{cmax} 值的大小可通过调节缓冲节流阀的节流面积大小来调定，其值不应超过液压缸的最大允许压力 p_{max}（见表20-7-6） 当采用环形节流缝隙的缓冲机构（表20-7-23图b）时，环形缝隙高度 δ 可按下列近似公式计算，即 $$\delta=\sqrt[3]{\frac{12q_{vm}\mu S_c}{p_{cm}d_m\pi}}\times10^{-2}\ \text{(m)}$$ 将 q_{vm} 及 d_m 加以转化后，上式可改写为 $$\delta=\sqrt[3]{\frac{6Av_0\mu S_c}{p_{cm}d\pi}}\times10^{-2}\ \text{(m)}$$	S_c——活塞的缓冲行程，m v_0——活塞在缓冲开始时的速度，m/s q_{vm}——从缝隙中流过的平均体积流量，m^3/s，$q_{vm}=AS_c/t_c$ t_c——缓冲时间，s，$t_c=v_0/a_m$ a_m——活塞的平均减速度，m/s^2 μ——液压油的动力黏度，Pa·s d_m——环形缝隙的平均直径（中径），m，可取 $d_m\approx d$ d——缓冲柱塞直径，m p_{cm}——平均缓冲压力，MPa 因 $a_m=v_0^2/(2S_c)$，故 $t_c=2S_c/v_0$，则 $q_{vm}=Av_0/2$
变节流型缓冲机构计算	恒减速缓冲机构计算：理想的缓冲机构在缓冲过程中，最好保持缓冲压力不变，活塞的减速度为常数，即 $$a=a_m=\frac{v_0^2}{2S_c}\ (m/s^2)$$ 缓冲压力为 $$p_c=p_{cm}=\frac{A_1p_1S_c+\left(\frac{G}{2g}v_0^2\pm RS_c\right)\times10^{-6}}{AS_c}\ \text{(MPa)}$$ 缓冲时间为 $$t_c=\frac{2S_c}{v_0}$$ 瞬时节流面积为 $$A_i=\frac{A\sqrt{\gamma}}{C_d\sqrt{2g\Delta p\times10^6}}v=\frac{Av_0\sqrt{\gamma}}{C_d\sqrt{2g\Delta p\times10^6}}\times\frac{\sqrt{S_c-S}}{\sqrt{S_c}}\ (m^2)$$ 或 $$A_i=K\sqrt{S_c-S}$$ $$K=\frac{Av_0\sqrt{\gamma}}{C_d\sqrt{2gS_c\Delta p}}\times10^{-3}$$	S——活塞在缓冲过程中的瞬时缓冲位移，m A_i——相应于 S 应有的节流面积，m^2 C_d——流量系数，一般取0.7~0.8 Δp——节流孔前后的压力差，MPa，$\Delta p=p_{cm}-p_1$，一般情况 $p_2\approx0$ γ——油的重度，N/m^3

经以上计算后，尚需考虑以下因素调整缓冲装置尺寸：缓冲间隙 δ 不能过小（浮动节流圈可例外），以免在活塞导向环磨损后，缓冲柱塞可能碰撞端盖，通常 $\delta\geqslant0.10\sim0.12$mm；缓冲行程长度 S_c 不可过长，以免外形尺寸过大。

6.7 排气阀

排气阀的结构型式见表20-7-25。排气阀的位置要合理，水平安装的液压缸，其位置应设在缸体两腔端部的上方；垂直安装的液压缸，应设在端盖的上方，均应与压力腔相通，以便安装后调试前排除液压缸内的空气。由于空气比油轻，总是向上浮动，不会让空气有积存的残留死角。如果排气阀设置不当或者没有设置，压力油进入液压缸后，缸内仍会存有空气。由于空气具有压缩性和滞后扩张性，会造成液压缸和整个液压系统在工作中的颤振和爬行，影响液压缸的正常工作。例如，液压导轨磨床在加工过程中，如果工作台进给液压缸内存有空气，就会引起工作台进给时的颤振和爬行，这不仅会影响被加工表面的粗糙度和形位公差等级，而且会损坏砂轮和磨头等机构；这种现象如果发生在炼钢转炉的倾倒装置液压缸中，将会引起钢水的动荡泼出，这是十分危险的。为了避免这种现象的发生，除了防止空气进入液压系统外，必须在液压缸上安设排气阀。因为液压缸是液压系统的最后执行元件，会直接反映出残留空气的危害。

表 20-7-25　　排气阀的结构型式

结构图		说明
整体排气阀	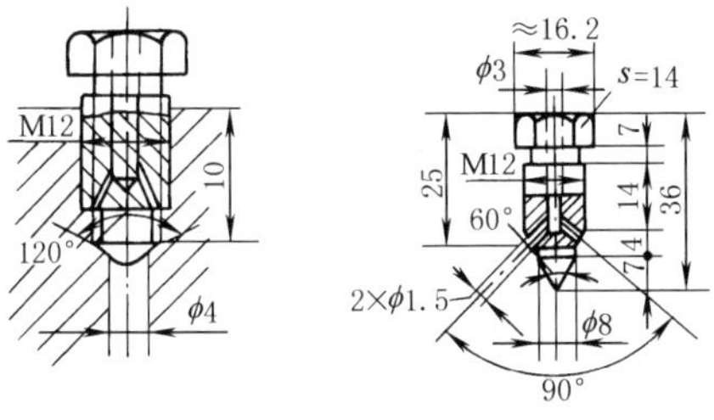 (a)	阀体与阀针合为一体，用螺纹与缸筒或缸盖连接，靠头部锥面起密封作用。排气时，拧松螺纹，缸内空气从锥面间隙中挤出，并经斜孔排出缸外 这种排气阀简单、方便，但螺纹与锥面密封处同轴度要求较高，否则拧紧排气阀后不能密封，会造成外泄漏 阀的材料用 35 或 45 碳素钢，锥部热处理硬度 38~44HRC 整体排气阀的实际结构尺寸如图(a)所示
组合排气阀	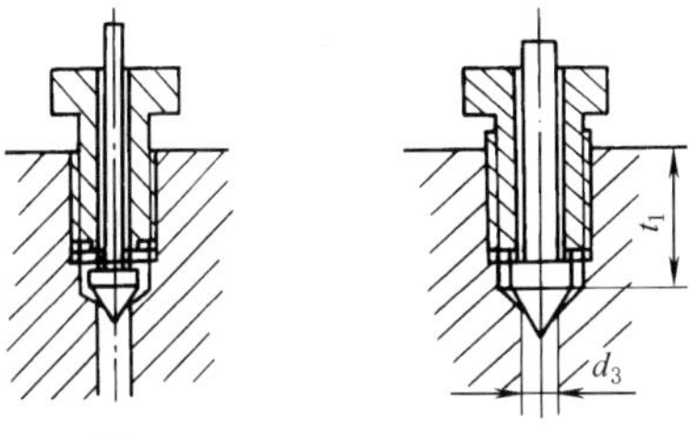 (b)　　(c)	阀体与阀针为两个不同零件，拧松阀体螺纹后，锥阀在压力的推动下脱离密封面而排出空气 阀体材料用 30 或 45 碳素钢，锥阀用不锈钢 3Cr13，锥部热处理硬度 38~44HRC

6.8　油口

油口包括油口孔和油口连接螺纹。液压缸的进、出油口可布置在端盖或缸筒上。

油口孔大多属于薄壁孔（指孔的长度与直径之比 $l/d\geqslant 0.5$ 的孔）。通过薄壁孔的流量按下式计算：

$$Q=CA\sqrt{\frac{2}{\rho}(p_1-p_2)}=CA\sqrt{\frac{2}{\rho}\Delta p}\ \ (\mathrm{m^3/s})$$

式中　C——流量系数，接头处大孔与小孔之比大于 7 时 $C=0.6\sim0.62$，小于 7 时 $C=0.7\sim0.8$；

A——油孔的截面积，$\mathrm{m^2}$；

ρ——液压油的密度，$\mathrm{kg/m^3}$；

p_1——油孔前腔压力，Pa；

p_2——油孔后腔压力，Pa；

Δp——油孔前、后腔压力差，Pa。

C、ρ 是常量，对流量影响最大的因素是油孔的面积 A。根据上式可以求出孔的直径，以满足流量的需要，从而保证液压缸正常工作的运动速度。

液压缸螺纹油口的尺寸和要求应符合 GB/T 2878.1《液压传动连接　带米制螺纹和 O 形圈密封的油口和螺柱端　第 1 部分：油口》规定，见表 20-7-26。

油口

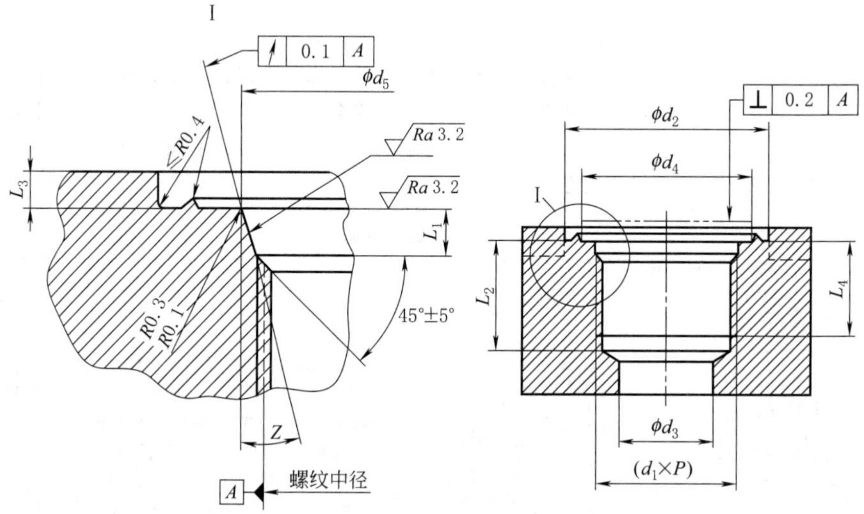

表 20-7-26

mm

螺纹① ($d_1 \times P$)	d_2		$d_3$② 参考	d_4	d_5 $^{+0.1}_{0}$	L_1 $^{+0.4}_{0}$	$L_2$③ min	L_3 max	L_4 min	Z /(°) ±1°
	宽的④ min	窄的⑤ min								
M8×1	17	14	3	12.5	9.1	1.6	11.5	1	10	12
M10×1	20	16	4.5	14.5	11.1	1.6	11.5	1	10	12
M12×1.5	23	19	6	17.5	13.8	2.4	14	1.5	11.5	15
M14×1.5⑥	25	21	7.5	19.5	15.8	2.4	14	1.5	11.5	15
M16×1.5	28	24	9	22.5	17.8	2.4	15.5	1.5	13	15
M18×1.5	30	26	11	24.5	19.8	2.4	17	2	14.5	15
M20×1.5⑦	33	29	—	27.5	21.8	2.4	—	2	14.5	15
M22×1.5	33	29	14	27.5	23.8	2.4	18	2	15.5	15
M27×2	40	34	18	32.5	29.4	3.1	22	2	19	15
M30×2	44	38	21	36.5	32.4	3.1	22	2	19	15
M33×2	49	43	23	41.5	35.4	3.1	22	2.5	19	15
M42×2	58	52	30	50.5	44.4	3.1	22.5	2.5	19.5	15
M48×2	63	57	36	55.5	50.4	3.1	25	2.5	22	15
M60×2	74	67	44	65.5	62.4	3.1	27.5	2.5	24.5	15

① 符合 ISO 261，公差等级按照 ISO 965-1 的 6H。钻头按照 ISO 2306 的 6H 等级。

② 仅供参考。连接孔可以要求不同的尺寸。

③ 此攻螺纹底孔深度需使用平底丝锥才能加工出规定的全螺纹长度。在使用标准丝锥时，应相应增加攻螺纹底孔深度，采用其他方式加工螺纹时，应保证表中螺纹和沉孔深度。

④ 带凸环标识的孔口平面直径。

⑤ 没有凸环标识的孔口平面直径。

⑥ 测试用油口首选。

⑦ 仅适用于插装阀阀孔（参见 ISO 7789）。

符合本部分的油口在结构尺寸允许的情况下，宜采用符合 GB/T 2878.1—2011 标准中可选择的油口标识，见该标准中图 2 和表 2 的凸环标识。

不同压力系列的单杆液压缸油口安装尺寸见表 20-7-27（供参考）。

单杆液压缸油口安装尺寸

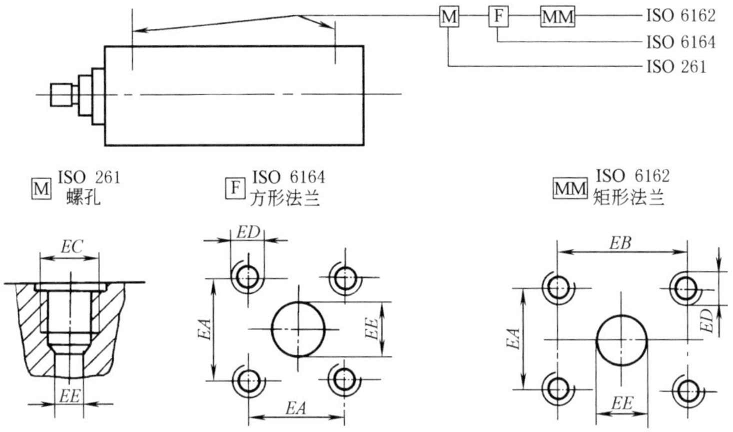

表 20-7-27

mm

系列	缸内径 D	进、出油口 EC	缸内径 D	进、出油口 EC	缸内径 D	进、出油口 EC	缸内径 D	进、出油口 EC
16MPa小型系列（ISO 8138）	25 32 40	M14×1.5 M14×1.5 M18×1.5	50 63 80	M22×1.5 M22×1.5 M27×2	100 125	M27×2 M27×2	160 200	M33×2 M42×2

系列	缸内径 D	EC	EE（最小）	方形法兰名义规格 DN	EE $\left(\begin{smallmatrix}0\\-1.5\end{smallmatrix}\right)$	EA ±0.25	ED	矩形法兰名义规格 DN	EE $\left(\begin{smallmatrix}0\\-1.5\end{smallmatrix}\right)$	EA ±0.25	EB ±0.25	ED
16MPa中型系列（ISO 8136）	25	M14×1.5	6									
	32	M18×1.5	10									
	40 50	M22×1.5	12									
	63 80	M27×2	16	15	15	29.7	M8×1.25	13	13	17.5	38.1	M8×1.25
	100 125	M33×2	20	20	20	35.3	M8×1.25	19	19	22.2	47.6	M10×1.5
	160 200	M42×2	25	25	25	43.8	M10×1.5	25	25	26.2	52.4	M10×1.5
	250 320	M50×2	32	32	32	51.6	M12×1.75	32	32	30.2	58.7	M12×1.75
	400 500	M60×2	38	38	38	60	M14×2	38	38	35.7	69.9	M14×2
25MPa系列（ISO 8137）	50	M22×1.5	12									
	63 80	M27×2	16	15	15	29.7	M8×1.25	19	19	22.2	47.6	M10×1.5
	100 125	M33×2	20	20	20	35.3	M8×1.25	19	19	22.2	47.6	M10×1.5
	160 200	M42×2	25	25	25	43.8	M10×1.5	25	25	26.2	52.4	M10×1.5
	250 320	M50×2	32	32	32	51.6	M12×1.75	32	32	30.2	58.7	M12×1.75
	400 500	M60×2	38	38	38	60	M14×2	38	38	36.5	79.4	M16×2

6.9 单向阀

表 20-7-28

单向阀结构	说　明
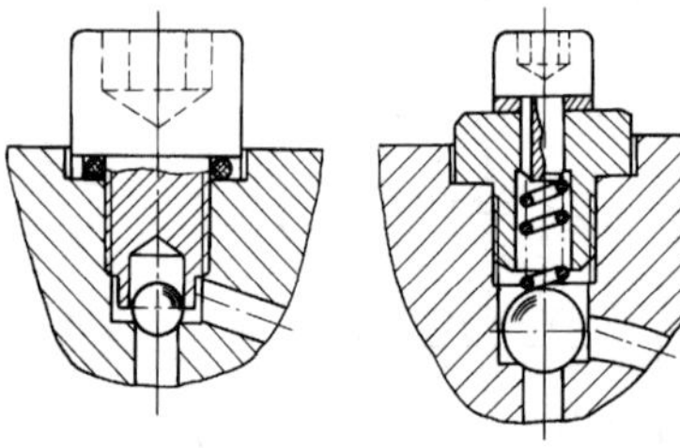	带缓冲装置的液压缸需装有单向阀与缓冲装置成组使用。活塞正向运动,在启动时,进入液压缸的压力油流经单向阀推动活塞运动,解决了活塞不会因推力不足而产生启动缓慢或困难的现象。反之,活塞反向运动,当活塞进入缓冲区时,单向阀封闭,缓冲腔内油液经缓冲调节阀(节流阀或环形缝隙)使缓冲压力上升活塞减速制动,达到缓冲的要求

6.10 密封件的选用

(1) 国产标准密封件

液压缸设计、制造时宜首选国产标准密封件。

各标准密封件的标准范围、规范性引用文件及标识 (记) 见表 20-7-29。

表 20-7-29　　　　标准范围、规范性引用文件及标识 (记)

①GB/T 3452.1—2005《液压气动用 O 形橡胶密封圈　第 1 部分:尺寸系列及公差》

Ⅰ.范围

GB/T 3452.1—2005 规定了用于液压气动的 O 形橡胶密封圈(下称 O 形圈)的内径、截面直径、公差和尺寸标识代号,适用于一般用途(G 系列)和航空及类似的应用(A 系列)

如有适当的加工方法,本部分规定的尺寸和公差适合于任何一种合成橡胶材料

注:通常采用的加工是根据 70 IRHD NBR 的收缩率。对于与该标准的 NBR 合成物不同收缩的材料,要保证名义尺寸和表列的公差极限,可能需要特殊的模具

作者注:在 GB/T 3452.1—2005 的规范性引用文件中没有 GB/T 3452.3—2005;而 GB/T 3452.3—2005《液压气动用 O 形橡胶密封圈　沟槽尺寸》却规范性引用了 GB/T 3452.1—2005

Ⅱ.尺寸标识代号

根据 GB/T 3452.2 和 GB/T 3452.1,符合 GB/T 3452.1 表 2 或表 3 的 O 形圈,尺寸标识代号应以内径 d_1、截面直径 d_2、系列代号(G 或 A)和等级代号(N 或 S)标明。示例见表 1

表 1　O 形圈尺寸标识代号示例

内径 d_1 /mm	截面直径 d_2 /mm	系列代号 (G 或 A)	等级代号 (N 或 S)	O 形圈尺寸标识代号
7.5	1.8	G	S	O 形圈 7.5×1.8-G-S-GB/T 3452.1—2005
32.5	2.65	A	N	O 形圈 32.5×2.65-A-N-GB/T 3452.1—2005
167.5	3.55	A	S	O 形圈 167.5×3.55-A-S-GB/T 3452.1—2005
268	5.3	G	N	O 形圈 268×5.3-G-N-GB/T 3452.1—2005
515	7	G	N	O 形圈 515×7-G-N-GB/T 3452.1—2005

注:1. 一般用途的 O 形圈为 A 系列,航空航天和类似应用的 O 形圈为 G 系列

2. 外观质量等级 N 级为一般用途,S 级为特殊用途,CS 级为关键用途

Ⅲ.标注说明(引用本部分)

当选择遵守本部分时,建议制造商在试验报告、产品样本和销售资料中使用以下说明:"O 形圈的尺寸和公差符合 GB/T 3452.1—2005《液压气动用 O 形橡胶密封圈　第 1 部分:尺寸系列及公差》"

②GB/T 3452.4—2020《液压气动用 O 形橡胶密封圈　第 4 部分:抗挤压环(挡环)》

Ⅰ.范围。GB/T 3452.4—2020 规定了液压气动用 O 形橡胶密封圈的抗挤压环(挡环)的术语和定义、类型、符号、结构型式、安装位置、材料、尺寸和公差及标识

GB/T 3452.4—2020 适用于 GB/T 3452.1 中规定的 O 形圈的抗挤压环、GB/T 3452.3—2005 中规定的沟槽用活塞和活塞杆动密封 O 形圈的抗挤压环,以及径向静密封 O 形圈的抗挤压环(以下简称挡环)

续表

Ⅱ. 规范性引用文件。GB/T 3452.3—2005《液压气动用O形橡胶密封圈　沟槽尺寸》等

Ⅲ. 类型。本部分规定了以下5种类型的挡环

T1——螺旋型挡环

T2——矩形切口型挡环

T3——矩形整体型挡环

T4——凹面切口型挡环

T5——凹面整体型挡环

Ⅳ. 标识。符合本部分的挤压环可由用户和制造商协商标识，也可按以下规则标识

a. 名称，即"挡环"后空格

b. 挡环类型见"Ⅲ. 类型"，后面加连字符"-"

c. O形圈截面直径，后面加连字符"-"

d. 应用类型，即PD为活塞动密封，PS为活塞静密封，RD为活塞杆动密封，RS为活塞杆静密封，后面加连字符"-"

e. 活塞密封用挡环的外径或活塞杆密封用挡环的内径，后面加连字符"-"

f. 沟槽槽底直径的公称尺寸，后面加连字符"-"

g. 标准号

示例

挡环　T4-700-RD-020000-021170-GB/T　3452.4—2020

本部分编号

活塞杆密封沟槽的槽底直径d_5的公称尺寸代码

活塞杆密封用挡环的内径(即d_6)的公称尺寸代码

活塞杆用密封圈的密封类型代号

O形圈截面d_2的公称尺寸代码

挡环的类型代号

名称

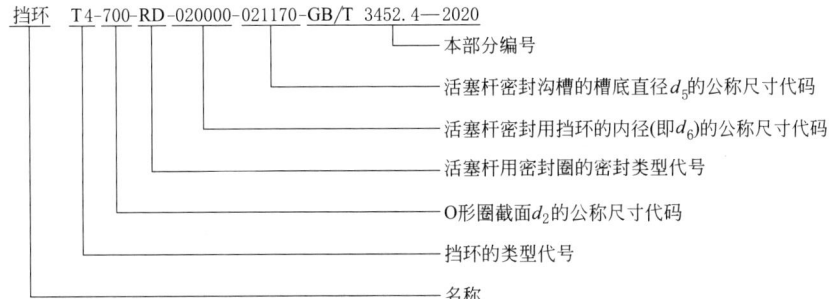

表示该挡环为凹面切口型挡环，使用截面直径为7.00mm的O形圈，用于活塞杆动密封，活塞杆密封用挡环的内径公称尺寸为200mm，活塞杆密封沟槽的槽底直径d_6为211.7mm

---

③GB/T 10708.1—2000《往复运动橡胶密封圈结构尺寸系列　第1部分：单向密封橡胶密封圈》

Ⅰ. 范围。本标准规定了往复运动用单向密封橡胶密封圈及其压环和支撑环的结构型式、尺寸和公差

本标准适用于安装在液压缸活塞和活塞杆上起单向密封作用的橡胶密封圈

Ⅱ. 引用标准。GB/T 2879—1986《液压缸活塞和活塞杆动密封沟槽型式、尺寸和公差》(ISO 5597:1981)

注：GB 2879—86已被GB/T 2879—2005《液压缸活塞和活塞杆动密封沟槽尺寸和公差(ISO 5597:1987,IDT)》代替

Ⅲ. 符号。

Y——Y形橡胶密封圈(以下简称为Y形圈)

L——蕾形橡胶密封圈(以下简称蕾形圈)

V——V形橡胶密封圈(以下简称V形圈)

Ⅳ. 标记。

a. 活塞用密封圈的标记方法以"密封圈代号、$D\times d\times L_1(L_2、L_3)$、制造厂代号"表示

示例：密封沟槽外径(D)为80mm，密封沟槽内径(d)为65mm，密封沟槽轴向长度(L_1)为9.5mm的活塞用Y形圈，标记为

Y80×65×9.5　××

b. 活塞杆用密封圈的标记方法以"密封圈代号、$d\times D\times L_1(L_2、L_3)$、制造厂代号"表示

示例：密封沟槽内径(d)为70mm，密封沟槽外径(D)为85mm，密封沟槽轴向长度(L_1)为9.5mm的活塞杆用Y形圈，标记为

Y70×85×9.5　××

---

④GB/T 10708.2—2000《往复运动橡胶密封圈结构尺寸系列　第2部分：双向密封橡胶密封圈》

Ⅰ. 范围。本标准规定了往复运动用双向密封橡胶密封圈及其塑料支撑环的结构型式、尺寸和公差

本标准适用于安装在液压缸活塞上起双向密封作用的橡胶密封圈

Ⅱ. 引用标准。GB/T 6577—1986《液压缸活塞用带支承环密封沟槽型式、尺寸和公差》(ISO 6547:1981)

注：GB 6577—86已被GB/T 6577—2021《液压缸活塞用带支承环密封沟槽型式、尺寸和公差》代替

Ⅲ. 符号。

G——鼓形橡胶密封圈(以下简称为鼓形圈)

S——山形橡胶密封圈(以下简称为山形圈)

Ⅳ. 标记。橡胶密封圈的标记方法以"密封圈代号、$D\times d\times L$、制造厂代号"表示

示例：液压缸内径(D)为100mm，密封沟槽内径(d)为85mm，密封沟槽轴向长度(L)为20mm的鼓形圈，标记为

G100×80×20　××

续表

⑤GB/T 10708. 3—2000《往复运动橡胶密封圈结构尺寸系列　第3部分:橡胶防尘密封圈》

Ⅰ. 范围。本标准规定了往复运动用橡胶防尘圈的类型、尺寸和公差

本标准适用于安装在往复运动液压缸活塞杆导向套上起防尘和密封作用的橡胶防尘密封圈(以下简称防尘圈)

Ⅱ. 引用标准。GB/T 6578—1986《液压缸活塞杆用防尘圈沟槽型式、尺寸和公差》

注:GB 6578—86已被GB/T 6578—2008《液压缸活塞杆用防尘圈沟槽型式、尺寸和公差》(ISO 6195:2002,MOD)代替

Ⅲ. 符号。本标准所用符号规定如下

FA——A型防尘圈

FB——B型防尘圈

FC——C型防尘圈

Ⅳ. 标记。标记方式以"防尘圈类型符号、$d\times D\times L_1(L_2、L_3)$、制造厂代号"表示

示例:活塞杆直径(d)为100mm,密封沟槽外径(D)为115mm,A型密封沟槽轴向长度(L_1)为9.5mm的A型防尘圈,标记为

FA 100×115×9.5　××

⑥GB/T 15242. 1—2017《液压缸活塞和活塞杆动密封装置尺寸系列　第1部分:同轴密封件尺寸系列和公差》

Ⅰ. 范围。GB/T 15242. 1—2017规定了液压缸活塞和活塞杆动密封装置中活塞用同轴密封件、活塞杆用同轴密封件的术语和定义、字母代号、标记、尺寸系列和公差

GB/T 15242. 1—2017适用于以水基或油基为传动介质的液压缸活塞和活塞杆动密封装置用往复运动同轴密封件

注:尽管在GB/T 15242. 1—2017前言中指出:"GB/T 15242《液压缸活塞和活塞杆动密封装置尺寸系列》分为四个部分:…,第3部分:同轴密封件安装沟槽尺寸系列和公差",但是在其标准"2　规范性引用文件"中没有引用GB/T 15242. 3,亦即没有明确同轴密封件安装沟槽尺寸系列和公差

Ⅱ. 代号。

TF——孔用方形同轴密封件

TZ——孔用组合同轴密封件

TJ——轴用阶梯形同轴密封件

Ⅲ. 标记。

a. 孔用方形同轴密封件的标记方法

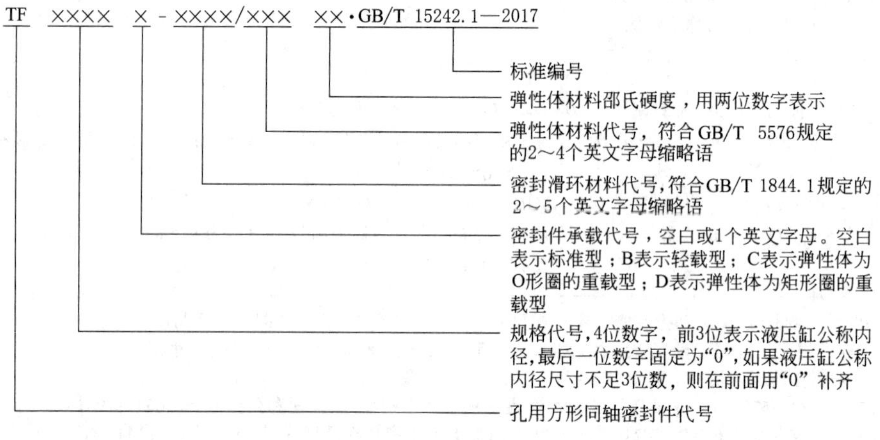

示例:液压缸缸径为100mm的轻载型孔用方形同轴密封件,密封滑环材料为填充聚四氟乙烯;弹性体材料为丁腈橡胶,邵氏硬度为70,标记为

TF1000B-PTFE/NBR70,GB/T 15242. 1—2017

续表

b. 孔用组合同轴密封件的标记方法

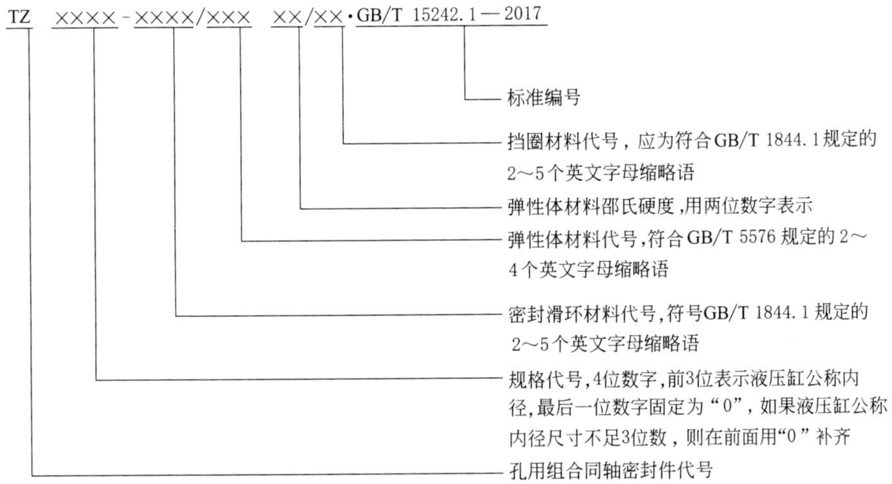

示例:液压缸缸径为100mm的孔用组合同轴密封件,密封滑环材料为填充聚四氟乙烯,弹性体材料为丁腈橡胶,邵氏硬度为80,挡圈材料为尼龙PA,标记为

TZ1000-PTFE/NBR 80/PA,GB/T 15242.1—2017

c. 轴用阶梯形同轴密封件的标记方法

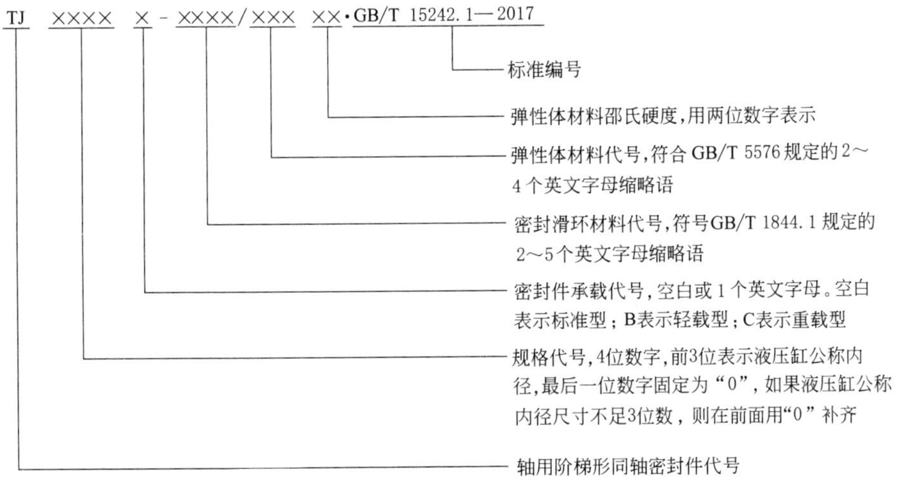

示例:液压缸活塞杆直径为100mm的标准型轴用阶梯形同轴密封件,密封滑环材料为填充聚四氟乙烯,弹性体密封圈材料丁腈橡胶,邵氏硬度为70,标记为

TJ1000-PTFE/NBR70,GB/T 15242.1—2017

⑦GB/T 15242.2—2017《液压缸活塞和活塞杆动密封装置尺寸系列　第2部分:支承环尺寸系列和公差》

Ⅰ.范围。GB/T 15242.2—2017规定了液压缸活塞和活塞杆动密封装置用支承环的术语和定义、代号、系列号、标记、尺寸系列和公差

GB/T 15242.2—2017适用于以水基或油基为传动介质的液压缸密封装置中采用的聚甲醛支承环、酚醛树脂夹织物支承环和填充聚四氟乙烯(PTFE)支承环,使用温度范围分别为-30～100℃、-60～120℃、-60～150℃

作者注:尽管在GB/T 15242.2—2017前言中指出:“GB/T 15242《液压缸活塞和活塞杆动密封装置尺寸系列》分为四个部分:…,第4部分:支承环安装沟槽尺寸系列和公差”,但是在其标准“2　规范性引用文件”中没有引用GB/T 15242.4,亦即没有明确支承环安装沟槽尺寸系列和公差

Ⅱ.代号。

SD——活塞用支承环

GD——活塞杆用支承环

Ⅲ.标记。

a. 活塞用支承环的标记方法

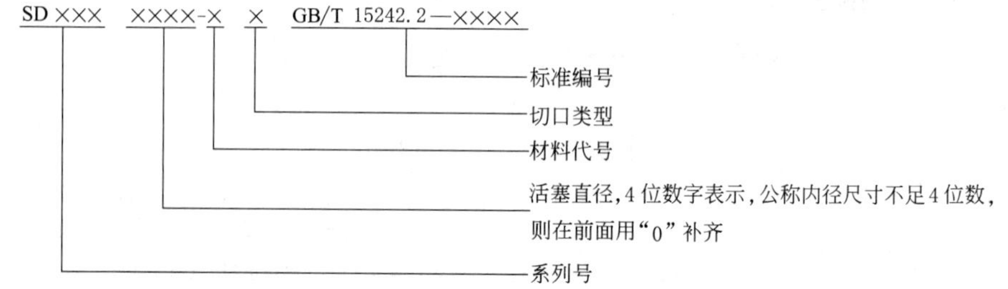

示例：活塞直径为160mm，支承环安装沟槽宽度 b 为9.7mm，支承环的截面厚度 δ 为2.5mm，材料为填充PTFE，切开类型为A的支承环，标记为

SD097 0160-Ⅰ A　GB/T 15242.2—2017

b. 活塞杆用支承环的标记方法

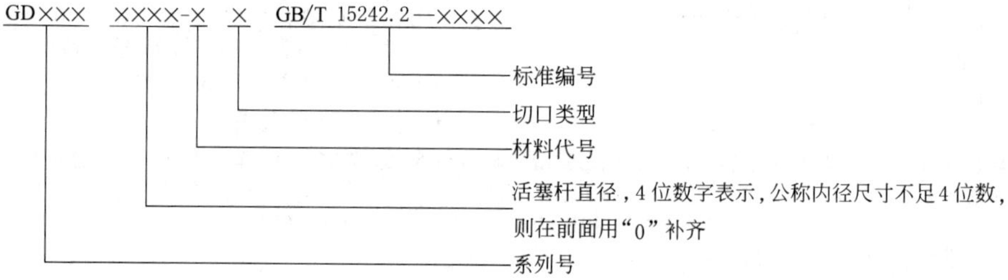

示例：活塞杆直径为50mm，支承环安装沟槽宽度 b 为9.7mm，支承环的截面厚度 δ 为2.5mm，材料为酚醛树脂夹织物，切开类型为C，标记为

GD097 0050-Ⅱ C　GB/T 15242.2—2017

⑧GB/T 19674.2—2005《液压管接头用螺纹油口和柱端　填料密封柱端（A型和E型）》

Ⅰ. 范围。GB/T 19674.2—2005规定了带GB/T 193螺纹和用填料密封的重载（S系列）和轻载（L系列）柱端的尺寸、性能要求和试验方法，还规定了这些柱端和填料密封的标记

符合GB/T 19674.2—2005的带A型或E型密封的重载（S系列）柱端适用的最高工作压力为63MPa。符合GB/T 19674.2—2005的带A型或E型密封的轻载（L系列）柱端适用的最高工作压力为25MPa。许用工作压力应根据柱端的尺寸、材料、工艺、工况、用途等来确定

Ⅱ. 填料密封。符合GB/T 19674.2—2005的重载（S系列）A型柱端所使用的填料密度圈应符合图1和表2的规定

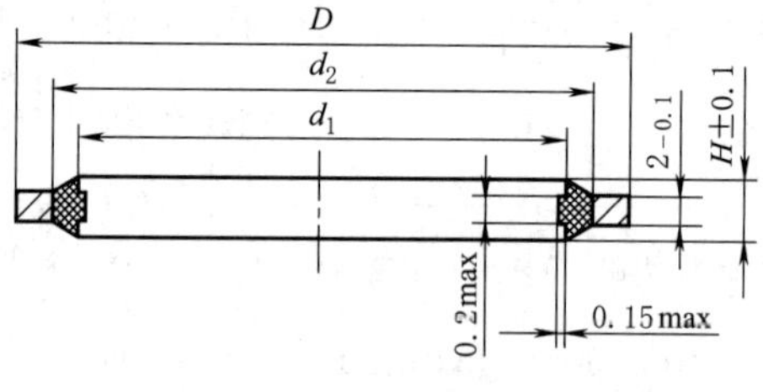

图1　重载（S系列）A型柱端填料密封圈

表2　重载（S系列）A型柱端填料密封圈尺寸

mm

系列	螺纹规格 d		d_1		d_2		D		H
	M①	G②	公称	公差	公称	公差	公称	公差	
S	M10×1	G1/8	10.3	±0.12	12	+0.24 0	16	0 −0.24	2.7
	M12×1.5		12.4		14		18		
		G1/4	13.5		15.1		19	0 −0.28	
	M14×1.5		14.4		16		20		
	M16×1.5		16.4		18		22		
		G3/8	17.1		18.7	+0.28 0	23		
	M18×1.5		18.4		20		25		

续表

续表

系列	螺纹规格 d		d_1		d_2		D		H
	M①	G②	公称	公差	公称	公差	公称	公差	
S	M20×1.5③		20.5	±0.14	23	+0.28 0	28	0 -0.28	2.7
		G1/2	21.4		23.9		29		
	M22×1.5		22.5		25		30		
	M26×1.5		26.5		29		34	0 -0.34	
		G3/4	26.9		29.4		34.5		
	M27×2		27.5		30		35		
	M33×2	G1	33.5	±0.17	36	+0.34 0	42		2.9
	M42×2	G1¼	42.6		46		53	0 -0.40	
	M48×2	G1½	48.7		52		60		

① 公制螺纹

② 圆柱管螺纹

③ 用于测量

注:已于 2017-05-12 废止的 JB/T 982—1977《组合密封垫圈》规定的组合密封垫圈公称直径达 60mm,公称压力为 400kgf/cm^2

Ⅲ. 标记。填料密封的标记内容应包含

a. "填料密封"

b. 标准编号

c. 带有填料密封的柱端的螺纹规格

d. 柱端的型式(A 型或 E 型)

示例

填料密封　GB/T 19674.2-M 12×1.5A

⑨GB/T 36520.1—2018《液压传动　聚氨酯密封件尺寸系列　第 1 部分:活塞往复运动密封圈的尺寸和公差》

Ⅰ. 范围。GB/T 36520.1—2018 规定了液压传动系统中活塞往复运动聚氨酯密封圈的术语和定义、符号、结构型式、尺寸和公差、标识

GB/T 36520.1—2018 适用于液压缸中的活塞往复运动聚氨酯密封圈

Ⅱ. 符号。下列符号适用于本文件

U——活塞往复运动聚氨酯单体 U 形密封圈代号,简称单体 U 形密封圈

Y×D——活塞往复运动聚氨酯单体 Y×D 密封圈代号,简称单体 Y×D 密封圈

G——活塞往复运动聚氨酯单体鼓形圈代号,简称单体鼓形圈

SH——活塞往复运动聚氨酯单体山形圈代号,简称单体山形圈

GZ——活塞往复运动聚氨酯组合鼓形圈代号,简称组合鼓形圈

Ⅲ. 标识。

a. 单体 U 形密封圈的标识

活塞单体 U 形密封圈应以代表活塞单体 U 形圈的字母"U"、名义尺寸(D×d×L)及本部分标准编号进行标识

示例

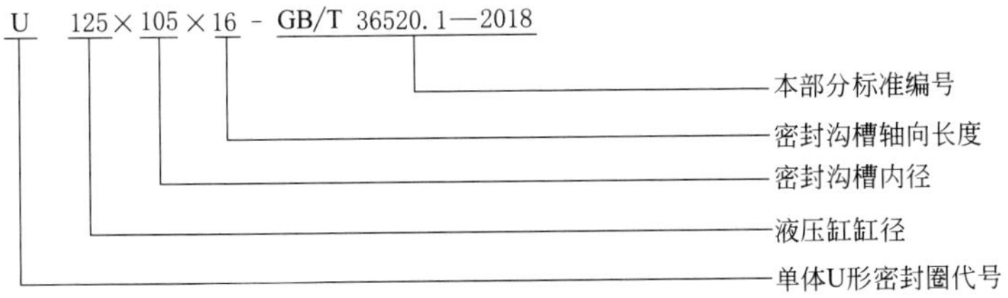

b. 单体 Y×D 密封圈的标识

活塞单体 Y×D 密封圈应以代表活塞单体 Y×D 密封圈的字母"Y×D"、名义尺寸(D×d×L)及本部分标准编号进行标识

示例

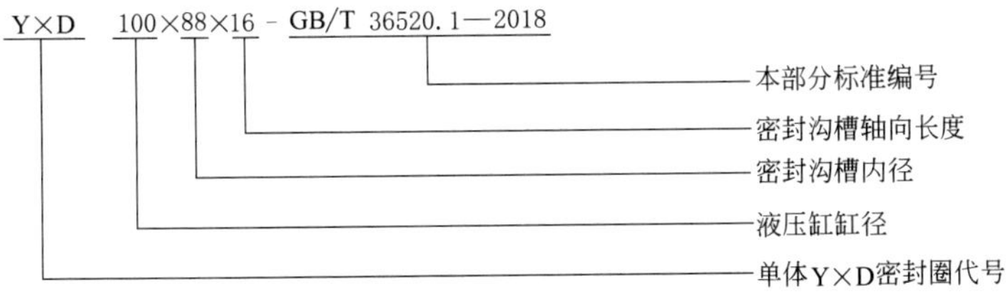

续表

c. 单体鼓形圈的标识

活塞单体鼓形圈应以代表活塞单体鼓形圈的字母“G”、名义尺寸($D\times d\times L$)及本部分标准编号进行标识

示例

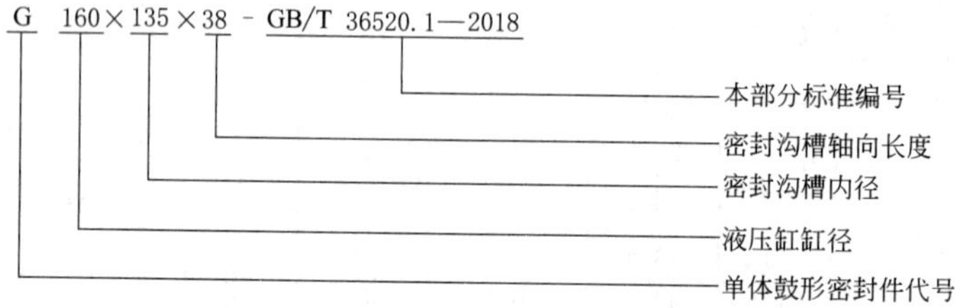

d. 单体山形圈的标识

活塞单体山形圈应以代表活塞单体山形圈的字母“SH”、名义尺寸($D\times d\times L$)及本部分标准编号进行标识

示例

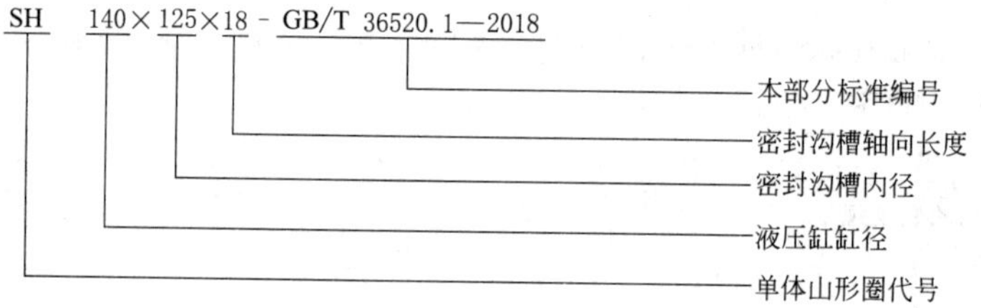

e. T形沟槽组合鼓形圈的标识

活塞T形沟槽组合鼓形圈应以代表活塞T形沟槽组合鼓形圈的字母“GZ”、名义尺寸($D\times d\times L\times L_0$)及本部分标准编号进行标识

示例

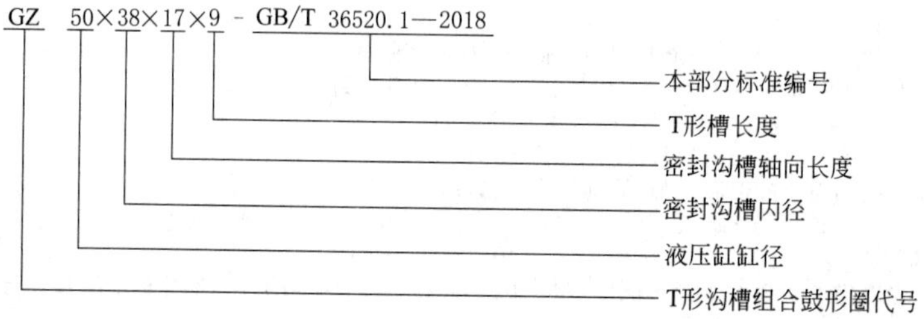

f. 直沟槽组合鼓形圈的标识

活塞直沟槽组合鼓形圈应以代表活塞直沟槽组合鼓形圈的字母“GZ”、名义尺寸($D\times d\times L$)及本部分标准编号进行标识

示例

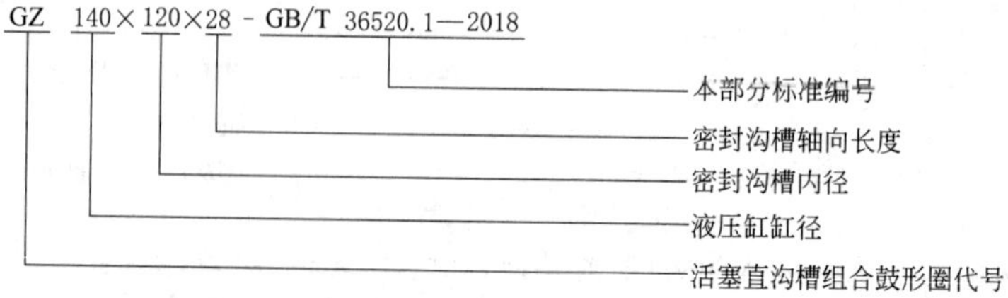

⑩GB/T 36520.2—2018《液压传动　聚氨酯密封件尺寸系列　第2部分:活塞杆往复运动密封圈的尺寸和公差》

Ⅰ. 范围。GB/T 36520.2—2018 规定了液压传动系统中活塞杆往复运动聚氨酯密封圈的术语和定义、符号、结构型式、尺寸和公差、标识

GB/T 36520.2—2018 适用于液压缸中的活塞杆往复运动聚氨酯密封圈

Ⅱ. 符号。下列符号适用于本文件

NL——活塞杆往复运动聚氨酯单体蕾形密封圈,简称单体蕾形圈

Y×d——活塞杆往复运动聚氨酯单体 Y×d 密封圈,简称单体 Y×d 密封圈

续表

U——活塞杆往复运动聚氨酯单体U形密封圈,简称单体U形密封圈
NZ——活塞杆往复运动聚氨酯组合蕾形密封圈,简称组合蕾形圈
Ⅲ. 标识。
a. 单体蕾形圈的标识
活塞杆单体蕾形圈应以代表单体蕾形圈的字母“NL”、公称尺寸($d×D×L$)及本部分标准编号进行标识
示例

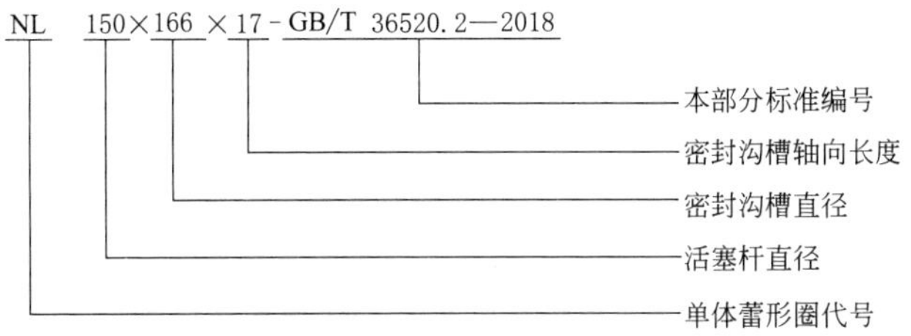

b. 单体Y×d密封圈的标识
活塞杆单体Y×d密封圈应以代表单体Y×d密封圈的字母“Y×d”、公称尺寸($d×D×L$)及本部分标准编号进行标识
示例

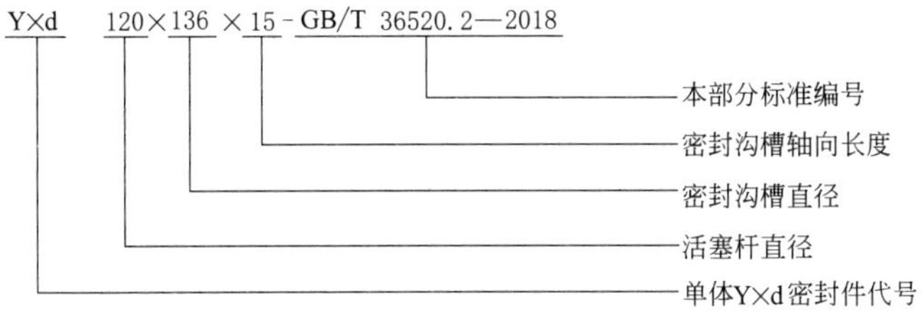

c. 单体U形密封圈的标识
活塞杆单体U形密封圈应以代表单体U形密封圈的字母“U”、公差尺寸($d×D×L$)及本部分标准编号进行标识
示例

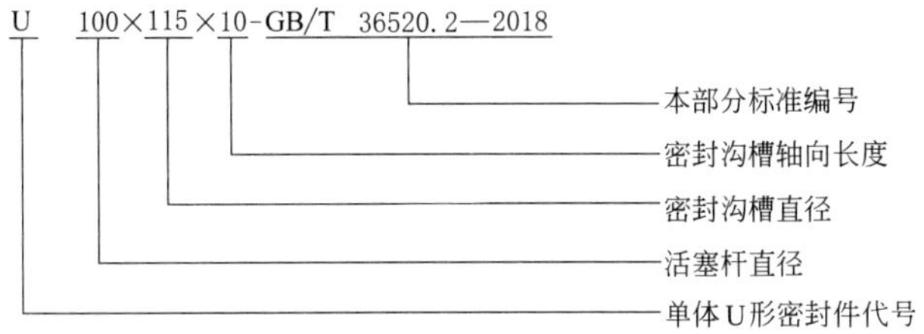

d. 组合蕾形圈的标识
活塞杆组合蕾形圈应以代表组合蕾形圈的字母“NZ”、公称尺寸($d×D×L$)及本部分标准编号进行标识
示例

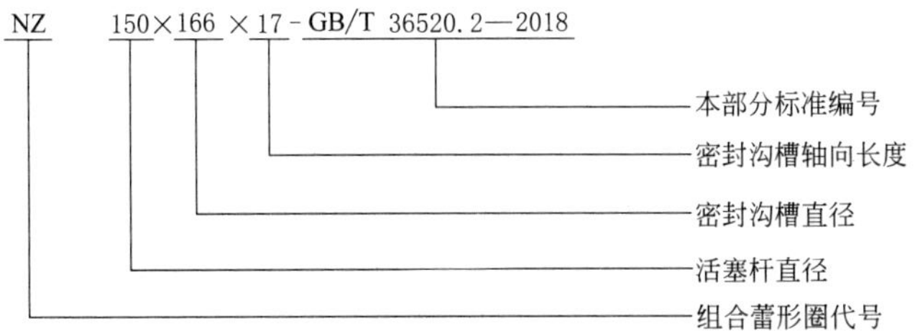

⑪GB/T 36520.3—2019《液压传动　聚氨酯密封件尺寸系列　第3部分:防尘圈的尺寸和公差》
Ⅰ. 范围。GB/T 36520.3—2019规定了液压传动系统中聚氨酯防尘圈的符号、结构型式、尺寸和公差、标识
GB/T 36520.3—2019适用于安装在液压缸导向套上起防尘作用的聚氨酯密封圈(简称防尘圈)
Ⅱ. 符号。下列符号适用于本文件
F——聚氨酯防尘圈代号

续表

Ⅲ. 标识。防尘圈应以代表防尘圈的字母“F”、名义尺寸（$d \times D \times D_0 \times L/L_1$）及本部分标准编号进行标识
示例

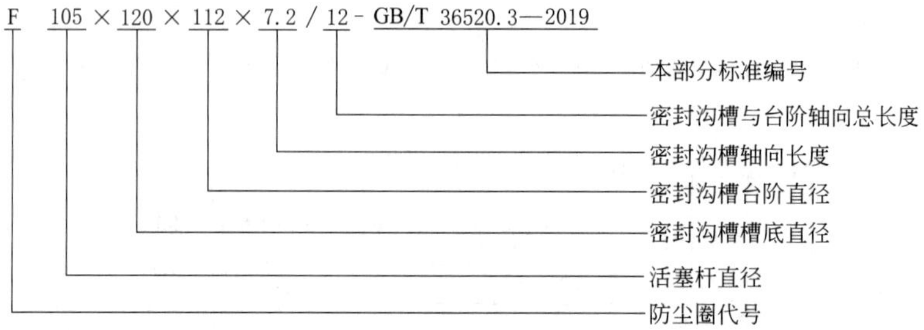

⑫GB/T 36520.4—2019《液压传动　聚氨酯密封件尺寸系列　第4部分：缸口密封圈的尺寸和公差》
Ⅰ. 范围。GB/T 36520.4—2019 规定了液压传动系统中聚氨酯缸口密封圈的符号、结构型式、尺寸和公差、标识
GB/T 36520.4—2019 适用于安装在液压缸导向套上起静密封作用的聚氨酯密封圈（简称缸口密封圈）
Ⅱ. 符号。下列符号适用于本标准
WL——缸口聚氨酯蕾形密封圈代号（简称缸口蕾形圈）
Y——缸口 Y 形聚氨酯密封圈代号（简称缸口 Y 形圈）
Ⅲ. 标识。
a. 缸口 Y 形圈的标识
缸口 Y 形圈应以代表缸口 Y 形圈的字母“Y”、名义尺寸（$D \times d \times L$）及本部分标准编号进行标识
示例

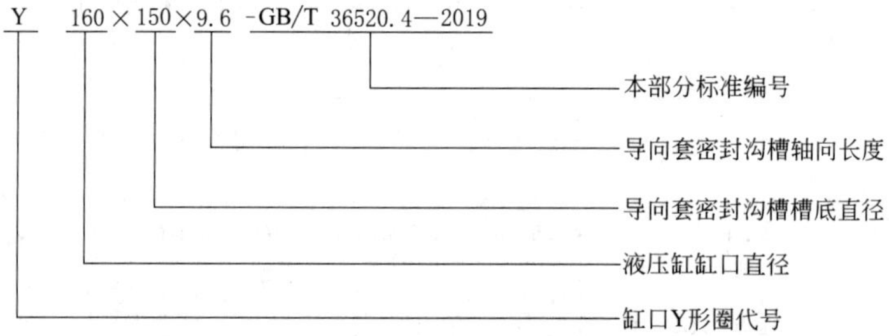

b. 缸口蕾形圈的标识
缸口蕾形圈应以代表缸口蕾形圈的字母“WL”、名义尺寸（$D \times d \times L$）及本部分标准编号进行标识
示例

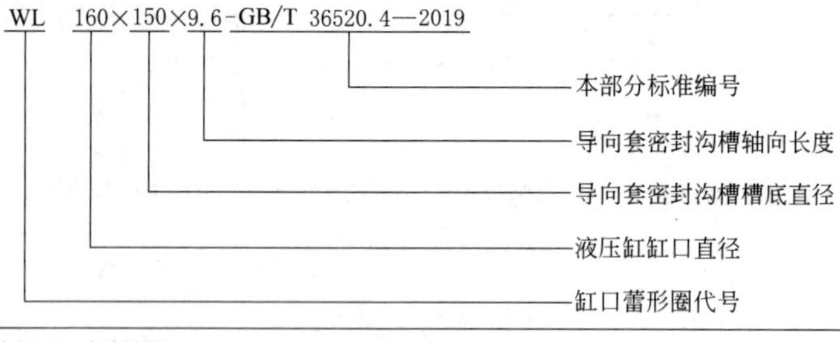

⑬JB/ZQ 4264—2006《孔用 Yx 密封圈》
Ⅰ. 范围。JB/ZQ 4264—2006 适用于以空气、矿物油为介质的各种机械设备中，在温度-40～+80℃、工作压力 $p \leqslant 31.5$MPa 条件下起密封作用的孔用 Yx 形密封圈
注：JB/ZQ 4264—2006 还规定了孔用 Yx 形密封圈用挡圈的型式与尺寸
Ⅱ. 标记示例。公称外径 $D=50$mm 的孔用 Yx 密封圈
密封圈　Yx　D50　JB/ZQ 4264—2006

⑭JB/ZQ 4265—2006《轴用 Yx 密封圈》
Ⅰ. 范围。JB/ZQ 4265—2006 适用于以空气、矿物油为介质的各种机械设备中，在温度-40～+80℃、工作压力 $p \leqslant 31.5$MPa 条件下起密封作用的轴用 Yx 形密封圈
注：JB/ZQ 4265—2006 还规定了轴用 Yx 形密封圈用挡圈的型式与尺寸
Ⅱ. 标记示例。公称内径 $d=50$mm 的轴用 Yx 密封圈
密封圈　Yx　d50　JB/ZQ 4265—2006

注：活塞和活塞杆密封件、防尘密封圈和支承环见本篇第 11 章其他元器件“10　液压密封件”，或见第 10 篇润滑与密封第 4 章密封件及其沟槽相关内容。

(2) 特瑞堡液压缸密封件总汇（见表20-7-30~表20-7-33）

表 20-7-30 **活塞杆密封件**（仅供参考）

序号	密封件类型	应用领域	尺寸范围/mm	作用	温度范围/℃	速度/m·s⁻¹	频率/Hz	压力/MPa
1	特康2K型斯特封	轻、中、重载	3~2600	单	-45~200	15	5	60
2	特康V型斯特封	轻、中、重载	12~2600	单	-45~200	15	15	60
3	佐康雷姆封	轻、中、重载	8~2000	单	-45~110	5 行程<1m		25/60
4	CH型夹布密封	轻、中、重载	22~700	单	-30~200	0.5		40
5	CH/G5型夹布密封	中、重载	25~160	单	-30~200	0.5		40
6	SM型组合密封	中、重载	15~335	单	-40~130	0.5		70
7	巴塞尔密封	轻、中载	4.76~445	单	-30~130	0.5		25
			12~1195					40
8	佐康L-Cup	轻、中载	10~195	单	-35~110	0.5		40
9	佐康RU2型U形圈	轻、中载	6~140	单	-35~110	0.5		35
10	佐康RU6型U形圈	轻、中载	12~350	单	-35~110	0.5		25
11	佐康RU9型U形圈	轻、中载	6~140	单	-35~110	0.5		40
12	佐康Buffer Seal	中、重载	40~140	单	-35~110	1.0		40/60
13	特康M2型泛塞	轻、中载	3~140	单	-70~300	15		20/40
14	特康VL型圈	轻、中、重载	6~2600	单	-45~200	15	5	60
15	特康格来圈	轻、中、重载	3~2600	双	-45~200	15	5	60
16	特康T型格来圈	轻、中、重载	3~2600	双	-45~200	15	5	60
17	特康Hz型格莱圈	轻、中载	8~960	双	-45~200	15		30
18	特康AQ-Seal带豆型圈	轻、中载	18~2200	双	-45~110	2.0		30/50
19	特康AQ-Seal5带豆型圈	中、重载	40~2200	双	-45~110	3.0		40/60
20	佐康M型威士封	轻、中载	3~2600	双	-45~200	10		50
21	特康双三角密封	轻、中载	3~950	双	-45~200	15		35

注：1. 参考特瑞堡密封系统（液压密封件-直线往复运动）2017年1月版样本。

2. 温度范围取决于使用的材料，如O形圈使用的NBR或FKM等材料。

3. 序号3的"25/60"即为单个密封件密封压力为25MPa，在串联系统中密封压力高达60MPa；序号12的"40/60"为可高达60MPa峰值；序号13的"20/40"为最高动态载荷20MPa，最高静态载荷40MPa；序号18和19的"30/50"和"40/60"分别适用于"低润滑性的介质/矿物油"。

4. 适用介质、安装条件，以及其他（活塞杆）密封件等见样本。

表 20-7-31 **活塞密封件**（仅供参考）

序号	密封件类型	应用领域	尺寸范围/mm	作用	温度范围/℃	速度/m·s⁻¹	频率/Hz	压力/MPa
1	特康格来圈	轻、中、重载	8~2700	双	-45~200	15	5	60
2	特康T型格来圈	轻、中、重载	8~2700	双	-45~200	15		60
3	特康Hz型格莱圈	轻、中载	8~900	双	-45~200	15		30
4	特康D型格莱圈	中、重载	30~250	双	-30~110	0.5/0.8		60
5	特康P型格莱圈	中、重载	45~190	双	-30~110	0.5/0.8		50/100
6	特康AQ-SEAL5	中、重载	40~700	双	-30~200	3	3	25/60
7	特康AQ-SEAL	轻、中载	16~700	双	-45~200	2		30/50
8	特康2K型斯特封	轻、中、重载	9~2700	单	-45~200	15	5	60
9	特康V型斯特封	轻、中、重载	15~2700	单	-45~200	15	15	60
10	特康双三角密封	轻、中载	6~650	双	-45~200	15		35
11	特康M2型泛塞	轻、中载	6~250	单	-70~300	15		20/40

续表

序号	密封件类型	应用领域	尺寸范围/mm	作用	温度范围/℃	速度/$m\cdot s^{-1}$	频率/Hz	压力/MPa
12	特康 VL 型圈	轻、中、重载	10~2700	单	-45~200	15	5	60
13	佐康 PUA 型 U 形圈	轻、中、重载	14~250	单	-35~110	0.5		40
14	佐康威士封	轻、中载	12~300	双	-35~110	0.5		25
15	佐康型威士封	轻、中载	8~2700	双	-45~200	10		50
16	PHD/P 型组合密封件	轻、中、重载	50~180	双	-35~110	0.5		35
17	DPS/DPC 型组合密封件	轻、中、重载	25~250	双	-30~130	0.5		35
			30~160					70
18	CH 型夹布 V 形圈	轻、中、重载	80~280	单	-30~200	0.5		40
19	CH/G1 型夹布 V 形圈	轻、中、重载	40~250	单	-30~200	0.5		40
20	DSM 高压型组合密封	轻、中、重载	45~360	双	-40~130	0.5		70

注：1. 参考特瑞堡密封系统（液压密封件-直线往复运动）2017 年 1 月版样本。

2. 温度范围取决于使用的材料，如 O 形圈使用的 NBR 或 FKM 等材料。

3. 序号 4 的“0.5/0.8”为速度高达 0.5m/s，短时间内可达 0.8m/s；序号 5 的“50/100”为标准压力 50MPa，压力峰值可为 100MPa；序号 11 的“20/40”为最高动态载荷/最高静态载荷。

4. 序号 10 和 11 的尺寸范围或更大。

5. 适用介质、安装条件，以及其他（活塞）密封件等见样本。

表 20-7-32　　防尘圈（仅供参考）

序号	密封件类型	应用领域	尺寸范围/mm	作用	温度范围/℃	速度/$m\cdot s^{-1}$	背压/MPa	沟槽类型
1	特康埃落特 2	轻、中、重载	4~2600	双	-45~200	2/15		闭*
2	特康埃落特 5	轻、中、重载	19~2600	双	-45~200	2/15		闭*
3	特康埃落特 F	轻、中载	19~1200	双	-45~200	1/2/15		闭*
4	特康埃落特 S	中、重载	16~2600	双	-45~200	1/2/5	1.5	开
5	特康埃落特 1 和 特康埃落特 113	轻、中载	6~950	单	-45~200	1/5/15		闭*
6	DA17 型防尘圈	轻、中载	10~440	双	-30~110	1		闭*
7	佐康 DA22 型防尘圈	轻、中、重载	5~180	双	-35~100	1	2	闭*
8	佐康 DA24 型防尘圈 和 DA24 带泄压孔型	轻、中、重载	45~290	双	-35~100	1	2/5	闭
9	WRM 型防尘圈	轻、中载	12~260	单	-30~110	1		闭
10	佐康 ASW 型防尘圈	轻、中载	6~180	单	-35~100	1		闭*
11	佐康 WNE 型防尘圈	轻、中、重载	8~200	单	-35~100	1		闭
12	佐康 WNV 型防尘圈	轻、中、重载	16~100	双	-35~100	1		闭
13	WSA 型防尘圈	轻、中载	6~270	单	-30~110	1		开
14	佐康 SWP 型防尘圈	中、重载	25~190	单	-35~100	1		开
15	金属防尘圈	轻、中、重载	12~220	单	-30~120	1		开
16	特康 M2S 型泛塞	轻、中、重载 或轻、中载	3~140	单	-50~260	2/15	20/40	开

注：1. 参考特瑞堡密封系统（液压密封件-直线往复运动）2017 年 1 月版样本。

2. 在样本中“埃落特”与“埃洛特”为同义词。

3. 温度范围取决于使用的材料，如 O 形圈使用的 NBR 或 FKM 等材料。

4. 序号 1、2 和 16 的“2/15”对应的是佐康/特康材料；序号 3、4 和 5 的“1/2/15”“1/2/5”和“1/5/15”对应的是佐康 Z51 或 Z52/佐康 Z80/特康材料；序号 8 的“2/5”为标准型最高压力/带泄压孔型的最高压力；序号 16 的“20/40”为最高动态载荷/最高静态载荷。

5. 序号 16 的尺寸范围或更大。

6. 适用介质、安装条件，以及其他防尘圈等见样本。

7. 沟槽类型为“闭*”的有时需开式沟槽。

表 20-7-33 **支承环**（仅供参考）

序号	密封件类型	密封材料	断面尺寸范围/mm	沟槽宽度/mm	温度范围/℃	速度/m·s^{-1}	承载力/N·mm^{-2}
1	特开斯莱圈	特开 M12 特开 T47 特开 T51	1.0、1.5、1.55、2.0、2.5、3.0、4.0	2.5、3.2、4.0、4.2、5.6、6.0、6.3、8.1、9.7、10.0、15.0、20.0、25.0、30.0	-60~150 (200)	15	25℃时 15 80℃时 12 120℃时 8
2	佐康斯莱圈	佐康 Z80 佐康 Z81	1.55、2.5、4.0	2.5、4.0、5.6、9.7、15.0、25.0	-60~80 (100)	2	25℃时 25 60~80℃时 8
3	海模斯莱圈	海模 HM061 海模 HM062	1.55、2.5、4.0	4.0、5.6、9.7、15.0、25.0	-40~130	1	60℃时 75 >60℃时 40
4	Orkot 斯莱圈	C380(蓝绿色) C480(白色) C320(深灰色) C932(黄色-棕色)	1.55、2.5、4.0	4.0、5.6、9.7、15.0、25.0	-40~120	1	25℃时 100 60℃时 50

注：1. 参考特瑞堡密封系统（液压密封件-直线往复运动）2017 年 1 月版样本，但其称为“斯莱圈耐磨环”。

2. Z80/Z81 是超高分子量聚乙烯材料；海模 HM061 是一种填充玻璃纤维的聚甲醛（POM）材料；海模 HM062 是一种填充玻璃纤维和 PTFE 的聚酰胺（PA66）材料；Orkot 斯莱圈是由纤维增强型复合材料加工而成，而这种材料是用一种织物热固性树脂和均匀的固态润滑剂合成的；OrkotC932 是一种具有良好织物棉纤维浸渍酚醛树脂的材料。

3. 应用领域、适用介质、安装条件，以及适用于活塞用缸径、活塞杆用活塞杆直径范围（斯莱圈以环状供应时）等见样本。

4. 带状材料可以成卷供应，或按规格剪切尺寸，具体见样本。

（3）NOK 液压缸密封件总汇（见表 20-7-34~表 20-7-40）

表 20-7-34 **活塞杆密封件**（仅供参考）

序号	密封件类型	密封材料	尺寸范围/mm	作用	温度范围/℃	速度/m·s^{-1}	压力/MPa
1	IDI 型*	U801(黄白色)-聚氨酯(AU)	6.3~300	单	-35~100	0.03~1.0	70
2	ISI 型	U801(黄白色)-聚氨酯(AU) U641(蓝色)-聚氨酯(AU)	18~300	单	-30~100 -10~110	0.03~1.0	42
3	IUIS 型	U801(黄白色)-聚氨酯(AU) U641(蓝色)-聚氨酯(AU)	18~180	单	-30~100 -10~110	0.03~1.0	42
4	IUH 型	A505(黑色)-丁腈橡胶(NBR) A567(黑色)-丁腈橡胶(NBR) G928(黑色)-氢化丁腈橡胶(HNBR)	14~180	单	-25~100 -55~80 -25~120	0.008~1.0	21
5	UNI 型* (组合)	U801(黄白色)-聚氨酯(AU) S813(茶色)-硅橡胶(VMQ)	40~140	单	-45~100	0.03~1.0	42
6	SPNO 型 (组合)	19YF(茶色)-聚四氟乙烯(PTFE) A305(黑色)-丁腈橡胶(NBR) 或 F201(黑色)-氟橡胶(FKM)	12~380	双	-30~100 -20~160	0.005~1.5	35
7	SPN 型 (组合)	19YF(茶色)-聚四氟乙烯(PTFE) A980(黑色)-丁腈橡胶(NBR) 或 F201(黑色)-氟橡胶(FKM)	18~140	双	-40~100 -20~160	0.005~1.5	35
8	SPNS 型 (组合)	55YF(茶色)-聚四氟乙烯(PTFE) A305(黑色)-丁腈橡胶(NBR) 或 F201(黑色)-氟橡胶(FKM)	4~180	单	-30~100 -20~160	0.005~1.5	35
9	SPNC 型* (组合)	31BF(黑色)-聚四氟乙烯(PTFE) A305(黑色)-丁腈橡胶(NBR) 或 F201(黑色)-氟橡胶(FKM)	3~385	双	-30~100 -20~160	0.005~1.5	2

注：1. 参考 NOK 株式会社《液压密封系统-密封件》2020 年版产品样本。

2. 注有“*”的不可整体沟槽安装。

3. “压力”为最高工作压力。在不使用或使用不同材料挡圈时，其最高工作压力不同，具体见样本；“（组合）”密封件即国产的“同轴密封件”。

4. 适用的主要流体、滑动阻力、行程极限（2000mm 以下）、特征等见样本。

表 20-7-35　　活塞密封件（仅供参考）

序号	密封件类型	密封材料	尺寸范围/mm	作用	温度范围/℃	速度/m·s^{-1}	压力/MPa
1	ODI 型*	U801(黄白色)-聚氨酯(AU)	18~332	单	-35~100	0.03~1.0	70
2	OSI 型	U801(黄白色)-聚氨酯(AU)	35~300	单	-30~100	0.03~1.0	42
3	OUIS 型	U801(黄白色)-聚氨酯(AU)	40~250	单	-30~100	0.03~1.0	42
		U641(蓝色)-聚氨酯(AU)			-10~110		
4	OUH 型	A505(黑色)-丁腈橡胶(NBR)	32~250	单	-25~100	0.008~1.0	21
		A567(黑色)-丁腈橡胶(NBR)			-55~80		
5	OKH 型	A566(黑色)-丁腈橡胶(NBR)	40~100	双	-25~100	0.008~1.0	21
		A567(黑色)-丁腈橡胶(NBR)			-55~80		
6	SPGO 型（组合）	19YF(茶色)-聚四氟乙烯(PTFE) A305(黑色)-丁腈橡胶(NBR) 或 F201(黑色)-氟橡胶(FKM)	20~400	双	-30~100 -20~160	0.005~1.5	35
7	SPG 型（组合）	19YF(茶色)-聚四氟乙烯(PTFE) A980(黑色)-丁腈橡胶(NBR) 或 F201(黑色)-氟橡胶(FKM)	30~1650	双	-40~100 -20~160	0.005~1.5	35
8	SPGM 型（组合）	55YF(茶色)-聚四氟乙烯(PTFE) A305(黑色)-丁腈橡胶(NBR) 或 F201(黑色)-氟橡胶(FKM)	32~250	双	-30~100 -20~160	0.005~1.5	35
9	SPGN 型（组合）	21NB(灰色)-聚酰胺树脂(PA) A626(黑色)-丁腈橡胶(NBR)	75~200	双	-30~110	0.005~1.5	50
10	SPGW 型（组合）	19YF(茶色)-聚四氟乙烯(PTFE) 12NM(浓绀色)-聚酰胺树脂(PA) 或 80NP(黑色)-聚酰胺树脂(PA) A980(黑色)-丁腈橡胶(NBR) 或 F201(黑色)-氟橡胶(FKM) 或 G928(黑色)-氢化丁腈橡胶(HNBR)	50~320	双	-40~100 -20~120 -25~120	0.005~1.5	50
11	SPGC 型（组合）	31BF(黑色)-聚四氟乙烯(PTFE) A350(黑色)-丁腈橡胶(NBR) 或 F201(黑色)-氟橡胶(FKM)	6~400	双	-30~100 -20~160	0.005~1.5	2
12	CPI 型*	U801(黄白色)-聚氨酯(AU)	25~300	单	-35~100	0.01~0.3	7
13	CPH 型*	A102(黑色)-丁腈橡胶(NBR) A103(黑色)-丁腈橡胶(NBR) A104(黑色)-丁腈橡胶(NBR) A505(黑色)-丁腈橡胶(NBR)	30~257	单	-25~100	0.01~0.3	3.5

注：1. 参考 NOK 株式会社《液压密封系统-密封件》2020 年版产品样本。

2. 注有“*”的不可整体沟槽安装。

3. “压力”为最高工作压力。在不使用或使用不同材料、型式挡圈时，其最高工作压力不同，具体见样本；“（组合）”密封件即国产的“同轴密封件”。

4. 适用的主要流体、滑动阻力、行程极限（2000mm 以下）、特征等见样本。

表 20-7-36　　活塞和活塞杆密封两用的密封件（仅供参考）

序号	密封件类型	密封材料	尺寸范围/mm	作用	温度范围/℃	速度/m·s^{-1}	压力/MPa
1	UPI 型*	U801(黄白色)-聚氨酯(AU)	活塞密封 16.3~1430	单	-35~100	0.03~1.0	35
			活塞杆密封 6.3~1380				
2	USI 型	U593(绿色)-聚氨酯(AU)	活塞密封 18~160	单	-35~80	0.03~1.0	21
			活塞杆密封 10~145				
3	UPH 型*	A505(黑色)-丁腈橡胶(NBR) F357(黑色)-氟橡胶(FKM)	活塞密封 16.3~1680	单	-25~100	0.008~1.0	32
			活塞杆密封 6.3~1620		-10~150		

续表

序号	密封件类型	密封材料	尺寸范围/mm	作用	温度范围/℃	速度/m·s⁻¹	压力/MPa
4	USH 型	A505(黑色)-丁腈橡胶(NBR) A567(黑色)-丁腈橡胶(NBR) F357(黑色)-氟橡胶(FKM)	活塞密封 20~525 活塞杆密封 12~500	单	-25~100 -55~80 -10~150	0.008~1.0	21
5	V99F 型*	21AG(黑色)-夹布丁腈橡胶(NBR)	活塞密封 16.3~670 活塞杆密封 6.3~630	单	-25~100	0.05~1.0	30
6	V96H 型*	A505(黑色)-丁腈橡胶(NBR) F357(黑色)-氟橡胶(FKM)	活塞密封 16.3~332 活塞杆密封 6.3~300	单	-25~100 -10~150	0.05~0.5	30

注：1. 参考 NOK 株式会社《液压密封系统-密封件》2020 年版产品样本。

2. 注有“*”的不可整体沟槽安装。

3. “压力”为最高工作压力。在不使用或使用不同材料、型式挡圈时，其最高工作压力不同，具体见样本。

4. 适用的主要流体、滑动阻力、行程极限（2000mm 以下）、特征等见样本。

表 20-7-37　　活塞杆专用密封件-缓冲环（仅供参考）

序号	密封件类型	密封材料	尺寸范围/mm	作用	温度范围/℃	速度/m·s⁻¹	压力/MPa
1	HBY 型（组合）	U801(黄白色)-聚氨酯(AU) 或 U641(蓝色)-聚氨酯(AU) 或 UH05(紫色)-聚氨酯(AU) 12NM(浓绀色)-聚酰胺树脂(PA) 或 80NP(黑色)-聚酰胺树脂(PA)	40~210	单	-55~100 -35~110 -55~120	0.03~1.0	50
2	HBTS 型（组合）	55YF(茶色)-聚四氟乙烯(PTFE) A305(黑色)-丁腈橡胶(NBR) 或 F201(黑色)-氟橡胶(FKM)	4~180	单	-30~100 -20~160	0.005~1.5	50

注：1. 参考 NOK 株式会社《液压密封系统-密封件》2020 年版产品样本。

2. 适用的主要流体、特征等见样本。

表 20-7-38　　抗污环（仅供参考）

密封件类型	密封材料	尺寸范围/mm	温度范围/℃	速度/m·s⁻¹
kZT 型	05ZF(茶色)-聚四氟乙烯(PTFE)	活塞用 20~360 活塞杆用 14~352	-55~220	0.005~1.5

注：1. 参考 NOK 株式会社《液压密封系统-密封件》2020 年版产品样本。

2. 适用的主要流体、特征等见样本。

3. 但在产品样本中称其为“防尘密封件”值得商榷。

表 20-7-39　　防尘密封件（仅供参考）

序号	密封件类型	密封材料	尺寸范围/mm	作用	温度范围/℃	沟槽类型
1	DKI 型	U801(黄白色)-聚氨酯(AU)+金属环	6.3~300	单	-35~100	开
2	DWI 型	U801(黄白色)-聚氨酯(AU)+金属环	40~140	单	-55~100	开
3	WRIR 型	U801(黄白色)-聚氨酯(AU)+金属环	25~140	单	-55~100	开
4	DKBI 型	U801(黄白色)-聚氨酯(AU)+金属环 或 U641(蓝色)-聚氨酯(AU)+金属环	20~140	双	-55~100 -10~110	开
5	DKBI3 型	U801(黄白色)-聚氨酯(AU)+金属环 或 U641(蓝色)-聚氨酯(AU)+金属环	20~140	双	-55~100 -10~110	开
6	DKBZ 型	U801(黄白色)-聚氨酯(AU)+金属环	20~140	双	-55~100	开
7	DKB 型	A795(黑色)-丁腈橡胶(NBR)+金属环 或 A980(黑色)-丁腈橡胶(NBR)+金属环 或 F975(茶色)-氟橡胶(FKM)+金属环	14~250	双	-20~100 -55~80 -20~150	开

续表

序号	密封件类型	密封材料	尺寸范围/mm	作用	温度范围/℃	沟槽类型
8	DKH 型	A104(黑色)-丁腈橡胶(NBR)+金属环 或 A795(黑色)-丁腈橡胶(NBR)+金属环 或 A980(黑色)-丁腈橡胶(NBR)+金属环 或 F975(茶色)-氟橡胶(FKM)+金属环	10~500	单	-20~100 -55~80 -20~150	开
9	DSI 型	U801(黄白色)-聚氨酯(AU)	6.3~300	单	-35~100	闭
10	LBI 型	U593(绿色)-聚氨酯(AU)	18~250	双	-35~100	闭
11	LBH 型	A505(黑色)-丁腈橡胶(NBR) 或 A567(黑色)-丁腈橡胶(NBR) 或 F357(黑色)-氟橡胶(FKM)	12~500	双	-25~100 -55~80 -10~150	闭
12	LBHK 型	A505(黑色)-丁腈橡胶(NBR) 或 A567(黑色)-丁腈橡胶(NBR)	14~120	双	-25~100 -55~80	闭
13	DSPB 型(组合)	11YF(黑色)-聚四氟乙烯(PTFE) A350(黑色)-丁腈橡胶(NBR) 或 F201(黑色)-氟橡胶(FKM)	4~180	双	-30~100 -20~160	闭*

注：1. 参考 NOK 株式会社《液压密封系统-密封件》2020 年版产品样本。

2. 注有“*”的小直径型不可整体沟槽安装。

3. 对于开式沟槽，DKBI 型、带释压小孔的 DKBI3 型、DKBZ 型、DKB 型、DKH 型等在产品样本中给出了“压板式”或“挡圈式（弹性挡环）”；“（组合）”防尘密封件即国产的“同轴密封件”。

4. 适用的主要流体、耐尘性、刮油、特征等见样本。

表 20-7-40　　支承环（仅供参考）

序号	密封件类型	密封材料	断面尺寸范围/mm	沟槽宽度/mm	温度范围/℃	速度/m·s^{-1}
1	RYT 型	05ZF(茶色)-聚四氟乙烯(PTFE)	2、2.5、3	8、10、15、20、25、30、35、40、45、50、55、60、70	-55~220	0.005~1.5
2	WRT2 型	08GF(黑色)-聚四氟乙烯(PTFE)	—	—	-55~220	0.005~1.5
3	WR 型(U 形密封件用)	12RS(茶褐色)-夹布酚醛树脂 或 15RS(黑色)-夹布酚醛树脂	2、2.5、3、3.5、4	8、10、15、20、25、30、35、40、45、50、55、60、70	-55~120	0.005~1.0
4	WR 型(SPG 型、SPGW 型密封件用)			8、10、15、20、25、30		
5	WRR 型	12RS(茶褐色)-夹布酚醛树脂 或 15RS(黑色)-夹布酚醛树脂	—	—	-55~120	0.005~1.0
6	WR 型(活塞或活塞杆兼用)	88RS(水蓝色)-含树脂纤维聚酯	2.5	9.7、15	-60~130	0.005~1.0

注：1. 参考 NOK 株式会社《液压密封系统-密封件》2020 年版产品样本，但其称为“抗磨环（导向环）”。

2. “—”表示样本中未给出。

3. 用的主要流体、特征等见样本。

（4）赫莱特液压缸密封件总汇（见表 20-7-41~表 20-7-46）

表 20-7-41　　活塞杆密封件（仅供参考）

序号	密封件型号	密封材料	尺寸范围/mm	作用	温度范围/℃	速度/m·s^{-1}	压力/MPa
1	605—双封 U 形圈	TPU-EU(蓝色)	6~330	单	-45~110	1.0	40/70
2	621—组合双封 U 形圈	POM+TPU-EU(蓝色)+NBR	30~215	单	-45~110	1.0	70
3	652—组合双封 U 形圈	POM+TPU-EU(蓝色)+NBR	32~560	单	-45~110	1.0	70

续表

序号	密封件型号	密封材料	尺寸范围 /mm	作用	温度范围 /℃	速度 /m · s^{-1}	压力 /MPa
4	660—缓冲密封件	POM+TPU-EU/AU(蓝色/橙色)	40～180	单	-45～110	1.0	70
5	663—U 形圈	TPU-EU/AU(蓝色/橙色)	12～180	单	-45～110	1.0	40/70
6	671—双封 U 形圈	TPU-EU(蓝色)	80～205 (伸缩缸用) 32～95	单	-45～110	1.0	40/70
7	673—U 形圈	TPU-AU/EU(橙色/蓝色)	30～130	单	-45～110	1.0	40/70
8	R16—阶梯形同轴密封件	PTFE+NBR	8～700	单	-45～200	15.0	60*/80
9	RDA—矩形同轴密封件	PTFE+NBR	8～1350	双	-45～200	15.0	60*
10	RDS—薄矩形同轴密封件	PTFE+NBR	4～950	双	-45～200	15.0	35
11	SRB—缓冲密封件	NBR+PTFE+POM	40～250	单	-45～200	4.0	60*/80
12	SRS—缓冲密封件	NBR+PTFE	40～250	单	-45～200	4.0	40*
13	VSR—组合 U 形圈	PTFE+V 形钢弹簧	10～2000	单	-200～300	15.0	50

注：1. 参考了芬纳集团的《HALLITE 流体动力密封件》2019 年版产品样本，其中还包括了英制密封件。

2. 温度范围在-45～200℃的取决于使用的弹性体和抗挤出环材料。

3. "压力值" 是指配挡圈后或用作缓冲密封的压力峰值。

4. 注 "*" 的压力请向密封件制造商咨询。

表 20-7-42　　活塞密封件（仅供参考）

序号	密封件型号	密封材料	尺寸范围 /mm	作用	温度范围 /℃	速度 /m · s^{-1}	压力 /MPa
1	606—U 形圈	TPU-EU(蓝色)	16～490	单	-45～110	1.0	40/70
2	607—双封 U 形圈	TPU-EU(蓝色)	40～300	单	-45～110	1.0	40
3	714—矩形同轴密封件	PA(黑色)+NBR	40～280	双	-40～110	1.0	50
4	730—组合同轴密封件	NBR+TPE(灰色)+POM	40～600	双	-40～110	0.3	70
5	754—矩形同轴密封件	NBR+TPE(红色/深红色)	15～300	双	-40～110	1.0	50
6	780—五件式组合密封件	NBR+TPE(蓝色)+POM(橙色)	20～250	双	-30～100	0.5	40
7	CT—四件同轴密封件	NBR+PTFE+PA	50～400	双	-45～200	1.5	60*
8	P16—阶梯形同轴密封件	NBR+PTFE	8～1350	单	-45～200	15.0	60*
9	P54—矩形同轴密封件	NBR+PTFE	8～1225	双	-45～200	15.0	60*
10	PCA—矩形同轴密封件	NBR+PTFE	40～1250	双	-45～200	15.0	40*
11	PDS—薄矩形同轴密封件	NBR+PTFE	6～650	双	-45～200	2.0	35
12	GPS—含 X 形圈同轴密封件	NBR+PTFE+NBR	16～700	双	-45～200	2.0	50*
13	GP2—含 X 形圈同轴密封件	NBR+PTFE+NBR	40～700	双	-45～200	3.0	60*
14	VSP—组合 U 形圈	PTFE+V 形钢弹簧	14～2200	单	-200～200	15.0	50

注：1. 参考了芬纳集团的《HALLITE 流体动力密封件》2019 年版产品样本，其中还包括了英制密封件。

2. 一些密封件的材料可选，如 "CT 重载帽型密封件" 的弹性体、滑环及挡环材料可选，具体可查看产品样本或咨询密封件制造商。

3. 温度范围在-45～200℃的取决于使用的弹性体和抗挤出环材料。

4. 注 "*" 的压力请向密封件制造商咨询。

表 20-7-43　　活塞杆和活塞通用密封件（仅供参考）

密封件类型	密封材料	尺寸范围 /mm	作用	温度范围 /℃	速度 /m · s^{-1}	压力 /MPa
601—U 形圈	TPU-EU(蓝色)	4.5～400	单	-45～110	1.0	40/70

注：参考了芬纳集团的《HALLITE 流体动力密封件》2019 年版产品样本，其中还包括了英制密封件。

表 20-7-44　　防尘圈（仅供参考）

序号	密封件类型	密封材料	尺寸范围/mm	作用	温度范围/℃	速度/$m \cdot s^{-1}$	沟槽类型
1	38—单唇防尘圈	TPE(红色)	8~470	单	-40~120	4.0	闭*
2	831—单唇防尘圈	TPU-EU(深蓝色)	12~175	单	-45~110	4.0	闭
3	834—单唇防尘圈	TPU-EU(蓝色)	18~140	单	-45~110	4.0	闭
4	838—单唇防尘圈	TPU-EU/AU(蓝色/橙色/灰色)	20~200	单	-45~110	4.0	闭
5	839—双唇防尘圈	TPU-EU(蓝色)	12~180	双	-45~110	4.0	闭
6	839N—双唇防尘圈	TPU-EU(蓝色)	14~160	双	-45~110	4.0	闭
7	842—单唇防尘圈	TPU-EU/AU(蓝色/橙色/深绿色)	20~560	单	-45~110	4.0	闭
8	846—双唇防尘圈	TPU-EU(蓝色)	24~100	双	-45~110	4.0	闭
9	850—双唇防尘圈	TPU-EU(蓝色)	90~200	双	-45~110	4.0	闭
10	860—单唇金属骨架防尘圈	TPU-AU(深蓝色)	8~180	单	-40~100	1.0	开
11	864—双唇金属骨架防尘圈	TPU-AU/EU(橙色/蓝色)	25~160	双	-45~110	1.0	开
12	E2W—双作用同轴防尘圈	NBR+PTFE	4~1180	双	-45~200	15.0	闭
13	E5W—双作用同轴防尘圈	NBR+PTFE	20~1200	双	-45~200	15.0	闭
14	ELA—单作用同轴防尘圈	NBR+PTFE	4~900	单	-45~200	4.0	闭
15	EXF—双作用同轴防尘圈	NBR+PTFE	20~910	双	-45~200	15.0	闭
16	EXG—双作用同轴防尘圈	NBR+PTFE	120~1000	双	-45~200	5.0	闭

注：1. 参考了芬纳集团的《HALLITE 流体动力密封件》2019 年版产品样本，其中还包括了英制密封件。

2. 注“*”的有些规格尺寸需要安装在开口式沟槽内。

3. 温度范围在-45~200℃的取决于使用的弹性体材料（NBR、FKM 或其他）。

表 20-7-45　　支承环（仅供参考）

序号	密封件类型	密封材料	断面尺寸范围/mm	沟槽宽度/mm	温度范围/℃	速度/$m \cdot s^{-1}$	压力(许用承载力)/$MN \cdot m^{-2}$
1	506—聚酯织物导向环	热固性聚酯(红色)	1.5、2.0、2.5、3.0、3.2、3.5、4.0	5、5.6、6.1、6.3、7.0、8.0、8.1、9.7、10.0、12.0、12.8、13.0、15.0、16.0、19.5、19.7、20.0、22.0、25.0、30.0、35.0、40.0、40.1、50.0	-40~120	0.1	10.0
						1.0	6.0
						5.0	0.8
2	533—添加玻璃纤维的尼龙 66(或聚酰胺)导向环	PA-GF(黑色)	2.5、3.0、英制	英制	-40~120	5.0	见样本中典型物理特性表
3	708—填充聚甲醛导向环	填充 POM(红色)	2.5	杆用 45~470	-40~100	5.0	见样本中典型物理特性表
			2、2.5、3	活塞用 63~500			
4	910—织物增强的酚醛树脂导向环	酚醛树脂(棕色)	2.5	30~300	-40~120	1.0	23℃时 70
							80℃时 42
5	87—填充青铜的聚四氟乙烯导向环	填充 PTFE	1.5、2、2.5、4	1.5、2.0、2.5、4.0	-73~200	15.0	23℃时 20
							80℃时 9

注：1. 参考了芬纳集团的《HALLITE 流体动力密封件》2019 年版产品样本，但其称为“导向环”。

2. 在工作条件或典型物理特性中规定了 pV 值极限、压缩强度/在 4000psi 压力下的变形量、动态最大许用载荷/静态压缩强度、屈服压缩强度。

3. 在典型物理特性表中给出的一些特性参数，如厚度和长度的热膨胀系数、动摩擦因数、吸水率等都具有重要参考价值。

表 20-7-46　　静密封件（仅供参考）

密封件类型	密封材料	尺寸范围/mm	温度范围/℃	压力/MPa
155—聚酯静密封	TPE(浅灰色)	72~530	-30~100	50

注：1. 参考了芬纳集团的《HALLITE 流体动力密封件》2019 年版产品样本，其中还包括了由 U 形密封圈和 V 形耐腐蚀金属弹簧组成的 VSC、VSE 弹簧密封圈。

2. 在 50MPa 压力下的最大挤出间隙为 0.40mm。

(5) 派克 (Parker) 液压缸密封件总汇 (见表 20-7-47~表 20-7-51)

表 20-7-47 **活塞杆密封件** (仅供参考)

序号	密封件型号	密封材料	尺寸范围 /mm	作用	温度范围 /℃	速度 /m·s^{-1}	压力 /MPa
1	B3 型	聚氨酯	4~400	单	-35~110	≤0.5	≤40
2	BS 型(带副唇)	聚氨酯	8~280	单	-35~110	≤0.5	≤40
3	B4 型(带挡圈)	聚氨酯+聚酰胺(聚甲醛)	8~280	单	-35~100	≤0.5	≤50
4	BA 型(组合 O 形圈)	聚氨酯+丁腈橡胶	3~508	单	-35~95	≤0.5	≤35
5	BD 型(带副唇、挡圈和组合 O 形圈)	聚氨酯+丁腈橡胶+聚酰胺	40~240	单	-35~110	≤0.5	≤50(100)
6	BR 型(带挡圈的缓冲密封件)	聚氨酯+聚酰胺	40~250	单	-35~110	≤0.5	≤50(100)
7	BU 型(带挡圈的缓冲密封件)	聚氨酯+聚酰胺	40~300	单	-35~110	≤0.5	≤50(100)
8	C1 型	丁腈橡胶	2~110	单	-35~100	≤0.5	≤16
		氟橡胶	2~280				
9	CR 型(同轴密封)	丁腈橡胶+改性聚四氟乙烯	4~400	双	-30~100	≤4.0	≤16
10	GS 型	聚氨酯	3~20	单	-35~90	≤1.0	≤20
11	HL 型	聚氨酯	16~65	单	-35~110	≤1.0	≤25
12	JS 型(弹簧赋能)	碳纤维填充聚四氟乙烯+不锈钢	4~630	单	-250~315	≤15	≤35
13	OD 型(同轴密封)	丁腈橡胶+填充聚四氟乙烯	5~2500	单	-30~100	≤4	≤40/60
14	ON 型(同轴密封)	丁腈橡胶+填充聚四氟乙烯	5~2500	双	-30~100	≤4	≤40/60
15	Q3 迫紧型(组合)	丁腈橡胶+夹布丁腈橡胶	12~310	单	-30~100	≤0.5	≤25
16	R3 双唇迫紧型(带挡圈)	丁腈橡胶+填充聚四氟乙烯	10~320	单	-30~100	≤0.5	≤31.5
		氟橡胶+填充聚四氟乙烯	10~200		-5~200/230		

注：1. 参考派克汉尼汾公司 2021 年版《派克液压密封件》样本。

2. 密封件制造商推荐，对于含水介质，可以使用 P5000 材料；低温应用推荐使用 P5009 材料；高温可以使用 P6000 或更耐高温的 P4300 材料；P6030 有着优异的耐磨损、低压缩永久变形率、耐更高的温度等特点。B4 型聚氨酯活塞杆密封的标准挡圈材料为聚酰胺，对于水基介质，密封件制造商提供聚甲醛材料。活塞密封件同。

3. 对于 PTFE CR 型活塞杆密封 (双向) 高压应用，密封件制造商推荐采用碳纤维填充 PTFE。

4. GS 型聚氨酯杆密封是密封件制造商特别针对其弹簧应用的苛刻要求而开发的。

5. 对于 PTFE OD 型活塞杆密封 (单作用) 和 PTFE ON 型活塞杆密封 (单作用)，当采用 H7/f7 配合时其压力范围可达≤60MPa。

6. 一些同轴密封中 O 形圈材料除选择丁腈橡胶外，还可选择氢化丁腈橡胶或氟橡胶。

7. 采用氟橡胶的 R3 型活塞杆密封件工作温度瞬间可达 230℃。

表 20-7-48 **活塞密封件** (仅供参考)

序号	密封件型号	密封材料	尺寸范围 /mm	作用	温度范围 /℃	速度 /m·s^{-1}	压力 MPa
1	B7 型	聚氨酯	11~380	单	-35~110	≤0.5	≤40
2	B8 型(带挡圈)	聚氨酯+聚甲醛	40~320	单	-35~110	≤0.5	≤50(80)
3	C2 型	丁腈橡胶或氟橡胶	4~350	单	-25~100	≤0.5	≤16
4	CP 型(同轴密封)	丁腈橡胶+改性聚四氟乙烯	5~670	双	-30~100	≤4	≤35
5	CQ 型(带星形圈组合)	丁腈橡胶+填充聚四氟乙烯	20/40~700	双	-30~110	≤3	≤40/60
6	CT 型(同轴密封)	丁腈橡胶+填充聚四氟乙烯+聚酰胺	60~320	双	-40~110	≤1.5	≤50
7	JK 型(弹簧赋能)	碳纤维填充聚四氟乙烯+不锈钢	6~700	单	-250~315	≤15	≤35
8	KR 型(组合)	聚氨酯+丁腈橡胶	20~200	双	-35~110	≤0.5	≤30
9	OE 型(同轴密封)	丁腈橡胶+填充聚四氟乙烯	8~4000	双	-30~100	≤4.0	≤40/60
10	OG 型(同轴密封)	丁腈橡胶+填充聚四氟乙烯	8~4000	单	-30~100	≤4.0	≤40/60

续表

序号	密封件型号	密封材料	尺寸范围 /mm	作用	温度范围 /℃	速度 /m·s^{-1}	压力 MPa
11	OK 型(同轴密封)	丁腈橡胶+聚酰胺	25~480	双	-30~110	≤1.0	≤80
12	OT 型(同轴密封)	丁腈橡胶+填充聚四氟乙烯	8~4000	双	-30~100	≤4.0	≤40/60
13	OU 型(组合)	丁腈橡胶+聚氨酯	25~200	双	-30~100	≤0.5	≤30
14	ZC/ZP 型(组合)	(夹布)丁腈橡胶+聚甲醛	80~320	双	-20~100	≤0.1	≤50
15	ZW 型(5 件组合)	丁腈橡胶+聚酯+聚酰胺	30~250	双	-35~100	≤0.5	≤40

注：1. 参考派克汉尼汾公司 2021 年版《派克液压密封件》样本。

2. 对于 PTFE CP 型活塞密封（双向）高压应用，密封件制造商推荐采用碳纤维填充 PTFE。

3. 在 PTFE CQ 型活塞密封（双向）中采用单 O 形圈压力范围可达 40MPa，采用双 O 形圈压力范围可达 60MPa。

4. 在样本第 98 页中，"JS 型弹簧赋能 PTFE 活塞密封"下为"JK 型弹簧赋能 PTFE 活塞密封"，现按 JK 型；所"推荐的标准轴径"也应是"孔径"，但给出的尺寸范围中最小孔径可能有问题。

5. KR 型聚氨酯活塞组合密封（双向）可用于油缸或蓄能器。特别适合用于对内泄漏要求严格的场合。

6. 对于 OE 型 PTFE 活塞组合密封（双向）、OG 型 PTFE 活塞组合密封（单向）和 OT 型 PTFE 活塞组合密封（双向），当采用大截面、小间隙 H7/f7 配合时其压力范围可达≤60MPa。

表 20-7-49 **防尘圈**（仅供参考）

序号	密封件类型	密封材料	尺寸范围 /mm	作用	温度范围 /℃	速度 /m·s^{-1}	沟槽类型
1	A1 型防尘圈	丁腈橡胶	4~500	单	-35~100	≤2.0	闭
		聚氨酯	12~260				
		氟橡胶	6~250				
2	A5 型防尘圈	丁腈橡胶	10~360	单	-35~100	≤2.0	闭
		聚氨酯			-35~80		
3	A6 型防尘圈	丁腈橡胶	40~230	单	-35~100	≤2.0	闭
4	A7 型刮尘圈	热塑性材料	20~140	单	-40~100	≤1.0	闭
5	A8 型聚氨酯防尘圈	聚氨酯	18~330	单	-35~100(110)	≤2.0	闭
6	AD 型聚四氟乙烯双作用防尘圈	填充聚四氟乙烯+丁腈橡胶	5~4200	双	-30~100	≤4.0	闭
		填充聚四氟乙烯+氟橡胶			-30~200		
7	AE 型 PTFE 双作用防尘圈	填充聚四氟乙烯+丁腈橡胶	6~1000	双	-30~100	≤4.0	闭
8	AF 型金属骨架防尘圈	聚氨酯+金属	35~210	单	-35~100	≤2.0	开
9	AG 型销轴防尘圈	聚氨酯+金属	15~180	单	-35~100	≤2.0	开
10	AH 型防尘圈	聚氨酯+金属	20~230	双	-35~100(110)	≤2.0	开
11	AM 型金属骨架防尘圈	丁腈橡胶+金属	6~200	单	-35~100	≤2.0	开
		聚氨酯+金属					
12	AY 型双唇防尘圈	聚氨酯	8~160	双	-35~100	≤2.0	闭

注：1. 参考派克汉尼汾公司 2021 年版《派克液压密封件》样本。

2. AD 型聚四氟乙烯双作用防尘圈按轻、中或重载选择。

3. 密封件制造商还可能提供除上表所列之外的其他密封材料如氟橡胶等的密封件。

表 20-7-50 **导向环**（带）（仅供参考）

序号	密封件类型	密封材料	尺寸范围 /mm	温度范围 /℃	速度 /m·s^{-1}	沟槽类型
1	F1 型(开口式活塞用)	聚酰胺	20~250	-40~100	≤5	闭
2	F3 型(带)	填充聚四氟乙烯	1.5、1.55、1.6、2.5、3.0、4.0	-100~200	≤5	闭
3	FC 型(带)	织物增强的酚醛树脂+PTFE	2.5、4.0	-50~130	≤0.5	闭
4	FR 型(带)	织物增强的酚醛树脂	12~600(活塞杆用)	-50~120	≤0.5	闭
		聚酯纤维增加酚醛树脂+PTFE	15~605(活塞用)	-50~130		

注：1. 参考派克汉尼汾公司 2021 年版《派克液压密封件》样本。

2. FC 型导向带的表面纹理可改善滑动性能。F3 型活塞导向环也有压花的表面结构（FW）。

3. FC 型导向带材料还有聚酯纤维增强的酚醛树脂+PTFE（棕色）。

4. FC 型导向带、FR 型导向环都涉及吸水问题，使用时请注意。

表 20-7-51 **其他密封件**（仅供参考）

序号	密封件名称	密封材料	尺寸范围 /mm	温度范围 /℃	速度 /m·s⁻¹	压力/MPa
1	HS 型缸头静密封	聚氨酯(P6000)	7~340	-35~110	静密封	≤60
2	OV 型聚氨酯材料法兰密封	聚氨酯(P5008)	17~152.1 或 25.4~168.5	-35~100	静密封	≤60
3	V1 型聚氨酯 O 形圈	聚氨酯(P5008)	1.78×1.7~225×5	-35~110	静密封或≤0.5	≤60
4	WZ 型复合密封垫圈	丁腈橡胶	4.5(M4)~31(M30)	-30~100	静密封	爆破≤155
		氟橡胶		-20~200		
5	XA 型和 XB 型聚四氟乙烯 O 形圈挡圈	聚四氟乙烯(PS001)	1.25、1.4、1.7、1.9、2.5、2.75	-190~230	静密封	中低压用

注：1. 参考派克汉尼汾公司 2021 年版《派克液压密封件》样本。

2. 除 P6000（灰色，-35~110℃）外，还有其他聚氨酯材料可选，如 P5008（绿色，-35~100℃）、P5009（灰色，-45~5℃）、P4700（浅绿色，-45~90℃）等。密封件制造商推荐水基介质建议采用 P5001；食品行业建议采用 P5000。

3. XA 整体式和 XB 开口式聚四氟乙烯 O 形圈挡圈主要用作单独使用 O 形圈不能避免挤出失效的场合，如压力高于 7MPa；直径配合间隙大于 0.25mm（当压力大于 1MPa）；高频率；高温；介质中可能有污染物；压力变化大，脉动压力。

4. 除 PS001（白色）聚四乙烯外，还有 PS033（黑色，-190~315℃）、PS052（青铜色，-156~260℃）、PS074（灰色，-260~310℃）等聚四氟乙烯以及其他工程塑料材料可供选择。

（6）华尔卡液压缸密封件总汇（见表 20-7-52~表 20-7-56）

表 20-7-52 **活塞杆密封件**（仅供参考）

序号	密封件名称	系列	尺寸范围 /mm	作用	密封材料	温度范围 /℃	速度 /m·s⁻¹	压力 /MPa
1	U 形密封圈	UHR	18~200	单	聚氨酯橡胶* 丁腈橡胶 特级橡胶* 氟橡胶	-20~80 -30~80 -25~120 -10~150	0.04~1.0	见样本中表 1-40
2		UNR	160~280	单				
3		MLR	22.4~100	单				
4		UHS	11.2~145	单				
5		UNS	6.3~150	单				
6		URHP	40~150	单	聚氨酯橡胶	-20~90		
7	减震环	URBF	40~150		聚氨酯+聚酰胺(挡圈)			34.3
8	V 形密封圈	VNV	6~400	单	夹布丁腈橡胶 夹布氟橡胶	-30~80 -10~150	0.1~1.5	58.8
9		VNF	6.3~1000	单				
10		VGH	6.3~300	单	丁腈橡胶 氟橡胶	-30~80 -10~150	0.05~0.5	17.2
11	MV 形密封圈	MV	25~670 或 40~300	单	丁腈橡胶 特级橡胶 氟橡胶	-30~80 -25~120 -10~150	0.1~1.5	34.5

注：1. 参考华尔卡（上海）贸易有限公司产品样本 2017 年版本。

2. 华尔卡 E9625（R5590）为标准型聚氨酯橡胶，TE9625（R5990）为耐热、耐水解型聚氨酯橡胶。以下同。

3. 根据“气-液压密封材料的种类与特性”表，特级橡胶为氢化丁腈橡胶（HNBR）。以下同。

4. 与“活塞杆密封的选定指导”表不同，还有聚氨酯材料的 MV 形密封圈。

表 20-7-53 **U 形密封圈材料和使用压力条件**

型式与系列		聚氨酯	丁腈橡胶	氟橡胶	特级橡胶
通用型	UH 系列	20.6/44.1	13.7/34.3	13.7/34.3	13.7/34.3
	UR 系列				
高压系列	UN 系列	34.3/68.6			20.6/44.1
	ML 系列				

注：1. 参考华尔卡（上海）贸易有限公司产品样本 2017 年版本。

2. 表中的压力分别为不加挡圈或加挡圈时的压力。压力单位为 MPa。

表 20-7-54　　**活塞密封件**（仅供参考）

序号	密封件名称	系列	尺寸范围/mm	作用	密封材料	温度范围/℃	速度/m·s⁻¹	压力/MPa
1	U形密封圈	UHP	40~250	单	聚氨酯橡胶 丁腈橡胶 特级橡胶 氟橡胶	-20~80 -30~80 -25~120 -10~150	0.04~1.0	见样本中表1-40
2		UNP	180~330	单				
3		MLP	40~250	单				
4	滑动密封圈	APS	20~250	双	氟树脂+丁腈橡胶 或氟树脂+氟橡胶	-30~80 -10~150	0.01~1.0	20.6
5		APL	40~200	双				34.3
6		APT	50~320	双	氟树脂+聚酰胺+丁腈橡胶 氟树脂+聚酰胺+氟橡胶	-30~80 -10~150		
7		CPL	80~215	双	氟树脂+聚酰胺+丁腈橡胶	-20~90		
8	V形密封圈	VNV	16~400	单	夹布丁腈橡胶	-30~80	0.1~1.5	58.8
9		VNF	16.3~1040	单	夹布氟橡胶	-10~150		
10		VGH	16.3~332	单	丁腈橡胶 氟橡胶	-30~80 -10~150	0.05~0.5	17.2

注：参考华尔卡（上海）贸易有限公司产品样本2017年版本。

表 20-7-55　　**防尘圈密封圈**（仅供参考）

序号	系列	尺寸范围/mm	作用	密封材料	温度范围/℃	速度/m·s⁻¹	沟槽类型
1	DHS	11.2~230	双	聚氨酯橡胶 丁腈橡胶 氟橡胶	-20~80 -30~80 -10~150	0.04~1.0	闭*
2	DRL	6.3~315	单	聚氨酯橡胶	-20~80		闭
3	DSL	6.3~315	单	聚氨酯橡胶+冷轧钢板	-20~80		开
4	DSB	40~150	单	聚氨酯橡胶+冷轧钢板	-20~90		

注：1. 参考华尔卡（上海）贸易有限公司产品样本2017年版本。

2. DRL和DSL系列防尘圈密封圈还可订购丁腈橡胶、特级橡胶和氟橡胶材料的。

3. 沟槽类型为闭*的有时需开式沟槽。

表 20-7-56　　**挡圈、耐磨环、滑环**（仅供参考）

序号	名称	系列	密封材料	尺寸范围/mm	温度范围/℃	速度/m·s⁻¹	压力/MPa
1	挡圈	—	氟树脂	见各系列样本	-30~150	0.04~1.0	44.1
2		URHP用	聚酰胺	3×(40~150)			
3	耐磨环	WPL	夹布酚醛树脂	2×(31.5~50)、3×(56~250)			
4		WPC	玻璃纤维增强聚酰胺	2.5×(80~150)、3×(165~215)			
5	滑环	SRPG	玻璃纤维增强聚酰胺	4×(80~215)			

注：参考华尔卡（上海）贸易有限公司产品样本2017年版本。

（7）Merkel液压缸密封件总汇（见表20-7-57~表20-7-60）

表 20-7-57　　**活塞杆密封件**（仅供参考）

序号	密封件型号	尺寸范围/mm	作用	密封材料	温度范围/℃	速度/m·s⁻¹	压力/MPa
1	LF 300	16~92	单	94 AU 925	-30~110	0.6	32
				92 AU 21100	-50~110		
				94 AU 30000	-35~120		
2	NI 150	6~140	单	80 NBR 878	-30~100	0.5	10

续表

序号	密封件型号	尺寸范围/mm	作用	密封材料	温度范围/℃	速度/m·s⁻¹	压力/MPa
3	NI 250(带挡圈)	20~90	单	80 NBR 878/PO 992020	-30~100	0.5	25
4	NI 300	10~180	单	94 AU 925	-30~110	0.5	40
				94 AU 30000	-35~120		50
5	NI 400(带挡圈)	20~360	单	80 NBR 878/PO 992020	-30~100	0.5	40
6	T 20	8~320	单	94 AU V142	-30~110	0.5	40
				94 AU 30000	-35~120		50
7	T 22	20~160	单	95 AU V142	-30~110	0.5	40
8	T 23(带挡圈)	40~260	单	95 AU V142/PO 202	-30~110	0.5	50
9	T 24	45~171	单	95 AU V142	-30~110	0.5	40
10	TM 20	320~1248	单	95 AU V142	-30~110	0.5	40
11	TM 23(带挡圈)	60~340	单	95 AU V157 93 AU V167	+5~60	0.5	50
12	NRS-0503(带挡圈)	90~600	单	95 AU V157	-30~110	0.5	50
13	L 20	65~200	单	85 NBR B203/85 NBR B247	-30~100	0.5	16
				85 FKM K664	-10~200		
14	SYPRIM SM(缓冲环)	40~200	单	95 AU V142/POM 202	-30~110	0.5	40
				94 AU 30000/POM 202	-35~120		50
15	密封件组 0214(带挡圈)	140~1100	单	80 NBR B246/PO 202/PA 6.G 200	-30~100	1.5	40
16	密封件组 0216(带挡圈)	125~1070	单	80 NBR B246/PO 202/PA 6.G 200	-30~100	1.5	40
17	TMP 20	80~1800	单	93 AU V167/93 AU V168	-10~80	1.5	2
18	OMS-MR(同轴密封)	3~1120	单	PTFE B602/NBR B276 PTFE GM201/NBR B276	-30~100	5	40
				PTFE B602/FKM K655	-10~200		
19	OMS-MR PR(同轴密封)	25~1120	单	PTFE B602/NBR PTFE GM201/NBR PTFE C104/NBR	-30~100	5	40
20	OMS-S(同轴密封)	20~1070	单	PTFE GM201/NBR B246	-30~100	5	40
21	OMS-S PR(同轴密封)	80~1248	单	PTFE B602/NBR PTFE GM201/NBR PTFE C104/NBR	-30~100	5	40
22	KI 310	10~145	单	94 AU 925	-30~110	0.5	40
23	KI 320	40~140	单	94 NBR 925/POM 992020	-30~110	0.5	50
24	S 8	5~240	单	70 NBR B209	-30~100	0.5	25
25	TFMI	10~100	双	PTFE 177023/NBR	-30~100	2.0	16
26	V 1000(V组)	100~2450	单	BI-NR B5A15 BI-NR B5B210	-30~100	—	—
27	雪佛龙密封件组 ES/ESV	16~1220	单	BI-NBR B259	-30~100	0.5	40
				BI-FKM	-15~140		
28	雪佛龙密封件组 DMS	20~90	单	PTFE	-15~140	1.2	30
				PTFE fabric	-200~260	0.8	70
29	填料环 TFW	5~70	单	15/F 52902	-200~220	1.5	31.5
30	H MF	8~420	单	88 NBR 101	-30~100	0.5	1
31	H OF	3~120.7	单	88 NBR 101	-30~100	0.5	1
32	FOI(带弹簧)	2~125	单	10/F 56110	-200~260	15	30
33	N 1/AUN 1	2/4~460	单	90 NBR 109	-30~100	0.5	10
				94 AU 925	-30~110		20
34	N 100/AUN 100	8~400	单	90 NBR 109	-30~100	0.5	16
				94 AU 925	-30~110		30
35	HDR-2C	40~180	单	92 AU 21100/98 AU928	-30~110	0.5	50

续表

序号	密封件型号	尺寸范围/mm	作用	密封材料	温度范围/℃	速度/m·s^{-1}	压力/MPa
36	UNI	40~130		94 U801	-45~100	1.0	30
37	HBY(缓冲环)	40~210	单	94 U801/80 NP	-55~100	1.0	50
				94 U 641/80 NP	-35~110		
				95 UH 05/80 NP	-55~120		
38	HBTS(同轴密封)	4~180	单	55YF/A305	-30~100	1.5	50
				55YF/F201	-20~160		
39	ISI	18~300	单	94 U801	-30~100	1.0	30
				94 U641	-10~110		
40	IUH	14~240	单	90 NBR A505	-25~100	1.0	14
				82 NBR A567	-35~80		
				85 HNBR G928	-25~120		
41	SPN(同轴密封)	18~140	双	19YF/A980	-40~100	1.5	35
				19YF/F201	-20~160		
42	IDI	6.3~300	单	94 U801	-35~100	1.0	35
43	SPNC(同轴密封)	3~360	双	31 BF/A305	-30~100	1.5	2
				31 BF/F201	-20~160		
44	SPNO(同轴密封)	12~380	双	19 YF/A305	-30~100	1.5	35
				19 YF/F201	-20~160		

注：1. 参考了科德宝密封技术有限公司《流体动力密封》第 11 卷。

2. 一些尺寸范围与上一版比较略有变化，选用时请仔细阅读产品样本。以下同。

表 20-7-58　　活塞密封件（仅供参考）

序号	密封件型号	尺寸范围/mm	作用	密封材料	温度范围/℃	速度/m·s^{-1}	压力/MPa
1	NA 150	12~200	单	80 NBR 878	-30~100	0.5	10
2	NA 250(带挡圈)	32~180	单	80 NBR 878/PO 992020	-30~100	0.5	25
3	NA 300	16~400	单	94 AU 925	-30~110	0.5	40
4	NA 400(带挡圈)	25~320	单	80 NBR 878/PO 992020	-30~100	0.5	40
5	TM 21	160~1160	单	95 AU V142	-30~110	0.5	40
				93 AU V167	-25~100		
6	TMP 21	200~1240	单	93 AU V167	-25~100	1.5	2
				93 AU V168	-10~80		
7	N 1/AUN 1	7/10~500	单	90 NBR 109	-30~100	0.5	10
				94 AU 925	-30~110		20
8	N 100/AUN 100	20~390	单	90 NBR 109	-30~100	0.5	16
				94 AU 925	-30~110		30
9	T 18(带挡圈)	40~320	单	95 AU V142/PO 202	-30~110	0.5	40
10	T 42(组合)	60~380	双	93 AU V167 NBR/PO 202	+5~60	0.1	50
11	T 44(组合)	110~345	双	93 AU V167 NBR/PO 202	+5~60	0.1	150
12	0215(带挡圈)	80~900	单	80 NBR B246 /PO 202/PA 6. G200	-30~100	1.5	40
13	0217(带挡圈)	200~1060	单	80 NBR B246 /PO 202/PA 6. G200	-30~100	1.5	40
14	OMK-PU(同轴密封)	20~200	双	95 AU V42/B 276	-30~100	0.5	25
15	OMK-E(同轴密封)	8~950	单	GM201/B275 B602/B276	-30~100	5	40
				B602/K566	-10~200		
16	OMK-ES(同轴密封)	110~750	单	B602/B246 GM201/B246	-30~100	5	40
17	OMK-MR(同轴密封)	8~1330	双	B602/B276 GM201/B276	-30~100	5	40
				B602/K655	-10~200		

续表

序号	密封件型号	尺寸范围/mm	作用	密封材料	温度范围/℃	速度/m·s^{-1}	压力/MPa
18	OMK-S(同轴密封)	50~1750	双	B602/B246 GM201/B246	-30~100	5	40
19	Simko 300(同轴密封)	20~180	双	98 AU 928/872 98 AU 928/709	-30~100	0.5	40
20	HDP330(同轴密封)	32~220	双	PA 4112/177605	-30~100	1.0	60
21	Simko 320×2(组合)	25~250	双	80 NBR 878/PA	-30~100	0.5	40
22	Simko 520(组合)	40~320	双	80 NBR/PO 992020	-30~100	0.5	50
23	L 27(组合)	50~320	双	B602/B247/PO202 B602/B203/PO202	-30~100	1.5	50
24	L 43(组合)	40~200	双	70 NBR B281/TP113/PA6501	-30~100	0.5	40
25	T 19	25~100	双	95 AU V142/PO202	-30~110	0.5	21
26	TFMA	10~150	双	177023/NBR	-30~100	2	16
27	TDUOH	25~300	双	90 NBR 109	-30~100	0.5	6
28	TOF	10~350	单	88 NBR 101	-30~100	0.5	1
29	EK/EKV(V 组)	40~1100	单	BI-NBR	-30~100	0.5	40
				BI-FKM	-15~140		
30	FOA(带弹簧)	10~200	单	10/F56110	-200~260	15	30
31	CPH	30~205	单	70 A 102/70 A 103 70 A 104/70 A 505	-25~100	0.3	3.5
32	CPI	24~300	单	94 U801	-35~100	0.3	7
33	ODI	18~332	单	94 U801	-35~100	1.0	35
34	OSI	35~300	单	94 U801	-30~100	1.0	30
35	OUHR	40~250	单	90 A505	-25~100	1.0	14
				82 A567	-55~80		
36	OUIS	40~250	单	94 U801	-30~100	1.0	30
				94 U641	-10~110		
37	SPG(同轴密封)	30~1650	双	19YF/80 A980	-40~100	1.5	50
				19YF/70 F201	-20~160		
38	SPGC(同轴密封)	6~400	双	31BF/70 A305	-30~100	1.5	2
				31BF/70 F201	-20~160		
39	SPGO(同轴密封)	20~400	双	19YF/70 A305	-30~100	1.5	35
				19YF/70 F201	-20~160		
40	SPGW(同轴密封)	50~320	双	19YF/80 A980	-40~100	1.5	50
				19YF/70 F201	-20~120		
				19YF/85 FG928	-25~120		

注：参考了科德宝密封技术有限公司《流体动力密封》第 11 卷。

表 20-7-59　　防尘圈（仅供参考）

序号	密封件型号	尺寸范围/mm	作用	密封材料	温度范围/℃	速度/m·s^{-1}	沟槽类型
1	AS(带骨架)	6~400	单	88 NBR 101 88 NBR 99035	-30~100	2.0	B 型
2	ASOB	8~140	单	88 NBR 101	-30~100	2.0	A 型
3	AUPS(带骨架)	35~90	单	94 AU 925	-30~110	2.0	B 型
				94 AU 30000	-35~120		
4	AUAS(带骨架)	10~200	单	94 AU 925	-30~110	2.0	B 型
				94 AU 30000	-35~120		
5	AUAS R(带骨架)	25~80	单	94 AU 925	-30~110	2.0	B 型

续表

序号	密封件型号	尺寸范围/mm	作用	密封材料	温度范围/℃	速度/m·s^{-1}	沟槽类型
6	AUASOB	6~200	单	94 AU 925	-30~110	2.0	A型
7	P6	16~900	单	85 NBR B247	-30~100	2.0	A型
				85 FKM K664	-10~200		
8	PU5	16~200	单	95 AU V149	-30~110	2.0	A型
				94 AU 30000	-35~120		
9	PU6	12~200	单	95 AU V149	-30~110	2.0	A型
10	DKH(带骨架)	10~500	单	80 A104 80 A795	-20~100	2.0	B型
				80 A980	-55~80		
				80 F975	-20~150		
11	DKI(带骨架)	6.3~300	单	94 U801	-35~100	2.0	B型
12	DSI	6.3~300	单	94 U801	-35~100	2.0	A型
13	DWI(带骨架)	40~140	单	95 U801	-55~100	2.0	B型
14	DWR(带骨架)	25~140	单	95 U801	-55~100	2.0	B型
15	P8	10~1000	双	90 NBR 109 85 NBR B247	-30~100	1.0	D型
16	P9	200~2450	双	85 NBR B247	-30~100	1.0	D型
17	PRW1	22~160	双	94 AU 925	-30~110	1.0	D型
				92 AU 21100	-50~100		
				94 AU 30000	-50~120		
18	PT1(同轴防尘)	10~920	双	B602/70 NBR GM201/70NBR	-30~100	5.0	D型
				B602/70 FKM	-10~200		
				GM201/70 FKM	-10~150		
19	PT2(同轴防尘)	100~1500	双	B602/70 NBR	-30~100	5.0	D型
				B602/70 FKM	-10~200		
20	PU11	12~170	双	95 AU V142	-30~110	1.0	D型
				94 AU 30000	-40~120		
21	DKB(带骨架)	14~250	双	80 A795	-20~100	1.0	B型
				80 NBR A980	-55~80		
				80 FKM F975	-20~150		
22	DKBI(带骨架)	20~140	双	94 U801	-55~100	1.0	B型
				94 U641	-10~110		
23	LBI	18~250	双	92 U593	-35~100	1.0	D型
24	LBH	12~500	双	90 A505	-25~100	1.0	D型
				82 A567	-55~80		
				90 F357	-10~150		

注：1. 参考了科德宝密封技术有限公司《流体动力密封》第11卷。

2. 密封圈安装沟槽型式按GB/T 6578—2008《液压缸活塞杆用防尘圈沟槽型式、尺寸和公差》。

表 20-7-60　　活塞和活塞杆抗磨环及导向条（仅供参考）

序号	密封件类型	密封材料	尺寸范围/mm	温度范围/℃	速度/m·s^{-1}	压力/MPa
1	EKF	PA4201	ϕ20×8~ϕ220×30	-40~100	1.0	—
2	FRA	PA4112	ϕ20×3.9~ϕ200×14.8	-40~100	1.0	≤40,在20℃ ≤30,在100℃
3	KB	HG517 HG600	ϕ30×5.5~ϕ300×14.8 ϕ305×14.8~ϕ1050×24.4	-40~120	1.0	<50,60℃以下 <25,100℃以下
4	KBK	HG517 HG650	ϕ40×14.8~ϕ300×34.5 ϕ300×24.5~ϕ1500×39.5	-40~120	1.0	<60,120℃以下

续表

序号	密封件类型	密封材料	尺寸范围/mm	温度范围/℃	速度/m·s⁻¹	压力/MPa
5	KF	B500	ϕ20×5.5～ϕ1300×24.5	-40～200	5.0	<15,20℃以下 <7.5,80℃以下 <5,120℃以下
6	RYT	05ZF	8×2、10×2、15×2.5、20×2.5、25×2.5、30×2.5、35×2.5、40×2.5、45×2.5、50×3、55×3、60×3、70×3	-55～220	1.5	—
7	FRI	PA4112	ϕ20×3.9～ϕ100×9.5	-40～100	1.0	≤40,在20℃ ≤30,在100℃
8	SBK	HG517 HG650	ϕ25×9.5～ϕ292×24.5 ϕ300×24.5～ϕ1626×39.5	-40～120	1.0	<60,120℃以下
9	SB	HG517 HG600 HG650	ϕ20×5.5～ϕ300×14.8 ϕ300×24.5～ϕ1650×24.5	-40～120	1.0	<50,60℃以下 <25,100℃以下
10	SF	B500	ϕ25×5.5～ϕ1150×24.5	-40～200	5.0	<15,20℃以下 <7.5,80℃以下 <5,120℃以下

注：1. 参考了科德宝密封技术有限公司《流体动力密封》第11卷。
2. 类型为RYT活塞抗磨环的规格尺寸是由“沟槽槽宽×抗磨环厚度”表示的。
3. 分为“活塞抗磨环”和“活塞杆抗磨环”，类型为FRI、SBK、SB、SF的为活塞杆抗磨环。

.11　液压缸及液压缸附件的安装尺寸

现行的液压缸的安装尺寸标准有六项、液压缸附件的安装尺寸标准有三项，见表20-7-61。

表20-7-61　　液压缸及液压缸附件安装尺寸标准

序号	标准
1	GB/T 38178.2—2019/ISO 16656:2016,MOD《液压传动　10MPa系列单杆缸的安装尺寸　第2部分:短行程系列》
2	GB/T 38205.3—2019/ISO 6020-3:2015,MOD《液压传动　16MPa系列单杆缸的安装尺寸　第3部分:缸径250～500mm紧凑型系列》
3	JB/T 12706.1—2016/ISO 6020-1:2007,MOD《液压传动　16MPa系列单杆缸的安装尺寸　第1部分:中型系列》
4	JB/T 12706.2—2017/ISO 6020-2:2015,MOD《液压传动　16MPa系列单杆缸的安装尺寸　第2部分:缸径25～220mm紧凑型系列》
5	JB/T 13291—2017/ISO 6022:2006,MOD《液压传动　25MPa系列单杆缸的安装尺寸》
6	JB/T 13800—2020/ISO 10762:2015,MOD《液压传动　10MPa系列单杆缸的安装尺》
7	GB/T 39949.1—2021/ISO 8132:2014,MOD《液压传动　单杆缸附件的安装尺寸　第1部分:16MPa中型系列和25MPa系列》
8	GB/T 39949.2—2021/ISO 8133:2014,MOD《液压传动　单杆缸附件的安装尺寸　第2部分:16MPa缸径25～220mm紧凑型系列》
9	GB/T 39949.3—2021/ISO 13726:2008,MOD《液压传动　单杆缸附件的安装尺寸　第3部分:16MPa缸径250～500mm紧凑型系列》

11.1　液压缸的安装尺寸

（1）10MPa系列单杆液压缸的安装尺寸（摘自JB/T 13800—2020/ISO 10762：2015，MOD）

表 20-7-62

mm

范围

JB/T 13800—2020《液压传动　10MPa 系列单杆缸的安装尺寸》规定了 10MPa 系列单杆液压缸的安装尺寸，以满足常用液压缸的互换性要求

本标准适用于缸径为 40~200mm 的 10MPa 系列单杆液压缸

注：本标准仅提供基本准则，不限制其技术应用，允许制造商在液压缸的设计中灵活使用

尺寸

①液压缸的安装尺寸应从图 1~图 13 以及对应表 1~表 13 中选择

②油口位置、尺寸应符合图 1 和表 1 的规定

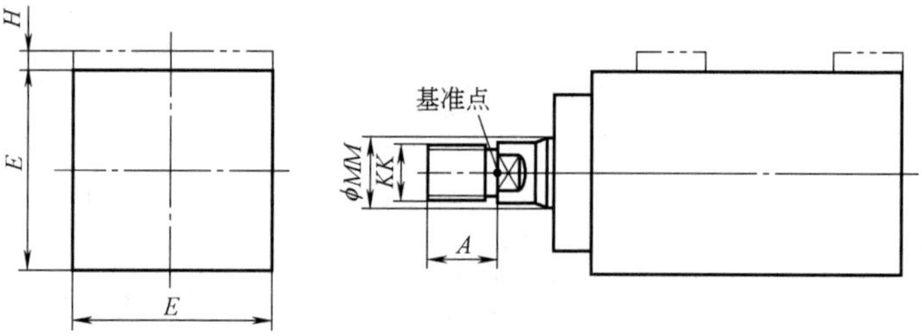

图 1　基本尺寸

表 1　基本尺寸

缸径	MM①	KK 6g	A max	E max	H② max
40	18	M14×1.5	18	52	5
	22	M14×1.5	18		
		M16×1.5	22		
	28	M14×1.5	18		
		M20×1.5	28		
50	22	M16×1.5	22	65	5
	28	M16×1.5	22		
		M20×1.5	28		
	36	M16×1.5	22		
		M27×2	36		
63	28	M20×1.5	28	77	3
	36	M20×1.5	28		
		M27×2	36		
63	45	M20×1.5	28		
		M33×2	45		
80	36	M27×2	36	96	4
	45	M27×2	36		
		M33×2	45		
	56	M27×2	36		
		M42×2	56		
90	45	M33×2	45	105	4
	56	M33×2	45		
		M42×2	56		
	63	M33×2	45		
		M48×2	63		
100	45	M33×2	45	115	5
	56	M33×2	45		
		M42×2	56		
	70	M33×2	45		
		M48×2	63		
110	56	M42×2	56	125	—
	70	M42×2	56		
		M48×2	63		

续表

尺寸

续表

缸径	MM①	KK 6g	A max	E max	H② max
110	90	M42×2	56	125	—
		M64×3	85		
125	56	M42×2	56	140	—
	70	M42×2	56		
		M48×2	63		
	90	M42×2	56		
		M64×3	85		
140	70	M48×2	63	160	—
	90	M48×2	63		
		M64×3	85		
	110	M48×2	63		
		M80×3	95		
160	70	M48×2	63	180	—
	90	M48×2	63		
		M64×3	85		
	110	M48×2	63		
		M80×3	95		
180	90	M64×3	85	205	—
	110	M64×3	85		
		M80×3	95		
	125	M64×3	85		
		M100×3	112		
200	90	M64×3	85	225	—
	110	M64×3	85		
		M80×3	95		
	140	M64×3	85		
		M100×3	112		

① 见 8.2

② 对于 50mm、63mm、80mm、90mm、100mm 五种缸径，前端盖可增加油口凸起高度；对于 40mm 缸径，前端盖和后端盖都应增加油口凸起高度

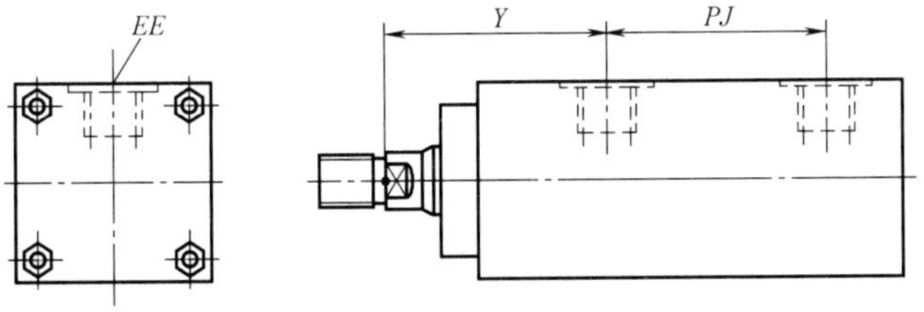

图 2　油口型式和位置

表 2　油口型式和位置

缸径	EE GB/T 2878.1① 油口 6H	EE ISO 1179-1 油口	Y②	PJ②
40	M18×1.5	G3/8	58	58
50	M18×1.5	G3/8	65	58
63	M22×1.5	G1/2	69	66
80	M22×1.5	G1/2	77	74

续表

续表

缸径	EE		Y[②]	PJ[②]
	GB/T 2878.1[①] 油口 6H	ISO 1179-1 油口		
90	M22×1.5	G½	77	74
100	M27×2	G¾	79	86
110	M27×2	G¾	80	93
125	M27×2	G¾	80	93
140	M33×2	G1	85	100
160	M33×2	G1	85	100
180	M33×2	G1	85	120
200	M33×2	G1	85	120

① 新产品设计时螺纹油口宜按 GB/T 2878.1 选用

② 尺寸 Y 和 PJ 公差与行程有关，见表 14

尺寸

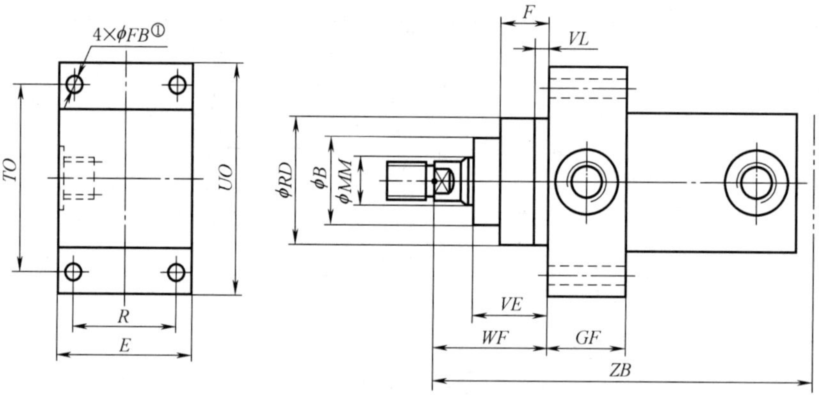

图 3 矩形前盖式（ME5）

① 安装孔径应符合 GB/T 5277 的中等装配系列规定

表 3 矩形前盖式（ME5）安装尺寸

缸径	MM	RD f8	TO js13	FB H13	R js13	WF[①]	GF	F max	E max	UO max	ZB[①]	VE max	B max	VL min
40	18	51	70	6.6	40	35	38	10	52	86	141	22	30	3
	22												34	
	28												42	
50	22	62	86	9	50	41	38	10	65	105	149	25	34	4
	28												42	
	36												50	
63	28	72	98	9	56	48	38	10	77	118	163	29	42	4
	36												50	
	45												60	
80	36	92	119	11	70	51	45	16	96	143	180	29	50	4
	45												60	
	56												72	
90	45	100	128	11	80	51	45	16	105	152	190	29	60	4
	56												72	
	63												80	
100	45	110	138	13.5	90	57	45	16	115	162	204	32	60	5
	56												72	
	70												88	

续表

续表

尺寸

缸径	*MM*	*RD* f8	*TO* js13	*FB* H13	*R* js13	*WF*①	*GF*	*F* max	*E* max	*UO* max	*ZB*①	*VE* max	*B* max	*VL* min
110	56	120	148	15.5	100	57	50	16	125	175	206	32	72	5
	70												88	
	90												108	
125	56	130	168	17.5	110	57	58	16	140	194	209	32	72	5
	70												88	
	90												108	
140	70	125	182	20	125	57	58	25	160	220	218	32	88	5
	90	150											108	
	100	160											120	
160	70	125	212	22	140	57	58	25	180	248	228	32	88	5
	90	150											108	
	110	170											133	
180	90	150	240	24	155	57	76	25	200	278	240	32	108	5
	110	170											133	
	125	185											148	
200	90	150	268	26	170	57	76	25	225	308	253	32	108	5
	110	170											133	
	140	210											163	

① 尺寸 *WF* 和 *ZB* 公差与行程有关,见表 14

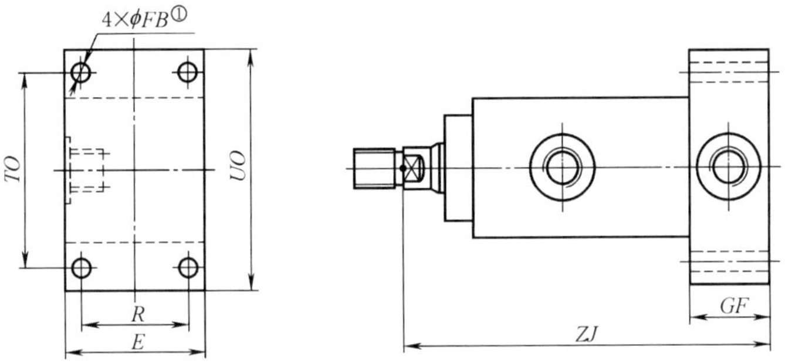

图 4　矩形后盖式（ME6）

① 安装孔径应符合 GB/T 5277 的中等装配系列规定

表 4　矩形后盖式（ME6）安装尺寸

缸径	*E* max	*TO* js13	*FB* H13	*R* js13	*ZJ*①	*GF*	*UO* max
40	52	70	6.6	40	132	38	86
50	65	86	9	50	139	38	105
63	77	98	9	56	153	38	118
80	96	119	11	70	168	45	143
90	105	128	11	80	178	45	152
100	115	138	13.5	90	187	45	162
110	125	148	15.5	100	190	50	175
125	140	168	17.5	110	196	58	194
140	160	182	20	125	205	58	220
160	180	212	22	140	213	58	248
180	200	240	24	155	223	76	278
200	225	268	26	170	233	76	308

① 尺寸 *ZJ* 公差与行程有关,见表 14

续表

尺寸

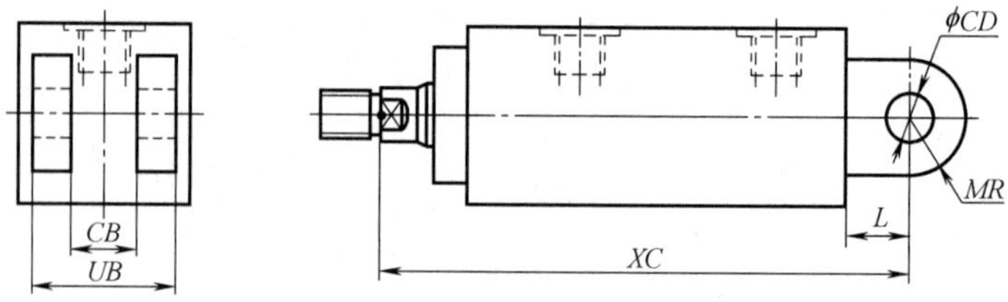

图 5　后端固定双耳环式(MP1)

表 5　后端固定双耳环式(MP1)安装尺寸

缸径	*UB* max	*CB* A16	*CD* H9	*MR* max	*L* min	*XC*①
40	43	20	14	17	19	151
50	43	20	14	17	19	158
63	65	30	20	29	32	185
80	65	30	20	29	32	200
90	74	35	24	32	35	213
100	83	40	28	34	39	226
110	90	45	32	42	41	233
125	103	50	36	50	54	250
140	112	55	40	52	55	260
160	125	60	45	53	57	270
180	135	65	50	56	60	283
200	145	70	56	59	63	296

① 尺寸 *XC* 公差与行程有关，见表 14

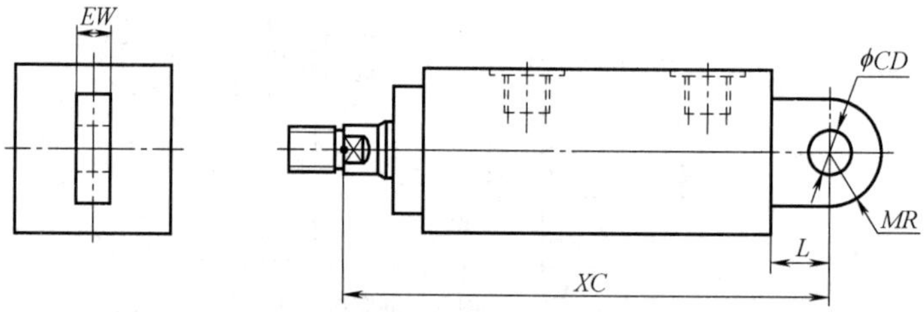

图 6　后端固定单耳环式(MP3)

表 6　后端固定单耳环式(MP3)安装尺寸

缸径	*EW* h14	*CD* H9	*MR* max	*L* min	*XC*①
40	14	16	22.5	20	152
50	16	20	29	25	164
63	20	25	33	31	184
80	22	30	40	38	206
90	25	35	45	43	220
100	28	40	50	48	235
110	31	45	55	53	244
125	35	50	62	58	254
140	39	55	70	65	270
160	44	60	80	72	285
180	50	70	90	82	305
200	55	80	100	92	325

① 尺寸 *XC* 公差与行程有关，见表 14

续表

尺寸

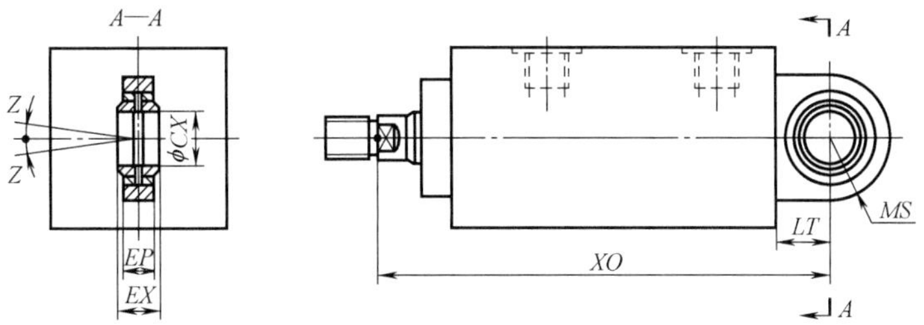

图 7　带关节轴承、后端固定单耳环式(MP5)

表 7　带关节轴承、后端固定单耳环式(MP5)安装尺寸

缸径	EP h15	EX		CX		MS max	LT min	XO①
		公称尺寸	极限偏差	公称尺寸	极限偏差			
40	11	14	0 -0.12	16	0 -0.006	22.5	20	152
50	13	16	0 -0.12	20	0 -0.012	29	25	164
63	17	20	0 -0.12	25	0 -0.012	33	31	184
80	19	22	0 -0.12	30	0 -0.012	40	38	206
90	21	25	0 -0.12	35	0 -0.012	45	43	220
100	23	28	0 -0.12	40	0 -0.012	50	48	235
110	26	32	0 -0.12	45	0 -0.012	55	53	244
125	30	35	0 -0.12	50	0 -0.012	62	58	254
140	34	40	0 -0.12	55	0 -0.012	70	65	270
160	38	44	0 -0.15	60	0 -0.015	80	72	285
180	42	49	0 -0.15	70	0 -0.015	90	82	305
200	47	55	0 -0.15	80	0 -0.015	100	92	325

摆动角度 Z 最小值为 4°

① 尺寸 XO 公差与行程有关,见表 14

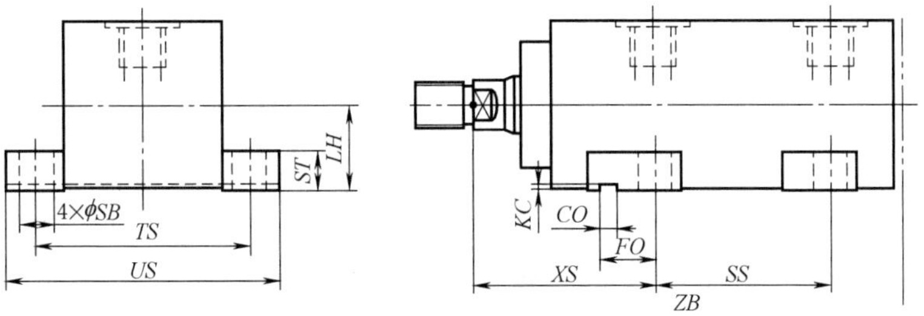

图 8　侧面脚架式(MS2)

续表

尺寸

表 8 侧面脚架式(MS2)安装尺寸

缸径	*TS* js13	*SB* H13	*LH* h10	*XS*①	*SS*①	*ZB*①	*FO*② ±0.2	*CO*② N9	*KC*② $^{+0.1}_{0}$	*ST* js18	*US* max
40	70	11	25.5	58	59	141	18	6	1.8	12	90
50	83	11	32	65	59	149	19	6	1.8	12	103
63	95	11	38	68	68	163	21	12	3.3	12	115
80	121	14	47.5	77	74	180	30	14	3.8	18	147
90	133	16	52	78	80	192	30	14	3.8	21	163
100	145	18	57	79	86	204	30	14	3.8	25	179
110	160	20	62	79	90	207	30	14	3.8	28	196
125	175	22	69.5	79	95	209	30	14	3.8	31	216
140	190	24	79.5	81	99	218	36	20	4.9	31	237
160	220	26	89.5	83.5	103	228	36	20	4.9	31	269
180	242	26	102	83.5	113	240	36	22	4.9	31	293
200	264	26	112	83.5	123	253	36	22	5.4	31	318

① 尺寸 *XS*、*SS*、*ZB* 公差与行程有关,见表 14

② 键槽为可选项

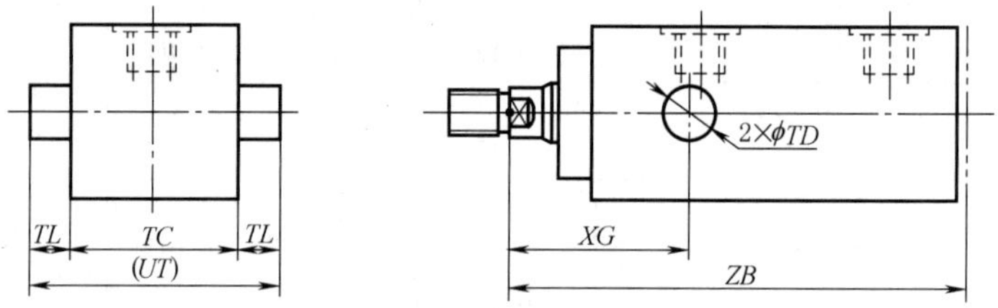

图 9 前端整体耳轴式(MT11)

表 9 前端整体耳轴式(MT1)安装尺寸

缸径	*TC* h14	*TL* js13	*UT*	*TD* f8	*XG*①	*ZB*①
40	55	12	79	16	54	141
50	68	16	100	20	61	149
63	80	20	120	25	67	163
80	100	25	150	32	73	180
90	110	28	166	36	76	190
100	120	32	184	40	79	204
110	130	36	202	45	71	206
125	145	40	225	50	71	209
140	165	45	255	55	71	218
160	185	50	285	63	72	228
180	210	55	320	70	72	240
200	230	63	356	80	72	253

① 尺寸 *XG*、*ZB* 公差与行程有关,见表 14

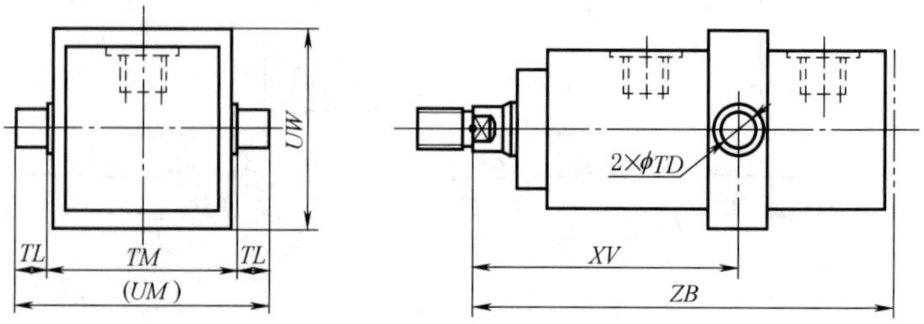

图 10 中间固定或可调耳轴式(MT4)

尺寸

表 10　中间固定或可调耳轴式(MT4)安装尺寸

缸径	*UW* max	*TM* h14	*TL* js13	*UM*	*TD* f8	*XV*①	*ZB*①
40	64	63	12	87	16	制造商与用户双方商定	141
50	76	76	16	108	20		149
63	89	88	20	128	25		163
80	108	114	25	164	32		180
90	118	124	28	180	36		190
100	127	132	32	196	40		204
110	140	146	36	218	45		206
125	158	165	40	245	50		209
140	175	185	45	275	55		218
160	195	210	50	310	63		228
180	220	240	55	350	70		240
200	247	270	63	396	80		253

① 尺寸 *XV*、*ZB* 公差与行程有关,见表 14

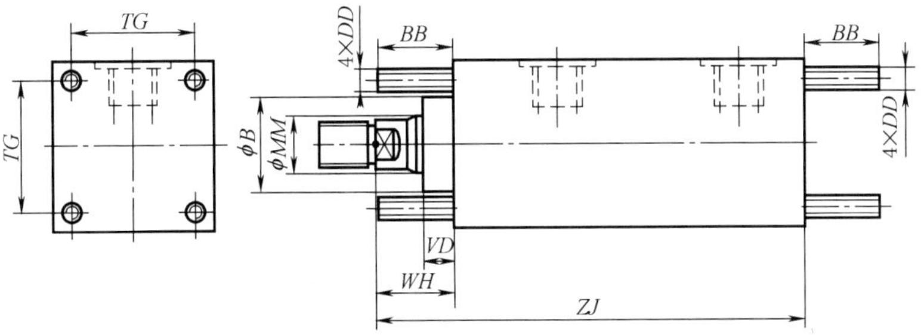

图 11　两端双头螺柱或加长连接杆式(MX1)

表 11　两端双头螺柱或加长连接杆式(MX1)安装尺寸

缸径	*MM*	*DD*	BB^{+3}_{0}	*WH*①	*ZJ*①	*B* f9	*VD* max	*TG* js13
40	18	M6×1	24	25	132	30	12	40
	22					34		
	28					42		
50	22	M8×1	35	32	139	34	15	50
	28					42		
	36					50		
63	28	M8×1	35	38	153	42	19	58
	36					50		
	45					60		
80	36	M10×1.25	35	35	168	50	13	75
	45					60		
	56					72		
90	45	M12×1.25	46	41	178	60	16	85
	56					72		
	63					80		
100	45	M14×1.5	46	41	187	60	16	90
	56					72		
	70					88		

续表

续表

缸径	*MM*	*DD*	BB^{+3}_{0}	*WH*①	*ZJ*①	*B* f9	*VD* max	*TG* js13
110	56	M16×1.5	59	41	190	72	16	100
	70					88		
	90					108		
125	56	M16×1.5	59	41	196	72	16	112
	70					88		
	90					108		
140	70	M20×1.5	80	37	205	88	12	125
	90					108		
	100					120		
160	70	M20×1.5	80	37	213	88	12	145
	90					108		
	110					133		
180	90	M22×1.5	80	37	223	108	12	165
	110					133		
	125					148		
200	90	M24×2	90	37	233	108	12	182
	110					133		
	140					163		

① 尺寸 *WH*、*ZJ* 公差与行程有关，见表 14

尺寸

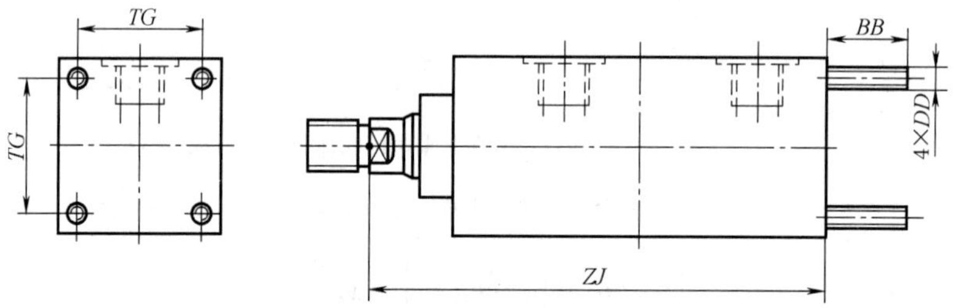

图 12　后端双头螺柱或加长连接杆式(MX2)

表 12　后端双头螺柱或加长连接杆式(MX2)安装尺寸

缸径	*DD*	BB^{+3}_{0}	*ZJ*①	*TG* js13
40	M6×1	24	132	40
50	M8×1	35	139	50
63	M8×1	35	153	58
80	M10×1.25	35	168	75
90	M12×1.25	46	178	85
100	M14×1.5	46	187	90
110	M16×1.5	59	190	100
125	M16×1.5	59	196	112
140	M20×1.5	80	205	125
160	M20×1.5	80	213	145
180	M22×1.5	80	223	165
200	M24×2	90	233	182

① 尺寸 *ZJ* 公差与行程有关，见表 14

尺寸

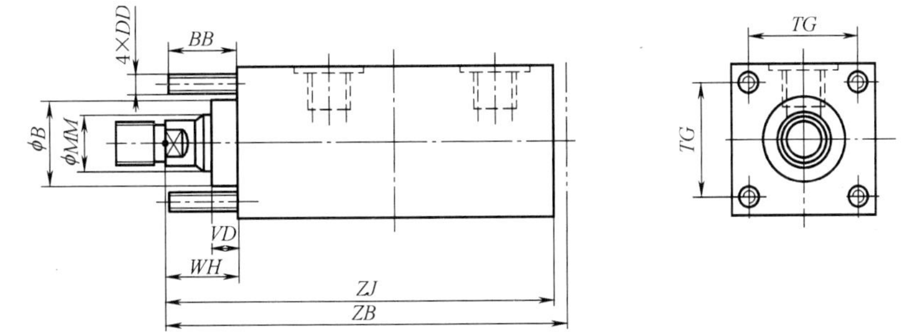

图 13　前端双头螺柱或加长连接杆式(MX3)

表 13　前端双头螺柱或加长连接杆式(MX3)安装尺寸

缸径	*MM*	*DD*	BB^{+3}_{0}	*WH*①	*ZJ*①	*B* f9	*VD* max	*TG* js13	*ZB*①
40	18	M6×1	24	25	132	30	12	40	141
	22					34			
	28					42			
50	22	M8×1	35	32	139	34	15	50	149
	28					42			
	36					50			
63	28	M8×1	35	38	153	42	19	58	163
	36					50			
	45					60			
80	36	M10×1.25	35	35	168	50	13	75	180
	45					60			
	56					72			
90	45	M12×1.25	46	41	178	60	16	85	190
	56					72			
	63					80			
100	45	M14×1.5	46	41	187	60	16	90	204
	56					72			
	70					88			
110	56	M16×1.5	59	41	190	72	16	100	206
	70					88			
	90					108			
125	56	M16×1.5	59	41	196	72	16	112	209
	70					88			
	90					108			
140	70	M20×1.5	80	37	205	88	12	125	218
	90					108			
	100					120			
160	70	M20×1.5	80	37	213	88	12	145	228
	90					108			
	110					133			
180	90	M22×1.5	80	37	223	108	12	165	240
	110					133			
	125					148			
200	90	M24×2	90	37	233	108	12	182	253
	110					133			
	140					163			

① 尺寸 *WH*、*ZJ*、*ZB* 公差与行程有关，见表 14

续表

尺寸

③ 所有尺寸应按 GB/T 9094 规定的代码标记

④ 由行程确定的安装尺寸公差应符合表 14 的规定

表 14　由行程确定的安装尺寸公差

mm

安装尺寸识别标志		SS①	PJ①	WF	WH	XC 或 XO①	XG	XS	XV	Y	ZB①	ZJ①
行程		公差										
大于	至											
—	1250	±1.5	±1.5	±2	±2	±1.5	±2	±2	±2	±2	max	±1.5
1250	3150	±3	±3	±4	±4	±3	±4	±4	±4	±4		±3
3150	8000	±5	±5	±8	±8	±5	±8	±8	±8	±8		±5

① 安装尺寸包括行程。表中的公差不包括第 6 章的行程长度公差

缸径

缸径应符合 GB/T 2348 的规定,见本标准中表 1

活塞行程长度公差

活塞行程长度公差应符合 JB/T 10205 的规定

安装型式和尺寸

安装型式应符合 GB/T 9094 的代码标识规定,包括

——矩形前盖式(ME5)

——矩形后盖式(ME6)

——后端固定双耳环式(MP1)

——后端固定单耳环式(MP3)

——带关节轴承、后端固定单耳环式(MP5)

——侧面脚架式(MS2)

——前端整体耳轴式(MT1)

——中间固定或可调耳轴式(MT4)

——两端双头螺柱或加长连接杆式(MX1)

——后端双头螺柱或加长连接杆式(MX2)

——前端双头螺柱或加长连接杆式(MX3)

活塞杆端部及附件安装的型式和尺寸

①带轴肩外螺纹的活塞杆端螺纹尺寸,见图 1 和表 1

②活塞杆直径及活塞杆端型式和尺寸应符合 GB/T 2348 和 GB 2350 的规定

③附件的安装尺寸宜按 ISO 8133 选用

注:现行标准为 GB/T 39949.2—2021/ISO 8133:2014,MOD

标注说明

当制造商选择遵守本标准时,宜在测试报告、产品样本和销售文件中做下述说明:“10MPa 系列单杆缸的安装尺寸符合 JB/T 13800《液压传动　10MPa 系列单杆缸的安装尺寸》的规定”

(2) 10MPa 系列短行程单杆液压缸的安装尺寸 (摘自 GB/T 38178.2—2019/ISO 16656:2016, MOD)

表 20-7-63

mm

范围

GB/T 38178.2—2019《液压传动　10MPa 系列单杆缸的安装尺寸　第 2 部分:短行程系列》规定了 10MPa 系列短行程单杆液压缸的安装尺寸,以满足常用液压缸的互换性要求

本标准适用于缸径 32~100mm 的短行程液压缸

注:1. 本标准仅提供基本准则,不限制其技术应用,允许制造商在液压缸的设计中灵活使用

2. 符合本标准规定的液压缸可能需要足够的安装空间

缸径

缸径应符合 GB/T 2348 的规定

活塞行程与公差

活塞行程与公差见表 1

表 1　活塞行程与公差

行程	公差
5,10,16,20,25,32,40,50	+1 0

活塞杆特征

①带轴肩外螺纹和内螺纹活塞杆端螺纹尺寸见图 1、图 2 和表 2

②活塞杆螺纹型式和尺寸应符合 GB/T 2350 的规定

续表

活塞杆特征

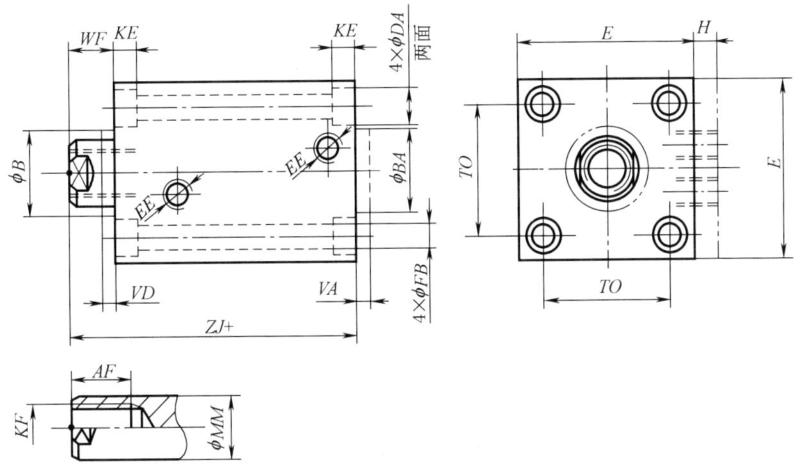

图 1 缸体、螺栓通孔(MB1)-带内螺纹活塞杆端(RTF$_x$)安装尺寸

注：导向台肩可选。当设计导向台肩时，需要给出尺寸 φB、φBA 和 VD、VA

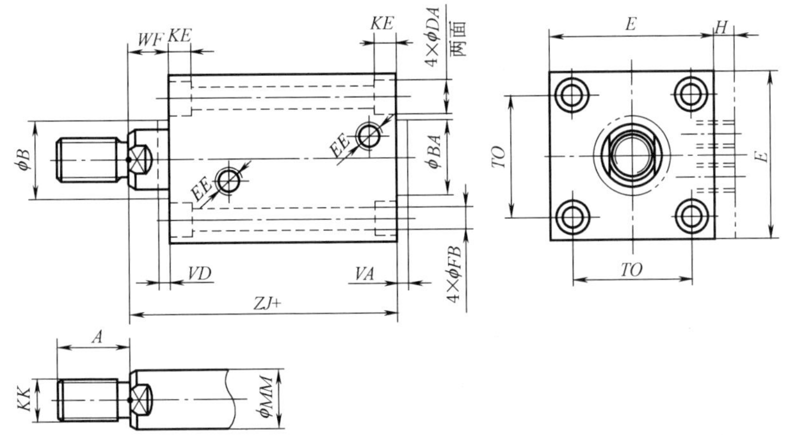

图 2 缸体、螺栓通孔(MB1)-带外螺纹活塞杆端(RTM$_x$)安装尺寸

注：导向台肩可选。当设计导向台肩时，需要给出尺寸 φB、φBA 和 VD、VA

表 2 缸体、螺栓通孔(MB1)-带内、外螺纹活塞杆端安装尺寸

缸径	MM①	KF② 6H	AF②	KK② 6g	A②	WF ±0.5	DA min	KE min	H max	ZJ ±1	EE GB/T 2878.1 油口	EE ISO 1179-1 油口	E max	FB③	TO 公称尺寸	TO 极限偏差	B④ BA④	VD④ VA④ max
32	18	M12×1.25	16	M14×1.5	18	10	11	6.6	7	64	M14×1.5	G1/8	63	6.6	47	±0.3	36	3
40	22	M16×1.5	22	M16×1.5	22	10	15	8.6	7	65	M14×1.5	G1/8	71	9	52	±0.3	43	3
50	28	M20×1.5	28	M20×1.5	28	11	18	10.6	7	71	M14×1.5	G1/4	81	11	58	±0.3	53	3
63	36	M27×2	36	M27×2	36	13	20	12.6	7	80	M14×1.5	G1/4	97	13.5	69	±0.3	66	3
80	45	M30×2	40	M33×2	45	17	26	16.6	10	95	M18×1.5	G3/8	117	17.5	86	±0.5	83	3

续表

活塞杆特征

续表

缸径	MM①	KF② 6H	AF②	KK② 6g	A②	WF ±0.5	DA min	KE min	H max	ZJ ±1	EE GB/T 2878.1 油口	EE ISO 1179-1 油口	E max	FB③	TO 公称尺寸	TO 极限偏差	B④ BA④	VD④ VA④ max
90	50	M33×2	45	M36×2	50	21	26	16.6	10	110	M18×1.5	G3/8	132	17.5	96	±0.5	93	3
100	56	M36×2	50	M42×2	56	26	26	16.6	10	122	M18×1.5	G3/8	142	17.5	106	±0.5	103	3

①本表未列出的活塞杆直径按 GB/T 2348 选用

②本表未列出的活塞杆端部螺纹型式和尺寸按 GB/T 2350 选用

③本表未列出的螺栓孔按 GB/T 5277 规定的中等装配系列选用

④导向台肩可选。当设计导向凸肩时，需要给出尺寸 ϕB、ϕBA 和 VD、VA

安装型式和尺寸

①液压缸的安装型式和安装尺寸见图 1、图 2 和表 2

②安装型式和安装尺寸的标注代号应符合 GB/T 9094 的规定

标注说明

当制造商选择遵守本标准时，宜在测试报告、产品样本和销售文件中做下述说明

"液压缸的安装尺寸符合 GB/T 38178.2—2019《液压传动　10MPa 系列单杆缸的安装尺寸　第 2 部分：短行程系列》的规定"

(3) 16MPa 系列中型单杆液压缸的公制安装尺寸（摘自 JB/T 12706.1—2016/ISO 6020-1：2007，MOD）

表 20-7-64

mm

范围

在 JB/T 12706.1—2016《液压传动　16MPa 系列单杆缸的安装尺寸　第 1 部分：中型系列》中规定了 16MPa 系列中型单杆液压缸的公制安装尺寸，以满足常用液压缸的互换性要求

JB/T 12706.1—2016 适用于缸径为 25~500mm 的圆头液压缸和缸径为 200~500mm 的方头液压缸

注：JB/T 12706.1—2016 只提供一个基本准则，为了不限制技术应用，允许液压装备制造商在 16MPa 液压缸设计中灵活应用

尺寸

①16MPa 系列中型单杆液压缸的安装尺寸应从图 1~图 6 以及对应的表 1~表 6 中选择

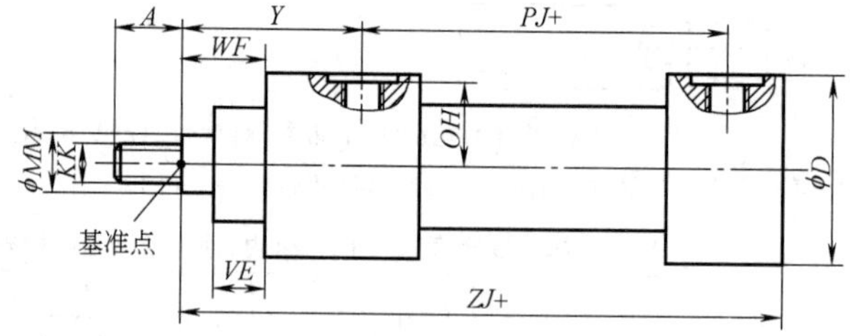

图 1　基本尺寸

表 1　基本尺寸

缸径	杆径 MM	ZJ①	KK 6g	A max	Y①	PJ①	D max	OH②	VE max	WF①
25	14	150	M12×1.25	16	58	77	56	25.5	15	28
	18		M12×1.25	16						
			M14×1.5	18						
32	18	170	M14×1.5	18	64	89	67	30	19	32
	22		M14×1.5	18						
			M16×1.5	22						
40	22	190	M16×1.5	22	71	97	78	35	19	32
	28		M16×1.5	22						
			M20×1.5	28						

续表

续表

	缸径	杆径 *MM*	*ZJ*①	*KK* 6g	*A* max	*Y*①	*PJ*①	*D* max	*OH*②	*VE* max	*WF*①
尺寸	50	28	205	M20×1.5	28	72	111	95	44	24	38
		36		M20×1.5	28						
				M27×2	36						
	63	36	224	M27×2	36	82	117	116	54	29	45
		45		M27×2	36						
				M33×2	45						
	80	45	250	M33×2	45	91	134	130	62	36	54
		56		M33×2	45						
				M42×2	56						
	(90)	50	270	M36×2	50	100	145	140	65	36	54
		63		M42×2	56						
	100	56	300	M42×2	56	108	162	158	75	37	57
		70		M42×2	56						
				M48×2	63						
	(110)	63	315	M48×2	63	115	170	176	85	37	60
		80		M56×2	75						
	125	70	325	M48×2	63	121	174	192	92	37	60
		90		M48×2	63						
				M64×3	85						
	(140)	80	350	M56×2	75	130	185	212	102	41	66
		100		M64×3	85						
	160	90	370	M64×3	85	143	191	238	115	41	66
		110		M64×3	85						
				M80×3	95						
	(180)	100	405	M72×3	85	160	203	250	122	45	75
		125		M80×3	95						
	200	110	450	M80×3	95	190	224	285	138	45	75
		140		M80×3	95						
				M100×3	112						
	(220)	125	500	M90×3	106	—	—	315	—	64	96
		160		M100×3	112						
	250	140	550	M100×3	112	—	—	365	—	64	96
		180		M100×3	112						
				M125×4	125						
	(280)	160	600	M125×4	125	—	—	410	—	71	108
		200		M140×4	140						
	320	180	660	M125×4	125	—	—	455	—	71	108
		220		M125×4	125						
				M160×4	160						
	(360)	200	700	M160×4	160	—	—	500	—	90	130
		250		M180×4	180						
	400	220	740	M160×4	160	—	—	565	—	90	130
		280		M160×4	160						
				M200×4	200						
	(450)	250	800	M200×4	200	—	—	600	—	110	163
		320		M250×6	250						

续表

续表

缸径	杆径 MM	ZJ①	KK 6g	A max	Y①	PJ①	D max	OH②	VE max	WF①
500	280	890	M200×4	200	—	—	645	—	110	163
	360		M200×4	200						
			M250×6	250						

①尺寸 ZJ、WF、Y 和 PJ 的极限偏差与行程有关，见表 8

②尺寸 OH 是可选的并且仅适用于螺纹油口

注：1. 如果需要使用其他活塞杆直径或其他螺纹，参考 GB/T 2348 和 GB 2350

2. 圆括号内为非优先选用者

尺寸

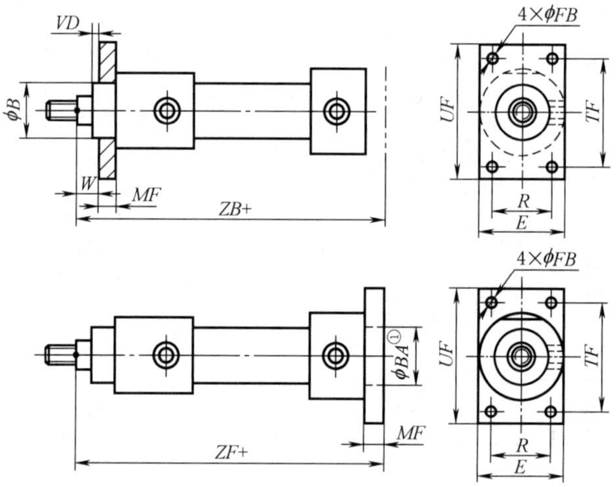

图 2　前端矩形法兰式（MF1）和后端矩形法兰式（MF2）

① 可选择

表 2　矩形法兰式（MF1、MF2）安装尺寸

缸径	FB H13	TF js13	R js13	VD min	W①	ZF①	ZB max	BA，B H8/f8	UF max	E max	MF js13
25	6.6	69.2	28.7	3	16	162	158	32	85	60	12
32	9	85	35.2	3	16	186	178	40	105	70	16
40	9	98	40.6	3	16	206	198	50	115	80	16
50	11	116.4	48.2	4	18	225	213	60	140	100	20
63	13.5	134	55.5	4	20	249	234	70	160	120	25
80	17.5	152.5	63.1	4	22	282	260	85	185	135	32
(90)	17.5	171.5	69.8	4	22	302	280	95	205	145	32
100	22	184.8	76.5	5	25	332	310	106	225	160	32
(110)	22	203.2	82.5	5	28	347	325	115	240	180	32
125	22	217.1	90.2	5	28	357	335	132	255	195	32

①尺寸 W 和 ZF 的极限偏差与行程有关，见表 8

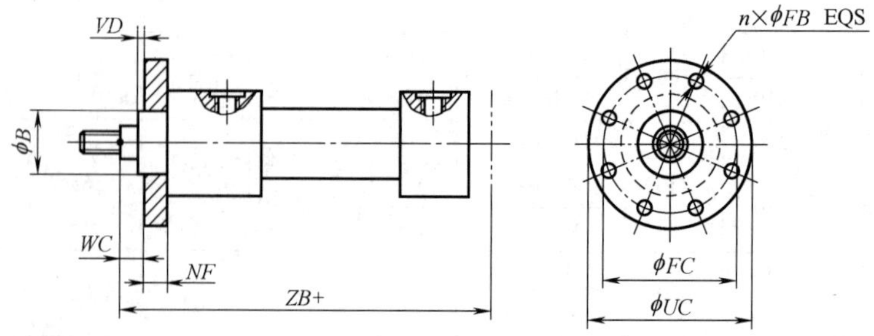

续表

尺寸

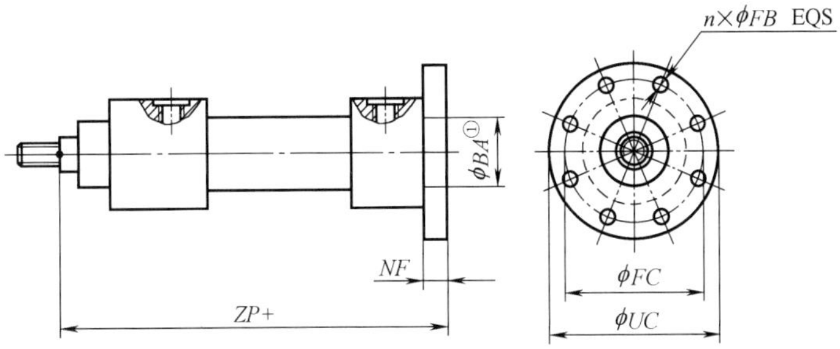

图 3 前端圆法兰式(MF3)和后端圆法兰式(MF4)

① 可选择

注:法兰螺钉孔数量 n 为 8 个或 12 个

表 3 圆法兰式(MF3、MF4)安装尺寸

缸径	n×ϕFB	FC js13	VD min	WC①	ZP①	ZB max	BA,B H8/f8	UC max	NF js13
25	8×ϕ6.6	75	3	16	162	158	32	90	12
32	8×ϕ9	92	3	16	186	178	40	110	16
40	8×ϕ9	106	3	16	206	198	50	125	16
50	8×ϕ11	126	4	18	225	213	60	150	20
63	8×ϕ13.5	145	4	20	249	234	70	170	25
80	8×ϕ17.5	165	4	22	282	260	85	195	32
(90)	8×ϕ17.5	180	4	22	302	280	95	210	32
100	8×ϕ22	200	5	25	332	310	106	240	32
(110)	8×ϕ22	220	5	28	347	325	115	260	32
125	8×ϕ22	235	5	28	357	335	132	275	32
(140)	8×ϕ22	260	5	30	386	360	140	300	36
160	8×ϕ22	280	5	30	406	380	160	320	36
(180)	8×ϕ26	310	5	35	445	435	180	355	40
200	8×ϕ26	340	5	35	490	480	200	385	40
(220)	8×ϕ33	390	8	40	556	530	220	460	56
250	8×ϕ33	420	8	40	606	580	250	490	56
(280)	8×ϕ39	490	8	45	663	640	280	570	63
320	8×ϕ39	520	8	45	723	710	320	600	63
(360)	8×ϕ45	600	10	50	780	750	360	690	80
400	8×ϕ45	640	10	50	820	790	400	730	80
(450)	8×ϕ45	690	10	63	900	850	450	780	100
500	8×ϕ45	720	10	63	990	940	500	810	100

①尺寸 WC 和 ZP 的极限偏差与行程有关,见表 8

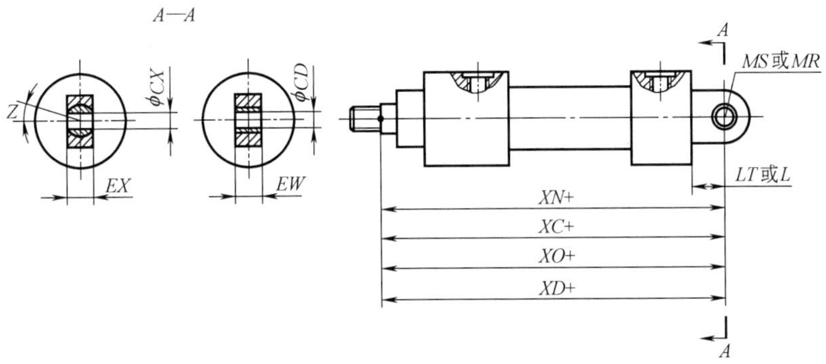

图 4 后端固定单耳环式(MP3);后端可拆单耳环式(MP4);带关节轴承,后端固定单耳环式(MP5);带关节轴承,后端可拆单耳环式(MP6)

注:各尺寸适用的安装类型见表 4 的脚注

续表

尺寸

表 4　后端单耳环式(MP3、MP4、MP5 和 MP6)安装尺寸

缸径	*CD*② H9	*CX*③ H7	*EW*②或 *EX*③ h12	*L*②或 *LT*③ min	*MR*②或 *MS*③ max	*XC* 或 *XD* 或 *XO* 或 *XN*①④
25	12	12	12	16	16	178
32	16	16	16	20	20	206
40	20	20	20	25	25	231
50	25	25	25	32	32	257
63	32	32	32	40	40	289
80	40	40	40	50	50	332
(90)	45	45	45	55	55	375
100	50	50	50	63	63	395
(110)	55	55	55	65	65	412
125	63	63	63	71	71	428
(140)	70	70	70	80	80	466
160	80	80	80	90	90	505
(180)	90	90	90	102	102	547
200	100	100	100	112	112	615
(220)	110	110	110	130	130	686
250	125	125	125	160	160	773
(280)	140	140	140	170	170	833
320	160	160	160	200	200	930
(360)	180	180	180	210	210	990
400	200	200	200	250	250	990
(450)	225	225	225	285	285	1185
500	250	250	250	320	320	1210

①尺寸 *XC*、*XD*、*XO* 和 *XN* 的极限偏差与行程有关,见表 8

②尺寸 *CD*、*EW*、*L* 和 *MR* 适用于安装类型 MP3 和 MP4

③尺寸 *CX*、*EX*、*LT* 和 *MS* 适用于安装类型 MP5 和 MP6

④尺寸 *XC* 适用于安装类型 MP3,尺寸 *XD* 适用于安装类型 MP4,尺寸 *XO* 和 *XC* 适用于安装类型 MP5,尺寸 *XN* 适用于安装类型 MP6

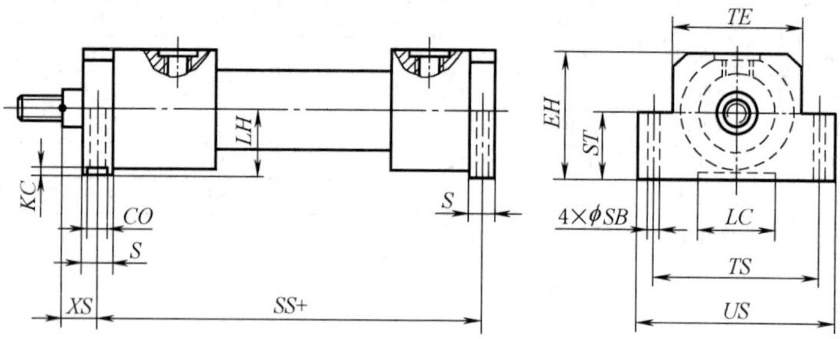

图 5　侧面脚架式(MS2)

表 5　侧面脚架式(MS2)安装尺寸

缸径	*S* js13	*XS*①	*SS*①	*TE* js13	*TS* js13	*US* max	*SB* H13	*EH* max	*LH* h10	*ST* max	*KC*② min	*CO*② N9	*LC*②③ min
25	20	18	142	56	75	92	9	60	32	32	3.5	6	12
32	25	19.5	163	67	90	110	11	72	38	38	4	8	17
40	25	19.5	183	78	100	120	11	82	43	43	4	8	17
50	32	22	199	95	120	145	14	100	52	52	4.5	10	20
63	32	29	211	116	150	180	18	120	62	62	4.5	10	20
80	40	34	236	130	170	210	22	135	70	70	5	14	28

续表

尺寸

续表

缸径	S js13	XS①	SS①	TE js13	TS js13	US max	SB H13	EH max	LH h10	ST max	KC② min	CO② N9	LC②③ min
(90)	45	21.5	271	140	185	225	24	145	75	75	5	16	28
100	50	32	293	158	205	250	26	161	82	82	6	16	34
(110)	56	32	311	176	230	285	30	182	94	94	6	18	34
125	56	32	321	192	245	300	33	196	100	100	6	18	37
(140)	56	38	340	212	270	325	33	220	114	114	8	22	50
160	60	36	364	238	295	350	33	238	119	119	8	22	78
(180)	65	42.5	395	250	315	380	36	258	133	133	8	28	100
200	72	39	447	285	350	415	39	288	145	145	9	28	122

①尺寸 XS 和 SS 的极限偏差与行程有关,见表 8
②键槽是可以选择的
③键槽的最小有效长度尺寸

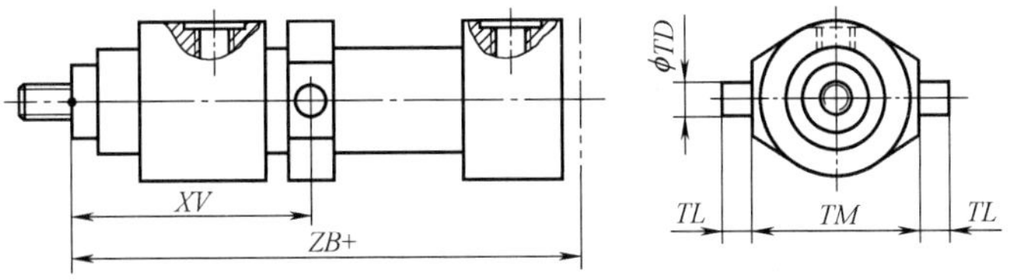

图 6　中间固定或可调耳轴式(凸台)(MT4)

表 6　中间固定或可调耳轴式(凸台)(MT4)安装尺寸

缸径	TD f8	TL js13	TM h12	XV①	ZB max
25	12	10	63	尺寸的最小值和最大值由用户和制造商协商	158
32	16	12	75		178
40	20	16	90		198
50	25	20	105		213
63	32	25	120		234
80	40	32	135		260
(90)	45	40	150		280
100	50	40	160		310
(110)	60	45	180		325
125	63	50	195		335
(140)	70	60	220		360
160	80	63	240		380
(180)	90	70	260		435
200	100	80	295		480
(220)	110	90	330		530
250	125	100	370		580
(280)	140	110	430		640
320	160	125	470		710
(360)	180	140	530		750
400	200	160	570		790
(450)	225	200	640		850
500	250	250	700		940

①尺寸 XV 的极限偏差与行程有关,见表 8

续表

尺寸

②油口和法兰的尺寸应符合表 7 的规定

表 7　油口和法兰尺寸

缸径	螺纹油口			
	管接头 ISO 1179-1		管接头 GB/T 2878.1	
	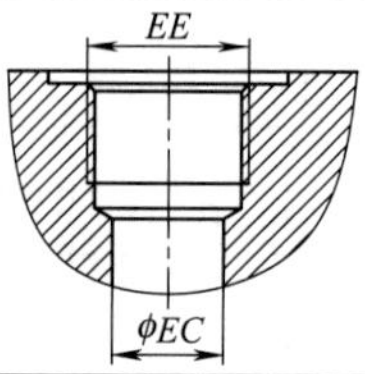		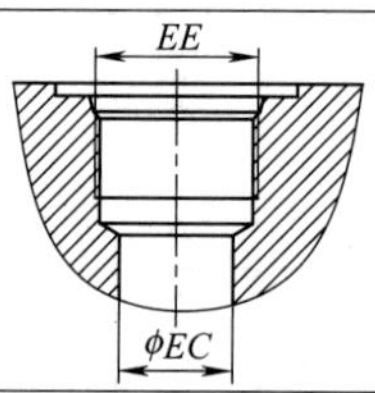	
	G		M	
	EE 6H	*EC*①	*EE* 6H	*EC*①
25	G¼	7.5	M14×1.5	7.5
32	G⅜	9	M18×1.5	11
40 50	G½	14	M22×1.5	14
63 80	G¾	18	M27×2	18
(90) 100 (110) 125	G1	23	M33×2	23
(140) 160 (180) 200	G1¼	30	M42×2	30
(220) 250 (280) 320	G1½	36	M48×2	36
(360) 400 (450) 500	—	—	M60×2	44

缸径	法兰油口								
	方法兰 ISO 6164				矩形法兰 ISO 6162-1				
	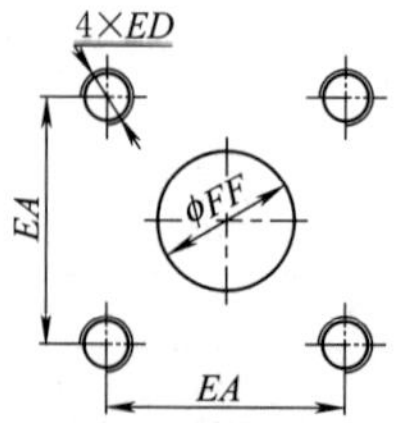				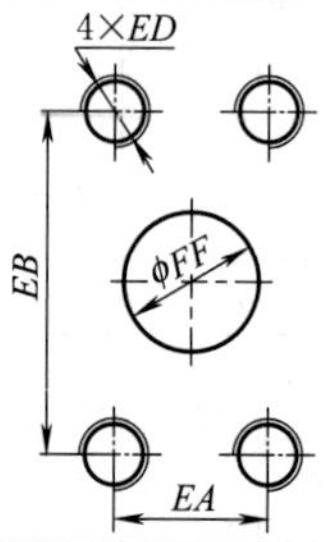				
	F				MM				
	法兰尺寸② *DN*	$FF_{-1.5}^{0}$	*EA* ±0.25	*ED* 6H	法兰尺寸② *DN*	$FF_{-1.5}^{0}$	*EA* ±0.25	*EB* ±0.25	*ED* 6H
63 80	13	15	29.7	M8	13	12.7	17.5	38.1	M8

续表

尺寸

续表

缸径	法兰油口								
	方法兰 ISO 6164				矩形法兰 ISO 6162-1				
	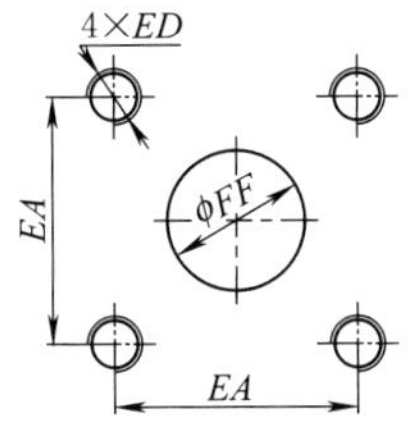				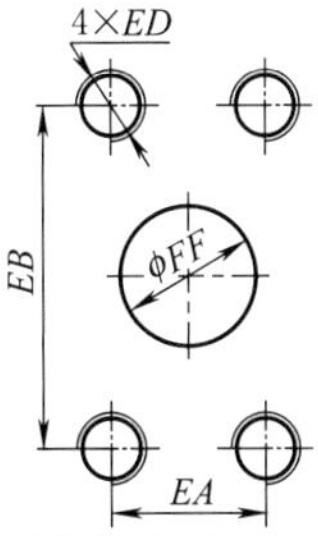				
	F				MM				
	法兰尺寸② DN	$FF_{-1.5}^{0}$	EA ±0.25	ED 6H	法兰尺寸② DN	$FF_{-1.5}^{0}$	EA ±0.25	EB ±0.25	ED 6H
(90) 100 (110) 125	19	20	35.4	M8	19	19.1	22.3	47.6	M10
(140) 160 (180) 200	25	25	43.8	M10	25	25.4	26.2	52.4	M10
(220) 250 (280) 320	32	32	51.6	M12	32	31.8	30.2	58.7	M10
(360) 400 (450) 500	38	38	60.1	M16	38	38.1	35.7	69.9	M12

① 仅供参考,连接孔允许选用其他尺寸

② 取决于液压缸的安装类型(如:MF4);且应检查法兰安装螺纹和油口凸台是否可能产生干涉

警告:针对给定的缸径选择最大直径的活塞杆,液压缸会因拉和/或压的作用,有杆腔的压力可达到两倍甚至更高的液压系统额定压力。在这种条件下,法兰油口即是符合 ISO 6162-1 或 ISO 6164 的规定,在本表中可能也没有符合要求的耐压规定值。因此,当法兰油口有耐高压要求时,可按照 ISO 6162-2 或 ISO 6164 高压系列选择

注:JB/T 12706.1—2016 的所有尺寸按 GB/T 9094—2006(2020)规定的代号标记

缸径　JB/T 12706.1—2016 涵盖的缸径符合 GB/T 2348 的规定,见表 1

活塞行程极限偏差

表 8　由行程确定的安装尺寸极限偏差

安装尺寸的识别标准		ZJ①	WF	WC	ZP 或 ZF①	XC 或 XD 或 XO 或 XN①	XV	ZB①	W	XS	SS①	Y	PJ①
行程		极限偏差											
大于	至												
—	500	±1.0	±1.5	±1.5	±1.0	±1.0	±1.5		±1.5	±1.5	±1.0	±1.5	±1.0
500	1000	±1.5	±2.0	±2.0	±1.5	±1.5	±2.0		±2.0	±2.0	±1.5	±2.0	±1.5
1000	2000	±2.0	±2.5	±2.5	±2.0	±2.0	±2.5	max	±2.5	±2.5	±2.0	±2.5	±2.0
2000	4000	±3.0	±4.0	±4.0	±3.0	±3.0	±4.0		±4.0	±4.0	±3.0	±4.0	±3.0
4000	7000	±4.0	±6.0	±6.0	±4.0	±4.0	±6.0		±6.0	±6.0	±4.0	±6.0	±4.0

续表

活塞行程极限偏差

续表

安装尺寸的识别标准		ZJ①	WF	WC	ZP 或 ZF①	XC 或 XD 或 XO 或 XN①	XV	ZB①	W	XS	SS①	Y	PJ①
行程		极限偏差											
大于	至												
7000	10000	±5.0	±8.0	±8.0	±5.0	±5.0	±8.0	max	±8.0	±8.0	±5.0	±8.0	±5.0
10000	—	±6.0	±10.0	±10.0	±6.0	±6.0	±10.0		±10.0	±10.0	±6.0	±10.0	±6.0

① 长度尺寸包括行程。本表与在 JB/T 12706.1—2016 中表 9 的行程极限偏差不累加(重复计算)

行程极限偏差应符合 JB/T 10205 的规定,见表 9

表 9　行程极限偏差

行程		极限偏差	行程		极限偏差
大于	至		大于	至	
—	500	+2.0 0	4000	7000	+6.0 0
500	1000	+3.0 0	7000	10000	+8.0 0
1000	2000	+4.0 0	10000	—	+10.0 0
2000	4000	+5.0 0			

活塞杆特性

①JB/T 12706.1—2016 适用于带凸肩外螺纹端的活塞杆,活塞杆螺纹尺寸见图 1 和表 1
②活塞杆端部型式和尺寸应符合 GB/T 2350 的规定
③附件安装尺寸应按 ISO 8132 选用
注:现行标准为 GB/T 39949.1—2021/ISO 8132:2014,MOD

标注说明

当制造商遵守本标准的规定时,可在测试报告、产品样本和销售文件中做下述说明
“可互选性液压缸安装尺寸符合 JB/T 12706.1《液压传动　16MPa 系列单杆缸的安装尺寸　第 1 部分:中型系列》规定”

(4) 16MPa 系列紧凑型单杆液压缸的公制安装尺寸(摘自 JB/T 12706.2—2017/ISO 6020-2:2015,MOD)

表 20-7-65　mm

范围

JB/T 12706.2—2017《液压传动　16MPa 系列单杆缸的安装尺寸　第 2 部分:缸径 25~220mm 紧凑型系列》中规定了 16MPa 系列紧凑型单杆液压缸的公制安装尺寸,以满足常用液压缸的互换性要求
JB/T 12706.2—2017 适用于缸径为 25~220mm 的方头液压缸(以下简称液压缸)
注:JB/T 12706.2—2017 仅提供一个基本准则,不限制其技术应用,允许制造商在液压缸设计中灵活使用

尺寸

①液压缸的安装尺寸应从图 1~图 13 以及对应的表 1~表 13 中选择

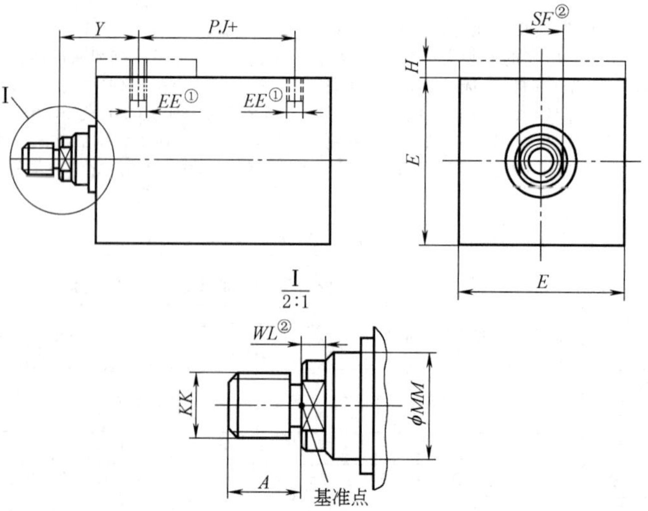

图 1　基本尺寸

①油口的选用见表 14
②尺寸 SF 和 WL 符合 GB 2350 的规定

续表

尺寸

表1 基本尺寸

缸径	缸径 *MM*①	*KK*① 6g	*A* max	*H* max	*E*	*Y*②	*PJ*③ ±1.5
25	12	M10×1.25	14	5	40±1.5	50	53
	18	M10×1.25 M14×1.5	14 18				
32	14	M12×1.25	16	5	45±1.5	60	56
	22	M12×1.25 M16×1.5	16 22				
40	18	M14×1.5	18	—	63±1.5	62	73
	22	M14×1.5 M16×1.5	18 22				
	28	M14×1.5 M20×1.5	18 28				
50	22	M16×1.5	22	—	75±1.5	67	74
	28	M16×1.5 M20×1.5	22 28				
	36	M16×1.5 M27×2	22 36				
63	28	M20×1.5	28	—	90±1.5	71	80
	36	M20×1.5 M27×2	28 36				
	45	M20×1.5 M33×2	28 45				
80	36	M27×2	36	—	115±1.5	77	93
	45	M27×2 M33×2	36 45				
	56	M27×2 M42×2	36 56				
90	45	M33×2	45	—	120±1.5	80	97
	56	M33×2 M42×2	45 56				
	63	M33×2 M48×2	45 63				
100	45	M33×2	45	—	130±1.5	82	101
	56	M33×2 M42×2	45 56				
	70	M33×2 M48×2	45 63				
110	56	M42×2	56	—	145±1.5	86	115
	70	M42×2 M48×2	56 63				
	90	M42×2 M64×3	56 85				
125	56	M42×2	56	—	165±1.5	86	117
	70	M42×2 M48×2	56 63				
	90	M42×2 M64×3	56 85				

续表

续表

尺寸

缸径	缸径 MM[①]	KK[①] 6g	A max	H max	E	Y[②]	PJ[③] ±1.5
140	70	M48×2	63	—	185±1.5	86	123
	90	M48×2 M64×3	63 85				
	100	M48×2 M80×3	63 95				
160	70	M48×2	63	—	205±1.5	86	130
	90	M48×2 M64×3	63 85				
	110	M48×2 M80×3	63 95				
180	90	M64×3	85	—	235±1.5	98	155
	110	M64×3 M80×3	85 95				
	125	M64×3 M100×3	85 112				
200	90	M64×3	85	—	245±1.5	98	165
	110	M64×3 M80×3	85 95				
	140	M64×3 M100×3	85 112				
220	110	M80×3	95	—	285±1.5	108	185
	125	M80×3 M100×3	95 112				
	160	M80×3 M100×3	95 112				

①如果需要选用其他活塞杆直径或活塞杆螺纹尺寸，见 GB/T 2348 和 GB 2350

②尺寸 Y 的极限偏差与行程有关，见表 15

③尺寸 PJ 的极限偏差应加上行程公差

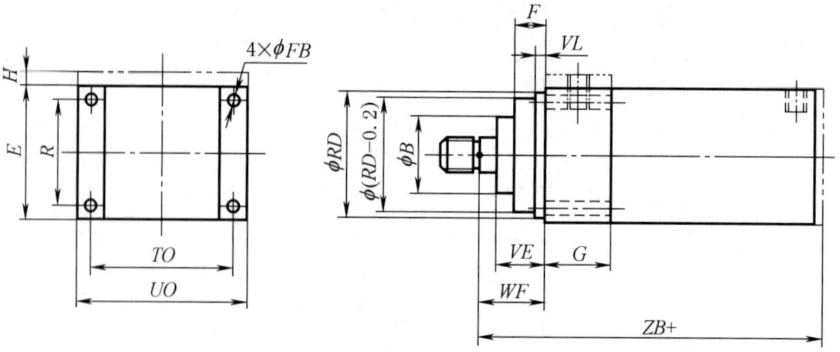

图 2　矩形前盖式（ME5）

表 2　矩形前盖式（ME5）安装尺寸

缸径	杆径[①]	RD f8	E	TO js13	FB[①] H13	R js13	WF ±2	G 参考	F max	VE max	VL min	B max	UO max	ZB[②]	H max
25	12	38	40±1.5	51	5.5	27	25	25	10	16	3	24	65	121	5
	18	38										30			
32	14	42	45±1.5	58	6.6	33	35	25	10	22	3	26	70	137	5
	22	42										34			

续表

尺寸

续表

缸径	杆径①	*RD* f8	*E*	*TO* js13	*FB*① H13	*R* js13	*WF* ±2	*G* 参考	*F* max	*VE* max	*VL* min	*B* max	*UO* max	*ZB*②	*H* max
40	18	62	63±1.5	87	11	41	35	38	10	22	3	30	110	166	—
	22	62										34			
	28	62										42			
50	22	74	75±1.5	105	14	52	41	38	16	25	4	34	130	176	—
	28	74										42			
	36	74										50			
63	28	75	90±1.5	117	14	65	48	38	16	29	4	42	145	185	—
	36	88										50			
	45	88										60			
80	36	82	115±1.5	149	18	83	51	45	20	29	4	50	180	212	—
	45	105										60			
	56	105										72			
90	45	92	120±1.5	154	18	88	51	45	20	29	5	60	185	219	—
	56	110										72			
	63	110										80			
100	45	92	130±2	162	18	97	57	45	22	32	5	60	200	235	—
	56	125										72			
	70	125										88			
110	56	105	145±2	188	22	106	57	50	22	32	5	72	230	250	—
	70	135										88			
	90	135										108			
125	56	105	165±2	208	22	126	57	58	22	32	5	72	250	260	—
	70	150										88			
	90	150										108			
140	70	125	185±2	233	26	135	57	58	25	32	5	88	280	270	—
	90	165										108			
	100	165										120			
160	70	125	205±2	235	26	155	57	58	25	32	5	88	300	279	—
	90	170										108			
	110	170										133			
180	90	150	235±2	290	33	175	57	76	25	32	5	108	345	326	—
	110	200										133			
	125	200										150			
200	90	150	245±2	300	33	190	57	76	25	32	5	108	360	336	—
	110	210										133			
	140	210										163			
220	110	200	285±2	348	36	223	60	76	25	35	8	133	415	375	—
	125	200										150			
	160	250										200			

①如果需要选用其他螺钉孔径，其应符合 GB/T 5277 规定的中等装配系列

②尺寸 *ZB* 的极限偏差与行程有关，见表 15

续表

尺寸

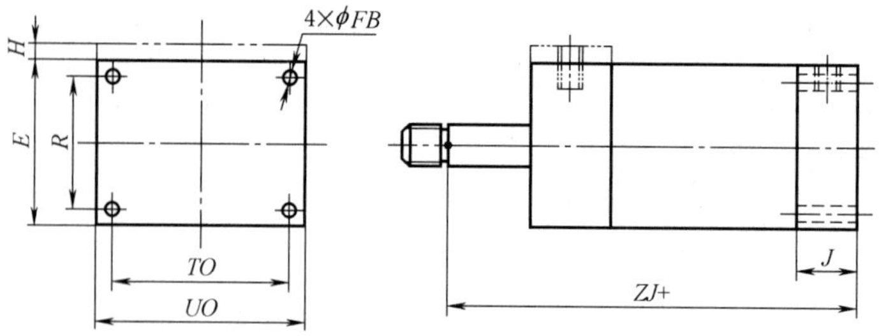

图 3　矩形后盖式(ME6)

表 3　矩形后盖式(ME6)安装尺寸

缸径	E	TO js13	FB① H13	R js13	ZJ②	UO max	J 参考	H max
25	40±1.5	51	5.5	27	114	65	25	5
32	45±1.5	58	6.6	33	128	70	25	5
40	63±1.5	87	11	41	153	110	38	—
50	75±1.5	105	14	52	159	130	38	—
63	90±1.5	117	14	65	168	145	38	—
80	115±1.5	149	18	83	190	180	45	—
90	120±1.5	154	18	88	197	185	45	—
100	130±2	162	18	97	203	200	45	—
110	145±2	188	22	106	226	230	50	—
125	165±2	208	22	126	232	250	58	—
140	185±2	233	26	135	240	280	58	—
160	205±2	253	26	155	245	300	58	—
180	235±2	290	33	175	289	345	76	—
200	245±2	300	33	190	299	360	76	—
220	285±2	348	36	223	338	415	76	—

①如果需要选用其他螺钉孔径，其应符合 GB/T 5277 规定的中等装配系列

②尺寸 *ZJ* 的极限偏差与行程有关，见表 15

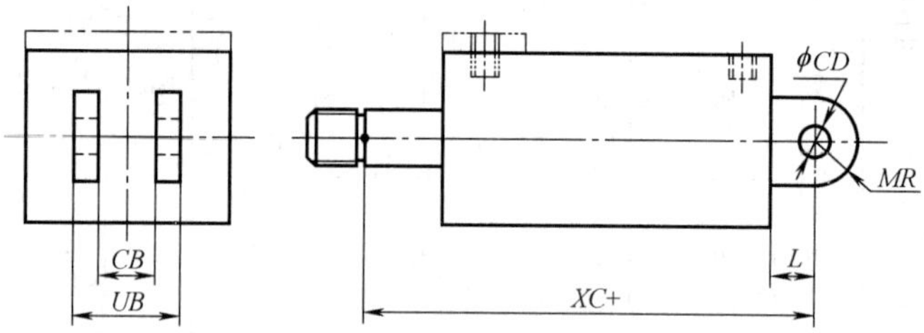

图 4　后端固定双耳环式(MP1)

表 4　后端固定双耳环式(MP1)安装尺寸

缸径	CB A13	CD H9	MR max	L min	UB max	XC①
25	12	10	12	13	25	127
32	16	12	17	19	34	147
40	20	14	17	19	42	172
50	30	20	29	32	62	191
63	30	20	29	32	62	200
80	40	28	34	39	83	229
90	45	32	40	45	93	242
100	50	36	50	54	103	257

续表

续表

缸径	*CB* A13	*CD* H9	*MR* max	*L* min	*UB* max	*XC*①
110	55	40	50	54	113	280
125	60	45	53	57	123	289
140	65	50	55	60	133	300
160	70	56	59	63	143	308
180	75	63	71	75	153	364
200	80	70	78	82	163	381
220	90	80	90	95	173	433

①尺寸 *XC* 的极限偏差与行程有关,见表 15

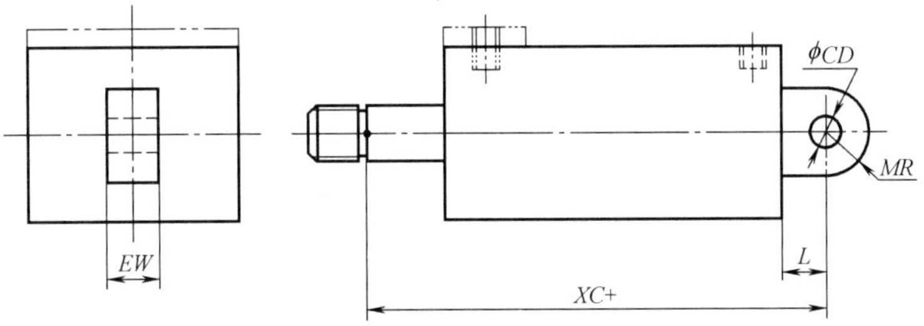

图 5　后端固定单耳环式(MP3)

表 5　后端固定单耳环式(MP3)安装尺寸

尺寸

缸径	*EW* h14	*CD* H9	*MR* max	*L* min	*XC*①
25	12	10	12	13	127
32	16	12	17	19	147
40	20	14	17	19	172
50	30	20	29	32	191
63	30	20	29	32	200
80	40	28	34	39	229
90	45	32	40	45	242
100	50	36	50	54	257
110	55	40	50	54	280
125	60	45	53	57	289
140	65	50	55	60	300
160	70	56	59	63	308
180	75	63	71	75	364
200	80	70	78	82	381
220	90	80	90	95	433

①尺寸 *XC* 的极限偏差与行程有关,见表 15

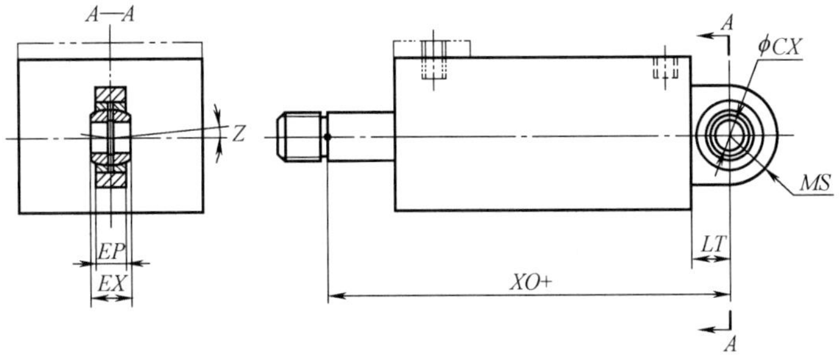

图 6　带关节轴承,后端固定单耳环式(MP5)

续表

尺寸

表 6　带关节轴承,后端固定单耳环式(MP5)安装尺寸

缸径	EP max	EX 公称尺寸	EX 极限偏差	CX 公称尺寸	CX 极限偏差	MS max	LT min	XO①
25	8	10	0 -0.12	12	0 -0.008	20	16	130
32	11	14	0 -0.12	16	0 -0.008	22.5	20	148
40	13	16	0 -0.12	20	0 -0.012	29	25	178
50	17	20	0 -0.12	25	0 -0.012	33	31	190
63	19	22	0 -0.12	30	0 -0.012	40	38	206
80	23	28	0 -0.12	40	0 -0.012	50	48	238
90	26	32	0 -0.12	45	0 -0.012	56	54	251
100	30	35	0 -0.12	50	0 -0.012	62	58	261
110	38	44	0 -0.15	60	0 -0.015	80	72	298
125	38	44	0 -0.15	60	0 -0.015	80	72	304
140	42	49	0 -0.15	70	0 -0.015	90	82	322
160	47	55	0 -0.15	80	0 -0.015	100	92	337
180	52	60	0 -0.15	90	0 -0.015	110	106	395
200	57	70	0 -0.20	100	0 -0.020	120	116	415
220	57	70	0 -0.20	110	0 -0.020	130	126	464

①尺寸 *XO* 的极限偏差与行程有关,见表 15

注:摆动角度 *Z* 最大值为 3°

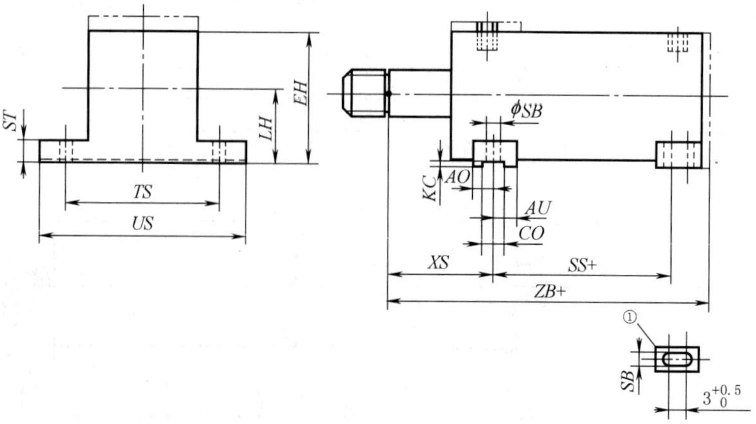

图 7　侧面脚架式(MS2)

①双耳

续表

尺寸

表 7　侧面脚架式(MS2)安装尺寸

缸径	*TS* js13	*SB*① H13	*LH* h10	*XS*②	*SS*②	*ZB* max	*ST* js13	*US* max	*CO*③ N9	*KC* min	*AO*	*AU*	*EH*	
													公称尺寸	极限偏差
25	54	6.6	19	33	72	121	8.5	7.2	—	—	18	28.5	39	±1.5
32	63	9	22	45	72	137	12.5	84	—	—	20	26.5	44.5	±1.5
40	83	11	31	45	97	166	12.5	103	12	4	20	32	62.5	±1.5
50	102	14	37	54	91	176	19	127	12	4.5	29	28.8	74.5	±1.5
63	124	18	44	65	85	185	26	161	16	4.5	33	22.8	89	±1.5
80	149	18	57	68	104	212	26	186	16	5	37	28	114.5	±1.5
90	157	22	59	72	101	219	26	195	16	5	44	23	119	±1.5
100	172	26	63	79	101	225	32	216	16	6	44	23	128	±2
110	190	26	72	79	130	250	32	235	20	6	44	29.5	144.5	±2
125	210	26	82	79	130	260	32	254	20	6	44	29.5	164.5	±2
140	235	30	92	86	130	270	38	288	30	8	44	29.5	184.5	±2
160	260	33	101	86	129	279	38	318	30	8	54	26.5	203.5	±2
180	290	36	117	92	132	326	44	345	40	8	60	41	234.5	±2
200	311	39	122	92	171	336	44	381	40	8	60	41	244.5	±2
220	356	24	142	100	171	375	44	324	40	8	60	41	284.5	±2

①如果需要选用其他螺钉孔径,其应符合 GB/T 5277 规定的中等装配系列

②尺寸 *XS* 和 *SS* 的极限偏差与行程有关,见表 15

③键槽为可选项

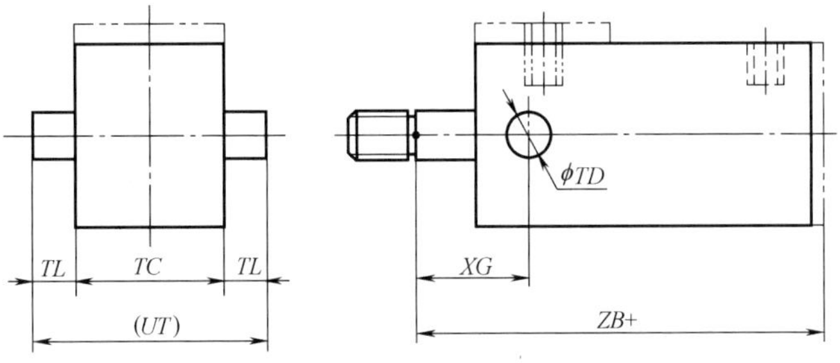

图 8　前端整体耳轴式(MT1)

表 8　前端整体耳轴式(MT1)安装尺寸

缸径	*TC* h14	*UT* 参考	*TD* f8	*TL* js13	*XG*①	*ZB* max
25	38	58	12	10	44	121
32	44	68	16	12	54	137
40	63	95	20	16	57	166
50	76	116	25	20	64	176
63	89	139	32	25	70	185
80	114	178	40	32	76	212
90	120	192	45	36	75	219
100	127	207	50	40	71	225
110	144	234	56	45	75	250
125	165	265	63	50	75	260
140	185	297	70	56	75	270
160	203	329	80	63	75	279
180	235	375	90	70	85	326
200	241	401	100	80	85	336
220	285	465	110	90	85	375

①尺寸 *XG* 的极限偏差与行程有关,见表 15

续表

尺寸

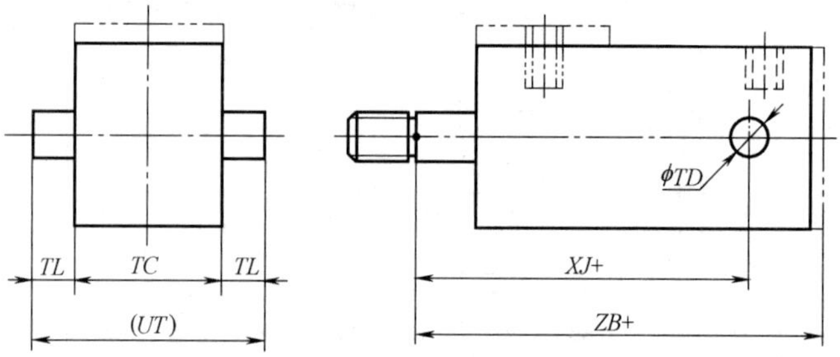

图 9　后端整体耳轴式(MT2)

表 9　后端整体耳轴式(MT2)安装尺寸

缸径	*TC* h14	*UT* 参考	*TD* f8	*XJ*[①]	*TL* js13	*ZB* max
25	38	58	12	101	10	121
32	44	68	16	115	12	137
40	63	95	20	134	16	166
50	76	116	25	140	20	176
63	89	139	32	149	25	185
80	114	178	40	168	32	212
90	120	192	45	172	36	219
100	127	207	50	187	40	225
110	144	234	56	196	45	250
125	165	265	63	209	50	260
140	185	297	70	217	56	270
160	203	329	80	230	63	279
180	235	375	90	259	70	326
200	241	401	100	276	80	336
220	285	465	110	290	90	375

①尺寸 *XJ* 的极限偏差与行程有关,见表 15

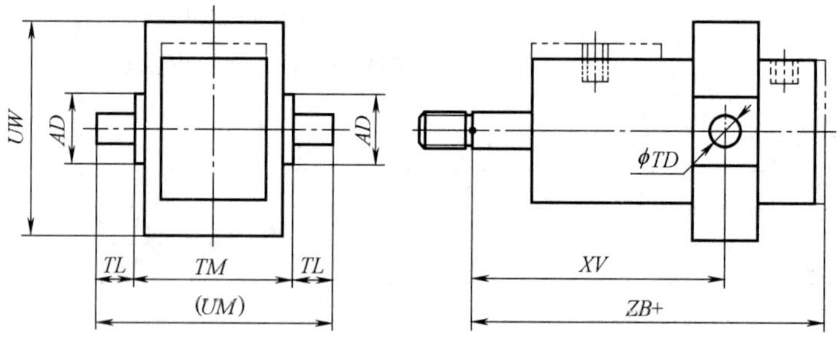

图 10　中间固定或可调耳轴式(MT4)

表 10　中间固定或可调耳轴式(MT4)安装尺寸

缸径	*AD* min	*UW* max	*TM* h14	*UM* 参考	*TD* f8	*TL* js13	*XV*[①②]		*ZB* max	行程[②] min
							min	max		
25	20	63	48	68	12	10	82	72+行程	121	10
32	25	75	55	79	16	12	96	82+行程	137	14
40	30	92	76	108	20	16	107	88+行程	166	19
50	40	112	89	129	25	20	117	90+行程	176	27
63	40	126	100	150	32	25	132	91+行程	185	41
80	50	160	127	191	40	32	147	99+行程	212	48
90	55	170	132	204	45	36	158	107+行程	219	51

续表

续表

缸径	AD min	UW max	TM h14	UM 参考	TD f8	TL js13	XV①② min	XV①② max	ZB max	行程② min
100	60	180	140	220	50	40	158	107+行程	225	51
110	66	190	155	245	56	45	168	107+行程	250	61
125	73	215	178	278	63	50	180	109+行程	260	71
140	80	220	195	307	70	56	190	108+行程	270	82
160	90	260	215	341	80	63	198	104+行程	279	94
180	100	280	250	390	90	70	218	124+行程	326	94
200	110	355	279	439	100	80	226	130+行程	336	96
220	120	375	320	540	110	85	240	144+行程	375	96

①尺寸 *XV* 的极限偏差与行程有关，见表 15

②*XV* 的最大和最小有效值，应与液压缸的最小行程（见本表）有关

尺寸

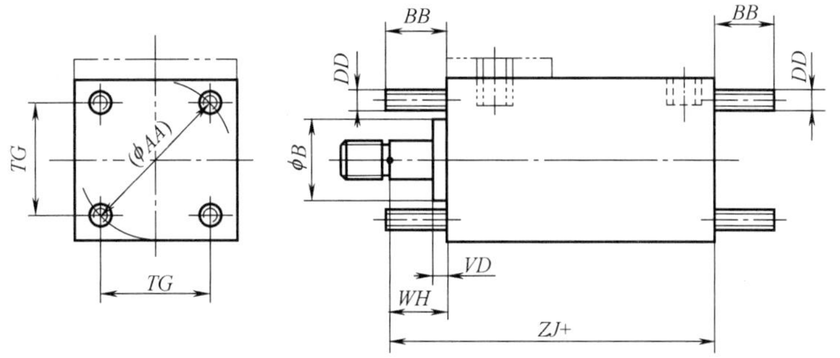

图 11　两端双头螺柱或加长连接杆式（MX1）

表 11　两端双头螺柱或加长连接杆式（MX1）安装尺寸

缸径	杆径	DD 6g	BB^{+3}_{0}	AA 参考	WH ±2	ZJ①	B f9	VD min	TG js13
25	12	M5×0.8	19	40	15	114	24	5	28.3
	18						30		
32	14	M6×1	24	47	25	128	26	5	33.2
	22						34		
40	18	M8×1	35	59	25	153	30	5	41.7
	22						34		
	28						42		
50	22	M12×1.25	46	74	25	159	34	5	52.3
	28						42		
	36						50		
63	28	M12×1.25	46	91	32	168	42	5	64.3
	36						50		
	45						60		
80	36	M16×1.5	59	117	31	190	50	5	82.7
	45						60		
	56						72		
90	45	M16×1.5	59	128	31	197	60	5	90.5
	56						72		
	63						88		
100	45	M16×1.5	59	137	35	203	60	5	96.9
	56						72		
	70						88		

续表

续表

缸径	杆径	DD 6g	BB^{+3}_{0}	AA 参考	WH ±2	ZJ①	B f9	VD min	TG js13
110	56	M20×1.5	75	155	35	226	72	5	109.6
	70						88		
	90						108		
125	56	M22×1.5	81	178	35	232	72	5	125.9
	70						88		
	90						108		
140	70	M24×1.5	86	196	32	240	88	5	138.6
	90						108		
	100						120		
160	70	M27×2	92	219	32	245	88	5	154.9
	90						108		
	110						133		
180	90	M30×2	115	246	32	289	108	5	174.0
	110						133		
	125						150		
200	90	M30×2	115	269	32	299	108	5	190.2
	110						133		
	140						163		
220	110	M33×2	140	310	35	338	133	5	219.2
	125						150		
	160						200		

①尺寸 ZJ 的极限偏差与行程有关,见表 15

尺寸

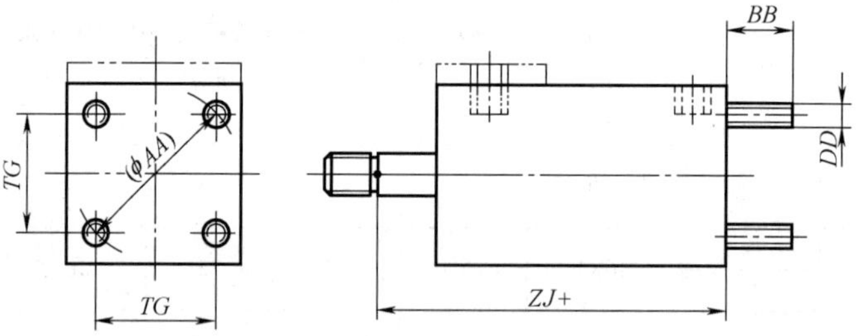

图 12 后端双头螺柱或加长连接杆式(MX2)

表 12 后端双头螺柱或加长连接杆式(MX2)安装尺寸

缸径	DD 6g	BB^{+3}_{0}	AA 参考	ZJ①	TG js13
25	M5×0.8	19	40	114	28.3
32	M6×1	24	47	128	33.2
40	M8×1	35	59	153	41.7
50	M12×1.25	46	74	159	52.3
63	M12×1.25	46	91	168	64.3
80	M16×1.5	59	117	190	82.7
90	M16×1.5	59	128	197	90.5
100	M16×1.5	59	137	203	96.9
110	M20×1.5	75	155	226	109.6
125	M22×1.5	81	178	232	125.9
140	M24×1.5	86	196	240	138.6
160	M27×2	92	219	245	154.9
180	M30×2	115	246	289	173.9
200	M30×2	115	269	299	190.2
220	M33×2	140	310	228	219.2

①尺寸 ZJ 的极限偏差与行程有关,见表 15

续表

尺寸

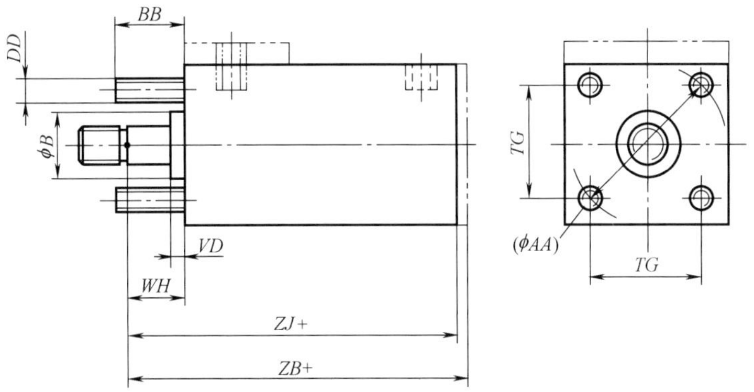

图 13　前端双头螺柱或加长连接杆式(MX3)

表 13　前端双头螺柱或加长连接杆式(MX3)安装尺寸

缸径	杆径 *MM*	*AA* 参考	*DD* 6g	BB^{+3}_{0}	*WH*①	*ZJ*①	*B* f9	*VD* min	*TG* js13	*ZB* max
25	12	40	M5×0.8	19	15	114	24	5	28.3	121
	18						30			
32	14	47	M6×1	24	25	128	26	5	33.2	137
	22						34			
40	18	59	M8×1	35	25	153	30	5	41.7	166
	22						34			
	28						42			
50	22	74	M12×1.25	46	25	159	34	5	52.3	176
	28						42			
	36						50			
63	28	91	M12×1.25	46	32	168	42	5	64.3	185
	36						50			
	45						60			
80	36	117	M16×1.5	59	31	190	50	5	82.7	212
	45						60			
	56						72			
90	45	128	M16×1.5	59	31	197	60	5	90.5	219
	56						72			
	63						88			
100	45	137	M16×1.5	59	35	203	60	5	96.9	225
	56						72			
	70						88			
110	56	155	M20×1.5	75	35	226	72	5	109.6	250
	70						88			
	90						108			
125	56	178	M22×1.5	81	35	232	72	5	125.9	260
	70						88			
	90						108			
140	70	196	M24×1.5	86	32	240	88	5	138.6	270
	90						108			
	100						120			
160	70	219	M27×2	92	32	245	88	5	154.9	279
	90						108			
	110						133			

续表

尺寸

续表

缸径	杆径 *MM*	*AA* 参考	*DD* 6g	BB^{+3}_{0}	*WH*①	*ZJ*①	*B* f9	*VD* min	*TG* js13	*ZB* max
180	90	246	M30×2	115	32	289	108	5	174.0	326
	110						133			
	125						150			
200	90	269	M30×2	115	32	299	108	5	190.2	336
	110						133			
	140						163			
220	110	310	M33×2	140	35	338	133	5	219.2	375
	125						150			
	160						200			

①尺寸 *WH* 和 *ZJ* 的极限偏差与行程有关,见表 15

②油口、法兰的型式和尺寸应符合表 14 的规定

表 14　油口、法兰的型式和尺寸

缸径	ISO 1179-1 油口 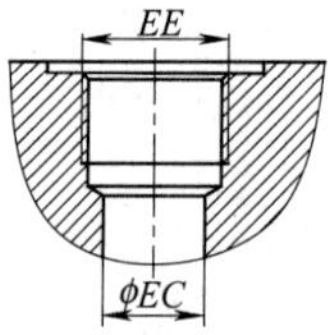		GB/T 2878.1 油口 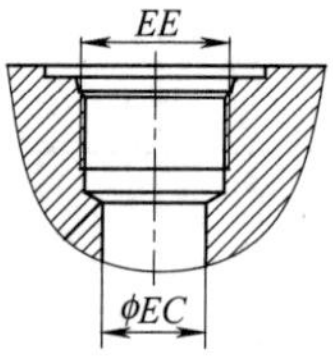		ISO 6162-1 矩形法兰,1 型 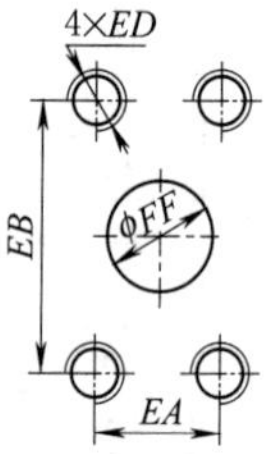					
	G		M		MM					
					法兰公称通径					
	EE in	*EC* min	*EE* 6H	*EC* min	米制 DN	寸制 NPS /in	$FF^{0}_{-1.5}$	*EA* ±0.25	*EB* ±0.25	*ED*
25	G ¼	7.5	M14×1.5	7.5	—	—	—	—	—	—
32										
40	G ⅜	9	M18×1.5	11	—	—	—	—	—	—
50	G ½	14	M22×1.5	14	—	—	—	—	—	—
63										
80	G ¾	18	M27×2	18	—	—	—	—	—	—
90										
100										
110	G 1	23	M33×2	23	25	1	25.6	26.2	52.4	M10
125										
140										
160										
180	G 1¼	30	M42×2	30	32	1¼	32.0	30.2	58.7	M10
200										
220	G 1½	36	M48×2	36	32	1¼	32.0	30.2	58.7	M10

③ JB/T 12706.2—2017 的所有尺寸按 GB/T 9094 规定的代码标记

④ 安装尺寸极限偏差应符合表 15 的规定

续表

<table>
<tr><td>尺寸</td><td>

表 15 由行程确定的安装尺寸极限偏差

<table>
<tr><td colspan="2">安装尺寸识别标志</td><td>SS①</td><td>WH</td><td>XC①或 XO①</td><td>XG</td><td>XJ①</td><td>XS</td><td>XV</td><td>Y</td><td>ZB①</td><td>ZJ①</td></tr>
<tr><td colspan="2">行程</td><td colspan="10" rowspan="2">极限偏差</td></tr>
<tr><td>大于</td><td>至</td></tr>
<tr><td>—</td><td>1250</td><td>±1.5</td><td>±2.0</td><td>±1.5</td><td>±2.0</td><td>±1.5</td><td>±2.0</td><td>±2.0</td><td>±2.0</td><td rowspan="3">max</td><td>±1.5</td></tr>
<tr><td>1250</td><td>3150</td><td>±3.0</td><td>±4.0</td><td>±3.0</td><td>±4.0</td><td>±3.0</td><td>±4.0</td><td>±4.0</td><td>±4.0</td><td>±3.0</td></tr>
<tr><td>3150</td><td>8000</td><td>±5.0</td><td>±8.0</td><td>±5.0</td><td>±8.0</td><td>±5.0</td><td>±8.0</td><td>±8.0</td><td>±8.0</td><td>±5.0</td></tr>
</table>

①安装尺寸包括行程。本表中的安装尺寸极限偏差不包括在 JB/T 10205 中规定的行程长度公差

</td></tr>
<tr><td>缸径</td><td>JB/T 12706.2—2017 涵盖的缸径符合 GB/T 2348 的规定，见表 1</td></tr>
<tr><td>活塞行程长度公差</td><td>活塞行程长度公差符合 JB/T 10205—2010 的规定</td></tr>
<tr><td>安装类型</td><td>JB/T 12706.2—2017 包括安装类型，符合 GB/T 9094 的代码标识规定</td></tr>
<tr><td>活塞杆端部及附件安装的型式和尺寸</td><td>①JB/T 12706.2—2017 涵盖的带轴肩外螺纹的活塞杆端螺纹尺寸见图 1 和表 1
②活塞杆端型式和尺寸应符合 GB/T 2350 的规定
③附件安装尺寸宜按 ISO 8133 选用
注：现行标准为 GB/T 39949.2—2021/ISO 8133:2014，MOD</td></tr>
<tr><td>标注说明</td><td>当选择遵守本标准时，宜在测试报告、产品样本和销售文件中做下述说明
“16MPa 紧凑型系列单杆液压缸安装尺寸符合 JB/T 12706.2《液压传动 16MPa 系列单杆缸的安装尺寸 第 2 部分：缸径 25～220mm 紧凑型系列》的规定”</td></tr>
</table>

（5）16MPa 系列紧凑型单杆液压缸的安装尺寸（摘自 GB/T 38205.3—2019/ISO 6020-3：2015，MOD）

表 20-7-66

<table>
<tr><td>范围</td><td>GB/T 38205.3—2019《液压传动 16MPa 系列单杆缸的安装尺寸 第 3 部分：缸径 250～500mm 紧凑型系列》规定了 16MPa 系列紧凑型单杆液压缸的安装尺寸，以满足液压缸的互换性要求
本标准适用于缸径为 250～500mm 的方形液压缸</td></tr>
<tr><td>尺寸</td><td>

①液压缸的安装尺寸见图 1～图 9 以及对应的表 1～表 9

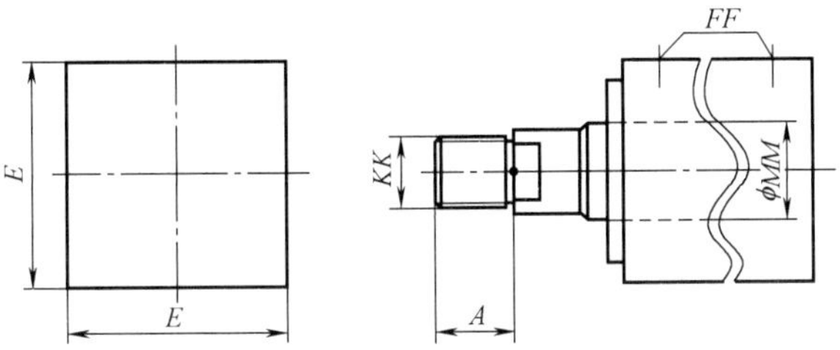

图 1 总体尺寸

表 1 总体尺寸

<table>
<tr><td>缸径</td><td>MM①</td><td>KK
6g</td><td>A
max</td><td>E
max</td><td>FF②</td></tr>
<tr><td rowspan="2">250</td><td>140</td><td>M100×3</td><td>112</td><td rowspan="2">320</td><td rowspan="2">DN51</td></tr>
<tr><td>180</td><td>M125×4</td><td>125</td></tr>
<tr><td rowspan="2">(280)</td><td>160</td><td>M110×3</td><td>112</td><td rowspan="2">360</td><td rowspan="2">DN64</td></tr>
<tr><td>200</td><td>M140×4</td><td>140</td></tr>
<tr><td rowspan="2">320</td><td>180</td><td>M125×4</td><td>125</td><td rowspan="2">400</td><td rowspan="2">DN64</td></tr>
<tr><td>220</td><td>M160×4</td><td>160</td></tr>
<tr><td rowspan="2">(360)</td><td>180</td><td>M125×4</td><td>125</td><td rowspan="2">450</td><td rowspan="2">DN64</td></tr>
<tr><td>250</td><td>M180×4</td><td>180</td></tr>
<tr><td rowspan="2">400</td><td>220</td><td>M160×4</td><td>160</td><td rowspan="2">500</td><td rowspan="2">DN64</td></tr>
<tr><td>280</td><td>M200×4</td><td>200</td></tr>
</table>

</td></tr>
</table>

续表

续表

缸径	MM①	KK 6g	A max	E max	FF②
(450)	250	M180×4	180	550	DN64
	320	M220×4	220		
500	280	M200×4	200	630	DN64
	360	M250×6	250		

①如果需要选用其他活塞杆直径或活塞杆螺纹尺寸,见 GB/T 2348 和 GB/T 2350
②法兰油口尺寸应符合 GB/T 34635 的规定
注:圆括号内尺寸为非优先选用值

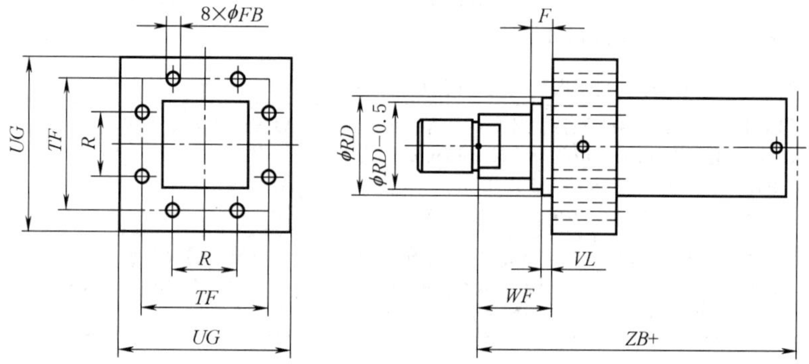

图 2　ME11-方形前盖式

尺寸

表 2　方形前盖式安装尺寸

缸径	RD f8	TF js13	FH② H13	R js13	WF①	F max	VL min	UG max	ZB① max
250	280	380	30	235	110	75	5	445	460
(280)	300	425	36	259	110	75	5	497	490
320	325	472	36	283	110	75	5	549	520
(360)	350	528	39	305	110	75	5	611	575
400	380	588	45	340	110	75	5	683	625
(450)	435	664	56	383	110	75	5	771	700
500	490	740	56	425	110	75	5	858	775

①尺寸 WF、ZB 的公差与行程有关(见表 10)
②如果需要选用其他螺钉安装孔时,按照 GB/T 5277 规定的中等装配等级
注:圆括号内尺寸为非优先选用值

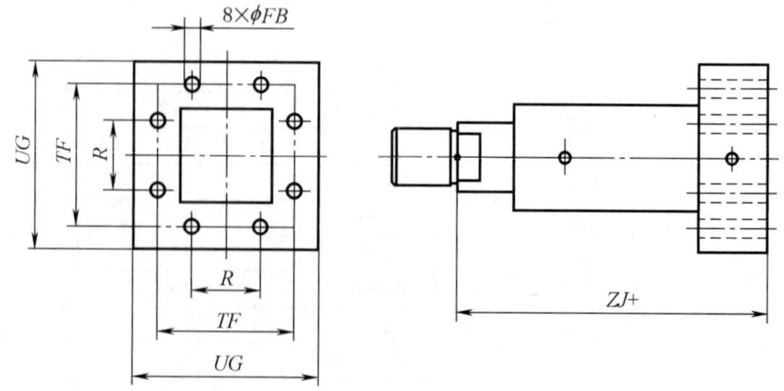

图 3　ME12-方形后盖式

尺寸

表 3　方形后盖式安装尺寸

缸径	*TF* js13	*FB*② H13	*R* js13	*ZJ*①	*UG* max
250	380	30	235	420	445
(280)	425	36	259	450	497
320	472	36	283	475	549
(360)	528	39	305	530	611
400	588	45	340	580	683
(450)	664	56	383	635	771
500	740	56	425	710	858

①尺寸 *ZJ* 的公差与行程有关(见表 10)

②如果需要选用其他螺钉安装孔时,按照 GB/T 5277 规定的中等装配等级

注:圆括号内尺寸为非优先选用值

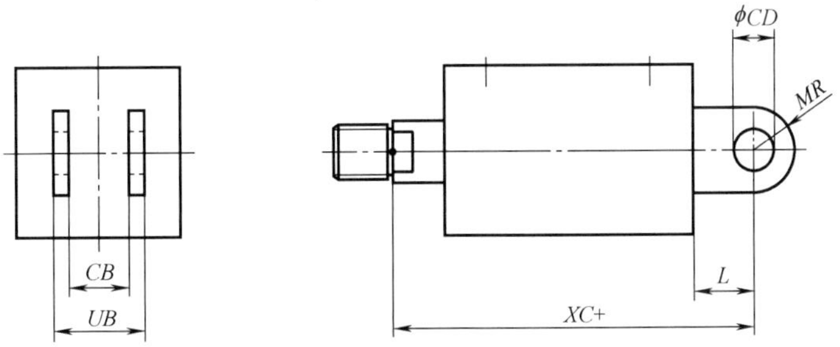

图 4　MP1-后端固定双耳环式

表 4　后端固定双耳环式安装尺寸

缸径	*CB* A16	*CD* H9	*MR* max	*L* min	*XC*①	*UB* max
250	90	90	100	125	545	180
(280)	100	100	110	138	600	200
320	110	110	120	152	627	220
(360)	125	125	140	175	705	250
400	140	140	160	195	775	280
(450)	160	160	180	220	867	320
500	180	180	200	250	960	360

①尺寸 *XC* 的公差与行程有关(见表 10)

注:圆括号内尺寸为非优先选用值

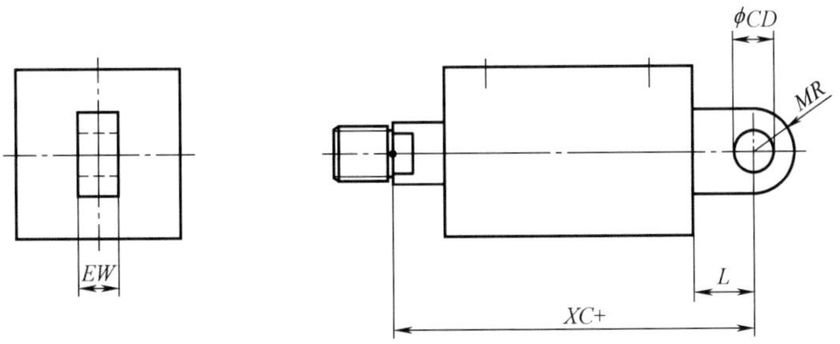

图 5　MP3-后端固定单耳环式

续表

尺寸

表 5　后端固定单耳环式安装尺寸

缸径	EW h14	CD H9	MR max	L min	XC①
250	90	90	100	125	545
(280)	100	100	110	138	600
320	110	110	120	152	627
(360)	125	125	140	175	705
400	140	140	160	195	775
(450)	160	160	180	220	867
500	180	180	200	250	960

①尺寸 *XC* 的公差与行程有关(见表 10)

注:圆括号内尺寸为非优先选用值

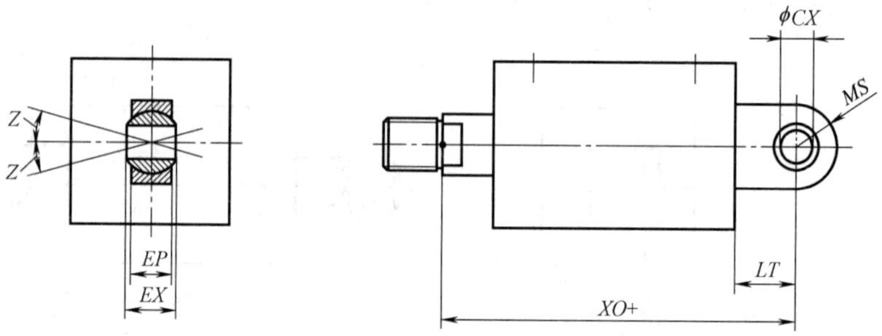

图 6　MP5-带关节轴承,后端固定单耳环式

表 6　带关节轴承,后端固定单耳环式安装尺寸

缸径	EP max	$EX_{-0.25}^{0}$	CX	MS max	LT min	XO①
250	102	115	$125_{-0.021}^{0}$	160	160	580
(280)	114	140	$140_{-0.021}^{0}$	180	180	630
320	130	160	$160_{-0.021}^{0}$	200	200	675
(360)	130	160	$160_{-0.021}^{0}$	200	200	730
400	162	200	$200_{-0.021}^{0}$	250	250	830
(450)	177	220	$220_{-0.021}^{0}$	285	285	930
500	192	250	$250_{-0.021}^{0}$	320	320	1030

①尺寸 *XO* 的公差与行程有关(见表 10)

注:1. 摆动角度 *Z* 最小值为 4°

2. 圆括号内尺寸为非优先选用值

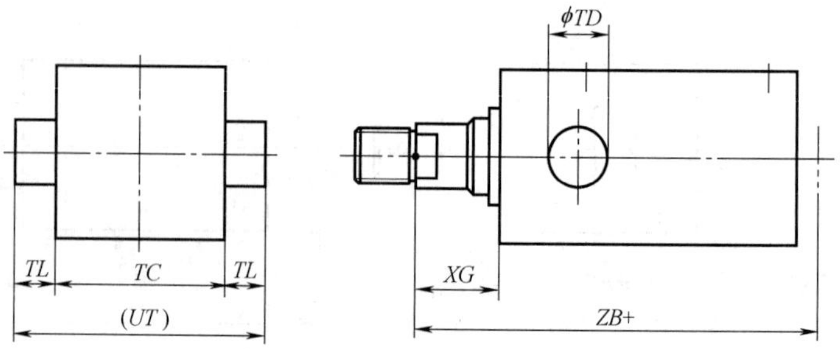

图 7　MT1-前端整体耳轴式

续表

尺寸

表 7 前端整体耳轴式安装尺寸

缸径	*TC* h14	*UT* ref	*TD* f8	*XG*①	*TL* js13	*ZB*① max
250	320	520	125	178	100	505
(280)	360	600	130	185	120	540
320	400	650	160	195	125	580
(360)	450	740	180	205	145	640
400	500	820	200	215	160	685
(450)	565	925	225	225	180	753
500	630	1030	250	240	200	825

① 尺寸 *XG*、*ZB* 的公差与行程有关(见表 10)

注:圆括号内尺寸为非优先选用值

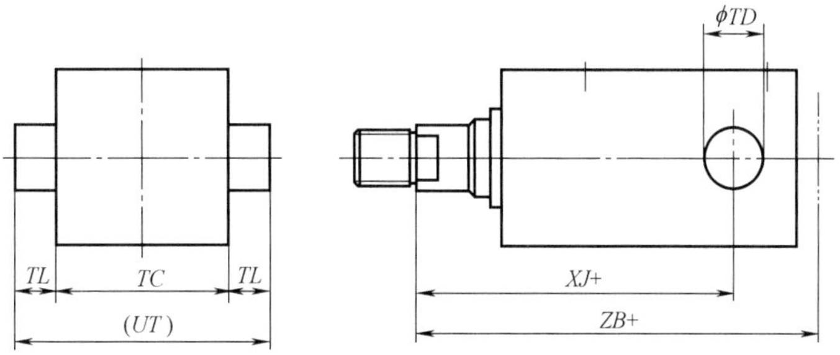

图 8 MT2-后端整体耳轴式

表 8 后端整体耳轴式安装尺寸

缸径	*TC* h14	*UT* ref	*TD* f8	*XJ*①	*TL* js13	*ZB*① max
250	320	520	125	393	100	505
(280)	360	600	130	421	120	540
320	400	650	160	450	125	580
(360)	450	740	180	500	145	640
400	500	820	200	525	160	685
(450)	565	925	225	577	180	755
500	630	1030	250	615	200	825

①尺寸 *XJ* 和 *ZB* 的公差与行程有关(见表 10)

注:圆括号内尺寸为非优先选用值

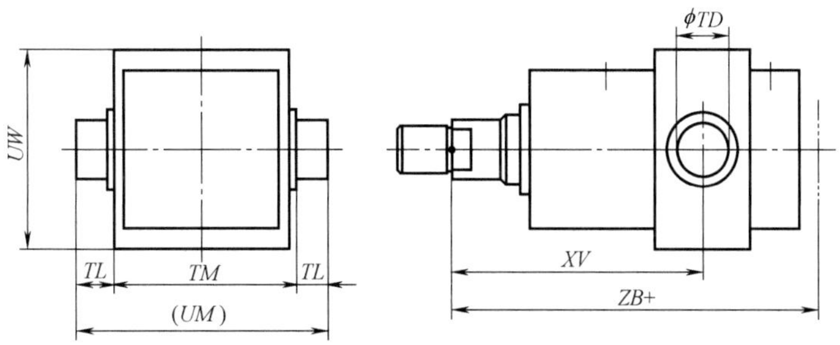

图 9 MT4-中间固定或可调耳轴式

续表

尺寸

表 9　中间固定或可调耳轴式安装尺寸

缸径	*UW* max	*TM* h14	*UM* ref	*TD* f8	*XV*	*ZB*① max	*TL* js13
250	480	380	580	125	可变②	460	100
(280)	540	435	675	130		490	120
320	600	485	735	160		520	125
(360)	675	545	835	180		575	145
400	750	605	925	200		625	160
(450)	848	675	1035	225		700	180
500	945	745	1145	250		775	200

①尺寸 *ZB* 的公差与行程有关(见表 10)

②*XV* 最小值、最大值以及最小行程宜由制造商与用户协商

注:圆括号内尺寸为非优先选用值

②安装尺寸公差应符合表 10 的规定

表 10　与行程相关的安装尺寸公差

行程 *S*	安装尺寸代码					
	WF	*XC* 或 *XO*	*XG*	*XJ*	*ZB*	*ZJ*
	公差					
S≤500	±1.5	±1	±1.5	±1	max①	±1
500<*S*≤1000	±2	±1.5	±2	±1.5		±1.5
1000<*S*≤2000	±2.5	±2	±2.5	±2		±2
2000<*S*≤4000	±4	±3	±4	±3		±3
4000<*S*≤7000	±6	±4	±5	±4		±4
7000<*S*≤10000	±8	±5	±6	±5		±5

①"max"为最大轮廓尺寸

注:安装尺寸包括行程、安装公差不包括第 6 章规定的行程公差

③所有尺寸的代码标记应符合 GB/T 9094 的规定

缸径

本标准涵盖的缸径应符合 GB/T 2348 的规定,见表 1~表 9

活塞行程公差

活塞行程公差应符合表 11 的规定

表 11　液压缸的行程公差

行程 *S*	公差	行程 *S*	公差
S≤500	$^{+2.0}_{0}$	2000<*S*≤4000	$^{+5.0}_{0}$
500<*S*≤1000	$^{+3.0}_{0}$	4000<*S*≤7000	$^{+6.0}_{0}$
1000<*S*≤2000	$^{+4.0}_{0}$	7000<*S*≤10000	$^{+8.0}_{0}$

安装型式和尺寸

本标准包括以下安装型式和尺寸

——ME11:方形前盖式

——ME12:方形后盖式

——MP1:后端固定双耳环式

——MP3:后端固定单耳环式

——MP5:带关节轴承,后端固定单耳环式

——MT1:前端整体耳轴式

——MT2:后端整体耳轴式

——MT4:中间固定或可调耳轴式

活塞杆特性

①本标准涵盖的外螺纹(带肩)活塞杆端螺纹尺寸见图 1 和表 1

②活塞杆螺纹型式和尺寸应符合 GB/T 2350 的规定

标注说明

当制造商选择遵守本标准时,宜在测试报告、产品样本和销售文件中做下述说明

"液压缸的安装尺寸符合 GB/T 38205.3—2019《液压传动　16MPa 系列单杆缸的安装尺寸　第 3 部分:缸径 250~500mm 紧凑型系列》"

（6）25MPa 系列单杆液压缸的安装尺寸（摘自 JB/T 13291—2017/ISO 6022：2006，MOD）

表 20-7-67

mm

范围	JB/T 13291—2017《液压传动　25MPa 系列单杆缸的安装尺寸》规定了 25MPa 液压缸的安装尺寸，以满足液压缸的互换性要求 JB/T 13291—2017 适用于公称压力为 25MPa、缸径 50～320mm 的单杆液压缸（以下简称液压缸） 注：JB/T 13291—2017 仅提供基本准则，不限制其技术应用，允许制造商在液压缸的设计中灵活使用

尺寸

①液压缸的安装尺寸应从图 1～图 5 以及对应的表 1～表 5 中选择

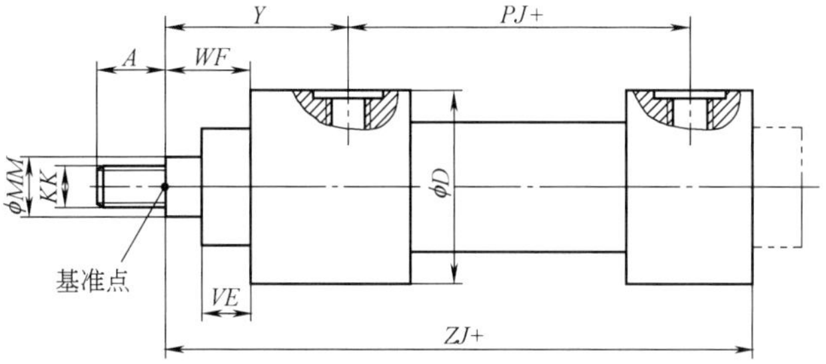

图 1　基本尺寸

表 1　基本尺寸

缸径	杆径 MM①	ZJ②	KK①	A max	D	Y	PJ	VE max	WF②
50	32	240	M27×2	36	102	98	120	29	47
	36								
63	40	270	M33×2	45	120	112	133	32	53
	45								
80	50	300	M42×2	56	145	120	155	36	60
	56								
90	56	320	M48×2	63	156	127	163	39	64
	63								
100	63	335	M48×2	63	170	134	171	41	68
	70								
110	70	350	M52×2	75	180	143	181	43	72
	80								
125	80	390	M64×3	85	206	153	205	45	76
	90								
140	90	425	M72×3	90	226	166	219	45	76
	100								
160	100	460	M80×3	95	265	185	235	50	85
	110								
180	110	500	M90×3	106	292	194	264	55	95
	125								
200	125	540	M100×3	112	306	220	278	61	101
	140								
220	140	627	M125×4	125	355	244	326	71	113
	160								
250	160	640	M125×4	125	395	257	326	71	113
	180								
280	180	742	M160×4	160	445	290	375	88	136
	200								
320	200	750	M160×4	160	490	282	391	88	136
	220								

①如果需要选用其他活塞杆直径或活塞杆螺纹尺寸，参见 GB/T 2348 和 GB 2350

②尺寸 *ZJ* 和 *WF* 的极限偏差与行程有关，见表 7

续表

尺寸

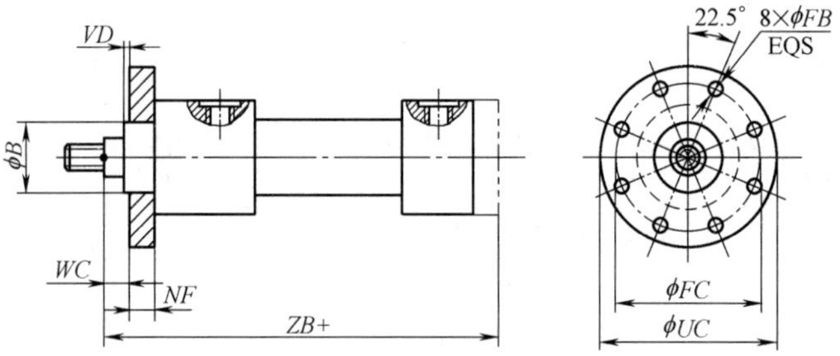

(a)前端圆法兰式(MF3)

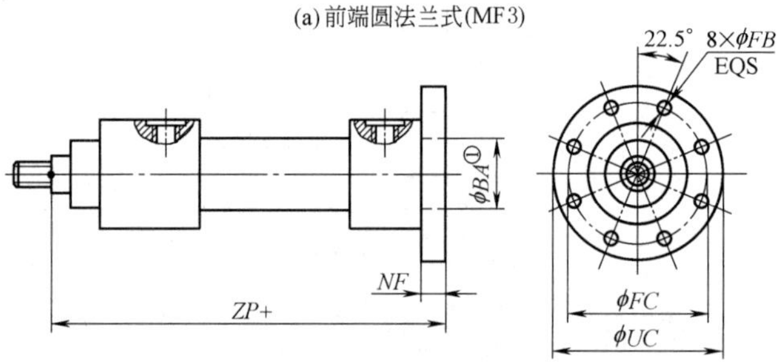

(b)后端圆法兰式(MF4)

图 2　前端圆法兰和后端圆法兰式

①可选择的

表 2　圆法兰式(MF3 和 MF4)安装尺寸

缸径	*FB* H13	*FC* js13	*VD* min	*WC*①	*ZP*①	*ZB* max	*B* 或 *BA* H8/f8	*UC* max	*NF* js13
50	13.5	132	4	22	265	244	63	160	25
63	13.5	150	4	25	298	274	75	180	28
80	17.5	180	4	28	332	305	90	215	32
90	22	200	5	30	354	325	100	240	34
100	22	212	5	32	371	340	110	260	36
110	22	220	5	34	388	355	120	280	38
125	22	250	5	36	430	396	132	300	40
140	26	285	5	36	465	430	145	340	40
160	26	315	5	40	505	467	160	370	45
180	33	355	5	45	550	505	185	425	50
200	33	385	5	45	596	550	200	455	56
220	39	435	8	50	690	637	235	500	63
250	39	475	8	50	703	652	250	545	63
280	45	555	8	56	822	752	295	630	80
320	45	600	8	56	830	764	320	680	80

①尺寸 *WC* 和 *ZP* 的极限偏差与行程有关,见表 7

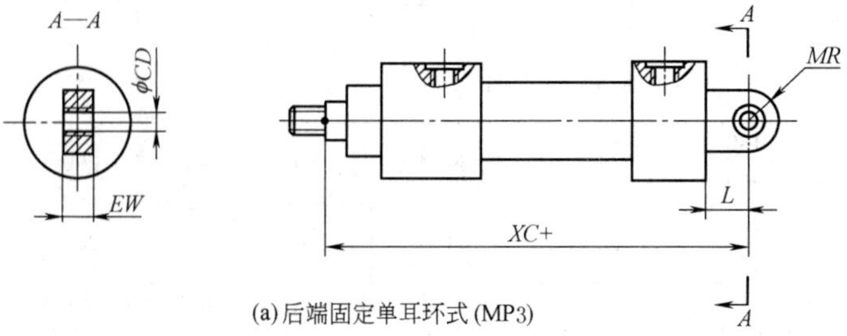

(a)后端固定单耳环式(MP3)

尺寸

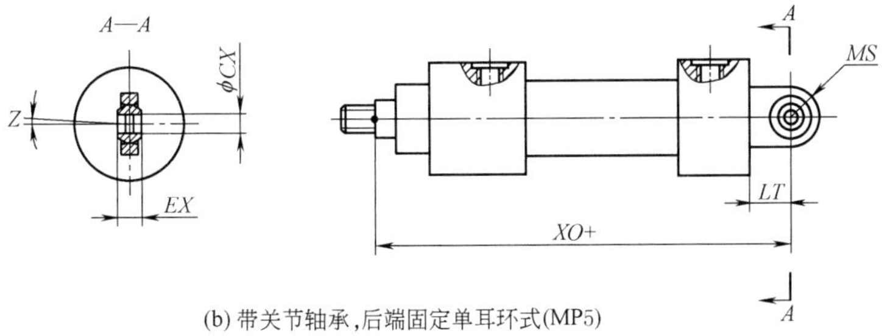

(b) 带关节轴承,后端固定单耳环式(MP5)

图 3　后端固定单耳环式

表 3　后端固定单耳环式(MP3 和 MP5)安装尺寸

缸径	*CD* H9	*CX* H7	*EW* 或 *WX* h12	*L* 或 *LT* min	*MR* 或 *NS* max	*XC* 或 *XO*①
50	32	32	32	40	40	305
63	40	40	40	50	50	348
80	50	50	50	63	63	395
90	55	55	55	65	65	419
100	63	63	63	71	71	442
110	70	70	70	80	80	468
125	80	80	80	90	90	520
140	90	90	90	100	100	580
160	100	100	100	112	112	617
180	110	110	110	135	135	690
200	125	125	125	160	160	756
220	160	160	160	200	200	890
250	160	160	160	200	200	903
280	200	200	200	250	250	1072
320	200	200	200	250	250	1080

①尺寸 *XC* 或 *XO* 的极限偏差与行程有关,见表 7

注:摆动角度 *Z* 最大值为 4°

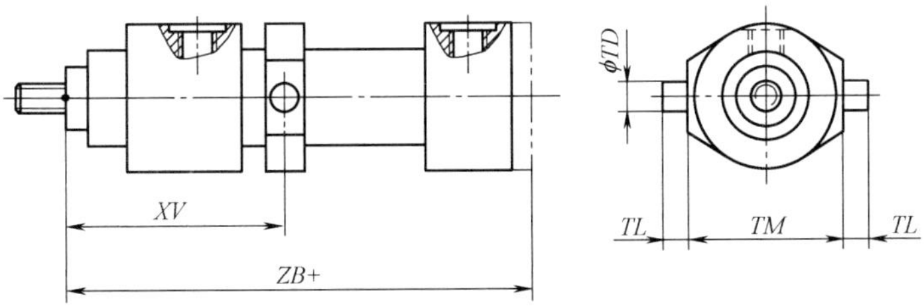

图 4　中间固定或可调耳轴式(MT4)

表 4　中间固定或可调耳轴式(MT4)安装尺寸

缸径	*TD* f8	*TL* js13	*TM* h12	*XV*①	*ZB* max
50	32	25	112	尺寸的最小值进而最大值由用户与制造商协商确定	244
63	40	32	125		274
80	50	40	150		305
90	60	45	165		325
100	63	50	180		340

续表

续表

缸径	*TD* f8	*TL* js13	*TM* h12	*XV*①	*ZB* max
110	70	60	200	尺寸的最小值进而最大值由用户与制造商协商确定	355
125	80	63	224		396
140	90	70	265		430
160	100	80	280		467
180	110	90	320		505
200	125	100	335		550
220	160	125	385		637
250	160	125	425		652
280	200	160	480		752
320	200	160	530		764

①尺寸 *XV* 的极限偏差与行程有关，见表 7

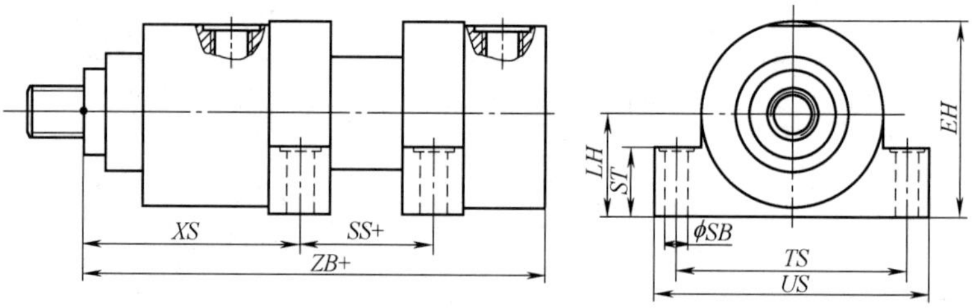

图 5　侧面脚架式（MS2）

尺寸

表 5　侧面脚架式（MS2）安装尺寸

缸径	*XS*①	*SS*①	*ZB* max	*TS* js13	*US* max	*SB* H13	*EH* max	*LH* h10	*ST* max
50	135.5	45	244	130	161	11	110	55	37
63	154	49	274	150	183	13.5	129	65	42
80	171.5	52	305	180	220	17.5	149	75	47
90	180	56	317	195	240	19.5	165	82	52
100	189	61	340	210	260	22	181	90	57
110	203	68	368	232	286	24	198	97	62
125	218	75	396	255	313	26	215	105	67
140	240.5	70	430	290	359	30	235	115	72
160	270	65	467	330	402	33	277	135	77
180	291.5	69	510	360	445	40	305	150	92
200	322.5	73	550	385	471	40	322	160	97
220	369.5	75	637	445	541	45	373	185	102
250	382.5	75	650	500	610	52	414	205	112
280	415.5	124	752	550	661	52	469	235	142
320	435	85	760	610	732	62	512	255	142

①尺寸 *XS* 和 *SS* 的极限偏差与行程有关，见表 7

续表

尺寸

②油口、法兰的型式和尺寸应符合表6的规定

表6　油口、法兰的型式和尺寸

缸径	螺纹油口			
	ISO 1179-1 油口		GB/T 2878.1 油口	
	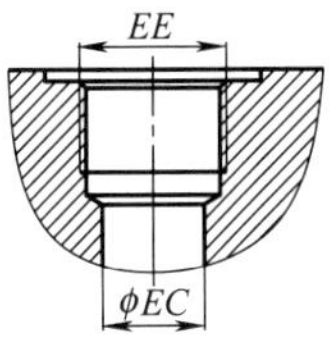		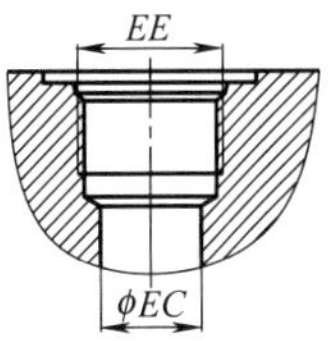	
	G		M	
	EE /in	*EC* min	*EE* 6H	*EC* min
50	G½	14	M22×1.5	14
63 80 90	G¾	18	M27×2	18
100 110 125	G1	23	M33×2	23
140 160 180 200	G1¼	30	M42×2	30
220 250 280 320	G1½	36	M48×2	36

缸径	法兰油口										
	ISO 6164 方法兰					ISO 6162-1 矩形法兰					
	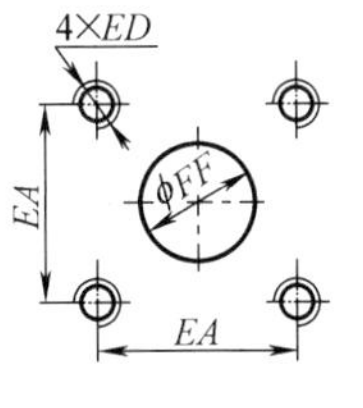					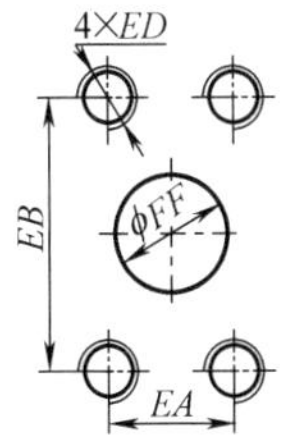					
	F					MM					
	法兰公称通径					法兰公称通径					
	公制 DN	英制 NPS /in	$FF_{-1.5}^{0}$	*EA* ±0.25	*ED*	公制 DN	英制 NPS /in	$FF_{-1.5}^{0}$	*EA* ±0.25	*EB* ±0.25	*ED*
63 80	13	½	15	29.7	M8	13	½	13	17.5	38.1	M8
(90) 100 (110) 125	19	¾	20	35.4	M8	19	¾	19.2	22.3	47.6	M10

续表

尺寸	

续表

缸径	法兰油口										
	ISO 6164 方法兰					ISO 6162-1 矩形法兰					
	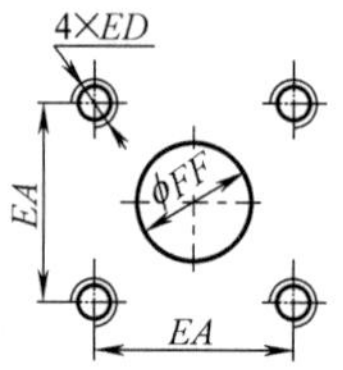					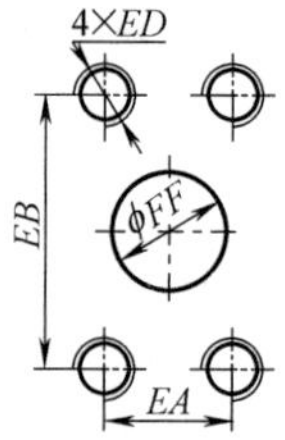					
	F					MM					
	法兰公称通径		$FF_{-1.5}^{0}$	EA ±0.25	ED	法兰公称通径		$FF_{-1.5}^{0}$	EA ±0.25	EB ±0.25	ED
	公制 DN	英制 NPS /in				公制 DN	英制 NPS /in				
(140) 160 (180) 200	25	1	25	43.8	M10	25	1	25.6	26.2	52.4	M10
(220) 250 (280) 320	32	1¼	32	51.6	M12	32	1¼	32	30.2	58.7	M10

③JB/T 13291—2017 的所有尺寸按 GB/T 9094 规定的代码标记

④由行程确定的安装尺寸极限偏差见表 7

表 7　由行程确定的安装尺寸极限偏差

安装尺寸识别标志		ZJ①	WF	WC	ZP①	XC 或 XO①	XV
行程		极限偏差					
大于	至						
—	1250	±1.5	±2.0	±2.0	±1.5	±1.5	±2.0
1250	3150	±3.0	±4.0	±4.0	±3.0	±3.0	±4.0
3150	8000	±5.0	±8.0	±8.0	±5.0	±5.0	±8.0

①安装尺寸包括行程。本表的安装尺寸极限偏差不包括行程长度公差。行程长度公差应符合 JB/T 10205—2010 的规定

缸径	JB/T 13291—2017 涵盖的缸径符合 GB/T 2348 的规定，见表 1
活塞行程长度公差	行程长度公差应符合 JB/T 10205 的规定
安装类型	JB/T 13291—2017 包括安装类型，符合 GB/T 9094 的代码标识规定
活塞杆端部及附件安装的型式和尺寸	①JB/T 13291—2017 涵盖的带轴肩外螺纹的活塞杆端螺纹尺寸，见图 1 和表 1 ②活塞杆端型式和尺寸应符合 GB/T 2350 的规定 ③附件安装尺寸宜按 ISO 8132 选用 注：现行标准为 GB/T 39949.1—2021/ISO 8132:2014，MOD
标注说明	当选择遵守本标准时，宜在测试报告、产品样本和销售文件中做下述说明 “25MPa 系列单杆液压缸安装尺寸符合 JB/T 13291《液压传动　25MPa 系列单杆缸的安装尺寸》的规定”

6.11.2　液压缸附件的安装尺寸

（1）16MPa 中型系列和 25MPa 系列单杆液压缸附件的安装尺寸（摘自 GB/T 39949.1—2021/ISO 8132:2014，MOD）

表 20-7-68 mm

范围	GB/T 39949.1—2021《液压传动　单杆缸附件的安装尺寸　第1部分:16MPa 中型系列和 25MPa 系列》规定了 16MPa 中型系列单杆液压缸和 25MPa 系列单杆液压缸附件的安装尺寸 GB/T 39949.1—2021 适用于 JB/T 12706.1 和 JB/T 13291 规定的液压缸 注:液压缸附件以机械的方式传递载荷,其设计基于液压缸的最大负载,该负载与 GB/T 2348 和 GB/T 2346 规定的液压缸缸径和公称压力有关
安装尺寸	附件的安装尺寸应从图 1~图 9 以及对应的表 1~表 9 中选择

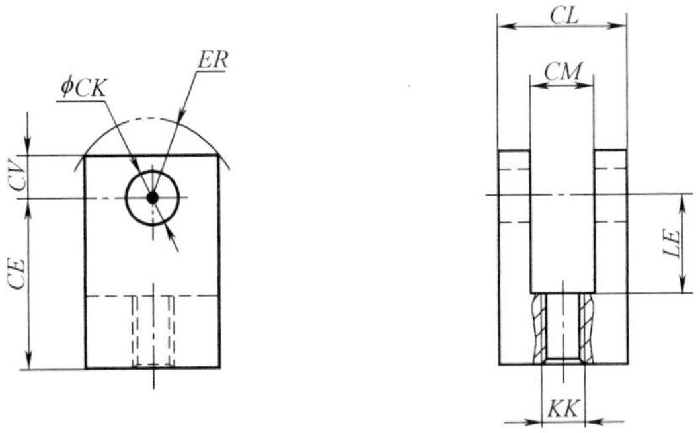

图 1　活塞杆用双耳环,内螺纹(AP2)

表 1　活塞杆用双耳环,内螺纹(AP2)的安装尺寸

型号	公称力 /N	CK H9	CL max	CM A13	CE js13	CV max	KK 6H	LE min	ER max
12	8000	12	28	12	38	16	M12×1.25	18	16
16	12500	16	36	16	44	20	M14×1.5	22	20
20	20000	20	45	20	52	25	M16×1.5	27	25
25	32000	25	56	25	65	32	M20×1.5	34	32
32	50000	32	70	32	80	40	M27×2	41	40
40	80000	40	90	40	97	50	M33×2	51	50
50	125000	50	110	50	120	63	M42×2	63	63
63	200000	63	140	63	140	71	M48×2	75	71
70	250000	70	150	70	160	80	M56×2	84	80
80	320000	80	170	80	180	90	M64×3	94	90
90	400000	90	190	90	195	100	M72×3	109	100
100	500000	100	210	100	210	110	M80×3	114	110

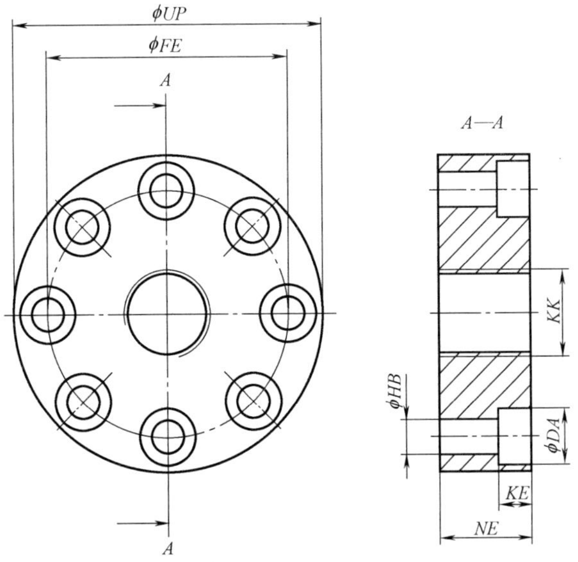

图 2　活塞杆用法兰,圆形(AF3)

续表

安装尺寸

表 2　活塞杆用法兰,圆形(AF3)的安装尺寸

型号	公称力/N	*KK* 6H	*FE* js13	安装孔数量	*HB* H13	*NE* js13	*UP* max	*DA* H13	$KE^{+0.4}_{0}$
12	8000	M12×1.25	40	4	6.6	17	56	11	6.8
16	12500	M14×1.5	45	4	9	19	63	14.5	9
20	20000	M16×1.5	54	6	9	23	72	14.5	9
25	32000	M20×1.5	63	6	9	29	82	14.5	9
32	50000	M27×2	78	6	11	37	100	17.5	11
40	80000	M33×2	95	8	13.5	46	120	20	13
50	125000	M42×2	120	8	17.5	57	150	26	17.5
63	200000	M48×2	150	8	22	64	190	33	21.5
70	250000	M56×2	165	8	24	77	212	36	23.5
80	320000	M64×3	180	8	26	86	230	39	25.5
90	400000	M72×3	195	10	29	89	250	43	28.5
100	500000	M80×3	210	10	29	96	270	43	28.5

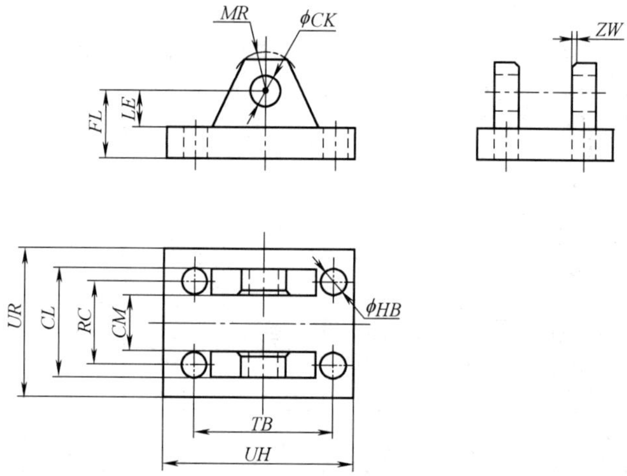

图 3　双耳环支架,通孔,对称型(AB4)

表 3　双耳环支架,通孔,对称型(AB4)的安装尺寸

型号	公称力/N	*CK* H9	*CL* max	*CM* A13	*ZW* min	*FL* js12	*HB* H13	*LE* min	*MR* max	*RC* js14	*TB* js14	*UR* max	*UH* max
12	8000	12	28	12	—	34	9	22	12	20	50	40	70
16	12500	16	36	16	—	40	11	27	16	26	65	50	90
20	20000	20	45	20	—	45	11	30	20	32	75	58	98
25	32000	25	56	25	—	55	13.5	37	25	40	85	70	113
32	50000	32	70	32	—	65	17.5	43	32	50	110	85	143
40	80000	40	90	40	—	76	22	52	40	65	130	108	170
50	125000	50	110	50	—	95	26	65	50	80	170	130	220
63	200000	63	140	63	1×45°	112	33	75	63	100	210	160	270
70	250000	70	150	70	2×45°	130	33	90	70	110	230	175	300
80	320000	80	170	80	2×45°	140	39	95	80	125	250	210	320
90	400000	90	190	90	2×45°	160	45	108	90	140	290	230	370
100	500000	100	210	100	2×45°	180	45	120	100	160	315	260	400
110	635000	110	240	110	2×45°	200	52	138	110	180	350	290	445
125	800000	125	270	125	5×45°	230	52	170	125	200	385	320	470

续表

安装尺寸

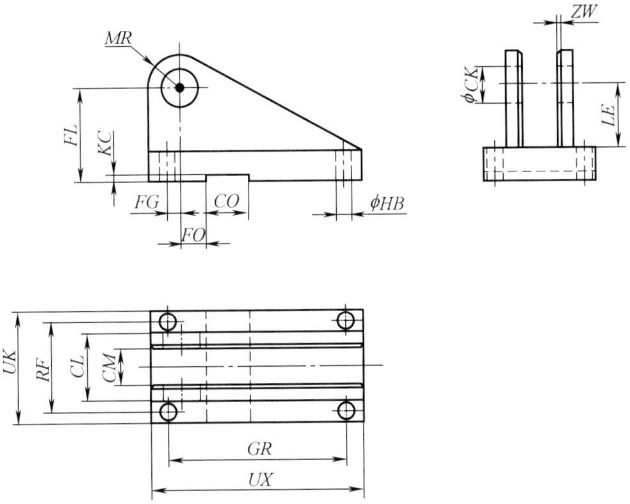

图4　双耳环支架,通孔,斜型(AB3)

表4　双耳环支架,通孔,斜型(AB3)的安装尺寸

型号	公称力 /N	*CK* H9	*CL* max	*CM* A13	*FL* js13	*ZW* min	*HB* H13	*CO* N9	*LE* min	*MR* max	*RG* js13	*RF* js13	*UX* max	*UK* max	*FG* js14	$KC^{+0.3}_{0}$	*FO* js14
12	8000	12	28	12	34	—	9	10	22	12	45	52	65	72	2	3.3	10
16	12500	16	36	16	40	—	11	16	27	16	55	65	80	90	3.5	4.3	10
20	20000	20	45	20	45	—	11	16	30	20	70	75	95	100	7.5	4.3	10
25	32000	25	56	25	55	—	13.5	25	37	25	85	90	115	120	10	5.4	10
32	50000	32	70	32	65	—	17.5	25	43	32	110	110	145	145	14.5	5.4	6
40	80000	40	90	40	76	—	22	36	52	40	125	140	170	185	17.5	8.4	6
50	125000	50	110	50	95	—	26	36	65	50	150	165	200	215	25	8.4	—
63	200000	63	140	63	112	1×45°	33	50	75	63	170	210	230	270	33	11.4	—
70	250000	70	150	70	130	2×45°	33	50	90	70	190	230	250	290	40	11.4	—
80	320000	80	170	80	140	2×45°	39	50	95	80	210	250	280	320	45	11.4	—
90	400000	90	190	90	160	2×45°	45	63	108	90	235	280	320	360	47.5	12.4	—
100	500000	100	210	100	180	2×45°	52	63	120	100	250	315	345	405	52.5	12.4	—
110	635000	110	240	110	200	2×45°	52	80	138	110	305	335	400	425	62.5	15.4	—
125	800000	125	270	125	230	5×45°	52	80	170	125	350	365	450	455	75	15.4	—

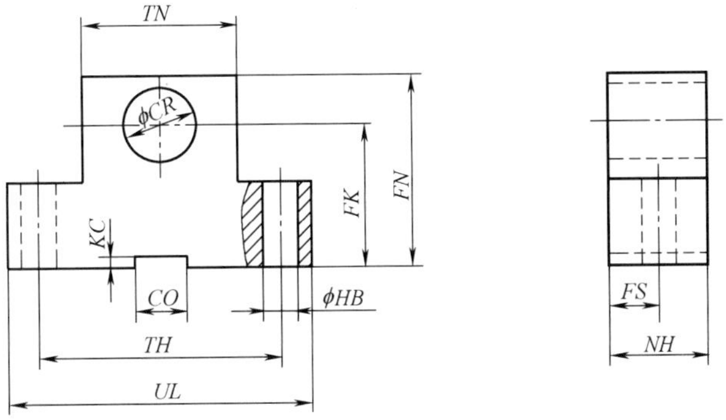

图5　耳轴支架(AT4)

续表

安装尺寸

表 5　耳轴支架（AT4）的安装尺寸

型号	公称力 /N	*CR* H7	*FK* js12	*FN* max	*HB* H13	*NH* max	*TH* js13	*TN* max	*UL* max	*CO* N9	$KC^{+0.3}_{0}$	*FS* js13
12	8000	12	34	50	9	17	40	24	63	10	3.3	8
16	12500	16	40	60	11	21	50	31	80	16	4.3	10
20	20000	20	45	70	11	21	60	41	90	16	4.3	16
25	32000	25	55	80	13.5	26	80	56	110	25	5.4	12
32	50000	32	65	100	17.5	33	110	70	150	25	5.4	15
40	80000	40	76	120	22	41	125	88	170	36	8.4	16
50	125000	50	95	140	26	51	160	105	210	36	8.4	20
63	200000	63	112	180	33	61	200	130	265	50	11.4	25
80	320000	80	140	220	39	81	250	170	325	50	11.4	31
90	385000	90	160	250	45	91	265	190	345	63	12.4	40
100	500000	100	180	280	52	102	295	215	385	63	12.4	45
110	630000	110	200	310	52	112	320	240	410	80	15.4	50
125	785000	125	220	345	62	132	385	270	570	80	15.4	56

注：本表适用于缸径在 25~250mm 的 16MPa 液压缸和缸径在 50~200mm 的 25MPa 液压缸

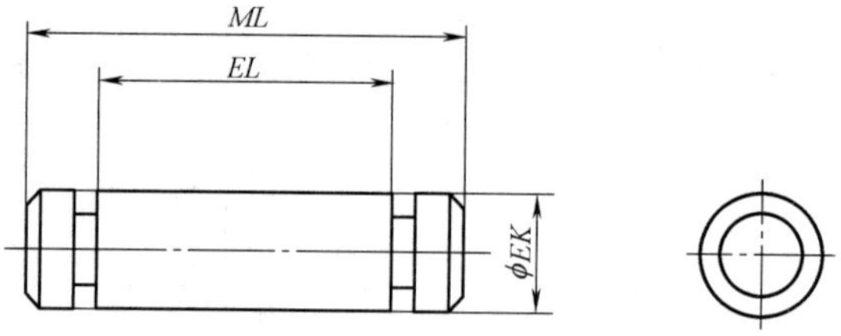

(a) 销轴，轴套用，带卡键或卡环(AA4-R)

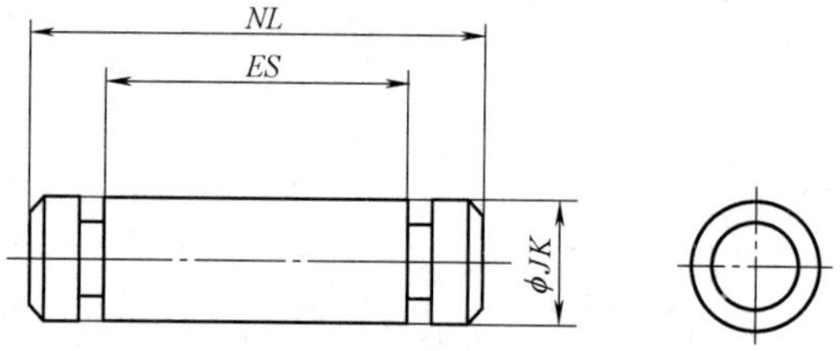

(b) 销轴，关节轴承用，带卡键或卡环(AA6-R)

图 6　销轴、轴套或关节轴承用，带卡键或卡环

表 6　销轴、轴套或关节轴承用，带卡键或卡环（AA4-R 或 AA6-R）的安装尺寸

型号	公称力 /N	*NL* 或 *ML* max	*ES* 或 *EL* min	*JK*① 或 *EK* f8
12	8000	49	29	12
16	12500	57	37	16
20	20000	72	46	20
25	32000	84	57	25
32	50000	105	72	32
40	80000	133	92	40
50	125000	165	112	50
63	200000	185	142	63
70	250000	205	152	70
80	320000	225	172	80

①与关节轴承配合的销轴公差带为 m6

续表

安装尺寸

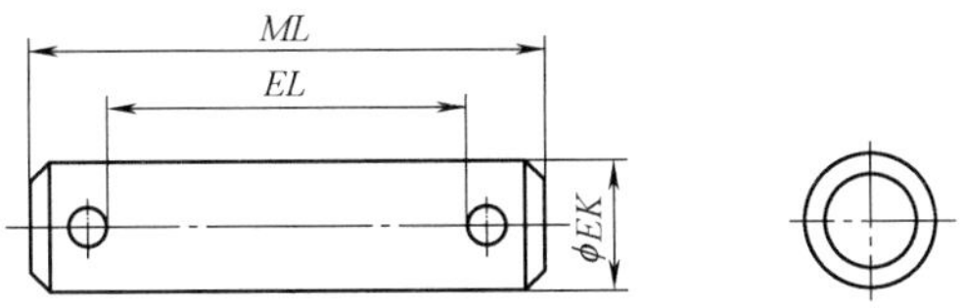

(a) 销轴,轴套用,带开口销(AA4-S)

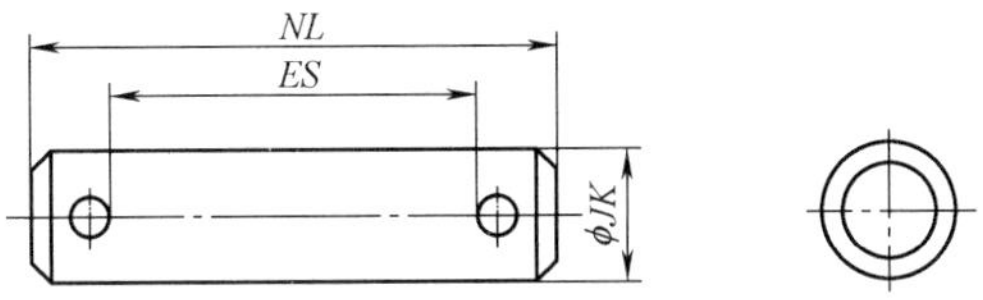

(b) 销轴,关节轴承用,带开口销(AA6-S)

图 7　销轴、轴套或关节轴承用,带开口销

表 7　销轴、轴套或关节轴承用,带开口销(AA4-S 或 AA6-S)的安装尺寸

型号	公称力/N	*NL* 或 *ML* max	*ES* 或 *EL* min	*JK*① 或 *EK* f8
12	8000	49	29	12
16	12500	57	37	16
20	20000	72	46	20
25	32000	84	57	25
32	50000	105	72	32
40	80000	133	92	40
50	125000	165	112	50
63	200000	185	142	63
70	250000	205	152	70
80	320000	225	172	80

①与关节轴承配合的销轴公差带为 m6

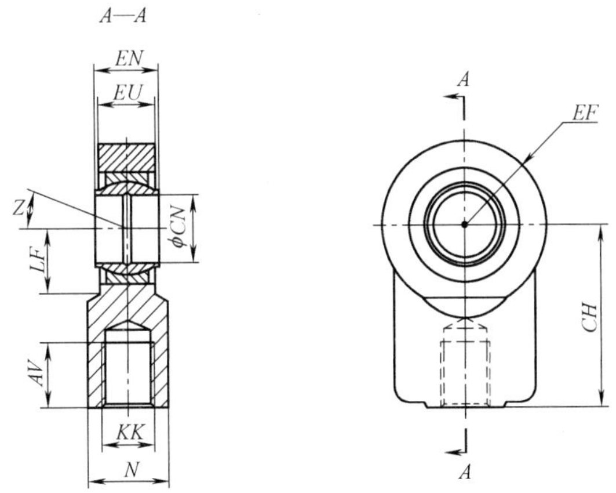

图 8　活塞杆用带关节轴承的单耳环,内螺纹(AP6)

表 8　活塞杆用带关节轴承的单耳环,内螺纹(AP6)的安装尺寸

型号	公称力/N	*N* max	*KK* 6H	*CN*		*EN*		*EF* max	*CH* js13	*AV* min	*LF* min	*EU* max	摆动角度 *Z* min
				公称尺寸	极限偏差	公称尺寸	极限偏差						
12	8000	19	M12×1.25	12	+0.018 0	12	0 -0.180	16.5	38	17	14	11	4°
16	12500	22	M14×1.5	16		16		20.5	44	19	18	14	
20	20000	28	M16×1.5	20	+0.021 0	20	0 -0.210	25	52	23	22	17.5	
25	32000	31	M20×1.5	25		25		32	65	29	27	22	

续表

安装尺寸

续表

型号	公称力/N	N max	KK 6H	CN 公称尺寸	CN 极限偏差	EN 公称尺寸	EN 极限偏差	EF max	CH js13	AV min	LF min	EU max	摆动角度 Z min
32	50000	38	M27×2	32	+0.025 0	32	0 -0.250	40	80	37	32	28	4°
40	80000	47	M33×2	40		40		50	97	46	41	34	
50	125000	58	M42×2	50		50		63	120	57	50	42	
63	200000	70	M48×2	63	+0.030 0	63	0 -0.300	72.5	140	64	62	53.5	
80	320000	91	M64×3	80		80		92	180	86	78	68	
100	500000	110	M72×3 M80×3	100	+0.035 0	100	0 -0.350	114	210	91 96	98	85.5	
125	800000	135	M90×3 M100×3	125	+0.040 0	125	0 -0.400	160	260	107 113	120	150	
160	1250000	165	M125×4	160		160		200	310	126	150	133	
200	2000000	215	M160×4	200	+0.046 0	200	0 -0.460	250	390	161	195	165	
250	3200000	300	M200×4	250		250		320	530	205	265	200	
320	5000000	360	M250×6	320	+0.057 0	320	0 -0.570	375	640	260	325	265	

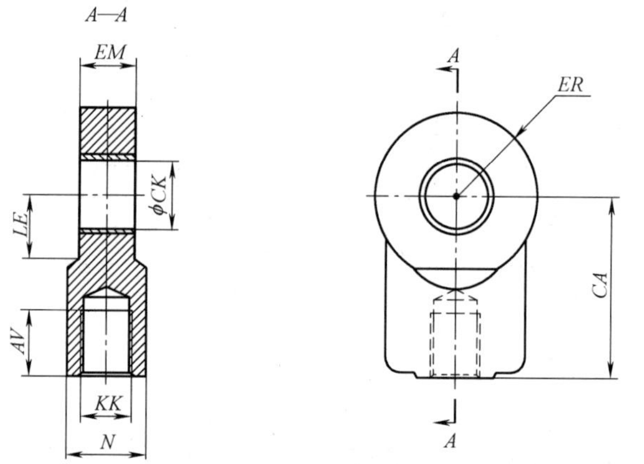

图9 活塞杆用单耳环,内螺纹(AP4)

表9 活塞杆用单耳环,内螺纹(AP4)的安装尺寸

型号	公称力/N	KK 6H	CK H9	EM h12	ER max	CA js13	AV min	LE min	N max
12	8000	M12×1.25	12	12	16.5	38	17	14	19
16	12500	M14×1.5	16	16	20.5	44	19	18	22
20	20000	M16×1.5	20	20	25	52	23	22	28
25	32000	M20×1.5	25	25	32	65	29	27	31
32	50000	M27×2	32	32	40	80	37	32	38
40	80000	M33×2	40	40	50	97	46	41	47
50	125000	M42×2	50	50	63	120	57	50	58
63	200000	M48×2	63	63	72.5	140	64	62	70
80	320000	M64×3	80	80	92	180	86	78	91
100	500000	M72×3 M80×3	100	100	114	210	91 96	98	110
125	800000	M90×3 M100×3	125	125	160	260	107 113	120	135
160	1250000	M125×4	160	160	200	310	126	150	165

续表

安装尺寸

续表

型号	公称力/N	*KK* 6H	*CK* H9	*EM* h12	*ER* max	*CA* js13	*AV* min	*LE* min	*N* max
200	2000000	M160×4	200	200	250	390	161	195	215
250	3200000	M200×4	250	250	320	530	205	265	300
320	5000000	M250×6	320	320	375	640	260	325	360

公差

①附件的安装尺寸公差应符合图 1~图 9 以及对应的表 1~表 9 的要求

②GB/T 39949. 1—2021 所有未注线性和角度尺寸公差等级宜选用 m 级,标注为:"GB/T 1804-m",应符合 GB/T 1804 的规定

③GB/T 39949. 1—2021 所有未注几何公差等级宜选用 K 级,标注为:"GB/T 1184-K",应符合 GB/T 1184 的规定

附件型式

GB/T 39949. 1—2021 包括附件型式,应符合 GB/T 9094 的代号标识规定

使用说明

①安装

Ⅰ. 销轴

a. 销轴,带轴套。与轴套配套的销轴,其公差带宜选用 f8,符合 GB/T 1800. 2 的规定

b. 销轴,带关节轴承。与关节轴承内孔配合的销轴,其公差带宜选用 m6,符合 GB/T 1800. 2 的规定。在特殊情况下(如液压缸安装困难),可选用 f7。但其配合间隙较大,易引起轴的窜动,因此销轴表面应进行硬化处理,并对销轴进行润滑

Ⅱ. 摆动角度　当双耳环表面紧靠在关节轴承内孔侧面时,仍应保证摆动角度±4°(用户使用时,摆动角度不宜超过±4°)

Ⅲ. 活塞杆用耳环　活塞杆用耳环,内螺纹(AP2、AP4)在锁定之前应拧紧至活塞杆轴肩处

②润滑

Ⅰ. 应提供充分的润滑以满足单杆缸附件的性能要求

Ⅱ. 润滑方式与润滑频率取决于特定的工作环境

Ⅲ. 对于免维护的零件,不必额外润滑

标记

单杆缸附件应按 GB/T 9094 规定的安装形式标识。依次标明:安装型式、标准编号(GB/T 39949. 1),一字线,相应表格中的附件型式(尺寸)

示例 1

型号 20(*CK*=20)活塞杆用双耳环,内螺纹,标记如下

AP2 GB/T 39949. 1—20

示例 2

型号 20(*KK*=M16×1. 5)活塞杆用法兰,圆形,标记如下

AF3 GB/T 39949. 1—20

示例 3

型号 20(*CK*=20)双耳环支架,通孔,对称型,标记如下

AB4 GB/T 39949. 1—20

示例 4

型号 20(*CK*=20)双耳环支架,通孔,斜型,标记如下

AB3 GB/T 39949. 1—20

示例 5

型号 20(*CR*=20)耳轴支架,标记如下

AT4 GB/T 39949. 1—20

示例 6

型号 25(*EK*=25)销轴、轴套用,带卡键或卡环,标记如下

AA4-R GB/T 39949. 1—25

示例 7

型号 20(*CN*=20)活塞杆用带关节轴承的单耳环,内螺纹,标记如下

AP6 GB/T 39949. 1—20

示例 8

型号 20(*CK*=20)活塞杆用单耳环,内螺纹,标记如下

AP4 GB/T 39949. 1—20

标注说明

当制造商选择遵守本标准时,宜在试验报告、产品样本和销售文件中做下述说明

"液压缸附件的安装尺寸符合 GB/T 39949. 1—2021《液压传动　单杆缸附件的安装尺寸　第 1 部分:16MPa 中型系列和 25MPa 系列》的规定"

（2）16MPa 缸径为 25～220mm 紧凑型系列单杆液压缸附件的安装尺寸（摘自 GB/T 39949.2—2021/ISO 8133：2014，MOD）

表 20-7-69

mm

范围

GB/T 39949.2—2021《液压传动　单杆缸附件的安装尺寸　第 2 部分：16MPa 缸径 25～220mm 紧凑型系列》规定了 16MPa 缸径为 25～220mm 紧凑型系列单杆液压缸附件的安装尺寸

GB/T 39949.2—2021 适用于 JB/T 12706.2 规定的液压缸

注：液压缸附件以机械的方式传递载荷，其设计基于液压缸的最大负载，该负载与 GB/T 2348 和 GB/T 2346 规定的液压缸缸径和公称压力有关

安装尺寸

附件的安装尺寸应从图 1～图 11 以及对应的表 1～表 11 中选择

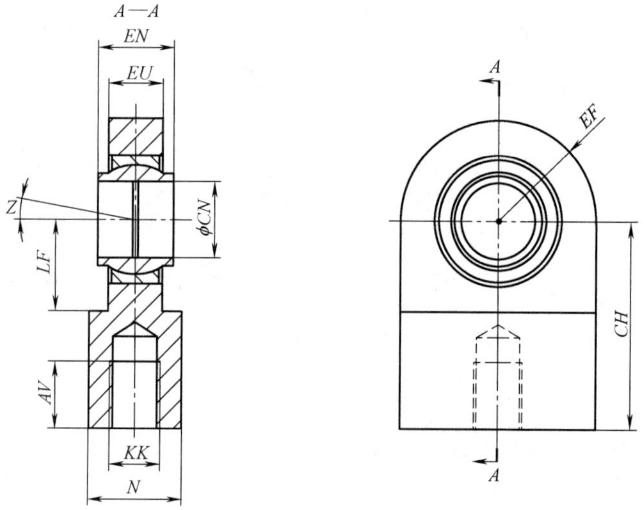

图 1　活塞杆用带关节轴承的单耳环，内螺纹（AP6）

注：使用适当的锁紧装置

表 1　活塞杆用带关节轴承的单耳环，内螺纹（AP6）安装尺寸

型号	公称力 /N	N max	KK 6H	CN		EN		EF max	CH js13	AV min	LF min	EU max	摆动角度 Z
				公称尺寸	极限偏差	公称尺寸	极限偏差						
12	8000	19	M10×1.25	12	0 −0.008	10	0 −0.050	18	42	15	16	8.5	3°
16	12500	22	M12×1.25	16		14		23	48	17	20	11.5	
20	20000	28	M14×1.5	20	0 −0.010	16		28	58	19	25	13.5	
25	32000	31	M16×1.5	25		20		33	68	23	30	18	
30	50000	37	M20×1.5	30		22		41	85	29	35	20	
40	80000	47	M27×2	40	0 −0.012	28		51	105	37	45	24	
50	125000	57	M33×2	50		35		61	130	46	58	31	
60	200000	69	M42×2	60	0 −0.015	44	0 −0.150	80	150	57	68	39	
80	320000	91	M48×2	80		55		102.5	185	64	92	48	
100	500000	110	M64×3	100	0 −0.020	70	0 −0.200	120	240	86	116	57	

续表

安装尺寸

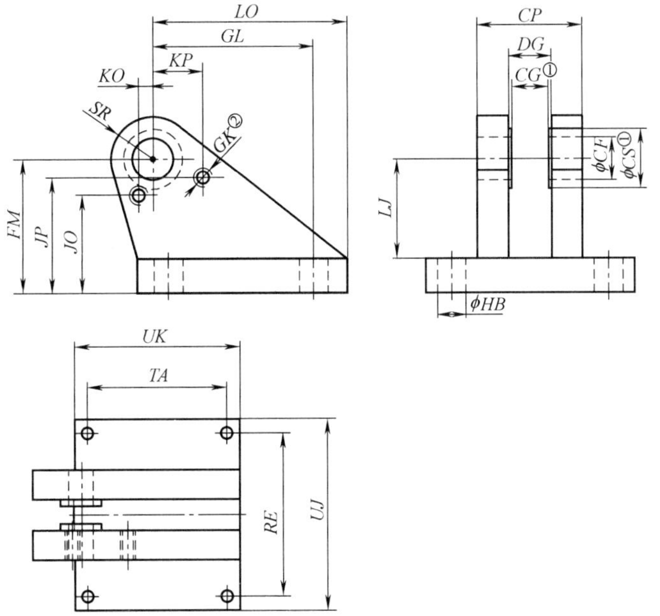

图 2　关节轴承用双耳环支架,斜型(AB5)

①CG 和 CS 尺寸可用垫片保证

②螺纹孔仅在安装带有锁板的销轴时加工

表 2　关节轴承用双耳环支架,斜型(AB5)安装尺寸

型号	公称力/N	CF K7	CP h14	$CG^{+0.3}_{+0.1}$	CS min	DV① min	DG^{+2}_{0}	FM js13	GK	HB H13	GL js13
12	8000	12	30	10	16	9	12	40	M6	9	46
16	12500	16	40	11	22	12	16	50	M6	11	61
20	20000	20	50	16	25	12	19	55	M6	14	64
25	32000	25	60	20	30	12	24	65	M6	16	78
30	50000	30	70	22	35	12	26	85	M6	18	97
40	80000	40	80	28	47	15	32	100	M8	22	123
50	125000	50	100	35	58	16	41	125	M8	30	155
60	200000	60	120	44	68	20	50	150	M10	39	187
80	320000	80	160	55	90	20	65	190	M10	45	255
100	500000	100	200	70	111	20	80	210	M10	48	285

型号	公称力/N	JO ±0.2	JP ±0.2	KO ±0.2	KP ±0.2	LJ min	LO max	RE js13	SR max	TA js18	UJ max	UK max
12	8000	29.1	33.2	3.9	11.6	29	56	55	12	46	75	60
16	12500	36.7	43.2	5.2	18.9	38	71	70	16	55	95	80
20	20000	38.3	44.7	8.5	15.6	40	80	85	20	58	120	90
25	32000	48.5	48.5	11	14	19	98	100	25	70	140	140
30	50000	66	66	15	15	63	120	115	30	90	160	135
40	80000	77	77	21	21	73	148	135	40	120	190	170
50	125000	95.5	95.5	22.5	22.5	92	190	170	50	145	240	215
60	200000	116.5	116.5	27.5	27.5	110	225	200	60	185	270	260
80	320000	146	146	30	30	142	295	240	80	260	320	340
100	500000	154	154	45	45	152	335	300	100	300	400	400

①用于安装螺栓 GK 的螺纹孔深度

安装尺寸

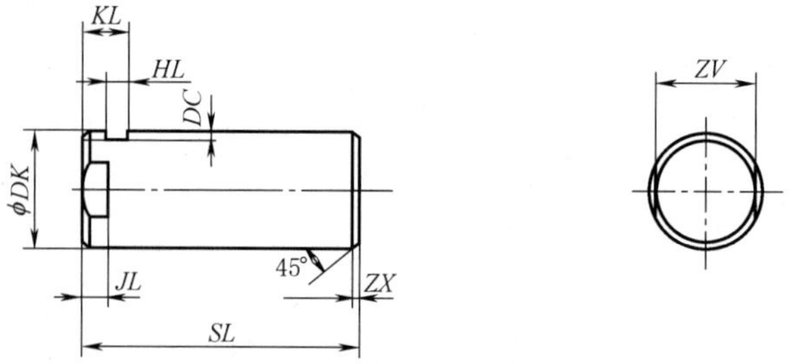

图 3　销轴、关节轴承用，带锁板（AA6-L）

表 3　销轴、关节轴承用，带锁板（AA6-L）安装尺寸

型号	公称力 /N	DK h6	SL ±1	KL ±0.5	$HL^{+0.2}_{0}$	$JL^{0}_{-0.2}$	ZV h13	DC JS13	ZX max
12	8000	12	40	8	3.3	4.5	10	4	1
16	12500	16	50	8	3.3	5.5	13	4	1
20	20000	20	62	10	4.5	5.5	17	5	1.5
25	32000	25	72	10	4.5	5.5	22	5	1.5
30	50000	30	85	13	5.5	7.5	24	6	2
40	80000	40	100	16	6.5	9.5	32	7	2
50	125000	50	122	19	9	10	41	8	2
60	200000	60	145	20	9	11	50	9	2
80	320000	80	190	26	11	15	70	11	3
100	500000	100	235	30	13	15	90	14	3

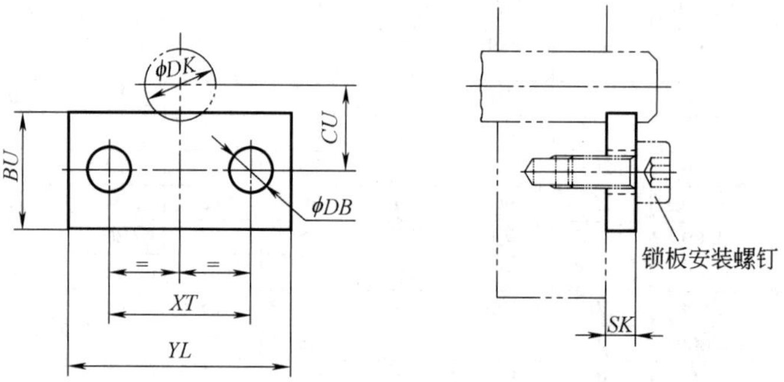

图 4　用于销轴的锁板（AL6）

表 4　用于销轴的锁板（AL6）的安装尺寸

型号	DB H13	DK h6	BU js14	CU ±0.1	SK ±0.2	YL js14	XT ±0.1	锁板安装螺钉
12	6.4	12	15	9.5	3	27	16	M6×12
16	6.4	16	15	11.5	3	40	25	M6×12
20	6.4	20	18	14.5	4	40	25	M6×16
25	6.4	25	18	16.5	4	40	25	M6×16
30	6.4	30	20	19	5	45	30	M6×16
40	8.4	40	20	23	6	62	42	M8×20
50	8.4	50	25	29.5	8	65	45	M8×20
60	10.5	60	25	33.5	8	80	55	M10×25
80	10.5	80	30	44	10	90	60	M10×25
100	10.5	100	40	56	12	120	90	M10×25

续表

安装尺寸

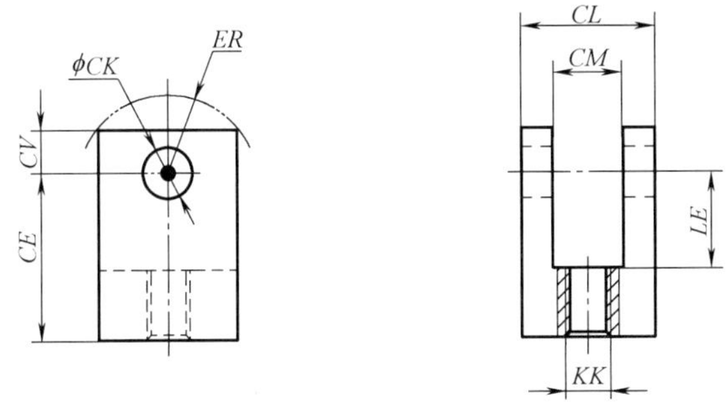

图5 活塞杆用双耳环,内螺纹(AP2)

表5 活塞杆用双耳环,内螺纹(AP2)的安装尺寸

型号	杆径	缸径	公称力/N	KK 6H	CK H9	CM A13	CV max	ER max	CE js13	LE min	CL max
10	12	25	8000	M10×1.25	10	12	12	12	32	13	26
12	14	32	12500	M12×1.25	12	16	17	17	36	19	34
16	18	40	20000	M14×1.5	14	20	17	17	38	19	42
20	22	50	32000	M16×1.5	20	30	29	29	54	32	62
25	28	63	50000	M20×1.5	20	30	29	29	60	32	62
30	36	80	80000	M27×2	28	40	34	34	75	39	83
40	45	100	125000	M33×2	36	50	50	50	99	54	103
50	56	125	200000	M42×2	45	60	53	53	113	57	123
60	70	160	320000	M48×2	56	70	59	59	126	63	143
80	90	200	500000	M64×3	70	80	78	78	168	83	163

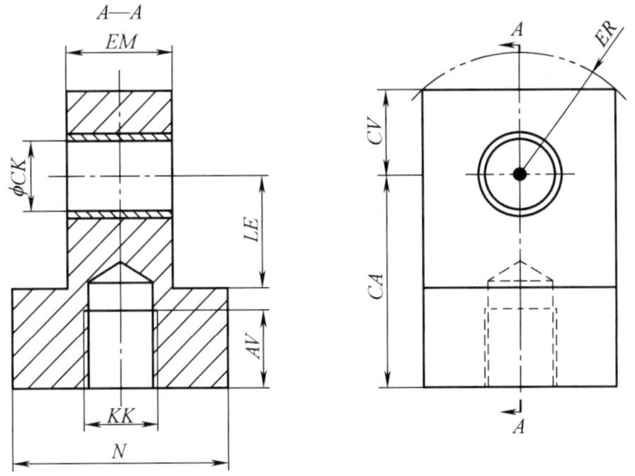

图6 活塞杆用单耳环,内螺纹(AP4)

表6 活塞杆用单耳环,内螺纹(AP4)的安装尺寸

型号	杆径	缸径	公称力/N	KK 6H	CK H9	EM h13	CV max	ER max	CA js13	AV min	LE min	N max
10	12	25	8000	M10×1.25	10	12	12	12	32	14	13	26
12	14	32	12500	M12×1.25	12	16	17	17	36	16	19	34
16	18	40	20000	M14×1.5	14	20	17	17	38	18	19	42
20	22	50	32000	M16×1.5	20	30	29	29	54	22	32	62
25	28	63	50000	M20×1.5	20	30	29	29	60	28	32	62

续表

安装尺寸

续表

型号	杆径	缸径	公称力/N	*KK* 6H	*CK* H9	*EM* h13	*CV* max	*ER* max	*CA* js13	*AV* min	*LE* min	*N* max
30	36	80	80000	M27×2	28	40	34	34	75	36	39	83
40	45	100	125000	M33×2	36	50	50	50	99	45	54	103
50	56	125	200000	M42×2	45	60	53	53	113	56	57	123
60	70	160	320000	M48×2	56	70	59	59	126	63	63	143
80	90	200	500000	M64×3	70	80	78	78	168	85	83	163

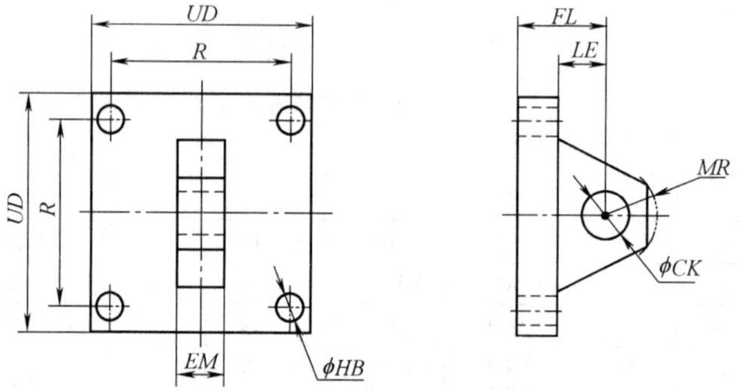

图 7　单耳环支架，对称型(AB2)

表 7　单耳环支架，对称型(AB2)的安装尺寸

型号	缸径	公称力/N	*CK* H9	*EM* h13	*FL* js13	*MR* max	*LE* min	*UD* max	*HB* H13	*R* js13
10	25	8000	10	12	23	12	13	40	5.5	28.3
12	32	12500	12	16	29	17	19	46	6.6	33.2
16	40	20000	14	20	29	17	19	65	9	41.7
20	50	32000	20	30	48	29	32	79	13.5	52.3
25	63	50000	20	30	48	29	32	91	13.5	64.3
30	80	80000	28	40	59	34	39	118	17.5	82.7
40	100	125000	36	50	79	50	54	132	17.5	96.9
50	125	200000	45	60	87	53	57	174	24	125.9
60	160	320000	56	70	103	59	63	215	30	154.9
80	200	500000	70	80	132	78	82	256	33	190.2

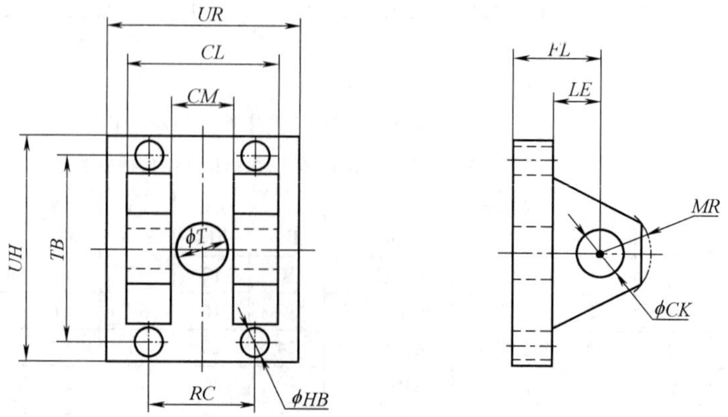

图 8　双耳环支架，通孔，对称型(AB4)

续表

安装尺寸

表 8　双耳环支架，通孔，对称型(AB4)的安装尺寸

型号	缸径	公称力 /N	*CK* H9	*UH* max	*UR* max	*CM* A13	*FL* js13	*MR* max	*HB* H13	*LE* min	*RC* js13	*TB* js13	*CL* max
10	25	8000	10	60	35	12	23	12	5.5	13	18	47	26
12	32	12500	12	70	45	16	29	17	6.6	19	24	57	34
16	40	20000	14	86	55	20	29	17	9	19	30	68	42
20	50	32000	20	129	80	30	48	29	13.5	32	45	102	62
25	63	50000	20	129	80	30	48	29	13.5	32	45	102	62
30	80	80000	28	170	100	40	59	34	17.5	39	60	135	83
40	100	125000	36	202	130	50	79	50	17.5	54	75	167	103
50	125	200000	45	251	150	60	87	53	24	57	90	203	123
60	160	320000	56	302	180	70	103	59	30	63	105	242	143
80	200	500000	70	366	200	80	132	78	33	82	120	300	163

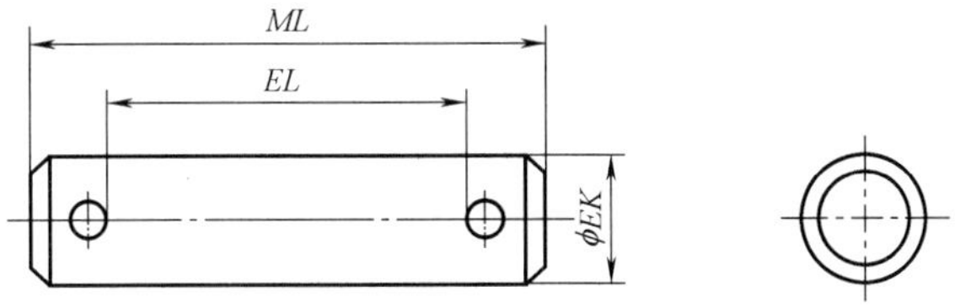

图 9　销轴，轴套用，带开口销(AA4-S)

表 9　销轴，轴套用，带开口销(AA4-S)的安装尺寸

型号	公称力 /N	*ML* max	*EL* min	*EK* f8
10	8000	39	29	10
12	12500	47	37	12
16	20000	55	45	14
25	50000	84	66	20
30	80000	100	87	28
40	125000	127	107	36
50	200000	149	129	45
60	320000	174	149	56
80	500000	198	169	70

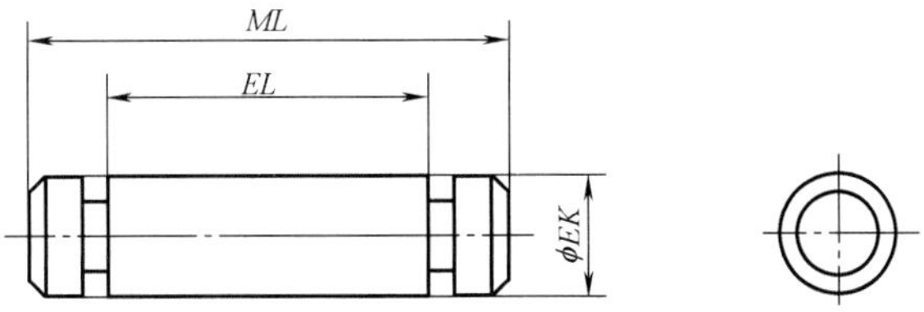

图 10　销轴，轴套用，带卡键或卡环(AA4-R)

表 10　销轴，轴套用，带卡键或卡环(AA4-R)的安装尺寸

型号	公称力 /N	*ML* max	*EL* min	*EK* f8
10	8000	39	29	10
12	12500	47	37	12
16	20000	55	45	14

续表

安装尺寸

续表

型号	公称力/N	*ML* max	*EL* min	*EK* f8
25	50000	84	66	20
30	80000	100	87	28
40	125000	127	107	36
50	200000	149	129	45
60	320000	174	149	56
80	500000	198	169	70

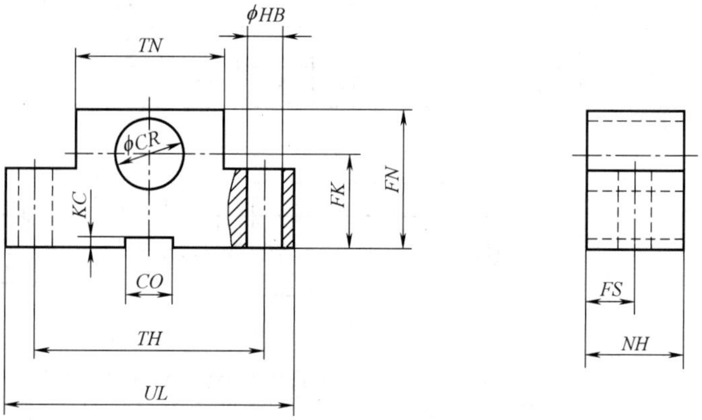

图 11　耳轴支架(AT4)

表 11　耳轴支架(AT4)的安装尺寸

型号	公称力/N	*CR* H7	*FK* js12	*FN* max	*HB* H13	*NH* max	*TH* js14	*TN* max	*UL* max	*CO* N9	$KC^{+0.3}_{0}$	*FS* js14
12	8000	12	38	55	9	16	40	24	63	10	3.3	8
16	12500	16	45	65	11	21	50	31	80	16	4.3	10
20	20000	20	55	80	11	21	60	41	90	16	4.3	10
25	32000	25	65	90	13.5	26	80	56	110	25	5.4	12
32	50000	32	75	110	17.5	33	110	70	150	25	5.4	15
40	80000	40	95	140	22	41	125	88	170	36	8.4	16
50	125000	50	105	150	26	51	160	105	210	36	8.4	20
63	200000	63	125	195	33	61	200	130	265	50	11.4	25
80	320000	80	150	230	39	81	250	170	325	50	11.4	31
100	500000	100	200	300	52	101	320	215	410	63	12.4	42

公差

①附件的安装尺寸公差应符合图 1～图 11 以及对应的表 1～表 11 的要求

②GB/T 39949.2—2021 所有未注线性和角度尺寸公差等级宜选用 m 级,标注为:"GB/T 1804-m",应符合 GB/T 1804 的规定

③GB/T 39949.2—2021 所有未注几何公差等级宜选用 K 级,标注为:"GB/T 1184-K",应符合 GB/T 1184 的规定

附件型式

GB/T 39949.2—2021 包括附件型式,应符合 GB/T 9094 的代号标识规定

续表

使用说明	①安装 Ⅰ. 销轴 a. 销轴,带轴套。与轴套配套的销轴,其公差带宜选用 f8,符合 GB/T 1800.2 的规定 b. 销轴,带关节轴承。与关节轴承内孔配合的销轴,其公差带宜选用 m6,符合 GB/T 1800.2 的规定。在特殊情况下(如液压缸安装困难),可选用 f7。但其配合间隙较大,易引起轴的窜动,因此销轴表面应进行硬化处理,并对(销)轴进行润滑 Ⅱ. 摆动角度　当双耳环靠在关节轴承内孔侧面安装就位时,仍应保证摆动角度±3°(用户使用时,摆动角度不宜超过±3°) Ⅲ. 活塞杆用耳环　活塞杆用耳环,内螺纹(AP2、AP4)在锁定之前应拧紧至活塞杆轴肩处 ②关节轴承寿命 Ⅰ. 影响关节轴承寿命有很多因素,例如:负载、摆动角度、润滑剂类型、润滑频率等 Ⅱ. 在正常的工作条件下,关节轴承的设计寿命是可以满足使用的 Ⅲ. 当持续单向承载或存在非正常操作条件时,由供、需双方商讨 ③润滑 Ⅰ. 应提供充分的润滑以满足单杆缸附件的性能要求 Ⅱ. 润滑方式与润滑频率取决于特定的工作环境 Ⅲ. 对于免维护的零件,不必额外润滑
标记	单杆缸附件按 GB/T 9094 规定的安装型式标识。依次标明:安装型式、标准编号(GB/T 39949.2),一字线,相应表格中的附件型式(尺寸) 示例 1:型号 20(*CN*=20)活塞杆用带关节轴承的单耳环,内螺纹,标记如下 AP6 GB/T 39949.2—20 示例 2:型号 20(*CF*=20)关节轴承用双耳环支架,斜型,标记如下 AB5 GB/T 39949.2—20 示例 3:型号 20(*DK*=20)销轴,关节轴承用,带锁板,标记如下 AA6-L GB/T 39949.2—20 示例 4:型号 20(*DK*=20)用于销轴的锁板,标记如下 AL6 GB/T 39949.2—20 示例 5:型号 20(*CK*=20)活塞杆用双耳环,内螺纹,标记如下 AP2 GB/T 39949.2—20 示例 6:型号 20(*CK*=20)活塞杆用单耳环,内螺纹,标记如下 AP4 GB/T 39949.2—20 示例 7:型号 20(*CK*=20)单耳环支架,对称型,标记如下 AB2 GB/T 39949.2—20 示例 8:型号 20(*CK*=20)双耳环支架,通孔,对称型,标记如下 AB4 GB/T 39949.2—20 示例 9:型号 20(*EK*=20)销轴,轴套用,带开口销,标记如下 AA4-S GB/T 39949.2—20 示例 10:型号 20(*EK*=20)销轴,轴套用,带卡键或卡环,标记如下 AA4-R GB/T 39949.2—20 示例 11:型号 20(*CR*=20)耳轴支架,标记如下 AT4 GB/T 39949.2—20
标注说明	当制造商选择遵守本标准时,宜在试验报告、产品样本和销售文件中做下述说明 "液压缸附件的安装尺寸符合 GB/T 39949.2—2021《液压传动　单杆缸附件的安装尺寸　第 2 部分:16MPa 缸径 25~220mm 紧凑型系列》的规定"

(3) 16MPa 缸径 250~500mm 紧凑型系列单杆液压缸附件的安装尺寸(摘自 GB/T 39949.3—2021/ISO 3726:2008, MOD)

表 20-7-70 mm

范围	GB/T 39949.3—2021《液压传动　单杆缸附件的安装尺寸　第 3 部分:16MPa 缸径 250~500mm 紧凑型系列》规定了 16MPa 缸径 250~500mm 紧凑型系列单杆缸附件的安装尺寸 GB/T 39949.3—2021 适用于 GB/T 38205.3 规定的液压缸 注:液压缸附件以机械的方式传递载荷,其设计基于液压缸的最大负载,该负载与 GB/T 2348 和 GB/T 2346 规定的液压缸缸径和公称压力有关

附件的安装尺寸

①附件的安装尺寸见图1~图5和表1~表5

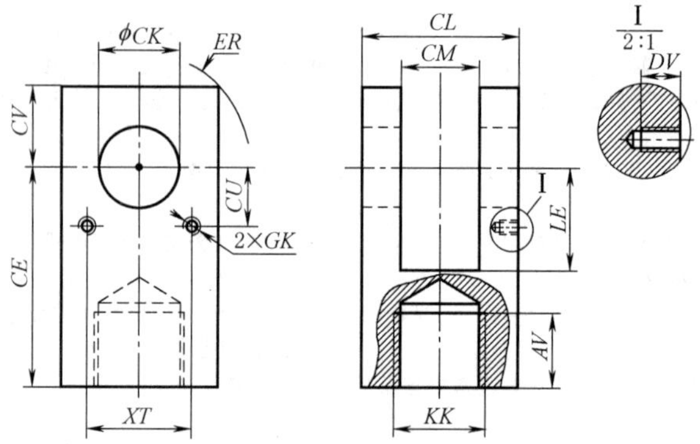

图1　AP2——活塞杆用双耳环,内螺纹

注:选择合适的锁定装置

表1　AP2尺寸——活塞杆用双耳环,内螺纹

型号	缸径	公称力 /N	*KK* 6H	*CK* H9	*CM* A13	*ER* max	*CE* js14	*AV* min	*LE* min	*CL* max	*XT* js13	*CU* js13	*GK*①	*DV*② min	*CV* max
90	250	800000	M100×3	90	90	100	245	113	115	180	100	56	M12	20	90
110	320	1250000	M125×4	110	110	120	290	126	130	220	120	66	M12	20	110
125	360	1600000	M125×4	125	125	140	310	126	150	250	120	72	M14	25	125
140	400	2000000	M160×4	140	140	160	365	161	170	280	140	77	M14	25	140
180	500	3200000	M200×4	180	180	200	470	205	210	360	180	92	M16	25	180

①使用AA4-L时可选择
②可选择

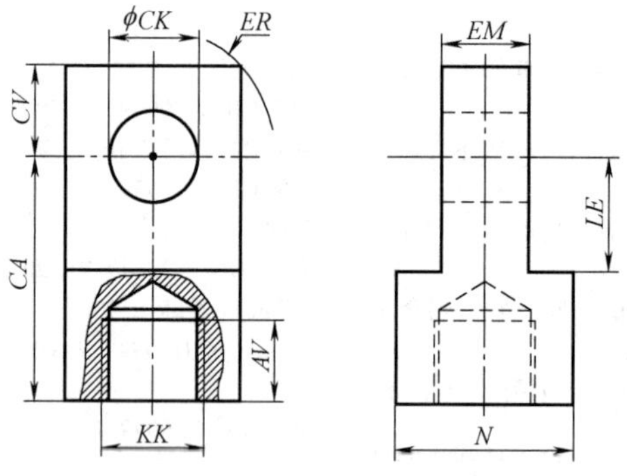

图2　AP4——活塞杆用单耳环,内螺纹

注:选择合适的锁定装置

表2　AP4尺寸——活塞杆用单耳环,内螺纹

型号	缸径	杆径	公称力 /N	*KK* 6H	*CK* H9	*EM* h13	*ER* max	*CA* js14	*AV* min	*LE* min	*N* max	*CV* min
90	250	140	800000	M100×3	90	90	100	245	113	110	180	90
110	320	180	1250000	M125×4	110	110	120	290	126	130	220	110
125	360	180	1600000	M125×4	125	125	140	310	126	150	250	125
140	400	220	2000000	M160×4	140	140	160	365	161	170	280	140
180	500	280	3200000	M200×4	180	180	200	470	205	210	360	180

续表

附件的安装尺寸

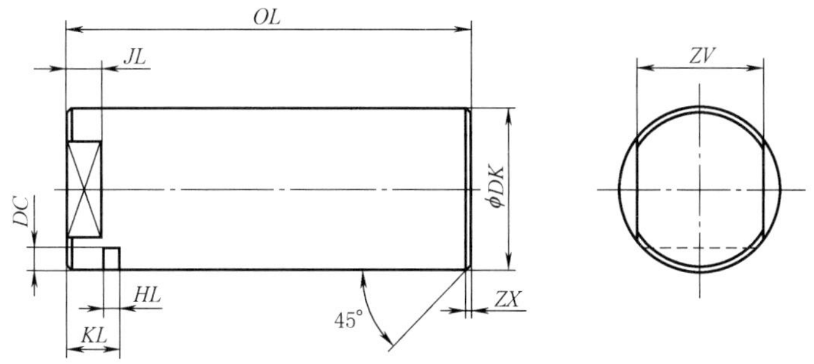

图 3 AA4-L——销轴，轴套用，带锁板

表 3 AA4-L 尺寸——销轴，轴套用，带锁板

型号	公称力 /N	DK f8	OL ±1	KL_{-1}^{0}	$HL_{+0.1}^{+0.3}$	DC min	JL max	ZV h13	ZX
90	800000	90	230	35	15	15	15	80	3
110	1250000	110	270	35	15	15	15	100	3
125	1600000	125	310	40	18	22.5	15	115	3
140	2000000	140	340	40	18	25	15	130	3
180	3200000	180	425	45	20	30	15	170	3

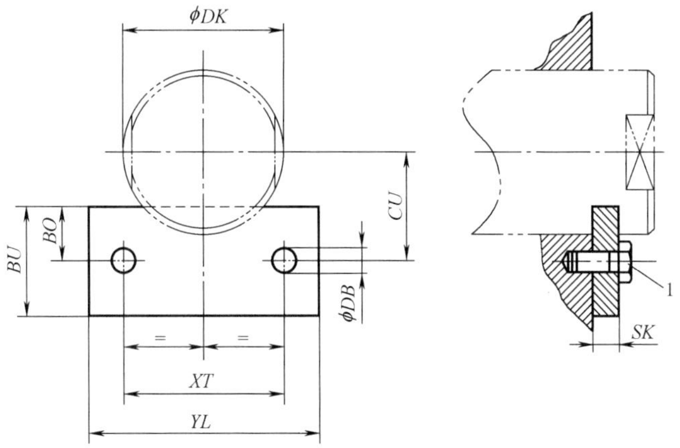

图 4 AL6——用于销轴的锁板

1—螺钉(×2)

表 4 AL6 尺寸——用于销轴的锁板

型号	公称力 /N	DK	DB H13	BU max	$SK_{-0.2}^{0}$	YL min	XT js13	CU js13	BO js14	螺钉 (8.8 级)
90	800000	90	13.5	50	15	130	100	56	25	M12×30
110	1250000	110	13.5	50	15	150	120	66	25	M12×30
125	1600000	125	15.5	60	18	155	120	72	30	M14×40
140	2000000	140	15.5	60	18	170	140	77	30	M14×40
180	3200000	180	17.5	60	20	215	180	92	30	M16×40

续表

附件的安装尺寸

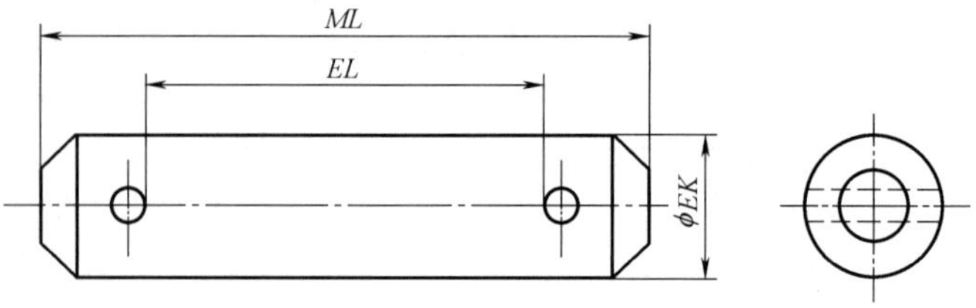

图 5 AA4-S——销轴,轴套用,带开口销孔

表 5 AA4-S 尺寸——销轴,轴套用,带开口销孔

型号	公称力/N	*EK* f8	*EL* min	*ML* max
90	800000	90	190	230
110	1250000	110	230	270
125	1600000	125	260	300
140	2000000	140	290	330
180	3200000	180	370	410

②所有安装尺寸的代码标记应符合 GB/T 9094 的规定

附件型式	GB/T 39949.3—2021 包括以下附件型式 ——AP2:活塞杆用双耳环,内螺纹 ——AP4:活塞杆用单耳环,内螺纹 ——AA4-L:销轴,轴套用,带锁板 ——AL6:用于销轴的锁板 ——AA4-S:销轴,轴套用,带开口销孔
材料承载能力	在液压缸产生的最大拉伸载荷下,附件危险截面的设计应保证其材料的屈服强度至少为最大拉伸应力的 2.5 倍
使用说明	①安装 Ⅰ. 与轴套配套的销轴,其公差带宜选用 f8,符合 GB/T 1800.2 的规定 Ⅱ. 活塞杆用耳环,内螺纹(AP2、AP4)在锁定之前,应拧紧至活塞杆轴肩处 ②润滑 Ⅰ. 应提供充分的润滑以满足单杆缸附件的性能要求 Ⅱ. 润滑方式与润滑频率依据特定的运行环境
标记	单杆缸附件应按 GB/T 9094 规定的安装型式标识。依次标明:安装型式、标准编号(GB/T 39949.3),一字线,相应表格中的附件型式(尺寸) 示例 型号 90(*CK*=90)活塞杆用单耳环,内螺纹,标记如下 AP4 GB/T 39949.3—90
标注说明	当制造商选择遵守本标准时,宜在测试报告、产品样本和销售文件中做下述说明 “液压缸附件的安装尺寸符合 GB/T 39949.3—2021《液压传动 单杆缸附件的安装尺寸 第 3 部分:16MPa 缸径 250~500mm 紧凑型系列》”

7 液压缸的设计选用说明

以下介绍设计或选用液压缸结构时一些必须考虑的问题和采用的方法，供参考。

(1) 液压缸主要参数的选定

公称压力（或额定压力 PN）一般取决于整个液压系统，因此液压缸的主要参数就是缸筒内径 D 和活塞杆直径 d。此两数值按照表 20-1-3 和表 20-7-18 所示的方法确定后，最后必须选用符合国家标准 GB/T 2348 的数值（见表 20-1-3 和表 20-1-4），这样才便于选用标准密封件和附件。

（2）使用工况及安装条件

① 工作中有剧烈冲击时，液压缸的缸筒、端盖和缸底不能用脆性的材料，如铸铁。

② 排气阀需装在液压缸油液空腔的最高点，以便排除空气。

③ 采用长行程液压缸时，需综合考虑选用足够刚度的活塞杆和安装中隔圈（见表 20-7-22）。

④ 当工作环境污染严重，有较多的灰尘、砂、水分等杂质时，需采用活塞杆防护套。

⑤ 安装方式与负载导向会直接影响活塞杆的弯曲稳定性，具体要求如下。

a. 耳环安装：作用力处在一平面内，如耳环带有球铰，则可在±4°圆锥角内变向。

b. 耳轴安装：作用力处在一平面内，通常较多采用的是前端耳轴和中间耳轴，后端耳轴只用于小型短行程液压缸，因其支承长度较大，影响活塞弯曲稳定性。

c. 法兰安装：作用力与支承中心处在同一轴线上，法兰与支承座的连接应使法兰面承受作用力，而不应使固定螺钉承受拉力，例如前端法兰安装，如作用力是推力，应采用图 20-7-3a 所示型式，避免采用图 20-7-3b 所示型式，如作用力是拉力，则反之，后端法兰安装，如作用力是推力，应采用图 20-7-4a 所示型式，避免采用图 20-7-4b 所示型式，如作用力是拉力，则反之。

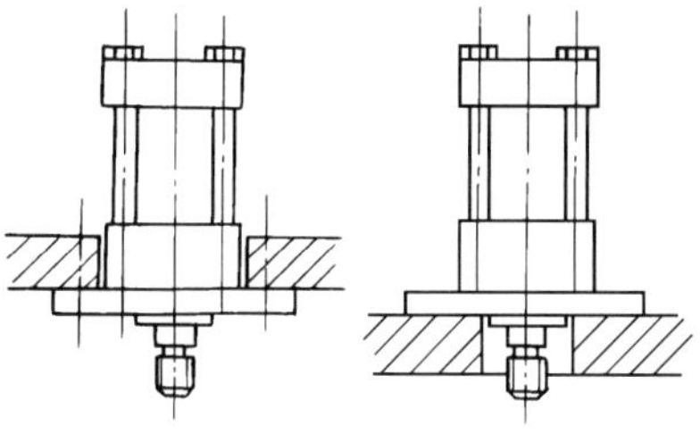

(a)　　(b)

图 20-7-3　前端法兰安装方式

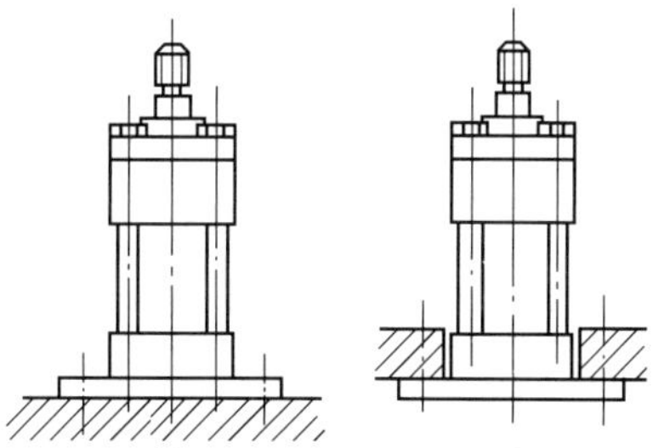

(a)　　(b)

图 20-7-4　后端法兰安装方式

d. 脚架安装：如图 20-7-5a 所示，前端底座需用定位螺钉或定位销，后端底座则用较松螺孔，以允许液压缸受热时，缸筒能伸长，当液压缸的轴线较高，离开支承面的距离 H（见图 20-7-5b）较大时，底座螺钉及底座刚性应能承受倾覆力矩 FH 的作用。

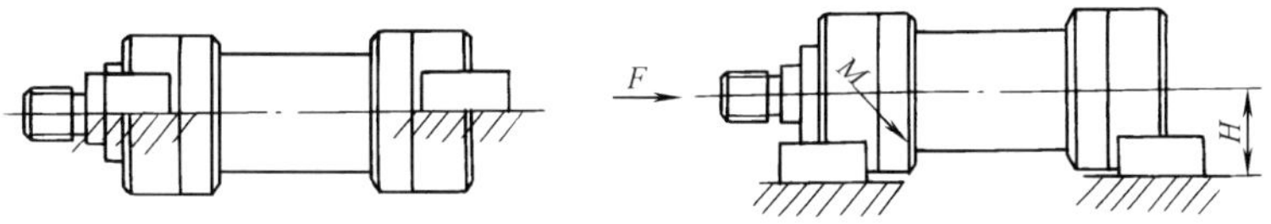

(a)　　(b)

图 20-7-5　底座安装受力情况

e. 负载导向：液压缸活塞不应承受侧向负载力，否则，必然使活塞杆直径过大，导向套长度过长，因此通常对负载加装导向装置，按不同的负载类型，推荐以下安装方式和导向条件，见表 20-7-71。

表 20-7-71　　负载与安装方式的对应关系

负载类型	推荐安装方式	作用力承受情况	负载导向要求	负载类型	推荐安装方式	作用力承受情况	负载导向要求
重型	法兰安装	作用力与支承中心在同一轴线上	导　向	中型	耳环安装	作用力与支承中心在同一轴线上	导　向
	耳轴安装		导　向		法兰安装		导　向
	脚架安装	作用力与支承中心不在同一轴线上	导　向		耳轴安装		导　向
	后球铰	作用力与支承中心在同一轴线上	不要求导向	轻型	耳环安装	作用力与支承中心在同一轴线上	可不导向

（3）缓冲机构的选用

一般认为普通液压缸在工作压力大于 10MPa、活塞速度大于 0.1m/s 时，应采用缓冲装置或其他缓冲办法。这只是一个参考条件，主要取决于具体情况和液压缸的用途等。例如，要求速度变化缓慢的液压缸，当活塞速度大于或等于 0.05~0.12m/s 时，也应采用缓冲装置。

对缸外制动机构，当 $v_m \geqslant 1\sim4.5$m/s 时，缸内缓冲机构不可能吸收全部动能，需在缸外加装制动机构，如下所述。

① 外部加装行程开关。当开始进入缓冲阶段时，开关即切断供油，使液压能等于零，但仍可能形成压力脉冲。

② 在活塞杆与负载之间加装减振器。

③ 在液压缸出口加装液控节流阀。

此外，可按工作过程对活塞线速度变化的要求，确定缓冲机构的型式，如下所述。

① 减速过渡过程要求十分柔和，如砂型操作、易碎物品托盘操作、精密磨床进给等，宜选用近似恒减速型缓冲机构，如多孔缸筒型或多孔柱塞型以及自调节流型。

② 减速过程允许微量脉冲，如普通机床、粗轧机等，可采用铣槽型、阶梯型缓冲机构。

③ 减速过程允许承受一定的脉冲，可采用圆锥型或双圆锥型，甚至圆柱型柱塞的缓冲机构。

（4）密封装置的选用

有关密封方面的详细内容，请参阅本手册第 3 卷第 10 篇“润滑与密封”。

（5）工作介质的选用

按照环境温度可初步选定如下工作介质。

① 在常温（-20~60℃）下工作的液压缸，一般采用石油型液压油。

② 在高温（>60℃）下工作的液压缸，需采用难燃液及特殊结构液压缸。

不同结构的液压缸，对工作介质的黏度和过滤精度有以下不同要求。

① 工作介质黏度要求：大部分生产厂要求其生产的液压缸所用的工作介质黏度范围为 $12\sim280\text{mm}^2/\text{s}$，个别生产厂（如意大利的 ATOS 公司）允许 $2.8\sim380\text{mm}^2/\text{s}$。

② 工作介质过滤精度要求：用一般弹性物密封件的液压缸为 20~25μm；伺服液压缸为 10μm；用活塞环的液压缸为 200μm。

（6）液压缸装配、试验及检验

单、双作用液压缸的设计、装配质量、试验方法及检验规则应按 JB/T 10205—2010《液压缸》并配合使用 GB/T 7935—2005《液压元件通用技术条件》、GB/T 15622—2005《液压缸试验方法》（已被 GB/T 15622—2023《液压缸　试验方法》代替）等标准。

8　液压缸标准系列与其他产品

8.1　标准液压缸

液压缸选型宜首先在标准液压缸中选择。现在有标准的液压缸分别为冶金设备用液压缸、自卸（低速）汽车液压缸、（舰）船用（往复式）液压缸、船用舱口盖液压缸、船用数字液压缸、农用双作用液压缸、拖拉机转向液压缸、大型液压油缸、采掘机械用液压缸、煤矿用液压支架立柱和千斤顶等。

表 20-7-72　现行液压缸标准

序号	标准
1	GB/T 13342—2007《船用往复式液压缸通用技术条件》
2	GB/T 24655—2009《农用拖拉机　牵引农具用分置式液压油缸》
3	GB/T 24946—2010《船用数字液压缸》
4	GB 25974.1—2010《煤矿用液压支架　第 1 部分：通用技术条件》
5	GB 25974.2—2010《煤矿用液压支架　第 2 部分：立柱和千斤顶技术条件》
6	GB/T 37476—2019《船用摆动转角液压缸》
7	CB 1374—2004《舰船用往复式液压缸规范》
8	CB/T 3812—2013《船用舱口盖液压缸》
9	JB/T 2162—2007《冶金设备用液压缸（PN≤16MPa）》

续表

序号	标准
10	JB/ZQ 4181—2006《冶金设备用 UY 型液压缸(PN≤25MPa)》
11	JB/T 6134—2006《冶金设备用液压缸(PN≤25MPa)》
12	JB/T 9834—2014《农用双作用油缸　技术条件》
13	JB/T 10205—2010《液压缸》
14	JB/T 11588—2013《大型液压油缸》
15	JB/T 11772—2014《机床　回转油缸》
16	JB/T 13101—2017《机床　高速回转油缸》
17	JB/T 13141—2017《拖拉机　转向液压缸》
18	JB/T 13514—2018《自卸低速汽车液压缸　技术条件》
19	JB/T 13790—2020《土方机械　液压油缸再制造　技术规范》
20	QC/T 460—2010《自卸汽车液压缸技术条件》
21	QJ 1098—86《地面设备液压缸通用技术条件》
22	MT/T 459—2007《煤矿机械用液压元件通用技术条件》
23	MT/T 900—2000《采掘机械液压缸技术条件》
24	YB/T 028—2021《冶金设备用液压缸》

表 20-7-73　部分标准液压缸参数和标记示例

液压缸名称及标准号	参数	标记示例
船用数字液压缸 GB/T 24946—2010	公称压力、缸径、杆径、行程，数字缸的脉冲当量一般为 0.01～0.2mm/脉冲	公称压力为 16MPa，缸径 100mm，杆径 63mm，行程 1100mm，脉冲当量 0.1mm/脉冲的船用数字缸 数字缸　GB/T 24946—2010　CSGE100/63×1100-0.1
船用舱口盖液压缸 CB/T 3812—2013	—	公称压力为 25MPa、缸筒内径为 220mm，活塞杆外径为 125mm，活塞行程为 450mm，两端内螺纹舱口盖液压缸 船用舱口盖液压缸　CB/T 3812—2013　CYGa-G220/125×450 公称压力为 28MPa、缸筒内径为 125mm，活塞杆外径为 70mm，活塞行程为 400mm，头段焊接缸盖端内卡键舱口盖液压缸 船用舱口盖液压缸　CB/T 3812—2013　CYGb-H125/70×400
冶金设备用液压缸 (PN≤16MPa) JB/T 2162—2007	液压缸内径、活塞杆直径、极限行程、公称压力、公称压力下推力和拉力、安装型式	液压缸内径 D=50mm，行程 S=400mm 的脚架固定式液压缸 液压缸　G50×400　JB/T 2162—2007
冶金设备用 UY 型液压缸(PN≤25MPa) JB/ZQ 4181—2006	液压缸内径、活塞杆直径、活塞面积、活塞杆端环形面积、工作压力(范围)、液压缸工作环境温度、工作速度	液压缸内径 D=200mm，行程 S=500mm，后端耳环式 WE，外螺纹无耳环 m 液压缸　UY-WE/m　200×500　JB/ZQ 4181—2006 液压缸内径 D=200mm，行程 S=500mm，前端法兰式 TF，外螺纹带Ⅰ型耳环 m 液压缸　UY-TF/mⅠ　200×500　JB/ZQ 4181—2006 液压缸内径 D=100mm，行程 S=800mm，中间固定耳轴式 ZB，内螺纹带Ⅱ型耳环 MⅡ 液压缸　UY-ZB/MⅡ　100×800　JB/ZQ 4181—2006 液压缸内径 D=160mm，行程 S=1000mm，两端脚架式 JG，内螺纹无耳环 M 液压缸　UY-JG/M　160×1000　JB/ZQ 4181—2006 伺服液压缸内径 D=200mm，行程 S=800mm，后端法兰式 WF，外螺纹带Ⅰ型耳环 mⅠ，内置整体式传感器 LH，模拟输出 4～20mA 电流 A 液压缸　USY-WF/mⅠLHA　200×800　JB/ZQ 4181—2006 伺服液压缸内径 D=320mm，行程 S=2000mm，前端固定耳轴式 TB，内螺纹带Ⅱ型耳环 MⅡ，内置整体式传感器 LH，数字输出 RS422(R) 液压缸　USY-TB/MⅡLHR　320×2000　JB/ZQ 4181—2006

续表

液压缸名称及标准号	参数	标记示例
冶金设备用液压缸 (PN≤25MPa) JB/T 6134—2006	液压缸内径、两腔面积比、活塞杆直径、液压缸活塞速度、公称压力、公称压力下推力和拉力、极限行程	液压缸内径 $D=160$mm,活塞杆直径 $d=100$mm,行程 $S=800$mm 的端部脚架式液压缸 液压缸　G-160/100×800　JB/T 6134—2006 液压缸内径 $D=200$mm,活塞杆直径 $d=160$mm,行程 $S=1000$mm 的前端固定耳轴式液压缸 液压缸　B1-200/160×1000　JB/T 6134—2006 液压缸内径 $D=125$mm,活塞杆直径 $d=90$mm,行程 $S=900$mm 的装关节轴承的后端耳环式液压缸 液压缸　S1-125/90×900　JB/T 6134—2006
农业双作用液压油缸 JB/T 9834—2014	—	压力等级为 16MPa,缸径为 80mm,活塞杆直径为 35mm,有效行程为 600mm 和具有定位功能的双作用油缸 DGN-E80/35-600-S
大型液压油缸 JB/T 11588—2013	缸径、活塞杆外径、油口、公称压力下推力和拉力、安装型式和连接尺寸、质量、最大行程等	公称压力 16MPa,液压油缸内径 900mm,活塞杆外径 560mm,工作行程 2000mm,中间耳轴安装型式,有缓冲,采用矿物油的大型液压油缸 DXG16-900/560-2000-MT4-E　大型液压油缸 JB/T 11588—2013
自卸汽车液压缸 QC/T 460—2010	液压缸产品型号由级数代号、液压缸类别代号、压力等级代号、主参数代号、连接和安装方式代号、产品序号组成,其中主参数代号用缸径乘以行程表示,单位为毫米,活塞缸缸径指缸的内径、柱塞缸缸径指柱塞直径、套筒缸缸径指伸出第一级套筒直径,行程指总行程	例 1:HG-E200×630EZ-1 HG——单作用活塞式液压缸 E——压力级别,16MPa 200——液压缸内径,mm 630——行程,mm E——上部安装方式为耳环式 Z——下部安装方式为铰轴式 1——第一次设计的产品 例 2:4TG-E150×4600Z-2 4——液压缸伸出级数为 4 TG——单作用伸缩式套筒液压缸 E——压力级别,16MPa 150——第一级套筒外径,mm 4600——总行程,mm Z——上、下部安装方式为铰轴 2——第二次设计的产品

8.1.1 船用舱口盖液压缸（摘自 CB/T 3812—2013）

液压缸的公称压力、缸径、活塞杆直径见 CB/T 3812—2013。

(1) 型号含义

CYG □-□ □/□×□

- 行程，mm
- 杆径，mm
- 缸径，mm
- 压力参数：E—16MPa，F—20MPa
  G—25MPa，H—28MPa
- 结构型式：a、b、c、d 四种
- 舱口盖液压缸

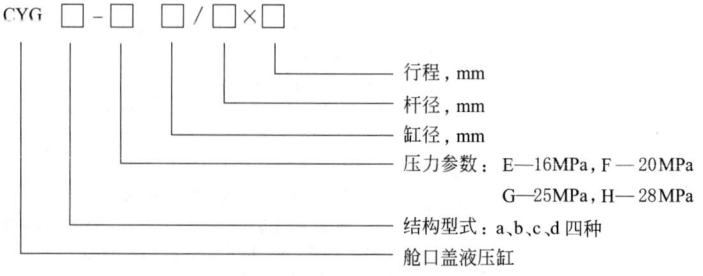

(2) 液压缸的结构型式

a 型——缸头缸盖端均采用内螺纹，见图 20-7-6；b 型——缸头端焊接、缸盖端采用内卡键，见图 20-7-7；c 型——缸头端焊接、缸盖端采用内螺纹，见图 20-7-8；d 型——缸头端焊接、缸盖端采用内卡键，两端采用球轴承，见图 20-7-9。

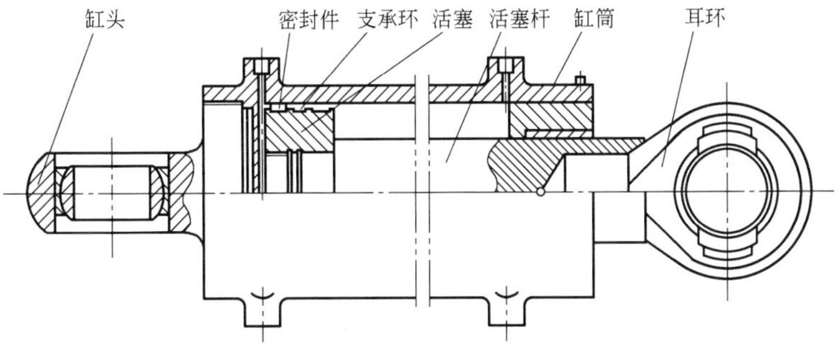

图 20-7-6　a 型液压缸的结构型式

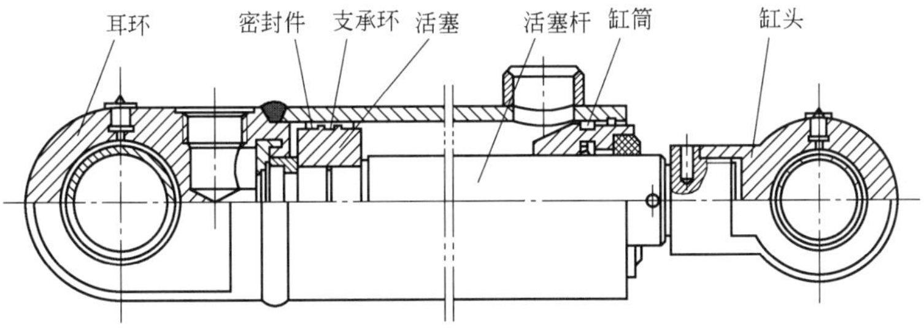

图 20-7-7　b 型液压缸的结构型式

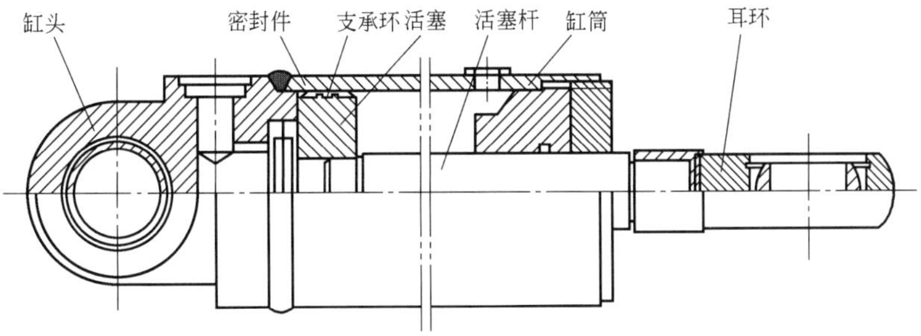

图 20-7-8　c 型液压缸的结构型式

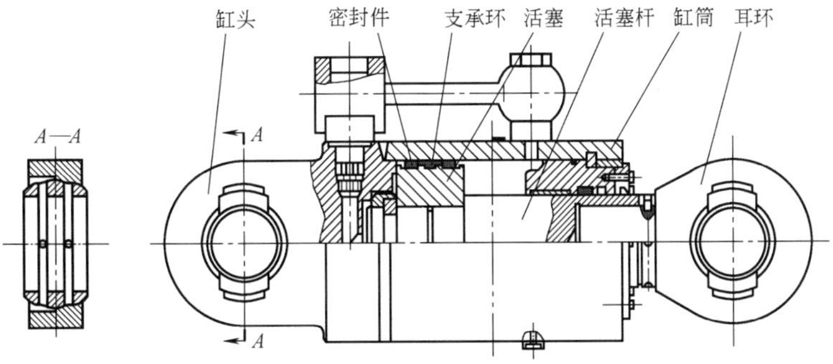

图 20-7-9　d 型液压缸的结构型式

(3) 液压缸外形及安装尺寸

a 型——见图 20-7-10 及表 20-7-74～表 20-7-77；b 型——见图 20-7-11 及表 20-7-74～表 20-7-77；c 型——见图 20-7-12 及表 20-7-74～表 20-7-77；d 型——见图 20-7-13 及表 20-7-78。

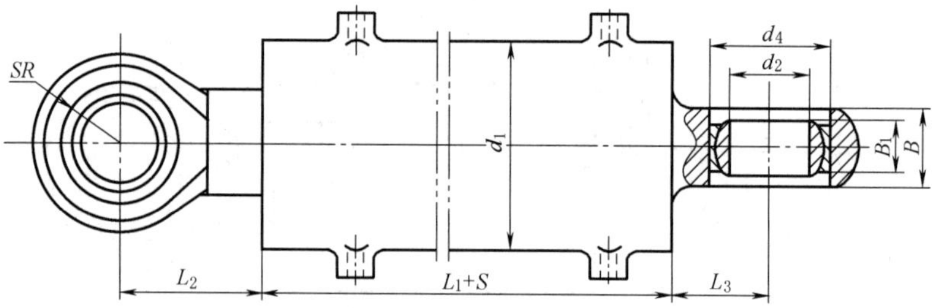

图 20-7-10　a 型液压缸外形及安装尺寸

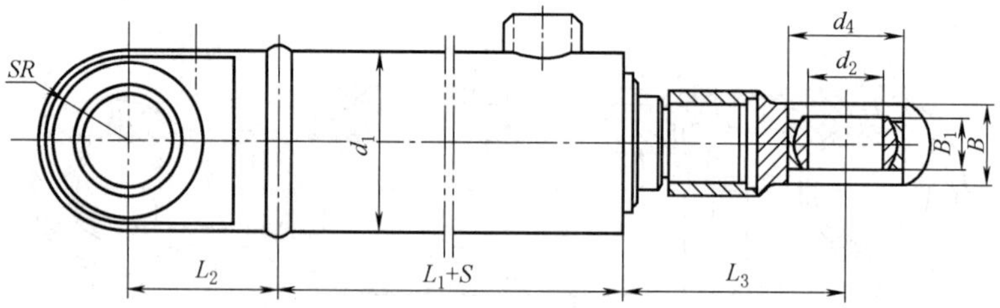

图 20-7-11　b 型液压缸外形及安装尺寸

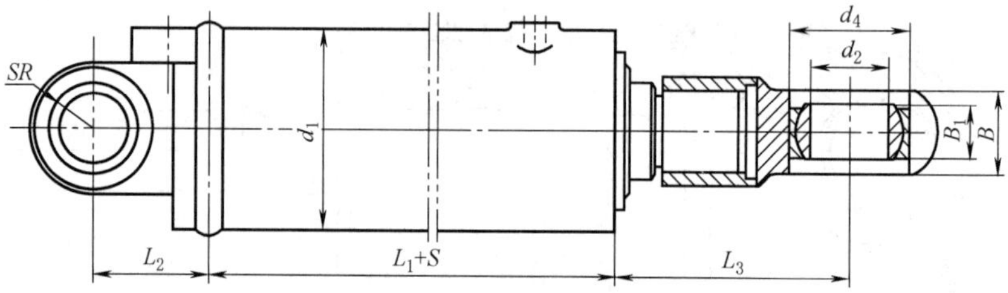

图 20-7-12　c 型液压缸外形及安装尺寸

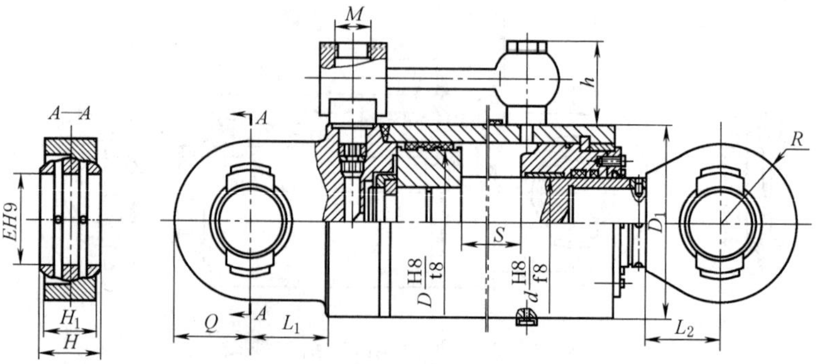

图 20-7-13　d 型液压缸外形及安装尺寸

表 20-7-74 船用舱口盖液压缸外形及安装尺寸 mm

型号	缸筒内径	推力/kN	面积比												外形及安装尺寸											活塞杆螺纹直径 M
			2			1.6			1.4			1.25														
			杆径	拉力/kN	行程 S	杆径	拉力/kN	行程 S	杆径	拉力/kN	行程 S	杆径	拉力/kN	行程 S	d_1	d_2 H	d_3	d_4	SR	B h_{12}	B_1	L	L_1	L_2	L_3	
CYG□-E100/□×□	100	123	70	63	650	63	74	500	56	85	360	45	98	160	121	50	M27×2	75	63	50	35	$a=385$ $b=402$ $c=415$	230 202 215	70	$a=85$ $b=130$ $c=130$	M42×2
CYG□-E125/□×□	125	192	90	93	950	80	114	700	70	132	480	56	154	220	146	60	M27×2	90	75	60	44	$a=410$ $b=393$ $c=424$	225 165 196	80	$a=105$ $b=148$ $c=148$	M48×2
CYG□-E140/□×□	140	241	100	118	1050	90	142	800	80	163	600	63	193	280	168	70	M27×2	105	85	65	49	$a=450$ $b=480$ $c=557$	265 210 287	80	$a=105$ $b=190$ $c=190$	M56×2
CYG□-E160/□×□	160	315	110	166	1100	100	192	850	90	216	650	70	255	300	194	80	M27×2	120	95	80	55	$a=490$ $b=465$ $c=556$	265 175 266	100	$a=125$ $b=190$ $c=190$	M64×3
CYG□-E180/□×□	180	399	125	207	1300	110	250	950	100	276	700	80	320	360	219	90	M27×2	130	105	90	60	$a=535$ $b=545$ $c=609$	265 205 269	120	$a=150$ $b=220$ $c=220$	M72×3
CYG□-E200/□×□	200	493	140	251	1400	125	300	1100	110	344	750	90	393	420	245	100	M27×2	150	115	100	70	$a=573$ $b=552$ $c=623$	286 212 283	120	$a=167$ $b=220$ $c=220$	M80×3
CYG□-E220/□×□	220	596	160	281	1700	140	355	1250	125	404	950	100	473	480	273	110	M27×2	160	125	100	70	$a=638$ $b=608$ $c=673$	306 223 288	145	$a=187$ $b=240$ $c=240$	M90×3
CYG□-E225/□×□	225	624	160	308	1700	140	382	1250	125	431	900	100	500	450	273	110	M27×2	160	125	100	70	$a=638$ $b=608$ $c=673$	306 223 288	145	$a=187$ $b=240$ $c=240$	M90×3
CYG□-E250/□×□	250	770	180	371	2000	160	455	1500	140	528	1000	110	621	500	299	120	M27×2	160	160	125	85	$a=690$ $b=636$ $c=712$	321 218 294	162	$a=201$ $b=256$ $c=256$	M100×3

表 20-7-75　　船用舱口盖液压缸外形及安装尺寸　　mm

型号	缸筒内径	推力/kN	面积比 2			面积比 1.6			面积比 1.4			面积比 1.25			外形及安装尺寸											活塞杆螺纹直径 M
			杆径	拉力/kN	行程 S	杆径	拉力/kN	行程 S	杆径	拉力/kN	行程 S	杆径	拉力/kN	行程 S	d_1	d_2 H_B	d_3	d_4	SR	B h_{12}	B_1	L	L_1	L_2	L_3	
CYG□-F100/□×□	100	154	70	79	600	63	93	450	56	106	300	45	123	125	121	50	M27×2	75	63	50	35	$a=385$ $b=402$ $c=415$	230 202 215	70	$a=85$ $b=130$ $c=130$	M42×2
CYG□-F125/□×□	125	241	90	116	800	80	142	600	70	165	480	56	192	180	152	60	M27×2	90	75	60	44	$a=410$ $b=393$ $c=424$	225 165 196	80	$a=105$ $b=148$ $c=148$	M48×2
CYG□-F140/□×□	140	302	100	148	900	90	177	700	80	203	500	63	241	220	168	70	M27×2	105	85	65	49	$a=450$ $b=480$ $c=557$	265 210 287	80	$a=105$ $b=190$ $c=190$	M56×2
CYG□-F160/□×□	160	394	110	208	950	100	240	750	90	269	550	70	319	240	194	80	M27×2	120	95	80	55	$a=490$ $b=465$ $c=556$	265 175 266	100	$a=125$ $b=190$ $c=190$	M64×3
CYG□-F180/□×□	180	499	125	258	1100	110	313	800	100	345	630	80	400	300	219	90	M27×2	130	105	90	60	$a=535$ $b=545$ $c=609$	265 205 269	120	$a=150$ $b=220$ $c=220$	M72×3
CYG□-F200/□×□	200	616	140	314	1250	125	375	950	110	430	650	90	491	340	245	110	M27×2	150	125	100	70	$a=573$ $b=552$ $c=623$	286 212 283	120	$a=167$ $b=220$ $c=220$	M80×3
CYG□-F220/□×□	220	745	160	351	1500	140	443	1100	125	505	800	100	591	400	273	110	M27×2	160	125	100	70	$a=638$ $b=608$ $c=673$	306 223 288	145	$a=187$ $b=240$ $c=240$	M90×3
CYG□-F225/□×□	225	779	160	385	1500	140	478	1050	125	539	750	100	620	380	273	110	M27×2	160	125	100	70	$a=638$ $b=608$ $c=673$	306 223 288	145	$a=187$ $b=240$ $c=240$	M90×3
CYG□-F250/□×□	250	962	180	463	1700	160	568	1300	140	661	900	110	776	420	299	120	M27×2	180	160	120	85	$a=690$ $b=636$ $c=712$	321 218 294	162	$a=201$ $b=256$ $c=256$	M100×3

表 20-7-78 船用舱口盖液压缸外形及安装尺寸 mm

型号	缸筒内径	推力/kN	面积比												外形及安装尺寸											活塞杆螺纹直径 M
			2			1.6			1.4			1.25														
			杆径	拉力/kN	行程 S	杆径	拉力/kN	行程 S	杆径	拉力/kN	行程 S	杆径	拉力/kN	行程 S	d_1	d_2 H_B	d_3	d_4	SR	B h_{12}	B_1	L	L_1	L_2	L_3	
CYG□-G100/□×□	100	192	70	98	500	63	116	380	56	132	250	45	153	90	127	60	M27×2	90	75	60	44	$a=395$ $b=430$ $c=443$	230 202 215	80	$a=85$ $b=148$ $c=148$	M42×2
CYG□-G125/□×□	125	301	90	145	700	80	177	530	70	206	340	56	240	140	159	80	M27×2	120	95	80	55	$a=430$ $b=455$ $c=486$	225 165 196	100	$a=105$ $b=190$ $c=190$	M48×2
CYG□-G140/□×□	140	377	100	185	800	90	221	600	80	254	420	63	301	180	180	90	M27×2	130	105	90	60	$a=470$ $b=500$ $c=557$	265 210 287	100	$a=105$ $b=190$ $c=190$	M56×2
CYG□-G160/□×□	160	492	110	260	850	100	300	650	90	337	480	70	398	200	203	100	M27×2	150	115	100	70	$a=510$ $b=515$ $c=606$	265 175 266	120	$a=125$ $b=220$ $c=220$	M64×3
CYG□-G180/□×□	180	623	125	323	1000	110	390	700	100	431	530	80	500	240	245	110	M27×2	160	125	100	70	$a=560$ $b=590$ $c=654$	265 205 269	145	$a=150$ $b=240$ $c=240$	M72×3
CYG□-G200/□×□	200	769	140	392	1100	125	469	850	110	537	5500	90	614	280	273	120	M27×2	180	160	120	85	$a=615$ $b=630$ $c=701$	286 212 283	162	$a=167$ $b=256$ $c=256$	M80×3
CYG□-G220/□×□	220	931	160	439	1400	140	554	950	125	630	700	100	739	320	273	140	M27×2	210	180	140	90	$a=675$ $b=690$ $c=755$	306 223 288	182	$a=187$ $b=285$ $c=285$	M90×3
CYG□-G225/□×□	225	974	160	481	1300	140	597	900	125	673	650	100	781	300	273	140	M27×2	210	180	140	90	$a=675$ $b=690$ $c=755$	306 223 288	182	$a=187$ $b=285$ $c=285$	M90×3
CYG□-G250/□×□	250	1202	180	579	1500	160	710	1100	140	825	750	110	969	340	325	160	M27×2	230	200	160	105	$a=730$ $b=730$ $c=806$	321 218 294	202	$a=207$ $b=310$ $c=310$	M100×3

表 20-7-77　船用舱口盖液压缸外形及安装尺寸

mm

型号	缸筒内径	推力/kN	面积比												外形及安装尺寸											活塞杆螺纹直径 M
			2			1.6			1.4			1.25														
			杆径	拉力/kN	行程 S	杆径	拉力/kN	行程 S	杆径	拉力/kN	行程 S	杆径	拉力/kN	行程 S	d_1	d_2 H_B	d_3	d_4	SR	B h_{12}	B_1	L	L_1	L_2	L_3	
CYG□-G100/□×□	100	220	70	126	450	63	147	300	56	169	200	45	197	70	133	60	M27×2	90	75	60	44	$a=395$ $b=430$ $c=443$	230 202 215	80	$a=85$ $b=148$ $c=148$	M42×2
CYG□-G125/□×□	125	343	90	185	650	80	227	420	70	264	250	56	308	100	168	80	M27×2	120	95	80	55	$a=430$ $b=455$ $c=486$	225 165 196	90	$a=105$ $b=190$ $c=190$	M48×2
CYG□-G140/□×□	140	431	100	237	650	90	283	500	80	325	350	63	385	140	194	80	M27×2	130	105	90	60	$a=470$ $b=500$ $c=557$	265 210 287	100	$a=105$ $b=190$ $c=190$	M56×2
CYG□-G160/□×□	160	562	110	333	650	100	385	550	90	431	400	70	510	140	219	100	M27×2	150	115	100	70	$a=510$ $b=515$ $c=606$	265 175 266	120	$a=125$ $b=220$ $c=220$	M64×3
CYG□-G180/□×□	180	712	125	413	800	110	500	600	100	552	450	80	641	180	245	100	M27×2	160	125	100	70	$a=560$ $b=590$ $c=654$	265 205 269	145	$a=150$ $b=240$ $c=240$	M72×3
CYG□-G200/□×□	200	879	140	503	1000	125	601	700	110	688	480	90	786	220	273	120	M27×2	180	160	120	85	$a=615$ $b=630$ $c=701$	286 212 283	162	$a=167$ $b=256$ $c=256$	M80×3
CYG□-G220/□×□	220	1064	160	562	1200	140	710	800	125	808	600	100	947	250	299	120	M27×2	210	180	140	90	$a=670$ $b=690$ $c=715$	306 223 288	182	$a=187$ $b=285$ $c=285$	M90×3
CYG□-G225/□×□	225	1113	160	617	1000	140	765	800	125	863	550	100	1001	250	299	120	M27×2	210	180	140	90	$a=675$ $b=690$ $c=755$	306 223 288	182	$a=187$ $b=285$ $c=285$	M90×3
CYG□-G250/□×□	250	1374	180	742	1300	160	910	950	140	1057	650	110	1242	260	351	160	M27×2	230	200	160	105	$a=730$ $b=730$ $c=806$	321 218 294	202	$a=207$ $b=207$ $c=207$	M100×3

表 20-7-78　船用舱口盖液压缸外形及安装尺寸　mm

型号	缸径 D	杆径 d	压力 /MPa	推力 /kN	拉力 /kN	行程 S	D_1	L_{min}	L_1	L_2	R	Q	H	H_1	h	M	E
CYGd-G100/65×□	100	65	25	196	113	800	127	415	70	70	55	55	50	45	68	M27×2	50
CYGd-G120/75×□	120	75	25	262	172	1000	152	450	80	80	65	65	60	54	68	M27×2	60
CYGd-G125/75×□	125	75	25	306	196	1000	159	460	80	80	65	65	60	54	68	M27×2	60
CYGd-G140/85×□	140	85	25	384	242	1200	175	480	85	85	70	70	65	58	68	M27×2	70
CYGd-G150/90×□	150	90	25	441	282	1200	185	500	90	90	75	75	70	64	68	M27×2	70
CYGd-G160/95×□	160	95	25	502	325	1200	200	520	100	100	80	80	70	64	75	M27×2	80
CYGd-G180/105×□	180	105	25	636	419	1400	235	540	105	105	90	90	80	72	75	M27×2	90
CYGd-G200/110×□	200	110	25	785	547	1400	255	630	125	125	105	105	90	80	75	M27×2	100
CYGd-G220/125×□	220	125	25	950	643	1600	270	680	135	135	120	120	100	90	75	M27×2	110
CYGd-G225/130×□	225	130	25	994	662	1600	275	680	135	135	120	120	100	90	75	M27×2	110
CYGd-G250/145×□	250	145	25	1227	814	1800	310	720	145	145	130	130	145	140	75	M27×2	125
CYGd-G260/160×□	260	160	25	1327	824	2000	320	720	150	150	140	140	150	140	75	M27×2	130
CYGd-G280/180×□	280	180	25	1539	903	2000	351	750	160	160	150	150	160	150	90	M27×2	160
CYGd-G300/180×□	300	180	25	1767	1130	2000	377	775	180	180	170	170	160	150	90	M27×2	180
CYGd-G320/200×□	320	200	25	2010	1225	2500	420	820	205	205	190	190	170	160	90	M27×2	200

8.1.2 冶金设备用UY型液压缸（PN≤25MPa）

UY型液压缸为重型机械企业标准产品，标准号JB/ZQ 4181—2006。

该型液压缸为冶金及重型机械专门设计，属于重负荷液压缸，工作可靠，耐冲击，耐污染，适用于高温、高压、环境恶劣的场合，广泛用于冶炼、铸轧、船舶、航天、交通及电力等设备上。

（1）型号意义

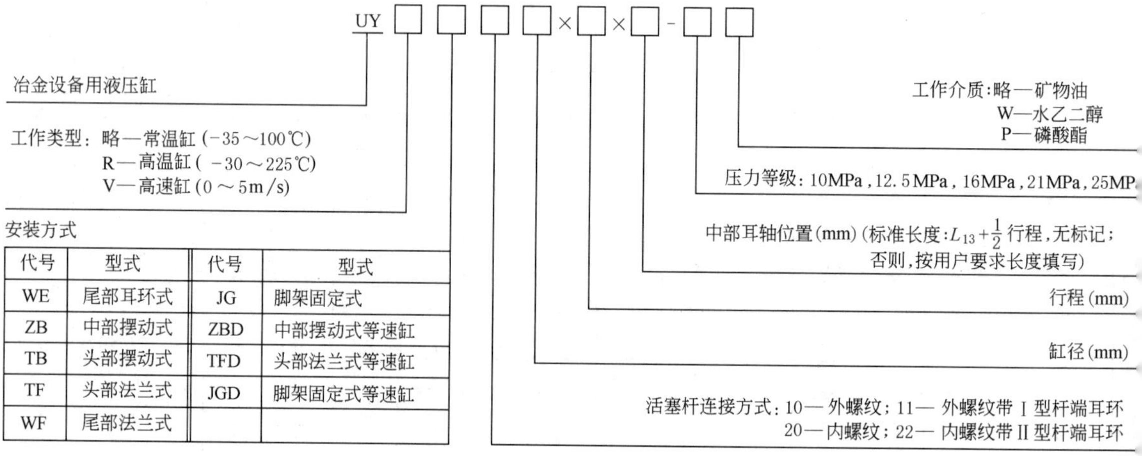

代号	型式	代号	型式
WE	尾部耳环式	JG	脚架固定式
ZB	中部摆动式	ZBD	中部摆动式等速缸
TB	头部摆动式	TFD	头部法兰式等速缸
TF	头部法兰式	JGD	脚架固定式等速缸
WF	尾部法兰式		

注：JB/ZQ 4181—2006还适用于冶金设备用USY型伺服液压缸（优瑞纳斯冶金重标系列伺服液压缸）

（2）技术性能

表20-7-79　UY系列液压缸技术参数

（液压缸直径/活塞杆直径）/mm	活塞面积/cm²	杆端承压面积/cm²	工作压力/MPa									
			10		12.5		16		21		25	
			推力/kN	拉力/kN	推力/kN	拉力/kN	推力/kN	拉力/kN	推力/kN	拉力/kN	推力/kN	拉力/kN
40/28	12.57	6.41	12.57	6.41	15.71	8.01	20.11	10.25	26.39	13.46	31.42	16.02
50/36	19.63	9.46	19.63	9.46	24.54	11.82	31.42	15.13	41.23	19.86	49.09	23.64
63/45	31.17	15.27	31.17	15.27	38.97	19.09	49.88	24.43	65.46	32.06	77.93	38.17
80/56	50.27	25.64	50.27	25.64	62.83	32.04	80.42	41.02	105.56	53.83	125.66	64.09
100/70	78.54	40.06	78.54	40.06	98.17	50.07	125.66	64.09	164.93	84.12	196.35	100.14
125/90	127.72	59.10	122.72	59.10	153.40	73.88	196.35	94.56	257.71	124.11	306.80	147.75
140/100	153.94	75.40	153.94	75.40	192.42	94.25	246.30	120.64	323.27	158.34	384.85	188.50
160/110	201.06	106.03	201.06	106.03	251.33	132.54	321.70	169.65	422.23	222.66	502.65	265.07
180/125	254.47	131.75	254.47	131.75	318.09	164.69	407.15	210.80	534.38	276.68	636.17	329.38
200/140	314.16	160.22	314.16	160.22	392.70	200.28	502.67	256.35	659.73	336.46	785.40	400.55
220/160	380.13	179.07	380.13	179.07	475.17	223.84	608.21	286.51	798.28	376.05	950.33	447.68
250/180	490.87	236.40	490.87	236.40	613.59	295.51	785.40	378.25	1030.84	496.45	1227.18	591.01
280/200	615.75	301.59	615.75	301.59	769.69	376.99	985.20	482.55	1293.08	633.35	1539.38	753.98
320/220	804.25	424.12	804.25	424.12	1005.31	530.14	1286.80	678.58	1688.92	890.64	2010.62	1060.29
360/250	1017.88	527.00	1017.88	527.00	1272.35	658.75	1628.60	843.20	2137.54	1106.70	2544.69	1317.51
400/280	1256.64	640.88	1256.64	640.88	1570.80	801.11	2010.62	1025.42	2638.94	1345.86	3141.59	1602.21

(3) 外形尺寸

中部摆动式（ZB）液压缸外形尺寸

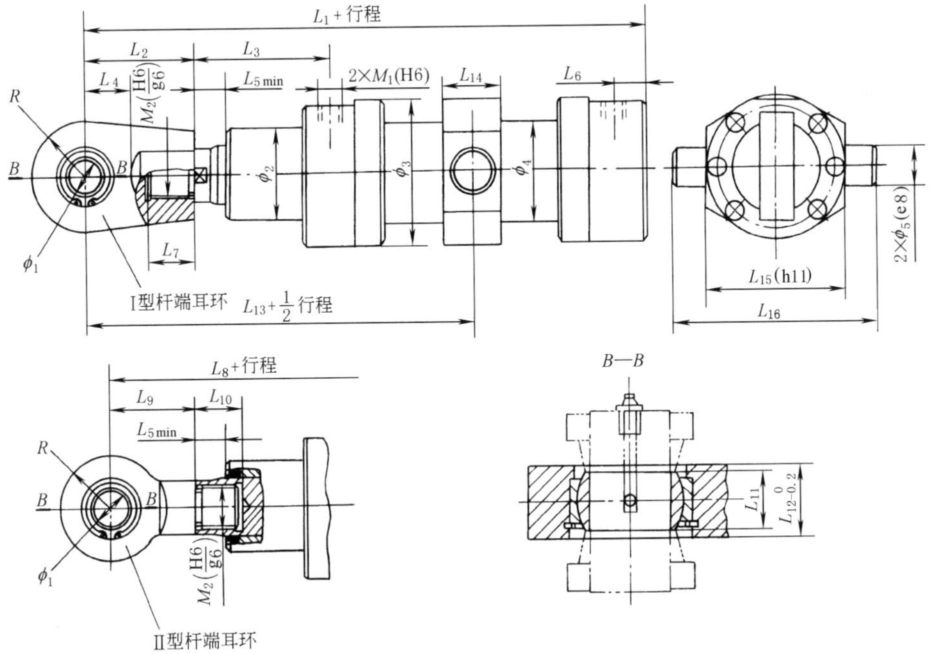

表 20-7-80

mm

缸径	杆径	ϕ_1	ϕ_2	ϕ_3	ϕ_4	ϕ_5	R	M_1	M_2	L_1	L_2	L_3	L_4	L_5	L_6	L_7	L_8	L_9	L_{10}	L_{11}	L_{12}	L_{13}	L_{14}	L_{15}	L_{16}
40	28	25	58	90	58	25	30	M22×1.5	M18×2	345	65	127	30	28	32	30	310	30	32	20	27	251.5	30	95	135
50	36	30	70	108	70	30	40	M22×1.5	M24×2	387	80	137	35	32	39	40	347	40	42	22	30	281	35	115	165
63	45	35	80	126	83	35	46	M27×1.5	M30×2	430	95	145	40	33	45	50	382	47	52	25	35	309	40	135	195
80	56	40	100	148	108	40	55	M27×2	M39×3	466	115	164	50	37	45	58	420	55	62	28	37	343.5	45	155	225
100	70	50	120	176	127	50	65	M33×2	M50×3	560	140	170	60	40	63	70	490	70	73	35	44	403.5	55	180	260
125	90	60	150	220	159	60	82	M42×2	M64×3	628	160	215.5	70	48	55	80	556	76	83	44	55	455.5	65	225	325
140	100	70	167	246	178	70	92	M42×2	M80×3	700	185	235	85	48	75	86	600	85	93	49	62	498	75	250	370
160	110	80	190	272	194	80	105	M48×2	M90×3	760	210	251.5	100	51	58	100	644	94	103	55	66	543	90	275	415
180	125	90	210	300	219	90	120	M48×2	M100×3	840	250	263	110	51	80	120	710	120	125	60	72	603	100	310	470
200	140	100	230	330	245	100	130	M48×2	M110×4	910	280	281	120	56	75	140	770	140	145	70	80	653	110	350	530
220	160	110	255	365	270	120	145	M48×2	M120×4	990	310	306	130	57	105	160	832	152	165	70	80	706	130	390	590
250	180	120	295	410	299	140	165	M48×2	M140×4	1135	360	377	150	65	85	180	965	190	185	85	95	820	150	440	660
280	200	140	318	462	325	170	185	M48×2	M160×4	1215	400	385	170	65	138	200	1010	195	205	90	100	872.5	180	500	760
320	220	160	390	525	375	200	220	M48×2	M180×4	1320	460	408	200	65	120	220	1088	228	225	105	120	952.5	210	570	870
360	250	180	404	560	420	200	250	M48×2	M200×4	1377	480	390	220	65	135	240	1085	220	245	105	120	988.5	220	580	920
400	280	200	469	625	470	200	280	M48×2	M220×4	1447	520	415	240	65	140	260	1119	234	265	110	130	986	220	640	1040

尾部耳环式（WE）液压缸外形尺寸

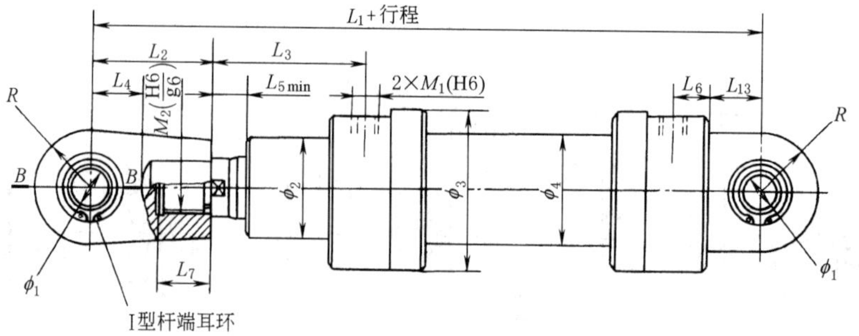

表 20-7-81

mm

缸径	40	50	63	80	100	125	140	160	180	200	220	250	280	320	360	400
杆径	28	36	45	56	70	90	100	110	125	140	160	180	200	220	250	280
L_1	370	417	465	525	615	700	775	850	940	1020	1110	1275	1375	1510	1560	1655
L_6	27	34	40	54	58	57.5	65	48	70	65	95	75	128	120	88	88
L_8	335	377	417	465	545	616	675	734	810	880	952	1105	1170	1278	1270	1339
L_{13}	30	35	40	50	60	70	85	100	110	120	130	150	170	200	230	260

注：Ⅱ型杆端耳环图、B—B 断面图以及其他尺寸代号数值与中部摆动式（ZB）液压缸相同，见表 20-7-80。

头部摆动式（TB）液压缸外形尺寸

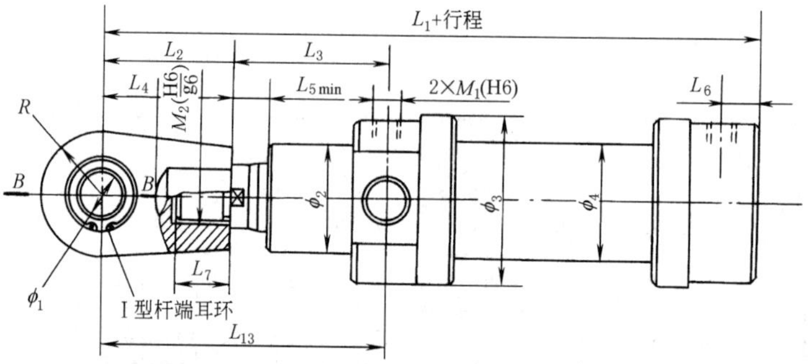

表 20-7-82

mm

缸径	40	50	63	80	100	125	140	160	180	200	220	250	280	320	360	400
杆径	28	36	45	56	70	90	100	110	125	140	160	180	200	220	250	280
L_{13}	190	212	233	262	310	343	373	406	456	491	527	615	655	715	767	827

注：Ⅱ型杆端耳环图、B—B 断面图、左视图以及其他尺寸代号数值与中部摆动式（ZB）液压缸相同，见表 20-7-80。

头部法兰式（TF）液压缸外形尺寸

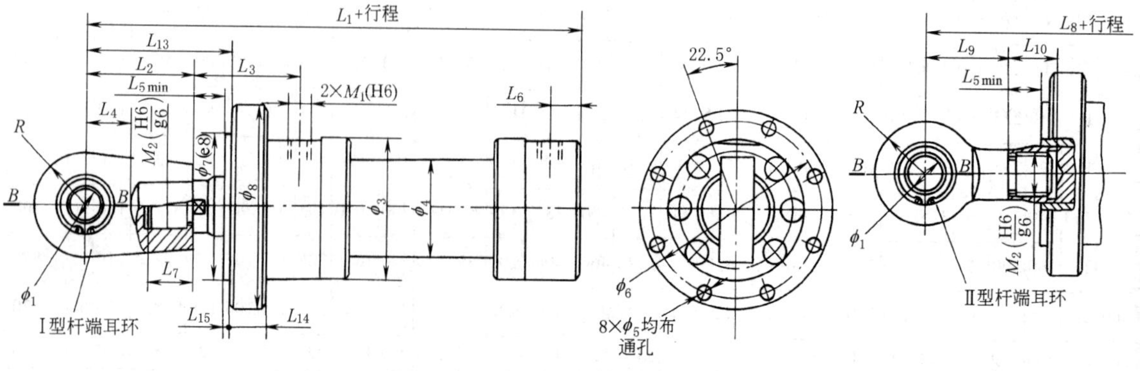

表 20-7-83

mm

缸径	40	50	63	80	100	125	140	160	180	200	220	250	280	320	360	400
杆径	28	36	45	56	70	90	100	110	125	140	160	180	200	220	250	280
ϕ_5	8.4	10.5	13	15	17	21	23	25	28	31	37	37	43	50	50	52
ϕ_6	110	135	155	180	215	260	290	330	365	400	450	500	570	650	650	730
ϕ_7	90	110	130	150	180	220	245	280	310	340	380	430	480	550	560	640
ϕ_8	130	160	180	210	250	300	335	380	420	460	520	570	660	750	780	820
L_{13}	98	117	133	157	185	218	243	271	311	346	377	435	475	535	555	595
L_{14}	30	35	40	45	50	55	60	70	80	90	100	110	120	130	130	150
L_{15}	5	5	5	5	5	10	10	10	10	10	10	10	10	10	10	10

注：*B*—*B* 断面图及其他尺寸代号数值与中部摆动式（ZB）液压缸相同，见表 20-7-80。

中部摆动式等速（ZBD）液压缸外形尺寸

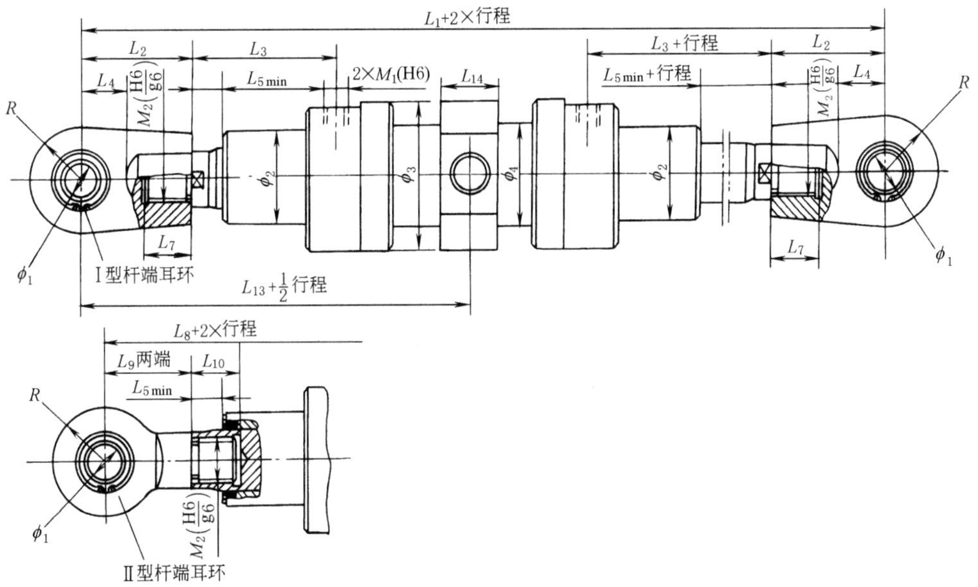

表 20-7-84

mm

缸径	40	50	63	80	100	125	140	160	180	200	220	250	280	320	360	400
杆径	28	36	45	56	70	90	100	110	125	140	160	180	200	220	250	280
L_1	503	562	618	687	807	911	996	1086	1206	1306	1412	1640	1745	1905	1977	2092
L_8	433	482	522	567	667	743	796	854	946	1026	1096	1300	1335	1441	1457	1520

注：左视图及其他尺寸代号数值与中部摆动式（ZB）液压缸相同，见表 20-7-80。

尾部法兰式（WF）液压缸外形尺寸

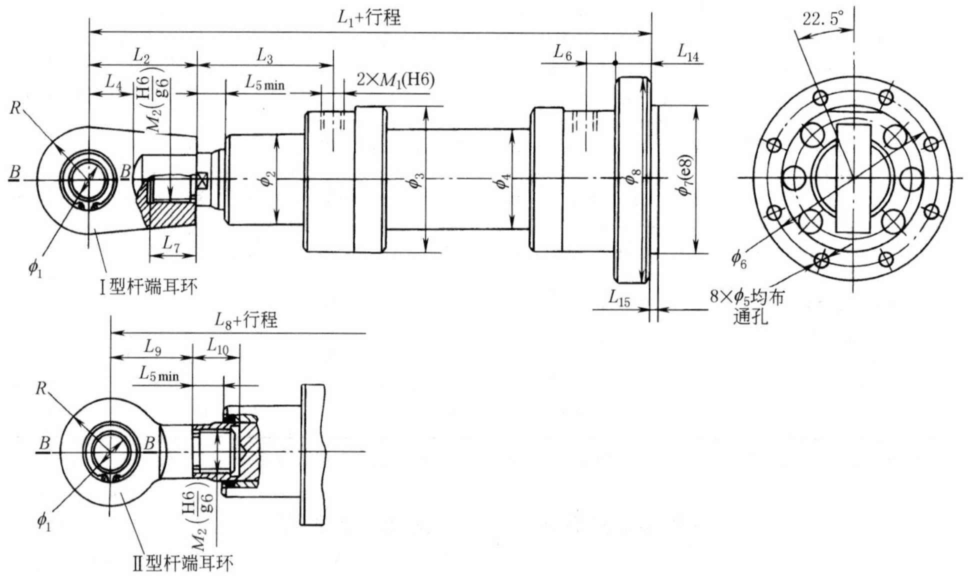

表 20-7-85

mm

缸径	40	50	63	80	100	125	140	160	180	200	220	250	280	320	360	400
杆径	28	36	45	56	70	90	100	110	125	140	160	180	200	220	250	280
ϕ_5	8.4	10.5	13	15	17	21	23	25	28	31	37	37	43	50	50	52
ϕ_6	110	135	155	180	215	260	290	330	365	400	450	500	570	650	650	730
ϕ_7	90	110	130	150	180	220	245	280	310	340	380	430	480	550	560	640
ϕ_8	130	160	180	210	250	300	335	380	420	460	520	570	660	750	780	820
L_1	370	417	465	520	605	685	750	820	910	990	1080	1235	1325	1500	1497	1587
L_6	27	34	40	54	58	47.5	65	48	70	65	95	75	128	170	125	130
L_8	335	377	417	460	535	601	650	704	780	850	922	1065	1120	1268	1302	1366
L_{14}	30	35	40	45	50	55	60	70	80	90	100	110	120	130	130	150
L_{15}	5	5	5	5	5	10	10	10	10	10	10	10	10	10	10	10

注：B—B 断面图及其他尺寸代号数值与中部摆动式（ZB）液压缸相同，见表 20-7-80。

脚架固定式（JG）液压缸外形尺寸

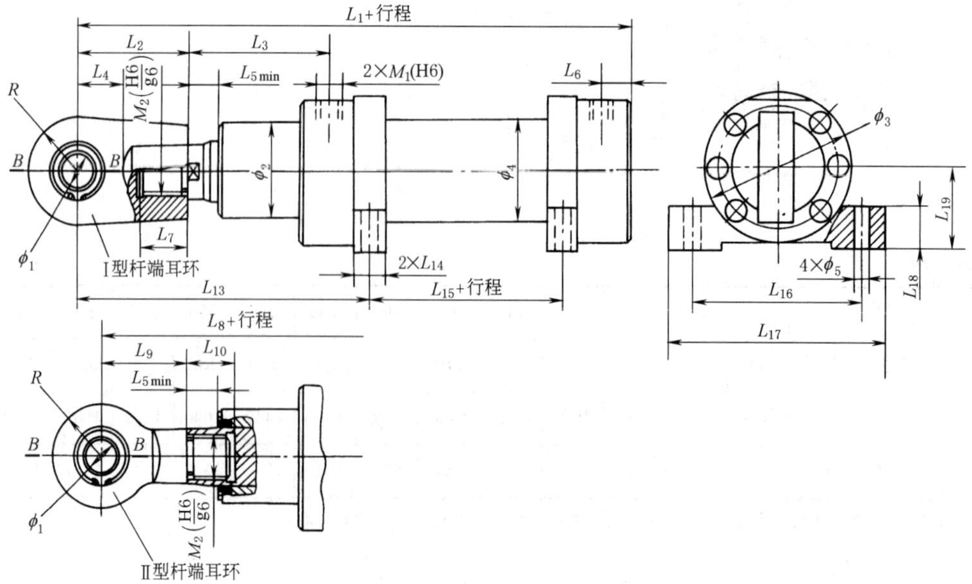

表 20-7-86 mm

缸径	40	50	63	80	100	125	140	160	180	200	220	250	280	320	360	400
杆径	28	36	45	56	70	90	100	110	125	140	160	180	200	220	250	280
ϕ_5	11	13.5	15.5	17.5	20	24	26	30	33	39	45	52	52	62	62	70
L_{13}	226.5	252	282.5	320	367.5	343	373	406	456	491	527	615	655	715	767	827
L_{14}	25	30	35	40	45	55	60	65	70	80	90	100	110	120	120	130
L_{15}	52	61	60	60	72	225	250	274	294	324	348	410	435	475	475	485
L_{16}	115	140	160	185	215	260	295	335	370	410	460	520	570	660	695	750
L_{17}	145	175	200	230	265	315	355	400	445	500	560	630	680	800	835	870
L_{18}	25	30	35	40	50	60	65	70	80	90	100	110	120	140	150	160
L_{19}	50	60	70	80	95	115	130	145	160	175	195	220	245	280	310	340

注：*B*—*B* 断面图及其他尺寸代号数值与中部摆动式（ZB）液压缸相同，见表 20-7-80。

头部法兰式等速（TFD）液压缸外形尺寸

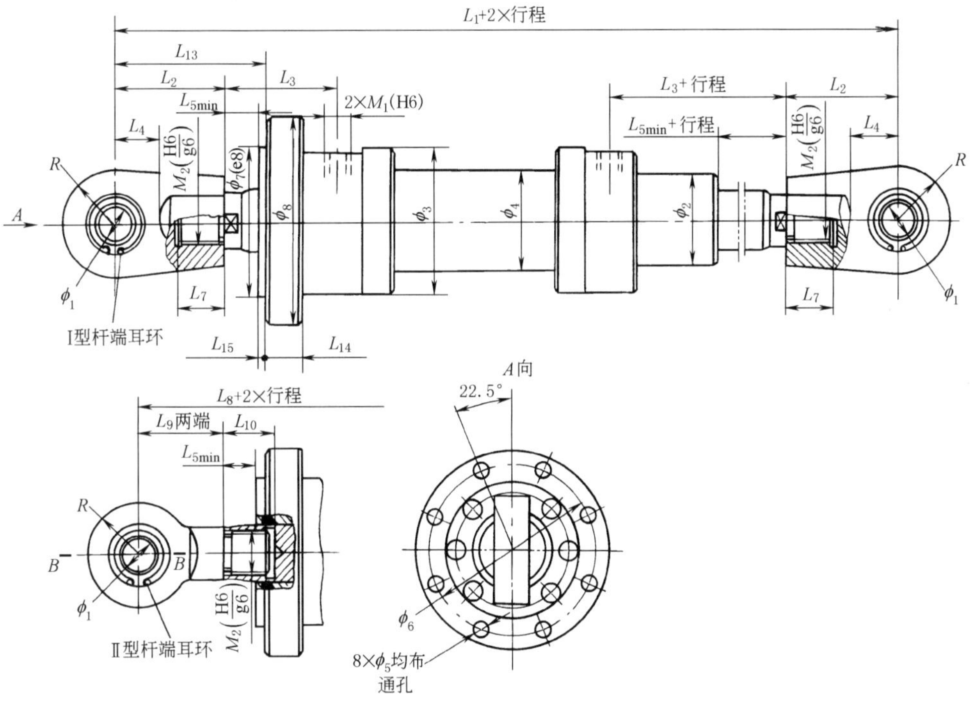

表 20-7-87 mm

缸径	40	50	63	80	100	125	140	160	180	200	220	250	280	320	360	400
杆径	28	36	45	56	70	90	100	110	125	140	160	180	200	220	250	280
ϕ_5	8.4	10.5	13	15	17	21	23	25	28	31	37	37	43	50	50	52
ϕ_6	110	135	155	180	215	260	290	330	365	400	450	500	570	650	650	730
ϕ_7	90	110	130	150	180	220	245	280	310	340	380	430	480	550	560	640
ϕ_8	130	160	180	210	250	300	335	380	420	460	520	570	660	750	780	820
L_1	503	562	618	687	807	911	996	1086	1206	1306	1412	1640	1745	1905	1977	2092
L_8	433	482	522	567	667	743	796	854	946	1026	1096	1300	1335	1441	1457	1520
L_{13}	98	117	133	157	185	218	243	271	311	346	377	435	475	535	555	595
L_{14}	30	35	40	45	50	55	60	70	80	90	100	110	120	130	130	150
L_{15}	5	5	5	5	5	10	10	10	10	10	10	10	10	10	10	10

注：*B*—*B* 断面图及其他尺寸代号数值与中部摆动式（ZB）液压缸相同，见表 20-7-80。

脚架固定式等速（JGD）液压缸外形尺寸

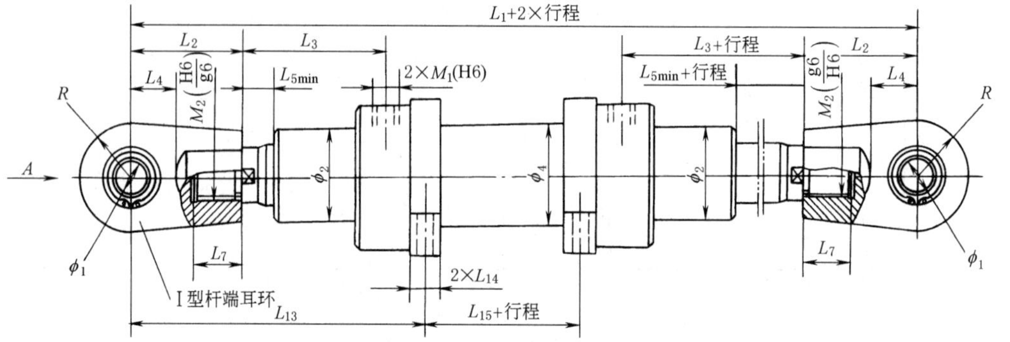

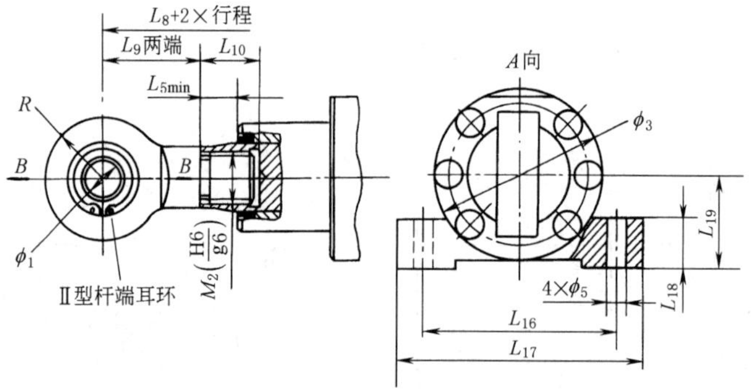

表 20-7-88

mm

缸径	40	50	63	80	100	125	140	160	180	200	220	250	280	320	360	400
杆径	28	36	45	56	70	90	100	110	125	140	160	180	200	220	250	280
ϕ_5	11	13.5	15.5	17.5	20	24	26	30	33	39	45	52	52	62	62	70
L_1	505	565	625	700	807	911	996	1086	1206	1306	1402	1640	1745	1905	2009	2139
L_8	433	482	522	567	667	743	796	854	946	1026	1096	1300	1335	1441	1457	1520
L_{13}	226.5	252	282.5	320	367.5	343	373	406	456	491	527	615	655	715	767	827
L_{14}	25	30	35	40	45	55	60	65	70	80	90	100	110	120	120	130
L_{15}	52	61	60	60	72	225	250	274	294	324	348	410	435	475	475	485
L_{16}	115	140	160	185	215	260	295	335	370	410	460	520	570	660	695	750
L_{17}	145	175	200	230	265	315	355	400	445	500	560	630	680	800	835	870
L_{18}	25	30	35	40	50	60	65	70	80	90	100	110	120	140	150	160
L_{19}	50	60	70	80	95	115	130	145	160	175	195	220	245	280	310	340

注：*B*—*B* 断面图及其他尺寸代号数值与中部摆动式（ZB）液压缸相同，见表 20-7-80。

（4）液压缸的质量计算

表 20-7-89

缸径/mm	杆径/mm	质量/kg	缸径/mm	杆径/mm	质量/kg
40	28	9kg+0.01kg/mm×行程 mm	180	125	360kg+0.264kg/mm×行程 mm
50	36	14kg+0.016kg/mm×行程 mm	200	140	420kg+0.317kg/mm×行程 mm
63	45	32kg+0.029kg/mm×行程 mm	220	160	552kg+0.418kg/mm×行程 mm
80	56	41kg+0.051kg/mm×行程 mm	250	180	699kg+0.541kg/mm×行程 mm
100	70	63kg+0.076kg/mm×行程 mm	280	200	959kg+0.584kg/mm×行程 mm
125	90	122kg+0.116kg/mm×行程 mm	320	220	1309kg+0.685kg/mm×行程 mm
140	100	190kg+0.163kg/mm×行程 mm	360	250	1990kg+0.794kg/mm×行程 mm
160	110	252kg+0.213kg/mm×行程 mm	400	280	2630kg+0.910kg/mm×行程 mm

8.1.3 冶金设备用液压缸（PN≤25MPa）（摘自 JB/T 6134—2006）

（1）基本参数

基本参数见表 20-7-90；优先行程系列见表 20-7-91；计算液压缸质量系数见表 20-7-92。

表 20-7-90 **基本参数**

液压缸内径 D /mm	面积比 φ	活塞杆直径 d /mm	液压缸活塞速度 /m·s^{-1}	PN=25MPa		极限行程 S /mm					
				推力 /kN	拉力 /kN	S1 型 S2 型	B1 型	B2 型	B3 型	G 型 F1 型	F2 型
40	1.4	22	8~400	31.42	21.91	40	200	135	80	450	120
50	1.4	28		49.09	33.69	140	400	265	180	740	265
63	1.4	36		77.93	52.48	210	550	375	250	990	375
80	1.4	45		125.66	85.90	280	700	480	320	1235	505
100	1.4	56	8~300	196.35	134.77	360	900	600	400	1520	610
125	1.4	70		306.80	210.59	465	1100	760	550	1915	785
	2	90			147.75	960	2200	1415	1000	3310	1480
140	1.4	80	8~200	384.85	259.18	550	1400	900	630	2200	900
	1.6	90			225.80	800	1800	1210	800	2905	1260
	2	100			188.50	1055	2200	1560	1100	3640	1630
160	1.4	90		502.66	343.61	630	1400	1000	700	2500	1000
	1.6	100			306.31	840	2000	1295	900	3120	1350
	2	110			265.07	1095	2500	1630	1100	3835	1705
200	1.4	110		785.40	547.82	700	1800	1100	800	2800	1250
	1.6	125			478.60	1065	2200	1625	1100	3890	1700
	2	140			400.55	1445	3200	2135	1400	4975	2240
220	1.4	125		950.30	643.54	800	2200	1400	1000	3600	1400
	1.6	140			565.49	1205	2800	1850	1250	4440	1930
	2	160			447.68	1730	3600	2550	1800	5920	2675
250	1.4	140		1227.19	842.34	900	2200	1400	1100	3600	1600
	1.6	160			724.52	1445	3200	2180	1600	5255	2280
	2	180			591.01	1965	4000	2875	2000	6630	3020
320	1.4	180		2010.62	1374.45	1250	2800	2000	1400	5000	2000
	1.6	200			1225.22	1710	3600	2600	1800	6205	2730
	2	220			1060.29	2215	4000	3270	2200	7635	3445

注：φ 为活塞受推力与受拉力面积之比。

表 20-7-91 **优先行程系列** mm

40	50	63	80	90	100	110	125
140	160	180	200	220	250	280	320
360	400	450	500	550	630	700	800
900	1000	1100	1250	1400	1600	1800	2000
2200	2500	2800	3200	3600	4000	5000	6300

表 20-7-92 **计算液压缸质量系数**

液压缸内径/mm	活塞杆直径/mm	S1		S2		B1、B3		B2		G		F1、F2	
		X	Y	X	Y	X	Y	X	Y	X	Y	X	Y
40	22	7.73	0.013	7.80	0.013	8.12	0.013	8.76	0.013	7.93	0.013	11.22	0.013
50	28	11.42	0.015	11.53	0.015	13.56	0.014	14.44	0.014	12.33	0.014	17.03	0.014
63	36	17.30	0.019	17.49	0.019	22.23	0.018	23.84	0.018	18.11	0.019	25.57	0.019
80	45	26.63	0.037	26.92	0.037	28.72	0.037	30.23	0.037	25.33	0.037	33.17	0.037
100	56	50.74	0.047	51.24	0.047	51.66	0.047	55.56	0.047	55.07	0.047	68.72	0.047
125	70	71.68	0.076	72.68	0.076	77.00	0.076	80.58	0.076	81.98	0.076	102.84	0.076
	90	72.00	0.096	73.00	0.096	77.30	0.096	80.69	0.096	82.29	0.096	103.15	0.096
140	80	97.82	0.092	98.42	0.092	99.60	0.102	104.10	0.102	111.72	0.092	137.84	0.092
	90	98.43	0.103	99.03	0.103	99.70	0.113	104.42	0.113	112.03	0.103	137.80	0.103
	100	98.69	0.115	99.29	0.115	101.29	0.125	105.72	0.125	112.59	0.115	138.36	0.115
160	90	155.16	0.124	157.16	0.124	154.83	0.125	164.46	0.125	175.10	0.124	218.37	0.124
	100	154.27	0.134	156.27	0.134	154.45	0.145	163.55	0.145	174.20	0.124	217.47	0.124
	110	155.14	0.144	157.14	0.144	155.32	0.155	164.41	0.155	163.20	0.144	206.47	0.144
200	110	269.77	0.198	273.77	0.198	258.50	0.199	271.10	0.199	288.60	0.199	367.91	0.199
	125	271.88	0.219	275.88	0.219	261.90	0.221	269.50	0.221	291.90	0.221	371.21	0.221
	140	269.55	0.243	273.55	0.243	259.60	0.246	172.20	0.246	289.70	0.246	369.01	0.246
220	125	419.50	0.260	421.50	0.260	393.50	0.260	424.20	0.260	422.40	0.260	546.45	0.260
	140	418.80	0.280	420.80	0.280	393.70	0.280	424.30	0.280	422.70	0.280	546.75	0.280
	160	408.76	0.320	410.76	0.320	384.60	0.320	415.20	0.320	413.60	0.320	537.65	0.320
250	140	554.14	0.290	557.14	0.290	531.80	0.290	575.90	0.290	568.90	0.290	698.20	0.290
	160	566.93	0.330	569.93	0.330	545.50	0.330	588.60	0.330	582.70	0.330	712.00	0.330
	180	564.16	0.370	567.16	0.370	541.20	0.370	584.20	0.370	590.00	0.370	719.30	0.370
320	180	978.92	0.400	980.22	0.400	1018.10	0.450	1094.10	0.450	1057.50	0.400	1186.30	0.400
	200	1236.85	0.450	1238.15	0.450	1032.30	0.500	1108.30	0.500	1095.40	0.450	1124.20	0.450
	220	1009.48	0.500	1010.78	0.500	1030.40	0.553	1106.40	0.553	1070.70	0.500	1199.50	0.500

注：液压缸质量 $=X+YS$，X——基本质量，kg；Y——单位行程质量，kg/mm；S——液压缸行程，mm。

（2）液压缸型式与尺寸

装关节轴承的后端耳环式（S1 型）液压缸见图 20-7-14、表 20-7-93；装滑动轴承的后端耳环式（S2 型）液压缸见图 20-7-15、表 20-7-93；前端固定耳轴式（B1 型）液压缸见图 20-7-16、表 20-7-94；中间固定耳轴式（B2 型）液压缸见图 20-7-17、表 20-7-95；后端固定耳轴式（B3 型）液压缸见图 20-7-18、表 20-7-96；端部脚架式（G 型）液压缸见图 20-7-19、表 20-7-97；前端法兰式（F1 型）液压缸见图 20-7-20、表 20-7-98；后端法兰式（F2 型）液压缸见图 20-7-21、表 20-7-99。

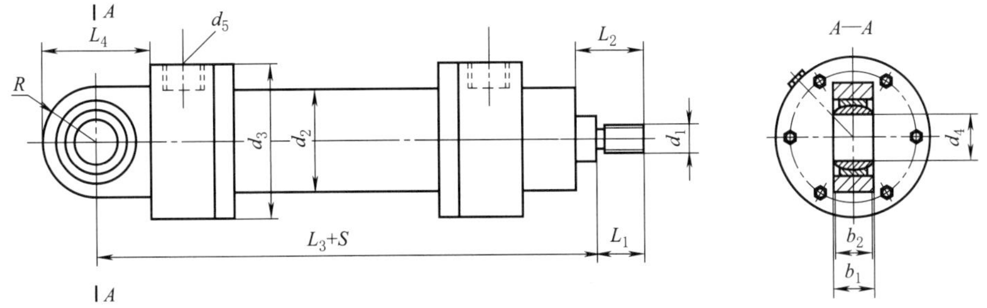

图 20-7-14　装关节轴承的后端耳环式（S1 型）液压缸

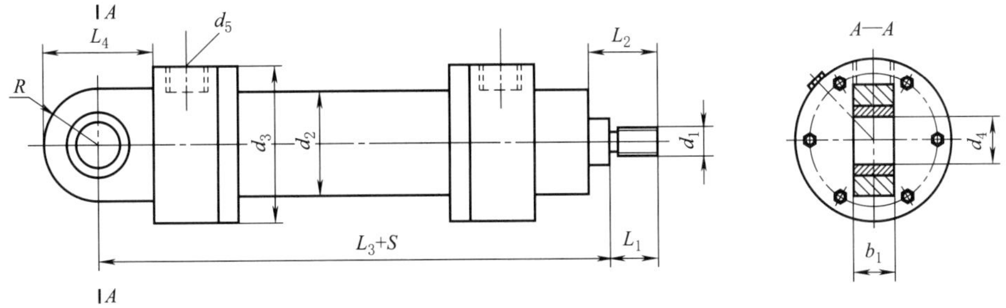

图 20-7-15　装滑动轴承的后端耳环式（S2 型）液压缸

表 20-7-93

mm

液压缸内径	d_1	d_2	d_3	d_4(H7)	d_5	L_1	L_2	L_3	L_4	b_1	b_2	R
40	M16×1.5-6g	57	85	25	M22×1.5-6H	26	38	247	60	23	20	30
50	M22×1.5-6g	63.5	105	30	M22×1.5-6H	34	50	261	69	28	22	34
63	M27×2-6g	76	120	35	M27×2-6H	42	60	298	87	30	25	42
80	M36×2-6g	102	135	40	M27×2-6H	56	75	324	100	35	28	50
100	M48×2-6g	121	165	50	M33×2-6H	69	95	376	123	40	35	63
125	M56×2-6g	152	200	60	M42×2-6H	81	110	444	140	50	44	70
140	M64×3-6g	168	220	70	M42×2-6H	94	120	481	157	55	49	77
160	M80×3-6g	194	265	80	M48×2-6H	104	135	541	180	60	55	88
200	M110×3-6g	245	320	100	M48×2-6H	121	152	636	240	70	70	115
220	M125×4-6g	273	355	110	F40	137	170	738	270	80	70	132.5
250	M140×4-6g	299	395	120	F40	152	185	777	300	90	85	150
320	M160×4-6g	377	490	160	F50	172	215	968	375	110	105	190

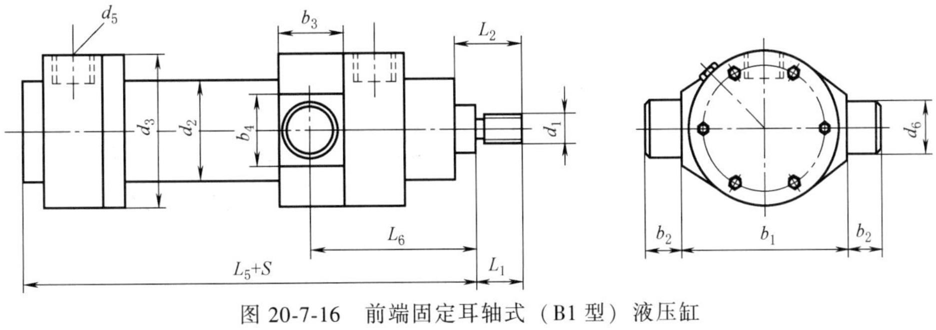

图 20-7-16　前端固定耳轴式（B1 型）液压缸

表 20-7-94

mm

液压缸内径	d_1	d_2	d_3	d_5	d_6(f9)	L_1	L_2	L_5	L_6	b_1(h8)	b_2	b_3	b_4
40	M16×1.5-6g	57	85	M22×1.5-6H	30	26	38	222	111	95	20	38	40
50	M22×1.5-6g	63.5	105	M22×1.5-6H		34	50	231	115	115			
63	M27×2-6g	76	120	M27×2-6H	35	42	60	258	129	130		42	50
80	M36×2-6g	102	135	M27×2-6H	40	56	75	279	138	145	25	48	55
100	M48×2-6g	121	165	M33×2-6H	50	69	95	221	165	175	30	58	68
125	M56×2-6g	152	200	M42×2-6H	60	81	110	382	193	210	40	68	74
140	M64×3-6g	168	220	M42×2-6H	65	94	120	414	202	230	42.5	72	80
160	M80×3-6g	194	265	M48×2-6H	75	104	135	464	227	275	52.5	82	90
200	M110×3-6g	245	320	M48×2-6H	90	121	152	529	255	320	55	98	120
220	M125×4-6g	273	355	F40	100	137	170	621	302	370	60	108	130
250	M140×4-6g	299	395	F40	110	152	185	645	321	410	65	126	147
320	M160×4-6g	377	490	F50	160	172	215	803	416	510	90	176	184

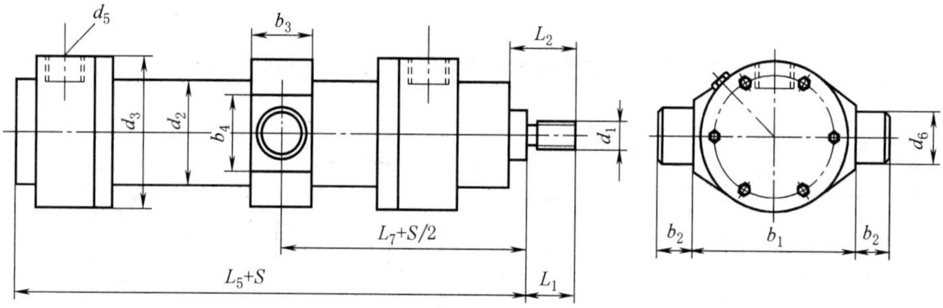

图 20-7-17　中间固定耳轴式（B2 型）液压缸

表 20-7-95

mm

液压缸内径	d_1	d_2	d_3	d_5	d_6(f9)	L_1	L_2	L_5	L_7	b_1(h8)	b_2	b_3	b_4
40	M16×1.5-6g	57	85	M22×1.5-6H	30	26	38	222	134	95	20	38	40
50	M22×1.5-6g	63.5	105	M22×1.5-6H		34	50	231	141	115			
63	M27×2-6g	76	120	M27×2-6H	35	42	60	258	153	130		42	50
80	M36×2-6g	102	135	M27×2-6H	40	56	75	279	170	145	25	48	55
100	M48×2-6g	121	165	M33×2-6H	50	69	95	221	198	175	30	58	68
125	M56×2-6g	152	200	M42×2-6H	60	81	110	382	234	210	40	68	74
140	M64×3-6g	168	220	M42×2-6H	65	94	120	414	251	230	42.5	72	80
160	M80×3-6g	194	265	M48×2-6H	75	104	135	464	261	275	52.5	82	90
200	M110×3-6g	245	320	M48×2-6H	90	121	152	529	293	320	55	98	120
220	M125×4-6g	273	355	F40	100	137	170	621	370	370	60	108	130
250	M140×4-6g	299	395	F40	110	152	185	645	395	410	65	126	147
320	M160×4-6g	377	490	F50	160	172	215	803	488	510	90	176	184

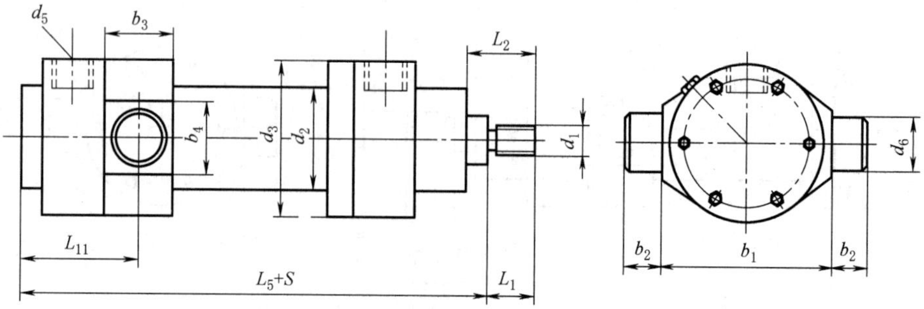

图 20-7-18　后端固定耳轴式（B3 型）液压缸

表 20-7-96

mm

液压缸内径	d_1	d_2	d_3	d_5	d_6(f9)	L_1	L_2	L_5	L_{11}	b_1(h8)	b_2	b_3	b_4
40	M16×1.5-6g	57	85	M22×1.5-6H	30	26	38	222	64	95	20	38	40
50	M22×1.5-6g	63.5	105	M22×1.5-6H		34	50	231		115			
63	M27×2-6g	76	120	M27×2-6H	35	42	60	258	71	130		42	50
80	M36×2-6g	102	135	M27×2-6H	40	56	75	279	79	145	25	48	55
100	M48×2-6g	121	165	M33×2-6H	50	69	95	221	89	175	30	58	68
125	M56×2-6g	152	200	M42×2-6H	60	81	110	382	107	210	40	68	74
140	M64×3-6g	168	220	M42×2-6H	65	94	120	414	114	230	42.5	72	80
160	M80×3-6g	194	265	M48×2-6H	75	104	135	464	124	275	52.5	82	90
200	M110×3-6g	245	320	M48×2-6H	90	121	152	529	137	320	55	98	120
220	M125×4-6g	273	355	F40	100	137	170	621	167	370	60	108	130
250	M140×4-6g	299	395	F40	110	152	185	645	176	410	65	126	147
320	M160×4-6g	377	490	F50	160	172	215	803	243	510	90	176	184

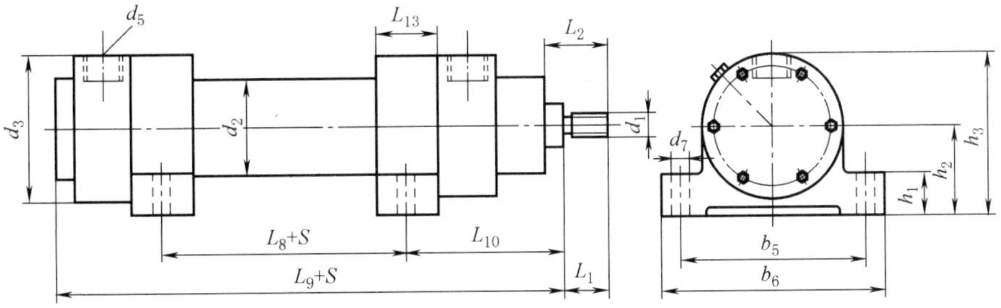

图 20-7-19 端部脚架式（G 型）液压缸

表 20-7-97

mm

液压缸内径	d_1	d_2	d_3	d_5	d_7	L_1	L_2	L_8	L_9	L_{10}	L_{13}	h_1	h_2	h_3	b_5	b_6
40	M16×1.5-6g	57	85	M22×1.5-6H	11	26	38	60	260	104	25	25	45	87.5	110	135
50	M22×1.5-6g	63.5	105	M22×1.5-6H		34	50	65	281	108		30	55	107.5	130	155
63	M27×2-6g	76	120	M27×2-6H	14	42	60	70	318	123	30	35	65	125	150	180
80	M36×2-6g	102	135	M27×2-6H	18	56	75		354	134	40	40	70	137.5	170	210
100	M48×2-6g	121	165	M33×2-6H	22	69	95	75	416	161	50	50	85	167.5	205	250
125	M56×2-6g	152	200	M42×2-6H	26	81	110	90	492	189	60	60	105	205	255	305
140	M64×3-6g	168	220	M42×2-6H		94	120	105	534	198.5	65	65	115	225	280	340
160	M80×3-6g	194	265	M48×2-6H	33	104	135	120	599	223.5	75	70	135	267.5	330	400
200	M110×3-6g	245	320	M48×2-6H	39	121	152	145	681	251	90	85	160	315	385	465
220	M125×4-6g	273	355	F40	45	137	170	166	791	295	94	95	185	362.5	445	530
250	M140×4-6g	299	395	F40	52	152	185	174	830	308	100	110	205	402.5	500	600
320	M160×4-6g	377	490	F50	62	172	215	200	1018	388	120	140	255	500	610	730

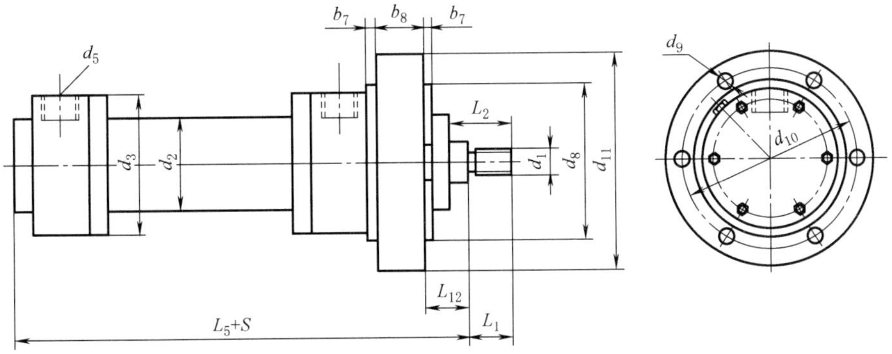

图 20-7-20 前端法兰式（F1 型）液压缸

表 20-7-98

mm

液压缸内径	d_1	d_2	d_3	d_5	d_8(h11)	d_9	d_{10}	d_{11}	L_1	L_2	L_5	L_{12}	b_7	b_8
40	M16×1.5-6g	57	85	M22×1.5-6H	90	9	108	130	26	38	222	12	5	30
50	M22×1.5-6g	63.5	105	M22×1.5-6H	110	11	130	160	347	50	231	16		
63	M27×2-6g	76	120	M27×2-6H	130	14	155	185	42	60	258	18		35
80	M36×2-6g	102	135	M27×2-6H	145		170	200	56	75	279	19		
100	M48×2-6g	121	165	M33×2-6H	175	18	205	245	69	95	221	26		45
125	M56×2-6g	152	200	M42×2-6H	210	22	245	295	81	110	382	29	10	
140	M64×3-6g	168	220	M42×2-6H	230		265	315	94	120	414	26		50
160	M80×3-6g	194	265	M48×2-6H	275	26	325	385	104	135	464	31		60
200	M110×3-6g	245	320	M48×2-6H	320	33	375	445	121	152	529	31		75
220	M125×4-6g	273	355	F40	370		430	490	137	170	621	48		85
250	M140×4-6g	299	395	F40	415	39	485	555	152	185	645	58		
320	M160×4-6g	377	490	F50	510	45	600	680	172	215	803	78		95

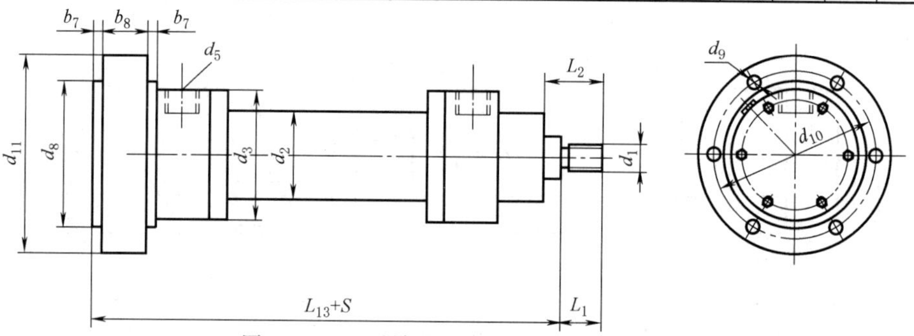

图 20-7-21 后端法兰式（F2 型）液压缸

表 20-7-99

mm

液压缸内径	d_1	d_2	d_3	d_5	d_8(h11)	d_9	d_{10}	d_{11}	L_1	L_2	L_{13}	b_7	b_8
40	M16×1.5-6g	57	85	M22×1.5-6H	90	9	108	130	26	38	257	5	30
50	M22×1.5-6g	63.5	105	M22×1.5-6H	110	11	130	160	34	50	266		
63	M27×2-6g	76	120	M27×2-6H	130	14	155	185	42	60	298		35
80	M36×2-6g	102	135	M27×2-6H	145		170	200	56	75	319		
100	M48×2-6g	121	165	M33×2-6H	175	18	205	245	69	95	371		45
125	M56×2-6g	152	200	M42×2-6H	210	22	245	295	81	110	439	10	
140	M64×3-6g	168	220	M42×2-6H	230		265	315	94	120	476		50
160	M80×3-6g	194	265	M48×2-6H	275	26	325	385	104	135	536		60
200	M110×3-6g	245	320	M48×2-6H	320	33	375	445	121	152	616		75
220	M125×4-6g	273	355	F40	370		430	490	137	170	718		85
250	M140×4-6g	299	395	F40	415	39	485	555	152	185	742		
320	M160×4-6g	377	490	F50	510	45	600	680	172	215	908		95

8.1.4 大型液压油缸（摘自 JB/T 11588—2013）

（1）型号含义

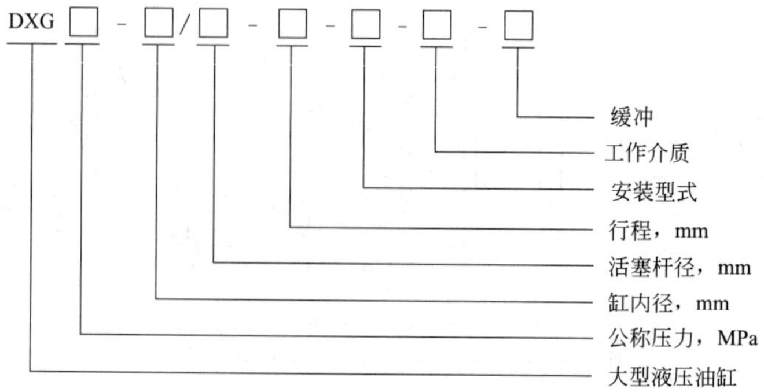

说明：

a. 常用工作介质代号：不标注为矿物油；K—抗燃油；S—水乙二醇；L—磷酸酯。

b. 安装型式代号：MF3—前端圆法兰式；MF4—后端圆法兰式；MP3—后端固定单耳环式；MP5—带关节轴承，后端固定单耳环式；MT4—中间耳轴或可调耳轴式。其他安装型式，按用户要求。

c. 缓冲代号：U—无缓冲；E—有缓冲。

(2) 基本参数

大型液压油缸进出油口安装图如图 20-7-22 所示，进出油口尺寸应符合表 20-7-100 的规定，基本参数应符合表 20-7-101～表 20-7-104 的规定。

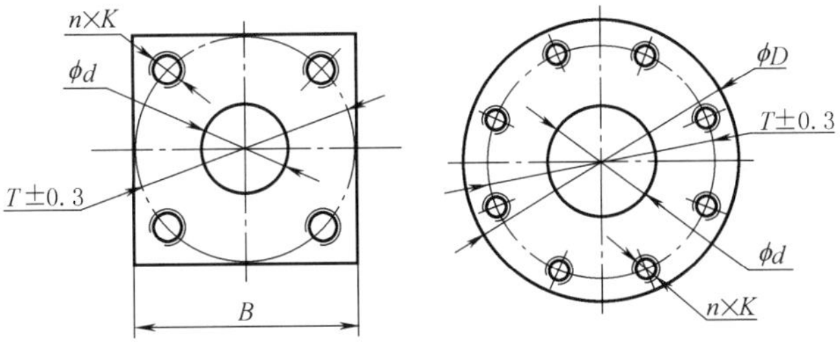

图 20-7-22　进出油口法兰安装图

表 20-7-100　进出油口尺寸 mm

编号	d	B	D	T	K	n
FA40	ϕ40	100	—	98	M16	4
FA50	ϕ50	120	—	118	M20	4
FA65	ϕ65	150	—	145	M24	4
FA80	ϕ80	180	—	175	M30	4
FA100	ϕ100	—	ϕ245	200	M24	8
FA125	ϕ125	—	ϕ300	245	M30	8

注：符合 ISO 6164 方形法兰油口（PN250）。

MF3 前端圆法兰式液压油缸安装图如图 20-7-23 所示，MF3 前端圆法兰式液压油缸安装尺寸见表 20-7-101。

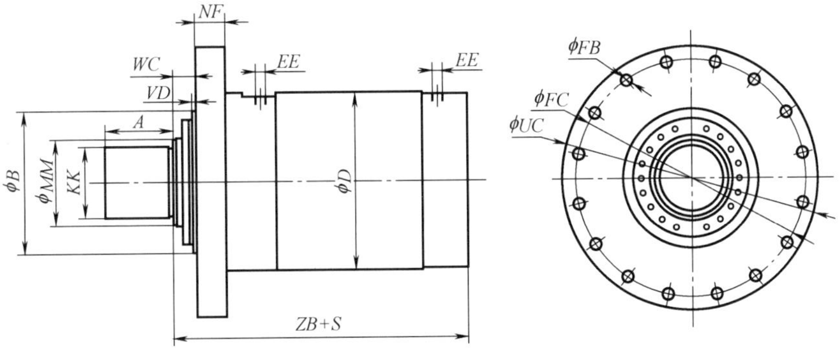

图 20-7-23　MF3 前端圆法兰式液压油缸安装图

表 20-7-101　MF3 前端圆法兰式液压油缸安装尺寸 mm

缸径	ϕ630	ϕ710	ϕ800	ϕ900	ϕ950	ϕ1000	ϕ1120	ϕ1250	ϕ1500	ϕ2000
MM	380	440	500	560	580	620	680	760	920	1220
	450	500	580	640	640	710	780	880	1060	1420
KK	M320×6	M360×6	M400×6	M450×6	M500×6	M550×6	M600×6	M650×6	M760×6	M800×8
A	320	360	400	450	500	550	600	650	760	800
VD　min	10	15	15	15	20	20	20	20	30	30
WC	100	110	120	130	140	150	150	170	180	210
NF	140	160	180	200	220	240	270	280	300	400

续表

缸径	ϕ630	ϕ710	ϕ800	ϕ900	ϕ950	ϕ1000	ϕ1120	ϕ1250	ϕ1500	ϕ2000
n×FB	16×ϕ60	20×ϕ68	20×ϕ76	20×ϕ85	20×ϕ90	20×ϕ95	20×ϕ100	20×ϕ105	28×ϕ115	36×ϕ130
FC	1080	1180	1300	1420	1540	1660	1780	1930	2260	2860
UC	1200	1310	1450	1600	1720	1860	1980	2150	2480	3120
B(f8)	630	710	800	900	950	1000	1120	1250	1500	2000
D	780	900	1000	1150	1230	1330	1430	1650	2000	2600
ZB max	1160	1300	1440	1580	1740	1810	2010	2190	2520	3140
EE	FA40	FA50	FA50	FA65	FA65	FA65	FA80	FA80	FA100	FA125
25MPa 时的推力/kN	7789	9893	12560	15890	17712	19625	24618	30664	44116	78500
25MPa 时的拉力/kN	4955	6094	7654	9742	11110	12089	15543	19329	27546	49290
	3810	4987	5958	7858	9673	9732	12678	15466	22106	38928
S=0mm 时的质量/kg	4895	7156	9774	13793	17659	21863	27470	39077	64710	133474
每 100mm 行程增加的质量/kg	219	308	415	523	584	711	772	1071	1600	2619
	255	434	474	568	629	785	862	1192	1771	2945
S_{max}	6000									

MF4 后端圆法兰式液压油缸安装图如图 20-7-24 所示，MF4 后端圆法兰式液压油缸安装尺寸见表 20-7-102。

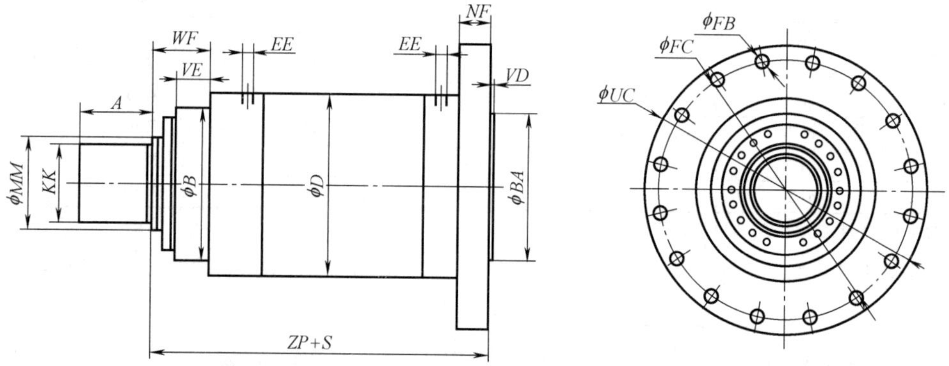

图 20-7-24　MF4 后端圆法兰式液压油缸安装图

表 20-7-102　　MF4 后端圆法兰式液压油缸安装尺寸

mm

缸径	ϕ630	ϕ710	ϕ800	ϕ900	ϕ950	ϕ1000	ϕ1120	ϕ1250	ϕ1500	ϕ2000
MM	380	440	500	560	580	620	680	760	920	1220
	450	500	580	640	640	710	780	880	1060	1420
KK	M320×6	M360×6	M400×6	M450×6	M500×6	M550×6	M600×6	M650×6	M760×6	M800×8
A	320	360	400	450	500	550	600	650	760	800
VE	150	175	195	215	240	260	290	300	330	430
WF	240	270	300	330	360	390	420	450	480	610
NF	140	160	180	200	220	240	270	280	300	400
n×FB	16×ϕ60	20×ϕ68	20×ϕ76	20×ϕ85	20×ϕ90	20×ϕ95	20×ϕ100	20×ϕ105	28×ϕ115	36×ϕ130
FC	1080	1180	1300	1420	1540	1660	1780	1930	2260	2860
UC	1200	1310	1450	1600	1720	1860	1980	2150	2480	3120
BA(f8)	630	710	800	900	950	1000	1120	1250	1500	2000
D	780	900	1000	1150	1230	1330	1430	1650	2000	2600
ZP	1230	1380	1530	1680	1860	1940	2180	2350	2680	3340
EE	FA40	FA50	FA50	FA65	FA65	FA65	FA80	FA80	FA100	FA125
25MPa 时的推力/kN	7789	9893	12560	15890	17712	19625	24618	30664	44116	78500

续表

缸径	φ630	φ710	φ800	φ900	φ950	φ1000	φ1120	φ1250	φ1500	φ2000
5MPa 时	4955	6094	7654	9742	11110	12089	15543	19329	27546	49290
J拉力/kN	3810	4987	5958	7858	9673	9732	12678	15466	22106	38928
=0mm 时 勺质量/kg	5014	7332	10027	13967	18161	22364	28701	40098	66021	135615
每 100mm 亍程增加	219	308	415	523	584	711	772	1071	1600	2619
勺质量/kg	255	434	474	568	629	785	862	1192	1771	2945
S_{max}	6000									

MP3 后端固定单耳环式液压油缸和 MP5 带关节轴承、后端固定单耳环式液压油缸安装图如图 20-7-25 所示，P3 后端固定单耳环式液压油缸和 MP5 带关节轴承、后端固定单耳环式液压油缸安装尺寸见表 20-7-103。

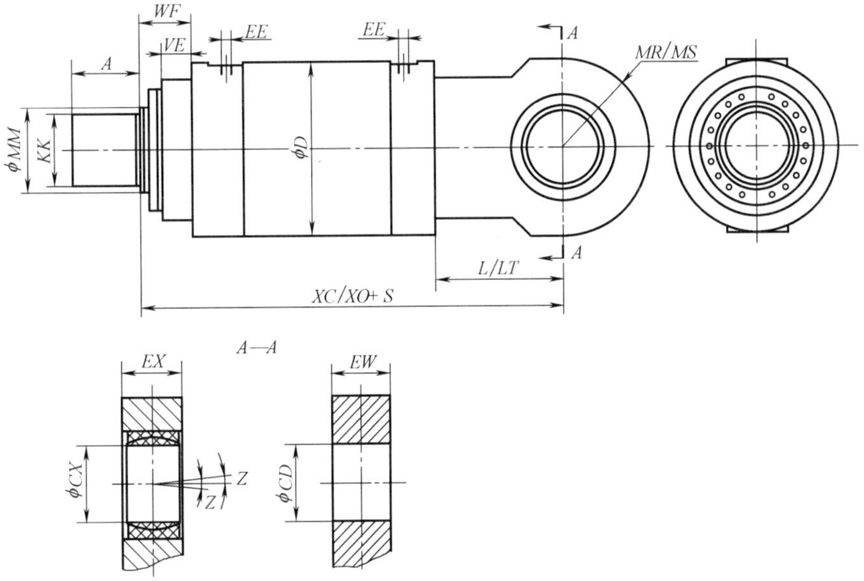

图 20-7-25　MP3 后端固定单耳环式液压油缸，MP5 带关节轴承、后端固定单耳环式液压油缸安装图

表 20-7-103　MP3 后端固定单耳环式液压油缸，MP5 带关节轴承、后端固定单耳环式液压油缸安装尺寸

mm

缸径	φ630	φ710	φ800	φ900	φ960	φ1000	φ1120	φ1250	φ1500	φ2000
MM	380	440	500	560	580	620	680	760	920	1220
	450	500	580	640	640	710	780	880	1060	1420
KK	M320×6	M360×6	M400×6	M450×6	M500×6	M550×6	M600×6	M650×6	M760×6	M800×8
A	320	360	400	450	500	550	600	650	760	800
VE	150	175	195	215	240	260	290	300	330	430
WF	240	270	300	330	360	390	420	450	480	610
CD *CX*	340	360	420	460	500	530	560	630	820	960
EW *EX*	280	300	340	380	410	420	450	520	700	820
L *LT*	580	620	720	780	900	950	950	1050	1100	1200
MR *MS*	390	410	480	520	560	600	620	700	900	1050
倾斜角度　*Z*	2°									
D	780	900	1000	1150	1230	1330	1430	1650	2000	2600

续表

缸径	$\phi630$	$\phi710$	$\phi800$	$\phi900$	$\phi960$	$\phi1000$	$\phi1120$	$\phi1250$	$\phi1500$	$\phi2000$
XC	1740	1920	2160	2360	2635	2795	2960	3230	3600	4340
XO										
EE	FA40	FA50	FA50	FA65	FA65	FA65	FA80	FA80	FA100	FA125
25MPa 时的推力/kN	7789	9893	12560	15890	17712	19625	24618	30664	44116	78500
25MPa 时的拉力/kN	4955	6094	7654	9742	11110	12089	15543	19329	27546	49290
	3810	4987	5958	7858	9673	9732	12678	15466	22106	38928
MP5:$S=0$mm 时的质量/kg	5051	7256	10203	14361	18315	22193	28530	41293	70967	141640
MP3:$S=0$mm 时的质量/kg	5087	7305	10270	14465	18429	22957	28668	41530	71474	142290
每 100mm 行程增加的质量/kg	219	308	415	523	584	711	772	1071	1600	2619
	255	434	474	568	629	785	862	1192	1771	2945
S_{max}	6000									

MT4 中间固定或可调耳轴式液压油缸安装图如图 20-7-26 所示，MT4 中间固定或可调耳轴式液压油缸安装尺寸见表 20-7-104。

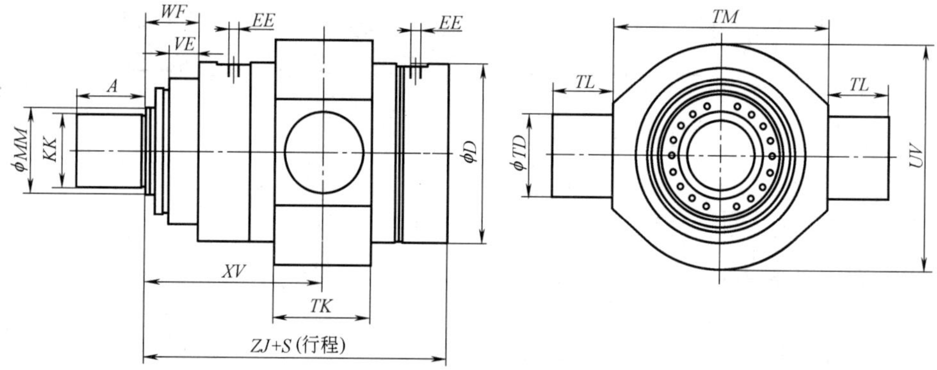

图 20-7-26　MT4 中间固定或可调耳轴式液压油缸安装图

表 20-7-104　　MT4 中间固定（或可调）耳轴式液压油缸安装尺寸　　mm

缸径	$\phi630$	$\phi710$	$\phi800$	$\phi900$	$\phi950$	$\phi1000$	$\phi1120$	$\phi1250$	$\phi1500$	$\phi2000$
MM	380	440	500	560	580	620	680	760	920	1220
	450	500	580	640	640	710	780	880	1060	1420
KK	M320×6	M360×6	M400×6	M450×6	M500×6	M550×6	M600×6	M650×6	M760×6	M800×8
A	320	360	400	450	500	550	600	650	760	800
WF	240	270	300	330	360	390	420	450	480	610
VE	150	175	195	215	240	260	290	300	330	430
TD(f8)	360	420	480	530	580	600	680	780	950	1200
TL(js10)	270	290	340	370	400	420	450	520	660	800
TM(h10)	980	1100	1200	1350	1450	1550	1650	1880	2250	2950
TK	440	500	580	630	680	700	800	900	1100	1350
XV min	690	830	960	1065	1185	1235	1370	1470	1740	2315
D	780	900	1000	1150	1230	1330	1430	1650	2000	2600
ZJ	1160	1300	1440	1580	1735	1805	2010	2180	2500	3140
EE	FA40	FA50	FA50	FA65	FA65	FA65	FA80	FA80	FA100	FA125
25MPa 时的推力/kN	7789	9893	12560	15890	17712	19625	24618	30664	44116	78500
25MPa 时的拉力/kN	4955	6094	7654	9742	11110	12089	15543	19329	27546	49290
	3810	4987	5958	7858	9673	9732	12678	15466	22106	38928
$S=0$mm 时的质量/kg	5539	7835	11437	15499	19973	23903	30785	44510	77110	163238
每 100mm 行程增加的质量/kg	219	308	415	523	584	711	772	1071	1600	2619
	255	434	474	568	629	785	862	1192	1771	2945
S_{max}	6000									

.2 其他液压缸

2.1 工程用液压缸

HSG 型工程用液压缸是双作用单活塞杆缸，主要用于各种工程机械、起重机械及矿山机械等的液压传动。

(1) 型号意义

HSG•□-D/d•E-□□□□-□•□

- HSG：工程用双作用单活塞杆液压缸
- 第1个□：缸盖连接方式：L—外螺纹连接；K—内卡键连接；F—法兰连接
- D/d：D—液压缸内径(mm)；d—活塞杆外径(mm)
- E：压力等级：E—16MPa
- 第2个□：液压缸安装方式（见下表）
- 第3个□：活塞杆连接方式（见下表）
- 第4个□：缓冲型式（见下表）
- 第5个□：油口连接型式：1—内螺纹；2—法兰
- 第6个□：行程(mm)
- 第7个□：安装距(mm)

缓冲型式

编号	缓冲型式	备注
0	不带缓冲	用于 $D=\phi40$mm，$\phi50$mm，$\phi63$mm
1	两端带缓冲	
2	缸盖带缓冲	速度比 $\varphi=2$，只此一种
3	杆头端带缓冲	

液压缸安装方式

编号	安装方式	备注
1	缸盖耳环带衬套	
2	缸盖耳环带关节轴承	
3	耳轴	用于 $D>\phi80$mm
4	端部法兰	
5	中部法兰	

活塞杆连接方式

编号	连接方式	备注
1	杆端外螺纹	
2	杆端内螺纹	用于 $D\geqslant\phi63$mm
3	杆端外螺纹杆头耳环带关节轴承	
4	杆端内螺纹杆头耳环带衬套	用于 $D\geqslant\phi63$mm
5	杆端外螺纹杆头耳环装关节轴承	
6	杆端内螺纹杆头耳环装关节轴承	用于 $D\geqslant\phi63$mm
7	整体式活塞杆耳环带衬套	
8	整体式活塞杆耳环装关节轴承	用于 $\phi80\text{mm}\leqslant D\leqslant\phi220\text{mm}$
9	杆端为光孔	

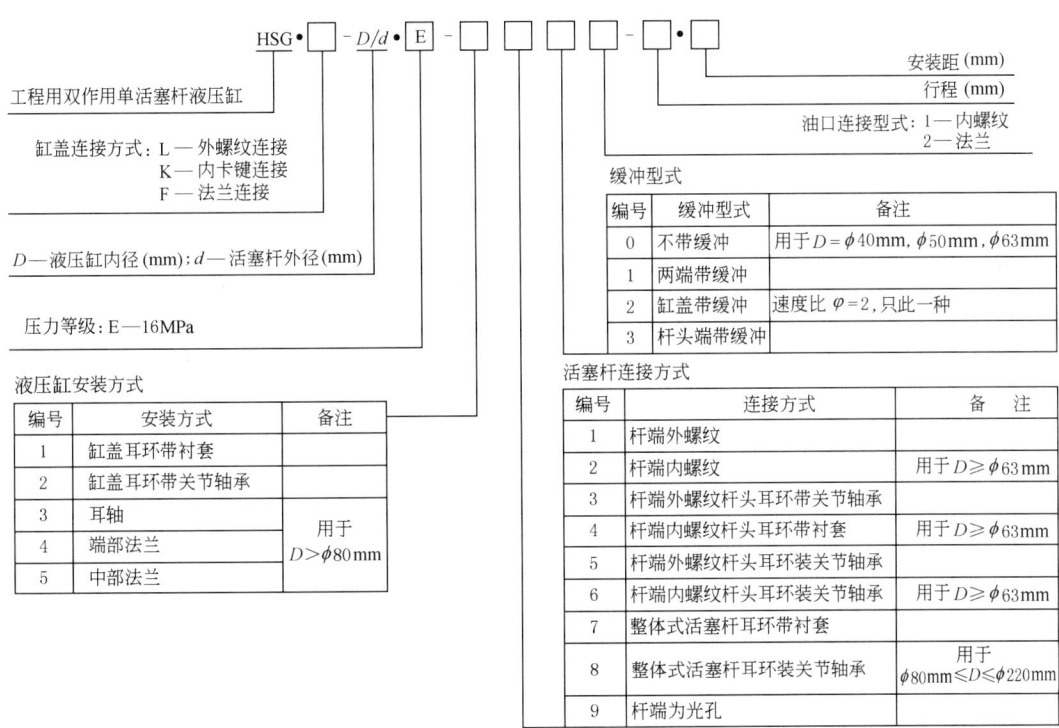

(2) 技术性能

表 20-7-105　**HSG 型工程用液压缸技术参数**

缸径/mm	活塞杆直径/mm			额定工作压力 16MPa				最大行程/mm		
	速度比 φ			推力/N	拉力/N			速度比 φ		
					速度比 φ					
	1.33	1.46	2		1.33	1.46	2	1.33	1.46	2
40	20	22	25*	20100	15080	14020	12250	320	400	480
50	25	28	32*	31420	23560	21560	18550	400	500	600
63	32	35	45	49880	37010	34480	24430	500	630	750
80	40	45	55	80430	60320	54980	42410	640	800	950
90	45	50	63	101790	76340	70370	51910	720	900	1080
100	50	55	70	125660	94250	87650	64090	800	1000	1200
110	55	63	80	152050	114040	102180	71630	880	1100	1320
125	63	70	90	196350	146470	134770	94560	1000	1250	1500
140	70	80	100	246300	184730	165880	120640	1120	1400	1680
150	75	85	105	282740	212060	191950	144200	1200	1500	1800
160	80	90	110	321700	241270	219910	169650	1280	1600	1900
180	90	100	125	407150	305360	281490	210800	1450	1800	2150
200	100	110	140	502660	376990	350600	256350	1600	2000	2400
220	110	125	160	608210	456160	411860	286510	1760	2200	2640
250	125	140	180	785400	589050	539100	378250	2000	2500	3000

注：1. 带＊者速度比为 1.7。
2. 表中数值为参考值，准确值以样本为准。

（3）典型产品外形尺寸

① 耳环连接

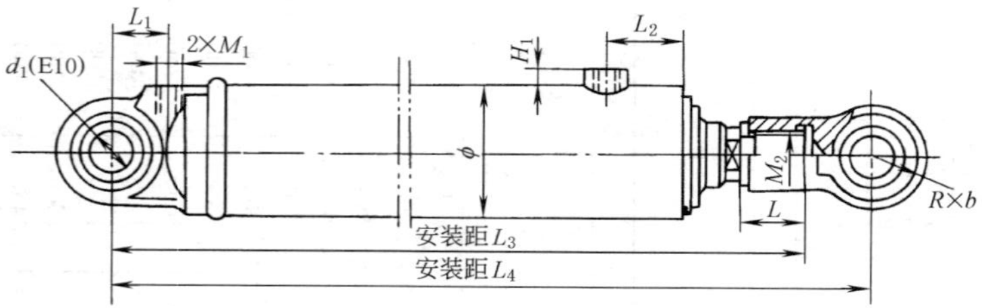

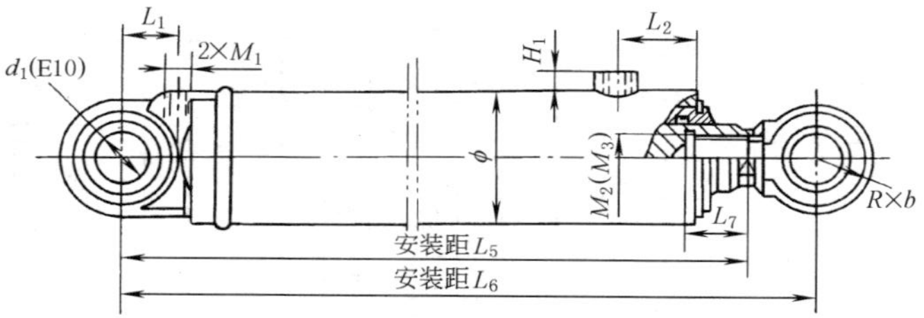

表 20-7-106

mm

缸径	尺寸代号														
	L_1	L_2	L_3	L_4	L_5	L_6	L_7	L	ϕ	H_1	d_1	M_1	M_2	M_3	$R\times b$
40	30	65	225+S	255+S		218+S		30	57	15	20	M14×1.5	M16×1.5		25×25
50	40		243+S	280+S		240+S		35	68		30	M18×1.5	M22×1.5		35×35
63			258+S	295+S	218+S	270+S	35	40	83				M27×1.5	M24×1.5	
80	50	75 65#	300+S	347+S	255+S	317+S	40	45	102	18	40	M22×1.5	M33×1.5	M30×1.5	45×45
90		66 76*	305+S 325+S*	357+S 377+S*	260+S 280+S*	312+S 332+S*	50		114				M36×2	M33×1.5	
100	60	72 82*	340+S 360+S*	402+S 422+S*	290+S 310+S*	357+S 377+S*	55	50	127	20	50	M27×2	M42×2	M36×2	60×60
110		77 87*	360+S 380+S*	422+S 442+S*	305+S 325+S*	372+S 392+S*	60	55	140				M48×2	M42×2	
125		78	370+S	452+S	310+S	377+S	65	60	152				M52×2	M48×2	
140	70	85 95*	405+S 425+S*	498+S 518+S*	340+S 360+S*	418+S 438+S*	70	65	168		60		M60×2	M52×2	70×70
150	75	92 102*	420+S 440+S*	513+S 533+S*	350+S 370+S*	428+S 448+S*	75	70	180	22		M33×2	M64×2	M56×2	
160	70	100	435+S	533+S	360+S	438+S	80	75	194				M68×2	M60×2	

缸径	尺寸代号														
	L_1	L_2	L_3	L_4	L_5	L_6	L_7	L	ϕ	H_1	d_1	M_1	M_2	M_3	$R\times b$
180	89	107	480+S	588+S	395+S	483+S	90	85	219	24	70	M42×2	M76×3	M68×2	80×80
200	100	110	510+S	628+S	415+S	513+S	100	95	245		80		M85×3	M76×2	95×90
220	110	120	560+S	690+S	455+S	565+S	110	105	273	25	90		M95×3	M85×3	105×100
250	122	135	614+S	754+S	499+S	624+S	120	115	299		100		M105×3	M95×3	120×110

注：1. S 为行程。

2. 带 * 者仅为速度比 $\varphi=2$ 时的尺寸；带#者仅为 ϕ80mm 缸卡键式尺寸。

3. M_2 用于速度比 $\varphi=1.46$ 和 2；M_3 仅用于速度比 $\varphi=1.33$。

4. 表中尺寸代号对所有安装方式尺寸代号通用。

5. 本表数据取自武汉油缸厂的产品样本，若用其他厂的产品，应与有关厂联系。

② 耳轴连接

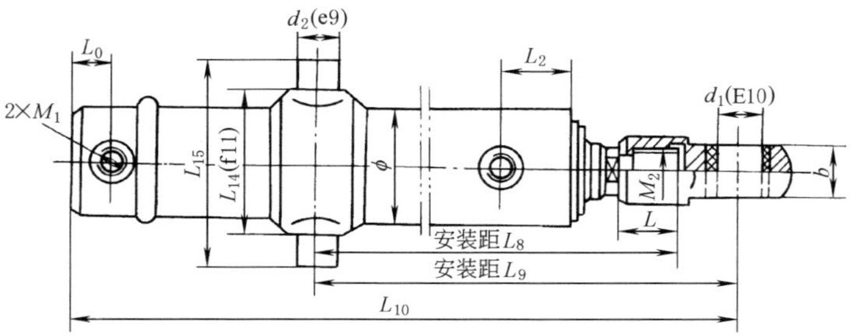

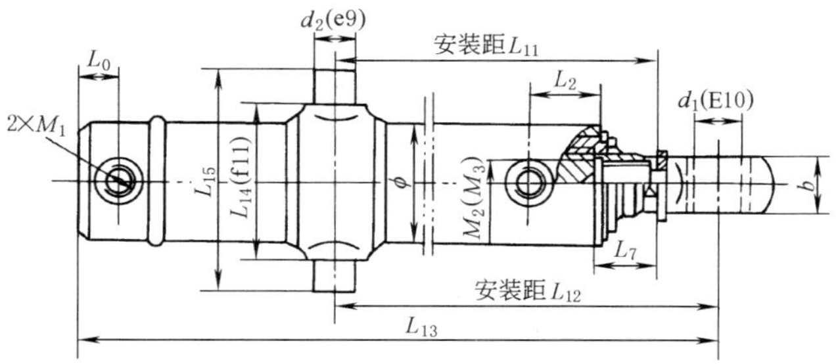

表 20-7-107

mm

尺寸代号	缸径											
	80	90	100	110	125	140	150	160	180	200	220	250
L_0	25		30			35			42	40	53	55
L_8	>215 <160+S	>225 <165+S	>250 <170+S	>260 <190+S	>255 <200+S	>290 <210+S	>305 <225+S	>310 <240+S	>345 <255+S	>365 <265+S	>395 <285+S	>430 <315+S
L_9	>260 <205+S	>275 <215+S	>310 <230+S	>320 <250+S	>335 <280+S	>385 <305+S	>400 <320+S	>410 <340+S	>455 <365+S	>485 <385+S	>525 <415+S	>570 <455+S
L_{10}	322+S	332+S 352+S*	372+S 392+S*	392+S 412+S*	422+S	463+S 483+S*	478+S 498+S*	498+S	548+S	578+S	633+S	687+S
L_{11}	>170 <115+S	>180 <120+S	>200 <120+S	>205 <135+S	>195 <140+S	>225 <145+S	>235 <155+S	>235 <165+S	>260 <170+S	>270 <170+S	>290 <180+S	>315 <200+S

续表

尺寸代号	缸径											
	80	90	100	110	125	140	150	160	180	200	220	250
L_{12}	>230 <175+S	>230 <170+S	>265 <185+S	>270 <200+S	>260 <205+S	>305 <225+S	>315 <235+S	>315 <245+S	>350 <260+S	>370 <220+S	>400 <290+S	>440 <325+S
L_{13}	292+S	287+S 307+S^*	327+S 347+S^*	342+S 362+S^*	347+S	383+S 403+S^*	393+S 413+S^*	403+S	443+S	463+S	508+S	557+S
L_{14}	125	140	155	170	185	200	215	230	255	285	320	350
L_{15}	185	200	230	245	260	290	305	320	360	405	455	500
d_2	40	40	50	50	50	60	60	60	70	80	90	100
A	55	60	80	70	55	80	80	70	90	100	100	105

注：1. 同表 20-7-106 注 1~5。
2. 图中其他尺寸代号见表 20-7-106。
3. 耳轴连接的行程不得小于表中 A 值。

③ 端部法兰连接

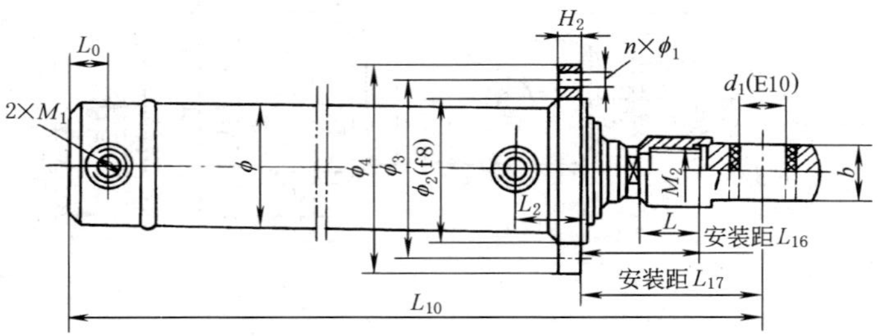

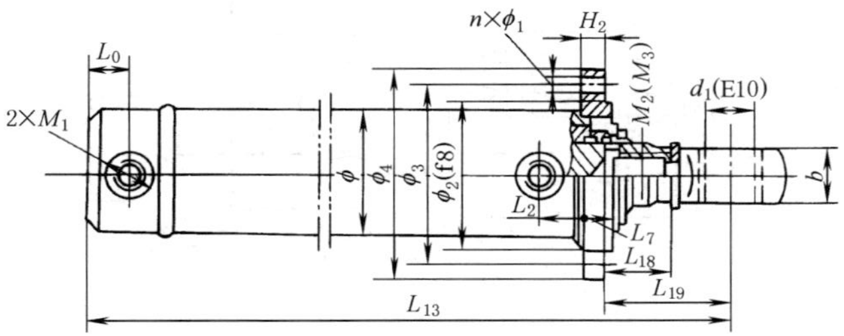

表 20-7-108 mm

尺寸代号	缸径											
	80	90	100	110	125	140	150	160	180	200	220	250
L_{16}	81	82 92 *	88 98 *	95 105 *	98	108 118 *	114 124 *	119	130	143	156	171
L_{17}	128	134 144 *	150 160 *	157 167 *	180	201 211 *	207 217 *	217	238	261	285	311
L_{18}	36	37 47 *	38 48 *	40 50 *	38	43 53 *	44 54 *	44	45	48	51	56
L_{19}	98	89 99 *	105 115 *	107 117 *	105	121 131 *	122 132 *	122	133	146	160	181
H_2	20	20	20	22	22	24	26	28	30	32	34	36

续表

尺寸代号	缸径											
	80	90	100	110	125	140	150	160	180	200	220	250
$n\times\phi_1$	8×ϕ13.5	8×ϕ15.5	8×ϕ18	8×ϕ18	10×ϕ18	10×ϕ20	10×ϕ22	10×ϕ22	10×ϕ24	10×ϕ26	10×ϕ29	12×ϕ32
ϕ_2	115	130	145	160	175	190	205	220	245	275	305	330
ϕ_3	145	160	180	195	210	225	245	260	285	320	355	390
ϕ_4	175	190	210	225	240	260	285	300	325	365	405	450

注：1. 同表 20-7-106 注 2~5。
2. 图中其他尺寸代号的数值见表 20-7-106 和表 20-7-107。

④ 中部法兰连接

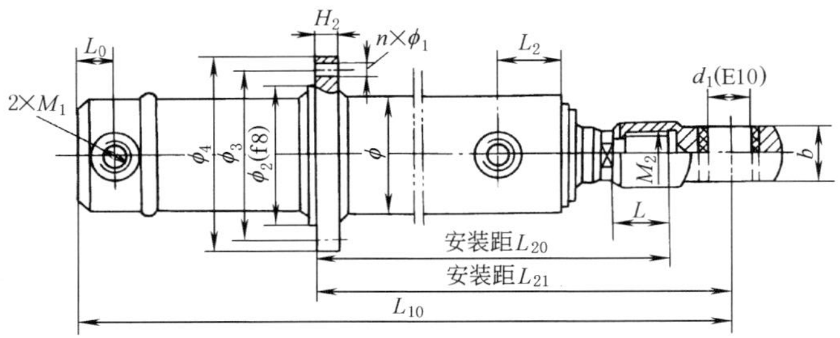

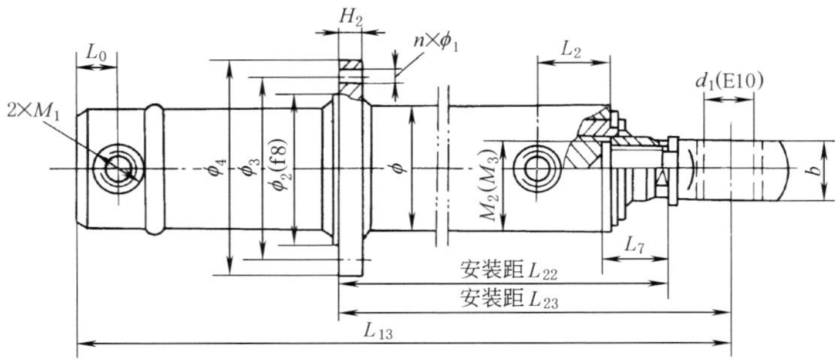

表 20-7-109 mm

尺寸代号	缸径											
	80	90	100	110	125	140	150	160	180	200	220	250
L_{20}	>200 <190+S	>210 <195+S	>230 <210+S	>240 <220+S	>235 <240+S	>265 <250+S	>285 <265+S	>290 <280+S	>320 <300+S	>340 <315+S	>365 <340+S	>395 <375+S
L_{21}	>245 <235+S	>260 <245+S	>290 <270+S	>300 <285+S	>315 <320+S	>360 <345+S	>380 <360+S	>390 <380+S	>430 <410+S	>460 <435+S	>495 <470+S	>535 <515+S
L_{22}	>155 <145+S	>165 <150+S	>180 <160+S	>185 <170+S	>175 <180+S	>200 <185+S	>215 <195+S	>215 <205+S	>235 <215+S	>245 <220+S	>260 <235+S	>280 <260+S
L_{23}	>215 <205+S	>215 <200+S	>245 <225+S	>250 <235+S	>240 <245+S	>280 <265+S	>295 <275+S	>295 <285+S	>325 <305+S	>345 <320+S	>370 <345+S	>405 <385+S

注：1. 同表 20-7-106 注 1~5。
2. 图中其他尺寸代号的数值见表 20-7-107、表 20-7-108。
3. 中部法兰连接的行程不得小于表 20-7-107 中的 A 值。

8.2.2 车辆用液压缸

DG 型车辆用液压缸是双作用单活塞杆、耳环安装型液压缸，主要用于车辆、运输机械及矿山机械等的液压传动。

（1）型号意义

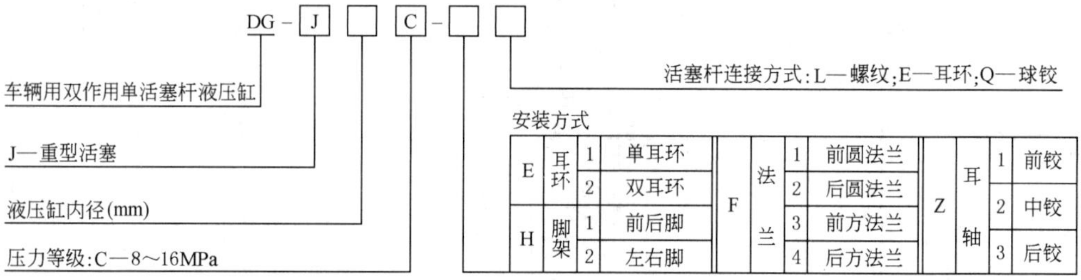

（2）技术性能

表 20-7-110　　DG 型车辆用液压缸技术参数

缸径 /mm	活塞杆直径 /mm	活塞面积/cm^2		工作压力 14MPa		工作压力 16MPa		行程 /mm
		无杆腔	有杆腔	推力/kN	拉力/kN	推力/kN	拉力/kN	
40	22	12.57	8.77	17.59	12.27	20.11	14.02	1200
50	28	19.63	13.48	27.49	18.87	31.42	21.56	1200
63	35	31.17	21.55	43.64	30.17	49.88	34.48	1600
80	45	50.27	34.36	70.37	48.11	80.42	54.98	1600
90	50	63.62	43.98	89.06	61.58	101.79	70.37	2000
100	56	78.54	53.91	109.96	75.47	125.66	86.26	2000
110	63	95.03	63.86	133.05	89.41	152.05	102.18	2000
125	70	122.72	84.23	171.81	117.93	196.35	134.77	2000
140	80	153.94	103.67	215.51	145.14	246.30	165.88	2000
150	85	176.71	119.97	247.40	167.96	282.74	191.95	2000
160	90	201.06	137.44	281.49	192.42	321.70	219.91	2000
180	100	254.47	175.93	356.26	246.30	407.15	281.49	2000
200	110	314.16	219.13	439.82	306.78	502.65	350.60	2000

注：选用行程应经活塞杆弯曲稳定性计算。

（3）典型产品外形尺寸

DG 型车辆用液压缸外形尺寸

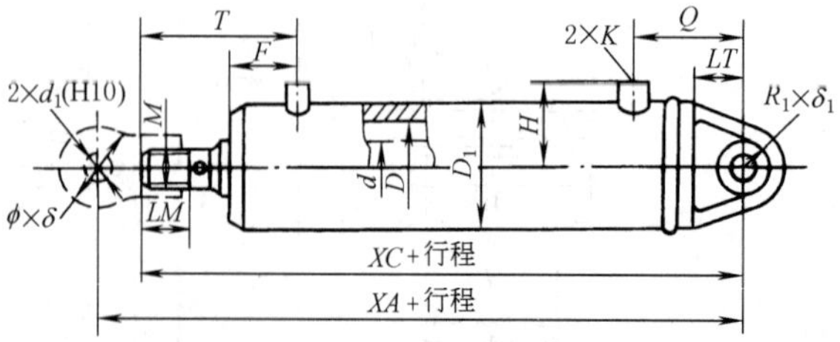

表 20-7-111　　mm

D	D_1	K	M	LM	d_1	$\phi\times\delta_{-0.5}^{-0.2}$（厚）	$R_1\times\delta_{1\,-0.5}^{\;\;-0.1}$（厚）	XC	XA	F	H	Q	LT	T
40	60	3/8	M20×1.5	29	16	45×37.5	20×22	200	226	43	45	59	27	88
50	70	3/8	M24×1.5	34	20	56×45	25×28	242	276	52	50	66	32	104
63	83	1/2	M30×1.5	36	31.5	71×60	35.5×40	274	317	59	61.5	79	40	114
80	102	1/2	M39×1.5	42	40	90×75	42.5×50	306	359	57	71	94	50	121

续表

D	D_1	K	M	LM	d_1	$\phi\times\delta^{-0.2}_{-0.5}$（厚）	$R_1\times\delta_1{}^{-0.1}_{-0.5}$（厚）	XC	XA	F	H	Q	LT	T
90	114	1/2	M39×1.5	42	40	90×75	45×45	345	396	70	77	101	50	142
00	127	3/4	M48×1.5	62	50	112×95	53×63	369	427	66	87.5	111	60	154
10	140	3/4	M48×1.5	62	50	112×95	55×75	407	462	83	94	129	65	173
25	152	3/4	M64×2	70	63	140×118	67×80	421	496	70	100	136	75	166
40	168	3/4	M64×2	70	63	140×118	65×80	449	522	93	109	147	75	193
50	180	1	M80×2	80	71	170×135	75×80	481	566	78	115	169	95	185
60	194	1	M80×2	80	71	170×135	75×85	520	603	113	122	169	95	223
80	219	1¼	M90×2	88	90	176×160	80×90	597	687	149	139.5	173	95	269
200	245	1¼	M90×2	95	100	210×160	122×100	687	777	165	152.5	237	95	295

注：1. 表中 K 为圆锥管螺纹 NPT。

2. 本表数值取自榆次液压有限公司。其他厂的产品数值，应与有关厂联系。

.2.3 轻型拉杆式液压缸

轻型拉杆式液压缸，缸筒采用无缝钢管，根据工作压力不同，选择不同壁厚的钢管，其内径加工精度高，重量轻，结构紧凑，安装方式多样，且易于变换，低速性能好，具有稳定的缓冲性能。额定工作压力 7～14MPa。广泛应用在机床、轻工、纺织、塑料加工、农业等机械设备上。

（1）型号意义

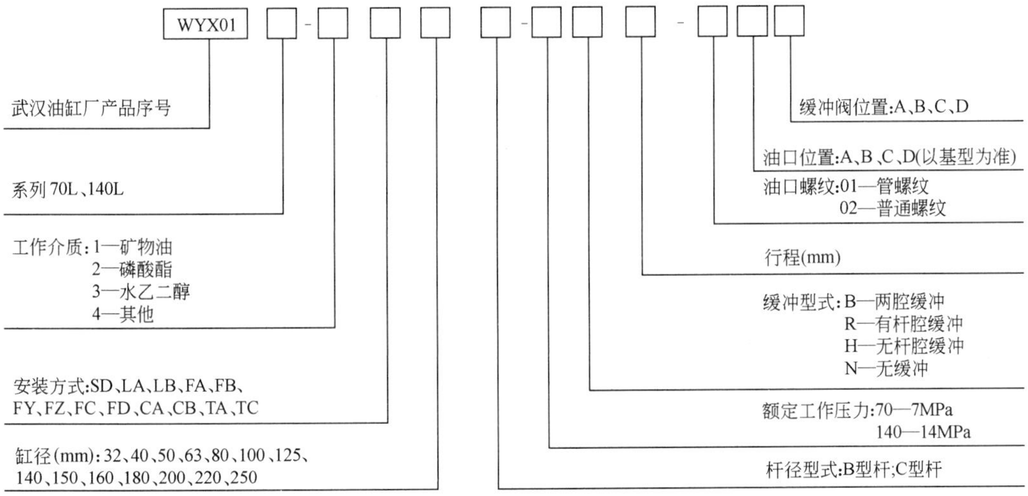

（2）技术参数

表 20-7-112　拉杆式液压缸性能参数

额定工作压力/MPa				7				14							
最高允许压力/MPa				10.5				21							
耐压力/MPa				10.5				21							
最低启动压力/MPa				≤0.3											
允许最高工作速度/$m\cdot s^{-1}$				0.5											
使用温度/℃				-10～80											
缸径/mm		32	40	50	63	80	100	125	140	150	160	180	200	220	250
活塞杆直径/mm	强力型(B)	18	22	28	35	45	55	70	80	85	90	100	112	125	140
	标准型(C)	—	18	22	28	35	45	55	63	65	70	80	90	100	112
推力/kN	14MPa	11.06	17.50	27.44	43.54	70.28	109.90	171.78	214.20	247.38	281.40	356.16	439.74	551.60	687.12
	7MPa	5.63	8.75	13.72	21.77	35.14	54.94	85.89	107.10	123.69	140.70	178.08	219.87	275.80	343.56

续表

拉力/kN	14MPa	强力型(B)	7.70	12.04	18.76	29.54	48.16	75.46	116.34	145.04	167.86	192.36	246.26	301.84	360.20	471.6
		标准型(C)	—	14.00	21.84	35.00	56.42	87.64	137.20	171.78	197.96	225.96	285.88	350.70	441.70	549.2
	7MPa	强力型(B)	3.85	6.02	9.38	14.77	24.08	37.73	58.17	72.52	83.93	96.18	123.13	150.92	180.10	235.8
		标准型(C)	—	7.00	10.92	17.52	28.21	43.82	68.60	85.89	98.98	112.98	142.94	175.35	220.85	274.6

注：表中推力、拉力为理论值，实际值应乘以油缸效率，约0.8。

表 20-7-113　　安装方式

安装方式		简图
LA	切向地脚	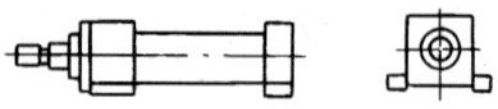
LB	轴向地脚	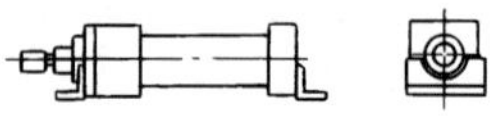
FA FY	杆侧长方法兰	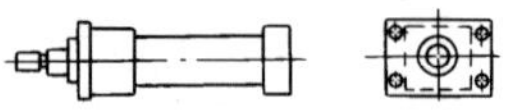
FB FZ	底侧长方法兰	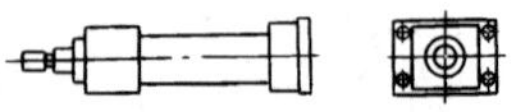
FC	杆侧方法兰	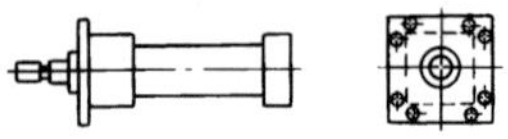
FD	底侧方法兰	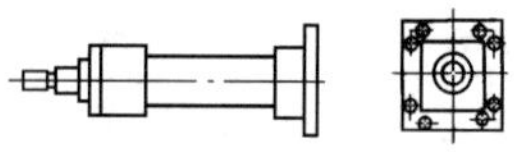
CA	底侧单耳环	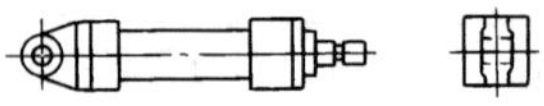
CB	底侧双耳环	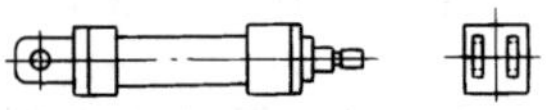
TA	杆侧铰轴	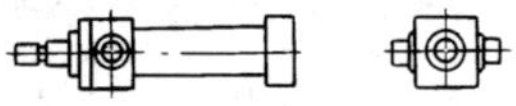
TC	中间铰轴	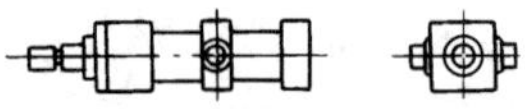
SD	基本型	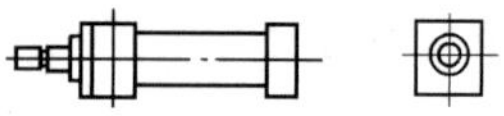

（3）外形尺寸

单活塞杆 SD 基本型

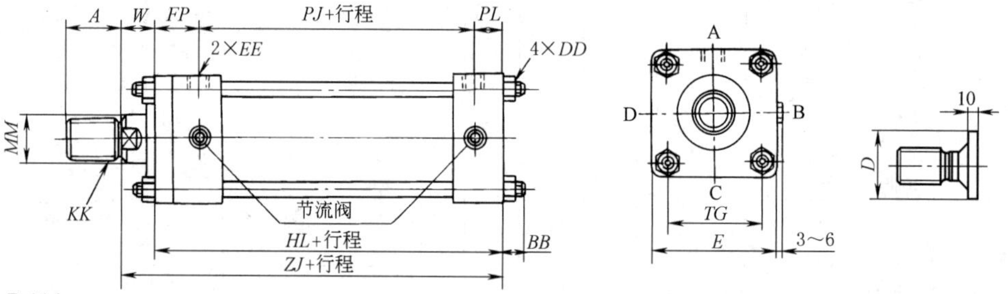

表 20-7-114

mm

缸径	B型杆			C型杆			BB	DD	E	EE		FP	HL	PJ	PL	TG	W	ZJ	D
	MM	KK	A	MM	KK	A				01	02								
32	18	M16×1.5	25	—	—	—	11	M10×1.25	58	R_c3/8	M14×1.5	38	141	90	13	40	30	171	34
40	22	M20×1.5	30	18	M16×1.5	25	11	M10×1.25	65	R_c3/8	M14×1.5	38	141	90	13	46	30	171	40
50	28	M24×1.5	35	22	M20×1.5	30	11	M10×1.25	76	R_c1/2	M18×1.5	42	155	98	15	54	30	185	46
63	35	M30×1.5	45	28	M24×1.5	35	13	M20×1.25	90	R_c1/2	M18×1.5	46	163	102	15	65	35	198	55
80	45	M39×1.5	60	35	M30×1.5	45	16	M16×1.5	110	R_c3/4	M22×1.5	56	184	110	18	81	35	219	65
100	55	M48×1.5	75	45	M39×1.5	60	18	M18×1.5	135	R_c3/4	M27×2	58	192	116	18	102	40	232	80
125	70	M64×2	95	55	M48×1.5	75	21	M22×1.5	165	R_c1	M27×2	67	220	130	23	122	45	265	95
140	80	M72×2	110	63	M56×2	80	22	M24×1.5	185	R_c1	M27×2	69	230	138	23	138	50	280	105
150	85	M76×2	115	65	M60×2	85	25	M27×1.5	196	R_c1	M33×2	71	240	146	23	150	50	290	110
160	90	M80×2	120	70	M64×2	95	25	M27×1.5	210	R_c1	M33×2	74	253	156	23	160	55	308	115
180	100	M95×2	140	80	M72×2	110	27	M30×1.5	235	$R_c 1\frac{1}{4}$	M42×2	75	275	172	28	182	55	330	125
200	112	M100×2	150	90	M80×2	120	29	M33×1.5	262	$R_c 1\frac{1}{2}$	M42×2	85	301	184	32	200	55	356	140
220	125	M120×2	180	100	M95×2	140	34	M39×1.5	292	$R_c 1\frac{1}{2}$	M42×2	89	305	184	32	225	60	365	150
250	140	M130×2	195	112	M100×2	150	37	M42×1.5	325	R_c2	M42×2	106	346	200	40	250	65	411	170

带防护罩

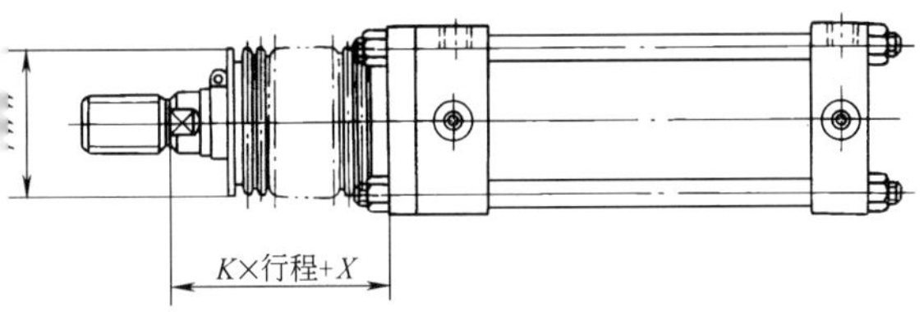

表 20-7-115

缸径/mm	金属罩 K	缸径/mm	革制品或帆布罩 K
32	1/3	32	1/2
40、50	1/3.5	40、50	1/2.5
63～100	1/4	63～100	1/3
125～200	1/5	125、140	1/3.5
224、250	1/6	150～200	1/4
		224、250	1/4.5

表 20-7-116

mm

缸径		32	40	50	63	80	100	125	140	150	160	180	200	220	250
X	B	45	45	45	55	55	55	65	65	65	65	65	65	80	80
	C														
WW	B	40	50	63	71	80	100	125	125	140	140	160	180	180	200
	C	—	50	50	63	71	80	100	125	125	125	125	140	160	180

注：其他可参照基本型式。特殊要求可与生产厂联系。

双活塞杆 SD 基本型

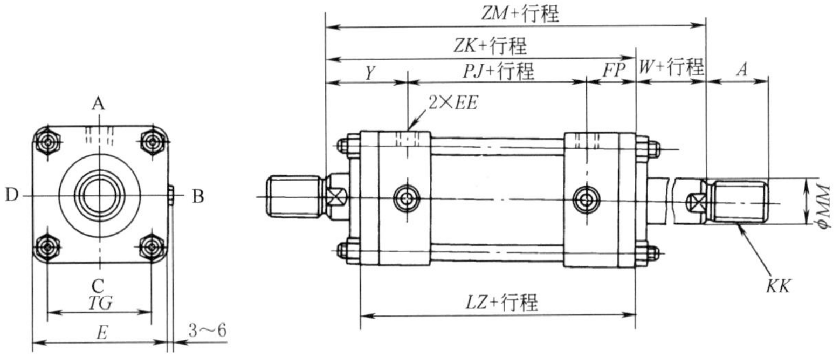

表 20-7-117

mm

缸径	B型杆			C型杆			E	EE		FP	LZ	PJ	TG	Y	W	ZK	ZM
	A	KK	MM	A	KK	MM		01	02								
32	25	M16×1.5	18	—	—	—	58	Rc3/8	M14×1.5	38	166	90	40	68	30	196	226
40	30	M20×1.5	22	25	M16×1.5	18	65	Rc3/8	M14×1.5	38	166	90	45	68	30	196	226
50	35	M24×1.5	28	30	M20×1.5	22	76	Rc1/2	M18×1.5	42	182	98	54	72	30	212	242
63	45	M30×1.5	35	35	M24×1.5	28	90	Rc1/2	M18×1.5	46	194	102	65	81	35	229	264
80	60	M39×1.5	45	45	M30×1.5	35	110	Rc3/4	M22×1.5	56	222	110	81	91	35	257	292
100	75	M48×1.5	55	60	M39×1.5	45	135	Rc3/4	M27×2	58	232	116	102	98	40	272	312
125	95	M64×2	70	75	M48×1.5	55	165	Rc1	M27×2	67	264	130	122	112	45	309	354
140	110	M72×2	80	80	M56×2	63	185	Rc1	M27×2	69	276	138	138	119	50	326	376
150	115	M76×2	85	85	M60×2	65	196	Rc1	M33×2	71	288	146	150	121	50	338	388
160	120	M80×2	90	95	M64×2	70	210	Rc1	M33×2	74	304	156	160	129	55	359	414

注：1. 其他安装方式的尺寸可参照基本型式。
2. 缸径超过 160mm 时，要与生产厂联系。

LA（切向地脚型）、LB（轴向地脚型）

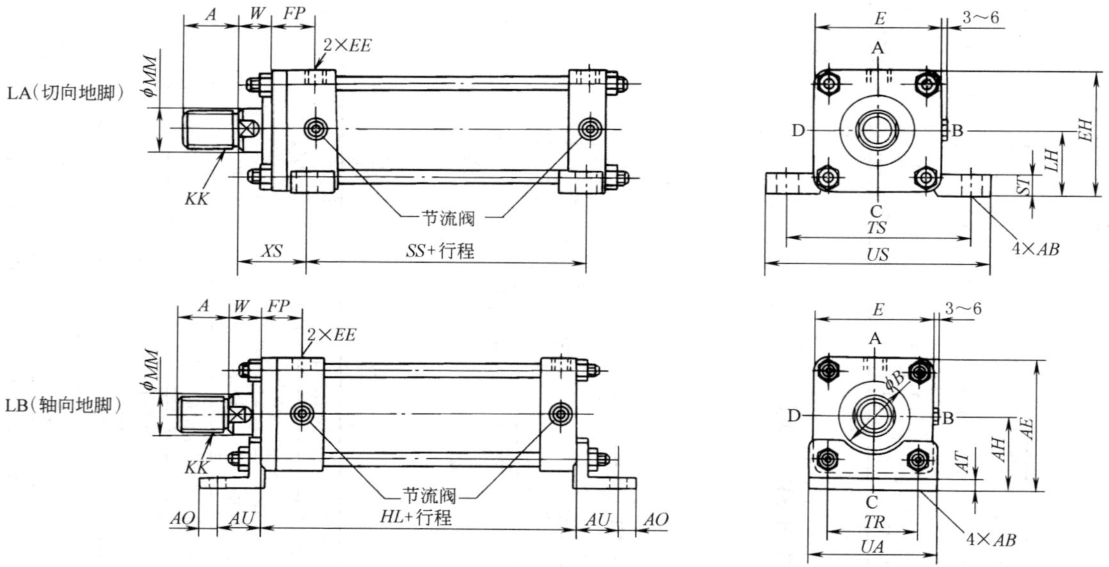

表 20-7-118

mm

缸径	B 型杆 A	B 型杆 KK	B 型杆 MM	C 型杆 A	C 型杆 KK	C 型杆 MM	E	EE 01	EE 02	FP	W	AB	LA SS	LA TS	LA ST	LA US	LA EH	LA LH	LA XS	LB AE	LB AH	LB AU	LB AT	LB AO	LB TR	LB HL	LB UA
32	25	M16×1.5	18	—	—	—	58	Rc3/8	M14×1.5	38	30	11	98	88	12	109	63	35±0.15	57	68	40±0.15	32	8	13	40	141	62
40	30	M20×1.5	22	25	M16×1.5	18	65	Rc3/8	M14×1.5	38	30	11	98	95	14	118	70	37.5±0.15	57	75.5	43±0.15	32	8	13	46	141	69
50	35	M24×1.5	28	30	M20×1.5	22	76	Rc1/2	M18×1.5	42	30	14	108	115	17	145	82.5	45±0.15	60	87.5	50±0.15	35	8	15	58	155	85
63	45	M30×1.5	35	35	M24×1.5	28	90	Rc1/2	M18×1.5	46	35	18	106	132	19	165	95	50±0.15	71	105	60±0.15	42	10	18	65	163	98
80	60	M39×1.5	45	45	M30×1.5	35	110	Rc3/4	M22×1.5	56	35	18	124	155	25	190	115	60±0.25	74	127	72±0.25	50	12	20	87	184	118
100	75	M48×1.5	55	60	M39×1.5	45	135	Rc3/4	M27×2	58	40	22	122	190	27	230	138.5	71±0.25	85	152.5	85±0.25	55	12	23	109	192	150
125	95	M64×2	70	75	M48×1.5	56	165	Rc1	M27×2	67	45	26	136	224	32	272	167.5	85±0.25	99	187.5	105±0.25	66	15	29	130	220	175
140	110	M72×2	80	80	M56×2	63	185	Rc1	M27×2	69	50	26	144	250	35	300	187.5	95±0.25	106	207.5	115±0.25	70	18	30	145	230	195
150	115	M76×2	85	85	M60×2	65	196	Rc1	M33×2	71	50	30	146	270	37	320	204	106±0.25	111	221	123±0.25	75	18	30	155	240	210
160	120	M80×2	90	95	M64×2	70	210	Rc1	M33×2	74	55	33	150	285	42	345	217	112±0.25	122	237	132±0.25	75	18	35	170	253	225
180	140	M95×2	100	110	M72×2	80	235	Rc1 1/4	M42×2	75	55	33	172	315	47	375	242.5	125±0.25	123	265.5	148±0.25	85	20	40	185	275	243
200	150	M100×2	112	120	M80×2	90	262	Rc1 1/2	M42×2	85	55	36	186	355	52	425	271	140±0.25	131	296	165±0.25	98	25	40	206	301	272
220	180	M120×2	125	140	M95×2	100	292	Rc1 1/2	M42×2	89	60	42	186	395	52	475	296	150±0.25	140	331	185±0.25	115	30	45	230	305	310
250	195	M130×2	140	150	M100×2	112	325	Rc2	M42×2	106	65	45	206	425	57	515	332.5	170±0.25	158	370.5	208±0.25	130	35	50	250	346	335

CA（单耳环）、CB（双耳环）

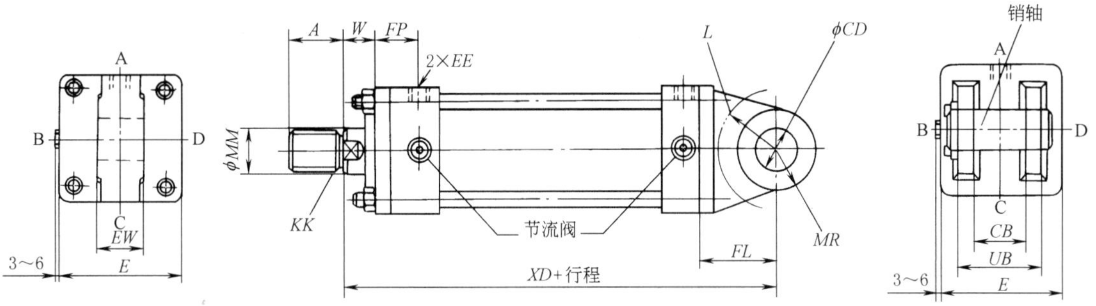

表 20-7-119

mm

缸径	B型杆			C型杆			CD (H9)	E	EE		EW	FP	FL	L	MR	XD	CB	W	UB
	A	KK	MM	A	KK	MM			01	02									
32	25	M16×1.5	18	—	—	—	16	58	Rc3/8	M14×1.5	$25^{-0.1}_{-0.4}$	38	38	20	16	209	$25^{+0.4}_{+0.1}$	30	50
40	30	M20×1.5	22	25	M16×1.5	18	16	65	Rc3/8	M14×1.5	$25^{-0.1}_{-0.4}$	38	38	20	16	209	$25^{+0.4}_{+0.1}$	30	50
50	35	M24×1.5	28	30	M20×1.5	22	20	76	Rc1/2	M18×1.5	$31.5^{-0.1}_{-0.4}$	42	45	25	20	230	$31.5^{+0.4}_{+0.1}$	30	63.5
63	45	M30×1.5	35	35	M24×1.5	28	31.5	90	Rc1/2	M18×1.5	$40^{-0.1}_{-0.4}$	46	63	46	31.5	261	$40^{+0.4}_{+0.1}$	35	80
80	60	M39×1.5	45	45	M30×1.5	35	31.5	110	Rc3/4	M22×1.5	$40^{-0.1}_{-0.4}$	56	72	52	31.5	291	$40^{+0.4}_{+0.1}$	35	80
100	75	M48×1.5	55	60	M39×1.5	45	40	135	Rc3/4	M27×2	$50^{-0.1}_{-0.4}$	58	84	62	40	316	$50^{+0.4}_{+0.1}$	40	100
125	95	M64×2	70	75	M48×1.5	55	50	165	Rc1	M27×2	$63^{-0.1}_{-0.6}$	67	100	73	50	365	$63^{+0.6}_{+0.1}$	45	126
140	110	M72×2	80	80	M56×2	63	63	185	Rc1	M27×2	$80^{-0.1}_{-0.6}$	69	120	91	63	400	$80^{+0.6}_{+0.1}$	50	160
150	115	M76×2	85	85	M60×2	65	63	196	Rc1	M33×2	$80^{-0.1}_{-0.6}$	71	122	91	63	412	$80^{+0.6}_{+0.1}$	50	160
160	120	M80×2	90	95	M64×2	70	71	210	Rc1	M33×2	$80^{-0.1}_{-0.6}$	74	137	103	71	445	$80^{+0.6}_{+0.1}$	55	160
180	140	M95×2	100	110	M72×2	80	80	235	Rc1¼	M42×2	$100^{-0.1}_{-0.6}$	75	150	100	80	480	$100^{+0.6}_{+0.1}$	55	200
200	150	M100×2	112	120	M80×2	90	90	262	Rc1½	M42×2	$125^{-0.1}_{-0.6}$	85	170	115	90	526	$125^{+0.6}_{+0.1}$	55	251
220	180	M120×2	125	140	M95×2	100	100	292	Rc1½	M42×2	$125^{-0.1}_{-0.6}$	89	185	125	100	550	$125^{+0.6}_{+0.1}$	60	251
250	195	M130×2	140	150	M100×2	112	100	325	Rc2	M42×2	$125^{-0.1}_{-0.6}$	106	185	125	100	596	$125^{+0.6}_{+0.1}$	65	251

FA、FY(杆侧长方法兰)、FB、FZ(底侧长方法兰)

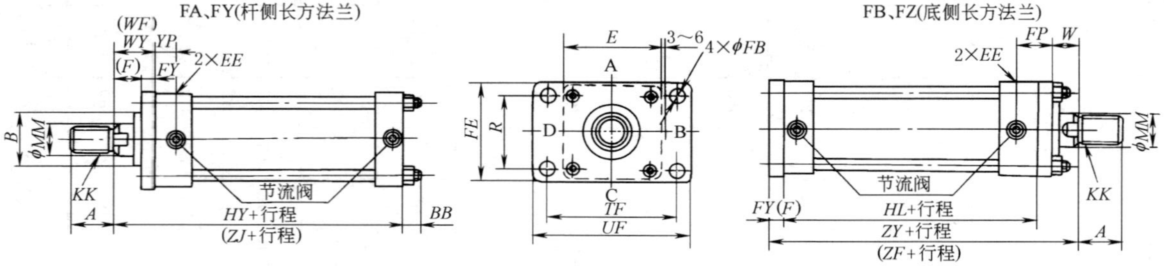

表 20-7-120

mm

缸径	B 型杆				C 型杆				E	EE		FP	W	YP	TF	UF	FB	FE	R	FA、FB					FY、FZ				
	A	B	KK	MM	A	B	KK	MM		01	02									ZJ	ZF	WF	F	BB	HY	HL	ZY	WY	FY
32	25	34	M16×1.5	18	—	34	—	—	58	Rc⅜	M14×1.5	38	30	27	88	109	11	62	40	171	182	41	11	11	173	141	184	43	13
40	30	40	M20×1.5	22	25	40	M16×1.5	18	65	Rc⅜	M14×1.5	38	30	27	95	118	11	69	46	171	182	41	11	11	173	141	184	43	13
50	35	46	M24×1.5	28	30	46	M20×1.5	22	76	Rc½	M18×1.5	42	30	29	115	145	14	85	58	185	198	43	13	11	190	155	203	48	18
63	45	55	M30×1.5	35	35	55	M24×1.5	28	90	Rc½	M18×1.5	46	35	31	132	165	18	98	65	198	213	50	15	13	203	163	218	55	20
80	60	65	M39×1.5	45	45	65	M30×1.5	35	110	Rc¾	M22×1.5	56	35	38	155	190	18	118	87	219	237	53	18	16	225	184	243	59	24
100	75	80	M48×1.5	55	60	80	M39×1.5	45	135	Rc¾	M27×2	58	40	38	190	230	22	150	109	232	252	60	20	18	240	192	260	68	28
125	95	95	M64×2	70	75	95	M48×1.5	55	165	Rc1	M27×2	67	45	43	224	272	26	175	130	265	289	69	24	21	274	220	298	78	33
140	110	105	M72×2	80	80	105	M56×2	63	185	Rc1	M27×2	69	50	43	250	300	26	195	145	280	306	76	26	22	291	230	317	87	37
150	115	110	M76×2	85	85	110	M60×2	65	196	Rc1	M33×2	71	50	43	270	320	30	210	155	290	318	78	28	25	301	240	329	89	39
160	120	115	M80×2	90	95	115	M64×2	70	210	Rc1	M33×2	74	55	43	285	345	33	225	170	308	339	86	31	25	318	253	349	96	41
180	140	125	M95×2	100	110	125	M72×2	80	235	Rc1¼	M42×2	75	55	42	315	375	33	243	185	330	363	88	33	27	343	275	376	101	46
200	150	140	M100×2	112	120	140	M80×2	90	262	Rc1½	M42×2	85	55	48	355	425	36	272	206	356	393	92	37	29	370	301	407	106	51
220	180	150	M120×2	125	140	150	M95×2	100	292	Rc1½	M42×2	89	60	48	395	475	42	310	230	365	406	101	41	34	382	305	423	118	58
250	195	170	M130×2	140	150	170	M100×2	112	325	Rc2	M42×2	106	65	60	425	515	45	335	250	411	457	111	46	37	430	346	476	130	65

注：FA、FB 仅限用于 7MPa；FY、FZ 仅限用于 14MPa。

FC（杆侧方法兰）、FD（底侧方法兰）

FC(杆侧方法兰)　　　　FD(底侧方法兰)

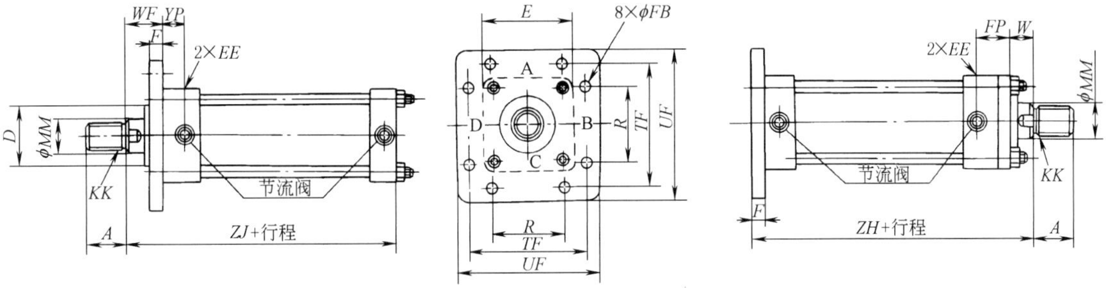

表 20-7-121　　mm

缸径	B型杆			C型杆			E	EE		FP	ZJ	TF	FB	UF	YP	R	WF	W	F	ZH	D
	A	KK	MM	A	KK	MM		01	02												
32	25	M16×1.5	18	—	—	—	58	Rc⅜	M14×1.5	38	171	88	11	109	27	40	41	30	11	182	34
40	30	M20×1.5	22	25	M16×1.5	18	65	Rc⅜	M14×1.5	38	171	95	11	118	27	46	41	30	11	182	40
50	35	M24×1.5	28	30	M20×1.5	22	76	Rc½	M18×1.5	42	185	115	14	145	29	58	43	30	13	198	46
63	45	M30×1.5	35	35	M24×1.5	28	90	Rc½	M18×1.5	46	198	132	18	165	31	65	50	35	15	213	55
80	60	M39×1.5	45	45	M30×1.5	35	110	Rc¾	M22×1.5	56	219	155	18	190	38	87	53	35	18	237	65
100	75	M48×1.5	55	60	M39×1.5	45	135	Rc¾	M27×2	58	232	190	22	230	38	109	60	40	20	252	80
125	95	M64×2	70	75	M48×1.5	55	165	Rc1	M27×2	67	265	224	26	272	43	130	69	45	24	289	95
140	110	M72×2	80	80	M56×2	63	185	Rc1	M27×2	69	280	250	26	300	43	145	76	50	26	306	105
150	115	M76×2	85	85	M60×2	65	196	Rc1	M33×2	71	290	270	30	320	43	155	78	50	28	318	110
160	120	M80×2	90	95	M64×2	70	210	Rc1	M33×2	74	308	285	33	345	43	170	86	55	31	339	115
180	140	M95×2	100	110	M72×2	80	235	Rc1¼	M42×2	75	330	315	33	375	42	185	88	55	33	363	125
200	150	M100×2	112	120	M80×2	90	262	Rc1½	M42×2	85	356	355	36	425	48	206	92	55	37	393	140
220	180	M120×2	125	140	M95×2	100	292	Rc1½	M42×2	89	365	395	42	475	48	230	101	60	41	406	150
250	195	M130×2	140	150	M100×2	112	325	Rc2	M42×2	106	411	425	45	515	60	250	111	65	46	457	170

TA（杆侧铰轴）、TC（中间铰轴）

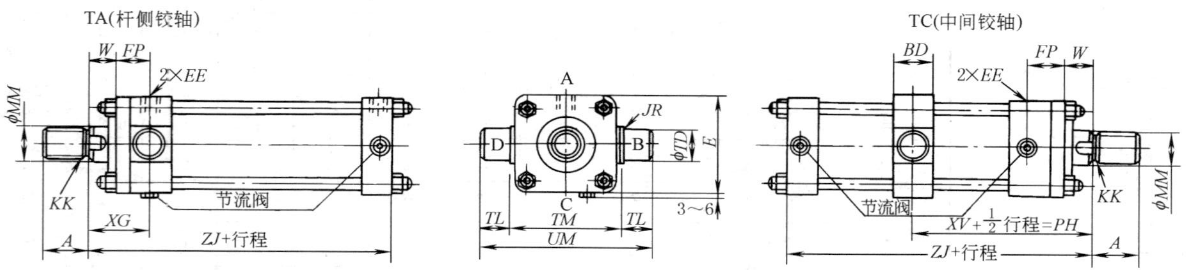

表 20-7-122

mm

缸径	B 型杆			C 型杆			TD	E	EE		PH	BD	TL	UM	JR	TM	XV	ZJ	XG
	A	KK	MM	A	KK	MM	(e9)		01	02	min								
32	25	M16×1.5	18	—	—	—	20	58	Rc3/8	M14×1.5	105	28	20	98	2	$58_{-0.3}^{0}$	113	171	62
40	30	M20×1.5	22	25	M16×1.5	18	20	65	Rc3/8	M14×1.5	105	28	20	109	2	$69_{-0.3}^{0}$	113	171	62
50	35	M24×1.5	28	30	M20×1.5	22	25	76	Rc1/2	M18×1.5	113.5	33	25	135	2.5	$85_{-0.35}^{0}$	121	185	66
63	45	M30×1.5	35	35	M24×1.5	28	31.5	90	Rc1/2	M18×1.5	127.5	43	31.5	161	2.5	$98_{-0.35}^{0}$	132	198	74
80	60	M39×1.5	45	45	M30×1.5	35	31.5	110	Rc3/4	M22×1.5	140.5	43	31.5	181	2.5	$118_{-0.35}^{0}$	146	219	82
100	75	M48×1.5	55	60	M39×1.5	45	40	135	Rc3/4	M27×2	152.5	53	40	225	3	$145_{-0.4}^{0}$	156	232	89
125	95	M64×2	70	75	M48×1.5	55	50	165	Rc1	M27×2	174	58	50	275	3	$175_{-0.4}^{0}$	177	265	103
140	110	M72×2	80	80	M56×2	63	63	185	Rc1	M27×2	191	78	63	321	4	$195_{-0.46}^{0}$	188	280	112
150	115	M76×2	85	85	M60×2	65	63	196	Rc1	M33×2	193	78	63	332	4	$206_{-0.46}^{0}$	194	290	112
160	120	M80×2	90	95	M64×2	70	71	210	Rc1	M33×2	211	88	71	360	4	$218_{-0.46}^{0}$	207	308	126
180	140	M95×2	100	110	M72×2	80	80	235	Rc1 1/4	M42×2	225	98	80	403	4	$243_{-0.46}^{0}$	216	330	—
200	150	M100×2	112	120	M30×2	90	90	262	Rc1 1/2	M42×2	244	108	90	452	5	$272_{-0.52}^{0}$	232	356	—
220	180	M120×2	125	140	M95×2	100	100	292	Rc1 1/2	M42×2	257.5	117	100	500	5	$300_{-0.52}^{0}$	241	365	—
250	195	M130×2	140	150	M100×2	112	100	325	Rc2	M42×2	287.5	117	100	535	5	$335_{-0.57}^{0}$	271	411	—

注：其他尺寸见基本型。

单耳环、双耳环端部零件

单耳环端部零件

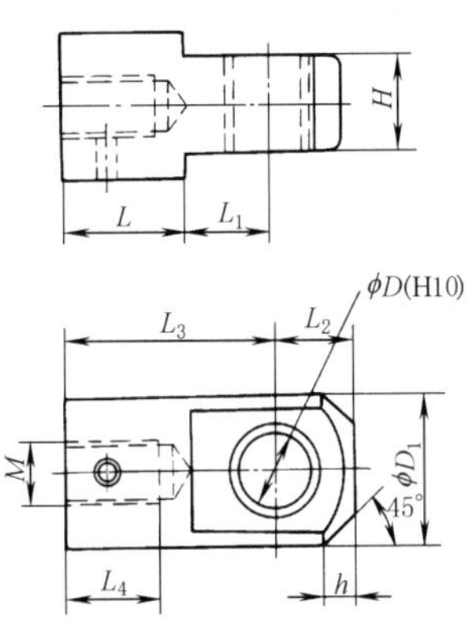

双耳环端部零件

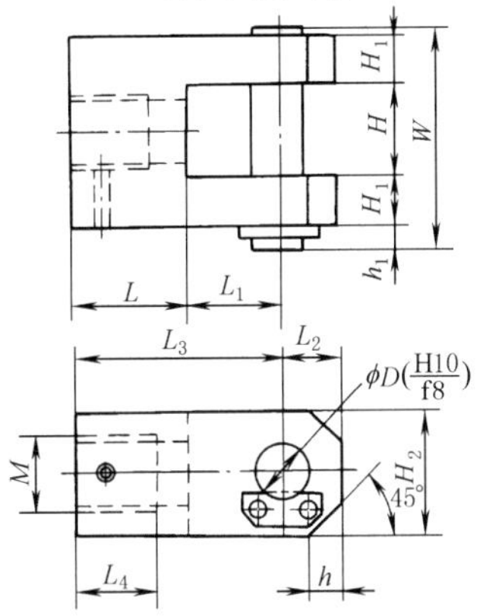

表 20-7-123

mm

单、双耳环			单耳环									双耳环												端部零件质量/kg	
缸径	杆标记	M	L_4	L_3	L_1	D	D_1	L_2	H	h	L	L_4	L_3	L_1	D	H_2	L_2	H_1	H	h_1	W	h	L	单耳环	双耳环
32	B	M16×1.5	34	60	23	16	39	20	$25^{-0.1}_{-0.4}$	8	37	33	60	27	16	32	16	12.5	$25^{+0.4}_{+0.1}$	12	68	4	33	0.5	0.6
40	B	M20×1.5	39	60	23	16	39	20	$25^{-0.1}_{-0.4}$	8	37	33	60	27	16	32	16	12.5	$25^{+0.4}_{+0.1}$	12	68	4	33	0.5	0.6
	C	M16×1.5	34									33													
50	B	M24×1.5	44	70	28	20	49	25	$31.5^{-0.1}_{-0.4}$	10	42	38	70	32	20	40	20	16	$31.5^{+0.4}_{+0.1}$	12	80	10	38	0.9	1.0
	C	M20×1.5	39									38												0.9	1.1
63	B	M30×1.5	50	115	43	31.5	62	35	$40^{-0.1}_{-0.4}$	15	72	50	115	50	31.5	60	30	20	$40^{+0.4}_{+0.1}$	12	98	12	65	2.4	3.4
	C	M24×1.5	44									40												2.5	3.5
80	B	M39×1.5	65	115	43	31.5	62	35	$40^{-0.1}_{-0.4}$	15	72	65	115	50	31.5	60	30	20	$40^{+0.4}_{+0.1}$	12	98	12	65	2.1	3.1
	C	M30×1.5	50									50												2.4	3.4
100	B	M48×1.5	80	145	55	40	79	40	$50^{-0.1}_{-0.4}$	20	90	85	145	60	40	80	40	25	$50^{+0.4}_{+0.1}$	18	125	15	85	4.2	7.0
	C	M39×1.5	65									65												4.8	7.5
125	B	M64×2.0	100	180	65	50	100	50	$63^{-0.1}_{-0.4}$	25	115	100	180	70	50	100	50	31.5	$63^{+0.4}_{+0.1}$	18	150	20	110	8.4	13.4
	C	M48×1.5	80									80												9.8	14.8
140	B	M72×2.0	115	225	85	63	130	65	$80^{-0.1}_{-0.6}$	30	140	115	225	90	63	120	65	40	$80^{+0.6}_{+0.1}$	18	185	25	135	19.0	26.4
	C	M56×2.0	85									85												21.1	28.5
150	B	M76×2.0	120	225	85	63	130	65	$80^{-0.1}_{-0.6}$	30	140	120	225	90	63	120	65	40	$80^{+0.6}_{+0.1}$	18	185	25	135	16.8	24.2
	C	M60×2.0	90									90												19.7	27.1
160	B	M80×2.0	125	240	90	71	140	70	$80^{-0.1}_{-0.6}$	35	150	125	240	100	71	140	70	40	$80^{+0.6}_{+0.1}$	18	185	30	140	22.4	32.1
	C	M64×2.0	100									100												24.8	34.5

8.2.4 重载液压缸

8.2.4.1 CD/CG250、CD/CG350系列重载液压缸

重载液压缸分CD型单活塞杆双作用差动缸和CG型双活塞杆双作用等速缸两种。其安装型式和尺寸符合ISO 3320标准，特别适合于环境恶劣、重载的工作状态，用于钢铁、铸造及机械制造等场合。

（1）型号意义

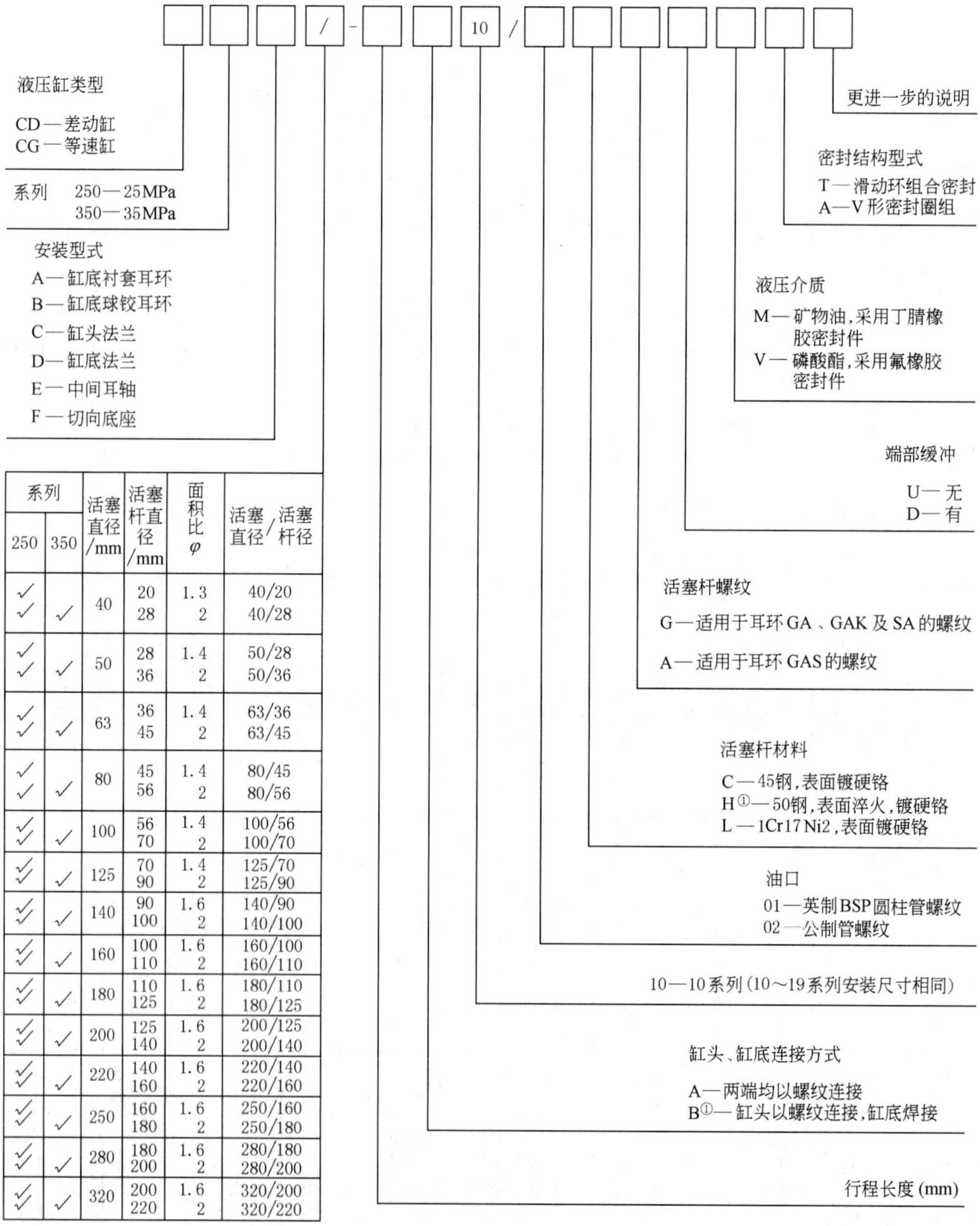

系列 250	系列 350	活塞直径/mm	活塞杆直径/mm	面积比 φ	活塞直径/活塞杆径
√		40	20	1.3	40/20
√	√		28	2	40/28
√		50	28	1.4	50/28
√	√		36	2	50/36
√		63	36	1.4	63/36
√	√		45	2	63/45
√		80	45	1.4	80/45
√	√		56	2	80/56
√		100	56	1.4	100/56
√	√		70	2	100/70
√		125	70	1.4	125/70
√	√		90	2	125/90
√		140	90	1.6	140/90
√	√		100	2	140/100
√		160	100	1.6	160/100
√	√		110	2	160/110
√		180	110	1.6	180/110
√	√		125	2	180/125
√		200	125	1.6	200/125
√	√		140	2	200/140
√		220	140	1.6	220/140
√	√		160	2	220/160
√		250	160	1.6	250/160
√	√		180	2	250/180
√		280	180	1.6	280/180
√	√		200	2	280/200
√		320	200	1.6	320/200
√	√		220	2	320/220

① 仅适合于活塞杆直径不大于100mm

标记示例：

缸径 100mm，活塞杆直径 70mm，缸后盖球铰耳环安装，额定压力 25MPa，行程 500mm，缸头、缸底均以螺纹连接，活塞杆螺纹为 G 型，油口连接为公制管螺纹，活塞杆材料为 45 钢表面镀铬，端部无缓冲，液压油介质为矿物油，密封结构为 V 形密封圈组的重载液压缸的标记为

CD250B100/70—500A10/02CGUMA

（2）技术参数

表 20-7-124　　CD/CG 重载液压缸技术参数

缸径 /mm	杆径 /mm	速度比 φ	推力/kN						拉力/kN			
			25MPa			35MPa			25MPa		35MPa	
			非差动	差动 CD	等速 CG	非差动	差动 CD	等速 CG	差动 CD	等速 CG	差动 CD	等速 CG
40	20* 28	1.3 2	31.4	15.4	21.9 16	44	21.56	22.44	16.02	21.9 16	22.44	22.44
50	28* 36	1.4 2	49.1	25.45	33.67 23.62	68.72	35.63	33.07	23.62	33.67 23.62	33.07	33.07
63	36* 45	1.4 2	77.9	39.75	52.5 38.15	109.1	55.65	53.44	38.17	52.5 38.15	53.44	53.44
80	45* 56	1.4 2	125.65	61.57	85.9 64.1	175.9	86.2	89.7	64.1	85.9 64.1	89.7	89.7
100	56* 70	1.4 2	196.35	96.2	134.75 100.15	274.9	134.68	140.2	100.15	134.75 100.15	140.2	140.2
125	70* 90	1.4 2	306.75	159.05	210.5 147.75	429.5	222.69	206.8	147.75	210.5 147.75	206.8	206.8
140	90* 100	1.6 2	384.75	196.35	225.8 188.5	538.7	274.89	263.9	188.5	225.8 188.5	263.9	263.9
160	100* 110	1.6 2	502.5	237.57	306.3 265	703.5	332.6	371	265	306.3 265	371	371
180	110* 125	1.6 2	636.17	306.8	398.6 329.38	890.6	429.52	461.1	329.38	398.6 329.38	461.1	461.1
200	125* 140	1.6 2	785.25	384.85	478.6 400.55	1099	538.79	560.7	400.55	478.6 400.55	560.7	560.7
220	140* 160	1.6 2	950.33	502.65	565.48 447.5	1330	703.7	626.5	447.5	565.48 447.5	626.5	626.5
250	160* 180	1.6 2	1227.2	636.17	724.53 591	1715	890.64	829.4	591	724.53 591	829.4	829.4
280	180* 200	1.6 2	1539.4	785.4	903.2 754	2155	1099.56	1055.5	754	903.2 754	1055.5	1055.5
320	200* 220	1.6 2	2010.6	950.32	1225.2 1060.3	2814.8	1330.45	1484.4	1060.3	1225.2 1060.3	1484.4	1484.4

注：带 * 号活塞杆径无 35MPa 液压缸。

表 20-7-125　　**CD/CG 重载液压缸全长公差与最大行程**　　mm

全长公差	L+行程=安装长度	0~499		500~1249		1250~3149	3150~8000
	许用偏差	±1.5		±2		±3	±5
最大行程	液压缸内径	40	50	63	80	90~125	140~320
	可达到的最大行程	2000	3000	4000	6000	8000	10000

注：根据欧拉公式，杆在铰接结构、刚性导向载荷下，安全系数为 3.5，对于各种安装方式、各种缸径在不同工作压力时活塞杆在弯曲应力（压缩载荷）作用下的许用行程，详见产品样本。

表 20-7-126　　**缸头与缸筒螺纹连接时 CD250、CD350 系列螺钉紧固力矩**

系列	活塞直径/mm	40	50	63	80	100	125	140	160	180	200	220	250	280	320
CD 250	头部和底部/N·m	20	40	100	100	250	490	490	1260	1260	1710	1710	2310	2970	2970
	密封盖/N·m	—	—	—	—	—	30	30/60	60	60	60	250	250	250	250
CD 350	头部和底部/N·m	30	60	100	250	490	850	1260	1260	1710	2310	2310	3390	3850	4770
	密封盖/N·m	—	—	—	—	—	60	100	100	250	250	250	250	250	250

表 20-7-127　　**重载液压缸安装方式与产品**

型　号	安　装　方　式　代　号					
	A	B	C	D	E	F
	缸底衬套耳环	缸底球铰耳环	缸头法兰	缸底法兰	中间耳轴	切向底座
CD250	○	○	○	○	○	○
CG250			○		○	○
CD350	○	○	○	○	○	○
CG350			○		○	○

注：“○”表示该安装方式有产品。

（3）CD/CG 重载液压缸外形尺寸

CD250A、CD250B 差动重载液压缸

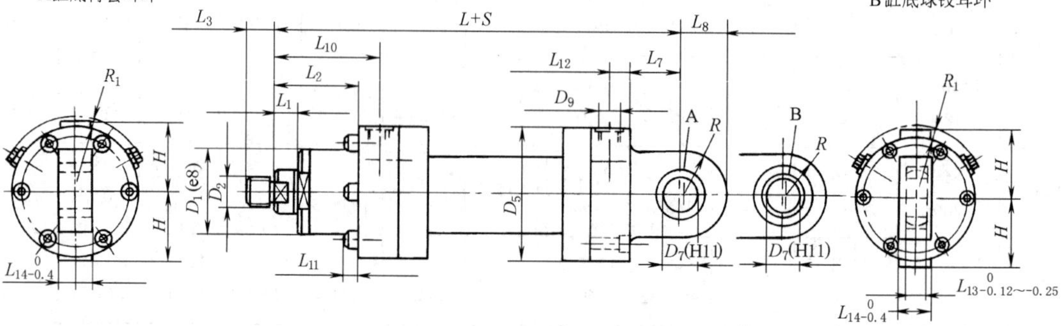

表 20-7-128

mm

活塞直径	40	50	63	80	100	125	140	160	180	200	220	250	280	320
活塞杆直径	20/28	28/36	36/45	45/56	56/70	70/90	90/100	100/110	110/125	125/140	140/160	160/180	180/200	200/220
D_1	55	68	75	95	115	135	155	180	200	215	245	280	305	340
CD250A、CD250B D_2 A	M18×2	M24×2	M30×2	M39×3	M50×3	M64×3	M80×3	M90×3	M100×3	M110×4	M120×4	M120×4	M150×4	M160×4
CD250A、CD250B D_2 G	M16×1.5	M22×1.5	M28×1.5	M35×1.5	M45×1.5	M58×1.5	M65×1.5	M80×2	M100×2	M110×2	M120×3	M120×3	M130×3	—
CD250A、CD250B D_5	85	105	120	135	165	200	220	265	290	310	355	395	430	490
CD250A、CD250B D_7	25	30	35	40	50	60	70	80	90	100	110	110	120	140
CD250A、CD250B D_9 01/in	½ BSP	½ BSP	¾ BSP	¾ BSP	1 BSP	1¼ BSP	1¼ BSP	1½ BSP	1½ BSP	1½ BSP	1½ BSP	1½ BSP	1½ BSP	1½ BSP
CD250A、CD250B D_9 02	M22×1.5	M22×1.5	M27×2	M27×2	M33×2	M42×2	M42×2	M48×2	M48×2	M48×2	M48×2	M48×2	M48×2	M48×2
CD250A、CD250B L	252	265	302	330	385	447	490	550	610	645	750	789	884	980
CD250A、CD250B L_1	17	21	25	15.5	33	32	37/33	40	40/37	40	25	25	35	40
CD250A、CD250B L_2	54	58	67	65	85	97	105	120	130	135	155	165	170	195
CD250A、CD250B L_3 A	30	35	45	55	75	95	110	120	140	150	160	160	190	200
CD250A、CD250B L_3 G	16	22	28	35	45	58	65	80	100	110	120	120	130	—
CD250A、CD250B L_7(A10/B10)	32.5/—	37.5/—	45/—	52.5/50	60/—	70/—	75/—	85/—	90/—	115/—	125/—	140/—	150/—	175/—
CD250A、CD250B L_8	27.5	32.5	40	50	62.5	70	82	95	113	125	142.5	160	180	200
CD250A、CD250B L_{10}	76	80	89.5	86	112.5	132	145	160	175	180	225	235	270	295
CD250A、CD250B L_{11}	8	10	12	12	16	—	—	—	—	—	—	—	—	—
CD250A、CD250B L_{12}	20.5	20.5	22.5	32.5	32.5	35	40	40	55	40	70	70	99	100
CD250A、CD250B L_{14}	23	28	30	35	40	50	55	60	65	70	80	80	90	110
CD250A、CD250B H	45	55	63	70	82.5	103	112.5	132.5	147.5	157.5	180	200	220	250
CD250A、CD250B R	27.5	32.5	40	50	62.5	65	77	88	103	115	132.5	150	170	190
CD250A、CD250B R_1(A10/B10)	7/16	2/14	2/9	1.5/5	—/11.5	4/—	—	27.5/—	18/—	20/—	—	—	—	—
CD250B L_{13}	20	22	25	28	35	44	49	55	60	70	70	70	85	90
CD250A、CD250B 系数 X	5	7.5	13	18	34	76	99	163	229	275	417	571	712	1096
CD250A、CD250B 系数 Y	0.011/0.015	0.015/0.019	0.020/0.024	0.030/0.039	0.050/0.060	0.078/0.092	0.105/0.122	0.136/0.156	0.170/0.192	0.220/0.246	0.262/0.299	0.346/0.387	0.387/0.434	0.510/0.562
CD250A、CD250B 质量 m/kg	$m=X+Y\times$行程(mm)													

注：1. A10 型用螺纹连接缸底，适用于所有尺寸的缸径。

2. B10 型用焊接缸底，仅用于小于或等于 100mm 的缸径。

3. 缸头外侧采用密封盖，仅用于大于或等于 125mm 的缸径。

4. 缸头外侧采用活塞杆导向套，仅用于小于或等于 100mm 的缸径。

5. 缸头、缸底与缸筒螺纹连接时，若缸径小于或等于 100mm，螺钉头均露在法兰外；若缸径大于 100mm，螺钉头凹入缸底法兰内。

6. 单向节流阀和排气阀与水平线夹角 θ：对 CD350 系列，缸径小于或等于 200mm，$\theta=30°$；缸径大于或等于 220mm，$\theta=45°$；对 CD250 系列，除缸径为 320mm，$\theta=45°$外，其余均为 30°。

7. S 为行程。

CD250C、CD250D 差动重载液压缸

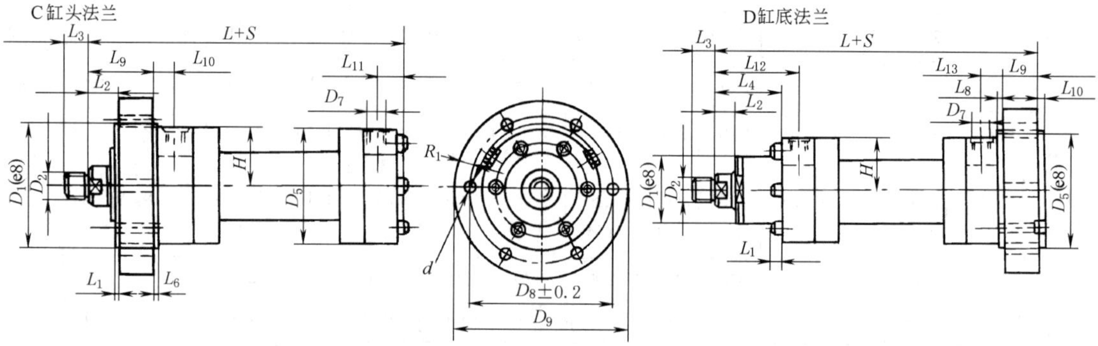

表 20-7-129

mm

活塞直径			40	50	63	80	100	125	140	160	180	200	220	250	280	320
活塞杆直径			20/28	28/36	36/45	45/56	56/70	70/90	90/100	100/110	110/125	125/140	140/160	160/180	180/200	200/220
CD 250C、CD 250D、CG 250C	D_2	A	M18×2	M24×2	M30×2	M39×3	M50×3	M64×3	M80×3	M90×3	M100×3	M110×4	M120×4	M120×4	M150×4	M160×4
		G	M16×1.5	M22×1.5	M28×1.5	M35×1.5	M45×1.5	M58×1.5	M65×1.5	M80×2	M100×2	M110×2	M120×3	M120×3	M130×3	—
	D_7	01/in	1/2 BSP	1/2 BSP	3/4 BSP	3/4 BSP	1 BSP	1¼ BSP	1¼ BSP	1½ BSP	1½ BSP	1½ BSP	1½ BSP	1½ BSP	1½ BSP	1½ BSP
		02	M22×1.5	M22×1.5	M27×2	M27×2	M33×2	M42×2	M42×2	M48×2	M48×2	M48×2	M48×2	M48×2	M48×2	M48×2
	D_8		108	130	155	170	205	245	265	325	360	375	430	485	520	600
	D_9		130	160	185	200	245	295	315	385	420	445	490	555	590	680
	L_3	A	30	35	45	55	75	95	110	120	140	150	160	160	190	200
		G	16	22	28	35	45	58	65	80	100	110	120	120	130	—
	d		9.5	11.5	14	14	18	22	22	28	30	33	33	39	39	45
	R_1(A10/B10)		7/16	2/14	2/9	1.5/5	—/11.5	4/—	—	27.5/—	18/—	20/—	—	—	—	—
	H		45	55	63	70	82.5	103	112.5	132.5	147.5	157.5	180	200	220	250
CG 250C、CD 250C	D_1		90	110	130	145	175	210	230	275	300	320	370	415	450	510
	D_5		85	105	120	135	165	200	220	265	290	310	355	395	430	490
	L		268	278	324	325	405	474	520	585	635	665	780	814	905	1000
	L_1,L_6		5	5	5	5	5	$L_1$5,$L_6$10	10	10	10	10	10	10	10	10
	L_2		19	23	27	25	35	37	45	50	50	50	60	70	65	65
	L_9		49	53	62	60	80	87	95	110	120	125	145	155	160	185
	L_{10}		27	27	27.5	26	32.5	45	50	50	55	55	80	80	110	110
	L_{11}		27	27	27.5	30	32.5	35	45	50	55	45	80	80	109	110
CD 250D	D_1		55	68	75	95	115	135	155	180	200	215	245	280	305	340
	D_5		90	110	130	145	175	210	230	275	300	320	370	415	450	510
	L		256	264	297	315	375	432	475	535	585	615	720	744	839	935
	L_1		8	10	12	12	16	—	—	—	—	—	—	—	—	—
	L_2		17	21	25	15.5	33	32	37/33	40	40/37	40	25	25	35	40
	L_4		54	58	67	65	85	97	105	120	130	135	155	165	170	195
	L_8,L_{10}		5	5	5	10	10	10	10	10	10	10	10	10	10	10
	L_9		30	30	35	35	45	50	50	60	70	75	85	85	95	120
	L_{12}		76	80	89.5	86	112.5	132	145	160	175	180	225	235	270	295
	L_{13}		27	27	27.5	35	37.5	40	50	50	55	50	80	80	109	110
CD 250C	系数 X		8	12	20	23	41	95	120	212	273	334	485	643	784	1096
CD 250D	系数 X		9	13	22	26	48	95	120	212	273	334	485	643	784	1263
CD 250C	系数 Y		0.011/0.015	0.015/0.019	0.020/0.024	0.030/0.039	0.050/0.060	0.078/0.092	0.105/0.122	0.136/0.156	0.170/0.192	0.220/0.246	0.262/0.299	0.346/0.387	0.387/0.434	0.510/0.562
CD 250D	质量 m/kg		$m=X+Y\times$行程(mm)													

注：见表 20-7-128 注。

CD250E 差动重载液压缸

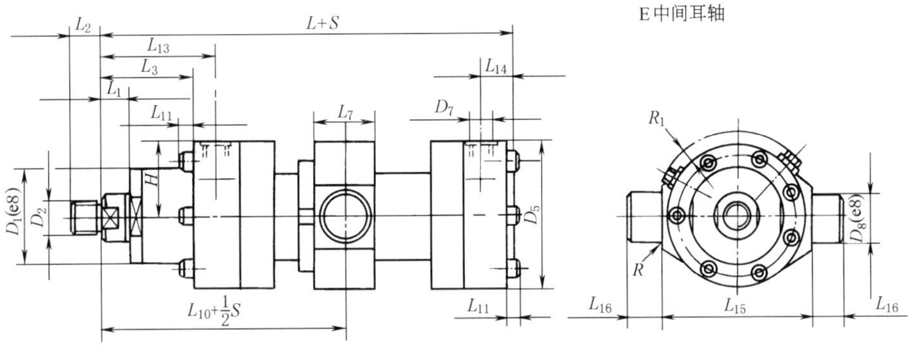

表 20-7-130

mm

活塞直径		40	50	63	80	100	125	140	160	180	200	220	250	280	320
活塞杆直径		20/28	28/36	36/45	45/56	56/70	70/90	90/100	100/110	110/125	125/140	140/160	160/180	180/200	200/220
D_1		55	68	75	95	115	135	155	180	200	215	245	280	305	340
D_2	A	M18×2	M24×2	M30×2	M39×3	M50×3	M64×3	M80×3	M90×3	M100×3	M110×4	M120×4	M120×4	M150×4	M160×4
	G	M16×1.5	M22×1.5	M28×1.5	M35×1.5	M45×1.5	M58×1.5	M65×1.5	M80×2	M100×2	M110×2	M120×3	M120×3	M130×3	—
D_5		85	105	120	135	165	200	220	265	290	310	355	395	430	490
D_7	01/in	½ BSP	½ BSP	¾ BSP	¾ BSP	1 BSP	1¼ BSP	1¼ BSP	1½ BSP	1½ BSP	1½ BSP	1½ BSP	1½ BSP	1½ BSP	1½ BSP
	02	M22×1.5	M22×1.5	M27×2	M27×2	M33×2	M42×2	M42×2	M48×2	M48×2	M48×2	M48×2	M48×2	M48×2	M48×2
D_8		30	30	35	40	50	60	65	75	85	90	100	110	130	160
L		268	278	324	325	405	474	520	585	635	665	780	814	905	1000
L_1		17	21	25	15.5	33	32	37/33	40	40/37	40	25	25	35	40
L_2	A	30	35	45	55	75	95	110	120	140	150	160	160	190	200
	G	16	22	28	35	45	58	65	80	100	110	120	120	130	—
L_3		54	58	67	65	85	97	105	120	130	135	155	165	170	195
L_7		35	35	40	45	55	65	70	80	95	95	110	125	145	175
L_{10}(中间)		136	143.5	162	170	201	237	260	292.5	317.5	332.5	390	407	452	500
L_{11}		8	10	12	12	16	—	—	—	—	—	—	—	—	—
L_{13}		76	80	89.5	86	112.5	132	145	160	175	180	225	235	270	295
L_{14}		27	27	27.5	30	32.5	35	45	50	55	45	80	80	109	110
L_{15}		$95_{-0.2}^{0}$	$115_{-0.2}^{0}$	$130_{-0.2}^{0}$	$145_{-0.2}^{0}$	$175_{-0.2}^{0}$	$210_{-0.5}^{0}$	$230_{-0.5}^{0}$	$275_{-0.5}^{0}$	$300_{-0.5}^{0}$	$320_{-0.5}^{0}$	$370_{-0.5}^{0}$	$410_{-0.5}^{0}$	$450_{-0.5}^{0}$	$510_{-0.5}^{0}$
L_{16}		20	20	20	25	30	40	42.5	52.5	55	55	60	65	70	90
R		1.6	1.6	2	2	2	2.5	2.5	2.5	2.5	2.5	2.5	2.5	2.5	2.5
系数 X		7	10	17.5	20	35	81	104	165	248	282	444	591	745	1138
系数 Y		0.011/0.015	0.015/0.019	0.020/0.024	0.030/0.039	0.050/0.060	0.078/0.092	0.105/0.122	0.136/0.156	0.170/0.192	0.220/0.246	0.262/0.299	0.346/0.387	0.387/0.434	0.510/0.562
质量 m/kg		$m=X+Y\times$行程(mm)													

注：1. H、R_1 与 CD250C 缸头法兰安装的液压缸相同。

2. 见表 20-7-128 注。

CD250F 差动重载液压缸

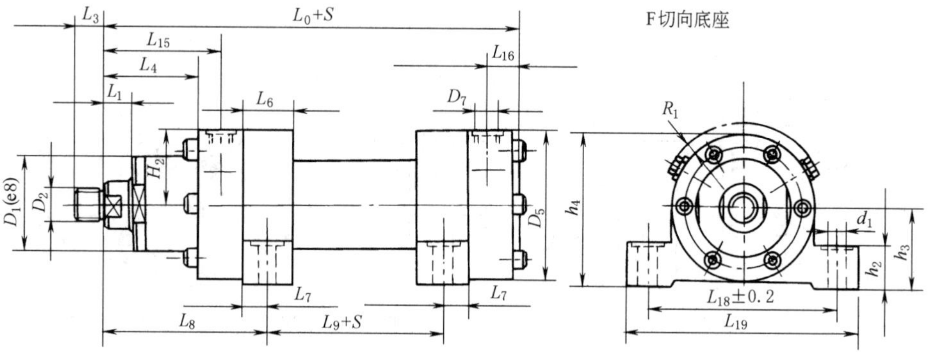

表 20-7-131

mm

活塞直径		40	50	63	80	100	125	140	160	180	200	220	250	280	320
活塞杆直径		20/28	28/36	36/45	45/56	56/70	70/90	90/100	100/110	110/125	125/140	140/160	160/180	180/200	200/22
D_1		55	68	75	95	115	135	155	180	200	215	245	280	305	340
D_2	A	M18×2	M24×2	M30×2	M39×3	M50×3	M64×3	M80×3	M90×3	M100×3	M110×4	M120×4	M120×4	M150×4	M160×4
	G	M16×1.5	M22×1.5	M28×1.5	M35×1.5	M45×1.5	M58×1.5	M65×1.5	M80×2	M100×2	M110×2	M120×3	M120×3	M130×3	—
D_5		85	105	120	135	165	200	220	265	290	310	355	395	430	490
D_7	01/in	½ BSP	½ BSP	¾ BSP	¾ BSP	1 BSP	1¼ BSP	1¼ BSP	1½ BSP	1½ BSP	1½ BSP	1½ BSP	1½ BSP	1½ BSP	1½ BSP
	02	M22×1.5	M22×1.5	M27×2	M27×2	M33×2	M42×2	M42×2	M48×2	M48×2	M48×2	M48×2	M48×2	M48×2	M48×2
L_0		226	234	262	275	325	377	420	475	515	535	635	659	744	815
L_1		17	21	25	15.5	33	32	37/33	40	40/37	40	25	25	35	40
L_3	A	30	35	45	55	75	95	110	120	140	150	160	160	190	200
	G	16	22	28	35	45	58	65	80	100	110	120	120	130	—
L_4		54	58	67	65	85	97	105	120	130	135	155	165	170	195
L_6		30	35	40	55	65	60	65	75	80	90	94	100	110	120
L_7		12.5	12.5	15	27.5	25	30	32.5	37.5	40	45	47	50	55	60
L_8		106.5	110.5	127	135	165	192	207.5	232.5	250	260	307	320	370	400
L_9		55	57	70	55	75	90	105	120	135	145	166	174	165	200
L_{15}		76	80	89.5	86	112.5	132	145	160	175	180	225	235	270	295
L_{16}		27	27	27.5	30	32.5	35	45	50	55	45	80	80	109	110
L_{18}		110	130	150	170	205	255	280	330	360	385	445	500	530	610
L_{19}		135	155	180	210	250	305	340	400	440	465	530	600	630	730
d_1		11	11	14	18	22	25	28	31	37	37	45	52	52	62
h_2		26	31	37	42	52	60	65	70	80	85	95	110	125	140
h_3		45	55	65	70	85	105	115	135	150	160	185	205	225	255
h_4		90	110	128	140	167.5	208	227.5	267.5	297.5	317.5	365	405	445	505
系数 X		7	10	17.5	20	35	85	111	184	285	302	510	589	816	1171
系数 Y		0.011/0.015	0.015/0.019	0.020/0.024	0.030/0.039	0.050/0.060	0.078/0.092	0.105/0.122	0.136/0.156	0.170/0.192	0.220/0.246	0.262/0.299	0.346/0.387	0.387/0.434	0.510/0.562
质量 m/kg		$m=X+Y\times$行程(mm)													

注：1. H_2 和 R_1 与 CD250C 缸头法兰安装的液压缸的 H、R_1 相同。

2. 见表 20-7-128 注。

CD350A、CD350B 差动重载液压缸

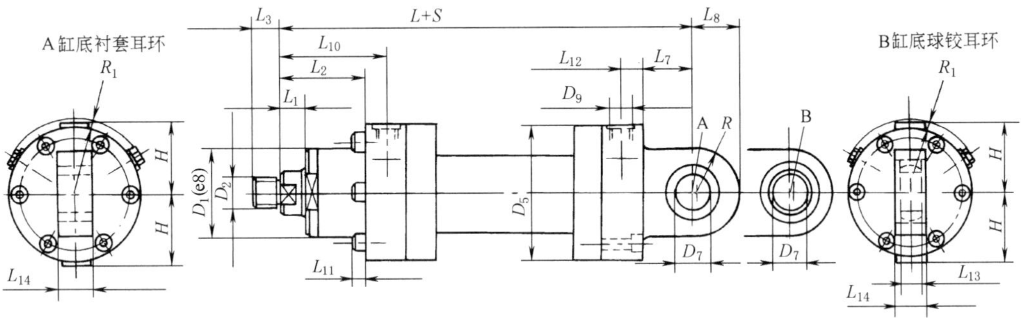

表 20-7-132　mm

活塞直径			40	50	63	80	100	125	140	160	180	200	220	250	280	320
活塞杆直径			28	36	45	56	70	90	100	110	125	140	160	180	200	220
CD350A、CD350B	D_1		58	70	88	100	120	150	170	190	220	230	260	290	330	340
	D_2	A	M24×2	M30×2	M39×2	M50×3	M64×3	M80×3	M90×3	M100×3	M110×4	M120×4	M120×4	M150×4	M160×4	M180×4
		G	M22×1.5	M28×1.5	M35×1.5	M45×1.5	M58×1.5	M65×1.5	M80×2	M100×2	M110×2	M120×3	M120×3	M130×3	—	—
	D_5		90	110	145	156	190	235	270	290	325	350	390	440	460	490
	D_7		$30_{-0.010}^{0}$	$35_{-0.012}^{0}$	$40_{-0.012}^{0}$	$50_{-0.012}^{0}$	$60_{-0.015}^{0}$	$70_{-0.015}^{0}$	$80_{-0.015}^{0}$	$90_{-0.020}^{0}$	$100_{-0.020}^{0}$	$110_{-0.020}^{0}$	$110_{-0.020}^{0}$	$120_{-0.020}^{0}$	$140_{-0.025}^{0}$	$160_{-0.025}^{0}$
	D_9	01/in	½ BSP	½ BSP	¾ BSP	¾ BSP	1 BSP	1¼ BSP	1¼ BSP	1½ BSP	1½ BSP	1½ BSP	1½ BSP	1½ BSP	1½ BSP	1½ BSP
		02	M22×1.5	M22×1.5	M27×2	M27×2	M33×2	M42×2	M42×2	M48×2	M48×2	M48×2	M48×2	M48×2	M48×2	M48×2
	L		268	280	330	355	390	495	530	600	665	710	760	825	895	965
	L_1		18	18	18	18	18	20	20	30	30	26	18	16	30	45
	L_2		63	65	65	75	80	100	110	130	145	155	165	175	190	205
	L_3	A	35	45	55	75	95	110	120	140	150	160	160	190	200	220
		G	22	28	35	45	58	65	80	100	110	120	120	130	—	—
	L_7		35	43	50/57.5	55	65	75	80	90	105	115	115	140	170	200
	L_8		34	41	50	63	70	82	95	113	125	142.5	142.5	180	200	250
	L_{10}		88	90	100	111	112.5	145	160	187.5	205	215	225	245	265	275
	L_{11}		8	10	12	16	20	—	—	—	—	—	—	—	—	—
	L_{12}		20	25	35/27.5	30	32.5	45	50	57.5	60	55	55	60	85	70
	L_{14}		$28_{-0.4}^{0}$	$30_{-0.4}^{0}$	$35_{-0.4}^{0}$	$40_{-0.4}^{0}$	$50_{-0.4}^{0}$	$55_{-0.4}^{0}$	$60_{-0.4}^{0}$	$65_{-0.4}^{0}$	$70_{-0.4}^{0}$	$80_{-0.4}^{0}$	$80_{-0.4}^{0}$	$90_{-0.4}^{0}$	$100_{-0.4}^{0}$	$110_{-0.4}^{0}$
	H		—	—	74	78	97.5	118	137.5	147.5	162.5	177.5	197.5	222.5	232	250
	R		32	39	47	58	65	77	88	103	115	132.5	132.5	170	190	240
	R_1		5/6	—/4	—/12.5	—/7	—/10	—	—	15/—	10/—	2/—	—	—	—	—
	系数 X		12	18	46	54	83	164	246	338	369	554	700	901	1077	1458
	系数 Y		0.010	0.016	0.029	0.051	0.076	0.116	0.163	0.213	0.264	0.317	0.418	0.541	0.584	0.685
	质量 m/kg		$m=X+Y\times$行程(mm)													
CD350B	L_{13}		$22_{-0.12}^{0}$	$25_{-0.12}^{0}$	$28_{-0.12}^{0}$	$35_{-0.12}^{0}$	$44_{-0.15}^{0}$	$49_{-0.15}^{0}$	$55_{-0.15}^{0}$	$60_{-0.2}^{0}$	$70_{-0.2}^{0}$	$70_{-0.2}^{0}$	$70_{-0.2}^{0}$	$85_{-0.2}^{0}$	$90_{-0.25}^{0}$	$105_{-0.25}^{0}$

注：见表 20-7-128 注。

CD350C、CD350D 差动重载液压缸

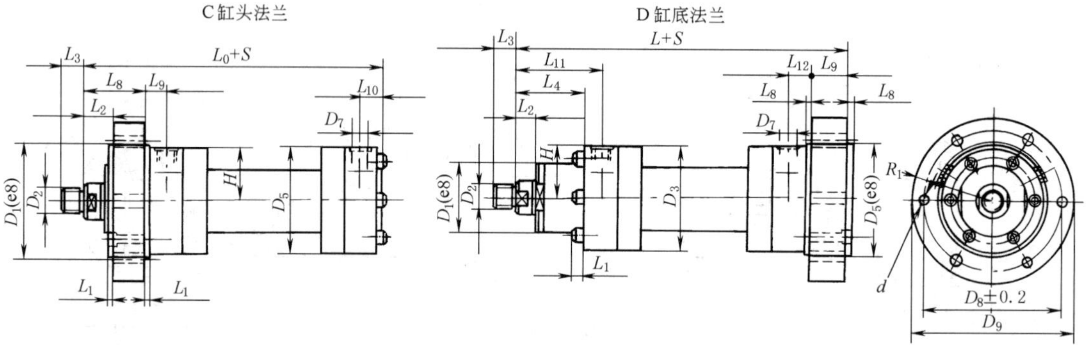

表 20-7-133

mm

活塞直径			40	50	63	80	100	125	140	160	180	200	220	250	280	320
活塞杆直径			28	36	45	56	70	90	100	110	125	140	160	180	200	220
CG350C、CD350C、CD350D	D_2	A	M24×2	M30×2	M39×3	M50×3	M64×3	M80×3	M90×3	M100×3	M110×4	M120×4	M120×4	M150×4	M160×4	M180 4
		G	M22×1.5	M28×1.5	M35×1.5	M45×1.5	M58×1.5	M65×1.5	M80×2	M100×2	M110×2	M120×3	M120×3	M130×3	—	—
	D_7	01/in	½ BSP	½ BSP	¾ BSP	¾ BSP	1 BSP	1¼ BSP	1¼ BSP	1½ BSP	1½ BSP	1½ BSP	1½ BSP	1½ BSP	1½ BSP	1½ BSP
		02	M22×1.5	M22×1.5	M27×2	M27×2	M33×2	M42×2	M42×2	M48×2	M48×2	M48×2	M48×2	M48×2	M48×2	M48×2
	D_8		120±0.2	140±0.2	180±0.2	195±0.2	230±0.2	290±0.2	330±0.2	360±0.2	400±0.2	430±0.2	475±0.2	530±0.2	550±0.2	590±0.2
	D_9		145	165	210	230	270	335	380	420	470	500	550	610	630	670
	L_3	A	35	45	55	75	95	110	120	140	150	160	160	190	200	220
		G	22	28	35	45	58	65	80	100	110	120	120	130	—	—
	d		13	13	18	18	22	26	28	28	34	34	37	45	45	45
	R_1		5/6	—/4	—/12.5	—/7	—/10	—	—	15/—	10/—	2/—	—	—	—	—
	H		45	55	74	78	97.5	118	137.5	147.5	162.5	177.5	197.5	222.5	232	250
CG350C、CD350C	D_1		95	115	150	160	200	245	280	300	335	360	400	450	470	510
	D_5		90	110	145	156	190	235	270	290	325	350	390	440	460	490
	L_0		238	237	285	305	330	425	457	515	565	600	655	695	735	775
	L_1		5	5	5	5	5	5	10	10	10	10	10	10	10	10
	L_2		23	20	20	20	20	25	30	40	40	40	40	40	50	55
	L_8		58	60	60	70	75	95	100	120	135	145	155	165	180	195
	L_9		30	30	40	41	37.5	50	60	67.5	70	70	70	80	85	80
	L_{10}		25	25	32.5	35	37.5	50	57	62.5	65	60	65	70	85	80
CD350D	D_1		58	70	88	100	120	150	170	190	220	230	260	290	330	340
	D_3		90±2.3	110±2.3	145±2.5	156±2.5	190±2.7	235±2.7	270±2.9	290±2.9	325±3.1	350±3.1	390±3.1	440±3.3	460±3.3	490±3.3
	D_5		95	115	150	160	200	245	280	300	335	360	400	450	470	510
	L		273	277	325	355	385	495	532	600	665	710	770	820	865	915
	L_1		8	10	12	16	20	—	—	—	—	—	—	—	—	—
	L_2		18	18	18	18	18	20	20	30	30	26	18	16	30	45
	L_4		63	65	65	75	80	100	110	130	145	155	165	175	190	205
	L_8		5	5	5	5	5	5	10	10	10	10	10	10	10	10
	L_9		35	40	40	50	55	70	70	80	95	105	115	125	130	140
	L_{11}		88	90	100	111	112.5	145	160	187.5	205	215	225	245	265	275
	L_{12}		25	25	32.5/45	35	37.5	50	62	67.5	65	65	65	70	85	80
CD350C	系数 X		9	14	32	41	63	122	190	252	286	420	552	699	959	1309
CD350D	系数 X		12	18	46	54	83	164	246	338	369	554	700	901	1077	1458
CD350C、CD350D	系数 Y		0.010	0.016	0.029	0.051	0.076	0.116	0.163	0.213	0.264	0.317	0.418	0.541	0.584	0.685
	质量 m/kg		$m=X+Y\times$行程(mm)													

注：见表 20-7-128 注。

CD350E 差动重载液压缸

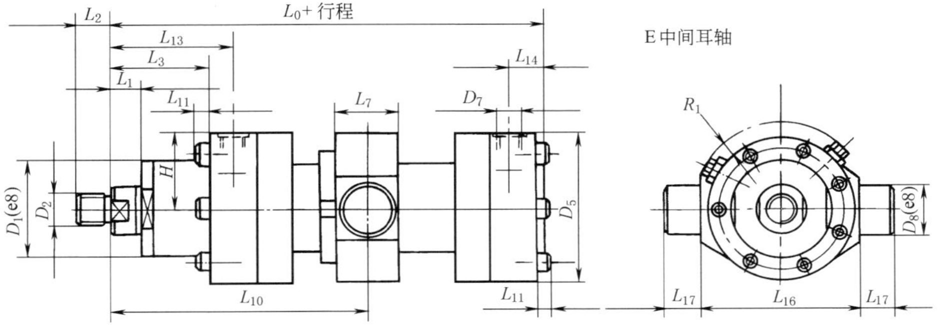

表 20-7-134

mm

活塞直径		40	50	63	80	100	125	140	160	180	200	220	250	280	320
活塞杆直径		28	36	45	56	70	90	100	110	125	140	160	180	200	220
D_1		58	70	88	100	120	150	170	190	220	230	260	290	330	340
D_2	A	M24×2	M30×2	M39×3	M50×3	M64×3	M80×3	M90×3	M100×3	M110×4	M120×4	M120×4	M150×4	M160×4	M180×4
	G	M22×1.5	M28×1.5	M35×1.5	M45×1.5	M58×1.5	M65×1.5	M80×2	M100×2	M110×2	M120×3	M120×3	M130×3	—	—
D_5		90	110	145	156	190	235	270	290	325	350	390	440	460	490
D_7	01/in	½BSP	½BSP	¾BSP	¾BSP	1BSP	1¼BSP	1¼BSP	1½BSP	1½BSP	1½BSP	1½BSP	1½BSP	1½BSP	1½BSP
	02	M22×1.5	M22×1.5	M27×2	M27×2	M33×2	M42×2	M42×2	M48×2	M48×2	M48×2	M48×2	M48×2	M48×2	M48×2
D_8		40	40	45	55	60	75	85	95	110	120	130	140	170	200
L_0		238	237	285	305	330	425	457	515	565	600	655	695	735	775
L_1		18	18	18	18	18	20	20	30	30	26	18	16	30	45
L_2	A	35	45	55	75	95	110	120	140	150	160	160	190	200	220
	G	22	28	35	45	58	65	80	100	110	120	120	130	—	—
L_3		63	65	65	75	80	100	110	130	145	155	165	175	190	205
L_7		50	50	50	60	65	80	90	100	115	125	135	145	180	210
L_{10}	中间	145+S/2	151+S/2	172.5+S/2	187.5+S/2	202+S/2	260+S/2	280+S/2	320+S/2	352.5+S/2	375+S/2	405+S/2	430+S/2	457.5+S/2	485+S/2
	最小	170	178	187.5	202.5	224.5	272	295	337.5	402.5	387.5	465	505	535	640
	最大	139+S	133+S	167.5+S	182.5+S	192.5+S	260+S	280+S	317.5+S	317.5+S	377.5+S	345+S	355+S	380+S	330+S
L_{11}		8	10	12	16	20	—	—	—	—	—	—	—	—	—
L_{13}		88	90	100	111	112.5	145	160	187.5	205	215	225	245	265	275
L_{14}		25	25	32.5	35	37.5	50	57	62.5	65	60	65	70	85	80
L_{16}		$95_{-0.2}^{0}$	$120_{-0.2}^{0}$	$150_{-0.2}^{0}$	$160_{-0.2}^{0}$	$200_{-0.2}^{0}$	$245_{-0.5}^{0}$	$280_{-0.5}^{0}$	$300_{-0.5}^{0}$	$335_{-0.5}^{0}$	$360_{-0.5}^{0}$	$400_{-0.5}^{0}$	$450_{-0.5}^{0}$	$480_{-0.5}^{0}$	$500_{-0.5}^{0}$
L_{17}		30	30	35	50	55	60	70	80	90	100	100	100	125	150
H		45	55	74	78	97.5	118	137.5	147.5	163	177.5	197.5	222.5	232	250
R_1		5/6	—/4	—/12.5	—/7	—/10	—	—	15/—	10/—	2/—	—	—	—	—
系数 X		11	16	34	43	67	133	213	278	312	468	598	775	1015	1362
系数 Y		0.010	0.016	0.029	0.051	0.076	0.116	0.163	0.213	0.264	0.317	0.418	0.541	0.584	0.685
质量 m/kg		$X+Y\times$行程(mm)													

注：见表 20-7-128 注。

CD350F 差动重载液压缸

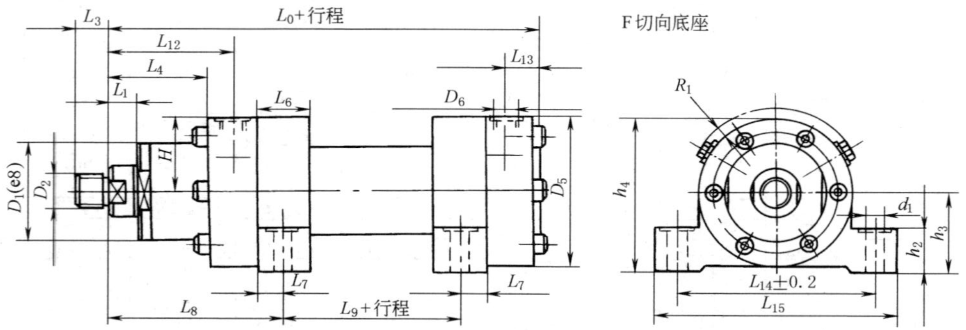

表 20-7-135

mm

活塞直径		40	50	63	80	100	125	140	160	180	200	220	250	280	320
活塞杆直径		28	36	45	56	70	90	100	110	125	140	160	180	200	220
D_1		58	70	88	100	120	150	170	190	220	230	260	290	330	340
D_2	A	M24×2	M30×2	M39×3	M50×3	M64×3	M80×3	M90×3	M100×3	M110×4	M120×4	M120×4	M150×4	M160×4	M180×4
	G	M22×1.5	M28×1.5	M35×1.5	M45×1.5	M58×1.5	M65×1.5	M80×2	M100×2	M110×2	M120×3	M120×3	M130×3	—	—
D_5		90	110	145	156	190	235	270	290	325	350	390	440	460	490
D_6	01/in	½BSP	½BSP	¾BSP	¾BSP	1BSP	1¼BSP	1¼BSP	1½BSP	1½BSP	1½BSP	1½BSP	1½BSP	1½BSP	1½BSP
	02	M22×1.5	M22×1.5	M27×2	M27×2	M33×2	M42×2	M42×2	M48×2	M48×2	M48×2	M48×2	M48×2	M48×2	M48×2
L_0		238	237	285	305	330	425	457	515	565	600	655	695	735	775
L_1		18	18	18	18	18	20	20	30	30	26	18	16	30	45
L_3	A	35	45	55	75	95	110	120	140	150	160	160	190	200	220
	G	22	28	35	45	58	65	80	100	110	120	120	130	—	—
L_4		63	65	65	75	80	100	110	130	145	155	165	175	190	205
L_6		30	40	50	60	65	80	90	95	115	125	135	145	160	170
L_7		15	20	25	30	32.5	40	45	47.5	57.5	62.5	67.5	72.5	80	85
L_8		123	130	147.5	162.5	172.5	220	235	270	297.5	312.5	337.5	362.5	385	410
L_9		55	42	50	50	60	80	90	100	110	125	135	135	145	150
L_{12}		88	90	100	111	112.5	145	160	187.5	205	215	225	245	265	275
L_{13}		25	25	32.5	35	37.5	50	57	62.5	65	60	65	70	85	80
L_{14}		120±0.2	150±0.2	185±0.2	210±0.2	250±0.2	310±0.2	340±0.2	370±0.2	415±0.2	460±0.2	500±0.2	550±0.2	600±0.2	650±0.2
L_{15}		145	185	235	270	320	390	420	450	515	570	610	660	720	780
d_1		17	21	24	26	33	39	39	42	45	48	48	52	62	74
h_2		30	35	45	50	60	70	75	87	95	110	110	120	140	160
h_3		50	65	75	80	100	120	140	150	165	180	200	225	235	255
h_4		—	—	149	158	197.5	238	227.5	297.5	327.5	357.5	397.5	447.5	467	505
系数 X		11	17	37	47	73	132	208	304	357	499	665	814	1069	1304
系数 Y		0.010	0.016	0.029	0.051	0.076	0.116	0.163	0.213	0.264	0.317	0.418	0.541	0.584	0.685
质量 m/kg		$X+Y\times$行程(mm)													

注：1. 见表 20-7-128 注。

2. 其他尺寸见表 20-7-128。

表 20-7-136　　CG250、CG350 重载液压缸油口尺寸和活塞杆长度　　mm

安装型式	CG250、CG350	CG250	CG350
F 切向底座	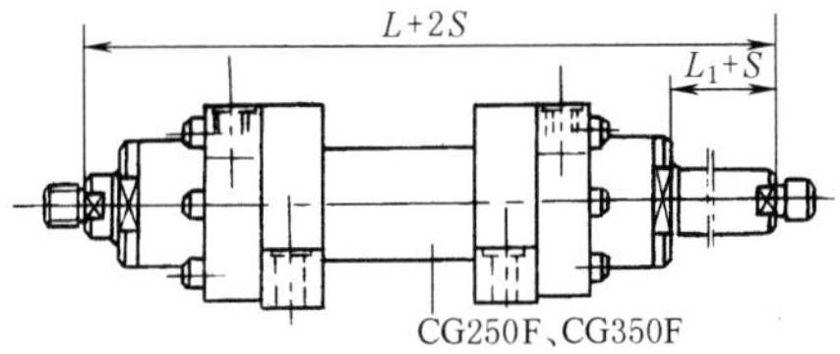	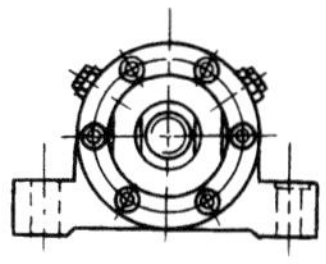	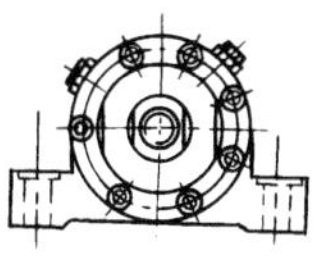
E 中间耳轴	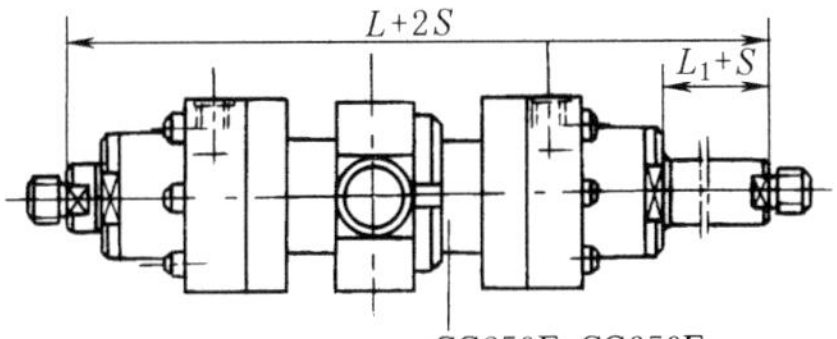	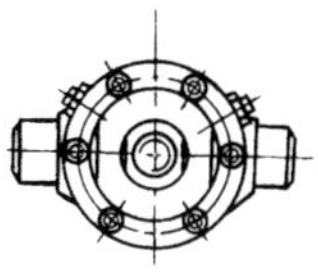	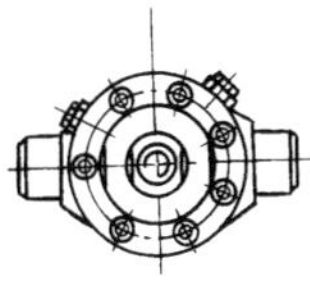
C 缸头法兰	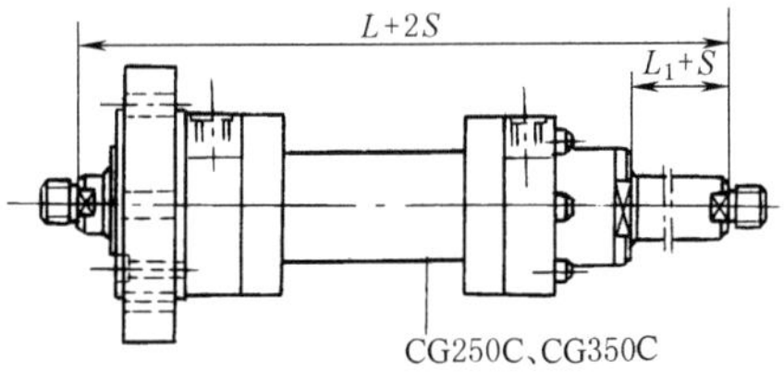	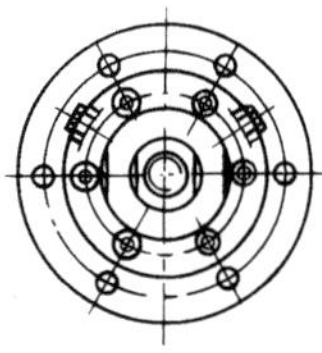	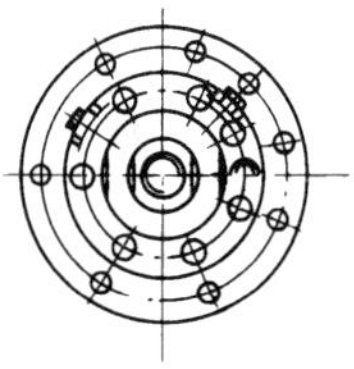

油口连接螺纹尺寸	型号		CG250					CG350				
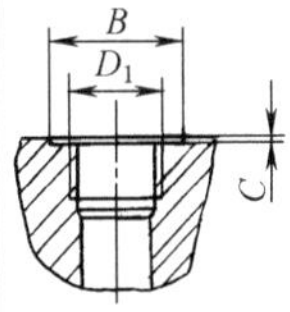	D_1	02	M22×1.5	M27×2	M33×2	M42×2	M48×2	M22×1.5	M27×2	M33×2	M42×2	M48×2
		01	G½	G¾	G1	G1¼	G1½	G1/2	G3/4	G1	G1¼	G1½
	B		34	42	47	58	65	40	42	47	58	65
	C		1	1	1	1	1	5	4	1	1	1

活塞直径		40	50	63	80	100	125	140	160	180	200	220	250	280	320
CG250	L	268	278	324	325	405	474	520	585	635	665	780	814	905	1000
	L_1	17	21	25	15.5	33	32	37/33	40	40/37	40	25	25	35	40
CG350	L	301	302	345	375	405	520	560	640	705	750	810	860	915	970
	L_1	18	18	18	18	18	20	20	30	30	26	18	16	30	45

（4）CD/CG 重载液压缸活塞杆端耳环类型及参数

GA 型球铰耳环、SA 型衬套耳环

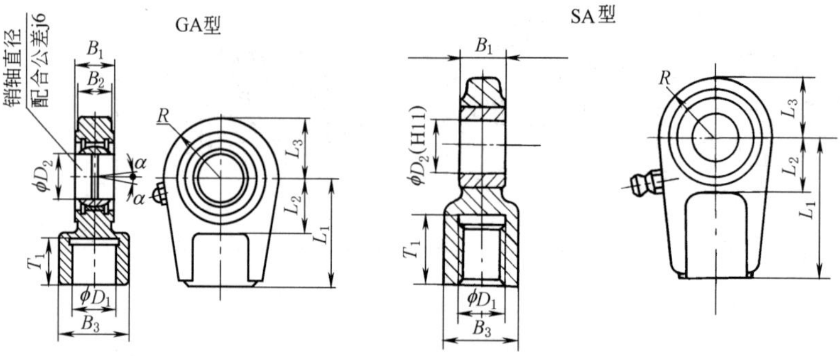

表 20-7-137

mm

CD250、CG250 活塞直径	CD350、CG350 活塞直径	型号	件号	型号	件号	GA、SA										GA	
						$B_{1\,-0.4}^{\ 0}$	B_3	D_1	D_2	L_1	L_2	L_3	R	T_1	质量/kg	α	$B_{2\,-0.2}^{\ 0}$
40		GA 16	303125	SA 16	303150	23	28	M16×1.5	25	50	25	30	28	17	0.4	8°	20
50	40	GA 22	303126	SA 22	303151	28	34	M22×1.5	30	60	30	34	32	23	0.7	7°	22
63	50	GA 28	303127	SA 28	303152	30	44	M28×1.5	35	70	40	42	39	29	1.1	7°	25
80	63	GA 35	303128	SA 35	303153	35	55	M35×1.5	40	85	45	50	47	36	2.0	7°	28
100	80	GA 45	303129	SA 45	303154	40	70	M45×1.5	50	105	55	63	58	46	3.3	7°	35
125	100	GA 58	303130	SA 58	303155	50	87	M58×1.5	60	130	65	70	65	59	5.5	7°	44
140	125	GA 65	303131	SA 65	303156	55	93	M65×1.5	70	150	75	82	77	66	8.6	6°	49
160	140	GA 80	303132	SA 80	303157	60	125	M80×2	80	170	80	95	88	81	12.2	6°	55
180	160	GA 100	303133	SA 100	303158	65	143	M100×2	90	210	90	113	103	101	21.5	6°	60
200	180	GA 110	303134	SA 110	303159	70	153	M110×2	100	235	105	125	115	111	27.5	7°	70
220	200	GA 120	303135	SA 120	303160	80	176	M120×3	110	265	115	142.5	132.5	125	40.7	7°	70
250	220	GA 120	303135	SA 120	303160	80	176	M120×3	110	265	115	142.5	132.5	125	40.7	7°	70
280	250	GA 130	303136	SA 130	303161	90	188	M130×3	120	310	140	180	170	135	76.4	6°	85
320	280	—	—	—	—	—	—	—	—	—	—	—	—	—	—	—	—
	320	—	—	—	—	—	—	—	—	—	—	—	—	—	—	—	—

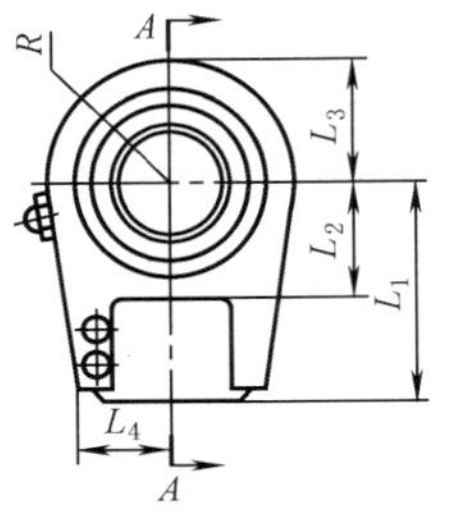

表 20-7-138　GAK 型球铰耳环（带锁紧螺钉）

CD250 CG250 活塞直径	CD350 CG350 活塞直径	型号	件号	$B_{1\,-0.4}^{\;\;0}$	$B_{2\,-0.2}^{\;\;0}$	B_3	D_1	D_2	L_1	L_2	L_3	L_4	R	T_1	CD250、CG250 锁紧螺钉 螺钉	CD250、CG250 锁紧螺钉 力矩 /N·m	CD250、CG250 α	CD350、CG350 锁紧螺钉 螺钉	CD350、CG350 锁紧螺钉 力矩 /N·m	CD350、CG350 α	质量 /kg
40		GAK 16	303162	23	20	28	M16×1.5	25	50	25	30	20	28	17	M6×16	9	8°				0.4
50	40	GAK 22	303163	28	22	34	M22×1.5	30	60	30	34	22	32	23	M8×20	20	7°	M8×20	20	7°	0.7
63	50	GAK 28	303164	30	25	44	M28×1.5	35	70	40	42	27	39	29	M8×20	20	7°	M10×25	40	7°	1.1
80	63	GAK 35	303165	35	28	55	M35×1.5	40	85	45	50	35	47	36	M10×30	40	7°	M12×30	80	7°	2.0
100	80	GAK 45	303166	40	35	70	M45×1.5	50	105	55	63	42	58	46	M12×35	80	7°	M12×30	80	7°	3.3
125	100	GAK 58	303167	50	44	87	M58×1.5	60	130	65	70	54	65	59	M16×50	160	7°	M16×40	160	7°	5.5
140	125	GAK 65	303168	55	49	93	M65×1.5	70	150	75	82	57	77	66	M16×50	160	6°	M16×40	160	6°	8.6
160	140	GAK 80	303169	60	55	125	M80×2	80	170	80	95	66	88	81	M16×50	160	6°	M20×50	300	6°	12.2
180	160	GAK 100	—	65	60	143	M100×2	90	210	90	113	76	103	101	M16×60	160	6°	M20×50	300	5°	21.5
200	180	GAK 110	—	70	70	153	M110×2	100	235	105	125	85	115	111	M20×60	300	7°	M20×50	300	7°	27.5
220	200	GAK 120	—	80	70	176	M120×3	110	265	115	142.5	96	132.5	125	M24×70	500	7°	M24×60	500	6°	40.7
250	220	GAK 120	—	80	70	176	M120×3	110	265	115	142.5	96	132.5	125	M24×70	500	7°	M24×60	500	6°	40.7
280	250	GAK 130	—	90	85	188	M130×3	120	310	140	180	102	170	135	M24×80	500	6°	M30×80	1000	6°	76.4
320	280	—	—	—	—	—	—	—	—	—	—	—	—	—	—	—	—	—	—	—	—
	320	—	—	—	—	—	—	—	—	—	—	—	—	—	—	—	—	—	—	—	—

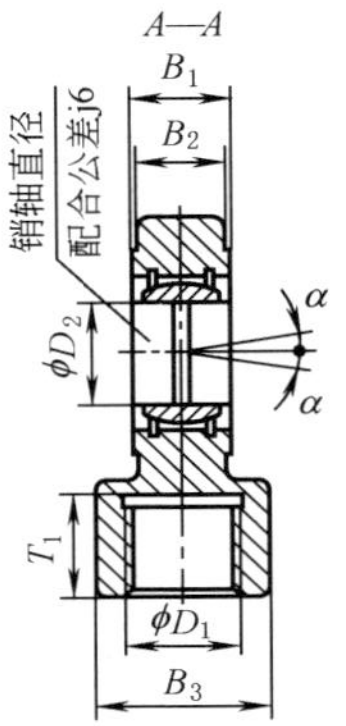

表 20-7-139　GAS 型球铰耳环（带锁紧螺钉）　mm

CD250 CG250 活塞直径	CD350 CG350 活塞直径	型号	件号	$B_{1\,-0.4}^{\;\;0}$	$B_{2\,-0.2}^{\;\;0}$	B_3	D_1	D_2	L_1	L_2	L_3	L_4	R	T_1	锁紧螺钉 螺钉	锁紧螺钉 力矩 /N·m	α	质量 /kg
40		GAS 25	303137	23	20	28	M18×2	25	65	25	30	24	28	30	M8×20	20	8°	0.7
50	40	GAS 30	303138	28	22	34	M24×2	30	75	30	34	27	32	35	M8×20	20	7°	1.0
63	50	GAS 35	303139	30	25	44	M30×2	35	90	40	42	33	39	45	M10×25	40	7°	1.3
80	63	GAS 40	303140	35	28	55	M39×3	40	105	45	50	39	47	55	M12×30	80	7°	2.4
100	80	GAS 50	303141	40	35	70	M50×3	50	135	55	63	45	58	75	M12×30	80	7°	4.1
125	100	GAS 60	303142	50	44	87	M64×3	60	170	65	70	59	65	95	M16×40	160	7°	6.5
140	125	GAS 70	303143	55	49	105	M80×3	70	195	75	83	65	77	110	M16×40	160	6°	9.5
160	140	GAS 80	303144	60	55	125	M90×3	80	210	80	95	76	88	120	M20×50	300	6°	16
180	160	GAS 90	303145	65	60	150	M100×3	90	250	90	113	81	103	140	M20×50	300	5°	28
200	180	GAS 100	303146	70	70	170	M110×4	100	275	105	125	86	115	150	M20×50	300	7°	34
220	200	GAS 110	303147	80	70	180	M120×4	110	300	115	142.5	97	132.5	160	M24×60	500	6°	44
250	220	GAS 110	303147	80	70	180	M120×4	110	300	115	142.5	97	132.5	160	M24×60	500	6°	44
280	250	GAS 120	303148	90	85	210	M150×4	120	360	140	180	112	170	190	M24×60	500	6°	75
320	280	GAS 140	—	110	90	230	M160×4	140	420	185	200	123	190	200	M30×80	1000	7°	160
	320	GAS 160	303149	110	105	260	M180×4	160	460	200	250	138	240	220	M30×80	1000	8°	235

8.2.4.2 带位移传感器的CD/CG250系列液压缸

在重载液压缸基础上设计、研制的带位移传感器的液压缸，可以在所选用的行程范围内，在任意位置输出精确的控制信号，是可以在各种生产线上进行程序控制的液压缸。

（1）型号意义

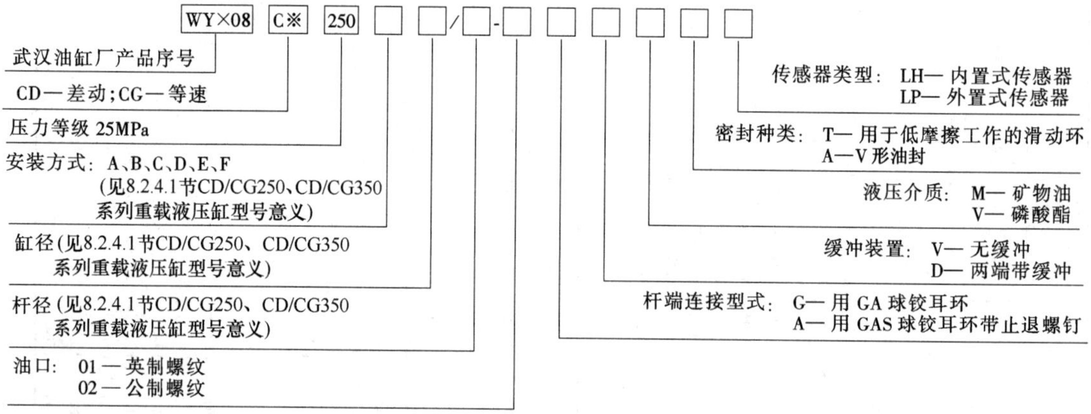

（2）技术参数

表 20-7-140

额定压力	25MPa	使用温度	-20~80℃	非线性	0.05mm	重复性	0.002mm
最高工作压力	37.5MPa	最大速度	1m/s	滞后	<0.02mm	电源	24V DC
最低启动压力	<0.2MPa	工作介质	矿物油、水-乙二醇等	输出	测量电路的脉冲时间		
传感器性能				安装位置	任意		
测量范围	25~3650mm	分辨率	0.1mm	接头选型	D60接头		

（3）行程及产品质量

带位移传感器CD、CG液压缸的许用行程

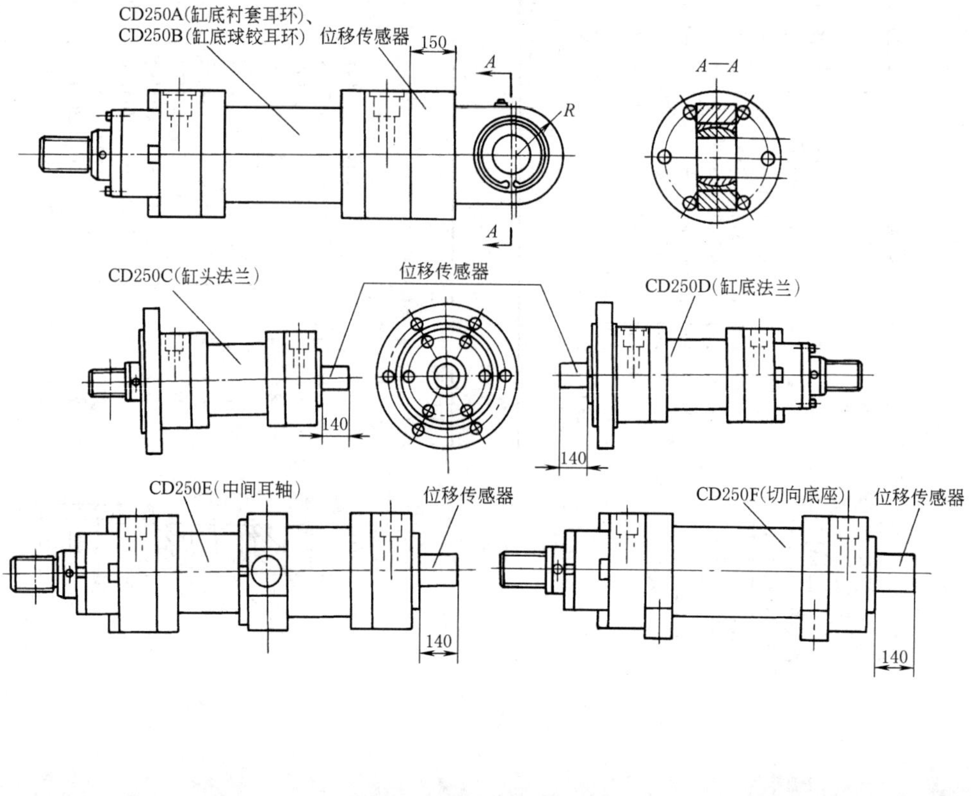

表 20-7-141 mm

安装方式	活塞杆直径	缸径													
		40	50	63	80	100	125	140	160	180	200	220	250	280	320
150(装传感器尺寸)															
A、B 型缸底耳环	A	40	140	210	280	360	465	795	840	885	1065	1205	1445	1630	1710
	B	225	335	435	545	695	960	1055	1095	1260	1445	1730	1965	2150	2215
140(装传感器尺寸)															
C 型缸头法兰	A	445	740	990	1235	1520	1915	2905	3120	3330	3890	4440	5155	5825	6205
	B	965	1295	1615	1990	2480	3310	3640	3835	4390	4975	5920	6630	7305	7635
D 型缸底法兰	A	120	265	375	505	610	785	1260	1350	1430	1700	1930	2280	2575	2730
	B	380	545	690	885	1095	1480	1630	1705	1965	2240	2675	3020	3310	3445
E 型中间耳轴	A	445	740	990	1235	1520	1915	2905	3120	3330	3890	4440	5155	5825	6205
	B	965	1295	1615	1990	2480	3310	3640	3835	4390	4975	5920	6630	7305	7635
F 型切向底座	A	135	265	375	480	600	760	1210	1295	1370	1625	1850	2180	2460	2600
	B	380	530	670	835	1050	1415	1560	1630	1875	2135	2550	2875	3155	3270

注：A、B 表示活塞杆的两种不同的直径。

表 20-7-142 **产品质量 $m=X+Y\times$行程** kg

安装方式	系数		缸径													
			40	50	63	80	100	125	140	160	180	200	220	250	280	320
A、B 型	X		5	7.5	13	18	34	76	99	163	229	275	417	571	712	1096
	Y	A	0.011	0.015	0.020	0.030	0.050	0.078	0.105	0.136	0.170	0.220	0.262	0.346	0.387	0.510
		B	0.015	0.019	0.024	0.039	0.060	0.092	0.122	0.156	0.192	0.246	0.299	0.387	0.434	0.562
C、D 型	X		9	13	22	26	48	95	120	212	273	334	485	643	784	1263
	Y	A	0.011	0.015	0.020	0.030	0.050	0.078	0.105	0.136	0.170	0.220	0.262	0.346	0.387	0.510
		B	0.015	0.019	0.024	0.039	0.060	0.092	0.122	0.156	0.192	0.246	0.299	0.387	0.434	0.562
E 型	X		8	11	20	23	40	90	122	187	275	322	501	658	845	1274
	Y	A	0.013	0.019	0.028	0.042	0.069	0.108	0.155	0.197	0.244	0.316	0.383	0.507	0.587	0.757
		B	0.010	0.027	0.036	0.058	0.090	0.142	0.183	0.230	0.288	0.366	0.457	0.587	0.680	0.860
F 型	X		7	10	17.5	20	35	85	111	184	285	302	510	589	816	1171
	Y	A	0.011	0.015	0.020	0.030	0.050	0.078	0.105	0.136	0.170	0.220	0.262	0.346	0.387	0.510
		B	0.015	0.019	0.024	0.039	0.060	0.092	0.122	0.156	0.192	0.246	0.299	0.387	0.434	0.562

注：行程的单位以 mm 计。

.2.4.3 C25、D25 系列高压重型液压缸

本系列共有 16 个缸径规格，各有 2×8 个装配方式，组成 256 个品种。液压缸为双作用单活塞型式，分差动工和等速缸，带（或不带）可调缓冲，可配防护罩。C25、D25 系列全部可配置接近开关，C25 系列缸径 $D=50\sim$00mm 均可配置内置式位移传感器。基本性能参数符合国家标准和 ISO 标准，安装方式和尺寸符合德国钢厂标准，与 REXROTH 公司的“CD250、CG250”、意大利 FOSSA 公司的“DINTYPE200/250”系列一致，也与英国 LRAM 公司的“Series 250K”系列基本一致。适用于冶金、矿山、起重、运输、船舶、锻压、铸造、机床、煤炭、石油、化工、军工等工业部门。

(1) 型号意义

□ 25 □ □ □ □ / - □ □ □ - □

C—差动缸;D—等速缸

最大工作压力25MPa

装配方式:WE—尾部耳环式
TF—头部法兰式
WF—尾部法兰式
ZB—中部摆轴式
JG—脚架固定式

K—带高压接近开关;N—带内置式位移传感器

内置式位移传感器编号(见表20-7-147)

内置式位移传感器输出代号(见表20-7-147)

缸径D/杆径d	缸径D/杆径d	缸径D/杆径d	缸径D/杆径d
40/22	100/56	180/110	280/180
40/28	100/70	180/125	280/200
50/28	125/70	200/125	320/200
50/36	125/90	200/140	320/220
63/36	140/90	220/140	360/220
63/45	140/100	220/160	360/250
80/45	160/100	250/160	400/250
80/56	160/110	250/180	400/280

行程S(mm)(填入具体数字)

油口	
	M—ISO公制螺纹
	G—BSP英制标准(圆柱管螺纹)

杆端型式

	Ⅰ	Ⅱ	Ⅲ①	ⅠA	ⅡB	ⅢC①	①可加扁螺母或垫圈进行适量调整
差动缸	ISO标准螺纹	DIN短型螺纹	DIN加强型螺纹	Ⅰ、Ⅱ、Ⅲ型螺纹分别带扁头			
等速缸				ⅠAi	ⅡBi	Ⅲ①Ci	
				i=1,带一个扁头			
				i=2,带两个扁头			

特殊要求		标记
密封件全部为进口件		H
油口位置(面对缸头)		下、左、右、左上、右上、左下、右下
外表颜色		红、黄……
杆端加长		T(mm)
ZB型摆轴位置		K(mm)
介质:水-乙二醇		W
不要缓冲(面对图示)	左不	L
	右不	R
	左右不	N
活塞杆材质1Cr17Ni2		S
特殊装配		附简图订货
其他		

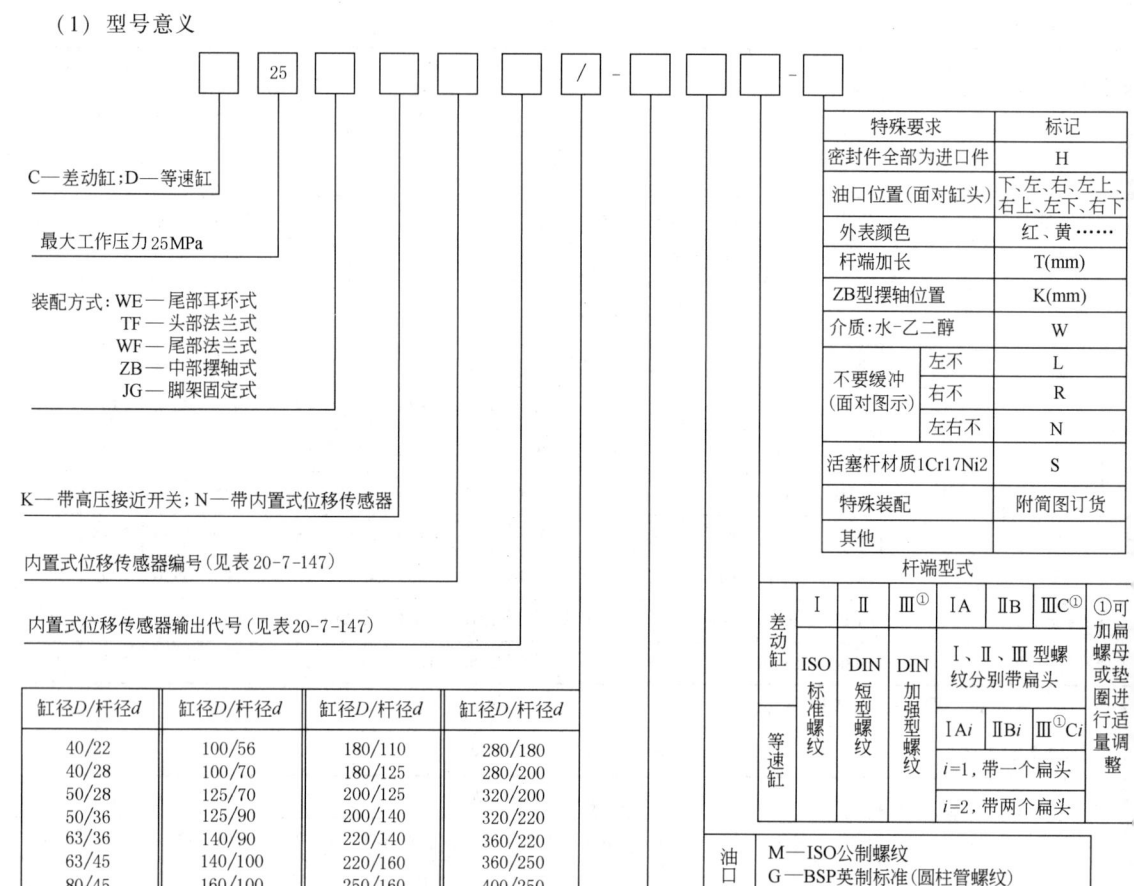

标记示例:

例1 差动缸,中部摆轴式,D/d=100/70,行程S=1000mm,摆轴至杆端距离500mm,油口为公制螺纹,杆端型式ⅠA,杆端加长200mm,活塞杆材质1Cr17Ni2,标记为

液压缸 C25ZB100/70-1000MIA-K500 T200 S

例2 等速缸,头部法兰式,两端带高压接近开关,D/d=140/100,行程S=800mm,油口为圆柱管螺纹,杆端型式ⅡB(带两个扁头),油口在下,介质为水-乙二醇,标记为

液压缸 D25TFK140/100-800GⅡB2-下 W

例3 差动缸,脚架固定式,带内置式位移传感器(编号4),输出代号A2(输出电流为0~20mA),D/d=180/125,行程S=600mm,油口为公制螺纹,杆端型式ⅢC,标记为

液压缸 C25JGN4 (A2) 180/125-600MⅢC

标记中无特殊要求时,按以下情况供货:介质为矿物油;油口在上方(当液压缸两端带高压接近开关时,面对缸头,油口在右或右下位置);两端缓冲;国产密封件(当液压缸带内置式位移传感器时,采用进口密封件);外表果绿色;活塞杆材质为45钢;ZB型液压缸的摆轴位于中间位置。

(2) 技术规格

① 技术性能

表 20-7-143

最大工作压力p/MPa	25(矿物油),20(水-乙二醇)	液压缸全长公差/mm	
静态试验压力p_s/MPa	37.5(矿物油),30(水-乙二醇)	装配长度=固定长度+行程	允许偏差
适应介质	矿物油、水-乙二醇或其他介质	0~500	±1.5
工作温度/℃	-20~80	501~1250	±2
介质黏度/$mm^2 \cdot s^{-1}$	运动黏度2.8~380	1251~3150	±3
最高运行速度/$m \cdot s^{-1}$	0.5	3151~8000	±5

② 基本参数

表 20-7-144

液压缸内径	活塞杆直径	面积比	活塞面积	活塞杆面积	环形面积	使用工作压力/MPa									
						5		10		15		20		25	
						推力 F_1/kN,拉力 F_2/kN									
D/mm	d/mm	$\varphi=\frac{A}{A_2}$	A/cm^2	A_1/cm^2	A_2/cm^2	F_1	F_2	F_1	F_2	F_1	F_2	F_1	F_2	F_1	F_2
40	22 28	1.4 2	12.57	3.80 6.16	8.77 6.41	6.28	4.38 3.20	12.56	8.76 6.40	18.84	13.14 9.60	25.12	17.52 12.80	31.42	21.90 16.00
50	28 36	1.4 2	19.63	6.16 10.18	13.47 9.45	9.82	6.74 4.73	19.64	13.48 9.46	29.46	20.22 14.19	39.28	26.96 18.92	49.10	33.70 23.65
63	36 45	1.4 2	31.17	10.18 15.90	20.99 15.27	15.58	10.50 7.63	31.17	21.00 15.26	46.75	31.50 22.89	62.34	42.00 30.52	77.90	52.50 38.15
80	45 56	1.4 2	50.26	15.90 24.63	34.36 25.63	25.13	17.18 12.82	50.27	34.36 25.64	75.40	51.54 38.46	100.54	68.72 51.28	125.65	85.90 64.10
100	56 70	1.4 2	78.54	24.63 38.48	53.91 40.06	39.27	26.95 20.03	78.54	53.90 40.06	117.81	80.85 60.09	157.08	107.80 80.12	196.35	134.75 100.15
125	70 90	1.4 2	122.72	38.48 63.62	84.24 59.10	61.35	42.10 29.55	122.70	84.20 59.10	184.05	126.30 88.65	245.40	168.40 118.20	306.75	210.50 147.75
140	90 100	1.6 2	153.94	63.62 78.54	90.32 75.40	76.95	45.15 37.70	153.90	90.30 75.40	230.85	135.45 113.10	307.80	180.60 150.80	384.75	225.80 188.50
160	100 110	1.6 2	201.06	78.54 95.03	122.52 106.03	100.50	61.25 53.00	201.00	122.50 106.00	301.05	183.75 159.00	402.00	245.00 212.00	502.50	306.30 265.00
180	110 125	1.6 2	254.47	95.03 122.72	159.44 131.75	127.23	79.70 65.87	254.47	159.40 131.75	381.70	239.10 197.60	508.94	318.86 263.50	636.17	398.60 329.38
200	125 140	1.6 2	314.16	122.72 153.94	191.44 160.22	157.05	95.70 80.10	314.16	191.40 160.20	471.15	287.10 240.30	628.20	382.80 320.40	785.25	478.60 400.55
220	140 160	1.6 2	380.13	153.94 201.06	226.19 179.07	190.00	113.00 89.53	380.10	226.20 179.00	570.20	339.00 268.60	760.26	452.38 358.14	950.33	565.48 447.68
250	160 180	1.6 2	490.87	201.06 254.47	289.81 236.40	245.40	144.90 118.20	490.87	289.80 236.40	736.30	434.70 354.60	981.70	579.60 472.80	1227.20	724.53 591.00
280	180 200	1.6 2	615.75	254.47 314.16	361.28 301.59	307.80	180.60 150.80	615.75	361.30 301.60	923.63	541.90 452.40	1231.50	722.56 603.20	1539.40	903.20 754.00
320	200 220	1.6 2	804.25	314.16 380.13	490.09 424.12	402.10	245.00 212.00	804.25	490.00 424.00	1206.40	735.10 636.20	1608.50	980.20 848.20	2010.60	1225.20 1060.30
360	220 250	1.6 2	1017.88	380.13 490.87	637.75 527.01	508.90	318.90 263.50	1017.90	637.80 527.00	1526.80	956.60 790.50	2035.80	1275.50 1054.00	2544.70	1594.40 1317.50
400	250 280	1.6 2	1256.64	490.87 615.75	765.77 640.89	628.30	382.90 320.40	1256.60	765.80 640.90	1885.00	1148.70 961.30	2513.30	1531.50 1281.80	3141.60	1914.40 1602.20

③ 行程选择

表 20-7-145 优先行程系列（GB/T 2349） mm

25	40	50	63	80	90	100	110	125	140	160	180	200
220	240	250	260	280	300	320	350	360	380	400	420	450
480	500	530	550	600	630	650	700	750	800	850	900	950
1000	1050	1100	1200	1250	1300	1400	1500	1600	1700	1800	1900	2000
2100	2200	2400	2500	2600	2800	3000	3200	3400	3600	3800	4000	…

注：活塞行程应首先按本表选择，或根据实际需要自行确定。选择的行程要进行稳定性计算，计算方法是按实际压缩载荷验算。

④ 带接近开关的液压缸　在普通型 C25、D25 系列高压重型液压缸（缸径 D=40~400mm 均可）的两端极限位置上，设置抗高压型电感式接近开关，可使装置紧凑，安装调整方便，省去运动机构上设计和安装极限开关的烦琐环节，可为设计和安装调整提供很大的方便。接近开关的技术特性见表 20-7-146。

表 20-7-146　　接近开关的技术特性

项目	参数	项目	参数
动作距离 S_n	2mm	过载脱扣	≥220mA
允许压力(静态/动态)	50MPa/35MPa	接通延时	≤8ms
电源电压(工作电压)	10~30V DC	瞬时保护	2kV,1ms,1kΩ
波峰电压 V_{pp}(余波)	≤10%	开关频率	2000Hz
空载电流	≤7.5mA	开关滞后	3%~15%
输出状态	NO pnp	温度误差	±10%
连续负载电流	≤200mA	重复精度	≤2%
电压降	≤1.8V	防护等级(DIN 40050)	IP67
极性保护	有	温度范围	-25~70℃
断线保护	有	固定转矩	25N·m
短路保护	有	接线方式	conproxDC

当液压缸带接近开关时，液压缸的油口位置就不在正上方，而在右方或右下方（面对缸头）的位置，也可按用户要求供货。

⑤ 带内置式位移传感器的液压缸　在 C25 系列高压重型液压缸（缸径 D=50~400mm）上可配置内置式位移传感器，以实现对液压缸高速、精确的自动控制。

位移传感器是利用磁致伸缩的原理进行工作的，当运动的磁铁磁场和传感器内波导管电流脉冲所产生的磁场相交时便产生一个接一个连续不断的应变脉冲，从而感测出活塞的运动位置（或运动速度）。由于传感器元件都是非接触的，连续不断的感测过程不会对传感器造成任何磨损。可用于高温、高压、高振荡和高冲击的工作环境。

根据不同功用，位移传感器有多种输出选择，详见表 20-7-147。

表 20-7-147　　位移传感器的技术特性

传感器系列	位移传感器Ⅲ型			位移传感器 L 型	
编号	1	2	3	4	5
输出方式	模　拟	SSI	CANbus 总线	模　拟	数　字
测量数据	位置,速度	位置	位置,速度	位置	位置
测量范围	RH 外壳:25~7620mm	RH 外壳:25~7620mm	RH 外壳:25~7620mm	25~2540mm	25~7620mm
分辨率	16 位 D/A 或 0.025mm	标准 5μm(最高 2μm)	标准 5μm(最高 2μm)	无限(取决于控制器 D/A 与电源波动)	0.1mm(最高 0.006mm,需 MK292 卡)
非线性度	满量程的±0.01%或±0.05mm(以较高者为准)			满量程的±0.02%或±0.05mm(以较高者为准)	
重复精度	满量程的±0.001%或±2μm(以较高者为准)			满量程的±0.001%或±0.002mm(以较高者为准)	

续表

传感器系列	位移传感器Ⅲ型			位移传感器L型	
编号	1	2	3	4	5
滞后	<0.004mm	<0.004mm	<0.004mm	<0.02mm	<0.02mm
输出（代号=……）	V01=0~10V V11=10~0V A01=4~20mA A11=20~4mA A21=0~20mA A31=20~0mA	SB=SSI,二进制（24位或25位） SG=SSI,格雷码（24位或25位）	C=CAN总线协议 CAN 2.0A	V0=0~10V或10~0V A0=4~20mA A1=20~4mA A2=0~20mA A3=20~0mA	R0=RS422（开始/停止） D=PWM脉宽调制
速度输出	0.1~10m/s	不适用	0.1~10m/s	不适用	不适用
电源	24V $DC^{+20}_{-15}\%$	24V $DC^{+20}_{-15}\%$	24V $DC^{+20}_{-15}\%$	13.5~26.4V DC±10%（适用于行程$S\leqslant1520$mm） 24V DC±10%（适用于行程$S>1520$mm）	
用电量	100mA	100mA	100mA	120mA	100mA
工作温度	-40~75℃	-40~75℃	-40~75℃	-40~70℃	-40~70℃
可调范围	100%可调零点及满量程	不适用	不适用	5%可调零点及满量程	5%可调零点及满量程
更新时间	一般≤1ms（按量程变化）	一般≤1ms（按量程变化）	一般≤1ms（按量程变化）	≤3ms	≤3ms
工作压力	静态:5000psi 峰值:10000psi	静态:5000psi 峰值:10000psi	静态:5000psi 峰值:10000psi	静态:5000psi 峰值:10000psi	静态:5000psi 峰值:10000psi
接头选型	RGO金属接头（7针）	RGO金属接头（7针）	RGO金属接头（7针）	RG金属接头（7针）	RG金属接头（7针）
其他产品	位移传感器Ⅲ型中还有DeviceNet总线和Profibus-DP总线两种输出方式，如用户需要另行商议				

注：1. 位移传感器L型系列供一般应用，Ⅲ型系列则为高精度、高性能的智能型传感器，其分辨率、重复精度和滞后性等都高于前者，价格也比较高。

2. 位移传感器的配套产品有：MK292数字输出板；AOM模拟输出板块（标准盒子型或插板式）；AK288模拟输出卡；TDU数字显示表；TLS可编程限位开关；SSI-1016串联同步界面卡等输出界面产品。如用户需要，可一并订货。

3. 外置式位移传感器，如用户需要另行商定。

4. 1psi=6894.76Pa。

（3）外形尺寸

C25WE、C25WEK、C25WENi型

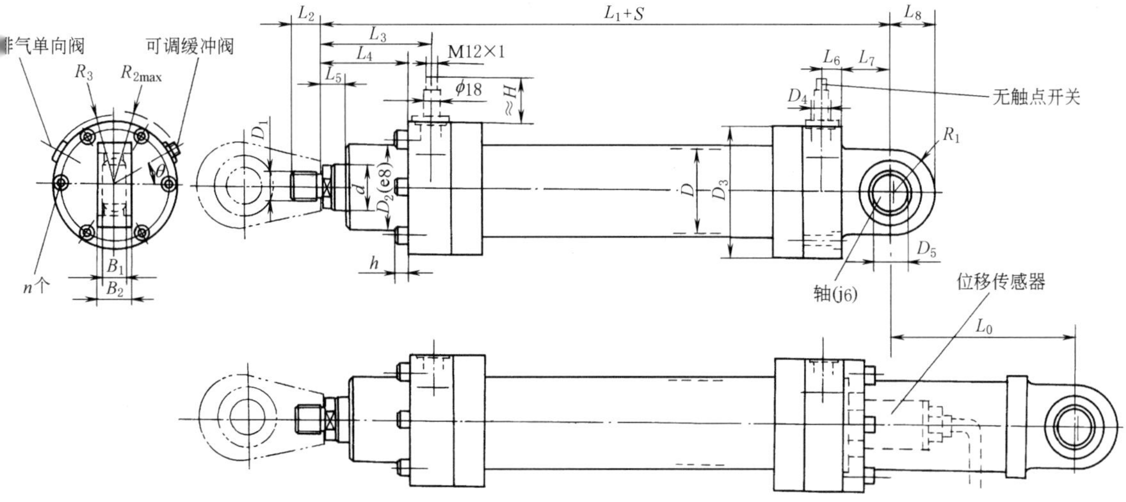

表 20-7-148

mm

D		40	50	63	80	100	125	140	160	180	200	220	250	280	320	360	400
d		22/28	28/36	36/45	45/56	56/70	70/90	90/100	100/110	110/125	125/140	140/160	160/180	180/200	200/220	220/250	250/28
L(缓冲长度)		20	20	25	30	35	50	50	55	65	70	80	90	90	100	110	120
D_1	Ⅰ型	M16×1.5	M22×1.5	M30×2	M36×2	M48×2	M56×2	M72×3	M80×3	M100×3	M110×3	M125×4	M125×4	M140×4	M160×4	M180×4	M200×4
	Ⅱ型	M16×1.5	M22×1.5	M28×1.5	M35×1.5	M45×1.5	M58×1.5	M65×1.5	M80×2	M100×2	M110×2	M120×3	M120×3	M130×3	—	—	—
	Ⅲ型	M18×2	M24×2	M30×2	M39×3	M50×3	M64×3	M80×3	M90×3	M100×3	M110×4	M120×4	M120×4	M150×4	M160×4	M180×4	M200×4
D_2		50	64	75	95	115	135	155	180	200	215	245	280	305	350	400	450
D_3		80	100	120	140	170	205	225	265	290	315	355	400	440	500	550	620
D_4	公制	M18×1.5	M22×1.5	M27×2	M27×2	M33×2	M42×2	M42×2	M42×2	M50×2	M50×2	M50×2	M50×2	M50×2	M50×2	M60×2	M60×2
	英制	G3/8	G1/2	G3/4	G3/4	G1	G1¼	G1¼	G1¼	G1½	G1½	G1½	G1½	G1½	G1½	G2	G2
D_5		25	30	35	40	50	60	70	80	90	100	110	110	120	140	160	180
L_1		252	265	302	330	385	447	490	550	610	645	750	789	884	980	1080	1190
L_2	Ⅰ型	22	30	40	50	63	75	85	95	112	112	125	125	140	160	180	200
	Ⅱ型	16	22	28	35	45	58	65	80	100	110	120	120	130	—	—	—
	Ⅲ型	30	35	45	55	75	95	110	120	140	150	160	160	190	200	220	260
L_3		76	80	89.5	87.5	112.5	129.5	142.5	160	175	180	220	230	260	295	320	360
L_4		54	58	67	65	85	97	105	120	130	135	155	165	170	195	210	230
L_5		17	20	20	20	30	30	30	35	35	40	40	40	40	40	50	50
L_6		23	23	22.5	32.5	27.5	32.5	37.5	40	50	50	65	65	90	100	110	130
L_7		35	40	45	60	65	70	75	85	95	105	125	140	150	175	200	220
L_8		28	32.5	40	50	62.5	70	82	95	113	125	142.5	160	180	200	230	260
R_1		28	32.5	40	50	62.5	65	77	88	103	115	132.5	150	170	190	215	245
R_2		56.5	61	75.5	81.5	99	113	133	149	172.5	182.5	210	230	261	287	330	360
R_3		53	57.5	70.5	76.5	81	107	123	139	158.5	168.5	192	212	239	265	302	332
B_1		20	22	25	28	35	44	49	55	60	70	70	70	85	90	105	105
B_2		23	28	30	35	40	50	55	60	65	70	80	80	90	110	120	130
θ		30°	30°	30°	30°	30°	30°	45°	45°	45°	45°	45°	45°	45°	45°	54°	54°
n		6	6	6	6	6	6	8	8	8	8	8	8	8	8	10	10
h		10	12.5	15	15	20	25	25	30	30	37.5	37.5	45	45	52.5	52.5	60
H		29	28	28	29	31	29	34	29	34	39	39	36	39	39	39	39
L_0		—	190	190	200	200	210	210	220	220	230	230	240	240	250	250	260
Δ /kg·mm^{-1}		0.013/0.016	0.02/0.023	0.026/0.034	0.037/0.05	0.057/0.068	0.076/0.096	0.127/0.139	0.136/0.149	0.171/0.192	0.219/0.244	0.282/0.319	0.424/0.466	0.476/0.523	0.612/0.663	0.743/0.829	0.934/1.031
J /kg	Ⅰ、Ⅱ、Ⅲ	6.5/6.6	10.5/10.6	16.6/16.9	25.1/25.3	44/45	75/76	101/102	152/153	208/209	265/267	402/404	536/539	752/756	1085/1088	1440/1448	2048/2055
	ⅠA、ⅡB、ⅢC	7.3/7.4	11.4/11.6	18.0/18.3	27.5/27.7	48/49	83/84	112/113	169/170	234/235	295/298	448/450	583/586	840/844	1204/1207	1580/1588	2234/2241
F(WENi 附加)/kg			2.8	3.9	6.0	9.7	14.4	19.0	28.6	35.2	46.8	60.1	86.5	102.0	149.0	184.9	265.1
液压缸质量：$Q \approx J+\Delta S+F$(kg)																	

注：尺寸 H 只用于 C25WEK 型；尺寸 L_0 只用于 C25WENi 型。

C25TF、C25TFK、C25TFNi 和 C25WF、C25WFK、C25WFNi 型

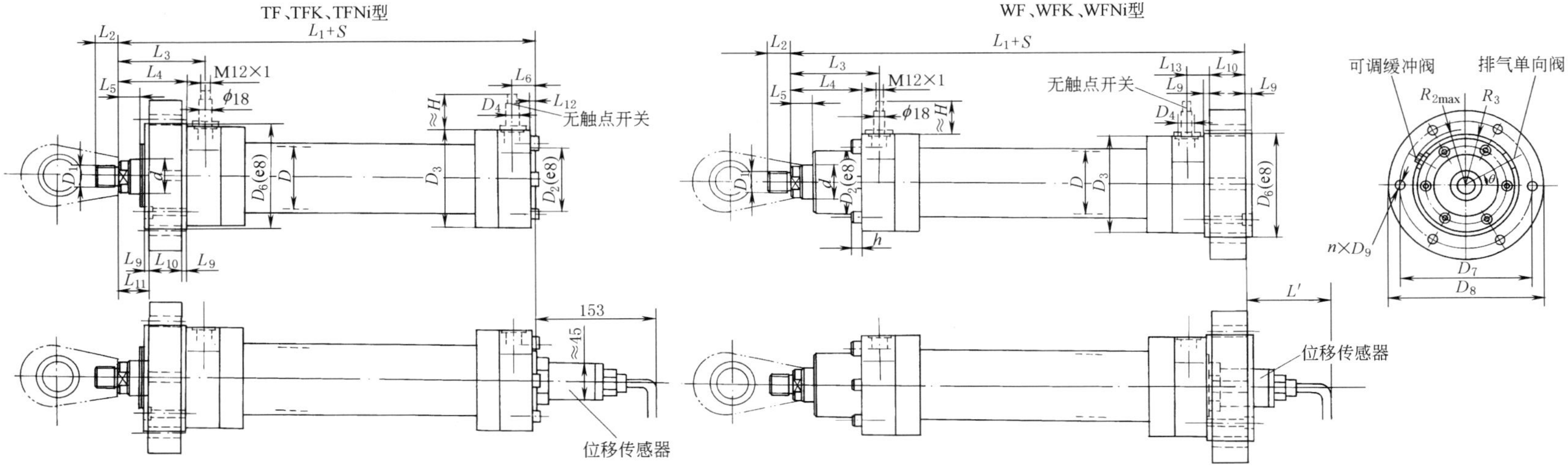

表 20-7-149

mm

TF、WF	D		40	50	63	80	100	125	140	160	180	200	220	250	280	320	360	400
	d		22/28	28/36	36/45	45/56	56/70	70/90	90/100	100/110	110/125	125/140	140/160	160/180	180/200	200/220	220/250	250/280
	L(缓冲长度)		20	20	25	30	35	50	50	55	65	70	80	90	90	100	110	120
	D_1	Ⅰ型	M16×1.5	M22×1.5	M30×2	M36×2	M48×2	M56×2	M72×3	M80×3	M100×3	M110×3	M125×4	M125×4	M140×4	M160×4	M180×4	M200×4
		Ⅱ型	M16×1.5	M22×1.5	M28×1.5	M35×1.5	M45×1.5	M58×1.5	M65×1.5	M80×2	M100×2	M110×2	M120×3	M120×3	M130×3	—	—	—
		Ⅲ型	M18×2	M24×2	M30×2	M39×3	M50×3	M64×3	M80×3	M90×3	M100×3	M110×4	M120×4	M120×4	M150×4	M160×4	M180×4	M200×4
	D_2		50	64	75	95	115	135	155	180	200	215	245	280	305	350	400	450
	D_3		80	100	120	140	170	205	225	265	290	315	355	400	440	500	550	620
	D_4	公制	M18×1.5	M22×1.5	M27×2	M27×2	M33×2	M42×2	M42×2	M42×2	M50×2	M50×2	M50×2	M50×2	M50×2	M50×2	M60×2	M60×2
		英制	G3/8	G1/2	G3/4	G3/4	G1	G1¼	G1¼	G1¼	G1½	G1½	G1½	G1½	G1½	G1½	G2	G2
	D_6		90	110	130	145	175	210	230	275	300	320	370	415	450	510	570	640
	D_7		108	130	155	170	205	245	265	325	360	375	430	485	520	600	660	740
	D_8		130	160	185	200	245	295	315	385	420	445	490	555	590	680	740	830
	D_9		9.5	11.5	14	14	18	22	22	26	26	33	33	39	39	45	45	52

续表

TF、WF	D		40	50	63	80	100	125	140	160	180	200	220	250	280	320	360	400
	L_2	Ⅰ型	22	30	40	50	63	75	85	95	112	112	125	125	140	160	180	200
		Ⅱ型	16	22	28	35	45	58	65	80	100	110	120	120	130	—	—	—
		Ⅲ型	30	35	45	55	75	95	110	120	140	150	160	160	190	200	220	260
	L_3		76	80	89.5	87.5	112.5	129.5	142.5	160	175	180	220	230	260	295	320	360
	L_4		54	58	67	65	85	97	105	120	130	135	155	165	170	195	210	230
	L_5		17	20	20	20	30	30	30	35	35	40	40	40	40	40	50	50
	L_9		5	5	5	5	5	5	10	10	10	10	10	10	10	10	10	10
	L_{10}		30	30	35	35	45	50	50	60	70	75	85	85	95	120	130	140
	R_2		56.5	61	75.5	81.5	99	113	133	149	172.5	182.5	210	230	261	287	330	360
	R_3		53	57.5	70.5	76.5	81	107	123	139	158.5	168.5	192	212	239	265	302	332
	θ		30°	30°	30°	30°	30°	30°	45°	45°	45°	45°	45°	45°	45°	45°	54°	54°
	n		6	6	6	6	6	6	8	8	8	8	8	8	8	8	10	10
	h		10	12.5	15	15	20	25	25	30	30	37.5	37.5	45	45	52.5	52.5	60
	H		29	28	28	29	31	29	34	29	34	39	39	36	39	39	39	39
TF、TFK、TFNi	L_1		226	234	262	275	325	382	420	475	515	540	635	659	744	815	890	980
	L_6		32	32	27.5	37.5	32.5	37.5	42.5	50	50	50	75	75	100	110	120	140
	L_{11}		19	23	27	25	35	42	45	50	50	50	60	70	65	65	70	80
	L_{12}		5	5	5	5	5	5	5	10	10	10	10	10	10	10	10	10
WF、WFK、WFNi	L_1		256	264	297	310	370	432	475	535	585	615	720	744	839	935	1020	1120
	L_{13}		32	32	27.5	37.5	32.5	37.5	47.5	50	50	50	75	75	100	110	120	140
	L'		—	118	113	113	103	98	88	83	73	68	58	58	48	23	13	3
TF、WF	Δ /kg·mm^{-1}		0.013/0.016	0.02/0.023	0.026/0.034	0.037/0.05	0.057/0.068	0.076/0.096	0.127/0.139	0.136/0.149	0.171/0.192	0.219/0.244	0.282/0.319	0.424/0.466	0.476/0.523	0.612/0.663	0.743/0.829	0.934/1.031
	J /kg	Ⅰ、Ⅱ、Ⅲ	9.2/9.3	14.3/14.4	21.9/22.1	29.9/30.1	52/53	87/88	121/122	188/189	250/252	305/307	458/460	610/613	836/840	1230/1233	1611/1619	2270/2277
		ⅠA、ⅡB、ⅢC	9.9/10	15.3/15.4	23.3/23.5	32.3/32.5	56/57	95/96	131/132	205/206	276/278	335/337	504/507	657/660	924/928	1349/1352	1751/1759	2459/2464
	液压缸质量：$Q \approx J+\Delta S$（kg）																	

注：尺寸 H 只用于 C25TFK 和 C25WFK 型；尺寸 L' 只用于 C25WFNi 型；尺寸 153 只用于 C25TFNi 型

C25ZB、C25ZBK、C25ZBNi 型

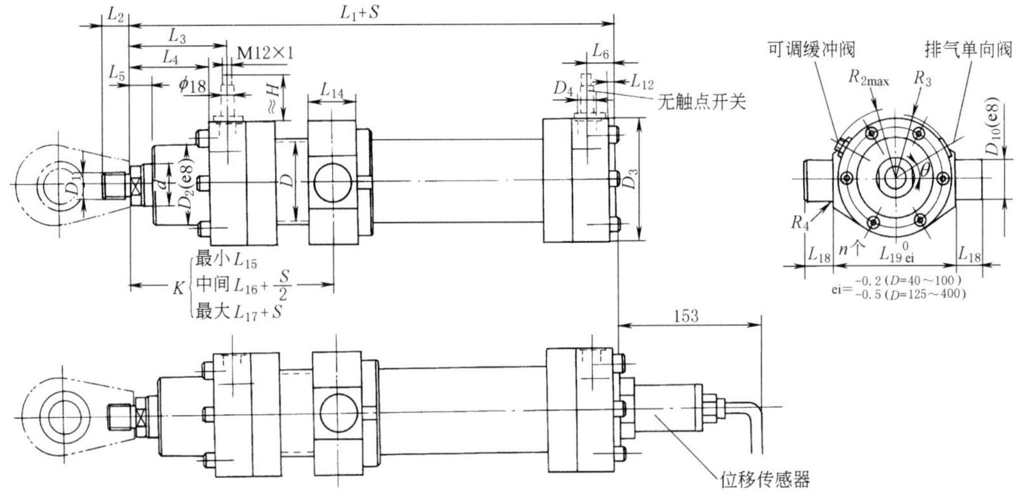

表 20-7-150　　mm

D		40	50	63	80	100	125	140	160	180	200	220	250	280	320	360	400
d		22/28	28/36	36/45	45/56	56/70	70/90	90/100	100/110	110/125	125/140	140/160	160/180	180/200	200/220	220/250	250/280
S_{min}		20	20	20	30	30	30	30	30	30	30	50	80	120	150	180	200
L(缓冲长度)		20	20	25	30	35	50	50	55	65	70	80	90	90	100	110	120
D_1	Ⅰ型	M16×1.5	M22×1.5	M30×2	M36×2	M48×2	M56×2	M72×3	M80×3	M100×3	M110×3	M125×4	M125×4	M140×4	M160×4	M180×4	M200×4
	Ⅱ型	M16×1.5	M22×1.5	M28×1.5	M35×1.5	M45×1.5	M58×1.5	M65×1.5	M80×2	M100×2	M110×2	M120×3	M120×3	M130×3	—	—	—
	Ⅲ型	M18×2	M24×2	M30×2	M39×3	M50×3	M64×3	M80×3	M90×3	M100×3	M110×4	M120×4	M120×4	M150×4	M160×4	M180×4	M200×4
D_2		50	64	75	95	115	135	155	180	200	215	245	280	305	350	400	450
D_3		80	100	120	140	170	205	225	265	290	315	355	400	440	500	550	620
D_4	公制	M18×1.5	M22×1.5	M27×2	M27×2	M33×2	M42×2	M42×2	M42×2	M50×2	M50×2	M50×2	M50×2	M50×2	M50×2	M60×2	M60×2
	英制	G3/8	G1/2	G3/4	G3/4	G1	G1¼	G1¼	G1¼	G1½	G1½	G1½	G1½	G1½	G1½	G2	G2
D_{10}		30	30	35	40	50	60	65	75	85	90	100	110	130	160	180	200
L_1		226	234	262	275	325	382	420	475	515	540	635	659	744	815	890	980
L_2	Ⅰ型	22	30	40	50	63	75	85	95	112	112	125	125	140	160	180	200
	Ⅱ型	16	22	28	35	45	58	65	80	100	110	120	120	130	—	—	—
	Ⅲ型	30	35	45	55	75	95	110	120	140	150	160	160	190	200	220	260
L_3		76	80	89.5	87.5	112.5	129.5	142.5	160	175	180	220	230	260	295	320	360
L_4		54	58	67	65	85	97	105	120	130	135	155	165	170	195	210	230
L_5		17	20	20	20	30	30	30	35	35	40	40	40	40	40	50	50
L_6		32	32	27.5	37.5	32.5	37.5	42.5	50	50	50	75	75	100	110	120	140
L_{12}		5	5	5	5	5	5	5	10	10	10	10	10	10	10	10	10
L_{14}		35	35	40	45	55	65	70	80	95	100	110	125	145	175	200	220
L_{15}		135	140	160	160	205	235	255	285	315	325	390	420	480	540	595	655
L_{16}		134	139	162	162.5	202.5	237	260	292.5	317.5	332.5	390	407	452	500	545	600
L_{17}		125	130	150	150	185	220	250	280	290	315	360	360	390	420	450	495
L_{18}		20	20	20	25	30	40	42.5	52.5	55	55	60	65	70	90	100	110
L_{19}		95	115	130	145	175	210	230	275	300	320	370	410	450	510	560	630
R_2		56.5	61	75.5	81.5	99	113	133	149	172.5	182.5	210	230	261	287	330	360
R_3		53	57.5	70.5	76.5	81	107	123	139	158.5	168.5	192	212	239	265	302	332
R_4		1.5	1.5	2	2	2	2.5	2.5	2.5	2.5	2.5	2.5	2.5	2.5	2.5	4	4

续表

θ		30°	30°	30°	30°	30°	30°	45°	45°	45°	45°	45°	45°	45°	45°	54°	54°
n		6	6	6	6	6	6	8	8	8	8	8	8	8	8	10	10
H		29	28	28	29	31	29	34	29	34	39	39	36	39	39	39	39
Δ/kg · mm^{-1}		0.013/0.016	0.02/0.023	0.026/0.034	0.037/0.05	0.057/0.068	0.076/0.096	0.127/0.139	0.136/0.149	0.171/0.192	0.219/0.244	0.282/0.319	0.424/0.466	0.476/0.523	0.612/0.663	0.743/0.629	0.934/1.031
J/kg	Ⅰ、Ⅱ、Ⅲ	7.7/7.8	12.4/12.5	18.7/19.0	27.2/27.4	47/48	80/81	108/109	171/172	228/230	280/282	428/430	585/588	810/814	1177/1180	1562/1570	2224/2231
	ⅠA、ⅡB、ⅢC	8.4/8.5	13.4/13.5	20.2/20.4	29.6/29.8	51/52	88/89	118/119	188/189	255/257	310/312	475/477	632/635	898/902	1296/1299	1702/1710	2412/2419
液压缸质量：$Q \approx J+\Delta S$(kg)																	

注：尺寸 H 只用于 C25ZBK 型；尺寸 153 只用于 C25ZBNi 型。

C25JG、C25JGK、C25JGNi 型

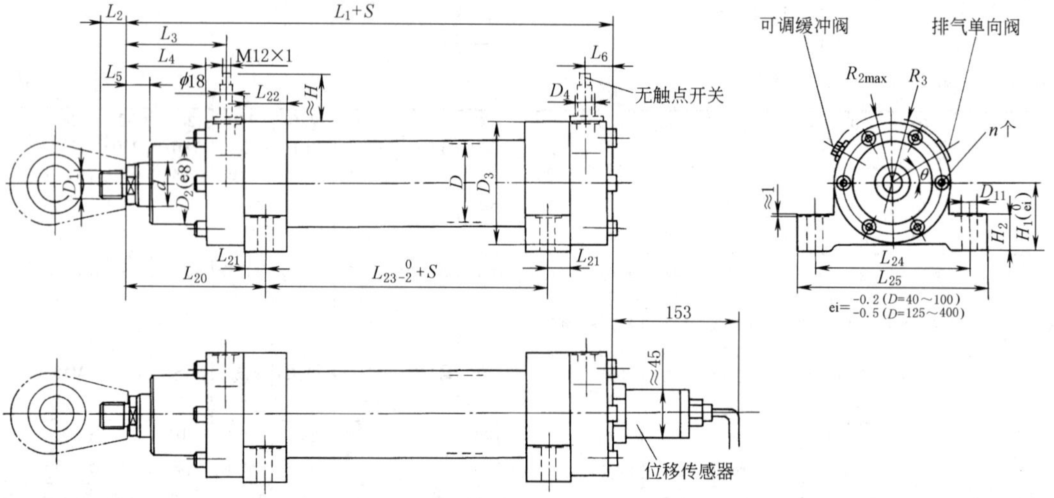

表 20-7-151

mm

D		40	50	63	80	100	125	140	160	180	200	220	250	280	320	360	400
d		22/28	28/36	36/45	45/56	56/70	70/90	90/100	100/110	110/125	125/140	140/160	160/180	180/200	200/220	220/250	250/280
L(缓冲长度)		20	20	25	30	35	50	50	55	65	70	80	90	90	100	110	120
D_1	Ⅰ型	M16×1.5	M22×1.5	M30×2	M36×2	M48×2	M56×2	M72×3	M80×3	M100×3	M110×3	M125×4	M125×4	M140×4	M160×4	M180×4	M200×4
	Ⅱ型	M16×1.5	M22×1.5	M28×1.5	M35×1.5	M45×1.5	M58×1.5	M65×1.5	M80×2	M100×2	M110×2	M120×3	M120×3	M130×3	—	—	—
	Ⅲ型	M18×2	M24×2	M30×2	M39×3	M50×3	M64×3	M80×3	M90×3	M100×3	M110×4	M120×4	M120×4	M150×4	M160×4	M180×4	M200×4
D_2		50	64	75	95	115	135	155	180	200	215	245	280	305	350	400	450
D_3		80	100	120	140	170	205	225	265	290	315	355	400	440	500	550	620
D_4	公制	M18×1.5	M22×1.5	M27×2	M27×2	M33×2	M42×2	M42×2	M42×2	M50×2	M50×2	M50×2	M50×2	M50×2	M50×2	M60×2	M60×2
	英制	G⅜	G½	G¾	G¾	G1	G1¼	G1¼	G1¼	G1½	G1½	G1½	G1½	G1½	G1½	G2	G2
D_{11}		11.5	11.5	14	18	22	26	30	33	39	39	45	52	52	62	62	70
L_1		226	234	262	275	325	382	420	475	515	540	635	659	744	815	890	980
L_2	Ⅰ型	22	30	40	50	63	75	85	95	112	112	125	125	140	160	180	200
	Ⅱ型	16	22	28	35	45	58	65	80	100	110	120	120	130	—	—	—
	Ⅲ型	30	35	45	55	75	95	110	120	140	150	160	160	190	200	220	260

续表

D		40	50	63	80	100	125	140	160	180	200	220	250	280	320	360	400
L_3		76	80	89.5	87.5	112.5	129.5	142.5	160	175	180	220	230	260	295	320	360
L_4		54	58	67	65	85	97	105	120	130	135	155	165	170	195	210	230
L_5		17	20	20	20	30	30	30	35	35	40	40	40	40	40	50	50
L_6		32	32	27.5	37.5	32.5	37.5	42.5	50	50	50	75	75	100	110	120	140
L_{20}		106.5	110.5	127	135	165	192	207.5	232.5	250	260	307	320	369.5	400	435	480
L_{21}		12.5	12.5	15	25	25	30	32.5	37.5	40	45	47	50	64.5	60	65	70
L_{22}		30	35	40	50	55	60	65	75	80	90	94	100	120	120	130	140
L_{23}		55	57	70	55	75	90	105	120	135	145	166	174	165	200	220	240
L_{24}		110	130	150	170	205	255	280	330	360	385	445	500	530	610	660	750
L_{25}		135	155	180	210	250	305	340	400	440	465	530	600	630	730	780	880
H_1		45	55	65	70	85	105	115	135	150	160	185	205	225	255	280	320
H_2		26	31	37	42	52	60	65	70	80	85	95	110	125	140	150	170
R_2		56.5	61	75.5	81.5	99	113	133	149	172.5	182.5	210	230	261	287	330	360
R_3		53	57.5	70.5	76.5	81	107	123	139	158.5	168.5	192	212	239	265	302	332
θ		30°	30°	30°	30°	30°	30°	45°	45°	45°	45°	45°	45°	45°	45°	54°	54°
n		6	6	6	6	6	6	8	8	8	8	8	8	8	8	10	10
H		29	28	28	29	31	29	34	29	34	39	39	36	39	39	39	39
$\Delta/kg \cdot mm^{-1}$		0.013/0.016	0.02/0.023	0.026/0.034	0.037/0.05	0.057/0.068	0.076/0.096	0.127/0.139	0.136/0.149	0.171/0.192	0.219/0.244	0.282/0.319	0.424/0.466	0.476/0.523	0.612/0.663	0.743/0.829	0.934/1.031
J/kg	Ⅰ、Ⅱ、Ⅲ	7.7/7.8	12.9/13.0	19.7/20.0	29.7/29.8	49/50	86/87	118/119	176/177	233/235	297/299	430/432	570/573	787/791	1125/1128	1500/1508	2102/2109
	ⅠA、ⅡB、ⅢC	8.4/8.5	13.9/14.0	21.1/21.4	32.1/32.3	53/54	94/95	128/129	193/194	260/262	327/329	477/479	618/621	875/879	1244/1247	1640/1648	2289/2296
液压缸质量：$Q \approx J+\Delta S$(kg)																	

注：尺寸 H 只用于 C25JGK 型；尺寸 153 只用于 C25JGNi 型。

表 20-7-152

D25JG、D25JGK 型

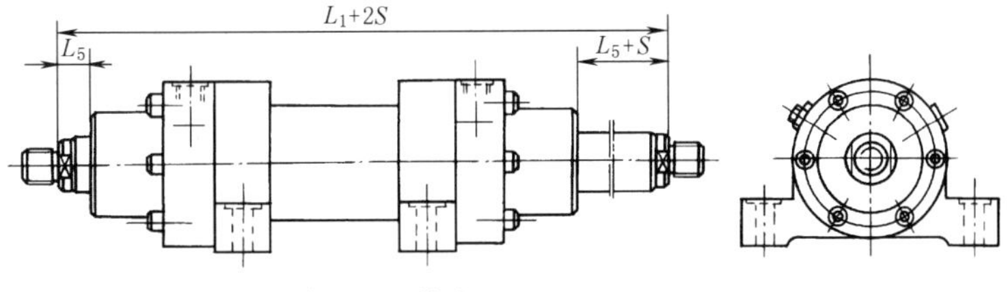

其余外形尺寸见C25JG型(表20-7-151)

D25ZB、D25ZBK 型

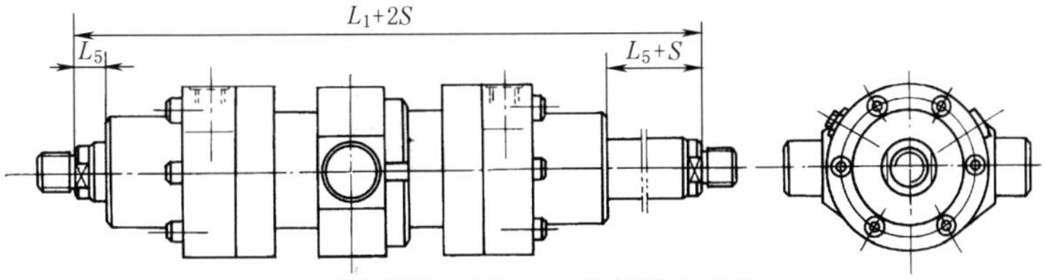

其余外形尺寸见C25ZB型(表20-7-150)

续表

D25TF、D25TFK 型

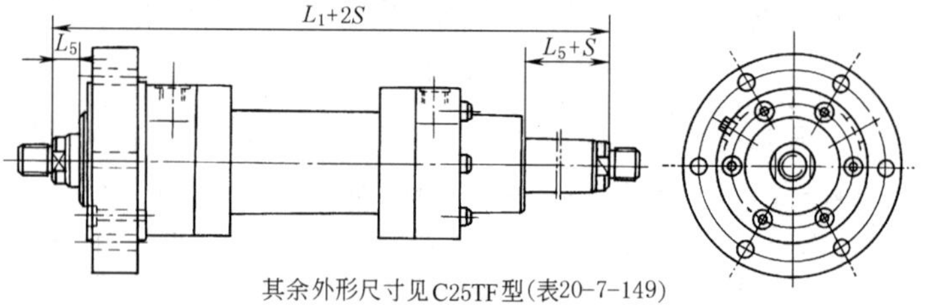

其余外形尺寸见C25TF型(表20-7-149)

mm

D(缸体内径)	40	50	63	80	100	125	140	160	180	200	220	250	280	320	360	400
L_1	268	278	324	325	405	474	520	585	635	665	780	814	904	1000	1090	1200
L_5	17	20	20	20	30	30	30	35	40	40	40	40	40	40	50	50

表 20-7-153　　D25 系列液压缸质量

D/mm			40	50	63	80	100	125	140	160	180	200	220	250	280	320	360	400
d/mm			22/28	28/36	36/45	45/56	56/70	70/90	90/100	100/110	110/125	125/140	140/160	160/180	180/200	200/220	220/250	250/280
Δ/kg·mm^{-1}			0.015/0.02	0.023/0.029	0.031/0.04	0.044/0.063	0.076/0.098	0.106/0.146	0.176/0.201	0.192/0.218	0.245/0.289	0.315/0.365	0.403/0.477	0.582/0.666	0.676/0.77	0.858/0.962	1.037/1.212	1.317/1.511
JG型	J/kg	Ⅰ、Ⅱ、Ⅲ	7.7/7.9	12.9/13.2	21.5/22.2	31.6/32.6	55/56	94/96	131/139	196/198	262/267	335/343	482/488	639/645	884/892	1262/1271	1705/1746	2339/2359
		ⅠA1、ⅡB1、ⅢC1	8.4/8.6	13.9/14.2	22.9/23.6	34.0/35.0	59/60	102/104	142/149	213/215	288/293	365/374	529/535	686/692	972/980	1381/1390	1845/1886	2526/2545
		ⅠA2、ⅡB2、ⅢC2	9.1/9.3	14.9/15.2	24.4/25.1	36.4/37.4	63/64	110/112	153/160	230/232	314/319	395/405	576/582	733/739	1060/1068	1500/1509	1985/2026	2712/2731
ZB型	J/kg	Ⅰ、Ⅱ、Ⅲ	7.7/7.9	12.5/12.7	20.5/21.2	28.8/29.9	53/54	88/90	125/132	190/193	254/260	318/326	479/485	653/639	905/913	1314/1323	1767/1808	2461/2480
		ⅠA1、ⅡB1、ⅢC1	8.4/8.6	13.5/13.7	21.9/22.7	31.2/32.3	57/58	96/98	134/141	208/210	281/286	348/357	526/532	700/706	993/1001	1433/1442	1907/1948	2648/2667
		ⅠA2、ⅡB2 ⅢC2	9.1/9.3	14.5/14.7	23.4/24.2	33.6/34.7	61/62	104/106	144/151	225/228	307/312	378/387	573/579	747/753	1081/1089	1552/1561	2047/2088	2834/2853
TF型	J/kg	Ⅰ、Ⅱ、Ⅲ	9.2/9.4	14.5/14.8	23.6/24.5	31.5/32.6	59/60	95/97	136/143	208/210	277/282	344/352	510/516	677/683	932/940	1367/1376	1816/1857	2507/2526
		ⅠA1、ⅡB1、ⅢC1	9.9/10.1	15.5/15.8	25.1/25.8	33.9/35.0	63/64	103/105	146/153	225/227	303/305	374/383	557/563	724/730	1020/1028	1486/1495	1956/1997	2694/2713
		ⅠA2、ⅡB2、ⅢC2	10.6/10.8	16.5/16.8	26.5/27.2	36.3/37.4	67/68	111/113	156/163	243/245	330/335	404/414	604/610	771/777	1108/1116	1605/1614	2096/2137	2880/2899

液压缸质量 $Q\approx J+\Delta S$(kg)

扁头的结构尺寸

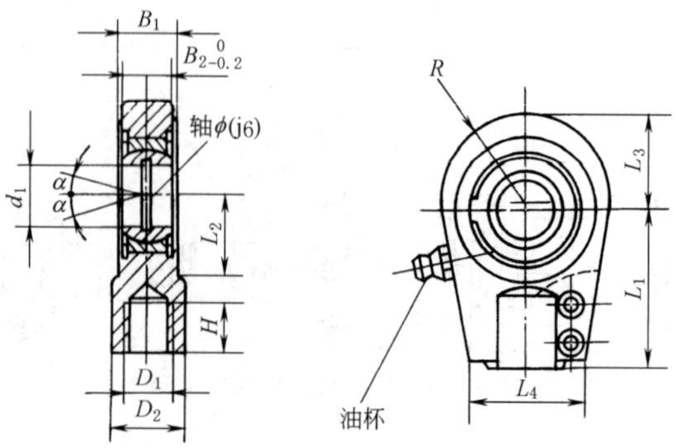

表 20-7-154

mm

缸体内径 D		40	50	63	80	100	125	140	160	180	200	220	250	280	320	360	400
d_1		25	30	35	40	50	60	70	80	90	100	110	110	120	140	160	180
[illegible]	A 型	M16×1.5	M22×1.5	M30×2	M36×2	M48×2	M56×2	M72×3	M80×3	M100×3	M110×3	M125×4	M125×4	M140×4	M160×4	M180×4	M200×4
	B 型	M16×1.5	M22×1.5	M28×1.5	M35×1.5	M45×1.5	M58×1.5	M65×1.5	M80×2	M100×2	M110×2	M120×3	M120×3	M130×3			
	C 型	M18×2	M24×2	M30×2	M39×3	M50×3	M64×3	M80×3	M90×3	M100×3	M110×4	M120×4	M120×4	M150×4	M160×4	M180×4	M200×4
D_2		28	35	44	55	70	90	105	125	150	170	180	180	210	230	260	280
H	A 型	23	31	41	51	64	76	86	96	113	113	126	126	141	165	185	205
	B 型	17	23	29	36	46	59	66	81	101	111	121	121	131			
	C 型	31	36	46	56	76	96	111	121	141	151	161	161	191	205	225	265
B_1		23	28	30	35	40	50	55	60	65	70	80	80	90	110	120	130
B_2		20	22	25	30	35	45	50	55	60	65	70	70	85	90	105	105
L_1	A 型	55	70	85	100	125	150	170	185	220	235	265	265	310	370	420	480
	B 型	50	60	70	85	105	130	150	170	210	235	265	265	310			
	C 型	65	75	90	105	135	170	195	210	250	275	300	300	360	420	460	520
L_2		27	33	38	45	55	65	75	80	90	105	115	115	140	160	180	200
L_3		30	34	42	50	63	70	83	95	113	125	142.5	142.5	180	200	230	260
L_4	A 型	44	50	60	74	86	112	120	140	160	170	192	192	210	250	280	310
	B 型	40	44	54	70	84	108	114	132	152	170	192	192	204			
	C 型	48	54	66	78	90	118	130	152	162	172	194	194	230	250	280	310
R		28	32	39	47	58	65	77	88	103	115	132.5	132.5	170	190	215	245
α		6°	6°	6°	6°	6°	6°	6°	6°	6°	6°	6°	6°	6°	6°	6°	6°
螺钉紧固力矩/N·m		9	20	40	80	80	160	160	300	300	300	500	500	500	1000	1000	1800

注：1. 表中 A、B、C 型扁头可分别与活塞杆端为Ⅰ、Ⅱ、Ⅲ型螺纹相配。

2. 当选用 C 型扁头时，可在扁头与活塞杆端螺纹连接处加扁螺母进行适量调整。

液压缸端部支座型式（供设计参考，图中尺寸详见样本）

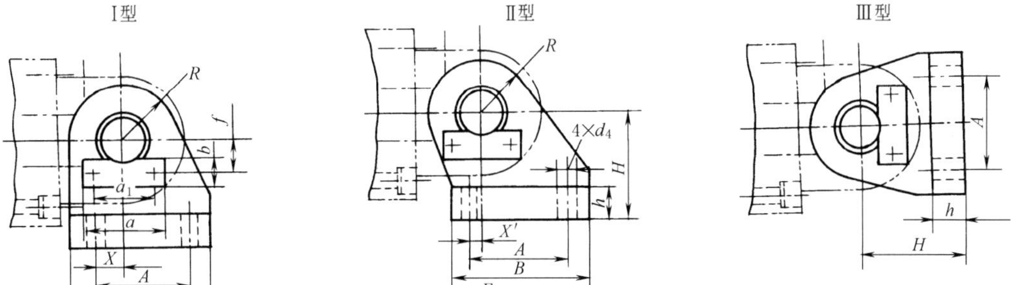

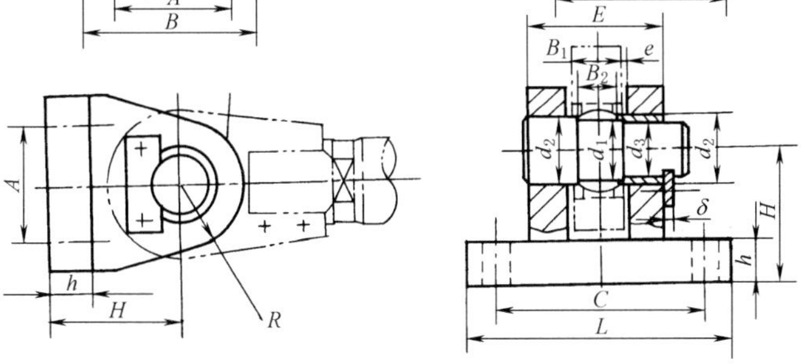

说　明

1. 销轴端部要否油杯（JB/T 7940.1）由设计者确定。
2. 为防止支座的紧固螺栓受剪力，可采取键、锥销和挡块等措施，本图未示出。
3. X'尺寸由设计者按需确定。

防护罩的结构尺寸

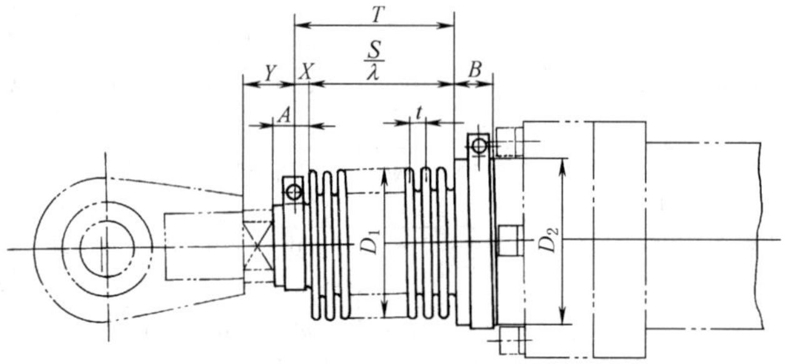

表 20-7-155

mm

液压缸内径 D	活塞杆直径 d	D_1	D_2	A	B	X	Y	T	λ	固有质量 J/kg	递增质量 Δ/kg·mm^{-1}	液压缸内径 D	活塞杆直径 d	D_1	D_2	A	B	X	Y	T	λ	固有质量 J/kg	递增质量 Δ/kg·mm^{-1}
40	22	50	50	12	20	10	17	3.6	4	0.05	0.0014	180	110	170	200	20	40	20	35	5.6	6	0.47	0.0047
	28	60	50							0.05	0.0017		125	185	200							0.48	0.0051
50	28	60	64				20			0.06	0.0017	200	125	185	215				40			0.50	0.0051
	36	70	64							0.06	0.0020		140	200	215							0.51	0.0055
63	36	70	75							0.07	0.0020	220	140	200	245							0.56	0.0055
	45	80	75							0.07	0.0023		160	220	245							0.59	0.0061
80	45	80	95							0.08	0.0023	250	160	220	280							0.66	0.0061
	56	100	95							0.09	0.0029		180	250	280							0.69	0.0088
100	56	100	115	15	30	15	30	4.4	5	0.17	0.0029	280	180	250	305					7		0.79	0.0088
	70	120	115							0.17	0.0035		200	270	305							0.79	0.0095
125	70	120	135							0.20	0.0035	320	200	270	350							0.89	0.0095
	90	140	135							0.20	0.0042		220	290	350							0.90	0.0102
140	90	140	155							0.23	0.0042	360	220	290	400							1.03	0.0102
	100	150	155							0.23	0.0046		250	320	400							1.03	0.0114
160	100	150	180				35			0.26	0.0046	400	250	320	450							1.17	0.0114
	110	170	180							0.28	0.0051		280	360	450							1.17	0.0129

注：1. 用途是防尘、防水、防蒸气、防酸碱。

2. 主体材质：氯丁橡胶，耐热 130℃。

3. S—液压缸行程，mm；Y—无防护罩时杆端外露长度，mm；T—杆端加长，mm，$T=S/\lambda+X$（圆整）；t—防护罩全压缩时的节距，mm。

4. 质量 Q 的计算方法：

$$Q=J+\Delta S\ (\mathrm{kg})$$

5. 型号标记示例：液压缸 $D/d=200/140$，$S=1000$mm，需配用防护罩，则所选防护罩标记为

防护罩 FZ 200/140-1000

这种防护罩是专为 C25、D25 系列高压重型液压缸设计的，也可用于其他场合，有特殊要求另行商议。

（4）液压缸的最大允许行程

液压缸在最大允许行程范围内使用，可确保其稳定性。

C25WE 型

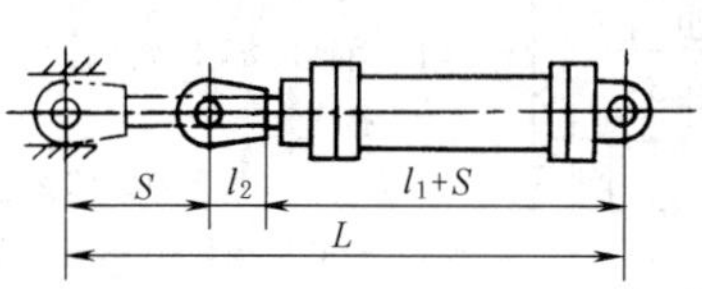

$L=L_k$（L_k 见表 20-7-7）

$$S=\frac{1}{2}(L-l_1-l_2)$$

表 20-7-156

液压缸内径 D/mm	活塞杆直径 d/mm	工作压力 p/MPa					液压缸内径 D/mm	活塞杆直径 d/mm	工作压力 p/MPa				
		5	10	15	20	25			5	10	15	20	25
		最大允许行程 S/mm							最大允许行程 S/mm				
40	22	360	205	140	100	70	180	110	2475	1630	1255	1030	880
	28	680	435	325	260	215		125	3320	2225	1740	1450	1255
50	28	500	305	215	165	130	200	125	2920	1935	1500	1240	1065
	36	940	615	470	385	325		140	3775	2540	1995	1670	1445
63	36	690	430	315	245	200	220	140	3325	2200	1705	1410	1205
	45	1185	780	600	495	425		160	4500	3030	2380	1995	1730
80	45	870	550	410	325	270	250	160	3880	2590	2015	1675	1445
	56	1470	975	755	625	535		180	5050	3415	2690	2260	1965
100	56	1095	700	525	420	350	280	180	4380	2925	2275	1890	1630
	70	1855	1235	960	800	685		200	5550	3750	2950	2475	2150
125	70	1390	895	675	545	455	320	200	4700	3130	2430	2015	1730
	90	2490	1670	1310	1095	950		220	5830	3925	3080	2580	2235
140	90	2160	1430	1105	915	785	360	220	5035	3340	2590	2140	1835
	100	2745	1845	1445	1205	1045		250	6720	4530	3560	2985	2590
160	100	2320	1530	1185	975	835	400	250	5900	3530	3055	2535	2180
	110	2885	1930	1510	1260	1085		280	7605	5135	4045	3390	2945

C25TF 型

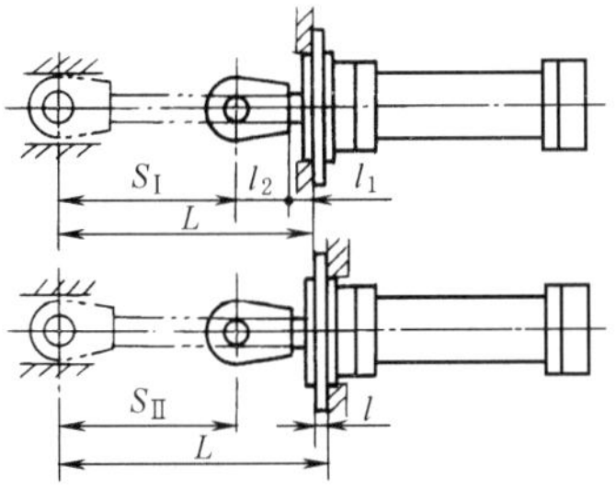

$L=\sqrt{2}L_k$（L_k 见表 20-7-7）

$S_{\mathrm{I}}=L-l_1-l_2$

$S_{\mathrm{II}}=S_{\mathrm{I}}-l$

表 20-7-157

液压缸内径 D/mm	活塞杆直径 d/mm	工作压力 p/MPa					液压缸内径 D/mm	活塞杆直径 d/mm	工作压力 p/MPa				
		5	10	15	20	25			5	10	15	20	25
		最大允许行程 S_{I}/mm							最大允许行程 S_{I}/mm				
40	22	1400	965	775	665	585	180	110	7910	5515	4455	3820	3390
	28	2310	1610	1305	1120	995		125	10295	7200	5830	5010	4455
50	28	1815	1255	1010	860	760	200	125	9220	6440	5205	4470	3965
	36	3060	2140	1730	1485	1320		140	11640	8150	6600	5680	5050
63	36	2390	1660	1335	1140	1010	220	140	10515	7340	5935	5095	4525
	45	3800	2655	2145	1845	1635		160	13835	9690	7850	6755	6010
80	45	2960	2050	1650	1420	1250	250	160	12125	8475	6860	5895	5240
	56	4650	3250	2630	2260	2010		180	15435	10815	8770	7550	6720
100	56	3655	2540	2045	1750	1545	280	180	13705	9580	7755	6665	5920
	70	5805	4055	3280	2820	2505		200	17010	11915	9660	8315	7400
125	70	4585	3185	2565	2200	1945	320	200	14775	10320	8345	7170	6365
	90	7700	5390	4365	3755	3340		220	17970	12580	10190	8765	7795
140	90	6825	4765	3850	3305	2935	360	220	15870	11080	8955	7690	6825
	100	8475	5930	4805	4130	3675		250	20635	14450	11705	10070	8955
160	100	7370	5145	4155	3570	3165	400	250	18455	12885	10420	8945	7940
	110	8970	6275	5080	4365	3880		280	23290	16305	13210	11365	10105

C25WF 型

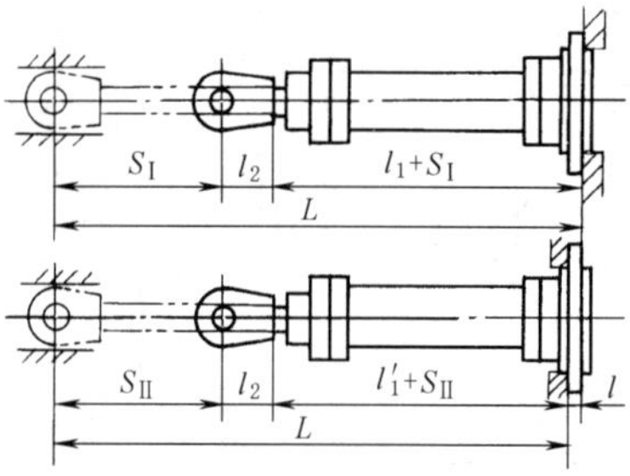

$L=\sqrt{2}L_k$（L_k 见表 20-7-7）

$S_{\rm I}=\frac{1}{2}(L-l_1-l_2)$

$S_{\rm II}=S_{\rm I}+\frac{l}{2}$

表 20-7-158

液压缸内径 D /mm	活塞杆直径 d /mm	工作压力 p/MPa 5	10	15	20	25	液压缸内径 D /mm	活塞杆直径 d /mm	工作压力 p/MPa 5	10	15	20	25
		最大允许行程 $S_{\rm I}$/mm							最大允许行程 $S_{\rm I}$/mm				
40	22	580	365	270	215	175	180	110	3690	2490	1960	1640	1425
	28	1040	690	535	440	380		125	4880	3330	2645	2240	1960
50	28	790	510	385	310	260	200	125	4330	2940	2320	1955	1705
	36	1410	950	745	620	540		140	5540	3795	3020	2560	2245
63	36	1060	695	530	435	370	220	140	4930	3340	2635	2220	1930
	45	1765	1190	940	785	685		160	6590	4515	3595	3045	2675
80	45	1335	880	680	565	480	250	160	5725	3900	3090	2610	2280
	56	2180	1480	1170	985	860		180	7380	5070	4050	3440	3020
100	56	1660	1100	850	705	605	280	180	6465	4405	3490	2945	2575
	70	2730	1860	1470	1240	1085		200	8115	5570	4445	3770	3310
125	70	2095	1395	1085	900	775	320	200	6955	4725	3740	3150	2750
	90	3650	2495	1985	1680	1470		220	8550	5855	4660	3950	3465
140	90	3200	2165	1710	1440	1250	360	220	7460	5065	4000	3370	2940
	100	4025	2750	2185	1850	1620		250	9840	6750	5380	4560	4005
160	100	3445	2330	1835	1540	1340	400	250	8715	5930	4700	3965	3460
	110	4240	2895	2295	1940	1700		280	11135	7640	6095	5170	4545

C25ZB 型

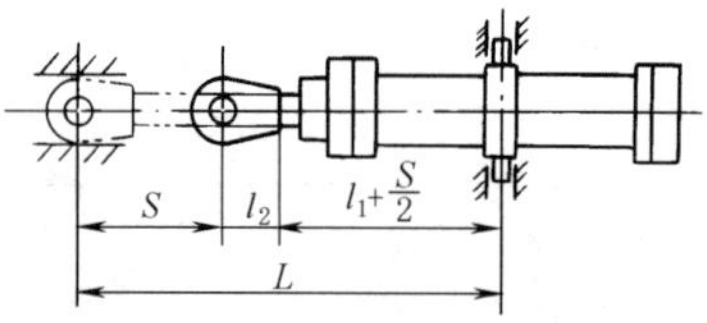

$L=L_k$（L_k 见表 20-7-7）

$S=\frac{2}{3}(L-l_1-l_2)$

表 20-7-159

液压缸内径 D /mm	活塞杆直径 d /mm	工作压力 p/MPa 5	10	15	20	25	液压缸内径 D /mm	活塞杆直径 d /mm	工作压力 p/MPa 5	10	15	20	25
		最大允许行程（摆轴在中间时）S/mm							最大允许行程（摆轴在中间时）S/mm				
40	22	565	365	275	220	185	180	110	3500	2370	1870	1570	1365
	28	995	665	520	435	375		125	4625	3165	2520	2135	1870
50	28	760	495	380	310	260	200	125	4105	2790	2210	1865	1625
	36	1345	910	715	600	525		140	5245	3600	2870	2435	2135
63	36	1015	670	515	425	365	220	140	4675	3180	2515	2120	1850
	45	1680	1140	900	760	660		160	6240	4285	3420	2900	2550
80	45	1275	850	660	550	470	250	160	5430	3705	2945	2490	2180
	56	2070	1410	1120	945	830		180	6990	4810	3845	3270	2880
100	56	1585	1055	820	685	590	280	180	6135	4190	3325	2810	2460
	70	2595	1770	1405	1190	1040		200	7690	5290	4225	3590	3160
125	70	1990	1335	1040	865	950	320	200	6595	4490	3560	3005	2630
	90	3460	2370	1890	1600	1405		220	8100	5560	4430	3760	3300
140	90	3035	2060	1630	1375	1200	360	220	7070	4810	3810	3210	2805
	100	3815	2610	2080	1765	1545		250	9315	6400	5105	4335	3810
160	100	3270	2220	1750	1475	1285	400	250	8250	5625	4460	3770	3295
	110	4020	2750	2190	1850	1620		280	10530	7235	5780	4910	4315

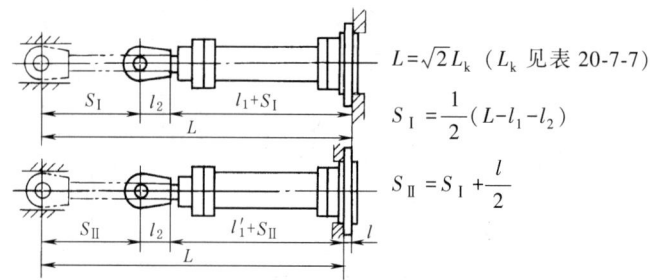

C25JG 型

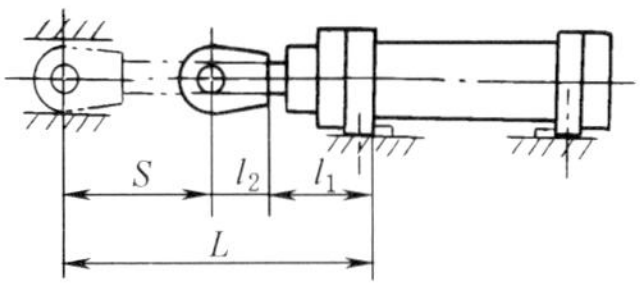

$L=\sqrt{2}L_k$（L_k 见表 20-7-7）

$S=L-l_1-l_2$

表 20-7-160

液压缸内径 D /mm	活塞杆直径 d /mm	工作压力 p/MPa					液压缸内径 D /mm	活塞杆直径 d /mm	工作压力 p/MPa				
		5	10	15	20	25			5	10	15	20	25
		最大允许行程 S/mm							最大允许行程 S/mm				
40	22	1295	860	670	560	480	180	110	7670	5275	4215	3580	3150
	28	2205	1505	1200	1015	890		125	10055	6960	5590	4770	4215
50	28	1705	1145	900	750	650	200	125	8970	6190	4955	4220	3715
	36	2950	2030	1620	1375	1210		140	11390	7900	6350	5430	4800
63	36	2265	1535	1210	1015	885	220	140	10220	7045	5640	4800	4230
	45	3675	2530	2020	1720	1510		160	13540	9395	7555	6460	5715
80	45	2820	1915	1515	1280	1115	250	160	11825	8175	6560	5595	4940
	56	4510	3110	2490	2125	1870		180	15135	10515	8470	7250	6420
100	56	3485	2370	1875	1580	1375	280	180	13345	9220	7395	6305	5560
	70	5635	3885	3110	2650	2335		200	16650	11555	9300	7955	7040
125	70	4400	3000	2380	2015	1760	320	200	14380	9925	7950	6775	5970
	90	7515	5205	4180	3570	3155		220	17575	12185	9795	8370	7400
140	90	6630	4570	3655	3110	2740	360	220	15505	10715	8590	7325	6460
	100	8280	5735	4610	3935	3480		250	20270	14085	11340	9710	8590
160	100	7150	4925	3935	3350	2945	400	250	18065	12495	10030	8555	7550
	110	8750	6055	4860	4145	3660		280	22900	15915	12820	10975	9715

.2.4.4 CDH2/CGH2 系列液压缸

CDH2 系列单活塞杆液压缸和 CGH2 系列双活塞杆液压缸的公称压力均为 25MPa，活塞直径 ϕ50~500mm，行程可至 6m。CDH2 液压缸有缸底平吊环、缸底铰接吊环、缸底圆法兰、缸头圆法兰、中间耳轴、底座等多种安装方式；CGH2 液压缸只有后三种安装方式。活塞杆表面镀硬铬或陶瓷涂层。密封型式可根据液压油液的种类和要求的摩擦因数不同进行选择。另外，还可根据需要选择位置测量、模拟或数字输出、耳轴位置或活塞杆延长等。

CDH2/CGH2 系列液压缸外形尺寸见生产厂产品样本，技术参数见表 20-7-161、表 20-7-162。

表 20-7-161　　技术性能

工作压力		CDH2/CGH2 系列	公称压力 25MPa 静压检验压力 37.5MPa	工作压力大于公称压力时请询问
安装位置		任意		
活塞速度		0.5m/s(取决于连接油口尺寸大小)		
工作介质	品种	矿物油按 DIN 51524(HL,HLP);磷酸酯(HFD-R,仅适用于密封型式“C”,-20~50℃);HFA(5~55℃);水-乙二醇 HFC		
	温度	-20~80℃		
	运动黏度	2.8~380mm²/s		
	清洁度	液压油最大允许清洁度按 NAS 1638 等级 10。建议采用最低过滤比为 β_{10}>75 的过滤网		
产品标准		液压缸的安装连接尺寸和安装方式符合 DIN 25333、ISO 6022 和 CETOP RP 73H 的标准		
产品检验		每个液压缸都按照力士乐标准进行检验		

表 20-7-162　　CDH2/CGH2 系列液压缸的力、面积、流量

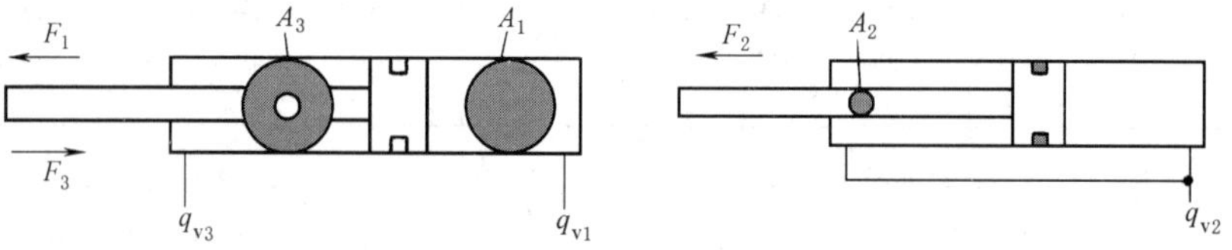

活塞直径 AL /mm	活塞杆直径 MM /mm	面积比 j (A_1/A_3)	面积			在 25MPa 时的力①			在 0.1m/s② 时的流量		
			活塞	活塞杆	环形	推力	差动	拉力	杆伸出	杆差动伸出	杆缩回
			A_1 /cm²	A_2 /cm²	A_3 /cm²	F_1 /kN	F_2 /kN	F_3 /kN	q_{v1} /L·min⁻¹	q_{v2} /L·min⁻¹	q_{v3} /L·min⁻¹
50	32	1.69	19.63	8.04	11.59	49.10	20.12	28.98	11.8	4.8	7.0
	36	2.08		10.18	9.45		25.45	23.65		6.1	5.7
63	40	1.67	31.17	12.56	18.61	77.90	31.38	46.52	18.7	7.5	11.2
	45	2.04		15.90	15.27		39.75	38.15		9.5	9.2
80	50	1.64	50.26	19.63	30.63	125.65	49.07	76.58	30.2	11.8	18.4
	56	1.96		24.63	25.63		61.55	64.10		14.8	15.4
100	63	1.66	78.54	31.16	47.38	196.35	77.93	118.42	47.1	18.7	28.4
	70	1.96		38.48	40.06		96.20	100.15		23.1	24.0
125	80	1.69	122.72	50.24	72.48	306.75	125.62	181.13	73.6	30.14	43.46
	90	2.08		63.62	59.10		159.05	147.70		38.2	35.4
140	90	1.70	153.94	63.62	90.32	384.75	159.05	225.70	92.4	38.2	54.2
	100	2.04		78.54	75.40		196.35	188.40		47.1	45.3
160	100	1.64	201.06	78.54	122.50	502.50	196.35	306.15	120.6	47.1	73.5
	110	1.90		95.06	106.00		237.65	264.85		57.0	63.6
180	110	1.60	254.47	95.06	159.43	636.17	237.65	398.52	152.7	57.0	95.7
	125	1.93		122.72	131.75		306.80	329.37		73.6	79.1
200	125	1.64	314.16	122.72	191.44	785.25	306.80	478.45	188.5	73.6	114.9
	140	1.96		153.96	160.20		384.90	400.35		92.4	96.1
250	160	1.72	499.8	201.0	289.8	1227.2	502.7	724.5	294.5	120.7	173.8
	180	2.11		254.4	236.4		636.2	590.0		152.7	141.8
320	200	1.64	804.2	314.1	490.1	2010.6	785.4	1225.2	482.5	188.5	294.0
	220	1.90		380.1	424.2		950.3	1060.3		228.1	254.4
400	250	1.64	1256.6	490.8	765.8	3141.6	1227.2	1914.4	754.0	294.6	459.4
	280	1.96		615.7	640.9		1539.4	1602.2		369.5	384.5
500	320	1.69	1963.4	804.2	1159.2	4908.7	2010.6	2898.1	1178.0	482.5	695.5
	360	2.08		1017.8	945.6		2544.7	2364.0		610.8	567.2

① 理论力数值（不考虑效率）。

② 活塞运动速度。

8.2.5 多级液压缸

UDZ 型多级液压缸属于单作用多级伸缩式套筒液压缸，具有尺寸小、行程大等优点。UDZ 型多级液压缸有缸底关节轴承耳环、缸体铰轴和法兰三种安装方式，缸头首级带关节轴承耳环。UDZ 型多级液压缸有七种柱塞直径，可组成六种二级缸、五种三级缸、四种四级缸和三种五级缸。在稳定性允许的前提下，生产厂可提供行程超过 20m 的 UDZ 型多级液压缸。UDZ 型多级液压缸的额定压力为 16MPa；每级行程小于或等于 500mm 的短行程 UDZ 型多级液压缸，额定压力可为 21MPa。

此外，还有 UDH 系列双作用多级液压缸产品，详见该公司产品样本。

(1) 型号意义

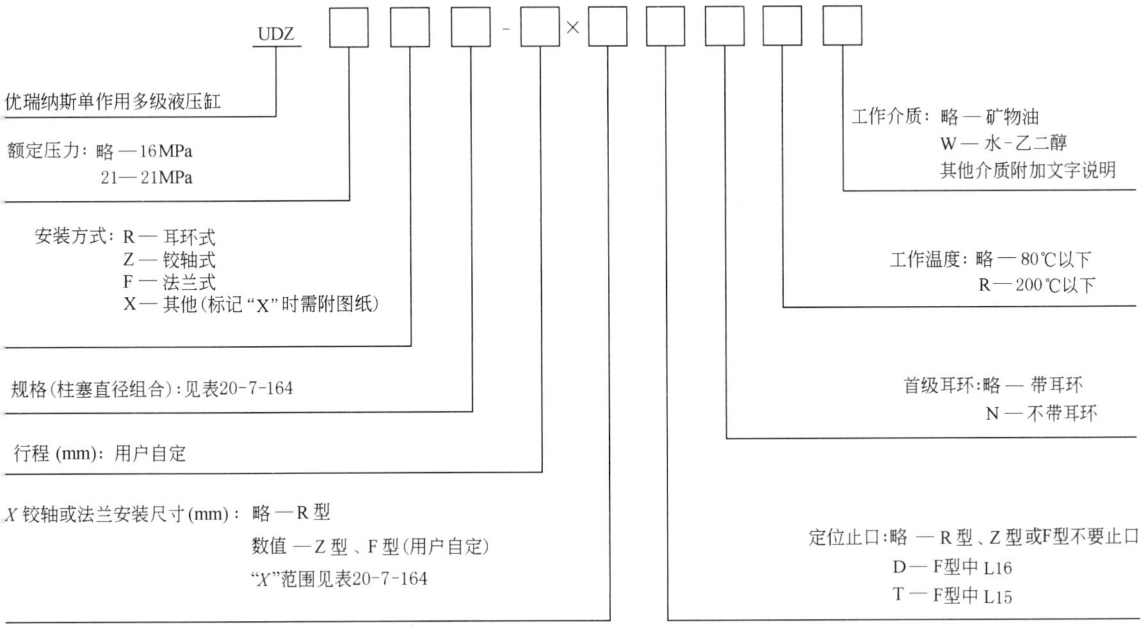

标记示例：五级缸，系列压力 16MPa，需要推力 20kN，行程 5000mm，法兰式安装，缸底侧止口定位，X= 150mm，首级带耳环，常温，工作介质为矿物油，标记为

UDZF 45/60/75/95/120-5000×150D

(2) 技术参数及应用

① 技术参数

表 20-7-163

柱塞直径 ϕ/mm	28	45	60	75	95	120	150
1MPa 压力时推力/kN	0.615	1.59	2.827	4.418	7.088	11.31	17.67
16MPa 压力时推力/kN	9.85	25.45	45.24	70.69	113.4	181	282.7
21MPa 压力时推力/kN	12.93	33.4	59.38	92.78	148.8	237.5	371.1

② 选用方法

a. 工作压力：UDZ 型多级液压缸额定压力 16MPa（出厂测试压力 24MPa），用户系统压力应调定在 16MPa 范围内，每级行程小于或等于 500mm 的短行程 UDZ 型多级液压缸，额定压力可达 21MPa，但在订货型号上必须标明。

b. 确定 UDZ 型多级液压缸缸径。若需要全行程输出恒定的推力，则首级（直径最小的一级）柱塞在提供的介质压力时产生的推力一定要大于所需要的恒定推力。例如，需要的恒定推力是 30kN，系统压力是 12MPa，这时选用的首级柱塞直径为 56.4mm，此时应选用规格中相近的 ϕ60mm 首级缸。如果系统压力是 16MPa，就可以根据表 20-7-163 直接选用 ϕ60mm 首级缸。若需要的推力是变量，则应绘制变量力与行程曲线图和 UDZ 型多级液压缸行程推力曲线图，作出最佳缸径选择。由于 UDZ 型多级液压缸是单作用柱塞缸，所以回程时必须依靠重力载荷或其他外力驱动。UDZ 型多级液压缸最低启动压力小于或等于 0.3MPa，由此可计算出每一柱塞缸的最小回程力。

c. 确定 UDZ 型多级液压缸级数。在 UDZ 型多级液压缸缸径确定后，根据所需 UDZ 型多级液压缸的行程和最大允许闭合尺寸，可确定 UDZ 型多级液压缸级数。例如，选用 R 型安装方式时，所需行程为 5000mm，首级柱塞直径为 45mm，两耳环中心距最大允许为 1800mm，先设想 UDZ 型多级液压缸为三级，此时查表 20-7-164 得 $L_3=303+S/3$，$L_{17}=105$mm，$L_3+L_{17}=303+5000/3+105=2074$mm>1800mm，三级缸不符合使用要求，因此再选用四级缸，查表 $L_3=315+S/4$，$L_{17}=130$mm，$L_3+L_{17}=315+5000/4+130=1695$mm<1800mm，四级缸符合使用要求。

d. 确定 Z 型、F 型 UZD 型多级液压缸的 X 尺寸。Z 型缸铰轴和 F 型缸法兰的位置可按需要确定，但是 X 尺寸不得超出表 20-7-164 中规定的范围，即铰轴和法兰不能超出缸体两端。

e. 确定 F 型 UDZ 型多级液压缸的定位止口。法兰止口 ϕ5(e8) 是为精确定位缸体轴心设置的。法兰两侧的两个定位止口，只需选择一个即可，大多数情况下常选用 L16（D），在无需精确定位缸体轴心的场合，也可不选用定位止口。

f. UDZ 型多级液压缸使用时严禁承受侧向力；长行程 UDZ 型多级液压缸不宜水平使用。如需要以上两种工况的多级缸，请向生产厂订购特殊设计的产品。

g. UDZ 型多级液压缸的工作介质：标准 UDZ 型多级液压缸使用清洁的矿物油（NAS 7~9 级）作为工作介质，如使用水-乙二醇、乳化液等含水介质，应在订货时加 W 标识。其他如磷酸酯及酸、碱性介质等应用文字说明。

h. UDZ 型多级液压缸的工作温度：标准 UDZ 型多级液压缸工作温度范围为-15~80℃，高温 UDZ 型多级液压缸工作温度范围为-10~200℃。

③ 柱塞运动速度与顺序　由于 UDZ 型多级液压缸由多种直径柱塞缸组成，因此在系统流量恒定时，每级缸的速度不同。在举升负载过程中，正常情况下先是大直径柱塞先伸出，且速度较慢；大柱塞行程终了时，下一级大柱塞再伸出，且速度会变快；最小直径柱塞最后伸出，但其运行速度最快。当在外力作用下缩回时，先是最小直径柱塞缩回，速度最快；然后依次缩回；最大直径柱塞最后缩回，速度也最慢。对 UDZ 型多级液压缸的速度要求，一般是规定全行程需用时间，或某一级的运行速度。

（3）外形尺寸

缸底关节轴承耳环式 UDZR

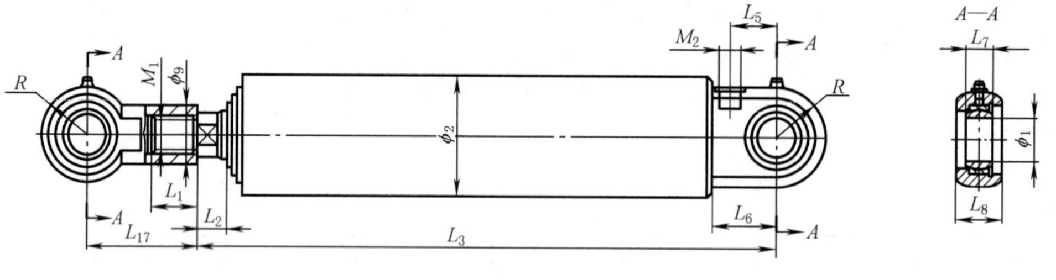

缸体铰轴式 UDZR

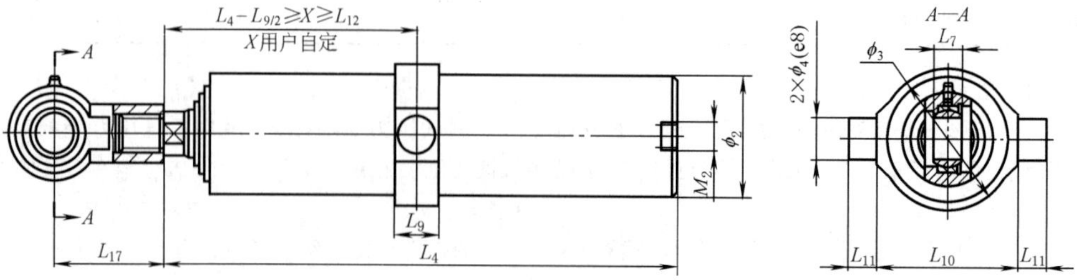

注：首级耳环同UDZR型

缸体法兰式 UDZF

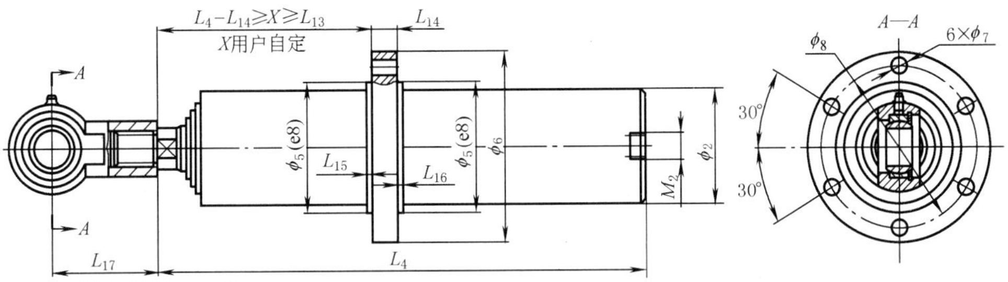

注:首级耳环同UDZR型

表 20-7-164

mm

	规格	ϕ_1	ϕ_2	ϕ_3	ϕ_4	ϕ_5	ϕ_6	ϕ_7	ϕ_8	ϕ_9	L_1	L_2	L_3	L_4
二级缸	28/45	$30_{-0.010}^{0}$	70	80	30	76	120	11	98	35	30	18	279+S/2	231+S/2
	45/60	$30_{-0.010}^{0}$	83	100	30	90	140	13	115	45	35	20	284+S/2	234+S/2
	60/75	$40_{-0.012}^{0}$	108	120	40	115	175	15	145	60	45	20	299+S/2	241+S/2
	75/95	$50_{-0.012}^{0}$	127	150	50	145	210	15	180	72	50	20	307+S/2	245+S/2
	95/120	$50_{-0.012}^{0}$	152	185	50	175	240	18	210	90	60	20	328+S/2	253+S/2
	120/150	$60_{-0.015}^{0}$	194	235	60	220	300	22	260	110	75	20	345+S/2	262+S/2
三级缸	28/45/60	$30_{-0.010}^{0}$	83	100	30	90	140	13	115	35	35	18	288+S/3	238+S/3
	45/60/75	$40_{-0.012}^{0}$	108	120	40	115	175	15	145	48	45	20	303+S/3	245+S/3
	60/75/95	$50_{-0.012}^{0}$	127	150	50	145	210	15	180	60	50	20	311+S/3	249+S/3
	75/95/120	$50_{-0.012}^{0}$	152	185	50	175	240	18	210	90	60	20	332+S/3	257+S/3
	95/120/150	$60_{-0.015}^{0}$	194	235	60	220	300	22	260	90	75	20	349+S/3	266+S/3
四级缸	28/45/60/75	$40_{-0.012}^{0}$	108	120	40	115	175	15	145	48	45	18	307+S/4	249+S/4
	45/60/75/95	$50_{-0.012}^{0}$	127	150	50	145	210	15	180	52	50	20	315+S/4	253+S/4
	60/75/95/120	$50_{-0.012}^{0}$	152	185	50	175	240	18	210	68	60	20	336+S/4	261+S/4
	75/95/120/150	$60_{-0.015}^{0}$	194	235	60	220	300	22	260	80	75	20	353+S/4	270+S/4
五级缸	28/45/60/75/95	$50_{-0.012}^{0}$	127	150	50	145	210	15	180	52	50	18	319+S/5	257+S/5
	45/60/75/95/120	$50_{-0.012}^{0}$	152	185	50	175	240	18	210	68	60	20	340+S/5	265+S/5
	60/75/95/120/150	$60_{-0.015}^{0}$	194	235	60	220	300	22	260	80	70	20	357+S/5	274+S/5

	规格	L_5	L_6	L_7	L_8	L_9	L_{10}	L_{11}	L_{12}	L_{13}	L_{14}	L_{15}	L_{16}	L_{17}	R	M_1	M_2
二级缸	28/45	35	40	22	35	34	80	25	61	49	20	5	5	60	35	22×1.5	18×1.5
	45/60	40	40	22	35	34	100	27	64	49	25	5	5	65	35	35×2	22×1.5
	60/75	45	55	28	45	44	125	30	68	54	25	5	5	105	45	42×2	22×1.5
	75/95	55	70	35	60	54	155	37	71	54	30	5	5	130	60	52×2	27×2
	95/120	55	70	35	60	54	185	37	76	54	40	5	5	140	60	68×2	27×2
	120/150	65	80	44	70	64	230	45	89	56	50	10	10	160	70	85×3	33×2

续表

规格		L_5	L_6	L_7	L_8	L_9	L_{10}	L_{11}	L_{12}	L_{13}	L_{14}	L_{15}	L_{16}	L_{17}	R	M_1	M_2
三级缸	28/45/60	40	40	22	35	34	100	27	72	57	25	5	5	65	35	24×1.5	22×1.5
	45/60/75	45	55	28	45	44	125	30	76	57	25	5	5	105	45	33×2	22×1.5
	60/75/95	55	70	35	60	54	155	37	79	62	30	5	5	130	60	42×2	27×2
	75/95/120	55	70	35	60	54	185	37	89	62	40	5	5	140	60	68×2	27×2
	95/120/150	65	80	44	70	64	230	45	97	64	50	10	10	160	70	68×2	33×2
四级缸	28/45/60/75	45	55	28	45	44	125	30	84	65	25	5	5	105	45	24×1.5	22×1.5
	45/60/75/95	55	70	35	60	54	155	37	87	65	30	5	5	130	60	36×2	27×2
	60/75/95/120	55	70	35	60	54	185	37	92	70	40	5	5	140	60	48×2	27×2
	75/95/120/150	65	80	44	70	64	230	45	105	70	50	10	10	160	70	60×2	33×2
五级缸	28/45/60/75/95	55	70	35	60	54	155	37	95	73	30	5	5	130	60	24×1.5	27×2
	45/60/75/95/120	55	70	35	60	54	185	37	100	73	40	5	5	140	60	36×2	27×2
	60/75/95/120/150	65	80	44	70	64	230	45	113	78	50	10	10	160	70	48×2	33×2

8.3 比例/伺服控制液压缸

几种国内、外比例/伺服控制液压缸产品见本篇第10章“6 伺服液压缸产品”；比例/伺服控制液压缸的试验方法见本篇第10章7.2节。

9 液压缸再制造（摘自JB/T 13790—2020）

尽管规定JB/T 13790—2020《土方机械 液压油缸再制造 技术规范》适用于土方机械液压油缸再制造但是其他液压缸的再制造也可参考。

表 20-7-165

范围		JB/T 13790—2020规定了土方机械液压油缸再制造的术语和定义、要求、试验方法、检验规则、标志、包装、运输和贮存 本标准适用于土方机械液压油缸再制造
要求	拆解	①液压油缸的拆解应符合JB/T 13791—2020《土方机械 液压元件再制造 通用技术规范》的规定 ②液压油缸应拆解成以下最小单元 ——缸筒 ——活塞杆 ——活塞 ——导向套 ——压盖 ——轴承(如果有) ——螺母 ——密封圈 ——支撑环(支承环) ——油管 ——螺栓 ③拆解前应打开油缸油口放尽余油,注意油口方向无人,拆解过程中必须拧开无杆腔油口 ④拆解后的液压油缸零部件应进行标记,做好旧件跟踪,并将其分类摆放到规定的区域或专用的器具里 ⑤在拆解过程中应记录用于后续装配的零部件的基本信息 ⑥在拆解过程中不应进行破坏性拆解,以免对旧件造成二次损伤

续表

	清洗	液压油缸的清洗应符合 JB/T 13791 的规定
	检测	①整体检测 液压油缸的检测方法应符合 JB/T 13791 的规定 ②缸筒检测 Ⅰ. 检测缸筒的内径和直线度等尺寸精度和几何精度 Ⅱ. 检测焊缝有无缺陷 Ⅲ. 检测缸筒基体有无缺陷 Ⅳ. 检测缸筒内壁有无磨损和划痕等缺陷 ③活塞杆检测 Ⅰ. 检测活塞杆的直径和直线度等尺寸精度和几何精度 Ⅱ. 检测焊缝有无裂纹等缺陷 Ⅲ. 检测杆体和耳环基体有无裂纹等缺陷 Ⅳ. 检测杆体表面有无镀层脱落、拉伤和凹坑等缺陷 ④活塞检测 Ⅰ. 检测活塞的直径和表面粗糙度 Ⅱ. 检测活塞表面有无锈蚀和拉伤等缺陷 ⑤导向套检测 Ⅰ. 检测导向套的直径和表面粗糙度 Ⅱ. 检测导向套表面有无锈蚀和拉伤等缺陷 ⑥其他零件检测 Ⅰ. 检测压盖密封(沟槽)表面有无拉伤、锈蚀和翘曲等缺陷 Ⅱ. 检测轴承有无卡滞现象,内圈有无磨损等缺陷 Ⅲ. 检测轴套内孔有无磨损和拉伤等缺陷 Ⅳ. 检测油管有无破裂等缺陷
要求	再制造性评估和分类	①液压油缸的再制造性评估和分类应符合 JB/T 13791 的规定 ②拆解前的液压油缸若同时出现活塞杆断裂、严重弯曲,缸筒爆裂、严重弯曲和内孔胀大等现象,则判定为弃用件。拆解后液压油缸的常用零部件判定为再循环件或弃用件的条件参见表 20-7-166
	再制造方案设计	液压油缸的再制造方案设计应符合 JB/T 13791 的规定
	修复	①整体修复 液压油缸应按本文件“拆解”②分类拆解后进行修复和加工,具体方法应符合 JB/T 13791 的规定 ②缸筒修复 Ⅰ. 缸筒内孔表面产生轻微磨损和拉伤缺陷时宜采用珩磨和堆焊等工艺修复 Ⅱ. 缸筒焊缝开裂时宜采用堆焊等工艺修复 ③活塞杆修复 Ⅰ. 活塞杆表面较深的磨损、划痕和拉伤缺陷宜采用堆焊等工艺修复 Ⅱ. 活塞杆表面局部镀层剥落和损伤宜采用电沉积等工艺修复 Ⅲ. 活塞杆表面大面积镀层剥落和损伤宜采用热喷涂等工艺修复 ④活塞修复 Ⅰ. 活塞表面轻微锈蚀和拉伤宜采用研磨和电沉积等工艺修复 Ⅱ. 活塞表面局部区域锈蚀和拉伤宜根据实际情况采用堆焊等工艺修复 ⑤导向套修复 Ⅰ. 导向套表面轻微锈蚀和拉伤宜采用抛光和电沉积等工艺修复 Ⅱ. 锈蚀和拉伤宜根据实际情况采用堆焊等工艺修复
	装配	①再制造液压油缸的装配应符合 JB/T 13791 的规定 ②再制造液压油缸的连接紧固按原型新品的要求 ③再制造液压油缸装配过程中零部件间的安装尺寸和配合间隙,应符合原型新品的技术要求
	涂装	再制造液压油缸的涂装应符合 JB/T 13791 的规定
试验方法		①再制造液压油缸的试验条件应符合 JB/T 10205 的规定 ②再制造液压油缸的试验方法应符合 JB/T 15622 的规定
检验规则		再制造液压油缸的检验规则应符合 JB/T 13791 的规定
标志、包装、运输和贮存		再制造液压油缸的标志、包装、运输和贮存应符合 JB/T 13791 的规定

拆解后液压油缸的常用零部件判定为再循环件或弃用件的条件见表 20-7-166。

表 20-7-166

序号	零部件名称	判定报废状态
1	缸筒	严重磨损、拉伤、缸筒基体开裂(或变形)等缺陷
2	活塞杆	严重弯曲变形或断裂等缺陷
3	活塞	严重锈蚀、拉伤、大面积锈蚀和拉伤等缺陷
4	导向套	严重锈蚀、拉伤、大面积锈蚀和拉伤等缺陷
5	油管	性能或质量缺陷
6	标准件	性能或质量缺陷
7	密封件	已使用
8	防尘圈	已使用
9	支撑环(支承环)	已使用

10　液压缸试验方法（摘自 GB/T 15622—2023）

GB/T 15622—2023/ISO 10100：2020 是液压缸验收试验方法。

表 20-7-167

范围		GB/T 15622—2023/ISO 10100:2020,MOD《液压缸　试验方法》描述了液压缸的试验方法 本文件适用于液压缸的试验
特征检查和特性参数	通则	应记录被试液压缸的下列信息 a. 类型 b. 缸径 c. 活塞杆直径 d. 行程 e. 安装类型或型式,以及可变安装面的位置(如适用) f. 被试液压缸带有缓冲时,应确认节流阀的位置和方向 g. 活塞杆类型和连接方式 h. 油口尺寸、类型和方位 i. 型号标签
	双出杆缸	双出杆缸及参数信息见图 1 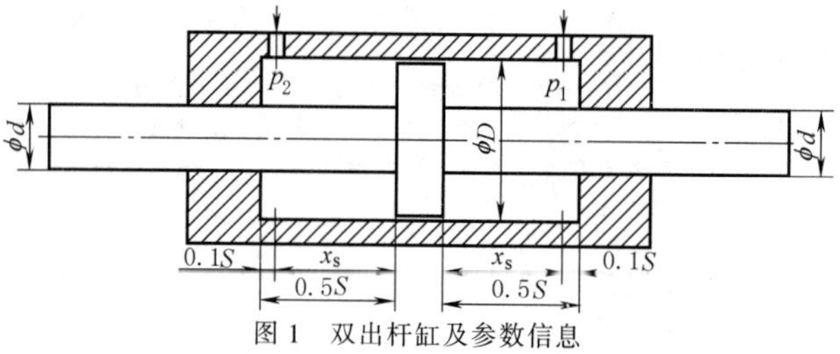 图 1　双出杆缸及参数信息
	单杆缸	单杆缸及参数信息见图 2 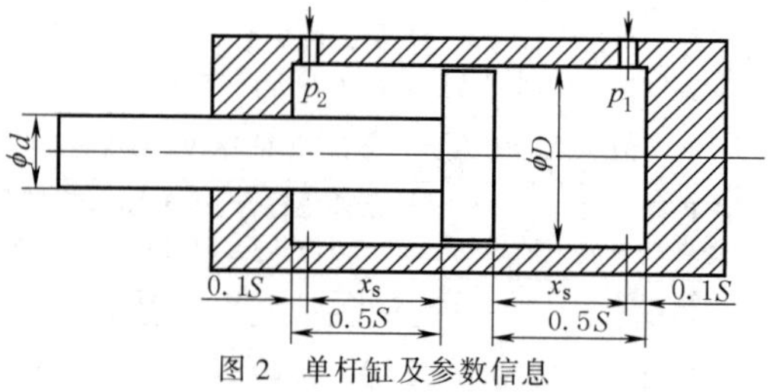 图 2　单杆缸及参数信息

续表

<table>
<tr><td rowspan="2">试验条件</td><td>试验介质</td><td>液压油(或供需双方同意的其他试验介质)应符合 GB/T 7631.2、GB/T 16898 或 ISO 15380 的规定,并(应)与被试液压缸中使用的密封材料相容</td></tr>
<tr><td>试验介质条件</td><td>①通则　试验回路中的介质应符合②~④
②污染度等级　试验介质的固体颗粒污染等级应为—/19/16、19/16/13 或者更低(依据 GB/T 14039)
对试验介质的固体颗粒污染等级要求更低的场合,例如带有伺服阀或对污染敏感的密封件的液压缸,试验介质的固体颗粒污染等级应为—/16/13 或 16/13/10(依据 GB/T 14039)
③试验介质温度　在试验期间,试验介质温度应在 35~55℃范围内,其他温度范围应由供需双方商定
④防锈剂　可向试验介质中添加与被试液压缸密封材料相容的防锈剂,防止液压缸内部腐蚀</td></tr>
<tr><td colspan="2">试验项目</td><td>试验项目见表 1
表 1　试验项目<table><tr><th>试验项目</th><th>必试/选试</th></tr><tr><td>项目 L——基本试验</td><td>必试</td></tr><tr><td>项目 P——内泄漏试验</td><td>选试</td></tr><tr><td>项目 F——摩擦力试验</td><td>选试</td></tr></table></td></tr>
<tr><td rowspan="3">项目L——基本试验(必试)</td><td>通则</td><td>所有液压缸都应进行本项试验</td></tr>
<tr><td>低压下的运行及泄漏试验</td><td>①步骤　调整试验系统压力及流量,使被试液压缸在无负载工况下启动,运动速度在设计范围内并全行程往复运动至少 3 次,排出各工作腔内的空气,每次在行程端部停留至少 10s。测试大缸径液压缸时,宜延长停留时间
当缸径大于 32mm 时,以 0.5MPa 的压力进行测试(如被试液压缸不启动,则逐步增加压力至启动为止)
当缸径不大于 32mm 时,以 1MPa 的压力进行测试(如被试液压缸不启动,则逐步增加压力至启动为止)
②目视检测　在试验过程中应检测
a. 运动过程中是否存在振动或爬行
b. 测量行程
c. 活塞杆密封处是否存在泄漏
d. 所有静密封处是否存在泄漏
e. 液压缸安装的节流阀和(或)缓冲元件是否存在泄漏
f. 被试液压缸的焊缝处是否存在泄漏
g. 当被试液压缸带有缓冲时(如带有缓冲节流阀时,以稍微打开节流阀口),验证是否有缓冲效果
作者注:组成液压缸承压壳体的缸零件,如缸体、缸的前后端盖等本身也可能存在泄(渗)漏。以下同</td></tr>
<tr><td>耐压和外泄漏试验</td><td>①步骤　应分别向被试液压缸两腔施加 1.5 倍的额定压力或供需双方商定的压力,并保持至少 10s。对于较大的缸径,宜延长在两腔施加压力的时间
②目视检测
a. 结构完整性
b. 所有密封处是否存在泄漏
c. 节流阀或单向阀处是否存在泄漏(如适用)
d. 焊缝处是否存在泄漏</td></tr>
<tr><td colspan="2">项目 P——内泄漏试验(选试)</td><td>①通则　仅在需方指定的情况下才进行本项试验
②步骤　应分别向被试液压缸两腔施加额定压力或供需双方商定的压力
③目视检测　应检测经活塞处的泄漏</td></tr>
</table>

续表

<table>
<tr><td rowspan="5">项目F——摩擦力试验(选试)</td><td>通则</td><td>仅在需方指定的情况下才进行本项试验
被试液压缸的摩擦力通过电液控制回路中的压差测量确定
作者注:上文这样表述更为明确:“被试液压缸的摩擦力通过电液控制被试液压缸两腔压差测量确定”
应使用适当的控制阀和位置传感器构成电液位置控制回路,在被试液压缸的两腔安装合适的压力传感器
应在 p_s=5MPa、10MPa、15MPa、20MPa 和 25MPa(如果被试液压缸允许的工作压力低于上述的试验压力,宜在其许用工作压力以内进行试验)试验压力下,连续测量两腔的压力和活塞杆位置,往复运动 2 次以上
作者注:在 GB/T 32217—2015《液压传动　密封装置　评定液压往复运动密封件性能的试验方法》中也规定了“动摩擦力的测量”的测量方法</td></tr>
<tr><td>试验设置</td><td>被试液压缸应水平安装(供需双方商定垂直安装时,摩擦力计算应考虑重力),不应有任何额外的移动质量
压力传感器应校准</td></tr>
<tr><td>试验振幅</td><td>活塞杆的试验振幅 x_s 的计算见公式(1)
$$x_s=\frac{S-0.2S-L_{Ds}-L_{Dk}}{2} \quad (1)$$</td></tr>
<tr><td>运动特性曲线</td><td>①正弦运动试验　试验的正弦运动曲线见图 3，最大试验速度 v_s 应为 0.05m/s，试验频率 f_s 用公式(2) 计算
如果计算的试验振幅超过 100mm，应以被试液压缸行程中点为原点，按振幅 100mm 的正弦曲线进行试验
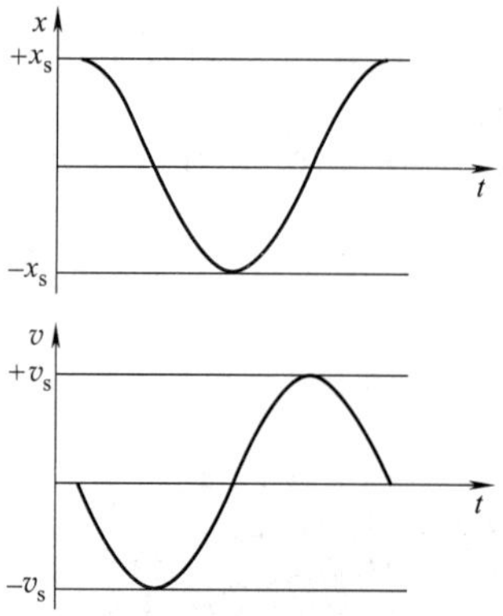

图 3　正弦运动曲线
$$f_s=\frac{v_s}{2\pi x_s} \quad (2)$$
②匀速运动试验　试验（的）匀速运动曲线见图 4，匀速运动段的速度 v_k 应为 0.05m/s，并应在试验振幅 x_s 的 5%之前达到
试验流量不能满足匀速运动段的速度 v_k=0.05m/s 时，匀速运动段的速度由最大试验流量确定
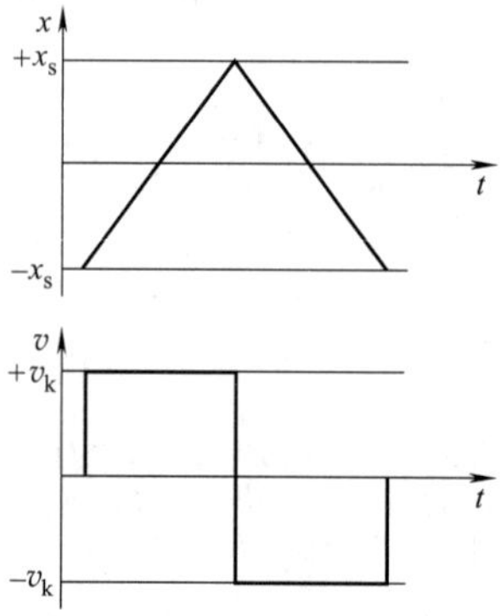

图 4　匀速运动曲线</td></tr>
</table>

续表

<table>
<tr>
<td rowspan="2">项目F——摩擦力试验（选试）</td>
<td>摩擦力计算</td>
<td>①通则　被试液压缸的摩擦力曲线应根据项目F中的“通则”~“运动特性曲线”所述的运动中测得的压力进行计算，并绘制
摩擦力应使用同一时刻测量的被试液压缸两腔的压力进行计算
②双出杆缸　被试液压缸具有相同（等）工作面积 A_1 和 A_2，实时摩擦力计算见公式(3)和公式(4)
$$A_1=A_2=\frac{\pi}{4}(D^2-d^2) \tag{3}$$
$$F_R(t)=[p_1(t)-p_2(t)]A_1 \tag{4}$$
③单杆缸　被试液压缸具有不同（等）工作面积 A_1 和 A_2，实时摩擦力计算见公式（5）~公式（7）
$$A_1=\frac{\pi}{4}D^2 \tag{5}$$
$$A_2=\frac{\pi}{4}(D^2-d^2) \tag{6}$$
$$F_R(t)=p_1(t)A_1-p_2(t)A_2 \tag{7}$$</td>
</tr>
<tr>
<td>摩擦力报告</td>
<td>①通则　根据上面摩擦力计算“②双出杆缸”或“③单杆缸”计算并绘制摩擦力曲线（见图5、图6），同时应记录根据下面摩擦力报告“②静摩擦力”和“③动摩擦力”测量的静摩擦力和动摩擦力
摩擦力报告应至少记录：上面“特征检查和特性参数”中给出的特性参数，试验压力 p_s，实际试验速度 v_k、v_s，试验温度，压力传感器的准确度，摩擦力曲线，测量的静摩擦力和动摩擦力
②静摩擦力　静摩擦力 F_H 是在运动开始时的分离力，应依据上面“正弦运动试验”中正弦运动中两个运动方向变化点附近的测量值，取 F_{H1}、F_{H2} 中较大值（见图5）
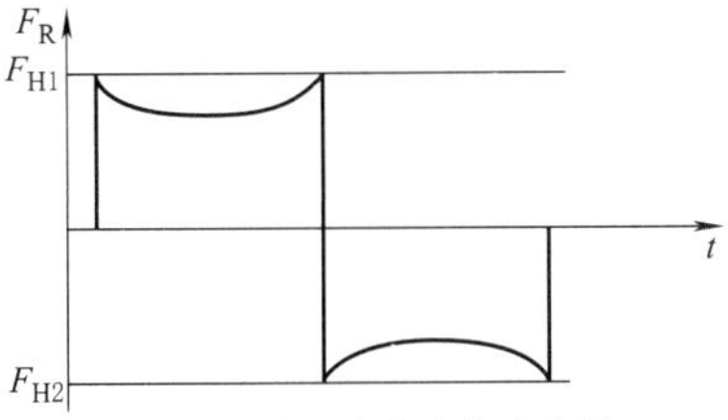

图5　正弦运动的摩擦力曲线
③动摩擦力　动摩擦力 F_G 应为“匀速运动试验”中所述匀速段摩擦力的算术平均值，取 F_{G1}、F_{G2} 中较大值（见图6）
动摩擦力计算不应考虑加速和减速阶段
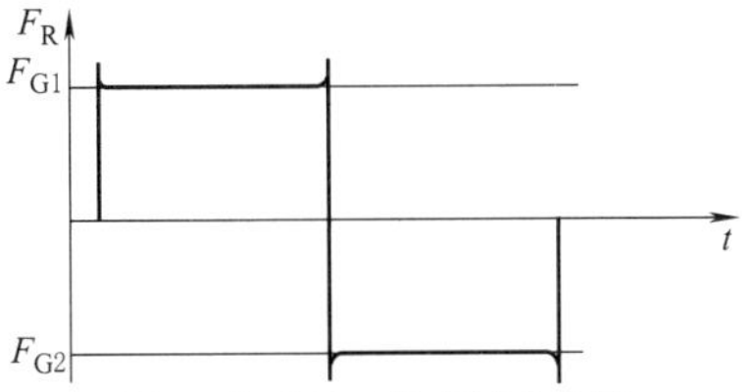

图6　匀速运动的摩擦力曲线</td>
</tr>
<tr>
<td colspan="2">标注说明</td>
<td>当选择遵守本标准时，宜在试验报告、产品目录和销售文件中使用以下说明
“液压缸的试验方法符合GB/T 15622—2023《液压缸　试验方法》”</td>
</tr>
</table>

CHAPTER 8

第8章 液压非连续控制阀

液压非连续控制阀是除“所有类型的伺服阀和比例控制阀”外的液压控制阀。

1 液压阀术语（摘自 GB/T 17446—2024）

表 20-8-1

序号	术语	定义
3.6.1	方向阀	
3.6.1.1	方向控制阀	连通或阻断一个或多个流道的阀
3.6.1.3	单向阀	仅允许(流体)在一个方向上流动的阀
3.6.1.5	优先梭阀	当对元件施加两个相等的进口压力时,其中一个进口优先接通出口的梭阀
3.6.1.6	低压优先梭阀	较低压力的进口与出口连通,另一个进口关闭,并且在反向流动时仍保持这种位置的梭阀
3.6.1.7	高压优先梭阀	较高压力的进口与出口连通,另一个进口关闭,并且在反向流动时仍保持这种位置的梭阀
3.6.1.8	防气穴阀	有助于防止空化气穴的单向阀
3.6.1.10	充液阀	在工作循环中,快进阶段从油箱到工作液压缸全流量流动,工作阶段封闭且承受运行压力,回程阶段该液压缸向油箱自由流动的阀
3.6.2	压力阀	
3.6.2.1	压力控制阀	主要功能是控制压力的阀
3.6.2.2	缓冲阀	通过限制流体流动的加速度的变化率来减少冲击的阀
3.6.2.4	平衡阀	用以维持执行元件的压力,使其能保持住负载,防止负载因自重下落或下行超速的阀
3.6.2.5	顺序阀	当进口压力超过设定值时,阀打开允许流体经出口流动的阀 注:有效设定值不受出口压力的影响
3.6.2.6	卸荷阀	开启出口允许油液自由流入油箱的阀
3.6.2.7	溢流阀	当达到设定压力时,通过将流体排出或返回油箱来限制压力的阀
3.6.2.8	交叉型溢流阀	由一个共用阀体中内置的两个溢流阀组成,以使油液可以在两个方向流动的阀 注:它用于释放某些液压马达或缸应用时产生的高的压力冲击
3.6.2.9	双向溢流阀	有两个油(气)口,无需对阀做任何改动或调整,其中任何一个可以作为进口而另一个作为出口的溢流阀
3.6.2.11	减压阀	当进口压力或输出流量变化时,出口压力基本上保持恒定的阀 注:仅当进口压力高于设定的调节压力时,压力调节装置(减压阀)才能正常工作
3.6.2.12	膜片压力控制阀	压力靠作用于膜片上的力来控制的一种压力控制阀
3.6.2.14	溢流减压阀	为防止出口压力超过设定压力而配备溢流装置的减压阀
3.6.3	流量阀	
3.6.3.1	流量控制阀	主要功能是控制流量的阀
3.6.3.2	流量放大器	放大流量的阀
3.6.3.3	串联式流量控制阀	仅在一个方向上工作的带压力补偿的流量控制阀

续表

序号	术语	定义
3.6.3.4	单向流量控制阀	允许在一个方向自由流动，在另一方向上流动受控的阀
3.6.3.5	三口流量控制阀（旁通流量控制阀）	调节工作流量，使多余的流体流动到油箱或另一回路的一种带压力补偿的流量控制阀
3.6.3.6	压力补偿型流量控制阀	对流量的控制与负载压力变化无关的流量控制阀
3.6.3.7	最大流量控制阀	当阀的压降超过预定值时限制流动的阀
3.6.3.8	分流阀	将进口流量按选定的比例分开成两路输出流量的流量控制阀
3.6.3.9	集流阀	将两路或多路进口流量汇合成一股出口流量的流量控制阀
3.6.3.10	节流阀	可调节的流量控制阀
3.6.3.11	节流器	不可调节的流量控制阀
3.6.3.12	固定节流阀	在其进口与出口间通过一个截面不变的节流流道连通的流量控制阀
3.6.3.13	可调节流阀	在进口与出口之间有截面可变的节流流道的流量控制阀
3.6.3.14	减速阀	逐渐减少流量以使执行元件减速的流量控制阀
3.6.3.16	排放阀	流体、污染物能够借以从系统排出的元件
3.6.4	按安装形式分类的阀及安装+结构形式	
3.6.4.1	蝶阀	由一个与流动方向垂直的可绕直径轴旋转的圆盘作为阀芯的直通阀
3.6.4.2	座阀	由阀芯提升或下降来开启或关闭流道的阀
3.6.4.3	滑阀	靠阀体中可移动的滑动件来连通或阻断流道的阀
3.6.4.4	膜片阀	由膜片变形来控制油（气）口开启和关闭的阀
3.6.4.5	球阀	靠转动具有流道的球形阀芯连通或封闭油（气）口的阀
3.6.4.6	梭阀	有两个进口和一个公共出口，流体仅从一个进口通过，另一个进口封闭的阀
3.6.4.7	旋塞阀	通过旋转一个含有流道的圆柱形、圆锥形或球形阀芯连通或封闭油（气）口的阀
3.6.4.8	圆柱滑阀	其阀芯是滑动圆柱件的阀
3.6.4.9	针阀	可调节阀芯是针形结构的流量控制阀
3.6.4.10	闸阀	其进口和出口成一条直线，且阀芯垂直于油（气）口的轴线滑动以控制开启和关闭的一种两口截止阀
3.6.4.11	板式阀	安装在底板、底座或集成块上的阀
3.6.4.12	插装阀	只能与含有必要流道的对应油路块结合才能使用的阀
3.6.4.13	液压二通盖板式插装阀	圆柱形阀体可以插入油路块内配合腔室的插装阀
3.6.4.14	螺纹插装阀	具有带螺纹的、可旋入油路块内配合腔室圆柱阀体的插装阀
3.6.4.15	叠加阀	位于一个阀体和安装底板（或两个阀体）之间的阀
3.6.4.16	集成式阀	用于集成阀组中的阀
3.6.4.17	整体式阀	在同一阀体内多个阀的总成
3.6.4.18	底板	具有安装连接的油（气）口，用于安装板式阀的安装装置
3.6.4.19	叠加底板	为提供公用的供油、回油系统，设计相似且固定在一起的两个或多个底板
3.6.4.20	多位底板	具有配管连接油（气）口，用于安装多个板式阀的安装装置
3.6.4.27	油路块	通常可以安装插装阀和板式阀，根据回路图通过流道使阀口相互连通的立方基体
3.6.4.28	阀块总成	阀、油路块、集成底板或组合集成基板的整个总成 参见：阀岛
3.6.5	按操控方式分类的阀	
3.6.5.1	阀	控制流体的方向、压力或流量的元件
3.6.5.2	自对中阀	当所有外部控制力去除时，阀芯返回中位的阀
3.6.5.3	伺服阀	死区小于阀芯行程3%的电调制连续控制阀
3.6.5.4	比例阀	其输出量与控制输入量成比例的阀
3.6.5.5	比例控制阀	死区大于或等于阀芯行程3%的电调制连续控制阀
3.6.5.6	电控阀	通过电气控制来操纵的阀
3.6.5.7	机械操纵阀	采用机械控制驱动的阀
3.6.5.8	间接操作阀	控制信号不直接作用在阀芯的阀 注：另见先导式阀

续表

序号	术语	定义
3.6.5.9	连续控制阀	响应连续的输入信号以连续方式控制系统能量流的阀 注:包括所有类型的伺服阀和比例控制阀 作者注:在 GB/T 15623.2—2017《液压传动　电调制液压控制阀　第 2 部分:三通方向流量控制阀试验方法》中规定:"在液压系统中,电调制液压三通方向流量控制阀是能通过电信号连续控制三个主阀口流量和方向变化的连续控制阀,一般包括伺服阀和比例阀等不同类型产品。"
3.6.5.11	先导阀	被操纵用于提供控制信号的阀
3.6.5.12	先导式阀	主阀芯受液压先导控制或气动先导控制的阀 参见:间接操作阀
3.6.5.13	弹簧对中阀	阀芯通过弹簧力返回到中位的自对中阀
3.6.5.14	带弹簧的单向阀	阀芯借助于弹簧保持关闭,直至流体压力克服弹簧力的单向阀
3.6.5.15	弹簧偏置阀	当所有控制力去除时,阀芯通过弹簧力保持于指定位置的阀
3.6.5.19	直动式阀	阀芯被控制机构直接操纵的阀
3.6.5.20	截止阀	截断流体流动的阀
3.6.5.21	提动式截止阀	阀内部某一点的流动方向与正常流动方向成直角,且阀芯是提动式,其抬起或落座以开启或关闭流道的截止阀
3.6.5.23	自动关闭阀	由于流动增加使通过阀的压降超过预定值时自动关闭的阀
3.6.6	按结构形式分类的阀	
3.6.6.1	常位	撤除外加操作力和控制信号后阀芯的位置
3.6.6.2	阀芯	通过其运动实现方向、压力或流量控制的阀的内部零件
3.6.6.3	主级	用于连续控制阀的液压功率放大的最终级
3.6.6.4	动作阀位	阀芯在驱动力作用下的最终位置
3.6.6.5	阀芯位移	阀芯沿任一方向上的位移
3.6.6.6	阀芯位置	控制基本功能的阀芯位置
3.6.6.7	遮盖	圆柱滑阀的固定节流边与可动节流边的轴向关系 注:以正遮盖、负遮盖和零遮盖表达
3.6.6.8	阀中位	位的个数为奇数的阀的阀芯处于中间的位置
3.6.6.9	封闭位置	使所有阀油(气)口都关闭的阀芯位置
3.6.6.11	封闭中位	阀的所有油(气)口都处于关闭状态时的阀中位
3.6.6.12	浮动位置	所有工作口均被连接到回油管路或回油口的阀芯位置
3.6.6.14	开启浮动中位	阀的所有油(气)口连通的阀中位
3.6.6.15	开启位置	使阀的进口和工作口连通的阀芯位置
3.6.6.17	开启中位	进口和回油口连通,而工作口封闭的阀中位
3.6.6.19	阀口/阀位标识	用于方向控制阀的数字标识方法(利用由斜线隔开的两个数字表示,例如 3/2,5/3) 注:第 1 个数字表示阀具有的主阀口数量,第 2 个数字表示其阀芯所能采取的特定位置数
3.6.6.20	主阀口	阀的控制机构动作后,其与另一个油(气)口连通或断开的油(气)口 注:先导口、泄油口和其他辅助油口不属于主阀口
3.6.6.21	二口阀	具有两个主阀口的阀 注:"二通阀""三通阀"等不再建议使用
3.6.6.23	三口阀	具有三个主阀口的阀
3.6.6.24	四口阀	具有四个主阀口的阀
3.6.6.25	五口阀	具有五个主阀口的阀
3.6.6.26	六口阀	具有六个主阀口的阀
3.6.6.27	常闭阀	在常位时,进口关闭的阀 注:"常闭"通常用缩写 NC 表示
3.6.6.28	常开阀	在常位时,进口与出口连通的阀 注:"常开"通常用缩写 NO 表示
3.6.6.29	单稳阀	具有一个确定的常位的一类阀 注:在撤除驱动力或控制信号后,阀返回到规定的位置,并保持该位置 示例:弹簧偏置阀
3.6.6.30	双稳阀	具有两个常位,且最后的一个工作位相当于常位的一类阀 注:其常位通过定位机构或静摩擦力保持。只要没有施加驱动力或控制信号,阀在每个位置上都是稳定的

2 液压控制阀的类型、结构原理及应用

.1 液压控制阀的类型

表 20-8-2

类别		型号及图形符号	工作压力范围/MPa	额定流量/L·min^{-1}	主要用途
压力控制阀	溢流阀	直动型溢流阀 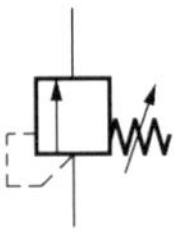	0.5~63	2~350	①作定压阀，保持系统压力的恒定 ②作安全阀，保证系统安全 ③使系统卸荷，节省能量消耗 ④远程调压阀用于系统高、低压力的多级控制
		先导型溢流阀 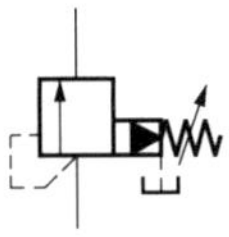	0.3~35	40~1250	
		卸荷溢流阀 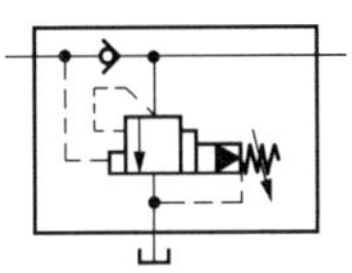	0.6~32	40~250	
		电磁溢流阀 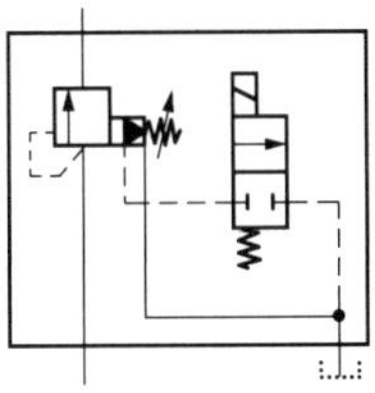	0.3~35	100~600	
	减压阀	先导型减压阀 	6.3~35	20~300	用于将出口压力调节到低于进口压力，并能自动保持出口压力的恒定
		单向减压阀 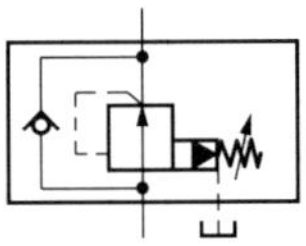	6.3~21	20~300	

类别		型号及图形符号	工作压力范围/MPa	额定流量/L·min^{-1}	主要用途
压力控制阀	溢流减压阀	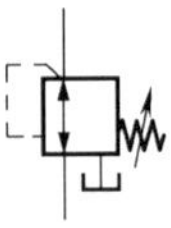	6.3	25~63	主要用于机械设备配重平衡系统中，兼有溢流阀和减压阀的功能
	顺序阀	直动型顺序阀 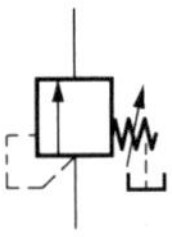	1~21	50~250	利用油路本身的压力控制执行元件顺序动作，以实现油路的自动控制 若将阀的出口直接连通油箱，可作卸荷阀使用 单向顺序阀又称平衡阀，用以防止执行机构因其自重而自行下滑，起平衡支承作用 改变阀上下盖的方位，可组成七种不同功用的阀
		直动型单向顺序阀 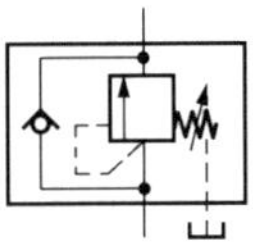	1~21	50~250	
		先导型顺序阀 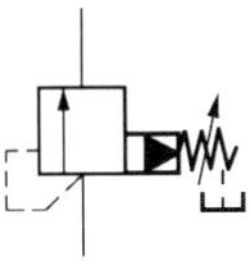	0.5~31.5	20~500	
		先导型单向顺序阀 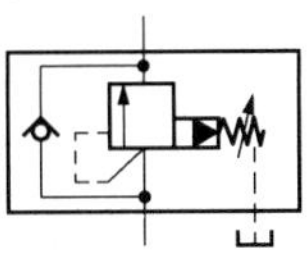	6.3~31.5	20~500	
	平衡阀	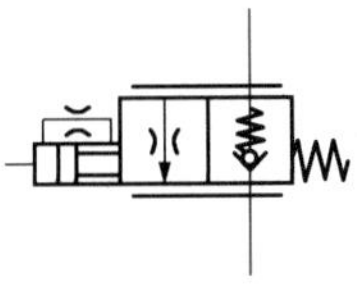	31.5	80~560	用在起重液压系统中，使执行元件速度稳定。在管路损坏或制动失灵时，可防止重物下落

续表

类别		型号及图形符号	工作压力范围/MPa	额定流量/L·min⁻¹	主要用途
压力控制阀	载荷相关背压阀	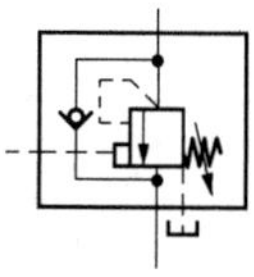	6.3~10	25~63	可使背压随载荷变化而变化。利用此阀可组成一个载荷增大,背压自动降低,反之载荷减小,背压增加的系统,运动平稳,系统效率高
	压力继电器	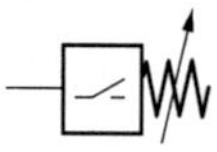	10~50	—	将油压信号转换为电气信号。有的型号能发出高、低压力两个控制信号
流量控制阀	节流阀	节流阀 	14~31.5	2~400	通过改变节流口的大小来控制油液的流量,以改变执行元件的速度
		单向节流阀 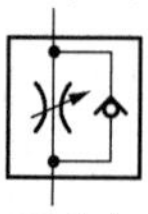 双单向 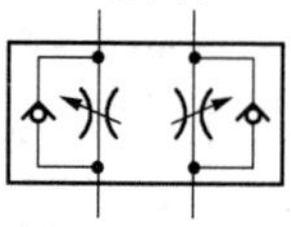	14~31.5	3~400	
	调速阀	调速阀  单向调速阀 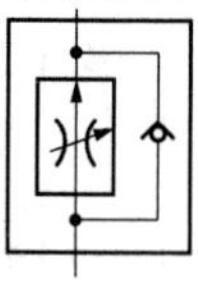	6.3~31.5	0.015~50	能准确地调节和稳定油路的流量,以改变执行元件的速度 单向调速阀可以使执行元件获得正反两方向不同的速度
		电磁调速阀 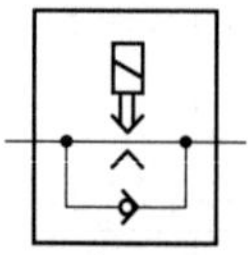	21~31.5	10~240	调节量可通过遥控传感器变成电信号或使用传感电位计进行控制
		流向调速板 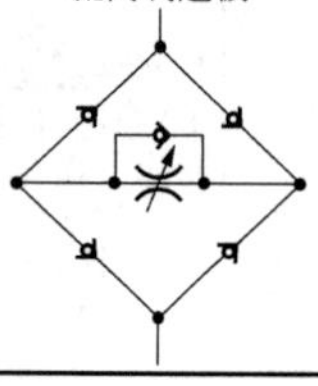	21~31.5	15~160	必须同2FRM、2FRW型叠加一同使用,这样调速阀可以在两个方向上起稳定流量的作用

类别		型号及图形符号	工作压力范围/MPa	额定流量/L·min⁻¹	主要用途
流量控制阀	行程控制阀	单行行程节流阀 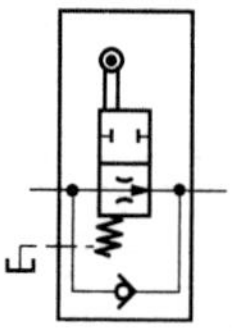	20	100	可依靠碰块或凸轮来自动调节执行元件的速度。液流反向流动时,经单向阀迅速通过,执行元件快速运动
		单向行程调整阀 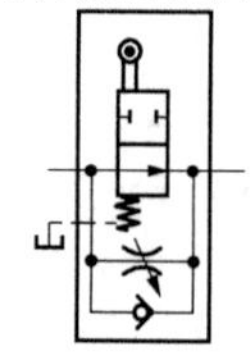	20	0.07~50	
	分流集流阀	分流阀 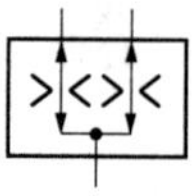 单向分流阀 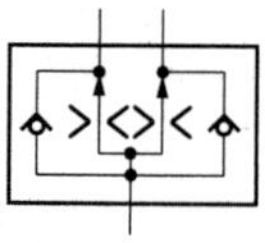	31.5	40~100	用于控制同一系统中的2~4个执行元件同步运行
		分流集流阀 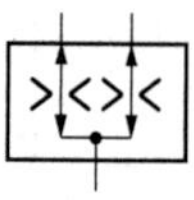	20~31.5	2.5~330	
方向控制阀	单向阀	单向阀 	16~31.5	10~1250	用于液压系统中使油流从一个方向通过,而不能反向流动
		液控单向阀 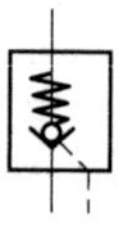	16~31.5	40~1250	可利用控制油压开启单向阀,使油流在两个方向上自由流动
	换向阀	电磁换向阀 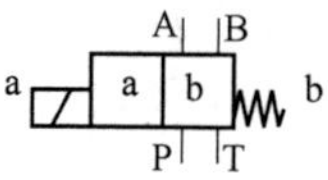	16~35	6~120	是实现液压油流的沟通、切断和换向,以及压力卸载和顺序动作控制的阀门

续表

类别		型号及图形符号	工作压力范围/MPa	额定流量/$L \cdot min^{-1}$	主要用途
方向控制阀	换向阀	液动换向阀 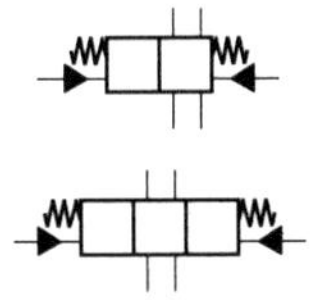	31.5	6~300	是实现液压油流的沟通、切断和换向，以及压力卸载和顺序动作控制的阀门
		电液换向阀 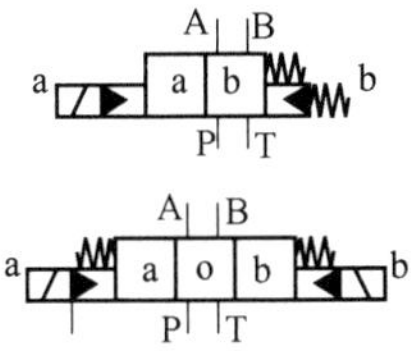	6.3~35	300~1100	
		机动换向阀 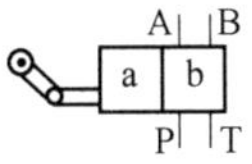	31.5	30~100	
		手动换向阀 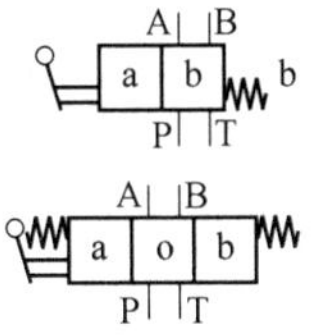	35	20~500	
方向控制阀	换向阀	多路换向阀 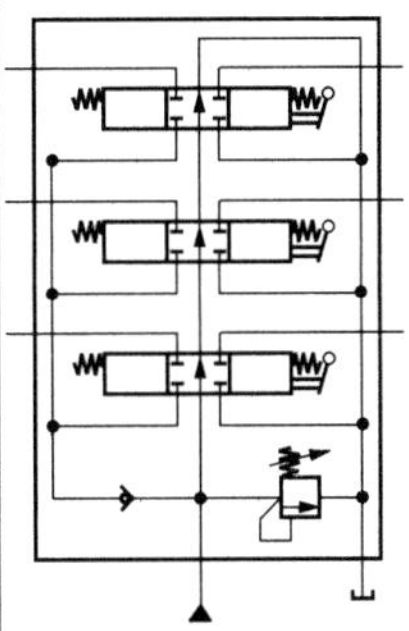	10.5~14	30~130	是手动控制换向阀门的组合。以进行多个工作机构（液压缸、液压马达）的集中控制
	压力表开关		16~34.5	—	切断或接通压力表和油路的连接
二通插装阀		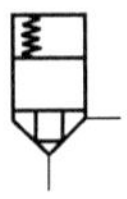	31.5~42	80~16000	用于大流量、较复杂或高水基介质的液压系统中，进行压力、流量、方向控制
截止阀			20~31.5	40~1200	切断或接通油路

注：上表中一些阀的名称和图形符号与现行相关标准不符，具体见第 1 章"2　液压系统及元件图形符号（GB/T 786.1—2021）"。

8.2　液压控制阀的结构原理和应用

表 20-8-3

分类		组成与结构	工作原理	特点
溢流阀	直动型溢流阀	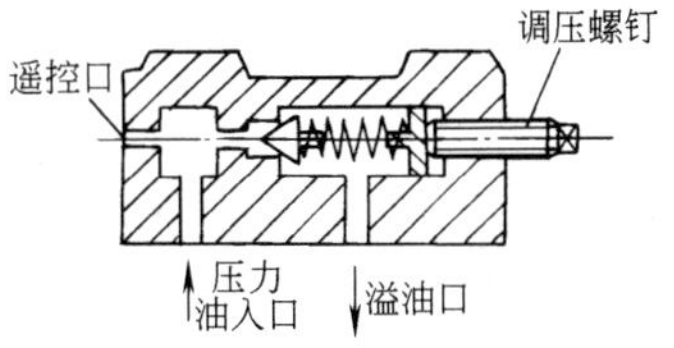 图中所示为锥阀座阀芯结构，此外还有球阀座结构及滑阀座结构	如左图当系统中压力低于弹簧调定压力时，阀不起作用，当系统中压力超过弹簧所调整的压力时，锥阀被打开，油经溢油口回油箱。这种溢流阀称为直接动作式溢流阀。其压力可以进行一定程度的调节	压力受溢流量变化的影响较大，调压偏差大，不适于在高压、大流量下工作 阻力小，动作比较灵敏，压力超调量较小，宜在需要缓冲、制动等场合下使用 结构简单，成本低

续表

<table>
<tr><th colspan="2">分类</th><th>组成与结构</th><th>工作原理</th><th>特点</th></tr>
<tr><td rowspan="2">溢流阀</td><td>先导型溢流阀</td><td>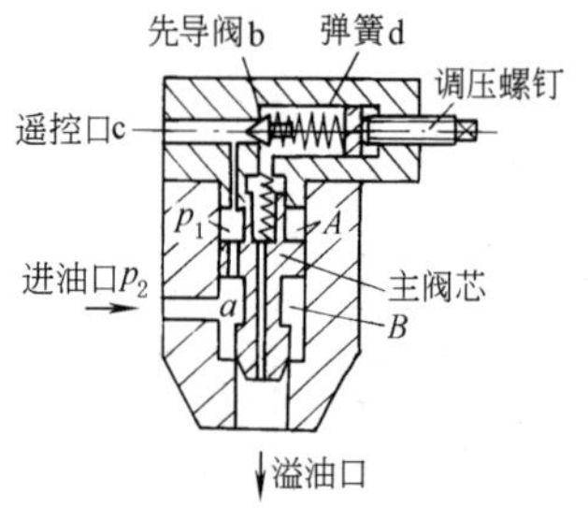

上图所示为芯平衡活塞式(三节同心式)溢流阀,由主阀和先导阀两部分组成
单向阀式(二节同心式)溢流阀结构,如下图
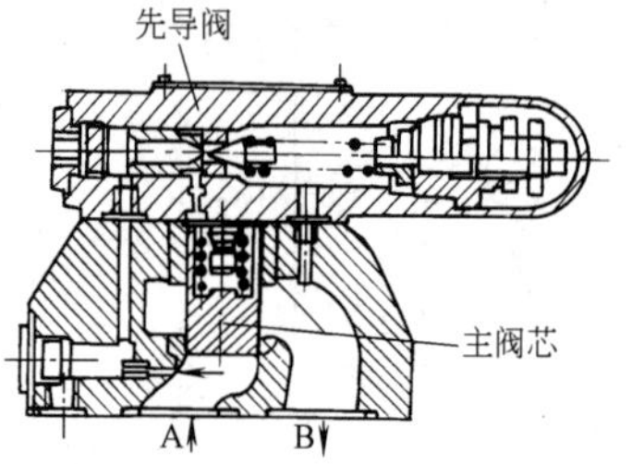
</td><td>如图设进油压力为 p_2,通过阻尼孔后,压力为 p_1,p_2 作用面积为 a,p_1 作用面积为 A,主阀弹簧力为 F。当系统中压力 p_2 低于弹簧 d 调定压力时,即 Ap_1 小于弹簧 d 的作用力,先导阀 b 未打开,此时,$p_1=p_2$,$Ap_1+F>ap_2$,阀不溢流。当系统中压力 p_2,也即 p_1 大于或等于弹簧 d 的压力时,先导阀 b 打开,压力油通过主阀轴向的阻尼孔流入油箱。由于阻尼孔的作用,此时 $p_1<p_2$,$Ap_1+F<ap_2$,主阀向上提起,油从溢流口流回油箱</td><td>调整弹簧 d 的压力,即可调整溢流阀的溢流压力
平衡活塞式溢流阀的压力滞后现象小,振动也较直接动作式小,能够正常操作和无载荷操作,如果加工精度高,则稳定性较好,但超调(启动时的最高压力超过所需的调整压力)幅度大,动作迟缓。加工精度要求高,成本高
单向阀式溢流阀的工艺性好,加工、装配精度容易保证,结构简单。主阀为单向阀结构,过流面积大,流量大,阀的启闭特性好。阀性能稳定,噪声小</td></tr>
<tr><td colspan="4">应用:
①作为安全阀防止液压系统过载　溢流阀用于防止系统过载时,此阀是常闭的,如图(a)。当阀前压力不超过某一预调的极限时,此阀关闭不溢油。当阀前压力超过此极限值时,阀立即打开,油即流回油箱或低压回路,因而可防止液压系统过载。通常安全阀多用于带变量泵的系统,其所控制的过载压力,一般比系统的工作压力高 8%~10%
②作为溢流阀使液压系统中压力保持恒定　在定量泵系统中,与节流元件及负载并联,如图(b)。此时阀是常开的,常溢油,随着工作机构需油量的不同,阀门的溢油量时大时小,以调节及平衡进入液压系统中的油量,使液压系统中的压力保持恒定。但由于溢流部分损耗功率,故一般只应用于小功率带定量泵的系统中。溢流阀的调整压力,应等于系统的工作压力
③远程调压　将远程调压阀的进油口和溢流阀的遥控口(卸荷口)连接,在主溢流阀的设定压力范围内,实现远程调压,如图(c)
④作卸荷阀　用换向阀将溢流阀的遥控口(卸荷口)和油箱连接,可以使油路卸荷,如图(d)
⑤高低压多级控制　用换向阀将溢流阀的遥控口(卸荷口)和几个远程调压阀连接时,即可实现高低压的多级控制
⑥作顺序阀　将溢流阀顶盖加工出一个泄油口,而堵死主阀与顶盖相连的轴向孔,如图(e),并将主阀溢油口作为二次压力出油口,即可作顺序阀用
⑦卸荷溢流阀　一般常用于泵、蓄能器系统中,如图(f)。泵在正常工作时,向蓄能器供油,当蓄能器中油压达到需要压力时,通过系统压力,操纵溢流阀,使泵卸荷,系统就由蓄能器供油而照常工作;当蓄能器油压下降时,溢流阀关闭,油泵继续向蓄能器供油,从而保证系统的正常工作
⑧作制动阀　对执行机构进行缓冲、制动
⑨作加载阀和背压阀
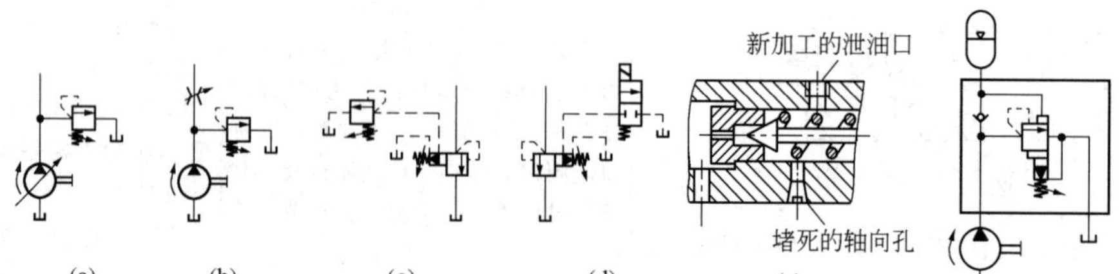

(a)　(b)　(c)　(d)　(e)　(f)</td></tr>
</table>

续表

<table>
<tr><th colspan="2">分类</th><th>组成与结构</th><th>工作原理</th><th>特点</th></tr>
<tr><td rowspan="2">减压阀</td><td>减压阀</td><td>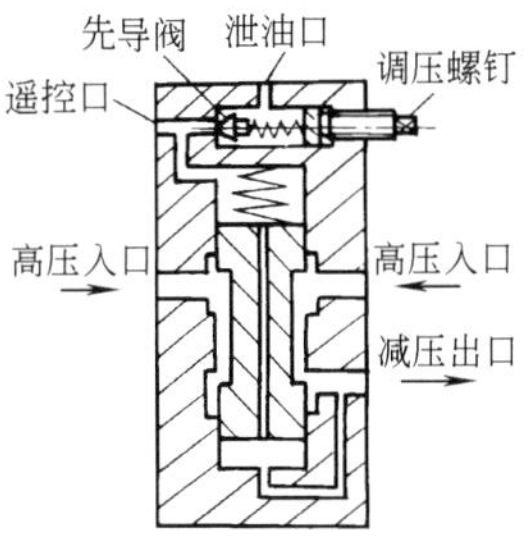图中所示为先导型减压阀，主阀为滑阀式。还有的主阀为单向阀式结构</td><td rowspan="2">如左图，滑阀在弹簧作用下处于下部位置，油流从入口经阀体和滑阀的开口部分由出口流出，此时从出口侧也有一部分二次压力油经滑阀端部和中间阻尼小孔进入操纵部分。当出口压力超过设定压力时，打开先导阀，油从泄油口流入油箱，滑阀上部油腔油压降低，滑阀向上移动，减小阀体和滑阀的开口度，从而降低出口压力至新的平衡位置，先导阀关闭，自动保证出口压力一定</td><td rowspan="2">先导阀上的遥控口，需要时可以接上远程调压阀，实现远程调压
单向减压阀，由减压阀和单向元件组成，其作用与减压阀相同。但反向油流由单向元件自由通过，不受减压阀的限制，如左下图</td></tr>
<tr><td>单向减压阀</td><td>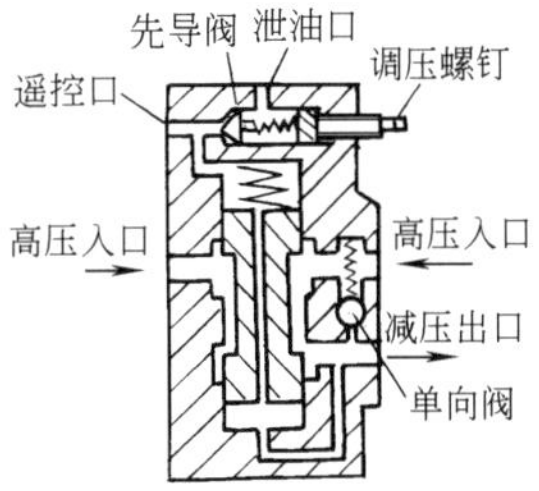</td></tr>
<tr><td colspan="5">应用：
①减压阀是一种使阀门出口压力（二次油路压力）低于进口压力（一次油路压力）的压力调节阀。一般减压阀均为定压式，减压阀的阀孔缝隙随进口压力变化而自行调节，因此能自动保证阀的出口压力为恒定
②减压阀也可以作为稳定油路工作压力的调节装置，使油路压力不受油源压力变化及其他阀门工作时压力波动的影响
③减压阀根据不同需要将液压系统区分成不同压力的油路，例如控制机构的控制油路或其他辅助油路，以使不同的执行机构产生不同的工作力
④减压阀在节流调速的系统中及操作滑阀的油路中广泛应用。减压阀常和节流阀串联在一起，用以保证节流阀前后压力差为恒定，流过节流阀的油量不随载荷而变化
⑤应用时，减压阀的泄油口必须直接接回油箱，并保证泄油路畅通。如果泄油孔有背压时，会影响减压阀及单向减压阀的正常工作</td></tr>
<tr><td rowspan="2">顺序阀</td><td>顺序阀</td><td>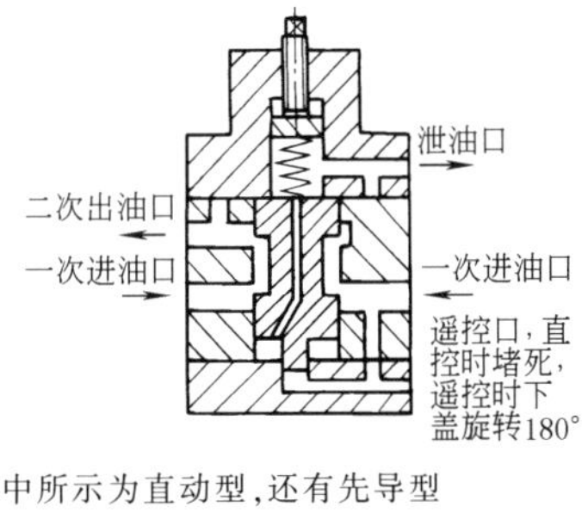图中所示为直动型，还有先导型</td><td rowspan="2">如左图，当顺序阀的滑阀下端活塞所受的油压力大于上端弹簧的作用力时，滑阀就上升，顺序阀打开，油由下部孔进入，上部孔流出
各种形式的顺序阀进油口都在下边，其操作方式有直控操纵和遥控操纵两种，泄油方式有内部泄油和外部泄油两种。部分顺序阀的结构设计上，可以通过改变阀门上盖的方位来实现内、外部泄油，通过改变底盖的方位来实现直控、遥控操纵</td><td rowspan="2">遥控（液动）顺序阀与直控顺序阀的不同点，在于直控顺序阀可以直接利用进口油路的压力来控制滑阀的开启，而遥控（液动）顺序阀则必须由控制油路的油压来控制（即所谓远程压力控制）滑阀的开启，在远程压力未达到顺序阀所预调的压力以前，此阀关闭
如将遥控顺序阀的二次压力油路通回油箱，则构成卸荷阀。泄油口一般必须通回油箱，因此阀的二次压力油路如果是接回油箱的，便可以是内部泄油，否则必须是外部泄油，其泄油口应单独接回油箱</td></tr>
<tr><td>单向顺序阀</td><td>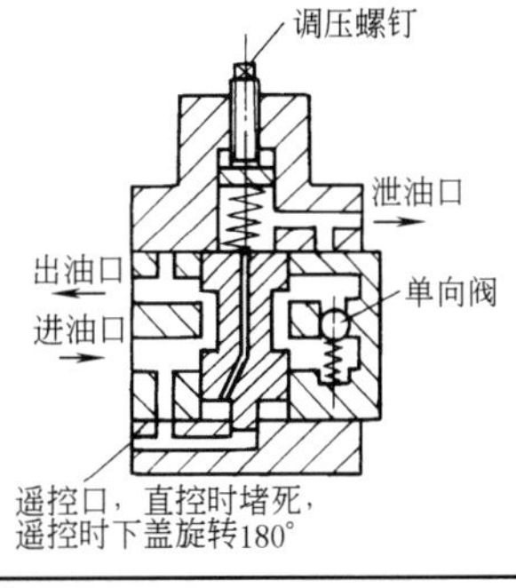</td></tr>
</table>

续表

<table>
<tr><th>分类</th><th>组成与结构</th><th>工作原理</th><th>特点</th></tr>
<tr><td>顺序阀</td><td colspan="3">应用：
顺序阀是利用油路的压力来控制油缸或油马达顺序动作，以实现油路系统的自动控制。在进口油路的压力没有达到顺序阀所预调的压力以前，此阀关闭；当达到后，阀门开启，油液进入二次压力油路，使下一级元件动作。其与溢流阀的区别在于它通过阀门的阻力损失接近于零
顺序阀内部装有单向元件时，称为单向顺序阀，它可使油液自由地反向通过，不受顺序阀的限制，在需要反向的油路上使用单向顺序阀较多
①控制油缸或油马达顺序动作　直控顺序阀或直控单向顺序阀可用来控制油缸或油马达顺序动作，如图(a)。当油缸的左端进油时，油缸“Ⅰ”先向右行到终点，油路的压力增高，使顺序阀 a 打开，油缸“Ⅱ”即开始向右行，反之亦然，其动作顺序如图中 1~4 所示。如果图中的单向阀与顺序阀在一个阀体中，便是单向顺序阀
②作普通溢流阀用　将直控顺序阀的二次压力油路接回油箱，即成为普通起安全作用的溢流阀
③作卸荷阀用　如图(b)，作蓄能器系统泵的自动卸荷用
④作平衡阀用　用来防止油缸及工作机构由于本身重量而自行下滑，如图(c)
遥控顺序阀及遥控单向顺序阀，其应用原理与直控相似，不过控制阀门的开启不是由主油路的压力操纵，而是由另外的控制油路来操纵
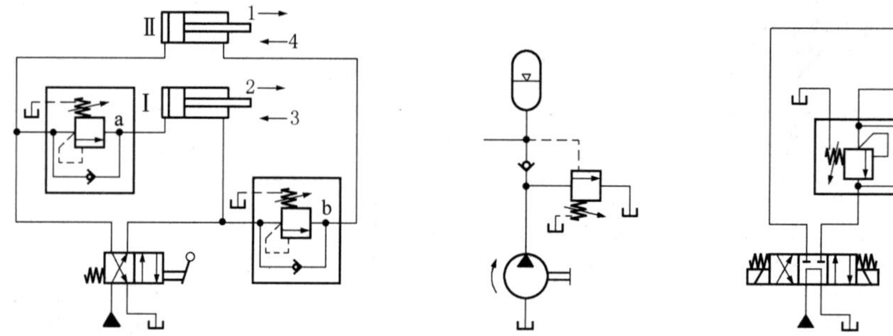

(a)　(b)　(c)</td></tr>
<tr><td rowspan="2">压力继电器</td><td>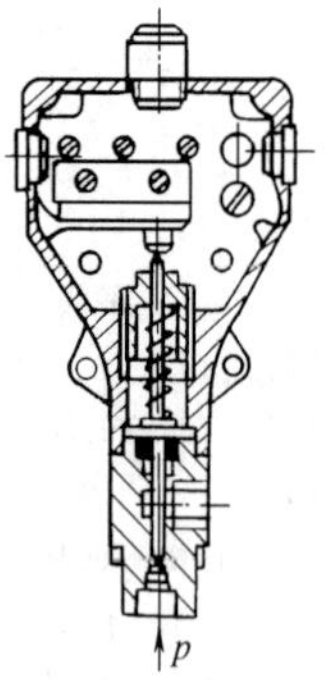

一般分滑阀式(柱塞式)、弹簧管式、膜片式和波纹管式四种结构型式
图中所示为单触点柱塞式</td><td colspan="2">滑阀式结构原理如左图，压力油作用在压力继电器底部的柱塞上，当液压系统中的压力升高到预调数值时，液压力克服弹簧力，推动柱塞上移，此时柱塞顶部压下微动开关的控制电路的触头，将液压信号转换为电气信号，使电气元件(如电磁阀、电机、电磁溢流阀和时间继电器等)动作，从而实现自动程序控制和安全作用</td></tr>
<tr><td colspan="3">应用：
①在压力达到设定值时，使油路自动释压或反向运动(通过电磁阀控制)
②在规定范围内若大于调定压力，则启动或停止液压泵电动机
③在规定压力下，使电磁阀顺序动作
④作为压力的警号或信号、安全装置或用以停止机器
⑤油压机中启动增压器
⑥启动时间继电器
⑦在主油路压力降落时，停止其辅助装置
⑧PF 型压力继电器可作为两个高低压力间的差压控制装置</td></tr>
</table>

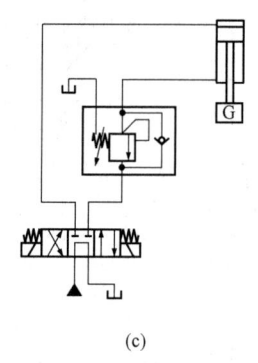

续表

<table>
<tr><th colspan="2">分类</th><th>组成与结构</th><th>工作原理</th><th>特点</th></tr>
<tr><td rowspan="3">节流阀</td><td>节流阀</td><td>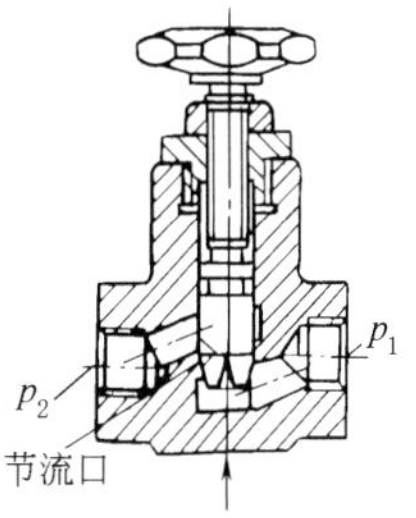

由节流口和调节节流口大小的装置组成</td><td>左图属于轴向三角槽式节流结构。当调整调节手轮或旋转调节套时，阀芯做轴向移动，节流开口大小改变，从而调节流量</td><td rowspan="2">结构简单、制造和维护方便
使用节流阀调节流量是有条件的，即在定量泵系统中，节流阀必须与溢流阀等并联，以补偿节流阀的流量变化
这种阀一般没有压力、温度补偿装置
节流阀只适用于载荷变化不大或对速度稳定性要求不高的液压系统中</td></tr>
<tr><td>单向节流阀</td><td>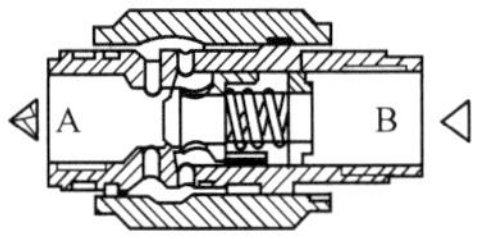
</td><td>单向节流阀由单向阀与节流阀组合而成。适用于液流在一个方向上可以控制流量，当液流反向流动时，单向阀被开启</td></tr>
<tr><td colspan="4">应用：
节流阀是简易的流量控制阀，它的主要用途是接在压力油路中，调节通过的流量，以改变液压机的工作速度。这种阀门没有压力补偿及温度补偿装置，不能自动补偿载荷及油黏度变化时所造成的速度不稳定，但其结构简单紧凑，故障少，一般油路中应用可以满足要求
单向节流阀只在一个方向起调速作用，反向液流可以自由通过，若要求调节反向速度时，必须另接入一个节流阀，通过分别调节，可以得到不同的往复速度
节流阀及单向节流阀在回路上的应用方法一般有进口节流、出口节流和旁路节流三种</td></tr>
<tr><td rowspan="2">调速阀</td><td>调速阀</td><td>由定差减压阀与节流阀串联组成
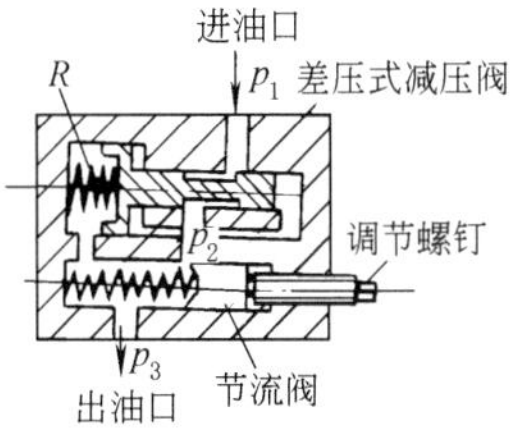
</td><td colspan="2">压力为 p_1 的压力油液经滑阀到节流阀前的压力为 p_2，节流阀后的压力为 p_3，设滑阀端面积为 a，则
作用于滑阀右端的力　$F_1=ap_2$
作用于滑阀左端的力　$F_2=ap_3+R$
式中　R——弹簧力
当滑阀平衡时，$F_1=F_2$，即 $ap_2=ap_3+R$
$$p_2-p_3=\frac{R}{a}$$
当 p_3 值增加时，则 $F_2>F_1$，使滑阀向右移动，开口增大，压力降减小，使 p_2 增高，保持 p_2-p_3 为一定值。此处，压力补偿装置，就是使 p_1 和 p_3 的变化，不至于影响到节流阀前后的压力差，保证通过节流阀的流量为恒定</td></tr>
<tr><td>单向调速阀</td><td colspan="2">由单向阀和调速阀组成。压力油从 A 腔进入阀后，先经减压阀减压，再由节流阀节流，由 B 腔流出调速阀，反向油液经开启的单向阀从 B 腔到 A 腔流出调速阀
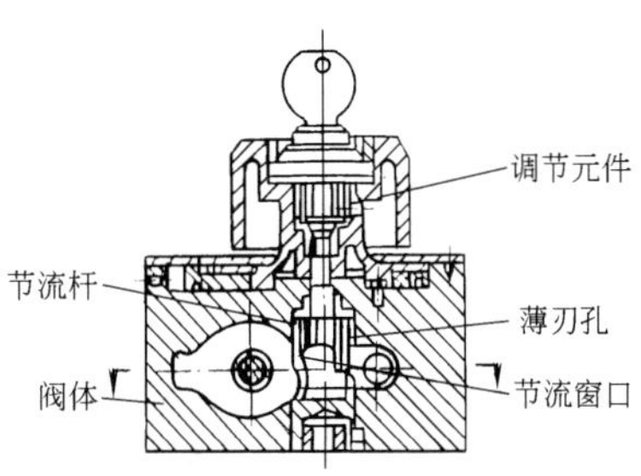

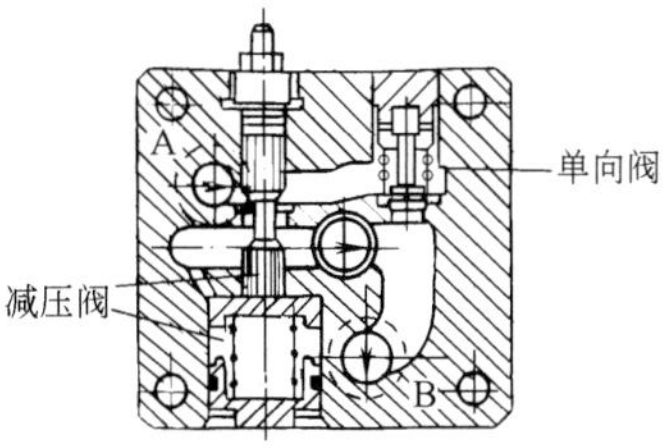
</td><td>节流窗口设计成薄刃状，流量受油的黏度变化的影响小
左图阀中的减压阀无弹簧端处装有行程调节器，经调整可以防止阀突然投入工作时出现的流量跳跃现象
当此阀与整流板叠加时，可以实现同一回路的双向流量控制</td></tr>
</table>

续表

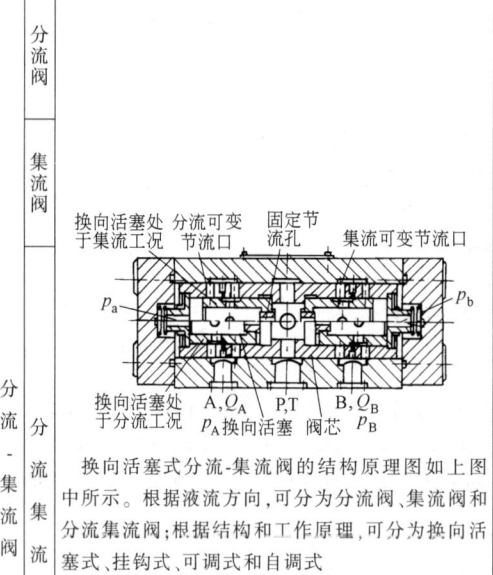

<table>
<tr><th colspan="2">分类</th><th>组成与结构</th><th>工作原理</th><th>特点</th></tr>
<tr><td colspan="2">调速阀</td><td colspan="3">应用：
调速阀在定量泵液压系统中与溢流阀配合组成进油、回油或旁路节流调速回路。还可组成同一执行元件往复运动的双向节流调速回路和容积节流调速回路
调速阀适用于执行元件载荷变化大，而运动速度稳定性又要求较高的液压系统</td></tr>
<tr><td rowspan="3">行程控制阀</td><td>单向行程节流阀</td><td colspan="3" rowspan="2">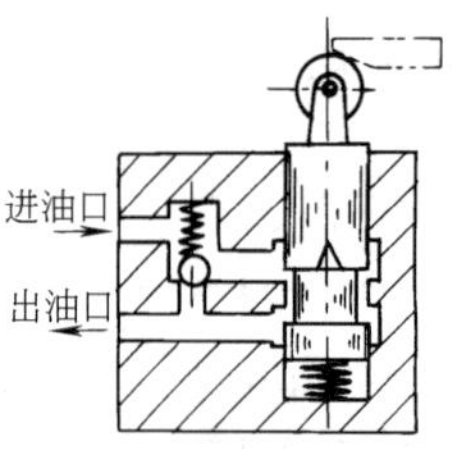
单向行程节流阀原理
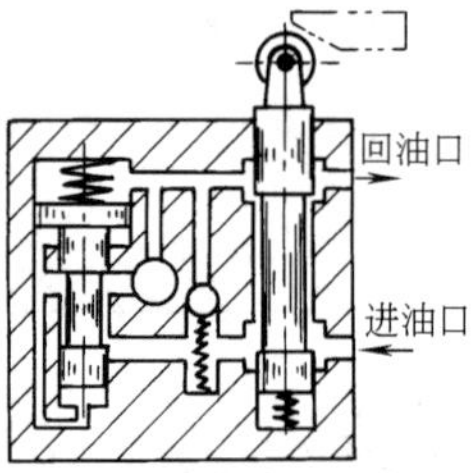
单向行程调速阀原理</td></tr>
<tr><td>单向行程调速阀</td></tr>
<tr><td colspan="4">应用：
行程控制阀串联在液压缸的回路中，用来自动限制液压缸的行程和运动速度，避免冲击以达到精确定位。液压缸或工作机构在行进到规定位置时，工作机构上的控制凸块将行程控制阀逐步关闭，使液压缸在终点前逐渐减速停止（行程节流阀）或改变进入液压缸的油量，使速度降低（行程调速阀）
单向行程控制阀使回程油液能自由通过</td></tr>
<tr><td rowspan="4">分流-集流阀</td><td>分流阀</td><td rowspan="3">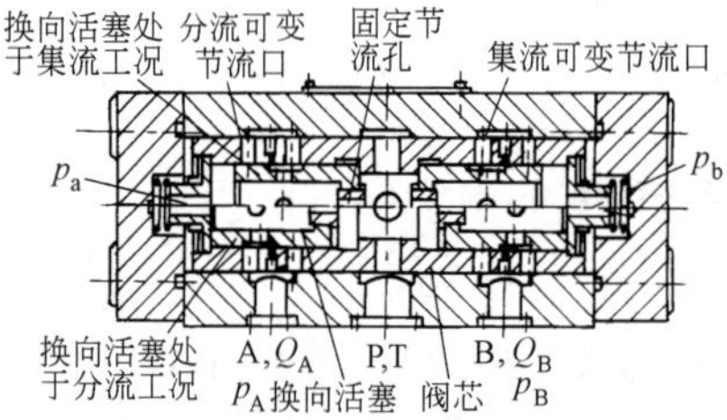
换向活塞式分流-集流阀的结构原理图如上图中所示。根据液流方向，可分为分流阀、集流阀和分流集流阀；根据结构和工作原理，可分为换向活塞式、挂钩式、可调式和自调式</td><td rowspan="3">分流集流阀是利用载荷压力反馈的原理，来补偿因载荷压力变化而引起流量变化的一种流量控制阀。但它只控制流量的分配，而不控制流量的大小
左图阀分流时，因 $p>p_a$（或 p_b），此压力差将换向活塞分开处于分流工况。当外载荷相同，即 $p_A=p_B$ 时，p_a 也就等于 p_b，阀芯处于中间对称位置，节流孔前后压差相等（即 $p-p_a=p-p_b$），故 $Q_A=Q_B$。当外载荷不相同时，如 p_A 增加，引起 p_a 瞬时增加，由于 $p_a>p_b$，阀芯右移，于是左边分流节流口开大，右边分流节流口关小，这样使 p_a 又减小，使 p_b 增加，直到 $p_a=p_b$ 时，阀芯停在一个新的位置上，使得 $p-p_a$ 又等于 $p-p_b$，Q_A 又等于 Q_B，仍能保证执行元件同步。集流时，因 $p-p_a$（或 p_b），两个换向活塞合拢处于集流工况，其等量控制的原理与分流时相同</td><td rowspan="3">分流集流阀的压力损失比较大，故不适用于低压系统
分流集流阀在动态时不能保证速度同步精度，故不适用于载荷压力变化频繁或换向工作频繁的系统
分流集流阀内部各节流孔相通，当执行元件在行程中需要停止时，为了防止执行元件因载荷不同而相互窜油，应在油路上接入液控单向阀</td></tr>
<tr><td>集流阀</td></tr>
<tr><td>分流集流阀</td></tr>
<tr><td colspan="4">应用：
分流集流阀在液压系统中可以保证2~4个执行元件在运动时的速度同步
使用分流集流阀应注意正确选用阀的型号和规格，以保证适宜的同步精度。安装时应保持阀芯轴线在水平位置，切忌阀芯轴线垂直安装，否则会降低同步精度。串联连接时，系统的同步精度误差一般为串联的各分流集流阀速度同步误差的叠加值；并联连接时，速度同步误差一般为其平均值</td></tr>
</table>

续表

分类	组成与结构	工作原理	特点

分流集流阀

分流集流阀性能比较

分类		适应系统类型	允许流量变化范围/%	压力损失/MPa	同步精度稳定性
固定式分流集流阀	换向活塞式	定量同步系统	±20	随流量变化一般 0.8~1	随流量变化不稳定
	挂钩式				
可调式分流集流阀		定量同步系统;人工调定变量系统	±250	6~12	人工调定后稳定
自调式分流集流阀		定量同步系统;变量同步系统;调速同步系统	±250	6~12	稳定

注:固定比例式分流集流阀、自调比例式分流集流阀、分流阀和单向分流阀等的选用,也可参考此表

单向阀 — 单向阀

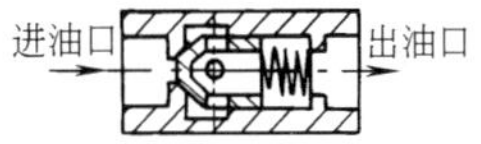

直通式

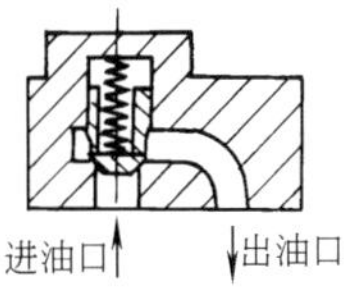

直角式

单向阀有直通式和直角式两种,结构及工作原理如左图。直通式结构简单,成本低,体积小,但容易产生振动,噪声大,在同样流量下,它的阻抗比直角式大,更换弹簧不方便

单向阀 — 液压操纵单向阀

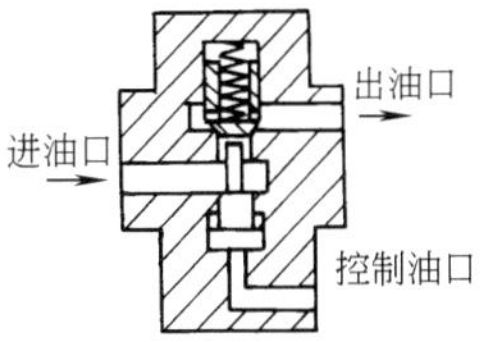

是由上部锥形阀和下部活塞所组成,在正常油液的通路时,不接通控制油,与一般直角式单向阀一样。当需要油液反向流动时,活塞下部接通控制油,使阀杆上升,打开锥形阀,油液即可反向流动

应用:

单向阀用于液压系统中防止油液反向流动。也可作背压阀用,但必须改变弹簧压力,保持回路的最低压力,增加工作机构的运动平稳性。液控单向阀与单向阀相同,但可利用控制油开启单向阀,使油液在两个方向上自由流动

换向阀 — 电磁换向阀

电磁换向阀是实现油路的换向、顺序动作及卸荷的液压控制阀,是通过电气系统的按钮开关、限位开关、压力继电器、可编程控制器以及其他元件发出的电信号控制的

电磁换向阀的电磁铁有交流、直流和交流本整型三种,又分干式和湿式。直流电磁换向阀的优点是换向频率高,换向特性好,工作可靠度高,对低电压、短时超电压、超载和机械卡住反应不敏感。交流电磁换向阀(非本整型)的优点是动作时间短,电气控制线路简单,不需特殊的触头保护;缺点是换向冲击大,启动电流大,线圈比直流的易损坏。湿式电磁铁具有良好的散热性能,工作噪声也小。无论干式或湿式电磁铁,直流的使用寿命总要比交流的长

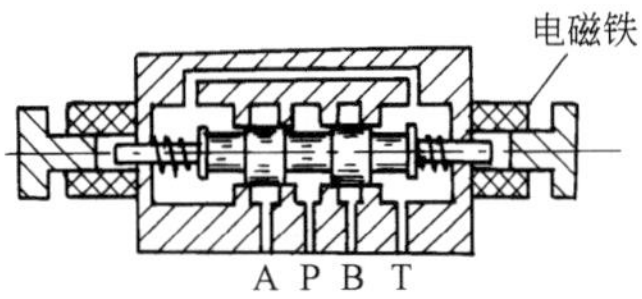

图中所示为滑阀阀芯,它借助于电磁铁吸力直接被推动到不同的工作位置上。还有以钢球作为阀芯的,电磁铁通过杠杆推动球阀,使其推力放大3~4倍,以适应高的工作压力,允许背压也高,适宜在高压、高水基介质的系统中使用

电磁换向阀电源电压有多种等级,直流的常用24V、交流的常用220V。对电源要求如下:

(1)直流电磁铁对电源要求

①稳压源、蓄电池或桥式全波整流装置等电源装置只要容量满足要求都能使直流电磁铁可靠地工作

②在桥式全波整流装置的输出端,不需并联滤波电容。因直流电磁铁的线圈本身就带有电感性质,而容量不足的滤波电容反而会造成电磁铁输入电压的下降

续表

分类		组成与结构	工作原理	特点
换向阀	电磁换向阀	③电磁铁通断的开关应安装在直流输出端，以免切断电源时整流电路成为电磁铁线圈的放电回路，延长电磁铁的释放时间 ④为保护开关触点，用户往往在直流电磁铁线圈两端并接放电二极管，此法会延长电磁铁释放时间，在要求释放时间短的场合，可并接与输入电压相匹配的压敏电阻 (2)交流电磁铁对电源要求 ①电源电压要求尽量稳定。由于交流电磁铁的吸力与电源电压的平方成正比，电压增高10%，吸力增大21%。电压下降10%，吸力减小19% ②由于交流电磁铁的吸力和电源频率的平方成正比，而涡流损耗又与电源频率的平方成正比，因此50Hz、60Hz的阀用电磁铁尽管额定电压一致，也不能互换使用 ③由于交流电磁铁启动电流大于吸持电流，在选择电源容量、特别是在选择控制变压器容量时，必须考虑这一因素		
	液动换向阀	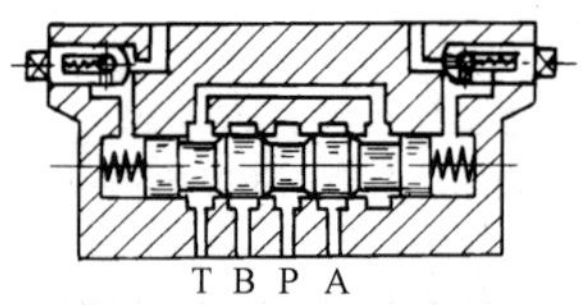	液动换向阀是利用控制油路改变滑阀位置的换向阀 可调式液动换向阀是在阀体上装有单向节流元件，以调节控制油路的油量，来调节换向时间	
	电液换向阀	由电磁换向阀和液动换向阀组成 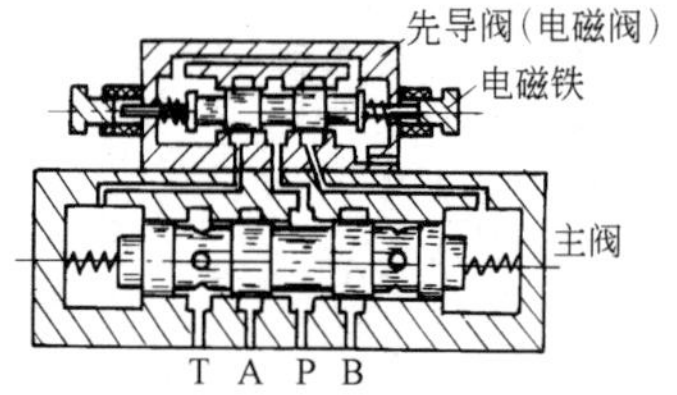	电液换向阀由电磁阀起先导控制作用，液动换向阀进行油路换向、卸荷及顺序动作 电液换向阀的换向快慢，可用控制油路中的节流阀(阻尼器)来调节，以避免液压系统的换向冲击。一般适用于流量较大的液压系统中，使用电源要求与电磁换向阀相同	
	机动换向阀	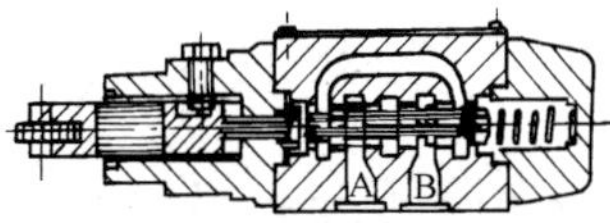	是利用机械的挡块或凸轮压住或离开行程滑阀的滚轮，以改变滑阀的位置，来控制油流方向 一般为二位的或三位的，并有各种不同的通路数	
	手动换向阀	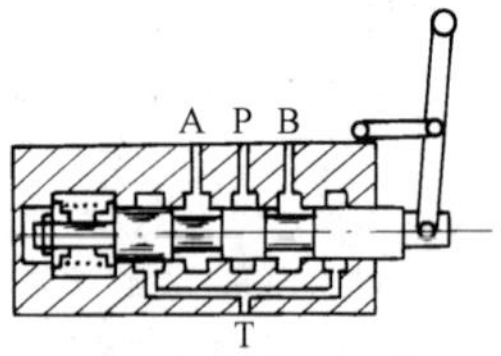	是用手动杠杆操纵的方向控制阀。手动换向阀分为自动复位及弹跳机构定位。左图为弹簧复位式	
	多路换向阀	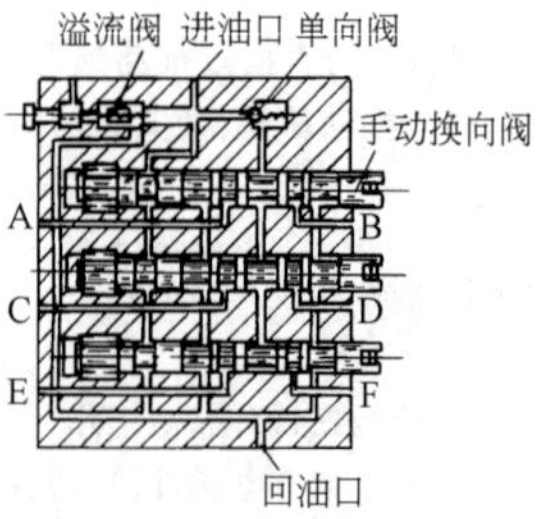	多路换向阀集中式手动换向阀的组合，阀由2~5个三位六通手动换向阀、溢流阀、单向阀组成。有螺纹连接的公共进油口和回油口，各个控制阀有两个工作油孔以连接液压缸或液压马达。阀门分为自动复位式及弹跳定位式 根据用途的不同，阀在中间位置时，主油路有中间全封闭式、压力口封闭式及B腔常闭式等，中间位置时压力油短路卸荷。各个阀组成串联式油路时阀必须顺序操作	

续表

分类	组成与结构	工作原理	特点
换向阀	应用： 主要用于起重运输车辆、工程机械及其他行走机械。用以进行多个工作机构的集中控制 滑阀机能：是指换向滑阀在中间位置或原始位置时，阀中各油口的连通型式。滑阀机能有很多种，常见的三位四通换向阀的滑阀机能有 O、H、Y、K、M、X、P、J、C、N、U 等。采用不同滑阀机能会直接影响执行元件的工作状态，正确选择滑阀机能是十分重要的。引进国外技术生产的产品，其滑阀机能与国内产品有所不同，选用时应注意查阅产品说明书		
压力表开关	压力表开关是小型的截止阀，主要用于切断或接通压力表和油路的连接。通过开关起阻尼作用，减轻压力表急剧跳动，防止损坏。也可作为一般截止阀应用。压力表开关，按其所能测量的测量点的数目，可分为一点的及多点的。多点压力表开关可以使压力表和液压系统 1~6 个被测油路相通，分别测量 1~6 点的压力		
二通插装阀	二通插装阀由插入（装）元件、控制盖板、先导（控制）元件和插装阀油路块（插装块）体四个部分组成 注：在 GB/T 7934—2017《液压二通盖板式插装阀》中给出的术语“液压二通盖板式插装阀”的定义：“由插入元件、控制盖板、先导元件、插装阀油路块等组成，…。” 适用于流量大于 160L/min 的液压系统或高压力、较复杂、采用高水基工作液的液压系统 采用二通插装阀可以显著地减小液压控制阀组的外形尺寸和重量 由于二通插装阀组成的系统中使用电磁铁数量比普通液压控制阀组成的液压系统多，控制也较复杂，所以二通插装阀不适合小流量、动作简单的液压系统 下图所示为方向控制用插装元件，又称主阀组件，由阀芯、阀套、弹簧和密封件组成。油口为 A、B，控制口为 C。压力油分别作用在阀芯的三个控制面 A_A、A_B、A_C 上。如果忽略阀芯的质量和阻尼力的影响，作用在阀芯上的力平衡关系式为 $$P_t+F_s+p_CA_C-p_BA_B-p_AA_A=0$$ 式中　P_t——作用在阀芯上的弹簧力，N F_s——阀口液流产生的稳态液动力，N p_C——控制口 C 的压力，Pa p_B——工作油口 B 的压力，Pa p_A——工作油口 A 的压力，Pa A_A，A_B，A_C——三个控制面的面积，m^2 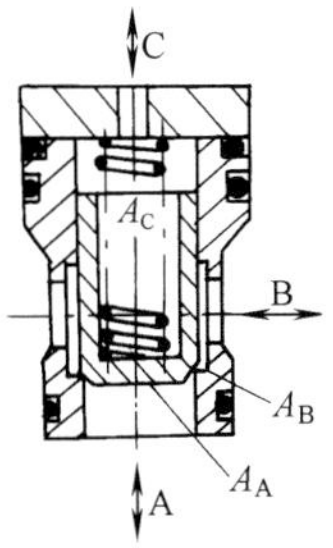 当控制口 C 接油箱卸荷时，若 $p_A>p_B$，液流由 A 至 B；若 $p_A<p_B$，液流由 B 至 A 当控制口 C 接压力油时，若 $p_C\geqslant p_A$、$p_C\geqslant p_B$，则油口 A、B 不通。由此可知，它实际上相当于一个液控二位二通阀 压力、流量控制用插装元件的阀芯和左图结构有所不同 插装元件插装在阀体或集成块中，通过阀芯的启闭和开启量的大小，可以控制主回路液流的通断、压力高低和流量大小		

3 液压阀安装面和插装阀阀孔的标识代号
（摘自 GB/T 14043.1—2022/ISO 5783：2019，MOD）

表 20-8-4

范围	GB/T 14043.1—2022《液压传动 阀的标识代号 第1部分:安装面和阀孔》规定了相关标准界定的液压阀安装面和插装阀阀孔的标识代号 注:相关标准包括 GB/T 2514、GB/T 2877.2、GB/T 8100.2、GB/T 8100.3、GB/T 8101、GB/T 17487、GB/T 36703、JB/T 5963,对应测点 ISO 标准:ISO 4401、ISO 7368、ISO 6263、ISO 5781、ISO 6264、ISO 10372、ISO 16873、ISO 7789 该标准适用于符合所列相关标准的液压阀安装面和插装阀阀孔。该标识代号不要求在液压阀安装面和插装阀阀孔上标记
标识代号	液压阀安装面和插装阀阀孔的标识代号使用下列指定的5组数字和符号,按给定的顺序表示,并用连字符"-"隔开 a. 描述液压阀安装面和插装阀阀孔的标准代号和顺序号 b. 两位数字规格代号 • 液压阀安装面的规格 • 或盖板式插装阀规格 • 或螺纹插装阀阀孔螺纹直径 c. 作为唯一代码的两位数字 注:在以前的版本中,这两位数字是基于a中对应标准的代号。但是,如果这些标准中的图在新版本中被删除,某些安装面和插装阀阀孔图号对应的数字被改变,会导致混乱 d. 一个指示符号。例如,使用"*",或者基于a中对应标准定义的某个数字 • 数字"0"代表基本型式代号 • 数字"1"~"9"代表其他型式代号 e. 四位数字,代表所符合标准的最新版本的年份号
规格代码	当液压阀安装面和插装阀阀孔第一次标准化,或当本标准确定的代码第一次应用到现行标准时,应按照表1来确定规格代号

表1 规格代号 mm

规格代码	主油口直径 ϕ	规格代码	主油口直径 ϕ
00	$0<\phi\leq2.5$	09	$25<\phi\leq32$
01	$2.5<\phi\leq4$	10	$32<\phi\leq40$
02	$4<\phi\leq6.3$	11	$40<\phi\leq50$
03	$6.3<\phi\leq8$	12	$50<\phi\leq63$
04	$8<\phi\leq10$	13	$63<\phi\leq80$
05	$10<\phi\leq12.5$	14	$80<\phi\leq100$
06	$12.5<\phi\leq16$	15	$100<\phi\leq125$
07	$16<\phi\leq20$	16	$125<\phi\leq160$
08	$20<\phi\leq25$	17	$160<\phi\leq200$

续表

标识代号使用示例

①阀安装面

符合 ISO 4401 的液压四油口方向控制阀，主油口最大直径 11.2mm，无先导油口，其安装面的标识代号为

ISO 4401-05-04-0-××××

- 最新版本年份号
- 基本型式
- 基于ISO 4401的唯一代码
- 安装面主油口直径规格代码(见表1)
- 相关标准代号和顺序号

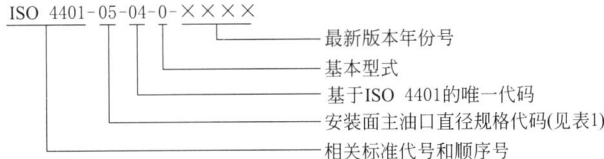

符合 ISO 2514 的液压四油口方向控制阀，主油口最大直径 11.2mm，无先导油口，其安装面的标识代号为

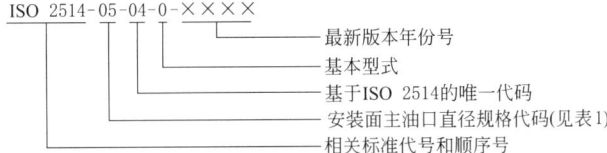

ISO 2514-05-04-0-××××

- 最新版本年份号
- 基本型式
- 基于ISO 2514的唯一代码
- 安装面主油口直径规格代码(见表1)
- 相关标准代号和顺序号

注：在确认不产生混淆的情况下，“ISO”“GB/T”等标准代号可以省略

②盖板式插装阀阀孔

符合 ISO 7368 的液压二通盖板式插装阀，溢流阀插装孔，主油口直径 50mm，采用方形法兰盖，其插装孔的标识代号为

ISO 7368-11-10-1-××××

- 最新版本年份号
- 选项代码
- 基于ISO 7368的唯一代码
- 阀孔主油口直径规格代码(见表1)
- 相关标准代号和顺序号

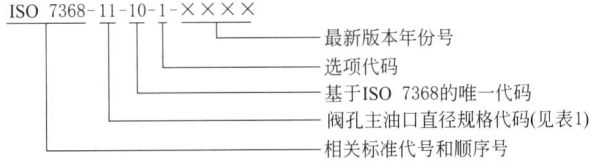

符合 GB/T 2877.2 的液压二通盖板式插装阀，溢流阀插装孔，主油口直径 50mm，采用方形法兰盖，其插装孔的标识代号为

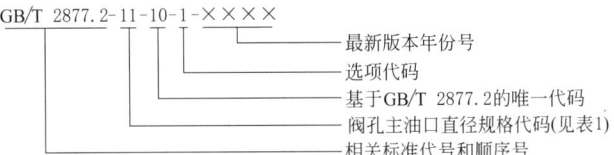

GB/T 2877.2-11-10-1-××××

- 最新版本年份号
- 选项代码
- 基于GB/T 2877.2的唯一代码
- 阀孔主油口直径规格代码(见表1)
- 相关标准代号和顺序号

注：在确认不产生混淆的情况下，“ISO”“GB/T”等标准代号可以省略

③螺纹式插装阀阀孔

符合 ISO 7789 的液压三通螺纹式插装阀，阀孔螺纹直径 27mm，其阀孔的标识代号为

ISO 7789-09-04-0-××××

- 最新版本年份号
- 基本型式
- 基于ISO 7789的唯一代码
- 螺纹式插装阀螺纹孔直径(见表1)
- 相关标准代号和顺序号

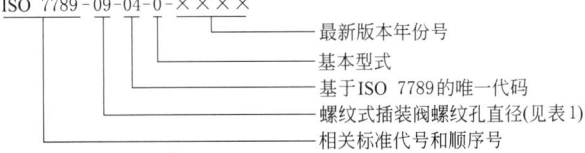

符合 JB/T 5963 的液压三通螺纹式插装阀，阀孔螺纹直径 27mm，其阀孔的标识代号为

JB/T 5963-09-04-0-××××

- 最新版本年份号
- 基本型式
- 基于JB/T 5963的唯一代码
- 螺纹式插装阀螺纹孔直径(见表1)
- 相关标准代号和顺序号

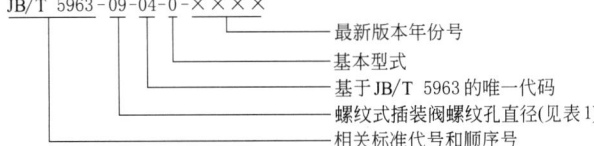

注：在确认不产生混淆的情况下，“ISO”“JB/T”等标准代号可以省略

4 压力控制阀

4.1 液压直动式溢流阀和远程调压阀

JB/T 10374—2013《液压溢流阀》规定的“范围”，见4.2节。

液压溢流阀试验方法见本章第10.2节。

在GB 28241—2012《液压机 安全技术要求》（GB/T 42596.3—2003《机床安全 压力机 第3部分：液压机安全要求》已于2023-05-23发布并于2023-12-01实施）中规定：“应采取措施防止压力剧增造成缸体下腔的损坏，用于防止超压的安全阀应是直动的，调整后应锁定，以防止非授权的调节。”

注：在一些场合“远程调压阀”和“遥控溢流阀”近似同义词。

4.1.1 D型直动式溢流阀、遥控溢流阀

D型直动式溢流阀用于防止系统压力过载和保持系统压力恒定；遥控溢流阀主要用于先导型溢流阀的远程压力调节。

型号意义：

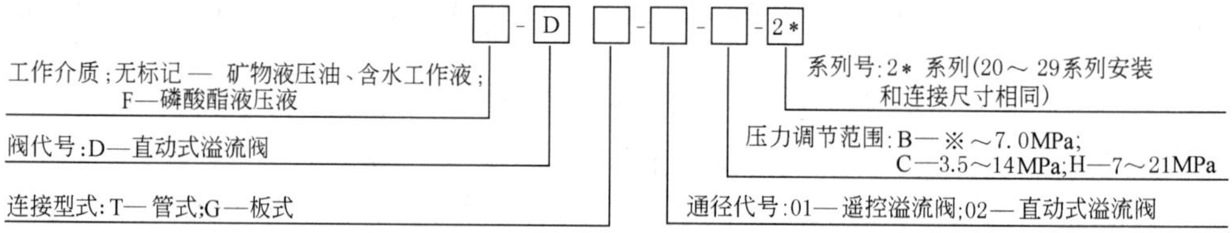

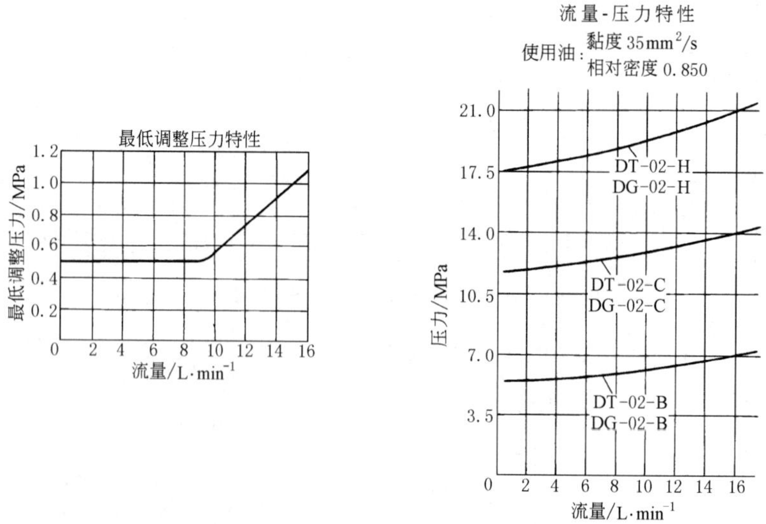

图20-8-1 D型直动式溢流阀特性曲线

表20-8-5 技术规格

名称	通径/in	型号	最大工作压力/MPa	最大流量/L·min^{-1}	调压范围/MPa	质量/kg
遥控溢流阀	1/8	DT-01-22 DG-01-22	25	2	0.5~2.5	1.6 1.4
直动式溢流阀	1/4	DT-02-*-22 DG-02-*-22	21	16	B：0.5~7.0 C：3.5~14.0 H：7.0~21	1.5 1.5

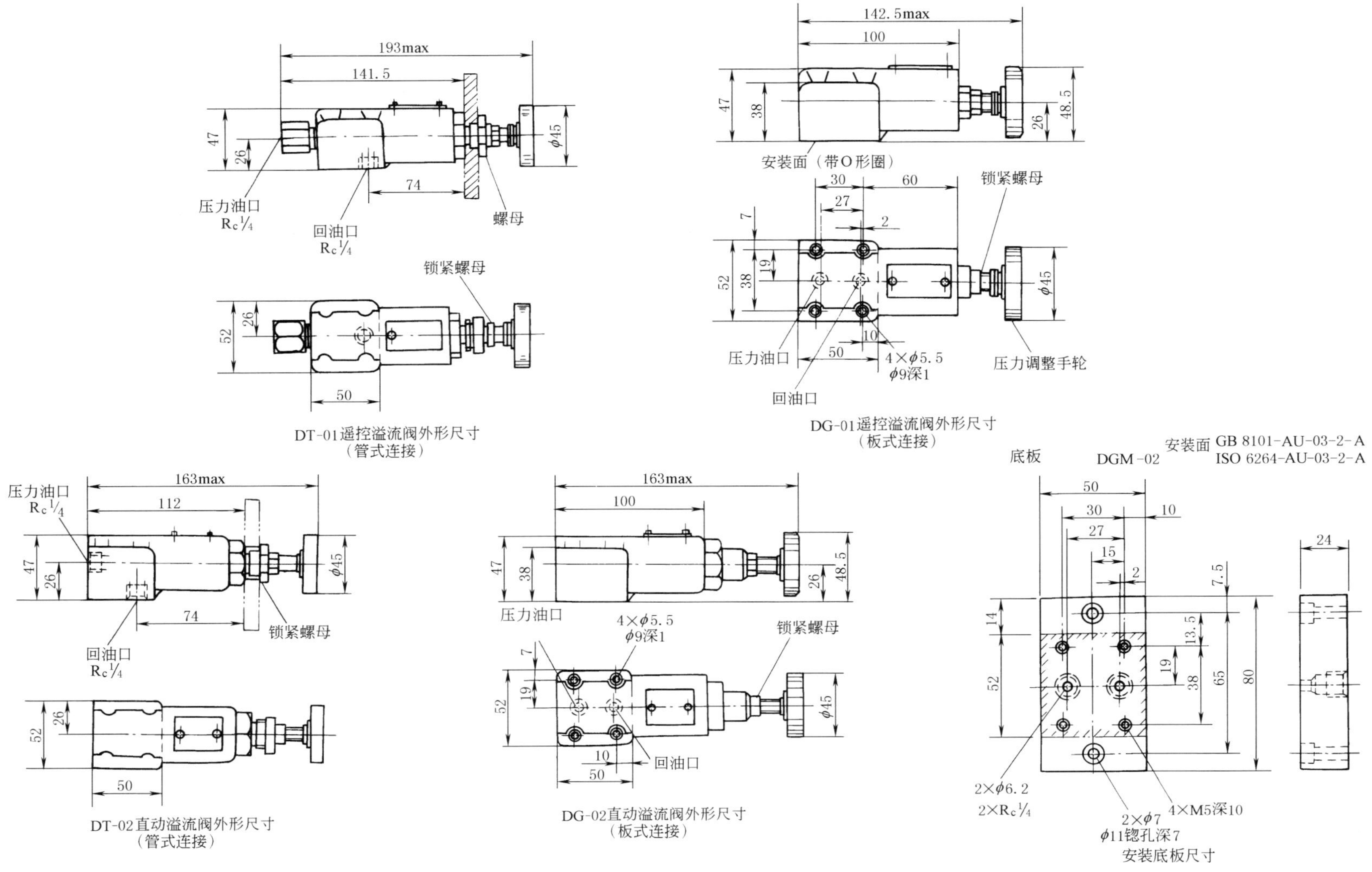

图 20-8-2　D 型遥控溢流阀、直动式溢流阀外形及安装底板尺寸

4.1.2 DBD 型直动式溢流阀

型号意义：

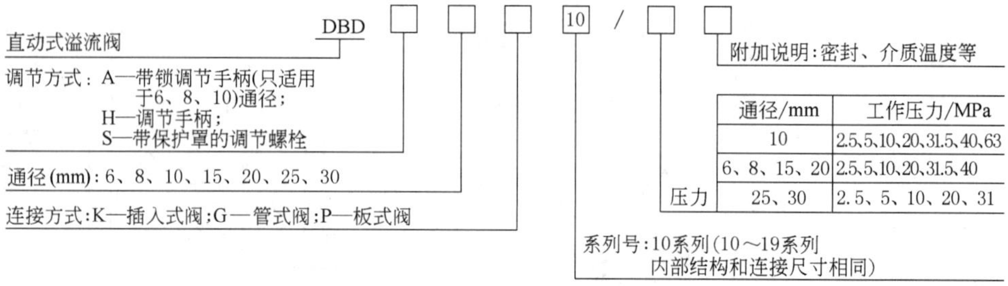

表 20-8-6　　　　**技术规格**

通径/mm		6	8、10	15、20	25、30
工作压力/MPa	P 口	40	63	40	31.5
	T 口	31.5			
流量/L·min^{-1}		50	120	250	350
介质		矿物油磷酸酯液压液			
介质温度/℃		-20～70			
介质黏度/m^2·s^{-1}		(2.8～380)×10^{-6}			

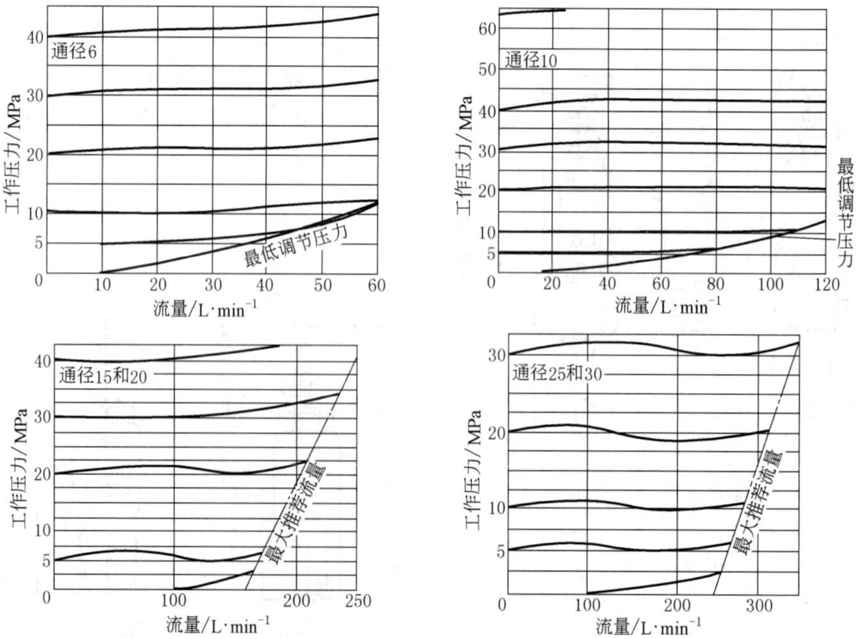

图 20-8-3　DBD 型直动式溢流阀特性曲线

DBD 型直动溢流阀板式连接安装尺寸

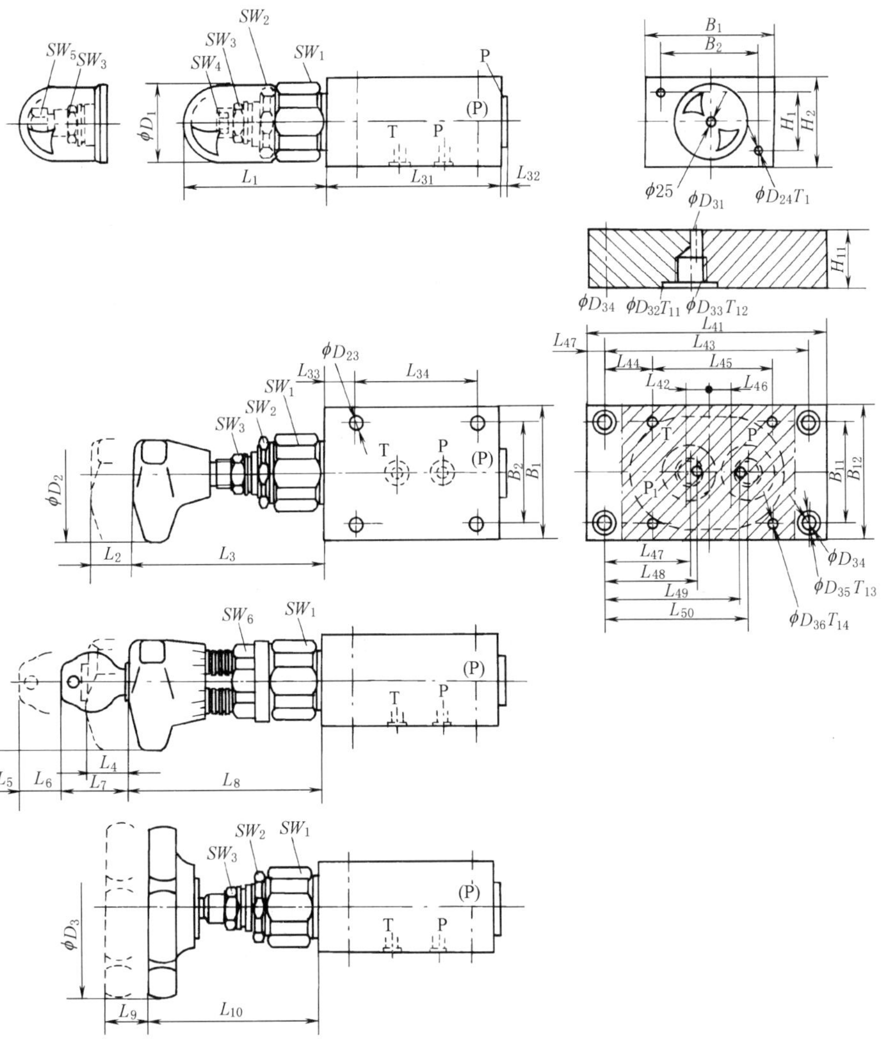

表 20-8-7 mm

通径	质量/kg	B_1	B_2	D_1	D_2	D_3	D_{23}	D_{24}	H_1	H_2	L_1	L_2	L_3	L_4	L_5	L_6	L_7	L_8	L_9
6	约 1.5	60	40	34	60	—	6.6	M6	25	40	72	11	83	11	20	11	30	83	—
(8),10	约 3.7	80	60	38			9	M8	40	60	68		79					79	
(15),20	约 6.4	100	70	48	—				50	70	65		77	—	—		—	—	
(25),30	约 13.9	130	100	63		80	11	M10	60	90	83	—	—						11

通径	L_{10}	L_{31}	L_{32}	L_{33}	L_{34}	SW_1	SW_2	SW_3	SW_4	SW_5	SW_6	T_1	底板		型号	质量/kg	B_{11}	B_{12}	D_{31}	D_{32}
6	—	80	2	15	55	32	30	19	6	—	30	10		6	G300/1	1.5	45	60	6	25
(8),10		100	(2)3	20	70	36						20	通径	(8),10	(G301/1)G302/1	2	60	80	10	(28)34
(15),20		135	(3)4		100	46	36				—			(15),20	(G303/1)G304/1	5.5	70	100	(15)20	(42)47
(25),30	56	180	4	25	130	60	46		—	13		25		(25),30	(G305/1)G306/1	8	100	130	30	(56)61

通径	D_{33}	D_{34}	D_{35}	D_{36}	H_{11}	L_{41}	L_{42}	L_{43}	L_{44}	L_{45}	L_{46}	L_{47}	L_{48}	L_{49}	L_{50}	T_{11}	T_{12}	T_{13}	T_{14}
6	G¼	7	11	M6	25	110	8	94	22	55	10	39	42	62	65	1	15	9	15
(8),10	(G⅜),G½			M8		135	10	115	27.5	70		40.5	48.5	72.5	80.5		(15)16	9	
(15),20	(G¾),G1	11.5	17.5		40	170	15	140	20	100	20	(45)42	54	85	(94)97		20	13	(12)22
(25),30	(G1¼),G1½			M10		190	12.5	165	17.5	130	22.5	42	52.5	102.5	(113)117		24	11.5	22

DBD 型直动溢流阀螺纹连接尺寸

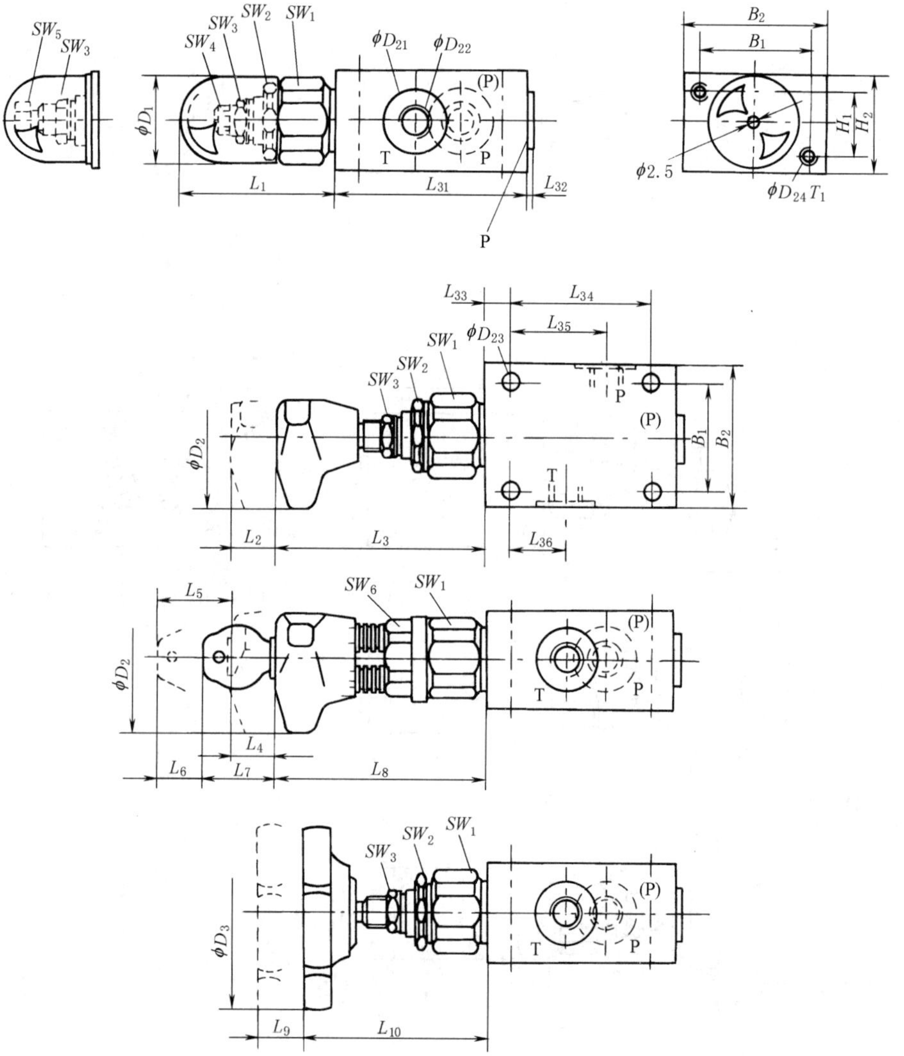

表 20-8-8

mm

通径	质量/kg	B_1	B_2	D_1	D_2	D_3	D_{21}	D_{22}	D_{23}	D_{24}
6	≈1.5	45	60	34			25	G¼	6.6	M6
(8)、10	≈3.7	60	80	38	60	—	(28)34	(G⅜)G½	9	M8
(15)、20	≈6.4	70	100	48			(42)47	(G¾)G1		
(25)、30	≈13.9	100	130	63	—	80	(56)61	(G1¼)G1½	11	M10

通径	H_1	H_2	L_1	L_2	L_3	L_4	L_5	L_6	L_7	L_8
6	25	40	72		83	11	20		30	83
(8)、10	40	60	68	11	79			11		79
(15)、20	50	70	65		77					77
(25)、30	60	90	83		—					—

通径	L_9	L_{10}	L_{31}	L_{32}	L_{33}	L_{34}	L_{35}	L_{36}	T_1	SW_1	SW_2	SW_3	SW_4	SW_5	SW_6
6			80	2	15	55	40	20	10	32	30		6	—	30
(8)、10	—	—	100	(2)3	20	70	49	21	20	36		19			
(15)、20			135	(3)4		100	65	34		46	36		—	13	—
(25)、30	11	56	180	4	25	130	85	35	25	60	46				

DBD 型直动溢流阀插入式连接尺寸

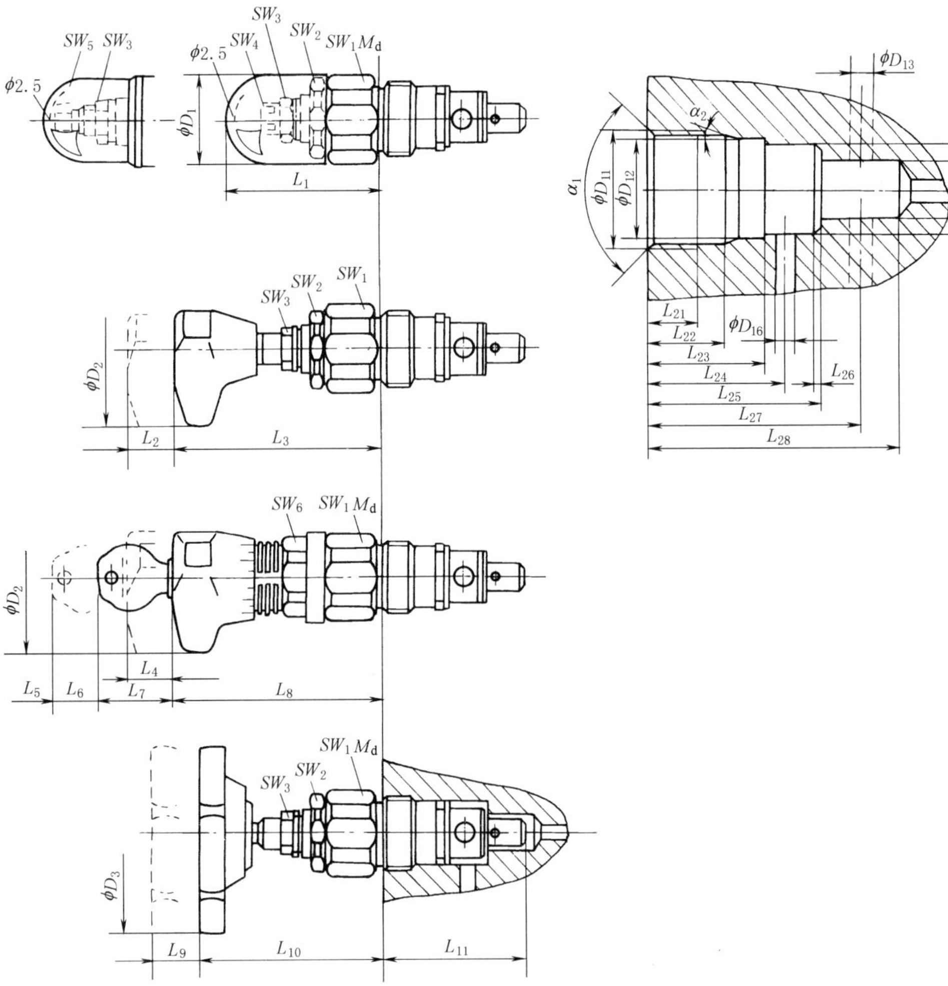

表 20-8-9　　mm

通　径	质量/kg	D_1	D_2	D_3	L_1	L_2	L_3	L_4	L_5	L_6	L_7	L_8	L_9
6	≈0.4	34			72		83	11	20	11	30	83	
10	≈0.5	38	60	—	68	11	79					79	—
20	≈1	48			65		77	—	—	—	—	—	
30	≈2.2	63	—	80	83	—	—						11

通　径	L_{10}	L_{11}	M_d/N·m	D_{11}	D_{12}	D_{13}	D_{14}	D_{15}	D_{16}	L_{21}	L_{22}	L_{23}	L_{24}
6		64	≈120	M28×1.5	25H9	6	15	24.9	6	15	19	30	35
10	—	75	≈140	M35×1.5	32H9	10	18.5	31.9	10	18	23	35	41
20		106	≈170	M45×1.5	40H9	20	24	39.9	20	21	27	45	54
30	56	131	≈200	M60×2	55H9	30	38.75	54.9	30	23	29		60

通　径	L_{25}	L_{26}	L_{27}	L_{28}	α_1	α_2	SW_1	SW_2	SW_3	SW_4	SW_5	SW_6	
6	45		56.5±5.5	65		15°	32	30		6	—	30	
10	52	0.5×45°	67.5±7.5	80	90°		36		19				
20	70		91.5±8.5	110		20°	46	36		—	13	—	
30	84		113.5±11.5	140			60	46					

4.1.3 DBT/DBWT 型遥控溢流阀

DBT/DBWT 型遥控溢流阀是直动式结构溢流阀，DBT 型溢流阀用于遥控系统压力，DBWT 型溢流阀用于遥控系统压力并借助于电磁阀使之卸荷。

型号意义：

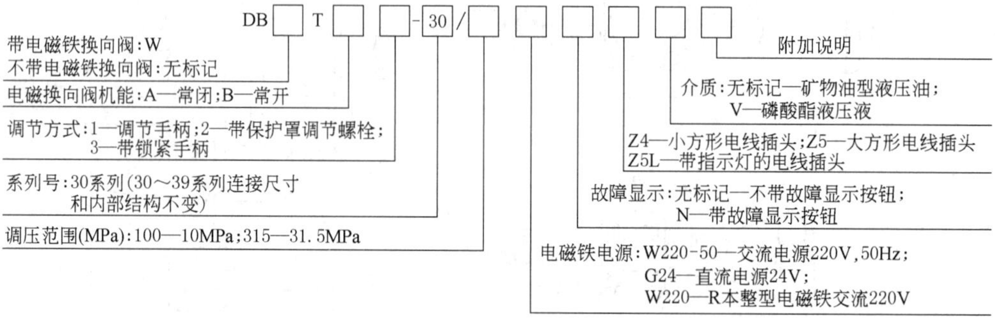

表 20-8-10　技术规格

型号	最大流量/L·min^{-1}	工作压力/MPa	背压/MPa	最高调节压力/MPa
DBT	3	31.5	≈31.5	10、31.5
DBWT	3	31.5	交流，≈10 直流，≈16	10、31.5

表 20-8-11　DBT/DBWT 型遥控溢流阀及安装底板尺寸

遥控溢流阀

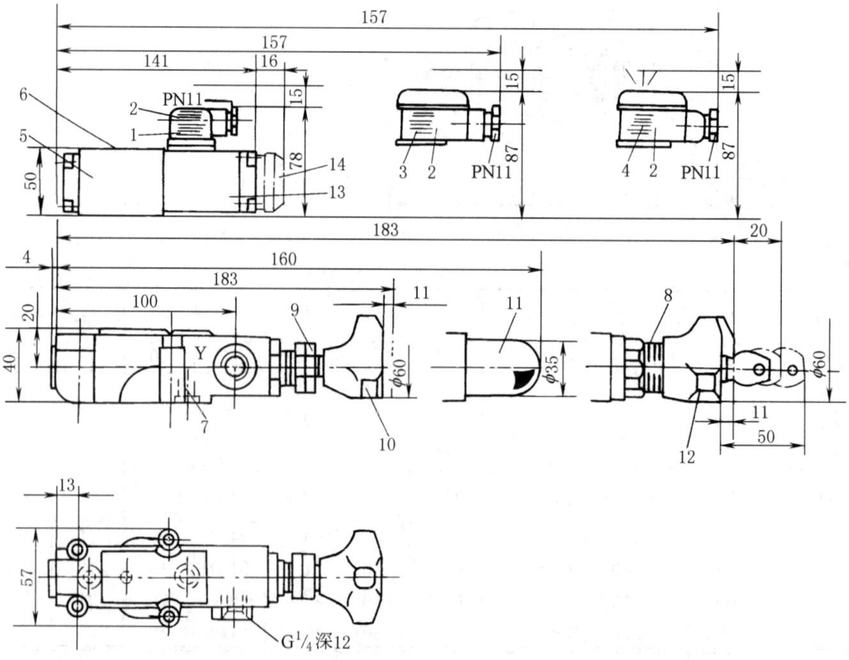

1—Z4 型插头；2—插头颜色：灰色；3—Z5 型插头；4—Z5L 型插头；5—5 通径电磁阀；6—标牌；7—控制油外排口 Y；8—刻度套；9—螺母（只用于 31.5MPa）；10—调节方式"1"；11—调节方式"2"；12—调节方式"3"；13—电磁铁"a"；14—故障检查按钮

续表

安装底板

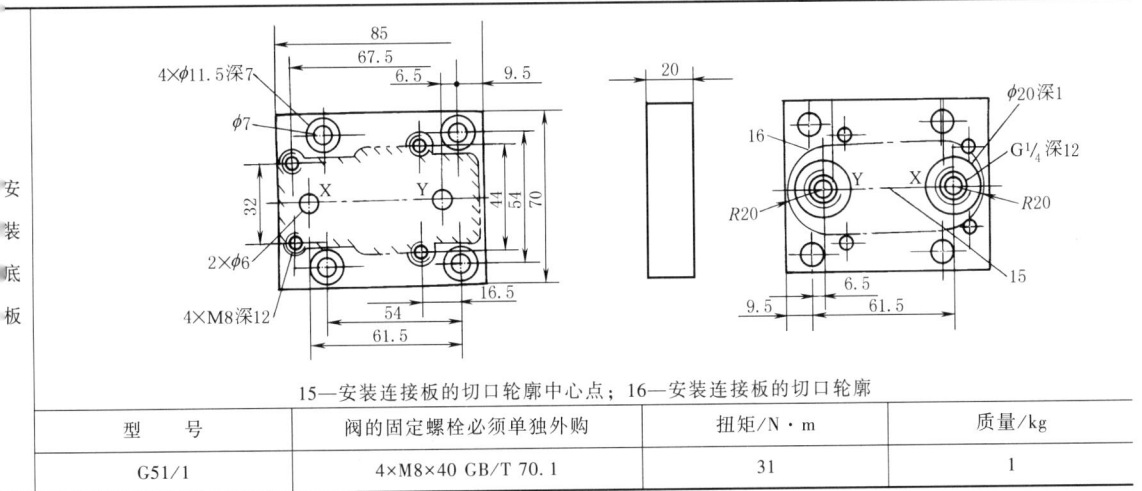

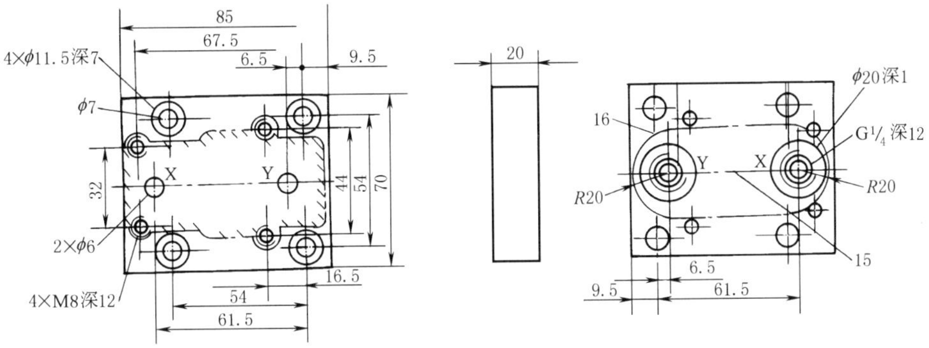

15—安装连接板的切口轮廓中心点；16—安装连接板的切口轮廓

型　　号	阀的固定螺栓必须单独外购	扭矩/N·m	质量/kg
G51/1	4×M8×40 GB/T 70.1	31	1

8.2　液压先导式溢流阀和液压电磁溢流阀

JB/T 10374—2013《液压溢流阀》规定了液压溢流阀（包括电磁溢流阀，以下简称溢流阀）的基本参数、技术要求、试验方法、检验规则和包装等要求，适用于以矿物油型液压油或性能相当的其他液体为工作介质的螺纹连接、板式连接和叠加式连接的溢流阀。

液压溢流阀试验方法见本章 10.2 节。

8.2.1　B 型先导溢流阀

B 型先导式溢流阀用于防止系统压力过载和保持系统压力恒定。

型号意义：

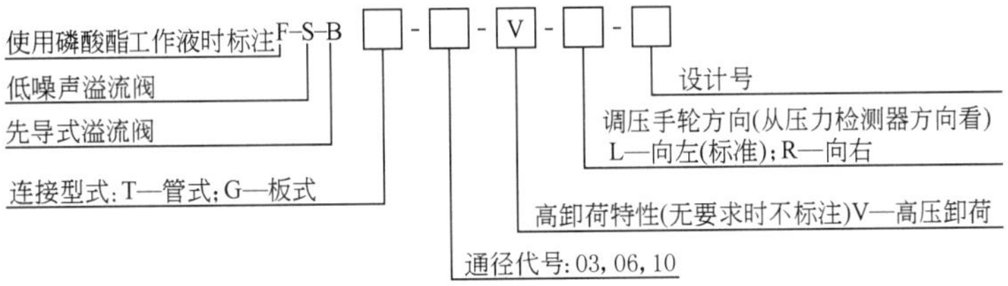

表 20-8-12　　**技术规格**

名　　称	公称通径/in	型　　号	调压范围/MPa	最大流量/L·min^{-1}	质量/kg
先导式溢流阀	3/8	BT-03-※-32	※~25.0	100	5.0
		BG-03-※-32			4.7
	3/4	BT-06-※-32		200	5.0
		BG-06-※-32			5.6
	1¼	BT-10-※-32		400	8.5
		BG-10-※-32			8.7
低噪声溢流阀	3/8	S-BG-03-※-※-40	※~25.0	100	4.1
	3/4	S-BG-06-※-※-40		200	5.0
	1¼	S-BG-10-※-40		400	10.5

BT 型先导溢流阀外形尺寸

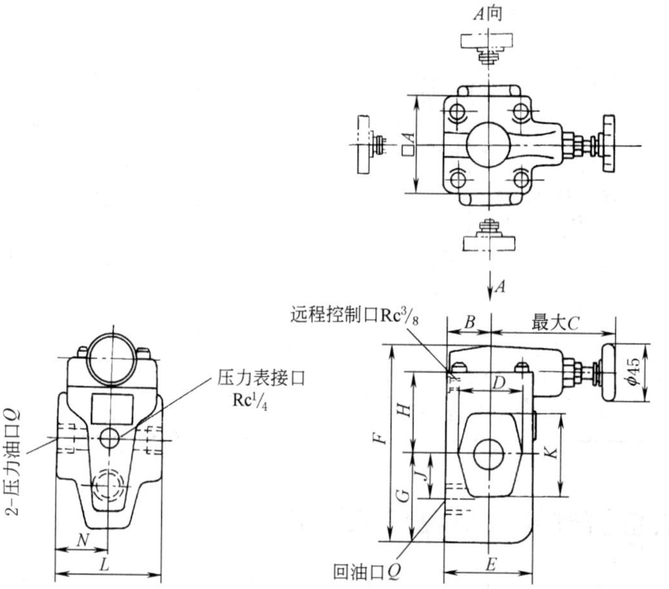

表 20-8-13

mm

型号	A	B	C	D	E	F	G	H	J	K	L	N	Q
BT-03	75	40	105	52	78	150.5	68.5	62	36	65	90	45	R_c3/8
BT-06													R_c3/4
BT-10	85	50	101	80	96	183	89	74	49	80	120	60	R_c1 1/4

BG 型先导溢流阀外形尺寸

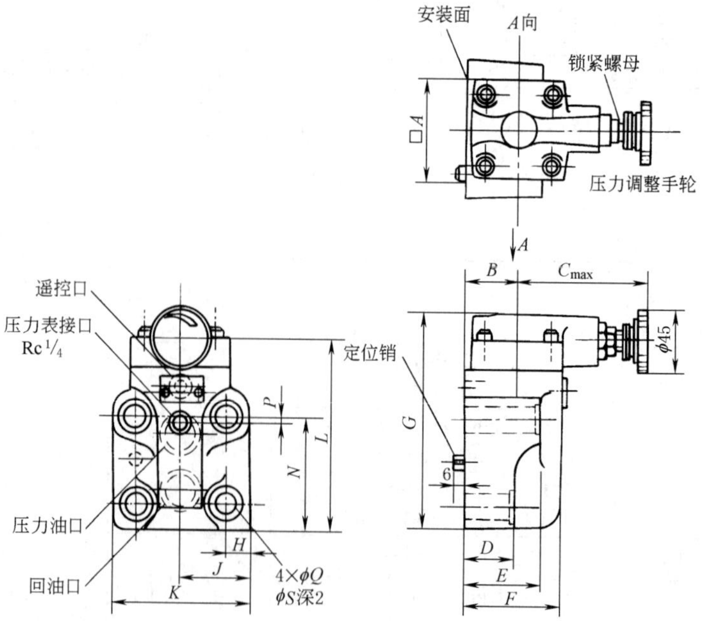

表 20-8-14 mm

型号	A	B	C_{max}	D	E	F	G	H	J	K	L	N	P	Q	S
BG-03	75	40	105	57	78	78	137	14. 1	41	82	117	77	22	13. 5	21
BG-06	75	40	105	40	60	78	161	17	52	104	141	83. 5	4. 5	17. 5	26
BG-10	85	45	101	47	67	87. 5	195	20. 7	62	124	175	110	6	21. 5	32

表 20-8-15 **BG 型先导式溢流阀连接底板尺寸** mm

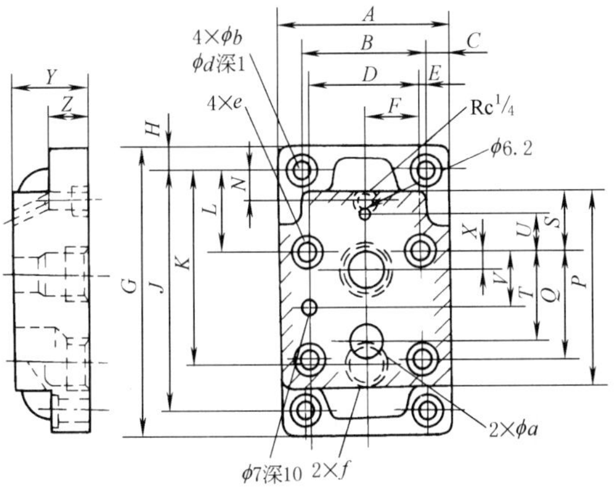

BGM 安装底板尺寸

阀型号	底板型号	连接口	质量/kg
BG-03 S-BG-03	BGM-03-20 BGM-03X-20	Rc3/8 Rc1/2	2. 4 3. 1
BG-06 S-BG-06	BGM-06-20 BGM-06X-20	Rc3/4 Rc1	4. 7 5. 7
BG-10 S-BG-10	BGM-10-20 BGM-10X-20	Rc1 1/4 Rc1 1/2	8. 4 10. 3

型号	A	B	C	D	E	F	G	H	J	K	L	N	P	Q
BGM-03	86	60	13	53. 8	3. 1	26. 9	149	13	123	86	32	26	97	53. 8
BGM-03X										95		21		
BGM-06	108	78	15	70	4	35	180	15	150	106. 5	51	27. 2	121	66. 7
BGM-06X										119		18		
BGM-10	126	94	16	82. 6	5. 7	41. 3	227	16	195	138. 2	62	30. 2	154	88. 9
BGM-10X										158		17		

型号	S	T	U	V	X	Y	Z	a	b	d	e	f
BGM-03	19	47. 4	0	22	22	32	20	14. 5	11	17. 5	M12 深 20	Rc3/8
BGM-03X						40						Rc1/2
BGM-06	37	55. 5	23. 8	33. 4	11	40	25	23	13. 5	21	M16 深 25	Rc3/4
BGM-06X						50						Rc1
BGM-10	42	76. 2	31. 8	44. 5	12. 7	50	32	28	17. 5	26	M20 深 28	Rc1 1/4
BGM-10X						63						Rc1 1/2

表 20-8-16 **S-BG 型溢流阀外形尺寸** mm

型号:S-BG-0306-※-※-40、S-BG-10-※-40

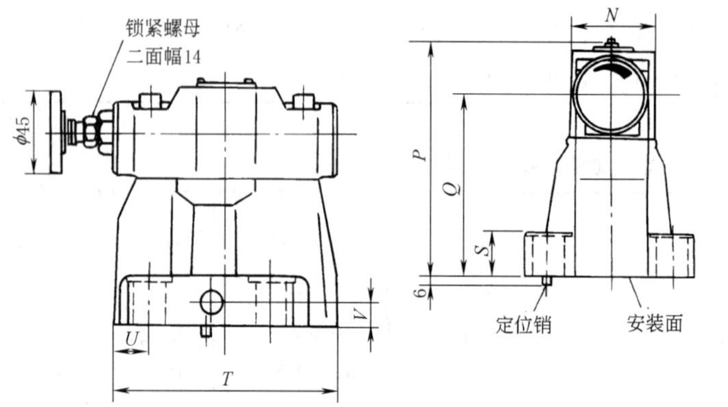

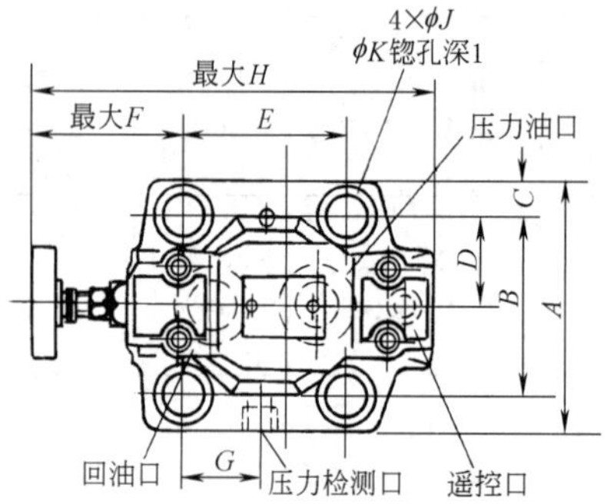

Rc¼

手轮右向

S-BG-0306-※-R-40

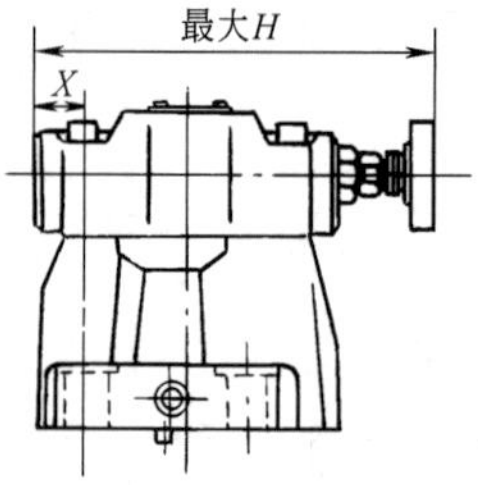

其余尺寸请参照手轮左向图

型号	A	B	C	D
S-BG-03	76	53.8	11.1	26.9
S-BG-06	98	70	14	35
S-BG-10	120	82.6	18.7	41.3
型号	E	F	G	H
S-BG-03	53.8	73.6	26.9	163.5
S-BG-06	66.7	58.8	33.7	163.5
S-BG-10	88.9	46.1	44.9	180
型 号	J	K	N	P
S-BG-03	13.5	21	50	130
S-BG-06	17.5	26	50	130
S-BG-10	21.5	32	65	167
型 号	Q	S	T	U
S-BG-03	103	21.5	106	26.1
S-BG-06	103	26	122	19.3
S-BG-10	135	33.5	155	21.1
型 号	V	X		
S-BG-03	13	36.1		
S-BG-06	13	21.3		
S-BG-10	18	—		

安装面符合下面的 ISO 标准

S-BG-03:ISO 6264-AR-06-2-A

S-BG-06:ISO 6264-AS-08-2-A

S-BG-10:ISO 6264-AT-10-2-A

4.2.2 电磁溢流阀

电磁溢流阀由溢流阀和电磁换向阀组合而成。通过对电磁换向阀电气控制，可使液压泵及系统卸荷或保持调定压力。也可配用遥控溢流阀，可使系统得到双压或三压控制。

型号意义:

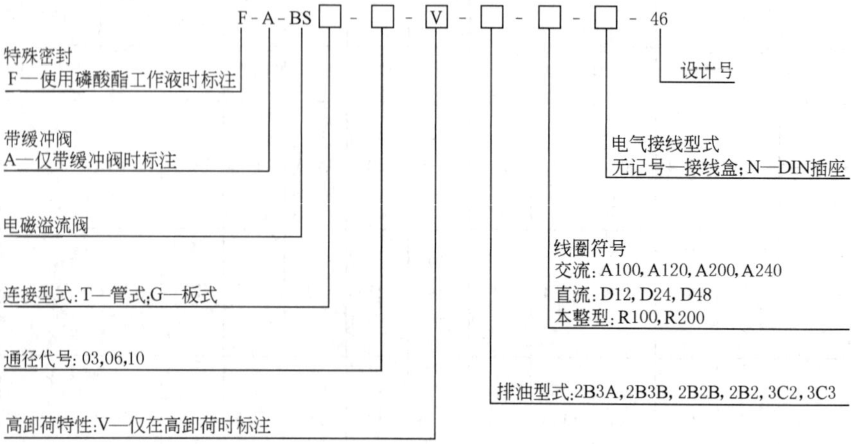

表 20-8-17 技术规格

型号		最高使用压力/MPa	调压范围/MPa	最大流量/L·min^{-1}	质量/kg	
管式连接	板式连接				BST 型	BSG 型
BST-03-※-※-※-※-46	BSG-03-※-※-※-※-46	25	0.5~25	100	7.4	7.1
BST-06-※-※-※-※-46	BSG-06-※-※-※-※-46			200	7.4	8.0
BST-10-※-※-※-※-46	BSG-10-※-※-※-※-46			400	11.1	11.3

表 20-8-18 排油型式

排油型式	2B3A	2B3B	2B2B
液压符号	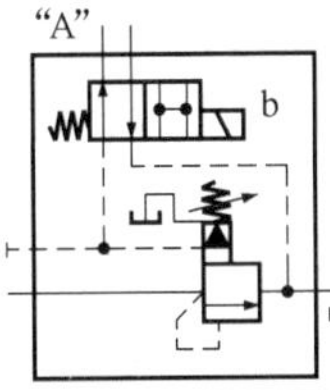	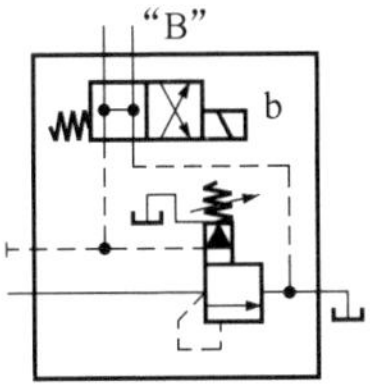	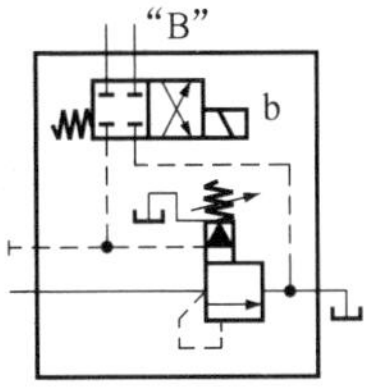
排油型式	2B2	3C2	3C3
液压符号	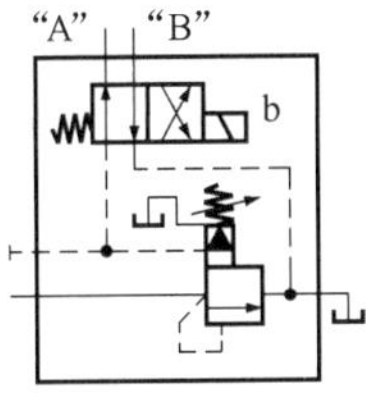	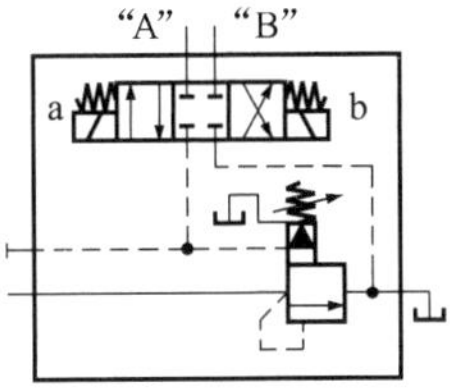	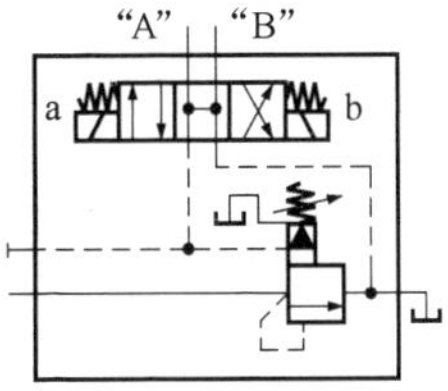

外形尺寸

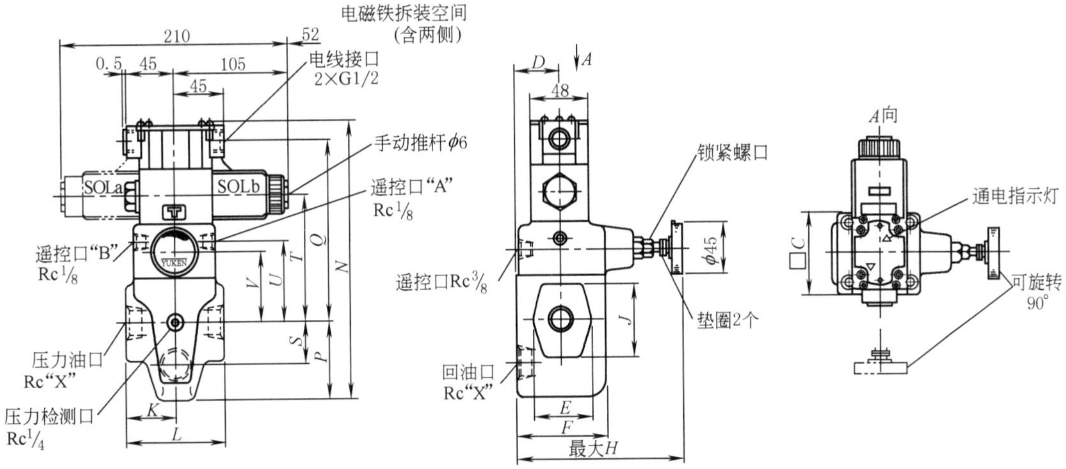

表 20-8-19 mm

型号	C	D	E	F	H	J	K	L	N	P	Q	S	T	U	V	X
BST-03	75	40	52	78	145	65	45	90	240.8	68.5	154	36	107	69	62	3/8
BST-06																3/4
BST-10	85	50	80	96	151	80	60	120	273.3	89	166	49	119	81	74	1 1/4

注：电磁换向阀的详细尺寸请参照电磁换向阀 DSG-01。

表 20-8-20

mm

带缓冲阀	DIN 插座式电磁铁(可选择)BST-03-※-※-※-N

带缓冲阀

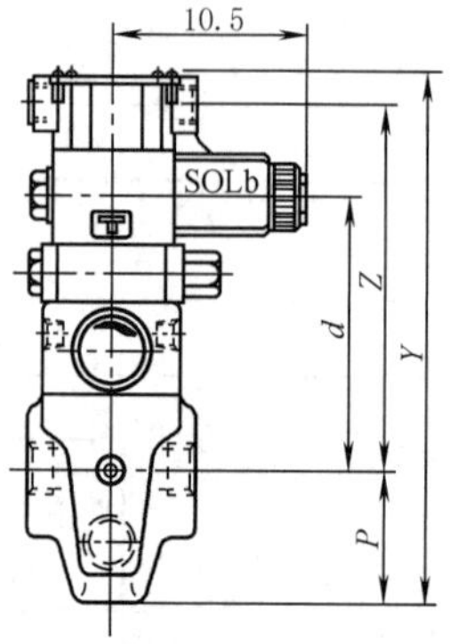

型号	Y	Z	d
A-BST-03	270.8	185	137
A-BST-06			
A-BST-10	303.3	197	149

其他尺寸参照 BST-03,06,10

DIN 插座式电磁铁(可选择)BST-03-※-※-※-N

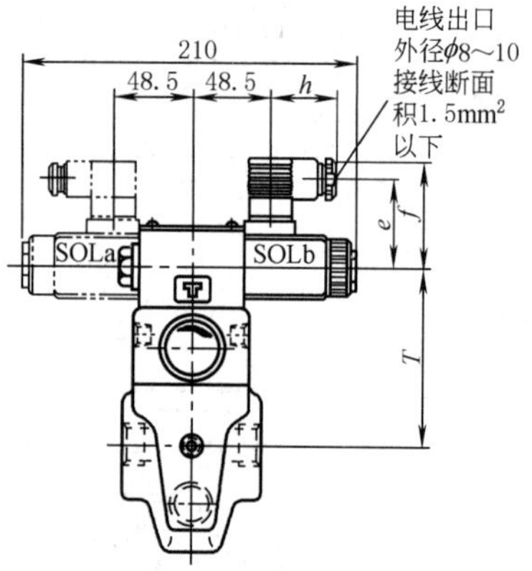

名称	线圈符号	e	f	h
交流电磁铁	A※	53	65	39
直流电磁铁	D※	64	76	39
交直变换型电磁铁	R※	57.2	79	53

其他尺寸参照 BST-03,06,10

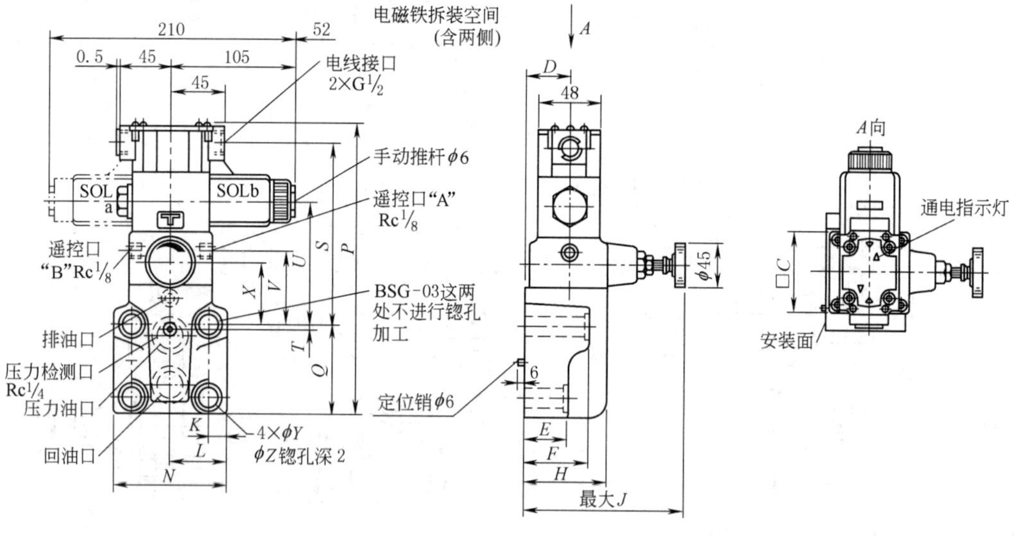

安装面 BSG-03:与 ISO 6264-AR-06-2A 一致

安装面 BSG-06:与 ISO 6264-AS-08-2A 一致

安装面 BSG-10:与 ISO 6264-AT-10-2A 一致

表 20-8-21

mm

型号	C	D	E	F	H	J	K	L	N	P	Q	S	T	U	V	X	Y	Z
BSG-03	75	40	57	78	78	145	14.1	41	82	225.8	77	130.5	22	83.5	47	40	13.5	21
BSG-06	75	40	40	60	78	145	17	52	104	249.8	83.5	148	4.5	101	64.5	57.5	17.5	26
BSG-10	85	45	47	67	84	146	20.7	62	124	283.8	110	155.5	6	108.5	72	65	21.5	32

表 20-8-22 mm

带缓冲阀				DIN 插座式电磁铁(可选择)BSG-03-※-※-※-N				
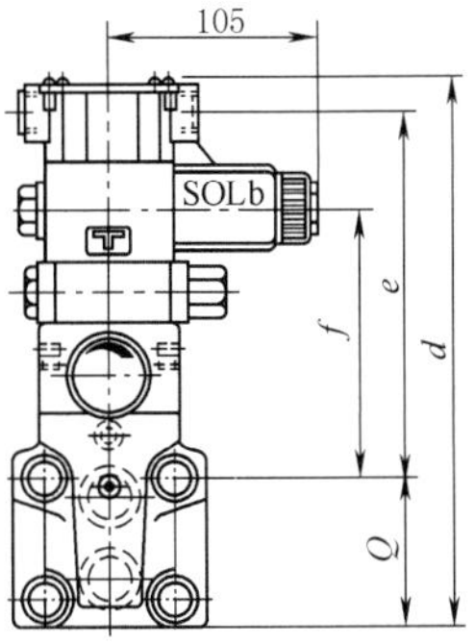				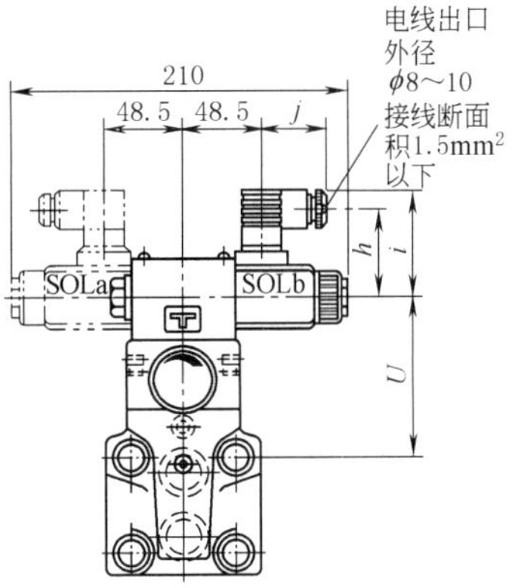				
型号	d	e	f	名称	线圈符号	h	i	j
A-BSG-03	257.3	163	115	交流电磁铁	A※	53	65	39
A-BSG-06	281.3	180.5	132.5	直流电磁铁	D※	64	76	39
A-BSG-10	315.3	188	140	交直流变换型电磁铁	R※	57.2	79	53

注：其他尺寸参照 BSG-03，06，10。

.2.3 低噪声电磁溢流阀

低噪声电磁溢流阀由低噪声溢流阀和电磁换向阀组成。功能与本章 4.2.2 节的电磁溢流阀相同，可使系统保持调定压力或系统卸荷。

型号意义：

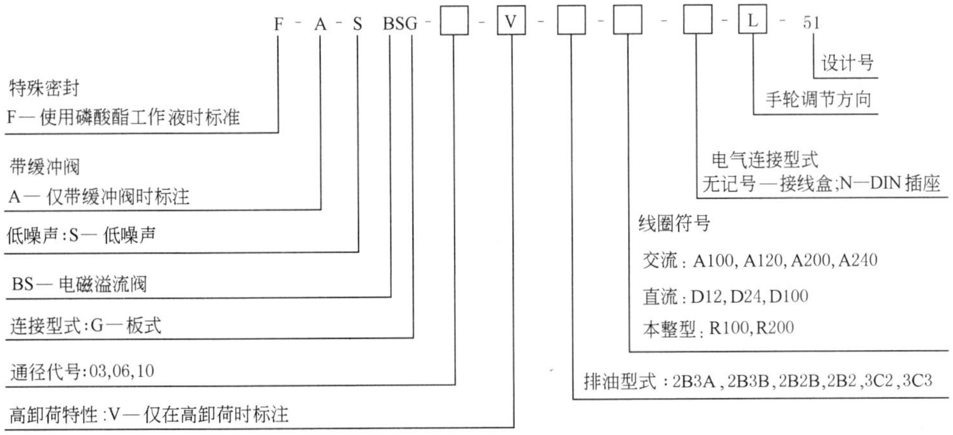

表 20-8-23 **技术规格**

型号	最高使用压力 /MPa	压力调整范围 /MPa	最大流量 /L·min^{-1}	质量/kg
S-BSG-03,-51	25.0	0.5~25.0	100	6.3
S-BSG-06,51			200	7.2
S-BSG-10,-51			400	12.7

外形尺寸

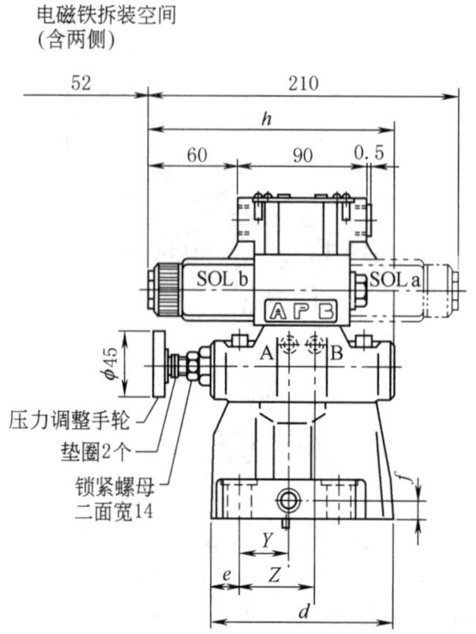

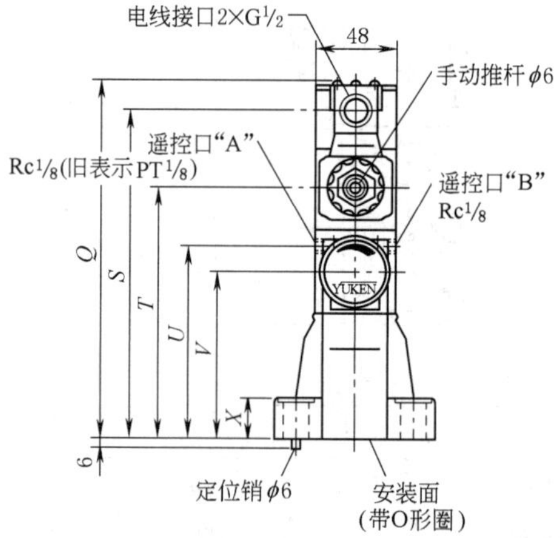

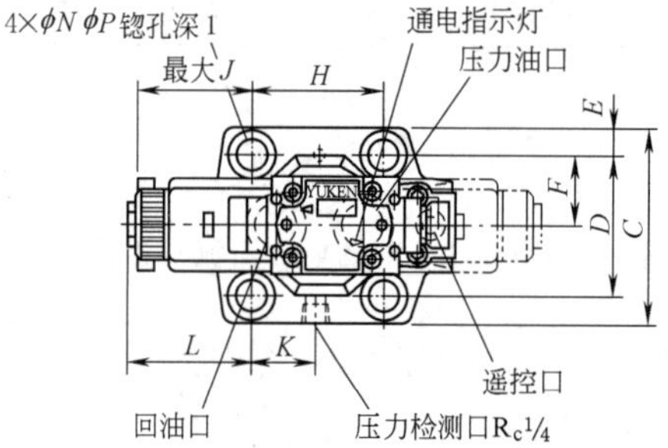

安装面 S-BSG-03 与 ISO 6264-AR-06-2-A 一致

安装面 S-BSG-06 与 ISO 6264-AS-08-2-A 一致

安装面 S-BSG-10 与 ISO 6264-AT-10-2-A 一致

表 20-8-24

mm

型　　号	C	D	E	F	H	J	K	L	N	P	Q
S-BSG-03	76	53.8	11.1	26.9	53.8	73.6	26.9	78.1	13.5	21	218.3
S-BSG-06	98	70	14	35	66.7	58.8	33.7	63.3	17.5	26	218.3
S-BSG-10	120	82.6	18.7	41.3	88.9	46.1	44.9	50.1	21.5	32	253.3
型　　号	S	T	U	V	X	Y	Z	d	e	f	h
S-BSG-03	200	153	117	103	21.5	17.1	36.6	106	26.1	13	168
S-BSG-06	200	153	117	103	26	31.9	51.4	122	19.3	13	168
S-BSG-10	235	188	149	135	33.5	45.1	64.6	155	21.1	18	168.8

表 20-8-25

mm

型　号	i	j	n	r	t
S-BSG-03	127.4	168	183	230	248.3
S-BSG-06	142.2	168	183	230	248.3
S-BSG-10	—	—	218	265	283.3

手轮右向型

S-BSG-03/06-※-※-※-※-R

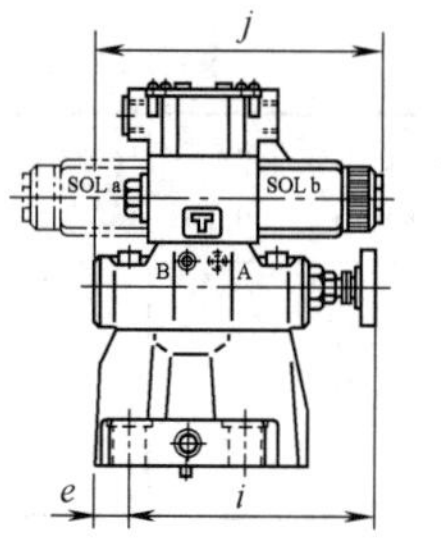

带缓冲阀(可选择)

A-S-BSG-03/06/10

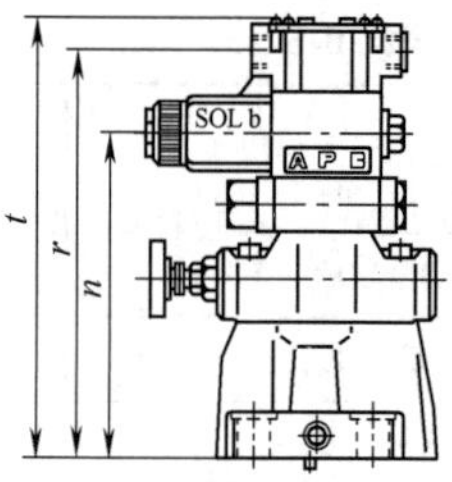

表 20-8-26 mm

名 称	线圈符号	y	dd	ee
交流电磁铁	A※	53	65	39
直流电磁铁	D※	64	76	39
交直变换型电磁铁	R※	57.2	79	53

注：其他尺寸参照上图。

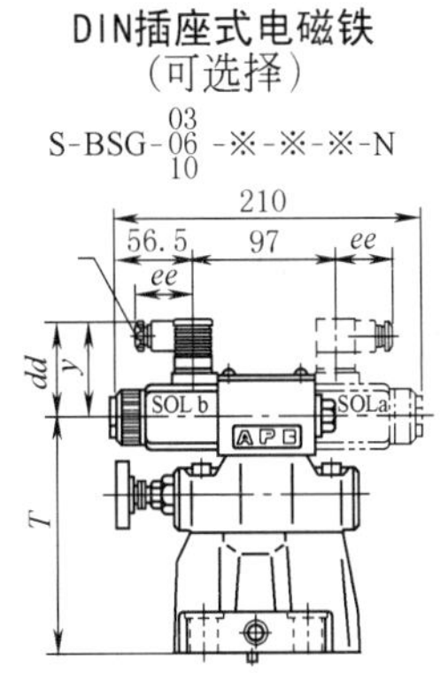

电线出口外径 $\phi 8 \sim 10$ 接线断面积 1.5mm^2 以下

.2.4 DB/DBW 型先导式溢流阀、电磁溢流阀（5X 系列）

DB/DBW 型先导式溢流阀具有压力高、调压性能平稳、最低调节压力低和调压范围大等特点。DB 型阀主要用于控制系统的压力；DBW 型电磁溢流阀也可以控制系统的压力并能在任意时刻使之卸荷。

注：在华德液压 2012 年 10 月编制的《液压阀——压力阀系列技术样本》中，仅有“50B”（DB/DBW…50B/…型先导式溢流阀/电磁溢流阀），其型号说明为“50=50 系列”“B=北京华德液压技术”。

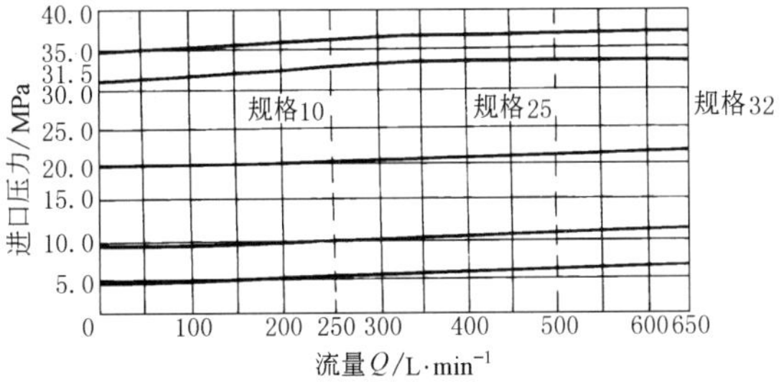

(a) 工作压力与流量的关系曲线

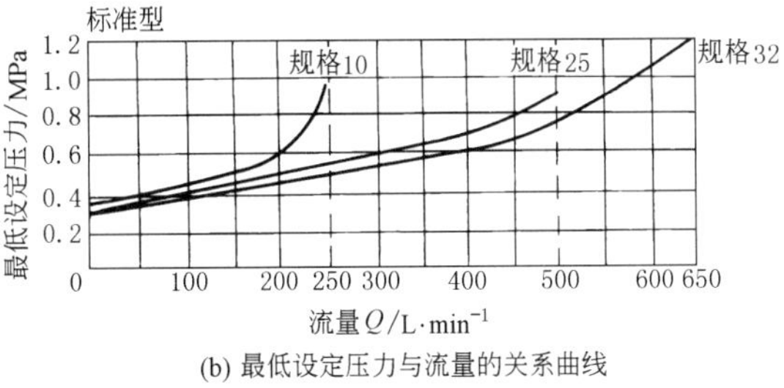

(b) 最低设定压力与流量的关系曲线

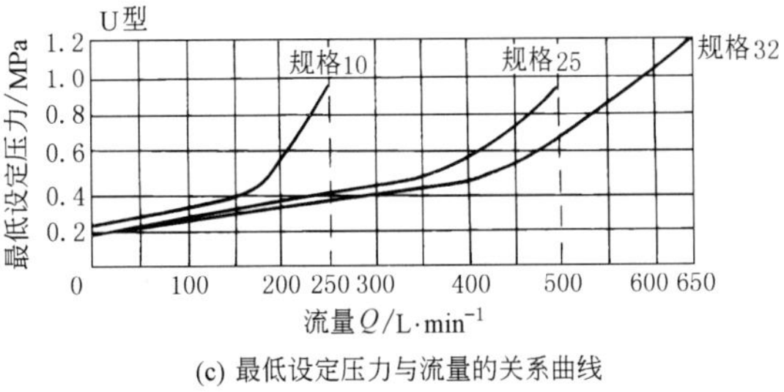

(c) 最低设定压力与流量的关系曲线

图 20-8-4 特性曲线

（曲线是在外部先导无压泄油下绘制的；内部先导泄油时必须将 B 口压力加到所示值上）

型号意义：

DB□□□□□□-□/□□□□□□□□

- 无符号—不带换向阀；W—带换向阀
- 先导式阀：无符号；先导式不带主阀芯插装件(不注明规格)：C；先导式不带主阀芯插装件(注明阀规格 DB10 或 30)：C
- 通径/mm：

规格	阀适用于			
	底板安装无标记	螺纹连接 G		
		订货型号		
10	10	10	G½	M22×15
15		15	G¾	M27×2
20	20	20	G1	M33×2
25		25	G1¼	M42×2
32	30	32	G1½	M48×2

- A—常闭；B—常开
- 无标记—底板安装；G—螺纹连接
- 调节装置：1—手轮；2—带外六角和保护罩的设定螺钉；3—带锁手柄
- 5X—50~59 系列(50~59 安装和连接尺寸保持不变)
- 设定压力：50—5.0MPa；100—10.0MPa；200—20.0MPa；315—31.5MPa；350—35.0MPa(只有 DB 型)
- 无标记—内部内排；X—外部内排；Y—内部外排；XY—外部外排
- 无符号—标准型；U—最低设定压力见工作曲线
- 无符号—不带换向阀；6A—带 6 通径换向阀；6B—带 6 通径换向阀(高性能电磁铁)，仅用于 35MPa 压力级
- W220-50—交流 220V，50Hz；G24—直流 24V；W220R—220V 直流电磁铁，带内装整流器，与频率无关(电压大于等于110V，仅用 25 插头)
- 无符号—不带应急操纵按钮；N—带应急操纵按钮
- 电气连接见 6 通径电磁铁换向阀单独连接：Z4—直角插头按 DIN43650；Z5—大号直角插头；Z5L—大号直角插头带指示灯集中连接；D—插头 PN16 的接线盒；DL—带螺纹插头PN16和指示灯的接线盒；DZ—带直角插头接线盒 DZL—带直角插头和指示灯的接线盒
- R10：阻尼 ϕ1.0mm 换向阀 B 孔
- 无标记—丁腈橡胶，适合矿物油(DIN 51524)；V—氟橡胶，适合于磷酸酯液
- 其他细节用文字说明

表 20-8-27　技术规格

通径/mm			10	15	20	25	32
最大流量/L·min^{-1}	板式		250	—	500	650	
	管式		250	500	500	500	650
工作压力油口 A、B、X/MPa			≤35.0				
背压/MPa	DB		≤31.5				
	DBW 6A(标准电磁铁)		交流：10　直流：16				
	DBW 6B(大功率电磁铁)		交(直)流：16				
调节压力/MPa	最低		与流量有关，见特性曲线				
	最高		5、10、20、31.5、35				
过滤精度			NAS 1638　九级				
质量/kg	板式	DB	2.6	—	3.5	—	4.4
		DBW	3.8	—	4.7	—	5.6
	管式	DB	5.3	5.2	5.1	5.0	4.8
		DBW	6.5	6.4	6.3	6.2	6.0

DB/DBW 型（50 系列板式）先导式溢流阀外形尺寸

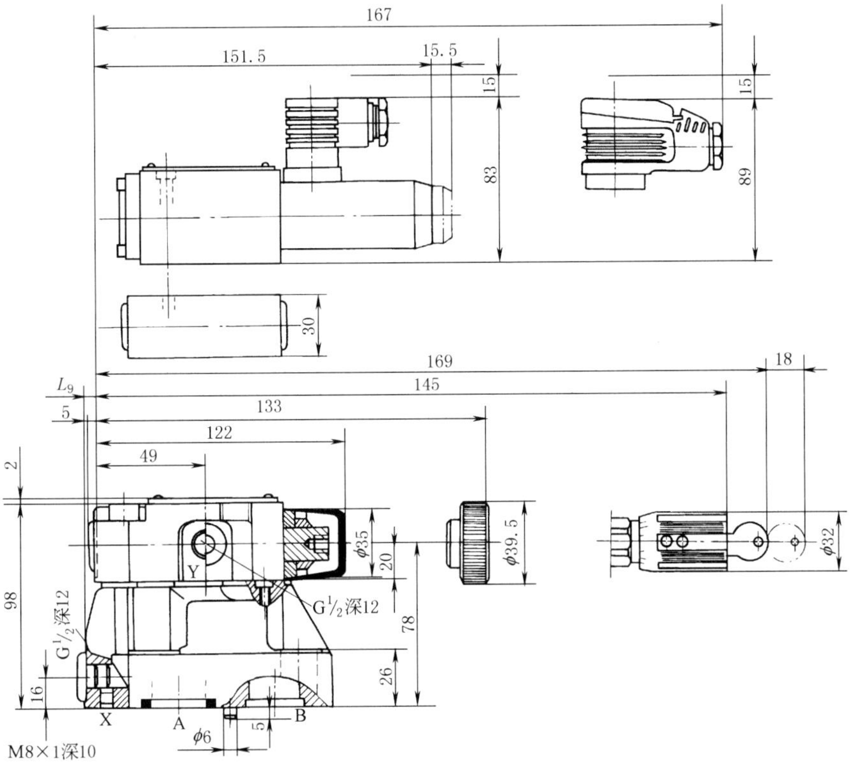

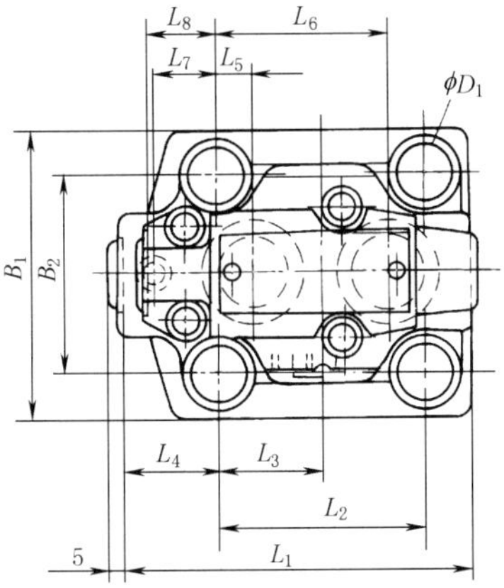

表 20-8-28

mm

型号	L_1	L_2	L_3	L_4	L_5	L_6	L_7	L_8	L_9	B_1	B_2	ϕD_1	油口 A、B	油口 Y
DB/DBW10	91	53.8	22.1	27.5	22.1	47.5	0	25.5	2	78	53.8	14	17.12×2.62	9.25×1.78
DB/DBW20	116	66.7	33.4	33.3	11.1	55.6	23.8	22.8	10.5	100	70	18	28.17×3.53	9.25×1.78
DB/DBW30	147.5	88.9	44.5	41	12.7	76.2	31.8	20	21	115	82.6	20	34.52×3.53	9.25×1.78

DB/DBW 型（50 系列管式）先导式溢流阀外形尺寸

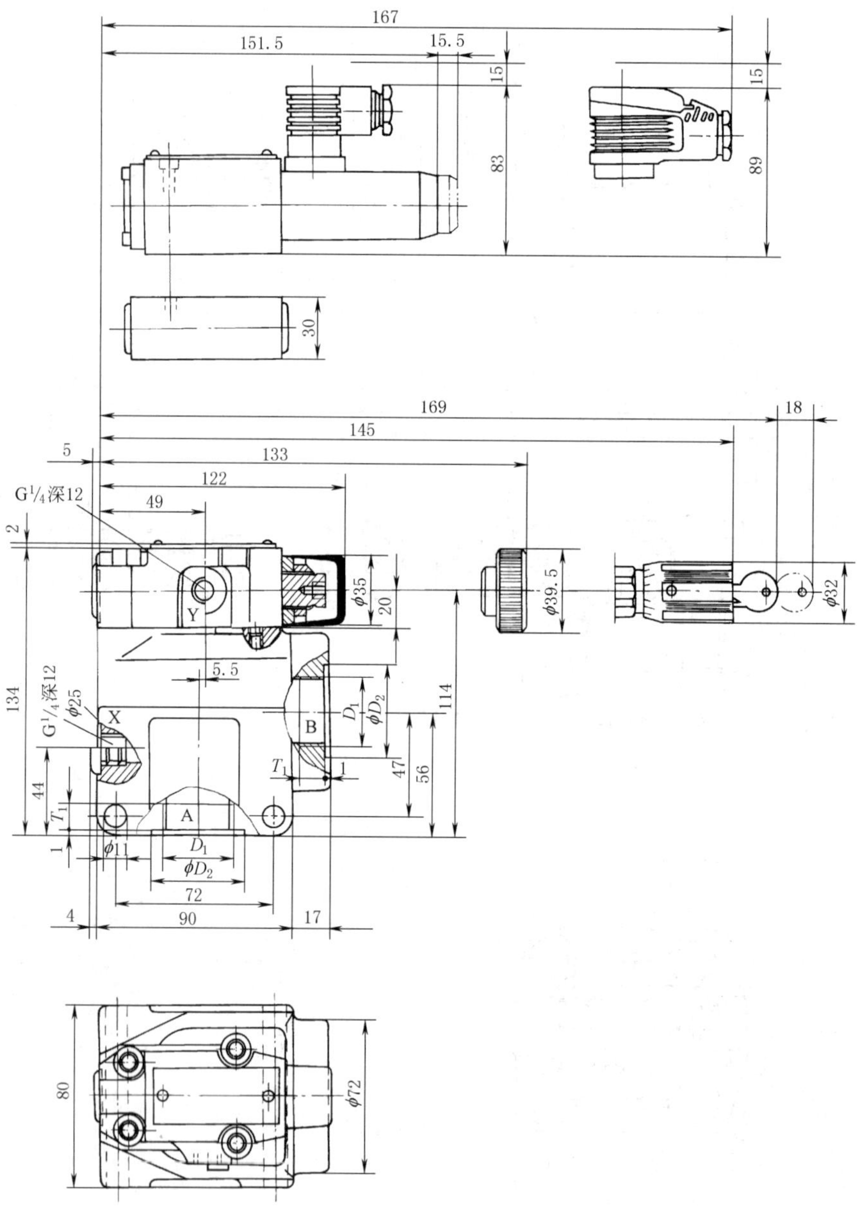

表 20-8-29

mm

型　　号	D_1	ϕD_2	T_1
DB(DBW)10G	G½	34	14
DB(DBW)15G	G¾	42	16
DB(DBW)20G	G1	47	18
DB(DBW)25G	G1¼	58	20
DB(DBW)32G	G1½	65	22

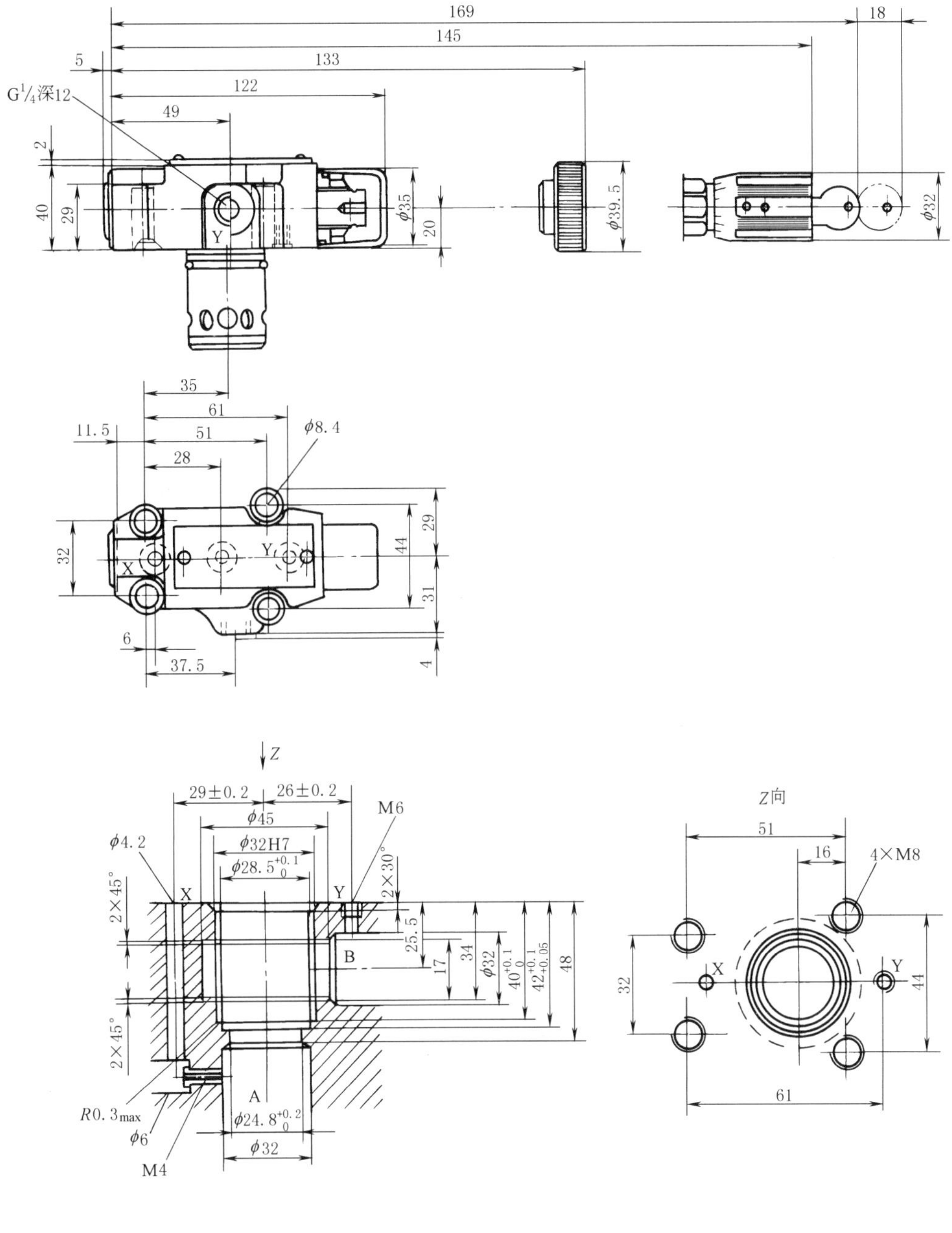

图 20-8-5　DB/DBW 型（50 系列插入式）先导式溢流阀外形尺寸

［带（DBC10、30）或不带（DBC、DBT）主阀芯插件先导阀］

4.3　液压卸荷溢流阀和电磁卸荷溢流阀

JB/T 10371—2013《液压卸荷溢流阀》规定了液压卸荷溢流阀（包括电磁卸荷溢流阀，以下简称卸荷溢流阀）的基本参数、技术要求、试验方法、检验规则和包装等要求，适用于以矿物油型液压油或性能相当的其他液体为工作介质的卸荷溢流阀。

液压卸荷溢流阀试验方法见本章第 10.3 节。

4.3.1 DA/DAW 型先导式卸荷溢流阀、电磁卸荷溢流阀

该阀是先导控制式卸荷阀，作用是在蓄能器工作时，可使液压泵卸荷；或者在双泵系统中，高压泵工作时使低压大流量泵卸荷。

型号意义：

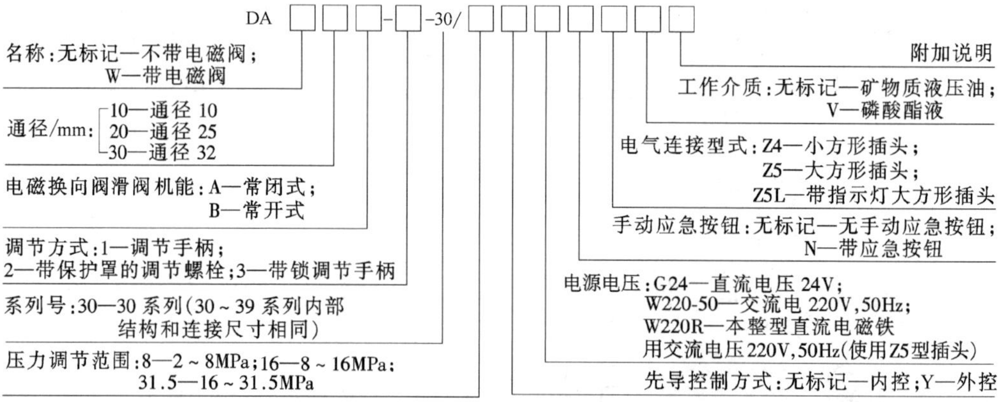

表 20-8-30　技术规格

通径/mm		10	25	32
最大工作压力/MPa		31.5		
最大流量/L·min^{-1}		40	100	250
切换压力(P→T 切换 P→A)/MPa		17%以内(见表 21-7-85)		
介质温度/℃		-20～70		
介质黏度/m^2·s^{-1}		(2.8～380)×10^{-6}		
质量/kg	DA	3.8	7.7	13.4
	DAW	4.9	8.8	14.5

表 20-8-31　特性曲线与图形符号

图形符号		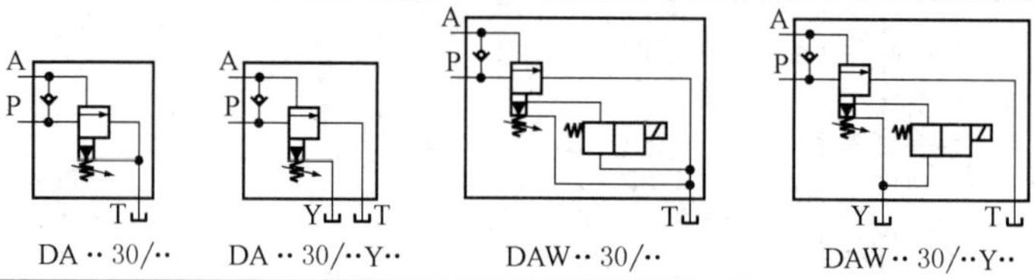
特性曲线	试验条件：$\nu=36\times10^{-6}m^2/s$，$t=50℃$	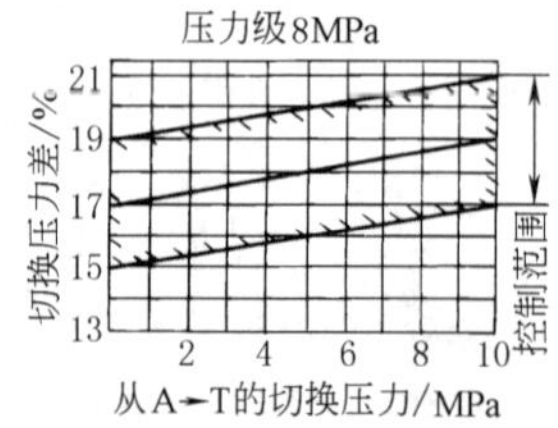 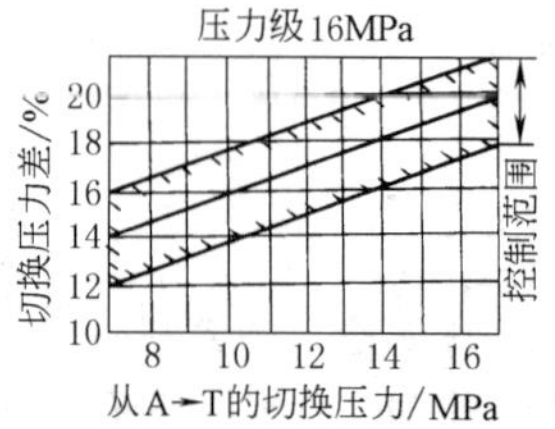 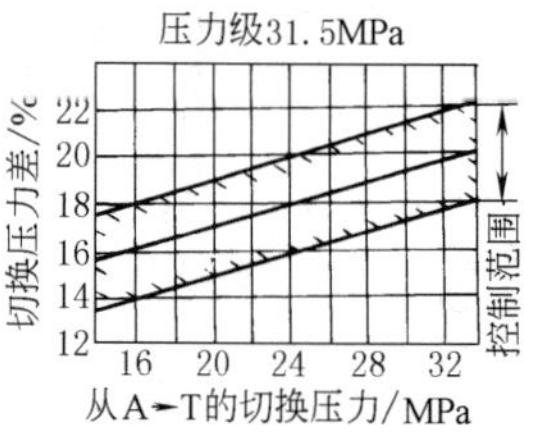 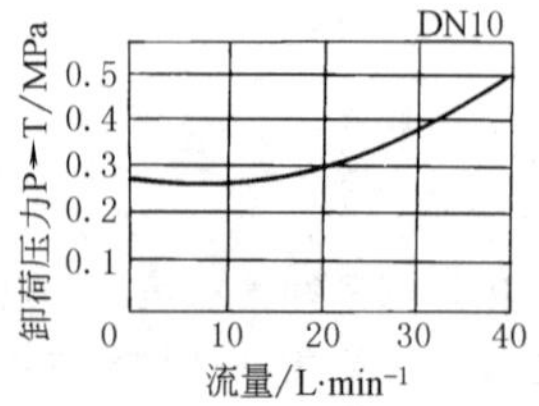 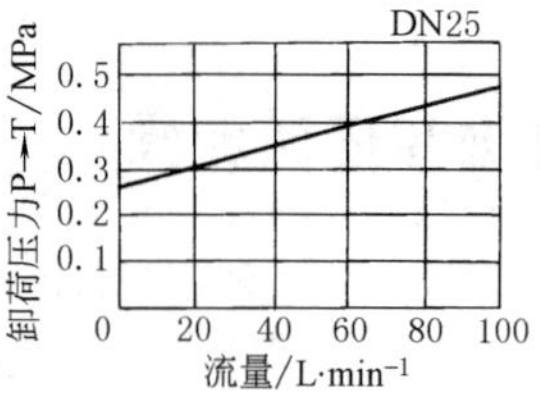 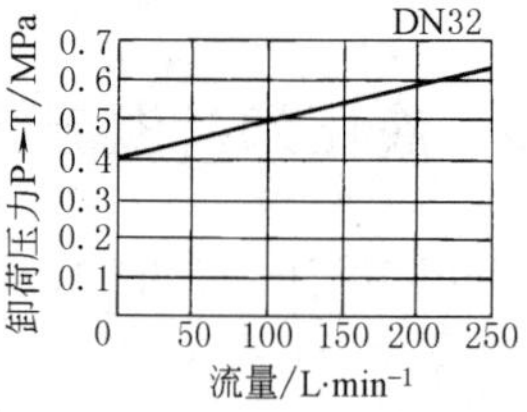

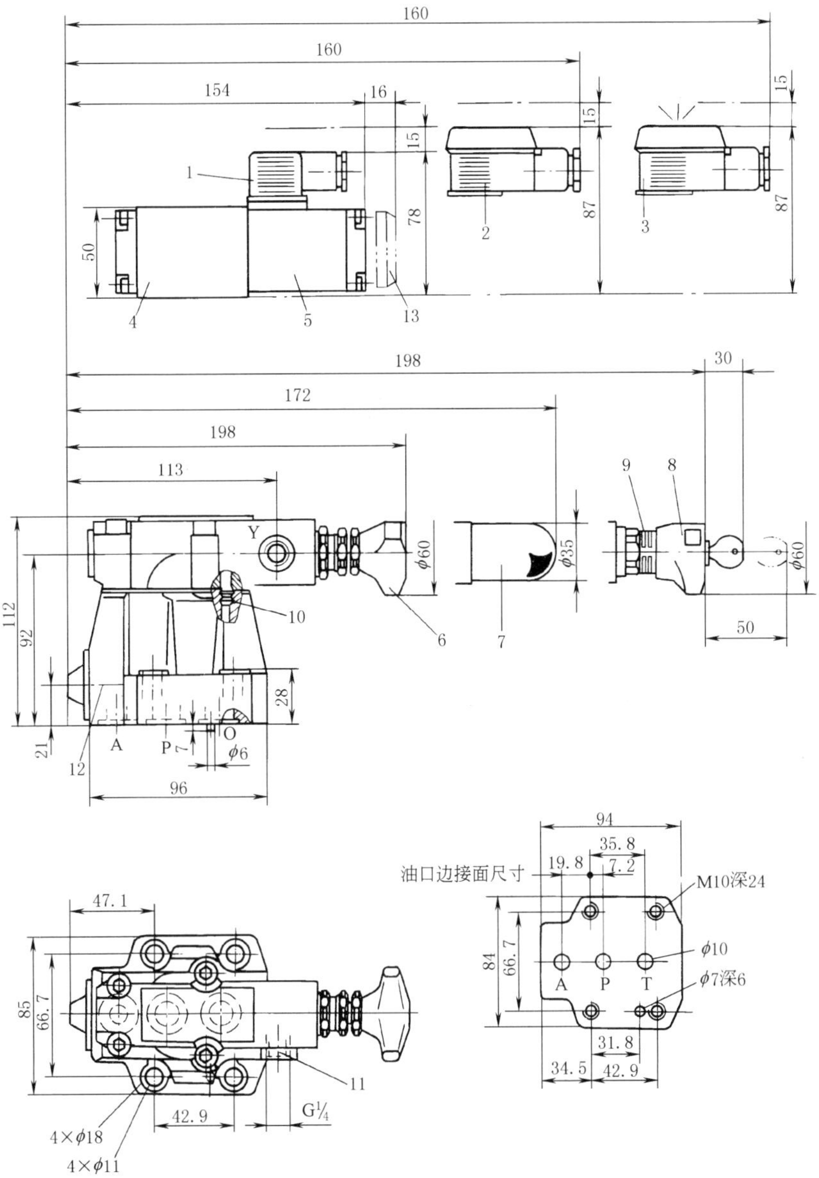

图 20-8-6　DA/DAW10…30/…型先导式卸荷阀（板式）外形尺寸

1—Z4 型插头；2—Z5 型插头；3—Z5L 型插头；4—换向阀；5—电磁铁；
6—调节方式“1”；7—调节方式“2”；8—调节方式“3”；
9—调节刻度套；10—螺塞（控制油内泄时没有此件）；
11—外泄口 Y；12—单向阀；13—故障检查按钮

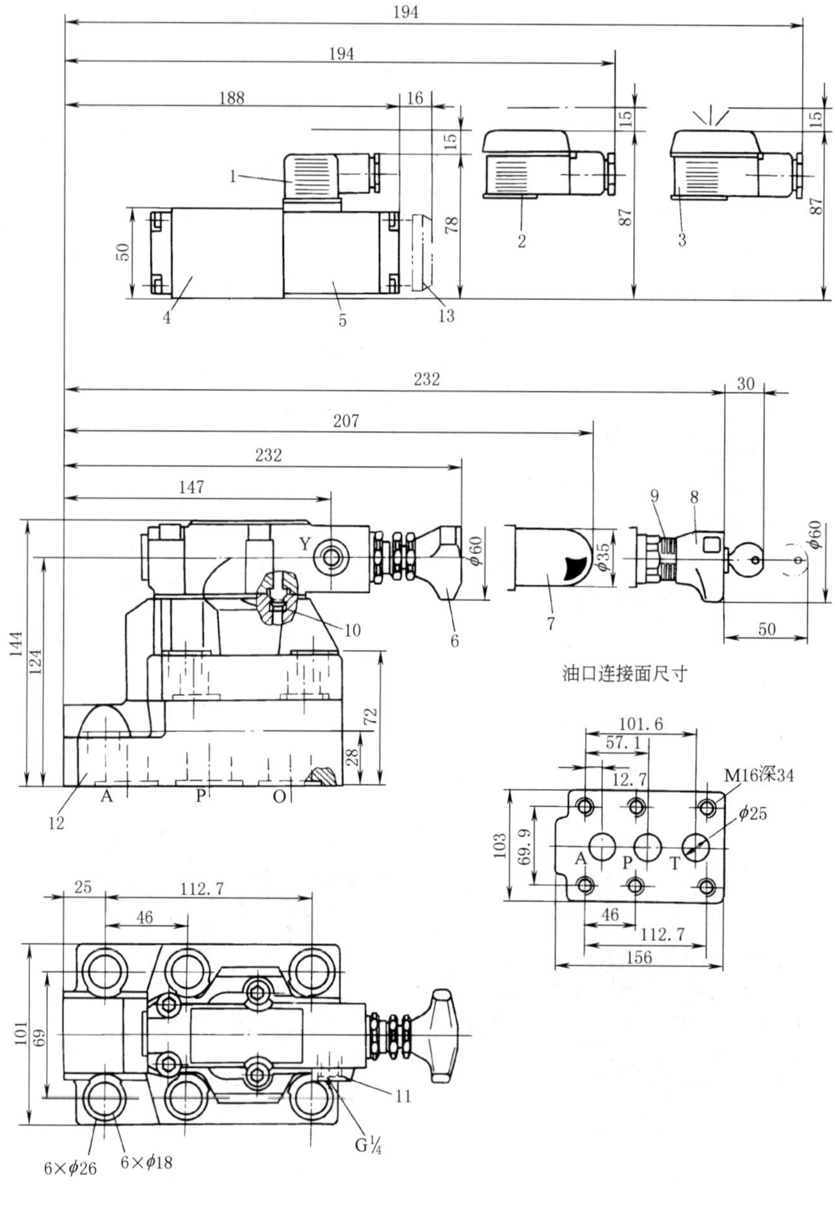

图 20-8-7　DA/DAW20…30/…型先导式卸荷阀（板式）外形尺寸

1—Z4 型插头；2—Z5 型插头；3—Z5L 型插头；4—换向阀；5—电磁铁；
6—调节方式“1”；7—调节方式“2”；8—调节方式“3”；
9—调节刻度套；10—螺塞（控制油内泄时没有此件）；
11—外泄口 Y；12—单向阀；13—故障检查按钮

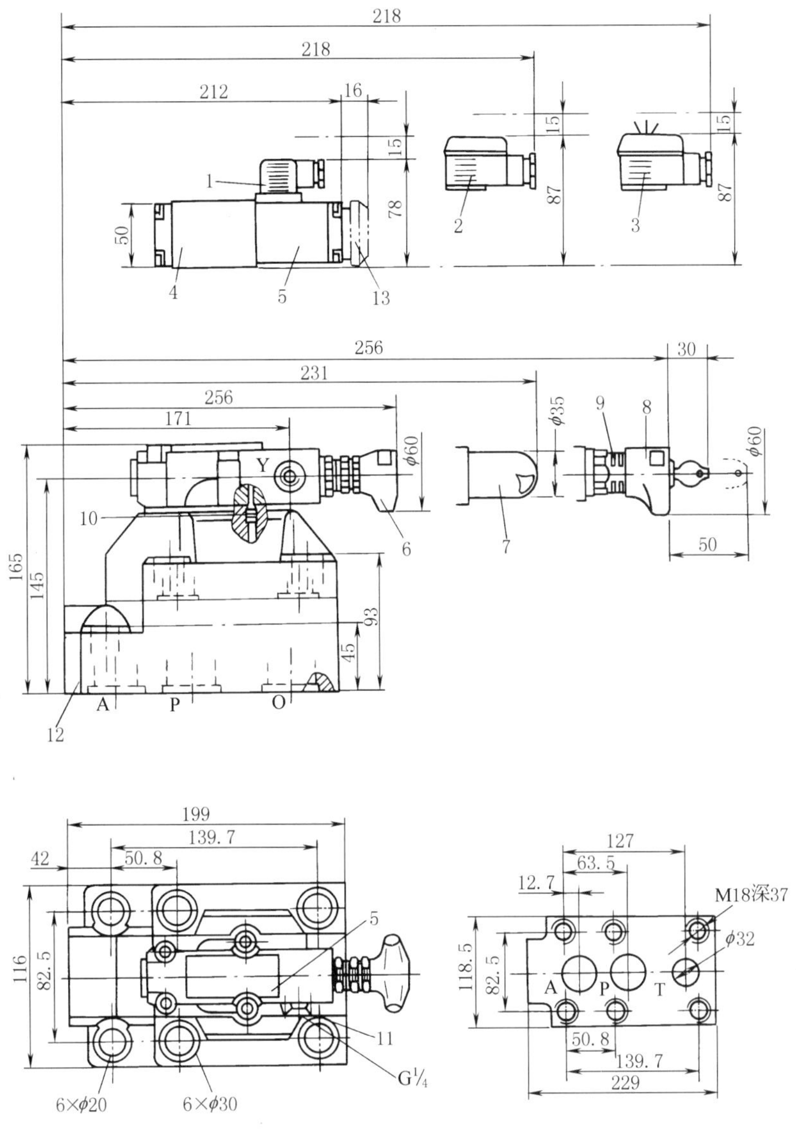

图 20-8-8　DA/DAW30…39/…型先导式卸荷阀（板式）外形尺寸

1—Z4 型电线插头；2—Z5 型电线插头；3—Z5L 型电线插头；4—换向阀；5—电磁铁；6—压力调节方式“1”；7—压力调节方式“2”；8—压力调节方式“3”；9—调节刻度套；10—螺塞（控制油内泄时无此件）；11—外泄口 Y；12—单向阀；13—故障检查按钮

表 20-8-32　　连接底板型号

通径/mm		
10	25	32
G467/1	G469/1	G471/1
G468/1	G470/1	G472/1

.3.2　BUC 型卸荷溢流阀

该阀用于带蓄能器的液压系统，使液压泵自动卸荷或加载，也可用于高低压复合的液压系统，使液压泵在最小载荷下工作。

型号意义：

□-BUG □ □ □ □ □

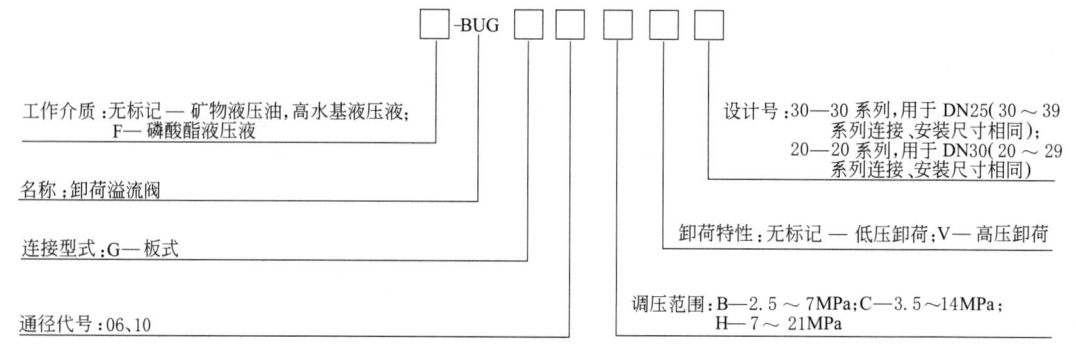

- 工作介质：无标记—矿物液压油，高水基液压液；F—磷酸酯液压液
- 名称：卸荷溢流阀
- 连接型式：G—板式
- 通径代号：06、10
- 调压范围：B—2.5～7MPa；C—3.5～14MPa；H—7～21MPa
- 卸荷特性：无标记—低压卸荷；V—高压卸荷
- 设计号：30—30系列，用于DN25（30～39系列连接、安装尺寸相同）；20—20系列，用于DN30（20～29系列连接、安装尺寸相同）

表 20-8-33　　技术规格

通径/mm	25	30	介质黏度/$m^2 \cdot s^{-1}$	$(15\sim400)\times10^{-6}$	
最大流量/$L \cdot min^{-1}$	125	250	介质温度/℃	-15～70	
最大工作压力/MPa	21		质量/kg	12	21.5
介质	矿物液压油、高水基液压液、磷酸酯液压液				

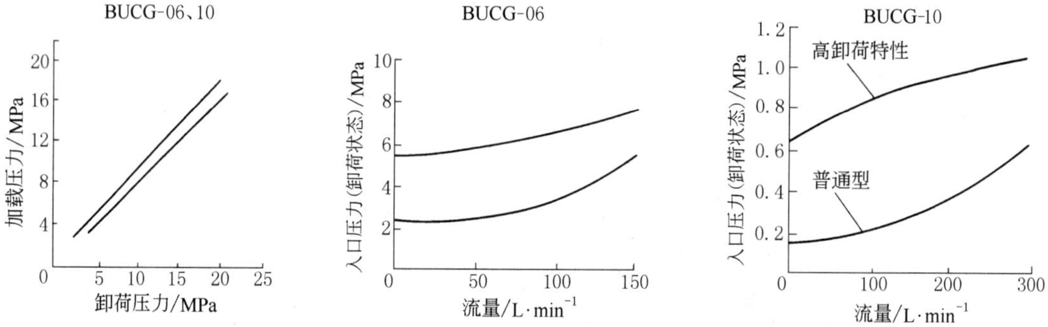

图 20-8-9　BUC 型卸荷溢流阀特性曲线

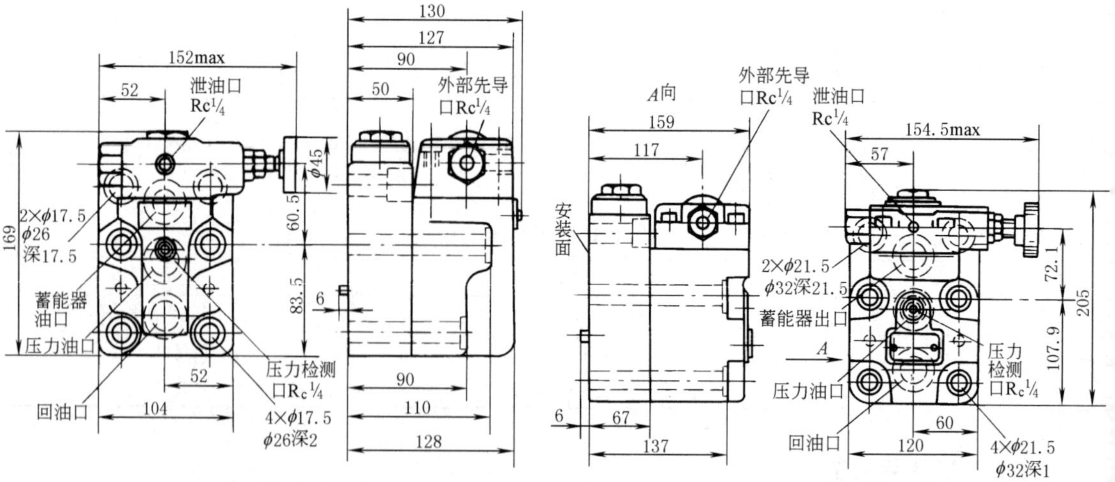

(a) BUCG-06型卸荷溢流阀　　(b) BUCG-10型卸荷溢流阀

图 20-8-10　BUC 型卸荷溢流阀外形尺寸

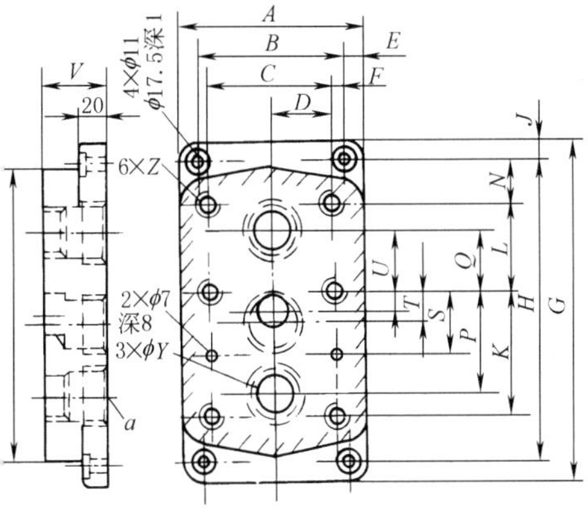

表 20-8-34　　安装底板型号

型　　号	底板型号	连接口	质量/kg
BUCG-06	BUCGM-06-20	Rc¾	4.4
BUCG-10	BUCGM-10-20	Rc1¼	7.2

注：使用底板时，请按上述型号订货。

表 20-8-35　　安装底板尺寸　　mm

型　　号	A	B	C	D	E	F	G	H	J	K	L	N	P	Q	S	T	U	V	X	Y	Z	a
BUCGM-06	102	78	70	35	12	4	192	168	12	66.7	46	27.5	55.5	33.5	33.3	11	11	40	145	23	M16	R_c¾
BUCGM-10	120	92	82.5	41.3	14	4.7	232	204	14	88.9	51	32	76.2	38	44.5	19	12.7	45	190	28	M20	R_c1¼

.4　液压减压阀和单向减压阀

JB/T 10367—2014《液压减压阀》规定了液压传动用减压阀、单向减压阀（以下简称减压阀）的型号、基本参数和标志、技术要求、试验方法、检验规则和包装等要求，适用于以矿物油型液压油或性能相当的其他液体为工作介质的螺纹连接、板式连接和叠加式连接的减压阀。

液压减压阀试验方法见本章 10.4 节。

.4.1　R 型先导式减压阀和 RC 型单向减压阀

该阀用于控制液压系统的支路压力，使其低于主回路压力。主回路压力变化时，它能使支路压力保持恒定。

型号意义：

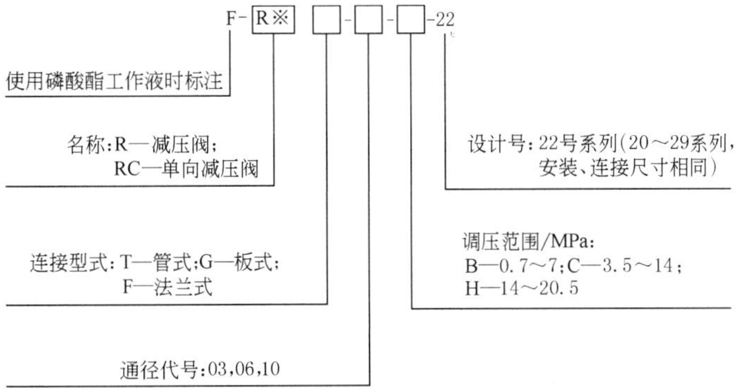

表 20-8-36　　技术规格

型号		最高使用压力/MPa	最大流量		泄油量/L·min^{-1}	质量/kg			
管式连接	板式连接		设定压力/MPa	最大流量/L·min^{-1}		RCT 型	RCG 型	RT 型	RG 型
R(C)T-03-※-22	R(C)G-03-※-22	21.0	0.7～1.0	40	0.8～1	4.8	5.4	4.3	4.5
			1.0～20.5	50					

续表

型号		最高使用压力/MPa	最大流量		泄油量/L·min^{-1}	质量/kg			
管式连接	板式连接		设定压力/MPa	最大流量/L·min^{-1}		RCT型	RCG型	RT型	RG型
R(C)T-06-※-22	R(C)G-06-※-22	21.0	0.7~1.0	50	0.8~1.1	7.8	8.1	6.9	6.8
			1.0~1.5	100					
			1.5~20.5	125					
R(C)T-10-※-22	R(C)G-10-※-22	21.0	0.7~1.0	130	1.2~1.5	13.8	13.8	12.0	11.0
			1.0~1.5	180					
			1.5~10.5	220					
			10.5~20.5	250					

注：1. 最大流量是指一次压力在21.0MPa时的值。

2. 泄油量又称先导流量，是一次油口压力与二次油口压力的压力差为20.5MPa时的值。

表 20-8-37 **外形尺寸** mm

R(C)T-03型

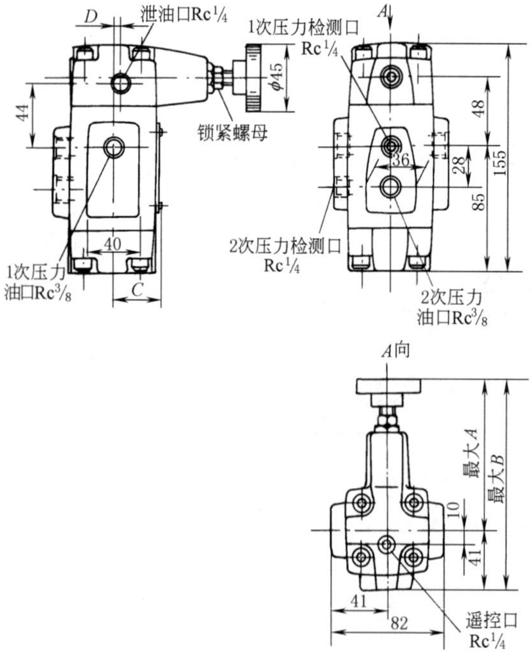

型号	A	B	C	D
RT-03	106	147	32	4
RCT-03	107	148	55	5

R(C)T-06/10型

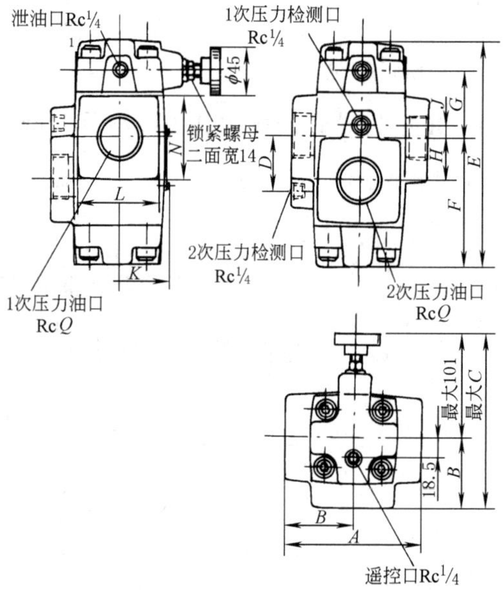

型号	A	B	C	D	E	F	G
R(C)T-06	96	48	149	42	179	97.5	53.5
R(C)T-10	132	66	167	52	216	124	64

型号	H	J	K	L	N	Q
R(C)T-06	33	9	39(68)	65	60	¾
R(C)T-10	40	12	46(86)	79	79	1¼

续表

R(C)G-03,06 型	R(C)G-10 型

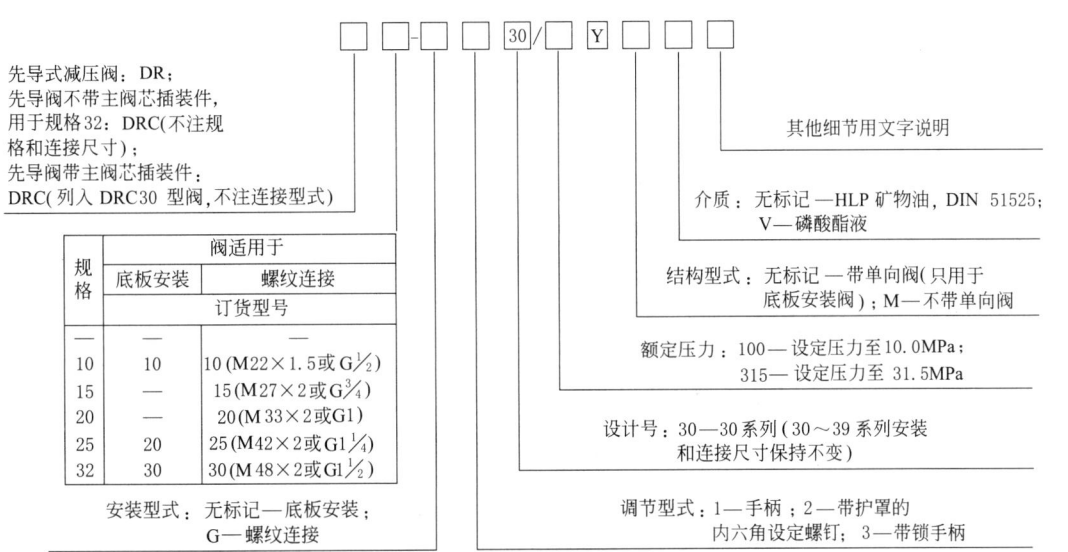

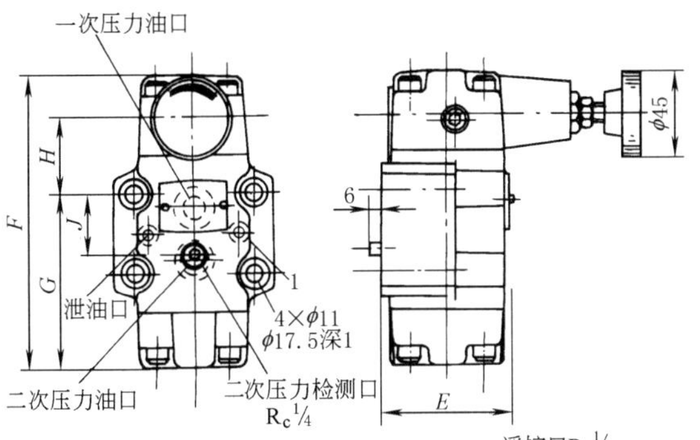

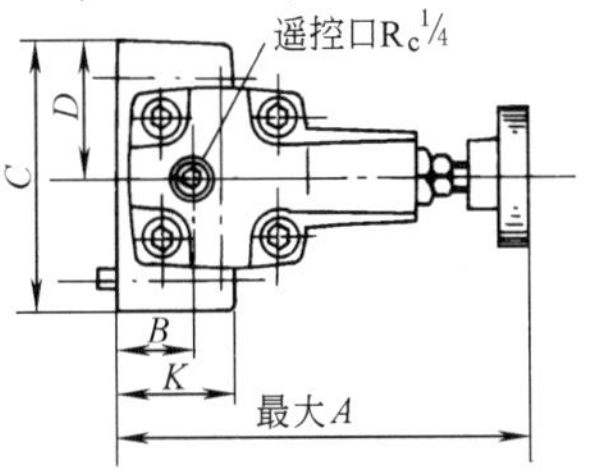

安装面：ISO 5781-AG-06-2-A

ISO 5781-AH-08-2-A

1—这个油口是为了使阀体与 H 型压力阀通用而加工的，本阀并不使用

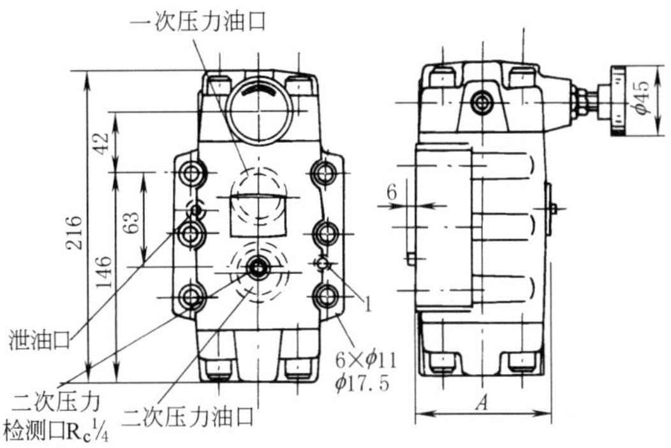

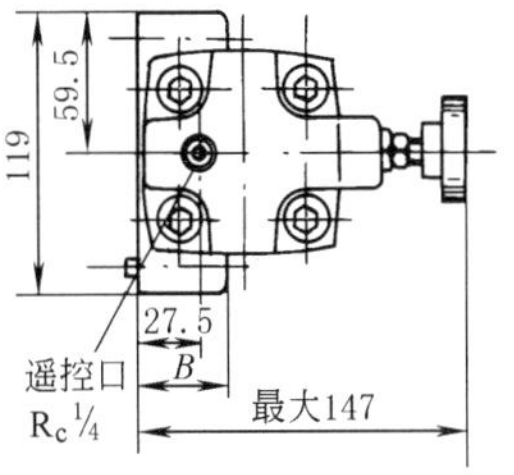

1—这个油口是为了使阀体与 H 型压力阀通用而加工的，本阀并不使用

安装面：ISO 5781-AJ-10-2-A

型号	A	B	C	D	E
R(C)G-03	142	25	89	44.5	67(90)
R(C)G-06	141	21.5	102	51	79(108)
R(C)G-03	155	92.4	40.6	34.9	59
R(C)G-06	179	111	40	48	69

型　　号	A	B
RG-10	92	39
RCG-10	132	79

4.4.2 DR 型先导式减压阀

该阀主要由先导阀、主阀和单向阀组成，用于降低液压系统的压力。

型号意义：

[ ] [ ]-[ ] [ ] [30]/[ ] [Y] [ ] [ ] [ ]

先导式减压阀：DR；
先导阀不带主阀芯插装件，用于规格32：DRC(不注规格和连接尺寸)；
先导阀带主阀芯插装件：DRC(列入 DRC30 型阀，不注连接型式)

规格	阀适用于	
	底板安装	螺纹连接
	订货型号	
—	—	—
10	10	10(M22×1.5或G$^1/_2$)
15	—	15(M27×2或G$^3/_4$)
20	—	20(M33×2或G1)
25	20	25(M42×2或G1$^1/_4$)
32	30	30(M48×2或G1$^1/_2$)

安装型式：无标记—底板安装；G—螺纹连接

调节型式：1—手柄；2—带护罩的内六角设定螺钉；3—带锁手柄

设计号：30—30系列(30～39系列安装和连接尺寸保持不变)

额定压力：100—设定压力至10.0MPa；315—设定压力至31.5MPa

结构型式：无标记—带单向阀(只用于底板安装阀)；M—不带单向阀

介质：无标记—HLP矿物油，DIN 51525；V—磷酸酯液

其他细节用文字说明

表 20-8-38 **技术规格**

通径/mm	8	10	15	20	25	32
工作压力/MPa	≤10 或 31.5					
进口压力,B 口/MPa	31.5					
出口压力,A 口/MPa	0.3~31.5			1~31.5		
背压,Y 口/MPa	≤31.5					

介质		矿物液压油,磷酸酯液					
介质黏度/$m^2 \cdot s^{-1}$		$(2.8 \sim 380) \times 10^{-6}$					
介质温度/℃		-20~70					
流量/$L \cdot min^{-1}$	管式	80	80	200	200	200	300
	板式	—	80	—	—	200	300

表 20-8-39 **特性曲线**

试验条件：$\nu = 0.6 \times 10^{-6} m^2/s$，$t = 50℃$

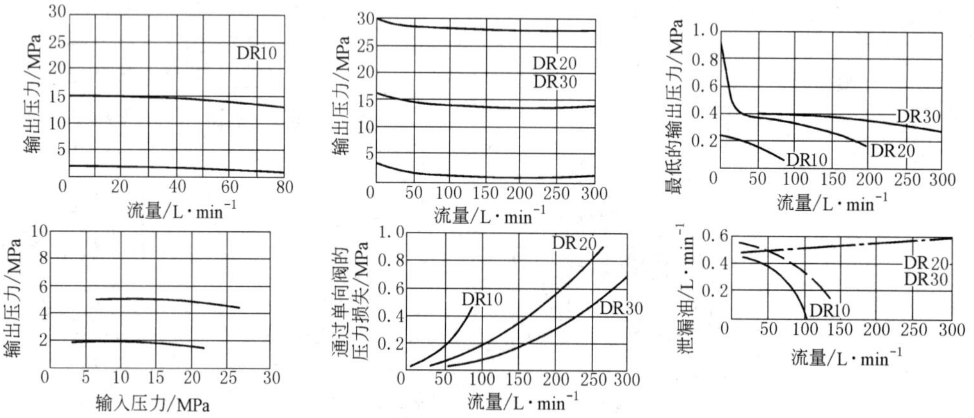

--- 通径 10 的阀在压差为 2MPa 时的曲线；
—— 通径 10 的阀在 10MPa 压差时的曲线；
-·- 通径 25 和 32 的阀在 2MPa 和 10MPa 时的曲线

DR 型减压阀外形尺寸（板式连接）

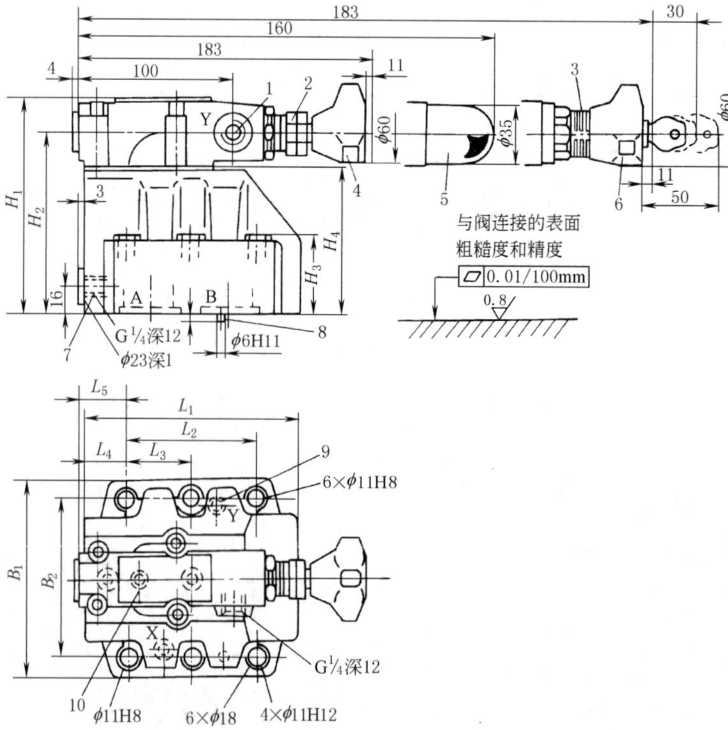

1—Y 口（可作控制油回油口或遥控口）；2—锁紧螺母（只用于 31.5MPa）；3—调节刻度套；4—调节方式“1”；5—调节方式“2”；6—调节方式“3”；7—通径 10 的遥控口（X 口），通径 25 和 32 的压力表连接口；8—定位销；9—Y 口（控制油回油口）；10—标牌

表 20-8-40 mm

通径	B_1	B_2	H_1	H_2	H_3	H_4	L_1	L_2	L_3	L_4	L_5	O 形 圈		质量
												用于 X、Y 口	用于 A、B 口	/kg
10	85	66.7	112	92	28	72	90	42.9	—	35.5	34.5	9.25×1.78	17.12×2.62	3.6
25	102	79.4	122	102	38	82	112	60.3	—	33.5	37	9.25×1.78	28.17×3.53	5.5
32	120	96.8	130	110	46	90	140	84.2	42.1	28	31.3	9.25×1.78	34.52×3.53	8.2

表 20-8-41 安装底板尺寸 mm

通径 10

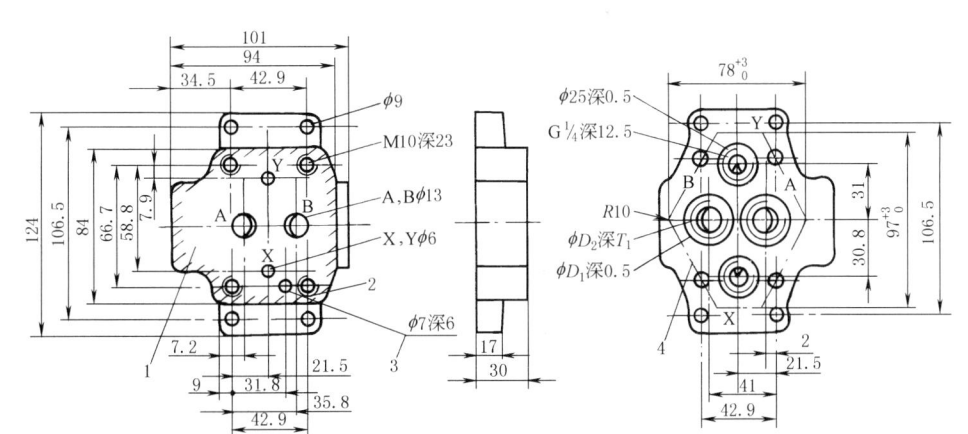

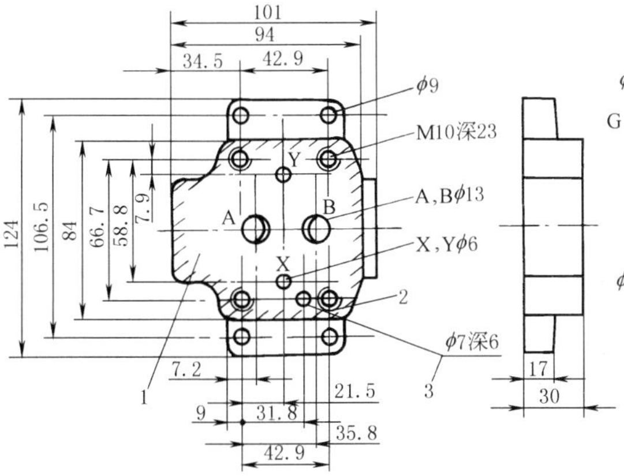

通径 25

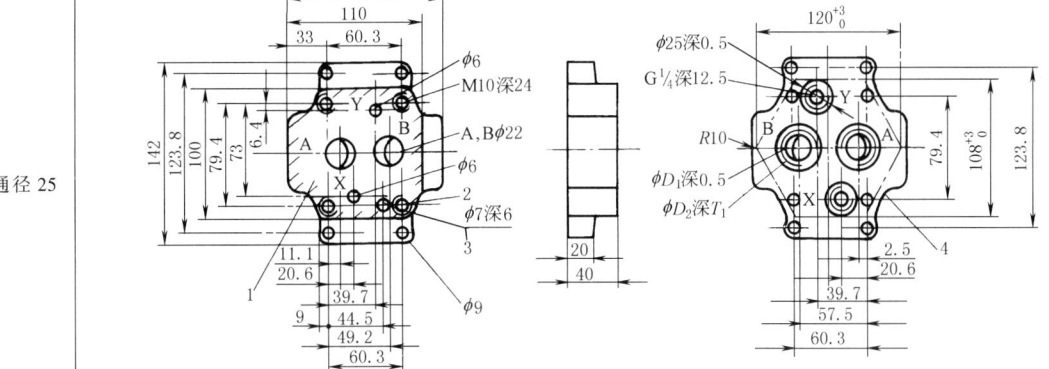

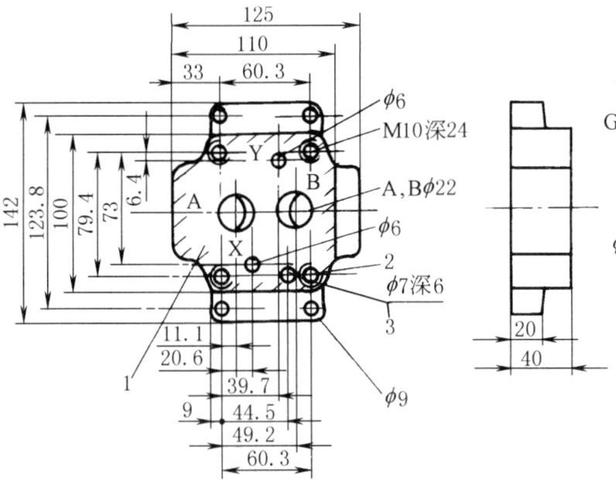

通径 32

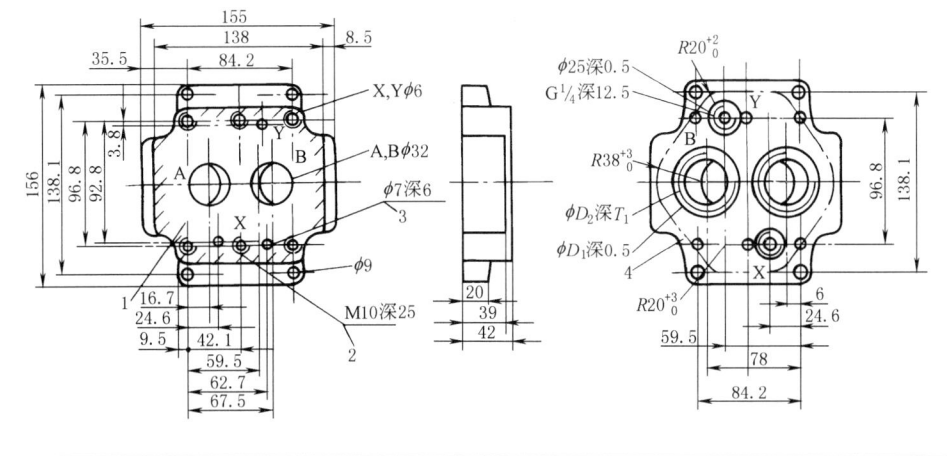

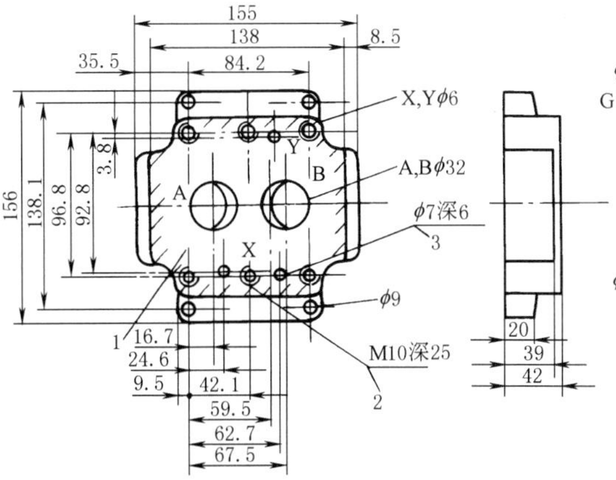

续表

通　径	型　号	D_1	D_2	T_1	阀安装螺钉	转矩/N·m	质量/kg
10	G460/1 G461/1	28 34	G¾ G½	12.5 14.5	4×M10×40 GB/T 70.1 需单独订货	69	1.7
25	G412/1 G413/1	42 47	G¾ G1	16.5 19.5	4×M10×50 GB/T 70.1 需单独订货		3.3
32	G414/1 G415/1	56 61	G1¼ G1½	20.5 22.5	6×M10×60 GB/T 70.1 需单独订货		5

注：图中 1—阀的连接面；2—阀的固定螺孔；3—定位销孔；4—安装连接板的切口轮廓。

DR 型减压阀外形尺寸（管式连接）

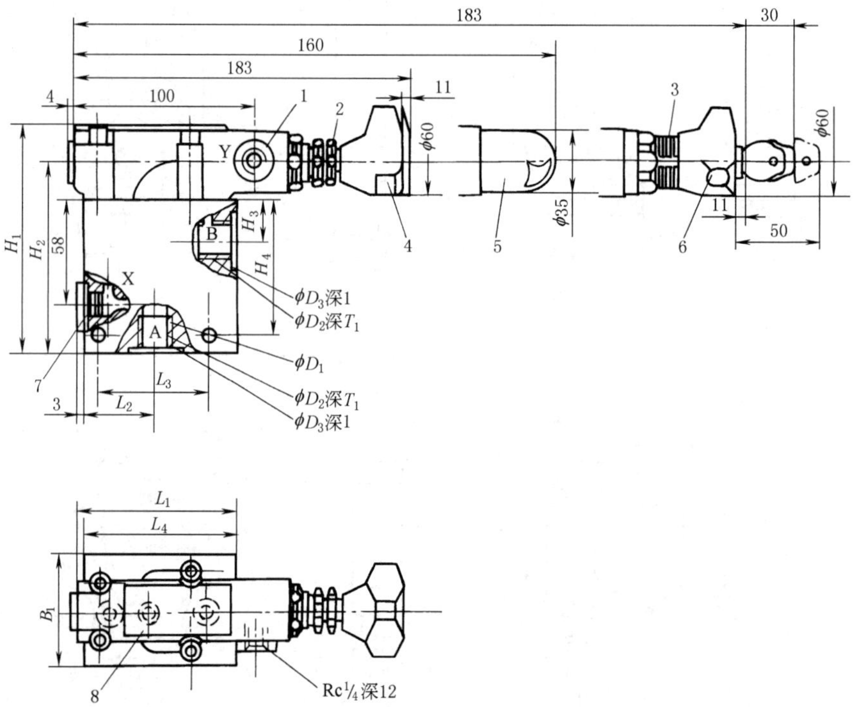

1—Y 口（可作控制油回油口或遥控口）；2—锁紧螺母（只用于 31.5MPa）；3—调节刻度套；4—调节手柄；5—调节装置，带保护罩；6—调节手柄（带锁）；7—通径 10 的遥控口（X 口）；8—标牌

表 20-8-42

mm

通　径	B_1	ϕD_1	ϕD_2	ϕD_3	H_1	H_2	H_3	H_4	L_1	L_2	L_3	L_4	T_1	质量/kg
8			G⅜	28									12	
10	63	9	G½	34	125	105	23	75	85	40	62	90	14	4.3
16			G¾	42			28						16	6.8
20			G1	47									18	
25	70	11	G1¼	56	138	118	34	85	100	46	72	99	20	10.2
32			G1½	61									22	

注：上图所示为不含单向阀的外形尺寸。

DR型减压阀外形尺寸（插入式连接）

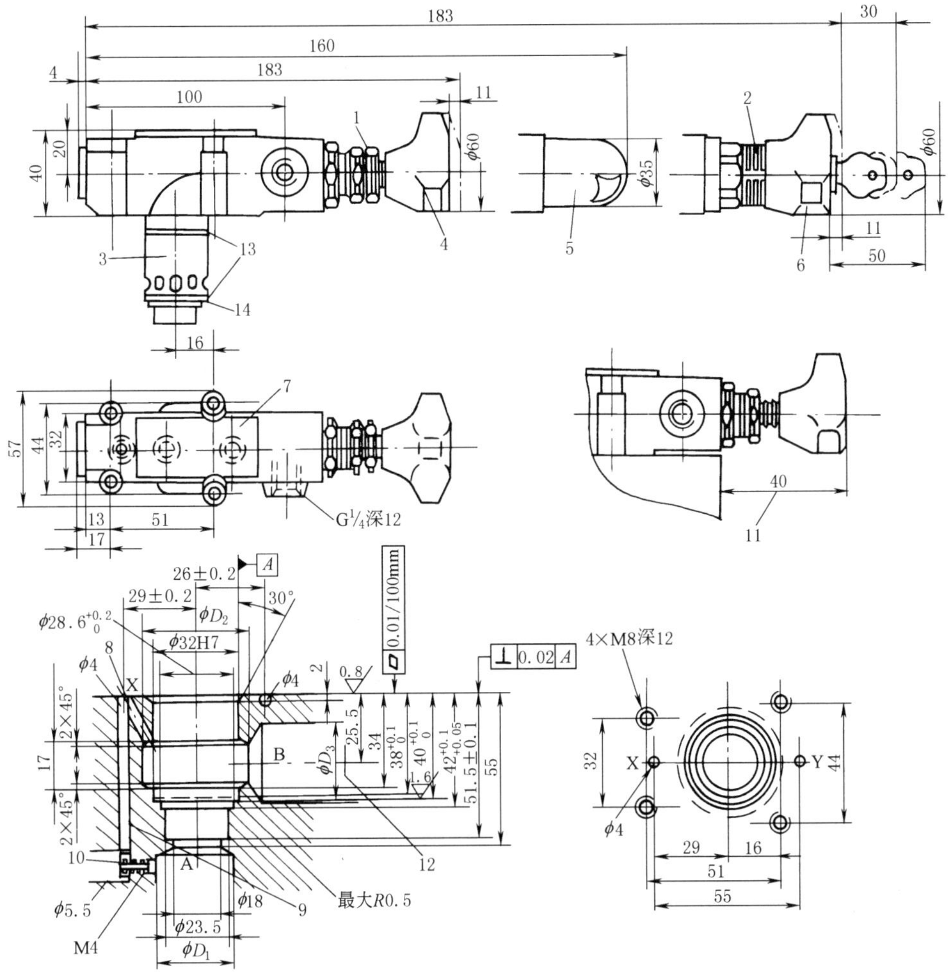

1—锁紧螺母（只用于31.5MPa）；2—调节刻度套；3—插入式主阀芯；
4—调节方式“1”；5—调节方式“2”；6—调节方式“3”；
7—标牌；8—通径25和32的控制油进油路；
9—通径10的控制油进油路；10—通径10的阻尼器；
11—使用“1”或“3”调节方式时，距主阀体的最小距离；
12—孔 ϕD_3 与 ϕD_2 允许在任何位置相通，
但不能破坏连接螺孔和控制油路X；13—O形圈27.3×2.4；
14—密封挡圈32/28.4×0.8

表 20-8-43

mm

通径	D_1	D_2	D_3	质量/kg	阀的固定螺钉	转矩/N·m	丁腈橡胶订货号	氟橡胶订货号
10	10	40	10	1.4	4×M8×40 GB/T 70.1	31	301、199	301、358
25	25	40	25				301、200	301、359
32	32	45	32					

4.5 Z型行程减速阀、ZC型单向行程减速阀

本元件可通过凸轮撞块操作，简单地进行节流调速及油路的开关。可用于机床工作台进给回路，使执行元件进行加、减速及停止运动。行程单向减速阀内装单向阀，油液反向流动不受减速阀的影响。

型号意义：

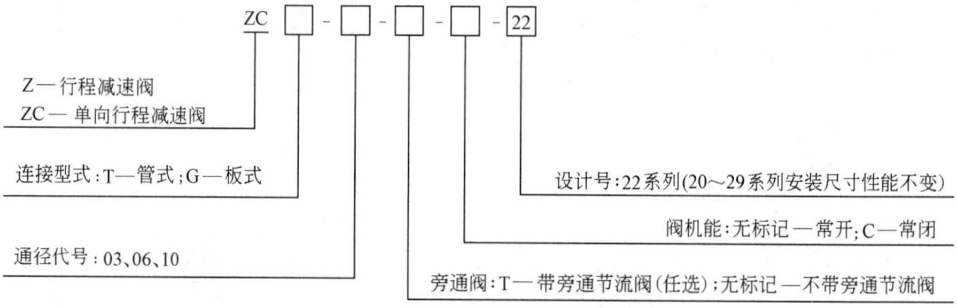

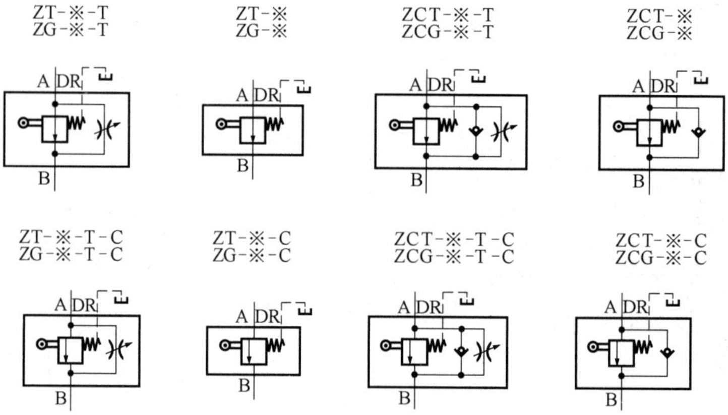

图 20-8-11 图形符号

表 20-8-44 **技术规格**

通径代号		03	06	10
通径/mm		10	20	30
最大流量/L·min^{-1}		30	80	200
最高使用压力/MPa		21	21	21
质量/kg	T型	4.3	8.7	17
	G型	4.3	8.7	17
介质黏度/m^2·s^{-1}		(20～200)×10^{-6}		
介质温度/℃		-15～70		
泄压口最大背压/MPa		0.1		

型号	阀全关闭时内部泄油量/mL·min^{-1}				
	压力/MPa				
	1.0	2.0	5.0	10.0	21.0
Z＊＊-03	9	18	44	88	185
Z＊＊-06	9	17	43	86	180
Z＊＊-10	10	20	49	98	205

连接底板

型号	底板型号	连接口	质量/kg
Z＊G-03	ZGM-03-21	Rc⅜	2
Z＊G-06	ZGM-06-21	Rc¾	3.8
Z＊G-10	ZGM-10-21	Rc1¼	9

表 20-8-45 外形尺寸 mm

ZT

ZCT-03，06，10 型

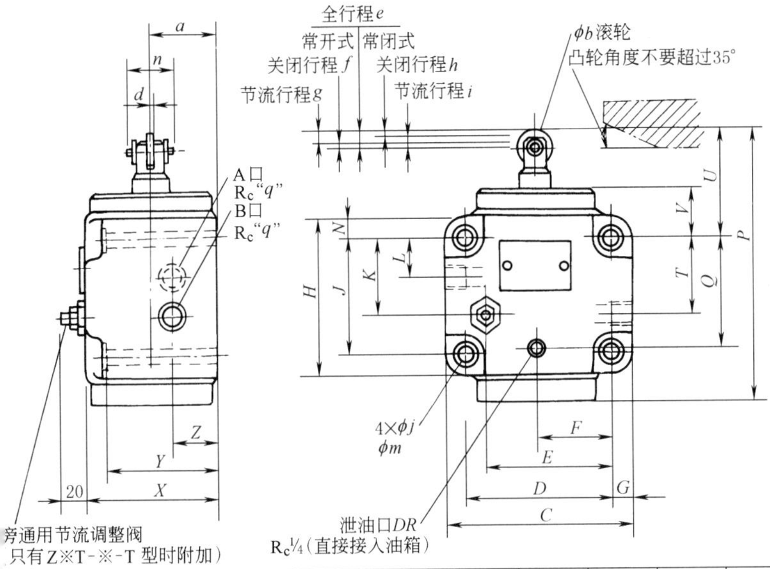

型　号	A 口	B 口
ZT-※	控制油液进口	控制油液出口
ZCT-※	控制油液进口 或 自由流动出口	控制油液出口 或 自由流动进口

型　号	C	D	E	F	G	H	J	K	L	N	P	Q	T	U	V
Z※T-03	102	80	66	40	11	82	60	41	20	11	141	58	40	56	25
Z※T-06	120	98	82	49	11	106	84	57	32	11	176	81	57	65	27
Z※T-10	160	132	103	66	14	140	112	75	40	14	224	106	75	80	32

型　号	X	Y	Z	a	b	d	e	f	g	h	i	j	m	n	q
Z※T-03	70	60	25	35	18	6	10	2	8	2	8	8.8	14	24.5	3/8
Z※T-06	95	85	32	50	22	8	13	3	10	3	10	11	17.5	29	3/4
Z※T-10	110	96	40	55	28	10	18	3	15	3	15	13.5	21	34	1¼

ZG

ZCG-03，06，10 型

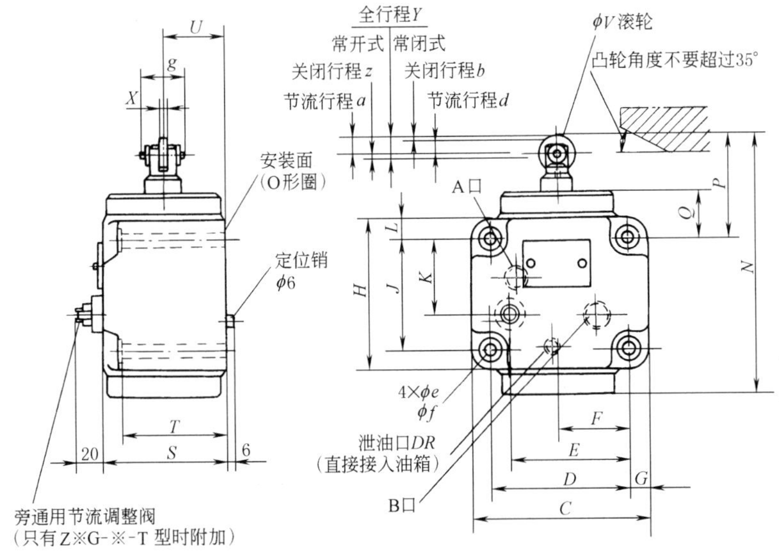

型　号	A 口	B 口
ZG-※	控制油液进口	控制油液出口
ZCG-※	控制油液进口 或 自由流动出口	控制油液出口 或 自由流动进口

续表

型 号	C	D	E	F	G	H	J	K	L	N	P	Q	S
Z※G-03	102	80	66	40	11	82	60	41	11	141	56	25	70
Z※G-06	120	98	82	49	11	106	84	57	11	176	65	27	95
Z※G-10	160	132	103	66	14	140	112	75	14	224	80	32	110
型 号	T	U	V	X	Y	z	a	b	d	e	f	g	
Z※G-03	60	35	18	6	10	2	8	2	8	8.8	14	24.5	
Z※G-06	85	50	22	8	13	3	10	3	10	11	17.5	29	
Z※G-10	96	55	28	10	18	3	15	3	15	13.5	21	34	

底板尺寸

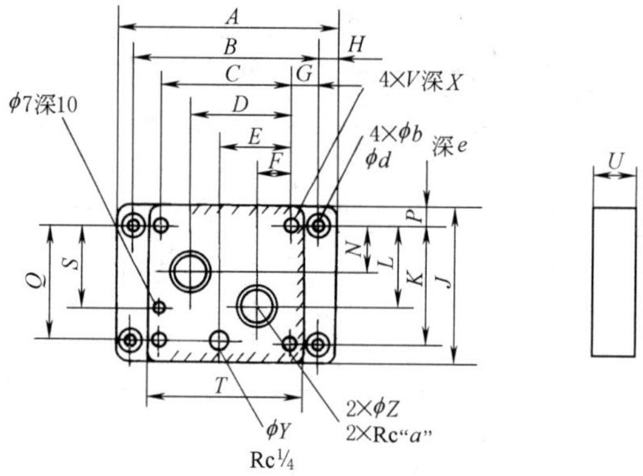

型 号	A	B	C	D	E	F	G	H	J	K	L	N	P
ZGM-03	146	124	80	60	42	20	22	11	85	60	40	20	12.5
ZGM-06	160	138	98	74	53	24	20	11	108	84	57	32	12
ZGM-10	218	190	132	98	70	34	29	14	140	112	75	40	14
型 号	Q	S	T	U	V	X	Y	Z	a	b	d	e	
ZGM-03	58	44	102	26	M8	18	6.2	14	⅜	11	17.5	10.8	
ZGM-06	81	60	120	35	M10	18	11	23	¾	11	17.5	10.8	
ZGM-10	106	87	160	45	M12	25	11	29	1¼	14	21	13.5	

4.6 液压顺序阀和单向顺序阀

JB/T 10370—2013《液压顺序阀》规定了液压顺序阀（包括内控顺序阀、外控顺序阀、内控单向顺序阀、外控单向顺序阀，以下简称顺序阀）的基本参数、技术要求、试验方法、检验规则和包装等要求，适用于以矿物油型液压油或性能相当的其他液体为工作介质的螺纹连接、板式连接和叠加式连接的顺序阀。

液压顺序阀试验方法见本章 10.5 节。

6.1 DZ※DP 型直动式顺序阀

型号意义：

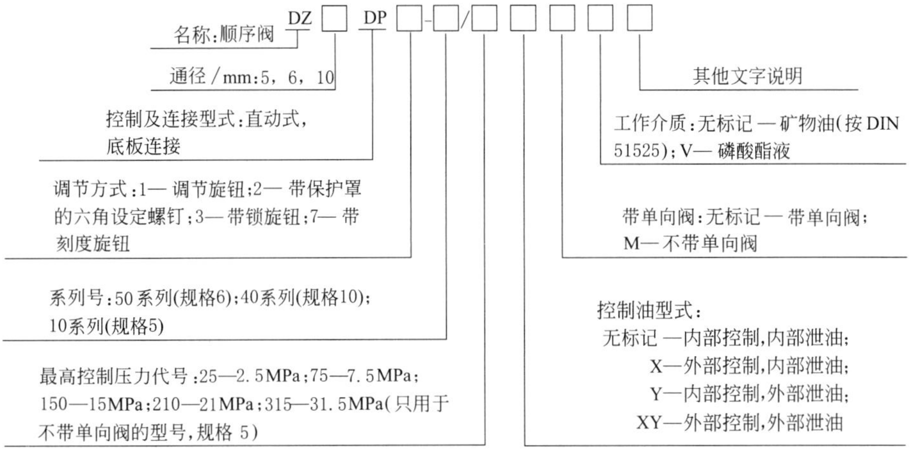

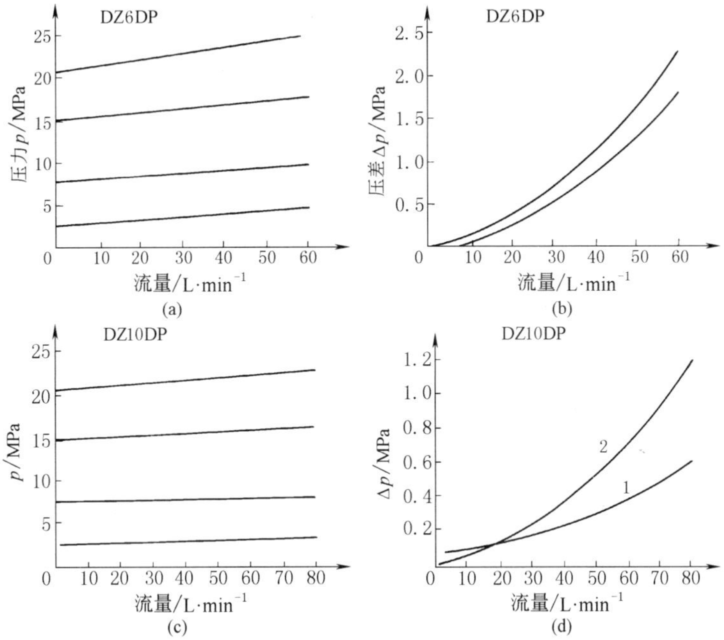

图 20-8-12 特性曲线

表 20-8-46 **技术规格**

通径/mm	5	6	10
输入压力，油口 P、B(X)/MPa	≤21.0/不带单向阀≤31.5	≤31.5	≤31.5
输出压力，油口 A/MPa	≤31.5	≤21.0	≤21.0
背压，油口(Y)/MPa	≤6.0	≤16.0	≤16.0
液压油	矿物油(DIN 51524)；磷酸酯液		
油温范围/℃	-20~70	-20~80	-20~80
黏度范围/$mm^2 \cdot s^{-1}$	2.8~380	100~380	10~380
过滤精度	NAS 1638 九级		
最大流量/$L \cdot min^{-1}$	15	60	80

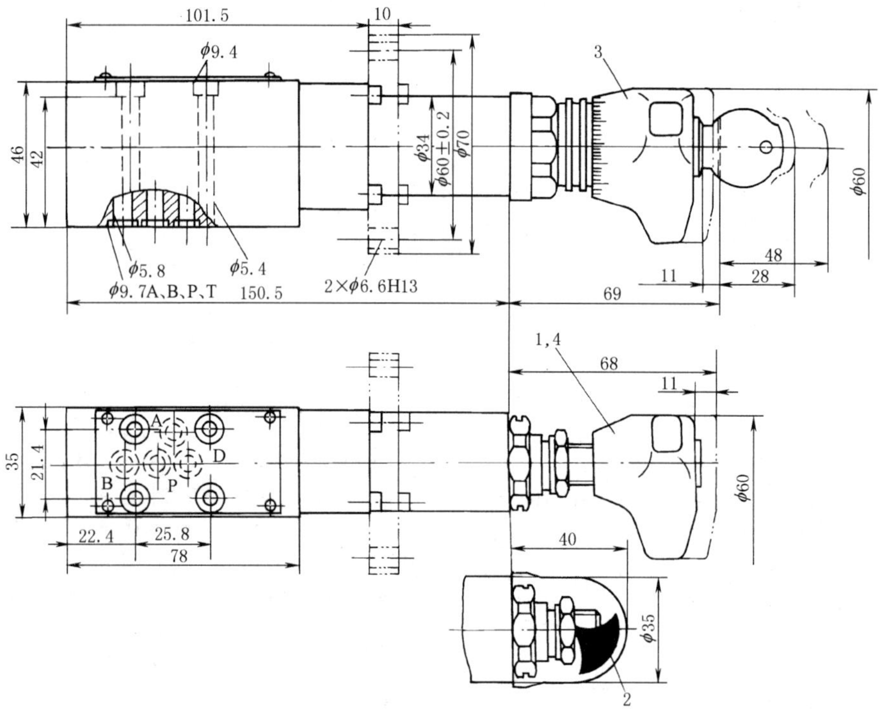

图 20-8-13　DZ5DP 型直动式顺序阀外形尺寸

1—“1”型调节件；2—“2”型调节件；3—“3”型调节件；4—重复设定刻度和刻度环

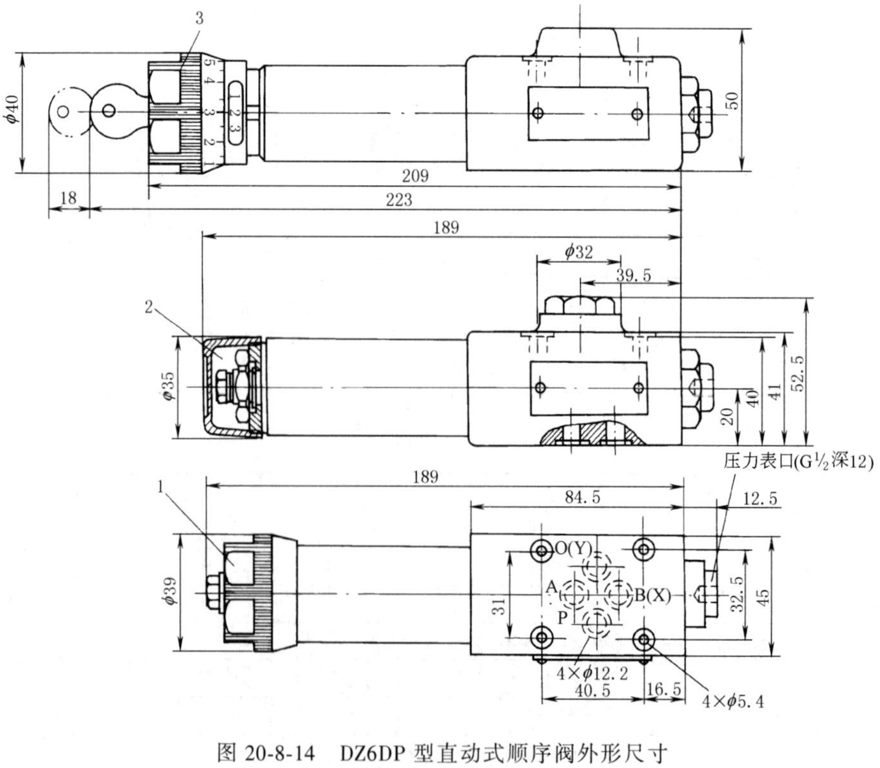

图 20-8-14　DZ6DP 型直动式顺序阀外形尺寸

1—调节方式“1”；2—调节方式“2”；3—调节方式“3”

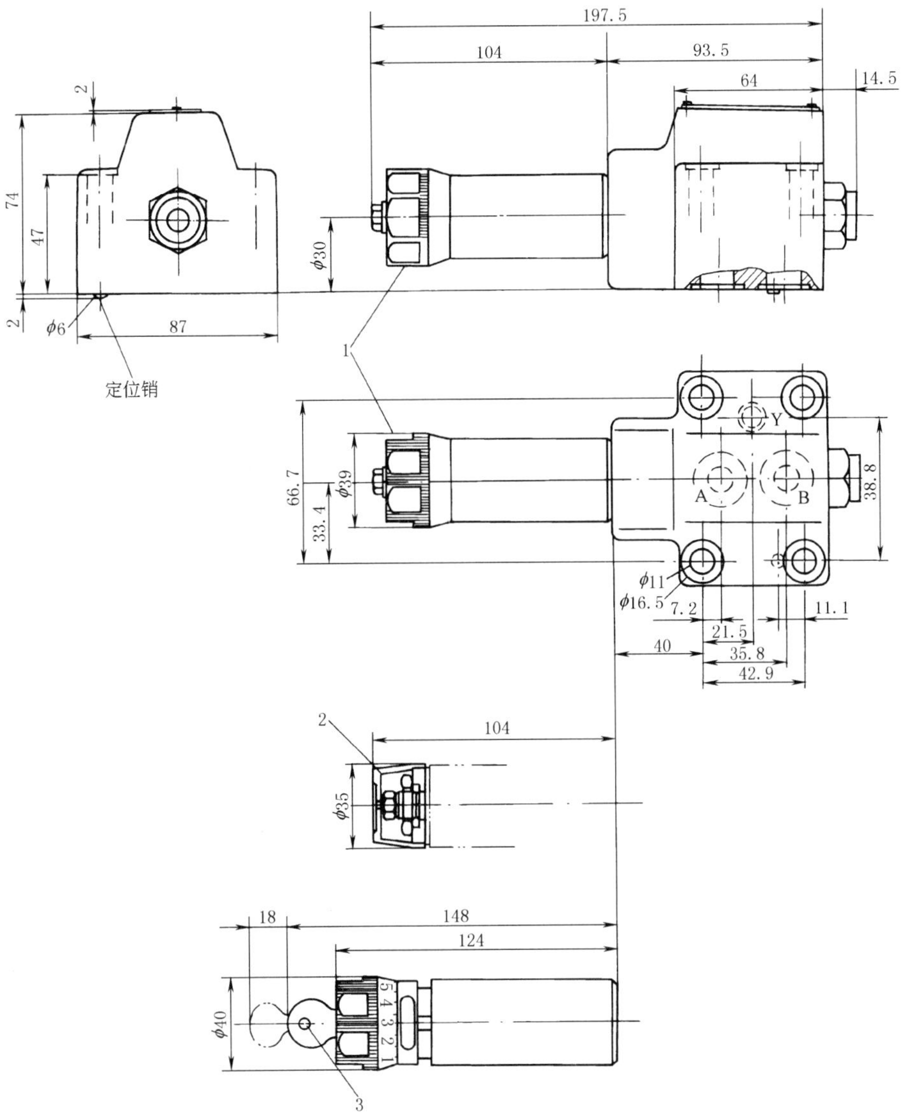

图 20-8-15 DZ10DP 型直动式顺序阀外形尺寸

1—调节方式“1”；2—调节方式“2”；3—调节方式“3”

表 20-8-47 连接底板

规 格	NG5	NG6	NG10
底 板	G115/01	G341/01	G341/01
型 号	G96/01	G342/01	G342/01

4.6.2 DZ 型先导式顺序阀

该阀利用油路本身压力来控制液压缸或马达的先后动作顺序，以实现油路系统的自动控制。改变控制油和泄漏油的连接方法，该阀还可作为卸荷阀和背压阀（平衡阀）使用。

型号意义：

DZ □ □ - □ □ / 210 □ □ □ □

- 名称：先导式顺序阀
- 组装型式：先导式顺序阀—无标记；不带主阀芯的先导阀(不标通径)—C；带主阀芯的先导阀(标明通径10或32)—C
- 通径/mm：10、25、32
- 调节方式：1—调节手柄；2—带保护罩的调节螺栓；3—带锁调节手柄
- 设计号：30系列(30～39系列内部结构和外形尺寸相同)
- 最高调节压力：210—21MPa
- 控制型式：无标记—控制油内供内排；X—控制油外供内排；Y—控制油内供外排(泄漏油从Y口排出)；XY—控制油外供外排
- 单向阀：无标记—有单向阀；M—无单向阀
- 工作介质：无标记—矿物油；V—磷酸酯液
- 附加说明

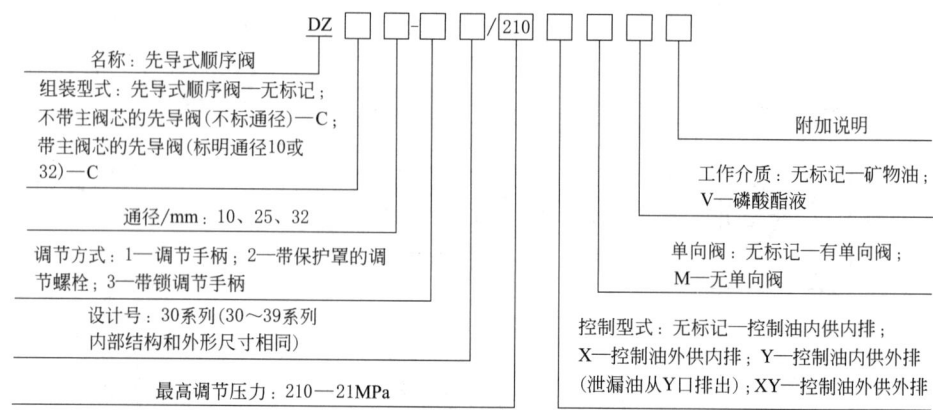

表 20-8-48 **技术规格**

通径/mm	10	25	32
介质	矿物质液压油、磷酸酯液		
介质温度范围/℃	-20～70		
介质黏度范围/$m^2 \cdot s^{-1}$	$(2.8 \sim 380) \times 10^{-6}$		
连接口 A、B、X 的工作压力/MPa	≤31.5		

通径/mm	10	25	32
连接口 Y 的背压力/MPa	≤31.5		
顺序阀动作压力/MPa	0.3(与流量有关)～21		
流量/$L \cdot min^{-1}$	≈150	≈300	≈450

表 20-8-49 **图形符号及特性曲线**

图形符号	试验条件：$\nu=36\times10^{-6}$ m^2/s，$t=50$℃；曲线适用于控制油无背压外部回油的工况，当控制油内排时，输入压力大于输出压力

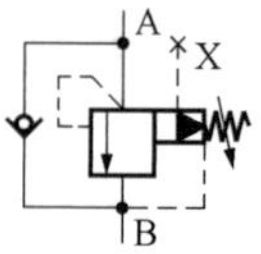
DZ. . -30/210. .

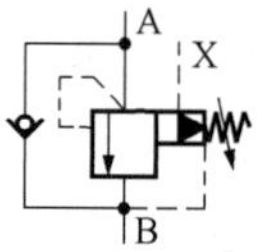
DZ. . -30/210X. .

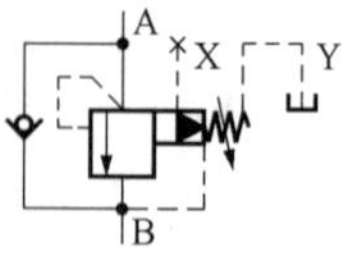
DZ. . -30/210Y. .

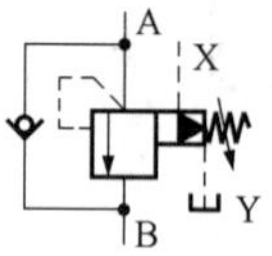
DZ. . -30/210XY. .

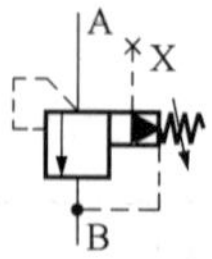
DZ. . -30/210M. .

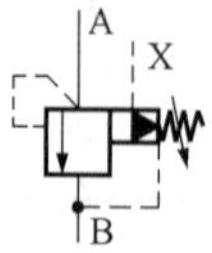
DZ. . -30/210XM. .

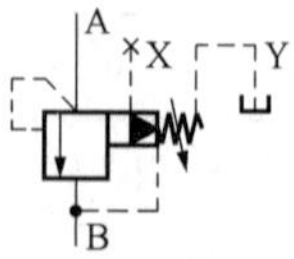
DZ. . -30/210YM. .

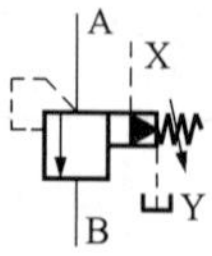
DZ. . -30/210YM. .

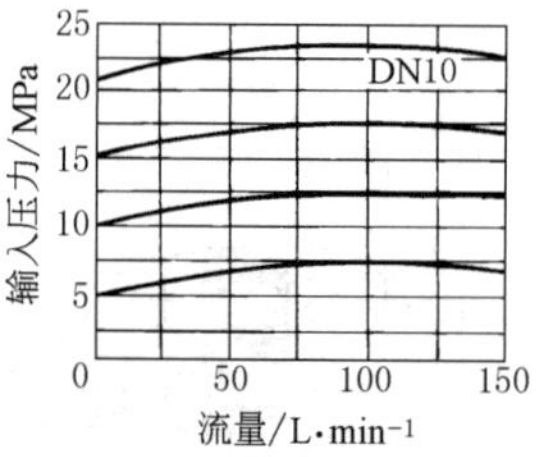

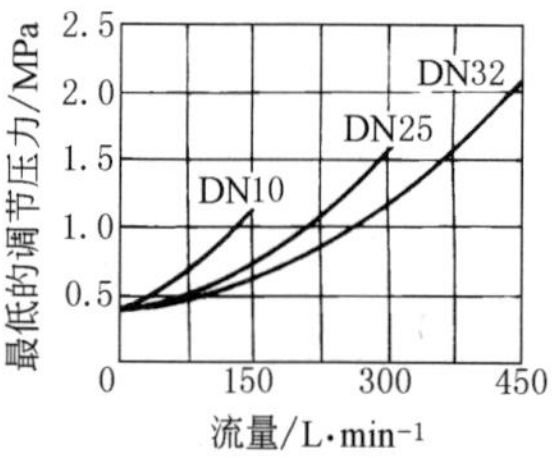

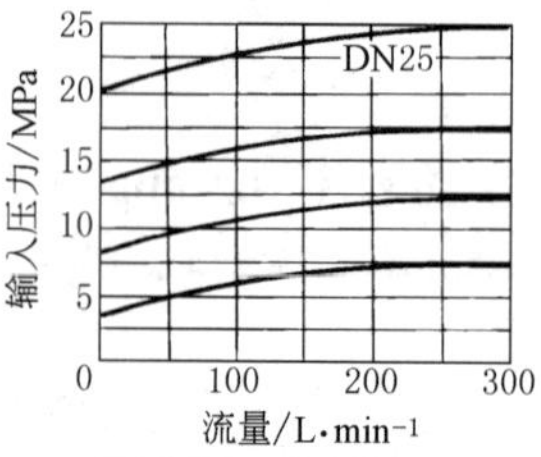

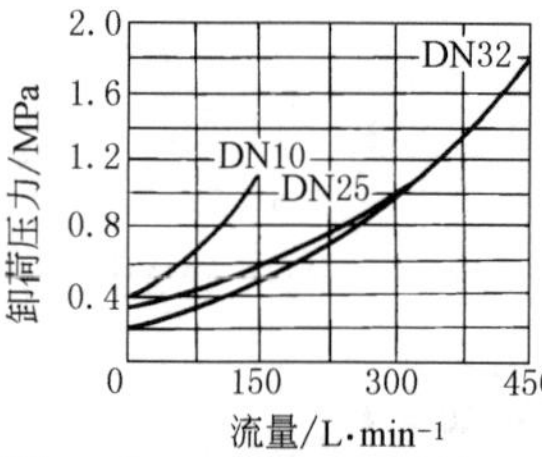

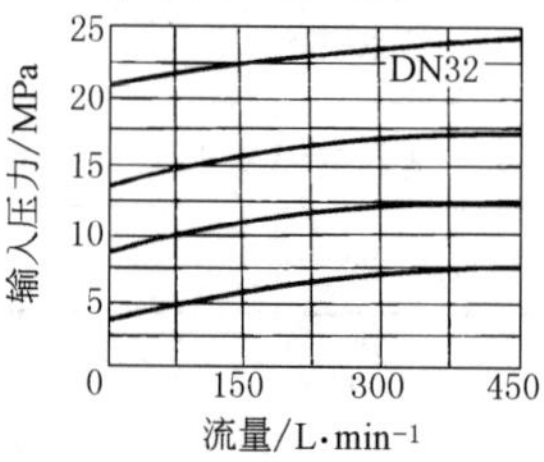

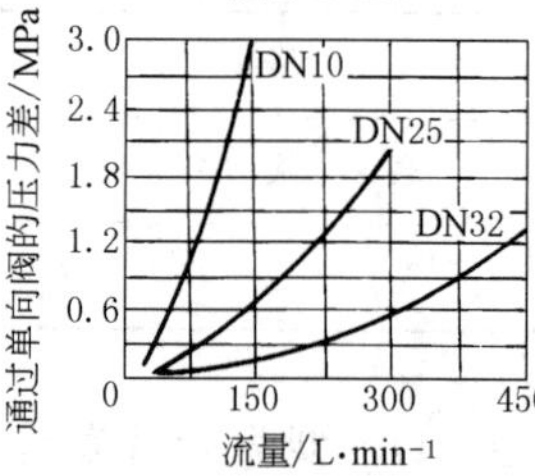

DZ 型先导式顺序阀外形及连接尺寸（板式）

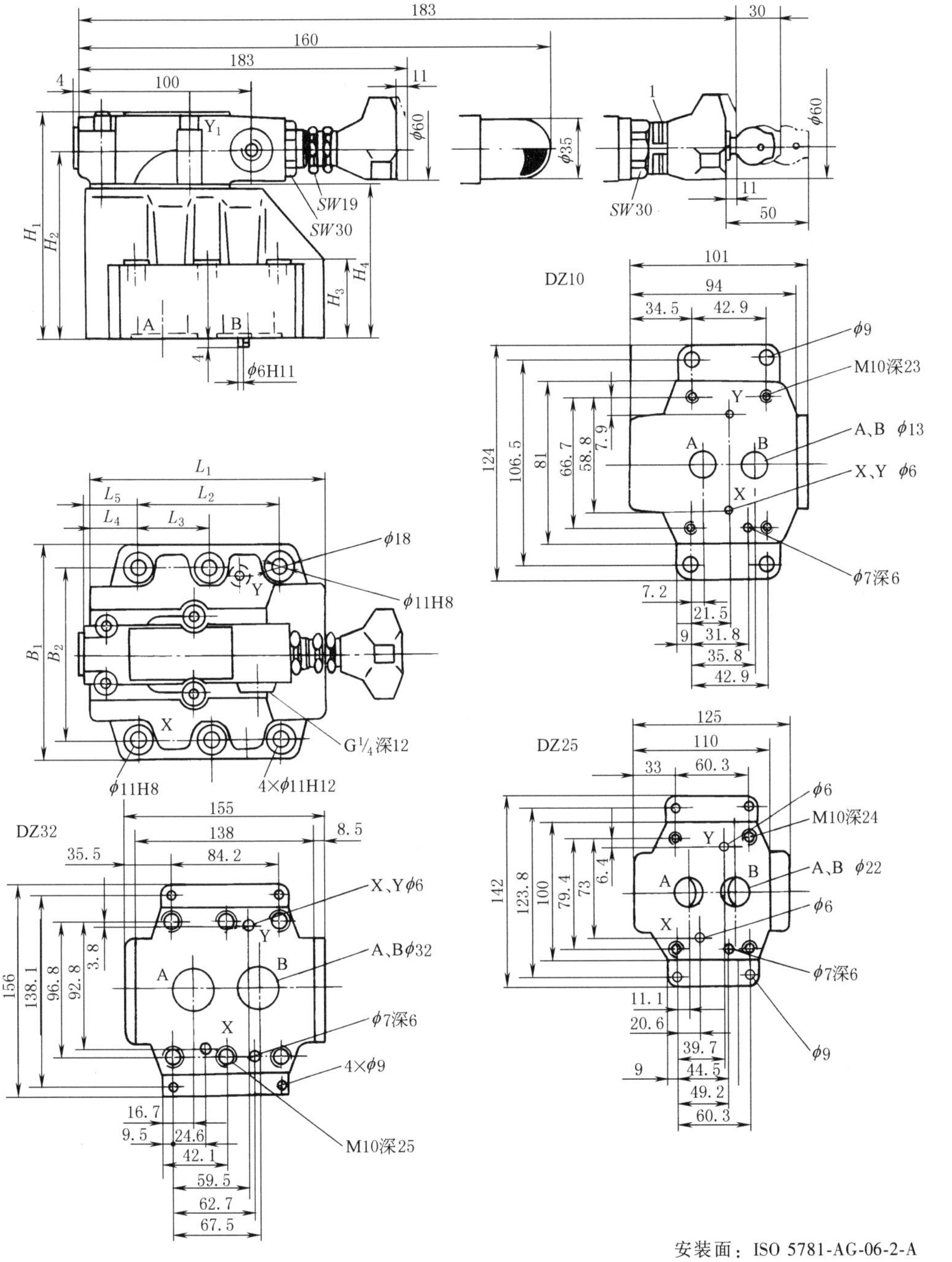

安装面：ISO 5781-AG-06-2-A
ISO 5781-AH-08-2-A
ISO 5781-AJ-10-2-A

表 21-8-50

mm

通径	B_1	B_2	H_1	H_2	H_3	H_4	L_1	L_2	L_3	L_4	L_5	O 形圈 X、Y 口	O 形圈 A、B 口	质量/kg
10	85	66.7	112	92	28	72	90	42.9	—	35.5	34.5	9.25×1.78	17.12×2.62	3.6
25	102	79.4	122	102	38	82	112	60.3	—	33.5	37	9.25×1.78	28.17×3.53	5.5
32	120	96.8	130	110	46	90	140	84.2	42.1	28	31.3	9.25×1.78	34.52×3.53	8.2

DZ 型先导式顺序阀外形及连接尺寸（插入式）

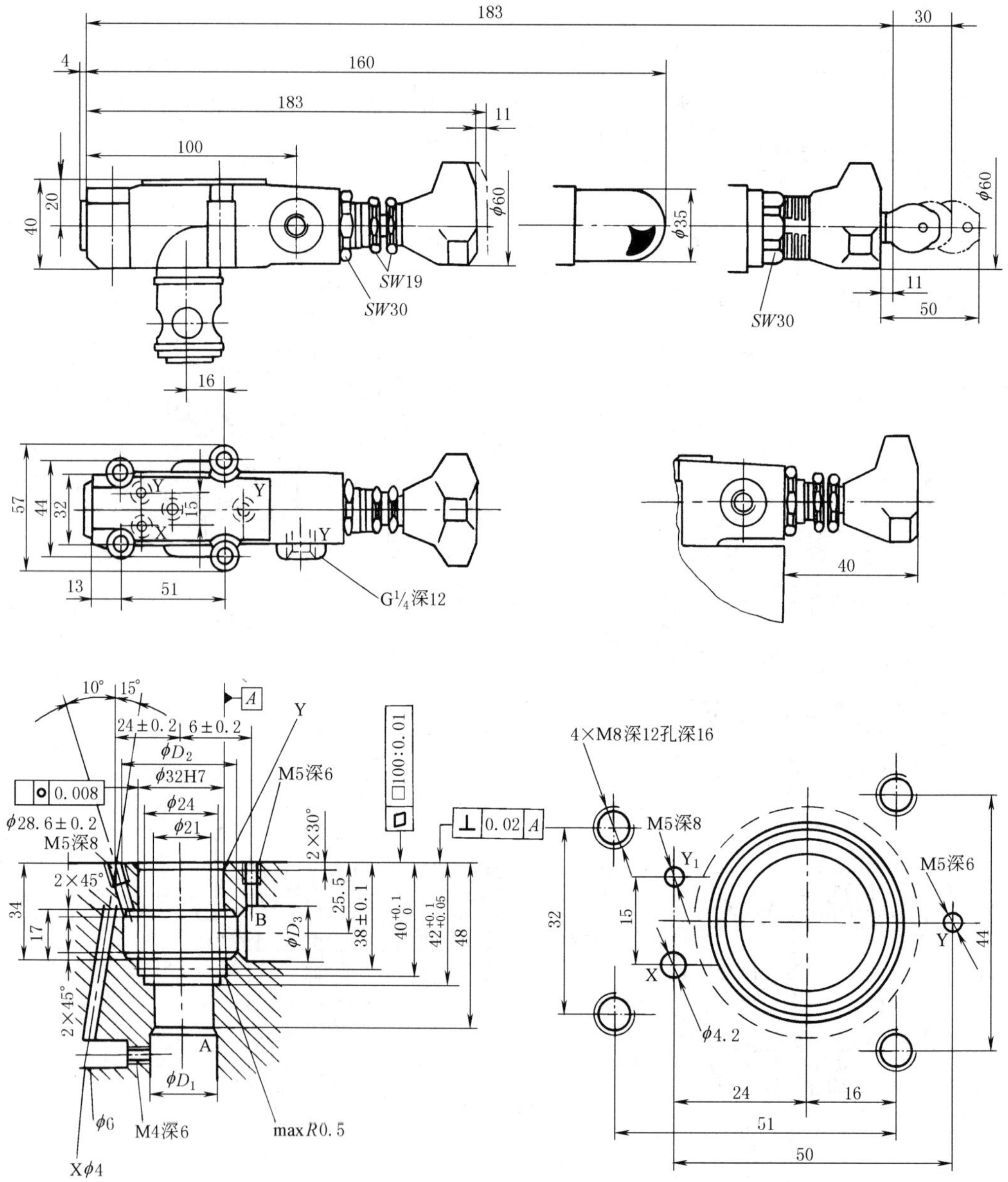

表 20-8-51

mm

通　径	D_1	D_2	D_3	质量/kg	阀的安装螺钉(必须单独订货)	转矩/N·m
10	10	40	10	1.4	4×M8×40 GB/T 70.1	31
25	25	45	25	1.4		
32	32	45	32	1.4		

安装底板尺寸

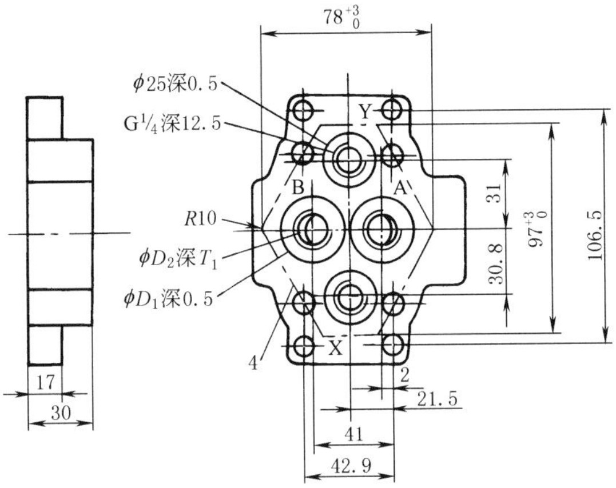

(a) 通径10

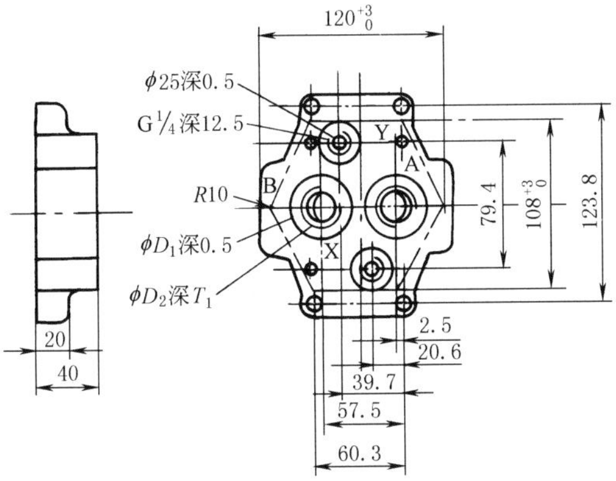

(b) 通径25

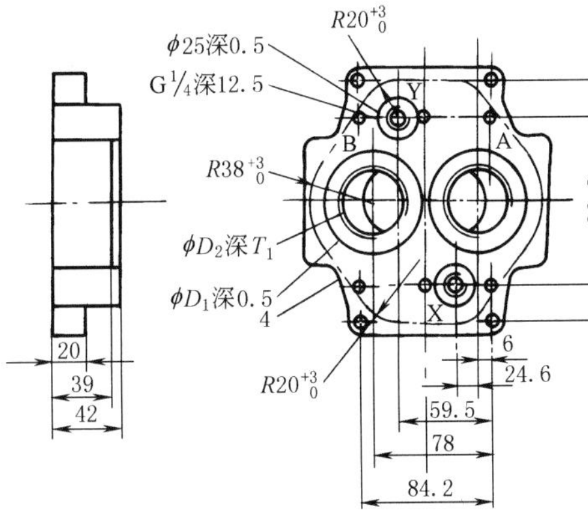

(c) 通径32

表 20-8-52

mm

通径	型号	D_1	D_2	T_1	阀的固定螺钉	转矩/N·m	质量/kg
10	G460/1	28	G⅜	12.5	4×M10×50 GB/T 70.1（必须单独订货）	69	1.7
	G461/1	34	G½	14.5			
25	G412/1	42	G¾	16.5	4×M10×60 GB/T 70.1（必须单独订货）	69	3.3
	G413/1	47	G1	19.5			
32	G414/1	56	G1¼	20.5	6×M10×70 GB/T 70.1（必须单独订货）	69	5
	G415/1	61	G1½	22.5			

4.7 H型压力控制阀和HC型压力控制阀

本元件是可以内控和外控的具有压力缓冲功能的直动型压力控制阀。通过不同组装，可作为低压溢流阀、顺序阀、卸荷阀、单向顺序阀、平衡阀使用。

型号意义：

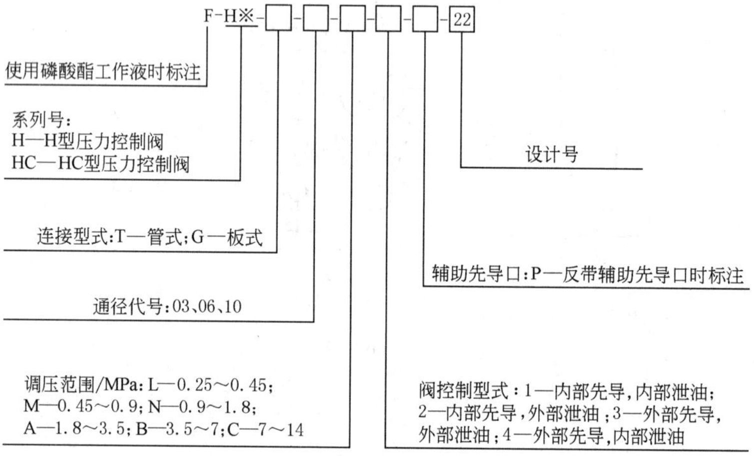

注：带辅助先导口是需用低于调定压力的外控先导压力使阀动作时用

表 20-8-53 **技术规格**

通径代号	通径 /mm	最大工作压力 /MPa	最大流量 /L·min^{-1}	质量/kg			
				HT	HG	HCT	HCG
03	10	21	50	3.7	4.0	4.1	4.8
06	20		125	6.2	6.1	7.1	7.4
10	30		250	12.0	11.0	13.8	13.8

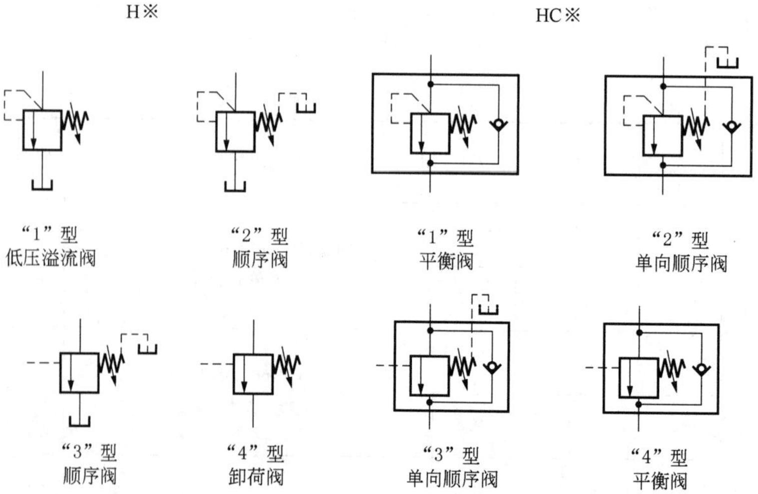

图 20-8-16 图形符号

H（C）T型压力控制阀外形尺寸

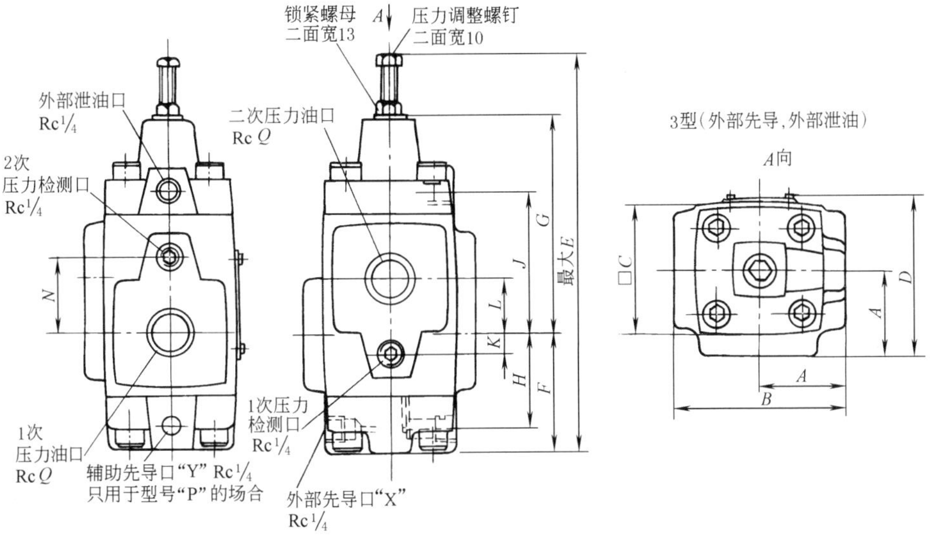

表 20-8-54 mm

型　　号	A	B	C	D	E	F	G	H	J	K	L	N	Q
H(C)T-03	41	82	60	74(96)	191	57	106	43	70	0	28	28	3/8
H(C)T-06	48	96	73	87(116)	221	64.5	123.5	50.5	80.5	9	33	42	3/4
H(C)T-10	66	132	86	112(152)	272	84	149	66	98	12	40	52	1/4

注：表中带括号的尺寸为 HC 型阀的尺寸。

表 20-8-55 **H（C）G型顺序阀外形尺寸** mm

H(C)G-03、06 3型(外部先导,外部泄油)

安装面 H(C)G-03 与 ISO 5781-AG-06-2-A 一致

安装面 H(C)G-06 与 ISO 5781-AH-08-2-A 一致

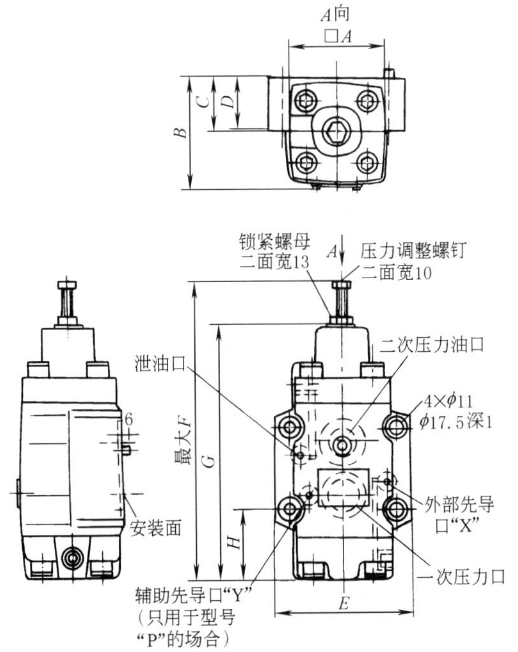

H(C)G-10 3型(外部先导,外部泄油)

安装面与 ISO 5781-AJ-10-2-A 一致

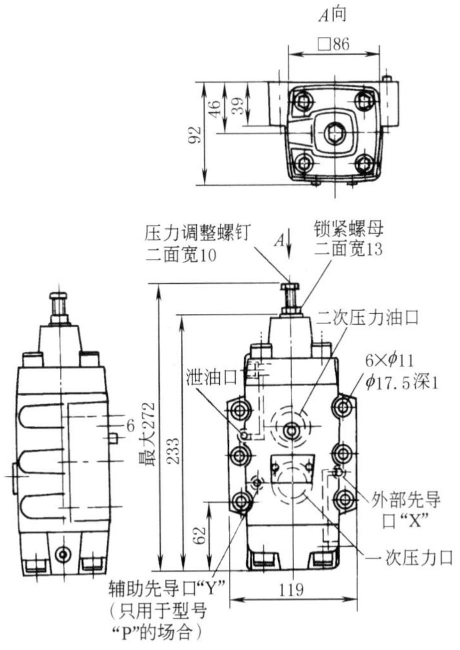

续表

型　号	A	B	C	D	E	F	G	H	型号	A	B
H(C)G-03	60	67(90)	35	39(59)	89	191	163	49.6	HG-10	92	39
H(C)G-06	73	79(103)	40	39(69)	102	221	188	51	HCG-10	132	79

表 20-8-56　　安装底板型号

型　号	底板型号	连接口	质量/kg	型　号	底板型号	连接口	质量/kg
H(C)G-03-※※-22	HGM-03-20	Rc3/8	1.6	H(C)G-06-※※-P-22	HGM-06-P-20	Rc3/4	2.4
	HGM-03X-20	Rc1/2			HGM-06X-P-20	Rc1	3.0
H(C)G-03-※※-22	HGM-03-P-20	Rc3/8	2.0	H(C)G-10-※※-22	HGM-10-20	Rc1¼	4.8
	HGM-03X-P-20	Rc1/2			HGM-10X-20	Rc1½	5.7
H(C)G-06-※※-22	HGM-06-20	Rc3/4	2.4	H(C)G-10-※※-P-22	HGM-10-P-20	Rc1¼	4.8
	HGM-06X-20	Rc1	3.0		HGM-10X-P-20	Rc1½	5.7

注：使用底板时，请按表中型号订货。

表 20-8-57　　HGM-03 型安装底板尺寸　　mm

底板型号	连接口	A	B	C	D	E	F	G
HGM-03-20	Rc3/8	61	21	40.9	—	35	9.6	32
HGM-03X-20	Rc1/2							
HGM-03-P-20	Rc3/8	69.5	12.5	53.5	28.5	35	11.5	36
HGM-03X-P-20	Rc1/2	67.5	14.5			41		

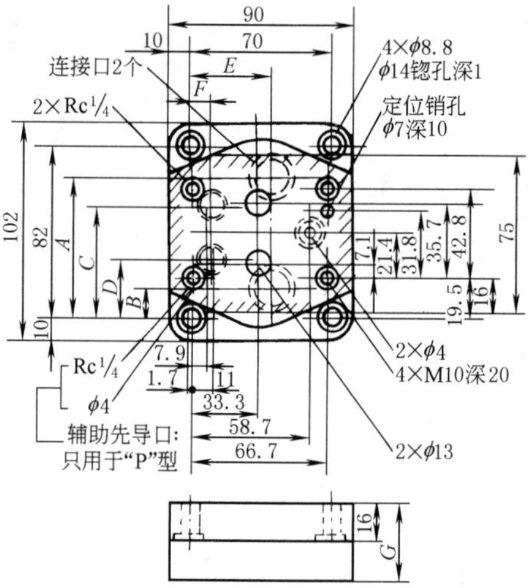

HGM-06、10 型安装底板尺寸

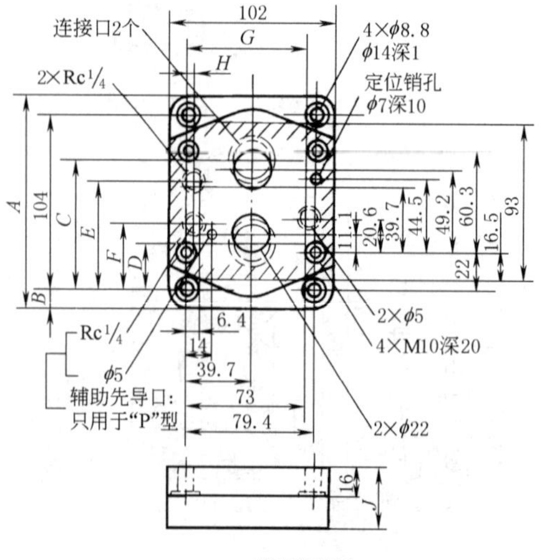

HGM-06 型安装底板

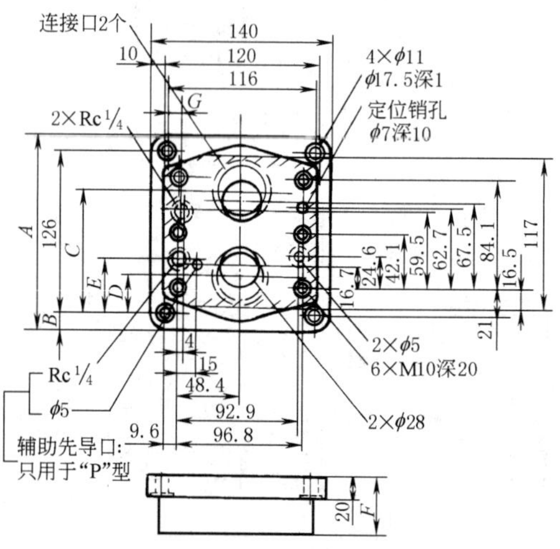

HGM-10 型安装底板

表 20-8-58 mm

底板型号	连接口	*A*	*B*	*C*	*D*	*E*	*F*	*G*	*H*	*J*
HGM-06-20	Rc¾	124	10	77	27	61.7	—	73	6.4	36
HGM-06X-20	Rc1	136	16	82.3	22	61.7	—	73	6.4	45
HGM-06-P-20	Rc¾	124	10	77	27	64	39	73	3	36
HGM-06X-P-20	Rc1	136	16	82.3	22	64	39	75	3	45

底板型号	连接口	*A*	*B*	*C*	*D*	*E*	*F*	*G*
HGM-10-20	Rc1¼	155	12	96	30	—	45	13.6
HGM-10X-20	Rc1½	177	25.5	104	22	—	50	13.6
HGM-10-P-20	Rc1¼	150	12	96	30	43	45	9.6
HGM-10X-P-20	Rc1½	177	25.5	104	22	43	50	9.6

4.8 平衡阀

4.8.1 RB型平衡阀

型号意义：

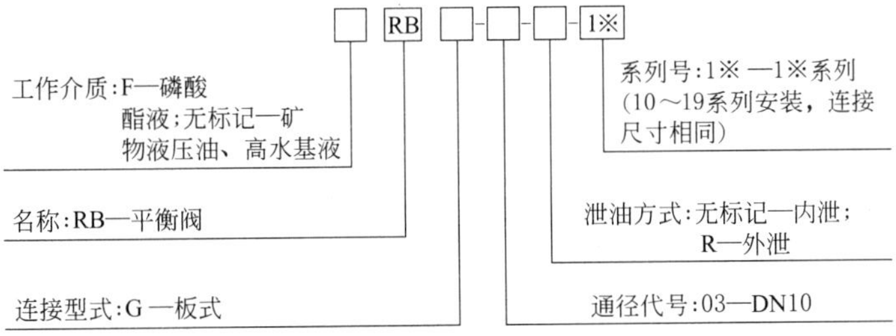

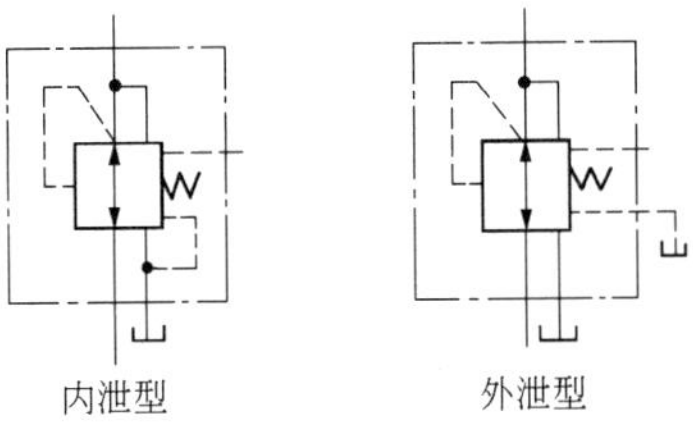

图形符号

表 20-8-59 技术规格

通径代号	通径 /mm	最大工作压力 /MPa	压力调节范围 /MPa	最大流量 /L·min⁻¹	溢流流量 /L·min⁻¹	质量 /kg
03	10(3/8″)	14	0.6～13.5	50	50	4.2

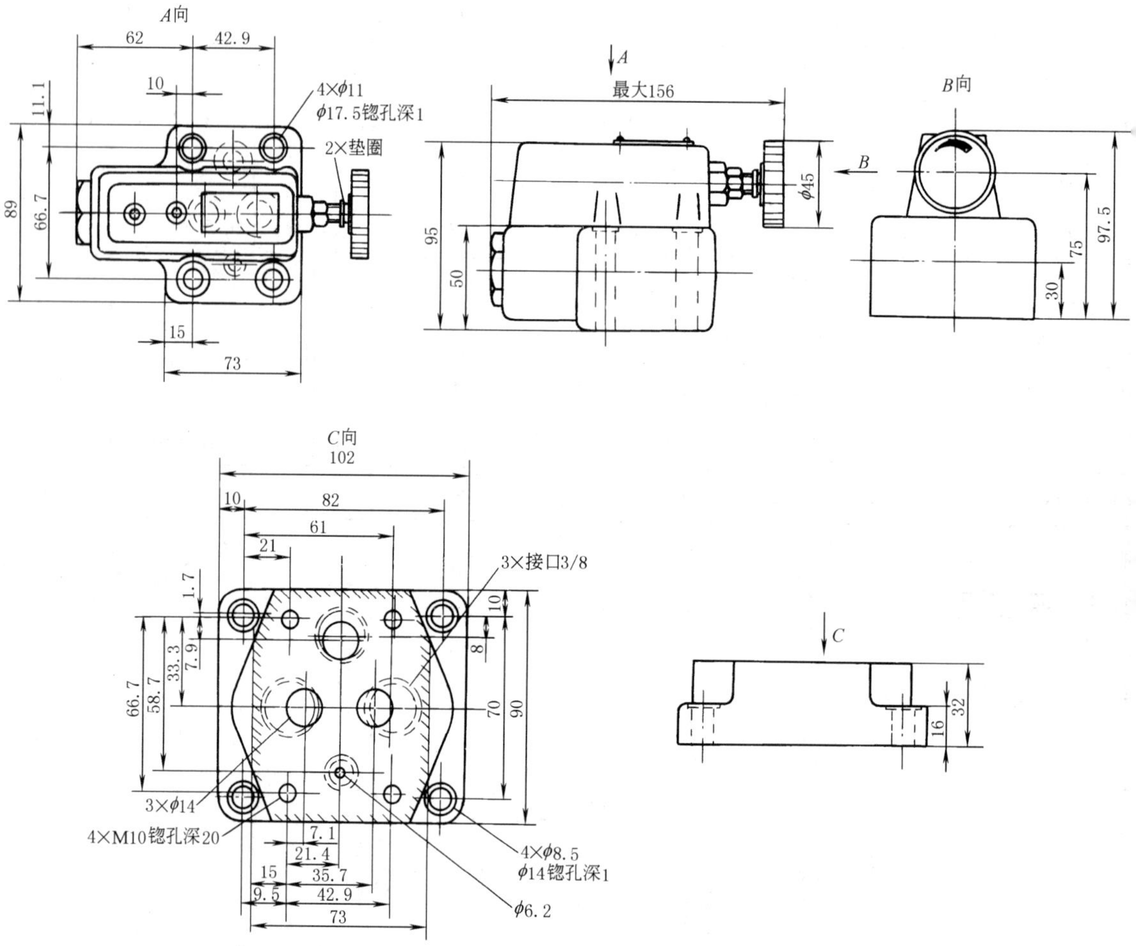

图 20-8-17　平衡阀外形及连接尺寸

4.8.2　FD 型平衡阀

FD 型阀主要用于起重机械的液压系统，使液压缸或液压马达的运动速度不受载荷变化的影响，保持稳定。在阀内部附加的单向阀可防止管路损坏或制动失灵时，重物可自由降落，以避免事故。

型号意义：

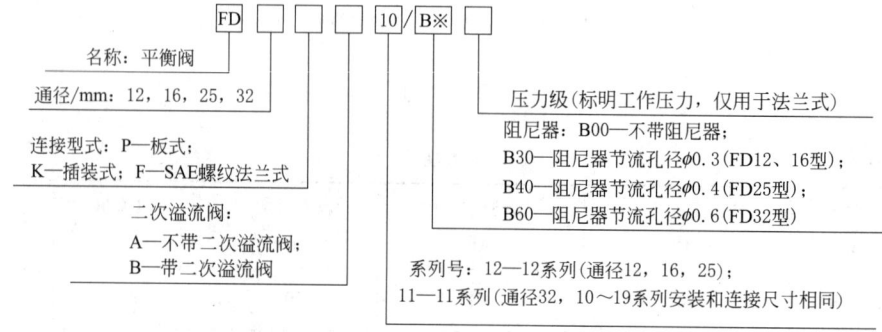

FD □ □ □ 10/B※ □

名称：平衡阀

通径/mm：12，16，25，32

连接型式：P—板式；K—插装式；F—SAE螺纹法兰式

二次溢流阀：A—不带二次溢流阀；B—带二次溢流阀

系列号：12—12系列(通径12，16，25)；11—11系列(通径32，10～19系列安装和连接尺寸相同)

阻尼器：B00—不带阻尼器；B30—阻尼器节流孔径ϕ0.3(FD12、16型)；B40—阻尼器节流孔径ϕ0.4(FD25型)；B60—阻尼器节流孔径ϕ0.6(FD32型)

压力级(标明工作压力，仅用于法兰式)

图形符号：

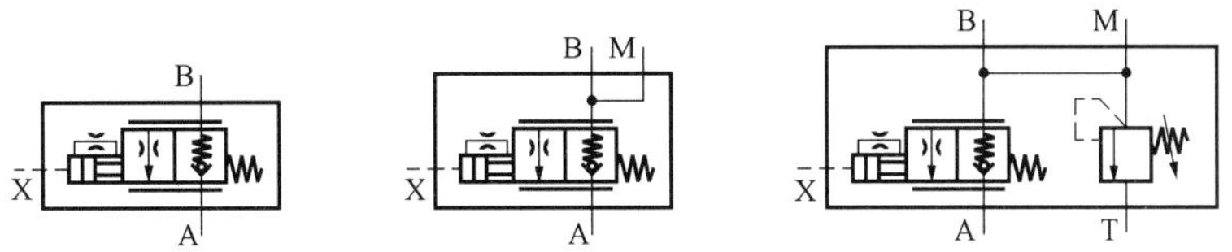

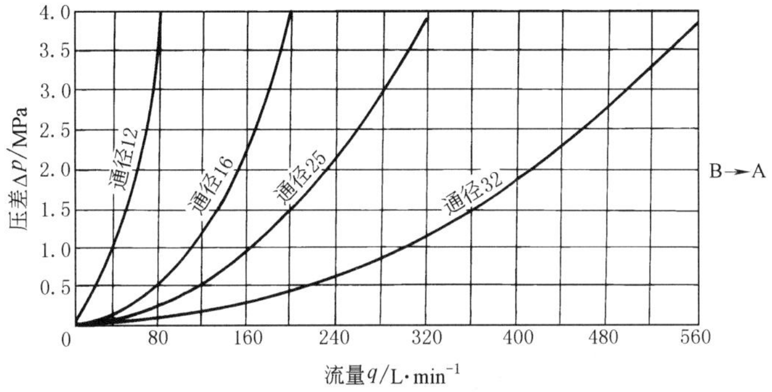

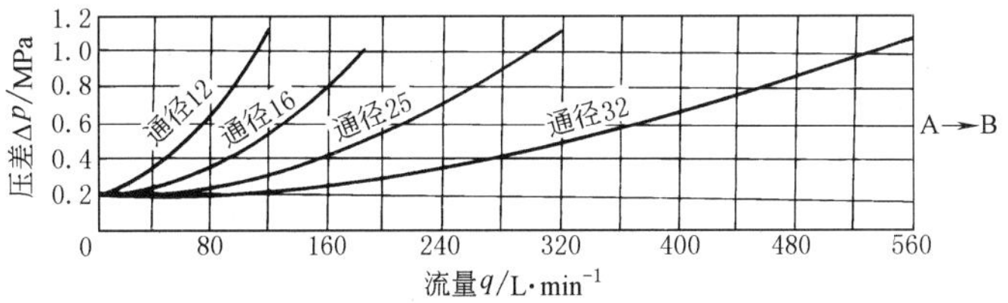

图 20-8-18　FD 型平衡阀特性曲线

注：1. 从 B→A 为通过节流阀时的压差与流量的关系曲线（节流全开、p_x=6MPa）

2. 从 A→B 为通过单向阀时的压差与流量的关系曲线

表 20-8-60　　**技术规格**

通径/mm	12	16	25	32	二次溢流阀调节压力/MPa	40
流量/L · min^{-1}	80	200	320	560	介质	矿物质液压油
工作压力(A、X 口)/MPa	31.5					
工作压力(B 口)/MPa	42				介质黏度/m^2 · s^{-1}	(2.8~380)×10^{-6}
先导压力(X 口)/MPa	最小 2~3.5;最大 31.5				介质温度/℃	-20~70
开启压力(A→B)/MPa	0.2					

FD＊PA 型平衡阀外形尺寸

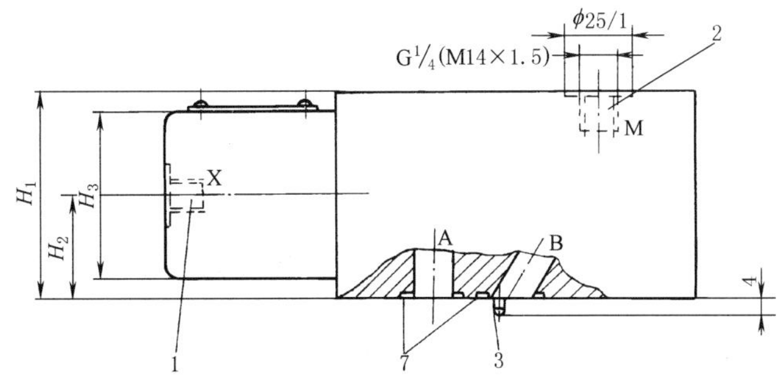

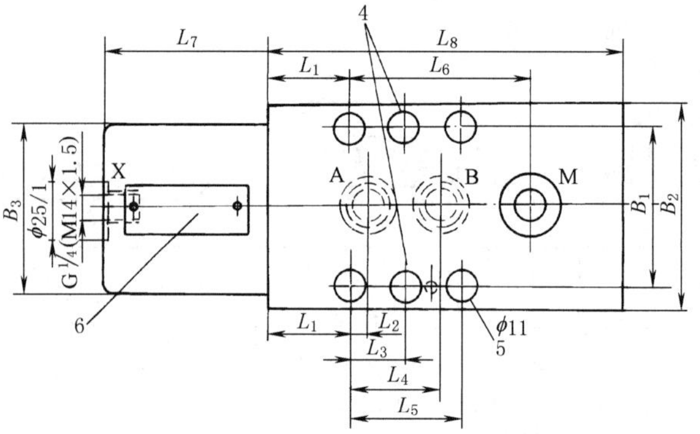

1—控制口；2—监测口；3—定位销；4—通径 12、16、25 时无此孔；
5—安装孔（通径 12、16、25 时为 4 孔，通径 32 时为 6 孔）；6—标牌；7—O 形圈

表 20-8-61 mm

型号	B_1	B_2	B_3	H_1	H_2	H_3	L_1	L_2	L_3	L_4	L_5	L_6	L_7	L_8	质量/kg	O 形圈
FD12PA10	66.5	85	70	85	42.5	70	32	7	—	35.5	43	73	65	140	9	21.3×2.4
FD16PA10	66.5	85	70	85	42.5	70	32	7		35.5	43	73	65	140	9	21.3×2.4
FD25PA10	79.5	100	80	100	50	80	39	11		49	60.5	109	75	200	18	29.82×2.62
FD32PA10	97	120	95	120	60	95	35.5	16.5	42	67.5	84	119.5	94	215	24	38×3

FD＊KA 型平衡阀外形尺寸

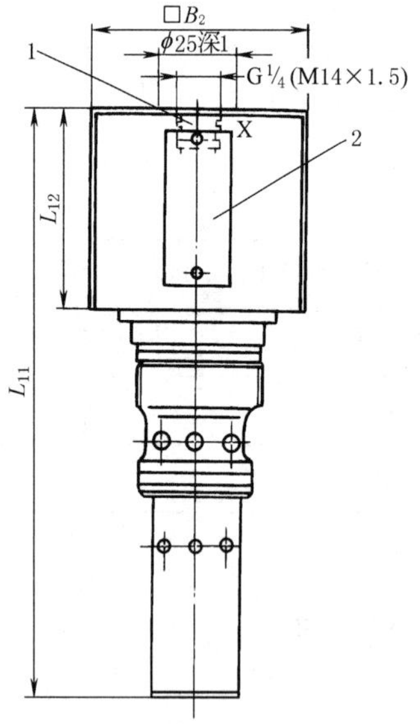

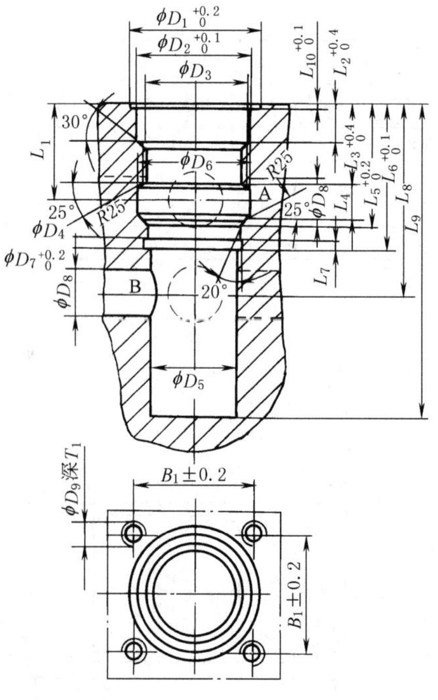

1—控制口；2—标牌（油口 A 和 B 位置可以选择，插入式阀安装孔不得有缺陷）

表 20-8-62 mm

型　号	B_1	B_2	D_1	D_2	D_3	D_4	D_5	D_6	D_7	D_8	D_9	T_1	L_1	L_2	L_3	L_4	L_5	L_6
FD12KA10	48	70	54	46	M42×2	38	34	46	38.6	16	M10	16	39	16	32	15.5	50.6	60
FD16KA10	48	70	54	46	M42×2	38	34	46	38.6	16	M10	16	39	16	32	15.5	50.6	60
FD25KA10	56	80	60	54	M52×2	48	40	60	48.6	25	M12	19	50	19	39	22	65	80
FD32KA10	66	95	72	65	M64×2	58	52	74	58.6	30	M16	23	52	19	40	25	71	85

型　号	L_7	L_8	L_9	L_{10}	L_{11}	L_{12}	规格	阀安装螺钉	转矩/N·m
FD12KA10	3	78	128	2.3	191	65	16	4×M10×70 GB/T 70.1	69
FD16KA10	3	78	128	2.3	191	65	12	4×M10×70 GB/T 70.1	69
FD25KA10	4	105	182	2.3	253	75	25	4×M12×80 GB/T 70.1	120
FD32KA10	4	115	198	2.3	289	94	32	4×M16×100 GB/T 70.1	295

FD＊FA 型平衡阀外形尺寸

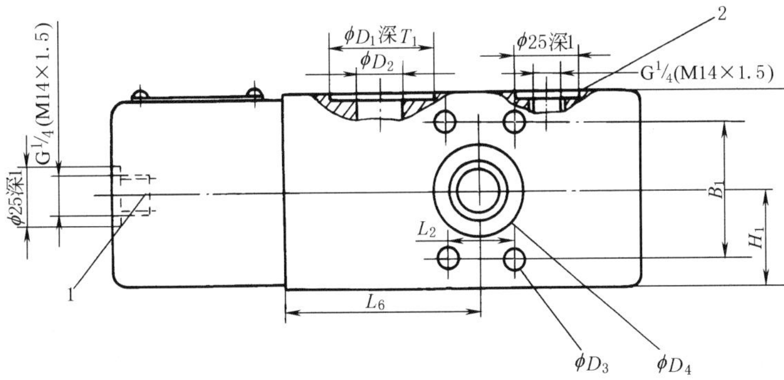

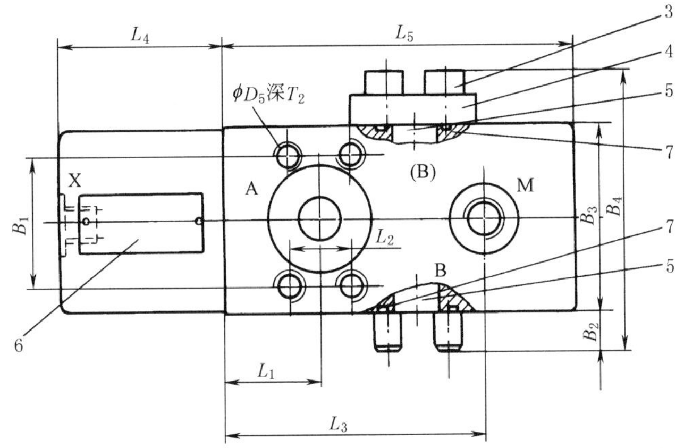

1—控制口；2—监测口；3—法兰固定螺钉；4—盖板；5—可选择的B孔；6—标牌；7—O形圈（用于二次溢流阀的SAE螺纹法兰连接）

表 20-8-63 mm

型　号	B_1	B_2	B_3	B_4	D_1	D_2	D_3	D_4	D_5	H_1	H_2
FD12FA10	50.8	16.5	72	110	43	18	10.5	18	M10	36	72
FD16FA10	50.8	16.5	72	110	43	18	10.5	18	M10	36	72
FD25FA10	57.2	14.5	90	132	50	25	13.5	25	M12	45	90
FD32FA10	66.7	20	105	154	56	30	15	30	M14	50	105

型　号	L_1	L_2	L_3	L_4	L_5	L_6	T_1	T_2	质量/kg	O 形圈
FD12FA10	39	23.8	105	65	140	78	0.2	15	7	25×3.5
FD16FA10	39	23.8	105	65	140	78	0.2	15	7	25×3.5
FD25FA10	50	27.8	148	75	200	105	0.2	18	16	32.92×3.53
FD32FA10	52	31.6	155	94	215	115	0.2	21	21	37.7×3.53

FD＊FB型平衡阀外形尺寸

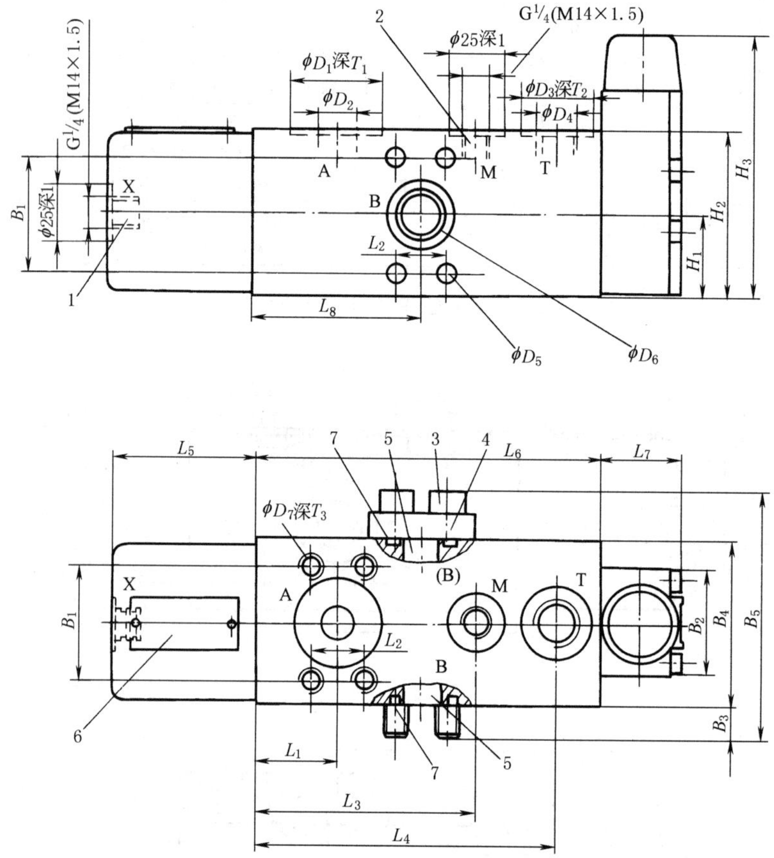

1—控制口；2—监测口；3—法兰固定螺钉；4—盲孔板；5—可选择的B孔；6—标牌；7—O形圈（用于带二次溢流阀的SAE螺纹法兰连接）

表 20-8-64

mm

型号	B_1	B_2	B_3	B_4	B_5	D_1	D_2	D_3	D_4	D_5	D_6	D_7	H_1	H_2
FD12FB10	50.8	47	16.5	72	110	43	18	34	G½	10.5	18	M10	36	72
FD16FB10	50.8	47	16.5	72	110	43	18	34	G½	10.5	18	M10	36	72
FD25FB10	57.2	80	14.5	90	132	50	25	42	G¾	13.5	25	M12	45	90
FD32FB10	66.7	80	20	105	154	56	30	42	G¾	15	30	M14	50	105

型号	H_3	L_1	L_2	L_3	L_4	L_5	L_6	L_7	L_8	T_1	T_2	T_3	质量/kg	O形圈
FD12FB10	118	39	23.8	105	141.5	65	162	38	78	0.2	1	15	9	25×3.5
FD16FB10	118	39	23.8	105	141.5	65	162	38	78	0.2	1	15	9	25×3.5
FD25FB10	145	50	27.8	148	198	75	225	50	105	0.2	1	18	18	32.92×3.53
FD32FB10	145	52	31.6	155	215	94	240	50	115	0.2	1	21	24	37.7×3.53

FD 型平衡阀连接底板尺寸

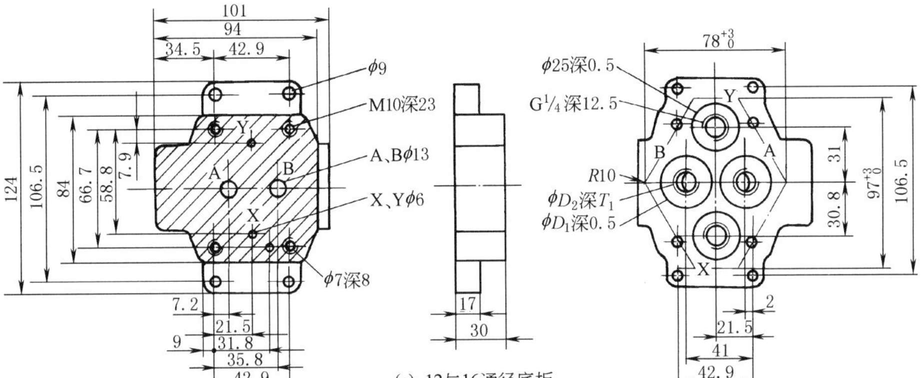

(a) 12与16通径底板

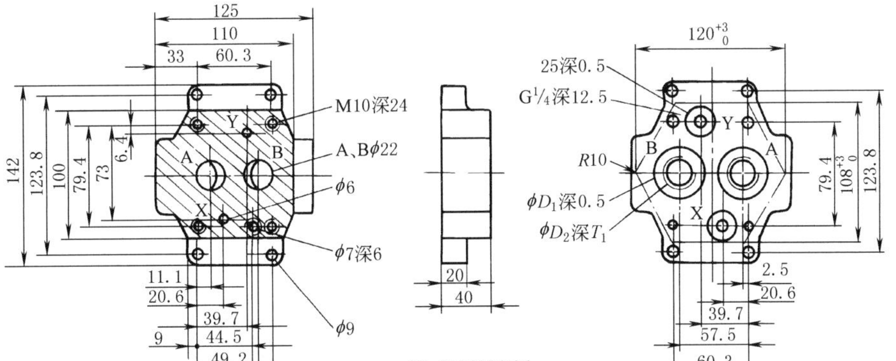

(b) 25通径底板

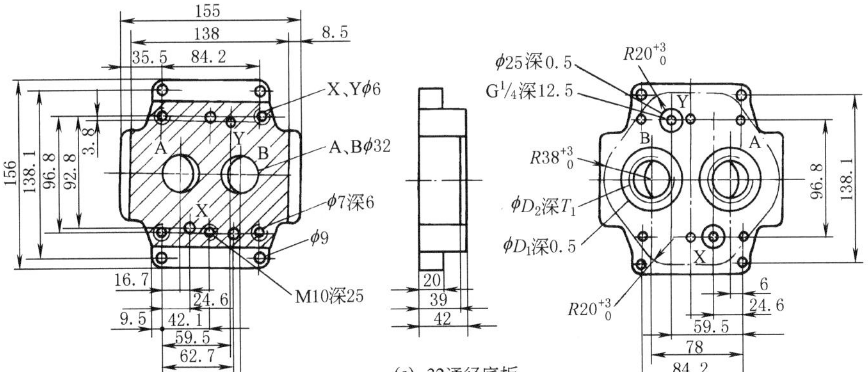

(c) 32通径底板

表 20-8-65

mm

通径	型号	D_1	D_2	T_1	阀安装螺钉	螺钉紧固转矩 /N·m	质量 /kg
12	G460/1	28	G⅜	12.5	4×M10×50 GB/T 70.1	69	1.7
16	G461/1	34	G½	14.5			
25	G412/1	42	G¾	16.5	4×M10×60 GB/T 70.1	69	3.3
	G413/1	47	G1	19.5			
32	G414/1	56	G1¼	20.5	4×M10×70 GB/T 70.1	69	5
	G415/1	61	G1½	22.5			

4.9 压力继电器

JB/T 10372—2014《液压压力继电器》规定了液压压力继电器（以下简称压力继电器）的型号、基本参数和标志、技术要求、试验方法、检验规则和包装等要求，适用于以矿物油型液压油或性能相当的其他液体为工作介质的螺纹连接和板式连接的压力继电器。

液压压力继电器试验方法见本章10.6节。

4.9.1 HED型压力继电器

压力继电器是将某一定值的液体压力信号转变为电气信号的元件。HED1、4型压力继电器为柱塞式结构，当作用在柱塞上的液体压力达到弹簧调定值时，柱塞产生位移，使推杆压缩弹簧，并压下微动开关，发出电信号，使电气元件动作，实现回路自动程序控制和安全保护。

HED2、3型压力继电器是弹簧管式结构，弹簧管在压力油作用下产生变形，通过杠杆压下微动开关，发出电信号，使电气元件动作，以实现回路的自动程序控制和安全保护。

型号意义：

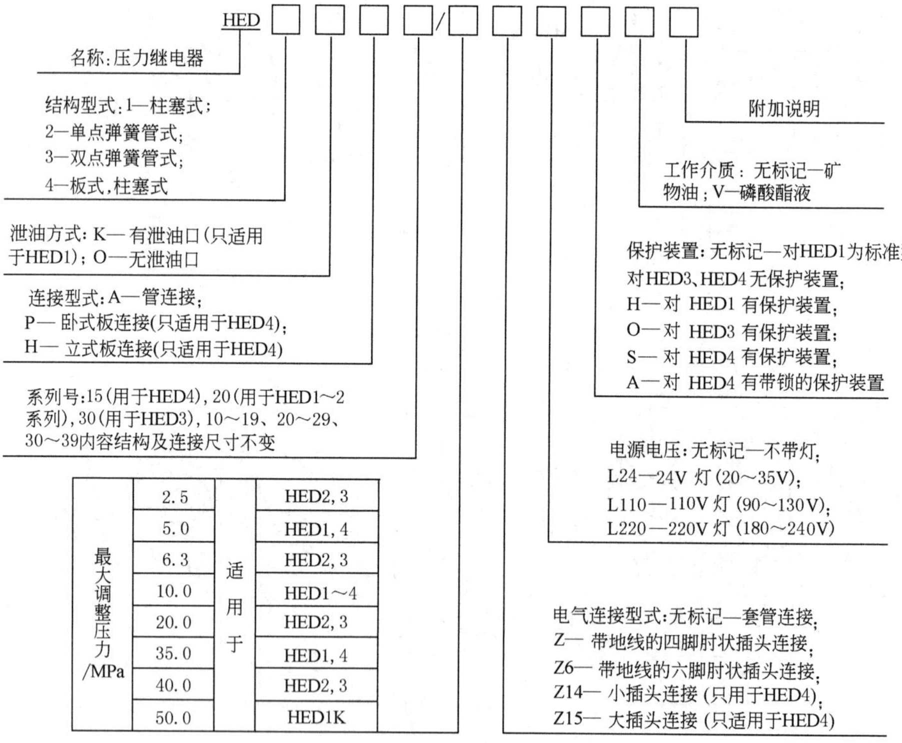

表 20-8-66　　技术规格

型号	额定压力/MPa	最高工作压力(短时间)/MPa	复原压力/MPa		动作压力/MPa		切换频率/次·min^{-1}	切换精度
			最低	最高	最低	最高		
HED1K	10.0	60.0	0.3	9.2	0.6	10	300	小于调压的±2%
	35.0	60	0.6	32.5	1	35		
	50.0	60	1	46.5	2	50		
HED1O	5	5	0.2	4.5	0.35	5	50	小于调压的±1%
	10	35	0.3	8.2	0.8	10		
	35	35	0.6	29.5	2	35		

续表

型 号	额定压力/MPa	最高工作压力(短时间)/MPa	复原压力/MPa		动作压力/MPa		切换频率/次·min^{-1}	切换精度
			最 低	最 高	最 低	最 高		
HED2O	2.5	3	0.15	2.5	0.25	2.55	30	小于调压的±1%
	6.3	7	0.4	6.3	0.5	6.4		
	10	11	0.6	10	0.75	10.15		
	20	21	1	20	1.4	20.4		
	40	42	2	40	2.6	40.6		
HED3O	2.5	3	0.15	2.5	0.25	2.6	30	小于调压的±1%
	6.3	7	0.4	6.3	0.6	6.5		
	10	11	0.6	10	0.9	10.3		
	20	21	1	20	1.8	20.8		
	40	42	2	40	3.2	41.2		
HED4O	5	10	0.2	4.6	0.4	5	20	小于调压的±1%
	10	35	0.3	8.9	0.8	10		
	35	35	0.6	32.2	2	35		

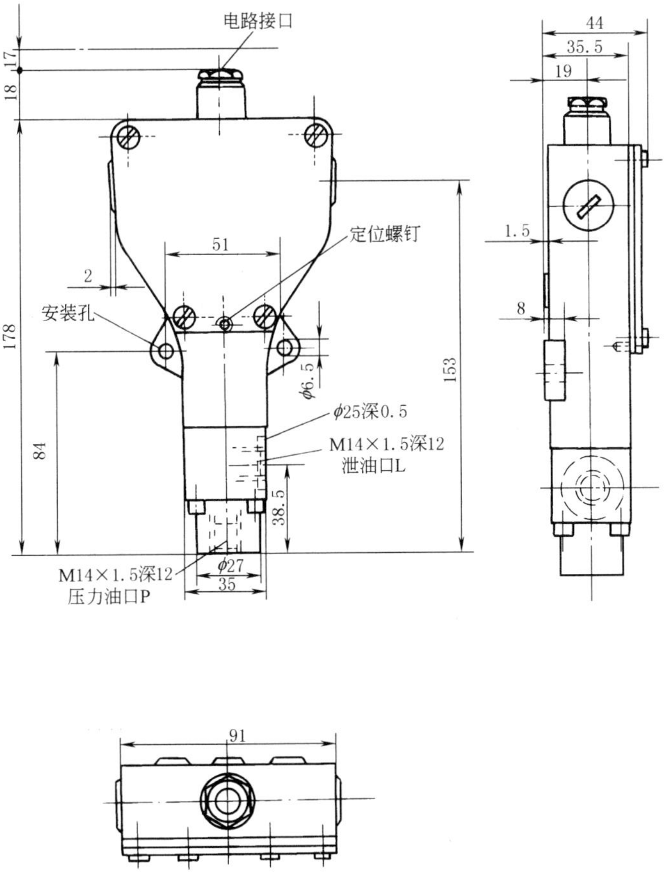

(a) HED1型压力继电器外形尺寸

图 20-8-19

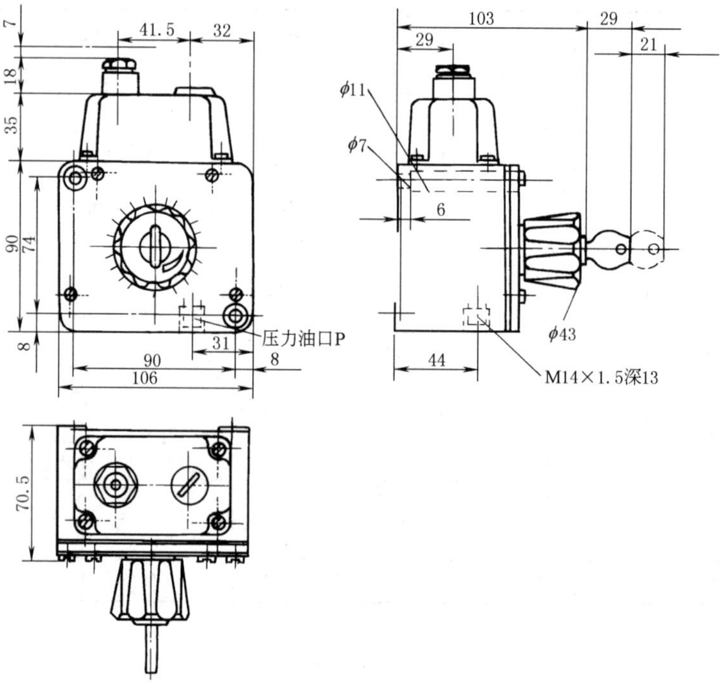

(b) HED2型压力继电器外形尺寸

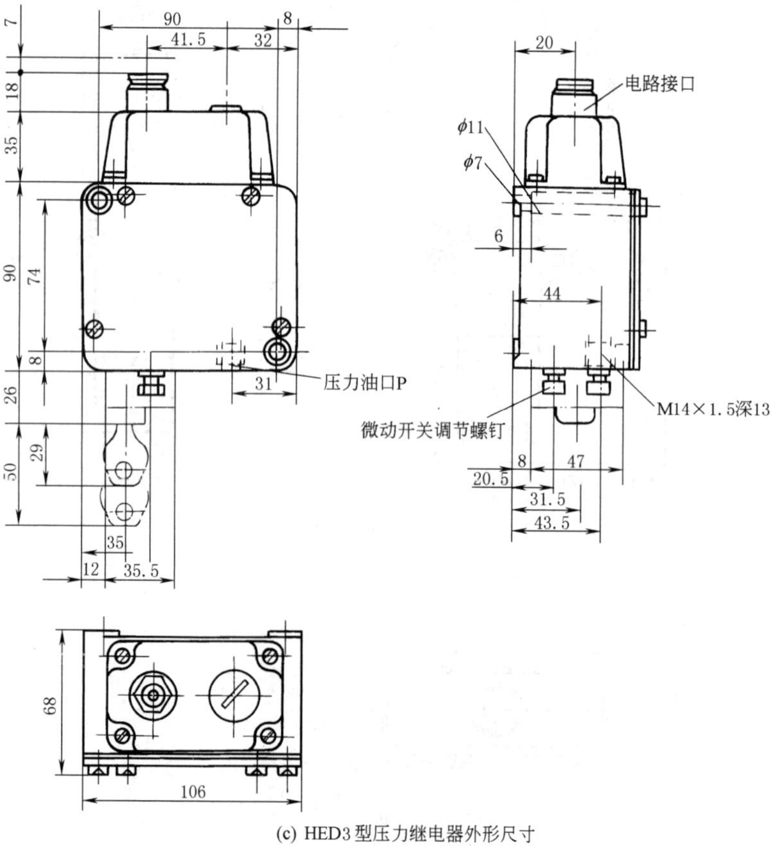

(c) HED3型压力继电器外形尺寸

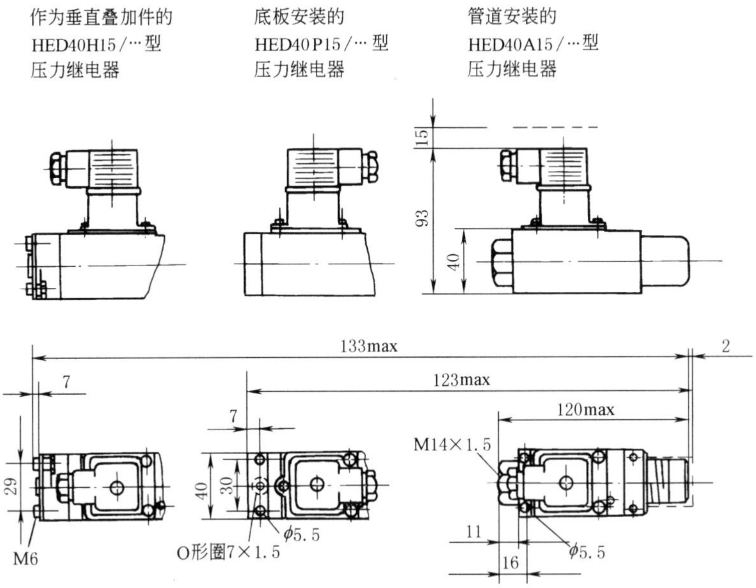

(d) HED4型压力继电器外形尺寸

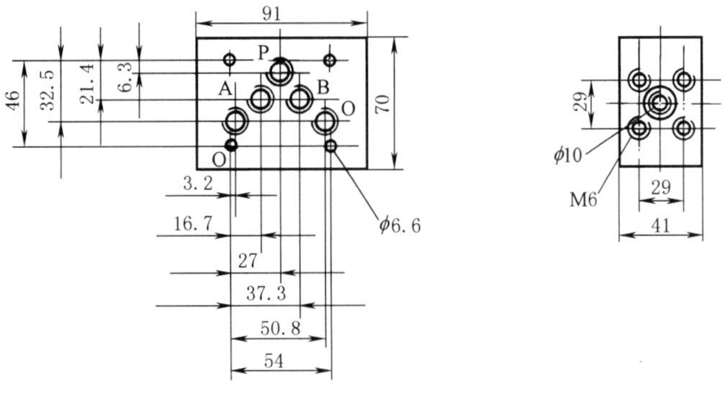

(e) 用作垂直叠加件的压力继电器规格10的叠加板

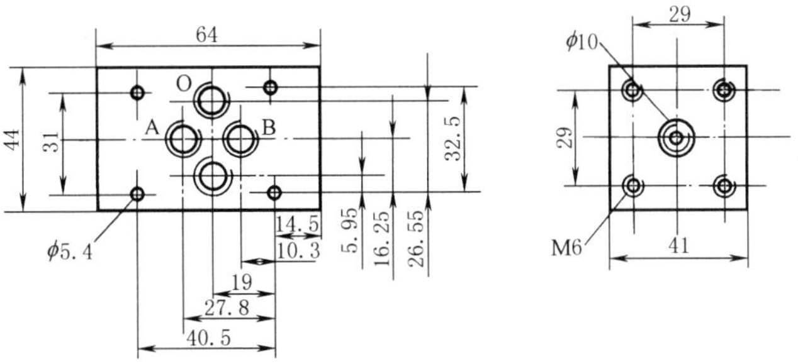

(f) 用作垂直叠加件的压力继电器规格6的叠加板

图 20-8-19　外形尺寸

4.9.2 S型压力继电器

型号意义：

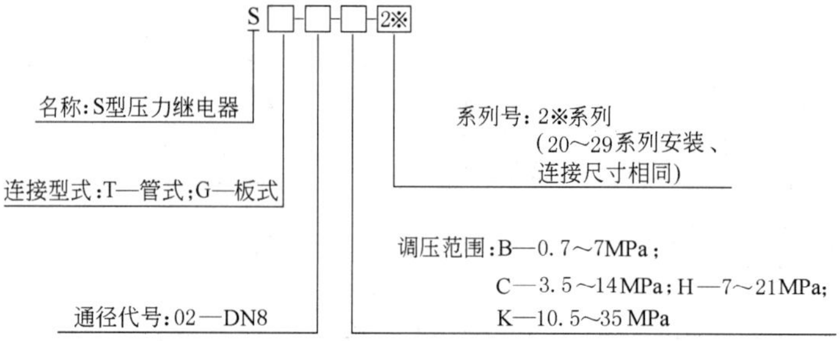

表 20-8-67 技术规格

<table>
<tr><td>型　号</td><td>ST-02-＊-20</td><td>SG-02-＊-20</td><td colspan="4">微型开关参数</td></tr>
<tr><td rowspan="2">最大工作压力/MPa</td><td rowspan="2">35</td><td rowspan="2">35</td><td rowspan="2">负载条件</td><td colspan="2">交流电压</td><td rowspan="2">直流电压</td></tr>
<tr><td>常闭接点</td><td>常开接点</td></tr>
<tr><td>介质黏度/$m^2 \cdot s^{-1}$</td><td colspan="2">$(15\sim400)\times10^{-6}$</td><td>阻抗负载</td><td colspan="2">125V,15A或250V,15A</td><td>125V,0.5A或250V,0.25A</td></tr>
<tr><td>介质温度/℃</td><td colspan="2">-20~70</td><td>感应负载</td><td rowspan="2">125V,4.5A或250V,3A</td><td rowspan="2">125V,2.5A或250V,1.5A</td><td>125V,0.5A或250V,0.03A</td></tr>
<tr><td>质量/kg</td><td>4.5</td><td>4.5</td><td>电动机,白炽电灯,电磁铁负载</td><td>—</td></tr>
</table>

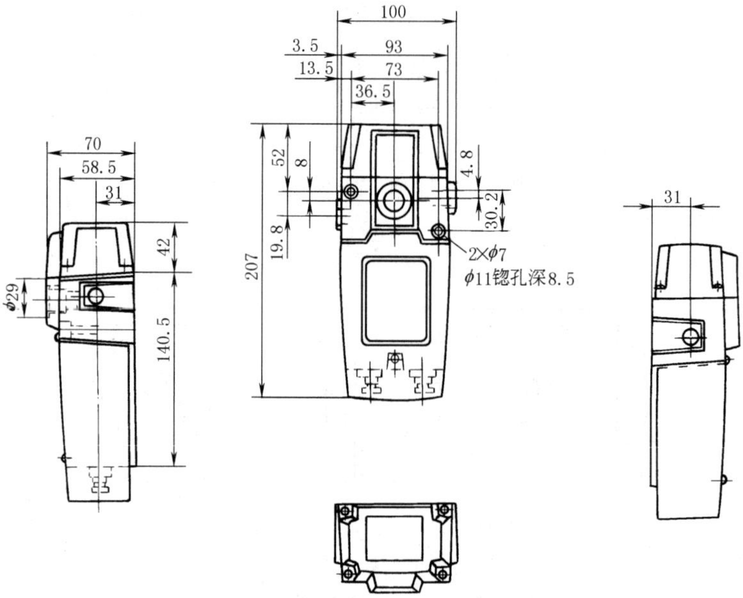

(a) ST-02型

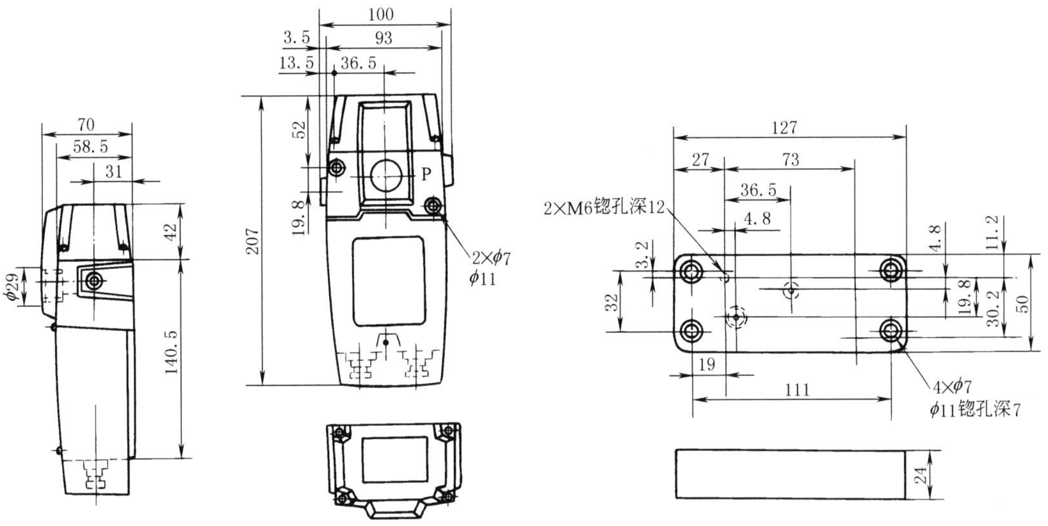

(b) SG-02型　　　　(c) 底板(型号SGM-02-20)

图 20-8-20　S*-02 型压力继电器外形及连接尺寸

.9.3　S※307 型压力继电器

型号意义：

S □ 307 - □ - □ - □ - □

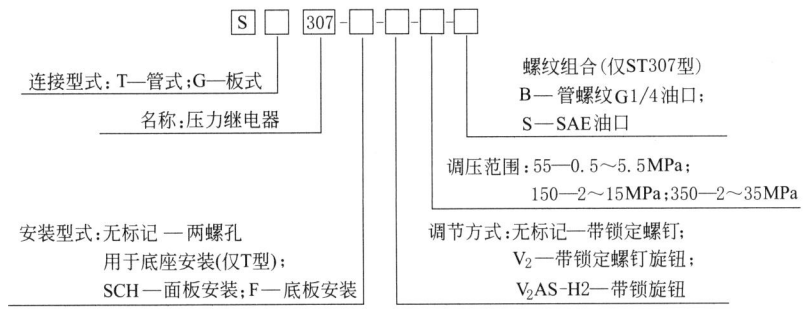

连接型式：T—管式；G—板式

名称：压力继电器

安装型式：无标记 — 两螺孔用于底座安装(仅T型)；SCH — 面板安装；F — 底板安装

调节方式：无标记—带锁定螺钉；V_2—带锁定螺钉旋钮；V_2AS-H2—带锁旋钮

调压范围：55—0.5～5.5MPa；150—2～15MPa；350—2～35MPa

螺纹组合(仅ST307型)：B— 管螺纹G1/4油口；S—SAE油口

表 20-8-68　　S※307 型压力继电器技术规格

介质黏度/$m^2 \cdot s^{-1}$		$(13 \sim 380) \times 10^{-6}$				
介质温度/℃		-50～100				
最大工作压力/MPa		35				
切换精度		小于调定压力 1%				
绝缘保护装置		IP65				
质量/kg		0.62				
切换容量						
交流电压		直流电压				
电压/V	阻性负载/A	电压/V	阻性负载/A	灯泡负载金属灯丝/A		感性负载/A
				常闭	常开	
110～125 220～250	3	≤15	3	3	1.5	3
		>15～30	3	3	1.5	3
		>30～50	1	0.7	0.7	1
灯泡负载金属灯丝/A	感性负载/A	>50～75	0.75	0.5	0.5	0.25
		>75～125	0.5	0.4	0.4	0.05
0.5	3	>125～250	0.25	0.2	0.2	0.03

5 流量控制阀

5.1 液压节流阀和单向节流阀

JB/T 10368—2014《液压节流阀》规定了液压传动用节流阀、单向节流阀、节流截止阀、单向节流截止阝（以下简称节流阀）的型号、基本参数和标志、技术要求、试验方法、检验规则和包装等要求，适用于以矿物氵型液压油或性能相当的其他液体为工作介质的螺纹连接、板式连接和叠加式连接的节流阀。

液压节流阀试验方法见本章 10.7 节。

5.1.1 SR/SRC 型节流阀

SR/SRC 型节流阀用于工作压力基本稳定或允许流量随压力变化的液压系统，以控制执行元件的速度。本元件是平衡式的，可以较轻松地进行调整。

型号意义：

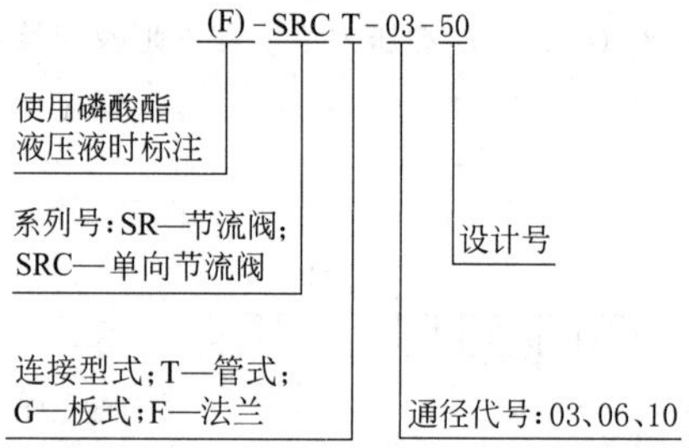

表 20-8-69　技术规格

通径代号		03	06	10
通径/mm		10	20	30
额定流量/L·min^{-1}		30	85	230
最小稳定流量/L·min^{-1}		3	8.5	23
质量/kg	管式	1.5	3.8	9.1
	板式	2.5	3.9	7.5
最高工作压力/MPa		25		
介质		矿物液压油、高水基液、磷酸酯油液		
介质黏度/m^2·s^{-1}		$(15\sim400)\times10^{-6}$		
介质温度/℃		$-15\sim70$		

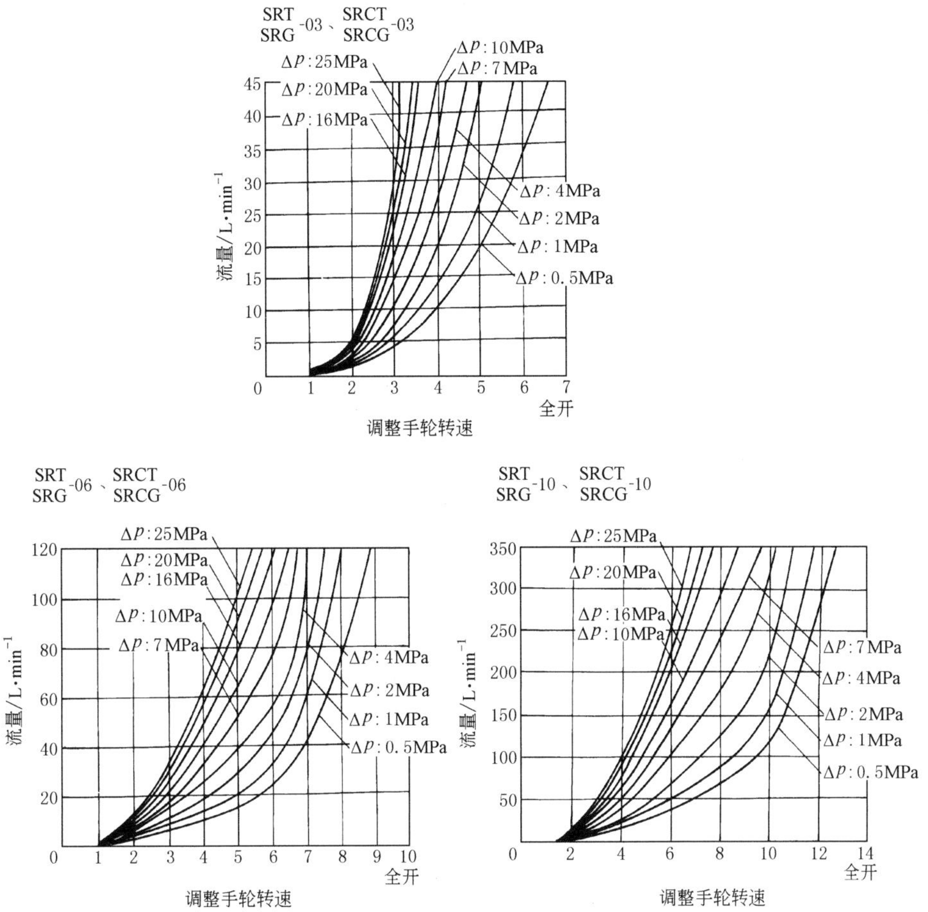

图 20-8-21 开度-流量特性（使用油黏度：30mm²/s）

Δp—控制油液进口-出口压差

表 20-8-70 外形尺寸

SR(C)T-03,06,10 型	SR(C)G-03,06 型
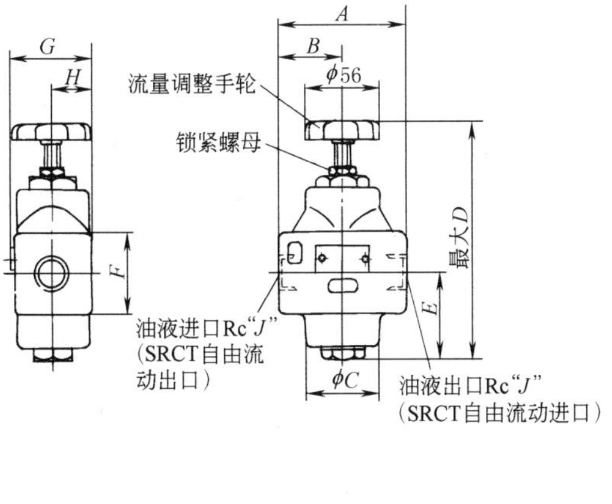	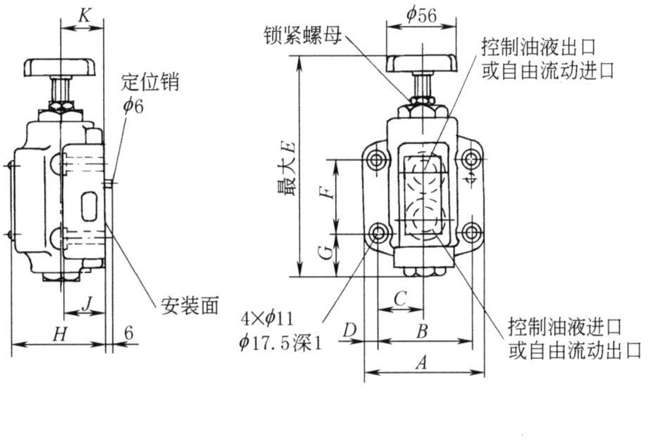

续表

型号	A	B	C	D	E	F	G	H	J	
SR(C)T-03	72	36	44	150.5	53.5	ϕ38	46	22	3/8	安装面与 ISO 5781-AG-06-2-A、ISO 5781-AH-08-2-A 一致
SR(C)T-06	100	50	58	180	66.5	□62	64	31	3/4	
SR(C)T-10	138	69	80	227	86	□80	82	40	1¼	

型号	A	B	C	D	E	F	G	H	J	K
SR(C)G-03	90	66.7	33.3	11.7	150.5	42.9	32	64	31	31
SR(C)G-06	102	79.4	39.7	11.3	180	60.3	36.5	79	36	37

SR(C)G-10 型

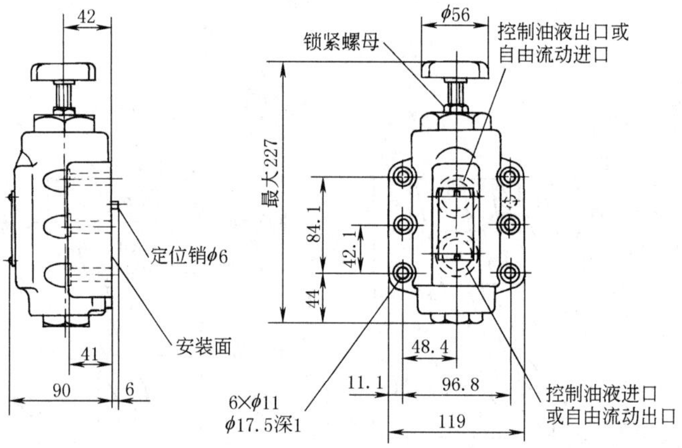

表 20-8-71 **安装底板**

型号	底板型号	连接口 Rc	质量/kg
SRCG-03	CRGM-03-50 CRGM-03X-50	3/8 1/2	1.6 1.6
SRCG-06	CRGM-06-50 CRGM-06X-50	3/4 1	2.4 3.0
SRCG-10	CRGM-10-50 CRGM-10X-50	1¼ 1½	4.8 5.7

备注：在使用底板时，请按上表订货

CRGM-03，03X

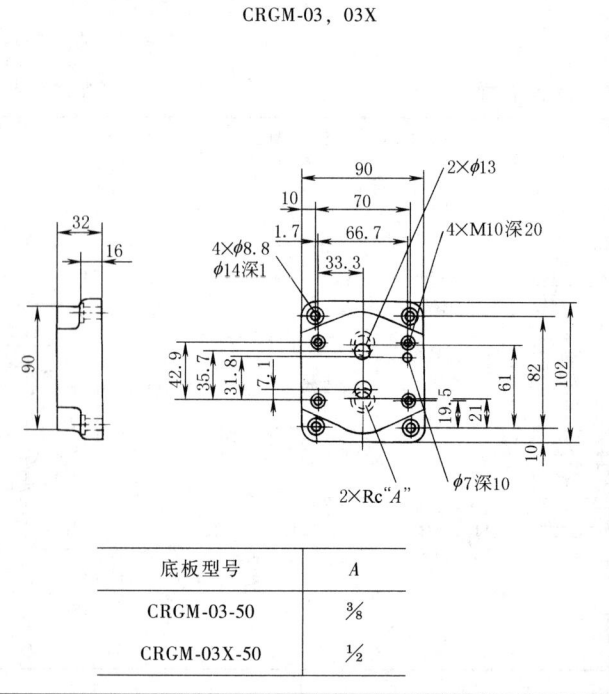

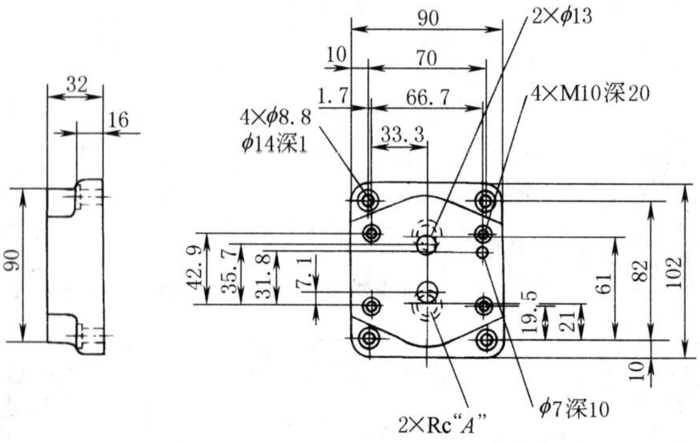

底板型号	A
CRGM-03-50	3/8
CRGM-03X-50	1/2

续表

CRGM-06，06X	CRGM-10，10X
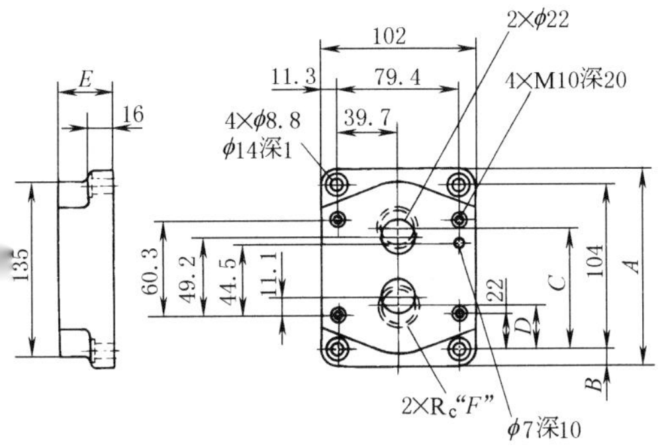	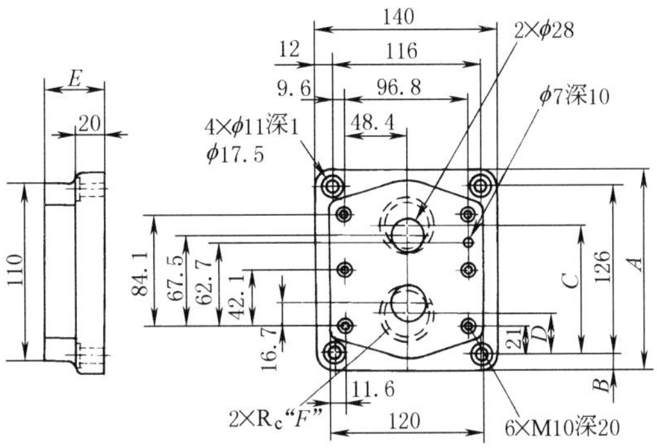

底板型号	A	B	C	D	E	F	底板型号	A	B	C	D	E	F
CRGM-06-50	124	10	77	27	36	3/4	CRGM-10-50	150	12	96	30	45	1¼
CRGM-06X-50	136	16	82.3	22	45	1	CRGM-10X-50	177	25.5	104	22	50	1½

.1.2 叠加式（单向）节流阀

本元件装在电磁换向阀与电液换向阀之间，以控制电液换向阀的换向速度，减小冲击。

型号意义：

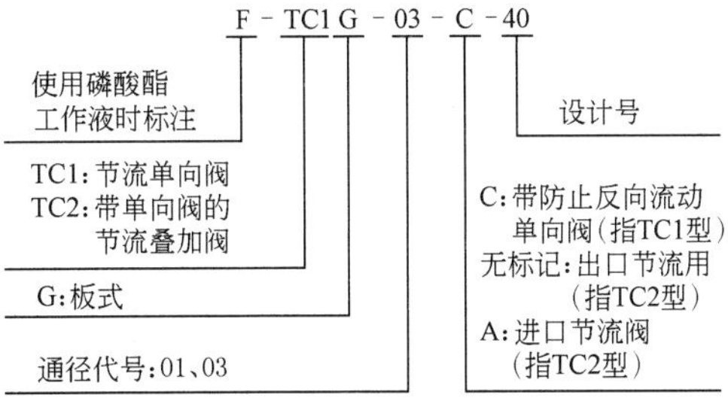

表 20-8-72 **技术规格**

型　　号	公称流量/L·min^{-1}	最高使用压力/MPa	质　量/kg
TC1G-01-40	30	25	0.6
TC2G-01-40	30	25	0.65
TC1G-03-※-40	80	25	1.6
TC2G-03-※-40	80	25	1.8

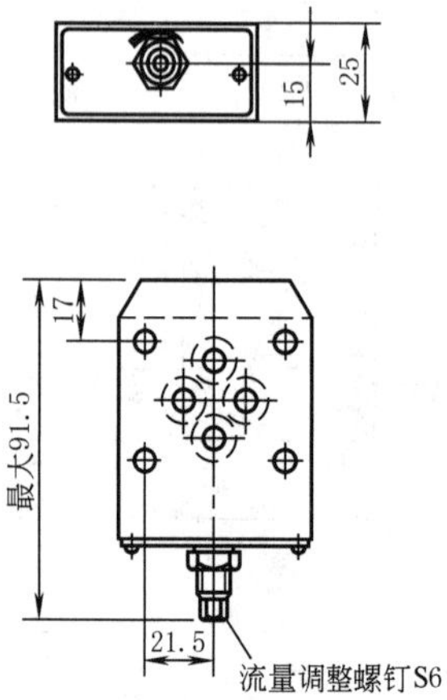

图 20-8-22　TC1G-01 型外形尺寸

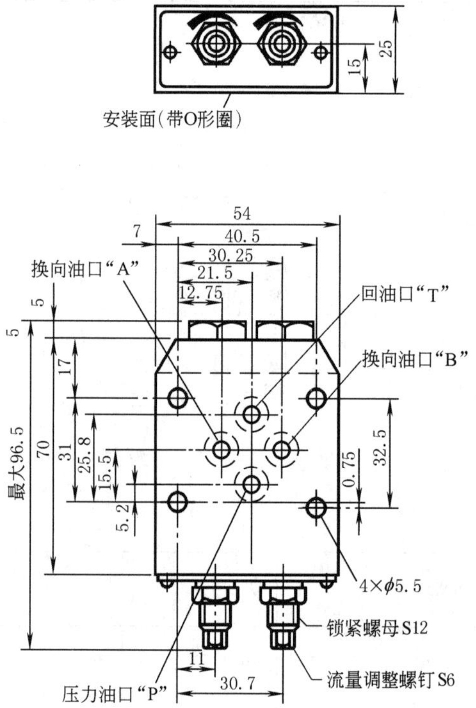

图 20-8-23　TC2G-01 型外形尺寸

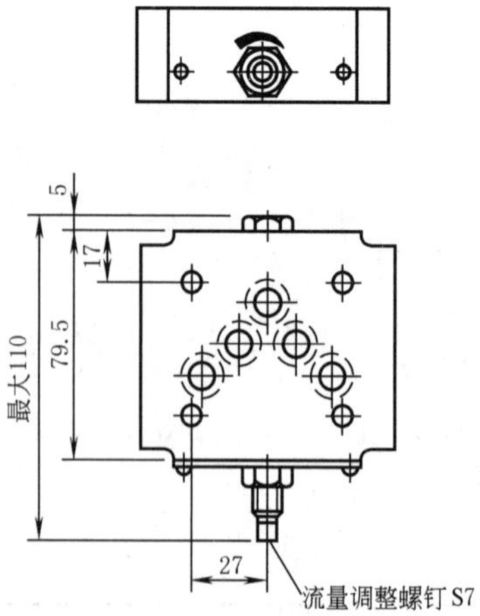

图 20-8-24　TC1G-03

TC1G-03-C 型外形尺寸

注：其他尺寸请参照 TC2G-03

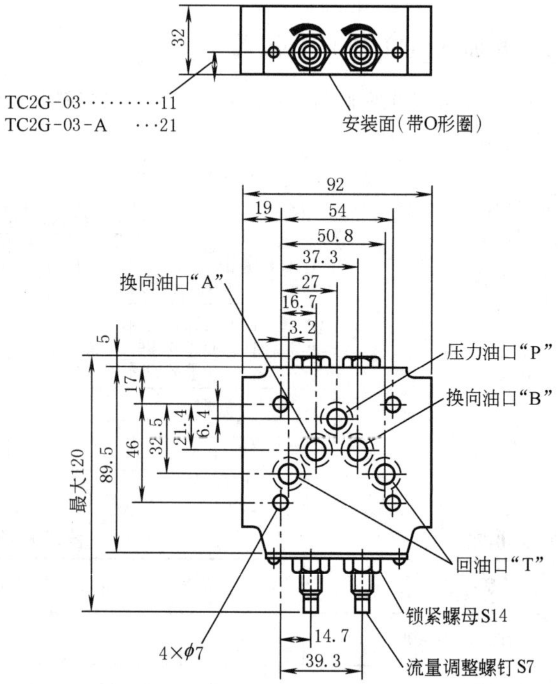

图 20-8-25　TC2G-03

TC2G-03-A 型外形尺寸

注：2 个回油口“T”中，标准底板用左侧口，但也可以用任意一个口

.1.3 MG 型节流阀、MK 型单向节流阀

MG/MK 型节流阀是直接安装在管路上的管式节流阀/单向节流阀，该阀节流口采用轴向三角槽结构，用于控制执行元件速度。

型号意义：

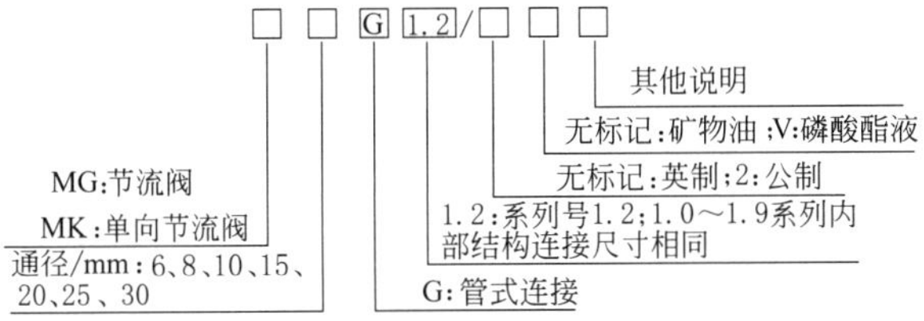

表 20-8-73　　技术规格

通径/mm	6　8　10　15　20　25　30	开启压力/MPa	0.05(MK 型)
流量/L·min^{-1}	15　30　50　140　200　300　400	介质	矿物液压油、磷酸酯油液
		介质温度/℃	-20～70
最大压力/MPa	31.5	介质黏度/m^2·s^{-1}	(2.8～380)×10^{-6}

表 20-8-74　　特性曲线

Δ*p*-*Q* 曲线	通过单向阀 MK 型时	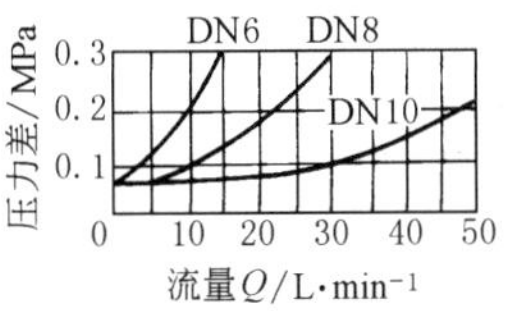 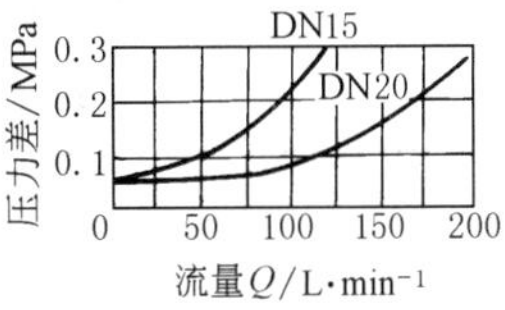 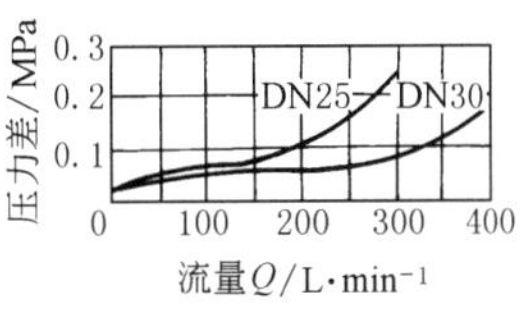
	通过节流阀 MK、MG 型时	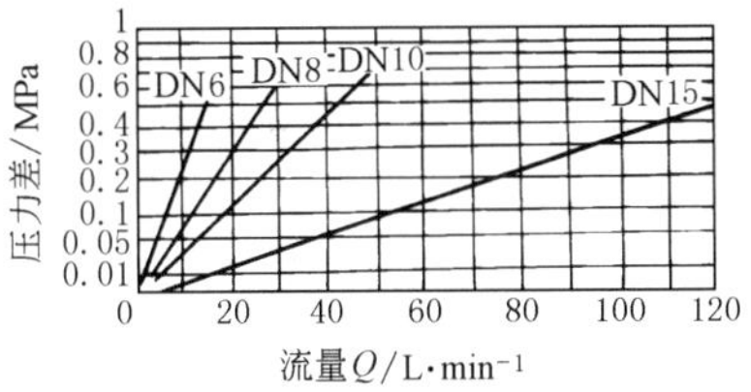 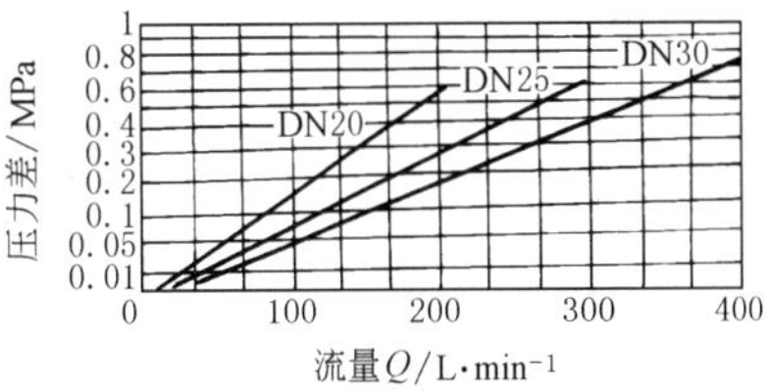

表 20-8-75　　外形尺寸　　mm

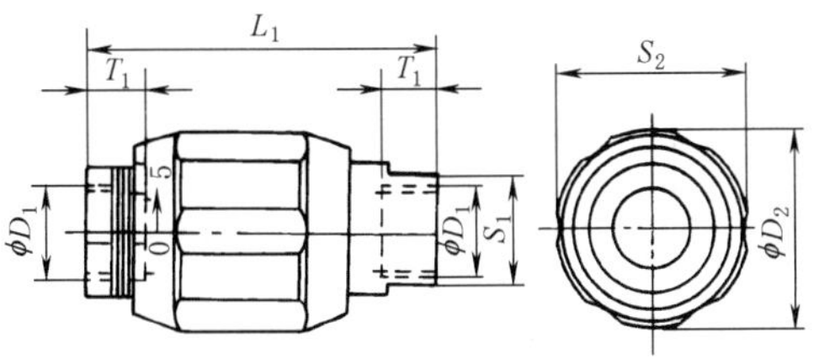

通径	D_1		D_2	L_1	S_1	S_2	T_1	质量/kg
6	M14×1.5	G¼	34	65	19	32	12	0.3
8	M18×1.5	G⅜	38	65	22	36	12	0.4
10	M22×1.5	G½	48	80	27	46	14	0.7
15	M27×2	G¾	58	100	32	55	16	1.1
20	M33×2	G1	72	110	41	70	18	1.9
25	M42×2	G1¼	87	130	50	85	20	3.2
30	M48×2	G1½	93	150	60	90	22	4.1

5.2 FB 型溢流节流阀

本元件由溢流阀和节流阀并联而成，用于速度稳定性要求不太高而功率较大的进口节流系统。具有压力控制和流量控制的功能，其进口压力随出口负载压力变化，压差为 0.6MPa，因此大幅度降低了功耗。

型号意义：

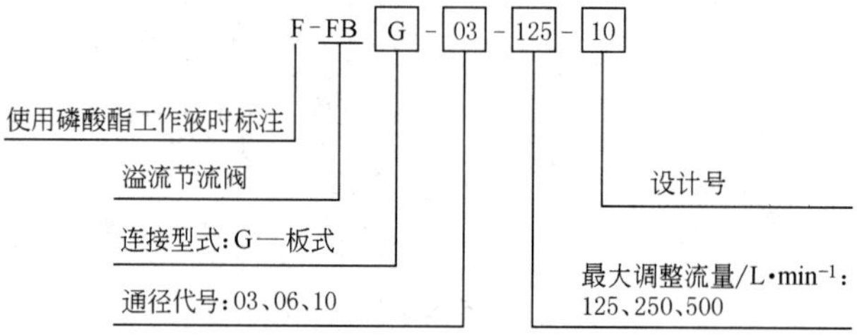

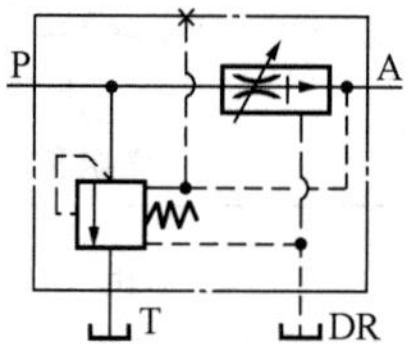

图 20-8-26 图形符号

表 20-8-76 **技术规格**

项目	型号 FBG-03-125-10	型号 FBG-06-250-10	型号 FBG-10-500-10	项目	型号 FBG-03-125-10	型号 FBG-06-250-10	型号 FBG-10-500-10
最高使用压力/MPa	25	25	25	进出口最小压差/MPa	6	7	9
额定流量/L·min^{-1}	125	200	500	先导溢流流量/L·min^{-1}	1.5	2.4	3.5
流量调整范围/L·min^{-1}	1~125	3~250	5~500	最大回油背压/MPa	0.5	0.5	0.5
调压范围/MPa	1~25	1.2~25	1.4~25	质量/kg	13.3	27.3	57.3

表 20-8-77 **外形尺寸**

FBG-03 型

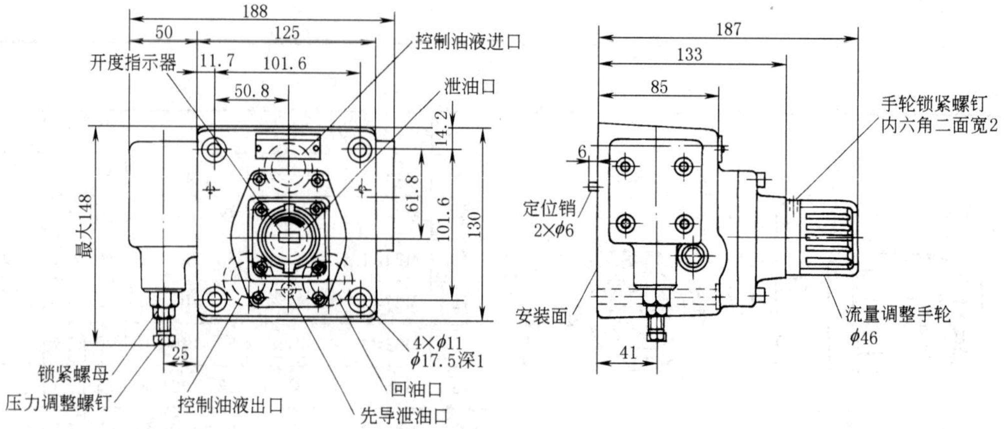

续表

FBG-06 型

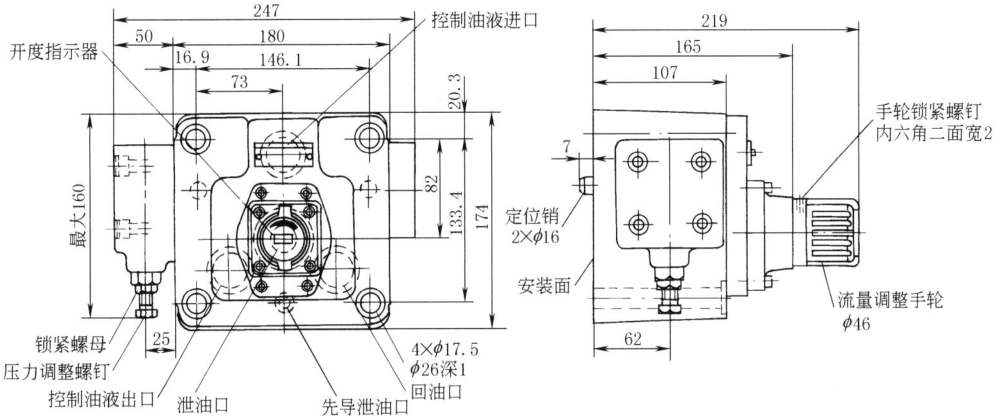

FBG-10 型

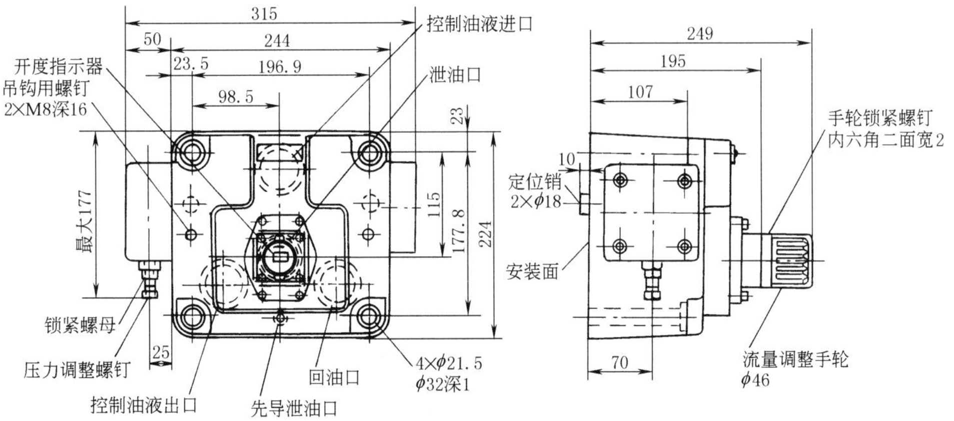

表 20-8-78 **安装底板**

型　号	底板型号	连接口 Rc	质量/kg	型　号	底板型号	连接口 Rc	质量/kg
FBG-03	EFBGM-03Y-10	¾	6	FBG-06	EFBGM-06Y-10	1¼	16
	EFBGM-03Z-10	1	6	FBG-10	EFBGM-10Y-10	1½,2 法兰安装	37
FBG-06	EFBGM-06X-10	1	12.5				

续表

EFBGM-03Y,03Z

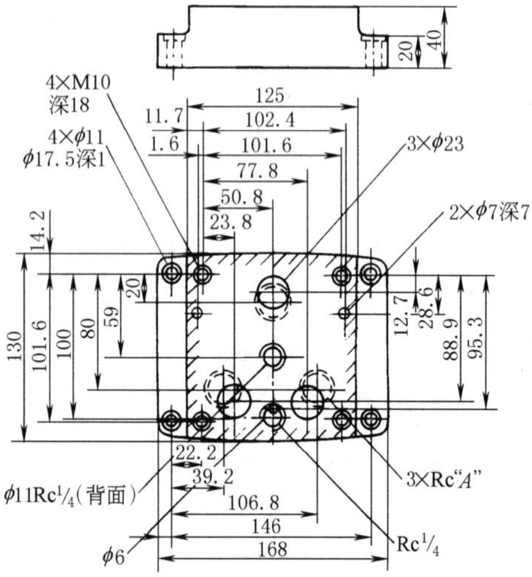

EFBGM-06X,06Y

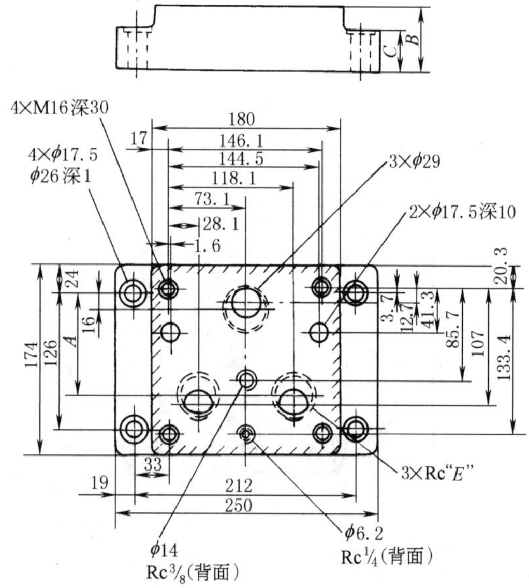

底板型号	A	底板型号	A	B	C	E
EFBGM-03Y-10	3/4	EFBGM-06X-10	107	45	35	1
EFBGM-03Z-10	1	EFBGM-06Y-10	95	60	40	1¼

EFBGM-10Y

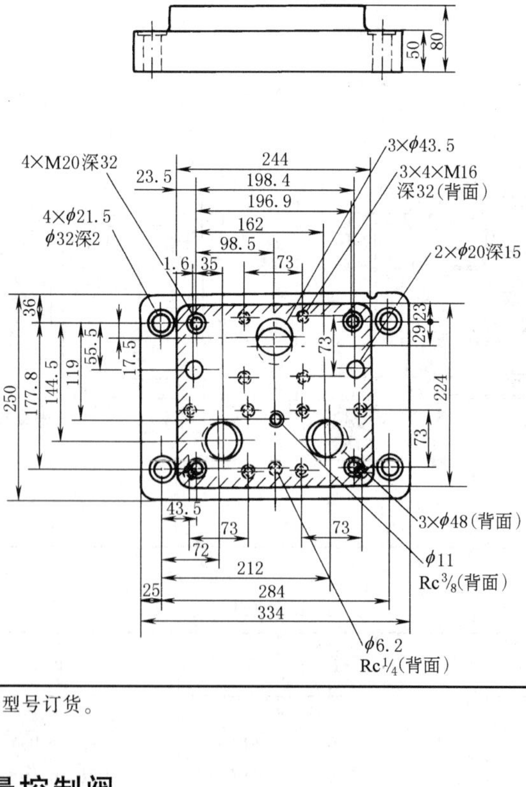

注：使用底板时，请按上面的型号订货。

5.3　UCF 型行程流量控制阀

本元件把带单向阀的流量控制阀与减速阀组合在一起，主要用于机床液压系统中。它通过凸轮从快速进给转换为切削进给，并能任意调整切削进给速度。

本元件是压力、温度补偿式的，能够进行精密的速度控制。返回时，通过单向阀快速返回，与凸轮位置无关。

型号意义：

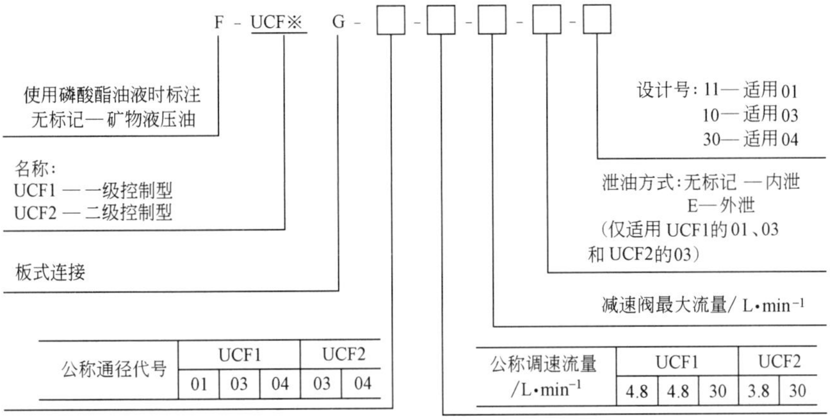

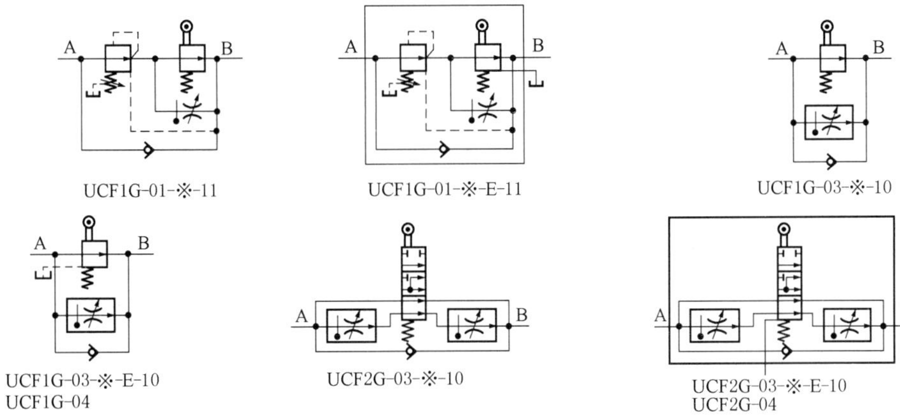

图 20-8-27 图形符号

表 20-8-79 **技术规格**

型号	最大流量① /L·min^{-1}	流量调整范围/L·min^{-1} 一级进给	流量调整范围/L·min^{-1} 二级进给	自由流量 /L·min^{-1}	最高使用压力（max） /MPa	泄油口允许背压 /MPa	质量 /kg
UCF1G-01-4-A-※-11	16（12）	0.03~4	—	20	14	0.1	1.6
UCF1G-01-4-B-※-11	12（8）						
UCF1G-01-4-C-※-11	8（4）	（0.05~4）②					
UCF1G-01-8-A-※-11	20（12）	0.03~8	—				
UCF1G-01-8-B-※-11	16（8）						
UCF1G-01-8-C-※-11	12（4）	（0.05~8）②					
UCF1G-03-4-※-10	40（40）	0.05~4	—	40			2.6
UCF1G-03-8-※-10		0.05~8	—				
UCF2G-03-4-※-10	40（40）	0.1~4	0.05~4	40			2.7
UCF2G-03-8-※-10		0.1~8	0.05~4				
UCF1G-04-30-30	80（40）	0.1~22	—	80			6.5
UCF2G-04-30-30		0.1~22	0.1~17				9.2

① 最大流量是行程减速阀与流量调整阀全部打开时的值。（ ）内是行程减速阀全开、流量调整阀全闭时的最大流量。
② （ ）内是在压力 7MPa 以上时的数值。

表 20-8-80 外形尺寸 mm

UCF1G-01 型

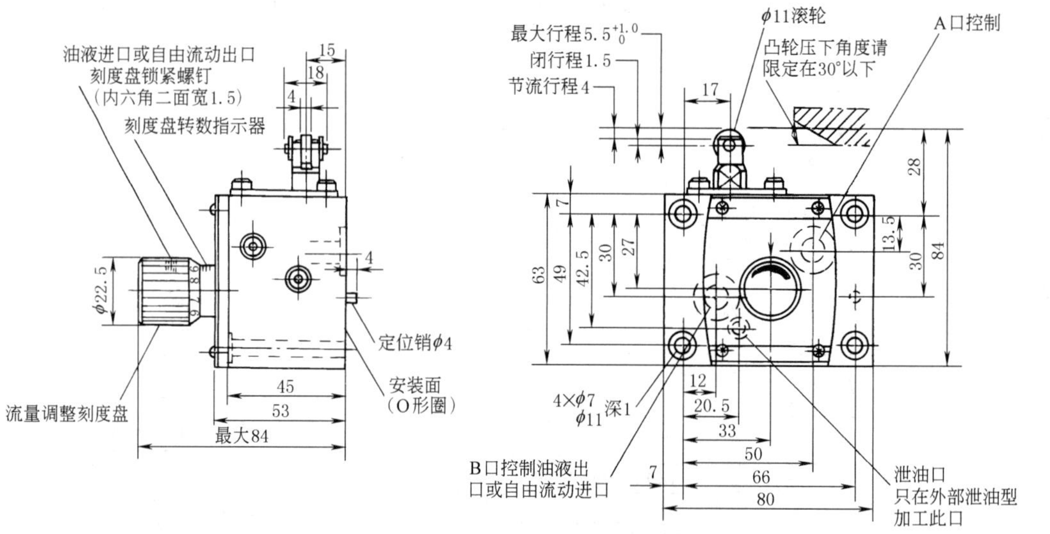

UCF1G-03 型

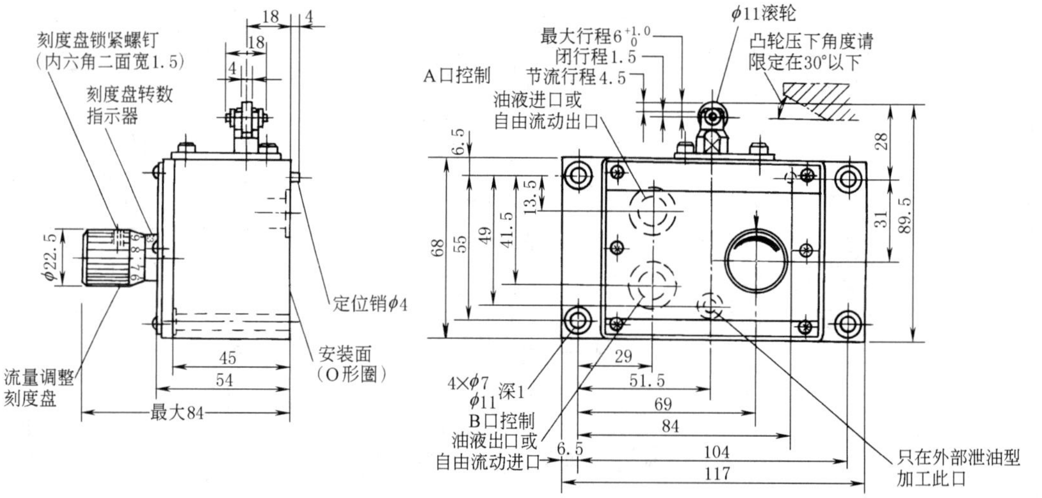

UCF2G-03 型

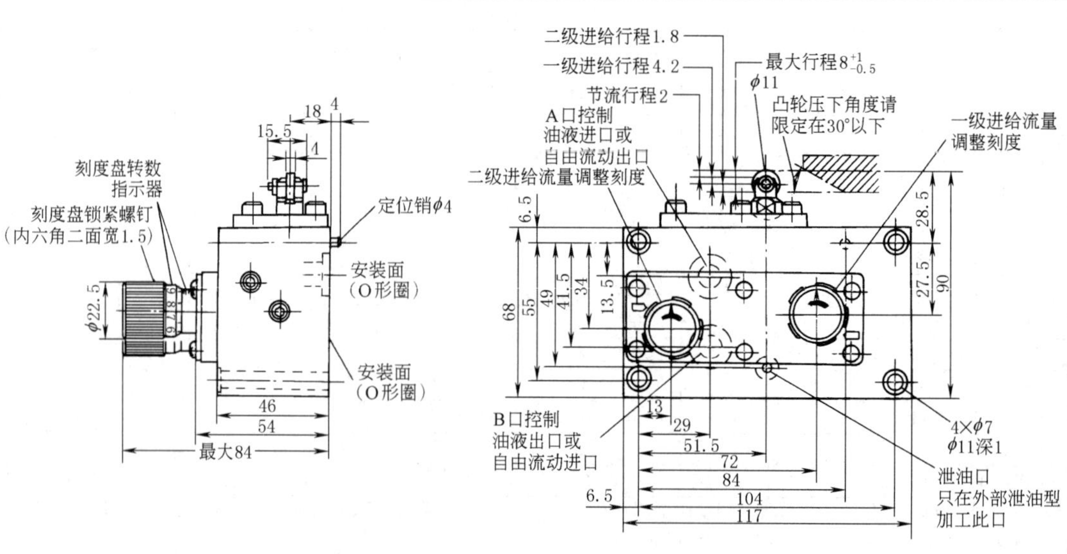

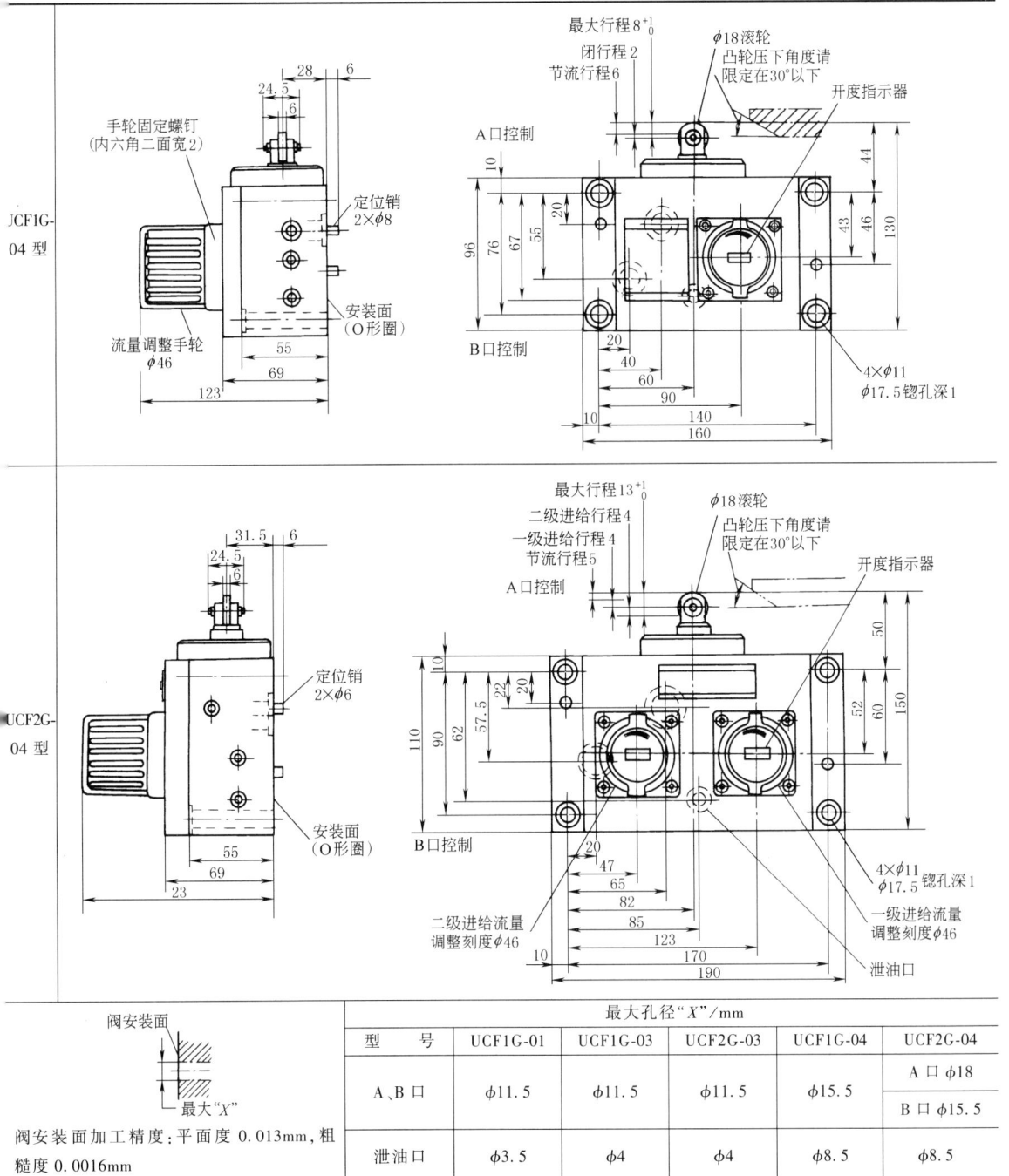

续表

UCF1G-04 型

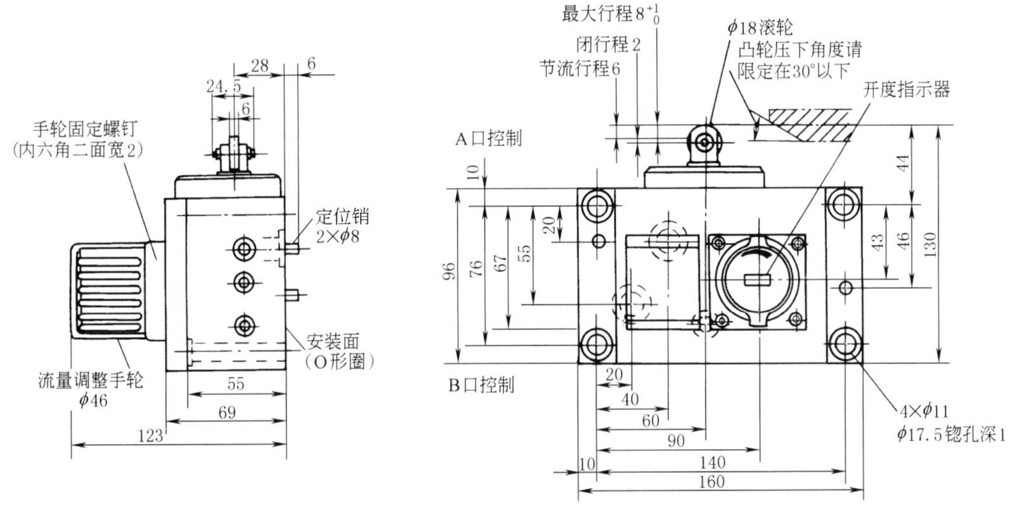

UCF2G-04 型

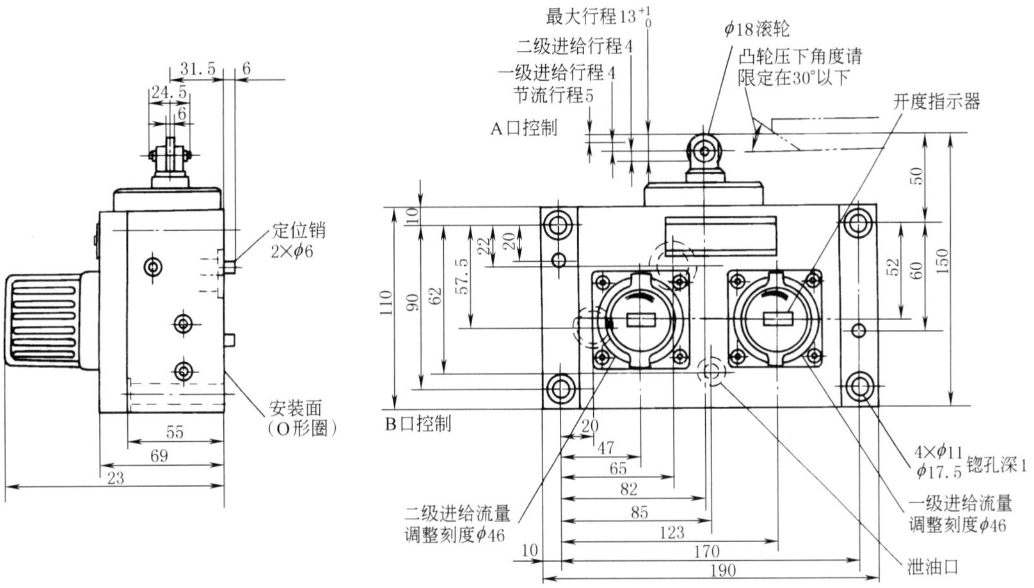

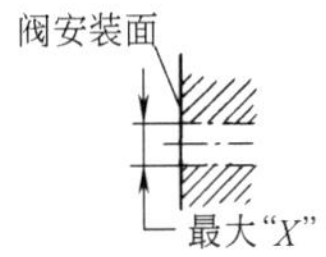

阀安装面加工精度：平面度 0.013mm，粗糙度 0.0016mm

最大孔径"X"/mm					
型　号	UCF1G-01	UCF1G-03	UCF2G-03	UCF1G-04	UCF2G-04
A、B 口	ϕ11.5	ϕ11.5	ϕ11.5	ϕ15.5	A 口 ϕ18 B 口 ϕ15.5
泄油口	ϕ3.5	ϕ4	ϕ4	ϕ8.5	ϕ8.5

5.4　液压调速阀和单向调速阀

JB/T 10366—2014《液压调速阀》规定了液压传动用调速阀、单向调速阀（以下简称调速阀）的型号、基本参数和标志、技术要求、试验方法、检验规则和包装等要求，适用于以矿物油型液压油或性能相当的其他液体为工作介质的板式连接和叠加式连接的调速阀。

液压调速阀试验方法见本章 10.8 节。

5.4.1 MSA 型调速阀

MSA 型调速阀为二通流量控制阀，由减压阀和节流阀串联组成。调速不受负载压力变化的影响，保持执行元件工作速度稳定。

型号意义：

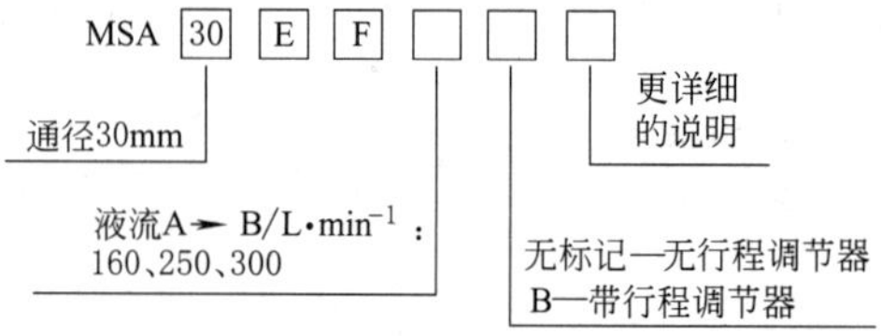

表 20-8-81 技术规格

工作压力/MPa	21	介质	矿物质液压油
流量调节	与压力无关	介质温度/℃	20～70
最小压差 /MPa	0.5～1 （与 Q_{max} 有关）	介质黏度 $/m^2 \cdot s^{-1}$	$(2.8 \sim 380) \times 10^{-6}$

表 20-8-82 外形尺寸 mm

调速板

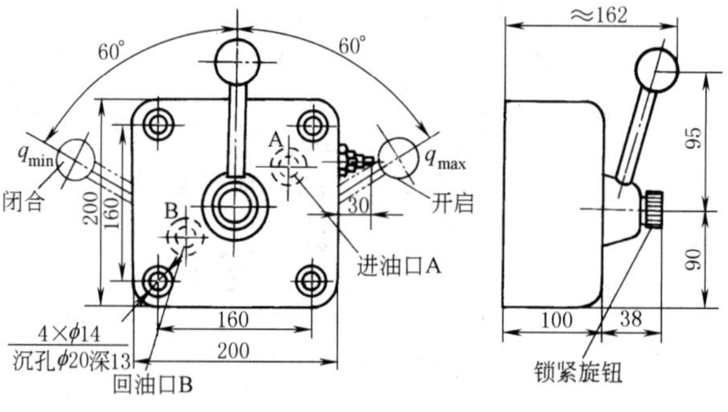

安装底板

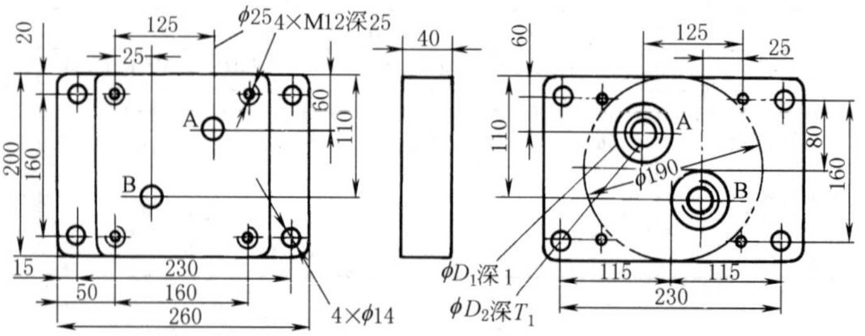

通径	30	
底板型号	G138/1	G139/1
D_1	56	61
D_2	G1¼	G1½
T_1	21	23
阀安装螺钉	4×M12×110 GB/T 70.1—2000	
转矩/N·m	75	

5.4.2 2FRM 型调速阀及 Z4S 型流向调整板

2FRM 型调速阀是二通流量控制阀，由减压阀和节流阀串联组成。由于减压阀对节流阀进行了压力补偿，所以调速阀的流量不受负载变化的影响，保持稳定。同时节流窗口设计成薄刃状，流量受温度变化很小。调速阀与单向阀并联时，油流能反向回流。

若要求通过调速阀两个方向（A→B、B→A）都有稳定的流量，可以选择Z4S型整流板装在调速阀下。

调速阀型号意义：

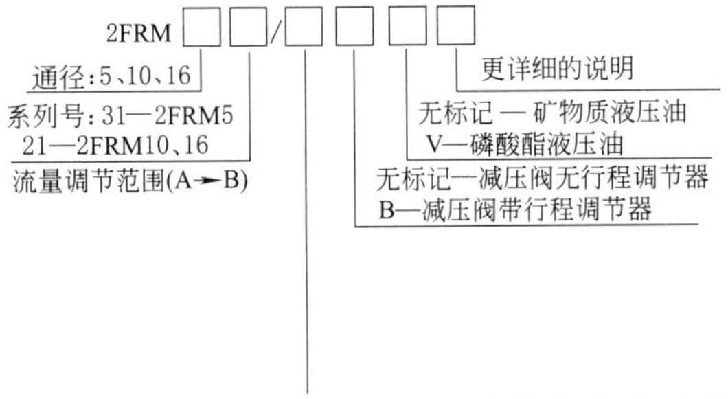

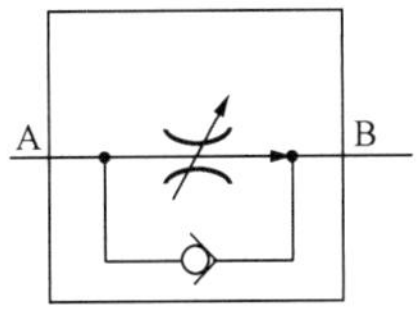

图 20-8-28　2FRM 图形符号

通径 5		通径 10		通径 16	
0.2L—0.2L/min	6L—6L/min	2L—2L/min	25L—25L/min	40L—40L/min	125L—125L/min
0.6L—0.6L/min	10L—10L/min	5L—5L/min	35L—35L/min	60L—60L/min	160L—160L/min
1.2L—1.2L/min	15L—15L/min	10L—10L/min	50L—50L/min	80L—80L/min	—
3L—3L/min	—	16L—16L/min	—	100L—100L/min	—

流向调整板型号意义：

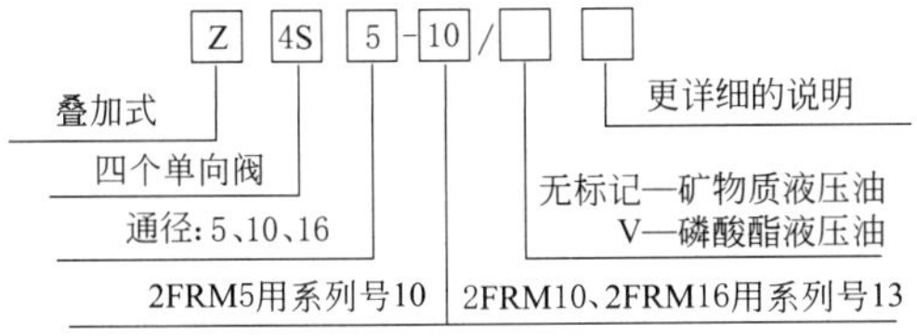

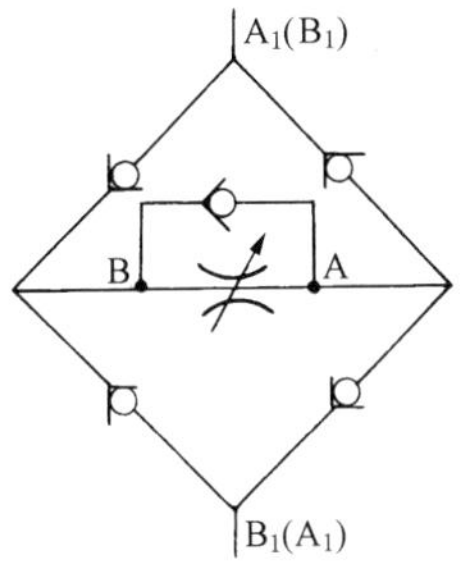

图 20-8-29　Z4S 和 2FRM 图形符号

表 20-8-83　　**技术规格**

	项目		通径													
			5							10				16		
调速阀	最大流量/L·min^{-1}		0.2	0.6	1.2	3.0	6.0	10.0	15.0	10	16	25	50	60	100	160
调速阀	压差(B→A 回流)/MPa		0.05	0.05	0.06	0.09	0.18	0.36	0.67	0.2	0.25	0.35	0.6	0.28	0.43	0.73
调速阀	流量稳定范围($Q_{最大}$)/%	温度影响(-20~70℃)	±5	±3	±2					±2						
调速阀	流量稳定范围($Q_{最大}$)/%	压力影响{通径 5 Δp 至 21MPa；10、16 Δp 至 31.5MPa}	±2					±4		±2						
调速阀	工作压力(A 口)/MPa		21							31.5						
调速阀	最低压力损失/MPa		0.3~0.5					0.6~0.8		0.3~1.2				0.5~1.2		
调速阀	过滤精度/μm		25(Q<5L/min)							10(Q<0.5L/min)						
调速阀	质量/kg		1.6							5.6				11.3		
流向调整板	流量/L·min^{-1}		15							50				160		
流向调整板	工作压力/MPa		21							31.5						
流向调整板	开启压力/MPa		0.1							0.15						
流向调整板	质量/kg		0.6							3.2				9.3		
	介质		矿物质液压油、磷酸酯液压油													
	介质温度/℃	-20~70	介质黏度/m^2·s^{-1}							(2.8~380)×10^{-6}						

表 20-8-84　　**特性曲线**（试验条件：$\nu=36\times10^{-6}m^2/s$，$t=50℃$）

调速阀			流向调整板	
2FRM5 型	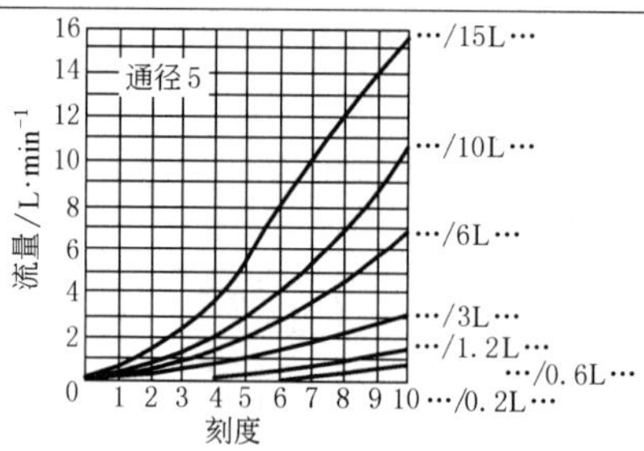 流动方向 （A→B） 注：字母 L 原标准为 Q		Z4S5 型	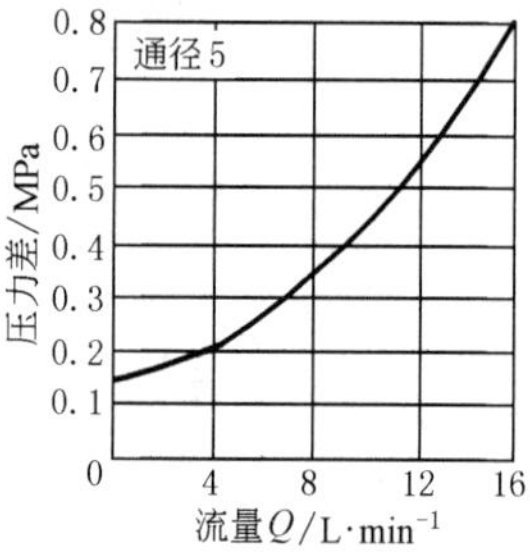
2FRM10 型	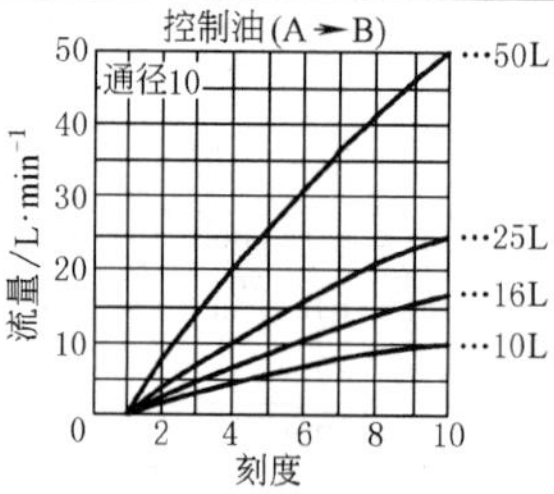	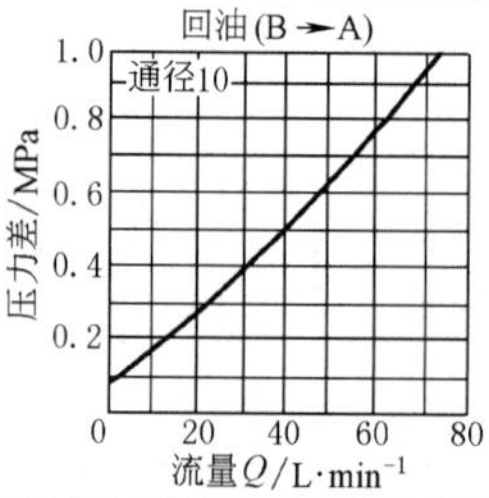	Z4S10 型	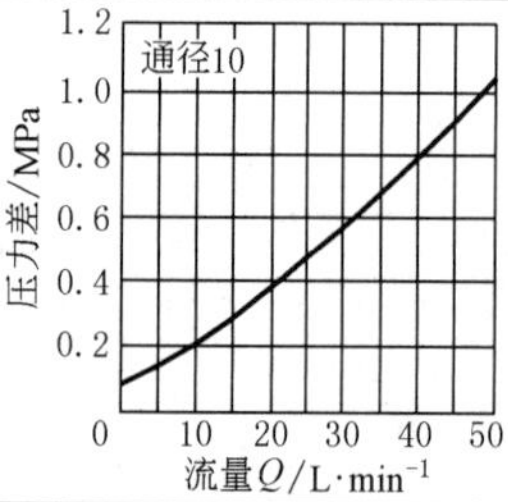
2FRM16 型	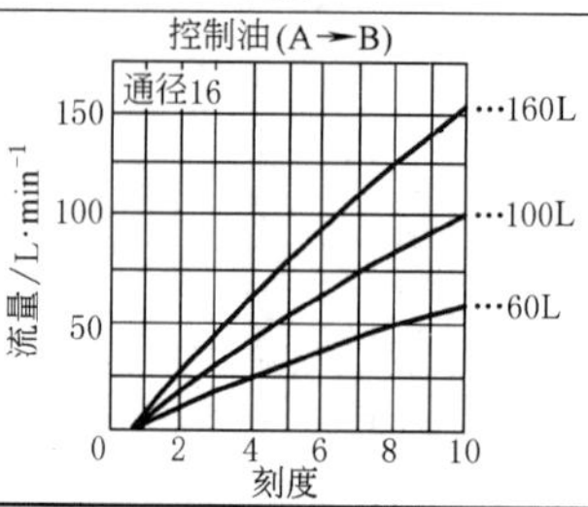	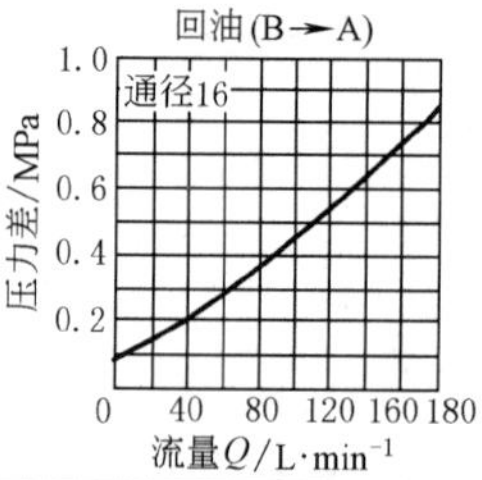	Z4S16 型	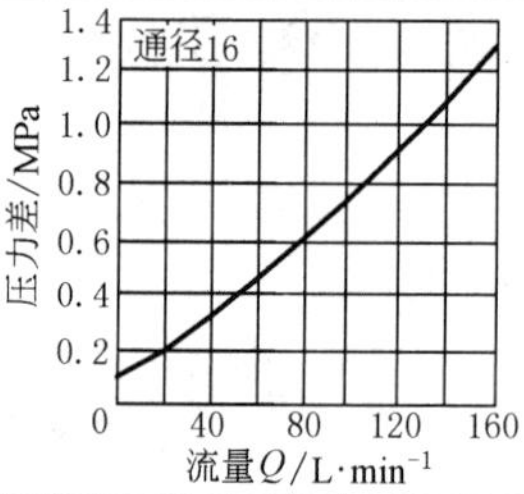

外形尺寸

表 20-8-85　　**调速阀尺寸**　　mm

2FRM5 型

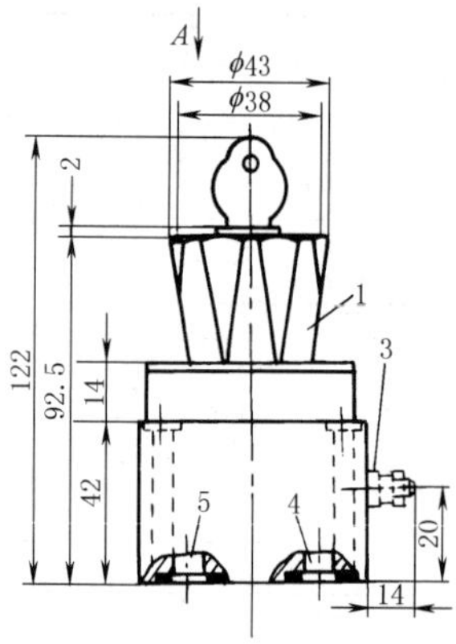

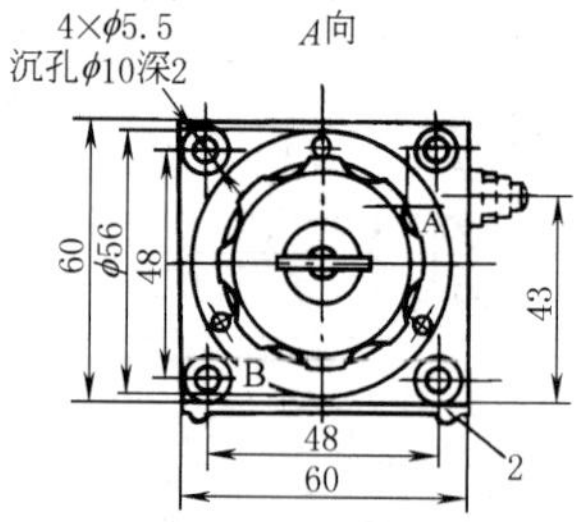

与阀连接表面的粗糙度和精度

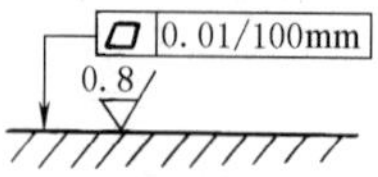

2FRM10、2FRM16 型

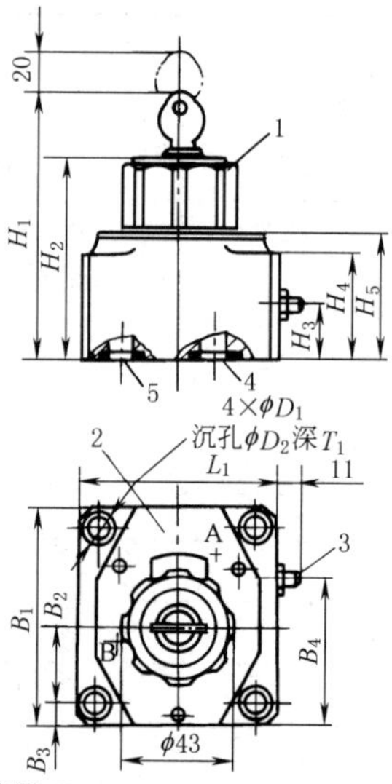

1—带锁调节手柄；2—标牌；3—减压阀行程调节器；
4—进油口 A；5—出油口 B

通径	10	16
B_1	101.5	123.5
B_2	35.5	41.5
B_3	9.5	11.0
B_4	68	81.5
D_1	9	11
D_2	15	18
H_1	125	147
H_2	95	117
H_3	26	34
H_4	51	72
H_5	60	82
L_1	95	123.5
T_1	13	12

表 20-8-86 流向调整板尺寸 mm

4S5 型

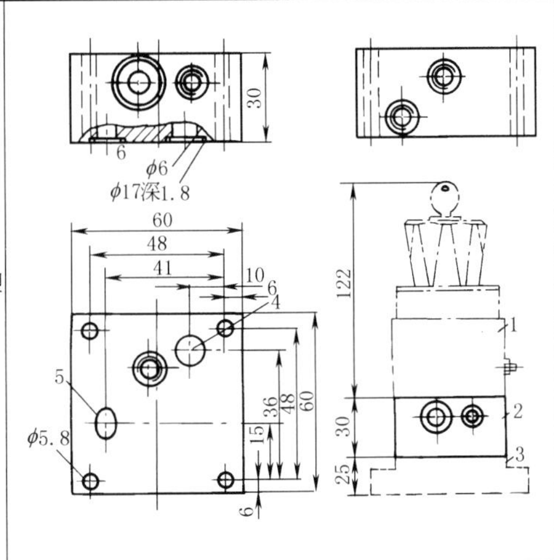

Z4S10、Z4S16 型

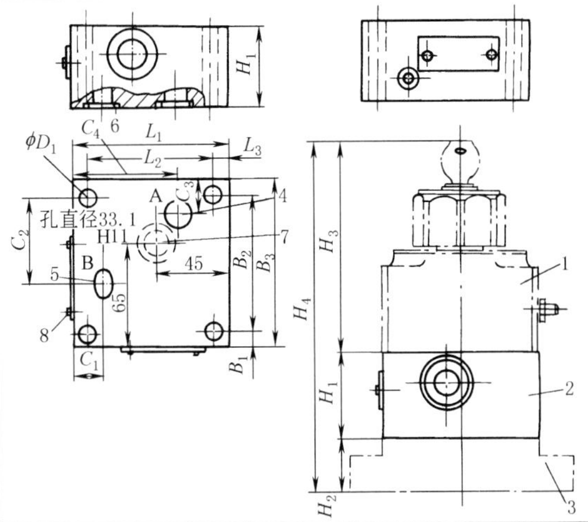

与阀连接表面的粗糙度与精度

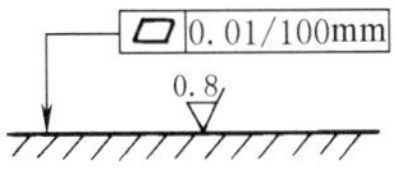

通径	B_1	B_2	B_3	D_1	H_1	H_2	H_3	H_4	L_1	L_2	L_3	C_1	C_2	C_3	C_4
10	9.5	82.5	101.5	9	50	30	125	205	95	76	9.5	19	52.5	11	64.5
16	11	101.5	123.5	11	85	40	147	272	123.5	101.5	11	31.5	86.5	11	86

注：图中 1—调速阀；2—流向调整板；3—底板；4—进油口 A；5—出油口 B；6—O 形圈：16×2.4（通径 5），18.66×3.53 通径 10），26.58×3.53（通径 16）；7—O 形圈密封槽孔仅用于 16 通径阀，配合件不得有孔；8—标牌。

表 20-8-87 安装底板尺寸 mm

通径 5

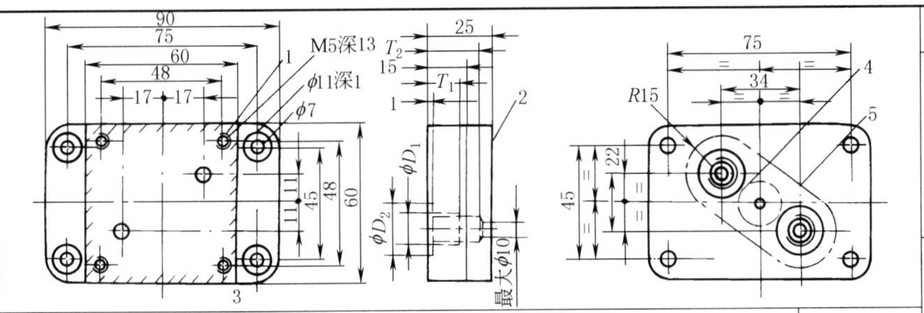

通径 10

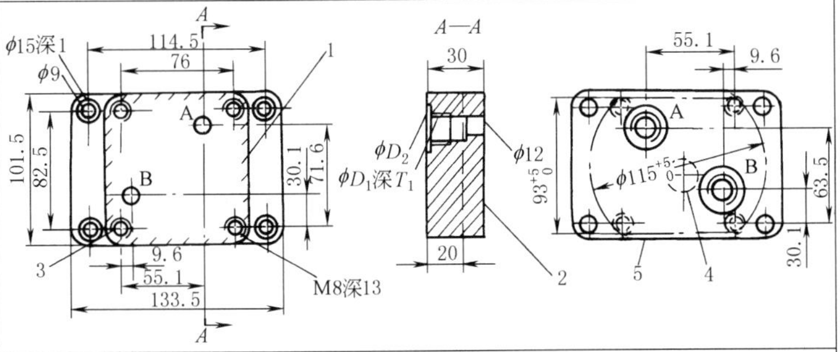

通径 16

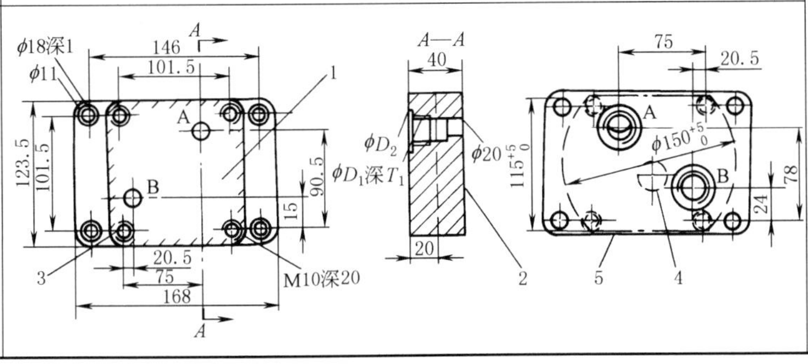

1—安装面
2—底面
3—安装孔
4—对通径 5、10，在 ϕ20 范围内不得有孔；对通径 16，在 ϕ30 范围内不得有孔
5—与阀连接的切口轮廓

通径	5		10		16	
底板型号	G 44/1	G 45/1	G 27901	G 28001	G 28101	G 28201
D_1	G¼	G½	G½	G¾	G1	G1¼
D_2	25	32	34	42	47	56
T_1	12	14	15	17	19	21
T_2	17	20				
阀安装螺钉	4×M5×50 GB 70.1—2000		4×M8×50 GB 70.1—2000		4×M10×80 GB 70.1—2000	
转矩/N·m	6		35		70	
质量/kg	0.9		2.3		4	

5.4.3 F（C）G 型流量控制阀

F 型流量控制阀由定差减压阀和节流阀串联组成，具有压力补偿及良好的温度补偿性能。FC 型流量控制阀由调速阀与单向阀并联组成，油流能反向回流。

（1）型号意义

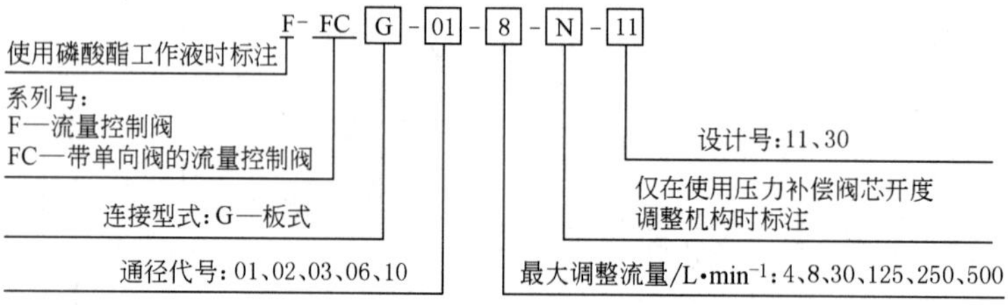

表 20-8-88 **技术规格**

型　　号	最大调整流量/L·min^{-1}	最小调整流量/L·min^{-1}	最高使用压力/MPa	质量/kg
FG FCG-01-48-※-11	4,8	0.02(0.04)	14.0	1.3
FG FCG-02-30-※-30	30	0.05	21.0	3.8
FG FCG-03-125-※-30	125	0.2		7.9
FG FCG-06-250-※-30	250	2		23
FG FCG-10-500-※-30	500	4		52

注：括号内是在 7MPa 以上的数值。

（2）特性曲线

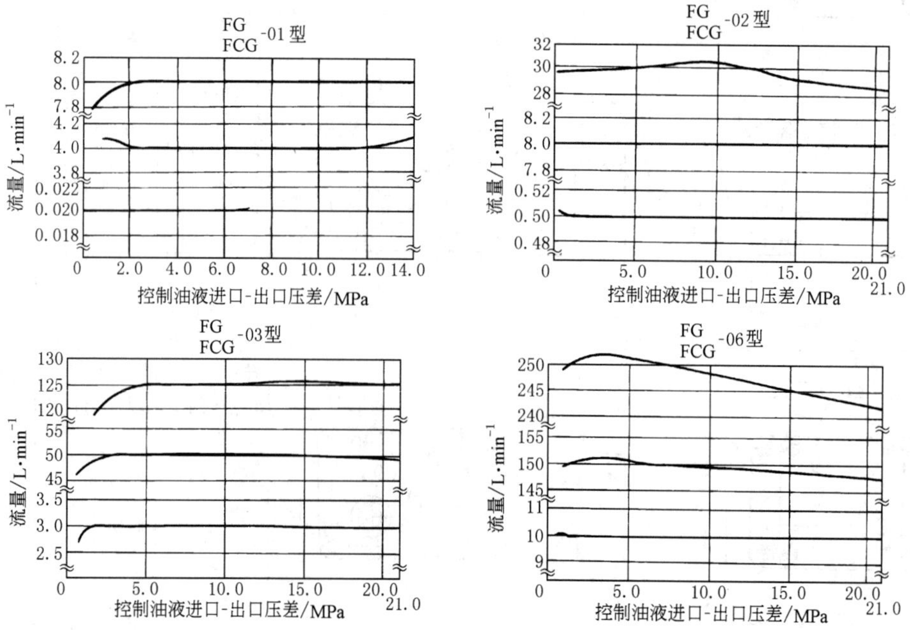

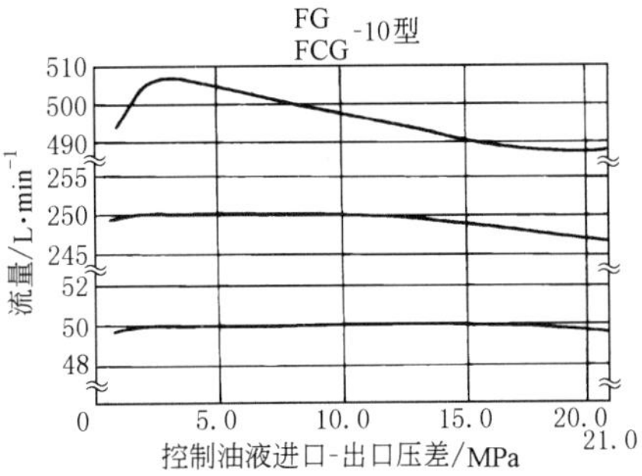

图 20-8-30 压力-流量特性曲线

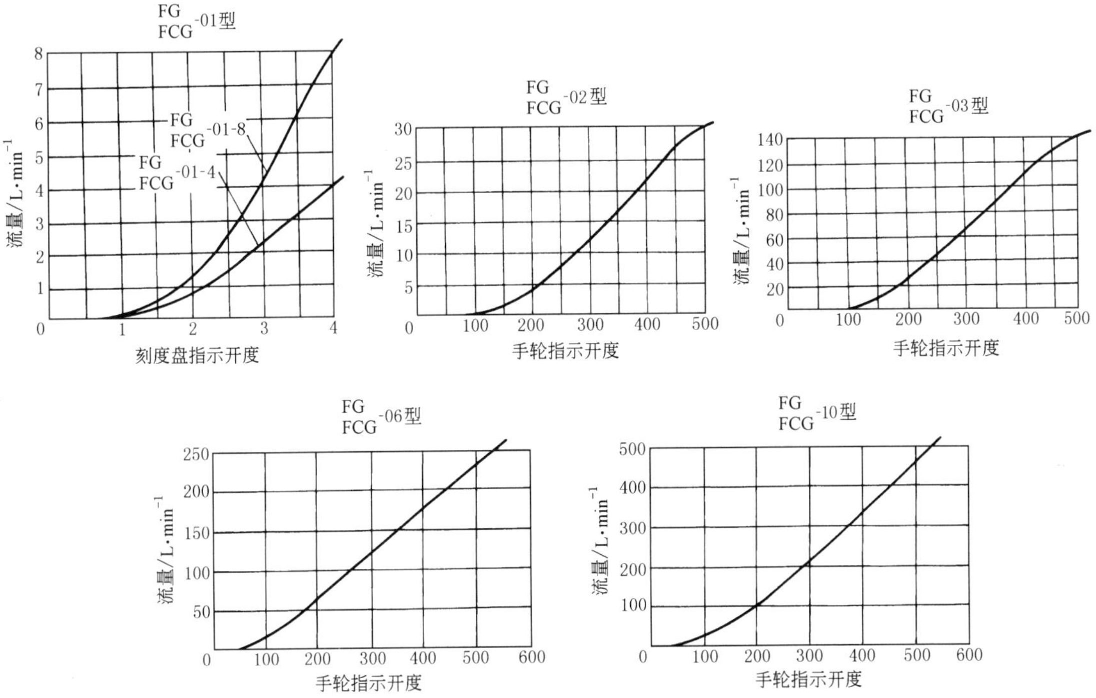

图 20-8-31 开度-流量特性曲线

(3) 外形及安装板尺寸（见表 20-8-89～表 20-8-91）

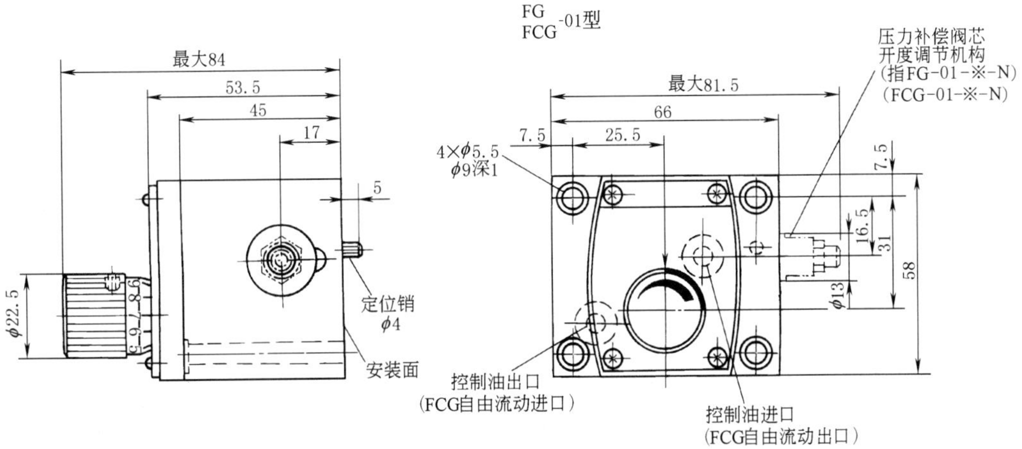

FG
FCG -02,03型

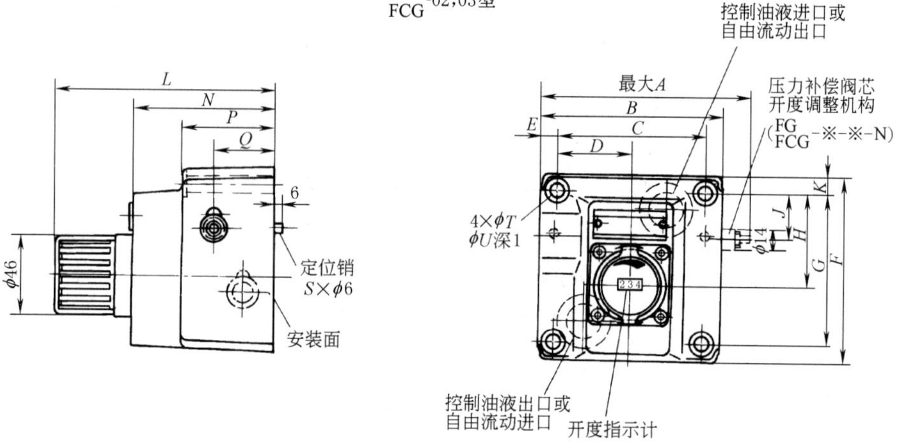

安装面 F※G-02 与 ISO 6263-AB-06-4-B 一致

安装面 F※G-03 与 ISO 6263-AK-07-2-A 一致

表 20-8-89

mm

型号	A	B	C	D	E	F	G	H	J	K	L	N	P	Q	S	T	U
FG FCG -02	116	96	76.2	38.1	9.9	104.5	82.6	44.3	24	9.9	123	69	40	23	1	8.8	14
FG FCG -03	145	125	101.6	50.8	11.7	125	101.6	61.8	29.8	11.7	152	98	64	41	2	11	17.5

FG
FCG -06,10型

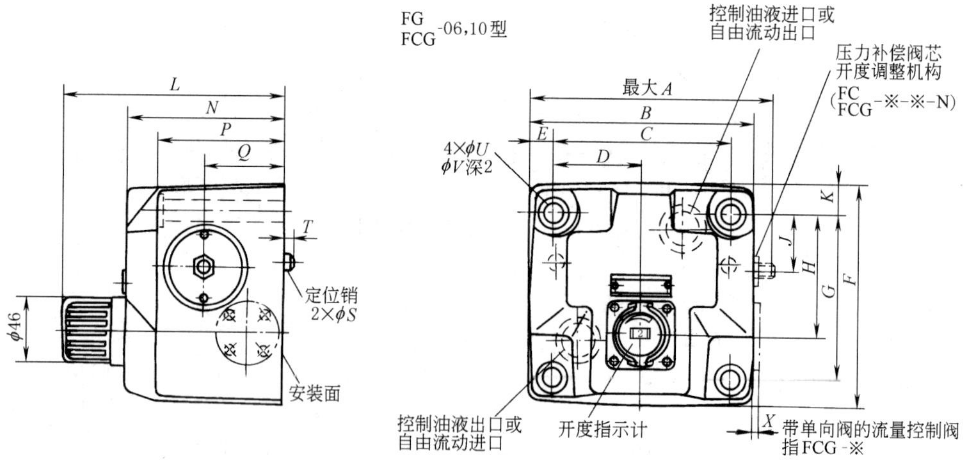

F※G-06 的安装面与 ISO 6263-AP-08-2-A 一致

表 20-8-90

mm

型号	A	B	C	D	E	F	G	H	J	K	L	N	P	Q	S	T	U	V	X
FG FCG -06	198	180	146.1	73	17	174	133.4	99	44	20.3	184	130	105	65	16	7	17.5	26	10
FG FCG -10	267	244	196.9	98.5	23.5	228	177.8	144.5	61	25	214	160	137	85	18	10	21.5	32	15

表 20-8-91　　　　安装底板尺寸　　　　mm

型　号	底板型号	连接口 Rc	质量/kg
FG FCG-01	FGM-01X-10	¼	0.8
FG FCG-02	FGM-02-20 FGM-02X-20 FGM-02Y-20	¼ ⅜ ½	2.3 2.3 3.1
FG FCG-03	FGM-03X-20 FGM-03Y-20 FGM-03Z-20	½ ¾ 1	3.9 5.7 5.7
FG FCG-06	FGM-06X-20 FGM-06Y-20 FGM-06Z-20	1 1¼ 1½	12.5 16 16
FG FCG-10	FGM-10Y-20	1½,2,法兰安装	37

注:使用底板时,请按上面的型号订货

FGM-01X 型

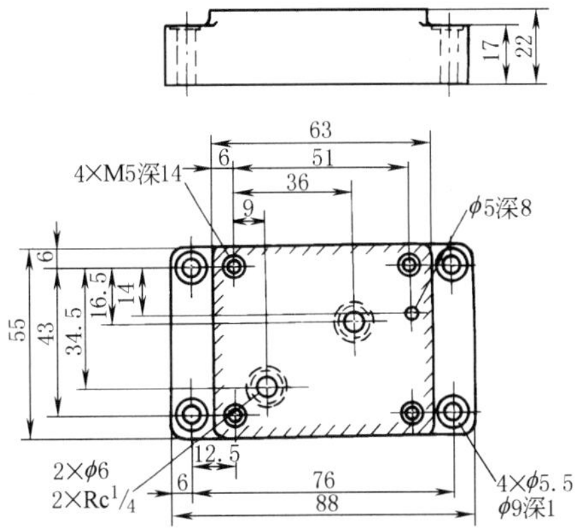

FGM-02,02X,02Y 型

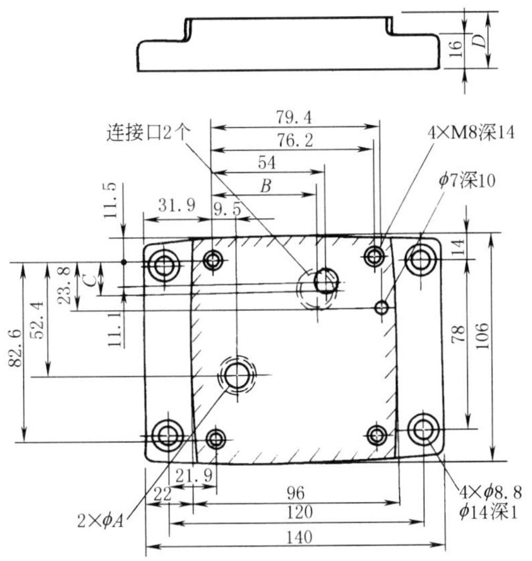

底板型号	连接口 Rc	A	B	C	D
FGM-02-20	¼	11	54	11.1	25
FGM-02X-20	⅜	14	54	11.1	25
FGM-02Y-20	½	14	51	14	35

FGM-03X,03Y,03Z 型

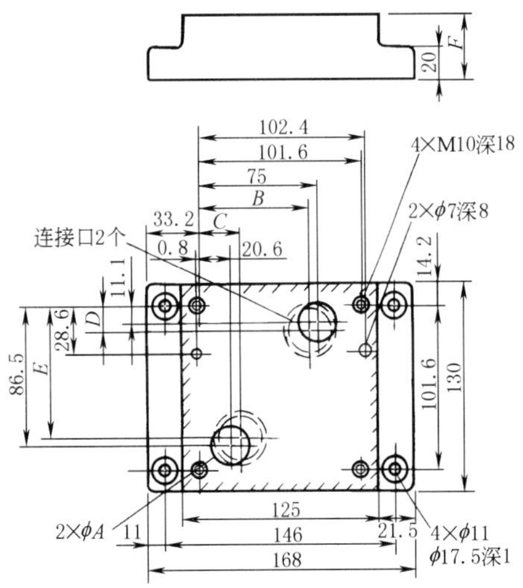

底板型号	连接口 Rc	A	B	C	D	E	F
FGM-03X-20	½	17.5	75	20.6	11.1	86.5	25
FGM-03Y-20	¾	23	70	25.6	16.1	81.5	40
FGM-03Z-20	1	23	70	25.6	16.1	81.5	40

续表

FGM-06X,06Y,06Z 型

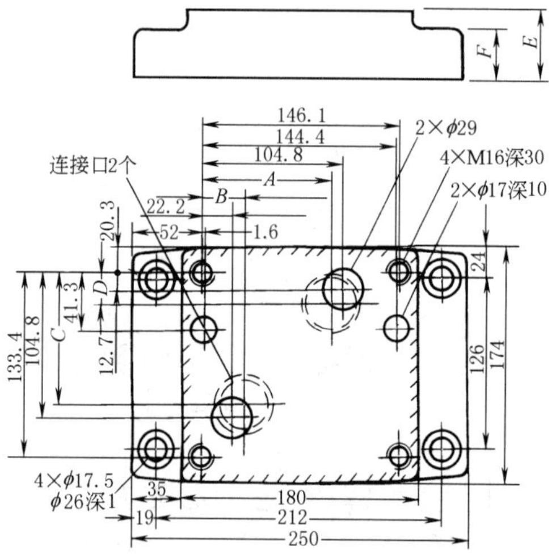

FGM-10Y 型

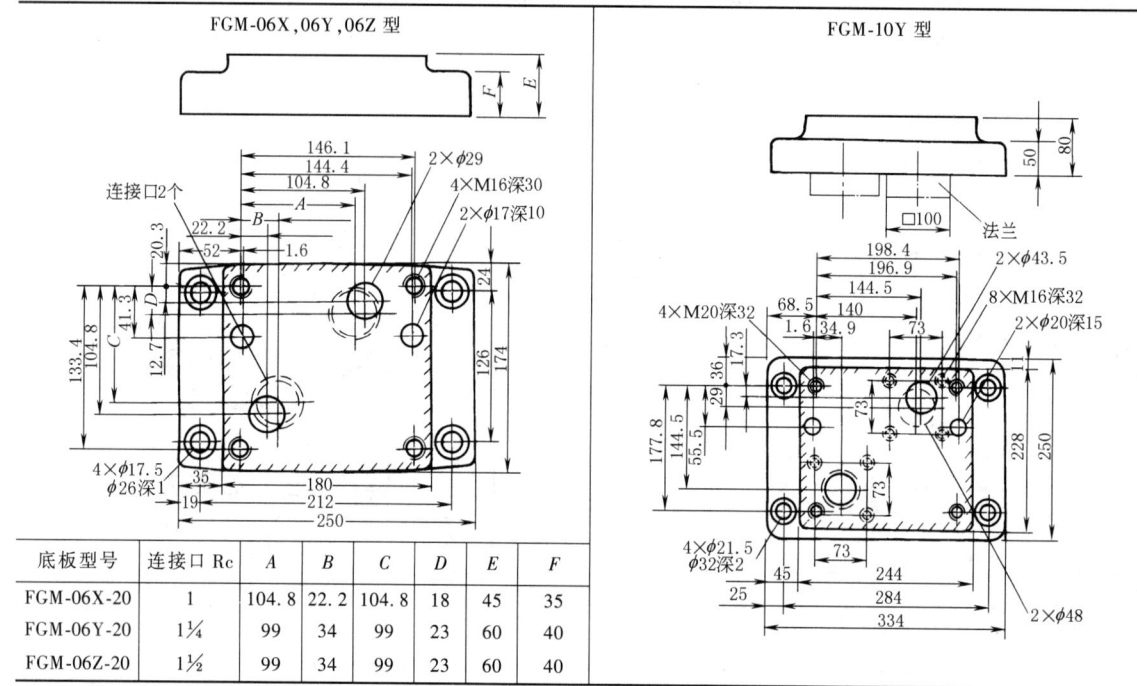

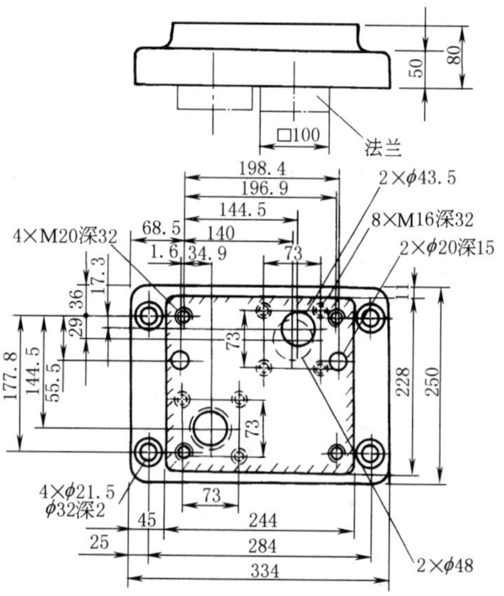

底板型号	连接口 Rc	A	B	C	D	E	F
FGM-06X-20	1	104.8	22.2	104.8	18	45	35
FGM-06Y-20	1¼	99	34	99	23	60	40
FGM-06Z-20	1½	99	34	99	23	60	40

5.4.4 FH（C）型先导操作流量控制阀

本元件用液压机构代替手动调节旋钮进行流量调节，并能使执行元件在加速、减速时平稳变化，实现无冲击控制。本元件还具有压力、温度补偿功能，保证调节流量的稳定。

型号意义：

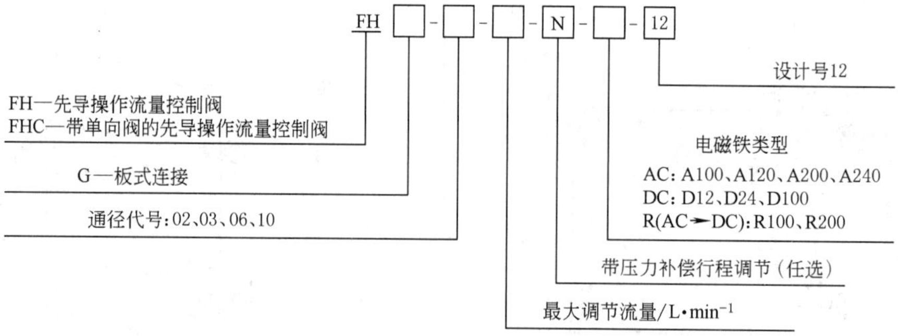

表 20-8-92 技术规格

通径代号	02	03	06	10	最低先导压力/MPa	1.5			
通径/mm	6	10	20	30	质量/kg	13	17	32	61
最大流量/L·min^{-1}	30	125	250	500	介质黏度/m^2·s^{-1}	$(15\sim400)\times10^{-6}$			
最小稳定流量/L·min^{-1}	0.05	0.2	2	4	介质温度/℃	−15~70			
最高工作压力/MPa	21								

流量调整方法：

① 电磁换向阀在“ON”状态（见图 20-8-33 中②），达到最大流量调整螺钉设定的流量，执行元件按设定的最高速度动作，顺时针转动调节螺钉，则流量减少。

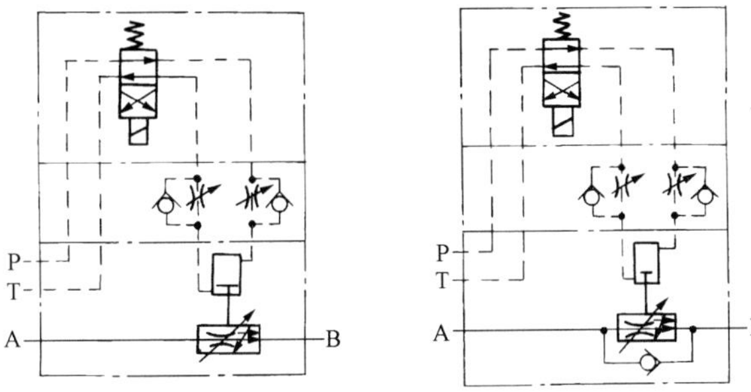

图 20-8-32　图形符号

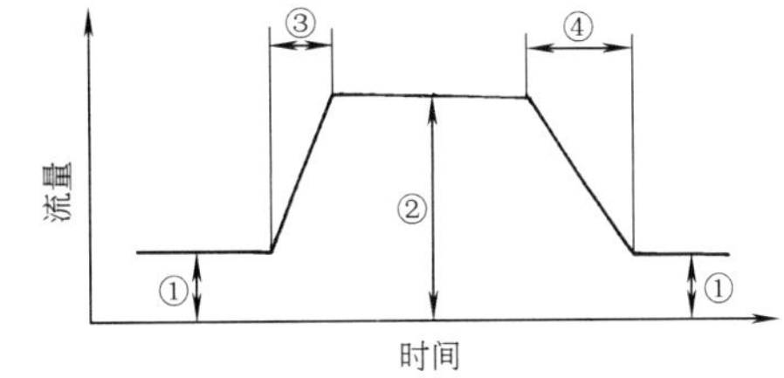

图 20-8-33　控制图形

② 电磁换向阀在“OFF”状态（见图 20-8-33 中①），达到最小流量调整螺钉设定的流量，执行元件按设定最低速度动作，顺时针转动调整螺钉，则流量增大。

③ 使电磁换向阀从“OFF”到“ON”时，从小流量转换为大流量，执行元件从低速转换为高速，转换时间先导管路“A”流量调节手轮设定。

④ 使电磁换向阀从“ON”到“OFF”时，从大流量转换为小流量，执行元件从高速转换为低速，转换时间先导管路“B”流量调节手轮设定。

特性曲线与 F 型流量控制阀相同，见图 20-8-30 和图 20-8-31。

表 20-8-93　　　　**外形尺寸**

FHG
FHCG-
02,03
型

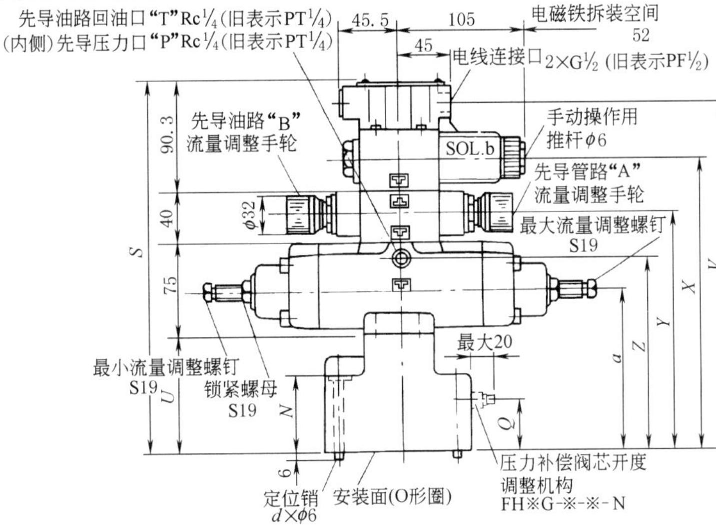

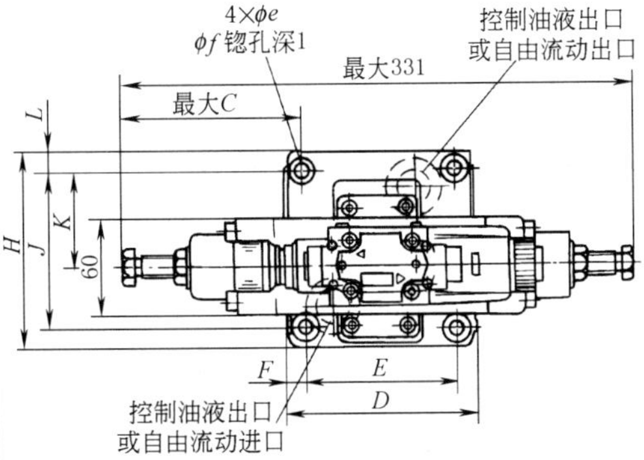

安装面 FH※G-02 与 ISO 6263-AK-06-2-A 一致

安装面 FH※G-03 与 ISO 6263-AM-07-2-A 一致

型　号	C	D	E	F	H	J	K	L	N	Q
FH※G-02	127.4	96	76.2	9.9	100.6	82.6	44.3	9	40	23
FH※G-03	114.7	125	101.6	11.7	125	101.6	61.8	11.7	64	41
型　号	S	U	V	X	Y	Z	a	d	e	f
FH※G-02	274.3	69	256	209	166	129	104	1	8.8	14
FH※G-03	303.3	98	285	238	195	158	133	2	11	17.5

注：阀安装面尺寸请参照通用的底板图，见表 20-8-91

续表

FHG FHCG-06,10 型

安装面 FH※G-06 与 ISO 6263-AP-08-2-A 一致

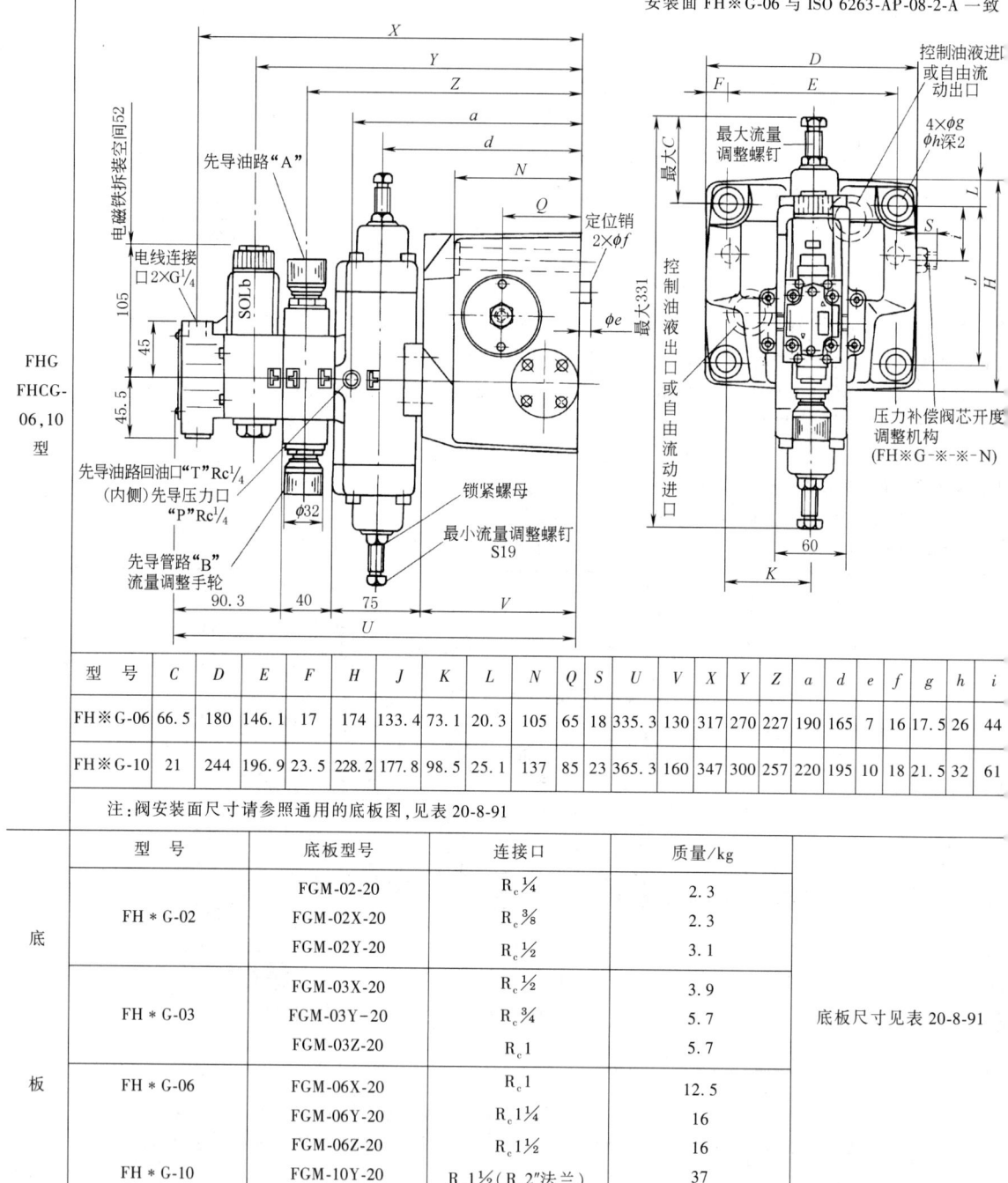

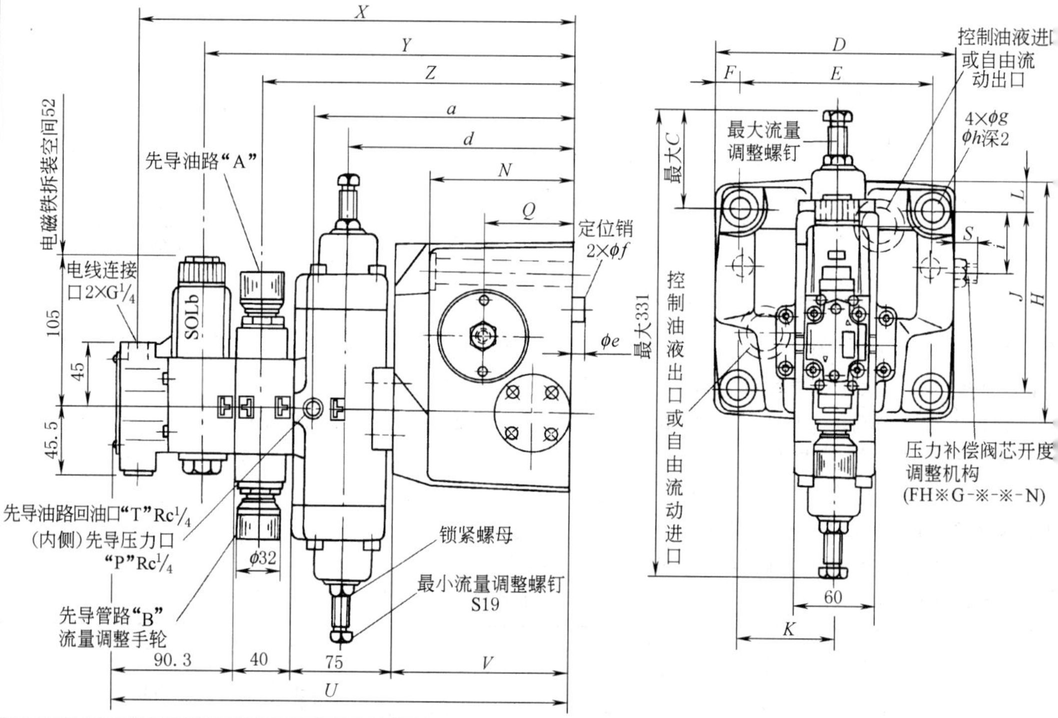

型　号	C	D	E	F	H	J	K	L	N	Q	S	U	V	X	Y	Z	a	d	e	f	g	h	i
FH※G-06	66.5	180	146.1	17	174	133.4	73.1	20.3	105	65	18	335.3	130	317	270	227	190	165	7	16	17.5	26	44
FH※G-10	21	244	196.9	23.5	228.2	177.8	98.5	25.1	137	85	23	365.3	160	347	300	257	220	195	10	18	21.5	32	61

注:阀安装面尺寸请参照通用的底板图,见表 20-8-91

	型　号	底板型号	连接口	质量/kg	
底板	FH＊G-02	FGM-02-20	R_c¼	2.3	底板尺寸见表 20-8-91
		FGM-02X-20	R_c⅜	2.3	
		FGM-02Y-20	R_c½	3.1	
	FH＊G-03	FGM-03X-20	R_c½	3.9	
		FGM-03Y-20	R_c¾	5.7	
		FGM-03Z-20	R_c1	5.7	
	FH＊G-06	FGM-06X-20	R_c1	12.5	
		FGM-06Y-20	R_c1¼	16	
		FGM-06Z-20	R_c1½	16	
	FH＊G-10	FGM-10Y-20	R_c1½(R_c2″法兰)	37	

5.5 液压节流截止阀和单向节流截止阀

JB/T 10368—2014《液压节流阀》规定的“范围”，见本章 5.1 节。

液压节流（截止）阀试验方法见本章 10.7 节。

DV/DRV 型节流阀是一种简单而又精确地调节执行元件速度的流量控制阀，完全关闭时它又是截止阀。

型号意义：

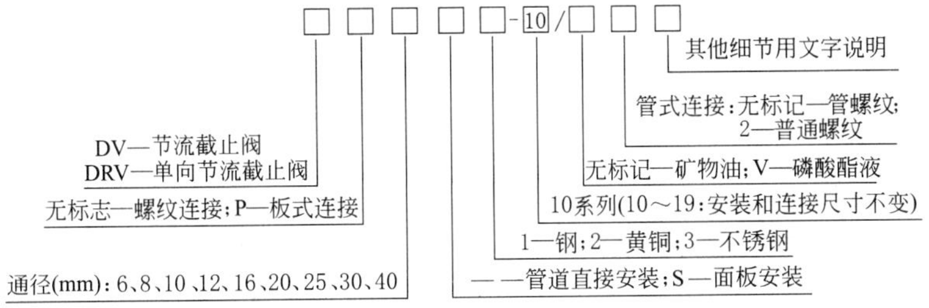

表 20-8-94 **技术规格**

通径/mm	6	8	10	12	16	20	25	30	40	介质	矿物液压油，磷酸酯液
流量/L·min^{-1}	14	60	75	140	175	200	300	400	600	介质黏度/$m^2 \cdot s^{-1}$	$(2.8 \sim 380) \times 10^{-6}$
工作压力/MPa	约 35									介质温度/℃	-20～100
单向阀开启压力/MPa	0.05									安装位置	任意

DV/DRV 型节流阀外形尺寸

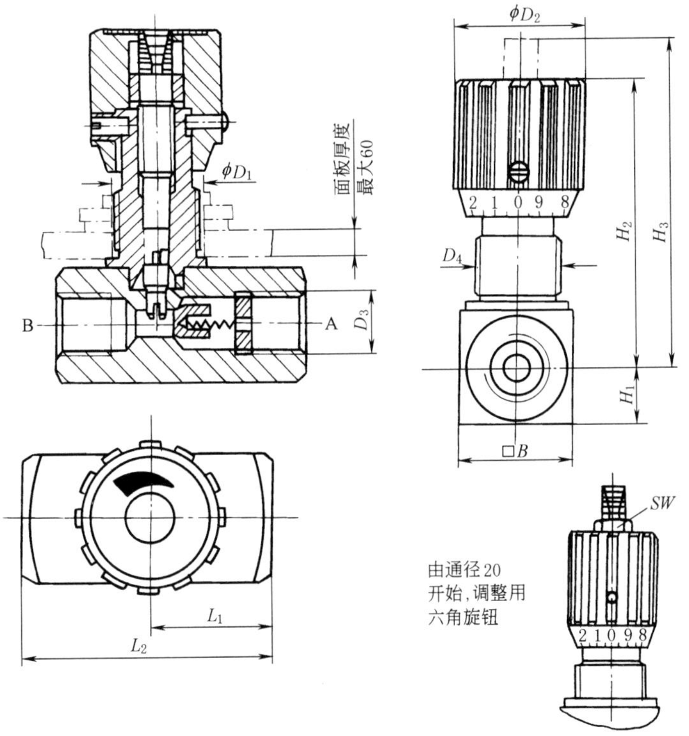

表 20-8-95 mm

通径	B	ϕD_1	ϕD_2	D_3		D_4	H_1	H_2	H_3	L_1		L_2		SW
										DV	DRV	DV	DRV	
6	15	16	24	G⅛	M10×1	M12×1.25	8	50	55	19	26	38	45	
8	25	19	29	G¼	M14×1.5	M18×1.5	12.5	65	72	24	33.5	48	45	
10	30	19	29	G⅜	M18×1.5	M18×1.5	15	67	74	29	41	58	65	
12	35	23	38	G½	M22×1.5	M22×1.5	17.5	82	92	34	44	68	73	
16	45	23	38	G¾	M27×2	M22×1.5	22.5	96	106	39	57	78	88	
20	50	38	49	G1	M33×2	M33×1.5	25	128	145	54	77	108	127	19
25	60	38	49	G1¼	M42×2	M33×1.5	30	133	150	54	93	108	143	19
30	70	38	49	G1½	M48×2	M33×1.5	35	138	155	54	108	108	143	19
40	90	38	49	G2		M33×1.5	45	148	165		130		165	19

DRVP 型节流阀外形尺寸

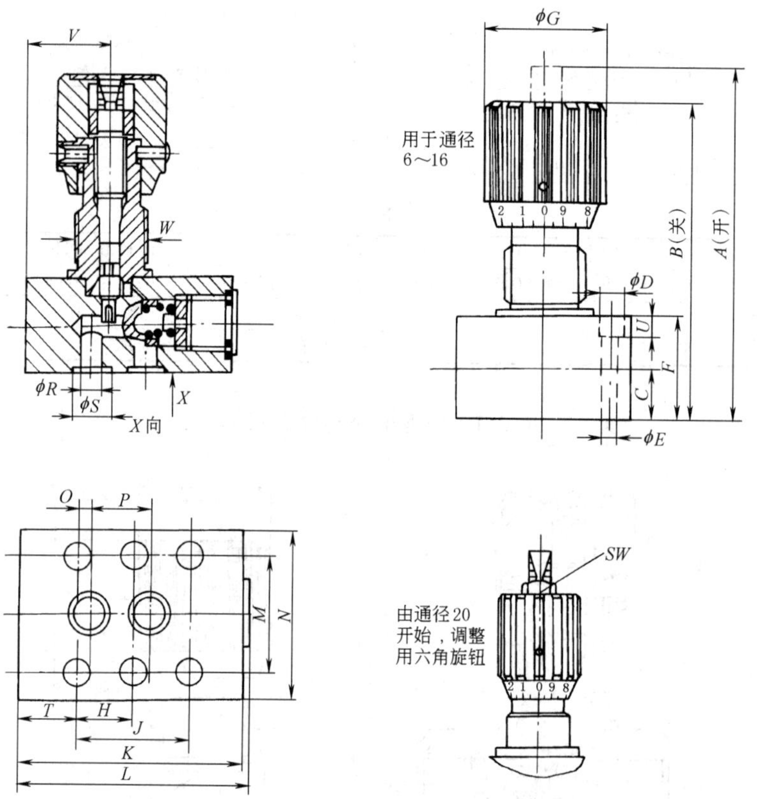

表 20-8-96

mm

型　号	A	B	C	D	E	F	G	H	J	K	L
DRVP-6	63	58	8	11	6.6	16	24	—	19	41.5	43
DRVP-8	79	72	10	11	6.6	20	29	—	35	63.5	65
DRVP-10	84	77	12.5	11	6.6	25	29	—	33.5	70	72
DRVP-12	106	96	16	11	6.6	32	38	—	38	80	84
DRVP-16	128	118	22.5	14	9	45	38	38	76	104	107
DRVP-20	170	153	25	14	9	50	49	47.5	95	127	131
DRVP-25	175	150	27	18	11	55	49	60	120	165	169
DRVP-30	195	170	37.5	20	14	75	49	71.5	143	186	190
DRVP-40	220	203	50	20	14	100	49	67	133.5	192	196

型　号	M	N	O	P	R	S	T	U	V	W	SW	质量/kg
DRVP-6	28.5	41.5	1.6	16	5	9.8	6.4	7	13.5	M14×1.5	—	0.26
DRVP-8	33.5	46	4.5	25.5	7	12.7	14.2	7	31	M18×1.5	—	0.50
DRVP-10	38	51	4	25.5	10	15.7	18	7	29.5	M18×1.5	—	0.80
DRVP-12	44.5	57.5	4	30	13	18.7	21	7	36.5	M22×1.5	—	1.10
DRVP-16	54	70	11.4	54	17	24.5	14	9	49	M22×1.5	—	2.50
DRVP-20	60	76.5	19	57	22	30.5	16	9	49	M33×2	19	3.90
DRVP-25	76	100	20.6	79.5	28.5	37.5	15	11	77	M33×2	19	6.70
DRVP-30	92	115	23.8	95	35	43.5	15	13	85	M33×2	19	11.0
DRVP-40	111	140	25.5	89	47.5	57.5	16	13	64	M33×2	19	17.5

JB/T 7747—2010《针形截止阀》规定了针形截止阀的结构型式、参数、技术要求、试验方法、检验规则、志、包装、运输及贮存，适用于公称压力不大于 PN320，公称尺寸 DN2.5～DN25 的钢制针形截止阀；PN16～N25，DN10～DN15 的铜制针形截止阀。其他参数的针形截止阀也参照执行。

针阀可作为压力表管路或小流量管路的截止阀使用，还可以用作节流阀。

型号意义：

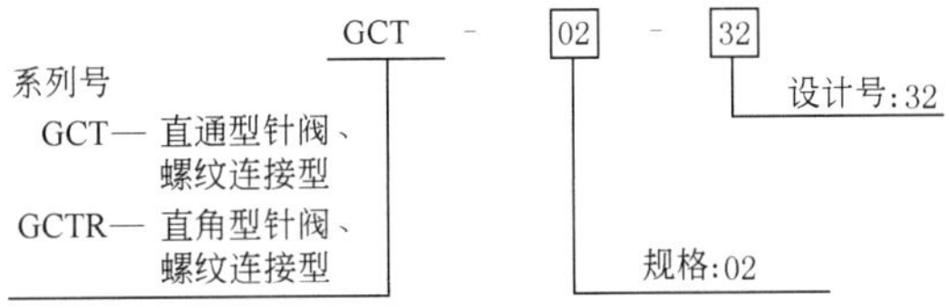

表 20-8-97　　技术规格

型号		最大流量/L·min^{-1}	最高工作压力/MPa	质量/kg
直通型	直角型			
GCT-02-32	GCTR-02-32	取决于允许压降，见开度、流量特性和全开时压降特性	35	0.34

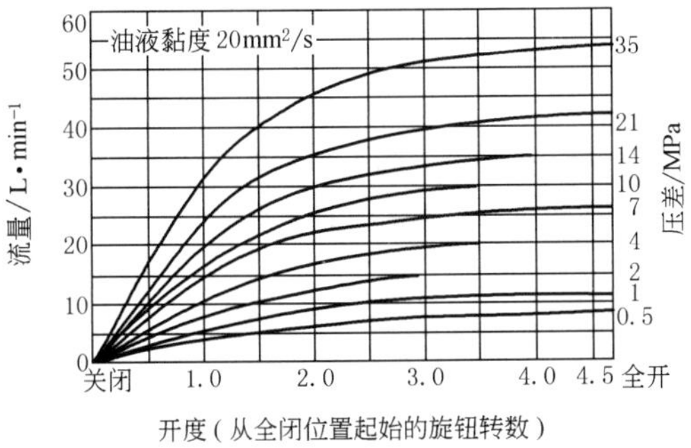

图 20-8-34　开度-流量特性曲线

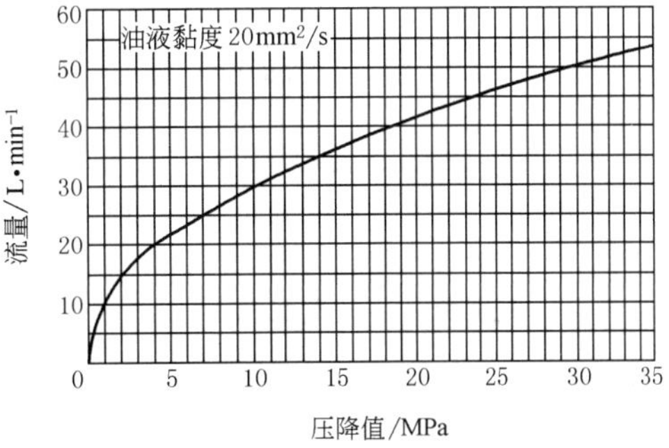

图 20-8-35　阀全开时压降特性曲线

表 20-8-98　　外形尺寸　　mm

	GCT-02-32 型	GCTR-02-32 型
针阀	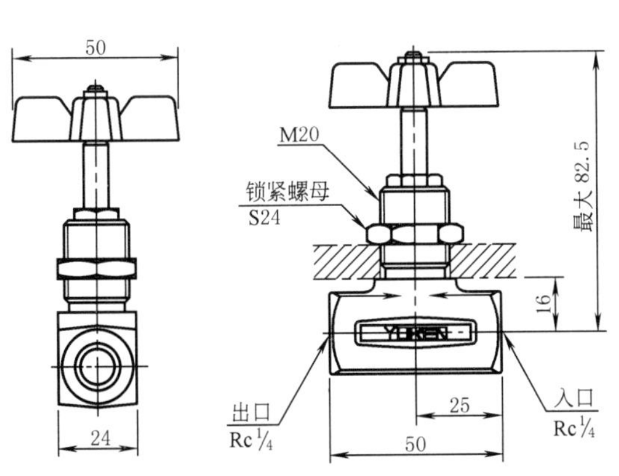	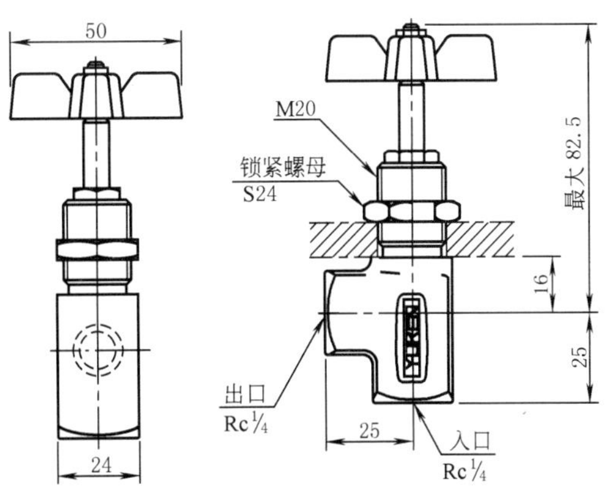
面板安装尺寸	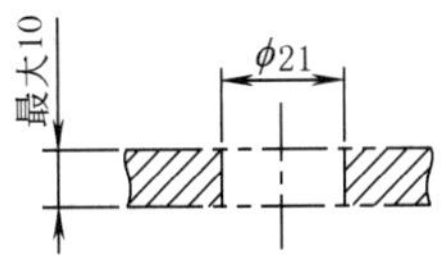	

续表

接头	此接头将压力表直接装在针阀上使用 接头装有压力阻尼器,以减小有害的冲击,保护压力表 针阀不附带接头,请参照下表订购

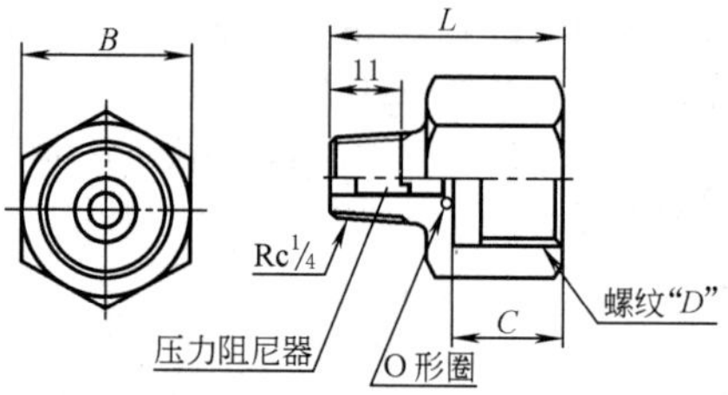

接头型号	压力表接口 D	B	C	L	质量/kg
AG-02S	G¼	24	14	32	0.075
AG-03S	G⅜	24	16	35	0.075
AG-04S	G½	27	18	37	0.08

6 方向控制阀

6.1 液压普通单向阀和液控单向阀

JB/T 10364—2014《液压单向阀》规定了液压传动用普通单向阀、液控单向阀（以下简称单向阀）的型号、基本参数和标志、技术要求、试验方法、检验规则和包装等要求，适用于以矿物油型液压油或性能相当的其他液体为工作介质的管式连接、板式连接和叠加式连接的单向阀。

液压单向阀试验方法见本章第 10.9 节。

6.1.1 C 型单向阀

C 型单向阀在所设定的开启压力下使用，可控制油流单方向流动，完全阻止油流的反方向流动。

型号意义：

CI T-03-04-50

- CI — 系列号：CI—直通单向阀；CR—直角单向阀
- T — 连接型式：T—管式；G—板式
- 03 — 通径代号：02；03；06；10
- 04 — 开启压力：04—0.04MPa；35—0.35MPa；50—0.5MPa
- 50 — 设计号

表 20-8-99　　技术规格

型号		额定流量①/L·min⁻¹	最高使用压力/MPa	开启压力/MPa	质量/kg
管式连接(直通单向阀)	CIT-02-※-50	16	25	0.04	0.1
	CIT-03-※-50	30		0.35	0.3
	CIT-06-※-50	85		0.5	0.8
	CIT-10-※-50	230			2.3
管式连接(直角单向阀)	CRT-03-※-50	40	25	0.04	0.9
	CRT-06-※-50	125		0.35	1.7
	CRT-10-※-50	250		0.5	5.6
板式连接	CRG-03-※-50	40	25	0.04	1.7
	CRG-06-※-50	125		0.35	2.9
	CRG-10-※-50	250		0.5	5.5

① 额定流量是指开启压力 0.04MPa、使用油相对密度 0.85、黏度 $20mm^2/s$ 时自由流动压力下降值为 0.3MPa 时的大概流量。

表 20-8-100 外形尺寸 mm

CIT-02,03,06,10

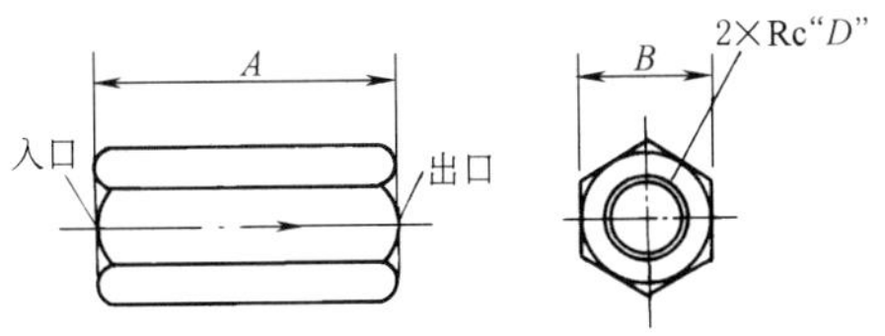

型号	A	B	D
CIT-02-※-50	58	19	¼
CIT-03-※-50	76	27	⅜
CIT-06-※-50	95	41	¾
CIT-10-※-50	133	60	1¼

CRT-03,06,10

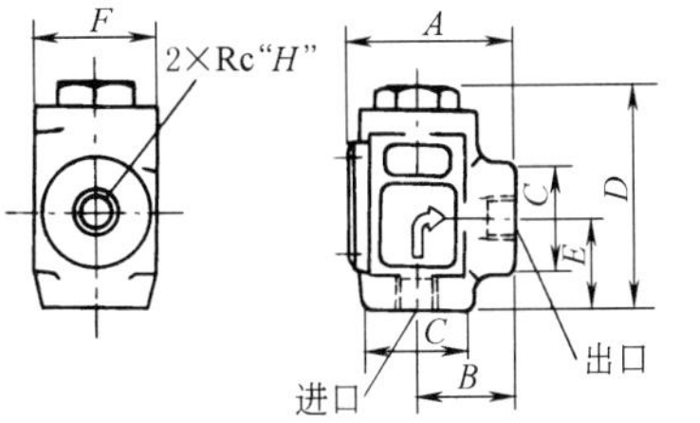

型号	A	B	C	D	E	F	H
CRT-03	62	36	ϕ38	80.5	33	44	⅜
CRT-06	74	45	ϕ54	104.5	49	54	¾
CRT-10	107	65	□80	130	65	80	1¼

CRG-03,06

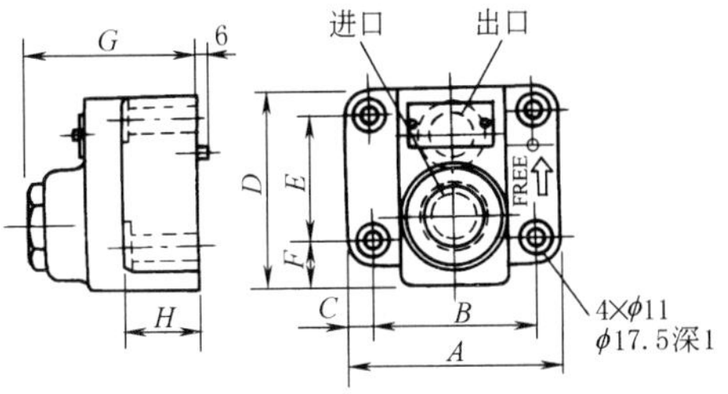

型号	A	B	C	D	E	F
CRG-03	90	66.7	11.7	72	42.9	17.5
CRG-06	102	79.4	11.3	93	60.3	21.4

型号	G	H	安装面符合下列 ISO 标准
CRG-03	72.5	31	ISO 5781-AG-06-2-A
CRG-06	84.5	36	ISO 5781-AH-08-2-A

CRG-10

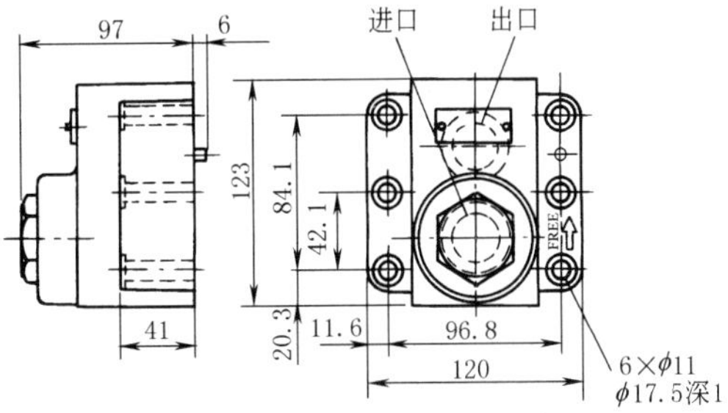

安装面符合 ISO 5781-AJ-10-2-A

表 20-8-101 安装底板

型号	底板型号	连接尺寸 Rc	质量/kg
CRG-03	CRGM-03-50	⅜	1.6
	CRGM-03X-50	½	1.6
CRG-06	CRGM-06-50	¾	2.4
	CRGM-06X-50	1	3.0
CRG-10	CRGM-10-50	1¼	4.8
	CRGM-10X-50	1½	5.7

CRGM 03,03X

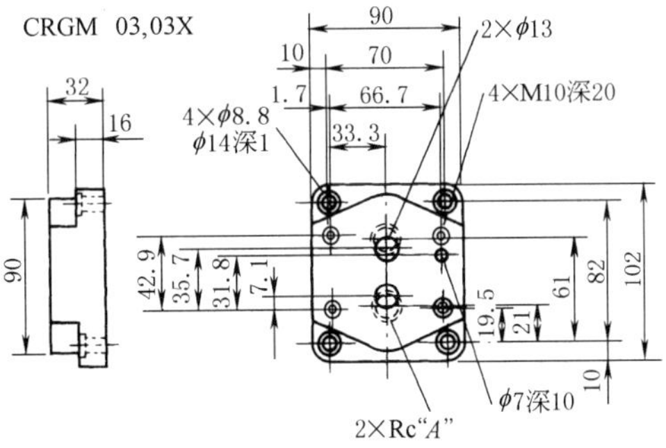

表 20-8-102

底板型号	A
CRGM-03-50	⅜
CRGM-03X-50	½

CRGM-06，06X

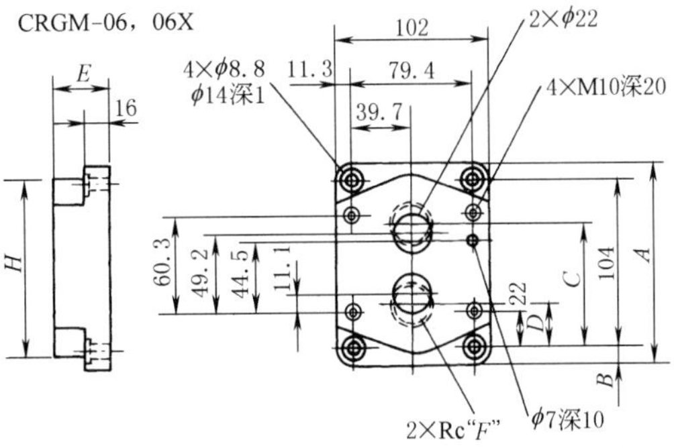

表 20-8-103

mm

底板型号	*A*	*B*	*C*	*D*	*E*	*F*	*H*
CRGM-06-50	124	10	77	27	36	¾	110
CRGM-06X-50	136	16	82.3	22	45	1	130

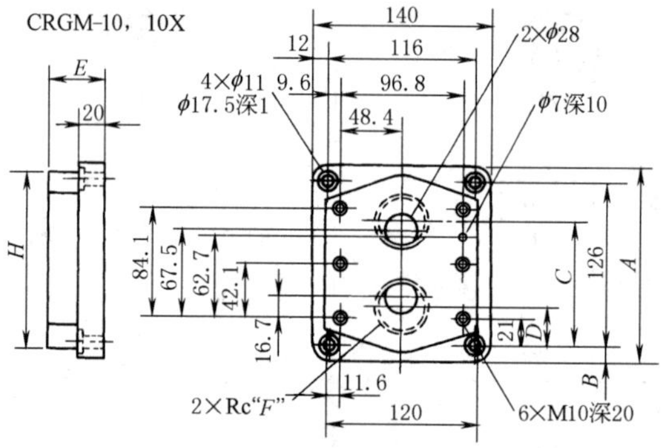

表 20-8-104

mm

底板型号	*A*	*B*	*C*	*D*	*E*	*F*	*H*
CRGM-10-50	150	12	96	30	45	1¼	135
CRGM-10X-50	177	25.5	104	22	50	1½	167

6.1.2 S 型单向阀

S 型单向阀为锥阀式结构，压力损失小。主要用于泵的出口处，亦可作背压阀和旁路阀用。

型号意义：

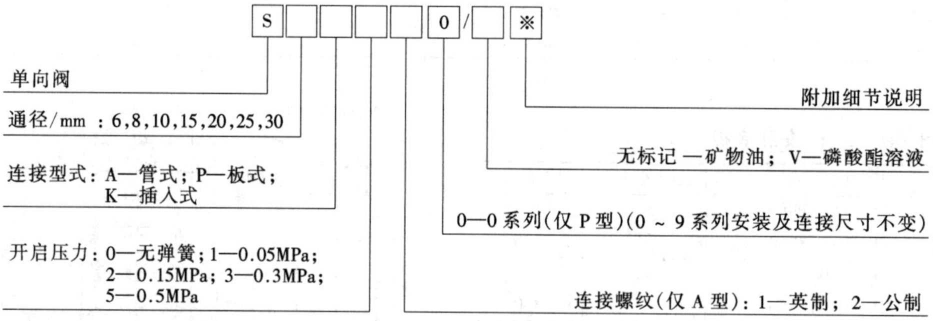

表 20-8-105 技术规格及特性曲线

通径/mm		6	8	10	15	20	25	30	最大工作压力/MPa	31.5						
连接型式	管式	✓	✓	✓	✓	✓	✓	✓	最大流量/$L \cdot min^{-1}$	10	18	30	65	115	175	260
	板式	—	—	✓	—	✓	—	✓	介质黏度/$m^2 \cdot s^{-1}$	$(2.8\sim380)\times10^{-6}$						
	插入	✓	✓	✓	✓	✓	✓	✓	介质温度/℃	-30~80						

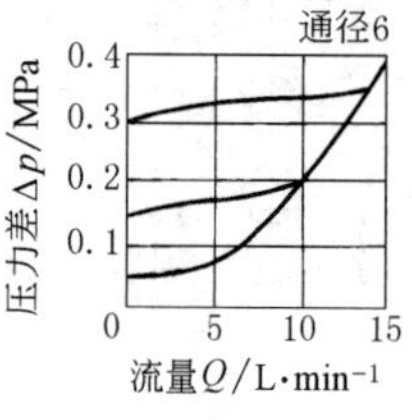

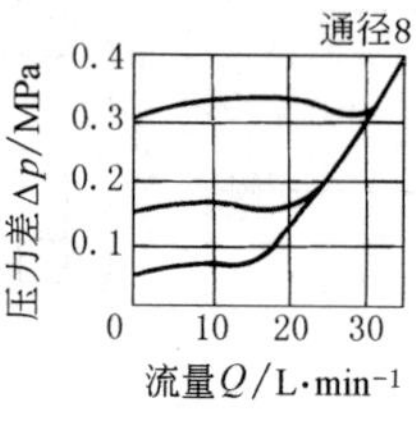

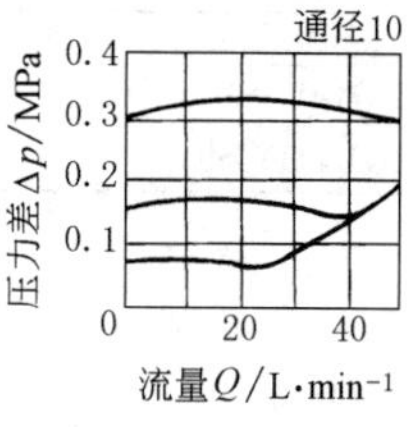

续表

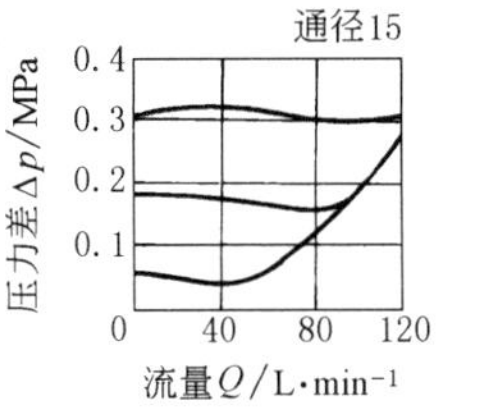

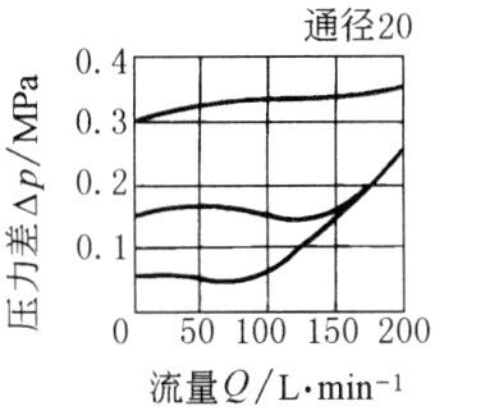

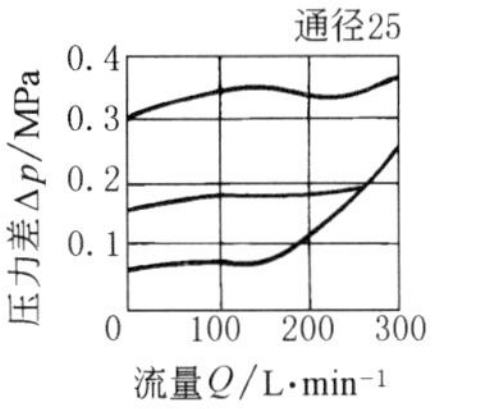

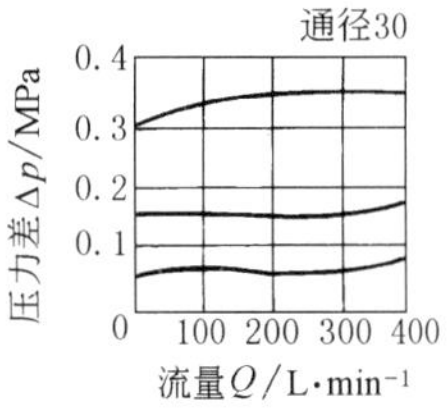

表 20-8-106 **外形尺寸** mm

管式连接

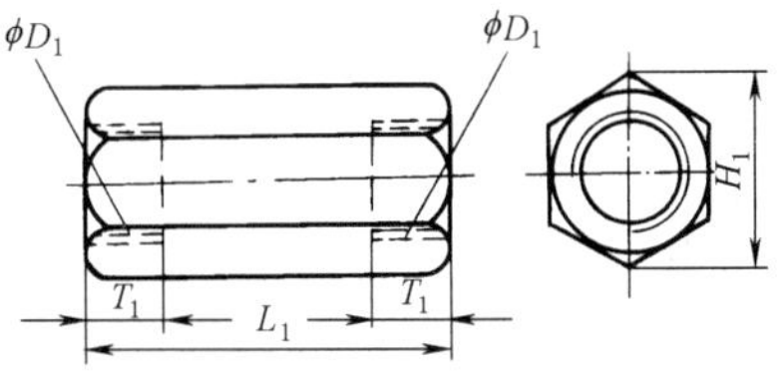

通径	D_1	H_1	L_1	T_1	质量/kg
6	G¼	22	58	12	0.1
8	G⅜	28	58	12	0.2
10	G½	34.5	72	14	0.3
15	G¾	41.5	85	16	0.5
20	G1	53	98	18	1.0
25	G1¼	69	120	20	2.0
30	G1½	75	132	22	2.5

插装式直通单向阀

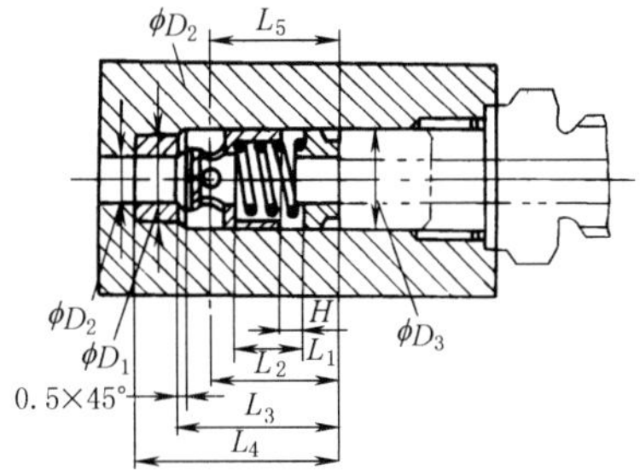

通径	D_1 (H7)	D_2	D_3 (H8)	H	L_1	L_2	L_3	L_4	L_5	质量/kg
6	10	6	11	4	9.5	19	21.8	29.8	18	0.06
8	13	8	14	4	9.5	18	22.8	32.8	18	0.06
10	17	10	18	4	11.5	21	28.8	38.8	23	0.06
15	22	15	24	5	14.5	27	36.4	48.4	28	0.10
20	28	20	30	5	16	29	44	59	33	0.20
25	36	25	38	7	24.5	39	55	73	41	0.25
30	42	30	45	7	25	42	63	83	47	0.80

插装式直角单向阀

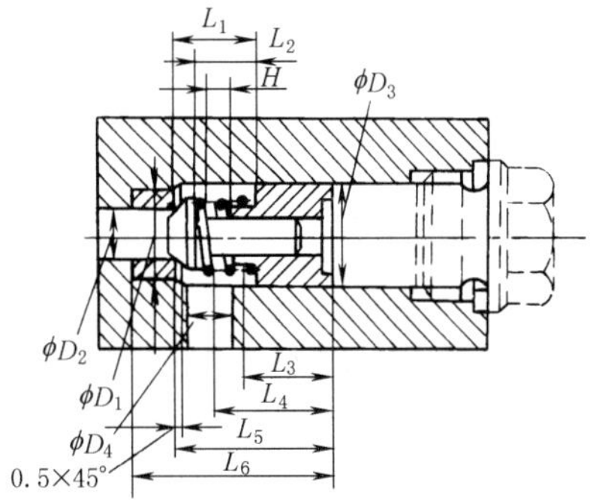

通径	D_1 (H7)	D_2	D_3 (H8)	D_4	H	L_1	L_2	L_3	L_4	L_5	L_6	质量/kg
6	10	6	11	6	4	11.2	9.5	10	16.5	20.5	28.5	0.06
8	13	8	14	8	4	11.9	9.5	16	21.5	26.5	36.5	0.06
10	17	10	18	10	4	14.3	11.5	16	23.5	29.5	39.5	0.06
15	22	15	24	15	5	18	14.5	18	25.5	34	46	0.10
20	28	20	30	20	5	18.8	16	23	30	40.5	55.5	0.20
25	36	25	38	25	7	28.5	24.5	31	43	57.5	75.5	0.25
30	42	30	44	30	7	28.5	25	37	47.5	63.5	83.5	0.30

板式单向阀

底板连接面尺寸

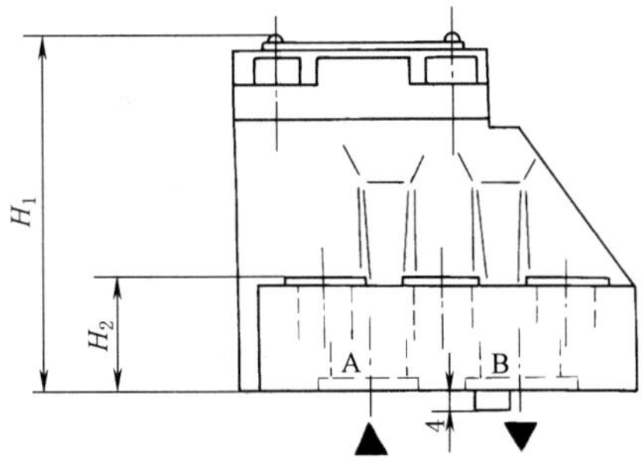

通径10

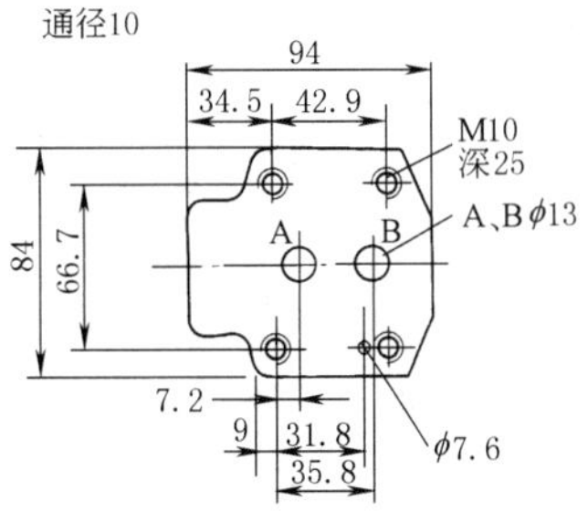

续表

底板连接面尺寸

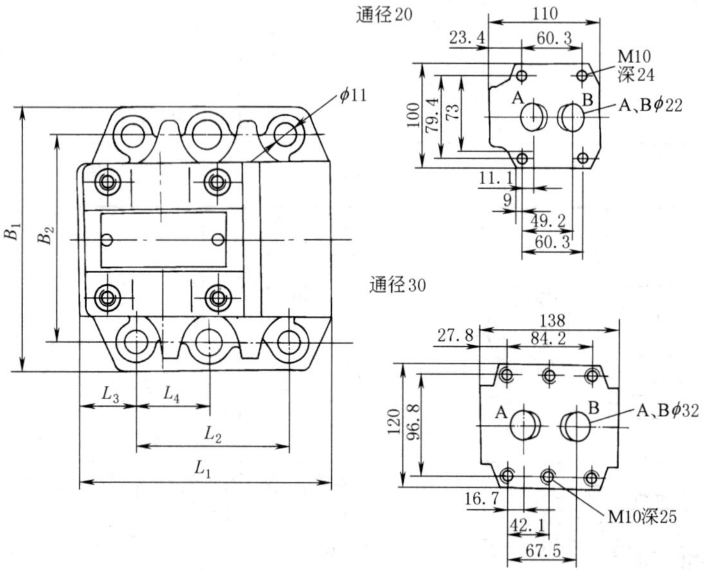

连 接 板

NG10 G460/1（G⅜） G461/1（G½）；NG20 G412/1（G¾） G413/1（G1）；NG30 G414/1（G1¼） G415/1（G1½

通径	B_1	B_2	L_1	L_2	L_3	L_4	H_1	H_2
10	85	66.7	78	42.9	17.8	—	66	21
20	102	79.4	101	60.3	23	—	93.5	31.5
30	120	96.8	128	84.2	28	42.1	106.5	46

6.1.3 SV/SL 型液控单向阀

SV/SL 型液控单向阀为锥阀式结构，只允许油流正向通过，反向则截止。当接通控制油口 X 时，压力油使锥阀离开阀座，油液可反向流动。

型号意义：

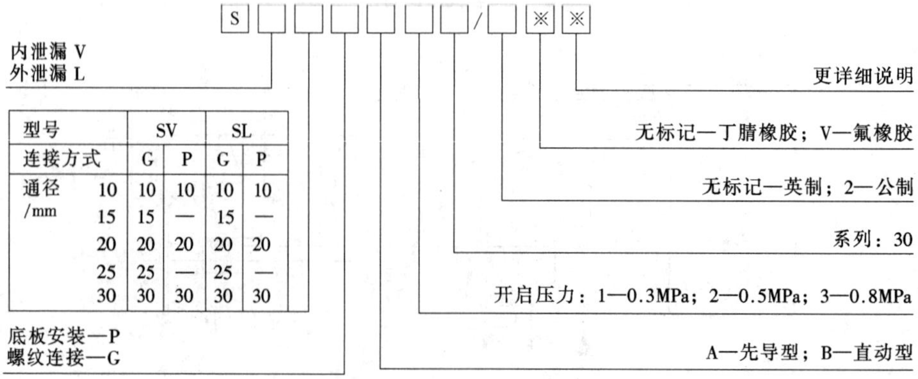

表 20-8-107 **技术规格**

阀型式	SV10	SL10	SV15&20	SL15&20	SV25&30	SL25&30
口控制容积/cm^3	2.2		8.7		17.5	
口控制容积/cm^3	—	1.9	—	7.7	—	15.8
液流方向	A 至 B 自由流通，B 至 A 自由流通(先导控制时)					
工作压力/MPa	约 31.5					
控制压力/MPa	0.5～31.5					
液压油	矿物油 磷酸酯液					
油温范围/℃	-30～70					
黏度范围/mm^2·s^{-1}	2.8～380					
质量/kg	SV/SL10	SV15&20	SL15&20	SV/SL25	SV/SL30	
	2.5	4.0	4.5	8.0		

表 20-8-108 **特性曲线**

SL10,SV10	SV15,SV20	SL15、20、25、30,SV25、30
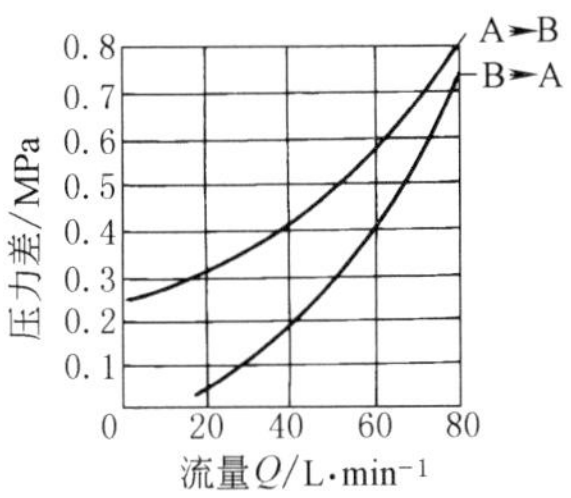	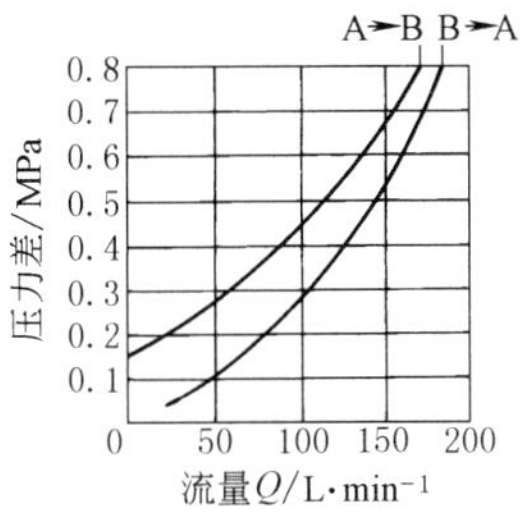	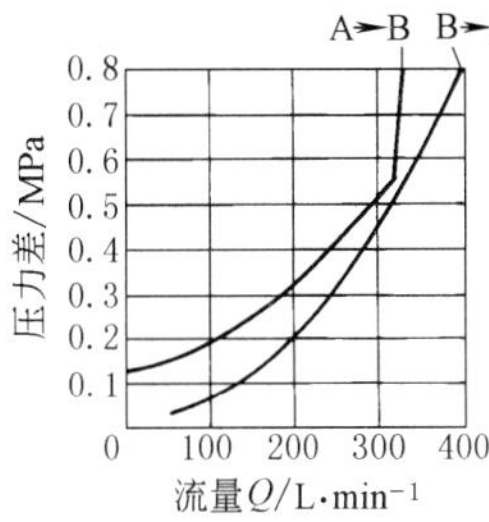

外 形 尺 寸

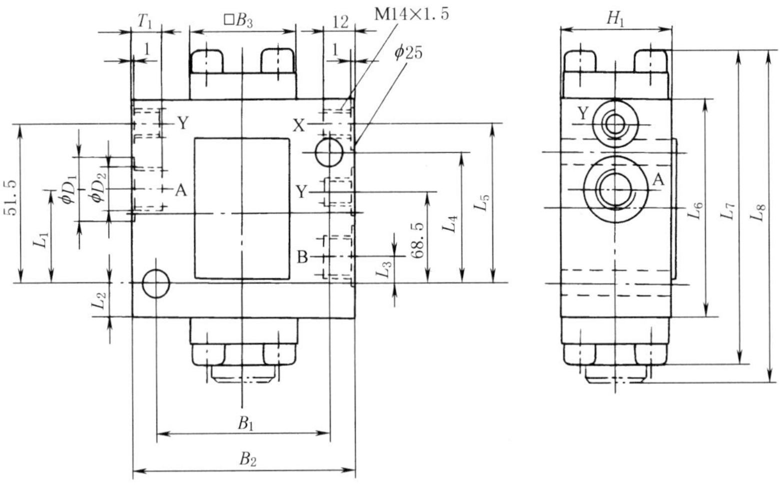

SV/SL 型液控单向阀外形尺寸（螺纹连接）

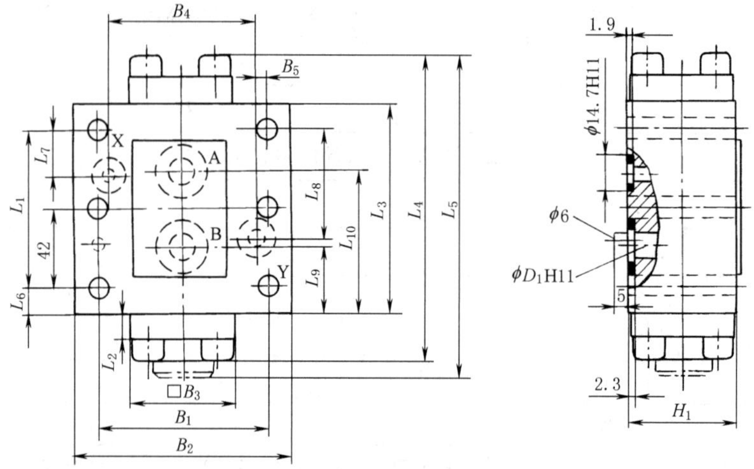

SV/SL 型液控单向阀外形尺寸（板式安装）

表 20-8-109

mm

连接方式	阀型号		B_1	B_2	B_3	D_1	D_2	H_1	L_1	L_2	L_3	L_4	L_5	L_6	L_7	L_8	T_1	备注
螺纹连接	SV	10	66.5	85	40	34	M22×1.5	42	27.5	18.5	10.5	33.5	49	80	116	116	14	①尺寸 L_7 只适用于开启压力1和2的阀 ②尺寸 L_8 只适用于开启压力3的阀
		15	79.5	100	55	42	M27×1.5	57	36.7	17.3	13.3	50.5	67.5	95	135	146	16	
		20	79.5	100	55	47	M33×1.5	57	36.7	17.3	13.3	50.5	67.5	95	135	146	18	
		25	97	120	70	58	M42×1.5	75	54.5	15.5	20.5	73.5	89.5	115	173	179	20	
		30	97	120	70	65	M48×1.5	75	54.5	15.5	20.5	73.5	89.5	115	173	179	22	
	SL	10	66.5	85	40	34	M22×1.5	42	22.5	18.5	10.5	33.5	49	80	116	116	14	
		15	79.5	100	55	42	M27×1.5	57	30.5	17.5	13	50.5	72.5	100	140	151	16	
		20	79.5	100	55	47	M33×1.5	57	30.5	17.5	13	50.5	72.5	100	140	151	18	
		25	97	120	70	58	M42×1.5	75	54.5	15.5	20.5	84	99.5	125	183	189	20	
		30	97	120	70	65	M48×1.5	75	54.5	15.5	20.5	84	99.5	125	183	189	22	

连接方式	阀型号		B_1	B_2	B_3	B_4	B_5	ϕD_1	H_1	L_1	L_2	L_3	L_4	L_5	L_6	L_7	L_8	L_9	L_{10}	备注
板式安装	SV	10	66.5	85	40	58.8	—	20.6	42	43	10	80	116	116	18.5	21.5	—	25.75	54.25	①尺寸 L 只适用于开启压力1或2的阀 ②尺寸 L 只适用于开启压力 的阀
		20	79.5	100	55	73	—	29.4	57	60.5	10	95	135	146	17.3	20.6	—	30.5	66.5	
		30	97	120	70	92.8	—	39.2	75	84	17	115	173	179	15.5	24.6	—	35	83	
	SL	10	66.5	85	40	58.8	7.9	20.6	42	43	10	80	116	116	18.5	21.5	21.5	25.75	54.25	
		20	79.5	100	55	73	6.4	29.4	57	60.5	10	100	140	151	17.3	20.6	39.7	30.5	66.5	
		30	97	120	70	92.8	3.8	39.2	75	84	17	125	183	189	15.5	24.6	59.5	35	83	

表 20-8-110　　　　安装底板尺寸　　　　mm

通径10

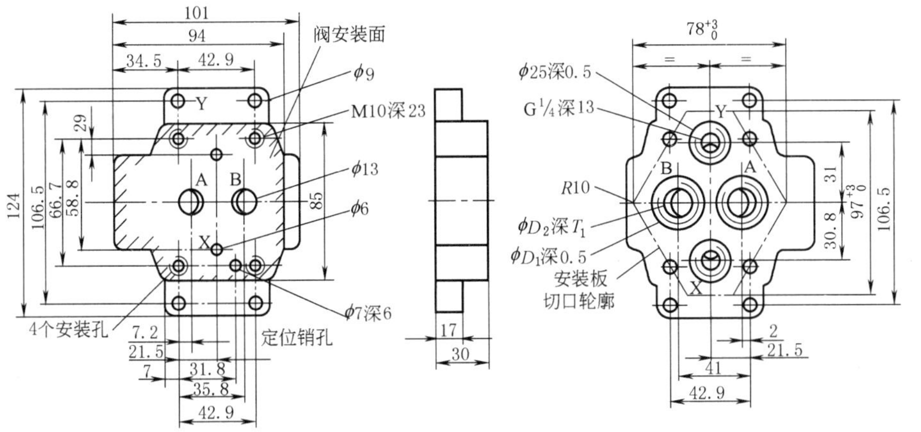

通径20

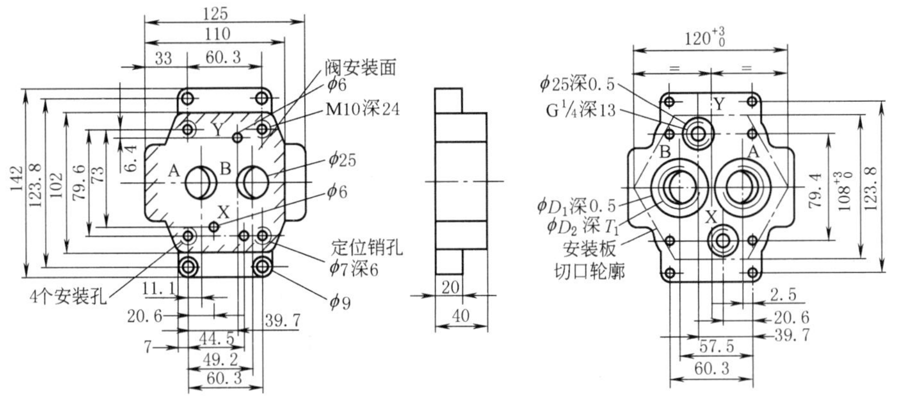

通径30

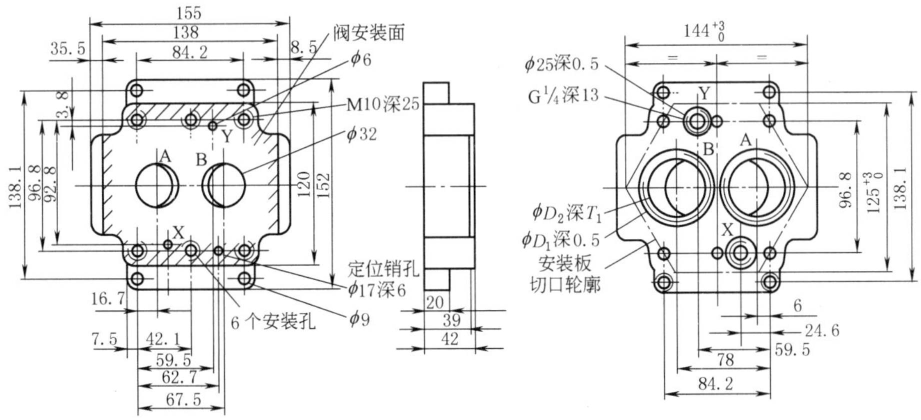

通径	型　号	D_1	D_2	T_1	安装螺钉	转矩/N·m	质量/kg
10	G460/1	28	G⅜	13	4×M10×60 GB/T 70.1—2000	69	1.7
	G461/1	34	G½	15			
20	G412/1	42	G¾	17	4×M10×80 GB/T 70.1—2000	69	3.3
	G413/1	47	G1	20			
30	G414/1	56	G1¼	21	6×M10×90 GB/T 70.1—2000	69	5.0
	G415/1	61	G1½	23			

6.1.4 CP 型液控单向阀

型号意义：

CP T-03-E-04-50

- 系列号：CP—普通型；CPD—带释压阀型
- 连接型式：T—管式；G—板式
- 通径代号：03；06；10
- 泄油方式：无记号—内部泄油；E—外部泄油
- 开启压力：04—0.04MPa；20—0.2MPa；35—0.35MPa；50—0.5MPa
- 设计号

表 20-8-111　　技术规格

型号		额定流量①/L·min^{-1}	最高使用压力/MPa	开启压力/MPa	质量/kg
管式连接	CP※T-03-※-※-50	40	25	0.04　0.2 0.35　0.5	3.0
	CP※T-06-※-※-50	125			5.5
	CP※T-10-※-※-50	250			9.6
底板连接	CP※G-03-※-※-50	40	25	0.04　0.2 0.35　0.5	3.3
	CP※G-06-※-※-50	125			5.4
	CP※G-10-※-※-50	250			8.5

① 额定流量是指开启压力 0.04MPa、使用油相对密度 0.85、黏度 20mm^2/s 时自由流动压力下降值为 0.3MPa 时的大概流量。

外形尺寸

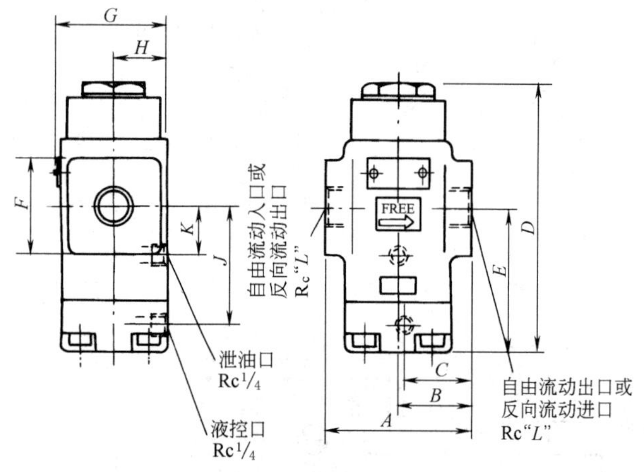

CP※T-03，06，10 型

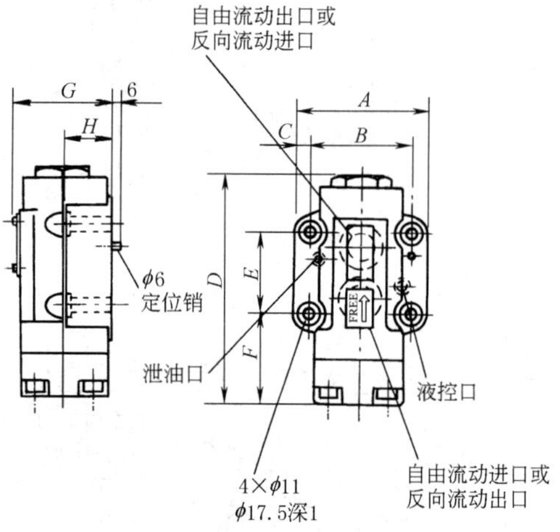

CP※G-03，06 型

表 20-8-112　　mm

型号	A	B	C	D	E	F	G	H	J	K	L
CP※T-03	80	40	39	150.5	84.5	φ38	60	29	67.5	26.5	3/8
CP※T-06	96	48	47	171.5	92.5	□62	72	35	75.5	31	3/4
CP※T-10	140	70	64	203.5	113	□80	82	40	96	43	1¼

表 20-8-113　　mm

型号	A	B	C	D	E	F	G	H	安装面符合下列 ISO 标准
CP※G-03	90	66.7	11.7	150.5	42.9	66	62	30	ISO 5781-AG-06-2-A
CP※G-06	102	79.4	11.3	171.5	60.3	67.5	74	35	ISO 5781-AH-08-2-A

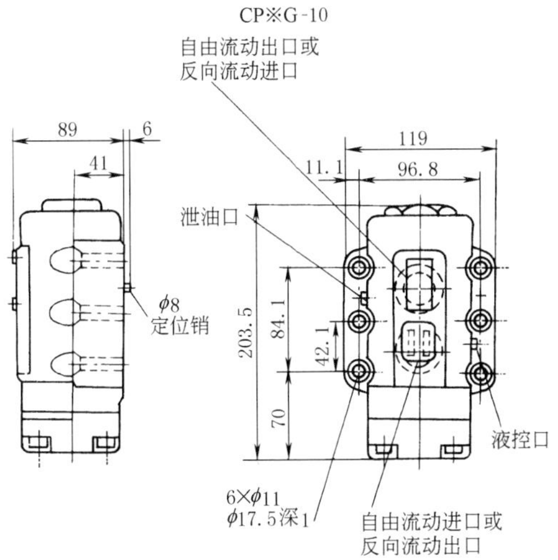

安装面符合ISO 5781-AJ-10-2-A

图 20-8-36

表 20-8-114　　安装底板

型　号	底板型号	连接尺寸	质量/kg
CP※G-03	HGM-03-20 HGM-03X-20	Rc3/8 Rc1/2	1.6
CP※G-06	HGM-06-20 HGM-06X-20	Rc3/4 Rc1	2.4 3.0
CP※G-10	HGM-10-20 HGM-10X-20	Rc1¼ Rc1½	4.8 5.7

注：底板与 H 型顺序阀通用，使用时请按上表型号订货。

.2　液压电磁换向阀

JB/T 10365—2014《液压电磁换向阀》规定了6通径和10通径液压电磁换向阀（以下简称电磁换向阀）的型号、基本参数和标志、技术要求、试验方法、检验规则和包装等要求，适用于以矿物油型液压油或性能相当的其他液体为工作介质，采用湿式电磁铁的板式连接电磁换向阀。

液压电磁换向阀试验方法见本章10.10节。

.2.1　DSG-01/03电磁换向阀

本系列电磁换向阀配有强吸力、高性能的湿式电磁铁，具有高压、大流量、压力损失低等特点。无冲击型可以将换向时的噪声和配管的振动抑制到很小。

型号意义：

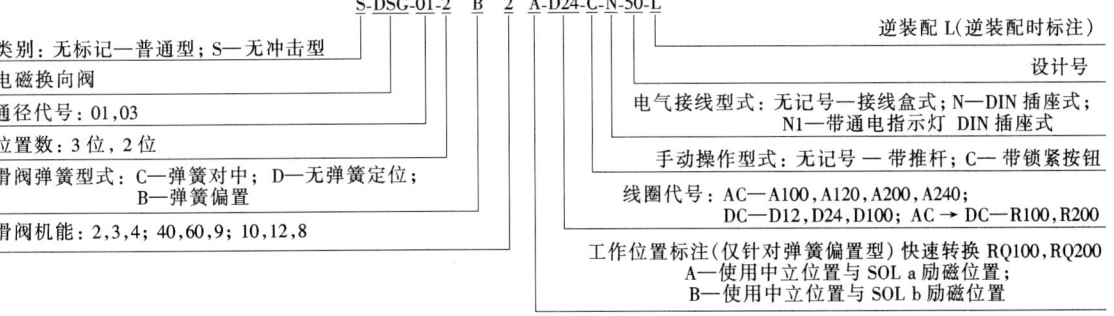

S-DSG-01-2　B　2　A-D24-C-N-50-L

- 类别：无标记—普通型；S—无冲击型
- 电磁换向阀
- 通径代号：01,03
- 位置数：3位，2位
- 滑阀弹簧型式：C—弹簧对中；D—无弹簧定位；B—弹簧偏置
- 滑阀机能：2,3,4；40,60,9；10,12,8
- 工作位置标注（仅针对弹簧偏置型）快速转换 RQ100,RQ200　A—使用中立位置与SOL a励磁位置；B—使用中立位置与SOL b励磁位置
- 线圈代号：AC—A100,A120,A200,A240；DC—D12,D24,D100；AC→DC—R100,R200
- 手动操作型式：无记号—带推杆；C—带锁紧按钮
- 电气接线型式：无记号—接线盒式；N—DIN插座式；N1—带通电指示灯DIN插座式
- 设计号
- 逆装配L（逆装配时标注）

表 20-8-115　　技术规格

类别	型　号	最大流量/L·min^{-1}	最高使用压力/MPa	T口允许背压/MPa	最高换向频率/次·min^{-1}	质量/kg	
						AC	DC、R、RQ
普通型	DSG-01-3C※-※-50 DSG-01-2D2-※-50 DSG-01-2B※-※-50	63	31.5 25（阀机能60型）	16	AC、DC：300 R：120	2.2 2.2 1.6	

续表

类别	型　　号	最大流量 /L·min^{-1}	最高使用压力 /MPa	T口允许背压 /MPa	最高换向频率 /次·min^{-1}	质量/kg	
						AC	DC、R、RQ
无冲击型	S-DSG-01-3C※-※-50 S-DSG-01-2B2-※-50	40	16	16	DC、R:120	2.2 1.6	
普通型	DSG-03-3C※-※-50 DSG-03-2D2-※-50 DSG-03-2B※-※-50	120	31.5 25(阀机能60型)	16	AC、DC:240 R:120	3.6 2.9	5 3.6
无冲击型	S-DSG-03-3C※-※-50 S-DSG-03-2D2-※-50	120	16	16	120	—	5 3.6

表 20-8-116　　电磁铁参数

电　源	线圈型号	频率 /Hz	电压/V	
			额定电压	使用范围
交流 AC	A100	50 60	100 100 110	80～110 90～120
	A120	50 60	120	96～132 108～144
	A200	50 60	200 200 220	160～220 180～240
	A240	50 60	240	192～264 216～288
直流 DC	D12 D24 D100	—	12 24 100	10.8～13.2 21.6～26.4 90～110
交流(交直流转换型 AC→DC)	R100 R200	50/60	100 200	90～110 180～220
交流(交直流快速转换型 AC→DC)	RQ100	50/60	100	90～110
DSG-03 电磁换向阀	RQ200		200	180～220

表 20-8-117　　阀机能

3C2	3C3	3C4	3C40	3C60	3C9
	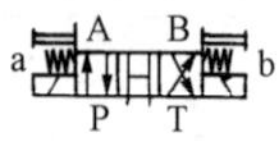		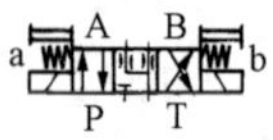		
3C10	**3C12**	**2D2**	**2B2**	**2B3**	**2B8**
				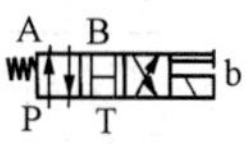	

表 20-8-118 外形尺寸 mm

弹簧对中型、无弹簧定位型、弹簧偏置型

交流电磁铁：DSG-01-※※※-A※

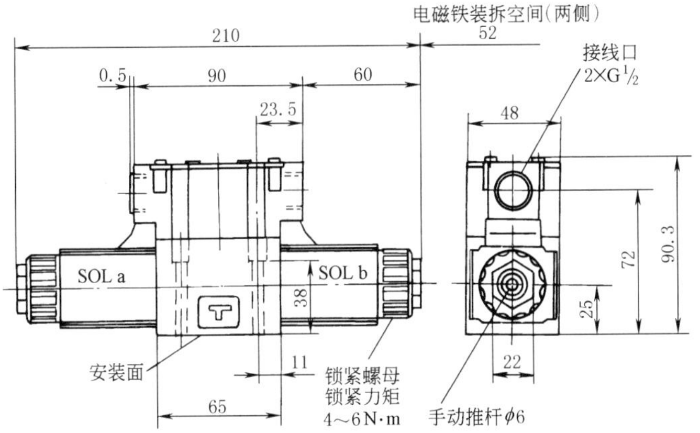

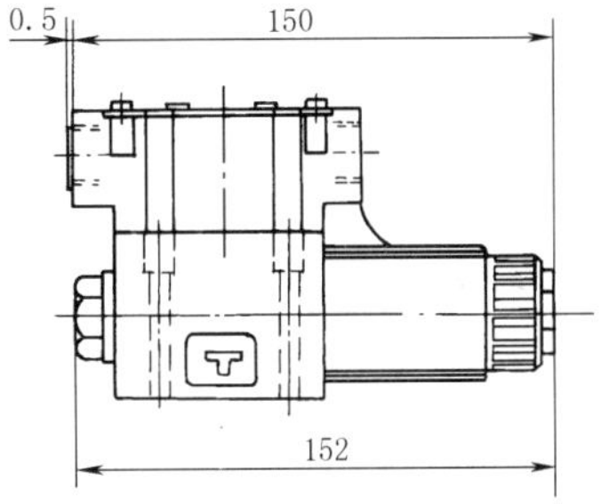

其他尺寸参照左图
逆装配时电磁铁装在SOL a侧

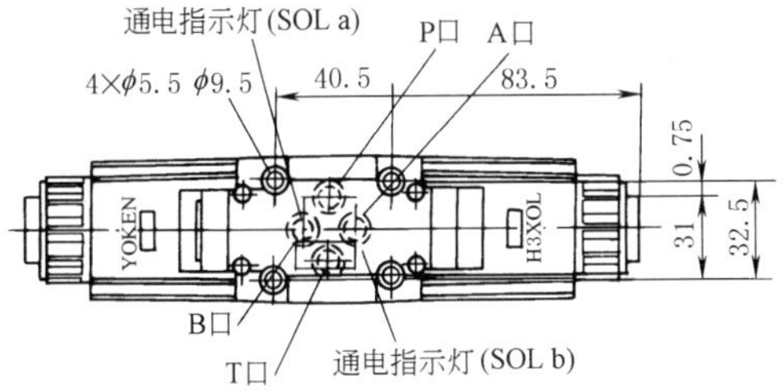

交流电磁铁：DSG-03-※※※-A※

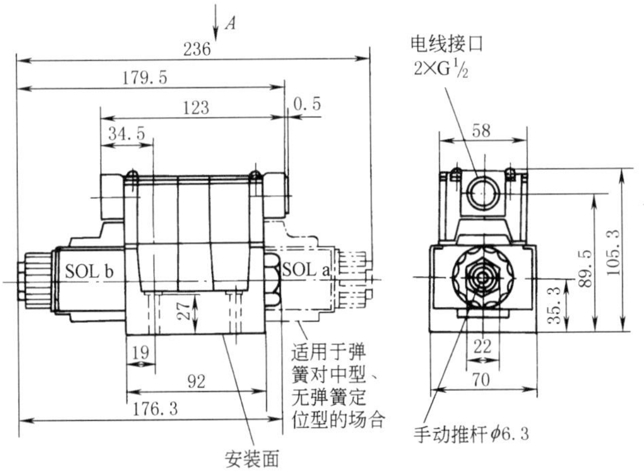

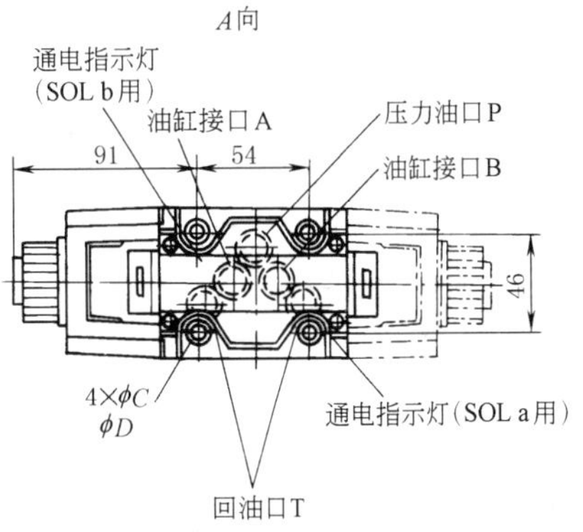

型　　号	C	D
DSG-03-※※※-A※-50	7	11
DSG-03-※※※-A※-5002	8.8	14

续表

弹簧对中型、无弹簧定位型、弹簧偏置型

直流电磁铁:(S-)DSG-01-※※※-D※

交直流转换型电磁铁:(S-)DSG-01-※※※-R※

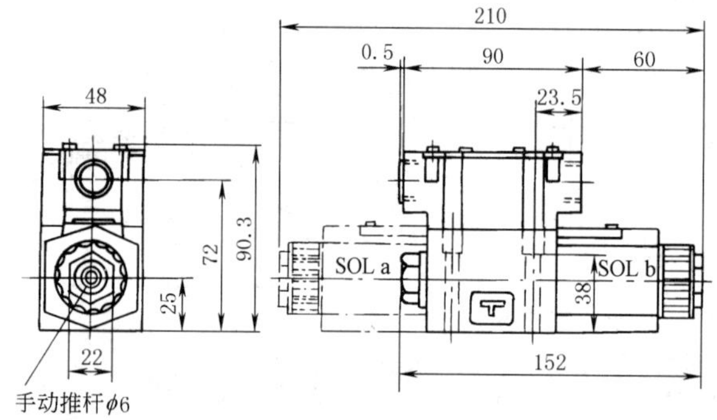

其余尺寸参见 DSG-01-※※※-A※

直流电磁铁:(S-)DSG-03-※※※-D※

交直流转换型电磁铁:(S-)DSG-03-※※※-R※

交直流快速转换型电磁铁:(S-)DSG-03-※※※-RQ※

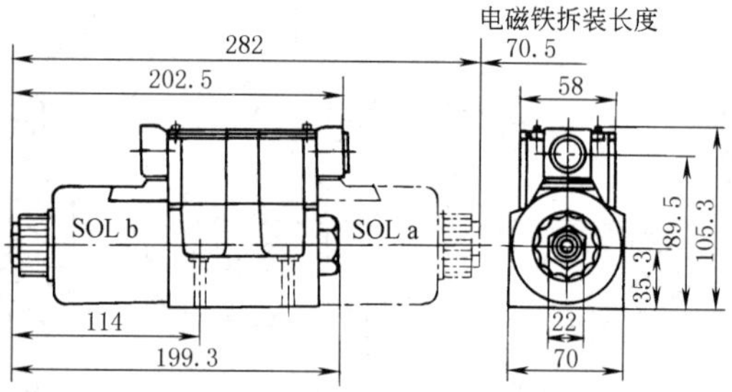

其余尺寸参见 DSG-03-※※※-A※

DIN 插座式、带通电指示灯 DIN 插座式

交流电磁铁:DSG-01-※※※-A※-N/N1

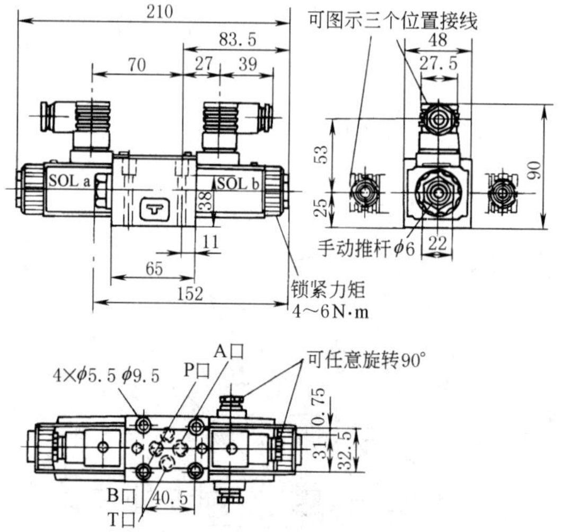

交流电磁铁:DSG-03-※※※-A※-N/N1

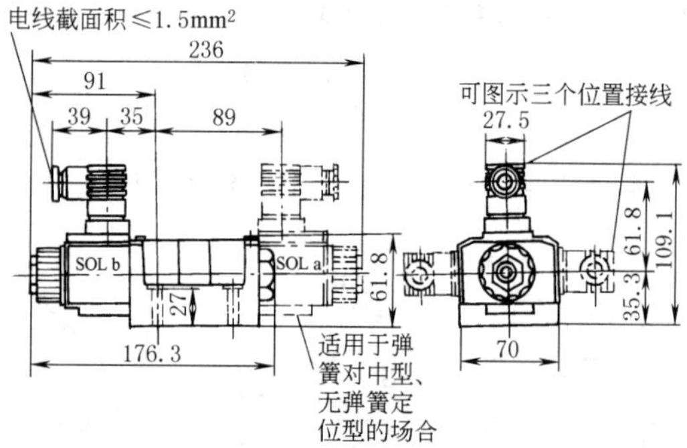

直流电磁铁:(S-)DSG-01-※※※-D※-N/N1

交直流转换型电磁铁:(S-)DSG-01-※※※-R※-N

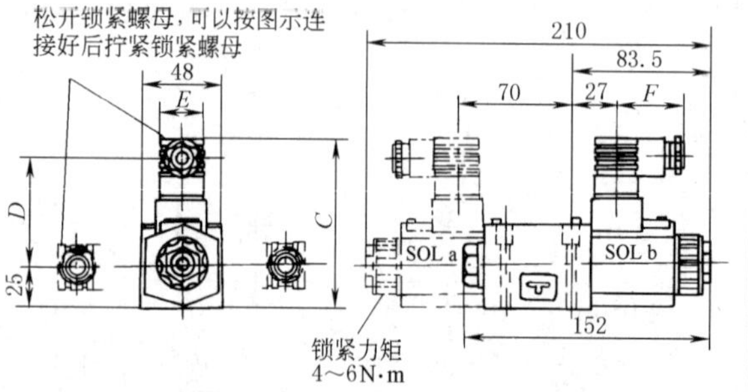

型　　号	C	D	E	F
DSG-01-※※※-D※-N/N1	101	64	27.5	39
DSG-01-※※※-R※-N	104	57.2	34	53

直流电磁铁:(S-)DSG-03-※※※-D※-N/N1

交直流转换型电磁铁:(S-)DSG-03-※※※R-※-N

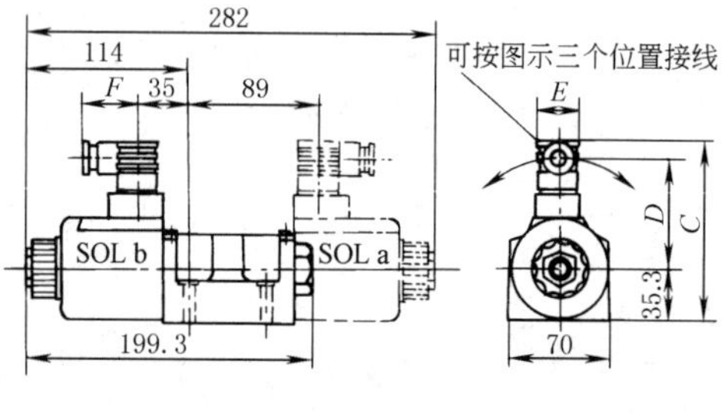

型　　号	C	D	E	F
DSG-03-※※※-D※-N/N1	121.1	73.8	27.5	39
DSG-03-※※※-R※-N	124.9	62.6	34	53

续表

带锁紧按钮

(S-)DSG-01-※※※-※-C

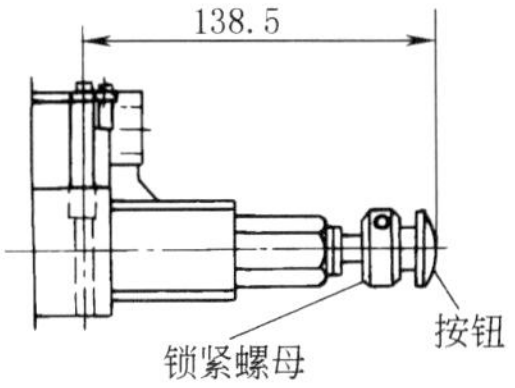

(S-)DSG-03-※※※-※-C

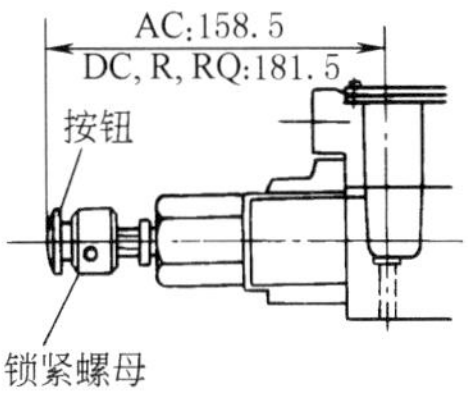

电磁铁通电前，一定要完全松开锁紧螺母。推动按钮后，顺时针旋转锁紧螺母，可使阀芯位置固定

安　装　底　板

DSG-01

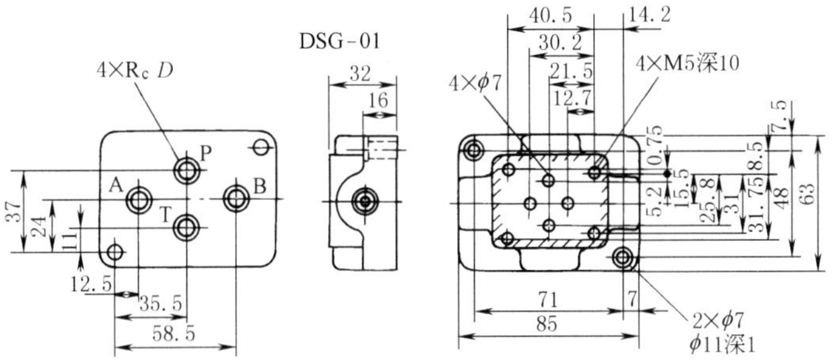

表 20-8-119

底板型号	D（连接口）	质量/kg
DSGM-01-30	1/8	0.8
DSGM-01X-30	1/4	
DSGM-01Y-30	3/8	

注：使用底板时，请按上面的型号订货。

DSG-03

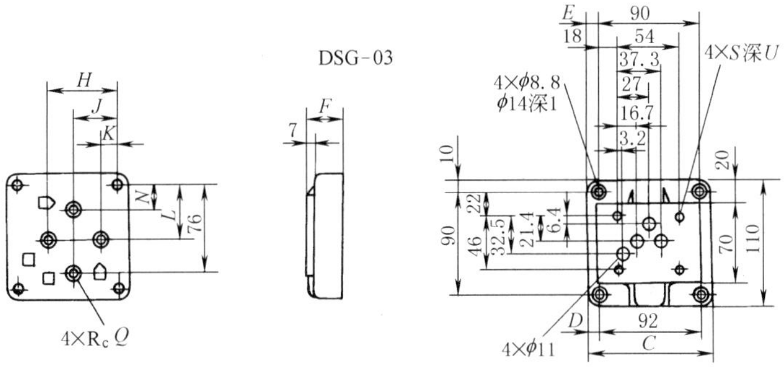

表 20-8-120　　mm

底板型号	C	D	E	F	H	J	K	L	N	Q	S	U	质量/kg
DSGM-03-40/4002 DSGM-03X-40/4002	110	9	10	32	62	40	16	48	21	3/8 1/2	M6/M8	13/14	3
DSGM-03Y-40/4002	120	14	15	50	80	45	10	47	16	3/4			4.7

5.2.2　微小电流控制型电磁换向阀

本阀可以用微小电流（10mA）来控制阀的动作，以便实现信号控制和程序控制。技术参数、外形尺寸、安装底板参见DSG-01/03电磁换向阀。

型号意义：

T-S- DSG-03-2B2A-A100 M-50- L

控制型式：T— 微小电流控制型

通径代号：01，03

线圈代号：AC—A100、A200；DC—D24；AC → DC—R100、R200

信号方式：无记号 — 内部信号方式(半导体开关动作信号电源从电磁铁电源接入)；M— 外部信号方式(半导体开关动作信号电源从其他电源接入)

注：其余部分参见DSG-01/03电磁换向阀型号说明中对应部分

6.2.3 WE 型电磁换向阀

型号意义：

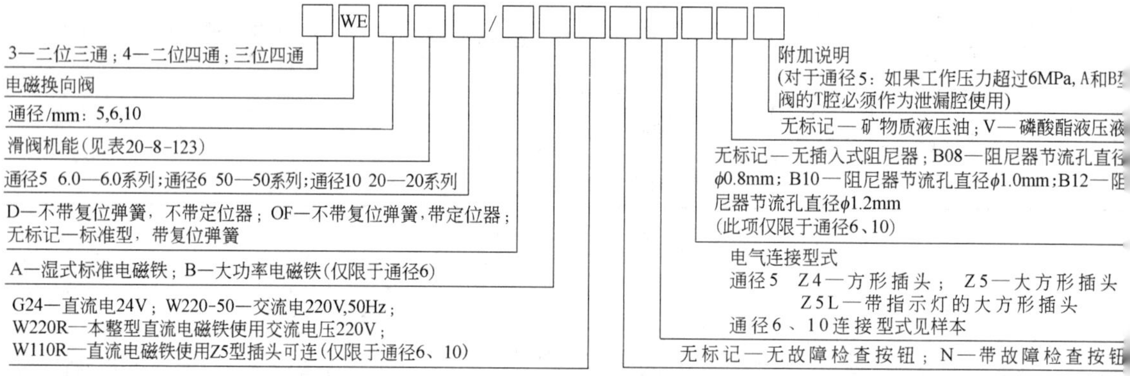

表 20-8-121 **技术规格**

通径			5	6	10
介质			矿物油	矿物油、磷酸酯	矿物油、磷酸酯
介质温度/℃			-30~80	-30~80	-30~80
介质黏度/$m^2 \cdot s^{-1}$			$(2.8\sim380)\times10^{-6}$	$(2.8\sim380)\times10^{-6}$	$(2.8\sim380)\times10^{-6}$
工作压力/MPa	A、B、P腔		≤25	31.5	31.5
	T腔		≤6	16(直流)、10(交流)	16
额定流量/$L \cdot min^{-1}$			15	60	100
质量/kg			1.4	1.6	4.2~6.6
电源电压/V	交流	50Hz	110、220	110、220	110、220
		60Hz	120、220	120、220	120、220
	直流		12、24、110	12、24、110	12、24、110
消耗功率/W			26(直流)	26(直流)	35(直流)
吸合功率/V·A			46(交流)	46(交流)	65(交流)
启动功率/V·A			130(交流)	130(交流)	480(交流)
接通时间/ms			40(直流)、25(交流)	45(直流)、30(交流)	
断开时间/ms			30(直流)、20(交流)	20	60(直流)、25(交流)
最高环境温度/℃			50	50	50
最高线圈温度/℃			150	150	150
开关频率/h^{-1}			1500(直流)、7200(交流)	1500(直流)、7200(交流)	1500(直流)、7200(交流)

注：北京华德液压集团液压阀分公司还生产通径 4 mm 的 WE4 型电磁换向阀，详见生产厂产品样本。

表 20-8-122 **滑阀机能**

过渡状态机能	工作位置机能	过渡状态机能	工作位置机能	过渡状态机能	工作位置机能
WE5 型				WE6 型	

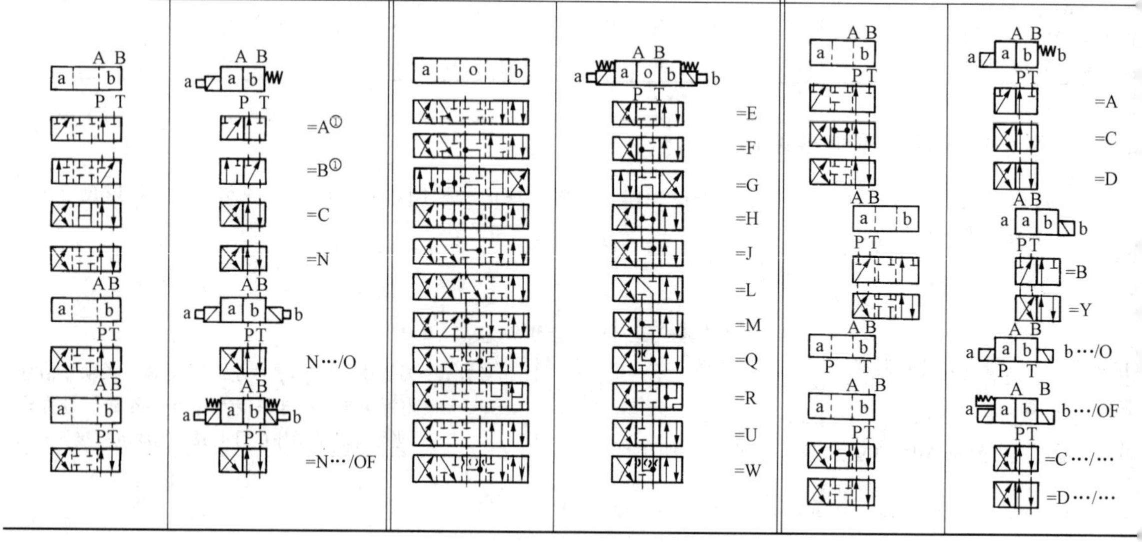

续表

过渡状态机能	工作位置机能	过渡状态机能	工作位置机能	过渡状态机能	工作位置机能
WE6 型					

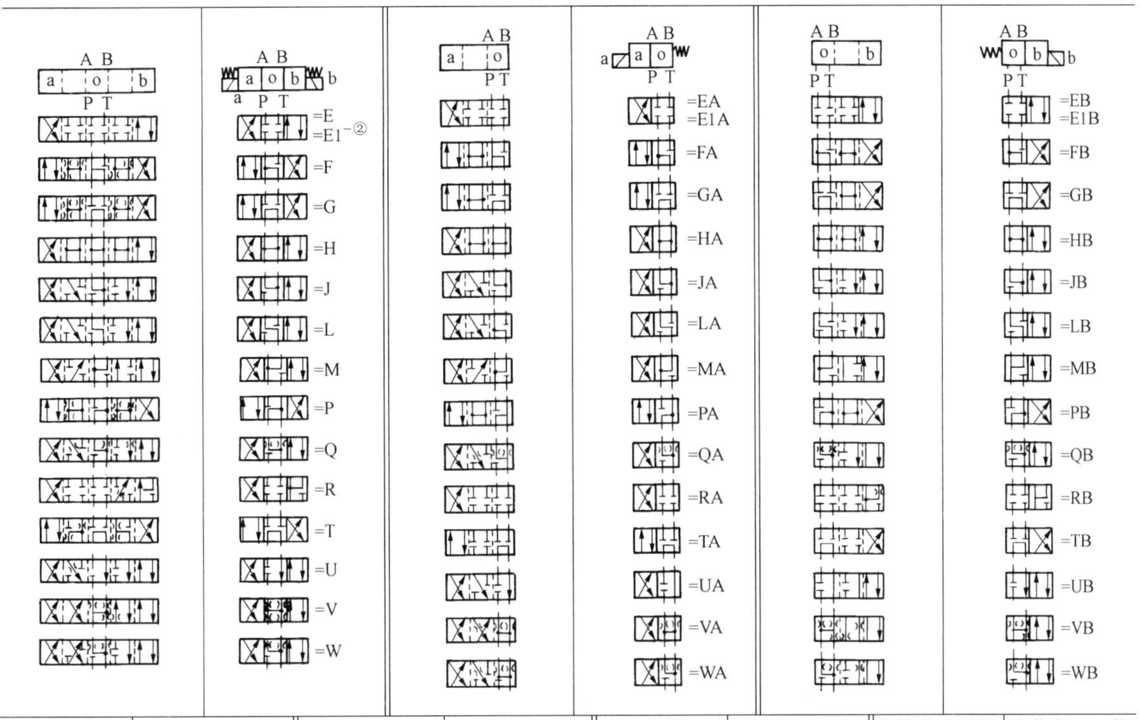

过渡状态机能	工作位置机能	过渡状态机能	工作位置机能	过渡状态机能	工作位置机能	过渡状态机能	工作位置机能
WE10 型							

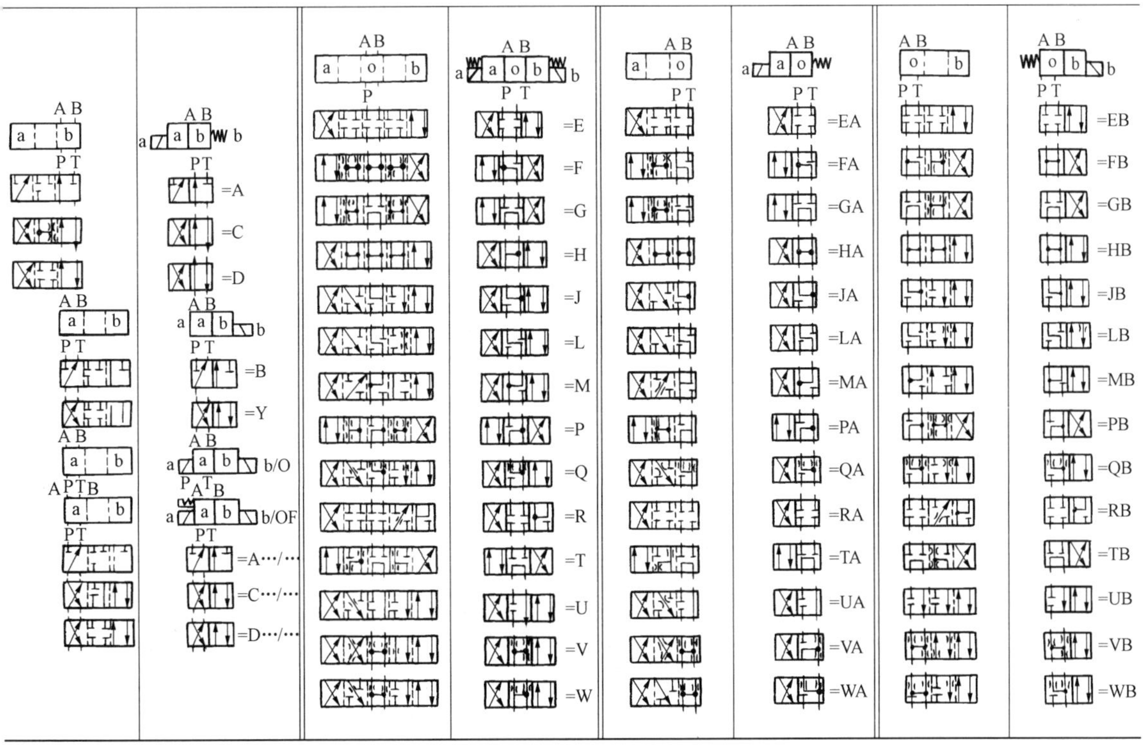

① 表示如果工作压力超过 6MPa，A 和 B 型阀的 T 腔必须作为泄漏腔使用。

② 表示 E1 型机能相当于 P→A，B 常开，E1 和系列之间必须加一横线。

表 20-8-123 **特性曲线**

WE5 型

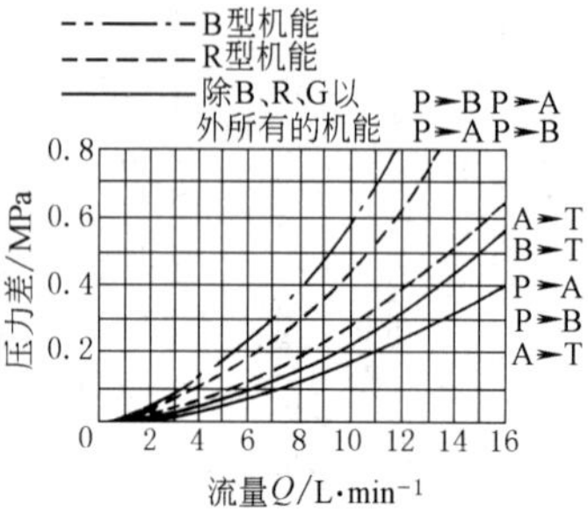

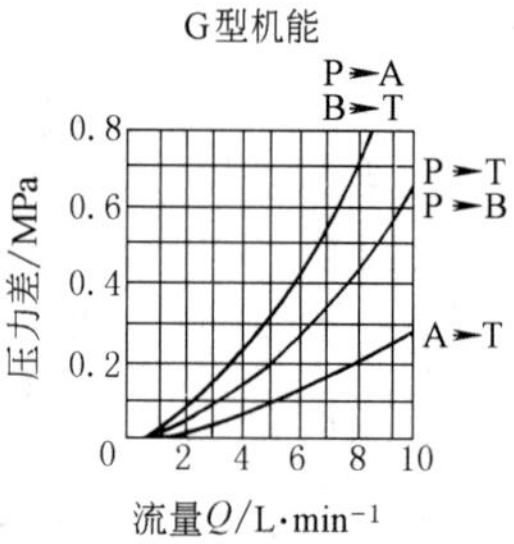

滑阀机能	流量/L·min⁻¹		
	工作压力/MPa		
	5	10	25
A、B、C、N、E、F、H、I、L、M、O、R、U、W	14	14	12
G	10	10	9

WE6 型

7—R 型机能在工作位置 A➤B

8—G 型机能在中间位置 P➤T

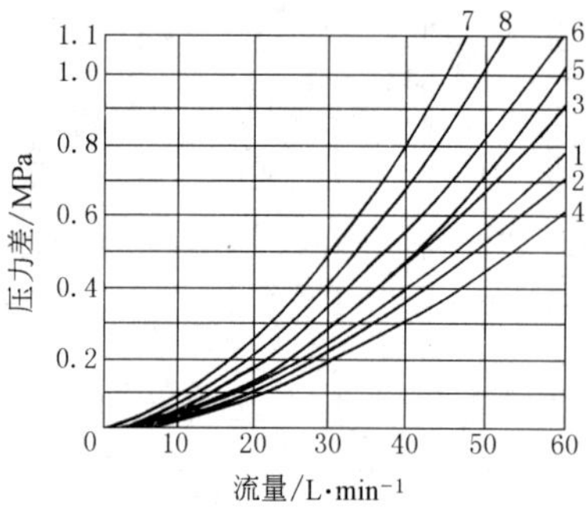

机能	流动方向			
	P➤A	P➤B	A➤T	B➤T
A	3	3	—	—
B	3	3	—	—
C	1	1	3	1
D	5	5	3	3
E	3	3	1	1
F	2	3	3	5
G	5	3	6	6
H	2	4	2	2
I	1	1	2	1
L	1	1	2	2

机能	流动方向			
	P➤A	P➤B	A➤T	B➤T
M	2	4	3	3
P	2	3	3	5
Q	1	1	2	1
R	5	5	4	
T	5	3	6	6
U	3	1	3	3
V	1	2	1	1
W	1	1	2	2
Y	5	5	3	3

直流电磁铁的阀

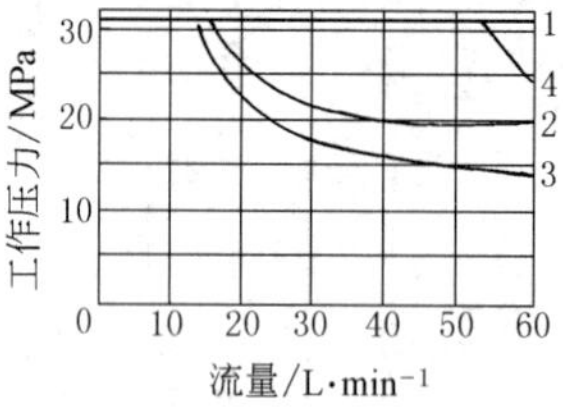

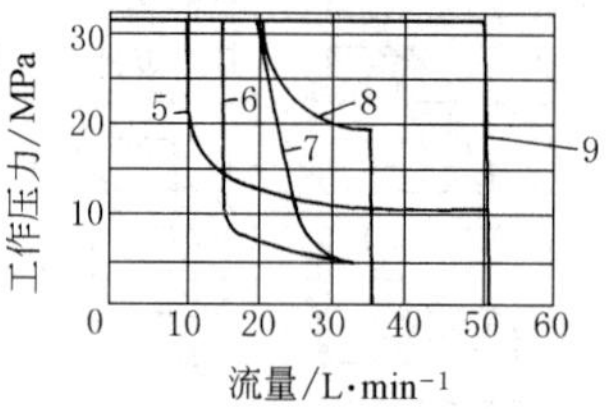

曲线：1—E1①，D/O，C/O，M
2—E
3—J，L，Q，U，W
4—C，D，Y
5—A，B
6—V
7—F，P
8—G，T，R
9—H

交流电磁铁的阀

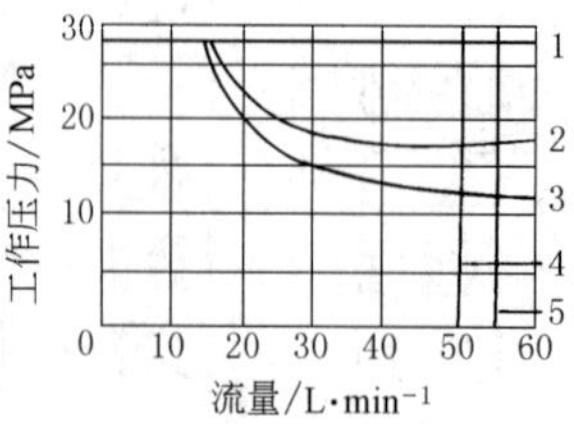

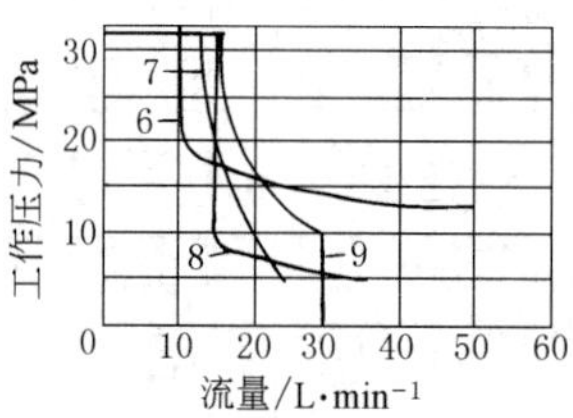

曲线：1—E1①，D/O，C/O
2—E
3—J，L，Q，U，W
4—C，D，H，Y
5—M
6—A，B
7—F，P
8—V
9—G，T，R

续表

WE10 型

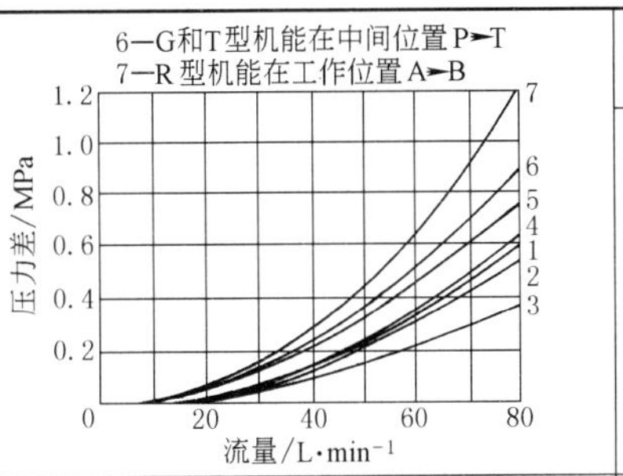

机能	流动方向 P➛A	P➛B	A➛T	B➛T	机能	流动方向 P➛A	P➛B	A➛T	B➛T
A	1	1	—	—	M	3	3	6	6
B	1	1	—	—	P	2	2	4	4
C	1	1	5	5	Q	1	1	5	5
D	1	1	5	5	R	2	6	5	—
E	2	2	6	6	T	5	5	5	6
F	2	2	4	4	U	1	1	5	6
G	1	1	5	6	V	2	2	5	5
H	3	3	5	5	W	2	2	5	5
J	2	2	5	5	Y	1	1	5	5
L	1	1	5	6					

滑阀机能 \ 流量/L·min⁻¹ \ 压力级/MPa	5	10	21
E,H,M,C/O,D/O,D,Y,V	75	70	60
J,C,L,Q,W,U	75	65	45
G,R,F,P,T	50	50	45
A,B,A/O	45	35	25

① E1 型机能相当于 P→A，B 常开。

注：1. 阀的切换特性与过滤器的黏附效应有关。为达到所推荐的最大流量值，建议在系统中使用 25μm 的过滤器。作用在阀内部的液动力也影响阀的通流能力，因此不同的机能，有着不同的功率极限特性曲线。在只有一个通道的情况下，如四通阀堵住其 A 腔或 B 腔作为三通阀使用时，其功率极限差异较大，这个功率极限是电磁铁在热态和降低 10%电压的情况下测定的。

2. 电气连接必须接地。

3. 试验条件：$\nu=41\times10^{-6}\mathrm{m^2/s}$，$t=50$℃。

表 20-8-124 外形尺寸

通径 5：三位阀

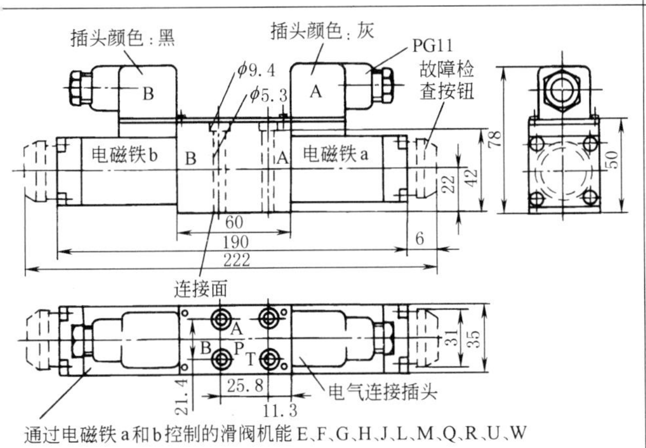

通径 5：二位阀

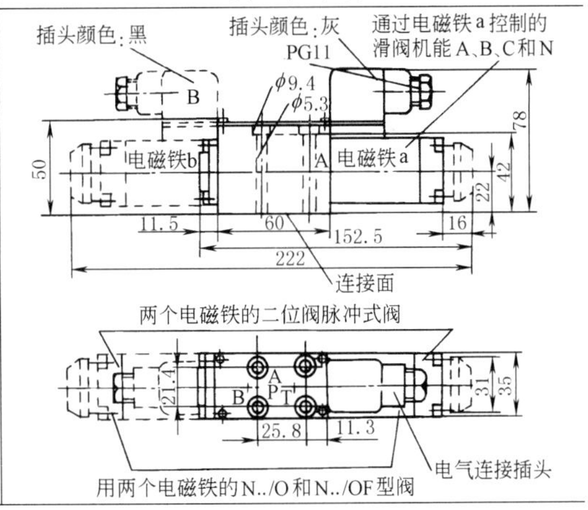

通径 6

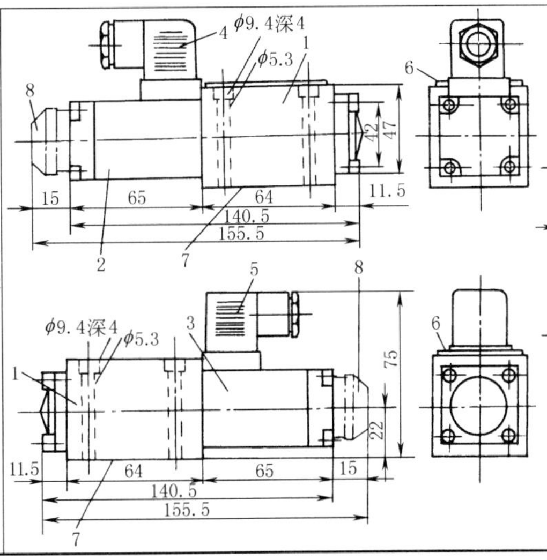

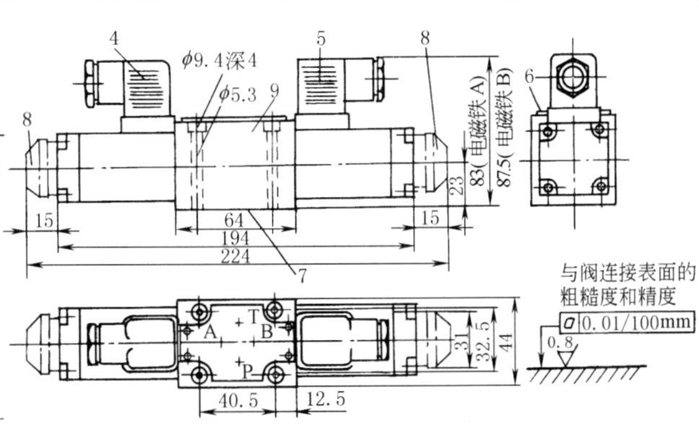

1—用 1 个电磁铁的二位阀；2—电磁铁 a；3—电磁铁 b；4—灰色插头；5—黑色插头；6—标牌；7—连接面；8—故障检查按钮；9—用 2 个电磁铁的二位阀和三位阀

续表

通径10	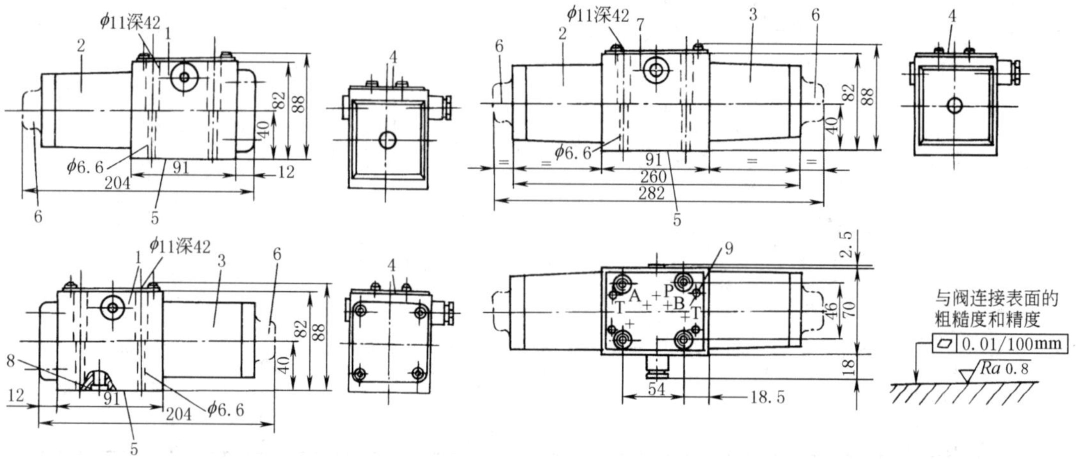 1—用1个电磁铁的二位阀；2—电磁铁a；3—电磁铁b；4—标牌；5—连接面；6—故障检查按钮；7—用2个电磁铁的二位阀和三位阀；8—O形圈12×2；9—附加连接孔T腔可与ZDRD…型减压阀相连接

表 20-8-125　　安装底板尺寸

通径5	G115/1 G96/1	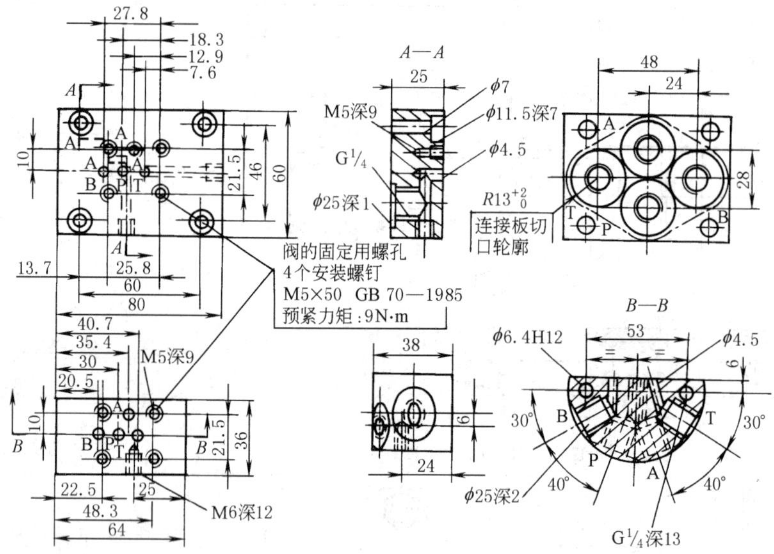
通径6	G341/01 (G¼)	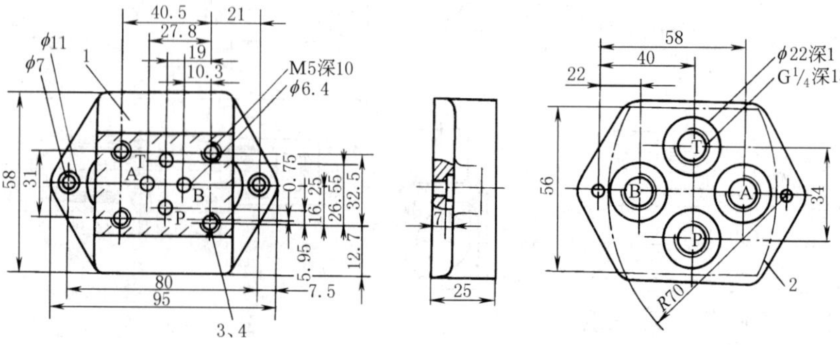

续表

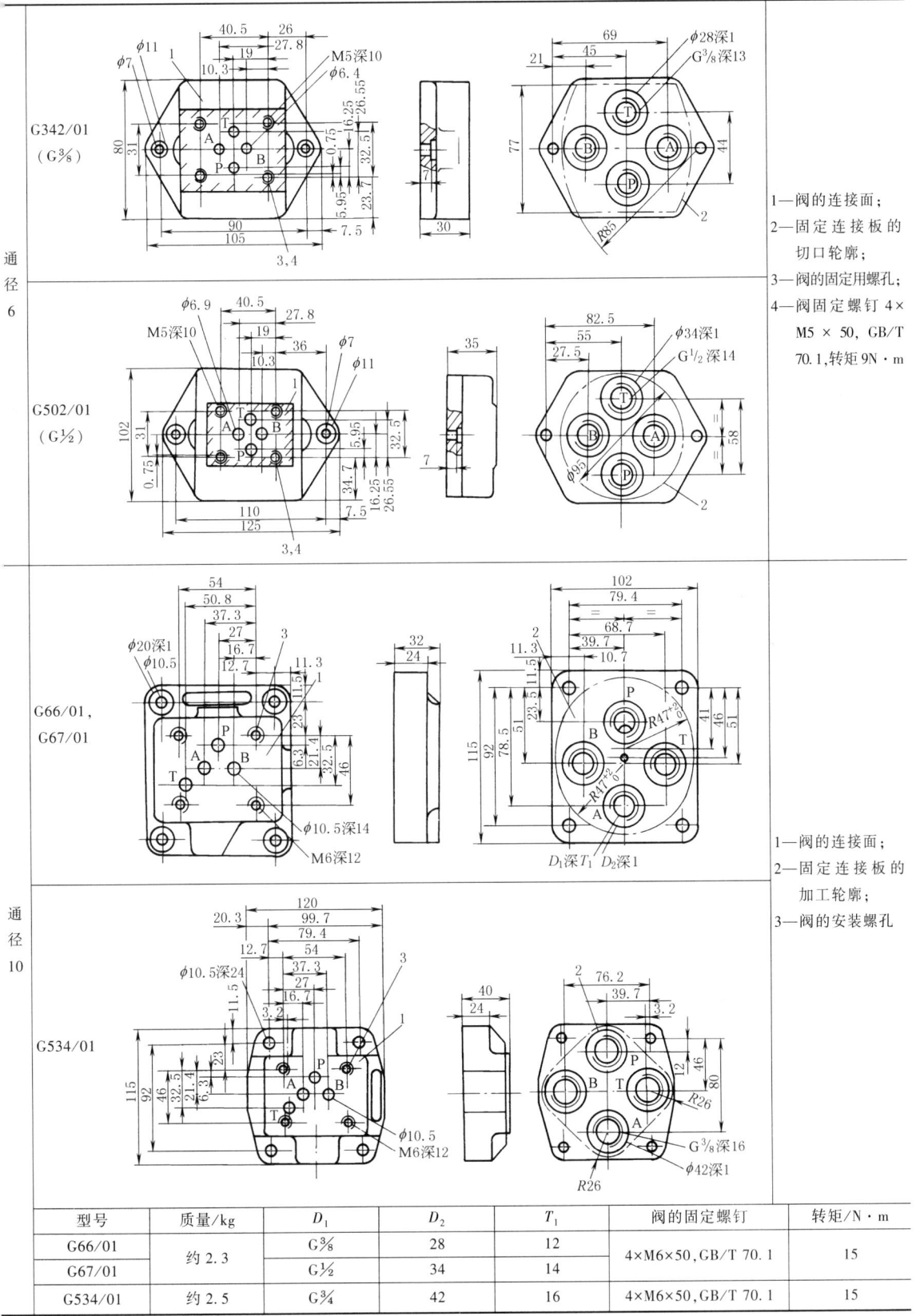

通径6

G342/01
（G⅜）

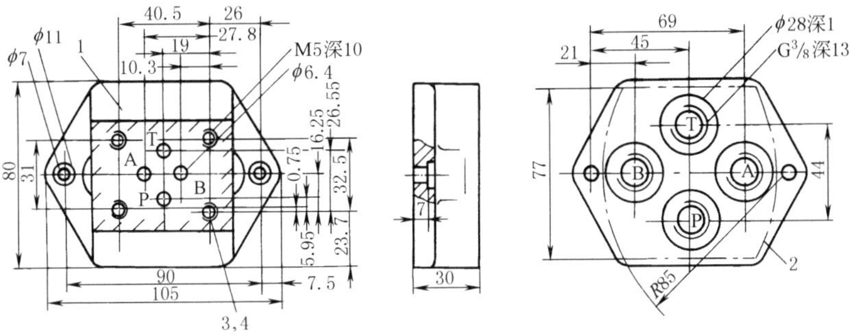

G502/01
（G½）

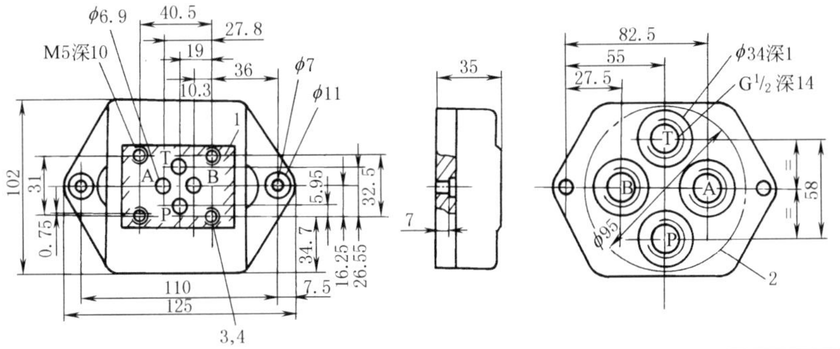

1—阀的连接面；
2—固定连接板的切口轮廓；
3—阀的固定用螺孔；
4—阀固定螺钉 4×M5×50，GB/T 70.1，转矩 9N·m

通径10

G66/01，
G67/01

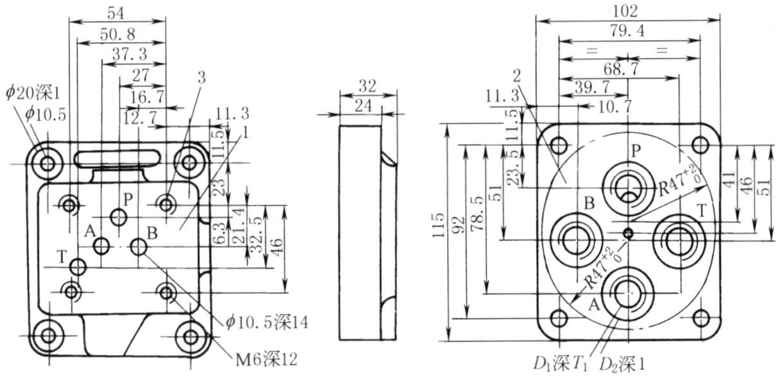

G534/01

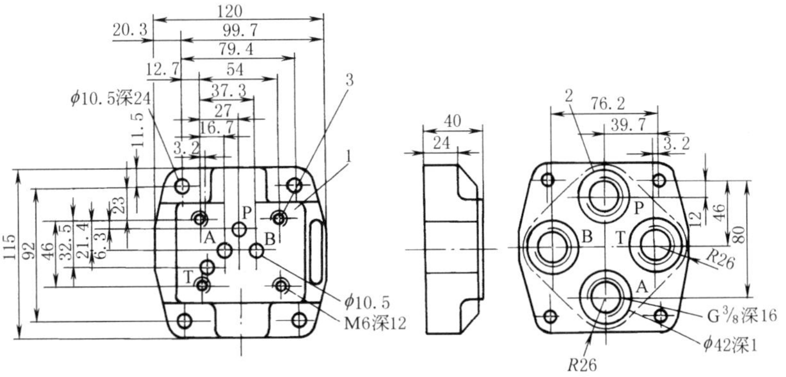

1—阀的连接面；
2—固定连接板的加工轮廓；
3—阀的安装螺孔

型号	质量/kg	D_1	D_2	T_1	阀的固定螺钉	转矩/N·m
G66/01	约 2.3	G⅜	28	12	4×M6×50，GB/T 70.1	15
G67/01		G½	34	14		
G534/01	约 2.5	G¾	42	16	4×M6×50，GB/T 70.1	15

6.3 液压电液动换向阀和液动换向阀

JB/T 10373—2014《液压电液动换向阀和液动换向阀》规定了液压传动用的电液动换向阀和液动换向阀（以下简称电液动换向阀和液动换向阀）的基本参数和标志、技术要求、试验方法、检验规则和包装等要求，适用于以矿物油型液压油或性能相当的其他液体为工作介质，采用湿式电磁铁的板式电液动换向阀和液动换向阀。

液压电液动换向阀和液动换向阀试验方法见本章10.11节。

6.3.1 DSHG型电液换向阀

DSHG型电液换向阀由电磁换向阀（DSG-01型）和液动换向阀（主阀）组成，用于较大流量的液压系统。

型号意义：

□-□-DSHG-□-□□□□-□-□□-□-□-□-□-□-□-□

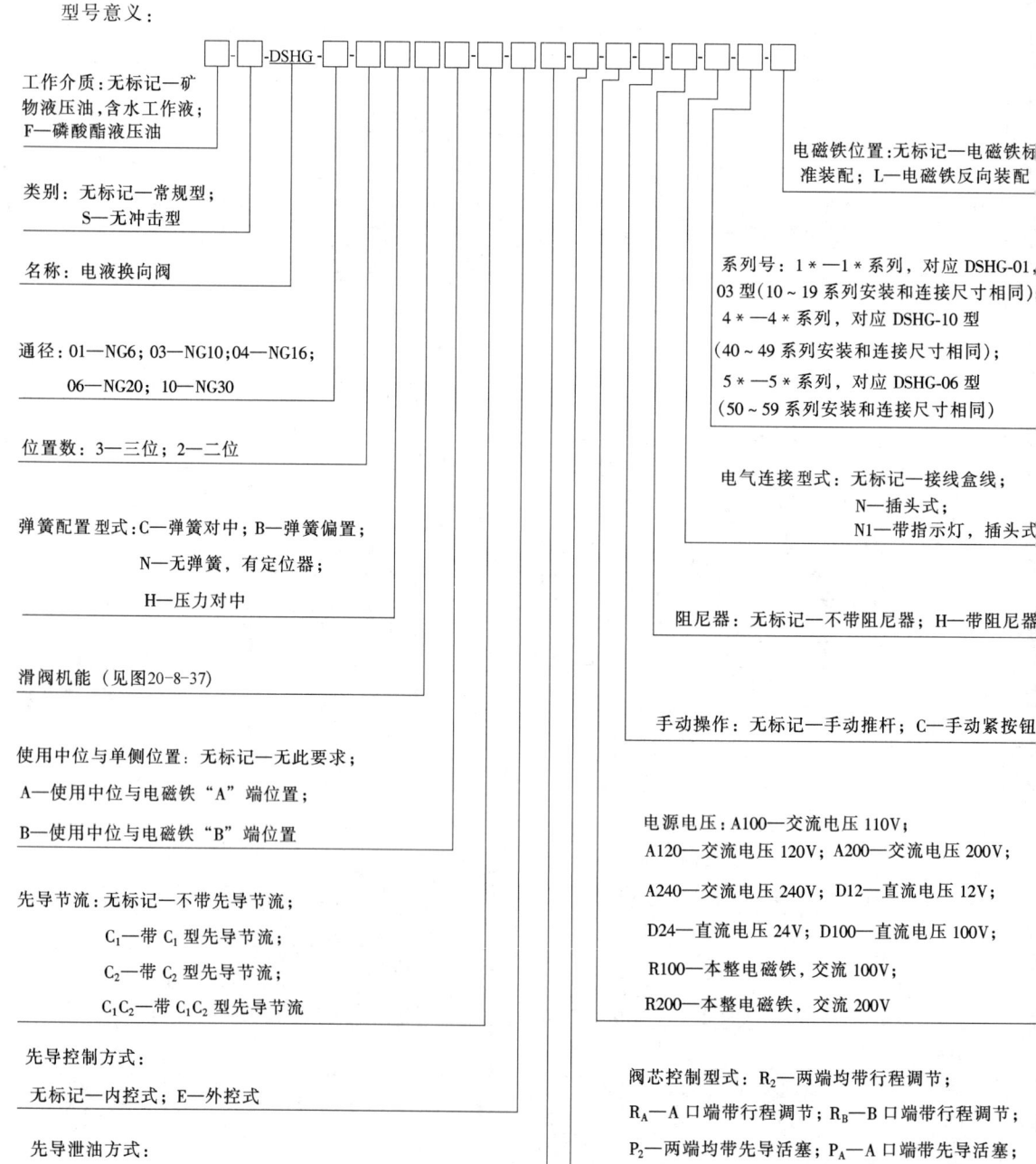

工作介质：无标记—矿物液压油，含水工作液；F—磷酸酯液压油

类别：无标记—常规型；S—无冲击型

名称：电液换向阀

通径：01—NG6；03—NG10；04—NG16；06—NG20；10—NG30

位置数：3—三位；2—二位

弹簧配置型式：C—弹簧对中；B—弹簧偏置；N—无弹簧，有定位器；H—压力对中

滑阀机能（见图20-8-37）

使用中位与单侧位置：无标记—无此要求；A—使用中位与电磁铁“A”端位置；B—使用中位与电磁铁“B”端位置

先导节流：无标记—不带先导节流；C_1—带C_1型先导节流；C_2—带C_2型先导节流；C_1C_2—带C_1C_2型先导节流

先导控制方式：无标记—内控式；E—外控式

先导泄油方式：无标记—外排式；T—内排式

阀芯控制型式：R_2—两端均带行程调节；R_A—A口端带行程调节；R_B—B口端带行程调节；P_2—两端均带先导活塞；P_A—A口端带先导活塞；P_B—B口端带先导活塞

电源电压：A100—交流电压110V；A120—交流电压120V；A200—交流电压200V；A240—交流电压240V；D12—直流电压12V；D24—直流电压24V；D100—直流电压100V；R100—本整电磁铁，交流100V；R200—本整电磁铁，交流200V

手动操作：无标记—手动推杆；C—手动紧按钮

阻尼器：无标记—不带阻尼器；H—带阻尼器

电气连接型式：无标记—接线盒线；N—插头式；N1—带指示灯，插头式

系列号：1*—1*系列，对应DSHG-01、03型（10~19系列安装和连接尺寸相同）；4*—4*系列，对应DSHG-10型（40~49系列安装和连接尺寸相同）；5*—5*系列，对应DSHG-06型（50~59系列安装和连接尺寸相同）

电磁铁位置：无标记—电磁铁标准装配；L—电磁铁反向装配

滑 阀 机 能

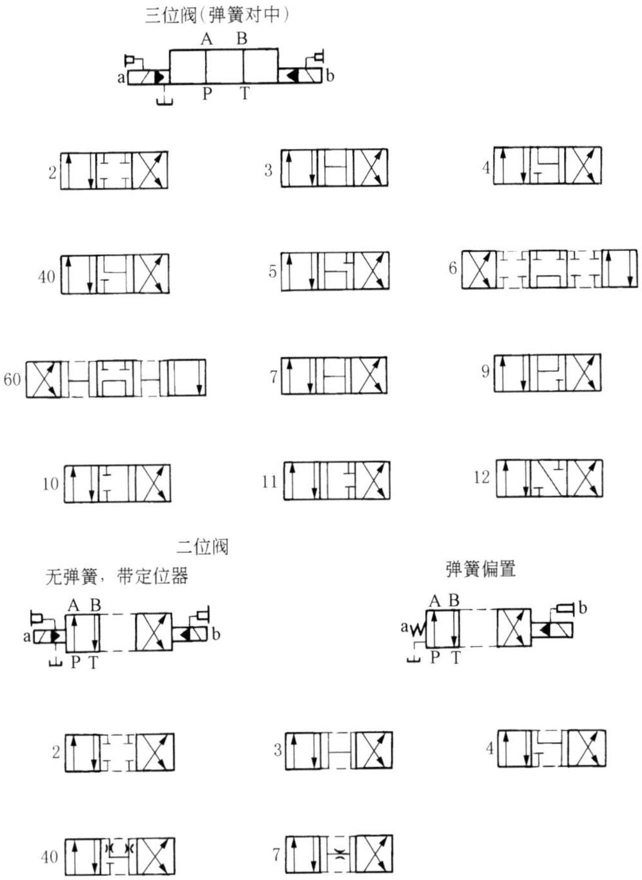

图 20-8-37 DSHG 型电液换向阀机能符号

表 20-8-126 技术规格

型号	最大流量/L·min^{-1}	最大工作压力/MPa	最高先导压力/MPa	最低先导压力/MPa	最高允许背压/MPa		最高切换频率/次·min^{-1}			质量/kg
					外排式	内排式	AC	DC	R	
DSHG-01-3C＊-＊-1＊	40	21	21	1	16	16	120	120	120	3.5
DSHG-01-2B＊-＊-1＊										2.9
DSHG-03-3C＊-＊-1＊	160	25	25	0.7	16	16	120	120	120	7.2
DSHG-03-2N＊-＊-1＊										7.2
DSHG-03-2B＊-＊-1＊										6.6
DSHG-04-3C＊-＊-5＊	300	31.5	25	0.8	21	16	120	120	120	8.8
(S-)DSHG-04-2N＊-＊-5＊										8.8
(S-)DSHG-04-2B＊-＊-5＊										8.2

续表

型号	最大流量 /L·min⁻¹	最大工作压力 /MPa	最高先导压力 /MPa	最低先导压力 /MPa	最高允许背压/MPa		最高切换频率 /次·min⁻¹			质量 /kg
					外排式	内排式	AC	DC	R	
(S-)DSHG-06-3C＊-＊-5＊	500	31.5	25	0.8	21	16	120	120	120	12.7
(S-)DSHG-06-2N＊-＊-5＊	500	31.5	25	0.8	21	16	120	120	120	12.7
(S-)DSHG-06-2B＊-＊-5＊	500	31.5	25	0.8	21	16	120	120	120	12.1
(S-)DSHG-06-3H＊-＊-5＊	500	31.5	21	1	21	16	110	110	110	13.5
(S-)DSHG-10-3C＊-＊-4＊	1100	31.5	25	1	21	16	120	120	120	45.3
(S-)DSHG-10-2N＊-＊-4＊	1100	31.5	25	1	21	16	100	100	100	45.3
(S-)DSHG-10-2B＊-＊-4＊	1100	31.5	21	1	21	16	60	60	50	44.7
(S-)DSHG-10-3H＊-＊-4＊	1100	31.5	21	1	21	16	60	60	50	53.1
介质	矿物液压油,磷酸酯液压油,含水工作液									
介质黏度/$m^2 \cdot s^{-1}$	$(15\sim400)\times10^{-6}$									
介质温度/℃	-15~70									

外 形 尺 寸

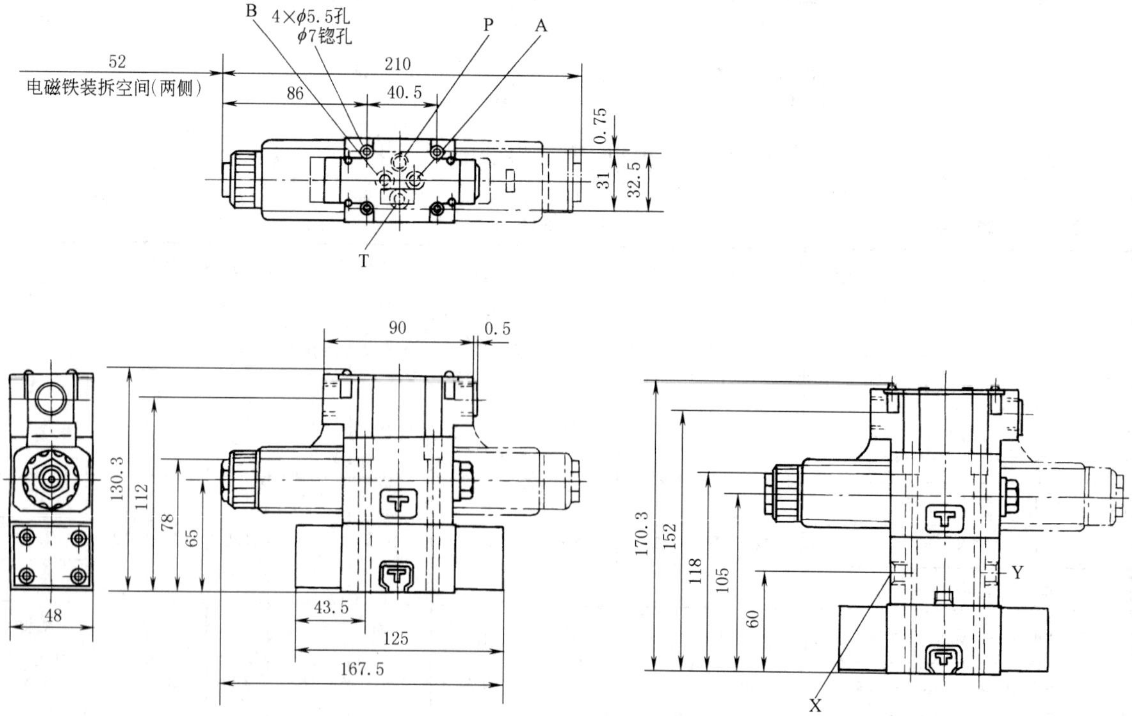

图 20-8-38　DSHG-01 型电液换向阀

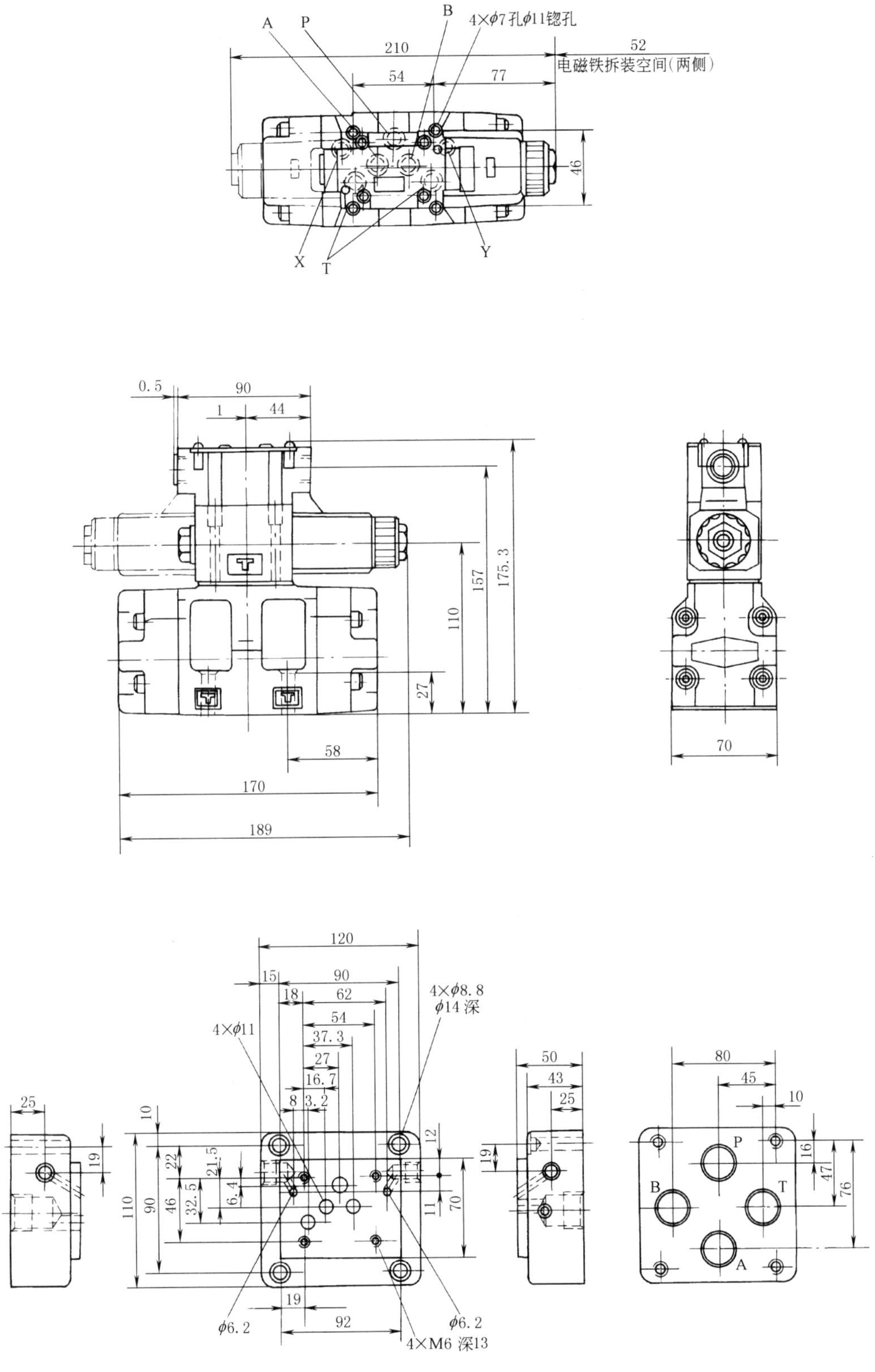

图 20-8-39　DSHG-03 型电液换向阀

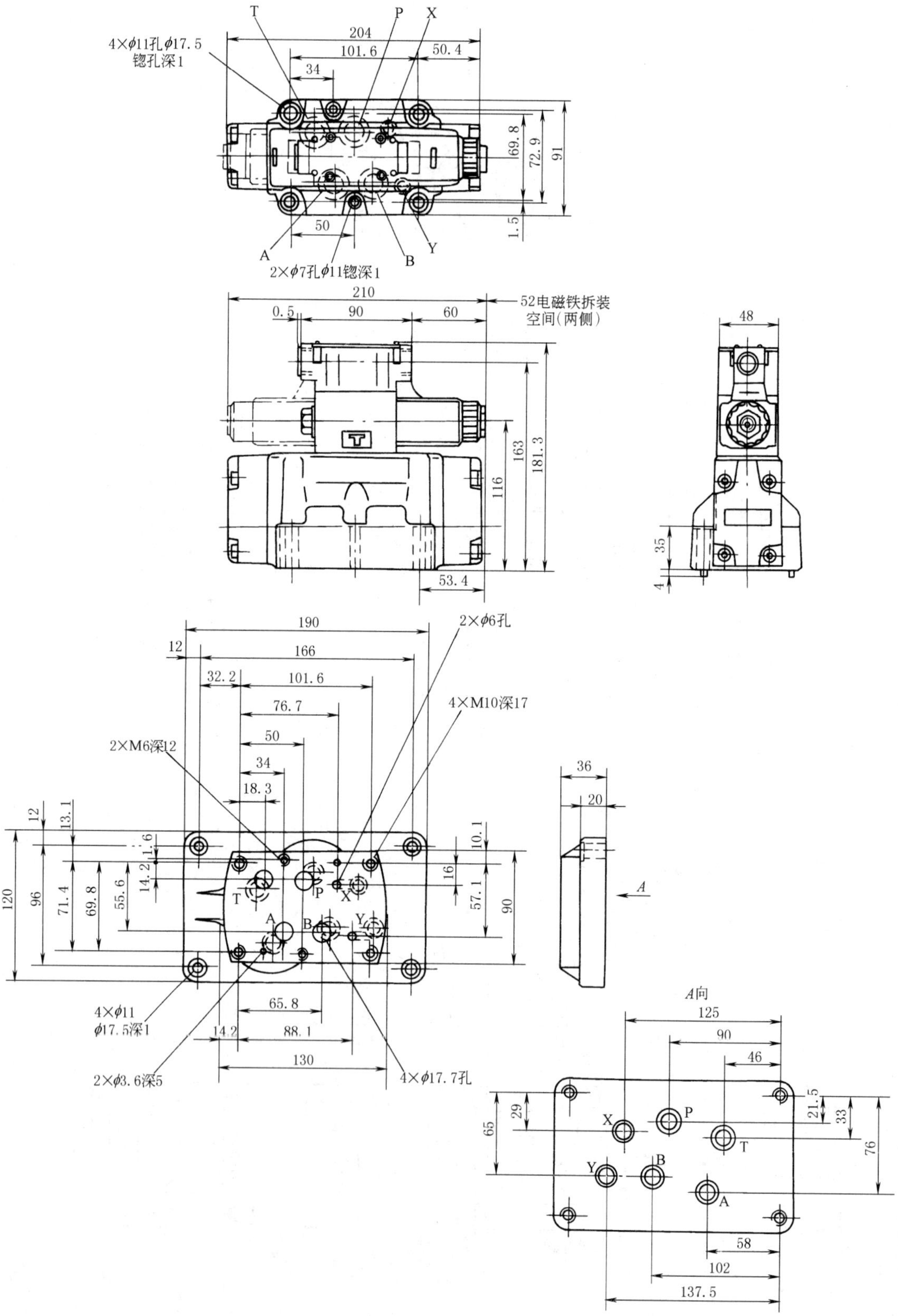

图 20-8-40　DSHG-04 型电液换向阀

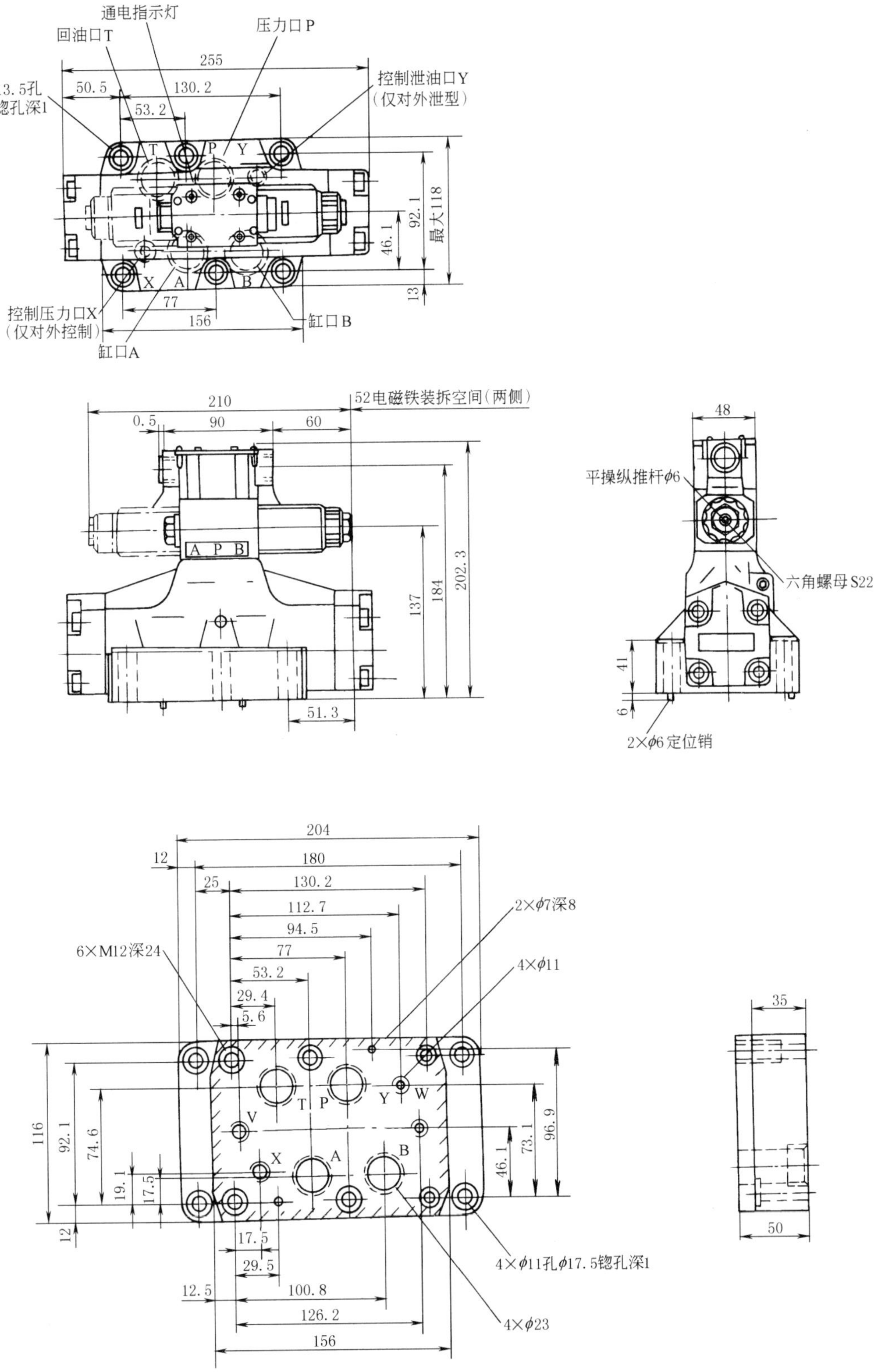

图 20-8-41　DSHG-06 型电液换向阀

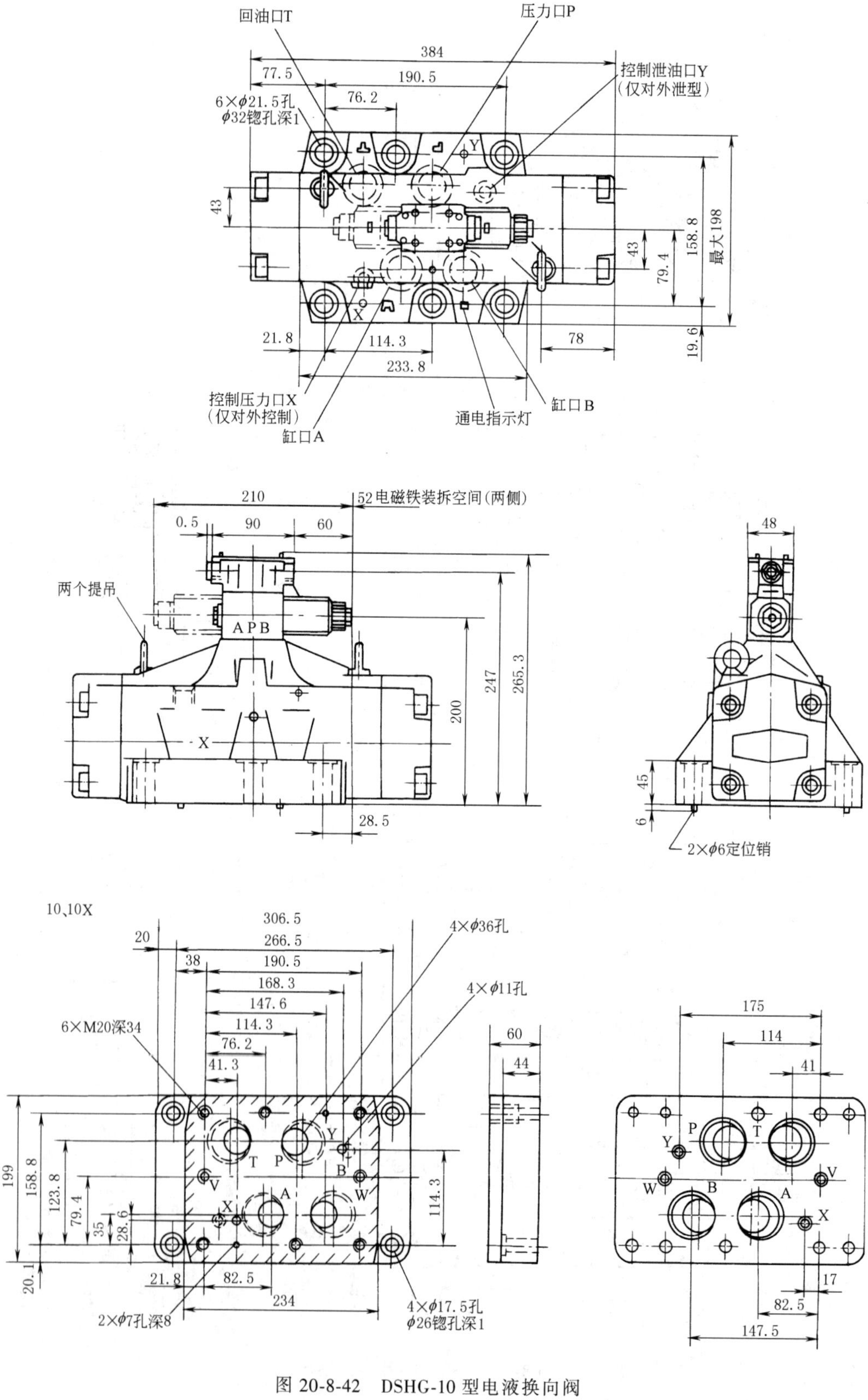

图 20-8-42　DSHG-10 型电液换向阀

.3.2 WEH电液换向阀及WH液控换向阀

（1）型号意义

□□□□□□/□6□□□□□/□□□□□*

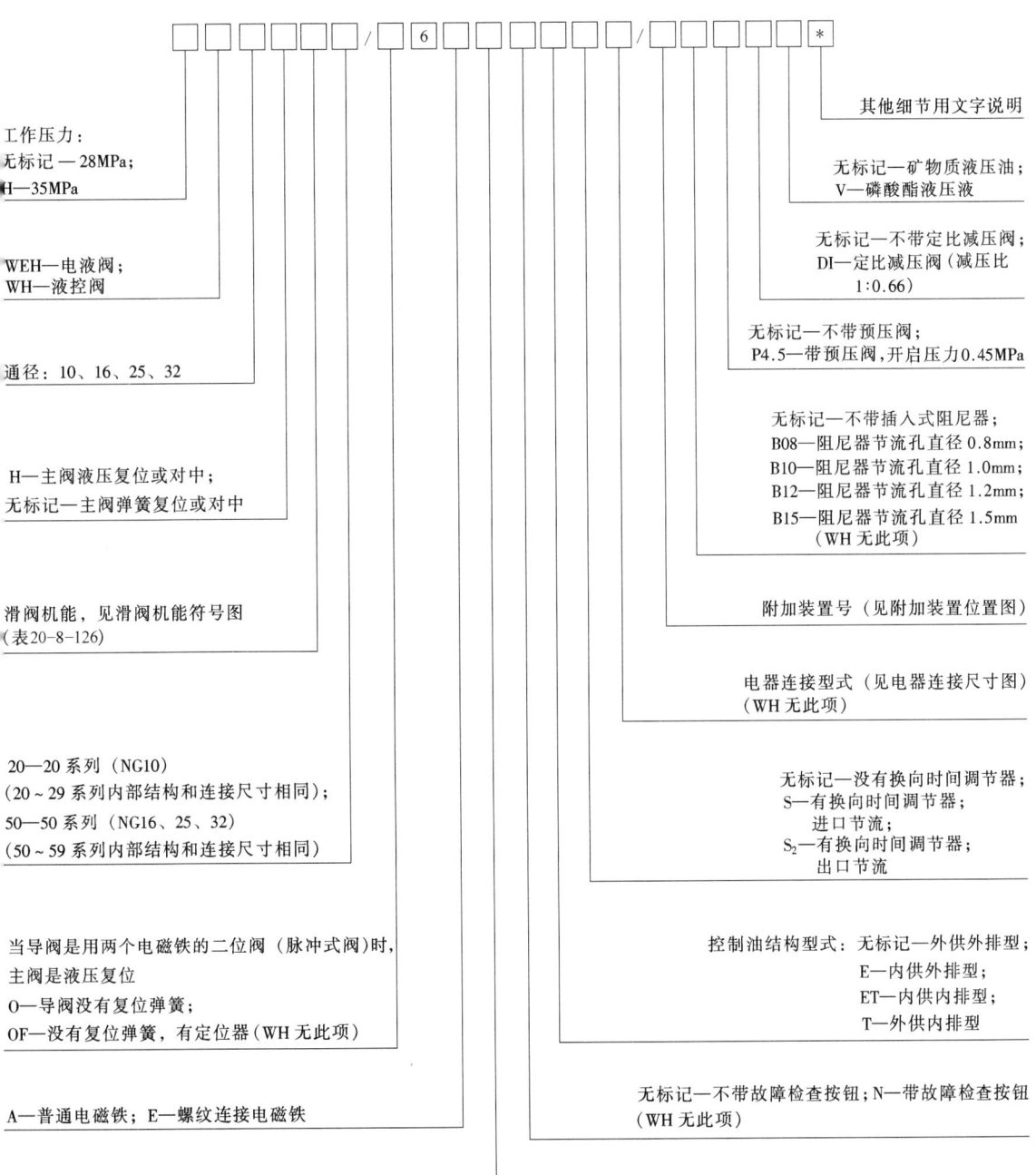

工作压力：
无标记—28MPa；
H—35MPa

WEH—电液阀；
WH—液控阀

通径：10、16、25、32

H—主阀液压复位或对中；
无标记—主阀弹簧复位或对中

滑阀机能，见滑阀机能符号图
（表20-8-126）

20—20系列（NG10）
（20～29系列内部结构和连接尺寸相同）；
50—50系列（NG16、25、32）
（50～59系列内部结构和连接尺寸相同）

当导阀是用两个电磁铁的二位阀（脉冲式阀）时，
主阀是液压复位
O—导阀没有复位弹簧；
OF—没有复位弹簧，有定位器（WH无此项）

A—普通电磁铁；E—螺纹连接电磁铁

G24—直流电压24V；W220-50—交流电压220V，
频率50Hz；用直流电磁铁，使用与频率无关的
交流电压　W110R①—110V；W220R①—220V
（①只能用Z5型带内装式整流器的插头）
其他电压见电气参数表（WH无此项）

无标记—不带故障检查按钮；N—带故障检查按钮
（WH无此项）

控制油结构型式：无标记—外供外排型；
E—内供外排型；
ET—内供内排型；
T—外供内排型

无标记—没有换向时间调节器；
S—有换向时间调节器；
进口节流；
S_2—有换向时间调节器；
出口节流

电器连接型式（见电器连接尺寸图）
（WH无此项）

附加装置号（见附加装置位置图）

无标记—不带插入式阻尼器；
B08—阻尼器节流孔直径0.8mm；
B10—阻尼器节流孔直径1.0mm；
B12—阻尼器节流孔直径1.2mm；
B15—阻尼器节流孔直径1.5mm
（WH无此项）

无标记—不带预压阀；
P4.5—带预压阀，开启压力0.45MPa

无标记—不带定比减压阀；
DI—定比减压阀（减压比
1∶0.66）

无标记—矿物质液压油；
V—磷酸酯液压液

其他细节用文字说明

表 20-8-127 三位阀简化的机能符号（符合 DIN 24300）

弹簧对中式型号	滑阀机能	机能符号	过渡机能符号
4WEH …E…/…	E	a  b	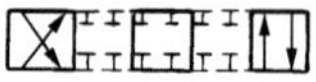
4WEH …F…/…	F		
4WEH …G…/…	G		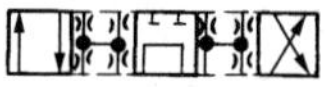
4WEH …H…/…	H	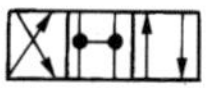	
4WEH …J…/…	J	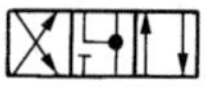	
4WEH …L…/…	L		
4WEH …M…/…	M	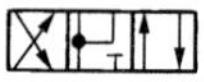	
4WEH …P…/…	P		
5WEH …Q…/…	Q	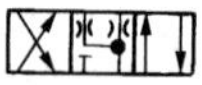	
4WEH …R…/…	R		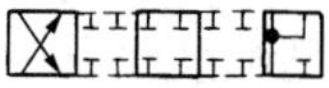
4WEH …S…/…	S	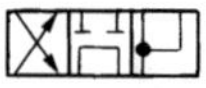	
4WEH …T…/…	T		
4WEH …U…/…	U	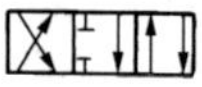	
4WEH …V…/…	V		
4WEH …W…/…	W		

注：WEH25 型和 WEH32 型换向阀没有“S”型机能。

表 20-8-128　　三位阀的详细符号和简化符号

	弹簧对中阀	阀芯压力对中阀 仅规格 16,25(型号 4W. H25. 50B/…)和 32
X=外部: Y=外部	型号 4WEH…/… 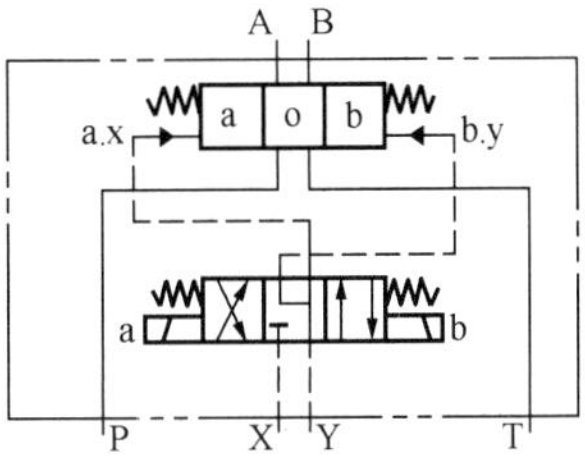	型号 4WEH…H…/… 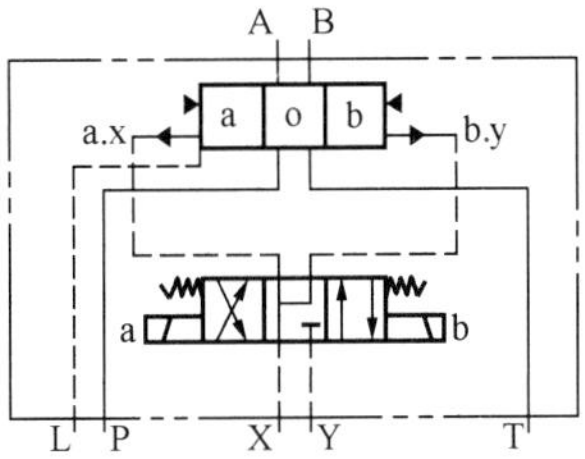
X=内部: Y=外部	型号 4WEH…/…E… 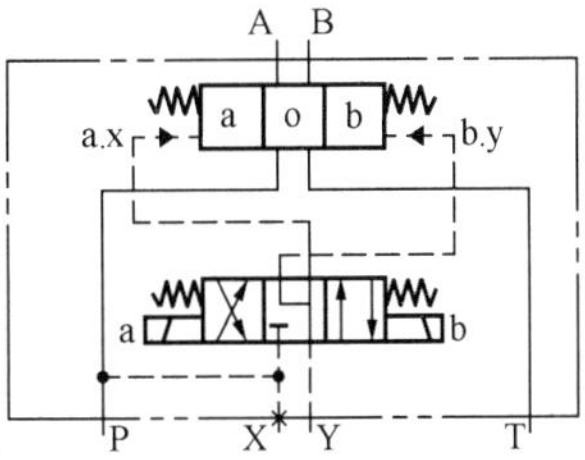	型号 4WEH…H…/…E… 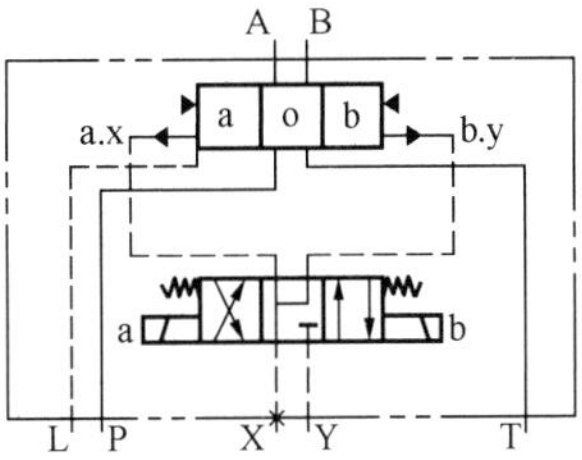
X=内部: Y=内部	型号 4WEH…/…ET… 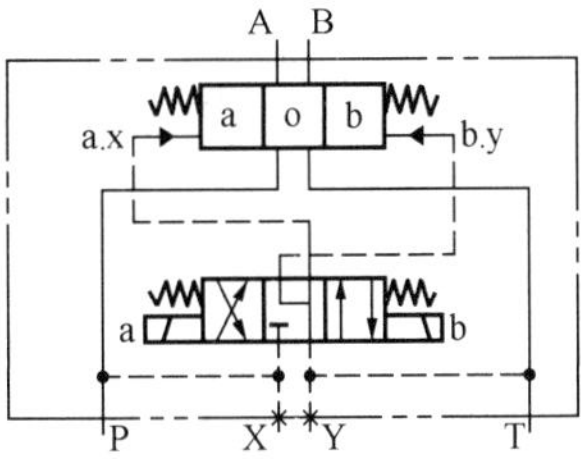	
X=外部: Y=内部	型号 4WEH…/…T… 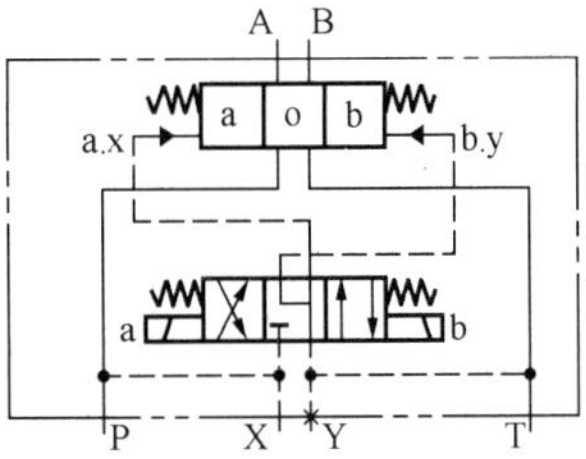	

表 20-8-129　　二位阀的详细符号和简化符号

	弹簧对中阀		液压复位阀	
	型号 4WEH…/…	型号 4WEH…H…/…	型号 4WEH…H/O…	型号 4WEH…H/OF…
X=外部: Y=外部	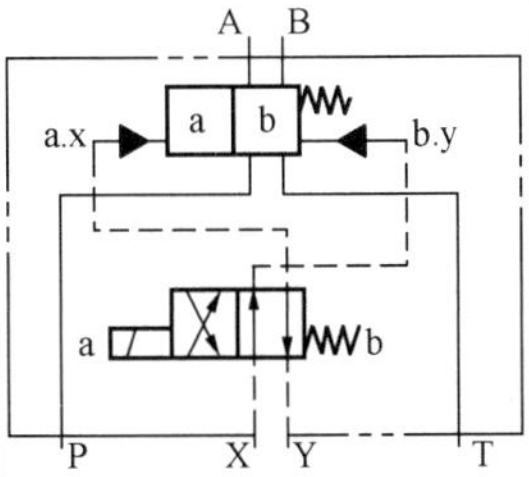	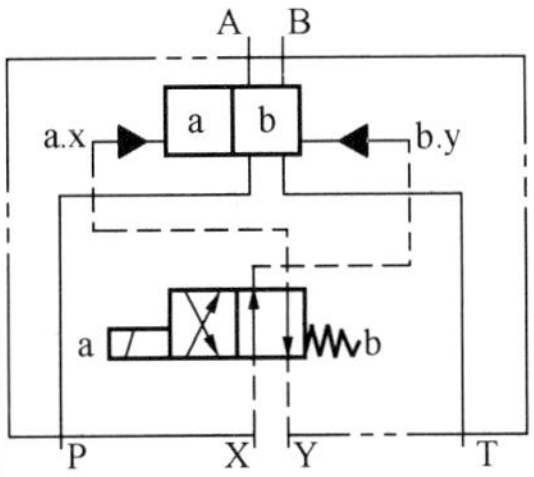	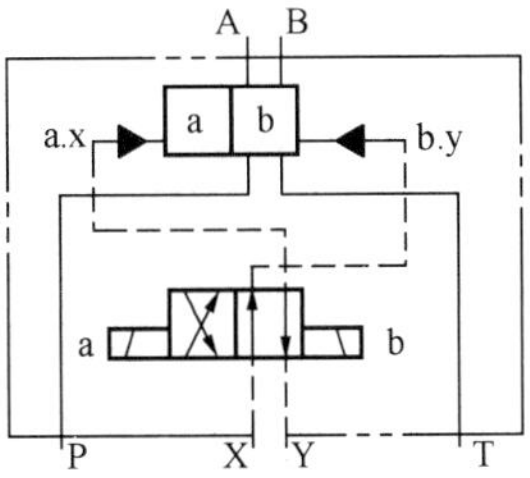	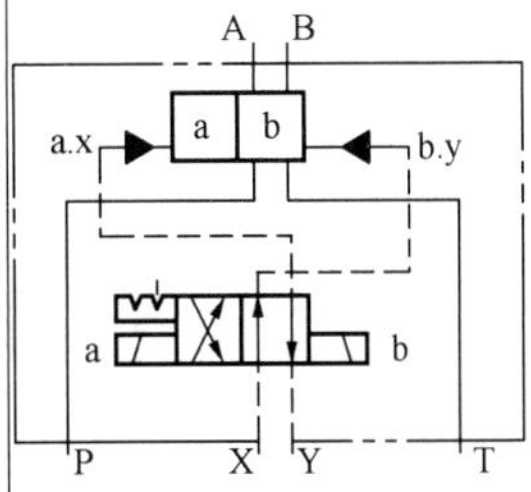
	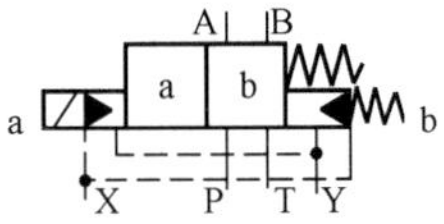	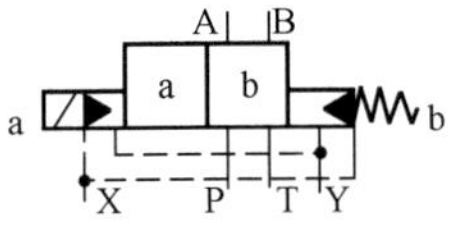	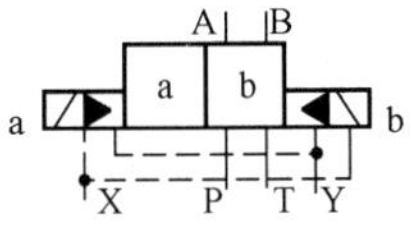	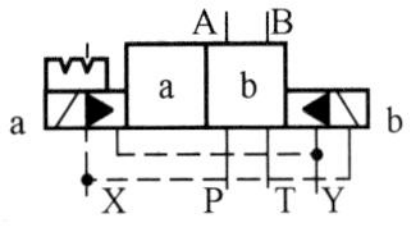

续表

	弹簧对中阀		液压复位阀	
	型号 4WEH…/…E…	型号 4WEH…H…/…E…	型号 4WEH…H/O…E…	型号 4WEH…H/OF…E…
X＝内部；Y＝外部	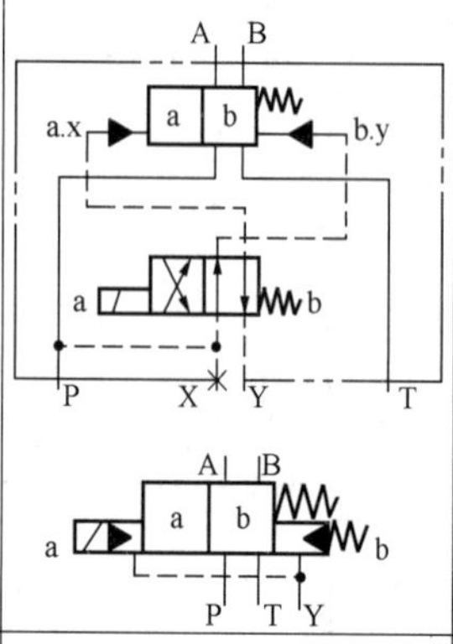	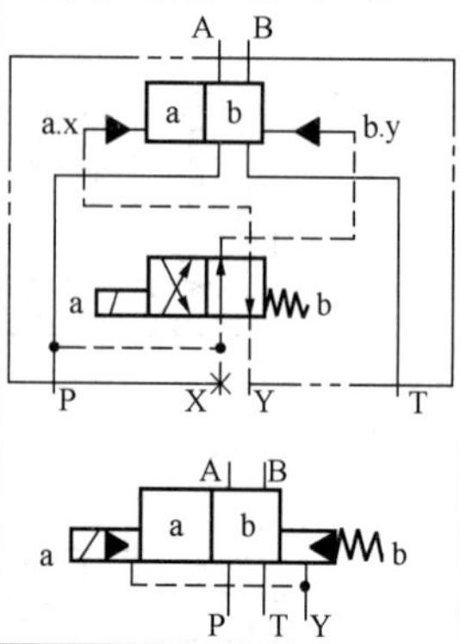	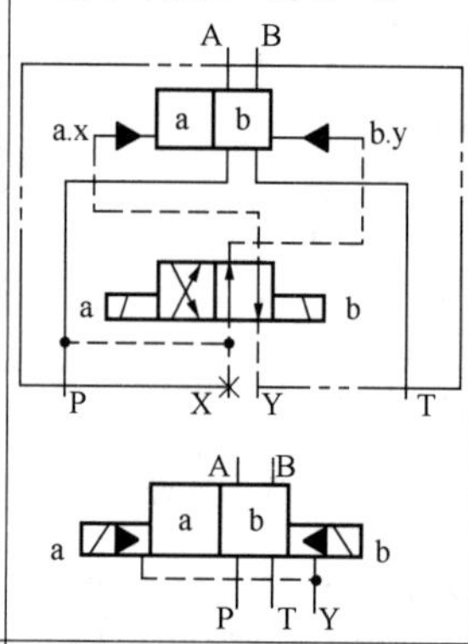	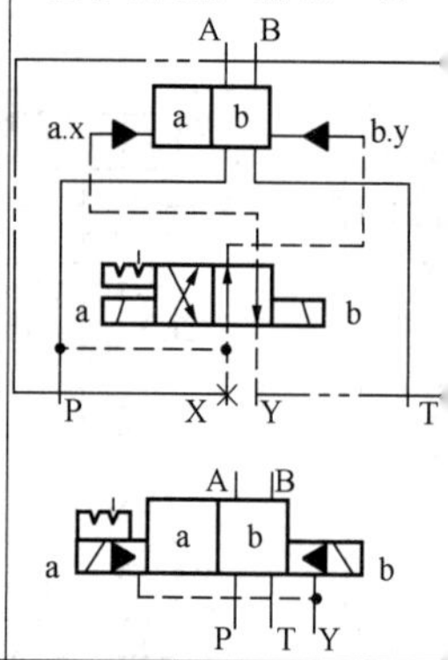
	型号 4WEH…/…ET…	型号 4WEH…H…/…ET…	型号 4WEH…H/O…ET…	型号 4WEH…H/OF…ET…
X＝内部；Y＝内部	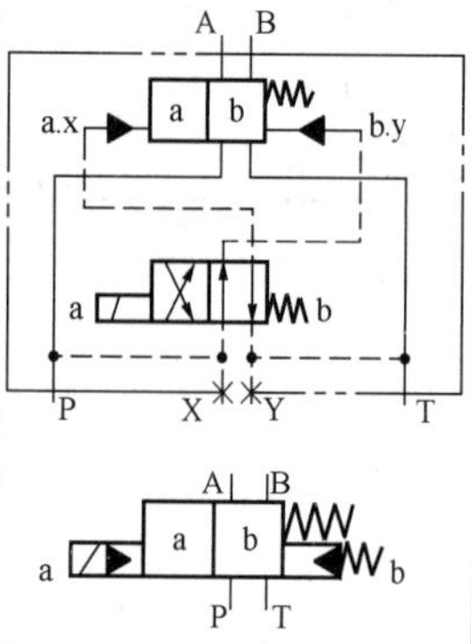	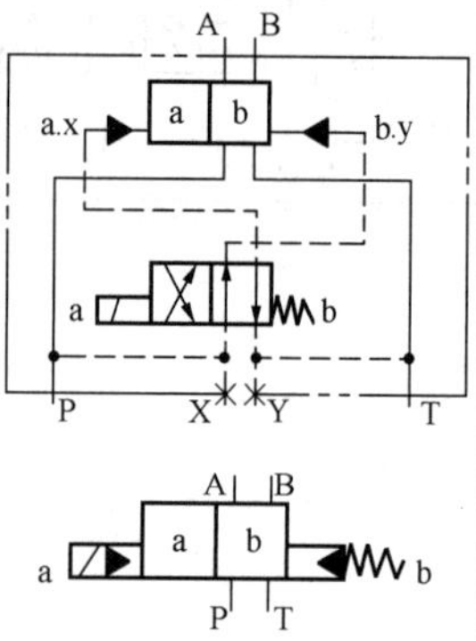	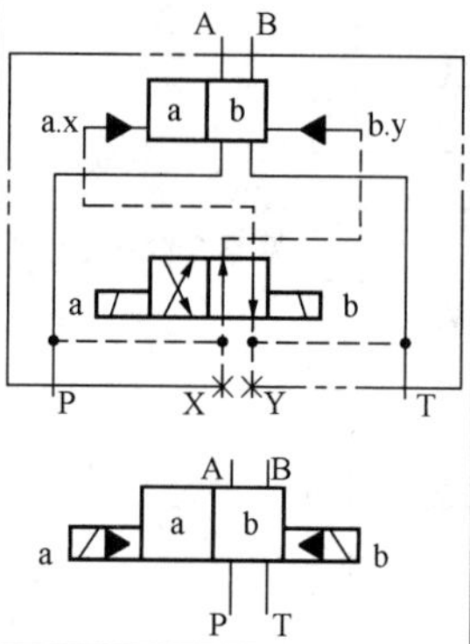	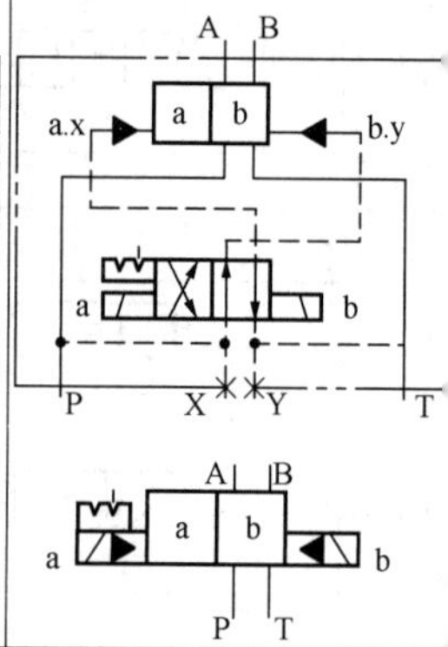
	型号 4WEH…/…T…	型号 4WEH…H…/…T…	型号 4WEH…H/O…T…	型号 4WEH…H/OF…T…
X＝外部；Y＝内部	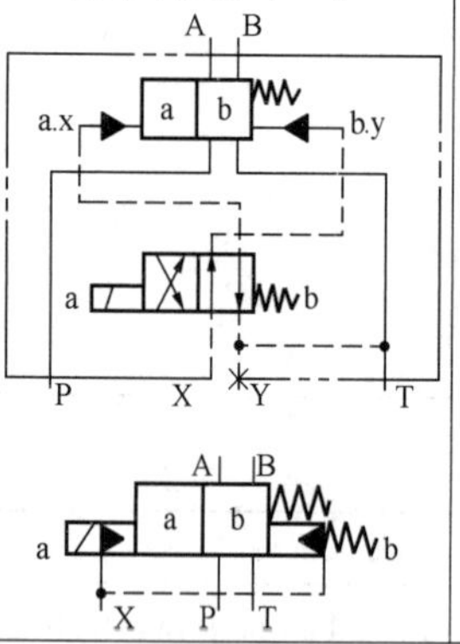	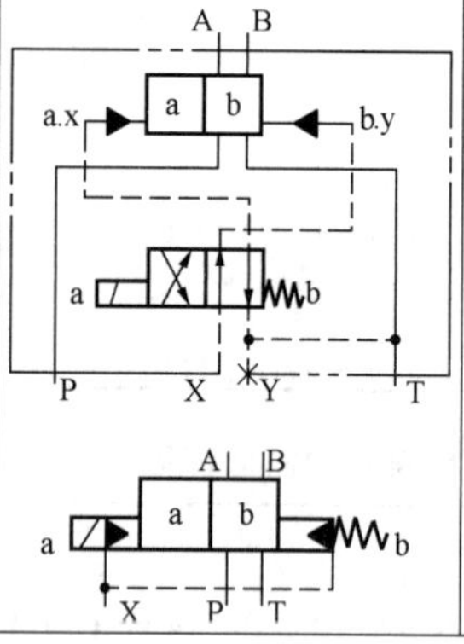	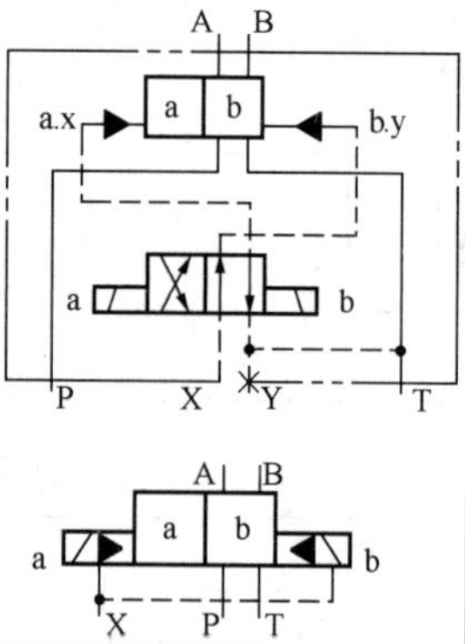	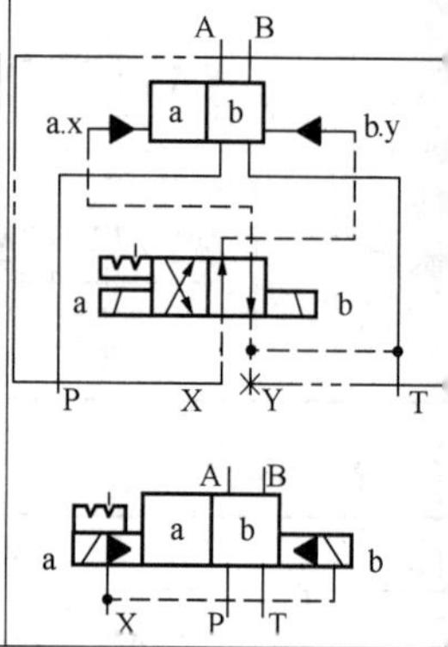
机能符号	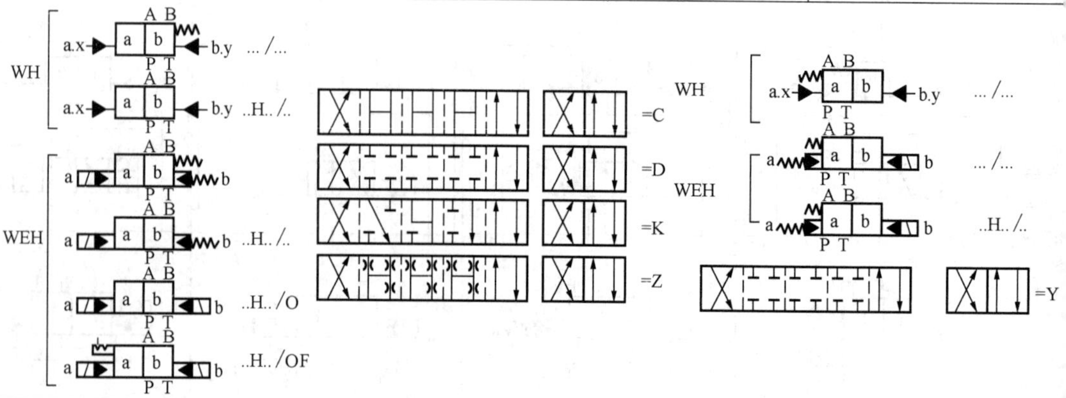			

(2) 技术规格（见表 20-8-130~表 20-8-134）

表 20-8-130　　WEH10 型电液换向阀

项目		H-4WEH10				4WEH10			
最高工作压力 P、A、B 腔/MPa		至 35				至 28			
油口 T/MPa	控制油内排	至 16(直流电压)				至 10(交流电压)			
油口 Y/MPa	控制油外排	至 16(直流电压)				至 10(交流电压)			
最低控制压力/MPa	控制油外排	1.0　弹簧复位三位阀、二位阀							
	控制油内供	0.7　液压复位二位阀(不适合于 C、Z、F、G、H、P、T、V)							
	控制油内供(适合于 C、Z、F、G、H、P、T、V)	0.65[如果在中位由 P 至 T(三位阀)或当阀经中位(二位阀)运动时，流量足够确保由 P 至 T 的压降为 0.65MPa，才能用内部控制油供给]							
最高控制压力/MPa		至 25							
介质		矿物液压油，磷酸酯液压液							
介质黏度/$mm^2 \cdot s^{-1}$		2.8~500							
介质温度/℃		-30~80							
换向过程中控制容量/cm^3	三位阀弹簧对中	2.04							
	二位阀	4.08							
阀从“O”位到工作位置的换向时间(交流和直流电磁铁)/ms		先导控制压力/MPa							
		7		14		21		28	
	三位阀(弹簧对中)	30	65	25	60	20	55	15	50
	二位阀	30	80	30	75	25	70	20	65
阀从工作位置到“O”位的换向时间/ms	三位阀(弹簧对中)	30							
	二位阀	35	40	30	35	25	30	20	25
换向时间较短时的控制流量/$L \cdot min^{-1}$		≈35							
安装位置		任选(液压复位型如 C、D、K、Z、Y 应水平安装)							
质量/kg	单电磁铁阀	6.4							
	双电磁铁阀	6.8							
	换向时间调节器	0.8							
	减压阀	0.5							

表 20-8-131　　　　WEH16 型电液换向阀

项　目		H-4WEH16	4WEH16
最高工作压力 P、A、B 腔/MPa		至 35	至 28
油口 T/MPa	控制油外排	至 25	至 25
	控制油内排(液压对中的三位阀控制油内排不可能)	至 16(直流电磁铁=)	至 10(交流电磁铁~)
油口 Y/MPa	控制油外排	直流 16	交流 10
最低控制压力/MPa	控制油外供 控制油内供	二位阀　1.2 弹簧复位二位阀　1.2 液压复位二位阀　1.2	
	控制油内供	用预压阀或流量足够大,滑阀机能为 C、F、G、H、P、T、V、Z、S 型阀　0.45	
最高的控制压力/MPa		至 25	
介质		矿物质液压油;磷酸酯液压液	
介质温度范围/℃		-30~80	
介质黏度范围/$mm^2 \cdot s^{-1}$		2.8~500	
换向过程中控制油最大的容量/cm^3			
弹簧对中的三位阀		5.72	
二位阀		11.45	
液压对中的三位阀		WH	WEH
从“O”位到工作位置“a”		2.83	2.83
从工作位置“a”到“O”位		2.9	5.73
从“O”位到工作位置“b”		5.72	5.73
从工作位置“b”到“O”位		2.83	8.55

从“O”位到工作位置的换向时间(交流和直流电磁铁)①/ms

先导控制压力/MPa	≤5				>5~15				>15~25			
弹簧对中的三位阀	35		65		30		60		30		58	
二位阀	45		65		35		55		30		50	
液压对中的三位阀	a	b	a	b	a	b	a	b	a	b	a	b
	30		65		25		55	63	20	25	55	60

从工作位置到“O”位的换向时间①/ms

弹簧对中的三位阀	30~45 用于交流;30 用于直流											
二位阀	45~60		45		35~50		35		30~45		30	
液压对中的三位阀	a	b	a	b	a	b	a	b	a	b	a	b
	20~30		20		20~35		20		20~35		20	

安装位置	除 C、D、K、Z、Y 型液压复位的阀水平安装外,其余的任意安装
换向时间较短时的控制流量/$L \cdot min^{-1}$	≈35
质量/kg	≈8.6　WH 约 7.3

① 换向时间指从导阀电磁铁吸合到主阀全部打开的时间。

表 20-8-132　　WEH25 型电液换向阀

最高工作压力 P、A、B 腔/MPa		至 35(H-4WEH25 型);至 28(4WEH25 型)	
油口 T/MPa	控制油外排	至 25	
	控制油内排(液压对中的三位阀控制油内排不可能)	至 16(直流电磁铁=)	至 10(交流电磁铁~)
油口 Y/MPa	外部控制油泄油 直流电磁铁	16	
	交流电磁铁	≈10	
	用于 4WH 型	25	
最低控制压力/MPa	控制油外供 控制油内供	弹簧对中的三位阀　1.3 液压对中的三位阀　1.8 弹簧复位二位阀　1.3 液压复位二位阀　0.8	
	控制油内供	用预压阀或流量相应大时,滑阀机能为 F、G、H、P、T、V、C 和 Z 型阀　0.45	
最高控制压力/MPa		至 25	
介质		矿物质液压油,磷酸酯液压油	
介质黏度范围/$mm^2\cdot s^{-1}$		2.8~500	
介质温度范围/℃		-30~80	

换向过程中控制油最大的容量/cm^3		
弹簧对中的三位阀	14.2	
弹簧复位的二位阀	28.4	
液压对中的三位阀	WH	WEH
从"O"位到工作位置"a"	7.15	7.15
从工作位置"a"到"O"位	14.18	7.0
从"O"位到工作位置"b"	14.18	14.15
从工作位置"b"到"O"位	19.88	5.73

从"O"位到工作位置的换向时间(交流和直流电磁铁)①/ms

先导控制压力/MPa	≤7				>7~14				>14~21				>21~25			
弹簧对中的三位阀	50		85		40		75		35		70		30		65	
弹簧复位的二位阀	120		160		100		130		85		120		70		105	
液压对中的三位阀	a	b	a	b	a	b	a	b	a	b	a	b	a	b	a	b
	30	35	55	65	30	35	55	65	25	30	50	60	25	30	50	60

从工作位置到"O"位的换向时间①/ms

弹簧对中的三位阀	40~55 用于交流;40 用于直流															
弹簧复位的二位阀	120		125		95		100		85		90		75		80	
液压对中的三位阀	a	b	a	b	a	b	a	b	a	b	a	b	a	b	a	b
	30~35		30	35	30~35		30	35	30~35		30	35	30~35		30	35
安装位置	除 C、D、K、Z、Y 型液压复位的阀水平安装外,其余任意安装															
换向时间较短时的控制流量/$L\cdot min^{-1}$	≈35															
质量/kg	整个阀≈18　WH≈17.6															

① 换向时间指从导阀电磁铁吸合到主阀全部打开的时间。

表 20-8-133　　WEH32 型电液换向阀

项　　目		H-4WEH32	4WEH32
最高工作压力 P、A、B 腔/MPa		至 35	至 28
油口 T/MPa	控制油外排	至 25	
	控制油内排(液压对中的三位阀,当控制油内排时不可能)	至 16(直流电磁铁=)	至 10(交流电磁铁~)
油口 Y/MPa	控制油外排	直流电磁铁:16;交流电磁铁:10	
最低控制压力/MPa	控制油外供 控制油内供	0.8　三位阀 1　弹簧复位二位阀 0.5　液压复位二位阀	
	控制油内供	用预压阀或流量相应大时,滑阀机能为 F、G、H、P、T、V、C 和 Z 型阀 0.45	
最高控制压力/MPa		至 25	
介质		矿物质液压油,磷酸酯液压油	
温度范围/℃		-30~80	
黏度范围/$mm^2 \cdot s^{-1}$		2.8~500	
换向过程中控制油最大的容量/cm^3			
弹簧对中的三位阀		29.4	
弹簧对中的二位阀		58.8	
液压对中的三位阀			
从“O”位到工作位置“a”		14.4	
从工作位置“a”到“O”位		15.1	
从“O”位到工作位置“b”		29.4	
从工作位置“b”到“O”位		14.4	

从“O”位到工作位置的换向时间(交流和直流电磁铁)①/ms												
先导控制压力/MPa	≤5				>5~15				>15~25			
弹簧对中的三位阀	75		105		55		90		45		80	
弹簧复位的二位阀	120		155		100		135		90		125	
液压对中的三位阀	a	b	a	b	a	b	a	b	a	b	a	b
	55	60	100	105	40	45	85	95	35	40	85	95
从工作位置到“O”位的换向时间①/ms												
弹簧对中的三位阀	60~75 用于交流;50 用于直流											
弹簧复位的二位阀	115~130		90		85~100		70		65~80		65	
液压对中的三位阀	a	b	a	b	a	b	a	b	a	b	a	b
	35~65		30	40	60~90		30		105~155		50	
安装位置	除液压复位的“H”、C、D、K、Z、Y 型的阀应水平安装外,其余任意安装											
换向时间较短时的控制流量/$L \cdot min^{-1}$	≈50											
质量/kg　带 1 个电磁铁的阀	≈40.5											
质量/kg　带 2 个电磁铁的阀	≈41　WH≈39.5											

① 换向时间指从导阀电磁铁吸合到主阀全部打开的时间。

表 20-8-134　　电气参数

电压类别	直流电压	交流电压
电压/V	12、24、42、60、96、110、180、195、220	42、110、127、220/50Hz 110、120、220/60Hz
消耗功率/W	26	—
吸合功率/V · A	—	46
启动功率/V · A	—	130

电压类别	直流电压	交流电压
运行状态	连续	
环境温度/℃	50	
最高线圈温度/℃	50	
保护装置	IP65，符合 DIN40050	

外 形 尺 寸

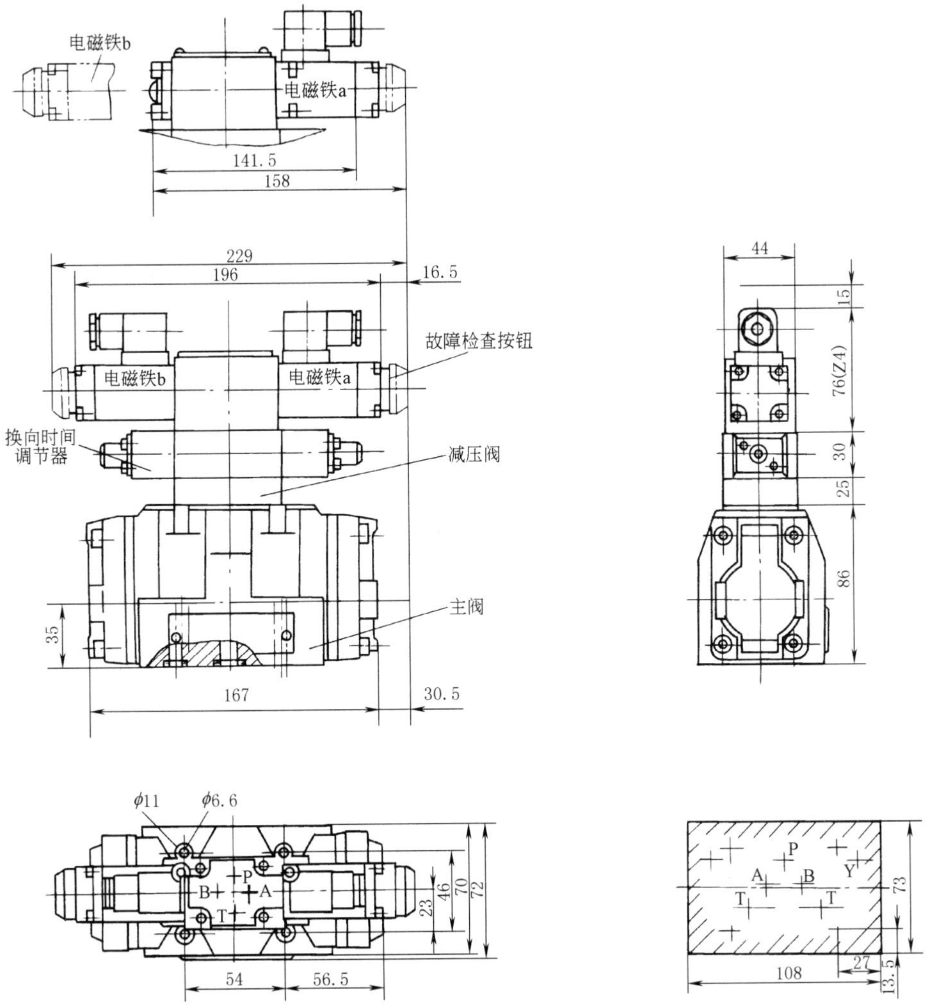

图 20-8-43　WEH10 型电液换向阀外形尺寸

连接板：G535/01（G¾）；G536/01（G1）；534/01（G¾）

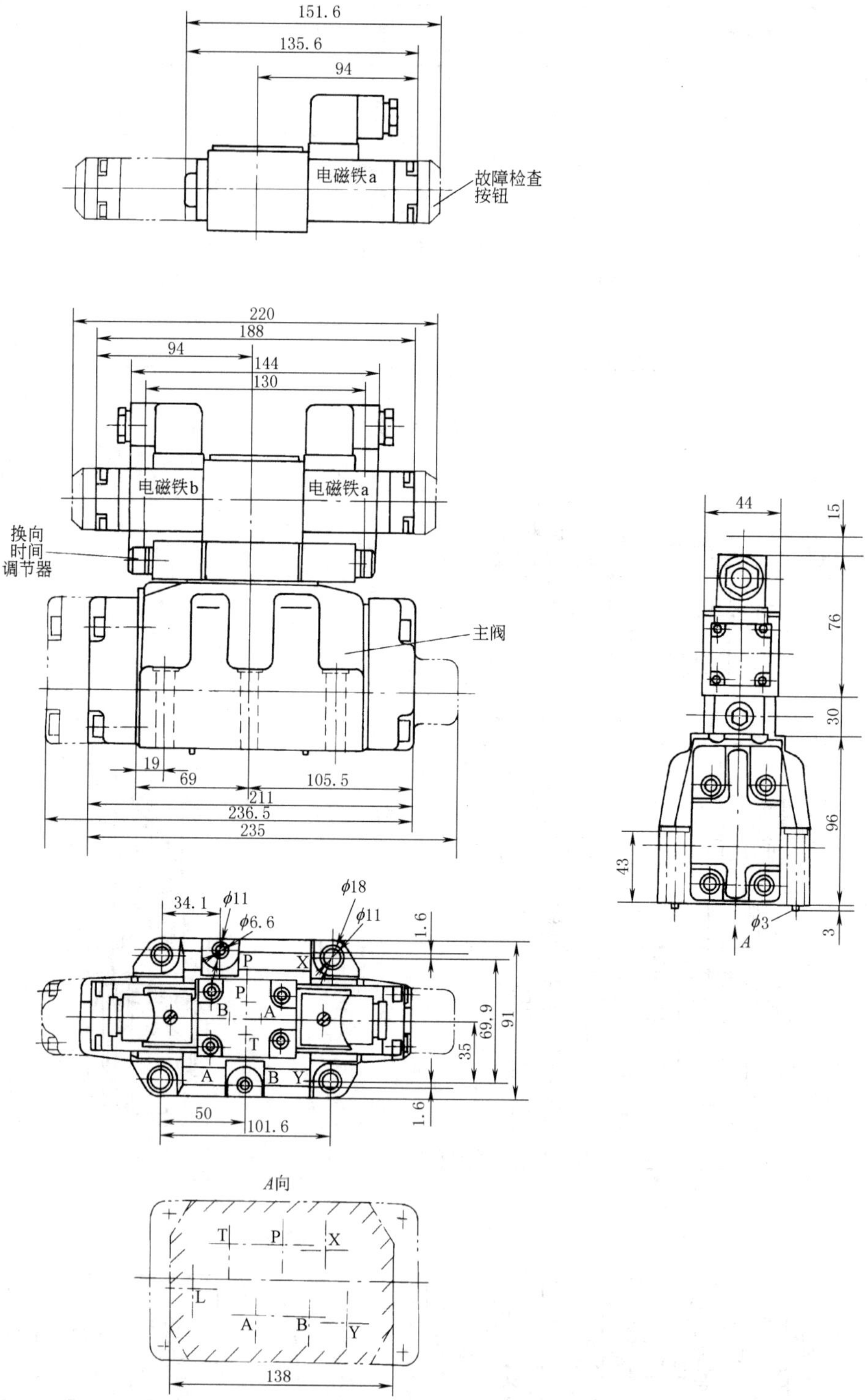

图 20-8-44　WEH16 型电液换向阀外形尺寸

连接板：G172/01（G¾）；G172/02（M27×2）；G174/01（G1）；

G174/02（M33×2）；G174/08

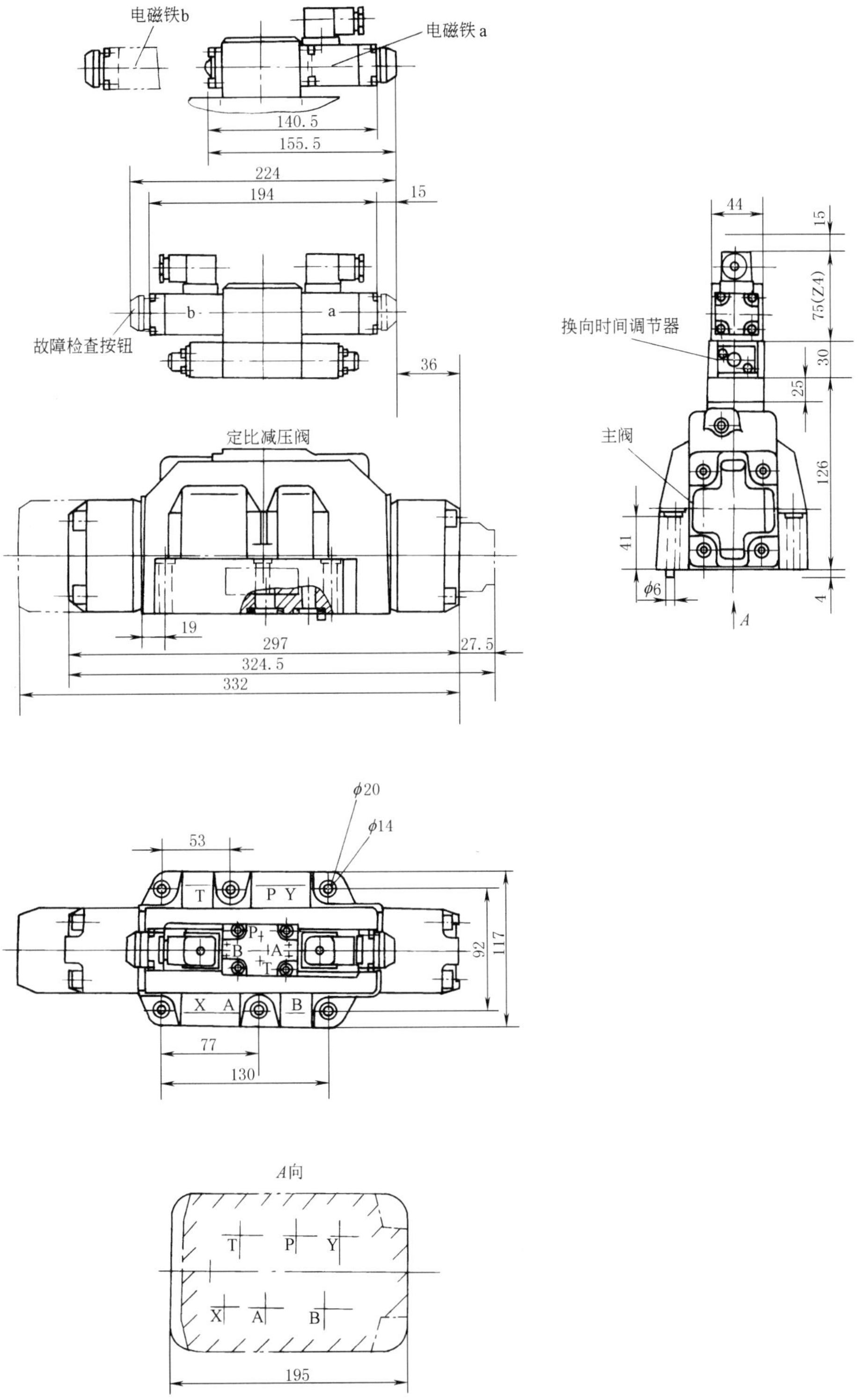

图 20-8-45　WEH25 型电液换向阀外形尺寸

连接板：G151/01（G1）；G153/01（G1）；G154/01（G1¼）；
G156/01（G1½）；G154/01

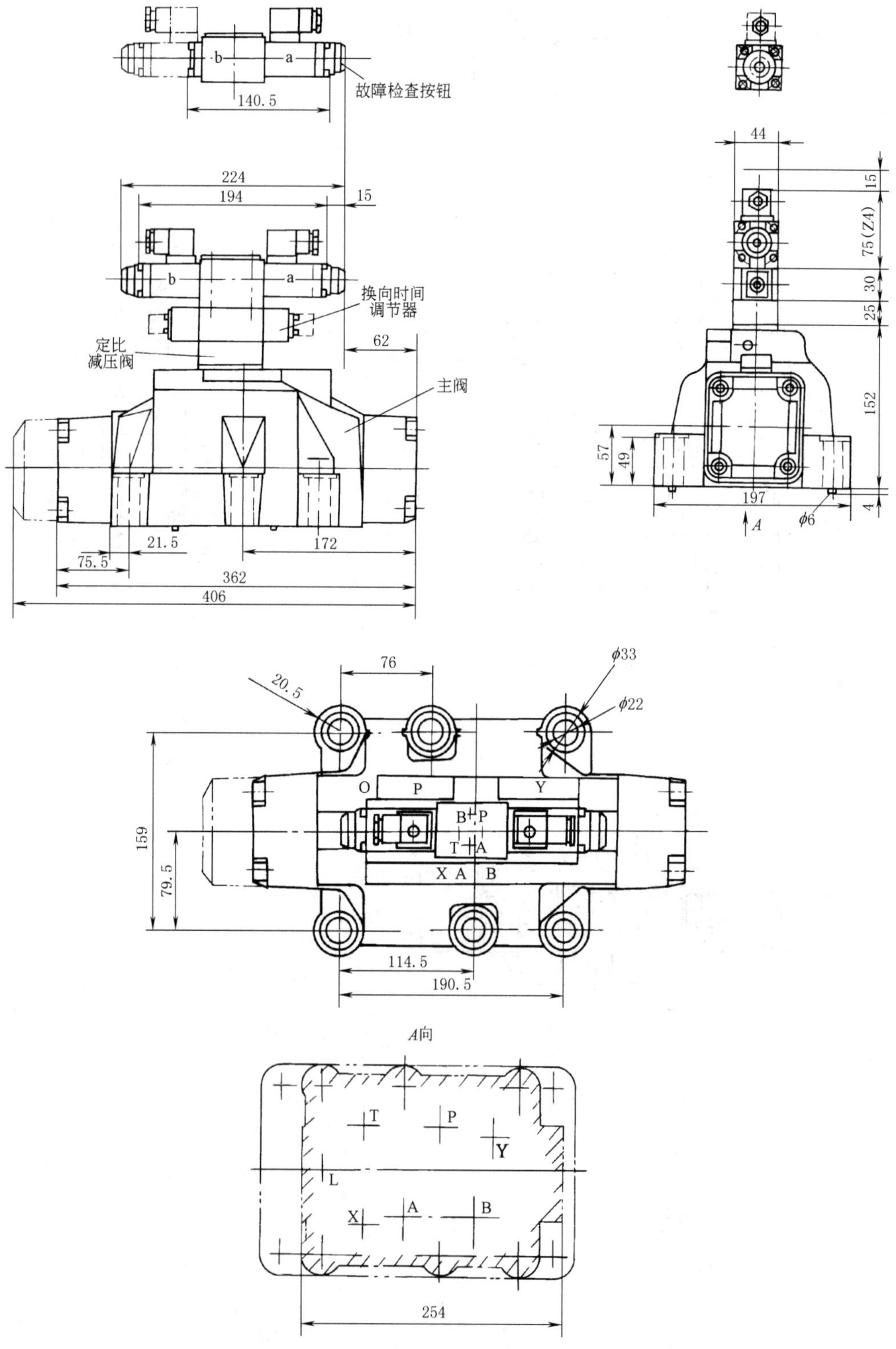

图 20-8-46　WEH32 型电液换向阀外形尺寸

连接板：G157/01（G1½）；G157/02（M48×2）；G158/10

.4 液压电磁换向座阀

JB/T 10830—2008《液压电磁换向座阀》规定了液压电磁换向座阀（以下简称电磁座阀）的基本参数、技要求、试验方法、检验规则、标志和包装等要求，适用于以液压油或性能相当的其他液体为工作介质的电磁阀。

液压电磁换向座阀试验方法见本章 10. 12 节。

WLOH 是锥阀型二位二通或三通直动式电磁阀，适用于要求无泄漏的液压系统中。

（1）型号意义

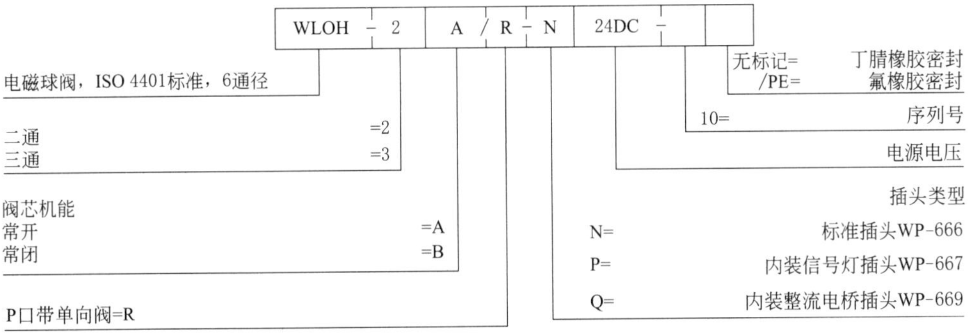

（2）机能符号

表 20-8-135

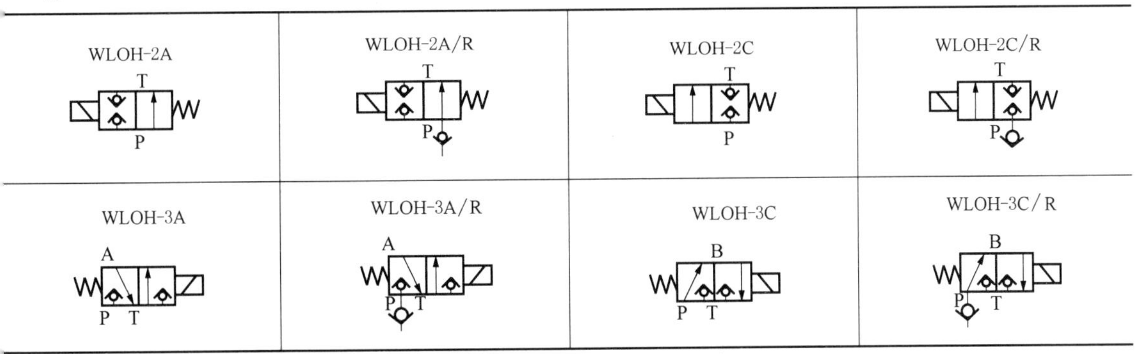

注：上表的机能符号与 JB/T 10830—2008 给出的“座阀机能”图形符号不同。

（3）技术性能

表 20-8-136 技术数据

安装位置	任意位置
安装面精度	表面粗糙度 Ra0. 4μm，平面度 0. 01/100（ISO 1101）
环境温度	-20～+70℃
油液种类	符合 DIN 51524～535 的液压油、磷酸酯
推荐黏度	40℃时为 15～100mm^2/s（ISO VG15～100）
油液清洁度	符合 ISO 19/16 标准（建议用 25μm 和 $\beta_{25}\geqslant 75$ 的过滤器）
油液温度	-20～+60℃（标准密封）；-20～+80℃（PE 密封）
液流方向	见图形符号
操作压力	P、A、B 油口：350bar T 油口：160bar
额定流量	见 $Q/\Delta p$ 曲线
最大流量	max：12L/min
内泄漏量	最高工作压力下，少于 5 滴/min（即≤0. 36cm^3/min）

续表

线圈特性	绝缘等级	遵循欧洲 En563 和 En982 标准,线圈表面温度为(180℃)H 级
	插头保护等级	IP65
	相对负载因子	100%
	电压及频率	见电气特性
	电压允许波动范围	-10%~+10%
插头型号	WP-666(选项-N)	保护等级为 IP65,适合直接接在电源上
	WP-667(选项-P)	并带发光二极管
	WP-669(选项-Q)	带一个整流电桥,用于交流供电,而电磁铁为直流供电情况

WP-666,WP-667
(交流或直流电源)

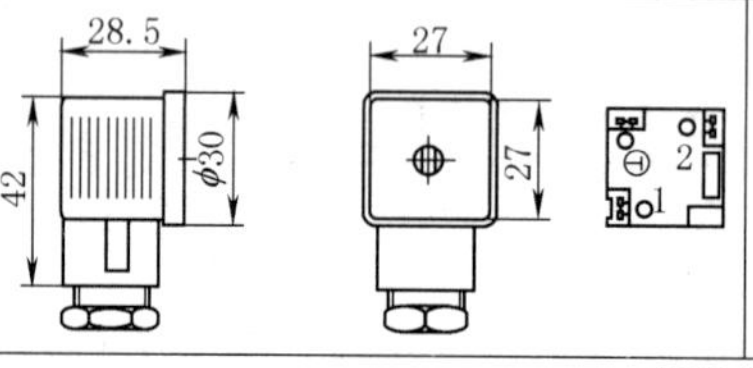

WP-669
(交流电源)

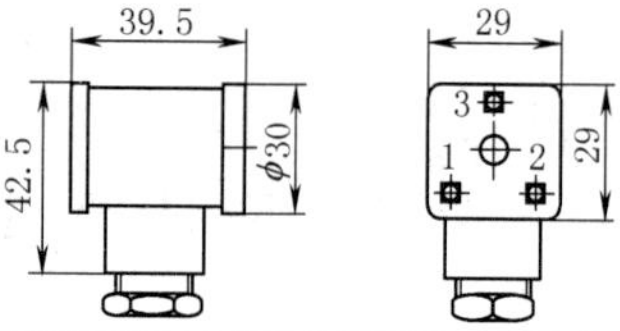

插头接线

WP-666,SP-667	WP-669
1=正极⊕ 2=负级⊖ ⊕=线圈接地	1,2=交流电源 3=线圈接地

供应电压

WP-666	WP-667	
所有电压	24 110 220	110/50 AC 110/60 AC 220/50 AC 220/60 AC

压力-流量曲线(基于油温 50℃,ISO VG46 液压油测得)

阀类型 \ 液流方向	P→A[①] (P→B)	A→T (B→T)
DLOH-2A	B	—
DLOH-2C	C	—
DLOH-3A	D	C
DLOH-3C	D	A

①对二通阀,压降指 P→T 口压降

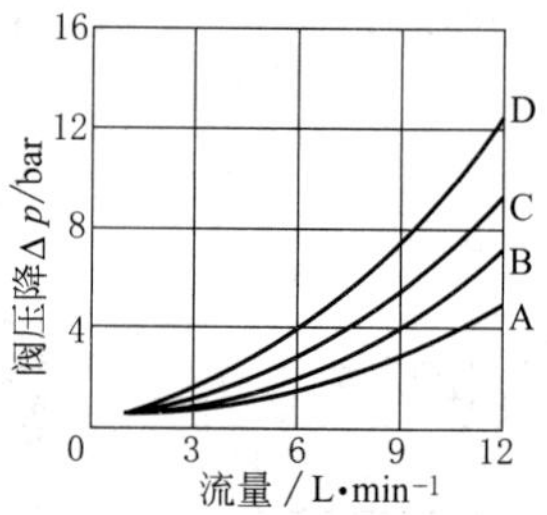

工作曲线(基于油温 50℃,ISO VG46 液压油测得)

曲线是在热的电磁铁、供电电压最低值(V_{nom}-10%)时获得

A=DLOH-3A 型阀

B=DLOH-2A,DLOH-3C 型阀

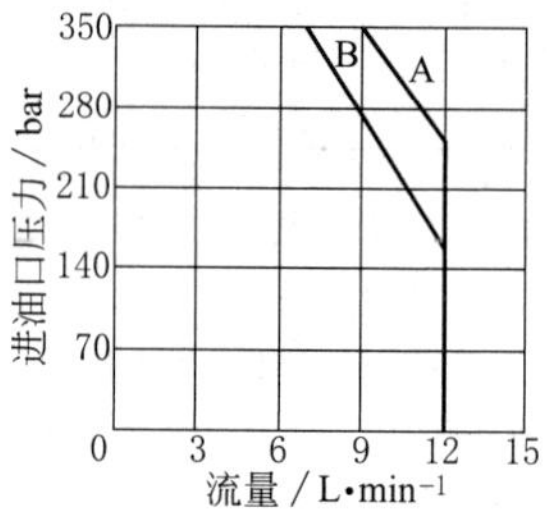

切换时间

测试条件:

-8L/min;150bar

-额定电压

-油口 T 背压 2bar

-矿物油:50℃,ISO VG46 液压油

液压系统的弹性、液压油性能的改变和温度变化均影响响应时间

阀类型	插头	切换开 AC	切换开 DC	切换关
WLOH-＊＊	SP-666,SP-667	30	45	25
WLOH-＊＊	SP-669	30	—	75

(4) 外形及安装尺寸

表 20-8-137

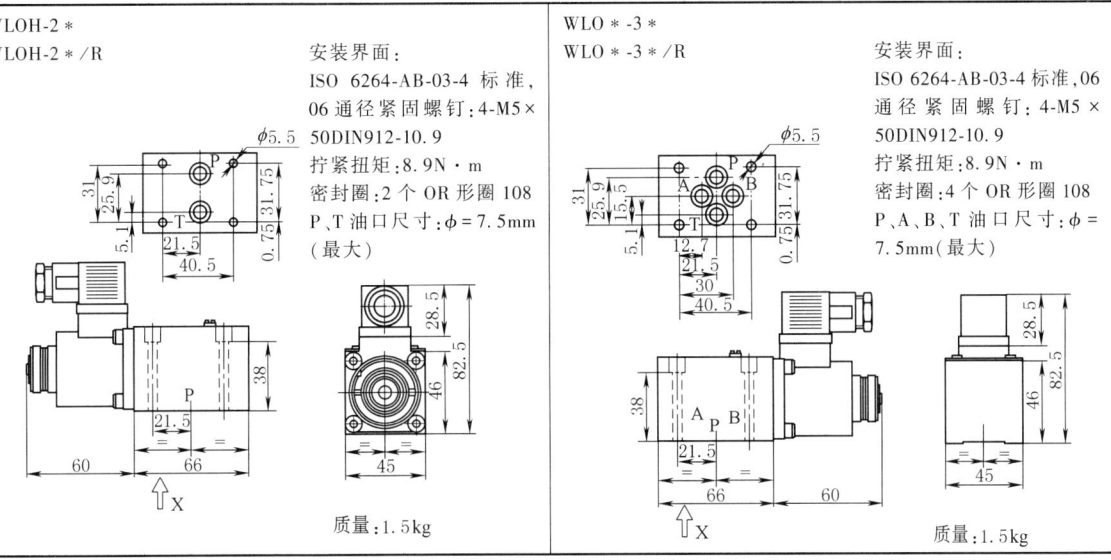

VLOH-2 * VLOH-2 * /R 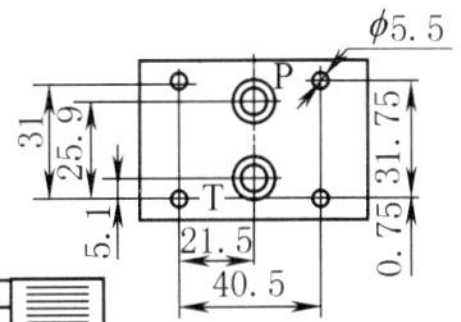 安装界面： ISO 6264-AB-03-4 标准，06 通径紧固螺钉：4-M5×50DIN912-10.9 拧紧扭矩：8.9N·m 密封圈：2 个 OR 形圈 108 P、T 油口尺寸：ϕ=7.5mm（最大） 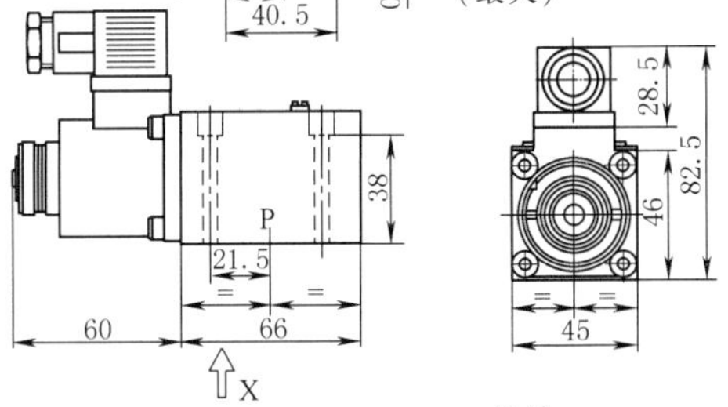 质量：1.5kg	WLO * -3 * WLO * -3 * /R 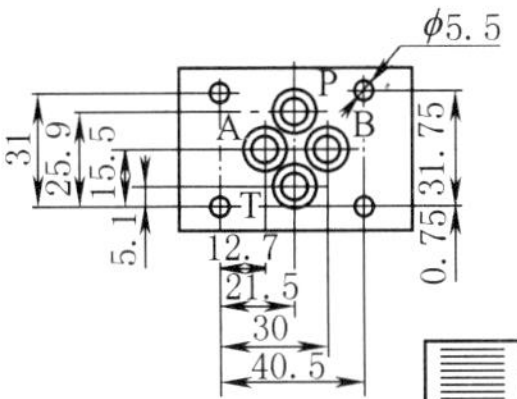 安装界面： ISO 6264-AB-03-4 标准，06 通径紧固螺钉：4-M5×50DIN912-10.9 拧紧扭矩：8.9N·m 密封圈：4 个 OR 形圈 108 P、A、B、T 油口尺寸：ϕ=7.5mm（最大） 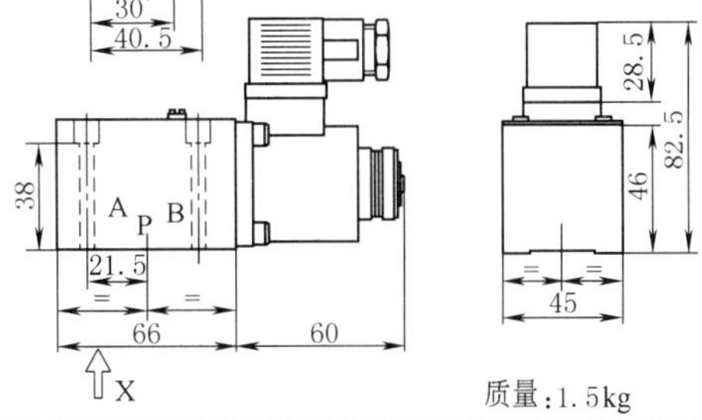 质量：1.5kg

.5 液压多路换向阀

JB/T 8729—2013《液压多路换向阀》规定了液压多路换向阀（以下简称多路阀）基本参数、技术要求、试方法、检验规则、标志及包装等要求，适用于以液压油或性能相当的其他液体为工作介质的多路阀。有特殊要的产品，由供、需双方商定。

液压多路换向阀试验方法见本章 10.13 节。

.5.1 液压多路换向阀产品系列总览

表 20-8-138

系列型号	特点及应用	主要技术参数 通径 /mm	流量 /L·min^{-1}	额定压力 /MPa	先导阀压力 /MPa	背压力 /L·min^{-1}
Z 系列多路阀	由多路换向阀和安全阀及各种附加阀组合而成。压力高、结构紧凑、安全阀性能好、可靠性高、不易外漏、通用性强。主要用于 ZL40 以下装载机、小型挖掘机等工程机械的液压系统中，也用于起重运输、矿山、农业或其他机械中液压系统多执行元件集中控制	15 20	63 100	32	0.6~2.2	2.5
		25	160			
ZS 系列多路阀	是一种以手动换向阀为主体的组合阀，主要用于工程机械、矿山机械、起重运输机械和其他机械液压系统，用以改变液流方向，实现多个执行机构的集中控制 ZS1 型多路阀带有先导安全阀和单向阀，并联油路，有 O、R、Y、A、B、N 等滑阀机能，有弹簧复位和钢球定位两种；结构简单、泄漏小，安全阀启闭特性好	10、15 20、25	40、63、 100、160	16、20		
	ZS2 型多路阀是在 ZS1 系列基础上改进设计的，各项指标进一步提高；取消了安装角铁，利用阀体上的三个底脚直接安装					

续表

系列型号	特点及应用	主要技术参数				
		通径/mm	流量/L·min^{-1}	额定压力/MPa	先导阀压力/MPa	背压力/L·min^{-}
ZS 系列多路阀	ZS4 型多路阀是在 ZS1(2)系列基础上改进设计的,主要是对 ZS 系列阀的外形进行了流线设计,阀体外形尺寸减小,阀体重量减轻 ZS3 型多路换向阀是在原 ZS 型换向阀的基础上进行了改进设计,不但继承了 ZS 系列多路阀的各种优点,还具有良好的调速性能,使启动停止平稳可靠	10、15 20、25	40、63、 100、160	16、20		
ZFS 系列多路阀	是手动换向阀的组合阀,由 2~5 个三位六通手动换向阀、溢流阀、单向阀组成,阀在中位时,主油路有中间全封闭、压力口封闭式、B 腔常闭式及中间位置压力油短路卸荷等主油路,主要用于多个工作机构(液压缸或液压马达)的集中控制	10、20、25	30、75、130	10.5~14		
DF 系列整体式多路阀	油路为串并联形式,有手动操纵、液控操纵。定位复位方式为弹簧复位与钢球定位两种形式。该阀压力高、流量大、压力损失小、微动特性好、附加阀齐全、操纵力小、结构紧凑、工作可靠、维修方便。适用于装载机、推土机、压路机等大中型工程机械的液压系统中多个执行机构的集中控制	25、32	160、250	20		
DL-8 系列多路阀	阀为片式结构,每联都有单向阀。现有阀芯为 O 型机能,定位方式有弹簧复位和钢球定位两种,油路为串联油路。参照多田野汽车起重机下车阀改进设计而成,主要用于控制汽车起重机支腿的伸缩,设计中除保证原有的性能外,还注重考虑了加大通往上车阀的油路通道,使中位压力损失大为下降,减小了系统发热	8	80	20		液控单向阀开锁压力:≤2.8
DC 系列多路换向阀	是根据国内外工程机械液压系统优化设计而成,该阀为片式结构,有并联、串并联油路,可单泵或双泵供油,多级压力控制与分、合流回路等,滑阀可在任意一端伸出,滑阀端部有舌状和叉状二种结构,除国内已有机能外,还增加了 G、R、W 等特殊机能,最多可控制 10 个工作机构。广泛用于装载机、汽车起重机、推土机、压桩机等工程机械和大吨位叉车,冶金、农业等机械的液压系统中,是主机实现进口元件国产化的理想产品	20、25、32	100、160、250 最大 150、250、400	25、最大 31.5		≤3
CDB 系列多路换向阀	是根据国内 1~10t 叉车、小型装载机、平地机液压系统,并引进、消化、吸收先进技术而设计的新产品。片式结构,1~10 联可任意组合;油路为并联、串并联形式;进油阀内设有稳流装置,保证转向系统正常工作;可带过载阀、补油阀等附加阀,滑阀机能有 O、A、R、Y、O_X 等;有弹簧复位、钢球定位和反冲复位等定复位方式;各种机能均有良好微动性能。适用于叉车、小型装载机、平地机液压系统以及起重运输机械、矿山机械的液压系统中,是主机实现进口元件国产化的理想产品	15	80	16、20		2
		20	160	16、20、25		

续表

系列型号	特点及应用	主要技术参数				
		通径/mm	流量/L·min⁻¹	额定压力/MPa	先导阀压力/MPa	背压力/L·min⁻¹
QF28型全负载反馈多路换向阀	全负载反馈,各工作油口均可按主机执行机构的要求,提供相应的流量,且保证执行机构的工作速度不受负载变化的影响,并具有优良的微动特性。高效节能,若由负载反馈泵提供油源,其中位几乎无压力损失,系统处于低压待命工作状态,在换向工作时,油源提供的流量仅为执行机构所需的流量。抗干扰,在进行复合动作时,各执行机构的动作速度相互均无影响。操纵控制形式多,具有手动、液压比例控制和电液比例控制多种操纵控制方式	28	400	24.5	0.5~2.4	≤2
DP20型负载反馈多路换向阀	根据矿山机械、工程机械的需要成功地采用了负载反馈技术,使之成为一种高精度控制的节能性产品,在矿山机械和工程机械方面具有很高的推广价值。全负载反馈,各工作油口均可按主机执行机构的要求,提供相应的流量,且保证执行机构的工作速度不受负载变化的影响,并具有优良的微动性能。操作轻便:换向阀体与工作滑阀之间不设置动密封,故操纵力仅为同类产品的一半。高效节能:如果由负载反馈泵提供油源,其中位时几乎无压力损失,系统处于低压待命工作状态,在换向工作时,油源提供的流量仅为执行机构所需的流量。抗干扰:在进行复合动作时,各执行机构的动作速度相互均无影响	20	100	16、20、25		负载反馈阀压差值:0.7~0.9
D-32、D1-32型多路换向阀	是液压比例操纵的多路换向阀,是为引进美国卡特彼勒(Caterpillar)950、966和980轮式装载机技术的国产化配套元件。操纵力小,工作机构速度控制自如;Q型机能的比例性能与三位阀相同,第四位用液控补油阀实现,配套的先导阀型号为DJS2-TD、DDB或DJS3-TD、DDB、TT或DJS2、Z-TD、DDB;辅助功能齐全,可以在任一工作油口设置过载阀、补油阀。安全阀启闭特性好,补油压力低。二联阀可实现并联油路	32	250 最大400	20 最大25		K口控制压力:0.4~2.3
DCV系列多路换向阀	消化吸收意大利的产品技术,同时借鉴国外知名品牌的优点,结合国内企业的使用要求,开发研制的多路换向阀。所有铸件都是壳模铸造,压降低,所有阀芯由高性能钢材加工镀镍而成,阀芯为径向平衡结构,具有良好灵敏性;所有阀芯均可互换。有整体式、分体式两种结构;有并联油路、串联油路、串并联油路等油路形式;有手动、气控+手动、液控+手动、电液控、电气控等多种操纵控制方式	油口螺纹从G1/4″~G1″不等	20、35、60、40、90、100、140、200	最大压力35		5、6
B系列减压式比例先导阀	是为引进德国利勃海尔挖掘机技术而开发的国产化元件 有6种固定型号专为进口机型设定,也可用于国产机型。其中B2型先导阀为片式结构,每片为1个手柄两个控制口,用户可根据需要在10联内任意选择。操作简单、控制灵敏、工作可靠、安装维修方便、具有良好的比例控制特性。适用于大中型工程机械对液动换向阀进行比例先导控制	油口螺纹规格:M14×1.5	16	最大3	控制压力:0.3~2.8	

续表

系列型号	特点及应用	主要技术参数				
		通径/mm	流量/L·min^{-1}	额定压力/MPa	先导阀压力/MPa	背压力/L·min^{-1}
BJS型减压比例先导阀	是为引进美国卡特彼勒(Caterpillar)950、966和980轮式装载机的国产化配套元件。操作简单、控制灵敏、工作可靠、安装维修方便、实现远距离控制。适用于大中型工程机械对液动换向阀进行比例先导控制		10 最大15	2.5 最大5	控制压力: 0.3~2.2	
DJS型减压式比例先导阀	是为引进国外950B、966D和980S轮式装载机的国产化配套元件。该阀与D32液动多路换向阀组合,主要配套于ZL40、ZL50、ZL60等大、中型装载机,亦可用于推土机等其他大、中型工程机械的工作装置液压系统。阀采用分片式结构,便于通用和组合;先导阀在举升和收斗位置设有电磁定位,通过调整动臂和转斗上的限位器,可方便地实现铲斗任意位置的自动放平控制和动臂举升高度的垂直限位,简化了操作程序,减轻劳动强度;先导阀控制油口输出的二次压力呈线性变化,使调速性能更好,相应调速范围更宽		10 最大15	2.5 最大5	控制压力: 0.4~2.8	电磁铁工作电压: DC 24V
起重机系列用阀QFZMG※H全负载敏感多路换向阀	阀内设有二次压力安全阀、流量负载压力补偿器,重复精度高、滞环低,液压比例控制,可通过阀芯行程限位进行流量调节。可用于大吨位履带式起重机和其他工程机械等与负载压力无关的流量分配的闭式变量泵	12、15、28、32	100、150、400、600	35、38、40、	0.5~2.4; 0.6~2.5	2、3
工程机械系列用阀HCD4、6型多路换向阀	以手动换向阀为主体的组合,有公共进出油口,可组成串并联油路,具有多种滑阀机能,有弹簧复位和弹跳定位两种定位方式。主要用于工程机械、石油矿山机械等液压系统	15、20	80、100	25、31.5		3
矿山机械系列用阀PSV负载敏感式比例多路换向阀	具有压力适应功能,可实现负荷传感随动控制,减少泵的负荷,减少动力消耗和发热,并改善阀的流量调节特性,能进行多泵供油分流合流控制,是力矩限矩器电信号转换的机电液一体化元件,主要适用于煤矿掘进机的操纵控制	20	120	40		

6.5.2 Z系列液压多路换向阀

Z系列液压多路换向阀的主要技术参数及特点见表20-8-139。

表20-8-139

类型名称	压力/MPa	通径/mm	流量/L·min^{-1}	特点说明
Z型多路阀	32	15、20、25	63、100、150	连接方式有螺纹连接和法兰连接两种;有并联和串联两种油路及阀体型式;有O、Y、A、Q、M、K型等10种滑阀机能;有弹簧复位、气动复位、钢球定位等复位定位方式

注:阀的图形符号、型号意义以及外形连接尺寸请见生产厂产品样本。

6.5.3 ZS系列液压多路换向阀

ZS1型和ZS2型液压多路换向阀的主要技术参数及特点见表20-8-140。

表 20-8-140

类型名称	压力/MPa	通径/mm	流量/L·min^{-1}	特点说明
ZS1 型、ZS2 型多路阀	16	10、15、20、25	40、63、100、16	ZS1 型多路换向阀带有一个先导溢流阀和一个单向阀，它的油路型式为并联，滑阀机能有 O、A、Y 型三种形式，它的定位复位方式有弹簧复位和钢球定位两种。ZS2 型多路换向阀是在 ZS1 型阀基础上改进设计的，它针对叉车的需要，在 ZS1 型阀上增加一个 O 型机能，该机能为叉车的倾斜液压缸提供了失压误动作的保护

注：1. 阀的图形符号、型号意义以及外形连接尺寸请见生产厂产品样本。

2. 摘自参考文献［26］中表 6-3，但根据参考文献［19］对其进行了修改。

.5.4 ZFS 系列液压多路换向阀

ZFS 型多路换向阀是手动控制换向阀的组合阀，由 2~5 个三位六通手动换向阀、溢流阀、单向阀组成，可根据用途的不同选用。换向阀在中间位置时，主油路有中间全封闭式、压力口封闭式、B 腔常闭式及压力油短路卸荷式等。主要用于多个工作机构（液压缸、液压马达）的集中控制。

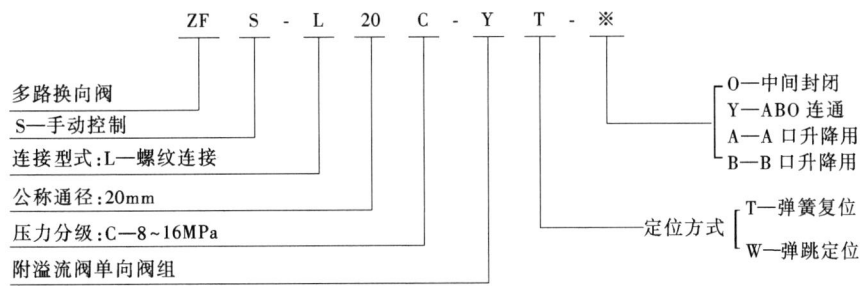

型号意义：

ZF S - L 20 C - Y T - ※

多路换向阀

S—手动控制

连接型式：L—螺纹连接

公称通径：20mm

压力分级：C—8~16MPa

附溢流阀单向阀组

定位方式 T—弹簧复位；W—弹跳定位

O—中间封闭

Y—ABO 连通

A—A 口升降用

B—B 口升降用

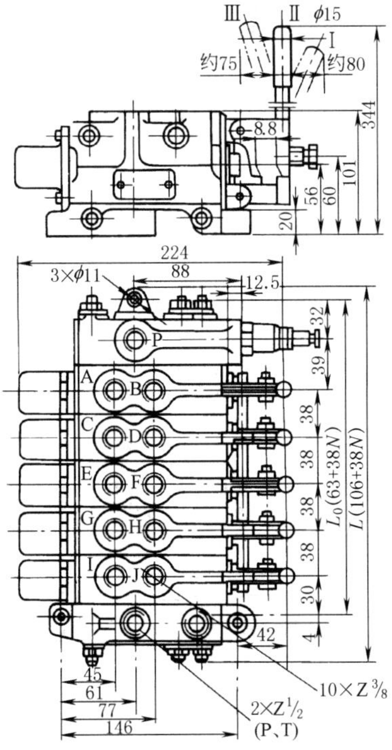

表 20-8-141　　ZFS-L10C-Y＊-＊型外形尺寸

公称通径/mm	最大流量/L·min^{-1}	工作压力/MPa	型　号	估计总重/kg 2连	3连	4连	5连
10(3/8″)	30	14.0	ZFS-L10	10.5	13.5	16.5	19.5
20(3/4″)	75	14.0	ZFS-L20	24	31.0	38	45
25(1″)	130	10.5	ZFS-L25	42	53.0	64	75

ZFS滑阀机能				
	O型全闭口	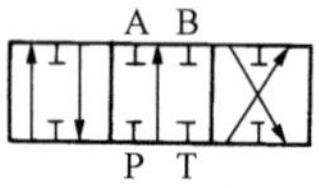	A型A口升降用	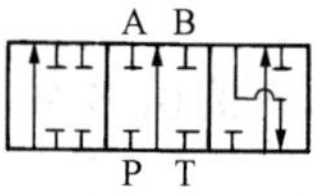
	Y型油缸浮动	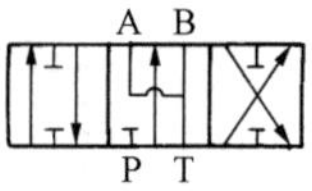	B型B口升降用	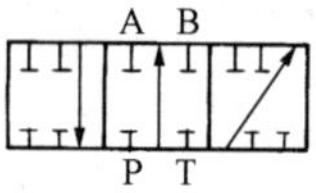

连数 N	L_0	L	连数 N	L_0	L	连数 N	L_0	L
1	101	144	3	177	220	5	253	296
2	139	182	4	215	258			

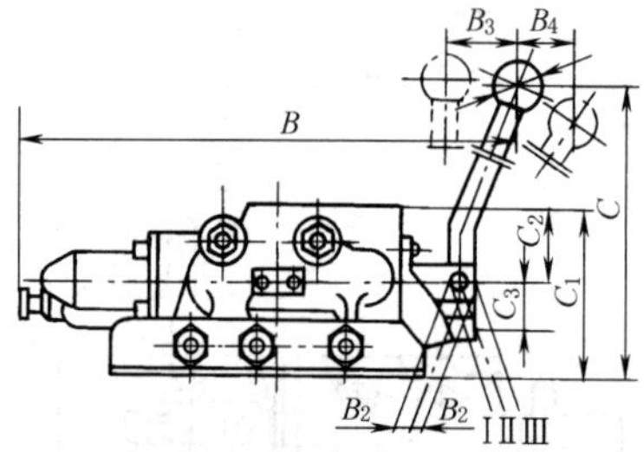

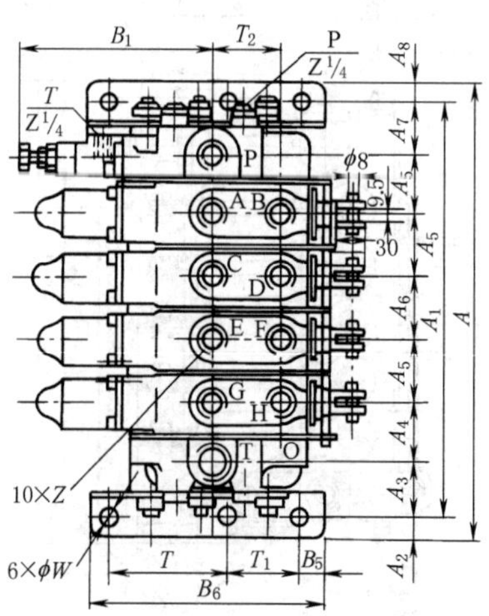

表 20-8-142　　ZFS-L$_{25}^{20}$C-Y ＊-＊型外形尺寸　　mm

公称通径	型号	连数	A	A_1	A_2	A_3	A_4	A_5
20(¾″)	ZFS-L20C-Y※	1 2 3 4	236 293.5 351 408.5	204 261.5 319 376.5	16	48	54	57.5
25(1″)	ZFS-L25C-Y※	1 2 3 4	285 347.5 410 472.5	241 303.5 366 428.5	22	58	62.5	62.5

公称通径	连数	A_6	A_7	A_8	B	B_1	B_2	B_3	B_4	B_5	B_6
20(¾″)	1 2 3 4	54	48	16	371.5	184.5	9.5	78	73	18	213
25(1″)	1 2 3 4	62.5	58	22	437	188	12	107	100	25	275

公称通径	连数	C	C_1	C_2	C_3	Z	T	T_1	T_2	ϕW
20(¾″)	1 2 3 4	275	121	54	30	Z¾″	110	67	60	15
25(1″)	1 2 3 4	391	140	60	40	Z1″	100	125	70	18

6.5.5　DCV 系列多路阀

DCV 系列多路阀的主要技术参数及特点见表 20-8-143。

表 20-8-143

类型名称	压力/bar	油口螺纹通径/in	流量/L·min^{-1}	特点说明
DCV 系列多路阀	315、350	¼、⅜、½、¾、1 等多种	20、35、40、50、100、140、200	工作片数 1~12；油口螺纹有标准 G 螺纹和 SAE 螺纹；有二联整体式和三联组合式两种结构

注：阀的图形符号、型号意义以及外形连接尺寸请见生产厂产品样本。

6.6　液压手动及滚轮换向阀

JB/T 10369—2014《液压手动及滚轮换向阀》规定了液压手动及滚轮换向阀（以下简称手动及滚轮换向阀）的型号、基本参数和标志、技术要求、试验方法、检验规则和包装等要求，适用于以矿物油型液压油或性能相当的其他液体为工作介质的板式连接手动及滚轮换向阀。

液压手动及滚轮换向阀试验方法见本章第 10.14 节。

6.6.1 DM 型手动换向阀

型号意义：

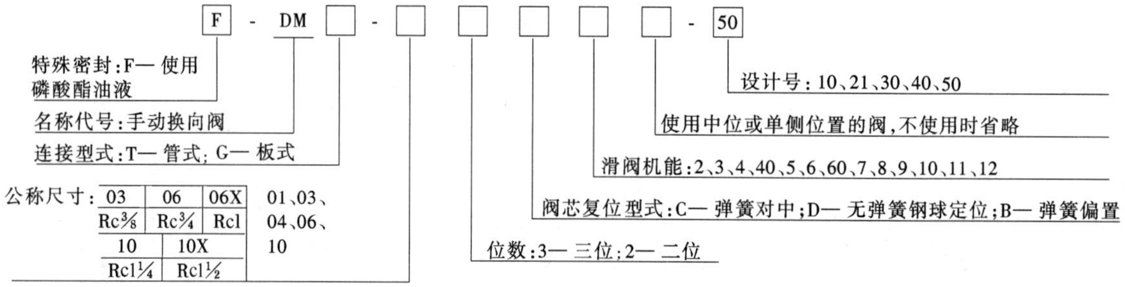

表 20-8-144　　技术规格

型号		最大流量/L·min⁻¹				最高使用压力/MPa	允许背压/MPa	质量/kg
		7MPa	14MPa	21MPa	31.5MPa			
管式连接	DMT-03-3C※-50	100[①]	100[①]	100[①]	—	25	16	5.0
	DMT-03-3D※-50	100	100	100	—			
	DMT-03-2D※-50	100	100	100	—			
	DMT-03-2B※-50	100[①]	100[①]	100[①]	—			
	DMT-06※-3C※-30	300(200)[②]	300(120)[②]	300(100)[②]	—	21	滑阀移动时:7 滑阀静止时:21	12.9
	DMT-06※-3D※-30	300	300	300	—			
	DMT-06※-2D※-30	300	300	300	—			
	DMT-06※-2B※-30	200	120	100	—			
	DMT-10※-3C※-30	500(315)[②]	500(315)[②]	500(315)[②]	—	21	滑阀移动时:7 滑阀静止时:21	22
	DMT-10※-3D※-30	500	500	500	—			
	DMT-10※-2D※-30	500	500	500	—			
	DMT-10※-2B※-30	315	315	315	—			
板式连接	DMG-01-3C※-10	35	35	35	—	25	14	1.8
	DMG-01-3D※-10							
	DMG-01-2D※-10							
	DMG-01-2B※-10							
	DMG-03-3C※-50	100[①]	100[①]	100[①]	—	25	16	4.0
	DMG-03-3D※-50	100	100	100	—			
	DMG-03-2D※-50	100	100	100	—			
	DMG-03-2B※-50	100[①]	100[①]	100[①]	—			
	DMG-04-3C※-21	200	200	105	—	21	21[④]	7.4
	DMG-04-3D※-21	200	200	200	—			
	DMG-04-2D※-21	200	200	200	—			
	DMG-04-2B※-21	90	60	50	—			7.9

续表

型号		最大流量/L·min⁻¹ 7MPa	14MPa	21MPa	31.5MPa	最高使用压力/MPa	允许背压/MPa	质量/kg
板式连接	DMG-06-3C※-50	500	500	500	500	31.5	21[4]	11.5
	DMG-06-3D※-50	500	500	500	500			
	DMG-06-2D※-50	500	500	500	500			
	DMG-06-2B※-50	420	300	250	200			12
	DMG-10-3C※-40	1100[3]	1100[3]	1100[3]	1100[3]	31.5	21[4]	48.2
	DMG-10-3D※-40	1100	1100	1100	1100			
	DMG-10-2D※-40	1100	1100	1100	1100			
	DMG-10-2B※-40	670	350	260	200			50

① 因滑阀型式不同而异，详细内容请参照 DSG-01/03 系列电磁换向阀标准型号表（50Hz 额定电压时）。

② （ ）内的值表示 3C3、3C5、3C6、3C60 的最大流量。

③ 因滑阀型式不同而异。与 DSHG-10（先导压力为 1.5MPa）相同。

④ 回油背压超过 7MPa 时，泄油口直接和油箱连接。

注：最大流量指阀切换无异常的界限流量。

表 20-8-145　　滑阀机能

滑阀型式		DMG-01 3C 3D	DMG-01 2D	DMG-01 2B	DMT-03 DMG-03 3C 3D	DMT-03 DMG-03 2D	DMT-03 DMG-03 2B	DMT-06※ DMT-10※ 3C 3D	DMT-06※ DMT-10※ 2D 2B	DMG-04 DMG-06 DMG-10 3C 3D	DMG-04 DMG-06 DMG-10 2D 2B
2		○	○	○	○	○	○	○	○	○	○
3		○	○	○	○	—	○	○	○	○	○
4	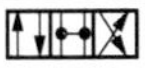	○	—	—	○	—	—	○	○	○	○
40		○	—	—	○	—	—	○	○	○	○
5		○	—	—	—	—	—	—	—	—	—
		—	—	—	—	—	—	○	—	○	—
6		—	—	—	—	—	—	—	—	○	—
		—	—	—	—	—	—	○	—	—	—
60		○	—	—	○	—	—	—	—	○	—
		—	—	—	—	—	—	○	—	—	—
7	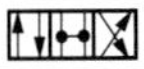	○	○	—	—	—	—	○	○	○	○
8		○	○	○	—	—	○	○	○	—	—
9		○	—	—	○	—	—	○	—	○	—
10	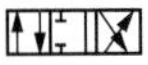	○	—	—	○	—	—	○	—	○	—
11		○	—	—	—	—	—	○	—	○	—
12		○	—	—	○	—	—	○	—	○	—

注：1.

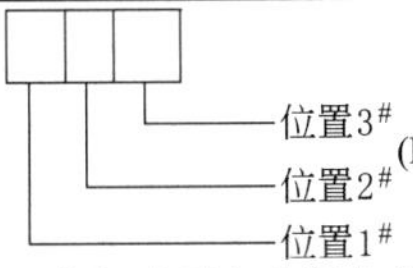

(${DM}_{G}^{T}$-01、03-2B*, ${DM}_{G}^{T}$-03-2D*的场合，1# 变为2#)

2. “○”标记表示相应阀具有的滑阀机能。

使用中间位置（2#）与单侧位置（1#或3#）的阀

除通常的二位式阀（2D※，2B※），也提供使用中间位置（2#）（2B※A，2D※A）与位置1#或位置3#（2B※B，2D※B）的两种二位式阀。

下表带○符号的表示尺寸规格具有二位滑阀型式。

表 20-8-146

阀型式		液压符号	规格		
弹簧偏置	钢球定位	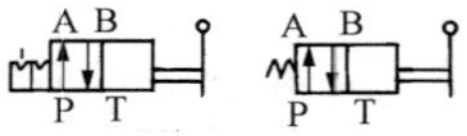	* DMT-03 DMG-03	DMT-06※ DMT-10※	DMG-04 DMG-06 DMG-10
2B2A	2D2A	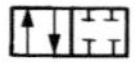	○	○	○
2B3A	2D3A	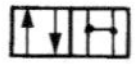	○	○	○
2B4A	2D4A		—	○	○
2B40A	2D40A	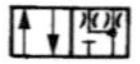	—	○	○
—	—	—	—	—	—
2B5A	2D5A		—	○	○
2B6A	2D6A		—	—	○
		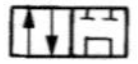	—	○	—
2B60A	2D60A		—	—	○
		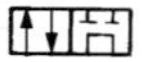	—	○	—
2B7A	2D7A	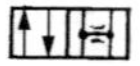	—	○	○
2B8A	2D8A	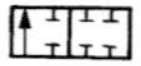	—	○	—
2B9A	2D9A	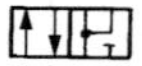	—	○	○
2B10A	2D10A	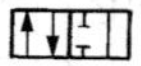	—	○	○
2B11A	2D11A		—	○	○
2B12A	2D12A		—	○	○

阀型式		液压符号	规格			
弹簧偏置	钢球定位	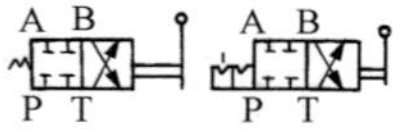	DMG-01	* DMT-03 DMG-03	DMT-06※ DMT-10※	DMG-04 DMG-06 DMG-10
2B2B	2D2B	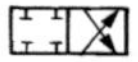	○	○	○	○
2B3B	2D3B	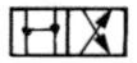	○	○	○	○
2B4B	2D4B		○	○	○	○
2B40B	2D40B	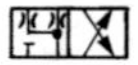	○	—	○	○
2B5B	2D5B		○	—	—	—
		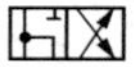	—	—	○	○
2B6B	2D6B	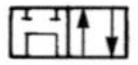	—	—	—	○
			—	—	○	—
2B60B	2D60B		○	○	—	○
		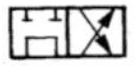	—	—	○	—
2B7B	2D7B		○	—	○	○
2B8B	2D8B	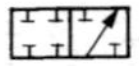	○	—	○	—
2B9B	2D9B	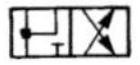	○	—	○	○
2B10B	2D10B		○	○	○	○
2B11B	2D11B	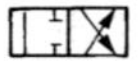	○	—	○	○
2B12B	2D12B		○	○	○	○

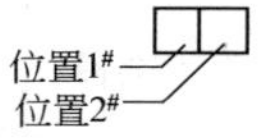

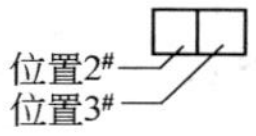

注：钢球定位的阀均无带＊标记规格。

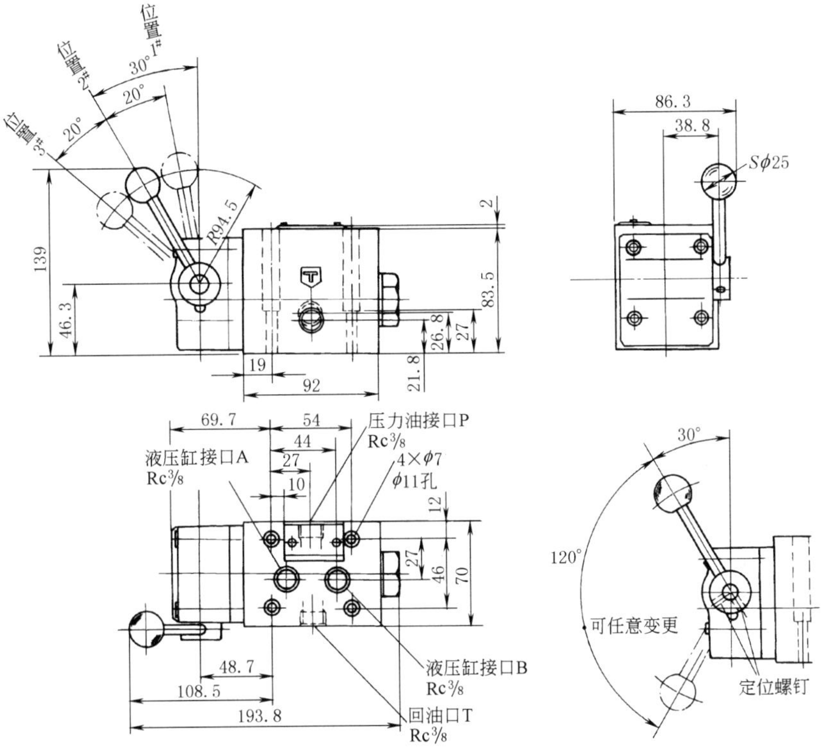

图 20-8-47 DMT-03 型外形尺寸

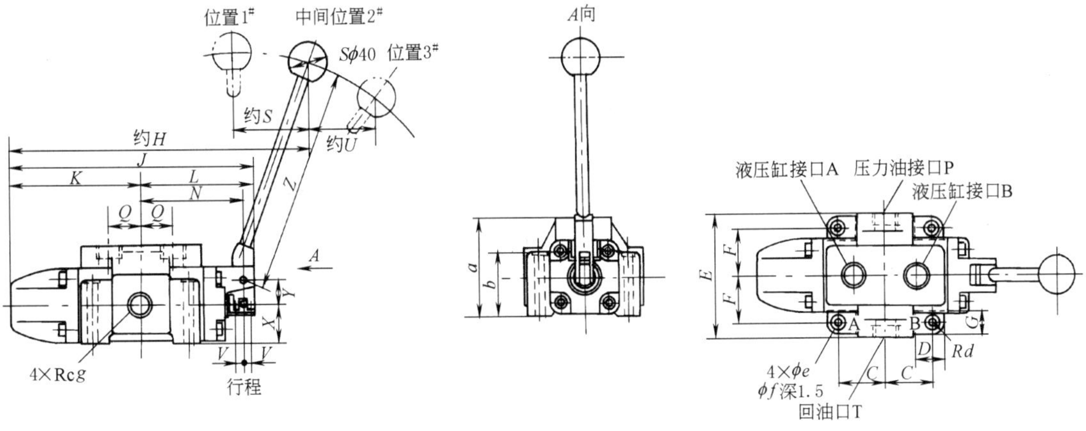

表 20-8-147 **DMT-06、06X / DMT-10、10X** **型外形尺寸** mm

型号	C	D	E	F	G	H	J	K	L	N	Q	S	U	V	X	Y	Z	a	b	d	e	f	g
DMT-06	50	30	126	47.5	24	320	255	137	118	107	33.5	86	76	9	40	25	250	100	65	12	11	17.5	Rc3/4
DMT-06X																							Rc1
DMT-10	66	40	160	62.5	33	402	320	173	147	135	40	102	90	12.5	50	35	300	120	80	15	13.5	21	Rc1¼
DMT-10X																							Rc1½

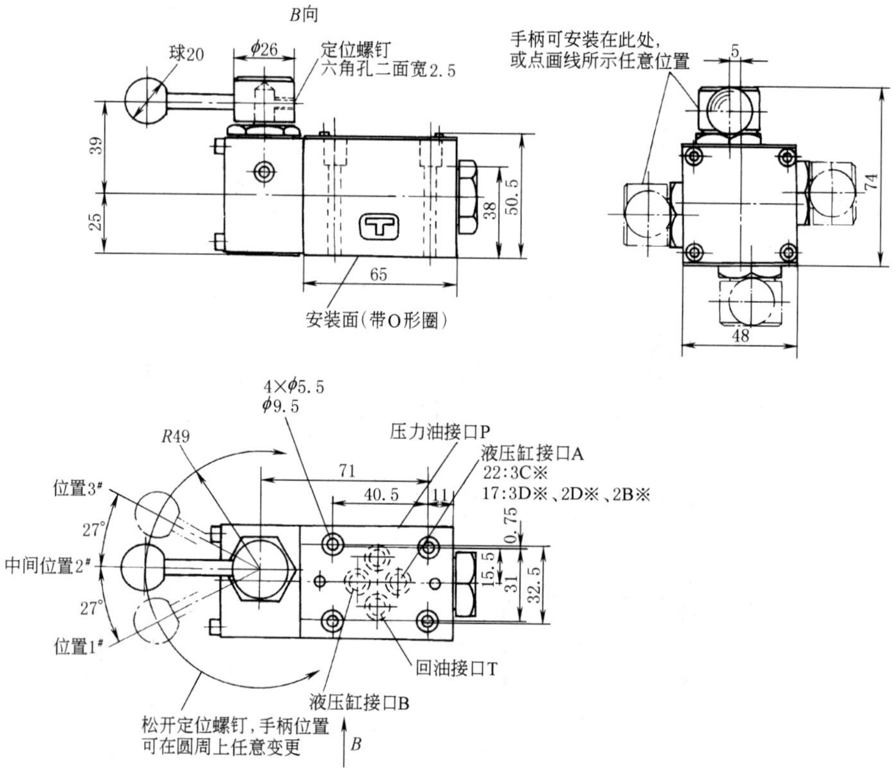

图 20-8-48　DMG-01 型外形尺寸

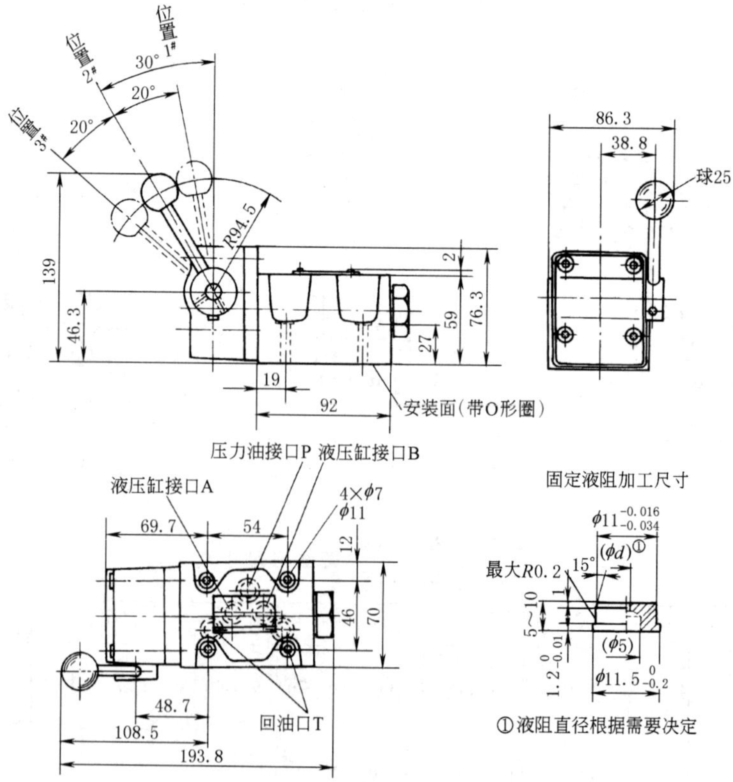

图 20-8-49　DMG-03 型外形尺寸

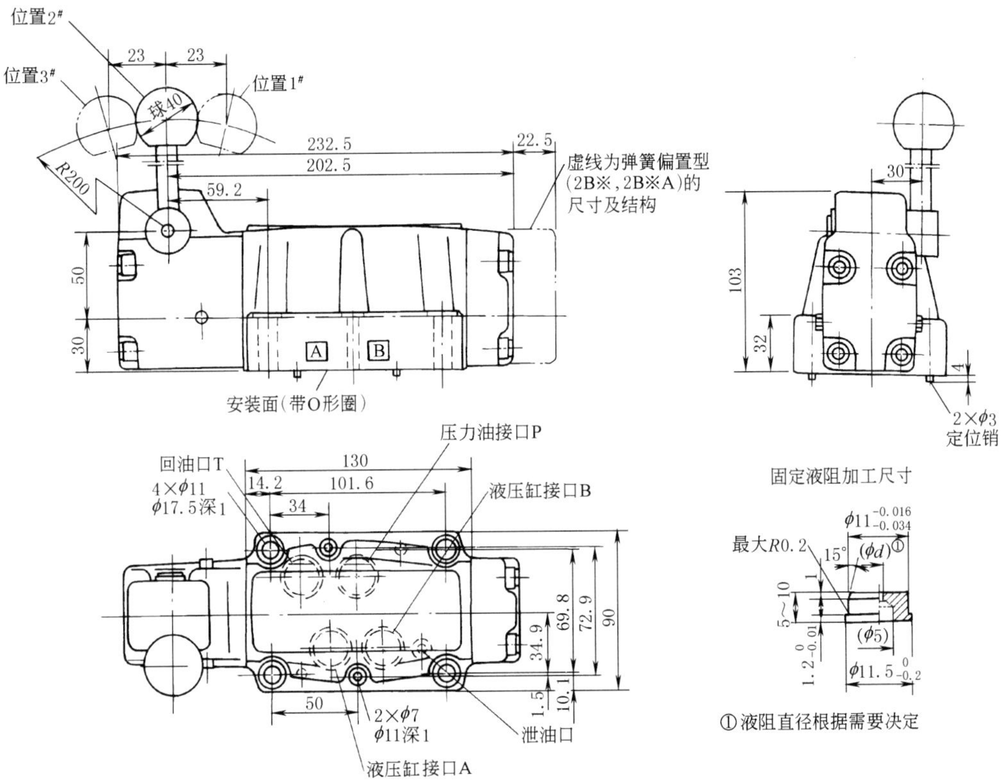

图 20-8-50　DMG-04 型外形尺寸

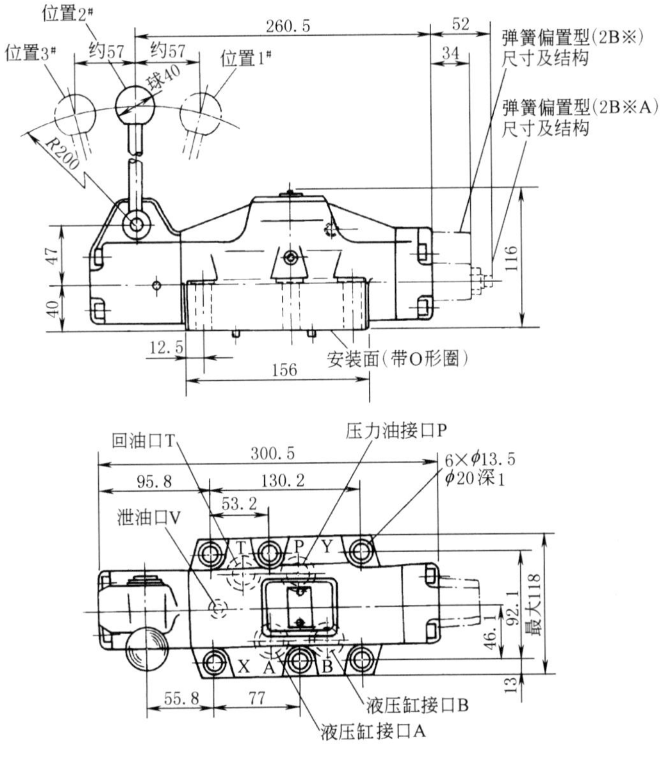

图 20-8-51　DMG-06 型外形尺寸

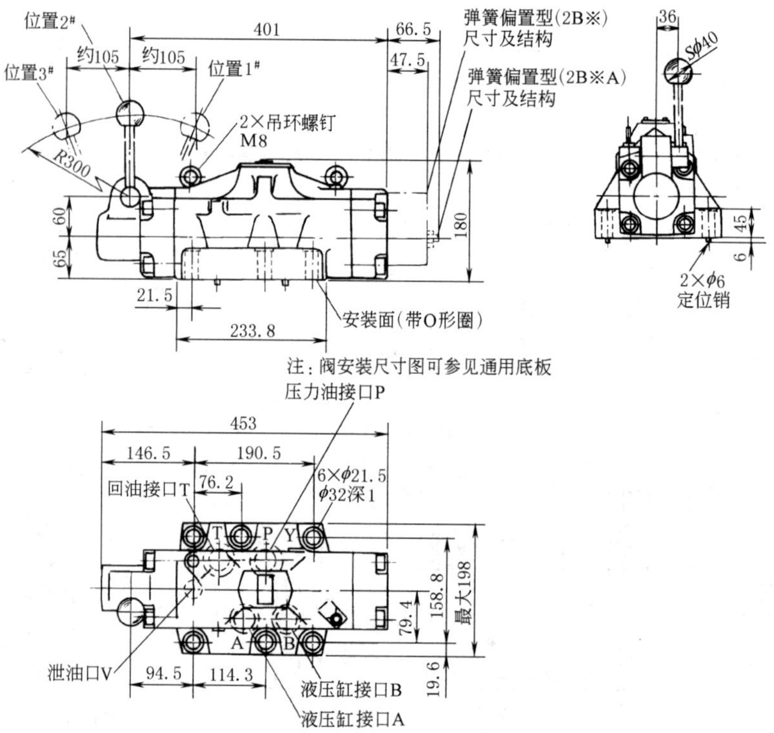

图 20-8-52　DMG-10 型外形尺寸

表 20-8-148　　**底板参数**

阀型号	底板型号	连接螺纹	质量/kg	阀型号	底板型号	连接螺纹	质量/kg
DMG-01	DSGM-01-30	Rc⅛	0.8	DMG-04	DHGM-04-20	Rc½	4.4
	DSGM-01X-30	Rc¼			DHGM-04X-20	Rc¾	4.1
	DSGM-01Y-30	Rc⅜		DMG-06	DHGM-06-50	Rc¾	7.5
DMG-03	DSGM-03-40	Rc⅜	3		DHGM-06X-50	Rc1	
	DSGM-03X-40	Rc½		DMG-10	DHGM-10-40	Rc1¼	21.5
	DSGM-03Y-40	Rc¾	4.7		DHGM-10X-40	Rc1½	

6.6.2　WMM 型手动换向阀

（1）型号意义

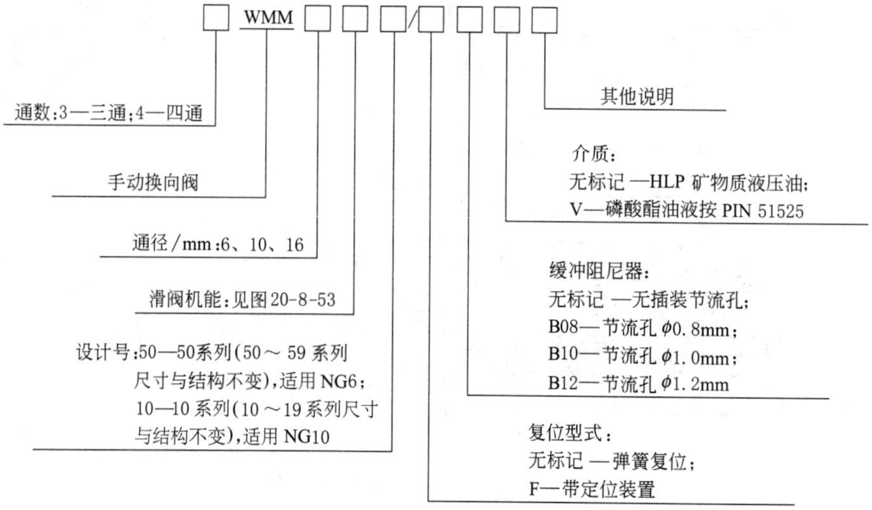

(2) 机能符号

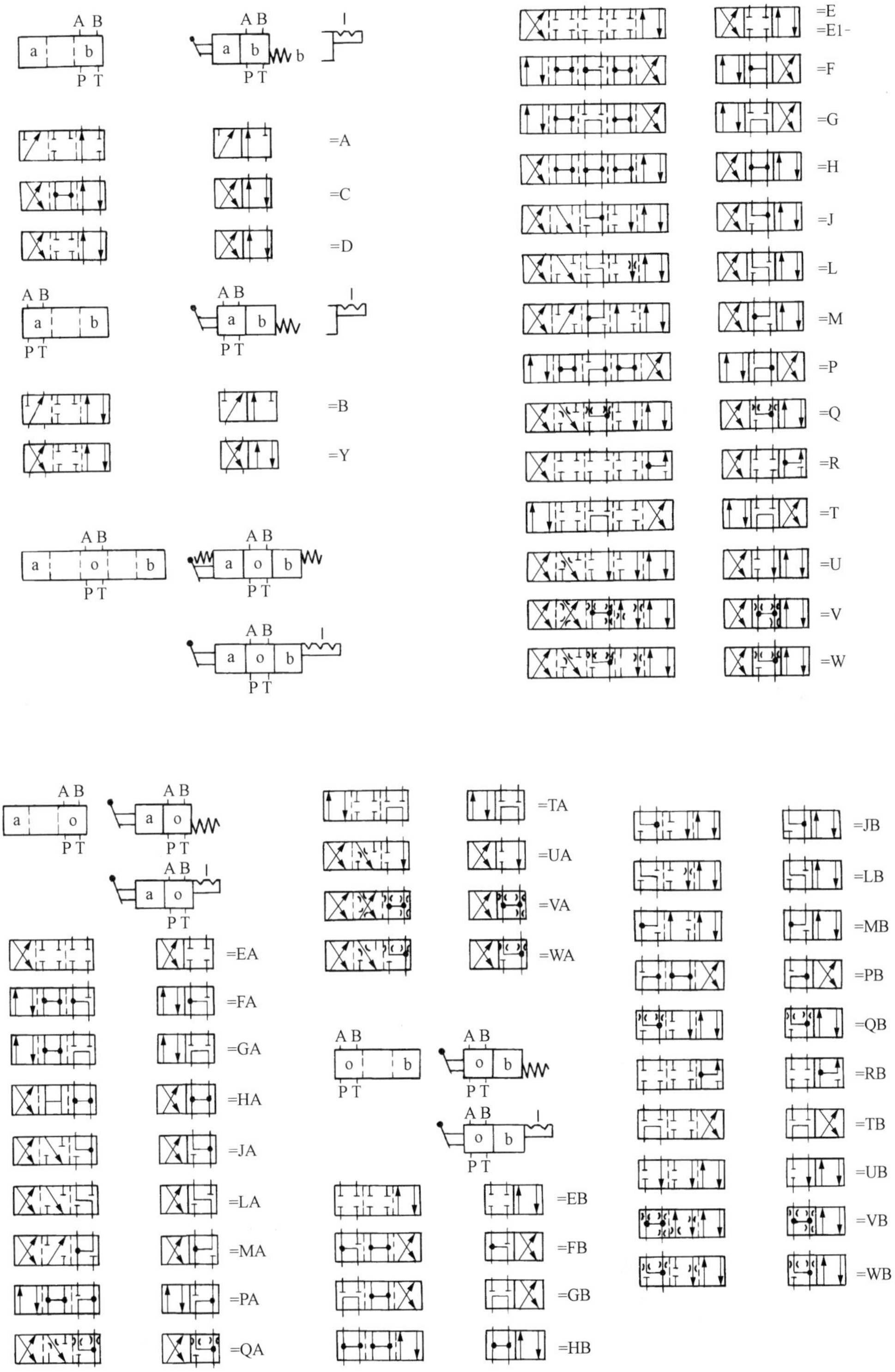

图 20-8-53 滑阀机能

（3）技术规格

表 20-8-149

通径/mm		6	10	16	介质温度/℃		-30~70		
最高工作压力/MPa	油口 A、B、P	31.5	31.5	35	介质黏度/$m^2 \cdot s^{-1}$		$(2.8 \sim 380) \times 10^{-6}$		
	油口 T	16	15	25	操纵力/N	带定位装置	约 16~23	无回油压力	约 2
流量/$L \cdot min^{-1}$		60	100	300		带复位弹簧	约 20~27	有回油压力(16MPa)	约 3
介质		HLP-矿物液压油，磷酸酯液			质量/kg		1.4	4	8

（4）外形及安装尺寸（见表 20-8-150、表 20-8-151）

表 20-8-150

mm

WMM6 型

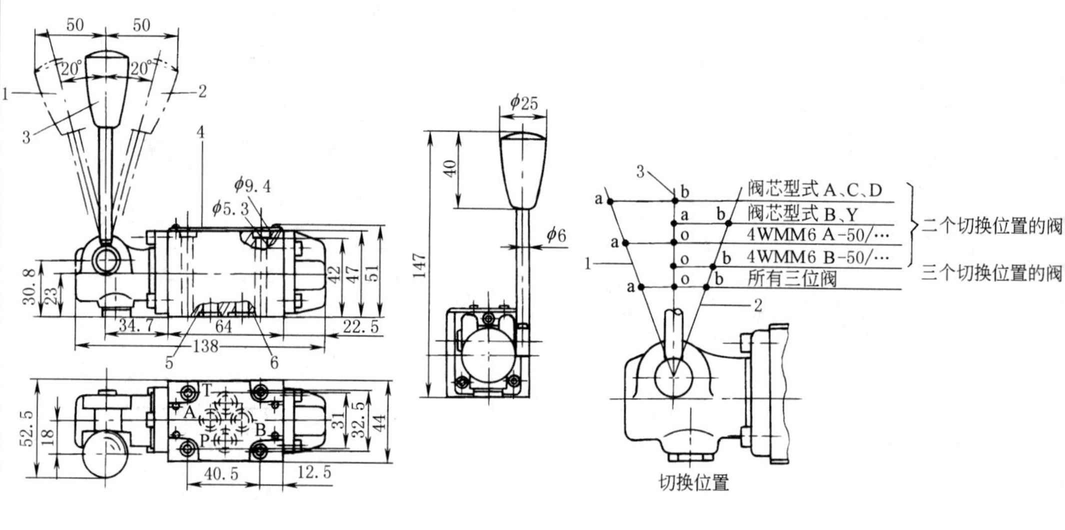

WMM10 型

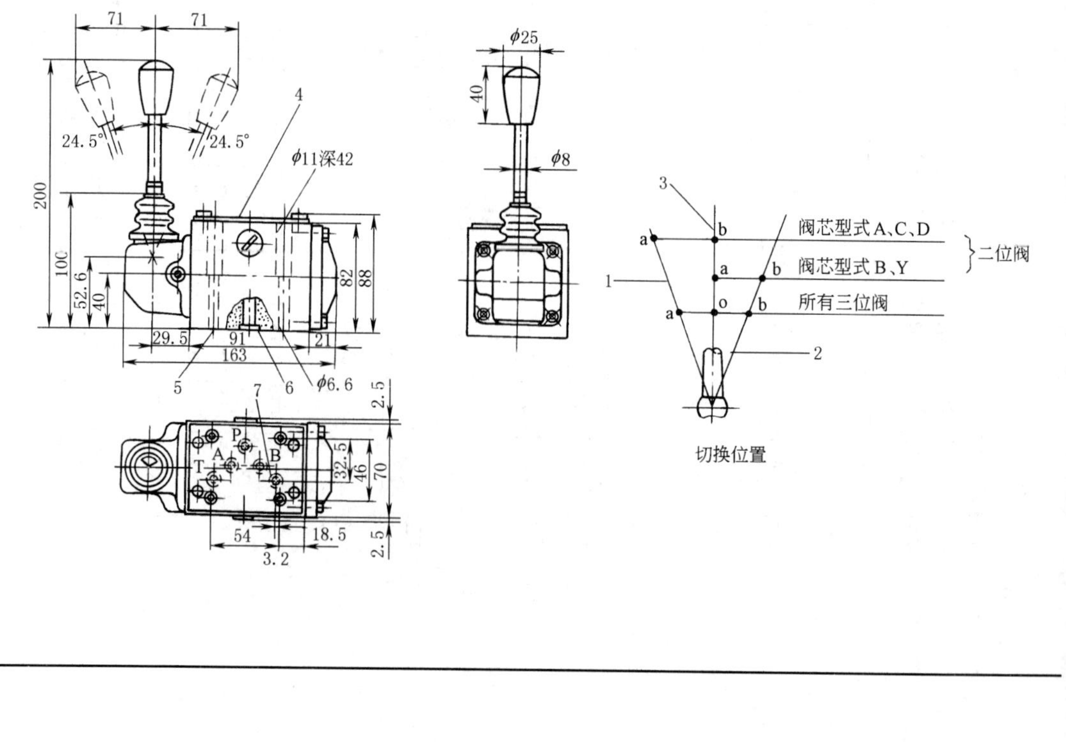

续表

WMM16型	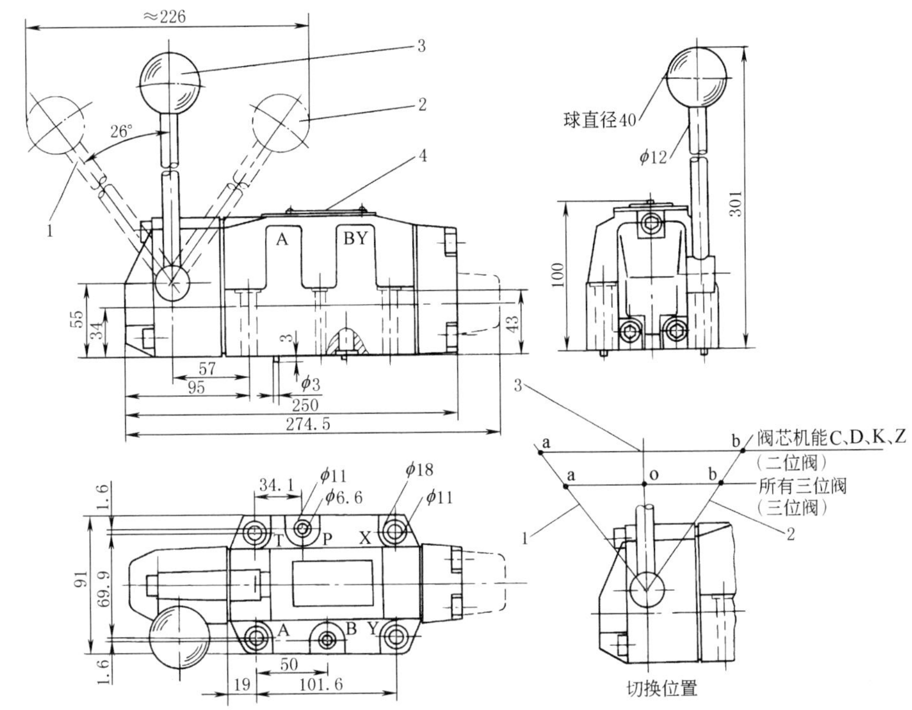

与阀连接表面粗糙度和精度要求

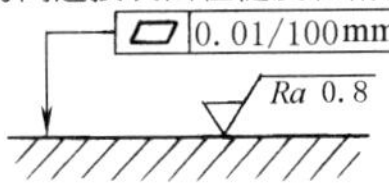

注：表中 1—切换位置 a；2—切换位置 b；3—切换位置 o、a、b（二位阀上 a 和 b）；4—标牌；5—连接面；6—用于 A、B、P、T 口的 O 形圈 9.25×1.78（WMM6 型）、12×2（WMM10 型）；7—用控制块时，可用作辅助回油口

表 20-8-151　　　　安装底板尺寸　　　　mm

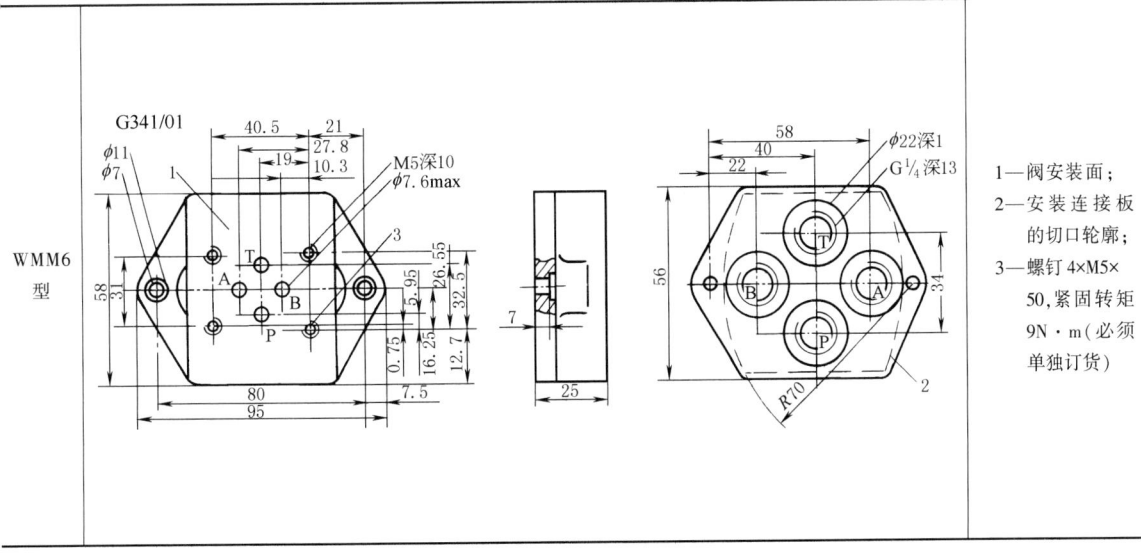

WMM6型	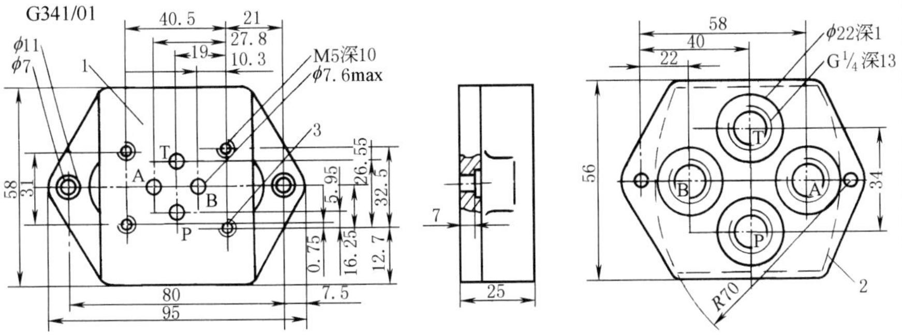	1—阀安装面； 2—安装连接板的切口轮廓； 3—螺钉 4×M5×50，紧固转矩 9N·m（必须单独订货）

续表

WMM6型

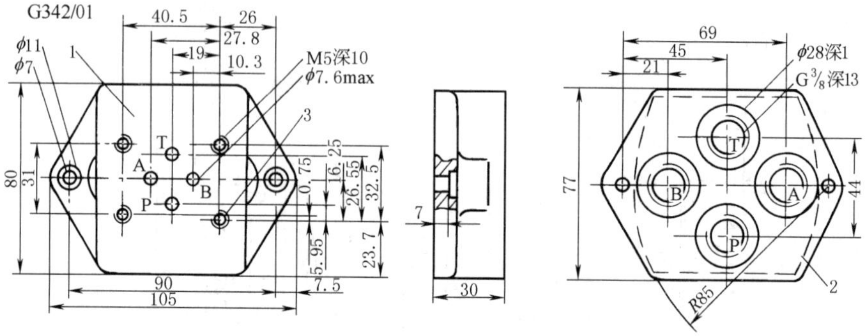

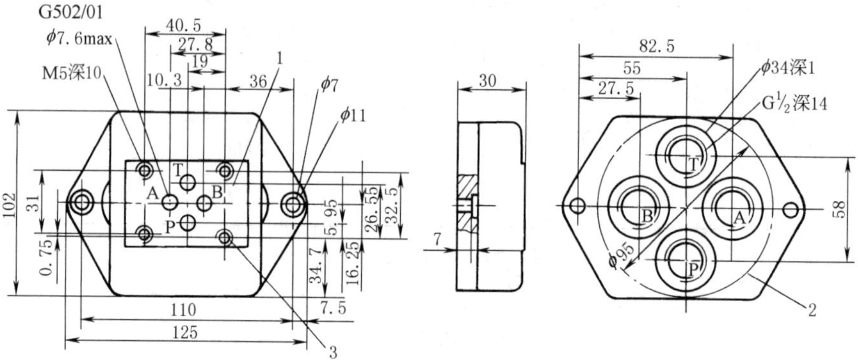

1—阀安装面；
2—安装连接板的切口轮廓；
3—螺钉4×M5×50，紧固转矩9N·m（必须单独订货）

WMM10型

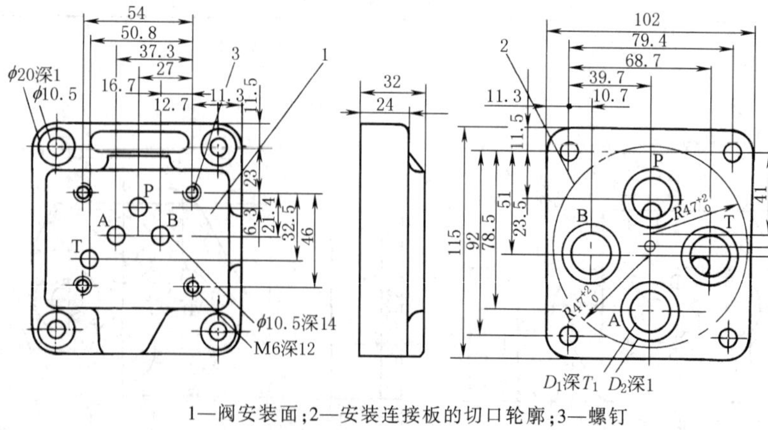

1—阀安装面；2—安装连接板的切口轮廓；3—螺钉

型　号	D_1	D_2	T_1	质量/kg	阀固定螺钉	转矩/N·m
G66/01	G3/8	28	12	约 2.3	4×M6×50（必须单独订货）	15
G67/01	G1/2	34	14			

续表

WMM10型

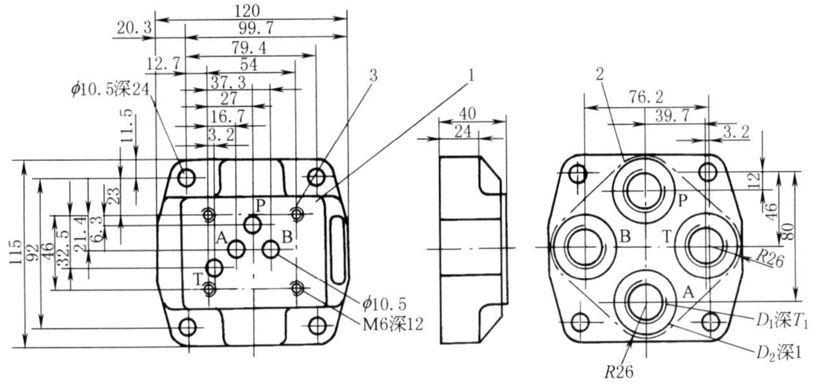

1—阀安装面;2—安装连接板的切口轮廓;3—螺钉(必须单独订货)

型　号	D_1	D_2	T_1	质量/kg	阀固定螺钉	转矩/N · m
G534/01	G¾	42	16	约 2.5	4×M6×50	15

WMM16型

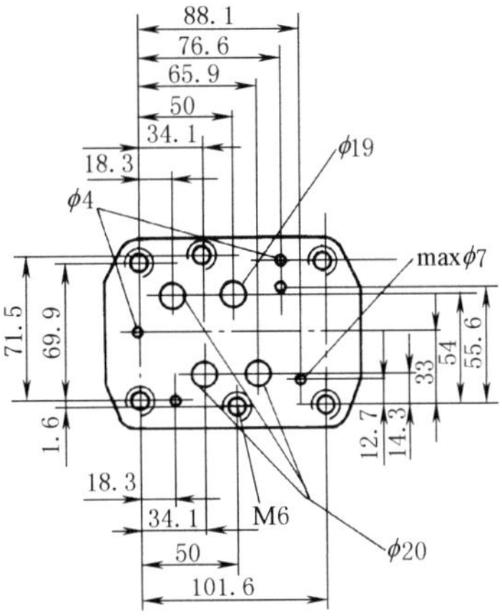

6.6.3 DC 型凸轮操作换向阀

型号意义：

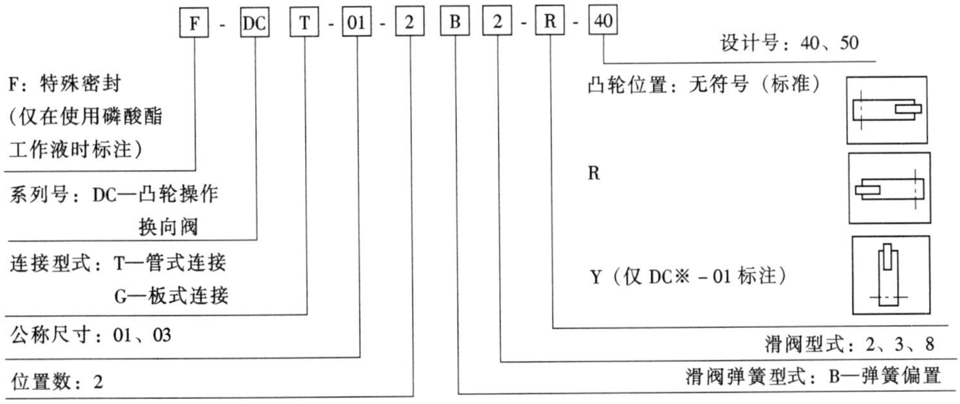

表 20-8-152　　技术规格

型　　号	最大流量/L·min^{-1}	最高使用压力/MPa	允许背压/MPa	质量/kg
DCT DCG-01-2B*-40	30	21	7	1.1
DCT DCG-03-2B*-50	100	25	10	4.5（管式） 3.8（板式）

表 20-8-153　　凸轮位置与液流方向

型　号	液压符号	凸滚轮位置与液流方向 从偏置位置起滚轮的行程/mm 偏置位置　　切换完了位置
DCT DCG-01-2B2	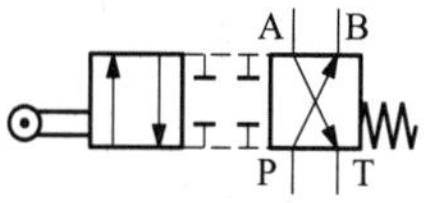	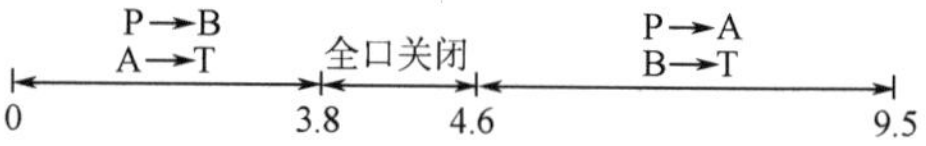
DCT DCG-01-2B3	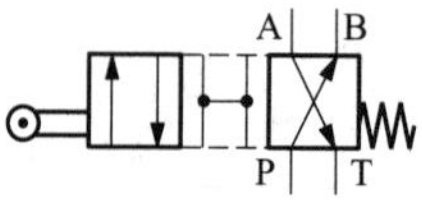	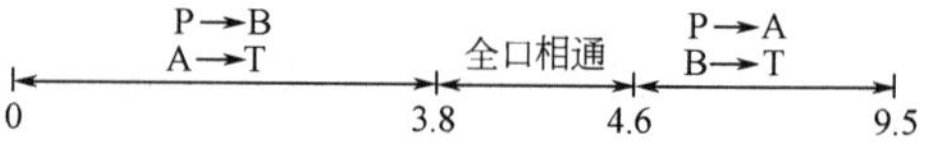
DCT DCG-01-2B8	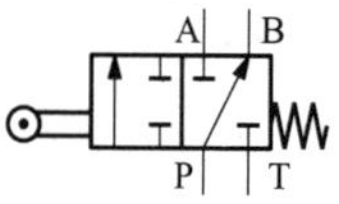	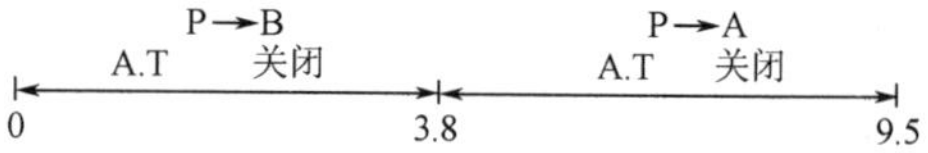
DCT DCG-03-2B2	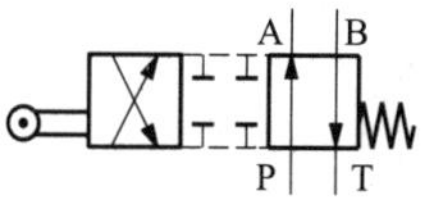	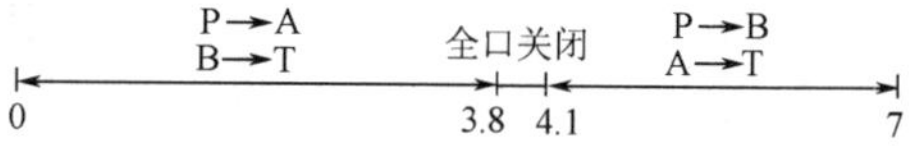
DCT DCG-03-2B3	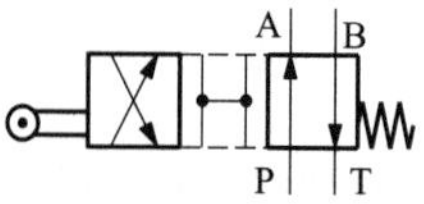	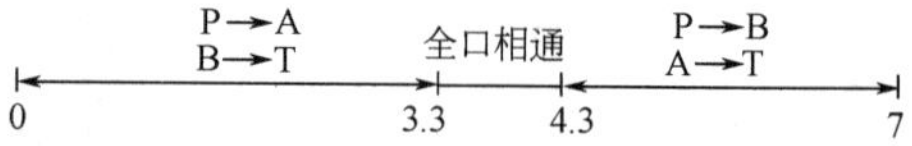
DCT DCG-03-2B8	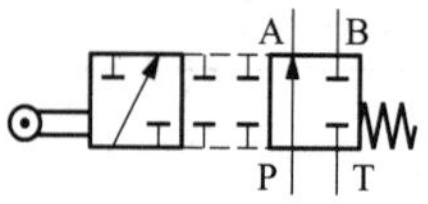	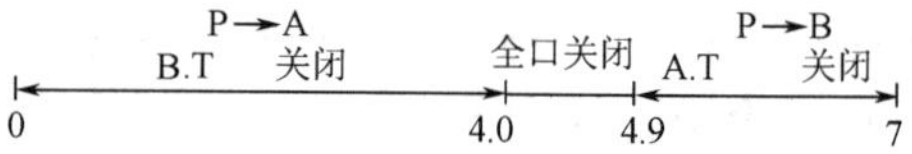

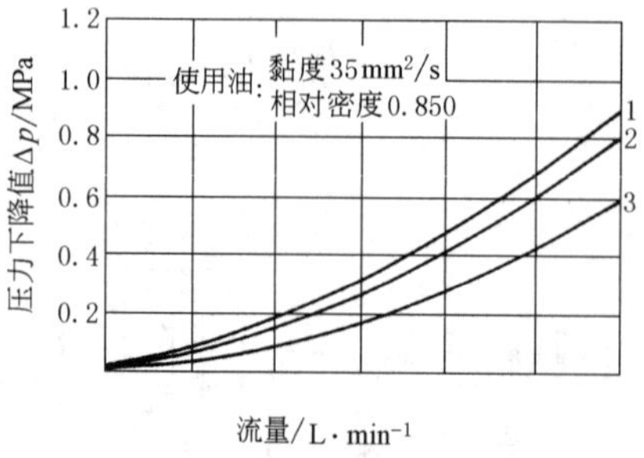

表 20-8-154　　特性曲线

型　　号	压力下降曲线番号			
	P→A	B→T	P→B	A→T
DCT-01-2B2 DCT-01-2B3	1	1	2	1
DCT-01-2B8	2	—	2	—
DCG-01-2B2 DCG-01-2B3	2	2	3	3
DCG-01-2B8	3	—	3	—

注：使用油的黏度为 35mm^2/s；相对密度为 0.850。

外形尺寸

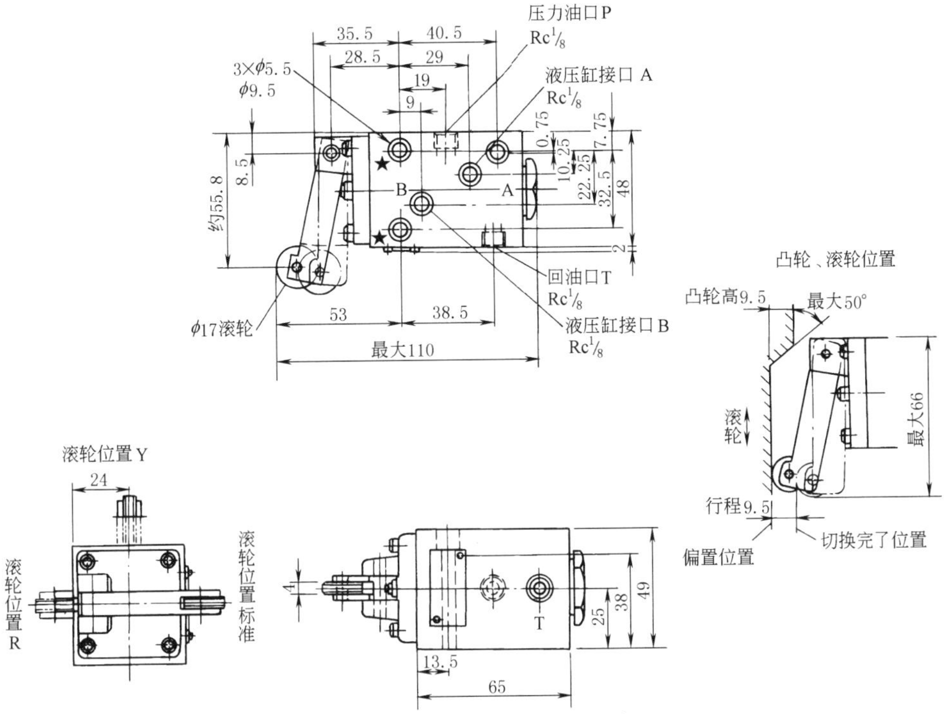

图 20-8-54　DCT-01 型外形尺寸

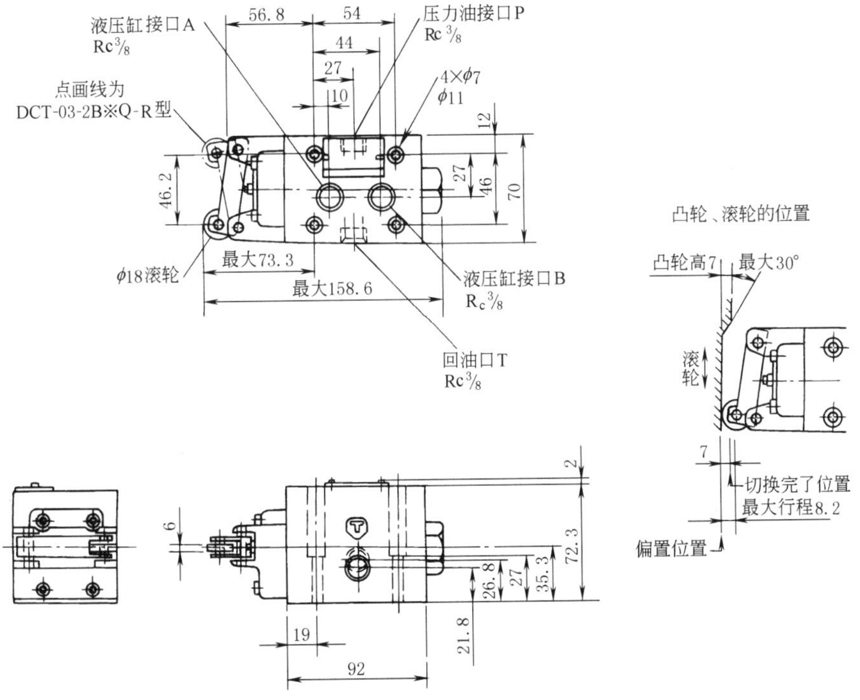

图 20-8-55　DCT-03 型外形尺寸

安装面 ISO 4401-AB-03-4-A

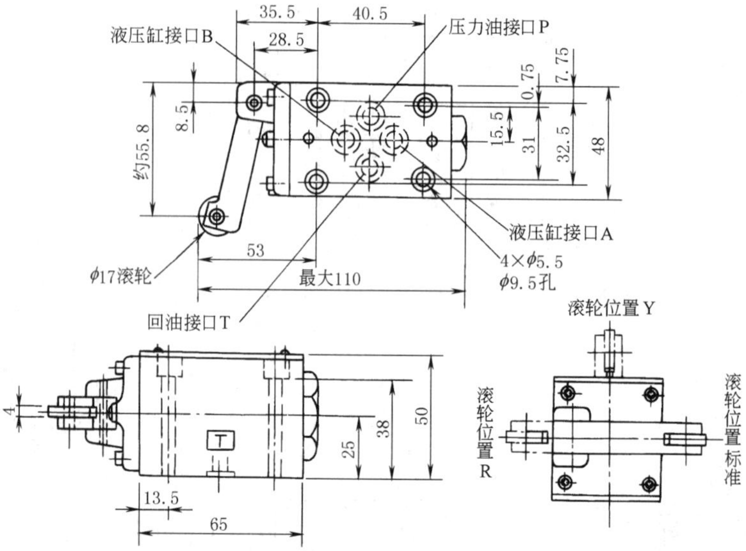

图 20-8-56　DCG-01 型外形尺寸

安装面 ISO 4401-AC-05-4-A

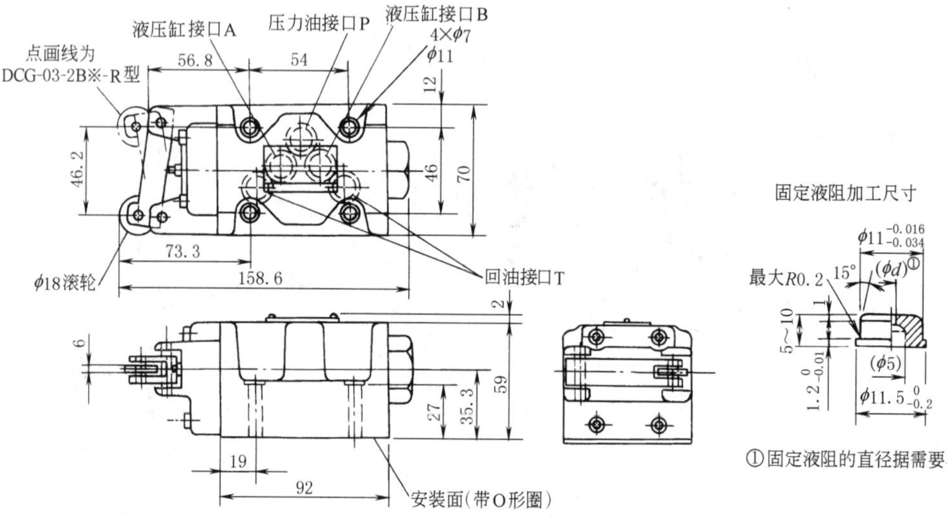

图 20-8-57　DCG-03 型外形尺寸

表 20-8-155　　底板型号

阀型号	底板型号	连接尺寸	质量/kg	阀型号	底板型号	连接尺寸	质量/kg
DCG-01	DSGM-01-30 DSGM-01X-30 DSGM-01Y-30	Rc⅛ Rc¼ Rc⅜	0.8	DCG-03	DSGM-03-40 DSGM-03X-40 DSGM-03Y-40	Rc⅜ Rc½ Rc¾	3 3 4.7

.6.4 WM型行程（滚轮）换向阀

（1）型号意义

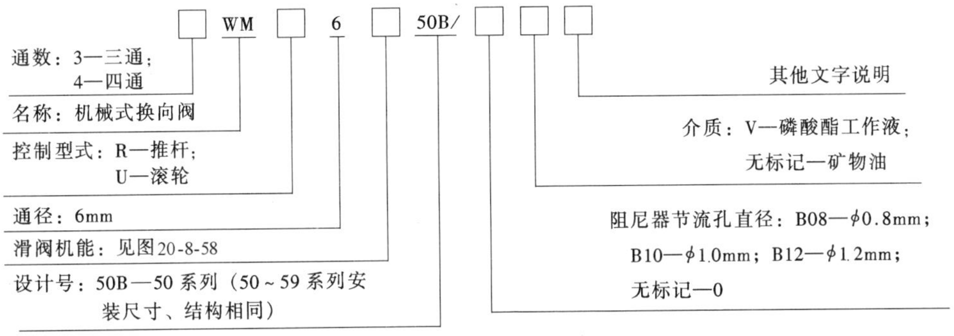

（2）机能符号

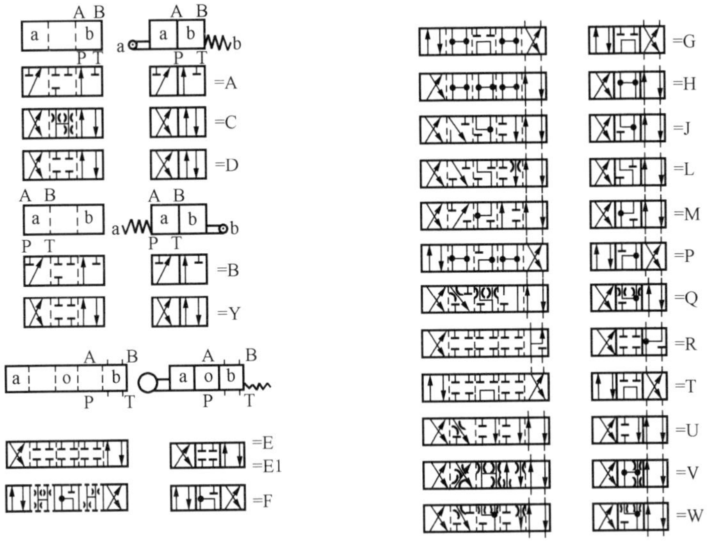

图20-8-58　滑阀机能

注：1. 阀芯型式E1=P-A/B先打开

2. 必须注意差动缸增压问题

（3）技术性能

表20-8-156　　技术规格

工作压力①/MPa	油口A,B,P	至31.5
	油口T	至6
流量/L·min^{-1}		至60
介质	名称	矿物质液压油或磷酸酯液压油
	温度/℃	-30～70
	黏度/mm^2·s^{-1}	2.8～380

续表

	项目	油口 A,B,P 的压力/MPa		
		10	20	31.5
滚轮/推杆上的操作力	无回油压力/N	约 100	约 112	约 121
	有回油压力/N	约 184	约 196	约 205
	当 p=6MPa(max)时/N	=回油压力×1.4		
质量/kg		阀约 1.4,底板 G341 约 0.7,G342 约 1.2,G502 约 1.9		

① 对于滑阀机能 A 和 B，若工作压力超过最高回油压力，则油口 T 必须用作泄油口。

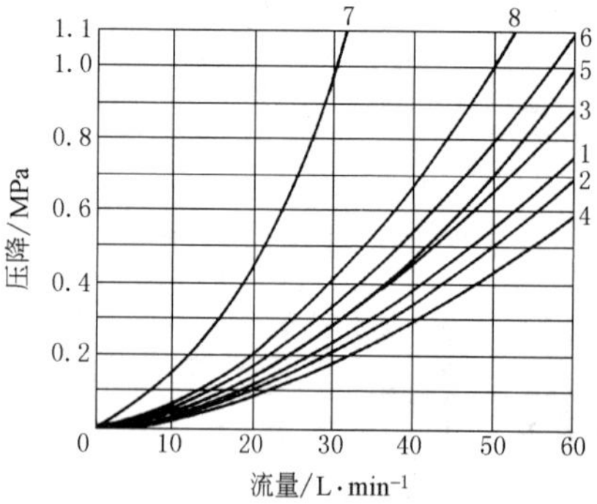

(试验条件:ν=36×10^{-5}m^2/s,t=50℃)

表 20-8-157　　特性曲线

阀芯型式	P→A	P→B	A→T	B→T	阀芯型式	P→A	P→B	A→T	B→T
A	3	3	—	—	M	2	4	3	3
B	3	3	—	—	P	2	3	3	5
C	1	1	3	1	O	1	1	2	1
D	5	5	3	3	R	5	5	4	
E	3	3	1	1	T	5	3	6	6
F	2	3	3	5	U	3	1	3	3
G	5	3	6	6	V	1	2	1	1
H	2	4	2	2	W	1	1	2	2
J	1	1	2	1	Y	5	5	3	3
L	1	1	2	2					

注：1. 曲线 7 阀芯型式“R”，切换位置 B→A；曲线 8 阀芯型式“G”，切换位置 P→T。

2. 表中数字 1~6 为左图中曲线序号。

(4) 外形及安装尺寸

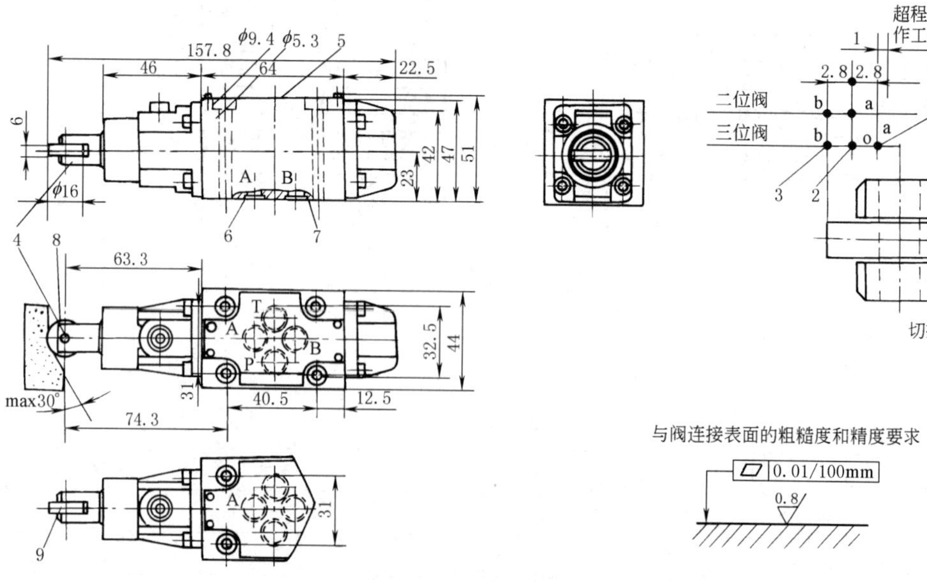

图 20-8-59　外形尺寸

1—切换位置 a；2—切换位置 o 和 a（a 属于二位阀）；3—切换位置 b；4—液轮推杆能转 90°；5—标牌；6—连接面；7—用于 A、B、P、T 口的 O 形圈 9.25×1.78；8—WMR 型订货型号为“R”；9—WMU 型订货型号为“U”

表 20-8-158 安装底板尺寸 mm

G341/01	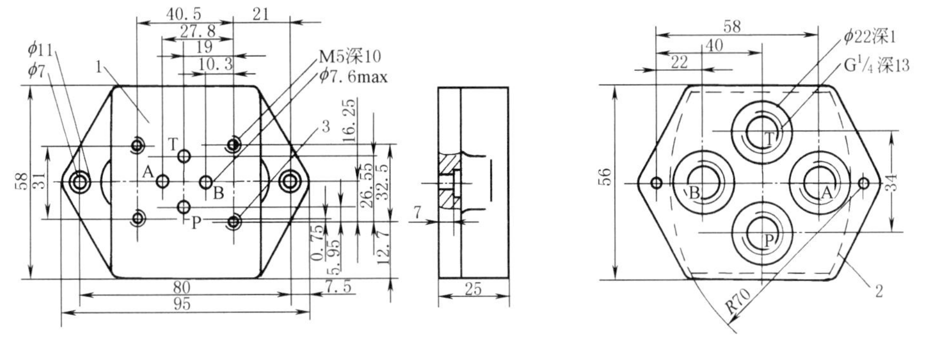
G342/01	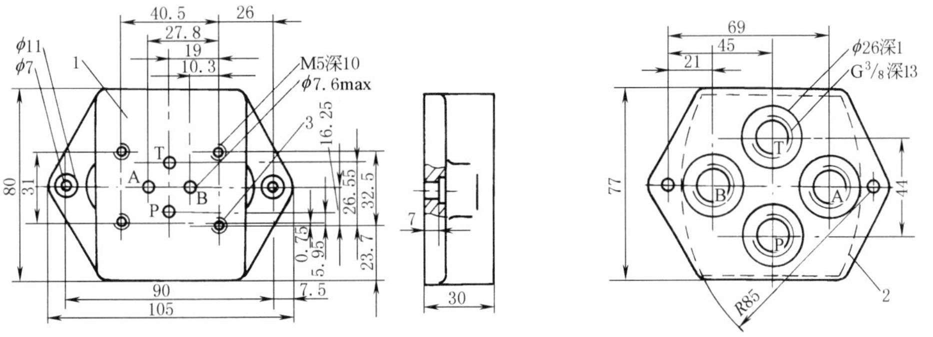
G502/01	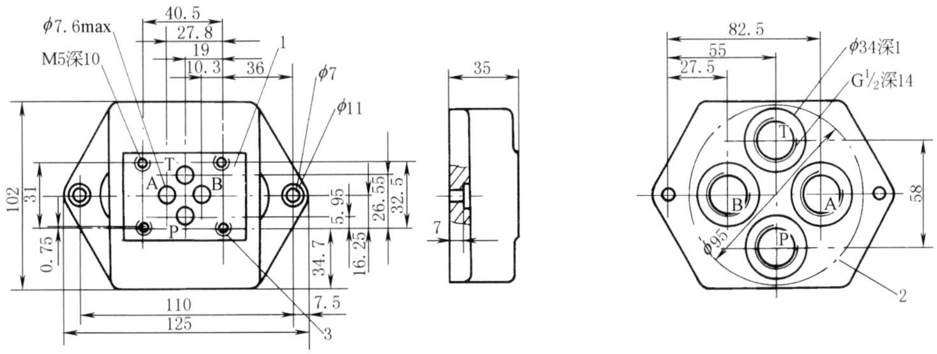

注：1—阀安装面；2—安装连接板的切口轮廓；3—阀固定螺钉，M5×50，紧固转矩 9N · m（必须单独订货）。

7 叠 加 阀

叠加阀可以缩小安装空间，减少由配管、漏油和管道振动等引起的故障，能简便地改变回路、更换元件，维修很方便，是近年来使用较广泛的液压元件。应用示例见图 20-8-60。

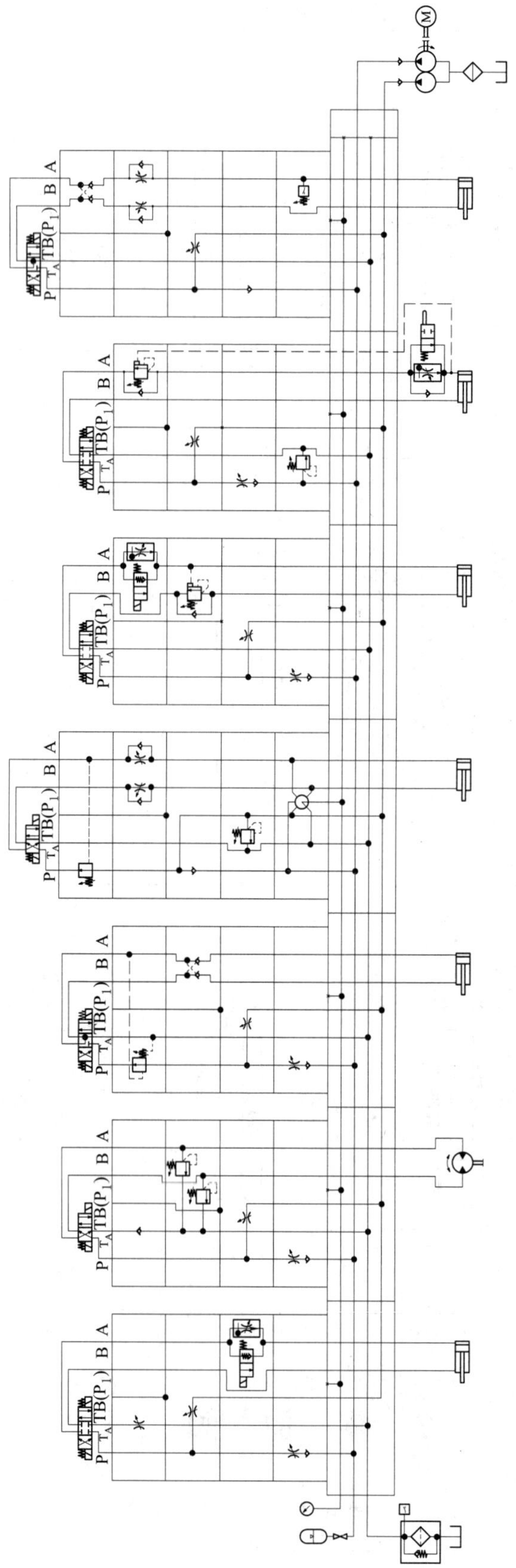

图 20-8-60　叠加阀系统应用示例

1　叠加阀型谱（一）

本节介绍榆次油研液压有限公司生产的系列叠加阀型谱，详见表 20-8-159～表 20-8-161。

表 20-8-159　　　　技术规格

规格	阀口径/in	最高工作压力/MPa	最大流量/L·min^{-1}	叠加数	规格	阀口径/in	最高工作压力/MPa	最大流量/L·min^{-1}	叠加数
01	⅛	25	35	1～5 级	06	¾	25	125	1～5 级
03	⅜	25	70		10	1¼	25	250	
04	½	25	80	1～4 级					

注：叠加数包括电磁换向阀。

表 20-8-160　　　　安装面

规　　格	ISO 安装面	规　　格	ISO 安装面
01	ISO 4401-AB-03-4-A	06	ISO 4401-AE-08-4-A
03	ISO 4401-AC-05-4-A	10	ISO 4401-AF-10-4-A
04	ISO 4401-AD-07-4-A		

表 20-8-161

名称	液压符号	型号 01 规格	型号 03 规格	阀高度/mm 01	阀高度/mm 03	质量/kg 01	质量/kg 03	备　　注
电磁换向阀	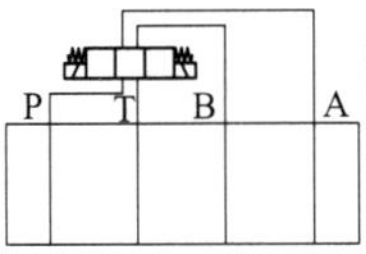	DSG-01※※※-※-50	DSG-03-※※※※-50	—	—	—	—	
叠加式溢流阀	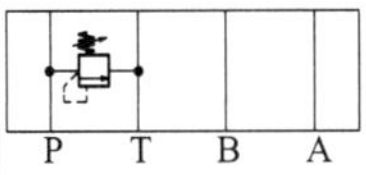	MBP-01-※-30	MBP-03-※-20	40	55	1.1	3.5	※—调压范围 01 规格 C:1.2～14MPa H:7～21MPa 03 规格 B:1～7MPa H:3.5～25MPa
	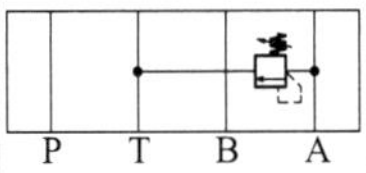	MBA-01-※-30	MBA-03-※-20			1.1	3.5	
	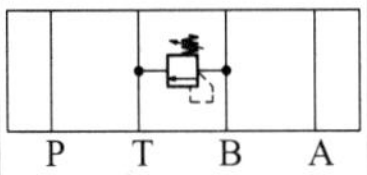	MBB-01-※-30	MBB-03-※-20			1.1	3.5	
	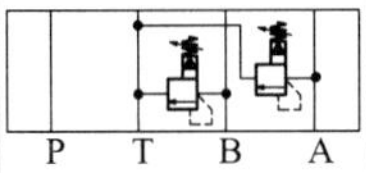	—	MBW-03-※-20			—	4.2	

续表

名称	液压符号	型号 01规格	型号 03规格	阀高度/mm 01	阀高度/mm 03	质量/kg 01	质量/kg 03	备注
叠加式减压阀	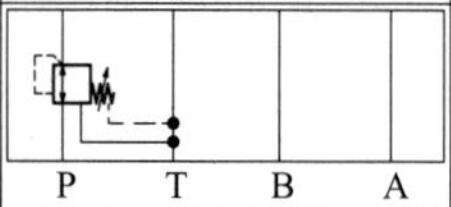	MRP-01-※-30	MRP-03-※-20	40		1.1	3.8	※—调压范围 01 规格 B:1.8~7MPa C:3.5~14MPa H:7~21MPa 03 规格 B:1~7MPa H:3.5~24.5MPa
	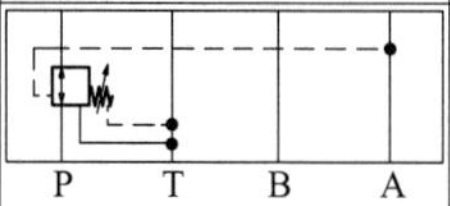	MRA-01-※-30	MRA-03-※-20			1.1	3.8	
	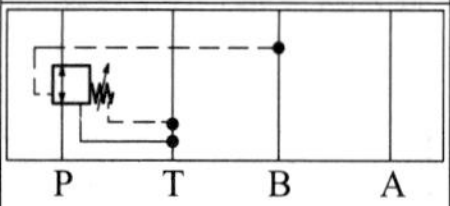	MRB-01-※-30	MRB-03-※-20			1.1	3.8	
叠加式低压减压阀	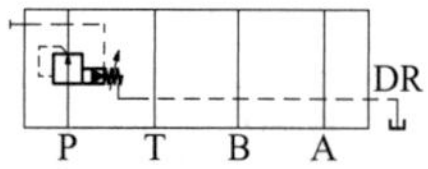	—	MRLP-03-10	—		—	4.5	调压范围 0.2~6.5MPa
	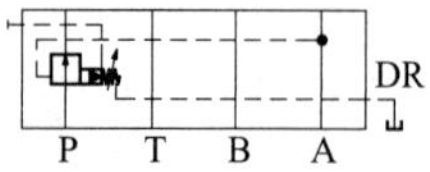	—	MRLA-03-10			—	4.5	
	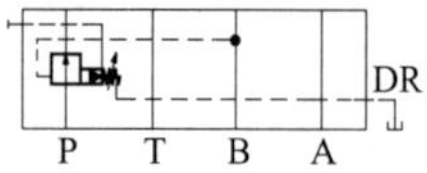	—	MRLB-03-10			—	4.5	
叠加式制动阀	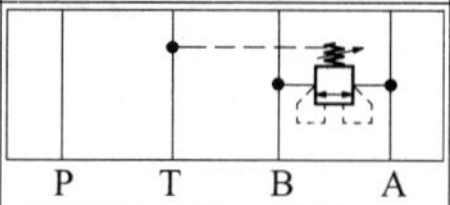	MBR-01-※-30	—	40		1.3	—	※—调压范围 C:1.2~14MPa H:7~21MPa
叠加式顺序阀	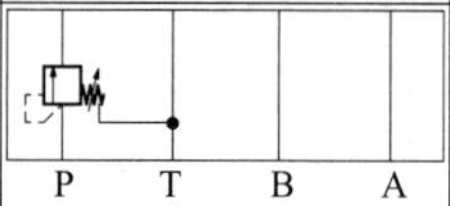	MHP-01-※-30	MHP-03-※-20	40	55	1.1	3.5	※—调压范围 01 规格 C:1.2~14MPa H:7~21MPa 03 规格 N:0.6~1.8MPa A:1.8~3.5MPa B:3.5~7MPa C:7~14MPa
叠加式背压阀	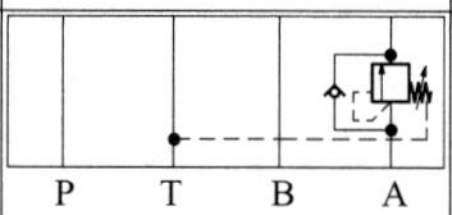	MHA-01-※-30	MHA-03-※-20			1.3	3.5	
	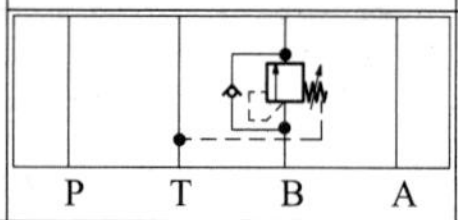	—	MHB-03-※-20			—	3.5	
叠加式压力继电器	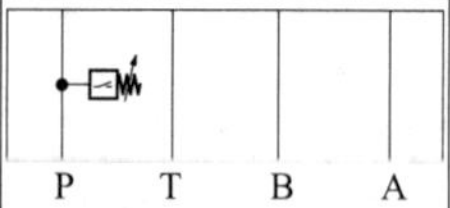	MJP-01-M-※$_1$-※$_2$-10	—			1.3	—	※$_1$—调压范围 B:1~7MPa C:3.5~14MPa H:7~21MPa ※$_2$—电气接线型式 无标记:电缆连接式 N:插座式
	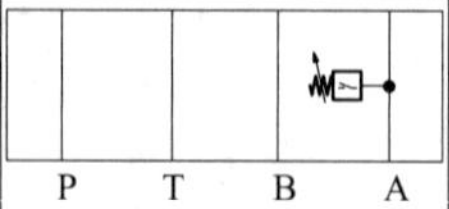	MJA-01-M-※$_1$-※$_2$-10	—			1.3	—	
	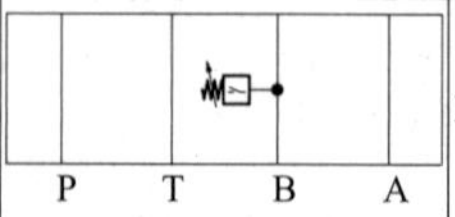	MJB-01-M-※$_1$-※$_2$-10	—			1.3	—	
叠加式流量阀	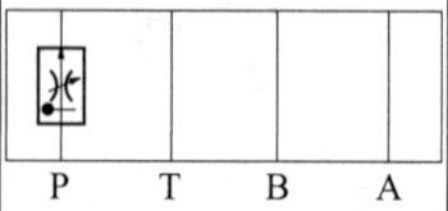	MFP-01-10	MFP-03-11			1.7	4.2	压力及温度补偿

续表

名称	液压符号	型号		阀高度/mm		质量/kg		备注
		01 规格	03 规格	01	03	01	03	
叠加式流量阀(带单向阀)	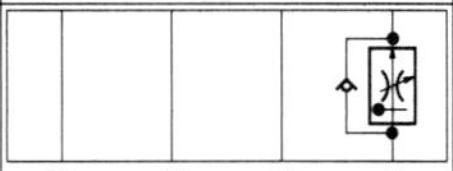 P T B A	MFA-01-X-10	MFA-03-X-11	40	55	1.6	4.1	压力及温度补偿 X:出口节流用 Y:进口节流用
	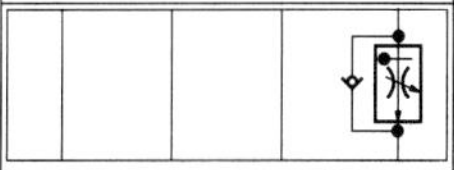 P T B A	MFA-01-Y-10	MFA-03-Y-11			1.6	4.1	
	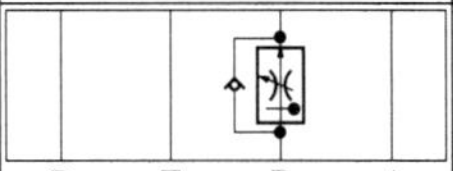 P T B A	MFB-01-X-10	MFB-03-X-11			1.6	4.1	
	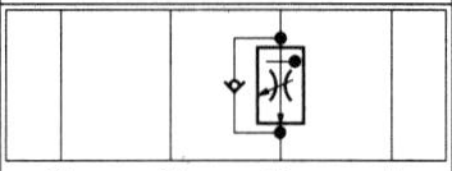 P T B A	MFB-01-Y-10	MFB-03-Y-11			1.6	4.1	
	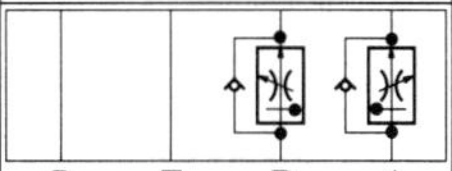 P T B A	MFW-01-X-10	MFW-03-X-11			2.1	5.2	
	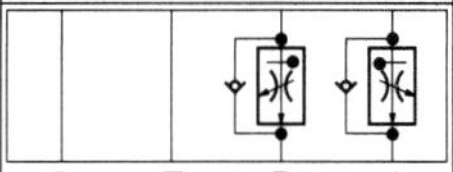 P T B A	MFW-01-Y-10	MFW-03-Y-11			2.1	5.2	
叠加式温度补偿式节流阀(带单向阀)	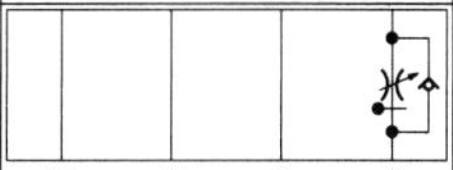 P T B A	MSTA-01-X-10	MSTA-03-X-10			1.3	3.5	
	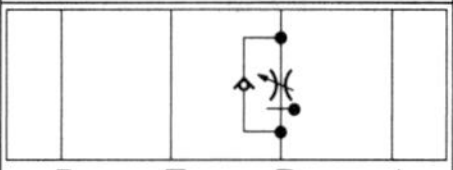 P T B A	MSTB-01-X-10	MSTB-03-X-10			1.3	3.5	
	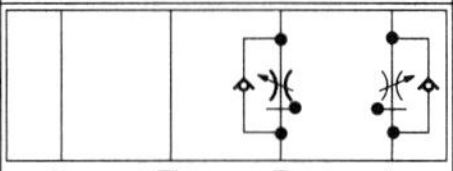 P T B A	MSTW-01-X-10	MSTW-03-X-10			1.5	3.7	
叠加式节流阀	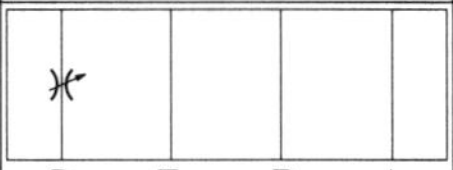 P T B A	MSP-01-30	MSP-03-※-20			1.2	2.8	※—使用压力范围 (仅 03 规格) L:0.5~5MPa H:5~25MPa
叠加式单向节流阀	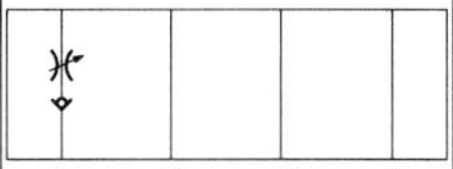 P T B A	MSCP-01-30	MSCP-03-※-20			1.2	2.6	
叠加式节流阀(带单向阀)	 P T B A	MSA-01-X-30	MSA-03-X※-20			1.3	3.5	X:出口节流用 Y:进口节流用 ※—使用压力范围 (仅 03 规格) L:0.5~5MPa H:5~25MPa
	 P T B A	MSA-01-Y-30	MSA-03-Y※-20			1.3	3.5	
	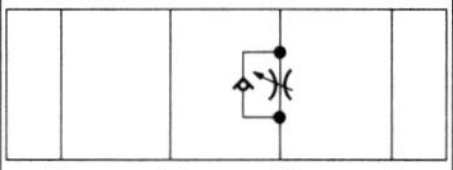 P T B A	MSB-01-Y-30	MSB-03-X※-20			1.3	3.5	

续表

名称	液压符号	型号		阀高度/mm		质量/kg		备注
		01 规格	03 规格	01	03	01	03	
叠加式节流阀(带单向阀)	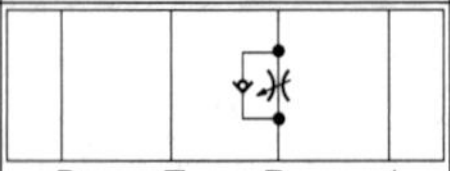 P T B A	MSB-01-Y-30	MSB-03-Y※-20	40	55	1.3	3.5	X:出口节流用 Y:进口节流用 ※—使用压力范围(仅 03 规格) L:0.5~5MPa H:5~25MPa
	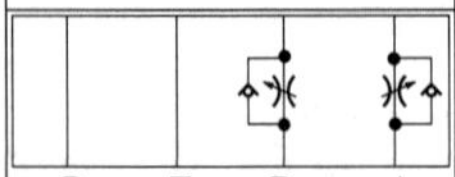 P T B A	MSW01-X-30	MSW-03-X※-20			1.5	3.7	
	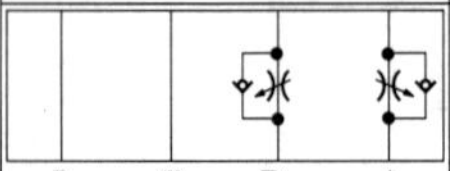 P T B A	MSW-01-Y-30	MSW-03-Y※-20			1.5	3.7	
	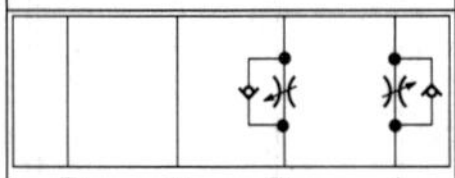 P T B A	MSW-01-XY-30	—			1.5	—	
	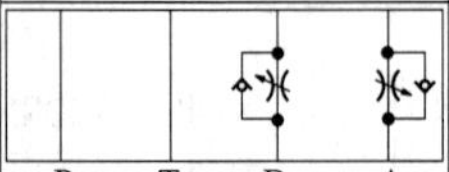 P T B A	MSW-01-YX-30				1.5	—	
叠加式单向阀	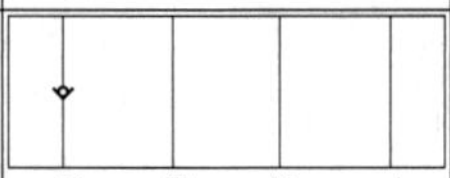 P T B A	MCP-01-※-30	MCP-03-※-10	40	50	1.1	2.5	※—开启压力 0:0.035MPa 2:0.2MPa 4:0.4MPa
	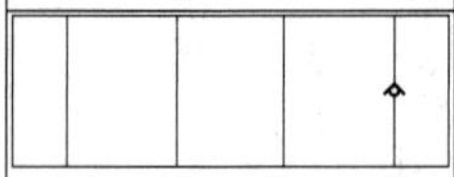 P T B A	—	MCA-03-※-10			—	3.3	
	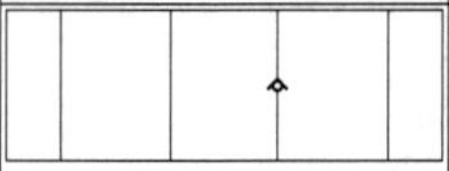 P T B A	—	MCB-03-※-10			—	3.3	
	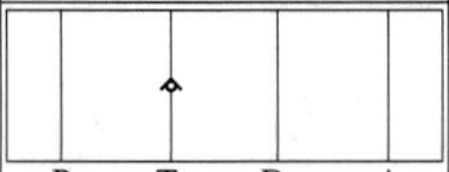 P T B A	MCT-01-※-30	MCT-03-※-10			1.1	2.8	
	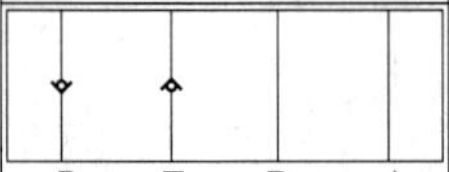 P T B A	—	MCPT-03-P※-T※-10			—	2.7	
叠加式液控单向阀	 P T B A	MPA-01-※-40	MPA-03-※-20	40	55	1.2	3.5	※—开启压力 2:0.2MPa 4:0.4MPa
	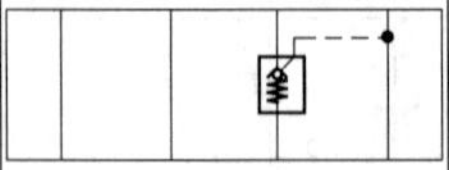 P T B A	MPB-01-※-40	MPB-03-※-20			1.2	3.5	
	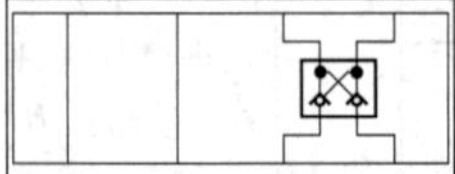 P T B A	MPW-01-※-40	MPW-03-※-20			1.2	3.7	
叠加式补油阀	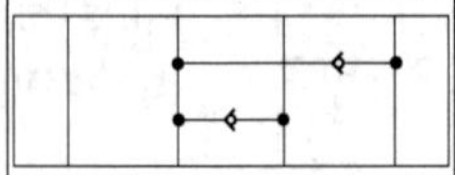 P T B A	MAC-01-30	MAC-03-10			0.8	3.8	

续表

名称	液压符号	型号		阀高度/mm		质量/kg		备注
		01 规格	03 规格	01	03	01	03	
端板	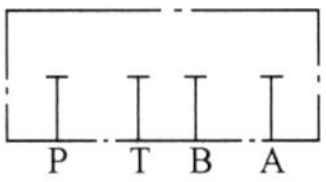	MDC-01-A-30	MDC-03-A-10	49	28	1.0	1.2	盖板
	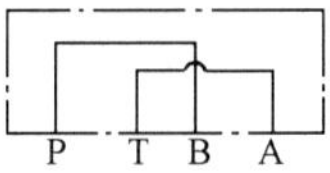	MDC-01-B-30	MDC-03-B-10			1.0	1.2	旁通板
连接板	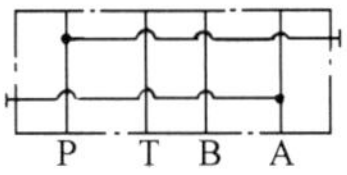	MDS-01-PA-30	—	40	55	0.8	—	P、A 管路用
	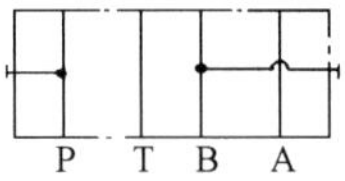	MDS-01-PB-30	—			0.8	—	P、B 管路用
	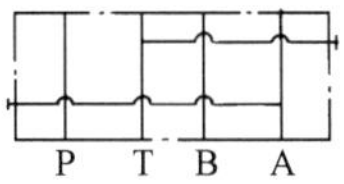	MDS-01-AT-30	—			0.8	—	A、T 管路用
	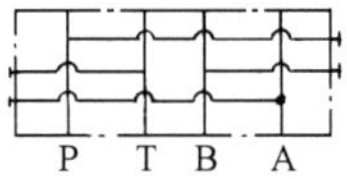	—	MDS-03-10			—	2.5	P、T、B、A 管路用
基板	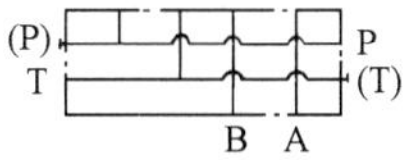	MMC-01-※-40	MMC-03-T-※-21	72	95	3.5~11.5	8.5~36	联数:1,2,3,4,5,6,7,8,9,10,…
安装螺钉组件	—	MBK-01-※-30	MBK-03-※-10	—	—	0.04~0.16	0.04~0.24	※—螺栓符号 01,02,03,04,05

名称	液压符号	型号	阀高度/mm	质量/kg	备注
叠加式减压阀	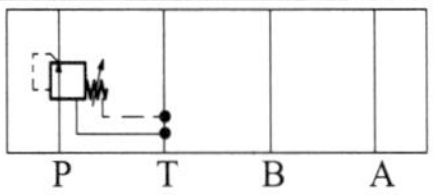	MRP-04-※-10Y	80		※—调压范围 B:0.7~7MPa C:3.5~14MPa H:7~21MPa
	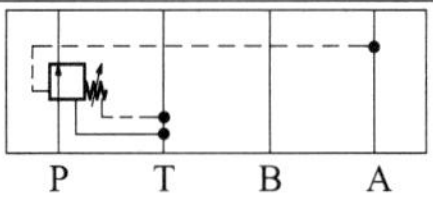	MRA-04-※-10Y			
	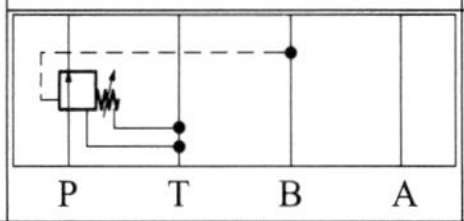	MRB-04-※-10Y			
叠加式节流阀(带单向阀)	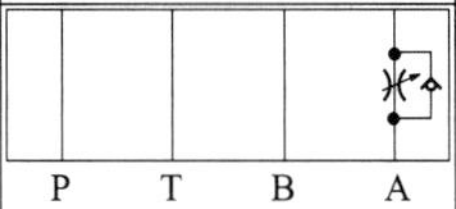	MSA-04-X-10Y	80		X:出口节流用 Y:进口节流用
	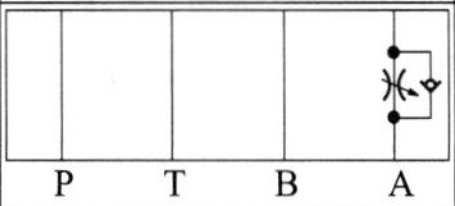	MSA-04-Y-10Y			
	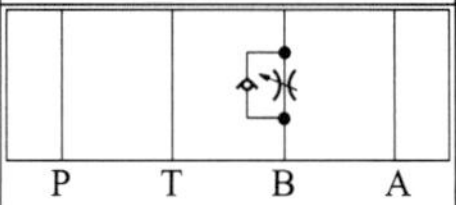	MSB-04-X-10Y			

续表

名称	液压符号	型号	阀高度/mm	质量/kg	备注
叠加式节流阀(带单向阀)	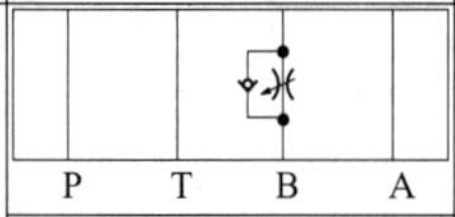	MSB-04-Y-10Y	80		X:出口节流用 Y:进口节流用
	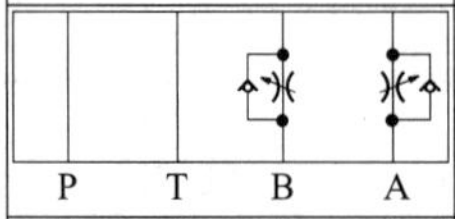	MSW-04-X-10Y			
	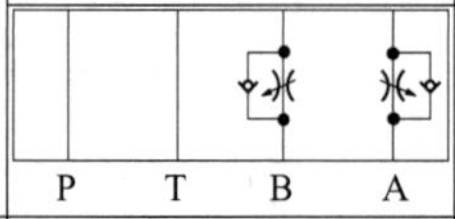	MSW-04-Y-10Y			
叠加式液控单向阀	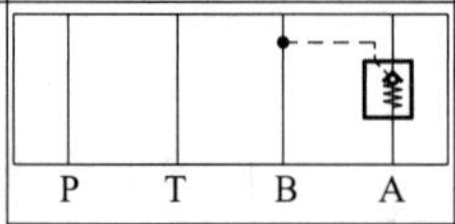	MPA-04-※-10Y	80		※—开启压力 2:0.2MPa 4:0.4MPa
	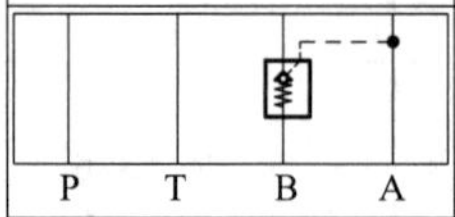	MPB-04-※-10Y			
	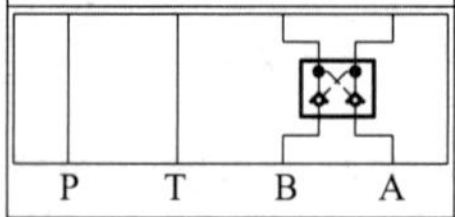	MPW-04-※-10Y			
	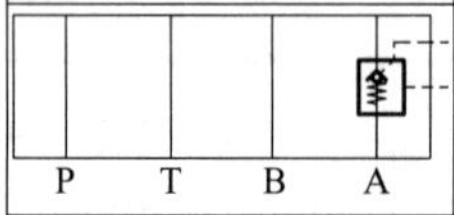	MPA-04-※-X-10Y			
	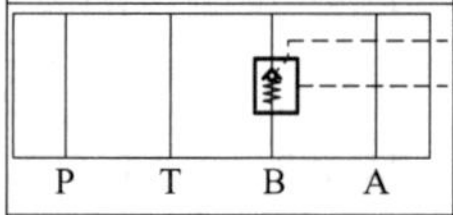	MPB-04-※-X-10Y			
	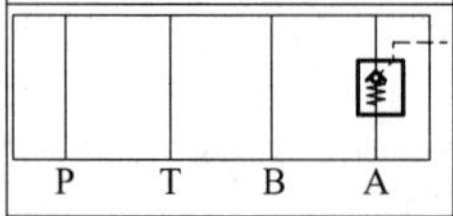	MPA-04-※-Y-10Y			
	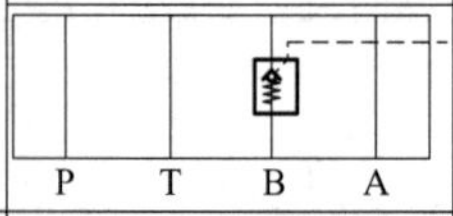	MPB-04-※-Y-10Y			

名称	液压符号	型号		阀高度/mm		质量/kg		备注
		06 规格	10 规格	06	10	06	10	
电液换向阀	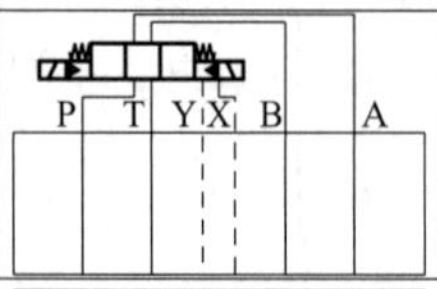	DSHG-06-※※※-41	DSHG-10-※※※-※-41	—	—	—	—	
叠加式减压阀	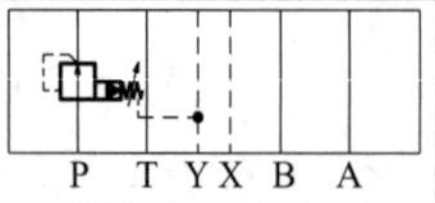	MRP-06-※-10	MRP-10-※-10	85	120	11.1	36.6	※—调压范围 B:0.7~7MPa C:3.5~14MPa H:7~21MPa
	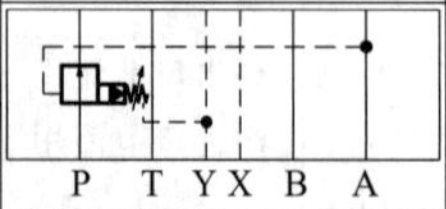	MRA-06-※-10	MRA-10-※-10			11.1	36.6	
	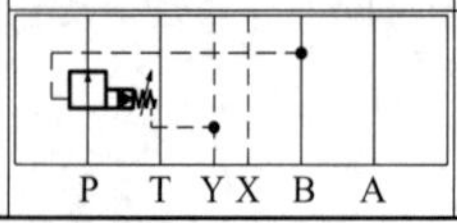	MRB-06-※-10	MRB-10-※-10			11.1	36.6	

续表

名称	液压符号	型号 06规格	型号 10规格	阀高度/mm 06	阀高度/mm 10	质量/kg 06	质量/kg 10	备注
叠加式单向节流阀	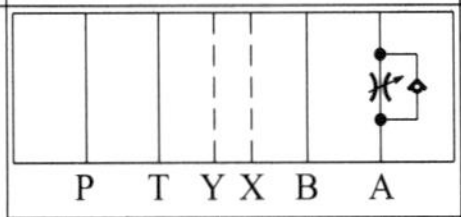	MSA-06-X※-10	MSA-10-X※-10	85	120	12.0	35.0	X—出口节流用 Y—进口节流用 ※—使用压力范围 L:0.5~5MPa H:5~25MPa
	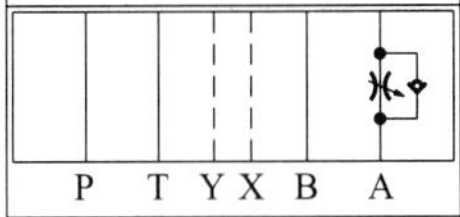	MSA-06-Y※-10	MSA-10-Y※-10			12.0	35.0	
	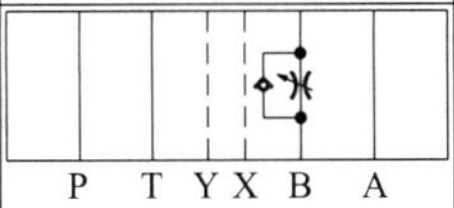	MSB-06-X※-10	MSB-10-X※-10			12.0	35.0	
	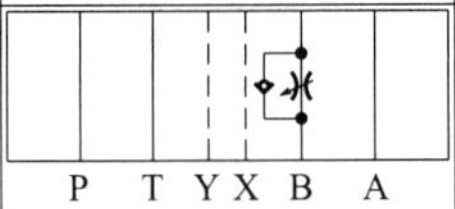	MSB-06-Y※-10	MSB-10-Y※-10			12.0	35.0	
	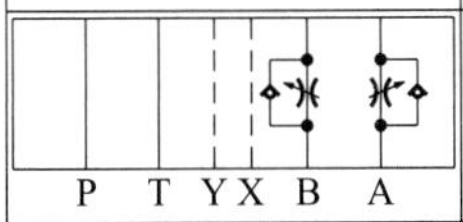	MSW-06-X※-10	MSW-10-X※-10			12.2	35.7	
	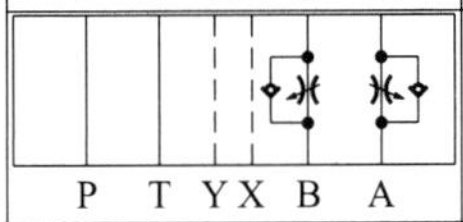	MSW-06-Y※-10	MSW-10-Y※-10			12.2	35.7	
叠加式液控单向阀	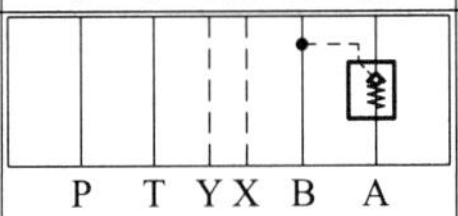	MPA-06-★-10	MPA-10-★-10	85	120	11.6	36.5	★—开启压力 2:0.2MPa 4:0.4MPa ※—先导口及泄油口螺纹 无标号:R_c3/8 S:G3/8
	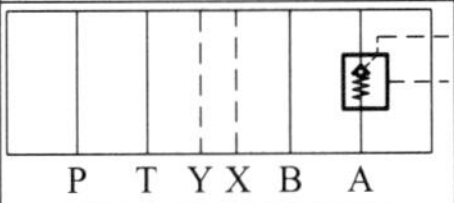	MPA-06※-★-X-10	MPA-10※-★-X-10			13.0	38.0	
	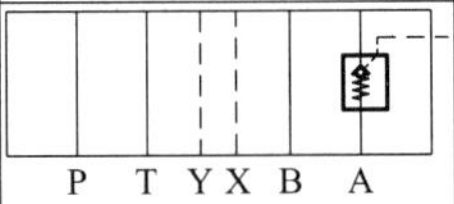	MPA-06※-★-Y-10	MPA-10※-★-Y-10			11.6	36.5	
	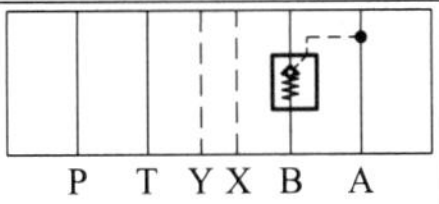	MPB-06-★-10	MPB-10-★-10			11.6	36.5	
	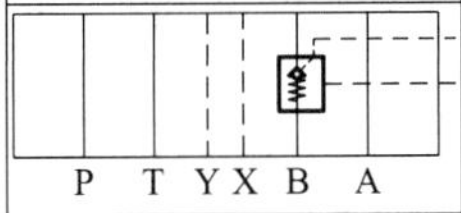	MPB-06※-★-X-10	MPB-10※-★-X-10			13.0	38.0	
	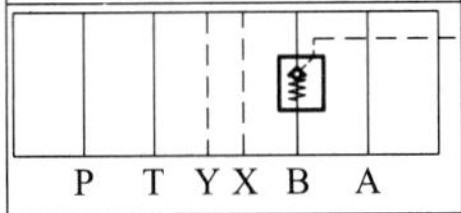	MPB-06※-★-Y-10	MPB-10※-★-Y-10			11.6	36.5	
	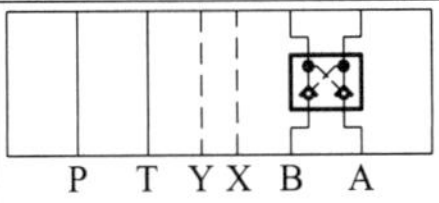	MPW-06-★-10	MPW-10-★-10			11.6	36.5	
安装螺钉组件	—	MBK-06-※-30	MBK-10-※-10	—	—	1.1~2.4	3.9~9.2	※—螺栓符号 01, 02, 03, 04, 05

7.2 叠加阀型谱（二）

本节介绍北京华德液压集团液压阀分公司与上海立新液压公司生产的系列叠加阀型谱，详见表 20-8-162、表 20-8-163。

表 20-8-162

名称	规格	型　　号	符　　号	最高工作压力 /MPa	压力调节范围 /MPa	最大流量 /L · min^{-1}
叠加式溢流阀	通径 6	ZDB6VA2-30/10 31.5	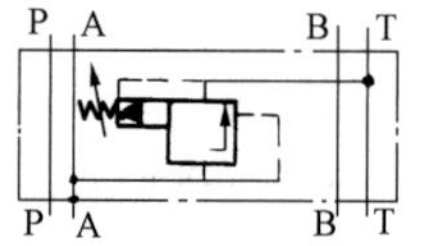	31.5	至 10 至 31.5	60
		ZDB6VB2-30/10 31.5	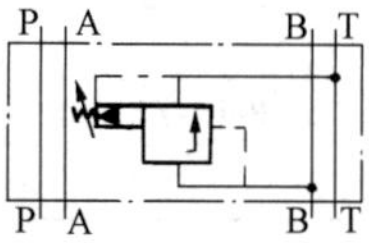			
		ZDB6VP2-30/10 31.5	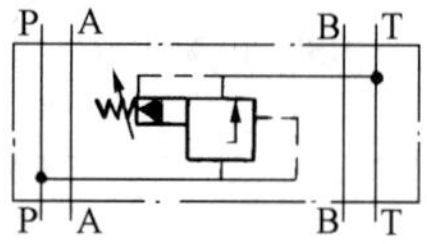			
		Z2DB6VC2-30/10 31.5	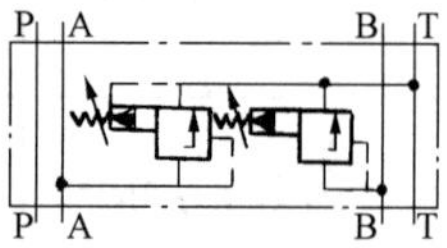			
		Z2DB6VD2-30/10 31.5	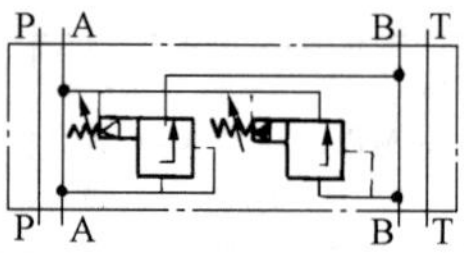			
	通径 10	ZDB10VA2-30/10 31.5	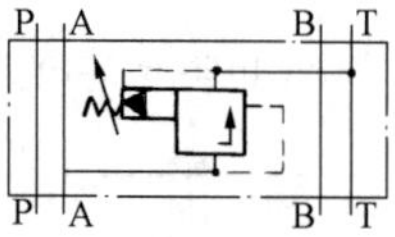	31.5	至 10 至 31.5	100
		ZDB10VB2-30/10 31.5	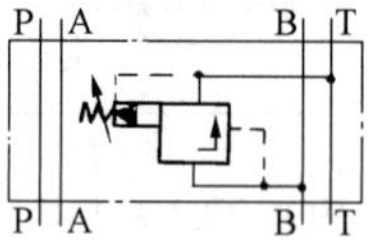			
		ZDB10VP2-30/10 31.5	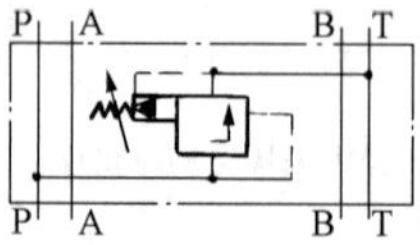			
		Z2DB10VC2-30/10 31.5	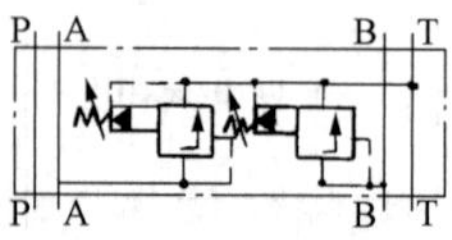			
		Z2DB10VD2-30/10 31.5	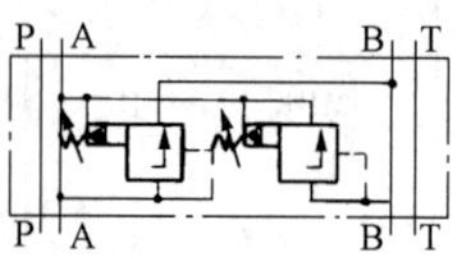			

续表

名称	规格	型号	符号	最高工作压力/MPa	压力调节范围/MPa	最大流量/L·min^{-1}
叠加式减压阀	通径6	ZDR6DA…30/…YM…	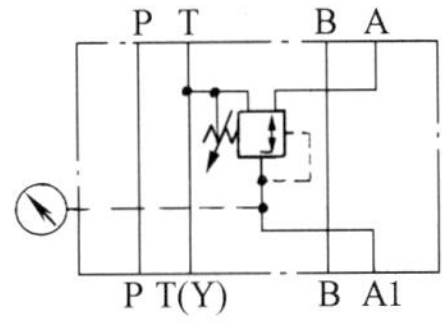	31.5	进口压力至31.5 出口压力至21.0 背压6.0	30
		ZDR6DA…30/…Y…	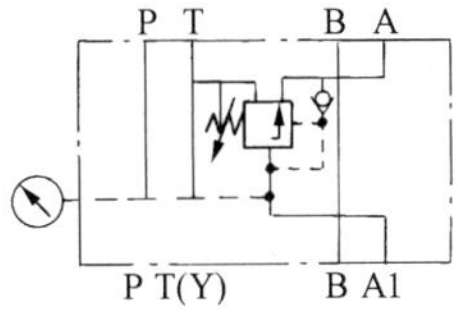			
		ZDR 6 DP…30/…YM…	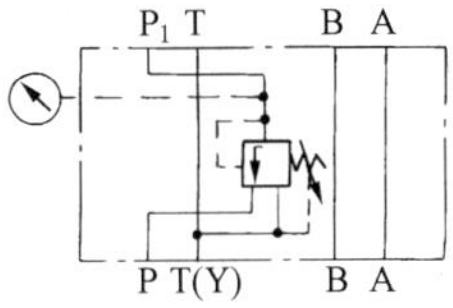			
	通径10	ZDR 10DA…40/…YM…	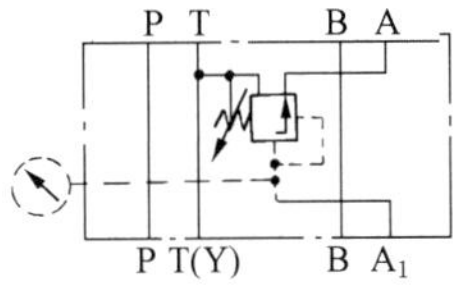	31.5	进口压力31.5 出口压力21 (DA和DP型阀) 背压T(Y)15	50
		ZDR 10DA…40/…Y…	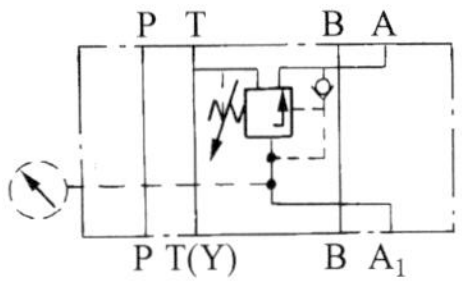			
		ZDR 10DP…40/…YM…	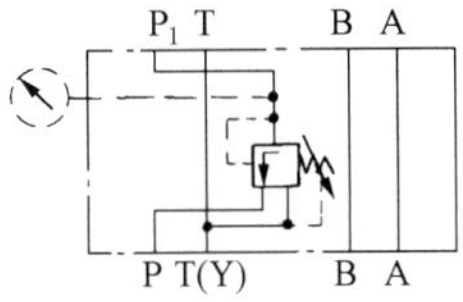			
叠加式双单向节流阀	通径6	Z2FS6-30/S	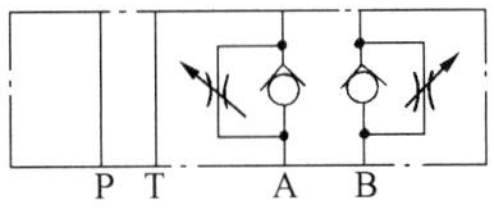	31.5	—	80
	通径10	Z2FS10-20/S				160
	通径16	Z2FS16-30/S		35		250
	通径22	Z2FS22-30/S				350
	通径6	Z2FS6-30/S2	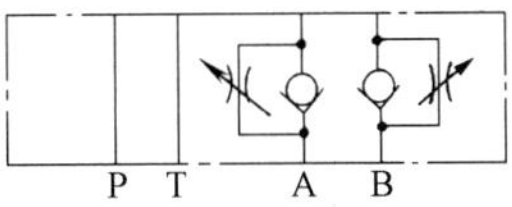	31.5		80
	通径10	Z2FS10-20/S2				160
	通径16	Z2FS16-30/S2		35		250
	通径22	Z2FS22-30/S2				350
	通径6	Z2FS6-30/S3	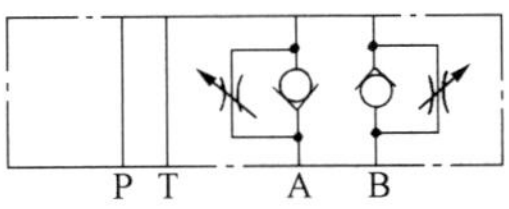	31.5		80
	通径10	Z2FS10-20/S3				160
	通径16	Z2FS16-30/S3		35		250
	通径22	Z2FS22-30/S3				350
	通径6	Z2FS6-30/S4	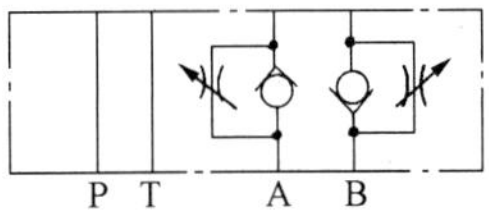	31.5		80
	通径10	Z2FS10-20/S4				160
	通径16	Z2FS16-30/S4		35		250
	通径22	Z2FS22-30/S4				350

注：外形尺寸见生产厂产品样本。

表 20-8-163

名称	规格	型号	符号	最高工作压力/MPa	开启压力/MPa	最大流量/L·min⁻¹
叠加式单向阀	通径 6	Z1S6T-※30	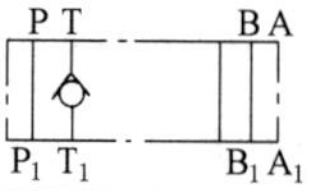	31.5	1：0.05 2：0.3 3：0.5	≈40
	通径 10	Z1S10T-※30				≈100
	通径 6	Z1S6A-※30	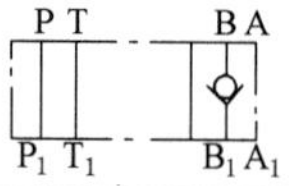			≈40
	通径 10	Z1S10A-※30				≈100
	通径 6	Z1S6P-※30	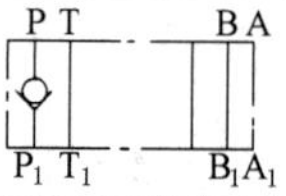			≈40
	通径 10	Z1S10P-※30				≈100
	通径 6	Z1S6D-※30	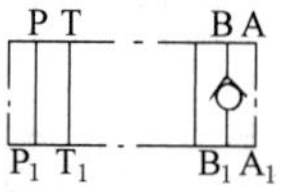			≈40
	通径 10	Z1S10D-※30				≈100
	通径 6	Z1S6C-※30	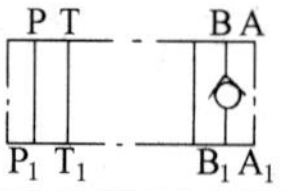			≈40
	通径 10	Z1S10C-※30				≈100
	通径 6	Z1S6B-※30	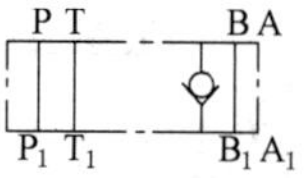			≈40
	通径 10	Z1S10B-※30				≈100
	通径 6	Z1S6E-※30	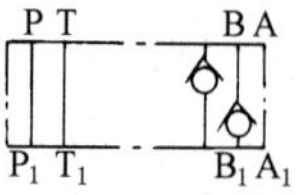			≈40
	通径 10	Z1S10E-※30				≈100
	通径 6	Z1S6F-※30	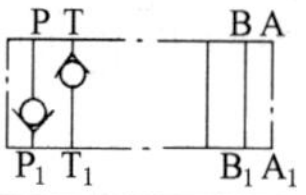			≈40
	通径 10	Z1S10F-※30				≈100
叠加式液控单向阀①	通径 6	Z2S6 40	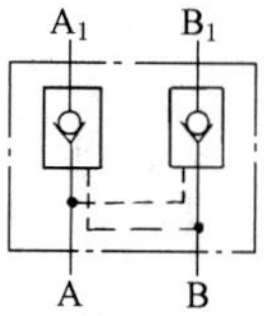	31.5	0.15	50
	通径 10	Z2S10 10			0.15、0.3、0.6	80
	通径 16	Z2S16 30			0.25	200
	通径 22	Z2S22 30			0.25	400
	通径 6	Z2S6A 40	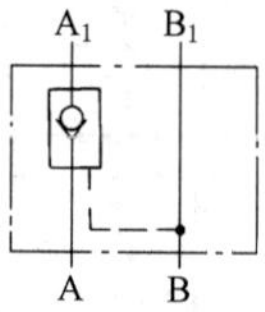		0.15	50
	通径 10	Z2S10A 10			0.15、0.3、0.6	80
	通径 16	Z2S16A 30			0.25	200
	通径 22	Z2S22A 30			0.25	400
	通径 6	Z2S6B 40	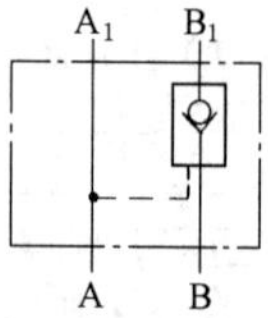		0.15	50
	通径 10	Z2S10B 10			0.15、0.3、0.6	80
	通径 16	Z2S16B 30			0.25	200
	通径 22	Z2S22B 30			0.25	400

① 开启压力为正向流通。

注：外形尺寸见生产厂产品样本。

.3 叠加阀产品技术参数（一）

意大利阿托斯（ATOS）系列叠加阀产品技术参数见表 20-8-164。

表 20-8-164

名称	型号	通径 ϕ/mm	最大流量 /L·min^{-1}	最高工作压力/bar	液压符号	说明
叠加式单向阀	HR	6	60	350	见生产厂产品样本	有直动式和先导式两种
	KR	10	120	315		
	JPR	16、25	200、300	350		先导式
压差补偿器	HC	6	50	350		二通压力补偿器，同比例方向阀或电磁换向阀叠加装配使用。使油液在 P 口和 A 口或 P 口和 B 口之间产生一个不变的压差，保持通过节流口的压差为一恒值，从而保持压力变化时流量的延续
	KC	10	100			
	JPC-2	16	200			
叠加式溢流阀	HMP	6	35	350		直动式溢流阀
	HM、KM	6、10	60、120			先导式平衡座阀式溢流阀
叠加式顺序阀	HS	6	40	210		滑阀型直动式顺序阀
	KS	10	80			滑阀型先导式顺序阀
叠加式减压阀	HG	6	50	210		滑阀型直动式三通减压阀
	KG	10	100	210		滑阀型两级三通减压阀
	JPG-2	16	250	210		滑阀型两级二通减压阀
	JPG-3	25	300	210		
叠加式压力补偿器	HC	6	50	350		为二通压力补偿器，同比例方向阀或电磁换向阀叠加装配使用。使油液在 P 口和 A 口或 P 口和 B 口间产生一个不变的压差，保持通过节流口的压差为一个恒值，从而保持压力变化时的流量连续
	KC	10	100			
	JPC	16	200			
叠加式单向节流阀	HQ	6	25、80	350		不带补偿的单向节流阀，通过单向阀允许反向流动
	KQ	10	160	315		
	JPQ-2	16	200	350		
	JPQ-3	25	300	350		
叠加式快慢速控制阀	DHQ	6	控制流量达 1.5、6、11、16、24；自由流量达 36	250		由一个电磁阀和一个带压力补偿器的二通流量控制阀组成的叠加式压力补偿阀。流量控制阀内装一个单向阀，允许油液反向自由流动
	DKQ	10	控制流量达 1.5、6、11、16、24；自由流量达 120	250		

7.4 叠加阀产品技术参数（二）

美国派克（PARKER）系列叠加阀产品技术参数见表 20-8-165。

表 20-8-165

名称	型号	通径 ϕ/mm	最大流量 /L·min^{-1}	最高工作压力/bar	液压符号	说明
叠加式单向阀	CM	6、10	53、76	350	见生产厂产品样本	用于和带有标准化连接孔的换向阀进行叠加式连接。视功能而定，在叠加阀中的相应的流道 P、A、B、T 中可以配置 1 或 2 个单向阀。数量和作用方向用代号字母来规定
	CPOM	6、10、16、25	见产品样本的特性曲线	350、210		用于和带有标准化连接孔的换向阀进行叠加式连接。视功能而定，在叠加阀中的流道 A 和/或 B 中可以配置 1 或 2 个液控单向阀。自由流动的方向为从连接阀的面到连接底板的面。当油液流向执行元件的一端时，单向阀打开，与此同时在对面的单向阀也通过液压控制活塞被同步打开，使执行元件另外一端的油液可以回流
叠加式单向节流阀	FM	6、10、16、25	53、76、200、341	350、210		用于和带有标准化连接孔的换向阀进行叠加式连接。在两个流道 A 和 B 配置有节流阀和单向阀。通过改变安装位置和/或内部元件，可实现进口或出口节流功能。此外，节流阀还可以用于控制先导式换向阀的换向时间。在这种使用情况下，此阀安装在先导级和主级之间即可
叠加式直动溢流阀	RDM	6、10	40、80	350、315		该溢流阀为直动式柱塞结构，磁滞小。可作为溢流及背压控制阀使用。有四挡最大调压范围可供选择：25bar、64bar、160bar 及 210bar，阀体带有压力表测试连接口。PT 结构在初始位置为常闭并且允许油液自由地流过 P 流道。当该流道的压力超过设定值时，阀芯克服弹簧力移动并且使大量的油液流回油箱，使压力不再继续升高。泄漏油通过弹簧腔流回油箱。TT 结构可在 T 流道按所设定的值产生一个预压力，起到背压作用
叠加式先导溢流阀	RM	6、10、16、25	40、60、200、380	350、210		用于和带有标准化连接孔的换向阀进行叠加式连接。视功能用途而定，对于一些阀来讲可选择 P、A 或 B 口作为压力控制，但总是由 T 将油液卸荷至油箱
叠加式直动减压阀	PRDM	6、10	40、80	350、315		为直动式减压阀。主要用于将液压系统中的某一支路压力调节到系统公称压力以下的某一预定值。此外，还将该支路的溢流功能集于一体。压力表接口或测量接口直接在元件上，以便控制支路压力。该阀为常开元件，在设定值以下它允许油液自由地流过控制流道。当下游流道中压力升高至预调节的压力时，阀芯向关闭的方向移动，以减少来自主系统的流量，缓冲柱塞将自行调整，以维持预定的支路系统压力。当支路系统压力由于外力作用升高时，缓冲柱塞将克服弹簧力移动并且使大量的油液流回油箱，使压力不再继续升高。泄漏油通过弹簧腔流回油箱
叠加式先导减压阀	PRM	6、10、16、25	见产品样本特性曲线	350、210		用于和带有标准化连接孔的换向阀进行叠加式连接。减压阀除了 PRM3AA 和 BB 型号以外总是配置在 P 流道内。通过内部的控制和泄漏管路与相应的流道的连接来实现所要油口的减压
叠加式压力补偿器	LCM	6、10	20、52	350		二通式压力补偿器用于与具有标准安装形式的比例换向阀进行叠加安装，以维持该阀 P 与 A 或 P 与 B 油口间的降压稳定。因此当换向阀的过流截面不变时，则过流量恒定，且不受负载影响。作用于补偿阀芯弹簧侧的控制压力通过阀控制，来自 A 口或 B 口。流量的调节是根据油口中的最高压力自动进行的
过渡板	—	10、16	40、80	315		它为在结构紧凑的设备中进行元件相连提供了一个经济的解决方法（连接、控制和集成式连接底板），所以可以在一个集成式连接底板上安装两种不同公称尺寸的元件

.5 液压叠加阀安装面连接尺寸和夹紧尺寸

.5.1 液压叠加阀安装面连接尺寸（摘自 GB/T 2514—2008）

GB/T 2514—2008/ISO 4401：2005，MOD《液压传动　四油口方向控制阀安装面》规定了液压四油口方向控]阀安装面尺寸及相关数据，适用于液压四油口方向控制阀及其连接板或集成块。

液压叠加阀安装面连接尺寸应符合 GB/T 2514 和 ISO 4401 标准，见图 20-8-61～图 20-8-69 和表 20-8-166～表 20-8-174。

（1）主油口最大直径为 4.5mm 的四油口控制阀的安装面（油口规格代号：02）

a. 安装面代号：GB/T 2514-02-01-0-2008；

b. 尺寸见图 20-8-61、表 20-8-166。

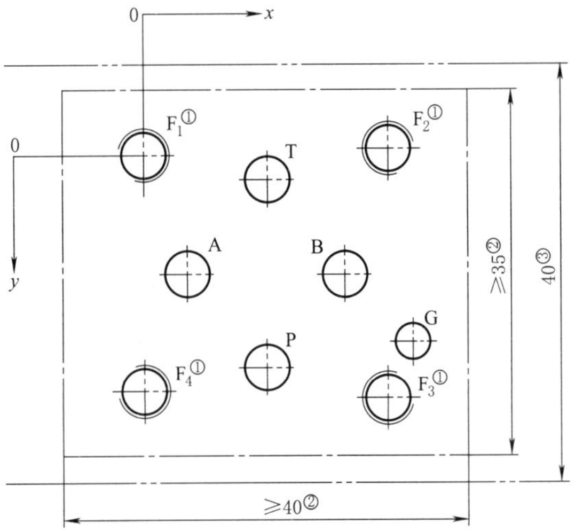

① 见注 1；

② 见注 2；

③ 见注 3；

④ 见注 4。

注 1：最小螺纹深度为螺钉直径 D 的 1.5 倍。为增强阀的互换性及减小固定螺钉长度，推荐总螺纹深度为（$2D+6$）mm。对于黑色金属材料的安装面，推荐固定螺钉的旋入深度为 $1.25D$。

注 2：指定粗点画线以内面积的尺寸是该安装面的最小尺寸。矩形直角处可做成圆角，最大的圆角半径 r_{max} 为固定螺钉的螺纹直径。沿着同一轴线方向安装孔到安装面边的距离相等。

注 3：采用此安装面的阀的最小安装空间，即同一集成块上两个相同安装面之间的最小中心距。

注 4：制造商应注明各安装面的底板或集成块的最高工作压力。

图 20-8-61　主油口最大直径为 4.5mm 的四油口控制阀的安装面④（油口规格代号：02）

表 20-8-166　主油口最大直径为 4.5mm 的四油口控制阀的安装面的孔位置尺寸　mm

项目	P	A	T	B	F_1	F_2	F_3	F_4	G①
	ϕ4.5max	ϕ4.5max	ϕ4.5max	ϕ4.5max	M5	M5	M5	M5	ϕ3.4
x	12	4.3	12	19.7	0	24	24	0	26.5
y	20.25	11.25	2.25	11.25	0	−0.75	23.25	22.5	17.75

①安装面上的盲孔配合阀上的定位销，其最小深度为 4mm。

（2）主油口最大直径为 7.5mm 的四油口控制阀的安装面（油口规格代号：03）

a. 无先导油口的安装面代号：GB/T 2514-03-02-0-2008；

b. 尺寸见图 20-8-62、表 20-8-167；

c. 有先导油口的安装面代号：GB/T 2514-03-03-0-2008；

d. 尺寸见图 20-8-63、表 20-8-168。

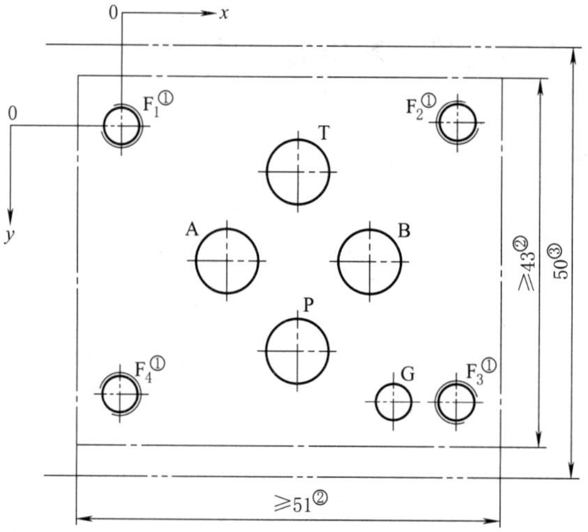

① 见图 20-8-61 注 1；
② 见图 20-8-61 注 2；
③ 见图 20-8-61 注 3；
④ 见图 20-8-61 注 4。

图 20-8-62　主油口最大直径为 7.5mm 无先导油口的四油口控制阀的安装面④（油口规格代号：03）

表 20-8-167　主油口最大直径为 7.5mm 无先导油口的四油口控制阀的安装面的孔位置尺寸　mm

项目	P	A	T	B	F_1	F_2	F_3	F_4	G①
	ϕ7.5max	ϕ7.5max	ϕ7.5max	ϕ7.5max	M5	M5	M5	M5	ϕ4
x	21.5	12.7	21.5	30.2	0	40.5	40.5	0	33
y	25.9	15.5	5.1	15.5	0	−0.75	31.75	31	31.75

①安装面上的盲孔配合阀上的定位销，其最小深度为 4mm。

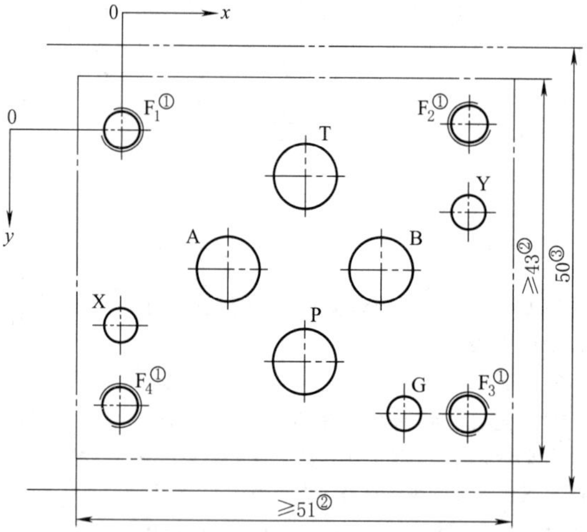

① 见图 20-8-61 注 1；
② 见图 20-8-61 注 2；
③ 见图 20-8-61 注 3；
④ 见图 20-8-61 注 4。

图 20-8-63　主油口最大直径为 7.5mm 有先导油口的四油口控制阀的安装面④（油口规格代号：03）

表 20-8-168　主油口最大直径为 7.5mm 有先导油口的四油口控制阀的安装面的孔位置尺寸　mm

项目	P	A	T	B	F_1	F_2	F_3	F_4	X	Y	G①
	ϕ7.5max	ϕ7.5max	ϕ7.5max	ϕ7.5max	M5	M5	M5	M5	ϕ3.3max	ϕ3.3max	ϕ4
x	21.5	12.7	21.5	30.2	0	40.5	40.5	0	0	40.5	33
y	25.9	15.5	5.1	15.5	0	−0.75	31.75	31	22	9	31.75

①安装面上的盲孔配合阀上的定位销，其最小深度为 4mm。

（3）主油口最大直径为 11.2mm 的四油口控制阀的安装面（油口规格代号：05）

a. 无先导油口的安装面代号：GB/T 2514-05-04-0-2008；

b. 尺寸见图 20-8-64、表 20-8-169；

c. 有先导油口的安装面代号：GB/T 2514-05-05-0-2008；

d. 尺寸见图 20-8-65、表 20-8-170；

e. 有泄油口无先导油口的安装面代号：GB/T 2514-05-06-0-2008；

f. 尺寸见图 20-8-66、表 20-8-171。

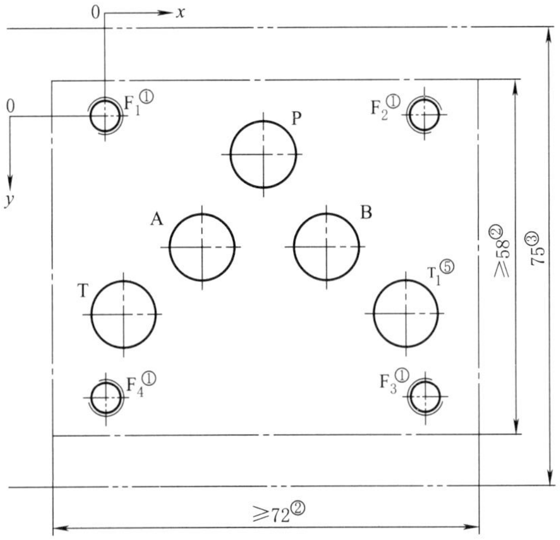

① 见图 20-8-61 注 1；
② 见图 20-8-61 注 2；
③ 见图 20-8-61 注 3；
④ 见图 20-8-61 注 4；
⑤ 该孔是可选择的。

图 20-8-64 主油口最大直径为 11.2mm 无先导油口的四油口控制阀的安装面④（油口规格代号：05）

表 20-8-169 主油口最大直径为 11.2mm 无先导油口的四油口控制阀的安装面的孔位置尺寸 mm

项目	P	A	T	T_1(可选择的)	B	F_1	F_2	F_3	F_4
	ϕ11.2max	ϕ11.2max	ϕ11.2max	ϕ11.2max	ϕ11.2max	M6	M6	M6	M6
x	27	16.7	3.2	50.8	37.3	0	54	54	0
y	6.3	21.4	32.5	32.5	21.4	0	0	46	46

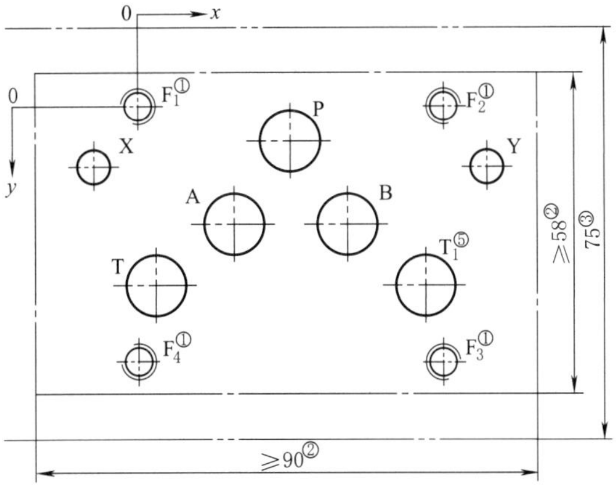

① 见图 20-8-61 注 1；
② 见图 20-8-61 注 2；
③ 见图 20-8-61 注 3；
④ 见图 20-8-61 注 4；
⑤ 该孔是可选择的。

图 20-8-65 主油口最大直径为 11.2mm 有先导油口的四油口控制阀的安装面④（油口规格代号：05）

表 20-8-170 主油口最大直径为 11.2mm 有先导油口的四油口控制阀的安装面的孔位置尺寸 mm

项目	P	A	T	T_1(可选择的)	B	F_1	F_2	F_3	F_4	X	Y
	ϕ11.2max	ϕ11.2max	ϕ11.2max	ϕ11.2max	ϕ11.2max	M6	M6	M6	M6	ϕ6.3max	ϕ6.3max
x	27	16.7	3.2	50.8	37.3	0	54	54	0	−8	62
y	6.3	21.4	32.5	32.5	21.4	0	0	46	46	11	11

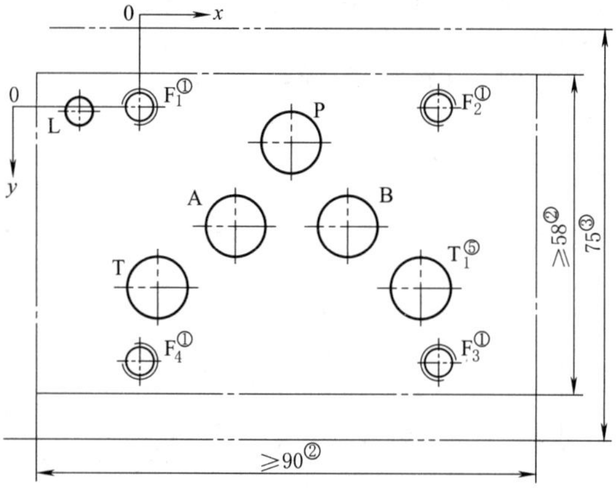

① 见图 20-8-61 注 1；
② 见图 20-8-61 注 2；
③ 见图 20-8-61 注 3；
④ 见图 20-8-61 注 4；
⑤ 该孔是可选择的。

图 20-8-66　主油口最大直径为 11.2mm 有泄油口无先导油口的四油口控制阀的安装面④（油口规格代号：05）

表 20-8-171　主油口最大直径为 11.2mm 有泄油口无先导油口的四油口控制阀的安装面的孔位置尺寸　mm

项目	P	A	T	T_1(可选择的)	B	F_1	F_2	F_3	F_4	L
	ϕ11.2max	ϕ11.2max	ϕ11.2max	ϕ11.2max	ϕ11.2max	M6	M6	M6	M6	ϕ4.5max
x	27	16.7	3.2	50.8	37.3	0	54	54	0	−11
y	6.3	21.4	32.5	32.5	21.4	0	0	46	46	0.5

（4）主油口最大直径为 17.5mm 带先导油口的四油口控制阀的安装面（油口规格代号：07）

a. 有或者没有泄油口的安装面代号：GB/T 2514-07-07-0-2008；

b. 尺寸见图 20-8-67、表 20-8-172。

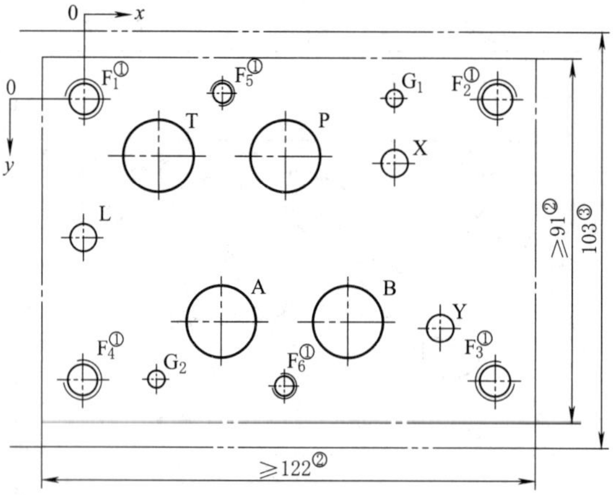

① 见图 20-8-61 注 1；
② 见图 20-8-61 注 2；
③ 见图 20-8-61 注 3；
④ 见图 20-8-61 注 4。

图 20-8-67　主油口最大直径为 17.5mm 带先导油口的四油口控制阀的安装面④（油口规格代号：07）

表 20-8-172　主油口最大直径为 17.5mm 带先导油口的四油口控制阀的安装面的孔位置尺寸　mm

项目	P	A	T	B	L①	X	Y	$G_1$②	$G_2$②	F_1	F_2	F_3	F_4	F_5	F_6
	ϕ17.5max	ϕ17.5max	ϕ17.5max	ϕ17.5max	ϕ6.3max	ϕ6.3max	ϕ6.3max	ϕ4	ϕ4	M10	M10	M10	M10	M6	M6
x	50	34.1	18.3	65.9	0	76.6	88.1	76.6	18.3	0	101.6	101.6	0	34.1	50
y	14.3	55.6	14.3	55.6	34.9	15.9	57.2	0	69.9	0	0	69.9	69.9	−1.6	71.5

①泄油口是可选的。

②安装面上的盲孔配合阀上的定位销，其最小深度为 8mm。

（5）主油口最大直径为 25mm 带先导油口的四油口控制阀的安装面（油口规格代号：08）

a. 有或者没有泄油口的安装面代号：GB/T 2514-08-08-0-2008；

b. 尺寸见图 20-8-68、表 20-8-173。

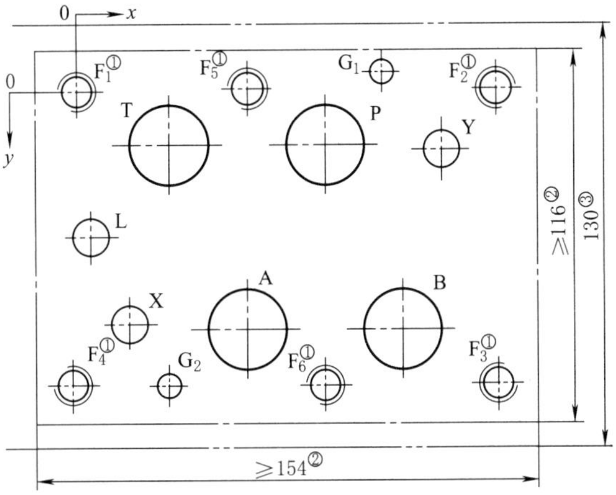

① 见图 20-8-61 注 1；
② 见图 20-8-61 注 2；
③ 见图 20-8-61 注 3；
④ 见图 20-8-61 注 4。

图 20-8-68　主油口最大直径为 25mm 带先导油口的四油口控制阀的安装面④（油口规格代号：08）

表 20-8-173　主油口最大直径为 25mm 带先导油口的四油口控制阀的安装面的孔位置尺寸　mm

项目	P	A	T	B	L①	X	Y	$G_1$②	$G_2$②	F_1	F_2	F_3	F_4	F_5	F_6
	ϕ25max	ϕ25max	ϕ25max	ϕ25max	ϕ11.2max	ϕ11.2max	ϕ11.2max	ϕ7.5	ϕ7.5	M12	M12	M12	M12	M12	M12
x	77	53.2	29.4	100.8	5.6	17.5	112.7	94.5	29.4	0	130.2	130.2	0	53.2	77
y	17.5	74.6	17.5	74.6	46	73	19	−4.8	92.1	0	0	92.1	92.1	0	92.1

①泄油口是可选的。

②安装面上的盲孔配合阀上的定位销，其最小深度为 8mm。

（6）主油口最大直径为 32mm 带先导油口的四油口控制阀的安装面（油口规格代号：09）

a. 有或者没有泄油口的安装面代号：GB/T 2514-09-09-0-2008；

b. 尺寸见图 20-8-69、表 20-8-174。

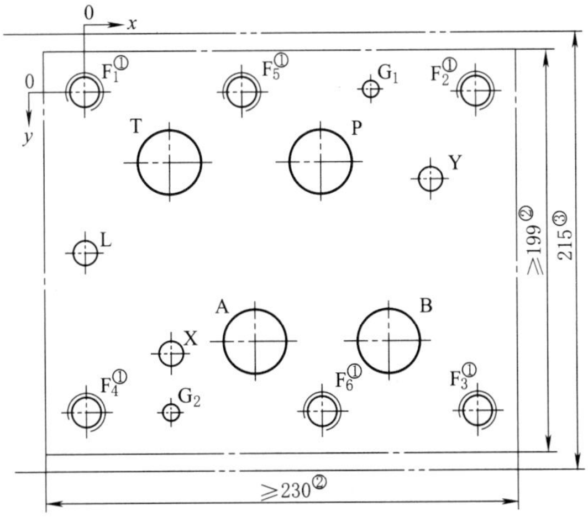

① 见图 20-8-61 注 1；
② 见图 20-8-61 注 2；
③ 见图 20-8-61 注 3；
④ 见图 20-8-61 注 4。

图 20-8-69　主油口最大直径为 32mm 带先导油口的四油口控制阀的安装面④（油口规格代号：09）

表 20-8-174　主油口最大直径为 32mm 带先导油口的四油口控制阀的安装面的孔位置尺寸　mm

项目	P	A	T	B	L①	X	Y	$G_1$②	$G_2$②	F_1	F_2	F_3	F_4	F_5	F_6
	φ32max	φ32max	φ32max	φ32max	φ11.2max	φ11.2max	φ11.2max	φ7.5	φ7.5	M20	M20	M20	M20	M20	M20
x	114.3	82.5	41.3	147.6	0	41.3	168.3	147.6	41.3	0	190.5	190.5	0	76.2	114.
y	35	123.8	35	123.8	79.4	130.2	44.5	0	158.8	0	0	158.8	158.8	0	158.

①泄油口是可选的。

②安装面上的盲孔配合阀上的定位销，其最小深度为 8mm。

7.5.2　液压叠加阀和方向控制阀夹紧尺寸（摘自 GB/T 39831—2021）

GB/T 39831—2021/ISO 7790：2013，IDT《液压传动　规格 02、03、05、07、08 和 10 的四油口叠加阀和方向控制阀　夹紧尺寸》规定了规格为 02、03、05、07、08 和 10，符合 ISO 4401 安装面规定的四油口叠加阀和四油口方向控制阀的夹紧尺寸，以保证相同规格阀的互换性并减少紧固件的数量。本标准适用于目前常用工业设备的四油口叠加阀和四油口方向控制阀的夹紧尺寸。

图 20-8-70、表 20-8-175 和表 20-8-176 给出的规格代号按 ISO 5783 中 02、03、05、07、08 和 10 的四油口叠加阀和方向控制阀的夹紧尺寸。

表 20-8-175 列出了优选的尺寸，并应用于新阀的设计。表 20-8-176 列出了当前已在使用的阀尺寸，但不再应用于新阀的设计的非优选尺寸。安装面应符合 ISO 4401 的规定。

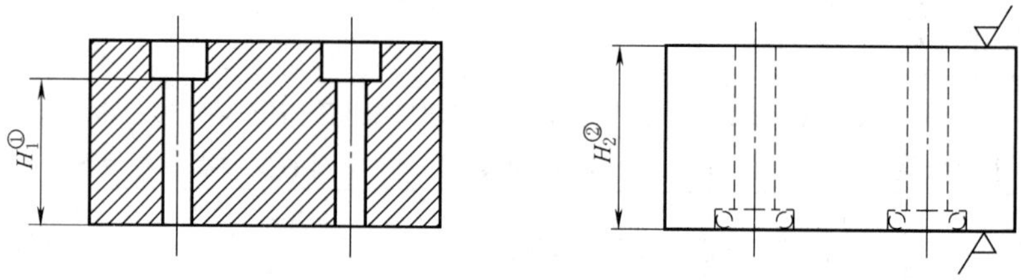

(a) 方向控制阀　　(b) 叠加阀

① 当使用带头的固定螺钉时，尺寸 H_1 可认为安装高度（用于固定螺钉的夹紧长度）。当使用螺柱时，请查询销售文件中有关阀的高度，以确定螺柱的长度。

② 尺寸 H_2 是叠加阀的总安装高度，如果必要，可包括一个单独的带 O 形圈的密封板的高度。

图 20-8-70　规格为 02、03、05、07、08 和 10 的四油口方向控制阀和叠加阀夹紧尺寸（安装面符号 ISO 4401 的规定）

表 20-8-175　规格为 02、03、05、07、08 和 10 的四油口方向控制阀和叠加阀（优选）夹紧尺寸（安装面符号 ISO 4401 的规定）　mm

阀型号	尺寸	02 规格	03 规格	05 规格	07 规格	08 规格	10 规格
方向控制阀	H_1	32_{-2}^{0}	22_{-2}^{0}	30_{-2}^{0}	34_{-2}^{0}	42_{-2}^{0}	49_{-2}^{0}
叠加阀	$H_2$①	$30_{-0.5}^{0}$	$40_{-0.3}^{0}$	$50_{-0.3}^{0}$	$50_{-0.5}^{0}$	$60_{-0.5}^{0}$	$70_{-0.5}^{0}$

①由于设计原因，当尺寸 H_2 不可接受时，应以 10mm 的增量增大或减小。

注：阀、底板和油路块的最大工作压力由供应商确定。

表 20-8-176　规格为 02、03、05、07、08 和 10 的四油口方向控制阀和叠加阀非优选夹紧尺寸（安装面符号 ISO 4401 的规定）　mm

阀型号	尺寸	02 规格	03 规格	05 规格	07 规格	08 规格	10 规格
方向控制阀	H_1	无	42_{-2}^{0}	50_{-2}^{0}	43_{-2}^{0}	57_{-2}^{0}	37_{-2}^{0}
叠加阀	H_2	无	无	无	$55_{-0.5}^{0}$	$55_{-0.5}^{0}$ $85_{-0.5}^{0}$	无

注：阀、底板和油路块的最大工作压力由供应商确定。

8 插 装 阀

GB/T 7934—2017《液压二通盖板式插装阀 技术条件》规定了液压二通盖板式插装阀的技术条件，包括技术要求、安全要求、性能要求、检验规则、标识包装要求等，适用于以矿物型液压油或性能相当的其他液体为工作介质的液压二通盖板式插装阀。

液压二通插装阀试验方法见本章 10. 15 节。

插装阀是一种用小流量控制油来控制大流量工作油液的开关式阀。它是把作为主控元件的锥阀插装于油路块中，故得名插装阀。目前生产的插装阀多为二个通路，故又称为二通插装阀。该阀不仅能实现普通液压阀的各种要求，而且具有流动阻力小、通流能力大、动作速度快、密封性好、制造简单、工作可靠等优点，特别适合高水基介质、大流量、高压的液压系统中。目前国内外都已生产三通插装阀。

插装阀由插装元件、控制盖板、先导控制元件和插装块体组成，图 20-8-71 所示为二通插装阀结构。插装元件又称主阀组件，它由阀芯、阀套、弹簧和密封件组成，阀套内还设置有弹簧挡环等，插装元件结构如图 20-8-72 所示。

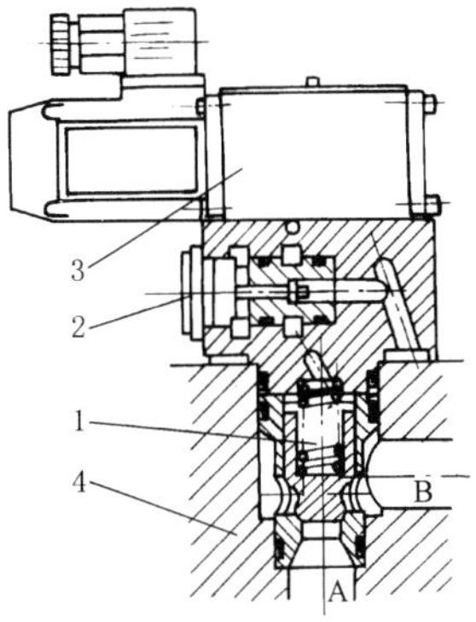

图 20-8-71 二通插装阀的典型结构
1—插装元件；2—控制盖板；
3—先导阀；4—插装块体

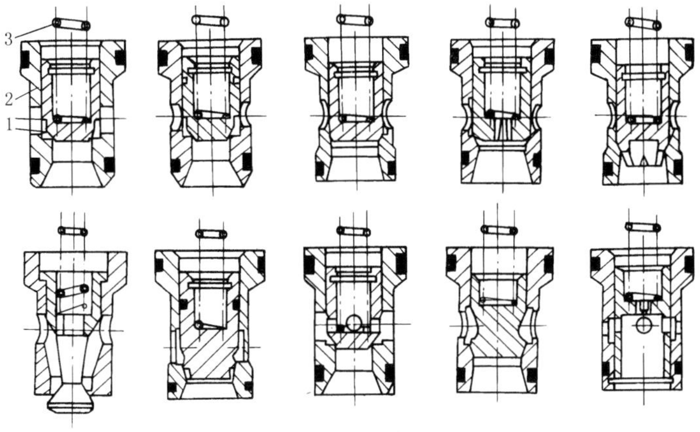

图 20-8-72 常用插装元件的结构
1—阀芯；2—阀套；3—弹簧

8.1 插装阀产品系列总览

表 20-8-177 国内生产和销售的部分插装阀产品系列总览

结构型式	系列代号	基本情况	主要技术参数	
			公称压力 /MPa	公称通径 DN /mm
盖板式	Z	1976 年以来，由济南铸造锻压机械研究所开发，迄今已改进多次，通径规格齐全（10 个），安装尺寸符合 ISO/DP 7368 和 DIN 24342 标准（DN125 和 DN160 除外），盖板为平板结构	35	16、25、32、40、50、63、80、100、125、160

续表

结构型式	系列代号	基本情况	主要技术参数 公称压力/MPa	主要技术参数 公称通径 DN/mm
盖板式	JK※	由北京冶金液压机械厂研制，通径规格8个，安装尺寸符合DIN 24342标准，盖板为方形结构和圆形结构	31.5	16、25、32、40、50、63、80、100
	TJ	20世纪80年代以来，由上海七〇四研究所开发，通径规格齐全，安装孔尺寸符合DIN 24342标准，盖板为凸台结构	31.5	16、25、32、40、50、63、80、100
	力士乐L	由我国从德国力士乐公司引进技术生产。通径规格因不同的控制方式而不尽相同。安装孔尺寸符合DIN 24342标准(DN125和DN160除外)，控制盖板有多种型式。减压和顺序控制的插装阀为新开发的产品，使用时需向厂家咨询。该系列是目前公称压力最高的插装阀	方向和溢流控制阀 42	16、25、32、40、50、63、80、100、125、160
			减压和顺序控制阀 35	16、25、32、40、50、63
				16、25、32、40、50
	CV	1984年以来，我国从美国威格士(VICKERS)公司引进技术生产，通径规格较少，安装孔尺寸符合DIN 24342标准，控制盖板为凸台结构	31.5	16、25、32、40、50、63
	油研L	1992年以后，榆次油研液压有限公司生产了日本油研(YUKEN)公司的全系列插装阀，通径规格共8个，安装孔尺寸符合DIN 24342标准，控制盖板为凸台结构	31.5	16、25、32、40、50、63、80、100
	阿托斯LI系列	意大利阿托斯(ATOS)公司生产，该系列阀能够实现压力、流量方向及单向控制。通径规格共8个，流量高达8000L/min，压力可达350bar。模块化结构，安装孔尺寸符合ISO 7368和DIN 24342标准。该系列插装阀由一个安装在标准化尺寸的孔腔内的二通插装件和一个此功能盖板组成。插件由一个座阀芯和一个带孔的阀套组成，阀芯由液压先导控制并在阀套内滑动，弹簧保持阀芯关闭。座阀芯通过盖板上的内部通道实现液压先导控制。外部先导压力能够直接作用或由装在盖板上的电磁阀或溢流阀控制。对每一个通径阀，可选很多种不同功能的盖板，从而构成完整的阀的系列。阀芯可有不同的几何形状和面积比，从而得到优化的压力、流量和方向控制。还可提供把标准元件和插装阀集成到一个紧凑功能阀块上的集成电液系统	35	16、25、32、40、50、63、80、100
	派克CE系列	派克汉尼汾流体传动产品(上海)有限公司生产，通径规格共8个，控制流量高达11000L/min以上。孔的尺寸和油口位置按DIN 24342标准已标准化。该系列阀是一种无阀体的座式锥阀插装单元，它无特定功能。其主要结构包括阀套、阀锥、弹簧和挡板，它们构成了插件CE以及盖板C。为了实现其功能，插装阀被装在控制块里必要的连接孔中。孔的尺寸和油口位置已标准化。孔由盖板进行封闭。盖板的结构决定了插装阀的功能。阀锥直接受弹簧力的作用，并通过相关的液控压力被打开或关闭，对于不同的要求例如：压力、流量、截止或换向功能，阀锥有不同的阀座形状并且可以选择不同的面积比。对于不同的功能需要先导控制时，先导控制可以装在盖板单上或通过控制孔与盖板单元相连。插装阀有如下结构：初始位置通过弹簧关闭(常闭)；初始位置通过弹簧打开(常开)。插装阀每一种公称尺寸有一种阀套，允许安装所有的阀锥结构。借此可简化：通过更换阀锥可以改变其功能。元件少也可以减少库存。每个规格有三种盖板可供选择，可适用于所有标准功能阀。对于不同的功能来讲，4种不同的阀锥带有不同的阀座几何形状，其可以实现最佳流量匹配。通过使阀锥与阀座实现最佳的同心度，阀可使A口和B口之间实现无泄漏密封。可选择使B口和弹簧腔C之间实现无泄漏密封。接口大(超过标准尺寸)可使整个控制系统的压力损失小。阀套带有两个导向装置使得阀锥的移动无滞后以及启动力小。插装件和盖板也可以作为单个元件进行供货。电气的终点位置监控装置可以供货。CE系列二通插装阀主要产品除插件、盖板外，还有溢流阀、比例溢流阀、顺序阀、背压阀、液控单向阀、单向阀及梭阀等先导控制元件	35	16、25、32、40、50、63、80、100

续表

结构型式	系列代号	基本情况	主要技术参数	
			公称压力/MPa	公称通径 DN/mm
螺纹式	海宏 F	包括电磁阀、压力控制阀、方向控制阀、流量控制阀、负载控制阀和比例控制阀等；通径规格共 10 个；压力高，流量范围宽，公称压力因不同的阀而不尽相同，公称流量也因不同的阀而不尽相同（最小 2L/min，最大达 300L/min）；该系列螺纹插装阀的关键零部件均采用优质合金钢淬火或渗碳淬火处理，以保证有长效的工作寿命	21、24、31.5、42	4、6、8、10、12、15、16、20、25、32
	强田 V	包括单向阀、流量阀、溢流阀、顺序阀、平衡阀、叠加阀和方向控制阀等。阀体由高等级冷拔钢制造，阀芯经淬火及镀锌处理，油路块由高强度铝合金制成，阀块上所有油口均为英制螺纹，从 G¼″~G1″不等；最大流量达 240L/min；所有密封件都是 BUNAN 标准	最大 30、35、40	¼″~G1″
	威格士 V	美国威格士公司（VICKERS）生产，产品全面系统，包括换向阀、压力阀、流量阀及比例阀等，压力高，流量较大（高达 227L/min），可靠性高	35、41.5	8、10、12、16、20
	阿托斯	意大利阿托斯（ATOS）生产，产品品种较少，仅见溢流阀和单向阀	35	G¼"、G⅜"、G½"；M14、M20、M32、M33、M35

8.2 Z 系列二通插装阀及组件

本系列由原济南铸造锻压机械研究所设计，安装尺寸符合 GB/T 2877（等效于 ISO/DP 7368 和 DIN 24342）。

注：GB/T 2877—2007《液压二通盖板式插装阀　安装连接尺寸》已被 GB/T 2877.2—2021《液压二通盖板式插装阀　第 2 部分：安装连接尺寸》代替。以下同。

（1）技术规格

表 20-8-178

公称通径/mm	16	25	32	40	50	63	80	100
公称流量/L·min^{-1}	160	400	630	1000	1600	2500	4000	6500
公称压力/MPa	31.5							

注：推荐使用 L-HM46 液压油，油温 10~65℃。系统中应配有过滤精度为 10~40μm 的滤油器。

（2）插装元件

型号意义：

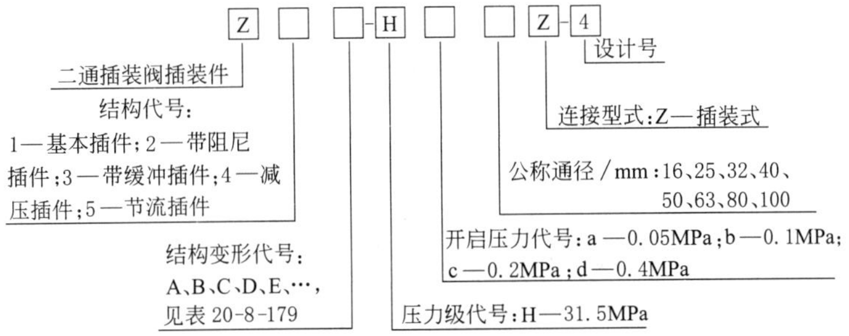

表 20-8-179　　　　结构代号及变形说明

型号及名称	液压图形符号	面积比 F_A/F_C	型号及名称	液压图形符号	面积比 F_A/F_C
Z1A-H※※Z-4 基本插件	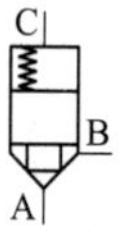	1∶1.2	Z2B-H※※Z-4 带阻尼插件	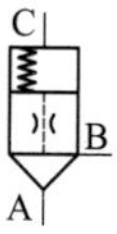	1∶1
Z1B-H※※Z-4 基本插件	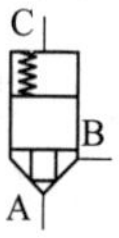	1∶1.5	Z3A-H※※Z-4 带缓冲插件	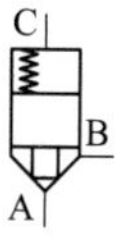	1∶1.5
Z1C-H※※Z-4 基本插件	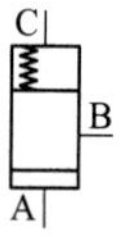	1∶1	Z4A-H※※Z-4 减压插件	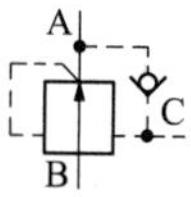	1∶1
Z1D-H※※Z-4 基本插件	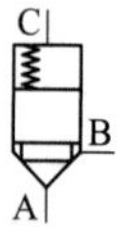	1∶1.07	Z4B-H※※Z-4 减压插件	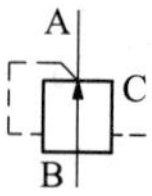	1∶1
Z2A-H※※Z-4 带阻尼插件	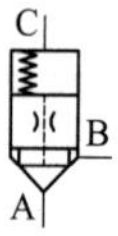	1∶1.07	Z5A-H※※Z-4 节流插件	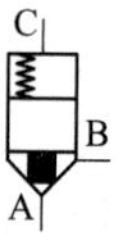	1∶1.5

（3）控制盖板

型号意义：

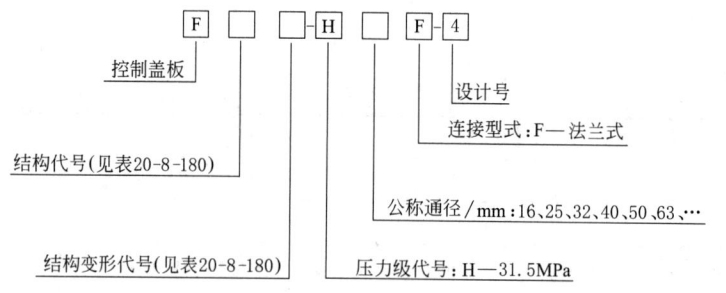

F □ □-H □ F-4

- F：控制盖板
- □：结构代号(见表20-8-180)
- □：结构变形代号(见表20-8-180)
- H：压力级代号：H—31.5MPa
- □：公称通径/mm：16、25、32、40、50、63、…
- F：连接型式：F—法兰式
- 4：设计号

表 20-8-180　　　　型号、名称及图形符号

F01A-H※F-4 基本控制盖 A	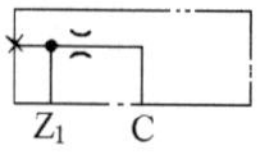	F04A-H※F-4 滑阀梭阀 控制盖 A	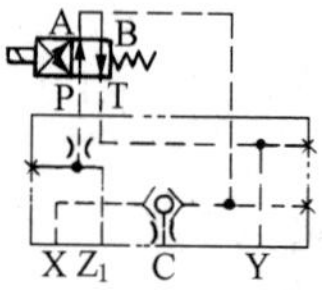	F04C-H※F-4 滑阀梭阀 控制盖 C	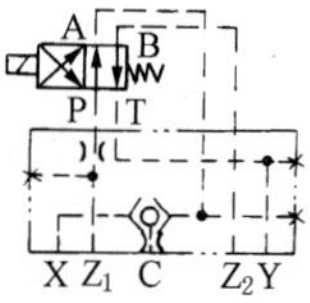
F01B-H※F-4 基本控制盖 B	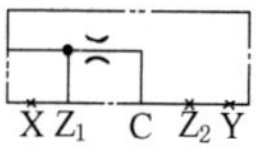	F04B-H※F-4 滑阀梭阀控制盖 B	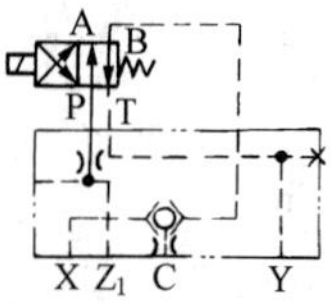	F04D-H※F-4 滑阀梭阀控制盖 D	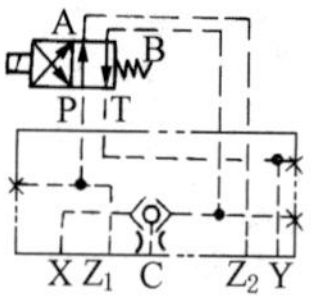

续表

F05A-H※F-4 梭阀滑阀控制盖 A	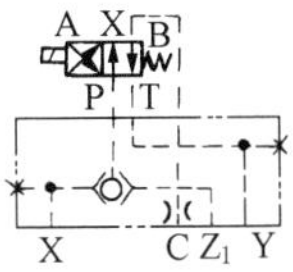	F16B-H※F-4 换向集中控制盖 B	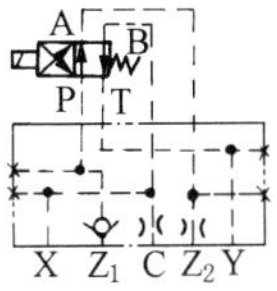	F23C-H※F-4 换向卸荷溢流控制盖 C	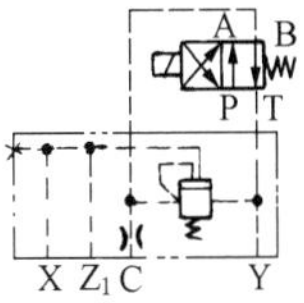
F05B-H※F-4 梭阀滑阀控制盖 B	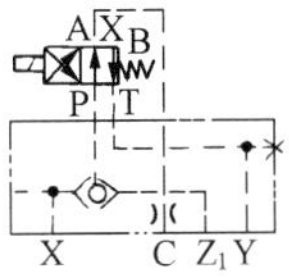	F17A-H※F-4 换向双单向集中控制盖 A	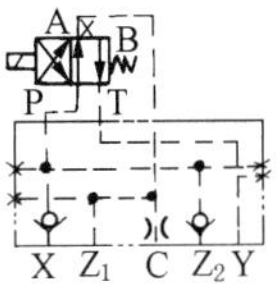	F23D-H※F-4 换向卸荷溢流控制盖 D	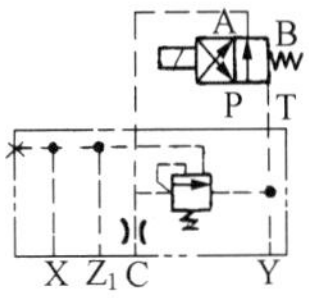
F05C-H※F-4 梭阀滑阀控制盖 C	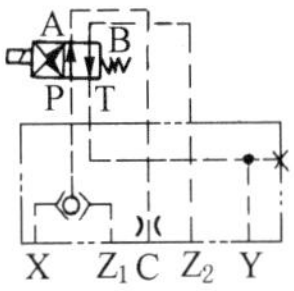	F17B-H※F-4 换向双单向集中控制盖 B	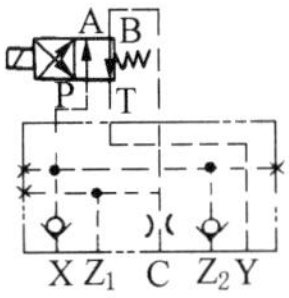	F24A-H※F-4 减压调压控制盖 A	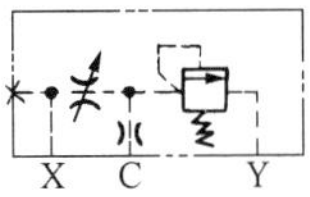
F05D-H※F-4 梭阀滑阀控制盖 D	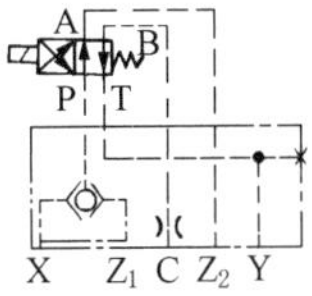	F21A-H※F-4 调压控制盖 A	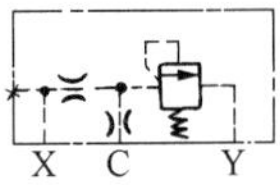	F24B-H※F-4 减压调压控制盖 B	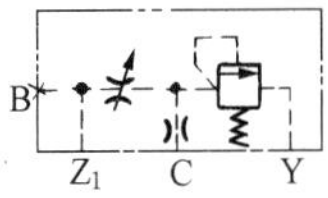
F09A-H※F-4 液控单向阀控制盖 A	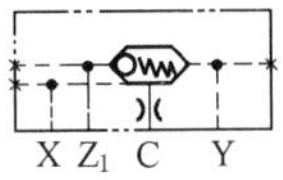	F21B-H※F-4 调压控制盖 B	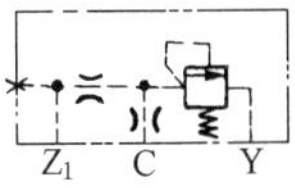	F25A-H※F-4 顺序调压控制盖 A	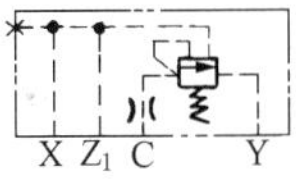
F09B-H※F-4 液控单向阀控制盖 B	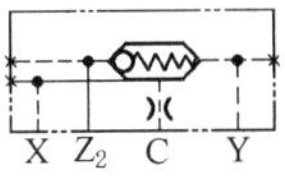	F22A-H※F-4 换向调压控制盖 A	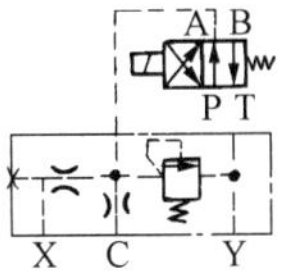	F25B-H※F-4 顺序调压控制盖 B	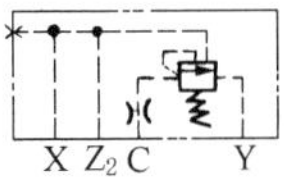
F13A-H※F-4 集控滑阀控制盖 A	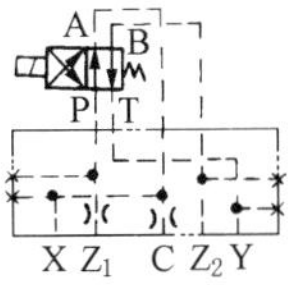	F22B-H※F-4 换向调压控制盖 B	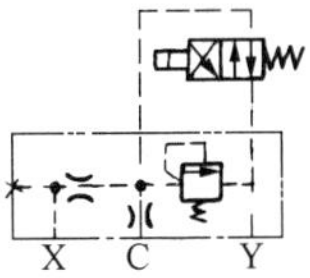	F26A-H※F-4 双调压控制盖 A	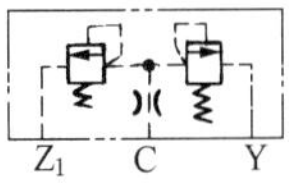
F13B-H※F-4 集控滑阀控制盖 B	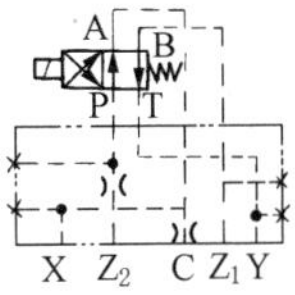	F23A-H※F-4 卸荷溢流控制盖 A	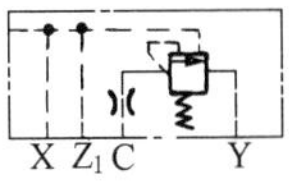	F26B-H※F-4 双调压控制盖 B	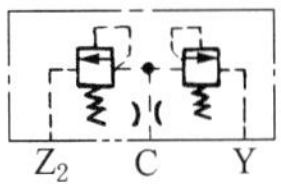
F16A-H※F-4 换向集中控制盖 A	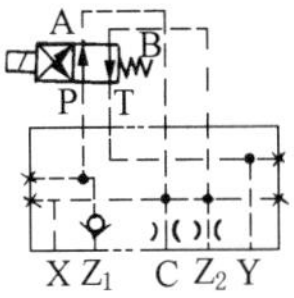	F23B-H※F-4 卸荷溢流控制盖 B	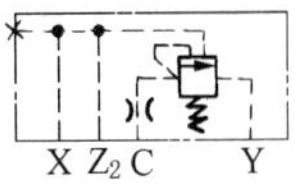	F27A-H※F-4 单向调压控制盖 A	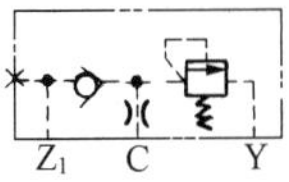

续表

F27B-H※F-4 单向调压控制盖 B	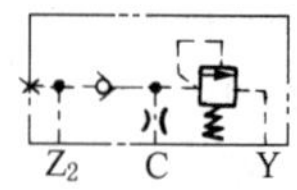	F28B-H※F-4 换向双调压 控制盖 B	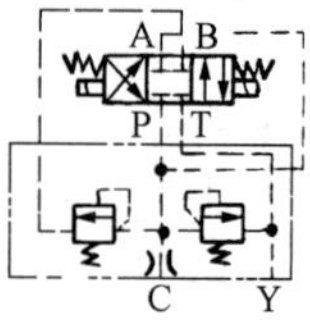	F42A-H※F-4 换向节流控制盖 A	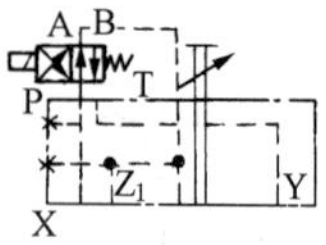
F28A-H※F-4 换向双调压 控制盖 A	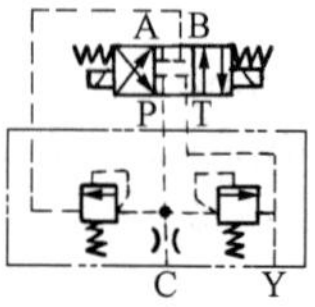	F41A-H※F-4 节流控制盖 A	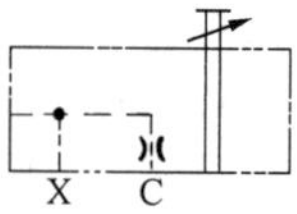		

8.3 TJ 系列二通插装阀及组件

本系列由上海第七〇四研究所开发，安装尺寸符合 GB/T 2877（等效于 ISO/DP 7368 和 DIN 24342）。

（1）插装元件

型号意义：

TJ □-□/□ □ □ □-□ □-□

二通插装阀插装件组成。包括阀芯、阀套、弹簧及全部所需密封件

通径

代号	016	025	032	040	050
公称通径 DN/mm	16	25	32	40	50
代号	063	080	100	125	160
公称通径 DN/mm	63	80	100	125	160

阀套型式：
0— 标准型(与无尾部阀芯配合)；
3— 减压阀型；
1— 非标准型与带尾部结构阀芯配合的阀套；
5— 弹簧倒置型

阀芯型式主代号：
0— 标准型(无尾部)；
1— 带锥形缓冲阻尼尾部；
2— 带双节流窗口尾部；
3— 减压阀型；
4— 带四节流窗口尾部；
5— 弹簧倒置型

介质：无 — 一般矿物油；
1— 水基介质；
2— 特殊介质

密封型式：无— 标准型(线密封型)；
W— 面密封型

设计号：用于设计更改编号

面积比：

代号	10	11	15	20
面积比 $a_A(A_A/A_X)$	1:1.0	1:1.1	1:1.5	1:2.0

开启压力：

代号	0	1	2	3	4
开启压力/MPa	0.05	0.1	0.2	0.3	0.4

阀芯型式辅助代号：
无 — 标准型；
C— 侧向钻孔型(单向阀用)；
G— 带底部阻尼孔及O形密封圈型；
H— 带O形密封圈型；
J — 带O形密封圈及侧向钻孔型；
R— 带底部阻尼孔型

表 20-8-181　　　　TJ 型插装件图形符号

J * * * 0/0 * 1 * -20	TJ * * * 0/0R * 1 * -20	TJ * * * -1/2 * 15-20	TJ * * * 1/1 * -20	TJ * * * 0/0C * 1 * -20	TJ * * * 0/0H * 1 * -20
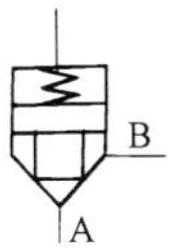	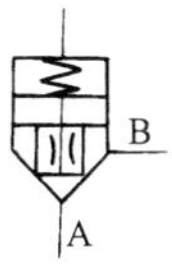	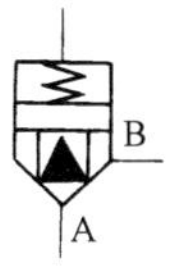	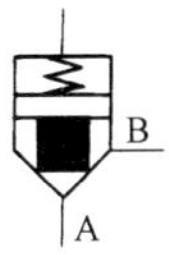	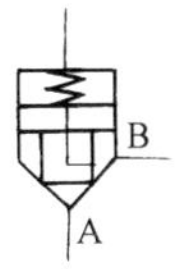	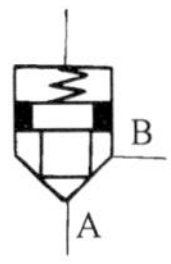
基本型插装件（a_A≤1：1.5） 用于方向控制	阀芯带阻尼孔的插装件（a_A≤1：1.5） 用于方向及压力控制；也可用于 B→A 单向阀	阀芯带 2 或 4 个三角形节流窗口尾部的插装件（a_A≤1：1.5） 用于方向及流量控制	阀芯带缓冲尾部的插装件（a_A≤1：1.5） 用于方向控制，具有启闭缓冲功能	阀芯侧向钻孔的插装件（a_A≤1：1.5） 常用于 A→B 单向阀	阀芯带 O 形密封圈的插装件（a_A≤1：1.5） 用于无泄漏方向控制，或使用低黏度介质的场合
TJ * * * -0/0 * 11-20	TJ * * * -0/0R * 11-20	TJ * * * -1/4 * 11-20	TJ * * * -0/0 * 10-20 TJ * * * -0/0 * 11-20	TJ * * * -0/0R * 11-20 TJ * * * -0/0R * 10-20	TJ * * * -3/3 * 10-20
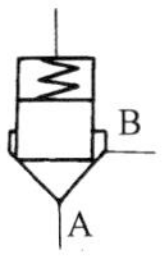	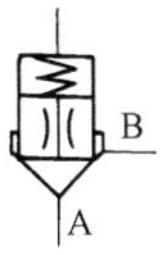	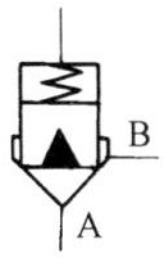	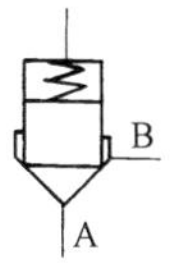	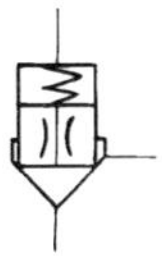	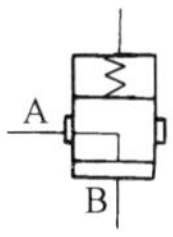
基本型插装件（a_A=1：1.1） 用于方向及压力控制	阀芯带底部阻尼孔的插装件（a_A=1：1.1） 用于方向及压力控制	阀芯带 4 个三角形节流窗口尾部的插装件（a_A=1：1.1） 用于方向及流量控制	基本型插装件（a_A=1：1 或 1：1.1） 用于压力控制	阀芯带底部阻尼孔的插装件（a_A=1：1 或 1：1.1） 用于压力控制	减压阀型插件（a_A=1：1 或 1：1.1） 用于减压控制

表 20-8-182　　　　技术规格

公称通径/mm		16	25	32	40	50	63	80	100	125	160
流量/L·min^{-1}	Δp<0.5MPa	160	400	600	1000	1500	2000	4000	7000	10000	16000
	Δp<0.1MPa	80	200	300	500	750	1000	2000	3500	5000	8000
最高工作压力/MPa		31.5									
介质	名称	矿物油，水-乙二醇等									
	温度/℃	−20～70									
	黏度范围/mm^2·s^{-1}	5～380，推荐 13～54									
过滤精度/μm		25									

（2）TG 型控制盖板

型号意义：

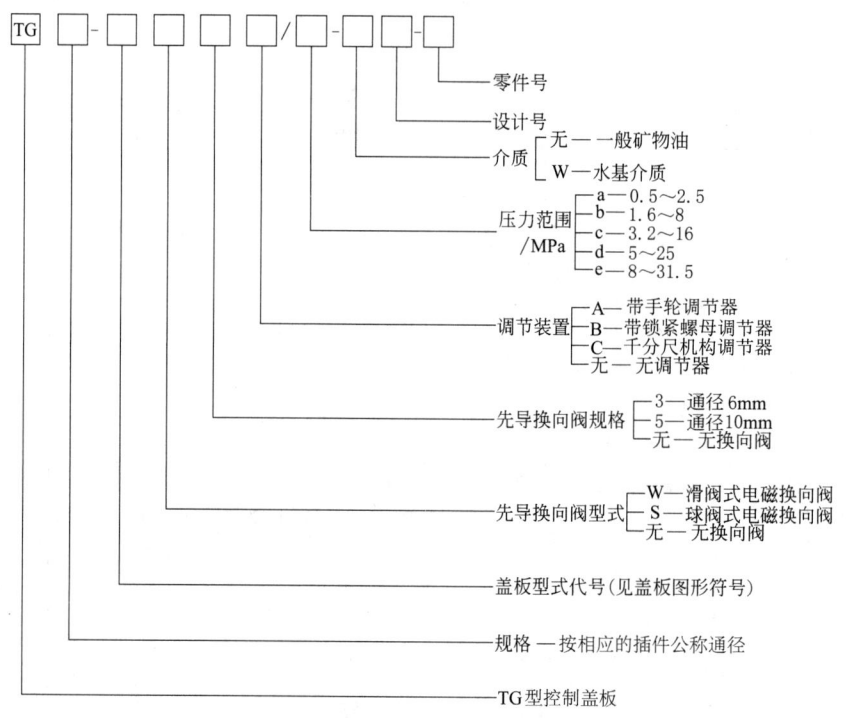

TG □ - □ □ □ □ / □ - □ □ - □

- 零件号
- 设计号
- 介质：无—一般矿物油；W—水基介质
- 压力范围/MPa：a—0.5～2.5；b—1.6～8；c—3.2～16；d—5～25；e—8～31.5
- 调节装置：A—带手轮调节器；B—带锁紧螺母调节器；C—千分尺机构调节器；无—无调节器
- 先导换向阀规格：3—通径6mm；5—通径10mm；无—无换向阀
- 先导换向阀型式：W—滑阀式电磁换向阀；S—球阀式电磁换向阀；无—无换向阀
- 盖板型式代号（见盖板图形符号）
- 规格—按相应的插件公称通径
- TG型控制盖板

TJ 二通插装阀及控制盖板外形尺寸见生产厂产品样本。

表 20-8-183　　控制盖板图形符号

D_1 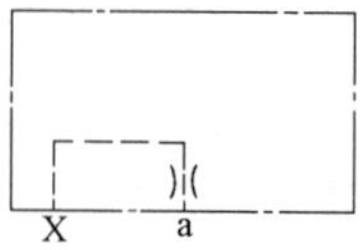 基本型用于方向控制	D_2 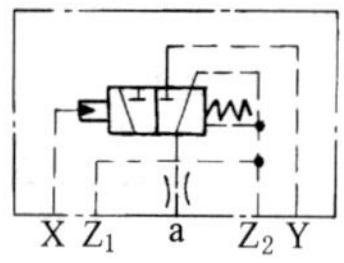 内装液动先导阀，用于液动方向控制	D_3 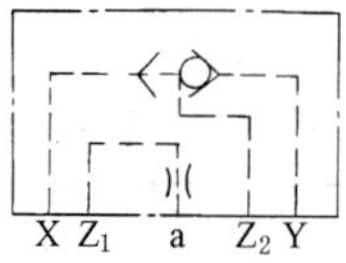 内装梭阀，用于选择控制压力，方向控制	D_4 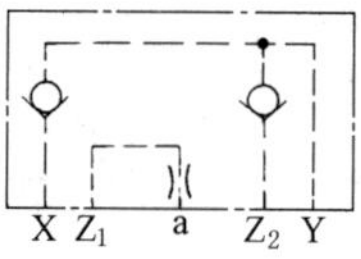 内装两单向阀，用于选择压力、方向控制	D_5 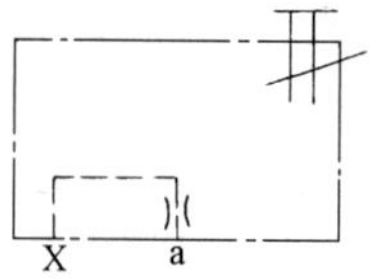 带阀芯升程限位装置，用于方向、节流控制
D_6 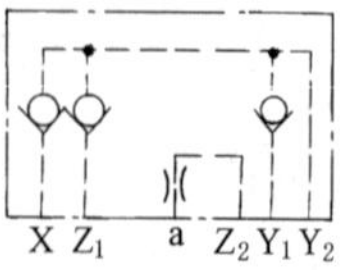 内装三单向阀，用于选择控制压力、方向控制	D_7 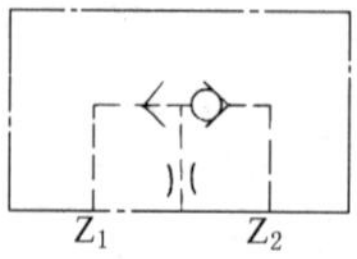 内装梭阀，用以构成液控单向阀功能	D_8 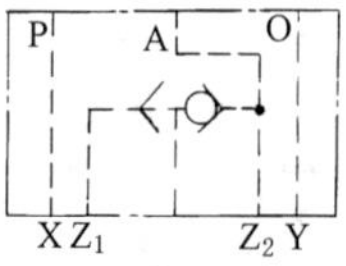 内装梭阀，具有电磁阀安装面，用于电磁液控单向阀功能	F_1 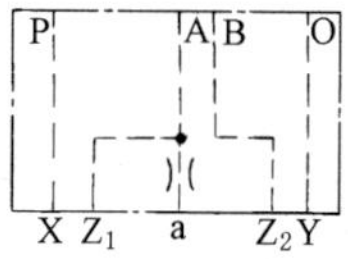 带电磁换向阀安装面，用于方向控制	F_2 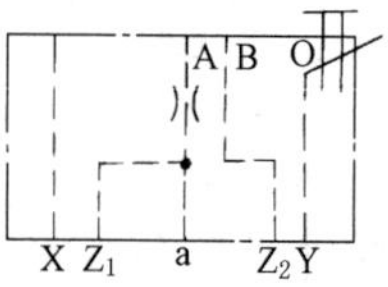 带电磁换向阀安装面及阀芯升程限位装置，用于方向及节流控制

续表

$_4$ 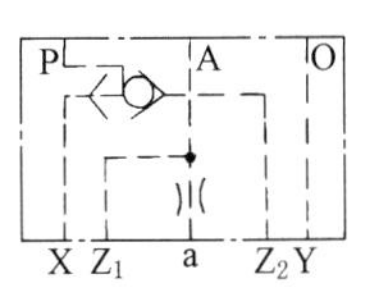	F_5 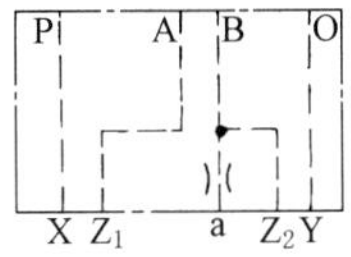	F_6 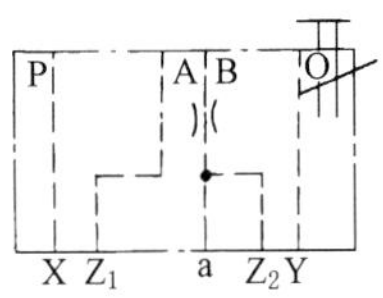	F_7 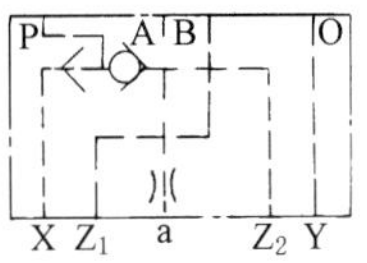	Q_2 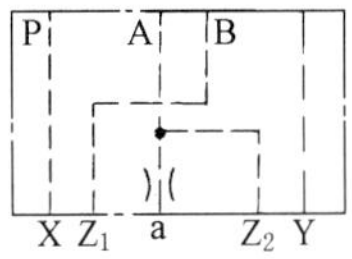
带电磁阀安装面,内装梭阀,用于方向控制,带控制压力选择	带电磁阀安装面,用于方向控制	带电磁阀安装面及阀芯升程限位装置,用于方向及节流控制	带电磁阀安装面及内装梭阀,用于方向控制,带压力选择	带球式电磁阀安装面,用于方向控制
$_3$ 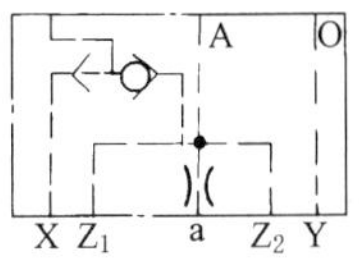	Q_4 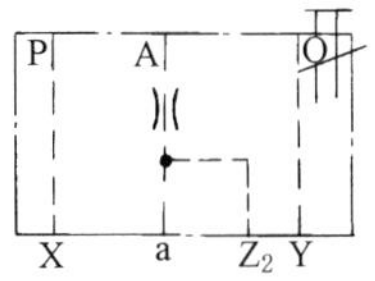	Y_1 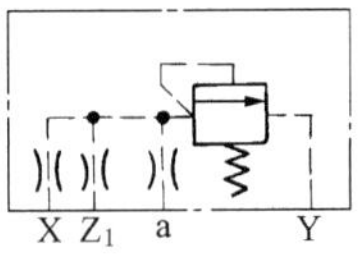	Y_2 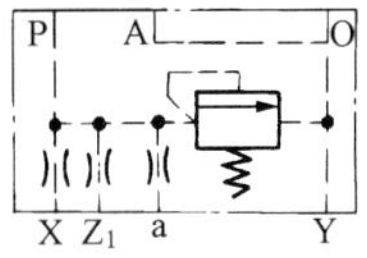	Y_3 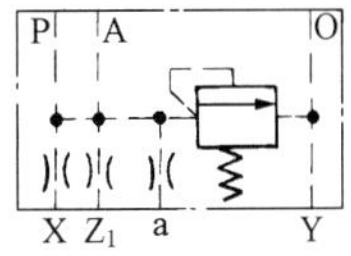
带球式电磁阀安装面及内装梭阀,用于方向控制,带压力选择	带球式电磁阀安装面及阀芯升程限位装置	带先导调压组件、用于压力控制	带先导调压组件及电磁阀安装面,用于压力控制	带先导调压组件及电磁阀安装面,用于压力控制
$_5$ 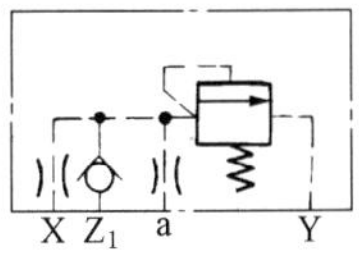	Y_6 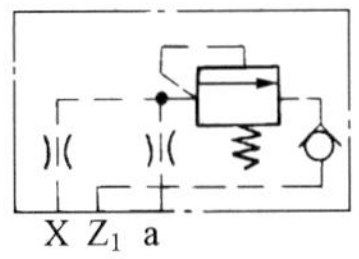	Y_7 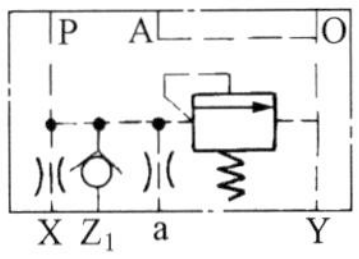	J_1 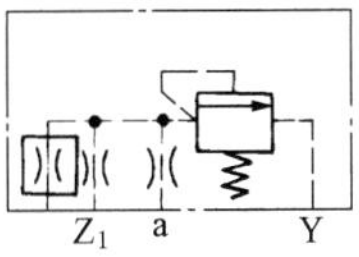	J_2 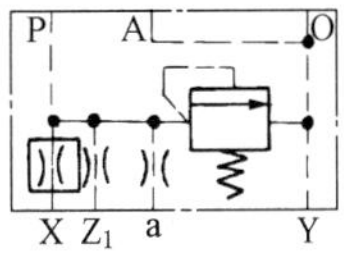
带嵌入式进油单向阀的压力控制盖板,用于压力、方向复合控制用	带嵌入式出油单向阀的压力控制盖板,用于方向、压力复合控制	在 Y_5 基础上增加电磁阀安装面,用于压力、方向复合控制	带先导流量稳定器的压力控制盖板,用作减压阀	带电磁阀安装面及先导流量稳定器,作减压阀用

.4 L 系列二通插装阀及组件

二通插装阀包括 LC 型插装件和 LFA 型控制盖板，连接尺寸符合 DIN 24342、GB/T 2877、ISO/DP 7368。

L 系列插装阀包括方向控制和压力控制两种，压力控制插装阀又有溢流、减压、顺序等功能。

(1) 方向控制二通插装阀

① 型号意义

LC 型插装件

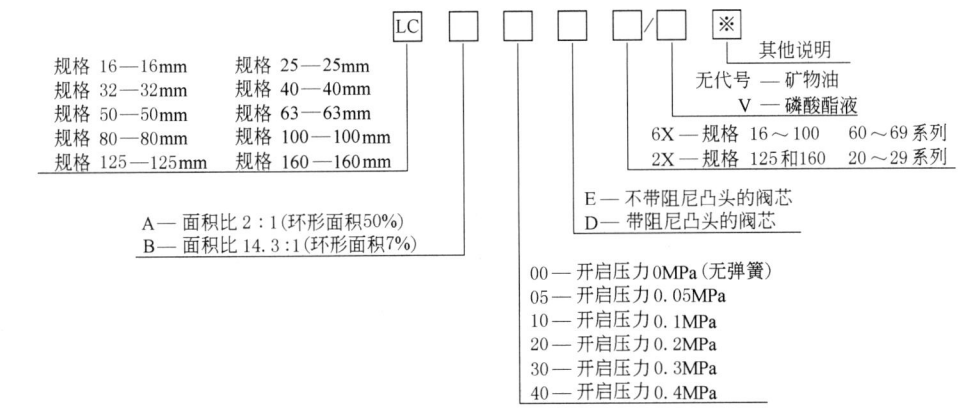

LC □ □ □ □/□ ※

其他说明

无代号 — 矿物油
V — 磷酸酯液

6X — 规格 16～100　60～69 系列
2X — 规格 125和160　20～29 系列

E — 不带阻尼凸头的阀芯
D — 带阻尼凸头的阀芯

00 — 开启压力 0MPa（无弹簧）
05 — 开启压力 0.05MPa
10 — 开启压力 0.1MPa
20 — 开启压力 0.2MPa
30 — 开启压力 0.3MPa
40 — 开启压力 0.4MPa

A — 面积比 2∶1（环形面积50%）
B — 面积比 14.3∶1（环形面积7%）

规格 16—16mm　规格 25—25mm
规格 32—32mm　规格 40—40mm
规格 50—50mm　规格 63—63mm
规格 80—80mm　规格 100—100mm
规格 125—125mm　规格 160—160mm

LFA型控制盖板

LFA □ □ □ □ □ □ □ / □ □ □ ※

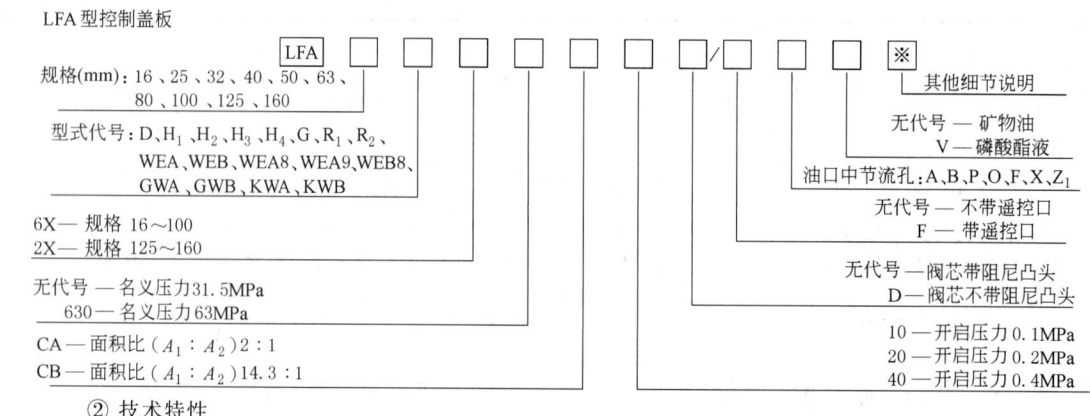

规格(mm)：16、25、32、40、50、63、80、100、125、160

型式代号：D、H_1、H_2、H_3、H_4、G、R_1、R_2、WEA、WEB、WEA8、WEA9、WEB8、GWA、GWB、KWA、KWB

6X— 规格 16～100
2X— 规格 125～160

无代号 — 名义压力31.5MPa
630— 名义压力63MPa

CA — 面积比（A_1：A_2）2：1
CB — 面积比（A_1：A_2）14.3：1

10 — 开启压力 0.1MPa
20 — 开启压力 0.2MPa
40 — 开启压力 0.4MPa

无代号 —阀芯带阻尼凸头
D—阀芯不带阻尼凸头

无代号 — 不带遥控口
F — 带遥控口

油口中节流孔：A、B、P、O、F、X、Z_1

无代号 — 矿物油
V — 磷酸酯液

其他细节说明

② 技术特性

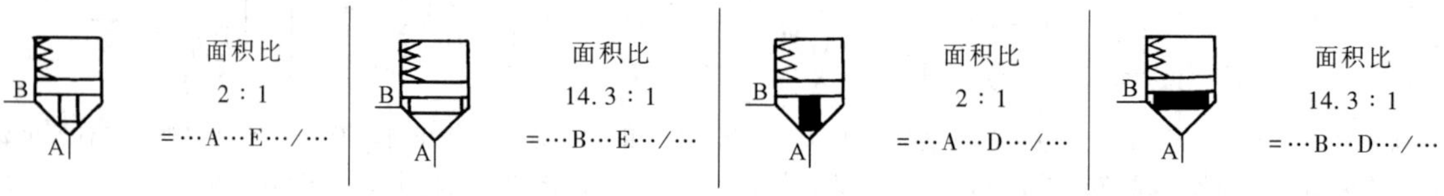

图 20-8-73　面积比及阀芯阻尼

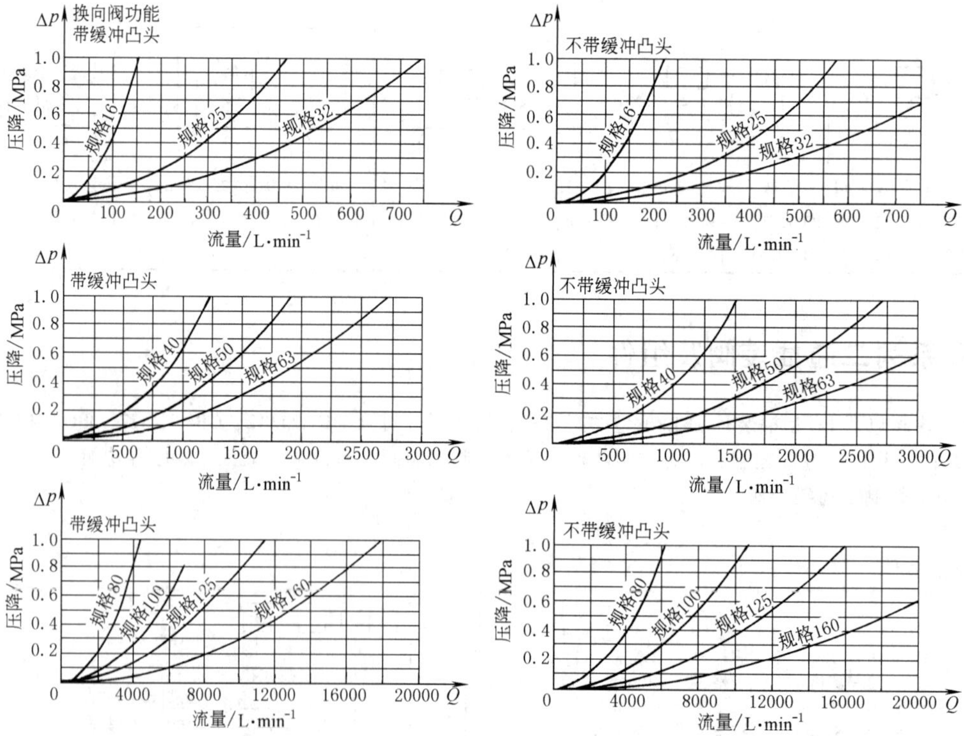

图 20-8-74　流量特性曲线（在 $\nu=41\times10^{-6}\ m^2/s$ 和 $t=50℃$ 下测得）

表 20-8-184　　技术规格

公称通径/mm		16	25	32	40	50	63	80	100	125	160
流量/L·min^{-1}（$\Delta p=0.5$MPa）	不带阻尼凸头	160	420	620	1200	1750	2300	4500	7500	11600	18000
	带阻尼凸头	120	330	530	900	1400	1950	3200	5500	8000	12800
工作压力(max)/MPa 在油口 A,B,X,Z_1,Z_2		42.0（不带安装的换向阀）									
		31.5/42.0 安装换向滑阀/换向座阀的 p_{max}									

续表

油口 Y 工作压力/MPa	与所安装阀的回油压力相同
工作介质	矿物油、磷酸酯液
油温范围/℃	-30~80
黏度范围/$m^2 \cdot s^{-1}$	$(2.8 \sim 380) \times 10^{-6}$
过滤精度/μm	25

LFA…D…/F…

带遥控口的控制盖板

规格 16~160

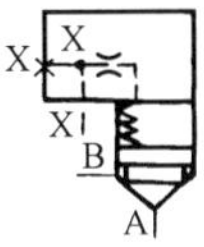

LFA…H2…/F…

带行程限制器遥控口的控制盖板

规格 16~160

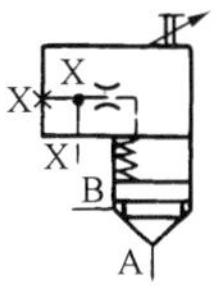

LFA…G…/…

带内装梭阀的控制盖板

规格 16~100

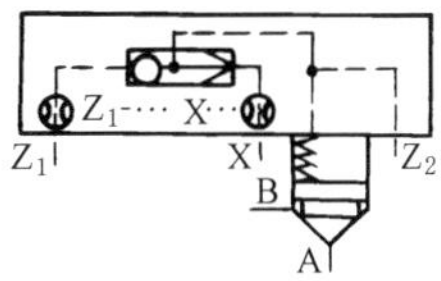

LFA…R…/…

带内装液动先导阀（换向座阀）的控制盖板

规格 25~100

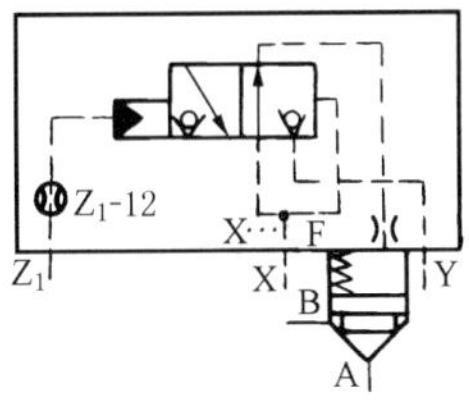

LFA…WEA…/…

用于安装换向滑阀或座阀的控制盖板

规格 16~100

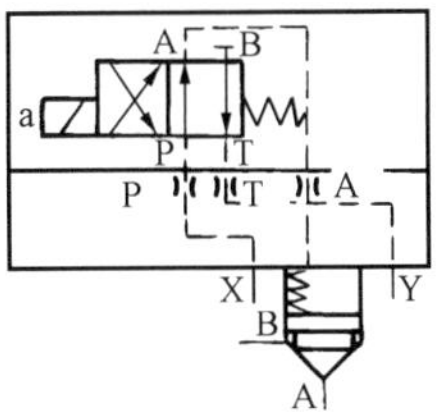

LFA…WEA8-60/…

用于安装换向滑阀或座阀，带操纵第二阀控制油口的控制盖板

规格 16~63

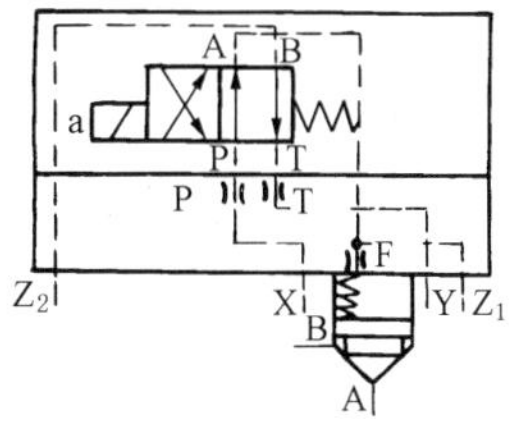

LFA…WEA 9-60/…

用于安装换向滑阀作单向阀回路的控制盖板

规格 16~63

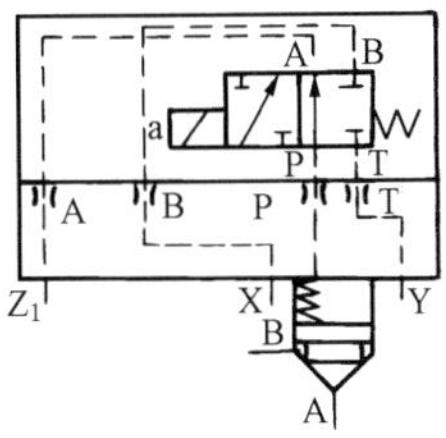

LFA…GWA…/…

用于安装换向滑阀或座阀，带内装梭阀的控制盖板

规格 16~100

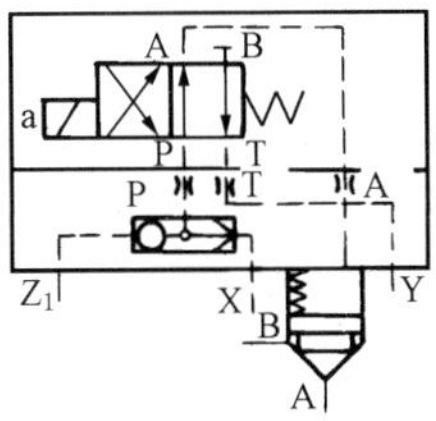

LFA…KWA…/…

用于安装换向滑阀或座阀，带内装梭阀作单向阀回路的控制盖板

规格 16~100

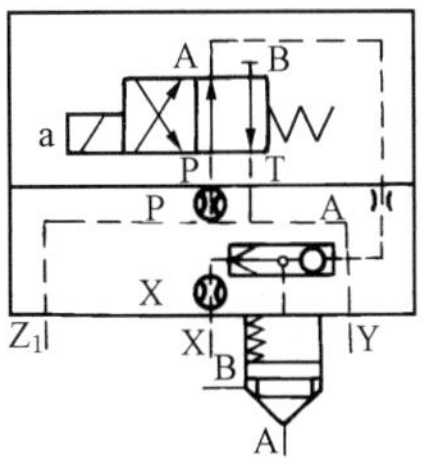

图 20-8-75

LFA…E60/…DQ. G24F 带闭合位置电监测的控制盖板，包括插装件 规格 16～100	LFA…EH2-60/…DQ. G24F 带闭合位置电监测和行程限制器的控制盖板，包括插装件 规格 16～100	LFA…EWA 60/…DQOG24… 带闭合位置电监测，用于安装换向滑阀的控制盖板 规格 16～63
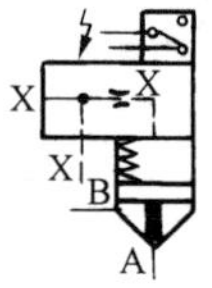	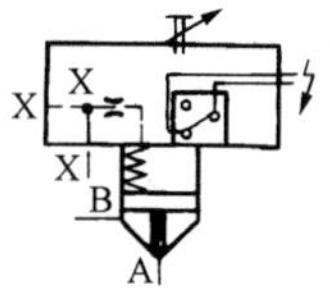	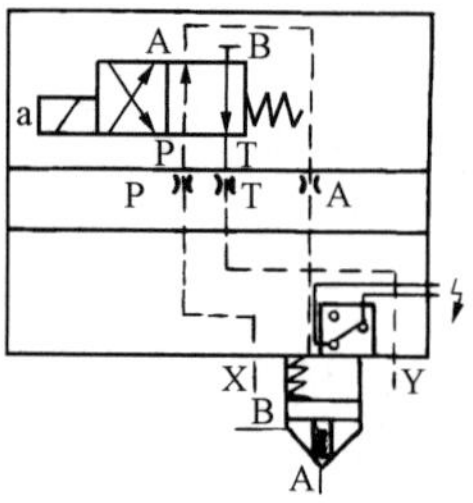

图 20-8-75　LFA 型控制盖板图形符号（基本符号）

③ 外形尺寸（见表 20-8-185～表 20-8-192）

带或不带遥控口的控制盖板（…D…或 D/F 型）

规格16～63

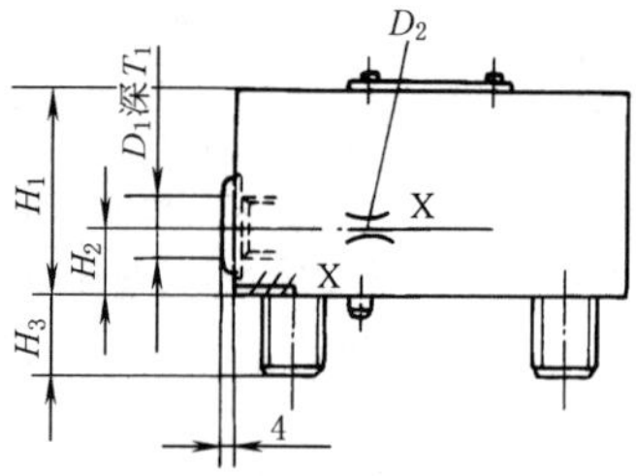

规格80～160

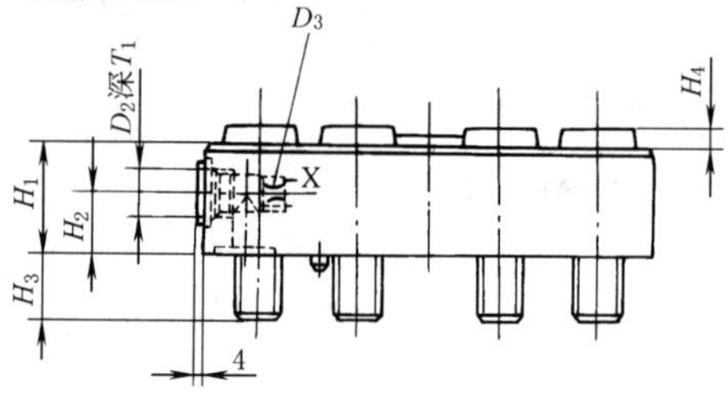

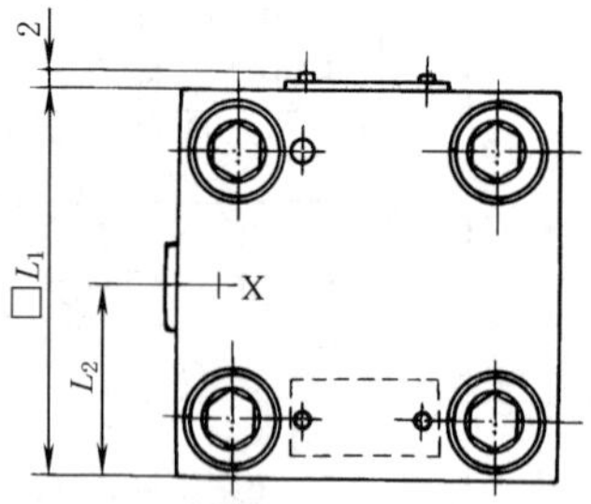

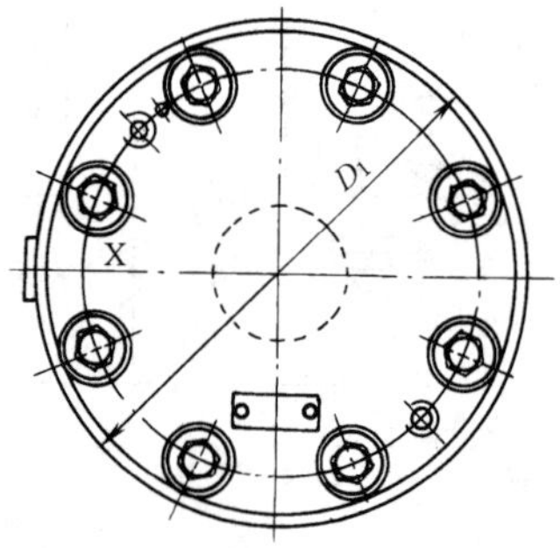

表 20-8-185

mm

尺寸	规格									
	16	25	32	40	50	63	80	100	125	160
D_1	⅛″BSP	¼″BSP	¼″BSP	½″BSP	½″BSP	¾″BSP	250	300	380	480
D_2	M6	M6	M6	M8×1	M8×1	G⅜	¾″BSP	1″BSP	1¼″BSP	1¼″BSP
H_1	35	40	50	60	68	82	70	75	105	147
H_2	12	16	16	30	32	40	35	40	50	70
H_3	15	24	29	32	34	50	45	45	61	74
□L_1	65	85	100	125	140	180	—	—	—	—
L_2	32.5	42.5	50	75	80	90	—	—	—	—
T_1	8	12	12	14	14	16	16	18	20	20
D_3/in	—	—	—	—	—	—	⅜	½	1	1
H_4	—	—	—	—	—	—	10	11	31	42

带行程限制器和遥控口的盖板（…H…型）

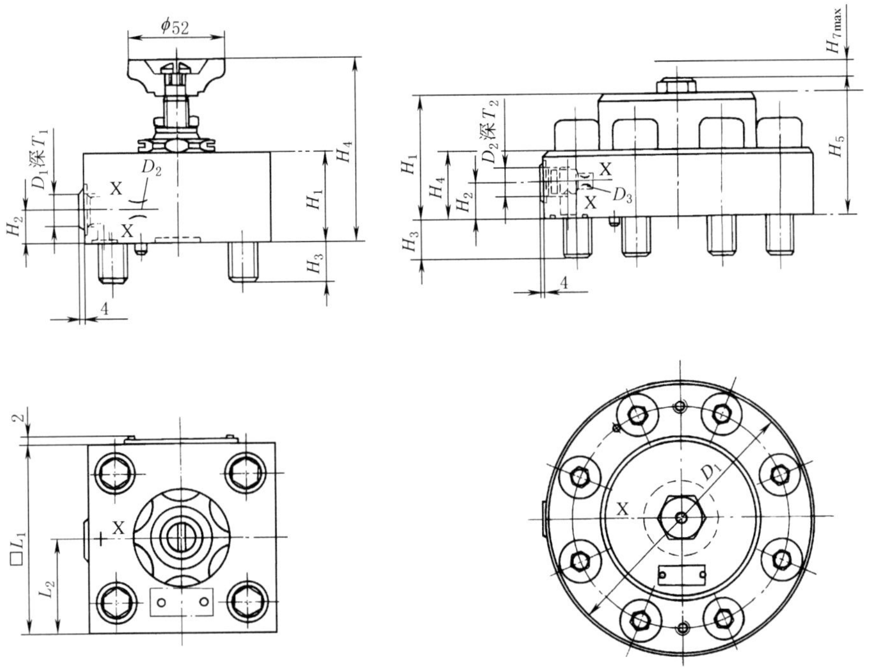

表 20-8-186

mm

尺寸	规格									
	16	25	32	40	50	63	80	100	125	160
D_1	⅛BSP	¼BSP	¼BSP	½BSP	½BSP	¾BSP	250	300	380	480
D_2	M6	M6	M6	M8×1	M8×1	⅜BSP	¾BSP	1BSP	1¼BSP	1¼BSP
D_3	—	—	—	—	—	—	⅜BSP	½BSP	1BSP	1BSP
H_1	35	40	50	80(60)	98	112	114	132	170	225
H_2	12	16	16	32(22)	32	40	35(24)	40(35)	50	70
H_3	15	24	28	32	34	50	45	45	61	74
H_4	85	92	109	136	—	—	76	76	100	147
H_5	—	—	—	—	—	—	137	157	195	340
□L_1	65	85	100	125	140	180	—	—	—	—
L_2	32.5	42.5	50	72(62.5)	80	90	—	—	—	—
T_1	8	12	12	14	14	16	16	18	20	20

注：（ ）中数值仅对 H_3、H_4 型有效。

带内装换向座阀的盖板（…G/…型）

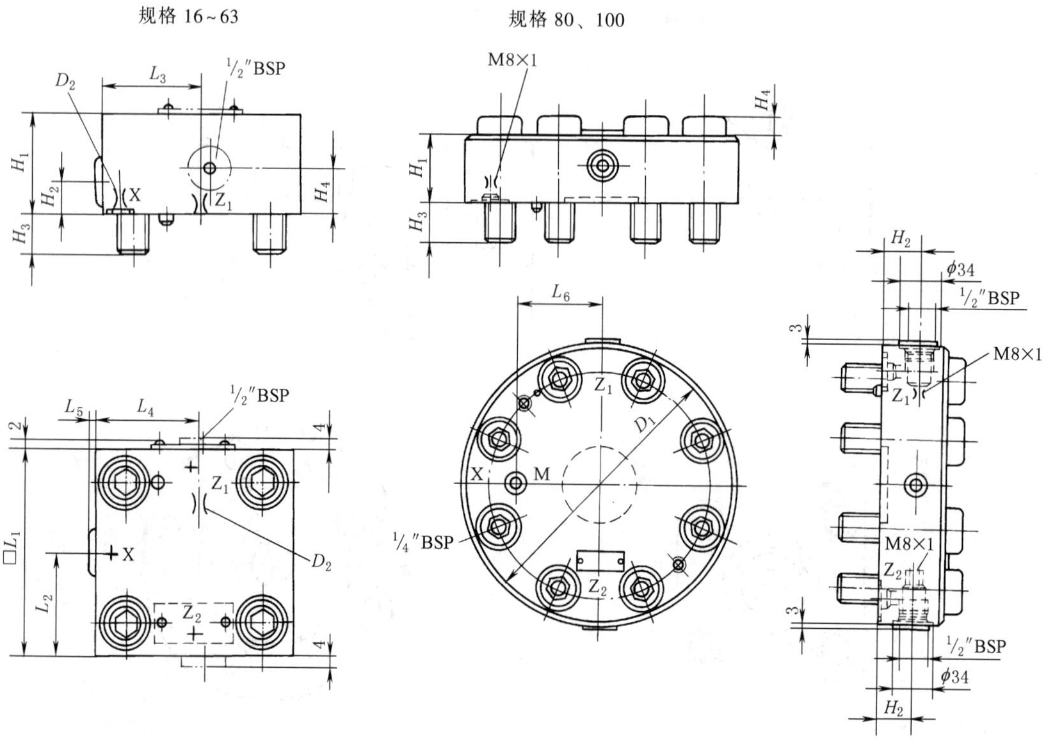

表 20-8-187

mm

尺寸	规格							
	16	25	32	40	50	63	80	100
D_1	ϕ1.2	ϕ1.5	ϕ2.0	M6	M8×1	M8×1	250	300
D_2	ϕ1.2	ϕ1.5	ϕ2.0	M6	M8×1	M8×1	—	—
H_1	35	40	50	60	68	82	80	75
H_2	17	17	21.5	30	32	40	45	40
H_3	15	24	28	32	34	50	45	58
H_4	—	—	—	—	32	40	4	18
$\square L_1$	65	85	100	125	140	180	—	—
L_2	36.5	45.5	50	62.5	74	90	—	—
L_3	—	—	—	—	72	79	—	—
L_4	—	—	—	—	72	90	—	—
L_5	2.5	2	—	—	4	2	—	—
L_6	—	—	—	—	—	—	73	95

带内装换向座阀的盖板（…R…或…R_2…型）

规格 25~63

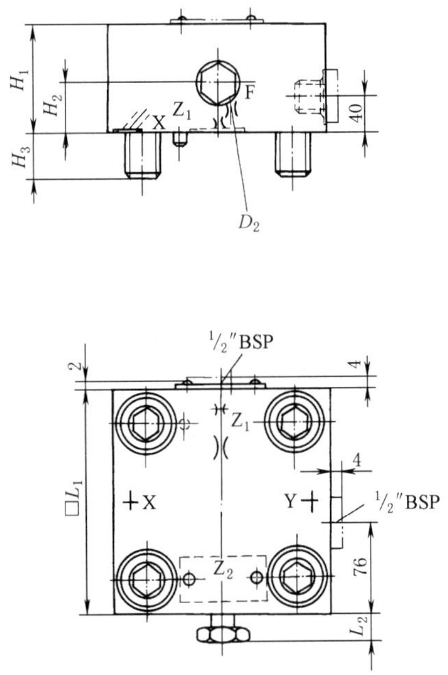

规格 80、160

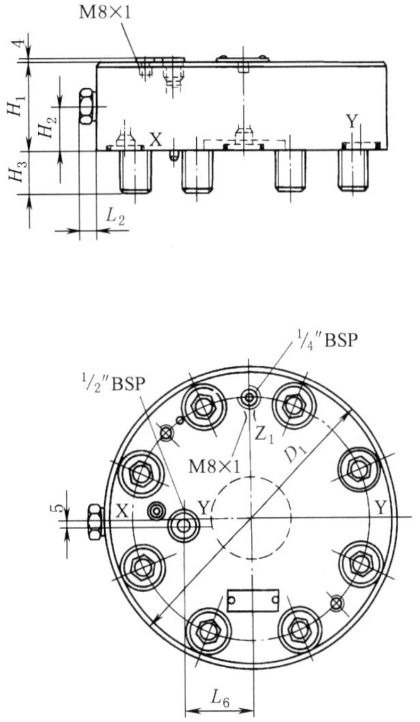

表 20-8-188　　mm

尺寸		规格						
		25	32	40	50	63	80	100
D_1		M6	M6	M8×1	M8×1	M8×1	250	300
D_2		M6	M6	M8×1	M8×1	M8×1	—	—
H_1		40	50	60	68	87	80	90
H_2		17	22	33	32	40	40	45
H_3		24	28	32	34	50	45	58
$\square L_1$		85	100	125	140	180	—	—
L_2	(R)	2	1	25	24	18.5	21	17
	($R2$-)	18.5	17.5	25	24	18.5		
L_6		—	—	—	—	—	51	72

承装叠加式滑阀或座式换向阀的盖板（…WEA…型）

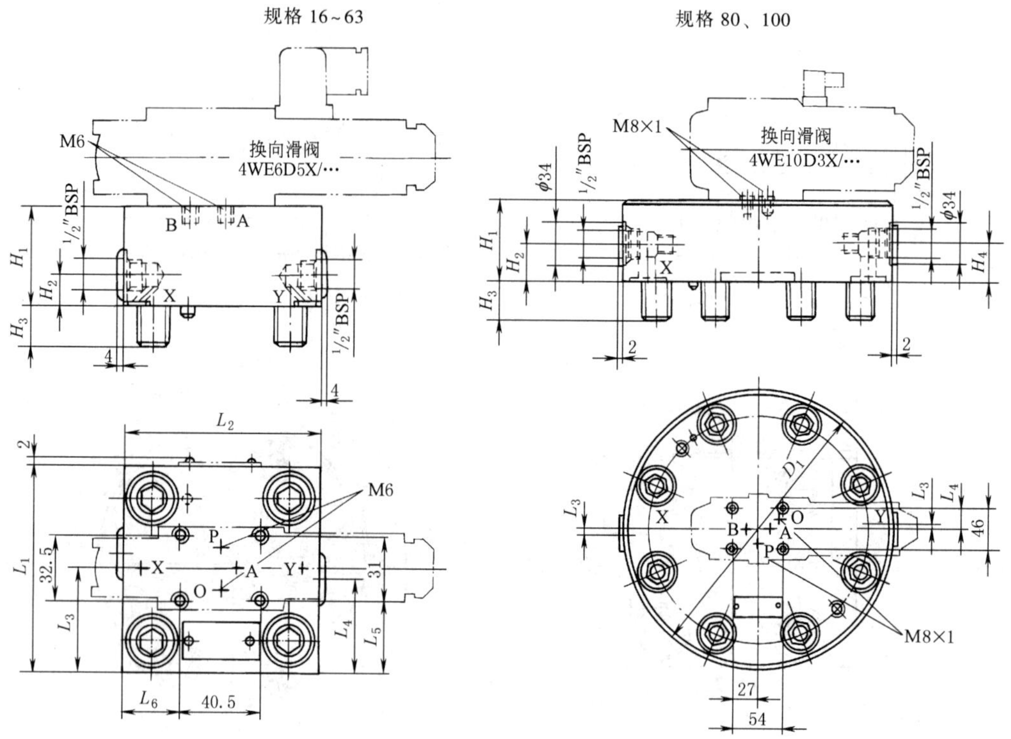

表 20-8-189

mm

尺寸	规格							
	16	25	32	40	50	63	80	100
H_1	40	40	50	60	68	82	80	90
H_2	—	—	—	30	32	40	30	40
H_3	15	24	28	32	34	50	45	45
L_1	65	85	100	125	140	180	—	—
L_2	80	85	100	125	140	180	—	—
L_3	—	—	—	72	80	101	6	6
L_4	—	—	—	53	60	79	23	23
L_5	17	27	34.5	47	54.5	74.5	—	—
L_6	7	22.5	30	43.5	51	71	—	—
D_1	—	—	—	—	—	—	ϕ250	ϕ300

承装叠加式滑阀或座阀式换向阀的盖板

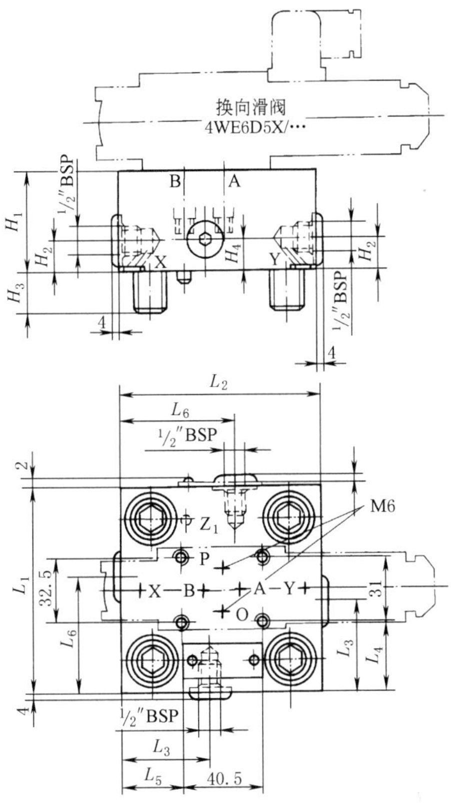

…WE$\frac{A}{B}$8…型

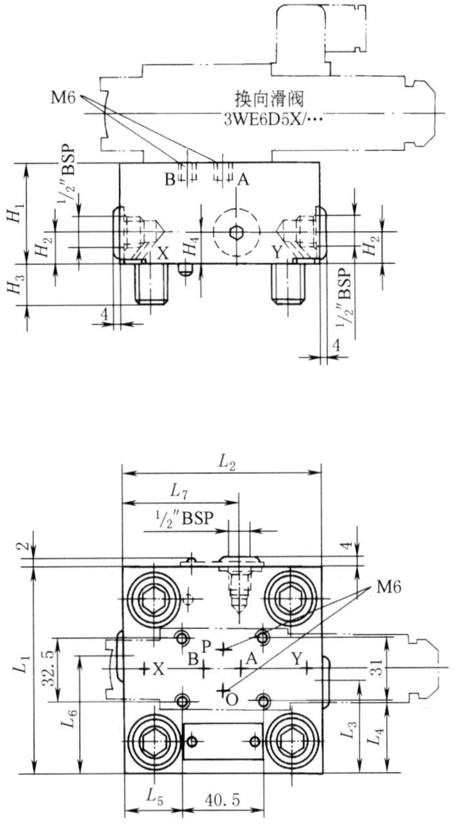

…WE$\frac{A}{B}$9…型

表 20-8-190

mm

尺寸	…WEA8…型规格						…WEA9…型规格					
	16	25	32	40	50	63	16	25	32	40	50	63
H_1	40	40	50	60	68	82	65	40	50	60	68	82
H_2	—	—	—	30	32	40	—	—	—	30	32	40
H_3	15	24	28	32	34	50	15	24	28	32	34	50
H_4	—	—	—	30	32	60	—	—	—	30	32	60
L_1	65	85	100	125	140	180	65	85	100	125	140	180
L_2	80	85	100	125	140	180	80	85	100	125	140	180
L_3	—	—	—	53	60	79	—	—	—	53	60	79
L_4	17	27	34.5	47	54.5	74.5	17	27	34.5	47	54.5	74.5
L_5	7	22.5	30	43.5	51	71	7	22.5	30	43.5	51	71
L_6	—	—	—	62.5	70	90	—	—	—	72	80	101
L_7	—	—	—	72	80	101	—	—	—	—	—	—

承装叠加式滑阀或座阀式换向阀的盖板（…GWA…）

规格 16～63

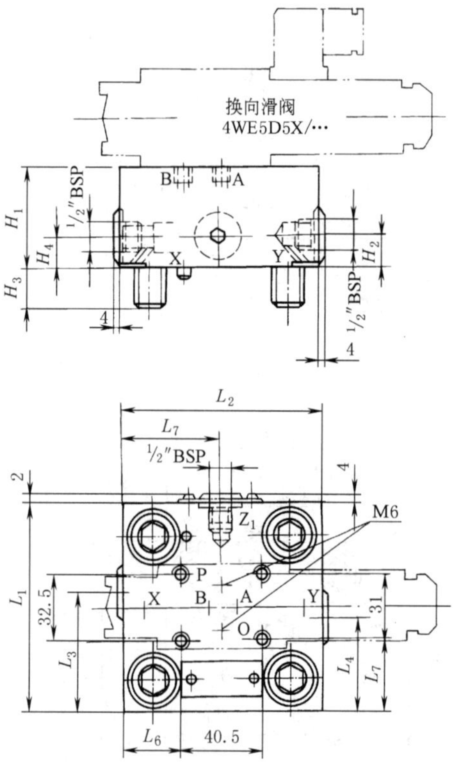

规格 80、100

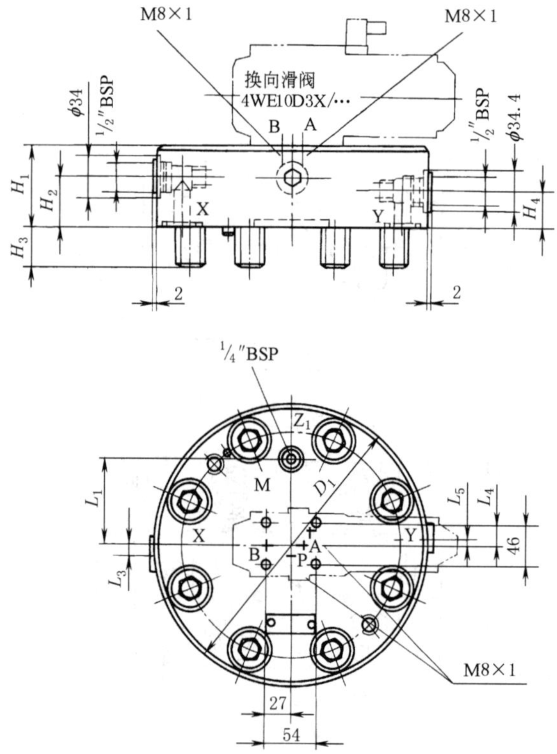

表 20-8-191

mm

尺寸	规格							
	16	25	32	40	50	63	80	100
H_1	40	40	50	60	68	82	—	—
H_2	—	—	—	30	32	40	80	100
H_3	15	24	28	32	34	50	26	40
H_4	17	17	21.5	30	32	42	45	52.5
L_1	65	85	100	125	140	180	26	55
L_2	80	85	100	125	140	180	74	96.5
L_3	36.5	45.5	50	62.5	72	90	—	—
L_4	—	—	—	53	60	79	9.5	13
L_5	—	—	—	62.5	70	90	29	28
L_6	7	22.5	30	43.5	51	71	10.5	13
L_7	17	27	34.5	47	54.5	74.5	—	—
D_1	—	—	—	—	—	—	ϕ250	ϕ300

承装叠加式滑阀或座阀式换向阀的盖板（…KWA…型）

规格 16~63

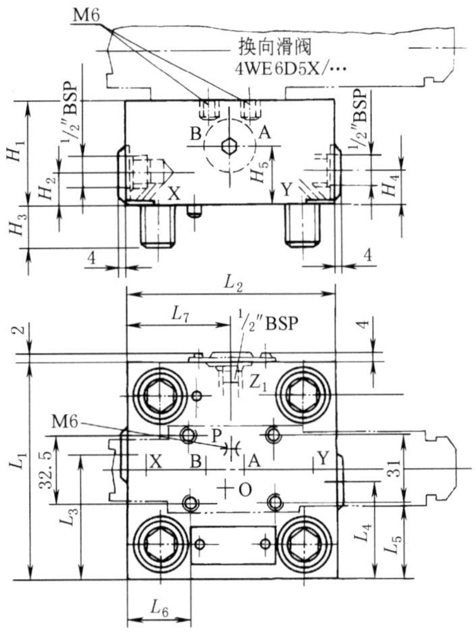

规格 80、100

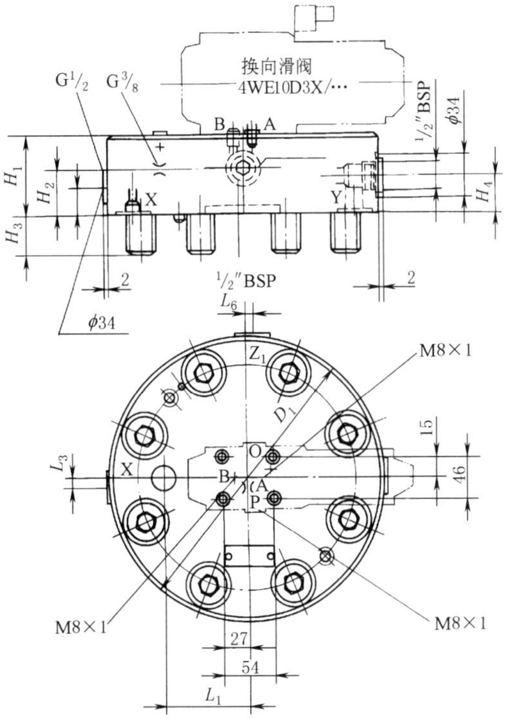

表 20-8-192

mm

尺寸	规格							
	16	25	32	40	50	63	80	100
H_1	40	40	50	60	68	82	100	110
H_2	17	17	21.5	30	32	42	19.5	27
H_3	15	24	28	32	34	50	45	52.5
H_4	—	—	—	30	32	42	60	70
H_5	—	—	—	30	50	60	52	62
L_1	65	85	100	125	140	180	55	62
L_2	80	85	100	125	140	180	—	—
L_3	36.5	45.5	50	62.5	70	90	6.5	5
L_4	—	—	—	53	60	79	—	—
L_5	17	27	34.5	47	54.5	74.5	—	—
L_6	7	22.5	30	43.5	51	71	6.5	5
L_7	—	—	—	62.5	70	90	—	—
D_1	—	—	—	—	—	—	ϕ250	ϕ300

(2) 压力控制二通插装阀

1) 溢流功能

型号意义：

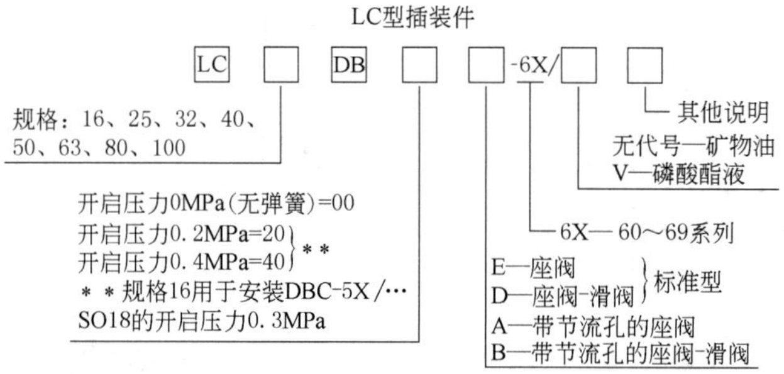

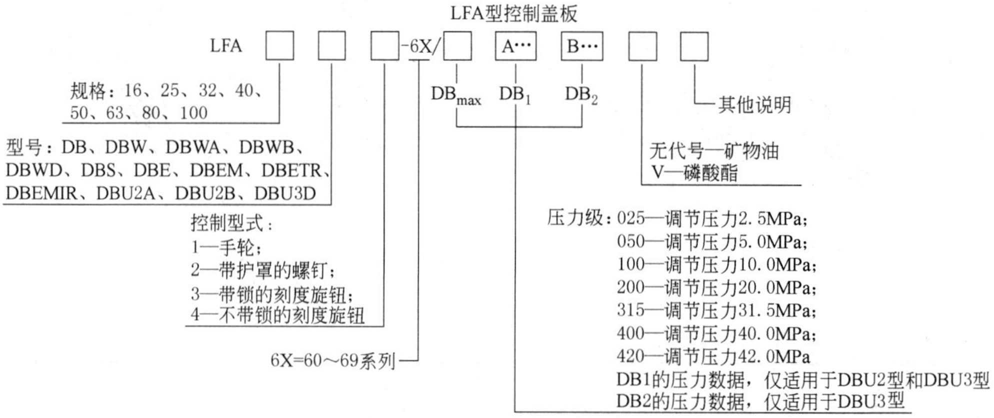

表 20-8-193　　技术规格

<table>
<tr><td rowspan="5">LC插装件</td><td colspan="8">油口 A 和 B 的最高工作压力</td><td colspan="8">42MPa</td></tr>
<tr><td colspan="8">规格</td><td>16</td><td>25</td><td>32</td><td>40</td><td>50</td><td>63</td><td>80</td><td>100</td></tr>
<tr><td colspan="16">最大流量(推荐)/L·min⁻¹</td></tr>
<tr><td colspan="2">座阀插件</td><td colspan="6">LC…DB…E 6X/…　LC…DB…A 6X/…</td><td>250</td><td>400</td><td>600</td><td>1000</td><td>1600</td><td>2500</td><td>4500</td><td>7000</td></tr>
<tr><td colspan="2">滑阀插件</td><td colspan="6">LC…DB…D 6X/…　LC…DB…B 6X/…</td><td>175</td><td>300</td><td>450</td><td>700</td><td>1400</td><td>1750</td><td>3200</td><td>4900</td></tr>
<tr><td rowspan="7">LFA控制盖板</td><td colspan="16">最高工作压力/MPa</td></tr>
<tr><td colspan="3" rowspan="2">LFA 型 规格
油口</td><td rowspan="2">…DB…
16…100</td><td colspan="4">…DBW…</td><td colspan="2">…DBS…</td><td colspan="2">…DBU…</td><td colspan="2" rowspan="2">…DBE…
…DBEM…
16…100</td><td colspan="2" rowspan="2">…DBETR…
…DBEMTR…
16…100</td></tr>
<tr><td colspan="2">16…32</td><td>40…63</td><td>80,100</td><td>40…63</td><td>80,100</td><td>16…63</td><td>80,100</td></tr>
<tr><td colspan="3">…X</td><td>40.0</td><td>40.0</td><td>31.5</td><td colspan="2">31.5</td><td colspan="2">40.0</td><td colspan="2">31.5</td><td colspan="4">35.0</td></tr>
<tr><td rowspan="2">Y, T</td><td colspan="2">当控制压力时</td><td colspan="13">在零压(最高可达 0.2MPa)</td></tr>
<tr><td colspan="2">静态</td><td>31.5</td><td>10.0</td><td>16.0(DC)
10.0(AC)</td><td>16.0(DC)
10.0(AC)</td><td>16.0</td><td>10.0</td><td>5.0</td><td>16.0(DC)
10.0(AC)</td><td>16.0</td><td colspan="2">10.0</td><td colspan="2">31.5</td></tr>
<tr><td colspan="3">最高工作压力极限取决于先导阀的允许压力</td><td>DBD…</td><td>座阀，规格 6</td><td>滑阀，规格 6</td><td>滑阀，规格 6</td><td>滑阀，规格 10</td><td>座阀，规格 6</td><td>座阀，规格 6</td><td>滑阀，规格 6</td><td>滑阀，规格 10</td><td colspan="2">DBET</td><td colspan="2">DBETR</td></tr>
<tr><td colspan="9">油液</td><td colspan="8">矿物质液压油、磷酸酯液压油</td></tr>
<tr><td colspan="9">油温范围/℃</td><td colspan="8">-20～80</td></tr>
<tr><td colspan="9">黏度范围/m²·s⁻¹</td><td colspan="8">(2.8～380)×10⁻⁶</td></tr>
</table>

座阀

LC…DB…E6X

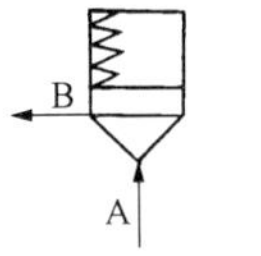

带节流孔座阀

LC…DB…A6X

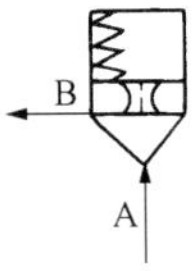

座阀滑阀

LC…DB…D6X

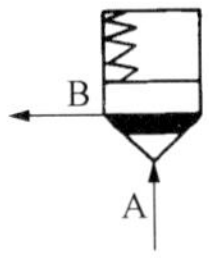

带节流口座阀滑阀

LC…DB…B6X

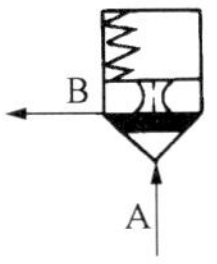

图 20-8-76　插装件图形符号

LFA…DB…-…/…规格　16…100

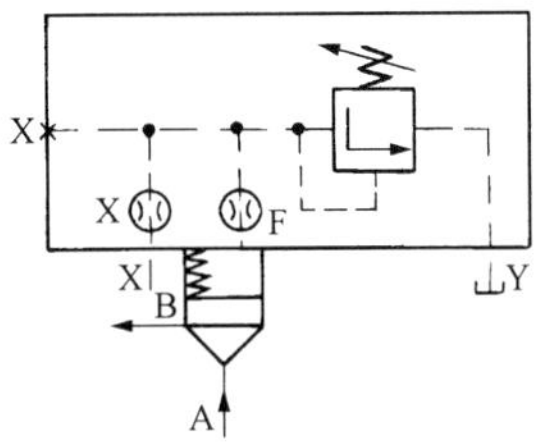

LFA…DBW…-…/…规格　16…32

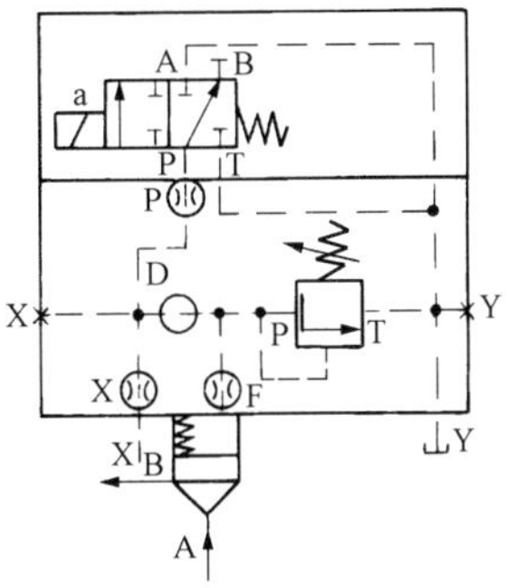

LFA…DBW…-…/…规格　40…100

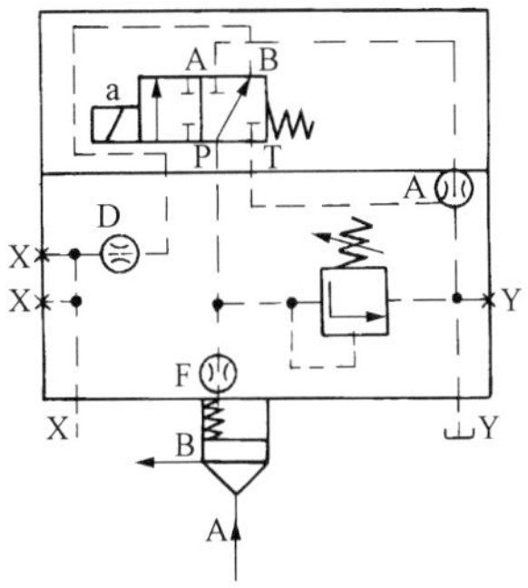

LFA…DBS…-…/…规格　40…100

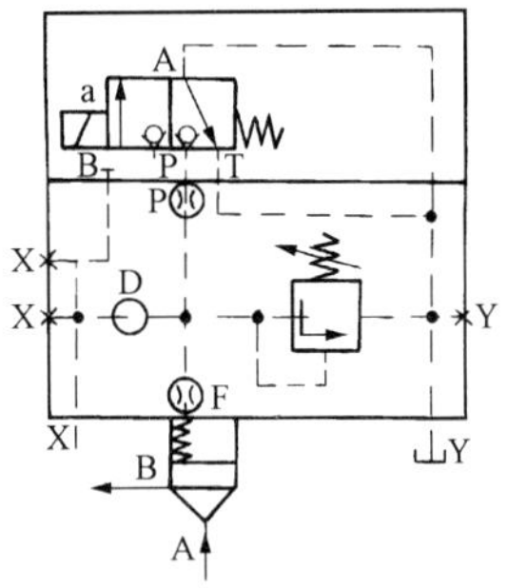

LFA…DBWD…-…/…规格　16…100

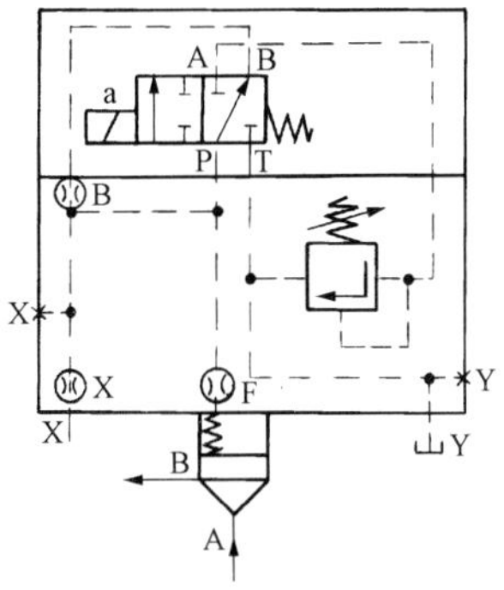

LFA…DBU 2A…-…/…规格　16…100

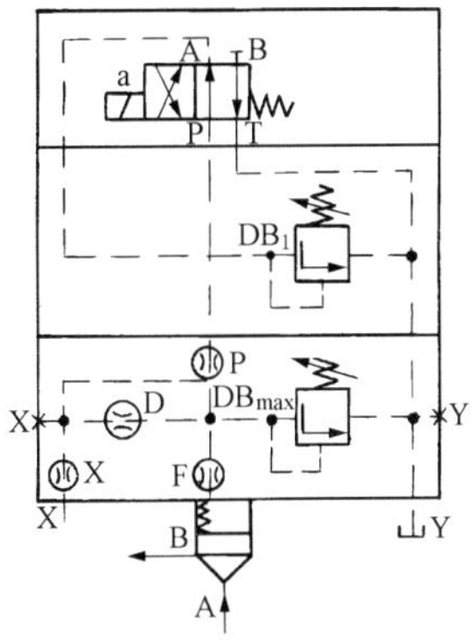

LFA…DBU 3D…-…/…规格　16…100

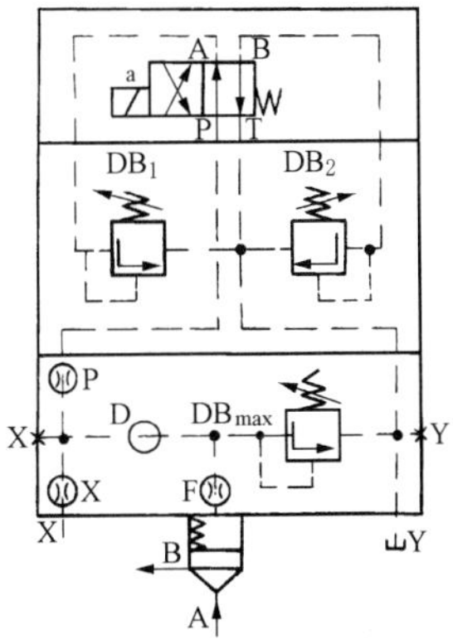

LFA…DBE(TR)…-…/…规格　16…63

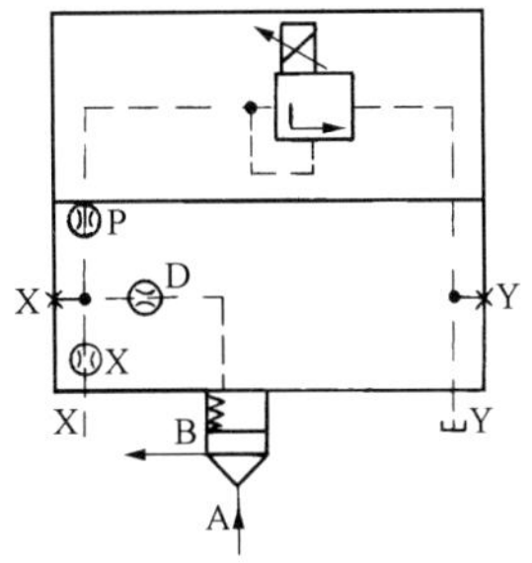

LFA…DBEM(TR)…-…/…规格　16…100

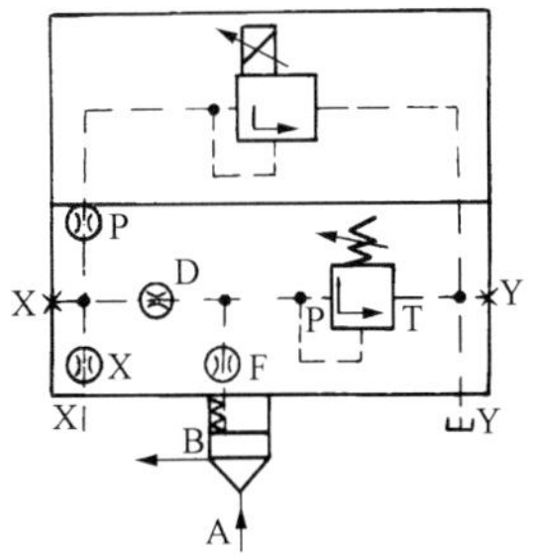

图 20-8-77　LFA 型控制盖板及插装阀图形符号(溢流)

2）减压功能

① 常开特性

型号意义：

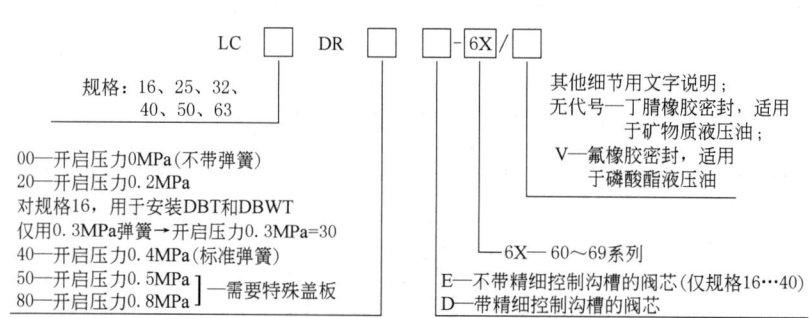

LC 型插装件

LC □ DR □ □-6X/□

- 规格：16、25、32、40、50、63
- 00—开启压力0MPa(不带弹簧)
  20—开启压力0.2MPa
  对规格16，用于安装DBT和DBWT
  仅用0.3MPa弹簧→开启压力0.3MPa=30
  40—开启压力0.4MPa(标准弹簧)
  50—开启压力0.5MPa ⎤
  80—开启压力0.8MPa ⎦—需要特殊盖板
- E—不带精细控制沟槽的阀芯(仅规格16…40)
  D—带精细控制沟槽的阀芯
- 6X—60～69系列
- 其他细节用文字说明；
  无代号—丁腈橡胶密封，适用于矿物质液压油；
  V—氟橡胶密封，适用于磷酸酯液压油

表 20-8-194　　技术规格

油口 A 和油口 B 的最高工作压力/MPa		31.5					
规格		16	25	32	40	50	63
最大流量/$L \cdot min^{-1}$	LC…DR20…6X/…	40	80	120	250	400	800
	LC…DR40…6X/…	60	120	180	400	600	1000
	LC…DR50…6X/…	100	200	300	650	800	1300
	LC…DR80…6X/…	150	270	450	900	1100	1700
油液		矿物质液压油，磷酸酯液压油					
油温范围/℃		-20～80					
黏度范围/$m^2 \cdot s^{-1}$		$(2.8 \sim 380) \times 10^{-6}$					

LC…DR…型二通插装阀与(溢流功能所用者相同的) LFA…DB 型控制盖板相结合构成常开特性的减压功能。

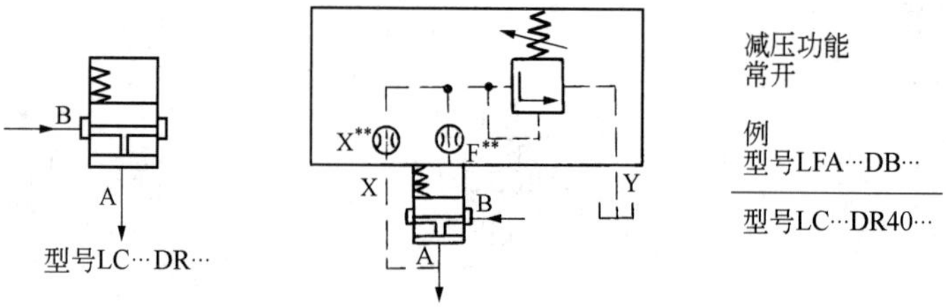

图 20-8-78　减压插装阀图形符号(常开)

② 常闭特性

型号意义：

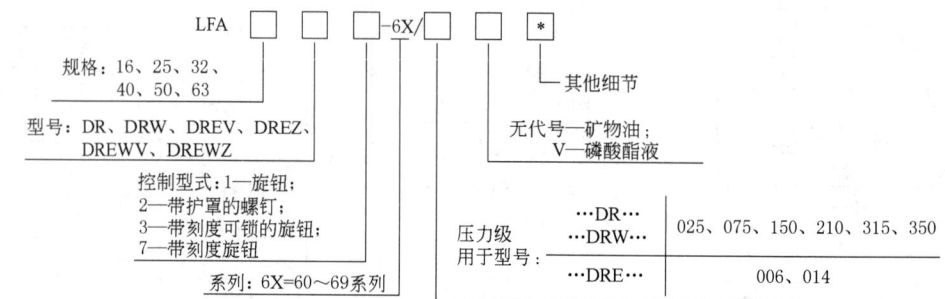

LFA 型控制盖板

LFA □ □ □-6X/□ □ *

- 规格：16、25、32、40、50、63
- 型号：DR、DRW、DREV、DREZ、DREWV、DREWZ
- 控制型式：1—旋钮；
  2—带护罩的螺钉；
  3—带刻度可锁的旋钮；
  7—带刻度旋钮
- 系列：6X=60～69系列
- 压力级用于型号：

用于型号	压力级
…DR… …DRW…	025、075、150、210、315、350
…DRE…	006、014

- 无代号—矿物油；
  V—磷酸酯液
- *—其他细节

表 20-8-195 **技术规格**

项目			控制盖板型式	
			LFA…DR-6X/… LFA…DRW-6X/…	LFA…DRE-6X/…
最高工作压力在油口…	…X(主级压力)		31.5MPa	31.5MPa/35.0MPa
	…Y(二级压力=最高设定压力)		31.5MPa	31.5MPa/35.0MPa
	…Z2	当控制压力	零点压力(最高可达 0.2MPa)	
		静态	6.0MPa	31.5MPa
	…T	当控制压力		零点压力 (最高可达 0.2MPa)
		静态(对应于先导阀允许的回油压力)		10MPa(DBET) 31.5MPa(DBETR)
油液			矿物质液压油;磷酸酯液压油	
油温范围/℃			-20~80	
黏度范围/$m^2 \cdot s^{-1}$			$(2.8 \sim 380) \times 10^{-6}$	

LFA…DR…型控制盖板与 LC…DB40D…型二通插装阀相结合构成常闭特性的减压功能。

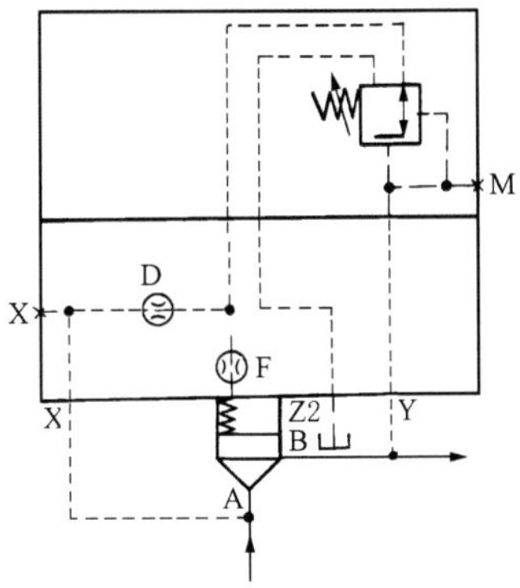

规格 16…63
带手动压力设定的控制盖板

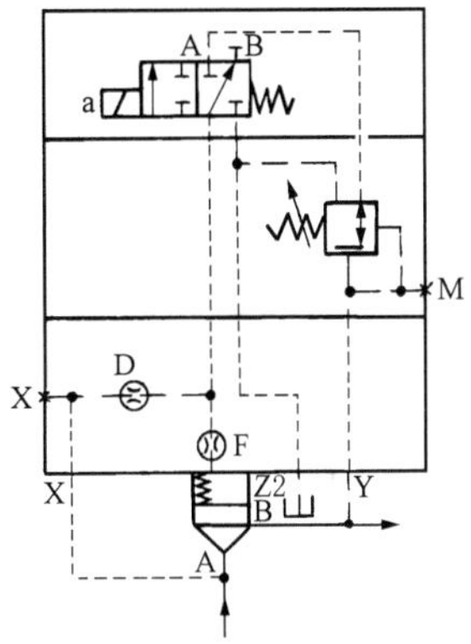

规格 16…63
带手动压力设定和封闭功能的控制盖板
电磁铁断电:关闭
电磁铁通电:减压功能

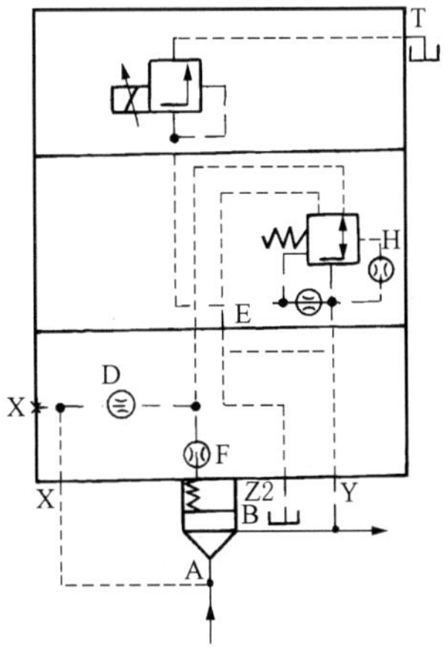

规格 25…63
用于电比例压力设定的控制盖板
油口 T 处于零压

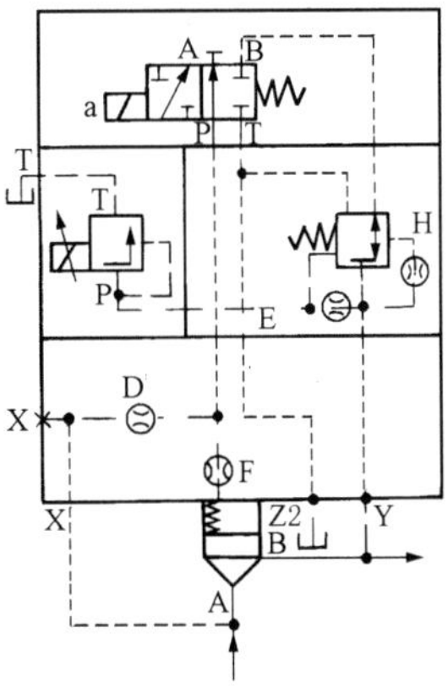

规格 25…63
用于电比例压力设定和封闭功能的控制盖板
油口 T 处于零压
电磁铁断电:关闭
电磁铁通电:减压功能

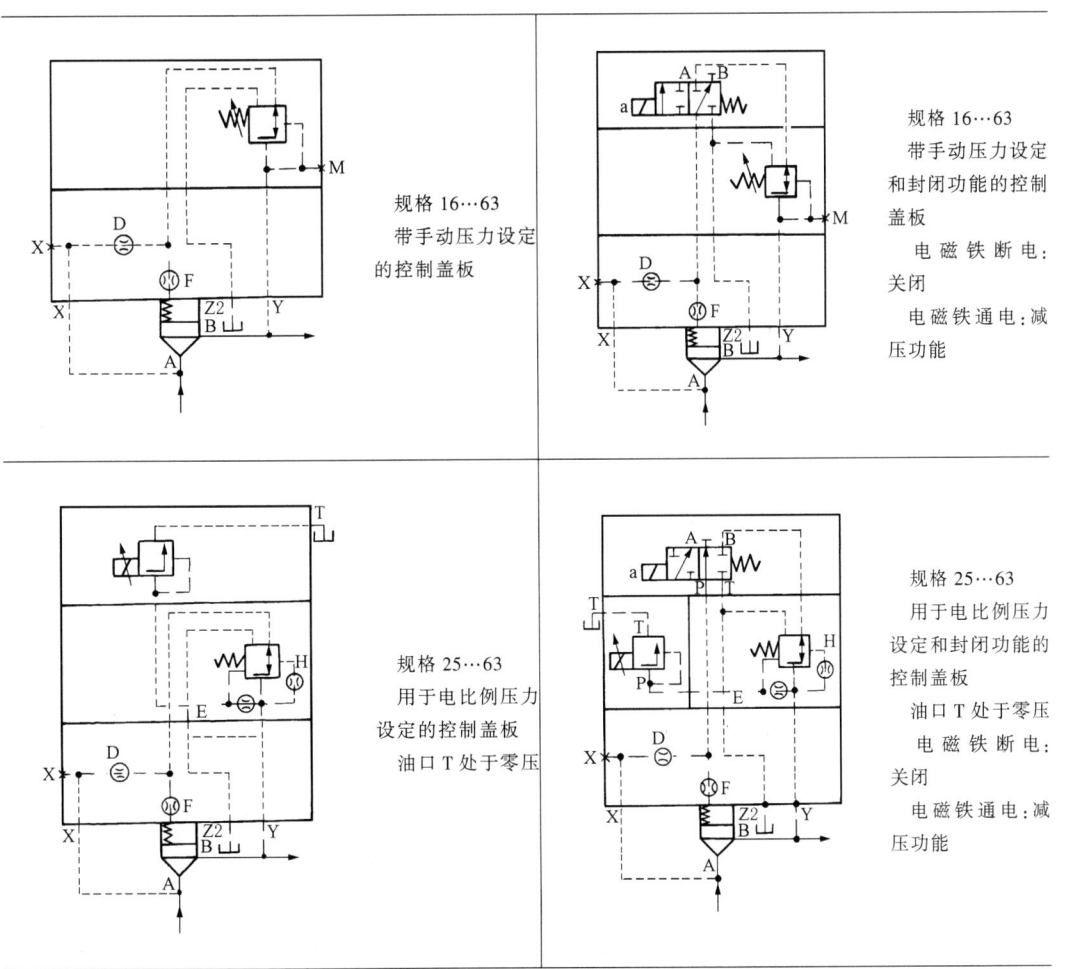

图 20-8-79 控制盖板图形符号

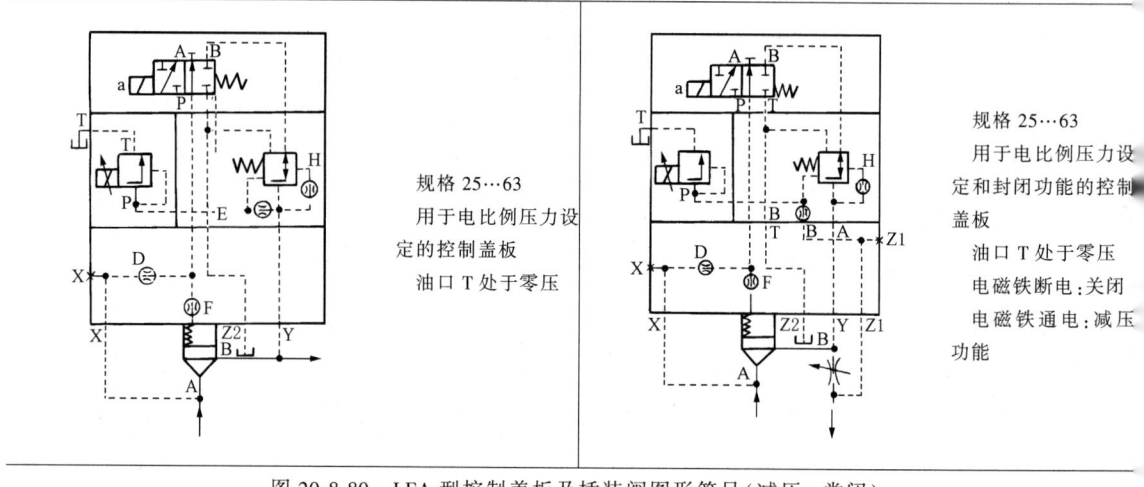

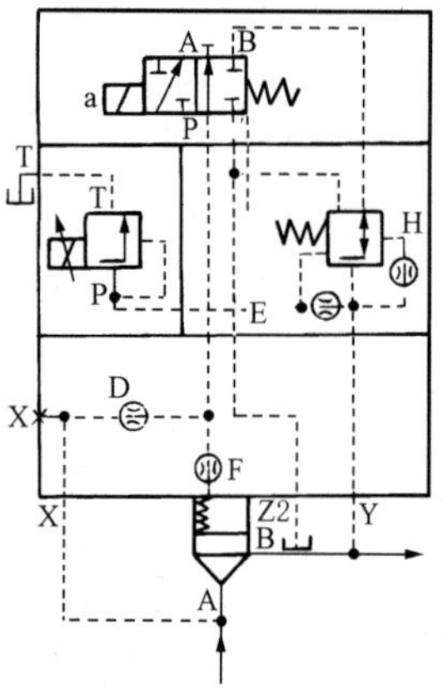

规格 25…63

用于电比例压力设定的控制盖板

油口 T 处于零压

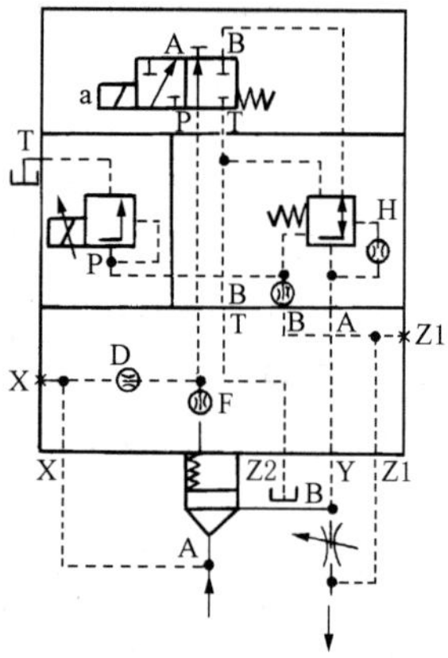

规格 25…63

用于电比例压力设定和封闭功能的控制盖板

油口 T 处于零压

电磁铁断电：关闭

电磁铁通电：减压功能

图 20-8-80 LFA 型控制盖板及插装阀图形符号(减压，常闭)

③ 顺序功能

型号意义：

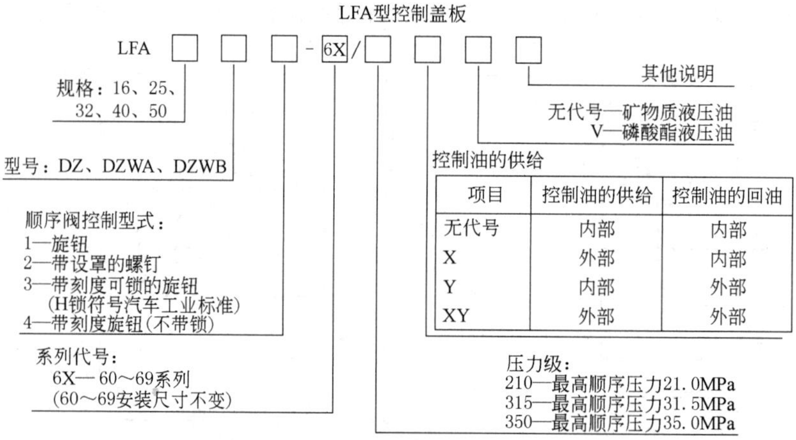

表 20-8-196 **技术规格**

项目			控制盖板型号		
			LFA…DZ-6X/…	LFA…DZW-6X/…	
				/… /…X	/…Y /…XY
最高工作压力在油口	…X;…Z2		31.5MPa		
	…Y	当控制压力	在零压(最高可达约 0.2MPa)		
		静态	31.5MPa	16.0MPa(DC)① 10.0MPa(AC)①	
	…Z1	当控制压力	在零压(最高可达约 0.2MPa)		
		静态	31.5MPa	16.0MPa(DC)① 10.0MPa(AC)①	31.5MPa
可设定顺序压力			21.0MPa 31.5MPa 35.0MPa		
油液			矿物质液压油；磷酸酯液压油		
油温范围/℃			-20～80		
黏度范围/$m^2 \cdot s^{-1}$			$(2.8 \sim 380) \times 10^{-6}$		

① 对于 4WE 6D 的最高值。

LFA…DZ…型控制盖板和 LC…DB…型二通插装阀相结合用于顺序功能。

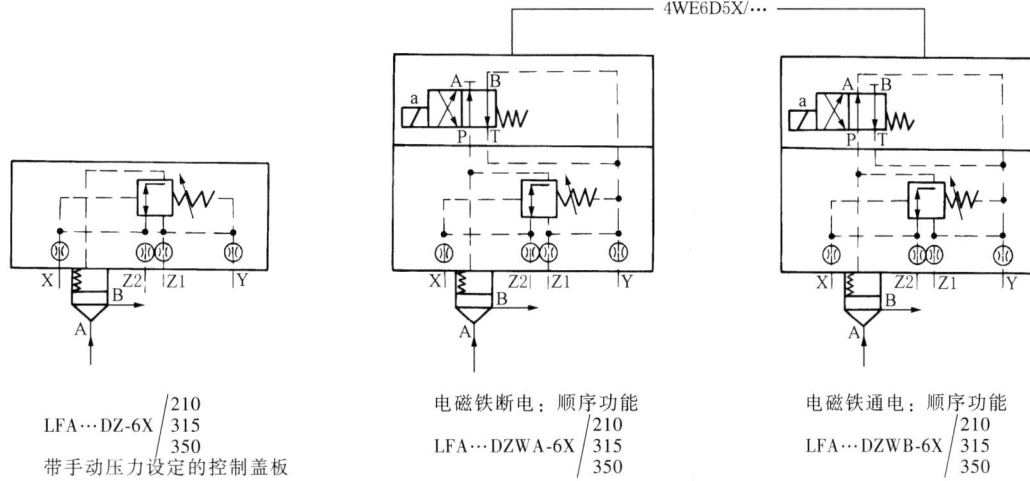

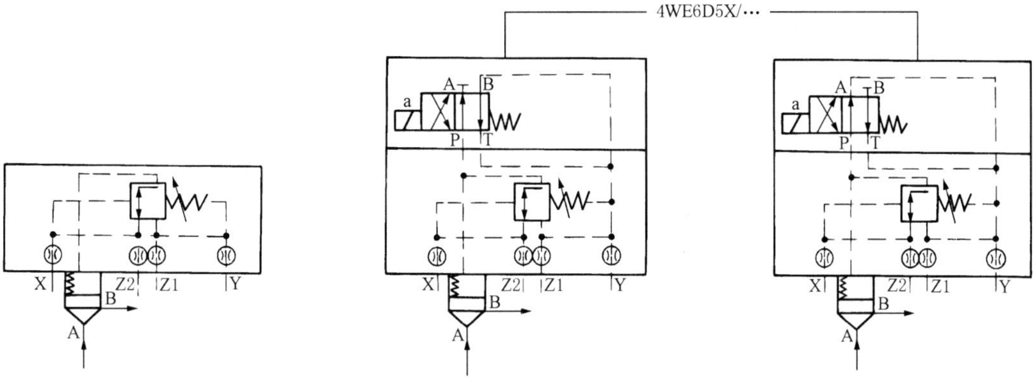

LFA…DZ-6X / 210 315 350
带手动压力设定的控制盖板

电磁铁断电：顺序功能
LFA…DZWA-6X / 210 315 350

电磁铁通电：顺序功能
LFA…DZWB-6X / 210 315 350

图 20-8-81　LFA 型控制盖板功能符号（顺序）

3）外形尺寸

L 型压力控制二通插装阀外形尺寸见生产厂产品样本。

. 5　LD、LDS、LB、LBS 型插装阀及组件

（1）LD 型方向插装阀、方向-流量插装阀

型号意义：

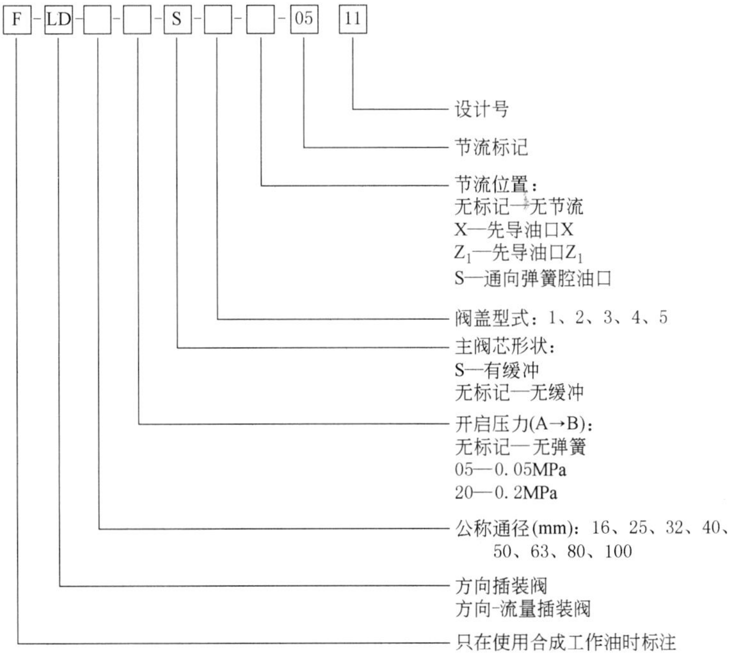

注：1. 主阀芯形状。无缓冲式适用于高速转换，带缓冲式适用于无冲击转换。作为方向-流量插装阀时，务必使用带缓冲的主阀芯。

2. 节流标记和节流孔直径见下表

节流标记	05	06	08	10	12	14	16	18	20	25	32	40	50
节流孔直径/mm	0.5	0.6	0.8	1.0	1.2	1.4	1.6	1.8	2.0	2.5	3.2	4.0	5.0

表 20-8-197　　技术规格

型　号	额定流量 /L·min^{-1}	最高使用压力 /MPa	开启压力/MPa	主阀面积比	质量/kg
LD-16	130	31.5	无记号:无弹簧 5∶0.5(A→B)[1(B→A)] 20∶2(A→B)[4(B→A)]	2∶1 (环状面积50%)	1.6
LD-25	350				3.0
LD-32	500				5.3
LD-40	850				9.1
LD-50	1400				14.8
LD-63	2100				29.8
LD-80	3400				48
LD-100	5500				86

注：额定流量是指压力下降值为 0.3MPa 时的流量。

表 20-8-198　　阀盖型式及图形符号

类别	阀盖型式	图形符号	节流位置	类别	阀盖型式	图形符号	节流位置
方向插装阀	无记号:标准	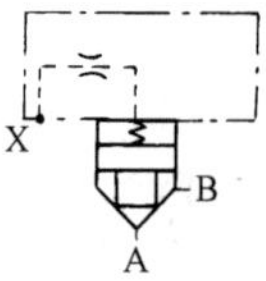	X	方向、流量插装阀	1:带行程调整	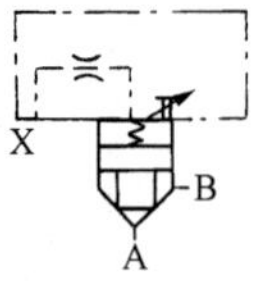	X
	4:带单向阀	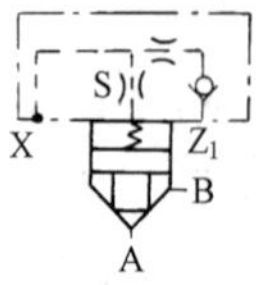	Z_1 S		2:带单向阀行程调整	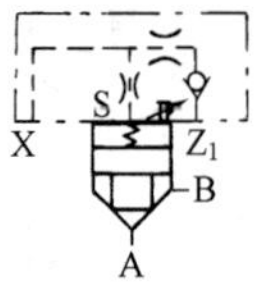	Z_1 S
	5:带梭阀	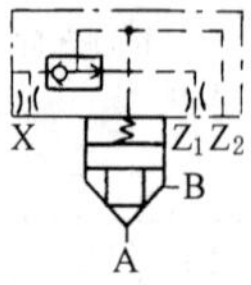	X Z_1		3:带梭阀的行程调整	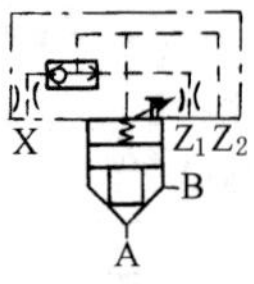	X Z_1

(2) LDS 型带电磁换向阀的方向插装阀

型号意义：

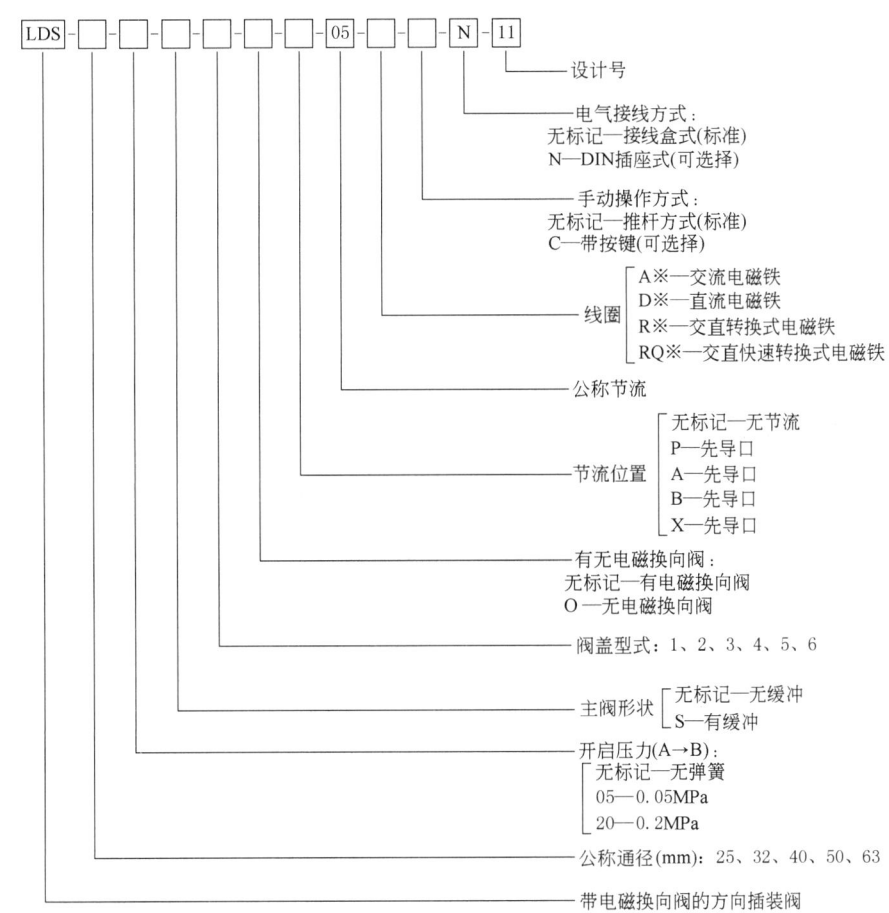

LDS-□-□-□-□-□-□-05-□-□-N-11

- 11 — 设计号
- N — 电气接线方式：
  - 无标记—接线盒式(标准)
  - N—DIN插座式(可选择)
- □ — 手动操作方式：
  - 无标记—推杆方式(标准)
  - C—带按键(可选择)
- □ — 线圈
  - A※—交流电磁铁
  - D※—直流电磁铁
  - R※—交直转换式电磁铁
  - RQ※—交直快速转换式电磁铁
- 05 — 公称节流
- □ — 节流位置
  - 无标记—无节流
  - P—先导口
  - A—先导口
  - B—先导口
  - X—先导口
- □ — 有无电磁换向阀：
  - 无标记—有电磁换向阀
  - O—无电磁换向阀
- □ — 阀盖型式：1、2、3、4、5、6
- □ — 主阀形状
  - 无标记—无缓冲
  - S—有缓冲
- □ — 开启压力(A→B)：
  - 无标记—无弹簧
  - 05—0.05MPa
  - 20—0.2MPa
- □ — 公称通径(mm)：25、32、40、50、63
- LDS — 带电磁换向阀的方向插装阀

表 20-8-199 **技术规格**

型　号	额定流量 /L·min^{-1}	最高使用压力 /MPa	开启压力/MPa	主阀面积比	质量/kg
LDS-25	350	31.5	无标记：无弹簧 5：0.5（A→B）[1（B→A）] 20：2（A→B）[4（B→A）]	2：1（环状面积50%）	4.4
LDS-32	500				6.7
LDS-40	850				10.5
LDS-50	1400				18.6
LDS-63	2100				33.6

注：额定流量是指压力下降值为 0.3MPa 时的流量。

表 20-8-200 **阀盖型式及图形符号**

阀盖型式	1.常闭	2.常开	3.常闭(带梭阀)	4.常开(带梭阀)	5.常闭(带梭阀)	6.常开(带梭阀)
图形符号	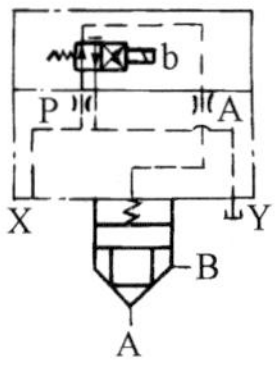	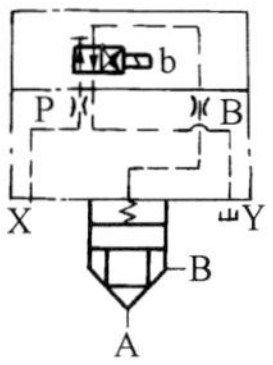	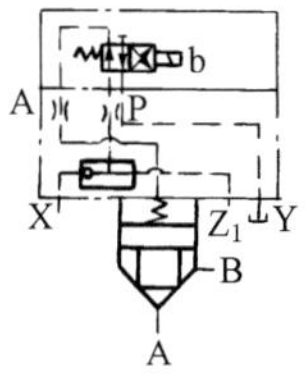	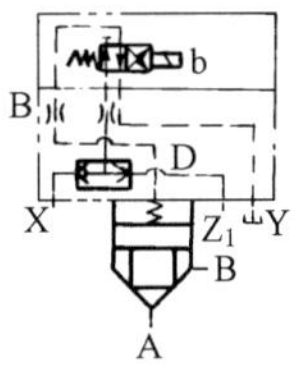	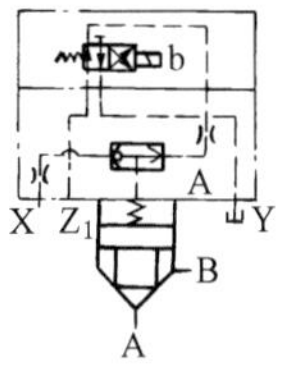	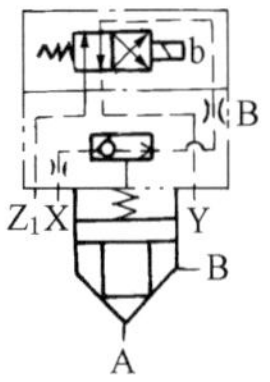
节流位置	PA	PB	PA	PB	XA	XB

(3) LB 型溢流插装阀

型号意义：

F - LB - □ - V - □ - □

- F：只在使用合成工作油时标注
- LB：溢流插装阀
- □：公称通径(mm)：16、25、32、50
- V：只在高排油时标注
- □：阀盖型式：无标记、Z_1、Z_2
- □：设计号：LB16、25、10；LB32、50、11

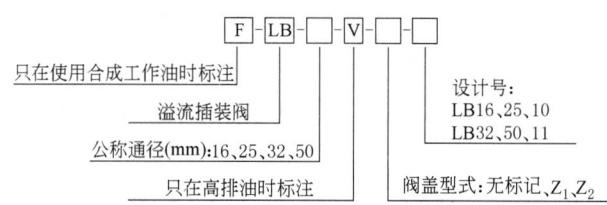

表 20-8-201　　技术规格

型　号	最高使用压力 /MPa	压力调整范围 /MPa	最大流量 /L·min^{-1}	质量 /kg	最小流量 /L·min^{-1}
LB-16-※-※-10	31.5	约 31.5	125	3.6	5
LB-25-※-※-10			250	4.5	
LB-32-※-※-11			500	6.7	8
LB-50-※-※-11			1200	16.1	10

注：小流量场合时的设定压力往往不稳定，请按上表最小流量使用；压力在 25MPa 以上时，所有品种都应在 15L/min 以上使用。

表 20-8-202　　阀盖型式及图形符号

阀盖型式	标　　准	Z_1 泄油控制	Z_2 泄油控制
图形符号	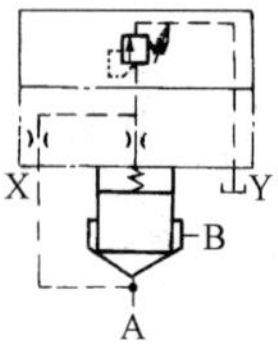	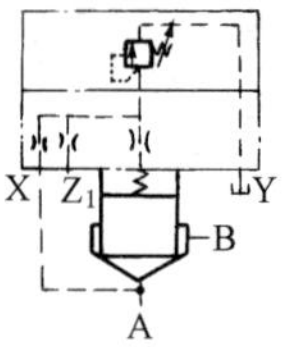	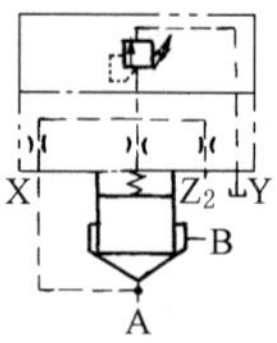

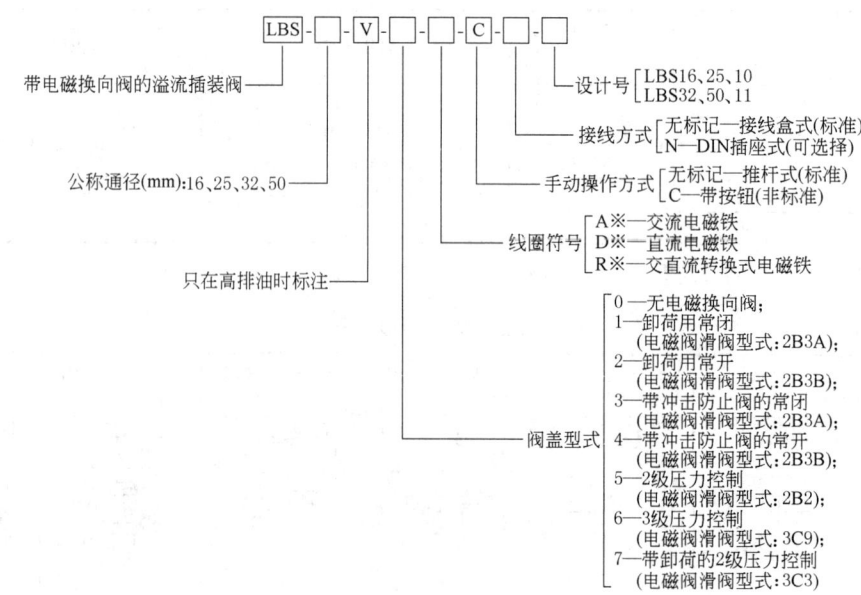

(4) LBS 型带电磁换向阀的溢流插装阀

型号意义：

LBS - □ - V - □ - □ - C - □ - □

- LBS：带电磁换向阀的溢流插装阀
- □：公称通径(mm)：16、25、32、50
- V：只在高排油时标注
- □：阀盖型式
  - 0—无电磁换向阀；
  - 1—卸荷用常闭（电磁阀滑阀型式：2B3A）；
  - 2—卸荷用常开（电磁阀滑阀型式：2B3B）；
  - 3—带冲击防止阀的常闭（电磁阀滑阀型式：2B3A）；
  - 4—带冲击防止阀的常开（电磁阀滑阀型式：2B3B）；
  - 5—2级压力控制（电磁阀滑阀型式：2B2）；
  - 6—3级压力控制（电磁阀滑阀型式：3C9）；
  - 7—带卸荷的2级压力控制（电磁阀滑阀型式：3C3）
- □：线圈符号
  - A※—交流电磁铁
  - D※—直流电磁铁
  - R※—交直流转换式电磁铁
- C：手动操作方式
  - 无标记—推杆式(标准)
  - C—带按钮(非标准)
- □：接线方式
  - 无标记—接线盒式(标准)
  - N—DIN插座式(可选择)
- □：设计号
  - LBS16、25、10
  - LBS32、50、11

表 20-8-203 **技术规格**

型号	最高使用压力 /MPa	压力调整范围 /MPa	最大流量 /L·min^{-1}
LBS-16-※-※-※-10	31.5	约 31.5	125
LBS-25-※-※-※-10			250
LBS-32-※-※-※-11			500
LBS-50-※-※-※-11			1200

表 20-8-204 **阀盖型式及图形符号**

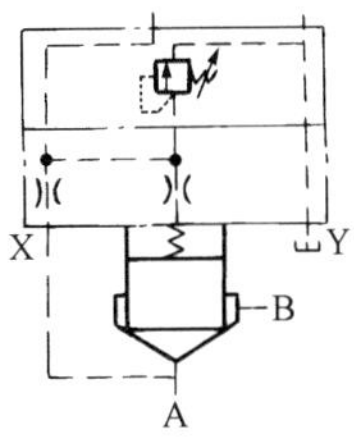

0:无电磁换向阀

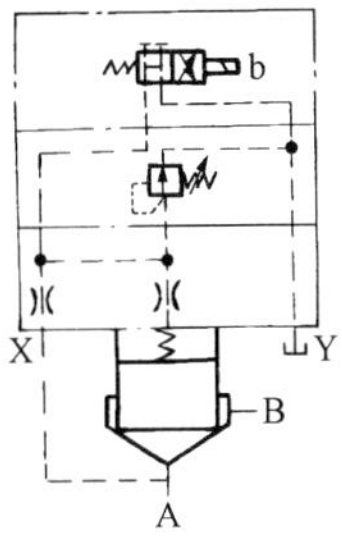

1:卸荷用(常闭)

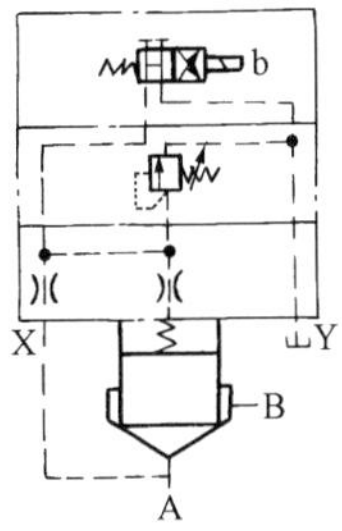

2:卸荷用(常开)

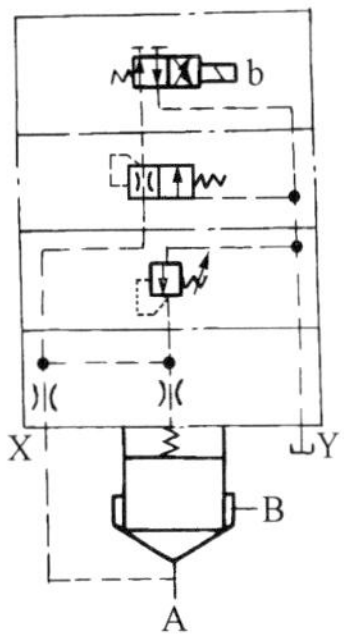

3:带冲击防止阀(常闭)

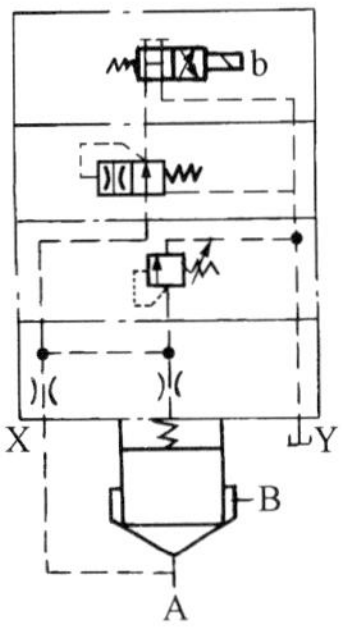

4:带冲击防止阀(常开)

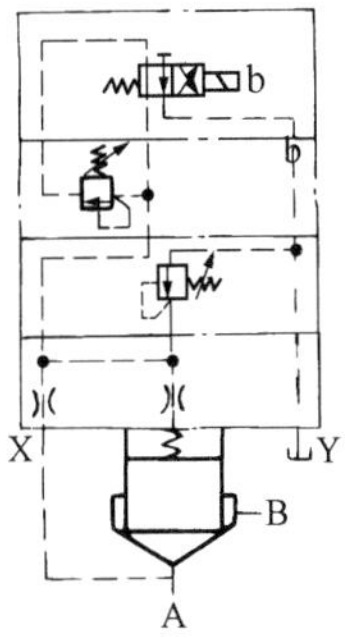

5:2 级压力控制

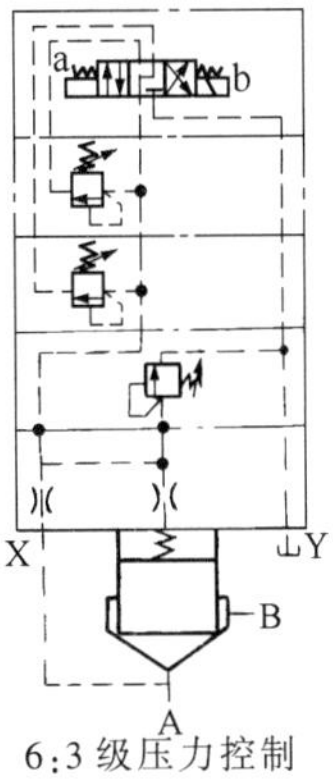

6:3 级压力控制

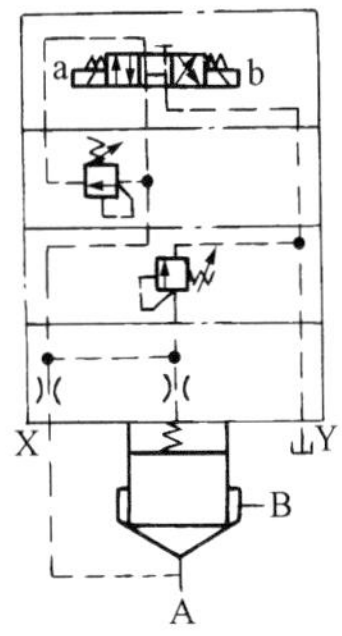

7:带卸荷的 2 级压力控制

插装阀及组件的外形尺寸见生产厂产品样本。

以上介绍的均为阀盖板连接方式，另还有螺纹连接方式的螺纹插装阀产品，特点是安装方便、体积也较小。VICKERS 公司生产的螺纹插装阀品种较全，有溢流、减压、换向、节流、比例等多种功能，详见该公司产品样本。

各生产厂均可向用户单独提供插装元件、控制盖板或集成阀块。对还不熟悉插装阀的设计人员可按普通(滑阀型) 液压控制阀绘制液压系统原理图，并提出主机对液压控制的工艺要求向插装阀生产厂联系。

8.6 二通插装阀安装连接尺寸（摘自 GB/T 2877.2—2021）

GB/T 2877.2—2021/ISO 7368：2016，IDT《液压二通盖板式插装阀　第 2 部分：安装连接尺寸》规定了与液压二通盖板式插装阀（以下简称插装阀）安装连接相关的几何公差，以保证互换性。本部分适用于一般工业设备用的液压二通盖板式插装阀的安装连接。

注：GB/T 2877.2—2021 主要规定了几种规格“除主溢流阀外，插装阀的安装连接尺寸”和“主溢流阀的安装连接尺寸”，而非只是“插装阀安装连接相关的几何公差”。

插装阀的安装连接尺寸应从图 20-8-82～图 20-8-97 和表 20-8-205～表 20-8-220 中选择。

1）除主溢流阀外，所有主油口公称通径为 16mm 的插装阀（规格为 06）的安装连接尺寸（代号：2877-06-1-1-××）见图 20-8-82 和表 20-8-205。

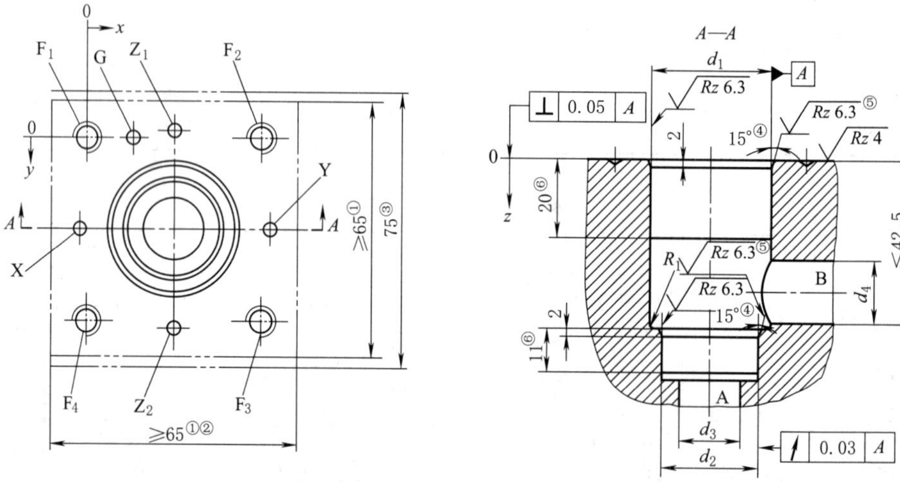

① 此尺寸是安装盖板的最小尺寸。矩形直角处如为圆角，最大圆角半径 r_{max} 为紧固螺栓的螺纹孔直径。盖板边缘到紧固螺纹孔距离应相等。

② 先导阀和调节装置可超过这个尺寸范围。

③ 此尺寸给出了安装插装阀及盖板需要的最小空间，该尺寸也是同一油路块上两个相同的安装孔的中心线间的最小距离，制造商应注意，此时盖板的任何部分均不应超出这个尺寸。

④ 在此区域内不应有毛刺，棱边及边缘应光滑。

⑤ 应目视检查。

⑥ 对所标注的表面粗糙度要求的最小深度。

图 20-8-82 除主溢流阀外，所有主油口公称通径为 16mm 的插装阀（规格为 06）使用方形盖板的安装连接尺寸（代号：2877-06-1-1-××）

表 20-8-205 除主溢流阀外，所有主油口公称通径为 16mm 的插装阀（规格为 06）使用方形盖板的安装连接尺寸

mm

坐标	$d_1$⑤	$d_2$⑤	$d_3$③	$d_4$②③	X③	Y③	$Z_1$③	$Z_2$③	$F_1$①	$F_2$①	$F_3$①	$F_4$①	G④⑤	R_1
	φ32 H7	φ25 H7	φ16 (max)	φ16	φ4 (max)				M8				φ4 H13	R2 (max)
x	23	23	23	—	-2	48	23	23	0	46	46	0	12.5	—
y	23	23	23	—	23	23	-2	48	0	0	46	46	0	—
z	43±0.2	56+0.1	—	—	—	—	—	—	—	—	—	—	8 (min)	—

① 螺纹深度最小应为螺栓直径 D 的 1.8 倍，推荐为（$2D+6$）mm，以提高插装阀的互换性及减少紧固螺栓长度的种类。但应保证螺纹孔到油口 B 之间留有足够的距离。对黑色金属材料的油路块，螺纹拧合长度不宜小于 1.25D。

② 此处是油口 B 的建议直径，也可以是从“尺寸线 20”到“尺寸线 42.5”之间的任意数值；油口 B 不一定要机械加工，也可铸造出来。

③ 先导口和主油口的深度和角度由回路和阀在油路块中的位置决定。

④ 盲孔，用作与安装在盖板上的定位销相对应的定位孔。

⑤ d_1、d_2 和 G 的深度在表内作为尺寸 z 给出。

2）主油口公称通径为 16mm 的主溢流阀（规格为 06）的安装连接尺寸（代号：2877-06-2-1-××）见图 20-8-83 和表 20-8-206。

3）除主溢流阀外，所有主油口公称通径为 25mm 的插装阀（规格为 08）的安装连接尺寸（代号：2877-08-3-1-××）见图 20-8-84 和表 20-8-207。

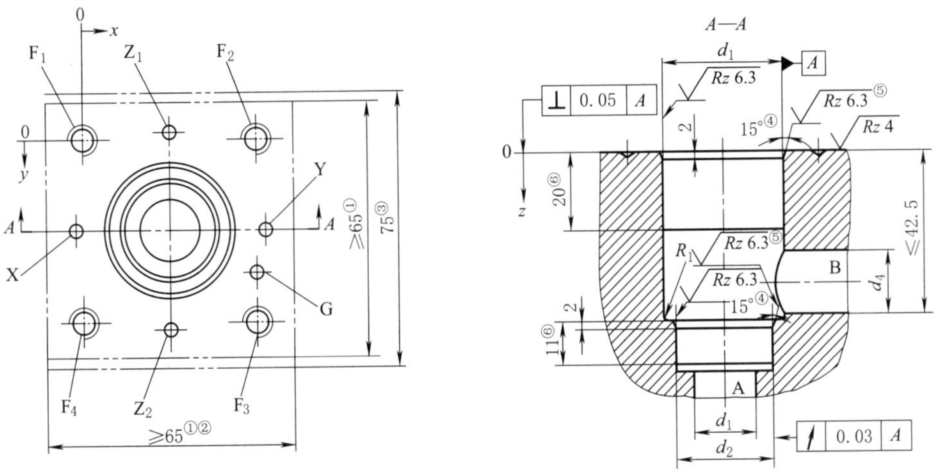

注：图中脚注的注释见图 20-8-82。

图 20-8-83　主油口公称通径为 16mm 的主溢流阀（规格为 06）使用方形盖板的安装连接尺寸（代号：2877-06-2-1-××）

表 20-8-206　主油口公称通径为 16mm 的主溢流阀（规格为 06）**使用方形盖板的安装连接尺寸**

mm

坐标	$d_1$⑤	$d_2$⑤	$d_3$③	$d_4$②③	X③	Y③	$Z_1$③	$Z_2$③	$F_1$①	$F_2$①	$F_3$①	$F_4$①	G④⑤	R_1
	φ32 H7	φ25 H7	φ16 (max)	φ16	φ4 (max)				M8				φ4 H13	R2 (max)
x	23	23	23	—	-2	48	23	23	0	46	46	0	46	—
y	23	23	23	—	23	23	-2	48	0	0	46	46	33.5	—
z	43±0.2	56+0.1	—	—	—	—	—	—	—	—	—	—	8 (min)	—

注：脚注的注释见表 20-8-205。

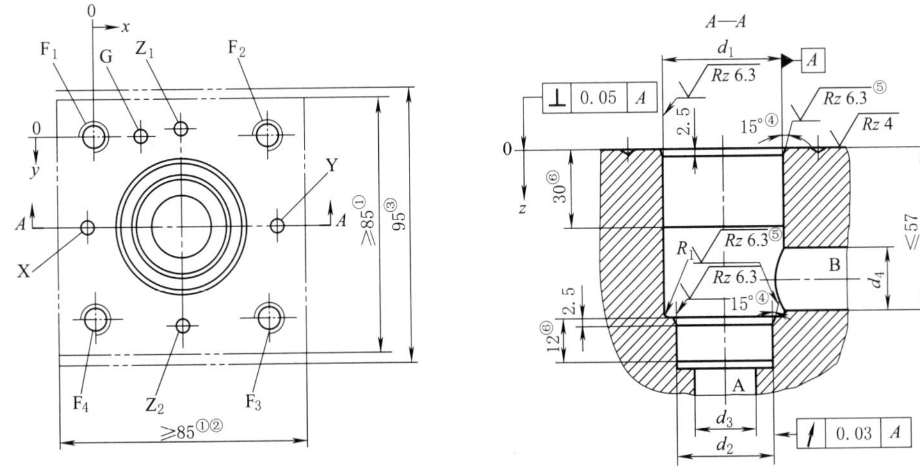

注：图中脚注的注释见图 20-8-82。

图 20-8-84　除主溢流阀外，所有主油口公称通径为 25mm 的插装阀（规格为 08）使用方形盖板的安装连接尺寸（代号：2877-08-3-1-××）

表 20-8-207　除主溢流阀外，所有主油口公称通径为 25mm 的插装阀（规格为 08）使用方形盖板的安装连接尺寸

mm

坐标	$d_1$⑤	$d_2$⑤	$d_3$③	$d_4$②③	X③	Y③	$Z_1$③	$Z_2$③	$F_1$①	$F_2$①	$F_3$①	$F_4$①	G④⑤	R_1
	φ45 H7	φ34 H7	φ25 (max)	φ25	φ6 (max)				M12				φ6 H13	R2 (max)
x	29	29	29	—	-4	62	29	29	0	58	58	0	13	—
y	29	29	29	—	29	29	-4	62	0	0	58	58	0	—
z	58±0.2	72+0.1	—	—	—	—	—	—	—	—	—	—	8 (min)	—

②油口 B 的建议直径，也可是在从最小表面加工深度 30mm 到阀孔底面 57mm 之间的任意数值；油口 B 不一定要机械加工也可铸造出来。

注：脚注①、③、④、⑤的注释见表 20-8-205。

4）主油口公称通径为 25mm 的主溢流阀（规格为 08）的安装连接尺寸（代号：2877-08-4-1-××）见图 20-8-85 和表 20-8-208。

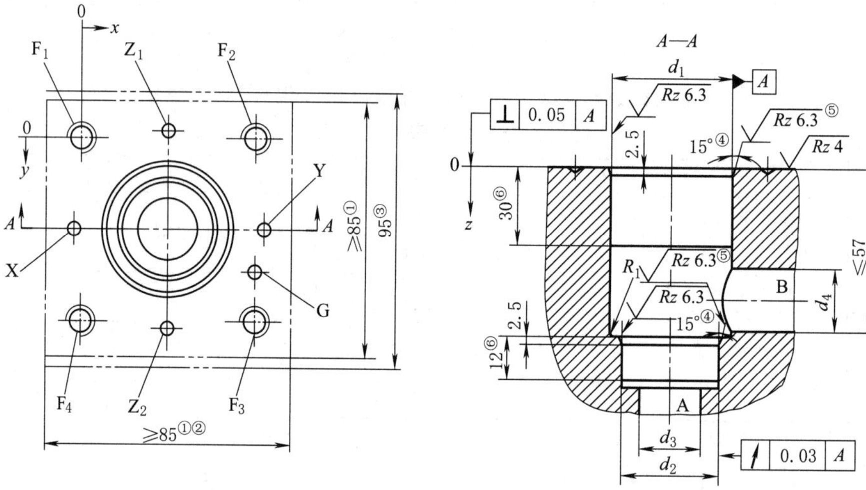

注：图中脚注的注释见图 20-8-82。

图 20-8-85　主油口公称通径为 25mm 的主溢流阀（规格为 08）使用方形盖板的安装连接尺寸（代号：2877-08-4-1-××）

表 20-8-208　主油口公称通径为 25mm 的主溢流阀（规格为 08）使用方形盖板的安装连接尺寸

mm

坐标	$d_1$⑤	$d_2$⑤	$d_3$③	$d_4$②③	X③	Y③	$Z_1$③	$Z_2$③	$F_1$①	$F_2$①	$F_3$①	$F_4$①	G④⑤	R_1
	φ45 H7	φ34 H7	φ25 (max)	φ25	φ6 (max)				M12				φ6 H13	R2 (max)
x	29	29	29	—	-4	62	29	29	0	58	58	0	58	—
y	29	29	29	—	29	29	-4	62	0	0	58	58	45	—
z	58±0.2	72+0.1	—	—	—	—	—	—	—	—	—	—	8 (min)	—

②油口 B 的建议直径，也可是在从最小表面加工深度 30mm 到阀孔底面 57mm 之间的任意数值；油口 B 不一定要机械加工，也可铸造出来。

注：脚注①、③、④、⑤的注释见表 20-8-205。

5）除主溢流阀外，所有主油口公称通径为 32mm 的插装阀（规格为 09）的安装连接尺寸（代号：2877-09-5-1-××）见图 20-8-86 和表 20-8-209。

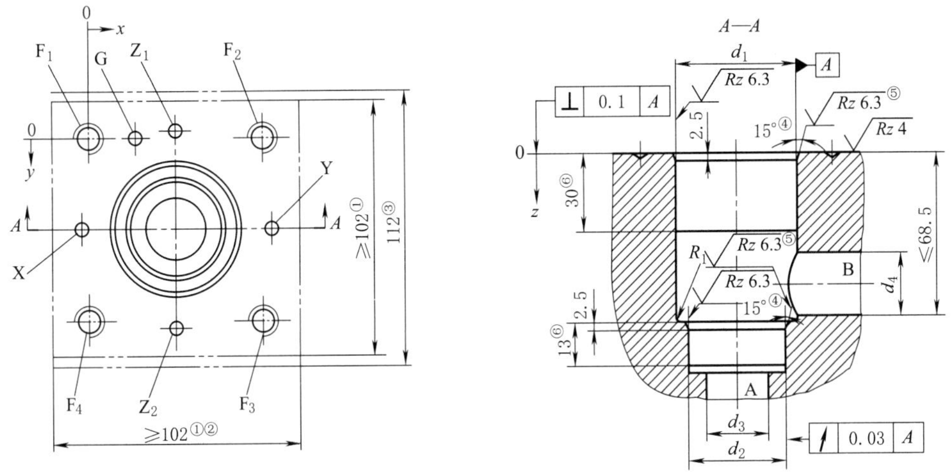

注：图中脚注的注释见图 20-8-82。

图 20-8-86　除主溢流阀外，所有主油口公称通径为 32mm 的插装阀（规格为 09）使用方形盖板的安装连接尺寸（代号：2877-09-5-1-××）

表 20-8-209　　除主溢流阀外，所有主油口公称通径为 32mm 的插装阀（规格为 09）使用方形盖板的安装连接尺寸　　mm

坐标	d_1[5]	d_2[5]	d_3[3]	d_4[2][3]	X[3]	Y[3]	Z_1[3]	Z_2[3]	F_1[1]	F_2[1]	F_3[1]	F_4[1]	G[4][5]	R_1
	ϕ60 H7	ϕ45 H7	ϕ32 (max)	ϕ32	ϕ8 (max)				M16				ϕ6 H13	R2 (max)
x	35	35	35	—	−6	76	35	35	0	70	70	0	18	—
y	35	35	35	—	35	35	−6	76	0	0	70	70	0	—
z	70±0.2	85+0.1	—	—	—	—	—	—	—	—	—	—	8 (min)	—

②油口 B 的建议直径，也可是在从最小表面加工深度 30mm 到阀孔底面 68.5mm 之间的任意数值；油口 B 不一定要机械加工，也可铸造出来。

注：脚注①、③、④、⑤的注释见表 20-8-205。

6）主油口公称通径为 32mm 的主溢流阀（规格为 09）的安装连接尺寸（代号：2877-09-6-1-××）见图 20-8-87 和表 20-8-210。

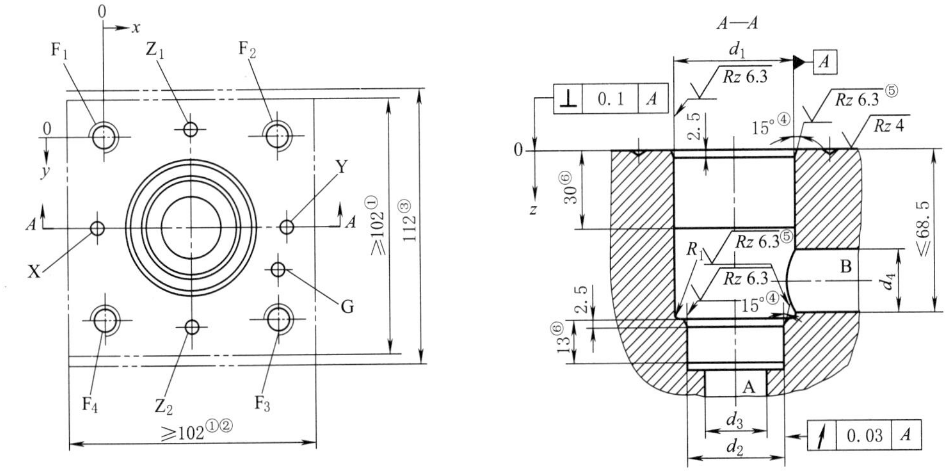

注：图中脚注的注释见图 20-8-82。

图 20-8-87　主油口公称通径为 32mm 的主溢流阀（规格为 09）使用方形盖板的安装连接尺寸（代号：2877-09-6-1-××）

表 20-8-210　主油口公称通径为 32mm 的主溢流阀（规格为 09）使用方形盖板的安装连接尺寸　　mm

坐标	$d_1$⑤	$d_2$⑤	$d_3$③	$d_4$②③	X③	Y③	$Z_1$③	$Z_2$③	$F_1$①	$F_2$①	$F_3$①	$F_4$①	G④⑤	R_1
	ϕ60 H7	ϕ45 H7	ϕ32 (max)	ϕ32	ϕ8 (max)				M16				ϕ6 H13	$R2$ (max)
x	35	35	35	—	-6	76	35	35	0	70	70	0	70	—
y	35	35	35	—	35	35	-6	76	0	0	70	70	52	—
z	70±0.3	85+0.1	—	—	—	—	—	—	—	—	—	—	8 (min)	—

②油口 B 的建议直径，也可以是在从最小表面加工深度 30mm 到阀孔底面 68.5mm 之间的任意数值；油口 B 不一定要机械加工，也可铸造出来。

注：脚注①、③、④、⑤的注释见表 20-8-205。

7）除主溢流阀外，所有主油口公称通径为 40mm 的插装阀（规格为 10）的安装连接尺寸（代号：2877-10-7-1-××）见图 20-8-88 和表 20-8-211。

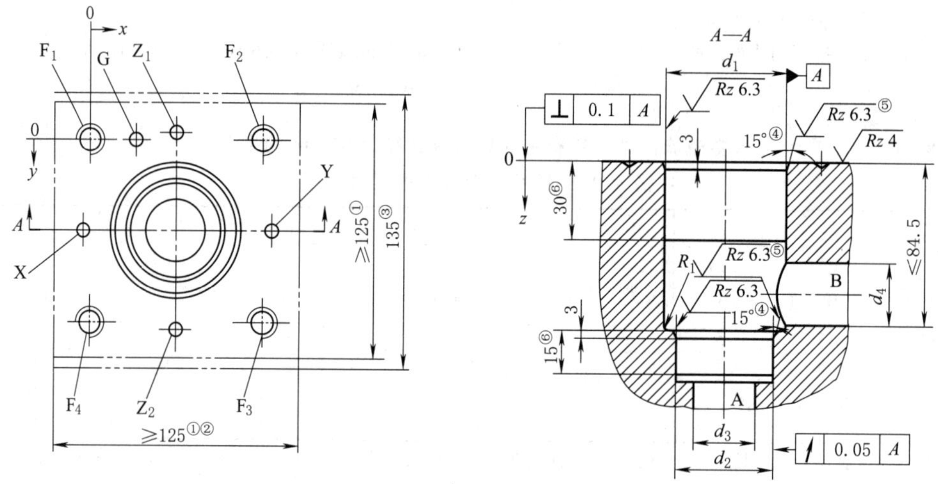

注：图中脚注的注释见图 20-8-82。

图 20-8-88　除主溢流阀外，所有主油口公称通径为 40mm 的插装阀（规格为 10）使用方形盖板的安装连接尺寸（代号：2877-10-7-1-××）

表 20-8-211　除主溢流阀外，所有主油口公称通径为 40mm 的插装阀（规格为 10）使用方形盖板的安装连接尺寸　　mm

坐标	$d_1$⑤	$d_2$⑤	$d_3$③	$d_4$②③	X③	Y③	$Z_1$③	$Z_2$③	$F_1$①	$F_2$①	$F_3$①	$F_4$①	G④⑤	R_1
	ϕ75 H7	ϕ55 H7	ϕ40 (max)	ϕ40	ϕ10 (max)				M20				ϕ6 H13	$R4$ (max)
x	42.5	42.5	42.5	—	-7.5	92.5	42.5	42.5	0	85	85	0	19.5	—
y	42.5	42.5	42.5	—	42.5	42.5	-7.5	92.5	0	0	85	85	0	—
z	87±0.3	105+0.1	—	—	—	—	—	—	—	—	—	—	8 (min)	—

②油口 B 的建议直径，也可是在从最小表面加工深度 30mm 到阀孔底面 84.5mm 之间的任意数值；油口 B 不一定要机械加工，也可铸造出来。

注：脚注①、③、④、⑤的注释见表 20-8-205。

8）主油口公称通径为 40mm 的主溢流阀（规格为 10）的安装连接尺寸（代号：2877-10-8-1-××）见图 20-8-89 和表 20-8-212。

9）除主溢流阀外，所有主油口公称通径为 50mm 的插装阀（规格为 11）的安装连接尺寸（代号：2877-11-9-1-××）见图 20-8-90 和表 20-8-213。

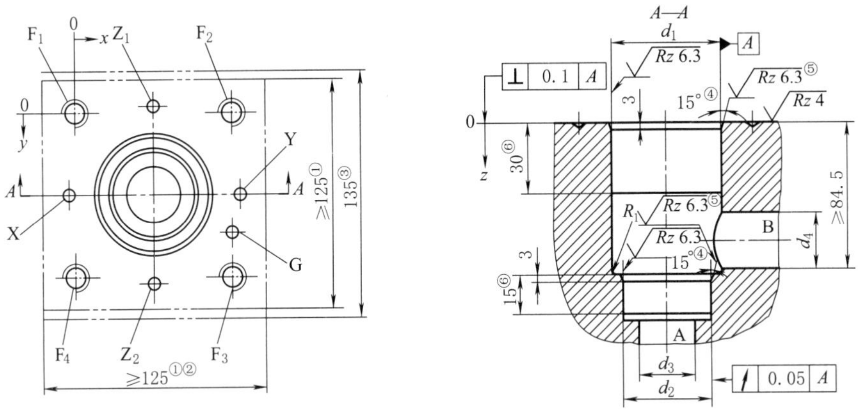

注：图中脚注的注释见图 20-8-82。

图 20-8-89　主油口公称通径为 40mm 的主溢流阀（规格为 10）使用方形盖板的安装连接尺寸（代号：2877-10-8-1-××）

表 20-8-212　主油口公称通径为 40mm 的主溢流阀（规格为 10）使用方形盖板的安装连接尺寸

mm

坐标	$d_1$⑤	$d_2$⑤	$d_3$③	$d_4$②③	X③	Y③	$Z_1$③	$Z_2$③	$F_1$①	$F_2$①	$F_3$①	$F_4$①	G④⑤	R_1
	φ75 H7	φ55 H7	φ40 (max)	φ40	φ10 (max)				M20				φ6 H13	R4 (max)
x	42.5	42.5	42.5	—	-7.5	92.5	42.5	42.5	0	85	85	0	85	—
y	42.5	42.5	42.5	—	42.5	42.5	-7.5	92.5	0	0	85	85	65.5	—
z	87±0.3	105+0.1	—	—	—	—	—	—	—	—	—	—	8 (min)	—

②油口 B 的建议直径，也可是在从最小表面加工深度 30mm 到阀孔底面 84.5mm 之间的任意数值；油口 B 不一定要机械加工，也可铸造出来。

注：脚注①、③、④、⑤的注释见表 20-8-205。

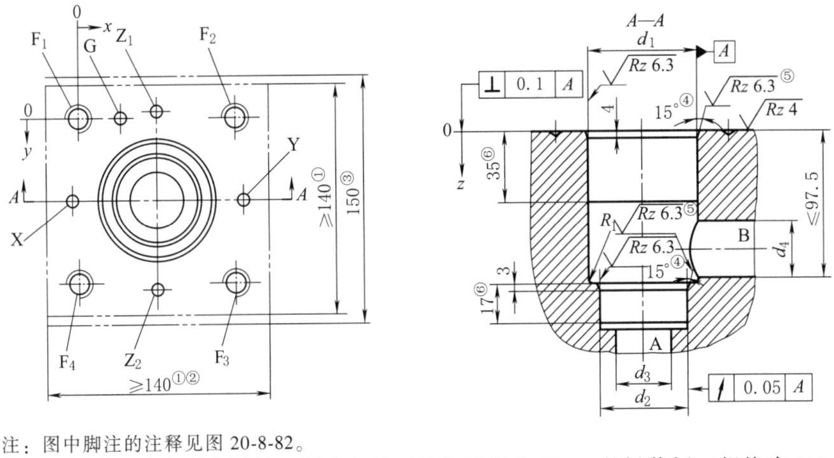

注：图中脚注的注释见图 20-8-82。

图 20-8-90　除主溢流阀外，所有主油口公称通径为 50mm 的插装阀（规格为 11）使用方形盖板的安装连接尺寸（代号：2877-11-9-1-××）

表 20-8-213　除主溢流阀外，所有主油口公称通径为 50mm 的插装阀（规格为 11）使用方形盖板的安装连接尺寸

mm

坐标	$d_1$⑤	$d_2$⑤	$d_3$③	$d_4$②③	X③	Y③	$Z_1$③	$Z_2$③	$F_1$①	$F_2$①	$F_3$①	$F_4$①	G④⑤	R_1
	φ90 H7	φ68 H7	φ50 (max)	φ50	φ10 (max)				M20				φ8 H13	R4 (max)
x	50	50	50	—	-8	108	50	50	0	100	100	0	20	—
y	50	50	50	—	50	50	-8	108	0	0	100	100	0	—
z	100±0.3	122+0.1	—	—	—	—	—	—	—	—	—	—	8 (min)	—

②油口 B 的建议直径，也可是在从最小表面加工深度 35mm 到阀孔底面 97.5mm 之间的任意数值；油口 B 不一定要机械加工，也可铸造出来。

注：脚注①、③、④、⑤的注释见表 20-8-205。

10）主油口公称通径为 50mm 的主溢流阀（规格为 11）的安装连接尺寸（代号：2877-11-10-1-××）
图 20-8-91 和表 20-8-214。

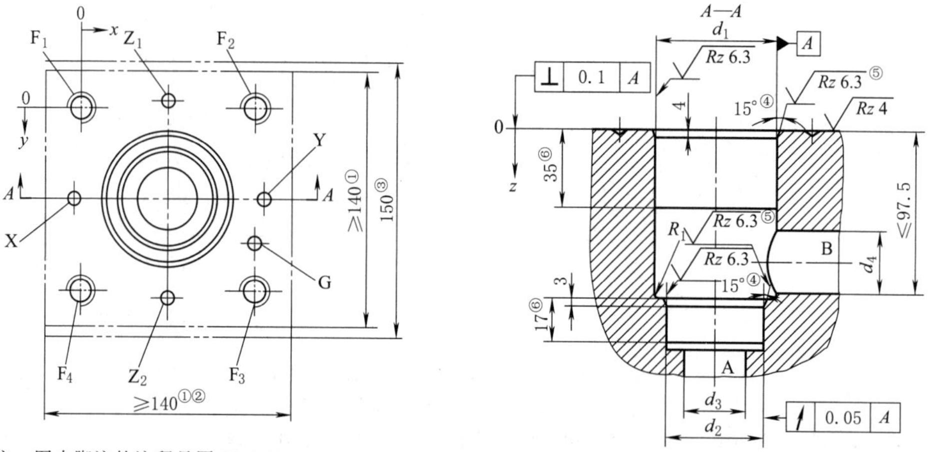

注：图中脚注的注释见图 20-8-82。

图 20-8-91　主油口公称通径为 50mm 的主溢流阀（规格为 11）使用方形盖板的安装连接尺寸（代号：2877-11-10-1-××）

表 20-8-214　　主油口公称通径为 50mm 的主溢流阀（规格为 11）**使用方形盖板的安装连接尺寸**

mm

坐标	$d_1$⑤	$d_2$⑤	$d_3$③	$d_4$②③	X③	Y③	$Z_1$③	$Z_2$③	$F_1$①	$F_2$①	$F_3$①	$F_4$①	G④⑤	R_1
	ϕ90 H7	ϕ68 H7	ϕ50 (max)	ϕ50	ϕ10 (max)				M20				ϕ8 H13	R4 (max)
x	50	50	50	—	−8	108	50	50	0	100	100	0	100	—
y	50	50	50	—	50	50	−8	108	0	0	100	100	80	—
z	100±0.3	122+0.1	—	—	—	—	—	—	—	—	—	—	8 (min)	—

② 油口 B 的建议直径，也可是在从最小表面加工深度 35mm 到阀孔底面 97.5mm 之间的任意数值；油口 B 不一定要机械加工，也可铸造出来。

注：脚注①、③、④、⑤的注释见表 20-8-205。

11）除主溢流阀外，所有主油口公称通径为 63mm 的插装阀（规格为 12）的安装连接尺寸（代号：2877-12-11-1-××）见图 20-8-92 和表 20-8-215。

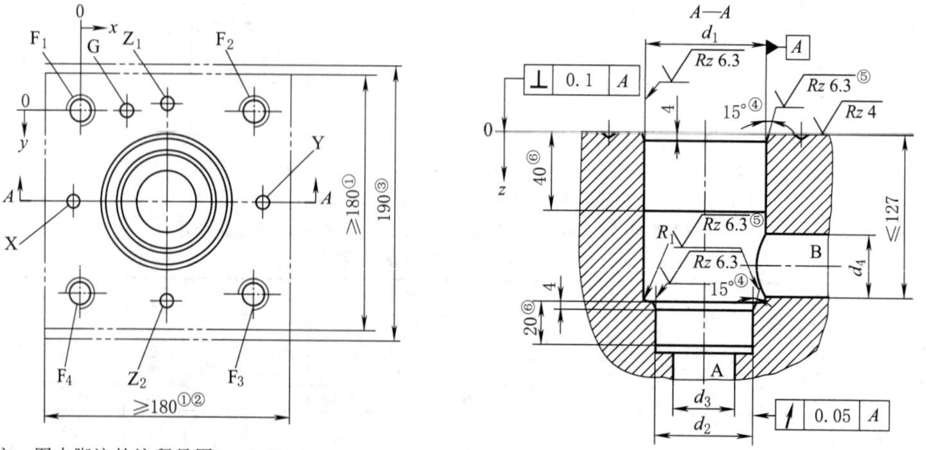

注：图中脚注的注释见图 20-8-82。

图 20-8-92　除主溢流阀外，所有主油口公称通径为 63mm 的插装阀（规格为 12）使用方形盖板的安装连接尺寸（代号：2877-12-11-1-××）

表 20-8-215　　除主溢流阀外，所有主油口公称通径为 63mm 的插装阀（规格为 12）

使用方形盖板的安装连接尺寸　　mm

坐标	$d_1$⑤	$d_2$⑤	$d_3$③	$d_4$②③	X③	Y③	$Z_1$③	$Z_2$③	$F_1$①	$F_2$①	$F_3$①	$F_4$①	G④⑤	R_1
	ϕ120 H7	ϕ90 H7	ϕ63 (max)	ϕ63	ϕ12 (max)				M30				ϕ8 H13	R4 (max)
x	62.5	62.5	62.5	—	−12.5	137.5	62.5	62.5	0	125	125	0	24.5	—
y	62.5	62.5	62.5	—	62.5	62.5	−12.5	137.5	0	0	125	125	0	—
z	130±0.3	155+0.1	—	—	—	—	—	—	—	—	—	—	8 (min)	—

② 油口 B 的建议直径，也可是在从最小表面加工深度 40mm 到阀孔底面 127mm 之间的任意数值；油口 B 不一定要机械加工，也可铸造出来。

注：脚注①、③、④、⑤的注释见表 20-8-205。

12）主油口公称通径为 63mm 的主溢流阀（规格为 12）的安装连接尺寸（代号：2877-12-12-1-××）见图 20-8-93 和表 20-8-216。

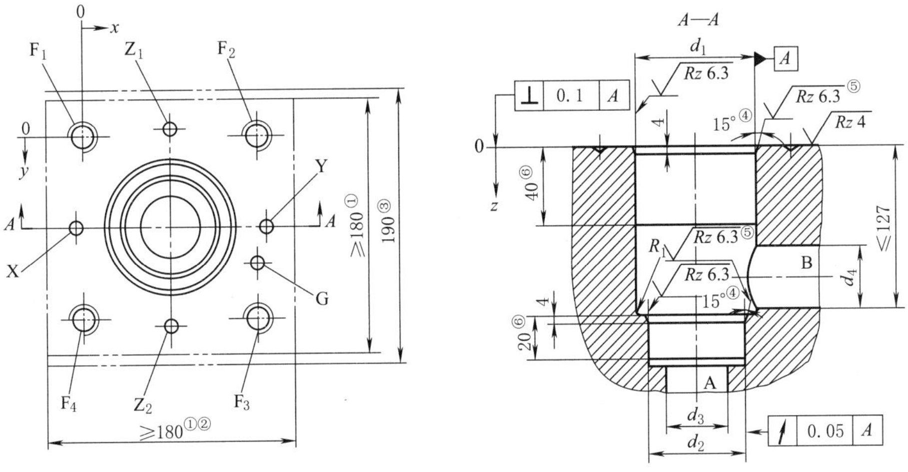

注：图中脚注的注释见图 20-8-82。

图 20-8-93　主油口公称通径为 63mm 的主溢流阀（规格为 12）使用方形盖板的安装连接尺寸（代号：2877-12-12-1-××）

表 20-8-216　　主油口公称通径为 63mm 的主溢流阀（规格为 12）

使用方形盖板的安装连接尺寸　　mm

坐标	$d_1$⑤	$d_2$⑤	$d_3$③	$d_4$②③	X③	Y③	$Z_1$③	$Z_2$③	$F_1$①	$F_2$①	$F_3$①	$F_4$①	G④⑤	R_1
	ϕ120 H7	ϕ90 H7	ϕ63 (max)	ϕ63	ϕ12 (max)				M30				ϕ8 H13	R4 (max)
x	62.5	62.5	62.5	—	−12.5	137.5	62.5	62.5	0	125	125	0	125	—
y	62.5	62.5	62.5	—	62.5	62.5	−12.5	137.5	0	0	125	125	100.5	—
z	130±0.3	155+0.1	—	—	—	—	—	—	—	—	—	—	8 (min)	—

② 油口 B 的建议直径，也可是在从最小表面加工深度 40mm 到阀孔底面 127mm 之间的任意数值；油口 B 不一定要机械加工，也可铸造出来。

注：脚注①、③、④、⑤的注释见表 20-8-205。

13）除主溢流阀外，所有主油口公称通径为 80mm 的插装阀（规格为 13）的安装连接尺寸（代号：2877-13-13-1-××）见图 20-8-94 和表 20-8-217。

14）除主溢流阀外，所有主油口公称通径为 100mm 的插装阀（规格为 14）的安装连接尺寸（代号：2877-14-14-1-××）见图 20-8-95 和表 20-8-218。

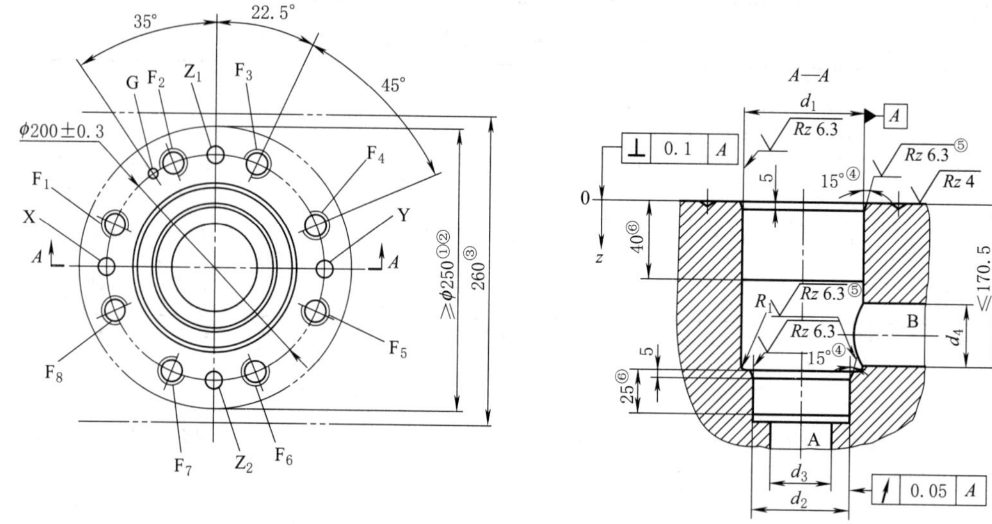

注：图中脚注的注释见图 20-8-82。

图 20-8-94　除主溢流阀外，所有主油口公称通径为 80mm 的插装阀（规格为 13）使用圆形盖板的安装连接尺寸（代号：2877-13-13-1-××）

表 20-8-217　除主溢流阀外，所有主油口公称通径为 80mm 的插装阀（规格为 13）**使用圆形盖板的安装连接尺寸**

mm

尺寸	$d_1$⑤	$d_2$⑤	$d_3$③	$d_4$②③	X③	Y③	$Z_1$③	$Z_2$③	F_1~$F_8$①	G④⑤	R_1
	φ145 H7	φ110 H7	φ80 (max)	φ80	φ16 (max)				M24	φ10 H13	R4 (max)
z	175±0.4	205+0.1	—	—	—				—	8 (min)	—

② 油口 B 的建议直径，也可是在从最小表面加工深度 40mm 到阀孔底面 170.5mm 之间的任意数值；油口 B 不一定要机械加工，也可铸造出来。

注：脚注①、③、④、⑤的注释见表 20-8-205。

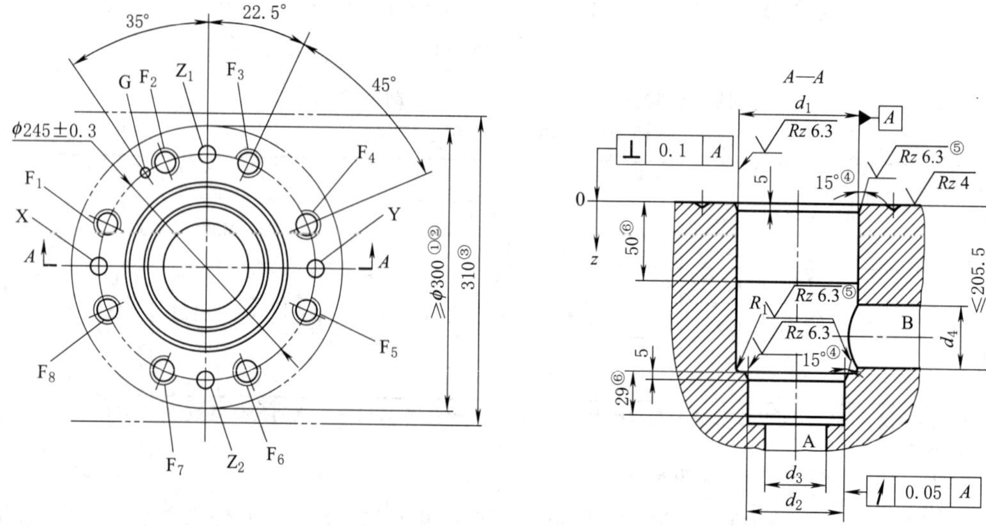

注：图中脚注的注释见图 20-8-82。

图 20-8-95　除主溢流阀外，所有主油口公称通径为 100mm 的插装阀（规格为 14）使用圆形盖板的安装连接尺寸（代号：2877-14-14-1-××）

表 20-8-218　除主溢流阀外，所有主油口公称通径为 100mm 的插装阀（规格为 14）**使用圆形盖板的安装连接尺寸**

mm

	$d_1$⑤	$d_2$⑤	$d_3$③	$d_4$②③	X③	Y③	$Z_1$③	$Z_2$③	F_1～$F_8$①	G④⑤	R_1
尺寸	φ180 H7	φ135 H7	φ100 (max)	φ100	φ20 (max)				M30	φ10 H13	R4 (max)
z	210±0.4	245+0.1	—	—	—				—	8 (min)	—

② 油口 B 的建议直径，也可是在从最小表面加工深度 50mm 到阀孔底面 205.5mm 之间的任意数值；油口 B 不一定要机械加工，也可铸造出来。

注：脚注①、③、④、⑤的注释见表 20-8-205。

15）除主溢流阀外，所有主油口公称通径为 125mm 的插装阀（规格为 15）的安装连接尺寸（代号：2877-15-15-1-××）见图 20-8-96 和表 20-8-219。

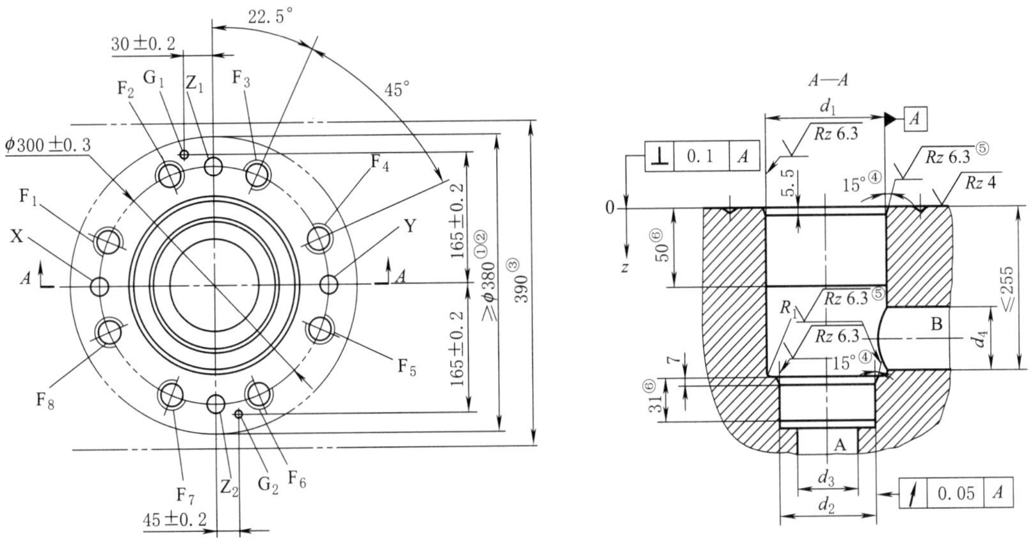

注：图中脚注的注释见图 20-8-82。

图 20-8-96　除主溢流阀外，所有主油口公称通径为 125mm 的插装阀（规格为 15）使用圆形盖板的安装连接尺寸（代号：2877-15-15-1-××）

表 20-8-219　除主溢流阀外，所有主油口公称通径为 125mm 的插装阀（规格为 15）**使用圆形盖板的安装连接尺寸**

mm

	$d_1$⑤	$d_2$⑤	$d_3$③	$d_4$②③	X③	Y③	$Z_1$③	$Z_2$③	F_1～$F_8$①	G_1～$G_2$④⑤	R_1
尺寸	φ225 H7	φ200 H7	φ150 (max)	φ125	φ32 (max)				M36	φ10 H13	R4 (max)
z	257±0.5	300+0.15	—	—	—				—	10 (min)	—

② 油口 B 的建议直径，也可是在从最小表面加工深度 50mm 到阀孔底面 255mm 之间的任意数值；油口 B 不一定要机械加工，也可铸造出来。

⑤ d_1、d_2 和 G_1、G_2 的深度在表内作为尺寸 z 给出。

注：脚注①、③、④的注释见表 20-8-205。

16）除主溢流阀外，所有主油口公称通径为 160mm 的插装阀（规格为 16）的安装连接尺寸（代号：2877-16-16-1-××）见图 20-8-97 和表 20-8-220。

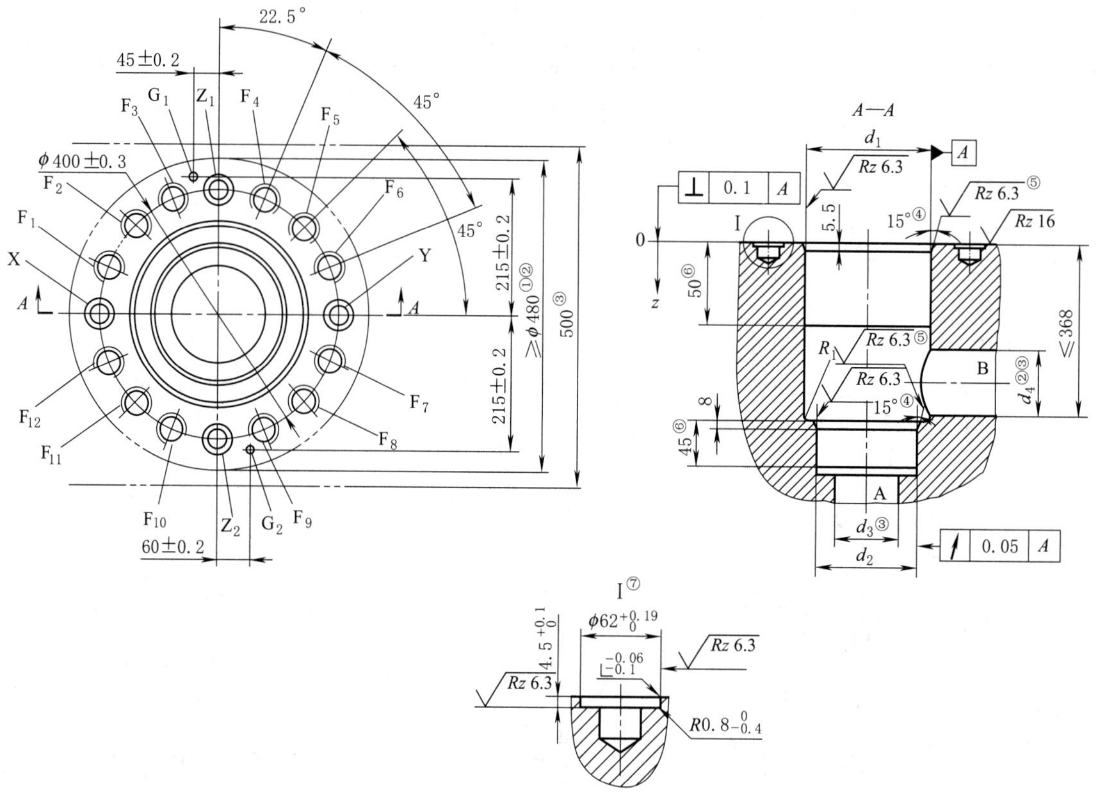

⑦油口 X、Y、Z_1 和 Z_2。

注：图中脚注①~⑥的注释见图 20-8-82。

图 20-8-97　除主溢流阀外，所有主油口公称通径为 160mm 的插装阀（规格为 16）使用圆形盖板的安装连接尺寸（代号：2877-16-16-1-××）

表 20-8-220　除主溢流阀外，所有主油口公称通径为 160mm 的插装阀（规格为 16）使用圆形盖板的安装连接尺寸

mm

尺寸	$d_1$⑤	$d_2$⑤	$d_3$③	$d_4$②③	X③	Y③	$Z_1$③	$Z_2$③	F_1~F_{12}①	G_1~$G_2$④⑤	R_1
	φ300 H7	φ270 H7	φ200 (max)	φ160	φ40 (max)				M42	φ10 H13	R6.3 (max)
z	370±0.5	425+0.15	—	—	—				—	10 (min)	—

② 油口 B 的建议直径，也可是在从最小表面加工深度 50mm 到阀孔底面 368mm 之间的任意数值；油口 B 不一定要机械加工，也可铸造出来。

⑤ d_1、d_2 和 G_1、G_2 的深度在表内作为尺寸 z 给出。

注：脚注①、③、④的注释见表 20-8-205。

8.7 液压螺纹插装阀安装连接尺寸（摘自 GB/Z 41983—2022/ISO/TR 17209：2013，IDT）

表 20-8-221

范围	GB/Z 41983—2022《液压螺纹插装阀　安装连接尺寸》给出了 ISO 725 UN 和 UNF 螺纹的二通、三通和四通螺纹插装阀的插孔尺寸及其他要求 本标准适用于工业、农业、矿业和移动设备等广泛应用的液压螺纹插装阀

续表

尺寸

二通、三通和四通螺纹插装阀的插孔见图1～图4,具体尺寸见表1～表4

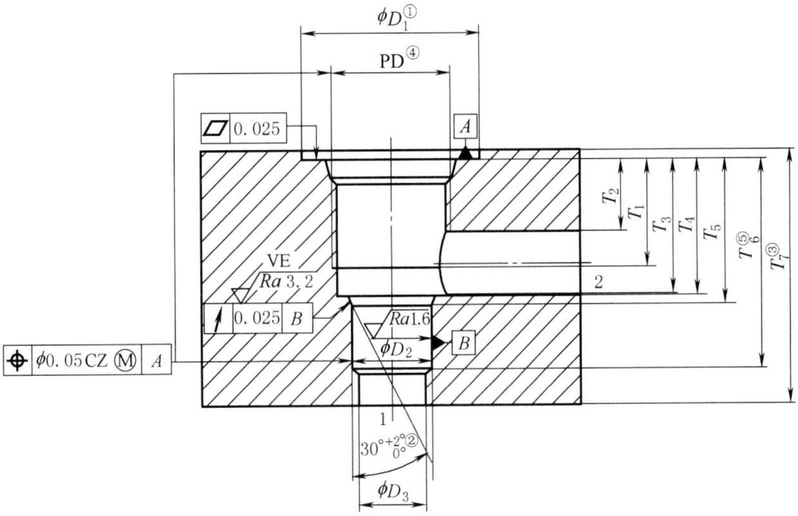

1,2—油口;PD—螺纹中径;VE—目视检查

注:未注公差符合 ISO 8015、ISO 2768-mK

①此尺寸是便于螺纹插装阀的安装和使用套筒扳手等工具拧紧时所需的最小空间,如使用开口扳手,则宜留有足够的空间。这也是两个尺寸近似插孔中心线之间的最小距离。电磁阀的插头和其他插装阀的调节装置可能会超过此空间尺寸,需预留一定的安装和拆卸空间

②插孔的引入角和其他几何形状通常使用阶梯型组合刀具加工。宜将棱边倒圆为 R0.1～0.2mm

③建议预先加工的深度,以使 T_6 得到合适的直径公差。对某些类型阀,附加的引导钻孔可根据阀制造商提供的阀的轴向延伸尺寸或所允许的最小通流面积来确定

④螺纹孔口符合 ISO 11926-1

⑤尺寸 T_6 是插装阀密封直径所要求的最小精加工长度

图1 二通插装阀的插孔

表1 二通插装阀的插孔尺寸

mm

插孔代码①		¾-01-0-13	⅞-01-0-13	1 1/16-01-0-13	1 1/16-01-1-13	1 5/16-01-0-13	1 ⅝-01-0-13
螺纹②		¾-16 UNF-2B	⅞-14 UNF-2B	1 1/16-12 UN-2B	1 1/16-12 UN-2B	1 5/16-12 UN-2B	1 ⅝-12 UN-2B
尺寸	公差	基本尺寸					
D_1	min	30	34	41	41	49	58
D_2	$^{+0.05}_{0}$	12.7	15.87	22.22	23.82	28.6	36.52
D_3	max	12.7	15.87	22.22	23.82	28.6	36.52
T_1	min	14.3	16	20.6	20.6	22.5	20.6
T_2	min	9.5	12.3	17	17	15	18
T_3	max	18.95	23.6	35.4	35.4	34.1	44.3
T_4	$^{+0.4}_{0}$	19.05	23.7	35.5	35.5	34.2	44.4
T_5	$^{+0.4}_{0}$	20.63	25.3	37.1	37.1	35.8	46
T_6	min	28.6	33.33	47	47	47	58.7
T_7		—	—	—	—	—	—

① 代号符合 ISO 5783

② 螺纹孔口符合 ISO 11926-1

续表

尺寸

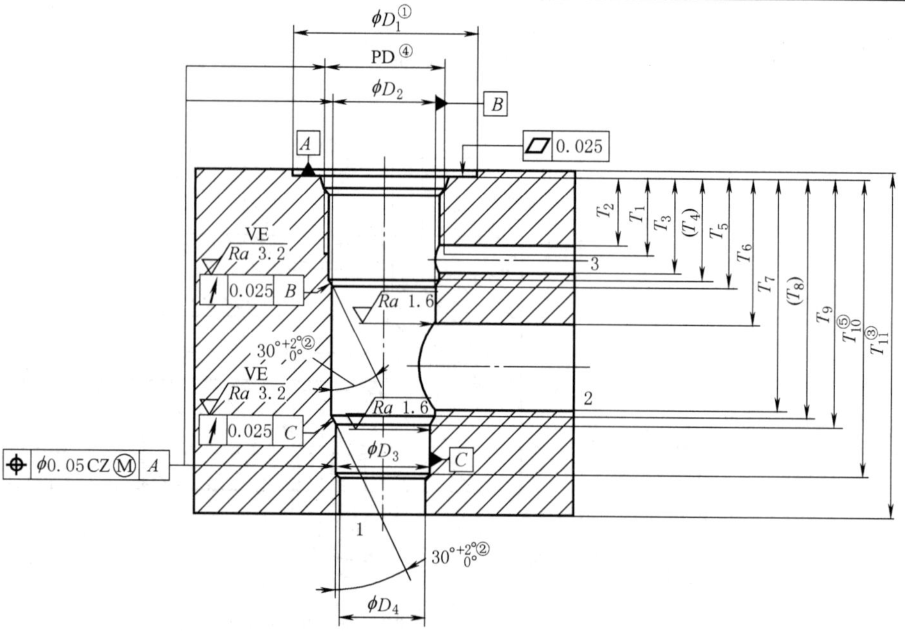

1~3—油口;PD—螺纹中径;VE—目视检查

注:未注公差符合 ISO 8015、ISO 2768-mK

①此尺寸是便于螺纹插装阀的安装和使用套筒扳手等工具拧紧时所需的最小空间,如使用开口扳手,则宜留有足够的空间。这也是两个尺寸近似插孔中心线之间的最小距离。电磁阀的插头和其他插装阀的调节装置可能会超过此空间尺寸,需预留一定的安装和拆卸空间

②插孔的引入角和其他几何形状通常使用阶梯型组合刀具加工。宜将棱边倒圆为 R0.1~0.2mm

③建议预先加工的深度,以使 T_{10} 得到合适的直径公差。对某些类型阀,附加的引导钻孔可根据阀制造商提供的阀的轴向延伸尺寸或所允许的最小通流面积来确定

④螺纹孔口符合 ISO 11926-1

⑤尺寸 T_{10} 是插装阀密封直径所要求的最小精加工长度

图 2　带有两个主油口和一个先导油口或卸油口的三通插装阀插孔

表 2　带有两个主油口和一个先导油口或卸油口的三通插装阀插孔尺寸　　mm

插孔代码①		¾-02-0-13	⅞-02-0-13	1 1/16-02-0-13	1 5/16-02-0-13	1 ⅝-02-0-13
螺纹②		¾-16 UNF-2B	⅞-14 UNF-2B	1 1/16-12 UN-2B	1 5/16-12 UN-2B	1 ⅝-12 UN-2B
尺寸	公差	基本尺寸				
D_1	min	30	34	41	49	58
D_2	$^{+0.05}_{0}$	15.87	19.05	23.8	28.6	36.52
D_3	$^{+0.05}_{0}$	14.24	17.47	22.22	25.42	33.35
D_4	max	14.24	17.47	22.22	25.42	33.35
T_1	min	12.5	14.2	22.2	17.5	20.5
T_2	min	11	12	21	13.5	16.5
T_3	max	14.5	16.4	26.9	20.4	23.6
(T_4)		14.6	16.5	27	20.5	23.7
T_5	$^{+0.4}_{0}$	16	17.75	28	22.1	25.4
T_6	min	22.5	24.2	37.5	29.2	37.3
T_7	max	32.26	38.2	51.5	44.65	63.4
(T_8)		32.38	38.3	51.6	44.75	63.5
T_9	$^{+0.4}_{0}$	33.65	39.7	53	47.6	66.15
T_{10}	min	42	47.6	62	55.6	77.8
T_{11}		—	—	—	—	—

① 代号符合 ISO 5783

② 螺纹孔口符合 ISO 11926-1

续表

尺寸

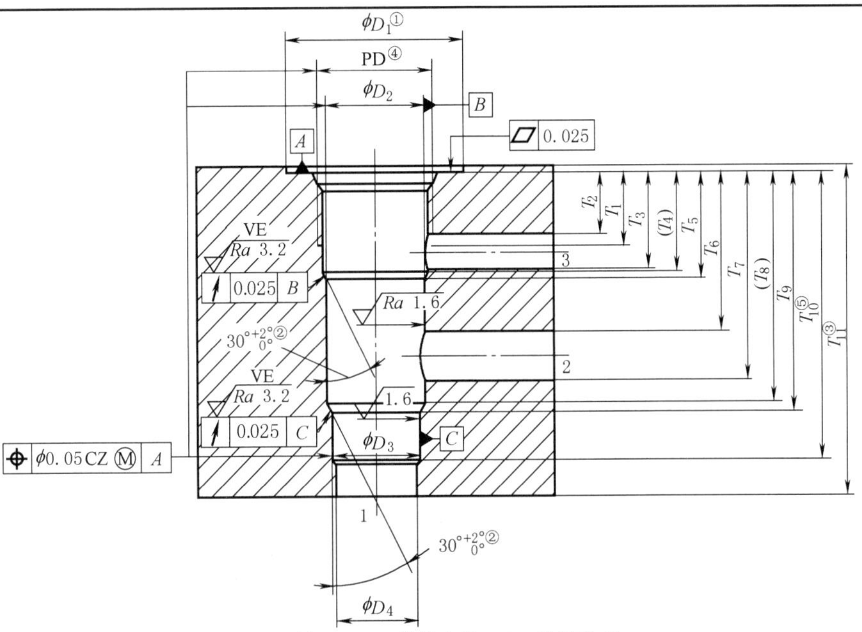

1~3—油口;PD—螺纹中径;VE—目视检查

注:未注公差符合 ISO 8015、ISO 2768-mK

①此尺寸是便于螺纹插装阀的安装和使用套筒扳手等工具拧紧时所需的最小空间,如使用开口扳手,则宜留有足够的空间。这也是两个尺寸近似插孔中心线之间的最小距离。电磁阀的插头和其他插装阀的调节装置可能会超过此空间尺寸,需预留一定的安装和拆卸空间

②插孔的引入角和其他几何形状通常使用阶梯型组合刀具加工。宜将棱边倒圆为 R0.1~0.2mm

③建议预先加工的深度,以使 T_{10} 得到合适的直径公差。对某些类型阀,附加的引导钻孔可根据阀制造商提供的阀的轴向延伸尺寸或所允许的最小通流面积来确定

④螺纹孔口符合 ISO 11926-1

⑤尺寸 T_{10} 是插装阀密封直径所要求的最小精加工长度

图 3　带有三个主油口的三通插装阀插孔

表 3　带有三个主油口的三通插装阀插孔尺寸　　mm

插孔代码[1]		¾-03-0-13	⅞-03-0-13	1 1/16-03-0-13	1 5/16-03-0-13	1 ⅝-03-0-13
螺纹[2]		¾-16 UNF-2B	⅞-14 UNF-2B	1 1/16-12 UN-2B	1 5/16-12 UN-2B	1 ⅝-12 UN-2B
尺寸	公差	基本尺寸				
D_1	min	30	34	41	49	58
D_2	$^{+0.05}_{0}$	15.87	17.47	23.8	28.6	36.52
D_3	$^{+0.05}_{0}$	14.27	15.87	22.22	27	33.35
D_4	max	14.27	15.87	22.22	27	33.35
T_1	min	14.3	15.9	22.2	22.5	20.6
T_2	min	10.5	13.5	22	16.6	17.8
T_3	max	17.5	21.9	35.5	33.7	44.3
(T_4)		17.6	22	35.6	33.8	44.4
T_5	$^{+0.4}_{0}$	19.05	23.4	36.62	35.4	46
T_6	min	25.75	30.7	46.7	45.2	58.9
T_7	max	31.7	37.7	60.1	62.4	84.2
(T_8)		31.8	37.8	60.2	62.5	84.3
T_9	$^{+0.4}_{0}$	33.24	39.24	61.6	63.94	87.16
T_{10}	min	43.26	47.6	73.4	75.4	100
T_{11}		—	—	—	—	—

① 代号符合 ISO 5783

② 螺纹孔口符合 ISO 11926-1

续表

尺寸

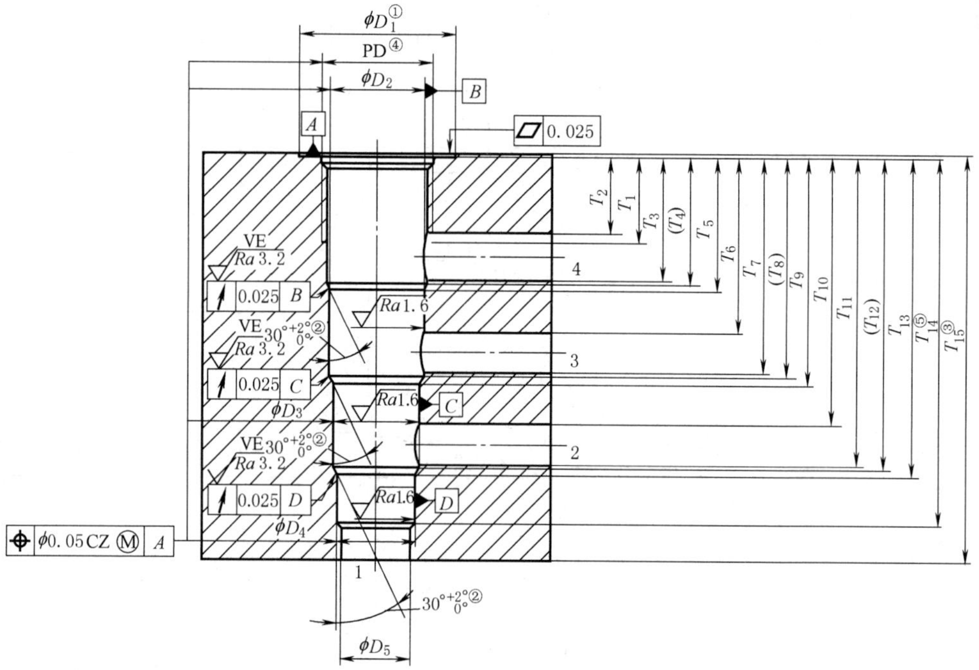

1～4—油口；PD—螺纹中径；VE—目视检查

注：未注公差符合 ISO 8015、ISO 2768-mK

①此尺寸是便于螺纹插装阀的安装和使用套筒扳手等工具拧紧时所需的最小空间，如使用开口扳手，则宜留有足够的空间。这也是两个尺寸近似插孔中心线之间的最小距离。电磁阀的插头和其他插装阀的调节装置可能会超过此空间尺寸，需预留一定的安装和拆卸空间

②插孔的引入角和其他几何形状通常使用阶梯型组合刀具加工。宜将棱边倒圆为 $R0.1 \sim 0.2$mm

③建议预先加工的深度，以使 T_{14} 得到合适的直径公差。对某些类型阀，附加的引导钻孔可根据阀制造商提供的阀的轴向延伸尺寸或所允许的最小通流面积来确定

④螺纹孔口符合 ISO 11926-1

⑤尺寸 T_{14} 是插装阀密封直径所要求的最小精加工长度

图 4　带有四个主油口的四通插装阀插孔

表 4　带有四个主油口的四通插装阀插孔尺寸

mm

插孔代码①		¾-04-0-13	⅞-04-0-13	1 1/16-04-0-13	1 5/16-04-0-13	1 ⅝-04-0-13
螺纹②		¾-16 UNF-2B	⅞-14 UNF-2B	1 1/16-12 UN-2B	1 5/16-12 UN-2B	1 ⅝-12 UN-2B
尺寸	公差	基本尺寸				
D_1	min	30	34	41	49	58
D_2	$^{+0.05}_{0}$	15.87	19.05	23.8	28.6	36.52
D_3	$^{+0.05}_{0}$	14.27	17.47	22.22	27	33.35
D_4	$^{+0.05}_{0}$	12.7	15.87	20.62	25.42	31.75
D_5	max	12.7	15.87	20.62	25.42	31.75
T_1	min	14.3	15.87	22.2	22.5	20.6
T_2	min	10.5	13.5	22	16.6	17.8
T_3	max	17.5	21.9	35.5	33.7	44.3
(T_4)		17.6	22	35.6	33.8	44.4
T_5	$^{+0.4}_{0}$	19.05	23.4	36.62	35.2	46
T_6	min	25.75	30.7	46.7	45.2	58.9
T_7	max	31.7	37.7	60.1	62.4	84.2
(T_8)		31.8	37.8	60.2	62.5	84.3
T_9	$^{+0.4}_{0}$	33.24	39.24	61.6	63.94	87.16

续表

<table>
<tr><td>尺寸</td><td>
续表
<table>
<tr><th>尺寸</th><th>公差</th><th colspan="5">基本尺寸</th></tr>
<tr><td>T_{10}</td><td>min</td><td>40</td><td>46.6</td><td>71.3</td><td>73.9</td><td>100</td></tr>
<tr><td>T_{11}</td><td>max</td><td>45.9</td><td>53.5</td><td>84.5</td><td>91.1</td><td>126.5</td></tr>
<tr><td>(T_{12})</td><td></td><td>46</td><td>53.6</td><td>84.6</td><td>91.2</td><td>126.6</td></tr>
<tr><td>T_{13}</td><td>$^{+0.4}_{0}$</td><td>47.44</td><td>55.04</td><td>86</td><td>92.6</td><td>128</td></tr>
<tr><td>T_{14}</td><td>min</td><td>56.13</td><td>63.5</td><td>98</td><td>104</td><td>141.28</td></tr>
<tr><td>T_{15}</td><td></td><td>—</td><td>—</td><td>—</td><td>—</td><td>—</td></tr>
</table>
① 代号符合 ISO 5783
② 螺纹孔口符合 ISO 11926-1
</td></tr>
<tr><td>公差</td><td>①所有的尺寸公差标注和表面粗糙度表示(标注)符合 ISO 1101 和 ISO 1302,见图 1~图 4 和表 1~表 4
②线性尺寸和角度尺寸公差应符合 ISO 2768-1 的规定
③几何公差应符合 ISO 2786-2 的规定
注:本文件所有图表中关于公差的要求均使用了国际标准代号“ISO 2768-mK”(在 ISO 2768-1 和 ISO 2768-2 中给出)</td></tr>
<tr><td>插孔适用范围与阀功能的识别和标记</td><td>①概述　本标准提供了适用于不同功能的插装阀(方向控制阀、压力控制阀、单向阀等)的插装结构和尺寸。插装阀可互换
②适用插孔　本标准给出的插孔的结构和尺寸,考虑到了(本)标准发布时已有的大多数插装阀间的互换
警告:插孔可安装不同功能的插装阀,防止误装
③阀功能的识别和标记　安装在符合本标准油路块插孔中的插装阀,功能按 ISO 9461 识别并标记在符合 ISO 16874 标识的油路块上,见 GB/Z 41983—2022 附录 A
注:GB/Z 41983—2022 附录 A(资料性)“安装插装阀的油路块标识”:“安装插装阀的油路块上的油口处需标识,标识的方法按照 ISO 9461。当在油路块上有多个同类型的油口时,可命名为 A1、A2 等,见 ISO 16874。”</td></tr>
<tr><td>标注说明</td><td>当选择遵守本文件时,宜在试验报告、产品目录和产品销售文件中采用以下说明:“液压螺纹插装阀的插孔符合 GB/Z 41983—2022《液压螺纹插装阀　安装连接尺寸》的规定”</td></tr>
</table>

9 其 他 阀

9.1 截止阀

9.1.1 CJZQ 型球芯截止阀

型号意义:

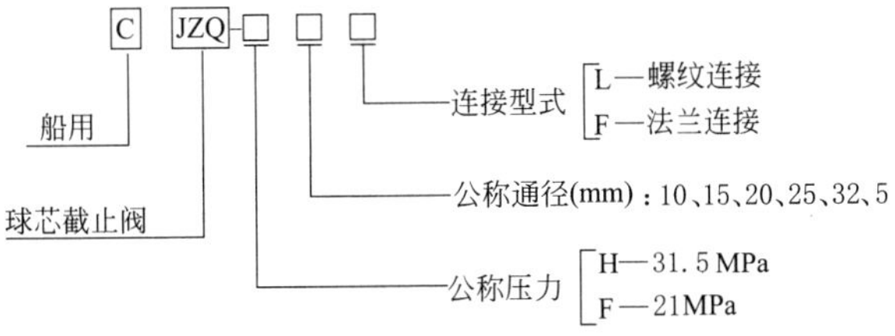

表 20-8-222 外形尺寸

mm

项目：法兰连接

结构及外形图：

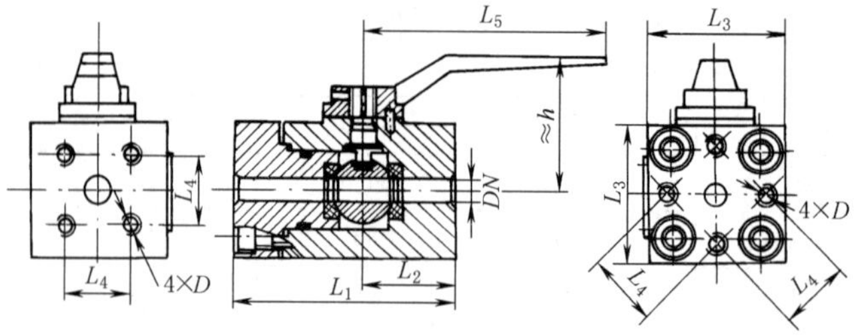

CJZQ-H
F10F～CJZQ-H
F32F

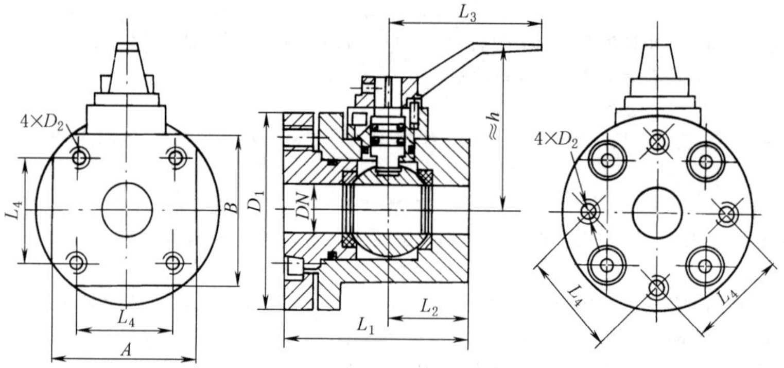

CJZQ-F50
80F

型号	通径	压力/MPa
CJZQ-H F10	10	H:31.5 F:21
CJZQ-H F15	15	
CJZQ-H F20	20	
CJZQ-H F25	25	
CJZ-H F32	32	
CJZ-F50	50	21
CJZ-F80	80	

型号	DN	L_1	L_2	L_3
CJZQ-H10F	10	91	37	56
CJZQ-H15F	15	88		65
CJZQ-H20F	20	97		75
CJZQ-H25F	25	111	48	88
CJZQ-H32F	32	131	54	105

型号	L_4	L_5	D	h
CJZQ-H10F	28.3	100	M8	55
CJZQ-H15F	35.4	120		59
CJZQ-H20F	43.8	140	M10	70
CJZQ-H25F	51.6	160	M12	80
CJZQ-H32F	60.1	180	M14	87

型号	DN	L_1	L_2	L_3	L_4	D_1	D_2	$A\times B$	h
CJZQ-F50F	50	170	75	200	83.4	ϕ156	M20	120×125	140
CJZQ-F80F	80	225	95	300	113.1	ϕ218	M24	182×182	190

项目：螺纹连接

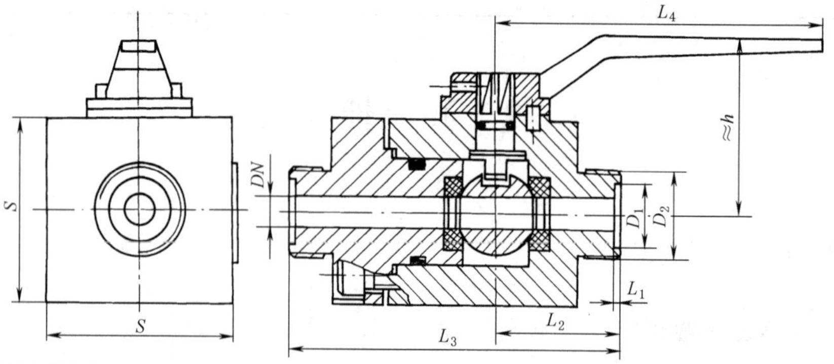

型号	DN	L_1	L_2	L_3	L_4	D_1	D_2	$S\times S$	h
CJZQ-H10L	10	$1.8^{0}_{-0.05}$	38	100	100	$20^{0}_{-0.20}$	M27×1.5	56×56	55
CJZQ-H15L	15	$1.8^{0}_{-0.05}$	41	105	120	$24^{0}_{-0.20}$	M30×1.5	60×60	59
CJZQ-H20L	20	$2.4^{0}_{-0.05}$	47	121	140	$30^{0}_{-0.34}$	M36×2	70×70	70
CJZQ-H25L	25	$2.4^{0}_{-0.05}$	55	135	160	$35^{0}_{-0.34}$	M42×2	75×75	80
CJZQ-H32L	32	$2.4^{0}_{-0.05}$	64	160	180	$40^{0}_{-0.34}$	M52×2	90×90	87

注：1. 适用介质为矿物油、水-乙二醇、油包水及水包油乳化液。
2. 本阀严禁作节流阀使用。

1.2 YJZQ 型高压球式截止阀

（1）型号意义

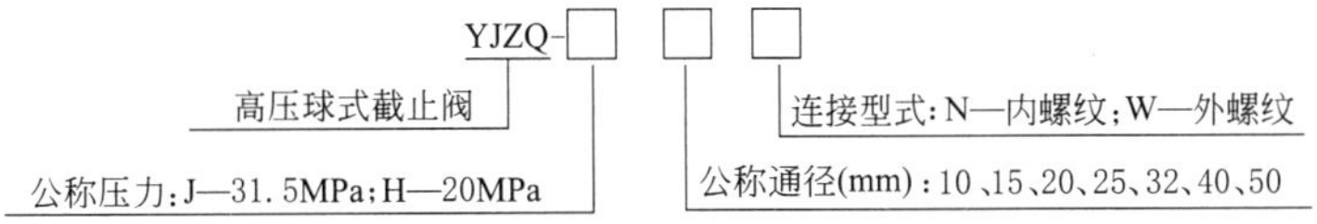

（2）内螺纹球阀

外 形 尺 寸

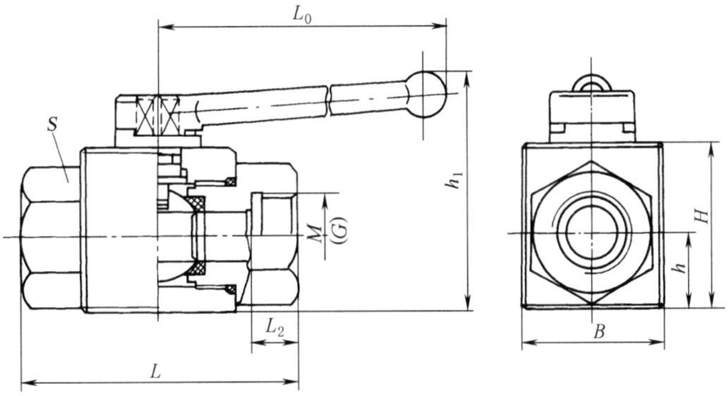

表 20-8-223

型　　号	M /mm	G /in	尺寸/mm							
			B	H	h	h_1	L	L_2	S	L_0
YJZQ-J10N	M18×1.5	3/8	32	36	18	72	78	14	27	120
YJZQ-J15N	M22×1.5	1/2	35	40	19	87	86	16	30	120
YJZQ-J20N	M27×2	3/4	48	55	25	96	108	18	41	160
YJZQ-J25N	M33×2	1	58	65	30	116	116	20	50	160
YJZQ-J32N	M42×2	1¼	76	84	38	141	136	22	60	200
YJZQ-H40N	M48×2	1½	88	98	45	165	148	24	75	250
YJZQ-H50N	M64×2	2	98	110	52	180	180	26	85	300

（3）外螺纹球阀

外 形 尺 寸

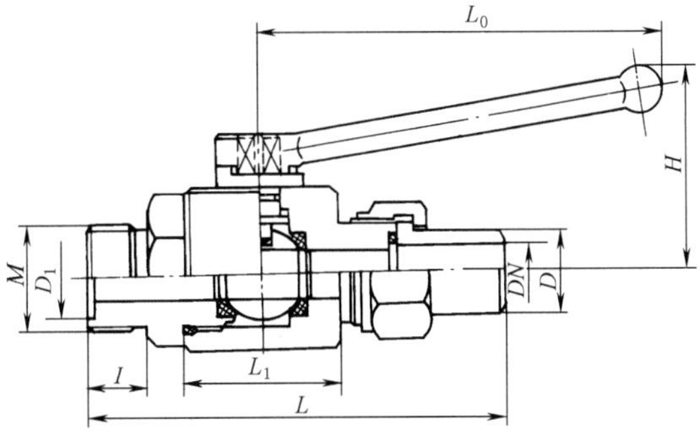

表 20-8-224

型号	M/mm	尺寸/mm						
		D	D_1	L	L_1	H	l	L_0
YJZQ-J10W	M27×1.5	18	20	154	42	58	16	120
YJZQ-J15W	M30×1.5	22	22	166	48	68	18	120
YJZQ-J20W	M36×2	28	28	174	60	72	18	160
YJZQ-J25W	M42×2	34	35	212	64	86	20	160
YJZQ-J32W	M52×2	42	40	230	76	103	22	200
YJZQ-H40W	M64×2	50	50	250	84	120	24	250
YJZQ-H50W	M72×2	64	60	294	108	128	26	300

9.2 压力表开关

压力表开关是小型截止阀或节流阀。主要用于切断油路与压力表的连接，或者调节其开口大小起阻尼作用减缓压力表急剧抖动，防止损坏。

9.2.1 AF6 型压力表开关

见本篇第 11 章 6.5.1 节 “AF6 型压力表开关”。

9.2.2 MS2 型六点压力表开关

见本篇第 11 章 6.5.2 节 “MS2 型六点压力表开关”。

9.2.3 KF 型压力表开关

见本篇第 11 章 6.5.3 节 “KF 型压力表开关”。

9.3 分流集流阀

9.3.1 FL、FDL、FJL 型分流集流阀

FL、FDL、FJL 型分流集流阀又称同步阀，内部设有压力反馈机构，在液压系统中可使由同一台泵供油的 2~4 只液压缸或液压马达，不论负载怎样变化，基本上能达到同步运行。该阀具有结构紧凑、体积小、维护方便等特点。

FL 型分流阀按固定比例自动将油流分成两个支流，使执行元件一个方向同步运行。FDL 型单向分流阀在油流反向流动时，油经单向阀流出，可减少压力损失。FJL 型分流集流阀按固定比例自动分配或集中两股油流，使执行元件双向同步运行。

这种阀安装时应尽量保持阀芯轴线在水平位置，否则会影响同步精度，不许阀芯轴线垂直安装。当使用流量大于阀的公称流量时，流经阀的能量损失增大，但速度同步精度有所提高，若低于公称流量则能量损失减小，但速度同步精度降低。

型号意义：

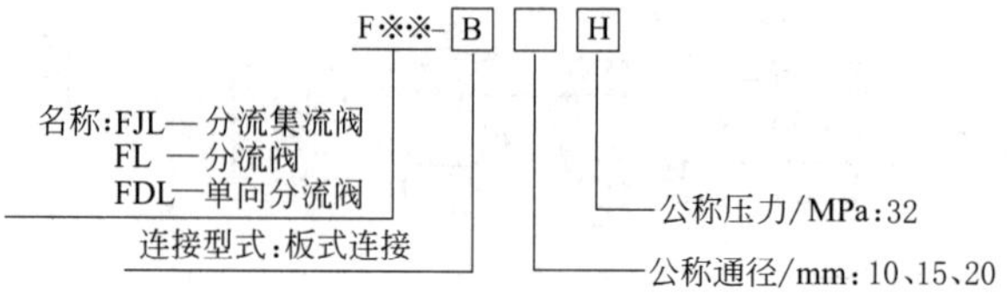

技术规格及外形尺寸：

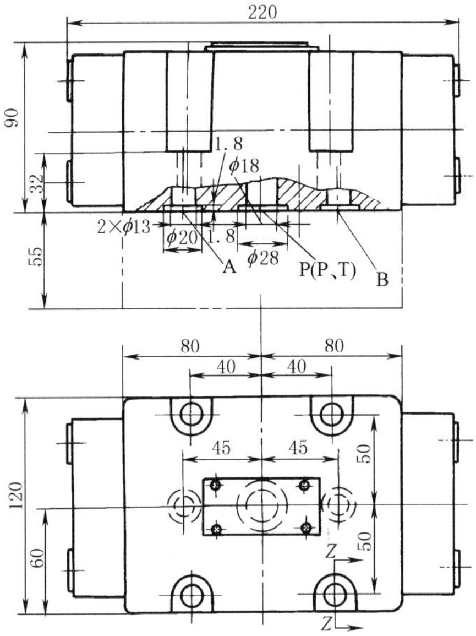

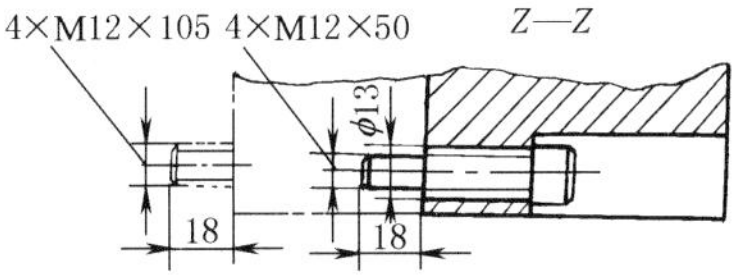

表 20-8-225

名　称	型　号	公称通径/mm	公称流量/L·min^{-1} P、O	公称流量/L·min^{-1} A、B	公称压力/MPa	连接方式	速度同步误差/% A、B口负载压差/MPa ≤1.0	≤6.3	≤20	≤30	质量/kg
分流集流阀	FJL-B10H FJL-B15H FJL-B20H	10 15 20	40 63 100	20 31.5 50	最高32、最低2	板式	0.7	1	2	3	13.8
分流阀	FL-B10H FL-B15H FL-B20H	10 15 20	40 63 100	20 31.5 50							13.5
单向分流阀	FDL-B10H FDL-B15H FDL-B20H	10 15 20	40 63 100	20 31.5 50							14

注：FDL-B※H-S型系列单向分流阀高度方向尺寸见双点画线部分。

表 20-8-226　　安装底板

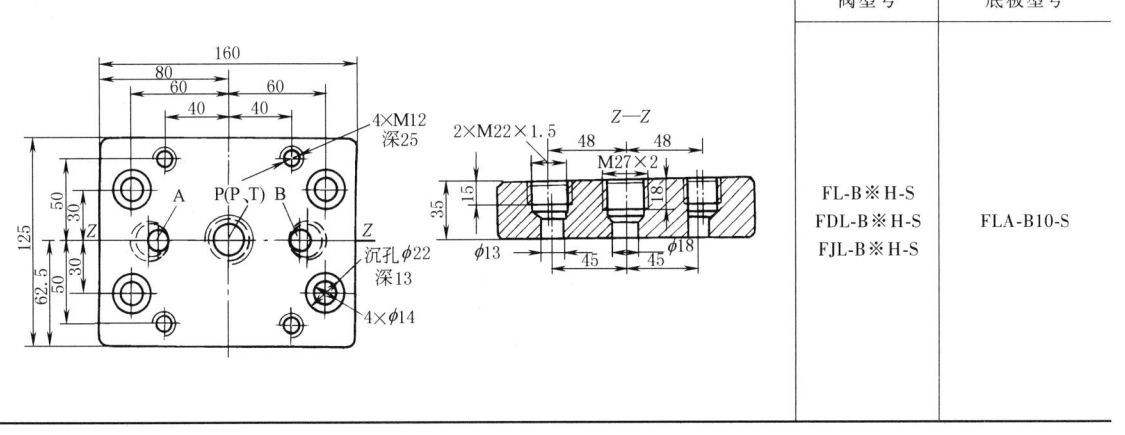

	阀型号	底板型号
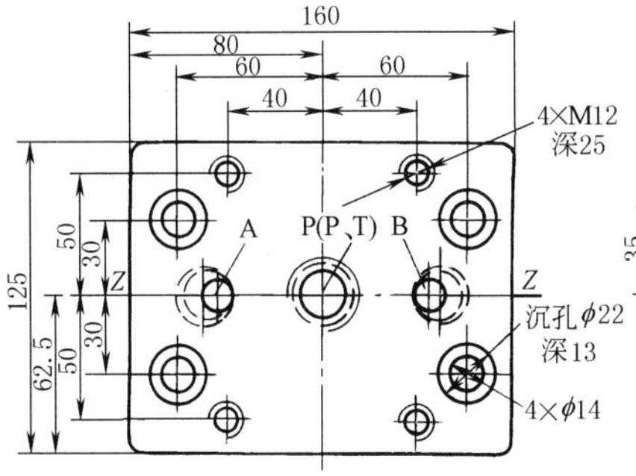 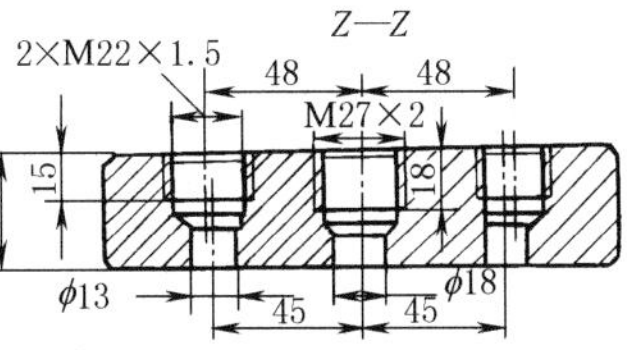	FL-B※H-S FDL-B※H-S FJL-B※H-S	FLA-B10-S

9.3.2 3FL-L30※型分流阀

型号意义：

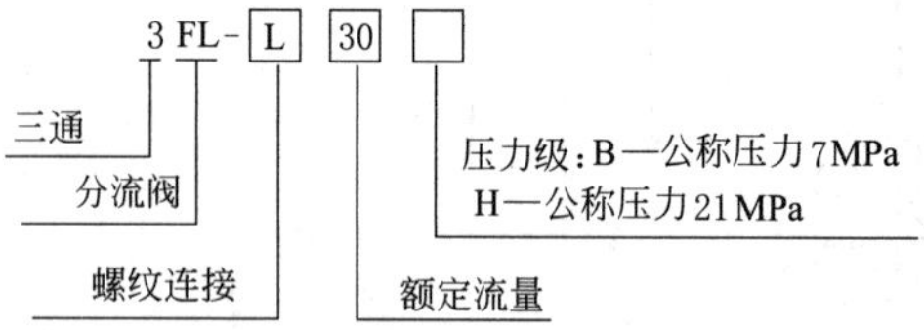

表 20-8-227 **技术规格及外形尺寸**

型号	额定流量/L·min^{-1}	公称压力/MPa	同步精度/%	主油路 P、T	分油路 A、B
				连接螺纹	
3FL-L30B	30	7	1~3	M18×1.5	M16×1.5
3FL-L25H	25	32		M18×1.5	
3FL-L50H	50			M22×1.5	M18×1.5
3FL-L63H	63				

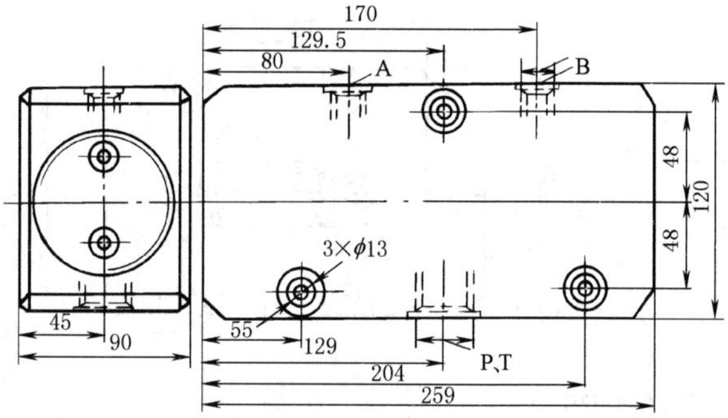

9.3.3 3FJLK-L10-50H型可调分流集流阀

型号意义：

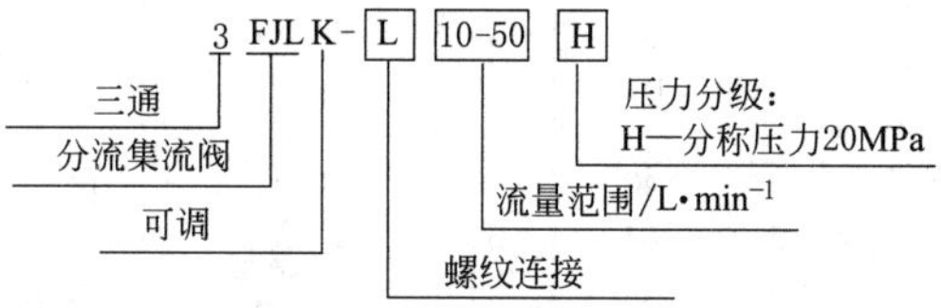

表 20-8-228 **技术规格及外形尺寸**

型号	额定流量/L·min^{-1}	公称压力/MPa	同步精度/%	主油路	分油路
				连接螺纹	
3FJLK-L10-50H	10~50	21	1	M22×1.5	M18×1.5

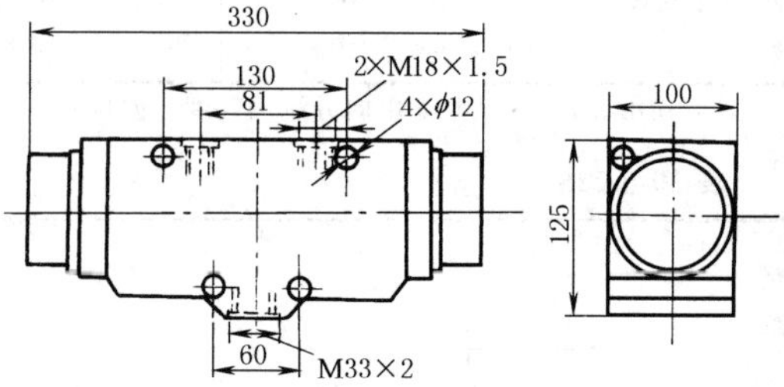

9.3.4 3FJLZ-L20-130H型自调式分流集流阀

该阀流量可在给定范围内自动调整，用于保证两个或两个以上液压执行机构在外载荷不等的情况下实现同步。

型号意义：

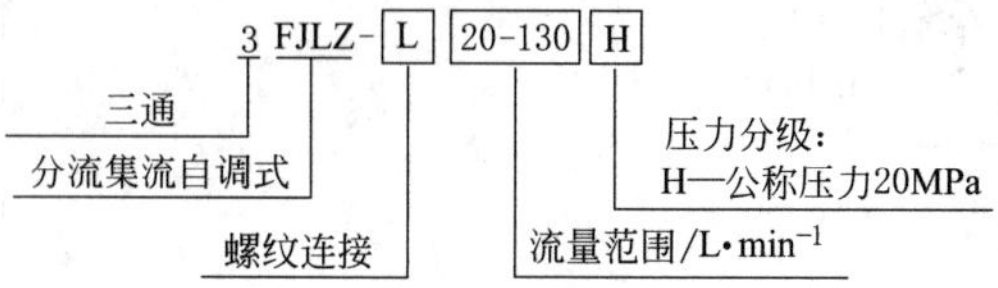

表 20-8-229　　　　技术规格及外形尺寸

型　号	额定流量/L·min^{-1}	公称压力/MPa	同步精度/%	主油路	分油路	
				连接螺纹		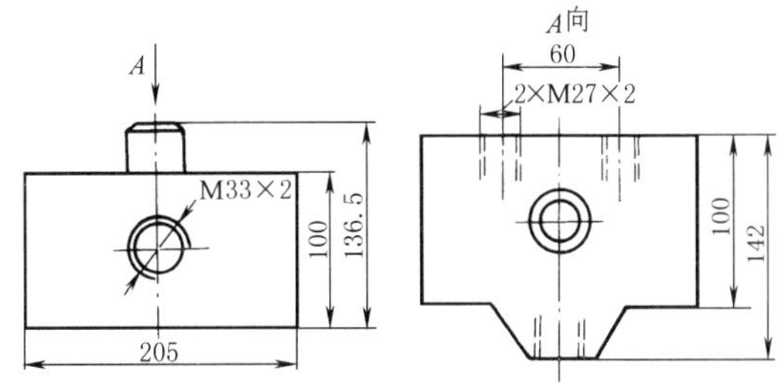
3FJLZ-L20-130H	20～130	20	1～3	M33×2	M27×2	

10　液压阀和阀用电磁铁试验方法

0.1　流量控制阀、压力控制阀和方向控制阀三项试验方法标准简介（摘自GB/T 8104—1987、GB/T 8105—1987 和 GB/T 8106—1987）

（1）适用范围

GB/T 8104—1987《流量控制阀试验方法》、GB/T 8105—1987《压力控制阀试验方法》和 GB/T 8106—1987 方向控制阀试验方法》三项标准的适用范围见表 20-8-230。

表 20-8-230

GB/T 8104—1987	本标准适用于以液压油(液)为工作介质的流量控制阀稳态性能和瞬态性能试验 比例控制阀和电液伺服阀的试验方法另行规定
GB/T 8105—1987	本标准适用于以液压油(液)为工作介质的溢流阀、减压阀的稳态性能和瞬态性能试验 与溢流阀、减压阀性能类似的其他液压控制阀,可参照本标准执行 比例控制阀和电液伺服阀的试验方法另行规定
GB/T 8106—1987	本标准适用于以液压油(液)为工作介质的方向控制阀稳态性能和瞬态性能试验 比例控制阀和电液伺服阀的试验方法另行规定

（2）通则

GB/T 8104—1987、GB/T 8105—1987 和 GB/T 8106—1987 三项标准的“通则”内容基本相同，都包括了试验回路”“试验的一般要求”和“耐压试验”。如三项标准的耐压试验，见表 20-8-231。

表 20-8-231

GB/T 8104—1987 GB/T 8105—1987 GB/T 8106—1987	①在被试阀进行试验前应进行耐压试验 ②耐压试验时,对各承压油口施加耐压试验压力。耐压试验压力为该油口的最高工作压力的 1.5 倍,以每秒 2%耐压试验压力的速率递增,保压 5min,不得有外渗漏 ③耐压试验时各泄油口和油箱相连

（3）标准应用

GB/T 8104—1987、GB/T 8105—1987 和 GB/T 8106—1987 三项标准久未更新，液压阀的相关标准也很少引用。

0.2　液压溢流阀试验方法（摘自 JB/T 10374—2013）

表 20-8-232

范围		见本章“4　压力控制阀”的第 4.2 节
性能试验方法	试验装置	①试验回路 Ⅰ.除耐压试验外,出厂试验应具有符合图 1 所示试验回路的试验台,型式试验应具有符合图 2 所示试验回路的试验台。耐压试验台的试验回路可以简化

续表

性能试验方法	试验装置	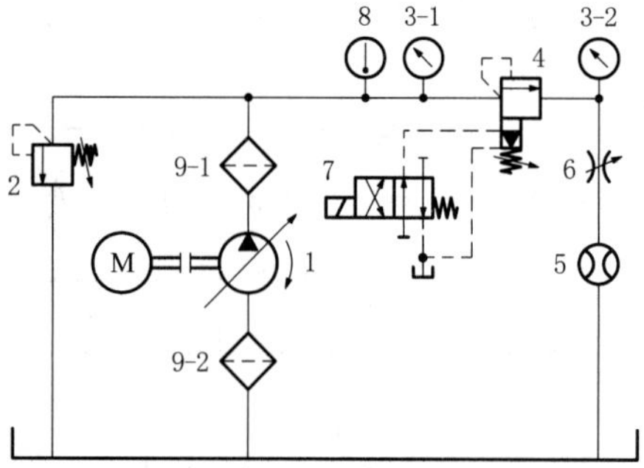 图 1　出厂试验回路原理图 1—液压泵；2—溢流阀；3-1，3-2—压力表；4—被试阀；5—流量计； 6—节流阀；7—电磁换向阀；8—温度计；9-1，9-2—过滤器 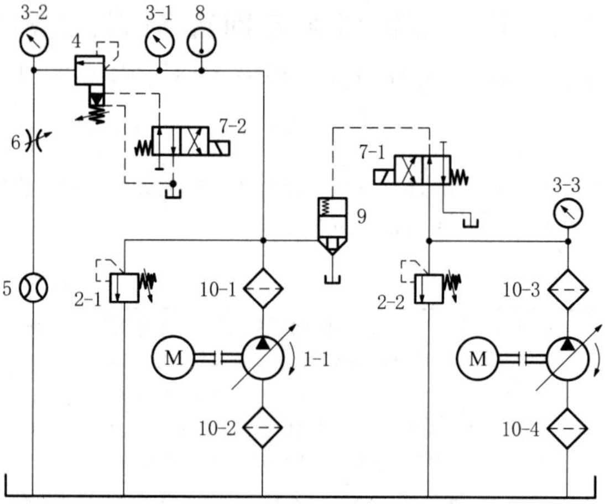 图 2　型式试验回路原理图 1-1，1-2—液压泵；2-1，2-2—溢流阀；3-1～3-3—压力表（对瞬态试验，压力表 3-1、3-2 还应接入压力传感器）；4—被试阀；5—流量计；6—节流阀；7-1，7-2—电磁换向阀； 8—温度计；9—阶跃加载阀；10-1～10-4—过滤器 Ⅱ. 与被试阀连接的管道和管接头的内径应与被试阀的实际通径相一致 Ⅲ. 允许在给定的基本回路中增设调节压力、流量或保证试验系统安全工作的元件，但不应影响到被试阀的性能 ②油源 Ⅰ. 试验台油源的流量应能调节，并应大于被试阀的试验流量 Ⅱ. 试验台油源的压力应能满足被试阀试验的要求，并考虑一定量的压力安全裕度。耐压试验台油源的压力应大于被试阀公称压力的 1.5 倍 ③测压点　应按以下要求设置测压点 a. 进口测压点应设置在扰动点（如阀、弯头等）的下游和被试阀的上游之间，与扰动点的距离应不小于 $10d$，与被试阀的距离应不小于 $5d$ b. 出口测压点应设置在被试阀下游不小于 $10d$ 处 c. 按 C 级测量准确度测试时，允许测压点的位置与上述要求不符，但应给出相应修正值 ④测压孔　测压孔应符合以下要求 a. 测压孔直径应不小于 1mm，不大于 6mm b. 测压孔长度应不小于测压孔直径的 2 倍 c. 测压孔轴线与管道轴线垂直，管道内表面与测压孔交角处应保持锐角，不应有毛刺 d. 测压点与测量仪表之间的连接管道的内径应不小于 3mm，并应排除连接管道中的空气 ⑤测温点　测温点应设置在被试阀进口测压点上游不大于 $15d$ 处 ⑥油液取样点　应按 GB/T 17489 的规定，在试验回路中设置适当的油液取样点 ⑦安全防护　试验台的设计、制造及试验过程应采取必要措施保护人员和设备的安全

续表

性能试验方法 | 试验条件

①试验介质

Ⅰ. 试验介质为一般矿物油型液压油

Ⅱ. 试验介质的温度：除明确规定外，型式试验应在50℃±2℃下进行，出厂试验应在50℃±4℃下进行

Ⅲ. 试验介质的黏度：40℃时的运动黏度为42~74mm^2/s（特殊要求另行规定）

Ⅳ. 试验介质的污染度：试验系统油液的固体颗粒污染度不应高于GB/T 14039—2002规定的等级—/19/16

②稳态工况　各被测参量平均显示值的变化范围符合表1规定时为稳态工况。应在稳态工况下测量每个设定点的各个参量

表1　被测参量平均显示值允许变化范围

被测参量	各测量准确度等级对应的被测参量平均显示值允许变化范围		
	A	B	C
压力/%	±0.5	±1.5	±2.5
流量/%	±0.5	±1.5	±2.5
温度/℃	±1.0	±2.0	±4.0

注：测量准确度等级见下面"⑤测量准确度等级"

③瞬态工况

Ⅰ. 被试阀和试验回路相关部分所组成油腔的表观容积刚度，应保证被试阀的进口压力变化率在600~800MPa/s范围内

注：进口压力变化率系指进口压力从最终稳态压力值与起始稳态压力值之差的10%上升到90%的压力变化量与相应时间之比

Ⅱ. 阶跃加载阀与被试阀之间的相对位置，可用控制其间的压力梯度限制油液可压缩性的影响来确定。其间的压力梯度可以计算获得。算得的压力梯度至少应为被试阀实测的进口压力梯度的10倍

压力梯度计算公式

$$\frac{dp}{dt}=\frac{q_{VS}K_s}{V}$$

式中　q_{VS}——被试阀设定的稳态流量

K_s——油液的等熵体积弹性模量

V——试验回路中被试阀与阶跃加载阀之间的油液连通容积

Ⅲ. 试验回路中阶跃加载阀的动作时间不应超过被试阀响应时间的10%，其最长不超过10ms

④试验流量

Ⅰ. 当规定的被试阀额定流量小于或等于200L/min时，试验流量应为额定流量

Ⅱ. 当规定的被试阀额定流量大于200L/min时，允许试验流量为200L/min，但应经工况考核，被试阀的性能指标以满足工况要求为依据

Ⅲ. 型式试验时，在具备条件的情况下宜进行最大流量试验，以记录被试阀最大流量的工作能力

Ⅳ. 出厂试验允许降流量进行，但应对性能指标给出相应修正值

⑤测量准确度等级　测量准确度等级分A、B、C三级。型式试验不应低于B级，出厂试验不应低于C级。各等级所对应的测量系统的允许误差应符合表2的规定

表2　测量系统的允许误差

测量参量	各测量准确度等级对应的测量系统的允许误差		
	A	B	C
压力（表压力$p<0.2MPa$）/kPa	±2.0	±6.0	±10.0
压力（表压力$p\geqslant0.2MPa$）/kPa	±0.5	±1.5	±2.5
流量/%	±0.5	±1.5	±2.5
温度/℃	±0.5	±1.0	±2.0

⑥被试阀的电磁铁　出厂试验时，被试阀电磁铁的工作电压应为其额定电压的85%

型式试验时，应在电磁铁的额定电压下，对电磁铁进行连续激励至规定的最高稳定温度，之后将电磁铁的电压降至额定电压的85%，再对被试阀进行试验

续表

性能试验方法	试验项目与试验方法	①出厂试验　出厂试验项目与试验方法应按表3的规定

表3　出厂试验项目与试验方法

序号	试验项目	试验方法	试验类型	备注
1	耐压性	泄油口与油箱连通。对各承压口施加耐压试验压力，耐压试验压力为该油口最高工作压力的1.5倍，试验压力以每秒2%耐压试验压力的速率递增，达到后，保压5min	抽试	
2	调压范围及压力稳定性	将溢流阀2调至比被试阀的调压范围上限值高15%左右（仅起安全阀作用），并使通过被试阀的流量为试验流量，分别进行下列试验： ①调节被试阀的调压装置，从全松至全紧，再从全紧至全松，通过压力表3-1观察压力上升与下降情况，并测量调压范围，反复试验不少于3次 ②调节被试阀至调压范围上限值，用压力表3-1测量1min内的压力振摆值和1min内的压力偏移值	必试	
3	内泄漏量	调节被试阀和溢流阀2，使被试阀的设定压力至调压范围上限值，并使通过被试阀的流量为试验流量。然后调节溢流阀2，使系统压力下降至被试阀调压范围上限值的75%，调定30s后在被试阀的溢流口测量内泄漏量	必试	
4	卸荷压力	使通过被试阀的流量为试验流量 对外控式溢流阀，将电磁换向阀7换向，由压力表3-1和3-2测量被试阀两端的压力，其压差即为卸荷压力 对电磁溢流阀，将被试阀的电磁铁通电（或断电），由压力表3-1和3-2测量被试阀两端的压力，其压差即为卸荷压力	抽试	仅对外控式溢流阀和电磁溢流阀
5	压力损失	调节被试阀的调压装置至全松位置，并使通过被试阀的流量为试验流量，由压力表3-1和3-2测量被试阀两端的压力，其压差即为压力损失	抽试	
6	稳态压力-流量特性	将溢流阀2调至比被试阀的调压范围上限值高15%左右（仅起安全阀作用），调节被试阀至调压范围上限值，并使通过被试阀的流量为试验流量，分别进行下列试验： ①调节溢流阀2，使系统逐渐降压，当压力降至相应于被试阀闭合率下的闭合压力时，测量通过被试阀的溢流量 ②调节溢流阀2，从被试阀不溢流开始，使系统逐渐升压，当压力升至相应于被试阀开启率下的开启压力时，测量通过被试阀的溢流量	必试	
7	动作可靠性	调节溢流阀2，使系统压力比被试阀调压范围上限值高30%左右（仅起安全阀作用），并使通过被试阀的流量为试验流量，然后将被试阀调至调压范围上限值，在上面“⑥被试阀的电磁铁”规定的条件下，将电磁铁通电（或断电），由压力表3-1观察被试阀的卸荷（或建压）情况。反复试验不少于3次	必试	仅对电磁溢流阀
8	密封性	在被试阀性能试验前擦干净外表面，从性能试验开始至结束的全过程中观察各密封处的外渗漏情况	必试	

②型式试验　型式试验项目与试验方法应按表4的规定

续表

性能试验方法	试验项目与试验方法	（见表4）

表4　型式试验项目与试验方法

序号	试验项目	试验方法	备注
1	稳态特性	按上面“①出厂试验”出厂试验项目与试验方法的规定和以下规定进行试验： ①在调压范围及压力稳定性试验时，应在整个调压范围内测量压力振摆值，并在压力振摆值最大点测试3min内的压力偏移值 ②在内泄漏量试验时，使被试阀的进口压力从调压范围上限值的75%逐渐下降到系统最低工作压力，其间设定几个测量点（设定的测量点数应足以描绘出曲线），逐点测量被试阀的内泄漏量，并绘制进口压力-内泄漏量特性曲线（见JB/T 10374—2013图B.3） ③在卸荷压力试验时，使通过被试阀的流量从零逐渐增大到试验流量，其间设定几个测量点（设定的测量点数应足以描绘出曲线），逐点测量被试阀的卸荷压力，并绘制流量-卸荷压力特性曲线（见JB/T 10374—2013图B.4） ④在压力损失试验时，使通过被试阀的流量从零逐渐增大到试验流量，其间设定几个测量点（设定的测量点数应足以描绘出曲线），逐点测量被试阀的压力损失，并绘制流量-压力损失特性曲线（见JB/T 10374—2013图B.5） ⑤在稳态压力-流量特性试验时，应把被试阀分别调定在调压范围下限值、中间值和上限值，通过被试阀的流量均为试验流量，然后改变系统压力，逐点测量被试阀的进口压力和相应压力下通过被试阀的流量（设定的测量点数应足以描绘出曲线），并绘制稳态压力-流量特性曲线（见JB/T 10374—2013图B.6） ⑥最低设定压力试验：使通过被试阀的流量从零逐渐增大到试验流量，其间设定几个测量点（设定的测量点数应足以描绘出曲线），在每一个测量点上，调节被试阀的调压装置至全松位置，然后调节调压装置至压力表3-1开始升压为止，测量被试阀两端的压力，其压差即为该测量点上的最低设定压力，绘制流量-最低设定压力特性曲线（见JB/T 10374—2013图B.7）	
2	调节力矩	将溢流阀2-1调至比被试阀的调压范围上限值高15%左右（仅起安全阀作用），并使通过被试阀的流量为试验流量，调节节流阀6，使被试阀的溢流口保持0.5MPa的背压值。然后调节被试阀，使进口压力从调压范围下限值到上限值，再从上限值到下限值变化，其间设定几个测量点（设定的测量点数应足以描绘出曲线），用力矩测量计测量被试阀调节过程中的调节力矩，并绘制调节压力-调节力矩特性曲线（见JB/T 10374—2013图B.8）	
3	瞬态特性	调节溢流阀2-1至比被试阀的调压范围上限值高某一压力值（在整个试验过程中，溢流阀2-1不应有油液通过），调节被试阀至调压范围上限值，并使通过被试阀的流量为试验流量。分别进行下列试验： ①流量阶跃变化时进口压力响应特性试验：调节溢流阀2-2，使控制阶跃加载阀9的压力能保证阶跃加载阀9的动作时间符合上面“③瞬态工况”Ⅲ的要求。当电磁换向阀7-1处在通电位置时，被试阀的进口压力（瞬态试验起始压力）不得超过20%的调压范围上限值。然后将电磁换向阀7-1断电复位，阶跃加载阀9由开通状态迅速关闭，使被试阀的进口产生一个满足上面“③瞬态工况”Ⅰ的压力阶跃，用记录仪记录被试阀进口压力变化过程，得出被试阀进口压力响应特性曲线，并得出响应时间、瞬态恢复时间和压力超调率（见JB/T 10374—2013图B.9） ②建压-卸压特性试验：对被试阀为外控的先导式溢流阀或外控的电磁溢流阀，电磁换向阀7-2先通电，然后将电磁换向阀7-2断电复位又通电换向，使被试阀建压后又卸荷，用记录仪记录被试阀进口压力变化过程，得出被试阀进口压力的建压-卸压特性曲线，并得出建压时间、卸压时间和压力超调率（见JB/T 10374—2013图B.10） 对被试阀为电磁溢流阀，操作自带的电磁换向阀，常开型被试阀断电卸荷通电建压，常闭型被试阀通电卸荷断电建压，先使被试阀处于卸荷状态，然后，使被试阀建压后又卸荷，用记录仪记录被试阀进口压力变化过程，得出被试阀进口压力的建压-卸压特性曲线，并得出建压时间、卸压时间和压力超调率（见JB/T 10374—2013图B.10）	

续表

<table>
<tr><td rowspan="3">性能试验方法</td><td rowspan="3">试验项目与试验方法</td><td colspan="4">续表</td></tr>
<tr><td>序号</td><td>试验项目</td><td>试验方法</td><td>备注</td></tr>
<tr><td>4</td><td>噪声</td><td>调节被试阀至调压范围上限值，并使通过被试阀的流量为试验流量。用噪声仪在距离被试阀 1m 为半径的近似球面上，测量 6 个均匀分布位置的噪声值。对于电磁溢流阀，还须测量卸荷时的冲击噪声</td><td></td></tr>
<tr><td></td><td></td><td>5</td><td>耐久性</td><td>调节被试阀至调压范围上限值，并使通过被试阀的流量为试验流量，以 20~40 次/min 的频率连续换向操作电磁换向阀 7-1（对电磁溢流阀应操作自带的电磁换向阀），使被试阀交替失压和建压。在上述试验过程中，记录被试阀的动作次数，在达到耐久性指标中所规定的动作次数后，按照 JB/T 10374—2013 中 6.2.13 的要求，检查被试阀的主要零件和性能</td><td></td></tr>
<tr><td colspan="2">装配和外观检验方法</td><td colspan="4">装配和外观检验方法应按表 5 的规定
表 5　装配和外观检验方法
<table><tr><td>序号</td><td>检验项目</td><td>检验方法</td><td>检验类型</td></tr><tr><td>1</td><td>装配质量</td><td>目测法</td><td>必检</td></tr><tr><td>2</td><td>内部清洁度</td><td>按 JB/T 7858 的规定</td><td>抽检</td></tr><tr><td>3</td><td>外观质量</td><td>目测法</td><td>必检</td></tr></table></td></tr>
</table>

10.3　液压卸荷溢流阀试验方法（摘自 JB/T 10371—2013）

表 20-8-233

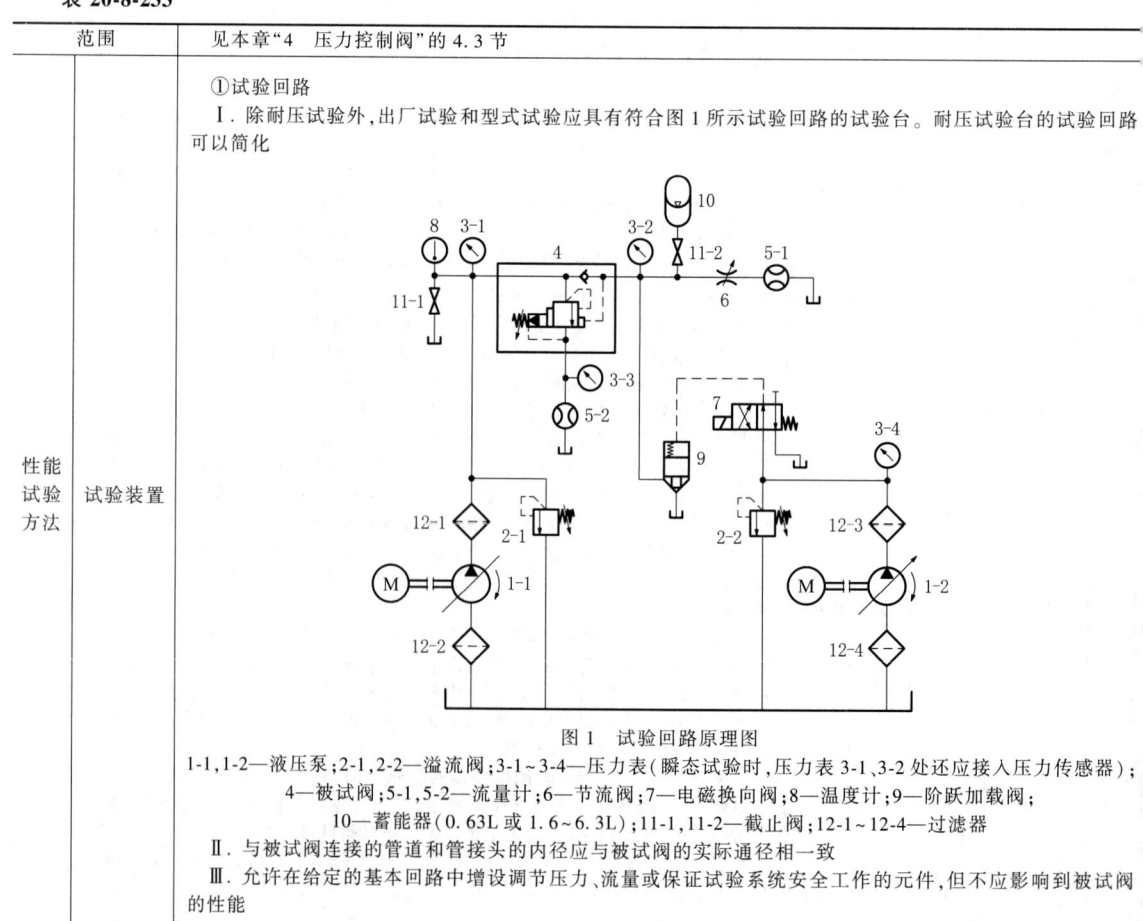

<table>
<tr><td colspan="2">范围</td><td>见本章“4　压力控制阀”的 4.3 节</td></tr>
<tr><td>性能试验方法</td><td>试验装置</td><td>①试验回路
Ⅰ. 除耐压试验外，出厂试验和型式试验应具有符合图 1 所示试验回路的试验台。耐压试验台的试验回路可以简化
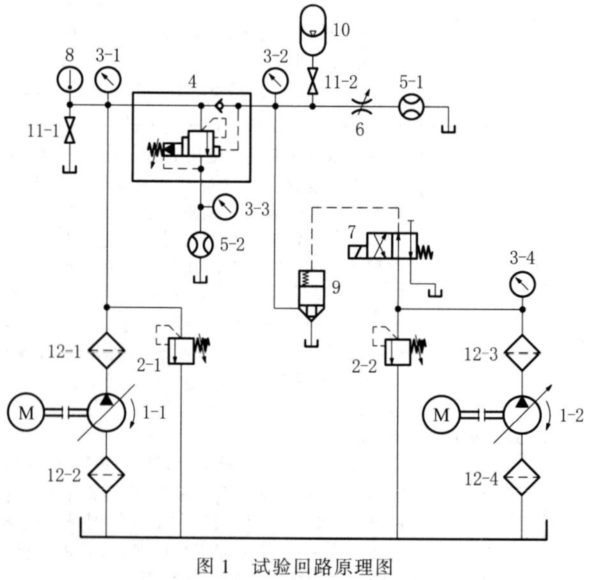

图 1　试验回路原理图
1-1，1-2—液压泵；2-1，2-2—溢流阀；3-1~3-4—压力表（瞬态试验时，压力表 3-1、3-2 处还应接入压力传感器）；4—被试阀；5-1，5-2—流量计；6—节流阀；7—电磁换向阀；8—温度计；9—阶跃加载阀；10—蓄能器（0.63L 或 1.6~6.3L）；11-1，11-2—截止阀；12-1~12-4—过滤器
Ⅱ. 与被试阀连接的管道和管接头的内径应与被试阀的实际通径相一致
Ⅲ. 允许在给定的基本回路中增设调节压力、流量或保证试验系统安全工作的元件，但不应影响到被试阀的性能</td></tr>
</table>

续表

性能试验方法

试验装置

②油源

Ⅰ. 试验台油源的流量应能调节,并应大于被试阀的试验流量

Ⅱ. 试验台油源的压力应能满足被试阀试验的要求,并考虑一定量的压力安全裕度。耐压试验台油源的压力应大于被试阀公称压力的1.5倍

③测压点　应按以下要求设置测压点

a. 进口测压点应设置在扰动点(如阀、弯头等)的下游和被试阀的上游之间,与扰动点的距离应不小于$10d$,与被试阀的距离应不小于$5d$

b. 出口测压点应设置在被试阀下游不小于$10d$处

c. 按C级测量准确度测试时,允许测压点的位置与上述要求不符,但应给出相应修正值

④测压孔　测压孔应符合以下要求

a. 测压孔直径应不小于1mm,不大于6mm

b. 测压孔长度应不小于测压孔直径的2倍

c. 测压孔轴线与管道轴线垂直,管道内表面与测压孔交角处应保持锐角,不应有毛刺

d. 测压点与测量仪表之间的连接管道的内径应不小于3mm,并应排除连接管道中的空气

⑤测温点　测温点应设置在被试阀进口测压点上游不大于$15d$处

⑥油液取样点　应按GB/T 17489的规定,在试验回路中设置适当的油液取样点

⑦安全防护　试验台的设计、制造及试验过程应采取必要措施保护人员和设备的安全

试验条件

①试验介质

Ⅰ. 试验介质为一般矿物油型液压油

Ⅱ. 试验介质的温度:除明确规定外,型式试验应在50℃±2℃下进行,出厂试验应在50℃±4℃下进行

Ⅲ. 试验介质的黏度:40℃时的运动黏度为42~74mm^2/s(特殊要求另行规定)

Ⅳ. 试验介质的污染度:试验系统油液的固体颗粒污染度不应高于GB/T 14039—2002规定的等级—/19/16

②稳态工况　各被测参量平均显示值的变化范围符合表1规定时为稳态工况。应在稳态工况下测量每个设定点的各个参量

表1　被测参量平均显示值允许变化范围

被测参量	各测量准确度等级对应的被测参量平均显示值允许变化范围		
	A	B	C
压力/%	±0.5	±1.5	±2.5
流量/%	±0.5	±1.5	±2.5
温度/℃	±1.0	±2.0	±4.0

注:测量准确度等级见下面"⑤测量准确度等级"

③瞬态工况

Ⅰ. 被试阀和试验回路相关部分所组成油腔的表观容积刚度,应保证当试验回路中的蓄能器10和节流阀6关闭时,被试阀的进口压力变化率在600~800MPa/s范围内

注:进口压力变化率系指进口压力从最终稳态压力值与起始稳态压力值之差的10%上升到90%的压力变化量与相应时间之比

Ⅱ. 阶跃加载阀与被试阀之间的相对位置,可用控制其间的压力梯度限制油液可压缩性的影响来确定。其间的压力梯度可以计算获得。算得的压力梯度至少应为被试阀实测的进口压力梯度的10倍

压力梯度计算公式

$$\frac{dp}{dt}=\frac{q_{VS}K_s}{V}$$

式中　q_{VS}——被试阀设定的稳态流量

K_s——油液的等熵体积弹性模量

V——试验回路中被试阀与阶跃加载阀9之间的油液连通容积

Ⅲ. 试验回路中阶跃加载阀9的动作时间不应超过被试阀响应时间的10%,其最长不超过10ms

④试验流量

Ⅰ. 当规定的被试阀额定流量小于或等于200L/min时,试验流量应为额定流量

Ⅱ. 当规定的被试阀额定流量大于200L/min时,允许试验流量为200L/min,但应经工况考核,被试阀的性能指标以满足工况要求为依据

Ⅲ. 型式试验时,在具备条件的情况下宜进行最大流量试验,以记录被试阀最大流量的工作能力

Ⅳ. 出厂试验允许降流量进行,但应对性能指标给出相应修正值

⑤测量准确度等级　测量准确度等级分A、B、C三级。型式试验不应低于B级,出厂试验不应低于C级。各等级所对应的测量系统的允许误差应符合表2的规定

续表

试验条件

表 2　测量系统的允许误差

测量参量	各测量准确度等级对应的测量系统的允许误差		
	A	B	C
压力（表压力 $p<0.2$MPa）/kPa	±2.0	±6.0	±10.0
压力（表压力 $p\geqslant 0.2$MPa）/kPa	±0.5	±1.5	±2.5
流量/%	±0.5	±1.5	±2.5
温度/℃	±0.5	±1.0	±2.0

⑥被试阀的电磁铁　出厂试验时，被试阀电磁铁的工作电压应为其额定电压的 85%

型式试验时，应在电磁铁的额定电压下，对电磁铁进行连续激励至规定的最高稳定温度，之后将电磁铁的电压降至额定电压的 85%，再对被试阀进行试验

性能试验方法 — 试验项目与试验方法

①出厂试验　出厂试验项目与试验方法应按表 3 的规定

表 3　出厂试验项目与试验方法

序号	试验项目	试验方法	试验类型	备注
1	耐压性	泄油口与油箱连通。对各承压口施加耐压试验压力，耐压试验压力为该油口最高工作压力的 1.5 倍，试验压力以每秒 2%耐压试验压力的速率递增，达到后，保压 5min	抽试	
2	调压-卸荷特性	蓄能器 10 的容积可在 1.6~6.3L 范围内选择，其充气压力应小于被试阀调压范围下限值。调节溢流阀 2-1，使系统压力比被试阀调压范围上限值高 15%（仅起安全阀作用），并使通过被试阀的流量为试验流量，分别进行下列试验： ①将节流阀 6 调至适当开度，同时调节被试阀的调压装置从全松逐渐调紧，通过压力表 3-2 观察压力上升情况，并测量调压范围，反复试验不少于 3 次 ②将节流阀 6 调至适当开度，分别调节被试阀至调压范围下限值和上限值，使被试阀自动卸荷与升压，用压力表 3-2 测量开始向蓄能器 10 充压时的压力 p_{AL}。此压力与调定压力 p_{AH} 之差相对于调定压力 p_{AH} 的百分比，即为被试阀的 A 油口压力变化率 $\Delta\overline{p_A}$： $\Delta\overline{p_A}=\frac{p_{AH}-p_{AL}}{p_{AH}}\times 100\%$ 反复试验不少于 3 次 ③在②试验过程中，当 P 口卸荷后，立即关闭节流阀 6，用压力表 3-1 和 3-3 测量压力，其压差即为被试阀的卸荷压力	必试	
3	重复精度误差	按序号 2②试验方法，当试验被试阀在调压范围上限值的工作油口（A 口）压力变化率时，根据各次测得的上限压力 p_{AH}（即调定压力）和下限压力 p_{AL}（即向蓄能器 10 充压时的压力），找出最高上限压力 $p_{AH\max}$、最低上限压力 $p_{AH\min}$、最高下限压力 $p_{AL\max}$、最低下限压力 $p_{AL\min}$，然后按下式计算被试阀工作油口（A 口）压力变化率的重复精度误差 E： $E=\frac{(p_{AH\max}-p_{AL\min})-(p_{AH\min}-p_{AL\max})}{p_{AH}}\times 100\%$	抽试	
4	工作油口（A 口）单向阀压力损失	完全打开节流阀 6，并使通过被试阀的流量为试验流量。用压力表 3-1 和 3-2 测量压力，其压差即为被试阀工作油口（A 口）单向阀压力损失	抽试	
5	内泄漏量	关闭截止阀 11-1、11-2 和节流阀 6，调节溢流阀 2-1 和被试阀，使被试阀至调压范围上限值，并使通过被试阀的流量为试验流量 调节溢流阀 2-1，使系统压力下降至被试阀调压范围上限值的 75%，30s 后在被试阀的溢流口测量内泄漏量	必试	

续表

续表

序号	试验项目	试验方法	试验类型	备注
6	保压性	在进行此项试验时，规定蓄能器10的容积为0.63L，其充气压力应小于被试阀调压范围下限值。完全关闭节流阀6（在整个试验过程中，节流阀不应有油液通过）。调节溢流阀2-1和被试阀，使被试阀工作油口（A口）压力略高于调压范围上限值。然后打开截止阀11-1，当压力表3-2的指示压力下降到被试阀调压范围上限值时，开始记录时间，测量5min时间间隔内压力表3-2指示压力的下降值	抽试	
7	动作可靠性	调节溢流阀2-1，使系统压力比被试阀调压范围上限值高15%左右（仅起安全阀作用），并使通过被试阀的流量为试验流量。然后将被试阀调至调压范围上限值，在上面“⑥被试阀的电磁铁”规定的条件下，将电磁铁通电（或断电），由压力表3-1观察被试阀的卸荷（或建压）情况。反复试验不少于3次	必试	仅对电磁卸荷溢流阀
8	密封性	在被试阀性能试验前擦干净外表面，从性能试验开始至结束的全过程中观察各密封处的外渗漏情况	必试	

②型式试验　型式试验项目与试验方法应按表4的规定

表4　型式试验项目与试验方法

序号	试验项目	试验方法	备注
1	稳态特性	按JB/T 10371—2013中7.3.1出厂试验项目与试验方法的规定和以下规定进行试验： ①在工作油口（A口）压力变化率试验时，应使被试阀的工作油口（A口）压力p_{AH}从调压范围下限值逐渐提高到上限值，其间设定几个测量点（设定的测量点应足以描绘出曲线），逐点测量即将向蓄能器10充压时的压力p_{AL}，并计算工作油口（A口）压力变化率——Δp_A。绘制被试阀工作油口（A口）调定压力-工作油口（A口）压力变化率特性曲线（见JB/T 10371—2013图B.2） ②在卸荷压力试验时，应分别进行下列试验： A. 恒流量试验 使通过被试阀的流量为试验流量，被试阀的工作油口（A口）压力p_{AH}从调压范围下限值逐渐提高到上限值，其间设定几个测量点（设定的测量点应足以描绘出曲线），逐点测量被试阀的卸荷压力Δp_0，绘制被试阀工作油口（A口）调定压力-卸荷压力特性曲线（见JB/T 10371—2013图B.3） B. 恒压力试验 调节被试阀的工作油口（A口）压力至调压范围下限值和上限值，分别使通过被试阀的流量q_V从零逐渐增大到试验流量，其间设定几个测量点（设定的测量点应足以描绘出曲线），逐点测量被试阀的卸荷压力Δp_0，并绘制被试阀流量-卸荷压力特性曲线（见JB/T 10371—2013图B.4） ③在重复精度误差试验时，调节被试阀的工作油口（A口）压力p_{AH}从调压范围下限值逐渐提高到上限值，其间设定几个测量点（设定的测量点应足以描绘出曲线），逐点测量被试阀的重复精度误差E。绘制被试阀工作油口（A口）调定压力-重复精度误差特性曲线（见JB/T 10371—2013图B.5） ④在工作油口（A口）单向阀压力损失试验时，使通过被试阀工作油口（A口）的流量q_V从零逐渐增大到试验流量，其间设定几个测量点（设定的测量点应足以描绘出曲线），逐点测量被试阀工作油口（A口）单向阀压力损失Δp。绘制被试阀流量-工作油口（A口）单向阀压力损失特性曲线（见JB/T 10371—2013图B.6） ⑤在内泄漏量试验时，将被试阀的进口压力由调压范围上限值的75%逐渐下降到系统最低工作压力，其间设定几个测量点（设定的测量点应足以描绘出曲线），逐点测量被试阀溢流口的内泄漏量。绘制被试阀进口压力-内泄漏量特性曲线（见JB/T 10371—2013图B.7） ⑥在保压性能试验时，应使被试阀的工作油口（A口）压力在调压范围下限值和上限值两种情况下试验，保压时间不少于15min，其间设定几个测量点（设定的测量点应足以描绘出曲线），逐点测量被试阀工作油口（A口）压力下降值Δp_A。绘制被试阀保压时间-工作油口（A口）压降特性曲线（见JB/T 10371—2013图B.8）	

（左侧栏：性能试验方法｜试验项目与试验方法）

续表

续表

		序号	试验项目	试验方法	备注
性能试验方法	试验项目与试验方法	2	调节力矩	调节溢流阀 2-1,使系统压力比被试阀调压范围上限值高 15%,并使通过被试阀的流量为试验流量。然后调节被试阀由调压范围下限值至上限值,再由上限值至下限值间变化,其间设定几个测量点(设定的测量点应足以描绘出曲线),测量被试阀调节过程中的调节力矩。绘制被试阀调节过程中的压力-调节力矩特性曲线(见 JB/T 10371—2013 图 B.9)	
		3	瞬态特性	在进行此项试验时,规定蓄能器 10 的容积为 0.63L,其充气压力应小于被试阀调压范围下限值 调节溢流阀 2-1,使系统压力比被试阀调压范围上限值高 30%(仅起安全阀作用),并使通过被试阀的流量为试验流量。分别进行下列试验: ①升压-卸荷特性试验:调节节流阀 6,使被试阀以 10~20 次/min 的频率进行升压与卸荷,通过压力传感器 3-1 和 3-2 用记录仪记录被试阀的工作油口(P 口)和工作油口(A 口)的压力变化过程,得出被试阀自动升压-卸荷特性曲线,并得出 P 油口升压时间、P 油口卸荷时间和 A 油口充压时间(见 JB/T 10371—2013 图 B.10) ②工作油口(A 口)负载阶跃-工作油口(P 口)压力响应特性试验:关闭节流阀 6,调节溢流阀 2-2,使控制阶跃加载阀 9 的压力和流量能保证阶跃加载阀 9 的动作时间符合上面“③瞬态工况”Ⅲ的要求。当电磁换向阀 7 处在通电位置时,被试阀处于卸荷状态。然后将电磁换向阀 7 断电复位,阶跃加载阀 9 由开通状态迅速关闭,通过压力传感器 3-1 和 3-2 用记录仪记录被试阀的工作油口(P 口)和工作油口(A 口)的压力变化过程,得出工作油口(A 口)负载阶跃-工作油口(P 口)压力响应特性曲线,并得出 P 油口压力响应时间和 P 油口压力超调率(见 JB/T 10371—2013 图 B.11)	
		4	噪声	调节被试阀至调压范围上限值,并使通过被试阀的流量为试验流量。用噪声仪在距离被试阀 1m 为半径的近似球面上,测量 6 个均匀分布位置的噪声值	
		5	耐久性	调节被试阀至调压范围上限,并使通过被试阀的流量为试验流量。调节节流阀 6,使被试阀的 P 油口以 20~40 次/min 的频率进行自动升压和卸荷。在试验过程中,记录被试阀的动作次数。在达到耐久性指标所规定的动作次数后,按照 JB/T 10371—2013 中 6.2.13 的要求,检查被试阀的主要零件和性能	

装配和外观检验方法

装配和外观检验方法应按表 5 的规定

表 5　装配和外观检验方法

序号	检验项目	检验方法	检验类型
1	装配质量	目测法	必检
2	内部清洁度	按 JB/T 7858 的规定	抽检
3	外观质量	目测法	必检

10.4　液压减压阀试验方法（摘自 JB/T 10367—2014）

表 20-8-234

范围		见本章“4　压力控制阀”的第 4.4 节
性能试验	试验装置	①试验回路 Ⅰ. 除耐压试验外,出厂试验台的试验回路应符合图 1 的要求,型式试验台的试验回路应符合图 2 的要求。耐压试验台的试验回路可以简化 Ⅱ. 与被试阀连接的工作管路和管接头的内径应与被试阀的实际通径相一致 Ⅲ. 允许在给定的基本回路中增设调节压力、流量或保证试验系统安全工作的元件,但不应影响到被试阀的性能 ②油源 Ⅰ. 试验台油源的流量应能调节,并应大于被试阀的试验流量 Ⅱ. 性能试验时,试验装置的油源的压力应能短时间超过被试阀最该工作压力的 20%~30%;耐压试验时,试验装置的油源的压力应不低于被试阀最高工作压力的 1.5 倍 ③测压点　应按以下要求设置测压点

续表

<table>
<tr>
<td>性能试验</td>
<td>试验装置</td>
<td>

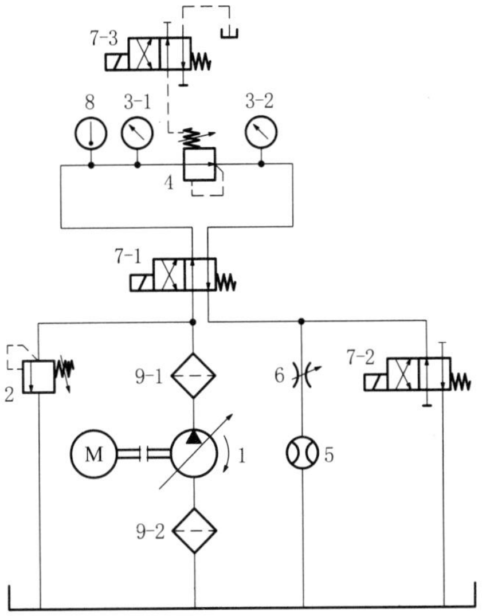

图 1　出厂试验回路原理图

1—液压泵；2—溢流阀；3-1，3-2—压力表；4—被试阀；5—流量计；6—节流阀；
7-1～7-3—换向阀；8—温度计；9-1，9-2—过滤器

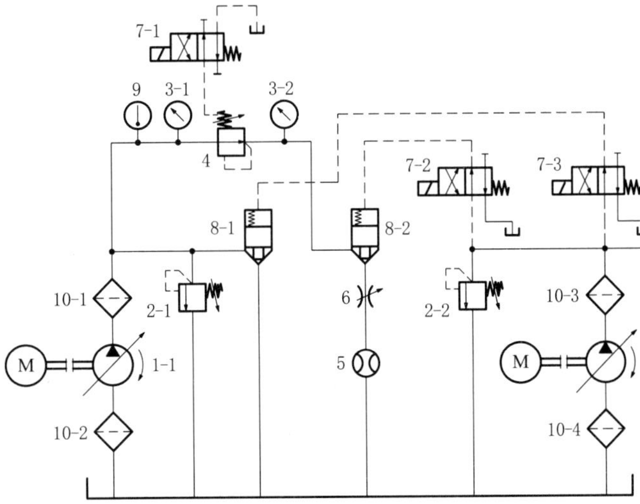

图 2　型式试验回路原理图

1-1，1-2—液压泵；2-1，2-2—溢流阀；3-1～3-3—压力表；4—被试阀；5—流量计；
6—节流阀；7-1～7-3—换向阀；8-1，8-2—阶跃加载阀；9—温度计；10-1～10. 4—过滤器

a. 测压点应设置在扰动源（如阀、弯头等）和被试阀之间。与扰动源的距离不小于 $10d$（d 为管道内径），与被试阀的距离尽量接近 $10d$

b. 按 C 级测量准确度测试时，允许测压点的位置与上述要求不符，但应给出相应修正值

④测压孔　测压孔应符合以下要求

a. 测压孔直径应不小于 1mm，不大于 6mm

b. 测压孔长度应不小于测压孔直径的 2 倍

c. 测压孔轴线与管道轴线垂直，管道内表面与测压孔交角处应保持锐角，不应有毛刺

d. 测压点与测量仪表之间的连接管道的内径应不小于 3mm，并应排除连接管道中的空气

⑤测温点　测温点应设置在被试阀进口测压点上游不大于 $15d$ 处

⑥油液取样点　应按 GB/T 17489 的规定，在试验回路中设置油液取样点及提取液样

⑦安全防护　试验台的设计、制造及试验过程应采取必要措施保护人员和设备的安全

</td>
</tr>
</table>

续表

性能试验 — 试验条件

①试验介质

Ⅰ. 试验介质应为一般矿物油型液压油

Ⅱ. 试验介质的温度：除明确规定外，型式试验应在50℃±2℃下进行，出厂试验应在50℃±4℃下进行

Ⅲ. 试验介质的黏度：40℃时的运动黏度为42~74mm^2/s（特殊要求另行规定）

Ⅳ. 试验介质的污染度：试验系统油液的固体颗粒污染度不应高于GB/T 14039—2002规定的等级—/19/16

②稳态工况　各被测参量平均显示值的变化范围符合表1规定时为稳态工况。应在稳态工况下测量每个设定点的各个参量

表1　被测参量平均显示值的允许变化范围

被测参量	各测量准确度等级对应的被测参量平均显示值的允许变化范围		
	A	B	C
压力/%	±0.5	±1.5	±2.5
流量/%	±0.5	±1.5	±2.5
温度/℃	±1.0	±2.0	±4.0
黏度/%	±5.0	±10	±15

注：测量准确度等级见下面“⑤测量准确度等级”

③瞬态工况

Ⅰ. 被试阀和试验回路相关部分所组成油腔的表观容积刚度，应保证被试阀进口压力变化率在600~800MPa/s范围内

注：1. 表观容积刚度系指理论上油液所通过的油腔在其承受的压力变化时油腔抵抗容积变化的能力

2. 进口压力变化率系指进口压力从最终稳态压力值与起始稳态压力值之差的10%上升到90%的压力变化量与相应时间之比

Ⅱ. 阶跃加载阀与被试阀之间的相对位置，可用控制其间的压力梯度限制油液可压缩性的影响来确定。其间的压力梯度可以计算获得。算得的压力梯度至少应为被试阀实测的进口压力梯度的10倍

压力梯度按公式（1）计算

$$\frac{dp}{dt}=\frac{q_{VS}K_s}{V} \tag{1}$$

式中　q_{VS}——被试阀4设定的稳态流量

K_s——油液的等熵体积弹性模量

V——试验回路中被试阀4与阶跃加载阀（阶跃加载阀8-1或换向阀7）之间的油路连通容积

Ⅲ. 试验回路中阶跃加载阀的响应时间不应超过被试阀4出口压力响应时间的10%，最长不超过10ms

④试验流量

Ⅰ. 试验流量应为额定流量。当规定的被试阀额定流量大于200L/min时，允许试验流量为200L/min，但应经工况考核，被试阀的性能指标以满足工况要求为依据

Ⅱ. 出厂试验允许降流量进行，但应对性能指标给出相应修正值

Ⅲ. 型式试验时鼓励试验流量大于额定流量，以记录被试阀最大流量的工作能力

⑤测量准确度等级　测量准确度等级按GB/T 7935—2005中5.1的规定。型式试验不应低于B级，出厂试验不应低于C级。各测量准确度等级对应的测量系统的允许误差应符合表2的规定

表2　测量系统的允许系统误差

测量参量	各测量准确度等级对应的测量系统的允许误差		
	A	B	C
压力（表压力 $p<0.2$MPa）/kPa	±2.0	±6.0	±10.0
压力（表压力 $p\geqslant0.2$MPa）/kPa	±0.5	±1.5	±2.5
流量/%	±0.5	±1.5	±2.5
温度/℃	±0.5	±1.0	±2.0

性能试验 — 试验项目与试验方法

①出厂试验　减压阀的出厂试验项目与试验方法按表3的规定

表3　出厂试验项目与试验方法

序号	试验项目	试验方法	试验类型	备注
1	耐压性	各泄油口与油箱连通。对各承压口施加耐压试验压力，耐压试验压力为该油口最高工作压力的1.5倍，试验压力以每秒2%耐压试验压力的速率递增，直至耐压试验压力。达到后，保压5min	抽试	

续表

续表

		序号	试验项目	试验方法	试验类型	备注
性能试验	试验项目与试验方法	2	调压范围及压力稳定性	调节溢流阀2,使被试阀4的进口压力为最高工作压力,并使通过被试阀4的流量为试验流量,分别进行下列试验: a. 调节被试阀4的调压装置从全松位置到全紧位置,再从全紧位置到全松位置,通过压力表3-2观察压力上升与下降情况,并测量调压范围,反复试验不少于3次 b. 调节被试阀4至调压范围上限值,用压力表3-2测量压力振摆值 c. 调节被试阀4至调压范围下限值(当调压范围下限值低于1.5MPa时,则调到1.5MPa),用压力表3-2测量1min内的压力偏移值	必试	
		3	减压稳定性	调节节流阀6和被试阀4,使被试阀4的出口压力为调压范围下限值(当调压范围下限值低于1.5MPa时,则调节到1.5MPa),并使通过被试阀4的流量为试验流量。分别进行下列试验: a. 进口压力变化时的减压稳定特性试验: 调节溢流阀2,使被试阀4的进口压力在比出口调定压力高2MPa至最高工作压力的范围内变化,用压力表3-2测量被试阀4的出口调定压力变化量,并按公式(2)计算相对出口调定压力变化率 $$\overline{\Delta p}_{2Dp}=\frac{\Delta p_{2D}}{p_{2D}}\times 100\%/\Delta p_1 \quad (2)$$ 式中 $\overline{\Delta p}_{2Dp}$——在给定的调定压力下,当进口压力变化时的相对出口调定压力变化率,%/MPa Δp_{2D}——当进口压力变化时,给定调定压力的最大变化值,MPa p_{2D}——给定的调定压力,此为调压范围下限值(当调压范围下限值低于1.5MPa时,即为1.5MPa) Δp_1——进口压力变化量,MPa b. 流量变化时的减压稳定特性试验: 调节溢流阀2和节流阀6,使被试阀4的进口压力为最高工作压力,并使通过被试阀4的流量从0增至试验流量,用压力表3-2测量被试阀4的出口调定压力变化量,并按公式(3)计算相对出口调定压力变化率 $$\overline{\Delta p}_{2Dq}=\frac{\Delta p_{2D}}{p_{2D}}\times 100\%/\Delta q_V \quad (3)$$ 式中 $\overline{\Delta p}_{2Dq}$——在给定的调定压力下,当流量变化时的相对出口调定压力变化率,%/(L/min) Δp_{2D}——当流量变化时,给定调定压力的最大变化值,MPa p_{2D}——给定的调定压力,此处为调压范围下限值(当调压范围下限值低于1.5MPa时,即为1.5MPa) Δq_V——流量变化量,L/min	必试	
		4	外泄漏	调节被试阀4的出口压力为调压范围下限值(当调压范围下限低于1.5MPa时,则调至1.5MPa),并使通过被试阀4的流量分别为0和试验流量。然后调节溢流阀2,使被试阀4的进口压力为最高工作压力,测量经过先导阀的外泄漏量	抽试	
		5	反向压力损失	将换向阀7-1换向到左边位置,调节节流阀6,使反向通过被试阀4的流量为试验流量,用压力表3-2和压力表3-1测量压力,其压差即为被试阀4的反向压力损失	抽试	仅对单向减压阀

续表

续表

序号	试验项目	试验方法	试验类型	备注
6	动作可靠性	调节被试阀4的出口压力为调压范围下限值(当调压范围下限值低于1.5MPa时,则调至1.5MPa),调节溢流阀2和节流阀6,使被试阀4的进口压力为最高工作压力,并使通过被试阀4的流量为试验流量。在上述条件下保持3min后,将换向阀7-2反复换向不少于3次,通过压力表3-2观察被试阀4的卸压和建压情况	抽试	
7	密封性	a. 背压密封性:换向阀7-3通电,使被试阀4的卸油口压力保持产品规定的背压值(至少为0.5MPa)。调节被试阀4的调压装置,从全松位置至全紧位置,再从全紧位置至全松位置,保持3min,目测观察调压装置各连接处的密封情况 b. 在上述各项试验过程中,目测观察被试阀4连接面及各连接处的密封情况	必试	

(左侧栏:性能试验 ｜ 试验项目与试验方法)

②型式试验　减压阀的型式试验项目与试验方法按表4的规定

表4　减压阀的型式试验项目与试验方法

序号	试验项目	试验方法	备注
1	稳态特性	a. 按"①出厂试验"出厂试验项目与试验方法中的规定试验全部项目,并按以下方法试验和绘制特性曲线: 1)在调压范围及压力稳定性试验时,压力振摆应在整个调压范围内测量,并在压力振摆最大点试验3min内的压力偏移值 2)在减压稳定特性试验时,应把被试阀4调定在调压范围下限值(当调压范围下限值低于1.5MPa时,则调至1.5MPa)、中间值和上限值,然后分别进行进口压力变化时的减压稳定特性试验(该项试验时通过被试阀4的流量均为试验流量)和流量变化时的减压稳定特性试验(该项试验时被试阀4的进口压力均为最高工作压力)。在上述两项试验中,被试阀4进口压力的变化范围和通过被试阀4的流量变化范围按"①出厂试验"出厂试验项目与试验方法中的有关规定,其间设定几个测量点(设定的测量点数应足以描出进口压力变化-出口调定压力变化特性曲线和流量变化-出口调定压力变化特性曲线),逐点测量被试阀4出口调定压力的变化量,按"①出厂试验"出厂试验项目与试验方法中规定的计算,公式计算相对出口调定压力变化率,并绘制进口压力变化-出口调定压力变化特性曲线(见JB/T 10367—2014图B.3)与流量变化-出口调定压力变化特性曲线(见JB/T 10367—2014图B.4) 3)在外泄漏量试验时,使被试阀4的进口压力在比调压范围下限值(当调压范围下限值低于1.5MPa时,则调至1.5MPa)高2MPa至最高工作压力的范围内变化,其间设定几个测量点(设定的测量点数应足以描出进口、出口压差-外泄漏量曲线),逐点测量被试阀4外泄油口的外泄漏量,并绘制进口、出口压差-外泄漏量曲线(见JB/T 10367—2014图B.5) 4)在反向压力损失试验时,使反向通过被试阀4的流量从0逐渐增大到试验流量,其间设定几个测量点(设定的测量点数应足以描出流量-反向压力损失曲线),逐点测量被试阀4的反向压力损失,并绘制流量-反向压力损失曲线(见JB/T 10367—2014图B.6) b. 最低设定压力试验: 使通过被试阀4的流量从0逐渐增大到试验流量,其间设定几个测量点(设定的测量点数应足以描出流量-最低设定压力特性曲线),在每一个测量点上,调节被试阀4的调压装置至全松位置,然后调节调压装置至压力表3-1开始升压为止,用压力表3-1和压力表3-2测量压力,其压差即为该测量点上的最低设定压力。绘制流量-最低设定压力特性曲线(见JB/T 10367—2014图B.7) c. 调节力矩试验: 调节溢流阀2,使被试阀4的进口压力为最高工作压力,并使通过被试阀4的流量为试验流量。调节节流阀6和被试阀4,使被试阀4的出口压力在调压范围下限值(当调压范围下限值低于1.5MPa时,则调至1.5MPa)到上限值,再从上限值到下限值变化,其间设定几个测量点(设定的测量点数应足以描出调节压力-调节力矩特性曲线),用力矩测量计测量被试阀4调节过程中的调节力矩。并绘制调节压力-调节力矩特性曲线(见JB/T 10367—2014图B.8)	第4)项仅对单向减压阀

续表

续表

		序号	试验项目	试验方法	备注
性能试验	试验项目与试验方法	2	瞬态特性	调节溢流阀 2,使被试阀 4 的进口压力为最高工作压力,并使通过被试阀 4 的流量为试验流量。调节节流阀 6 和被试阀 4,使被试阀 4 的出口压力为调压范围下限值(当调压范围下限值低于 1.5MPa 时,则调至 1.5MPa)。分别进行下列试验: a. 进口压力阶跃变化时被试阀 4 的出口调定压力响应特性试验: 换向阀 7-3 通电,使阶跃加载阀 8-1 反向开启,此时被试阀 4 的进口压力下降到起始压力,应使此起始压力不超过被试阀 4 出口调定压力的 50%(以保证被试阀 4 的主阀芯在全开度位置),并不超过被试阀 4 进口调定压力的 20%。然后控制换向阀 7-3 断电,从而使阶跃加载阀 8-1 反向由开到关,在被试阀 4 的进口产生一个满足瞬态条件的压力阶跃,通过压力传感器 3-1 和压力传感器 3-2 用记录仪记录被试阀 4 进口、出口压力的变化过程,得出被试阀 4 出口调定压力瞬态恢复时间和压力超调率(见 JB/T 10367—2014 图 B.9) b. 流量阶跃变化时被试阀 4 的出口调定压力响应特性试验: 控制换向阀 7-2 断电,从而使阶跃加载阀 8-2 反向关闭,此时通过被试阀 4 的流量为 0。然后控制换向阀 7-2 通电,使阶跃加载阀 8-2 反向开启,从而使通过被试阀 4 的流量产生一个阶跃变化,通过压力传感器 3-2 用记录仪记录被试阀 4 出口调定压力的变化过程,得出被试阀 4 的出口调定压力的瞬态恢复时间和相对出口调定压力变化率(见 JB/T 10367—2014 图 B.10) c. 建压、卸压特性试验: 对被试阀为先导型减压阀,操作换向阀 7-1,通过压力传感器 3-2 用记录仪记录被试阀 4 出口压力的建压时间、卸压时间和压力超调率(见 JB/T 10367—2014 图 B.11)	
		3	噪声	换向阀 7-3 通电,使阶跃加载阀 8-1 反向开启,将系统压力降为最低,用噪声测量仪在距离被试阀 4 半径为 1m 的近似球面上,测量 6 个均匀分布位置的背景噪声值 换向阀 7-3 断电,使阶跃加载阀 8-1 关闭,调节被试阀 4 至调压范围上限值,并使通过被试阀 4 的流量为试验流量。用噪声测量仪在距离被试阀 4 半径为 1m 的近似球面上,测量 6 个均匀分布位置的噪声值 依据 GB/T 17483—1998 中 A.2 的计算方法计算被试阀的噪声	
		4	耐久性	调节溢流阀 2,使被试阀 4 的进口压力为最高工作压力,并使通过被试阀 4 的流量为试验流量。调节节流阀 6 和被试阀 4,使被试阀 4 的出口压力为调压范围下限值(当调压范围下限值低于 1.5MPa 时,则调至 1.5MPa)。以 20~40 次/min 的频率连续控制换向阀 7-3 通电和断电,以使阶跃加载阀 8-1-反复开启和关闭,并记录被试阀 4 的动作次数。在达到耐久性指标规定的动作次数后,检查被试阀 4 的主要零件和性能	

装配和外观检验

装配和外观检验应按表 5 的规定

表 5　装配和外观检验

序号	检验项目	检验方法	检验类型
1	装配质量	目测法	必检
2	内部清洁度	按 JB/T 7858 的规定	抽检
3	外观质量	目测法	必检

10.5　液压顺序阀试验方法（摘自 JB/T 10370—2013）

表 20-8-235

范围		见本章“4　压力控制阀”的第 4.6 节
性能试验	试验装置	①试验回路 Ⅰ. 除耐压试验外,出厂试验应具有符合图 1 所示试验回路的试验台,型式试验应具有符合图 2 所示试验回路的试验台。耐压试验台的试验回路可以简化

续表

性能试验	试验装置	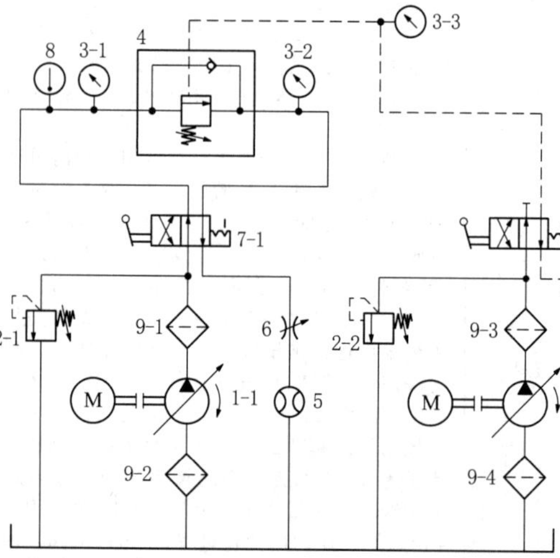 图 1　出厂试验回路原理图 1-1,1-2—液压泵;2-1,2-2—溢流阀;3-1～3-3—压力表;4—被试阀;5—流量计;6—节流阀;7-1,7-2—手动换向阀;8—温度计;9-1～9-4—过滤器 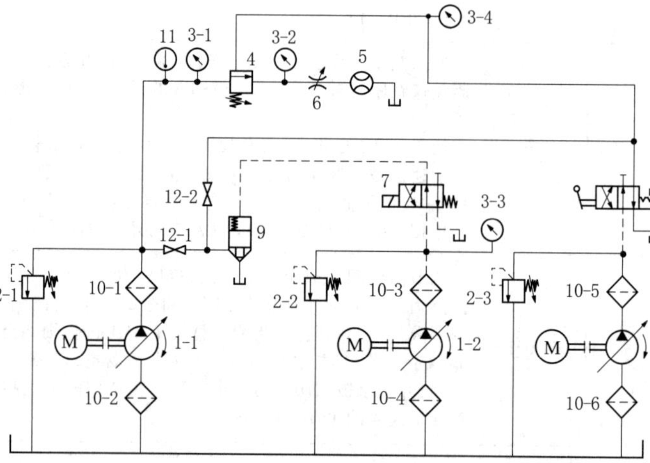 图 2　型式试验回路原理图 1-1～1-3—液压泵;2-1～2-3—溢流阀;3-1～3-4—压力表(对瞬态试验,压力表 3-1、3-2、3-4 处还应接入压力传感器);4—被试阀;5—流量计;6—节流阀;7—电磁换向阀;8—手动换向阀;9—阶跃加载阀;10-1～10-6—过滤器;11—温度计;12-1,12-2—截止阀 Ⅱ. 与被试阀连接的工作管道和管接头的内径应与被试阀的实际通径相一致 Ⅲ. 允许在给定的基本回路中增设调节压力、流量或保证试验系统安全工作的元件,但不应影响到被试阀的性能 ②油源 Ⅰ. 试验台油源的流量应能调节,并应大于被试阀的试验流量 Ⅱ. 试验台油源的压力应能满足被试阀试验要求,并考虑一定量的压力安全裕度。耐压试验台油源的压力应大于被试阀公称压力的 1.5 倍 ③测压点　应按以下要求设置测压点 a. 进口测压点应设置在扰动源(如阀、弯头等)的下游和被试阀的上游之间,与扰动源的距离应不小于 $10d$,与被试阀的距离应不小于 $5d$ b. 出口测压点应设置在被试阀下游不小于 $10d$ 处 c. 按 C 级测量准确度测试时,允许测压点的位置与上述要求不符,但应给出相应修正值

续表

性能试验

试验装置

④测压孔　测压孔应符合以下要求

a. 测压孔直径应不小于 1mm，不大于 6mm

b. 测压孔长度应不小于测压孔直径的 2 倍

c. 测压孔轴线与管道轴线垂直，管道内表面与测压孔交角处应保持锐角，不应有毛刺

d. 测压点与测量仪表之间的连接管道的内径应不小于 3mm，并应排除连接管道中的空气

⑤测温点　测温点应设置在被试阀进口测压点上游不大于 15d 处

⑥油液取样点　应按 GB/T 17489 的规定，在试验回路中设置适当的油液取样点

⑦安全防护　试验台的设计、制造及试验过程应采取必要措施保护人员和设备的安全

试验条件

①试验介质

Ⅰ. 试验介质为一般矿物油型液压油

Ⅱ. 试验介质的温度：除明确规定外，型式试验应在 50℃±2℃ 下进行，出厂试验应在 50℃±4℃ 下进行

Ⅲ. 试验介质的黏度：40℃时的运动黏度为 42~74mm^2/s（特殊要求另行规定）

Ⅳ. 试验介质的污染度：试验系统油液的固体颗粒污染度不应高于 GB/T 14039—2002 规定的等级—/19/16

②稳态工况　各被测参量平均显示值的变化范围符合表 1 规定时为稳态工况。应在稳态工况下测量每个设定点的各个参量

表 1　被测参量平均显示值允许变化范围

被测参量	各测量准确度等级对应的被测参量平均显示值允许变化范围		
	A	B	C
压力/%	±0.5	±1.5	±2.5
流量/%	±0.5	±1.5	±2.5
温度/℃	±1.0	±2.0	±4.0

注：测量准确度等级见下面"⑤测量准确度等级"

③瞬态工况

Ⅰ. 被试阀和试验回路相关部分所组成油腔的表观容积刚度，应保证被试阀进口压力变化率在 600~800MPa/s 范围内

注：进口压力变化率系指进口压力从最终稳态压力值与起始稳态压力值之差的 10%上升到 90%的压力变化量与相应时间之比

Ⅱ. 阶跃加载阀与被试阀之间的相对位置，可用控制其间的压力梯度限制油液可压缩性的影响来确定。其间的压力梯度可以计算获得。算得的压力梯度至少应为被试阀实测的进口压力梯度的 10 倍

压力梯度计算公式

$$\frac{dp}{dt}=\frac{q_{VS}K_s}{V}$$

式中　q_{VS}——被试阀设定的稳态流量

K_s——油液的等熵体积弹性模量

V——试验回路中被试阀与阶跃加载阀之间的油路连通容积

Ⅲ. 试验回路中阶跃加载阀的响应时间不应超过被试阀 4 出口压力响应时间的 10%，最长不超过 10ms

Ⅳ. 被试阀为外接顺序阀时，控制回路压力上升和下降的压力变化率应不低于 700MPa/s

④试验流量

Ⅰ. 当规定的被试阀额定流量小于或等于 200L/min 时，试验流量应为额定流量

Ⅱ. 当规定的被试阀额定流量大于 200L/min 时，允许试验流量为 200L/min，但应经工况考核，被试阀的性能指标以满足工况要求为依据

Ⅲ. 型式试验时，在具备条件的情况下宜进行最大流量试验，以记录被试阀最大流量的工作能力

Ⅳ. 出厂试验允许降流量进行，但应对性能指标给出相应修正值

⑤测量准确度等级　测量准确度等级按 GB/T 7935—2005 中 5.1 的规定。型式试验不应低于 B 级，出厂试验不应低于 C 级。各测量准确度等级对应的测量系统的允许误差应符合表 2 的规定

表 2　测量系统的允许系统误差

测量参量	各测量准确度等级对应的测量系统的允许误差		
	A	B	C
压力（表压力 p<0.2MPa）/kPa	±2.0	±6.0	±10.0
压力（表压力 p≥0.2MPa）/kPa	±0.5	±1.5	±2.5
流量/%	±0.5	±1.5	±2.5
温度/℃	±0.5	±1.0	±2.0

续表

性能试验	试验项目与试验方法	①出厂试验　出厂试验项目与试验方法应按表3的规定

表3　出厂试验项目与试验方法

序号	试验项目	试验方法	试验类型	备注
1	耐压性	泄油口与油箱连通。对各承压口施加耐压试验压力，耐压试验压力为该油口最高工作压力的1.5倍，试验压力以每秒2%耐压试验压力的速率递增，达到后，保压5min	抽试	
2	调压范围及压力稳定性	内控顺序阀：将溢流阀2-1调至比被试阀的调压范围上限值高15%左右（仅起安全阀作用），并使通过被试阀的流量为试验流量，分别进行下列试验： ①调节被试阀的调压装置，从全松至全紧，再从全紧至全松，通过压力表3-1观察压力上升与下降情况，并测量调压范围，反复试验不少于3次 ②调节被试阀至调压范围上限值，用压力表3-1测量压力振摆值和1min内的压力偏移值 外控顺序阀：将溢流阀2-1调至被试阀的额定压力，并使通过被试阀的流量为试验流量，进行调压范围试验： 将溢流阀2-2调至比被试阀的额定压力高15%左右，再调节被试阀的调压装置至全紧或接近全紧位置（此时被试阀应处于开启状态），然后将溢流阀2-2压力逐渐下调至被试阀关闭，观察此时压力表3-3的压力，即为被试阀的调压范围上限值 将溢流阀2-2调至全松位置，将被试阀的调压装置从全松开始逐渐往上调，直到被试阀关闭，再将溢流阀2-2压力逐渐上调至被试阀开启，观察此时压力表3-3的压力，即为被试阀的调压范围下限值	必试	
3	内泄漏量	内控顺序阀：调节被试阀和溢流阀2-1，使被试阀的设定压力至调压范围上限值，并使通过被试阀的流量为试验流量。然后调节溢流阀2-1，使系统压力下降至被试阀调压范围上限值的50%，调定30s后在被试阀的出口测量内泄漏量 外控顺序阀：调节溢流阀2-1的压力至被试阀的调压范围上限值，并使通过被试阀的流量为试验流量。调节溢流阀2-2的压力和被试阀的压力至被试阀的调压范围上限值，再分别调节溢流阀2-1、2-2的压力至被试阀调压范围上限值的50%，调定30s后在被试阀的出口测量内泄漏量	必试	
4	外泄漏量	内控顺序阀：关闭节流阀6，调节溢流阀2-1至被试阀的额定压力，调定30s后在被试阀的泄油口测量外泄漏量 外控顺序阀：关闭节流阀6，调节溢流阀2-1、2-2至被试阀的额定压力，调定30s后在被试阀的泄油口测量外泄漏量	必试	
5	卸荷压力	将溢流阀2-1至被试阀的额定压力，并使通过被试阀的流量为试验流量，放松被试阀的调压装置，调节溢流阀2-2，使控制压力至被试阀额定压力，由压力表3-1和3-2测量被试阀两端的压力，其压差即为卸荷压力	抽试	仅对外顺序阀
6	正向压力损失	调节被试阀的调压装置至全松位置，并使通过被试阀的流量为试验流量，用压力表3-1和3-2测量压力，其压差即为被试阀的正向压力损失	抽试	仅对内顺序阀
7	反向压力损失	将手动换向阀7-1换向至左位，并使通过被试阀的流量为试验流量，用压力表3-2和3-1测量压力，其压差即为被试阀的反向压力损失	抽试	仅对单向顺序阀

续表

性能试验

试验项目与试验方法

续表

序号	试验项目	试验方法	试验类型	备注
8	稳态压力-流量特性	内控顺序阀：将溢流阀2-1调至比被试阀的调压范围上限值高15%左右（仅起安全阀作用），调节被试阀至调压范围上限值，并使通过被试阀的流量为试验流量，分别进行下列试验： ①调节溢流阀2-1，使系统逐渐降压，当压力降至相应于被试阀闭合率下的闭合压力时，测量通过被试阀的溢流量 ②调节溢流阀2-1，从被试阀无流量通过开始使系统逐渐升压，当压力升至相应于被试阀开启率下的开启压力时，测量通过被试阀的溢流量	必试	
		外控顺序阀：将溢流阀2-1至被试阀的额定压力，并使通过被试阀的流量为试验流量，调节被试阀和溢流阀2-2至调压范围上限值，分别进行下列试验： ①调节溢流阀2-1、2-2，使系统压力和控制压力逐渐降压，当压力降至相应于被试阀闭合率下的闭合压力时，测量通过被试阀的溢流量 ②调节溢流阀2-1、2-2，从被试阀无流量通过开始使系统压力和控制压力逐渐升压，当压力升至相应于被试阀开启率下的开启压力时，测量通过被试阀的溢流量		
9	动作可靠性	内控顺序阀：使通过被试阀的流量为试验流量。调节被试阀至调压范围下限值。调节溢流阀2-1和节流阀6，使被试阀的进口压力为额定压力，保持3min。然后再调节溢流阀2-1，使系统压力降至低于被试阀的调定压力，试验被试阀的动作可靠性	抽试	
		外控顺序阀：使通过被试阀的流量为试验流量，调节被试阀至调压范围下限值。调节溢流阀2-1、2-2和节流阀6，使被试阀的进口压力和控制压力为额定压力，保持3min。然后再调节溢流阀2-1、2-2，使系统压力和控制压力降至低于被试阀的调定压力，试验被试阀的动作可靠性		
10	密封性	在被试阀性能试验前擦干净外表面，从性能试验开始至结束的全过程中观察各密封处的外渗漏情况	必试	

②型式试验　型式试验项目与试验方法应按表4的规定

表4　型式试验项目与试验方法

序号	试验项目	试验方法	备注
1	稳态特性	按上面“①出厂试验”出厂试验项目与试验方法的规定和以下规定进行试验： ①在调压范围及压力稳定性试验时，应在整个调压范围内测量压力振摆值，并在压力振摆值最大点测试3min内的压力偏移值 ②在内泄漏量试验时，使被试阀的进口压力从调压范围上限值的50%逐渐下降到系统最低工作压力，其间设定几个测量点（设定的测量点数应足以描绘出曲线），逐点测量被试阀的内泄漏量，并绘制进口压力-内漏量特性曲线（见JB/T 10370—2013图B.3） ③在外泄漏量试验时，使被试阀的进口压力从系统最低工作压力逐渐增高到额定压力，其间设定几个测量点（设定的测量点数应足以描绘出曲线），逐点测量被试阀的外泄漏量，并绘制进口压力-外泄漏量特性曲线（见JB/T 10370—2013图B.4） ④在卸荷压力试验时，使通过被试阀的流量从零逐渐增大到试验流量，其间设定几个测量点（设定的测量点数应足以描绘出曲线），逐点测量被试阀的卸荷压力，并绘制流量-卸荷压力特性曲线（见JB/T 10370—2013图B.5） ⑤在正向压力损失试验时，使通过被试阀的流量从零逐渐增大到试验流量，其间设定几个测量点（设定的测量点数应足以描绘出曲线），逐点测量被试阀的正向压力损失，并绘制流量-正向压力损失特性曲线（见JB/T 10370—2013图B.6）	

续表

续表

		序号	试验项目	试验方法	备注
性能试验	试验项目与试验方法	1	稳态特性	⑥在反向压力损失试验时，使反向通过被试阀的流量从零逐渐增大到试验流量，其间设定几个测量点（设定的测量点数应足以描绘出曲线），逐点测量被试阀的反向压力损失，并绘制流量-反向压力损失特性曲线（见 JB/T 10370—2013 图 B.7） ⑦在稳态压力-流量特性试验时，应把被试阀分别调定在调压范围下限值、中间值和上限值，通过被试阀的流量均为试验流量，然后改变系统压力，逐点测量被试阀的进口压力和相应压力下通过被试阀的流量（设定的测量点数应足以描绘出曲线），并绘制稳态压力-流量特性曲线（见 JB/T 10370—2013 图 B.8） ⑧最低设定压力试验（仅对内控顺序阀）：使通过被试阀的流量从零逐渐增大到试验流量，其间设定几个测量点（设定的测量点数应足以描绘出曲线），在每一个测量点上，调节被试阀的调压装置至全松位置，然后调节调压装置至压力表 3-1 开始升压为止，用压力表 3-1 和 3-2 测量压力，其压差即为该测量点上的最低设定压力。绘制流量-最低设定压力特性曲线（见 JB/T 10370—2013 图 B.9）	
		2	调节力矩	将溢流阀 2-1 调至比被试阀的调压范围上限值高 15%左右（仅起安全阀作用），并使通过被试阀的流量为试验流量。然后调节被试阀，使进口压力从调压范围下限值到上限值，再从上限值到下限值变化，其间设定几个测量点（设定的测量点数应足以描绘出曲线），用力矩测量计测量被试阀调节过程中的调节力矩，并绘制调节压力-调节力矩特性曲线（见 JB/T 10370—2013 图 B.10）	
		3	瞬态特性	流量阶跃变化时被试阀的进、出口调定压力响应特性试验： 打开截止阀 12-1，关闭截止阀 12-2，调节溢流阀 2-1 至比被试阀的调压范围上限值高某一压力值（在整个试验过程中，溢流阀 2-1 不应有油液通过）。调节被试阀至调压范围上限值，再调节节流阀 6，使被试阀的出口压力比调压范围上限值低 1MPa，并使通过被试阀的流量为试验流量 调节溢流阀 2-2，使控制压力能保证阶跃加载阀 9 符合上面“③瞬态工况”Ⅲ的要求迅速动作。使电磁换向阀 7 得电换向，阶跃加载阀 9 开启，被试阀的进口压力（此时下降到瞬态试验的起始压力）不应超过调节压力上限值的 20%。然后，使电磁换向阀 7 失电复位，使阶跃加载阀 9 由开至关，从而使被试阀的进口产生一个满足上面“③瞬态工况”Ⅰ的压力阶跃，通过压力传感器 3-1 和 3-2 用记录仪记录被试阀进、出口压力的变化过程，得出被试阀进、出口压力响应特性曲线，并得出进、出口的响应时间、瞬态恢复时间和压力超调率（见 JB/T 10370—2013 图 B.11）	仅对外控顺序阀
				建压、卸压特性试验： 打开截止阀 12-2，关闭截止阀 12-1，全打开节流阀 6，调节溢流阀 2-1 至被试阀的调压范围上限值，并使通过被试阀的流量为试验流量，调节溢流阀 2-2，使控制压力能保证阶跃加载阀 9 符合上面“③瞬态工况”Ⅲ的要求迅速动作。手动换向阀 8 换向至左位，调节溢流阀 2-3 的压力至比被试阀调压范围上限值高某一值，同时调节控制油流量，使控制压力能符合上面“③瞬态工况”Ⅳ的要求，使电磁换向阀 7 得电换向后又失电复位，即使被试阀的控制口卸压后又迅速建压，通过压力传感器 3-1 用记录仪记录被试阀建压和卸压过程，得出被试阀建压、卸压特性曲线，并得出建压时间、卸压时间和压力超调率（见 JB/T 10370—2013 图 B.12）	
		4	噪声	调节被试阀至调压范围下限值和上限值，并使通过被试阀的流量为试验流量。用噪声仪在距离被试阀 1m 为半径的近似球面上，测量 6 个均匀分布位置的噪声值	
		5	耐久性	调节被试阀至调压范围上限值，并使通过被试阀的流量为试验流量。打开截止阀 12-1，关闭截止阀 12-2，以 20~40 次/min 的频率连续换向操作电磁换向阀 7，使被试阀交替失压和建压。在上述试验过程中，记录被试阀的动作次数，在达到耐久性指标中所规定的动作次数后，按照 JB/T 10370—2013 中 6.2.15 的要求，检查被试阀的主要零件和性能	

续表

<table>
<tr><td>装配和外观检验方法</td><td>装配和外观检验应按表 5 的规定

表 5　装配和外观检验方法

序号	检验项目	检验方法	检验类型
1	装配质量	目测法	必检
2	内部清洁度	按 JB/T 7858 的规定	抽检
3	外观质量	目测法	必检

</td></tr>
</table>

0.6　液压压力继电器试验方法（摘自 JB/T 10372—2014）

表 20-8-236

<table>
<tr><td colspan="2">范围</td><td>见本章“4　压力控制阀”的 4.9 节</td></tr>
<tr><td>性能试验</td><td>试验装置</td><td>

①试验回路

Ⅰ. 除耐压试验外，出厂试验和型式试验的试验回路应符合图 1 的要求。耐压试验台的试验回路可以简化

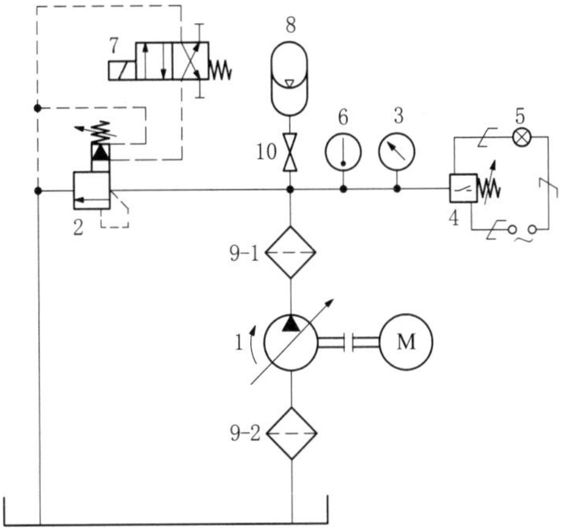

图 1　试验回路原理图

1—液压泵；2—溢流阀；3—压力表（瞬态试验还应接入压力传感器）；4—被试压力继电器；5—指示器；6—温度计；7—电磁换向阀（阶跃加载阀）；8—蓄能器；9-1，9-2—过滤器；10—截止阀

Ⅱ. 与被试压力继电器连接的管道和管接头的内径应与被试压力继电器的实际通径相一致

Ⅲ. 允许在给定的基本回路中增设调节压力、流量或保证试验系统安全工作的元件，但不应影响到被试阀的性能

②油源

Ⅰ. 试验台油源的流量应能调节，并应大于被试压力继电器的试验流量

Ⅱ. 性能试验时，试验装置的油源压力应能短时间超过被试阀额定压力的 20%～30%；耐压试验时，试验装置油源压力应不低于被试阀额定压力的 1.5 倍

③测压点　应按以下要求设置测压点

a. 测压点应设置在扰动源（如阀、弯头等）和被试阀之间，与扰动源的距离应不小于 10*d*（*d* 为管道内径），与被试阀的距离尽量接近 10*d* 处

b. 按 C 级测量准确度测试时，允许测压点的位置与上述要求不符，但应给出相应修正值

④测压孔　测压孔应符合以下要求

a. 测压孔直径应不小于 1mm，不大于 6mm

b. 测压孔长度应不小于测压孔直径的 2 倍

c. 测压孔轴线与管道轴线垂直，管道内表面与测压孔交角处应保持锐角，不应有毛刺

d. 测压点与测量仪表之间的连接管道的内径应不小于 3mm，并应排除连接管道中的空气

⑤测温点　测温点应设置在被试压力继电器进口测压点上游不大于 15*d* 处

⑥油液取样点　应按 GB/T 17489 的规定，在试验回路中设置油液取样点及提取液样

⑦安全防护　试验台的设计、制造及试验过程应采取必要措施保护人员和设备的安全

</td></tr>
</table>

续表

性能试验

试验条件

①试验介质

Ⅰ. 试验介质应为一般矿物油型液压油

Ⅱ. 试验介质的温度:除明确规定外,型式试验应在50℃±2℃下进行,出厂试验应在50℃±4℃下进行

Ⅲ. 试验介质的黏度:40℃时的油液运动黏度为42~74mm^2/s(特殊要求另行规定)

Ⅳ. 试验介质的污染度:试验系统油液的固体颗粒污染度不应高于GB/T 14039—2002规定的等级—/19/16

②稳态工况　各被测参量平均显示值的变化范围符合表1规定时为稳态工况。应在稳态工况下测量每个设定点的各个参量

表1　被测参量平均显示值的允许变化范围

被测参量	各测量准确度等级对应的被测参量平均显示值的允许变化范围		
	A	B	C
压力/%	±0.5	±1.5	±2.5
流量/%	±0.5	±1.5	±2.5
温度/℃	±1.0	±2.0	±4.0
黏度/%	±5.0	±10	±15

注:测量准确度等级见下面"④测量准确度等级"

③瞬态工况

Ⅰ. 试验回路中的蓄能器8应关闭

Ⅱ. 被试压力继电器和试验回路相关部分所组成油腔的表观容积刚度,应保证被试压力继电器进口压力变化速率在600~800MPa/s范围内

注:1. 表观容积刚度系指理论上油液所通过的油腔在其承受的压力变化时油腔自身抵抗容积变化的能力

2. 进口压力变化率系指进口压力从最终稳态压力值与起始稳态压力值之差的10%上升到90%的压力变化量与相应时间之比

Ⅲ. 阶跃加载阀与被试压力继电器之间的相对位置,可用控制其间的压力梯度限制油液可压缩性的影响来确定。其间的压力梯度可以计算获得。算得的压力梯度至少应为被试压力继电器实测的进口压力梯度的10倍

压力梯度按公式(1)计算

$$\frac{\mathrm{d}p}{\mathrm{d}t}=\frac{q_{\mathrm{VS}}K_{\mathrm{s}}}{V} \tag{1}$$

式中　q_{VS}——被试压力继电器设定的稳态流量

K_{s}——油液的等熵体积弹性模量

V——试验回路中被试压力继电器与阶跃加载阀之间的油路连通容积

Ⅳ. 试验回路中阶跃加载阀的响应时间不应超过被试压力继电器响应时间的10%,最长不超过10ms

④测量准确度等级　测量准确度等级按GB/T 7935—2005中5.1的规定。型式试验不应低于B级,出厂试验不应低于C级。各测量准确度等级对应的测量系统的允许误差应符合表2的规定

表2　测量系统的允许系统误差

测量参量	各测量准确度等级对应的测量系统的允许误差		
	A	B	C
压力(表压力p<0.2MPa)/kPa	±2.0	±6.0	±10.0
压力(表压力p≥0.2MPa)/kPa	±0.5	±1.5	±2.5
流量/%	±0.5	±1.5	±2.5
温度/℃	±0.5	±1.0	±2.0

试验项目与试验方法

①出厂试验　出厂试验项目与试验方法应按表3的规定

表3　出厂试验项目与试验方法

序号	试验项目	试验方法	试验类型	备注
1	耐压性	各泄油口与油箱连通。对各承压口施加耐压试验压力,耐压试验压力为该油口额定压力的1.5倍,试验压力以每秒2%耐压试验压力的速率递增,直至耐压试验压力。达到后,保压5min	抽试	

续表

性能试验 — 试验项目与试验方法

续表

序号	试验项目	试验方法	试验类型	备注
2	调压范围及压力稳定性	调节被试压力继电器4的调压装置至全松位置，并调节溢流阀2，使系统逐渐升压，在指示器5刚通电时，由压力表3测得被试压力继电器4的最低调节压力。然后，调节被试压力继电器4的调压装置至全紧位置，并调节溢流阀2使系统逐渐升压至指示器5通电，由压力表3测得被试压力继电器4的最高调节压力。反复试验不应少于3次	必试	上述试验方法以被试压力继电器4的微动开关系常闭式（即在液压力的作用下，被试压力继电器4动作后指示器5常通）为例，下同
3	灵敏度	调节被试压力继电器4至调压范围上限值，调节溢流阀2使系统升压或降压，用压力表3测量系统升压至指示器5刚通电时的压力以及系统降压时指示器5刚断电时的压力，两者之间的差值相对于调压范围上限值的百分比，即为被试压力继电器4的灵敏度，反复试验不应少于3次	必试	
4	重复精度误差	在进行第3项试验时，每次试验测得的相应压力（指示器5通电时的系统压力或指示器5断电时的系统压力）之间的最大差值相对于调压范围上限值的百分比，即为被试压力继电器4的重复精度误差	必试	
5	外泄漏	调节被试压力继电器4至调压范围上限值，在被试压力继电器4的泄油口测量外泄漏量	必试	只对于有外泄口的压力继电器做此项试验
6	动作可靠性	调节被试压力继电器4至调压范围上限值，将电磁换向阀7以10~20次/min的频率连续换向，观察被试压力继电器的动作和指示器5的通、断情况。反复试验不少于3次	抽试	
7	密封性	在以上各项试验过程中，目测观察被试阀连接面及各连接处密封情况	必试	

②型式试验　型式试验项目与试验方法应按表4的规定

表4　型式试验项目与试验方法

序号	试验项目	试验方法
1	稳态特性	a. 在灵敏度试验时，调节被试压力继电器4的压力从调节范围下限值到上限值变化，其间设定几个测量点（设定的测量点数应足以描绘出调节压力-灵敏度曲线），逐点测量被试压力继电器4的灵敏度。绘制调节压力-灵敏度曲线（见JB/T 10372—2014图B.2） b. 在重复精度误差试验时，调节被试压力继电器4的压力从调节范围下限值到上限值变化，其间设定几个测量点（设定的测量点数应足以描出调节压力-重复精度误差曲线），逐点测量被试压力继电器4的重复精度。绘制调节压力-重复精度误差曲线（见JB/T 10372—2014图B.3） c. 外泄漏量试验时，调节被试压力继电器4的压力从调节范围下限值到上限值变化，其间设定几个测量点（设定的测量点数应足以描绘出调节压力-外泄漏量曲线），逐点测量被试压力继电器4的外泄漏量。绘制调节压力-外泄漏量曲线（见JB/T 10372—2014图B.4）
2	瞬态特性	测试系统框图如JB/T 10372—2014图B.5所示。试验方法如下： 调节被试压力继电器4至调压范围上限值，操作电磁换向阀7（该阀的操作时间应满足上面“③瞬态工况”Ⅳ），使系统卸压再建压，从而使被试压力继电器4的进口产生一个满足上面“③瞬态工况”Ⅱ规定的压力阶跃，通过压力传感器3和被试压力继电器4的微动开关，用记录仪记录被试压力继电器4的进口压力的变化过程和微动开关的通断情况，得出被试压力继电器4的接通时间和断开时间（见JB/T 10372—2014图B.6）
3	耐久性	调节被试压力继电器4至调压范围上限值，以20~40次/min的频率使电磁换向阀7连续换向，记录被试压力继电器4的动作次数，在达到耐久性指标所规定的动作次数后，检查被试压力继电器4的主要零件和性能

续表

<table>
<tr><td>装配和外观检验</td><td>装配和外观检验应按表 5 的规定</td></tr>
</table>

表 5　装配和外观检验

序号	检验项目	检验方法	检验类型
1	装配质量	目测法	必检
2	内部清洁度	按 JB/T 7858 的规定	抽检
3	外观质量	目测法	必检

10.7　液压节流阀试验方法（摘自 JB/T 10368—2014）

表 20-8-237

<table>
<tr><td colspan="2">范围</td><td>见本章“4　压力控制阀”的 5.1 节</td></tr>
<tr><td>性能试验</td><td>试验装置</td><td>①试验回路
Ⅰ. 出厂试验台和型式试验台的试验回路应符合图 1 的要求
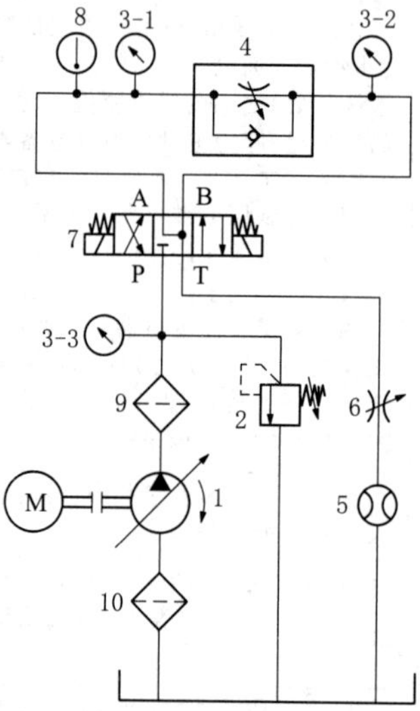
图 1　试验回路原理图
1—液压泵；2—溢流阀；3-1～3-3—压力表；4—被试阀；5—流量计；6—节流阀；
7—电磁换向阀；8—温度计；9，10—过滤器
Ⅱ. 与被试阀连接的管道和管接头的内径应与被试阀的实际通径相一致
Ⅲ. 允许在给定的基本回路中增设调节压力、流量或保证试验系统安全工作的元件，但不应影响到被试阀的性能
②油源
Ⅰ. 油源的流量应能调节，并应大于被试阀的试验流量
Ⅱ. 性能试验时，试验装置的油源压力应能短时间超过被试阀额定压力的 20%～30%；耐压试验时，试验装置油源压力应不低于被试阀额定压力的 1.5 倍
③测压点　应按以下要求设置测压点
a. 测压点应设置在扰动源（如阀、弯头等）和被试阀之间，与扰动源的距离应不小于 10d（d 为管道内径），与被试阀的距离尽量接近 10d 处
b. 按 C 级测量准确度测试时，允许测压点的位置与上述要求不符，但应给出相应修正值
④测压孔　测压孔应符合以下要求
a. 测压孔直径应不小于 1mm，不大于 6mm
b. 测压孔长度应不小于测压孔直径的 2 倍
c. 测压孔轴线与管道轴线垂直，管道内表面与测压孔交角处应保持锐角，不应有毛刺
d. 测压点与测量仪表之间的连接管道的内径应不小于 3mm，并应排除连接管道中的空气
⑤测温点　测温点应设置在被试阀进口测压点上游不大于 15d 处
⑥油液取样点　应按 GB/T 17489 的规定，在试验回路中设置油液取样点及提取液样
⑦安全防护　试验台的设计、制造及试验过程应采取必要措施保护人员和设备的安全</td></tr>
</table>

续表

性能试验

试验条件

①试验介质

Ⅰ. 试验介质应为一般矿物油型液压油

Ⅱ. 试验介质的温度：除明确规定外，型式试验应在50℃±2℃下进行，出厂试验应在50℃±4℃下进行

Ⅲ. 试验介质的黏度：40℃时的油液运动黏度为42~74mm^2/s（特殊要求另行规定）

Ⅳ. 试验介质的污染度：试验系统油液的固体颗粒污染度不应高于GB/T 14039—2002中规定的等级—/19/16

②稳态工况

Ⅰ. 各被测参量平均显示值的变化范围符合表1规定时为稳态工况。应在稳态工况下测量每个设定点的各个参量

表1 被测参量平均显示值的允许变化范围

被测参量	各测量准确度等级对应的被测参量平均显示值的允许变化范围		
	A	B	C
压力/%	±0.5	±1.5	±2.5
流量/%	±0.5	±1.5	±2.5
温度/℃	±1.0	±2.0	±4.0
黏度/%	±5.0	±10	±15

注：测量准确度等级见下面"④测量准确度等级"

Ⅱ. 型式试验时，试验参量测量读数数目的选择和所取读数的分布情况应能反映被试阀在整个范围内的性能

Ⅲ. 为了保证试验结果的重复性，试验参量应在规定的时间间隔测得

③试验流量

Ⅰ. 试验流量应为额定流量。当被试阀额定流量大于200L/min时，允许试验流量为200L/min，但应经工况考核，被试阀的性能指标以满足工况要求为依据

Ⅱ. 出厂试验允许降流量进行，但应对性能指标给出相应修正值

④测量准确度等级　测量准确度等级按GB/T 7935—2005中5.1的规定。型式试验不应低于B级，出厂试验不应低于C级。各测量准确度等级对应的测量系统的允许误差应符合表2的规定

表2 测量系统的允许系统误差

测量参量	各测量准确度等级对应的测量系统的允许误差		
	A	B	C
压力（表压力 $p<0.2MPa$）/kPa	±2.0	±6.0	±10.0
压力（表压力 $p\geq0.2MPa$）/kPa	±0.5	±1.5	±2.5
流量/%	±0.5	±1.5	±2.5
温度/℃	±0.5	±1.0	±2.0

试验项目与试验方法

①出厂试验　出厂试验项目与试验方法应按表3的规定

表3 出厂试验项目与试验方法

序号	试验项目	试验方法	试验类型	备注
1	耐压性	打开节流阀6，将被试阀4完全关闭，调节溢流阀2，以每秒2%的速率递增，对各承压油口施加1.5倍的该油口额定压力，达到后，保压5min	抽试	
2	流量调节范围	将电磁换向阀7换向到右位，使被试阀4进出口压差为工作压力范围最低值，调节被试阀4从全开位置至全闭位置，再从全闭位置至全开位置，随着开度大小的变化，通过流量计5观察流量变化情况，并测量流量调节范围。反复试验不少于3次	必试	
3	内泄漏量	调节被试阀4至全闭位置，将电磁换向阀7换向到右位，再调节溢流阀2，使系统的进口压力为额定压力，然后调节被试阀4，使被试阀4开启再完全关闭，30s后在被试阀4的出口测量内泄漏量	必试	

续表

性能试验 — 试验项目与试验方法

续表

序号	试验项目	试验方法	试验类型	备注
4	正向压力损失	调节被试阀 4 至全开位置，将电磁换向阀 7 换向到右位，并使通过被试阀 4 的流量为试验流量，用压力表 3-1 和压力表 3-2 测量压力，其压差即为被试阀 4 的正向压力损失	抽试	
5	反向压力损失	调节被试阀 4 至全开位置，将电磁换向阀 7 换向到左位，使反向通过被试阀 4 的流量为试验流量，用压力表 3-2 和压力表 3-1 测量压力，其压差即为被试阀 4 的反向压力损失	抽试	仅对单向节流阀和单向节流截止阀试验
6	密封性	在上述各项试验过程中，目测观察被试阀 4 连接面及各连接处密封情况	必试	

②型式试验　型式试验项目与试验方法应按表 4 的规定

表 4　型式试验项目与试验方法

序号	试验项目	试验方法
1	全性能出厂试验	按上面“①出厂试验”的规定试验全部项目，并按以下方法试验和绘制特性曲线图： a. 在内泄漏量试验时，使被试阀 4 的进口压力从 0 逐渐增高到额定压力，其间设定几个测量点（设定的测量点数应足以描绘出进口压力-内泄漏量曲线），逐点测量被试阀 4 的内泄漏量，绘制进口压力-内泄漏量曲线（见 JB/T 10368—2014 图 B.2） b. 在正向压力损失时，使通过被试阀 4 的流量从 0 逐渐增大到试验流量，其间设定几个测量点（设定的测量点数应足以描绘出流量-正向压力损失曲线），逐点测量被试阀 4 的正向压力损失，绘制流量-正向压力损失曲线（见 JB/T 10368—2014 图 B.3） c. 在反向压力损失时，使反向通过被试阀 4 的流量从 0 逐渐增大到试验流量，其间设定几个测量点（设定的测量点数应足以描绘出流量-反向压力损失曲线），逐点测量被试阀 4 的反向压力损失，绘制流量-反向压力损失曲线（见 JB/T 10368—2014 图 B.4）。仅单向节流阀和单向节流截止阀绘制此曲线
2	流量-压差特性	把被试阀 4 调节至大、中、小三个开度位置（大开度系指被试阀 4 全开时的开度；小开度系指被试阀 4 进出口压差为工作压力范围最低值，通过的流量为流量调节范围最小值时的开度；中开度系指被试阀 4 在大、小开度之间接近中间值时的开度），分别调节溢流阀 2 和节流阀 6，使通过被试阀 4 的流量从 0 逐渐增大到试验流量，其间设定几个测量点（设定的测量点数应足以描绘出流量-压差特性曲线），逐点测量流量变化时压差变化的相关特性，绘制流量-压差特性曲线（见 JB/T 10368—2014 图 B.5）
3	调节力矩	完全打开节流阀 6，调节变量泵 1、溢流阀 2 和被试阀 4，使被试阀 4 的进口压力为额定压力，并使通过被试阀 4 的流量为试验流量（调定后，溢流阀 2 不得有油液通过）。然后，调节被试阀 4 至全开位置，再从全开位置调至进口压力为额定压力的位置（被试阀 4 调节过程中进口压力发生变化），其间设定几个测量点（设定的测量点数应足以描绘出进口压力-调节力矩特性曲线），用力矩测量仪逐点测量被试阀 4 调节过程中的调节力矩，绘制进口压力-调节力矩特性曲线（见 JB/T 10368—2014 图 B.6）

装配和外观检验

装配和外观检验应按表 5 的规定

表 5　装配和外观检验

序号	检验项目	检验方法	检验类型
1	装配质量	目测法	必检
2	内部清洁度	按 JB/T 7858 的规定	抽检
3	外观质量	目测法	必检

0.8 液压调速阀试验方法（摘自JB/T 10366—2014）

表 20-8-238

范围		见本章“4　压力控制阀”的5.4节
性能试验	试验装置	①试验回路 Ⅰ. 出厂试验台的试验回路应符合图1的要求 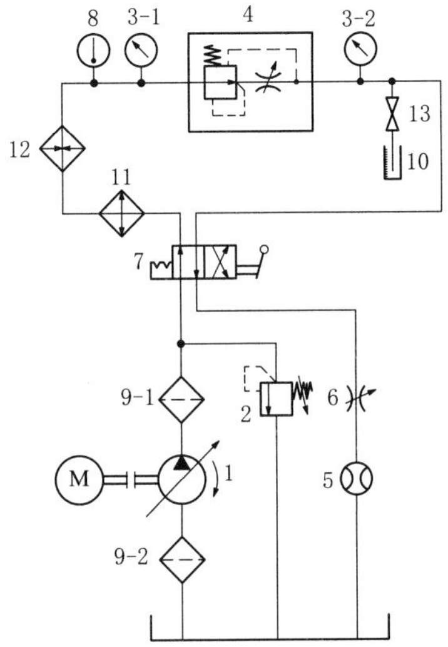 图1　出厂试验回路原理图 1—液压泵；2—溢流阀；3-1，3-2—压力表；4—被试阀；5—流量计；6—节流阀；7—手动换向阀；8—温度计；9-1，9-2—过滤器；10—量杯；11—冷却器；12—管路加热器；13—截止阀 Ⅱ. 型式试验台的试验回路应符合图2的要求 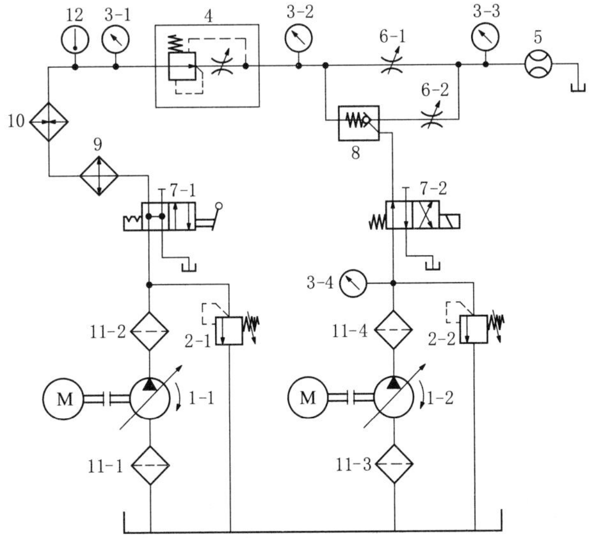 图2　型式试验回路原理图 1-1，1-2—液压泵；2-1，2-2—溢流阀；3-1～3-4—压力表；4—被试阀；5—流量计；6-1，6-2—节流阀；7-1—手动换向阀；7-2—电磁换向阀；8—液控单向阀；9—冷却器；10—管路加热器；11-1～11-4—过滤器；12—温度计 注：对于瞬态试验，在压力表3-2、压力表3-3处还应接入压力传感器；且如采取第二种方法——直接法，还应在流量计5处接入流量传感器 Ⅲ. 与被试阀连接的管道和管接头的内径应与被试阀的实际通径相一致

续表

<table>
<tr><td rowspan="2">性能试验</td><td>试验装置</td><td>Ⅳ. 允许在给定的基本回路中增设调节压力、流量或保证试验系统安全工作的元件，但不应影响到被试阀的性能
②油源
Ⅰ. 油源的流量应能调节，并应大于被试阀的试验流量
Ⅱ. 性能试验时，试验装置的油源压力应能短时间超过被试阀额定压力的 20%～30%；耐压试验时，试验装置油源压力应不低于被试阀额定压力的 1.5 倍
③测压点　应按以下要求设置测压点
a. 测压点应设置在扰动源（如阀、弯头等）和被试阀之间，与扰动源的距离应不小于 $10d$（d 为管道内径），与被试阀的距离尽量接近 $10d$ 处
b. 按 C 级测量准确度测试时，允许测压点的位置与上述要求不符，但应给出相应修正值
④测压孔　测压孔应符合以下要求
a. 测压孔直径应不小于 1mm，不大于 6mm
b. 测压孔长度应不小于测压孔直径的 2 倍
c. 测压孔轴线与管道轴线垂直，管道内表面与测压孔交角处应保持锐角，不应有毛刺
d. 测压点与测量仪表之间的连接管道的内径应不小于 3mm，并应排除连接管道中的空气
⑤测温点　测温点应设置在被试阀进口测压点上游不大于 $15d$ 处
⑥油液取样点　应按 GB/T 17489 的规定，在试验回路中设置油液取样点及提取液样
⑦安全防护　试验台的设计、制造及试验过程应采取必要措施保护人员和设备的安全</td></tr>
<tr><td>试验条件</td><td>①试验介质
Ⅰ. 试验介质应为一般矿物油型液压油
Ⅱ. 试验介质的温度：除明确规定外，型式试验应在 50℃±2℃ 下进行，出厂试验应在 50℃±4℃ 下进行
Ⅲ. 试验介质的黏度：40℃ 时的油液运动黏度为 42～74mm²/s（特殊要求另行规定）
Ⅳ. 试验介质的污染度：试验系统油液的固体颗粒污染度不应高于 GB/T 14039—2002 规定的等级—/19/16
②稳态工况
Ⅰ. 各被测参量平均显示值的变化范围符合表 1 规定时为稳态工况。应在稳态工况下测量每个设定点的各个参量
表 1　被测参量平均显示值的允许变化范围
<table>
<tr><td rowspan="2">被测参量</td><td colspan="3">各测量准确度等级对应的被测参量平均显示值的允许变化范围</td></tr>
<tr><td>A</td><td>B</td><td>C</td></tr>
<tr><td>压力/%</td><td>±0.5</td><td>±1.5</td><td>±2.5</td></tr>
<tr><td>流量/%</td><td>±0.5</td><td>±1.5</td><td>±2.5</td></tr>
<tr><td>温度/℃</td><td>±1.0</td><td>±2.0</td><td>±4.0</td></tr>
<tr><td>黏度/%</td><td>±5.0</td><td>±10</td><td>±15</td></tr>
</table>
注：测量准确度等级见下面“⑤测量准确度等级”
Ⅱ. 型式试验时，试验参量测量读数数目的选择和所取读数的分布情况应能反映被试阀在整个范围内的性能
Ⅲ. 为了保证试验结果的重复性，试验参量应在规定的时间间隔测得
③瞬态工况
Ⅰ. 加载阀与被试阀之间的相对位置，可用控制其间的压力梯度限制油液可压缩性的影响来确定。其间的压力梯度可用公式（1）计算
$$\frac{dp}{dt}=\frac{q_{VS}K_s}{V} \tag{1}$$
式中　q_{VS}——测试开始前设定的通过被试阀 4 的稳态流量
K_s——油液的等熵体积弹性模量
V——被试阀与节流阀之间的油路连通容积
按上式计算的压力梯度至少应为被试阀实测出口压力变化率的 10 倍
Ⅱ. 试验回路中阶跃加载阀的动作时间不应超过被试阀响应时间的 10%，最长不超过 10ms
④试验流量
Ⅰ. 试验流量应为额定流量。当规定的被试阀额定流量大于 200L/min 时，允许试验流量为 200L/min，但应经工况考核，被试阀的性能指标以满足工况要求为依据
Ⅱ. 出厂试验允许降流量进行，但应对性能指标给出相应修正值
⑤测量准确度等级　测量准确度等级按 GB/T 7935—2005 中 5.1 的规定。型式试验不应低于 B 级，出厂试验不应低于 C 级。各测量准确度等级对应的测量系统的允许误差应符合表 2 的规定</td></tr>
</table>

续表

性能试验

试验条件

表 2　测量系统的允许系统误差

测量参量	各测量准确度等级对应的测量系统的允许误差		
	A	B	C
压力(表压力 $p<0.2$MPa)/kPa	±2.0	±6.0	±10.0
压力(表压力 $p\geqslant0.2$MPa)/kPa	±0.5	±1.5	±2.5
流量/%	±0.5	±1.5	±2.5
温度/℃	±0.5	±1.0	±2.0

试验项目与试验方法

①出厂试验　出厂试验项目与试验方法按表 3 的规定

表 3　出厂试验项目与试验方法

序号	试验项目	试验方法	试验类型
1	耐压性	打开节流阀 6,将被试阀 4 完全关闭,调节溢流阀 2,调节压力从最低工作压力开始,以每秒 2%的速率递增,直至被试阀额定压力的 1.5 倍。达到后保压 5min	抽试
2	流量调节范围及最小控制流量	使被试阀 4 的进口、出口压差为最低工作压力值,并使溢流阀 2 处于溢流工况。调节被试阀 4 的调节装置从全紧位置至试验流量对应的刻度指示值,随着开度大小的变化,通过流量计 5 观察流量变化情况,并测量流量调节范围。反复试验不少于 3 次 将节流阀 6 完全关闭,打开截止阀 13,在被试阀 4 的进口、出口压差为最低工作压力值下,调节被试阀 4,使通过被试阀 4 的流量为最小控制流量。再调节溢流阀 2,使被试阀 4 的进口压力从最低工作压力增至额定压力,通过截止阀 13 的流量,观察被试阀 4 的最小控制流量变化情况,反复试验不少于 3 次	必试
3	内泄漏量	将节流阀 6 完全关闭,打开截止阀 13,调节被试阀 4 的调节装置至全紧位置,再调节溢流阀 2,使被试阀 4 的进口压力为额定压力。然后,调节被试阀 4 的调节装置,使被试阀 4 开启再完全关闭,30s 后,通过量杯 14,测量被试阀 4 的内泄漏量	必试
4	进口压力变化对调节流量的影响	完全打开节流阀 6,调节被试阀 4,使通过被试阀 4 的流量为最小控制流量。调节溢流阀 2,使被试阀 4 的进口压力从最低工作压力增至额定压力(测量点应不少于 3 点),试验被试阀 4 在进口压力变化时的流量变化率 其值按公式(2)计算 $\overline{\Delta q_{V1}}=\dfrac{\Delta q_{V1max}}{q_{VD}}\times100\%/\Delta p_1$　(2) 式中　$\overline{\Delta q_{V1}}$——在给定的调定流量下,当进口压力变化时的相对流量变化率,%/MPa Δq_{V1max}——当进口压力变化时,给定的调定流量的最大变化值,L/min q_{VD}——给定的调定流量,此处为最小控制流量,L/min Δp_1——进口压力变化量,MPa	必试
5	出口压力变化对调节流量的影响	调节溢流阀 2 至被试阀 4 的额定压力,并调节被试阀 4,使通过被试阀 4 的流量为最小控制流量。再调节节流阀 6,使被试阀 4 的出口压力在额定压力的 5%~90%之间变化(测量点应不少于 3 点),试验被试阀 4 在出口压力变化时的流量变化率 其值按公式(3)计算 $\overline{\Delta q_{V2}}=\dfrac{\Delta q_{V2max}}{q_{VD}}\times100\%/\Delta p_2$　(3) 式中　$\overline{\Delta q_{V2}}$——在给定的调定流量下,当出口压力变化时的相对流量变化率,%/MPa Δq_{V2max}——当出口压力变化时,给定调定流量的最大变化值,L/min q_{VD}——给定的调定流量,此处为最小控制流量,L/min Δp_2——出口压力变化量,MPa	抽试

续表

性能试验 | 试验项目与试验方法

续表

序号	试验项目	试验方法	试验类型
6	反向压力损失（仅带单向阀结构）	调节被试阀的调节装置至全紧位置，将手动换向阀换向到右边位置，使反向通过被试阀4的流量为试验流量，用压力表3-2和压力表3-1测量压力，其压差即为被试阀4的反向压力损失	抽试
7	密封性	在上述各项试验过程中，目测观察被试阀连接面及各连接处密封情况	必试

②型式试验　型式试验项目与试验方法按表4的规定

表4　型式试验项目与试验方法

序号	试验项目	试验方法
1	稳态性能	a. 按上面“①出厂试验”的规定试验全部项目，并按以下方法试验和绘制特性曲线图： 1)在流量调节范围试验时，应试验不同开度（圈数）下的流量调节特性，其间设定几个开度位置，测量被试阀4在不同开度位置时所通过的流量 注：流量调节范围的具体数值可参考制造商产品样本及相关资料 2)在内泄漏量试验时，使被试阀4的进口压力从0逐渐增高到额定压力，其间设定几个测量点（设定的测量点数应足以描出进口压力-内泄漏量曲线），逐点测量被试阀4的内泄漏量，并绘制进口压力-内泄漏量曲线（见JB/T 10366—2014图B.3） 3)在进口压力变化对调节流量影响试验时，把被试阀4调到最小控制流量和试验流量，并分别使被试阀4的进口压力从最低工作压力逐渐增高到额定压力，其间设定几个测量点（设定的测量点数应足以描出进口压力变化对调节流量影响曲线），逐点测量通过被试阀4的流量，并绘制进口压力变化-调节流量影响曲线（见JB/T 10366—2014图B.4） 4)在出口压力变化-调节流量影响试验时，把被试阀4调到最小控制流量和试验流量，并分别使被试阀4的出口压力从额定压力的5%逐渐增高到额定压力的90%，其间设定几个测量点（设定的测量点数应足以描出出口压力变化-调节流量的影响曲线），逐点测量通过被试阀4的流量，并绘制出口压力变化-调节流量影响曲线（见JB/T 10366—2014图B.5） 5)在反向压力损失试验时，使反向通过被试阀4的流量从0逐渐增大到试验流量，其间设定几个测量点（设定的测量点数应足以描出流量-反向压力损失曲线），逐点测量被试阀4的反向压力损失，并绘制流量-反向压力损失曲线（见JB/T 10366—2014图B.6） b. 油温变化-调节流量的影响试验按以下步骤进行： 完全打开节流阀6-1，在20℃下调节溢流阀2-1，使被试阀4的进口压力为6.3MPa，并在使通过被试阀4的流量为最小流量的2倍和试验流量两种情况下，分别使被试阀4的进口油温从20℃逐渐提高到70℃，每升高油温10℃测一次流量，计算油温变化时的相对流量变化率 其值按公式(4)计算 $$\overline{\Delta q_{Vt}}=\frac{\Delta q_{Vtmax}}{q_{VD}}\times 100\%/\Delta t \qquad (4)$$ 式中　$\overline{\Delta q_{Vt}}$——在给定的调定流量下，当油温变化时的流量变化率，%/℃ Δq_{Vtmax}——当油温变化时，给定调定流量的最大变化值，L/min q_{VD}——给定的调定流量，此处为最小控制流量的2倍和试验流量，L/min Δt——油温变化量，℃ 并绘制油温变化-调节流量影响曲线（见JB/T 10366—2014图B.7） c. 调节力矩试验按以下步骤进行： 调节溢流阀2-1和节流阀6-1，使通过被试阀4的出口压力为额定压力的90%，使通过被试阀4的流量为试验流量，然后，再调节被试阀4，使通过被试阀4的流量从试验流量逐渐减小到最小控制流量，再从最小控制流量逐渐增大到试验流量（被试阀4调节过程中，出口压力允许变化），用力矩测量仪测量被试阀4调节过程中的调节力矩，并记录力矩最大值

续表

续表

		序号	试验项目	试验方法
性能试验	试验项目与试验方法	2	瞬态性能	瞬态特性测试系统方框图见 JB/T 10366—2014 图 B.8,试验方法如下: a. 将手动换向阀 7-1 换向至右边位置,调节溢流阀 2-1,使被试阀 4 的进口压力为额定压力,并使通过被试阀 4 的流量为试验流量 q_{Vs} b. 将电磁换向阀 7-2 换向至右边位置,使液控单向阀 8 反向关闭,调节节流阀 6-1,使 q_{Vs} 通过节流阀 6-1 时压差 Δp_1 为被试阀 4 额定压力的 90%,用公式(5)计算出节流阀 6-1 的计算系数 K。Δp_1 为压力表 3-2 和压力表 3-3 的读数差 $K=\dfrac{q_{Vs}}{\sqrt{\Delta p_1}}$ (5) c. 将电磁换向阀 7-2 换向到左边位置,使液控单向阀 8 反向开启,调节节流阀 6-2,使 q_{Vs} 通过节流阀 6-1 和节流阀 6-2 并联油路时的压差 Δp_2 为被试阀 4 额定压力的 10%,Δp_2 仍为压力表 3-2 和压力表 3-3 的读数差。用公式(6)计算出的流量可以作为被试阀 4 在瞬态过程中的起始流量,即作为被试阀 4 瞬态响应时间的起始时刻 $q_{V1}=K\sqrt{\Delta p_2}$ (6) d. 将电磁换向阀 7-2 换向到右边位置,使液控单向阀 8 由开至关,造成一个压力阶跃。用以下两种方法中的一种测量和记录瞬态特性: 1)间接法: 此法用压力传感器 3-2 和压力传感器 3-3 测出节流阀 6-1 的瞬时压差 Δp,用公式(7)求出通过被试阀 4 的瞬时流量 q_V。利用记录下的 Δp-t 曲线,按公式(7)可逐点对应地计算出瞬时流量 q_V,从而描出 JB/T 10366—2014 图 B.9 所示的 q_V-t 曲线,并从该图中计算出被试阀 4 的响应时间、瞬态恢复时间和流量超调率 $q_V=K\sqrt{\Delta p}$ (7) 2)直接法: 此法用压力传感器 3-2 和压力传感器 3-3 测出节流阀 6-1 的瞬时压差 Δp,并用流量传感器 5 测出通过被试阀 4 的瞬时流量,由于节流阀 6-1 的瞬时压差 Δp 与被试阀 4 的瞬时流量可近似认为是同相位的,所以可用压力传感器来校核流量传感器相位的准确性。从记录的 Δp-t 曲线和 q_V-t 曲线(见 JB/T 10366—2014 图 B.9),可计算出被试阀 4 的响应时间、瞬态恢复时间和流量超调率

装配和外观检验:

装配和外观检验应按表 5 的规定

表 5　装配和外观检验

序号	检验项目	检验方法	检验类型
1	装配质量	目测法	必检
2	出厂时的内部清洁度	按 JB/T 7858 的规定	抽检
3	外观质量	目测法	必检

注:按 JB/T 7858—2006 规定的检验方法检验液压调速阀出厂时的内部清洁度有问题,因为其规定的检测程序要求“将被测元件解体”

0.9　液压单向阀试验方法（摘自 JB/T 10364—2014）

表 20-8-239

范围		见本章“4　压力控制阀”的 6.1 节
性能试验	试验装置	①试验回路 Ⅰ. 除耐压试验外,出厂试验台和型式试验台的试验回路应符合图 1 的要求。耐压试验台的试验回路可以简化 Ⅱ. 与被试阀连接的管道和管接头的内径应与被试阀的实际通径相一致 Ⅲ. 允许在给定的基本回路中增设调节压力、流量或保证试验系统安全工作的元件,但不应影响到被试阀的性能

续表

<table>
<tr><td rowspan="2">性能试验</td><td>试验装置</td><td>
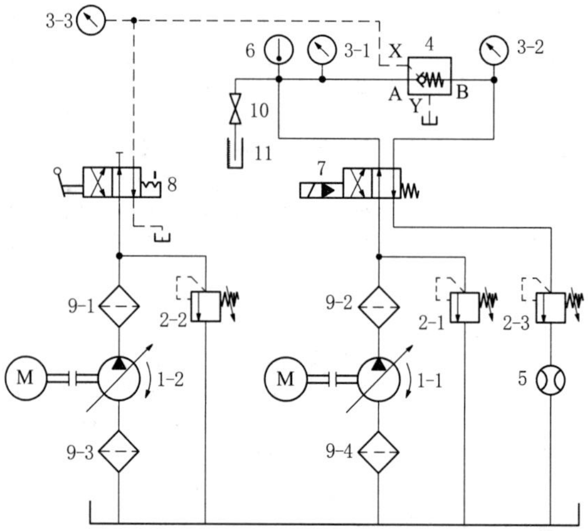

图 1 试验回路原理图
1-1,1-2—液压泵;2-1～2-3—溢流阀;3-1～3-3—压力表;4—被试阀;5—流量计;6—温度计;7—电磁(电液)换向阀;8—手动换向阀;9-1～9-4—过滤器;10—截止阀;11—量杯
②油源
Ⅰ. 试验台油源的流量应能调节,并应大于被试阀的试验流量
Ⅱ. 性能试验时,试验装置的油源压力应能短时间超过被试阀额定压力的 20%～30%;耐压试验时,试验装置油源压力应不低于被试阀额定压力的 1.5 倍
③测压点　应按以下要求设置测压点
a. 测压点应设置在扰动源(如阀、弯头等)和被试阀之间,与扰动源的距离应不小于 $10d$(d 为管道内径),与被试阀的距离尽量接近 $10d$ 处
b. 按 C 级测量准确度测试时,允许测压点的位置与上述要求不符,但应给出相应修正值
④测压孔　测压孔应符合以下要求
a. 测压孔直径应不小于 1mm,不大于 6mm
b. 测压孔长度应不小于测压孔直径的 2 倍
c. 测压孔轴线与管道轴线垂直,管道内表面与测压孔交角处应保持锐角,不应有毛刺
d. 测压点与测量仪表之间的连接管道的内径应不小于 3mm,并应排除连接管道中的空气
⑤测温点　测温点应设置在被试阀进口测压点上游不大于 $15d$ 处
⑥油液取样点　应按 GB/T 17489 的规定,在试验回路中设置油液取样点及提取液样
⑦安全防护　试验台的设计、制造及试验过程应采取必要措施保护人员和设备的安全
</td></tr>
<tr><td>试验条件</td><td>
①试验介质
Ⅰ. 试验介质应为一般矿物油型液压油
Ⅱ. 试验介质的温度:除明确规定外,型式试验应在 50℃±2℃下进行,出厂试验应在 50℃±4℃下进行
Ⅲ. 试验介质的黏度:40℃时的油液运动黏度为 42～74mm²/s(特殊要求另行规定)
Ⅳ. 试验介质的污染度:试验系统油液的固体颗粒污染度不应高于 GB/T 14039—2002 中规定的等级—/19/16
②稳态工况
Ⅰ. 各被测参量平均显示值的变化范围符合表 1 规定时为稳态工况。应在稳态工况下测量每个设定点的各个参量
表 1　被测参量平均显示值的允许变化范围
<table>
<tr><td rowspan="2">被测参量</td><td colspan="3">各测量准确度等级对应的被测参量平均显示值的允许变化范围</td></tr>
<tr><td>A</td><td>B</td><td>C</td></tr>
<tr><td>压力/%</td><td>±0.5</td><td>±1.5</td><td>±2.5</td></tr>
<tr><td>流量/%</td><td>±0.5</td><td>±1.5</td><td>±2.5</td></tr>
<tr><td>温度/℃</td><td>±1.0</td><td>±2.0</td><td>±4.0</td></tr>
<tr><td>黏度/%</td><td>±5.0</td><td>±10</td><td>±15</td></tr>
</table>
注:测量准确度等级见下面“④测量准确度等级”
Ⅱ. 型式试验时,试验参量测量读数数目的选择和所取读数的分布情况应能反映被试阀在整个范围内的性能
</td></tr>
</table>

续表

性能试验

试验条件

Ⅲ. 为了保证试验结果的重复性，试验参量应在规定的时间间隔测得

③试验流量

Ⅰ. 试验流量应为额定流量。当规定的被试阀额定流量大于 200L/min 时，允许试验流量为 200L/min，但应经工况考核，被试阀的性能指标以满足工况要求为依据

Ⅱ. 出厂试验允许降流量进行，但应对性能指标给出相应修正值

Ⅲ. 型式试验时鼓励试验流量大于额定流量，以记录被试阀最大流量的工作能力

④测量准确度等级　测量准确度等级按 GB/T 7935—2005 中 5.1 的规定。型式试验不应低于 B 级，出厂试验不应低于 C 级。各测量准确度等级对应的测量系统的允许误差应符合表 2 的规定

表 2　测量系统的允许系统误差

测量参量	各测量准确度等级对应的测量系统的允许误差		
	A	B	C
压力(表压力 $p<0.2$MPa)/kPa	±2.0	±6.0	±10.0
压力(表压力 $p\geqslant0.2$MPa)/kPa	±0.5	±1.5	±2.5
流量/%	±0.5	±1.5	±2.5
温度/℃	±0.5	±1.0	±2.0

试验项目与试验方法

①出厂试验　出厂试验项目与试验方法按表 3 的规定

表 3　出厂试验项目与试验方法

序号	试验项目	试验方法	试验类型	备注
1	耐压性	将电磁(电液)换向阀 7 换向到左边位置，调节溢流阀 2-1，调节压力从最低工作压力开始，以每秒 2% 的速率递增，直至被试阀 4 额定压力的 1.5 倍。到达后，保压 5min	抽试	
2	内泄漏	将电磁(电液)换向阀 7 换向 3 次后再换向到左边位置，调节溢流阀 2-1，在使被试阀 4 的 B 油口压力为额定压力和为 1MPa 两种情况下，打开截止阀 10，分别在 A 油口测量 1min 后的内泄漏量	必试	
3	控制活塞内泄漏	关闭溢流阀 2-3，调节溢流阀 2-1，使被试阀 4 的 A 油口压力为额定压力，测量被试阀 4 控制活塞的泄漏量(对内泄式在控制油口 X 测量，对外泄式在泄油口 Y 测量)	抽试	仅对液控单向阀试验
4	正向压力损失	使通过被试阀 4 的流量为试验流量，用压力表 3-1 和压力表 3-2 测量压力，其压差即为被试阀 4 的正向压力损失 对被试液控单向阀，应在控制压力为 0 和控制压力使被试液控单向阀全开两种情况下试验正向压力损失	抽试	
5	反向压力损失	将电磁(电液)换向阀 7 和手动换向阀 8 换向到左边位置，调节溢流阀 2-2，使控制压力能保证被试阀 4 全开，并使反向通过被试阀 4 的流量为试验流量，用压力表 3-2 和压力表 3-1 测量压力，其压差即为被试阀 4 的反向压力损失	抽试	仅对液控单向阀试验
6	开启压力	拆除被试阀 4 的 B 油口的管路，调节溢流阀 2-1，使被试阀 4 的 A 油口压力从尽可能低的压力逐渐增高，当压力增高到被试阀 4 的 B 油口有油液流出时，用压力表 3-1 测量压力，此压力即为被试阀 4 的开启压力，反复试验不少于 3 次	抽试	当被试阀规定的开启压力低于溢流阀 2-1 的最低调节压力时，可采用节流阀取代溢流阀 2-1 来调节
7	控制压力特性	(1)反向开启最低控制压力试验： 将电磁(电液)换向阀 7 和手动换向阀 8 换向到左边位置，调节溢流阀 2-1、溢流阀 2-2 和溢流阀 2-3，使其满足下列条件： a. 被试阀 4 的 B 油口压力为额定压力的 90%，使反向通过被试阀 4 的流量为试验流量 b. 供给的控制压力必须使被试阀 4 处于全开状态	抽试	仅对液控单向阀试验

续表

性能试验　试验项目与试验方法

续表

序号	试验项目	试验方法	试验类型	备注
7	控制压力特性	在上述试验条件下，再次调节溢流阀 2-2，使控制压力从 0 逐渐增高，直到反向通过被试阀 4 的流量为试验流量时为止。用压力表 3-3 测量反向通过被试阀 4 的流量为试验流量时的最低控制压力，反复试验不少于 3 次 （2）反向关闭最高控制压力试验： 将电磁（电液）换向阀 7 和手动换向阀 8 换向到左边位置，调节溢流阀 2-1、溢流阀 2-2 和溢流阀 2-3，使其满足下列条件： a. 被试阀 4 的 A 油口压力尽可能低，使反向通过被试阀 4 的流量为试验流量 b. 供给的控制压力必须使被试阀 4 处于全开状态 在上述试验条件下，再次调节溢流阀 2-2，使控制压力逐渐降低，直到被试阀 4 反向关闭为止。用压力表 3-3 测量被试阀 4 反向关闭时的最高控制压力，反复试验不少于 3 次	抽试	仅对液控单向阀试验
8	密封性	在上述各项试验过程中，观察被试阀各连接处的密封情况	必试	

②型式试验　型式试验项目与试验方法按表 4 的规定

表 4　型式试验项目与试验方法

序号	试验项目	试验方法	备注
1	稳态特性	按上面“①出厂试验”的规定试验全部项目，并按以下方法试验和绘制特性曲线图： a. 在控制活塞的泄漏量试验时，使被试阀 4 的 A 油口压力从 0 逐渐增高到额定压力，其间设几个测压点（设定的测压点数应足以描出压力-控制活塞的泄漏量曲线），逐点测量被试阀 4 的控制活塞的泄漏量，并绘制压力-控制活塞的泄漏量曲线（见 JB/T 10364—2014 图 B. 2） b. 在正向压力损失试验时，使通过被试阀 4 的流量从 0 逐渐增大到试验流量，其间设几个测量点（设定的测量点数应足以描出流量-正向压力损失曲线），逐点测量被试阀 4 的正向压力损失，并绘制流量-正向压力损失曲线（见 JB/T 10364—2014 图 B. 3） c. 在反向压力损失试验时，使通过被试阀 4 的流量从 0 逐渐增大到试验流量，其间设几个测量点（设定的测量点数应足以描出流量-反向压力损失曲线），逐点测量被试阀 4 的反向压力损失，并绘制流量-反向压力损失曲线（见 JB/T 10364—2014 图 B. 4） d. 在控制压力特性试验时，对反向开启最低压力试验，应使被试阀 4 的 B 油口压力分别为额定压力的 90%、75%、50%、25% 和最低 B 油口压力 p_{Bmin}（此压力系指被试阀 4 的 A 油口压力尽可能地低，使反向通过被试阀 4 的流量为试验流量时的 B 油口压力），并在上述规定的各挡 B 油口压力下，供给的控制压力必须使被试阀 4 处于全开状态，使反向通过被试阀 4 的流量为试验流量。然后，使控制压力从 0 逐渐增高，记录反向通过被试阀 4 的流量 q_V 和对应的控制压力 p_{X0}，并绘制流量反向打开最低控制压力特性曲线（见 JB/T 10364—2014 图 B. 5） e. 对反向关闭最高控制压力试验，应记录 q_V 和对应的控制压力 p_{XC}，并绘制流量-反向关闭最高控制压力特性曲线（见 JB/T 10364—2014 图 B. 6）	a. 压力-控制活塞的泄漏量曲线，仅液控单向阀绘制此曲线 b. 流量-反向压力损失曲线，仅液控单向阀绘制此曲线 c. 流量-反向开启最低控制压力特性曲线，仅液控单向阀绘制此曲线 d. 流量-反向关闭最高控制压力特性曲线，仅液控单向阀绘制此曲线
2	耐久性	调节溢流阀 2-1 和溢流阀 2-3，使被试阀 4 的 A 油口压力为额定压力，并使通过被试阀 4 的流量为试验流量 将电磁（电液）换向阀 7 以 20~40 次/min 的频率连续换向，试验被试阀 4 的动作次数，并在达到耐久性指标中规定的动作次数后，检查被试阀 4 的主要零件 经耐久性试验后，再按 7. 3. 1 中出厂试验的规定试验全部项目	

续表

<table>
<tr><td>装配和
外观检验</td><td>装配和外观检验应按表 5 的规定
表 5　装配和外观检验
<table>
<tr><td>序号</td><td>检验项目</td><td>检验方法</td><td>检验类型</td></tr>
<tr><td>1</td><td>装配质量</td><td>目测法</td><td>必检</td></tr>
<tr><td>2</td><td>内部清洁度</td><td>按 JB/T 7858 的规定</td><td>抽检</td></tr>
<tr><td>3</td><td>外观质量</td><td>目测法</td><td>必检</td></tr>
</table></td></tr>
</table>

0.10　液压电磁换向阀试验方法（摘自 JB/T 10365—2014）

表 20-8-240

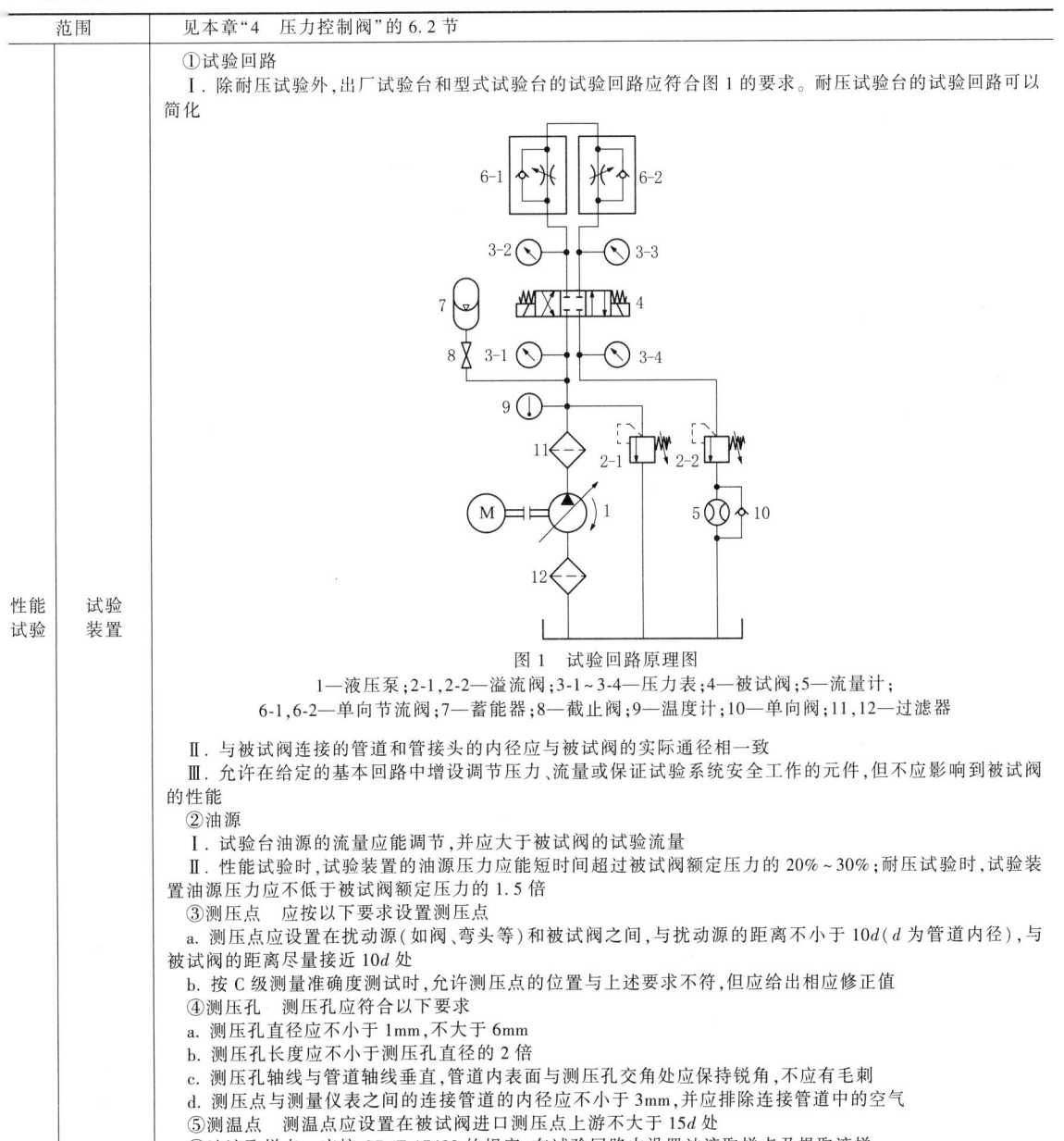

<table>
<tr><td colspan="2">范围</td><td>见本章“4　压力控制阀”的 6.2 节</td></tr>
<tr><td>性能试验</td><td>试验装置</td><td>①试验回路
Ⅰ. 除耐压试验外，出厂试验台和型式试验台的试验回路应符合图 1 的要求。耐压试验台的试验回路可以简化
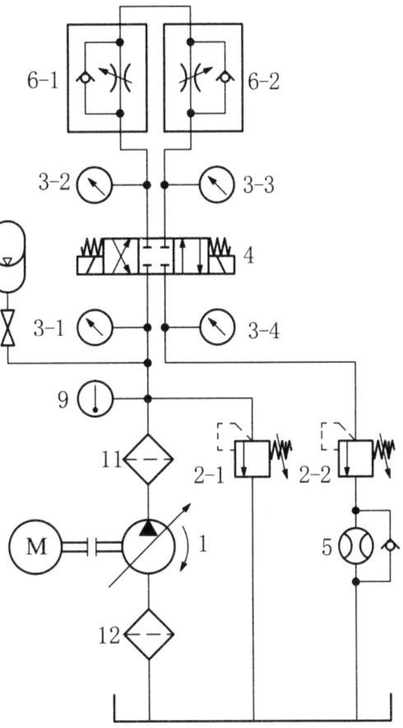

图 1　试验回路原理图
1—液压泵；2-1，2-2—溢流阀；3-1～3-4—压力表；4—被试阀；5—流量计；
6-1，6-2—单向节流阀；7—蓄能器；8—截止阀；9—温度计；10—单向阀；11，12—过滤器
Ⅱ. 与被试阀连接的管道和管接头的内径应与被试阀的实际通径相一致
Ⅲ. 允许在给定的基本回路中增设调节压力、流量或保证试验系统安全工作的元件，但不应影响到被试阀的性能
②油源
Ⅰ. 试验台油源的流量应能调节，并应大于被试阀的试验流量
Ⅱ. 性能试验时，试验装置的油源压力应能短时间超过被试阀额定压力的 20%～30%；耐压试验时，试验装置油源压力应不低于被试阀额定压力的 1.5 倍
③测压点　应按以下要求设置测压点
a. 测压点应设置在扰动源（如阀、弯头等）和被试阀之间，与扰动源的距离不小于 10d（d 为管道内径），与被试阀的距离尽量接近 10d 处
b. 按 C 级测量准确度测试时，允许测压点的位置与上述要求不符，但应给出相应修正值
④测压孔　测压孔应符合以下要求
a. 测压孔直径应不小于 1mm，不大于 6mm
b. 测压孔长度应不小于测压孔直径的 2 倍
c. 测压孔轴线与管道轴线垂直，管道内表面与测压孔交角处应保持锐角，不应有毛刺
d. 测压点与测量仪表之间的连接管道的内径应不小于 3mm，并应排除连接管道中的空气
⑤测温点　测温点应设置在被试阀进口测压点上游不大于 15d 处
⑥油液取样点　应按 GB/T 17489 的规定，在试验回路中设置油液取样点及提取液样
⑦安全防护　试验台的设计、制造及试验过程应采取必要措施保护人员和设备的安全</td></tr>
</table>

续表

性能试验

试验条件

①试验介质

Ⅰ. 试验介质应为一般矿物油型液压油

Ⅱ. 试验介质的温度:除明确规定外,型式试验应在50℃±2℃下进行,出厂试验应在50℃±4℃下进行

Ⅲ. 试验介质的黏度:40℃时的运动黏度为42~74mm^2/s(特殊要求另行规定)

Ⅳ. 试验介质的污染度:试验系统油液的固体颗粒污染度不应高于GB/T 14039—2002中规定的等级—/19/16

②稳态工况

Ⅰ. 各被测参量平均显示值的变化范围符合表1的规定时为稳态工况。应在稳态工况下测量每个设定点的各个参量

表1　被测参量平均显示值的允许变化范围

被测参量	各测量准确度等级对应的被测参量平均显示值的允许变化范围		
	A	B	C
压力/%	±0.5	±1.5	±2.5
流量/%	±0.5	±1.5	±2.5
温度/℃	±1.0	±2.0	±4.0
黏度/%	±5.0	±10	±15

注:测量准确度等级见下面"⑤测量准确度等级"

Ⅱ. 型式试验时,试验参量测量读数数目的选择和所取读数的分布情况应能反映被试阀在整个范围内的性能

Ⅲ. 为了保证试验结果的重复性,试验参量应在规定的时间间隔测得

③瞬态工况

Ⅰ. 从被试阀输出侧到加载阀所组成的油路(包括连接管路和油路块)容积,在瞬态试验起始状态应是封闭容积,并在试验前使这封闭容积充满油液。在试验报告中应记录这封闭容积的大小以及容腔和管道材料

Ⅱ. 被试阀的电磁铁应在零电压开始激励

④试验流量

Ⅰ. 试验流量应为额定流量

Ⅱ. 出厂试验允许降流量进行,但应对性能指标给出相应修正值

Ⅲ. 型式试验时鼓励试验流量大于额定流量,以记录被试阀在最大流量下的工作能力

⑤测量准确度等级　测量准确度等级按GB/T 7935—2005中5.1的规定。型式试验不应低于B级,出厂试验不应低于C级。各测量准确度等级对应的测量系统的允许误差应符合表2的规定

表2　测量系统的允许系统误差

测量仪器、仪表的参量	各测量准确度等级对应的测量系统的允许误差		
	A	B	C
压力(表压力 $p<0.2MPa$)/kPa	±2.0	±6.0	±10.0
压力(表压力 $p\geq0.2MPa$)/kPa	±0.5	±1.5	±2.5
流量/%	±0.5	±1.5	±2.5
温度/℃	±0.5	±1.0	±2.0

⑥被试阀的电磁铁电压　出厂试验时,被试阀电磁铁的工作电压应为其额定电压的85%

型式试验时,应在电磁铁的额定电压下,对电磁铁进行连续励磁至其规定的最高稳定温度。之后将电磁铁电压降至其额定电压的85%(瞬态试验,电磁铁的工作电压与应为其额定电压),再对被试阀进行试验

试验项目与试验方法

①出厂试验　出厂试验项目与试验方法按表3的规定

表3　出厂试验项目与试验方法

序号	试验项目	试验方法	试验类型
1	耐压性	各泄油口与油箱连通。调节溢流阀2-1,调节压力从最低工作压力开始,以每秒2%的速率递增,直至被试阀4额定压力的1.5倍。达到后,保压5min	抽试
2	滑阀机能	按照被试阀4的机能,依次换向和复位。同时,观察被试阀4各油口的通油情况	必试
3	换向性能	(1)换向试验 使被试阀4的电磁铁满足上面"⑥被试阀的电磁铁电压"的规定。调节溢流阀2-1和单向节流阀6-1(或节流阀6-2),使被试阀4的P油口压力为额定压力,再调节溢流阀2-2,使被试阀4的T口压力为规定背压值,并使通过被试阀4的流量为试验流量。在上述试验条件下,将被试阀4的电磁铁通电和断电,连续动作10次以上,观察被试阀4的换向和复位(对中)情况	必试

续表

续表

		序号	试验项目	试验方法	试验类型
性能试验	试验项目与试验方法	3	换向性能	(2)停留试验 在换向试验的条件下,使被试阀4的阀芯在初始位置和换向位置上各停留5min。然后,将被试阀4的电磁铁通电和断电,观察被试阀4的换向和复位(对中)情况	抽试
		4	压力损失	将被试阀4的阀芯置于各通油位置,并使通过被试阀4的流量为试验流量,分别用压力表3-1、压力表3-2、压力表3-3、压力表3-4测量各点的压力p_P、p_A、p_B、p_T,并计算压力损失: 对二位二通被试阀:当油流方向为P→T时,压力损失为$\Delta p_{P\to T}=p_P-p_T$ 对二位三通被试阀:当油流方向为P→A时,压力损失为$\Delta p_{P\to A}=p_P-p_A$;当油流方向为P→B时,压力损失为$\Delta p_{P\to B}=p_P-p_B$ 对二位四通、三位四通被试阀:当油流方向为P→A、B→T时,压力损失为$\Delta p_{P\to A}=p_P-p_A$、$\Delta p_{B\to T}=p_B-p_T$;当油流方向为P→B、A→T时,压力损失为$\Delta p_{P\to B}=p_P-p_B$、$\Delta p_{A\to T}=p_A-p_T$ 对三位四通中间位置存在油流方向为P→T的滑阀机的被试阀,在中间位置需做压力损失试验,压力损失为$\Delta p_{P\to T}=p_P-p_T$ 其他滑阀机能,在中间位置不做试验	抽试
		5	内泄漏量	调节溢流阀2-1,使被试阀4的P油口压力为额定压力。按照被试阀4的滑阀机能和结构,分别从A(或B)油口和T油口测量被试阀4的阀芯在各不同位置时的内泄漏量	必试
				在测量内泄漏量前,将被试阀4动作10次,待内泄漏量稳定30s后再测量内泄漏量。对不同的滑阀机能,内泄漏量测量简图如下: 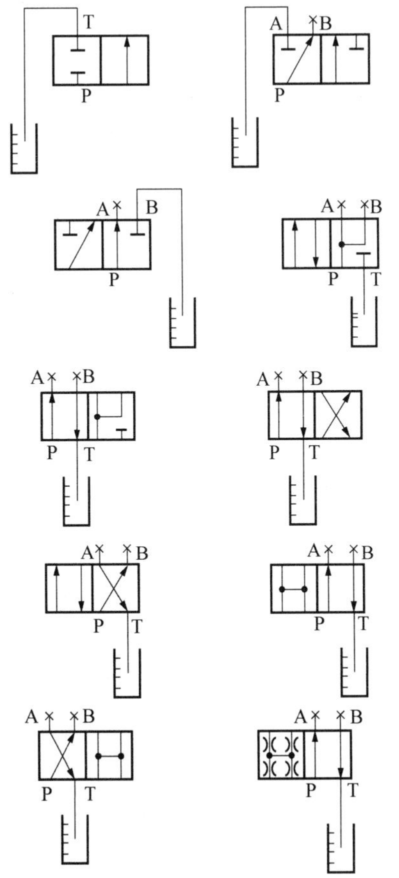	必试

续表

续表

		序号	试验项目	试验方法	试验类型
性能试验	试验项目与试验方法	5	内泄漏量	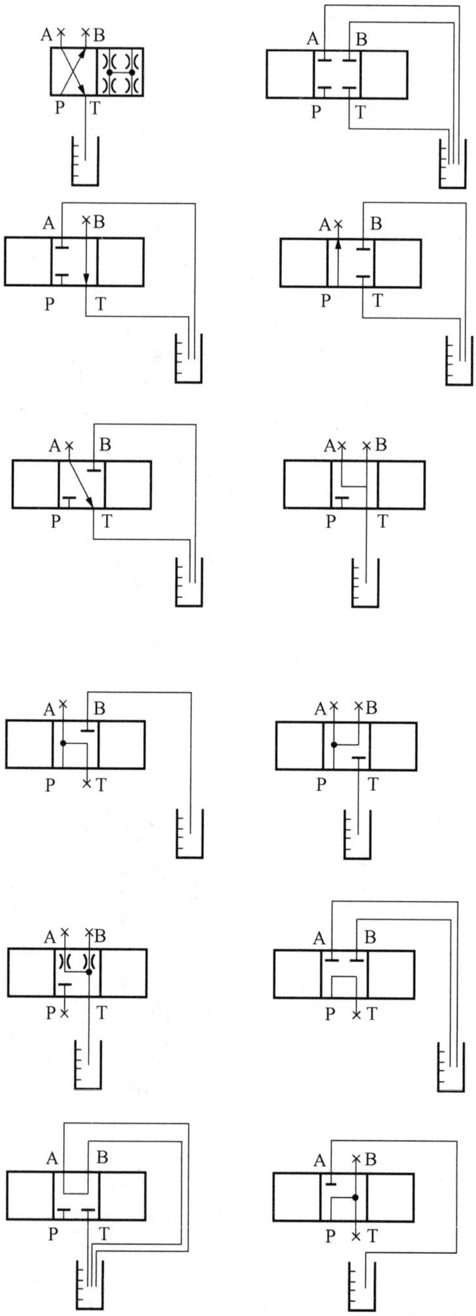	必试
		6	密封性	在上述各项试验过程中，目测观察被试阀4连接面及各连接处密封情况	必试
		②型式试验　型式试验项目与试验方法按表4的规定			

续表

<table>
<tr>
<td>性能试验</td>
<td>试验项目与试验方法</td>
<td>

表 4　型式试验项目与试验方法

<table>
<tr><th>序号</th><th>试验项目</th><th>试验方法</th></tr>
<tr><td>1</td><td>稳态试验</td><td>(1)按上面“①出厂试验”的规定,试验全部项目,并按以下方法试验和绘制特性曲线图:
a. 在压力损失试验时,将被试阀 4 的阀芯置于各通油位置,使通过被试阀 4 的流量从 0 逐渐增大到试验流量,其间设定几个测量点(设定的测量点数应足以描出流量-压力损失曲线),分别用压力表 3-1、压力表 3-2、压力表 3-3、压力表 3-4 测量各设定点的压力。绘出流量-压力损失曲线(见 JB/T 10365—2014 图 B.2)
b. 在内泄漏量试验时,将被试阀 4 的阀芯置于规定的测量位置,使被试阀 4 的 P 油口压力从 0 逐渐增高到额定压力,其间设定几个测量点(设定的测量点数应足以描出压力-内泄漏量曲线),分别测量各设定点的内泄漏量。绘出压力-内泄漏量曲线(见 JB/T 10365—2014 图 B.3)
(2)工作范围试验:
使被试阀 4 的电磁铁满足上面“⑥被试阀的电磁铁电压”的规定。将被试阀 4 的阀芯置于某通油位置,完全打开单向节流阀 6-1(或节流阀 6-2)和溢流阀 2-2,使压力表 3-2(或压力表 3-3)的指示压力为最低负载压力。然后,使通过被试阀 4 的流量从 0 逐渐增大到大于额定流量的某一最大设定流量(此最大设定流量各制造厂可根据本厂的产品水平情况自定),其间设定几个流量点记录各流量点所对应的压力表 3-1 的指示压力,绘出图 B.4 所示的曲线 *OD*,调节溢流阀 2-1 和单向节流阀 6-1(或节流阀 6-2),使压力表 3-1 的指示压力为被试阀 4 的额定压力。逐渐增大通过被试阀 4 的流量,被试阀 4 应均能换向和复位(对中)。当流量增大到某一值使被试阀 4 不能换向和复位为止。按此试验法,直到最大设定流量,根据上述试验中记录的数据,绘出 JB/T 10365—2014 图 B.4 所示的曲线 *ABC*。曲线 *ABCDO* 所包区域为被试阀 4 能正常换向和复位(对中)的工作范围,曲线 *BC* 为转换域
重复上述试验不少于 3 次,绘出工作范围图(见 JB/T 10365—2014 图 B.4)</td></tr>
<tr><td>2</td><td>瞬态试验:
a. 换向时间试验
b. 复位(对中)时间试验</td><td>测试系统方框图如 JB/T 10365—2014 图 B.5 所示。试验方法如下:
使被试阀 4 的电磁铁满足上面“⑥被试阀的电磁铁电压”的规定。调节溢流阀 2-1 和单向节流阀 6-1(或节流阀 6-2),使被试阀 4 的 P 油口压力为额定压力,再调节溢流阀 2-2,使被试阀 4 的 T 油口压力为规定背压值,并使通过被试阀 4 的流量为试验流量成为图 B.4 中 B 点流量 q_{VB} 的 80%(当 80%q_{VB} 小于试验流量时,则规定通过被试阀 4 的流量作为试验流量;当 80%q_{VB} 大于试验流量时,则规定通过被试阀 4 的流量分别为试验流量和 80%q_{VB}。这里:把试验流量作为考核流量,80%q_{VB} 作为体现水平的流量)。然后,将被试阀 4 的电磁铁在额定电压下通电和断电,使被试阀 4 换向和复位(对中)。通过位移传感器(位移法)或压力传感器 3-2、压力传感器 3-3(压力法)用记录仪记录被试阀 4 的换向和复位(对中)情况,得出被试阀 4 的换向时间、换向滞后时间、复位(对中)时间和复位(对中)滞后时间,瞬态响应曲线如 JB/T 10365—2014 图 B.6 和图 B.7 所示</td></tr>
<tr><td>3</td><td>耐久性试验</td><td>调节溢流阀 2-1 和单向节流阀 6-1(或节流阀 6-2),使被试阀 4 的 P 油口压力为额定压力,再调节溢流阀 2-2,使被试阀 4 的 T 油口压力为规定背压值,并使通过被试阀 4 的流量为试验流量,应用换向阀耐久性试验台将被试阀 4 以 20~40 次/min 的频率连续换向,记录被试阀 4 的动作次数,在达到耐久性指标所规定的动作次数后,检查被试阀 4 的主要零件和主要性能指标</td></tr>
</table>

</td>
</tr>
<tr>
<td colspan="2">装配和外观检验</td>
<td>

装配和外观检验应按表 5 的规定

表 5　装配和外观检验

<table>
<tr><th>序号</th><th>检验项目</th><th>检验方法</th><th>检验类型</th></tr>
<tr><td>1</td><td>装配质量</td><td>目测法</td><td>必检</td></tr>
<tr><td>2</td><td>内部清洁度</td><td>按 JB/T 7858 的规定</td><td>抽检</td></tr>
<tr><td>3</td><td>外观质量</td><td>目测法</td><td>必检</td></tr>
</table>

</td>
</tr>
</table>

10.11 液压电液动换向阀和液动换向阀试验方法（摘自 JB/T 10373—2014）

表 20-8-241

范围		见本章“4 压力控制阀”的 6.3 节
性能试验	试验装置	①试验回路 Ⅰ. 除耐压试验外，出厂试验台的试验回路应符合图 1 的要求，型式试验台的试验回路应符合图 2 的要求。耐压试验台的试验回路可以简化 试验液动换向阀时，两端的控制油口分别与电磁换向阀 7 的 A 口、B 口连通。当试验液压对中式的液动换向阀时，电磁换向阀 7 采用 T 腔关闭，P 腔和 A 腔、B 腔相通的滑阀机能 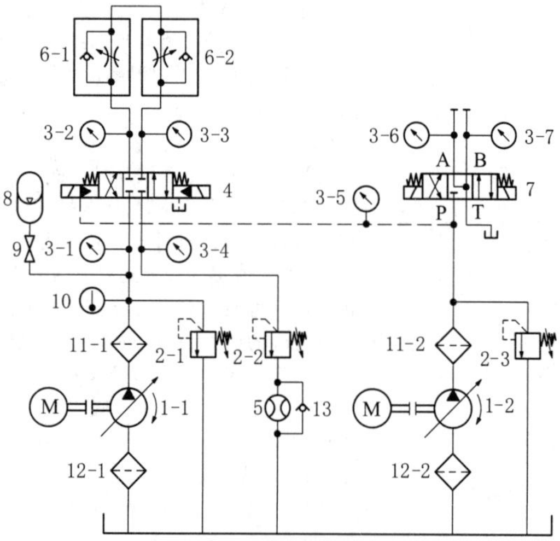 图 1 出厂试验回路原理图 1-1，1-2—液压泵；2-1～2-3—溢流阀；3-1～3-7—压力表；4—被试阀；5—流量计；6-1，6-2—单向节流阀；7—电磁换向阀；8—蓄能器；9—截止阀；10—温度计；11-1，11-2，12-1，12-2—过滤器；13—单向阀 注：图中以“电液动换向阀”符号代表“被试阀” 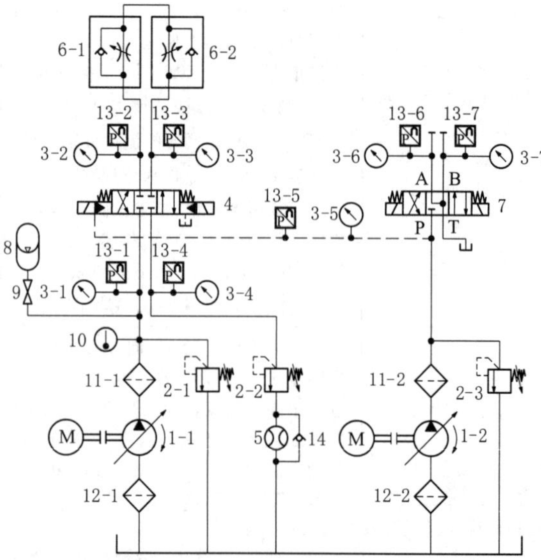 图 2 型式试验回路原理图 1-1，1-2—液压泵；2-1～2-3—溢流阀；3-1～3-7—压力表；4—被试阀；5—流量计；6-1，6-2—单向节流阀；7—电磁换向阀；8—蓄能器；9—截止阀；10—温度计；11-1，11-2，12-1，12-2—过滤器；13-1～13-7—压力传感器；14—单向阀 注：图中以“电液动换向阀”符号代表“被试阀”

续表

性能试验	试验装置	Ⅱ. 与被试阀连接的管道和管接头的内径应与被试阀的实际通径相一致 Ⅲ. 允许在给定的基本回路中增设调节压力、流量或保证试验系统安全工作的元件,但不应影响到被试阀的性能 ②油源 Ⅰ. 试验台油源的流量应能调节,并应大于被试阀的试验流量 Ⅱ. 性能试验时,试验装置的油源压力应能短时间超过被试阀额定压力的 20%~30%;耐压试验时,试验装置油源压力应不低于被试阀额定压力的 1.5 倍 ③测压点　应按以下要求设置测压点 a. 测压点应设置在扰动源(如阀、弯头等)和被试阀之间,与扰动源的距离不小于 $10d$(d 为管道内径),与被试阀的距离尽量接近 $10d$ 处 b. 按 C 级测量准确度测试时,允许测压点的位置与上述要求不符,但应给出相应修正值 ④测压孔　测压孔应符合以下要求 a. 测压孔直径应不小于 1mm,不大于 6mm b. 测压孔长度应不小于测压孔直径的 2 倍 c. 测压孔轴线与管道轴线垂直,管道内表面与测压孔交角处应保持锐角,不应有毛刺 d. 测压点与测量仪表之间的连接管道的内径应不小于 3mm,并应排除连接管道中的空气 ⑤测温点　测温点应设置在被试阀进口测压点上游不大于 $15d$ 处 ⑥油液取样点　应按照 GB/T 17489 的规定,在试验回路中设置油液取样点及提取液样 ⑦安全防护　试验台的设计、制造及试验过程应采取必要措施保护人员和设备的安全
	试验条件	①试验介质 Ⅰ. 试验介质应为一般矿物油型液压油 Ⅱ. 试验介质的温度:除明确规定外,型式试验应在 50℃±2℃下进行,出厂试验应在 50℃±4℃下进行 Ⅲ. 试验介质的黏度:40℃时的运动黏度为 42~74mm²/s(特殊要求另行规定) Ⅳ. 试验介质的污染度:试验系统油液的固体颗粒污染度不应高于 GB/T 14039—2002 规定的等级—/19/16 ②稳态工况 Ⅰ. 各被测参量平均显示值的变化范围符合表 1 的规定时为稳态工况。应在稳态工况下测量每个设定点的各个参量

表 1　被测参量平均显示值的允许变化范围

被测参量	各测量准确度等级对应的被测参量平均显示值的允许变化范围		
	A	B	C
压力/%	±0.5	±1.5	±2.5
流量/%	±0.5	±1.5	±2.5
温度/℃	±1.0	±2.0	±4.0
黏度/%	±5.0	±10	±15

注:测量准确度等级见下面"⑤测量准确度等级"

性能试验	试验条件	Ⅱ. 型式试验时,试验参量测量读数数目的选择和所取读数的分布情况应能反映被试阀在整个范围内的性能 Ⅲ. 为了保证试验结果的重复性,试验参量应在规定的时间间隔测得 ③瞬态工况 Ⅰ. 从被试阀输出侧到加载阀所组成的油路(包括连接管路和油路块)容积,在瞬态试验起始状态应是封闭容积,并在试验前使这封闭容积充满油液。在试验报告中应记录这封闭容积的大小以及容腔和管道材料 Ⅱ. 当被试阀为外控式电液(动)换向阀和液动换向阀时,控制回路的压力变化速率应不低于 700MPa/s,以保证被试阀迅速动作。控制回路的压力变化速率系指压力从最终稳态压力值与起始稳态压力值之差的 10%上升到 90%的压力变化量与时间之比 ④试验流量 Ⅰ. 试验流量应为额定流量。当被试阀额定流量大于 200L/min 时,允许试验流量为 200L/min,但应经过工况考核,被试阀的性能指标以满足工况要求为依据 Ⅱ. 出厂试验允许降流量进行,但应对性能指标给出相应修正值 Ⅲ. 型式试验时鼓励试验流量大于额定流量,以记录被试阀在最大流量下的工作能力 ⑤测量准确度等级　测量准确度等级按 GB/T 7935—2005 中 5.1 的规定。型式试验不应低于 B 级,出厂试验不应低于 C 级。各测量准确度等级对应的测量系统的允许误差应符合表 2 的规定

续表

性能试验 — 试验条件

表2　测量系统的允许系统误差

测量仪器、仪表的参量	各测量准确度等级对应的测量系统的允许误差		
	A	B	C
压力(表压力 p<0.2MPa)/kPa	±2.0	±6.0	±10.0
压力(表压力 p≥0.2MPa)/kPa	±0.5	±1.5	±2.5
流量/%	±0.5	±1.5	±2.5
温度/℃	±0.5	±1.0	±2.0

⑥被试阀的电磁铁电压　出厂试验时，被试阀电磁铁的工作电压应为其额定电压的85%

型式试验时，应在电磁铁的额定电压下，对电磁铁进行连续励磁至其规定的最高稳定温度，之后将电磁铁的电压降至其额定电压的85%(瞬态试验，电磁铁的工作电压与应为其额定电压)，再对被试阀进行试验

性能试验 — 试验项目与试验方法

①出厂试验　出厂试验项目与试验方法按表3的规定

表3　出厂试验项目与试验方法

序号	试验项目	试验方法	试验类型
1	耐压性	各泄油口与油箱连通。调节溢流阀2-1，调节压力从最低工作压力开始，以每秒2%的速率递增，直至被试阀4额定压力的1.5倍。达到后，保压5min	抽试
2	滑阀机能	按照被试阀4的机能，依次换向和复位。同时，观察被试阀各油口的通油情况	必试
3	换向性能	a. 换向试验： 使被试阀4的电磁铁满足上面“⑥被试阀的电磁铁电压”的规定。调节溢流阀2-1和单向节流阀6-1(或单向节流阀6-2)，使被试阀4的P油口压力为额定压力，再调节溢流阀2-2，使被试阀4的T油口压力为规定背压值，并使通过被试阀4的流量为试验流量 当被试阀4为电液动换向阀时，使被试阀4的电磁铁满足上面“⑥被试阀的电磁铁电压”的规定，调节溢流阀2-3，使控制压力为被试阀4的最低控制压力(若其控制油为内部回油时，则使控制压力为最低控制压力与规定背压值之和)。然后将被试阀4的电磁铁通电和断电，连续动作10次以上，试验被试阀4的换向和复位(对中)情况 当被试阀4为液动换向阀时，调节溢流阀2-3，使控制压力为被试阀4的最低控制压力，然后将电磁换向阀7的电磁铁通电和断电，连续动作10次以上，试验被试阀4的换向和复位(对中)情况 b. 停留试验： 在a试验的条件下，使被试阀4的阀芯在原始位置和换向位置上各停留5min，然后，将被试阀4的电磁铁通电和断电(对被试阀为电液动换向阀而言)，或将电磁换向阀7的电磁铁通电和断电，连续动作10次以上，试验被试阀4的换向和复位(对中)情况	必试
4	压力损失	将被试阀4的阀芯置于各通油位置，并使通过被试阀4的流量为试验流量，分别用压力表3-1、压力表3-2、压力表3-3、压力表3-4测量各点的压力 p_P、p_A、p_B、p_T，并计算压力损失 对二位、三位四通被试阀：当油流方向为P→A、B→T时，压力损失为 $\Delta p_{P\to A}=p_P-p_A$、$\Delta p_{B\to T}=\Delta p_{B\to T}=p_B-p_T$，当油流方向为P→B，A→T时，压力损失为 $\Delta p_{P\to B}=p_P-p_B$、$\Delta p_{A\to T}=p_P-p_T$ 对三位四通中间位置存在油流方向为P→T滑阀机能的被试阀，在中间位置需做压力损失试验，压力损失为 $\Delta p_{P\to T}=p_P-p_T$ 其他滑阀机能，在中间位置不做试验	必试
5	内泄漏量	调节溢流阀2-1，使被试阀4的P油口压力为额定压力。按照被试阀4的滑阀机能和结构，分别从A油口(或B油口)和T油口测量被试阀4的阀芯在各不同位置时的内泄漏量 在测量内泄漏量前，将被试阀4动作10次，待内泄漏量稳定30s后再测量内泄漏量。对不同的滑阀机能，内泄漏量测量简图如下：	必试

续表

续表

		序号	试验项目	试验方法	试验类型
性能试验	试验项目与试验方法	5	内泄漏量	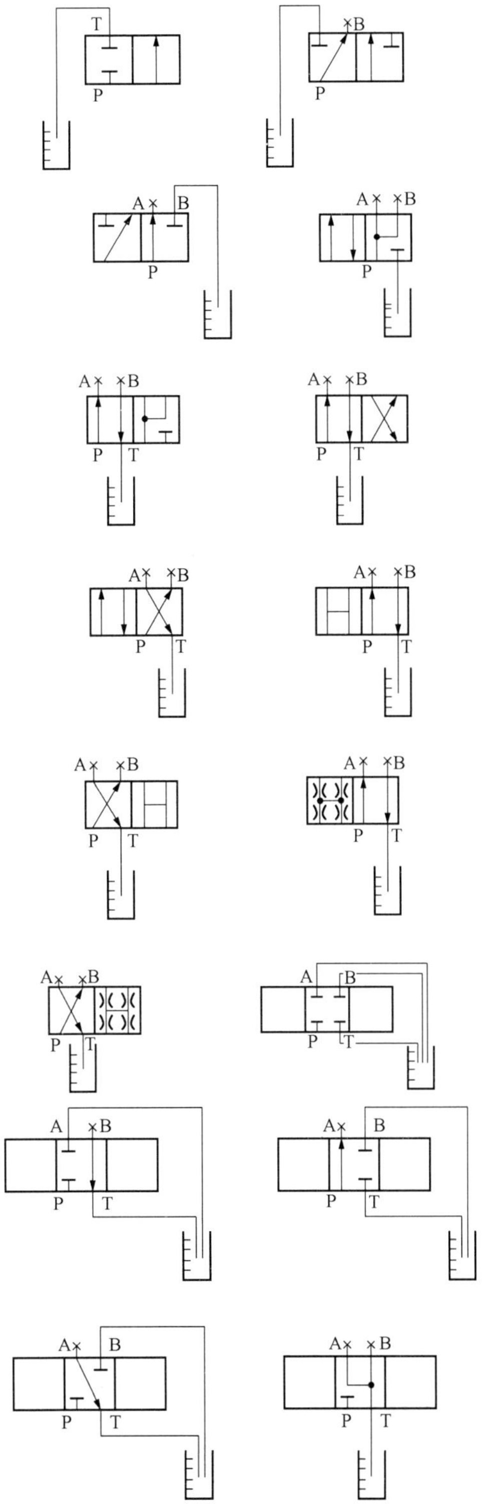	必试

续表

性能试验 | 试验项目与试验方法

续表

序号	试验项目	试验方法	试验类型
5	内泄漏量	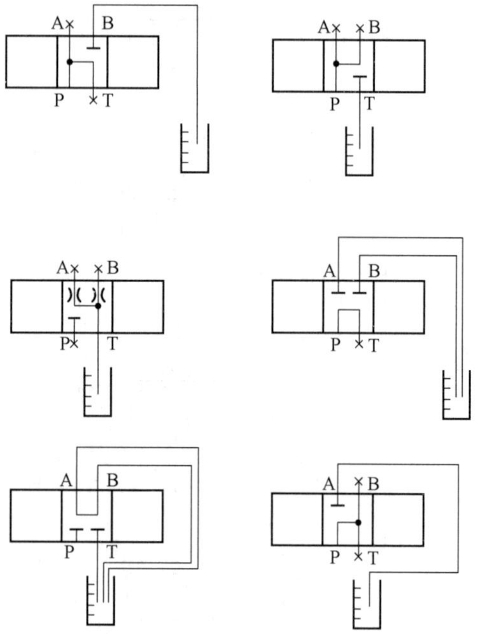	必试
6	密封性	在上述各项试验过程中，目测观察被试阀4连接面及各连接处密封情况	必试

②型式试验　型式试验项目与试验方法按表4的规定

表4　型式试验项目与试验方法

序号	试验项目	试验方法	备注
1	稳态试验	a. 按上面"①出厂试验"的规定，试验全部项目，并按以下方法试验和绘制特性曲线图： 1)在压力损失试验时，将被试阀4的阀芯置于各通油位置，使通过被试阀4的流量从0逐渐增大到试验流量，其间设定几个测量点(设定的测量点数应足以描出流量-压力损失曲线)，分别用压力表3-1、压力表3-2、压力表3-3、压力表3-4测量各设定点的压力，绘出流量-压力损失曲线(见JB/T 10373—2014图B.3) 2)在内泄漏量试验时，将被试阀4的阀芯置于规定的测量位置，使被试阀P油口压力从0逐渐增高到公称压力，其间设定几个测量点(设定的测量点数应足以描出压力-内泄漏量曲线)，分别测量各设定点的内泄漏量，绘出压力-内泄漏量曲线(见JB/T 10373—2014图B.4) b. 进行工作范围试验。试验条件和要求如下： 1)当被试阀4为液动换向阀时，均组装成外部控制形式，并使被试阀4的电磁铁满足上面"⑥被试阀的电磁铁电压"的规定 2)当被试阀4为电液动换向阀时，若控制油为内部回油时，则使控制压力为最低控制压力与被试阀4的T油口背压值之和 3)试验时，被试阀控制压力的变化速率应满足下列两个条件，并分别进行工作范围试验： ——逐渐地增加控制压力到规定的控制压力，控制压力变化速率不应超过0.02p_N/s(p_N为被试阀4的公称压力) ——阶跃地增加控制压力到规定的控制压力，控制压力变化速率不应低于700MPa/s 按以下方法试验和绘制特性曲线图：	

续表

续表

		序号	试验项目	试验方法	备注
性能试验	试验项目与试验方法	1	稳态试验	使被试阀 4 的电磁铁满足上面"⑥被试阀的电磁铁电压"的规定(仅对电液动换向阀),将被试阀 4 的阀芯置于某通油位置,完全打开单向节流阀 6-1(或单向节流阀 6-2)和溢流阀 2-2,使压力表 3-2(或压力表 3-3)的指示压力为最低负载压力。然后,使通过被试阀 4 的流量从 0 逐渐增大到大于额定流量的某一最大设定流量(此最大设定流量各制造厂可根据本厂的产品水平情况自定),其间设定几个流量点,记录各流量点所对应的压力表 3-1 的指示压力,绘出 JB/T 10373—2014 图 B.5 所示曲线 *OD*,调节溢流阀 2-1 和单向节流阀 6-1(或单向节流阀 6-2),使压力表 3-1 的指示压力为被试阀 4 的公称压力。逐渐增大通过被试阀的流量,被试阀 4 在规定的最低控制压力下应能换向和复位(对中)。当流量增大到某一值使被试阀 4 不能在规定的最低控制压力下换向和复位时,则再调节溢流阀 2-1 和单向节流阀 6-1(或单向节流阀 6-2),以降低压力表 3-1 的指示压力,直到被试阀 4 能在规定的最低控制压力下换向和复位(对中)为止。按此试验法,直到最大设定流量。根据上述试验中记录的数据,绘出 JB/T 10373—2014 图 B.5 所示曲线 *ABC*。曲线 *ABCDO* 所包区域为被试阀能正常换向和复位(对中)的工作范围,曲线 *BC* 为转换域 重复上述试验不少于 3 次,绘出工作范围曲线(见 JB/T 10373—2014 图 B.5)	
		2	瞬态试验	测试系统框图(见 JB/T 10373—2014 图 B.6)。当被试阀 4 为液动换向阀时,均装配成外部控制形式。控制回路的压力变化速率应满足上面"③瞬态工况"Ⅱ的规定。试验方法如下: 使被试阀 4 的电磁铁满足上面"⑥被试阀的电磁铁电压"的规定。调节溢流阀 2-1 和单向节流阀 6-1(或单向节流阀 6-2),使被试阀 4 的 P 油口压力为额定压力,再调节溢流阀 2-2,使被试阀 4 的 T 油口压力为规定背压值,并使通过被试阀 4 的流量为试验流量或为 JB/T 10373—2014 图 B.5 中 *B* 点流量 q_{VB} 的 80%(注:当 80%q_{VB} 小于试验流量时,则规定通过被试阀的流量为试验流量;当 80%q_{VB} 大于试验流量时,则规定通过被试阀的流量分别为试验流量和 80%q_{VB}。这里:把试验流量作为考核流量,80%q_{VB} 作为体现水平的流量)。然后,调节溢流阀 2-3,使控制压力为被试阀 4 的最低控制压力(若控制油为内部回油时则使控制压力为最低控制压力与规定背压值之和)和最高控制压力之和 按照上述试验条件,将被试阀 4 的电磁铁在额定电压下通电和断电(对被试电液动换向阀而言),或者将电磁阀 7 的电磁铁在额定电压下通电和断电(对被试液动换向阀而言),使被试阀 4 换向和复位(对中),通过位移传感器(位移法)或压力传感器 14-3、压力传感器 14-4、压力传感器 14-6、压力传感器 14-7(压力法)用记录仪记录被试阀 4 的换向和复位(对中)情况,得出被试阀 4 的换向时间、换向滞后时间、复位(对中)时间和复位(对中)滞后时间。瞬态响应曲线见 JB/T 10373—2014 图 B.7 和图 B.8	对液动换向阀只试验换向时间和复位(对中)时间
		3	耐久性试验	调节溢流阀 2-1 和单向节流阀 6-1(或单向节流阀 6-2),使被试阀 4 的 P 油口压力为额定压力,再调节溢流阀 2-2,使被试阀 4 的 T 油口压力为规定背压值,并使通过被试阀 4 的流量为试验流量,然后调节溢流阀 2-3,使控制回路达到适当的控制压力。应用换向阀耐久性试验台将被试阀 4 以 20~40 次/min 的频率连续换向,记录被试阀 4 的换向次数,在达到耐久性指标中所规定的换向次数后,检查被试阀 4 的主要零件和主要性能指标 为使换向到位,电液动换向阀 4 宜装配成外部控制形式进行耐久性试验	

续表

<table>
<tr><td>装配和
外观检验</td><td>装配和外观检验应按表5的规定

表5　装配和外观检验
<table><tr><th>序号</th><th>检验项目</th><th>检验方法</th><th>检验类型</th></tr><tr><td>1</td><td>装配质量</td><td>目测法</td><td>必检</td></tr><tr><td>2</td><td>内部清洁度</td><td>按 JB/T 7858 的规定</td><td>抽检</td></tr><tr><td>3</td><td>外观质量</td><td>目测法</td><td>必检</td></tr></table></td></tr>
</table>

10.12　液压电磁换向座阀试验方法（摘自 JB/T 10830—2008）

表 20-8-242

<table>
<tr><td colspan="2">范围</td><td>见本章“4　压力控制阀”的6.4节</td></tr>
<tr><td>性能
试验</td><td>试验装置</td><td>①应具有符合图1所示试验回路的试验台
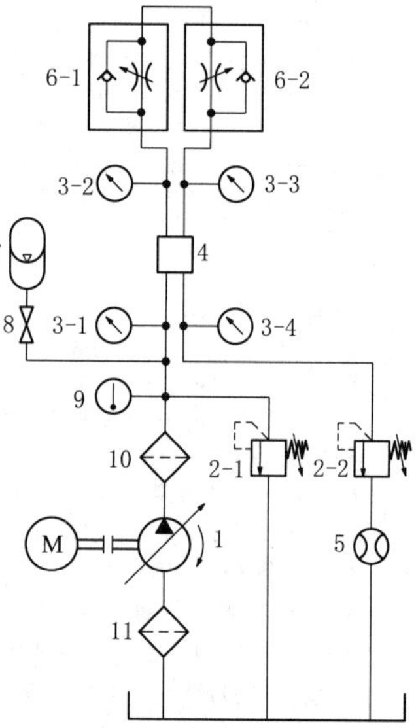

图1　试验回路原理图
1—液压泵；2-1，2-2—溢流阀；3-1～3-4—压力表；4—被试阀；5—流量计；
6-1，6-2—单向节流阀；7—蓄能器；8—座阀（截止阀）；9—温度计；10—精过滤器；11—粗过滤器
②油源的流量及压力
油源的流量应能调节，并应大于被试阀的试验流量
油源压力应能短时间超过被试阀公称压力的20%～30%
③允许在给定的基本回路中增设调节压力、流量或保证试验系统安全工作的元件，但不应影响到被试阀的性能
④与被试阀连接的管道和管接头的内径应与被试阀的实际通径相一致
⑤测压点的位置
Ⅰ. 进口测压点位置
进口测压点应设置在扰动源（如阀、弯头等）的下游和被试阀上游之间，与扰动源的距离不小于10d（d为管道内径），与被试阀的距离不小于5d
Ⅱ. 出口测压点位置
出口测压点应设置在被试阀的下游不小于10d处
Ⅲ. 按表1中规定的C级精度测试时，允许测压点的位置与上述要求不符，但应给出相应修正值
⑥测压孔
Ⅰ. 测压孔直径应为1～6mm
Ⅱ. 测压孔长度应不小于测压孔直径的2倍
Ⅲ. 测压孔轴线与管道轴线垂直，管道内表面与测压孔交角处应保持锐角，但不应有毛刺
Ⅳ. 测压点与测量仪表之间的连接管道的内径应不小于3mm
Ⅴ. 测压点与测量仪表连接时，应排除连接管道中的空气</td></tr>
</table>

续表

试验装置

⑦测温点的位置

测温点应设置在被试阀进口测压点上游不大于 15d 处

⑧油液取样点

宜按照 GB/T 17489 的规定，在试验回路中设置油液取样点及提取液样

性能试验 — 试验条件

①试验介质

Ⅰ. 试验介质为一般液压油

Ⅱ. 试验介质的温度：除明确规定外，型式试验应在 50℃±2℃下进行，出厂试验应在 50℃±4℃下进行

Ⅲ. 试验介质的黏度：40℃时的运动黏度为 42~74mm^2/s（特殊要求另行规定）

Ⅳ. 试验介质的污染度：试验系统油液的固体颗粒污染等级不应高于 GB/T 14039—2002 规定的等级—/19/16

②稳态工况

Ⅰ. 当被控参量平均显示值的变化范围不超过表 1 的规定值时，视为稳态工况。应在稳态工况下记录试验参数的测量值

表 1　被控参量平均显示值允许变化范围

被控参量	各测量准确度等级对应的被控参量平均显示值允许变化范围		
	A	B	C
压力/%	±0.5	±1.5	±2.5
流量/%	±0.5	±1.5	±2.5
温度/℃	±1.0	±2.0	±4.0

注：测量准确度等级见下面"⑤测量准确度等级"

Ⅱ. 型式试验时，试验参量测量读数数目的选择和所取读数的分布情况应能反映被试阀在整个范围内的性能

Ⅲ. 为了保证试验结果的重复性，试验参量应在规定的时间间隔测得

③瞬态工况

Ⅰ. 从被试阀输出侧到加载阀（包括与其连接的油路块）所组成的油路容积，在瞬态试验起始状态应是封闭容积，并在试验前使这封闭容积充满油液

Ⅱ. 被试阀的电磁铁应在零电压开始励磁

④试验流量

Ⅰ. 试验流量应为被试阀的公称流量

Ⅱ. 出厂试验允许降流量进行，但应对性能指标给出相应修正值

⑤测量准确度等级

测量准确度等级分 A、B、C 三级。型式试验不应低于 B 级，出厂试验不应低于 C 级。各等级所对应的测量系统的允许误差应符合表 2 的规定

表 2　测量系统的允许系统误差

测量仪器、仪表的参量	各测量准确度等级对应的测量系统的允许误差		
	A	B	C
压力（表压力 $p<0.2$MPa）/kPa	±2	±6	±10
压力（表压力 $p\geq0.2$MPa）/kPa	±0.5	±1.5	±2.5
流量/%	±0.5	±1.5	±2.5
温度/℃	±0.5	±1.0	±2.0

⑥被试阀的电磁铁

出厂试验时，电磁铁的工作电压应为其额定电压的 85%

型式试验时，应在电磁铁的额定电压下，对电磁铁进行连续励磁至其规定的最高稳定温度，之后将电磁铁（的电压）降至其额定电压的 85%，再对被试阀进行试验

性能试验 — 试验项目与试验方法

①出厂试验　出厂试验项目与试验方法按表 3 的规定

表 3　出厂试验项目与试验方法

序号	试验项目	试验方法	试验类型	备注
1	耐压性	以每秒 2% 的速率，对各承压油口施加 1.5 倍的该油口最高工作压力，达到耐压试验压力后，保压 5min	抽试	
2	换向机能	按照被试阀的机能，依次换向和复位，同时观察被试阀各油孔的通油情况	必试	

续表

续表

		序号	试验项目	试验方法	试验类型	备注
性能试验	试验项目与试验方法	3	换向性能	①换向试验：使被试阀4的电磁铁满足上面"⑥被试阀的电磁铁"的规定。调节溢流阀2-1和单向节流阀6-1(或6-2)，使被试阀P油口压力为公称压力，再调节溢流阀2-2，使被试阀T口压力为规定背压值，并使通过被试阀的流量为试验流量。在上述试验条件下，将被试阀的电磁铁通电和断电，连续动作3次以上，试验被试阀的换向和复位情况	必试	
				②停留试验：在①试验条件下，使被试阀在初始位置和换向位置各停留5min。然后，将被试阀的电磁铁通电和断电，试验被试阀的换向和复位情况	抽试	
		4	压力损失	将被试阀的阀芯置于各通油位置，并使通过被试阀的流量为试验流量，分别用压力表3-1、3-2、3-3、3-4测量各点的压力 p_P、p_A、p_B、p_T，试验压力损失，对于二位四通机能的被试阀：当油流方向为P→A、B→T时，压力损失为 $\Delta p_{P\to A}=p_P-p_A$，$\Delta p_{B\to T}=p_B-p_T$ 当油流方向为P→B、A→T时，压力损失为 $\Delta p_{P\to B}=p_P-p_B$，$\Delta p_{A\to T}=p_A-p_T$；对于二位三通机能的被试阀：油流方向为P→A或A→T时，压力损失为 $\Delta p_{P\to A}=p_P-p_A$，$\Delta p_{A\to T}=p_A-p_T$：对于二位二通机能的被试阀：油流方向为P→T时，压力损失为 $\Delta p_{P\to T}=p_P-p_T$	必试	
		5	内泄漏量	调节溢流阀2-1，使被试阀4的P油口压力为公称压力，按照被试阀的机能和结构，分别从A(或B)和T油口测量被试阀的在不同换向位置时的内泄漏量 在测量内泄漏量前，将被试阀动作3次，30s后再测量内泄漏量。对于不同的机能，内泄漏量测量方法如下所示： 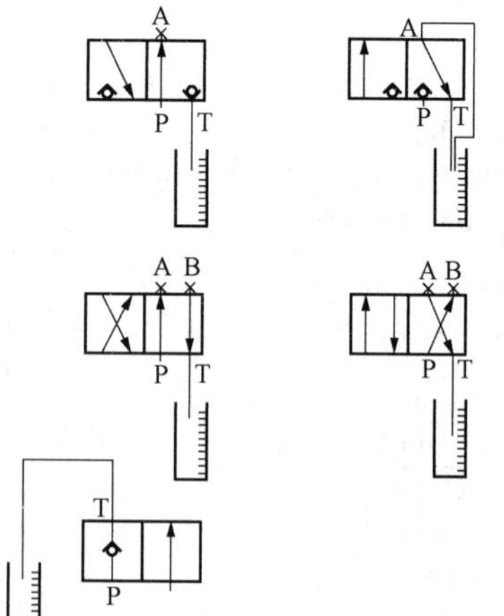 	必试	
		6	密封性	先将被试阀擦干净，如果有个别位置不能一次擦干净，运转后产生"假"渗油现象，则允许再次擦干净，检查内容分为静密封和动密封两类： ①静密封：用洁净的吸水纸贴在静密封处，至试验结束取下，如吸水纸上有油迹即为渗油 ②动密封：在动密封处的下方放置白纸，至试验结束，白纸上如有油滴即为滴油	必试	

续表

性能试验	试验项目与试验方法	②型式试验　型式试验项目与试验方法按表4的规定

表4　型式试验项目与试验方法

试验项目	试验方法	备注
稳态试验	(1)按上面"①出厂试验"的规定，试验全部项目，并按以下方法试验和绘制特性曲线图： 在压力损失试验时，将被试阀的阀芯置于各通油位置，使通过被试阀的流量从零逐渐增大到试验流量，其间设定几个测量点（设定的测量点数应足以描出流量-压力损失曲线），分别用压力表3-1、3-2、3-3、3-4测量各设定点的压力 绘出如JB/T 10830—2008图A.2所示的流量—压力损失曲线 (2)工作范围试验 使被试阀的电磁铁满足上面"⑥被试阀的电磁铁电压"的规定。将被试阀的阀芯置于某通油位置，完全打开单向节流阀6-1（或6-2）和溢流阀2-2，使压力表3-2（或3-3）的指示压力为最低负载压力。然后，使通过被试阀的流量从零逐渐增大到大于额定流量的某一最大设定流量（此最大设定流量各制造厂可根据本厂的产品水平情况自定），其间设定几个流量点记录各流量点所对应的压力表3-1的指示压力，绘出如JB/T 10830—2008图A.3所示的曲线*OD*，调节溢流阀2-1和单向节流阀6-1（或6-2），使压力表3-1的指示压力为被试阀的公称压力。逐渐增大通过被试阀的流量，被试阀应能换向和复位。当流量增大到某一值，被试阀不能换向和复位为止。按此试验方法，直到最大设定流量。根据上述试验中记录的数据，绘出如JB/T 10830—2008图A.3所示的曲线*ABC*。曲线*ABCDO*所包区域为被试阀能正常换向和复位的工作范围，曲线*BC*为转换域 重复上述试验不少于3次，绘出如JB/T 10830—2008图A.3所示的工作范围图	

装配和外观的检验	装配和外观的检验应按表5的规定

表5　装配和外观的检验方法

序号	检验项目	检验方法	检验类型
1	装配质量	目测法	必检
2	内部清洁度	按JB/T 7858的规定	抽检
3	外观质量	目测法	必检

10.13　液压多路换向阀试验方法（摘自JB/T 8729—2013）

表20-8-243

范围		见本章"4　压力控制阀"的6.5节
性能试验	试验装置	①试验系统原理图　多路阀的试验应具备符合图1所示试验系统原理图的试验台 阀后控制负荷传感多路阀的试验应具备符合图2所示试验系统原理图的试验台 阀前控制的流量比例分配（LBF）负荷传感多路阀的试验应具备符合图3所示试验系统原理图的试验台 ②试验台油源　试验台油源的流量应能调节，其流量应大于被试阀的公称流量。油源压力应能短时间超过（被试阀）公称压力的20%～30% ③压力测量点的位置 Ⅰ. 进口测压点应设置在扰动源的下游和被试阀上游之间，距扰动源的距离大于10*d*，距被试阀的距离为5*d* Ⅱ. 出口测压点应设置在被试阀下游10*d*处 Ⅲ. 按C级精度测试时，若测压点的位置与上述要求不符，应给出相应的修正值 ④测压孔 a. 测压孔直径应大于或等于1mm，小于或等于6mm b. 测压孔长度应大于或等于测压孔直径的2倍 c. 测压孔轴线与管道轴线垂直，管道内表面与测压孔交角处应保持锐角，不应有毛刺 d. 测压点与测量仪表之间的连接管道的内径应大于或等于3mm ⑤温度测量点的位置　温度测量点应设置在被试阀进口测压点上游15*d*处

续表

性能试验	试验装置	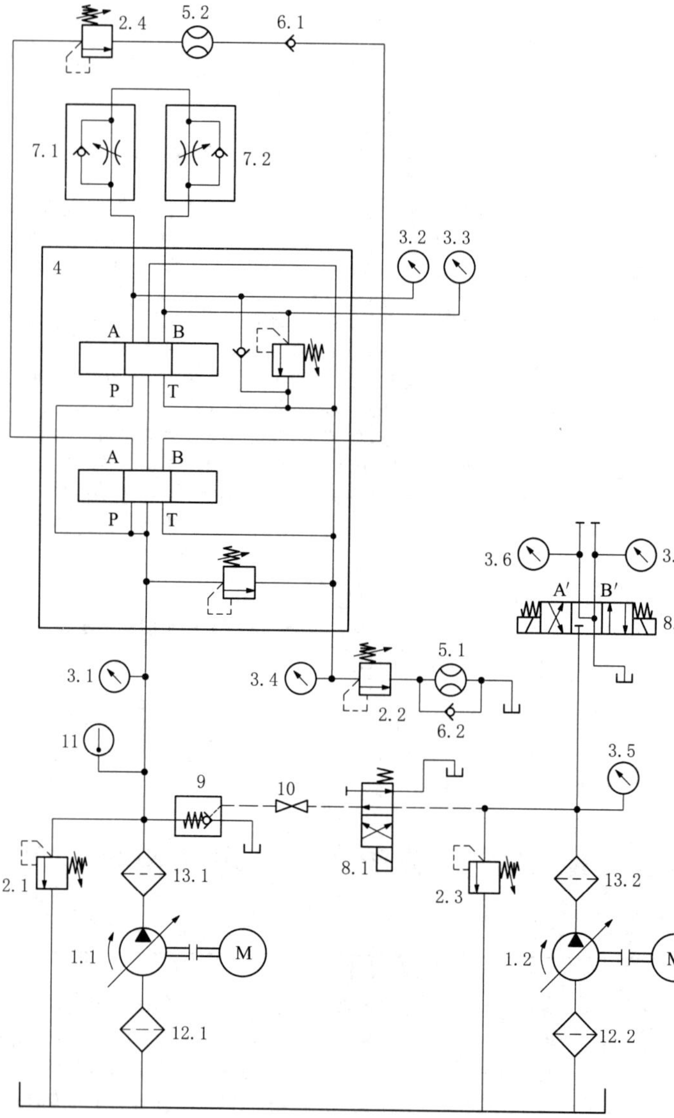 图1　试验系统原理图 1.1,1.2—液压泵;2.1～2.4—溢流阀;3.1～3.7—压力表(对瞬态试验,压力表3.1应接入压力传感器);4—被测多路阀;5.1,5,2—流量计;6.1,6.2—单向阀;7.1,7.2—单向节流阀;8.1,8.2—电磁阀;9—阶跃加载阀;10—截止阀;11—温度计;12.1,12.2—过滤器;13.1,13.2—过滤器 注:试验液动多路阀时,两端的控制油口分别与电磁换向阀8.2的A′、B′油口连通

续表

性能试验	试验装置	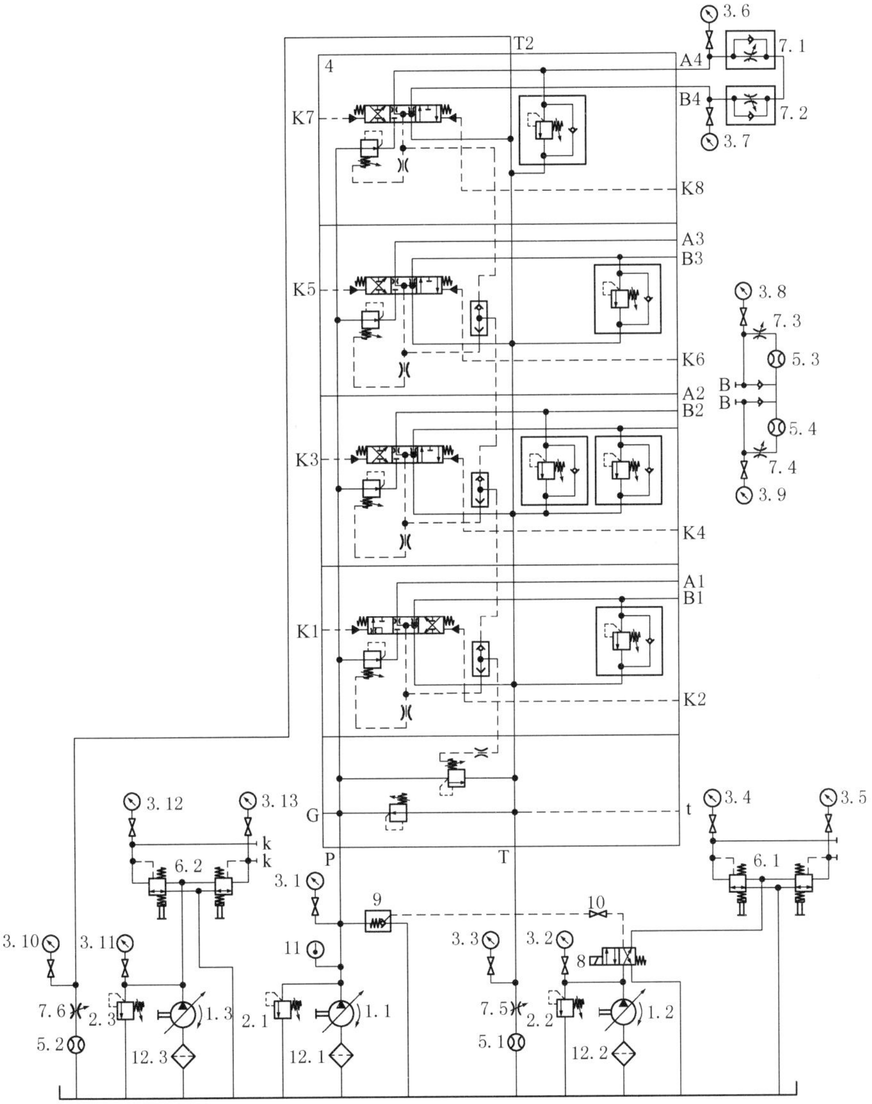 图2 阀后节流的负荷传感多路换向阀试验系统原理图 1.1~1.3—液压泵；2.1~2.3—溢流阀；3.1~3.13—压力表； 4—被试阀；5.1~5.4—流量计；6.1，6.2—比例先导阀； 7.1~7.6—单向节流阀；8—电磁阀；9—阶跃加载阀； 10—截止阀；11—温度计；12.1~12.3—过滤器

续表

性能试验	试验装置	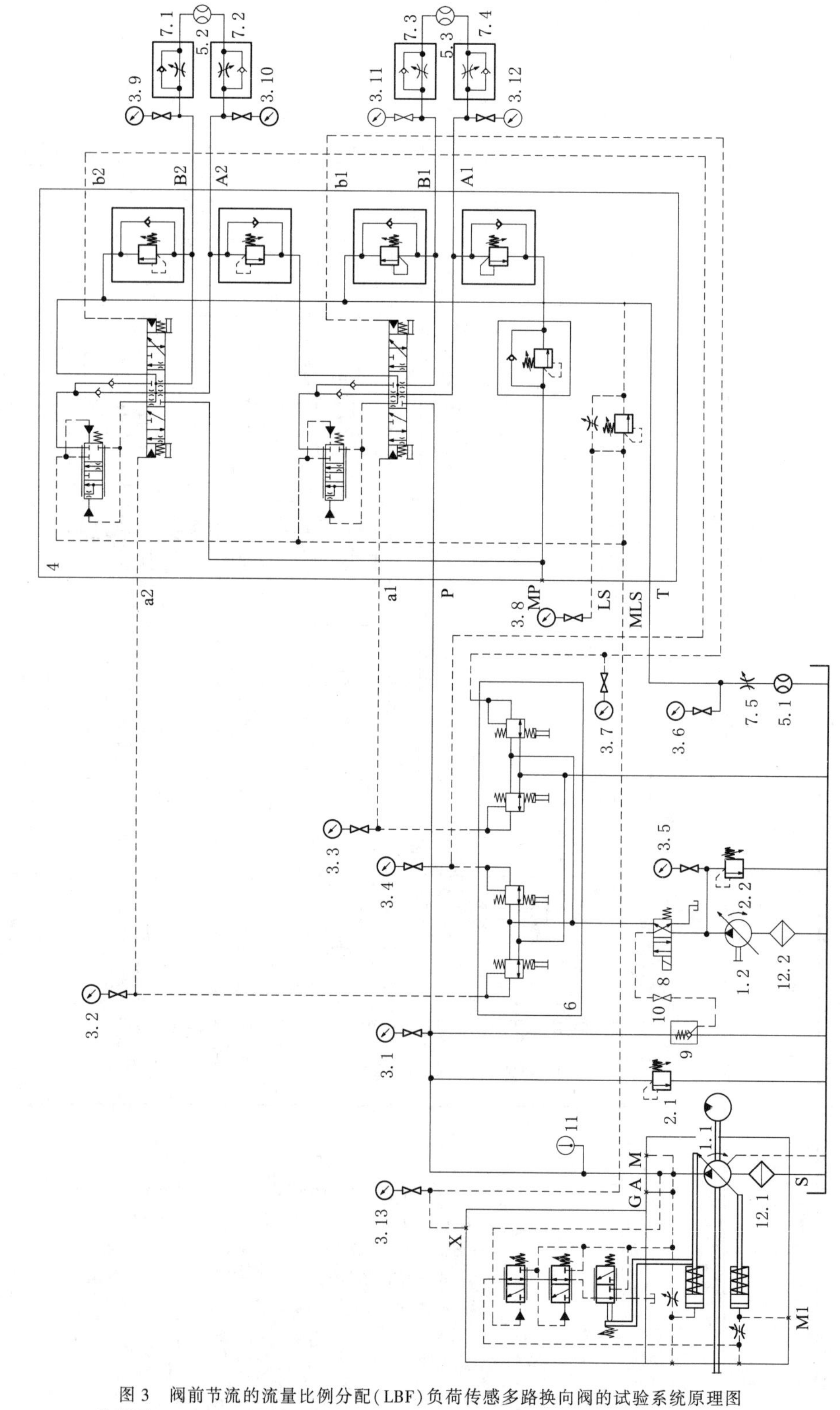 图3　阀前节流的流量比例分配(LBF)负荷传感多路换向阀的试验系统原理图 1.1,1.2—液压泵;2.1,2.2—溢流阀;3.1～3.13—压力表;4—被试阀;5.1～5.3—流量计;6—比例先导阀;7.1～7.5—单向节流阀;8—电磁阀;9—阶跃加载阀;10—截止阀;11—温度计;12.1,12.2—过滤器

续表

性能试验 | 试验条件

①试验介质

Ⅰ. 试验介质应为被试阀适用的工作介质

Ⅱ. 试验介质的温度：除明确规定外，型式试验应在50℃±2℃下进行，出厂试验应在50℃±4℃下进行

Ⅲ. 试验介质的黏度：40℃时的运动黏度为42~74mm²/s。特殊要求应另行规定

Ⅳ. 试验介质的污染度：试验系统用油液的固体颗粒污染等级不应高于GB/T 14039—2002规定的—/19/16

②试验流量

Ⅰ. 试验流量按被试阀的公称流量进行

Ⅱ. 对于内泄漏、背压、补油阀、过载阀等试验项目，试验流量允许为大于或等于20%公称流量

Ⅲ. 耐久性试验的试验流量分为两种情况：当被试阀的公称流量小于100L/min时，试验流量即为其公称流量；当被试阀的公称流量大于或等于100L/min时，试验流量为100L/min

③稳态工况　被控参量的变化范围符合表1的规定值时为稳态工况，(应)在稳态工况下记录试验参数的测量值

表1　被控参量平均指示值允许变化范围

测量参量	测量准确度		
	A	B	C
压力/%	±0.5	±1.5	±2.5
流量/%	±0.5	±1.5	±2.5
温度/℃	±1.0	±2.0	±4.0
黏度/%	±5	±10	±15

④瞬态工况

Ⅰ. 被试阀和试验回路相关部分所组成油腔的表观容积刚度，应保证被试阀进口压力变化率在600~800MPa/s范围内

注：进口压力变化率系指进口压力从最终稳态压力值与起始稳态压力值之差的10%上升到90%的压力变化量与相应时间之比

Ⅱ. 阶跃加载阀与被试阀之间的相对位置，可用控制其间的压力梯度限制油液可压缩性的影响来确定。其间的压力梯度可用公式(1)计算。算得的压力梯度至少应为被试阀实测的进口压力梯度的10倍

$$\frac{\mathrm{d}p}{\mathrm{d}t}=\frac{q_V K_s}{V} \tag{1}$$

式中　q_V——被试阀4的稳态流量

K_s——油液的等熵体积弹性模量

V——被试阀4与试验系统中阶跃加载阀之间的油路连通容积

注：阶跃加载阀是指试验系统图中的液控单向阀

Ⅲ. 试验系统中阶跃加载阀的动作时间不应超过被试阀响应时间的10%，最长不应超过10ms

⑤测量系统准确度　测量准确度分为A、B、C三级。型式试验不应低于B级测量准确度，出厂试验不应低于C级测量准确度。测量系统的允许系统误差应符合表2的规定

表2　测量系统的允许系统误差

测量参量	测量准确度		
	A	B	C
压力(表压力 $p<0.2$MPa)/kPa	±2.0	±6.0	±10.0
压力(表压力 $p\geq0.2$MPa)/kPa	±0.5	±1.5	±2.5
流量/%	±0.5	±1.5	±2.5
温度/℃	±0.5	±1.0	±2.0

续表

性能试验	试验项目和试验方法	①出厂试验　出厂试验项目与试验方法按表3的规定。试验完成后，多路阀上带的安全阀、过载阀等附加阀应按用户所需压力调定，然后拧紧锁紧螺母 负荷传感型多路阀除完成表3的序号1~9的试验项目外，应按图2和图3所示试验原理完成序号10负荷传感性能项目试验

表3　出厂试验项目与试验方法

<table>
<tr><th>序号</th><th colspan="2">试验项目</th><th>试验方法</th><th>试验类型</th><th>备注</th></tr>
<tr><td>1</td><td colspan="2">耐压试验</td><td>对各承压油口施加耐压试验压力。耐压试验压力为该油口最高工作压力的1.5倍，试验压力以每秒2%耐压试验压力的速率递增，至耐压试验压力时，保压5min，不应有外渗漏及零件损坏等现象
耐压试验时各泄油口与油箱连通</td><td>抽试</td><td></td></tr>
<tr><td>2</td><td colspan="2">油路型式与滑阀机能</td><td>观察被试阀4各油口通油情况，检查各油路型式与滑阀机能是否达到设计要求</td><td>必试</td><td></td></tr>
<tr><td>3</td><td colspan="2">换向性能</td><td>被试阀4的安全阀及过载阀均关闭，调节溢流阀2.1和单向节流阀7.1(7.2)，使被试阀4的P油口的压力为公称压力，再调节溢流阀2.2，使被试阀4的T油口无背压或为规定背压值，并使通过被试阀4的流量为公称流量
当被试阀4为手动多路阀时，在上述试验条件下，操作被试阀4各手柄，连续动作10次以上后，在换向位置停留10s以上，再检查各联复位定位情况
当被试阀4为液动型多路阀时，调节溢流阀2.3，使控制压力为被试阀4所需的控制压力，然后将电磁阀8.2的电磁铁通电和断电，连续动作10次以上后，在换向位置停留10s以上，检查各联复位定位情况</td><td>必试</td><td></td></tr>
<tr><td rowspan="2">4</td><td rowspan="2">内泄漏</td><td>中立位置内泄漏</td><td>被试阀4的各滑阀处于中立位置，A(B)油口进油，并调节溢流阀2.1加压至公称压力，除T油口外，其余各油口堵住，将被试阀4各滑阀动作3次以上，停留30s后，测量T油口泄漏量</td><td>必试</td><td></td></tr>
<tr><td>换向位置内泄漏</td><td>被试阀4的安全阀、过载阀全部关闭，A、B油口堵住，被试阀4的P油口进油，调节溢流阀2.1，使P油口压力为被试阀4的公称压力，并使滑阀处于各换向位置。将被试阀4各滑阀动作3次以上，停留30s后，测量T油口泄漏量</td><td>必试</td><td></td></tr>
<tr><td>5</td><td colspan="2">压力损失</td><td>被试阀4的安全阀关闭，A、B油口连通。将被试阀4的滑阀置于各通油位置，并使通过被试阀4的流量为公称流量。分别由压力表3.1、3.2、3.3、3.4(如用多接点压力表最好)测量P、A、B、T各油口压力p_P、p_A、p_B、p_T，计算压力损失</td><td>抽试</td><td></td></tr>
</table>

续表

续表

		序号	试验项目		试验方法	试验类型	备注
性能试验	试验项目和试验方法	6	安全阀性能	调压范围与压力稳定性	将安全阀的调节螺钉由全松至全紧，再由全紧至全松，反复试验 3 次，通过压力表 3.1 观察压力上升与下降情况	必试	
				压力振摆值	调节被试阀 4 的安全阀至公称压力，由压力表 3.1 测量压力振摆值		
				开启压力下的溢流量	调节被试安全阀至公称压力，并使通过安全阀的流量为公称流量。调节溢流阀 2.1，从被试安全阀不溢流开始使系统逐渐升压，当压力升至规定的开启压力值时，在 T 油口测量 1min 内的溢流量		
				闭合压力下的溢流量	调节被试安全阀至公称压力，并使通过安全阀的流量为公称流量。调节溢流阀 2.1，使系统逐渐降压，当压力降至规定的闭合压力值时，在 T 油口测量 1min 内的溢流量		
		7	过载阀（过载阀带补油阀）性能	调压范围与压力稳定性	将过载阀的调节螺钉由全松至全紧，再由全紧至全松，反复试验 3 次，通过压力表 3.1 观察压力上升与下降情况	必试	
				压力振摆值	调节被试阀 4 的过载阀至公称压力，由压力表 3.1 测量压力振摆值		
				密封性能	被试滑阀处于中立位置，被试过载阀关闭，从 A（B）油口进油，调节溢流阀 2.1，使系统压力升至公称压力，并使通过被试阀 4 的流量为试验流量。滑阀动作 3 次，停留 30s，由 T 油口测量内泄漏量		测出的内泄漏量包括被试阀 4 中立位置内泄漏量和过载阀、补油阀泄漏量
				补油性能	被试滑阀处于中立位置，T 油口进油通过试验流量，由压力表 3.4、3.2（或 3.3）测量 p_T、p_A（或 p_B）的压力，得出开始补油时的开启压力：$p=p_T-p_A$（或 p_B）		过载阀带补油阀时进行此试验
		8	补油阀性能	密封性能	被试滑阀处于中立位置，从 A（B）油口进油，调节溢流阀 2.1，使系统压力升至公称压力，并使通过被试阀 4 的流量为试验流量。滑阀动作 3 次，停留 30s，由 T 油口测量内泄漏量	必试	测出的内泄漏量包括被试阀 4 中立位置内泄漏量和过载阀泄漏量
				补油性能	被试滑阀处于中立位置，T 油口进油通过试验流量，由压力表 3.4、3.2（或 3.3）测量 p_T、p_A（或 p_B）的压力，得出开始补油时的开启压力：$p=p_T-p_A$（或 p_B）		
		9	背压试验		各滑阀置于中立位置，调节溢流阀 2.2，使被试阀 4 的回油口通过试验流量，并保持 2MPa 的背压值，滑阀反复换向 5 次后保压 3min	必试	

续表

性能试验	试验项目和试验方法	序号	试验项目		试验方法	试验类型	备注
		10	负荷传感性能	负荷传感压差恒定值	被试阀A、B油口与加载油路连接，分别操纵滑阀换向至工作位置，调节单向节流阀使A(B)油口加载为公称压力的25%、50%、75%，通过压力表3.1、3.7、3.9分别观察各联不同负荷情况下负荷传感阀压差值	必试	
				工作油口流量精度及压力流量特性	P口进油，通过的流量为饱和流量，被试阀A、B油口与加载油路连接，分别操纵滑阀换向至工作位置，调节单向节流阀使A(B)油口加载，通过流量计分别测出压力为25%、50%、75%、100%工作压力时所对应的工作流量值	必试	
				复合动作抗干扰性能	P口进油，通过的流量为饱和流量，被试阀两联(或多联)A、B油口分别与加载油路连接，并调节单向节流阀使A(B)油口加载，可先将两油口单向节流阀同时加载至5MPa，通过流量计分别记录两油口所对应的工作流量值，再将其中一油口继续加载至公称压力的50%、75%、100%。通过流量计分别记录两油口所对应的工作流量值。两油口流量精度均应达到性能指标要求，两油口压力应相互不干扰	抽试	
				欠流量状态复合动作定比分流精度	P口进油，通过的流量为欠流量，不大于被试阀同时工作的两联(或多联)油口设计流量的40%(或其他百分比)，被试阀两联(或多联)A、B油口分别与加载油路连接并处于换向到底工作位置，调节单向节流阀使A(B)油口分别加载至不同或相同工作压力，通过流量计分别记录各油口所对应的工作流量值。各油口流量按比例减小，其流量精度均应达到性能指标要求	抽试	仅适用于阀前节流的流量比例分配(LBF)负荷传感阀 例：当两工作口设计流量比为2∶1(200L/min、100L/min)，在欠流量状态下P口进油仅120L/min这时两工作口流量值必须达到(80±4)L/min、(40±2)L/min

②型式试验　型式试验项目与试验方法按表4的规定

表4　型式试验项目与试验方法

序号	试验项目		试验方法	备注
1	稳态试验	按出厂试验项目及试验方法完成规定试验全部项目		
		压力损失	在压力损失试验时，将被试阀4的滑阀置于各通油位置，使通过被试阀4的流量从零逐渐增大到120%公称流量，其间设定几个测量点(设定的测量点数应足以描绘出压力损失曲线)，分别用压力表3.1、3.2、3.3、3.4(最好用多接点压力表)测量各点的压力，计算压力损失，根据计算结果绘制压力损失曲线	绘制压力损失曲线
		内泄漏量	在内泄漏量试验时，将被试阀4的滑阀置于规定的测量位置，使被试阀4的相应油口进油，压力从零逐渐增大到公称压力，其间设定几个测量点(设定的测量点数应足以描绘出内泄漏量曲线)，逐点测量内泄漏量，根据测量结果绘制内泄漏量曲线	绘制内泄漏量曲线

续表

续表

		序号	试验项目		试验方法	备注
性能试验	试验项目和试验方法	1	稳态试验	安全阀等压力特性	在安全阀等压力特性试验时，应将被试阀4的安全阀调至公称压力，并使通过安全阀的流量为公称流量，然后改变系统压力，其间设定几个测量点（设定的测量点数应足以描绘出安全阀等压力特性曲线），逐点测量安全阀进口压力 p 和相应压力下通过安全阀的流量 q_V，根据测量结果绘制安全阀等压力特性曲线	绘制安全阀等压力特性曲线
		2	瞬态试验		关闭溢流阀2.1，被试阀4的A、B油口堵住（如A、B油口带过载阀，需将过载阀关闭），将滑阀置于换向位置，调节被试阀4的安全阀至公称压力，并使通过被试阀4的流量为公称流量。启动液压泵1.2，调节溢流阀2.3，使控制压力能使阶跃加载阀快速动作。电磁阀8.1置于原始位置（截止阀10全开），使被试阀4进口压力下降到起始压力（被试阀进口处的起始压力值不应大于最终稳态压力值的20%），然后迅速将电磁阀换向到右边位置，阶跃加载阀即迅速关闭，从而使被试阀4的进口处产生一个满足瞬态条件的压力梯度 用压力传感器、记录仪记录被试阀4进口处的压力变化过程，绘制安全阀瞬态响应曲线	绘制安全阀瞬态响应曲线
		3	操纵力试验	手动操纵力（矩）试验	被试阀4通过公称流量，A、B油口与加载油路连接，调节溢流阀2.1和单向节流阀7.1（或7.2），使系统压力为被试阀4公称压力的75%，调节溢流阀2.2，使被试阀4的T腔无背压或为规定背压值，操纵滑阀换向，自中立位置先后推、拉换向至设计最大行程，用测力计（或计算机）测量被试阀4换向时的最大操纵力（矩）	A（B）型滑阀，在A（B）油口接加载溢流阀，按同样方法测量操纵力（矩）
		3	操纵力试验	液动控制压力试验	被试阀4通过公称流量，控制口与先导系统连接，A、B油口与加载油路连接，调节溢流阀2.1和单向节流阀7.1（或7.2），使系统压力分别加载至被试阀4公称压力的25%、75%、100%，调节溢流阀2.2，使被试阀4的T口无背压或为规定背压值，操纵先导系统，使滑阀逐渐移动，测量被试阀4工作口开始来油至换向到位过程中所对应的控制压力值	满足控制压力范围
		4	微动特性试验	将被试阀4的安全阀调至公称压力，过载阀全部关闭，分别进行下列试验		
		4	微动特性试验	P至T压力微动特性	将被试阀4的A、B油口堵住，P口进油，并通过公称流量，滑阀由中立位置缓慢移动到各换向位置（要有以微小增量移动滑阀的措施以及测量微小增量的方法），测出随行程变化时，P油口相应的压力值	将测得的行程与压力分别表示成占滑阀全行程与公称压力的百分数，绘制压力微动特性曲线
		4	微动特性试验	P至A(B)流量微动特性	将被试阀4的进油口P通过公称流量，滑阀由中立位置缓慢移动到各换向位置（要有以微小增量移动滑阀的措施以及测量微小增量的方法），同时保持A（B）油口加载溢流阀2.4的负荷为公称压力的75%，测出随行程变化时，通过A（B）油口加载溢流阀2.4的相应流量值	将测得的行程与流量分别表示成占滑阀全行程与公称流量的百分数，绘制流量微动特性曲线
		4	微动特性试验	A(B)至T流量微动特性	将被试阀4的A（B）油口进油并通过公称流量，调节溢流阀2.1，使系统压力为公称压力的75%，滑阀由中立位置缓慢移动到各换向位置（要有以微小增量移动滑阀的措施以及测量微小增量的方法），测出随行程变化时的相应流量值	将测得的行程与流量分别表示成占滑阀全行程与公称流量的百分数，绘制流量微动特性曲线

续表

续表

		序号	试验项目	试验方法	备注
性能试验	试验项目和试验方法	5	高温试验	被试阀4通过公称流量，将被试阀4的安全阀调至公称压力，调节溢流阀2.1和单向节流阀7.1（或7.2），使被试阀4的P油口压力为公称压力，调节溢流阀2.2，使被试阀4的T腔无背压或为规定背压值，在80℃±5℃油温下，使滑阀以20~40次/min的频率连续换向和安全阀连续动作0.5h	
		6	耐久试验	调节被试阀4的安全阀至公称压力，并使通过被试阀4的流量为试验流量。将被试阀4以20~40次/min的频率连续换向。在试验过程中，记录被试阀4的换向次数与安全阀动作次数，并在达到寿命指标所规定的换向次数后，检查被试阀4的主要零件	

装配和外观的检验方法	装配和外观的检验方法按表5的规定

表5 装配和外观的检验方法

序号	检验项目	检验方法
1	装配质量	采用目测法
2	外观质量	采用目测法
3	内部清洁度	采用称重法按JB/T 7858的规定；采用颗粒计数法时，油液取样和检测程序由制造商与用户商定

10.14 液压手动及滚轮换向阀试验方法（摘自JB/T 10369—2014）

表20-8-244

范围		见本章“4 压力控制阀”的6.6节
性能试验	试验装置	①试验回路 Ⅰ.出厂试验台和型式试验台的试验回路应符合图1的要求

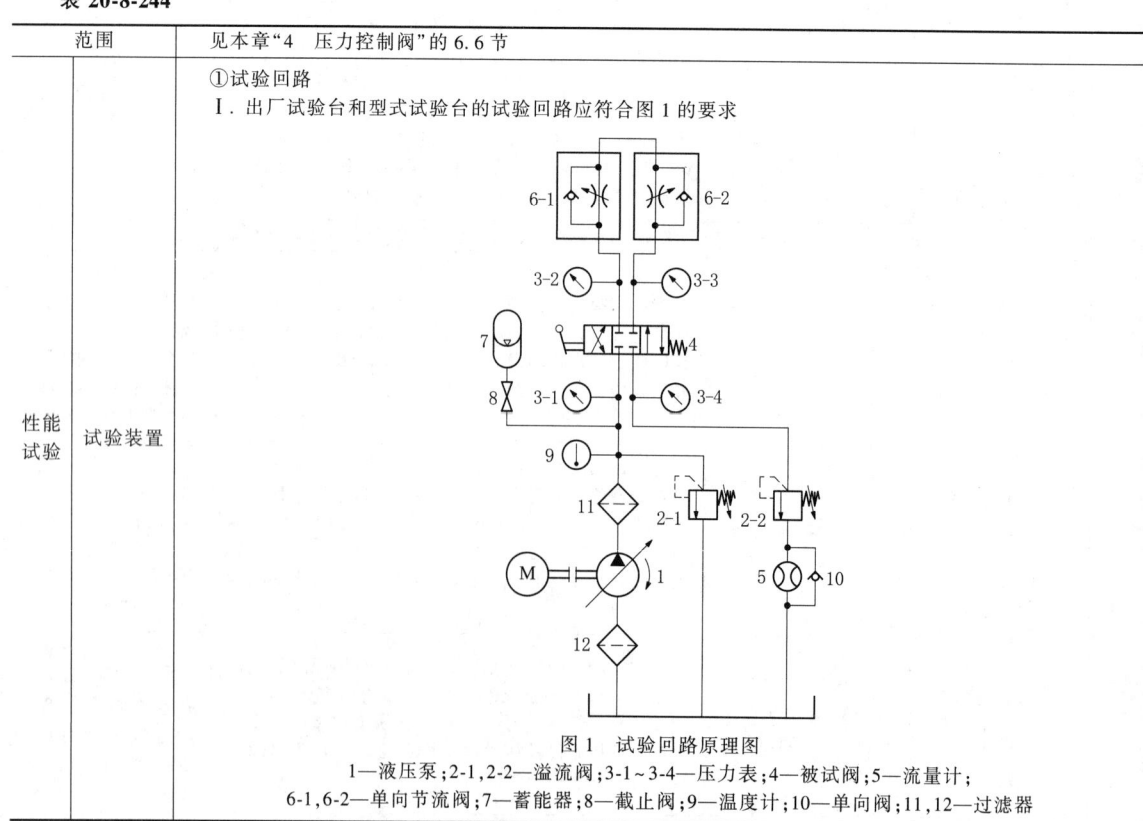

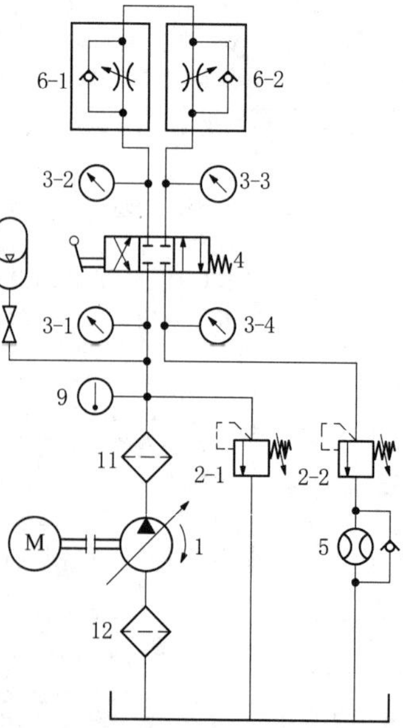

图1 试验回路原理图

1—液压泵；2-1，2-2—溢流阀；3-1~3-4—压力表；4—被试阀；5—流量计；6-1，6-2—单向节流阀；7—蓄能器；8—截止阀；9—温度计；10—单向阀；11，12—过滤器

续表

性能试验

试验装置

Ⅱ. 与被试阀连接的管道和管接头的内径应与被试阀的实际通径相一致

Ⅲ. 允许在给定的基本回路中增设调节压力、流量或保证试验系统安全工作的元件,但不应影响到被试阀的性能

②油源

Ⅰ. 试验台油源的流量应能调节,并应大于被试阀的试验流量

Ⅱ. 性能试验时,试验装置的油源压力应能短时间超过被试阀额定压力的 20%~30%;耐压试验时,试验装置油源压力应不低于被试阀额定压力的 1.5 倍

③测压点　应按以下要求设置测压点

a. 测压点应设置在扰动源(如阀、弯头等)和被试阀之间,与扰动源的距离不小于 $10d$(d 为管道内径),与被试阀的距离尽量接近 $10d$ 处

b. 按 C 级测量准确度测试时,允许测压点的位置与上述要求不符,但应给出相应修正值

④测压孔　测压孔应符合以下要求

a. 测压孔直径应不小于 1mm,不大于 6mm

b. 测压孔长度应不小于测压孔直径的 2 倍

c. 测压孔轴线与管道轴线垂直,管道内表面与测压孔交角处应保持锐角,不应有毛刺

d. 测压点与测量仪表之间的连接管道的内径应不小于 3mm,并应排除连接管道中的空气

⑤测温点　测温点应设置在被试阀进口测压点上游不大于 $15d$ 处

⑥油液取样点　应按照 GB/T 17489 的规定,在试验回路中设置适当的油液取样点及提取液样

⑦安全防护　试验台的设计、制造及试验过程应采取必要措施保护人员和设备的安全

试验条件

①试验介质

Ⅰ. 试验介质应为一般矿物油型液压油

Ⅱ. 试验介质的温度:除明确规定外,型式试验应在 50℃±2℃下进行,出厂试验应在 50℃±4℃下进行

Ⅲ. 试验介质的黏度:40℃时的运动黏度应为 42~74mm²/s(特殊要求可另行规定)

Ⅳ. 试验介质的污染度:试验系统油液的固体颗粒污染度不应高于 GB/T 14039—2002 规定的等级—/19/16

②稳态工况

Ⅰ. 各被测参量平均显示值的变化范围符合表 1 的规定时为稳态工况。应在稳态工况下测量每个设定点的各个参量

表 1　被测参量平均显示值的允许变化范围

被测参量	各测量准确度等级对应的被测参量平均显示值的允许变化范围		
	A	B	C
压力/%	±0.5	±1.5	±2.5
流量/%	±0.5	±1.5	±2.5
温度/℃	±1.0	±2.0	±4.0
黏度/%	±5.0	±10	±15

注:测量准确度等级见下面"④测量准确度等级"

Ⅱ. 型式试验时,试验参量测量读数数目的选择和所取读数的分布情况应能反映被试阀在整个范围内的性能

Ⅲ. 为了保证试验结果的重复性,试验参量应在规定的时间间隔测得

③试验流量

Ⅰ. 试验流量应为额定流量。当被试阀额定流量大于 200L/min 时,允许试验流量为 200L/min,但应经过工况考核,被试阀的性能指标以满足工况要求为依据

Ⅱ. 出厂试验允许降流量进行,但应对性能指标给出相应修正值

Ⅲ. 型式试验时鼓励试验流量大于额定流量,以记录被试阀在最大流量下的工作能力

④测量准确度等级　测量准确度等级按 GB/T 7935—2005 中 5.1 的规定。型式试验不应低于 B 级,出厂试验不应低于 C 级。各测量准确度等级对应的测量系统的允许(系统)误差应符合表 2 的规定

表 2　测量系统的允许系统误差

测量仪器、仪表的参量	各测量准确度等级对应的测量系统的允许误差		
	A	B	C
压力(表压力 $p<0.2$MPa)/kPa	±2.0	±6.0	±10.0
压力(表压力 $p\geqslant0.2$MPa)/kPa	±0.5	±1.5	±2.5
流量/%	±0.5	±1.5	±2.5
温度/℃	±0.5	±1.0	±2.0

续表

性能试验	试验项目与试验方法	①出厂试验　出厂试验项目与试验方法按表 3 的规定

表 3　出厂试验项目与试验方法

序号	试验项目	试验方法	试验类型
1	耐压性	各泄油口与油箱连通。调节溢流阀 2-1,调节压力从最低工作压力开始,以每秒 2%的速率递增,直至被试阀 4 额定压力的 1.5 倍达到后,保压 5min	抽试
2	滑阀机能	按照被试阀 4 的机能,依次换向和复位。同时,观察被试阀 4 各油口的通油情况	必试
3	换向性能	a. 换向试验:调节溢流阀 2-1 和单向节流阀 6-1(或节流阀 6-2),使被试阀 4 的 P 油口压力为额定压力,再调节溢流阀 2-2,使被试阀 4 的 T 油口压力为规定背压值,并使通过被试阀 4 的流量为试验流量。在上述试验条件下,将被试阀 4 的换向手柄或滚轮连续动作 10 次以上,试验被试阀 4 的换向和复位(对中)情况 b. 停留试验:在 a 试验的条件下,使被试阀 4 的阀芯在原始位置和换向位置上各停留 5min,观察被试阀 4 的换向和复位(对中)情况	必试
4	压力损失	将被试阀 4 的阀芯置于各通油位置,并使通过被试阀 4 的流量为试验流量,分别用压力表 3-1、压力表 3-2、压力表 3-3、压力表 3-4 测量各点的压力 p_P、p_A、p_B、p_T,并计算压力损失 对二位二通被试阀:当油流方向为 P→T 时,压力损失为 $\Delta p_{P\to T}=p_P-p_T$ 对二位三通被试阀:当油流方向为 P→A 时,压力损失为 $\Delta p_{P\to A}=p_P-p_A$ 对二位、三位四通被试阀:当油流方向为 P→A、B→T 时,压力损失为 $\Delta p_{P\to A}=p_P-p_A$、$\Delta p_{B\to T}=p_B-p_T$,当油流方向为 P→B、A→T 时,压力损失为 $\Delta p_{P\to B}=p_P-p_B$,$\Delta p_{A\to T}=p_A-p_T$ 对三位四通中间位置存在油流方向为 P→T 的滑阀机能的被试阀,在中间位置需做压力损失试验,压力损失为 $\Delta p_{P\to T}=p_P-p_T$ 其他滑阀机能,在中间位置不做试验	抽试
5	内泄漏量	调节溢流阀 2-1,使被试阀 4 的 P 油口压力为额定压力。按照被试阀 4 的滑阀机能和结构,分别从 A 油口(或 B 油口)和 T 油口测量被试阀 4 的阀芯在各不同位置时的内泄漏量。在测量内泄漏量前,将被试阀动作 10 次,待内泄漏量稳定 30s 后再测量内泄漏量 对不同的滑阀机能,内泄漏量测量简图如下: 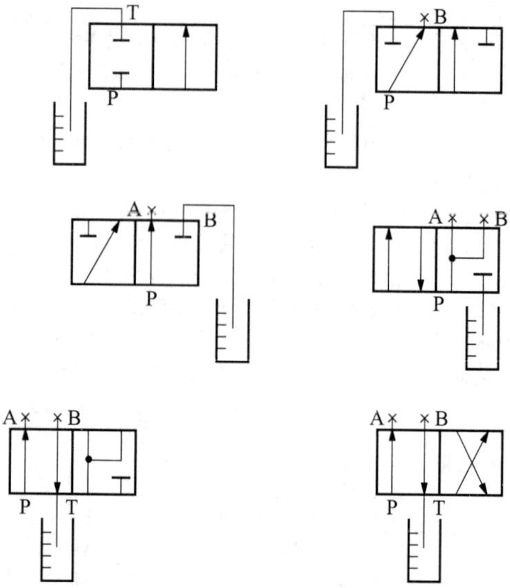	必试

续表

续表

		序号	试验项目	试验方法	试验类型
性能试验	试验项目与试验方法	5	内泄漏量	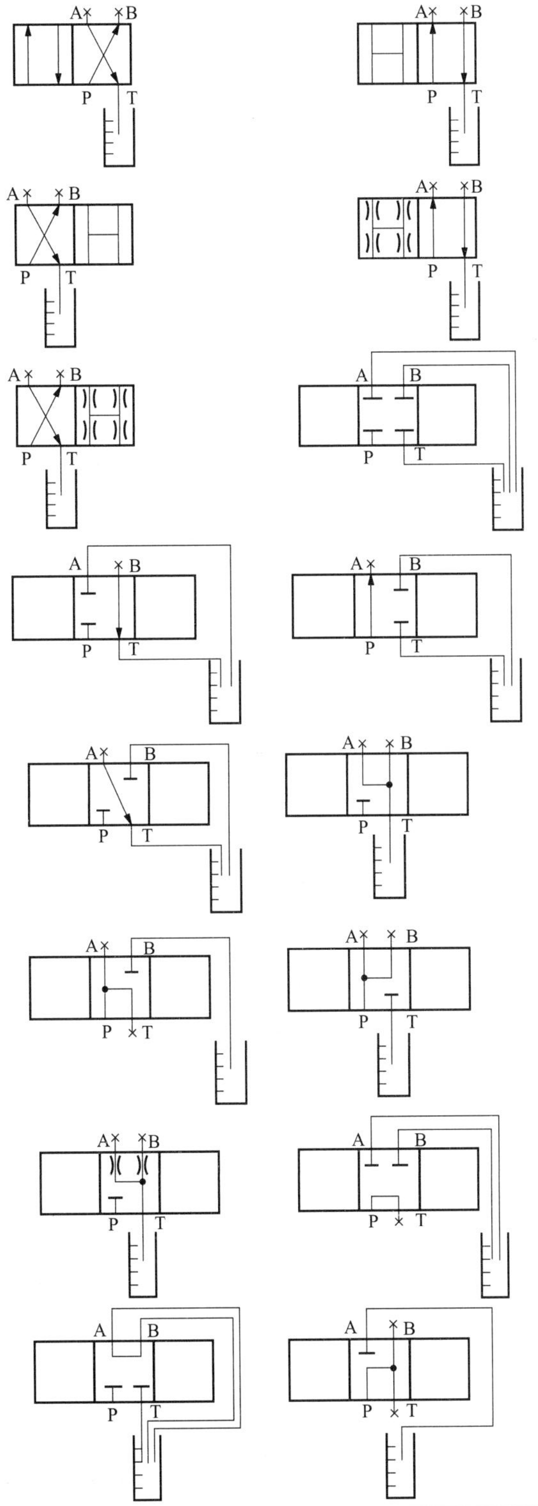	必试
		6	密封性	在上述各项试验过程中,目测观察被试阀4连接面及各连接处密封情况	必试

续表

<table>
<tr><td rowspan="1">性能试验</td><td>试验项目与试验方法</td><td>②型式试验　型式试验项目与试验方法按表 4 的规定
表 4　型式试验项目与试验方法
<table>
<tr><th>试验项目</th><th>试验方法</th></tr>
<tr><td>稳态试验</td><td>(1)按上面“①出厂试验”的规定，试验全部项目，并按以下方法试验和绘制特性曲线图：
a. 在压力损失试验时，将被试阀 4 的阀芯置于各通油位置，使通过被试阀 4 的流量从 0 逐渐增大到试验流量，其间设定几个测量点(设定的测量点数应足以描绘出流量-压力损失曲线)，分别用压力表 3-1、压力表 3-2、压力表 3-3、压力表 3-4 测量各设定点的压力。绘制流量-压力损失曲线(见 JB/T 10369—2014 图 B. 2)
b. 在内泄漏量试验时，将被试阀 4 的阀芯置于规定的测量位置，使被试阀 4 的 P 油口压力从 0 逐渐增高到额定压力，其间设定几个测量点(设定的测量点数应足以描绘出压力-内泄漏量曲线)，分别测量各设定点的内泄漏量。绘制压力-内泄漏量曲线(见 JB/T 10369—2014 图 B. 3)
(2)工作范围试验：
将被试阀 4 的阀芯置于某通油位置，完全打开单向节流阀 6-1(或单向节流阀 6-2)和溢流阀 2-2，使压力表 3-2(或压力表 3-3)的指示压力为最低负载压力。然后，使通过被试阀 4 的流量从 0 逐渐增大到大于额定流量的某一最大设定流量(此最大设定流量各制造厂可根据本厂的产品水平情况自定)，其间设定几个流量点记录各流量点所对应的压力表 3-1 的指示压力，绘制曲线 OD(见 JB/T 10369—2014 图 B. 4)，调节溢流阀 2-1 和单向节流阀 6-1(或单向节流阀 6-2)，使压力表 3-1 的指示压力为被试阀 4 的额定压力。逐渐增大通过被试阀 4 的流量，被试阀 4 应均能换向和复位(对中)。当流量增大到某一值使被试阀 4 不能换向和复位为止；调节溢流阀 2-1 和单向节流阀 6-1(或单向节流阀 6-2)，使压力表 3-1 的指示压力逐渐降低，直到流量达到最大设定流量。根据上述试验中记录的数据，绘制曲线 ABC(见 JB/T 10369—2014 图 B. 4)。曲线 ABCDO 所包区域为被试阀 4 能正常换向和复位(对中)的工作范围
重复上述试验不少于 3 次，绘制工作范围曲线(见 JB/T 10369—2014 图 B. 4)</td></tr>
</table></td></tr>
<tr><td colspan="2">装配和外观检验</td><td>装配和外观检验按表 5 的规定
表 5　装配和外观检验
<table>
<tr><th>序号</th><th>检验项目</th><th>检验方法</th><th>检验类型</th></tr>
<tr><td>1</td><td>装配质量</td><td>目测法</td><td>必检</td></tr>
<tr><td>2</td><td>内部清洁度</td><td>按 JB/T 7858 的规定</td><td>抽检</td></tr>
<tr><td>3</td><td>外观质量</td><td>目测法</td><td>必检</td></tr>
</table></td></tr>
</table>

10.15　液压二通插装阀试验方法（摘自 JB/T 10414—2004）

表 20-8-245

<table>
<tr><td colspan="2">范围</td><td>JB/T 10414—2004《液压二通插装阀　试验方法》规定了液压二通插装阀的试验方法
本标准适用于以液压油或性能相当的其他流体为工作介质的液压二通插装阀</td></tr>
<tr><td>试验装置与试验条件</td><td>试验装置</td><td>①试验装置是应具有符合图 1～图 4 所示试验回路的试验台
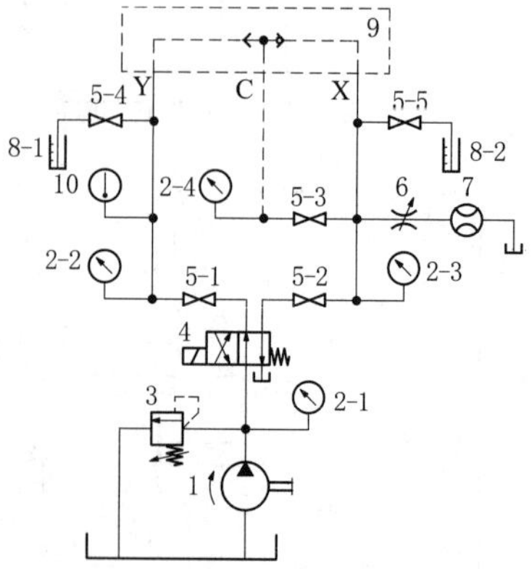

图 1　梭阀试验回路原理图
1—液压泵；2-1～2-4—压力表；3—溢流阀；4—电磁换向阀；5-1～5-5—截止阀；6—节流阀；7—流量计；8-1，8-2—量杯；9—被试阀；10—温度计</td></tr>
</table>

续表

<table>
<tr>
<td>试验装置与试验条件</td>
<td>试验装置</td>
<td>
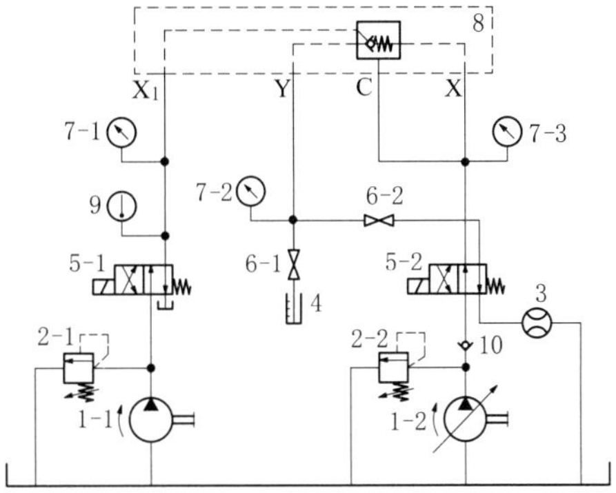

图 2　液控单向阀试验回路原理图
1-1,1-2—液压泵;2-1,2-2—溢流阀;3—流量计;4—量杯;5-1,5-2—电磁换向阀;
6-1,6-2—截止阀;7-1～7-3—压力表;8—被试阀;9—温度计;10—单向阀

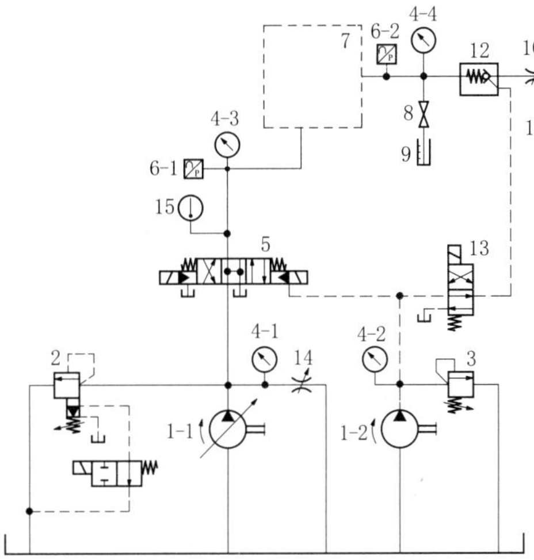

图 3　压力阀、减压阀、节流阀试验回路原理图
1-1,1-2—液压泵;2—电磁溢流阀(压力阶跃加载阀);3—溢流阀;4-1～4-4—压力表;
5—电液换向阀;6-1,6-2—压力传感器;7—被试阀;8—截止阀;9—量杯;10,14—节流阀;
11—流量计;12—液控单向阀;13—电磁阀(阶跃加载阀);15—温度计

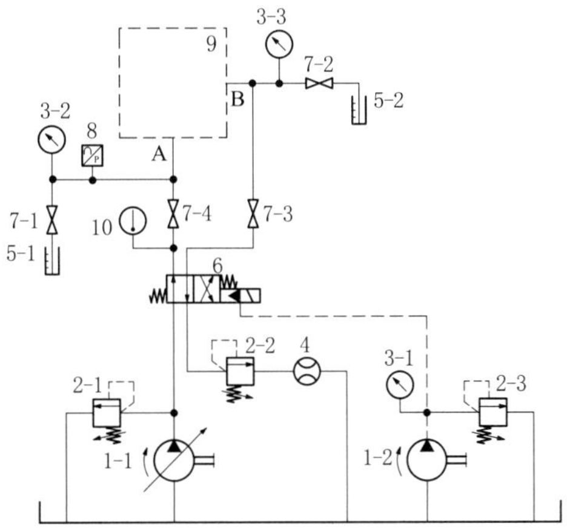

图 4　方向阀、单向阀试验回路原理图
1-1,1-2—液压泵;2-1～2-3—溢流阀;3-1～3-3—压力表;4—流量计;5-1,5-2—量杯;
6—电液换向阀;7-1～7-4—截止阀;8—压力传感器;9—被试阀(先导阀为阶跃加载阀);10—温度计
</td>
</tr>
</table>

续表

试验装置与试验条件 — 试验装置

②油源的流量及压力

油源的流量应大于被试阀的公称流量，并可调节

油源的压力应能短时间超过被试阀公称压力 20%～30%

③允许在给定的试验回路中增设调节压力、流量或保证试验系统安全工作的元件，但不应影响到被试阀的性能

④与被试阀连接的管道和管接头的内径应与被试阀的实际通径相一致

⑤压力测量点的位置

Ⅰ. 进口测压点应设置在扰动源（如阀、弯头）的下游和被试阀上游之间，距扰动源的距离应大于 $10d$（d 为管道内径），与被试阀的距离为 $5d$

Ⅱ. 出口测压点应设置在被试阀下游 $10d$ 处

Ⅲ. 按 C 级精度测试时，若测压点的位置与上述要求不符，应给出相应的修正值

⑥测压孔

Ⅰ. 测压孔直径应不小于 1mm，不大于 6mm

Ⅱ. 测压孔长度应不小于测压孔实际直径的 2 倍

Ⅲ. 测压孔轴线和管道轴线垂直。管道内表与测压孔交角处应保持锐边，不得有毛刺

Ⅳ. 测压点与测量仪表之间连接管道的内径不得小于 3mm

Ⅴ. 测压点与测量仪表连接时，应排除连接管道中的空气

⑦温度测量点的位置

温度测量点应设置在被试阀进口侧，位于测压点的上游 $15d$ 处

试验装置与试验条件 — 试验条件

①试验介质

Ⅰ. 试验介质为一般液压油

Ⅱ. 试验介质的温度：除明确规定外，型式试验应在 50℃±2℃下进行，出厂试验应在 50℃±4℃下进行

Ⅲ. 试验介质的黏度：试验介质 40℃时的运动黏度为 $42\sim74\text{mm}^2/\text{s}$（特殊要求另行规定）

Ⅳ. 试验介质的清洁度：试验系统用油液的固体颗粒污染等级不得高于 GB/T 14039—2002 中规定的等级—/19/16

②稳态工况　被控参量平均显示值的变化范围不超过表 1 的规定值时为稳态工况。在稳态工况下记录试验参数的测量值

表 1　被控参量平均显示值允许变化范围

测量参量	测量准确度等级		
	A	B	C
流量/%	±0.5	±1.5	±2.5
压力/%	±0.5	±1.5	±2.5
温度/℃	±1.0	±2.0	±4.0
黏度/%	±5	±10	±15

注：型式试验不得低于 B 级测量准确度，出厂试验不得低于 C 级测量准确度

③瞬态工况

Ⅰ. 被试阀和试验回路相关部分组成油腔的表观容积刚度，应保证被试阀进口压力变化率在 600～800MPa/s 范围内

注：进口压力变化率系指进口压力从最终稳态压力值与起始压力值之差的 10%上升到 90%的压力变化量与相应时间之比

Ⅱ. 阶跃加载阀与被试阀之间的相对位置，可用控制其间的压力梯度，限制油液可压缩性的影响来确定。其间的压力梯度可用公式估算。算得的压力梯度至少应为被试阀实测的进口压力梯度的 10 倍。式中，q_V 取设定被试阀的稳态流量；K_s 是油液的等熵体积弹性模量；V 分别是图 3、图 4 中被试阀与阶跃加载阀之间的油路连通容积

$$压力梯度=\frac{dp}{dt}=\frac{q_V K_s}{V}$$

Ⅲ. 试验系统中，阶跃加载阀的动作时间不应超过被试阀相应时间的 10%，最大不应超过 10ms

④测量准确度　测量准确度等级分为 A、B、C 三级，型式试验不应低于 B 级，出厂试验不应低于 C 级。测量系统误差应符合表 2 的规定

表 2　测量系统的允许系统误差

测量参量	测量准确度等级		
	A	B	C
流量/%	±0.5	±1.5	±2.5
压力（表压力 $p<0.2\text{MPa}$）/kPa	±2.0	±6.0	±10.0
压力（表压力 $p\geqslant0.2\text{MPa}$）/kPa	±0.5	±1.5	±2.5
温度/℃	±0.5	±1.0	±2.0

续表

试验装置与试验条件	试验条件	⑤被试阀的电磁铁　出厂试验时,电磁铁的工作电压应为其额定电压的85% 型式试验时,应在电磁铁的额定电压下,对电磁铁进行连续励磁至其规定的最高稳定温度之后将电磁铁降至额定电压的85%,再对被试阀进行试验 ⑥试验流量 Ⅰ. 当规定的被试阀额定流量小于或等于200L/min时,试验流量应为额定流量 Ⅱ. 当规定的被试阀额定流量大于200L/min时,允许试验流量按200L/min进行试验。但必须经工况考核,被试阀的性能指标必须满足工况的要求 Ⅲ. 出厂试验允许降流量进行,但对测得的性能指标,应进行修正
试验项目与试验方法	耐压试验	①耐压试验时,对各承压油口施加耐压试验压力。耐压试验的压力应为该油口最高工作压力的1.5倍,试验压力以不大于每秒2%耐压试验压力的速率递增,至耐压试验压力时保持5min,不得有外渗漏及零件损坏等现象 ②耐压试验时,各泄油口与油箱连通
	出厂试验	(见下文)

出厂试验:

①二通插装阀先导阀的出厂试验项目与试验方法

Ⅰ. 梭阀的出厂试验项目与试验方法按表3的规定

试验回路见图1

表3　梭阀出厂试验项目和方法

序号	试验项目	试验方法	试验类型	备注
1	内泄漏	打开截止阀5-1,调节溢流阀3至被试阀9的公称压力,打开截止阀5-5、关闭截止阀5-3,用量杯8-2测量被试阀9的X油口的泄漏量 关闭截止阀5-1、5-5。打开截止阀5-2,将电磁换向阀4换向,使压力油作用在X口,打开截止阀5-4,用量杯8-1测量被试阀9的Y油口的泄漏量	必试	
2	压力损失	打开截止阀5-1、5-3,调节溢流阀3和节流阀6,使通过被试阀9的Y-C油口的流量从零至公称流量范围内变化,用压力表2-2、2-4测量被试阀9的Y-C油口之间的压力损失 关闭截止阀5-1,打开截止阀5-2,将电磁换向阀4换向,然后调节溢流阀3和节流阀6,使通过被试阀9的X-C油口的流量从零至公称流量范围内变化,用压力表2-3、2-4测量被试阀9的X-C油口之间的压力损失 绘制 q_V-Δp 特性曲线	抽试	

Ⅱ. 液控单向阀的出厂试验项目与试验方法按表4的规定

试验回路见图2

表4　液控单向阀出厂试验项目与方法

序号	试验项目		试验方法	试验类型	备注
1	内泄漏	先导控制腔的内泄漏	启动液压泵1-1。电磁换向阀5-1换向,调节溢流阀2-1至被试阀8的公称压力,打开截止阀6-1,用量杯4测量被试阀8的 X_1—Y油口之间的泄漏量	必试	
		X—Y油口之间的内泄漏	启动液压泵1-2。调节溢流阀2-2至被试阀8的公称压力。打开截止阀6-1,用量杯4测量被试阀8的X—Y油口之间的泄漏量	必试	
2	压力损失		启动液压泵1-1、1-2,打开截止阀6-2,电磁换向阀5-1换向,使通过被试阀8的流量从零至公称流量范围内变化,用压力表7-2、7-3测量被试阀8的压力损失 绘制 q_V-Δp 特性曲线	抽试	
3	最小控制压力		启动液压泵1-2。调节溢流阀2-2至被试阀8的公称压力 启动液压泵1-1。电磁换向阀5-1换向,调节溢流阀2-1,使被试阀8的 X_1 腔压力从零逐渐升高,并使通过被试阀8的流量为公称流量,用压力表7-1测量被试阀8的最小控制压力	必试	

续表

试验项目与试验方法 | 出厂试验

②二通插装式压力阀出厂试验项目与试验方法按表 5 的规定。不带先导电磁阀的二通插装式压力阀，除卸荷压力不做试验外，其余均按表 5 项目要求进行试验

注：不含减压阀

试验回路见图 3

表 5　压力阀出厂试验项目和方法

序号	试验项目	试验方法	试验类型	备注
1	调压范围及压力稳定性	电液换向阀 5 换向至左位置。调节电磁溢流阀 2，将系统压力调到比被试阀 7 的最高调节压力高 10%，并使被试阀 7 通过试验流量 调节被试阀 7 的控制盖板手柄，使其从全开至全闭，再从全闭至全开，通过压力表 4-3 观察压力的上升或下降情况，记录调压范围 调节被试阀 7 的控制盖板手柄，将压力调至调压范围最高值。用压力表 4-3 测量压力振摆值。同时，测量 1min 内的压力偏移值	必试	
2	内泄漏	电液换向阀 5 换至左边位置。调节电磁溢流阀 2，将系统压力调到被试阀 7 的调压范围内各压力值。然后调节被试阀 7 的控制盖板手柄，使被试阀 7 关闭，通过试验流量，电磁阀通电 3min 后，打开截止阀 8，关闭节流阀 10，用量杯 9 测量被试阀 7 的泄漏量 绘制 p-Δq_V 特性曲线	必试	
3	压力损失	电液换向阀 5 换至左边位置，调节被试阀 7 的控制盖板手柄至全开位置，调节电磁溢流阀 2、节流阀 10，使通过被试阀 7 的流量在零至试验流量范围内变化。用压力表 4-3、4-4 测量被试阀 7 的压力损失 绘制 q_V-Δp 特性曲线	抽试	
4	卸荷压力	电液换向阀 5 换至左边位置。通过被试阀 7 的先导控制电磁阀或引入外控油，使被试阀 7 卸荷。调节电磁溢流阀 2，节流阀 10，使通过被试阀 7 的流量在零至试验流量范围内变化，用压力表 4-3、4-4 测量被试阀 7 的卸荷压力 绘制 q_V-Δp 特性曲线	抽试	

③二通插装式减压阀的出厂试验项目与试验方法按表 6 的规定

试验回路见图 3

表 6　减压阀出厂试验项目和方法

序号	试验项目	试验方法	试验类型	备注
1	调节范围及压力稳定性	电液换向阀 5 换向至左边位置。调节电磁溢流阀 2 和节流阀 10，使被试阀 7 的进口压力为公称压力，并使通过被试阀 7 的流量为试验流量 调节被试阀 7 的控制盖板手柄使之从全开至全闭。再从全闭至全开，通过压力表 4-4 观察压力的上升或下降情况，并记录调压范围 调节被试阀 7 的控制盖板手柄，使被试阀 7 的出口压力为调压范围最高值，用压力表 4-4 测量压力振摆值 调节被试阀 7 的控制盖板手柄，使被试阀 7 的出口压力为调压范围最低值（调压范围为 0.6~8MPa 时，其出口压力调至 1.5MPa）用压力表 4-4 测量 1min 内的压力偏移值	必试	
2	进口压力变化引起出口压力的变化	电液换向阀 5 换至左边位置，调节被试阀 7 的控制盖板手柄和节流阀 10，使被试阀 7 的压力为调压范围最低值（调压范围为 0.6~8MPa 时，其出口压力调至 1.5MPa），并使通过被试阀 7 的溢流量为试验流量 调节电磁溢流阀 2，使被试阀 7 的进口压力在比调节范围最低值高 2MPa 至公称压力的范围内变化，用压力表 4-4 测量被试阀 7 出口压力的变化值 绘制 p_1~p_2 特性曲线	抽试	

续表

试验项目与试验方法　出厂试验

续表

序号	试验项目	试验方法	试验类型	备注
3	外泄漏	电液换向阀5换至左边位置。调节被试阀7的控制盖板手柄。被试阀7的出口压力为调压范围最低值(调压范围为0.6~8MPa时,其出口压力调至1.5MPa)。调节电磁溢流阀2,使被试阀7的进口压力为公称压力范围内各压力值。由被试阀7的控制盖板的泄漏口测量外泄漏量 绘制 $p_1-p_2 \sim \Delta q_V$ 特性曲线	抽试	

④二通插装式节流阀的出厂试验项目与试验方法按表7的规定

试验回路见图3

表7　节流阀出厂试验项目和方法

序号	试验项目	试验方法	试验类型	备注
1	流量调节范围及流量变化率	电液换向阀5换至左边位置,调节电磁溢流阀2和节流阀10,使被试阀7的进口、出口压差为最低工作压力 调节被试阀7,使其从全闭至全开,随着开度大小变化,用流量计11观察流量的变化情况,并记录流量调节范围及手柄转动圈数对应的流量值 每隔5min测量一次流量,试验半小时内的流量变化率 $流量变化率=\frac{流量最大值-流量最小值}{流量平均值}\times 100\%$	必试	
2	内泄漏	电液换向阀5换至左边位置,电磁阀13通电,调节被试阀7至全闭位置 调节电磁溢流阀2至被试阀7的公称压力,打开截止阀8,用量杯测量被试阀7的泄漏量	抽试	
3	压力损失	电液换向阀5换至左位置,调节被试阀7至全开位置,使通过被试阀7的流量为试验流量。用压力表4-3、4-4测量被试阀的压力损失	抽试	

⑤二通插装式方向阀、单向阀的出厂试验项目与试验方法按表8的规定

试验回路见图4

表8　方向阀、单向阀的出厂试验项目和方法

序号	试验项目	试验方法	试验类型	备注
1	内泄漏	①A→B时 关闭被试阀0,关闭截止阀7-3,调节溢流阀2-1,使系统压力从零至公称压力范围内变化 打开截止阀7-2,用量杯5-2测量被试阀9的出口处的泄漏量 ②B→A时 电液换向阀6换向,打开截止阀7-1,关闭截止阀7-4,用量杯测量被试阀9的进口处的泄漏量或把被试阀9的插入零件装入试验块体内,用盖板紧固后,在B口通过0.3MPa的压缩空气,然后浸入水中,观察1min,在A口不得发生冒泡现象 绘制 p-Δq 特性曲线	必试	
2	压力损失	操作被试阀9的先导控制电磁阀,使被试阀9完全开启,通过的流量从零至试验流量,用压力表3-2、3-3测量被试阀9的压力损失 绘制 q_V-Δp 特性曲线	抽试	
3	开启压力	调节溢流阀2-2的手柄至全松位置,再调节溢流阀2-1,使被试阀9的进口压力从零逐渐升高,当被试阀9的出口有油液流出时,用压力表3-2测量被试阀9的开启压力	必试	只对单向阀进行试验

续表

试验项目与试验方法 | 型式试验

①二通插装先导阀的型式试验项目与试验方法

Ⅰ. 梭阀的型式试验项目与试验方法除按“出厂试验”①Ⅰ完成出厂试验项目外，还应进行表9(规定)的试验

表9　梭阀型式试验项目和方法

试验项目	试验方法	备注
耐久性	打开截止阀5-1、5-2、5-3，调节溢流阀3和节流阀6。使系统压力调至被试阀9的公称压力，并使通过被试阀9的流量为公称流量 使电磁换向阀4反复换向，记录被试阀9的动作次数，并检查其主要零件和内泄漏 每个换向周期内，在公称压力下保压时间应大于或等于1/3周期	

Ⅱ. 液控单向阀的型式试验项目与试验方法除按“出厂试验”①Ⅱ完成出厂试验项目外，还应进行表10规定的试验

表10　液控单向阀型式试验项目和方法

序号	试验项目	试验方法	备注
1	开启压力	启动液压泵1-2，打开截止阀6-2，电磁换向阀5-2换向，调节溢流阀2-2使系统压力从零逐渐升高，并观察被试阀8有流量通过时，用压力表7-2和流量计3测量被试阀8的开启压力	
2	耐久性	启动液压泵1-1、1-2。调节溢流阀2-1至被试阀8的控制压力、调节溢流阀2-2至被试阀8的公称压力，电磁换向阀5-1通电，使通过被试阀8的流量为公称流量 使电磁换向阀5-1反复换向，记录被试阀8的动作次数，并检查其主要零件和内泄漏 每换向周期内，在公称压力下保压时间应大于或等于1/3周期，电磁换向阀5-1断电时，X口压力应低于公称压力的10%	

②二通插装式压力阀的型式试验项目与试验方法除按“出厂试验”②完成出厂试验项目外，还应进行表11规定的试验

表11　压力阀型式试验项目和方法

序号	试验项目	试验方法	备注
1	稳态压力-流量特性	电液换向阀5换至右边位置，电磁溢流阀2通电，将系统压力调至被试阀7公称压力的1.3倍 电液换向阀5换至左边位置，调节被试阀7的控制盖板手柄，将其压力调至调压范围各测压值，调节节流阀14，使通过被试阀7的流量为试验流量 调节电磁溢流阀2或节流阀14，使系统压力降至零压。再从零调至各测压值，从而使通过被试阀7的流量从零至试验流量范围内变化，用压力传感器6-1、流量计11和X-Y记录仪测量被试阀7的稳态压力与流量特性 绘制稳态压力-流量特性曲线	
2	响应特性	电液换向阀5换至左边位置，调节被试阀7的控制盖板手柄至被试阀7公称压力，并通过试验流量，电磁溢流阀2调至被试阀7公称压力的1.3倍，分别进行下列试验： (1)流量阶跃压力响应特性 电磁溢流阀2断电，使试验系统压力下降到起始压力(被试阀进口处的起始压力值不得大于最终稳态压力值的10%)。然后迅速关闭电磁溢流阀2，使被试阀进口处产生一个满足瞬态条件的压力梯度 用压力传感器、记录仪记录被试阀7进口的压力变化过程和压力超调量 (2)建压、卸压特性 操作被试阀7的先导电磁阀使之回路建压、卸压，在被试阀进口处用压力传感器、记录仪记录建成压、卸压过程	
3	耐久性试验	电液换向阀5换至左边位置，调节被试阀7的控制盖板手柄至被试阀7的公称压力，并使该阀通过试验流量 将被试阀7的先导控制电磁阀反复换向，记录被试阀7的动作次数，并检查其主要零件和主要性能 每换向周期内，在公称压力下被试阀保压时间应大于或等于1/3周期，卸荷压力应低于公称压力的10%	

续表

试验项目与试验方法	型式试验	③二通插装式减压阀的型式试验项目与试验方法除按“出厂试验”③完成出厂试验项目外，还应进行表12规定的试验

表12 减压阀型式试验项目和方法

序号	试验项目	试验方法	备注
1	稳态压力-流量特性	电液换向阀5换至左边位置，调节被试阀7的控制盖板手柄。使被试阀7的出口压力为调压范围各压力值（调压范围为0.6~8MPa时，其出口压力调至1.5MPa），调节电磁溢流阀2和节流阀10，使被试阀7的进口压力为公称压力，并使通过被试阀7的流量在零至试验流量范围内变化。用压力传感器6-2、流量计11和X-Y记录仪测量被试阀7的稳态压力与流量特性 绘制稳态压力-流量特性曲线	
2	响应特性	调节电磁溢流阀2至被试阀7的公称压力。调节被试阀7和节流阀10，使被试阀7的出口压力为调压范围最低值（调压范围0.6~8MPa时，其出口压力调至1.5MPa），并使通过被试阀7的流量为试验流量，分别进行下列试验： （1）进口压力阶跃响应特性试验 电磁溢流阀2断电，使被试阀的进口压力下降到起始压力（不得超过被试阀7出口调定压力的50%，用以保证被试阀7的主阀芯在全开度位置），并不得超过被试阀7进口调定压力的20%。然后操纵电磁溢流阀2通、断电。使被试阀7的进口产生一个满足瞬态条件的压力梯度，通过压力传感器6-1、6-2，用记录仪记录被试阀7的出口压力变化的过程，测出被试阀7的出口调定压力瞬态恢复时间和压力超调量 （2）流量阶跃变化时出口压力响应特性 电磁阀13通电。操作液控单向阀12，被试阀7的油路切断，使被试阀7出口流量为零，从而使被试阀7的进口产生一个满足瞬态条件的压力梯度，通过压力传感器、记录仪记录被试阀7出口压力的变化过程，得出被试阀7出口压力的瞬态恢复时间、响应时间及压力超调量	
3	耐久性	调节电磁溢流阀2，使被试阀7的进口压力为公称压力。调节被试阀7和节流阀10，使被试阀7的出口压力为调压范围最低值（调压范围为0.6~8MPa时其出口压力调至1.5MPa），并使通过被试阀7的流量为试验流量 将电液换向阀5反复换向，记录被试阀7的动作次数，并检查其主要零件和主要性能 在公称压力下保压时间应大于或等于1/3周期，卸荷压力不应大于公称压力的10%	

④二通插装式节流阀的型式试验项目与试验方法除按“出厂试验”④完成出厂试验项目外，还应进行表13规定的试验

表13 节流阀型式试验项目和方法

序号	试验项目	试验方法	备注
1	调节力矩（操纵力）	电液换向阀5换至左边位置。调节电磁溢流阀2至被试阀7公称压力的10%，用测力计测量被试阀7的调节力矩（操纵力）	
2	稳态流量-压差特性	调节被试阀7至各流量指示点（阀的开度包括最大开度和最小开度）调节电磁溢流阀2、节流阀10，使被试阀7的出口流量从零到试验流量，然后再从试验流量至零变化。用压力表4-3和4-4测出在每一开度下，压差随流量变化的相关特性 绘制稳态流量-压差特性曲线	

⑤二通插装式方向阀、单向阀的型式试验项目与试验方法除按“出厂试验”⑤完成出厂试验项目外，还应进行表14规定的试验

表14 方向阀、单向阀型式试验项目和方法

序号	试验项目	试验方法	备注
1	反向压力损失	电液换向阀6换向，使被试阀9完全开启，并使反向通过被试阀9的流量从零至试验流量。用压力表3-3、3-2测量被试阀9的反向压力损失 绘制 q_V-Δp 特性曲线	

续表

续表

		序号	试验项目	试验方法	备注
试验项目与试验方法	型式试验	2	响应特性	调节溢流阀 2-1 至被试阀 9 的公称压力，使通过被试阀 9 的流量为试验流量，调节溢流阀 2-2 使被试阀 9 的背压为零或比公称压力低 2MPa 将被试阀 9 的先导控制电磁阀换向，使被试阀 9 开启和关闭。用压力传感器 8(压力法)或位移传感器(位移法)和记录仪记录被试阀 9 的开启和关闭过程、测出被试阀 9 的开启时间和关闭时间、开启滞后时间和关闭滞后时间	只对方向阀进行试验
		3	耐久性	调节溢流阀 2-1 至被试阀 9 的公称压力。使被试阀 9 通过试验流量 将被试阀 9 的先导控制电磁阀(试验单向阀时用电液换向阀 6)反复换向记录被试阀 9 的动作次数，并检查主要零件和主要性能 在公称压力下保压时间应大于或等于 1/3 周期，卸荷压力不应大于公称压力的 10%	

10.16 液压阀用电磁铁试验方法（摘自 JB/T 5244—2021）

表 20-8-246

范围		JB/T 5244—2021《液压阀用电磁铁》规定了液压阀用电磁铁的术语和定义、符号，分类，特性，产品有关数据和资料，正常工作、安装和运输条件，结构和性能要求，试验 本标准适用于在单相交流 50Hz、60Hz，电压至 380V 或单相桥式全波整流(不加滤波装置)直流电压至 220V 的控制电路中，用于电磁阀控制的开关型液压阀用电磁铁(以下简称电磁铁) 本标准不适用比例阀用电磁铁
基本要求	电磁铁的检验和试验	检验和试验分为 a. 型式试验 b. 常规试验 c. 抽样试验 d. 特殊试验
	型式试验	①要求　型式试验是电磁铁新产品研制投产前或产品转厂生产前在样品试制完成后所应进行的试制定型试验。型式试验的目的是用规定的试验方法验证电磁铁的设计和性能达到预期的要求。电磁铁的结构、性能要求、试验方法应符合本标准和有关产品标准的规定 通常型式试验仅需进行一次，但在正式生产后，电磁铁因设计、结构、材料或工艺的变更可能影响产品性能时，则应重新进行有关项目的试验 ②型式试验项目、顺序　型式试验项目及顺序按表 1 的规定

表 1　型式试验项目和顺序

序号	试验内容				试验顺序
	试验项目		要求	试验方法	
1	一般检查	a. 标志、包装	6.1、6.2	9.1.7.1	1
		b. 外形尺寸及安装尺寸	7.2.1	9.1.7.2	2
		c. 插头座连接尺寸	8.1.6	9.1.7.2	3
		d. 电磁铁的装配质量	8.1.1	9.1.7.2	
		e. 绝缘材料相比漏电起痕指数 CTI 的测定	8.1.4	9.1.7.3	
		f. 电气间隙及爬电距离	8.1.3、8.1.4	9.1.7.2	
		g. 零部件要求	8.1.2	9.1.7.1	4
2	介电性能	a. 工频耐电压试验	8.2.1.1	9.2.1.1	5
		b. 冲击耐电压试验	8.2.1.2	9.2.1.2	
3	顶块硬度试验		8.2.7	9.2.8	6
4	噪声试验		8.2.8	9.2.9	7
5	剩磁力试验		8.2.2	9.2.3	8
6	耐油压试验		8.2.5	9.2.6	9

续表

基本要求

型式试验

续表

序号	试验内容			试验顺序
	试验项目	要求	试验方法	
7	线圈温升试验	8.2.3	9.2.2	10
8	吸力试验	8.2.4	9.2.4	11
9	耐湿热性能试验	8.1.7	9.2.5	12
10	低温贮存试验	8.2.6	9.2.7	13
11	外壳防护等级试验	8.1.5	9.2.12	14

③型式试验规则　做型式试验的电磁铁应是正式试制的样品，每个试验项目（或试验顺序）应不少于2台，所有规定的型式试验项目均合格，才能认为电磁铁型式试验合格

常规试验

①常规试验项目按表2的规定

表2　常规试验项目

序号	试验项目	要求	试验方法
1	标志、包装	6.1、6.2	9.1.7.1
2	工频耐电压试验	8.2.1.1	9.2.1.1
3	吸力试验	8.2.4	9.2.4
4	剩磁力试验	8.2.2	9.2.3
5	零部件要求	8.1.2	9.1.7.1
6	耐油压试验（适用于湿式型）	8.2.5	9.2.6
7	噪声试验（适用于交流型）	8.2.8	9.2.9

②常规试验中的吸力项有关参数，如交流型的 R_m 值，直流型和交流本整型的 I_t 值，制造厂可在技术文件规定

③常规试验不合规的产品应逐台返修，直到完全合格为止；若无法修复，应予以报废

抽样试验

①抽样试验项目按表3的规定

表3　抽样试验项目

序号	试验项目	要求	试验方法
1	外形尺寸及安装尺寸	7.2.1	9.1.7.2
2	插头座连接尺寸	8.1.6	9.1.7.2
3	电磁铁的装配质量	8.1.1	9.1.7.2
4	顶块硬度试验（适用于交流型）	8.2.7	9.2.8

②抽样试验的合格准则和复试规则按 GB/T 2828.1—2012 的规定。对于不合格的批量产品，应将该批（或周期内）的全部产品返修后，逐台进行试验，试验合格后产品才能准许出厂

特殊试验

特殊试验项目为脉冲油压寿命试验（适用于湿式阀电磁铁导管，见 8.2.10 和 9.2.11）、机械寿命试验（见 8.2.9 和 9.2.10）

一般要求

①被试电磁铁应符合经规定程序批准的图样及技术文件的要求

②每项试验或每个完整的顺序试验应在新的完好的产品上进行。试验中不允许更换零件或进行修理

③电磁铁的试验电源为单向桥式全波整流、不加滤波装置的直流电源

④交流阀用电磁铁（包括交流本整型）的试验电源为单相 50Hz 的交流电源

⑤电磁铁的试验方法除本标准的规定外，其余均按 GB/T 14048.1—2012 中第8章的规定

一般检查

①用目测检查电磁铁铭牌标志、引出线、保护接地片标志、整流元件安放位置、油漆、防蚀措施、包装、塑料件等的表面质量。在励磁线圈不通电的情况下检查衔铁动作的灵活性

②电磁铁的装配质量、外形尺寸及安装尺寸、电气间隙及爬电距离、引线长度、插头座连接尺寸等用卡尺、千分尺或专用工具、量具及仪器检测

③绝缘材料相比漏电起痕指数 CTI 的测定按 GB/T 4207—2012 进行

验证性能要求

介电性试验

①工频耐电压试验

Ⅰ. 工频耐电压试验按 GB/T 14048.1—2012 中 8.3.3.4.2 的要求进行

Ⅱ. 工频耐电压施加部位

a. 引出线与外壳之间（适用于引出线结构）

b. 保护接地片与插脚之间（适用于插头座结构）

Ⅲ. 泄漏电流值应不大于 100mA

Ⅳ. 在常规试验中，允许把试验时间缩短为 1s

②冲击耐电压试验

冲击耐（电）压试验按 GB/T 14048.1—2012 中 7.2.3.1 的要求，并补充规定如下

a. 引出线与外壳之间（适用于引出线结构）

b. 保护接地片与插脚之间（适用于插头座结构）

续表

验证性能要求	线圈温升试验	按 GB/T 14048.1—2012 中 8.3.3.3.6 的要求，并补充规定如下 a. 周围空气温度按 GB/T 14048.1—2012 中 6.1.1 的规定 b. 电磁铁安装在相应的二位四通阀体（或与阀体外形尺寸相同的铁块）上，放在导热性能差的介质上进行试验 c. 湿式阀用电磁铁的温升值允许乘以修正系数 K，K 值由具体产品标准确定
	剩磁力试验	①在剩磁力专用试验台上进行试验 ②试验电压为额定工作电压 ③试验次数为 a. 交流型：型式试验和常规试验应不少于 2 次 b. 交流本整型：型式试验不少于 6 次，常规试验不少于 2 次 c. 直流型：型式试验不少于 6 次，每 2 次试验后改变电源极性；常规试验不少于 2 次，每次改变极性
	吸力试验	用稳态位移-力特性测试方法进行测试，具体测试方法见相关产品标准
	耐湿热性能试验	按 GB/T 14048.1—2012 中 8.1.2 验证，试验后检查衔铁动作灵活性
	耐油压试验	①把电磁铁安装在耐油压试验台上 ②把油压逐渐升高至 8.2.5 的规定值，保压 1min，电磁铁不应有外渗漏、零部件损坏等不正常现象 ③本试验也可对导套单独进行 注：“6.2.5　耐油压性能　湿式阀用电磁铁的导管应能长期可靠地承受不低于额定油压值的油液压力，不应有外泄漏、零部件损坏等不正常现象。导管承受油压值应在具体产品标准中规定。”
	低温贮存试验	①电磁铁试品存放在低温箱内降温，降温速度不大于 1℃/min，待箱内温度达到 -25℃ 后（试品所有部分的温度与规定的低温值之差在 ±3℃ 以内），持续低温贮存试验 16h，然后将试品在正常大气条件下（温度为 15~35℃、相对湿度为 45%~75%、大气为 86~106kPa）恢复，其恢复时间要足以使试品达到常温下的稳定温度 ②检查塑料件、油漆件、引出线，结果应符合 8.1.2 的要求 ③检查衔铁动作的灵活性，验证产品正常工作 注：“8.1.2　零部件要求　电磁铁所有非耐蚀黑色金属制成的零部件，除磁系统的工作极面积摩擦部分外，应有防锈保护。磁系统的工作极面应洁净，并涂以防锈油脂。塑料件应光洁、无裂纹，引出线无开裂折断现象。”
	顶块硬度试验	①在洛式硬度计上进行测试 ②顶块硬度在直径为 5mm 的圆周内任意三点，取算术平均值，结果应符合 8.2.7 的规定 注：“8.2.7　顶块硬度　交流阀用电磁铁的顶块硬度应不低于 38HRC。”
	噪声试验	按 JB/T 10046—2017 进行
	机械寿命试验	①试验电压为额定工作电压 ②电磁铁安装在相应的二位四通阀体上，可在通油或者不通油的工作状态下进行试验 ③通电持续率为 60%（若采用三位四通阀体，则通电持续率为 40%）
	脉冲油压寿命试验（适用于湿式阀用电磁铁导套）	①将电磁铁（或导管）安装在脉冲试验台上 ②试验油压的波形为带有 $0.2p_m$ 的正弦整形波，振幅值为 p_m，如图 1 所示 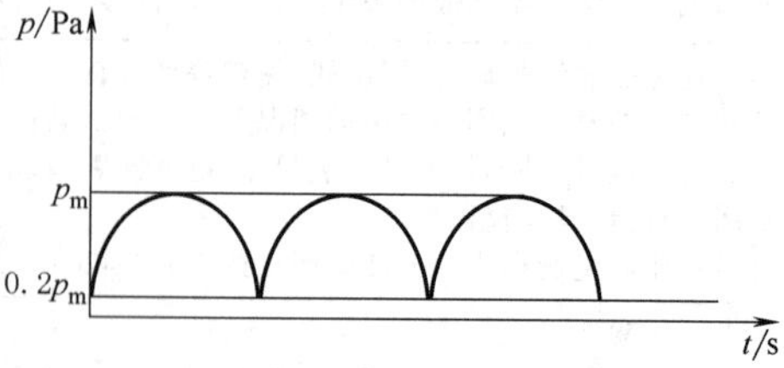 图 1　脉冲油压波形图 ③操作频率为 2~5Hz
	外壳防护等级试验	按 GB/T 4208—2017 的要求，并补充规定如下 试验时电磁铁应垂直安放，装在相应的阀体上或模拟件上，插头座同时进行试验

CHAPTER 9

第9章 电液比例控制

1 电液比例控制系统概述

1.1 电液比例系统的组成、原理、分类及特点

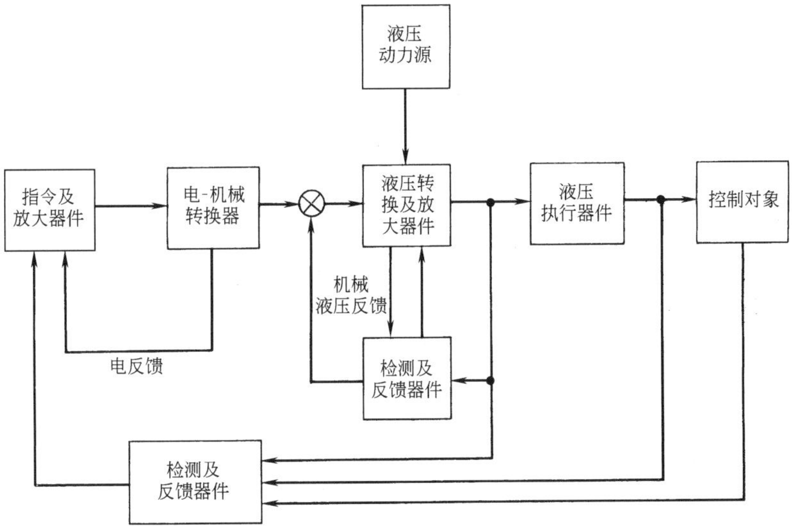

图 20-9-1 电液比例控制系统的技术构成

表 20-9-1 电液比例控制系统的组成与原理

开环控制系统	方块图及组成	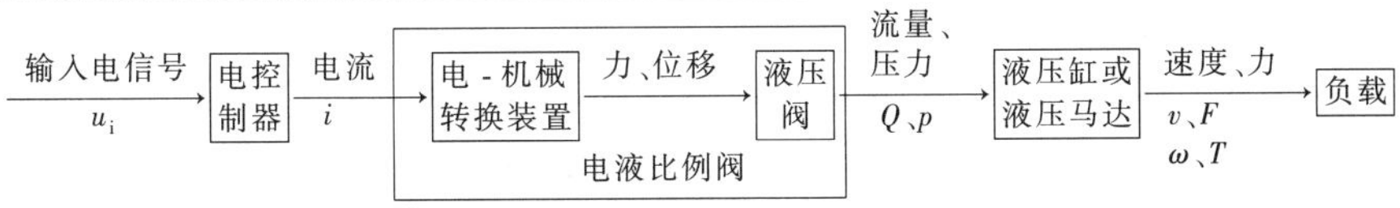
	原理	系统输入量为控制电量(电压或电流),经电控制器放大转换成相应的电流信号输入给电-机械转换装置,后者输出与输入电流近似成比例的力、力矩或位移,使液压阀的可动部分移动或摆动,并按比例输出具有一定压力 p、流量 Q 的液压油以驱动执行元件,执行元件也将按比例输出力 F、速度 v 或转矩 T、角速度 ω 以驱动负载,无级调节系统输入量就可无级调节系统输出量、力、速度,以及加、减速度等 这种控制系统的结构组成简单,系统的输出端和输入端不存在反馈回路,系统输出量对系统的输入控制作用没有影响,没有自动纠正偏差的能力,其控制精度主要取决于关键元器件的特性及系统调整精度。但这种开环控制系统不存在稳定性问题

续表

闭环控制系统	方块图及组成	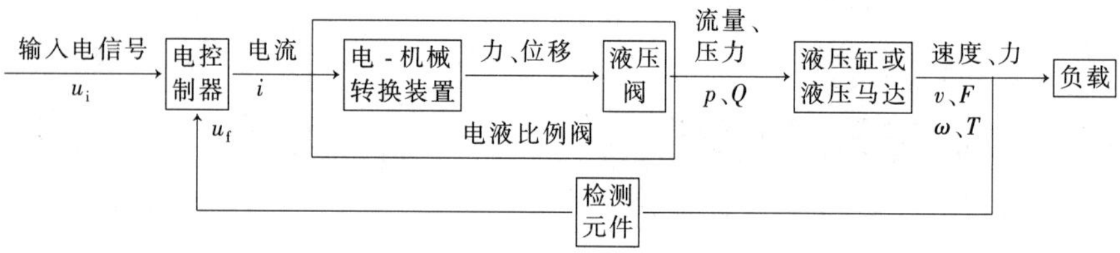
	原理	系统工作原理为反馈控制原理或偏差调节原理，这种控制系统通过负反馈控制，因而具有自动纠正偏差的能力，可获得相当高的控制精度。但系统存在稳定性问题，而且高精度和稳定性的要求是矛盾的
说明		电控制器(比例放大器，俗称放大板)在开环控制系统中，用于驱动和控制电液比例控制元件的电-机械转换器；在闭环控制系统中除了上述作用外，还要承担反馈检测器的检测放大和校正系统的控制性能。因此，电控制器的功能直接影响系统的控制性能，它的组成应与电-机械转换器的型式相匹配，一般都具有控制信号的生成、信号的处理、前置放大、功率放大、测量放大、反馈校正、颤振信号发生及电源变换等基本组成单元。它包括电位器、斜坡发生器、阶跃函数发生器、PID 调节器、反向器、功率放大器、颤振信号发生器，或用可编程序控制器等。一般生产电液比例阀的厂家供应相应的比例放大器 电液比例阀由电-机械转换器(比例电磁铁等)和液压阀两部分组成。由于比例电磁铁可以在不同的电流下得到不同的力(或行程)，可以无级地改变压力、流量，因此，电-机械转换器是电液比例阀的关键元件

表 20-9-2　　电液比例控制系统的分类

分类依据	类　　别
按系统的输出信号	①位置控制系统；②速度控制系统；③加速度控制系统；④力控制系统；⑤压力控制系统
按系统输入信号的方式	①手调输入式系统：以手调电位器输入，调节电控制器以调整其输出量，实现遥控系统。②程序输入式系统：可按时间或行程等物理量定值编程输入，实现程控系统。③模拟输入式系统：将生产工艺过程中某参变量变换为直流电压模拟量，按设定规律连续输入，实现自控系统
按系统控制参数	①单参数控制系统：液压系统的基本工作参数是液流的压力、流量等，通过控制一个液压参数，以实现对系统输出量的比例控制。例如采用电液比例压力阀控制系统压力，以实现对系统输出压力或力的比例控制；用电液比例调速阀控制系统流量，以实现对系统输出速度的比例控制等，都是单参数控制系统。②多参数控制系统：例如用电液比例方向流量阀或复合阀、电液比例变量泵或马达等，既控制流量、液流方向，又控制压力等多个参数，以实现对系统输出量比例控制的系统
按系统控制回路组成	①开环控制系统；②闭环控制系统
按系统电液比例控制元件	①阀控制系统：采用电液比例压力阀、电液比例调速阀、电液比例插装阀、电液比例方向流量阀、电液比例复合阀等控制系统参数的系统。②泵、马达控制系统：采用电液比例变量泵、马达等控制系统参数的系统

表 20-9-3　　电液比例系统的技术优势与基本特点

电液控制的技术优势	电气或电子技术在信号的检测、放大、处理和传输等方面比其他方式具有明显的优势，特别是现代微电子集成技术和计算机科学的进展，使得这种优势更显突出。因此，工程控制系统的指令及信号处理单元和检测反馈单元几乎无一例外地采用了电子器件。而在功率转换放大单元和执行部件方面，液压元件则有更多的优越性。电液控制技术集合了电控与液压的交叉技术优势
电液比例控制系统的基本特点	①可明显地简化液压系统，实现复杂程序控制；②引进微电子技术的优势，利用电信号便于远距离控制，以及实现计算机或总线检测与控制；③电液控制的快速性，是传统开关阀控制无法达到的；④利用反馈，提高控制精度或实现特定的控制目标；⑤便于机电一体化的实现

表 20-9-4　　　阀控与泵控体系的对应关系

阀控			
压力控制	溢流阀		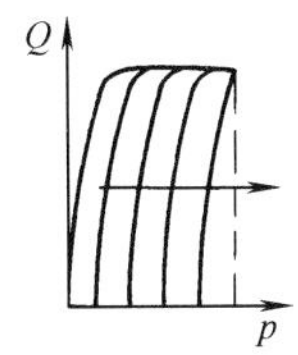
压力控制	减压阀		
流量控制	单向	节流阀	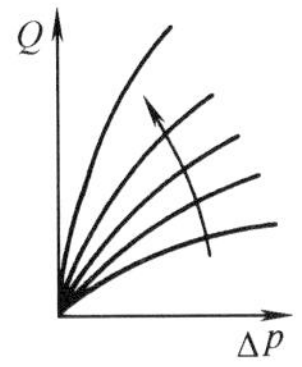
流量控制	单向	流量阀	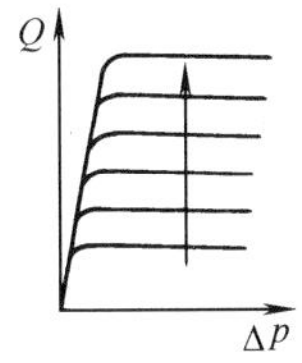
流量控制	双向	方向节流	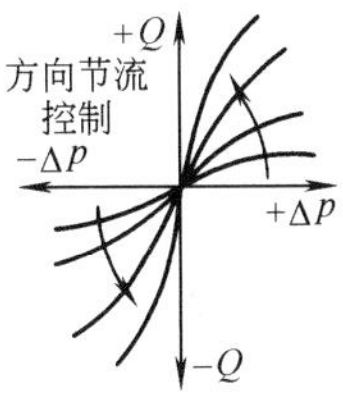
流量控制	双向	方向流量	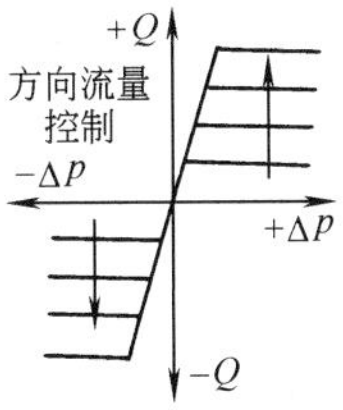
复合控制	pQ 阀(压力流量复合)		

泵控			
压力控制	恒压力泵		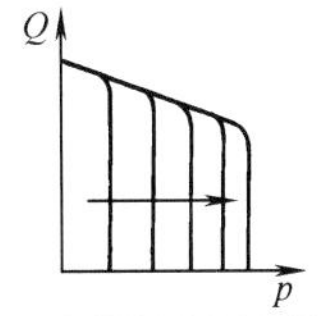
流量控制	单向	变排量泵	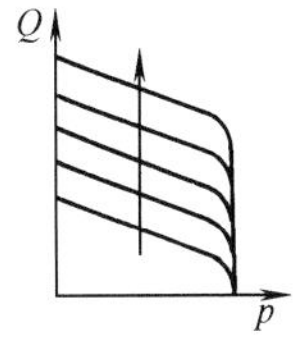
流量控制	单向	恒排量泵	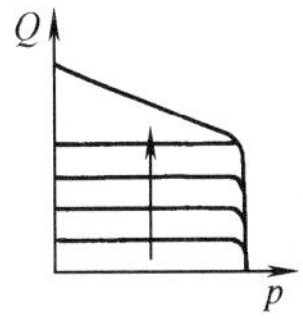
流量控制	双向	变排量泵	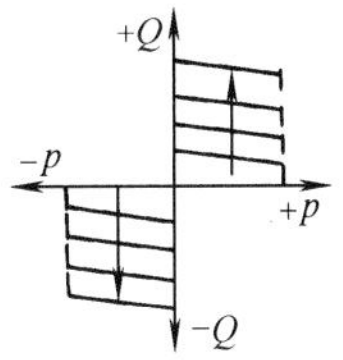
流量控制	双向	恒排量泵	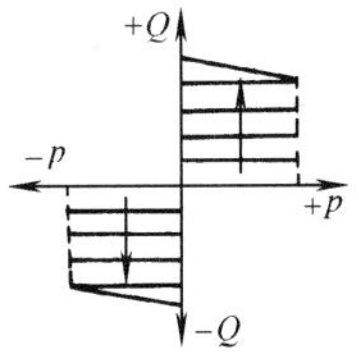
复合控制	压力流量复合		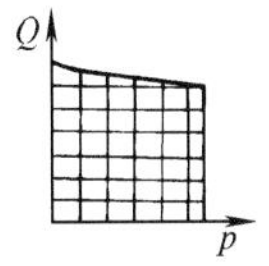
复合控制	压力功率复合		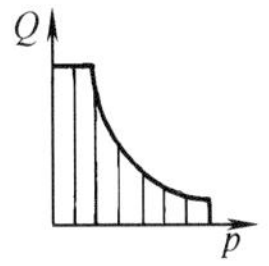
复合控制	流量功率复合		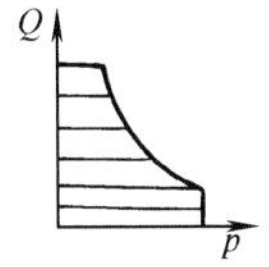
复合控制	压力流量功率复合		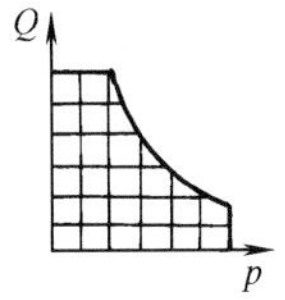

注：Δp 为控制器件进出口压差。

1.2 电液比例控制系统的性能要求

表 20-9-5

性能	要　求
稳定性	指系统输出量偏离给定输入量的初始值随着时间增长逐渐趋近于零的性质。稳定性是系统正常工作的首要条件。因此,系统不仅应是绝对稳定的,而且应有一定的稳定裕度。电液比例控制系统作为开环控制系统一般是具有稳定性的,但作为闭环控制系统工作时,则应注意确保它的稳定性,并应适当处理好稳定性要求与准确性之间可能存在的矛盾
准确性	指系统在自动调整过渡过程结束后,系统的输出量与给定的输入量之间所存在稳态偏差大小的性质,或系统所具有稳态精度高低的性质。总是希望系统由一个稳态过渡到另一个稳态,输出量尽量接近或复现给定的输入量,即希望得到高的稳态精度。系统的稳态精度不仅取决于系统本身的结构,也取决于给定输入信号和外扰动的变化规律。系统在实际工作中总是存在着稳态误差的,故力求减小稳态误差,把稳态精度作为系统工作性能的重要指标
快速性	指系统在某种输入信号作用下,系统输出量最终达到以一定稳态精度复现输入这样一个过程的快慢性质。当系统的输入信号是阶跃信号时,系统的阶跃响应特性以调整时间 t_s 作为快速性指标,并常以调整时间 t_s、超调量 M_p 和阶跃响应的振荡次数三项指标作为系统的过渡过程品质指标。当系统的输入信号是正弦信号时,可以证明线性系统的输出也是同频率的正弦信号,但其幅值随着角频率 ω 的增高而衰减,当角频率增高到系统的截止频率 ω_b 时,系统输出信号的幅值已衰减到输入信号幅值的 70%左右。若再加快频率,则幅值将更衰减,认为输出已不能准确复现输入了。通常以输出信号的幅值不小于输入信号幅值的 70.7%,或者说输出信号与输入信号的幅值比(或增益)不低于-3dB 时,所对应的频率范围 $0<\omega\leqslant\omega_b$,这个频带宽表明系统的响应速度,即以系统的频宽 ω_b 或其相应的频率 f_{-3dB}(Hz)作为系统快速性指标

1.3 电液比例阀体系的发展与应用特点

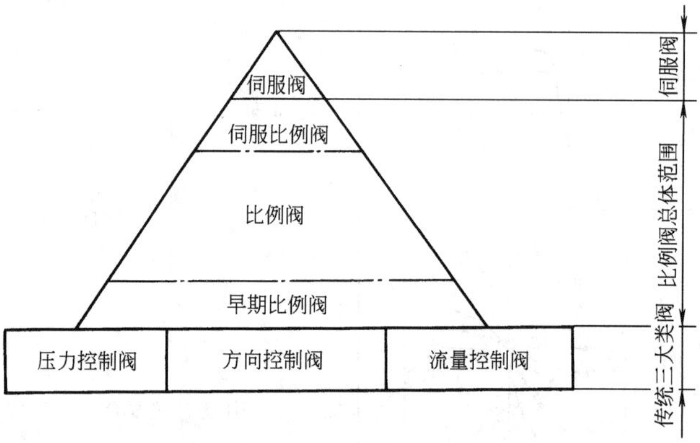

图 20-9-2　电液伺服阀、电液比例阀、传统三大类阀相对关系

表 20-9-6　　电液控制技术发展

电液伺服阀技术		第二次世界大战期间由于武器和飞行器自动控制需要而出现,至 20 世纪 60 年代日臻成熟	其特点见表 20-9-7;但由于对流体介质的清洁度要求十分苛刻,制造成本和维修费用比较高,系统能耗也比较大,难以为各工业用户所接受
电液比例阀技术	20 世纪 60 年代后期,各类民用工程对电液控制技术的需求显得迫切与广泛,因此,人们希望开发一种可靠、价廉,控制精度和响应特性均能满足工业控制系统实际需要的电液控制系统,60 年代出现了工业伺服技术(在伺服阀基础上)与电液比例技术(在传统开关阀基础上)		
	工业伺服阀	20 世纪 60 年代后期出现	在伺服阀基础上,增大电-机械转换器功率,适当简化伺服阀结构,降低制造成本
	早期比例阀	20 世纪 60 年代后期出现	仅将比例电磁铁用于控制阀,控制阀原理未变,性能较差,频响 1~5Hz,滞环 4%~7%,用于开环控制
	比例阀	20 世纪 80 年代初期出现	完善控制阀设计原理,采用各种内外反馈、电校正,耐高压比例电磁铁、电控器,特性大为提高,稳态特性接近伺服阀,频响 5~30Hz,但有零位死区;既用于开环,也用于闭环控制
	伺服比例阀	20 世纪 90 年代中期出现	制造精度、过滤精度矛盾淡化,首级阀口零遮盖,无零位死区,用比例电磁铁作电-机械转换器,二级阀主级阀口小压差,频响 30~100Hz,用于闭环控制
传统的电液开关控制技术			不能满足高质量控制系统的要求

表 20-9-7　　开关控制、电液比例控制、电液伺服控制基本特点的对比

电液控制阀		电子或继电控制	电-机械转换器	动态响应/Hz	零位死区	加工精度要求	过滤精度要求	阀口压降
伺服阀		电子控制	力马达 力矩马达	高，>100	无	1μm	3~10μm	1/3 油源总压力
比例阀	伺服比例阀	电子控制	比例电磁铁	中，30~100	无	1μm	3~10μm	单级或首级：1/3 油源总压力 主级：0.3~1MPa
	一般比例阀	电子控制	比例电磁铁	一般，1~50	有	10μm	25μm	0.3~1MPa
传统开关阀		继电控制	开关电磁铁		有	10μm	25μm	0.3~1MPa
一般比例阀的特点		①过滤精度要求、阀口压降、价格接近开关阀 ②滞环、重复精度等稳态特性低于或接近伺服阀 ③频宽（动态特性）比伺服阀低一个档次，但已可满足70%工业部门的需要 ④有中位死区（零位死区），与开关阀相同						
对伺服比例阀的说明		①伺服比例阀是基于上述的历史变迁，并弥补一般比例阀用于要求无零位死区的闭环控制存在的一定缺陷而出现：原来伺服阀加工精度高的缺陷，由于制造技术的发展而淡化；原来伺服阀要求过滤精度高的矛盾由于过滤技术的进步也淡化；以及对电控器而言，处理大电流的技术水平已大为提高 ②伺服比例阀的结构特点：利用（大电流的）比例电磁铁（不采用伺服阀常用的力马达或力矩马达）为电-机械转换器，加上首级采用伺服阀机械结构（首级用伺服阀的阀芯阀套），以及（首级、主级）阀口零遮盖 ③根据其动态频响比一般比例阀高，伺服比例阀被称为高频响比例阀；根据其更适合于像速度控制、位置控制、压力控制等要求无零位死区的闭环系统，伺服比例阀又被称为闭环比例阀。这两种叫法都有一定道理，但也都有其片面性						

表 20-9-8　　开关控制、电液比例控制、电液伺服控制适应性的基本情况对比

控制阀	开环控制系统	速度闭环控制系统	位置、压力闭环控制系统
伺服阀		伺服阀一般只用于闭环系统，且工作在零点附近	
伺服比例阀（高频响比例阀、闭环比例阀，比例伺服阀）		无零位死区，可用于各类闭环系统，频响比一般比例阀高；可靠性比伺服阀高	
比例（方向）阀	用于开环系统，也用于闭环系统；工作于阀口开度变化很大的区域，也工作于零位附近		采用阶跃信号发生器等特殊措施，快速通过零位死区，可用于要求无零位死区的闭环控制；但特性不如无零位死区的伺服阀或伺服比例阀
传统开关式方向阀	仅用于开环系统	—	—

1.4　国内生产或销售的电液比例阀

表 20-9-9

系列简称	产品名称	通径/mm	最高压力/MPa	额定流量范围/$L \cdot min^{-1}$
上海液二系列	电液比例溢流阀	10、20、32	31.5	63~200
		16、25、32		100~400
	电液比例节流阀		25	63~320
	电磁比例调速阀	8、10、20、32	31.5	25~200
		16、25、32	25	80~320
	比例方向流量复合阀	10、16、20	25	40~100

续表

系列简称	产品名称	通径/mm	最高压力/MPa	额定流量范围/L·min^{-1}
广研系列	电液比例溢流阀	10、20、30	31.5	200~600
		10、20、32		
	电液比例先导压力阀	6		5
	电液比例减压阀			3
	电液比例三通减压阀		19	15
	电液比例流量法	8、10	20	40~100
	电液比例复合阀	10、15、20、25、32	31.5	40~250
浙大系列	电液比例溢流阀	6、10、16、20、25、32	2.5~31.5	2~250
	电液比例减压阀	16、32	25	100~300
	电液比例节流阀		31.5	30~160
	比例流量控制阀	16、25、32		15~320
	比例换向阀	6、10		16~32
		10、16、25		85~250
	电反馈直动式比例换向阀	6、10		16~320
		10、16		85~150
博士力士乐系列	直动式电液比例溢流阀	6		10
	先导式电液比例溢流阀	10、20、30		80~600
	比例减压阀			80~300
	比例调速阀	6、10、16		2~160
	电液比例换向阀	6、10、16、25、32	32、35	6~1600
油研E系列	电液比例遥控溢流阀	3	25	2
	电液比例溢流阀	10、20、25		100~400
	电液比例溢流减压阀	10、25		100~250
	电液比例调速阀	6、10、20、25	21	30~500
	电液比例单向调速阀			
	电液比例溢流调速阀	6、20、25	25	125~500
北部精机ER系列	直动式比例溢流阀	6		2
	先导式比例溢流阀	10、20		100~200
	比例式压力流量阀			125~160
				250
	比例式压力流量复合阀	10		125~160
伊顿K系列	电液比例压力溢流阀		35	2.5~400
	比例方向节流阀（带单独驱动放大器）	规格：03、05、07、08、10	31.5、35	最大流量1.5~550
	比例方向节流阀（先导式，带内装电子装置）	规格：03、05、06、07、08	31、35	20~720
	比例换向阀	规格：02、03、05、07、08、10	21、25、35	30~1100
阿托斯（ATOS）系列	直动式比例溢流阀	6	31.5	6
	先导式比例溢流阀	10、25、32		200~600
	直动式比例减压阀	6	32	12
	先导式比例减压阀	10、20	31.5	160、300
	比例流量阀	6、10	21	40、70
		10、20	25	60、140
	插装式比例节流阀	16、25、32、50	31.5	330~1500
	直动式比例方向阀	6、10	35	30、60
	先导式比例方向阀	16、25		130、300
	高频响比例方向阀	6、10	31.5	9、60

续表

系列简称	产品名称	通径/mm	最高压力/MPa	额定流量范围/L·min^{-1}
派克(PARKER)系列	直动式比例溢流阀	6	35	5
	先导式比例溢流阀	16~63		200~4000
	先导式比例减压阀	10、25、32		150~350
	比例流量阀	6	21	18
	比例流量阀(节流)	25	35	500
	插装式比例节流阀	16~63		220~2000
	直动式比例方向阀	6		15
		10		40
	先导式比例方向阀	10、16、25、32		70~1000
	高频响比例方向阀	10、16、25		38~350

2　电液比例控制元件

2.1　电-机械转换器

电-机械转换器是电液比例控制元件的重要组成部分，其输入是比例放大器的输出电流信号（或电压信号），输出为机械力、力矩或位移信号，并以此去操纵液压阀的阀芯运动，进而实现电液比例控制功能。因此，电-机械转换器的性能，对电液比例控制元件及系统的稳态控制精度、动态响应特性、抗干扰能力、工作可靠性等产生重要影响。

在电液比例控制元件中常用的电-机械转换器，有直流比例电磁铁，有时也使用直流和交流伺服电机，步进电机，较少使用动圈式力马达、动铁式力矩马达、移动式力马达。近年来，也有人致力于开发依靠压电材料，通常都是作为模拟转换器件应用的，但如果必要，原则上也可借助于频率调制或脉宽调制而用作数字式或数模转换式电-机械转换器。

在电液比例控制元件中应用最广泛的电-机械转换器是湿式耐高压直流比例电磁铁。

2.1.1　常用电-机械转换器简要比较

表 20-9-10

形式	比例电磁铁	动圈式力马达	动铁式力矩马达	伺服电机
工作原理	在由软磁材料组成的磁路中，有一励磁线圈（或有一对励磁线圈和一对控制线圈），当有控制电流输入时，由于磁路中磁通力因缩短其长度或磁场使磁路中磁阻减小的特性，使衔铁与轭铁之间产生吸力而移动，通过推杆输出机械力	在由硬磁材料和软磁材料组成的磁路中，有1~2个控制线圈，当有控制电流输入时，由于载流导体（线圈）在磁场中受力，使悬挂在弹性元件上的可移动控制线圈相对轭铁移动，并输出机械力	在由硬磁材料和软磁材料组成的磁路中，有2个控制线圈，当有控制电流输入时，由于控制磁场与永磁磁场的相互作用，使支承在弹性元件或转轴上的衔铁相对轭铁转动，并输出机械力矩	各种类型的直流伺服电机，根据载流导体在磁场中受电磁力的作用原理设计，其输出转速正比于输入电压，可实现正反向速度控制，利用转角检测反馈实现角位移闭环控制，其输入电压输出转速的传递函数可视为一阶滞后环节
特点	结构简单，使用一般材料，工艺性好，输出机械力较大，控制电流较大，使用维护方便，稳态、动态性能较差	结构较简单，用较贵重材料，工艺性较好，输出机械力较小，控制电流中等，使用维护较方便，稳态、动态性能较好	结构复杂，用贵重材料，工艺性差，输出机械力矩小，控制电流小，结构尺寸紧凑，稳态、动态性能优良	结构较复杂，启动转矩大，调速范围广，机械特性线性度较好，控制液压阀需配用高速比精密减速机构，减速齿隙会产生不利影响，使用中可能产生火花，稳态、动态性能一般

续表

形式	比例电磁铁	动圈式力马达	动铁式力矩马达	伺服电机
应用	控制一般比例阀(直接控制式和先导控制式比例压力阀、比例流量阀、比例方向流量阀、比例多路阀,比例复合阀),各种比例变量泵,以及伺服比例阀	控制锥阀式、喷嘴挡板式压力阀,进而控制先导式比例压力阀;控制喷嘴挡板进而控制比例方向流量阀	控制锥阀或喷嘴挡板以控制比例压力阀或比例方向流量阀;经前置放大级控制节流阀以控制流量阀	控制节流阀芯转动,以控制比例流量阀;控制锥阀做直线移动,以控制比例压力阀

2.1.2 比例电磁铁的基本工作原理和典型结构

表 20-9-11

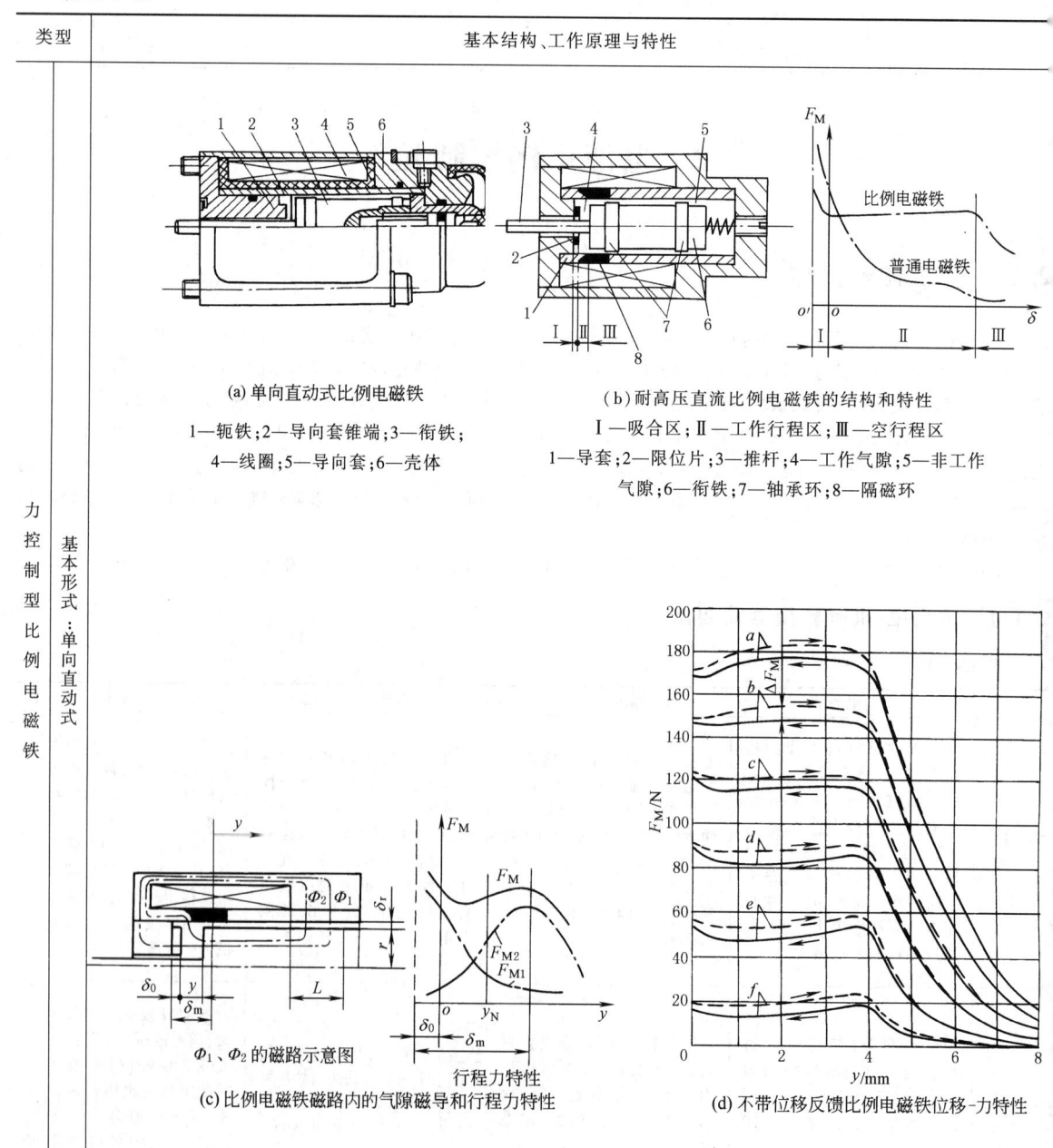

类型		基本结构、工作原理与特性
力控制型比例电磁铁	基本形式:单向直动式	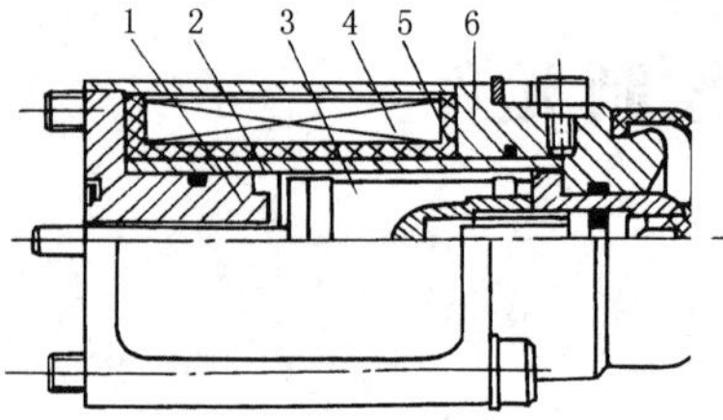 (a) 单向直动式比例电磁铁 1—轭铁;2—导向套锥端;3—衔铁; 4—线圈;5—导向套;6—壳体 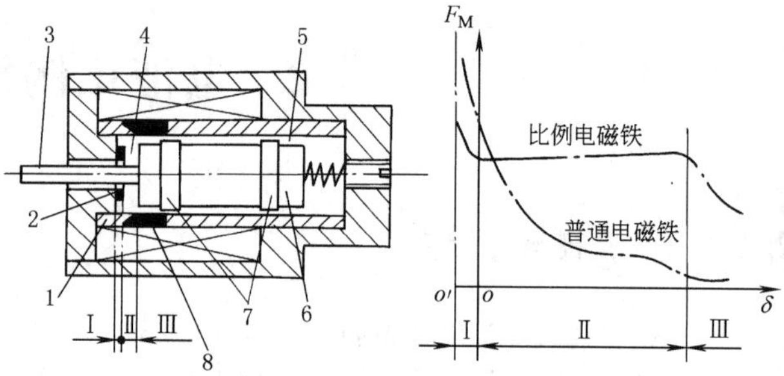 (b) 耐高压直流比例电磁铁的结构和特性 Ⅰ—吸合区;Ⅱ—工作行程区;Ⅲ—空行程区 1—导套;2—限位片;3—推杆;4—工作气隙;5—非工作气隙;6—衔铁;7—轴承环;8—隔磁环 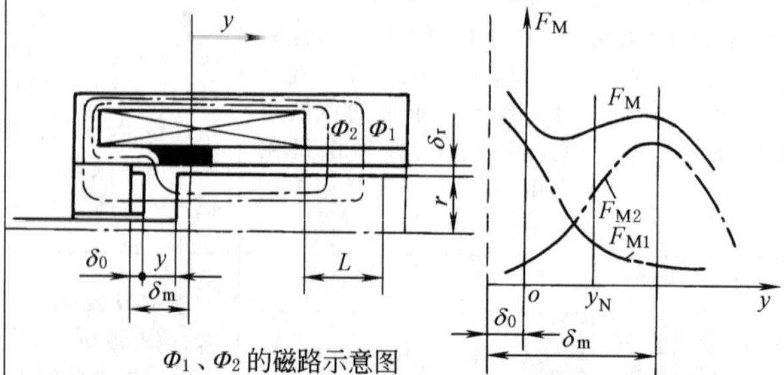 Φ_1、Φ_2的磁路示意图 行程力特性 (c) 比例电磁铁磁路内的气隙磁导和行程力特性 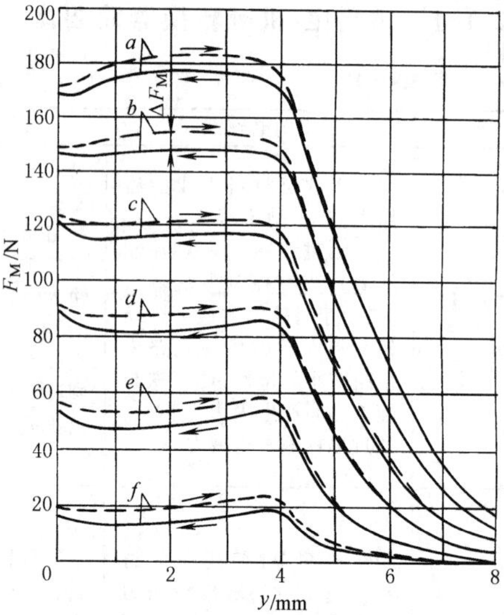 (d) 不带位移反馈比例电磁铁位移-力特性

续表

<table>
<tr><th colspan="2">类型</th><th>基本结构、工作原理与特性</th></tr>
<tr><td rowspan="2">力控制型比例电磁铁</td><td>基本形式：单向直动式</td><td>基本结构：图 a 为单向直动式比例电磁铁，由软磁材料的衔铁、导向套、轭铁、外壳以及励磁线圈和输出推杆等组成。导向套的前后两段之间用非导磁材料焊成整体，形成筒状结构的导向套具有足够的强度，可承受充满其中的油液静压力达 35MPa。导套内孔径精加工，与衔铁上用非导磁材料制成的低摩擦支承环，形成轴向移动的低摩擦副。导套前段端部经优化设计成锥形。导套与壳体之间为同心螺线管式控制线圈。导套中的衔铁处于静压平衡状态，衔铁前端装有输出推杆，衔铁后端由弹簧和调节螺钉组成调零机构。衔铁前端与轭铁之间形成工作气隙，衔铁与导套之间的径向间隙为非工作气隙。动铁前后通油孔用于改善动态特性
工作原理及特性(图 c)：比例电磁铁的输入端为控制线圈，输出端为推杆。当控制线圈输入励磁控制电流后，形成的磁路经由轭铁、导磁壳体、导套、非工作的径向气隙、衔铁，然后分成两路，一路的磁通 Φ_1 由衔铁经工作气隙到轭铁底面，另一路的磁通 Φ_2 由衔铁经气隙、导套锥端到轭铁。磁场的特性是要使磁阻减小，Φ_1 与 Φ_2 都有减小工作气隙即减小磁阻的作用。Φ_1 的作用是形成底面力 F_{M1}，Φ_2 的作用是形成锥面力 F_{M2}，F_{M1} 与 F_{M2} 的合力 F_M 即为比例电磁铁推杆上的输出力(指力控制型)。输出力 F_M 与输入控制电流 I 在比例电磁铁的工作行程中是近似成比例的，无级调节其输入控制电流，就可实现其输出力的无级调整。这就是比例电磁铁的电磁作用工作原理。电磁铁分 3 个区段：用小隔磁环来消除第 1 区段；第 2 区段为水平吸力区；第 3 区段为辅助工作区</td></tr>
<tr><td>双向</td><td>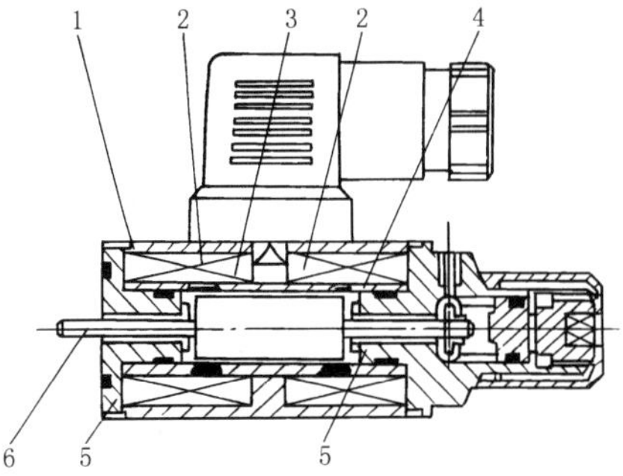

(e) 双向极化式比例电磁铁
1—壳体；2—线圈(左右)；3—导向套；
4—隔磁环；5—轭铁；6—推杆
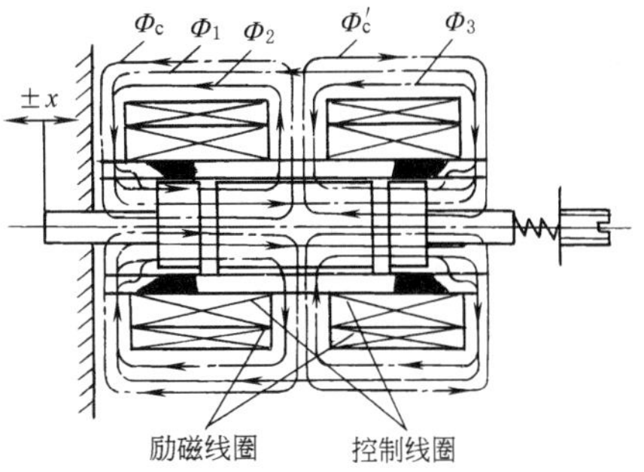

(f) 工作原理
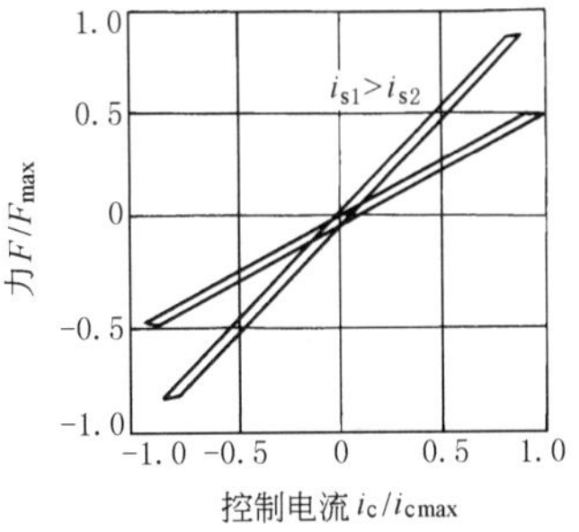

(g) 力-控制电流特性
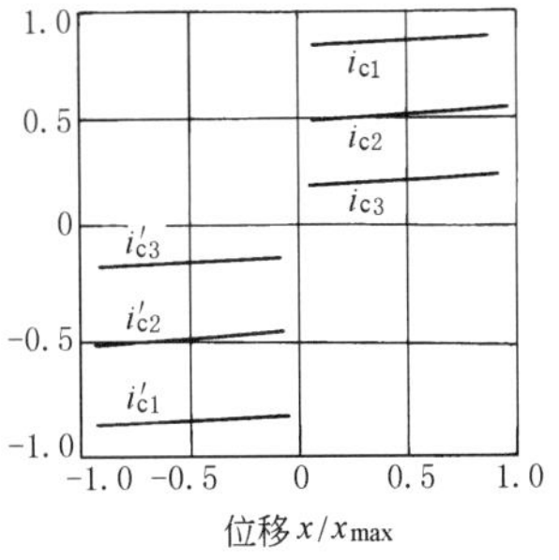

(h) 力-位移特性
基本结构：图 e 为双向极化式比例电磁铁的结构示意图，采用对称配置两个平底动铁式结构，在壳体中对称安排了两对线圈。由于在其磁路中的初始磁通，避开了磁化曲线起始段的非线性影响，使输出电磁力、输入控制电流特性无零位死区、线性好、滞环小；由于采用平底、锥形盆口、动铁式结构，具有良好的水平吸力特性，其动态响应较快，工作频宽几乎为单向直动式比例电磁铁的一倍，可达 100Hz 以上。也可作为动铁式力马达控制伺服阀，其稳态特性和动态特性均优于单向直动式比例电磁铁
工作原理及特性(图 f)：两对线圈中一对为励磁线圈，相互串联，极性相同，由恒流电源供给恒定的励磁电流，形成磁路的初始磁通 Φ_1、Φ_2 和 Φ_3。由于结构及线圈绕组的参数对称相同，左右两端电磁吸力大小相等、方向相反，衔铁处于平衡状态，输出力为零。另一对为控制线圈，极性相反，串联或并联，当输入控制电流时，则产生极性相反、数值相同的控制磁通 Φ_c 和 Φ_c'，它们与初始磁通叠加，使左右两端工作气隙的总磁通分别发生变化，衔铁两端的电磁吸力不等，形成了与控制电流方向和大小相对应的输出力</td></tr>
</table>

续表

类型	基本结构、工作原理与特性
位置调节型比例电磁铁	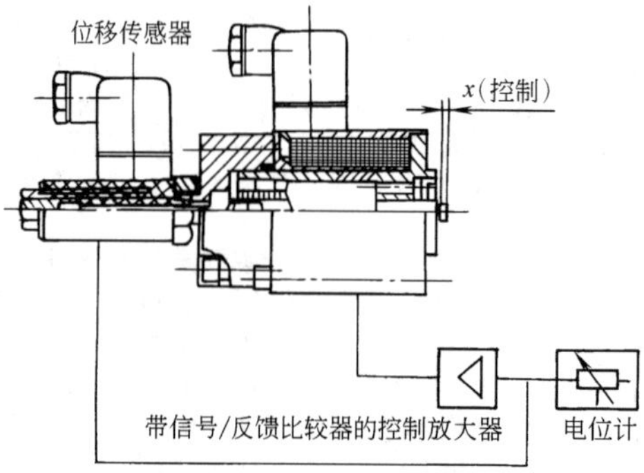 (i) 位置调节型比例电磁铁 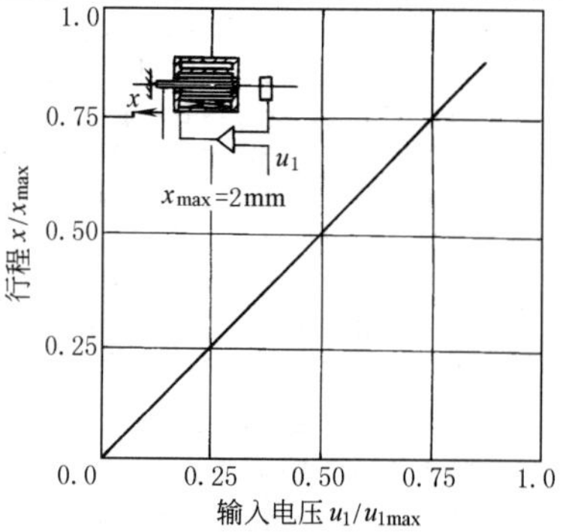 (j) 电位-位移特性 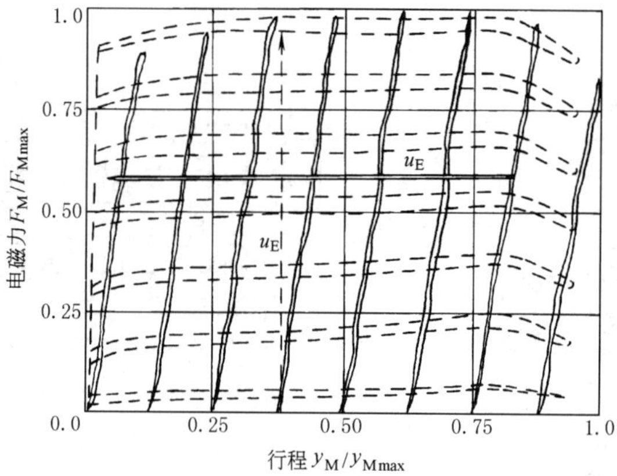 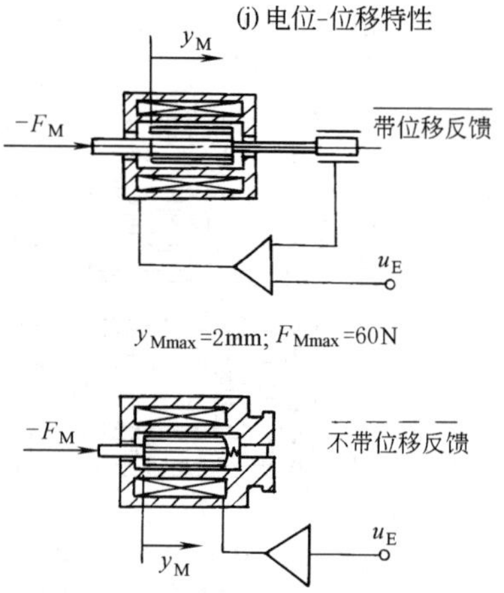 (k) 带位移闭环比例电磁铁的稳态特性 图 i 为位置调节型比例电磁铁,配有电感式位移传感器,用以检测阀芯的实际位置,它将与阀芯行程成比例的电压信号反馈至比例放大器,构成位置闭环控制,改善了滞环和非线性,提高了抗干扰能力并抑制了作用在阀芯上液动力的影响。图 j 为电压-位移特性,呈简单的比例关系。此外,采用衔铁位置反馈控制,对提高比例电磁铁的动态性能也有一定效果
旋转电磁铁	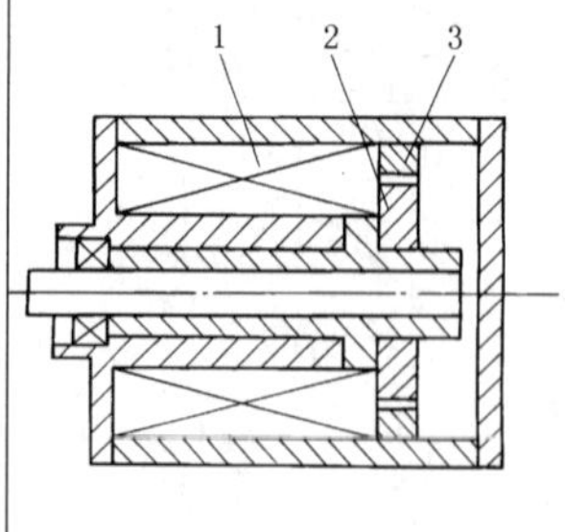 (l) 单向旋转电磁铁 1—线圈;2—转子;3—定子 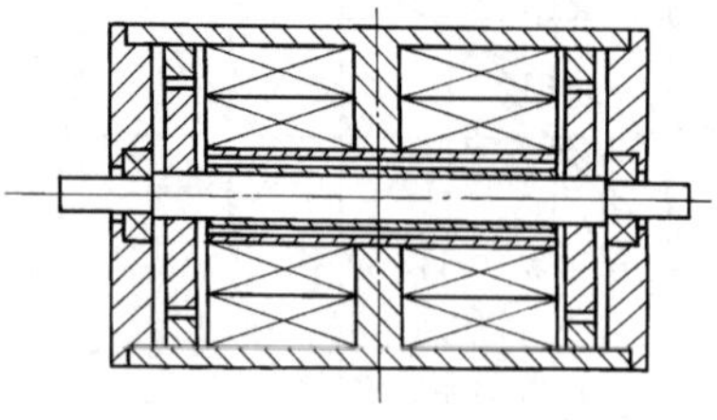 (m) 双向旋转电磁铁结构原理 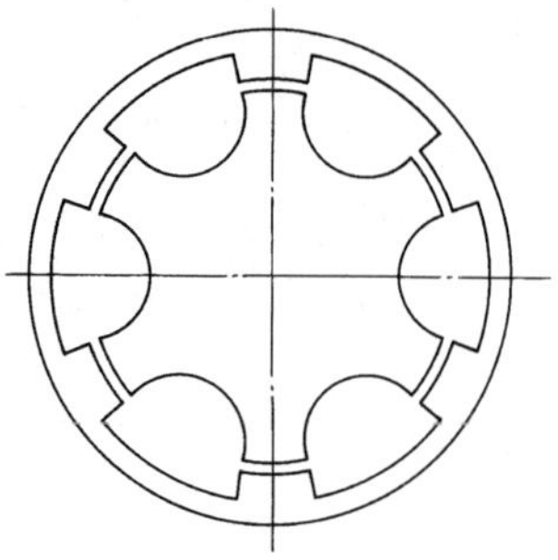 (n) 双向旋转电磁铁(端部形状) 一般为有限角位移旋转电磁铁,分单向与双向两种。单向电磁铁(图 l)的特点是转子、定子分别由三片导磁钢片叠合而成,定子通过销钉与壳体相连;转子通过半月形孔与输出轴相连。机壳、定子、转子和转轴构成磁路。其功能原理是当有电流通过线圈时,转子便向定子对中方向旋转。由于对定、转子齿进行了特殊设计,当转子齿快要与定子齿对中时,仍能保持一定的力矩。但这种电磁铁只能单向旋转,转角-力矩特性曲线的水平段较短 双向旋转电磁铁(图 m)的定子、转子左右对称布置,定、转子齿进行了特殊设计,当转子齿快要与定子齿重合时,能保持一定的力矩。当转子转动时,其工作气隙处于变长度和变面积两种情况并存状态。这种旋转电磁铁的转角范围较大(±5°或更大些),转角-力矩曲线水平段较长,并且定子、转子之间的初始位置可以方便地进行调节。这种双向旋转电磁铁能实现双向连续比例控制

表 20-9-12 基本类型电磁铁的结构、特性、适用情况对照

类型	结构		输入输出特性		使用
力控制型	力控制型+负载弹簧	结构完全相同，只是使用上的区别	电流-输出力	与输入电流成正比的是输出力，在工作区内与衔铁位移无关，即具有水平吸力特性	行程较短，用于先导级
行程控制型			电流-力-位移	与输入电流成正比的是负载弹簧转化的输出位移	输出行程较大，多用于直控阀
位置调节型	力控制型+位移传感器	增加了衔铁位置小闭环	电流-衔铁位置	与输入电流成正比的是衔铁位移而与所受反力无关，具体力的大小在最大吸力之内根据负载需要定	有衔铁位置反馈闭环，用于控制精度要求较高的直控阀

2.1.3 比例阀用电磁铁基本参数（摘自 JB/T 12396—2015）

表 20-9-13

范围		JB/T 12396—2015《比例阀用电磁铁》规定了比例阀用电磁铁（以下简称比例电磁铁）的术语和定义、符号、分类、特性，产品的有关资料，正常使用、安装和运输条件，结构和性能要求，试验 本标准适用于以液压油为工作介质的各种比例阀用电磁铁。其他比例电磁铁也可参照采用
分类		按与阀体的连接方式可分为 a. 螺钉连接型比例电磁铁 b. 螺纹连接型比例电磁铁
特性	结构型式	比例电磁铁为螺管型推动式，具有防护外壳（金属外壳或耐高温塑料外壳），衔铁在密封的导管内运动，允许压力油进入比例电磁铁的导管内
	结构加装要求	比例电磁铁可根据需要加装 LVDT 直线位移传感器
	基本参数	①比例电磁铁额定吸力和相应工作行程应符合表 1、表 2 的规定（见下表） ②安装连接尺寸：比例电磁铁与液压比例控制元件接合面安装尺寸及外伸端连接尺寸，可根据用户要求确定，在此不做详细规定
	额定工作制	应按 GB/T 14048.1—2012《低压开关设备和控制设备 第 1 部分：总则》中 4.3.4 的规定

表 1 螺钉连接型比例电磁铁基本参数

额定吸力 F_a /N	额定工作行程 /mm	电流滞环 /%	线性度 /%	重复精度 /%	力滞环 /%	导套承受公称油压 /MPa
50	2	4	2	2	4	21
80	3	5	2	2	5	21
150	4	6	2	2	6	21

表 2 螺纹连接型比例电磁铁基本参数

额定吸力 F_a /N	额定工作行程 /mm	电流滞环 /%	线性度 /%	重复精度 /%	力滞环 /%	导套承受公称油压 /MPa
40	2	4	2	2	4	21
50	3	5	2	2	5	21
150	4	6	2	2	6	21

2.1.4 比例阀用电磁铁正常使用、安装和运输条件（摘自 JB/T 12396—2015）

表 20-9-14

正常使用条件	周围空气温度	周围空气温度不超过 40℃，且其 24h 内的平均温度值不超过 35℃ 周围空气温度的下限外为-5℃ 注：使用在周围空气温度高于 40℃或低于-5℃的比例电磁铁根据有关产品标准（如适用时）或制造厂与用户的协议进行设计和使用。制造厂样本给出的数据可以代替上述协议
	海拔	安装地点的海拔不超过 2000m 注：用于海拔高于 2000m 的比例电磁铁，需要考虑到空气冷却作用和介电强度的下降，根据制造厂与用户的协议进行设计或使用
	大气条件	①湿度　最高温度为 40℃时，空气的相对湿度不超过 50%，在较低的温度下可以允许有较高的相对湿度 例如 20℃时达 90%。对由于温度变化偶尔产生的凝露应采取特殊的措施 ②污染等级　比例电磁铁的污染等级为“污染等级 2”
	冲击和振动	比例电磁铁所能承受的标准冲击和振动条件正在考虑之中
运输和贮存条件		如果比例电磁铁的运输和贮存条件，例如温度和湿度，不同于上面“正常使用条件”规定的条件，制造厂与用户应达成一个特殊协议。除非另有规定，下列温度范围适用于运输、贮存：-25～55℃之间，短时间（24h）内可达 70℃
安装条件	安装类别（过电压类别）	比例电磁铁的安装类别为“安装类别Ⅱ”
	安装	①一般要求　比例电磁铁应安装在无显著摇动和冲击振动的地方，并按制造厂的使用说明书安装 ②安装方向　比例电磁铁可任意方向安装 ③安装方式　比例电磁铁采用螺钉安装或中心螺纹安装

2.2 电液比例压力控制阀

2.2.1 概述

液压系统的基本工作参数是压力和流量，电液比例压力控制就是采用电液比例压力控制阀对系统压力进行单参数比例控制，进而实现对系统输出力或转矩的比例控制。

表 20-9-15　　电液比例压力阀的基本分类

电液比例压力阀	电液比例压力阀			一般直接称直动式比例溢流阀为电液比例压力阀，因为它既可以做先导式比例溢流阀，也可以做先导式比例减压阀的先导级，并由它是否带电反馈决定先导式阀是否带电反馈；还用于恒压泵等变量泵控制系统
	电液比例溢流阀	直动式比例溢流阀		
		先导式比例溢流阀		多配置手调直动式压力阀作为安全阀，当比例阀输入电信号为零时，可起卸荷阀功能
	电液比例减压阀	二通减压阀	直动式	不常见
			先导式	新型结构的先导油引自减压阀的进口
		三通减压阀	直动式	常以双联形式作为比例方向节流阀的先导级，并常以构件形式用于汽车自动变速箱等控制系统中
			先导式	新型结构的先导油引自减压阀的进口

2.2.2 比例溢流阀的若干共性问题

表 20-9-16

不同压力等级的实现	首先，比例压力阀中的弹簧与手调压力阀的调压弹簧功能不同，仅仅是个传力弹簧；其次，不同压力等级的比例压力阀所用比例电磁铁规格相同，所以，比例压力阀不同压力等级的实现是依靠改变先导阀孔直径来实现的。这一点同样适用于减压阀

续表

选用溢流阀的原则与注意事项	利用功率域曲线选择流量规格	功率域的上限与压力设定值和溢流流量相关；下限仅与溢流流量相关，为阀的最低可调节压力（这两条曲线在产品样本中一般是分别用两个图表示的）；最大流量线受主阀口最大开度限制。将溢流阀流量与压力参数选择在功率域范围里，阀都能起到溢流阀稳压、排出多余流量的作用。只要最低调节压力能满足要求，应尽量将溢流流量值加大 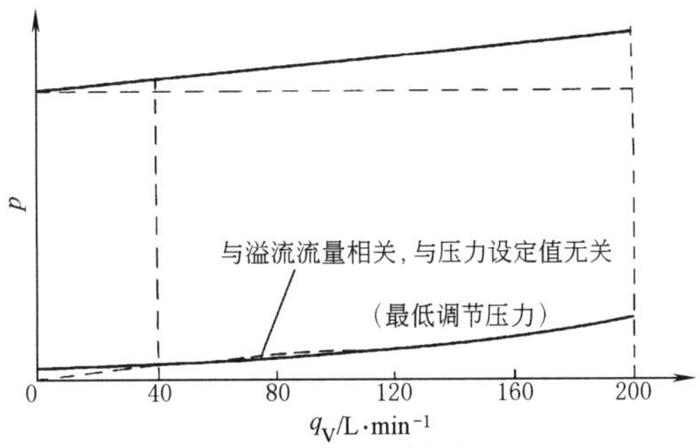 (a) 溢流阀的功率域
	压力控制的高分辨率原则	实际最大压力值尽量与最大控制电信号相对应。如图(b)所示，例如对于使用压力在8MPa以下的系统，如果选用31.5MPa压力等级的压力阀，则其有效控制电流为152mA（此为举例，各种阀的起始电流是千差万别的），仅占整个控制范围的25%。当然，也不可能像右图那样用足600mA，只能是尽可能提高使用比例。这条原则同样适用于所有控制阀、液压泵、液压马达 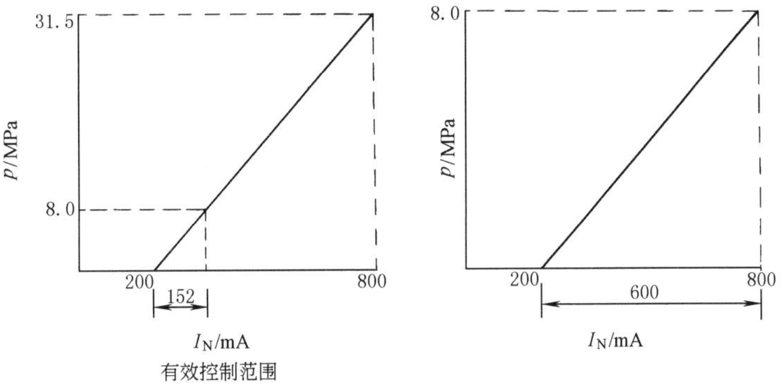 (b) 压力、流量等级的合理选择
	动态特性与应用系统的实际相关	①溢流阀的时域阶跃响应特性（压力飞升速率），实际上是与液压系统中阀所在的封闭容腔的特性相关的。封闭容腔的压力飞升速率可表示为 $\Delta p=\frac{E_e\Delta V}{V}$，式中，$\Delta V$ 为压力区（封闭容腔）油液总变化量；V 为压力区的总容积；E_e 为有效体积弹性模量。影响有效体积弹性模量的因素： $$\frac{1}{E_e}=\frac{1}{E_c}+\frac{1}{E_l}+\frac{V_g}{V}\times\frac{1}{E_g}$$ 式中，E_e、E_c、E_l、E_g 依次为有效、管道、油液、气体的体积弹性模量；V_g 为油液中溶解和混入空气的影响（油液中的空气含量对有效体积弹性模量进而对压力飞升速率有很大影响） ②溢流阀的频率响应特性，除了与阀所在封闭容腔的 V、ΔV、E_e 三大因素相关外，还与实际使用时（或者阀做实验时）的输入信号幅值相关，一般样本中给出±5%和±100%两个极限情况下的曲线，实际应用时可根据实际信号幅值范围在对数坐标上用内插法进行估计 上述封闭容腔压力基本公式是普遍适用的，不论是频响很高的伺服系统还是传统的开关控制系统，都应注意封闭容腔（液压系统中的一个压力区）压力变化速率对系统功能的影响
	用其极限参数的80%	从运行可靠性和提高液压器件使用寿命角度考虑，一般不应该让器件运行在样本所标示的极限参数条件下，而以极限参数的80%为好

2.2.3 电液比例压力阀的典型结构及工作原理

表 20-9-17

名称	典型结构、工作原理及特点
1.直动式比例压力阀	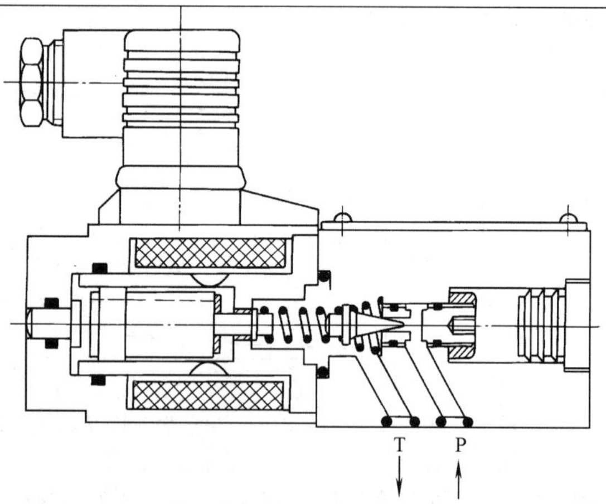 (a) 典型结构：由比例电磁铁和直动式压力阀组成，直动式压力阀结构与普通压力阀的先导阀相似，但其调压弹簧换成为传力弹簧，手动调节螺钉部位换装上比例电磁铁。锥阀芯与阀座间的弹簧主要是防止阀芯的撞击。图示阀体为方向阀式阀体 工作原理及特点：当比例电磁铁输入控制电流时，衔铁推杆输出的推力通过传力弹簧作用在锥阀上，与作用在锥阀上的液压力相平衡，决定了锥阀与阀座之间的开口量。由于开口量变化很微小，因而传力弹簧变形量的变化也很小，若忽略液动力的影响，则可认为在平衡条件下，这种直接控制式比例压力阀所控制的压力，是与比例电磁铁的输出电磁力成正比，因而与输入比例电磁铁的控制电流近似成正比。这是比例压力阀最常用的基本结构，运行可靠 注：1. 传力弹簧与比例电磁铁的这种组合，属于表 20-9-12 所列行程控制型比例电磁铁 2. 本表序号 6 所示 REXROTH 先导比例溢流阀的先导阀，其电磁铁输出推杆与阀芯之间没有传力弹簧，电磁铁属力控制型
2.电反馈型直控式比例压力阀	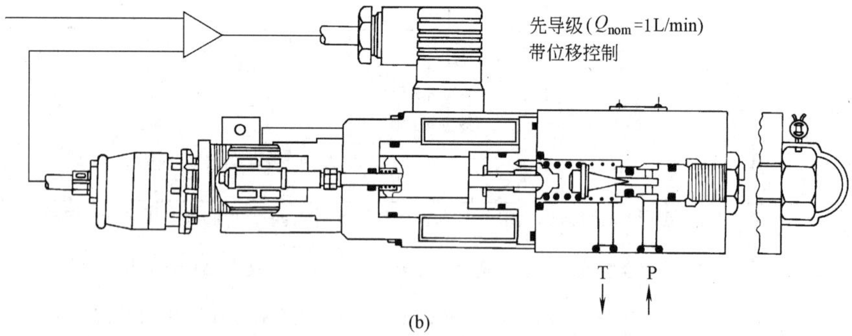 (b) 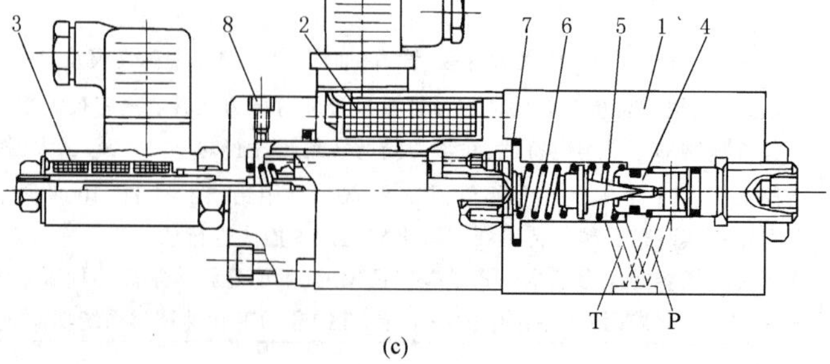 (c) 1—壳体；2—比例电磁铁；3—位移传感器；4—阀座； 5—阀芯；6—压力弹簧；7—弹簧座；8—放气螺钉

续表

名称	典型结构、工作原理及特点
2. 电反馈型直控式比例压力阀	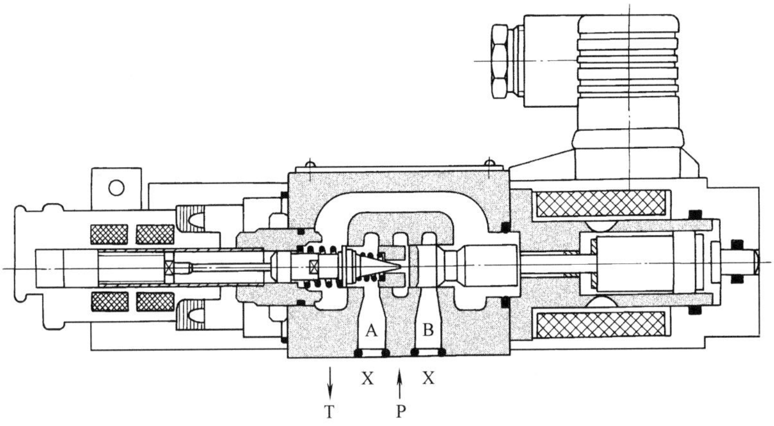 (d) 典型结构：图 b 带干式位移传感器，阀体为方向阀式阀体，图 c 带湿式位移传感器。图 d 为线性比例压力阀，电磁铁将阀座推向锥阀芯，位于锥阀芯背面的弹簧压缩量，决定了作用在锥阀芯上的力，即溢流阀的开启压力。放大器调节电磁铁的电流（电磁铁的力），以使锥阀弹簧被压缩至一个所需的距离。位移传感器构成了弹簧压缩量的闭环控制。由于设置了位移传感器，使得输入电信号与调节压力之间有一个线性关系。图示阀体为方向阀式阀体 工作原理及特点：图 b、图 c 为传统电反馈压力阀的结构。给定设定值电压，电控器输出相应控制电流，比例电磁铁推杆将输出与设定值成比例的位移。电磁铁衔铁的位置即弹簧座的位置，由电感式位移传感器检测反馈至电控器，利用反馈电压与设定值电压比较的误差信号，去控制衔铁的位移，即在阀内形成衔铁位置闭环控制。这种带衔铁位置闭环控制的电磁铁组合，属于表 20-9-11 所示位置调节型比例电磁铁。与输入信号成正比的是衔铁位移而与所受反力无关，力的大小在最大吸力之内由负载需要决定。对重复精度、滞环等有较高要求时，采用这种带电反馈的比例压力阀 图 d 阀具有线性好、滞环小、压力上升及下降时间短以及抗磨损能力强等特点
3. 力马达控制喷嘴挡板阀的直控式比例压力阀	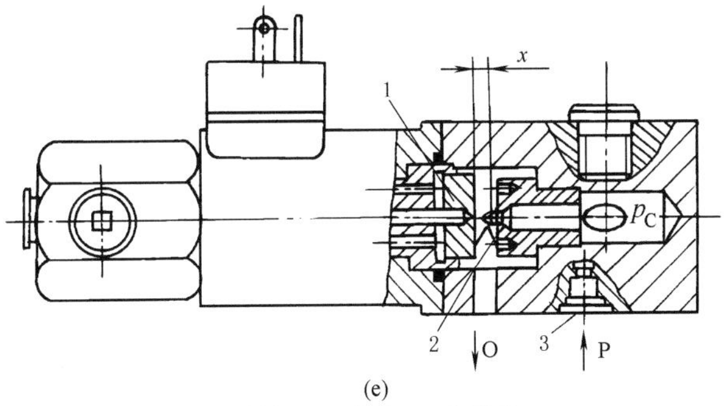 (e) 1—挡板；2—喷嘴；3—节流器 典型结构：力马达采用类似比例电磁铁的结构，挡板直接与力马达衔铁推杆固接，压力油进入喷嘴腔室前经过固定节流器 工作原理及特点：力马达在输入控制电流后通过推杆使挡板产生位移，改变输入力马达电流信号的大小，可以改变挡板和喷嘴之间的距离 x，因而能控制喷嘴处的压力 p_C。这种喷嘴-挡板阀结构与喷嘴-挡板式伺服阀相比，结构简单，加工容易，对污染不太敏感，作为比例阀来说，它的压力-流量特性比较容易控制，线性较好，工作比较可靠，是提高比例阀控制精度和响应速度的一种结构类型 力马达作为比例阀的电-机械转换器，不太常用

续表

名称	典型结构、工作原理及特点
4. 带手调安全阀的先导式比例溢流阀	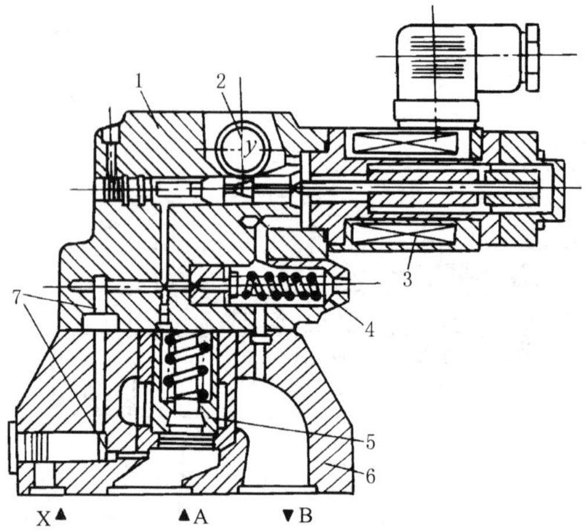 (f) 1—先导阀体；2—外泄油口；3—比例电磁铁；4—安全阀； 5—主阀组件；6—主阀体；7—固定液阻 典型结构：先导控制式比例溢流阀的主阀，采用了带锥度的锥阀结构，并配置了手调限压安全阀。使用上其先导控制回油必须单独无压引回油箱 工作原理及特点：除先导级采用比例压力阀之外，工作原理与一般的先导式溢流阀基本相同。为系统压力间接检测型（与输入控制信号比较的不是希望控制的系统压力，而是经先导液桥的前固定液阻之后的液桥输出压力）。依靠液压半桥的输出对主阀进行控制，从而保持系统压力与输入信号成比例，同时使系统多余流量通过主阀口流回油箱。这种阀的启闭特性一般较系统压力直接检测型差 由于配置了手调安全阀，当电气或液压系统发生意外故障，如过大的电流输入比例电磁铁，液压系统出现尖峰压力时，这种比例溢流阀能保证液压系统的安全。手调安全阀的设定压力一般比比例溢流阀调定的最大工作压力高 10%左右
5. 采用方向阀阀体的先导式比例溢流阀	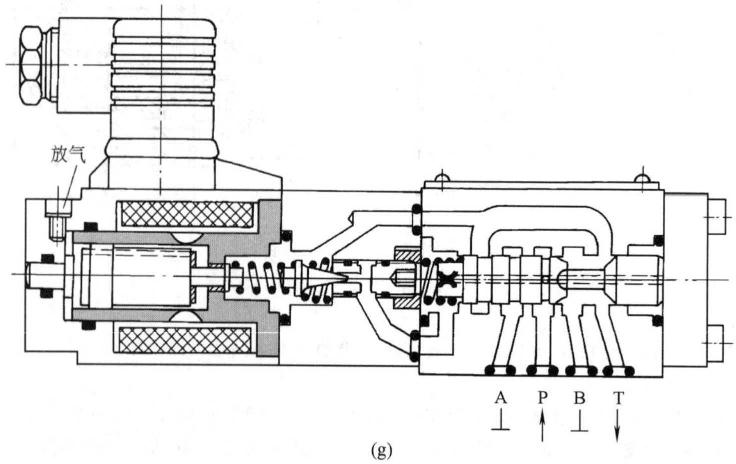 (g) 典型结构：①采用方向阀式阀体；②先导阀与主阀在同一轴线上 图示结构中示出了电磁铁上的放气螺钉 工作原理同系统压力间接检测型，由于采用方向阀阀体的结构模式，结构紧凑，适用于中小流量（120L/min 以下）

续表

名称	典型结构、工作原理及特点
6.电反馈型先导式比例溢流阀	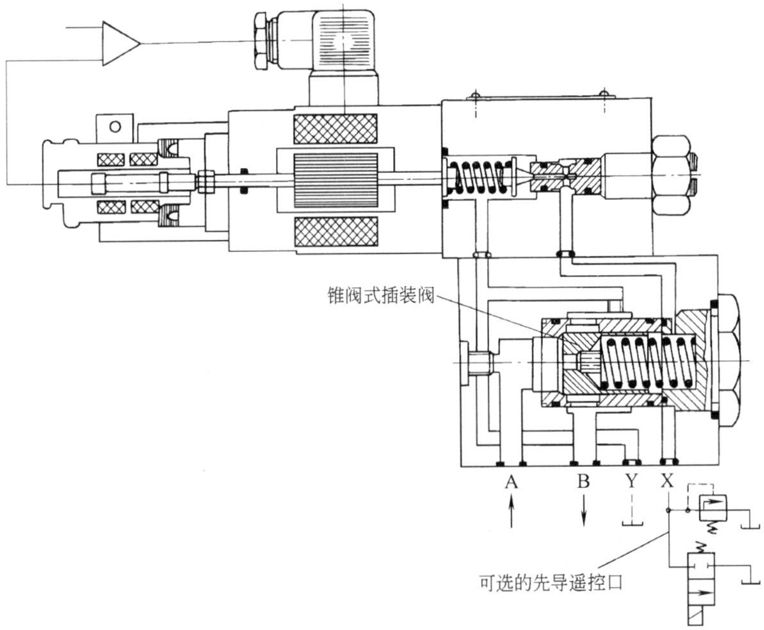 (h) 典型结构：①主阀为插装阀结构；②先导阀与主阀在同一轴线上，主阀检修方便 工作原理同系统压力间接检测型
7.力马达喷嘴挡板先导式比例溢流阀	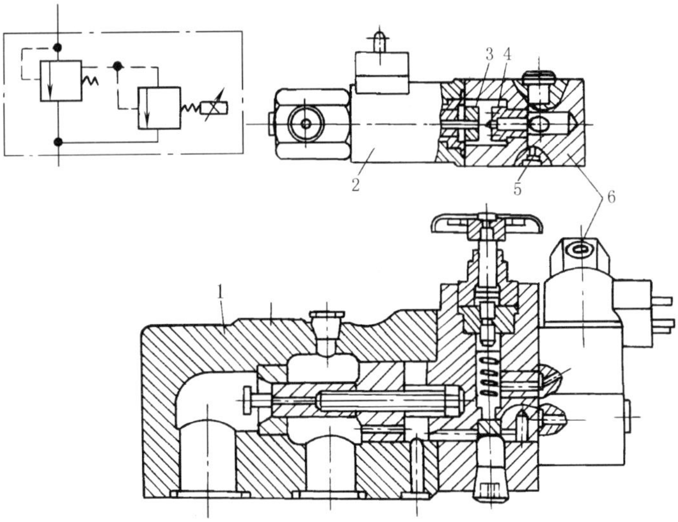 (i) 1—主阀；2—力矩马达；3—挡板；4—喷嘴；5—节流器；6—先导阀 工作原理及特点：将力马达喷嘴挡板直控式比例压力阀作为先导阀，与定值控制溢流阀叠加在一起而成；所保留的手调定值控制先导压力阀，用来调定系统的最高压力当安全阀用，与力马达喷嘴挡板比例控制先导压力阀并联，并都通过主阀阀芯内部回油。当主阀输出压力低于手动调定的最高压力时，可以通过调节先导式比例压力阀的输入控制电流，按比例连续地调节输出压力。当输入控制电流为零时，该阀将起卸荷阀的作用

续表

名称	典型结构、工作原理及特点
8. 传统先导式二通比例减压阀	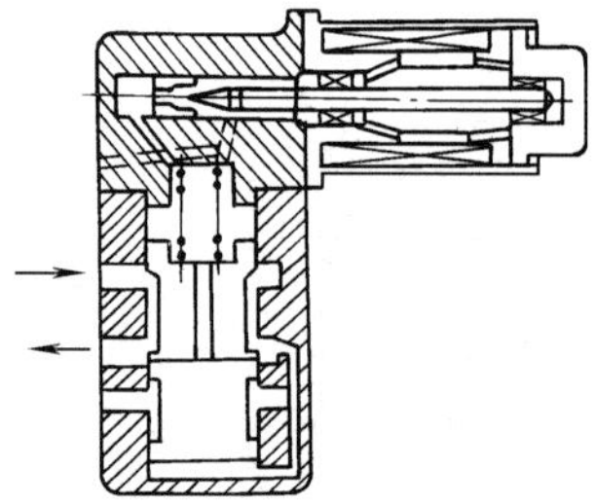 (j) 先导阀为直接控制式比例压力阀，主阀为定值减压阀。结构上的重要特点与传统减压阀一样，先导控制油引自主阀的出口 原理上与传统的手调先导减压阀相似。当二次压力侧的输出压力低于比例先导压力阀的调定压力时，主阀下移，阀口开至最大，不起减压作用。当二次压力上升至给定压力时，先导液桥工作，主阀上移，起到定值减压作用。只要进口压力高于允许的最低值，调节输入控制电流，就可按比例连续地调节输出的二次压力
9. 新型先导式二通比例单向减压阀	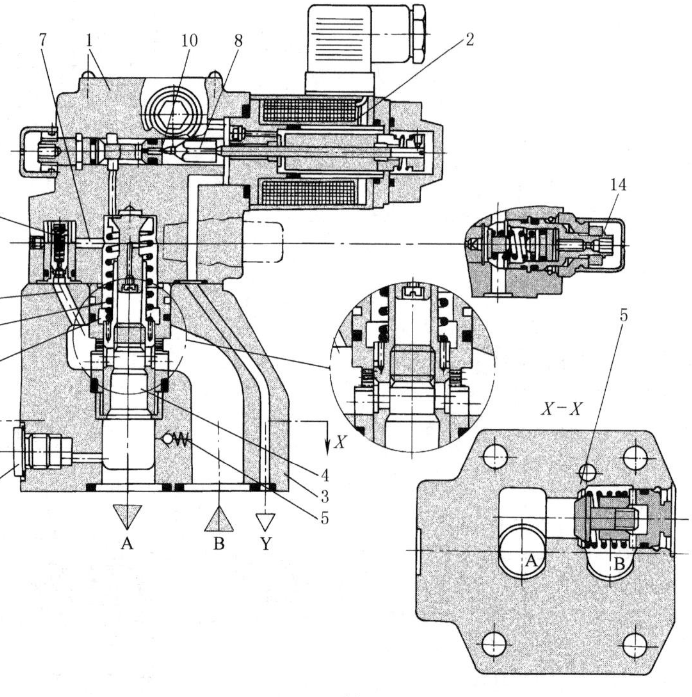 (k) 1—先导阀；2—比例电磁铁；3—主阀；4—主阀芯；5—单向阀； 6,7—先导油孔道；8—先导阀芯；9—先导流量稳定器； 10—先导阀座；11—弹簧；12—弹簧腔；13—压力表接口； 14—最高压力溢流阀 典型结构：①先导油引自主阀的进口；②配置先导流量稳定器；③削除反向瞬间压力峰值，保护系统安全；④带单向阀，允许反向自由流通 工作原理及特点：先导流量稳定器在结构原理上是一个按B型液压半桥工作的定流量阀，主阀进口压力无论如何变化（只要高于允许的最低值），先导流量都能保持不变，从而使主阀的出口压力只与输入信号成比例，不受进口压力变化的影响 在减压阀出口所连接的负载突然停止运动等的情况下，常常会在出口段管路引起瞬时的超高压力，严重时将使系统破坏而酿成事故。这种阀消除反向瞬间压力峰值的机理是：在负载即将停止运动时，先给比例减压阀一个接近于零的低输入信号，停止运动时，主阀芯在下部高压和上部低压作用下快速上移，受压液体产生的瞬时高压油进入主阀弹簧腔而卸向先导阀回油口（配用的单向阀5在瞬间高压时来不及打开）

续表

名称	典型结构、工作原理及特点
10.主阀口常闭的先导式二通比例单向减压阀	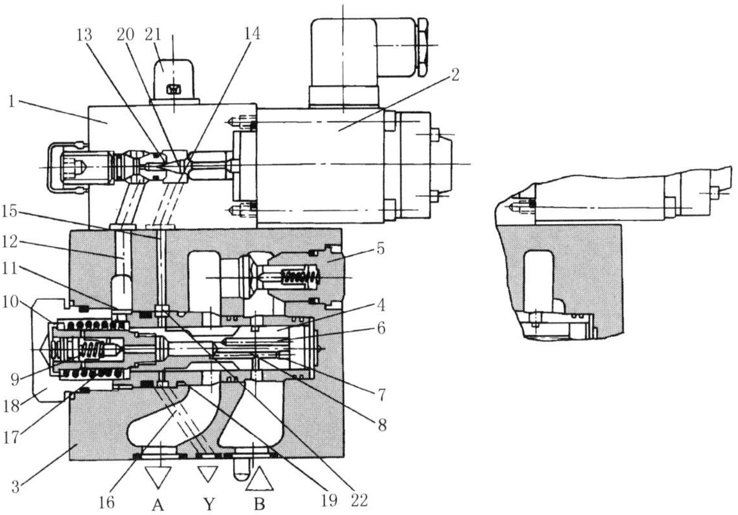 (l) 1—先导阀;2—比例电磁铁;3—主阀;4—主阀芯;5—单向阀; 6,8,11,12,14~16—孔道;7—主阀芯端面;9—先导流量稳定器; 10—弹簧腔;13—先导阀座;17—弹簧;18—堵头; 19—控制棱边;20—先导阀芯;21—安全阀;22—精细控制口 典型结构:①先导油引自主阀的进口;②配置先导流量稳定器;③消除反向瞬间压力峰值,保护系统安全;④带单向阀,允许反向自由流通;⑤B口无压力油时顺向主阀口常闭,有效抑制启动阶跃效应 工作原理及特点:前四项与序号9减压阀结构相似,最后一项是为了防止油源启动时产生启动冲击。当B口无压力油时,弹簧17使主阀芯组件处于A与B通道之间关闭位置(图示左位)。当B口引来压力油时,压力油通过通道8和先导流量稳定器9,作用在主阀组件的弹簧腔一侧,使主阀组件克服弹簧17的作用力向右移动,从而打开主阀口
11.直动式三通比例减压阀	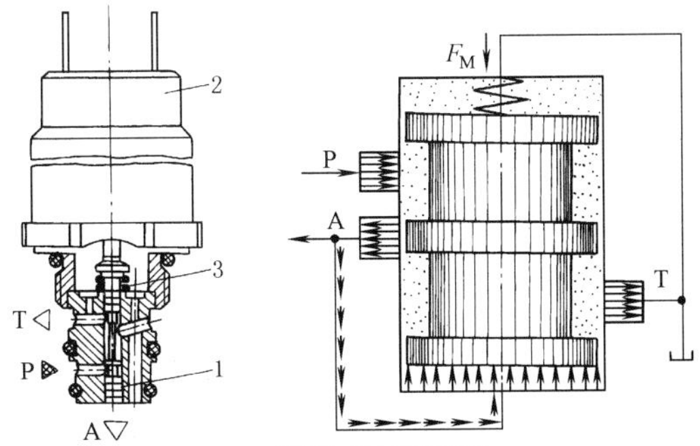 (m) 三通插装式比例减压阀 1—阀芯;2—比例电磁铁;3—回弹弹簧 典型结构:配有P(压力油口)、A(负载油口)、T(通油箱油口)三个工作油口。结构上A→T与P→A之间可以是正遮盖,也可以是负遮盖。图示为螺纹插装式结构 工作原理及特点:三通减压阀正向流通(P→A)时为减压阀功能,反向流通(A→T)时为溢流阀功能。三通减压阀的输出压力作用在反馈面积上,与输入作用力进行比较后,可通过自动启闭P→A或A→T口,维持输出压力稳定不变,其特性优于二通减压阀

续表

名称	典型结构、工作原理及特点
12. 先导式三通比例减压阀	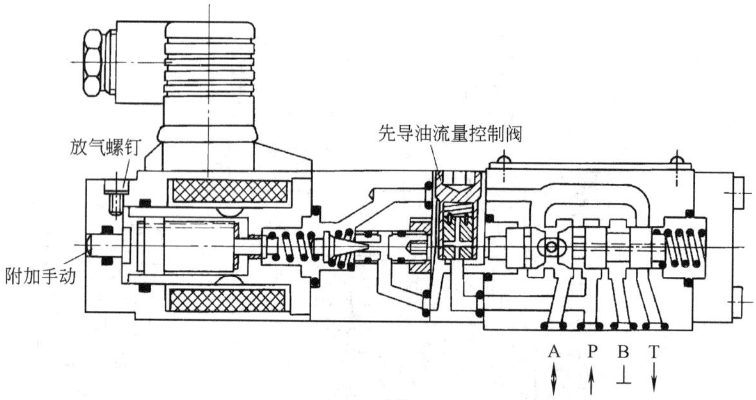 (n) ①主阀采用方向阀体结构模式；②先导油引自主阀进口；③配置先导流量稳定器；④带有手动应急推杆主阀为三通结构，先导控制油引自主阀进口，设置先导流量稳定器，原理与二通减压阀相似
13. 电反馈型先导式三通比例减压阀	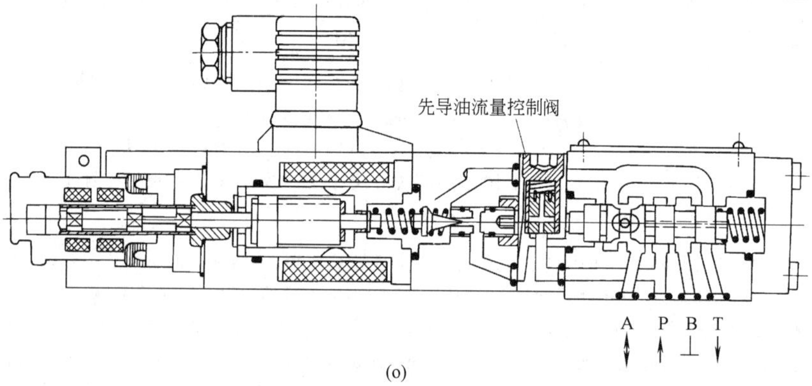 (o) ①主阀采用方向阀体结构模式；②先导油引自主阀进口；③配置先导流量稳定器；④配置位置调节型比例电磁铁采用电反馈型压力阀为先导阀，滞环、响应时间等稳态和动态特性都优于不带电反馈的三通减压阀
14. 力马达喷嘴挡板先导控制式比例减压阀	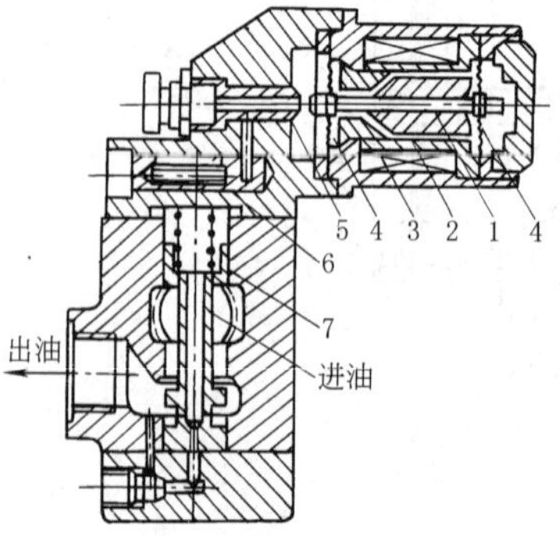 (p) 1—衔铁；2—线圈；3—推杆（挡板）；4—铍青铜片；5—喷嘴；6—精过滤器；7—主阀 力马达喷嘴挡板阀作先导控制阀而定值减压阀作主阀。力马达的衔铁悬挂于左右两片铍青铜弹簧中间，与导套不接触，避免了衔铁-推杆-挡板组件运动时的摩擦力，减小滞环 工作时输入控制电流，则衔铁或挡板产生一个与之成比例的位移，从而改变了喷嘴挡板的可变液阻，控制了喷嘴前腔的压力，进而控制了比例减压阀输出的二次压力

.2.4 典型比例压力阀的主要性能指标

表 20-9-18 **典型比例压力阀的主要性能指标**（BOSCH）

表 20-9-17 中的序号		1	2	5	6
型式		直接作用式	直接作用式	先导式	先导式
结构		方向阀式	方向阀式	方向阀式，先导与主阀同一轴线	主阀插装阀，先导与主阀轴线平行
位置闭环		无	有干式位移传感器	无	有
压力等级/最低调节压力/MPa		80/0.3，180/0.4，250/0.6，315/0.8	25/0.1，80/0.3，180/0.4，250/0.5，315/0.6	80/0.7，180/0.8，315/1	180/0.6，315/0.8
T 口最大压力/MPa		250	2	250	A/B/X315，Y/2
先导流量/L·min^{-1}				0.6	
流量/L·min^{-1}		1～1.5	1～3	40	120
电流/A		0.8/2.5	3.7	0.8/2.5	3.7
功率/W		18/25	50	25	50
滞环/%		±2	0.3	±2	1
全信号阶跃响应时间/ms	升	<30	45(100%)/25(10%)	200	80
	降	≤70		250	

2.2.5 电液比例压力阀的性能

电液比例压力阀的先导阀主要有喷嘴挡板式和锥阀式两种，后者结构简单，价格便宜，使用维护方便，抗污染能力强，工作可靠，应用最广泛，故以锥阀式为例讨论电液比例压力阀的稳态特性。

如图 20-9-3 所示，锥阀式电液比例先导压力阀在稳态工作时应满足以下方程式。

（1）阀口流量方程式

$$q=C\pi dx(\sin\varphi)\sqrt{\left(\frac{2}{\rho}\right)p_c}$$

式中　q——流过先导压力阀的流量；

C——阀的流量系数；

d——直径；

x——阀芯的位移量；

φ——锥阀阀芯的出流角；

ρ——油液密度；

p_c——先导阀阀腔内所控制的液压力。

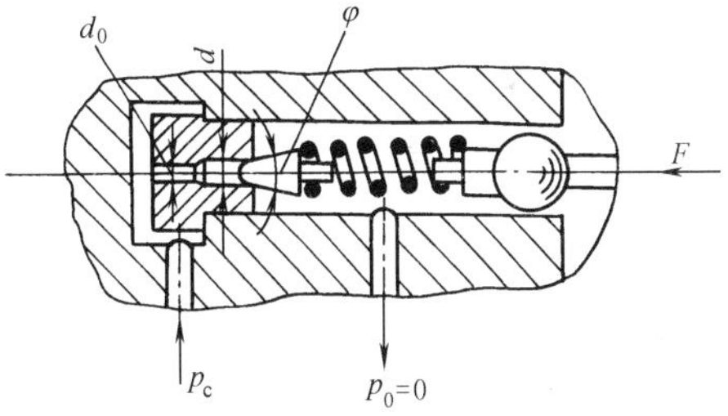

图 20-9-3　锥阀式电液比例先导压力阀计算简图

（2）阀芯的力平衡方程式

$$F=\frac{\pi}{4}d^2p_c-C\pi dx[\sin(2\varphi)]p_cx\pm F_f$$

式中　F——比例电磁铁输出力；

F_f——阀芯、衔铁等运动部分的运动摩擦力。

（3）比例电磁铁的吸力方程式

$$F=F_L+F_B=C_FI^2$$

式中　F_L——比例电磁铁的锥面力；

F_B——比例电磁铁的底面力；

C_F——比例电磁铁的吸力系数；

I——控制电流。

若忽略摩擦力及通过阀流量等的影响，则由力平衡方程式和吸力方程式可得出阀的控制压力 p_c 与控制电流 I 间的关系为

$$p_c=\frac{F}{\frac{\pi}{4}d^2}=\frac{4C_F}{\pi d^2}I^2$$

上式表明电液比例先导压力阀的稳态特性，即其输出的阀控制压力与输入的控制电流近似地存在抛物线关系特性。忽略摩擦力、液流力的影响，则阀输出控制压力完全由输入的控制电流的大小决定。

图 20-9-4 为带电反馈直控式比例压力阀 DBETR 型的稳态特性曲线，是在油液 $\nu=36\text{mm}^2/\text{s}$，$t=50℃$ 和出油口无背压条件下测得的。

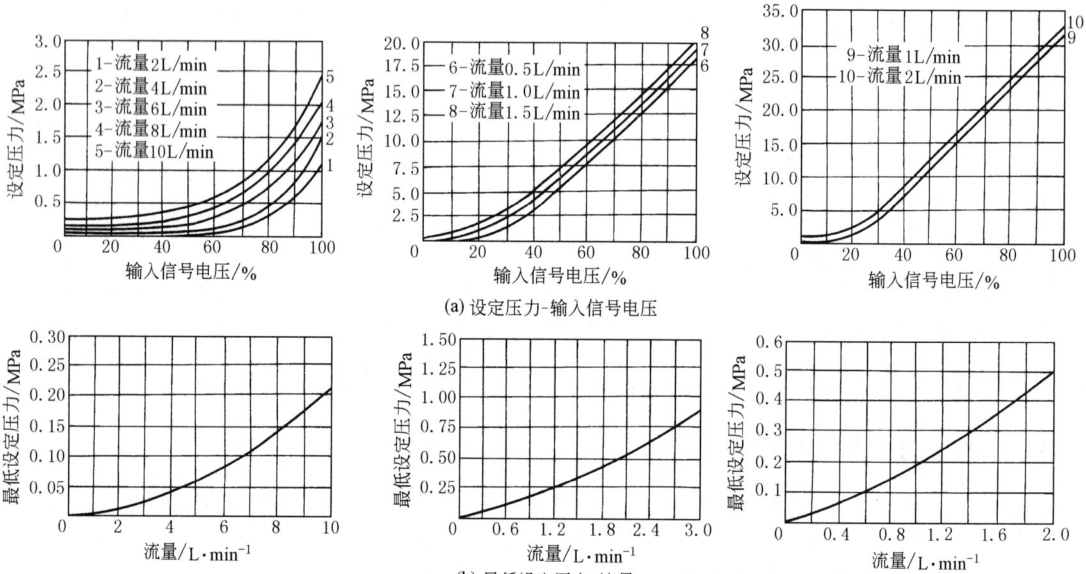

(a) 设定压力-输入信号电压

(b) 最低设定压力-流量

图 20-9-4　带电反馈直接控制式比例压力阀稳态特性

图 20-9-5 为先导控制式比例溢流阀 DBE 型的稳态特性曲线，是在油液 $\nu=36\text{mm}^2/\text{s}$，$t=50℃$ 的条件下测得的，它们包括有压力-电流特性、压力-流量特性、最低设定压力-流量特性等。

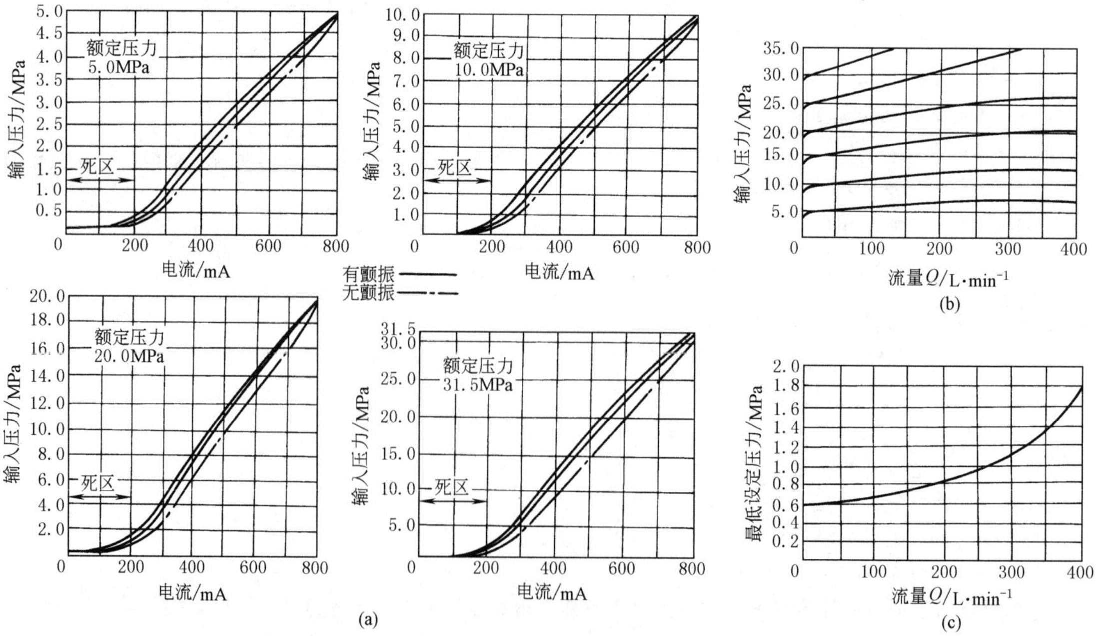

图 20-9-5　先导控制式比例溢流阀稳态特性

图 20-9-6 为先导控制式比例减压阀 DRE 型的稳态特性曲线，也是在油液 $\nu=36\text{mm}^2/\text{s}$ 和 $t=50℃$ 的条件下测得的。

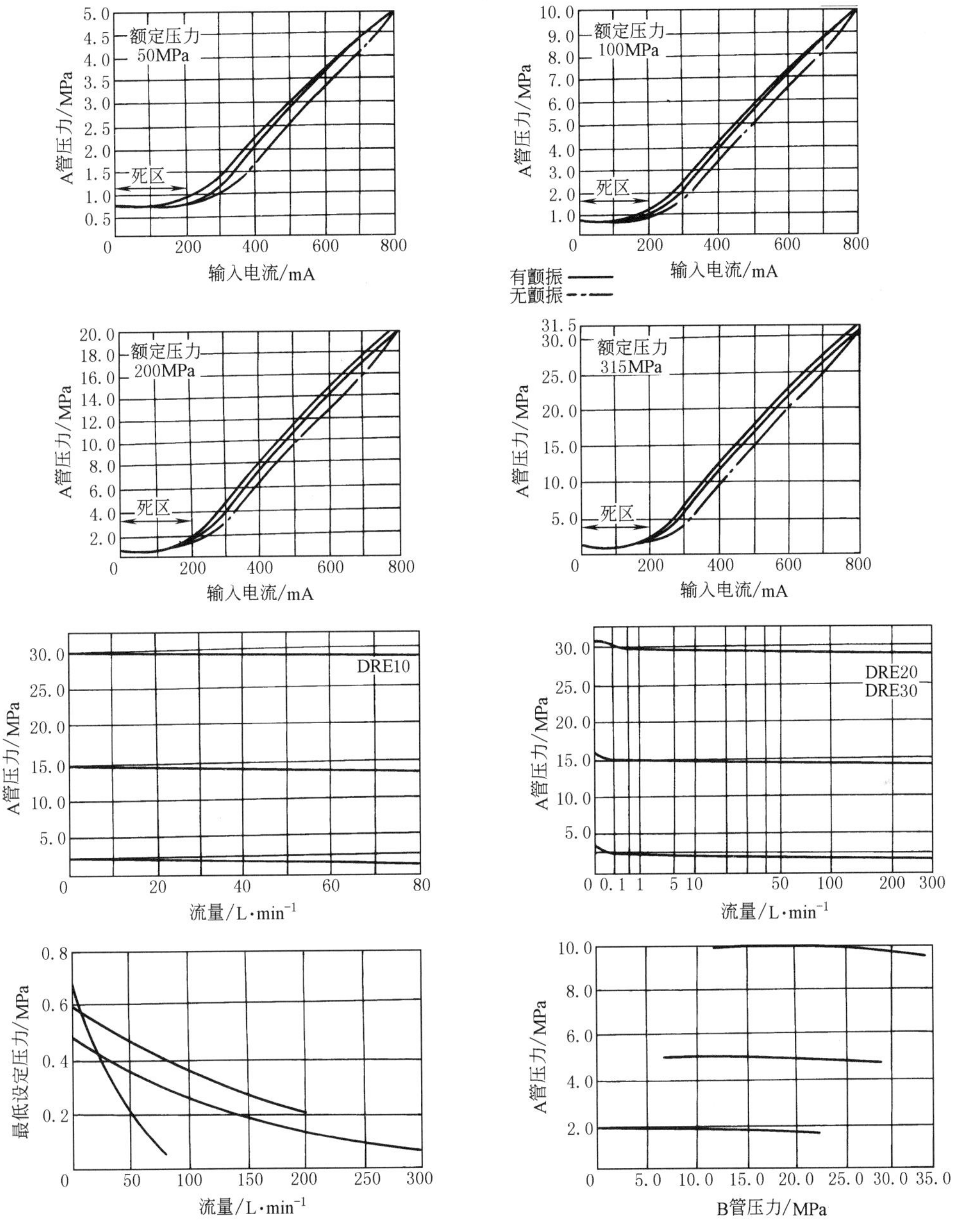

图 20-9-6　先导控制式比例减压阀稳态特性

由以上各种比例压力阀的稳态特性可见，由摩擦和磁滞等因素引起的特性曲线滞环是难免的，在设计中应尽量减少摩擦和磁滞，例如，采用悬挂式力马达控制喷嘴挡板阀作为先导控制级，采用带电反馈的先导控制阀，以及采用较大的弹簧刚度等。在使用中加颤振电流，可以明显改善其滞环。比例压力控制阀的压力-流量特性，除压力较低的区段外，具有良好的线性。由于比例电磁铁衔铁组件的摩擦力较大，推动阀芯需要的油压力较大，故电液比例压力阀的最低设定压力要比定值控制压力阀高。

电液比例压力阀的动态响应特性基本上取决于液压阀部分，而把比例电磁铁线圈及比例放大器均看做比例环节，即可以忽略其电性能的一阶滞后。由于比例电磁铁衔铁及导阀阀芯运动时存在黏滞阻力，所以比定值控制压力阀更易稳定。

2.3 电液比例流量控制阀

2.3.1 电液比例流量控制的分类

电液比例流量控制是采用电液比例节流阀、二通调速阀、三通调速阀，方向节流阀、方向流量阀，多路阀、负载敏感多路阀（阀控），以及比例排量泵、恒流量泵（见变量泵部分）等控制器件，对系统流量进行单参数（有时含流量的正负——液流方向）比例控制，进而实现对系统输出速度或转速、同步的比例控制。

表 20-9-19

分类			说明
按控制类型	阀控（节流控制）		控制阀主要有（单向）节流阀、（单向）二通调速阀、三通调速阀；方向节流阀、方向流量阀；多路阀、负载敏感多路阀
	泵控（容积控制）		变量泵主要有比例排量泵，恒流量泵，压力流量复合控制泵，压力流量、功率复合控制泵
按信号方向	单向类		主要指与传统流量阀对应的（单向）比例节流阀、（单向）比例调速阀
	双向类		这是比例方向阀与传统开关阀的最重要区别。比例方向阀既控制液流的流动方向，又控制流量（或阀口开度）的大小，所以比例方向阀归到流量阀大类。双向控制主要指比例方向阀，包括比例多路阀
按流量规格	直动式		小流量
	先导式	先导减压型	先导阀为一对比例减压阀，不必电反馈，可靠性好，快速性略差于先导节流型
		先导节流型	先导阀为一对比例节流阀，先导级必须采用阀芯位移电反馈；快速性好，且可降低零件加工精度要求
		先导溢流型	先导阀为一对直动式比例压力阀，有一定的先导流量损失
		先导开关型	先导阀为一对高速开关阀
按反馈原理	节流类	一般节流阀	
		一般多路阀	
		电反馈型	
		力反馈型	
	调速类	压力补偿型	通称二通调速阀，由定差减压阀与比例节流阀串联而成；可以根据需要布置成进油、回油或旁路调速等方式，使用最普遍；但由于液动力等的干扰，补偿特性较差，并存在启动阶跃现象，能量利用不及负载适应型
		负载适应型	通称三通调速阀，由定差溢流阀与比例节流阀并联而成，备有 P、A、T 三个主油口，无须另设溢流阀。最大优点是节能，泵的出口压力自动与负载适应，配上直动式压力阀后阀本身可实现最高限压功能，无须另配安全阀。但阀只能布置在泵与负载之间，除负载敏感多路阀添加梭阀网络等措施外，不能用于多负载情况
		负载敏感多路阀	一般每一联多路阀配定差减压阀实现负载压力补偿，同时通过高压优先梭阀网络和一个总的定差溢流阀实现泵出口压力与运行各时刻的最高负载相适应
		流量力反馈型	
		流量电反馈型	
		其他流量反馈型	
	流量与压力功率等的复合控制类		

2.3.2 由节流型转变为调速型的基本途径

由节流型转变为调速型的基本途径有三种：①压力补偿；②压力适应；③流量反馈。

3.3 电液比例流量控制阀的典型结构及工作原理

表 20-9-20

. 普
直动
比例
流阀

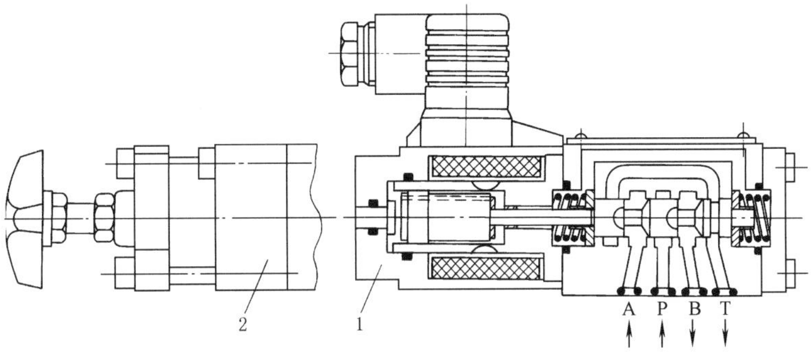

(a)

1—不带位移控制的比例节流阀；2—可选的附加手动

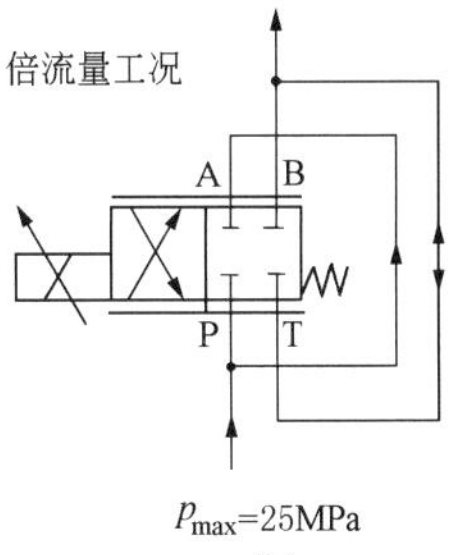

(b)

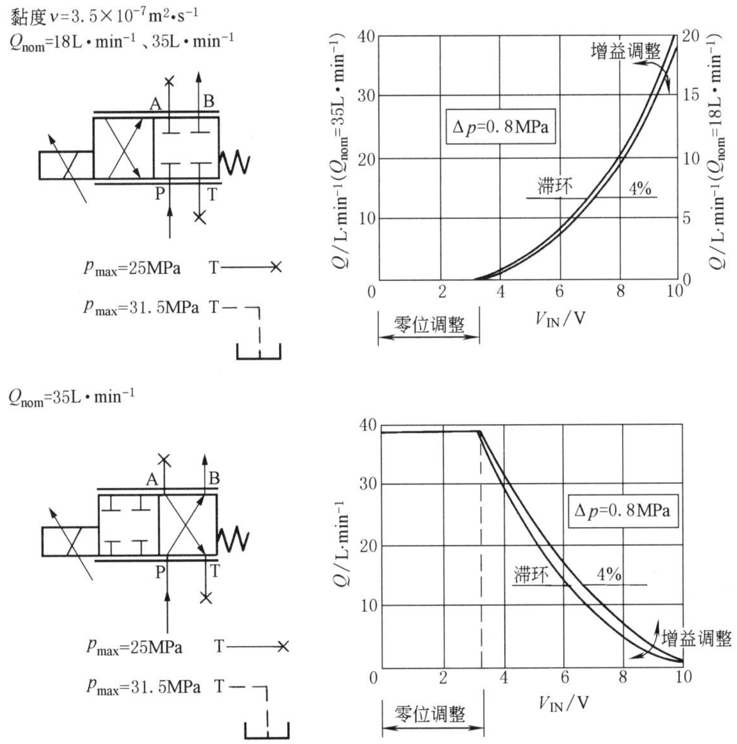

(c)

这种小通径(6 或 10)比例节流阀，与输入信号成比例的是阀芯的轴向位移，即阀口过流面积中的轴向开度；由于没有压力或其他型式的检测补偿，通过流量受阀进出口压差变化的影响

其基本特点是：①采用方向阀阀体的结构型式；②配 1 个比例电磁铁；③区分常开与常闭两种模式(图 c)；④常采用倍流量工况(图 b)

2. 带阀芯位移电反馈的直动式比例节流阀

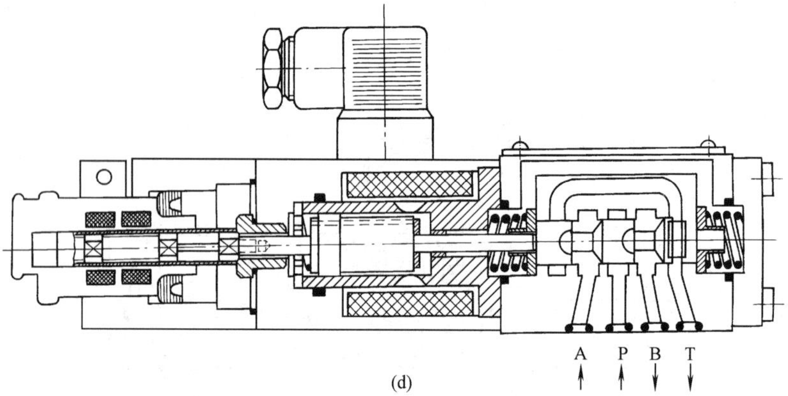

(d)

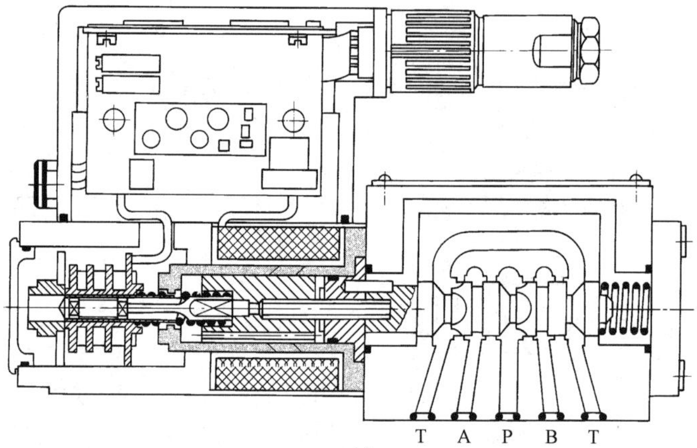

(e)

这种小通径比例节流阀，与前者的主要差别在于配置了阀芯位移电反馈，使阀芯的轴向位移更精确地与输入信号成比例。带集成放大器的比例节流阀（图 e），将使结构更紧凑，运行可靠性进一步提高。这两种类型的其他特点同前例

3. 直接作用式电液比例流量阀（二通与三通流量阀）

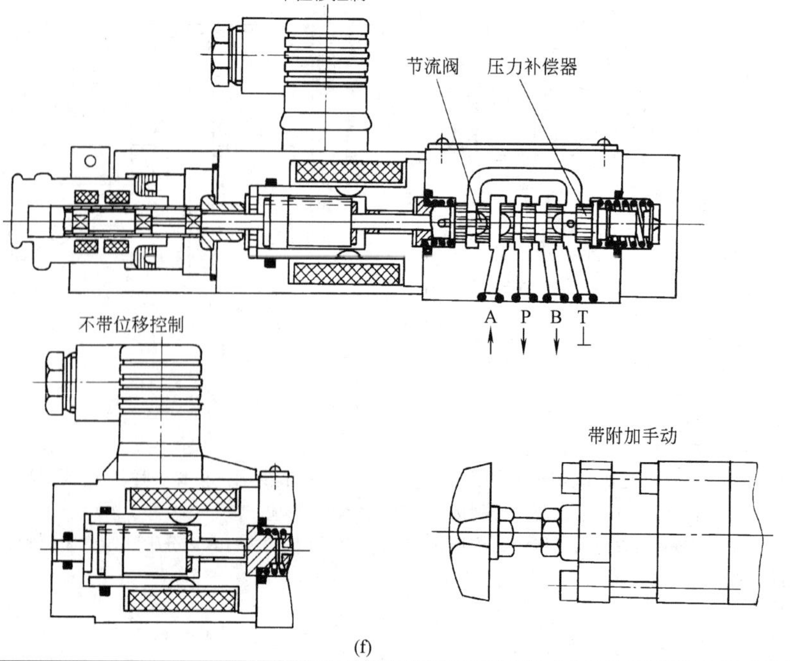

(f)

续表

直接作用式电液比例流量阀(二通与三通流量阀)	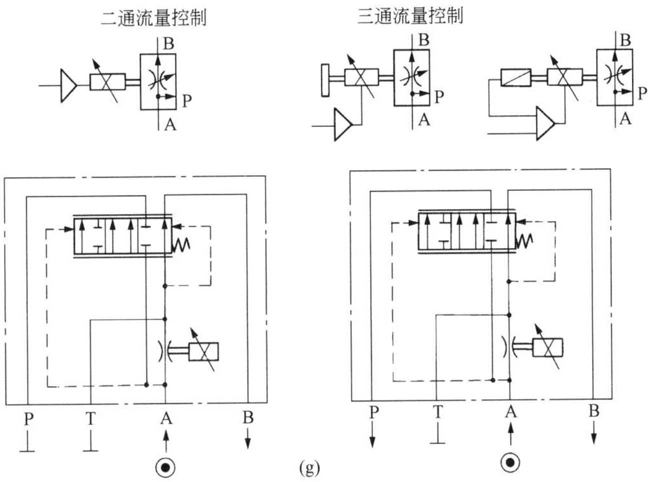(g) 这种比例流量阀,仍然采用方向阀式结构,在方向阀式阀体内配置了2根阀芯:一侧是由比例电磁铁直接推动的节流阀阀芯,另一侧为由弹簧支持的压力补偿器阀芯。在结构与性能上具有如下特色:①在输入方式上,可以是电液比例的,也可以是手动调节的;②原理上可以带阀芯位移电反馈,也可以不带阀芯位移电反馈;③在特性上,可以构成电液比例压力补偿型二通流量阀,也可以构成电液比例负载适应型三通流量阀
先导式力反馈电液比例节流阀	这是一种先导式节流阀,其基本特点是:①采用主阀芯位移力反馈和级间(主级与先导级之间)动压反馈原理(通过液阻 R_3);②先导控制油路应用B型液压半桥原理(固定液阻 R_1 与可变液阻先导阀口);③采用插装式结构;④主阀采用非全周阀口形式,以保证主阀芯位移力反馈的实现。原理上,通过主阀芯开口的特殊设计,使主阀芯的轴向位移与输入电信号成比例。由于未进行压力或其他型式的检测补偿反馈,仍属于节流阀层次,所通过的流量还与进出口压差相关 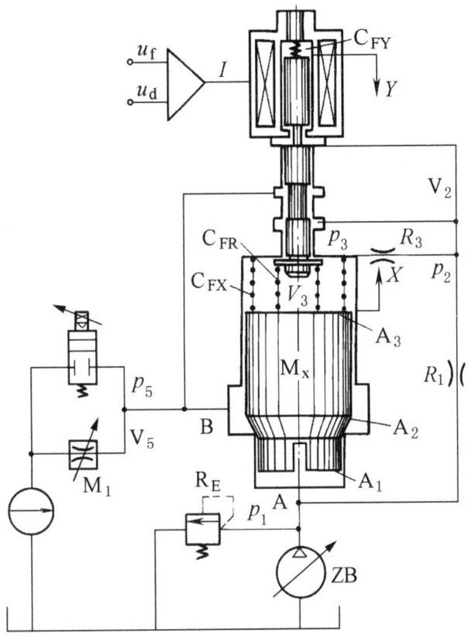(h) 位移-力反馈型比例节流阀原理
5. 直接作用式压力补偿型电液比例二通流量阀	由普通定值控制调速阀和比例电磁铁组成,后者取代前者的手动调节部分。比例电磁铁的可动衔铁与推杆连接并控制节流阀芯,由于节流阀芯处于静压平衡,因而操纵力较小。要求节流阀口压力损失小、节流阀芯位移量较大而流量调节范围大,一般采用行程控制型比例电磁铁 当给定某一设定值时,通过比例放大器输入相应的控制电流信号给比例电磁铁,比例电磁铁输出电磁力作用在节流阀芯上,此时节流阀口将保持与输入电流信号成比例的稳定开度。当输入电流信号变化时,节流阀口的开度将随之成比例地变化,由于压差补偿使节流阀口前后的压差维持定值,阀的输出流量与阀口开度成比例,与输入比例电磁铁的控制电流成比例。因此,只要控制输入电流,就可与之成比例地、连续地、远程地控制比例调速阀的输出流量 这种传统压力补偿型比例调速阀,由于液动力等的干扰,存在以下缺点:①很大的启动流量超调;②为使补偿特性好,体积较大;③动态响应不理想等 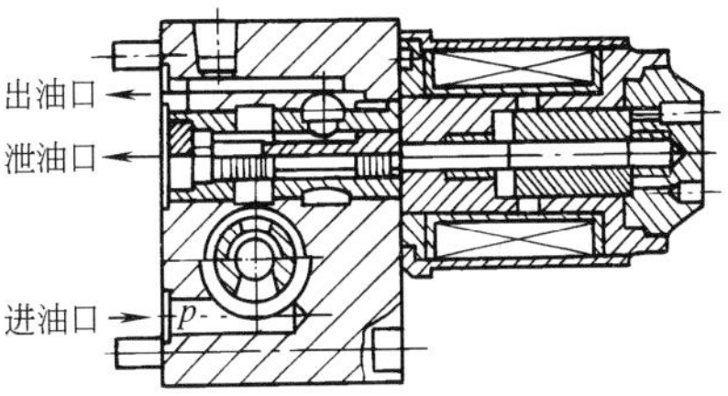(i)

续表

6. 电反馈直接作用式压力补偿型电液比例二通流量阀	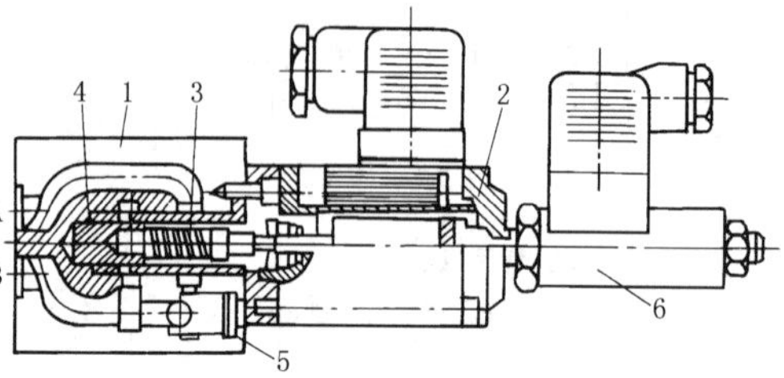 (j) 1—阀体；2—比例电磁铁；3—节流阀芯； 4—作为压力补偿器的定差减压阀； 5—单向阀；6—电感式位移传感器 图示为带节流阀芯位置电反馈的比例调速阀。当液流是从 B 油口流向 A 油口时，单向阀开启，不起比例流量控制作用。这种比例调速阀与不带位置电反馈的比例调速阀相比，稳态、动态特性都得到明显的改善。但这种阀根据的还是直接作用式的原理，因而对于高压、大流量液流的控制，宜采用先导控制式比例流量阀，即利用先导阀的输出放大作用控制节流主阀，可以实现大流量的稳定控制
7. 带流量位移力反馈的先导式二通型比例流量阀	在图 k 流量阀中，1 为先导阀，2 为流量传感器，3 为主调节器，R_1、R_2、R_3 为液阻。其基本工作原理为：流量-位移-力反馈和级间（主级与先导级之间）动压反馈。流量-位移-力反馈的原理如下。当给比例电磁铁输入一定的控制电流时，电磁铁则输出与之近似成比例的电磁力；此电磁力克服先导阀端面上的弹簧力，使先导阀口开启，进而使主调节器控制腔压力从原来等于其进口压力而降低。在此压差作用下，主调节器节流阀口开启，流过该阀口的流量经流量传感器检测后通向负载。流量传感器将所检测的主流量转换为与之成比例的阀芯轴向位移（经设计，流量传感器阀芯的抬起高度，即阀芯的轴向位移，与通过流量传感器的主流量成比例），并通过作用在先导阀端面的反馈弹簧转换为反馈力；当此反馈力与比例电磁铁输出的电磁力相平衡时，则先导阀、主调节器、流量传感器均处于其稳定的阀口开度，比例流量阀输出稳定的流量 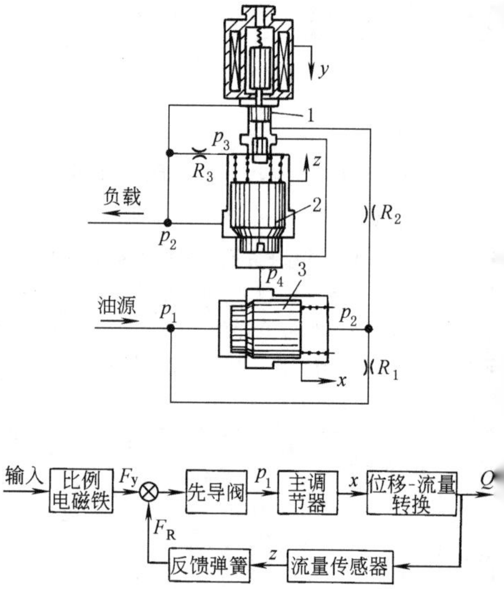 (k) 这种阀依赖于流量-位移-力反馈闭环配合的级间动压反馈，提高了抗干扰能力和静动态特性。其原理是：为使比例电磁铁能正常运行，必须将流量传感器上腔的油液，引导到先导阀芯与比例电磁铁相接触的容腔，使比例电磁铁动铁和先导阀芯的轴向液压力自动平衡。在先导阀芯两端相连接的油路上，设置液阻 R_3，就可构成级间动压反馈。当流量传感器处于稳定状态时，先导阀两端油压相等。当有干扰出现，例如，当负载压力 p_3 增大，破坏了流量传感器原本稳定平衡状态，使流量传感器有关小阀口的运动趋势时，其上腔压力随流量减小而相应地降低，引起先导阀芯两端压力失衡。这时，先导阀芯出现一个附加的向下作用力，使先导阀口开大，进而降低主调节器上腔压力，使先导阀阀口向开大的方向适应，从而使通过的主流量增大，直至主流量以及反映流量值的流量传感器阀口开度恢复到与输入电信号相一致的稳定值。级间动压反馈具有以下特点：①反馈力的大小，与受干扰影响的传感器阀芯运动速度成比例；②反馈一定是负反馈；③反馈力直接作用在先导阀芯上，相当于一个附加的输入。这些特点，使得级间动压反馈的作用与干扰强度相适应且直接而强烈。可见，由于这种阀形成了流量-位移-力反馈自动控制闭环，并将主调节器等都包容在反馈环路中，作用在闭环各环节上的外干扰（如负载变化、液动力等的影响）可得到有效的补偿和抑制，加上级间动压反馈，这种阀的稳态特性和动态特性都较好。如果将流量传感器和调节器并联配置，可得流量-位移-力反馈三通比例流量阀，这种阀用于调速系统可获得高的系统效率

续表

带主阀芯位移电反馈先导式二通插装型电液比例节流阀	图1为带位移电反馈先导控制式二通插装型比例节流阀。这种节流阀是一种按标准配置插孔尺寸的插装组件,在控制盖板1上装有带主阀芯3和位移传感器4的阀套2,以及与比例电磁铁6在一起的先导控制阀。主阀为可调单控制边节流阀,先导控制阀为两控制边滑阀。液流方向从A到B,先导控制油可按需要采用内供或外供。前者是将先导控制油口X与主油路油口A相连,先导控制油的回油口Y应尽可能无背压地与油箱相连 在设定值为零,即比例电磁铁6不输入控制电流时,由油口A处引来的压力油经控制油路X和先导控制阀10,进入主阀芯上弹簧腔8,主阀3在液压力和弹簧力作用下关闭节流阀口9 当给定一个设定值后,在比例放大器7中将设定值和位移传感器实测反馈的实际值相比较,按其差值相应的电流信号控制比例电磁铁6。电磁铁输出电磁力克服弹簧11的作用力,推动先导控制阀芯10移动。通过其控制节流口12、13的共同作用,使主阀芯弹簧腔8的压力得到调节,进而使主阀芯3的位置被调节。主阀芯3的调节行程或位移,与输入设定值或比例电磁铁输入控制电流近似成正比,而其输出流量,在节流阀前后压力差恒定时,只取决于阀口9的几何形状和开度。当比例电磁铁6失电或电缆线断开时,则阀自动关闭 这种阀既可作为大流量比例节流阀,也可与压力补偿器组合成比例调速阀使用。既可使用矿物油基液压油,也可使用乳化液、水乙二醇。这种阀适用于冶金机械、金属压力加工机械及塑料加工机械等液压系统的大流量控制 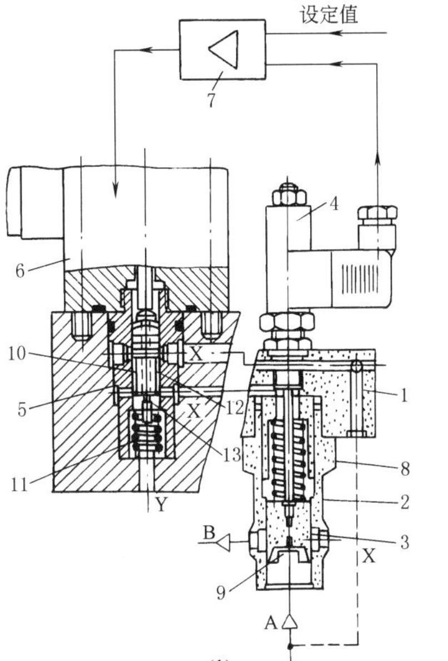 (1)

2.3.4 电液比例流量控制阀的性能

与普通流量阀一样,电液比例流量控制阀的稳态特性是指阀在稳态下工作时,阀的输出控制量(受控参数)与输入控制电信号之间的关系特性,一般称控制特性;以及输出量与负载压力变化的关系特性,一般称为负载特性。根据基本流量公式

$$q_V = CA\sqrt{\frac{2\Delta p}{\rho}}$$

式中 q_V——通过控制阀口的体积流量;

C——阀口流量修正系数;

A——阀口的通流面积;

Δp——阀口前后压力差;

ρ——油液密度。

可以看出,通过阀的流量主要受阀口的通流面积 A 和阀口前后压力差 Δp 两个因素的影响。在流量控制中,可据此区分一般的节流阀与流量阀。以压力补偿型调速阀为例:节流阀——$\Delta p \neq$ 常数,调节 A 后,q_V 还受负载(Δp)变化的影响;调速阀——$\Delta p =$ 常数,调节 A 后,q_V 不受负载变化的影响。

2.3.5 节流阀的特性

表 20-9-21 节流阀的名义流量(公称流量)及控制特性

输出受控参数	实际上是阀口的通流面积(一般的滑阀常指阀口的轴向开度),而不是流量
控制特性含义	控制特性应为阀口通流面积(滑阀常指阀口的轴向开度)与输入电信号的关系,而通过阀的流量除了与输入控制电信号相关外,还受阀口前后压差的影响
控制特性的工程表示	工程上常用在阀口压差 $\Delta p = 8\mathrm{bar}(0.8\mathrm{MPa})$ 条件下的输出流量与输入电信号的关系来表示(定义名义流量的压差各公司不尽统一,应查样本)
名义流量	阀口压差 $\Delta p = 0.8\mathrm{MPa}$ 时的流量为公称流量
其他流量的计算	可根据名义流量 q_{vnom},按公式 $q_{vx} = q_{vnom}(\Delta p_x/8)^{0.5}$ 计算其他压差 Δp_x 情况下的流量 q_{vx}。这时应注意阀的功率域,超过功率域时,所产生的液动力将使阀芯变得不可控。在这种情况下,应使用压力补偿器来限制节流口的压差
图 20-9-7 的说明	图中的3组特性曲线,都是带阀芯位移检测闭环的6通径(NG6)比例节流阀的控制特性,其名义流量差别产生的原因在于阀芯的周向开口宽度

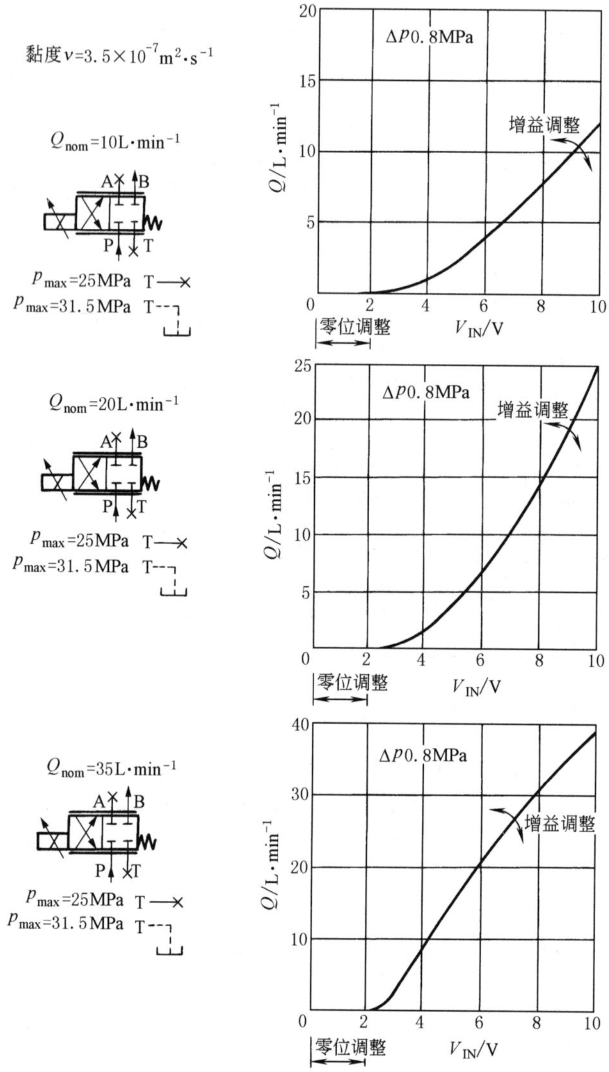

图 20-9-7 比例节流阀的控制特性

2.3.6 流量阀的特性

流量阀是指在节流阀基础上，配置或压力补偿、或负载适应、或流量检测反馈的控制阀，其输出受控参数是通过阀的流量。图 20-9-8 给出了节流阀与调速阀（以压力补偿型为例）的负载特性、图形符号以及流量公式的

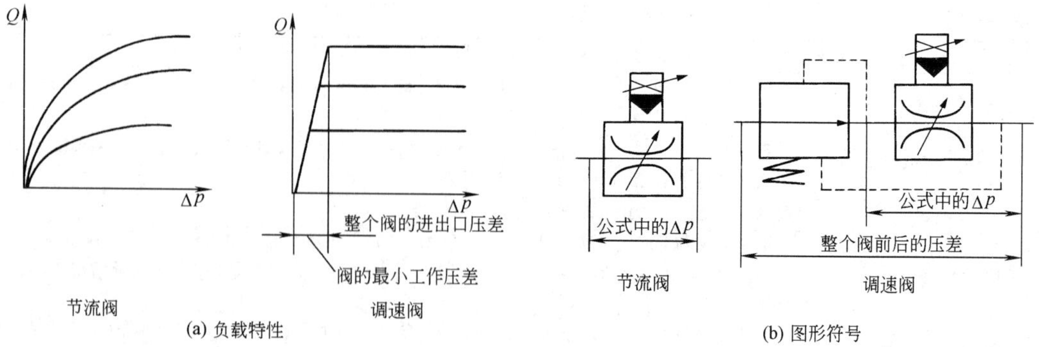

图 20-9-8 节流阀与调速阀负载特性、图形符号

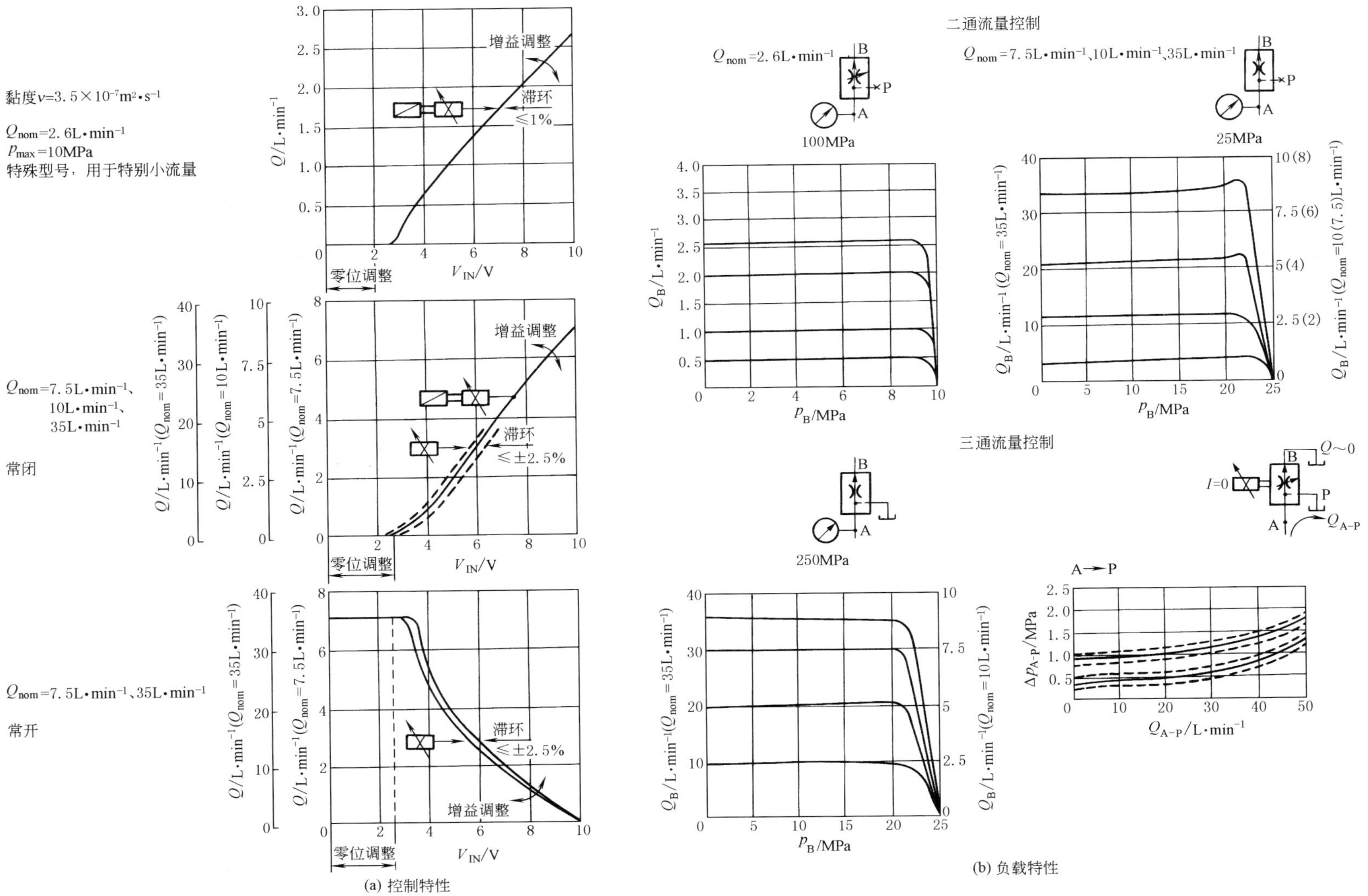

图 20-9-9　二通、三通流量阀的实际特性曲线

对比。注意两种阀的流量公式、负载特性压差坐标中 Δp 的差别。流量公式为：

$$q_V = CXW\sqrt{\frac{2}{\rho}}\sqrt{\Delta p}$$

式中 q_V——通过控制阀口的体积流量；
C——阀口流量修正系数；
X——阀口的轴向开度；
W——阀口的圆周方向开度；
ρ——油液密度；
Δp——阀口前后压力差。

表 20-9-22　有关流量阀特性的说明（以图 20-9-9 为例）

控制特性带与不带电反馈的区别	①共同点：都有零位死区，都可零位调整和增益调整 ②带阀芯位移闭环后滞环明显减小
控制特性常开与常闭的区别	基本位置区分常开与常闭，其中常开仅用作二通流量阀，常闭既可用作二通，也可用作三通流量阀
负载特性的两种表述	图 20-9-8 横坐标为流量阀的进出口压差；图 20-9-9 是一种工程习惯表示法，其横坐标是进口压力为定值时的流量阀出口压力，要特别注意的是三通阀也是这样表示的，这与实际工况有出入
最小工作压差	流量阀必须工作在大于最小工作压差的调速阀范围内，负载特性图（图 20-9-8）上小于最小工作压差的区域为节流区，而非调速区

2.3.7　二通与三通流量阀工作原理与能耗对比

表 20-9-23

类别	二通流量阀（定差减压阀+节流阀）	三通流量阀（定差溢流阀+节流阀）
工作原理图	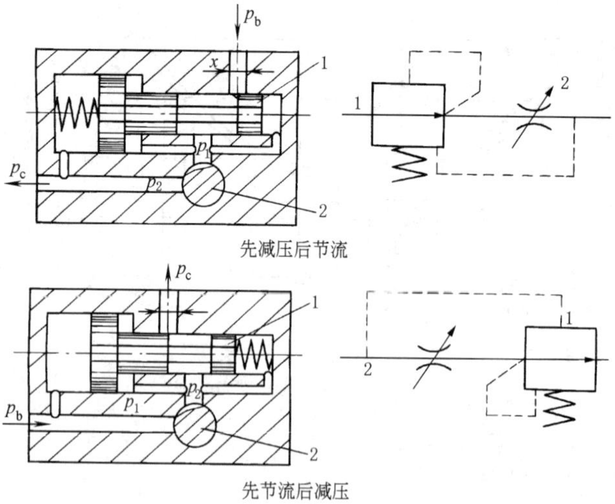 (a) 两种二通调速阀	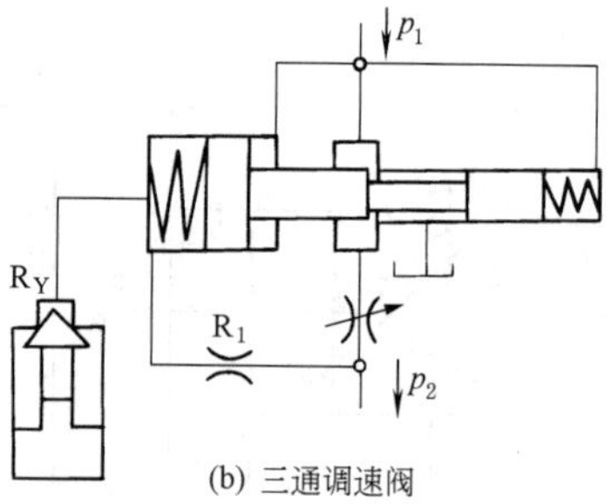 (b) 三通调速阀 $p_1-p_2=[K(x_1+x_d+x)+\rho Q_3 v\cos\theta]/A$ 式中 p_1——流量阀进口压力 p_2——流量阀出口压力 K——压力补偿器（溢流阀芯）弹簧刚度（图中左面所示弹簧，右面弹簧很细可忽略） x_1——压力补偿器弹簧预压缩量 x_d——压力补偿器阀芯的封油长度 x——压力补偿器阀芯的开口长度 ρ——油液密度 Q_3——通过压力补偿器阀口的系统多余流量 v——多余流量的出流速度 θ——多余流量的出流角度 A——阀芯截面积

续表

类别	二通流量阀(定差减压阀+节流阀)	三通流量阀（定差溢流阀+节流阀）
系统运行	多余流量以并联于系统的溢流阀调定压力流回油箱，产生较大的能量损失	多余流量以比当时系统压力略高的压力从自身的旁通口流回油箱。图示先导阀 R_Y 用于限定系统最高压力，系统不用另设安全阀；当系统压力达到调定值时，R_1、R_Y 与定差溢流阀阀芯构成常规的安全溢流阀
能耗对比图	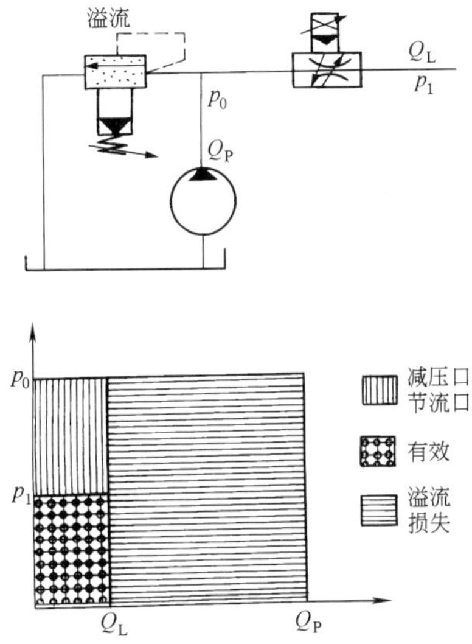 (c)	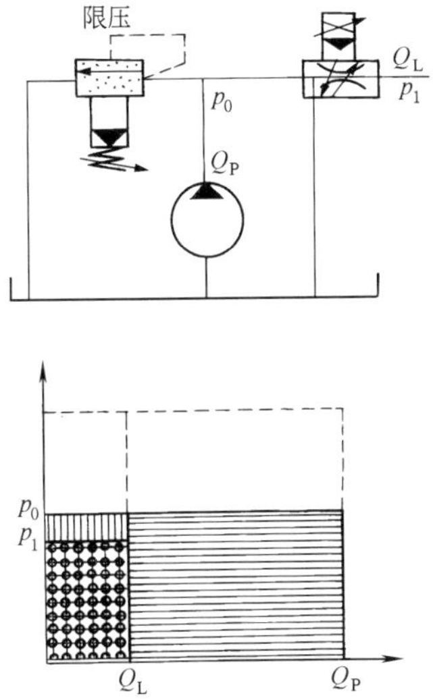 (d)
工作原理	负载补偿型，属于耗能模式	负载敏感型，属于节能模式
	负载补偿，是流量控制阀范围的一个技术问题。它要解决的问题是，在负载压力大幅度变化（主要干扰）和/或油源压力波动（次要干扰）时，通过流量阀的流量能保持其调定值不变。定差减压型负载压力补偿控制，是通过在定差减压阀（压力补偿器）上消耗一部分无用的能量，来换取工作节流阀口的压差基本不变，属于负载补偿型	负载敏感，是一种有关节能型液压系统的概念。它是指系统能自动地将负载所需压力或流量变化的信号，传到敏感控制阀或泵变量控制机构的敏感腔，使其压力参量发生变化（这功能就是所谓负载敏感，或称负荷感知、负荷传感），从而调整供油单元的运行状态，使其几乎仅向系统提供负载所需要的液压功率（压力与流量的乘积），最大限度地减少压力与流量两项相关损失。负载敏感是从基本原理角度对这种系统的称呼，而从其达到的实际工程效果角度常称为负载适应、负载匹配或功率匹配，有时直称为节能系统。负载敏感是个系统问题，而不单是个控制阀的问题；其技术含量，主要在油源及相应的控制部分，只在大闭环系统中，才牵涉到液动机部分实施负载适应节能，具体来说，是提高原动机利用效益，减小系统发热，达到机械设备结构紧凑和节能的目的
	通常情况下，配置二通压力补偿器（定差减压型）的系统，为定压系统。负载变化时，补偿器保持节流器前后压差不变，克服负载而多余的或大或小的压差，都消耗在补偿器的补偿阀口上。因此，二通补偿器只能起到负载压力补偿的作用	三通压力补偿器（定差溢流型）的特点在于，在保持节流器阀口压差不变的情况下，总是使泵出口压力实时地比负载压力高出一个定压差——补偿器阀口压差，从而达到负载适应

2.3.8 电液比例压力流量复合控制阀

电液比例压力流量复合控制也分为阀控与泵控两大类型：压力流量复合控制阀，压力流量复合控制泵。压力流量复合控制阀的基本原理与特点见表 20-9-24。

表 20-9-24

特点与用途	压力流量复合控制阀,实际上是根据注塑机、吹塑机、压铸机控制系统的需要,在三通调速阀基础上迅速发展起来的一种压力和流量精密控制阀类。对于定量泵系统,压力流量阀是理想的控制器件,它调节压力和流量,并使泵卸载。与其他方案不同,压力流量阀设计成将流量调节与压力调节合并在一个整体的阀体中。压力流量阀简化了大型油路块和复杂液压系统的设计、安装与调试
基本构成	参见三通流量阀的原理图 20-9-10,如果节流阀 1 是比例阀,而且本来用于限制系统最高压力的压力先导阀也是比例阀,这就可构成电液比例压力流量复合控制阀
三通调速阀	就三通调速阀而言,当系统压力没有达到定差溢流阀先导阀调定的安全压力时,先导阀不打开,系统实现负载压力适应,溢流阀主阀起定差溢流阀作用(保持节流阀两端压差为常数),系统的多余流量以当时的系统压力(而不是先导阀限定的高压)从打开的溢流阀阀口排回油箱;只有当系统压力达到先导阀调定压力,先导阀与主阀芯配合,起到一般溢流阀的作用,此时,不再起定差溢流阀作用
压力流量阀	就压力流量复合控制阀而言,当需要对流量进行控制时,比例压力阀给定值提高,仅起安全阀作用,补偿器主阀起到定差溢流阀作用;当需要进行系统压力控制时,让节流口全闭(例如塑化阶段的背压控制)或全开,流量控制不起作用 以 BOSCH 产品为例:其中的比例压力阀可以选择带电反馈、不带电反馈、带电反馈和线性功能,带集成放大器;其中的比例节流阀可以选择带电反馈、不带电反馈,带集成放大器。节流阀压降可调:$\Delta p=0.5\sim2$MPa

图 20-9-10 为 BOSCH 公司的三通比例压力流量阀油路原理图。图 20-9-11 为 VICKERS 公司压力流量阀的内部结构与油路原理图。

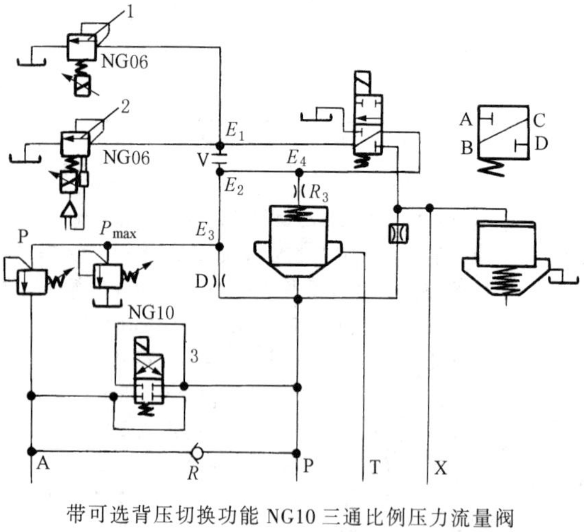

带可选背压切换功能 NG10 三通比例压力流量阀

图 20-9-10 BOSCH 三通比例压力流量阀油路原理图

1~3—节流阀

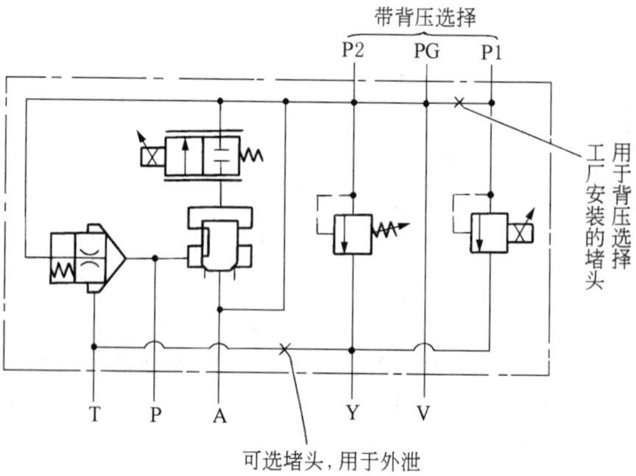

图 20-9-11 VICKERS 压力流量阀结构与油路原理图

2.4 电液比例方向流量控制阀

电液比例方向流量阀，在结构型式上与传统方向阀中的电磁换向阀、电液换向阀很相似，但在功能上，有着本质性的不同。它属于流量控制阀的范畴，能按照输入控制电流同时实现液流方向控制与流量的比例控制；而传统方向阀，只能改变液流流动方向。按其控制流量特性的不同，可分为节流控制型和流量控制型两大类。前者是比例方向节流阀，其被控制量，即与输入电流信号成比例的输出量，只是主阀芯的（轴向）位移或节流阀口开度，而其输出流量要受负载和供油压力变化的影响。后者是比例方向流量阀，是由比例方向节流阀和通称压力补器的定差减压阀或定差溢流阀等组成；也有内含或外置各种形式的流量检测反馈器件，构成流量反馈型比例方向流量阀。比例方向流量阀的被控制量是输出流量，与输入控制电流成比例，而与供油压力、负载压力和回油压力变化基本无关。

表 20-9-25　　传统（开关型）方向阀与电液比例方向阀的主要异同点

相同或相似点	不同点		
	比较项目	传统(开关型)方向阀	电液比例方向阀
都可控制液流方向	基本功能	仅改变液流方向	兼有液流方向控制和流量的比例控制(注意区分节流型与流量型)
都有多种中位机能	系统类型	仅用于开环系统	可用于开环系统也可用于闭环系统
都有中位死区(伺服比例阀无中位死区)	过流面积原则	包括阀口在内的阀内各处过流面积相等	阀内其他各处过流面积,应为与最大控制信号对应的控制阀口最大面积的3～4倍
主阀体结构基本相同(常通用)	公称流量定义	最大通流流量	Δp=1MPa(P→A,B→T各0.5MPa,具体数据见样本)时的流量
都有多种输入方式	多种输入方式	解决开关控制	解决阀芯位移(阀口开度)的比例控制
都分直动式与先导式(由流量带来的驱动力因素决定)	阀口工作压差	一般变化不大,由通过的流量决定	方向节流阀:一个工作循环过程中变化较大 方向流量阀:由补偿器确定,一般可在小范围内调节
过滤精度、阀口压降、配合间隙等基本相同	阀口型式	一般开有减缓换向冲击的小三角(半圆)槽	非全周阀口
	内反馈	一般无内反馈	带或不带先导级、主级位移电反馈

2.4.1　比例方向节流阀特性与选用

（1）比例方向节流阀基本特性

表 20-9-26　　比例节流阀基本原理与特性

基本类型	直接作用式	
	先导控制式	
	带与不带电反馈	
基本原理	输出流量	$$Q=CXW\sqrt{\frac{2}{\rho}\Delta p}$$ 式中　X——功率阀芯轴向位移(与输入信号成比例) C——阀口流量修正系数 ρ——油液密度 Δp——阀口前后压力差 W——阀芯周向开口量(根据设计)。同一通径且配用相同直径的阀芯的比例节流阀,常通过改变W实现不同的名义流量
	名义流量	Δp=1MPa(P→A,B→T各0.5MPa,具体数据见样本)时的流量
先导级形式	双比例减压阀	不用主阀芯位移反馈,性能靠元件加工精度保证,运行可靠
	双比例节流阀	快速性好,但必须有主阀芯位移反馈
	双比例溢流阀	有一定的先导流量损失
	双脉宽调制开关阀	快速性好,成本较高
由液动力引起直动式节流阀的功率极限		图20-9-12(a)表明,超过一定压差范围(最大流量与额定流量之比从3.7减小到2.3,额定流量小者比值高),随着阀口压差的增大,流量反而减少,这是液动力超过驱动力所致

续表

规格选用	容易误解	错将比例方向节流阀1MPa压降时的名义流量，当作普通开关方向阀的名义流量
	正确原则	使一定压差下所需的最大流量，与100%最大控制输入信号相对应，最终使控制分辨率提高
不等过流面积方向阀（不对称阀口）	对于单出杆缸，如果面积比 $A_K:A_R=2:1$，则必须选用节流面积比2:1的阀芯。因为当两个节流孔面积相等时，通过小腔出油时流量增大1倍，阀口压差将是原来的4倍，即液压缸两腔形成4:1的压差比	

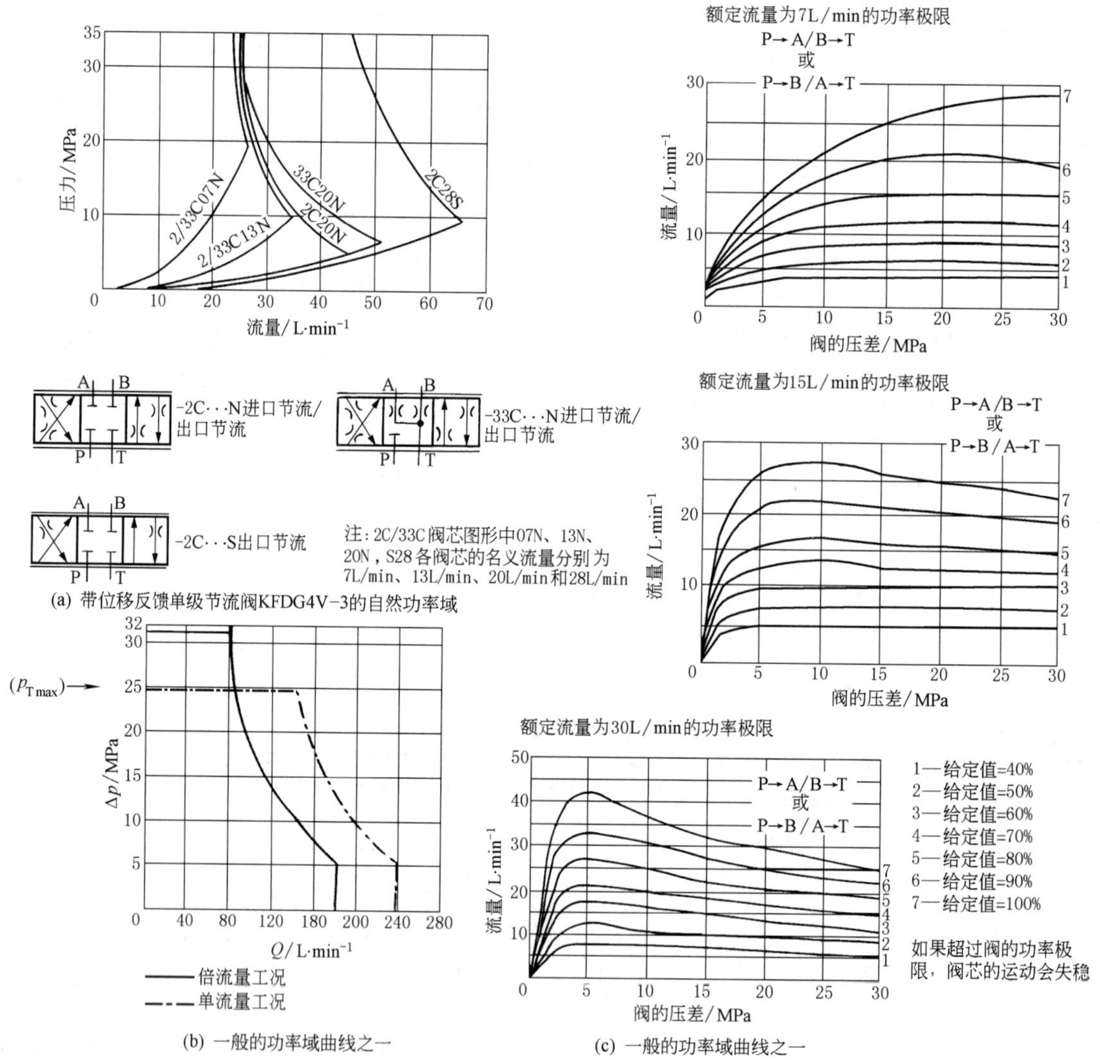

图 20-9-12　由液动力引起的直动式节流阀功率域

（2）比例方向节流阀的输入电流-输出流量特性

图20-9-13为REXROTH公司4WRE6（四通，电反馈，六通径）比例节流阀的特性曲线。这里表明了电液比例节流阀的若干重要特性。

① 名义流量是压降 $p=1\text{MPa}$（不同公司产品会有所差别）时、输入信号100%时的流量值。根据说明，p 为符合DIN 24311规定的压差（进口压力减去负载压力和回油压力），这表明此处所说的阀口压差，是指P到A（或P到B）阀口压差，加上B到T（或A到T）阀口压差之和，即单个阀口压差为0.5MPa。

② 同一通径的阀（同一阀芯直径）有三种不同的名义流量，在于阀口的圆周方向开口量（流量公式中的

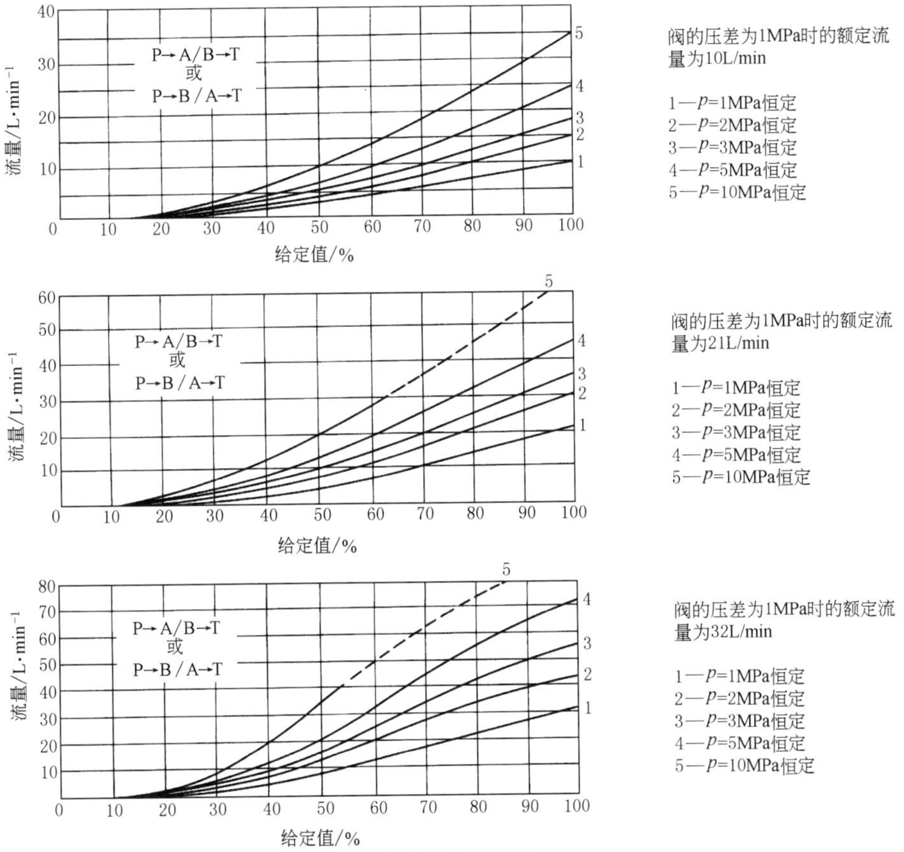

p=符合DIN 24311的阀的压差（进口压力减去负载压力和回油压力）

图 20-9-13　比例节流阀典型特性曲线

W）不同所致。

③ 同一名义流量的阀，各条曲线的差别在于阀口压差（流量公式中的 Δp）不同。

（3）比例方向节流阀的正确选用

比例方向阀选用示例：设定系统压力 12MPa，工进负载压力 11MPa，工进速度范围对应流量 5~20L/min；快进负载压力 6MPa，快进速度范围对应流量 60~150L/min。

① 通常容易犯的错误是：像普通方向阀那样，以最大流量 150L/min 作为公称流量来选比例方向阀。据此，如图 20-9-14a 那样，选用阀压降 1MPa 公称流量 150L/min 的比例节流阀。这样的选择，形式上是能满足系统的要求，但从图中可见：

快进时，对应于压差 6MPa，流量 q_V = 150L/min 时仅利用额定电流的 66%，流量 q_V = 60L/min 时仅利用额定电流的 48%，这样一来，调节范围仅达额定电流的 18%。

工进时，对工进速度的调节，也只达到总调节范围的 10%（20L/min 时为 47%额定电流，5L/min 时为 37%额定电流）。

总体而言，假如阀的滞环为 1%~3%，而对应调节范围为 10%的情况，则其滞环相当于 10%~30%。显然，很难用这样差的分辨率来进行控制。

② 正确的原则是：使最大流量尽量接近于与 100%额定电流相对应，即尽可能大地利用阀芯行程，以扩大调节范围、提高控制性能。

按此原则，就选择了如图 20-9-14b 所示的阀压降 1MPa 公称流量 64L/min 的比例节流阀。相应的调节范围分别达到 32%（快进）和 27%（工进），可调范围很大，有一个较好的分辨率。同时，重复精度造成的偏差当然也很小。

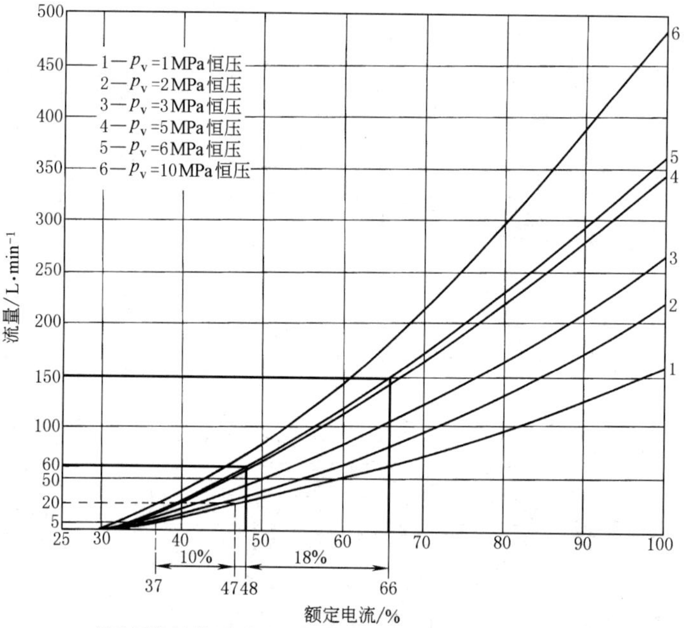

p_v=阀的压降(流进、流出两个节流阀口上压力降之和)

(a) 阀压降1MPa、公称流量150L/min对应的输入电流-输出流量特性

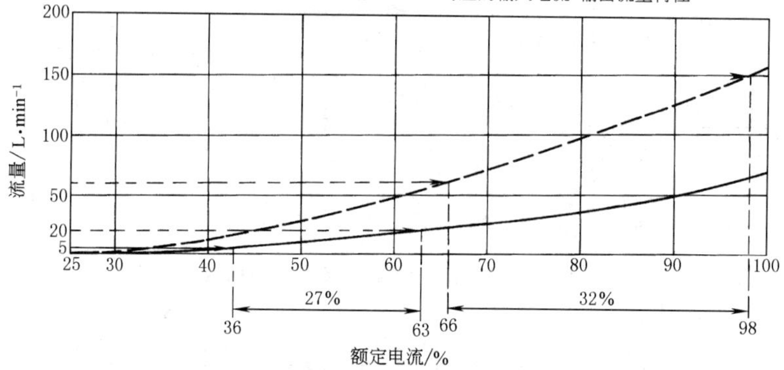

p_v=阀的压降(流进、流出两个节流阀口上压力降之和)

(b) 阀压降1MPa、公称流量64L/min对应的输入电流-输出流量特性

图 20-9-14 比例方向阀选择示例

2.4.2 比例方向流量阀特性

(1) 比例方向流量阀的基本类型 (见表 20-9-27)

表 20-9-27

方向流量阀类型	(传统)压力补偿型			流量检测反馈型
补偿器类型	定差减压型 进口压力补偿器	定差溢流型 进口压力补偿器	其他	流量-压力反馈 流量-力反馈 流量-电反馈
补偿器名称	二通型压力补偿器 定差减压阀	三通型压力补偿器 定差溢流阀	其他	流量-压力反馈 流量-力反馈 流量-电反馈
方向流量阀的构成	方向节流阀+ 定差减压阀	方向节流阀+ 定差溢流阀	如位移流量 压力反馈	流量-压力反馈 流量-力反馈 流量-电反馈
特点	①耗能;②受液动力、弹簧力影响,补偿偏差较大;③进口压力补偿器不能用于超越负载	①泵的出口压力与负载适应,为负载敏感节能型;②受液动力、弹簧力影响,补偿偏差较大;③只能配置于泵的出口;④不能用于超越负载		①形成阀内部或外部检测闭环;②稳态的动态控制精度都较高

（2）配定差减压型补偿器的方向流量阀特点

图 20-9-15 原理图有 3 个特点：①由于是比例方向阀（图 a），所以需要用一个梭阀来获取所沟通的油路（P→A 或 P→B）的压力。②加入液阻 R_1、R_3（动态阻尼液阻）和 R_Y 并从定差减压阀阀口前引入控制油，从而形成 B 型半桥。这样，调节 R_Y，就可在一定范围内改变定差减压阀的压差，即可在功率域范围内扩大流量范围。③与图 a 相似，图 b 是从节流阀之后引入了固定液阻 R_1 在前、可变液阻 R_Y 在后的 B 型半桥。当系统压力达到 R_Y 时，B 桥起作用，限定了系统压力。

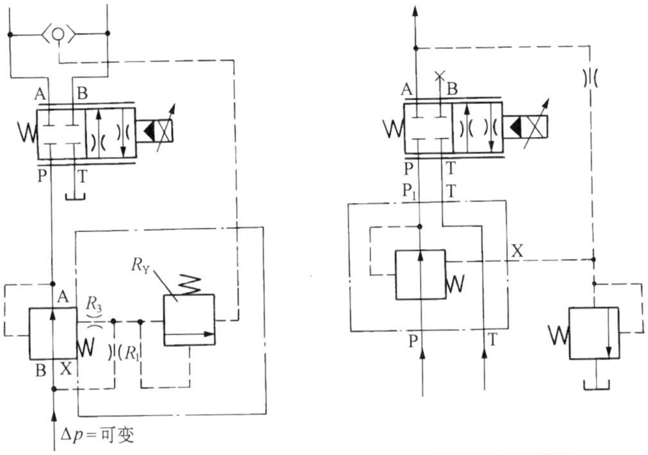

(a) Δp 可调原理　　(b) 限压功能原理

图 20-9-15　压差可调的定差减压型进口压力补偿器

与单向调速阀一样，配定差减压型补偿器的比例方向流量阀，也是一个定压系统，只有负载压力补偿的作用，没有负载适应的性能。

配这种定差减压型进口压力补偿器的方向流量阀，不加附加元件不能用于存在超越负载的系统。

（3）配定差溢流型补偿器（三通补偿器）的方向流量阀特点

图 20-9-16 原理图有 3 个附加功能：节流阀口压差 Δp 可调，限制系统最高压力，实现电动卸荷。其中电磁阀 4 实现电动卸荷的功能比较明显。其余两个功能中，应注意区分压力阀 2 与 3 的功能，即液阻 R_1 是与阀 2 还是与阀 3 构成调节阀口压差的 B 型半桥。按基本原理，应该是阀 3。而当系统压力达到阀 2 的调定压力时，阀 2 与主阀 1 形成系统的限压安全阀。

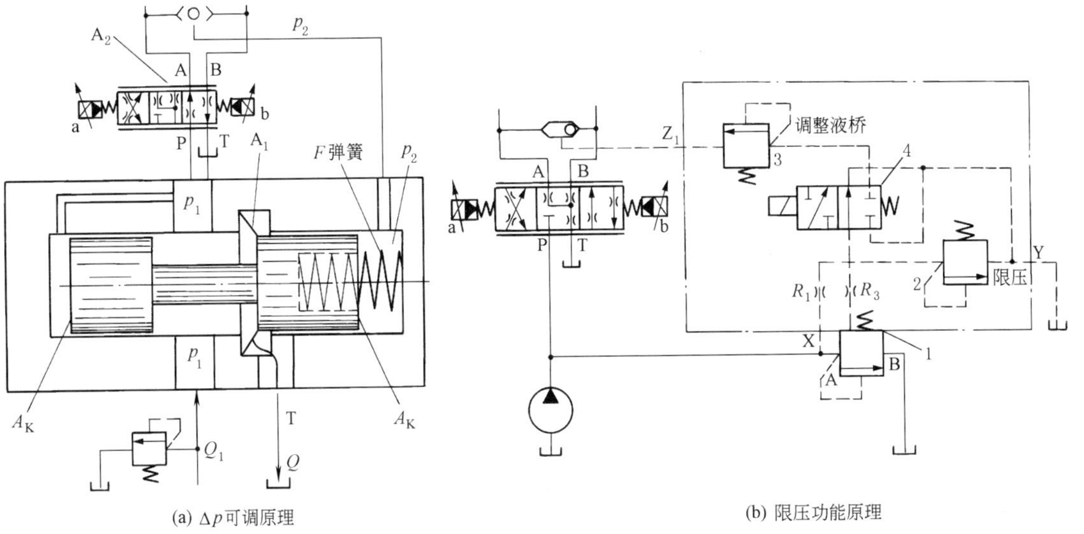

(a) Δp可调原理　　(b) 限压功能原理

图 20-9-16　定差溢流型压力补偿器及其附加功能

与在单向调速阀中一样，配定差溢流型补偿器的方向流量阀，既起到负载补偿的作用，实际上又具有负载适应的功能。

配这种定差溢流型进口压力补偿器的方向流量阀，不加附加元件不能用于存在超越负载的系统。

(4) 超越负载的压力补偿

1) 配置在进口（相对于比例方向阀而言）P→A 或 P→B 的压力补偿器　这种配置有明显的缺点：在减速制动过程中，特别是当减速制动压力高于由弹簧设定的定差压力时，它不能正常工作（图 20-9-17a）。作为补偿措施，如图 b 和图 c 那样，设置制动阀、压力阀等支承装置，以保证进口压力补偿器功能正常，使传动装置平稳制动。当没有这类支承装置时，进口压力补偿器只能限制在负载仅作用在一个方向上的系统使用。

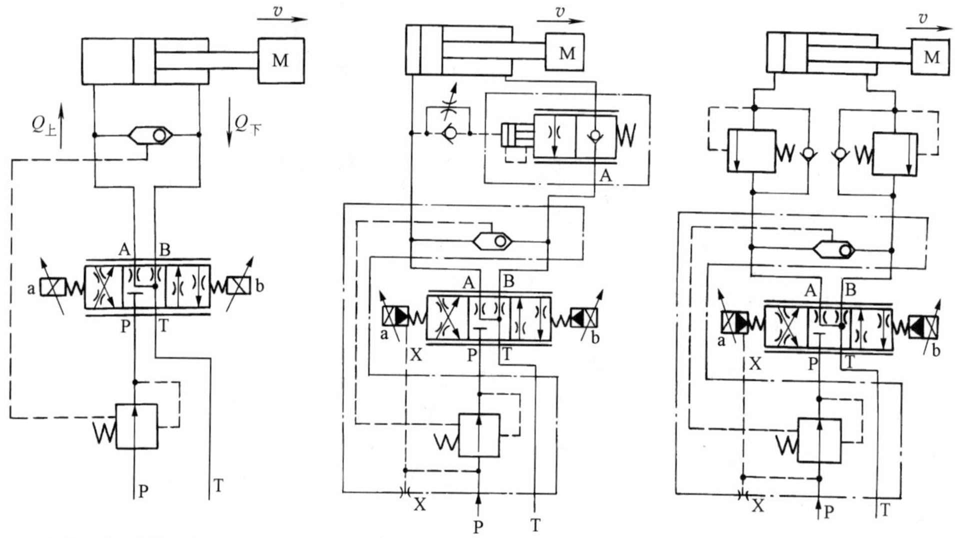

(a) 进口压力补偿回路　(b) 起支承作用的制动阀　(c) 起支承作用的压力阀

图 20-9-17　用于超越负载时进口压力补偿器油路的改造

2) 出口压力补偿器（图 20-9-18）　对于有超越负载的系统，采用出口压力补偿器，它配置在比例方向阀与负载之间，保持比例方向节流阀的 A（或 B）→T 阀口的压差为常数。图示为出口单向截止型压力补偿器的油路原理图，现以 P→A 进油 B→T 阀口进行补偿为例，加以说明。

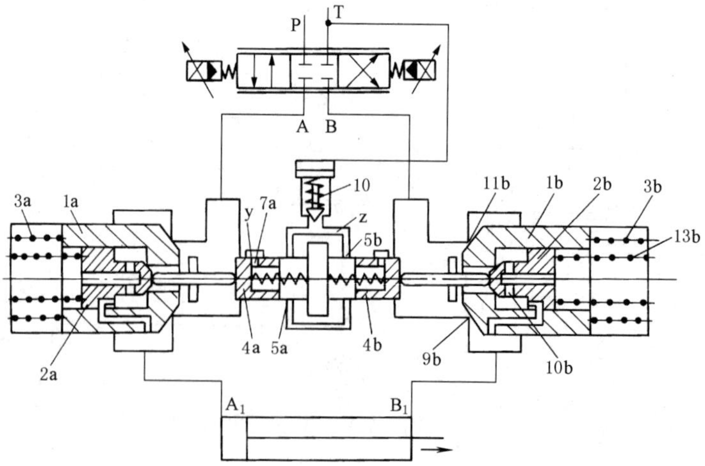

图 20-9-18　出口压力补偿器

基本原则：既然不能控制进油（P→A），则设法控制出油（B→T）。

① P→A 进油后，4a 右移，由固定液阻 7a 与可变液阻 5a（移动的活塞 4a 后端面与孔道 5a 配合）组成的 B 型半桥，从而构成流量稳定器，使流经压力阀 10 的流量不受 A 腔压力变化影响而保持不变。

② 由于流经限压阀 10 的流量不变，不论阀 10 的压力流量特性如何，都能保持 p_Z 为常数。

③ 当主液压缸向右运动时，开始主阀口 11b 未打开，因为 B_1 腔的高压油作用使 1b、2b 都压向左边相应阀口。

④ 4b 在 p_Z 作用下向右移动，先顶开 2b 的小阀口。这样，在切断高压油进入 1b 右腔通路的同时，又使该腔卸压。

⑤ 4b 进一步右移，将主阀口（压力补偿口 11b）打开。

⑥ 压力补偿口 11b 的开度明显受到制约：只能使 $p_B = p_Z =$ 常数，否则主阀口将重新关闭。

⑦ 既然 $p_B = p_Z =$ 常数，则 B→T 口压差为常数，达到控制出口压差（B→T）的目的。

2.5 比例多路阀

2.5.1 概述

1）多路阀的含义：用于控制多负载（多用户）的一组方向阀，外加功能阀（限压、限速、补油等）组成的控制阀组。

2）输入方式与转换环节：多路阀多半是手动，即通过改变手柄角度来控制主阀芯的位移，而其转换过程有所不同；随着电液比例技术和微电子技术的发展，近来出现了用电位器、微机等电信号输入方式的电液比例多路阀。

表 20-9-28　　多路阀输入方式与转换环节

<table>
<tr><th>类别</th><th>型式</th><th colspan="2">控制类型</th><th colspan="2">指令信号输入方式</th><th colspan="3">中间转换环节</th><th>输出量</th></tr>
<tr><td>A</td><td>直动式</td><td colspan="2">手动多路换向阀</td><td colspan="5">操作手柄</td><td rowspan="5">主阀芯位移</td></tr>
<tr><td>B</td><td rowspan="4">先导式</td><td rowspan="4">比例多路阀</td><td>手动比例多路阀</td><td colspan="3">操作手柄</td><td rowspan="4">先导阀芯运动</td><td rowspan="4">液压力</td></tr>
<tr><td>C</td><td rowspan="3">电液比例多路阀</td><td>操作手柄</td><td>电位器</td><td rowspan="3">比例电磁铁</td></tr>
<tr><td>D</td><td colspan="2">手动电位器</td></tr>
<tr><td>E</td><td colspan="2">微机</td></tr>
</table>

3）多路阀阀口实际上是一个通道（A 类，相当于开关式方向阀，只是联数多为 1 以上），或一个可变节流口（B 类、C 类、D 类、E 类）；目前广泛应用的多路阀中，最古老的 A 类只在要求不高的简单机械中使用，大量应用的是 B 类。在技术比较先进，要求比较高的场合，才逐步开始应用 C 类或 D 类，一般称之为电液比例控制的新型多路阀。

4）由液压系统传动与控制的设备，可根据其使用场合，区分为固定式和行走式两大类。对于行走式设备，其系统热交换条件较差。因而，在一个工作循环结束或其他工作停留间隙，都要使油压系统卸压，以减少系统发热。就多路阀的工作原理而言，其基本原则是：各联都回到中位时，油液通过多路阀中位通路或卸荷阀以最低压力卸荷；而当任何一联离开中位进入工作状态时，系统就起压。至今，实现这一功能的有两种基本方式：一种靠先导溢流阀，另一种靠中位通路。正是由于这两种方式不同，引起主阀要有相应的不同结构。与前者对应的为四通型，与后者对应的为六通型。

2.5.2 六通多路阀的微调特性

（1）六通型多路阀中位卸荷的原理（图 20-9-19）

六通阀 6 个主油口的含义如下：

P　压力油口；

P_1　通往 C 口的压力油口，另一头总是与 P 口相通；

A，B　工作油口；

T　回油口；

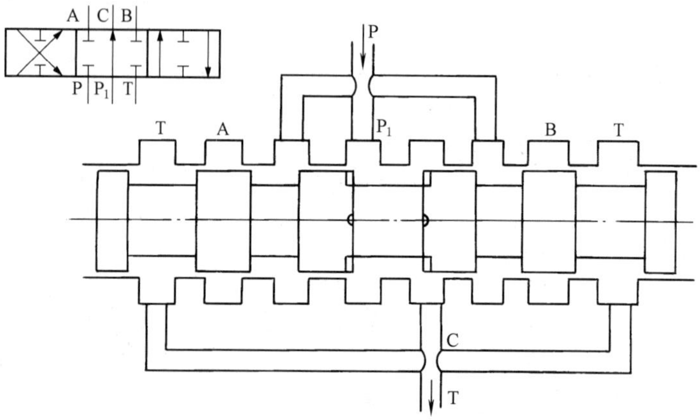

(a) 单片结构示意图和符号

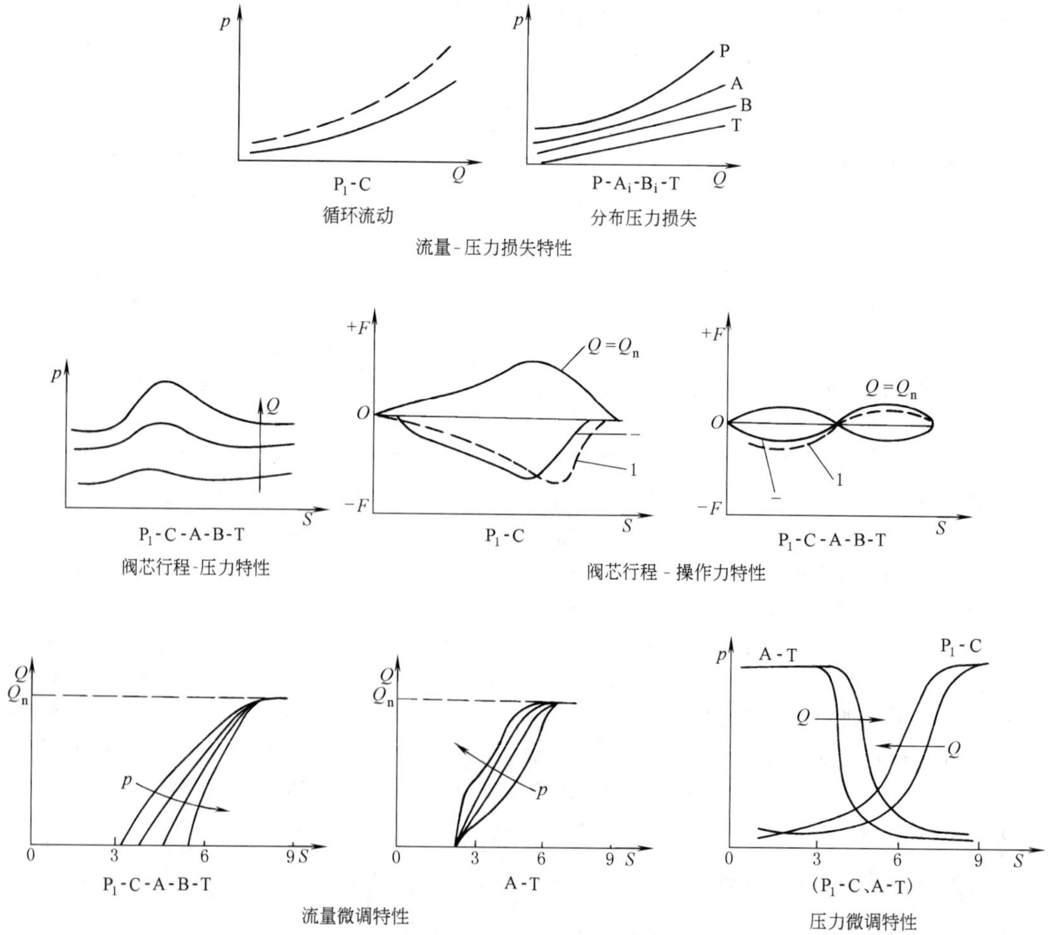

(b) 主要特性

图 20-9-19　六通型多路阀

C　各联阀芯处于中位及中位附近位置时，C 口一头与 P_1 口相通，另一头或直接与 T 口相通（当系统只有一只多路阀，或当系统有多只多路阀时，从油流方向为最后一只多路阀），或与下一只多路阀的 P 口相通。

这就表明，当系统中所有主阀芯都回到中位时，尽管 P 口与 A、B、T 三个油口都不相通，但系统马上通过 P-P_1-C-T 的通路，实现卸荷。

1）由此，可将六通阀理解为是由“三位四通”+“二位二通”组成，其中的二位二通，解决中位卸荷。从下面的切换过程可以看到，这种“三位四通”+“二位二通”的结构，给六通阀带来了重要的特性，使六通型多路阀得以广泛应用。

2）六通阀从中位卸荷的 P_1-C-T 状态，过渡到 P-A-B-T（P→A，B→T 阀口完全打开）的过程。

① P-P_1-C-T　阀芯处于中位，P_1→C 中位卸荷油口全开，全部压力油以最低压力卸荷；阀芯离开中位，但位移量小于阀口遮盖量，P→A 阀口尚未打开，没有油液流向负载。

② P-A-B-T，P_1-C-T　P→A 阀口打开，而卸荷阀口关小，但未关闭；部分油液流向负载，另一部分油液以比最低卸荷压力高的压力，流回油箱。随着阀芯位移量的加大，流向负载的流量逐步增大，流向油箱的那一部分油液的压力，也逐渐升高，这一转变过程是阀的重要特性。

③ P-A-B-T　卸荷口全部关闭，由于系统只配置安全阀，所以油源油液全部进入系统。由此可得出过程的实质是：先为旁路节流，后油源全流量通过多路阀主阀口进入系统。可见，六通阀很难构成负载压力补偿或负载适应控制。

（2）六通多路阀的流量微调与压力微调特性

六通型多路阀的基本特性为：流量-压力损失特性；阀芯行程-压力特性；阀芯行程-操作力特性；微调特性。

其中最为重要的为微调特性。微调特性本质上是一种初级的手动比例控制特性：输入（横坐标）为主阀芯位移，输出为进入系统的流量或负载口压力；比例控制特性有较大的零位死区，也即比例控制范围较小；比例控制范围受系统压力的很大影响；压力高，比例范围小；正由于此比例控制范围本身就小，又受系统压力影响，其可控作用，实际上只相当于阀口打开的开始一小段，不仅有一个与四通阀口开缓冲槽一样的缓冲效果，而且还可以稍微调节一点低速挡，仅此而已。因此，在工程上，将此称为微调特性，比叫比例特性更合理。

2.5.3　四通多路阀的负载补偿与负载适应

① 从原理上来讲，四通型具有 P、A、B、T 四个主油口，六通型除了常规的 P、A、B、T 四个主油口之外，另有 P_1、C 两个油口。目前应用面最广的 B 类，其主阀是六通型。其余，包括最古老用手柄直接推动（主）阀芯和最新型的电液比例控制在内的 A、C、D、E 几类都是四通型的。

② 四通型多路阀中位卸荷的原理：所有主阀芯都处于中位时，组合在多路阀中的卸荷阀的先导油路，通过阀体及各个主阀芯端部的小孔道与 T 口相通，系统卸荷。当任何一主阀芯离开中位时，就切断了先导油路与 T 口的通道，系统起压。因此，主阀只需要 4 个主油口。

③ 由节流阀到流量阀：多路阀属于广义流量阀的范畴，从性能的角度看，与一般流量阀一样，可区分为方向节流阀和方向流量阀。而从节流阀转变为流量阀时，与一般方向阀一样，可以通过负载压力补偿或流量检测反馈来实现。

④ 如果不考虑电液控制等新技术，仅考察传统的所谓机液压力补偿机理，如方向流量阀所述，有两种基本的压力补偿器——串联于主油路的二通压力补偿器和并联于主油路的三通压力补偿器。对于单个方向阀而言，这两种补偿器只能选择其中的一种。

⑤ 对于多路阀的应用，则有其特点（参见图 20-9-20）。对于所谓开中心系统，一个系统中同时使用两种补偿器：二通压力补偿器使单联实现负载压力补偿；三通压力补偿器使系统实现负载适应（各时刻的最高负载联）。

对于开中心系统，每一联用定差减压阀 3，稳定从减压阀出口到方向节流阀出口之间的压差，调节其间的节流阀 4，就可在一定范围内调节该联多路阀阀口压差。定差溢流阀 2 用来使整个多路阀系统的泵出口压力，始终仅比当时各联中的最高负载压力高出一个定值（定差溢流阀调定值，例如 0.5~1MPa），实现负载适应，或称负载敏感控制（见图 20-9-21）。系统最高压力由阀 8 限定。在每一联中，阀 6 用来限制该联负载的最高压力，当超过限压时，阀 6 打开，在比例节流阀的液压力作用下，换成安全第 4 位。

对于闭中心系统（图 20-9-22），以变量泵替代开中心系统中的定量泵加定差溢流阀。此处变量泵实际上是恒流变量泵，所谓恒流是指全部流量进入系统，而压力比当时最高联压力高一个定值，所以是比开中心更为节能的负载敏感系统。

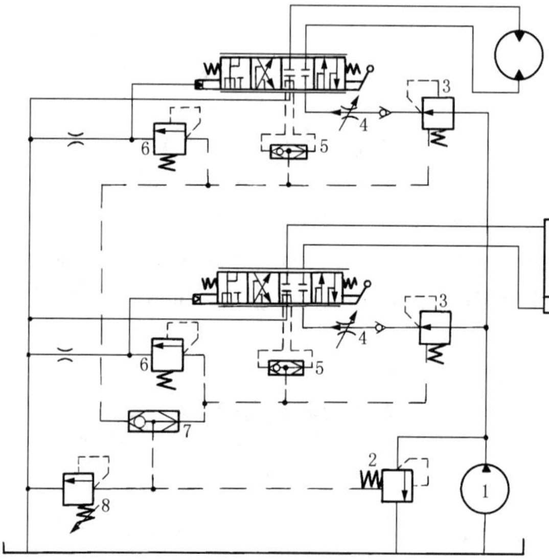

图 20-9-20　多路阀负载压力补偿与负载适应（开中心系统）

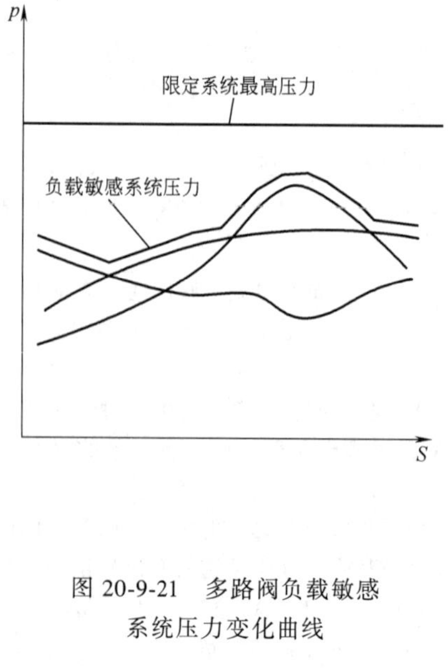

图 20-9-21　多路阀负载敏感系统压力变化曲线

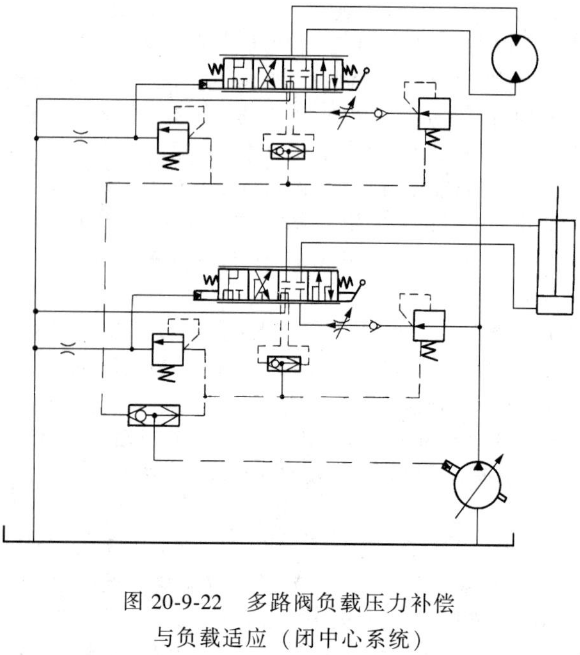

图 20-9-22　多路阀负载压力补偿与负载适应（闭中心系统）

2.6 电液比例方向流量控制阀典型结构及工作原理

表 20-9-29

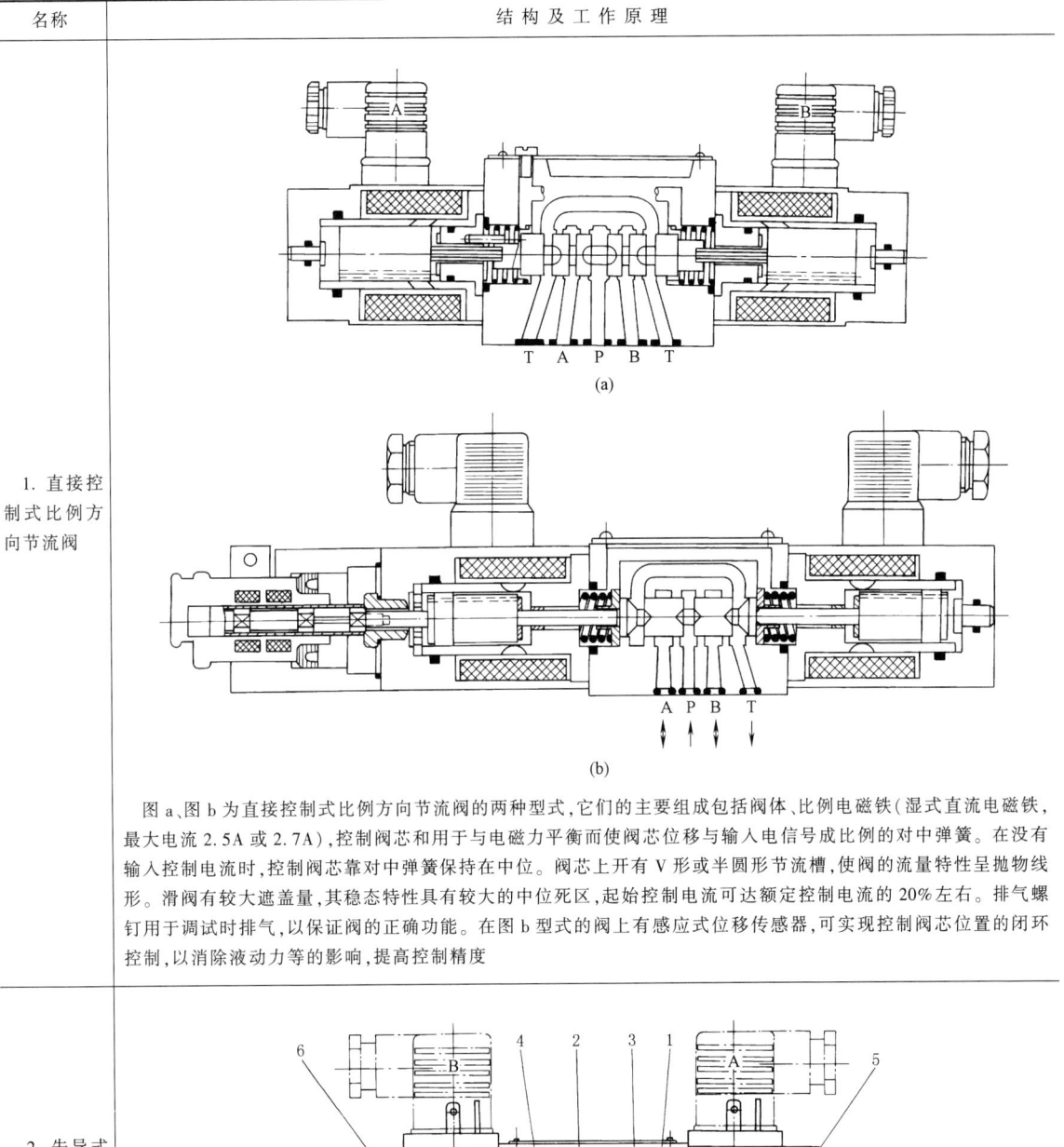

名称	结构及工作原理
1. 直接控制式比例方向节流阀	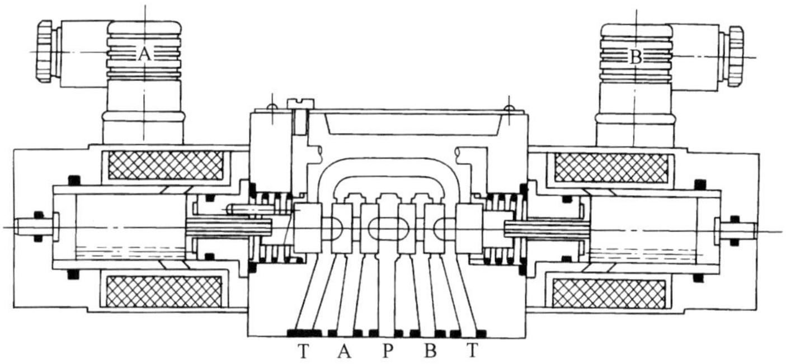 (a) 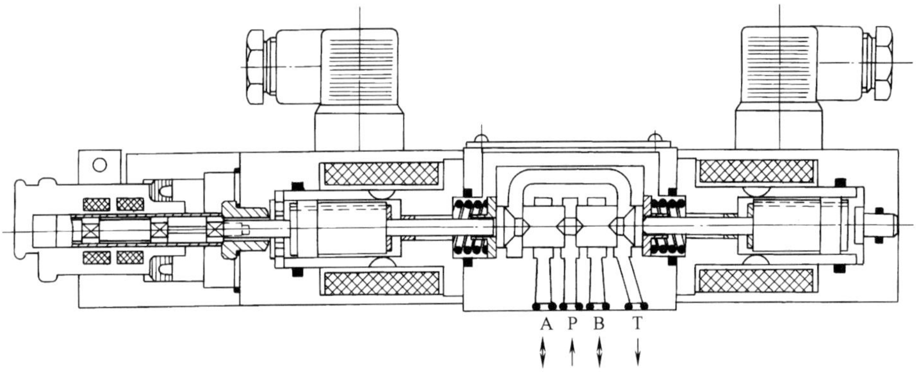 (b) 图 a、图 b 为直接控制式比例方向节流阀的两种型式，它们的主要组成包括阀体、比例电磁铁（湿式直流电磁铁，最大电流 2.5A 或 2.7A），控制阀芯和用于与电磁力平衡而使阀芯位移与输入电信号成比例的对中弹簧。在没有输入控制电流时，控制阀芯靠对中弹簧保持在中位。阀芯上开有 V 形或半圆形节流槽，使阀的流量特性呈抛物线形。滑阀有较大遮盖量，其稳态特性具有较大的中位死区，起始控制电流可达额定控制电流的 20%左右。排气螺钉用于调试时排气，以保证阀的正确功能。在图 b 型式的阀上有感应式位移传感器，可实现控制阀芯位置的闭环控制，以消除液动力等的影响，提高控制精度
2. 先导式比例方向节流阀（双比例减压阀为先导级）	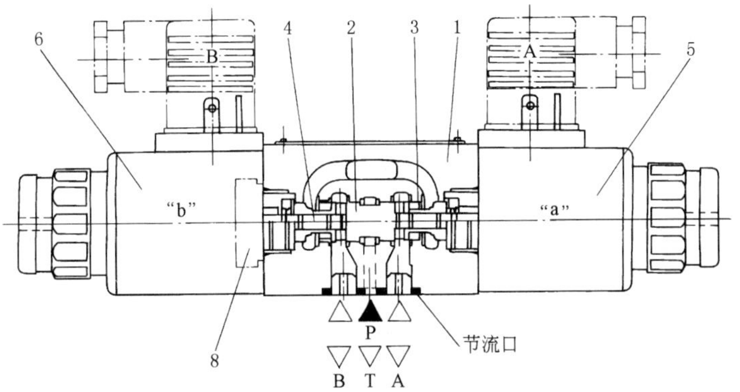 (c) 先导控制阀

续表

<table>
<tr><th>名称</th><th>结构及工作原理</th></tr>
<tr><td>2. 先导式比例方向节流阀(双比例减压阀为先导级)</td><td>
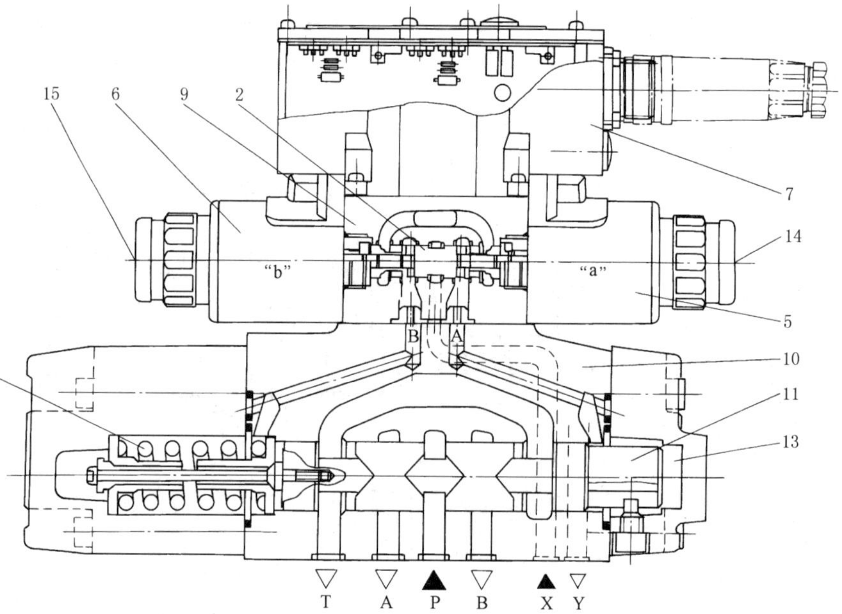

(d) 先导控制式比例方向节流阀
1—阀体;2—工作阀芯;3,4—压力测量活塞;5,6—电磁铁;7—放大器;
8—丝堵;9—先导阀;10—主阀;11—主阀芯;12—对中平衡弹簧;
13—控制腔;14,15—辅助手动操作件
图 d 为先导控制式比例方向节流阀,图 c 为其先导控制阀。该先导阀是一个由比例电磁铁控制的一组相背的三通型减压阀,它的作用是将输入的电信号转化为与之成比例的控制压力信号,用以对主阀芯的轴向位移进行控制。比例电磁铁为可调湿式直流电磁铁结构,带中心固定螺纹,线圈可单独拆卸。电磁铁的控制可以通过外部放大器或内置的放大器来实现。图 c 先导阀的主要组成部分有:带有安装底板的阀体 1,装有压力测量活塞 3、4 的工作阀芯 2,带中心螺纹的电磁铁 5、6,可选择的带内置放大器 7
图 d 主阀的主要组成部分为:先导阀 9,装有主阀芯 11 和对中平衡弹簧 12 的主阀 10
先导阀工作原理:当无输入控制电流时,先导控制阀的 A、B 油口与 P 油口不通,当比例电磁铁 6 输入控制电流时,其输出电磁力通过感受阀芯 4 传给控制阀芯 2 使之右移,减压阀口 A 开启,P 油口与 A 油口接通并在 A 油口建立压力,此压力升高,经反馈孔道作用在控制阀芯右端,直到与电磁力平衡。油口 A 经减压后的二次压力与电磁力成正比。当比例电磁铁 6 的输入控制电流或输出电磁力减小时,控制阀芯左移,A 油口与 T 油口接通,二次压力降低,直到再次与电磁力成相应的正比关系,控制阀芯恢复平衡状态
主阀工作原理:当比例电磁铁没有输入控制电流时,主阀芯 11 两端液压控制腔与回油口 T 相通,则在对中平衡弹簧 12 的作用下使主阀芯处于中位。当输入控制电流时,主阀芯由于与输入电信号成比例的控制油压力作用,克服平衡弹簧力而做相应的轴向位移。此轴向位移量(扣除遮盖量即为主阀口的轴向开度)与先导控制油压力成正比,因而与比例电磁铁的输入控制电流成正比
主阀芯 V 形节流控制边与阀体上的控制边形成过流截面,可获得较好的流量特性。这种比例方向节流阀对于同一通径的阀(主阀芯直径一样)设置不同数量的 V 形节流控制槽,可有不同的名义流量。例如通径 32 的阀其名义流量分别为 360L/min、520L/min。这种阀也有多种滑阀机能以适应各种控制要求。这个系列的比例方向节流阀已在冶金设备及其他重型机械设备的液压控制系统中得到广泛的应用
这类以减压阀作为先导级的比例方向节流阀,在先导级控制阀与功率级主滑阀之间无级间反馈,只存在先导控制阀输出压力与主阀输出轴向位移之间的压力-位移变换。这种开环控制变换不能克服液动力、摩擦力的影响,控制精度较低。但另一方面,由于先导级与功率级仅有液压力的控制关联,允许主阀有较大位移或阀口开度,可输出大流量而节流压力损失较小;而且结构配置、装配调整方便,制造精度无特殊要求
</td></tr>
</table>

续表

名称	结构及工作原理
3. 先导式比例方向节流阀(双比例节流阀为先导级)	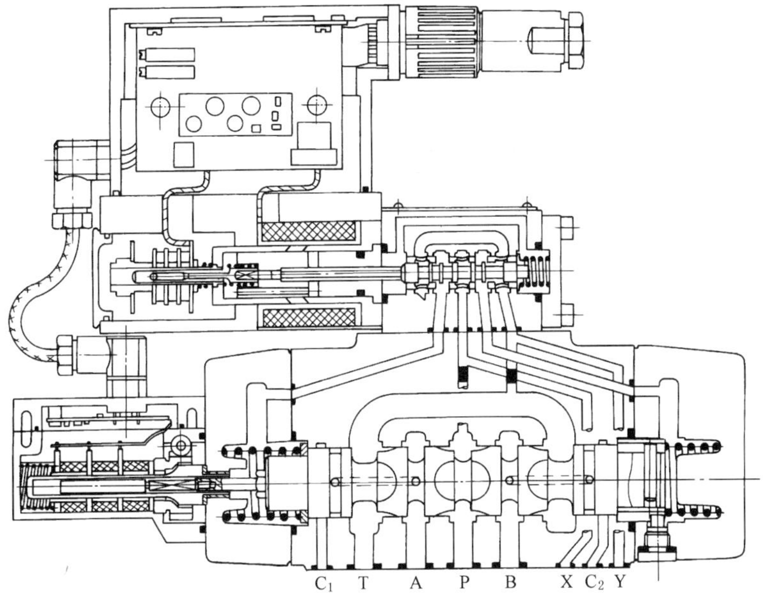 (e) 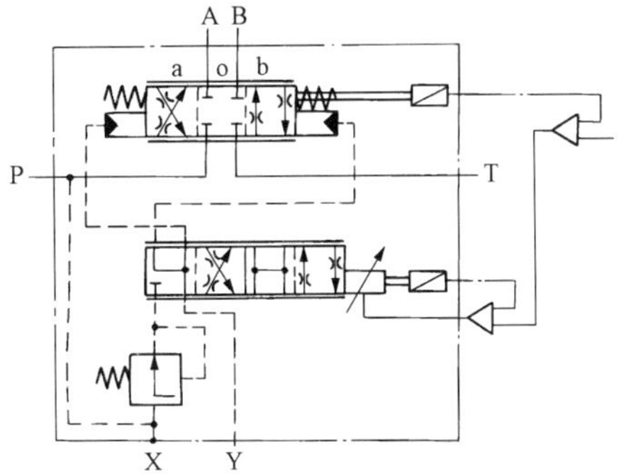 (f) 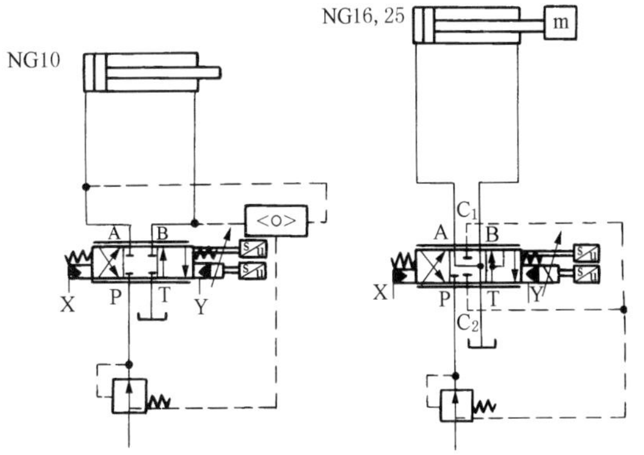 (g) 双级比例方向节流阀有如下特点:①采用没有零位死区且带阀芯位置闭环的六通径伺服比例阀作为先导级,静动态特性优异;②当电磁铁失电时,先导阀进入作为“故障保险”的第4位,主阀芯两端卸压,在对中平衡弹簧作用下,处于中位;③主阀芯位置用另一个位移传感器控制(双级电反馈),主阀芯闭环叠加在先导阀芯位置闭环上,进一步增强了控制精度和运行的可靠性;④主阀芯中带有防阀芯自转(由非全周阀口引起)的插销,能获得很好的可再现性和很高的工作极限;⑤主阀芯上备有负载压力引出口:为了与定差减压阀配合实现负载压力补偿,10通径阀中用一个梭阀引出负载压力,16、25通径阀中,负载压力通过两个附加的阀口 C_1 和 C_2 引出;⑥其他可选功能有非对称阀芯、中位泄漏油排泄等

续表

<table>
<tr><th>名称</th><th>结构及工作原理</th></tr>
<tr><td>4. PSL 型比例多路阀在定量泵供油系统中的应用</td><td>

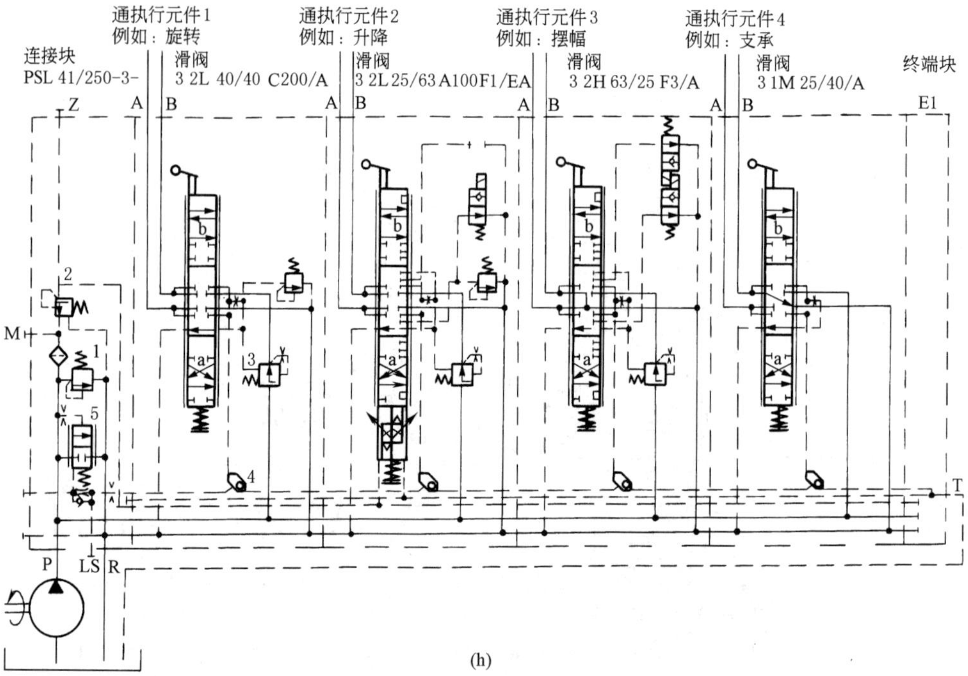

(h)

1—安全阀；2—三通减压阀；3—二通压力补偿器；
4—梭阀网络；5—三通压力补偿器

这种多路阀，最多可装 12 只控制执行元件 A 口和 B 口的滑阀，负载敏感功能的 LS 油路可以通过内部串接。图示为液压起重机的典型控制回路。这类比例多路阀用于控制液压执行器的运动方向和与负载压力变化无关的调节执行器的运动速度。应用它可使多个执行器同时并相互独立地以不同速度和压力工作，直到所需流量总和达到泵的最大流量为止（即没有抗流量饱和功能）。这类比例多路阀是一种组合式阀，它可以根据需要，进行基本功能构件和许多辅助功能的组合

</td></tr>
<tr><td>5. PSV 型比例多路阀在变量泵供油系统中的应用</td><td>

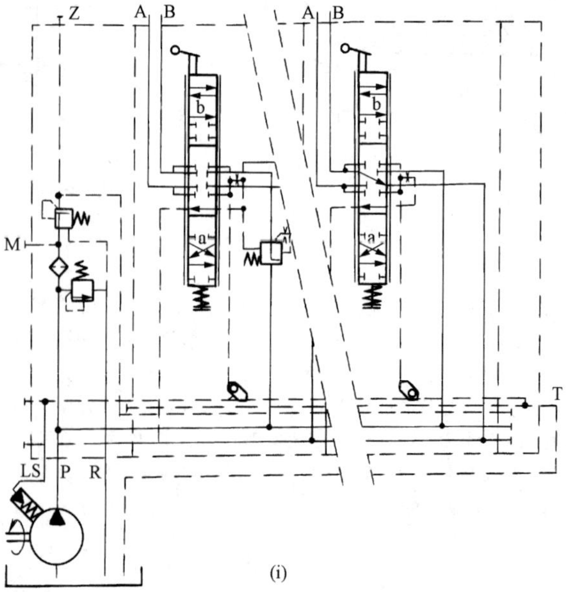

(i)

与用于定量系统的差别在于用变量泵（恒流变量泵）替代了定量泵与三通压力补偿器，但具有负载感应的更好节能效果。参阅图 20-9-21

</td></tr>
</table>

2.7 伺服比例阀

2.7.1 从比例阀到伺服比例阀

1）比例阀的主要缺陷是不能很好地用于位置、力控制闭环（尽管在放大器中设置了阶跃信号发生器，用于位置、力控制闭环时可以快速越过零位死区，但性能上总不及无零位死区的伺服阀）。由于客观条件的变化和工程应用的要求，1995 年前后开始出现新一轮的伺服比例阀，这是相对于比例技术发展初期，由伺服阀适当放松要求而得的工业伺服阀而言的。实际上，新一代的伺服比例阀出现后，为了市场竞争的需要，不少公司很快就将工业伺服阀更名为伺服比例阀。但它仍然属于老一代的伺服比例阀：关键的电-机械转换器，仍然是最大信号电流仅 20mA 量级的力马达（力矩马达）；多级阀中功率级阀口压差仍然较大。

2）伺服比例阀最重要的特征之一是阀口为零遮盖，解决了位置、压力等要求无零位死区的闭环控制。

3）伺服比例阀得以产生与发展的客观条件主要有：①原来伺服阀要求加工精度高的问题，由于制造技术的发展而淡化了；②原来伺服阀要求过滤精度高的矛盾，由于高精度过滤器件的出现和大量应用也淡化了；③对电控器，处理大电流的技术水平大为提高，为使用大电流（额定电流 2.7A，故障排除电流瞬时达 3.7A）、高可靠性的比例电磁铁提供了前提条件；④1/3 油源压力用于控制阀口的问题：比例伺服阀设计上采取区别对待的办法，小通径的单级阀，保持伺服阀的方案，能量损失问题不大；大通径的主级阀阀口保留比例阀的水平0.5~0.7MPa。

伺服阀、伺服比例阀、比例阀三种电液控制阀特点对照，参见表 20-9-7。

2.7.2 伺服比例阀

（1）结构特点

利用（大电流）比例电磁铁（不采用伺服阀的力马达或力矩马达）为电-机械转换器+首级伺服阀结构（首级用伺服阀的阀芯阀套），（首级、主级）阀口零遮盖；有些产品为了解决零漂问题，设置了第 4 位，还可实现断电时的安全保护。

（2）性能特点

无零位死区；频率响应较一般比例阀高；可靠性比伺服阀高。

（3）系统构成

与一般伺服阀或比例阀组成的闭环系统一样，见图 20-9-23。

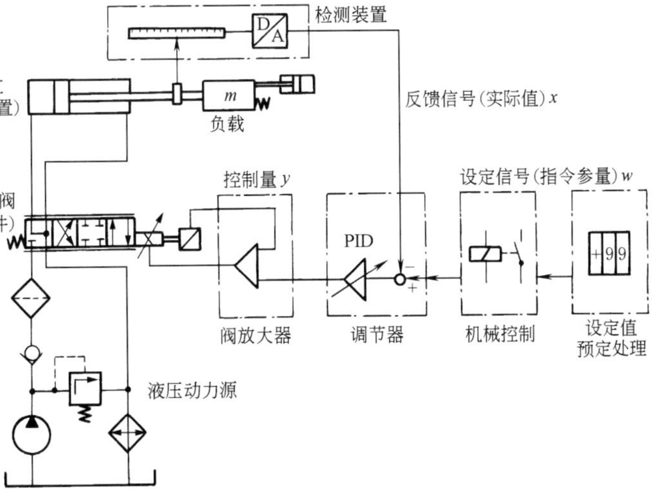

图 20-9-23　典型闭环回路

（4）名义流量与压差-流量特性

对于多级阀，与一般比例阀一样，以双阀口 0.8~1MPa 压差定义名义流量；对于单级阀，与一般伺服阀一

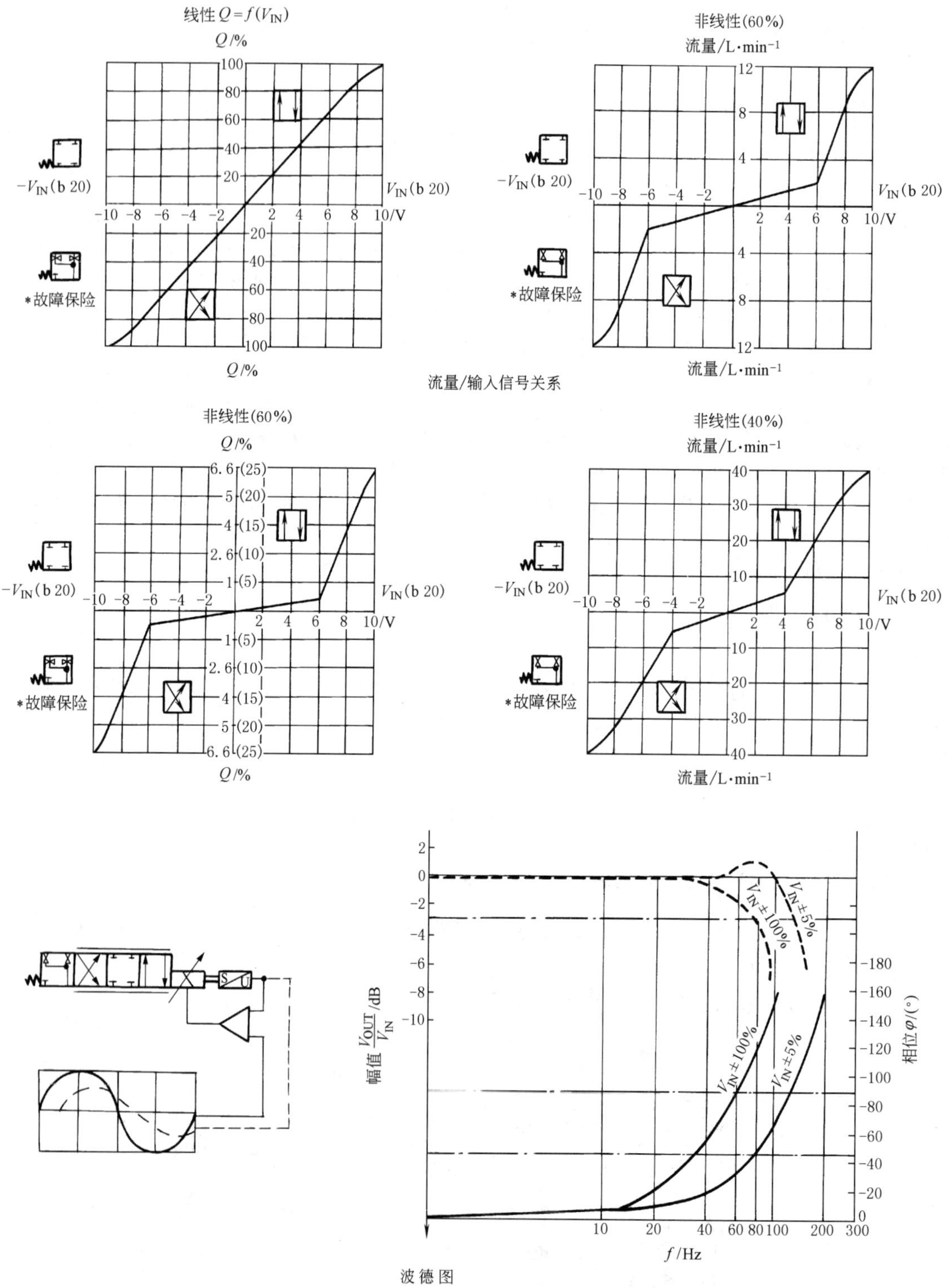

图 20-9-24　单级伺服比例阀的典型特性曲线

样，以单阀口 3.5MPa 压差定义名义流量；其他压差下的流量为 $q_{Vx}=q_{Vnom}\sqrt{\frac{\Delta p_X}{\Delta p_{nom}}}$。

(5) 阀的特性曲线

1）稳态特性：图 20-9-24 的控制特性曲线（流量与输入信号关系曲线）有线性的（增益基本不变）和各种非线性的（变增益），一般比例阀也具有这种特性。注意其条件是阀口压差 Δp=定值。

2）动态特性：与一般伺服阀一样，动态特性或用时间域的阶跃响应表示（参见表 20-9-16 比例溢流阀的若干共性问题），或以频率域的频率响应（波德图）表示。波德图的各种表述，基本与伺服阀相同。对于比例阀应特别注意以下几点。

① 由于受阀闭环工作系统非线性的制约，阀的频率响应还与输入信号幅值有关，即信号幅值还需要作为一个参量给出附加说明。一般在图上分别给出信号幅值为 $U=\pm5\%U_{max}$ 与 $U=\pm100\%U_{max}$（有些写成 5%与 100%）两种情况下的幅频与相频曲线，在实际系统中使用时可用内插法估计。

② 在一般情况下-3dB 的幅频（图示±100%时约为 73Hz）与-90°的相频（图示±100%时约为 62Hz）往往不相同。

③ 这里所得的曲线，与时域特性一样，实际上还与所在系统的液容、弹性模量等因素有关。

2.7.3 伺服比例阀产品特性示例

表 20-9-30　　伺服比例阀产品特性和典型结构示例

型　式	直动式		先导式	三通插装式
通径/mm	NG6	NG10	10、16、25、32	25、32、50
最高工作压力 p_{max}/MPa	31.5	31.5	35	31.5
单阀口压降 Δp/MPa	3.5	3.5	0.5	0.5
名义流量 q_V/L·min^{-1}	4,12,24,40	50,100	50,75,120/200,370,1000	60/150,300,600
频响(±5%额定值)/Hz	120	60	70,60,50,30	80,70,45
响应时间(信号变化 0~100%)/ms	<10	<25	p_X = 10MPa 时,25、28、45、130;p_X = 1MPa 时,85、95、150、500(p_X 为控制压力)	p_X = 10MPa 时,33、28、60
滞环/%	0.2	0.2	<0.1	0.1
压力增益/%	≈2	≈2	<1.5	1
线圈电流/A	2.7	3.7	2.7	
温漂(ΔT=72℉)/%	<1	<1	<1	<1
类型、典型结构及基本特点				
直动式	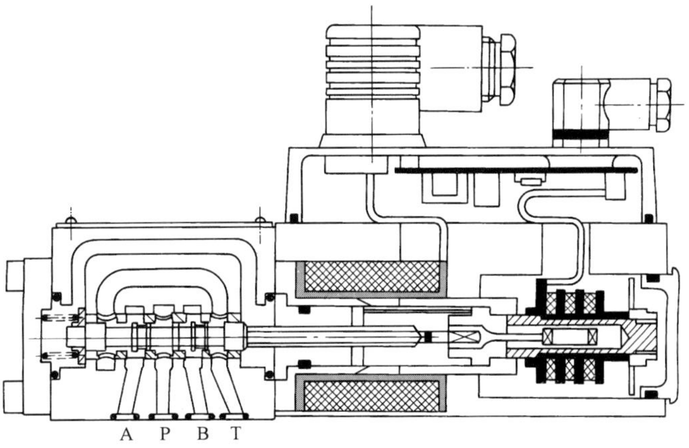			

续表

类型、典型结构及基本特点

直动式

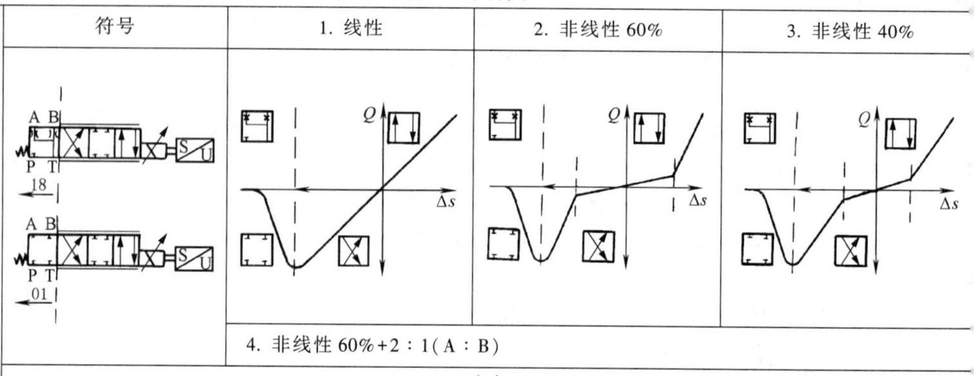

(a)

①可单独作为控制器件(阀),也可作为所有先导式伺服比例阀的先导级;②阀体配置钢质阀套,确保耐磨和精确的零遮盖;③配用位置调节型比例电磁铁,可以无级地在所有中间点达到很小的滞环;④电磁铁失电时,阀处于附加的第4位,即安全位;⑤特性曲线参见图20-9-24

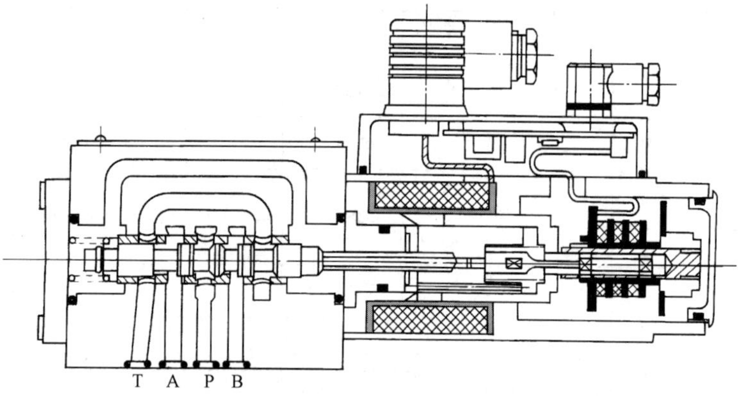

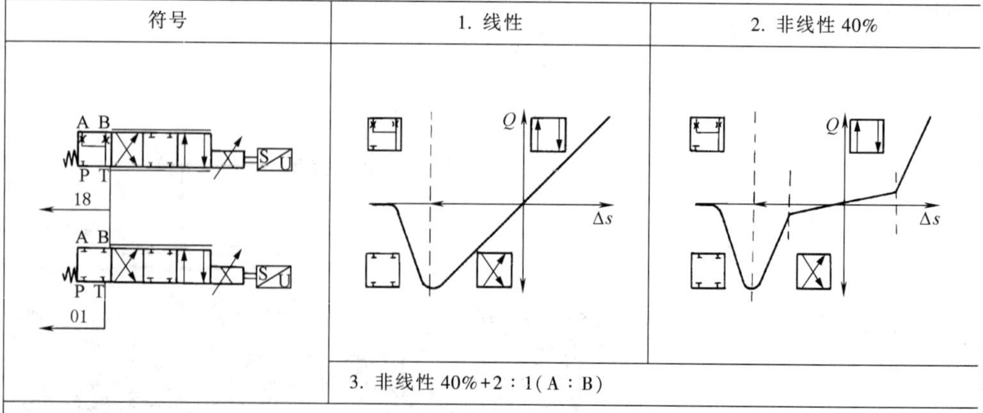

(b)

①除了不作多级阀的先导级外,基本与6通径相同;②频率响应相差较大

续表

类型、典型结构及基本特点

先导式

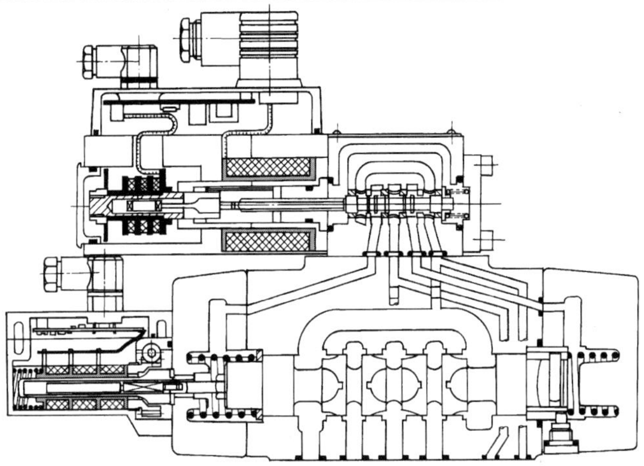

符号	1. 标准	2. 非线性 40%
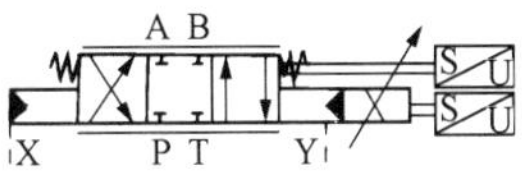	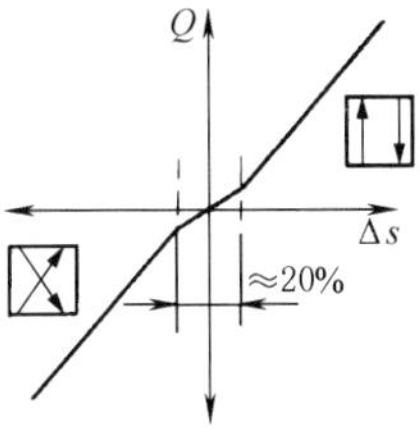	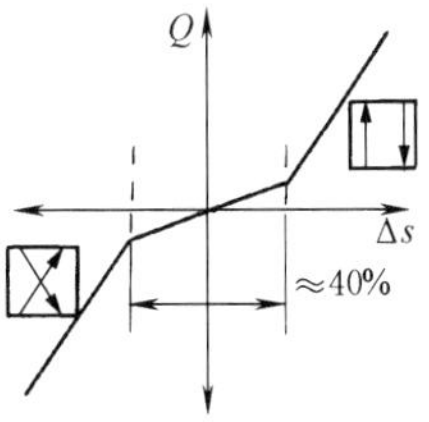
	3. 流量增益变化 40%+2：1(A：B)	

(c)

①基本结构与一般比例阀相似(表 20-9-29 中 2)，先导级用本表 6 通径伺服比例阀；②主级位移用另一个位移传感器检测，主级与先导级两个闭环回路叠加；③与比例阀具有正遮盖不同，主级中位时为零遮盖，并用耐磨的控制阀口(壳体用球墨铸铁)来保证

插装式

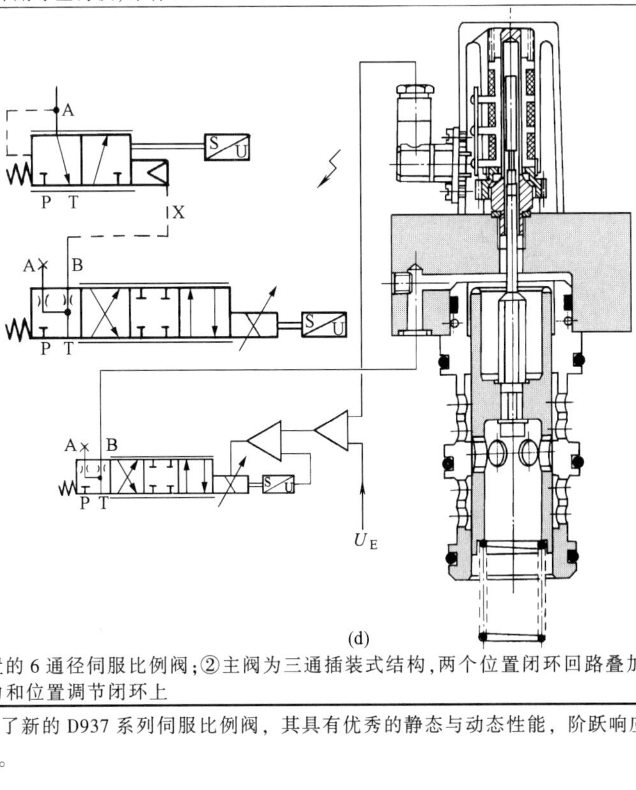

(d)

①先导级用外置的 6 通径伺服比例阀；②主阀为三通插装式结构，两个位置闭环回路叠加；③安装于朝着负载运动方向上的力和位置调节闭环上

注：2022 年 12 月 19 日穆格发布了新的 D937 系列伺服比例阀，其具有优秀的静态与动态性能，阶跃响应时间 18ms，阈值<0.2%，滞环小于 0.2%，零漂<1.5%。

2.8 电液比例容积控制

与常规液压系统一样，电液比例控制系统除了阀控系统外，也有一类容积控制系统，而且在节能、简化
统、提高运行品质与可靠性等方面有其特有的优势。目前，应用最多的是各种变量泵。

从某种意义上讲，变量泵的控制都是通过各种形式的控制阀来实现的。电液比例变量泵也不例外，在基泵
组合相关的控制阀，就可演变出不同类型的比例泵。由于往往由相关控制阀的类型（如机动、液控、电液控
电控等）引申出相应的变量泵控制方式，所以，尽管在液压阀中常常区分出相对独立的比例阀（电液比例阀）
而在液压泵中，一般就只将比例控制（电液比例控制）作为变量泵的一种控制方式，而没有必要将它相对独
成一种专门的变量泵类型。现在，几乎所有比较重要的变量泵，都有电液比例这种控制方式。

2.8.1 变量泵的基本类型

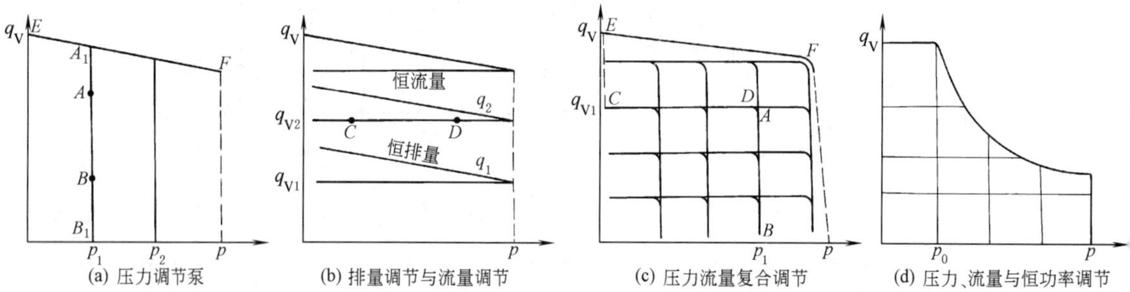

图 20-9-25 基本类型变量泵的典型 p-q_V 图

2.8.2 基本电液变量泵的原理与特点

表 20-9-31

变量泵类型	原理图	特点
变排量泵	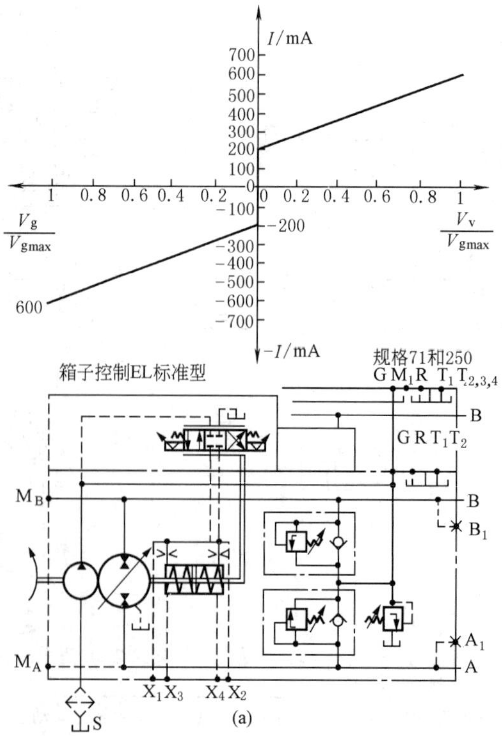	将一般变量调节阀（如压力阀、节流阀）换成电液比例压力阀、电液比例节流阀，并配上相应的电控器（参见表 20-9-40 中 8）

续表

变量泵类型	原　理　图	特　点
恒压泵	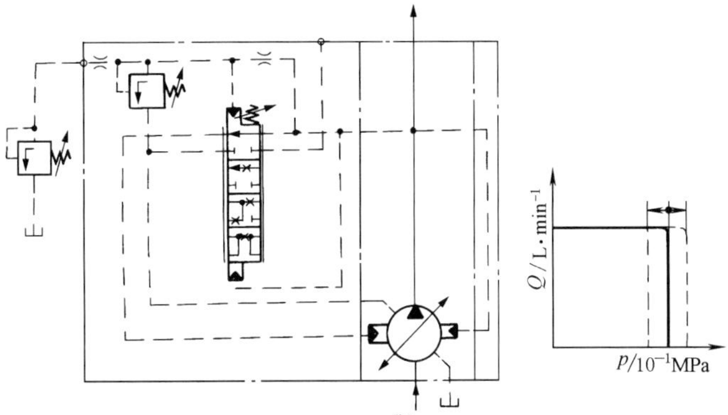 (b)	
恒流泵	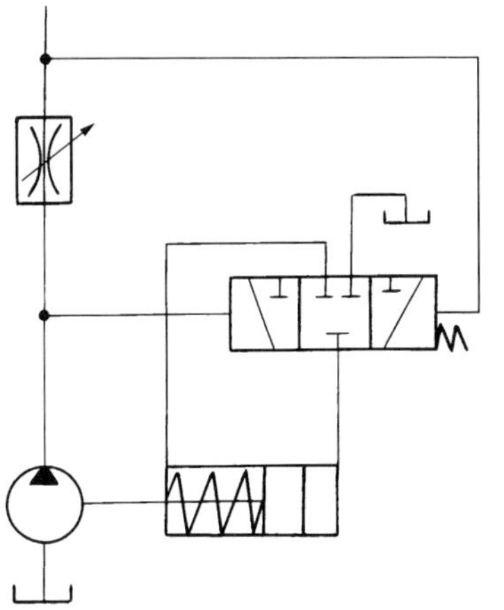 (c) 节流检测压差反馈型流量调节泵	将一般变量调节阀（如压力阀、节流阀）换成电液比例压力阀、电液比例节流阀，并配上相应的电控器（参见表 20-9-40 中 8）
压力流量复合控制泵	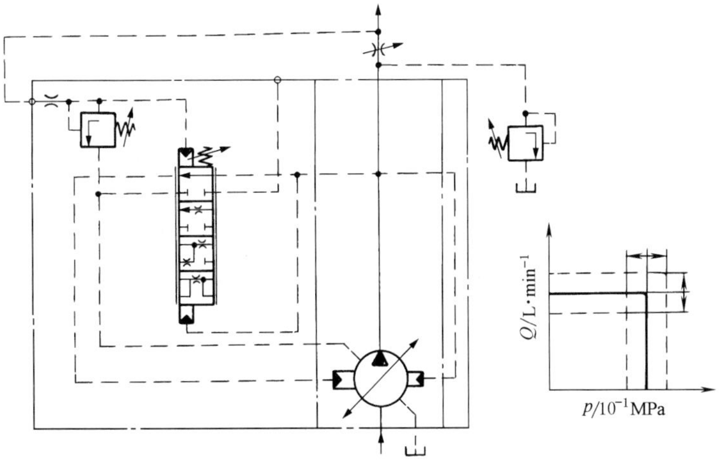 (d)	

2.8.3 应用示例塑料注射机系统

塑料注射机（简称塑机）主要用于热塑性塑料（聚苯乙烯、聚乙烯、聚丙烯、尼龙、ABS、聚碳酸酯等的成型加工。塑料颗粒在注射机的料桶内加热熔化至流动状态，然后以很高的压力和较快的速度注入温度较低的闭合模具内，并保压一段时间，经冷却凝固后，模具打开，顶出缸推杆将制成品从模具中顶出。注射成型具有成型周期快，对各种塑料的加工适应性强，能制造外形复杂、尺寸较精密或带有金属嵌件的制件，以及自动化程度高等优点，得到广泛应用。其成型工艺是一个按预定顺序的周期性动作过程。塑料注射成型机主要由合模部分注射部分、液压传动及电气控制系统等组成。

（1）塑机工艺对液压系统的基本要求

表 20-9-32

序号	机构	要　求	说　明
1	合模机构	足够的合模力	防止模具离缝而产生制品溢边现象
2		启闭模速度的调节	缩短空程时间,模具启闭缓冲避免撞击
3	注射座整体移动	注射时足够的推力	
4		适应 3 种预塑型式	注射座整体移动缸及时动作
5	注射机构	灵活调节注射压力	由原料、制品形状、模具浇注系统粗细决定
6		灵活调节注射速度	由注射充模行程、工艺条件、模具结构、制品要求决定
7		保压压力可调	使塑料紧贴型腔壁,以获得精确的形状;补充冷固收缩所需塑料,防止充料不足、空洞等弊端
8	顶出机构	足够的顶出力	
9		平稳可调的顶出速度	
10	调模机构	调模灵便	

（2）近年来，塑料注射机的产量大幅度增长，其液压系统的构成也不断发生变化。表 20-9-33 汇集了有代表性的几个典型液压系统，反映了塑机向高效率、高精密度、节能、微机控制和高度可靠性方向发展，也从一个侧面反映了液压技术、特别是电液比例控制技术在塑机系统的应用与发展情况。

表 20-9-33　　典型塑机液压系统的主要特征

类型	速度控制	压力控制	预塑	调模
多泵容积调速	多泵有级容积调速	电磁溢流阀加远程调压阀实现多级压力切换	高速马达齿轮箱减速螺杆预塑,有级变速	
单比例阀	双联泵加节流调速	比例压力阀	低速、大扭矩液压马达直接驱动螺杆预塑	液压马达驱动同步调模装置
压力流量阀	压力流量阀,压力、速度无级调节		低速、大扭矩液压马达	
压力流量泵	压力流量复合变量泵,压力、速度无级调节		直接驱动螺杆预塑,无级变速	

（3）单比例阀型塑机（以宁波通用 TF-1600A-Ⅱ塑料注射成型机为例）

1）特点　通过双联叶片泵加节流阀，实现有级速度切换；使用比例压力阀实现各种压力的无级调节；由低速、大扭矩液压马达直接驱动预塑；双缸平行式注射机构；使用液压马达驱动齿轮调模装置，迅速轻便地适应模具厚度的变化；采用五支点双曲轴液压机械式合模机构，增力比大，运动性能好；调节性能优于传统系统；压力和速度的各种不同调节均为数字化。

2）液压原理　见图 20-9-26。

（4）压力流量阀注塑机（以宁波海天 HTF150 注塑机为例）

1）特点　使用比例压力阀和比例流量阀，供给每一个操作功能所需要的压力与流量；低速、大扭矩液压马达直接驱动预塑，并能无级变速；双缸平行式注射机构；液压马达驱动调模装置，迅速轻便；调节性能和节能效果优于单比例阀系统；压力和速度的各种不同调节均为数字化。

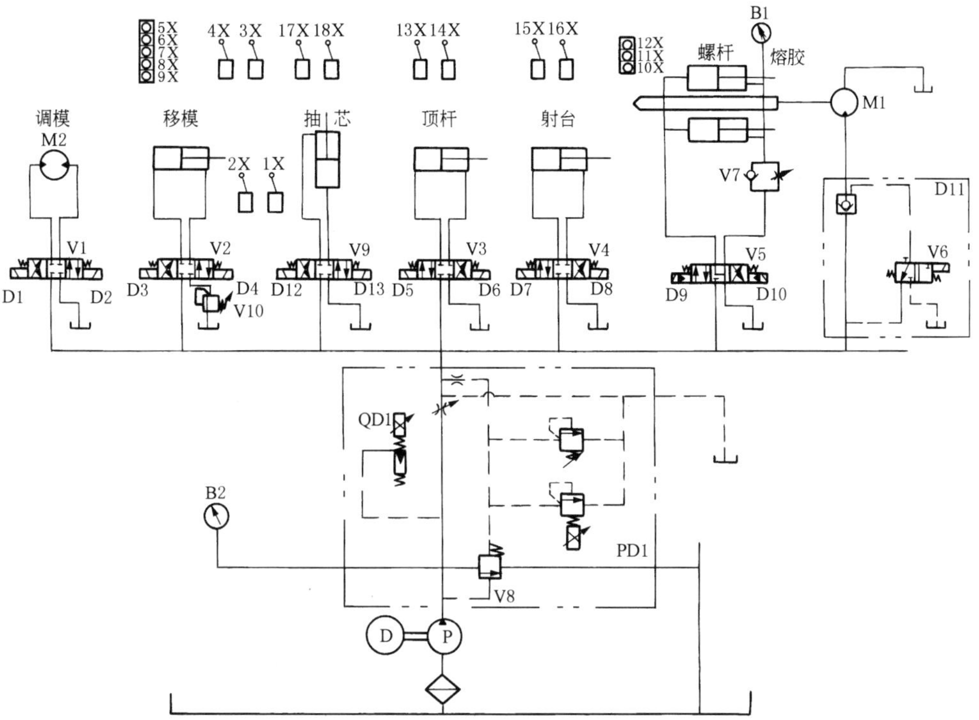

图 20-9-26 TF-1600A-Ⅱ塑料注射机液压系统

2）液压原理 见图 20-9-27。

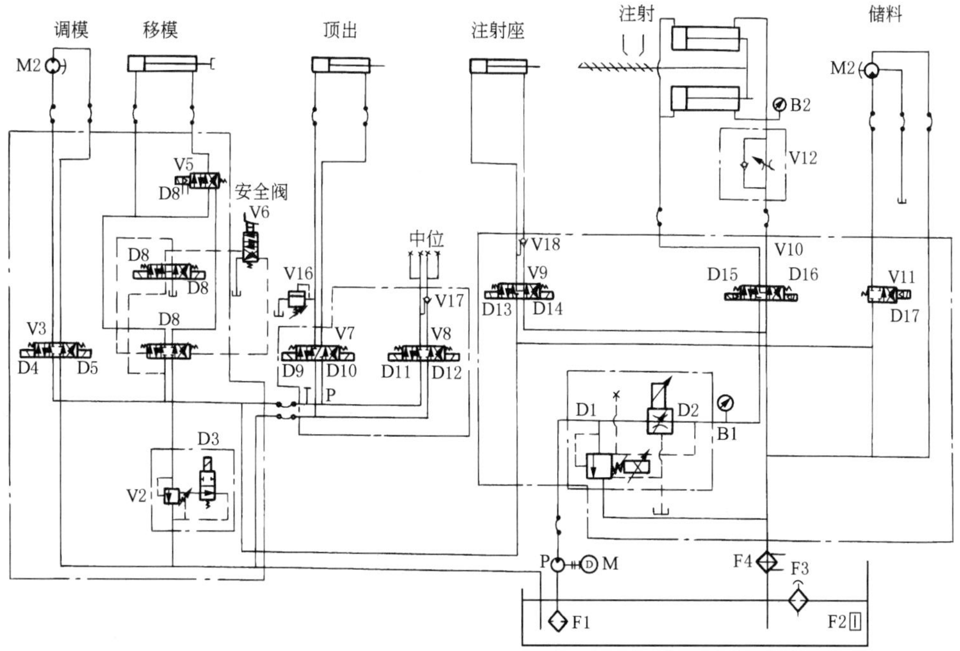

图 20-9-27 HTF150 塑料注射机液压系统

（5）压力流量泵塑机系统（BOSCH 公司）

配置压力流量泵的塑机液压系统（见图 20-9-28），与配置压力流量阀的系统相比主要差别在油源部分，具有更好的节能效果。

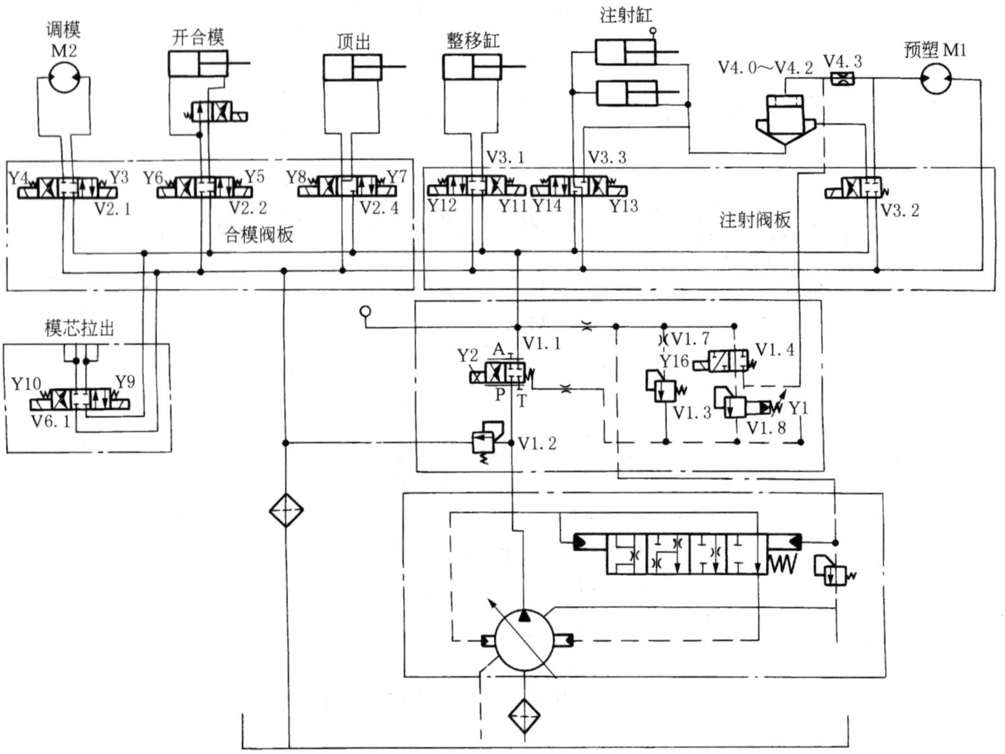

图 20-9-28　配置压力流量泵的塑机液压系统

2.9　电控器

2.9.1　电控器的基本构成

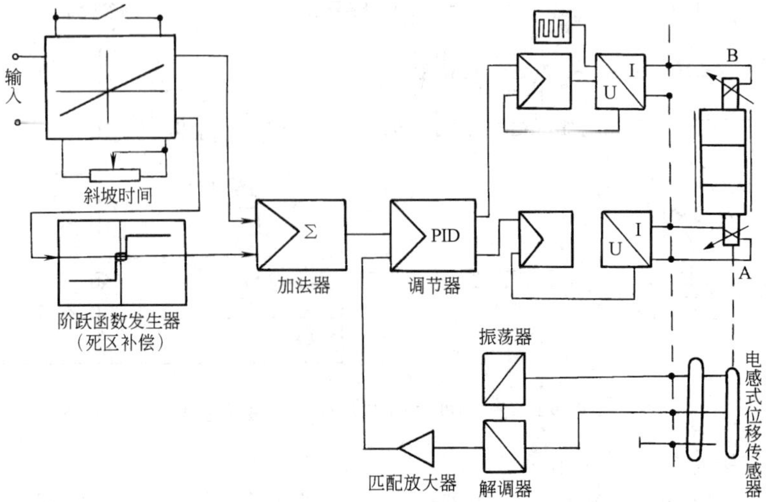

图 20-9-29　电控器基本构成

.9.2 电控器的关键环节及其功能

表 20-9-34

1. 功率放大		输入信号/V:0~10,0~±10,0~±20,0~20 输出信号/mA:0~800,0~1500,0~2500,0~2700
2. 死区补偿	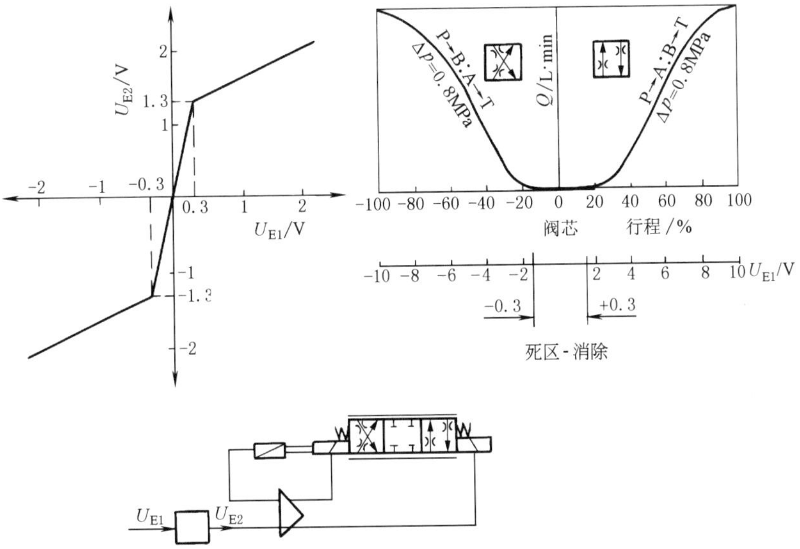 (a)	输入电压大于±0.1V时用补偿环节加大放大器输出(例如±1.3V),将(±20%总位移)正遮盖(零位死区)的影响减少到最低程度。在放大器中采用的方法是“零点跳跃”,当有一个小信号输入时,经过“零点跳跃”变成一个较大的信号,如图中0.3V变成1.3V。但还是存在一个0.3V的死区,要完全消除可采用二级跳跃方式
3. 颤振	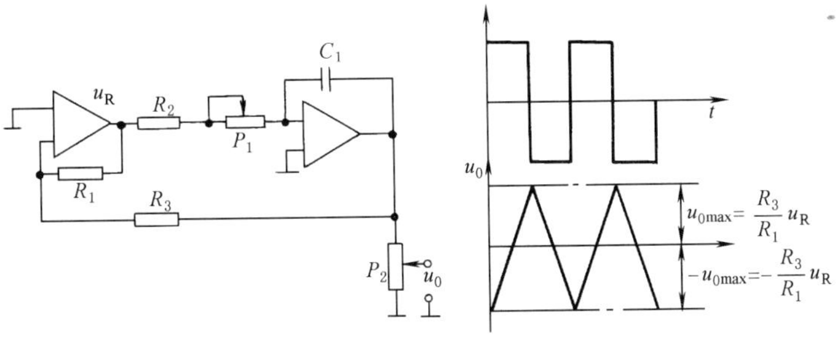 (b) 三角波颤振信号发生器	叠加在直流控制信号中的高频(50~100Hz)小振幅交流信号,用于减小摩擦力及磁滞所造成的滞环,并有利于消除卡涩现象

续表

4. 缓冲功能	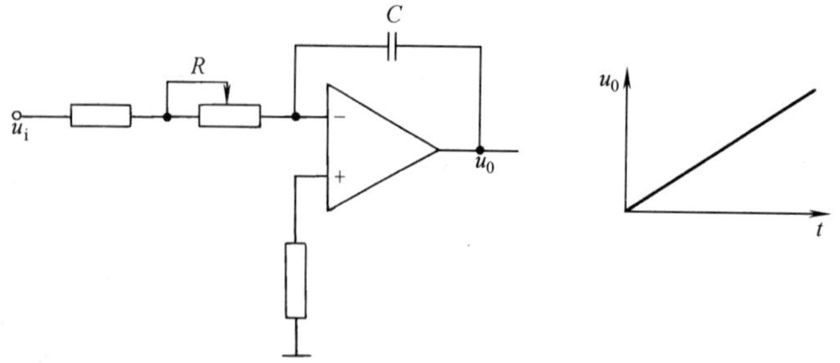 (c) 斜坡发生器 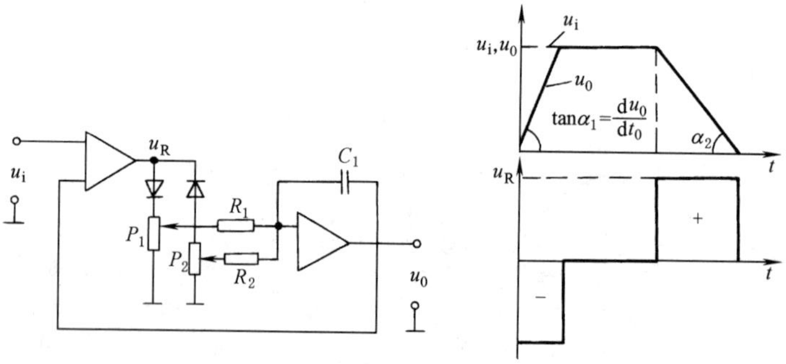 (d) 两个斜坡速率分别可调的斜坡发生器 缓冲实现方法：采用简单的RC网络，或采用积分环节+反馈方向实现。缓冲调节的是斜率，而不是缓冲时间。缓冲时间取决于缓冲斜率初值与终值的差	将设定值的阶跃输入转换成精确可控的斜坡输出（斜坡信号发生器），使压力变化或加减速过程平缓，减小冲击。由于伺服比例阀用于闭环控制，可以对控制过程进行任意调节，不必再设缓冲环节。缓冲环节的位置缓冲处于反馈外面，紧跟着信号给定环节
5. 阀芯位置闭环		电感式位移传感器LVDT：与阀芯刚性相连的铁芯跟随阀芯在差动变压器初级和差动相连的2个次级线圈中移动。从次级线圈引出的感应电压差信号表征了阀芯的位移。将此反馈信号引回放大器与输入信号相比较，形成偏差调节闭环，以自动纠正干扰，保证阀芯准确定位，减小滞环，提高控制精度
6. 脉宽调制功率输出		脉宽调制时，以恒定电源电压向电磁铁反馈一系列断通脉冲，晶体管或全通（大电流小压降）或全闭，避免了使用模拟量直流信号模式时，由于输出级通过大电流、大压降而引起的能耗与发热。脉频一般恒定为1kHz，电磁铁响应脉冲的平均电压值
7. 切断信号与电缆故障监视		在某个采用电液比例的机械中，当它继续某种运动会造成严重后果时，就要紧急停止该运动。此时，仅靠切断放大器的电信号（电流）并不能做到这一点，因为放大器的某些元件（如电容）还储存有能量，使电磁铁还可继续运动一段时间。而释放是直接切断输出级，使电磁铁立即停止运动

.9.3 两类基本放大器

(1) 模拟式放大器

功放管模拟工况，当比例电磁铁所需的电流为 I 时，功放管上的功率损失为：$I\times[24V(电源电压)-IR(电磁铁)]=24I-I^2R$。

(2) PWM 脉宽调制式

功放管只有两种工况：要么完全导通，电源电压全部加在电磁铁上，功放管的电流为最大，但压降最小(几乎为零)；要么完全截止，此时电源电压完全加在功放管上，但通过电流最小（几乎为零）。所以放大器的效率很高，功放管的放热很小。

电磁铁为一个感性元件，因此 PWM 电压信号加在它上面时，产生的电流不可能是完全的 PWM 型式，但虽有所变形，电磁铁的输出电磁力仍是基本上稳定的。

图 20-9-30 为 PWM 控制输出级。

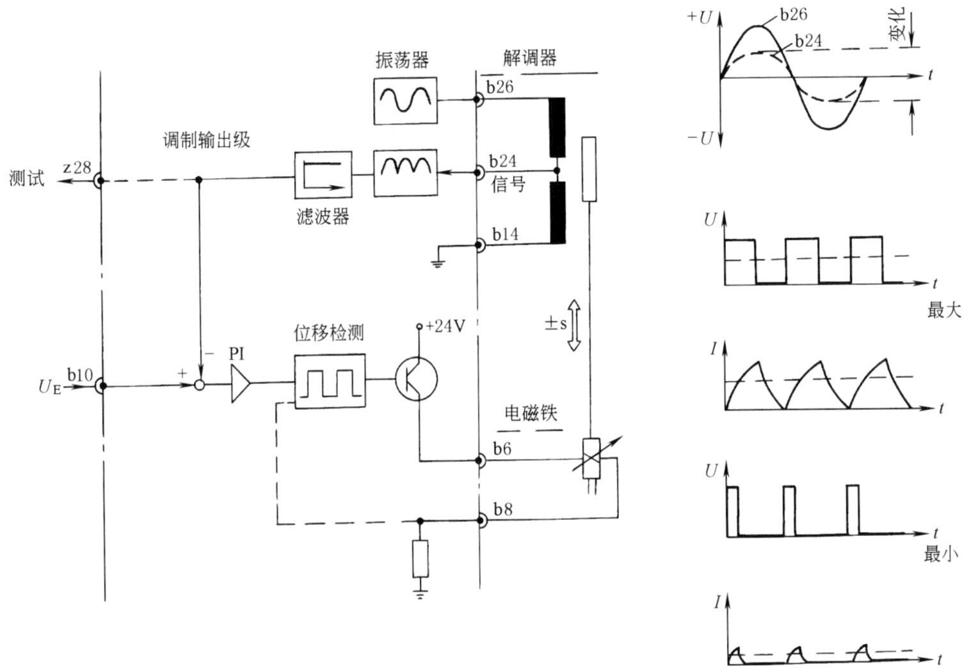

图 20-9-30 PWM 控制输出级

2.9.4 放大器的设定信号选择

① 电位器。电位器电阻的选择受两方面限制：一方面来自放大器内部稳压源的电压±10V DC 的许用电流的限制，因为一般情况下许用电流仅为十几毫安，因此，它希望电位器的阻值大一点好；另一方面，放大器信号输入端的阻抗的限制，因为放大器的输入阻抗并不是无穷大，因此电位器的阻值的大小直接影响到电位器的输出电压的线性度，要求电位器电阻小于放大器输入阻抗的 1/10。二者是相互矛盾的。

② 电流给定信号。当给定信号的传输距离比较远时，最好采用标准工业电流信号 $I=0\sim20mA$，在放大器中设有一个 500Ω 的电阻，将电流信号变换为 0~10V DC。

③ 来自可编程控制器（PLC）的模拟量输出模块的模拟信号，或来自微机的经 D/A 转换的模拟量信号。后者采用越来越普遍。

④ BCD 码拨码盘（不常用）。

2.9.5 闭环比例放大器

闭环比例阀电子放大器的原理完全同比例阀用电子放大器，但具有如下特点。

① 闭环控制比例阀一般都带位移传感器，用于检测阀芯的位移，实现阀芯位移的闭环控制，提高控制精度和响应快速性。

② 闭环控制比例阀用位移传感器上集成有调制解调器，放大器供给集成电子的位移传感器±15V DC 的电源，位移传感器输出信号为±10V DC，这个值的大小与阀的规格、形式无关，因此它是通用测量器件。

③ 由于闭环控制阀用于闭环控制，可以对控制过程进行任意调节，因此，不必再设缓冲环节。

2.10 数字比例控制器及电液轴控制器

2.10.1 数字技术在电液控制系统中的应用与技术优势

（1）数字技术在电液控制系统中的应用

数字技术对提高电液比例控制系统的性能和可靠性起到相当重要的作用，在电液比例控制系统中的应用范围已从最初的数字阀、数字比例控制器扩大到了整个系统。图 20-9-31 所示为数字技术在电液比例控制系统中的应用范围。在这个系统中，除了比例电磁铁的输入（控制器功率环节）仍采用模拟信号（电流）以外，电液轴控制器和数字比例控制器均采用数字技术实现，带有步进电机的数字阀和高速开关型数字阀也采用了数字控制技术，由此可见，整个电控系统已经完全数字化了。

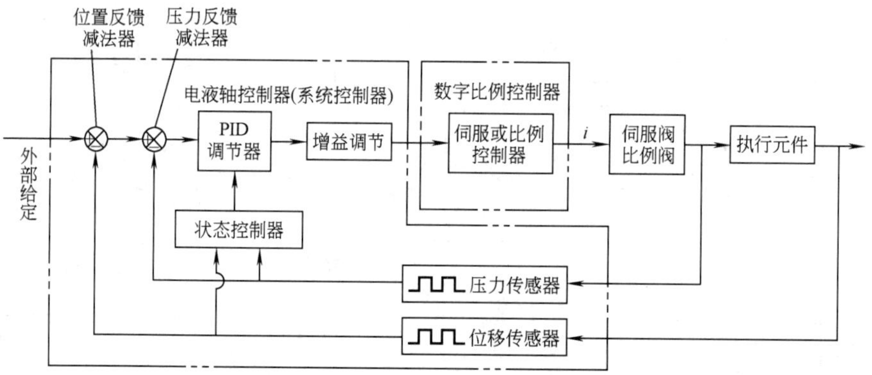

图 20-9-31 数字技术在电液比例控制系统中的应用范围示意图

（2）数字比例控制的技术优势

表 20-9-35

1. 提高产品性能，增强系统功能	采用软件代替部分复杂硬件，实现复杂的运算，简化系统结构，提高系统控制精度和稳定性。可采用智能控制理论形成先进的控制手段，使电液比例控制系统获得最优性能
2. 产品通用性强	同一种规格的数字比例控制器或电液轴控制器，适用于控制功能相同、仅参数不同的比例元件或比例控制系统（可参见表 20-9-36）。不同的比例元件或比例控制系统的参数设置，通过调整软件中的变量来完成。采用数字控制器的系统，元件的通用化程度高，系统的结构柔性好
3. 参数调整和配置灵活、方便	普通模拟式比例控制器所具有的增益和零点调整、斜坡上升和下降过程时间调整的功能，数字比例控制器照样具备。此外，数字比例控制器还可对输出信号的频率、阶跃特性进行修正，以优化比例阀的控制特性 数字式比例控制器中的斜坡信号发生器除了可产生单独的等加速或等减速斜坡信号外，还可输出 S 形斜坡信号，如图 20-9-32 所示。S 形斜坡信号的应用可使设备的运行更平稳

续表

3. 参数调整和配置灵活、方便	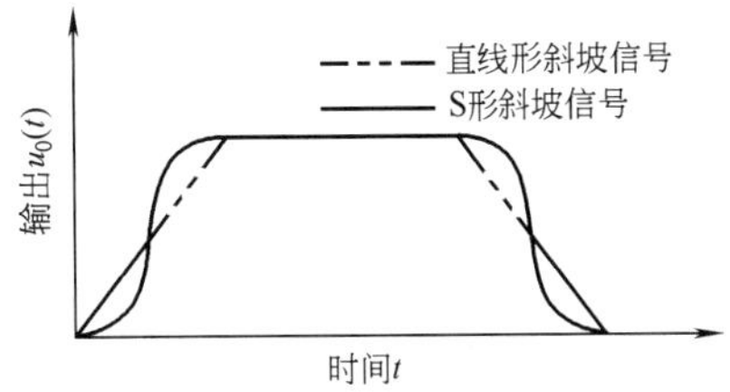 数字比例控制器输出的S形信号
4. 可精确备份用户的专用数据,以免调整好的参数丢失或被修改	这一功能对用户特别重要。对使用模拟式控制器的用户来说,控制器的参数最初是由设计和调试人员调整好的,但在往后的使用过程中,特别是当换上新的控制器或新的比例阀的时候,控制器的最佳工作状态往往需要维护人员重新进行调整,而这时模拟式控制器的技术参数便取决于调整人员的经验和技术水平 采用数字比例控制器后,调整好的技术参数保存在存储器(EPROM、EEPROM)中,当更换数字比例控制器时,只要将原来存储的参数重新调进新的控制器中即可,这就实现了系统参数的专家级管理
5. 输出故障状态信号	数字比例控制器上的存储器保存最近的信号数据和状态数据,当出现故障时,故障状态输出端口输出错误信息,帮助诊断设备故障。用户也可以调出这些数据,分析故障原因
6. 通信功能	编程器和数字比例控制器之间,多块数字比例控制器之间可通过通信接口完成数据交换
7. 采用标准的数字量输入输出接口	便于与计算机、传感器等标准仪器、仪表直接连接,简化了系统的接口设计

2.10.2 数字比例控制器

(1) 数字比例控制器的基本功能

表 20-9-36

比例控制器的类型	比例控制器的功能	
不带位移电反馈的数字比例控制器	可完成力控制型和行程控制型比例电磁铁的控制,如 REXROTH 的 VT-VSPD-1 型数字比例控制器可控制 4WRA、WRZ 系列比例方向阀,DBE、DBET、DBEP 系列比例溢流阀,DRE、ZDRE、3DRE、3DREP 系列比例减压阀	
带位移电反馈的数字比例控制器	带电感式位移传感器	可完成对含有电感式位移传感器比例阀的控制,如 REXROTH 的 VT-VRPD-1 型数字比例控制器可控制 2FRE、FES 系列比例流量阀和 4WRE(1X 系列)比例方向阀
	带差动变压器式位移传感器	可完成对含有差动变压器式位移传感器比例阀的控制,如 REXROTH 的 VT-VRPD-2 型数字比例控制器可控制 4WRE(2X 系列)比例方向阀

(2) 典型数字比例控制器的组成与工作原理

数字比例控制器采用一个功能强大的微型控制器(核心单元),通过设计合理的外围电路和特定的控制程序,由软件完成信号的传输、转换、运算、存储、参数调用、控制(含程序调用和闭环位置控制)等不同的功能。

不带位移电反馈的数字比例控制器的原理框图如图 20-9-32 所示。

带位移电反馈的数字比例控制器的原理框图如图 20-9-33 所示。这种控制器与比例阀及其位移传感器一起构成位置闭环控制系统。

二者的组成与工作原理说明见表 20-9-37,表中部件代号见图 20-9-32 和图 20-9-33 中的功能模块编号。

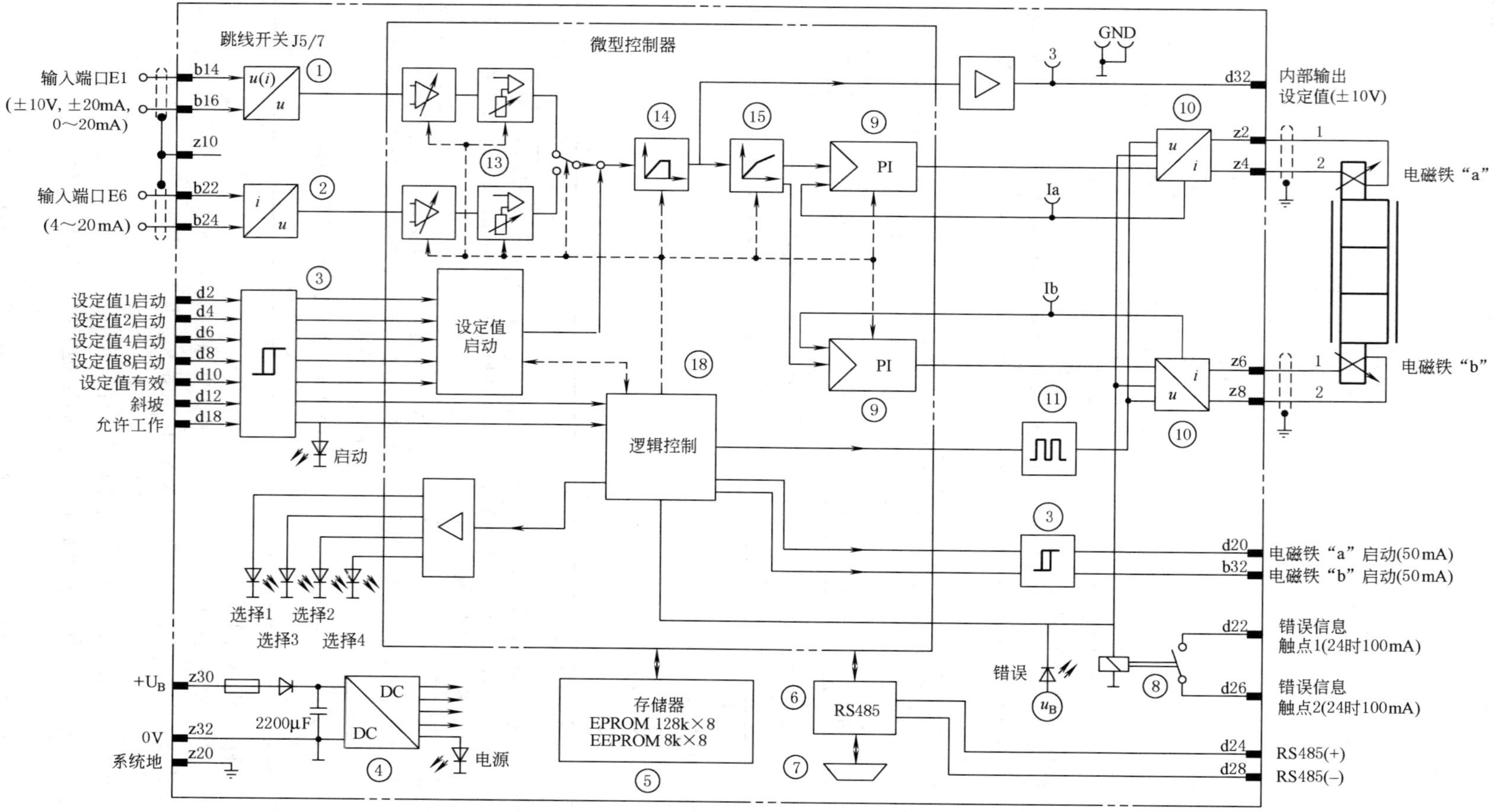

图 20-9-32　不带位移电反馈的数字比例控制器原理图

①—U/U 或 I/U 转换器（跳线开关）；②—I/U 转换器；③—电平转换器；④—开关型电源；⑤—程序和数据存储器；⑥—串行接口；⑦—前 MDSM 插头；⑧—故障输出继电器；⑨—PI 电流调节器（软件）；⑩—输出端口；⑪—可调脉冲发生器；⑬—调整环节（软件）；⑭—斜坡信号发生器（软件）；⑮—特性曲线生成器（软件）；⑱—控制逻辑（软件）

测量端口：1—实际值（相对 2）；3—内部设定值；Ia—电磁铁电流“a”；Ib—电磁铁电流“b”；GND—基准电位（0V）

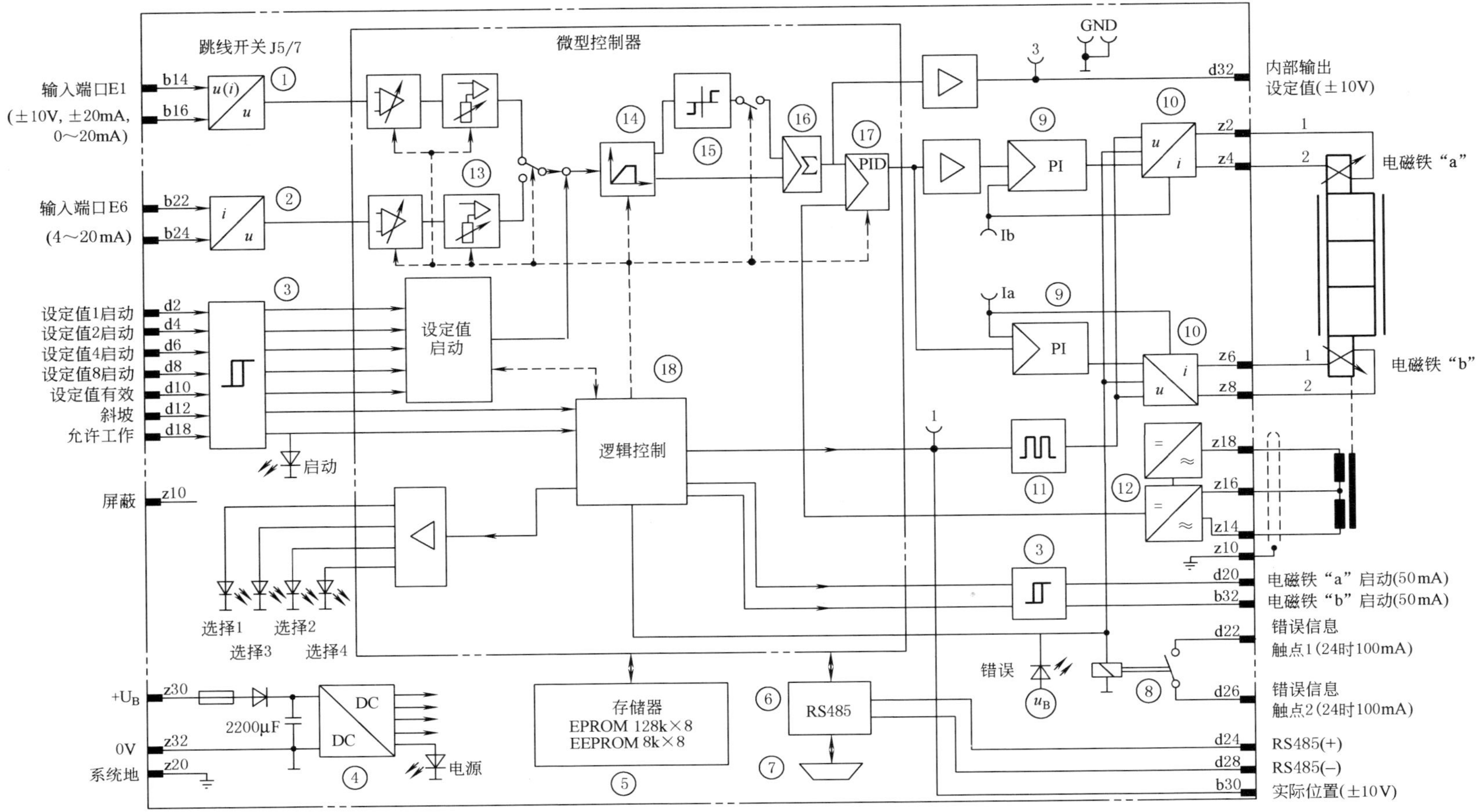

图 20-9-33　带位移电反馈的数字比例控制器原理图

①—U/U 或 I/U 转换器（跳线开关）；②—I/U 转换器；③—电平转换器；④—开关型电源；⑤—程序和数据存储器；⑥—串行接口；⑦—前 MDSM 插头；⑧—故障输出继电器；⑨—PI 电流调节器（软件）；⑩—输出端口；⑪—可调脉冲发生器；⑫—调制器/解调器；⑬—调整环节（软件）；⑭—斜坡信号发生器（软件）；⑮—特性曲线生成器（软件）；⑯—加法器（软件）；⑰—PID 控制器（软件）；⑱—控制逻辑（软件）

测量端口：1—实际值（相对 2）；3—内部设定值；Ia—电磁铁电流“a”；Ib—电磁铁电流“b”；GND—基准电位（0V）

表 20-9-37

数字比例控制器的组成		作用与工作原理
1	电压与电压或电流与电压转换器	与模拟量输入端口连接，接受外部提供的±10V，±20mA 或 0~20mA 等标准信号。使用时，先把输入端口用跳线开关设置成所需要的电流或电压信号，再通过设定值启动端口(电平变换器 3 的输入口)配置参数。根据设定的字首数字启动所选择的标准信号
2	电流与电压转换器	与模拟量输入端口连接，接收外部提供的 4~20mA 的标准信号。使用时也要通过设定值启动端口(电平变换器 3 的输入口)配置参数
3	电平变换器	将来自“设定值 1、2、4、8 启动”(d2、d4、d6、d8)、“设定值有效”(d10)、“斜坡”(d12)、“允许工作”(d18)的外部开关电压信号转换成微型控制器能够识别的高低电平信号 为了控制启动程序，可把设定值自动启动到可编程时序和可编程顺序控制过程当中。这时，信号“设定值有效”应设置为不起作用(低电平)，否则，输入“设定值 1,2,4,8 启动”设定具有优先权 连接 d20、b32 的电平变换器输出电磁铁“b”和“a”工作正常与否的监视信号
4	开关电源	用来提供内部芯片所需的各种直流电压
5	程序和数据存储器 EPROM EEPROM	EEPROM 保存程序和放大器的专用数据(配置、设定值、比例阀和系统参数)，由四个二进制代码的数字量输入信号调用。该存储器最多可储存 16 组参数，其中一组可使阀芯位置(带斜坡时间和顺序控制)给定值有效
6	串行接口	可完成受控阀型号的选择、给定值输入端口的选择和配置、斜坡信号发生器和使能输入的选择和设置、程序控制有效的启动，以及给定值接通、参数偏差等参数设置 串行接口 6 可分别连接编程器和编程计算机
7	MDSM 插头	控制器前面板上与编程计算机通信的插头
8	故障输出继电器	如果出现逻辑控制错误、反馈信号电缆和 4~20mA 设定值输入电缆断开，以及“允许工作”信号无效等故障，则监测到的故障均产生 1 个错误信息，并打开继电器触点 8，由前面板上的发光二极管显示“故障”。可对“允许工作”信号进行设置，使“允许工作”无效不作为错误显示
9	PI 电流调节器	设定电流对电压的比例尺
10	输出端口	将控制电压信号按比例转换为控制比例电磁铁的电流信号 如果正设定值在电磁铁“b”中产生电流，则负设定值在电磁铁“a”中产生电流
11	可调脉冲发生器	调整控制器输出级的频率(PWM 脉宽调制式功率放大器)
12	调制器/解调器	提供位移传感器的调制信号，输出位移电信号。不带位移电反馈的数字比例控制器无此环节
13	调整环节(软件)	用软件完成信号调理(输入匹配)、调节增益、修正零点偏移量，调整的结果(设定值之和)加到斜坡信号发生器 14 的输入端
14	斜坡信号发生器(软件)	可分别产生等加速、等减速及 S 形斜坡信号
15	特性曲线生成器(软件)	使设定值与所选比例阀相匹配。为了任意选择一个阀，可以对特性曲线生成器 15 和可调脉冲发生器 11 进行编程(由用户决定)。匹配的内部设定值可在测量口 3 和接线端子 d32 上检测到 阀芯机能为“E”的 WRE 型阀，阶跃函数发生器 15 可实现阀芯零位遮盖区突跳
16	加法器(软件)	将给定信号与位移传感器检测到的阀芯反馈信号进行比较，并给出偏差信号。不带位移电反馈的数字比例控制器无此环节
17	PID 控制器(软件)	用于调整比例阀位置闭环控制系统的综合性能(稳定性、快速性、稳态误差等)。不带位移电反馈的数字比例控制器无此环节
18	控制逻辑(软件)	对数字输入口的监测、两个输出量 10 的控制、故障继电器 8 的输出和所有内部功能的控制均通过控制逻辑 18 实现

2.10.3 电液轴控制器

(1) 电液轴的概念

电液控制系统中执行元件上的独立受控制参数称为电液轴。一个电液轴表示电液控制系统中一个被控制对象及其受控参数的集合。

电液轴控制器是电液轴控制系统中的电控装置，采用计算机控制原理的功能化的系统控制产品。它本质上是一个计算机控制系统。

(2) 电液轴控制系统的构成（以单轴控制器为例）

单轴控制器与阀控缸组成的电液轴控制系统如图 20-9-34 所示。

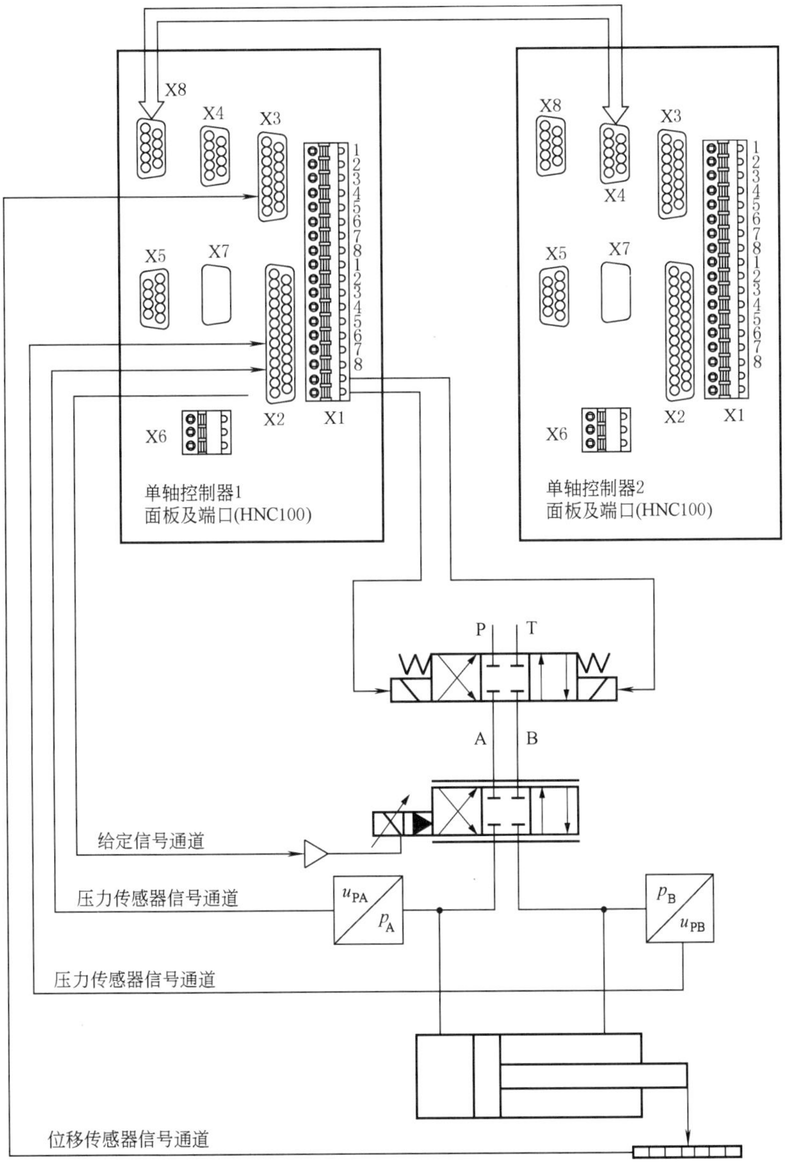

图 20-9-34　单轴控制器与阀控缸组成的闭环控制系统

X1—数字量输入输出接口；X2—模拟量输入输出接口；X3—编码器接口；X4，X8—CAN 通信接口；X5—Profibus DP、INTERBUS-S（OUT）通信接口；X6—供电端子；X7—CANopen、INTERBUS-S（IN）的串行通信口

显然，这是一种基于模块化思想构造系统的方法。通过设定端口参数和编写程序，就可设计出不同的电液控制系统。采用这种方法组建电液控制系统使硬件和接口设计变得相当简单，且系统设计具有很大的灵活性。

从图 20-9-34 的控制面板可知，通用的电液轴控制器提供了功能强大的接口。确定输入装置和检测元件的信号类型几乎不受限制。

单轴控制系统原理框图如图 20-9-35 所示。

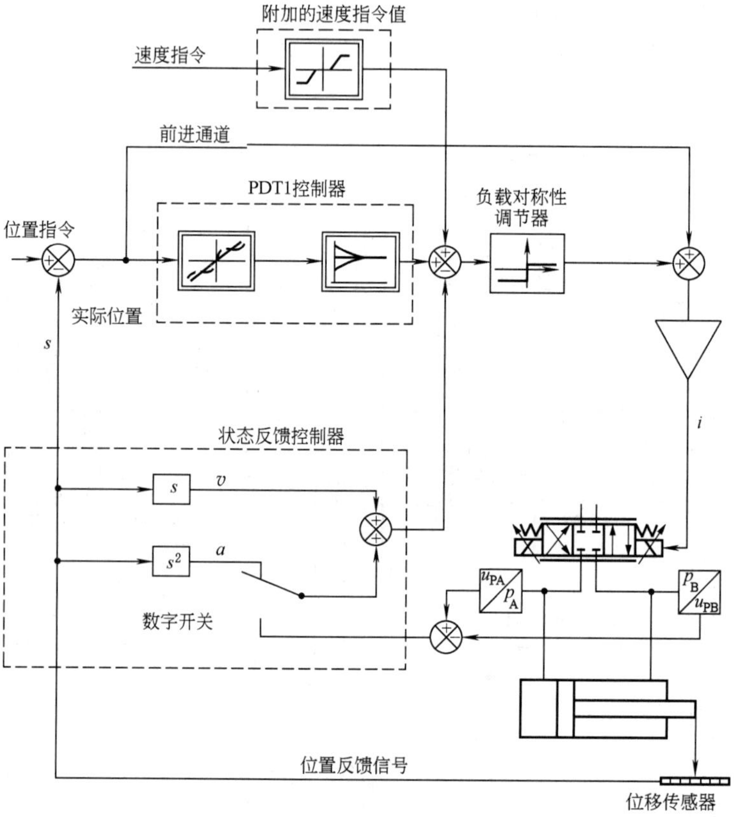

图 20-9-35　基于单轴控制器的电液控制系统原理框图

（3）电液轴控制器的分类

表 20-9-38

1. 按控制电液轴的数量分类	单轴、双轴和多轴
2. 按系统参数的通用性分类	通用、专用
3. 按电液轴控制器的结构分类	集成式、分体式

（4）通用电液轴控制器的组成与主要功能

表 20-9-39

电液轴控制器的组成		主要功能
1	位置控制器（采用软件激活）	①可实现 PDT1 控制，即比例、微分、时间控制 ②状态反馈和设定值前馈 ③单台双轴或多轴数字比例控制器可完成双缸或多缸比例同步控制，多台单轴数字比例控制器通过总线可实现多缸位移的比例运动 ④可进行零位误差补偿、精确定位及“与位置相关的制动”，位置控制精度高 以位置控制系统为例，负载变化引起位置稳态误差的过程如图 a 所示

续表

<table>
<tr><th colspan="2">电液轴控制器的组成</th><th>主要功能</th></tr>
<tr><td>1</td><td>位置控制器(采用软件激活)</td><td>
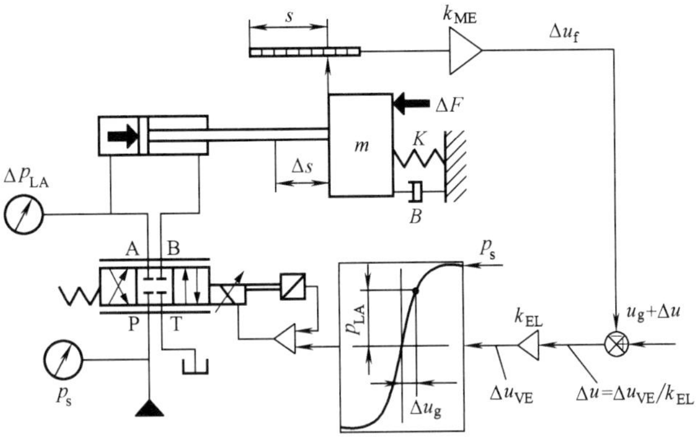

(i) 电液位置控制系统原理图
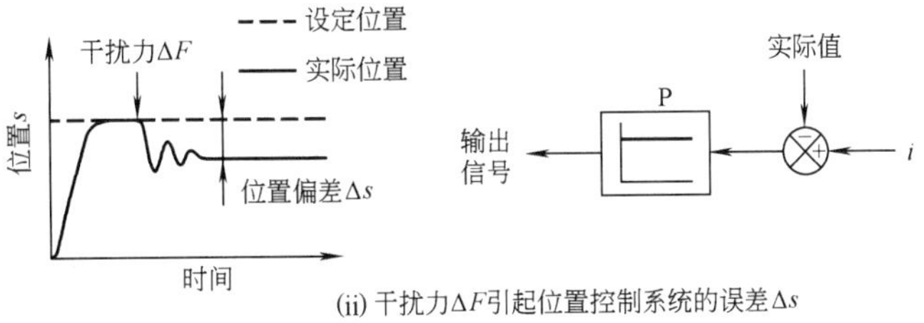

(ii) 干扰力ΔF引起位置控制系统的误差Δs
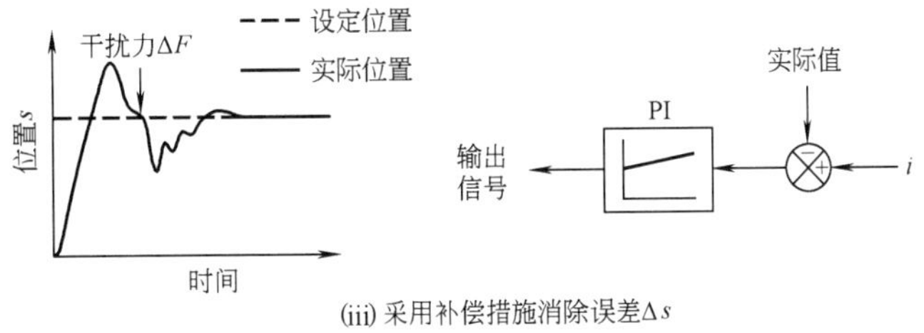

(iii) 采用补偿措施消除误差Δs
(a) 负载变化引起的位置控制系统稳态误差示意图

在图 a 中，如果没有采取补偿措施，则当负载变化 ΔF 时，液压缸就会产生 Δs 的位置控制误差。采用电液轴数字控制技术后，计算机检测到偏差 Δu 后，可调用补偿模块，减小甚至消除位置控制误差 Δs
⑤通过软件生成线性增益和内弯曲特性曲线，解决了比例阀控制特性的非线性问题，如图 b 所示
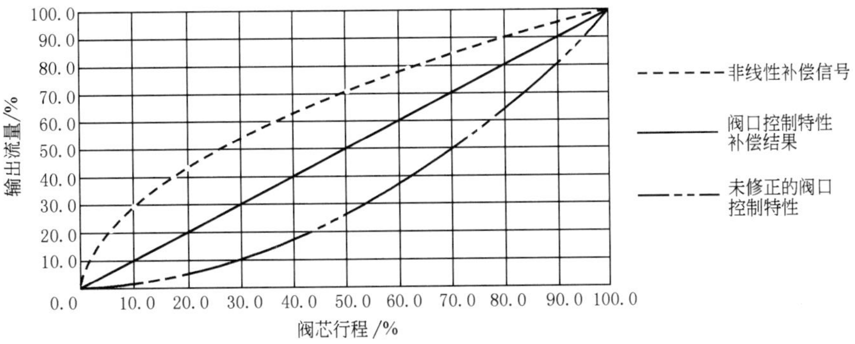

(b) 液压阀口的非线性及其补偿效果

⑥增益调节可编程。电液比例控制系统执行元件(电液轴)上的负载不对称引起系统控制参数不匹配，通过 NC 程序进行增益更换和增益的方向调整，可解决负载不对称引起电液轴上控制参数
</td></tr>
</table>

续表

<table>
<tr><th colspan="2">电液轴控制器的组成</th><th colspan="2">主要功能</th></tr>
<tr><td>1</td><td>位置控制器(采用软件激活)</td><td colspan="2">不匹配的问题,如图 c、图 d 所示
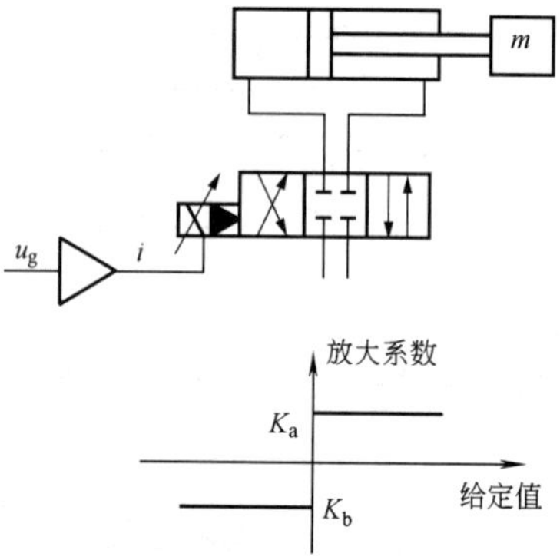

(c) 控制回路放大系数不对称
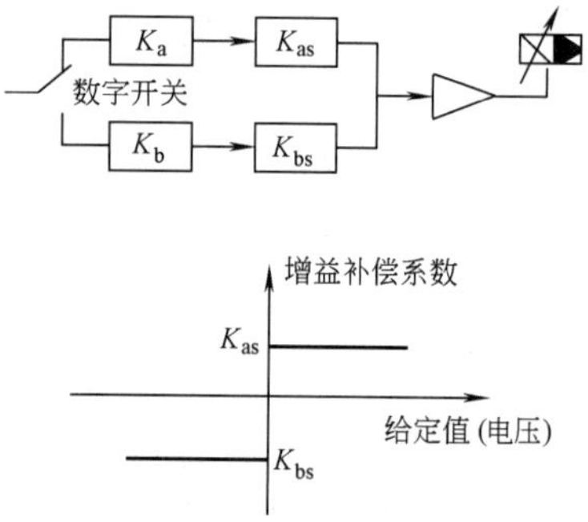

(d) 修正控制回路的不对称性
采用不同的补偿系数修正回路增益,可获得液压缸前进和后退时所需要的系统增益,即
$$K_aK_{as}=KK_bK_{bs}$$
式中 K——执行元件前进、后退时系统要求的不同增益的比例系数
K_a——补偿前液压缸前进的回路增益
K_b——补偿前液压缸后退的回路增益
K_{as}——液压缸前进时的回路增益补偿系数
K_{bs}——液压缸后退时的回路增益补偿系数
通过上述措施,可得到液压缸在不对称负载工况下的运动对称关系,如图 e 所示
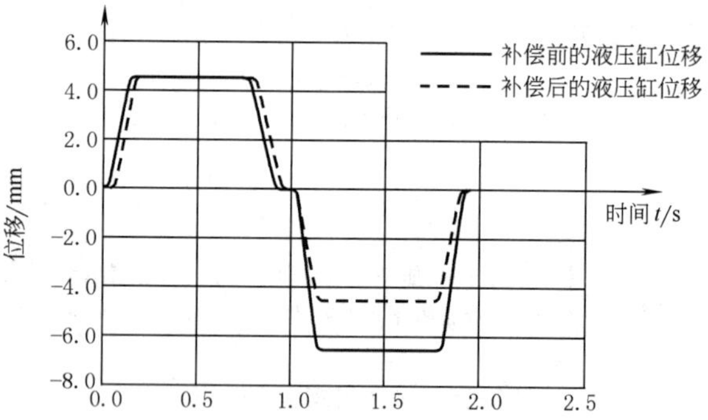

(e) 采用增益补偿前后的液压缸运动对称关系</td></tr>
<tr><td>2</td><td>压力/力控制器(软件)</td><td colspan="2">①可实现 PIDT 控制,即比例、积分、微分、时间控制
②可通过编程界面引入或取消积分环节
③可完成压差估算</td></tr>
<tr><td>3</td><td>速度控制器(软件)</td><td colspan="2">①可实现 PI 控制,即比例、积分控制
②可通过编程界面引入或取消积分环节</td></tr>
<tr><td>4</td><td>监测模块</td><td colspan="2">系统状态动态监测、编码器及 4~20mA 传感器电缆断路监测,故障诊断与显示</td></tr>
<tr><td rowspan="2">5</td><td rowspan="2">输入/输出接口</td><td>模拟量</td><td>接收或输出±10V,±20mA、0~20mA、4~20mA 等标准信号</td></tr>
<tr><td>数字量</td><td>接收或输出 8 位、12 位、16 位等二进制编码</td></tr>
<tr><td>6</td><td>串行接口</td><td colspan="2">RS232、Profibus DP、CANopen、INTERBUS-S 等通信端口</td></tr>
<tr><td>7</td><td>程序和数据存储器 Flash EPROM EEPROM、RAM</td><td colspan="2">EEPROM 保存程序和系统的专用数据(配置、设定值等)
数据存储器可记录多通道数据(给定信号、反馈信号、压力信号),这些数据可通过通信口读取,还可显示在编程界面上。这方便了设备的调试和故障诊断</td></tr>
</table>

(5) 基于电液轴控制技术的液压控制系统设计与调试方法

单个电液轴位置控制器构成的系统如图 20-9-36 所示。

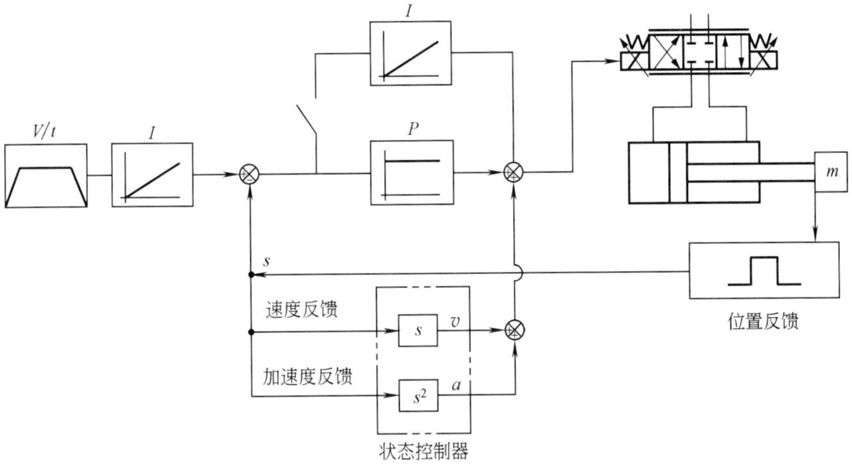

图 20-9-36　单轴控制系统原理图

图中，液压缸、比例阀、传感器的设计选型与模拟式电液比例控制系统的设计方法没有区别。控制器选型时，其功能、快速型和通道数量满足要求即可。接口参数的匹配和系统控制参数的调整通过软件编程完成，必要时可调用已有的功能模块。这种基于硬件和软件模块化的设计方法可加速设计进程。

电液轴位置控制系统调试的步骤和要点如下。

1）先关掉积分开关 I 和状态控制器（在编程界面中完成）。

2）将比例系数 P 设为零，再逐渐增加比例控制器的比例系数 P，直到观察到执行元件开始出现高频振荡现象，此时对应的 P 值为 P_{max}。该现象可通过位置传感器或压力传感器的数据通道由示波器或上位机编程界面看到。如图 20-9-37 所示。

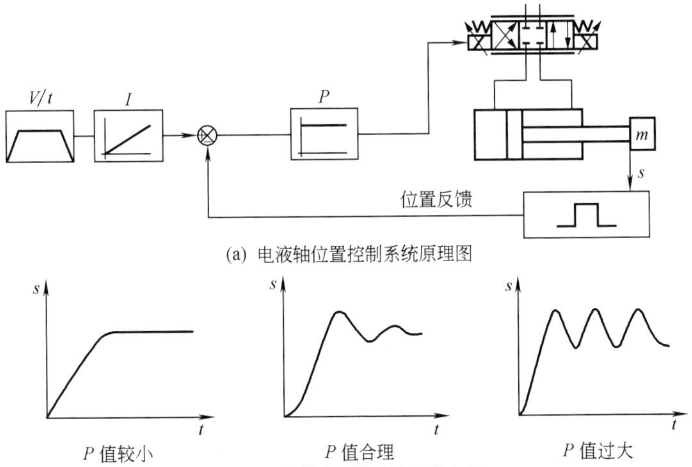

(a) 电液轴位置控制系统原理图

(b) P 值增大过程中的系统响应

图 20-9-37　调整增益 P 的系统响应

3）按 $P=\frac{2}{3}P_{max}$ 设置 P 值（保存在软件变量中）。

4）设置 I 到所要求的精度。

① 逐渐增加 I 值，直到观察到执行元件出现振荡，这时的 I 值为 I_{max}。

② 按 $I=\frac{2}{3}I_{max}$ 设置好 I 值（也保存在软件变量中）。

5）对于大质量的系统（固有频率极低的系统），启用状态控制器。

3 电液比例压力、流量控制回路及系统

3.1 电液比例压力控制回路及系统

表 20-9-40　　电液比例压力控制回路及系统

<table>
<tr><th>名称</th><th>回路图、特点及应用</th></tr>
<tr><td>1. 传统手调压力控制与比例压力控制回路的对比</td><td>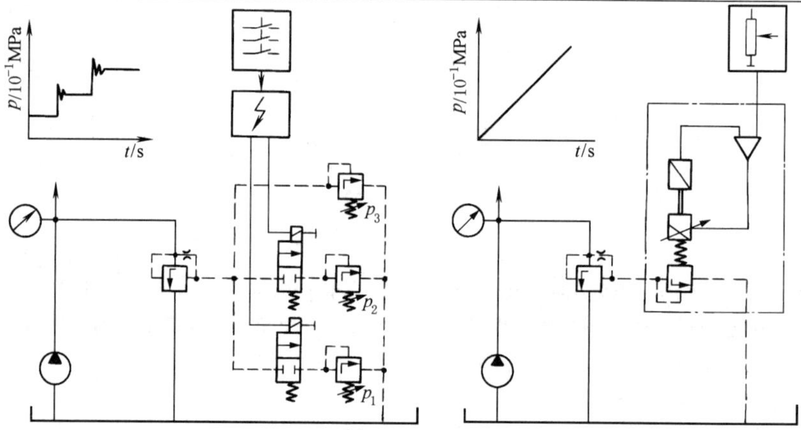

(a)
采用电液比例压力控制可以很方便地按照生产工艺及设备负载特性的要求,实现一定的压力控制规律,同时避免了压力控制阶跃变化而引起的压力超调、振荡和液压冲击。如图 a 所示,采用电液比例压力控制(右图)与传统手调阀配用电磁方向阀的压力控制(左图)相比较,可以大大简化控制回路及系统,又能提高控制性能,而且安装、使用和维护都较方便。在电液比例压力控制回路中,有用比例阀控制的,也有用比例泵或马达控制的,但是以采用比例压力阀控制为基础的被广泛应用。采用比例压力阀进行压力控制一般有以下两种方式:用一个直动式电液比例压力阀与传统溢流阀、减压阀等的先导遥控口相连接,以实现对溢流阀、减压阀等的比例控制(下一栏示例);或直接选用比例溢流阀或减压阀</td></tr>
<tr><td>2. 用直控式比例压力阀的注塑机控制系统</td><td>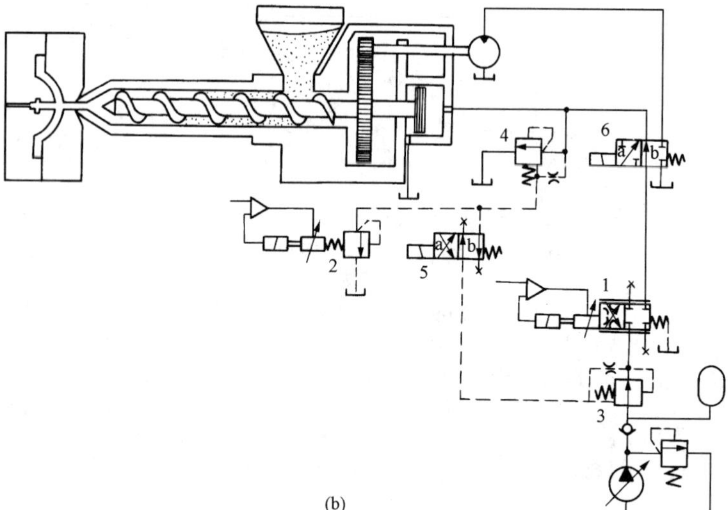

(b)</td></tr>
</table>

续表

名称	回路图、特点及应用
2. 用直控式比例压力阀的注塑机控制系统	采用直动式比例压力阀与传统溢流阀、减压阀等的先导遥控口相连接，以实现对溢流阀、减压阀等的比例控制。图 b 为一个带塑料注射成型机结构简图的油路图。送料和螺杆回转由比例压力阀和比例节流阀进行控制，以保证注射力和注射速度的精确可控。其工作原理如下。塑料的粒料在回转的螺杆区受热而塑化。通过液压马达驱动的螺杆转动，由比例节流阀 1 确定方向阀 6 处于切换位置 a。螺杆向右移动，注射缸经过由件 2（直动式电液比例压力阀）和件 4（一般先导式溢流阀）组成的电液比例先导溢流阀排出压力油，支撑压力由先导阀 2 确定。此时方向阀 5 处于切换位置 b 已塑化的原料由螺杆的向前推进而射入模具。注射缸的注射压力通过由件 3 和件 2 组成的电液比例先导减压阀确定，此时方向阀 5 处于切换位置 a。注射速度由比例节流阀 1 来精确调节，此时，方向阀 6 处于切换位置 b。在注射过程结束时，比例阀 2 的压力在极短的时间内提高到保压压力
3. 液压推上系统的电液比例压力控制回路	图 c 为板带轧机辊缝控制的液压推上电液控制系统，系统中既采用伺服控制，又采用了电液比例压力控制。通过连续调整先导控制式电液此例溢流阀的输入控制电流，进而可连续调整液压推上液压缸活塞腔的油液压力。既可控制其最高压力，以防轧制压力超过设定的上限，也可控制其迅速卸荷。如在轧制带材断裂时，开卷机与轧机之间带材张力急剧减小，这种减小将引起主传动电机的电流急剧变化，此时，轧机主电机的 dI/dt 值区别于厚度调节时加速或减速时的数值，约在 25ms 内形成控制信号，使电液比例溢流阀瞬时完全开启而使系统卸荷 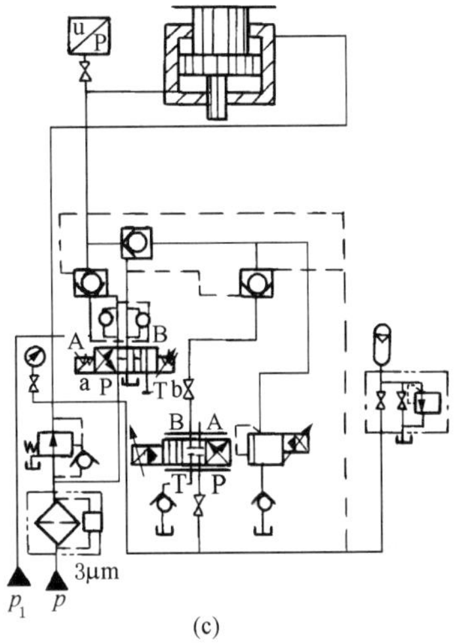 (c)
4. 压力容器疲劳寿命试验的电液比例压力控制回路	图 d 为压力容器疲劳寿命试验的电液比例压力控制系统，以实现试验负载压力的闭环控制，提高了压力控制精度。系统中所用的比例压力阀是三通比例减压阀，调节输入电控制信号，可按试验要求得到不同的试验负载压力波形，以满足疲劳试验的要求 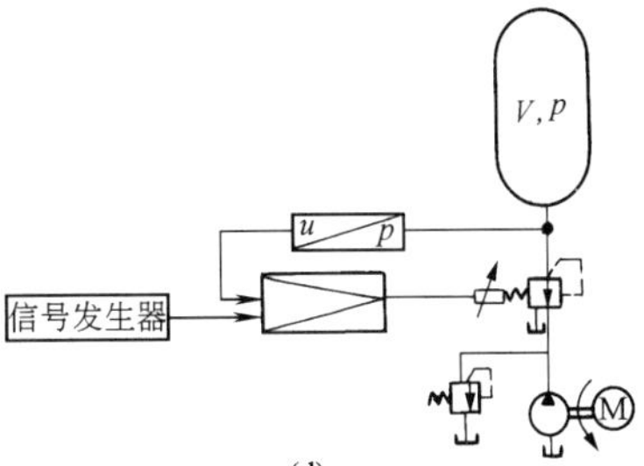 (d)
5. 升降台液压控制系统中的电液比例压力控制回路	图 e 为升降台液压控制系统中的电液比例控制，采用的是三通比例减压（溢流）阀。升降台的控制是，在上升行程中，按照与设定值电流信号成比例关系，比例减压阀保持输出相应的油液压力，托起升降台。当升降台上升遇阻超载时，该阀可起到溢流限压作用。当升降台下降时，该阀可以适当的背压或卸荷压力释放升降液压缸排出的油液流回油箱 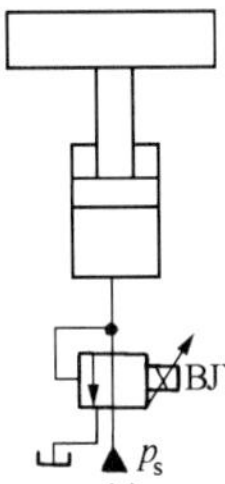 (e)

续表

名称	回路图、特点及应用
6. 卷取张力的电液比例压力控制	图 f 为采用电液比例压力控制的张力补偿器系统，用以实现对卷取张力的控制。通过调节张力补偿器比例溢流阀的输入电信号，可实现恒张力控制，也可按所要求的变化规律控制张力，但开环控制精度不高 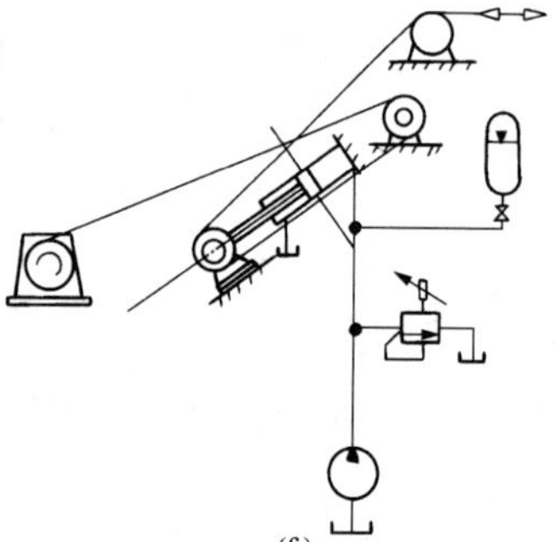 (f)
7. 带材卷取设备恒张力控制的闭环电液比例控制	图 g 为带材卷取设备恒张力控制的闭环电液比例控制，采用了电液比例溢流阀。带材的卷取恒张力控制应满足下式 $$p_s=\frac{20\pi F}{q}R$$ 式中　p_s——输入到液压马达的工作压力 R——卷取半径 q——液压马达的排量 F——张力 上图中的检测反馈量为 F。在工作压力一定而不及时调整时，张力 F 将随着卷取半径 R 的变化而变化。设置张力计随时检测实际的张力，经反馈与给定值相比较，按偏差通过比例放大器调节输出给比例溢流阀的控制电流，进而实现连续地、成比例地控制液压马达的工作压力 p_s、输出转矩 T，以适应卷径 R 的变化，保持张力恒定 下图表示检测反馈量为卷径 R。电位器 R_1 可用来设定与初始卷径、要求张力相对应的工作压力 p_s，电位器 R_2 将随卷径的变化而变化，并通过比例放大器、比例溢流阀，使 p_s 随卷径 R 变化做相应的变化，以保持张力恒定 电液比例压力控制可以有效地控制液压控制系统的工作压力，使之按设定规律变化，例如保持压力恒定及转换压力卸荷，对液压控制系统的输出力或转矩进行比例控制 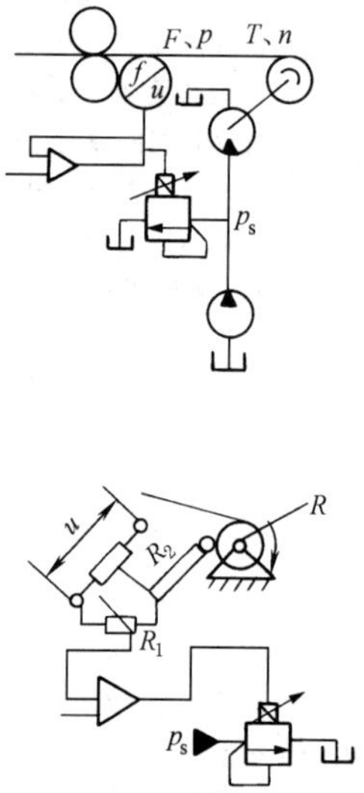 (g)
8. 用于变量泵的电液比例控制	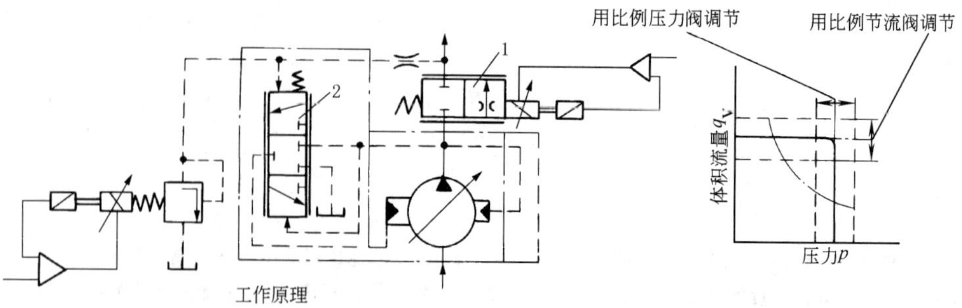 (h) 恒压变量泵、恒流变量泵或压力流量复合控制变量泵，都可以通过比例阀，用电信号进行控制。由此，泵可运行于 p-q_V 图的任意点上。各种控制特性曲线，例如功率特性，可以用电信号预先设定。图示为一压力流量复合控制泵，其中的比例阀通过控制块直接贴合在泵体上 原理图上如果减去比例压力阀 1 而保留比例节流阀 2，则成为比例恒流变量泵；如果保留比例压力阀 1 而减去比例节流阀 2，则成为比例恒压泵

续表

<table>
<tr><th>名称</th><th>回路图、特点及应用</th></tr>
<tr><td>9. 矿用有轨空中缆车的电液比例控制系统</td><td>
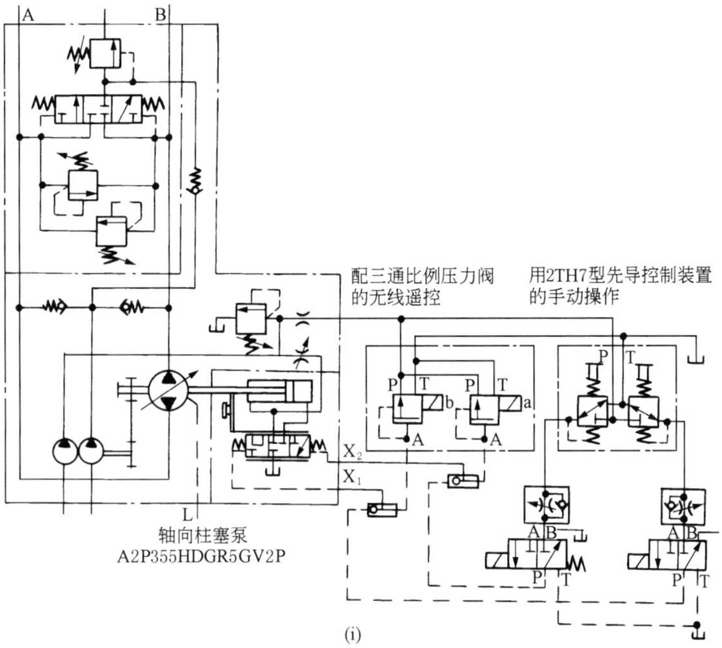

(i)

图 i 为矿用有轨空中缆车的液压控制系统，是开环控制电液比例变量泵速度控制系统。这个系统主要由三部分所组成：第一是在闭式和半闭式系统的斜轴式轴向柱塞变量泵上，组装了控制泵、补油升压泵、控制阀块，组成了用于闭式系统的泵装置；第二是配用的三通比例减压阀；第三是可装在控制台上的手动控制先导阀组。无级调节三通比例减压阀的控制电流，则可与之成比例地输出先导控制压力，经先导控制油口 X_1 或 X_2 直接输入，作用于变量机构先导阀芯端面，与弹簧力相平衡，此时变量机构输出的摆角与先导控制压力成比例。因此，变量泵的输出流量变化，决定于三通比例减压阀控制电流的调节变化，并与之近似成比例。变量泵的排量将分别由两个独立设定的先导压力所决定，通常取先导控制压力为 0.8～4MPa，当先导控制压力在 0.8～4MPa 之间变化时，泵的排量可以在泵任一转动方向上随之作相应的线性变化。为了保证系统可靠而持久地运行，系统又配用了手动控制先导阀组 2TH7，它们的工作原理相当于直动式减压阀，通过在控制台上手动控制先导压力，可进行泵变量控制，调节系统的输出速度
</td></tr>
<tr><td>10. 电液比例压力阀与液压控制变量泵的组合</td><td>
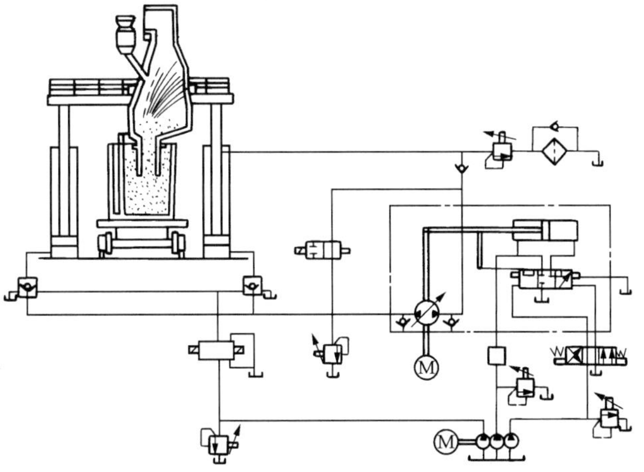

(j)

图 j 为冶炼设备中除气装置的液压系统，采用了电液比例压力阀与液压控制变量泵组合，通过调节电液比例压力阀的输出压力，作为调节排量的先导控制压力，就可无级调节泵的排量，以实现装置的升降速度控制
</td></tr>
</table>

续表

名称	回路图、特点及应用
11. 电液比例压力控制同步系统	图 k 为重载、慢速同步系统常采用的电液比例压力控制变量泵系统。系统中液压马达 M_1 为主，M_2 为从，对 M_1 进行开环控制，对 M_2 进行闭环控制。通过比例放大器输入给比例溢流阀 BY_1 控制电流，则 BY_1 输出与之成比例的液压力，作为变量泵排量控制的先导压力。调节控制电流就可成比例地调节变量泵的输出流量或液压马达 M_1 的输出转速。为了使液压马达 M_2 跟随 M_1 同步转动，对 M_2 实行闭环控制。为此，比例溢流阀 BY_2 的比例放大器将接受给定 M_1 的指令信号及两个马达 M_1、M_2 的转角偏差反馈信号。改变指令信号，即可实现两个液压马达的同步启动、变速、制动，工作平稳无冲击，安全可靠 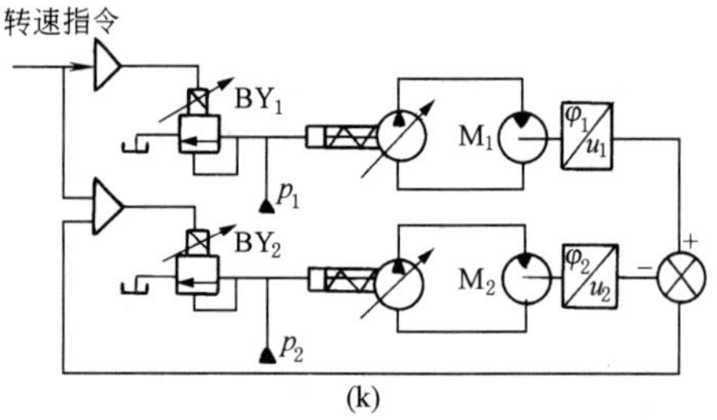 (k)

3.2 电液比例流量控制回路及系统

表 20-9-41

名称	回路图	特点及应用
1. 等节流面积 E 型阀芯（REXROTH 公司）的应用回路	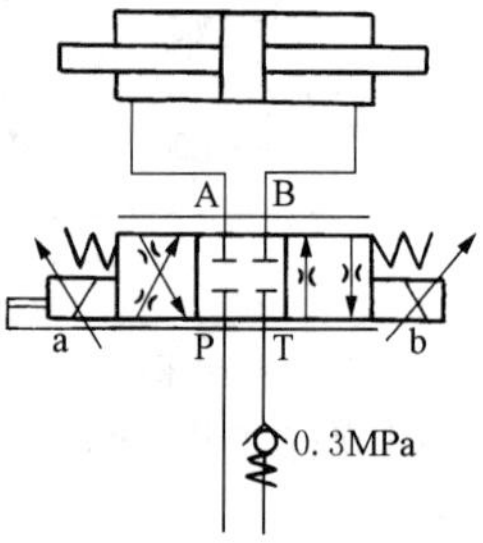 (a) 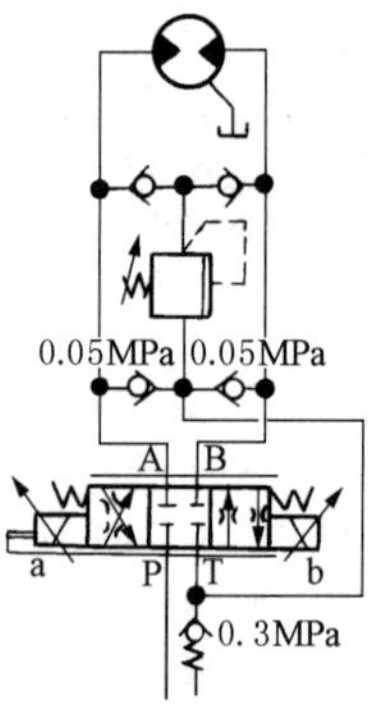 (b)	E 型阀芯 P→A 和 B→T 或 P→B 和 A→T 各节流面积是一样的，故宜用双出杆液压缸和定量液压马达回路 图 a 为 E 型阀芯配双出杆液压缸，图 b 为 E 型阀芯配液压马达
2. 采用 E、E_3、W_3 型阀芯的差动回路	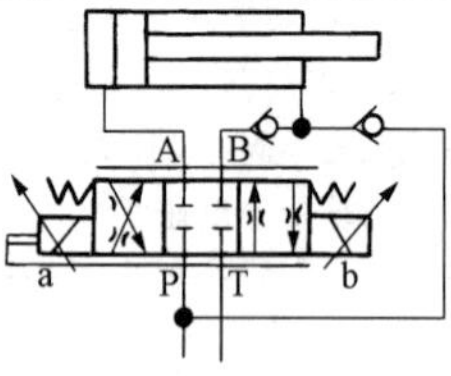 (c) 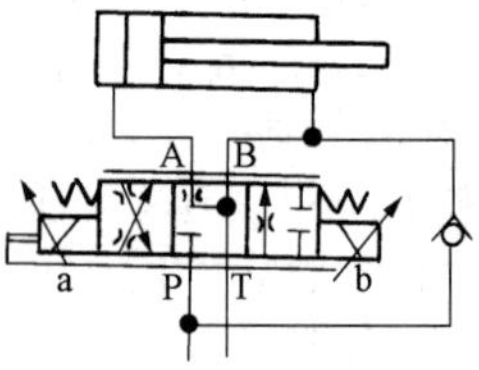 (d) 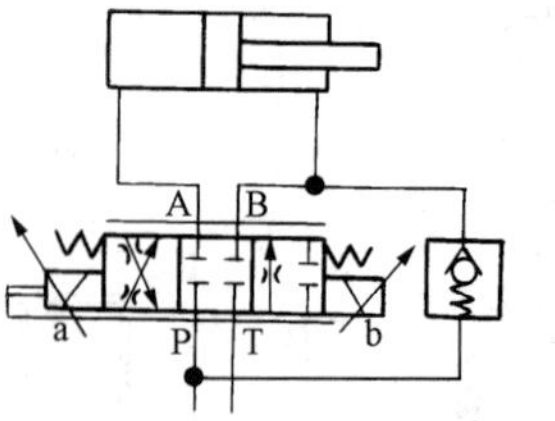 (e)	为了实现差动控制，可采用 E_3、W_3 及 E 型阀芯，组成差动控制回路 图 c 为配用 E 型阀芯，图 d 为配用 E_3 型阀芯，图 e 为配用 W_3 型阀忠
3. 不等节流面积 E_1、W_1 型阀芯应用回路	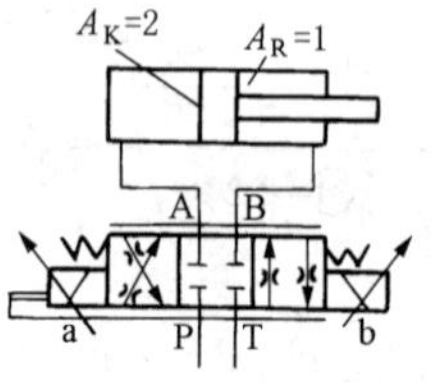 (f) 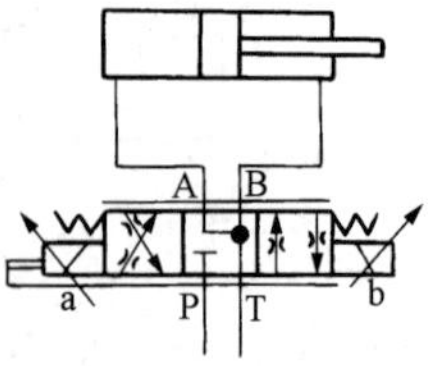 (g)	如液压缸是单出杆活塞式液压缸，其有效作用面积之比 $A_K : A_R = 2 : 1$，则应选用节流面积比为 2 : 1 的阀芯 图 f 为配用 E_1 型阀芯，图 g 为配用 W_1 型阀芯

续表

名称	回路图	特点及应用
4. 液压缸垂直配置采用W_1型阀芯的比例控制回路	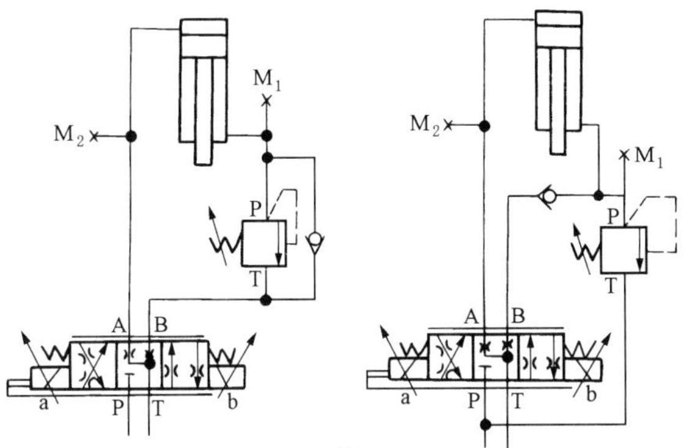 (h)	对于控制系统中垂直配置的单出杆液压缸组成回路，应在液压缸下腔回油路上配用顺序阀或平衡阀进行重力平衡，而其配用的比例方向节流阀可采用W_1型阀芯
5. 步进链式运输机(热轧钢卷用)的速度、加(减)速度控制回路	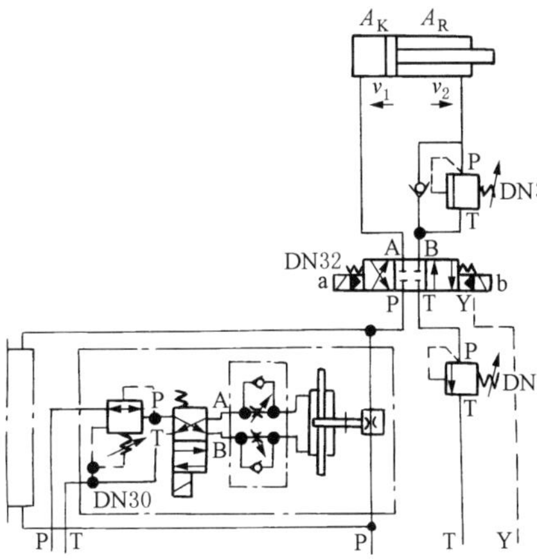 (i) 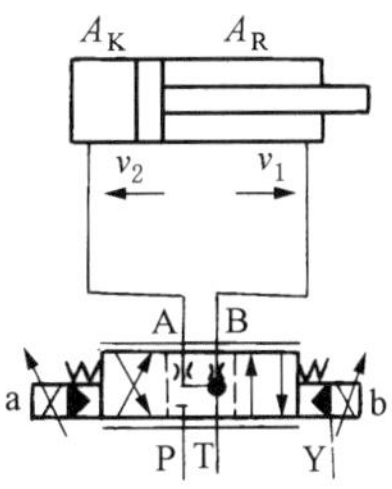 (j)	重载运移设备，要求进行加(减)速度控制，以便实现稳定、快速和准确的定位，应采用如图j的电液比例控制回路。仅用一个电液比例方向节流阀，就可实现液压缸的运动方向、速度、加(减)速度控制，启动和制动。所要求的运行速度，均可很简单地在比例放大器中调节，控制可靠，操作简单 图i则为定值控制、开关控制的速度、加(减)速度控制回路，其方向控制采用电液换向阀，而流量控制或速度、加(减)速度控制采用了较复杂的开关和定值控制阀组，应用图j所示的回路取代
6. 焊接自动线上提升装置的电液比例控制回路	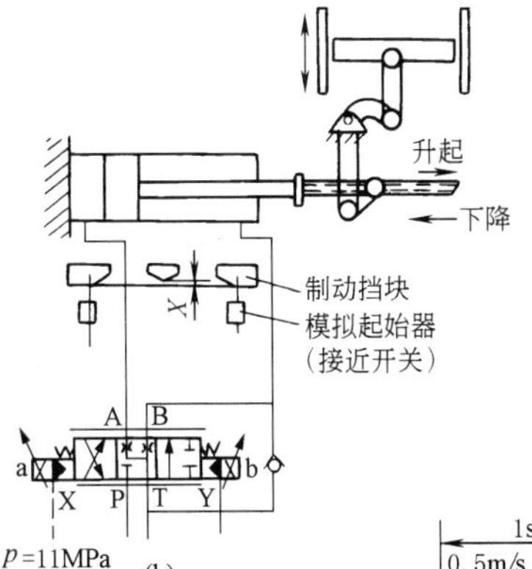 (k) 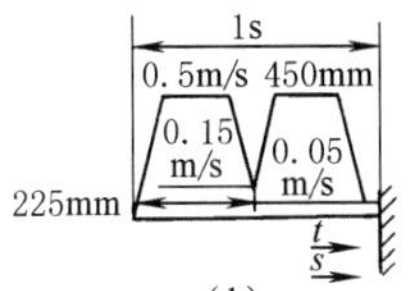 (l)	要求提升和下降行程运行尽可能快，最高速度达0.5m/s，但在提升行程的中点，却要求速度不得超过0.15m/s，其运行速度循环如图l所示。这里采用了电液比例方向节流阀，电子接近开关即所谓模拟式触发器及挡铁。随着挡铁逐步接近开关，接近开关输出的模拟电压相应降低直到0V，通过比例放大器去控制电液比例方向节流阀。这种控制回路，对于控制位置重复精度较高的大惯量负载是很有效的

续表

名称	回路图	特点及应用
7. 无缝钢管生产线上的穿孔机芯棒送入机构的电液比例控制回路	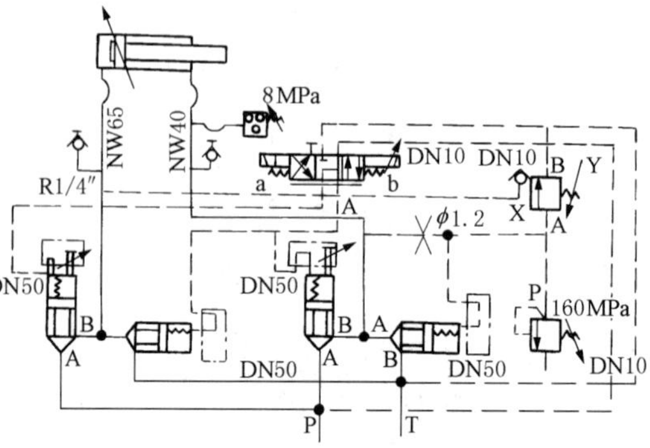 (m) 液压缸行程 1.59m,最大运行速度 1.987m/s,启动和制动时的最大加(减)速度均为 $30m/s^2$,在两个运行方向运行所需流量分别为 937L/min 和 468L/min	采用公称通径 10 的比例方向节流阀为先导控制级,通径 50 的二通插装阀为功率输出级,组合成电液比例方向节流控制插装阀。采用通径 10 的定值控制压力阀作为先导控制级,通径 50 的二通插装阀为功率输出级,组合成先导控制式定值压力阀,以满足大流量和快速动作的控制要求。采用进油节流调节速度和加(减)速度,以适应阻力负载;采用液控插装式锥阀锁定液压缸活塞,以及采用接近开关、比例放大器、电液比例方向节流阀等的配合控制,控制加(减)速度或斜坡时间,控制工作速度
8. 步进式加热炉提升机构和前进机构的电液比例控制回路	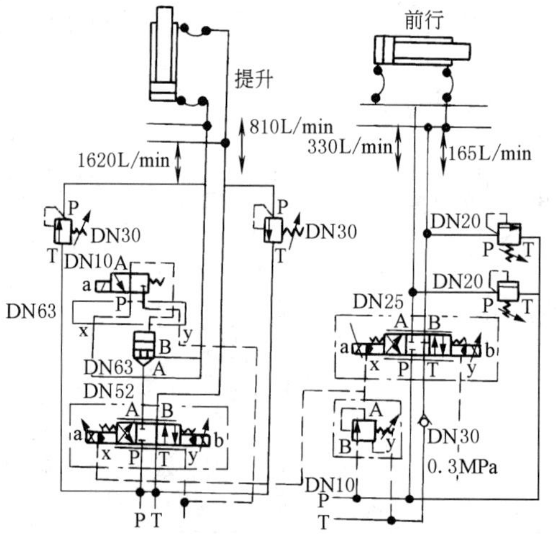 (n) 要求能无级调节和平稳控制其提升机构的加(减)速度,前行机构的运行速度,以及能按要求可靠地将提升机构在升降的任意位置锁定	为了适应提升行程的大控制流量(1620L/min),采用了通径 52 的电液比例方向节流阀,其中位的滑阀机能为 4WRZ 阀的 W_1 型(REXROTH)。为了确保其位置锁定,采用了常开型钢球座阀式的二位三通电磁换向阀为先导控制阀、通径 63 的二通插装阀为功率级主阀,实现大流量液压锁的功能。由于主油路的工作压力为 14MPa,而所采用电液比例方向节流阀的先导控制油压力需在 3~10MPa 范围内,故在其先导控制阀与主阀之间设置了叠加式定值减压阀,以便提供合乎要求的先导控制油压力
9. 机械同步升降工作机构的电液比例控制回路	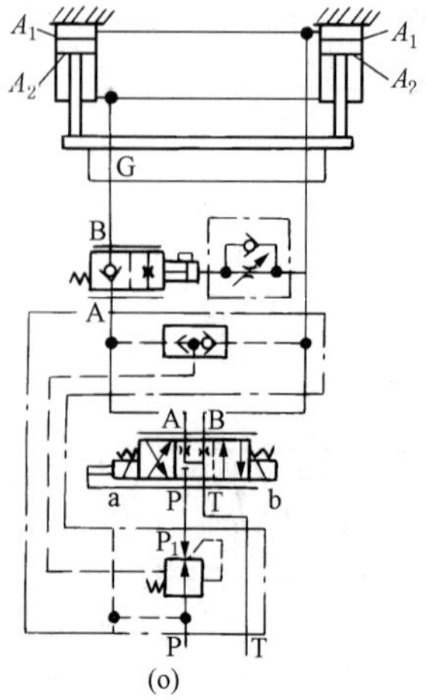 (o)	选用叠加式二通进口压力补偿器。由于其下行时将产生超越负载,故设置了出口制动阀,使下行时载荷由载动阀承担,保证比例方向节流阀从 P 到 B 油口的压差恒定为 0.8MPa

续表

名称	回路图	特点及应用
10. 撒盐车电液控制油路	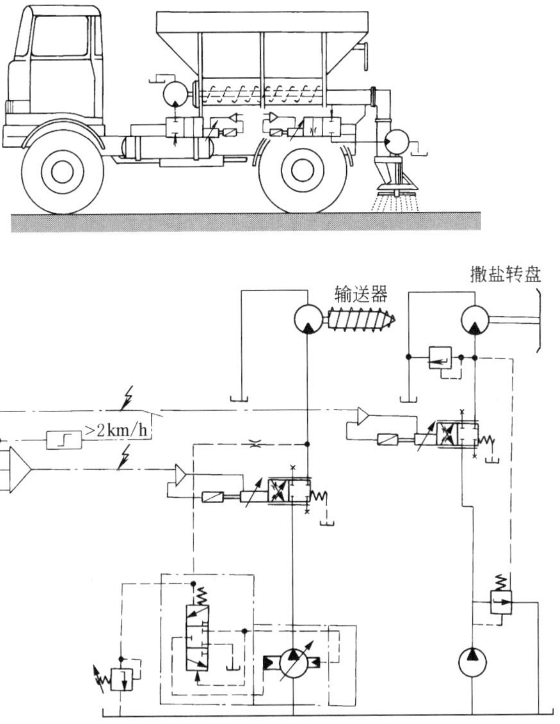 (p)	比例阀在恶劣环境的行走机械中的一个应用实例是图示的撒盐车。撒盐车的任务是，在路面宽度和行车速度变化的情况下，将准确的单位面积盐量(盐量 g/路面面积 m^2)撒到路面上去。在撒盐车上，通过螺旋输送器和输送带，将储盐箱里的盐送到撒盐转盘。当撒盐宽度仅仅与撒盐转盘转速相关时，则撒盐量、进而螺旋输送器的转速就受行车速度和撒盐宽度的影响 驱动输送器马达的系统为恒压恒流复合控制泵系统(恒流是电液比例阀的 Q_i，恒压是手动的 p_1，恒流不能越过 p_1，且在恒压线上，只能运行于与 Q_i 的交点上)。驱动转盘马达的系统，为比例三通调速阀(比例节流阀加定差溢流阀)系统，马达前的溢流阀对系统进行限压

表 20-9-42

1. 用比例节流阀取代普通节流阀组简化控制系统	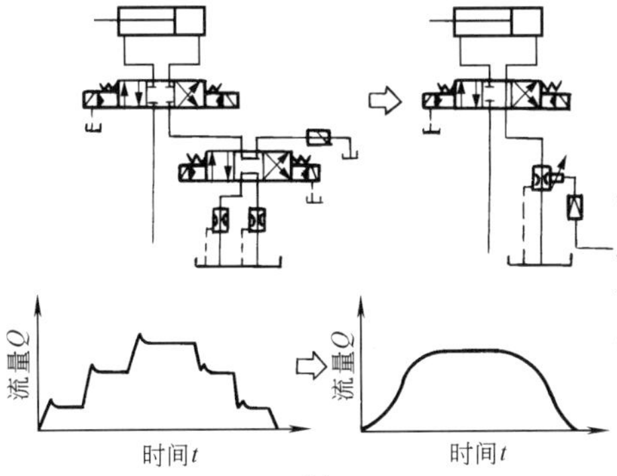 (a)	图 a 为采用一个比例节流阀连续、比例、无级调节流量，取代采用多个定值节流阀调节流量的控制回路，既简化了控制回路，又改善了性能。采用电液比例流量控制可以很方便地满足负载速度特性要求，实现所设定流量控制变化的规律
2. 比例控制节流调速的基本回路	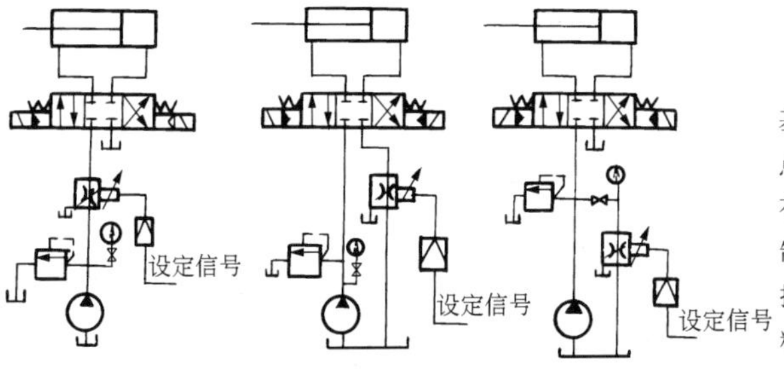 (b)	图 b 为电液比例控制节流调速的基本回路，其结构与功能的基本特点与由定值节流阀构成的调速回路有共同点。但由于是电液比例控制，既可开环控制，又可闭环控制，按照负载速度特性要求，以更高的精度，实现调速要求

续表

3. 液压电梯的电液比例控制回路	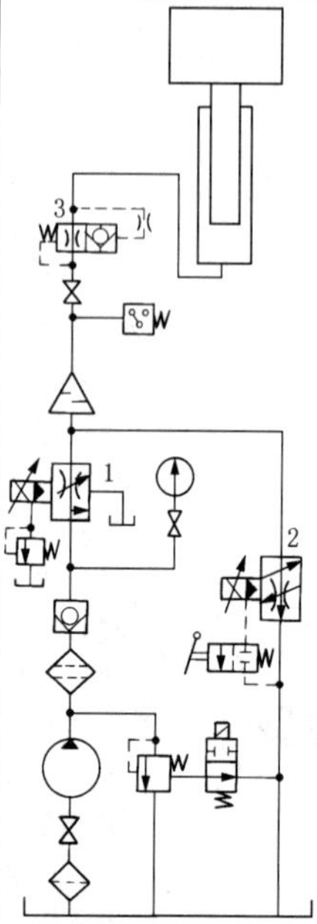 (c) 1,2—比例复合阀； 3—限速切断阀 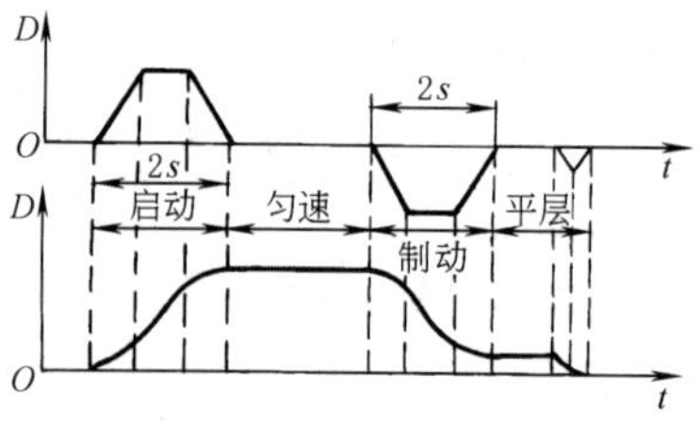 (d) 图 c 液压电梯是利用液压驱动的垂直运输工具。图中比例复合阀 1 是一个带应急下降先导阀的比例三通调速阀，控制电梯的向上运动速度，泵的输出压力与负载相适应，从而达到节能的效果。先导压力阀可以控制柱塞突然停止所产生的液压冲击。比例复合阀 2 是一个带手动应急下降先导阀的二通比例调速阀。电梯下降时泵停止工作，依靠电梯轿厢自重下落，二通阀控制其下降运行速度。轿厢运行速度如图 d 所示。手动应急下降阀的作用是：当发生意外故障时，可以手动操作，使轿厢平稳回到最接近的层面。本系统的基本特点为：①采用比例控制，可以对轿厢的加减速进行精确控制，达到快速、平稳地按预定曲线运行；②上升用三通调速阀实现负载适应，下降依靠自重用二通调速阀控制，形成了最佳的节能组合。应特别注意，要使轿厢自重（不够时，常采用在轿厢体增加配重）产生的油压大于二通比例调速阀的最小工作压差，以保证二通阀工作在调速区
4. 机床微进给的电液比例控制回路	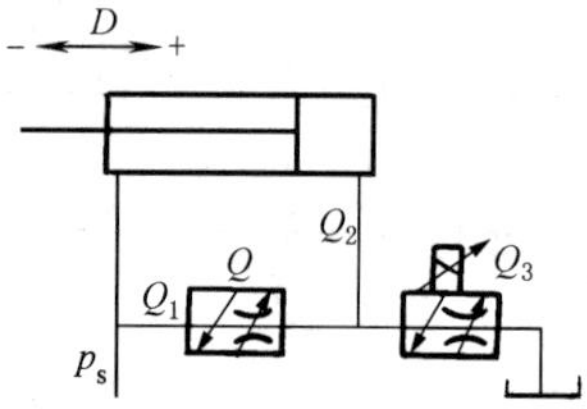 (e) 图 e 为机床及材料试验机采用的微进给电液比例控制。图中的定值控制调速阀也可用比例调速阀代替而扩大调节范围。液压缸的输出速度由流量 Q_2 所决定，而 $Q_2=Q_1-Q_3$。当 $Q_1>Q_3$ 时，液压缸活塞左移；当 $Q_1<Q_3$ 时，活塞右移，故无换向阀就可使活塞运动换向。这种控制方式的优点在于，为获得微小进给量，不必采用微小流量调速阀，只需用流量增益较小的比例调速阀。两个调速阀均可在较大流量下工作而不易堵塞，液压缸实际得到的流量很小，实现微量进给。既可开环控制，也可闭环控制，保证液压缸输出速度恒定或按设定规律变化
5. 旋压机、折板机同步的电液比例控制回路	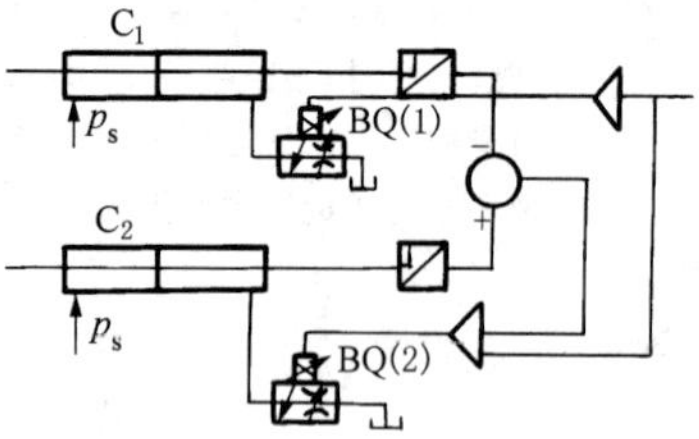 (f) 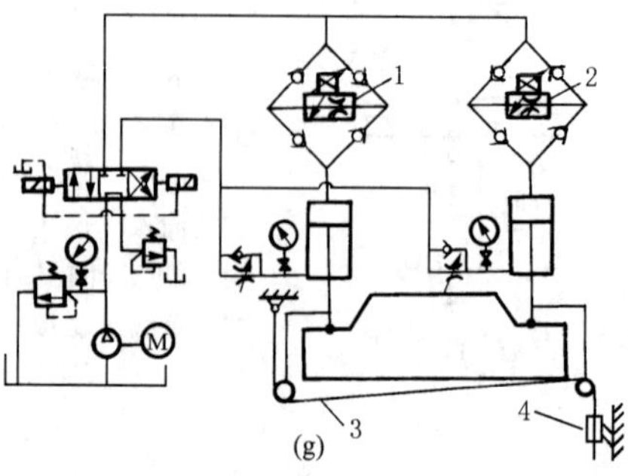 (g) 图 f、图 g 为双旋轮旋压机、双缸折板机等机械设备同步系统的电液比例控制。图 f 表明了控制思想，在两缸油路上分别安装比例调速阀 BQ（1）及 BQ（2），其中 BQ（1）接收指令信号，BQ（2）同时接收指令信号及两缸位移偏差信号，C_1 缸为主动缸，C_2 为随动缸进行闭环控制。在没有偏心载荷的情况下，同步误差在 0.3mm 以下，在有偏心载荷时，同步误差在 0.8mm 以下 图 g 中 1、2 为电液比例调速阀，3 为钢带系统，4 为差动变压器。差动变压器通过钢带系统检测滑块运动过程的同步情况，并转换为电信号反馈，实现闭环控制

4 电液控制系统设计的若干问题

4.1 三大类系统的界定

一个液压控制系统，首先应在伺服控制、比例控制和开关控制之间进行界定，其原则是：

① 在满足性能要求的前提下，尽可能采用低一个档次的方案（参见表 20-9-7）；

② 重视可靠性，经济性/节能，环境亲和等。

4.2 比例系统的合理考虑

表 20-9-43

1. 充分利用电控制器的功能,以简化系统设计,提高性能与可靠性	①多种输入方式/手动、微机、PLC、……;②功率放大;③阶跃信号发生/死区补偿功能;④斜坡函数/缓冲功能;⑤颤振信号发生/减小滞环;⑥开环或内外位置、压力、速度闭环;⑦经典、现代控制策略;⑧脉宽调制功率输出	
2. 油源系统构成的发展	(1)以流量控制为主体的构成	①定量泵加节流调速;②从定量泵的高低压组合到恒压泵;③定量泵系统的交直流组合;④从变排量到多种变量型式——p、q_V、N、$p+q_V$、$p+q_V+N$、DA 速度敏感;⑤变频交流电机驱动定量泵;⑥辅助油箱+充液阀;⑦蓄能器、飞轮
	(2)以压力为主体的构成	①限压;②减压;③增压
	(3)净化与安全保护	①压力切断保护;②手动与电控的并联;③自净化系统;④插装阀互锁;⑤控制油单独回油;⑥开式与闭式专用泵
	(4)油源先进性的基本点	①比例/伺服控制;②CAT(总线技术);③插装阀系统逻辑切换控制;④独立的自净化系统;⑤控制油独立回油;⑥独立控制油源;⑦模块式结构;⑧机组降噪减振;⑨自保护体系;⑩温控系统
	(5)开式回路与闭式回路	
3. 考虑封闭容腔容积的系统设计		①避免传统的误导;②快速性只有层次的差异(参见表 20-9-16)
4. 区分固定设备与行走设备		①油源;②方向阀与多路阀

4.3 比例节流阀系统的设计示例

(1) 系统设计计算步骤

① 估算液压缸面积及系统压力；

② 按系统工作过程的要求，核算液压缸及系统压力；

③ 选择比例阀的规格参数；

④ 核算系统的固有频率。

其中前 3 步依次进行，第④步相对独立。

(2) 液压缸面积及系统压力的估算

1) 这一步是初步的，其原则是：系统压力扣除系统管道损失之后的可利用压力，按经验各 1/3 分别用于服负载，用于产生速度，用于产生加速度（质量的加减速或转动惯量的加减速）。

2) 如果其中用于加速的部分达不到 1/3，则活塞由恒速转到减速的过程中，比例阀阀口的面积会有过大变化，造成阀芯转换时间增加，而用于负载的那部分则难以准确地达到 1/3。

3) 按上述原则，先假定泵的压力，计算液压缸面积：第一，根据加速段的需要；第二，根据恒速段的需要选两者中较大的为液压缸面积。也可倒过来，先确定液压缸的尺寸，反算泵所需的压力。

(3) 按系统工作过程的要求，核算液压缸的面积及泵压力（如图 20-9-38 所示）

已知：$m=700\text{kg}$；$F=7000\text{N}$；$F_{ST}=F\sin30°=7000\times0.5=3500\text{N}$

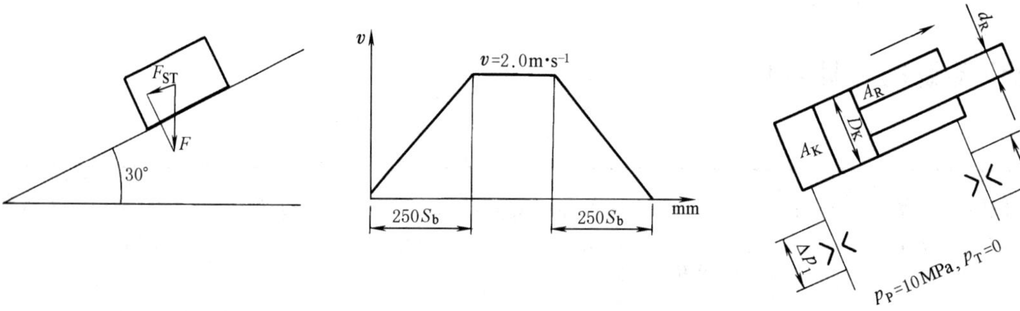

图 20-9-38 比例系统设计示例

1) 计算根据加减速需要的缸面积 根据 $F=ma$ 得到（ΔpA_1 用于产生加速度的液压力）

$$\Delta pA_1=\frac{1}{100}am$$

式中 Δp——用于产生加速度的压力，MPa。

$$\Delta p=\frac{1}{2}(p_p-\Delta p_2-p_S)=\frac{1}{2}\left(p_p-\Delta p_2-\frac{F_{ST}+F_R}{100A_1}\right)$$

由上两式可得，加速段所需的活塞面积为

$$A_1=\frac{2[mv/t_B+(F_{ST}+F_R)/2]}{100(p_p-\Delta p_2)}\ (\text{cm}^2)$$

2) 计算恒速及最大稳态力 F_K 下所需的活塞面积 阀口用于产生速度（恒速段）的压差（此时加速度为零）

$$\Delta p_1=p_p-\Delta p_2-(F_{ST}+F_R+F_K)/(100A_1)$$

$$A_1=\frac{F_{ST}+F_K+F_R}{100(p_p-\Delta p_2-\Delta p_1)}\ (\text{cm}^2)$$

选上面两个面积中较大的一个来确定液压缸的尺寸。

式中 Δp——用于产生加速度的压力，MPa；

a——活塞的加速度，m/s^2；

$$a=v/t_B$$

v——活塞运动速度，m/s；

t_B——加速段时间，s；

A_1——活塞面积，cm^2；

F_{ST}——静总负载，N；

F_R——摩擦力，N；

F_K——液压缸稳态作用力，N；

m——运动部分质量，kg；

p_S——用于负载的压力，MPa；

Δp_2——液压缸活塞杆端比例阀阀口压差，MPa；

p_p——油源压力，MPa；

Δp_1——比例阀阀口用于产生速度的压差，MPa。

(4) 比例阀的选用

表 20-9-44　　比例方向节流阀选用

p_p/MPa 油源压力	p_V（恒速）/MPa	p_V（减速）/MPa	Q_N/L·min^{-1} 额定流量	变化范围	变化量/%
5.5	5	9	150	83%～72%	11,阀转换时间长
10	11	15	150	72%～68%分辨率差	4,时间短
10	11	15	100	87%～83%分辨率好	4,时间短

1）p_p = 5.5MPa 时，比例阀的选用　选用 p_V = 1MPa 时，Q_N = 150L/min，由图 20-9-39 查得：变化范围 83%～2%，变化量为 11%。

2）p_p = 10MPa，仍选用 p_V = 1MPa 时 Q_N = 150L/min，由图 20-9-40 查得：变化范围 72%～68%，变化量 4%，转换时间短，但变化最大仅 72%，分辨率不够理想。

3）p_p = 10MPa，改选 p_V = 1MPa 时，Q_N = 100L/min，由图 20-9-41 查得：变化范围 87%～83%，变化量 4%，最大达 87%，可以。

这里考虑的主要是 3 个问题：分辨率，阀芯位置转换时间，阀口压差。

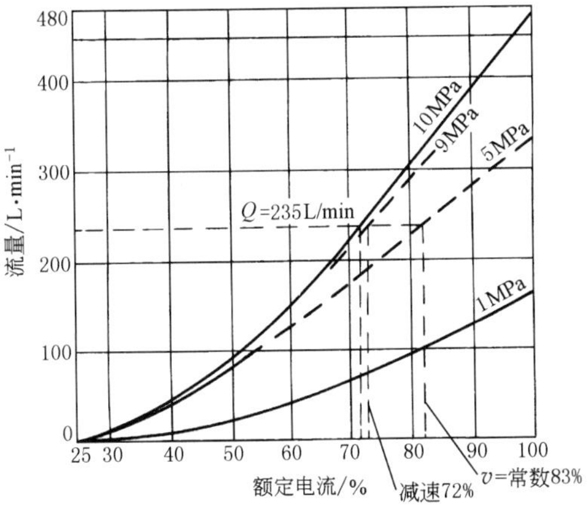

图 20-9-39　比例节流阀选用图（一）

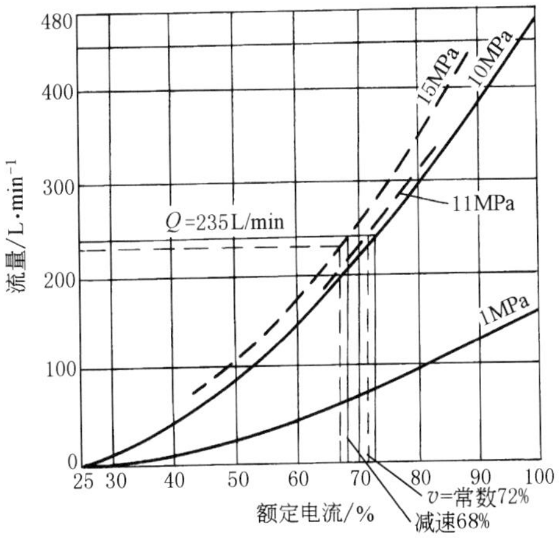

图 20-9-40　比例节流阀选用图（二）

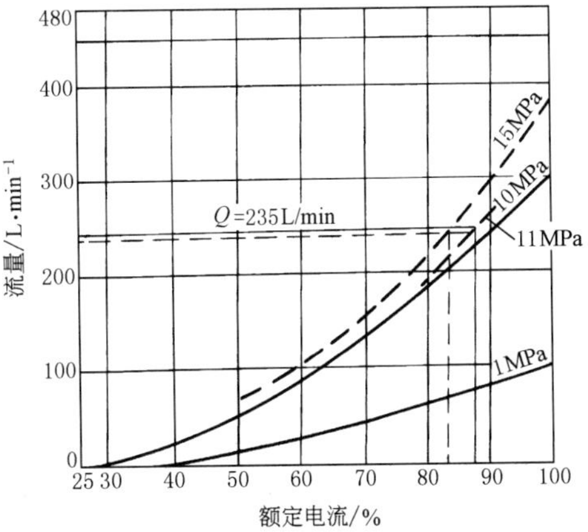

图 20-9-41　比例节流阀选用图（三）

5 比例阀用电磁铁试验（摘自 JB/T 12396—2015）

表 20-9-45

范围

JB/T 12396—2015《比例阀用电磁铁》规定了比例阀用电磁铁(以下简称比例电磁铁)的术语和定义,符号,分类,特性,产品的有关资料,正常使用、安装和运输条件,结构和性能要求,试验

本标准适用于以液压油为工作介质的各类比例阀用电磁铁。其他比例电磁铁也可参照采用

试验的分类

一般规定

比例电磁铁的试验分为

——型式试验

——常规试验

——抽样试验

——特殊试验

型式试验

型式试验的目的在于验证比例电磁铁的设计和性能是否符合本标准的要求

型式试验是新产品研制投产前或产品转厂生产前在样品试制完成后所进行的试验。通常型式试验只需进行一次,但当产品在设计、结构、材料或工艺方面的变更可能影响其工作性能时,则需要重新进行有关项目的试验

型式试验的项目及顺序应按表 1 的规定

表 1　型式试验项目及顺序

序号	试验内容				试验顺序
	试验项目		要求	试验方法	型式试验
1	一般检查	a. 绝缘材料相比电痕化指数 CTI	8.1.2	9.4.3	1
		b. 电气间隙和爬电距离	8.1.1、8.1.2	9.4.2	
		c. 标志、包装	6.2、6.4	9.4.1	
		d. 插头座连接尺寸、保护接地片标志	8.1.7	9.4.1、9.4.2	
		e. 外形尺寸与安装尺寸	产品图样	9.4.2	
		f. 装配质量	8.1.6	9.4.1	
		g. 零部件质量	8.1.5	9.4.1	
2	介电性能试验		8.2.1	9.5.2	2
3	稳态电流-力特性		8.2.3	9.5.4	3
4	稳态行程-力特性		8.2.4	9.5.5	4
5	耐油压试验		8.2.6	9.5.8	5
6	线圈温升试验		8.2.2	9.5.3	6
7	耐湿性能试验		8.1.4	9.4.5	7
8	低温贮存试验		8.2.7	9.5.9	8
9	机械寿命试验		8.2.8	9.5.4、9.5.5、9.5.10	9
10	外壳防护等级试验		8.1.3	9.4.4	10

注:为缩短试验周期,允许分单项进行试验;外壳防护等级试验只做代表规格

进行型式试验的比例电磁铁应是正式试制的样品,每个试验项目的试品数量应不少于两台,所有规定的型式试验项目均合格,才能认为比例电磁铁型式试验合格,若有一台一项不合格,允许对该项目按原试品数量加倍复试,若复试中全部合格,则仍可认为型式试验合格,若在出现一台一项不合格,则应分析原因,采取技术措施重新进行该项试验,直至试验合格。型式试验合格的产品才能提请鉴定

续表

试验的分类 — 常规试验

常规试验是在装配过程中或装配完成后对每一台比例电磁铁进行的试验，目的在于检查材料、工艺和装配上的缺陷，试验可以采用快速等效的方法进行

常规试验的项目及顺序应按表 2 的规定

表 2　常规试验项目及顺序

序号	试验内容				试验顺序
	试验项目		要求	试验方法	常规试验
1	一般检查	a. 标志及包装	6.2、6.4	9.4.1	1
		b. 装配质量	8.1.6	9.4.1	
		c. 零部件质量	8.1.5	9.4.1	
2	介电性能试验		8.2.1	9.5.2	2
3	额定吸力		8.2.3、8.2.4	9.5.4、9.5.5	3
4	额定工作行程		8.2.4	9.5.5	3
5	力滞环		8.2.4	9.5.5	4
6	耐油压试验		8.2.6	9.5.8	5

常规试验项目应在每台产品上逐一进行试验，不合格品应逐台返工直到合格，若无法修复，应予报废

抽样试验

制造厂应对每一特定批比例电磁铁进行抽样试验

抽样试验除常规试验项目外好包括以下项目

a. 外形尺寸与安装尺寸

b. 插头座连接尺寸

抽样试验应按 GB/T 2828.1—2012 选取抽样方法，可在具体产品标准中加以规定

特殊试验

瞬态响应特性、频率响应特性是比例电磁铁的特殊试验项目，其试验方法见"瞬态响应试验"和"频率响应试验"；其他特殊试验应根据制造厂与用户的协议进行

稳态电流-力特性和动态特性试验条件

①周围空气温度应在 10～40℃之间

②相对湿度 10%～90%

③比例电磁铁以不充油状态进行试验

试验设备

①比例电磁铁输出力-行程特性测定的试验装置框图如图 1 所示

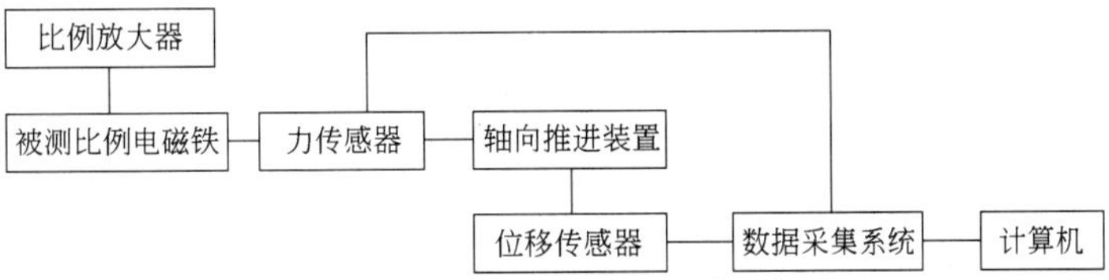

图 1　力-行程特性测定的试验装置框图

②比例电磁铁输出力-电流特性测定的试验装置框图如图 2 所示

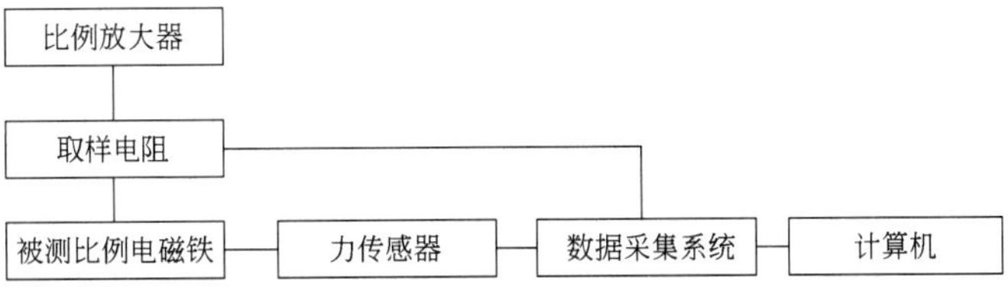

图 2　力-电流特性测定的试验装置框图

③比例电磁铁瞬态响应测定的试验装置框图如图 3 所示

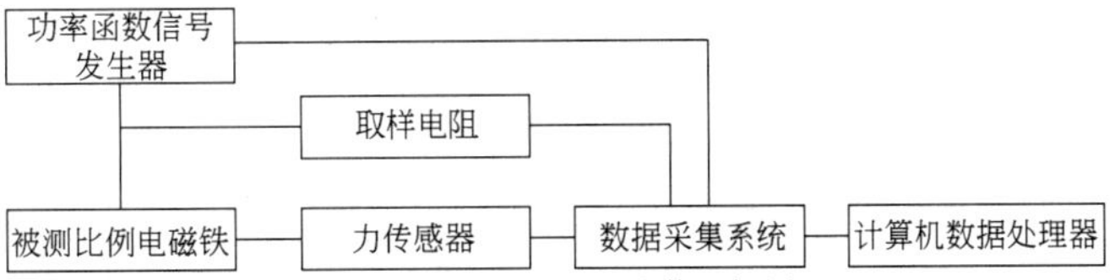

图 3　瞬态响应的试验装置框图

续表

试验设备		④比例电磁铁频率响应测定的试验装置框图如图4所示 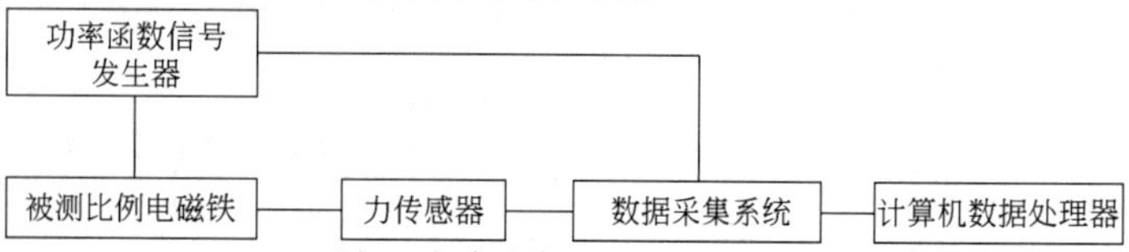 图4　频率响应的试验装置框图
验证结构要求	一般检查	用目测检查比例电磁铁的标志、包装、保护接地片标志、黑色金属零件的防锈层、塑料零件等的表面质量。在线圈不通电的情况下检查衔铁动作的灵活性
	外形尺寸、连接尺寸、电气间隙和爬电距离的测量	比例电磁铁的外形尺寸与安装尺寸、插头座连接尺寸等卡尺、千分尺或专用工具、量具及仪器检测，电气间隙和爬电距离测定应按GB 14048.1—2012中附录G的规定进行
	绝缘材料相比电痕化指数CTI的测定	绝缘材料相比电痕化指数CTI的测定应按GB/T 4207—2012中第11章的规定进行
	外壳防护等级试验	外壳防护等级试验应按GB 14048.1—2012中附录C的规定进行。试验时比例电磁铁应垂直安装在相应的阀体或模拟件上，插头座同时进行试验
	耐湿性能试验	耐湿性能试验应按GB/T 2423.4—2008的规定进行。试验后绝缘电阻应不小于1MΩ，并能承受1000V、历时1min的工频耐电压试验，而无击穿或闪络现象，且泄漏电流应不大于50mA，最后应检查衔铁动作的灵活性
验证性能要求	基本要求	①被试比例电磁铁应符合经规定程序批准的图样及技术文件的要求，并按正常工作条件与安装条件安装 ②每项试验或每个完整的顺序试验都应在新的完好的产品上进行，试验中比例电磁铁不允许更换零部件或进行修理 ③稳态性能测试使用的试验电源为恒流源 ④比例电磁铁的试验方法除本标准的规定外，其余均应按GB 14048.1—2012中第8章的规定执行
	介电性能试验	①比例电磁铁进行工频耐电压试验时的基本条件按GB 14048.1—2012中8.3.3.4.1 1)的规定 ②试验电压值应按GB 14048.1—2012中8.3.3.4.1 3)b)的规定 ③工频耐电压试验的试验电压应施加在插头座的保护接地片与插脚之间 ④泄漏电流应不大于100mA ⑤比例电磁铁的绝缘在5s工频耐电压试验过程中，无击穿或闪络现象，则认为合格 ⑥在常规试验中，允许降试验时间缩短为1s
	线圈温升试验	①温升试验应按GB 14048.1—2012中8.3.3.3.1和8.3.3.3.6的规定，在周围空气温度为10~40℃的范围内，试验时周围空气温度变化不超过10℃ ②试验电流为额定电流值 ③比例电磁铁安装在相应阀体(或与阀体外形尺寸相同的铁块)上，放在导热性能差的介质上进行试验 ④采用电阻法测量时温升τ_{pj}按公式(1)计算 $$\tau_{pj}=\theta_2-\theta_{02}=\frac{R_2-R_1}{R_1}\left(\frac{1}{\alpha}-\theta_{01}\right)+(\theta_{01}-\theta_{02}) \quad (1)$$ 式中　τ_{pj}——被测线圈的平均温升，℃ θ_2——被测线圈在发热情况下的温度，℃ θ_{02}——测量被测线圈热态电阻时周围空气温度，℃ R_2——温度为θ_2时，被测线圈的电阻值，Ω R_1——温度为θ_{01}时，被测线圈的电阻值，Ω α——0℃时导线的电阻温度系数(对紫铜为1/234.5，对铝为1/245) θ_{01}——测量被测线圈冷态电阻时的周围空气温度，℃

续表

验证性能要求	稳态电流-力特性试验	将比例电磁铁装在专用试验台上,调节衔铁在工作行程一半的位置上,以不引起被试件动态响应的低速率(如0.05Hz)调节控制输入电流值在零和额定值之间连续往返。测量并记录控制输入电流与输出力之间的关系曲线 在这条曲线上可达到下列比例电磁铁稳态性能指标 a. 额定吸力 b. 额定电流滞环 c. 线性度 d. 起始电流 e. 线性电流 f. 重复精度
	稳态行程-力特性试验	将比例电磁铁装在专用试验台上,在选定的控制输入电流下,以不引起被试件动态响应的低速率(如0.05Hz)调节衔铁行程在零和最大行程之间连续往返。测量并记录控制输出力和行程之间的关系曲线 在这条曲线上可达到下列比例电磁铁稳态性能指标 a. 额定吸力 b. 力滞环 c. 比例电磁铁工作行程 d. 比例电磁铁全行程
	瞬态响应试验	①试验方法　将比例电磁铁装在专用试验台上,调节衔铁在工作行程一半的位置上,通过功率函数信号发生器给定一定频率的脉冲矩形波,测量并记录控制输出力相对于控制输入信号阶跃变化的瞬态响应特性曲线 在这条曲线上可达到下列比例电磁铁瞬态性能指标 a. 延迟时间 b. 上升时间 c. 过渡过程时间 d. 下降时间 ②试验步骤　试验步骤如下 a. 启动试验设备,预热测试仪器 b. 将比例电磁铁固定在试验座上,用轴向进给装置将比例电磁铁衔铁的试验位置调整到额定工作行程的中点,调整测试仪器零位和测量量程 c. 对比例电磁铁线圈施加脉冲方波电压,测量出比例电磁铁输出瞬态响应特性 d. 改变输入脉冲方波幅度,测得不同比例电磁铁输出力瞬态响应特性曲线族 ③试验结果表述　从试验曲线中可获得相应的瞬态响应时间
	频率响应试验	①试验方法　将比例电磁铁装在专用试验台上,调节衔铁在工作行程一并的位置上,通过功率函数信号发生器给定一定频率的正弦信号,测量并记录控制输出力相对于控制输入信号在相位滞后-90°和幅值衰减至-3dB时的频率 在这条曲线上可达到下列比例电磁铁频率特性指标 a. 幅频宽 b. 相频宽 ②试验步骤　试验步骤如下 a. 启动试验设备,预热测试仪器 b. 将比例电磁铁固定在试验座上,用轴向进给装置将比例电磁铁的试验位置调整到额定工作行程的中点,调整测试仪器零位和测量量程 c. 在起始频率(可取0.1Hz)至最大频率之间,以一定频率间隔进行扫频 d. 记录幅频特性曲线、相频特性曲线 ③试验结果表述　从幅频和相频特性曲线中获得幅频宽和相频宽

续表

验证性能要求	耐油压试验	①把比例电磁铁安装在耐油压试验台上 ②把油压逐渐升高至规定值，保压 1min，比例电磁铁不得有外泄漏、零部件损坏等不正常现象 ③本试验也可对导管单独进行
	低温贮存试验	①将比例电磁铁试品放在低温箱内降温，降温速度不大于 1℃/min，待箱内温度达到-25℃后（试品所有部分的温度与规定的低温值之差在±3℃以内），持续低温试验 16h，然后将试品在正常大气条件下（温度为 15~35℃、相对湿度为 45%~75%、气压 86~106kPa）恢复，其恢复时间要足以保证比例电磁铁温度达到常温下的稳定温度 ②检查塑料件应符合 8.1.5 的要求 ③检查衔铁动作的灵活性 注："8.1.5　零部件质量　……比例电磁铁的塑料零件表面应光滑、不应有夹生、开裂、气泡、麻点及严重划伤等现象。"
	机械寿命试验	①将比例电磁铁装在相应的机械寿命试验台上，磁芯管内腔通以 0~0.1MPa 油压 ②用控制放大器对比例电磁铁以每 2s 一次的频率，从零到额定值的范围内连续反复地调节电流，使衔铁反复来回运动 ③比例电磁铁的机械寿命为 6×10^5 次 ④试后验证"稳态电流-力特性""稳态行程-力特性"

HAPTER 10

第10章 液压伺服控制

1 控制参数术语（摘自GB/T 17446—2024）

表20-10-1

序号	术语	定义
3.3.2.1	电气零点	当电的输入信号为零时，电气操作的连续控制阀的液压或气动状态
3.3.2.2	液压零位	连续控制阀供给的控制流量为零的状态 注：这种状态不适用于连续压力控制阀
3.3.2.3	反馈	元件的实际输出状态传送至控制系统或回到控制机构的方式
3.3.2.4	零偏	使阀处于液压零位所需要的输入信号
3.3.2.5	漂移	随着时间的变化，相关参数出现不期望的偏离基准值的缓慢变化
3.3.2.6	零漂	由于运行工况的变化，环境因素或输入信号的长期影响，而导致零偏的变化
3.3.2.7	启动时间	当从静止或空转状态启动时，达到稳态工况所需的时间段
3.3.2.8	驱动时间	控制信号在开和关之间切换的时间
3.3.2.9	下降时间	参数从规定的较高值下降到规定的较低值所用的时间
3.3.2.10	响应时间	在规定工况下测量的，从动作触发到产生预期反应所经过的时间
3.3.2.11	控制信号	施加于控制机构的电气信号或流体压力
3.3.2.12	输入信号	提供给元件使其产生给定输出的信号
3.3.2.13	死区	输入变量的变化不会在输出变量中产生任何可测量的变化的输入量变化范围
3.3.2.14	阈值	连续控制阀在零位时，产生反向输出所需的输入信号的变化量，以额定信号的百分比表示
3.3.2.15	放大	输出信号与输入信号之间的比率
3.3.2.16	调压特性	在规定流量下测量的进口压力的变化而引起规定的受控压力的变化
3.3.2.17	负载曲线	描述出口压力和出口流量之间关系的函数曲线
3.3.2.18	滞环	由包含两个独立分支的特性曲线表示的现象（其中上升分支对应输入变量增加时的输出变化，下降分支对应输入变量减少时的输出变化）
3.3.2.19	控制流体体积	实现控制功能所需（涉及）的流体体积，包括先导管路内的流体体积
3.3.2.20	流体逻辑	用流体传动元件进行数字信号的传感和信息处理
3.3.2.21	运动件流体逻辑	使用带有运动件的元件的流体逻辑
3.3.2.22	流体逻辑元件	用于流体逻辑系统的带有运动部件的元件
3.3.2.23	流量不对称度	表示为两个增益的差值除以较大的增益，以百分比表示
3.3.2.24	开启压力	在一定条件下，阀开始动作的压力
3.3.2.25	零位压力	连续控制方向阀处于液压零位时，两个工作口相等的压力
3.3.2.27	遮盖	连续控制阀（即伺服阀和比例控制阀）在零位区域内台肩部位的几何条件引起的流量与信号特性的线性偏差 注：它以名义流量特性的直线延长线在零流量处的总间距度量，以额定输入信号的百分比表示
3.3.2.28	阀液压卡紧	由于径向力不平衡使活塞或阀芯被推向一侧，引起足以阻碍其轴向运动的摩擦力，从而导致活塞或阀芯产生的卡住现象
3.3.2.32	调压偏差	对于压力控制阀，从规定的最低流量增加到规定的工作流量过程中的压力增量

注：1. 术语“3.1.4.3　负载流量/带载流量”“3.1.4.10　流量放大率”“3.1.4.11　流量非线性度”“3.1.4.12　流量恢复率”“3.1.4.13　流量特性”“3.1.4.15　流量增益”等见表20-1-16。

2. 术语“3.3.1.14　喷嘴挡板控制”见表20-3-1。

2　液压伺服控制技术概述

2.1　液压控制系统与液压传动系统的比较

表 20-10-2

项目	液压传动系统	液压控制系统
系统组成	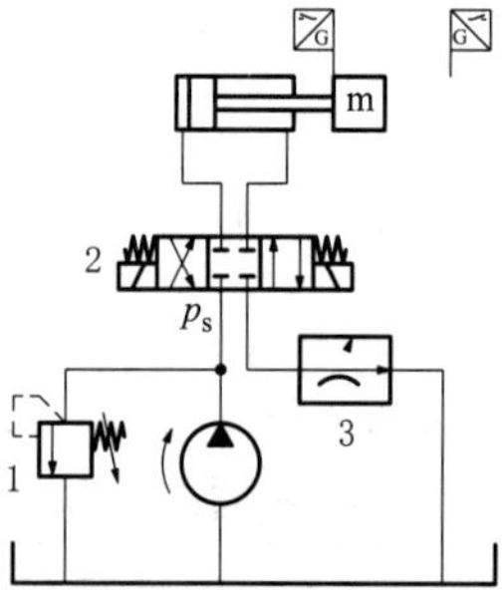 (a) 节流调速系统 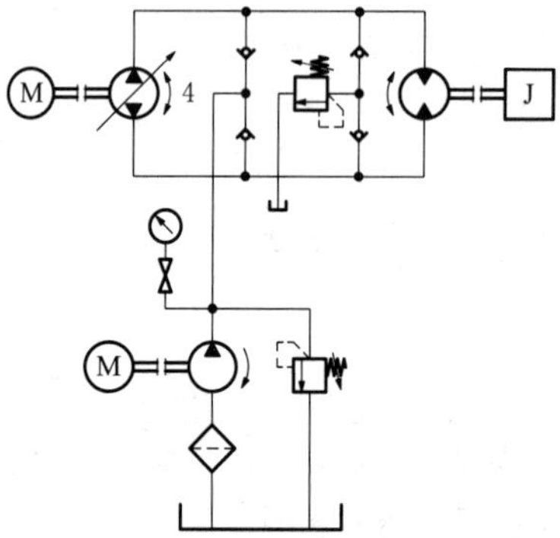 (b) 容积调速系统 1—溢流阀;2—换向阀;3—调速阀;4—手动变量泵	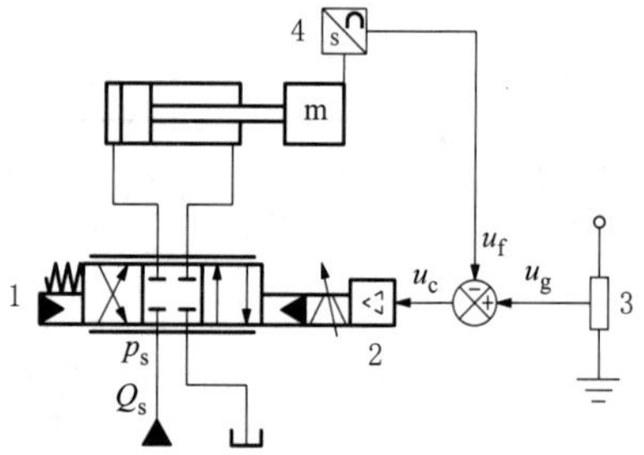 (c) 节流式速度控制系统 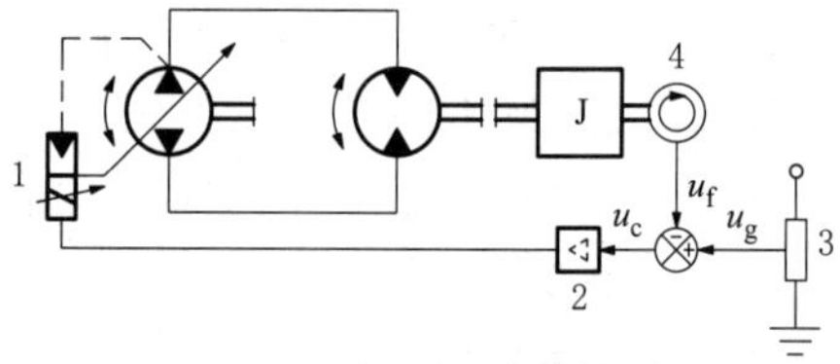 (d) 容积式速度控制系统 1—伺服阀;2—伺服放大器;3—指令电位器;4—测速机
系统功能	只能实现手动调速、加载和顺序控制等功能。难以实现任意规律、连续的速度调节	可利用各种物理量的传感器对被控制量进行检测和反馈,从而实现位置、速度、加速度、力和压力等各种物理量的自动控制
控制元件	采用调速阀或变量泵手动调节流量	采用伺服阀自动调节流量,伺服阀起到传动系统中的换向阀和流量控制阀的作用
工作原理	传动系统是开环系统,被控制量与控制量之间无联系。控制量是流量控制阀的开度或变量泵的调节参数(偏角或偏心),被控制量是执行机构的速度。对被控制量不进行检测,系统没有修正执行机构偏差的能力。控制精度取决于元件的性能和系统整定的精度,控制精度较差,但调整简单。开环系统无反馈,因而不存在矫枉过正问题,即不存在稳定性问题,所以传动系统的调整容易	控制系统是闭环系统,可以对被控制量进行检测并加以反馈。系统按偏差调节原理工作,并按偏差信号的方向和大小进行自动调整,即不管系统的扰动量和主路元件的参数如何变化,只要被控制量的实际值偏离希望值,系统便按偏差信号的方向和大小进行自动调整。控制系统有反馈,具有抗干扰能力,因而控制精度高;但也存在矫枉过正带来的稳定性问题。所以要求较高的设计和调整技术
工作任务	驱动、调速	要求被控制量能自动、稳定、快速、准确地复现指令的变化

续表

项目	液压传动系统	液压控制系统
性能指标	侧重于静态特性，主要性能指标有调速范围、低速平稳性、速度刚度和效率 特殊需要时才研究动态特性	性能指标包括稳态性能指标和动态性能指标 动态性能指标指超调、振荡次数、过渡过程时间等；稳态性能指标指稳态误差
工作特点	①驱动力、转矩和功率大 ②易于实现直线运动 ③易于实现速度调节和力调节 ④运动平稳、快速 ⑤单位功率的质量小、尺寸小。例如A4VSO系列柱塞泵1500r/min时单位功率质量比的平均值为0.85kg/kW，同功率及转速的Y型电机为8.44kg/kW ⑥过载保护简单 ⑦液压蓄能方便	除液压传动特点外，还有如下特点： ①响应速度高 ②控制精度高 ③稳定性容易保证
应用范围	要求实现驱动、换向、调速及顺序控制的场合	要求实现位置、速度、加速度、力或压力等各种物理量的自动控制场合

. 2　电液伺服系统与电液比例系统的比较

表 20-10-3

名　称	共　性	区　分
电液伺服系统	①输入为小功率的电气信号 ②输出与输入呈线性关系 ③可连续控制	①均为闭环控制 ②输出为位置、速度、力等各种物理量 ③控制元件为伺服阀（零遮盖、死区极小、滞环小、动态响应高、清洁度要求高） ④控制精度高、响应速度高 ⑤用于高性能的场合
电液比例系统		①一般为开环控制，性能要求高时亦有闭环控制 ②一般输出为速度或压力，闭环时可以是位移等 ③控制元件为比例阀（正遮盖、死区较大、滞环较大、动态响应较低、清洁度要求较低） ④控制精度较低、响应速度较低 ⑤用于一般工业自动化场合

2. 3　液压伺服系统的组成及分类

表 20-10-4

组成	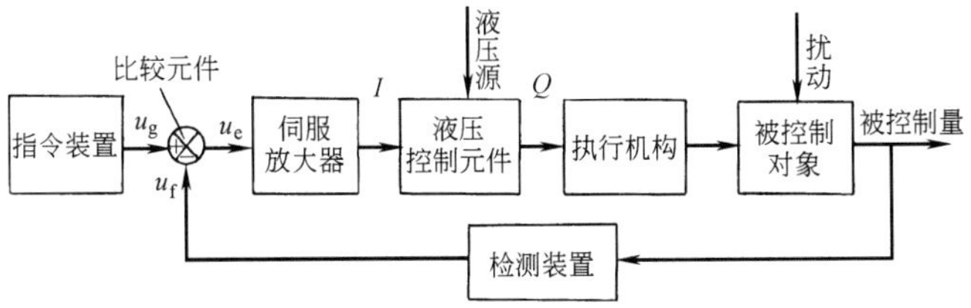	
分类	按控制信号的类别和伺服阀的类型	①机液伺服系统；②电液伺服系统；③气液伺服系统
	按液压功率放大器的类型	①阀控液压伺服系统；②泵控液压伺服系统
	按负载运动性质及输出量的物理量	①液压位置伺服系统；②液压速度伺服系统；③液压加速度伺服系统；④液压力（压力）伺服系统
	按检测元件的输出量形式及信号处理手段	①模拟式液压伺服系统；②数字式液压伺服系统

2.4 液压伺服系统的几个重要概念

表 20-10-5

液压弹簧	物理模型	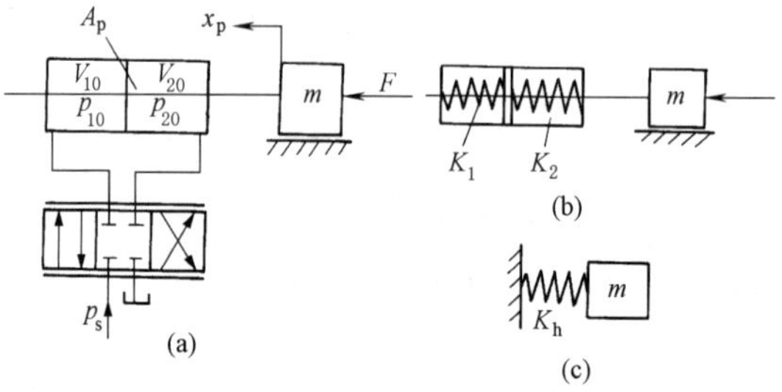	F——外力，N A_p——活塞的工作面积，m^2 x_p——活塞的位移，m V_{10}，V_{20}——活塞两腔容积 V_1、V_2 的初始值，m^3 V_t——总容积，$V_t=V_1+V_2$，m^3 p_{10}，p_{20}——活塞两腔压力 p_1、p_2 的初始值，N/m^2 β_e——液体的容积弹性模量，N/m^2 K_1，K_2——两封闭容积腔产生的液压弹簧的刚度，N/m K_h——总的等效液压弹簧刚度，N/m
	物理概念	伺服控制中，当功率滑阀处于零位时，油液被封闭在活塞腔里；由于液体具有可压缩性(压缩系数为 C)，若受到外力，受压缩的液体产生的液压反力犹如一根受压弹簧所产生的弹力；产生液压反力的两个封闭容腔犹如刚度为 K_1、K_2 的液压弹簧	
	设计公式	$K_1=A_p^2\beta_e/V_{10}$ $K_2=A_p^2\beta_e/V_{20}$ $K_h=K_1+K_2$ 当 $V_{10}=V_{20}=V_t/2$ 时，有 $K_{hmin}=4A_p^2\beta_e/V_t$	
液压谐振频率	物理概念	等效的液压弹簧-质量系统的无阻尼谐振频率称为液压谐振频率，用 ω_h 表示；该频率是实际物理系统的极限频率	ω_h——液压谐振频率，rad/s m_t——负载及活塞的总质量，kg
	计算公式	弹簧-质量系统：$\omega_h=\sqrt{K_h/m_t}$	
		图(a)阀控缸：$\omega_h=\sqrt{4A_p^2\beta_e/(V_t m_t)}$	
液压阻尼系数	物理概念	实际物理系统总是存在阻尼，对于弹簧-质量-阻尼系统，其运动具有二阶振荡特性，其动态取决于谐振频率及无因次阻尼系数	Q_L——阀的负载流量，m^3/s v_p——活塞的运动速度，m/s s——拉普拉斯算子，1/s ζ_h——液压阻尼系数 K_{ce}——总的流量-压力系数，$K_{ce}=K_c+c_{tp}$，$m^5/(N\cdot s)$ K_c——阀的流量-压力系数，$m^5/(N\cdot s)$ c_{tp}——缸的总泄漏系数，$m^5/(N\cdot s)$ B_p——活塞及负载的黏性阻尼系数，$N\cdot s/m$
	计算公式	对于图(a)阀控缸，存在 $\frac{v_p(s)}{Q_L(s)}=\frac{1/A_p}{\frac{s^2}{\omega_h^2}+\frac{2\zeta_h s}{\omega_h}+1}$ $\zeta_h=\frac{K_{ce}}{A_p}\sqrt{\frac{\beta_e m_t}{V_t}}+\frac{B_p}{4A_p}\sqrt{V_t/(\beta_e/m_t)}$	
硬量与软量	硬量	定义：指能够精确地确定，其值相对稳定，易于识别、计算并控制的物理量	
		实例：如液压弹簧刚度 K_h，液压谐振频率 ω_h 等	
	软量	定义：指不易确定、计算，相对模糊、变化的物理量	
		实例：如阀的流量-压力系数 K_c，液压阻尼系数 ζ_h 等	

2.5 液压伺服系统的基本特性

所谓基本特性是将远高于执行机构及负载环节的其他环节（如检测环节、伺服放大器、伺服阀）看成比例环节后的系统特性。

表 20-10-6

系统名称	液压位置伺服系统	液压速度伺服系统
输出量	位移 x_p	速度 v_p
方块图	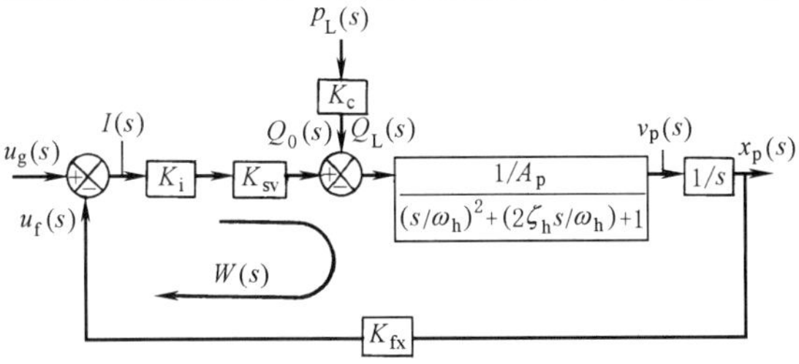	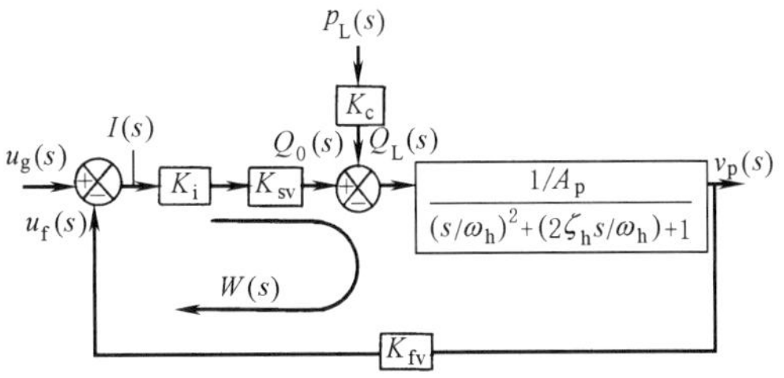
开环传递函数	$W(s)=\dfrac{u_f(s)}{u_g(s)}=\dfrac{K_{vx}}{s\left(\dfrac{s^2}{\omega_h^2}+\dfrac{2\zeta_h s}{\omega_h}+1\right)}$	$W(s)=\dfrac{u_f(s)}{u_g(s)}=\dfrac{K_{vv}}{\dfrac{s_2}{\omega_h^2}+\dfrac{2\zeta_h s}{\omega_h}+1}$
开环增益	$K_{vx}=K_i K_{sv} K_{fx}/A_p$	$K_{vv}=K_i K_{sv} K_{fv}/A_p$
系统类型	I 型系统	O 型系统
稳态误差	阶跃输入 $u_g(t)=R$ 时,$e(\infty)=0$ 斜坡输入 $u_g(t)=Rt$ 时,$e(\infty)=R/K_{vx}$ 负载扰动引起的稳态位置误差 $e_L(\infty)=(K_c/A_p^2K_{vx})F_L$	阶跃输入 $u_g(t)=R$ 时,$e(\infty)=\dfrac{R}{1+K_{vv}}$ 斜坡输入 $u_g(t)=Rt$ 时,$e(\infty)=\infty$ 负载扰动时,$e_L(\infty)=K_c/[A_p^2(1+K_{vx})]F_L$
稳定性	系统稳定性易保证,简单的稳态性判据:$K_{vx}\leqslant 2\zeta_h\omega_h$ 通常 $\zeta_{hmin}=0.1\sim0.2$	仅当开环增益很小时,才有可能稳定。为使系统能稳定地工作,务必加 PI 调节器进行系统校正
动态响应估计	交轴频率 $\omega_c=K_{vx}$ 系统频宽 ω_b:$\omega_c<\omega_b<\omega_h$	加 PI 校正后,$\omega_c'=K_{vv}'=K_pK_{vv}$ K_p 为 PI 调节器的比例增益 系统频宽 ω_b:$\omega_c'<\omega_b<\omega_h$

2.6 液压伺服系统的优点、难点及应用

表 20-10-7

优点、难点及应用		说　明
优点	(1)易于实现直线运动的速度、位移及力控制	采用结构简单的液压缸,液压控制系统便可以很方便地实现位置控制、速度控制和力控制。液压马达的低速性能好,因此无需借助于机械减速器也可以实现低速或调速范围很宽的转速控制,液压力控制更是独树一帜
	(2)驱动力、力矩和功率可很大	例如,大型四辊轧机可以在 30MN 轧制力的条件下进行高响应、高精度的位置控制;大型挤压机可以在 50MN 的挤压力情况进行挤压速度控制;大型油压机可以在 50MN 加载力情况下实现多缸同步控制等
	(3)尺寸小、重量轻,加速性能好	由于工作压力可高达 32MPa,且液压控制系统容易通过自然散热或采用冷却器散发油液中的热量,因此允许液压元件及液压装置的尺寸很小,结构紧凑,重量轻,功率-质量比大,力-惯性比大,加速特性好
	(4)响应速度高	伺服阀的频率很高,液压谐振频率也可以很高,因此系统响应速度高
	(5)控制精度高	大功率电液位置伺服系统的控制精度可达±2μm
	(6)稳定性容易保证	由于液压谐振频率可以精确地计算且基本恒定,因此按最低阻尼系数确定开环增益时,系统稳定性容易保证

续表

优点、难点及应用		说明
难点	(1)油液易受污染	油液污染是液压控制系统故障的主要原因,解决办法: ①系统设计、制造及维护时采用综合的有效的污染控制措施,确保系统清洁度 ②采用抗污染的伺服阀
	(2)液压伺服成本高	①优化系统设计 ②合理选用伺服阀、伺服缸及传感器
	(3)系统的分析、设计、调整和维护需要高技术	①请专业厂或公司设计、制造和安装调试 ②加强维护、使用人员的技术培训
应用	特别适用于大负载、大功率、高精度、高响应的控制场合,液压伺服控制元件已广泛应用于各领域及各工业部门,例如机床中的仿型机床及数控机床;动力设备中汽轮机转速调节和自动调频;锻压设备中油压机的速度或位置的同步控制,快锻机中快锻频率控制,挤压机的速度控制;试验设备中的多自由度转台,材料试验机、振动试验台、轮胎试验机、大型构件试验机等;采煤机中的牵引部的恒功率控制;冶金设备中的电炉电极自动升降,带钢跑偏控制,板材的液压压下厚度控制和板形控制等	

3 液压伺服控制元件、液压伺服动力元件、伺服阀

3.1 液压伺服控制元件

3.1.1 液压控制元件概述

液压传动中的液压控制阀是指控制液体压力、流量和方向的三类开关阀;液压控制中的液压控制阀则是指可实现比例控制的液压阀,按其结构有滑阀、喷嘴挡板阀和射流管阀三种;从功能上看,液压控制阀是一种液压功率放大器,输入为位移,输出为流量或压力。液压控制阀加上转换器及反馈机构组成伺服阀,伺服阀是液压伺服的核心元件。

伺服变量泵也是一种液压比例控制及功率放大元件,输入为角位移,输出为流量。

(1) 液压控制元件的类型及特点

表 20-10-8

类型	特性	特点
液压控制阀	空载流量与位移成正比,负载流量随负载压力增大而减少,Q-p 软特性	静态特性为软特性,刚度低,变阻尼,动态响应高,工作效率较低
伺服变量泵	空载流量与角位移成正比,负载流量随负载压力的变化很小,Q-p 硬特性	静态特性为硬特性,刚度高,低阻尼,动态响应较低;工作效率高

(2) 液压控制阀的类型、原理及特点

表 20-10-9

类型	工作原理		特点
滑阀	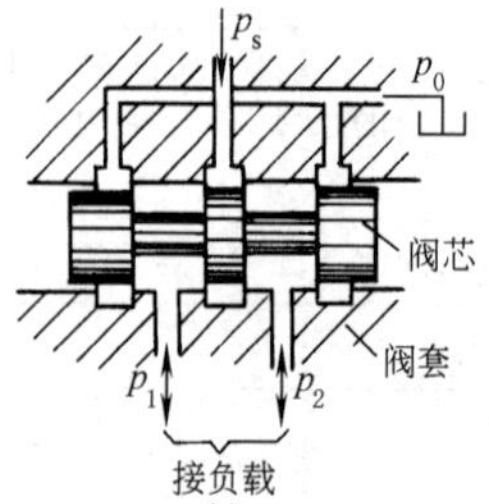 (a)	滑阀属滑动式结构,利用阀芯在阀套中滑动实现配油。换向阀中,阀芯凸肩远大于阀口宽度,为正遮盖,死区大,且只能处于极限位置,只能做开关控制;伺服阀中,阀芯凸肩等于阀口宽度,为零遮盖,灵敏度高,且阀芯的位移可控,可实现比例控制;滑阀基于节流控制原理,通过阀口的流量与阀芯的位移成正比	滑阀的压力增益可以很高,通过的流量可以很大,特性易于计算和控制,抗污染性能较好,因此广泛用作工业伺服阀的前置级和所有伺服阀的功率级 但要求严格的配合公差,制造成本高,作用在阀芯上的力较多、较大且变化;要求较大的控制力。作前置级时,动态响应较低

续表

类型		工作原理		特点
喷嘴挡板阀		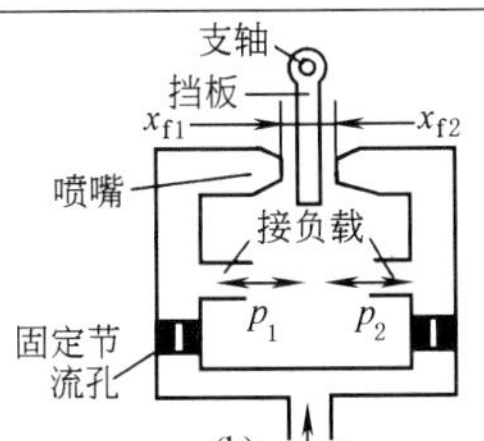 (b)	喷嘴挡板阀属座阀式结构，挡板绕支轴摆动，利用挡板位移来调节喷嘴与挡板之间的环状节流面积，从而改变喷嘴腔内的压力	喷嘴挡板阀的结构简单、公差较宽；特性可预测；无死区、无摩擦副，灵敏度高；挡板惯量很小，所需的控制力小，动态响应高；抗污染性能差，要求很高的过滤精度；零位泄漏量大，功率损耗大。通常用作伺服阀的前置级
射流阀	射流阀是利用高速射流动量原理工作的。目前有射流管阀和射流偏转板阀两种			
	射流管阀	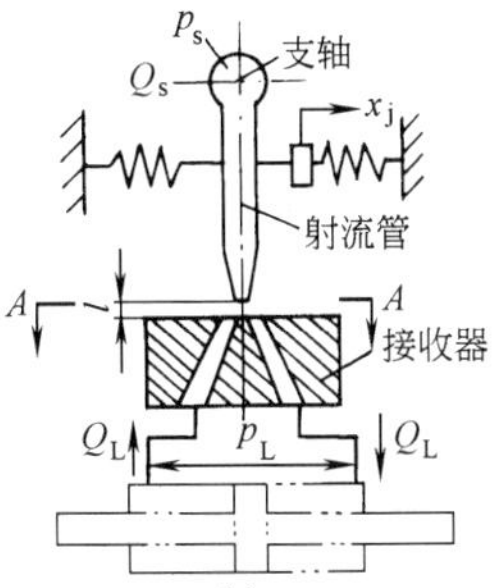 (c)	从射流管的喷嘴高速喷出的液体分流到扩散形的接收器内而恢复成压力。射流管处于零位时两接收口内的压力相等；偏转时，压力不弯，产生与喷嘴位移成正比的压差。利用此压差可以控制负载或功率级滑阀	射流管结构简单，制造容易；喷口较大，流量较大；抗污染能力很好，可靠性很高；无死区，转动摩擦小，灵敏度高；射流管惯量较大，动态响应较低；特性不易预测，设计时要靠模型试验；压力恢复系数和流量恢复系数较大，效率较高；适于中、小功率控制系统或伺服阀的前置级
	射流偏转板阀	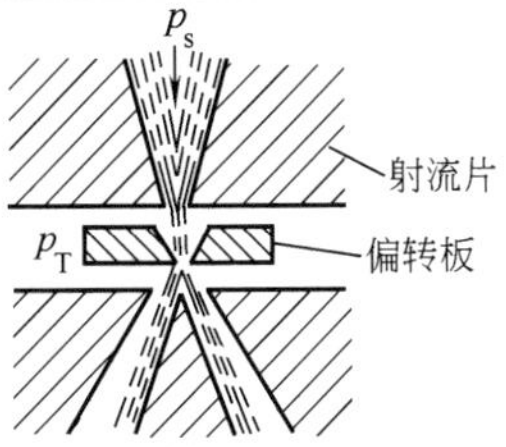 (d)	工作原理和射流管阀相同，只不过是喷口的高速射流由偏转板导流	具有射流管阀的所有优点。并且由于偏转板惯量小，所以动态响应很高

(3) 液压控制阀的静态特性及其阀系数的定义

表 20-10-10

项目	空载流量特性	压力增益特性	压力-流量特性
静态特性	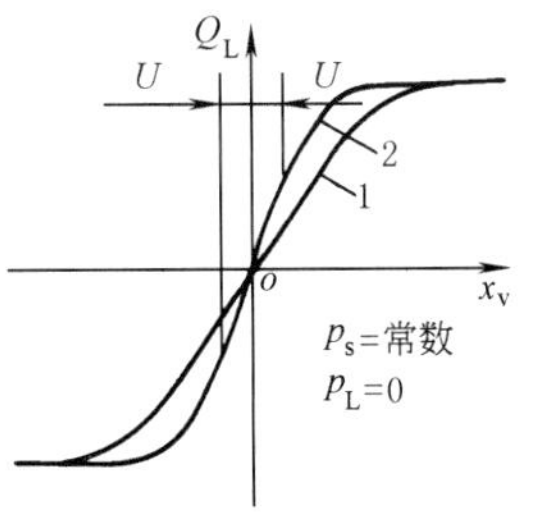 1—零开口滑阀、喷嘴挡板阀及射流管阀；2—正开口滑阀 供油压力恒定，负载压力为零时，负载流量与阀位移的关系称为空载流量特性，表示为 $Q_L=f(x_v)\Big\|_{p_L=0}$ 空载流量特性曲线的斜率称为流量增益，用 K_q 表示 $K_q=\dfrac{\partial Q_L}{\partial x_v}\Big\|_{p_L}=0$	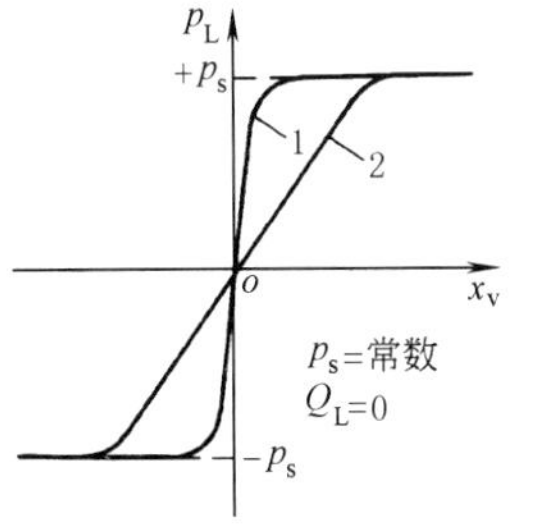 1—零开口滑阀；2—正开口滑阀、喷嘴挡板阀及射流管阀 供油压力恒定，关闭负载通道即 $Q_L=0$ 时，负载压力与阀芯位移的关系称为压力增益特性，表示为 $p_L=f(x_v)\Big\|_{Q_L=0}$ 压力增益特性曲线的斜率称为压力增益，用 K_p 表示 $K_p=\dfrac{\partial p_L}{\partial x_v}\Big\|_{Q_L}=0$	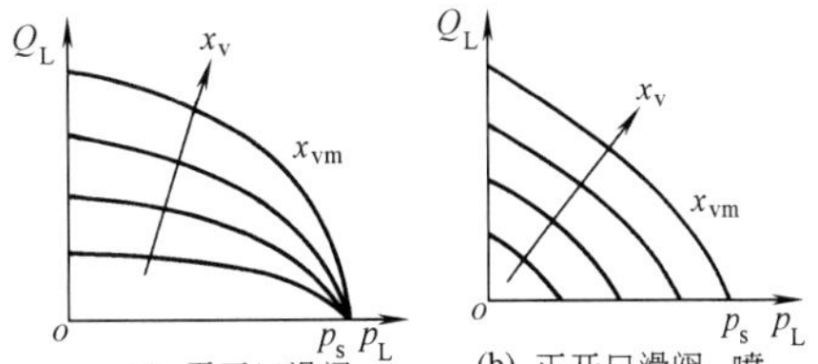 (a) 零开口滑阀　(b) 正开口滑阀、喷嘴挡板阀及射流管阀 供油压力恒定时，负载流量与负载压力、阀芯位移的关系称为压力流量特性，表示为 $Q_L=f(p_L,x_v)$ 阀芯位移一定时，压力-流量特性曲线的斜率的负数称为流量-压力系数，用 K_c 表示 $K_c=-\dfrac{\partial Q_L}{\partial p_L}\Big\|_{x_v=\mathrm{const}}$

续表

阀系数	参数 K_q、K_p、K_c 统称为阀系数。阀系数全面地表征了阀的静态特性,而且直接影响着系统的静态和动态性能:K_q 影响着开环增益,K_p 影响着驱动负载的能力和负载引起的误差,K_c 影响系统的刚度和阻尼。三个阀系数的关系:$K_p=K_q/K_c$ 可采用解析法或图解法确定阀系数:如右图已求得压力-流量特性方程 $Q_L=f(p_L,x_v)$,求某点的偏导数便得阀系数;如已测到压力-流量特性曲线,可按右图确定阀系数,图中 A 是初始平衡工作点,B 是新的工作点;如实测得到空载流量特性曲线和压力增益特性曲线,直接可得到 K_q、K_p,从而计算出 K_c	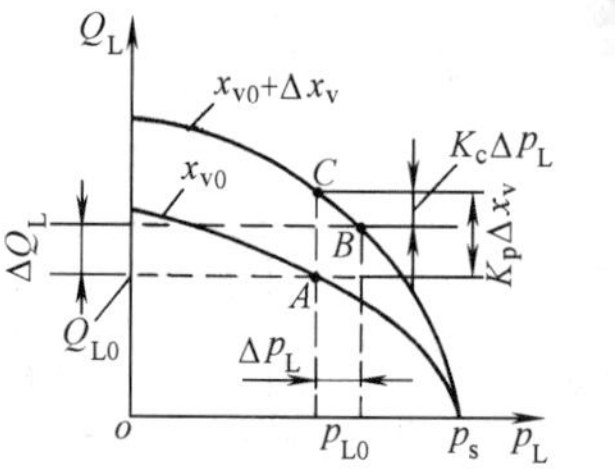

(4) 液压控制阀的液压源类型

液压阀的液压源有恒压源和恒流源两种,一般采用恒压源。

恒流源只能配用正开口阀。由于用恒流源的阀具有严重的非线性压力-流量特性,且每个阀需独立的恒流源,因此应用不多。

3.1.2 滑阀

(1) 滑阀的种类及特征

表 20-10-11

分类	种 类	特 征
按结构型式	分为圆柱滑阀、旋转滑阀和平板滑阀	普遍采用的是圆柱滑阀。平板滑阀是为解决圆柱滑阀的加工精度而提出的结构,随着加工水平的提高,圆柱滑阀的加工困难已得到解决
按节流工作边数分类	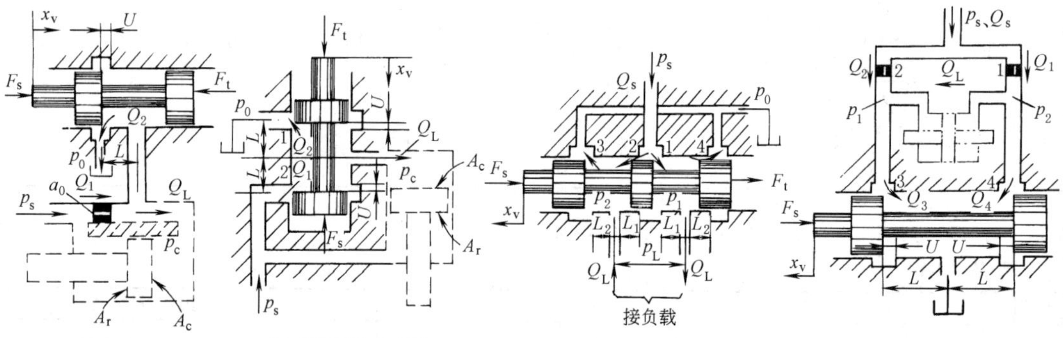 (a) 单边滑阀(二通) (b) 双边滑阀(三通) (c) 四边滑阀(四通) (d) 带两个固定节流孔的正开口双边滑阀(四通)	
	单边、双边和四边滑阀	单边制造容易,性能差;双边制造较难,性能较好;四边制造困难,性能最好
按油口通路数分类	二通阀、三通阀和四通阀	特征、图示同"单边、双边和四边滑阀"的特征和图示
按零中位时阀的开口形式分类	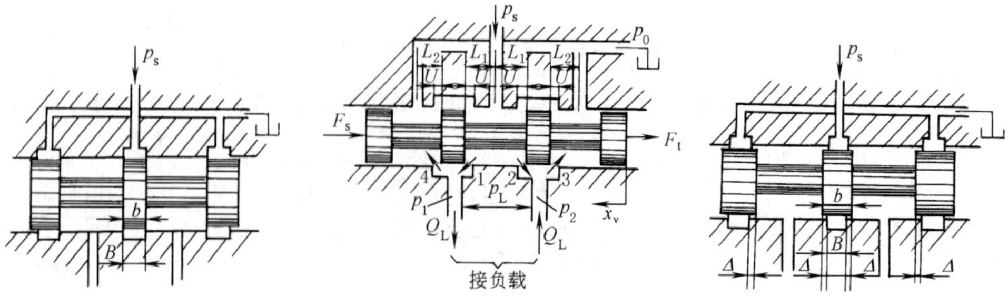 (e) 零开口($b=B$) (f) 正开口($b<B$) (g) 负开口($b>B$)	

续表

分类	种类	特征
零中时阀开口形式分类	对于四通阀、三通阀又有零开口阀、正开口阀和负开口阀之分 图中 b——阀芯凸肩宽度 B——阀套阀口宽度	零开口阀的流量增益恒定，死区小，灵敏度高，零位泄漏小。一般都采用，但制造较难 正开口阀无死区，在正开口范围内，流量增益为零开口阀的 2 倍，但流量特性非线性，零位泄漏大，较少应用，仅用于伺服阀的前置级、恒流系统及高温系统的场合 负开口阀死区大，不灵敏，流量特性非线性，一般不用。负开口阀与零开口阀并联用于出现大信号时增大流量
阀口形状分类	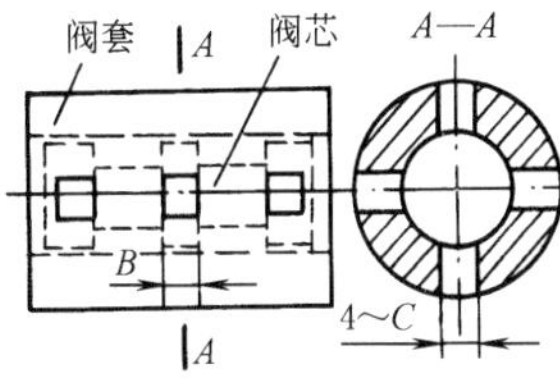 (h) 矩形阀口 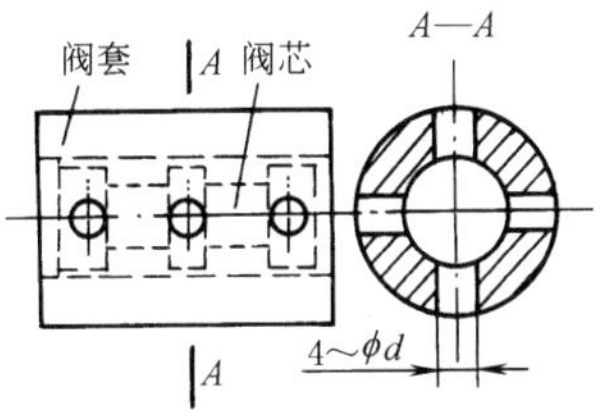 (i) 圆形阀口	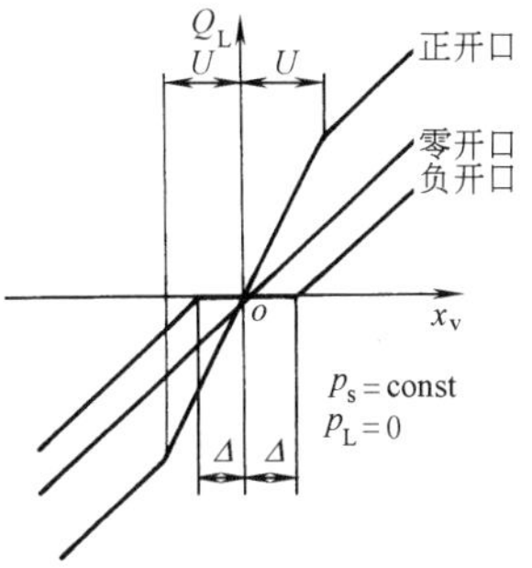 (j) 不同开口型式的空载流量特性
	有全周开口和局部开口。全周开口见图 e；局部开口又有矩形阀口和圆形阀口两种	大流量阀采用全周开口；中小流量阀采用局部开口。局部开口阀中的圆形阀加工简单，但阀口过流面积与阀芯位移不成线性，流量增益为非线性，用于要求不高的场合；矩形阀口流量增益为线性，普遍采用
按阀芯的凸肩数分类	凸肩数有：2，3，4，5，6	凸肩起配油和支承作用。采用全开口时，必须多于 3 个凸肩；3 和 4 个凸肩的最常用；特殊场合采用 5、6 个凸肩的

（2）滑阀的静态特性及阀系数

表 20-10-12

滑阀类型		无量纲压力-流量特性方程	工作零点	零点阀系数			零位泄漏	典型应用
				K_{q0}	K_{p0}	K_{c0}	Q_c	
零开口	A. 四通滑阀（四边）（表 20-10-11 图 c）	$\bar{Q}_L=\bar{x}_v\sqrt{1-\left(\frac{x_v}{\lvert x_v\rvert}\right)\bar{p}_L}$	$x_v=0$ $p_L=0$ $Q_L=0$	$C_dW\sqrt{\frac{p_s}{\rho}}$	∞（理论） $\frac{32\mu C_d\sqrt{p_s/\rho}}{\pi r_c^2}$	0（理论） $\frac{\pi W r_c^2}{32\mu}$	0（理论） $\frac{\pi W r_c^2 p_s}{32\mu}$	控制对称缸或马达
零开口	B. 三通滑阀（双边）（表 20-10-11 图 b）	$\bar{Q}_L=\bar{x}_v\sqrt{2(1-\bar{p}_c)}$ $x_v\geqslant 0$ $\bar{Q}_L=\bar{x}_v\sqrt{\bar{p}_c}$ $x_v\leqslant 0$	$x_v=0$ $p_c=p_s/2$ $Q_L=0$	$C_dW\sqrt{\frac{p_s}{\rho}}$	∞（理论）	0（理论）	0（理论） $\frac{\pi W r_c^2 p_s}{64\mu}$	控制差动缸 $A_c=2A_r$
正开口	C. 四通滑阀（四边）（表 20-10-11 图 f）	$\bar{Q}_L=(1+\bar{x}_v)\sqrt{1-\bar{p}_L}-(1-\bar{x}_v)\sqrt{1+\bar{p}_L}$	$x_v=0$ $p_L=0$ $Q_L=0$	$2C_dW\sqrt{\frac{p_s}{\rho}}$	$2p_s/U$	$\frac{C_dWU\sqrt{\frac{p_s}{\rho}}}{p_s}$	$2C_dWU\sqrt{\frac{p_s}{\rho}}$	控制对称缸或马达
正开口	D. 三通滑阀（双边）（表 20-10-11 图 b）	$\bar{Q}_L=(1+\bar{x}_v)\sqrt{2(1-\bar{p}_c)}-(1-\bar{x}_v)\sqrt{2\bar{p}_c}$	$x_v=0$ $p_c=p_s/2$ $Q_L=0$	$2C_dW\sqrt{\frac{p_s}{\rho}}$	p_s/U	$\frac{2C_dWU\sqrt{\frac{p_s}{\rho}}}{p_s}$	$C_dWU\sqrt{\frac{p_s}{\rho}}$	控制差动缸

续表

滑阀类型		无量纲压力-流量特性方程	工作零点	零点阀系数			零位泄漏	典型应用
				K_{q0}	K_{p0}	K_{c0}	Q_c	
正开口	E. 带两个固定节流孔的四通滑阀(双边)(表 20-10-11 图 d)	$\overline{Q}_L=\frac{1}{\alpha}\sqrt{2(1-\overline{p}_1)}-(1-\overline{x}_v)\sqrt{2\overline{p}_1}$ $\overline{Q}_L=(1+\overline{x}_v)\sqrt{2\overline{p}_2}-\frac{1}{\alpha}\sqrt{2(1-\overline{p}_2)}$ $\overline{p}_L=\overline{p}_1-\overline{p}_2$	$x_v=0$ $p_1=p_2=\frac{p_s}{1+\alpha^2}$ $Q_L=0$	$C_dW\sqrt{\frac{p_s}{\rho}}$	p_s/U	$\frac{C_dWU\sqrt{\frac{p_s}{\rho}}}{p_s}$	$2C_dWU\sqrt{\frac{p_s}{\rho}}$	作[illegible]级滑阀式伺服阀的前置级
正开口	F. 带一个固定节流孔的二通滑阀(单边)(表 20-10-11 图 a)	$\overline{Q}_L=\frac{1}{\alpha}\sqrt{2(1-\overline{p}_c)}-(1-\overline{x}_v)\sqrt{2\overline{p}_c}$	$x_v=0$ $p_c=p_s/(1+\alpha^2)$ $Q_L=0$	$C_dW\sqrt{\frac{p_s}{\rho}}$	$p_s/2U$	$\frac{2C_dWU\sqrt{\frac{p_s}{\rho}}}{p_s}$	$C_dWU\sqrt{\frac{p_s}{\rho}}$	用于性能要求不高的简单液压伺服机构

符号说明

式中 $\overline{x}_v$——无量纲位移,$\overline{x}_v=x_v/x_{vm}$;$x_v$、$x_{vm}$ 分别为滑阀的位移、最大位移,m

$\overline{p}_L$——无量纲压力,$\overline{p}_L=p_L/p_s$;p_s 为供油压力,Pa;$p_L=p_1-p_2$,为负载压力,Pa

$\overline{Q}_L$——无量纲流量,$\overline{Q}_L=Q_L/Q_{Lm}$;$Q_L=C_dWx_v\sqrt{(p_s-p_L)/\rho}$,为负载流量

Q_{Lm}——最大空载流量,$Q_{Lm}=Q_0=C_dWx_{vm}\sqrt{p_s/\rho}$

C_d——流量系数

W——面积梯度(开口周边总长),m

ρ——油的密度,kg/m^3

μ——油的动力黏度,Pa·s

r_c——阀芯与阀套的半径间隙,m

对于正开口阀:$\overline{x}_v=x_v/U$,$x_{vm}=U$,U 为正开口量

对于三通阀:$\overline{p}_c=p_c/p_s$,$p_c=p_{c0}=p_s/2$ 时,$Q_{Lm}=C_dWx_{vm}\sqrt{p_s/\rho}$

对于 F:$\overline{p}_c=p_c/p_s$,$p_c=p_s/[1+\alpha^2(1-\overline{x}_v)^2]$,$\alpha=C_dWU/(C_{d0}a_0)$,$C_{d0}$、$a_0$ 分别为固定节流孔的流量系数及面积

对于 E:$\overline{p}_1=p_1/p_s$,$\overline{p}_2=p_2/p_s$,$p_1=p_s/[1+\alpha^2(1-\overline{x}_v)^2]$,$p_2=p_s/[1+\alpha^2(1+\overline{x}_v)^2]$

静态特性曲线

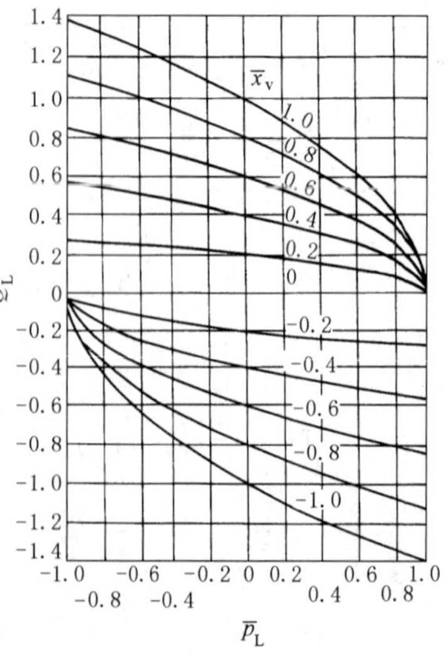

零开口四通阀

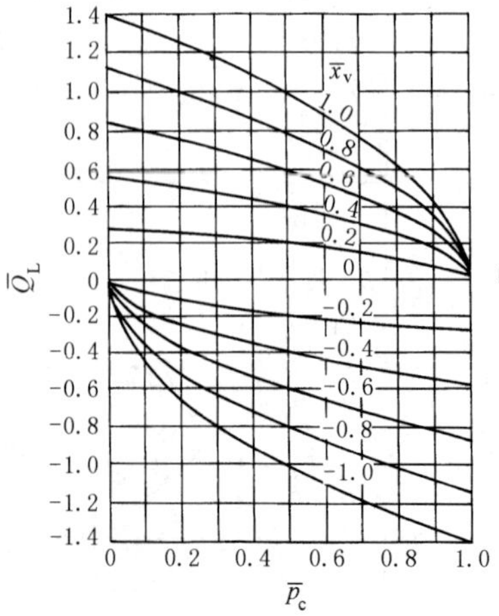

零开口三通阀

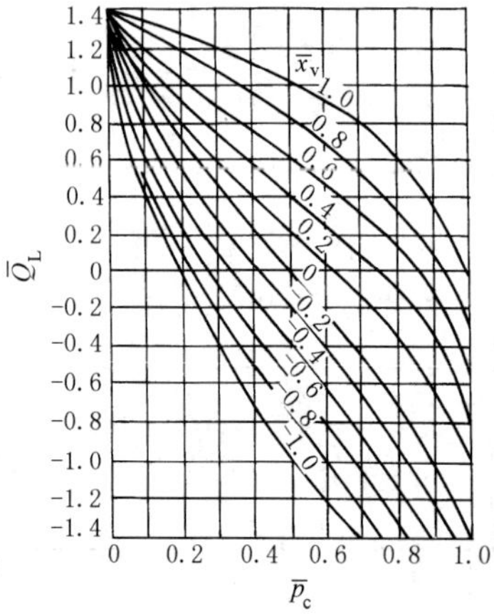

带一个固定节流孔的正开口二通阀(α=1时)

续表

静态特性曲线	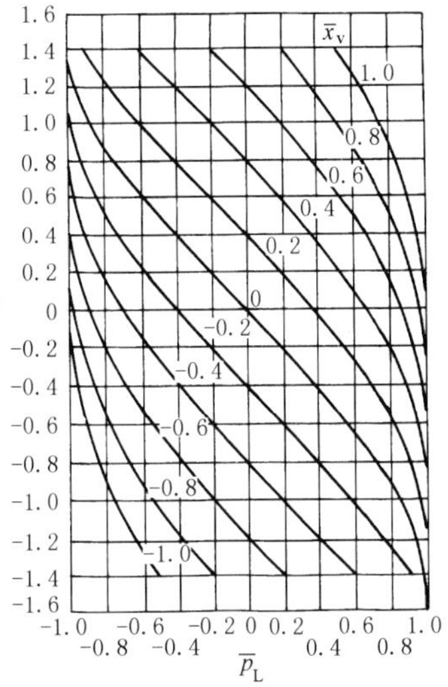 正开口四通阀 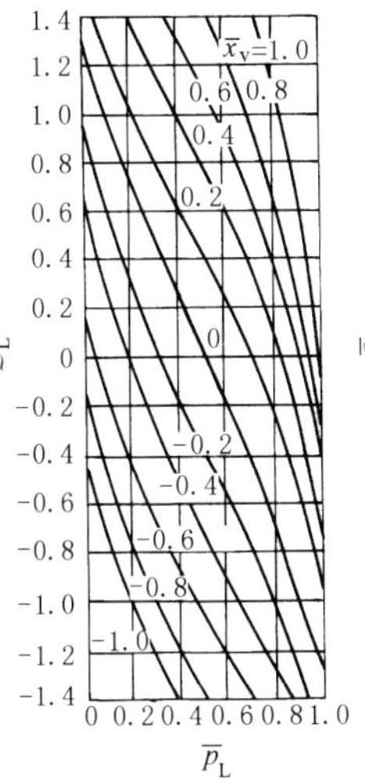 正开口三通阀 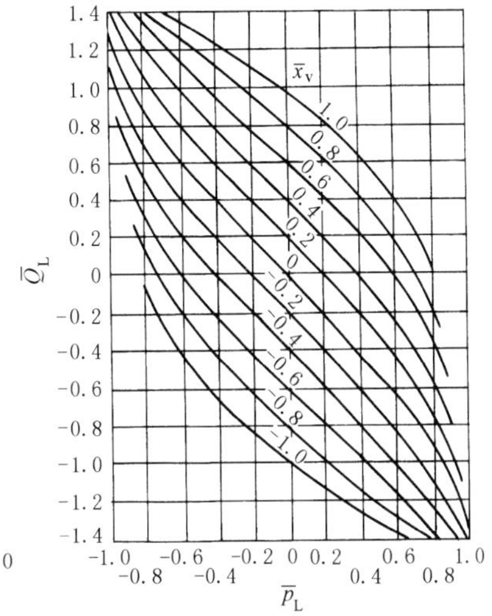 带两个固定节流孔的正开口四通阀（α=1时）

（3）滑阀的力学特性

表 20-10-13

滑阀上的作用力	计算公式	附图及说明
惯性力 F_I	$F_I=m_{vt}\ddot{x}_v$ 式中 $m_{vt}=m_v+\rho V_0+\sum_{i=1}^{n}\rho V_i\left(\frac{A_v}{A_i}\right)^2$	m_{vt}——总质量，kg m_v——阀芯质量，kg $\ddot{x}_v$——阀芯加速度，m/s^2 ρV_0——阀芯腔室中油液的质量；ρ 为油液的密度，kg/m^3 V_0——油液容积，m^3 $\sum_{i=1}^{n}\rho V_i\left(\frac{A_v}{A_i}\right)^2$——前置级至滑阀两端管道中各段油液质量折算到阀芯处的等效质量；A_i、V_i 为各段的截面积和容积，A_v 为滑阀的端面积
黏性摩擦力 F_v	$F_v=B_v\dot{x}_v$ 式中 $B_v=\frac{\mu\pi dl}{r_c}$	B_v——滑阀的黏性摩擦系数 μ——油液的动力黏度，Pa·s d——滑阀直径，m l——阀芯凸肩总长，m r_c——阀芯与阀套的径向间隙，m
液压卡紧力 F_L	$F_L=\alpha_L dl(p_1-p_2)$ 式中 $\alpha_L=\frac{\pi}{4}\times\frac{t}{c}\left[\frac{2+\frac{t}{c}}{\sqrt{4\frac{t}{c}+\left(\frac{t}{c}\right)^2}}-1\right]$	α_L——侧向力系数；$t/c=0.9$ 时，$\alpha_{Lmax}=0.27$ d——滑阀凸肩直径，m l——滑阀凸肩宽度，m p_1,p_2——凸肩两侧压力，Pa t——侧压时大端的最小间隙，m c——阀芯处于中心时大端处的径向间隙，m e——阀芯与阀套的偏心距，m 减弱措施： ①控制锥度使 $t/c\ll1$，减少侧向力；②在阀芯两端支承凸肩上开 3~5 条环形槽，可显著减少侧向力；③提高过滤精度，减少因杂质造成的卡住现象 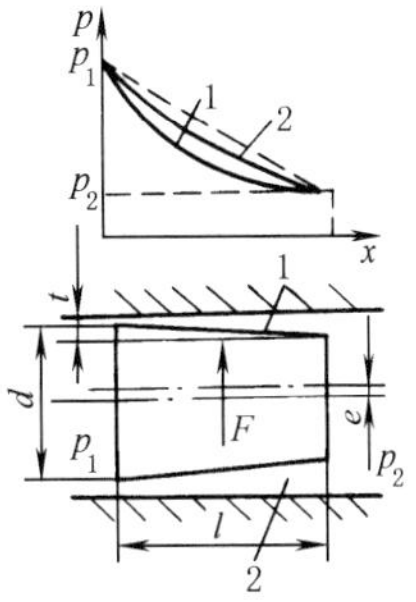 1—阀芯；2—阀套

续表

滑阀上的作用力	计算公式	附图及说明
稳态液动力 F_s	①流过单个阀口时： $F_s=2C_dC_vWx_v\Delta p\cos\theta$ $=0.43W\Delta px_v=K_sx_v$ 方向：力图使阀口关闭 ②各种滑阀的稳态液动力见表 20-10-14	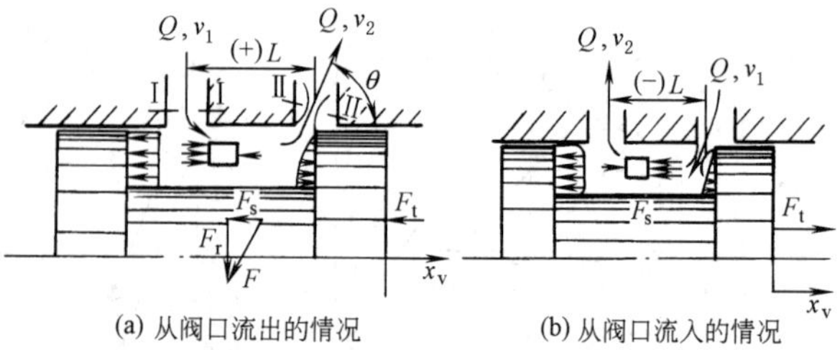 (a) 从阀口流出的情况　(b) 从阀口流入的情况 C_d，C_v——流量系数、速度系数；$C_d=0.61$，$C_v=0.98$ W——面积梯度，m Δp——阀口上的压降，Pa θ——阀口处的射流角，$\theta=69°$ K_s——液动力刚度系数，$K_s=0.43W\Delta p$，N/m 补偿办法： ①径向小孔法；②回流凸肩法；③负力窗口法；④压降法
瞬态液动力 F_t	①流过单个阀腔时： $F_t=\pm LC_dW\sqrt{2\rho\Delta p}\dfrac{dx_v}{dt}=B_t\dfrac{dx_v}{dt}$ $B_t=\pm LC_dW\sqrt{2\rho\Delta p}$ 方向：与阀腔流体加速的方向相反 ②各种滑阀的瞬态液动力见表 20-10-14	L——液体在阀腔内的实际流程；F_t 与 x_v 方向相反为正阻尼；F_t 与 x_v 方向相同为负阻尼 B_t——阻尼长度
滑阀的运动方程	$F_g=F_1+F_v+F_t+F_s+F_k$ $=m_v\ddot{x}_v+(B_v+B_t)\dot{x}_v+(K_s+K_L)x_v$	F_g——滑阀的驱动力，N F_k——弹簧力，$F_k=K_Lx_v$ K_L——弹簧刚度 注：侧向力 F_L 补偿后造成的摩擦力较小，已忽略

表 20-10-14

滑阀类型		工作阀口数	稳态液动力 F_s	瞬态液动力 F_t
四通滑阀	零开口(表 20-10-11 图 c)	2	$0.43W(p_s-p_L)x_v$	$(L_2-L_1)C_dW\dot{x}_v\sqrt{\rho(p_s-p_L)}$
	正开口(表 20-10-11 图 f)	4	$0.86W(x_vp_s-Up_L)$	$(L_2-L_1)C_dW\dot{x}_v\sqrt{\rho}(\sqrt{p_s-p_L}+\sqrt{p_s+p_L})$
三通滑阀	零开口(表 20-10-11 图 b)	1	$\begin{cases}0.43W(p_s-p_c)x_v & x_v\geqslant0\\0.43Wp_cx_v & x_v<0\end{cases}$	$\begin{cases}-LC_dW\dot{x}_v\sqrt{2\rho(p_s-p_c)} & x_v\geqslant0\\LC_dW\dot{x}_v\sqrt{2\rho p_c} & x_v<0\end{cases}$
	正开口(表 20-10-11 图 b)	2	$0.43W[x_vp_s+U(p_s-2p_c)]$	$-LC_dW\dot{x}_v\sqrt{2\rho}(\sqrt{p_s-p_c}+\sqrt{p_c})$
带两个固定节流孔的正开口四通滑阀(表 20-10-11 图 d)		2	$0.43W[x_v(p_1+p_2)-Up_L]$	$LC_dW\dot{x}_v\sqrt{2\rho}(\sqrt{p_2}-\sqrt{p_1})$
带一个固定节流孔的正开口二通滑阀(表 20-10-11 图 a)		1	$0.43Wp_cx_v$	$LC_dW\dot{x}_v\sqrt{2\rho p_c}$

(4) 滑阀的功率特性及效率

下面以应用最广的零开口四通滑阀为例。

表 20-10-15

项　目	计算公式	说　明
输入功率 最大输入功率	$N_i=p_sQ_0$，$Q_0=C_dWx_v\sqrt{p_s/\rho}$ $N_{im}=p_sQ_s$，$Q_s=Q_{0m}=C_dWx_{vm}\sqrt{p_s/\rho}$	Q_0，Q_{0m}——空载流量、最大空载流量 Q_s——供油流量 Q_L——负载流量 p_L，p_s——负载压力、供油压力 η——最大输出功率点 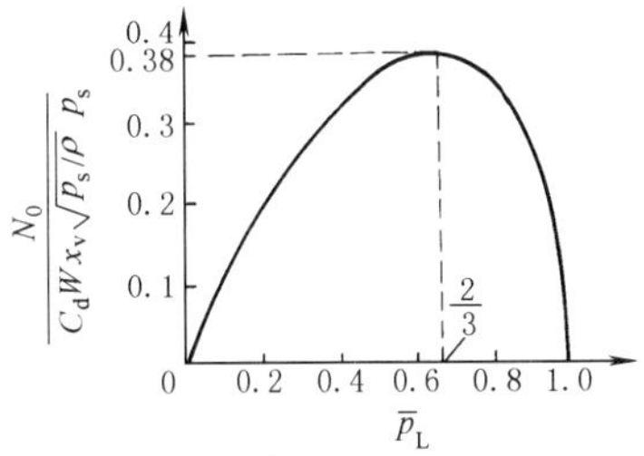 无量纲输出功率曲线
输出功率 无量纲输出功率	$N_0=p_LQ_L$，$Q_L=C_dWx_v\sqrt{(p_s-p_L)/\rho}$ $\bar{N}_0=N_0/N_{im}=\bar{p}_L\bar{x}_v\sqrt{1-\bar{p}_L}$	
最大输出功率及条件	$x_v=x_{vm}$，$p_L=(2/3)p_s$ 时： $Q_L=(1/\sqrt{3})Q_{0m}=57.7\%Q_{0m}$，或 $Q_{0m}=\sqrt{3}Q_L$ $N_0=(2/3\sqrt{3})N_{im}=0.385N_{im}$	
效率	$\eta=\frac{N_0}{N_i}=\frac{p_LQ_L}{p_sQ_s}$ 定量泵供油：$Q_s=Q_{0m}$，$\eta_m=\frac{2}{3\sqrt{3}}=38.5\%$ 恒压变量泵供油：$Q_s=Q_L$，$\eta_m=\frac{2}{3}=66.7\%$	

(5) 滑阀的设计

表 20-10-16

设计项目		设计的一般原则
滑阀结构型式的确定	工作边数和通路数的确定	工作边数及通路数主要应从执行元件类型、性能要求及制造成本三方面来考虑 三通(双边)阀只能用于控制差动液压缸；四通(四边)阀可控制液压马达、对称液压缸和不对称液压缸，但用对称四通阀控制不对称液压缸容易产生较大的液压冲击，运动不平稳 四通阀的压力增益比三通阀高一倍，它所控制的系统的负载误差小，系统的响应速度高；性能要求高的系统多用四通阀；负载不大、性能要求不高的机液伺服机构，或靠外负载回程的特殊场合常用三通阀；二通阀仅用于要求能自动跟踪，但无性能要求的场合 四通阀制造成本较高，三通阀次之。二通阀极易制造
	阀口形状的确定	阀口形状由流量大小和流量增益的线性要求来确定 一般当额定流量大于 30L/min，且动态要求高时采用全开口。为有足够刚度，小流量阀的阀芯不宜做得过小，因此采用局部开口。局部开口几乎全部采用偶数矩形窗口，且必须保证节流边分布对称。否则将增加滑阀摩擦力从而增加伺服阀分辨率。窗口多用电火花或线切割加工
	零位开口型式的确定	零位开口型式取决于性能要求及用途 零开口阀的流量增益为线性，压力增益很高，应用最广。正开口阀零位附近的流量为非线性，压力增益为线性但增益较低，零位泄漏大，一般较少用，多用于前置级、同步控制系统、高温工作环境和恒流系统
	凸肩数的确定	凸肩以保证阀芯有良好的支承，便于开均压槽，并使轴向尺寸紧凑为原则 四通阀一般为 3 个或 4 个凸肩。三通阀 2 个或 3 个凸肩。特殊用途的滑阀，除两端作控制面外，还有辅助控制面，需 5 或 6 个凸肩
滑阀主要参数的确定	供油压力 p_s	一般以供油压力作为额定压力 常用的滑阀供油压力(MPa)为 4、6.3、10、21、32
	最大开口面积 Wx_{vm}	Wx_{vm} 表征阀的规格，由要求的空载流量来确定，$Wx_{vm}=Q_0/(C_d\sqrt{p_s/\rho})$ 确定 W、x_{vm} 组合的原则如下： ①防止空载流量特性出现流量饱和原则，使 $\pi(d^2-d_r^2)/4\geqslant 4Wx_{vm}$ ②保证阀芯刚度足够原则。取阀杆直径 $d_r=d/2$，d 为阀芯直径 综上得：$x_{vm}\leqslant\frac{3\pi d^2}{64W}$；$W=\pi d$ 时，则 $x_{vm}\leqslant\frac{3}{64}d\approx 5\%d$，或 $\frac{W}{x_{vm}}\geqslant\frac{64\pi}{3}=67$

续表

设计项目		设 计 的 一 般 原 则
滑阀主要参数的确定	阀芯直径 d 的确定	d 的大小应从流量大小、动态性能有求及阀芯刚度要求来考虑 流量大时 d 应足够大，但 d 太大惯性力大，动态性能低；d 太小阀杆刚度太小，易变形且要求较大行程 x_{vm}；但作为2级的功率级阀芯，在先导级静耗流量一定时，在满足动态性能的前提下，尽量选较大直径。因其端面面积大，驱动力大，抗污染能力好。d 的一般数据见表20-10-17
	阀芯最大行程 x_{vm}	x_{vm} 大有优点，但要求有较大的驱动力、速度或功率。因此前置级滑阀的最大行程受力矩马达或力马达输出位移、力或功率的限制；功率级滑阀的最大行程受先导级流量的限制。在满足由先导级流量所决定的极限动态性能的情况下，尽量选择较大的 x_{vm}，因其阀口节流边腐蚀时所占比例小，寿命长
	面积梯度 W	对于机液控制系统，因各环节增益不可调，应根据稳定判据先确定开环增益，然后根据执行元件和反馈元件的增益确定出滑阀的零点流量增益 K_{q0}，再由 $K_{q0}=C_d W\sqrt{p_s/\rho}$ 确定出 W，最后由 $W/x_{vm}=67$ 计算 x_{vm} 对于电液控制系统，因开环增益调整方便，可先选择 x_{vm} 再确定 W 对于大流量的全周开口阀：$W=\pi d$，且需满足 $x_{vm}\leqslant 5\%d$ 及 $W/x_{vm}\geqslant 67$ 的条件，因此，须用试探法确定 d、W 和 x_{vm}
结构设计		阀套与阀体过盈配合采用热压法安装 阀芯与阀套的轴向配合尺寸或遮盖量为微米级；径向间隙为几微米至十几微米；几何精度和工作棱边的允许圆角为零点几微米 四通滑阀的阀套有分段和整体两种结构。分段式主要是为了解决轴向尺寸难以保证和方孔加工困难而采用的结构。但分段式阀套的端面垂直度及光洁度要求很高，内外圆要反复精磨。随着加工水平的提高，多数阀套采用整体式阀套

表 20-10-17

空载流量 Q_0/L·min^{-1}	<10		10~100		160~250		400~800	
直径和最大行程	d	x_{vm}	d	x_{vm}	d	x_{vm}	d	x_{vm}
喷嘴挡板式伺服阀/mm	5	0.2~0.4	8	0.4~0.8	10~16	0.8~1.0	20~30	2~3
双级滑阀式伺服阀/mm	8~10	0.6~1.0	12~20	1.0~1.5	20~24	1.5~2.0	30~36	2.5~3.5

3.1.3 喷嘴挡板阀

（1）喷嘴挡板阀的种类、原理及应用

表 20-10-18

类型	组成及控制原理		特点及应用
单喷嘴挡板阀	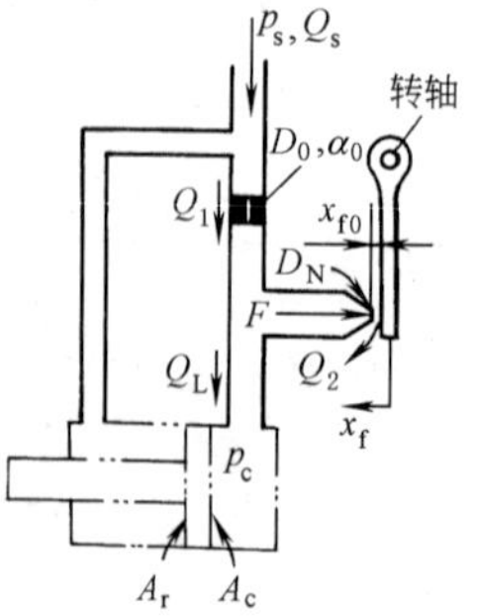	带有一个固定节流孔、一个可变节流孔的正开口二通阀，只能用于控制差动缸	①结构较简单，但因小型化，制造精密，成本并不低 ②特性可预知，可通过设计计算确定其特性 ③无死区、无摩擦副、灵敏度高 ④挡板惯量很小，驱动力矩小，动态响应很高 ⑤挡板与喷嘴间距很小（$x_{f0}=0.02\sim0.06$mm），因此抗污染性能差，且调整及维护困难；要求油液的清洁度很高 ⑥零位泄漏较大，功率损耗较大，因此，只能做伺服阀的前置级 ⑦由于结构不对称，压力零漂和温度零漂较大，目前已很少用

续表

类型	组成及控制原理	特点及应用
双喷嘴挡板阀	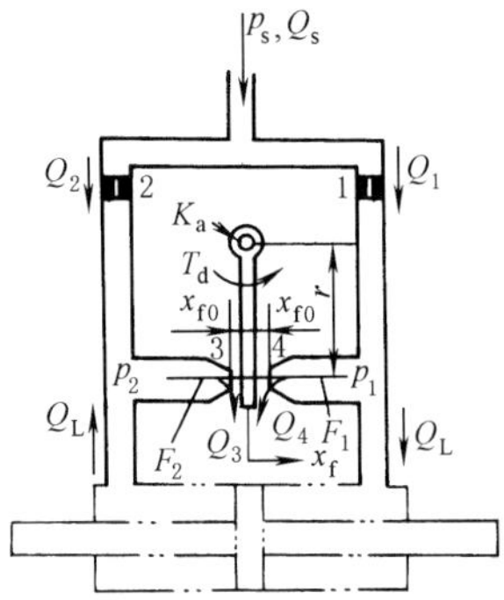 带有两个固定节流孔、两个可变节流口的正开口四通阀，结构对称，按差动原理工作，可用于控制对称缸	①结构较简单，但因小型化，制造精密，成本并不低 ②特性可预知，可通过设计计算确定其特性 ③无死区、无摩擦副、灵敏度高 ④挡板惯量很小，驱动力矩小，动态响应很高 ⑤挡板与喷嘴间距很小（$x_{f0}=0.02\sim0.06$mm），因此抗污染性能差，且调整及维护困难；要求油液的清洁度很高 ⑥零位泄漏较大，功率损耗较大，因此，只能作伺服阀的前置级

（2）喷嘴挡板阀的静态特性

虽然喷嘴挡板阀与滑阀的结构不同，但单喷嘴挡板阀与带一个固定节流孔的正开口二通滑阀、双喷嘴挡板阀及带两个固定节流孔的正开口四通滑阀的工作原理相同，静态特性亦相同，只需将有关公式和图表中的参数作如下置换：

① 用喷嘴挡板阀流量系数 C_{df} 置换滑阀流量系数 C_d；

② 用喷口周长 πD_N 置换滑阀面积梯度 W；

③ 用挡板至喷嘴的零位距离 x_{f0} 置换滑阀的预开口量 U，用挡板位移 x_f 置换滑阀位移 x_v。

喷嘴挡板阀的静态特性见表 20-10-19。

表 20-10-19　喷嘴挡板阀的静态特性

项目		单喷嘴挡板阀	双喷嘴挡板阀	备注
压力增益特性		$\bar{p}_c=\frac{1}{1+\alpha^2(1-\bar{x}_f)^2}$	$\bar{p}_L=\frac{1}{1+\alpha^2(1-\bar{x}_f)^2}-\frac{1}{1+\alpha^2(1+\bar{x}_f)^2}$	$Q_L=0$
零位压力		$p_{c0}=\frac{p_s}{1+\alpha^2}$	$p_{10}=p_{20}=\frac{p_s}{1+\alpha^2}$	$x_f=0$ $Q_L=0$
无量纲压力-流量		$\bar{Q}_L=\frac{1}{\alpha}\sqrt{2(1-\bar{p}_c)}-(1-\bar{x}_f)\sqrt{2\bar{p}_c}$	$\bar{Q}_L=\frac{1}{\alpha}\sqrt{2(1-\bar{p}_1)}-(1-\bar{x}_f)\sqrt{2\bar{p}_1}$ $\bar{Q}_L=(1+\bar{x}_f)\sqrt{2\bar{p}_2}-\frac{1}{\alpha}\sqrt{2(1-\bar{p}_2)}$ $\bar{p}_L=\bar{p}_1-\bar{p}_2$	
零点阀系数	$a\neq1$	$K_{q0}=\frac{1}{\sqrt{1+\alpha^2}}C_{df}\pi D_N\sqrt{\frac{2}{\rho}p_s}$ $K_{c0}=\frac{C_{df}\pi D_N x_{f0}}{\sqrt{p_s\rho}}\left[\frac{1}{\alpha\sqrt{2[1-1/(1+\alpha^2)]}}+\frac{1}{\sqrt{2/(1+\alpha^2)}}\right]$ $K_{p0}=\frac{\sqrt{2}p_s/(x_{f0}\sqrt{1+\alpha^2})}{\frac{1}{\alpha\sqrt{2[1-1/(1+\alpha^2)]}}+\frac{1}{\sqrt{2/(1+\alpha^2)}}}$	$K_{q0}=\frac{1}{\sqrt{1+\alpha^2}}C_{df}\pi D_N\sqrt{\frac{2}{\rho}p_s}$ $K_{c0}=\frac{C_{df}\pi D_N x_{f0}}{2\sqrt{p_s\rho}}\left[\frac{1}{\alpha\sqrt{2[1-1/(1+\alpha^2)]}}+\frac{1}{\sqrt{2/(1+\alpha^2)}}\right]$ $K_{p0}=\frac{2\sqrt{2}p_s/(x_{f0}\sqrt{1+\alpha^2})}{\frac{1}{\alpha\sqrt{2[1-1/(1+\alpha^2)]}}+\frac{1}{\sqrt{2/(1+\alpha^2)}}}$	$\bar{x}_f=x_f/x_{f0}$ $\bar{p}_c=p_c/p_s$ $\bar{p}_1=p_1/p_s$ $\bar{p}_2=p_2/p_s$ $\bar{p}_L=p_L/p_s$ $p_L=p_1-p_2$ $\bar{Q}_L=\frac{Q_L}{C_{df}\pi D_N x_{f0}\sqrt{p_s/\rho}}$ $\alpha=\frac{C_{df}\pi D_N x_{f0}}{C_{d0}\alpha_0}$
	$a=1$	$K_{q0}=C_{df}\pi D_N\sqrt{\frac{p_s}{\rho}}$ $K_{c0}=2C_{df}\pi D_N x_{f0}\sqrt{p_s/\rho}/p_s$ $K_{p0}=p_s/2x_{f0}$	$K_{q0}=C_{df}\pi D_N\sqrt{\frac{p_s}{\rho}}$ $K_{c0}=C_{df}\pi D_N x_{f0}\sqrt{p_s/\rho}/p_s$ $K_{p0}=p_s/x_{f0}$	

续表

项目		单喷嘴挡板阀	双喷嘴挡板阀	备　注
零位泄漏流量	$\alpha\neq1$	$Q_c=\dfrac{C_{df}\pi D_N x_{f0}}{\sqrt{1+\alpha^2}}\sqrt{2p_s/\rho}$	$Q_c=\dfrac{2C_{df}\pi D_N x_{f0}}{\sqrt{1+\alpha^2}}\sqrt{2p_s/\rho}$	$x_f=0$
	$\alpha=1$	$Q_c=C_{df}\pi D_N x_{f0}\sqrt{p_s/\rho}$	$Q_c=2C_{df}\pi D_N x_{f0}\sqrt{p_s/\rho}$	

(3) 喷嘴挡板阀的力特性

表 20-10-20

项　　目	计 算 公 式	说　　明
作用在单喷嘴挡板阀挡板上的液流力	$F=p_cA_N[1+16C_{df}^2(x_{f0}-x_f)^2/D_N^2]$	p_c——喷嘴内的压力 A_N——喷嘴面积，$A_N=\pi D_N^2/4$ D_N——喷嘴直径
作用在双喷嘴挡板阀挡板上的液流力	$F=p_LA_N-2[8\pi C_{df}^2p_sx_{f0}/(1+\alpha^2)]x_f$	K_{s0}——零点液动力弹簧刚度，$K_{s0}=8\pi C_{df}^2p_sx_{f0}/(1+\alpha^2)$
挡板的运动方程	$T_a=J_a\ddot{\theta}+B_a\dot{\theta}+K_a\theta+Fr$	T_a——挡板的驱动力矩 J_a——挡板组件的转动惯量 K_a——支承挡板的扭簧的扭转刚度 θ——挡板相对于平衡位置的转角 r——喷嘴轴线至扭转支点的距离
挡板运动的稳定性条件之一	$K_a>8\pi C_{df}^2p_sx_{f0}r^2$	

(4) 喷嘴挡板阀的设计

以双喷嘴挡板阀为例。

表 20-10-21

项　　目	计　算　式	说　　明
喷嘴直径 D_N	$D_N=\dfrac{\sqrt{1+\alpha^2}\ K_{q0}}{\pi C_{df}\sqrt{2p_s/\rho}}$	K_{q0}——零点流量增益；根据该阀及其控制的稳定性、稳态及动态性能要求确定 K_{q0} 值 通常 D_N 在 0.3~0.8mm 区间
零位间隙 x_{f0}	为避免产生流量饱和现象 $\pi D_Nx_{f0}\leqslant A_N/4=\pi D_N^2/16$ $\therefore\quad x_{f0}\leqslant D_N/16$	通常 x_{f0} 在 20~60μm 区间
固定节流孔直径	$D_0=2\sqrt{C_{df}D_Nx_{f0}/(C_{d0}\alpha)}$	$\alpha=1$ 时，零点压力增益最大，压力增益特性的线性度最好，且零位压力 $p_{10}=p_{20}=p_s/2$，所以通常取 $\alpha=1$；但如果为减少零位泄漏，减少供油流量及功率损耗，则 $\alpha\leqslant0.707$
喷嘴挡板阀流量系数	当喷嘴端部为锐边时， $C_{df}/C_{d0}=0.8$	喷嘴与挡板间环形面积处的液流流动情况很复杂，流量系数 C_{df}，与雷诺数及喷嘴端部的尖锐程度有关。固定节流孔为细长型，$C_{df}=0.8$ 左右

(5) 喷嘴挡板阀用作先导级时的实际结构

表 20-10-22

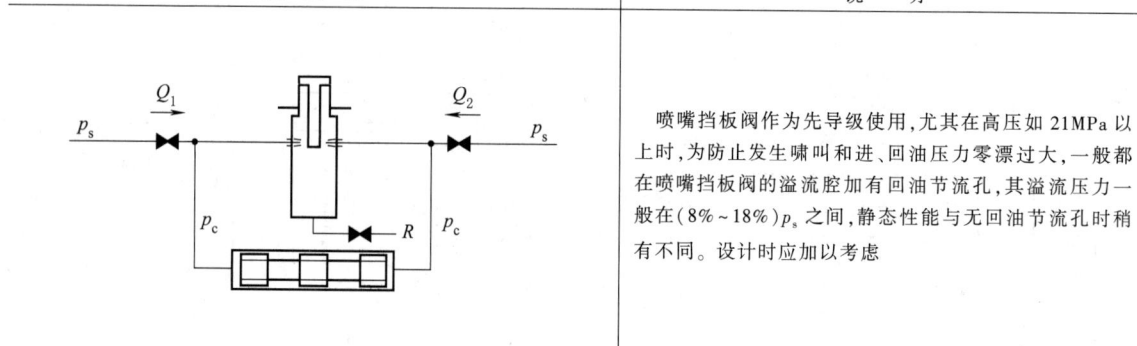

原　理　图	说　　明
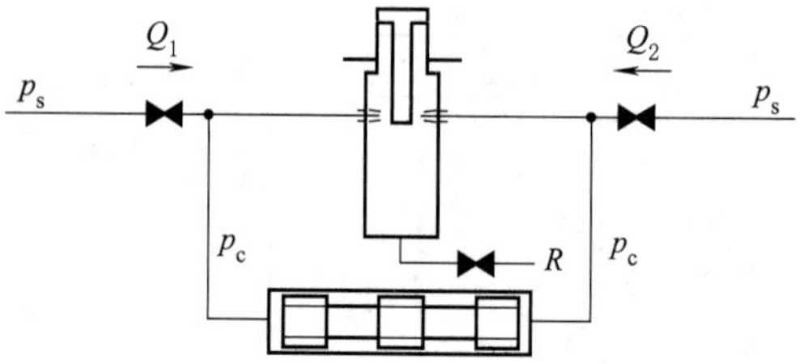	喷嘴挡板阀作为先导级使用，尤其在高压如 21MPa 以上时，为防止发生啸叫和进、回油压力零漂过大，一般都在喷嘴挡板阀的溢流腔加有回油节流孔，其溢流压力一般在(8%~18%)p_s 之间，静态性能与无回油节流孔时稍有不同。设计时应加以考虑

3.1.4 射流管阀和射流偏转板阀

射流管阀是液体能量转换式放大器，在射流管喷嘴处，收缩喷嘴使液体的压力能变成动能，而在接收器内扩散流道又使液体的动能恢复成压力能。为了避免射流进入接受器时有空气混入，减小射流管所受的射流压力并增大运动阻尼，采用淹没射流。

(1) 射流管阀的紊流淹没射流特征

表 20-10-23

项目	特征
紊流淹没射流结构特征	①四周的液体将混渗并卷入射流中，射流的横断面及其流量沿射流方向逐渐扩大 ②未被四周液体混入的中心部分，保持着喷口速度 v_0，称为核心层；核心层逐渐缩小，其消失处的断面称为过渡断面。喷口至过渡断面的射流段称为起始段 L_0，之后的射流段称为基本段。α 角称为核心收缩角 ③核心层之外的射流区域称为边界层，边界层逐渐扩大，外边界线上速度为零。E 点成为极点，θ 角称为极角或扩散角，h_0 称为极点深度 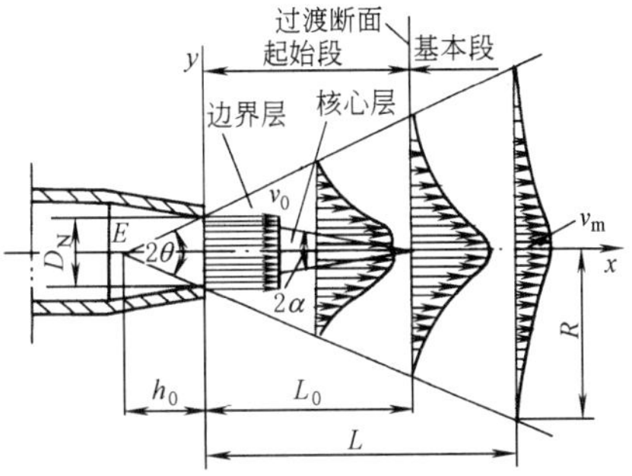

项目	计算式	说明
紊流淹没射流参数	(1)极点深度及极角 极点深度：$h_0=R_N\cot\theta$ 极角的大小随射流断面形状及喷口上速度不均匀程度而异： $\tan\theta=\beta\varphi$	D_N,R_N——喷口直径、半径 β——紊流系数，喷嘴收缩好、喷口上速度均匀时，$\beta=0.066$ φ——与射流断面形状有关的系数，对于圆端面 $\varphi=3.4$，对于平面射流 $\varphi=2.44$ v_0——喷口速度 L——任意断面至喷口之距离 R——横断面上的半径 y——任意断面上任意点到轴心的距离 Q_N——喷口流量 Q_1——核心层部分的流量 Q_2——边界层部分的流量 Q——起始段的总流量
	(2)收缩角 $\tan\alpha=R_N/L_0=1.49\beta$	
	(3)基本段的中心速度 v_m 沿轴线的分布 $\dfrac{v_m}{v_0}=\dfrac{0.9666}{\beta L/R_N+0.294}$ 当 $L=L_0$ 时，$v_m=v_0$，得 $L_0=0.672R_N/\beta$	
	(4)基本段断面上的速度 v 分布 经验公式：$\dfrac{v}{v_m}=[1-(y/R)^{3/2}]^2$	
	(5)基本段的流量沿轴线的变化规律 $\dfrac{Q}{Q_N}=2.20\left(\dfrac{\beta L}{R_N}+0.294\right)$ 当 $L=L_0=0.672R_N/\beta$ 时，$Q=2.1Q_N$，表明由于四周液体的卷入，射流流量增大了	
	(6)起始段的流量沿轴线的变化 $Q=Q_1+Q_2$ $Q_1/Q_N=1-2.98\beta L/R_N+2.22(\beta L/R_N)^2$ $Q_2/Q_N=3.74\beta L/R_N-0.90(\beta L/R_N)^2$ 当 $L=L_0=0.672R_N/\beta$ 时，$Q_1=0$，$Q_2=2.1Q_N$ 当 $L=L_0/2=0.672R_N/2\beta$ 时，$Q_1=0.25Q_N$，$Q_s=1.16Q_N$	

（2）流量恢复系数与压力恢复系数

表 20-10-24

项目	流量恢复系数	压力恢复系数	总效率
定义	$\eta_Q=Q_0/Q_s$ Q_0——流过接收孔的最大空载流量 Q_s——供油流量	$\eta_p=p_{Lm}/p_s$ p_{Lm}——接收孔内的最大负载压力 p_s——供油压力	$\eta=\eta_Q\eta_p$
参数	η_Q、η_p、η 与参数 λ_1、λ_2 的取值有关，见试验曲线。通常取 $\lambda_1=2.5\sim3$，$1.5\leqslant\lambda_2\leqslant3$， $\lambda_1=A_a/A_N$，A_a、A_N 分别为接收孔面积、喷嘴面积 $\lambda_2=l/D_N$，l 为喷嘴与接收孔间距		
试验曲线	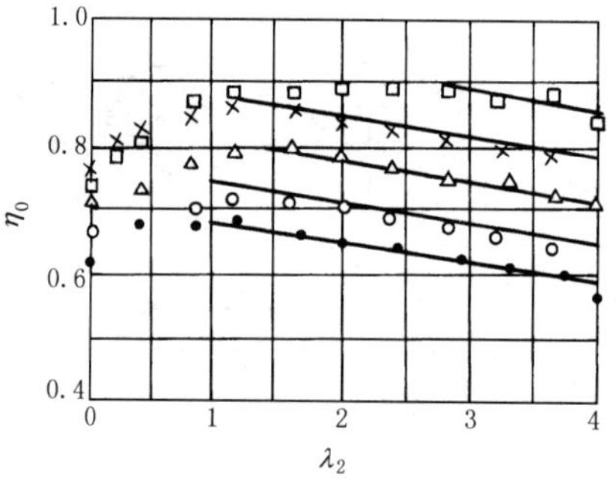 流量恢复系数试验曲线	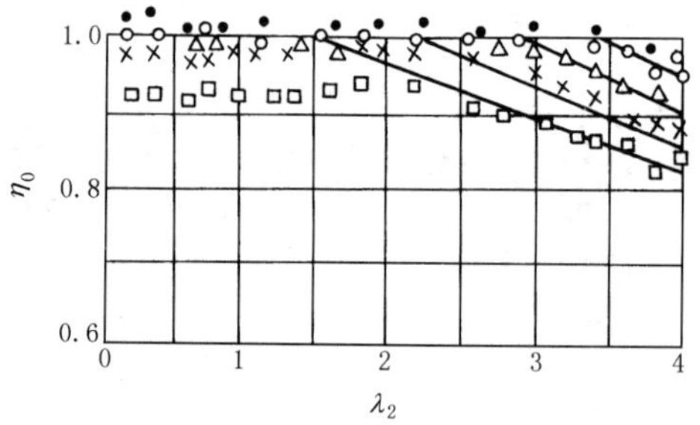 压力恢复系数试验曲线	
	●—$\lambda_1=1.79$；○—$\lambda_1=2.088$；△—$\lambda_1=2.5$；×—$\lambda_1=3.025$；□—$\lambda_1=3.67$		

（3）射流管阀的静态特性及应用

由于射流特性和能量转换的复杂性，难以通过分析、解析得到静态特性，而需借助于试验。阀系数亦由实测的特性曲线得到。试验曲线表明，射流管阀的静态特性类似于正开口四通滑阀或双喷嘴挡板阀。

表 20-10-25

	压力增益特性曲线	空载流量特性曲线	压力-流量特性曲线
静态特性曲线	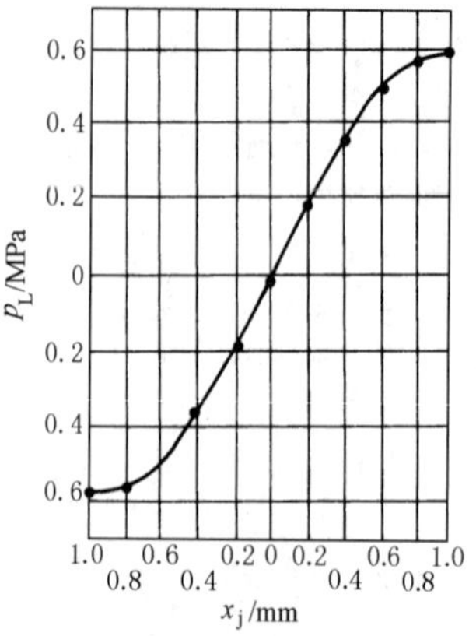 $p_s=0.6\text{MPa}$，$D_N=1.2\text{mm}$	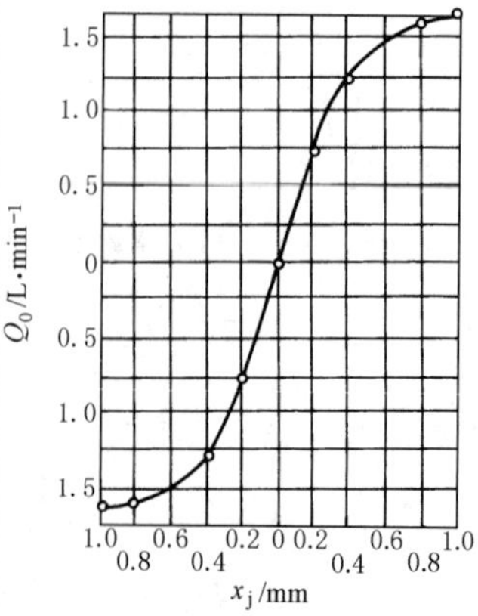 $p_s=0.6\text{MPa}$，$D_N=1.2\text{mm}$	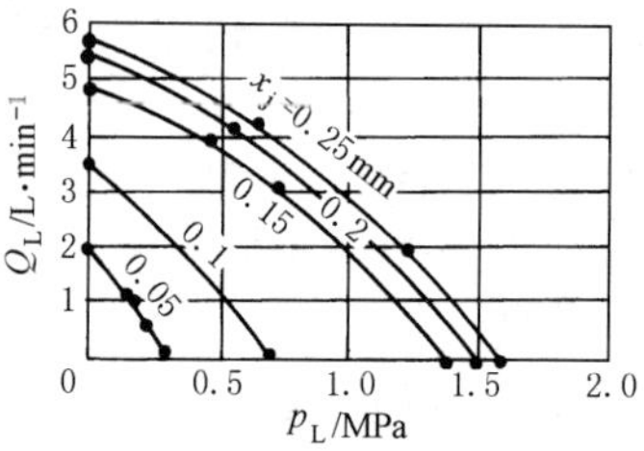 $p_s=0.58\text{MPa}$，$D_N=1.2\text{mm}$， $D_a=1.5\text{mm}$
零位泄漏流量	$Q_c=C_{df}A_N\sqrt{2p_s/\rho}$		

续表

特　　点	发　　展	应　　用
①喷口尺寸大，通常 $D_N=0.5\sim2mm$，对油液的污染很不敏感，抗污染性能好，可靠性很高 ②压力恢复系数和流量恢复系数都很高，因此总效率比滑阀和喷嘴挡板阀高得多 ③结构简单，制造容易 ④射流管做摆动，转动摩擦小，所需驱动力小，分辨率高 ⑤虽然两个接收孔存在边距 $b=0.1\sim0.2mm$，但并不存在几何尺寸引起的死区 ⑥特性不易预知，设计时需借助于试验 ⑦射流管的转动惯量远比挡板大，因而动态响应较低 ⑧零位泄漏量较大，零位功率损耗大 ⑨如喷嘴与接收孔间隙过小，则接收孔的回流易冲击射流管	新型偏转板式射流管阀，其射流管不动，通过小惯量的偏转板运动向接收孔“配流”，达到了高响应，并避免了回流冲击	①作伺服阀的前置级 ②大功率单级射流管可直接驱动执行元件

（4）射流偏转板阀的特点及应用

表 20-10-26

组成及控制原理	特点及应用
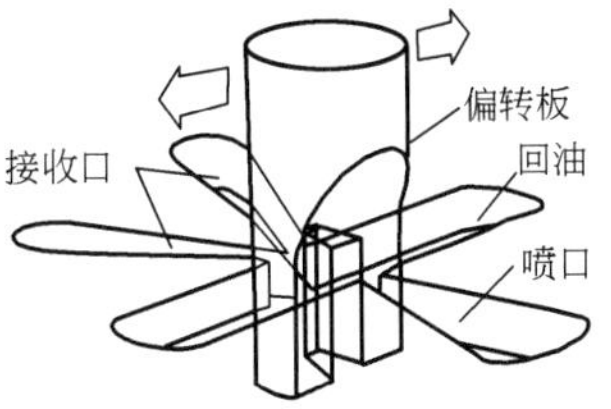 射流偏转板阀主要由射流片和偏转板所构成。射流片被上、下压片密封，其上开有一个高压喷口和两个接收口。偏转板上端和力矩马达衔铁固定，下端开有一个V形槽且插入射流片喷口和接受口之间，将喷口的高速射流导向接受口。当偏转板移动时，二接收口产生压差，从而驱动负载或二级阀的功率级阀芯	射流偏转板阀的喷口和接收口端部为矩形口，面积和射流管阀相当。所以它具有射流管阀的优点，即抗污染能力好，高可靠性，失效对中。同时由于压力恢复系数和流量恢复系数都很高，因此效率高，作为前置放大级使用时，使得二级阀的分辨率很小且可使功率级阀芯最大行程比喷挡阀大近一倍。由于偏转板惯量小，所以动态响应可以和喷挡阀相当 其缺点是零位泄漏量较大，零位功率损耗较大 目前用作单级伺服阀和两级伺服阀的前置级

射流偏转板阀的静态特性

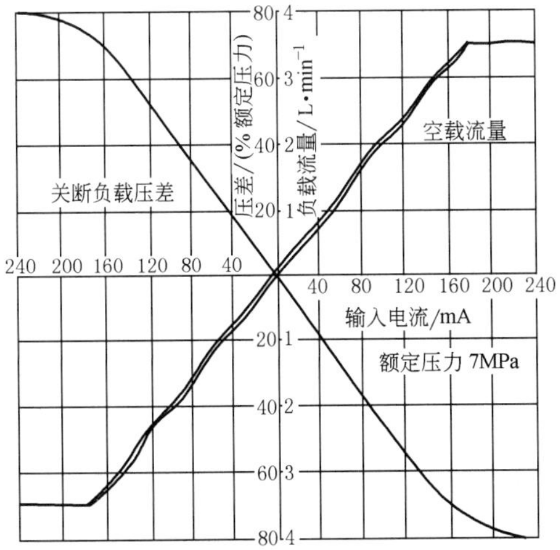

流量和压力增益曲线

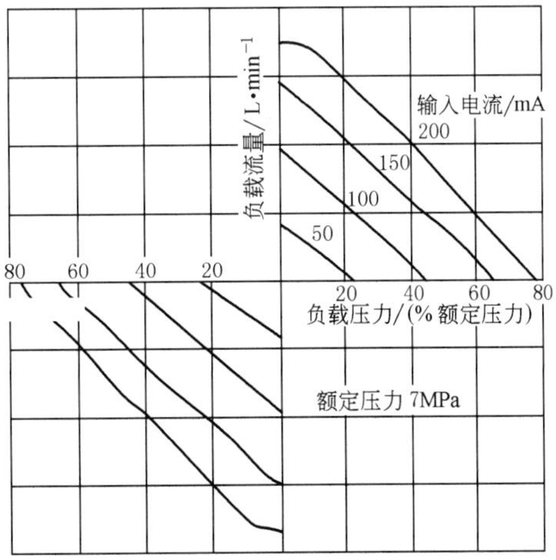

流量－负载压力曲线

3.2 液压伺服动力元件

液压控制元件、液压执行元件及其负载的组合称为液压动力元件。液压动力元件的性能在很大程度上决定了液压控制系统的性能。

注：1. 在 GB/T 17446—2024 中没有“液压伺服动力元件”或“液压动力元件”这样的术语。

2. 据介绍“液压动力机构”概念是由李洪人在 1976 年科学出版社出版的《液压控制系统》一书中提出的。

3.2.1 液压动力元件的类型、特点及应用

表 20-10-27

类型	控制元件	执行元件	组合简称	特　点	应　用
阀控动力元件	液压控制阀	液压缸	阀控缸	①输出特性为软特性，速度刚度低，变阻尼 ②动态响应高，控制精度高 ③工作效率较低 ④成本较高	用于要求高精度、高响应场合
		液压马达	阀控马达		
泵控动力元件	伺服变量泵	液压缸	泵控缸	①输出特性为硬特性，速度刚度大，低阻尼 ②动态响应较低，控制精度较低 ③工作效率高 ④泵的变量控制尚需一套阀控系统，成本高	用于精度和响应速度要求较高，功率大且要求效率高的场合
		液压马达	泵控马达		

3.2.2 液压动力元件的静态特性及其负载匹配

（1）动力元件的静态特性

表 20-10-28

类型		静态特性		说明
阀控动力元件	阀控缸	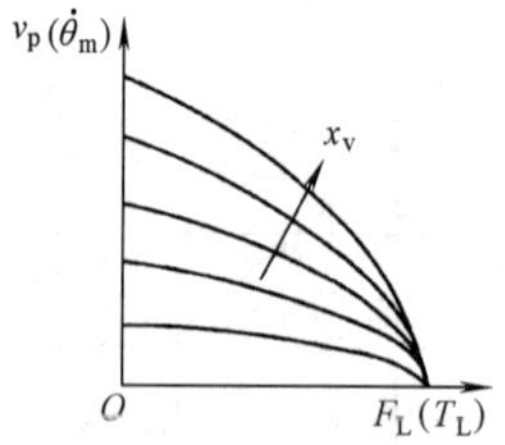	输出特性：$v_p=f(F_L,x_v)$ 速度特性：$v_p=f(x_v)\|_{F_L=\text{const}}$	v_p——输出速度，m/s $\dot{\theta}_m$——输出转速，rad/s F_L——外负载力，N T_L——外负载力矩，N·m x_v——阀的位移，m ϕ——泵的偏角，rad
	阀控马达		输出特性：$\dot{\theta}_m=f(T_L,x_v)$ 速度特性：$\dot{\theta}_m=f(x_v)\|_{T_L=\text{const}}$	
泵控动力元件	泵控缸	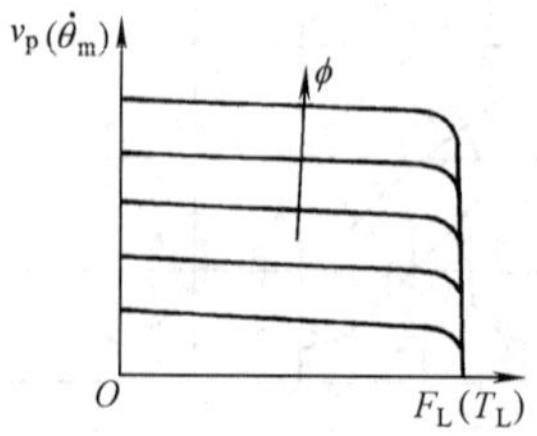	输出特性：$v_p=f(F_L,\phi)$ 速度特性：$v_p=f(\phi)\|_{F_L=\text{const}}$	
	泵控马达		输出特性：$\dot{\theta}_m=f(T_L,\phi)$ 速度特性：$\dot{\theta}_m=f(\phi)\|_{T_L=\text{const}}$	

(2) 负载特性及其等效

表 20-10-29

负载类型		负载特性方程	负载轨迹	说　明
典型负载	惯性负载	$\left(\frac{F_I}{mx_m\omega^2}\right)^2+\left(\frac{\dot{x}}{x_m\omega}\right)^2=1$	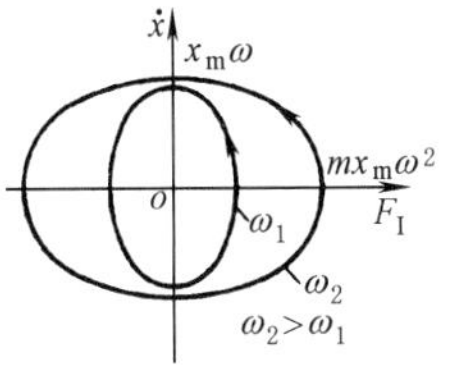	F_I——惯性力,N m——负载质量,kg x——运动位移,m $\dot{x}$——运动速度,m/s x_m——最大位移,振幅,m ω——运动角频率,rad/s
典型负载	弹性负载	$\left(\frac{F_k}{x_mK}\right)^2+\frac{\dot{x}}{x_m\omega}=1$	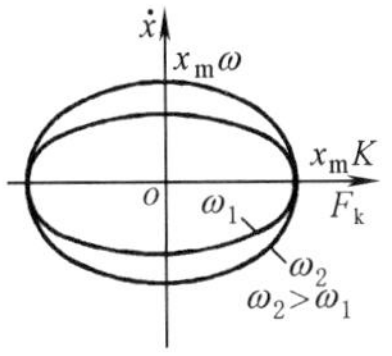	F_k——弹性力,N K——弹簧刚度,N/m
典型负载	黏性负载	$F_v=B\dot{x}=Bx_m\omega\cos(\omega t)$	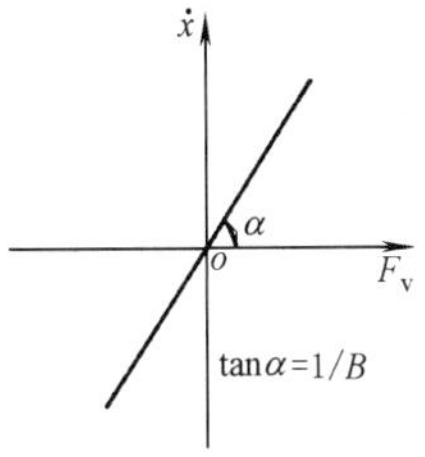	F_v——黏性力,N B——黏性阻尼系数,N·s/m
典型负载	静摩擦力	$F_s=\begin{cases}F_{s0} & \dot{x}=0,\ddot{x}>0\\ 0 & \dot{x}\neq 0\\ -F_{s0} & \dot{x}=0,\ddot{x}<0\end{cases}$	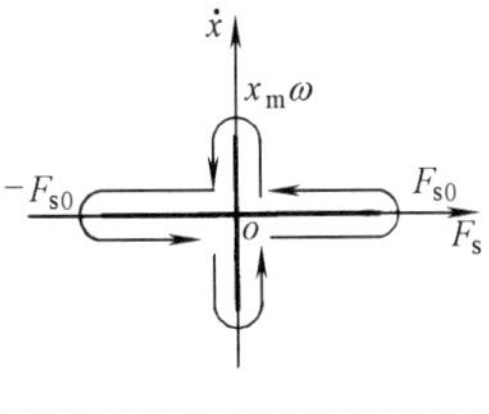	F_s——静摩擦力,N $F_{smax}=\|\pm F_{s0}\|$,与 ω 无关
典型负载	动摩擦力	$F_c=\begin{cases}F_{c0} & \dot{x}>0\\ 0 & \dot{x}=0\\ -F_{c0} & \dot{x}<0\end{cases}$	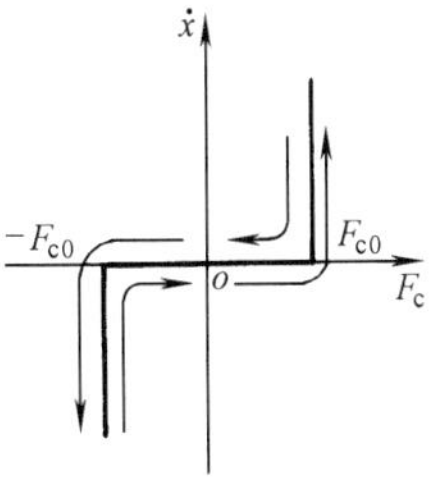	F_c——动摩擦力,N $F_{cmax}=\|\pm F_{c0}\|$,与 ω 无关
典型负载	重力负载	$F_w=mg$	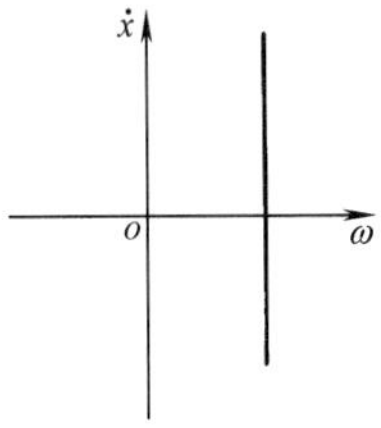	F_w——重力,N g——重力加速度

续表

负载类型		负载特性方程	负载轨迹	说明
合成负载	惯性负载+弹性负载+黏性负载	$\frac{F-B\dot{x}}{x_m K\left[1-\left(\frac{\omega}{\omega_m}\right)^2\right]}+\frac{\dot{x}}{x_m\omega}=1$	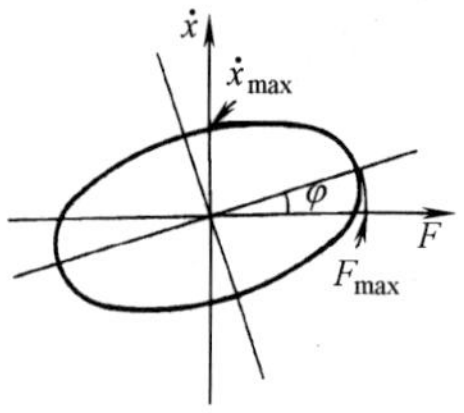	$F=F_I+F_k+F_v$ $\varphi=\arctan\frac{B\omega}{K-m\omega^2}$ $F_{max}=x_m\omega\sqrt{(K-m\omega)^2+(B\omega)^2}$
	惯性负载+黏性负载	$\left(\frac{F-B\dot{x}}{mx_m\omega^2}\right)^2+\left(\frac{\dot{x}}{x_m\omega}\right)^2=1$	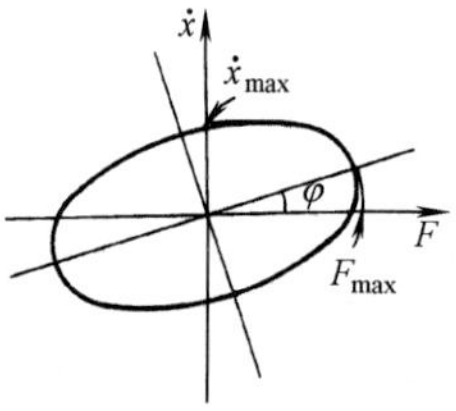	$F=F_I+F_v$ $\varphi=\arctan(-B/m\omega)$ $F_{max}=x_m\omega\sqrt{(m\omega)^2+B^2}$
	惯性负载+弹性负载	$\frac{1}{\left[1-\left(\frac{\omega}{\omega_m}\right)^2\right]^2}\left(\frac{F}{x_mK}\right)^2+\left(\frac{\dot{x}}{x_m\omega}\right)^2=1$	类似弹性负载轨迹,仅横坐标相差 $\left[1-\left(\frac{\omega}{\omega_m}\right)^2\right]^{-1}$	$F=F_x+F_k$
	黏性负载+静摩擦力+动摩擦力	$F=F_v+F_s+F_c$	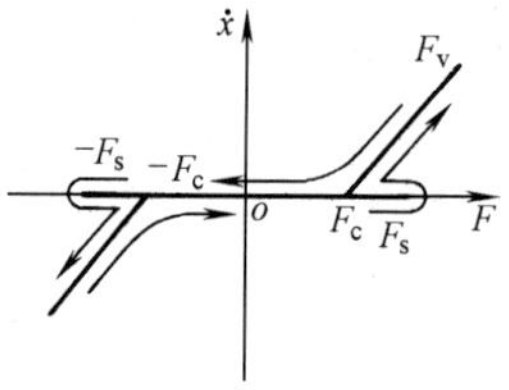	
等效负载实例	等效惯量	$J_t=J_m+J_1+J_{e2}+J_{e3}+J_{em}$ $=J_m+J_1+\frac{J_2}{i_1^2}+\frac{J_3}{(i_1i_2)^2}+m\left(\frac{L}{2\pi i_1i_2}\right)^2$		
	等效刚度	$\frac{1}{G_t}=\frac{1}{G_1}+\frac{1}{G_{e2}}+\frac{1}{G_{e3}}$ $=\frac{1}{G_1}+\frac{1}{G_2/i_1^2}+\frac{1}{G_3/(i_1i_2)^2}$		
	等效外负载力矩	$T_{eL}=T_L/i_1i_2=LF_L/2\pi i_1i_2$		
	等效黏性阻尼系数	$T_{eB3}=T_{B3}/i_1i_2$ $=B_3\omega_m/(i_1i_2)^2=B_{e3}\omega_m$ 其中 $B_{e3}=B_3/(i_1i_2)^2$		

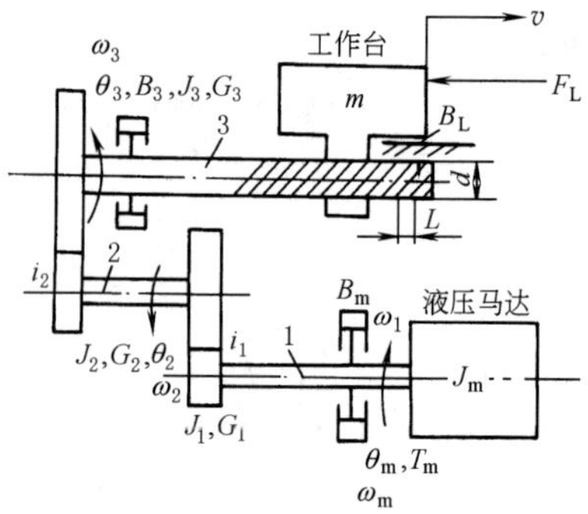

J_1,J_2,J_3——1、2、3轴的转动惯量,N·m·s^2/rad

$\omega_1,\omega_2,\omega_3$——1、2、3轴的角速度,rad/s

G_1,G_2,G_3——1、2、3轴的扭转刚度,N·m/rad

i_1,i_2——两齿轮对的减速比

J_m,T_m,ω_m,B_m——液压马达的转动惯量、转矩(N·m)、转速及黏性阻尼系数(N·m·s/rad)

L,d——滚珠丝杠的螺距、直径,m

m,B_L,F_L,v——工作台的惯量(kg)、黏性阻尼系数、负载力(N)及转速(m/s)

(3) 阀控动力元件与负载特性的匹配

表 20-10-30

<table>
<tr><td>匹配的含义</td><td>匹配是指动力元件的输出特性与负载特性相适应：
①动力元件的输出特性曲线应能包围负载轨迹，否则无法实现基本的拖动要求
②动力元件的输出特性曲线与负载轨迹在最大功率点附近相切，并使二曲线间的区域尽可能小，目的是提高功率利用率，提高效率</td></tr>
<tr><td>匹配方法</td><td>通过改变动力元件的输出特性以适应负载特性的需要：
①改变供油压力 p_s　提高 p_s 时，压力-流量特性向外扩展
②改变伺服阀的规格　增大阀的规格，压力-流量特性向上扩展
③改变执行元件的规格　增大执行元件规格，压力-流量特性变窄变高
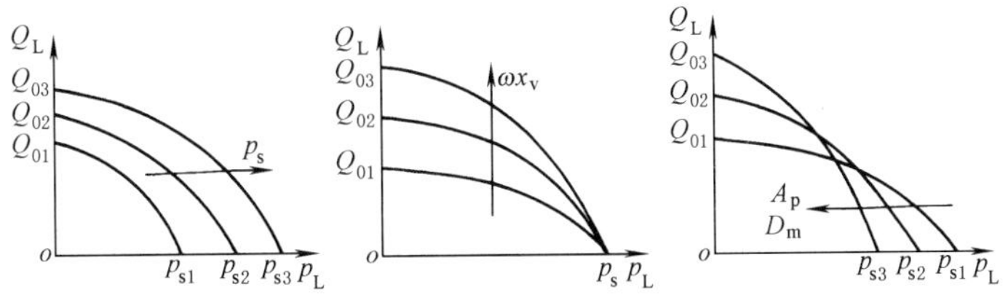

(a) 改变供油压力　(b) 改变阀的规格　(c) 改变执行元件规格</td></tr>
<tr><td>匹配的评价</td><td>
<table>
<tr><td>评价指标</td><td>a</td><td>b</td><td>c</td></tr>
<tr><td>阀的规格</td><td>较小</td><td>太大</td><td>适中</td></tr>
<tr><td>执行元件尺寸</td><td>较小</td><td>太大</td><td>适中</td></tr>
<tr><td>供油压力</td><td>太大</td><td>较小</td><td>适中</td></tr>
<tr><td>效率</td><td>较低</td><td>较低</td><td>较高</td></tr>
<tr><td>刚度</td><td>较大</td><td>太小</td><td>尚好</td></tr>
<tr><td>阻尼</td><td>较小</td><td>较大</td><td>居中</td></tr>
<tr><td>线性</td><td>较好</td><td>较差</td><td>居中</td></tr>
</table>
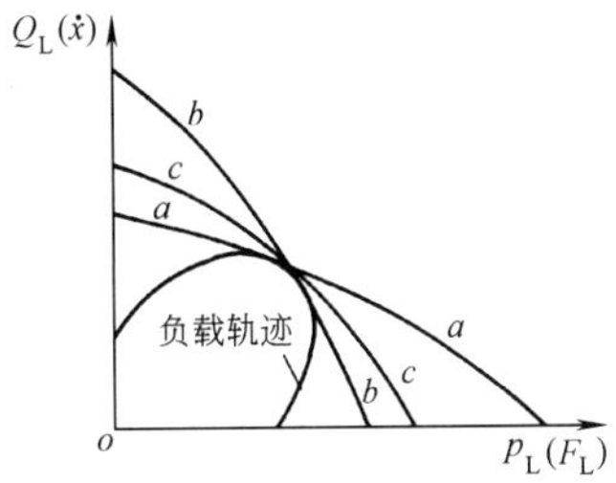
</td></tr>
</table>

3.2.3 液压动力元件的动态特性

(1) 对称四通阀控制对称缸的动态特性

表 20-10-31　　动态特性方程及方块图

<table>
<tr><td>项目</td><td colspan="2">简图及特性方程</td><td>说　明</td></tr>
<tr><td>物理模型</td><td colspan="2">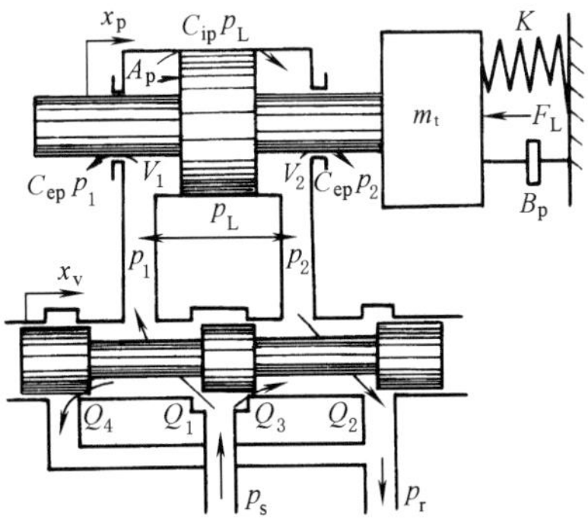
</td><td rowspan="4">模型中滑阀为正开口阀，并假定：
①供油压力 p_s 恒定，回油压力 $p_r=0$
②阀的四个节流窗口配作且对称，采用矩形阀口，阀口处流动为紊流
③不考虑管道损失及管道的动态
④温度和密度均为常数
滑阀为理想零开口阀时，$Q_3=Q_4=0$
$Q_L=(Q_{ip}+Q_{op})/2$
$Q_{ip}=(Q_1-Q_4)$，为进入缸的流量
$Q_{op}=(Q_2-Q_3)$，为从缸流出的流量，m^3/s
s——拉普拉斯算子，1/s
K_q,K_c——工作点处的流量增益、流量-压力系数，见表 20-10-32
x_v——滑阀的位移，m
x_p,A_p——活塞位移、活塞工作面积，单位分别为 m，m^2
$p_L=p_1-p_2$，为负载压力，N/m^2</td></tr>
<tr><td rowspan="3">动态方程</td><td>滑阀的流量方程</td><td>$Q_L(s)=K_q x_v(s)-K_c p_L(s)$</td></tr>
<tr><td>活塞腔的连续性方程</td><td>$Q_L(s)=A_p s x_p(s)+C_{tp}p_L(s)+(v_t/4\beta_e)s p_L(s)$</td></tr>
<tr><td>活塞上的力平衡方程</td><td>$A_p p_L(s)=m_t s^2 x_p(s)+B_p s x_p(s)+K x_p(s)+F_L(s)$</td></tr>
</table>

续表

方块图

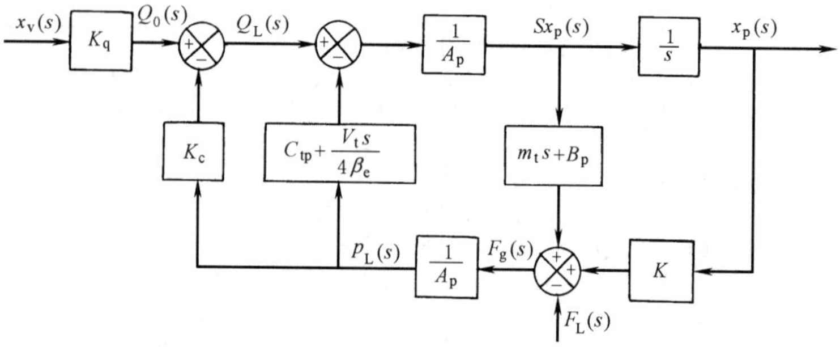

(a) 由负载流量获得缸位移的方块图

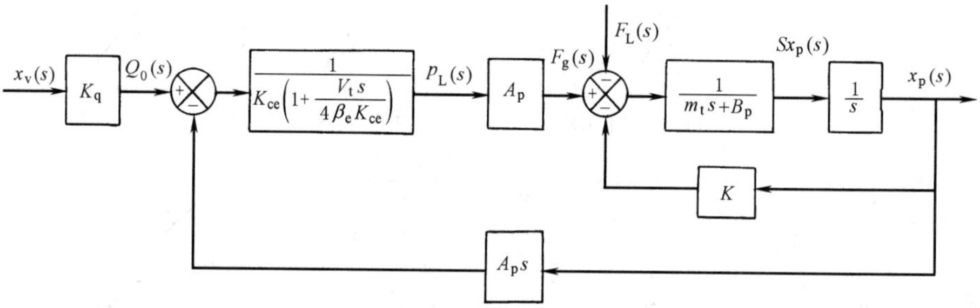

(b) 由负载压力获得缸位移的方块图

p_1, p_2——缸两腔压力，N/m^2

V_t——总容积，$V_t=(V_1+V_2)$，V_1、V_2 为进油腔、回油腔容积，m^3

C_{tp}——缸的总泄漏系数，$C_{tp}=(C_{ip}+C_{ep}/2)$，$m^5/N\cdot s$

C_{ip}, C_{ep}——缸的内、外泄漏系数，$m^5/N\cdot s$

β_e——液体的有效容积弹性模数，N/m^2

m_t——活塞、油液及负载等效到活塞上的总质量，kg

B_p——活塞及负载的黏性阻尼系数，$N\cdot s/m$

K——负载的弹簧刚度，N/m

K_L——作用在活塞上的外负载力，N

表 20-10-32　　流量增益、流量-压力系数汇总

工作点	理想零开口四通阀	正开口四通阀
平衡点： $x_v=x_{v0}$ $p_L=p_{L0}$ $Q_L=Q_{L0}$	$K_q=C_d W\sqrt{(p_s-p_{L0})/\rho}$ $K_c=\frac{C_d W x_{v0}\sqrt{(p_s-p_{L0})/\rho}}{2(p_s-p_{L0})}$ $K_p=\frac{K_q}{K_c}$	$K_q=C_d W\sqrt{(p_s-p_{L0})/\rho}+C_d W\sqrt{(p_s+p_{L0})/\rho}$ $K_c=\frac{C_d W(U+x_{v0})\sqrt{(p_s-p_{L0})/\rho}}{2(p_s-p_{L0})}+\frac{C_d W(U-x_{v0})\sqrt{(p_s+p_{L0})/\rho}}{2(p_s+p_{L0})}$ $K_p=\frac{K_q}{K_c}$
零点： $x_v=0$ $p_L=0$ $Q_L=0$	$K_{q0}=C_d W\sqrt{p_s/\rho}$ $K_{c0}=0$ $K_{p0}=\frac{K_{q0}}{K_{c0}}=\infty$	$K_q=C_d W\sqrt{p_s/\rho}$ $K_c=\frac{C_d WU\sqrt{p_s/\rho}}{p_s}$ $K_p=K_q/K_c=2p_s/U$

表 20-10-33 传递函数及其简化

序号	考虑因素	简化条件		简化后的传递函数	动态参数
1	质量 m_t 阻尼 B_p 刚度 K 压缩性 β_e 缸泄漏 C_{tp}	$\frac{B_pK_{ce}}{A_p^2(1+K/K_h)}\ll 1$ $\left[\frac{K_{ce}\sqrt{m_tK}}{A_p^2(1+K/K_h)}\right]^2\ll 1$	K 任意	$x_p(s)=\frac{A_p^2}{KK_{ce}}\times\frac{\frac{K_q}{A_p}x_v(s)-\frac{K_{ce}}{A_p^2}\left(1+\frac{s}{\omega_1}\right)F_L(s)}{\left(1+\frac{s}{\omega_r}\right)\left(\frac{s^2}{\omega_0^2}+\frac{2\zeta_0}{\omega_0}s+1\right)}$ $p_L(s)=\frac{K_{pe}\left(\frac{s^2}{\omega_m^2}+\frac{2\zeta_m}{\omega_m}s+1\right)x_v(s)+\frac{A_p}{KK_{ce}}sF_L(s)}{\left(1+\frac{s}{\omega_r}\right)\left(\frac{s^2}{\omega_0^2}+\frac{2\zeta_0}{\omega_0}s+1\right)}$	$\omega_m=\sqrt{\frac{K}{m_t}}$ $\zeta_m=\frac{B_p}{2\sqrt{m_t/K}}$ $\omega_h=\sqrt{\frac{K_h}{m_t}}=\sqrt{\frac{4\beta_eA_p^2}{V_tm_t}}$ $K_h=\frac{4\beta_eA_p^2}{V_t}$ $\zeta_h=\frac{K_{ce}}{A_p}\sqrt{\frac{\beta_em_t}{V_t}}+\frac{B_p}{4A_p}\sqrt{\frac{V_t}{\beta_em_t}}$ $\omega_0=\sqrt{\omega_h^2+\omega_m^2}=\omega_h\sqrt{1+K/K_h}$ $\zeta_0=\frac{1}{\sqrt{\left(1+\frac{K}{K_h}\right)^3}}\times\frac{K_{ce}}{A_p}\sqrt{\frac{\beta_em_t}{V_t}}+\frac{1}{\sqrt{1+\frac{K}{K_h}}}\times\frac{B_p}{4A_p}\sqrt{\frac{V_t}{\beta_em_t}}$ $\zeta_0'\approx\frac{\omega_1K_h}{2\omega_mK}+\frac{B_p}{2m_t\omega_m}$ $\omega_1=4\beta_eK_{ce}/V_t=K_hK_{ce}/A_p^2$ $\omega_r=K_{ce}\Big/\left[A_p^2\left(\frac{1}{K}+\frac{1}{K_h}\right)\right]$ $\omega_2=KK_{ce}/A_p^2=\omega_1K/K_h$ $K_{pe}=K_q/K_{ce}$ $\omega_3=A_p^2/m_tK_{ce}$
			$K\ll K_h$	$x_p(s)=\frac{A_p^2}{KK_{ce}}\times\frac{\frac{K_q}{A_p}x_v(s)-\frac{K_{ce}}{A_p^2}\left(1+\frac{s}{\omega_1}\right)F_L(s)}{\left(1+\frac{s}{\omega_2}\right)\left(\frac{s^2}{\omega_h^2}+\frac{2\zeta_h}{\omega_h}s+1\right)}$ $p_L(s)=\frac{K_{pe}\left(\frac{s^2}{\omega_m^2}+\frac{2\zeta_m}{\omega_m}s+1\right)x_v(s)+\frac{A_p}{KK_{ce}}sF_L(s)}{\left(1+\frac{s}{\omega_2}\right)\left(\frac{s^2}{\omega_h^2}+\frac{2\zeta_h}{\omega_h}s+1\right)}$	
			$K\gg K_h$	$x_p(s)=\frac{A_p^2}{KK_{ce}}\times\frac{\frac{K_q}{A_p}x_v(s)-\frac{K_{ce}}{A_p^2}\left(1+\frac{s}{\omega_1}\right)F_L(s)}{\left(1+\frac{s}{\omega_1}\right)\left(\frac{s^2}{\omega_m^2}+\frac{2\zeta_0'}{\omega_m}s+1\right)}$ $p_L(s)=\frac{K_{pe}\left(\frac{s^2}{\omega_m^2}+\frac{2\zeta_m}{\omega_m}s+1\right)x_v(s)+\frac{A_p}{KK_{ce}}sF_L(s)}{\left(1+\frac{s}{\omega_1}\right)\left(\frac{s^2}{\omega_m^2}+\frac{2\zeta_0'}{\omega_m}s+1\right)}$	
2	质量 m_t 阻尼 B_p 压缩性 β_e 缸泄漏 C_{tp}	$K=0$ $\frac{B_pK_{ce}}{A_p^2}\ll 1$		$x_p(s)=\frac{\frac{K_q}{A_p}x_v(s)-\frac{K_{ce}}{A_p^2}\left(1+\frac{s}{\omega_1}\right)F_L(s)}{s\left(\frac{s^2}{\omega_h^2}+\frac{2\zeta_h}{\omega_h}s+1\right)}$	
3	质量 m_t 阻尼 B_p 缸泄漏 C_{tp}	$K=0$ $\beta_e=\infty$ $\frac{B_pK_{ce}}{A_p^2}\ll 1$		$x_p(s)=\frac{\frac{K_q}{A_p}x_v(s)-\frac{K_{ce}}{A_p^2}F_L(s)}{s\left(1+\frac{s}{\omega_3}\right)}$	
4	刚度 K 阻尼 B_p 缸泄漏 C_{tp}	$m_t=0$ $B_p=0$		$x_p(s)=\frac{A_p^2}{KK_{ce}}\times\frac{\frac{K_q}{A_p}x_v(s)-\frac{K_{ce}}{A_p^2}\left(1+\frac{s}{\omega_1}\right)F_L(s)}{1+s/\omega_r}$ $p_L(s)=\frac{K_{pe}x_v(s)+\frac{A_p}{KK_{ce}}sF_L(s)}{1+s/\omega_r}$	
5	空载	$m_t=0,B_p=0,K=0,$ $\beta_e=0,F_L=0$		$\frac{x_p(s)}{x_v(s)}=\frac{K_q/A_p}{s}$	

表 20-10-34　　指令输入下的频率特性及波德图

<table>
<tr><th>输出/输入</th><th>负载情况</th><th colspan="2">传递函数及动态参数</th><th>波德图</th></tr>
<tr><td rowspan="4">$\frac{x_p}{x_v}$</td><td rowspan="2">$K=0$</td><td colspan="2">

$$\frac{x_p(s)}{x_v(s)}=\frac{K_q/A_p}{s\left(\frac{s^2}{\omega_h^2}+\frac{2\zeta_h}{\omega_h}s+1\right)}$$

系统为Ⅰ型系统
动态参数：
①速度增益 K_q/A_p
②液压谐振频率 $\omega_h=\sqrt{4\beta_e A_p^2/(v_t m_t)}$
③液压阻尼系数 ζ_h，见表 20-10-32</td><td>

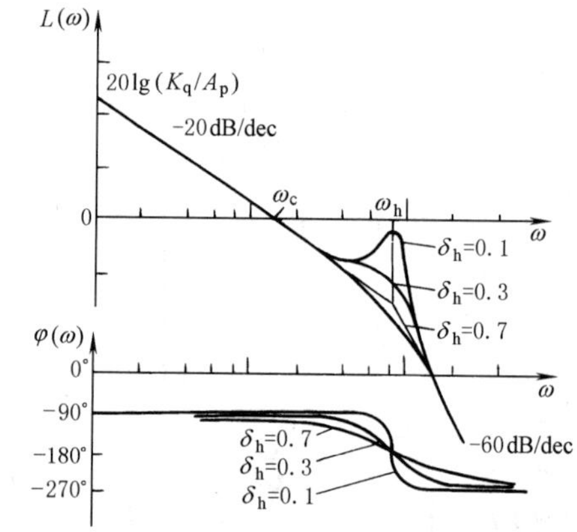

图中　$L(\omega)$——幅频特性
$\varphi(\omega)$——相频特性
ω_c——穿越频率，$\omega_c=K_q/A_p$</td></tr>
<tr><td>动态特性分析</td><td colspan="2">动态特性由动态参数 K_q/A_p、ω_h、ζ_h 所确定：
①速度增益增大，则 $L(\omega)$ 上移、ω_c 增大。意味着系统精度、响应速度提高，但稳定性变差；注意：K_q 随工作点变化，零位空载时 K_q 最大，稳定性最差
②ω_h 表征系统响应速度，是系统的极限频率，为提高 ω_h 应增大 A_p、β_e 而减小 v_t、m_t。通常取 $\beta_e=700\text{MPa}$；注意：空气混入系统或采用软管时，β_e 大为降低
③ζ_h 表征系统的相对稳定性，ζ_h 主要取决于 K_c。$x_v\to0$ 时，K_c、ζ_h 值最小，$\zeta_{h\min}=0.1\sim0.2$</td></tr>
<tr><td rowspan="2">$K\neq0$</td><td colspan="2">

$$\frac{x_p(s)}{x_v(s)}=\frac{K_qA_p/KK_{ce}}{\left(1+\frac{s}{\omega_r}\right)\left(\frac{s^2}{\omega_0^2}+\frac{2\zeta_0}{\omega_0}s+1\right)}$$

系统为0型系统，动态参数：
①位置增量 K_qA_p/KK_{ce}
②转折频率 $\omega_r=K_{ce}\Big/\left[A_p^2\left(\frac{1}{K}+\frac{1}{K_h}\right)\right]$
③综合固有频率 $\omega_0=\omega_h\sqrt{1+K/K_h}$
④综合阻尼系数 ζ_0 见表 20-10-32</td><td>

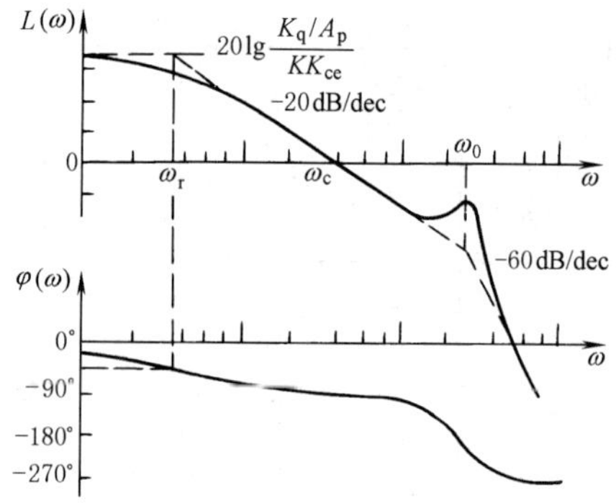

图中　穿越频率 $\omega_c=K_q\Big/\left[A_p\left(1+\frac{K}{K_h}\right)\right]$</td></tr>
<tr><td>动态特性分析</td><td colspan="2">$K\neq0$ 时，系统变成0型系统。动态特性由动态参数增益、ω_r、ω_0、ζ_0 所确定
①动态参数均与负载刚度 K 有关：K 增大时，增益、ω_c 及 ζ_0 减小，而 ω_r、ω_0 提高，即稳态误差增大、快速性降低、超调变小
②注意：当 K 由某值变成0，即由有弹性负载转入空载时，增益由 K_qA_p/KK_{ce} 增加到 K_q/A_p。瞬间增益的提高，有可能使原来稳定的系统变得不稳定。如果存在这种情况，应采取变增益控制措施</td></tr>
</table>

续表

输出/输入	负载情况	传递函数及动态参数	波德图
$\frac{v_p}{x_v}$	$K=0$	$$\frac{v_p(s)}{x_v(s)}=\frac{K_q/A_p}{\frac{s^2}{\omega_h^2}+\frac{2\zeta_h}{\omega_h}s+1}$$ 系统为0型系统,动态参数: ①速度增益 K_q/A_p ②液压谐振频率 ω_h ③液压阻尼系数 ζ_h	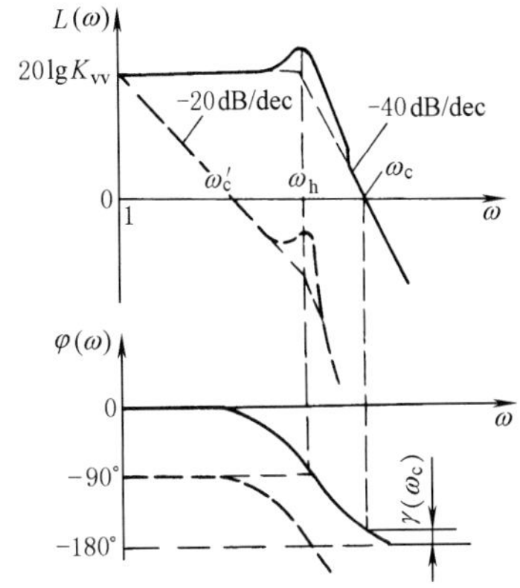 图中　虚线系加PI校正后的波德图
	动态特性分析	①未加PI校正时,穿越频率 ω_c 处的斜率为-40dB/dec,因 ζ_h 很小,因此相角储备 $r(\omega_c)$ 很小;计及检测及伺服阀等环节造成的相位滞后以后,即使开环增益很小,闭环也可能不稳定;因此速度伺服阀系统须加PI校正 ②采用PI校正后,穿越频率 ω_c' 大为降低,即动态响应降低了	
$\frac{p_L}{x_v}$	K 与 K_h 相当	$$\frac{p_L(s)}{x_v(s)}=\frac{K_{pe}\left(\frac{s^2}{\omega_m^2}+\frac{2\zeta_m}{\omega_m}s+1\right)}{\left(1+\frac{s}{\omega_r}\right)\left(\frac{s^2}{\omega_0^2}+\frac{2\zeta_0}{\omega_0}s+1\right)}$$ 系统为0型系统 动态参数: ①增益 $K_{pe}=K_q/K_{ce}$ ②转折频率 ω_r ③综合固有频率 ω_0 及阻尼 ζ_0 ④机械固有频率 ω_m 及阻尼 ζ_m $$\omega_m=\sqrt{K/m_t}$$ $$\zeta_m=B_p/(2\sqrt{m_tK})$$	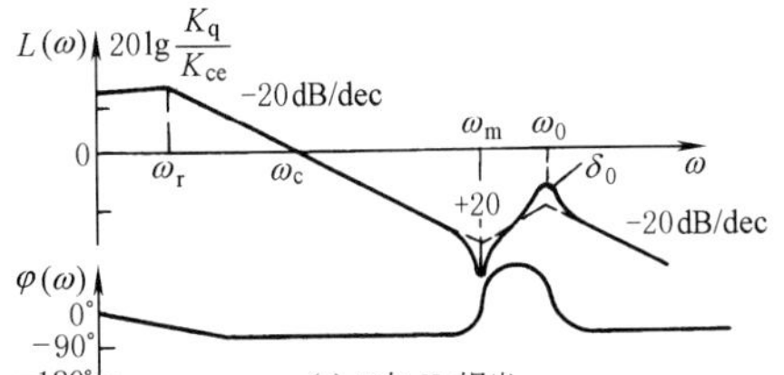 (a) K 与 K_h 相当
	$K\gg K_h$	$$\omega_m\gg\omega_h$$ $$\omega_0\approx\omega_m\ \frac{p_L(s)}{x_v(s)}=\frac{K_{pe}}{1+s/\omega_r}$$	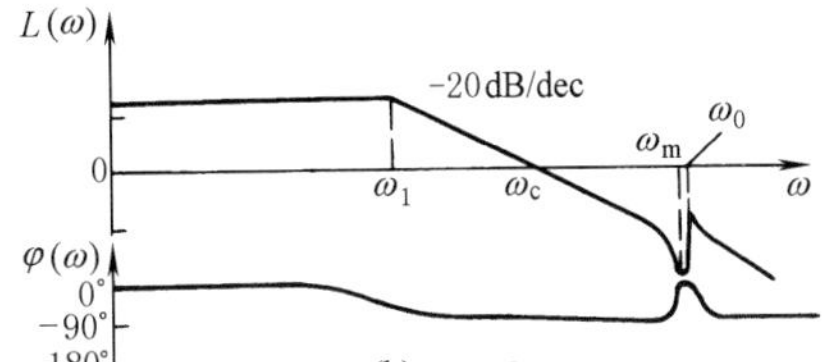 (b) $K\gg K_h$
	$K\ll K_h$ (常见)	$$\omega_m\leqslant\omega_h$$ $$\omega_0\approx\omega_h$$	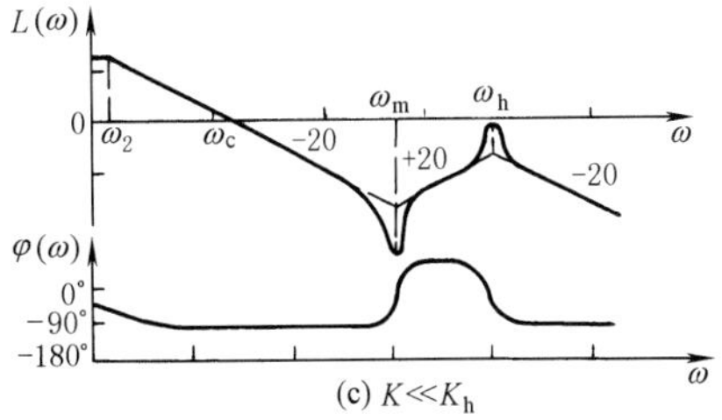 (c) $K\ll K_h$
	动态特性分析	以 p_L 输出时为压力控制;以驱动力 $F_g=p_LA_p$ 输出时为力控制,有 $\frac{F_g(s)}{x_v(s)}=\frac{A_pp_L(s)}{x_v(s)}$。它们的特点: ①存在阻尼很小的二阶微分环节,且恒有 $\omega_m<\omega_0$,$\omega_m=\omega_0$ 的点称为逆共振点,它是一个间断点;ω_m 是力控制系统频宽的极限值;$\omega>\omega_m$ 易出现自激振荡,为不可用域 ②为提高系统频宽,应设法增大 ω_c,为此应增大 K_q、减小 A_p;力及压力系统中,在保证驱动力的前提下,通过减小 A_p 来提高系统频宽,这一点是与位置及速度控制中不同的	

表 20-10-35　　负载扰动下的频率特性及分析

输出/输入	负载情况	传递函数	频率特性	动态特性分析
$\frac{x_p}{F_L}$	$K\neq0$	$\frac{x_p(s)}{F_L(s)}=\frac{-(1/K)(1+s/\omega_1)}{\left(1+\frac{s}{\omega_r}\right)\left(\frac{s^2}{\omega_0^2}+\frac{2\zeta_0}{\omega_0}s+1\right)}$	（动态位置柔度特性）	与分析 x_v 作用下的频率特性一样，原则上可对 F_L 作用下的频率特性进行类似的分析 在 F_L 作用下，更关心的是： ①动态位置刚度特性$\frac{F_L(s)}{x_p(s)}$（对位置控制） ②动态速降特性$\frac{v_p(s)}{F_L(s)}$（对速度控制）
	$K=0$	$\frac{x_p(s)}{F_L(s)}=\frac{-(K_{ce}/A_p^2)(1+s/\omega_1)}{s\frac{s^2}{\omega_h^2}+\frac{2\zeta_h}{\omega_h}s+1}$		
$\frac{v_p}{F_L}$	$K=0$	$\frac{v_p(s)}{F_L(s)}=\frac{-(K_{ce}/A_p^2)(1+s/\omega_1)}{\frac{s^2}{\omega_h^2}+\frac{2\zeta_h}{\omega_h}s+1}$	（动态速度柔度特性）	
$\frac{p_L}{F_L}$	$K\neq0$	$\frac{p_L(s)}{F_L(s)}=\frac{(A_p/KK_{ce})s}{\left(1+\frac{s}{\omega_r}\right)\left(\frac{s^2}{\omega_0^2}+\frac{2\zeta_0}{\omega_0}s+1\right)}$		
	$K=0$	$\frac{p_L(s)}{F_L(s)}=\frac{1/A_p}{\frac{s^2}{\omega_h^2}+\frac{2\zeta_h}{\omega_h}s+1}$		
$\frac{F_L}{x_p}$	$K=0$	$\frac{F_L(s)}{x_p(s)}=-\frac{A_p^2}{K_{ce}}\times\frac{s\left(\frac{s^2}{\omega_h^2}+\frac{2\zeta_h}{\omega_h}s+1\right)}{(1+s/\omega_1)}$ 式中　$\omega_1=\frac{4\beta_e K'_{ce}}{v_t}=\frac{K_hK_{ce}}{A_p^2}$	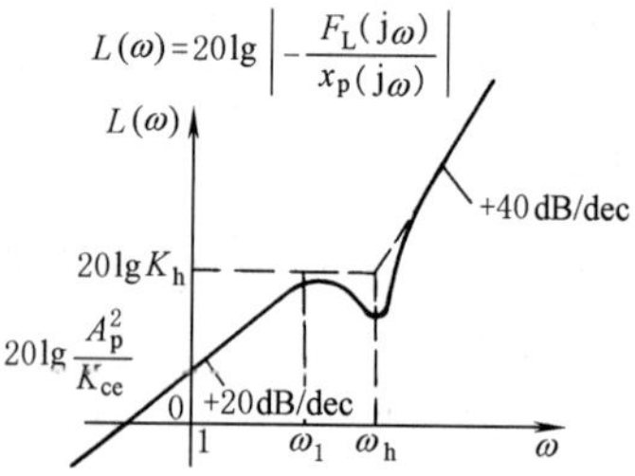 动态位置刚度幅频特性	动态位置刚度特性的物理解释如下 ①$\omega<\omega_1$ 的低频段：渐进线斜率为 + 20dB/dec，当 $\omega=1$ 时，$\left\lvert-\frac{F(j\omega)}{x_p(j\omega)}\right\rvert_{\omega=1}=\frac{A_p^2}{K_{ce}}$，正是稳态速度刚度，说明低频时阀控缸相当于一个阻尼系数为 A_p^2/K_{ce} 的黏性阻尼器，阻尼作用相当于泄漏流量通道所造成的结果 ②$\omega_1<\omega<\omega_h$ 的中频段：渐进线斜率为 0，由于外负载力的变化频率高，没有足够的时间让泄漏流量通过，油液被封在缸的两腔，因而动态刚度等于 K_h ③$\omega>\omega_h$ 的高频段，渐进线斜率为+40dB/dec，由于 F_L 的变化频率极高，快速“退让”运动产生很大的惯性力，抵消了 F_L 的作用，因而动态刚度呈二次幂增加 ④$\omega=0$ 的刚度为稳态位置刚度，其值为 $\left\lvert-\frac{F(j\omega)}{x_p(j\omega)}\right\rvert_{\omega=0}=0$，这是由于 F_L 作用下泄漏，使活塞不断后退，因而稳态位置刚度为零

续表

出/输入	负载情况	传递函数	频率特性	动态特性分析
$\dfrac{F_L}{v_p}$	$K=0$	$\dfrac{F_L(s)}{v_p(s)}=-\dfrac{A_p^2}{K_{ce}}\times\dfrac{s\left(\dfrac{s^2}{\omega_h^2}+\dfrac{2\zeta_h s}{\omega_h}+1\right)}{(1+s/\omega_1)}$	$L(\omega)=20\lg\left\|-\dfrac{F_L(j\omega)}{v_p(j\omega)}\right\|$ 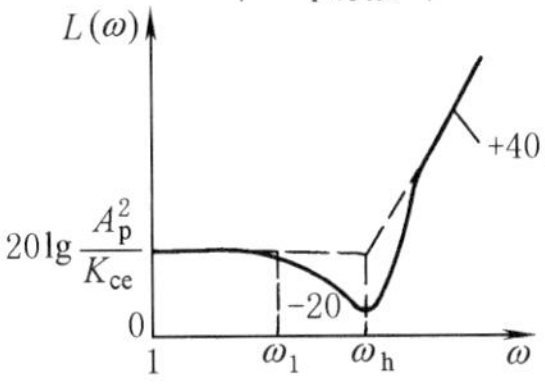 动态速度刚度幅频特性	①$\omega=0$ 时的稳态速度刚度：$\left\|-\dfrac{F_L(j\omega)}{v_p(j\omega)}\right\|_{\omega=0}=\dfrac{A_p^2}{K_{ce}}$ ②反之，稳态速度柔度：$\left\|-\dfrac{v_p(j\omega)}{F_L(j\omega)}\right\|_{\omega=0}=\dfrac{K_{ce}}{A_p^2}$，其含义为外负载力要引起速降 由于 K_{ce} 很小，稳态速度柔度很小，这正是液压伺服系统的特点，是液压伺服系统得到广泛应用的原因之一

（2）对称四通阀控制不对称缸分析

表 20-10-36　　动态方程及压力跃变

项目		内容	说明
物理模型		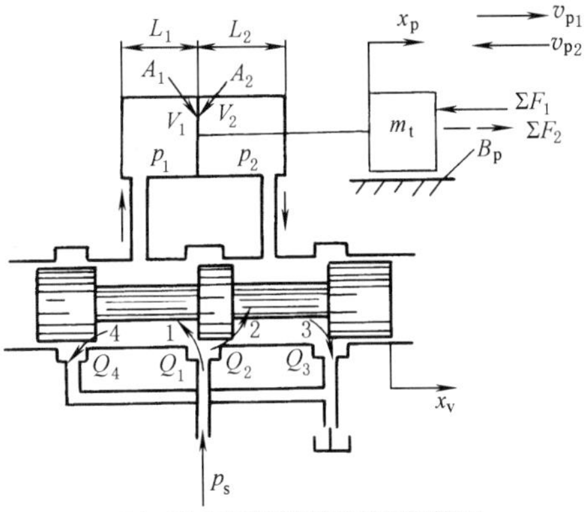 (a)对称四通阀控制不对称缸简图	假设：缸为单活塞杆不对称缸，阀为对称的零开口四通阀 图中　A_1,A_2——无杆腔、有杆腔工作面积，m^2 p_1,p_2——无杆腔、有杆腔工作压力，MPa ΣF——总负载，N $\Sigma F=m_t\ddot{x}_p+B_p\dot{x}_p+Kx_p+F_L+F_c$ ΣF_1——$x_p>0$ 时的总负载 ΣF_2——$x_p<0$ 时的总负载 F_L,F_c——外负载力、摩擦力 B_p——黏性阻尼系数，N·s/m x_v,x_p——滑阀、活塞位移，m V_1,V_2——无杆腔、有杆腔容积，m^3 $Q_1\sim Q_4$——通过阀口 1~4 的流量，m^3/s
动态方程	阀的流量方程	$\left.\begin{aligned}&Q_1=C_dWx_v\sqrt{2(p_s-p_1)/\rho}\\&Q_3=C_dWx_v\sqrt{2p_2/\rho}\\&Q_2=Q_4=0\end{aligned}\right\}\quad(x_v\geqslant0)$ $\left.\begin{aligned}&Q_2=C_dWx_v\sqrt{2(p_s-p_2)/\rho}\\&Q_4=C_dWx_v\sqrt{2p_1/\rho}\\&Q_1=Q_3=0\end{aligned}\right\}\quad(x_v\leqslant0)$	
	连续性方程	$\left.\begin{aligned}&Q_1-A_1\dot{x}_p=V_1\dot{p}_1/\beta_e\\&A_2\dot{x}_p-Q_3=V_2\dot{p}_2/\beta_e\end{aligned}\right\}\quad(x_v\geqslant0)$ $\left.\begin{aligned}&Q_2-A_2\dot{x}_p=V_2\dot{p}_2/\beta_e\\&A_1\dot{x}_p-Q_4=V_1\dot{p}_1/\beta_e\end{aligned}\right\}\quad(x_v\leqslant0)$	数字仿真：由于缸的不对称，难以获得系统的传递函数及频率特性，必须根据动态方程组，通过数字仿真求出系统的动态特性
	活塞运动方程	$p_1A_1-p_2A_2=m_t\ddot{x}_p+B_p\dot{x}_p+Kx_p+F_L+F_c\quad(x_v\geqslant0)$ $p_2A_2-p_1A_1=m_t\ddot{x}_p+B_p\dot{x}_p+Kx_p+F_L+F_c\quad(x_v\leqslant0)$	

续表

项目		内容		说明
压力及压力跃变	有负载时	$p_1=\dfrac{p_s+(A_1^2/A_2^3)\sum F_1}{1+(A_1/A_2)^3}$ $p_2=\dfrac{(A_1/A_2)p_s+(1/A_2)\sum F_1}{1+(A_1/A_2)^3}$	$\dot{x}_p>0$	为简化分析，分析压力跃变时，未考虑油的压缩性和缸的泄漏情况 式中 p_1,p_2——$\dot{x}_p>0$ 时 V_1、V_2 腔内的压力 p_1',p_2'——$\dot{x}_p<0$ 时 V_1、V_2 腔内的压力 $\Delta p_1,\Delta p_2$——V_1、V_2 腔内的压力跃变值 $\dot{p}_1,\dot{p}_2$——p_1、p_2 对时间的微分
		$p_1'=\dfrac{(A_1/A_2)^2p_s+(A_1^2/A_2^3)\sum F_2}{1+(A_1/A_2)^3}$ $p_2'=\dfrac{(A_1/A_2)^3p_s+(1/A_2)\sum F_2}{1+(A_1/A_2)^3}$	$\dot{x}_p<0$	

空载时

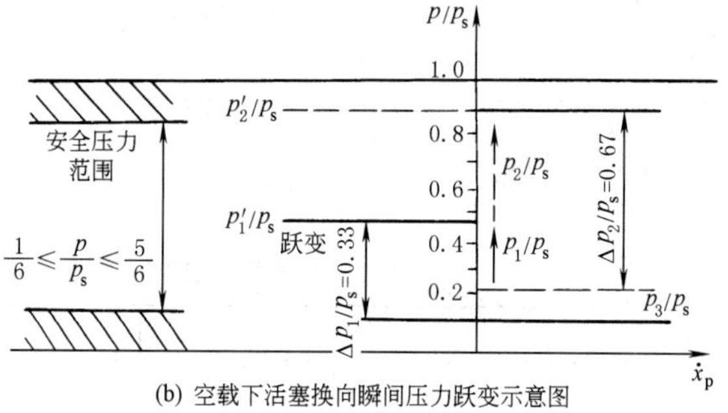

(b) 空载下活塞换向瞬间压力跃变示意图

运动状况	压力关系	$A_1/A_2=1$	$A_1/A_2=1.71$	$A_1/A_2=2$
$\dot{x}_p>0$	$\dfrac{p_1}{p_s}=\dfrac{1}{1+(A_1/A_2)^3}$	0.500	0.167	0.111
	$\dfrac{p_2}{p_s}=\dfrac{A_1/A_2}{1+(A_1/A_2)^3}$	0.500	0.285	0.222
$\dot{x}_p<0$	$\dfrac{p_1'}{p_s}=\dfrac{(A_1/A_2)^2}{1+(A_1/A_2)^3}$	0.500	0.487	0.444
	$\dfrac{p_2'}{p_s}=\dfrac{(A_1/A_2)^3}{1+(A_1/A_2)^3}$	0.500	0.833	0.889
$\dot{x}_p=0$ 附近压力跃变	$\Delta p_1=p_1-p_1'$	0	$0.320p_s$	$0.333p_s$
	$\Delta p_2=p_2-p_2'$	0	$0.548p_s$	$0.667p_s$

结论

①只要 $A_1/A_2\neq1$，即只要对称四通阀控制的是不对称缸，在运动的换向瞬间，即 $\dot{x}_p=0$ 附近，便要出现巨大的压力跃变

②表中数据是假定空载且不考虑油液的压缩性条件下得到的，如考虑负载和油液的压缩性，则压力跃变值将大于表中的数值

③缸内工作压力的变化范围为 $0<p<p_s$，为留有安全裕量，要求 $(1/6)p_s\leqslant p\leqslant(5/6)p_s$。但当 $A_1/A_2>1.71$ 时，即使在空载条件下，缸内工作压力（p_1 或 p_2）也超出 $(1/6)p_s\leqslant p\leqslant(5/6)p_s$ 的范围

④由于存在油液的压缩性，因此，在巨大的压力跃变下，必引起油液的"内爆"或"外爆"，由此即使在 $\dot{x}_p=0$ 附近，也不可能平稳地工作

⑤对于要求精确且平稳的控制场合，对称四通阀同不对称缸的不相容性是显然的，为了避免压力的跃变并确保能平稳地工作，必须采取有效的措施

⑥表中数据是假定 $\sum F_1=\sum F_2=0$ 的空载情况下得到的。如果 $\sum F_1=\sum F_2$ 为恒定载荷，将使 p_1、p_2 偏置一定值，但压力跃变的幅值不变。实际工作中载荷并非常量，压力的偏置值和压力跃变幅值都将随工况而变化，即随运动状态和负载而变化

表 20-10-37 解决对称四通阀与不对称缸不相容的方法

方法名称	方法及原理	实质及特点
1. 阀口面积补偿法	由表 20-10-36 中图 a，并令 $L_1=L_2=L/2$，可导出平稳控制的条件： $\frac{W_1}{A_1}=\frac{W_3}{A_2}$ 及 $\frac{W_4}{A_1}=\frac{W_2}{A_2}$ 式中，W_1、W_2、W_3、W_4 分别为阀口 1、2、3、4 的面积梯度	实质是采用不对称阀，利用阀的面积梯度与活塞面积进行匹配、补偿 特点是必须采用非标准伺服阀，$L_1\neq L_2\neq L/2$ 时结果是近似的
2. 非线性算法或电路补偿法	①由表 20-10-36 中图 a，不计油的压缩性及缸的泄漏，并令 $j=A_2/A_1$，可导出补偿前流量公式： $Q_1=C_dWx_v\sqrt{\frac{2p_s}{\rho}}\sqrt{\frac{1-\sum F/(A_1p_s)}{1+j^3}}\quad(x_v>0)$ $Q_2=C_dWx_v\sqrt{\frac{2p_s}{\rho}}\sqrt{\frac{j}{1+j^3}\times\frac{1-\sum F}{jA_1p_2}}\quad(x_v>0)$ 式中，$x_v=K_xI$，I 为伺服阀的输入电流 ②活塞杆上装一只拉压力传感器检测 $\sum F$ ③做两个非线性函数或电路 $f_1(j,\sum F)=\sqrt{\frac{1+j^3}{1-\sum F/(A_1p_s)}}$ $f_{21}(j,\sum F)=\sqrt{\frac{1+j^3}{j[1-\sum F/(jA_1p_2)]}}$ ④按右图算法及接法，并加方向鉴别器，可得补偿后 Q_1、Q_2 的等效流量 $Q_{1e}=f_1Q_1=C_dWK_xI\sqrt{2p_s/\rho}\quad(I>0)$ $Q_{4e}=f_2Q_4=C_dWK_xI\sqrt{2p_s/\rho}\quad(I<0)$	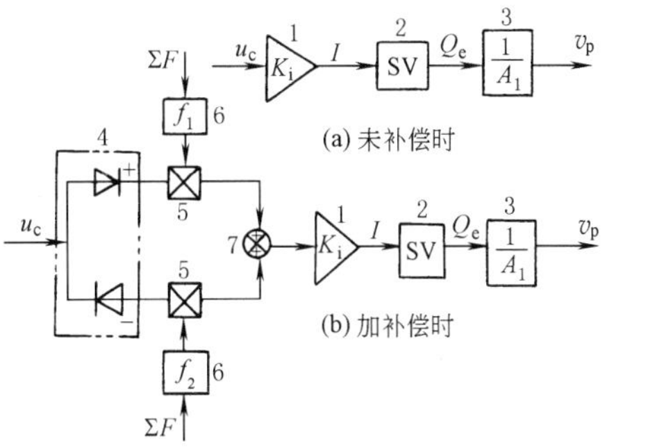 非线性补偿的算法或电路接法 该补偿法的实质是通过算法或电路产生补偿电流，使阀产生补偿位移，以补偿面积差，该补偿法对活塞任意位置均适用，但因未计及油的压缩性，故属静态补偿

(3) 三通阀控制不对称缸的动态特性

三通阀控制不对称缸有两种类型，即三通阀控制差动缸、活塞缸，它们共同特点是只有活塞腔一腔受控，液压弹簧刚度是四通阀-对称缸的一半，液压谐振频率是四通阀-对称缸的 $1/\sqrt{2}$；另外三通阀不能控制对称缸或马达，无法反向。

表 20-10-38

项目		图或公式	说明
物理模型	三通阀控制差动缸	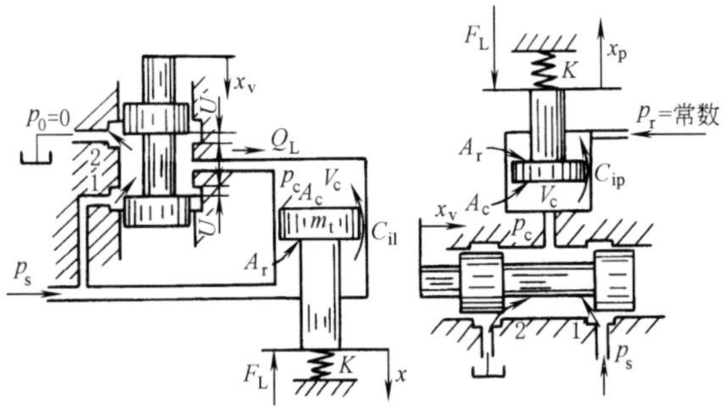 (a) 三通阀控制差动缸 (b) 三通阀控制活塞腔	图 a 三通阀控制差动缸中： 取 $A_r=A_c/2$，稳态时 $p_{c0}=p_s/2$，这种类型常用作机液伺服机构，如仿型机床、助力操纵系统 图 b 三通阀控制活塞缸中： F_L 很大，因此取 $A_c\gg A_r$；且 p_r=常值，$p_r\ll p_s$，p_r 用于使缸回程。这种类型的典型应用是轧机液压压下(HAGC)系统
	三通阀控制活塞缸		

续表

项目		图或公式	说明
动态方程	阀的流量方程	$Q_L(s)=K_q x_v(s)-K_c p_c(s)$	K_q, K_c——三通阀的流量增益、流量-压力系数 p_c——活塞腔内的工作压力 V_c——活塞腔的容积,初始容积为 V_0
	受控活塞腔的连续性方程	$Q_L(s)=A_c s x_p(s)+C_{ip}p_c(s)+\dfrac{V_0}{\beta_e}sp_c(s)$	
	活塞的运动方程	$A_c p_c(s)=(m_t s^2+B_p s+K)x_p(s)+F_L(s)$	对于图b,只需将式中的 p_s 换成 p_r
方块图	由负载流量获得缸位移的方块图	与四通阀控制对称缸的方块图形式相同,但参数不同	将四通阀控制对称缸的方块图作如下置换后,便是三通阀控制差动缸或活塞缸的方块图 $A_p\to A_c$, $p_L\to p_c$ $K_{ce}=(K_c+C_{ip}+C_{ep}/2)\to K_{ce}=K_c+C_{ip}$ $\dfrac{V_t}{4\beta_e}\to\dfrac{V_0}{\beta_e}$
	由负载压力获得缸位移的方块图		
传递函数	一般表达式	$x_p(s)=\dfrac{\dfrac{K_q}{A_c}x_v(s)-\dfrac{K_{ce}}{A_c^2}\left(1+\dfrac{V_0}{\beta_e K_{ce}}s\right)F_L(s)}{\dfrac{V_0 m_t}{\beta_e A_c^2}s^3+\left(\dfrac{K_{ce}m_t}{A_c^2}+\dfrac{B_p V_0}{\beta_e A_c^2}\right)s^2+\left(1+\dfrac{B_p K_{ce}}{A_c^2}+\dfrac{KV_0}{\beta_e A_c^2}\right)s+\dfrac{KK_{ce}}{A_c^2}}$	
传递函数的简化	没有弹性负载 $K=0$	$x_p(s)=\dfrac{\dfrac{K_q}{A_c}x_v(s)-\dfrac{K_{ce}}{A_c^2}\left(1+\dfrac{s}{\omega_1}\right)F_L(s)}{s\left(\dfrac{s^2}{\omega_h^2}+\dfrac{2\zeta_h}{\omega_h}s+1\right)}$ 式中 $\omega_h=\sqrt{K_h/m_t}=\sqrt{\beta_e A_c^2/v_0 m_t}$,为液压谐振频率,rad/s $\zeta_h=\dfrac{K_{ce}}{2A_c}\sqrt{\dfrac{\beta_e m_t}{V_0}}+\dfrac{B_p}{2A_c}\sqrt{\dfrac{V_0}{\beta_e m_t}}$,为阻尼系数 $K_h=\beta_e A_c^2/V_0$,为液压弹簧刚度,N/m $\omega_1=\beta_e K_{ce}/V_0=K_h K_{ce}/A_c^2$,为容积滞后频率,rad/s	与四通阀控制对称缸相比,液压谐振频率 ω_h 为四通阀的 $1/\sqrt{2}$,因此动态响应较低
	存在弹性负载 $K\neq0$	$x_p(s)=\dfrac{A_p^2}{KK_{ce}}\times\dfrac{\dfrac{K_q}{A_c}x_v(s)-\dfrac{K_{ce}}{A_c^2}\left(1+\dfrac{s}{\omega_1}\right)F_L(s)}{\left(1+\dfrac{s}{\omega_r}\right)\left(\dfrac{s^2}{\omega_0^2}+\dfrac{2\zeta_0}{\omega_0}s+1\right)}$ 式中 $\omega_0=\sqrt{\omega_h^2+\omega_m^2}=\omega_h\sqrt{1+K/K_h}$,为综合谐振频率,rad/s $\zeta_0=\left(1+\dfrac{K}{K_h}\right)^{-3/2}\times\dfrac{K_{ce}}{2A_c}\sqrt{\dfrac{\beta_e m_t}{V_0}}+\left(1+\dfrac{K}{K_h}\right)^{-1/2}\times\dfrac{B_p}{2A_c}\sqrt{\dfrac{V_0}{\beta_e m_t}}$,为阻尼系数 $\omega_r=K_{ce}\Big/\left[A_c^2\left(\dfrac{1}{K}+\dfrac{1}{K_h}\right)\right]$,为综合刚度引起的转折频率,rad/s 当 $K\ll K_h$ 时:$\omega_0=\omega_h$,$\zeta_0=\zeta_h$,$\omega_r=K_{ce}K/A_c^2$ 当 $K\gg K_h$ 时:$\omega_0=\omega_m$,$\zeta_0=\zeta_0'\approx\dfrac{\omega_1 K}{2\omega_m K_h}+\dfrac{B_p}{m_t\omega_m}$,$\omega_r=\omega_1$	

(4) 四通阀控制液压马达的动态特性

阀控马达是常见的液压动力元件。

四通阀控制液压马达与四通阀控制对称缸实质上完全相同，只不过对称缸是一种直线马达。

表 20-10-39

项　　目	图　或　公　式	说　　明
物理模型	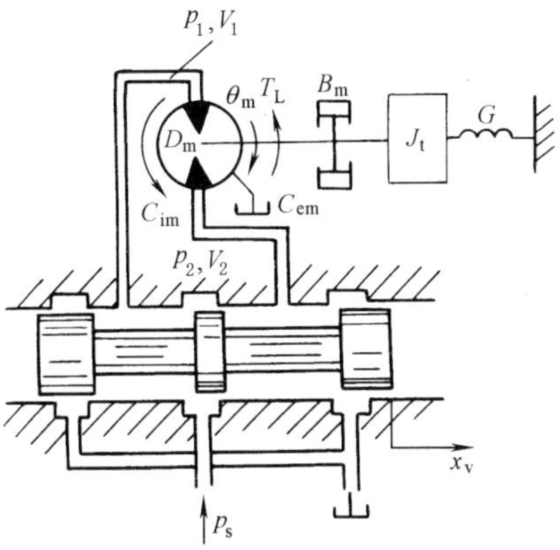	V_1,V_2——马达进油腔、回油腔的容积，m^3 θ_m——马达的转角，rad D_m——马达的排量，m^3/rad C_{tm}——总的泄漏系数，$C_{tm}=C_{im}+C_{em}/2$，$m^5/(N\cdot s)$ C_{im}——马达内泄漏系数，$m^5/(N\cdot s)$ C_{em}——马达外泄漏系数，$m^5/(N\cdot s)$ V_t——总容积，$V_t=V_1+V_2=2V_0$，m^3 J_t——液压马达及负载（折算到马达轴上）的总转动惯量，$N\cdot m\cdot s^2/rad$ B_m——液压马达及负载（折算到马达轴上）的总黏性阻尼系数，$N\cdot m\cdot s/rad$ G——负载的扭转弹簧刚度，$N\cdot m/rad$ T_L——任意外负载力矩，$N\cdot m$
动态方程　阀的流量方程	$Q_L(s)=K_qx_v(s)-K_cp_L(s)$	
动态方程　马达腔的连续性方程	$Q_L(s)=D_ms\theta_m(s)+C_mp_L(s)+\dfrac{V_t}{4\beta_e}sp_L(s)$	
动态方程　液压马达轴上的力矩平衡方程	$D_mp_L(s)=(J_ts^2+B_ms+G)\theta_m(s)+T_L(s)$	
方块图	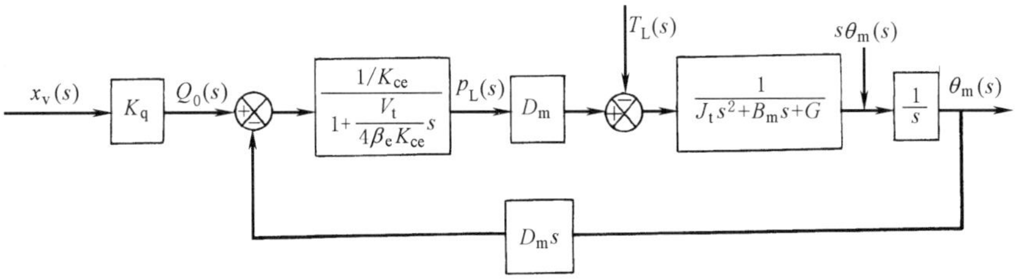	
传递函数（$G=0$）	$\theta_m(s)=\dfrac{\dfrac{K_q}{D_m}x_v(s)-\dfrac{K_{ce}}{D_m^2}\left(1+\dfrac{s}{\omega_1}\right)F_L(s)}{s\left(\dfrac{s^2}{\omega_h^2}+\dfrac{2\zeta_h}{\omega_h}s+1\right)}$ $\omega_h=\sqrt{K_h/J_t}=\sqrt{4\beta_eD_m^2/(V_tJ_t)}$，为谐振频率，rad/s $K_h=4\beta_eD_m^2/V_t$，为液压弹簧刚度，$N\cdot m/rad$ $\zeta_h=\dfrac{K_{ce}}{D_m}\sqrt{\dfrac{\beta_eJ_t}{V_t}}+\dfrac{B_m}{4D_m}\sqrt{\dfrac{V_t}{\beta_eJ_t}}$，为阻尼系数，无量纲 $\omega_1=4\beta_eK_{ce}/V_t$，为容积滞后频率，rad/s	显然，阀控马达与四通阀控制对称缸的动态方程、方块图、传递函数的形式完全相同，只需作如下参数置换： $x_p\to\theta_m$，$A_p\to D_m$ $m_t\to J_t$，$B_p\to B_m$ $K\to G$，$F_L\to T_L$ 因阀控马达多用作角速度控制，通常 $G=0$，故传递函数中仅给出 $G=0$ 的情况

（5）泵控马达的动态特性

表 20-10-40

类型		物理模型	说明
泵控缸		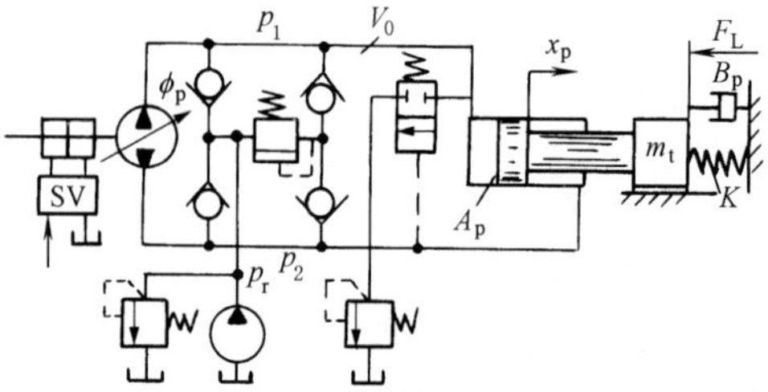 (a)	主回路：泵控缸 辅助回路有： ①阀控变量机构 ②补油冷却回路 ③安全保护回路 ④低压放油回路
泵控马达	变量泵-定量马达	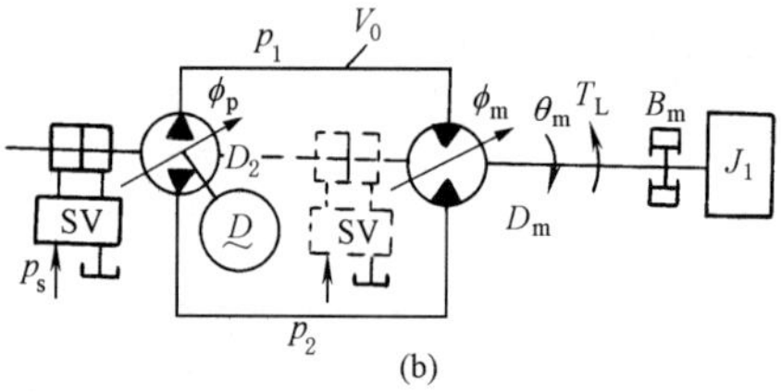 (b)	主回路：泵控马达 辅助回路：略 ϕ_p 不变——定量泵 ϕ_m 不变——定量马达
	定量泵-变量马达		
	变量泵-变量马达		

表 20-10-41　　变量泵-定量马达（缸）的动态特性

项目		图或公式	说明
物理模型		见表 20-10-40 中图 b	①忽略泵马达间管道的压力损失及动态 ②泵、马达的泄漏为层流泄漏 ③泵的转速 n_p 恒定 ④低压补油系统压力 p_r 恒定，只有高压侧压力随负载变化 ⑤不考虑马达摩擦力矩等非线性因素
动态方程	泵的流量方程	$Q_p(s)=K_{dp}n_p\phi_p(s)-C_{tp}p_1(s)$	Q_p——泵的输出流量，m^3/s D_p——泵的排量，m^3/rad；$D_p=K_{dp}\phi_p$ K_{dp}——泵的排量梯度，m^3/rad^2 ϕ_p——泵的偏角，rad p_1——出油（高压）侧压力，N/m^2 C_{ip}, C_{ep}——泵的内、外泄漏系数，$m^5/(N\cdot s)$ $C_{tp}=C_{ip}+C_{ep}$，为泵的总泄漏系数，$m^5/(N\cdot s)$ D_m——马达的排量，m^3/rad θ_m——马达轴转角，rad C_{im}, C_{em}——马达内、外泄漏系数，$m^5/(N\cdot s)$ V_0——高压腔总容积，m^3 $C_{tm}=C_{im}+C_{em}$，为马达总的泄漏系数，$m^5/(N\cdot s)$ $C_t=C_{tp}+C_{tm}$，为系统的总泄漏系数，$m^5/(N\cdot s)$ J_t——马达及负载的总转动惯性，$N\cdot m\cdot s^2/rad$ B_m——马达及负载的总黏性阻尼系数 $N\cdot m\cdot s/rad$ G——负载的扭簧刚度，$N\cdot m/rad$ T_L——外负载力矩，$N\cdot m$
	高压腔的连续性方程	$Q_p(s)-C_{tm}p_1(s)=D_ms\theta_m(s)+\dfrac{V_0}{\beta_e}sp_1(s)$	
	马达轴的力矩平衡方程	$D_mp_1(s)=(J_ts^2+B_ms+G)\theta_m(s)+T_L(s)$	

续表

<table>
<tr><th>项　目</th><th colspan="2">图 或 公 式</th><th>说　明</th></tr>
<tr><td>方块图</td><td colspan="3">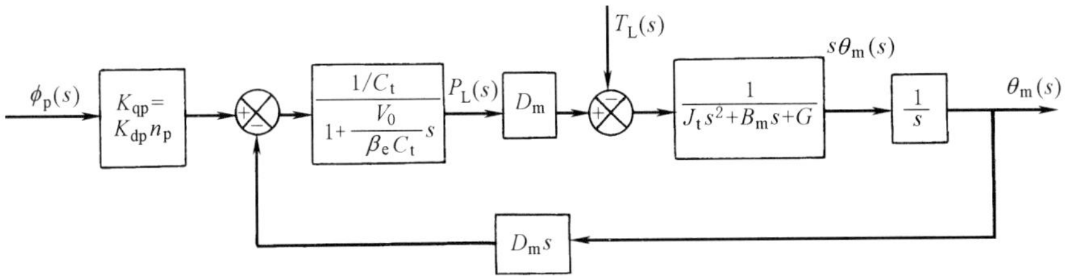

与阀控马达、阀控缸的动态方程及方块图形式相同，仅参数不同：$\phi_p\to x_v$，$K_{dp}n_p\to K_q$，$C_t\to K_{ce}$</td></tr>
<tr><td>传递函数 ($G=0$)</td><td colspan="2">$$\theta_m(s)=\frac{\frac{K_{dp}n_p}{D_m}\phi_p(s)-\frac{C_t}{D_m^2}\left(1+\frac{s}{\omega_1}\right)T_L(s)}{s\left(\frac{s^2}{\omega_h^2}+\frac{2\zeta_h}{\omega_h}s+1\right)}$$</td><td>$\omega_h=\sqrt{K_h/J_t}=\sqrt{\beta_e D_m^2/(V_0 J_t)}$，为液压谐振频率，rad/s
$K_h=\beta_e D_m^2/V_0$，为液压弹簧刚度，N·m/rad
$\zeta_h=\frac{C_t}{2D_m}\sqrt{\frac{\beta_e J_t}{V_0}}+\frac{B_m}{2D_m}\sqrt{\frac{V_0}{\beta_e J_t}}$，为阻尼系数，无量纲
$\omega_1=\beta_e C_t/V_0$，为容积滞后频率，rad/s</td></tr>
<tr><td rowspan="4">频率响应及动态参数分析</td><td colspan="3">与阀控马达、阀控缸的频率特性型式相同，但动态参数值及其变化范围却有很大不同</td></tr>
<tr><td>液压谐振频率</td><td colspan="2">泵控马达只高压腔一侧受控，液压弹簧刚度仅为阀控马达的一半，故液压谐振频率为阀控马达的 $1/\sqrt{2}$</td></tr>
<tr><td>液压阻尼系数</td><td colspan="2">泵控马达的 ζ_h 较小且恒定，而且总是欠阻尼。所以为使系统获得所需的合适阻尼，往往在泵控马达的高低管道间有意地设置旁路泄漏通道或采用内部压力反馈。但这会降低压力增益、增大功率损耗，使泵的结构复杂</td></tr>
<tr><td>速度增益和稳态速度柔度</td><td colspan="2">泵控马达的速度增益 $K_{dp}n_p/D_m$ 和静态速度柔度 C_t/D_m^2 都相当恒定；而阀控马达的速度增益与静态速度柔度变化较大</td></tr>
<tr><td>泵控马达与阀控马达的性能比较</td><td colspan="3">①泵控马达的动态参数受工作点变化的影响小，动态特性更为确定，更可预知
②泵控马达的 ω_h 值较小，若再计及泵的变量位置伺服部分的响应时间，因此总的响应速度比阀控马达低
③泵控马达的总泄漏系数小，稳态速度、刚度高，因而抗负载的刚度高。但由于泵控马达的 ω_h 和 ζ_h 均较小，因而频率值在 $2\zeta_h\omega_h$ 时动态刚度不如阀控马达高
④泵控马达的效率高，理论上可达100%</td></tr>
</table>

表 20-10-42　　定量泵-变量马达的动态特性

<table>
<tr><th colspan="2">项　目</th><th>图 或 公 式</th><th>说　明</th></tr>
<tr><td colspan="2">物理模型</td><td>见表20-10-40中图b</td><td>同表20-10-40</td></tr>
<tr><td rowspan="3">动态特性</td><td>泵的流量方程</td><td>$Q_p(s)=D_p n_p-C_{tp}p_1(s)$</td><td>$D_p$=常数</td></tr>
<tr><td>高压腔的连续性方程</td><td>$Q_p(s)-C_{tm}p_1(s)=D_m s\theta_m(s)+\left(\frac{V_0}{\beta_e}\right)sp_1(s)$
式中　$D_m=K_{dm}\phi_m$</td><td>K_{dm}——变量马达的排量梯度，m^3/rad^2
ϕ_m——马达变量的偏角，rad</td></tr>
<tr><td>马达轴的力矩平衡方程</td><td>$K_T\phi_m(s)+D_{m0}p_1(s)=(J_t s^2+B_m s+G)\theta_m(s)+T_L(s)$</td><td>$K_T=K_{dm}p_{10}$，为马达力矩系数，N·m/rad
p_{10}——高压腔压力的初始值，N/m^2
$D_{m0}=K_{dm}\phi_{m0}$，为马达的初始排量，m^3/rad
ϕ_{m0}——马达初始偏角，rad</td></tr>
</table>

续表

项　目	图 或 公 式	说　明
方块图	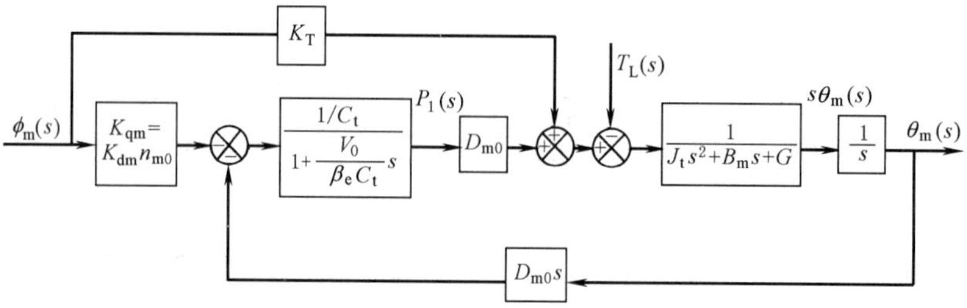 与变量泵-定量马达相比,方块图中多了一个 K_T 环节的并联通道	

表 20-10-43　　**变量泵-变量马达的动态特性**

方　块　图	说　明
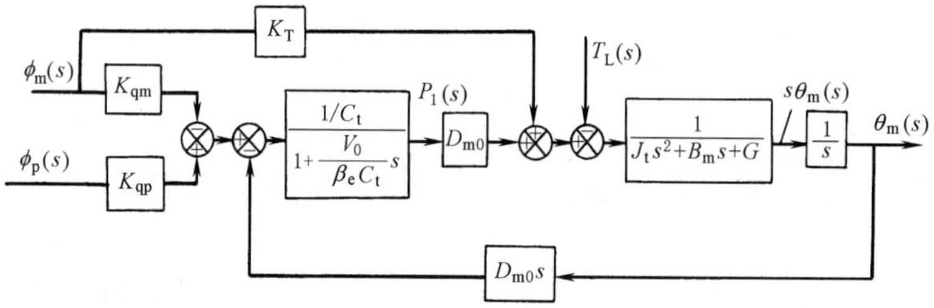	变量泵-定量马达与定量泵-变量马达方块图的合成

变量泵-变量马达实质上是变量泵-定量马达和定量泵-变量马达两种情况的组合。

3.2.4　动力元件的参数选择与计算

以四通阀控制对称缸为例。

表 20-10-44

项　目	说　明
供油压力 p_s 的选择	供油压力 p_s 较高时,执行元件尺寸较小,伺服阀规格和液压源装置容量均可减小。压力较高时,油中空气的混入量减小,β_e 值较高,有利于提高液压谐振频率 但压力过高,泄漏增大,噪声增大,要求有较好的维护水平
执行元件参数的确定	按拖动要求确定执行元件尺寸: 由 $p_L A_p = m_t a_{pm} + B_p v_{pm} + F_L + F_c$ 确定 A_p 式中　a_{pm}——活塞的最大加速度,m/s^2 v_{pm}——活塞的最大速度,m/s 尽量取 $p_L \leqslant (2/3)p_s$,以达到最大功率传输,并有足够的流量输出以保证良好的控制能力。当负载很大时可取 $p_L \leqslant (5/6)p_s$ 按动态要求确定执行元件尺寸: 即按 $\omega_h = \sqrt{4\beta_e A_p^2 / m_t v_t}$ 确定 A_p 按拖动要求设计时,必须按动态要求校验,反之亦然 当行程大、v_t 大,ω_h 值达不到要求时,可采用液压马达加滚珠丝杠来驱动 当外负载或摩擦负载较大时,为了减少负载的误差,应取较大的 A_p 为了减小伺服阀规格和液压源流量,应取较大的 $p_L(p_s)$ 和较小的 A_p 值

续表

项目	说明
机械减速器传动比的确定	最佳传动比是具有满意的 ω_h 值的最小传动比
控制阀流量的确定	对于存在最大功率点的负载情况，根据最大功率点的负载速度 v_{pm} 来确定控制阀的负载流量 $Q_L=A_pv_{pm}$，并取阀的空载流量 $Q_0=\sqrt{3}Q_L$ 对于离散的负载工况点，应按最大负载力 F_{max} 来确定 A_p，而按最大运动速度 v_{max} 确定阀的负载流量 Q_L，即 $A_p=F_m/p_L$，$Q_L=A_pv_{max}$，这时已不存在所谓的最大功率传输条件，p_L 可在更大范围内选取

.3 伺服阀

伺服阀既是信号转换元件，又是功率放大元件，它是液压控制系统的心脏。

.3.1 伺服阀的组成及分类

伺服阀分为电液伺服阀、气液伺服阀、机液伺服阀三大类，它们的基本组成部分相同。由于电液伺服阀应用很广，使用量很大，所以通常所说伺服阀是指电液伺服阀。

(1) 伺服阀的组成及反馈方式

电液伺服阀的类型和结构类型虽然很多，但都是由电气-机械转换装置、液压放大器和反馈装置三大部分组成。

表 20-10-45

组成部分	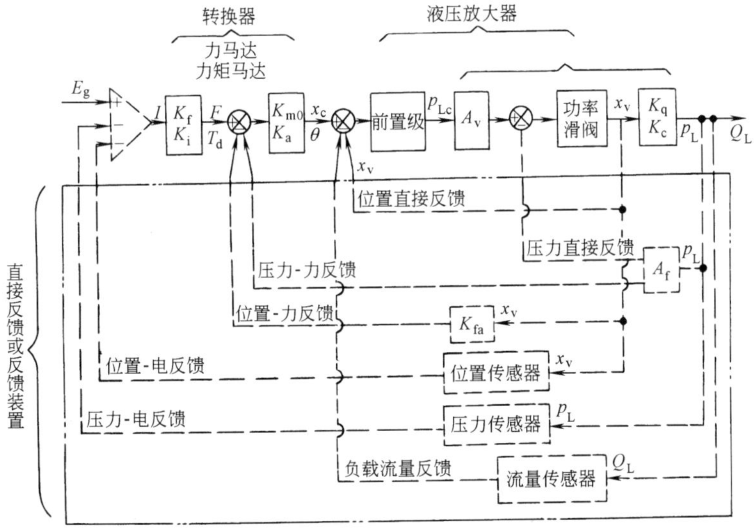 注：图中汇总了各种反馈方式，每种伺服阀只采用其中一种反馈方式
电气-机械转换器	转换器包括电流-力转换和力-位移转换两个功能 典型的电气-机械转换器是力马达或力矩马达，它们能将输入电流转换成与电流成正比的输出力或力矩，用于驱动液压前置放大器；力或力矩再经弹性元件转换成位移或角位移，使前置放大器定位、回零 通常，力马达的输入电流为 150～300mA，输出力为 3～5N；力矩马达的输入电流为 10～30mA，输出力矩为 0.02～0.06N·m

续表

液压放大器	伺服阀一般为两级液压放大，由转换器驱动液压前置放大器，再由前置放大器驱动液压功率放大器 常用的液压前置放大器为滑阀、喷嘴-挡板阀和射流管阀三种，液压功率放大均采用滑阀
反馈方式	液压前置放大器直接控制功率滑阀时，犹如一对称四通阀控制的对称缸，为解决功率滑阀的定位问题，并获得所需的伺服阀压力-流量特性，在前置放大器和功率滑阀之间务必建立某种负反馈关系。如图所示，可以通过前置放大器与功率滑阀的级间联系构成直接反馈，或通过附加的反馈装置实现前置放大器与功率滑阀之间建立的负反馈

(2) 伺服阀的分类及输出特性

表 20-10-46　　伺服阀的分类

按输入量及转换器分类	电液伺服阀：转换器是电气-机械转换器，输入信号是电流，输出信号是位移 气液伺服阀：转换器是膜盒，输入信号是气压，输出信号是位移 机液伺服阀：转换器是推杆或杠杆，输入信号是位移，输出信号是位移
按前置放大器分类	滑阀式伺服阀、喷嘴挡板式伺服阀和射流管式伺服阀
按液压放大器级数分类	单级伺服阀、两级伺服阀和三级伺服阀
按伺服阀的输出特性分类	流量型伺服阀：输出空载流量与电流成正比 压力型伺服阀：负载压力与电流成正比 负载流量反馈伺服阀：负载流量与电流成正比
按阀的内部结构及反馈型式分类	位置反馈式伺服阀、负载压力反馈式伺服阀和负载流量反馈式伺服阀
按输入信号的型式分类	调幅式伺服阀：阀的位移、输出流量与输入电流的幅值成正比 脉宽调制式(PWM)伺服阀：输入信号是一串正负脉冲宽度不等的恒幅高频矩形脉冲电压，阀的位移、输出流量与输入信号的脉冲宽度差成正比

表 20-10-47　　伺服阀的基本类型及输出特性

基本类型	流量型 伺服阀(Q 阀)	压力型 伺服阀(P 阀)	P-Q 阀	负载流量反馈型 伺服阀(Q_L 阀)
反馈型式	位置反馈	负载压力反馈	位置反馈+静压反馈	负载流量反馈
压力-流量特性	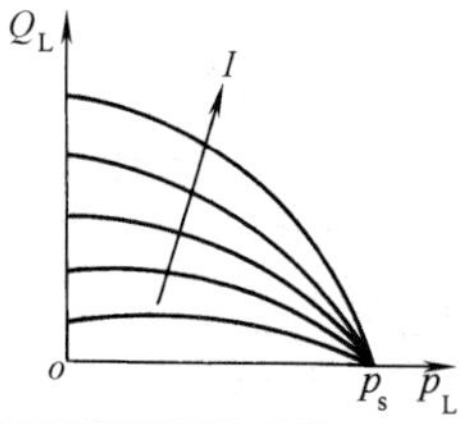	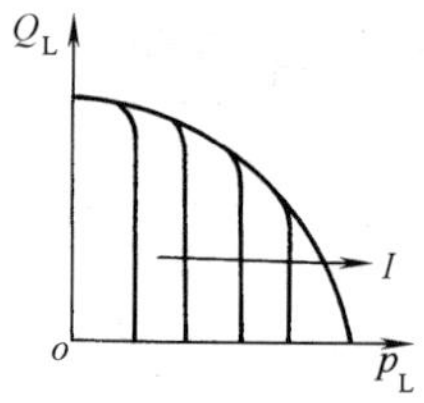	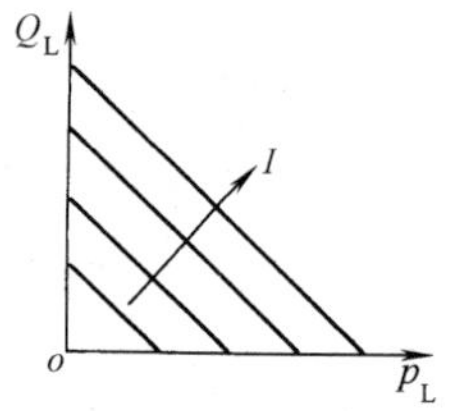	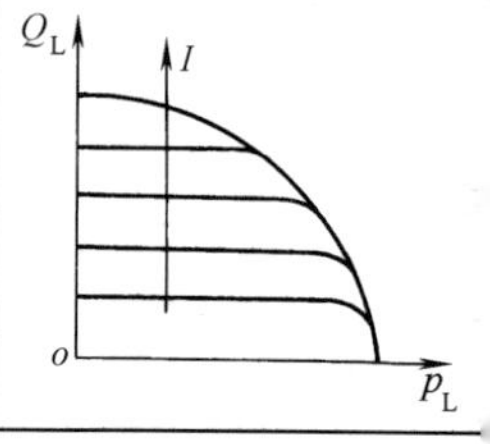

(3) 电气-机械转换器的类型、原理及特点

表 20-10-48

类型	原　　理		特 点 及 应 用
动圈式力马达	由永久磁铁、轭铁、动圈和弹簧组成，基于载流导体在磁场中受力的原理工作 动圈上产生的电磁作用力与流过线圈的电流成正比，方向按左手定则判定 动圈力克服弹簧力带动前置级阀运动，阀位移与电流成正比。弹簧还用于调阀零位	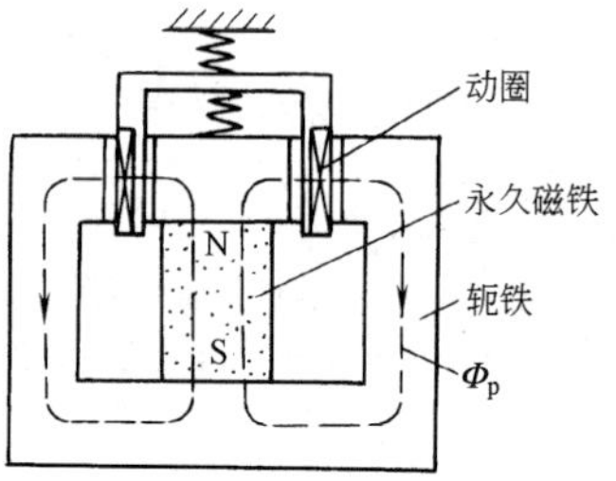	①工作行程 t 为±(1~3)mm ②电流-力-位移特性的线性好 ③制造容易、价廉 ④尺寸和惯量较大，动圈、阀芯-弹簧组件的谐振频率较低，一般≤100Hz ⑤可做成干式力马达 通常配用滑阀或射流管阀

续表

类型	原理		特点及应用
动铁式力矩马达	由永久磁铁、轭铁、控制线圈、可动衔铁和扭转弹簧组成，基于衔铁在磁场中受力的原理工作，为全桥式磁气隙结构 气隙中磁通为固定磁通 Φ_p、控制磁通 Φ_c 之合成，Φ_c 与线圈中电流成正比，方向按左手螺旋法则确定 衔铁磁通为其转角及控制电流的线性函数，衔铁扭轴的输出力矩亦然	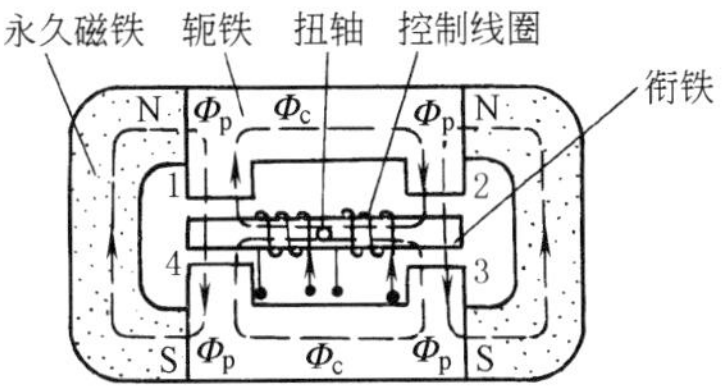	①结构紧凑、体积小，工作行程小 ②电流-力矩-角位移特性的线性较窄 ③支持衔铁并作扭簧的弹簧管加工较复杂，造价较高 ④尺寸小、惯量小，谐振频率高 ⑤ 一般为干式力矩马达，配用于喷嘴挡板阀、射流管阀和射流偏转板阀
动铁式力马达	由永久磁铁、衔铁、线圈、对中弹簧、轴承等组成，基于衔铁在磁场中受力的原理工作 永久磁铁产生固定磁通 Φ_p，控制线圈产生控制磁通 Φ_c；气隙磁通为 Φ_p、Φ_c 之合成，电磁力与控制电流成正比，电磁力经对中板簧转换成位移	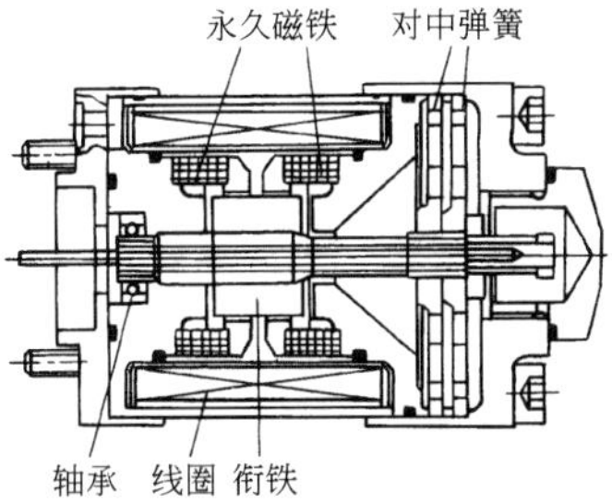	①工作行程较小 ②电流-力-位移特性线性较好 ③采用轴承支撑，弹簧对中，螺母调零制造较容易 ④尺寸和惯性较大，但功率输出最大可达 200kN，使得对中弹簧刚度可适度加大，谐振频率可达上百赫兹 ⑤输入电功率较大，为减少能耗，电控器的功放级采用脉宽调制（PWM）信号 ⑥对中弹簧用于无信号自动回零 ⑦力马达一般做成湿式

3.3.2 典型伺服阀的结构及工作原理

不同的应用场合要求伺服阀具有不同的输出特性。位置和速度控制一般采用流量型伺服阀；力（矩）或压力控制可采用流量型伺服阀，也可采用压力型伺服阀；惯性较小、外负载力（矩）很大且要求速度刚度很大的场合，拟采用负载流量反馈式伺服阀；惯性很大、外负载很小的位置或速度控制拟采用其输出特性介于流量型伺服阀与压力型伺服阀之间的 P-Q 阀。工程上绝大多数应用的是流量型伺服阀。部分领域如材料实验等应用的是压力型伺服阀。一般将 P-Q 阀也归入压力型伺服阀之类。负载流量反馈式伺服阀由于其流量计性能差、效率低，工程上极少采用。

表 20-10-49

名称		结构示意图	组成及工作原理
单级伺服阀	单级电反馈伺服阀	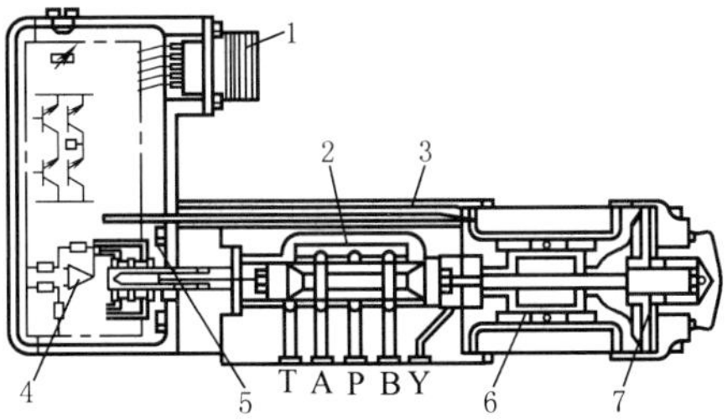 1—接头；2—滑阀芯；3—阀套；4—内置式放大器；5—位置传感器；6—线性力马达；7—对中弹簧	由动铁式线性力马达、单级滑阀、位移传感器（LVDT）和内置集成放大器组成，并构成闭环回路。当希望产生某一阀芯位置的指令电信号输入到放大器，放大器产生一个脉宽调制电流，驱动力马达铁芯和阀芯克服对中弹簧力运动。同时放大器为位移传感器励磁，产生一个与阀芯位移成正比的电信号，经解调后与指令信号比较，产生一个误差信号。该信号继续使阀芯运动，直至误差信号为零。阀芯停在所希望的位置。由于阀芯-铁芯-对中弹簧谐振频率较高，阀的动态响应主要决定于回路增益
	动圈式单级伺服阀	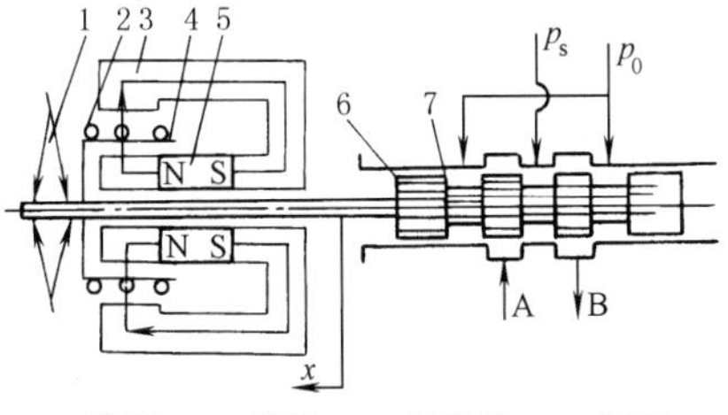 1—弹簧；2—线圈；3—导磁体；4—框架；5—永久磁铁；6—阀芯；7—阀套	由动圈式力马达和单级滑阀组成，结构简单 工作原理：当信号电流通过控制线圈时，线圈在磁场中产生电磁力，此力与弹簧的反作用力平衡，使阀芯移动 x，从而使阀输出相应的流量 采用小型力马达时，阀的输出流量较小；采用专用的大型力马达时，单级阀的输出也可以达 200L/min 左右，如日立的具有电反馈的 FM·V 阀

续表

名　称		结构示意图	组成及工作原理
两级伺服阀	伺服射流管电反馈两级伺服阀	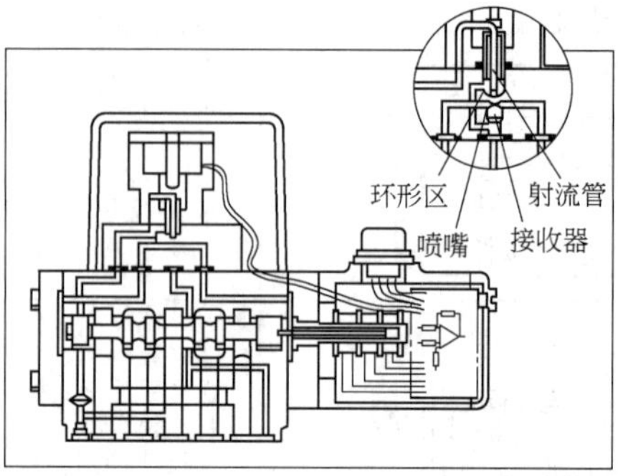	由伺服射流先导级(由动铁式力矩马达、射流管、接受器构成),滑阀功率级,位移传感器及内置放大器组成 当给阀输入一个指令电信号时,力矩马达使射流管喷嘴端向一边(如向左)偏转。接收器左边的接受孔接受的射流管喷嘴高压射流油液多于右边,于是功率级阀芯左边压力大于右边,阀芯向右运动,固定在阀芯上的位移传感器铁芯一起向右运动,传感器输出与阀芯位移成正比的电信号给放大器,与指令信号进行比较,直到信号差为零时,阀芯停在某个位置,从而输出与指令信号成比例的流量
	两级滑阀式伺服阀	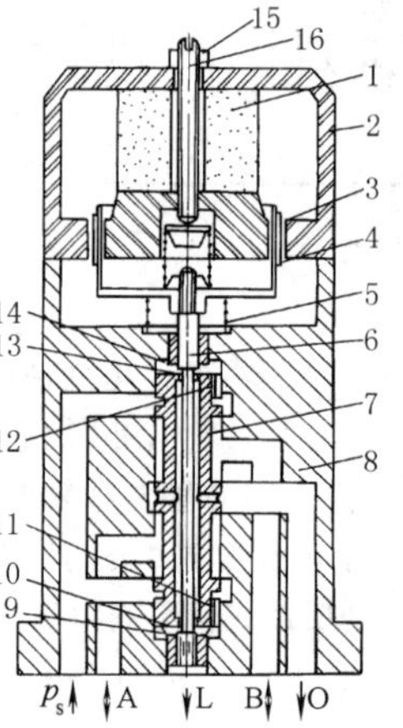1—磁钢;2—导磁体;3—气隙;4—动圈;5—弹簧;6—一级阀芯;7—二级阀芯;8—阀体;9—下控制腔;10—下节流口;11—下固定节流孔;12—上固定节流孔;13—上节流口;14—上控制腔;15—锁紧螺母;16—调零螺钉	由力马达和双级滑阀组成。一级阀芯套在二级阀芯里,二级阀芯既作为一级阀的阀套又作为功率滑阀阀芯,从而实现了位置直接反馈 工作原理:力马达驱动一级阀芯,一级阀是具有两个固定节流孔、两个可变节流口的正开口四通阀,p_s 口压力油经上、下固定节流孔进入功率滑阀的上、下控制腔,再经上、下可变节流口通过二级阀芯中的中空腔和回油口O回油。一级阀处于零位时,上、下可变节流口面积相等,上、下控制腔内压力相等,二级阀芯处于零位不动,A、B口无流量输出。力马达带动一级阀芯向上运动某一位移时,上可变节流口开大,使上控制腔压力减小;而下可变节流口关小,使下控制腔内压力增大,从而使二级阀芯跟踪一级阀芯向上运动,直至上、下可变节流口的开口量相等;这时一级阀处于新的零位,而二级阀芯行程等于一级阀芯的行程,该行程与电流成比例,因而B口输出的空载流量与电流成比例。同理,电流反向时,二级阀芯跟随一级阀芯同步向下,A口有输出。国产SV系列伺服阀是这类阀的代表
	喷嘴挡板式两级伺服阀	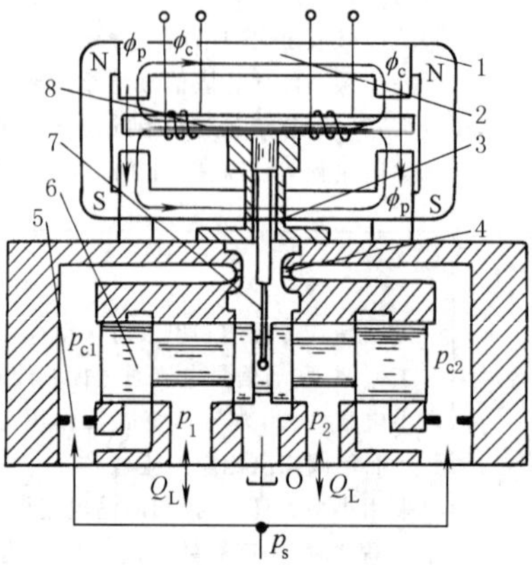1—磁钢;2—导磁体;3—弹簧管;4—喷嘴;5—固定节流孔;6—滑阀;7—反馈杆;8—衔铁	由动铁式力矩马达、前置级喷嘴挡板阀和功率级滑阀组成 工作原理:衔铁挡板弹簧管组件由弹簧管底面固定支承。当线圈输入电流时,力矩马达输出力矩,衔铁挡板组件顺(或逆)时针方向偏转,前置级输出压力,驱动功率级阀芯向右(或左)移动,同时带动反馈杆的球端向右(或左)移动,直到由反馈杆形成的反馈力矩与力矩马达的输出力矩平衡为止。阀芯位移与输入电流成正比

续表

名称		结构示意图	组成及工作原理
两级伺服阀	射流管式双级伺服阀	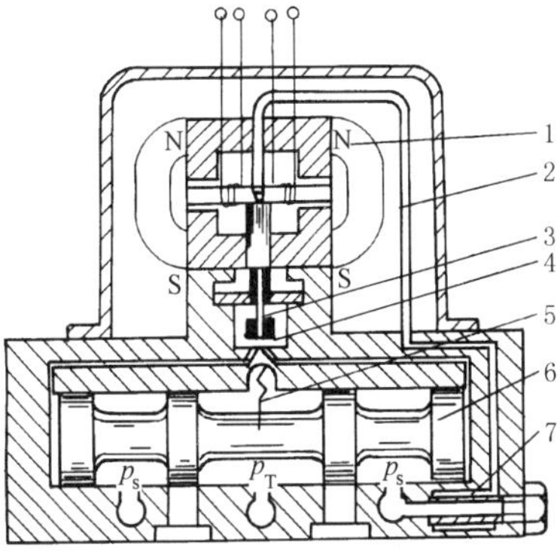 1—力矩马达；2—柔性供压管；3—射流管；4—射流接收器；5—反馈弹簧；6—阀芯；7—滤油器	由力矩马达、射流管阀和功率滑阀组成 工作原理：射流管焊接于衔铁上，并由薄壁弹簧片支承；压力油通过柔性供压管进入射流管。从射流管喷嘴射出的油液进入两接收孔中，从而推动功率滑阀。射流管的侧面装有弹簧板及反馈弹簧丝，其上的弹簧丝末端插入阀芯中间的小槽内并被固定，阀芯移动反馈弹簧丝，构成对力矩马达的力反馈 另一种形式的反馈弹簧类似喷嘴挡板力反馈式阀的反馈杆，上端固定在射流管上，下端为球端，以阀芯上球槽精密啮合，反馈阀芯位移
三级电反馈伺服阀		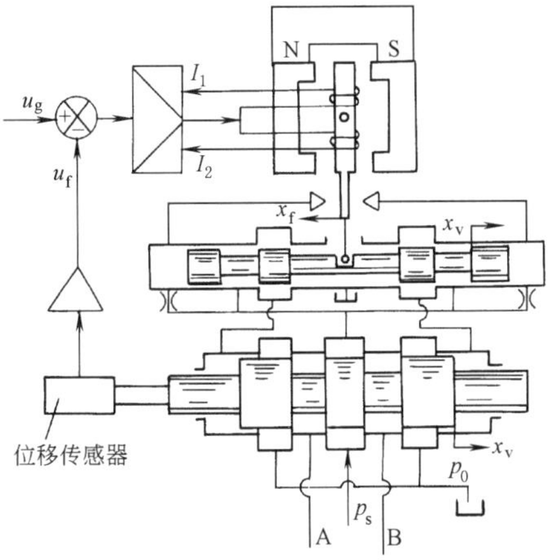	用二级滑阀来驱动第三级滑阀，末级阀芯的定位只能借助于电反馈 工作原理：电反馈处于外环，所以转换器、前置放大器及功率滑阀的参数变动、线性度和干扰等对阀的性能的影响大大地降低了。由于位置传感器的分辨率及其二次仪表的频宽有可能做得很高，因此电反馈伺服阀的分辨率、频宽和线性度可大为提高，而滞环和零漂可大为减少，并且阀的性能进一步提高。MOOG公司的079-100、079-200伺服阀是三级阀代表性产品
射流偏转板力反馈两级伺服阀		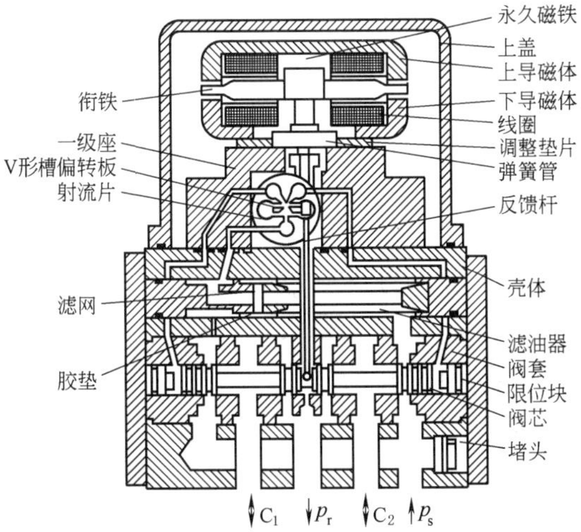 偏转板射流式力反馈两级电液流量伺服阀	由力矩马达、偏转板射流放大级和滑阀功率级组成 工作原理：偏转板和衔铁、弹簧管紧密固接构成衔铁组件在下端固定支承。无信号输入时，偏转板处于射流片中间位置 使二接收口接收等量的高速射流，二接收口即滑阀两端压力相等，滑阀处于零位。当线圈有正极性电流信号输入时在衔铁上产生电磁力矩，使衔铁逆时针旋转，偏转板右偏，右接收口接收高速液流多于左接收口，产生压差，驱动滑阀左移，同时带动反馈杆的球端左移产生反馈力矩，直到反馈力矩和电磁力矩平衡为止。阀芯停在相应位置。这时进油 p_s 与控制油口 C_1 相通，驱动负载，而 C_2 则与回油口 p_r 相通。这时偏转板基本上又处于零位。当电流极性反时，过程也相反

续表

<table>
<tr><th>名　称</th><th>结构示意图</th><th>组成及工作原理</th></tr>
<tr><td>负载压力反馈伺服阀</td><td>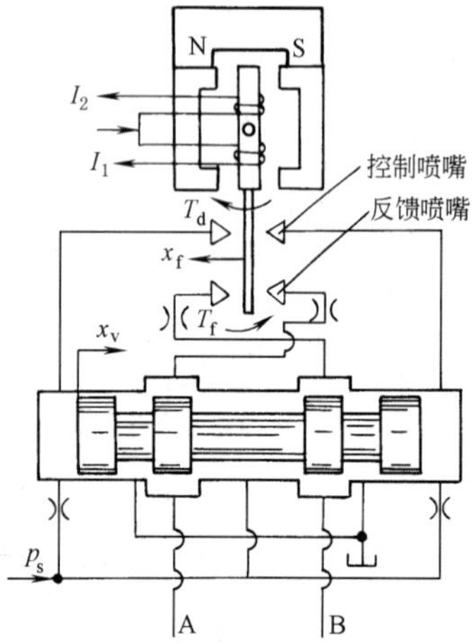</td><td>与力反馈伺服阀不同处在于自阀的 A、B 腔引出压力油至挡板两侧的喷嘴，而在油道中串接固定节流阀，不设反馈杆
工作原理：当力矩马达输入信号电流时，衔铁在电磁力矩和扭簧力矩的作用下，偏转一定角度，使挡板产生位移，如向左，则主阀芯左控制腔内压力升高，阀芯向右移，B 腔输出压力油，在 B 腔引一油流至左喷嘴，对挡板进行反馈，使挡板趋于零位，从而使两个控制喷嘴压差趋于零，阀芯便停止运动。此时信号电流和负载压力具有一定比例关系。理论上阀的压力-流量特性是一条垂直于横轴的直线，即不论输出流量如何变化，只要信号电流不变，输出负载压力严格保持不变。实际上由于稳态液动力的影响，静特性有一定斜率
此阀的特点是电流与负载压力基本上呈线性关系。缺点是系统的刚性小，受负载力的影响大，速度的变化也大</td></tr>
<tr><td>P-Q阀</td><td>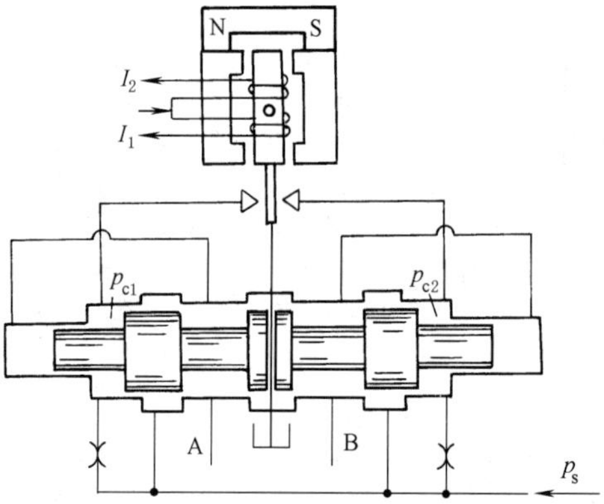</td><td>P-Q 阀是在双喷嘴挡板力反馈流量阀的基础上加滑阀负载压差反馈得到的。如果去掉反馈杆，即为 P 阀，也称为综合式压力阀</td></tr>
<tr><td>喷嘴挡板电反馈式两级伺服阀</td><td>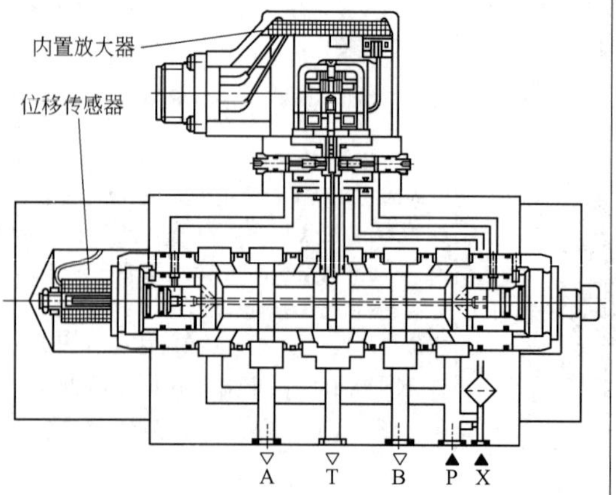</td><td>该阀是在双喷嘴-挡板力反馈阀的基础上又加上内置电子放大器和检测功率阀芯位移的位移传感器，构成伺服阀本身的大闭环，极大地提高了小信号区的动态响应</td></tr>
</table>

.3.3 双喷嘴挡板伺服阀的典型结构及主要特征

表 20-10-50

<table>
<tr><th>结构图</th><th>说明</th></tr>
<tr><td>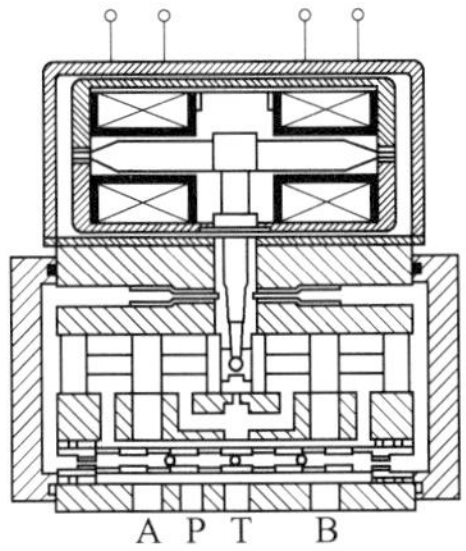

(a)</td><td>这一类阀属于精密型阀。主要用于航空和航天领域，由于其苛刻的环境温度(−55~150℃甚至更高)、高离心加速度、高冲击和严格的重量及安装空间要求，而且为了满足一定的流量要求，额定工作压力一般在21MPa以上，使得这类阀结构异常紧凑，体积小、重量轻。阀体为不锈钢。两个喷嘴压合在阀体内，力矩马达和衔铁-挡板-弹簧管-反馈杆组件都直接固定在阀体上部。无阀套，或有阀套和阀体间隙密封。各零部件尽可能小，这必然带来零部件精密度高，工艺复杂。为了满足严格的静、动态性能要求，尤其是各种工作条件下的零漂要求，要反复进行调试。所以这类阀工作异常可靠。在正常寿命期内零偏无需调整，零漂也很小。工作寿命长，经过正常大修寿命可超过十年。该类阀在21MPa额定阀压降下，额定流量不大于54L/min，频宽在100Hz以上。造价高，价格贵，对油液清洁度要求高是其缺点。属于该类阀的有FF101、FF102、YF12、YF7、MOOG30、MOOG31、MOOG32、DOWTY30、DOWTY31、DOWTY32等</td></tr>
<tr><td>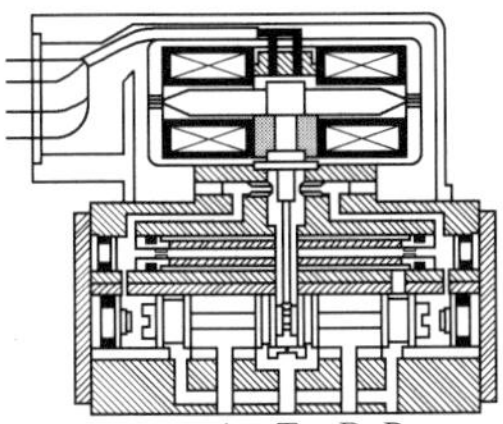

(b)</td><td>为满足军用地面设备及部分工作条件恶劣、要求减少调整维护时间、适当增大流量的民用工业的要求，在保留a类阀结构特点的基础上，将零、部件尺寸适当加大，只是全部具有和阀体间隙密封的阀套。该类阀基本上保留了a类阀的静态性能指标，但动态性能稍有下降，而且前置级零位静耗流量增大近一倍。额定阀压降(21MPa)下的额定流量大约为50~100L/min，个别的达到170L/min。该类阀和a类阀一样工作可靠、寿命期内零偏无需调整，但造价依然较高，价格较贵。属于该类阀的有FF106、FF106A、FF130、YF13、MOOG34、MOOG35等</td></tr>
<tr><td>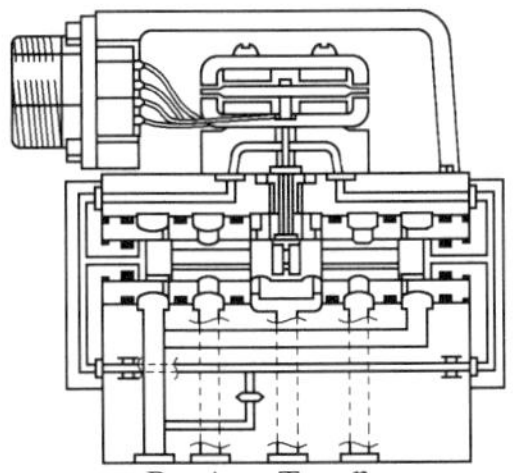

(c)</td><td>随着自动化技术的发展，工业各领域对廉价、性能良好而又便于现场调试的各种规格的伺服阀的需求越来越大。由于多年的经验积累，双喷嘴挡板力反馈伺服阀的理论和加工工艺日渐成熟。伺服阀各生产厂家在原有的基础上对结构、材料和工艺进行了改进。主要有将阀体材料改为铝合金，阀套和阀体间采用橡胶圈密封。并在阀体上加上偏心销以使阀套轴向移动调整零位，或增加衔铁组件调零机构。另外一个重要的改进就是增加了一个一级座，力矩马达、衔铁组件和喷嘴挡板前置放大级全部装在其上，调好零位后直接装在阀体上，简化了调试程序。还有的将喷嘴和阀体或一级座用螺纹连接，便于调零。有的阀在阀体上装有可现场更换的滤油器。有的为前置级附加单独进油孔，以便在主油路压力波动大时仍能保证良好的性能等。但是，凡是影响伺服阀静、动态性能的关键尺寸的关键精度都不降低
到目前为止，这一类规格齐全、性能良好、品种繁多、工作可靠、价格适宜的伺服阀遍布于工业的各个领域。该类阀的典型产品有MOOG760、MOOG73、MOOG78、MOOGD761、MOOGD630、MOOGG631、FF131、QDY1、QDY2、QDY6、QDY10、QDY12、YFW106、YFW08、DYSF-3Q、DOWTY4551、DOWTY4659、DOWTY4658、4WS(E)2EM6、4WS(E)2EM10、MOOG G761等。这类阀流量规格从40~150L/min(阀压降Δp=7MPa)，供油压力范围一般为1~21MPa，有的可到28MPa和31.5MPa。工作温度范围一般在−40~100℃，有的可到135℃。动态特性随着流量的增加逐渐变差，当额定流量达到150L/min时，幅频宽只有10Hz左右。为解决大流量的动态问题，出现了d类阀</td></tr>
</table>

续表

结构图	说明
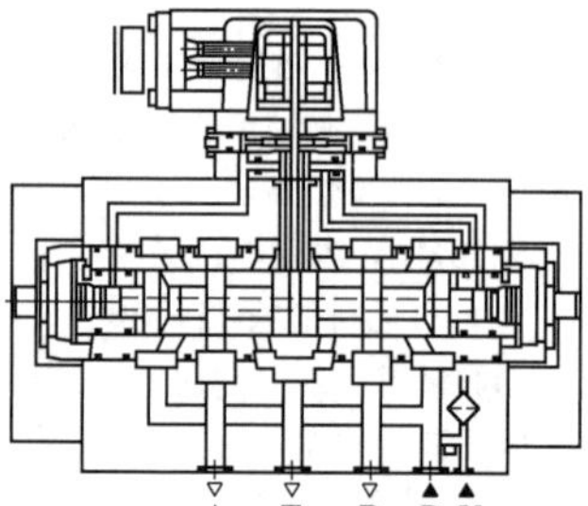 (d)	该类阀阀端减小控制面积，提高了大流量阀的动态品质。230L/min（阀压降 $\Delta p=7\mathrm{MPa}$）的阀幅频宽大于30Hz，但由于阀芯驱动面积减小，造成分辨率由0.5增加到1.5。这类阀主要有FF113、YFW10、DYSF-4Q、MOOG72、DOWTY4550、4WS(E)2EM16等
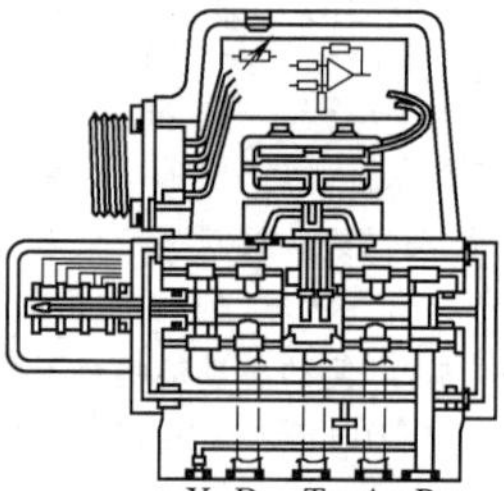 (e)	为解决中大流量的动态响应和进一步提高静态精度，出现了在力反馈基础上增加阀芯位移电反馈的二级阀。典型产品有MOOG D765、QDY8、4WSE2ED10、4WSE2ED16等。这类阀由于伺服放大器的校正作用，不但滞环和分辨率分别由3%以下和0.5%以下降到0.3%以下和0.1%以下，而且对中小信号输入下的动态响应能力有了成倍的提高。但受喷嘴挡板级输出流量的限制，对大信号输入的动态响应作用不大
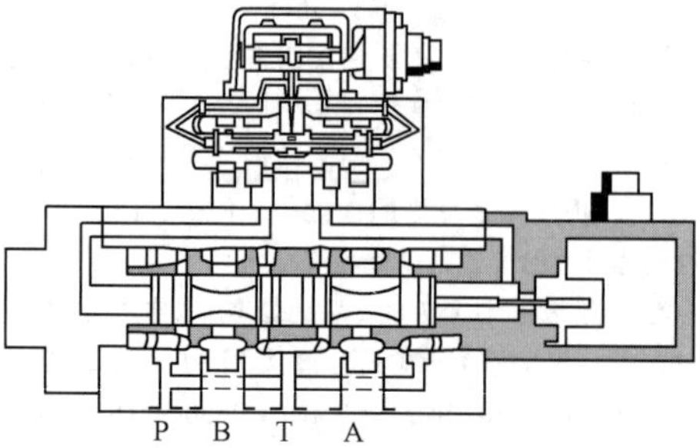 (f)	为满足中、大流量（100~1000L/min以上）伺服阀高动态响应的要求，出现了以双喷嘴挡板力反馈两级阀作为前置级，功率级阀芯位移电反馈的三级阀。其静、动态性能达到了中小流量的水平，甚至更高。典型产品如FF109、QDY3、DYSF、MOOG 79、MOOG D791、MOOG D792 4WSE3EE等 尽管双喷嘴挡板力反馈（电反馈）伺服阀是目前各工业领域应用最为广泛，数量最多的一种伺服阀，但这类阀也存在一个先天性的问题，即喷嘴挡板之间间隙太小（0.025~0.06mm）容易堵塞，而且一旦堵塞就会造成伺服阀最大流量（压力）输出，从而造成重大事故。虽然由于人们对油液清洁度的重视及过滤技术的成熟，以及电子、控制技术的发展可以对有关参量进行监控，在出现上述或类似故障时采取故障保护措施，如切断供油、将供油与回油直接接通、切换为另一个阀工作（多余度控制）等，使得这一问题已经淡化。但在一些关键场合人们还是愿意采用像射流管阀或射流偏转板阀以及近几年出现的力马达直接驱动电反馈阀（DDV）这样一些抗污染能力好、失效回零的伺服阀。如民航机的舵面控制就无一例外地采用射流管式伺服阀。性能良好、价格便宜、工作安全可靠的伺服阀依然是人们的追求

.3.4 伺服阀的特性及性能参数

(1) 流量伺服阀的特性及性能参数

表 20-10-51

<table>
<tr><th>项目</th><th>名 称</th><th>含 义 及 指 标</th></tr>
<tr><td rowspan="3">伺服阀规格的标称</td><td>额定电流 I_n①</td><td>产生额定流量或额定控制压力所需的任一极的输入电流，以 mA 表示。它与力马达或力矩马达两个线圈的连接形式（单接、串接、并联或差动连接）有关，通常，额定电流是对单接、并接或差接而言。串接时额定电流为其一半</td></tr>
<tr><td>额定压力 p_n</td><td>产生额定流量的供油压力</td></tr>
<tr><td>额定流量 Q_n</td><td>在规定的阀压降下对应于额定电流的负载流量为额定流量</td></tr>
<tr><td rowspan="2">静态特性</td><td>压力-流量特性</td><td>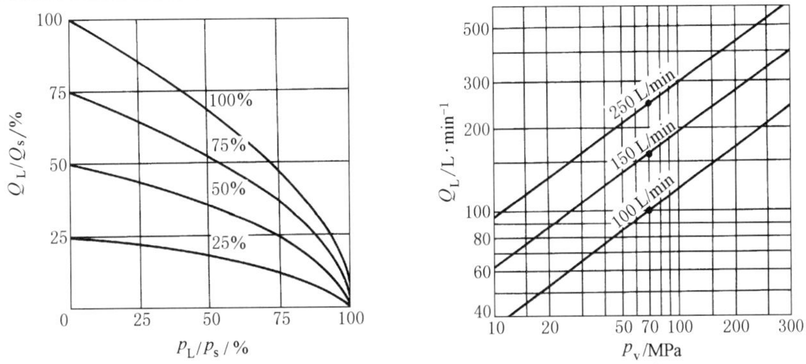
(a) (b)
压力-流量曲线（图 a）某点上的斜率为伺服阀的流量-压力系数
压力-流量特性曲线可供系统设计者考虑负载匹配和用于确定伺服阀的规格。有些伺服阀样本会给出无量纲压力-流量特性曲线；但现在更多的伺服阀样本给出的是用对数坐标表示的 $I=I_n$ 下的压力-流量特性（图 b），对数坐标表示的优点是 Q_L 与 Δp_n 成线性，且给出了该系列伺服阀的压力-流量特性，Δp_n 为阀压降</td></tr>
<tr><td>空载流量特性</td><td>额定压力下，负载压力为零，输入电流在正、负额定电流间连续变化，一个完整的循环后，所得的输出流量与输入电流的关系曲线称为空载流量曲线，简称流量曲线
流量曲线的中心轨迹称为公称流量曲线
流量型伺服阀的流量曲线可分成零区、控制区和饱和区。零区特性反映了功率滑阀的开口情况，如下图所示，由零区特性可评价伺服阀的制造质量
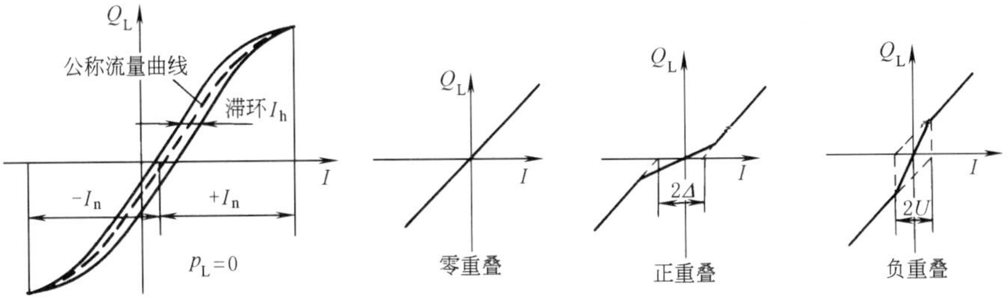
在任一规定工作区域内，流量曲线的斜率为流量增益以（L/min）/mA 表示。由公称流量曲线的零流量点向两极各作一条与公称流量曲线偏差为最小的直线，这两条公称流量增益线的平均斜率便是公称流量增益。如右图所示
随着电流的增大，流量曲线将呈饱和状态。不再随电流而变化的流量称为饱和流量
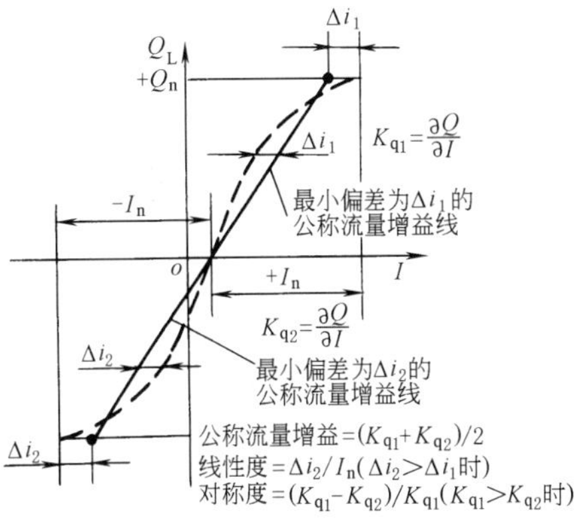</td></tr>
</table>

续表

项目	名称	含 义 及 指 标
静态特性	压力增益特性	额定压力下，负载流量为零（工作油口关闭）时，输入电流在正、负额定电流间连续变化一个完整的循环，所得的负载压力与输入电流的关系曲线称为压力增益曲线 规定用±40%额定压力区域内的负载压力对输入电流关系曲线的平均斜率，或用该区域内1%额定电流时的最大负载压力来确定压力增益值 压力增益大小与阀的开口类型有关，因此由压力增益曲线可反映阀的零位开口的配合情况 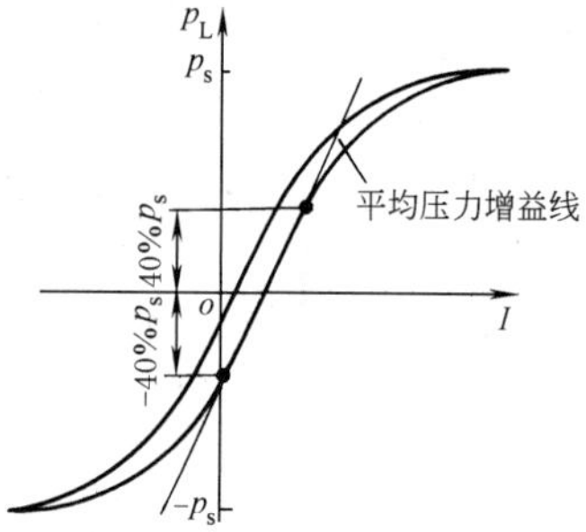
	内泄漏特性	额定压力下，负载流量为零时，从进油口到回油口的内部泄漏流量随输入电流的变化曲线称为内泄漏特性 $Q_1=f(I)$。其中 Q_{c1} 为前置级的泄漏流量；Q_{c2} 为功率滑阀的零位泄漏流量 Q_{c2} 的大小反映了功率滑阀的配合情况及磨损程度。对于新阀，用泄漏曲线评价阀的制造质量；对于旧阀，可用于判断磨损程度。Q_{c2} 与 p_s 的比值可用于确定功率滑阀的流量-压力系数 K_c 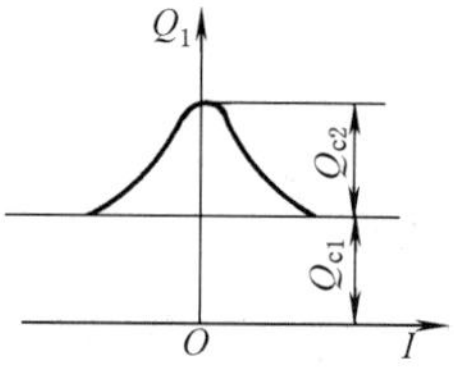
动态特性	频率特性	额定压力下，负载压力为零时，恒幅正弦输入电流在一定的频率范围内变化，输出流量对输入电流的复数比。频率特性包括幅频特性和相频特性 幅频特性用幅值比表示，通常用输出流量幅值 A_i 与同一输入电流幅值下，指定基准低频时的输出流量幅值 A_0 之比随输入电流频率的变化曲线来表示，以dB度量。 相频特性是输出流量与输入电流的相位差随输入电流频率的变化曲线，以度表示 用伺服阀频宽衡量伺服阀的频率响应，以幅值比衰减到-3dB时的频率为幅频宽，用 ω_{-3} 或 f_{-3} 表示；以相位滞后90°的频率为相频宽，用 $\omega_{-90°}$ 或 $f_{-90°}$ 表示 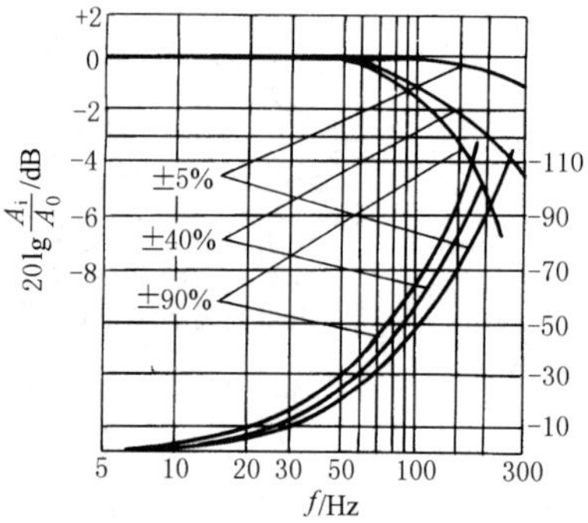 阀的频率特性与输入电流幅值、供油压力及黏度等条件有关，因此伺服阀的频率特性中一般会注明不同电流幅值（如±5%或±10%，±25%、±40%或±50%，±90%或±100%）下的幅频或相频特性（未注明时为额定供油压力和±25%输入幅值） 基准低频视具体伺服阀而定，一般应低于 $5\%f_{-3}$；对于高频阀，通常为5Hz或10Hz 流量的测量是通过速度传感器检测精密测试液压缸的速度而得到的。测试缸的内泄漏和摩擦力应很小，缸的谐振频率应比阀的频宽高得多
	阶跃响应	一般用阶跃响应来说明阀的瞬态响应。阶跃响应是额定压力下，负载压力为零时，输出流量对阶跃输入电流的跟踪过程。t_r 为上升（飞升）时间，t_p 为峰值时间，t_s 为过渡过程时间 根据阶跃响应曲线确定超调量、过渡过程时间和振荡次数等时域品质指标 通常规定阶跃输入电流的幅值为 $5\%I_n$ 或 $10\%I_n$，$25\%I_n$、$40\%I_n$ 或 $50\%I_n$，$90\%I_n$ 或 $100\%I_n$ 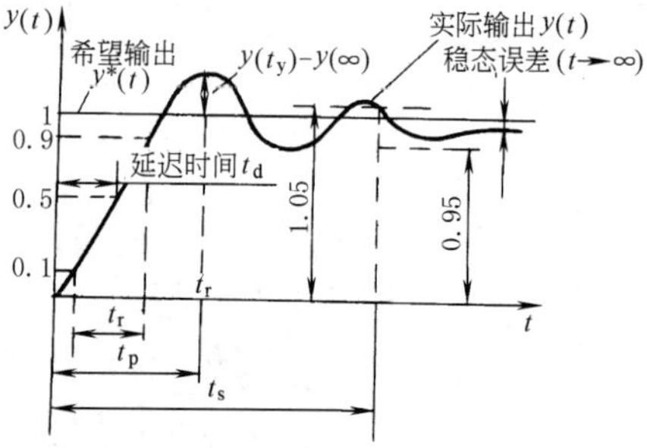
静态性能参数	滞环	在正负额定电流之间，以动态不起作用的速度循环时，产生相同输出流量的两电流之间最大差值与额定电流的百分比称为滞环。一般滞环小于等于3%，电反馈伺服阀的滞环小于等于0.5% 伺服阀的滞环是由于力（矩）马达的磁滞和阀的游隙造成的。阀的游隙是由于摩擦力及机械固定部分的间隙造成的。磁滞回环值随电流的大小而变化，电流小时磁滞回环值减小，因此磁滞一般不会引起系统的稳定性问题；油液脏时滑阀摩擦力增大，分辨率值也将增大

续表

项目	名称	含义及指标
静态性能参数	分辨率	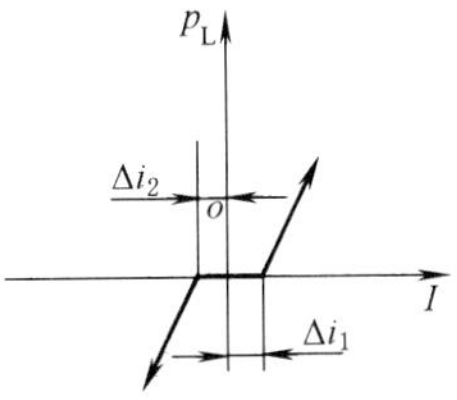 (c) 零位正、反向分辨率 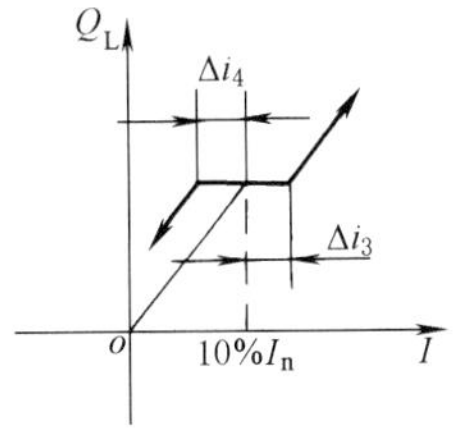 (d) 零外正、反向分辨率 分辨率有零位正向、零位反向和零外正向、零外反向分辨率之分 零位分辨率是在工作油口关闭下作出的，在额定供油压力下，输入一微小电流使 A、B 口的压力相等；若继续以相同方向缓慢增加微小电流，使两平衡的工作压力发生变化所需的电流增量 Δi_1 与额定电流的百分比称为零位正向分辨率；若以反向缓慢输入电流，使压力发生变化所需的电流增量 Δi_2 与额定电流的百分比称为零位反向分辨率 零外分辨率是在工作油口开启下作出的，在 $I=10\%I_n$ 的规定信号值下，使阀的输出流量继续变化所需的电流增量 Δi_3 与 I_n 的百分比称为零外正向分辨率；而使阀的输出流量反向所需的电流增量 Δi_4 与 I_n 的百分比则称为零外反向分辨率 一般，伺服阀分辨率 $=\Delta i_m/I_n<1\%$，电反馈伺服阀分辨率小于 0.4% 甚至 0.1%。Δi_m 为 Δi_1、Δi_2、Δi_3、Δi_4 中的最大者 影响分辨率的主要因素是阀的静摩擦力和游隙。油脏时滑阀中摩擦力增大，分辨率将降低
	线性度	公称流量曲线与公称流量增益线的最大偏离值与额定电流的百分比称为线性度。一般要求线性度高于 7.5% 线性度 $=\Delta i_1/I_n<7.5\%$
	对称度	两极性公称流量增益之差的最大值与两极性公称增益较大者的百分比称为对称度。一般要求对称度高于 10%。如果正极性的流量增益 K_{q1} 大于负极性的增益 K_{q2}，则 $$对称度=\frac{K_{q1}-K_{q2}}{K_{q1}}<10\%$$
	零偏	在规定试验条件下尽管调好伺服阀的零点，但经过一段时间后，由于阀的结构尺寸、组件应力、电性能、流量特性等可能会发生微小变化，使输入电流为零时输出流量不为零，零点要发生变化。为使输出流量为零，必须预置某一输入电流，即零偏电流 把阀回归零位的输入电流值，减去零位反向分辨率电流值的差值与额定电流的百分比称为零偏 为了消除滞环及零位反向分辨率的影响，零偏的测试过程如图所示。一般要求： $$零偏=i_0/I_n=(i_1+i_2)/2I_n<3\%$$ 在整个寿命期内小于 5% 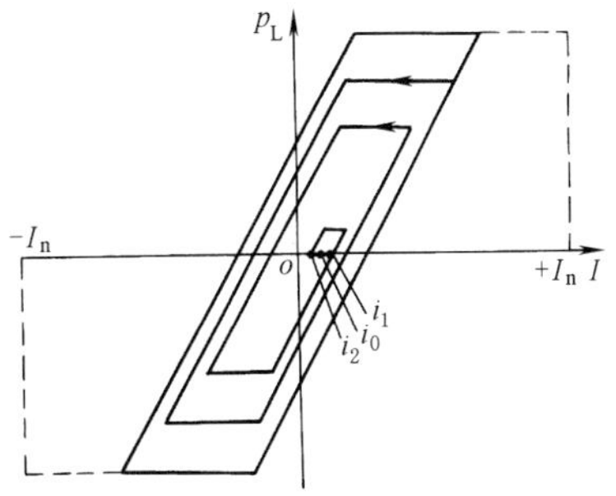
	零漂	伺服阀是按试验标准在规定试验条件下调试的，当工作条件（供油压力、回油压力、工作油温、零值电流等）发生变化时，阀的零位发生偏移 压力、温度等工作条件变化引起的零偏电流变化量与额定电流的百分比称为零漂 零漂又分为压力零漂和温度零漂；压力零漂又分为进油压力零漂和回油压力零漂。通常，供油压力降低时零偏电流 i_0 增大，回油压力增大时零偏电流增大

续表

项目	名　称	含 义 及 指 标
静态性能参数	零漂	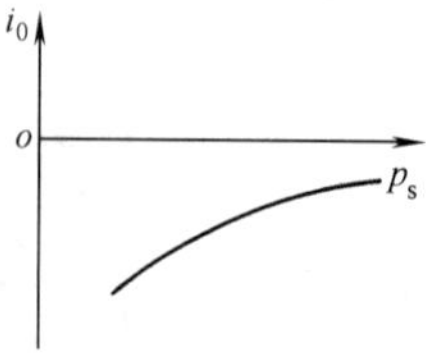(e) 进油压力零漂 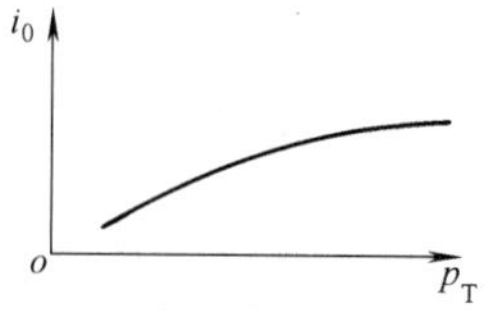(f) 回油压力零漂 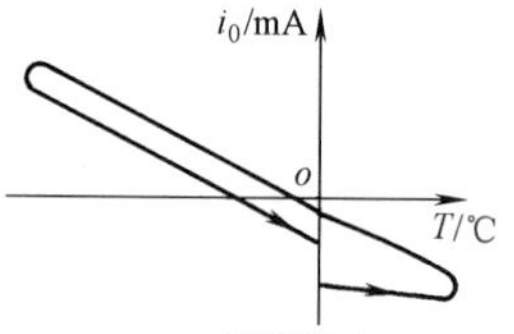(g) 温度零漂 一般规定供油压力变化±20%p_s 时，进油压力零漂应小于 3%；回油压力从 0～0.7MPa 变化时，回油压力零漂应小于 2%。温度零漂亦应小于 2% 注意，系统调整或检查时，可加偏置电流以补偿零偏，而随工作条件变化的零漂是无法补偿的
动态性能参数	频宽	以频宽作为阀的动态响应参数。从阀的频率特性可以直接查出幅频宽 ω_{-3} 和相频宽 $\omega_{-90°}$，二者的值不相等，应取其较小者作为频宽值 通常，力矩马达喷嘴挡板式两级伺服阀的频宽在 100～130Hz 之间，动圈两级滑阀式伺服阀的频宽在 50～100Hz 之间。电反馈高频伺服阀频宽可达 250Hz 甚至更高
	响应时间	以上升（飞升）时间 t_r、峰值时间 t_p 或过渡过程（调节）时间 t_s 作为动态响应参数，以超调量 σ_p 来反映稳定性
伺服阀的传递函数	工程中一般采用传递函数描述流量型伺服阀的特性： $$\frac{Q_L(s)}{I(s)}=\frac{K_{sv}}{\frac{s^2}{\omega_{sv}^2}+\frac{2\delta_{sv}}{\omega_{sv}}s+1}$$ 式中　K_{sv}——伺服阀增益，$m^3/(s\cdot A)$ ω_{sv}——伺服阀的频宽，rad/s δ_{sv}——伺服阀的阻尼系数，一般为 0.5～0.7	

① 对电反馈伺服阀尤其是内置放大器的电反馈伺服阀，应规定额定输入电压，以 V 表示。

（2）压力伺服阀的特性及性能参数

表 20-10-52

项目	名　称	含 义 及 指 标
伺服阀规格的标称	额定电流 I_n	产生额定控制压力所规定的任一极性的输入电流，以 mA 表示。必须和线圈连接形式一并规定
	额定压力 p_s	额定工作条件下的供油压力，以 MPa 表示
	额定控制压力 p_c	在负载关断（即负载流量为零）情况下，与额定电流所对应的控制压力。所谓控制压力，对四通阀来讲是指负载压差，对三通阀来讲则是指负载压力
静态特性	流量-压力特性	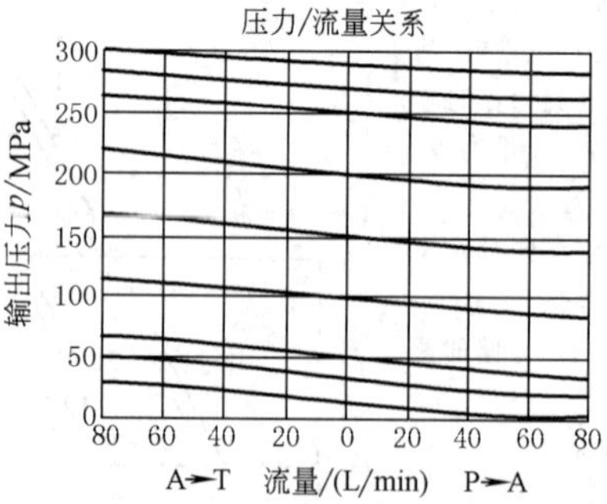三通阀负载流量－压力特性 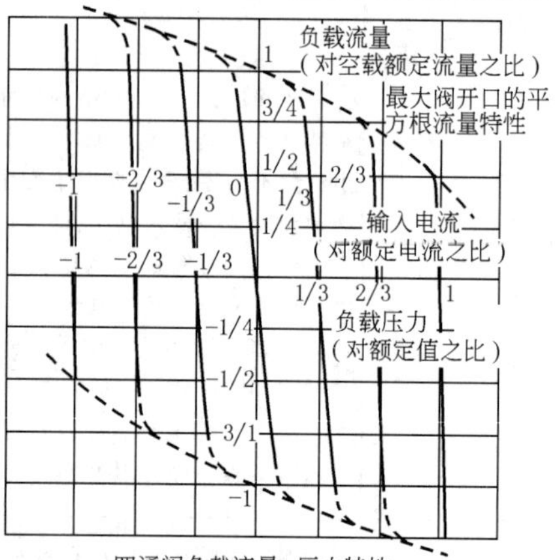四通阀负载流量-压力特性 在规定供油压力和恒定输入电流条件下，负载控制压力随负载流量的增加而减小的值称为压降，以 MPa/min 表示。所以流量-压力特性又称为压降特性 额定流量容限：在指定的供、回油压力和控制压力条件下，与伺服阀输出级最大滑阀位移相对应的负载流量，以 L/min 表示

续表

项目	名称	含义及指标
静态特性	控制压力特性	控制压力曲线：对四通阀来讲，是输入正、负额定电流作一完整循环得到的负载压差对电流的连续曲线；对三通阀来讲，是输入电流由零到额定电流再回到零所得到的负载压力对电流的连续曲线 名义控制压力曲线：控制压力曲线的中点轨迹，为零滞环控制压力曲线。通常，阀滞环较小，可以将控制压力曲线的一边作为名义压力曲线使用 压力增益：在规定的供油压力条件下，在名义控制压力曲线上，在控制压力变化的区域内，控制压力对输入电流的斜率，以 MPa/mA 表示。按对供油压力的依赖性可分为固定压力增益和可变压力增益 固定压力增益：压力增益基本上和供油压力无关 可变压力增益：压力增益与供油压力成正比 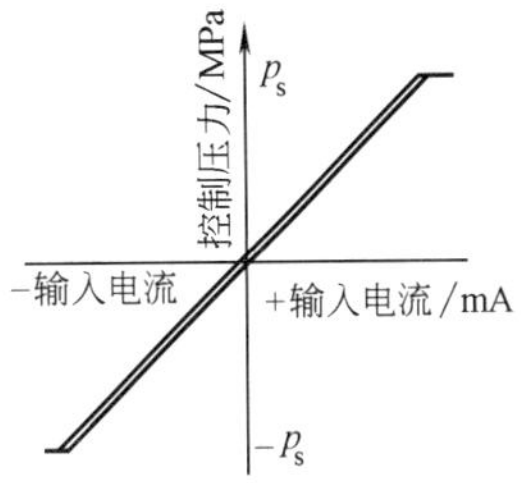 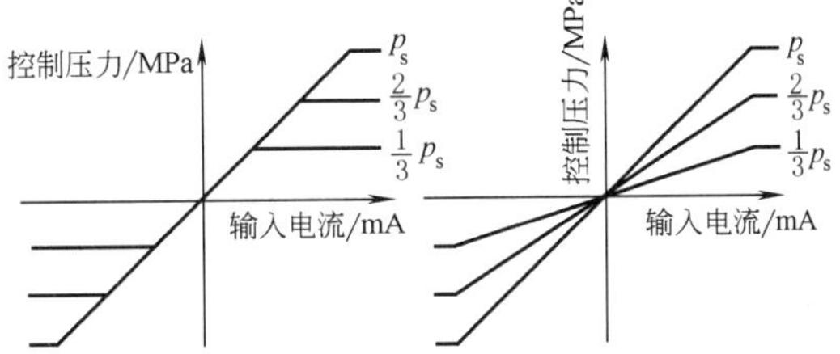 (a) 双向固定压力正增益 (b) 双向可变压力正增益 四通压力阀控制压力特性 单向可变负增益压力阀主要用于飞机机轮的自动刹车防滑系统 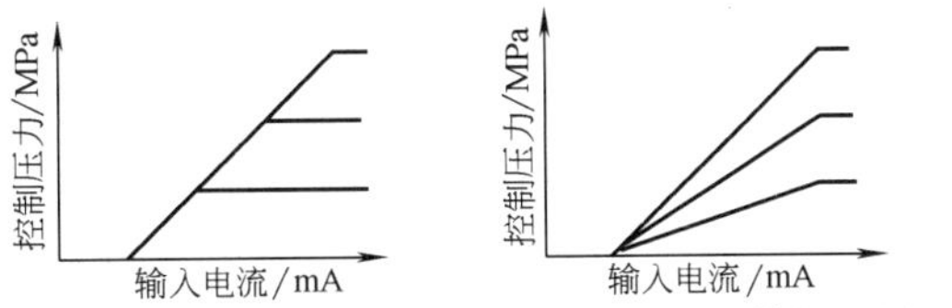 (c) 单向固定正增益(三通) (d) 单向可变正增益(三通) 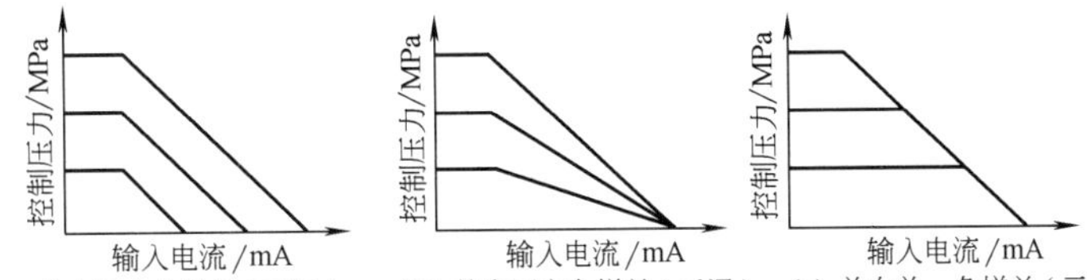 (e) 单向固定负增益(三通) (f) 单向可变负增益(三通) (g) 单向单一负增益(三通) 额定压力增益：在规定供油压力下，额定控制压力与额定输入电流之比。以 MPa/mA 表示
	对称度	对四通阀而言，两个极性的名义压力增益的一致程度，用两者之差与较大者的百分比表示
	线性度	名义控制压力曲线与名义压力增益线的一致性。用两者的最大偏差与额定电流的百分比来表示
	滞环	给阀输入电流并以动特性不起作用的速度，在控制压力变化的整个范围内循环一周，产生相同控制压力时往返的电流最大差值与电流的百分比
	分辨率	使控制压力发生变化(正向或反向)所需的输入电流最小增量，取其最大者与额定电流之百分比
	零位	对四通阀来讲，控制压力和负载流量皆为零的状态 对三通阀来讲不存在相应的零位状态。通常，规定一个工作点，由此来确定零偏和零漂
	零偏	为使阀处于零位所需的输入电流与额定电流的百分比
	零漂	工作条件或环境条件变化所导致的零偏电流与额定电流之百分比
	死区	对某些三通阀来讲，在零位附近控制压力不随输入电流变化的区域，以 mA 表示。对这些阀来说，零漂就是在规定供油压力情况下的死区变化
	内漏	当负载流量为零时(控制油口关断)，从供油口到回油口的总流量，以 L/min 表示

续表

项目	名　称	含　义　及　指　标
动态特性	频率响应	当一恒定幅值的正弦输入电流在某一频率范围变化时控制压力与输入电流的复数比，以幅值比和相角表示。频率响应和负载特性有关。负载特性是指有无负载节流孔的负载容积，所以原则上试验负载必须作出规定。通常，频率响应还随供油压力、输入电流幅值、温度及其他工作条件的变化而变化 幅值比：某一特定频率下的控制压力对输入电流之比除以输入同样电流，但在规定低频（一般 0.5～1.0Hz）时的比值。以分贝（dB）表示 相角：在某一指定频率下，以正弦变化的控制压力对输入电流的相位滞后，以（°）表示 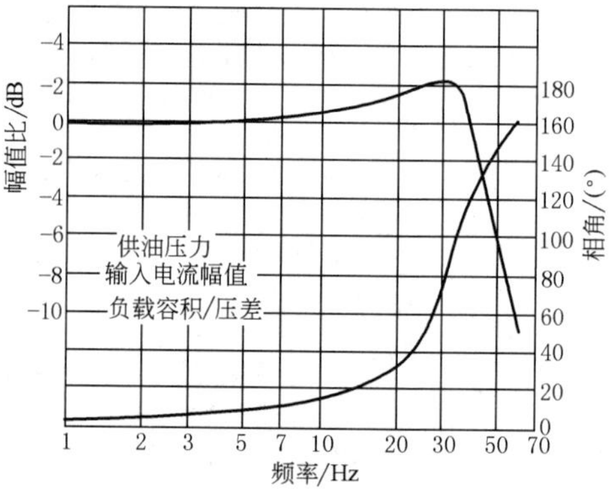 压力阀频响应特性

3.3.5　国内生产和销售的电液伺服阀产品系列总览

表 20-10-53

系列	主要类型及原理结构	供油压力范围/MPa	额定流量 /L·min^{-1}
FF	液压放大器有两级、三级两类，主要有双喷嘴挡板力反馈式、双喷嘴挡板电反馈式、动压反馈式、阀芯力综合反馈式等原理结构	2～28，1～21，2～21、7～21	～400
YF(YFW)	两级液压放大器，主要为双喷嘴挡板力反馈式原理结构	1～21	～400
QDY	液压放大器有一级、二级、三级三类；主要有双喷嘴挡板力反馈式、双喷嘴挡板电反馈式、动圈式滑阀直接反馈型等原理结构	1.5～32，2～28，1～21	～800
YF7、YJ	两级液压放大器，主要为动圈式滑阀直接反馈型原理结构	3.2～6.3、3.2～20	～630
SV、SVA	两级液压放大器，主要有动圈式滑阀直接反馈型等原理结构	2.5～20，2.5～31.5	～250
DYSF	液压放大器有二级、三级两类，主要为双喷嘴挡板力反馈式和电反馈式原理结构	1～21，4～21	～400
CSDY	两级液压放大器，主要为射流管力反馈式原理结构	2.5～31.5	450
DY	两级液压放大器，主要为动圈式滑阀直接反馈式原理结构	1～6.3	～500
V	两级液压放大器，动圈式电反馈型原理结构	1～31.5	～750
MOOG	液压放大器有两级、三级两类，主要有双喷嘴挡板力反馈式、双喷嘴挡板电反馈式、阀芯力综合反馈式等原理结构	1～28，1.4～21，1.4～14，7～35，7～28，2～21，7～21	～2800
BD	两级液压放大器，主要为双喷嘴挡板力反馈式原理结构	1～21，1～31.5	～151
DOWTY	液压放大器有两级、三级两类，主要有双喷嘴挡板力反馈式、电反馈式原理结构	7～28	900
4WS	液压放大器有两级、三级两类，主要有双喷嘴挡板力反馈式、电反馈式原理结构	1～31.5，2～31.5	1000

3.6 伺服阀的选择、使用及维护

表 20-10-54

<table>
<tr><th colspan="2">项　目</th><th>说　　明</th></tr>
<tr><td rowspan="2">伺服阀的选择</td><td>考虑因素</td><td>负载的性质及大小，控制速度、加速度的要求，系统控制精度及系统频宽的要求，工作环境，可靠性及经济性，尺寸、重量限制以及其他要求等</td></tr>
<tr><td>选择原则与步骤</td><td>(1)确定伺服阀的类型
根据系统的控制任务，负载性质确定伺服阀的类型。一般位置和速度控制系统采用 Q 阀；力控制系统一般采用 Q 阀，也可采用 P 阀。但如材料试验机械因其试件刚度高宜用 P 阀；大惯量外负载力较小的系统拟用 P-Q 阀；系统负载惯量大、支撑刚度小、运动阻尼小而又要求系统频宽和定位精度高的系统拟采用 Q 阀加动压反馈网络实现
(2)确定伺服阀的种类和性能指标
根据系统的性能要求，确定伺服阀的种类及性能指标。控制精度要求高的系统，拟采用分辨率高、滞环小的伺服阀；外负载力大时，拟采用压力增益高的伺服阀
频宽应根据系统频宽要求来选择。频宽过低将限制系统的响应速度，过高则会把高频干扰信号及颤振信号传给负载
工作环境较差的场合拟采用抗污染性能好的伺服阀
(3)确定伺服阀的规格
根据负载的大小和要求的控制速度，确定伺服阀的规格，即确定额定压力和额定流量
(4)选择合适的额定电流
伺服阀的额定电流有时可选择。较大的额定电流要求采用较大功率的伺服放大器，较大额定电流值的阀具有较强的抗干扰能力</td></tr>
<tr><td rowspan="3">使用与维护</td><td>线圈的接法</td><td>一般伺服阀有两个控制线圈，根据需要可选下图任一种接法。但有的伺服阀只有单控制线圈
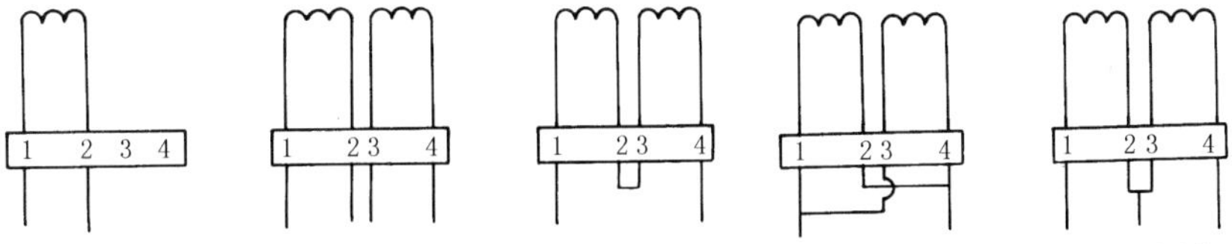
(a) 单线圈　(b) 单独使用　(c) 串联　(d) 并联　(e) 差动连接
两个线圈单独连接时，一个线圈接控制信号，另一个接颤振信号。如果只使用一个线圈，则把颤振信号叠加在控制信号上
串联连接时，线圈匝数加倍，因而电阻加倍，而电流减半
并联连接时，电阻减半，电流不变。并联的优点是：由于伺服阀放大器大多是深度电流反馈，一个线圈损坏时，仍能工作，从而增大了工作可靠性
差动连接的优点是电路对称，温度和电源波动的影响可以互补</td></tr>
<tr><td>颤振信号的使用</td><td>颤振信号使阀始终处于一种高频低幅的微振状态，从而可减小或消除伺服阀中由于静摩擦力而引起的死区，并可以有效地防止出现阀的堵塞现象。但颤振无助于减小力(矩)马达磁滞所产生的伺服阀滞环值
颤振信号的波形可以是正弦波、三角波或方波，通常采用正弦波。颤振信号的幅值应足够大，其峰值应大于伺服阀的死区值。主阀芯的振幅约为其最大行程的 0.5%～1%，振幅过大将会把颤振信号通过伺服阀传给负载，造成动力元件的过度磨损或疲劳破坏。颤振信号的频率应为控制信号频率的 2～4 倍，以免扰乱控制信号的作用。由于力(矩)马达的滤波衰减作用，较高的颤振频率要求加大颤振信号幅值，因此颤振频率不能过高。此外，颤振频率不应是伺服阀或动力元件谐振频率的倍数，以免引起共振，造成伺服阀组件的疲劳破坏</td></tr>
<tr><td>伺服阀的调整</td><td>①性能检查：伺服阀通电前，务必按说明书检查控制线圈与插头线脚的连接是否正确
②零点的调整：闲置未用的伺服阀，投入使用前应调整其零点。必须在伺服阀试验台上调零；如装在系统上调零，则得到的实际上是系统零点
③颤振信号的调整：由于每台阀的制造及装配精度有差异，因此使用时务必调整颤振信号的频率及振幅，以使伺服阀的分辨率处于最高状态</td></tr>
</table>

续表

项目		说明
使用与维护	污染控制	控制污染首先应防范污染物的侵入。合理的系统设计、有效的过滤和完善的维护管理体制是控制污染的关键 大型工业伺服系统的过滤系统设有：主泵出口高压过滤器、伺服阀前高压过滤器、主回油低压过滤器、循环过滤器、空气过滤器和磁性过滤器 阀前过滤器精度由伺服阀的类型而定，喷嘴挡板阀的绝对过滤精度要求 5μm。滑阀式工业伺服阀的绝对过滤精度要求 10μm，阀内小过滤器为粗过滤器，防止偶然的较大污染物进入伺服阀。阀内过滤器和系统过滤器应定期检查、更换和清洗 系统装上伺服阀前，必须用伺服阀清洗板代替伺服阀，对系统进行循环清洗，循环清洗时要定期检查油液的污染度并更换滤芯，直至系统的洁净度达到要求后方可装上伺服阀
	伺服阀不稳定	油源中泵的流量脉动引起的压力脉动、溢流阀的不稳定、管道谐振、各种非线性因素引起的极限环振荡、伺服阀引起的不稳定等，会引起系统振荡 伺服阀中的游隙和阀芯上稳态液动力造成的压力正反馈，都可以引起系统的不稳定。伺服阀至执行元件间的管道谐振也会引起系统振荡。伺服阀转换器的谐振频率、前置级阀或功率级的谐振频率与动力元件的谐振频率、管道的 1/4 波长频率相重合或成倍数时，也可能引起共振 伺服阀游隙引起的不稳定可通过改善过滤和加颤振来减弱或消除；与管道及结构谐振频率有关的振荡，则可通过改变管道的长度及支承、执行元件的支承等来减弱或消除

4 液压伺服控制系统的设计计算

4.1 电液伺服系统的设计计算

4.1.1 电液位置伺服系统的设计计算

电液位置伺服系统是最常见的液压控制系统，而且在速度、力、功率和热工参量等各种物理控制系统中，也常存在位置内环，因此电液位置伺服系统的分析与设计是分析和设计各类液压控制系统的基础。

(1) 电液位置伺服系统的类型及特点

表 20-10-55

类型	职能表	特点
阀控电液位置控制系统	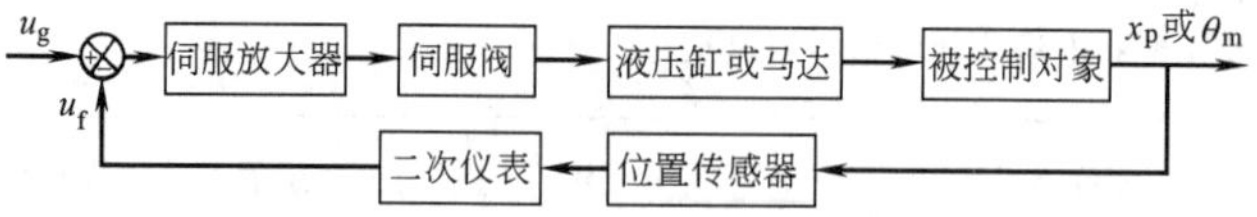	①伺服阀的分辨率高、频响高，因而系统的控制精度高、动态响应高 ②系统效率较低 ③系统刚度较小 ④系统阻尼变化大，零位时阻尼最小 ⑤控制功率可以高达上百千瓦 ⑥应用于要求高精度高响应场合
泵控电液控制系统	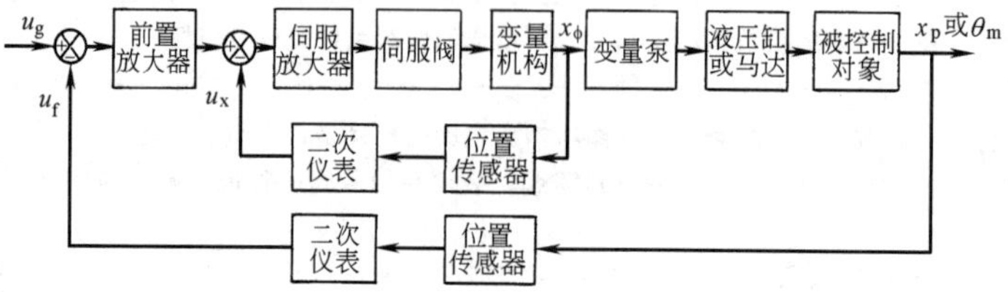	①伺服变量泵的分辨率较低、频响较低，因而系统的控制精度和动态响应较低 ②系统效率高，特别适于大功率控制 ③系统刚度较高 ④系统阻尼低且恒定 ⑤用于大功率但精度和响应要求较低的场合

(2) 电液位置伺服系统的方块图、传递函数及波德图

表 20-10-56

项目	内容分析	说明
物理模型	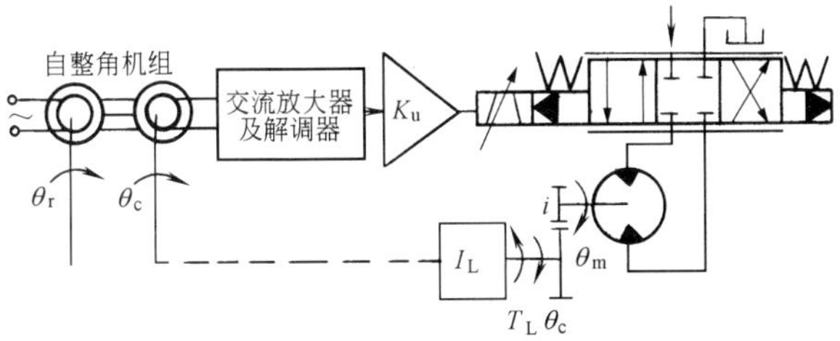	被控制量：负载输出轴角位移 θ_c 控制元件：伺服阀 动力元件：阀控马达 减速装置：一级齿轮减速器 位移检测装置：自整角机组
方块图	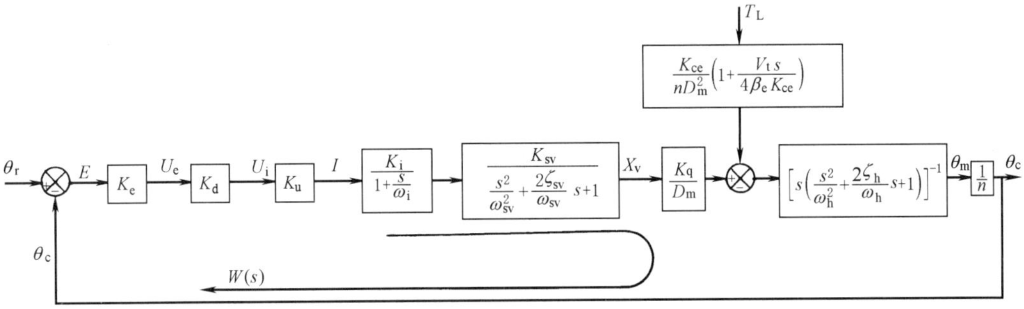	
开环传递函数	$$W(s)=\frac{K_v}{s\left(1+\frac{s}{\omega_i}\right)\left(\frac{s^2}{\omega_{sv}^2}+\frac{2\zeta_{sv}s}{\omega_{sv}}+1\right)\left(\frac{s^2}{\omega_h^2}+\frac{2\zeta_h s}{\omega_h}+1\right)}$$ 式中 $K_v=K_eK_dK_uK_iK_{sv}K_q/(D_m n)$ K_v——开环增益，rad/s	θ_r,θ_c——指令输入轴、负载输出轴的角位移，rad E——接收自整角机组转子绕组的感应电势，V K_e——自整角机组的增益，V/rad U_e——解调器的输出电压，V K_d——交流放大器和解调器增益，V/V U_i,K_u——伺服放大器的输出电压(V)、增益(V/V) I——伺服阀线圈电流，A K_i,ω_i——线圈回路增益(A/V)、转折频率(rad/s) X_V——伺服阀位移，m K_{sv}——以阀芯位移为输出的伺服阀增益，m/A ω_{sv},ζ_{sv}——伺服阀的频宽，rad/s，阻尼系数(无量纲) θ_m——液压马达角位移，rad ω_h,ζ_h——液压谐振频率(rad/s)及阻尼系数 $i=\theta_m/\theta_c=n$ i——减速齿轮传动比 T——外负载力矩，N·m $L(\omega)$——对数幅频特性 $\varphi(\omega)$——对数相频特性 K_v——开环增益，rad/s ω_c——穿越(或交轴)频率，rad/s ω_L——临界频率，rad/s $\gamma(\omega_c)$——相角稳定裕量，(°) $L(\omega_L)$——幅值稳定裕量，dB
波德图	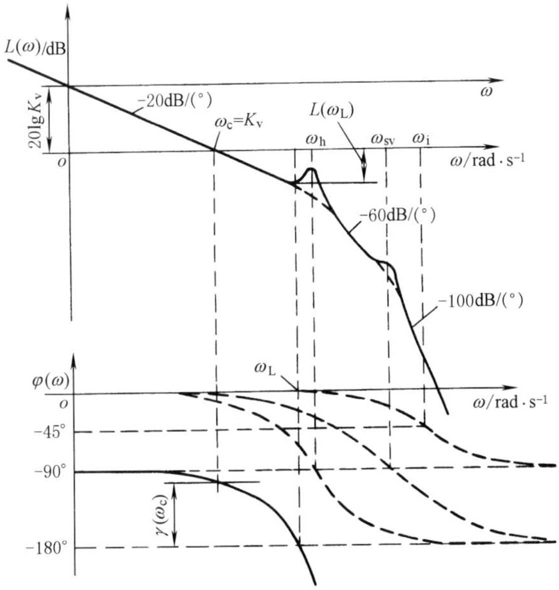	

(3) 电液位置伺服系统的稳定性计算

表 20-10-57

类别方法	条　　件	稳 定 性 分 析
简易稳定性判据	当 $\omega_i \gg \omega_{sv} \gg \omega_h$，开环传递函数可简化成 $$W(s)=\frac{K_v}{s\left(\frac{s^2}{\omega_h^2}+\frac{2\zeta_h s}{\omega_h}+1\right)}$$	应用劳斯稳定判据，可得电液位置伺服闭环系统的简易判据：$K_v \leqslant 2\zeta_h \omega_h$ 考虑到 $\zeta_{hmin}=0.1\sim0.2$ 得：$K_v \approx 0.2\sim0.4\omega_h$
相对稳定性判据	当 ω_i、ω_{sv}、ω_h 值差别不是很大时，开环传递函数不能简化，即： $$W(s)=\frac{K_u}{s\left(1+\frac{s}{\omega_i}\right)\left(\frac{s^2}{\omega_{sv}^2}+\frac{2\zeta_{sv}s}{\omega_{sv}}+1\right)\left(\frac{s^2}{\omega_h^2}+\frac{2\zeta_h s}{\omega_h}+1\right)}$$ 注意，液压位置伺服系统具有积分特性，因而仍存在 $\omega_c=K_v$ 的情况	①已知 ω_i、ω_{sv}、ω_h 及其阻尼值，并已确定开环增益 K_v 时，可由波德图中的相角稳定裕量 $\gamma(\omega_c)$ 来评价系统的相对稳定性 一般要求 $\gamma(\omega_c)=30°\sim60°$，具体值视系统要求而定 ②已知 ω_i、ω_{sv}、ω_h 及其阻尼值及要求的 $\gamma(\omega_c)$，则可由下式计算出允许的开环增益 $\gamma(\omega_c)=180°+\varphi(\omega_c)$ $$\varphi(\omega_c)=-90°-\arctan\frac{K_v}{\omega_i}-\arctan\frac{2\zeta_{sv}K_v/\omega_{sv}}{1-(K_v/\omega_{sv})^2}-\arctan\frac{2\zeta_h K_v/\omega_h}{1-(K_v/\omega_h)^2}$$
动态仿真方法	当 ω_i、ω_{sv}、ω_h 值差别不大，且 ω_h、ζ_h、K_v 可能在较大范围内变化时	可应用面向动态方程、面向方块图、面向传递函数的仿真程序，进行系统的动态数字仿真，分析系统的稳定性、闭环响应及精度，并进行优化设计

(4) 电液位置伺服系统的闭环频率响应

表 20-10-58　　对指令输入的频率响应计算

分类	分 析 方 法	说　　明
三阶闭环系统的简化分析方法	当开环传递函数可简化成 $W(s)=\frac{K_v}{s\left(\frac{s^2}{\omega_h^2}+\frac{2\zeta_h s}{\omega_h}+1\right)}$ 时，系统闭环传递函数可简化成 $$\phi(s)=\frac{\theta_c(s)}{\theta_r(s)}=\frac{W(s)}{1+W(s)}$$ $$=\frac{1}{\frac{s^3}{K_v\omega_h^2}+\frac{2\zeta_h}{K_v\omega_h}s^2+\frac{s}{K_v}+1}$$ $$=\frac{1}{\frac{\omega_h}{K_v}\left(\frac{s^2}{\omega_h^2}\right)^3+\frac{1}{K_v}\left(\frac{s}{\omega_h}\right)^2+\frac{s}{K_v}+1}$$ $$=\frac{1}{\left(1+\frac{s}{\omega_b}\right)\left(\frac{s^2}{\omega_{nc}^2}+\frac{2\zeta_{nc}s}{\omega_{nc}}+1\right)}$$	ω_b——一阶因子的转折频率，rad/s ω_{nc}——二阶因子的谐振频率，rad/s ζ_{nc}——二阶因子的阻尼系数 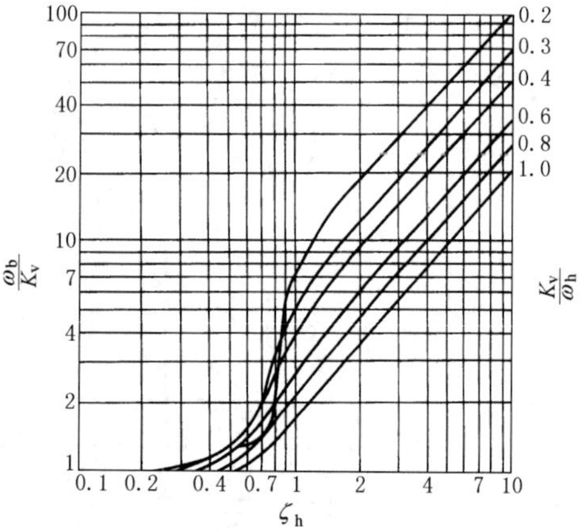 (a)

续表

分类	分析方法	说明
三阶闭环系统的简化分析方法	系统结构参数 ω_h、ζ_h、K_v 已知时，确定 ω_b、ω_{nc}、ζ_{nc} 的方法有以下三种 ①应用劈因法求 ω_b、ω_{nc}、ζ_{nc}。这是一种代数法，计数较麻烦，但可应用有关程序 ②应用查图表法，即利用 $\omega_b/K_v=f(K_v/\omega_h,\zeta_h)$、$\omega_{nc}/\omega_h=f(K_v/\omega_h,\zeta_h)$ 及 $\zeta_{nc}=f(K_v/\omega_h,\zeta_h)$ 三个图表来确定 ω_b、ω_{nc}、ζ_{nc}。这是一种工程简便方法 这三个图表，实际上也是由一系列不同的 K_v/ω_h、ζ_h 值应用劈因法求出对应的 ω_b、ω_{nc}、ζ_{nc} 而绘成的无量纲曲线图 ③近似估算法，即当 ζ_h、K_v/ω_h 较小时，认为闭环参数 ω_b、ω_{nc}、ζ_{nc} 与开环参数 K_v、ω_h、ζ_h 有如下近似关系： $\begin{cases}\omega_b \approx K_v \\ \omega_{nc} \approx \omega_h \\ \zeta_{nc} \approx \zeta_h - K_v/2\omega_h\end{cases}$ 实际上，通常 $\zeta_{hmin}=0.1\sim0.2$，$K_v/\omega_h=0.2\sim0.4$，它们确实较小；由三个图表可以看出，此时 ω_b/K_v 略大于 1，ω_{nc}/ω_h 略小于 1，上述近似关系成立，三阶闭环系统的闭环频率响应见图 d，图中已把 ω_b 近似看做是闭环系统的频宽 由于 $\omega_c=K_v$，而 ω_b 略大于 K_v，因此 ω_b 略大于 ω_c；ω_b 与 ω_c 的比值随 ζ_h 的增大而增大，因此也可采用如下经验公式： 闭环频宽 $\omega_{0.707}$ 即 $\omega_{-3db}\approx(1.2\sim1.5)\omega_c$ 以上简化分析方法用于初步设计是很有用的	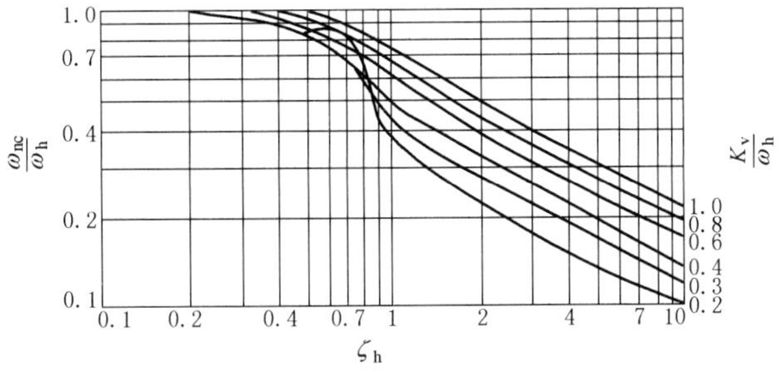 (b) 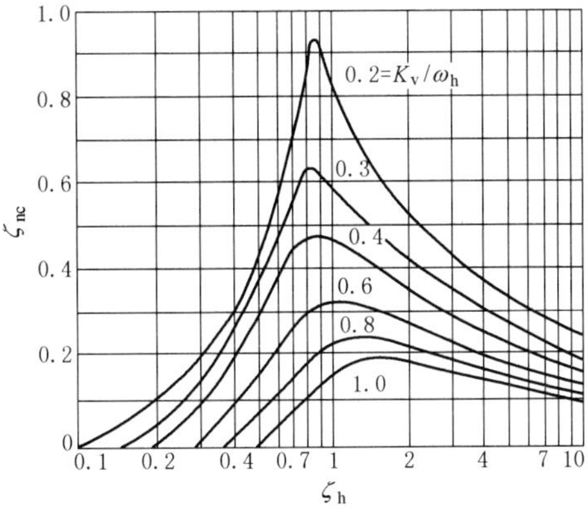 (c) 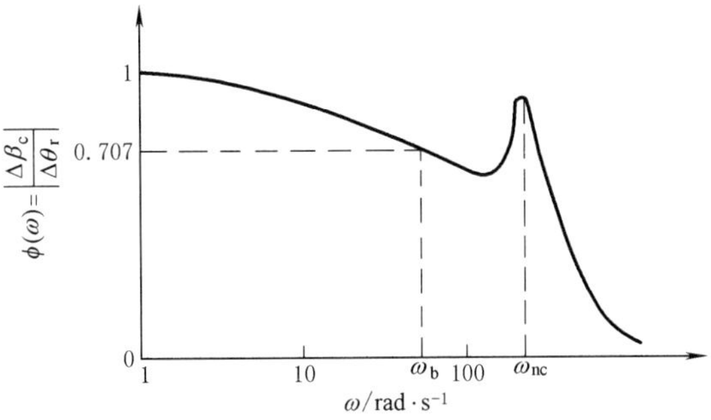 (d)
高阶闭环系统的分析方法	当开环传递函数 $W(s)$ 较复杂（4 阶或 5 阶以上）时，计算闭环频率特性 $\phi(j\omega)$ 是极其麻烦的。这时可借助于等 M 圆图和等 N 圆图，由开环频率特性分别得图 d 的闭环幅频特性 $\|\phi(\omega)\|$ 和图 e 的闭环相频特性 $\phi(\omega)$。由图 d、图 e 可得闭环频率特性指标： $\omega_{0.707}$——幅值比频宽 $\omega_{-90°}$——相角频宽 ω_p——峰值频宽 M_p——峰值	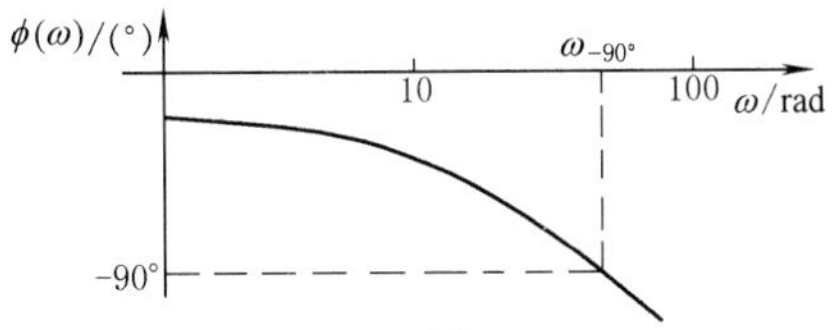 (e)

表 20-10-59　　　　对负载扰动输入的频率响应计算

项目	分　析	说　明
闭环传递函数	$\phi_f(s)=\dfrac{\theta_c(s)}{T_L(s)}=\dfrac{-\dfrac{K_{ce}}{K_v(nD_m)^2}(1+s/\omega_1)}{\left(1+\dfrac{s}{\omega_b}\right)\left(\dfrac{s^2}{\omega_{nc}^2}+\dfrac{2\zeta_{nc}s}{\omega_{nc}}+1\right)}$	
闭环动态位置刚度	$\dfrac{T_L(s)}{\theta_c(s)}=-\dfrac{K_v(nD_m)^2}{K_{ce}}\times\dfrac{\left(1+\dfrac{s}{\omega_b}\right)\left(\dfrac{s^2}{\omega_{nc}^2}+\dfrac{2\zeta_{nc}s}{\omega_{nc}}+1\right)}{\left(1+\dfrac{s}{2\zeta_h\omega_h}\right)}$ $\approx-\dfrac{K_v(nD_m)^2}{K_{ce}}\left(\dfrac{s^2}{\omega_{nc}^2}+\dfrac{2\zeta_{nc}s}{\omega_{nc}}+1\right)$ 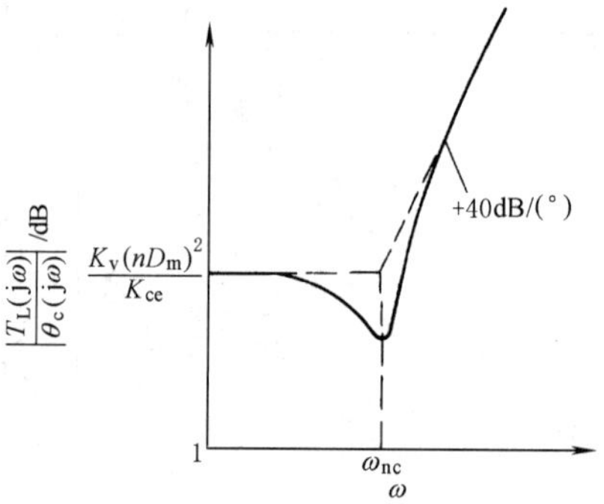 	①参见表 20-10-56 中方块图 ②设 $\omega_i\gg\omega_{sv}\gg\omega_h$，忽略 ω_i、ω_{sv} 的动态影响 ③由 $\omega_h=\sqrt{4\beta_e D_m^2/J_t V_t}$ $\zeta_h=\dfrac{K_{ce}}{D_m}\sqrt{\beta_e J_t/V_t}$ 及 $K_{ce}\gg B_p$ 有 $\omega_1=4\beta_e K_{ce}/V_t=2\zeta_h\omega_h$ ④因 ω_b 略大于 K_v（见表 20-10-58） K_v 略小于 $2\zeta_h\omega_h$，即 $2\zeta_h\omega_h$ 略大于 K_v（见表 20-10-57） 故 $\omega_b\approx\omega_1=2\zeta_h\omega_h$
闭环静态位置刚度	$\left\|-\dfrac{T_L(j\omega)}{\theta_c(j\omega)}\right\|_{\omega=0}=K_v\dfrac{(nD_m)^2}{K_{ce}}$	$(nD_m)^2/K_{ce}$ 为开环静态位置刚度 说明闭环静态位置刚度比开环增加了 K_v 倍

（5）电液位置伺服系统的分析及计算

表 20-10-60

误差类型	分　析　及　计　算				说　明
指令输入引起的稳态误差	输入信号 $r(t)$	阶跃输入 $r(t)=A\times1(t)$	等速输入 $r(t)=Bt$	等加速输入 $r(t)=\dfrac{1}{2}ct^2$	①液压位置伺服系统属 1 型系统，$r=1$ ②对任意输入信号 $r(t)$ 在 $t=0$ 附近展成台劳级数，取前三项有 $r(t)=r(0)+r'(0)t+\dfrac{1}{2!}r''(0)t^2$ $=A+Bt+\dfrac{1}{2}Ct^2$ 即任意输入信号可看成是阶跃、等速和等加速输入的合成。与此相应，总的稳态误差为稳态位置误差、速度误差和加速度误差之和
	误差系数	稳态位置误差系数 $K_p=\infty$	稳态速度误差系数 $K_V=K_v$	稳态加速度误差系数 $K_a=0$	
	稳态误差 $e_r(\infty)$	稳态位置误差 $e_{rp}(\infty)=A/(1+K_p)$	稳态速度误差 $e_{rv}(\infty)=B/K_V$	稳态加速度误差 $e_{ra}(\infty)=\dfrac{c}{K_a}=\infty$	

续表

<table>
<tr><th>误差类型</th><th>分析及计算</th><th>说明</th></tr>
<tr><td>负载扰动输入引起的稳态误差</td><td>由静态方块图可得
$\frac{\theta_c(s)}{T_L(s)}=-\frac{K_{ce}/(nD_m)^2}{s+K_V}$
$\left.\frac{Q_c(s)}{T_c(s)}\right|_{s=0}=-K_{ce}/K_V(nD_m)^2$
负号表示负载增大时位移减小
$e_{Tf}(\infty)=\frac{K_{ce}T_L(\infty)}{K_V(nD_m)^2}$</td><td>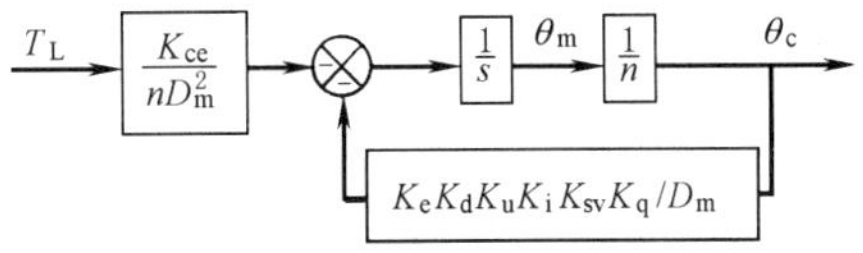
以负载扰动为输入的静态方块图</td></tr>
<tr><td>零漂死区引起的稳态误差</td><td>$\frac{\theta_c(s)}{I_f(s)}=\frac{K_{sv}K_q/nD_m}{s+K_V}$
$\left.\frac{\theta_c(s)}{I_f(s)}\right|_{s=0}=\frac{K_{sv}K_q}{K_VnD_m}=\frac{1}{K_eK_dK_uK_i}$
$e_{If}(\infty)=\frac{1}{K_eK_dK_uK_i}\times I_f(\infty)$</td><td>通常将放大器及伺服阀零漂、伺服阀死区、执行机构的静摩擦力等因素的影响，折算到伺服阀的输入端，以零漂电流 I_f 来表示，其静态方块图为
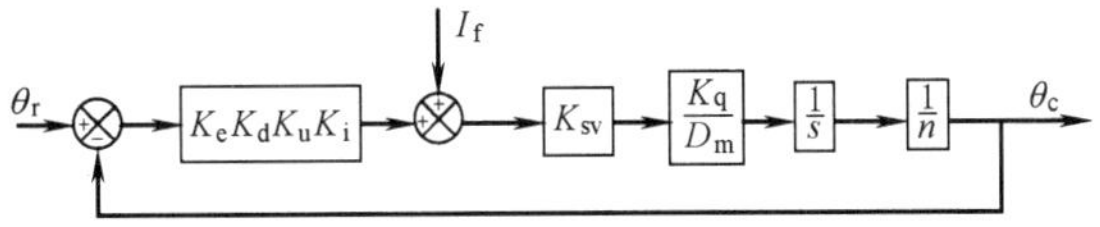</td></tr>
<tr><td>检测环节引起的稳态误差</td><td>$e_d(\infty)=e_{du}(\infty)+e_{ds}(\infty)$
检测装置及传感器的误差将直接传给系统</td><td>$e_{du}(\infty)$——检测装置的稳态误差
$e_{ds}(\infty)$——传感器的稳态误差</td></tr>
<tr><td>总的稳态误差</td><td>$e(\infty)=e_r(\infty)+e_{Tf}(\infty)+e_{If}(\infty)+e_d(\infty)$</td><td></td></tr>
</table>

4.1.2 电液速度伺服系统的设计计算

电液速度伺服系统也是工程和军工中常见的系统，如挤压机的速度控制系统、大型天线的跟踪姿态控制等。此外，在位置控制内环，有时也采用速度作反馈校正用。

(1) 电液速度伺服系统的类型及控制方式

表 20-10-61

<table>
<tr><th>类型</th><th>控制方式</th><th>特点说明</th></tr>
<tr><td>阀控速度伺服系统</td><td>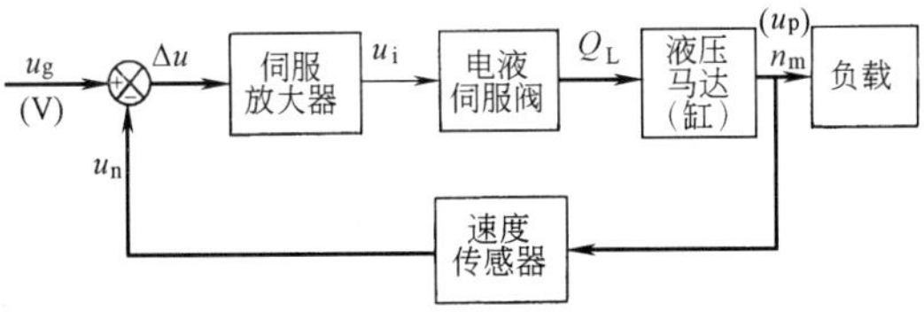
(a)</td><td>参见表 20-10-55 阀控电液位置控制系统的特点</td></tr>
<tr><td>泵控速度伺服系统</td><td>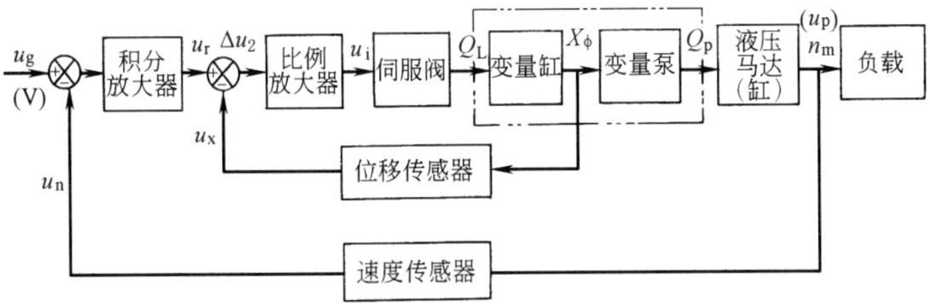
(b)</td><td>1) 参见表 20-10-55 泵控电液控制系统的特点
2) 图 b 及图 d 中变量缸位移局部闭环的功能如下：
①消除变量缸的积分特性，使其具有比例特性</td></tr>
</table>

续表

类型	控 制 方 式	特 点 说 明
泵控速度伺服系统	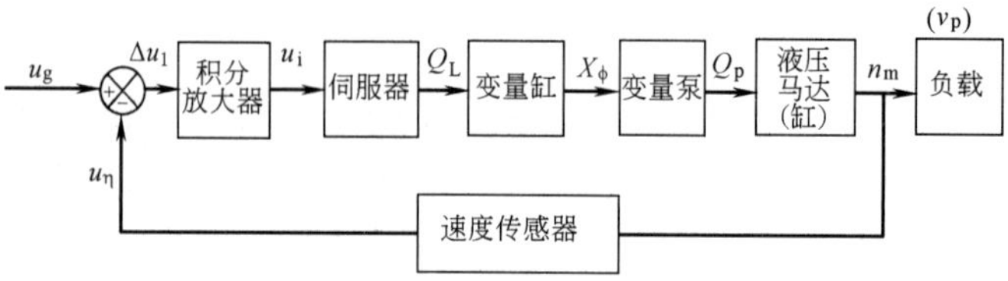 (c) 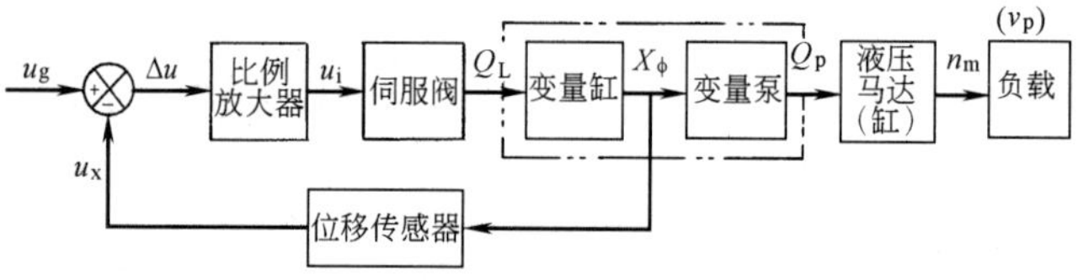 (d)	②抑制变量力矩变化及放大器、伺服阀零漂等影响 ③可降低伺服阀的性能要求 3)图 d 实质上为开环速度控制系统，工程上所以用它是因为 ①不加校正的闭环速度伺服系统容易振荡；而加校正后的闭环速度伺服系统的动态响应将大为降低 ②开环控制不存在稳定性问题，系统精度取决于各环节的精度。引入变量缸位移局部闭环后，控制精度已有所改善。当然这种开环系统无法抑制和补偿负载扰动对系统性能的影响

（2）电液速度伺服系统的分析与校正

表 20-10-62　　阀控电液速度伺服系统

项目	分　　析	说　　明
方块图	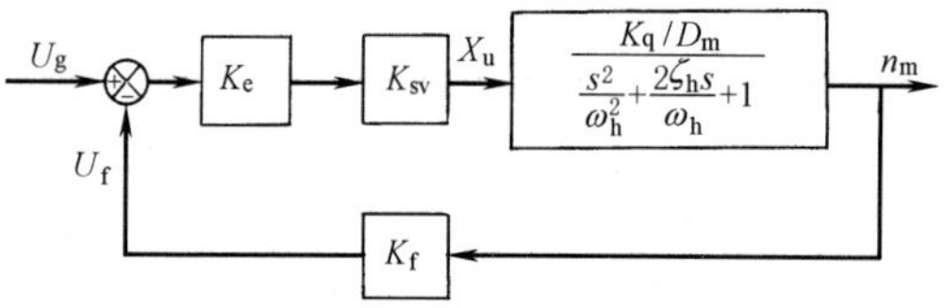	①以阀控马达为例 ②为突出本质问题，忽略放大器、伺服阀及检测环节动态 ③图中： K_{sv}——以阀芯位移为输出的伺服阀增益，m/V K_e——放大器增益，V/V K_f——测速装置及速度传感器增益，V/(rad/s)
开环传递函数	$W(s)=\dfrac{U_f(s)}{U_g(s)}=\dfrac{K_v}{\dfrac{s^2}{\omega_h^2}+\dfrac{2\zeta_h}{\omega_h}s+1}$ $K_v=K_eK_{sv}K_fK_q/D_m$——开环增益	无积分环节，$\gamma=0$，为 0 型系统 开环传递函数为二阶的系统，理论上不存在稳定性问题。但由于穿越频率 ω_c 处的斜率为 -40dB/(°)，且阻尼系数 ζ_h 较小，因此相角稳定裕量 $r(\omega_c)$ 很小。若考虑伺服阀及检测环节所产生的相位滞后，即使开环增益 K_v 很小，甚至接近 1 时，系统仍有可能不稳定 解决稳定性问题的方法： ①加滞后校正 ②采用比例积分放大器 ③采用开环控制
波德图	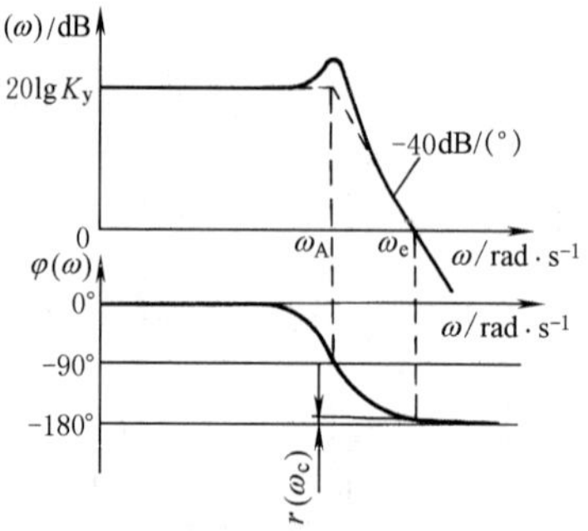	
加滞后校正	在放大器之前加一 RC 滞后网络，其传递函数为： $W_c(s)=\dfrac{1}{1+\dfrac{s}{\omega_{rc}}}$ 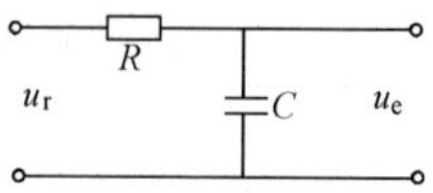	$\omega_{rc}=1/(RC)$——滞后校正环节的转折频率，rad/s 加滞后校正后，系统稳定裕量增加了，但穿越频率大为减小了，即稳定性的提高以牺牲响应速度为代价

续表

项目	分析	说明
加滞后校正	加滞后校正后的开环传递函数： $W(s)=\dfrac{K_v}{\left(1+\dfrac{s}{\omega_{rc}}\right)\left(\dfrac{s^2}{\omega_h^2}+\dfrac{2\zeta_h}{\omega_h}s+1\right)}$ 波德图 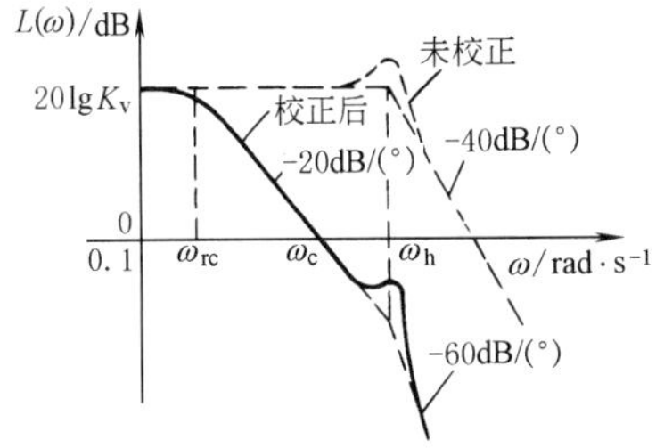	由波德图的几何关系可得 $\omega_{rc}=\omega_c/K_v$ K_v 根据精度要求确定，ω_c 受 ω_h 限制，取 $\omega_c=(0.2\sim0.4)\omega_h$。当 K_v、ω_c 确定之后，由 ω_{rc} 便可确定 RC 网络参数
采用PI放大器	采用PI放大器时，开环传递函数及波德图： $W(s)=\dfrac{K_v'}{s\left(\dfrac{s^2}{\omega_h^2}+\dfrac{2\zeta_h}{\omega_h}s+1\right)}$ 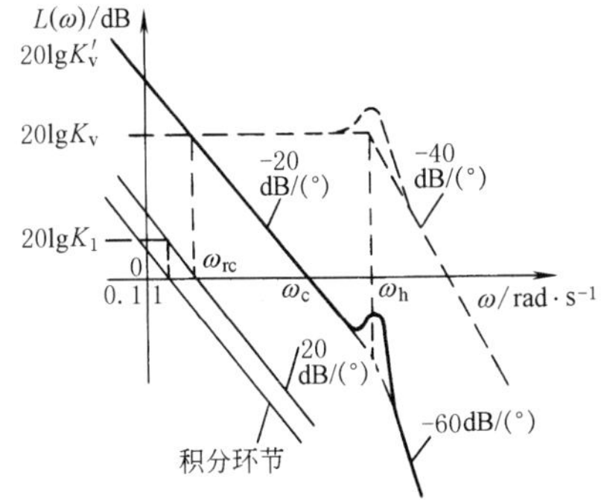	$K_v'=K_vK_1$ K_1——PI放大器的增益 由波德图中几何关系不难求出：为达到与采用RC网络校正时所具有的相同穿越频率 ω_c，PI放大器的增益 K_1 应为 $K_1=\omega_{rc}=\omega_c/K_v$

表 20-10-63　　泵控电液速度伺服系统

方块图	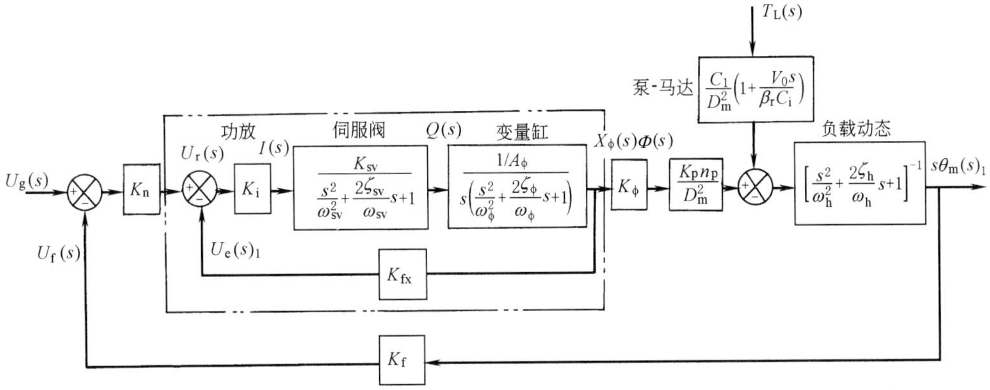 以具备变量局部反馈的泵控马达为例

续表

项目	分析	说明
开环传递函数及简化	①若 $\omega_{sv}\gg\omega_\varphi\gg\omega_h$,可将变量位置局部闭环传递函数简化成 $$\frac{X_\phi(s)}{U_r(s)}=\frac{1/K_{fx}}{1+s/\omega_x}$$ $\omega_x=K_iK_{sv}K_{fx}/A_\varphi$——变量位置环的转折频率 ②设法使 $\omega_x\gg\omega_h$,可进一步简化为 $$\frac{X_\phi(s)}{U_r(s)}=1/K_{fx}$$ ③在 $\omega_{sv}\gg\omega_\varphi\gg\omega_h$ 及 $\omega_x\gg\omega_h$ 条件下,开环传递函数可简化为 $$W(s)=\frac{U_f(s)}{U_g(s)}=\frac{K_v}{\frac{s^2}{\omega_h^2}+\frac{2\zeta_h}{\omega_h}s+1}$$ $K_v=K_uK_\varphi K_pn_pK_f/K_{fx}D_m^2$——开环增益	①变量位置反馈后,变量缸原有的积分特性不存在了 ②不能从式 $\omega_x=K_iK_{sv}K_{fx}/A_\varphi$ 中认为:可以通过减小变量缸面积 A_φ 来增大 ω_x,因为减小 A_φ 将导致 ω_φ 的降低,不能达到 $\omega_\varphi\gg\omega_h$ 进行传递函数简化的条件 ③与阀控速度伺服系统一样,泵控系统亦为 0 型系统,也必须采用 PI 放大器

4.1.3 电液力（压力）伺服系统的分析与设计

如果说电液速度伺服系统可能受到电气控制系统的挑战，电液力伺服系统却是独树一帜，因为用液压缸对受控对象进行加载极为简便，且出力大、尺寸小、响应快、精度高。电液力（压力）伺服系统广泛应用于材料试验机、大型构件试验机、航空或高速汽车轮胎试验机、负载模拟器、飞机防滑车轮刹车系统、带材张力调节系统、平整机恒压系统和水压试管机压力控制等方面。

（1）电液力伺服系统的类型及特点

表 20-10-64

类型	驱动力伺服系统	负载力伺服系统
系统组成	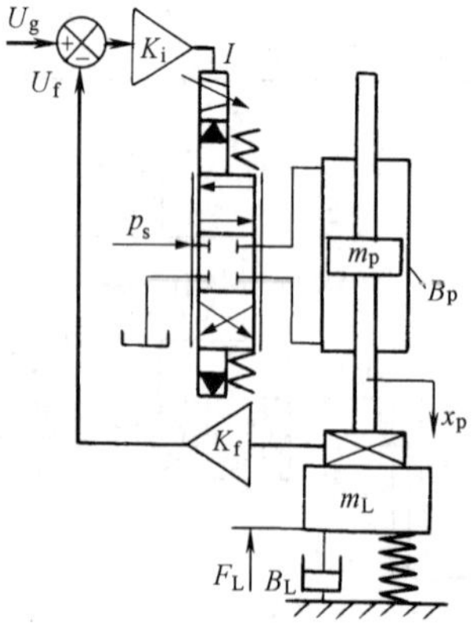	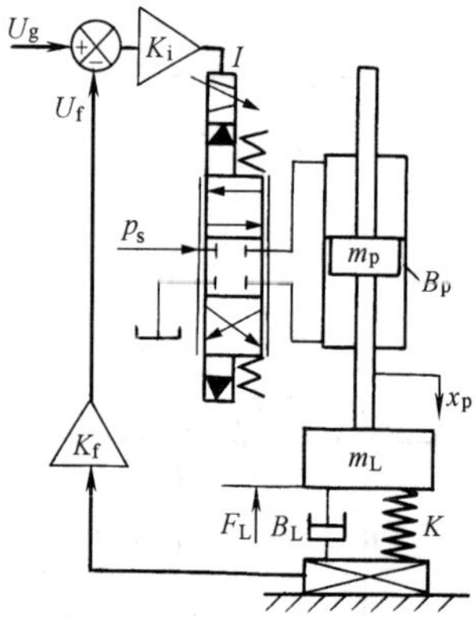
特点	力传感器装在施力缸活塞与被控制对象之间,检测到的力包括惯性力、黏性阻尼力和弹性力;因此检测和控制的是施力缸的驱动力	力传感器装在被控制对象与基座之间,检测和控制的仅是弹性负载力

（2）电液驱动力伺服系统的分析与设计

表 20-10-65　　采用 Q 阀的单自由度驱动力系统

项目	分　　析	说　　明
动态方程	放大器：$\frac{I(s)}{U_g(s)-U_f(s)}=K_i$ 伺服阀：$\frac{x_v(s)}{I(s)}=K_{sv}$ 力检测：$\frac{U_f(s)}{F_c(s)}=K_f$ 动力元件：$Q_L(s)=K_q x_v(s)-K_c p_L(s)$ $Q_L(s)=A_p s x_p(s)+C_{ip}p_L(s)+\frac{V_t}{4\beta_e}sp_L(s)$ $A_p p_L(s)=F_c(s)$ $=m_t s^2 x_p(s)+B_t s x_p(s)+Kx_p(s)+F_L(s)$	力传感器刚度 $K_f \gg K$（负载刚度）时，可把力传感器看成刚性，系统看作是单自由度系统 F_c——力传感器的输出力，N U_f——力传感器二次仪表的输出，V K_f——力传感器及二次仪表的增益，V/N $m_t=m_p+m_L$——总的运动质量，kg $B_t=B_p+B_L$——总的黏性阻尼系数，N·s/m K——负载刚度，N/m
方块图	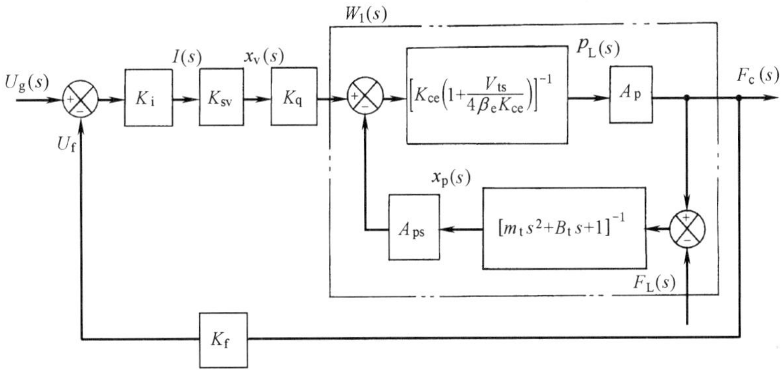 	
开环传递函数	$W(s)=K_i K_{sv} K_f K_q W_1(s)$ 考虑到：$F_c(s)=A_p p_L(s)$ $\frac{p_L(s)}{x_v(s)}$可直接引用第 10 章第 6 节表 20-10-33 中结果，可得： $W(s)=\begin{cases}\dfrac{K_v\left(\frac{s^2}{\omega_m^2}+\frac{2\zeta_m}{\omega_m}s+1\right)}{\left(1+\frac{s}{\omega_2}\right)\left(\frac{s^2}{\omega_h^2}+\frac{2\zeta_h}{\omega_h}s+1\right)} & (K \ll K_h)\\ \dfrac{K_v\left(\frac{s^2}{\omega_m^2}+\frac{2\zeta_m}{\omega_m}s+1\right)}{\left(1+\frac{s}{\omega_r}\right)\left(\frac{s^2}{\omega_0^2}+\frac{2\zeta_0}{\omega_0}s+1\right)} & (K 与 K_h 相当)\\ \dfrac{K_v\left(\frac{s^2}{\omega_m^2}+\frac{2\zeta_m}{\omega_m}s+1\right)}{\left(1+\frac{s}{\omega_1}\right)\left(\frac{s^2}{\omega_m^2}+\frac{2\zeta_0}{\omega_m}s+1\right)} & (K \gg K_h)\end{cases}$ $K_v=K_i K_{sv} A_p K_f K_q/K_{ce}$ K_v——开环增益	$K_{ce}=K_c+C_{ip}$ $\omega_m=\sqrt{K/m_t}$ ω_m——机械谐振频率，rad/s $\zeta_m=B_t/2\sqrt{m_t K}$ ζ_m——机械阻尼系数，无量纲 $\omega_r=K_{ce}/A_p^2(1/K+1/K_h)$ ω_r——液压及机械弹簧引起的转折频率，rad/s $K_h=4\beta_e A_p^2/V_t$ K_h——液压弹簧刚度，N/m $\omega_2=KK_{ce}/A_p^2$ ω_2——负载弹簧引起的转折频率，rad/s $\omega_1=4\beta_e K_{ce}/V_t=K_h K_{ce}/A_p^2$ ω_1——液压弹簧引起的转折频率，即容积滞后频率，rad/s $\omega_0=\sqrt{\omega_h^2+\omega_m^2}=\omega_h\sqrt{1+K/K_h}$ ω_0——综合谐振频率，rad/s $\omega_h=\sqrt{K_h/m_t}=\sqrt{4\beta_e A_p^2/m_t V_t}$ ω_h——液压谐振频率，rad/s $\zeta_0=K_{ce}\sqrt{\beta_e m_t/V_t}/\left[A_p\sqrt{(1+K/K_h)^3}\right]$ $+B_t\sqrt{V_t/\beta_e m_t}/\left[4A_p\sqrt{(1+K/K_h)}\right]$ ζ_0——综合阻尼系数，无量纲 $\zeta_0'=\omega_1 K/2\omega_m K_h+B_t/2m_t\omega_m$

续表

项目	分析	说明
波德图	(a) $K \ll K_h$的情况 (b) K与K_h相当情况 (c) $K \gg K_h$的情况 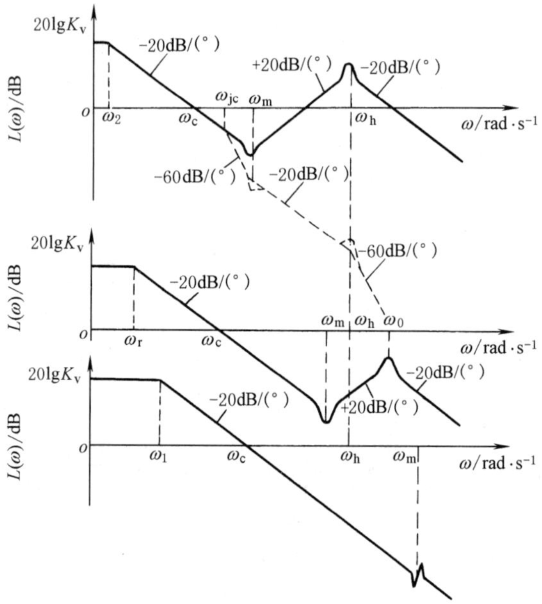	结论： ①驱动力系统属 0 型系统，对阶跃输入存在稳态误差 ②负载刚度 K 愈小，系统稳定性愈差，甚至 ω_h 处的谐振峰可能超出零分贝线，以致不稳定，如波德图图a 所示。在 ω_c 与 ω_m 之间加入 $W_c(s)=(1+s/\omega_c)^{-2}$ 的校正环节，可望改善稳定性，见图 a 中虚线。当然，仅当 K 变化不大时，校正才会奏效 ③在相同的开环增益下，K 愈小，ω_c 愈低，即响应速度愈低。因此系统稳定性和响应均应按 K 最小值来检验 ④对于实际的驱动力系统，不仅要充分考虑 K 变化对系统性能的影响，还应计及伺服阀等小参数的影响 ⑤若要分析外负载力 F_L 对输出力 F_c 的影响，还应进行类似的分析

表 20-10-66　　采用 Q 阀的两自由度驱动力系统

项目	分析	说明
物理模型及动态方程	与单自由度系统相比，仅力平衡方程不同： $A_p p_L(s)=(m_p s^2+B_p s)x_p(s)+F_c(s)$ $F_c(s)=K_F[x_p(s)-x_L(s)]$ $K_F[x_p(s)-x_L(s)]=(m_L s^2+B_L s+K)x_L(s)+F_L(s)$ 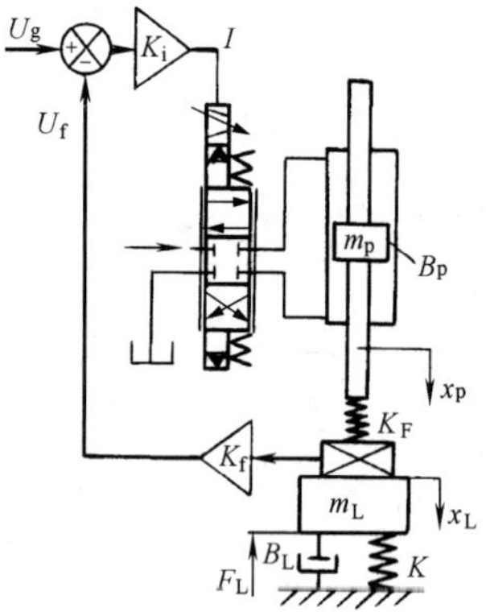	K_F——力传感器刚度，N/m
方块图及其简化	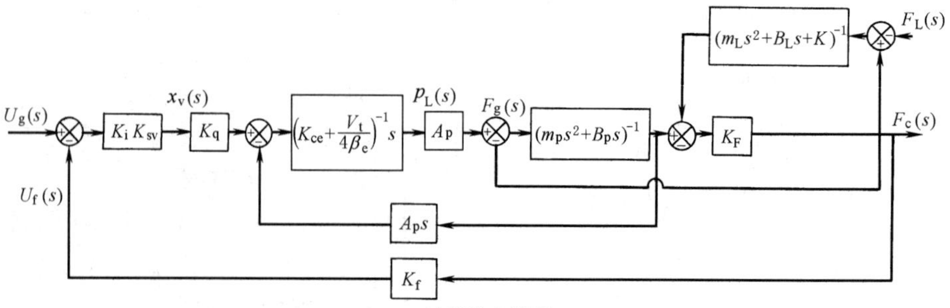 (a)原始方块图	

续表

项目	分　　析	说　　明
方块图及其简化	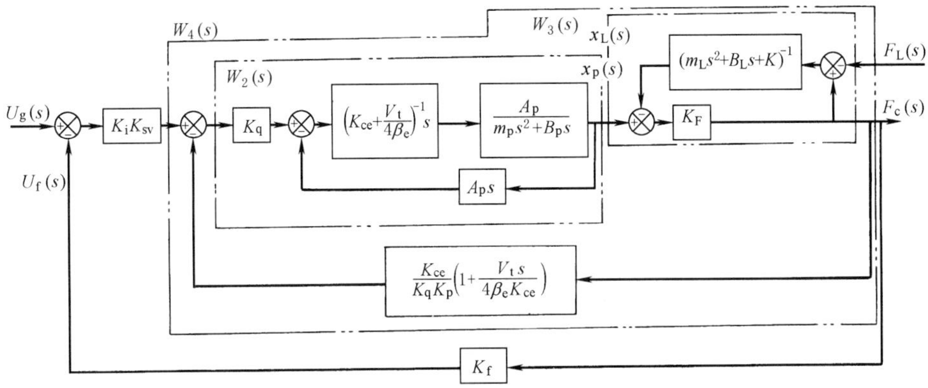 (b) 变换后方块图	
开环传递函数及分析	图 b 中 $W_2(s)$ 相当于不存在弹性负载的阀控缸以 x_v 为输入、以 x_p 为输出的传递函数，可直接引用表 20-10-33 中 $K=0$ 的结论： $$W_2(s)=\frac{x_p(s)}{x_v(s)}=\frac{K_q/A_p}{s\left(\frac{s^2}{\omega_{h1}^2}+\frac{2\zeta_{h1}s}{\omega_{h1}}+1\right)}$$ 而 $$W_3(s)=\frac{F_c(s)}{x_p(s)}=\frac{K_3\left(\frac{s^2}{\omega_{L1}^2}+\frac{2\zeta_{L1}s}{\omega_{L1}}+1\right)}{\left(\frac{s^2}{\omega_{L1}^2}+\frac{2\zeta_{L2}s}{\omega_{L2}}+1\right)}$$ $$W_4(s)=\frac{W_2(s)W_3(s)}{1+W_2(s)W_3(s)\frac{K_{ce}}{K_qK_p}\left(1+\frac{s}{\omega_1}\right)}$$ $$=\frac{\frac{K_qK_3}{A_p}\left(\frac{s^2}{\omega_{L1}^2}+\frac{2\zeta_{L1}s}{\omega_{L1}}+1\right)}{\left(1+\frac{s}{\omega'_r}\right)\left(\frac{s^2}{\omega_{01}^2}+\frac{2\zeta_{01}s}{\omega_{01}}+1\right)\left(\frac{s^2}{\omega_{02}^2}+\frac{2\zeta_{02}s}{\omega_{02}}+1\right)}$$ 如 $\omega_{02}\gg\omega_{01}$，则 ω_{02} 所处的二阶环节可略去，此时 $$W(s)=K_iK_{sv}K_fW_4(s)=\frac{\frac{K_iK_{sv}K_qK_3K_f}{A_p}\left(\frac{s^2}{\omega_{L1}^2}+\frac{2\zeta_{L1}s}{\omega_{L1}}+1\right)}{\left(1+\frac{s}{\omega'_r}\right)\left(\frac{s^2}{\omega_{01}^2}+\frac{2\zeta_{01}s}{\omega_{01}}+1\right)}$$ 由于 $m_p\ll m_L$，因此 $\omega_{L1}=\sqrt{K/m_L}\approx\sqrt{K/(m_p+m_L)}=\omega_m$	$\omega_{h1}=\sqrt{K_h/m_p}=\sqrt{4\beta_eA_p^2/m_pV_t}$ $\zeta_{h1}=K_{ce}\sqrt{\beta_em_p/V_t}/A_p$ $+B_p\sqrt{V_t/\beta_em_p}/(4A_p)$ $K_3=KK_F/(K+K_F)=1/(1/K_F+1/K)$ $\omega_{L2}=\sqrt{K/m_L}$ ω_{L2}——负载谐振频率 $\zeta_{L1}=B_L/2\sqrt{m_LK}$ ζ_{L1}——负载阻尼比 $\omega_{L2}=\sqrt{(K+K_F)/m_L}$ ω_{L2}——负载力及传感器的综合谐振频率 $\zeta_{L2}=B_L/2\sqrt{m_L(K+K_F)}$ ζ_{L2}——综合阻尼比 $\omega'_r,\omega_{01},\omega_{02},\zeta_{01},\zeta_{02}$——将 $W_4(s)$ 折成典型环节后的参数 结论： 两自由度系统的简化传递函数与单自由度系统形式相同，单自由度系统的有关结论原则上也适用于两自由度系统

表 20-10-67　　采用 P 阀的单自由度驱动力系统

项目	分　　析	说　　明
动态方程	与采用 Q 阀的单自由度驱动力系统相比，仅伺服阀的传递函数不同。P 阀的传递函数：	K_{s1}——P 阀的压力增益，N/(m^2·A) K_{s2}——P 阀的流量-压力系数，N·s/m^5

续表

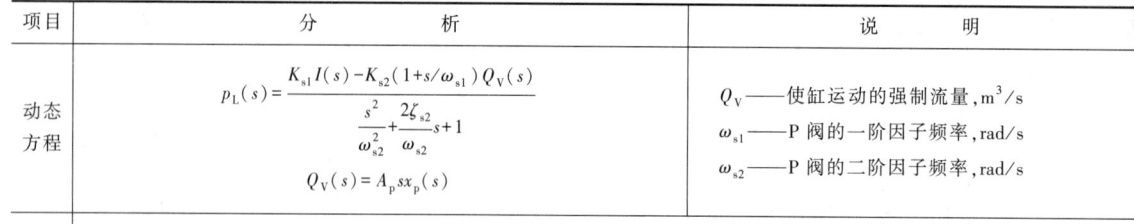

项目	分析	说明
动态方程	$p_L(s)=\dfrac{K_{s1}I(s)-K_{s2}(1+s/\omega_{s1})Q_V(s)}{\dfrac{s^2}{\omega_{s2}^2}+\dfrac{2\zeta_{s2}}{\omega_{s2}}s+1}$ $Q_V(s)=A_p s x_p(s)$	Q_V——使缸运动的强制流量，m^3/s ω_{s1}——P 阀的一阶因子频率，rad/s ω_{s2}——P 阀的二阶因子频率，rad/s
方块图	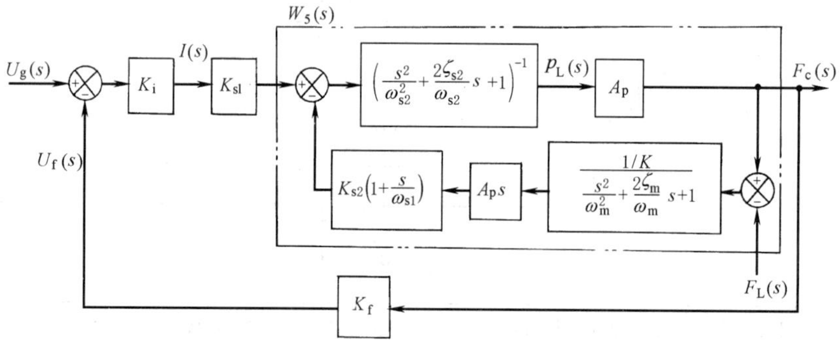	
传递函数	图中： $W_5(s)=\dfrac{A_p\left(\dfrac{s^2}{\omega_m^2}+\dfrac{2\zeta_m s}{\omega_m}+1\right)}{\left(\dfrac{s^2}{\omega_m^2}+\dfrac{2\zeta_m s}{\omega_m}+1\right)\left(\dfrac{s^2}{\omega_{s2}^2}+\dfrac{2\zeta_{s2}s}{\omega_{s2}}+1\right)+\dfrac{K_{s2}A_p^2}{K}s\left(1+\dfrac{s}{\omega_{s1}}\right)}$ $W_5(s)$的分母为四阶，一、二项 $K_{s2}A_p^2 s(1+s/\omega_{s1})/K$ 不会影响高阶项，因此 $W_5(s)$ 可写成如下形式： $W_5(s)=\dfrac{A_p\left(\dfrac{s^2}{\omega_m^2}+\dfrac{2\zeta_m s}{\omega_m}+1\right)}{\left(\dfrac{s^2}{\omega_m^2}+\dfrac{2\zeta'_m s}{\omega_m}+1\right)\left(\dfrac{s^2}{\omega_{s2}^2}+\dfrac{2\zeta'_{s2}s}{\omega_{s2}}+1\right)}$ $\approx\dfrac{A_p}{\dfrac{s^2}{\omega_{s2}^2}+\dfrac{2\zeta'_{s2}}{\omega_{s2}}s+1}$ 于是开环传递函数： $W(S)=K_iK_{s1}K_fW_5(s)=\dfrac{K_v}{\dfrac{s^2}{\omega_{s2}^2}+\dfrac{2\zeta'_{s2}}{\omega_{s2}}s+1}$ $K_v=K_iK_{s1}A_pK_f$ K_v——开环增益，V/V	$\omega_m=\sqrt{K/m_t}$——机械谐振频率，rad/s $\zeta_m=B_t/(2\sqrt{m_tK})$——机械阻尼系数，无因次 K——负载刚度，N/m 结论： ①采用 P 阀时，系统开环传递函数不存在采用 Q 阀时的二阶微分环节，也就是说采用 P 阀的驱动力系统的稳定性比 Q 阀时好得多 ②如 P 阀的频宽很高，可近似看作比例环节 ③采用 P 阀时，可以采用 PI 放大器

(3) 电液负载力伺服系统的分析与设计

表 20-10-68　　采用 Q 阀的单自由度负载力系统

项目	分析	说明
动态方程	与驱动力系统相比，仅力平衡方程有所不同： $A_pp_L(s)=(m_ts^2+B_ts+K)x_p(s)+F_L(s)$ $F_L(s)=(B_Ls+K)x_p(s)$	参见表 20-10-64 中系统原理图

续表

<table>
<tr><th>项目</th><th>分析</th><th>说明</th></tr>
<tr><td>方块图</td><td colspan="2">

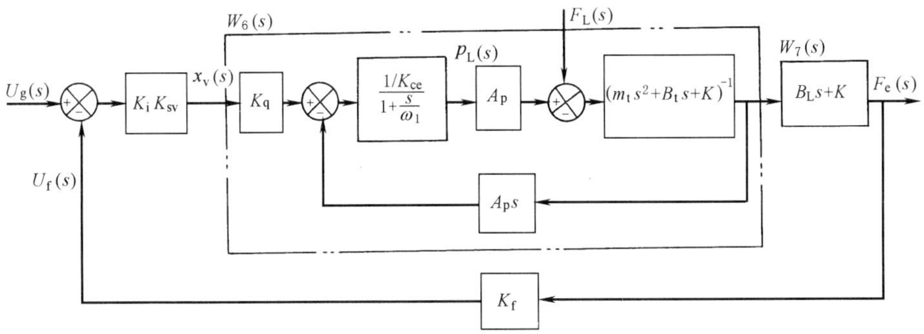

</td></tr>
<tr><td>传递函数</td><td>

图中 $W_6(s)$ 系以 $x_v(s)$ 为输入、$x_p(s)$ 为输出的具有弹簧负载的阀控动力元件的传递函数。可直接引用表 20-10-33 中结果，即

$$W_6(s)=\frac{x_p(s)}{x_v(s)}=\frac{A_pK_q}{KK_{ce}}\times\frac{1}{\left(1+\frac{s}{\omega_r}\right)\left(\frac{s^2}{\omega_0^2}+\frac{2\zeta_0 s}{\omega_0}+1\right)}$$

图中 $W_7(s)=B_Ls+K=K(1+1/\omega_b)$

于是开环传递函数

$$W(s)=\frac{K_v(1+s/\omega_b)}{\left(1+\frac{s}{\omega_r}\right)\left(\frac{s^2}{\omega_0^2}+\frac{2\zeta_0 s}{\omega_0}+1\right)}$$

$K_v=K_iK_{sv}K_qA_pK_f/K_{ce}$

K_v——开环增益

考虑到 $\frac{(B_p+B_L)K_{ce}}{A_p^2}/(1+K/K_h)\ll 1$，且 $B_p\ll B_L$，则有

$$\omega_r=\frac{K_{ce}K}{A_p^2}/(1+K/K_h)\ll\frac{K_L}{B_L}=\omega_b$$

于是 $W(s)$ 可以简化成

$$W(s)=\frac{K_v}{\left(1+\frac{s}{\omega_r}\right)\left(\frac{s^2}{\omega_0^2}+\frac{2\zeta_0 s}{\omega_0}+1\right)}$$

如果 $\omega_0\gg\omega_r$，则

$$W(s)\approx\frac{K_v}{1+s/\omega_r}$$

</td><td>

$\omega_r=K_{ce}/[A_p^2(1/K+1/K_h)]=\frac{K_{ce}K}{A_p^2}(1+K/K_h)$

$K_h=4\beta_eA_p^2/V_t$

$\omega_0=\sqrt{\omega_h^2+\omega_m^2}=\omega_h\sqrt{1+K/K_h}$

ζ_0 见表 20-10-65

$\omega_b=K/B_L$

结论：

①采用 Q 阀的负载力系统，不易出现采用 Q 阀的驱动力系统那样的严重稳定性问题

②可以采用 PI 放大器，使 0 型系统变成 1 型系统

</td></tr>
</table>

表 20-10-69　　采用 P 阀的单自由度负载力系统

<table>
<tr><th>项目</th><th>分析</th><th>说明</th></tr>
<tr><td>动态方程</td><td>

见表 20-10-67

为说明本质问题，设 P 阀的频宽很高，其传递函数可简化为

$p_L(s)=K_{s1}I(s)-K_{s2}Q_v(s)$

$\quad\quad=K_{s1}I(s)-K_{s2}A_psx_p(s)$

</td><td>

K_{s1}——P 阀的压力增益，$N/(m^2\cdot A)$

K_{s2}——P 阀的流量-压力系数，$N\cdot s/m^5$

</td></tr>
</table>

续表

项目	分　　析	说　　明
方块图	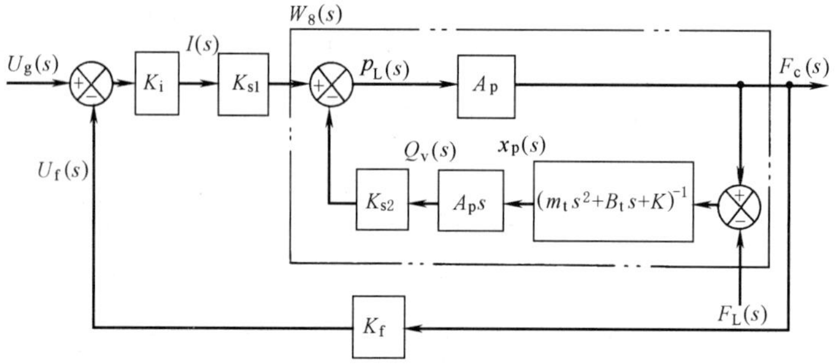	
传递函数	图中： $W_8(s)=\dfrac{A_p/K}{\dfrac{s^2}{\omega_m^2}+\dfrac{2\zeta_m}{\omega_m}s+1+\dfrac{K_{s2}A_p^2}{K}s}$ $=\dfrac{A_p/K}{\dfrac{s^2}{\omega_m^2}+\dfrac{2\zeta_{m1}}{\omega_m}s+1}$ 于是系统开环传递函数 $W(s)=\dfrac{K_v'}{\dfrac{s^2}{\omega_m^2}+\dfrac{2\zeta_{m1}}{\omega_m}s+1}$ $K_v'=K_iK_{s1}A_pK_f$ K_v'——开环增益，V/V	$\omega_m=\sqrt{K/m_t}$ ω_m——机械谐振频率，rad/s $\zeta_m=B_t/(2\sqrt{m_tK})$ ζ_m——机械阻尼系数 结论： ①采用P阀的负载力系统，亦为0型系统 ②对于负载力系统，看不出采用P阀有什么更为显著的好处

4.1.4　电液伺服系统的设计方法及步骤

表 20-10-70

步骤	设　计　内　容　及　方　法　要　点		
了解被控制对象	①全面了解被控制对象及其所属的主机(机组)的功能、组成、原理及有关参数 ②了解工艺和设备对控制系统的基本要求 ③了解负载的性质、类型、大小及变化规律。负载性质是指阻力负载还是动力负载，负载类型是指惯性负载、弹性负载、黏性负载、摩擦负载、外载荷及其组合		
明确设计要求	被控制量的类型及控制规律		类型：位置控制、速度控制、加速度控制、力或压力控制、温度控制、功率控制 控制规律：恒值、恒速、等加速、阶梯状或任意变化规律的控制
	系统传动方面要求		最大作用力、最大位移、最大速度、最大加(减)速度、最大功率、传动比和效率等
	系统控制性能要求	稳定性指标	频域指标：相角稳定裕量 $\gamma(\omega_c)$、幅值稳定裕量 $L(\omega_L)$，峰值 M_p 时域指标：超调量 $\sigma(\%)$，振荡次数 N
		控制精度指标	指定输入引起的稳态误差：稳态位置误差、稳态速度误差、稳态加速度误差 负载扰动引起的稳态误差：稳态负载误差 元件死区、滞环、零漂、摩擦、间隙等引起的稳态误差(静差) 检测机构、传感器及其二次仪表误差
		动态响应指标	频域指标：穿越频率 ω_c，幅频宽 $\omega_{-0.707}$ 或 ω_{-3dB}、相频宽 $\omega_{-90°}$ 时域指标：响应时间或飞升时间 t_r，过渡过程时间 t_s

续表

步骤	设计内容及方法要点		
明确设计要求	其他方面要求		抗污染性能或油液清洁度等级，无故障工作率，工作寿命，操作和维护的方便性等
	限制性条件		装置的尺寸、体积、质量、成本、能耗、油温、噪声等级、电源等级、接地方式
	工作环境条件		环境温度、湿度、通风，冷却水质、压力、温度，振动、电磁场干扰，酸碱腐蚀性、易燃性等
拟订控制方案	确定被控制物理量		取决于系统用途或工艺要求。有的系统可能存在可切换的两个被控制量，如轧机液压压下系统，大压下量轧制状态时采用位置闭环恒辊缝工作，平整状态时采用力闭环恒轧制力工作
	开环控制或闭环控制方式		闭环控制具有抗干扰能力，对系统参数变化不太敏感，控制精度高、响应速度快，但要考虑稳定性问题，且设备成本高 开环控制不存在稳定性问题，但不具有抗干扰能力，控制精度和响应速度取决于各环节或元件的性能，控制精度低，设备成本较低 对于闭环稳定性难以解决、响应速度要求较快、控制精度要求不太高、外扰较小、功率较大、要求成本较低的场合，可以选择开环或局部闭环控制方式
	模拟控制或数字控制方式		模拟式控制系统较传统，而且目前仍普遍使用。除脉宽调制式伺服阀，目前工业上采用的伺服阀仍然是模拟式的，与之相配的放大器也是模拟式的。模拟式系统分辨率和控制精度较低 检测元件、控制元件全部数字化，并由计算机控制的系统才是全数字系统 目前工程上采用的高精度高响应电液伺服系统属于混合型数字系统，即伺服阀及放大器仍为模拟式，检测元件为数字式的高精度高响应传感器（如磁尺、编码器等）并采用计算机控制的系统；放大器为功率放大器，其前加 D/A 转换器，前置放大功能可改由计算机实现
	液压控制方式及供油方式	阀控或泵控	阀控系统控制精度、响应速度高，但效率低。阀控缸方式中常用的有四通阀-对称缸控制方式和三通阀-不对称缸控制方式。轧机液压压下是三通阀-不对称缸控制方式的典型 泵控系统效率高，但控制精度、响应速度较低，成本也较高。泵控方式中常用的有泵控马达和泵控不对称缸两种，挤压机速度控制是泵控不对称缸的典型
		恒压或恒流油源	绝大多数阀控系统采用恒压油源：供油压力恒定，控制阀的压力-流量特性的线性度好，系统精度和响应速度高，但系统效率低 恒流油源阀控系统：供油流量一定，与正开口阀配套使用，正开口阀较容易制造，且油源系统效率高，但控制阀 p-Q 特性的线性度差，因而系统的控制性能较差，用于高温场合（要求始终有油源流过阀口）或精度、响应要求不高的系统
	执行元件类型	液压缸	直线运动采用液压缸
		液压马达及减速器	回转运动采用液压马达；超大行程的直线运动也通过液压马达+滚珠丝杠来实现；负载惯性矩很大时，常有意在马达轴与负载轴之间增设一机械减速器，以减小马达轴的等效负载惯量，提高液压谐振频率
	传感器类型	位移传感器	差动变压器（LVDT）、磁尺、磁致伸缩位移传感器（MTS）、高精度导电塑料电位计等
		速度传感器	测速机、光码盘、编码器、圆形光栅等
		压力传感器	应变式压力传感器、半导体压力传感器、差压传感器等
		力传感器	压磁式力传感器、应变式力传感器

续表

步骤			设计内容及方法要点
动力元件的设计	阀控动力元件的设计	分析负载轨迹，考虑负载匹配	详见本章 3.2.2 节
		合理确定供油压力 p_s	p_s 合理与否很重要，它关系到动力元件与负载的匹配是否合理，关系到动力元件规格、静态参数及动态参数，关系到伺服阀的规格、供油系统的参数及液压装置的尺寸等 p_s 较高时，执行元件的 A_p 或 D_m 可较小，因而伺服阀额定流量 Q_N 和伺服油源的供油流量 Q_s 可较小；压力较高时，油中空气含量减小，油液 β_e 值提高，有利于提高液压谐振频率 ω_h。但 p_s 过高，A_p 或 D_m 过小，难以达到良好的负载匹配，且 ω_h 降低；高压时要求采用高压高性能液压泵，并要求高的系统维护水平 初步设计可参考或比较同类系统的 p_s 值
		确定执行元件及伺服阀的规格参数（以阀控缸为例）	①通常按最大功率传输条件取负载压力 $p_L=(2/3)p_s$ 按最大功率点负载 F_m 及运动速度 v_m 由式 $A_p=F_m/p_L$ 确定液压缸工作面积 A_p 由式 $Q_L=A_pv_m$ 确定伺服阀负载流量 Q_L 由式 $Q_0=\sqrt{3}Q_L$ 确定伺服阀的空载流量 Q_0 注意，工程设计上出于保守计算，取 $F_m=m_ta_m+B_tv_m+KX_{pm}+F_{Lm}$，实际上负载中的惯性力、黏性力和弹簧力最大值的出现相位依次相差 90° ②对于 F_m 很大的情况，可取 $p_L=(3/4\sim5/6)p_s$，并由 $A_p=F_m/p_L$ 确定 A_p，由 $Q_L=A_pv_m$ 确定 Q_L
		液压谐振频率 ω_h 的校验	按拖动要求确定 A_p 时，必须校验动态： 对于四通阀—对称缸 $\omega_h=\sqrt{4\beta_eA_p^2/m_tV_t}$（见表 20-10-33） 对于三通阀—不对称缸 $\omega_h=\sqrt{\beta_eA_c^2/m_tV_0}$（见表 20-10-38）
		机械减速器减速比的确定	对于阀控马达：$\omega_h=\sqrt{4\beta_eD_m^2/J_tV_t}$；如 ω_h 达不到要求，可加设速比为 n 的减速器，此时： $$\omega_h=\sqrt{4\beta_eD_m^2/[V_t(J_m+J_L/n^2)]}$$ 式中 J_m，J_L——马达轴及负载的转动惯量 在负载匹配良好的情况下，具有满意 ω_h 值的最小传动比为最佳传动比
	泵控动力元件的设计	变量机构的控制设计	原则上同阀控动力元件。但由于成品泵或马达的变量缸业已确定，对系统设计者而言，实际上只需选用伺服阀及位置检测元件
		按拖动要求确定马达和泵的规格参数	不计压力损失时，泵的出口压力与马达（缸）的入口压力相同；不计内泄漏时，泵的出口流量与马达（缸）的入口流量相同。因此泵控动力元件完全匹配，不存在阀控动力元件中的所谓负载匹配问题 一般按拖动要求进行设计，以动态设计相校验。以泵控马达为例： ①根据负载力矩和 ω_h 的要求预选高压侧管道压力 p_1，p_1 取值的合理与否，将影响马达排量 D_m、泵排量 D_p 和 ω_h 及装置尺寸的大小 ②按 $p_1/D_m=J_t\ddot{\theta}_{mm}+B_t\dot{\theta}_{mm}+G\theta_{mm}+T_{Lm}$ 确定 D_m ③按要求的 $\dot{\theta}_{mm}$ 由式 $D_p\eta_p\eta_{vp}\eta_{vm}=D_m\dot{\theta}_{mm}$ 确定 D_p

续表

步骤			设计内容及方法要点
动力元件的设计	泵控动力元件的设计	ω_h 的校验	按拖动要求进行设计时，必须按动态要求校验 ω_h 值： $\omega_h=\sqrt{\beta_e D_m^2/J_t V_0}$，$V_0$ 为高压管道一侧的容积 如果通过调整 p_1、D_m 参数，仍难以达到 ω_h 要求，则需增设减速器，此时 $\omega_h=\sqrt{\beta_e D_m^2/[V_0(J_m+J_L/n^2)]}$
伺服阀及放大器的选择	伺服阀类型		应综合考虑系统类型、系统精度与频宽要求、工作环境、抗污染性能和经济性等因素来选择伺服阀，一般来说： ①位置和速度控制采用Q阀，压力控制采用Q阀或P阀 ②系统精度要求高时，拟采用分辨率高、滞环小、零漂小的伺服阀 ③系统频宽要求高时，拟采用高频宽(高响应)的伺服阀 ④工业控制尽量采用抗污染、成本较低的伺服阀
伺服阀及放大器的选择	伺服阀的规格		①额定压力等级为7MPa、21MPa、35MPa，视系统压力 p_s 需要选取 ②额定流量以空载流量或指定阀上总压降 Δp_v 或每个阀口压降 Δp 下的流量标称，视负载流量需要而定。注意各种标称流量的折算
伺服阀及放大器的选择	放大器等配件		为保证参数匹配，放大器、调制解调器、电源及机箱等最好与伺服阀厂家一致。放大器有P、PI和PID等类型，1型系统可选比例放大器，0型系统可选PI放大器
传感器选择	传感器类型		根据被控制物理量类型、量程、要求的精度、结构及安装方式等加以选择
传感器选择	传感器及其二次仪表的性能		传感器及其二次仪表的性能包括测量范围、分辨率、非线性度、重复精度、滞后、输出信号、响应时间、温漂、工作温度、工作寿命、供电电源等。其中最主要的有分辨率、重复精度和响应时间等指标 位移传感器中，量程最大的是：MTS磁致伸缩型，可达10m；SONY磁尺次之，可达数米。测量精度最高的是SONY磁尺，可高达1μm；其次是MTS，可达2μm。响应时间方面，MTS为1～3ms，SONY磁尺为1ms。SONY磁尺为数字式；MTS有模拟式和数字式两种，模拟输出中有0～10V、4～20mA、0～20mA标准输出
系统分析	建立数学模型确定各环节参数		对于典型的位置、速度和力伺服系统可直接引用已有的数学模型，对于特殊需要的系统，可采用同样的分析思路和方法建模 对于工程系统，常用系统数模形式有：系统运动微分方程组或拉氏变换方程组、系统方块图、系统开环或闭环传递函数、系统开环或闭环频率特性等。对于多输入多输出系统，可以采用状态方程 建模时应根据系统实际情况进行必要而合理的简化，以便数模能反映系统本质，又不过于复杂化 根据系统组成、动力元件设计及元件参数等，计算并确定各环节的静态或动态的参数，从而得到可供系统性能分析或系统数字仿真的带有参数数值的数模(方块图、传递函数或频率特性)
系统分析	系统性能分析	稳定性分析	通过稳定性分析，确定系统的稳定裕量和开环增量
系统分析	系统性能分析	动态响应分析	通过动态响应分析，确定开环穿越频率、闭环频宽或响应时间、过渡过程时间
系统分析	系统性能分析	精度分析	通过精度分析，计算各种稳态误差，确定各部分的误差分配和增益分配
系统分析	系统性能分析	注意事项	①性能分析时应特别注意主要参数的变化及其对性能的影响 ②如性能达不到要求，应考虑增加校正环节 ③如加校正后仍难以达到要求，应考虑性能指标是否合理，并重新系统设计

续表

步骤	设计内容及方法要点		
系统分析	系统校正	校正方案	采用比例或比例积分放大器时，如果通过调整开环增益或主要结构参数，系统性能仍达不到性能指标，则应采取校正措施。适合液压伺服系统的校正类型较多，常用的串联校正有PID调节器；并联校正有速度、加速度、静压或动压反馈等。采用哪类校正要根据系统的组成、结构和参数情况而定
		加校正后的性能分析	校正环节的传递函数形式及参数，要根据系统性能分析结果而定；加入校正环节后，应对系统性能进行重新分析，直至性能指标满足要求
系统数字仿真	仿真的必要性		工程上为简化分析，系统建模及系统分析中作了一些必要的假设和简化，忽略了一些次要因素和非线性因素，所得的频域分析结果是近似的。对于结构复杂、性能要求高或应用场合重要的系统，有必要进行系统数字仿真
	仿真的方便性		随着计算机技术及软件的飞速发展，由Matrix Laboratory开发的MATLAB软件被移植和扩展成方便的控制系统的仿真软件，MATLAB软件相当方便，只需将有关结构参数写入微分方程、方块图、传递函数或频域特性中，一按执行便可得到波德图、闭环频率特性或阶跃响应曲线，并得到相应的有关性能指标。这样一来，系统设计者无须为计算方法和编程而困扰，只需把精力集中到系统建模、系统设计上
	MATLAB仿真软件使用方法		详见本章11节"控制系统的工具软件MATLAB及其在仿真中的应用"
	仿真的真实性与局限性		数字仿真只是一个工具，其结果的真实性与准确性取决于数学模型的真实性、边界条件及数据以及结构参数的准确性 仿真离不开系统分析，仿真时许多参数的取值范围有赖于系统频域分析的结果；而且仿真的分析也离不开频率分析和时域分析的物理概念
液压伺服油源设计	液压油源类型		定量泵+溢流阀油源；恒压变量泵+蓄能器油源
	伺服油源参数		①供油系统压力 p_s：动力元件设计中业已确定 ②泵的最大供油流量 Q_{sm}：取 $Q_0 \geqslant Q_{sm} > Q_L$，$Q_0$、$Q_L$ 为伺服阀的空载流量及负载流量 ③蓄能器容积 V_0：根据允许的压力波动值及恒压泵变量特性确定 ④系统清洁度等级(ISO 4406或NAS 1638等级)：根据保证伺服阀可靠工作的清洁度等级要求确定 ⑤工作油温 T：一般取 $T=(45\pm5)$℃并加以自动控制
	污染控制及装置设计		详见本章4.3节
伺服液压缸的设计	一般伺服缸		采用通用伺服缸产品
	专用伺服缸		压下伺服缸内置或外置高精度位移传感器，工作压力高达28MPa，活塞直径为1250mm，甚至更大，要求承受重载、偏载、冲击载荷，且要求摩擦力<5‰液压力，因此需专门设计和制造

4.2 机液伺服系统的设计计算

信号的检测、比较及放大均借助于机械部件的液压伺服系统称为机液伺服系统。

机液伺服系统广泛应用于仿型机床、助力操纵、助力转向、汽轮机转速调节、行走机械及采煤机牵引部恒功率控制等场合。

4.2.1 机液伺服系统的类型及应用

(1) 阀控机液伺服系统

阀控机液伺服系统一般称为机液伺服机构。

表 20-10-71　　机液伺服机构的类型及特征

类型		原理图	特征及用途
阀控缸机液伺服机构	外反馈式	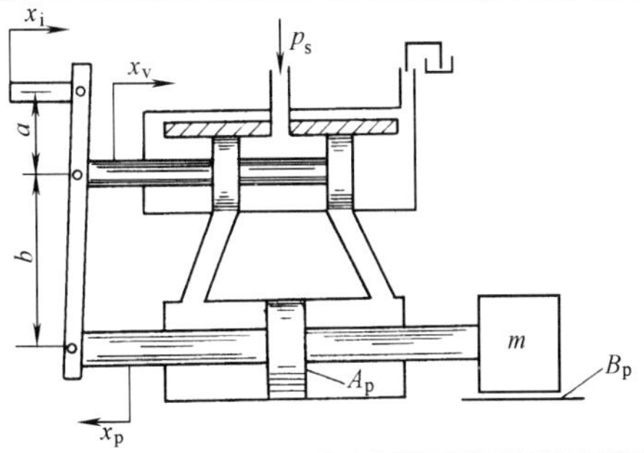	连杆式外反馈；常作助力操纵
	内反馈式	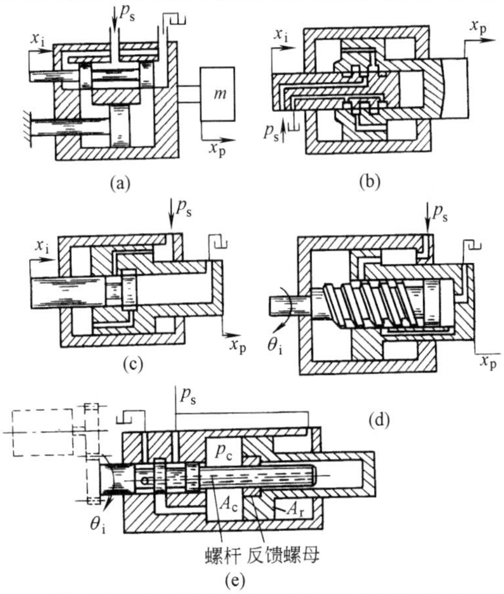	(1)阀芯与活塞关系 图 a—分体式；图 b、c、d、e—嵌入式 (2)通路数 图 a、b—四通阀；图 c、d、e—三通阀 (3)滑阀结构 图 a、b、c、e—圆柱滑阀；图 d—螺纹滑阀 (4)滑芯运动方式 图 a、b、c—直线运动；图 d、e—旋转运动 (5)反馈型式 图 a、b、c、d—直接位置反馈；图 e—螺杆螺母副位置反馈 (6)用途 图 a、b、c—作伺服机构；图 d、e—作电液步进缸(数字缸)
阀控马达机液伺服机构	滑阀式	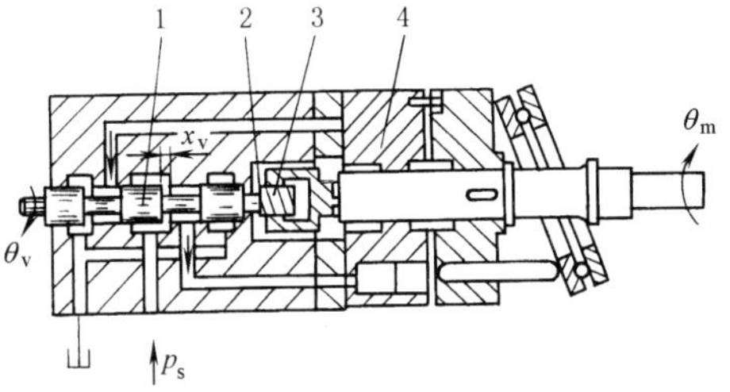1—阀芯；2—螺杆；3—螺母；4—轴向马达	螺杆/螺母—内反馈 工程上称为液压扭矩放大器，加上步进电机构成电液步进马达
	转阀外反馈式	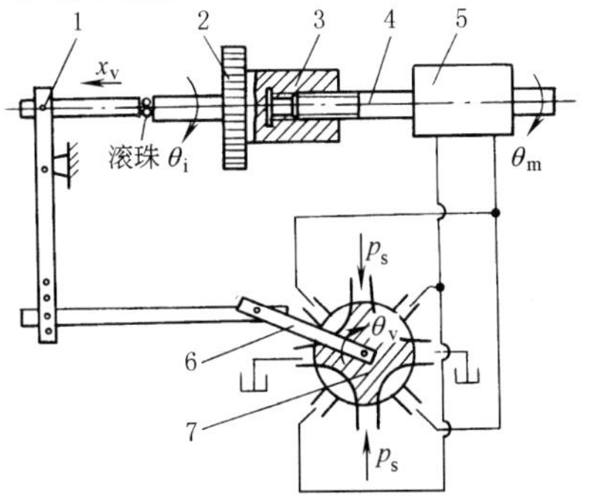1—连杆系；2—齿轮；3—螺母；4—螺杆； 5—液压马达；6—摇杆；7—转阀	螺杆/螺母/杠杆—外反馈 法国 SAMM 公司电液步进马达属此结构

续表

类型		原理图	特征及用途
阀控马达机液伺服机构	转阀内反馈式	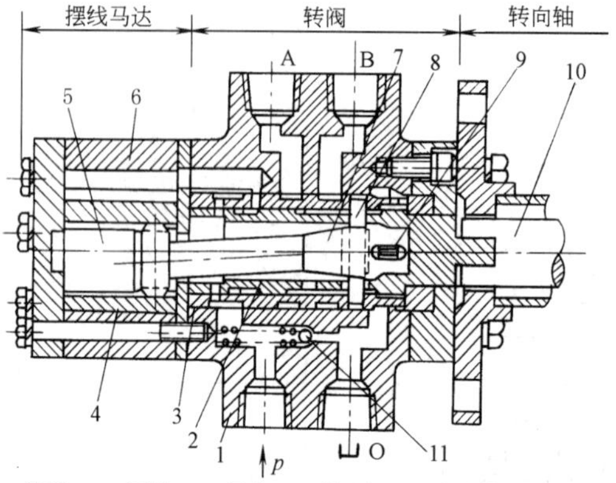 1—阀体；2—阀芯；3—阀套；4—转子；5—马达轴；6—定子；7—反馈轴；8—销轴；9—定位弹簧；10—转向轴；11—单向阀	反馈轴/销轴/阀套—内反馈 工程上称为摆线转阀式液压转向器 在工程机械及农业机械的转向系统中，以及小型舵机操纵系统中广泛应用液压转向器

表 20-10-72　机液伺服机构的应用

名称	原理图	说明
液压仿形刀架	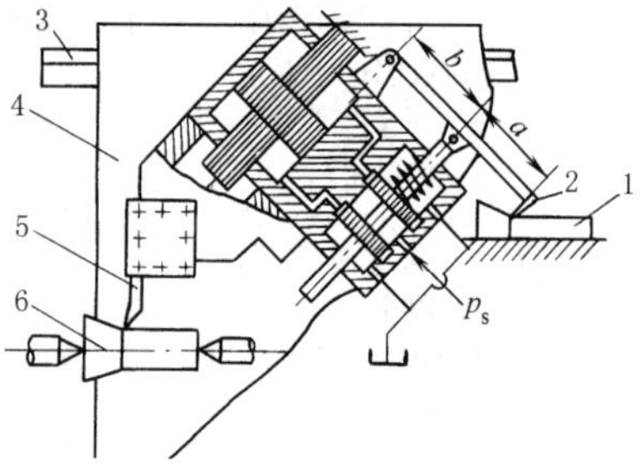 1—模板；2—触杆；3—导轨；4—溜板；5—刀架；6—工件	模板固定于床身；活塞杆固定于溜板上，工件由主轴带动；当溜板由丝杠带动沿导轨向左运动时，触杆沿模板运动，触杆控制阀芯，缸体连同刀架跟随触杆运动，实现仿形加工
车辆助力转向系统	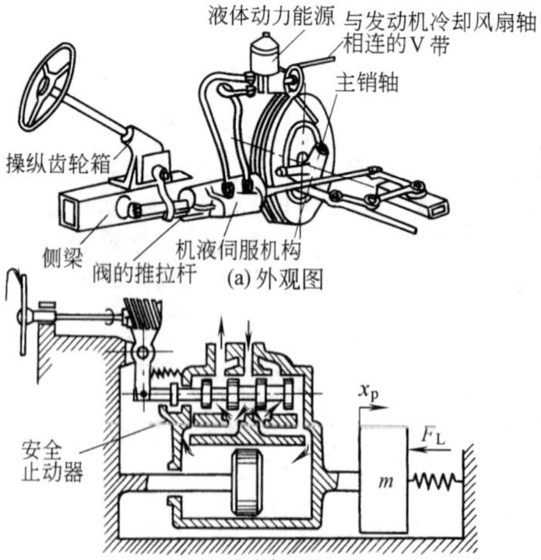 (a) 外观图 (b)原理图	转向指令由方向盘经操纵齿轮箱推动阀芯，打开阀口；阀体与缸体做成一体，随同缸体运动，关闭阀口，实现位置直接反馈 作为车辆转向驾驶系统，为使司机能感觉到不同路面的负载反作用力，在阀体两端分别开有小孔，以便将负载压力反馈到阀芯两端
汽轮发电机调速系统	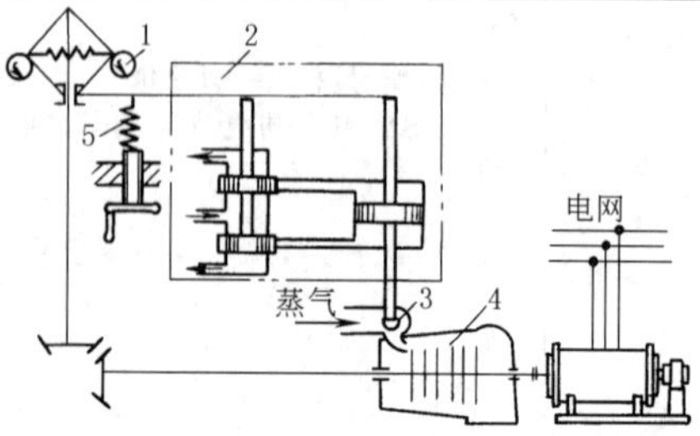 1—离心调速器；2—阀控机液伺服机构；3—气阀；4—汽轮发电机组；5—设定弹簧	离心调速器1检测发电机组转速，电负荷增大、发电机反力矩增大，致使机组速度降低时，调速器飞球下垂，阀芯下移，活塞杆带动气阀片上移，开大气阀，增大进气量，直至机组速度恢复；使电频率稳定；反之亦然。设定弹簧用于调节转速的设定值 船舶柴油机调速系统原理相似

续表

名称	原理图	说明
车辆或舵机转阀式液压转向系统	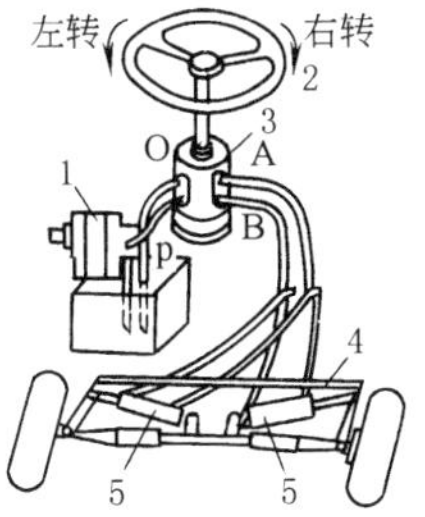 (c)外形图 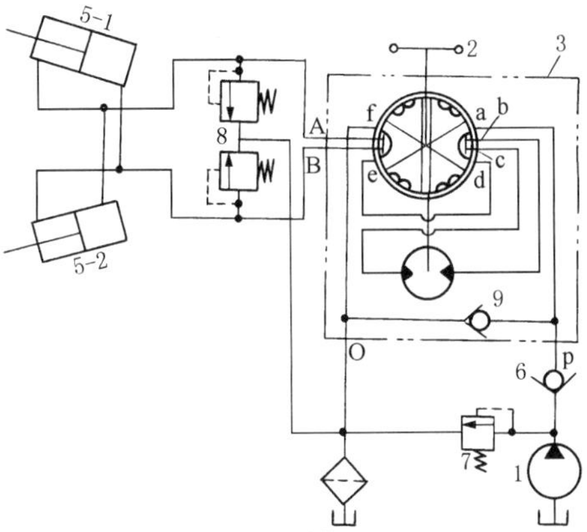 (d)系统图 1—液压泵;2—方向盘;3—液压转向器;4—梯形转向机构; 5—转向缸;6—单向阀;7—溢流阀;8—安全阀;9—单向阀	液压转向器马达作计量马达使用。转向器中位(图示)时,压力油由 p、a、d、e、f、O 回油箱,泵空载,油口 b、c 及 A、B 封闭状态,转向系统处于初始位置。方向盘左转向某一角度,转阀油口打开,压力油经 p、a、b、计量马达、c、d、e、B,缸 5-1 活塞杆伸出、缸 5-2 活塞杆缩回,实现左转弯,缸的回油经 A、f、O 回油箱;因液压转向器存在直接位置反馈,计量马达带动阀套跟随阀芯转到同一角度后转阀关闭、转向停止。方向盘右转时,压力油经 p、a、c、计量马达、b、d、e、A,实现右转弯,缸的回油由 B、f、O 回油箱。当发电机熄火或泵有故障无法实现动力转向时,可利用计量马达做手动泵进行人力转向:方向盘带动阀芯、销轴、阀套、反馈轴带动马达转子,压力油流向与动力转向相同,只是缸的回油由 f、单向阀 9、a,供手动泵吸油 千吨级船舶亦广泛应用该系统作为舵机转向系统

(2) 泵控机液伺服系统

大功率机液伺服系统采用泵控系统,采煤机牵引部、工程机械行走部的恒功率控制是泵控机液伺服系统的典型。

表 20-10-73

原理图	说明
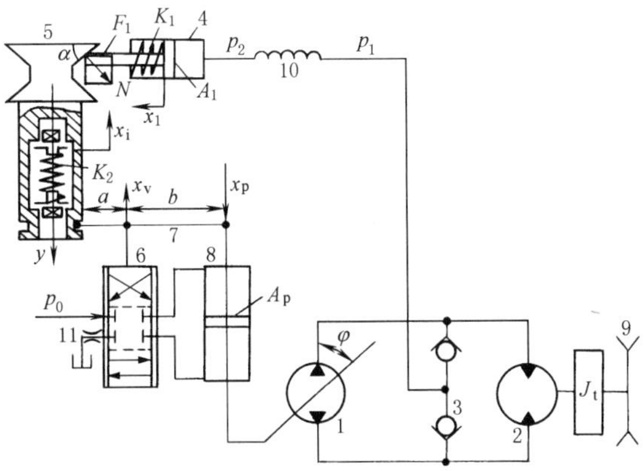 1—变量泵;2—液压马达;3—单向阀;4—发讯缸;5—楔块; 6—滑阀;7—连杆;8—变量缸;9—链轮;10—螺旋阻尼管; 11—回油阻尼管	系统由泵控马达(1、2、3、9)、阀控机液伺服机构(6、7、8、11)和负载-位移信号发生器(4、5、10)组成 恒功率调节过程如下:负载压力 p_1 经螺旋阻尼管 10 滤波后作用于发讯缸 4 的活塞上。稳态时,发讯缸活塞杆对楔块 5 作用力的 Y 轴分量与调节套内刚度为 K_2 的弹簧力相平衡,滑阀油口关闭,变量缸活塞不动,变量泵处于某偏角,马达处于相应的转速下。p_1 增大时,楔块上移、阀芯向上、变量缸活塞下移、泵偏角减小、马达速度自动调低,从而实现了恒功率控制;由于连杆的反馈作用,活塞下降时,滑阀开口回零,变量活塞和偏角处于新的平衡位置。p_1 减少时,马达速度自动调高至新的平衡状态,保持恒功率

4.2.2 机液伺服机构的分析与设计

表 20-10-74

<table>
<tr><th>项目</th><th>阀控缸机液伺服机构</th><th>阀控马达机液伺服机构</th></tr>
<tr><td>方块图</td><td colspan="2">

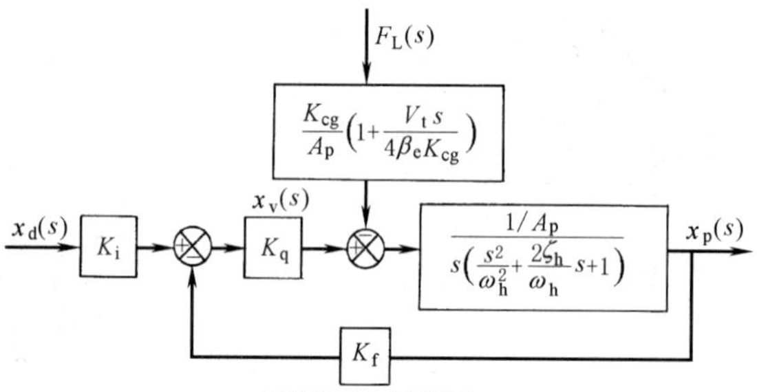

阀控液压缸伺服机构

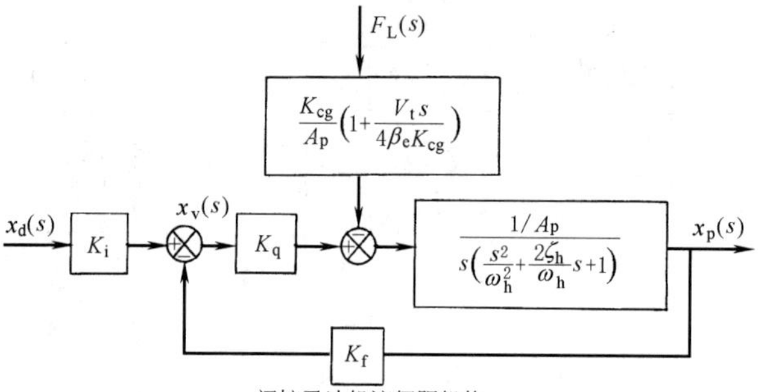

阀控马达机液伺服机构

</td></tr>
<tr><td>参数</td><td>

滑阀开口量 X_v：

$$X_v(s)=K_i x_i(s)-K_f x_p(s)$$

K_i——输入装置的增益

K_f——输出装置的增益

<table>
<tr><th>表 20-10-71 中图</th><th>K_i</th><th>K_f</th></tr>
<tr><td>连杆外反馈式</td><td>$b/(a+b)$</td><td>$a/(a+b)$</td></tr>
<tr><td>图 a、b、c</td><td>1</td><td>1</td></tr>
<tr><td>图 d、e</td><td>1</td><td>1</td></tr>
<tr><td colspan="3">注：图 d、e 中，输入为转角 θ_i，因此，$x_i=(T/2\pi)\theta_i$，T—螺杆螺距</td></tr>
</table>

</td><td>

滑阀开口量 x_v：

$$x_v(s)=K_\theta[\theta_i(s)-\theta_m(s)]$$

对于表 20-10-71 中滑阀式螺杆/螺母内反馈：

$$K_\theta=T/2\pi$$

对于表 20-10-71 中转阀外反馈：

$$K_\theta=K_x T/2\pi$$

K_x——连杆及摇杆的比例系数

对于表 20-10-71 中液压转向器：

$K_\theta=1$

$T_L=0$

</td></tr>
<tr><td>开环传递函数</td><td>

$$W(s)=\frac{K_v}{s\left(\frac{s^2}{\omega_h^2}+\frac{2\zeta_h}{\omega_h}s+1\right)}$$

$$K_v=K_f K_q/A_p$$

</td><td>

$$W(s)=\frac{K_v}{s\left(\frac{s^2}{\omega_h^2}+\frac{2\zeta_h}{\omega_h}s+1\right)}$$

$$K_v=K_\theta K_q/D_m$$

</td></tr>
<tr><td>稳定性条件</td><td>$K_v \leqslant 2\zeta_h\omega_h$</td><td>$K_v \leqslant 2\zeta_h\omega_h$</td></tr>
<tr><td>设计特点及注意事项</td><td>

①机液伺服机构的最大特点是使用时开环增益不可调

②由于执行元件尺寸 A_p 或 D_m 主要由负载大小和结构尺寸限制所决定，并经过了 ω_h 的校验；而参数 K_f、K_θ（或 T）由反馈机构所确定。因此设计机液伺服机构时，应由稳定性条件 $K_v \leqslant 2\zeta_h\omega_h$ 来确定开环增益 K_v，即按稳定性条件来确定流量增益 K_q 或阀的面积梯度 W

③滑阀的设计参见第 3 章 1.2.5 节

④对于助力操纵和转向系统，一般精度和频宽要求不很高，关键是要确保稳定性；对于仿型加工伺服机构，精度要求高

⑤机液伺服机构的连接配合处应无间隙，机械刚度足够大，以确保系统稳定性及精度

</td><td></td></tr>
</table>

4.3 电液伺服油源的分析与设计

由于伺服阀对供油系统的压力稳定性、油液的清洁度、油温以及油液品质等均有较高的要求，因此，液压伺服系统中一般单独设置液压伺服油源。

进一步还可参考参考文献［20］中“4.1.4 电液伺服阀控制系统液压动力源设计”。

4.3.1 对液压伺服油源的要求

表 20-10-75

项目	要求内容
油液理化性能	伺服阀的阀口在高压降下工作，通过阀口的流速高达 50m/s 以上，因此它对工作油液的物理性能和化学性能有着严格要求： ①适宜的黏度和优良的黏温性 ②良好的润滑性 ③良好的抗剪切性、抗氧化性和稳定性 ④良好的消泡性，以降低油中的混入气体含量，提高油液的容积弹性模量 通常，液压伺服系统采用精密抗磨液压油、透平油或航空液压油。常用黏度 N32 或 N46，具体视工作压力而定
压力稳定性	伺服阀供油压力波动将直接影响负载流量及阀系数的变化，从而影响系统的稳定性、精度和响应速度；回油压力的较大变化，也将直接引起阀上压降的变化，从而也会影响负载流量及系统性能。供油压力、回油压力的变化还会引起伺服阀压力零漂，从而影响系统性能。阀控动力元件的分析都是以供油压力恒定为基础的，供油压力的较大变化，可能使系统性能达不到设计的性能指标。伺服阀是高响应元件，阀口瞬间打开或关闭，信号电流不同时，阀的开口不同、负载流量变化很大，必将反过来影响到供油压力和回油压力的变化。因而对伺服油源稳定性方面的要求包括： ①供油流量满足负载流量的要求，并有一定的裕量 ②供油压力基本恒定，压力波动控制在 10%之内 ③油源调压阀或泵的变量机构的稳定性好、动态响应较高 ④回油压力基本恒定
油液清洁度	油液清洁度等级视伺服阀及具体型号而定，一般伺服阀说明书中会给出推荐等级。MOOG 伺服阀有时给出两种推荐值，一个为保证正常工作的清洁度等级，一个为保证伺服阀长寿命工作的清洁度等级；例如 MOOG D791、D792 系列伺服阀，正常工作的等级为 $\beta_{10}\geqslant 75$（或 10μm 绝对过滤精度），长寿命工作的等级为 $\beta_5\geqslant 75$（或 5μm 绝对过滤精度）。为确保油液清洁度，要求伺服油源： ①采用合理的油箱结构，防止外部侵入污染，并防止回油气泡进入泵的吸油管 ②采用不锈钢油箱，避免普板油箱存在的铁锈脱落和油漆脱落 ③采取完善的过滤系统和综合的污染控制措施 ④进行有效的管道循环冲洗和系统循环冲洗，采用喷嘴挡板伺服阀时应使清洁度达到 ISO 4406-15/12 至 14/11（或 NAS 1638-6 或 5 级）
油温	油温变化要影响黏度并引起伺服阀零漂，因此要采用能自动加热、冷却的温控系统，一般要求油温控制在（45±5）℃范围

4.3.2 液压伺服油源的类型、特点及应用

表 20-10-76

类型	组成	特点及应用
定量泵-溢流阀油源	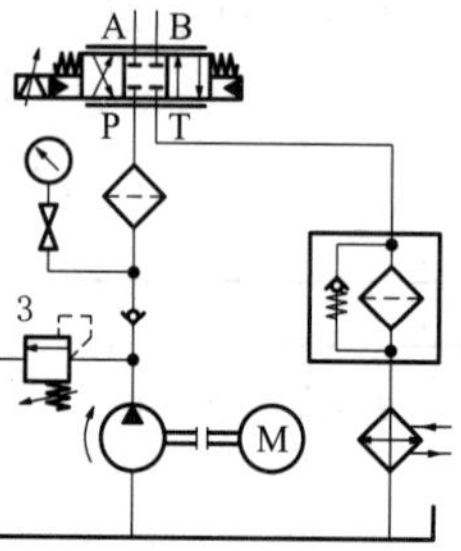 	特点： ①简单、成本低 ②压力稳定性较好，压力稳定性主要取决于溢流阀的动态特性 ③效率低 ④温升大，需用较大功率的冷却器 应用：一般用于低压、小功率伺服油源。对于伺服阀动态响应快的系统，拟在接近伺服阀入口处加设蓄能器，以减小 p_s 波动，提高压力稳定性
恒压变量泵-蓄能器油源	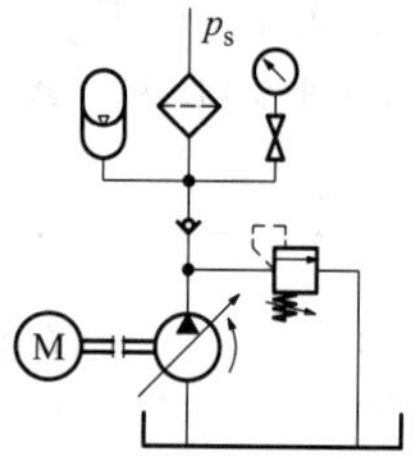 	特点： ①恒压变量泵结构复杂、成本较高 ②压力稳定性主要取决于泵的变量机构的动态响应，变量泵的动态响应比溢流阀低，因此采用恒压泵时一般须配用蓄能器 ③恒压泵供油流量自动随负载流量而变化，因而效率高 ④温升较小，冷却器功率可较小 应用：一般用于高压、大功率伺服油源。大流量时，可采用恒压泵并联、多蓄能器并联供油

4.3.3 液压伺服油源的参数选择

表 20-10-77

参数	选择或匹配原则	说明
供油压力	取 $p_s=p_{Lm}+\Delta p_V$ ①按最大功率传输条件，取 $p_{Lm}=(2/3)p_s$ 时 $p_s=1.5p_{Lm}$ ②当负载很大，取 $p_{Lm}\leqslant(5/6)p_s$ 时，$p_s=(6/5)p_{Lm}=1.2p_{Lm}$	p_s——系统供油压力，MPa p_{Lm}——最大负载压力，MPa Δp_V——保证所需流量的阀上总压降，MPa
供油流量	取 $Q_{0m}\geqslant Q_s\geqslant Q_{Lm}$	Q_s——系统供油流量，m^3/s Q_{Lm}——最大负载流量，m^3/s Q_{0m}——伺服阀的最大空载流量，m^3/s
油源特性	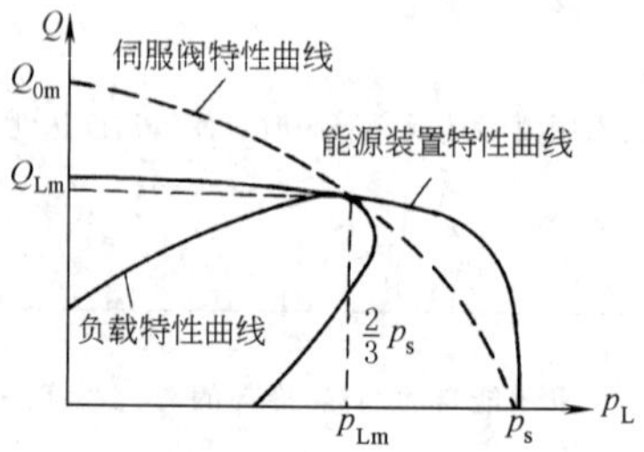 	要求： ①油源特性应包络负载特性 ②$p_s\geqslant p_{Lm}+\Delta p_V$ ③$Q_{0m}\geqslant Q_s\geqslant Q_{Lm}$

.3.4 液压伺服油源特性分析

(1) 定量泵-溢流阀油源

表 20-10-78

项目	内容	说明
动态方程	(1)压力管道的连续性方程 $Q_p(s)-C_lp_s(s)-Q_B(s)-Q_L(s)=\dfrac{V_t}{\beta_e}sp_s(s)$ (2)溢流阀主阀芯流量方程 $Q_B(s)=K_{qb}x_p(s)+K_{cb}p_s(s)$ (3)溢流阀先导阀的力平衡方程 $A_vp_s=M_vs^2x_v(s)+B_vsx_v(s)+K_sx_v(s)+F_0(s)$ (4)溢流阀先导阀的流量方程(可忽略 K_c 项) $Q_v(s)=K_qx_v(s)+K_cp_s(s)$ (5)溢流阀主阀受控腔连续性方程(忽略泄漏及压缩性) $Q_v(s)=A_psx_v(s)$	Q_p——泵的输出流量,m^3/s Q_B——溢流阀溢流量,m^3/s Q_L——负载(消耗)流量,m^3/s C_l——泵的内泄漏系数,$m^5/(N \cdot s)$ V_t,p_s——高压管路总容积(m^3)、压力(N/m^2) X_p,A_p——溢流阀主阀位移(m)、面积(m^2) K_{qb}——溢流阀主阀流量增益,m^2/s K_{cb}——溢流阀主阀流量压力系数,$m^5/(N \cdot s)$ X_v,A_v——先导阀位移(m)、面积(m^2) Q_v——先导阀流量,m^3/s K_q,K_c——先导阀流量增益(m^2/s)、流量-压力系数$[m^5/(N \cdot s)]$ M_v,B_v,K_s——先导阀质量(kg)、黏性阻尼系数($N \cdot s/m^2$)、弹簧刚度(N/m) F_0——先导阀弹簧力,N
方块图	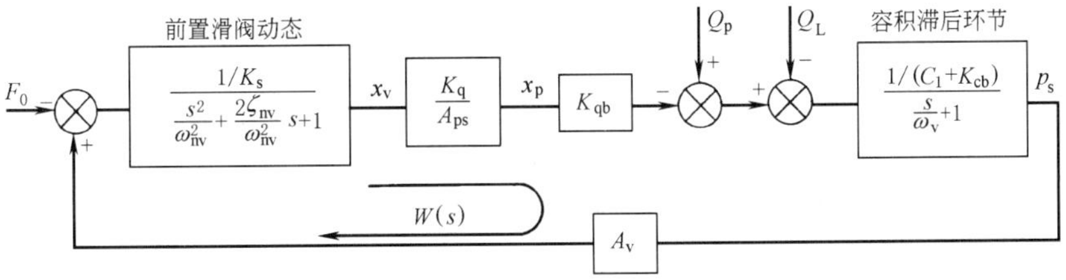 绘出以溢流阀的调压力 F_0 作为输入,以供油压力 p_s 作为输出,以流量 Q_p、Q_L 作为扰动的方块图 图中 $\omega_{nv}=\sqrt{K_s/M_v}$ ω_{nv}——先导阀机械谐振频率,rad/s ζ_{nv}——先导阀的阻尼系数 $\omega_v=\beta_e(C_l+K_{cb})/V_t$ ω_v——容积滞后频率,rad/s	
传递函数	$W(s)=\dfrac{K_v}{s\left(1+\dfrac{s}{\omega_v}\right)\left(\dfrac{s^2}{\omega_{nv}^2}+\dfrac{2\zeta_{nv}}{\omega_{nv}}s+1\right)}$ $K_v=\dfrac{K_qA_vK_{qb}}{K_sA_p(C_l+K_{cb})}$	K_v——开环增益,s^{-1}
稳定性	由于先导阀的 M_v 小、K_s 大,因此 ω_{nv} 高。忽略 ω_{nv} 环节的动态影响,则 $W(s)=\dfrac{K_v}{s(1+s/\omega_v)}$ 可见系统为Ⅰ阶系统,系统容易稳定	只需使参数 K_v 限定在一定值内,系统便可稳定 K_v 值中所有参数均系溢流阀的结构参数,所以实际上油源的稳定性取决于溢流阀的稳定性

续表

项目	内容	说明
动态及静态柔度	$\dfrac{P_s(s)}{Q_L(s)}=-\dfrac{[1/K_v(C_1+K_{cb})]s}{\dfrac{s^2}{K_v\omega_v}+\dfrac{s}{K_v}+1}$ 负号表示 Q_L 增大、p_s 降低 $\left.\dfrac{P_s(s)}{Q_L(s)}\right\|_{s=0}=0$	以负载流量为扰动输入，以 p_s 为输出分析动态柔度 ①当 $\omega=\sqrt{K_v\omega_v}$ 时，动态柔度最大 ②$\omega=0$ 或 ∞ 时，动态柔度为 0 ③稳态即 $s=0$ 时，稳态柔度为零，表明稳态下 Q_L 对 p_s 无影响，实际上由于溢流阀液动力和弹簧力的影响，稳态时柔度不完全为零，即 Q_L 对 p_s 会有一定影响

（2）恒压变量泵油源

表 20-10-79

项目	内容	说明
动态方程或环节传递函数	(1)变量泵的流量方程 $Q_p(s)=-K_pn_px_p(s)$；负号表示 x_p 增大时 Q_p 减小 (2)阀控变量缸 $\dfrac{x_p(s)}{x_v(s)}=\dfrac{K_q/A_p}{s\left(\dfrac{s^2}{\omega_h^2}+\dfrac{2\zeta_h}{\omega_h}s+1\right)}$ (3)压力管路的连续性方程 $Q_p(s)-C_1p_s(s)-Q_L(s)=\dfrac{V_t}{\beta_e}sp_s(s)$ (4)滑阀的力平衡方程 $A_vp_s(s)=M_vs^2x_v(s)+B_vsx_v(s)+K_sx_v(s)+F_0(s)$	Q_p——变量泵的输出流量，m^3/s K_p，n_p——泵的排量梯度(m^2/rad)、转速(rad/s) X_p，A_p——变量缸的位移(m)、面积(m^2) K_q——滑阀的流量增益，m^2/s ω_h——变量机构的液压谐振频率，rad/s ζ_h——变量机构的液压阻尼系数 F_0——变量机构调压弹簧的弹簧力，N 其余同表 20-10-77
方块图	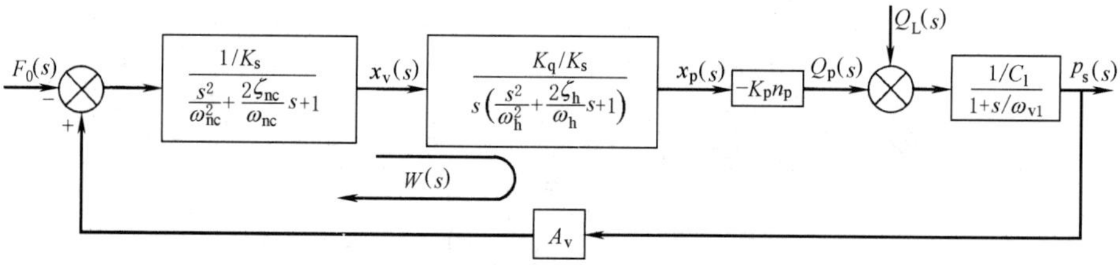 绘出以变量机构的调压力 F_0 为输入，以供油压力 p_s 为输出、以负载流量 Q_L 为扰动的方块图，图中： $\omega_{v1}=\beta_eC_1/V_t$ ω_{v1}——容积滞后频率，rad/s	
传递函数	考虑到 $\omega_{nc}\gg\omega_h$，因而可忽略滑阀动态，于是开环传递函数 $W(s)=\dfrac{K_{v1}}{s\left(1+\dfrac{s}{\omega_{v1}}\right)\left(\dfrac{s^2}{\omega_h^2}+\dfrac{2\zeta_h}{\omega_h}s+1\right)}$ 式中　K_{v1}——开环增益，s^{-1}，$K_{v1}=K_qK_pn_pA_v/K_sA_pC_1$	可见恒压泵油源的动态主要取决于容积滞后和变量机构的动态，因此对恒压泵的变量机构应有较高的要求
稳定性	与定量泵—溢流阀油源相比： $\omega_{v1}=\beta_eC_1/V_t\ll\omega_v=\beta_e(C_1+K_{cb})/V_t$ $\omega_h\ll\omega_{nv}$，ζ_h 及 ζ_{nv} 均较小，因此为确保稳定性，应取 $K_{v1}<K_v$	
动态及静态柔度	若 $\omega_h\gg\omega_{v1}$，忽略变量机构动态，则可得 $\dfrac{p_s(s)}{Q_L(s)}=-\dfrac{[1/(K_{v1}C_1)]s}{\dfrac{s^2}{K_{v1}\omega_{v1}}+\dfrac{s}{K_{v1}}+1}$ 如果 ω_h、ω_{v1} 相当，动态柔度表达式将相当复杂，但仍有： $\left.\dfrac{p_s(s)}{Q_L(s)}\right\|_{s=0}=0$	以负载流量为扰动输入，以 p_s 为输出分析动态柔度

5　伺服液压缸的设计计算

伺服液压缸是液压伺服系统关键性部件。对于中小规格的伺服缸可以选用标准产品，但对于大规格的伺服液压缸，如压下伺服缸，则必须进行非标设计。伺服液压缸的结构及其动态特性直接影响到系统的性能和使用寿命，所以伺服液压缸的设计是系统设计中的重要组成部分。

注：1. 在 GB/T 17446—2024 中没有“伺服液压缸”这一术语。而该标准将“伺服缸”限定为仅与气动技术有关的术语。

2. 在 GB/T 32216—2015 中给出术语“比例/伺服控制液压缸”的定义：“用于比例/伺服控制，有动态特性要求的液压缸。”

5.1　伺服液压缸与传动液压缸的区别

表 20-10-80

区别		传动液压缸	伺服液压缸
功用不同		作为传动执行元件,用于驱动工作负载,实现工作循环运动,满足常规运动速度及平稳性要求	作为控制执行元件,用于高频下驱动工作负载,实现高精度、高响应伺服控制
强度及结构方面	强度	满足工作压力和冲击压力下强度要求	满足工作压力和高频冲击压力下强度要求
	刚度	一般无特别要求	要求高刚度
	稳定性	满足压杆稳定性要求	满足压杆高稳定性要求
	导向	要求良好的导向性能,满足重载或偏载要求	要求优良的导向性能,满足高频下的重载、偏载要求
	连接间隙	连接部位配合良好,无较大间隙	连接部位配合优良,不允许存在游隙
	缓冲	高速运动缸应考虑行程终点缓冲	伺服控制不碰缸底,不必考虑缓冲装置
	安装	只需考虑缸体与机座、活塞杆与工作机构的连接	除考虑与机座及工作机构的连接,还应考虑传感器及伺服控制阀块的安装
性能方面	摩擦力	要求较小的启动压力	要求很低的启动压力和运动阻力
	泄漏	不允许外泄漏,内泄漏较小	不允许外泄漏,内泄漏很小
	寿命	要求较高工作寿命	要求高寿命
	清洁度	要求较高清洁度	要求很高的清洁度

5.2　伺服液压缸的设计步骤

表 20-10-81

步骤	内容
(1)	详细了解主机的工况及结构特点,确定缸的行程及允许的最大外形尺寸,确定缸与主机的连接方式
(2)	确定缸的类型:活塞缸或柱塞缸
(3)	根据负载力及选定的供油压力 p_s,确定缸的有效面积 A_p
(4)	计算并确定缸的主要参数,包括缸内径 D、活塞杆直径 d、缸的壁厚 t 及外径、缸底厚度等。确定壁厚、缸底厚度主要考虑其强度和刚度
(5)	绘制结构草图,确定缸的最大行程及最大外形尺寸
(6)	校核缸的固有频率是否满足系统要求
(7)	在系统静动特性分析符合后,进行液压缸及其辅件结构设计和零件的校核。如不符合要求,需重复(4)~(7)的步骤
(8)	绘制正式施工图

5.3 伺服液压缸的设计要点

表 20-10-82

项目		内容
强度校核		一般均按经典的强度公式计算出厚度和直径等尺寸，然后圆整或套用标准，因此最后结果（例如厚度尺寸）往往大大超过计算值，偏于安全；但对缸的变形量必须校核
关于刚度		应有足够的连接刚度，即活塞杆的细长比要很小，否则执行元件的固有频率会下降很多，缸的底座不能只满足能支撑缸的受力，还应有“坚实”的基础
减少液压缸的摩擦力	摩擦力的危害	摩擦力是非线性负载，其方向与运动相反，如果摩擦力过大，容易产生极限环振荡，并将产生静态死区和动态死区，因此应尽量减小液压缸的静摩擦力和动摩擦力
	措施	①选用动、静摩擦系数小，弹性好、密封性好的组合式密封件与硬度较高的导向环，密封件及导向环采用专门厂商生产的产品，以保证良好的密封性和导向性 ②活塞杆的有效导向长度应尽量长，以减少由于液压缸轴向歪斜产生的附加摩擦力 ③应保证缸体与活塞尺寸在允许范围之内。其公差值应遵循密封件的公差要求
提高液压缸的固有频率		伺服液压缸的固有频率往往是伺服系统中各环节的最低频率，即系统能够响应的最高频率。要加快响应速度，就要加大 ω_h
	有效工作面积 A_p	当 ω_h 不足时，可以在空间允许的范围内提高 A_p，但 A_p 与 ω_h 不是成正比，因为 V_t 当中含有参数 A_p。不过随着 A_p 增大，可以降低 p_s，但 β_e 也会随之有所下降
	工作腔容积 V_t	V_t 的减小，可以提高 ω_h。减小 V_t 的最有效方法是使缸的行程尽量减小，减小到只满足控制行程，而调节缸的原始位置，用其他办法完成。例如压下缸的行程只作轧钢时调整辊缝，而调整轧制线的标高（因轧辊磨损）则用电动压下螺钉或斜块来调整。此外，由伺服阀到液压缸油管的容积也是不可忽视的，伺服阀阀块尽量靠近液压缸，或就装在缸上，如图 a 所示 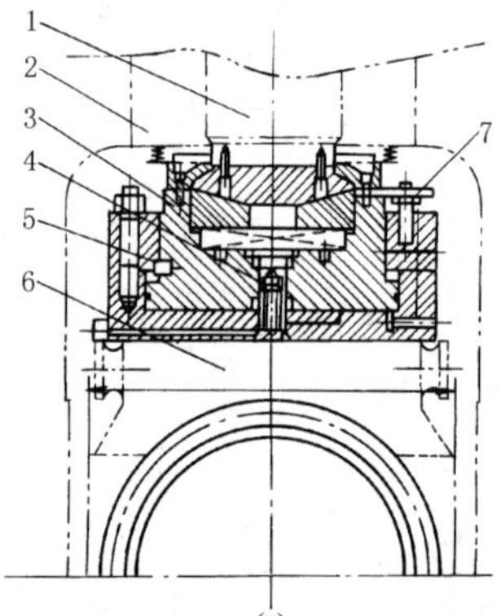 (a) 1—压下螺钉；2—机架；3—活塞杆；4—位移传感器；5—防转块；6—轧辊轴承座；7—防转装置
	β_e	液体的体积弹性系数 β_e 的理论值为 1400MPa，实际值与油液中气体含量有很大关系，当气体含量少，压力高时，则 β_e 大。缸的刚度不够，特别是管道的刚性差时，β_e 值也会显著降低。因此从阀到缸中间一般不采用软管连接。作为工程设计的一般设计计算，取 β_e = 700MPa，高压时气体容易排出，可取 β_e = 1000MPa
工艺和安装的要求	缸的安装与固定	一般受力较小的伺服液压缸可用传动缸安装与固定的方法（如图 b 所示）。对于出力很大，有较大的径向尺寸，而轴向尺寸往往较小的压下缸多数与设备做成一体或用缸底支承（如图 a 所示），因缸自重很大（3～6t），必须有起重、吊装装置 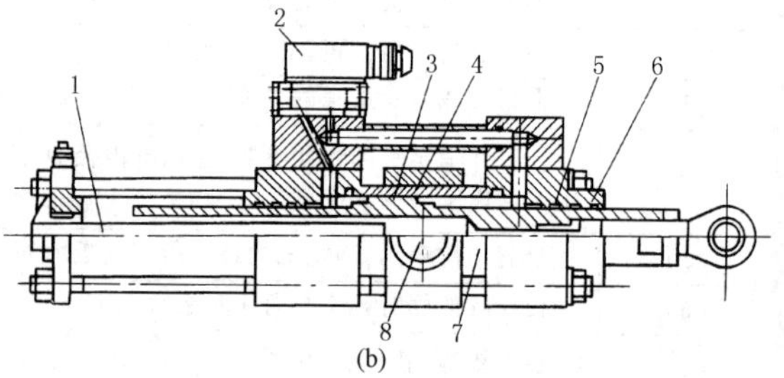 (b) 1—传感器；2—伺服阀；3—活塞密封；4—活塞；5—活塞杆密封；6—缸盖；7—缸筒；8—销轴

续表

项目	内容		
工艺和安装的要求	缸的防转装置	当装有外置位移传感器时，要求活塞与缸体之间不能有相对转动，常采用框架限制住缸体并设定位销；图 a、c 表示缸体与柱塞间有导向装置，图 c 左下角 2 和右上角为导向装置，左右对称。缸体左右四翼为用框架固定缸体的支承座	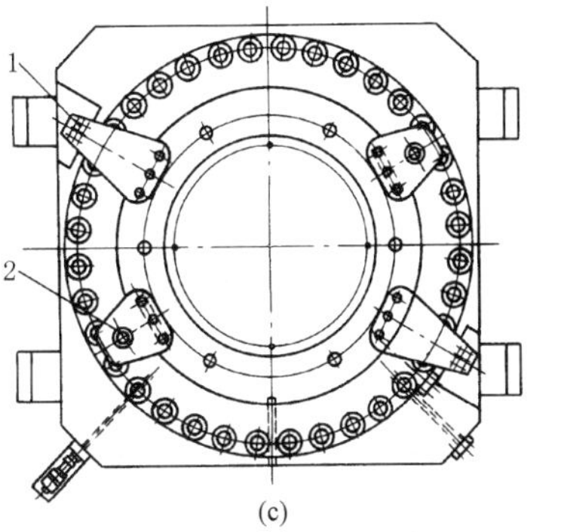 (c) 1—外置传感器；2—导向装置
	传感器的设置	传感器设置的方法有两种，一种在中间设置，如图 d 所示，优点是只用一个传感器即能得到准确数据，缺点是不易维修和调整。另一种方式是在缸两侧对称设置两个传感器（如图 c 中 1），传感器分别固定在缸体和挡板上，以防止缸歪斜时单个传感器检测不准。在工作过程中，要保证位置传感器对中运动自如	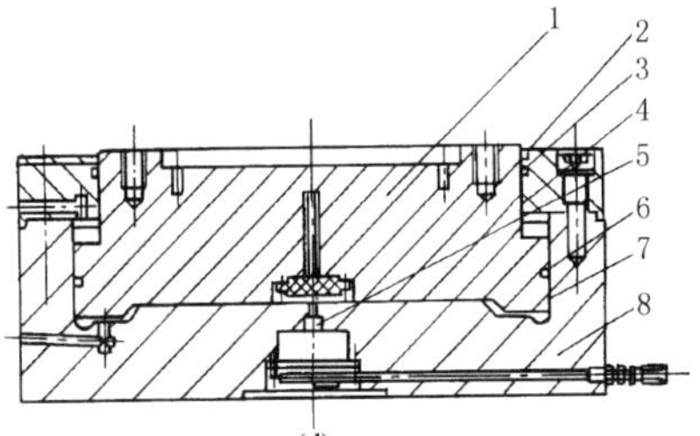 (d) 1—活塞；2—防尘圈；3,6—组合密封圈；4,7—导向环；5—位移传感器；8—缸体套
	在缸的最上方，应有放气装置，保证油腔中无空气存在		
	保证传感器和活塞杆不受灰尘和水汽污染，应加防护装置		

6 伺服液压缸产品

6.1 国内生产的伺服液压缸

6.1.1 优瑞纳斯的 US 系列伺服液压缸

表 20-10-83

型号意义	
型号意义	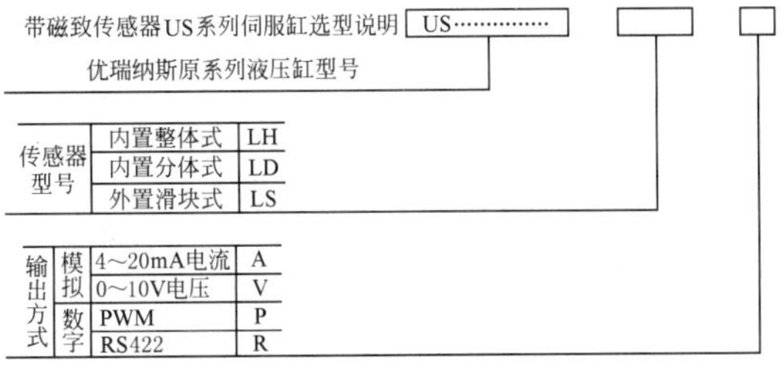

续表

<table>
<tr>
<td>结构型式与特点</td>
<td>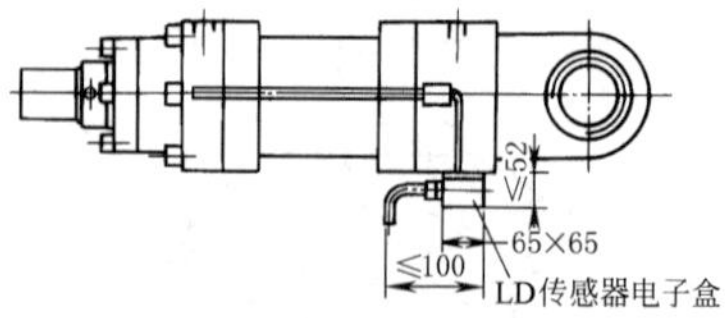

LD 型传感器
适用于尾部耳环式液压缸，缸体外增加一个 65mm×65mm×52mm 的电子盒。传感器维修、更换不方便</td>
<td>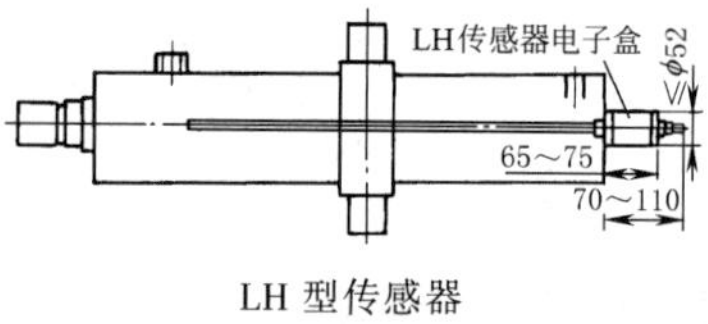

LH 型传感器
适用于缸底耳环以外任何型式的液压缸。将在缸尾部增加一个直径约为 52mm，长约 72mm 的电子盒。传感器维修、安装、更换方便</td>
<td>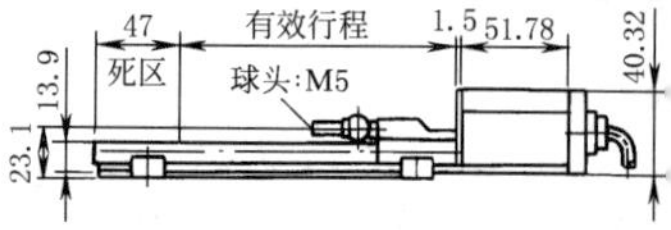

LS 型传感器
适用于所有安装结构的液压缸。传感器的安装、维修、更换方便。传感器的拉杆需带防转装置</td>
</tr>
</table>

表 20-10-84　　传感器技术参数

类型	LH	LD	LS
输出型式	模拟输出或数字输出均可		
测量数据	位置		
输出型式	模拟输出	数字输出	
测量范围	最小 25mm，最长十几米；LS 型模拟：25~2540mm；LS 型数字：25~3650mm		
分辨率	无限（取决于控制器 D/A 与电源波动）	一般为 0.1mm（最高达 0.005mm，需加配 MK292 界面卡）	
非线性度	满量程的±0.02%或±0.05%（以较高者为准）		
滞后	<0.02mm		
位置输出	0~10V 4~20mA	开始/停止脉冲（RS422 标准） PWM 脉宽调制	
供应电源	+24（1±10%）V DC		
耗电量	120mA	100mA；LS 型模拟/数字均为 100mA	
工作温度	电子头：-40~70℃（LH）；-40~80℃（LD） 敏感元件：-40~105℃		
温度系数	$<15\times10^{-6}/℃$		
可调范围	5%可调零点及满量程		
更新时间	一般≤3ms	最快每秒 10000 次（按量程而变化） 最慢=[量程(in)+3]×9.1μs	
工作压力	静态：34.5MPa（5000psi）；峰值：69MPa（10000psi）；LS 型无此项		
外壳	耐压不锈钢；LS 型为铝合金外壳，防尘、防污、防洒水，符合美国 IP67 标准		
输送电缆	带屏蔽七芯 2m 长电缆		

表 20-10-85　　磁致传感器接线

输出型式	LH、LD、LS 型传感器模拟输出	LH、LD、LS 型传感器数字输出
红或棕色	+24V DC 电源输入	24V DC 电源输入
白色	0V DC 电源输入	0V DC 电源输入
灰或橙色	4~20mA 或 0~10V 信号输出	PWM 输出（-），RS422 停止（-）
粉或蓝色	4~20mA 或 0~10V 信号回路	PWM 输出（+），RS422 停止（+）
黄色		PWM 询问脉冲（+），RS422 开始（+）
绿色		PWM 询问脉冲（-），RS422 开始（-）
	金属屏蔽网接地防止信号受干扰	金属屏蔽网接地防止信号受干扰

6.1.2　海德科液压公司伺服液压缸

表 20-10-86

<table>
<tr>
<td>结构图</td>
<td>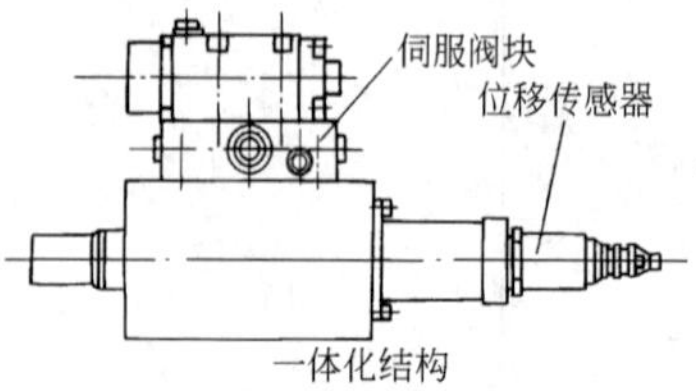

一体化结构</td>
<td>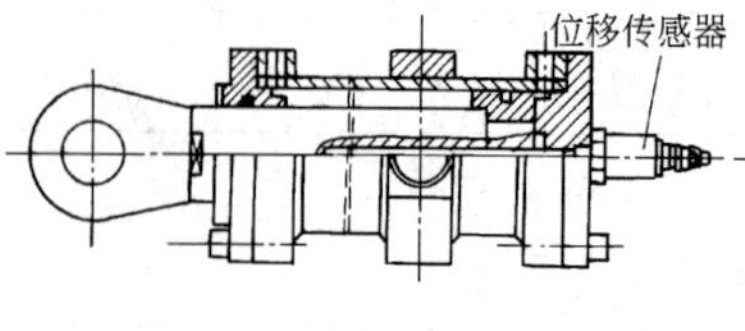

传感器外置</td>
<td>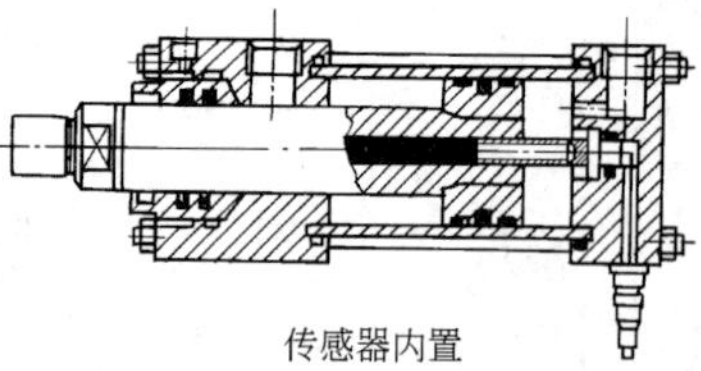
传感器内置</td>
</tr>
</table>

续表

型号意义

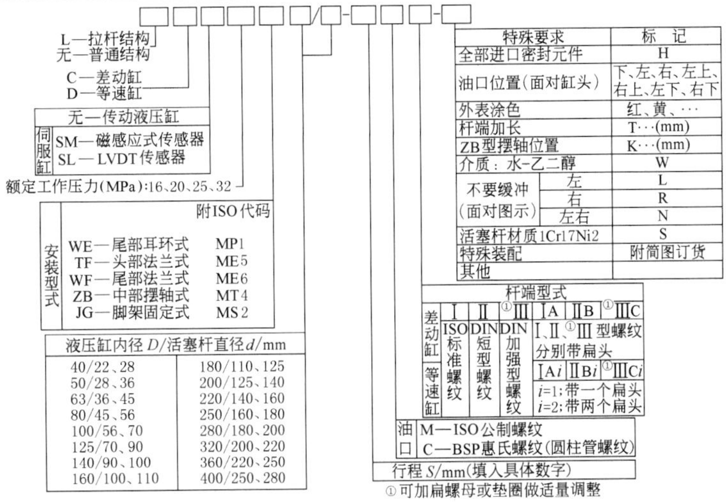

位移传感器技术性能

输出型式	模拟输出或数字输出均可	
测量数据	位置	
输出型式	模拟输出	数字输出
测量范围	最小25mm,最长十几米;LS型模拟:25~2540mm,LS型数字:25~3650mm	
分辨率	无限(取决于控制器D/A与电源波动)	一般为0.1mm(最高达0.005mm,需加配MK292界面卡)
非线性度	满量程的±0.02%或±0.05%(以较高者为准)	
滞后	<0.02mm	
位置输出	0~10V 4~20mA	开始/停止脉冲(RS422标准) PWM脉宽调制
供应电源	+24(1±10%)V DC	
耗电量	120mA	100mA;LS型模拟/数字均为100mA
工作温度	电子头:-40~70℃(LH);-40~80℃(LD) 敏感元件:-40~105℃	
温度系数	$<15\times10^{-6}$/℃	
可调范围	5%可调零点及满量程	
更新时间	一般≤3ms	最快每秒10000次(按量程而变化) 最慢=[量程(in)+3]×9.1μs
工作压力	静态:34.5MPa(5000psi);峰值:69MPa(10000psi);LS型无此项	
外壳	耐压不锈钢;LS型为铝合金外壳,防尘、防污、防洒水,符合美国IP67标准	
输送电缆	带屏蔽七芯2m长电缆	

外形尺寸

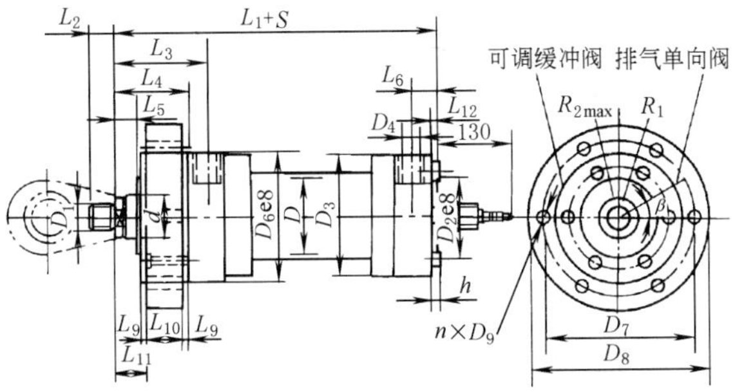

续表

	D		40	50	63	80	100	125	160	180	200
外形尺寸	d		22/28	28/36	36/45	45/56	56/70	70/90	100/110	110/125	125/140
	L(缓冲长度)		20	20	25	30	35	50	55	65	70
	D_1	Ⅰ型	M16×1.5	M22×1.5	M30×2	M36×2	M48×2	M56×2	M80×3	M100×3	M110×3
		Ⅱ型	M16×1.5	M22×1.5	M28×1.5	M35×1.5	M45×1.5	M58×1.5	M80×2	M100×2	M110×2
		Ⅲ型	M18×2	M24×2	M30×2	M39×3	M50×3	M64×3	M90×3	M100×3	M110×4
	D_2		50	64	75	95	115	135	180	200	215
	D_3		80	100	120	140	170	205	265	290	315
	D_4	公制	M18×1.5	M22×1.5	M27×2	M27×2	M33×2	M42×2	M42×2	M150×2	M50×2
		英制	G⅜	G½	G¾	G¾	G1	G1¼	G1¼	G1½	G1½
	D_6		90	110	130	145	175	210	275	300	320
	D_7		108	130	155	170	205	245	325	360	375
	D_8		130	160	185	200	245	295	385	420	445
	D_9		9.5	11.5	14	14	18	22	26	26	33
	L_1		226	234	262	275	325	382	475	515	540
	L_2	Ⅰ型	22	30	40	50	63	75	95	112	112
		Ⅱ型	16	22	28	35	45	58	80	100	110
		Ⅲ型	30	35	45	55	75	95	120	140	150
	L_3		76	80	89.5	87.5	112.5	129.5	160	175	180
	L_4		54	58	67	65	85	97	120	130	135
	L_5		17	20	20	20	30	30	35	35	40
	L_6		32	32	27.5	37.5	32.5	37.5	50	50	50
	L_9		5	5	5	5	5	5	10	10	10
	L_{10}		30	30	35	35	45	50	60	70	75
	L_{11}		19	23	27	25	35	42	50	50	50
	L_{12}		5	5	5	5	5	5	10	10	10
	R_2		56.5	61	75.5	81.5	99	113	149	172.5	182.5
	R_3		53	57.5	70.5	76.5	81	107	139	158.5	168.5
	β		30°	30°	30°	30°	30°	30°	45°	45°	45°
	n		6	6	6	6	6	6	8	8	8
	h		10	12.5	15	15	20	25	30	30	37.5

注：位移传感器内置式和一体化结构的部分尺寸未列出，不在表中的尺寸可另咨询

6.1.3 JBS系列伺服液压缸

表 20-10-87

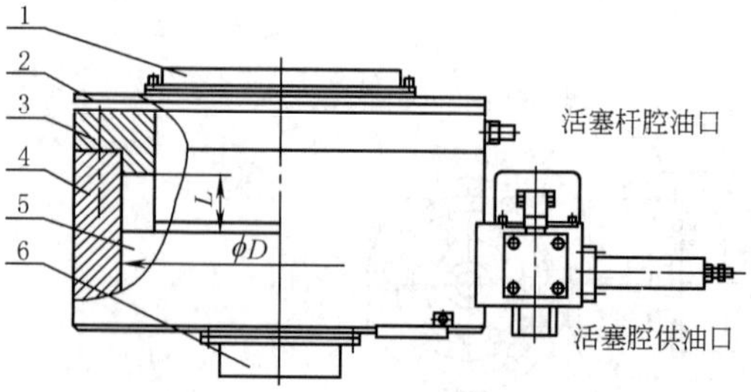

标记方法：

JBS − D × L − □ − □

- 密封：进口件为 W_1，国产不标
- 安装型式：S为上置式，下置式不标
- 行程 L:mm
- 缸径 D:mm
- 伺服液压缸

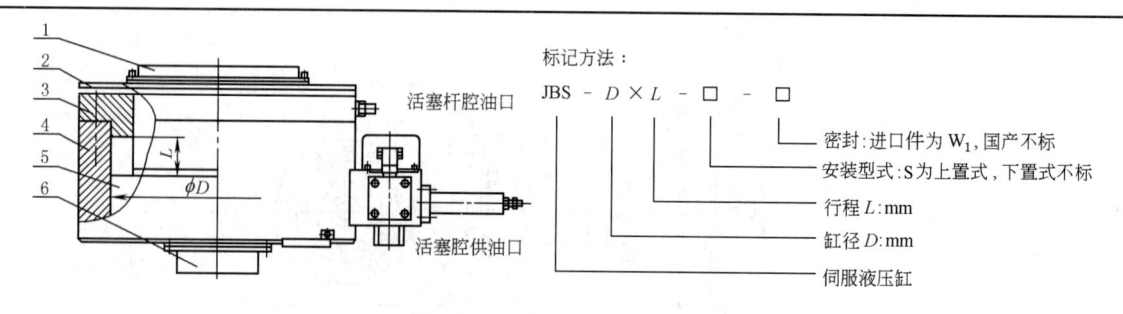

1—均压垫；2—罩盖；3—缸盖；4—缸体；
5—活塞；6—传感器罩

续表

基本参数											
缸径 D/mm	200	250	320	380	450	500	560	630	700	780	840
公称推力/kN	502	785	1286	1814	2543	3140	3939	4985	6154	7642	8862
行程范围/mm	≤300										
缸速/m·s^{-1}	≤15										
位移精度/mm	0.002										
压力范围/MPa	≤21										
油液清洁度等级	ISO 4406:<14/11										
油液运动黏度范围/mm^2·s^{-1}	15~100										
使用环境温度/℃	-20~+60										

注：1. 本系列液压缸采用集成结构，由液压缸本体、位移和压力检测传感器、伺服阀油路块和安全防护组件等组成，广泛应用于轧制设备。

2. 缸径可按用户要求特殊订货。其他尺寸订货时提供。

6.2 国外生产的伺服液压缸

6.2.1 力士乐（REXROTH）伺服液压缸

表 20-10-88

	推力/kN	行程/mm	额定压力/MPa	回油槽压力/MPa	安装位置	工作介质	介质温度/℃	黏度/mm^2·s^{-1}	工作液清洁度
技术性能	10~1000	50~500 每 50 增减	28	≥0.2	任意	矿物油 DIN 51524	35~50	35~55	NAS1638-7 级

	项目	位移传感器	超声波位移传感器
位移传感器技术性能	测量长度/mm	100~550,每 50 增减	
	速度	任选(响应时间与测量长度有关)	
	电源电压/V	+1~+5	±12~±15(150mA)
	输出	模拟	RS422(脉冲周期)
	电缆长度/m	≤25	≤25
	分辨率/mm	无限的	0.1(与测量长度有关)
	线性度/%	±0.25(与测量长度有关)	±0.05(与测量长度有关)
	重复性/%		±0.001(与测量长度有关)
	滞环/mm		0.02
	温漂/(mm/10K)		0.05
	工作温度/℃	-40~80	传感器:-40~66;传感器杆:-40~85
结构型式	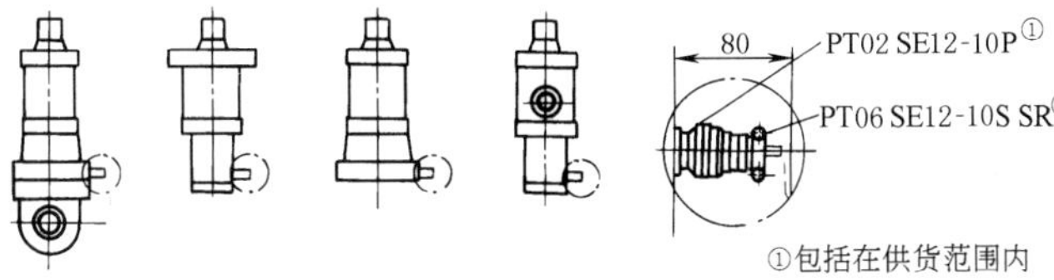 ①包括在供货范围内		

续表

偏载曲线

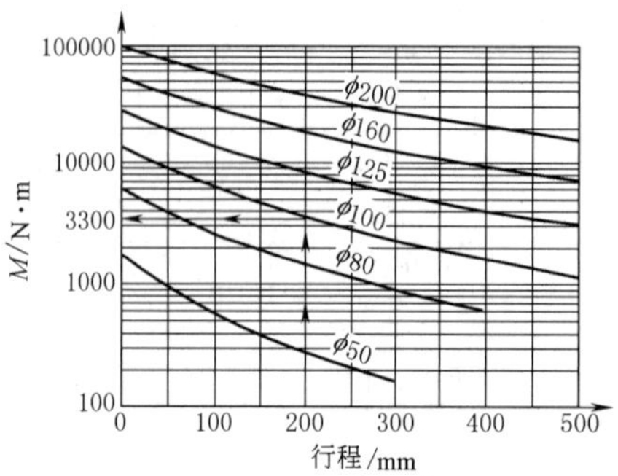

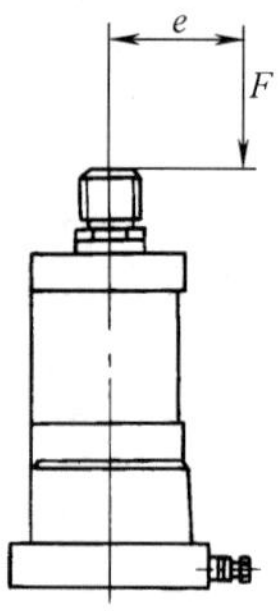

能承受的最大偏心扭矩 M

$$M=Fe$$

M—扭矩，N·m；

F—作用力，kN；

e—偏心距，mm

例如：

行程为 200mm

杆径为 100mm

作用力 $F=63\text{kN}$

$$e=\frac{M}{F}=\frac{3300}{63}$$

$e=52.38\text{mm}$

型号意义

CGS 280 □ □ / □ - □ T 1X / □ □ □ □ □ □

CGS 伺服缸，双伸杆

额定压力：28MPa

安装型式：
B—底部耳环
C—前端法兰
D—底部法兰
E—中间耳轴

公称推力/kN	杆径/mm	缸径/mm
10	50	55
16	50	57
25	50	61
40	50 80	66 91
63	50 80 100	74 97 114
100	80 100 125	106 133 143
160	80 100 125	118 133 152
250	100 125 160	148 166 194
400	125 160	186 211
600	160 200	235 264
1000	200	295

行程：500—行程为500mm

杆端轴承：T—球轴承

系列：1X—10～19外部结构不变

规格（辅板或带伺服阀块安装）：06-6，10-10，16-16，25-25，32-32

连接类型：
A—辅板
Z—带伺服阀块

杆端：
A—外螺纹
B—内螺纹

油液：
M—密封，适用于矿物油 DIN 51524(HL,HLP)
A—氟橡胶密封，适用于磷酸酯(HFD-R)

密封型式：
D—标准
A—无密封

位置传感器：
L—LVDT，电源式
T—超声波

注：在 2022 年 5 月出版的力士乐（REXROTH）一个样本上，将伺服液压缸称为“电液伺服轴”。

6.2.2 MOOG 伺服液压缸

表 20-10-89

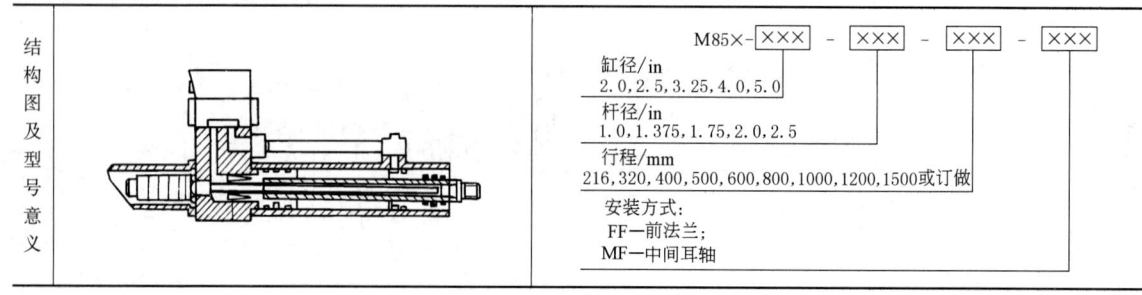

结构图及型号意义

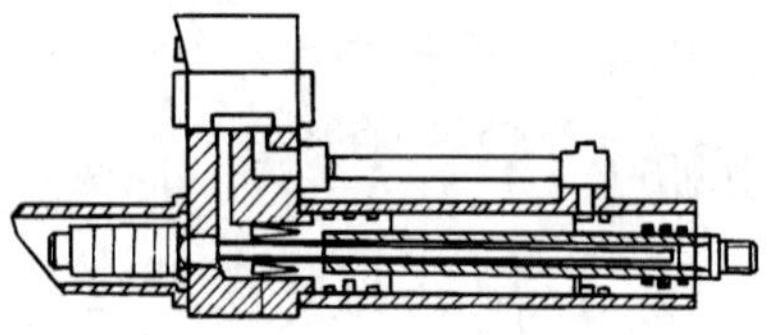

M85×-XXX - XXX - XXX - XXX

缸径/in：2.0，2.5，3.25，4.0，5.0

杆径/in：1.0，1.375，1.75，2.0，2.5

行程/mm：216，320，400，500，600，800，1000，1200，1500或订做

安装方式：
FF—前法兰；
MF—中间耳轴

续表

技术性能	压力/MPa	最大 21
	工作温度/℃	-5~+65
	工作介质	矿物油
	缸径/in	2.0,2.5,3.25,4.0,5.0
	杆径/in	1.0,1.375,1.75,2.0,2.5
	行程/mm	216,320,400,500,600,800,1000,1200,1500 或订做
	安装方式	前端法兰/中间耳轴
	线性度/%	<0.05FS
	分辨率/%	<0.01FS
	重复性/%	<0.01FS
	温漂/(mm/10K)	Probe:0.005FS/℃
		控制器:0.005FS/℃
	频率响应/Hz	约 1000
	输出信号	0~10V,0~20mA(或其他要求输出值)
	电源电压/V	+15V(105/185mA)(冲击),-15V(23mA)
	零调整/%	±5FS

5.2.3 M085 系列伺服液压缸

表 20-10-90 mm

型号意义

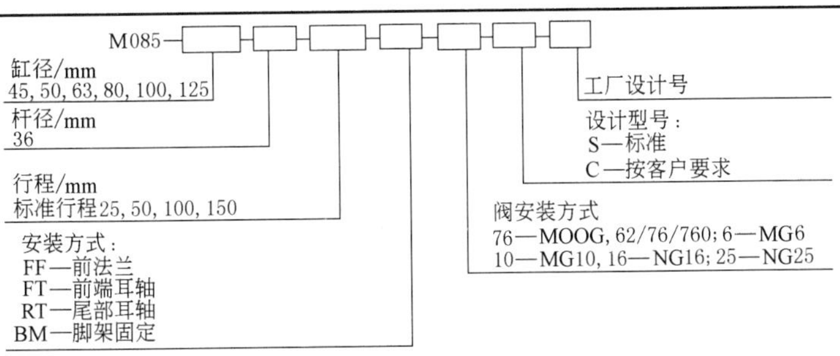

外形尺寸

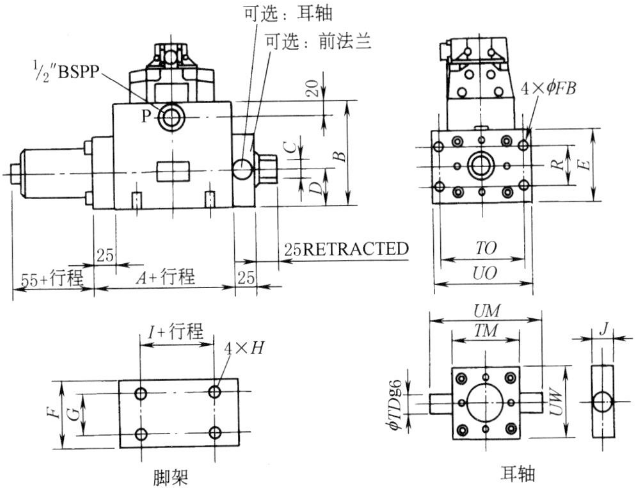

型号	A	B	C	D	F	G	H	I	J	法兰					耳轴			
										R	E	TO	UO	ϕFB	UM	TM	UW	ϕTD
M085-50-36-＊＊＊	132	110	M24×2×45	46	90	60	M10×15	27	32	65	90	117	145	14	144	94	90	32
M085-63-36-＊＊＊	140	125	M24×2×45	46	90	70	M10×15	35	32	65	90	117	145	14	144	94	90	32
M085-80-36-＊＊＊	140	145	M24×2×45	58	106	80	M12×18	35	40	83	115	149	180	18	164	110	115	40

6.2.4 阿托斯（Atos）伺服液压缸

表 20-10-91

结构图

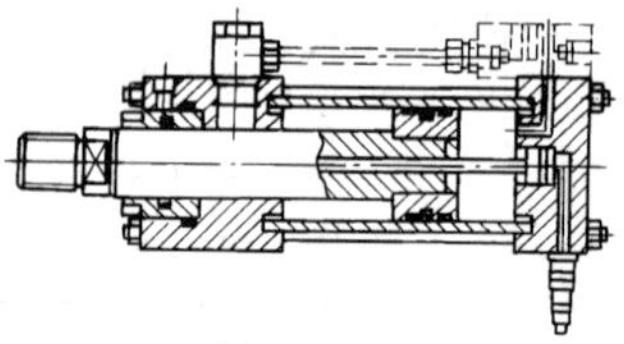

CKP型伺服液压缸剖面图

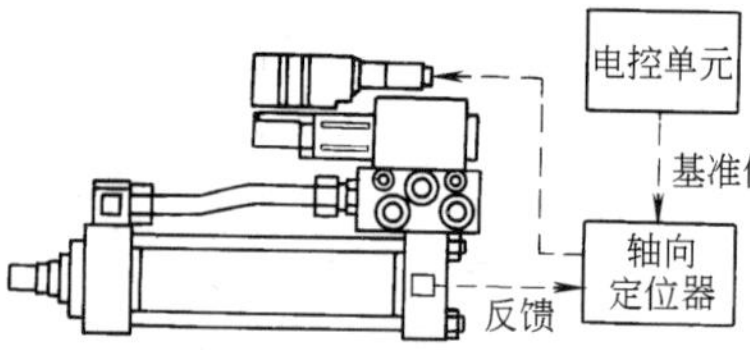

带比例阀的伺服液压缸控制方框图

传感器的主要特性

传感器类型	分辨率	线性度/%	重复性/%	最高速度 /m·s^{-1}	温度范围 /℃	温度系数 /%·℃$^{-1}$	标准行程 /mm	最大行程 /mm
电阻式	无限	±0.025	≤0.01	1	-20~70	±0.1	100,200,300,400,500,700,900	2000
感应式(VRVT)	无限	±0.20	≤0.02	2	-30~80	±0.02	100,200,300,400,500,700,900	1000
感应式(LVDT)	无限	±0.25	≤0.02	2	-20~80	±0.002	100(±50),200(±100),300(±150)	300(±150)
电磁式	无限	±0.05	≤0.001	2	-20~65	±0.02	100,200,300,400,500,700,900	2000

型号意义

CK P / 10 50 / 36 * 0500 - S 2 0 8 K Q 20

液压缸系列：
CK—符号，ISO 6020-2和DIN 24554标准；
CH—用相对法兰装配的系列缸(对ϕ63～200mm)

内置传感器：
P—电阻式；M—电磁式；
V—VRVT感应式；
W—LVDT感应式

一体化底板：
00—没有底板；
10—CETOP03底板(CK※40～200)；
20—CETOP05R底板(CK※40～200)
W—LVDT感应式

缸径/mm

活塞杆径/mm

行程/mm，选用以下标准行程：
CKP，CKM，CKV—100，200，300，400，500，700，900
CKW:100，200，300
其他尺寸请订做

安装方式

	参照ISO		参照ISO
X—基本型	—	L—中间耳轴	MI4
C—双耳轴	MP1	N—前法兰	ME5
D—单耳轴	MP3	P—后法兰	ME6
E—底座	MS2	S—关节轴承	MP5
G—前耳轴	MT1		

缓冲器：对于CK※63～200仅前端有
0—无缓冲器；2—前端缓冲

支承环：
2—50mm；4—100mm；6—150mm；8—200mm

密封圈：
8—腈橡胶+PTFE和聚亚胺酯，速度可达1m/s
2—氟橡胶+PTFE适用于高油温，速度可达1m/s
4—腈橡胶+PTFE，速度可达1m/s
0—用于高频率，微小行程，特殊油液的场合
CKP型伺服液压缸，不采用密封方式0、2、4

H—活塞杆螺母符号DIN 24554；
K—NIKROM提供的活塞杆在符合ISO 2768的盐雾环境下可保持350h；
T—淬火后镀铬(仅对CKM类缸)；
A—输出信号电流4～20mA；
V—输出信号电压0～10V

使用特别传感器行程时注明

设计号，在订购备件时需标明

结构类型

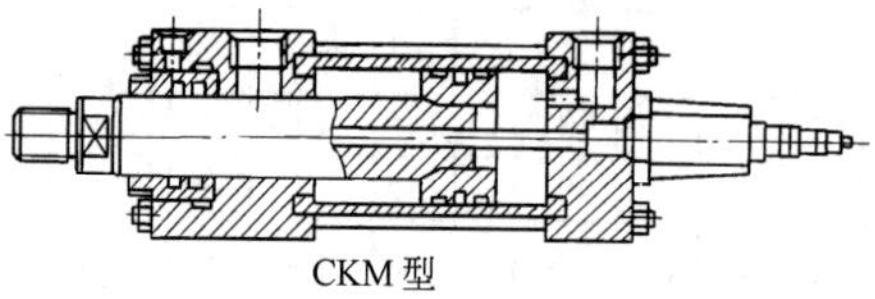

CKM型

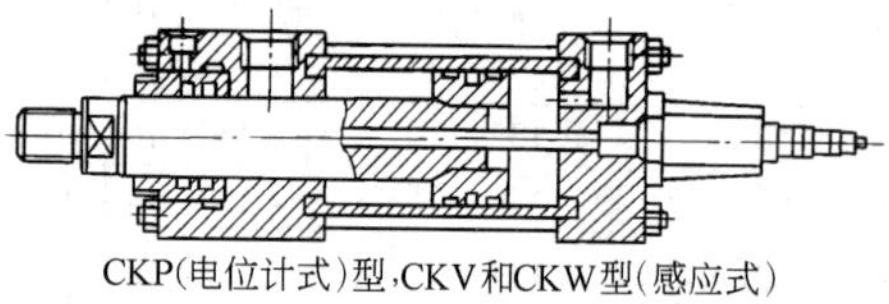

CKP(电位计式)型，CKV和CKW型(感应式)

续表

	活塞直径		40	50	63	80	100	125	160	200
安装尺寸/mm	活塞杆直径		28	36	45	56	70	90	110	140
	A		28	36	45	56	63	85	98	112
	A_1(后缀 H)		—	—	—	36	45	56	63	85
	AA		59	74	91	117	137	178	219	269
	*B*19		42	50	60	72	88	108	133	163
	*CBA*16		20	30	30	40	50	60	70	80
	CD		14	20	20	28	36	45	56	70
	CF		40	60	60	80	100	120	140	160
	CH		22	30	39	48	62	80	100	128
	CX	值	20	25	30	40	50	60	80	100
		公差	$^{0}_{-0.012}$					$^{0}_{-0.015}$		$^{0}_{-0.02}$
	D(DIN 3654-4)		25	29	29	36	36	42	42	52
	E		63	75	90	115	130	165	205	245
	EE(BSP)		3/8″	1/2″	1/2″	3/4″	3/4″	1″	1″	1 1/4″
	EP		13	17	19	23	30	38	47	57
	EW h14		20	30	30	40	50	60	70	80
	EX		16	20	22	28	35	44	55	70
	F		10	16	16	20	22	22	25	25
	FB H13		11	14	14	18	18	22	26	33
	GA		55	61	61	70	72	80	83	101
	J		38	38	38	45	45	58	58	76
	KK		M20×1.5	M27×2	M33×2	M42×2	M48×2	M64×3	M80×3	M100×3
	KK_1(后缀 H)		—	—	—	M27×2	M33×2	M42×2	M48×2	M64×2
	L		19	32	32	39	54	57	63	82
	LH		31	37	44	57	63	82	101	122
	LT_{min}		25	31	38	48	58	72	92	116
	MR_{max}		17	29	29	34	50	53	59	78
	MS_{max}		29	33	40	50	62	80	100	120
	MT(预紧力矩)/N·m		20	70	70	160	160	460	820	1160
	R		41	52	65	83	97	126	155	190
	RD		62	74	88	105	125	150	170	210
	SB		11	14	18	18	26	26	33	39
	ST		12.5	19	26	26	32	32	38	44
	TC		63	76	89	114	127	165	203	241
	TD		20	25	32	40	50	63	80	100
	TG		41.7	52.3	64.3	82.7	96.9	125.9	154.9	190.2
	TM		76	89	100	127	140	178	215	279
	TO		87	105	117	149	162	208	253	300

续表

安装尺寸/mm	活塞直径		40	50	63	80	100	125	160	200
	TS		83	102	124	149	172	210	260	311
	UM		108	129	150	191	220	278	341	439
	UO_{max}		110	130	145	180	200	250	300	360
	US		103	127	161	186	216	254	318	381
	UT		95	116	139	178	207	265	329	401
	UW		70	88	98	127	141	168	205	269
	VD		12	9	13	9	10	7	7	7
	VE		22	25	29	29	32	29	32	32
	VL		3	4	4	4	5	5	5	5
	WF（1）		35	41	48	51	57	57	57	57
	WH（1）		25	25	32	31	35	35	32	32
	XG（1）		57	64	70	76	71	75	75	85
	XS（1）		45	54	65	68	79	79	86	923
	CH 缸的最小行程		—	—	150	150	200	200	300	300
	L 安装方式的最小行程		19	27	41	48	51	71	94	96
	XV_{min}		107	117	132	147	158	180	198	226
	XV_{max}		100+行程	90+行程	91+行程	99+行程	107+行程	109+行程	104+行 程	130+行程
	Y		62	67	71	77	82	86	86	98
	加行程和支承环	*PJ*	85	74	80	93	101	117	130	165
		SS	110	92	86	105	102	131	130	172
		XC（2）	184	191	200	229	257	289	308	381
		XO（2）	190	190	206	238	261	304	337	415
		ZB_{max}（2）	178	176	185	212	225	260	279	336
		ZJ（2）	165	159	168	190	203	232	245	299

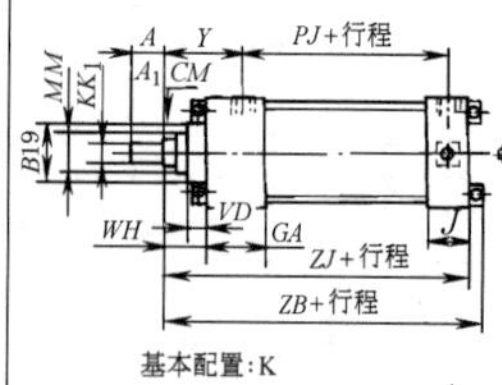

基本配置：K

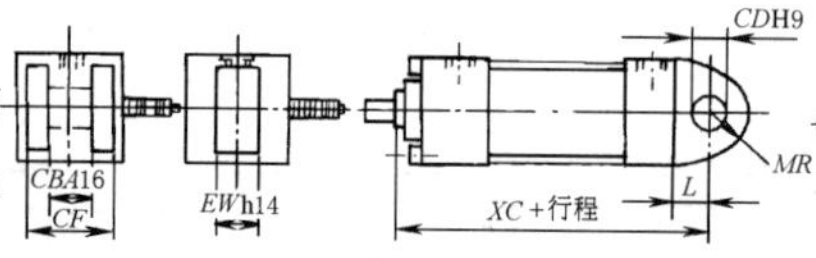

双耳环安装方式：C(ISO MP1)
单耳环安装方式：D(ISO MP3)

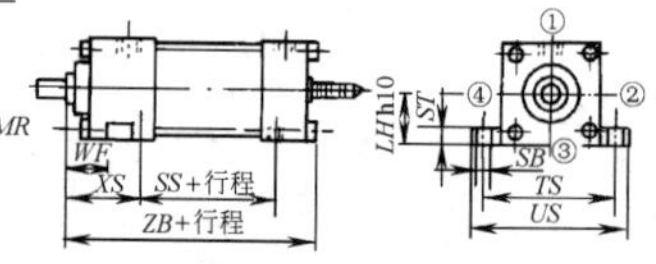

底座安装方式E(ISO MS2)…液压缸后置接头

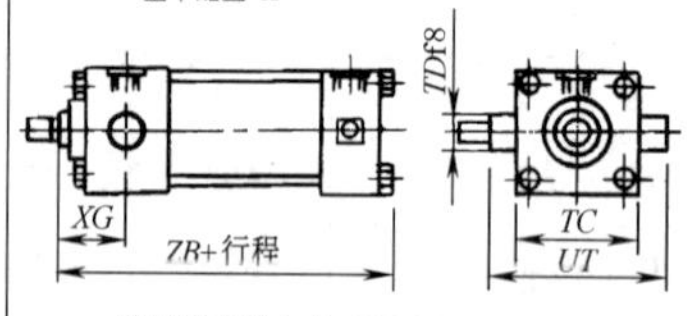

前耳轴安装方式：G(ISO MT1)

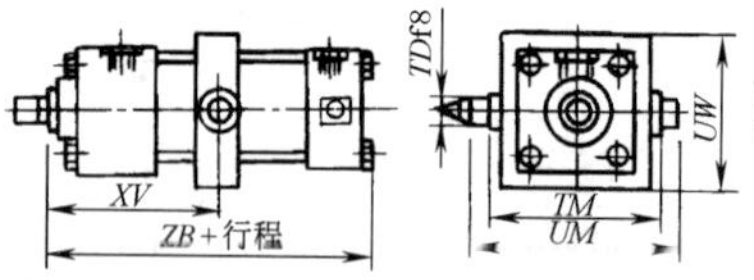

中间耳轴安装方式：L(ISO MT4)

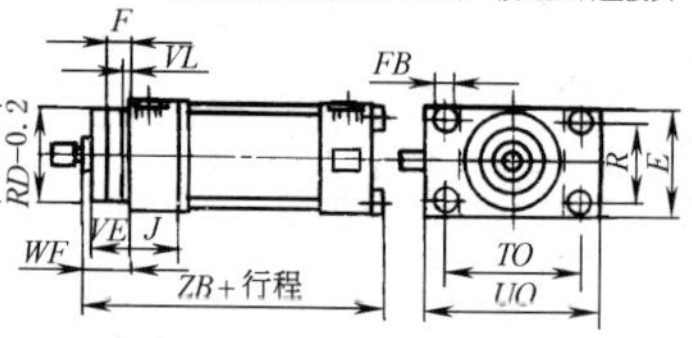

前法兰安装方式：N(ISO ME5)

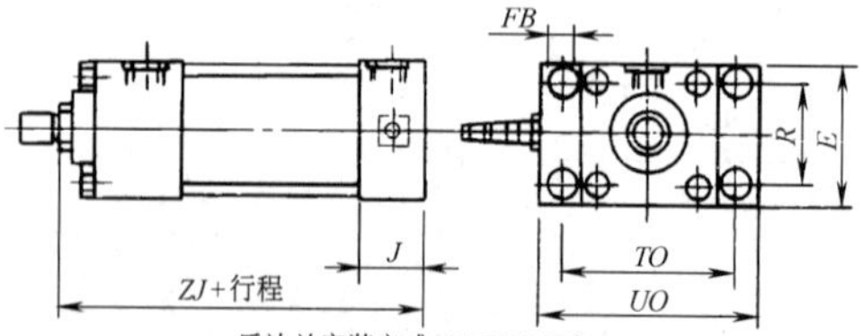

后法兰安装方式：P(ISO ME6)

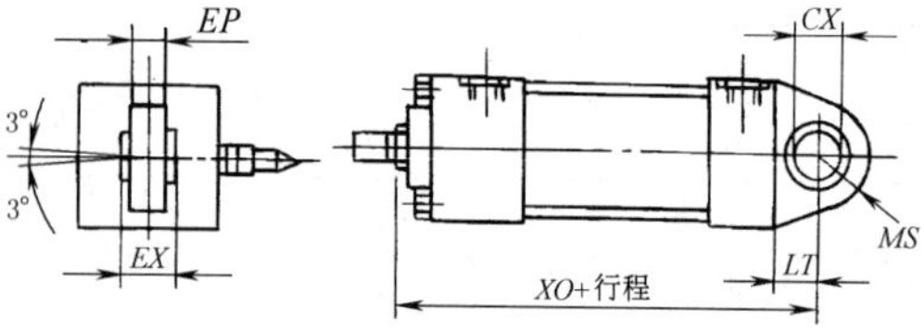

关节轴承安装方式：S(ISO MP5)

注：1. 对于 CKP 有效，关于 CKM、CKV、CKM 可咨询厂家；对于 CKP、CKV、CKW 有效，对于 CKM 可咨询厂家。

2. 对于 L 固定方式，*XV* 值必须在 XV_{min} 和 XV_{max} 之间，并在型号代码中标明。对于采用 L 固定方式的液压缸，如果标准行程小于表中所列的最小值，需增加适当的隔离环，同时在计算总液压缸长度时加上环长。

3. 内螺纹：活塞杆端和油口扩大。

7 电控液压泵、比例/伺服控制液压缸、电调制液压控制阀的试验方法

.1 电控液压泵试验方法（摘自 GB/T 23253—2009/ISO 17559：2003，IDT）

电控液压泵是能根据输入电信号控制泵的输出压力或流量的变量泵。

表 20-10-92

<table>
<tr><td colspan="2">范围</td><td>GB/T 23253—2009《液压传动　电控液压泵　性能试验方法》规定了电控液压泵（以下简称泵）的稳态和动态性能特性的试验方法
注：本标准仅涉及与电控装置相关的泵特性试验方法
本标准所涉及的泵都具有与输入电信号成比例地改变输出流量或压力的功能。这些泵可以是负载敏感控制泵、伺服控制泵，也可是电控变量泵</td></tr>
<tr><td rowspan="2">试验装置</td><td>总则</td><td>①除非另有规定，泵安装时，要求伸出轴保持水平，泄漏油口应处在泵的上方
②对装有压力控制阀和流量控制阀的被试泵，应选用图 1 的试验回路
③对应用电输入信号，在压力补偿工况，采用控制变量装置的位置或角度来改变排量以实现对输出压力控制的变量泵，应选用图 2 的试验回路
作者注：在 GB/T 23253—2009 中给出了术语“压力补偿”的定义：“泵的工作状况。这种工况是指当输出压力达到某设定值时，依靠变排量控制机构使输出流量变小。”
④在实际应用中，当泵是闭环控制系统的一部分时，应进行频率响应试验。下面“频率响应”动态特性试验描述了泵频响特性的试验方法。具体试验要求应由用户和制造商协商确定</td></tr>
<tr><td>试验装置</td><td>①根据试验要求，泵试验台系统应符合“总则”中①～③的规定
②应保持试验回路中加载阀和节流阀处于空载和非节流状态，除非另有规定。如果用加载阀加载，则将节流阀全部打开并切换方向控制阀到 P 口关闭的位置。如果用节流阀加载，则切换方向控制阀到 P 口和 A 口相通的位置
③调定泵试验系统的手动安全阀，限制最高稳态压力不低于被试泵最高工作压力的 125%</td></tr>
<tr><td rowspan="3">试验条件</td><td>试验用油液</td><td>①液压油液的黏度应符合 GB/T 3141 规定的 ISO VG 32 或 ISO VG 46
②泵进口的油液温度应维持在 45～55℃的范围内
③油液的污染度等级应不高于 GB/T 14039—2002 中规定的—/19/16。在此规定以外的其他条件，应由供应商和用户协商确定</td></tr>
<tr><td>环境温度</td><td>试验时，应考虑周围环境温度以及来自固定空调装置的影响</td></tr>
<tr><td>稳态条件</td><td>只有当控制参数值处于表 1 所列的限制范围内时，才能读取每组测量值
表 1　控制参数值允许变化范围
<table>
<tr><td rowspan="2">控制参数</td><td colspan="3">相对于各控制等级的控制参数允许变化范围[①]</td></tr>
<tr><td>A</td><td>B</td><td>C</td></tr>
<tr><td>温度/℃</td><td>±0.5</td><td>±1</td><td>±2</td></tr>
<tr><td>转速/%</td><td>±0.5</td><td>±1</td><td>±2</td></tr>
<tr><td>输入信号/%</td><td>±0.5</td><td>±1.5</td><td>±2.5</td></tr>
</table>
① 见 GB/T 23253—2009 附录 A</td></tr>
<tr><td>稳态特性试验</td><td>总则</td><td>①试验回路和测量回路应符合图 1 或图 2 的要求
注：除采用如图 2 所示的内控压力油外，也可采用外控压力油
②调节电动机到指定的转速
③稳态特性应按 GB/T 17491 测定
④符合图 2 所示的泵，可以采用摆角或行程占其最大值的百分比作为判断输出流量的参考数值</td></tr>
</table>

续表

稳态特性试验	总则	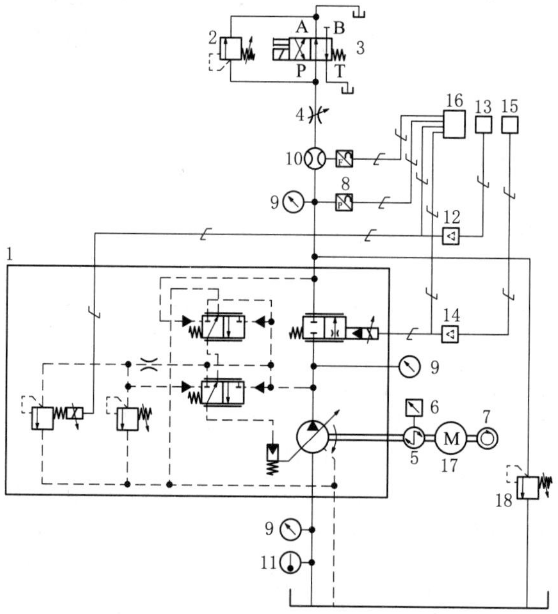 图 1　装有压力控制阀和流量控制阀的被试泵试验回路图 1—被试泵;2—加载阀;3—方向控制阀;4—节流阀;5—转矩仪;6—转矩指示器;7—测速仪;8—压力传感器;9—压力表;10—流量传感器;11—温度计;12,14—电控器;13,15—信号源;16—记录仪;17—电动机;18—手动安全阀 注:图中泵控制阀组的细节仅是示例 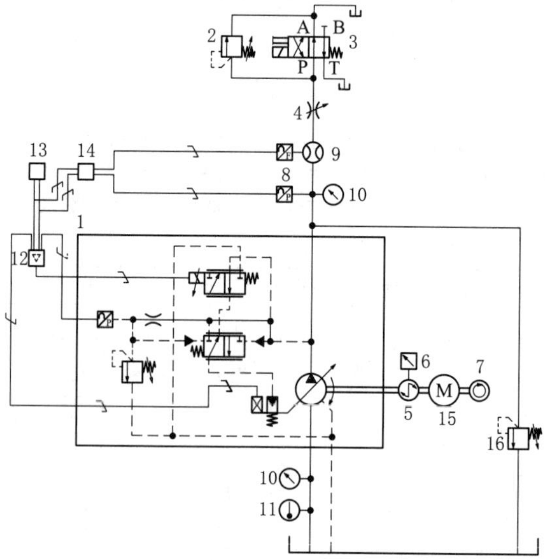 图 2　应用电信号在压力补偿工况通过调节变量装置的位置或角度改变排量来控制输出压力的被试泵试验回路图 1—被试泵;2—加载阀;3—方向控制阀;4—节流阀;5—转矩仪;6—转矩指示器;7—测速仪;8—压力传感器;9—流量传感器;10—压力表;11—温度计;12—电控器;13—信号源;14—记录仪;15—电动机;16—手动安全阀 注:图中泵控制阀组的细节仅是示例

续表

<table>
<tr>
<td rowspan="2">稳态特性试验</td>
<td>压力-流量特性</td>
<td>

①选用具有压力控制和流量控制功能的泵

②根据下列步骤确定最小流量指令信息

——关闭加载阀，使阀口无输出流量

——缓慢递减输入流量指令信号，直到截流压力不能再维持为止

——记录此输入流量指令信号，作为最小流量设定值

③试验应在最高工作压力的 100%、75%和 50%的概况下进行，试验也应在最大输出流量的 90%、75%、50%、25%工况以及最小流量指令下进行

④调节节流阀，逐渐改变输出压力，使泵的输出压力，从最高工作压力，经过 75%和 50%最高工作压力的工况点，到最高的最低可控压力工况点，直至节流阀完全打开时的输出压力点，然后，按相反方向返回做一遍相应试验

⑤绘出输出流量相对于输出压力的特性曲线（见图 3）

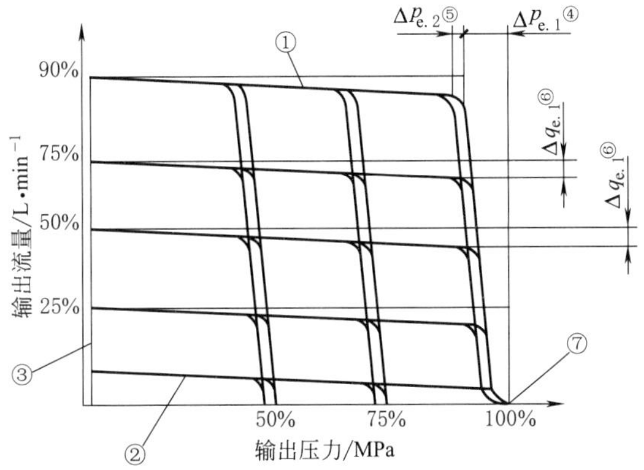

①最大流量指令；②最小流量指令；③最低可控压力；④从压力补偿工况开始点到节流点之间的压力差范围；⑤压力补偿工况开始点的滞环；⑥输出流量变化的最大范围；⑦最高工作压力

图 3　压力-流量特性曲线

⑥应用公式（1）计算和记录相对于输出压力的可调节流量的变化率

$$\delta_q=\frac{\Delta q_{e,1}}{q_0}\times100\% \tag{1}$$

式中　δ_q——可调节流量变化率，以百分数表示

$\Delta q_{e.1}$——输出流量变化的最大范围（见图 3）

q_0——压力-流量特性曲线图上，最低可控压力处的输出流量

分别计算在最大输出流量的 75%、50%及最小流量工况时的可调节流量变化率 δ_q。对具有压力补偿功能的泵，$\Delta q_{e.1}$（输出流量变化的最大范围）应设定在泵即将进入压力补偿工况时

⑦对具有压力补偿功能的泵，对每个设定流量，计算和记录下列特性值

——实现压力补偿控制时的压力滞环 $\Delta p_{e,2}$

——从压力补偿工况开始点到截流点的压力范围 $\Delta p_{e,1}$

</td>
</tr>
<tr>
<td>输出压力相对输入压力指令信号的特性试验</td>
<td>

①如果泵具有压力控制和流量控制功能，调节输入压力指令信号和输入流量指令信号，使其达到最大值

②完全关闭加载阀。增大和减小输入压力指令信号的一个周期，从泵最低可控压力到最高工作压力，调压速率应避免泵和检测设备受到明显的动态影响

③绘出输出压力相对于输入压力指令信号的特性曲线（见图 4）

④从采集的数据得到并记录下列特性数值

$$\delta p_{hy}=\frac{\Delta p_{max}}{p_{max}}\times100\% \tag{2}$$

式中　δp_{hy}——输出压力的滞环，用百分数表示

Δp_{max}——在相同输入信号时，输出压力的最大差值

p_{max}——最高工作压力

⑤从采集的数据得出输出压力的可调节范围

⑥从采集的数据得出相对于最高工作压力的输入指令信号值

⑦根据记录的输入压力指令信号变化来确定死区，该死区使截流点输出压力比最低可控压力上升了 10%（见图 4）。从采集到的数据来标明死区

</td>
</tr>
</table>

续表

稳态特性试验	输出压力相对输入压力指令信号的特性试验	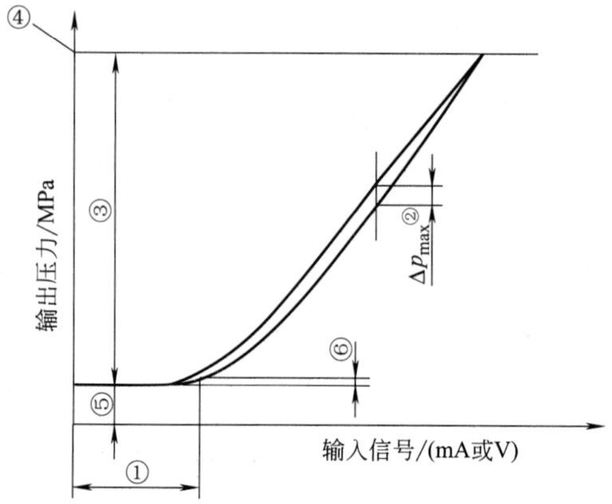 ①死区；②压力最大误差；③压力调节范围；④最高工作压力；⑤最低可控压力；⑥最低可控压力的10% 图4　输出压力相对输入压力指令信号的特性曲线
	输出流量相对输入流量指令信号的特性试验	①如果泵具有压力控制和流量控制功能，调整输入压力指令信号和输入流量指令信号，使其达到最大值，使用加载阀调整输出压力至最高工作压力的75% ②在一个周期内，增大然后减小流量控制输入信号，从零输出流量到最大输出流量，再回到零输出流量，调整速率应避免泵和检测设备受到明显的动态影响 ③给出输出流量相对输入流量指令信号的特性曲线(见图5) ④从采集的数据得出并记录下述特性数值 $$\delta q_{hy}=\frac{\Delta q_{max}}{q_{max}}\times 100\% \qquad (3)$$ 式中　δq_{hy}——输出流量的滞环，用百分数表示 Δq_{max}——在相同的输入信号时，输出流量的最大差值 q_{max}——最大输出流量 ⑤从采集的数据中得出输出流量的可调范围 ⑥从采集的数据中得出相对最大输出流量的输入信号值 ⑦从采集的数据来标明死区(见图5) 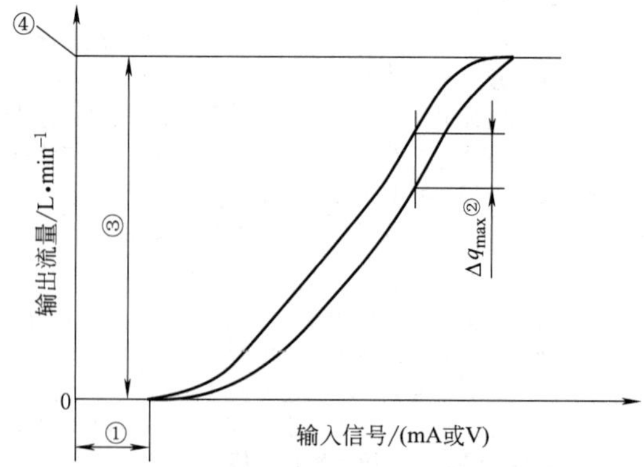 ①死区；②输出流量最大误差；③输出流量可调范围；④最大输出流量 图5　最高工作压力的75%处输出流量相对输入流量指令信号的特性曲线
	重复性试验	①输出压力重复性试验 Ⅰ. 如果泵具有压力控制和流量控制功能，调节输入压力指令信号和输入流量指令信号，使其达到最大值 Ⅱ. 根据"输出压力相对输入压力指令信号的特性试验"②改变输入压力指令信号，从最高工作压力的50%到最高工作压力，前后做20个循环。所用速率应避免泵和检测设备受到明显的动态影响 Ⅲ. 根据"输出压力相对输入压力指令信号的特性试验"②改变输入压力指令信号，从最低工作压力到最高工作压力的50%，前后做20个循环。所用速率应避免泵和检测设备受到明显的动态影响 Ⅳ. 以图形记录①Ⅱ、Ⅲ试验结果，绘出输出压力相对时间的特性图(见图6)

续表

稳态特性试验

重复性试验

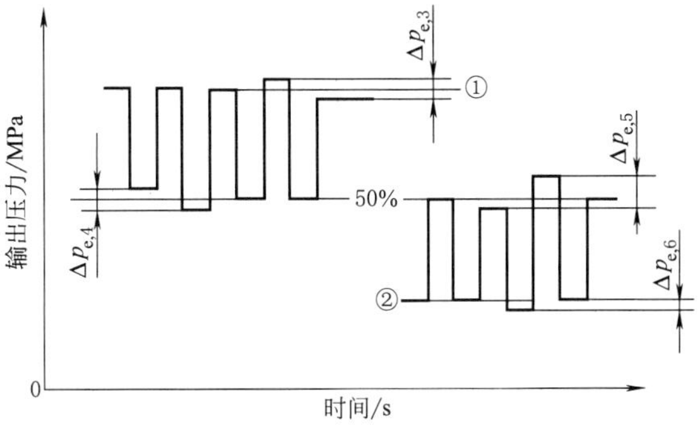

①信号 100%；②信号 0%，最低可调压力

图 6　输出压力重复性试验

Ⅴ. 应用公式(4)得出并记录相对于每个设定压力值的误差率

$$\delta p_{re}=\frac{\Delta p_{e,max}}{p_{max}}\times 100\% \tag{4}$$

式中　δp_{re}——输出压力的重复性，用百分数表示

$\Delta p_{e,max}$——取 $\Delta p_{e,3}\sim\Delta p_{e,6}$ 中最大值

p_{max}——最高工作压力（见图 6）

②输出流量的重复性试验

Ⅰ. 如果泵具有压力控制和流量控制功能，调节输入压力指令信号和输入流量指令信号，使其达到最大值，使用加载阀调整输出压力到最高工作压力的 75%

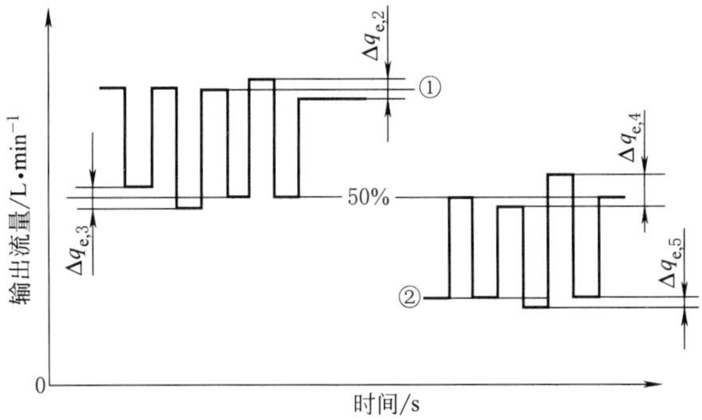

①信号 90%；②信号 0%，最小流量指令

图 7　输出流量重复性试验

Ⅱ. 泵输出流量为最大值的 90%，调节加载阀使压力为最高工作压力的 75%。改变流量控制输入信号，从最大输出流量的 50%~90%，前后做 20 个循环，所用速率应避免泵和检测设备受到明显的动态影响

Ⅲ. 泵输出流量为最大值的 50%，调节加载阀使压力为最高工作压力的 75%。根据②Ⅱ改变控制流量输入指令信号，从最小流量到最大输出流量的 50%，前后做 20 个循环，调整速率应避免泵和检测设备受到明显的动态影响

Ⅳ. 以图形记录②Ⅱ和②Ⅲ试验的结果，绘出输出流量相对时间的特性图（见图 7）

Ⅴ. 应用公式(5)得出并记录相对每个设定流量值的误差率（见图 7）

$$\delta q_{re}=\frac{\Delta q_{e,max}}{q_{max}}\times 100\% \tag{5}$$

式中　δq_{re}——输出流量的重复性，用百分数表示

$\Delta q_{e,max}$——取 $\Delta q_{e,2}\sim\Delta q_{e,5}$ 中的最大值

q_{max}——最大输出流量（见图 5）

续表

稳态特性试验	油温对泵特性影响的试验	①油温对压力特性的影响 Ⅰ. 如果泵具有压力控制功能，完全关闭加载阀并控制输入压力指令信号达到最高工作压力 Ⅱ. 以一个能确保试验设备稳定的温升率将油温从30℃升高到70℃ 如果此温度范围对压力性能影响太小，则可与有关方面协商，另行确定试验温度范围 Ⅲ. 以图形记录试验结果，绘出输出压力相对于温度的特性图（见图8），并记录环境温度。如果不能连续记录温度值，在试验温度范围内，每10℃升温区间至少标出5个试验数据点 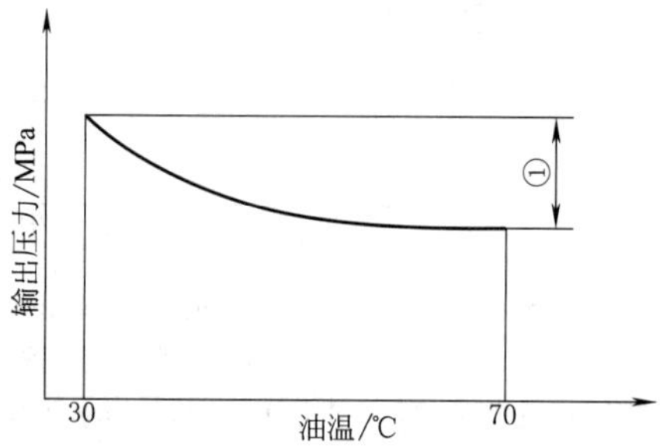 ①输出压力变化 图8　输出压力相对于油温变化的特性 ②油温对流量特性的影响 Ⅰ. 如果泵具有压力控制和流量控制功能，调节输入流量指令到75%最大值，并调节加载阀到5MPa Ⅱ. 以一个能确保试验设备稳定的温升率将油温从30℃升高到70℃ 如果此温度范围对流量特性影响太小，则可与有关方面协商，另行确定试验温度范围 Ⅲ. 以图形记录试验结果，绘出输出流量相对于温度的特性图（见图9），并记录环境温度。如果不能连续记录温度值，在试验温度范围内，每10℃至少标出5个试验数据点 注：压力波动可以根据ISO 10767-1和ISO 10757-2进行检测 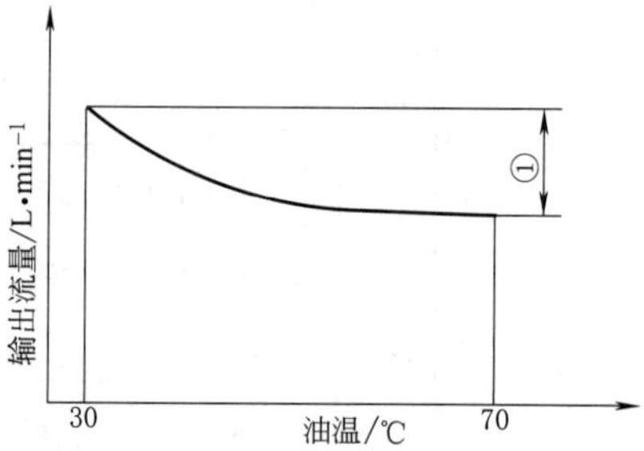 ① 输出流量变化 图9　输出流量相对于油温变化特性
动特性试验	总则	①试验回路和检测回路应符合图1或图2的规定 注：除采用如图2所示的内控压力油外，也可以采用外控压力油 ②将电动机调整到设定的转速 ③对于图2所示的泵，可采用摆角或行程占其最大值的百分比作为判断输出流量的参考值
	负载阶跃变化时的压力响应特性	①如果泵具有压力控制和流量控制功能，调整输入压力指令信号和输入流量指令信号，使其达到最大值 ②采用方向控制阀3对泵实现快速关闭，同时在泵的输出管路上安装一只压力传感器，以便在示波器上记录瞬时压力变化 ③调节回路，使得当方向控制阀关闭时，压力上升率能达到680～920MPa/s的范围。可将800MPa/s作为压力上升率的指标 ④打开方向控制阀，调节节流阀，保持在最高工作压力的75% ⑤关闭方向控制阀，同时记录瞬时压力与时间的关系。通过采集的数据，确定单位为兆帕/秒的压力上升率、单位为毫秒的阶跃响应时间和调整时间，以及当输出压力达到相关设定压力时的超调值（见图10）。当压力变化幅度在正常范围内时，应认为压力时稳定的

续表

<table>
<tr>
<td rowspan="3">动特性试验</td>
<td>负载阶跃变化时的压力响应特性</td>
<td>

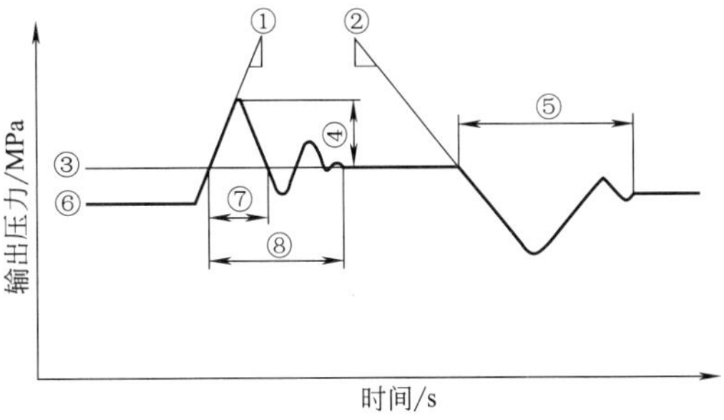

①压力上升率;②压力下降率;③节流压力;④超调(上升);⑤调整时间(下降);⑥75%截流压力;⑦响应时间;⑧调整时间(上升)

图 10　负载阶跃变化时的压力响应特性

⑥打开方向控制阀,同时记录瞬时压力与时间的关系。通过采集的数据,确定单位为兆帕/秒的压力下降率、单位为毫秒的阶跃响应时间和调整时间,以及当输出压力达到相关设定压力时的超调值(见图 10)。当压力变化幅度在正常波动范围内时,应认为压力是稳定的

⑦在额定流量的 50%和 25%重复④~⑥

</td>
</tr>
<tr>
<td>输出压力对阶跃输入信号的响应试验</td>
<td>

①如果泵具有压力控制和流量控制功能,调整输入压力指令信号和输入流量指令信号,使其达到最大值

②完全关闭加载阀 7 使泵在最低可控压力上运行

③采用信号发生器,为输出压力控制提供阶跃输入信号,从而得到最高工作压力的 100%、75%及 50%

④应使用于泵的动态响应特性相比具有足够响应性能的记录仪或计算机检测系统,同时记录输入指令信号和输出压力动态响应波形,并以时间函数的形式图示输出压力信号对输入阶跃信号的响应特性(见图 11)

注:在 10 倍于最大信号频率的频率点,记录仪的幅值比应为-3dB

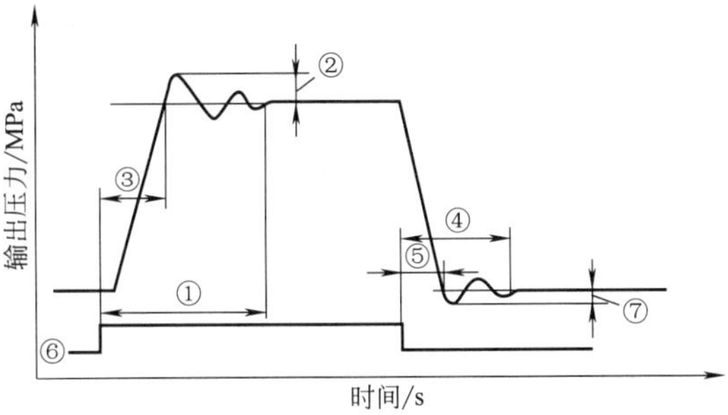

①调整时间(上升);②超调(上升);③响应时间(上升);④调整时间(下降);⑤响应时间(下降);⑥输入信号(mA 或 V);⑦超调(下降)

图 11　输出压力的阶跃响应特性

⑤从采集到的数据,得出单位为毫秒的压力阶跃响应时间和调整时间,以及当输出压力达到相关设定值时的超调值。当压力变化幅度在正常波动范围内,应认为压力时稳定的

⑥记录负载腔容积、管子长度、内径和管子种类

</td>
</tr>
<tr>
<td>输出流量对阶跃输入信号的响应试验</td>
<td>

①如果泵具有压力和流量控制功能,调整输入压力指令信号,使其达到最高工作压力

②应用信号发生器为泵的输出流量控制提供阶跃输入信号,把输出流量从最大输出流量的 10%改变到 90%、75%、50%和 25%

③设定节流阀,针对相应的上限流量,将压力调整到最高工作压力 50%

注:如果加载阀的动态响应特性和泵的动态响应特性相比是足够高的,此加载阀可以用来代替节流阀

④应使用与泵的动态响应特性相比具有足够高响应性能的记录仪或计算机检测系统,同步地记录输出流量动态响应波形,并以时间函数的形式图示输出流量信号对输入阶跃信号的响应特性(见图 12)

注:在 10 倍于最大信号频率的频率点,记录仪的幅值比应为-3dB

⑤从采集到的数据,得出单位为毫秒的阶跃响应时间和调整时间,以及当输出流量达到相关设定值时的超调值。当流量变化幅度在设定流量的±5%范围内时,应认为流量是稳定的

⑥记录负载腔容积、管子长度、内径和管子种类

</td>
</tr>
</table>

续表

	输出流量对阶跃输入信号的响应试验	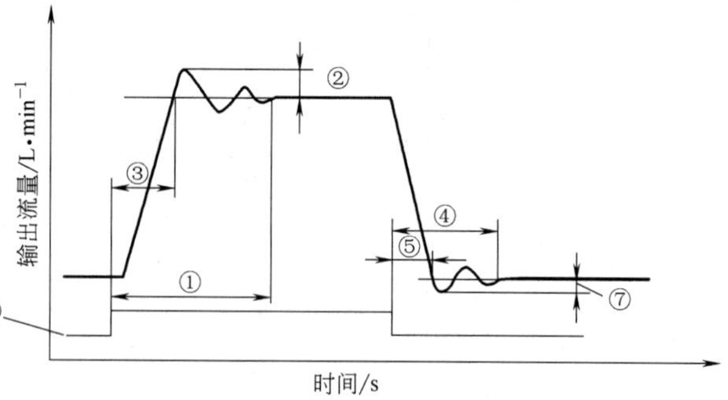 ①调整时间(上升);②超调(上升);③响应时间(上升);④调整时间(下降);⑤响应时间(下降); ⑥输入信号(mA 或 V);⑦超调(下降) 图 12 输出流量的阶跃响应特性
动特性试验	频率响应	①输出压力的频率响应试验 Ⅰ. 对符合"输出压力对阶跃输入信号的响应试验"①要求的泵,一种是完全关闭加载阀,调整截流压力到最高工作压力的50%,并以此压力值为中心,应用一个概率足够低、幅值为最高工作压力的±5%和±12.5%的正弦输入信号。另一种是先完全关闭加载阀,调整截流压力到最高工作压力的50%,再打开加载阀,达到最大输出流量的50%,调整压力到最高工作压力的50%,并以此压力值为中心,应用一个频率足够低、幅值为最高工作压力的±5%和±12.5%的正弦输入信号 试验应在两种不同情况下完成,一种是加载阀完全关闭,另一种是加载阀打开50% Ⅱ. 正弦波输入信号的频率范围大约为1/20~10倍于被试泵的穿越频率,扫描速度应与检测装置相匹配 Ⅲ. 应使用精确的频率响应分析仪或计算机检测系统,与泵的动态响应特性相比,该分析仪应具有足够高的响应特性,能出具以频率为横坐标、输出压力幅值比和相位滞后值为纵坐标的图形 Ⅳ. 根据采集的数据,得到和频率相关的幅值比(以分贝为单位)和相位滞后值(以度数为单位),并以波德图表示其关系(见图13)。该图是采用相对于零频率幅值的幅值比,以及相对于对数频率相位滞后值的方法绘制而成。不建议仅使用幅值比衰减为-3dB和相位滞后为90°的单一试验基准点 Ⅴ. 记录负载腔容积、管子长度、内径及管子种类 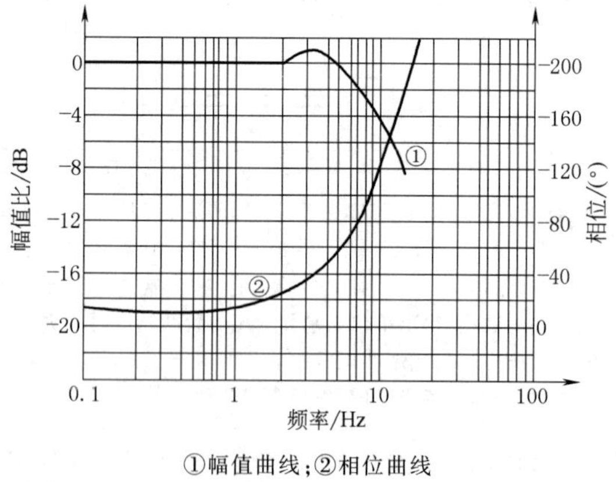 ①幅值曲线;②相位曲线 图 13 输出压力频率响应波德图 ②输出流量的频率响应试验 Ⅰ. 对符合"输出流量对阶跃输入信号的响应试验"①要求的泵连接一个简单的被动载荷,该载荷允许瞬时输出压力进行调整,从而使泵的工作压力在任何试验幅值和频率都不超值。调整压力到最高工作压力的50%,并以此压力为中心,采用与②Ⅱ和②Ⅲ一致的正弦输入信号 Ⅱ. 调整输出流量到最大值的50%,并且以此输出流量为中心,应用频率足够低、幅值为最大输出流量的±5%和±12.5%的正弦输入信号 Ⅲ. 首选方法是在合适的位置上应用传感器来测量泵的输出响应,如偏心盘或斜盘的位置。如果确认所用的流量传感器至少比最高频率试验时所要求的快10倍,那么这样的流量传感器可作为有别于测量偏心盘或斜盘位置的另一种选择

续表

动特性试验	频率响应	Ⅳ. 正弦信号的频率应符合①Ⅱ的要求 Ⅴ. 应使用精确的频率响应分析仪或计算机检测系统，与泵的动态响应特性相比，该分析仪应具有足够的响应特性，能出具以频率为横坐标、输出流量幅值比和相位滞后值为纵坐标的图形 Ⅵ. 根据①Ⅳ的要求从记录仪采集的数据中得到波德图（见图14） Ⅶ. 记录负载腔容积、管子长度、内径和管子种类 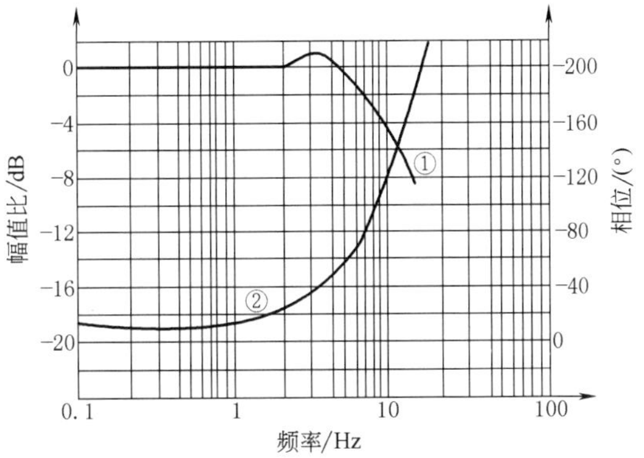 ①幅值曲线；②相位曲线 图14　输出流量频率响应波德图

7.2　比例/伺服控制液压缸的试验方法（摘自 GB/T 32216—2015）

表 20-10-93

范围		GB/T 32216—2015《液压传动　比例/伺服控制液压缸的试验方法》规定了比例/伺服控制液压缸的型式试验和出厂试验的试验方法。本标准适用于以液压油液为工作介质的比例/伺服控制的活塞式和柱塞式液压缸（以下简称液压缸或活塞缸、柱塞缸）
试验装置和试验条件	试验装置	①试验原理图　比例/伺服控制液压缸的稳态和动态试验原理图见图1~图3，图中所有图形符号符合GB/T 786.1的规定 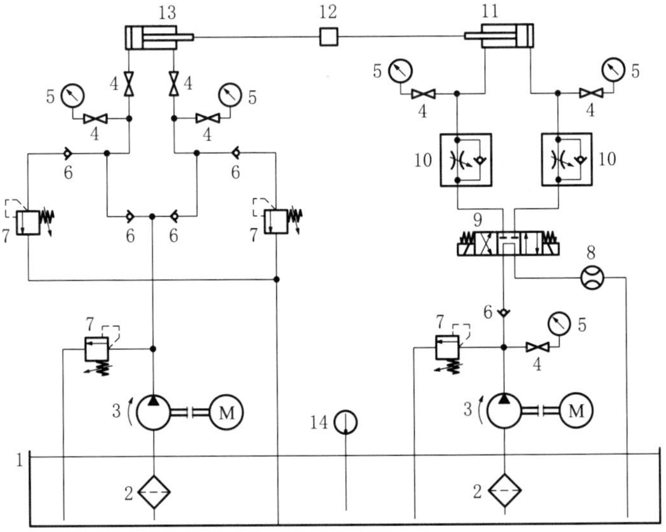 图1　液压缸稳态试验液压原理图 1—油箱；2—过滤器；3—液压泵；4—截止阀；5—压力表；6—单向阀；7—溢流阀；8—流量计；9—电磁（液）换向阀；10—单向节流阀；11—被试液压缸；12—力传感器；13—加载缸；14—温度计

续表

试验装置和试验条件	试验装置	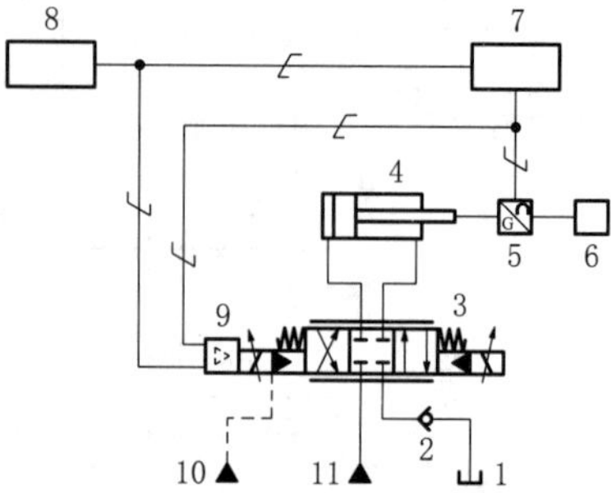 图 2　活塞缸动态试验液压原理图 1—(回到)油箱;2—单向阀;3—比例/伺服阀;4—被试比例/伺服阀控制液压缸(活塞式); 5—位移传感器;6—加载装置;7—自动记录分析仪器;8—可调振幅和频率的信号发生器; 9—比例/伺服放大器;10—控制用液压源;11—液压(动力)源 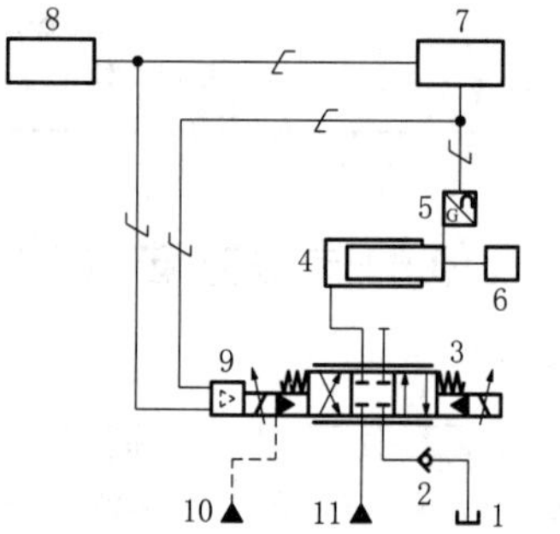 图 3　柱塞缸动态试验液压原理图 1—(回到)油箱;2—单向阀;3—比例/伺服阀;4—被试比例/伺服阀控制液压缸(柱塞式); 5—位移传感器;6—加载装置;7—自动记录分析仪器;8—可调振幅和频率的信号发生器; 9—比例/伺服放大器;10—控制用液压源;11—液压(动力)源 ②安全要求　试验装置应充分考虑试验过程中人员及设备的安全,应符合 GB/T 3766 的相关要求,并有可靠措施,防止在发生故障时,造成电击、机械伤害或高压油射出等伤人事故 ③试验用比例/伺服阀　试验用比例/伺服阀响应频率应大于被试液压缸最高试验频率的三倍以上 试验用比例/伺服阀的额定流量应满足被试液压缸的最大运动速度 ④液压源　试验装置的液压源应满足试验用的压力,确保比例/伺服阀的供油压力稳定,并满足动态试验的瞬时流量需要;应有温度调节、控制和显示功能;应满足液压油液污染度等级要求,见下面试验用液压油液"③污染度" ⑤管路及测压点位置 Ⅰ. 试验装置中,试验用比例/伺服阀与被试液压缸之间的管路应尽量短,且尽量采用硬管;管径在满足最大瞬时流量前提下,应尽量小 Ⅱ. 测压点应符合 GB/T 28782. 1—2023 中的规定 ⑥仪器 Ⅰ. 自动记录分析仪器应能测量正弦输入信号之间的幅值比和相位移 Ⅱ. 可调振幅和频率的信号发生器应能输入正弦波信号,可在 0. 1Hz 到试验要求的最高频率之间进行扫;还应能输入正向阶跃和负向阶跃信号 Ⅲ. 试验装置应具备对被试液压缸的速度、位移、输出力等参数进行实时采样的功能,采样速度应满足试验控制和数据分析的需要 ⑦测量准确度　测量准确度按照 JB/T 7033—2007 中 4. 1 的规定,型式试验采用 B 级,出厂试验采用 C 级。测量系统的允许系统误差应符合表 1 的规定

续表

试验装置和试验条件

试验装置

表 1　测量系统允许系统误差

测量参量		测量系统的允许误差	
		B 级	C 级
压力	$p<0.2$MPa 表压时/kPa	±3.0	±5.0
	$p\geq0.2$MPa 表压时/kPa	±1.0	±1.5
温度/℃		±1.0	±2.0
力/%		±1.0	±1.5
速度/%		±0.5	±1.0
时间/ms		±1.0	±2.0
位移/%		±0.5	±1.0
流量/%		±1.5	±2.5

试验用液压油液

①黏度　试验用液压油液在 40℃时的运动黏度应为 29~74mm^2/s

②温度　除特殊规定外，型式试验应在 50℃±2℃下进行；出厂试验应在 50℃±4℃下进行。出厂试验可降低温度，在 15~45℃范围内进行，但检测指标应根据温度变化进行相应调整，保证在 50℃±4℃时能达到产品标准规定的性能指标

③污染度　对于伺服控制液压缸试验，试验用液压油液的固体颗粒污染度不应高于 GB/T 14039—2002 规定的—/17/14；对于比例控制液压缸试验，试验用液压油液的固体颗粒污染度不应高于 GB/T 14039—2002 规定的—/18/15

④相容性　试验用液压油液应与被试液压缸的密封件以及其他与液压油液接触的零件材料相容

稳态工况

试验中，各被控参量平均显示值在表 2 规定的范围内变化时为稳态工况。应在稳态工况下测量并记录各个参量

表 2　被控参量平均显示值允许变化范围

被控参量		平均显示值允许变化范围	
		B 级	C 级
压力	$p<0.2$MPa 表压时/kPa	±3.0	±5.0
	$p\geq0.2$MPa 表压时/kPa	±1.5	±2.5
温度/℃		±2.0	±4.0
力/%		±1.5	±2.5
速度/%		±1.5	±2.5
位移/%		±1.5	±2.5

试验项目和试验方法

试运行

应按照 GB/T 15622—2005 的 6.1 进行试运行

耐压试验

使被试液压缸活塞分别停留在行程的两端(单作用液压缸处于行程的极限位置)，分别向工作腔施加 1.5 倍额定压力，型式试验应保压 10min，出厂试验应保压 5min。观察被试液压缸有无泄漏和损坏

启动压力特性试验

试运行后，在无负载工况下，调整溢流阀的压力，使被试液压缸一腔压力逐渐升高，至液压缸启动时，记录测试过程中的压力变化，其中的最大压力值即为最低启动压力。对于双作用液压缸，此试验正、反方向都应进行

动摩擦力试验

在带负载工况下，使被试液压缸一腔压力逐渐升高，至液压缸启动并保持匀速运动时，记录被试液压缸进、出口压力(对于柱塞缸，只记录进口压力)。对于双作用液压缸，此试验正、反方向都应进行。本项试验因负载条件对试验结果会有影响，应在试验报告中记录加载方式和安装方式。动摩擦力按式(1)计算：

$$F_d=(p_1A_1-p_2A_2)-F \tag{1}$$

式中　F_d——动摩擦力，N

p_1——进口压力，MPa

p_2——出口压力，MPa

A_1——进口腔活塞有效面积，mm^2

A_2——出口腔活塞有效面积，mm^2

F——负载力，N

续表

试验项目和试验方法	阶跃响应试验	调整油源压力到试验压力，试验压力范围可选定为被试液压缸的额定压力的 10%～100% 在液压缸的行程范围内，距离两端极限行程位置 30%缸行程的中间区域任意位置选取测试点；调整信号发生器的振幅和频率，使其输出阶跃信号，根据工作行程给定阶跃幅值（幅值范围可选定为被试液压缸工作行程的 5%～100%）；利用自动分析记录仪记录试验数据，绘制阶跃响应特性曲线，根据曲线确定被试液压缸的阶跃响应时间 对于双作用液压缸，此试验正、反方向都应进行。对于两腔面积不一致的双作用液压缸，应采取补偿措施，保证正、反方向阶跃位移相等 本项试验因负载条件对试验结果会有影响，应在试验报告中记录加载方式和安装方式
	频率响应试验	调整油源压力到试验压力，试验压力范围可选定为被试液压缸的额定压力的 10%～100% 在液压缸的行程范围内，距离两端极限行程位置 30%缸行程的中间区域任意位置选取测试点；调整信号发生器的振幅和频率，使其输出正弦信号，根据工作行程给定幅值（幅值范围可选定为被试液压缸工作行程的 5%～100%），频率由 0.1Hz 逐步增加到被试液压缸响应幅值衰减到 -3dB 或相位滞后 90°，利用自动分析记录仪记录试验数据，绘制频率响应特性曲线，根据曲线确定被试液压缸的幅频宽及相频宽两项指标，取两项指标中较低值 对于两腔面积不一致的双作用液压缸，应采取补偿措施，保证正、反方向位移相等 本项试验因负载条件对试验结果会有影响，应在试验报告中记录加载方式和安装方式
	耐久性试验	在设计的额定工况下，使被试液压缸以指定的工作行程和设计要求的最高速度连续运行，速度误差为 ±10%。一次连续运行 8h 以上。在试验期内，被试液压缸的零件均不应进行调整。记录累计运行的行程
	泄漏试验	应按照 GB/T 15622—2005 的 6.5 分别进行内泄漏、外泄漏以及低压下的爬行和泄漏试验
	缓冲试验	当被试液压缸有缓冲装置时，应按照 GB/T 15622—2005 的 6.6 进行缓冲试验
	负载效率试验	应按照 GB/T 15622—2005 的 6.7 进行负载效率试验
	高温试验	应按照 GB/T 15622—2005 的 6.8 进行高温试验
	行程检验	应按照 GB/T 15622—2005 的 6.9 进行行程检验
型式试验		型式试验应包括下列项目 ——试运行 ——耐压试验 ——启动压力特性试验 ——动摩擦力试验 ——阶跃响应试验 ——频率响应试验 ——耐久性试验 ——泄漏试验 ——缓冲试验（当产品有此项要求时） ——负载效率试验 ——高温试验（当产品有此项要求时） ——行程检验
出厂试验		出厂试验应包括下列项目 ——试运行 ——耐压试验 ——启动压力特性试验 ——动摩擦力试验 ——阶跃响应试验 ——频率响应试验 ——泄漏试验 ——缓冲试验（当产品有此项要求时） ——行程检验

.3 电调制液压控制阀的试验方法

.3.1 四通方向流量控制阀试验方法（摘自 GB/T 15623.1—2018/ISO 10770-1：2009，MOD）

表 20-10-94

<table>
<tr><td>范围</td><td>GB/T 15623.1—2018《液压传动　电调制液压控制阀　第 1 部分：四通方向流量控制阀试验方法》规定了电调制液压四通方向流量控制阀性能特性的试验方法
本标准适用于电调制液压四通方向流量控制阀
注：在液压系统中，电调制液压四通方向流量控制阀一般包括伺服阀和比例（控制）阀等不同类型产品，能通过电信号连续控制流量和方向变化。以下如没有特殊限定，“阀”即指电调制液压四通方向流量控制阀</td></tr>
<tr><td>试验条件</td><td>除非另有规定，应安装表 1 中所给出的试验条件进行阀的试验
表 1　试验条件
<table>
<tr><th>参变量</th><th>条件</th></tr>
<tr><td>环境温度</td><td>20℃±5℃</td></tr>
<tr><td>油液污染度</td><td>固体颗粒污染应按 GB/T 14039 规定的代号表示</td></tr>
<tr><td>流体类型</td><td>矿物液压油（符合 GB/T 7631.2 的 L-HL）</td></tr>
<tr><td>流体黏度</td><td>阀进口处为 $32mm^2/s±8mm^2/s$</td></tr>
<tr><td>流体黏度等级</td><td>符合 GB/T 3141—1994 规定的 VG32 或 VG46</td></tr>
<tr><td>压降</td><td>试验要求值的±2.0%</td></tr>
<tr><td>回油压力</td><td>符合制造商的推荐</td></tr>
</table></td></tr>
<tr><td>试验装置</td><td>对所有类型阀的试验装置，应使用符合图 1 要求的试验回路
安全提示：试验过程应充分考虑人员和设备的安全
图 1 所示的试验回路是完成试验所需的最基本要求，没有包含安全装置。采用图 1 所示回路试验时，采用下列步骤实施
a. 试验实施指南参见 GB/T 15623.1—2018 附录 A
b. 对于每项试验可建立单独的试验回路，以消除截止阀引起泄漏的可靠性，提高测试结果的准确性
c. 液压性能试验以阀和放大器的组合实施。输入信号作用于放大器，而不是直接作用于阀。对于电气试验，输入信号直接作用于阀
d. 尽可能使用制造商所推荐的放大器进行液压试验，否则应记录放大器的类型与操作细节（如脉宽调制频率、颤振频率和幅值等）
e. 在脉宽调制频率的启、闭过程中，记录放大器的供电电压、幅值和作用于被试阀上的电压信号大小及波形
f. 电气试验设备和传感器的频宽或固有频率，至少大于最高试验频率的 10 倍
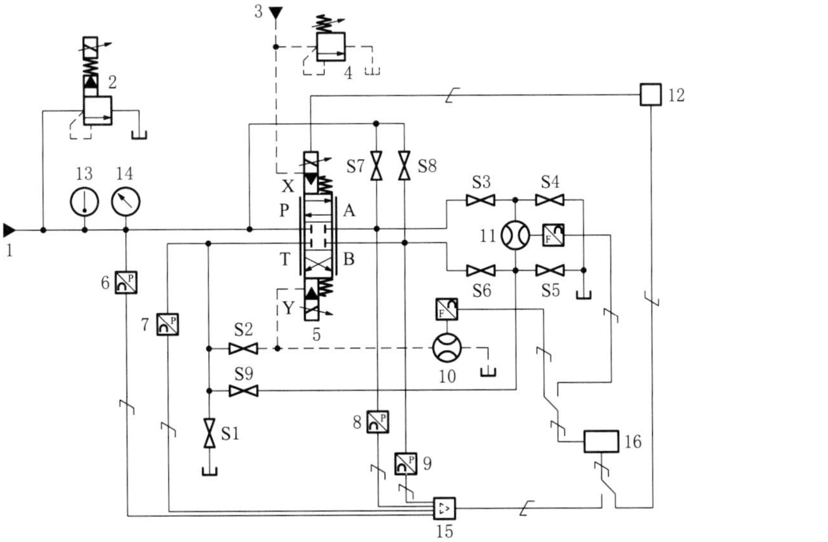

图 1　试验回路
1—主油源；2—主溢流阀；3—外部先导油源；4—外部先导油源溢流阀；5—被试阀；6～9—压力传感器；10，11—流量传感器；12—信号发生器；13—温度指示器；14—压力表；15—信号调节器；16—数据采集；S1～S9—截止阀；A，B—控制油口；P—进油口；T—回油口；X—先导进油口；Y—先导泄油口</td></tr>
</table>

续表

准确度	仪表准确度	仪表准确度应在 JB/T 7033—2007 所规定的 B 级，允许系统误差为 a. 电阻：实际测量值的±2% b. 压力：阀在额定流量下的额定压降的±1% c. 温度：测量温度值的±2% d. 流量：阀额定流量的±2.5% e. 输入信号：达到额定流量时的输入电信号的±1.5%
	动态范围	进行动态试验，应保证测量设备、放大器或记录装置产生的任何阻尼、衰减及相位移对所记录的输出信号的影响不超过其测量值 1%
不带集成放大器的阀的电气特性试验	概述	应根据需要，在进行后续试验前对不带集成放大器的阀完成下面“线圈电阻”~“绝缘电阻”所述的试验 注：下面“线圈电阻”~“绝缘电阻”的试验仅适用于直接用电流驱动的阀
	线圈电阻	①线圈电阻（冷态） 按以下方式进行试验： a. 将未通电的阀放置在规定的环境温度下至少 2h b. 测量并记录阀上每个线圈两端的电阻值 ②线圈电阻（热态） 按以下方式进行试验： a. 将阀安装在制造商推荐的底板上，内部浸油，完全通电，在达到最高额定温度时，阀启动工作，保证充分励磁和无油液流动，直到线圈温度稳定 b. 应在阀断电后 1s 内，测量并记录每个线圈两端的电阻值
	线圈电感（可选测）	用此方法所测得电感值不代表线圈本身的电感大小，仅在比较时做参考 按以下步骤进行试验： a. 将线圈接入一个能够提供并保证线圈额定电流的稳压电源 b. 试验过程中，应使衔铁保持在工作行程的 50%处 c. 用示波器或类似设备监测线圈电流 d. 调整电压，使稳态电流等于线圈的额定电流 e. 关闭电源再打开，记录电流的瞬态特性 f. 确定线圈的时间常数 t_c（见图 2），用式（1）计算电感值 L_c $L_c=R_c t_c$ （1） 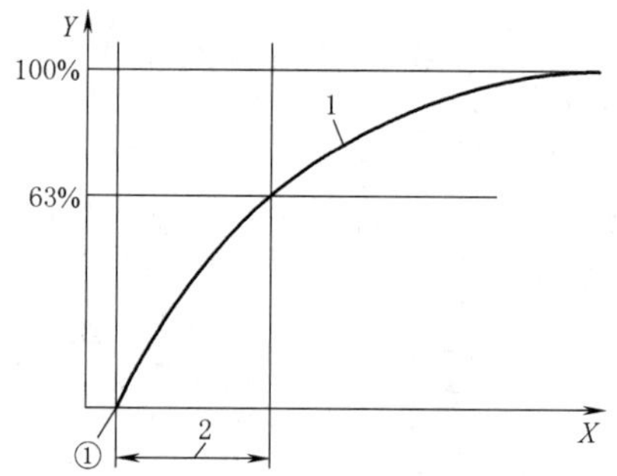 说明 X—时间 Y—电流 1—直流电流曲线 2—时间常数，t_c ①起始点 图 2 线圈电感测量曲线
	绝缘电阻	按下列步骤确定线圈的绝缘电阻： a. 如果内部电气元件接触油液（如湿式线圈），在进行本项试验前应向阀内注入液压油液 b. 将线圈两端相连，并在此连接点与阀体之间施加直流电压，$U_i=500V$，持续 15s c. 使用合适的绝缘电阻测试仪测量，记录绝缘电阻 R_i d. 如使用带电流读数的测试仪器测量绝缘试验电流 I_i，可用式（2）计算绝缘电阻 $R_i=\frac{U_i}{I_i}$ （2）
性能试验	概述	所有性能试验应针对阀和放大器的组合，因为输入信号仅作用于放大器，而不是直接作用于阀 在可能的情况下，对于多级阀，应使阀的配置模式为先导级外部供油的外部泄油 在开始任何试验之前，应进行常规的机械/电气调整，如零位、输入信号死区和增益调整

续表

性能试验	稳态试验	①概述　进行稳态性能试验时，应注意排除对其动态特性造成影响的因素 应按以下顺序进行稳态试验： a. 耐压试验（可以选择） b. 内泄漏试验 c. 在恒定压降下，对阀的输出流量-输入信号特性进行测试，以此确定 ⅰ. 额定流量 ⅱ. 流量增益 ⅲ. 流量线性度 ⅳ. 流量滞环 ⅴ. 流量对称性 ⅵ. 流量极性 ⅶ. 阀芯遮盖状态 ⅷ. 阈值 d. 输出流量-阀压降特性试验 e. 极限输出流量-阀压降特性试验 f. 输出流量-油温特性试验 g. 压力增益-输入信号特性试验 h. 压力零漂试验 i. 失效保护功能试验 ②耐压试验（可以选择） Ⅰ. 概述 被试阀耐压试验可在其他项目试验之前进行，以检验阀的完整性 Ⅱ. P、A、B 和 X 油口试验步骤 进行耐压试验时，打开回油口 T，压力施加于阀的进油口 P、控制油口 A、B 和外部先导进油口 X，按以下步骤进行试验 a. 阀的 P、A、B 和先导油口 X 施加的压力为其额定压力的 1.3 倍，至少保持 30s；在前半周期内，输入最大输入信号，在后半周期内，输入最小输入信号 b. 在试验过程中，检查阀是否存在外泄漏 c. 试验后，检查阀是否存在永久性变形 d. 记录耐压试验情况 Ⅲ. T 油口试验步骤 按以下步骤进行步骤： a. 阀 T 油口施加的压力为其额定压力的 1.3 倍，至少保持 30s b. 在试验过程中，检查阀是否存在外泄漏 c. 试验后，检查阀是否存在永久性变形 d. 记录耐压试验情况 Ⅳ. 先导泄油 Y 油口 任何外部先导泄漏口不得进行耐压试验 ③内泄漏和先导流量 Ⅰ. 概述 进行内泄漏和先导流量试验，以确定 a. 内泄漏量和先导流量的总流量 b. 阀采用外部先导泄油时的先导流量 Ⅱ. 试验回路 内泄漏和先导流量的液压试验回路如图 1 所示，进行试验前，打开截止阀 S1、S3 和 S6，关闭其他截止阀 Ⅲ. 设置 调整阀的进油压力和先导压力应高于回油压力 10MPa。如果制造商提供阀的该压力低于 10MPa，可按制造商提供的额定压力值 Ⅳ. 步骤 按以下步骤进行试验 a. 进行泄漏量测试之前，在全输入信号范围内，操作阀动作数次，确保阀内通过的油液在规定的黏度范围内 b. 先关闭截止阀 S3 和 S6，打开截止阀 S2，然后再关闭截止阀 S1 c. 缓慢调整输入信号在阀的全信号范围内变化，流量传感器 10 记录油口 T 的泄漏量，包括主级泄漏和先导级泄漏的总流量，见图 3（图 3 所示的泄漏曲线是伺服阀的典型内泄漏特征，其他类型阀的泄漏曲线可能具有不同特征） d. 用一个稳定的输入信号进行测试，流量传感器 10 记录的结果即阀在稳态条件下主级和先导级的总泄漏量

续表

性能试验	稳态试验	当阀采用外部先导泄油时，打开截止阀 S1 和关闭截止阀 S2。设置输入信号为零，记录油口 Y 处的泄漏量。流量传感器 10 记录的结果即阀先导泄漏量 如果必要，可将压力增至被试阀的最大供油压力下重复进行试验 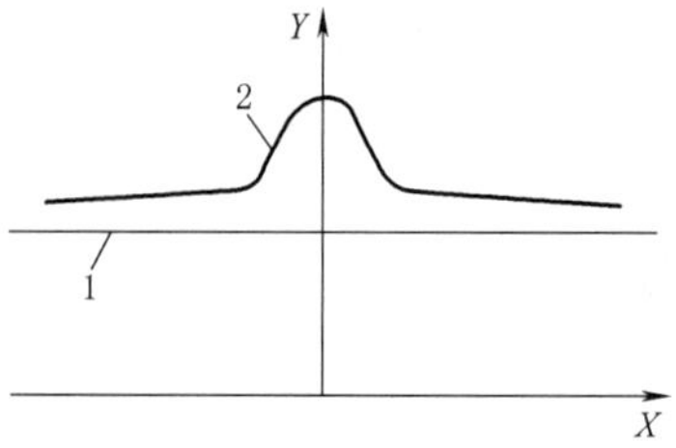 说明 X—输入信号 Y—内泄漏量 1—近似于先导泄漏量曲线(仅为先导控制阀) 2—包括先导泄漏量在内的总泄漏量曲线 图 3　内泄漏量测试曲线 ④特性测试 Ⅰ. 概述 试验目的是确定阀芯构成的每个阀口在恒定压降下的流量特性。用流量传感器 11 记录每个阀口油路的流量变化，每个阀口的输出流量-输入信号特性曲线，如图 4 所示 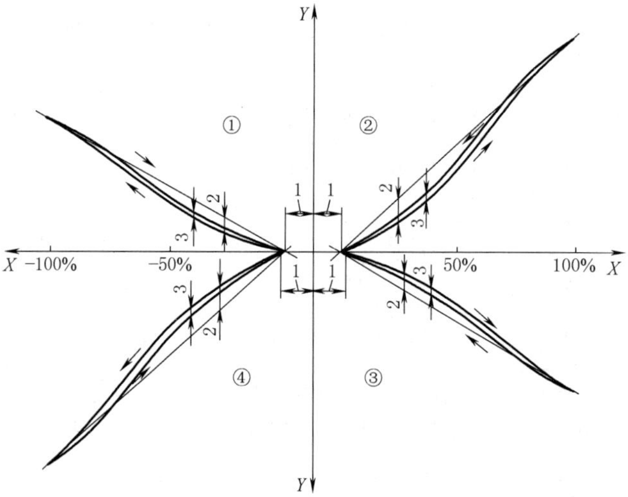 说明 X—额定输入信号的百分比 Y—流量 1—输入信号死区 2—线性误差(q_{err}) 3—滞环 ①P 至 B 流量 ②P 至 A 流量 ③B 至 T 流量 ④A 至 T 流量 图 4　测试曲线 Ⅱ. 试验回路 ⅰ. 概述 试验回路如图 1 所示，流量传感器 11 应具备较宽的测量范围，至少应是额定流量的 1%~100%。尤其是测量接近于零流量时，应具有较高的准确性，否则，需要采用具有重叠工作流量范围的两个不同流量传感器来代替流量传感器 11，一个测量大流量，另一测量小流量 为使内部先导压力控制模式的多级阀能正常工作，宜在阀主油路中增加节流装置以提高系统压力(重要)

续表

性能试验	稳态试验	ⅱ. 从进油口 P 到控制油口 A 的流量 采用符合图 1 要求的试验回路进行试验,打开截止阀 S1、S3 和 S5,关闭其他截止阀 ⅲ. 从控制油口 A 到回油口 T 的流量 采用符合图 1 要求的试验回路进行试验,打开截止阀 S4、S7 和 S9,关闭其他截止阀 ⅳ. 从进油口 P 到控制油口 B 的流量 采用符合图 1 要求的试验回路进行试验,打开截止阀 S1、S4 和 S6,关闭其他截止阀 ⅴ. 从控制油口 B 到回油口 T 的流量 采用符合图 1 要求的试验回路进行试验,打开截止阀 S4、S8 和 S9,关闭其他截止阀 ⅵ. 从进油口 P 到回油口 T 的流量 采用符合图 1 要求的试验回路进行试验,打开截止阀 S1、S3 和 S6,关闭其他截止阀 Ⅲ. 设置 选择合适的绘图仪或记录仪,使其 X 轴能记录输入信号的整个范围,Y 轴能记录从零至额定流量以上的流量范围,见图 4 选择一个能够产生三角波的信号发生器,三角波应具有最大输入信号的幅值范围。设置其三角波信号产生的频率为 0.02Hz 或更低 对采用外部先导控制的多级阀,调整先导供油达到制造商推荐的值 对采用内部先导控制的多级阀,调整油口 P 的供油至少达到制造商推荐的最低值 Ⅳ. 步骤 ⅰ. 试验应按以下步骤进行 a. 对所测的每个阀口,分别利用压力传感器 6~9 进行测量。应控制所测阀口的压降为 0.5MPa 或 3.5MPa(对于测量“从进油口 P 到回油口 T 的流量”的情况,压降应为 1.0MPa 或 7.0MPa)。在一个完整的周期内,应确保所测阀口的压降保持恒定,其变化量不超过±2%。如果测试过程中不能连续控制压降保持恒定,可采用取点读数的方法进行 b. 使输入信号在最小值和最大值之间循环几次,检查控制流量是否在记录仪 Y 轴的范围内 c. 保证每次循环时不受动态影响,使输入信号完成至少一个周期循环 d. 记录一个完整输入信号循环周期内阀的输入信号和控制流量 e. 对每个阀口,重复步骤 a~d ⅱ. 使用测得数据确定以下特性结果 a. 额定(输入)信号下的输出流量 b. 流量增益 c. 被测流量的线性度 q_{err}/q_n(用百分比表示) d. 被控流量的滞环(相对于输入信号的变化) e. 输入信号死区(如果有) f. 流量对称性 g. 流量极性 ⅲ. 在无法监测输出流量的情况下,可监控阀芯位移来代替监测的流量,以此确定 a. 额定(输入)信号下阀芯的位置 b. 滞环 c. 极性 ⑤阈值 Ⅰ. 概述 试验目的是确定被试阀的输出对输入反向信号变化的响应 Ⅱ. 试验回路 使用特性测试“试验回路”中所规定的试验回路 Ⅲ. 设置 选择合适的绘图仪或记录仪,使其 X 轴能记录到 25%额定(输入)信号,Y 轴能记录 0~50%的额定流量 选择一个能产生三角波并带叠加直流偏置功能的信号发生器,设置其三角波信号产生的频率为 0.1Hz 或更低 对采用外部先导控制的多级阀,调整先导供油达到制造商推荐的值 对采用内部先导控制的多级阀,调整油口 P 的供油至少达到制造商推荐的最低值 Ⅳ. 步骤 试验应按以下步骤进行 a. 在额定压降下,调节直流偏置量和压力,是通过被试阀的平均流量约为额定流量的 25%,调整三角波形的幅值至最小值,以确保被控流量不变 b. 缓慢地增加信号发生器的输出幅值变化,直到观察到被控流量产生变化 c. 记录一个完整信号周期内的被控流量和输入信号 d. 对每一个阀口,重复步骤 a~c

续表

性能试验 | 稳态试验

⑥输出流量-阀压降特性试验

Ⅰ. 概述

试验目的是确定被试阀的输出流量与阀压降的变化特性

Ⅱ. 试验回路

ⅰ. 进、出阀控制油口流量相等——对称阀芯

采用符合图 1 要求的试验回路进行试验，打开截止阀 S1、S3 和 S6，关闭其他截止阀

ⅱ. 进、出阀控制油口流量不相等——非对称阀芯

采用符合图 5 要求的试验回路进行试验

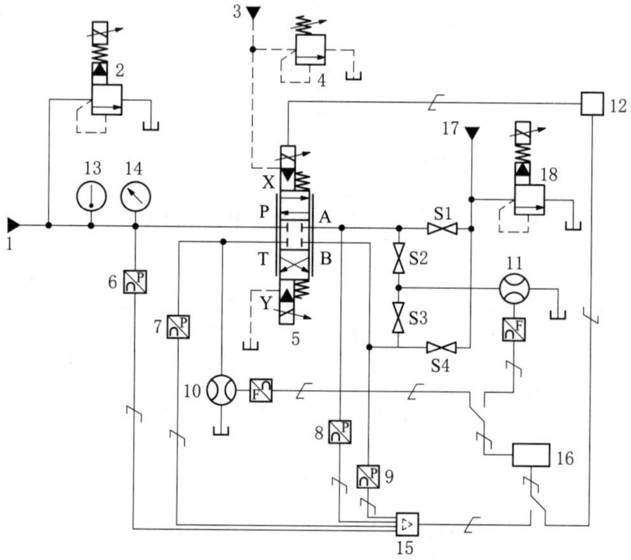

图 5　非对称阀芯的试验回路

1—主油源；2—溢流阀；3—外控（部）先导油源；4—外部先导油源溢流阀；5—被试阀；6～9—压力传感器；10，11—流量传感器；12—信号发生器；13—温度指示器；14—压力表；15—信号调节器；16—数据采集；17—附加油源；18—附加油源溢流阀；S1～S4—截止阀；A，B—控制油口；P—进油口；T—回油口；X—先导进油口；Y—先导泄油口

Ⅲ. 设置

选择合适的绘图仪和记录仪，使其 X 轴能记录被试阀的压降，压降的测量可在压力传感器 6～9 中选择；Y 轴能记录从零至 3 倍以上的额定流量，见图 6

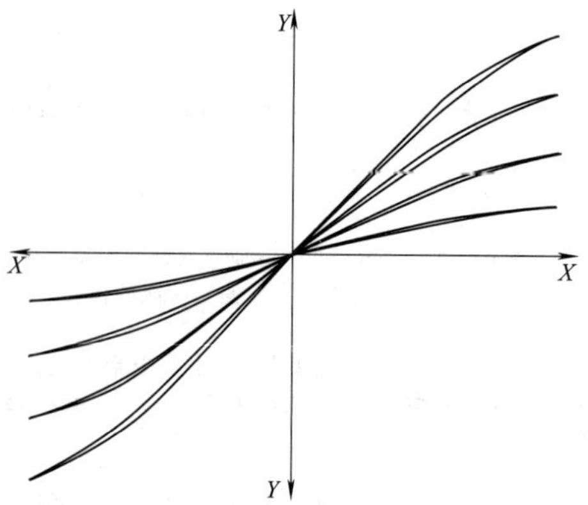

说明

X—阀压降

Y—流量

图 6　输出流量-阀压降特性曲线（无内置压力补偿器）

续表

性能试验	稳态试验	见下

对采用外部先导控制的多级阀,调整先导供油达到制造商推荐的值

对采用内部先导控制的多级阀,调整油口 P 的供油至少达到制造商推荐的最低值

Ⅳ. 步骤

ⅰ. 进、出阀控制油口流量相等——对称阀芯

试验应按以下步骤进行

a. 使输入信号循环多次,并逐渐变化至满量程范围

b. 调整被试阀的压降至尽可能的最小值

c. 设置正向输入信号为(正向)额定值(100%)

d. 调节阀 2 使压力上升,缓慢地增加被试阀的压降,直至被试阀油口 P 在额定压力时,压降增至最大值。在正向额定输入信号下,绘制阀的输出流量与压降的连续变化曲线,然后,缓慢减少油口 P 压力至压降最低值,继续绘制出曲线

e. 分别在额定输入信号的 75%、50% 和 25% 的值下,重复步骤 d,见图 6

f. 在负向输入信号值下,重复步骤 d、e,见图 6

g. 对于有内置压力补偿器的被试阀,按上述试验来确定其负载补偿装置的有效性,见图 7

ⅱ. 进、出阀控制油口流量不相等——非对称阀芯

试验应按以下步骤进行

a. 打开截止阀 S2 和 S4,关闭截止阀 S1 和 S3

b. 使输入信号循环多次,并逐渐变化至满量程范围

c. 调整被试阀的压降至尽可能的最小值

d. 设置输入信号为额定值(100%),使流量从 P 至 A 方向流动

e. 调节阀 2 使压力上升,缓慢地增加被试阀的压降,直至被试阀油口 P 在额定压力时,压降增至最大值。在每个步骤中,通过溢流阀 18 调节附加油源 17 的压力,保持与流量传感器 10 和 11 所测流量之间达到适当的比值。如果目标流量比值未知,可采用 1.7∶1 比值。绘制阀的进油口 P 至控制口(用流量传感器 11 测量)的输出流量对应阀总压降的曲线

f. 分别在额定输入信号的 75%、50% 和 25% 的值下,重复步骤 d,见图 6

g. 打开截止阀 S1 和 S3,关闭截止阀 S2 和 S4。在负向输入信号和反向流量比值下,重复步骤 d~f,见图 6

h. 对于有内置压力补偿器的被试阀,按上述试验来确定其负载补偿装置的有效性,见图 7

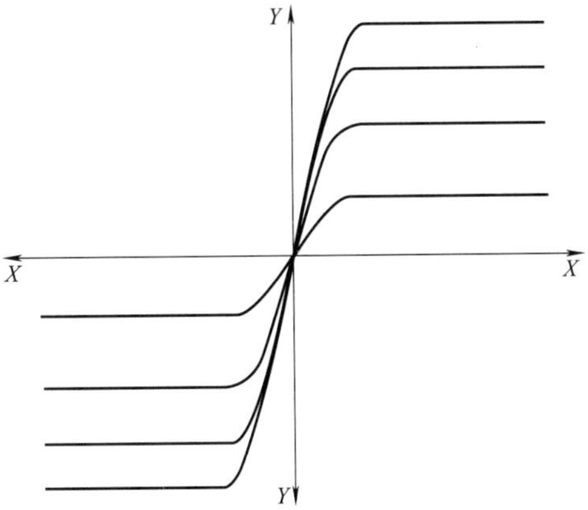

说明

X—阀压降

Y—流量

图 7　输出流量-阀压降特性曲线(有内置压力补偿器)

⑦极限功率特性试验

Ⅰ. 概述

试验目的是确定带阀芯位置反馈的阀的极限功率特性。对于不带阀芯位置反馈的阀,其极限功率特性曲线可在 100% 额定信号下按照上面输出流量-阀压降特性试验"步骤"测得

根据极限功率特性试验的结果可确定阀能稳定工作的流量和压力的极限区域,当超过极限区域后,由于液动力的作用,阀芯将无法维持稳定位置。对于带阀芯位置反馈的阀,应按下面的方法试验

Ⅱ. 试验回路

ⅰ. 进、出阀控制油口流量相等——对称阀芯

采用符合图 1 要求的试验回路进行试验,打开截止阀 S1、S3 和 S6,关闭其他截止阀

ⅱ. 进、出阀控制油口流量不相等——非对称阀芯

续表

性能试验	稳态试验	采用符合图5要求的试验回路进行试验。如果没有符合图5要求的试验回路，则使用符合图1的试验回路，并按下面步骤"采用单独油源的替代方法——非对称阀芯"所述的代替步骤进行试验。对于这种替代测试，需要监测电磁铁的电流（对直接驱动的阀）或监控用于主级的先导压力值（对先导控制的多级阀） Ⅲ. 设置 选择合适的绘图仪和记录仪，使其 X 轴能记录被试阀的压降，Y 轴能记录从零至3倍以上的额定流量，见图8 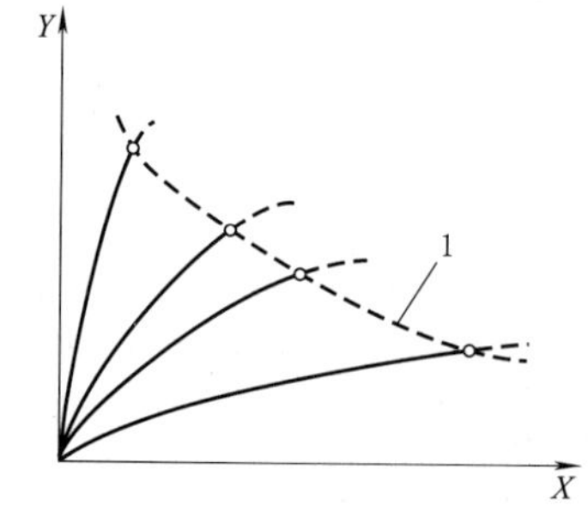 说明 X—阀压降 Y—流量 1—极限功率 图8　极限功率特性曲线 对采用外部先导控制的多级阀，调整先导供油达到制造商推荐的值 对采用内部先导控制的多级阀，调整油口P的供油至少达到制造商推荐的最低值 理想情况下监测主阀芯位置 Ⅳ. 步骤 ⅰ. 进、出阀控制油口流量相等——对称阀芯 重复输出流-阀压降特性试验"进、出阀控制油口流量相等——对称阀芯"步骤进行试验。在每一种输入信号值下，记录被试阀无法维持闭环位置控制和阀芯开始移动时的标记点。连接这些标记点即得到极限功率特性曲线，见图8 如果不能监测阀芯位置，可由下述方法确定极限功率标记点 a. 在输入信号上叠加一个幅值为输入信号±5%的低频正弦信号，频率通常（选）在0.2~0.4Hz b. 缓慢地增加阀的供油压力，记录其正弦运动停止或流量突然减少的那一点，即为极限功率标记点 ⅱ. 进、出阀控制油口流量不相等——非对称阀芯 试验应按以下步骤进行：重复输出流-阀压降特性试验"进、出阀控制油口流量不相等——非对称阀芯"步骤进行试验。每一种输入信号值下，记录被试阀无法维持闭环位置控制和阀芯开始移动时的标记点。连接这些标记点即得到极限功率特性曲线，见图8 如果不能监测阀芯位置，可由下述方法确定极限功率标记点： a. 在输入信号上叠加一个幅值为输入信号±5%的低频正弦信号，频率通常在0.2~0.4Hz b. 缓慢地增加阀的供油压力，记录其正弦运动停止或流量突然减少的那一点，即为极限功率标记点 ⅲ. 采用单独油源的替代方法——非对称阀芯 试验应按以下步骤进行： a. 打开截止阀S3和S5，关闭其他截止阀，见图1 b. 提供100%额定值的输入信号，使流量从P至A方向流动 c. 逐步调节阀2使压力上升，并缓慢地增加被试阀的压降，直至阀油口P在额定压力下增至最大值，监测如下值 • 阀压降（P至A） • 阀流量 • 电磁铁的电流（对直接驱动的阀）或用于主级的先导控制压力（对先导控制的多级阀） d. 使用电子表格或类似的表格，在阀的全部压力范围内，记录以上大约7点~10点的数值 e. 对于每个点，阀芯所涉及的流量比率确定为B~T的流量。如果目标流量比率未知，可采用比率1.7∶1 f. 打开截止阀S4、S8和S9，关闭其他截止阀。对于步骤e上的每个点，测量B~T的阀压降，以及电磁铁电流或先导压力值，由此计算出B~T的流量 g. 关闭液压供油后，测量电磁铁电流或先导压力值，从步骤f所侧值减去该值，获得净值 h. 把步骤c和f记录的压降值相加，获得阀的总压降。绘制阀的总压降与P~A的流量曲线

续表

性能试验 | 稳态试验

i. 把步骤 c 和 g 记录的电磁铁电流或先导压力值相加，获得总的电磁铁电流或总的先导压力值，绘制一个总的电磁铁电流或先导压力与 P~A 总流量的曲线；在不超过电磁铁最大额定电流或放大器电流输出极限的条件下（去两种条件下的较低值），确定 P~A 流量可达到的最大值，也可在制造商推荐的最低先导压力下确定

j. 使用步骤 h 中绘制的曲线，确定阀在步骤 i 中确定的流量下的总压降

k. 在输入信号范围内，重复步骤 b~j，能在步骤 j 中产生一系列成对的压降值。这些值的 *X*-*Y* 曲线图，表示被试阀的液压功率容量

l. 对于从 P~B 和 A~T 的流量试验，分别重复步骤 a~k。在步骤 a 打开截止阀 S4 和 S6，保持其他截止阀关闭；而在步骤 f 则打开截止阀 S7，关闭截止阀 S9

⑧输出流量或阀芯位置-油液温度特性试验

Ⅰ. 概述

试验目的是测量被控流量随流体温度变化的特性

Ⅱ. 试验回路

采用符合图 1 要求的试验回路进行试验，打开截止阀 S1、S3 和 S6，关闭其他截止阀

Ⅲ. 设置

选择合适的绘图仪和记录仪，使其 *X* 轴能记录 20~70℃ 的温度范围，*Y* 轴能记录从零至额定流量，见图 9

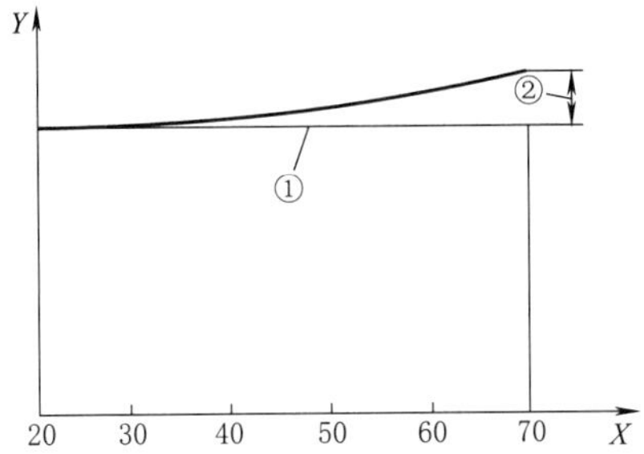

说明

X—油液温度

Y—流量

①设定流量

②流量变化

图 9　流量-油液温度特性曲线

对采用外部先导控制的多级阀，调整先导供油达到制造商推荐的值

对采用内部先导控制的多级阀，调整油口 P 的供油至少达到制造商推荐的最低值

宜采取预防措施，避免有强烈的空气对流经过阀的周围

Ⅳ. 步骤

试验应按以下步骤进行：

a. 试验开始前，将阀和放大器处于 20℃ 环境温度下至少放置 2h 以上

b. 施加一个输入信号，使阀在额定压降下输出 10% 的额定流量。在试验过程中，保持阀压降为其额定值不变

c. 测量和记录被控流量和油液温度，见图 9

d. 试验过程中，应调整加热和/或冷却装置，使油液温度能以约 10℃/h 速率上升

e. 持续记录 c 中指定的参数，直至温度达到 70℃

f. 在 50% 的额定流量下，重复步骤 c~e

⑨压力增益试验（此项试验对比例阀可选做）

Ⅰ. 概述

试验目的是确定阀的控制口 A 和 B 的压力增益-输入信号特性

正遮盖阀口的阀不做此项试验

Ⅱ. 试验回路

采用符合图 1 要求的试验回路进行试验，打开截止阀 S1，关闭其他截止阀

Ⅲ. 设置

选择合适的绘图仪和记录仪，使其 *X* 轴能记录相当于 ±10% 最大输入信号的值，*Y* 轴能记录 0~10MPa 的值，见图 10

续表

性能试验 | 稳态试验

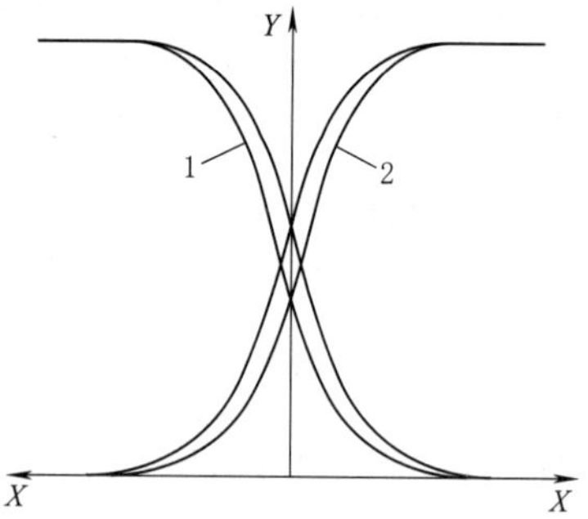

说明

X—输入信号

Y—压力

1—B 口压力

2—A 口压力

图 10　封闭油口负载压力-输入信号特性曲线

Ⅳ. 步骤

选择能产生三角波形的信号发生器,其幅值最大为 10%的输入信号范围,设置三角波频率为 0.01Hz 或更低。因试验过程易受被试阀的内泄漏和流体体积受压变化影响,可能有必要设置更低的频率和波形,以确保动态效应不会影响到测量数据

试验应按以下步骤进行

a. 调整供油压力至 10MPa

b. 调整输入信号的幅值,确保阀芯足以移动通过中位,并满足阀芯两侧都有足够的移动行程使其两个控制口能达到供油压力值,见图 10

c. 在阀口 A 和 B 处于封闭状态时记录其压力变化值,同时记录对应的油口的压力变化曲线

d. 绘制负载压差-输入信号特性曲线,见图 11

e. 确定压力增益,即当输入信号从零变化至 1%时,负载压差变化与供油压力百分比的变化

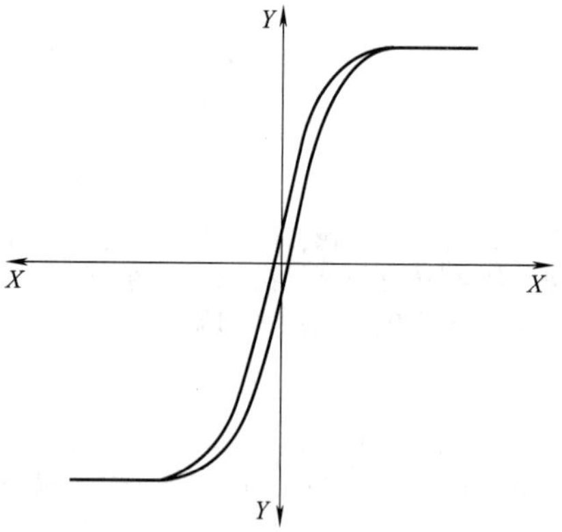

说明

X—输入信号

Y—负载压差

图 11　负载压差-输入信号特性曲线

⑩压力零漂(仅适用于伺服阀)

Ⅰ. 试验回路

采用压力增益试验“试验回路”中所述试验回路

Ⅱ. 步骤

试验应按以下步骤进行

a. 在供油压力为油口 P 最高允许压力的 40%时,调整输入信号,使油口 A 和 B 的压力相等。记录此时的输入信号值

b. 在供油压力为油口 P 最高允许压力的 20%时,调整输入信号,使油口 A 和 B 的压力相等。记录此时的输入信号值

c. 在供油压力为油口 P 最高允许压力的 60%时,调整输入信号,使油口 A 和 B 的压力相等。记录此时的输入信号值

续表

<table>
<tr><td rowspan="2">性能试验</td><td>稳态试验</td><td>Ⅲ. 结论
用最大输入信号百分比表示输入信号的变化，以形成随供油压力变化而变化的压力零漂。压力零漂可用每兆帕对应于供油压力的百分比表示
⑪失效保护功能试验
试验应按以下步骤进行
a. 检查阀的固有失效保护特性，例如输入信号消失，断电或供电不足，供油压力损失或降低，反馈信号消失等
b. 通过监测阀芯位置，检查安装在阀上任何一个专用的失效保护功能装置的性能
c. 如有必要，选择不同的输入信号，重复以上测试</td></tr>
<tr><td>动态试验</td><td>①概述　按下面“阶跃响应-输入信号变化”~“频率响应特性”进行试验，确定阀的阶跃响应特性和频率响应特性
可采用下面的 a~c 三种方法之一获得反馈信号
a. 使用流量传感器 10 的输出作为反馈信号。流量传感器频带宽至少大于包括困油容积在内的最大试验频率的 3 倍。另外，可使用低摩擦（压差不超过 0.3MPa）、低惯性的直线执行器和与其连接的达到上述频带宽的速度传感器组合，来代替流量传感器。直线执行器不适合用于含有直流偏置为输入信号的试验。应使油口 A 和 B 到流量传感器或执行器之间的管路长度尽可能短
b. 对于带内置阀芯位置传感器而无内置压力补偿流量控制器的被试阀，可使用阀芯位置信号作为反馈信号
c. 对于不带内置阀芯位置传感器也无内置压力补偿流量控制器的被试阀，有必要在阀芯上安装一个合适的位置传感器以及相匹配的信号调节装置。只要所提供外加的传感器不改变阀的频率响应，即可用这个信号作为反馈信号
采用上述方法 a~c，会得到不同的结果。因此，试验报告的数据应注明所使用的试验方法
对多级阀进行试验，建议采用外部先导控制方式，以得到最具可比性的数据
②试验回路　采用符合图 1 要求的试验回路进行试验，打开截止阀 S1、S3 和 S6，关闭其他截止阀
可以采用直线执行器代替流量传感器 10，如上面“概述”a 所述
使用合适的油源和管道，以保证在试验频率范围和阶跃响应的持续时间内，阀的压降保持在名义设置值的 ±25%以内，必要时可为油源安装一个蓄能器
③阶跃响应-输入信号变化
Ⅰ. 设置
选择合适的示波器或其他电子设备，以记录被试阀控制流量和输入信号随时间的变化，见图 12
调整信号发生器产生一个方波，方波周期的持续时间足以使控制流量达到稳定
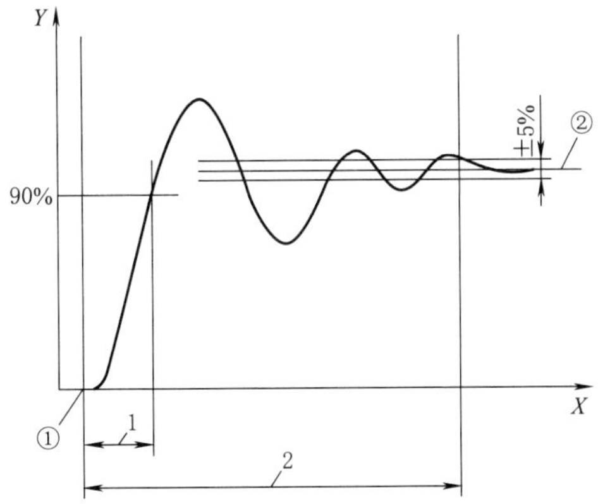

说明
X—时间
Y—流量或阀芯位置
1—响应时间
2—调整时间
①起始点
②稳态流量
图 12　阶跃响应-输入信号变化特性曲线
Ⅱ. 步骤
试验应按以下步骤进行
a. 对采用外部先导压力控制的多级阀，设置先导压力值为额定最大先导压力值的 20%，并分别在先导压力值为额定最大先导压力值的 50%和 100%下，重复进行动态试验</td></tr>
</table>

续表

性能试验 | 动态试验

b. 调节被试阀进油压力达到额定压降，使通过的流量是额定流量的 50%

c. 设置信号发生器，使控制流量在表 2 中第 1 组试验开始、结束值之间阶跃变化

d. 信号发生器至少产生一个周期信号输出

e. 记录控制流量和信号随时间在正反方向变化的阶跃响应

f. 确保记录窗口显示完整的响应过程

g. 按表 2 中第 2~12 组试验所给定值调整控制流量，重复步骤 a~e

表 2　阶跃信号函数

试验组号	额定流量的百分比/%		试验组号	额定流量的百分比/%	
	开始	结束		开始	结束
1	0	+10	7	0	-50
	+10	0		-50	0
2	0	+50	8	0	-100
	+50	0		-100	0
3	0	+100	9	-10	-90
	+100	0		-90	-10
4	+10	+90	10	-25	-75
	+90	+10		-75	-25
5	+25	+75	11	-10	+10
	+75	+25		+10	-10
6	0	-10	12	-90	+90
	-10	0		+90	-90

④阶跃响应-负载变化

注：该试验只适用于有内置压力补偿器功能的阀

Ⅰ. 试验回路

采用上面动态试验"试验回路"所述的试验回路进行试验。但在开始测试前，需要增加一个与流量传感器 10 串联的电控加载阀。电控加载阀的响应时间应小于被试阀响应时间的 30%

Ⅱ. 设置

选择合适的示波器或其他电子设备，以记录由加载阀产生的被控流量和输入信号随时间变化的过程，见图 13

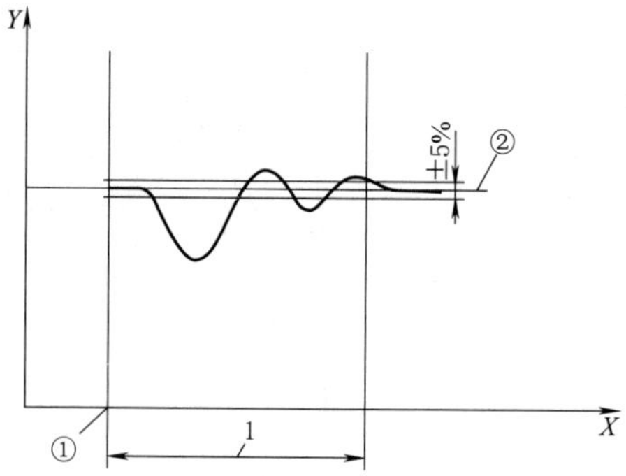

说明

X—时间

Y—流量

1—调整时间

①起始点

②稳态流量

图 13　阶跃响应-负载变化特性曲线

Ⅲ. 步骤

试验应按以下步骤进行

a. 对采用外部先导压力控制的多级阀，设置先导压力值为额定值的 20%，并分别在先导压力值为额定值的 50%和 100%(的情况)下，重复进行动态试验

b. 调整被试阀的进油压力，在额定压力下增至最大值

c. 调整被试阀的信号值，使负载压差在设定最大负载压力的 50%~100%之间变化，记录被控流量的动态特性，见图 13

性能试验 | 动态试验

d. 使负载压差在设定最大负载压力的 50% 和尽可能最小值之间变化，重复上述测试

⑤频率响应特性

Ⅰ. 概述

试验目的是确定被试阀的电输入信号与被控流量之间的频率响应(特性)

Ⅱ. 设置

选择合适的频响分析仪器或其他仪器，应能测量两个正弦信号之间的幅值比和相位移

连接好设备，测量被试阀输入信号和反馈信号之间的响应过程(见图 14)

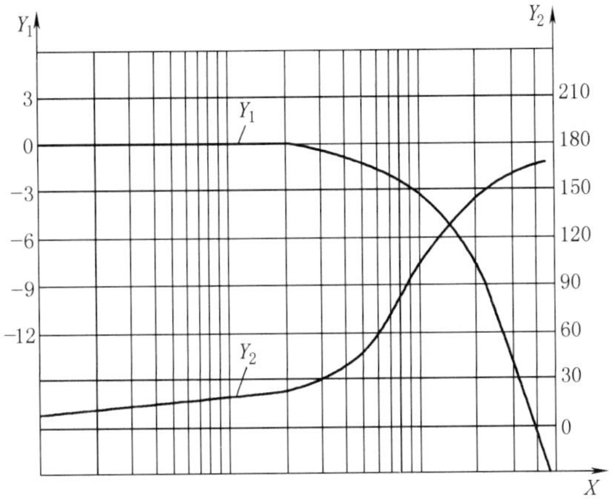

说明

X—输入信号的频率

Y_1—幅值比

Y_2—相位滞后

图 14　频率响应特性曲线

Ⅲ. 步骤

试验应按以下步骤进行：

a. 对采用外部先导压力控制的多级阀，设置先导压力值为额定值的 20%，并分别在先导压力值为额定值的 50% 和 100% 的情况下，重复进行动态试验

b. 调整进油压力和阀的直流偏置信号，使阀通过额定流量的 50%，达到额定压降

c. 在直流偏置基础上叠加一个正弦信号，在稳态条件下，调整正弦信号幅值，使控制流量幅值为额定流量的 5%。可按上面“特性测试”中试验方法确定。选择满足以下条件的频率测量范围：最小频率不大于相位滞后为 90°时的 5% 频率；最大频率至少是相位滞后 180°的频率；或者是不能可靠地测量反馈信号幅值时的点值

d. 核实反馈信号的幅值衰减在相同频率范围内至少为 10dB

e. 以每十倍频 20~30s 的速率，对正弦输入信号的试验频率从最低到最高进行扫频。在每次完整的扫频过程中，保证正弦输入信号的幅值始终不变

f. 在表 3 中列出的其他条件下，重复步骤 a~e

表 3　频率响应试验

阀类型	流量的偏置(相对于额定流量)/%	流量幅值/%
零遮盖阀	0	±5 ±10 ±25 ±100
	±50	±5 ±10 ±25
	−50	±5 ±10 ±25
正遮盖阀	±50	±5 ±10 ±25
	−50	±5 ±10 ±25

续表

压力脉冲试验		试验方法按 GB/T 19934.1 的规定
结果表达	概述	试验结果应以下面任一种形式表达 a. 表格 b. 图表
	试验报告	①概述 所有试验报告至少应当包括以下内容： a. 阀制造商的名称 b. 阀的型号和序列号 c. 如使用外置放大器，应注明放大器的型号和序列号 d. 阀在额定压降下的额定流量 e. 阀压降 f. 进油压力 g. 回油压力 h. 试验回路油液类型 i. 试验回路油液温度 j. 试验回路油液黏度(符合 GB/T 3141—1994 的要求) k. 额定输入信号 l. 线圈连接方式(例如串联、并联) m. 如可用到的颤振信号的波形、幅值、频率 n. 各试验参数的允许试验极限值 o. 试验日期 p. 试验人员姓名 ②出厂试验报告 阀出厂试验报告至少应包括以下内容： a. 绝缘电阻值 b. 最大内泄漏量 c. 输出流量-输入信号特性曲线 d. 输出流量-输入信号曲线的极性 e. 由输出流量-输入信号曲线得出的滞环 f. 流量增益 K_v 和测定增益时所用的压力 g. 流量线性度 h. 零位特征 i. 压力增益 j. 阈值 k. 失效保护功能试验(在适用时) 附加的试验可包括：零漂与供油压力(两个或多个数据点)、对称性 ③型式试验报告 阀型式试验报告至少应包括以下内容： a. 阀出厂试验报告的数据 b. 线圈电阻 c. 线圈电感 d. 输出流量-阀压降特性曲线 e. 极限功率特性试验的数据 f. 输出流量-油液温度特性曲线 g. 压力零漂 h. 动态特性 i. 压力脉冲试验结果 j. 在零部件拆解和目测检查后记录任何物理品质下降的详细资料
标注说明		当选择完全遵守本标准试验时，强烈建议制造商，在试验报告、产品目录和销售文件中使用以下说明：“试验按 GB/T 15623.1—2018《液压传动　电调制液压控制阀　第 1 部分：四通方向流量控制阀试验方法》的规定进行”

.3.2 三通方向流量控制阀试验方法（摘自 GB/T 15623.2—2017/ISO 10770-2：2012，MOD）

表 20-10-95

<table>
<tr><td>范围</td><td>GB/T 15623.2—2017《液压传动 电调制液压控制阀 第 2 部分：三通方向流量控制阀试验方法》规定了电调制液压三通方向流量控制阀性能特性的试验方法
本标准适用于液压系统中电调制液压三通方向流量控制阀性能特性的试验
注：在液压系统中，电调制液压三通方向流量控制阀是能通过电信号连续控制三个主阀口流量和方向变化的连续控制阀，一般包括伺服阀和比（控制）例阀等不同类型产品。以下如没有特别限定，“阀”即指电调制液压三通方向流量控制阀</td></tr>
<tr><td>试验条件</td><td>除非另有规定，应按照表 1 中所给出的试验条件进行阀的试验
表 1 试验条件
<table>
<tr><th>参变量</th><th>条件</th></tr>
<tr><td>环境温度</td><td>20℃±5℃</td></tr>
<tr><td>油液污染度</td><td>固体颗粒污染应按 GB/T 14039 规定的代号表示</td></tr>
<tr><td>流体类型</td><td>矿物液压油（符合 GB/T 7631.2 的 L-HL）</td></tr>
<tr><td>流体黏度</td><td>阀进口处为 32cSt±8cSt</td></tr>
<tr><td>流体黏度等级</td><td>符合 GB/T 3141—1994 规定的 VG32 或 VG46</td></tr>
<tr><td>压降</td><td>试验要求值的±2.0%</td></tr>
<tr><td>回油压力</td><td>符合制造商的推荐</td></tr>
</table></td></tr>
<tr><td>试验装置</td><td>安全提示：试验过程应充分考虑人员和设备的安全
对所有类型阀的试验装置，应使用符合图 1、图 10 或图 11 中要求的试验回路
图 1、图 10 和图 11 所示的试验回路是完成试验所需的最基本要求，没有包含安全装置。采用图 1、图 10 和图 11 所示回路试验时，应按下列步骤实施
a. 试验实施指南参见 GB/T 15623.2—2017 附录 A
b. 对于每项试验可建立单独的试验回路，以消除截止阀引起泄漏的可靠性，提高测试结果的准确性
c. 液压性能试验以阀和放大器的组合实施。输入信号作用于放大器，而不是直接作用于阀。对于电气试验，输入信号直接作用于阀
d. 尽可能使用制造商所推荐的放大器进行液压试验，否则应记录放大器的类型与主要参数（如脉宽调制频率、颤振频率和幅值等）
e. 在脉宽调制频率的启闭过程中，记录放大器的供电电压、幅值和作用于被试阀上的电压信号大小及波形
f. 电气试验设备和传感器的频宽或固有频率，至少大于最高试验频率的 10 倍
g. 图 1、图 10 中的压力传感器 6～8 可由压差传感器代替，以测试每一个油路
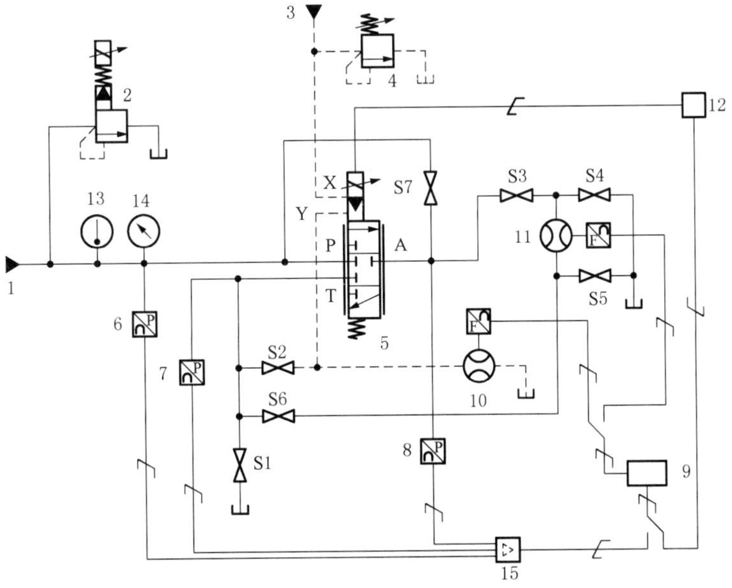

图 1 试验回路
1—主油源；2—主溢流阀；3—外部先导油源；4—外部先导油源溢流阀；5—被试阀；6～8—压力传感器；9—数据采集；10，11—流量传感器；12—信号发生器；13—温度指示器；14—压力表；15—信号调节器；S1～S7—截止阀；A—控制油口；P—进油口；T—回油口；X—先导进油口；Y—先导泄油口</td></tr>
</table>

续表

准确度	仪表准确度	仪表准确度应在JB/T 7033—2007所规定的B级，允许系统误差为 a. 电阻：实际测量值的±2% b. 压力：阀在额定流量下的额定压降的±1% c. 温度：测量温度值的±2% d. 流量：阀额定流量的±2.5% e. 输入信号：达到额定流量时的输入电信号的±1.5%
	动态范围	进行动态试验，应保证测量设备、放大器或记录装置产生的任何阻尼、衰减及相位移对所记录的输出信号的影响不超过其测量值1%
不带集成放大器的阀的电气特性试验	概述	应根据需要，在进行后续试验前对不带集成放大器的阀完成下面“线圈电阻”至“绝缘电阻”的试验 注：下面“线圈电阻”至“绝缘电阻”的试验仅适用于直接用电流驱动的阀
	线圈电阻	①线圈电阻(冷态)　按以下方式进行试验： a. 将未通电的阀放置在规定的环境温度下至少2h b. 测量并记录阀上每个线圈两端的电阻值 ②线圈电阻(热态)　按以下方式进行试验： a. 将阀安装在制造商推荐的底板上，内部浸油，完全通电，在达到最高额定温度时，阀启动工作，保证充分励磁和无油液流动，直到线圈温度稳定 b. 应在阀断电后1s内，测量并记录每个线圈两端的电阻值
	线圈电感(可选测)	用此方法所测得电感值不代表线圈本身的电感大小，仅在比较时做参考 按以下步骤进行试验 a. 将线圈接入一个能够提供并保证线圈额定电流的稳压电源 b. 试验过程中，应使衔铁保持在工作行程的50%处 c. 用示波器或类似设备监测线圈电流 d. 调整电压，使稳态电流等于线圈的额定电流 e. 关闭电源再打开，记录电流的瞬态特性 f. 确定线圈的时间常数 t_c(见图2)，用式(1)计算电感值 L_c $$L_c=R_ct_c \qquad (1)$$ 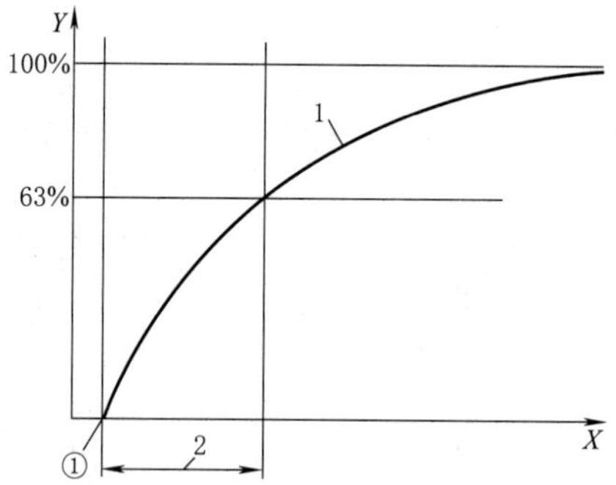 说明 X—时间 Y—电流 1—直流电(流)曲线 2—时间常数，t_c ①起始点 图2　线圈电感测量曲线
	绝缘电阻	按下列步骤确定线圈的绝缘电阻 a. 如果内部电气元件接触油液(如湿式线圈)，在进行本项试验前应向阀内注入液压油 b. 将线圈两端相连，并在此连结点与阀体之间施加直流电压，$U_i=500V$，持续15s c. 使用合适的绝缘电阻测试仪测量，记录绝缘电阻 R_i d. 使用带电流读数的测试仪器测量绝缘试验电流 I_i，可用式(2)计算绝缘电阻 $$R_i=\frac{U_i}{I_i} \qquad (2)$$

续表

<table>
<tr><td rowspan="2">性能试验</td><td>概述</td><td>所有性能试验应针对阀和放大器的组合,因输入信号仅作用于放大器,而不是直接作用于阀
在可能的情况下,对于多级阀,应使阀的配置模式为先导级外部供油的外部泄油
在开始任何试验之前,应进行常规的机械/电气调整,如零位、输入信号死区和增益调整</td></tr>
<tr><td>稳态试验</td><td>①概述　进行稳态性能试验时,应注意并排除对其动态特性造成影响的因素
应按以下顺序进行稳态试验:
a. 耐压试验(可以选择)
b. 内泄漏试验
c. 在恒定压降下,对阀的输出流量-输入信号特性进行测试,以此确定
ⅰ. 额定流量
ⅱ. 流量增益
ⅲ. 流量线性度
ⅳ. 流量滞环
ⅴ. 流量对称性
ⅵ. 流量极性
ⅶ. 阀芯遮盖状态
ⅷ. 阈值
d. 输出流量-阀压降特性试验
e. 极限输出流量-阀压降特性试验
f. 输出流量-油温特性试验
g. 压力增益-输入信号特性试验
h. 压力零漂试验
i. 失效保护功能试验
②耐压试验(可选择)
Ⅰ. 概述
被试阀耐压试验可在其他项目试验之前进行,以检验阀的完整性
Ⅱ. P、A 和 X 油口试验步骤
进行耐压试验时,打开回油口 T,压力施加于阀的进油口 P、控制油口 A 和外部先导进油口 X,按以下步骤进行试验:
a. 阀的 P、A 和先导油口 X 施加的压力为其额定压力的 1.3 倍,至少保持 30s;在前半周期内,输入最大输入信号,在后半周期内,输入最小输入信号
b. 在试验过程中,检查阀是否存在外泄漏
c. 试验后,检查阀是否存在永久性变形
d. 记录耐压试验情况
Ⅲ. T 油口试验步骤
按以下步骤进行步骤:
a. 阀 T 油口施加的压力为其额定压力的 1.3 倍,至少保持 30s
b. 在试验过程中,检查阀是否存在外泄漏
c. 试验后,检查阀是否存在永久性变形
d. 记录耐压试验情况
Ⅳ. 先导泄油 Y 油口
任何外部先导泄漏口不得进行耐压试验
③内泄漏和先导流量试验
Ⅰ. 概述
进行内泄漏和先导流量试验,以确定
a. 内泄漏量和先导流量的总流量
b. 阀采用外部先导泄油时的先导流量
Ⅱ. 试验回路
内泄漏和先导流量的液压试验回路见图 1,进行试验前,打开截止阀 S1、S3 和 S6,关闭其他截止阀
Ⅲ. 设置
调整阀的进油压力和先导压力应高于回油压力 10MPa。如果制造商提供阀的该压力低于 10MPa,可按制造商提供的额定压力值
Ⅳ. 步骤
按以下步骤进行试验:
a. 进行泄漏量测试之前,在全输入信号范围内,操作阀动作数次,确保阀内通过的油液在规定的黏度范围内
b. 先关闭截止阀 S3 和 S6,打开截止阀 S2,然后再关闭截止阀 S1
c. 缓慢调整输入信号在阀的全信号范围内变化,流量传感器 10 记录油口 T 的泄漏量,包括主级泄漏和先导级泄漏的总流量,见图 3(图 3 所示的泄漏曲线是伺服阀的典型内泄漏特征,其他类型阀的泄漏曲线可能具有不同特征)</td></tr>
</table>

续表

性能试验	稳态试验	d. 用一个稳定的输入信号进行测试，流量传感器 10 记录的结果即阀在稳态条件下主级和先导级的总泄漏量 当阀采用外部先导泄油时，打开截止阀 S1 和关闭截止阀 S2。设置输入信号为零，记录油口 Y 处的泄漏量。流量传感器 10 记录的结果即阀先导泄漏量 如果必要，可将压力增至被试阀的最大供油压力下重复进行试验

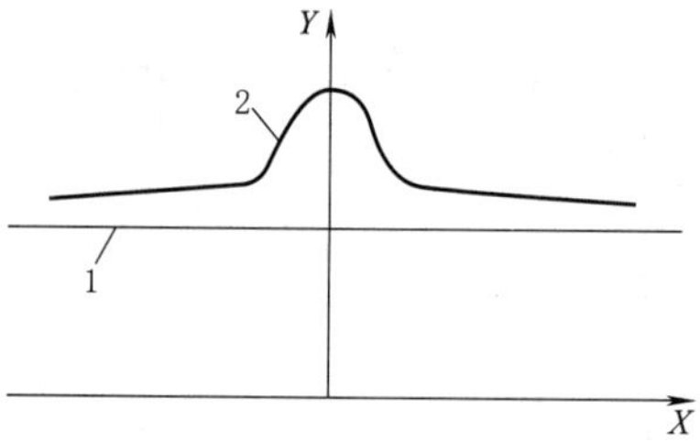

说明

X—输入信号

Y—内泄漏量

1—近似于先导泄漏量曲线(仅为先导控制阀)

2—包括先导泄漏量在内的总泄漏量曲线

图 3　内泄漏量测试曲线

④恒定压降下的输出流量-输入信号特性测试

Ⅰ. 概述

试验目的是确定阀芯构成的每个阀口在恒定压降下的流量特性。用流量传感器 11 记录每个阀口油路的流量变化，每个阀口的输出流量-输入信号特性曲线，见图 4

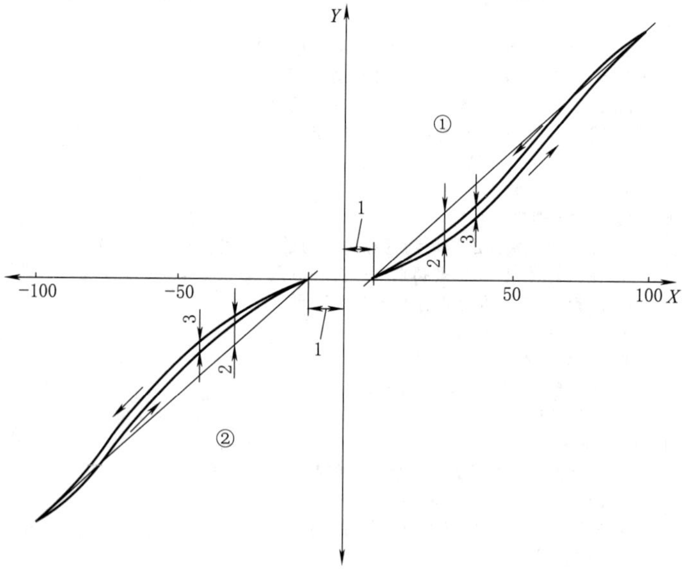

说明

X—额定输入信号的百分比

Y—流量

1—输入信号死区

2—线性误差(q_{err})

3—滞环

①进油口 P 至控制油口 A 流量

②控制油口 A 至回油口 T 流量

图 4　测试曲线

续表

性能试验	稳态试验	Ⅱ. 试验回路 ⅰ. 概述 试验回路如图1所示，流量传感器11具备较宽的测量范围，至少应是额定流量的1%～100%。尤其是测量接近于零流量时，应具有较高的准确性，否则，需要采用具有重叠工作流量范围的两个不同流量传感器来代替流量传感器11，一个测量大流量，另一测量小流量 为使内部先导压力控制模式的多级阀能正常工作，宜在阀主油路中增加节流装置以提高系统压力（重要） ⅱ. 从进油口P到控制油口A的流量 采用符合图1要求的试验回路进行试验，打开截止阀S1、S3和S5，关闭其他截止阀 ⅲ. 从控制油口A到回油口T的流量 采用符合图1要求的试验回路进行试验，打开截止阀S4、S6和S7，关闭其他截止阀 Ⅲ. 设置 选择合适的绘图仪或记录仪，使其X轴能记录输入信号的整个范围，Y轴能记录从零至额定流量以上的流量范围，见图4 选择一个能够产生三角波的信号发生器，三角波应具有最大输入信号的幅值范围。设置其三角波信号产生的频率为0.02Hz或更低 对采用外部先导控制的多级阀，调整先导供油达到制造商推荐的值 对采用内部先导控制的多级阀，调整油口P的供油至少达到制造商推荐的最低值 Ⅳ. 步骤 ⅰ. 试验应按以下步骤进行： a. 对所测的每个阀口，分别利用压力传感器6～8进行测量。应控制所测阀口的压降为0.5MPa或3.5MPa。在一个完整的周期内，应确保所测阀口的压降保持恒定，其变化量不超过±2%。如果测试过程中不能连续控制压降保持恒定，可采用取点读数的方法进行 b. 使输入信号在最小值和最大值之间循环几次，检查控制流量是否在记录仪Y轴的范围内 c. 保证每次循环时不受动态影响，使输入信号完成至少一个周期循环 d. 记录一个循环周期内阀的输入信号和控制流量 e. 对每个阀口，重复步骤a～d ⅱ. 使用测得数据确定以下特性结果： a. 额定输入信号下的输出流量 b. 流量增益 c. 被测流量的线性度q_{err}/q_n（用百分比表示） d. 被控流量的滞环（相对于输入信号的变化）输入信号死区（如果有） e. 流量对称性 f. 流量极性 ⅲ. 在无法监测输出流量的情况下，可监控阀芯位移来代替监测的流量，以此确定 a. 额定输入信号下阀芯的位置 b. 滞环 c. 极性 ⑤阈值 Ⅰ. 概述 试验目的是确定被试阀的输出对输入反向信号变化的响应 Ⅱ. 试验回路 使用恒定压降下的输出流量-输入信号的特性测试“试验回路”中所规定的试验回路 Ⅲ. 设置 选择合适的绘图仪或记录仪，使其X轴能记录到25%额定输入信号，Y轴能记录从0～50%的额定流量 选择一个能产生三角波并带叠加直流偏置功能的信号发生器，设置其三角波信号产生的频率为0.1Hz或更低 对采用外部先导控制的多级阀，调整先导供油达到制造商推荐的值 对采用内部先导控制的多级阀，调整油口P的供油至少达到制造商推荐的最低值 Ⅳ. 步骤 试验应按以下步骤进行： a. 在额定压降下，调节直流偏置量和压力，是通过被试阀的平均流量约为额定流量的25%，调整三角波形的幅值至最小值，以确保被控流量不变

续表

性能试验 | 稳态试验

b. 缓慢地增加信号发生器的输出幅值变化，直到观察到被控流量产生变化

c. 记录一个完整信号周期内的被控流量和输入信号

d. 对每一个阀口，重复步骤 a～c

⑥输出流量-阀压降特性试验

Ⅰ. 概述

试验目的是确定被试阀的输出流量与阀压降的变化特性

Ⅱ. 试验回路

ⅰ. 从进油口 P 到控制油口 A 的流量

采用符合图 1 要求的试验回路进行试验，打开截止阀 S1、S3 和 S5，关闭其他截止阀

ⅱ. 从控制油口 A 到回油口 T 的流量

采用符合图 1 要求的试验回路进行试验，打开截止阀 S4、S6 和 S7，关闭其他截止阀

Ⅲ. 设置

选择合适的绘图仪和记录仪，使其 *X* 轴能记录被试阀的压降，压降的测量可在压力传感器 6～8 中选择；*Y* 轴能记录从 0 至 3 倍以上的额定流量，见图 5

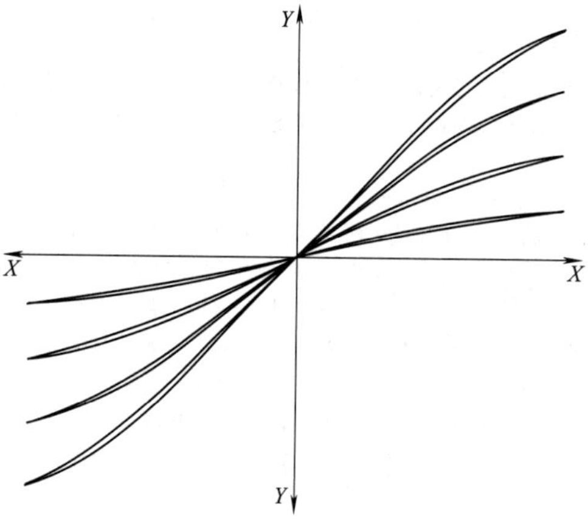

说明

X—阀压降

Y—流量

图 5 输出流量-阀压降特性曲线(无内置压力补偿器)

对采用外部先导控制的多级阀，调整先导供油达到制造商推荐的值

对采用内部先导控制的多级阀，调整油口 P 的供油至少达到制造商推荐的最低值

Ⅳ. 步骤

ⅰ. 从进油口 P 到控制油口 A 的流量

试验应按以下步骤进行

a. 使输入信号循环多次，并逐渐变化至满量程范围

b. 调整被试阀的压降至尽可能的最小值

c. 设置正向输入信号为正向额定值(100%)

d. 调节阀 2 使压力上升，缓慢地增加被试阀的压降，直至被试阀油口 P 在额定压力时，压降增至最大值。在正向额定输入信号下，绘制阀的输出流量与压降的连续变化曲线，然后，缓慢减少油口 P 压力至压降最低值，继续绘制出曲线

e. 分别在额定输入信号的 75%、50%和 25%的值下，重复步骤 d，见图 5

f. 对于有内置压力补偿器的被试阀，按上述试验来确定其负载补偿装置的有效性，见图 6

ⅱ. 从控制油口 A 到回油口 T 的流量

试验应按以下步骤进行：

a. 使输入信号循环多次，并逐渐变化至满量程范围

b. 调整被试阀的压降至尽可能的最小值

c. 设置输入信号为负向额定值(-100%)，使流量从 A 至 T 方向流动

d. 调节阀 2 使压力上升，缓慢地增加被试阀的压降，直至被试阀油口 A 在额定压力时，压降增至最大值。在负向额定输入信号时，绘制阀的输出流量与压降的连续变化曲线，然后，缓慢减少油口 A 压力至压降最低值，继续绘制出曲线

e. 分别在额定输入信号的 75%、50%和 25%的值下，重复步骤 d，见图 5

f. 对于有内置压力补偿器的被试阀，按上述试验来确定其负载补偿装置的有效性，见图 6

续表

性能试验	稳态试验	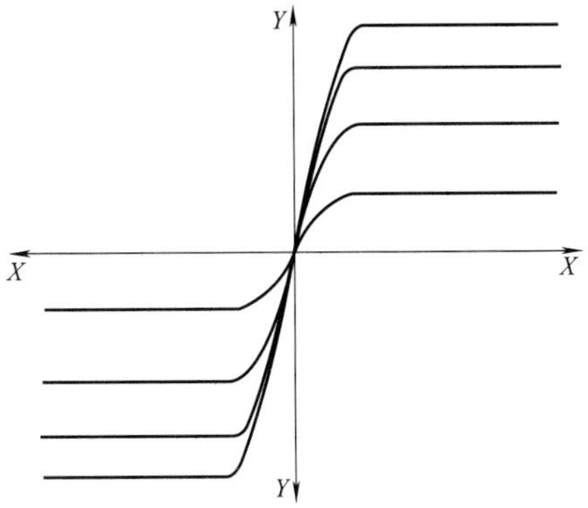 说明 X—阀压降 Y—流量 图6　输出流量-阀压降特性曲线(有内置压力补偿器) ⑦极限功率特性试验 Ⅰ. 概述 试验目的是确定带阀芯位置反馈的阀的极限功率特性。对于不带阀芯位置反馈的阀，其极限功率特性曲线可在100%额定信号下按照上面输出流量-阀压降特性试验“步骤”测得 根据极限功率特性试验的结果可确定阀能稳定工作的流量和压力的极限区域，当超过极限区域后，由于液动力的作用，阀芯将无法维持稳定位置。对于带阀芯位置反馈的阀，应按下面的方法试验 Ⅱ. 试验回路 ⅰ. 从进油口P到控制油口A的流量 采用符合图1要求的试验回路进行试验，打开截止阀S1、S3和S5，关闭其他截止阀 ⅱ. 从控制油口A到回油口T的流量 采用符合图1要求的试验回路进行试验，打开截止阀S1、S7和S7，关闭其他截止阀 Ⅲ. 设置 选择合适的绘图仪和记录仪，使其X轴能记录被试阀的压降，Y轴能记录从0至3倍以上的额定流量，见图7 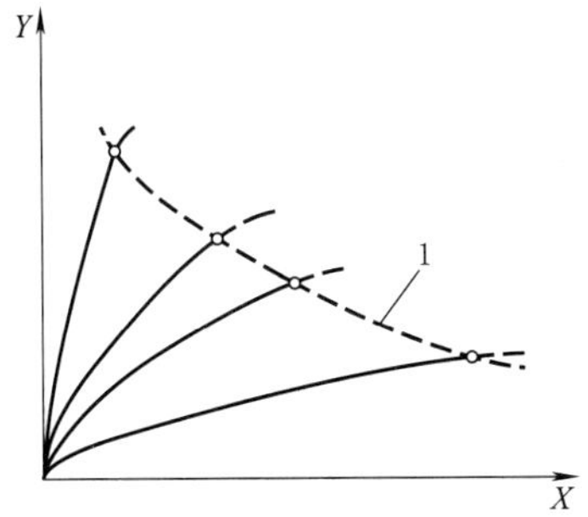 说明 X—阀压降 Y—流量 1—极限功率 图7　极限功率特性曲线 对采用外部先导控制的多级阀，调整先导供油达到制造商推荐的值 对采用内部先导控制的多级阀，调整油口P的供油至少达到制造商推荐的最低值 理想情况下监测主阀芯位置 Ⅳ. 步骤 重复“从进油口P到控制油口A的流量”和“从控制油口A到回油口T的流量”步骤进行试验。在每一种

续表

性能试验	稳态试验	输入信号值下，记录被试阀无法维持闭环位置控制和阀芯开始移动时的标记点。连接这些标记点即得到极限功率特性曲线，见图 7 如果不能监测阀芯位置，可由下述方法确定极限功率标记点 a. 在输入信号上叠加一个幅值为输入信号±5%的低频正弦信号，频率通常(选)在 0.2~0.4Hz 之间 b. 缓慢地增加阀的供油压力，记录其正弦运动停止或流量突然减少的那一点，即为极限功率标记点 ⑧输出流量或阀芯位置-油液温度特性试验 Ⅰ. 概述 试验目的是测量被控流量随流体温度变化的特性 Ⅱ. 试验回路 采用符合图 1 要求的试验回路进行试验，打开截止阀 S1、S3 和 S5，关闭其他截止阀 Ⅲ. 设置 选择合适的绘图仪和记录仪，使其 X 轴能记录 20~70℃ 的温度范围，Y 轴能记录从零至额定流量，见图 8 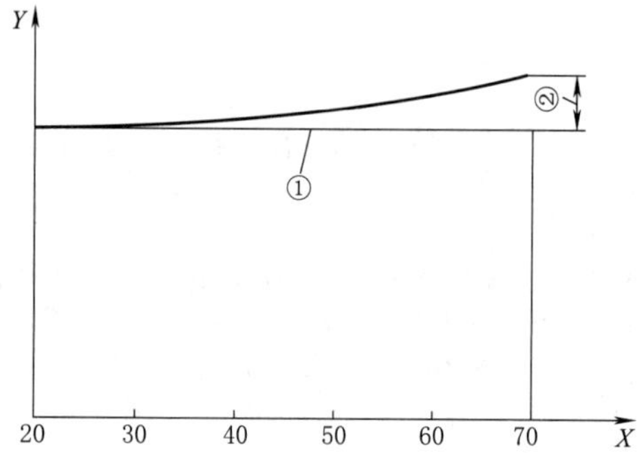 说明 X—油液温度 Y—流量 ①设定流量 ②流量变化 图 8　流量-油液温度特性曲线 对采用外部先导控制的多级阀，调整先导供油达到制造商推荐的值 对采用内部先导控制的多级阀，调整油口 P 的供油至少达到制造商推荐的最低值 宜采取预防措施，避免有强烈的空气对流经过阀的周围 Ⅳ. 步骤 试验应按以下步骤进行 a. 试验开始前，将阀和放大器处于 20℃ 环境温度下至少放置 2h 以上 b. 施加一个输入信号，使阀在额定压降下输出 10% 的额定流量。在试验过程中，保持阀压降为其额定值不变 c. 测量和记录被控流量和油液温度，见图 8 d. 试验过程中，应调整加热和/或冷却装置，使油液温度能以约 10℃/h 速率上升 e. 持续记录 c 中指定的参数，直至温度达到 70℃ f. 在 50% 的额定流量下，重复步骤 c~e ⑨压力增益试验 Ⅰ. 概述 试验目的是确定阀的控制口 A 的压力增益-输入信号特性 正遮盖阀口的阀不做此项试验 此项试验对比例阀可选做 Ⅱ. 试验回路 采用符合图 1 要求的试验回路进行试验，打开截止阀 S1，关闭其他截止阀 Ⅲ. 设置 选择合适的绘图仪和记录仪，使其 X 轴能记录相当于±10% 最大输入信号的值，Y 轴能记录从零至 10MPa 的值，见图 9

续表

性能试验	稳态试验	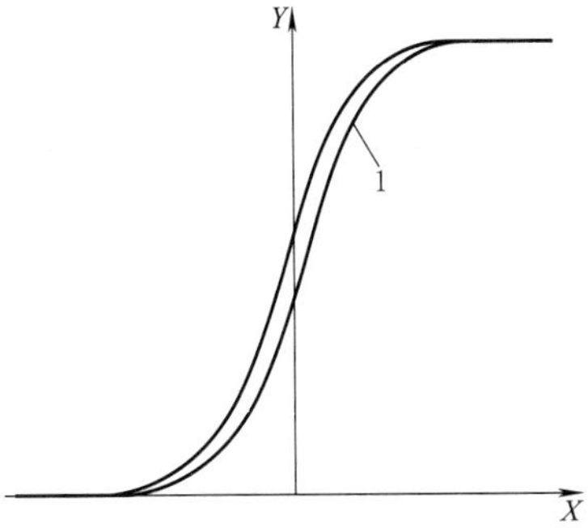 说明 X—输入信号 Y—压力 1—阀口 A 压力 图 9　封闭阀口 A 压力-输入信号特性曲线 Ⅳ. 步骤 选择能产生三角波形的信号发生器，其幅值最大为 10%的输入信号范围，设置三角波频率为 0.01Hz 或更低。因试验过程易受被试阀的内泄漏和流体容积受压变化影响，可能有必要设置更低的频率和波形，以确保动态效应不会影响到测量数据 试验应按以下步骤进行 a. 调整供油压力至 10MPa b. 调整输入信号的幅值，确保阀芯足以移动通过中位，并满足阀芯两侧都有足够的移动行程使其两个控制口能达到供油压力值，见图 9 作者注：对于三通方向流量控制阀其仅有一个控制油口 A c. 在阀口 A 处于封闭状态时记录其压力变化值 d. 确定压力增益，即当输入信号从零变化至 1%时，阀口 A 压力变化与供油压力百分比的变化 ⑩压力零漂试验(仅适用于伺服阀) Ⅰ. 试验回路 采用压力增益试验"试验回路"中所述试验回路 Ⅱ. 步骤 试验应按以下步骤进行 a. 在供油压力为油口 P 最高允许压力的 40%时，调整输入信号，使油口 A 的压力为供油压力的 50%，记录此时的输入信号值 b. 在供油压力为油口 P 最高允许压力的 20%时，重复 a c. 在供油压力为油口 P 最高允许压力的 60%时，重复 a Ⅲ. 结论 用最大输入信号百分比表示输入信号的变化，以形成随供油压力变化而变化的压力零漂。压力零漂可用每兆帕对应于供油压力的百分比表示 ⑪失效保护功能试验 试验应按以下步骤进行 a. 检查阀的固有失效保护特性，例如输入信号消失，断电或供电不足，供油压力损失或降低，反馈信号消失等 b. 通过监测阀芯位置，检查安装在阀上任何一个专用的失效保护功能装置的性能 c. 如有必要，选择不同的输入信号，重复上测试
	动态试验	①概述　按下面"阶跃响应-输入信号变化"至"频率响应特性"进行试验，确定阀的阶跃响应特性和频率响应特性 可采用下面的 a、b 或 c 三种方法之一获得反馈信号： a. 使用流量传感器 11 的输出作为反馈信号。流量传感器频带宽至少大于包括困油容积在内的最大试验频率的 3 倍。另外，可使用低摩擦(压差不超过 0.3MPa)、低惯性的直线执行器和与其连接的达到上述频带宽的速度传感器组合，来代替流量传感器，见图 10。直线执行器不适合用于含有直流偏置为输入信号的试验。应使油口 A 到流量传感器或执行器之间的管路长度尽可能短。当测试正遮盖较大阀口的阀，或者非线性流量增益较强的阀，应避免采用此方法，对这类阀应采用方法 b 和 c b. 对于带内置阀芯位置传感器而无内置压力补偿流量控制器的被试阀，可使用阀芯位置信号作为反馈信号

续表

性能试验　动态试验

c. 对于不带内置阀芯位置传感器也无内置压力补偿流量控制器的被试阀，有必要在阀芯上安装一个合适的位置传感器以及相匹配的信号调节装置。只要所提供外加的传感器不改变阀的频率响应，即可用这个信号作为反馈信号

采用上述方法 a、b 和 c，会得到不同的结果。因此，试验报告的数据应注明所使用的试验方法

对多级阀进行试验，建议采用外部先导控制方式，以得到最具可比性的数据

②试验回路　采用符合图 1 或者图 10 要求的试验回路进行试验。

对于流量规格较大的被试阀，满足图 1 或图 10 要求试验是不现实的。在此情况下，对带阀芯位移反馈的阀，关闭图 1 中的截止阀 S3 和 S7，即可有效地封闭阀口 A。对于需要在阀口 A 来调节压力且带阀芯位置反馈的大流量规格的阀，可采取符合图 11 要求的试验回路。在这两种情况下，使用阀芯位置信号作输入信号。因此，试验报告的数据应注明所使用的试验方法

使用合适的油源和管道，以保证在试验频率范围和阶跃响应的持续时间内，阀的压降保持在名义设置值的 ±25% 以内，必要时可为油源安装一个蓄能器

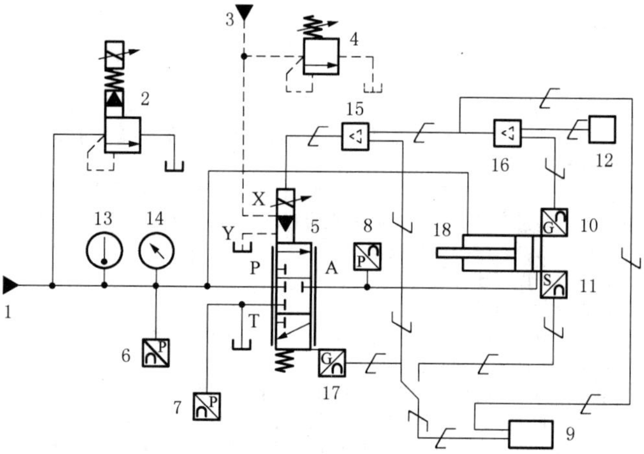

图 10　试验回路-动态测试

1—主油源；2—主溢流阀；3—外部先导油源；4—外部先导油源溢流阀；5—被试阀；6～8—压力传感器；9—数据采集；10—位置传感器；11—速度传感器；12—信号发生器；13—温度指示器；14—压力表；15—信号调节器；16—低增益缸位置反馈；17—可选择的阀芯位置传感器；18—低惯性缸；A—控制油口；P—进油口；T—回油口；X—先导进油口；Y—先导泄油口

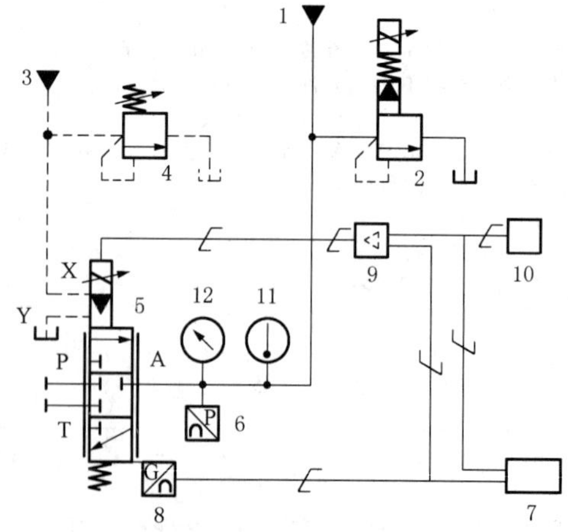

图 11　试验回路(可选择)-动态测试

1—主油源；2—主溢流阀；3—外部先导油源；4—外部先导油源溢流阀；5—被试阀；6—压力传感器；7—数据采集；8—位置传感器；9—阀控放大器；10—信号发生器；11—温度指示器；12—压力表；A—控制油口；P—进油口；T—回油口；X—先导进油口；Y—先导泄油口

③阶跃响应-输入信号变化

Ⅰ. 设置

续表

性能试验	动态试验	选择合适的示波器或其他电子设备,以记录被试阀控制流量和输入信号随时间的变化,见图 12 调整信号发生器产生一个方波,方波周期的持续时间足以使控制流量达到稳定

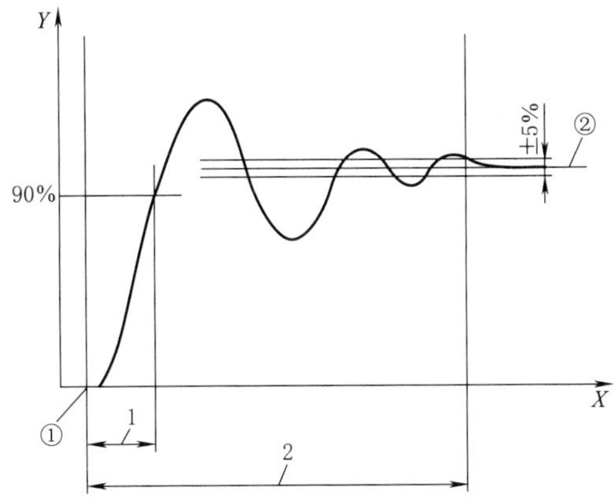

说明
X—时间
Y—流量或阀芯位置
1—响应时间
2—调整时间
①起始点
②稳态流量

图 12　阶跃响应-输入信号变化特性曲线

Ⅱ. 步骤

试验应按以下步骤进行:

a. 对采用外部先导压力控制的多级阀,设置先导压力值为额定最大先导压力值的 20%,并分别在先导压力值为额定最大先导压力值的 50%和 100%下,重复进行动态试验

b. 调节被试阀进油压力达到额定压降,使通过的流量是额定流量的 50%

c. 设置信号发生器,使控制流量在表 2 中第 1 组试验开始、结束值之间阶跃变化

d. 信号发生器至少产生一个周期信号输出

e. 记录控制流量和信号随时间在正反方向变化的阶跃响应

f. 确保记录窗口显示完整的响应过程

g. 按表 2 中第 2~12 组试验所给定值调整控制流量,重复步骤 a~e

表 2　阶跃信号函数

试验组号	额定流量的百分比/%		试验组号	额定流量的百分比/%	
	开始	结束		开始	结束
1	0	+10	7	0	-50
	+10	0		-50	0
2	0	+50	8	0	-100
	+50	0		-100	0
3	0	+100	9	-10	-90
	+100	0		-90	-10
4	+10	+90	10	-25	-75
	+90	+10		-75	-25
5	+25	+75	11	-10	+10
	+75	+25		+10	-10
6	0	-10	12	-90	+90
	-10	0		+90	-90

④阶跃响应-负载变化　该试验只适用于有内置压力补偿器功能的阀

Ⅰ. 试验回路　采用上面动态试验“试验回路”所述的试验回路进行试验。但在开始测试前,需要增加一个与流量传感器 10 串联的电(控)加载阀。电(控)加载阀的响应时间应小于被试阀响应时间的 30%

Ⅱ. 设置　选择合适的示波器或其他电子设备,以记录由加载阀产生的被控流量和输入信号随时间变化的过程,见图 13

续表

性能试验	动态试验	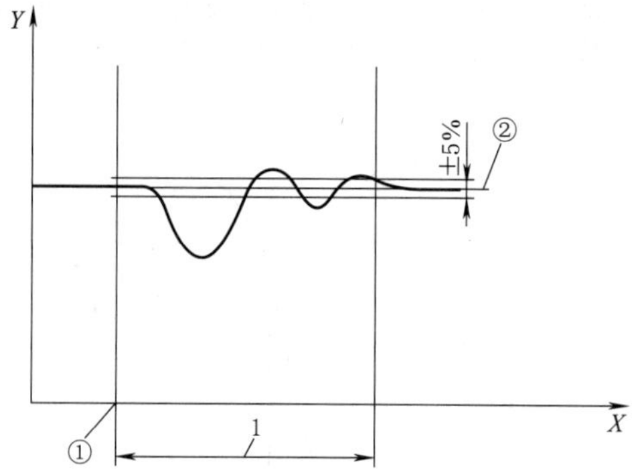 说明 X—时间 Y—流量 1—调整时间 ①起始点 ②稳态流量 图 13　阶跃响应-负载变化特性曲线 Ⅲ. 步骤　试验应按以下步骤进行: a. 对采用外部先导压力控制的多级阀,设置先导压力值为额定值的 20%,并分别在先导压力值为额定值的 50%和 100%(的情况)下,重复进行动态试验 b. 调整被试阀的进油压力,在额定压力下增至最大值 c. 调整被试阀的输入信号和加载阀的信号达到 50%的额定流量,在负载压差值设定为最大负载压力的 50%时,使被试阀达到额定流量的 50% d. 调整被试阀的信号值,使负载压差在设定最大负载压力的 50%至 100%之间变化,记录被控流量的动态特性,见图 13 e. 使负载压差在设定最大负载压力的 50%和尽可能最小值之间变化,重复上述测试 ⑤频率响应特性 Ⅰ. 概述　试验目的是确定被试阀的电输入信号与被控流量之间的频率响应特性 Ⅱ. 设置　选择合适的频响分析仪器或其他仪器,应能测量两个正弦信号之间的幅值比和相位移 连接好设备,测量被试阀输入信号和反馈信号之间的响应过程(见图 14) 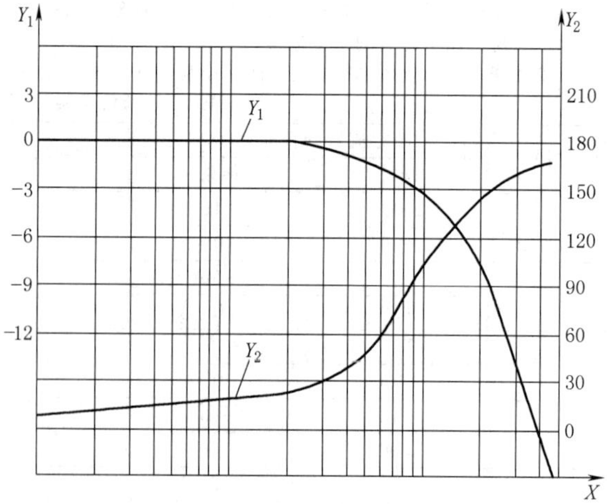 说明 X—输入信号的频率 Y_1—幅值比 Y_2—相位滞后 图 14　频率响应特性曲线 Ⅲ. 步骤　试验应按以下步骤进行: a. 对采用外部先导压力控制的多级阀,设置先导压力值为额定值的 20%,并分别在先导压力值为额定值的 50%和 100%的情况下,重复进行动态试验 b. 调整进油压力和阀的直流偏置信号,使阀通过额定流量的 50%,达到额定压降

续表

<table>
<tr><td rowspan="1">性能试验</td><td>动态试验</td><td>c. 在直流偏置基础上叠加一个正弦信号，在稳态条件下，调整正弦信号幅值，使控制流量幅值为额定流量的5%。可按上面“恒定压降下的输出流量-输入信号特性测试”中试验方法确定。选择满足以下条件的频率测量范围：最小频率不大于相位滞后为90°时的5%频率；最大频率至少是相位滞后180°的频率；或者是不能可靠地测量反馈信号幅值时的点值
d. 核实反馈信号的幅值衰减在相同频率范围内至少为10dB
e. 以每十倍频20~30s的速率，对正弦输入信号的试验频率从最低到最高进行扫频。在每次完整的扫频过程中，保证正弦输入信号的幅值始终不变
f. 在表3中列出的其他条件下，重复步骤a~e
表3　频率响应试验
<table>
<tr><th>阀类型</th><th>流量的偏置%的额定流量</th><th>流量幅值%的额定流量</th></tr>
<tr><td rowspan="3">零遮盖阀</td><td>0</td><td>±5
±10
±25
±100</td></tr>
<tr><td>+50</td><td>±5
±10
±25</td></tr>
<tr><td>-50</td><td>±5
±10
±25</td></tr>
<tr><td rowspan="2">正遮盖阀</td><td>+50</td><td>±5
±10
±25</td></tr>
<tr><td>-50</td><td>±5
±10
±25</td></tr>
</table></td></tr>
<tr><td colspan="2">压力脉冲试验</td><td>试验方法按GB/T 19934.1的规定</td></tr>
<tr><td rowspan="2">结果表达</td><td>概述</td><td>试验结果应以下面任一种形式表达
a. 表格
b. 图表</td></tr>
<tr><td>试验报告</td><td>①概述　所有试验报告至少应当包括以下内容：
a. 阀制造商的名称
b. 阀的型号和序列号
c. 如使用外置放大器，应注明放大器的型号和序列号
d. 阀在额定压降下的额定流量
e. 阀压降
f. 进油压力
g. 回油压力
h. 试验回路油液类型
i. 试验回路油液温度
j. 试验回路油液黏度(符合GB/T 3141—1994的要求)
k. 额定输入信号
l. 线圈连接方式(例如串联、并联)
m. 如可用到的颤振信号的波形、幅值、频率
n. 各试验参数的允许试验极限值
o. 试验日期
p. 试验人员姓名
②出厂试验报告　阀出厂试验报告至少应包括以下内容：
a. 绝缘电阻值
b. 最大内泄漏量
c. 输出流量-输入信号特性曲线
d. 输出流量-输入信号特性曲线的流量极性
e. 由输出流量-输入信号特性曲线得出的流量滞环
f. 流量增益 K_v 和测定增益时所用的压力
g. 流量线性度</td></tr>
</table>

续表

结果表达	试验报告	h. 零位特征 i. 压力增益 j. 阈值 k. 失效保护功能试验(在适用时) 附加的试验可包括:压力零漂与供油压力(两个或多个数据点)、流量对称性 ③型式试验报告　阀型式试验报告至少应包括以下内容: a. 阀出厂试验报告的数据 b. 线圈电阻 c. 线圈电感 d. 输出流量-阀压降特性曲线 e. 极限功率特性试验的数据 f. 输出流量-油液温度特性曲线 g. 压力零漂 h. 动态特性 i. 压力脉冲试验结果 j. 在零部件拆解和目测检查后记录任何物理品质下降的详细资料
标注说明		建议当制造商选择完全遵守本标准试验时,宜在试验报告、产品目录和销售文件中使用以下说明:"试验按 GB/T 15623.2—2017 的规定进行"

7.3.3 压力控制阀试验方法 (摘自 GB/T 15623.3—2022/ISO 10779-3：2020，MOD)

表 20-10-96

范围	GB/T 15623.3—2022《液压传动　电调制液压控制阀　第 3 部分:压力控制阀试验方法》描述了电调制液压压力控制阀性能特性的试验方法 本标准适用于通用液压设备用电调制溢流阀(以下简称"溢流阀")、电调制减压阀(以下简称"减压阀")
标准试验条件	除非另有规定,应按照表 1 中所给出的试验条件进行阀的试验 **表 1　标准试验条件** 参数 — 条件 环境温度 — 20℃±5℃ 油液污染度 — 固体颗粒污染应按 GB/T 14039 规定的代号表示 流体类型 — 矿物液压油(符合 GB/T 7631.2 的 L-HL)或其他适用于阀工作的流体 流体黏度 — 阀进口处为 $32mm^2/s±8mm^2/s$ 流体黏度等级 — 符合 GB/T 3141 规定的 VG32 或 VG46 进油压力 — 试验要求值的±2.5% 回油压力 — 符合制造商的推荐
试验装置	安全提示:试验过程应充分考虑人员和设备的安全 对所有类型阀的试验装置,应使用符合图 1、图 2 或图 3 要求的试验回路 图 1~图 3 所示的试验回路是完成试验所需的最基本要求,没有包含为防止元件出现意外故障所需的安全装置。采用图 1~图 3 所示回路试验时,应按下列要求实施 a. GB/T 15623.3—2022 附录 A 给出了试验实施指南 b. 对每项试验可建立单独的试验回路,以消除截止阀引起泄漏的可能性,提高测试结果的准确性 c. 液压试验以阀和放大器的组合实施。输入信号作用于放大器,而不是直接作用于阀。对于电气试验,输入信号直接作用于阀 d. 宜使用制造商所推荐的放大器进行液压性能试验,否则应记录放大器的类型与主要参数(如脉宽调制频率、颤振频率和幅值等) e. 在脉宽调制信号的启、闭过程中,记录放大器的供电电压、幅值和作用于被试阀上的电压信号大小及波形 f. 电气试验设备和传感器的频宽或固有频率,至少大于最高试验频率的 10 倍 g. 选用的流量计 10 应不能对 Y 口压力产生影响

试验装置	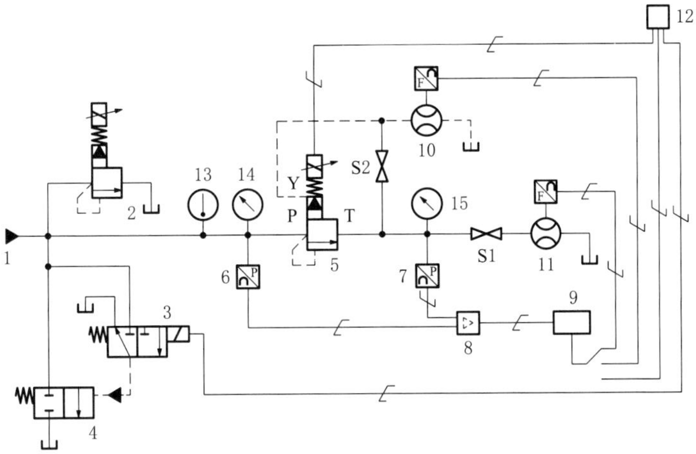 图 1　溢流阀试验回路 1—油源；2—系统溢流阀；3—卸荷阀的先导阀；4—卸荷阀；5—被试阀；6，7—压力传感器；8—差动放大器；9—数据采集；10，11—流量计；12—信号发生器；13—温度计；14，15—压力表；S1，S2—截止阀；P—进油口；T—回油口；Y—先导泄油口 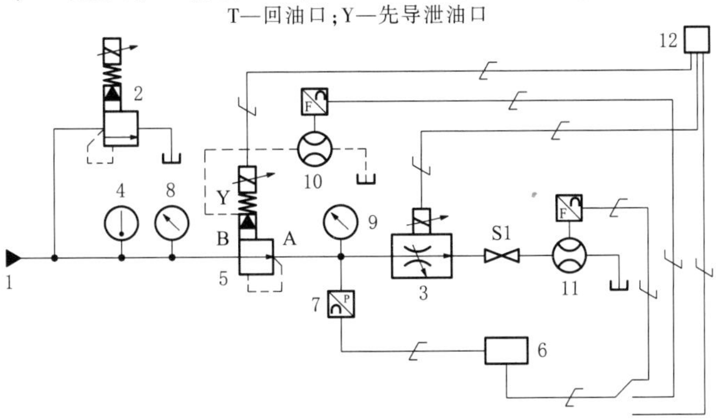 图 2　减压阀试验回路 1—油源；2—系统溢流阀；3—流量控制阀；4—温度计；5—被试阀；6—数据采集；7—压力传感器；8，9—压力表；10，11—流量计；12—信号发生器；A—出油口；B—进油口；S1—截止阀；Y—先导泄油口 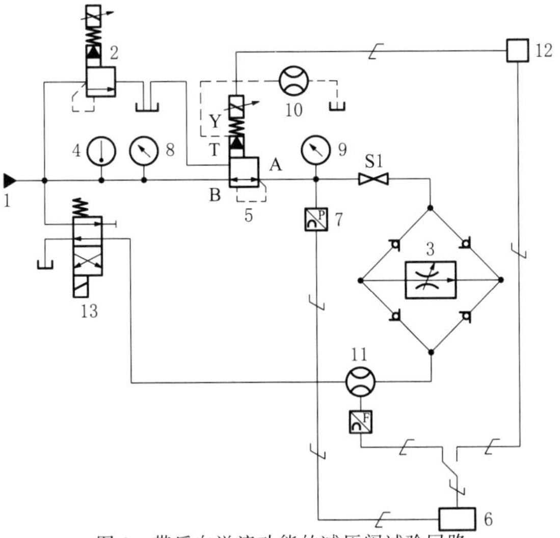 图 3　带反向溢流功能的减压阀试验回路 1—油源；2—系统溢流阀；3—流量控制阀；4—温度计；5—被试阀；6—数据采集；7—压力传感器；8，9—压力表；10，11—流量计；12—信号发生器；13—方向阀；T—回油口；A—出油口；B—进油口；S1—截止阀；Y—先导泄油口

续表

<table>
<tr><td rowspan="2">准确度</td><td>仪表准确度</td><td>仪表准确度应符合 ISO 9110-1 所规定的 B 级,允许系统误差为
a. 电阻:实际测量值的±2%
b. 压力:阀额定压力的±1%
c. 温度:测量温度值的±2%
d. 流量:阀额定流量的±2.5%
e. 控制信号:达到额定压力时的输入电信号的±1.5%</td></tr>
<tr><td>动态范围</td><td>进行动态试验,应保证测量设备、放大器或记录装置产生的任何阻尼、衰减及相位移对所记录的输出信号的影响不超过其测量值 1%</td></tr>
<tr><td rowspan="4">不带集成放大器的阀的电气特性试验</td><td>通则</td><td>根据需要,应在进行后续试验前对不带集成放大器的被试阀完成下面“线圈电阻”~“绝缘电阻”所述的试验
注:下面“线圈电阻”~“绝缘电阻”的试验仅适用于电流驱动的阀</td></tr>
<tr><td>线圈电阻</td><td>①线圈电阻(冷态)　按以下方式进行试验
a. 将未通电的被试阀放置在规定的环境温度下至少 2h
b. 测量并记录阀上每个线圈两端的电阻值
②线圈电阻(热态)　按以下方式进行试验
a. 将阀安装在制造商推荐的底板上,内部充满油液,完全通电达到最高额定温度下,操作被试阀动作,保证充分励磁和无油液流动,直到线圈温度稳定
b. 应在阀断电后 1s 内,测量并记录每个线圈两端的电阻值</td></tr>
<tr><td>线圈电感(可选测)</td><td>用此方法所测得电感值不代表线圈本身的电感大小,仅在比较时做参考
按以下步骤进行试验
a. 将线圈接入一个能够提供并保证线圈额定电流的稳压电源
b. 试验过程中,应使衔铁保持在工作行程的 50%处
c. 用示波器或类似设备监测线圈电流
d. 调整电压,使稳态电流等于线圈的额定电流
e. 关闭电源再打开,记录电流的瞬态特性
f. 确定线圈的时间常数 t_c(见图 4),用式(1)计算电感值 L_c
$$L_c = R_c t_c \qquad (1)$$
式中　R_c——线圈电阻,Ω
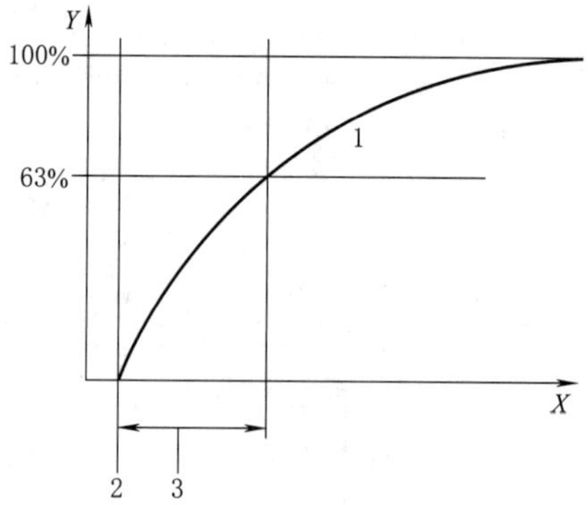

图 4　线圈电感测量曲线
X—时间;Y—电流(用百分数表示);
1—直流电流曲线;2—起始点;3—时间常数 t_c</td></tr>
<tr><td>绝缘电阻</td><td>按下列步骤确定线圈的绝缘电阻
a. 如果内部电气元件接触油液(如湿式线圈),在进行本项试验前应向阀内注满液压油液
b. 将线圈两个接线端连在一起,并在此连接点与阀体之间施加 500V 直流电压,持续 15s
c. 使用合适的绝缘电阻测试仪测量,记录绝缘电阻 R_i
d. 对于使用带电流读数的测试仪器测量绝缘试验电流 I_i,可用式(2)计算绝缘电阻
$$R_i = \frac{500}{I_i} \qquad (2)$$</td></tr>
</table>

续表

溢流阀	稳态试验	①通则　进行稳态性能试验时,应注意排除动态特性的影响因素 应按以下顺序进行稳态试验: a. 耐压试验(可选测) b. 内泄漏特性试验 c. 恒定流量下,压力-输入信号特性试验,确定 ⅰ. 压力-输入信号特性 ⅱ. 压力-输入信号的线性度 ⅲ. 滞环(相对于输入信号变化) ⅳ. 输入信号死区 ⅴ. 阈值 d. 恒定输入信号下,压力-流量特性试验,确定 ⅰ. 压力-流量特性 ⅱ. 滞环(相对于流量变化) ⅲ. 最低工作压力 ⅳ. 阀的压力损失 e. 压力-油液温度特性试验 ②耐压试验(可选测) Ⅰ. 概述 耐压试验可在其他试验之前进行,以检验被试阀的完整性 Ⅱ. P 口试验步骤 试验应按以下步骤进行: a. 向阀进油口施加的压力为其 P 口额定压力,至少保持 30s b. 在试验过程中,检查阀是否存在外泄漏 c. 试验后,检查阀是否存在永久变形 d. 记录耐压试验情况 Ⅲ. T 口试验步骤 试验应按以下步骤进行: a. 向阀回油口施加的压力为其 T 口额定压力的 1.3 倍,至少保持 30s b. 在试验过程中,检查阀是否存在外泄漏 c. 试验后,检查阀是否存在永久变形 d. 记录耐压试验情况 Ⅳ. 先导泄油口 任何外部先导泄油口不应进行耐压试验 ③内泄漏特性试验 Ⅰ. 通则 应按被试阀参考压力的 80%进行内泄漏试验,以确定先导流量和其他泄漏量 Ⅱ. 试验回路 内泄漏的液压试验回路见图 1,此时打开阀 S2,关闭阀 S1 用流量计 10 测量并记录先导流量和其他泄漏量 Ⅲ. 设置 油源提供的流量应不小于被试阀额定流量的 10% 设置阀 2 的输入信号为最大值,使被控压力不超过被试阀的额定压力 调节被试阀的输入信号为 0 Ⅳ. 步骤 按以下步骤进行试验: a. 设置阀 2 的输入信号为上面“设置”的规定值,在调节被试阀的输入信号为其额的压力的 25% b. 缓慢减小阀 2 的输入信号直至被试阀的进口压力为参考压力的 80% c. 测量并记录总的泄漏量 d. 将阀 2 的信号降至最小,然后缓慢增大信号,直至被试阀的进口压力为参考压力的 80% e. 测量并记录总的泄漏量 f. 调节被试阀压力为额定压力时,重复以上步骤 b~e ④恒定流量下压力-输入信号特性试验 Ⅰ. 通则 应通过试验测试确定被试阀的压力-输入性信号特性 Ⅱ. 试验回路 液压试验回路见图 1,此时打开阀 S1,关闭阀 S2 用流量计 11 测量通过被试阀的流量并记录结果

续表

溢流阀	稳态试验	Ⅲ. 设置 选择合适的绘图仪或记录仪，使其 X 轴记录范围覆盖 0 至最大输入信号，Y 轴记录范围覆盖 0 至额定压力以上，见图 5 选择一个能够产生三角波的信号发生器，三角波应具有从 0 至最大输入信号的幅值范围，设置其三角波信号产生的频率为 0.05Hz 或更低 设置阀 2 的输入信号，使其在试验过程中关闭 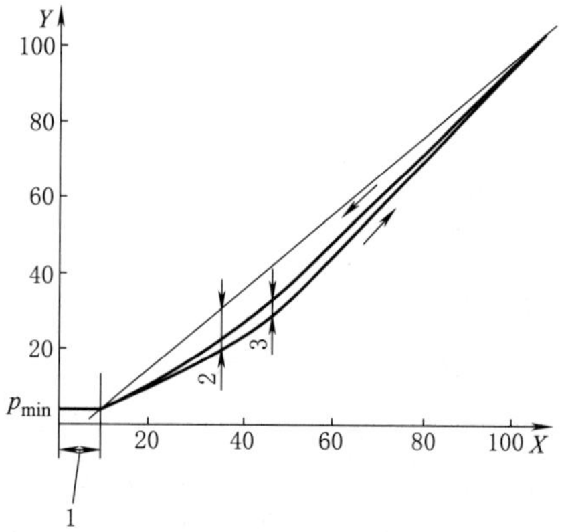 图 5　压力-输入信号特性曲线 X—输入信号(用百分数表示)；Y—压力(用百分数表示)； 1—死区；2—p_{err}(线性误差)；3—滞环；p_{min}—最低压力 Ⅳ. 步骤 试验应按以下步骤进行： a. 设定油源流量为被试阀额定流量的 10%，在测试过程中，监控流量以确保其变化不超过被试阀额定流量的 2% 注：如需要，可在试验回路中增加流量自动控制装置 b. 使输入信号在最小值和最大值之间循环几次，检查被控压力是否在记录仪的 Y 轴范围内 c. 保证一个循环周期内不会产生影响结果的任何动态效应，使输入信号完成至少一个周期循环 d. 记录一个完整输入信号循环周期内的阀输入信号和被控压力 e. 设定油源流量为被测阀额定流量的 50%，重复上面步骤 a～d f. 设定油源流量为被测阀额定流量，重复上面步骤 a～d 对于被试阀，应确定 ——在各种调定的油源流量情况下，额定输入信号时的控制压力 ——被控压力的线性度，$\frac{p_{err}}{p_{rated}-p_{min}}\times 100\%$ ——改变输入信号方向时被控压力的滞环 ——输入信号死区(如果有) ⑤阈值试验 Ⅰ. 通则 应通过试验测试确定被试阀对斜坡输入信号反向变化的响应 Ⅱ. 试验回路 液压试验回路见图 1，此时打开阀 S1，关闭阀 S2 用流量计 11 测量通过被试阀的流量并记录结果 Ⅲ. 设置 选择合适的绘图仪或记录仪，使其 X 轴记录范围覆盖至少 10% 的额定输入信号变化量，Y 轴记录范围覆盖 0 至额定压力以上，见图 5 调整信号发生器以产生 0.1Hz 三角波并叠加在一个直流偏置量上 设置阀 2 的输入信号，使其在试验过程中关闭 Ⅳ. 步骤 试验应按以下步骤进行： a. 调节直流偏置量，使压力平均值为额定压力的 25%，调整三角波输出幅值为最小，以确保被控压力不变 b. 缓慢增加信号发生器的输出幅值，直至观察到被控压力发生变化 c. 记录一个完整信号周期内被控压力和输入信号的变化

溢流阀	稳态试验	d. 设定压力平均值为额定压力的 50%，重复上面步骤 a～c e. 设定压力平均值为额定压力的 75%，重复上面步骤 a～c ⑥恒定输入信号下压力-流量特性试验 Ⅰ. 通则 应通过试验测试确定阀的流量变化对被控压力的变化影响 Ⅱ. 试验回路 液压试验回路见图 1，此时打开阀 S1，关闭阀 S2 用流量计 11 测量(通过)被试阀的流量并记录结果 Ⅲ. 设置 选择合适的绘图仪或记录仪，使其 X 轴记录范围覆盖 0 至最大额定流量，Y 轴记录范围覆盖 0 至额定压力以上，见图 6 选择一个能产生三角波幅值从 0 至额定流量的信号发生器，设置信号发生器以产生 0.05Hz 或更低的三角波 设置阀 2 的输入信号，使其在试验过程中关闭 Ⅳ. 步骤 试验应按以下步骤进行： a. 调节被试阀通过流量为额定流量的 10%，并设定被试阀的输入压力为额定压力的 25% b. 保证一个循环周期内不会产生影响结果的任何动态效应，使输入信号完成至少一个周期的循环 c. 使信号发生器产生至少一个周期的循环，记录一个周期内阀控的压力和流量 d. 设定被测阀的输入压力为额定压力的 50%，重复上面步骤 a～c e. 设定被测阀的输入压力为额定压力的 75%，重复上面步骤 a～c f. 设定被测阀的输入压力为额定压力，重复上面步骤 a～c g. 设定被测阀的输入信号为 0，重复上面步骤 a～c。如果驱动放大器具有使能功能，则在放大器的使能功能禁用情况下重复上面步骤 a～c，以测得阀的最低压力(压力损失) 对于被试阀，应确定 ——调压偏差特性，见图 6 ——流量方向改变所产生的滞环，见图 6 ——最低压力-流量曲线或压力损失曲线，见图 7 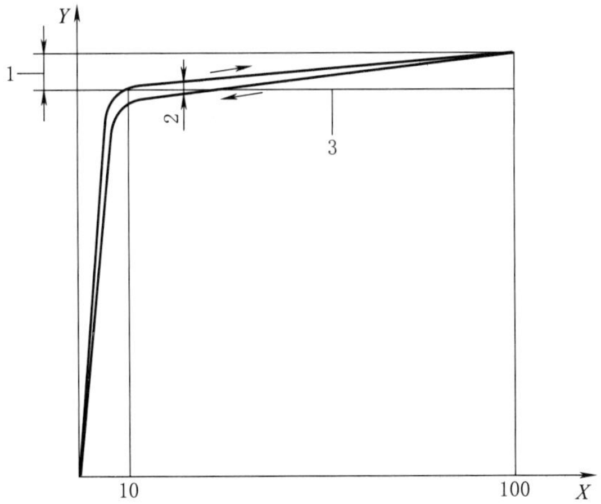 图 6　压力-流量特性曲线 X—流量(用百分数表示)；Y—压力； 1—调压偏差；2—滞环；3—参考压力 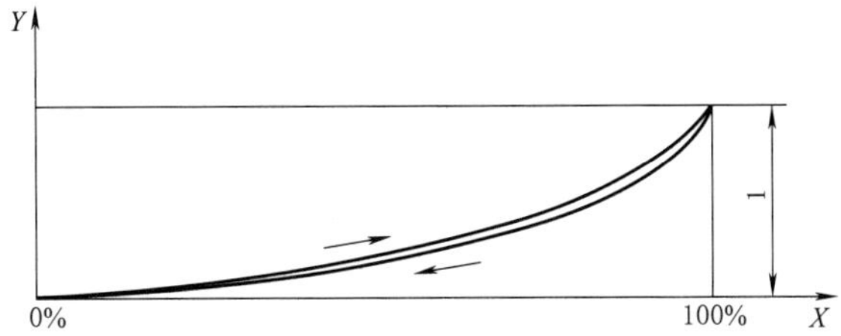 图 7　溢流阀压力损失曲线 X—流量(用百分数表示)；Y—压力；1—压力损失

续表

<table>
<tr><td rowspan="2">溢流阀</td><td>稳态试验</td><td>⑦压力-油液温度特性试验
Ⅰ. 通则
应通过试验测量被控压力随油液温度的变化
Ⅱ. 试验回路
液压试验回路见图 1,此时打开阀 S1,关闭阀 S2
Ⅲ. 设置
选择合适的绘图仪或记录仪,使其 X 轴记录范围覆盖温度变化量(20～70℃),Y 轴记录范围覆盖 0 至额定压力以上,见图 8
设置阀 2 的输入信号,使其在试验过程中关闭
采取预防措施,防止空气流动对被试阀温度变化影响
Ⅳ. 步骤
试验应按以下步骤进行:
a. 试验之前将被试阀和放大器置于 20℃ 环境温度下至少 2h
b. 设定被试阀通过流量为额定流量的 50%,其压力为额定压力的 50%;在试验过程中,被试阀的流量变化应不超过额定流量的 0.5%
c. 测量并记录被控压力,进油温度和回油温度
d. 调节加热与冷却装置,使油液温度能以 10℃/h 的速率上升
e. 连续记录上面 c 中所示的参数,直至油液温度达到 70℃
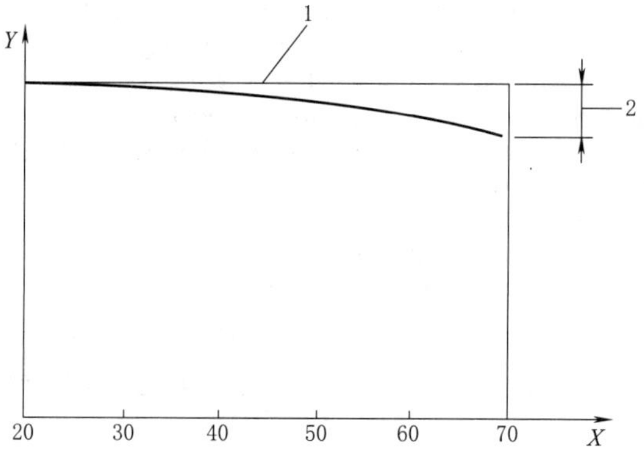

图 8　压力-温度特性曲线
X—温度,℃;Y—压力;
1—设定压力;2—压力变化</td></tr>
<tr><td>动态试验</td><td>①通则　应按③～⑤进行测试,以确定阀的阶跃响应和频率响应
②试验回路　溢流阀的动态试验可能随着(其)被控压力容积和进、出被试阀的管路直径的不同而变化。被控压力容积应小于额定流量的 1.5%的油液体积,其回路配管应符合表 2 的要求

表 2　动态试验中阀进出口连接管路的最小内径
<table><tr><th>额定流量/L · min⁻¹</th><th>内径/mm</th></tr><tr><td>25</td><td>8</td></tr><tr><td>50</td><td>10</td></tr><tr><td>100</td><td>12</td></tr><tr><td>200</td><td>16</td></tr><tr><td>400</td><td>24</td></tr><tr><td>800</td><td>32</td></tr><tr><td>1600</td><td>40</td></tr></table>
压力和试验流量之间的任何相互作用都会增加被试阀的表观阻尼。尽可能在试验压力从最低压力到最高压力变化中，所产生的流量减少应小于试验流量的 2%。该流量减少的变化可能是由于试验回路中的泄漏或泵泄漏所引起
③阶跃响应（输入信号变化）
Ⅰ. 试验回路
液压试验回路见图 1，此时打开阀 S1，关闭阀 S2
用流量计 11 测量（通过）被试阀的流量并记录结果
Ⅱ. 设置
选择合适的示波器或其他电子设备，记录被试阀的被控压力和输入信号随时间的变化，见图 9</td></tr>
</table>

续表

溢流阀 | 动态试验

调节信号发生器为方波输出，其持续时间足以保证被控压力达到稳定

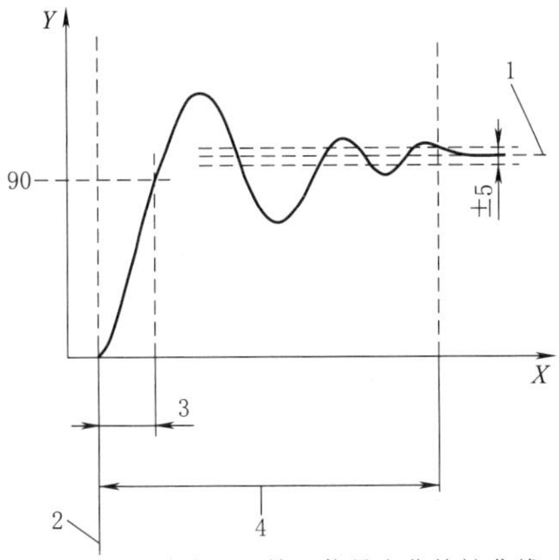

图 9　阶跃响应——输入信号变化特性曲线
X—时间；Y—压力（用百分数表示）；
1—稳态压力；2—起始点；3—响应时间；4—调整时间

Ⅲ. 步骤

试验应按以下步骤进行：

a. 设定油源流量使通过被试阀的流量为额定流量的 50%

b. 调节信号发生器，使被控压力在表 3 中试验组号 1 的开始、结束值之间上下阶跃，信号发生器至少产生一个周期输出

c. 记录被控压力、被控压力容积，以及信号对被控阀正负方向阶跃响应随时间变化过程

d. 保证记录窗口显示完整的响应过程

e. 按表 3 中试验组号 2、3 给定的被控压力，重复上面步骤 a～d

表 3　阶跃响应试验的试验压力

试验组号	试验压力（以额定压力的百分数表示）/%	
	开始	结束
1	0	100
	100	0
2	10	90
	90	10
3	25	75
	75	25

④阶跃响应（流量变化）

Ⅰ. 试验回路　液压试验回路见图 1，此时打开阀 S1，关闭阀 S2

用流量计 11 测量（通过）被试阀的流量并记录结果

阀 4 的响应时间应小于被试阀被测响应时间的 30%

Ⅱ. 设置　选择合适的示波器或其他电子设备，以记录压力传感器随时间变化的信号，见图 10

调节信号发生器产生一个方波，方波周期的持续时间足以使被控压力达到稳定

Ⅲ. 步骤　试验应按以下步骤进行：

a. 设定通过被试阀的流量为其额定流量的 10%

b. 调节输入信号使被试阀达到其额定压力的 50%

c. 通过设置阀 4 使通过被试阀的阶跃流量在 10%～100% 额定流量之间变化，记录被控压力在正、负阶跃状态下随时间的变化

d. 保证记录窗口显示完整的响应过程

e. 调节被试阀的压力为额定压力，重复上面步骤 a～d

⑤频率响应特性

Ⅰ. 通则　应通过试验测试确定被试阀的输入电信号与被控压力之间的频率响应

Ⅱ. 试验回路　液压试验回路见图 1，并符合表 2 的要求，此时打开阀 S1，关闭阀 S2

Ⅲ. 设置　选择合适的频响分析仪或其他仪器，应能测量两个正弦信号之间的幅值比和相位移连接好设备，测量被试阀输入信号和被控压力之间的响应过程，见图 11

续表

<table>
<tr>
<td>溢流阀</td>
<td>动态试验</td>
<td>
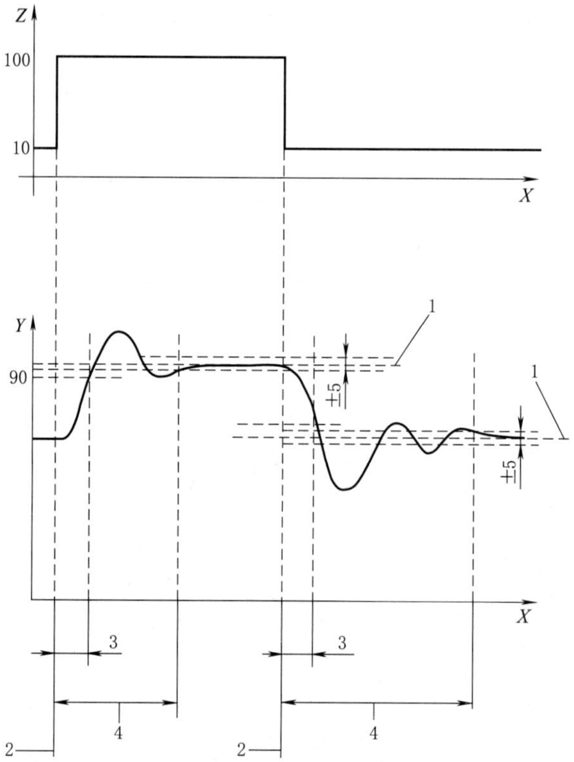

图 10　溢流阀阶跃响应特性曲线
X—时间；Y—压力（用百分数表示）；Z—流量（用百分数表示）；
1—稳态压力；2—起始点；3—响应时间；4—调整时间

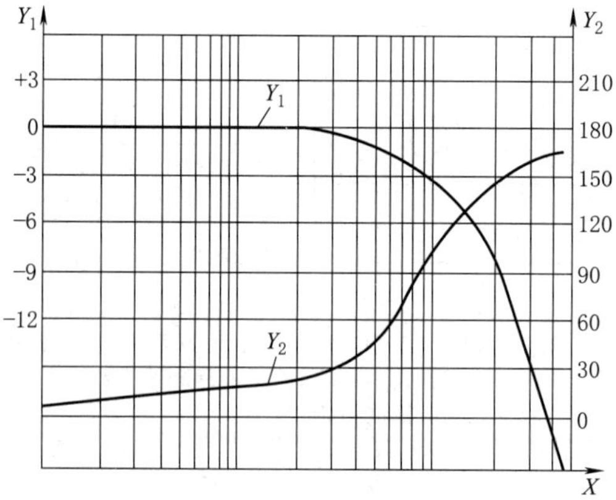

图 11　频率响应特性曲线
X—频率（以对数来表述）；Y_1—幅值，dB；Y_2—相位移，(°)

Ⅳ. 步骤
a. 设定油源流量为额定流量的 10%，施加一个直流偏置量给被试阀作为输入信号，使其压力达到额定压力的 50%
b. 在直流偏置量上叠加一个正弦信号，在稳态条件下，调节信号幅值，使压力幅值为额定压力的 5%，可按上面“恒定流量下压力-输入信号特性试验”中试验方法确定；调节频率测量范围，使输入信号与压力之间的相位滞后在最低频率时小于 10°，在最高频率时大于 90°
c. 检查在相同频率范围内，压力信号幅值的衰减至少为 10dB
d. 以每十倍频 20～30s 的速率，对正弦输入信号的试验频率从最低到最高进行扫频，在每次完整的扫频过程中，保持其信号幅值始终不变
e. 调节信号幅值，在最低频率下给出额定压力的 25%的压力幅值，重复上面步骤 a～d
</td>
</tr>
</table>

续表

减压阀	稳态试验	①通则　进行稳态性能试验时，应注意排除动态特性的影响因素 应按以下顺序进行稳态试验 a. 耐压试验（可选测） b. 先导流量和泄漏量试验 c. 恒定流量下，压力-输入信号特性（试验），确定 ⅰ. 压力-输入信号增益 ⅱ. 压力-输入信号的线性度 ⅲ. 滞环（相对于输入信号变化） ⅳ. 输入信号死区 ⅴ. 阈值 d. 恒定输入信号下，压力-流量特性（试验），确定 ⅰ. 压力-流量特性 ⅱ. 压力与流量之比：线性度 ⅲ. 滞环（相对于流量方向变化） ⅳ. 最低工作压力 e. 压力-油液温度特性试验 ②耐压试验（可选测） Ⅰ. 概述　耐压试验可在其他试验之前进行，以检验被试阀的完整性 Ⅱ. 进口试验步骤　试验应按以下步骤进行 a. 向阀进油口施加的压力为其 B 口额定压力的 1.3 倍，至少保持 30s b. 在试验过程中，检查阀是否存在外泄漏 c. 试验后，检查阀是否存在永久变形 d. 记录耐压试验情况 Ⅲ. 出口试验步骤　试验应按以下步骤进行 a. 向阀出油口施加的压力为其 A 口额定压力，至少保持 30s b. 在试验过程中，检查阀是否存在外泄漏 c. 试验后，检查阀是否存在永久变形 d. 记录耐压试验情况 Ⅳ. 先导泄油口　任何外部先导泄油口不应进行耐压试验 如果需要，可将泄油口的压力增至其额定压力，以迫使阀进行出口压力试验；也可调节阀的输入信号 ③先导流量试验 Ⅰ. 通则　应通过试验测试确定被试阀动作过程中所需的先导流量。该流量包括阀的内泄漏 Ⅱ. 试验回路　液压回路如图 2 所示，此时关闭阀 S1 使用流量计 10 测量先导泄油口流量并记录结果 Ⅲ. 设置　调节被试阀的输入信号为 0 设置阀 2，使被试阀的输入压力为其进口额的压力 Ⅳ. 步骤　试验应按以下步骤进行： a. 用流量计测量并记录先导流量 b. 增加输入信号使被试阀为额定压力的 25%，重新测量并记录先导流量 c. 调节信号使被试阀为额定压力的 50%，重复上面步骤 b d. 调节信号使被试阀为额定压力的 75%，重复上面步骤 b e. 调节信号使被试阀为额定压力，重复上面步骤 b ④恒定流量下压力-输入信号特性试验 Ⅰ. 通则　应通过试验测试确定被试阀的压力-输入信号特性 Ⅱ. 试验回路　对于无反向溢流功能的被试阀，液压试验回路如图 2 所示，此时打开阀 S1 对于带反向溢流功能的被试阀，液压试验回路如图 3 所示，此时打开阀 S1 加载阀 3 应为压力补偿型流量控制阀，在绘制特性曲线时，应能保证流量变化范围在设定值的 2% 以内 选择加载阀 3 时，应使其全开时的流动阻力尽量小 使用流量计 11 测量被试阀的流量并记录结果 Ⅲ. 设置　选择合适的绘图仪或记录仪，使其 X 轴记录范围覆盖 0 至最大输入信号，Y 轴记录范围覆盖 0 至额定压力以上，见图 5 选择一个能够产生三角波的信号发生器，三角波应具有从 0 至最大输入信号的幅值范围，设置其三角波信号产生的频率为 0.05Hz 或更低 Ⅳ. 步骤　试验应按以下步骤进行： a. 对于具有反向流动功能的阀（试验回路见图 3），将阀 13 断电，调节加载阀 3 的流量为被试阀的流量的 50% b. 使被试阀的输入信号在最小和最大之间循环几次，并检查被控压力是否在记录仪的 Y 轴范围内 c. 保证一个循环周期内不会产生影响结果的任何动态效应 d. 使用信号发生器产生至少一个周期的输出 e. 记录一个完整循环周期内，被试阀的输入信号和被控压力 f. 设定的流量为额定流量，重复上面步骤 b~e

续表

减压阀	稳态试验	g. 设定的流量为0,重复上面步骤b～e 如果被试阀反向流动(从A至T),应进行一下附加试验 h. 将阀13通电,并打开(截止)阀S1。当反向流量为额定流量的50%通过A口时,重复上面步骤b～e;当反向流量为额定流量通过A口时,再重复上述步骤 对于被试阀,按照上面a～h,应确定 ——在额定信号下,每种流量时的被控压力 ——被控压力的线性度,$\frac{p_{\text{err}}}{p_{\text{rated}}-p_{\min}}\times 100\%$ ——改变输入信号方向时被控压力的滞环,见图5 ——输入信号死区 ⑤阈值试验 Ⅰ. 通则　应通过试验测试确定被试阀对斜坡输入信号反向变化的响应 Ⅱ. 试验回路　液压试验回路如图2所示,此时打开(截止)阀S1 使用流量计11测量被试阀的流量并记录结果 Ⅲ. 设置　选择合适的绘图仪或记录仪,使其X轴记录范围覆盖至少10%的额定输入信号变化量,Y轴记录范围覆盖0至额定压力以上,见图5 调整信号发生器以产生0.1Hz三角波并叠加在一个直流偏置量上 设置阀2输入信号,以使被试阀进口压力为额定输入压力 Ⅳ. 步骤　试验应按以下步骤进行: a. 调整加载阀3的流量,使其为被试阀额定流量的3%～50%;调节直流偏置量,使被控压力平均值为额定压力的25%;调节三角波的输出幅值为最小,以保证被控压力不变化 b. 缓慢增加信号发生器的输出幅值,直至传感器7观察到被控压力发生变化 c. 记录一个完整信号周期内的被控压力和输出信号的变化 d. 关闭(截止)阀S1,使通过被试阀的流量停止 e. 设定压力平均值为额定压力的50%,重复上面步骤a～d f. 设定压力平均值为额定压力的75%,重复上面步骤a～d g. 设定压力平均值为额定压力,重复上面步骤a～d ⑥恒定输入信号下压力-流量特性试验 Ⅰ. 通则　应通过试验测试确定被试阀的压力-流量特性 Ⅱ. 试验回路　对于无反向溢流功能的被试阀,液压试验回路如图2所示,此时打开(截止)阀S1 对于带反向溢流功能的被试阀,液压试验回路如图3所示,此时打开(截止)阀S1 阀3应为电调制流量控制阀,以便于能用信号发生器控制流量(由于试验过程中需要测试流量,不应使用压力补偿型流量控制阀做加载阀) 选择加载阀3时,应使其全开时的流动阻力尽量小 使用流量计11测量被试阀的流量并记录结果 Ⅲ. 设置　选择合适的绘图仪或记录仪,使其X轴记录范围覆盖0至额定流量,Y轴记录范围覆盖0至额定压力以上,见图12 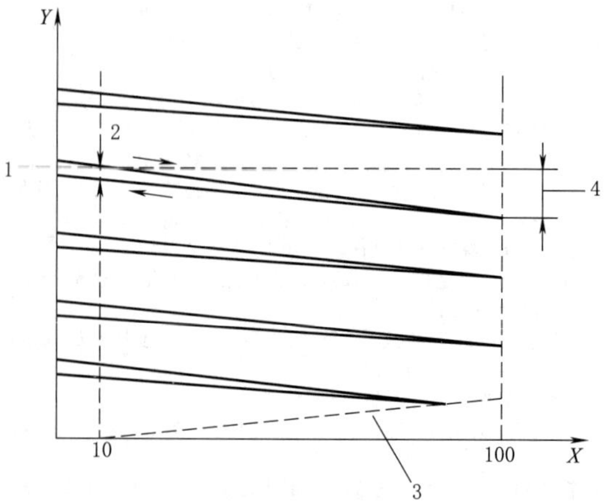 图12　减压阀的压力-流量特性曲线 X—流量(用百分数表示);Y—压力; 1—稳态压力;2—滞环;3—有流量计时最低减压压力;4—调压偏差

减压阀	稳态试验	选择一个能够产生三角波幅值从 0 至额定流量的信号发生器，设置信号发生器以产生 0.05Hz 或更低的三角波 Ⅳ. 步骤　试验应按以下步骤进行 a. 设定减压流量为额定流量的 10%，设定被试阀进口压力为额定流量的 50% b. 调节被控压力为其额定压力的 25% c. 保证一个循环周期内不会产生影响结果的动态效应 d. 使用信号发生器产生至少一个周期的输出 e. 记录从零流量开始的一个完整循环周期的被控压力和流量，通过关闭（截止）阀 S1，保证循环在零流量下结束，保持 30s 并记录输出压力 f. 设定出口压力为额的压力，调整被控压力为额定压力的 25%，重复上面步骤 a~e g. 设定出口压力为额的压力，调整被控压力为额定压力的 50%，重复上面步骤 a~e h. 设定出口压力为额的压力，调整被控压力为额定压力的 75%，重复上面步骤 a~e i. 设定出口压力为额的压力，调整输入信号为 0，重复上面步骤 a~e j. 如果驱动放大器具有启用/禁用功能，则在放大器的禁用情况下重复上面步骤 i，以测得阀的最低压力（压力损失） 如果被试阀反向流动（从 A 至 T），上面步骤 a~j 应修改为 k. 断开阀 13 的电源，设定减压流量为 10%，并记录一个完整循环周期的被控的减压压力和流量，直到零流量结束。关闭（截止）阀 S1 后，给阀 13 通电，在不调节对被试阀输入的情况下，打开（截止）阀 S1，记录溢流过程中的被控压力，直到达到反向额定流量，然后再返回到零流量，见图 13 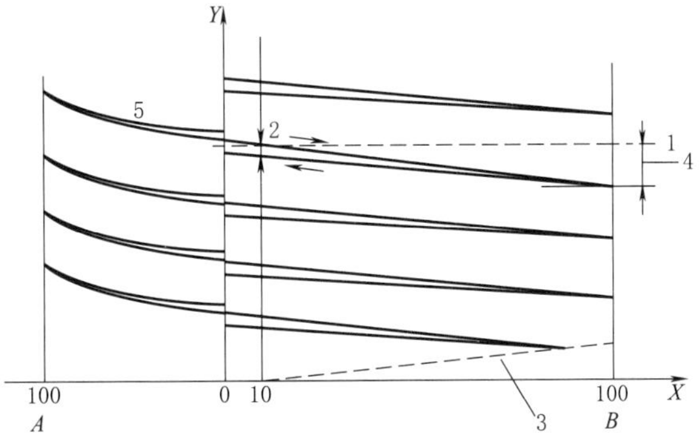 图 13　带反向溢流功能的减压阀的压力-流量特性曲线 X—流量（用百分数表示）；Y—压力； 1—稳态压力；2—滞环；3—有流量计时最低减压压力； 4—调压偏差；5—压力-溢流特性（反向流动）； A—100%溢流流量；B—100%减压流量 对于被测阀，按照上面步骤 a~k，应确定 ——调压偏差特性，见图 12 ——流量方向改变所产生的滞环，见图 12 ——信号为 0 时，有流量时的最低减压压力，见图 12 ——在额定流量下保持被试阀正常工作所需进、出口之间的最小压差 ——与阀进出口之间压差相关的最大流量 ⑦压力-油液温度特性试验 Ⅰ. 通则　应通过试验测量被控压力随油液温度的变化 Ⅱ. 试验回路　液压试验回路如图 2 所示，此时打开（截止）阀 S1 Ⅲ. 设置　选择合适的绘图仪或记录仪，使其 X 轴记录范围覆盖温度变化量（记录 20~70℃ 范围），Y 轴记录范围覆盖 0 至额定压力以上，见图 8 采取预防措施，防止空气流动对被试阀温度变化影响 Ⅳ. 步骤　试验按以下步骤进行： a. 试验之前将被试阀和放大器置于 20℃ 环境温度下至少 2h b. 设定使通过被试阀流量为额定流量的 50%，其进口压力为额定压力；调节被试阀信号，使其被控压力为额定压力的 50%；在试验过程中，被试阀的流量变化应不超过额定流量的 0.5% c. 测量并记录减压压力、进油温度和出油温度 d. 调节加热与冷却装置，使油液温度能以 10℃/h 的速率上升 e. 连续记录上面步骤 c 中所示的参数，直至油液温度达到 70℃

续表

减压阀	动态试验	①通则　应按③～⑤进行测试，以确定阀的阶跃响应和频率响应 ②试验回路　减压阀的动态试验可能随着其被控压力容积和进、出阀口管路直径的不同而变化。考虑到这一点，被控压力容积应小于额定流量的 1.5%的油液体积，其进、出阀口的管路应符合表 2 的要求 在减压阀的动态试验中，油源流量应至少为被试阀额定流量的 1.5 倍。试验过程中，油源和被试阀之间的油液溶剂应确保被试阀进口压力的降低要小于进口设定压力的 10% ③阶跃响应（输入信号变化） Ⅰ. 试验回路　液压试验回路如图 2 所示，此时打开（截止）阀 S1 在试验中，加载阀 3 作为固定节流孔使用，应具有机械调定装置 Ⅱ. 设置　选择合适的示波器或其他电子设备，记录被试阀的被控压力和输入信号随时间的变化，见图 9 调节信号发生器为方波输出，其持续时间足以保证被控压力达到稳定 Ⅲ. 步骤　试验应按以下步骤进行： a. 设定被试阀进口压力，使其高于额定出口压力 2MPa b. 从表 3 中选择一对开始压力和结束压力，调节阀 3，去两个压力中的较大者，使被试阀通过流量为额定流量的 25%；从表 3 中选择一对开始压力和结束压力，设置阀 3，以便在两个压力设置中的较高者时，通过被试阀的流量为额定流量的 25% c. 调节信号发生器的输出幅值，使被控压力在上面 b 所选择的两个压力值之间阶跃 d. 使信号发生器至少产生一个循环周期的输出 e. 记录被试阀的正负方向阶跃响应下输出压力和信号随时间的变化，保证记录窗口显示完整的响应过程 f. 在额定流量的 50%时，重复上面步骤 a～e g. 在额定流量时，重复上面步骤 a～e h. 在关闭（截止）阀 S1 时，重复上面步骤 a～e ④阶跃响应（流量变化） Ⅰ. 试验回路　液压试验回路如图 2 所示，此时打开（截止）阀 S1 用流量计 11 测量被试阀的流量并记录结果 Ⅱ. 设置　选择合适的示波器或其他电子设备，以记录被试阀的进口和出口压力信号随时间的变化过程，见图 14 调节信号发生器产生一个方波输出，方波周期的持续时间足以使被控压力达到稳定 使用信号发生器打开和关闭阀 3 阀 3 的打开和关闭时间应小于对控制容积加压所需时间的 50% 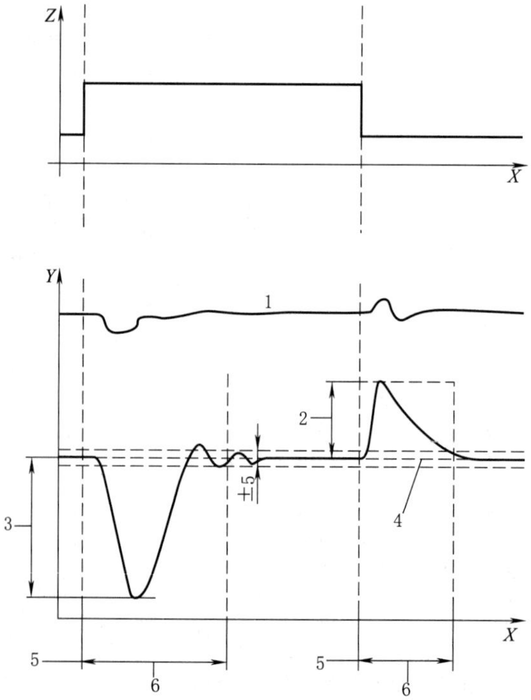 图 14　减压阀阶跃响应特性曲线（流量变化） X—时间；Y—压力（用百分数表示）；Z—流量控制阀的开、闭起始点； 1—进口压力；2—压力超调；3—压力负超调；4—稳态压力； 5—起始点；6—调整时间

续表

减压阀	动态试验	Ⅲ. 步骤　试验应按以下步骤进行： a. 关闭阀3，并调节被试阀信号，使其达到额定压力的25% b. 调节阀3的信号发生器输出，以便其打开时，通过被试阀的流量为额定流量的50% c. 使信号发生器至少产生一个循环周期的输出 d. 当打开和关闭阀3时，记录被试阀进、出口压力随时间变化，保证记录窗口显示完整的响应过程 e. 在额定压力的50%时，重复上面步骤a～d f. 在额定压力的75%时，重复上面步骤a～d g. 在额定压力时，重复上面步骤a～d ⑤频率响应特性 Ⅰ. 通则　应通过试验测试确定被试阀的输入电信号与被控压力之间的频率响应 对于无反向溢流功能的被试阀一般不用于高动态应用，该试验可能不合适，应为可选测的试验 Ⅱ. 试验回路　液压试验回路如图2、图3所示并符合表2的要求，此时打开（截止）阀S1 用流量计11测量被试阀的流量并记录结果 Ⅲ. 设置　选择合适的频响分析仪或其他仪器，应能测量两个正弦信号之间的幅值比和相位移 连接好设备，测量被试阀输入信号和输出（出口）压力之间的响应过程，见图11 Ⅳ. 步骤　试验应按以下步骤进行： a. 设定油源流量为额定流量的50%以上，关闭阀3并调节阀2，以使被试阀进口压力为额定输入压力 b. 施加一个直流偏置量给被试阀作为输入信号，使其出口压力达到额定压力的50% c. 在直流偏置量上叠加一个正弦信号，在稳态条件下，调节信号振幅，使压力振幅为额定压力的±5%，可按上面“恒定流量下压力-输入信号特性试验”中试验方法确定；调节频率测量范围，使输入信号与压力之间的相位滞后在最低频率时小于10°，在最高频率时大于90° d. 检查在相同频率范围内，压力信号幅值的减小至少为10dB e. 以每十倍频20～30s的速率，对正弦输入信号的试验频率从最低到最高进行扫频，在每次完整的扫频过程中，保持其信号幅值始终不变，见图11 f. 调节信号幅值，在最低频率下给出额定压力的25%的压力幅值，重复上面步骤a～d g. 如果需要流量数据结果，则需要重复上面步骤a～f，此时应设定油源流量为额定流量，调节加载阀3的流量为额定流量的50%
压力脉冲试验		试验方法按GB/T 19934.1的规定
结果表达	通则	试验结果应以下面任一种形式表达 a. 表格 b. 图表
	试验报告	①通则　所有试验报告至少应包括以下内容： a. 阀制造商的名称 b. 阀的类型、序列号 c. 制造日期 d. 如使用外置放大器，应注明放大器的型号和序列号 e. 阀在额定压降下的额定流量 f. 阀压降 g. 供油压力 h. 回油压力 i. 试验回路油液类型 j. 试验回路油液温度 k. 试验回路油液黏度（符合GB/T 3141的要求） l. 额定输入信号 m. 线圈连接方式（例如串联或并联） n. 可用到的颤振信号的波形、幅值、频率 o. 各试验参数的允许试验极限值 p. 试验日期 q. 试验人员姓名

续表

结果表达	试验报告	②出厂试验报告　阀出厂试验报告至少应包括以下内容: a. 绝缘电阻值 b. 耐压压力 c. 最大内泄漏量 d. 压力-输入信号特性和试验通过的流量 e. 由压力-输入信号曲线得出的滞环 f. 压力/流量特性 g. 阈值 h. 压力-流量特性 i. 压力-流量特性的线性度 ③型式试验报告　(阀)型式试验报告至少应包括以下内容: a. 阀出厂试验报告的数据 b. 线圈电阻 c. 线圈电感 d. 耐压压力 e. 压力-油液温度特性 f. 压力信号线性度 g. 压力流量线性度 h. 压力死区 i. 动态特性 j. 压力脉冲试验结果 k. 在零部件拆解和目测检查后记录任何物理品质下降的详细资料
标注说明		当选择遵守本标准时,制造商宜在试验报告、产品目录和销售文件中使用以下说明:"压力控制阀试验方法符合 GB/T 15623.3—2022《液压传动　电调制液压控制阀　第3部分:压力控制阀试验方法》"

8　液压伺服系统设计实例

轧机液压压下系统是控制大型复杂、负载力很大、扰动因素多、扰动关系复杂、控制精度和响应速度要求很高的设备，采用高精度仪表并由大中型工业控制计算机系统控制的电液伺服系统。以它为实例，具有代表性、先进性和实用性。

8.1　液压压下系统的功能及控制原理

表 20-10-97

项目	内　　容
HAGC 系统的含义及功能	AGC(Automatic Gauge Control)是厚度自动控制的简称 液压 AGC 即 HAGC(Automatic Gauge Control Systems With Hydraulic Actuators),是采用液压执行元件(压下缸)的 AGC,国内称液压压下系统。HAGC 是现代板带轧机的关键系统,其功能是不管引起板厚偏差的各种扰动因素如何变化,都能自动调节压下缸的位置,即轧机的工作辊缝,从而使出口板厚恒定,保证产品的目标厚度、同板差、异板差达到性能指标要求 国外也有将 HAGC 称作 HGC(Hydraulic Gap Control)或 SDS(Hydraulic Screw Down System)
液压压下与电动压下	液压压下由电动压下发展而来,所不同的是电动压下采用电机+大型蜗轮减速机+压下螺钉进行压下,结构笨重、响应低、精度差,且电动压下不能带钢压下。由于液压压下具有高精度、高响应、压下力大、尺寸小、结构简单等特点,现代轧机已全部采用液压压下。对于具有电动压下的厚板即大行程压下时仍采用电动压下(此时压下缸作液压垫使用),轧制成品薄板即小行程压下时采用液压 AGC(此时电动压下螺钉不动)

续表

项目	内　容
HAGC 系统基本控制思想	轧机的弹跳方程如下，变形曲线见右图 $$h=S_0+P/K$$ 式中　S_0——空载辊缝，mm P——轧制力，N K——轧机的自然刚度，N/mm h——出口板厚，mm 影响板厚的各种因素集中表现在轧制力和辊缝上。影响轧制力的因素是：来料厚度 H 增加使 P 增大，轧材力学性能的变化和连轧中带材张力波动都将使 P 发生变化；影响辊缝的因素是：轧辊膨胀使 S_0 减小，轧辊磨损使 S_0 增大，轧辊偏心和油膜轴承的厚度变化会引起 S_0 的周期变化 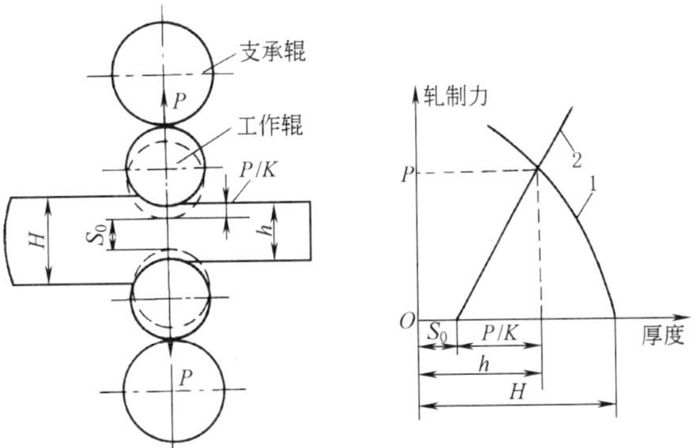 H—来料板厚；S_0—空载辊缝；P—轧制力；K—轧机的自然刚度； 1—轧机塑性变形抗力曲线；2—轧机弹性变形曲线 HAGC 系统中：h 为被控制量，希望 h 恒定，影响板厚变化的各种因素为扰动量。由于扰动因素多且变化复杂，因此 HAGC 系统的基本控制思想是：采用位置闭环控制+扰动补偿控制
BISRA AGC 及其原理	由于轧制力及其波动值很大，而轧机刚度有限，因此，扰动量中，以轧制力引起的轧机弹跳对出口板厚的影响最大。采用位置闭环+轧制力主扰动补偿构成的液压 AGC，称为力补偿 AGC 或 BISRA AGC，因为这种方法是英国钢铁研究协会(British Iron and Steel Research Association)提出的 右图为 BISRA AGC 原理图，引入力补偿后，出口板厚 $$h=S_0+\frac{\Delta P}{K}-C\frac{\Delta P}{K}$$ $$=S_0+\frac{\Delta P}{K}(1-C)=S_0+\frac{\Delta P}{K_m}$$ 式中　$K_m=K/(1-C)$——轧机的控制刚度 K_m 可以通过调整补偿系数 C 加以改变： 使 $C=1$ 时，$K_m=\infty$，意味着轧机控制刚度无穷大，即弹跳变形完全得到补偿，实现了恒辊缝轧制。由于力补偿为正反馈，为使系统稳定，应做成欠补偿，即取 $C=0.8\sim0.9$ 使 $C=0$ 时，$K_m=K$，意味着力不补偿未投入，只有位置环起作用，轧机的弹跳变形量影响仍然存在 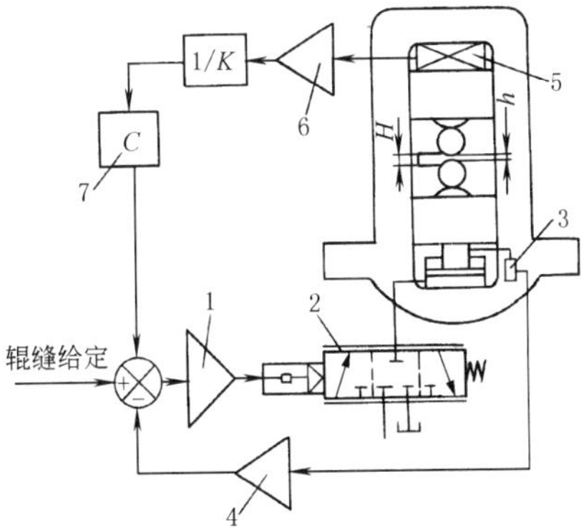 1—伺服放大器；2—伺服阀；3—位移传感器； 4—位移传感器二次仪表；5—力传感器(压头)； 6—力传感器二次仪表；7—补偿系数
液压 AGC 的控制策略	BISRA AGC 仅对主要扰动——轧制力的变化及影响进行补偿，并提出了头部锁定(相对值)AGC 技术。为使板厚精度达到高标准(例如，冷轧薄板的同板差小于等于±0.003mm，热轧薄板的同板差小于等于±0.02mm)必须对其他扰动也进行补偿，完善的液压 AGC 系统如右图所示，它包括： 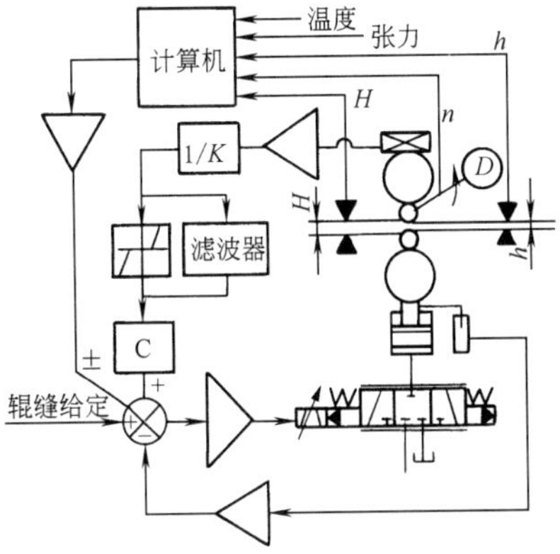 ①液压 APC(Automatic Position Control)，即液压位置自动控制系统，它是液压 AGC 的内环系统，是一个高精度、高响应的电液位置闭环伺服系统，它决定着液压 AGC 系统的基本性能。它的任务是接受厚控 AGC 系统的指令，进行压下缸的位置闭环控制，使压下缸实时准确地定位在指令所要求的位置。也就是说，液压 APC 是液压 AGC 的执行系统 ②轧机弹跳补偿 MSC(Mill Stretch Compensation)。其任务是检测轧制力，补偿轧机弹跳造成的厚度偏差。MSC 是 HAGC 系统的主要补偿环

续表

项目	内　容
液压 AGC 的控制策略	③热凸度补偿 TEC(Thermal Crown Compensation)。轧辊受热膨胀时,实际辊缝减小,轧制力增加,轧件出口厚度减小;此时如用弹跳方程式计算轧件出口厚度,由于轧制力增大,计算出的厚度反而变大了。如果不对此进行处理,AGC 就会减小辊缝,使实现出口轧件厚度更薄,即轧辊热膨胀的影响反而被轧机弹跳补偿放大了。TEC 的作用便是消除这种不良影响。此外,TEC 中还要考虑轧辊磨损的影响 ④油膜轴承厚度补偿 BEC(Bearing Oil Compensation)。大型轧机支承辊轴承一般采用能适应高速重载的油膜轴承。油膜厚度取决于轧制力和支承辊速度:轧制力增加,辊缝增加;速度增加,辊缝减小。通过检测轧制力和支撑辊速度可进行 BEC 补偿 ⑤支承辊偏心补偿 ECC(Eccentricity Compensation)。支承辊偏心将使辊缝和轧制压力发生周期性变化,偏心使辊缝减小的同时,将使轧制力增大,如果将偏心量引起的轧制压力进行力补偿,必将使辊缝进一步减小,因为力补偿会使压下缸活塞朝着使辊缝减小的方向调节。为解决这一问题,拟在力补偿系数 C 环节之前加一死区环节,死区值等于或略大于最大偏心量,为了让小于死区值的其他缓变信号能够通过,死区环节旁并联一个时间常数较大的滤波器,滤波器不允许快速周期变化的偏心信号通过 ⑥同步控制 SMC(Synchronized Motion Compensation)。四辊轧机传动侧、操作侧的压下缸之间没有机械连接,两侧压下缸的负载力(轧制反力)又可能因偏载而差别较大,这将造成两侧运动位置不同步,为此需要引入同步控制。方法是将检测到的两侧压下缸活塞位移信号求和取平均值作为基准,以活塞位移与平均值的差值作为补偿信号,迫使位移慢的一侧加快运动到位,使位移快的一侧减慢运动到位 ⑦倾斜控制。对于中厚板轧机,当来料出现楔形或轧制过程产生镰刀弯时,需引入倾斜控制。通过两侧轧制力差值或在轧机出口两侧各装一台激光测厚仪,测其两侧板厚差,进行倾斜控制,使板厚的一侧压下缸压下,板薄的一侧上抬 ⑧加减速补偿。对于可逆冷轧机,轧机加速、减速过程中带材与辊系摩擦因数等变化引起的轧制力变化会对出口板厚造成影响,为此引入加减速补偿环,根据轧制数学模型推算出压下位置的修正量 ⑨前馈(预控)AGC。针对入口板厚变化而造成的出口板厚影响而设置的补偿称为前馈 AGC,方法是由测厚仪检测入口板厚,根据轧制数学模型推算出入口板厚对出口板厚的影响值,进而推算出压下指令修正量,并进行补偿控制 ⑩监控 AGC。通过检测出口板厚而设置的板厚指令修正补偿环称为监控 AGC。尽管 AGC 系统中已采取了一系列补偿措施,由于扰动因素很多,且各扰动因素对出口板厚的影响关系复杂,不可能实现完全补偿,因此出口板厚难免还存在微小偏差,对于要求纵向厚差小于等于±(0.003~0.005)mm 的冷轧机来说,应用测厚仪进行监控是必不可少的 以上补偿措施并非每台轧机都全部采用,需要根据轧机的类型、精度要求和工程经验采用其中的一些主要补偿措施 ⑪恒压力 AGC。上述 AGC 系统,难以补偿支承辊偏心造成的微小厚差。通常,轧制最后一个道次时,采用恒压轧制来减缓偏心造成的厚差。所谓恒压轧制是断开位置闭环,将力补偿变成力闭环,实现恒压力闭环控制。平整机中一般都采用恒压力 AGC

8.2 设计任务及控制要求

表 20-10-98

项目	说　明
设计任务	对某热轧机进行技术改造,在已有电动压下系统的基础上,增设液压压下微调系统,提高压下系统的控制精度和响应速度,保证产品的目标厚差、同板差和异板差
工艺及设备主要参数	坯料最大厚度、宽度、长度:300mm×1500mm×2500mm 成品厚度:5~40mm 成品最大宽度、长度:2700mm×28000mm 额定轧制力:50000kN 最大轧制速度:5m/s 轧机综合刚度:6500kN/mm 辊系总质量:2×165000kg

续表

项目	说　　明
APC 系统性能指标	压下缸额定压下力:25000kN 压下缸最大压下力:30000kN 压下缸行程:60mm 压下速度:≥6mm/s 快速回程速度:20m/s 液压 APC 系统定位精度:≤±0.005mm 液压 APC 系统频宽(-3dB):≥10Hz 液压 APC 系统 0.1mm 阶跃响应时间:≤50ms
	电动 APC 系统定位精度:±0.1mm
出口板厚精度(同板差)	5~10mm:≤0.10mm 10~20mm:≤0.16mm 20~40mm:≤0.22mm

8.3　APC 系统的控制模式及工作参数的计算

表 20-10-99

项目		内　　容
控制模式		由于压下力很大,且精度和稳定性要求很高,因此 APC 系统一般采用三通阀,不对称缸控制模式,即用标准四通伺服阀当三通阀用,压下缸活塞腔受控,活塞杆腔通恒定低压。低压 p_r 的作用是轧制时 $p_r=0.5$MPa 左右,防止活塞杆腔空吸并吸入灰尘;换辊时使 $p_r=3$MPa 左右用于快速提升压下缸 压下缸放在上支承辊轴承座与压下螺钉(或牌坊顶面)之间时,压下缸倒置,即活塞杆不动、缸体运动 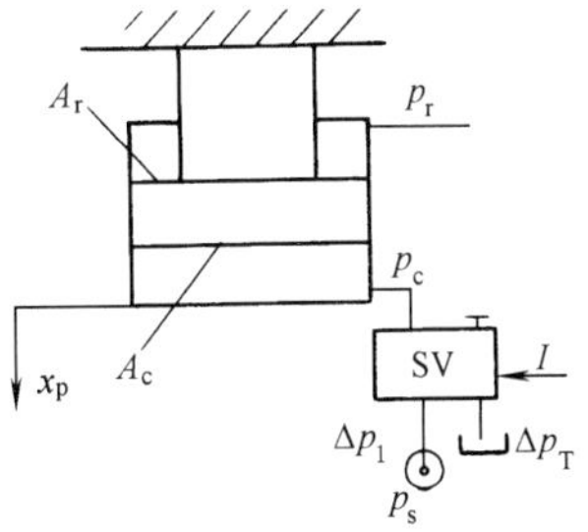
压下缸参数的确定与计算	系统供油压力 p_s	因压下力很大,为避免压下缸尺寸、伺服阀流量和供油系统参数与尺寸过大,拟取经济压力;考虑到液压元件及伺服阀的额定压力系列,并考虑到可靠性和维护水平,取 $p_s=28$MPa
	负载压力 p_L	考虑到压下力很大,这里不可能按常规即最大功率传输条件取 $p_L=(2/3)p_s$;但 p_L 也不应过大,应保证伺服阀阀口上有足够压降,以确保伺服阀的控制能力,这里取 $p_L=23$MPa
	背压 p_r	压下控制状态取 $p_r=0.5$MPa
	活塞直径 D 活塞杆直径 d	压下力　$F=A_c p_L-A_r p_r$ 式中　A_c——活塞腔工作面积,m^2 　　　A_r——活塞杆腔面积,m^2 令面积比 $\alpha=A_c/A_r$ 得　$A_c=F/(p_L-p_r/\alpha)$ 由 $F=25000$kN,$p_L=23$MPa,$p_r=0.5$MPa,并取 $\alpha=4$ 得　$A_c=10989.01\times10^{-4}m^2$ $D=\sqrt{4A_c/\pi}=118.29\times10^{-2}$m 取 $D=\phi1200$mm 　$d=\phi1050$mm 则 $A_c=11309.73\times10^{-4}m^2$ $A_r=2650.72\times10^{-4}m^2$ $\alpha=A_c/A_r=4.27$ $p_L=22.22$MPa
	行程 S	压下缸行程可根据来料最大厚度、压下率、成品最小厚度及故障状态的过钢要求等加以确定,取 $S=60$mm

续表

项目		内　　容
压下缸参数的确定与计算	液压谐振频率校验	对于三通阀控制的差动缸，液压谐振频率 $$\omega_h=\sqrt{\frac{\beta_e A_c^2}{V_c m_t}}=\sqrt{\frac{\beta_e A_c}{S m_t}}$$ 式中　$A_c=11309.73\times10^{-4}\text{m}^2$——压下缸活塞腔工作面积 β_e——油液的容积弹性模量，考虑到系统在23MPa左右的高压状态下工作，取$\beta_e\approx1000\text{MPa}$ V_c——压下缸活塞腔控制容积，考虑到伺服阀块直接贴装在压下缸缸体上，管道容积极小，则$V_{cmax}=A_c S$ $S=6\times10^{-2}\text{m}$——压下缸行程 $m_t=m_{Rs}/2+m_{cy}=85.5\times10^3\text{kg}$ m_{Rs}——上辊系的运动质量，$m_{Rs}=165\times10^3\text{kg}$ m_{cy}——压下缸缸体运动质量，$m_{cy}=3\times10^3\text{kg}$ 将A_c、β_e、S、m_t诸参数代入ω_h中，可计算出 $$\omega_h=469.53\text{rad/s}=74.73\text{Hz}$$ 由于ω_h很高，可以不必担心APC系统的动态响应
	液压动力元件的传递函数	$$W_h(s)=\frac{1/A_c}{\frac{s^2}{\omega_h^2}+\frac{2\zeta_h}{\omega_h}s+1}$$ 式中　$1/A_c=1/11309.73\times10^{-4}=88.42\times10^{-2}\text{m}^{-2}$ $\omega_h=469.53\text{rad/s}$ $\zeta_{hmin}\approx0.2$
伺服阀参数的确定	负载流量	由压下速度$v=6\text{mm/s}$，可求出伺服阀的负载流量 $$Q_L=vA_c=407.15\text{L/min}$$
	伺服阀的选择及其参数	选用MOOG-D792系列伺服阀，主要参数如下： 额定流量　$Q_N=400\text{L/min}$，（单边$\Delta p_N=3.5\text{MPa}$时） 最大工作压力　35MPa 输入信号　±10V或±10mA 响应时间（从0~100%行程）　4~12ms 分辨率　<0.2% 滞环　<0.5% 零漂（$\Delta T=55\text{K}$）<2% 总的零位泄漏流量（最大值）　10L/min 先导阀的零位泄漏流量（最大值）　6L/min
	伺服阀的工作流量	阀口实际压降　$\Delta p=p_s-\Delta p_1-p_L-\Delta p_T$ 式中　液压站供油压力　$p_s=28\text{MPa}$ 液压站至伺服阀的管路总压降　$\Delta p_1\approx1\text{MPa}$ 伺服阀回油管路压降　$\Delta p_T\approx0.5\text{MPa}$ 额定负载压力　$p_L=22.22\text{MPa}$ $$\Delta p=4.28\text{MPa}$$ 于是伺服阀的工作流量： $$Q_L=Q_N\sqrt{\frac{\Delta p}{\Delta p_N}}=442.33\text{L/min}$$
实际压下速度校验		由$Q_L=442.33\text{L/min}$及$A_c=11309.73\times10^{-4}\text{m}^2$，可得实际压下速度 $$v=Q_L/A_c=6.52\text{mm/s}$$ 为达到输入振幅$A_m=0.1\text{mm}$下系统频宽≥10Hz，即$\omega\geq62.83\text{rad/s}$的条件，应使动态速度： $$v_d\geq A_m\omega=6.28\text{mm/s}$$ 可见，选用$Q_N=400\text{L/min}$伺服阀可以满足静态及动态速度要求

.4 APC 系统的数学模型

表 20-10-100

项目		内容
方块图		由于 APC 系统采用工业控制数字计算机或数字控制器，因此它是一个离散控制系统，方块图如下： 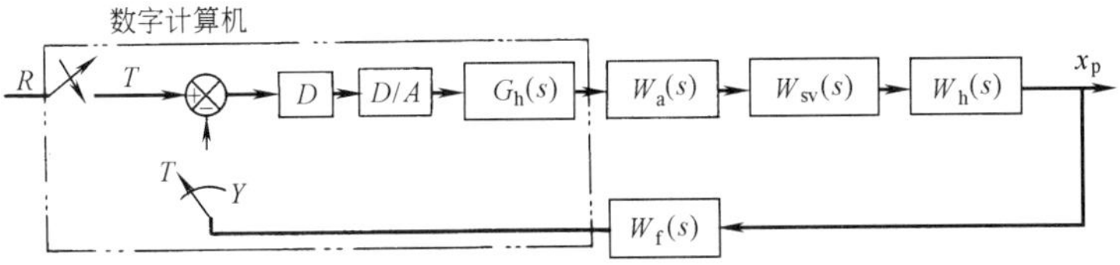 图中 x_p——压下缸活塞位移，被控制量 R——AGC 控制器发出的指令，当对 APC 系统进行测试时，R 为阶跃或正弦试验信号，因此须通过采样器将其离散化 采样器——采样器，它把连续的模拟信号转换成周期为 T 的一串脉冲——离散的模拟信号，离散的模拟信号再经 A/D 转换（图中未画出）变成离散的数字信号传递给 CPU Y——由检测环节输出的位置反馈信号，信号的形式取决于传感器类型 D——工业控制计算机或数字控制器，可令 $D=K_1$，K_1——增益调整系数 D/A——数模转换器，它把离散数字信号转换成离散模拟信号，其转换精度取决于位数大小，由于 D/A 和 A/D 只影响转换精度而不会影响系统的基本性能，所以方块图中可以省略
各环节传递函数	零阶保持器	由于零阶保持器简单，相位滞后小，一般都采用零阶保持器，其传递函数 $G_h(s)$ 把离散的模拟信号近似恢复成连续的模拟信号 $$G_h(s)=\frac{1-e^{-Ts}}{s}$$
	位移传感器及其二次仪表	由于压下系统中均需选用高精度、高响应的位置传感器及其配套二次仪表，因此： $$W_f(s)=K_f$$ $W_f(s)$——位移传感器及其二次仪表传递函数 对于 LVDT 或电感式位移传感器及其二次仪表，它是以电压输出的连续模拟信号，须经采样器变成离散模拟信号，再经 A/D 转换成离散数字信号。对于磁尺及其检测器（二次仪表），它输出的是脉冲宽度为微米级的脉冲，需经高速计数器计数。对于磁致伸缩式位移传感器，它有模拟式和数字式两种可供选择，数字式中又有 SSI 和 CANBUS 两种接口板 K_f——检测环节增益，本例中 $K_f=156.25\text{V/m}$
	放大器	考虑到伺服放大器频宽比伺服阀高得多，于是： $$W_a(s)=K_i$$ $W_a(s)$——伺服放大器传递函数 K_i——放大器（PID）的比例增益，$K_i=4\sim100\text{mA/V}$ 可调 调定 $K_i=15\text{mA/V}$
	伺服阀	$$W_{sv}(s)=\frac{K_{sv}}{\frac{s^2}{\omega_{sv}^2}+\frac{2\zeta_{sv}}{\omega_{sv}}s+1}$$ $W_{sv}(s)$——伺服阀的传递函数 K_{sv}——伺服阀的增益，以电流 I_N 为输入、以主阀芯位移 x_v 为输出时 $$K_{sv}=\frac{x_v}{I}=1.8\times10^{-4}\text{m/mA}$$ ω_{sv}——伺服阀的频宽，rad/s ζ_{sv}——伺服阀的阻尼系数 根据伺服阀频宽特性可知 $$\omega_{sv}=942.48\text{rad/s}$$ $$\zeta_{sv}\approx0.7$$

续表

项目		内　容
	伺服阀	$W_{sv}(s)=\dfrac{x_v(s)}{I(s)}=\dfrac{1.8\times10^{-4}}{\dfrac{s^2}{942.48^2}+\dfrac{2\times0.7}{942.48}s+1}$ 伺服阀的流量增益 $K_q=\dfrac{Q_N}{X_{vm}}=3.70\text{m}^2/\text{s}$ 以流量为输出时，伺服阀的总增益 $K'_{sv}=K_{sv}K_q=6.67\times10^{-4}\text{m}^3/(\text{s}\cdot\text{mA})$
各环节传递函数	动力元件	$W_h(s)$——动力元件，即压下缸及其负载的传递函数 严格地讲，APC 系统动力元件属于多自由度动态系统。由于轧件的变形抗力系数，$K_L \ll K$（K 为轧机自然刚度），作为工程分析，可将其看作是单自由动态系统。并可直接引用第 10 章 3.2.2 节及表 20-10-37 中的分析结论，直接写出带有弹性负载 K_L 时的传递函数 $W_h(s)=\dfrac{A_c^2}{K_LK_{ce}}\times\dfrac{\dfrac{K_q}{A_c}x_v(s)-\dfrac{K_{ce}}{A_c^2}\left(1+\dfrac{s}{\omega_1}\right)F_L(s)}{\left(1+\dfrac{s}{\omega_r}\right)\left(\dfrac{s^2}{\omega_0^2}+\dfrac{2\zeta_0}{\omega_0}s+1\right)}$ 式中 $\omega_0=\sqrt{\omega_h^2+\omega_m^2}=\omega_h\sqrt{1+K_L/K_h}$ ω_0——综合谐振频率，rad/s $\zeta_0=\left(1+\dfrac{K_L}{K_h}\right)^{-3/2}\times\dfrac{K_{ce}}{2A_c}\sqrt{\dfrac{\beta_em_t}{V_cm_t}}+\left(1+\dfrac{K_L}{K_h}\right)^{-1/2}\times\dfrac{B_p}{2A_c}\sqrt{\dfrac{V_c}{\beta_em_t}}$ ζ_0——阻尼系数 $\omega_r=K_{ce}\Big/\left[A_c^2\left(\dfrac{1}{K_L}+\dfrac{1}{K_h}\right)\right]$ ω_r——综合刚度引起的转折频率，rad/s $K_h=\beta_eA_c^2/V_c$ K_h——液压弹簧刚度，N/m K_L——弹性负载刚度，N/m 由于 $K_h=\beta_eA_c^2/V_c=\beta_eA_c/s=1884.96\times10^7\text{N/m}\gg K_L=20.00\times10^7\sim33.33\times10^7\text{N/m}$，因此： $\omega_0\approx\omega_h,\zeta_0\approx\zeta_h,\omega_r\approx K_{ce}K_L/A_c^2$ 则以 x_v 为输入，以 x_p 为输出时，传递函数为 $\dfrac{x_p(s)}{x_v(s)}=\dfrac{K_qA_c/(K_LK_{ce})}{\left(1+\dfrac{s}{\omega_r}\right)\left(\dfrac{s^2}{\omega_h^2}+\dfrac{2\zeta_h}{\omega_h}s+1\right)}$ 而以 Q_0 为输入，以 x_p 为输出时的传递函数为 $\dfrac{x_p(s)}{Q_0(s)}=\dfrac{A_c/(K_LK_{ce})}{\left(1+\dfrac{s}{\omega_r}\right)\left(\dfrac{s^2}{\omega_h^2}+\dfrac{2\zeta_h}{\omega_h}s+1\right)}$ 压下缸内泄漏极其微小，于是 $K_{ce}=K_c$，阀在工作点处的流量-压力系数 K_c 可从其静态特性中估计出来 $K_c=3.33\times10^{-10}\text{m}^5/(\text{N}\cdot\text{s})$ 取 $K_L=25.37\times10^7\text{N/m}$，则 $A_c/(K_LK_c)=\dfrac{11309.73\times10^{-4}}{25.37\times10^7\times3.3\times10^{-10}}=13.51\text{s/m}^2$ $\omega_r\approx K_{ce}K_L/A_c^2=\dfrac{3.33\times10^{-10\times25.37\times10^7}}{(11309.37\times10^{-4})^2}=6.60\times10^{-2}\text{s}^{-1}$ 因 $\omega_r\ll\omega_h$，故可将 $\dfrac{x_p(s)}{Q_0(s)}$ 写成 $\dfrac{x_p(s)}{Q_0(s)}=\dfrac{A_c/(K_LK_{ce})}{s\left(\dfrac{s^2}{\omega_h^2}+\dfrac{2\zeta_h}{\omega_h}s+1\right)}$

续表

项目		内　　容
各环节传递函数	动力元件	APC 系统动力元件属于多自由度动态系统。由于轧件的变形抗力系数 $K_L \ll K$（K 为轧机自然刚度），APC 系统工作时，伺服阀不可能在零位，总是在零位附近调节，一旦偏离零位，则阻尼便迅速增大，可取 $\zeta_h=0.3\sim0.35$。于是 $$\frac{x_p(s)}{Q_0(s)}=\frac{13.51}{s\left(\frac{s^2}{469.53^2}+\frac{2\times0.35}{469.53}s+1\right)}$$
最终方块图		综上可得以 AGC 指令 R 为输入，以 x_p 为输出的 APC 系统闭环状态方块图： 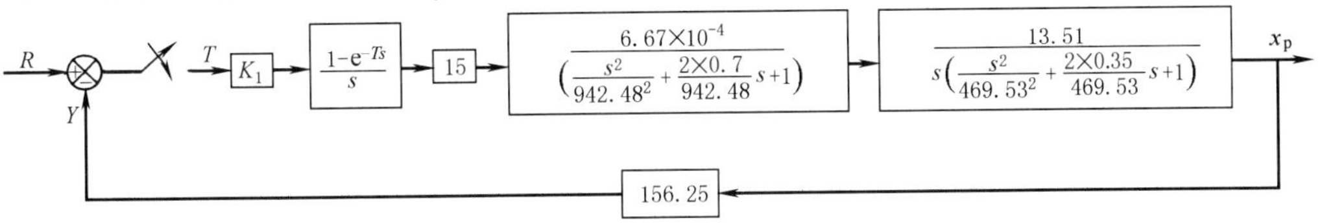

9　液压伺服系统的全面污染控制

9.1　伺服阀的失效模式、后果及失效原因

表 20-10-101

项　目			说　　明
失效模式及后果	主阀失效	冲蚀失效	油液中大量微小的固体颗粒随高速油液流过阀口时，冲蚀阀芯与阀套上的节流棱边；致使节流棱边倒钝，导致伺服阀零区特性改变，压力增益降低，零位泄漏增大
		淤积失效	≤r（半径间隙）的颗粒聚积于阀芯与阀套之间的环形间隙；致使加快阀芯与阀套的磨损，启动摩擦力加大，滞环增大，响应时间增长，工作稳定性变差，严重时出现卡涩现象
		卡涩失效	阀芯与阀套环形间隙中不均匀的淤积造成侧向力，侧向力使阀芯与阀套的金属表面接触，从而出现微观黏附（冷压接触），造成卡紧；卡紧使启动摩擦力加大，造成阀的工作不稳定，严重卡紧时将引起卡涩失效
		腐蚀失效	油液中的水分和油液添加剂中的硫或零件清洗剂中残留氯产生硫酸或盐酸，致使节流棱边腐蚀，造成与冲蚀相同的后果
	先导阀失效		伺服阀内装过滤器堵塞或喷嘴、挡板、反馈杆端部小球的冲蚀、磨损所致；过滤器堵塞降低了阀的灵敏度及响应，严重时难以驱动功率滑阀
失效主要原因			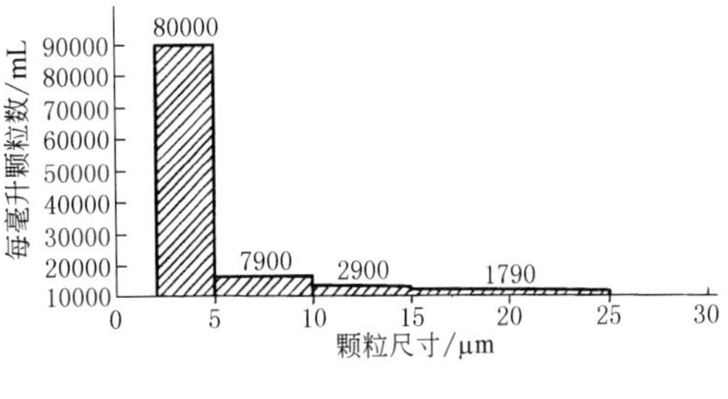

续表

项　目	说　　明
失效主要原因	液压伺服系统中85%以上的故障是油液污染造成的；污染中又以固体污染物最为普遍，危害也最大。典型脏油液颗粒尺寸分布如图所示。图示表明： ≤5μm颗粒占总数的86%。伺服阀阀芯与阀套半径间隙的典型值为1~2.5μm，且阀口上的流速高达50m/s以上，因此≤5μm的大量微小颗粒是造成阀芯与阀套冲蚀失效、淤积失效和卡涩失效的主要原因。喷嘴与挡板的典型间隙为20~30μm，因此20μm左右的颗粒最易造成先导阀及内装过滤器的失效

9.2 伺服阀对油液清洁度的要求

表20-10-102汇集了MOOG伺服阀清洁度推荐值。

表20-10-102

MOOG 系列		推荐清洁度等级		过滤器过滤比	
结构类型	型号	正常工作	长寿命工作	正常工作	长寿命工作
直接驱动(DDV)式	D633,D634	ISO 4406<15/12	ISO 4406<14/11	$\beta_{10}\geqslant75$(10μm 绝对)	$\beta_6\geqslant75$(6μm 绝对)
D633为先导阀的电反馈二级阀	D681,D682,D683,D684	ISO 4406<18/15/12	ISO 4406<17/14/11	$\beta_{10}\geqslant75$(10μm 绝对)	$\beta_6\geqslant75$(6μm 绝对)
喷嘴挡板二级力反馈、电反馈和三级电反馈阀	72,78,79,760,G761,D761,D765,D791,D792	ISO 4406<14/11	ISO 4406<13/10	$\beta_{10}\geqslant75$(10μm 绝对)	$\beta_5\geqslant75$(5μm 绝对)
	G631,D631	ISO 4406<16/13	ISO 4406<15/12	$\beta_{15}\geqslant75$(15μm 绝对)	$\beta_{10}\geqslant75$(10μm 绝对)
伺服射流管电反馈二级、三级阀和以D630系列为先导阀的电反馈三级阀	D661,D662,D663,D664,D665,D691	ISO 4406<16/13	ISO 4406<14/11	$\beta_{15}\geqslant75$(15μm 绝对)	$\beta_6\geqslant75$(10μm 绝对)
	D661G…A	ISO 4406<18/16/13	ISO 4406<16/14/11	$\beta_{15}\geqslant75$(15μm 绝对)	$\beta_{10}\geqslant75$(10μm 绝对)

随着过滤技术的发展，上表指标是可以实现的，并已被列入工业标准，例如，美国工业标准NFPA/JI-CT2.24.1—1990规定：伺服元件供油系统的清洁度等级应达到ISO 4406-14/10级。这一规范已被其他一些工业规范支持并加强，例如1991年12月发布的BMW汽车制造商规范BVH-HO和Saturn公司的规范都推荐采用伺服阀的系统清洁度为ISO 4406-13/10级。

PALL过滤器公司推荐采用伺服阀的系统清洁度为PPC（PALL Cleanliness Code）= 14/13/10，并且指出该等级是目前PALL过滤器所能实现并能经济达到的。

加拿大航空公司的技术报告说，其飞行模拟器上使用精细过滤，油液清洁度达到PPC=13/12/10，经过8年连续运行后检查伺服机构，没有看出磨损痕迹。

伺服阀之所以要求这么高的清洁度，正是基于伺服阀的失效模式、失效原因及长寿命要求，其中也包括滑阀节流边和间隙的磨损。

9.3 系统清洁度的推荐等级代号

表20-10-103　　PALL推荐的系统清洁度等级代号

液压元件	液压系统工作压力及工作状况								
伺服阀	A	B	C	D	E				
比例阀		A	B	C	D	E			

续表

<table>
<tr><td>液压元件</td><td colspan="9">液压系统工作压力及工作状况</td></tr>
<tr><td>变量泵</td><td></td><td></td><td>A</td><td>B</td><td>C</td><td>D</td><td>E</td><td></td><td></td></tr>
<tr><td>插装阀</td><td></td><td></td><td></td><td>A</td><td>B</td><td>C</td><td>D</td><td>E</td><td></td></tr>
<tr><td>定量柱塞泵</td><td></td><td></td><td></td><td>A</td><td>B</td><td>C</td><td>D</td><td>E</td><td></td></tr>
<tr><td>叶片泵</td><td></td><td></td><td></td><td></td><td>A</td><td>B</td><td>C</td><td>D</td><td>E</td></tr>
<tr><td>压力/流量控制阀</td><td></td><td></td><td></td><td></td><td>A</td><td>B</td><td>C</td><td>D</td><td>E</td></tr>
<tr><td>电磁阀</td><td></td><td></td><td></td><td></td><td>A</td><td>B</td><td>C</td><td>D</td><td>E</td></tr>
<tr><td>齿轮泵</td><td></td><td></td><td></td><td></td><td>A</td><td>B</td><td>C</td><td>D</td><td>E</td></tr>
<tr><td colspan="10">润滑系统</td></tr>
<tr><td>球轴承</td><td></td><td>A</td><td>B</td><td>C</td><td>D</td><td>E</td><td></td><td></td><td></td></tr>
<tr><td>滚子轴承</td><td></td><td></td><td>A</td><td>B</td><td>C</td><td>D</td><td>E</td><td></td><td></td></tr>
<tr><td>径向轴承</td><td></td><td></td><td></td><td>A</td><td>B</td><td>C</td><td>D</td><td>E</td><td></td></tr>
<tr><td>齿轮箱(工业用)</td><td></td><td></td><td></td><td>A</td><td>B</td><td>C</td><td>D</td><td>E</td><td></td></tr>
<tr><td>汽车变速器</td><td></td><td></td><td></td><td></td><td>A</td><td>B</td><td>C</td><td>D</td><td>E</td></tr>
<tr><td>柴油机</td><td></td><td></td><td></td><td></td><td></td><td>A</td><td>B</td><td>C</td><td>D</td></tr>
<tr><td>清洁度等级(PCC)</td><td>12/10/7</td><td>13/11/9</td><td>14/12/10</td><td>15/13/11</td><td>16/14/12</td><td>17/15/12</td><td>17/16/13</td><td>18/16/14</td><td>19/17/14</td></tr>
<tr><td rowspan="4">PALL 过滤器滤材级别</td><td colspan="3">KZ</td><td></td><td></td><td></td><td></td><td></td><td></td></tr>
<tr><td></td><td></td><td colspan="3">KP</td><td></td><td></td><td></td><td></td></tr>
<tr><td></td><td></td><td></td><td></td><td colspan="3">KN</td><td></td><td></td></tr>
<tr><td></td><td></td><td></td><td></td><td></td><td></td><td colspan="3">KS</td></tr>
</table>

注：确定清洁度等级步骤。

1. 在该表元件栏中，找出液压系统中所采用的元件。

2. 根据系统的工作压力（bar），在表中找出相应的方框：[C] >175，[D] 105~175，[D] 105；[A]、[B] 表示更高一级使用要求。

3. 方框的正下方列出了推荐的清洁度。

4. 如果出现下列情况之一，清洁度向左移一栏：

   a. 该系统对整个生产过程的正常运行至关重要。

   b. 高速/重载的工作情况。

   c. 液压油中含水。

   d. 系统中寿命要求在七年以上。

   e. 系统失效会导致安全方面的问题。

5. 上述情况如果同时出现两种或两种以上，清洁度向左移两栏。

表 20-10-104　　Vickers 推荐的系统清洁度等级代号

工作压力/lbf·in^{-2}		<2000	2000~3000	>3000
液压泵	定量齿轮泵	20/18/15	19/17/15	18/16/13
	定量叶片泵	20/18/15	19/17/14	18/16/13
	定量柱塞泵	19/17/15	18/16/14	17/15/13
	变量叶片泵	18/16/14	17/15/13	17/15/13
	变量柱塞泵	18/16/14	17/15/13	16/14/12

续表

工作压力/$lbf \cdot in^{-2}$		<2000	2000~3000	>3000
液压阀	方向阀(电磁阀)		20/18/15	19/17/14
	压力控制阀(调压阀)		19/17/14	19/17/14
	流量控制阀(标准型)		19/17/14	19/17/14
	单向阀		20/18/15	20/18/15
	插装阀		20/18/15	19/17/14
	螺纹插装阀		18/16/13	17/15/12
	充液阀		20/18/15	19/17/14
	负载传感方向阀		18/16/14	17/15/13
	液压遥控阀		18/16/13	17/15/12
	比例方向阀(节流阀)		18/16/13	17/15/12
	比例压力控制阀		18/16/13	17/15/12
	比例插装阀		18/16/13	17/15/12
	比例螺纹插装阀		18/16/13	17/15/12
	伺服阀		16/14/11	15/13/10
执行元件	液压缸	20/18/15	20/18/15	20/18/15
	叶片马达	20/18/15	19/17/14	18/16/13
	轴向柱塞马达	19/17/14	18/16/13	17/15/12
	齿轮马达	21/19/17	20/18/15	19/17/14
	径向柱塞马达	20/18/14	19/17/13	18/16/13
	斜盘结构马达	18/16/14	17/15/13	16/14/12
静液传动装置	工作压力/$lbf \cdot in^{-2}$	<3000	3000~4000	>4000
	静液传动装置(回路内油液)	17/15/13	16/14/12	16/14/11
轴承	球轴承系统	15/13/11		
	滚柱轴承系统	16/14/12		
	滑动轴承(高速)	17/15/13		
	滑动轴承(低速)	18/16/14		
	一般工业减速机	17/15/13		
试验台	试验台的目标清洁度等级对每种颗粒尺寸应比将要试验的最敏感的条件和元件的代号清洁一挡。例如,在2500lbf/in^2下试验的变量柱塞泵清洁度等级应是17/15/13,故试验台清洁度等级起码应是16/14/12			
确定目标清洁度等级步骤	①用Vickers推荐清洁度代号表确定系统中各元件所要求的最清洁油液(最小代号)。从一个公用油箱抽取油液的所有元件,即便其工作是独立的或顺序的(例如一个中心泵站供给几个不同的机器),也应看成是同一系统中的元件。压力额定值指整个工作循环期间机器所达到的最高系统压力 ②对于其中油液不是100%石油型油液的任何系统,对每种颗粒尺寸选低一挡目标代号。如,如果所需最清洁代号为17/15/13,而系统油液是水乙二醇,则目标变为16/14/12 ③如果系统经历以下工况中的任意两种工况,则将每种颗粒尺寸选低一挡目标清洁度 a. 在0°F(-18℃)以下频繁冷启动 b. 在超过160°F(71℃)的油温下间歇工作 c. 高振动或高冲击状态下工作 d. 作为过程工作的一部分对系统有关键依存关系时 e. 系统故障可能危及操作者或附近其他人的人身安全			

注:1lbf/in^2=0.0069MPa。

.4 过滤系统的设计

(1) 过滤器的类型、特点及应用

表 20-10-105

类型	结构式	过滤原理	特点及应用
表面型过滤器	金属网式	过滤介质为薄层网孔,被滤除的颗粒污染物直接阻截在过滤元件上游表面	①过滤精度很低,容易堵塞 ②可清洗 ③只能作泵的吸入口过滤器
	线隙式		
	片式		
深度型过滤器	烧结金属	过滤介质为多孔可透性材料,内有无数曲折的通道,每个通道又有多处狭窄的缩口,因此颗粒既可被直接阻截在介质表面小孔处和内部通道的缩口处,也可受分子吸附力的作用被吸附在通道内壁或黏附在纤维表面	①过滤精度高,能滤除的颗粒尺寸范围大 ②纳污容量大 ③一次性滤芯 其中以多层纤维应用最为广泛
	多孔陶瓷		
	多层纤维		

(2) 过滤器的主要性能参数

表 20-10-106

性能参数		说明
过滤精度		目前国际上普遍采用过滤比作为过滤精度性能指标,例如标称:$\beta_x \geqslant 75$,$\beta_x \geqslant 100$,$\beta_x \geqslant 200$,$\beta_x \geqslant 1000$
最高工作压力		指过滤器外壳能够承受的最高工作压力(MPa)
压差特性	初始压差	过滤器压降包括壳体压降和滤芯压降 初始压差指滤芯清洁时的滤芯压降,它与滤材及精度有关,可由过滤器滤芯压降流量特性查出,如右图实例 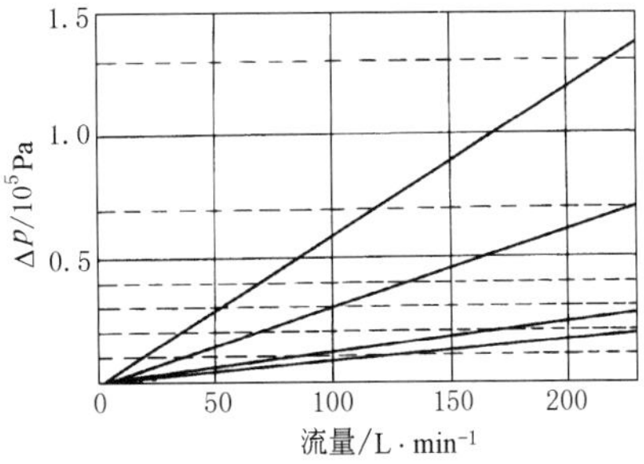
	最大极限压差	滤芯使用一段时间后,由于污染物的堵塞,压差逐渐增大。压差达到一定值后,便急剧增大,如右图的压差时间曲线(亦称污染物负荷曲线),C 点称为最大极限压差,此压差下压差指标器发讯,表示滤芯已严重堵塞,应该更换。对于具有旁通阀的过滤器,旁通阀的开启压力一般比允许的极限压差大 10%左右[PALL 则规定:$T_2-T_1=(5\%\sim10\%)\times$(过滤器使用寿命)]。图中 A 点为滤材的压溃压力,B 点为滤芯骨架的压溃压力 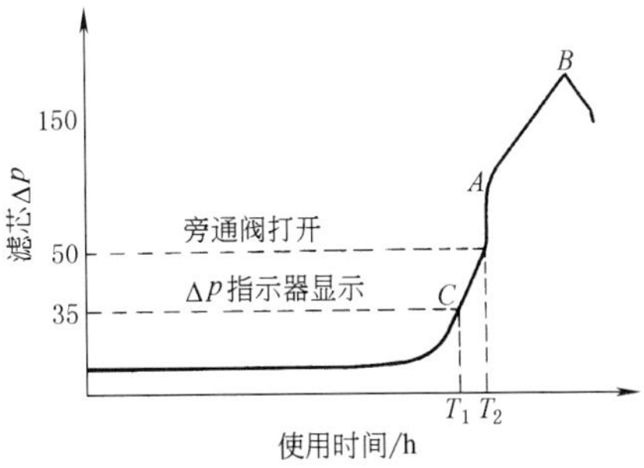 对于吸油过滤器,为防止吸空,最大极限压差不应超过 0.015~0.035MPa;对于压力油路过滤器,为减小能耗,最大极限压差通常为 0.3~0.5MPa
纳污容量		视在纳垢容量:过滤器达到设定的极限压差之前,加入过滤器试验系统中的污染物总量 实际纳污容量:试验系统中的过滤器达到设定的极限压差之前,所截获的污染物总量 注意:不能用纳污容量去预测过滤器的使用寿命,因为纳污容量受许多因素的影响且容易变化

续表

性能参数	说明	
纳污容量	使用寿命是指实际系统中过滤器达到设定极限压差之前的工作时间 滤芯的纳污容量及使用寿命与滤芯面积有关,如右图所示,滤芯面积比为2时,使用寿命比大于2,为2.5~3.5之间;因此,从降低运行费用的观点,适当加大滤芯面积是合算的	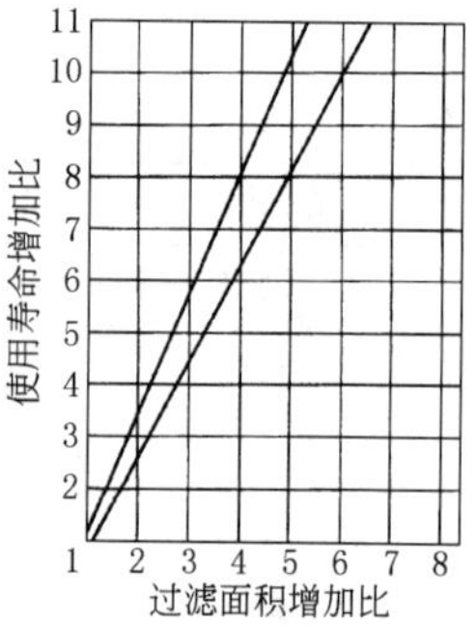

(3) 过滤器的布置及精度配置

表 20-10-107

名称		功用	精度	布置图
工作系统内过滤器	压力管路过滤器	①防止泵磨损下来的污染物进入系统 ②防止液压阀及管路的污染物进入伺服阀块	B	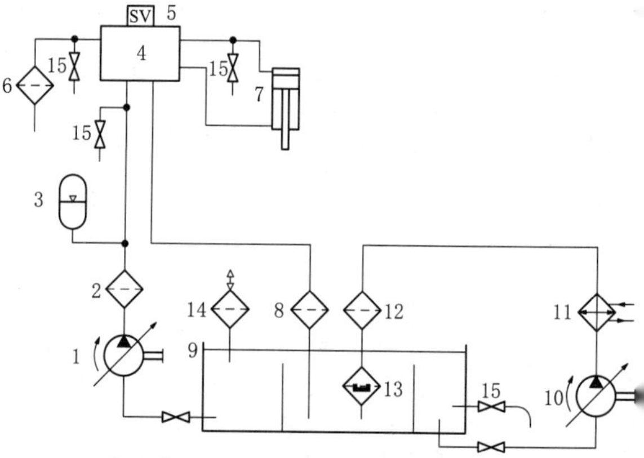 1—恒压泵;2—压力过滤器;3—蓄能器;4—阀块;5—伺服阀;6—伺服阀先导级过滤器;7—伺服缸;8—回油过滤器;9—油箱;10—循环泵;11—冷却器;12—循环过滤器;13—磁性过滤器;14—空气滤清器;15—取油样阀 注:1. 对于管路很长的大型系统,压力管路过滤器可能不止一个 2. 精度配置举例 A—2~6μm,B—6~12μm,C—12~20μm 作者注:按 GB/T 17489—2022《液压传动颗粒污染分析 从工作系统管路中提取液样》从油箱截止阀取样
	回油管路过滤器	防止元件磨损或管路中残存的污染物回到油箱	C	
	空气滤清器	防止空气中灰尘进入油箱	A	
	伺服阀入口过滤器	拟采用无旁通阀的压力过滤器用于伺服阀先导控制阀的入口或主阀入口。以确保伺服阀的工作可靠性及性能,并减少磨损、提高工作寿命	A	
工作系统外过滤器	循环(旁路)过滤器	对于大型系统或重要的伺服系统配置循环泵及循环过滤冷却系统,该系统长期连续运转,用于提高系统清洁度。可取外过滤流量=(⅓~½)主油路流量	A	
	冲洗过滤器	对于长管路的大型系统,利用冲洗系统对短接的车间管路进行循环冲洗,防止将管路中污染物带入系统	B	
	加油过滤器	即使是新油也必须经加油小车将新油过滤后加入系统	A	

(4) 流量波动对过滤性能的影响

表 20-10-108

内容	说明
流量波动	系统中换向阀的切换、执行机构的启动或制动、缸中压缩油液的突然释放、蓄能器的快速供油,以及伺服阀的高频工作等都将使系统流量产生波动,甚至会出现瞬间流量冲击

续表

<table>
<tr><th>内容</th><th>说　明</th></tr>
<tr><td>β_x 下降的原因</td><td>过滤比 β_x 是由多次通过滤油器性能试验测定的，多次通过试验是在稳定流量的条件下进行的
在流量波动或冲击下，被吸附截留在过滤器介质上的颗粒污染物会重新释放，导致下游污染浓度上升、过滤比下降、过滤性能变差</td></tr>
<tr><td>影响 β_x 下降的因素</td><td>试验表明：
①流量波动的频率和振幅对 β_x 均有影响，其中波动振幅的影响更为显著
②流量波动的影响主要发生在频率较低、振幅较高的区段；高频区无显著影响；低幅区基本上无影响。波动频率对 β_x 值的影响见右图曲线 1、2
③流量波动对某一直径以上的颗粒的滤除能力的影响较小，甚至无影响。尺寸界限视过滤器的过滤精度而定
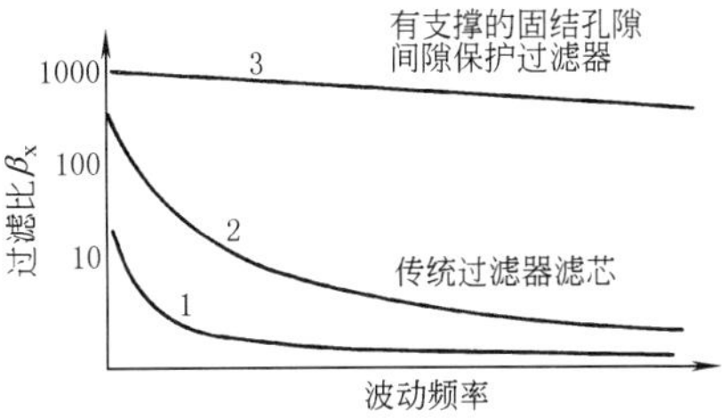

④流量波动对高精度过滤器达到极限压差的时间无显著影响，而对低精度过滤器达到极限压差时间显著变长</td></tr>
<tr><td>对策</td><td>①系统设计、系统调试时尽可能减少流量波动的幅值，例如换向阀加阻尼器、限定蓄能器安全阀组的开度等
②采用有支撑、有固结孔隙滤材的高精度过滤器，如 PALL $\beta_x=1000$ 过滤器，这种过滤器的 β_x 值如上图中的曲线 3 所示</td></tr>
</table>

9.5 液压元件、液压部件（装置）及管道的污染控制

液压件清洁度评定方法及液压件清洁度指标见第 4 章 3.7.1 节，液压件从制造到安装达到和控制清洁度的指南第 4 章 3.7.2 节，液压传动系统清洗程序和清洁度检验方法第 4 章 3.7.3 节。

表 20-10-109

<table>
<tr><th>元件部件</th><th>污　染　控　制　内　容</th></tr>
<tr><td>液压元件</td><td>①液压元件的清洁度指标应满足 JB/T 7858—2006 要求，该标准以液压元件内部残留污染物重量作为评定指标。典型液压元件清洁度等级亦可参见右表
②元件在运输、存放过程中可能被污染，因此组装系统前，必须对每个元件进行认真的检查和清洗
<table>
<tr><th>元件类型</th><th>优等品</th><th>一等品</th><th>合格品</th></tr>
<tr><td>各种类型液压泵</td><td>16/13</td><td>18/15</td><td>19/16</td></tr>
<tr><td>一般液压泵</td><td>16/13</td><td>18/15</td><td>18/16</td></tr>
<tr><td>伺服阀</td><td>13/10</td><td>14/11</td><td>15/12</td></tr>
<tr><td>比例控制阀</td><td>14/11</td><td>15/12</td><td>16/13</td></tr>
<tr><td>液压马达</td><td>16/13</td><td>18/15</td><td>19/16</td></tr>
<tr><td>液压缸</td><td>16/13</td><td>18/15</td><td>19/16</td></tr>
<tr><td>摆动液压缸</td><td>17/14</td><td>19/16</td><td>20/17</td></tr>
<tr><td>蓄能器</td><td>16/13</td><td>18/15</td><td>19/16</td></tr>
<tr><td>滤油器(壳体)</td><td>15/12</td><td>16/13</td><td>17/14</td></tr>
</table></td></tr>
<tr><td>油箱</td><td>①伺服系统油箱采用不锈钢油箱，并用氩弧焊焊接
②油箱应采用全封闭结构，以防外部侵入污染
③吸油腔与回油腔应加隔板，隔板上装有消泡网
④油箱侧面中下方应装取油样阀，以便定期取样，检验油液清洁度</td></tr>
<tr><td>阀块</td><td>①阀块设计及加工中，应避免出现难以清洁的流道死角
②流道孔加工后，必须进行去毛刺处理和严格的清洁
③对于伺服阀阀块，应制作循环冲洗板或用换向阀代替伺服阀进行循环冲洗</td></tr>
<tr><td>液压管道</td><td>①不论采用不锈钢管或普通无缝管，弯管前均按规范进行彻底的酸洗处理，酸洗过程包括：脱脂处理、酸洗、中和处理和钝化处理</td></tr>
</table>

续表

元件部件	污染控制内容
液压管道	②配管及接头采用氩弧焊焊接，焊缝部件应进行再次酸洗处理 ③管道与接头、法兰采用对接焊，不允许套入后焊接，以避免颗粒进入缝隙难以清洗 ④管道预装后要全部拆开，严格清洗后复装
系统清洗及总装	①系统预装后应全部拆除，严格清洗后进行复装 ②系统复装后，应进行循环清洗，循环清洗时伺服阀用清洗板或换向阀代替，执行元件油口用软管短接 ③达到清洁度等级要求后，方可装上伺服阀进行系统出厂调试 ④出厂调试后，拆开各液压部件，运输发运前各接口应细微封装牢固，以免运输过程受到污染

9.6 系统的循环冲洗

液压系统总成管路冲洗方法见第 4 章 3.7.4 节。

表 20-10-110

内容		说明
循环冲洗类型	车间管路冲洗	对于车间管路很长的大型系统，配管后用软管将车间管路短接，采用冲洗系统（装置）供油，对车间管路进行循环冲洗
	系统循环冲洗	车间管路清洁度达标后，按实际系统接入阀台、阀块、蓄能器装置及液压站，由系统主泵进行循环冲洗。如系统主泵流量不足，则应由冲洗装置供油。系统循环冲洗时，伺服阀由清洗板或换向阀代替
对冲洗系统的要求	流速	冲洗流量应足够大，使工作管路的流速≥8m/s
	压力	冲洗装置压力足够大，大于所流过的各阀的压降与管道压降之总和
	温度	冲洗装置的供油油温：60℃
	振动	用木锤不时反复逐段敲打振动管道
冲洗过滤器的选择	①冲洗装置的供油及回油路均应装设过滤器，冲洗过滤器的滤油面积应该加大 ②循环冲洗的前一阶段可采用精度较低的滤芯 ③冲洗一段时间后，宜换用精度高、β_x 值大的滤芯，以缩短冲洗时间。如右图所示，用 $\beta_6=1000$ 滤芯的冲洗时间比 $\beta_6=20$ 的快 17 倍，比 $\beta_6=200$ 的快 2 倍	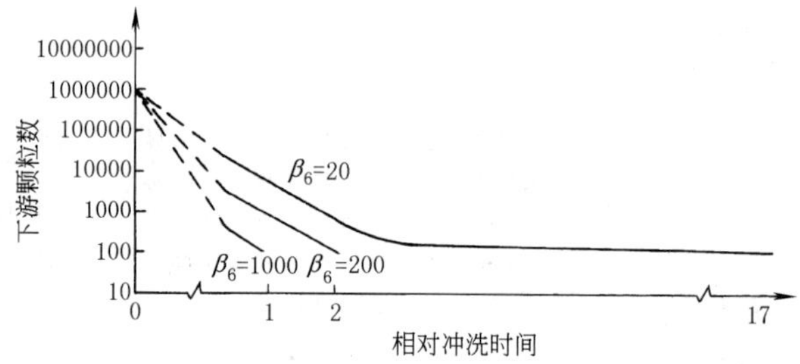

9.7 过滤系统的日常检查及清洁度检验

表 20-10-111

内容		说明
日常检查	项目	①检查并记录过滤器前后压力、压差 ②检查并记录过滤器堵塞发讯器的信号或颜色 ③根据需要及时更换滤芯 注意：单筒压力过滤器必须停机并卸压后更换滤芯；双筒压力过滤器可以在运行状态下切换，切换后更换滤芯；双筒回油过滤器必须在停机状态下切换，因切换瞬间回油背压会剧增
	时间	新系统每日检查 1 次
清洁度检查	取样	从指定的取样口（参见表 20-10-107 中过滤器布置图）定期取油样并送检
	时间	新系统每月检查 1 次，旧系统 3 个月至 6 个月检查 1 次

10 液压伺服系统的安装、调试与测试

表 20-10-112

项目		说明
系统安装	液压站的安装	①对于整体底盘的中小液压站 a. 电机功率较小(如 30kW 以下)、底盘较大的液压站,可直接在基础上打膨胀螺钉来固定底盘 b. 电机功率较大(如 45kW 以上)、底盘较小的液压站,须采用预埋地脚螺栓并进行二次灌浆方法固定底盘 ②对于油箱装置、主泵组、蓄能器装置、循环过滤冷却系统及控制阀台分立的大液压站,按基础设计要求分部件安装,之后进行系统配管;各部件固定采用预埋地脚螺栓及二次灌浆方式
	工作阀台的安装	①对于具有台架的大型控制阀台,采用预埋地脚螺栓及二次灌浆方式 ②对于局部回路的阀块,可固定在小阀架上,小阀架焊接或固定在底盘上 ③动态响应要求很高的伺服控制阀块,拟直接固定在伺服液压缸上
	执行机构的安装	执行机构装于工作机构与机座之间,应特别注意安装的同轴度、平直度、垂直度;连接或铰接部分不得存在过大的间隙,以免出现游隙
	车间配管	液压部件安装固定后,按配管设计图要求预埋管夹固定埋设件、酸洗管道、配管、清洗并用管夹固定管道
	系统循环冲洗	详见本章 9.6 节
系统调试	液压伺服油源的调试	①按系统工作要求,手动开闭有关球阀、蝶阀、高压球阀 ②开启主泵组前先开循环过滤系统,系统清洁度达到要求后,再开启主泵 ③逐台启动液压泵;分别设定各泵调压阀块中溢流阀的设定压力、恒压泵的设定压力和压力继电器的设定压力 ④向蓄能器充气并调整蓄能器各安全阀组的设定压力及压力继电器的设定压力 ⑤进行油源的耐压试验
	控制阀块的调试	①将伺服油源打开,向控制阀块供油 ②供油前先用换向阀代替伺服阀,进行系统功能调试 ③调整各压力阀的设定压力和各流量阀的开度
	系统闭环调试	①从各取样点取油样,检查系统清洁度,全部油样达到要求后方可安装伺服阀 ②检查控制电源、控制电路及反馈传感器的输出信号,信号及其极性符合要求后,伺服放大器才能向伺服阀供电 ③先将系统开环增益调低,并将系统供油压力调低,进行闭环试动 开环增益的调节:通过调节计算机控制系统的前置级增益或前置放大器增益来实现 ④闭环运动正常后,将供油压力设定至额定值 ⑤将 PID 放大器设置在比例工作状态,系统逐步增大开环增益,直至出现微振荡,记下允许的最大开环增益 ⑥试验各种开环增益下的系统响应速度及控制精度,确定最佳开环增益 ⑦如通过调整开环增益难以达到要求的响应速度或控制精度,则进行 PID 参数的整定和试验,直至满足性能要求
系统测试与分析	阶跃响应测试	①由分析仪或 CAT 系统给出阶跃信号,讯号幅值大小按行业标准或技术要求给定 ②测试闭环系统的输入与输出曲线及数值 ③分析阶跃响应,必要时重新整定系统参数并再次进行测试
	频率特性测试	①由分析仪或 CAT 系统给出正弦信号,信号幅值按行业标准或技术要求给定 ②测试闭环系统的频率特性 ③分析闭环频率特性,必要时重新整定系统参数,再次进行测试

11 控制系统的工具软件 MATLAB 及其在仿真中的应用

液压控制系统是控制领域中的一个重要组成部分，特别是数字计算机的普遍应用，极大地方便了人们对液压控制系统数学模型的描述、动态和静态特性的分析、稳定性的判定、液压控制系统校正装置的设计及智能液压控制系统的构建等方面的研究。而计算机模拟分析作为一种研发新产品新技术的科学手段，在液压控制系统中被广泛采用，并显示了巨大的社会效益和经济效益。

计算机仿真是基于所建立的系统仿真模型，利用计算机对系统进行分析与研究，以寻求对真实过程的认识。这里的仿真是指用模型（物理模型或数学模型）代替实际系统进行试验或研究。人们利用计算机在数值计算上的优势，采用高效计算语言（如 FORTRAN-C 等），编制计算程序替代人工求解，这使得数学模型的求解变得更加方便、快捷和精确。现有许多专业性和通用性的计算仿真软件，而 MATLAB 则是通用性较强的数值计算、机电液综合仿真商业软件之一。

11.1 MATLAB 仿真工具软件简介

MATLAB 是美国 MathWorks 公司出品的商业数学软件，其名称是 matrix&laboratory 两个词的组合，意为矩阵工厂（或矩阵实验室）。该软件能将数值分析、矩阵计算、科学数据可视化以及非线性动态系统的建模和仿真等诸多强大功能集成在一个易于使用的视窗环境中，被称为“工程师和科学家的语言”。MATLAB 为科学研究、工程设计以及需要数值计算的众多科学领域提供了一种全面的技术方法，并在很大程度上摆脱了传统非交互式程序设计语言（如 C、Fortran）的编辑模式。正因为其所具有的特点，被广泛用于数据分析、无线通信、深度学习、图像处理与计算机视觉、信号处理、量化金融与风险管理、机器人及控制系统等领域。

随着 MATLAB 的不断完善和功能的开发，MathWorks 公司在 MATLAB 中集成了具有动态系统建模、仿真工具的 Simulink。Simulink 是一个模块化建模环境，面向多域和嵌入式工程系统的仿真和基于模型的设计。它支持系统设计、仿真、自动代码生成以及嵌入式系统的连续测试和验证。Simulink 提供图形编辑器、可自定义的模块库以及求解器，能够进行动态系统建模和仿真。

Simulink 与 MATLAB 相集成，能够在 Simulink 中将 MATLAB 算法融入模型，还能将仿真结果导出至 MATLAB 做进一步分析。Simulink 现应用于汽车、航空、电气、机械、化工、水力、热力等多个领域。

在 Simulink 下进行液压控制系统仿真，分两步进行：首先是系统建模，其次是系统仿真和分析。

表 20-10-113　　Simulink 环境和元件库

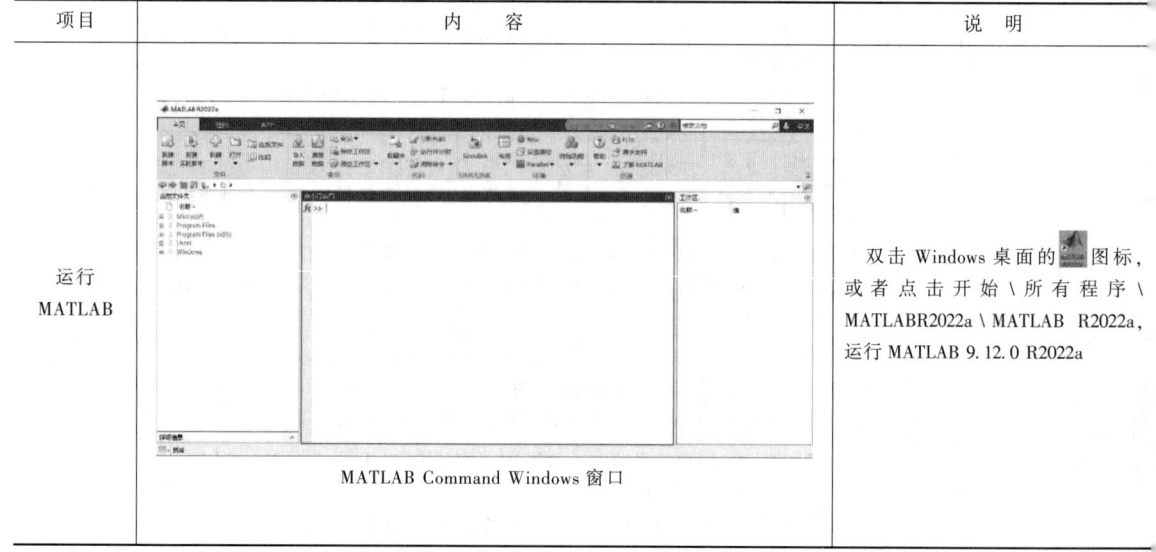

项目	内　容	说　明
运行 MATLAB	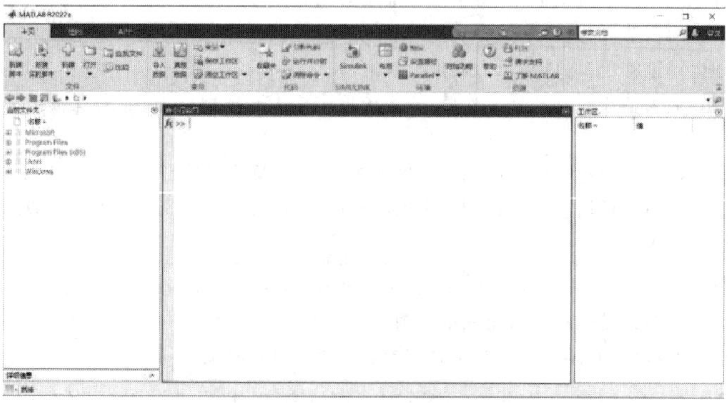 MATLAB Command Windows 窗口	双击 Windows 桌面的  图标，或者点击开始 \ 所有程序 \ MATLABR2022a \ MATLAB R2022a，运行 MATLAB 9.12.0 R2022a

续表

项目	内　　容	说　明
激活 Simulink 仿真元件库浏览窗口	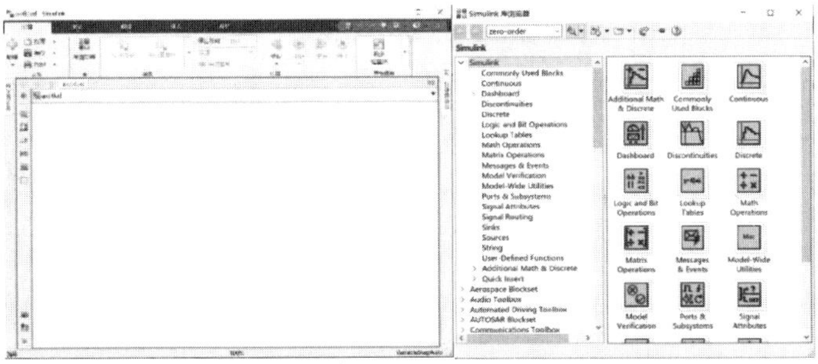 Simulink 中新建模型文件窗口及 Simulink 库浏览器	Matlab 命令窗口激活 Simulink 的方式有三种： ①输入 Simulink 后回车 ②选择新建\simulink 模型选项 ③鼠标点击  图标

注：本章以 MATLAB 2022a Simulink9.12.0 为例介绍。

11.2 液压控制系统位置自动控制（APC）仿真实例

11.2.1 建模步骤

表 20-10-114

项目	内　　容	说　　明
组成框图	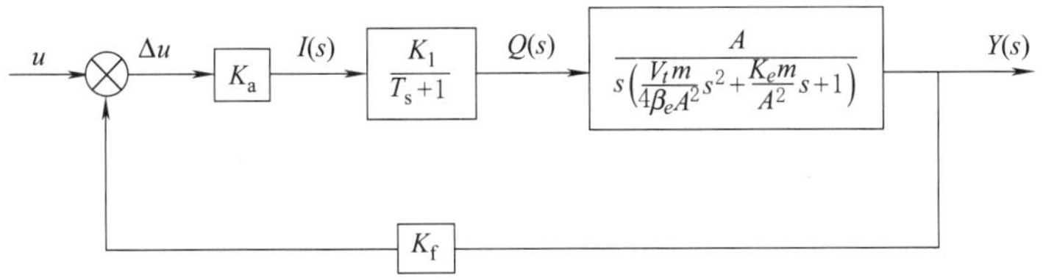	
主要传递函数	电液伺服阀：$Q(s)=\frac{K_1}{Ts+1}I(s)=\frac{3330}{\frac{1}{345}s+1}I(s)$ 伺服缸：$Y(s)=\frac{A}{s\left(\frac{V_t m}{4\beta_e A^2}s^2+\frac{K_e m}{A^2}s+1\right)}Q(s)=\frac{0.1}{s\left(\frac{s^2}{53^2}+\frac{2\times0.7s}{53}+1\right)}Q(s)$	
新建模型窗口	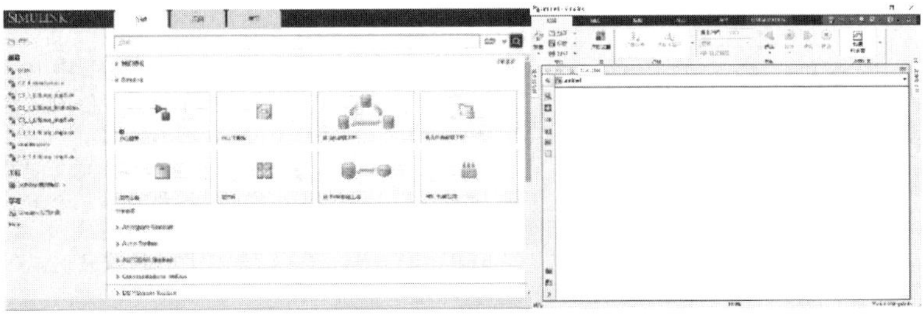	点击“Simulink 起始页”新建菜单中的“空白模型”图标  按钮，新建 Untited＊模型窗口

续表

项目	内　　容	说　　明
拖入成员块	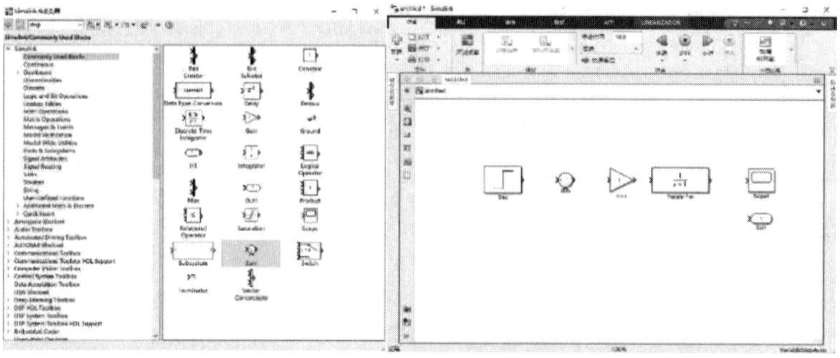	点击仿真窗口按钮进入 Simulink 库浏览器界面,选择其中的"Continuous"子元件库中点击"Transfer Fcn"成员块,并拖到模型窗口 同样方法把"Commonly Used Blocks"子元件库中的"Sum""Gain""Scope""Out1"成员块拖到模型窗口 把"Sources"子元件库中的"Step"成员块拖到模型窗口;按图示顺序排列
复制、旋转成员块	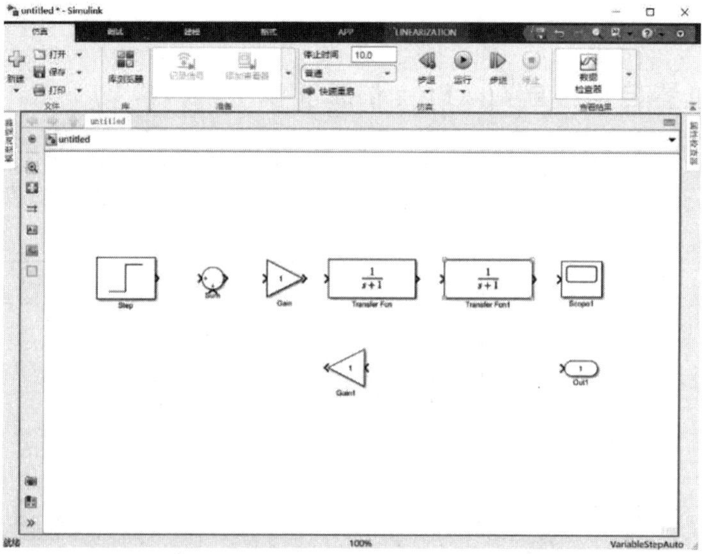	鼠标点击"Transfer Fcn"成员块的同时按住"Ctrl"键,移动鼠标,复制传递函数"Transfer Fcn1"成员块,同样方法复制"Gain1"成员块。复制等编辑过程遵循 Windows 规范操作。选中"Gain1"成员块,点击格式(F)\顺时针旋转 90°(C)两次或按"Ctrl+R"键两次使"Gain1"成员块旋转 180° 单击成员块并移动鼠标,调整成员块相对位置
编辑成员块	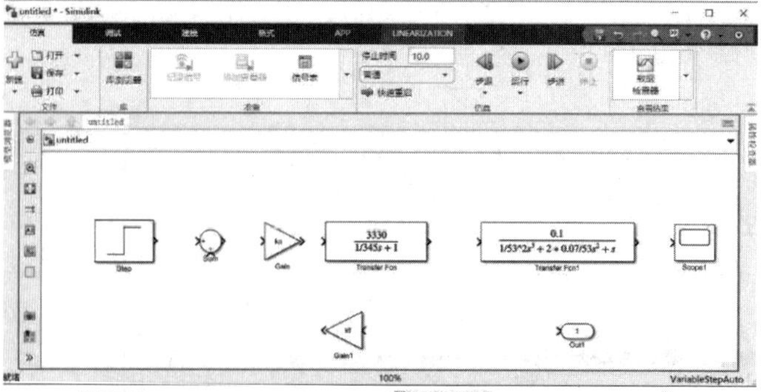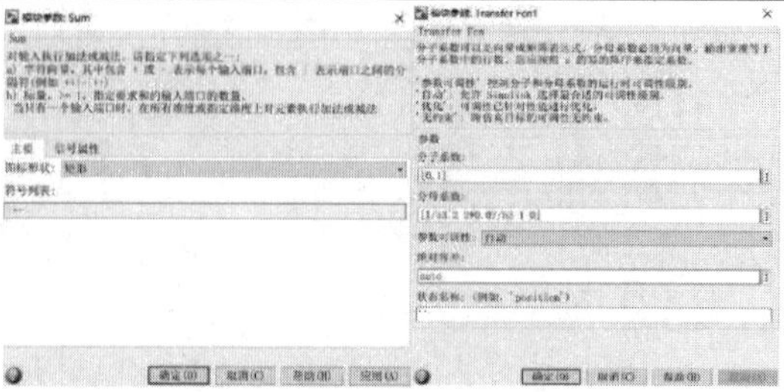	双击每个成员块"模块参数"均能在弹出的对话框中对该块的参数进行编辑修改 双击"Transfer Fcn1"成员块,把"分子系数"值[1]改为[0.1];"分母系数"值[1 1]改为[1/53^2 2*0.07/53 1 0],同样方法修改"Transfer Fcn"成员块,使它表达传递函数$Q(s)$ 对其他成员块进行相应的修改 单击成员块后,用鼠标拖动成员块的任一角点,可改变成员块尺寸大小,使函数表达式显示完整

续表

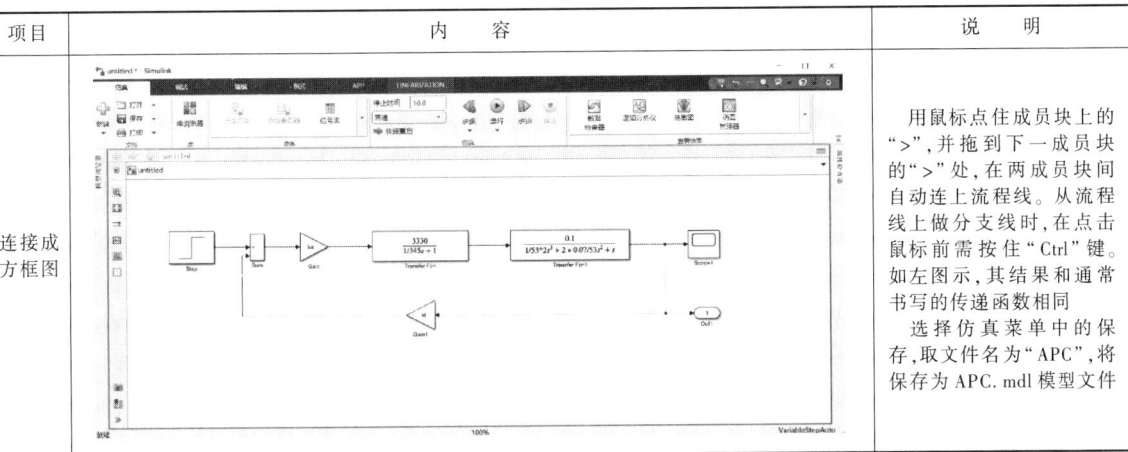

项目	内　　容	说　　明
连接成方框图	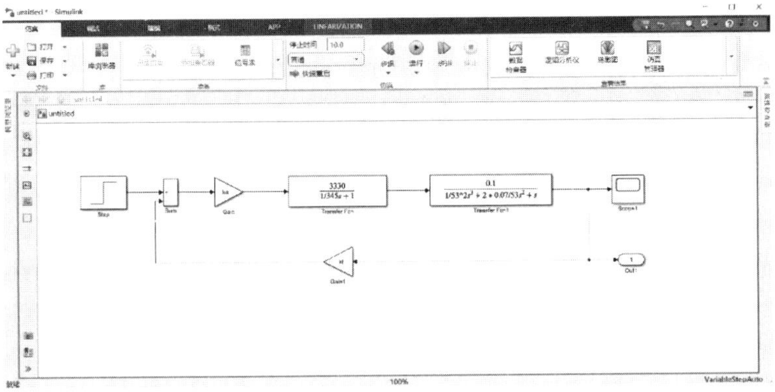	用鼠标点住成员块上的“>”，并拖到下一成员块的“>”处，在两成员块间自动连上流程线。从流程线上做分支线时，在点击鼠标前需按住“Ctrl”键。如左图示，其结果和通常书写的传递函数相同 选择仿真菜单中的保存，取文件名为“APC”，将保存为APC. mdl模型文件

11.2.2　运行及设置

表 20-10-115

项目	内　　容	说　　明
设置观测点并赋值设置	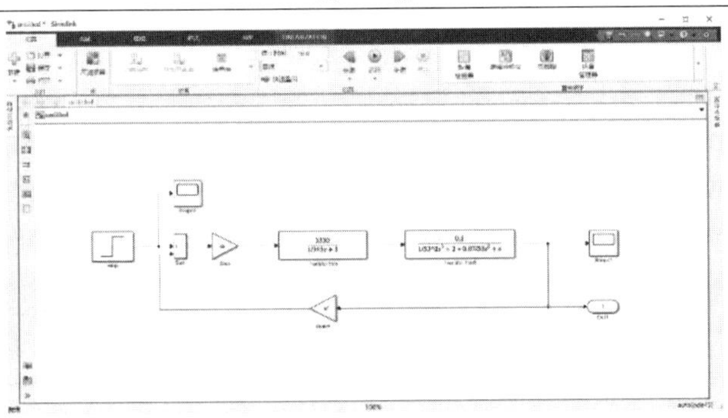 	用复制“Scope”成员块的方法，在信号“Step”成员块后设置“Scope2”观测点。“Scope2”将显示输入波形 双击“Step”成员块可以编辑相关参数 用编辑成员块的方法为 K_a 和 K_f 赋值或者在MATLAB命令窗口直接输入 $K_a=0.01$，$K_f=1$ 等设定值 选择建模界面，点击“模型设置”完成求解器等参数的设置
直接查看仿真过程	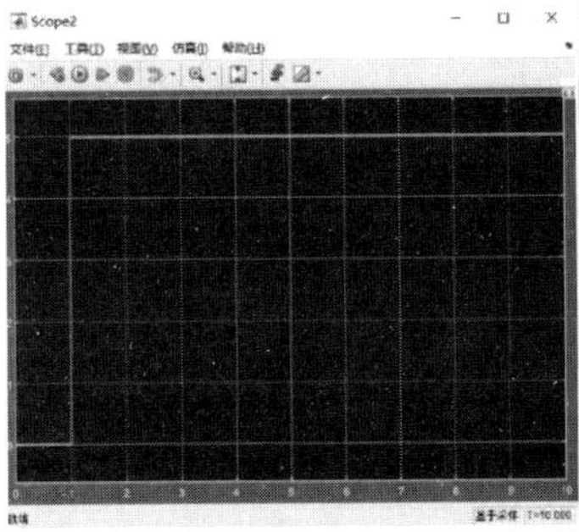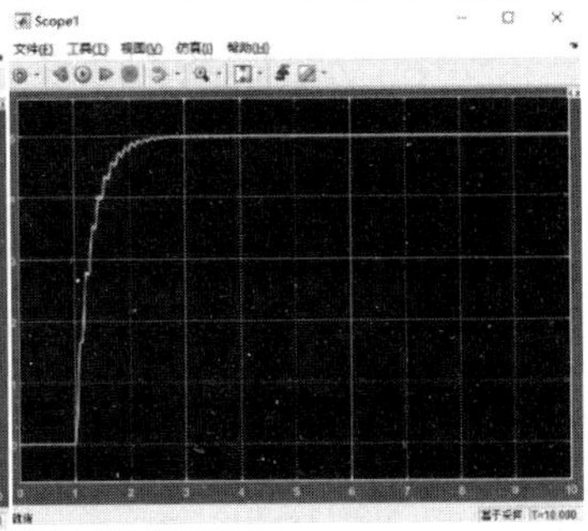	双击“Scope1”“Scope2”将弹出Scope1和Scope2两个对话框，单击模型窗口工具栏“”图标开始进行仿真，其过程和结果在Scope1和Scope2窗口分别显示。单击Scope2窗口中“”图标选项，按输出图形自动调整显示比例，该结果可以打印输出

续表

项目	内　　容	说　　明
模型的线性化分析仿真	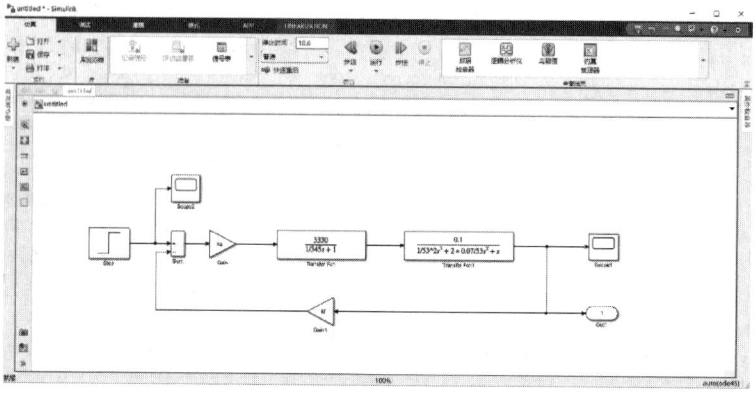	选择分析工具，在APP菜单栏中点击“线性化管理器”，将弹出LINEARIZATION窗口，在此窗口中需要设置线性化点才能进行“Model Linearizer”分析仿真 单击左上角的“仿真”将返回到APC模型窗口
设置输入、输出点	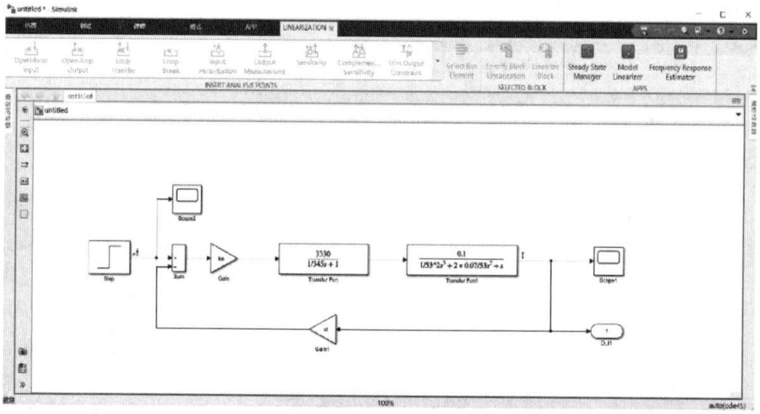	在“LINEARIZATION”界面下，选择要分析的输入和输出信号。选中输入信号线，然后再点击“Input Perturbation”完成输入线的设定标记 同样方法设置输出标定，选中输出信号线，然后再点击“Output Measurement”完成输出线的设置
运行	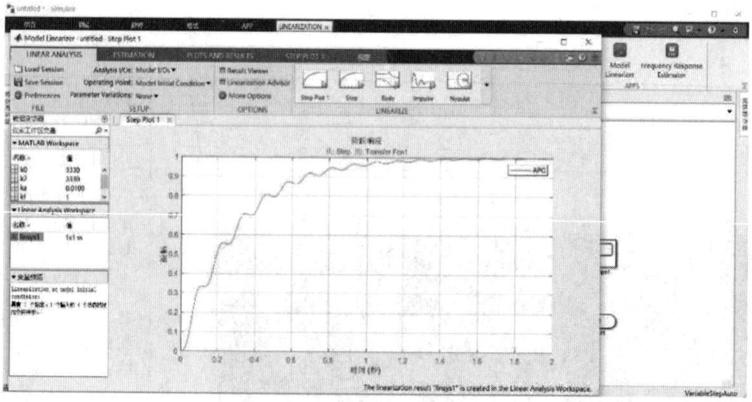	在“LINEARIZATION”界面下，单击APPS中“Model Linearizer”，弹出“LINEAR ANALYSLS”窗口 选择LINEARIZE菜单中的“Step”按键即可以进行阶跃响应的分析，运行后的“Step Plot1”结果，显示在linear Analysis Workspace区域中

续表

项目	内　　容	说　　明
改变参数	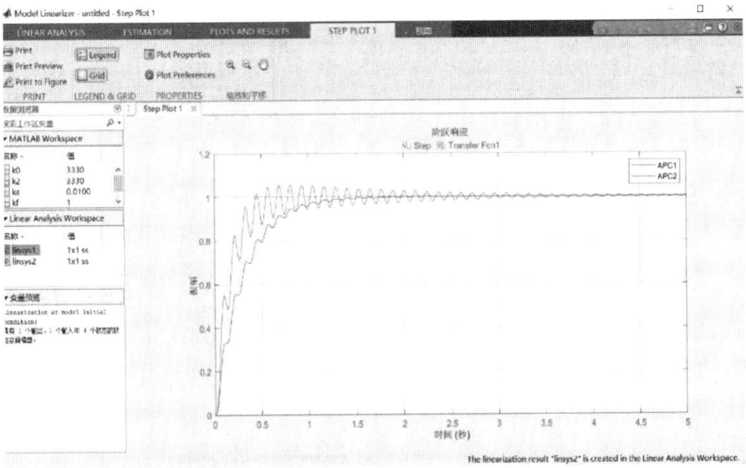	不关闭 Step Plot1 窗口，激活 APC 模型窗口。双击要改变参数的成员块，修改参数后，返回 LINEAR ANALYSLS 窗口，点击 Step Plot1 按键，结果便以不同颜色绘出响应曲线 如果在修改参数前关闭了 Step Plot1 窗口，这时仅能绘出修改参数后的曲线
生成不同响应曲线	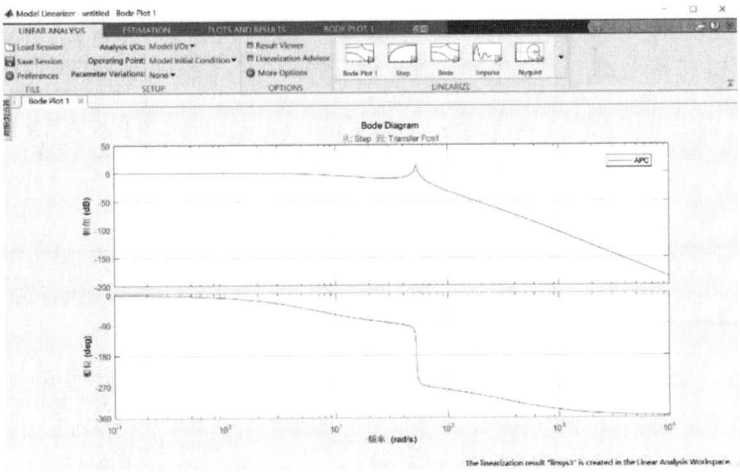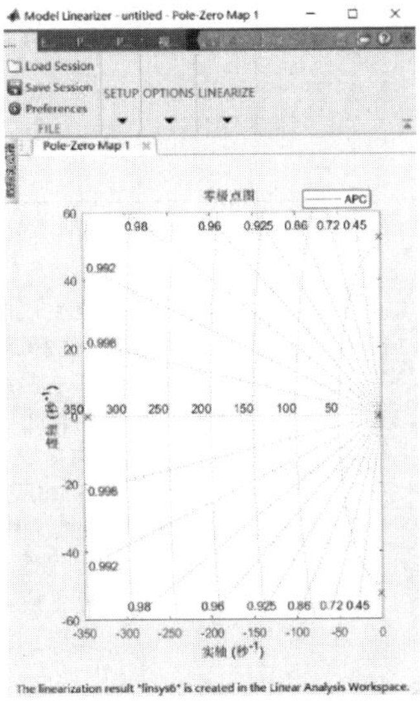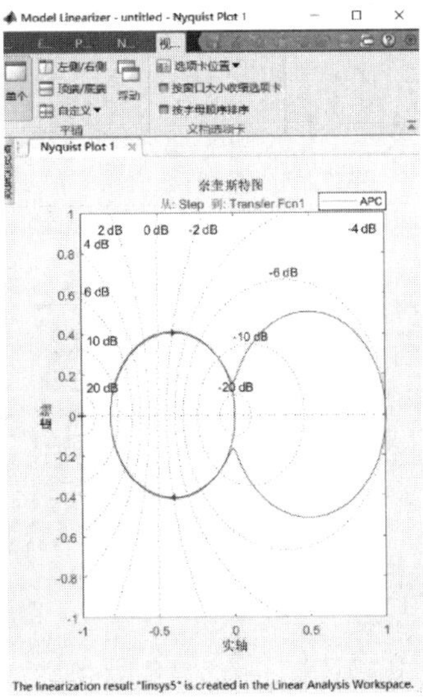	LINEAR ANALYSLS 窗口能方便直观、准确地根据不同的要求绘制相应的曲线，即 Step 阶跃响应曲线（缺省曲线类型）、Impulse 脉冲响应曲线、Bode 图（开环、闭环）、Nyquist 图和 Nichols 图等。在 LINEARIZE 功能区，点击所需要的响应，生成所需要的分析图

续表

项目	内　　容	说　　明
获取性能指标	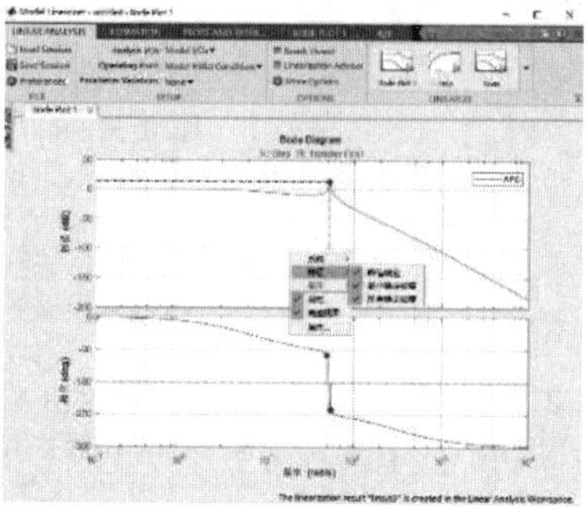 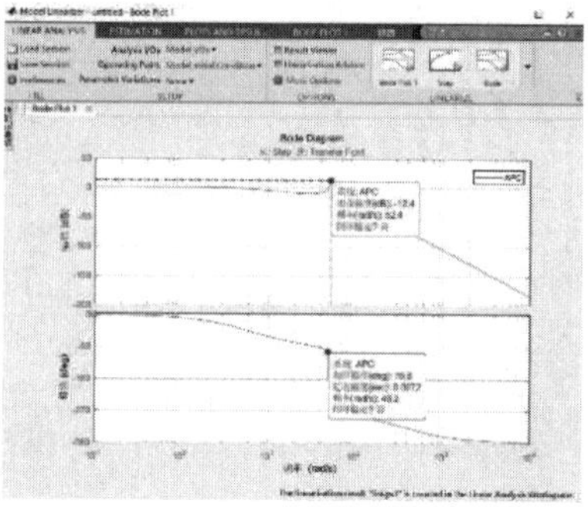	在各曲线的 linear Analysis Workspace 窗口的绘图区域单击右键，将弹出一快捷菜单。选择快捷菜单中的“特征”的子项，将对已绘出的曲线标记特征值，如 Bode 图中的峰值响应、最小稳定裕度和所有稳定裕度等，鼠标点击并按住标记点，将显示该点特征值
设置坐标有关参数值	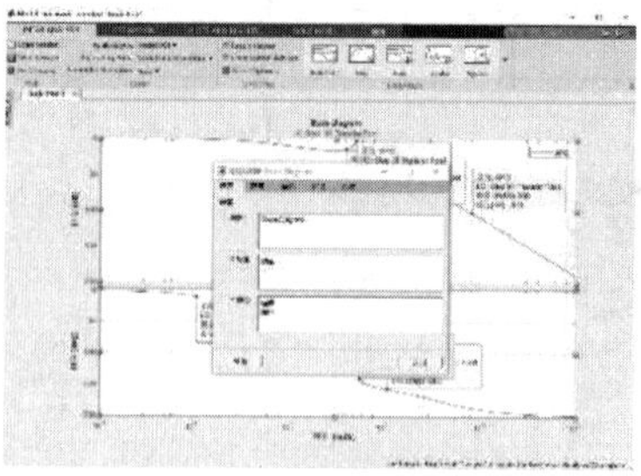 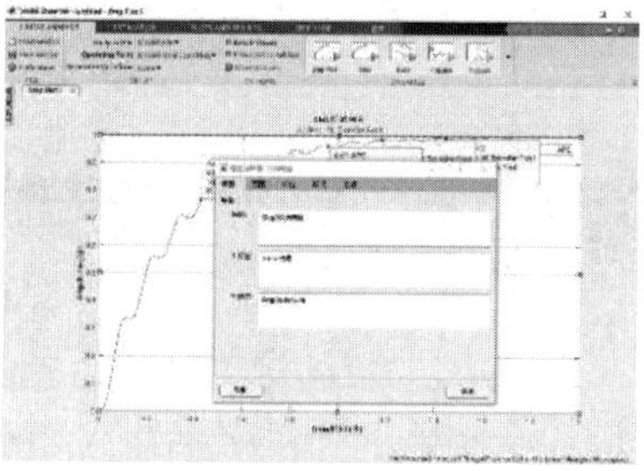	在各曲线的 linear Analysis Workspace 窗口的绘图区域单击右键，选择弹出快捷菜单的属性项，单击弹出窗口的各标签，可修改坐标轴范围、名称，以及设置稳差百分数、上升时间和坐标单位等
改变横坐标值和单位	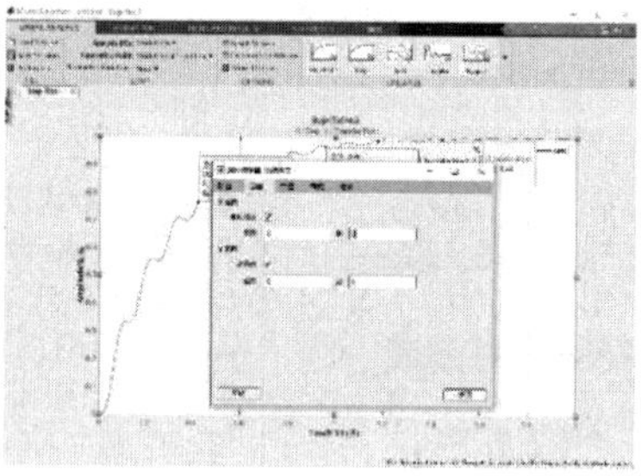 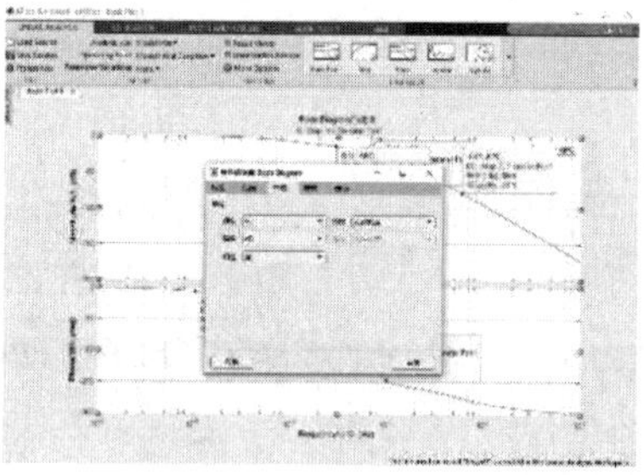	例如，在阶跃响应该窗口的范围标签，修改 *X* 范围(时间)，其值由 0~2.5s 更改为 0~3s；在 Bode 图曲线窗口的单位标签，坐标单位从弧度/秒改为赫兹
曲线图形输出打印	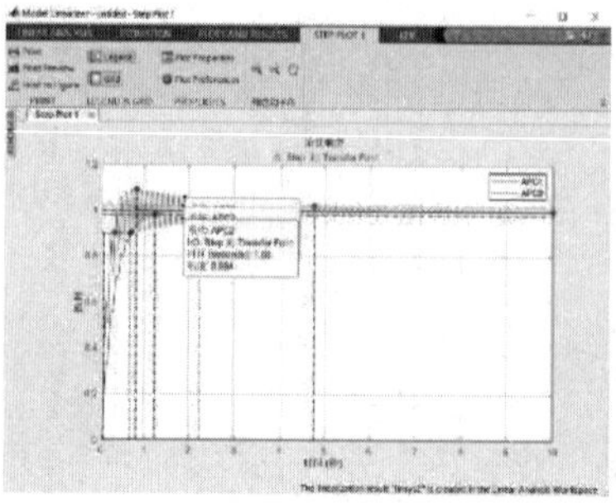 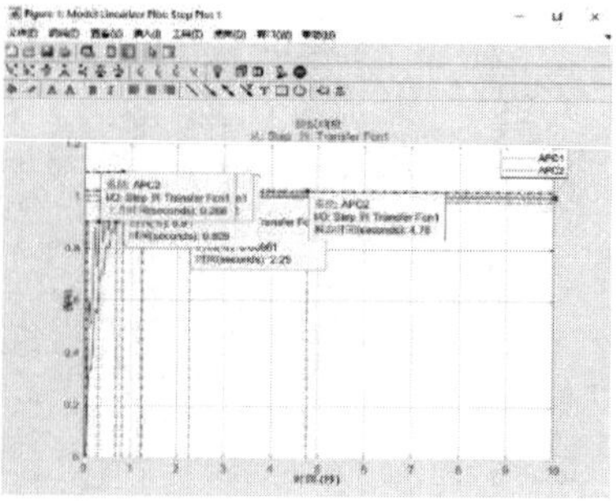	在生成曲线的 plot 窗口中，选择菜单“Print”。该窗口中曲线图形立刻从打印机输出 选择菜单“Print to Figure”，曲线图形输出到 Figure 窗口中，在该窗口可以对曲线图形进行注释、打印设置或存为通用图片格式文档

续表

项目	内　　容	说　　明
机电液综合仿真分析	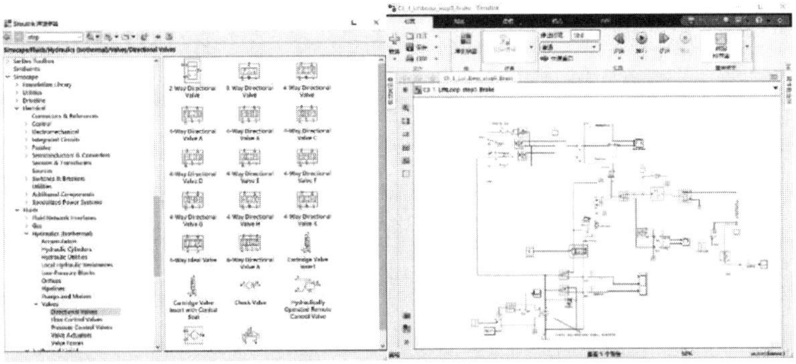	利用Simulink库浏览器的simscape子库可以方便地建立机电液的系统图，建模过程类似，各成员块参数修改方法如前。该系统中，包含了控制过程的各物理量，如工作介质类型、泵的流量、阀的开口量，负载的质量、阻尼和惯性及恒定负荷的作用等，并对输入控制信号和输出力及位移设置监控和比较
运行	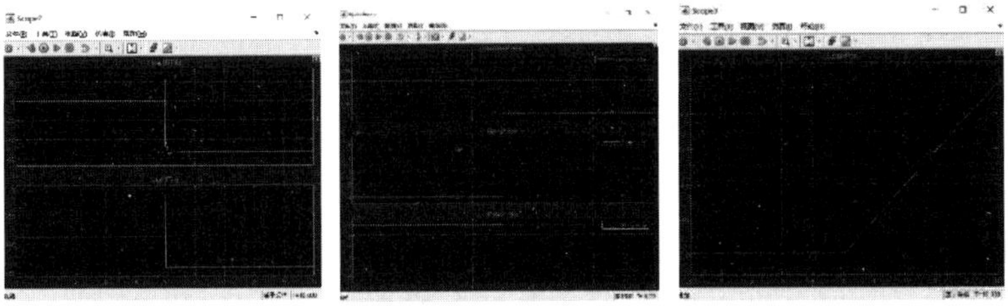	仿真结果显示内容根据所设置的观测点进行分析

CHAPTER 11

第11章 其他元器件

1　其他元器件术语（摘自 GB/T 17446—2024）

1.1　仪器、仪表术语

表 20-11-1

序号	术语	定义
3.10.1.1	压差表	用以测量两个测试点压力值之差的一种压力表
3.10.1.2	压差开关	当压差达到预设值时开关触点动作，带一个或多个电气开关的器件
3.10.1.3	压力表	测量和指示表压的装置
3.10.1.4	压力表保护器	靠近压力表进口安装的，保护其免受压力过度变化影响的装置
3.10.1.5	压力测量仪	测量和指示压力值、变化和差异的装置
3.10.1.6	压力传感器	将流体压力转换成模拟电信号的器件
3.10.1.7	压力开关	由流体压力控制的带电气或电子开关的元件（当流体压力达到预定值时，开关的触点动作）
3.10.1.8	压力指示器	指示有无压力的装置
3.10.1.9	U形管测压计	靠充有液体的U形管液面来测量流体压力的装置 注：在液（测）压计相连的每个支管位置之间的液面差表示流体压差。如果一个支管与大气相通，则另一个支管中的压力是相对大气压的
3.10.1.13	传感器	探测系统或元件中的状态并产生输出信号的器件
3.10.1.14	流动指示	直观指示流动流体存在的装置
3.10.1.15	流量变送器	将流量转换为电信号的装置
3.10.1.16	流量计	直接测量并指示流体流量的装置
3.10.1.17	累积式流量计	测量和显示通过测量点的流体总体积的装置
3.10.1.18	流量记录仪	提供流量记录的装置
3.10.1.19	流量开关	带有在预定流量下动作的开关的装置
3.10.1.20	流体控制器	能够检测流体特性（例如压力、温度）的变化，并自动进行调整以保持这些特性在预定值范围内的一种组合总成
3.10.1.21	液位开关	当液位达到预定值时引发开关的触点动作
3.10.1.22	液位计	测量和指示液体液面位置的装置
3.10.1.23	视液窗	连接到元件上显示液面位置（高度）的透明装置
3.10.1.24	温度控制器	协助将流体温度维持在预定范围的装置
3.10.1.25	真空表	测量并显示真空的装置
3.10.1.27	真空吸盘	利用真空产生吸力的合成橡胶盘
3.10.1.28	电气接头	用于提供与适配件的连接和断开

.2 过滤、分离、蓄能装置与热交换器术语

表 20-11-2

序号	术语	定义
3.8.1	过滤器	阻留流体中的颗粒污染物的元件
3.8.2	网式粗滤器	通常具有丝线编织结构的粗过滤器
3.8.3	并联过滤器	具有两个或多个并联滤芯的过滤器
3.8.4	注油过滤器	安装在油箱加油口上,过滤加注液压流体的过滤器
3.8.5	带旁通过滤器	当达到预定压差时,能提供绕过滤芯的替代流道的过滤器
3.8.6	两级过滤器	具有两个串联滤芯的过滤器
3.8.7	双联过滤器	包含两个过滤器,通过切换阀可选择全流量通过任何一个过滤器的总成
3.8.8	双向过滤器	在两个方向上均能过滤流体的过滤器
3.8.9	箱置回油过滤器	安装在油箱上且其外壳穿过油箱壁、采用可更换滤芯对回油管路流回的液压流体进行过滤的过滤器
3.8.10	箱置吸油过滤器	安装在油箱上且其外壳穿过油箱壁、采用可更换滤芯对吸油管的液压流体进行过滤的过滤器
3.8.11	旋转过滤器	靠螺纹连接固定于系统中,由滤芯、壳体和其他附加件组装成的不可分割的过滤器总成
3.8.12	一次性过滤器	使用后即废弃的过滤器
3.8.13	直线过滤器	一种进口和出口及滤芯的中心线同轴的过滤器
3.8.14	通气器	可以使元件(例如油箱)与大气之间进行空气交换的器件
3.8.15	滤芯	过滤器中起过滤作用的多孔部件
3.8.16	复合滤芯	由两种或多种类型、等级或配置的滤材所构成的,能提供单一滤材无法得到的特性的滤芯
3.8.17	一次性滤芯	使用后即废弃的滤芯
3.8.18	可清洗滤芯	当堵塞时,通过适当方法可以恢复到初始流量-压差特性可接受程度的滤芯
3.8.19	过滤器旁通阀	当达到预定压差时,允许流体绕过滤芯通过的装置
3.8.20	过滤器堵塞指示器	指示滤芯阻塞的装置 示例:背压指示器和压差指示器
3.8.21	聚结式过滤器	烃类液压液中的自由水滴被捕获而汇合长大,然后沉降于过滤器壳体的底部而被排出的过滤器
3.8.26	分离器	靠滤芯以外的手段(例如磁性、化学性质、密度等)阻留污染物的元件
3.8.29	离心分离器	利用径向加速度来分离密度不同于被净化流体的液体和/或固体颗粒的分离器
3.8.30	磁性滤芯	依靠磁力阻留铁磁性颗粒的分离器
3.8.43	排气阀	用来排出液压系统中液体所含气体的元件
3.8.44	多次通过试验	具有恒定污染浓度的油液反复循环通过滤芯的试验方法
3.8.45	过滤比	单位体积的流入流体与流出流体中大于规定尺寸的颗粒数量之比 注:通常采用以颗粒尺寸为下标的 β 值来表达。例如:$\beta_{10}=75$,表示过滤器上游流体中大于 10μm 的颗粒数量是下游的 75 倍
3.8.47	过滤效率	过滤器在规定工况下阻留污染物能力的度量
3.8.48	纳污容量	在规定工况下达到给定的过滤器压差时,过滤器能够阻留污染物的总量
3.8.49	有效过滤面积	在滤芯中,流体通过的多孔滤材的总面积

续表

序号	术语	定义
3.8.50	滤芯疲劳	滤材因周期性变化的压差或流动引起的反复屈伸而导致的结构失效
3.8.51	通气器容量	通过通气器的空气流量的度量
3.8.52	压溃	由过高压差引起的向内的结构破坏 示例:滤芯压溃
3.10.2.1	液压蓄能器	用于储存和释放液压能量的元件
3.10.2.2	充气式蓄能器	利用惰性气体(例如氮气)的可压缩性对液体加压的液压蓄能器(液体与气体之间可以隔离或不隔离) 注:有隔离时,隔离靠气囊、隔膜、活塞等来实现
3.10.2.3	传递式蓄能器	气瓶通过一根总管与蓄能器的气口连接,具有一个或多个附加气瓶的充气式蓄能器
3.10.2.4	弹簧式蓄能器	通过弹簧加载活塞使液压流体产生压力的液压蓄能器
3.10.2.5	隔膜式蓄能器	液体和气体之间的隔离靠一个柔性隔膜实现的一种充气式蓄能器
3.10.2.6	活塞式蓄能器	靠一个带密封的往复运动活塞来实现气液隔离的充气式蓄能器
3.10.2.7	囊式蓄能器	内部液体和气体之间用柔性囊隔离的一种充气式蓄能器
3.10.2.8	重力式蓄能器	用重物加载活塞使流体产生压力的液压蓄能器
3.10.2.25	冷却器	降低流体温度的元件
3.10.2.27	加热器	给流体加温的装置
3.10.2.28	热交换器	通过与另一种液体或气体进行热交换来维持或改变流体温度的装置

2 液压过滤器

在液压系统中，固体颗粒污染物通过加剧磨损、卡滞、淤积和加速液压流体氧化变质等方式危害系统和元件，导致可靠性降低、故障率增高，元件寿命缩短等问题。液压过滤器用来控制液压系统中循环的污染颗粒数量，使液压油液的污染度等级满足液压元件的污染耐受度以及用户需要的可靠性要求。

2.1 液压过滤器的选择与使用规范（摘自 JB/T 12921—2016）

表 20-11-3

范围		JB/T 12921—2016《液压传动　过滤器的选择与使用规范》规定了液压系统过滤器的选择、使用与贮存的基本规范,以及所提供的相关技术指导 本标准主要适用于液压系统中进行油液固体颗粒污染控制的过滤器
过滤器和滤芯的种类	过滤器的种类	用于液压系统的过滤器可分为以下几类: Ⅰ. 吸油管路过滤器(滤网),用于泵的吸油管路 Ⅱ. 回油管路过滤器,用于低压回油管路过滤 Ⅲ. 压力管路过滤器,用于系统压力管路,根据系统全压力和所处位置的循环负载进行设计 Ⅳ. 油箱空气过滤器,安装于油箱之上,防止污染物或者水蒸气进入油箱 Ⅴ. 离线过滤器,用于主系统以外,通常用于单独的油液循环系统
	滤芯的种类	滤芯按工作压差,一般可以分为 Ⅰ. 低压差滤芯:使用压差较低,一般需要旁通阀保护 Ⅱ. 高压差滤芯:能够承受接近系统压力的压差,制造牢固,一般不需要配备旁通阀

续表

<table>
<tr><td rowspan="5">过滤器的选择</td><td colspan="2">选择程序</td><td>液压系统过滤器选择包括以下步骤：
Ⅰ. 确定目标清洁度(RCL)值
Ⅱ. 确定过滤精度
Ⅲ. 确定安装位置
Ⅳ. 确定过滤器尺寸规格
Ⅴ. 选择符合条件的过滤器
Ⅵ. 验证选择的过滤器</td></tr>
<tr><td rowspan="4">确定RCL值</td><td>一般原则</td><td>液压系统正常运行时，确定污染物数量及尺寸取决于两个因素
Ⅰ. 相关零部件对污染物的敏感度
Ⅱ. 系统设计者和用户所要求的可靠性水平及零部件的使用寿命要求。液压油液的污染度与系统所表现出的可靠性之间的关系如图 1 所示
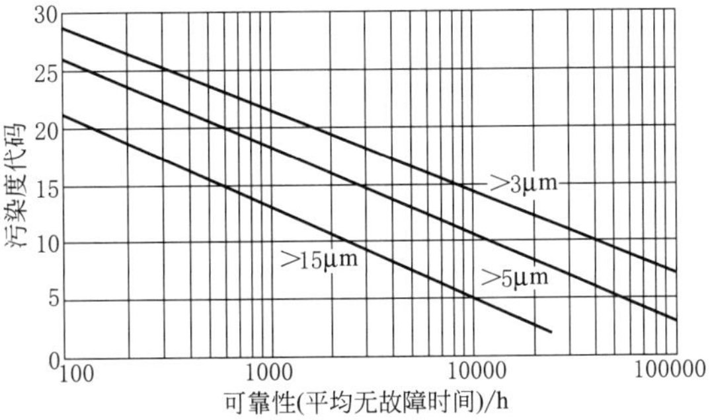

注：污染度代码按 GB/T 14039—2002 的规定
图 1　污染度代码和可靠性的关系</td></tr>
<tr><td></td><td>①确定 RCL 的背景条件
Ⅰ. 所使用的元件及其污染敏感度
Ⅱ. 元件保护或磨损控制的理由
Ⅲ. 污染物生成率和污染源
Ⅳ. 可行并且首选的过滤器位置
Ⅴ. 允许的压差或要求的压力(在回油管路或低压应用中必须提供)
Ⅵ. 流体流量和流量冲击(尺寸规格合格的过滤器用以处理最大流量)
Ⅶ. 工作压力，包括短暂的压力波动及冲击(考虑疲劳冲击影响后过滤器的正确应用)
Ⅷ. 油液的类型、工作温度和压力范围内油液的黏度
Ⅸ. 使用间隔要求
Ⅹ. 系统安装空间大气环境污染水平
利用这些信息，系统设计者可以为系统选择与设计目标相符合的 RCL 等级</td></tr>
<tr><td>确定RCL的方法</td><td>②确定 RCL 的首选方法是以系统具体工作环境为基础的综合法，即首先对系统的特性及运行方式进行评估，然后建立一个加权或计分档案，最后经过不断累积确定 RCL。这种方法所确定的 RCL 主要考虑以下几个参数：
Ⅰ. 工作压力和工作周期
Ⅱ. 元件对污染物的敏感度
Ⅲ. 预期寿命
Ⅳ. 元件更换费用
Ⅴ. 停机时间
Ⅵ. 安全责任
Ⅶ. 环境因素
③确定 RCL 的第二种方法是系统设计者依据自身的使用案例或者经外部咨询得到的信息。如由生产商提供的经过一系列标准测试(参见 JB/T 12921—2016 附录 F)的过滤器信息。系统设计者应用外部案例时必须谨慎，因为运行条件、环境及维护措施会存在差异
④确定 RCL 的第三种方法是参照 JB/T 12921—2016 中图 1 选用
注：由于这些推荐值通常较为笼统，使用时应谨慎
⑤确定 RCL 的第四种方法是征求系统中对污染最为敏感元件的生产商的建议</td></tr>
<tr><td>补充规定</td><td>当 RCL 值不能用数据准确确定和核准时，系统设计人员可根据以往相似系统的使用案例结合新设计系统的独特性进行修正</td></tr>
</table>

续表

过滤器的选择

确定过滤精度

①根据表1评定环境污染水平，选择与环境污染物水平相当的环境因素

表1 环境污染水平和因素

环境污染水平	案例	环境因素
良好	洁净区域，实验室，只有极少污染物侵入点的系统，带有注油过滤器和油箱空气过滤器的系统	0
一般/较差	一般机械工厂，电梯，带有污染物侵入点控制的系统	1
差	运行环境极少控制的系统	3
最差	污染物高度侵入的潜在系统，例如，铸造厂、实体工厂、采石场、部件试验装置中	5

②使用图2，其x轴表示RCL，向上画一条垂直线与对应的环境因素(EF)曲线相交

③画一条水平线至y轴，读取推荐的以μm(c)为单位的最小过滤尺寸x

④通过分析系统运行时过滤器的性能参数判断过滤器选择是否正确

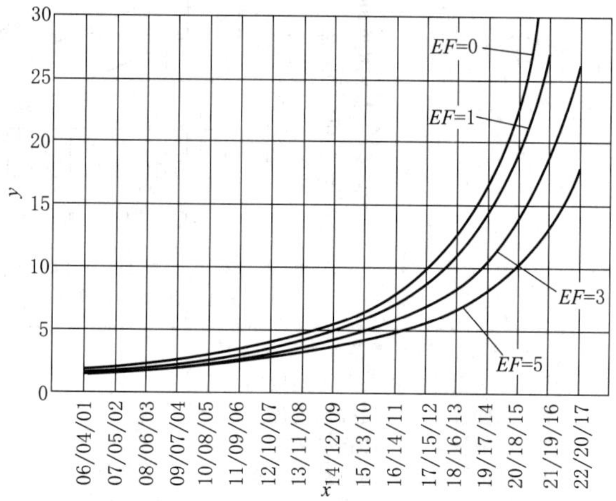

x——目标清洁度(RCL)，根据GB/T 14039表述

y——推荐的过滤精度x，当$\beta_{x(e)}=200$时，单位为微米[μm(c)]

注：此处$\beta_{x(e)}$的值与GB/T 20079—2006《液压过滤器技术条件》规定的值100存在差异

EF——环境因素

图2 选择推荐的过滤器精度

确定过滤器的安装位置

液压过滤器有许多安装位置，图3给出了过滤器的可能安装位置。过滤器的安装应考虑以下因素

①安装于容易观察的位置，以便于观察压差指示器或过滤器堵塞指示器，滤芯容易更换

②在偶发的流量冲击及吸空时能得到有效保护

③提供足够的保护使关键元件不受泵失效的影响

④使污染物受流量冲击或反向流动的作用而脱离过滤材料的现象减至最小

⑤在对特定元件进行直接保护时，应就近安装在此元件的上游

⑥为了控制潜在的污染源，应安装在此污染源的下游

⑦为了总体的污染控制，可安装在能够流通绝大部分流量的任何管路上

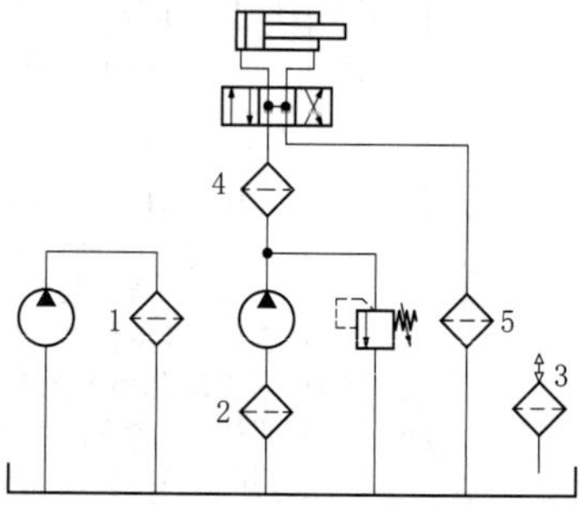

图3 液压过滤器安装位置示意图

1—离线过滤器；2—吸油管路过滤器(滤网、粗过滤器)；3—油箱空气过滤器；4—压力管路过滤器；5—回油管路过滤器

续表

过滤器的选择	确定过滤器的尺寸规格	①确定过滤器尺寸规格时，不应通过增加最大允许压差的方法来延长滤芯的使用寿命，应考虑的因素如下 Ⅰ. 以往过滤器使用的案例、过滤器制造商的指导以及特定应用环境 Ⅱ. 油液的流量冲击、温度和压力对油液黏度的影响 Ⅲ. 工作油液对过滤器及滤芯材料的影响，参见 JB/T 10607—2006《液压系统工作介质使用规范》中的表 7 及其附录 B ②对于系统不同部位使用的过滤器，其初始压差应符合有关技术文件的规定。如没有规定，其最大值推荐如下 Ⅰ. 油箱空气过滤器：2. 2kPa Ⅱ. 吸油管路过滤器：10. 0kPa Ⅲ. 回油管路过滤器：50. 0kPa Ⅳ. 离线过滤器：50. 0kPa Ⅴ. 压力管路过滤器：100. 0kPa（带旁通阀），120. 00kPa（不带旁通阀） ③以旁通阀设定值（取较低允许值）除以洁净滤芯压差（取较高黏度下）的比值来确定过滤器的尺寸规格。具体情况如下 Ⅰ. 比值大于 10，是理想状态，一般能提供最佳过滤器寿命 Ⅱ. 比值在 5~10 之间，一般能提供合理的过滤器寿命 Ⅲ. 比值小于 5，可能有问题，会导致过滤器寿命短 ④选择具有较大的纳垢容量或有效过滤面积的过滤器应用于较差的操作环境中 ⑤按下式计算洁净过滤器总成压差 $\Delta p_{总}$ $$\Delta p_{总}=\Delta p_{壳体}+\Delta p_{滤芯}$$ 式中　$\Delta p_{总}$——洁净过滤器总成压差，kPa $\Delta p_{壳体}$——过滤器壳体压差，kPa $\Delta p_{滤芯}$——洁净滤芯压差，kPa $\Delta p_{壳体}$与工作油液密度成正比，查某型号过滤器壳体压差-流量曲线，在指定的流量下按下式计算 $\Delta p_{壳体}$ $$\Delta p_{壳体}=\frac{工作油液实际密度}{\rho_{试验}}\times 所查压差值$$ 式中　$\rho_{试验}$——试验油液密度，kg/m^3 $\Delta p_{滤芯}$与工作油液黏度成正比，查某型号过滤器壳体压差-流量曲线，在指定的流量下按下式计算 $\Delta p_{滤芯}$ $$\Delta p_{滤芯}=\frac{工作油液实际运动黏度}{\nu_{试验}}\times 所查压差值$$ 式中　$\nu_{试验}$——试验油液运动黏度，mm^2/s 最后计算出的 $\Delta p_{总}$ 值应不超过②规定的数值 注：以上公式是行业选型所公认的经验公式，为过滤器选型提供了一种可行的数据估算方法
	选择符合条件的过滤器	①系统设计者应了解各备选过滤器在类似应用上的性能表现 ②对已经在用的过滤器优先考虑 ③系统设计者应实际检查具有代表性的过滤器，并获取接近实际应用条件下的最新试验数据 ④在选择过程中，系统设计者应明白并相对熟悉多个备选过滤器的解决方案
	验证选择的过滤器	对于一个新的应用，采用以下步骤来验证选择的过滤器 ①备选过滤器可以在某些应用中预先进行试用和评定，此时应尽可能地复制或模拟预期的最终应用环境 ②当一个新的过滤系统投入生产时，通常要检测过滤器在试运行阶段或正式试用中的性能。过滤器使用性能的评价以其是否保证 RCL、满足设计压差要求以及其所保护元件/系统的使用寿命要求为判断依据

续表

过滤器的选择	验证选择的过滤器	③通过进行现场跟踪，观察受保护元件的性能。现场跟踪的范围由各自的需要或实际应用中新系统与在用旧系统的差异来定 ④为了保证过滤系统能连续保持良好的性能，系统设计者应能根据过滤器的生产商及零件编号明确识别出满足要求的过滤器
过滤器的使用		①过滤器应配备压差指示装置以显示过滤器是否堵塞，若没有配备压差指示装置，则应按照保养手册上建议的时间更换滤芯 ②当压差指示装置显示滤芯堵塞或者达到了规定更换滤芯的压差值，应尽快更换或清洗滤芯 ③确保更换具有正确型号和过滤效率的滤芯 ④应定期检查油箱上的注油过滤器，如污染严重，就应进行清洗或更换 ⑤由金属丝做出的可清洗的滤芯（包括泵入口处的吸油滤网）可通过清洁的溶剂对滤网进行反冲使之得以清洁。可使用超声波清洗设备使卡在孔隙内的污染物松动脱落以达到清洗目的 ⑥可清洗滤芯（滤网）通常对所要求过滤尺寸的过滤比不高，而且在更换前被清洗的次数是有限的，不应无限次使用 ⑦过滤器上的密封件在每次拆卸时都应仔细检查，如出现损坏或变硬，需及时更换
过滤器及滤芯的贮存		滤芯应采用密封包装，并进行防潮处理 过滤器及滤芯应存放在干燥和通风的仓库内，不应与酸类及容易引起锈蚀的物品和化学药品存放在一起

2.2 液压过滤器产品

GB/T 2302—2022 规定的“双筒网式过滤器”和摘自 JB/ZQ 4592—2006 规定的“双筒网式磁芯过滤器”见本手册第 10 篇第 1 章 2.5.3 节。

（1）线隙式过滤器

表 20-11-4　中压线隙式管（板）连接过滤器技术性能及外形尺寸　mm

型号	流量 /L·min^{-1}	额定压力 /MPa	过滤精度 /μm	初始压力降 /MPa	质量 /kg	外形尺寸 L	h	h_1	D	M
XU-10×200	10				2.25	105				
XU-16×200	16				2.40	125	85	80	ϕ66	Z3/8
XU-25×200	25				2.72	150				
XU-32×200	32				4.35	150				
XU-40×200	40	6.18	200	0.06	4.60	160	105	100	ϕ86	Z3/4
XU-50×200	50				4.90	180				
XU-63×200	63				7.40	180				
XU-80×200	80				8.65	210	125	120	ϕ106	Z1
XU-100×200	100				9.15	235				

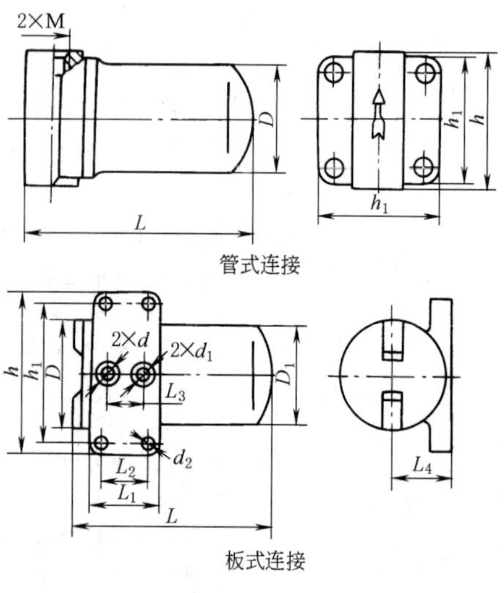

续表

型号	流量/L·min⁻¹	额定压力/MPa	过滤精度/μm	初始压力降/MPa	质量/kg	外形尺寸 L	L_1	L_2	L_3	L_4	h	h_1	D	D_1	d	d_1	d_2
XU-10×200B	10				2.43	111											
XU-16×200B	16				2.63	131	58	32	25	40	115	95	$\phi77$	$\phi65$	$\phi10$	$\phi16$	$\phi9$
XU-25×200B	25				2.98	151											
XU-32×200B	32				4.80	156											
XU-40×200B	40	6.18	200	0.06	4.95	166	78	48	36	50	140	117	$\phi97$	$\phi86$	$\phi20$	$\phi28$	$\phi11$
XU-50×200B	50				5.54	171											
XU-63×200B	63				7.62	188											
XU-80×200B	80				9.60	218	92	62	42	60	160	137	$\phi117$	$\phi106$	$\phi25$	$\phi32$	$\phi11$
XU-100×200B	100				10.9	238											

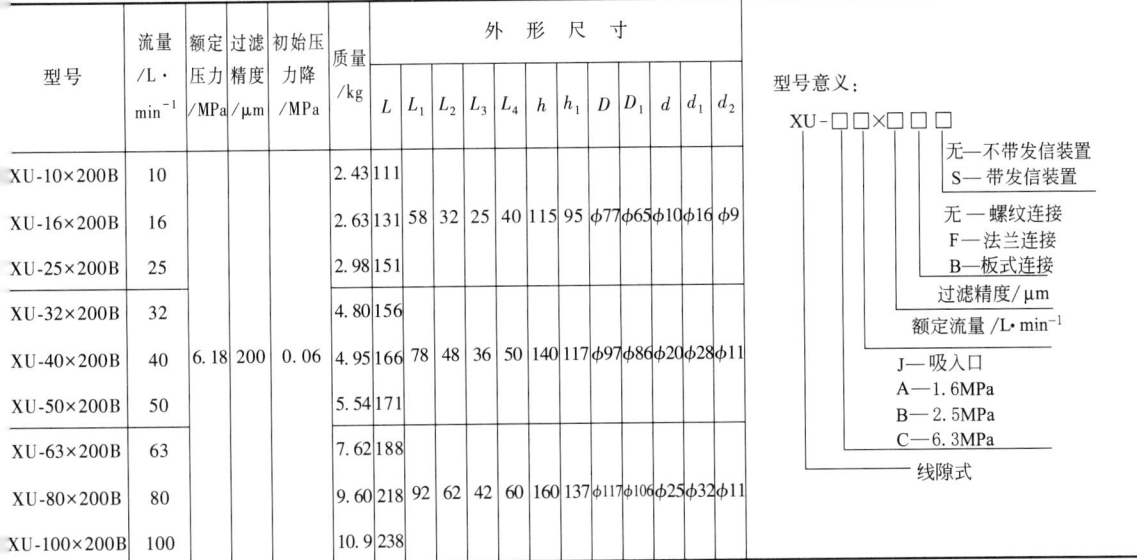

型号意义：

XU-□□×□□□

- 无—不带发信装置
- S—带发信装置
- 无—螺纹连接
- F—法兰连接
- B—板式连接
- 过滤精度/μm
- 额定流量/L·min⁻¹
- J—吸入口
- A—1.6MPa
- B—2.5MPa
- C—6.3MPa
- 线隙式

表 20-11-5　低压线隙式过滤器技术性能

型号 ①	型号 ②	通径/mm	额定流量/L·min⁻¹	额定压力/MPa	原始压力损失/MPa	允许最大压力损失/MPa	过滤精度/μm ①	过滤精度/μm ②	黏度/10⁻⁶m²·s⁻¹	发信电压/V	装置电流/A	质量/kg ①	质量/kg ②
XU-A25×30S	XU-A25×30BS	$\phi15$	25				30					2.77	2.96
XU-A25×50S	XU-A25×50BS						50					2.77	2.96
XU-A40×30S	XU-A40×30BS	$\phi20$	40				30					2.84	3.41
XU-A40×50S	XU-A40×50BS						50					2.84	3.41
XU-A63×30S	XU-A63×30BS	$\phi25$	63		0.07		30					3.53	4.63
XU-A63×50S	XU-A63×50BS						50					3.53	4.63
XU-A100×30S	XU-A100×30BS	$\phi32$	100	1.6		0.35	30		30	36	0.2	5.18	5.97
XU-A100×50S	XU-A100×50BS						50					5.18	5.97
XU-A160×30FS	XU-A160×50FS	$\phi40$	160		0.12		30	50				6.72	
XU-A250×30FS	XU-A250×50FS	$\phi50$	250				30	50				12.5	
XU-A400×30FS	XU-A400×50FS	$\phi65$	400		0.15		30	50				13.08	
XU-A630×30FS	XU-A630×50FS	$\phi80$	630				30	50				21.5	
XU-5×100			5									1.28	
XU-12×100			12	2.45	0.06		100					2.61	
XU-25×100			25									4.68	

表 20-11-6　　低压线隙式管（板、法兰）连接过滤器外形尺寸　　mm

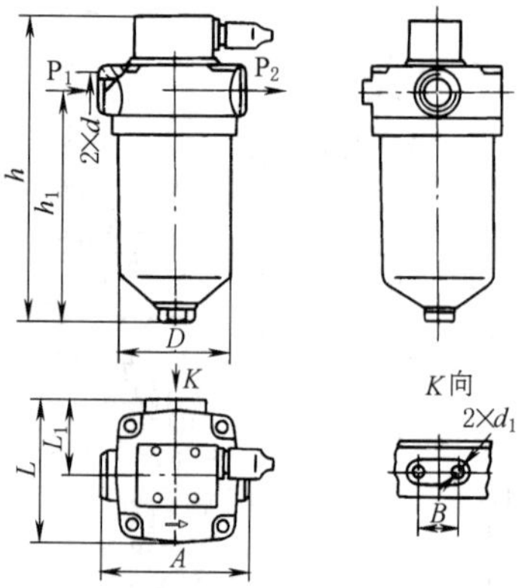

管式连接

型　号	h	h_1	L	L_1	A	D	d	B	d_1
XU-A25×30S	236	182	110	60	120	ϕ94	M22×1.5	30	M6
XU-A25×50S									
XU-A40×30S	296	242	110	60	120	ϕ96	M27×2	30	
XU-A40×50S									
XU-A63×30S	313	254	131		146	ϕ114	M33×2	55	M8
XU-A63×50S									
XU-A100×30S	422	358	131		150	ϕ114	M42×2	55	
XU-A100×50S									
XU-A160×30S	449	380	148		170	ϕ134	M48×2	65	
XU-A160×50S									

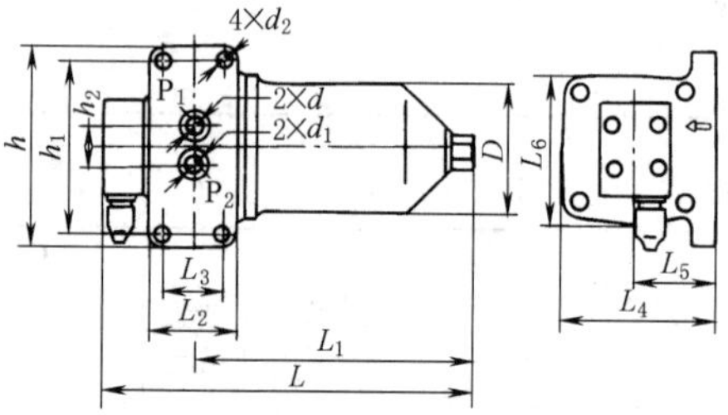

板式连接

型　号	L	L_1	L_2	L_3	L_4	L_5	L_6	h	h_1	h_2	D	d	d_1	d_2
XU-A25×50BS	234	179	36	20	103	53	100	132	116	30	ϕ96	ϕ20	ϕ28	ϕ7
XU-A40×30BS	295	240												
XU-A40×50BS														
XU-A63×30BS	328	254	48	30	127	65	124	160	142	45	ϕ114	ϕ32	ϕ40	ϕ9
XU-A63×50BS														
XU-A100×30BS	428	354												
XU-A100×50BS														

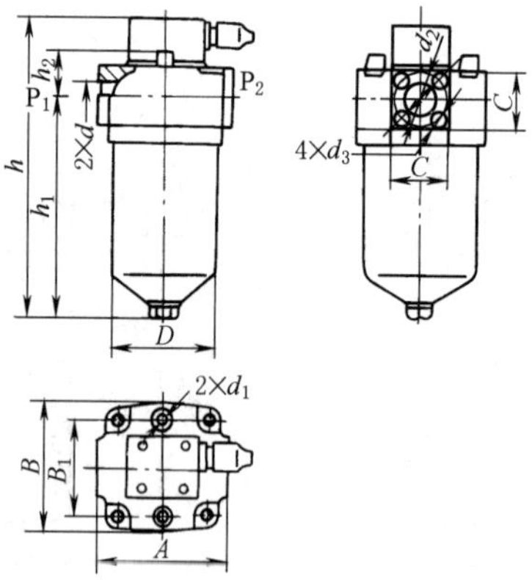

法兰连接

型　号	h	h_1	h_2	A	B	B_1	D	d	d_1	d_2	d_3	C
XU-A250×30FS	561	485	60	182	166	115	ϕ156	ϕ50	M10	ϕ74	M6	
XU-A250×50FS												
XU-A400×30FS	706	625	52	196	176	140	ϕ168	ϕ65	M12	ϕ93	M6	85
XU-A400×50FS												
XU-A630×30FS	831	742	59	222	212	160	ϕ198	ϕ80	M12	ϕ104	M6	100
XU-A630×50FS												

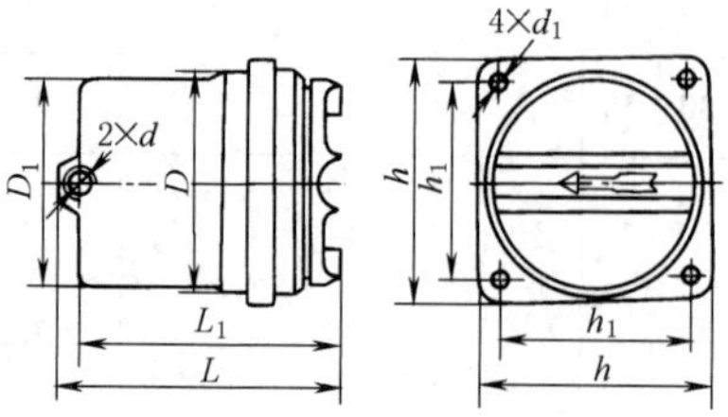

型　号	L	L_1	D	D_1	h	h_1	d_1	d
XU-5×100	85	72	$\phi65_{-0.2}^{\ 0}$	ϕ62	75	60	ϕ7	Z¼
XU-12×100	119	105	$\phi95_{-0.2}^{\ 0}$	ϕ92	100	80		
XU-25×100	158	141	$\phi115_{-0.2}^{\ 0}$	ϕ110	130	100		Z⅜

表 20-11-7　　吸油口用线隙式过滤器技术性能及外形尺寸

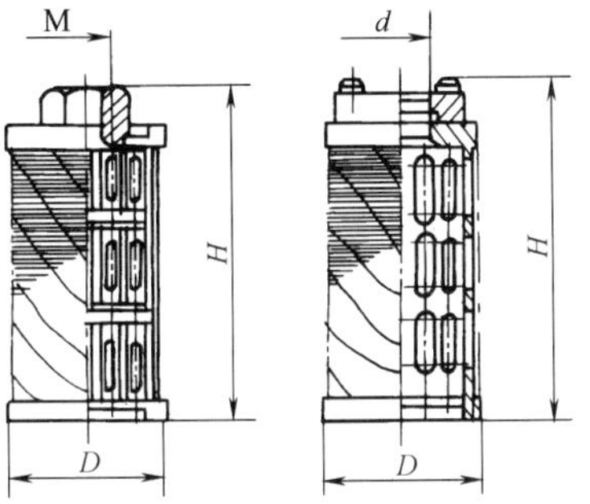

型号 ①	型号 ②	通径/mm	流量/L·min^{-1}	过滤精度/μm ①	过滤精度/μm ②	原始压力损失/MPa	外形尺寸/mm H	D	M(d)
XU-6×80J	XU-6×100J	10	6	80	100	≤0.02	74	57	M18×1.5
XU-10×80J	XU-10×100J	10	10				104		
XU-16×80J	XU-16×100J	12	16				159		
XU-25×80J	XU-25×100J	15	25				125	74	M22×1.5
XU-40×80J	XU-40×100J	20	40				185		M27×2
XU-63×80J	XU-63×100J	25	63				185	86	M33×2
XU-100×80J	XU-100×100J	32	100				285	86	M42×2
XU-160×80J	XU-160×100J	40	160				365	113	M48×2
XU-250×80JF	XU-250×100JF	50	250			≤0.03	445	163	ϕ50

（2）纸质过滤器

高压管式（法兰式）纸质过滤器技术性能及外形尺寸

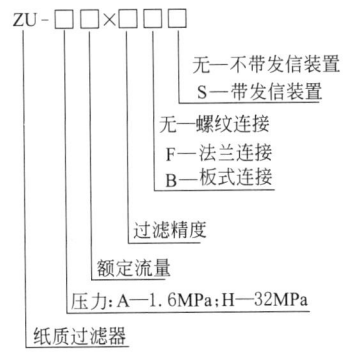

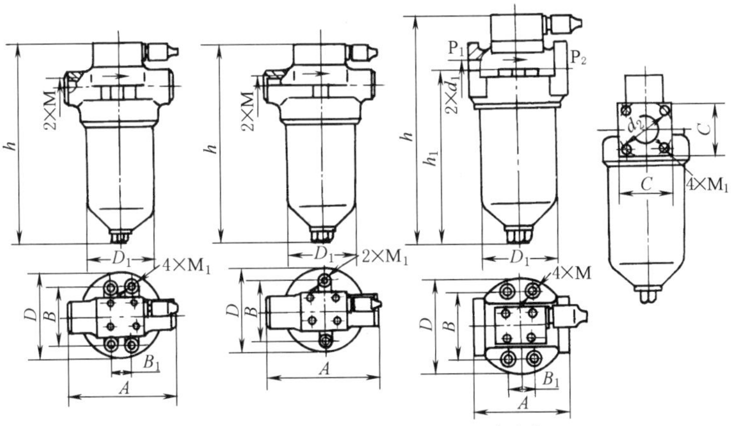

管式　　法兰式

型号意义：

ZU-□□×□□□

- 无—不带发信装置；S—带发信装置
- 无—螺纹连接；F—法兰连接；B—板式连接
- 过滤精度
- 额定流量
- 压力：A—1.6MPa；H—32MPa
- 纸质过滤器

表 20-11-8

型号 ①	型号 ②	流量/L·min^{-1}	额定压力/MPa	过滤精度/μm ①	过滤精度/μm ②	压差指示器工作压差/MPa	初始压力降/MPa	质量/kg	外形尺寸/mm h	A	B	B_1	D	D_1	M	M_1
ZU-H10×10S	ZU-H10×20S	10	32	10	20	0.35	0.08	3.3	193	118	70		ϕ88	ϕ73	M27×2	M6
ZU-H25×10S	ZU-H25×20S	25						5	282							
ZU-H40×10S	ZU-H40×20S	40					0.1	7.5	244	128	86	44	ϕ124	ϕ102	M33×2	
ZU-H63×10S	ZU-H63×20S	63						9.3	312							
ZU-H100×10S	ZU-H100×20S	100						12.6	383						M42×2	
ZU-H160×10S	ZU-H160×20S	160					0.15	18	422	166	100	60	ϕ146	ϕ121	M48×2	

续表

型号①	型号②	通径/mm	额定流量/L·min^{-1}	额定压力/MPa	原始压力损失/MPa	允许最大压力损失/MPa	过滤精度/μm ①	过滤精度/μm ②	黏度/$10^{-6}m^2 \cdot s^{-1}$	发信装置 电压/V	发信装置 电流/A	质量/kg
ZU-H250×10FS	ZU-H250×20FS	ϕ38	250	32	0.15	0.35	10	20	30	36	0.2	24
ZU-H400×10FS	ZU-H400×20FS	ϕ50	400		0.2							32
ZU-H630×10FS	ZU-H630×20FS	ϕ53	630									36

型号①	型号②	h	h_1	A	B	B_1	D	D_1	d_1	M	d_2	M_1	C
ZU-H250×10FS	ZU-H250×20FS	490	417	166	100	60	ϕ146	ϕ121	ϕ38	M10	ϕ98	M16	100
ZU-H400×10FS	ZU-H400×20FS	530	447	206	128	60	ϕ170	ϕ146	ϕ50	M12	ϕ118	M20	123
ZU-H630×10FS	ZU-H630×20FS	632	548						ϕ53		ϕ145		142

低压管式（板式）纸质过滤器技术性能及外形尺寸

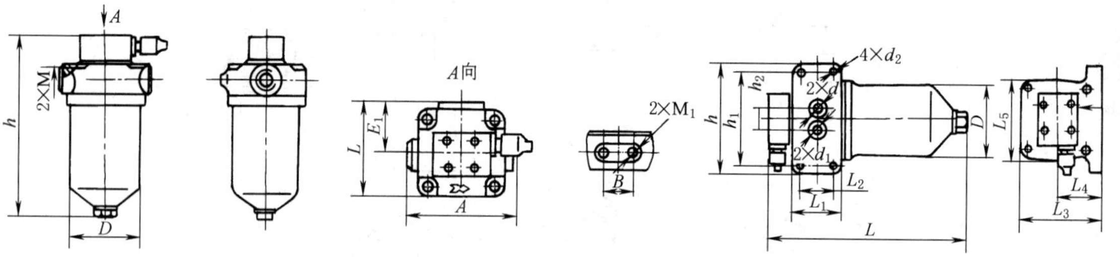

管式　　板式

表 20-11-9

型号①	型号②	流量/L·min^{-1}	额定压力/MPa	过滤精度/μm ①	过滤精度/μm ②	压差指示器工作压差/MPa	初始压力降/MPa	质量/kg	h	L	L_1	A	D	B	M	M_1
ZU-A25×10S	ZU-A25×20S	25	1.6	10	20	0.35	0.07	2.9	236	110	60	120	ϕ94	30	M22×1.5	M6
ZU-A40×10S	ZU-A40×20S	40						3.0	296	110			ϕ96		M27×2	
ZU-A63×10S	ZU-A63×20S	63						3.6	313	131		146	ϕ114	55	M33×2	M8
ZU-A100×10S	ZU-A100×20S	100						5.2	422	131		150	ϕ114		M42×2	
ZU-A160×10S	ZU-A160×20S	160						6.8	449	148		170	ϕ134	65	M48×2	

型号	流量/L·min^{-1}	额定压力/MPa	过滤精度/μm	压差指示器工作压差/MPa	初始压力降/MPa	L	L_1	L_2	L_3	L_4	L_5	h	h_1	h_2	D	d	d_1	d_2
ZU-A25×10BS(或×20BS,或×30BS,或×50BS)	25	1.6	10、或20、或30、或50	0.35	0.07	234	36	20	103	53	100	132	116	30	ϕ96	ϕ20	ϕ28	ϕ7
ZU-A40×10BS(或×20BS,或×30BS,或×50BS)	40					295												
ZU-A63×10BS(或×20BS,或×30BS,或×50BS)	63					328	48	30	127	65	124	160	142	45	ϕ114	ϕ32	ϕ40	ϕ9
ZU-A100×10BS(或×20BS,或×30BS,或×50BS)	100				0.12	428												

注：型号中 ZU-A25×10BS（或×20BS，或×30BS，或×50BS）代表 ZU-A25×10BS、ZU-A25×20BS、ZB-A25×30BS、ZU-A25×50BS 四个型号，过滤精度的 10 或 20 或 30 或 50 是按排列顺序分别代表其过滤精度值。

（3）烧结式过滤器

SU 烧结式过滤器

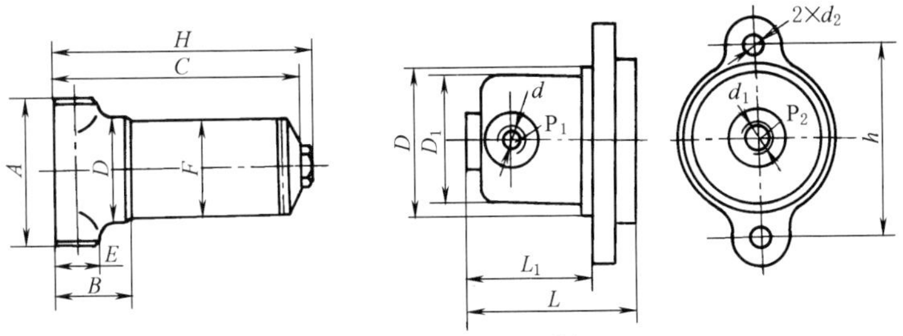

(a)　　(b)

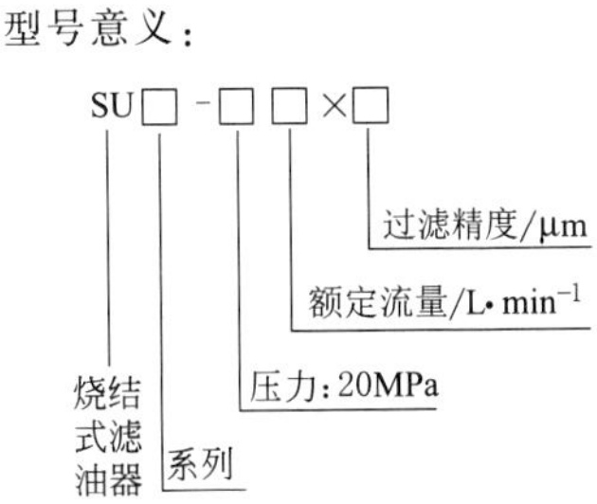

表 20-11-10

型号(a)			流量 /L·min⁻¹			工作压力 /MPa	过滤精度 /μm			管径	外形尺寸/mm						
1	2	3	1	2	3		1	2	3		A	B	C	D	E	F	H
4	5	6	4	5	6		4	5	6								
SU_1-B10×36	SU_1-B10×24	SU_1-B10×16	10			2.5	36	24	16	¼″	76	44	92	ϕ64	ϕ22	ϕ54	100
SU_1-B10×14	SU_1-B6×10	SU_1-B4×8	10	6	4		14	10	8								
SU_2-F40×36	SU_2-F40×24	SU_2-F40×16	40			20	36	24	16	½″	106	65	170	ϕ90	ϕ34	ϕ76	180
SU_2-F40×14	SU_2-F32×10	SU_2-F16×8	40	32	16		14	10	8								
SU_3-F125×36	SU_3-F125×24	SU_3-F125×16	125			20	36	24	16	M33×2	156	90	292	ϕ124	ϕ50	ϕ114	306
SU_3-F125×14	SU_3-F125×10						14	10									
SU_3-F80×8	SU_3-F50×6		80	50		20	8	6									

型号(b)	额定流量 /L·min⁻¹	额定压力 /MPa	原始压力损失/MPa	过滤精度 /μm	外形尺寸/mm							
					L	L_1	D	D_1	h	d	d_1	d_2
SU-5×100	5	2.5	0.06	100	75	54	ϕ65	ϕ55	84	Z¼		ϕ7
SU-12×100	12				106	84	ϕ95	ϕ74	114			

（4）磁性过滤器

网式磁性过滤器

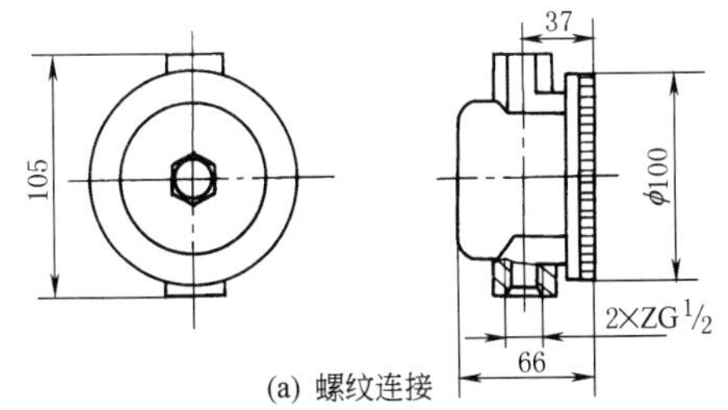

(a) 螺纹连接

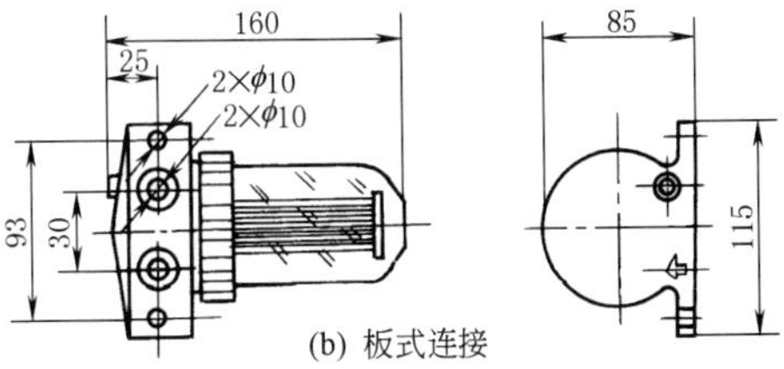

(b) 板式连接

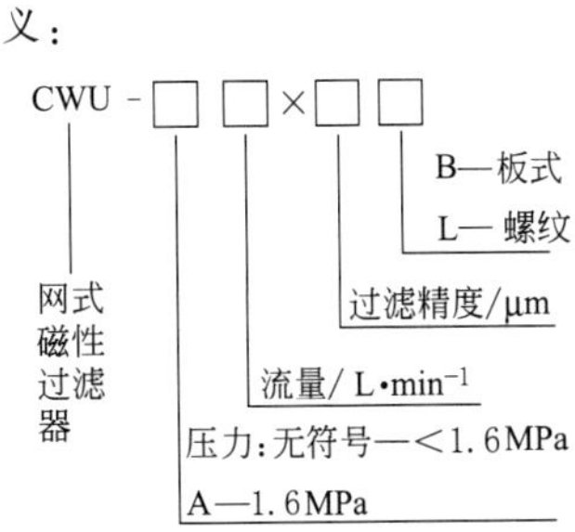

CWU-10×100B 型过滤器用于精密车床中润滑液的过滤，产品外壳为有机玻璃，为滤除因加工而产生的超细铁屑粉末，滤芯中装有永久磁铁。CWU-A25×60 型过滤器用于精密机床中主轴箱等润滑油的过滤，滤芯中装有永久磁铁，滤材为不锈钢丝网，便于清洗。技术参数见表 20-11-11。

表 20-11-11

型　号	压力/MPa	流量/L·min^{-1}	过滤精度/μm	温度/℃	型　号	压力/MPa	流量/L·min^{-1}	过滤精度/μm	温度/℃
CWU-A25×60	1.6	25	60	50±5	CWU-10×100B	0.5	10	100	50±5

磁性-烧结过滤器

C·SU 型磁性-烧结过滤器用烧结青铜滤芯及磁环作为过滤元件与钢壳体组合而成。滤芯是用颗粒粉末经高温烧结而成，利用颗粒间的孔隙过滤油液中的杂质。磁环是用锶铁氧化粉末经高温烧结而成，磁性可达 0.08～0.15T。因而，吸附铁屑尤为有效。技术参数见表 20-11-12。

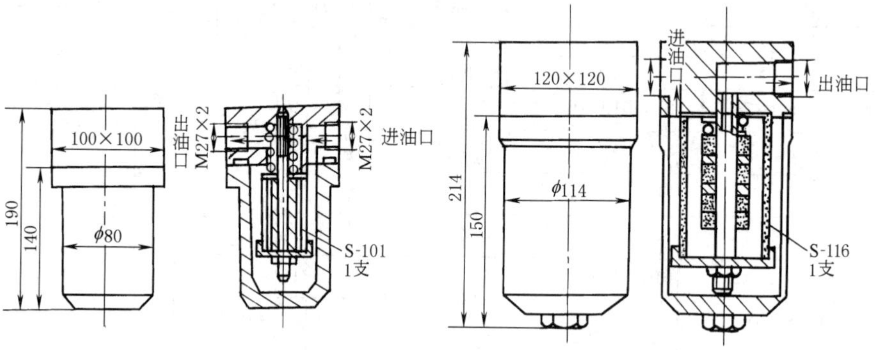

(a)　　　　(b)

型号意义：

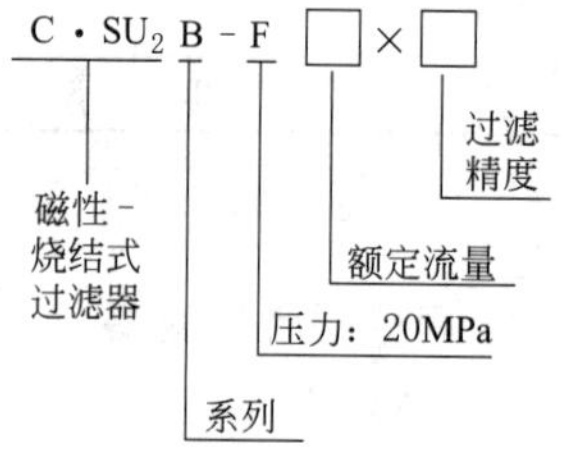

表 20-11-12

型　号			流量/L·min^{-1}			过滤精度/μm			接口尺寸	安装磁芯数量/支	安装磁环块数	额定压力	压力损失
												MPa	
C·SU$_1$B-F80×67	C·SU$_1$B-F50×36	C·SU$_1$B-F40×24	80	50	40	67	36	24	M27×2	1	6	20	≤0.2
C·SU$_1$B-F30×16	C·SU$_1$B-F20×14	C·SU$_1$B-F15×10	30	20	15	16	14	10					
C·SU$_1$B-F10×8	C·SU$_1$B-F5×6		10	5		8	6						
C·SU$_2$B-F100×67	C·SU$_2$B-F90×36	C·SU$_2$B-F80×24	100	90	80	67	36	24	M27×2	1	6	20	≤0.2
C·SU$_2$B-F70×16	C·SU$_2$B-F60×14	C·SU$_2$B-F50×10	70	60	50	16	14	10					
C·SU$_2$B-F40×8	C·SU$_2$B-F30×6		40	30		8	6						

(5) 不锈钢纤维过滤器

表 20-11-13 **技术性能及外形尺寸**

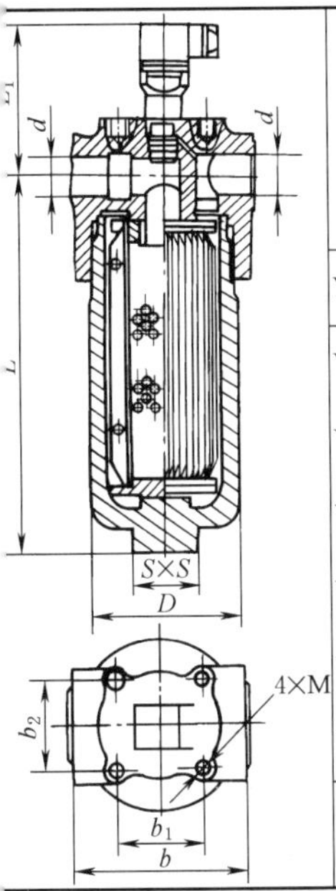

型号	流量/L·min^{-1}	过滤精度/μm	压力/MPa	发信装置 电压/V	发信装置 电流/A	发信装置 指示压差/MPa	温度/℃	滤芯耐压/MPa	外形尺寸/mm L	L_1	d	D	S	b	b_1	b_2	M
YPH060E7	60	1、3、5、10、20	42	24	0.2	0.7±0.07	-10~100	21	169	115	C1	97	36	120	60	60	M12
YPH110E7	110								205								
YPH160E7	160								265								
YPH240E7	240								215	123	C1½	112	41	138	85	64	M14
YPH330E7	330								275								
YPH420E7	420								345								
YPH660E7	660								425								
滤芯也可采用不锈钢超细纤维烧结毡材料，具有强度高，耐高温，耐腐蚀，纳污容量大，过滤性好，滤芯可反复清洗使用等特点。但价格高																	

注：型号意义：

YPH □ □ □ □ - □ W

- 系列：高压不锈钢纤维过滤器
- 流量
- 信号器类型：E—电信压差指示器；S—目视压差指示器
- 发信压差：7—0.7MPa；5—0.5MPa；2—0.2MPa
- 旁通阀：T—装旁通阀；无—不装
- 过滤精度
- 金属芯

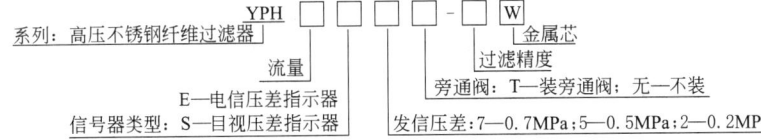

(6) 带微孔塑料芯的滤油机

YG-B 型滤油机是以聚乙烯醇缩甲醛为滤材、带微孔塑料芯（PVF 滤芯）的积木式结构滤油车，具有粗滤、磁滤、精滤和终级 PVF 微孔塑料作特精过滤等五级过滤系统。工作中处于密封状态，无泄漏，并设有声光报警装置。所用 PVF 滤芯为折叠式，并采用由外向内过滤原理，过滤面积大，阻力小，流量大，保渣率高，适用各种黏度油液的过滤，特别适宜去除油液中混杂的磨损金属颗粒，是较好的过滤设备。

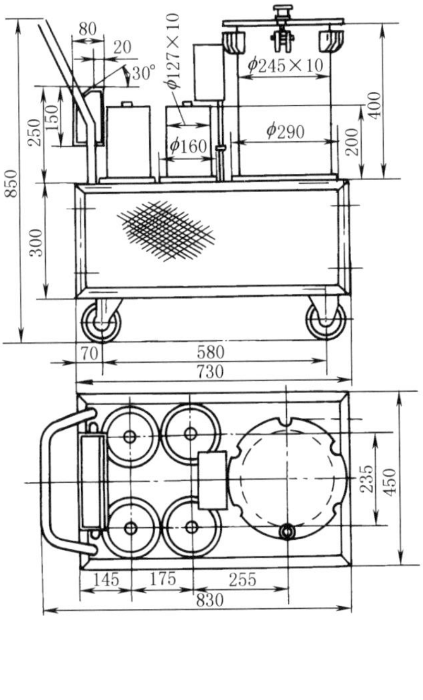

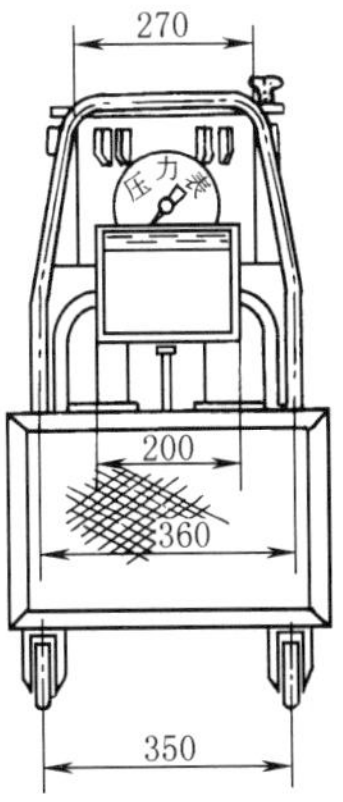

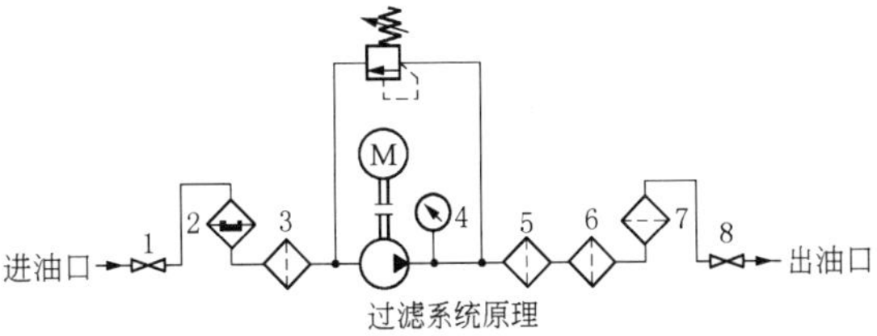

过滤系统原理

1—进油阀；2—磁滤器；3—80 目/in 粗滤；
4—压力表（带报警自动停机）；5，6—200 目/in
及 300 目/in 细滤；7—PVF 折叠式滤芯；8—出油阀

表 20-11-14

型号	过滤精度/μm	过滤能力/L · min^{-1}	外形尺寸/mm
YG-25B	5	25	770×500×870
YG-50B	5	50	770×500×870
YG-100B	5	100	880×500×870

注：工作压力 0.05~0.35MPa；使用温度≤80℃；吸程≥2m；扬程≥10m。

（7）YCX、TF 型箱外自封式吸油过滤器

该类过滤器可直接安装在油箱侧边、底部或上部，设有自封阀、旁通阀、压差发信器。当压差超过 0.032MP 时，旁通阀会自动开启。更换或清洗滤芯时，自封阀关闭，切断油箱油路。

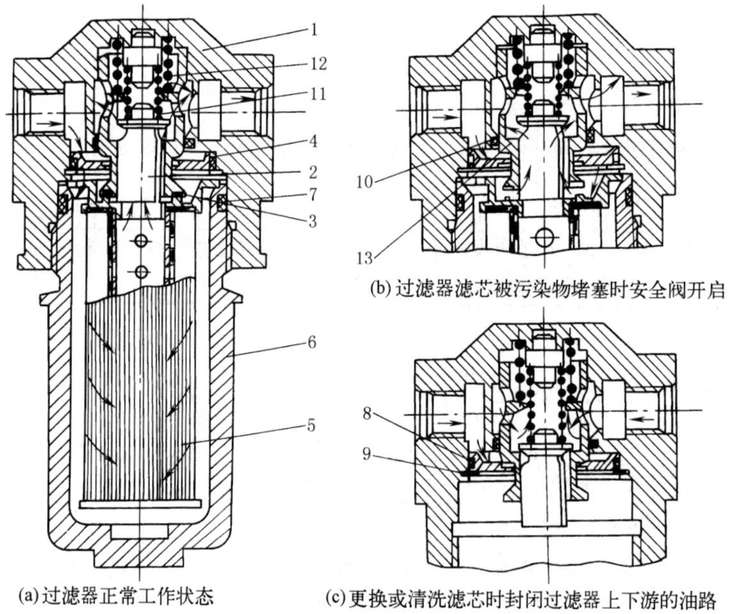

(a) 过滤器正常工作状态

(b) 过滤器滤芯被污染物堵塞时安全阀开启

(c) 更换或清洗滤芯时封闭过滤器上下游的油路

图 20-11-1　自封式吸油过滤器结构原理

1—上壳体；2—单向阀阀芯；3—安全阀；4—阀座；5—滤芯元件；6—下壳体；7,8,10—O 形密封圈；9—挡圈；11—单向阀弹簧；12—安全阀弹簧；13—安全阀阀体

1）型号意义

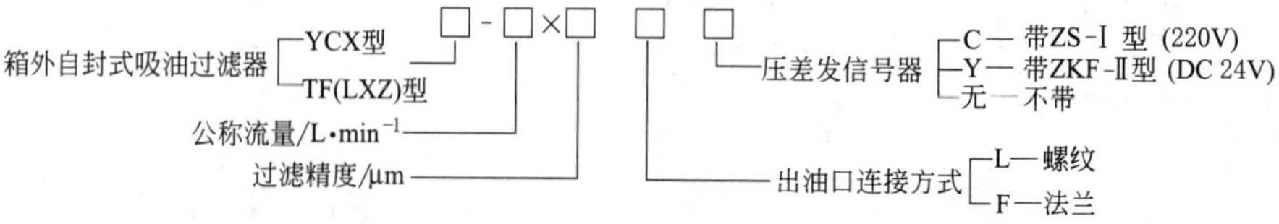

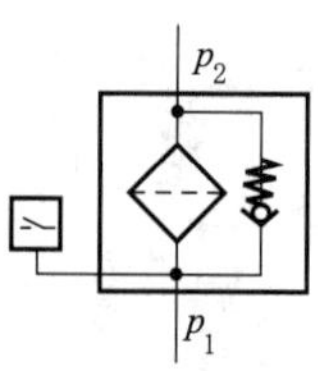

图形符号

2）技术规格

表 20-11-15

型　号	通径 /mm	压力 /MPa	流量 /L·min^{-1}	过滤精度 /μm	压力损失/MPa		发信号装置		旁通阀开启压差/MPa	质量 /kg
					原始值	允许最大值	电压 /V	电流 /A		
YCX-25×※LC	15	0.035（发信号压力）	25	80 100 180	<0.01	0.03	0~36	0.6	>0.032	
YCX-40×※LC	20		40							
YCX-63×※LC	25		63							
YCX-100×※LC	32		100							
YCX-160×※LC	40		160							
YCX-250×※LC	50		250							
YCX-400×※LC	65		400							
YCX-630×※LC	80		630							
YCX-800×※LC	90		800							
TF-25×※L-S	15		25	80 100 180	<0.01	0.02	12 14 36 220	2.5 2 1.5 0.25		1.8
TF-40×※L-S	20		40							2.2
TF-63×※L-S	25		63							2.8
TF-100×※L-S	32		100							3.6
TF-160×※L-S	40		160							4.6
TF-250×※L-S	50		250							5.8
TF-400×※L-S	65		400							8.0
TF-630×※L-S	80		630							14.5
TF-800×※L-S	90		800							15.6

3）外形尺寸

YCX 型吸油过滤器

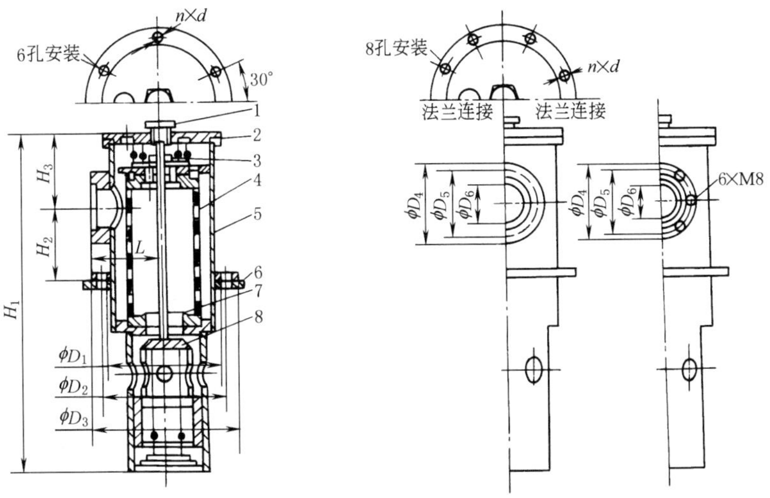

1—自封顶杆螺栓；2—过滤器上盖；3—旁通阀；4—滤芯；5—外壳；6—油箱壁；7—集污盅；8—自封单向阀

表 20-11-16

mm

型号	公称流量 /$L \cdot min^{-1}$	过滤精度 /μm	D_1	D_2	D_3	D_4	D_5	D_6	H_1	H_2	H_3	L	$n \times d$
YCX-25×※LC	25		70	95	110	35	M22×1.5	20	216	53	67	50	6×φ7
YCX-40×※LC	40		70	95	110	40	M27×2	25	256	53	67	52	6×φ7
YCX-63×※LC	63	80	95	115	135	48	M33×2	31	278	62	89	67	6×φ9
YCX-100×※LC	100		95	115	135	58	M42×2	40	328	70	89	70	6×φ9
YCX-160×※LC	160	100	95	115	135	65	M48×2	46	378	70	89	70	6×φ9
YCX-250×※FC	250		120	150	175	100	85	50	368	85	105	83	6×φ9
YCX-400×※FC	400	180	146	175	200	116	100	68	439	92	125	96	6×φ9
YCX-630×※FC	630		165	200	220	130	116	83	516	102	130	110	8×φ9
YCX-800×※FC	800		185	205	225	140	124	93	600	108	140	120	8×φ9

TF（LXZ）型吸油过滤器

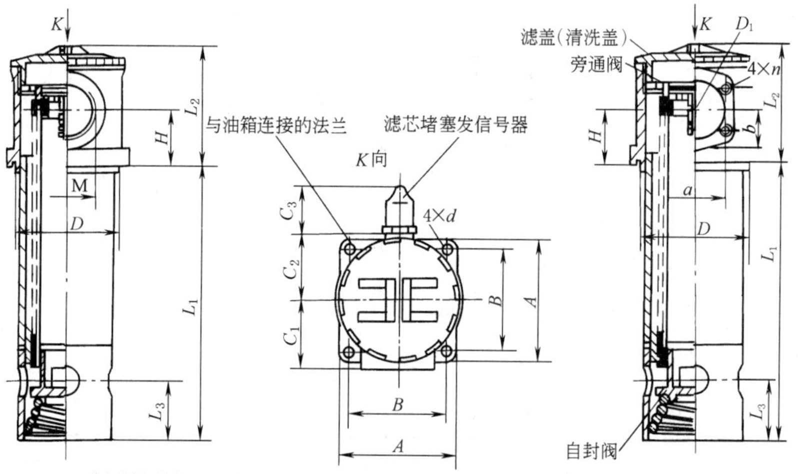

(a) 螺纹连接　　(b) 法兰连接

表 20-11-17　　螺纹连接的 TF（LXZ）型吸油过滤器

mm

型号	L_1	L_2	L_3	H	M	D	A	B	C_1	C_2	C_3	4×d
TF-25×※L-S	93	78	36	25	M22×1.5	φ62	80	60	45	42	28	φ9
TF-40×※L-S	110				M27×2							
TF-63×※L-S	138	98	40	33	M33×2	φ75	90	70.7	54	47		
TF-100×※L-S	188				M42×2							
TF-160×※L-S	200	119	53	42	M48×2	φ91	105	81.3	62	53.5		φ11

表 20-11-18　　法兰连接的 TF（LXZ）型吸油过滤器

mm

型号	L_1	L_2	L_3	H	D_1	D	a	b	4×n	A	B	C_1	C_2	C_3	4×d	Q
TF-250×※F-S	270	119	53	42	φ50	φ91	70	40	M10	105	81.3	72.5	53.5	28	φ11	φ60
TF-400×※F-S	275	141	60	50	φ65	φ110	90	50		125	95.5	82.5	61			φ70
TF-630×※F-S	325	184	55	65	φ90	φ140	120	70		160	130	100	81			φ100
TF-800×※F-S	385															

注：出油口法兰所需管子直径为 Q。

（8）CXL 型自封式磁性吸油过滤器

滤芯内设置永久磁铁，可滤除油中的金属颗粒。

型号意义：

CXL □-□×□ □ □

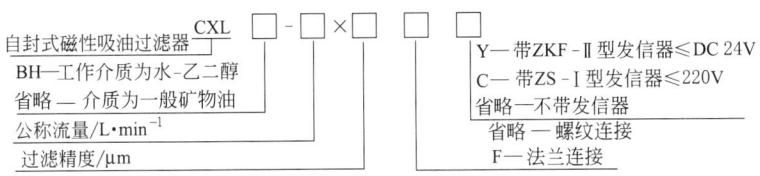

- 自封式磁性吸油过滤器 CXL
- BH—工作介质为水-乙二醇；省略—介质为一般矿物油
- 公称流量/L·min^{-1}
- 过滤精度/μm
- 省略—螺纹连接；F—法兰连接
- Y—带ZKF-Ⅱ型发信器≤DC 24V；C—带ZS-Ⅰ型发信器≤220V；省略—不带发信器

表 20-11-19 **技术参数**

型号	通径 /mm	公称流量 /L·min^{-1}	过滤精度 /μm	原始压力损失 (MPa)	允许最大压力损失 (MPa)	旁通阀开启压力 (MPa)	发信器发信压力 (MPa)	发信器 V	发信器 A	连接方式	滤芯型号
CXL-25×※	15	25									X-CX25×※
CXL-40×※	20	40									X-CX40×※
CXL-63×※	25	63	80							螺纹	X-CX63×※
CXL-100×※	32	100						12	2.5		X-CX100×※
CXL-160×※	40	160						24	2		X-CX160×※
CXL-250×※	50	250	100	<0.01	0.03	>0.032	0.03				X-CX250×※
CXL-400×※	65	400						36	1.5		X-CX400×※
CXL-630×※	80	630								法兰	X-CX630×※
CXL-800×※	90	800	180					220	0.25		X-CX800×※
CXL-1000×※	100	1000									X-CX1000×※
CXL-1250×※	110	1250									X-CX1250×※
CXL-1600×※	120	1600									X-CX1600×※

CXL 型磁性吸油过滤器

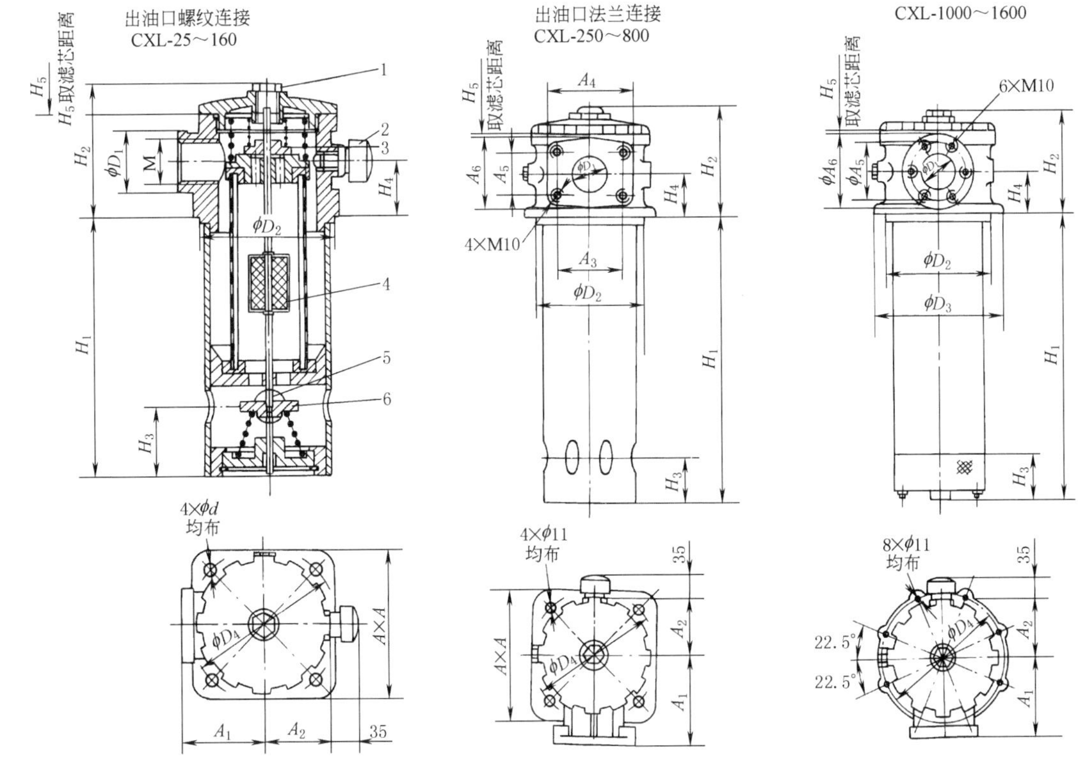

1—中心螺钉；2—发信器；3—旁通阀；4—永久磁铁；5—顶杆；6—自封阀

表 20-11-20　　外形尺寸　　mm

型号	H_1	H_2	H_3	H_4	H_5	M	D_1	D_2	D_4	d	A	A_1	A_2
CXL-25×※	95	83	34	25	75	M22×1.5	40	60	85	9	80	45	34
CXL-40×※	115				95	M27×2							
CXL-63×※	140	101	40	33	115	M33×2	55	75	100		90	54	42
CXL-100×※	190			33	165	M42×2							
CXL-160×※	198	120	40	42	175	M48×2	65	90	115	11	105	62	50

型号	H_1	H_2	H_3	H_4	H_5	D_1	D_2	D_3	D_4	A	A_1	A_2	A_3	A_4	A_5	A_6
CXL-250×※	268	120	40	42	245	50	90	—	115	105	72.5	50	70	92	40	72
CXL-400×※	281	145	56	50	270	65	108	—	135	120	82	58	90	112	50	88
CXL-630×※	329	181	63	65	335	90	140	—	184	156	100	74	120	144	70	120
CXL-800×※	409				415	90										
CXL-1000×※	284	265	135	135	310	125	203	257	234	—	135	118	—	—	164	185
CXL-1250×※	338				360											
CXL-1600×※	438				460											

注：※为过滤精度，若使用工作介质为水-乙二醇，流量为160L/min过滤精度为80μm，带ZKF-Ⅱ型发信器，其过滤器型号为CXLBH-160×80Y，滤芯型号为X-CXBH160×80。

（9）XNJ型箱内吸油过滤器

XNJ型过滤器通过安装法兰固定在油箱盖板上，滤芯直接插入油箱。该过滤器带有真空压力发信号器和旁路阀。

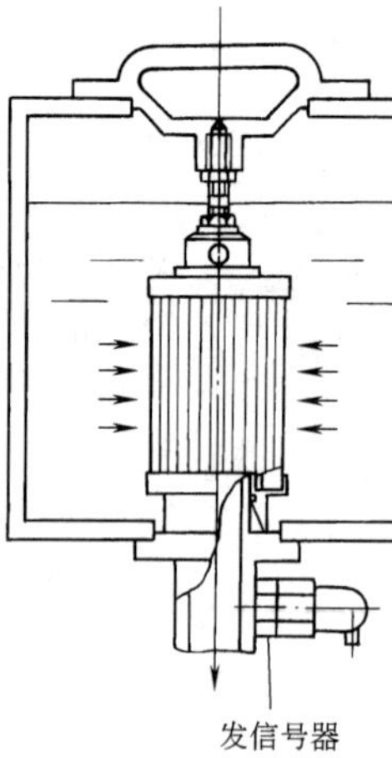

图 20-11-2　XNJ型过滤器安装示意图

型号意义：

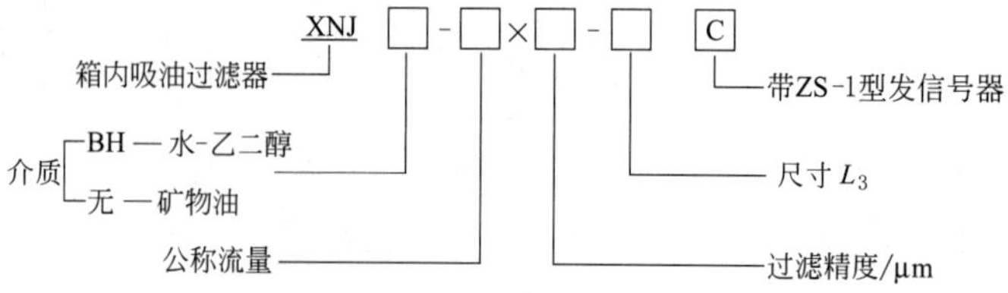

表 20-11-21　　**技术规格**

型　号	公称流量 /L·min^{-1}	过滤精度 /μm	通径 /mm	原始压力损失 /MPa	发信号装置		旁通阀开启压力 /MPa	滤芯型号
					电压/V	电流/A		
XNJ-25×※	25		20					JX-25×※
XNJ-40×※	40							JX-40×※
XNJ-63×※	63		32					JX-63×※
XNJ-100×※	100							JX-100×※
XNJ-160×※	160	80 100 180	50	≤0.007	220	0.25	-0.02	JX-160×※
XNJ-250×※	250							JX-250×※
XNJ-400×※	400		80					JX-400×※
XNJ-630×※	630							JX-630×※
XNJ-800×※	800		90					JX-800×※
XNJ-1000×※	1000							JX-1000×※

XNJ 型过滤器外形尺寸

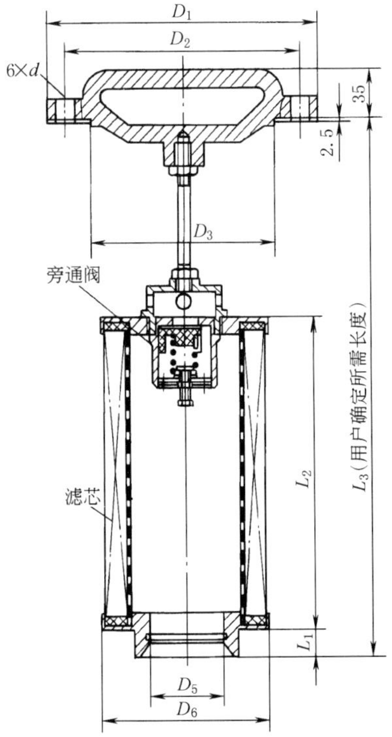

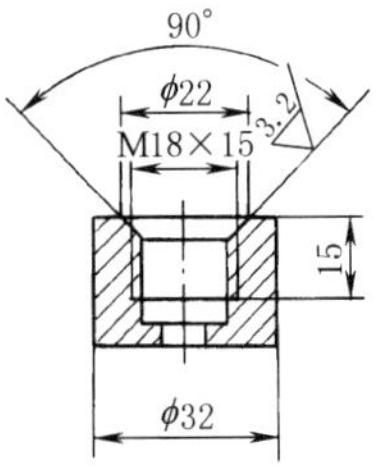

发信号器接口尺寸

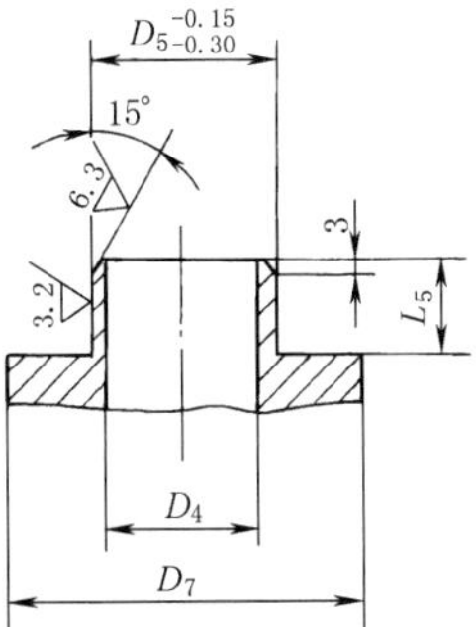

出油口接口尺寸

表 20-11-22

mm

型号	D_1	D_2	D_3	D_4	D_5	D_6	D_7	L_1	L_2	L_3(最小)	L_5	d
XNJ-25×※	ϕ125	ϕ105	ϕ85	ϕ20	ϕ25	ϕ80	ϕ46	8	75	210	20	ϕ9
XNJ-40×※									100	235		
XNJ-63×※	ϕ150	ϕ130	ϕ110	ϕ32	ϕ40	ϕ106	ϕ56		110	250		
XNJ-100×※									140	280		
XNJ-160×※	ϕ198	ϕ170	ϕ145	ϕ50	ϕ55	ϕ141	ϕ76	14	140	320	26	ϕ11
XNJ-250×※									160	340		
XNJ-400×※	ϕ240	ϕ210	ϕ185	ϕ80	ϕ85	ϕ180	ϕ108		160	340	28	ϕ13.5
XNJ-630×※									190	370		
XNJ-800×※	ϕ260	ϕ230	ϕ205	ϕ90	ϕ100	ϕ200	ϕ127		190	395		
XNJ-1000×※									220	425		

(10) STF 型双筒自封式吸油过滤器

STF 型过滤器由两只单筒过滤器和换向阀组成，可在系统不停机状态下更换或清洗滤芯。该过滤器配有压差发信号器、旁路阀和自封阀。

型号意义：

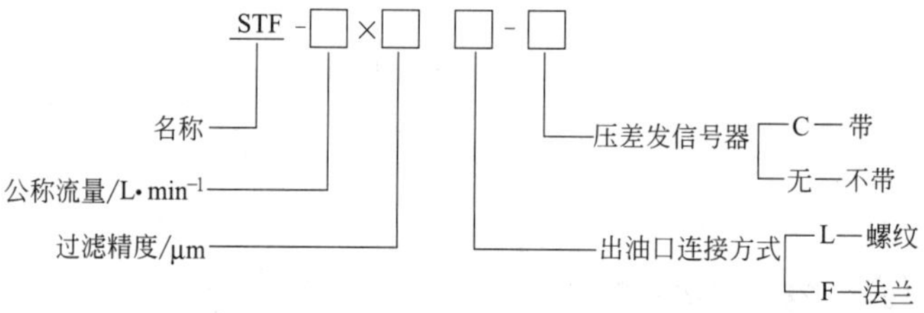

技术规格和外形尺寸

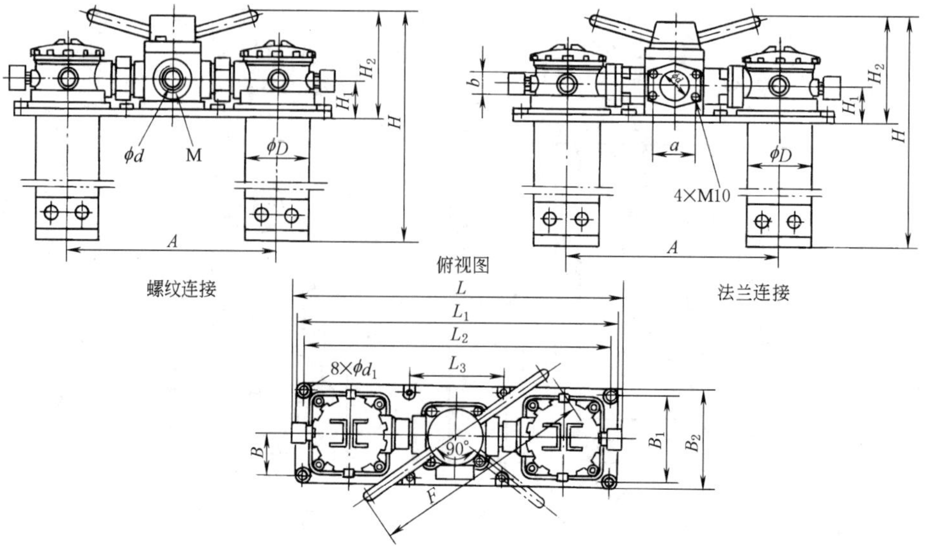

表 20-11-23　mm

型号	流量/L·min^{-1}	过滤精度/μm	原始压力损失/MPa	发信号装置 电压/V	发信号装置 电流/A	A	B	B_1	B_2	a	b	D	d	d_1	H	H_1	H_2	L	L_1	L_2	L_3	F	M	质量/kg
STF-25×※L-C	25	80	≤0.01	12	2.5	208	53	95	120	—	—	54	20	12	215—232	50	147	366	345	320	100	265	M27×2	8.1
STF-40×※L-C	40																							8.9
STF-63×※L-C	63					238	60	105	130			70	32	12	241—291	56	161	406	385	360	110	275	M42×2	11.3
STF-100×※L-C	100			24	2																			12.9
STF-160×※L-C	160	100		36	1.5	353	81	130	155	70	40	89	50	12	362—432	67	187	534	510	485	175	350		23.7
STF-250×※F-C	250																							26.1
STF-400×※F-C	400	180		220	0.25	355	90	150	175	90	50	102	65	12	467	80	222	551	530	505	190	400		42.4
STF-630×※F-C	630					430	115	190	220	120	70	133	90	15	569—627	100	278	666	660	630	220	545		69.0
STF-800×※F-C	800																							71.2

（11）RFB、CHL 型自封式（磁性）回油过滤器

该过滤器装有压差发信号器、旁通阀、自封阀和集污盅。CHL 型过滤器在滤芯前方设置永久磁铁。在过滤器底装有消泡扩散器，使回油能平稳流入油箱。过滤器可直接安装在油箱的顶部、侧部和底部。

型号意义：

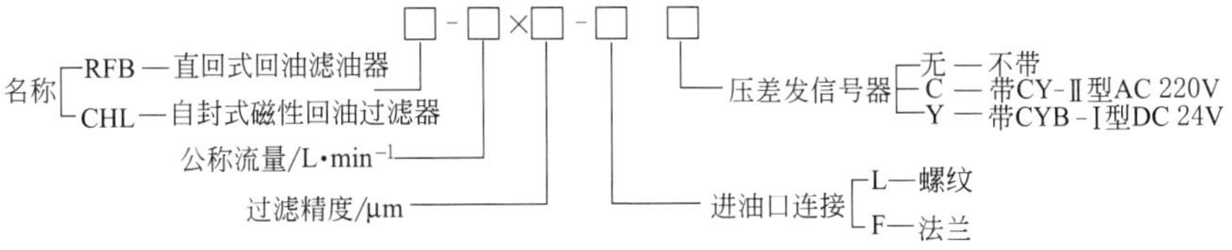

表 20-11-24　技术规格

型号	通径/mm	公称流量/L·min^{-1}	过滤精度/μm	公称压力	允许最大压力损失	旁通阀开启压力	发信号装置发信号压力	滤芯型号
				MPa				
CHL-25×※LC	15	25	3 5 10 20 30 40	1.6	0.35	≥0.37	0.35	H-CX25×※
CHL-40×※LC	20	40						H-CX40×※
CHL-63×※LC	25	63						H-CX63×※
CHL-100×※LC	32	100						H-CX100×※
CHL-160×※LC	40	160						H-CX160×※

续表

型号	通径/mm	公称流量/L·min^{-1}	过滤精度/μm	公称压力	允许最大压力损失	旁通阀开启压力	发信号装置发信号压力	滤芯型号
				MPa				
CHL-250×※FC	50	250	3 5 10 20 30 40	1.6	0.35	≥0.37	0.35	H-CX250×※
CHL-400×※FC	65	400			0.27	≥0.27	0.27	H-CX400×※
CHL-630×※FC	80	630						H-CX630×※
CHL-800×※FC	90	800						H-CX800×※
CHL-1000×※FC	100	1000		1.2				H-CX1000×※
CHL-1250×※FC	110	1250						H-CX1250×※
CHL-1600×※FC	125	1600						H-CX1600×※
RFB-25×※CY		25	1 3 5 10 20 30	1.6	0.35	0.4	0.35	FBX-25×※
RFB-40×※CY		40						FBX-40×※
RFB-63×※CY		63						FBX-63×※
RFB-100×※CY		100						FBX-100×※
RFB-160×※CY		160						FBX-160×※
RFB-250×※CY		250						FBX-250×※
RFB-400×※CY		400						FBX-400×※
RFB-630×※CY		630						FBX-630×※
RFB-800×※CY		800						FBX-800×※
RFB-1000×※CY		1000						FBX-1000×※

CHL 型（螺纹连接）过滤器外形尺寸

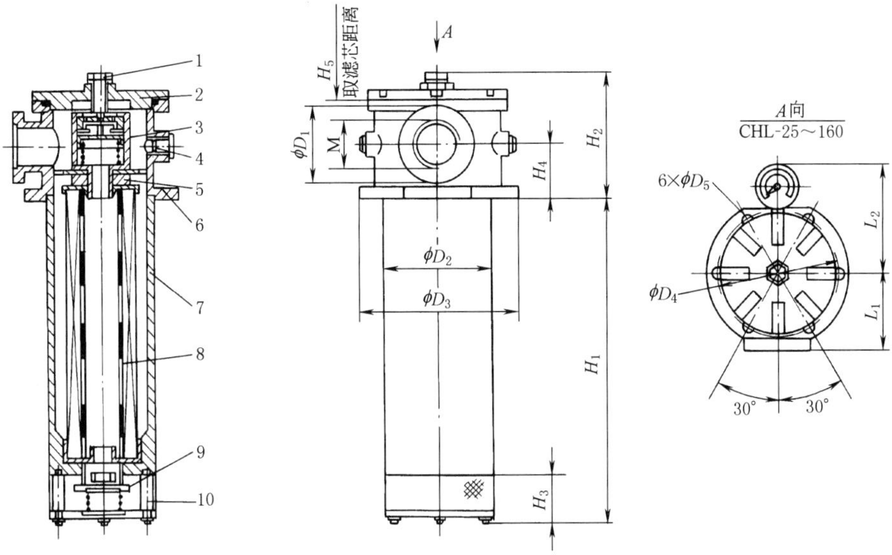

1—密封螺钉；2—端盖；3—旁通阀；4—压差发信号装置接口；5—磁铁；6—与油箱连接法兰；7—壳体；8—滤芯；9—自封阀；10—消泡器

表 20-11-25 mm

型　　号	H_1	H_2	H_3	H_4	H_5	D_1	M	D_2	D_3	D_4	D_5	L_1	L_2
CHL-25×※LC	172	124	56	45	95	48	M22×1.5	108	148	130	7	70	135
CHL-40×※LC	192				115		M27×2						
CHL-63×※LC	260				185		M33×2						
CHL-100×※LC	224	170	60	75		100	M42×2						
CHL-160×※LC	314				275		M48×2	127	170	150	9	100	144

CHL 型（法兰连接）过滤器外形尺寸

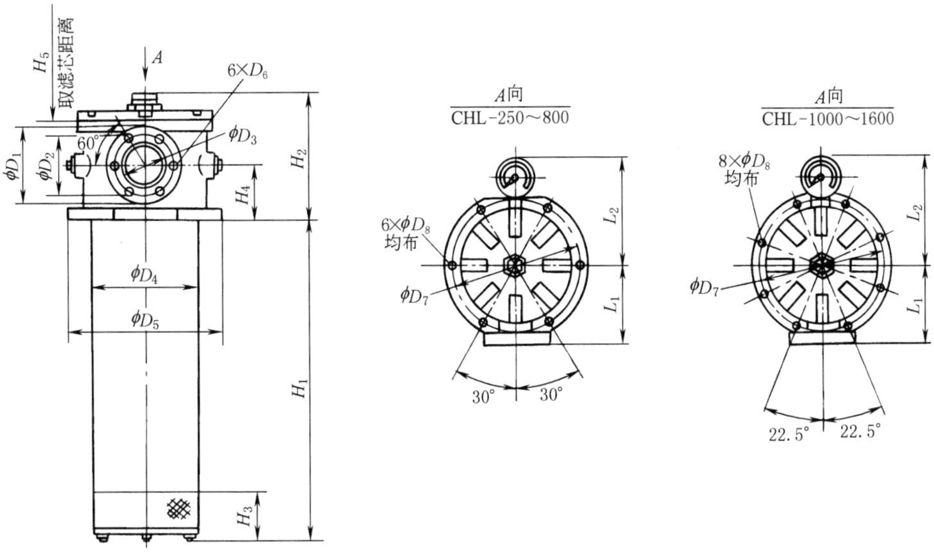

表 20-11-26　　mm

<table>
<tr><th>型　　号</th><th>H_1</th><th>H_2</th><th>H_3</th><th>H_4</th><th>H_5</th><th>D_1</th><th>D_2</th><th>D_3</th><th>D_4</th><th>D_5</th><th>D_6</th><th>D_7</th><th>D_8</th><th>L_1</th><th>L_2</th></tr>
<tr><td>CHL-250×※FC</td><td rowspan="2">445</td><td>170</td><td>60</td><td>75</td><td rowspan="2">405</td><td>100</td><td>85</td><td>50</td><td>127</td><td>170</td><td rowspan="4">M8</td><td>150</td><td>9</td><td>100</td><td>145</td></tr>
<tr><td>CHL-400×※FC</td><td rowspan="3">220</td><td rowspan="3">80</td><td rowspan="3">110</td><td rowspan="3">140</td><td>100</td><td>65</td><td rowspan="3">180</td><td rowspan="3">235</td><td rowspan="3">210</td><td rowspan="3">12</td><td rowspan="3">120</td><td rowspan="3">172</td></tr>
<tr><td>CHL-630×※FC</td><td>675</td><td>640</td><td>116</td><td>80</td></tr>
<tr><td>CHL-800×※FC</td><td>845</td><td>810</td><td>124</td><td>90</td></tr>
<tr><td>CHL-1000×※FC</td><td>610</td><td rowspan="3">285</td><td rowspan="3">113</td><td rowspan="3">155</td><td>550</td><td rowspan="3">185</td><td rowspan="3">164</td><td rowspan="3">125</td><td rowspan="3">230</td><td rowspan="3">290</td><td rowspan="3">M10</td><td rowspan="3">264</td><td rowspan="3">12</td><td rowspan="3">150</td><td rowspan="3">208</td></tr>
<tr><td>CHL-1250×※FC</td><td>730</td><td>670</td></tr>
<tr><td>CHL-1600×※FC</td><td>880</td><td>820</td></tr>
</table>

RFB 型过滤器外形尺寸

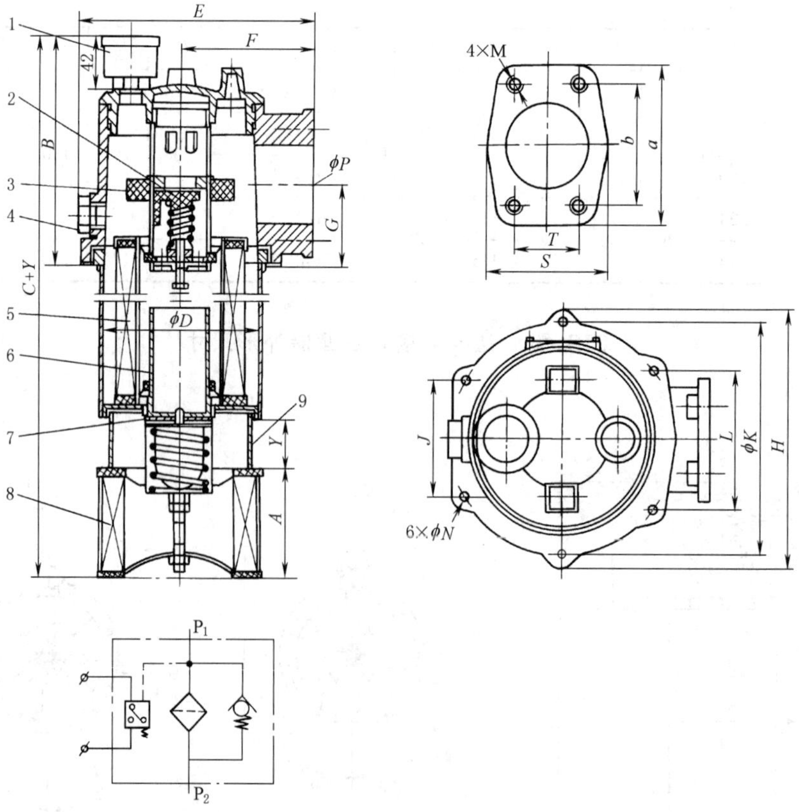

1—发信号箱（M18×1.5）；2—旁通阀；3—永久磁铁；
4—回油孔及放油孔；5—滤芯；6—溢流管；7—止回阀；
8—扩散器；9—用户所需的接管

表 20-11-27 mm

型号	*A*	*B*	*C*	*D*	*E*	*F*	*G*	*H*	*J*	*K*	*L*	*N*	*P*	M	*a*	*b*	*S*	*T*
RFB-25×※CY			348+*Y*															
RFB-40×※CY			374+*Y*															
RFB-63×※CY	78	167	411+*Y*	124	175	96.5	58	168	75	150	90	7	55	M10	102	78	80	43
RFB-100×※CY			473+*Y*															
RFB-160×※CY			548+*Y*															
RFB-250×※CY			558+*Y*															
RFB-400×※CY			708+*Y*															
RFB-630×※CY	120	210	877+*Y*	186	250	132	74	245	112	225	132	9	80	M12	140	106	110	62
RFB-800×※CY			948+*Y*															
RFB-1000×※CY			1114+*Y*															

注：进油口连接法兰由厂方提供，用户只需准备好直径为 ϕP 的管子焊上即可。

（12）RFA 型微型直回式回油过滤器

该过滤器安装在油箱顶部，筒体部分浸于油箱内并设置旁通阀、扩散器、滤芯污染堵塞发信号器等装置。

型号意义：

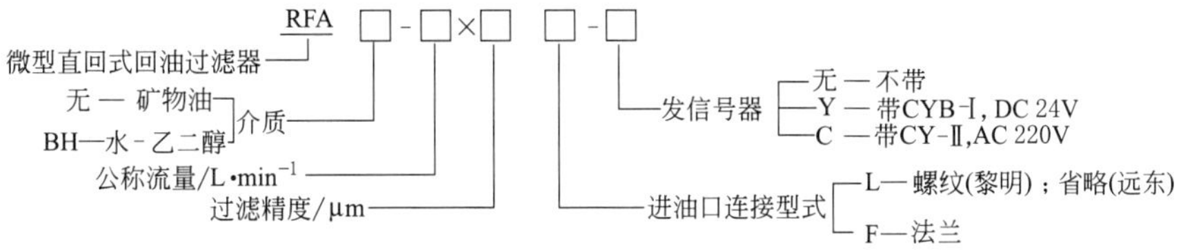

表 20-11-28 **技术规格**

型号	公称流量 /L·min^{-1}	过滤精度 /μm	通径 /mm	公称压力 /MPa	压力损失/MPa 最小	压力损失/MPa 最大	发信号装置 电压/V	发信号装置 电流/A	质量 /kg	滤芯型号
RFA-25×※L-CY	25	1	15	1.6	≤0.075	0.35			2.8	FAX-25×※
RFA-40×※L-CY	40		20				12	2.5	3.0	FAX-40×※
RFA-63×※L-CY	63	3	25				24	2	4.2	FAX-63×※
RFA-100×※L-CY	100	5	32						4.6	FAX-100×※
RFA-160×※L-CY	160		40				36	1.5	7.4	FAX-160×※
RFA-250×※F-CY	250	10	50				220	0.25	9.4	FAX-250×※
RFA-400×※F-CY	400		65						13.1	FAX-400×※
RFA-630×※F-CY	630	20	80						23.8	FAX-630×※
RFA-800×※F-CY	800	30	90						25.5	FAX-800×※

RFA 型过滤器外形尺寸

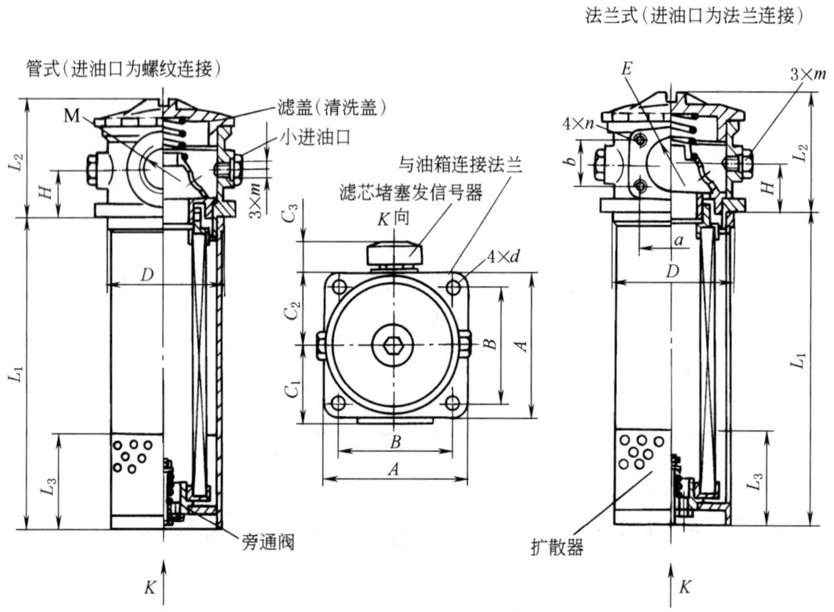

表 20-11-29　螺纹连接的 RFA 型过滤器外形尺寸　mm

型　号	L_1	L_2	L_3	H	D	M	m	A	B	C_1	C_2	C_3	d
RFA-25×※L-CY	127	74	45	25	ϕ75	M22×1.5	M18×1.5	90	70	53	45	28	ϕ9
RFA-40×※L-CY	158					M27×2							
RFA-63×※L-CY	185	93	60	33	ϕ95	M33×2		110	85	60	53		
RFA-100×※L-CY	245					M42×2							
RFA-160×※L-CY	322	108	80	40	ϕ110	M48×2		125	95	71	61		ϕ13

表 20-11-30　法兰连接的 RFA 型过滤器外形尺寸　mm

型　号	L_1	L_2	L_3	H	D	E	m	a	b	n	A	B	C_1	C_2	C_3	d	Q
RFA-250×※F-CY	422	108	80	40	ϕ110	ϕ50	M18×1.5	70	40	M10	125	95	81	61	28	ϕ13	60
RFA-400×※F-CY	467	135	100	55	ϕ130	ϕ65		90	50		140	110	90	68			73
RFA-630×※F-CY	494	175	118	70	ϕ160	ϕ90		120	70		170	140	110	85			102
RFA-800×※F-CY	606																

注：出油口法兰所配管直径为 ϕQ。

(13) 21FH 型过滤器

21FH 型过滤器的技术参数、结构及外形尺寸见表 20-11-31～表 20-11-47。

表 20-11-31　　技术参数

<table>
<tr><th rowspan="2">类别</th><th rowspan="2">种　类</th><th rowspan="2">产品系列</th><th rowspan="2">公称压力
/MPa</th><th rowspan="2">最大工作压差
/MPa</th><th colspan="3">压差指示器</th><th rowspan="2">旁通阀开启压差
/MPa</th><th rowspan="2">滤芯结构强度
/MPa</th><th rowspan="2">工作温度
/℃</th><th rowspan="2">滤材及过滤比</th><th rowspan="2">精度
/μm</th></tr>
<tr><th>发信值</th><th>电压/V</th><th>电流/A</th></tr>
<tr><td rowspan="8">管路过滤器</td><td rowspan="3">普通管路</td><td>21FH1210～
21FH1240</td><td>1.0～4.0</td><td rowspan="7">0.35</td><td rowspan="7">0.35
0.25
…</td><td rowspan="8">直流
24
交流
220</td><td rowspan="8">2

0.25</td><td rowspan="7">0.5
0.35
…</td><td rowspan="2">1.0
2.0</td><td rowspan="14">-20～
80</td><td rowspan="7">14—玻璃纤维
β≥100
15—玻璃纤维
β≥200
21—植物纤维
β≥2
22—植物纤维
β≥10
51—不锈钢网
β≥2</td><td rowspan="7">4,6,
10,14,
20,…</td></tr>
<tr><td>21FV1210
21FV1220</td><td>1.0
1.6</td></tr>
<tr><td>21FH1250～
21FH1280</td><td>6.3～31.5</td><td>2.0,4.0
16.0</td></tr>
<tr><td rowspan="3">双筒管路</td><td>21FH1310～
21FH1340</td><td>1.0～4.0</td><td rowspan="2">1.0
2.0</td></tr>
<tr><td>21FV1310
21FV1320</td><td>1.0
1.6</td></tr>
<tr><td>21FH1350～
21FH1380</td><td>6.3～31.5</td><td>2.0,4.0
16.0</td></tr>
<tr><td>板式</td><td>21FH1450～
21FH1480</td><td>6.3～31.5</td><td>2.0,4.0
16.0</td></tr>
<tr><td>吸油管路</td><td>21FH1100</td><td>0.6</td><td rowspan="4">-0.02</td><td>0.02</td><td>0.03</td><td>1.0</td><td rowspan="4">51—不锈钢网
β≥2
61—铜网
β≥2</td><td rowspan="4">40,60
80,120,
180,…</td></tr>
<tr><td rowspan="6">油箱过滤器</td><td>箱内吸油</td><td>21FH2100</td><td rowspan="3">—</td><td>—</td><td>—</td><td>—</td><td>—</td><td>0.6</td></tr>
<tr><td>箱上吸油</td><td>21FH2200</td><td rowspan="2">0.02</td><td rowspan="5">直流
24
交流
220</td><td rowspan="5">2

0.25</td><td>0.03</td><td rowspan="2">1.0</td></tr>
<tr><td>自封吸油</td><td>21FH2300</td><td>—</td></tr>
<tr><td>箱上回油</td><td>21FH2410</td><td rowspan="3">1.0</td><td rowspan="3">0.25</td><td rowspan="3">0.25</td><td rowspan="3">0.35</td><td rowspan="3">1.0</td><td rowspan="3">14—玻璃纤维
β≥100
15—玻璃纤维
β≥200
21—植物纤维
β≥2
22—植物纤维
β≥10
51—不锈钢网
β≥2</td><td rowspan="3">4,6,
10,14,
20,…</td></tr>
<tr><td>箱上双筒回油</td><td>21FH2510</td></tr>
<tr><td>自封回油</td><td>21FH2610</td></tr>
</table>

注：1. 所有吸油过滤器都配置真空发讯器；管路过滤器都配置压差发讯器；油箱回油过滤器都配置差压表。客户可根据自己的实际需求选择目视式压差发讯器、压差表、压力发讯器等各种压差指示器。

2. 如需配带旁通阀，请在订货时注明。

21FH1100 吸油管路过滤器

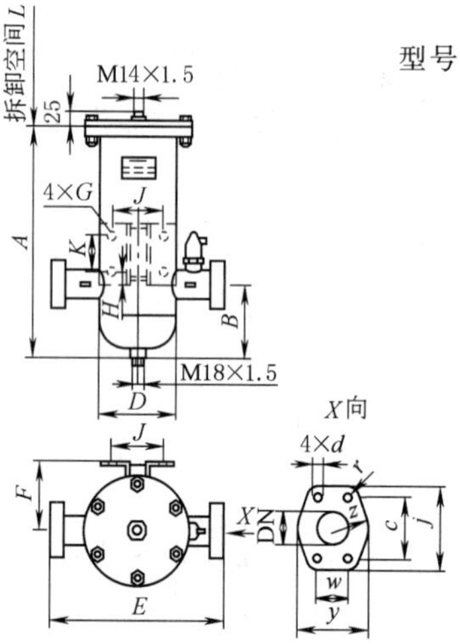

型号意义：

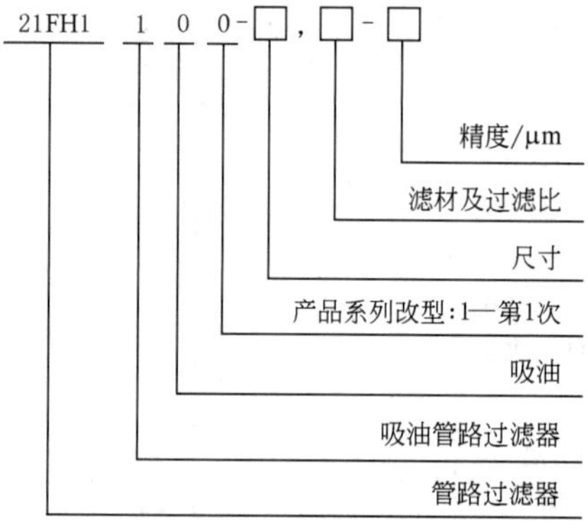

配件：进出口配对法兰及密封圈、螺钉、垫圈。

法兰尺寸及相配的焊管直径见法兰尺寸一览表 20-11-47。

表 20-11-32

mm

型号	通径 /mm	额定流量 /L·min^{-1}	A	B	DN	D	E	F	G	H	J	K	L	质量 /kg
21FH1100-5	25	40	256	86	25	95	240	74	9	12	70	60	170	4
21FH1100-14	32	63	326	122	38	133	310	116	13	0	90	60	170	9
21FH1100-22	38	100	386										230	11
21FH1100-30	51	160	425	140	64	178	380	134	17	20	120	90	260	25
21FH1100-48	64	250	515										350	30
21FH1100-60	76	400	530	150	76	203	390	142	17	20	130	100	350	45
21FH1100-80	102	630	530	150	102	219	400	146	17	20	150	140	350	58
21FH1100-140	127	1000	680		127								500	62

21FH1210、21FH1220、21FH1230、21FH1240 型普通管路过滤器

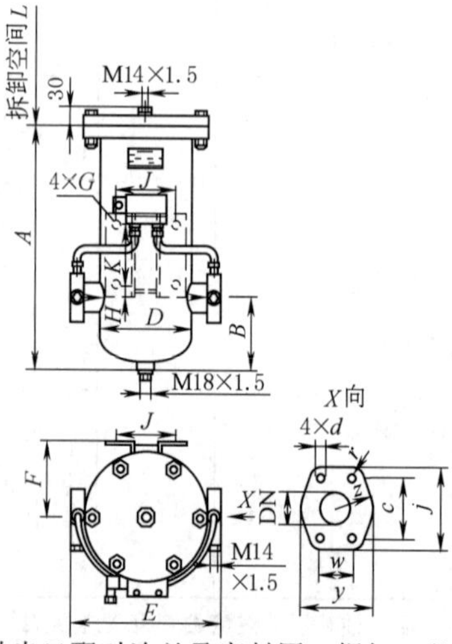

型号意义：

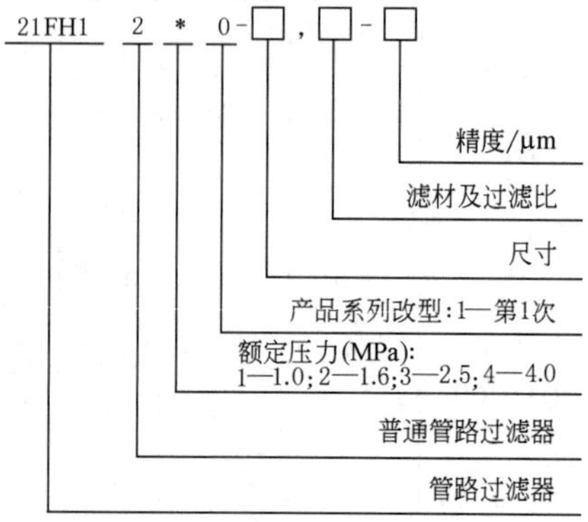

配件：进出口配对法兰及密封圈、螺钉、垫圈。

法兰尺寸及相配的焊管直径见法兰尺寸一览表 20-11-47。

表 20-11-33

mm

型号	通径 /mm	额定流量 /L·min^{-1}	A	B	D	DN	E	F	G	H	J	K	L	质量 /kg
21FH12 * 0-6	15	40	256										140	5
21FH12 * 0-10	20	63	316	86	95	25	190	74	ϕ9	12	70	60	200	6
21FH12 * 0-16	25	100	406										300	7
21FH12 * 0-36	32	160	386	122	159	38	260	126	ϕ13	0	100	100	230	12
21FH12 * 0-60	38	250	476										320	19
21FH12 * 0-90	51	400	515	140	194	64	310	140	ϕ17	0	130	160	330	32
21FH12 * 0-140	64	630	665										480	38
21FH12 * 0-150	76	1000	680			76							480	52
21FH12 * 0-230	102	1500	880	150	219	102	340	148	ϕ17	25	160	250	680	54
21FH12 * 0-320	102	2000	1080										880	57

21FV1210、21FV1220；21FV1211、21FV1221 型普通管路过滤器

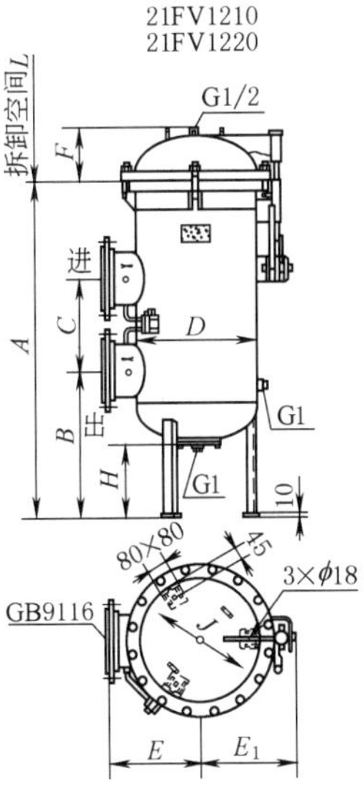

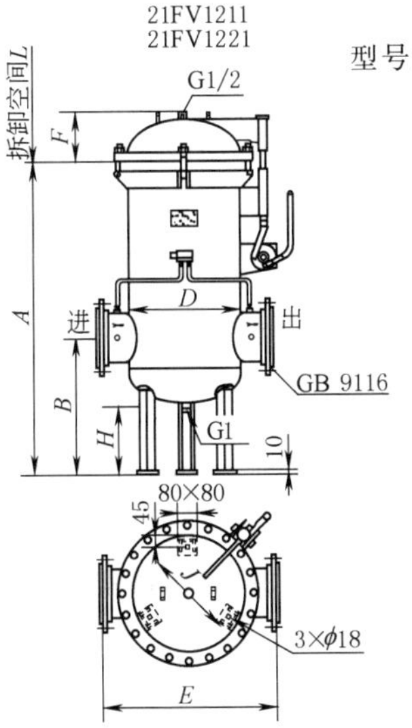

型号意义：

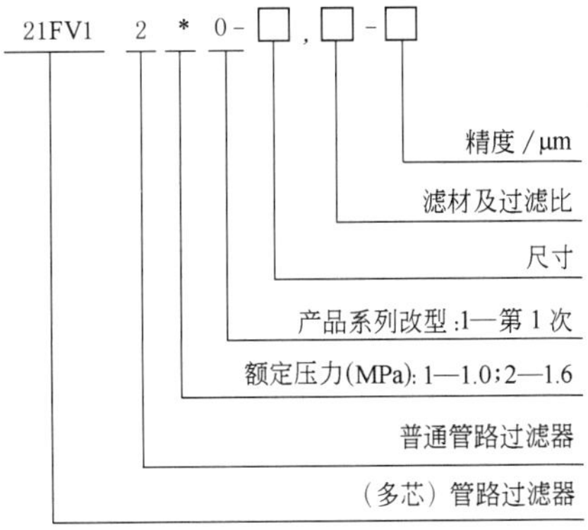

表 20-11-34

mm

型号	通径 /mm	额定流量 /L·min^{-1}	A	B	D	DN	E	E_1	F	H	J	L	质量 /kg
21FV12 * 0-500		3000	1120	525			330	350				750	225
21FV12 * 1-500	150			600	400	150	660	—	195	255	300		
21FV12 * 0-700		4000	1320	525			330	350				950	240
21FV12 * 1-700				600			660	—					
21FV12 * 0-1000		6000						400					280
21FV12 * 1-1000	200		1380	600	500	200	784	—	220	295	410	950	
21FV12 * 0-1300		8000						400					310
21FV12 * 1-1300								—					

21FH1250、21FH1260、21FH1270、21FH1280 型普通管路过滤器

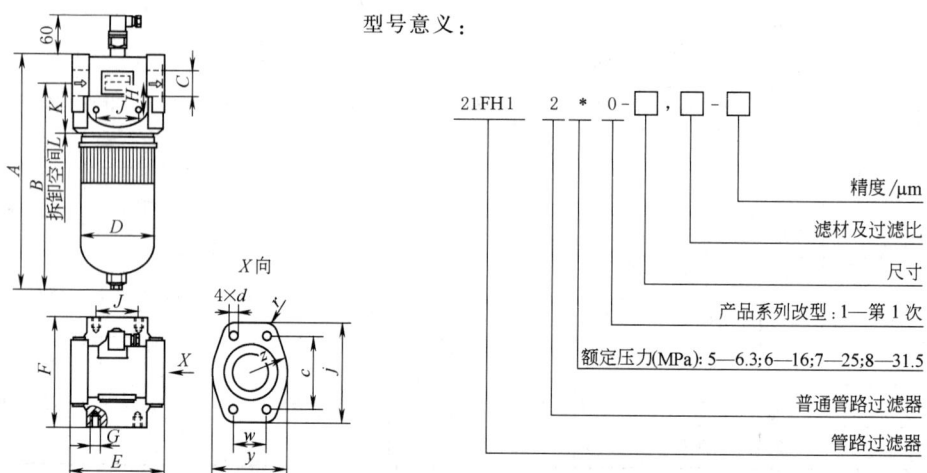

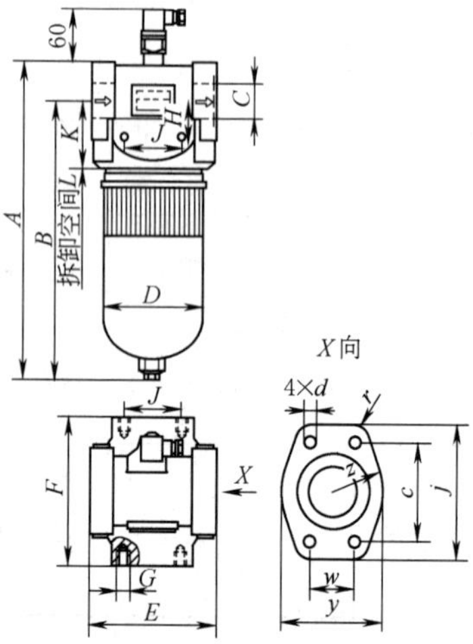

型号意义：

21FH1 2 * 0-□，□-□

- 精度/μm
- 滤材及过滤比
- 尺寸
- 产品系列改型：1—第 1 次
- 额定压力(MPa)：5—6.3；6—16；7—25；8—31.5
- 普通管路过滤器
- 管路过滤器

配件：进出口配对法兰及密封圈、螺钉、垫圈。

法兰尺寸及相配的焊管直径见法兰尺寸一览表 20-11-47。

表 20-11-35

mm

型号	通径 /mm	额定流量 /L·min⁻¹	A	B	C 公制螺纹	C 管螺纹	C 法兰	D	E	F	G	H	J	K	L	质量 /kg
21FH12 * 0-5	10	40	190	162	M22×1.5	G½	—	68	89	89	M8×10	25	45	55	230	6
21FH12 * 0-8	15	63	250	222	M27×2	G¾									360	8
21FH12 * 0-12	20	100	340	312	M33×2	G1									550	10
21FH12 * 0-18	25	160	295	247	M42×2	G1¼	DN19	121	152	158	M12×16	36	70	72	360	15
21FH12 * 0-30	32	250	385	337	M48×2	G1½	DN25								550	25
21FH12 * 0-50	38	400	535	487			DN38								850	34
21FH12 * 0-65	51	630	585	519			DN51	140	185	180	M16×25	40	80	95	410	38
21FH12 * 0-100	64	1000	810	745			DN64								640	48

21FH1310、21FH1320、21FH1330、21FH1340 型双筒管路过滤器

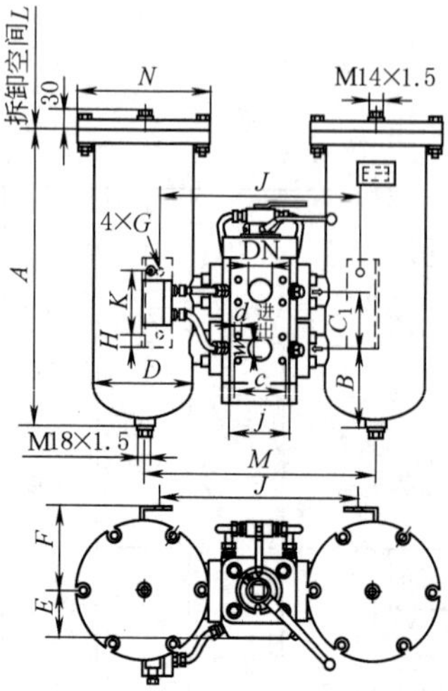

型号意义：

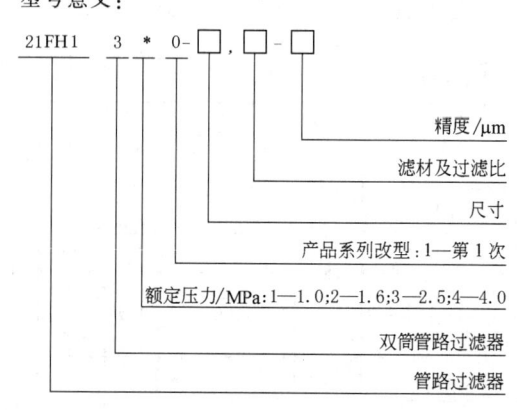

21FH1 3 * 0-□，□-□

- 精度/μm
- 滤材及过滤比
- 尺寸
- 产品系列改型：1—第 1 次
- 额定压力/MPa：1—1.0；2—1.6；3—2.5；4—4.0
- 双筒管路过滤器
- 管路过滤器

配件：进出口配对法兰及密封圈、螺钉、垫圈。

法兰尺寸及相配的焊管直径见法兰尺寸一览表 20-11-47。

表 20-11-36

mm

型号	通径 /mm	额定流量 /L·min^{-1}	A	B	C_1	D	DN	E	F	G	H	J	K	L	M	N	质量 /kg
21FH13 * 0-6	15	40	256	86	75	95	25	75	78	ϕ9	12	240	90	140	270	150	18
21FH13 * 0-10	20	63	316											200			21
21FH13 * 0-16	25	100	406											300			25
21FH13 * 0-36	32	160	386	122	90	159	38	75	130	ϕ13	20	318	100	230	368	215	60
21FH13 * 0-60	38	250	476											320			65
21FH13 * 0-90	51	400	515	140	130	194	64	95	147	ϕ17	20	400	160	330	400	250	95
21FH13 * 0-140	64	630	665											480			115
21FH13 * 0-150	76	1000	680	150	170	219	76	110	160	ϕ17	25	464	250	480	464	278	170
21FH13 * 0-230	102	1500	880				102							680			182
21FH13 * 0-320	102	2000	1080											880			195

21FH1311、21FH1321、21FH1331、21FH1341 型双筒管路过滤器

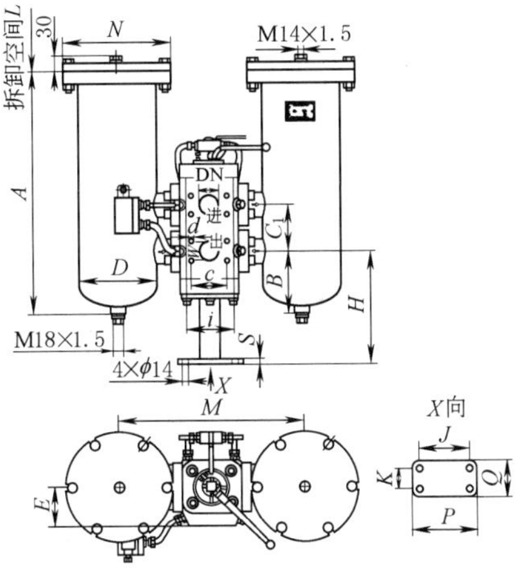

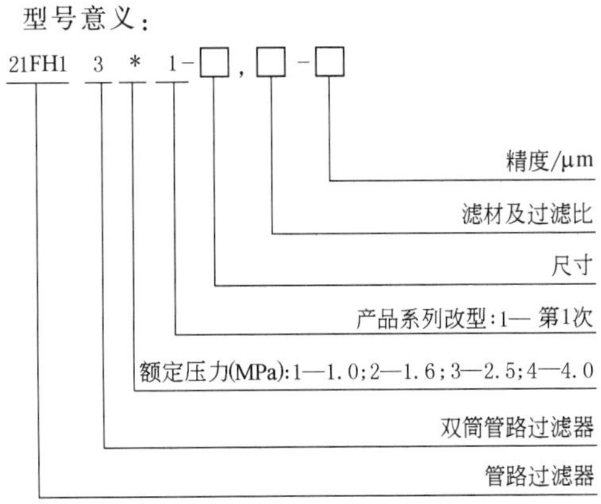

表 20-11-37

mm

型号	通径 /mm	额定流量 /L·min^{-1}	A	B	C_1	D	DN	E	H	J	K	L	M	N	P	Q	S	质量 /kg
21FH13 * 1-6	15	40	256	86	75	95	25	75	170	100	40	140	270	150	130	70	10	20
21FH13 * 1-10	20	63	316									200						23
21FH13 * 1-16	25	100	406									300						27
21FH13 * 1-36	32	160	386	122	90	159	38	75	260	100	40	230	368	215	130	70	10	62
21FH13 * 1-60	38	250	476									320						68
21FH13 * 1-90	51	400	515	140	130	194	64	95	272	130	70	330	400	250	178	118	20	98
21FH13 * 1-140	64	630	665									480						118
21FH13 * 1-150	76	1000	680	150	170	219	76	110	400	130	70	480	464	278	178	118	20	173
21FH13 * 1-230	102	1500	880				102					680						185
21FH13 * 1-320	102	2000	1080									880						198

21FV1310、21FV1320 型双筒管路过滤器

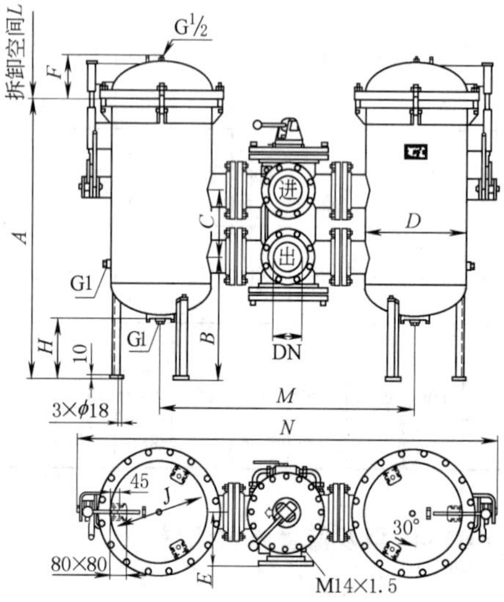

型号意义：

21FV1 3 * 0-□,□-□

- 精度/μm
- 滤材及过滤比
- 尺寸
- 产品系列改型:1— 第1次
- 额定压力/MPa: 1—1.0；2—1.6
- 双筒管路过滤器
- (多芯)管路过滤器

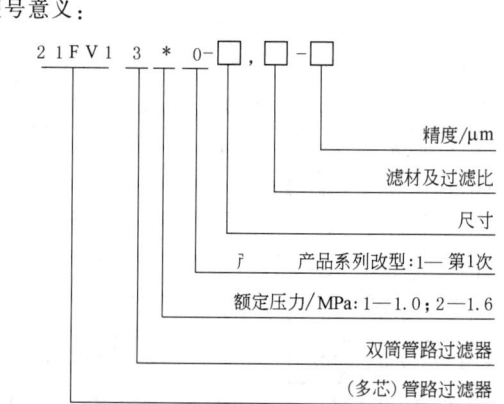

表 20-11-38

mm

型号	通径 /mm	额定流量 /L·min^{-1}	A	B	C	D	DN	E	F	H	J	L	M	N	质量 /kg
21FV13 * 0-500	150	3000	1120	525	330	400	150	260	195	255	300	750	1190	1920	666
21FV13 * 0-700		4000	1320									950			688
21FV13 * 0-1000	200	6000	1380	600	380	500	200	325	220	295	410	950	1440	2270	810
21FV13 * 0-1300		8000													820

21FH1350、21FH1360、21FH1370、21FH1380 型双筒管路过滤器

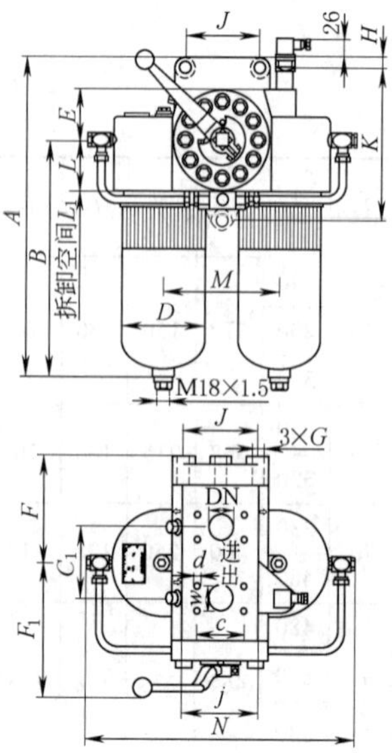

型号意义：

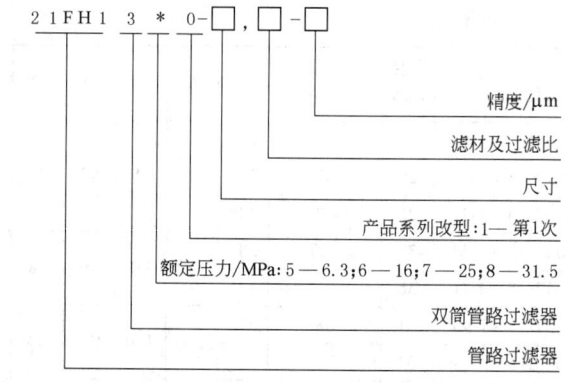

21FH1 3 * 0-□,□-□

- 精度/μm
- 滤材及过滤比
- 尺寸
- 产品系列改型:1— 第1次
- 额定压力/MPa: 5—6.3；6—16；7—25；8—31.5
- 双筒管路过滤器
- 管路过滤器

表 20-11-39 mm

型　号	通径/mm	额定流量/L·min^{-1}	A	B	C_1	D	DN	E	F	G	H	J	K	L	L_1	M	N	质量/kg
21FH13＊0-5	10	40	252	162											230			25
21FH13＊0-8	15	63	321	222	75	68	19	58	108	ϕ14×36	12	80	160	55	360	120	265	29
21FH13＊0-12	20	100	402	312											550			33
21FH13＊0-18	25	160	363	245											360			42
21FH13＊0-30	32	250	453	335	100	121	38	72	152	ϕ18×42	15	110	215	72	550	170	396	62
21FH13＊0-50	38	400	603	485											850			80
21FH13＊0-65	51	630	642	524	120	140	51	82	170	ϕ23×41	28	110	250	95	410	190	440	175
21FH13＊0-100	64	1000	872	752											640			195

21FH1450、21FH1460、21FH1470、21FH1480 型板式过滤器

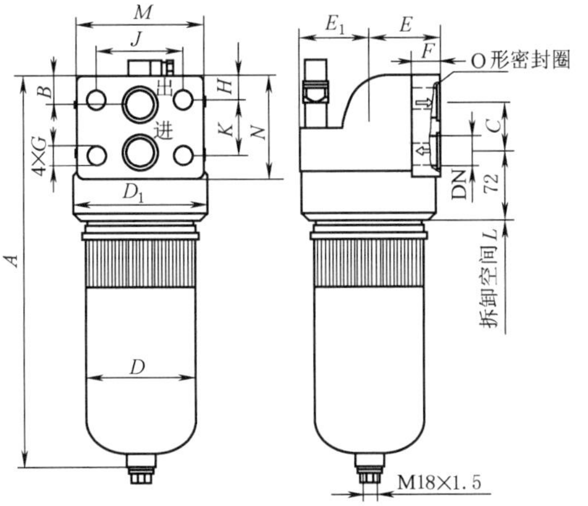

型号意义：

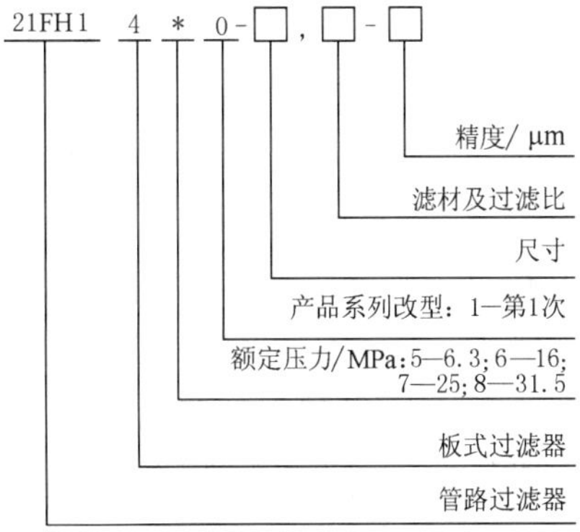

表 20-11-40 mm

型　号	通径/mm	额定流量/L·min^{-1}	A	B	C	D	D_1	DN	E	E_1	F	G	H	J	K	L	M	N	质量/kg
21FH14＊0-5	10	40	228	25	35											230			6
21FH14＊0-8	15	63	288			68	90	19	47	55	20	18	17	62	45	360	89	77	8
21FH14＊0-12	20	100	378													550			10
21FH14＊0-18	25	160	328	31	52											360			16
21FH14＊0-30	32	250	418			121	148	32	76	76	30	23	26	95	60	550	140	110	26
21FH14＊0-50	38	400	568													850			35
21FH14＊0-65	51	630	622	41	67	140	180	51	92	92	40	27	25	140	67	410	190	149	40
21FH14＊0-100	64	1000	852													640			50

21FH2100 箱内吸油过滤器

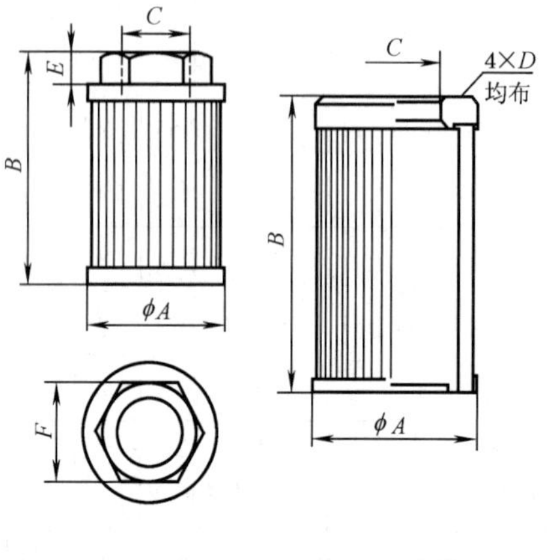

型号意义:

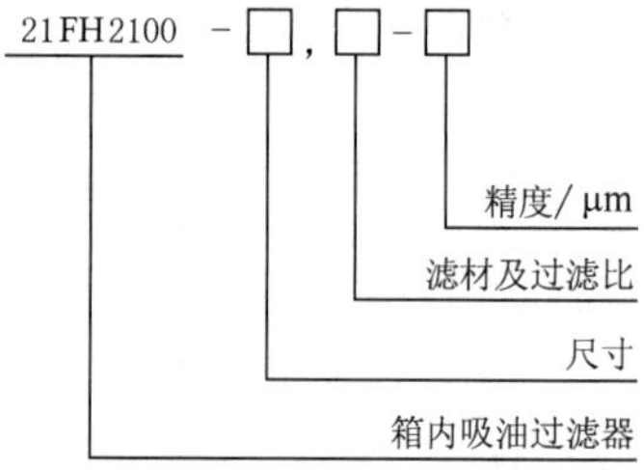

表 20-11-41

mm

型　号	通径 /mm	额定流量 /L·min^{-1}	A	B	C		D	E	F	质量 /kg
21FH2100-4	25	40	80	100	M33×2	G1	—	17	55	0.3
21FH2100-8	32	63	80	160	M42×2	G1¼	—	17	55	0.5
21FH2100-12	38	100	100	160	M48×2	G1½	—	21	65	0.8
21FH2100-18	51	160	100	160	DN51		M6×12	62	—	1.5
21FH2100-25	64	250	140	160	DN64			78	—	2
21FH2100-40	76	400	140	250	DN76			90	—	3
21FH2100-60	102	630	160	250	DN102		M8×14	116	—	4
21FH2100-120	127	1000	180	400	DN127			143	—	5

21FH2200 箱上吸油过滤器

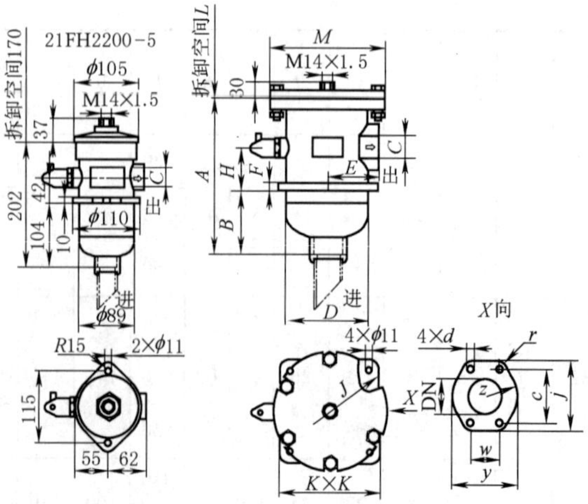

型号意义:

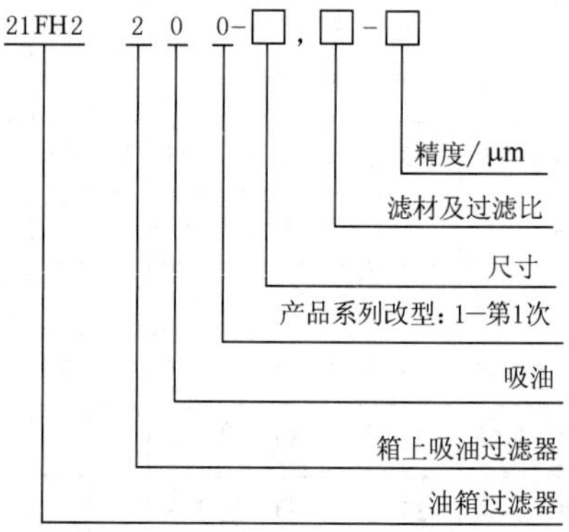

表 20-11-42

mm

型号	通径/mm	额定流量/L·min^{-1}	A	B	进口	出口 C 公制螺纹	出口 C 管螺纹	出口 C 法兰DN	D	E	F	H	J	K	L	M	质量/kg
21FH2200-5	25	40	—	—	$\phi32$	M33×2	G1	—	—	—	—	—	—	—	—	—	4
21FH2200-14	32	63	192	44	$\phi42$	M42×2	G1¼	32	133	85	12	68	185	166	170	192	8
21FH2200-22	38	100	252	104	$\phi48$	M48×2	G1½	38							230		11
21FH2200-30	51	160	270	112	$\phi60$	—	—	51	178	110	12	78	220	200	260	236	18
21FH2200-48	64	250	360	202	$\phi76$	—	—	64							350		22
21FH2200-60	76	400	370	174	$\phi89$	—	—	76	203	126	15	92	250	232	350	270	32
21FH2200-80	102	630	390	142	$\phi114$	—	—	102	219	134	15	123	260	248	350	278	35
21FH2200-140	127	1000	440	292	$\phi140$	—	—	127				138			500		38

21FH2300 型自封吸油过滤器

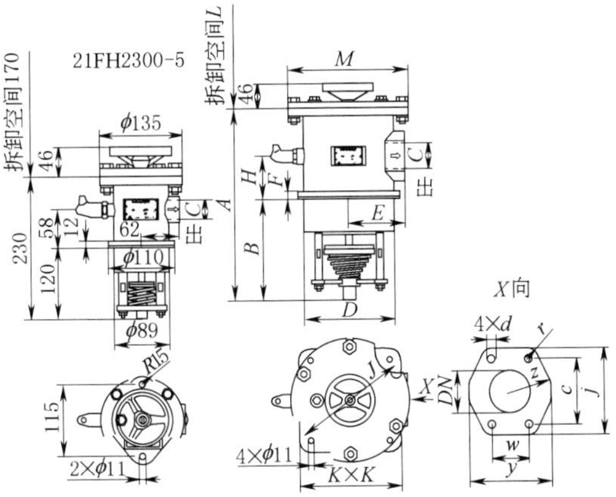

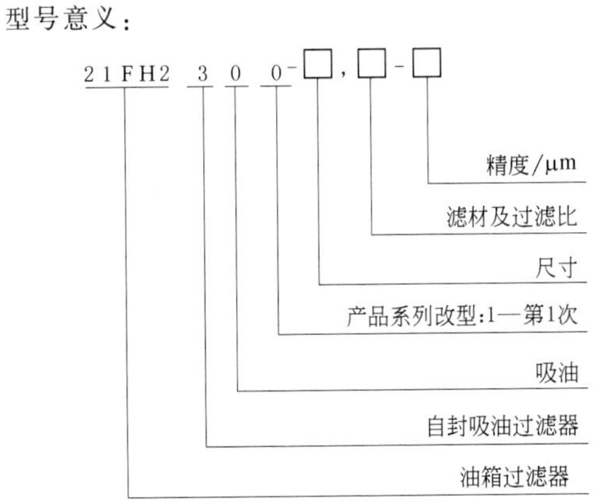

表 20-11-43

mm

型号	通径/mm	额定流量/L·min^{-1}	A	B	出口 C 公制螺纹	出口 C 管螺纹	出口 C 法兰DN	D	E	F	H	J	K	L	M	质量/kg
21FH2300-5	25	40	—	—	M33×2	G1	—	—	—	—	—	—	—	—	—	8
21FH2300-14	32	63	290	140	M42×2	G1¼	32	133	85	12	68	185	166	170	192	9
21FH2300-22	38	100	350	200	M48×2	G1½	38							230		10
21FH2300-30	51	160	370	189	—	—	51	178	110	12	78	220	200	260	236	15
21FH2300-48	64	250	610	438	—	—	64							350		18
21FH2300-60	76	400	486	290	—	—	76	203	126	15	92	250	232	350	270	26
21FH2300-80	102	630	483	235	—	—	102	219	134	15	123	260	248	350	278	38
21FH2300-140	127	1000	633	345	—	—	127				138			500		41

21FH2410 型箱上回油过滤器

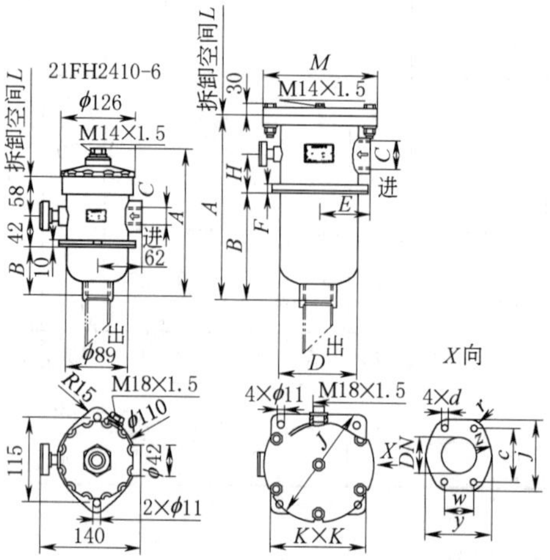

型号意义：

21FH2 4 1 0-□，□-□

- 精度/μm
- 滤材及过滤比
- 尺寸
- 产品系列改型：1—第1次
- 额定压力/MPa：1—1.0
- 箱上回油过滤器
- 油箱过滤器

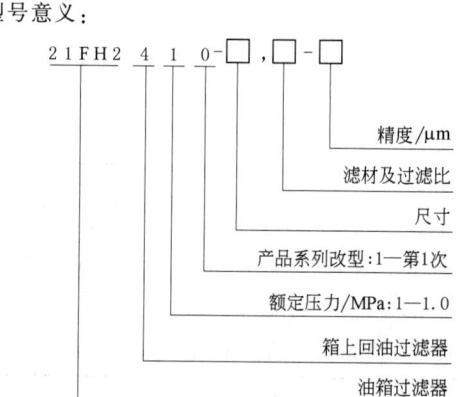

表 20-11-44

mm

型号	通径 /mm	额定流量 /L·min⁻¹	A	B	进口 C			出口	D	E	F	H	J	K	L	M	质量 /kg
21FH2410-6	15	40	156	62	M22×1.5	G½	—	φ32	—	—	—	—	—	—	170	—	4
21FH2410-10	20	63	216	122	M27×2	G¾									230		5
21FH2410-16	25	100	306	212	M33×2	G1									320		6
21FH2410-36	32	160	230	103	M42×2	G1¼	32	φ42	133	85	12	60	185	166	230	192	9
21FH2410-60	38	250	320	193	M48×2	G1½	38	φ48							320		13
21FH2410-90	51	400	360	186	—	—	51	φ60	178	110	17	80	220	200	330	236	20
21FH2410-140	64	630	510	336	—	—	64	φ76							480		22
21FH2410-150	76	1000	521	322	—	—	76	φ89	203	126	17	94	250	232	480	270	33
21FH2410-230	102	1500	721	502	—	—	102	φ114				115			680		35
21FH2410-320	102	2000	921	702	—	—									880		38

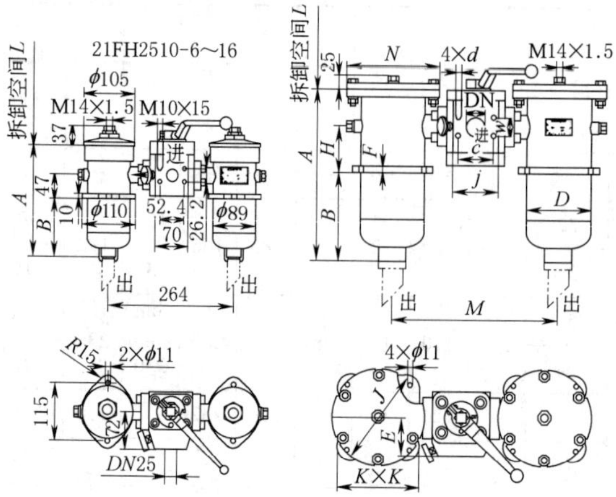

型号意义：

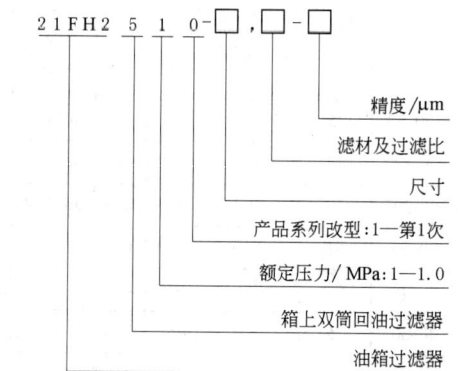

21FH2 5 1 0-□，□-□

- 精度/μm
- 滤材及过滤比
- 尺寸
- 产品系列改型：1—第1次
- 额定压力/MPa：1—1.0
- 箱上双筒回油过滤器
- 油箱过滤器

21FH2510 型箱上双筒回油过滤器

表 20-11-45　　　　mm

型号	通径 /mm	额定流量 /L·min^{-1}	*A*	*B*	进口 DN	出口	*D*	*E*	*F*	*H*	*J*	*K*	*L*	*M*	*N*	质量 /kg
21FH2510-6	15	40	200	62	25	ϕ32	—	—	—	—	—	—	170	—	—	15
21FH2510-10	20	63	260	122									230			18
21FH2510-16	25	100	350	212									320			22
21FH2510-36	32	160	253	90	38	ϕ48	133	74	12	90	185	166	230	342	192	45
21FH2510-60	38	250	343	180									320			51
21FH2510-90	51	400	360	266	64	ϕ76	178	95	12	110	220	200	330	434	236	65
21FH2510-140	64	630	510	416									480			78
21FH2510-150	76	1000	518	283	76 102	ϕ89 ϕ114	203	110	15	120	250	232	480	500	270	132
21FH2510-230	102	1500	718	483									680			146
21FH2510-320	102	2000	918	683									880			155

21FH2610 型自封回油过滤器

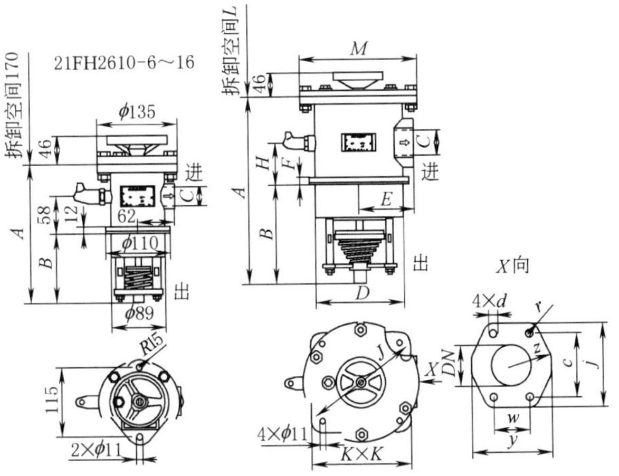

型号意义：

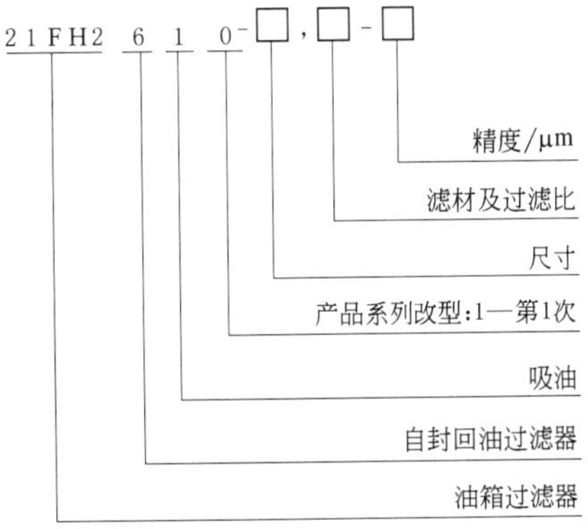

表 20-11-46

mm

型号	通径/mm	额定流量/L·min^{-1}	A	B	进口C			D	E	F	H	J	K	L	M	质量/kg
21FH2610-6	15	40	230	120	M22×1.5	G1/2	—	—	—	—	—	—	—	170	—	8
21FH2610-10	20	63	290	180	M27×2	G3/4								230		9
21FH2610-16	25	100	380	270	M33×2	G1								320		10
21FH2610-36	32	160	350	200	M42×2	G1¼	32	133	85	12	65	185	166	230	192	15
21FH2610-60	38	250	440	290	M48×2	G1½	38							320		18
21FH2610-90	51	400	460	288	—	—	51	178	110	12	80	220	200	330	236	26
21FH2610-140	64	630	610	438	—	—	64							480		29
21FH2610-150	76	1000	630	439	—	—	76 102	203	126	15	94	250	232	480	270	37
21FH2610-230	102	1500	746	502	—	—					104			680		39
21FH2610-320	102	2000	946	702	—	—								880		41

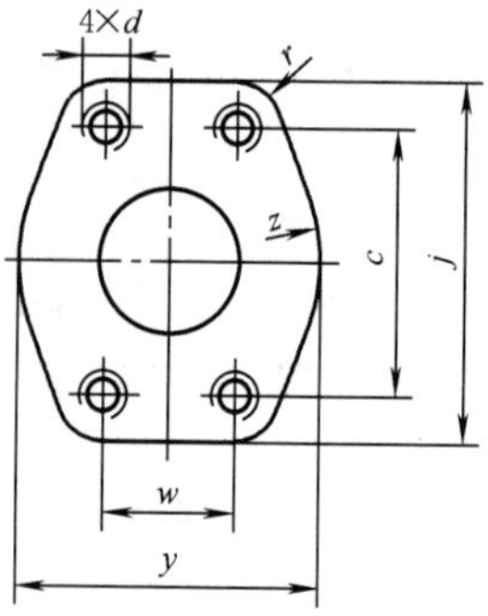

表 20-11-47 法兰尺寸一览表

mm

DN	j	c	r	w	y	z	d	焊管直径
19	65	47.6	9	22.3	52	26	M10×16	25
25	70	52.4	9	26.2	59	29	M10×16	32
32	79	58.7	10	30.2	73	37	M10×18	42
38	94	69.9	12	35.7	83	41	M12×18	48
51	102	77.8	12	42.9	97	49	M12×20	60
64	114	88.9	13	50.8	109	54	M12×20	76
76	135	106.4	14	61.9	131	66	M16×20	89
102	162	130.2	16	77.8	152	76	M16×20	114
127	184	152.4	16	92.1	181	90	M16×20	140

3 液压蓄能器

液压蓄能器是将压力液体的液压能转换为势能储存起来，当系统需要时再由势能转化为液压能而做功的容器。因此，蓄能器可以作为辅助的或者应急的动力源；可以补充系统的泄漏，稳定系统的工作压力，以及吸收泵的脉动和回路上的液压冲击等。

3.1 液压蓄能器的种类、特点和用途

表 20-11-48

种类	简图	特点	用途	说明
重力式	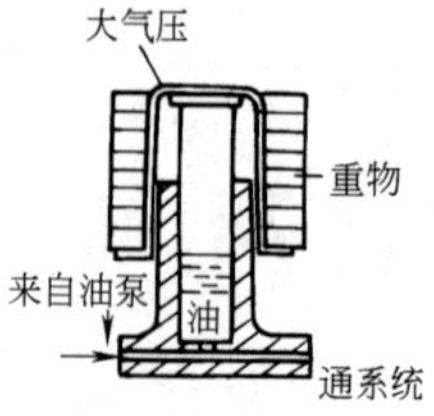	结构简单,压力恒定;体积大,笨重,运动惯性大,有噪声,密封处易漏油并有摩擦损失	作蓄能或稳定工作压力用(在大型固定设备中)。最高工作压力可达45MPa	应均匀地安置重物,柱塞运动的极限位置应设指示器或安全装置 注:见术语:“重力式蓄能器”的定义:“用重物加载活塞使流体产生压力的液压蓄能器。”

续表

种类	简图	特点	用途	说明
弹簧式	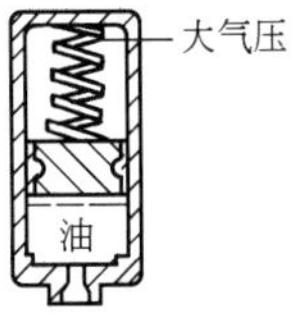	结构简单，反应较灵敏；容量小，产生的压力取决于弹簧的刚度和压缩量，有噪声	供小容量及低压（≤1.2MPa）系统在循环频率低的情况下蓄能或缓冲用	作缓冲用时，要尽量靠近振动源 注：见术语“弹簧式蓄能器”的定义：“通过弹簧加载活塞使液压流体产生压力的液压蓄能器。”
非隔离式（气瓶式）		容积大，惯性小，反应灵敏，占地面积小，无机械磨损；气体易混入油中，影响液压系统平稳性，必须经常充气。用惰性气体虽好，但费用较高；用空气时，油易氧化变质	适用于大流量的中、低压回路蓄能，也可吸收脉动。最高工作压力为5MPa	一般充氮气，绝对禁止充氧气。油口应向下垂直安装，使气体封在壳体上部，避免进入管路 注：参见术语“充气式蓄能器”的定义：“利用惰性气体（例如氮气）的可压缩性对液体加压的液压蓄能器（液体与气体之间可以隔离或不隔离）。”
活塞式	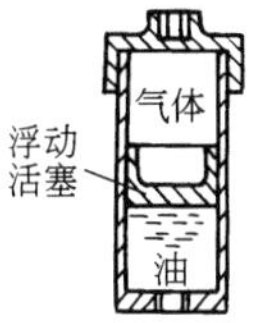	气液隔离，油不易氧化，结构简单，寿命长，安装容易，维修方便；容量较小，缸体加工和活塞密封要求较高，反应不灵敏，活塞运动到最低位置时，空气易经活塞与缸体之间的间隙泄漏到油中去，有噪声	蓄能用，可传送异性液体，最高工作压力21MPa	一般充氮气，绝对禁止充氧气。油口应向下垂直安装，使气体封在壳体上部，避免进入管路 有一种用柱塞代替活塞的柱塞式蓄能器，容量可较大，最高压力达45MPa 注：见术语“活塞式蓄能器”的定义：“靠一个带密封的往复运动活塞来实现气液隔离的充气式蓄能器。”
液体密封活塞式	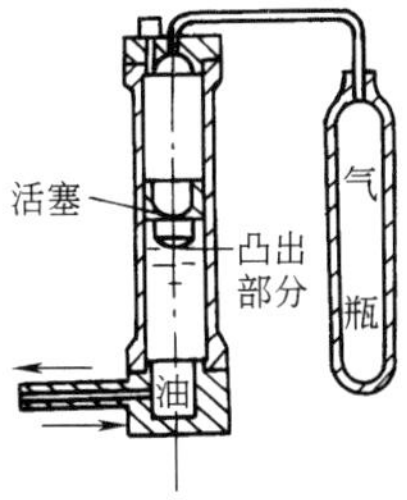	与普通活塞式蓄能器不同之处是可以防止气腔内的气体跑进液压系统，并且在液压油放空时，也不容易产生液压冲击		活塞下行，其凸出部分封住出油孔后，气腔压力要低于活塞下环形腔压力，因此气体不会进入液压系统 注：参见术语“传递式蓄能器”的定义：“气瓶通过一根总管与蓄能器的气口连接，具有一个或多个附加气瓶的充气式蓄能器。”
差动活塞式	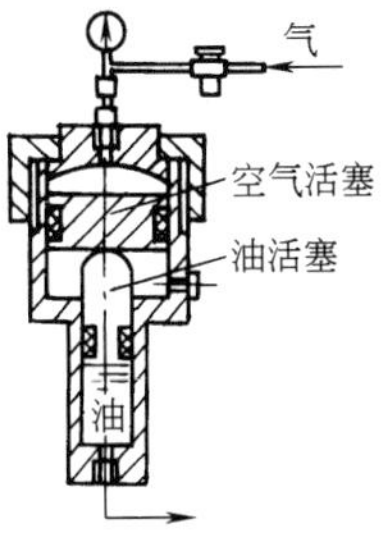	与普通活塞式蓄能器不同之处是有两个活塞，能防止空气渗入油中，而且可以通一般压缩空气使液压工作压力提高数倍	蓄能用。最高工作压力为45MPa	由于活塞下端的液体压力总是大于上端的气体压力，所以空气不会进入油中
气囊式		空气与油隔离，油不易氧化，尺寸小，重量轻，反应灵敏，充气方便	蓄能（折合型）、吸收冲击（波纹型），传送异性液体，最高工作压力200MPa	充氮气 注：见术语“囊式蓄能器”的定义：“内部液体和气体之间用柔性囊隔离的一种充气式蓄能器。”

续表

种类	简图	特　点	用　途	说　明
隔膜式	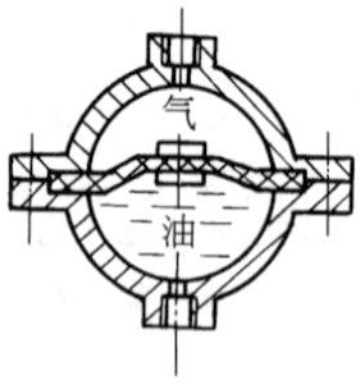	以隔膜代替气囊，壳体为球形，重量与体积比值最小；容量小	用于航空机械上蓄能、吸收冲击，可传送异性液体，最高工作压力7MPa	充氮气 注：见术语“隔膜式蓄能器”的定义：“液体和气体之间的隔离靠一个柔性隔膜实现的一种充气式蓄能器。”
直通气囊式	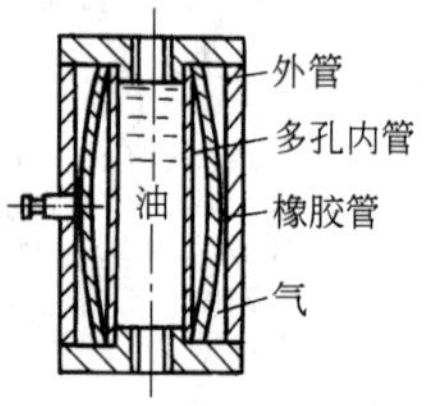	响应快，节省空间	消除脉动和降低噪声，最高工作压力21MPa 不适于蓄能用	充氮气
盒式	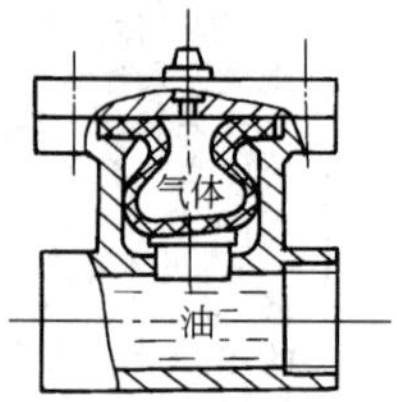	颈柱部分及约一半的橡胶囊（包括挡块）的重量像弹簧一样一体移动，构成动态吸振器，响应快	吸收高频脉动和降低系统噪声，最高工作压力21MPa 不适于蓄能用	充氮气
金属波纹管式		用金属波纹管取代气囊，灵敏性好，响应快，容量小	蓄能，吸收脉动，降低噪声，最高工作压力21MPa	充氮气
活塞隔膜式		兼有活塞式容量大及隔膜式响应快的优点，工艺性好；有少量漏气		

注：1. 蓄能器与液压泵之间应装设单向阀，防止蓄能器的油在泵不工作时倒灌。
2. 蓄能器与系统之间应装设截止阀，供充气、检查、维修蓄能器或者长时间停机时使用。

3.2　液压蓄能器在液压系统中的应用

表 20-11-49

用途	特　点	使用示例	
作辅助动力源	在液压系统工作时能补充油量，减少液压油泵供油，降低电机功率，减少液压系统尺寸及重量，节约投资。常用于间歇动作，且工作时间很短，或在一个工作循环中速度差别很大，要求瞬间补充大量液压油的场合	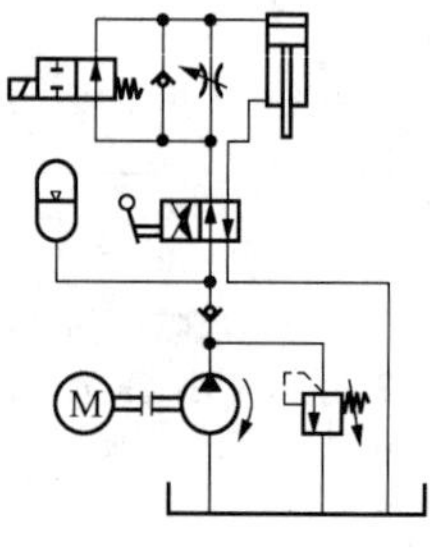	液压机液压系统中，当模具接触工件慢进及保压时，部分液压油储入蓄能器；而在冲模快速向工件移动及快速退回时，蓄能器与泵同时供油，使液压缸快速动作

续表

用途	特　　点	使　　用　　示　　例
保持恒压	液压系统泄漏(内漏)时,蓄能器能向系统中补充供油,使系统压力保持恒定。常用于执行元件长时间不动作,并要求系统压力恒定的场合	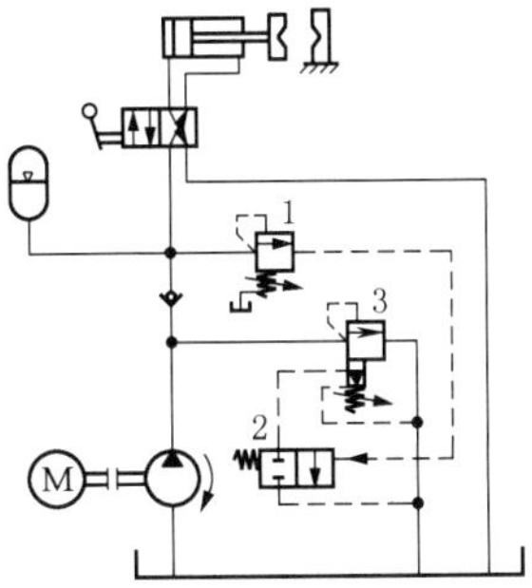 液压夹紧系统中二位四通阀左位接入,工件夹紧,油压升高,通过顺序阀1、二位二通阀2、溢流阀3使油泵卸荷,利用蓄能器供油,保持恒压
作应急动力源	突然停电,或发生故障,油泵中断供油,蓄能器能提供一定的油量作为应急动力源,使执行元件能继续完成必要的动作	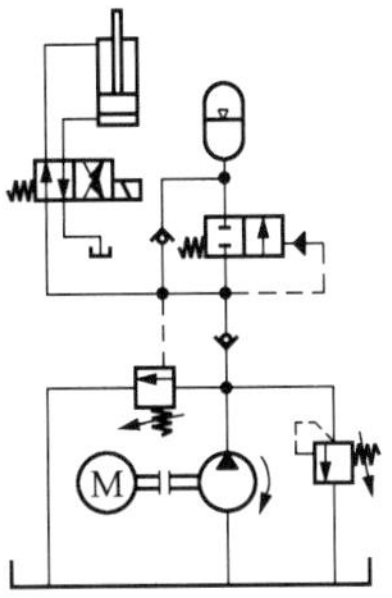 停电时,二位四通阀右位接入,蓄能器放出油量经单向阀进入油缸有杆腔,使活塞杆缩回,达到安全目的
输送异性液体	蓄能器内的隔离件(隔膜、气囊式活塞)在液压油作用下往复运动,输送被隔开的异性液体。常将蓄能器装于不允许直接接触工作介质的压力表(或调节装置)和管路之间	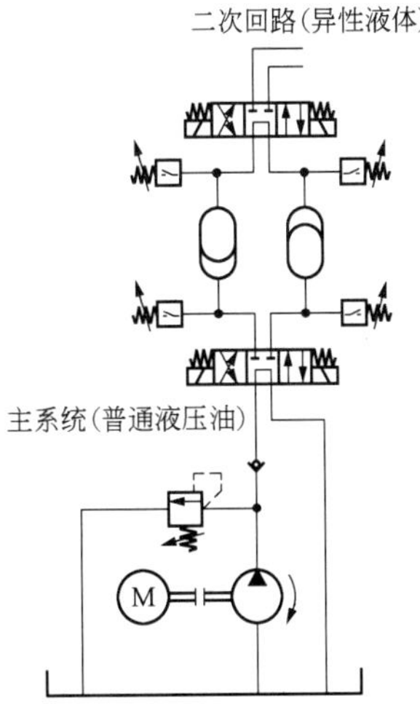
吸收液压冲击	蓄能器通常装在换向阀或油缸之前,可以吸收或缓和换向阀突然换向,油缸突然停止运动产生的冲击压力	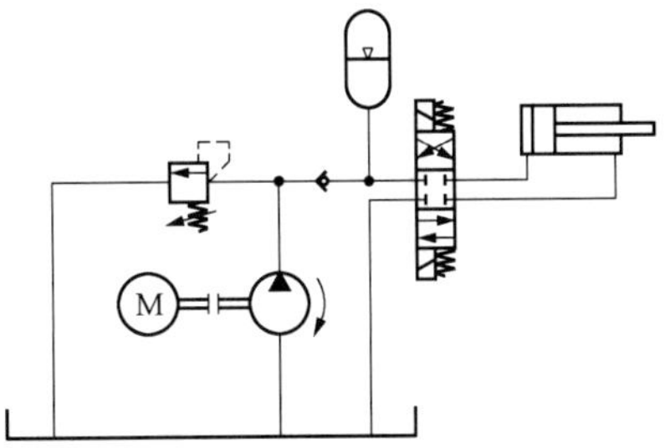 换向阀突然换向时,蓄能器吸收了液压冲击,使压力不会剧增

续表

<table>
<tr><th>用途</th><th>特　　点</th><th>使　用　示　例</th></tr>
<tr><td>作液压空气弹簧</td><td colspan="2">蓄能器可作为液压空气弹簧吸收冲击压力，弹簧刚度 K_T 等于气囊压缩时的压力差产生的当量液压缸作用力除以当量液压缸的位移。即
$$K_T=\frac{(p_2-p_1)A}{(V_1-V_2)/A}\quad (Pa/m)$$
式中　p_1，p_2——最低工作压力和最高工作压力，Pa
A——当量液压缸的有效面积，m^2
V_1，V_2——压力为 p_1 和 p_2 时气体的体积，m^3</td></tr>
<tr><td>减少脉动
流量和压力</td><td colspan="2">液压系统中的柱塞泵、齿数少的外啮合齿轮泵、溢流阀等，使系统中的液体压力、流量产生脉动。装设蓄能器可使液体脉动减小，噪声降低</td></tr>
<tr><td>作热膨胀补偿器</td><td colspan="2">封闭式液压系统中当温度上升时，液压油产生体积膨胀。因液体膨胀系数通常大于管子材料膨胀系数，导致油压升高。蓄能器能吸收液体的体积增量，防止超压，保证安全。温度下降时，液体体积收缩，蓄能器又能向外提供所需液体</td></tr>
<tr><td>改善频率特性</td><td colspan="2">液压系统采用压力补偿变量机构时，时间常数较大，蓄能器能快速放压，改善了频率特性</td></tr>
</table>

3.3　液压蓄能器的计算

3.3.1　蓄能用的液压蓄能器的计算

蓄能用的液压蓄能器有多种用途，包括：作辅助动力源、补偿泄漏保持恒压，作应急动力源、改善频率特性和作液压空气弹簧等。其计算见表 20-11-50。

表 20-11-50

<table>
<tr><th>项目</th><th>计　算　公　式</th><th>说　　明</th></tr>
<tr><td>泵的流量 Q_m</td><td>设置蓄能器的液压系统，其泵的流量是根据系统在一个工作循环周期中的平均流量 Q_m 来选取的
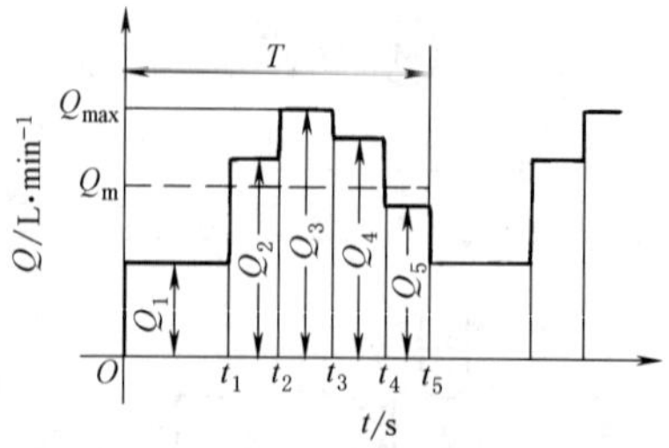
流量-时间关系
即
$$Q_m\geqslant\frac{\sum_{i=1}^{n}Q_it_i}{T}\times 60K\quad (L/min)$$</td><td>$\sum_{i=1}^{n}Q_it_i$——在一个工作周期中各液压机构耗油量之总和，L
K——泄漏系数，一般取 $K=1.2$
T——机组工作周期，s
液压泵既可以选一台，也可以选数台，但其总流量 $\sum Q_p$ 应等于一个工作循环内的平均流量 Q_m</td></tr>
</table>

续表

项目	计算公式	说明
蓄能器有效容积 V_W（蓄能器有效供液容积）	根据各液压机构的工作情况制定出耗油量与时间关系的工作周期表，比较出最大耗油量的区间 ① 对于作为辅助动力源的蓄能器，可按下式粗算 $$V_W=\sum_{i=1}^{n}V_iK-\frac{\sum Q_p t}{60}\quad(L)$$ 对于液压缸 $V_i=A_il_i\times10^3$ ②对于应急动力源的蓄能器，其有效工作容积，要根据各执行元件动作一次所需耗油量之和来确定 $$V_W=\sum_{i=1}^{n}KV_i'\quad(L)$$ ③蓄能用蓄能器有效工作容积 V_W 在绝热情况下可以用下面蓄能器有效容积（$n=1.4$）图，用图解法求出 V_W **例**　已知 $p_2=7$MPa，$p_1=4$MPa，$p_0=3$MPa，$V_0=10$L，求蓄能器的有效工作容积 V_W（绝热情况下） 从下图中过 $p_2=7$MPa 的垂直线与 $p_0=3$MPa 的曲线的交点作水平线向左与 $V_0=10$L 的垂直线相交，得 $V_2=5$L；过 $p_1=4$MPa 的垂直线与 $p_0=3$MPa 的曲线的交点作水平线向左与 $V_0=10$L 的垂直线相交，得 $V_1=7.5$L，所以有效工作容积为 $$V_W=V_1-V_2=7.5-5=2.5(L)$$	$\sum_{i=1}^{n}V_i$——最大耗油量处，各执行元件耗油量总和，L A_i——液压缸工作腔有效面积，m^2 l_i——液压缸的行程，m K——系统泄漏系数，一般取 $K=1.2$ $\sum Q_p$——泵站总供油量，L/min t——泵的工作时间，s V_i'——应急操作时，各执行元件耗油量，L

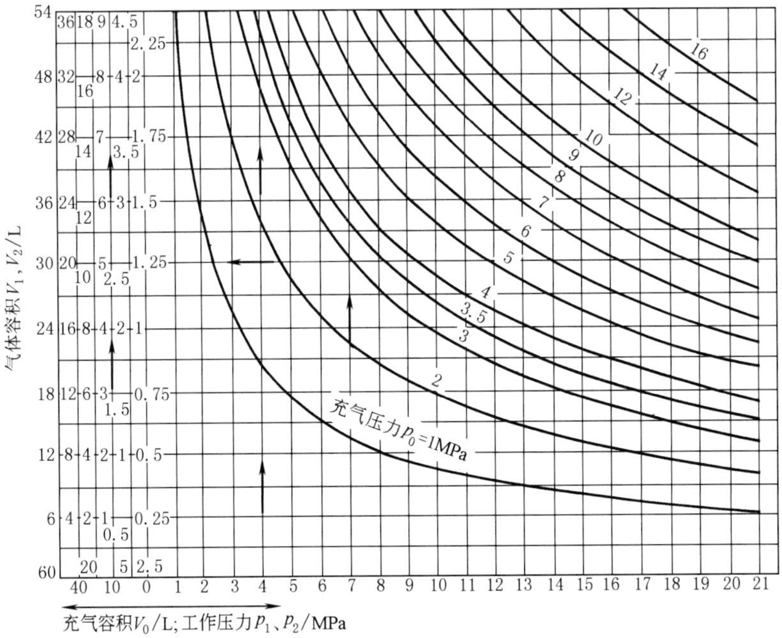

上图横坐标上从0起往左共6条线，第1线为2.5，第2条线为5，第3条线为10，其次分别为20、40、60；其右侧是气囊式蓄能器压力与容积的关系图

上图有关代号均与下栏公式中有关代号相同

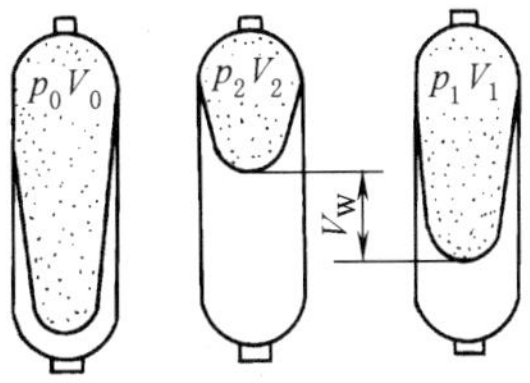

续表

项目	计算公式	说明
蓄能器的总容积 V_0	蓄能器的总容积 V_0,即充气容积(对活塞式蓄能器而言,是指气腔容积与液腔容积之和)。根据波义耳定律: $p_0V_0^n=p_1V_1^n=p_2V_2^n=C$ 蓄能器工作在绝热过程($t<1\text{min}$)时,$n=1.4$,其总容积 $V_0=\dfrac{V_W}{p_0^{0.715}\left[\left(\dfrac{1}{p_1}\right)^{0.715}-\left(\dfrac{1}{p_2}\right)^{0.715}\right]}$ (L)	p_0——充气压力,MPa p_1——最低工作压力,MPa p_2——最高工作压力,MPa 以上压力均为绝对压力,相应的气体容积分别为 V_0、V_1、V_2,L n——指数,绝热过程 $n=1.4$(对氮气或空气),则 $\dfrac{1}{n}=0.715$ V_W——有效工作容积,L,$V_W=V_1-V_2$
蓄能器充气压力 p_0	(1) 蓄能用 1) 使蓄能器总容积 V_0 最小,单位容积储存能量最大的条件下,绝热过程时 $p_0=0.471p_2$ 2) 使蓄能器重量最小时 $p_0=(0.65\sim0.75)p_2$ 3) 在保护胶囊,延长其使用寿命的条件下 折合形气囊 $p_0\approx(0.8\sim0.85)p_1$ 波纹形气囊 $p_0\approx(0.6\sim0.65)p_1$ 隔膜式 $p_0\geqslant0.25p_2$,$p_1\geqslant0.3p_2$ 活塞式 $p_0\approx(0.8\sim0.9)p_1$ (2) 作吸收液压冲击用 $p_0=p_1$ (3) 作清除脉动降低噪声用 $p_0=p_1$ 或 $p_0=0.6\dfrac{p_1+p_2}{2}$	蓄能器的充气压力 p_0,根据应用条件的不同,选用不同计算公式进行计算 代号含义同前 作液体补充装置或作热膨胀补偿用时,同样取 $p_0=p_1$
蓄能器最低工作压力 p_1 和最高工作压力 p_2	作为辅助动力源来说,蓄能器的最低工作压力 p_1 应满足 $p_1=(p_{\text{I}})_{\max}+(\sum\Delta p)_{\max}$ 从延长皮囊式蓄能器的使用寿命考虑 $p_2\leqslant3p_1$ 作为辅助动力源的蓄能器,为使其在输出有效工作容积过程中液压机构的压力相对稳定些,一般推荐 $p_1=(0.6\sim0.85)p_2$ 但对要求压力相对稳定性较高的系统,则要求 p_1 和 p_2 之差尽量在 1MPa 左右	$(p_{\text{I}})_{\max}$——最远液压机构的最大工作压力,MPa $(\sum\Delta p)_{\max}$——蓄能器到最远液压机构的压力损失之和,MPa p_2 越低于极限压力 $3p_1$,皮囊寿命越长,提高 p_2 虽然可以增加蓄能器有效排油量,但势必使泵站的工作压力提高,相应功率消耗也提高了,因此 p_2 应小于系统所选泵的额定压力
蓄能器实际有效工作容积 V'_W	绝热过程($t<1\text{min}$)蓄能器有效工作容积为 $V'_W=p_0^{1/n}V_0\left[\left(\dfrac{1}{p_1}\right)^{1/n}-\left(\dfrac{1}{p_2}\right)^{1/n}\right]$ (L)	式中代号含义同前

注:当气体的压缩或膨胀是在 1min 以内者,由于来不及和外界进行热交换,故可近似认为是绝热过程。

表 20-11-51 **液压蓄能器有效排油量验算**

项目	制定方法或验算
蓄能器工作制度制定方法	按表 20-11-50 确定的蓄能器实际有效工作容积 V'_W，还应该按生产过程的工作循环周期表进行验算。验算前应确定泵蓄能器站的工作制度，即泵和蓄能器如何配合工作的制度，以满足系统的需要 ①靠蓄能器内液位变化，由液位控制器（如干簧管继电器等装置）发出电信号给液压泵（一台或几台进行供油或卸荷） 此类蓄能器多半是气液直接接触式的（非隔离式的），一般容量较大（500~1000L 以上，有效工作容积也有几十升以上），需自行设计 ②靠蓄能器内压力变化，由压力控制器（如电接点压力表、压力继电器等控制元件）发出电信号来控制泵组的工作状态（供油或卸荷） 目前液压系统广泛采用气囊式蓄能器。每个蓄能器容量不大，由几个并联使用，以满足大流量的需要，在其总的输出管线上，接通压力控制器

计算实例

已知一泵站由三台叶片泵（两台工作，一台备用）和两个气囊式蓄能器组成，蓄能器参数为：总容积 $V_0=2\times40=80$（L），充气压力 $p_0=5.5$MPa，最低工作压力 $p_1=6$MPa，最高工作压力 $p_2=7.5$MPa

根据 $p_0V_0^n=p_1V_1^n=p_2V_2^n=C$，可求得压力为 6MPa、6.5MPa、6.8MPa、7.2MPa、7.5MPa 时蓄能器的液体容积及相应的有效工作容积。如

当 $p_1=6$MPa 时，$V_1=\left(\dfrac{p_0}{p_1}\right)^{1/n}V_0=\left(\dfrac{5.5}{6}\right)^{0.715}\times80=75.21$（L）

当 $p'=6.5$MPa 时，$V'=\left(\dfrac{5.5}{6.5}\right)^{0.715}\times80=71.05$（L）

则有效工作容积 V'_W 为 $V'_W=V-V'=75.21-71.05=4.16$（L）

把计算结果标在泵和蓄能器工作制度示意图（如下图）上

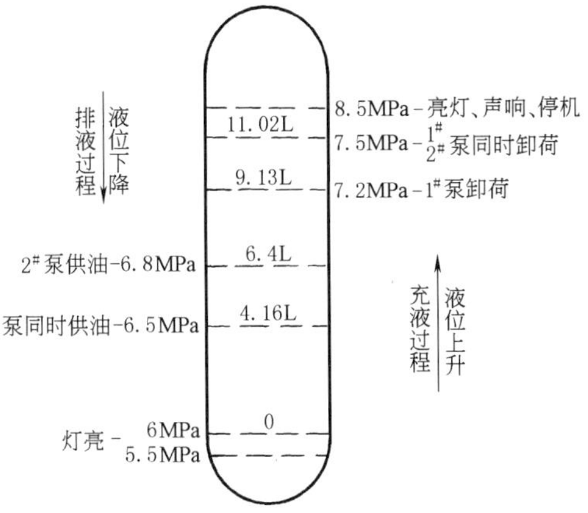

泵和蓄能器工作制度示意图

由图可见，蓄能器刚开始充液时，1#、2#泵同时向蓄能器供油，随着液位上升，气囊内气体被压缩，油压升高，当油压升到 7.2MPa 时，电接点压力表（或其他压力控制器）发出电信号，使 1#泵卸荷（2#泵仍在供油）；压力继续上升，升到 7.5MPa 时，蓄能器内已蓄油 11.02L（有效工作容积），电接点压力表发出信号，使 2#泵也卸荷，整个泵站停止向蓄能器供油。这时如果液压执行元件工作，则系统完全由蓄能器供油，随着蓄能器内液位下降，气囊内气体膨胀，蓄能器内油液压力下降，当压力降到 6.8MPa 时，电接点压力表发出信号，使 2#泵供油，压力降到 6.5MPa 时，1#泵也供油，两个泵同时工作

该泵站由三个电接点压力表进行压力控制，三个压力表头分配如下

表号	表简图	控制对象	控制压力范围	压力差
1	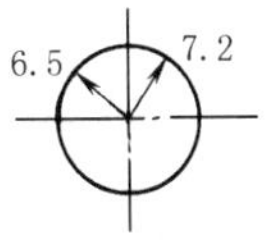	控制 1#泵的工作状态（供油或卸荷）	6.5~7.2MPa	0.7MPa
2	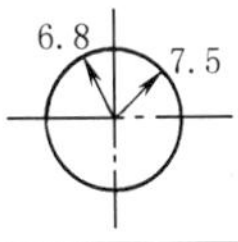	控制 2#泵的工作状态（供油或卸荷）	6.8~7.5MPa	0.7MPa
3	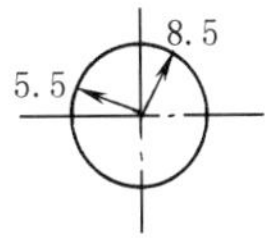	控制系统上、下极限压力，当压力低于 5.5MPa 或高于 8.5MPa 时，发出报警信号	5.5~8.5MPa	3MPa

续表

项目	制定方法或验算
蓄能器有效工作容积验算	蓄能器有效工作容积的验算，需根据液压系统的工作循环，并结合泵和蓄能器的工作制度示意图进行。由下面公式计算各工序存入蓄能器的液体量 W_i 当液压机构工作时 $W_i=(\sum Q_p-\sum nq)t$ (L) 当无液压机构工作时 $W_i=(\sum Q_p)t$ (L) 实际验算时，可按下表依各工序顺序逐项计算

液压机构工作循环顺序及工序名称	工作油缸数 n	单缸耗油量 q /L·s^{-1}	工序耗油量 $\sum nq$ /L·s^{-1}	工作时间 t/s	累计时间 $\sum t$/s	泵供油量 $\sum Q_p$ /L·s^{-1}	充入蓄能器油量 $W_i=(\sum Q_p-\sum nq)t$/L	蓄能器累计蓄油量 $\sum W_i$/L
1 ×× 2 ×× ……								

因为工作时间 $t=\dfrac{W_i}{\sum Q_p-\sum nq}$，所以当工序中供油量或需油量变化时，必须按变化阶段分别求出相应时间 t_i 及其充入液压蓄能器油量，而不应简单地按整个工序时间代入上式求 W_i。

液压蓄能器有效工作容积的验算结果如不能满足工作需要，应通过调整泵和液压蓄能器的工作制度或适当调整生产工序等措施加以修正。

3.3.2 其他用途液压蓄能器总容积 V_0 的计算

表 20-11-52 m^3

用途	计算公式	说明
补偿泄漏	$V_0=\dfrac{5T(p_1+p_2-2)p_1p_2}{\mu p_0(p_2-p_1)}\sum\zeta_{1i}$	p_0——蓄能器充气压力，MPa p_1——蓄能器最低工作压力，MPa p_2——蓄能器最高工作压力，MPa V_W——蓄能器有效工作容积，m^3 V_a——封闭油路中油液的总容积，m^3 n——指数，对氮气或空气 $n=1.4$ ζ_{1i}——系统各元件的泄漏系数，m^3 μ——油的动力黏度，Pa·s α——管材线胀系数，K^{-1} t_1——系统的初始温度，K β——液体的体胀系数，K^{-1} T——一定时间内机组不动的时间间隔，s t_2——系统的最高温度，K δ_p——压力脉动系数， $\delta_p=\dfrac{2(p_2-p_1)}{p_1+p_2}$ p_m——蓄能器设置点的平均绝对压力，Pa $p_m=\dfrac{p_1+p_2}{2}$ q_d——泵的单缸排量，m^3 K_b——系数，不同型号的泵其系数不同 ρ——工作介质的密度，kg/m^3
作热膨胀补偿	绝热过程 $V_0=\dfrac{V_a(t_2-t_1)(\beta-3\alpha)\left(\dfrac{p_1}{p_0}\right)^{1/n}}{1-\left(\dfrac{p_1}{p_2}\right)^{1/n}}$	
作液体补充装置	绝热过程 $V_0=\dfrac{V_W}{p_0^{1/n}\left[\left(\dfrac{1}{p_1}\right)^{1/n}-\left(\dfrac{1}{p_2}\right)^{1/n}\right]}$	
	等温过程 $V_0=\dfrac{V_W}{p_0\left(\dfrac{1}{p_1}-\dfrac{1}{p_2}\right)}$	
用于消除脉动降低噪声	$V_0=\dfrac{V_W}{1-\left(\dfrac{p_1}{p_2}\right)^{1/n}}$ 或 $V_0$① $=\dfrac{V_W}{1-\left(\dfrac{2-\delta_p}{2+\delta_p}\right)^{1/n}}$ 对柱塞泵 $V_0=\dfrac{q_dK_b\left(\dfrac{p_m}{p_1}\right)^{1/n}}{1-\left(\dfrac{p_m}{p_2}\right)^{1/n}}$	

续表

用途	计算公式	说明
用于吸收液压冲击	$V_0{}^{①}=\dfrac{0.2\rho LQ^2}{Ap_0}\times\dfrac{1}{\left(\dfrac{p_2}{p_0}\right)^{0.285}-1}$ 经验公式 $V_0{}^{②}=\dfrac{4Qp_2(0.0164L-t)}{p_2-p_1}\times10^{-6}$	Q——阀关闭前管内流量，L/min L——产生冲击波的管长，m A——管道通流截面，cm^2 t——阀由全开到全关时间，s

① 公式中的压力均为绝对压力，Pa。

② 式中的 V_0 为正值时，才有安装蓄能器的必要。

注：消除柱塞泵脉动公式中的系数 K_b 值（$p_1=p_0$）：

泵只有一个腔且为单作用　0.6；泵有两个腔，每转吸压油两次　0.15

泵只有一个腔，每转吸压油两次　0.25；泵有三个腔，每转吸压油一次　0.13

泵有两个腔，每转吸压油一次　0.25；泵有三个腔，每转吸压油两次　0.06

作消除冲击用的蓄能器总容积 V_0，也可以用图 20-11-3 很快求出。

例　在一液压系统中，将阀门瞬间关闭，阀门关闭前的工作压力 $p_1=27\text{MPa}$，管内流量 $Q=250\text{L/min}$，产生冲击波的管段长度 $L=40\text{m}$，阀门关闭时产生液压冲击，其冲击压力 $p_2=30\text{MPa}$，用图解法求蓄能器所需的总容积 V_0。

解　冲击前、后的压力比

$$\lambda_p=\frac{p_1}{p_2}=\frac{27}{30}=0.9$$

由图 20-11-3 的横坐标流量 $Q=250\text{L/min}$ 作垂线与 $L=40\text{m}$ 的曲线交于一点，由该点作水平线向右与 $\lambda_p=0.9$ 的曲线相交，过此交点作垂直线向上与图的上缘相交，即得 $V_0=6.3\text{L}$。

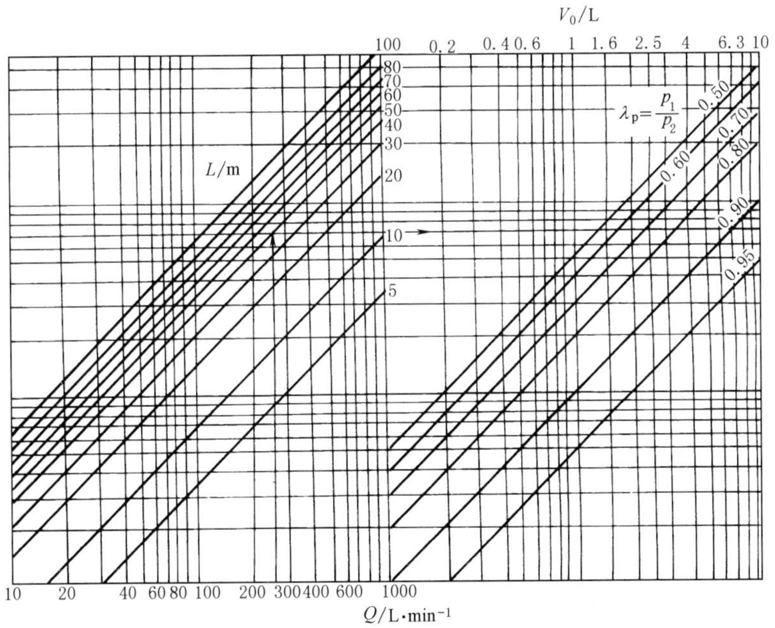

图 20-11-3　作消除冲击用的蓄能器总容积 V_0 计算图（$t=0$）

3.3.3　重锤式液压蓄能器设计计算

重锤式液压蓄能器按结构可以分为，缸体作成活动的和柱塞作成活动的两类，后者采用较多。其主要结构如图 20-11-4 所示。为了防止柱塞被顶出液压缸，在柱塞上钻有小孔 6，即当柱塞升到一定高度时，缸中液体通过小孔 6 排出。为使柱塞及圆筒上下滑动时有正确的方向，在圆筒底部安有一组导向滑轮（4 个），使其沿着缸上

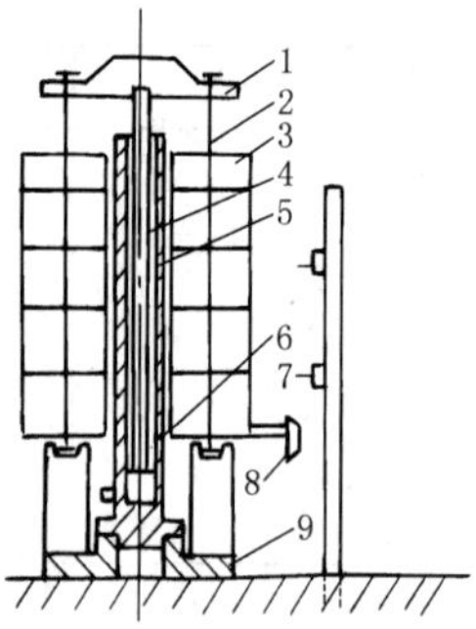

图 20-11-4　重锤式蓄能器

1—横梁；2—拉杆；3—重物；4—柱塞；5—液压缸；6—小孔；
7—极限开关；8—碰块；9—底座

的导轨上下滑动。在底座上装有木制垫桩，当蓄能器下降到最低位置时起缓冲作用，同时圆筒支持在木桩上。圆筒内的重物一般由板坯制造，其密度一般不小于 4.5~5.5t/m^3。

表 20-11-53

<table>
<tr><th>项目</th><th>计算公式</th><th>说明</th></tr>
<tr><td>运动方程式</td><td>当柱塞下降时
$$G_0-pF\left(1+\frac{K}{D}\right)-\beta G_0=0$$
当柱塞上升时
$$G_0-pF+K\frac{pF}{D}+\beta G_0=0$$</td><td rowspan="2">G_0——蓄能器运动部分的重量，N
p——蓄能器中液体的压力，Pa
F——蓄能器的柱塞面积，m^2
K——经验系数，当液体用乳化液时 $K=6\sim8$，用油时 $K=3.5\sim4$（其中大值用于小直径柱塞）
D——蓄能器柱塞直径，mm
β——摩擦因数，一般取 $\beta=0.05\sim0.15$
V_W——蓄能器有效工作容积，L
1.1×10^{-7}——与密封处的摩擦损失系数有关的系数
r——缸内半径，mm
计算 R 的式中，p 在设计中一般是按试验压力进行设计，主要考虑到由于冲击而引起的压力升高
$[\sigma]$——许用应力，MPa，对锻钢，一般取 110~120MPa
p——拉杆承受的总拉力，N
n——拉杆数量
a——每根拉杆的截面积，按螺纹的最小内径计算，mm^2</td></tr>
<tr><td>主要参数计算</td><td>(1)柱塞行程 S
$$S=\frac{4V_W}{\pi D^2}\times10^6\quad(\text{mm})$$
(2)蓄能器重物重量 G_1
$$G_1=1.1\times10^{-7}\frac{\pi}{4}D^2p-G_2\quad(\text{N})$$
式中，G_2 为除重物以外，所有运动部件的总重
(3)钢制缸筒的外半径 R
$$R=r\sqrt{\frac{[\sigma]+0.4p}{[\sigma]-1.3p}}\quad(\text{mm})$$
(4)每根拉杆的应力 σ_p
$$\sigma_p=\frac{p}{na}\leqslant[\sigma]\quad(\text{MPa})$$
拉杆材料一般为 40、35 钢，考虑到液压冲击，其许用应力取
$$[\sigma]=50\text{MPa}$$</td></tr>
</table>

.3.4 非隔离式液压蓄能器计算

表 20-11-54

项目	计算公式	说明
液体容积及液罐主要尺寸	(1)液罐内径 D $$D \geqslant 4.6\sqrt{\frac{Q_{\max}}{v}} \quad (\mathrm{cm})$$ 式中,v 值与采用的液位控制装置及其惯性有关。一般 $v \leqslant 25\mathrm{cm/s}$; 采用电接触发送控制装置时,$v$ 允许到 $40\mathrm{cm/s}$; 为了防止液位过高,也可取 $v = 10\mathrm{cm/s}$ (2)工作液柱高度 H_W $$H_W = \frac{1275V_W}{D^2} \quad (\mathrm{cm})$$ (3)下安全液柱高度 H' $$H' = vt_1$$ 下安全油液容积 V' $$V' = \frac{\pi D^2}{4}H' \times 10^{-3} = 0.000785D^2H'$$ (4)上备用液柱高度 H'' $$H'' = \frac{21Q_p}{D^2}t_2 \quad (\mathrm{cm})$$ 上备用油液容积 V'' $$V'' = \frac{Q_p t_2}{60} \quad (\mathrm{L})$$ (5)罐底死容积 V_0 一般近似取相当于罐底弧面部分的容积 (6)液罐中液体总容积 $V_液$ $$V_液 = V_W + V' + V'' + V_0$$ (7)液罐总容积 V_t $$V_t = V_液 + V_B$$	$Q_{\max}$——液罐最大供油率,L/min v——罐中液面允许下降速度,cm/s 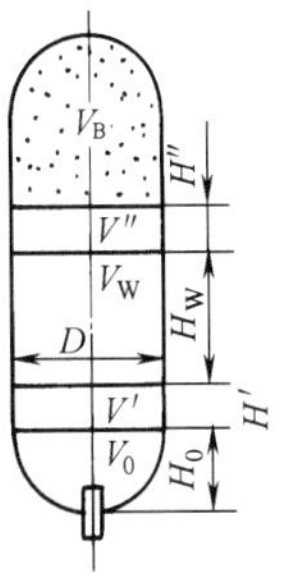 V_W——有效工作容积,L t_1——关闭最低液位阀所需要的时间,s,自动阀一般取 $t_1 = 3 \sim 5\mathrm{s}$ Q_p——油泵排油量,L/min t_2——打开油泵循环阀所需要的时间,一般 $t_2 = 3 \sim 5\mathrm{s}$ V_B——液罐中气体容积,L 液罐数量的选择可按以下原则: ①根据液罐中液面允许下降速度进行选取 ②尽量使所选择的液罐为标准产品,并考虑厂房高度及安装方便
蓄能器总容积及气罐的容积	①蓄能器的总容积(包括液罐及气罐)在最大工作压力下(即液罐中储满工作油液 V_W 时),气体容积 V_B $$V_B = \frac{V_W\left(\frac{p_{\min}}{p_{\max}}\right)^{1/n}}{1-\left(\frac{p_{\min}}{p_{\max}}\right)^{1/n}} \quad (\mathrm{L})$$ 在初步计算时,一般预选 $$V_B \geqslant (10 \sim 13)V_W$$ 蓄能器总容积 $V_总$ $$V_总 = V_B + V_W + V' + V_0 \quad (\mathrm{L})$$ ②气罐总容积 V_2 $$V_2 = V_总 - V_1 \quad (\mathrm{L})$$	$p_{\min}, p_{\max}$——工作油液的最小及最大压力,MPa,一般取 $p_{\min}/p_{\max} = 0.92 \sim 0.89$ 当工作压力 $p < 5\mathrm{MPa}$ 时,取 $n = 1$ 当工作压力 $p = 5 \sim 20\mathrm{MPa}$ 时,取 $n = 1.29 \sim 1.30$ 当工作压力 $p = 20 \sim 40\mathrm{MPa}$ 时,取 $n = 1.35 \sim 1.40$ 气罐数量确定按以下原则: ①根据液罐中液体允许的压力降进行选取 ②尽量使所选择的气罐为标准产品,并考虑厂房高度及安装方便
液位控制	液压系统中采用蓄能器时,为了防止液罐中的压缩气体进入液压系统,必须安装液位控制器。液位控制器的作用,主要是将高压容器——液罐中的液位高度表示出来,使操作者能够及时控制有关设备,以保证生产安全。目前在气液直接接触式的蓄能器中,液位控制多采用电气控制。当液罐中液体在不同位置时,利用液位控制器来操纵泵,阀接通或断开,并根据不同的情况发出各种灯光信号或声响事故信号。液位控制器的数量由设备的数量及控制要求确定	

3.4 液压蓄能器的选择

参考表 20-11-48 所列蓄能器的种类、特点和用途选用蓄能器的类型，根据计算出的蓄能器总容积 V_0 和工作压力，即可选择蓄能器的产品型号。

3.5 液压蓄能器产品及附件

(1) NXQ 型囊式蓄能器

囊式蓄能器是一种储能装置。主要用途是储存能量、吸收脉动和缓和冲击，具有体积小、重量轻、反应灵敏等优点。

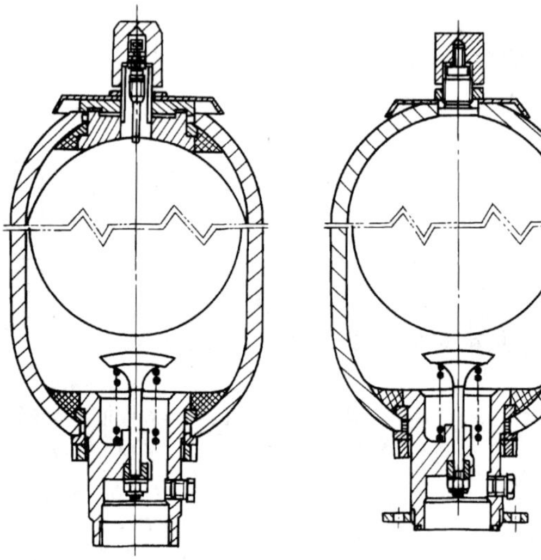

(a) NXQ2-※/※-L型　　(b) NXQ1-※/※-F型

图 20-11-5　囊式蓄能器结构

1) 型号意义

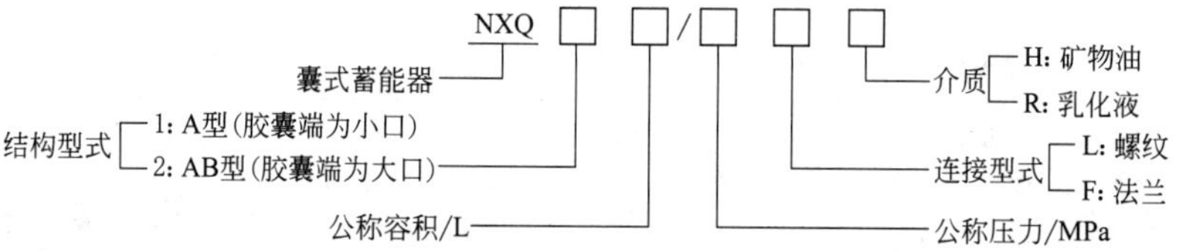

2) 技术规格及外形尺寸

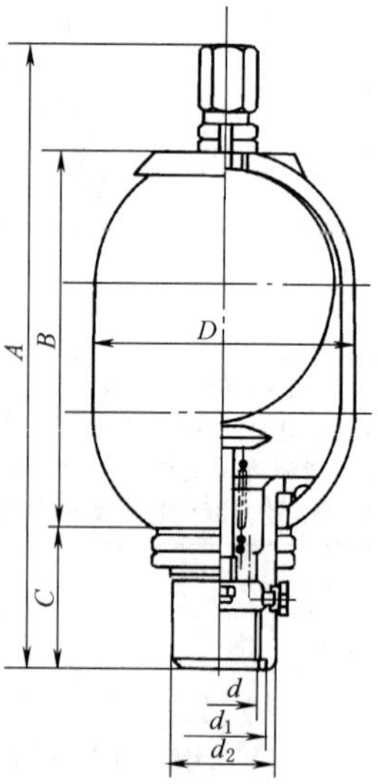

NXQ 型(螺纹连接)囊式蓄能器

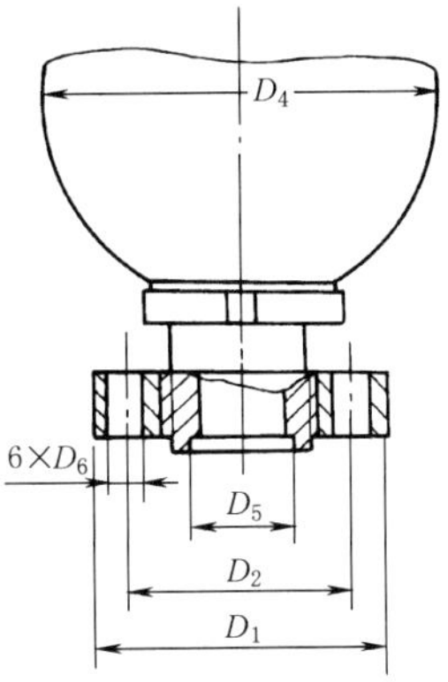

NXQ 型(法兰连接)囊式蓄能器

表 20-11-55

型号	公称容积/L	公称通径/mm	公称压力/MPa	尺寸/mm												
								螺纹连接				法兰连接				
				A	B	C	D	d	d_1	d_2	质量/kg	D_1	D_2	D_5	D_6	质量/kg
NXQ1-L0.63/※	0.63	15	10、20、31.5	320	185	52	89	M27×2	32	37	3.65					
NXQ1-L1.6/※	1.6	32		360	215	66	152	M42×2	50	60	12.7					
NXQ1-L2.5/※	2.5			420	280						14.7					
NXQ1-L4/※	4			540	390						18.6					
NXQ1-L6.3/※	6.3			710	560						25.5					
NXQ12-L10/※	10	40		690	530	90	219	M60×2	68	82	47					
NXQ12-L16/※	16			900	740						63					
NXQ12-L25/※	25			1200	1040						84					
NXQ12-L40/※	40			1730	1560						120					
NXQ12-L40/※	40	50		1070	890	102	299	M72×2	80	96	140					
NXQ12-L63/※	63			1510	1330						210					
NXQ12-L80/※	80			1810	1670						250					
NXQ12-L100/※	100			2110	2030						300					
NXQ12-L150/※	150			2450			351	M80×3	90		440					
NXQ12-F10/※	10			690	530	90	219					160	125	68H9	22	50
NXQ12-F16/※	16			900	740											65
NXQ12-F25/※	25			1200	1040											87
NXQ12-F40/※	40			1730	1560											126
NXQ12-F40/※	40	60		1070	890	102	299					200	150	80H9	26	159
NXQ12-F63/※	63			1510	1330											224
NXQ12-F80/※	80			1810	1670											274
NXQ12-F100/※	100			2110	2030											323
NXQ12-F150/※	150			2450			351					230	170	90H9	26	445

(2) HXQ 型活塞式蓄能器

HXQ 型活塞式蓄能器是隔离式液压蓄能装置。可用来稳定系统的压力，以消除系统中压力的脉动冲击；也

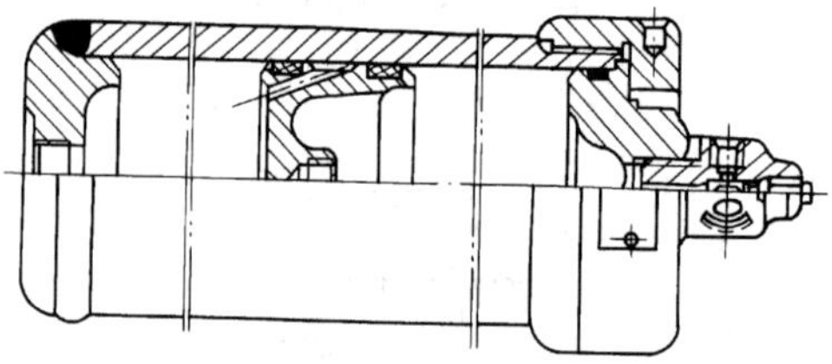

图 20-11-6　活塞式蓄能器结构

可用作液压蓄能及补给装置。利用蓄能器在短时间内释放出工作油液，以补充泵供油量的不足，可使泵周期卸荷。该蓄能器具有使用寿命较长、油气隔离、油液不易氧化等优点。缺点是活塞上有一定的摩擦损失。

1）型号意义

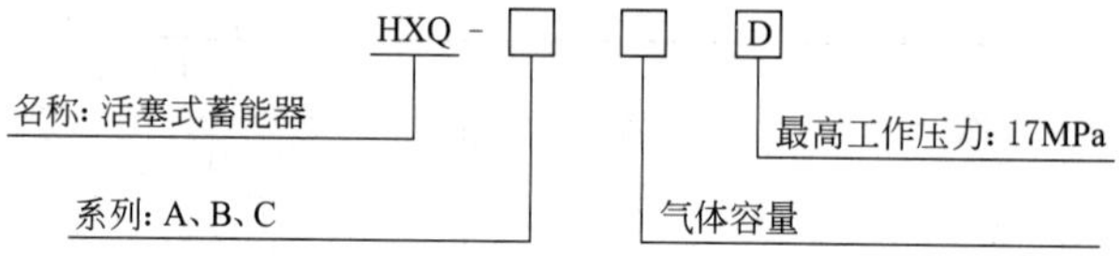

2）技术规格及外形尺寸

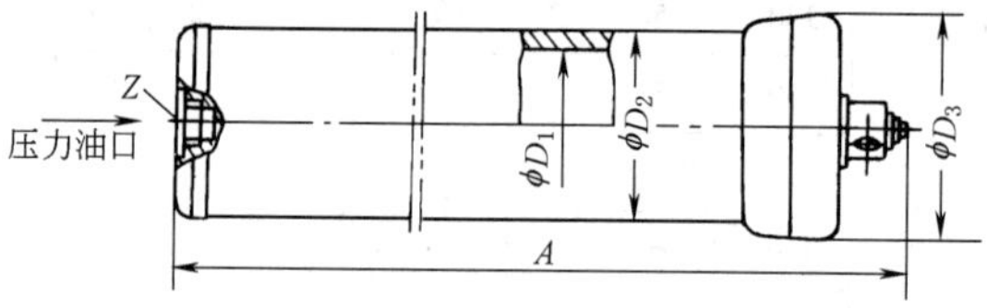

表 20-11-56

型　　号	容积/L	压力/MPa		尺　　寸/mm					质量/kg
		工作压力	耐压	A	D_1	D_2	D_3	Z	
HXQ-A1.0D	1	17	25.5	327	100	127	145	R_c3/4	18
HXQ-A1.6D	1.6			402					20
HXQ-A2.5D	2.5			517					24
HXQ-B4.0D	4			557	125	152	185	R_c1	44
HXQ-B6.3D	6.3			747					55
HXQ-B10D	10			1057					73
HXQ-C16D	16			1177	150	194	220	R_c1	126
HXQ-C25D	25			1687					173
HXQ-C39D	39			2480					246

（3）CQJ 型充气工具

充气工具是蓄能器充气、补气、修正气压和检查充气压力等专用工具。

1）型号意义

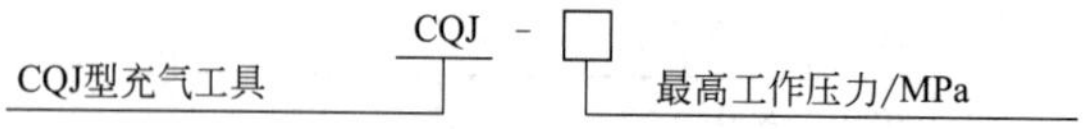

2）技术规格

表 20-11-57

mm

型号	公称压力/MPa	配用压力表		与蓄能器连接尺寸 d	胶管规格 内径×钢丝层
		刻度范围/MPa	精度等级		
CQJ-16	10	0~16	1.5	M14×1.5	ϕ8×1
CQJ-25	20	0~25			ϕ8×2
CQJ-40	31.5	0~40			ϕ8×3

3）外形尺寸

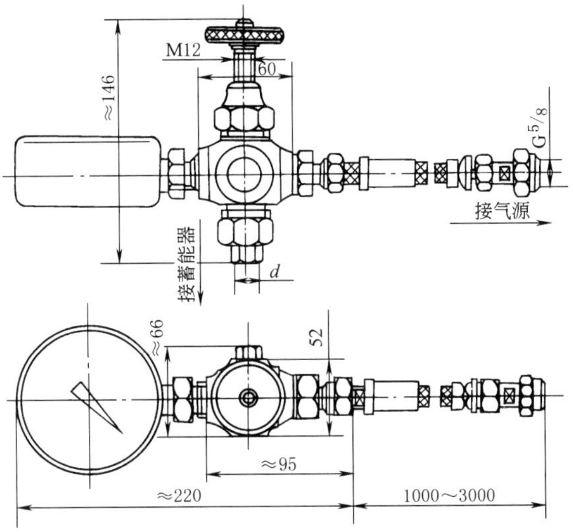

图 20-11-7　充气工具外形尺寸

（4）CDZ 型充氮车

充氮车为蓄能器及各种高压容器充装增压氮气的专用增压装置，具有结构紧凑、体积小、运转灵活、操作方便等特点。

1）型号意义

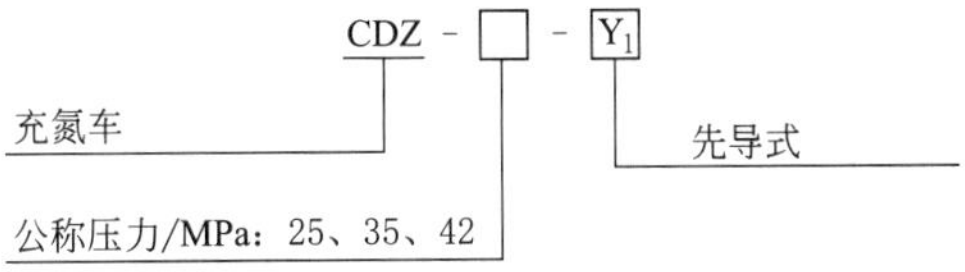

2）技术规格

表 20-11-58

型号	允许最低进气压力/MPa	最高输出压力/MPa	液压泵		增压器		质量/kg
			压力/MPa	流量/$L \cdot min^{-1}$	增压比	增压次数/min^{-1}	
CDZ-25Y_1	3.0～13.5	25	7	9	1∶4	8	338
CDZ-35Y_1	3.0～13.5	35	7	9	1∶6	6	338
CDZ-42Y_1	3.0～13.5	42	8	14～16	1∶7	7.5	338

3）外形尺寸　见图 20-11-8。

（5）蓄能器控制阀组

蓄能器控制阀组装接于蓄能器和液压系统之间，是用于控制蓄能器油液通断、溢流、泄压等工况的组合阀件。

AJ 型蓄能器控制阀组由截止阀、安全阀和卸荷阀等组成。其中截止阀为手动式球阀；安全阀有螺纹插装式的直动式溢流阀和法兰连接的先导控制型二通插装式溢流阀两种。卸荷阀分为手动控制和电磁控制：手动控制为螺纹插装式针阀，电磁控制为板式连接的电磁球阀。

AJ 型控制阀组，是用来同蓄能器特别是与 NXQ 产品配套使用的阀组。其主要功能如下。

① 设定蓄能器的安全工作压力，实施对液压系统的安全供液和保压。

② 控制蓄能器与液压系统之间管道的通断：当蓄能器向系统供液或系统向蓄能器供液、吸收系统压力脉动、补偿热膨胀等工作状态时打开手动截止阀，当需要停止工作或对蓄能器进行检查维修时，关闭手动截止阀。必要时可用手动泄压阀泄压。

蓄能器控制阀组的特点：

① 采用钢质锻件，外形机加工和表面化学镀镍，较油漆铸件阀体坚固、美观；

② 采用新设计的螺纹插装式溢流阀和 TJK/TG 二通插装阀，使产品性能更好；

③ 有多种规格连接接头，供用户选择，使同一通径的控制阀组可与不同容积的蓄能器连接。

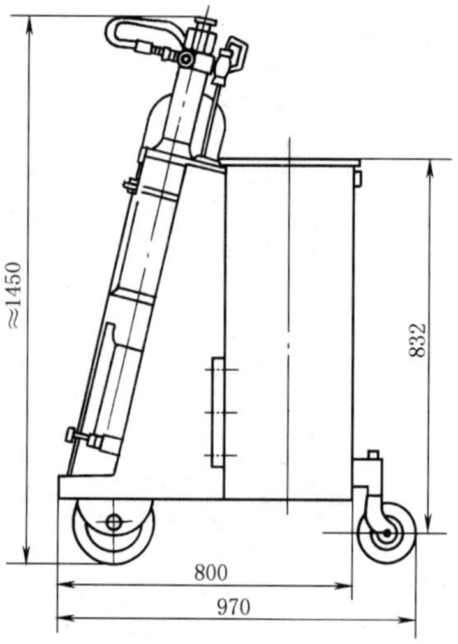

图 20-11-8　充氮车外形尺寸

接口和外形尺寸

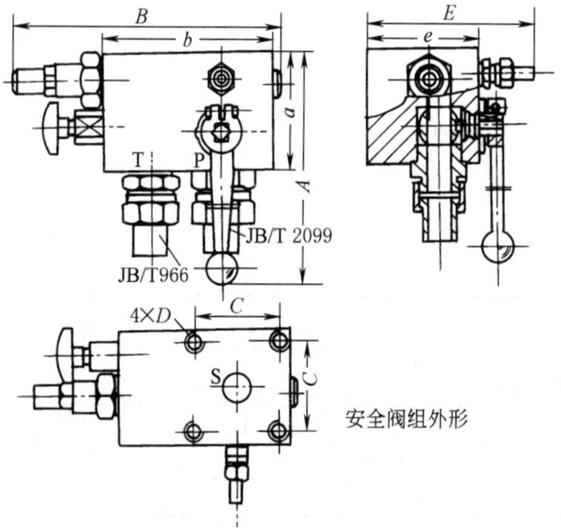

安全阀组外形

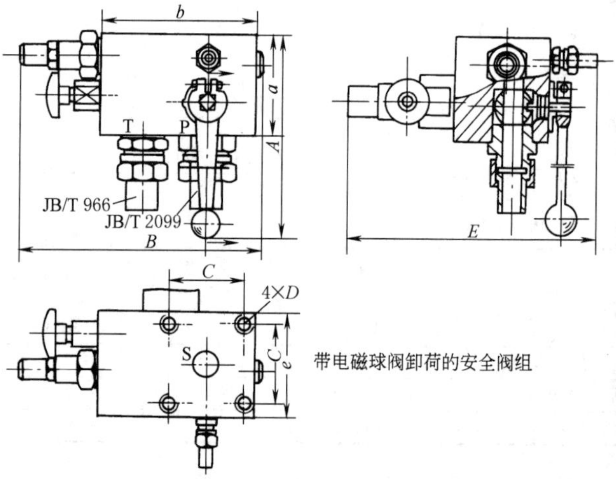

带电磁球阀卸荷的安全阀组

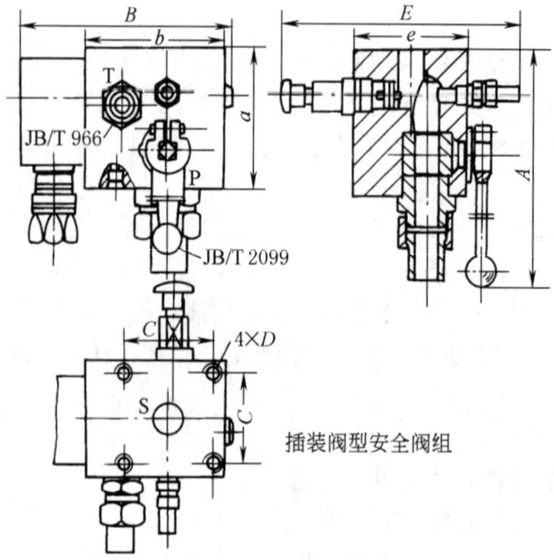

插装阀型安全阀组

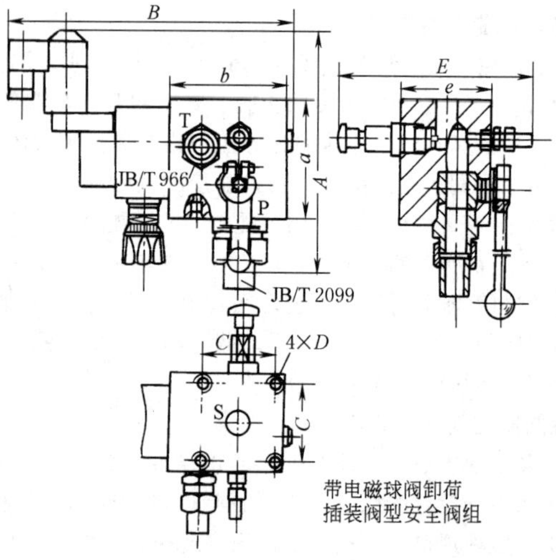

带电磁球阀卸荷
插装阀型安全阀组

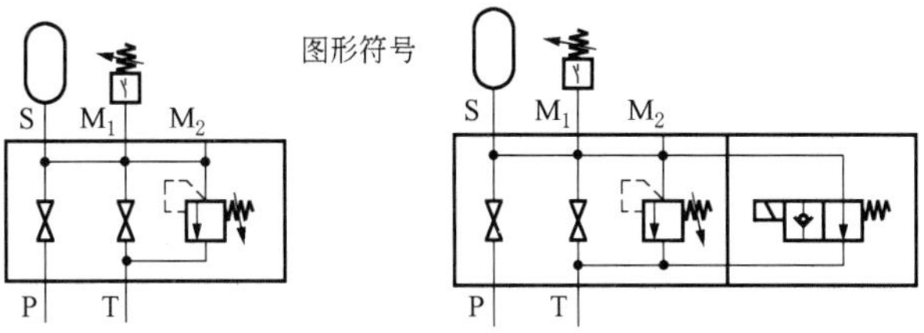

S手控泄压式蓄能器控制阀组　　D手控加电控泄压式蓄能器控制阀组

型号意义：

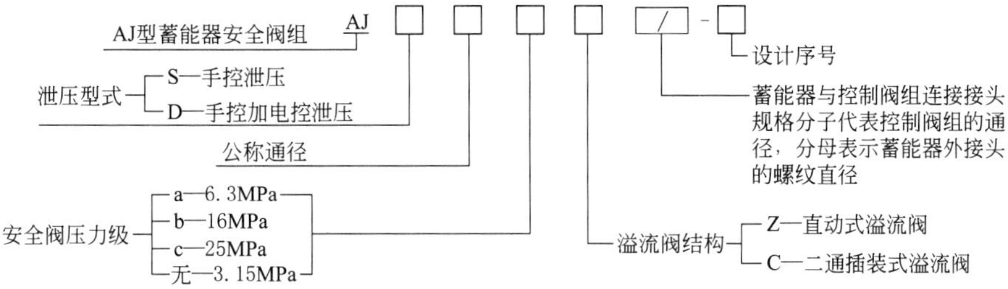

标记示例

公称通径 20mm，手控泄压，安全阀开启压力 16MPa，二通插装阀式溢流阀，接头规格为 DN20/M42×2：

AJS20bC20/M42×2-20

表 20-11-59　　mm

品种	型号	外接口连接尺寸				外　形　尺　寸					
		S 口		P 口	T 口						
		螺纹 M	法兰 D/C×C	接管 (JB/T 2099)	管接头 (JB/T 966)	A	B	E	a	b	e
安全阀组	AJS10※Z-20	M22×15		18	14/M18×15	215	155	95	85	90	50
	AJS20※Z-20		M12/68.6×68.6	28	28/M33×2	290	220	135	90	145	90
	AJS32※Z-20		M12/68.6×68.6	42	28/M33×2	300	235	140	100	155	95
带电磁球阀卸荷的安全阀组	AJD10※Z-20	M22×15		18	14/M18×1.5	215	155	200	85	90	50
	AJD20※Z-20		M12/68.6×68.6	28	28/M33×2	290	220	230	90	145	90
	AJD32※Z-20		M12/68.6×68.6	42	28/M33×2	300	235	235	100	155	95
插装阀型安全阀组	AJS20※C-20		M12/68.5×68.5	28	22/M27×2	285	165	205	115	110	90
	AJS32※C-20			42	34/M42×2	335	185	200	140	135	95
带电磁球阀卸荷的插装阀型安全阀组	AJD20※C-20		M12/68.5×68.5	28	22/M27×2	350	265	205	115	110	90
	AJD32※C-20			42	34/M42×2	400	285	200	140	135	95

蓄能器与控制阀组连接接头外形尺寸

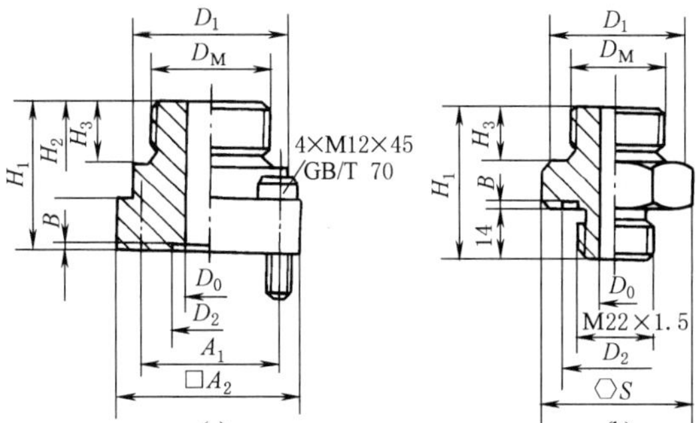

(a)　　(b)

表 20-11-60 mm

<table>
<tr><th>D_0</th><th>D_M</th><th>D_1</th><th>D_2</th><th>$B_{-0.05}^{0}$</th><th>⬡S</th><th>$A_1\pm0.2$</th><th>□A_2</th><th>H_1</th><th>H_2</th><th>H_3</th><th>示图</th></tr>
<tr><td rowspan="2">10</td><td>M27×2</td><td>36</td><td rowspan="2">30</td><td rowspan="6">2.4</td><td>36</td><td rowspan="2">—</td><td rowspan="2">—</td><td>45</td><td rowspan="2">—</td><td>16</td><td rowspan="2">b</td></tr>
<tr><td rowspan="2">M42×2</td><td rowspan="2">60</td><td>60</td><td>57</td><td rowspan="2">23</td></tr>
<tr><td rowspan="2">20</td><td rowspan="2">28</td><td rowspan="4">—</td><td rowspan="2">68.6</td><td rowspan="2">90</td><td>63</td><td>40</td><td rowspan="4">a</td></tr>
<tr><td rowspan="2">M60×2</td><td>77</td><td rowspan="2">75</td><td rowspan="2">47</td><td rowspan="2">30</td></tr>
<tr><td rowspan="2">32</td><td>80</td><td rowspan="2">40</td><td rowspan="2">74.2</td><td rowspan="2">95</td></tr>
<tr><td>M72×2</td><td>85</td><td>80</td><td>52</td><td>35</td></tr>
</table>

4 热交换器

4.1 加热器

（1）加热器的发热能力

加热器的发热能力可按下式估算

$$N=\frac{C\rho V\Delta Q}{T}$$

式中 N——加热器发热能力，W；

C——油的比热容，取 $C=1680\sim2094\text{J/(kg}\cdot\text{℃)}$；

ρ——油的密度，取 $\rho=900\text{kg/m}^3$；

V——油的体积，m^3；

ΔQ——油加热后温升，℃；

T——加热时间，s。

（2）电加热器的计算

电加热器的功率可按下式计算

$$P=\frac{N}{\eta}$$

式中 η——热效率，取 $\eta=0.6\sim0.8$。

液压系统中装设电加热器后，可以较为方便实现液压系统油温的自动控制。

（3）SYR 型加热器

SRY2 型和 SRY4 型油用管状加热器是用两根管子弯成，用法兰盘固定，两端通过接头接通电源，用于在敞开式或封闭式油箱中加热油。SRY 型还可以加热水和其他导热性比油好的液体。SRY2 型适合在敞开或封闭式的油箱中用，其最高工作温度为 300℃。SRY4 型适合在循环系统内加热油类用，其最高工作温度为 300℃。

电加热器安装在油箱中，为了防止加热器管子表面烧焦液压油，在加热管的外边装上套管，见表 20-11-61 中的下图。套管的表面耗散功率不得超过 0.7W/cm²。加热器装上套管以后，出了故障也便于维修更换。套管的表面积大于 500cm²/kW。

注：参考文献［19］指出：一般加热管表面的温度不允许超过 120℃，加热管表面的功率密度不应超过 3W/cm²。

表 20-11-61 **SRY 型油用管状电加热器性能**

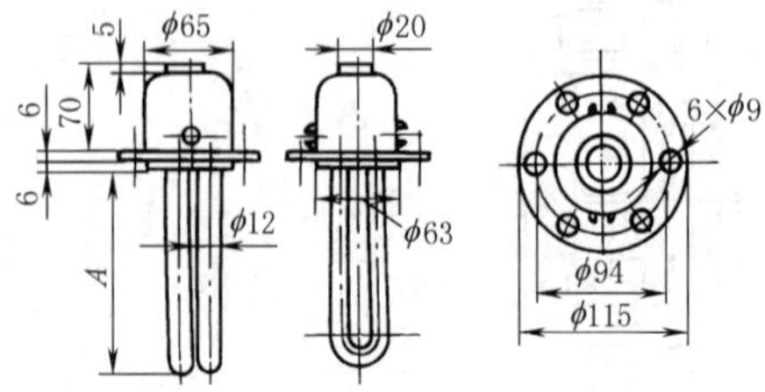

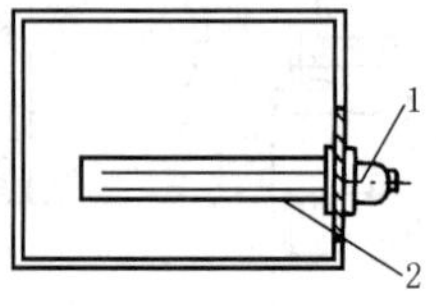

电加热器的安装
1—电加热器；2—套管

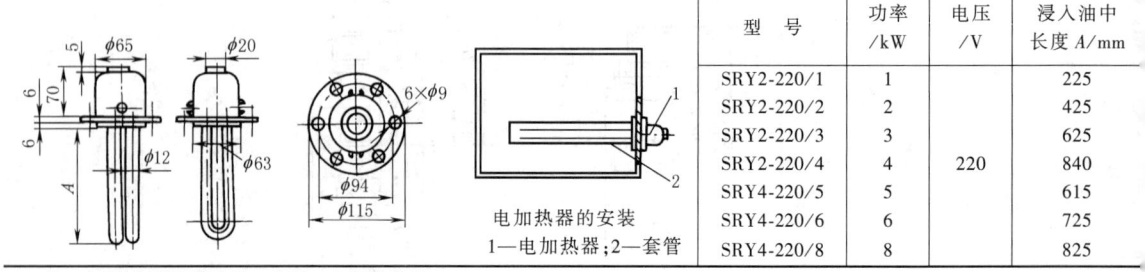

型　号	功率 /kW	电压 /V	浸入油中长度 A/mm
SRY2-220/1	1	220	225
SRY2-220/2	2		425
SRY2-220/3	3		625
SRY2-220/4	4		840
SRY4-220/5	5		615
SRY4-220/6	6		725
SRY4-220/8	8		825

注：订货必须填明型号、功率、电压及数量。

.2 冷却器

.2.1 冷却器的用途

液压系统工作时，因液压泵、液压马达、液压缸的容积损失和机械损失，或控制元件及管路的压力损失和液体摩擦损失等消耗的能量，几乎全部转化为热量。这些热量除一部分散发到周围空间，大部分使油液及元件的温度升高。如果油液温度过高（>80℃），将严重影响液压系统的正常工作。一般规定液压用油的正常温度范围为15~65℃。

在设计液压系统时，合理地设计油箱，保证油箱有足够的容量和散热面积，是一种控制油温过高的有效措施。但是，某些液压装置如行走机械等，由于受结构限制，油箱不能很大；一些采用液压泵-液压马达的闭式回路，由于油液往复循环，不能回到油箱冷却；此外，有的液压装置还要求能自动控制油液温度。对以上场合，就必须采取强制冷却的方法，通过冷却器来控制油液的温度，使之适合系统工作的要求。

表 20-11-62　　高温对液压元件性能的影响

元　件	影　　响	元　件	影　　响
泵、马达	滑动表面油膜破坏，导致磨损烧伤，产生气穴；泄漏增加，流量减少；黏度低，摩擦增加，磨损加快	控制阀	内外泄漏增加
		过滤器	非金属滤芯早期老化
液压缸	密封件早期老化，活塞热胀，容易卡死	密封件	密封材质老化，漏损增加

.2.2 冷却器的种类和特点

表 20-11-63

种　类		结构简图	特　点	冷却效果
水冷式	蛇形管式	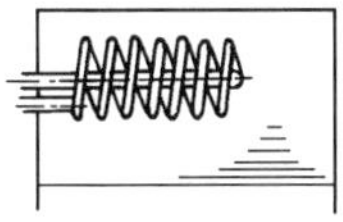	结构简单，直接装在油箱中，冷却水流经管内时，带走油液中的热量	散热面积小，油的运动速度很低，散热效果很差
	多管式，固定管板式，浮头式，U形管式，双重管式，卧式，立式	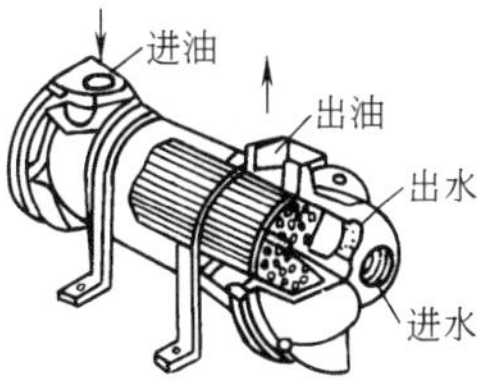	水从管内流过，油从筒体内管间流过，中间折板使油流折流，并采用双程或四程流动，强化冷却效果	散热效果好，传热系数约为350~580W/(m^2·K)
	波纹板式	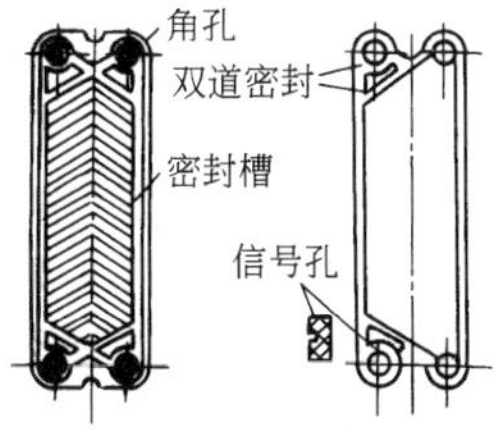	利用板片人字波纹结构交错排列形成的接触点，使液流在流速不高的情况下形成紊流，提高散热效果	散热效果好，传热系数可达230~815W/(m^2·K)
	翅板式	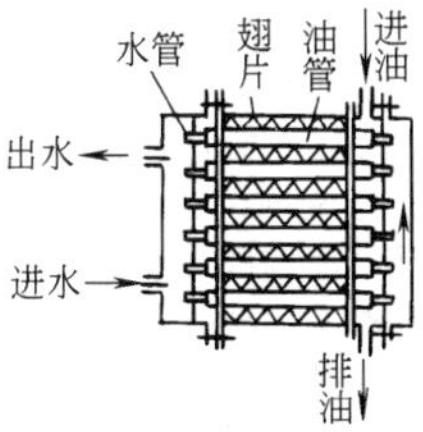	采用水管外面通油，油管外面装横向或纵向的散热翅片，增加的散热面积达光管的8~10倍	冷却效果比普通冷却器提高数倍
风冷式		除采用风扇强制吹风冷却外，多采用自然通风冷却，适用于缺水或不便于用水冷却的液压设备，如工程机械		

4.2.3 常用冷却回路的型式和特点

表 20-11-64

名称	简 图	特点与说明	名称	简 图	特点与说明
主油回路冷却回路	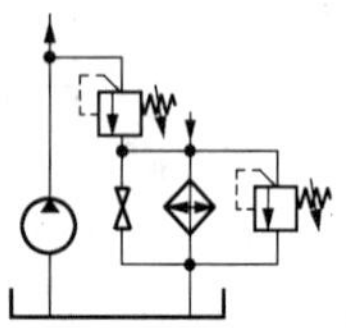	冷却器直接装在主回油路上，冷却速度快，但系统回路有冲击压力时，要求冷却器能承受较高的压力 除了冷却已经发热的系统回油之外，还能冷却溢流阀排出的油液。安全阀用于保护冷却器，当不需要冷却时，可打开截止阀	闭式系统强制补油的冷却系统	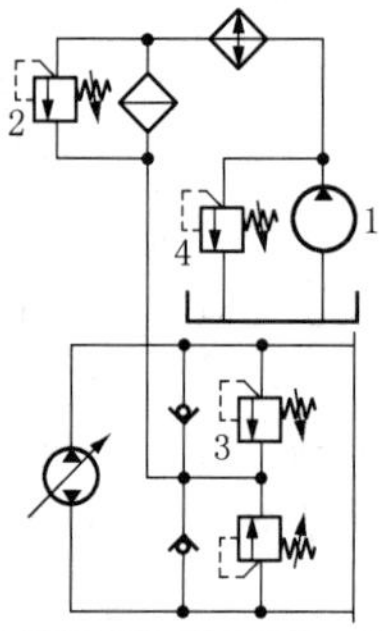	一般装在热交换阀的回油油路上，也可以装在补油泵的出口上 1—补油泵；2—安全阀；3，4—溢流阀 阀 4 的调定压力要高于阀 3 约 0.1~0.2MPa
主溢流阀旁路冷却回路	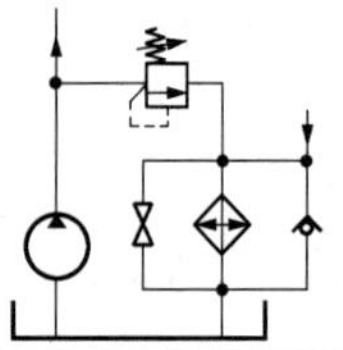	冷却器装在主溢流阀溢流口，溢流阀产生的热油直接获得冷却，同时也不受系统冲击压力影响，单向阀起保护作用，截止阀可在启动时使液压油直接回油箱	组合冷却回路	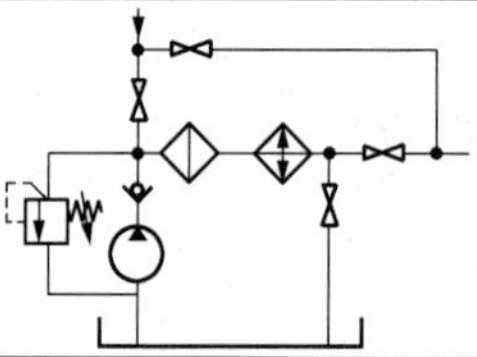	当液压系统有冲击载荷时，用冷却泵独立循环冷却，延长冷却器寿命；当系统无冲击压力时，采用主回油路冷却，提高冷却效果，多用于台架试验系统
独立冷却回路	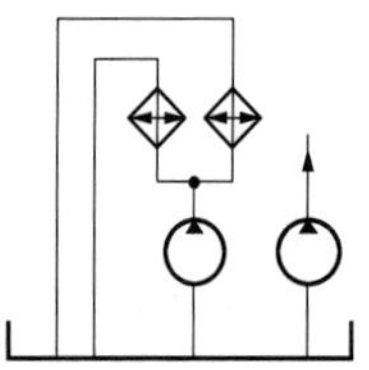	单独的油泵将热工作介质通入冷却器，冷却器不受液压冲击的影响，供冷却用的液压泵吸油管应靠近主回路的回油管或溢流阀的泄油管	温度自动调节回路	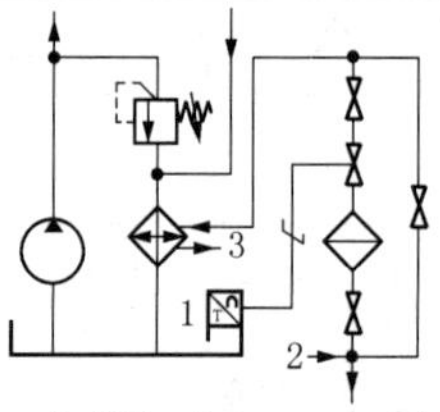 作者注：在"4.2.7 冷却器用电磁水阀"有：电磁水阀用于控制冷却器内介质的通入或断开。通常采用常闭型二位二通电磁阀，即电磁铁通电时，阀门开启	根据油温调节冷却水量，以保持油温在很小的范围内变化，接近于恒温 1—测温头；2—进水；3—出水 注：电磁水阀用于控制冷却器内介质的通入或断开。通常采用常闭型二位二通电磁阀，即电磁铁通电时，阀门开启

4.2.4 冷却器的计算

冷却器的计算主要是根据交换热量，确定散热面积和冷却水量。

表 20-11-65

项 目	计 算 公 式	说 明
散热面积 A	根据热平衡方程式 $H_2=H-H_1$ 式中 $H=P_p-P_e=P_p(1-\eta_p\eta_c\eta_m)$ 式中 $\eta_c=\dfrac{\sum p_1q_1}{\sum p_pq_p}$ 液压系统在一个动作循环内的平均发热量 $\overline{H}$： $\overline{H}=\sum H_it_i/T$ 当液压系统处在长期连续工作状态时，为了不使系统温升增加，必须使系统产生的热量全部散发出去，即 $H_2=H$ 若 $H_2\leqslant 0$，则不设冷却器	H——系统的发热功率，W P_p——油泵的总输入功率，W P_e——液压执行元件的输出功率，W η_p——油泵的效率 η_m——液压执行元件的效率，对液压缸一般按 0.95 计算 η_c——液压回路效率 $\sum p_1q_1$——各液压执行元件工作压力和输入流量乘积总和 $\sum p_pq_p$——各油泵供油压力和输出流量乘积总和 T——循环周期，s t_i——各个工作阶段所经历的时间，s H_1——油箱散热功率，W（见本章 5 油箱） H_2——冷却器的散热功率，W Δt_m——油和水之间的平均温差，K t_1——液压油进口温度，K t_2——液压油出口温度，K t_1'——冷却水进口温度，K

续表

项目	计算公式	说明
散热面积 A	冷却器的散热面积 $$A=\frac{H_2}{k\Delta t_m}$$ 式中 $\Delta t_m=\frac{t_1+t_2}{2}-\frac{t_1'+t_2'}{2}$	t_2'——冷却水出口温度,K k——冷却器的传热系数,初步计算可按下列值选取: 蛇形管式水冷 $k=110\sim175\text{W}/(\text{m}^2\cdot\text{K})$ 多管式水冷 $k=116\text{W}/(\text{m}^2\cdot\text{K})$ 平板式水冷 $k=465\ \text{W}/(\text{m}^2\cdot\text{K})$
	根据推荐的 k 值,按上式算出的冷却器散热面积是选择冷却器的依据;考虑到冷却器工作过程中由于污垢和铁锈的存在,导致实际散热面积减少,因此在选择冷却器时,一般将计算出来的散热面积增大 20%~30%	
冷却水量 Q'	冷却器的冷却水吸收的热量应等于液压油放出的热量,即 $$C'Q'\rho'(t_2'-t_1')=CQ\rho(t_1-t_2)=H_2$$ 因此需要的冷却水量 $$Q'=\frac{C\rho(t_1-t_2)}{C'\rho'(t_2'-t_1')}Q$$	Q,Q'——油及水的流量,m^3/s C,C'——油及水的比热容,$C=1675\sim2093\text{J}/(\text{kg}\cdot\text{K})$,$C'=4186.8\text{J}/(\text{kg}\cdot\text{K})$ ρ,ρ'——油及水的密度,$\rho\approx900\text{kg}/\text{m}^3$,$\rho'=1000\text{kg}/\text{m}^3$
	按上式算出的冷却水量,应保证水在冷却器内的流速不超过 1~1.2m/s,否则需要增大冷却器的过水断面面积。通过冷却器的油液流量应适中,使油液通过冷却器时,其压力损失在 0.05~0.08MPa 范围内	

4.2.5 冷却器的选择

表 20-11-66 **冷却器的基本要求及选择依据**

基本要求	冷却器除通过管道散热面积直接吸收油液中的热量以外,还使油液流动出现紊流,通过破坏边界层来增加油液的传热系数 ①有足够的散热面积 ②散热效率高 ③油液通过时压力损失小 ④结构力求紧凑、坚固、体积小、重量轻
选择依据	①系统的技术要求　系统工作液进入冷却器时的温度、流量、压力和需要冷却器带走的热量 ②系统的环境　环境温度、冷却水温度和水质 ③安装条件　主机的布置、冷却器的位置及其可占用的空间 ④经济性　购置费用、运转费用及维修费用等 ⑤可靠性及寿命要求　冷却器的寿命取决于水质腐蚀情况和管束等材料,表 20-11-68 给出了对碳钢无腐蚀的理想冷却水的水质

表 20-11-67 **多管式油冷却器结构型式的选择**

类型	特点	应用
固定管板式	管束由筒体两端的固定板固定,为了减少流体温差引起的不均匀膨胀,筒体和管束一般都用相同的材料,但管板固定,管束不能取出,检查清理困难,对冷却水质要求较高,如 $2\text{LQG}_2\text{W}$ 型冷却器	可用于温度较高或温差较大的场合
浮动头式	管束可以在筒体内自由伸缩,也可以从筒体内抽出,检查清理方便,如 2LQFL 型冷却器	
U 形管式	管束用一个管板固定,可以自由伸缩,也可以从筒体中取出;但 U 形管内部清理较难,U 形管的加工和装配也比较麻烦,价格较贵,如 2LQ-U 型冷却器	可用于高温流体的冷却
双重管间翅片式	油从一组内管流入,返程时从管间流出,再经另一组管间流入,回返时从内管流出,四程式,流程长,又内外管间设有翅片,提高了传热效果,重量轻,体积小;但双重管间不易清洗,如 $4\text{LQF}_3\text{W}$ 型冷却器	适用于系统布置要求紧凑的场合

表 20-11-68　　　　理想冷却水的水质

项目	淡水	净化海水	项目	淡水	净化海水
pH 值	7	6~9	氨含量	0	10mg/L
碳酸盐硬度	>3°dH		硫化氢含量	0	0
铁含量	<0.2mg/L	<0.2mg/L	氯化物含量	<100mg/L	<35g/L
氧含量	4~6mg/L	微量	碳酸盐含量	<500mg/L	<3g/L
腐蚀性碳酸	0	微量	蒸发残留	<500mg/L	<30g/L

4.2.6　冷却器的产品性能及规格尺寸

JB/T 7356—2016 规定的“GLC 型和 GLL 型列管式油冷却器”和 JB/ZQ 4593—2006 规定的“板式油冷却器”见本书册第 10 章第 2.5.3 节。

（1）多管式冷却器

1）冷却器性能参数

表 20-11-69　　　　冷却器性能参数

型号	2LQFW、2LQFL、$2LQF_6W$	$2LQF_1W$、$2LQF_1L$	2LQGW	$2LQG_2W$	$4LQF_3W$
换热面积/m^2	0.5~16	19~290	0.22~11.45	0.2~4.25	1.3~5.3
传热系数/$W\cdot m^{-2}\cdot K^{-1}$	348~407	348~407	348~407	348~407	523~580
设计温度/℃	100	120	120	100	80
工作介质压力/MPa	1.6	1.0	1.6	1.0	1.6
冷却介质压力/MPa	0.8	0.5	1.0	0.5	0.4
油侧压力降/MPa	<0.1	<0.1	<0.1	<0.1	见本冷却器选择表
介质黏度/$10^{-6}m^2\cdot s^{-1}$	10~326	10~326	10~326	10~325	10~50

表 20-11-70

<table>
<tr><td colspan="2">换热面积/m^2</td><td colspan="2">A</td><td>0.5</td><td>0.65</td><td>0.8</td><td>1.0</td><td>1.2</td><td>1.46</td><td>1.7</td><td>2.1</td><td>2.5</td><td>3.0</td><td>3.6</td><td>4.3</td><td>5.0</td><td>6.0</td><td>7.2</td><td>8.5</td><td>10</td><td>12</td><td>14</td></tr>
<tr><td colspan="2">换热量/W</td><td colspan="2">H</td><td>3314~4070</td><td>4942~5698</td><td>5233~5815</td><td>7036~8141</td><td>8664~9769</td><td>10292~11513</td><td>13025~13956</td><td>15119~16282</td><td>19189~20352</td><td>23260~24423</td><td>27330~29675</td><td>30819~34308</td><td>37216~40705</td><td>45357~48846</td><td>53498~58150</td><td>62802~69198</td><td>76758~81410</td><td>93040~97692</td><td>109322~113974</td></tr>
<tr><td colspan="2" rowspan="3">传热系数/$W\cdot m^{-2}\cdot K^{-1}$</td><td rowspan="3">$K$</td><td>Ⅰ</td><td colspan="3">285~407</td><td colspan="3">296~407</td><td colspan="3">296~407</td><td colspan="3">285~407</td><td colspan="3">280~407</td><td colspan="4">290~407</td></tr>
<tr><td>Ⅱ</td><td colspan="3">302~407</td><td colspan="3">314~407</td><td colspan="3">302~407</td><td colspan="3">290~407</td><td colspan="3">285~407</td><td colspan="4">280~407</td></tr>
<tr><td>Ⅲ</td><td colspan="3">349~350</td><td colspan="3">337~407</td><td colspan="3">337~407</td><td colspan="3">331~407</td><td colspan="3">325~407</td><td colspan="4">280~407</td></tr>
<tr><td rowspan="4">工作油</td><td rowspan="3">流量/$L\cdot min^{-1}$</td><td rowspan="3">Q</td><td>Ⅰ</td><td colspan="3">35~55</td><td colspan="3">50~80</td><td colspan="3">60~95</td><td colspan="3">70~140</td><td colspan="3">80~160</td><td colspan="4">130~210</td></tr>
<tr><td>Ⅱ</td><td colspan="3">56~110</td><td colspan="3">81~130</td><td colspan="3">96~180</td><td colspan="3">141~230</td><td colspan="3">161~310</td><td colspan="4">211~430</td></tr>
<tr><td>Ⅲ</td><td colspan="3">111~160</td><td colspan="3">131~190</td><td colspan="3">181~270</td><td colspan="3">231~320</td><td colspan="3">311~435</td><td colspan="4">431~630</td></tr>
<tr><td>压力损失(max)/MPa</td><td colspan="2">Δp_s</td><td colspan="3">0.1</td><td colspan="3">0.1</td><td colspan="3">0.1</td><td colspan="3">0.1</td><td colspan="3">0.1</td><td colspan="4">0.1</td></tr>
<tr><td rowspan="2">冷却水</td><td>流量(min)/$L\cdot min^{-1}$</td><td colspan="2">Q'</td><td colspan="3">30</td><td colspan="3">55</td><td colspan="3">80</td><td colspan="3">120</td><td colspan="3">160</td><td colspan="4">260</td></tr>
<tr><td>压力损失(max)/MPa</td><td colspan="2">Δp_t</td><td colspan="3">0.015</td><td colspan="3">0.015</td><td colspan="3">0.017</td><td colspan="3">0.02</td><td colspan="3">0.022</td><td colspan="4">0.022</td></tr>
</table>

选用示例：已知热交换量 $H_2=26230W$，油的流量 $Q=150L/min$，选择冷却器型号。

从横坐标上 $H_2=26230W$ 点作垂线，再从纵坐标上 $Q=150L/min$ 点作水平线与其相交于一点，此点所在区的型号 A2.5F 即所求冷却器型号（条件：油出口温度 $t_2\leqslant50℃$，冷却水入口温度 $t_1'\leqslant28℃$，Q'为最低水流量）。

2）浮头式冷却器

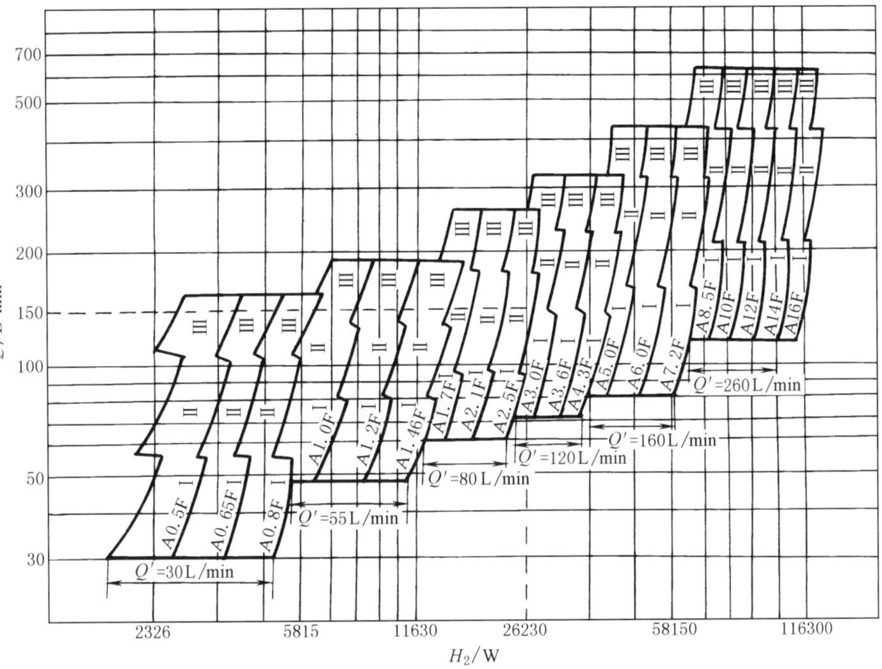

图 20-11-9　2LQFL 型、2LQFW 型冷却器选用图

① 卧式浮头式冷却器

2LQFW 型、2LQF$_6$W 型冷却器尺寸

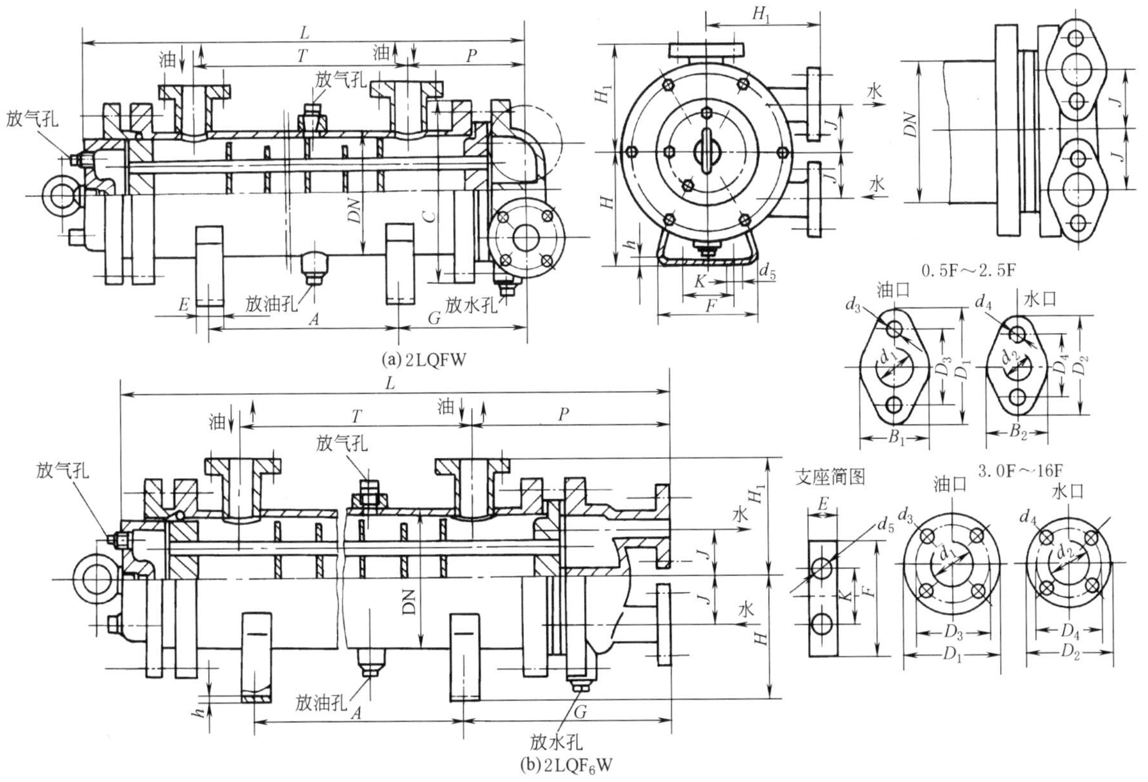

表 20-11-71

mm

型号			A0.5F	A0.65F	A0.8F	A1.0F	A1.2F	A1.46F	A1.7F	A2.1F	A2.5F	A3.0F	A3.6F	A4.3F	A5.0F	A6.0F	A7.2F	A8.5F	A10F	A12F	A14F	A16F
换热面积/m^2			0.5	0.65	0.8	1.0	1.2	1.46	1.7	2.1	2.5	3.0	3.6	4.3	5.0	6.0	7.2	8.5	10	12	14	16
底部尺寸	(a)2LQFW、(b)2LQF$_6$W	A	345	470	595	440	565	690	460	610	760	540	665	815	540	690	865	575	700	875	875	875
		K	90	90	90	104	104	104	120	120	120	140	140	140	170	170	170	230	230	230	230	230
		h	5	5	5	5	5	5	5	5	5	5	5	5	5	5	5	6	6	6	6	6
		E	40	40	40	45	45	45	50	50	50	55	55	55	60	60	60	65	65	65	65	65
		F	140	140	140	160	160	160	180	180	180	210	210	210	250	250	250	320	320	320	320	320
		d_5	11	11	11	14	14	14	14	14	14	14	14	14	14	14	14	18	18	18	18	18
筒部尺寸	(a)、(b)	DN	114	114	114	150	150	150	186	186	186	219	219	219	245	245	245	325	325	325	325	325
		H	115	115	115	140	140	140	165	165	165	200	200	200	240	240	240	280	280	280	280	280
		J	42	42	42	47	47	47	52	52	52	85	85	85	95	95	95	105	105	105	105	105
		H_1	95	95	95	115	115	115	140	140	140	200	200	200	240	240	240	280	280	280	280	280
	(a)	L	545	670	790	680	805	930	740	890	1040	870	995	1145	920	1070	1245	1000	1125	1300	1300	1547
		G	100	100	100	115	115	115	140	140	140	175	175	175	205	205	205	220	220	220	220	220
		P	93	93	93	105	105	105	120	120	120	170	170	170	190	190	190	210	210	210	210	210
		T	357	482	607	460	585	710	500	650	800	565	690	840	570	720	895	590	715	890	890	1038
		C	186	186	186	220	220	220	270	270	270	308	308	308	340	340	340	406	406	406	406	406
	(b)	L	614	739	859	762	887	1012	846	996	1146	965	1090	1240	1022	1172	1347	1112	1237	1412	1412	1412
		G	169	169	169	197	197	197	246	246	246	270	270	270	307	307	307	332	332	332	332	332
		P	162	162	162	190	190	190	226	226	226	265	265	265	292	292	292	322	322	322	322	322
		T	357	482	607	460	585	710	500	650	800	565	690	840	570	720	895	590	715	890	890	890
法兰型式			椭圆法兰									圆形法兰										
法兰尺寸	油 (a)、(b)	d_1	25	25	25	32	32	32	40	40	40	50	50	50	65	65	65	80	80	80	80	80
		D_1	90	90	90	100	100	100	118	118	118	160	160	160	180	180	180	195	195	195	195	195
		B_1	64	64	64	72	72	72	85	85	85											
		D_3	65	65	65	75	75	75	90	90	90	125	125	125	145	145	145	160	160	160	160	160
		d_3	11	11	11	11	11	11	14	14	14	18	18	18	18	18	18	8×ϕ18	8×ϕ18	8×ϕ18	8×ϕ18	8×ϕ18
	水 (a)、(b)	d_2	20	20	20	25	25	25	32	32	32	40	40	40	50	50	50	65	65	65	65	65
		D_2	80	80	80	90	90	90	100	100	100	145	145	145	160	160	160	180	180	180	180	180
		B_2	45	45	45	64	64	64	72	72	72											
		D_4	55	55	55	65	65	65	75	75	75	110	110	110	125	125	125	145	145	145	145	145
		d_4	11	11	11	11	11	11	11	11	11	18	18	18	18	18	18	18	18	18	18	18
(a)、(b)质量/kg			30	33	36	47	51	54	60	70	76	110	119	130	145	161	176	215	231	250	260	270

2LQF$_1$W 型、2LQF$_1$L 型冷却器尺寸

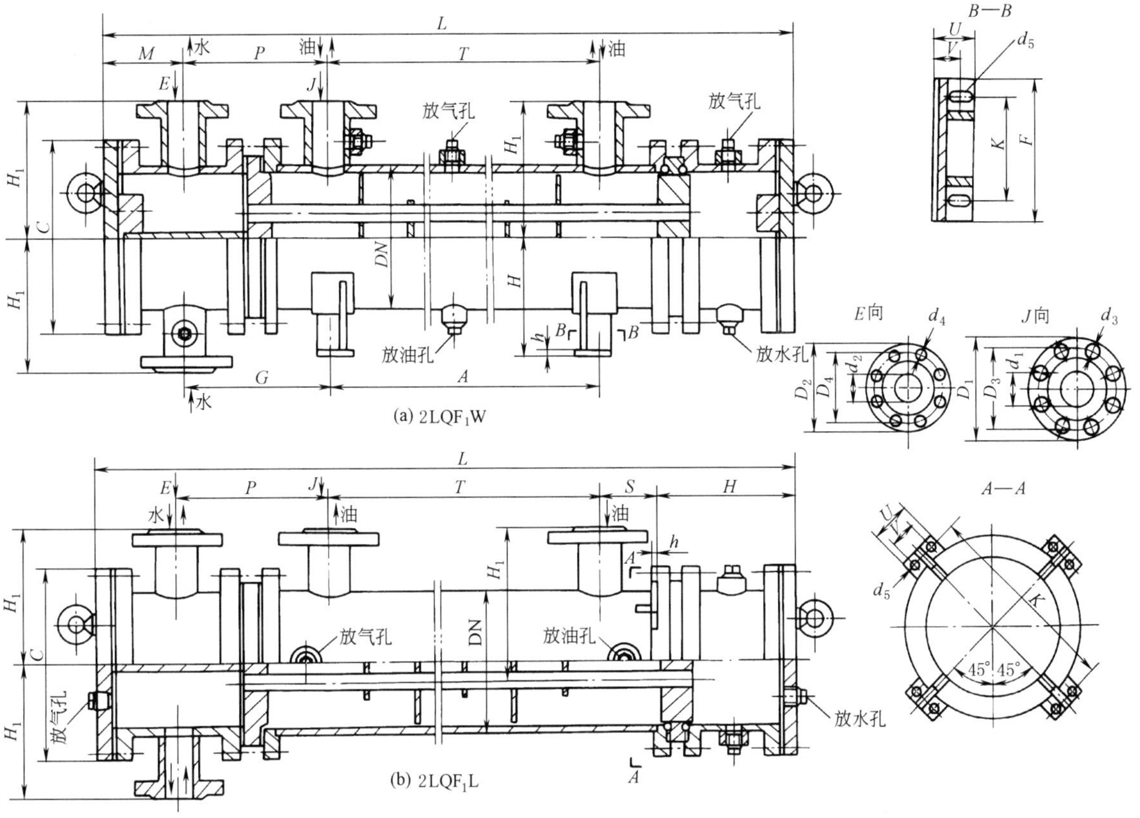

(a) 2LQF$_1$W

(b) 2LQF$_1$L

表 20-11-72 mm

型号	换热面积/m²	DN C	D_1 D_3	d_3	d_2	D_2 D_4	d_4	T L	质量/kg	H_1 H	V U	K F	长形孔 d_5	h d_1	M P	A G
		(a)2LQF$_1$W			(b)2LQF$_1$L					(a)2LQF$_1$W						
10/19F	19	273 360	280 240	8× φ23	80	195 160	8× φ18	2690 3460	578	248 190	35 60	140 200	4× 16×22	10 150	140 290	2690 240
10/25F	25	325 415	280 240	8× φ23	80	195 160	8× φ18	2690 3470	746	280 216	35 60	165 230	4× 16×32	10 150	145 292	2690 240
10/29F	29	351 445	280 240	8× φ23	100	215 180	8× φ18	2690 3510	883	298 268	50 85	190 250	4× 16×32	10 150	160 310	2670 280
10/36F	36	402 495	280 240	8× φ23	100	215 180	8× φ18	2680 3520	1054	324 292	50 85	215 270	4× 19×32	10 150	165 320	2640 285
10/45F	45	450 550	280 240	8× φ23	150	280 240	8× φ23	2680 3580	1458	350 305	50 85	240 300	4× 19×32	10 150	190 345	2670 310
10/55F	55	500 600	335 295	12× φ23	150	280 240	8× φ23	2615 3630	1553	375 330	70 100	265 325	4× 19×32	14 200	195 385	2590 345

续表

型号	换热面积/m^2	DN C	D_1 D_3	d_3	d_2	D_2 D_4	d_4	T L	质量/kg	H_1 H	V U	K F	长形孔 d_5	h d_1	M P	A G
		(a)2LQF$_1$W			(b)2LQF$_1$L					(a)2LQF$_1$W						
10/68F	68	560 655	335 295	12× φ23	150	280 240	8× φ23	2600 3640	2140	405 348	70 100	345 400	4× 19×32	14 200	200 390	2590 350
10/77F	77	600 705	335 295	12× φ23	150	280 240	8× φ23	2595 3655	2582	432 380	70 100	345 400	4× 19×22	14 200	205 395	2590 355
10/100F	100	700 805	405 355	12× φ25	200	335 295	8× φ23	2525 2730	3160	490 432	100 125	380 435	4× φ22	14 250	240 458	2690 360
10/135F	135	800 905	405 335	12× φ25	200	335 295	8× φ23	2510 3770	3736	540 482	100 125	432 480	4× φ22	14 250	255 475	2620 375
10/176F	176	705 805	405 355	12× φ25	200	335 295	8× φ23	4705 5709	4779	489 435	100 125	382 430	4× φ22	14 250	201 381	4700 425
10/244F	244	810 908	405 355	12× φ25	200	335 295	8× φ23	4993 6022	6056	540 485	100 125	432 480	4× φ22	14 250	611 404	4800 450
10/290F	290	810 908	405 355	12× φ25	200	335 295	8× φ23	5905 7059	6599	540 485	100 125	432 480	4× φ22	14 250	611 404	5800 450

(b)2LQF$_1$L

型号	H_1 H	K h	V U	d_5	d_1	S P	型号	H_1 H	K h	V U	d_5	d_1	S P
10/19F	248 185	420 12	80 120	8×φ16	150	150 290	10/29F	298 205	485 12	80 120	8×φ16	150	145 310
10/25F	280 200	455 12	80 120	8×φ16	150	145 292	10/36F	324 240	535 12	80 120	8×φ16	150	150 320
10/45F	350 225	600 12	80 120	8×φ16	150	145 345	10/100F	245	14	160	8×φ16		458
10/55F	375 255	650 12	100 140	8×φ16	200	185 385	10/135F	540 250	960 14	140 175	8×φ16	250	225 475
10/68F	405 276	705 14	100 140	8×φ16	200	175 390	10/176F	489 250	865 12	140 175	8×φ16	250	175 381
10/77F	432 240	755 14	120 160	8×φ16	200	215 395	10/244F	540 265	964 14	140 165	8×φ16	250	173 404
10/100F	490	855	120	8×φ16	250	190	10/290F	540 265	964 14	140 165	8×φ16	250	177 404

2LQF$_4$W 型冷却器技术性能及尺寸

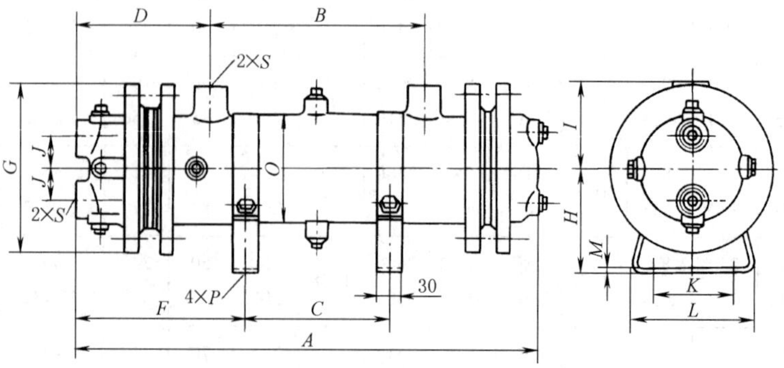

工作介质：矿物油、冷却介质、淡水

表 20-11-73 mm

换热面积/m^2	设计压力/MPa		试验压力/MPa		设计温度/℃	压力降/MPa	*A*	*B*	*C*	*D*	*F*	*G*	*H*	*I*	*J*	*K*	*L*	*M*	*P*	*O*	*S*	质量/kg
0.5 0.7 1.0 1.6	1.6	0.8	2.4	1.2	100	≤0.1	464 522 696 986	212 270 444 734	134 192 366 656	140	178	160	100	80	28	80	130	3	ϕ12	ϕ100	ZG 3/4″	17 18 22 27
1.3 2.0 2.5 3.5	1.6	0.8	2.4	1.2	100	≤0.1	550 706 862 1096	278 434 590 824	191 347 500 737	150	193	190	120	95	30	100	157	3	ϕ12	ϕ130	ZG1″	30 34 40 48
3.0 4.0 4.5 5.5	1.6	0.8	2.4	1.2	100	≤0.1	674 830 908 1064	382 538 616 772	285 441 519 675	160	208	230	145	115	50	130	188	4	ϕ14	ϕ164	ZG 1¼″	52 61 65 73
5.0 6.0 7.0 9.0	1.6	0.8	2.4	1.2	100	≤0.1	742 830 918 1180	430 518 606 868	328 416 504 766	170	220	260	170	135	62	150	217	4	ϕ14	ϕ194	ZG 1½″	71 77 83 102
8.0 10 12 14	1.6	0.8	2.4	1.2	100	≤0.1	793 969 1145 1321	446 622 798 974	332 508 684 860	180	246	290	195	155	70	180	246	4	ϕ14	ϕ224	ZG2″	95 111 127 143

注：2LQF$_4$W 型冷却器安装位置如下图所示。

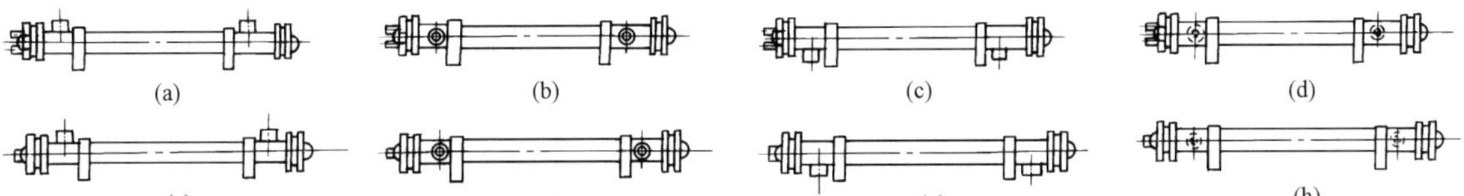

② 立式浮头式冷却器

2LQFL 型冷却器尺寸

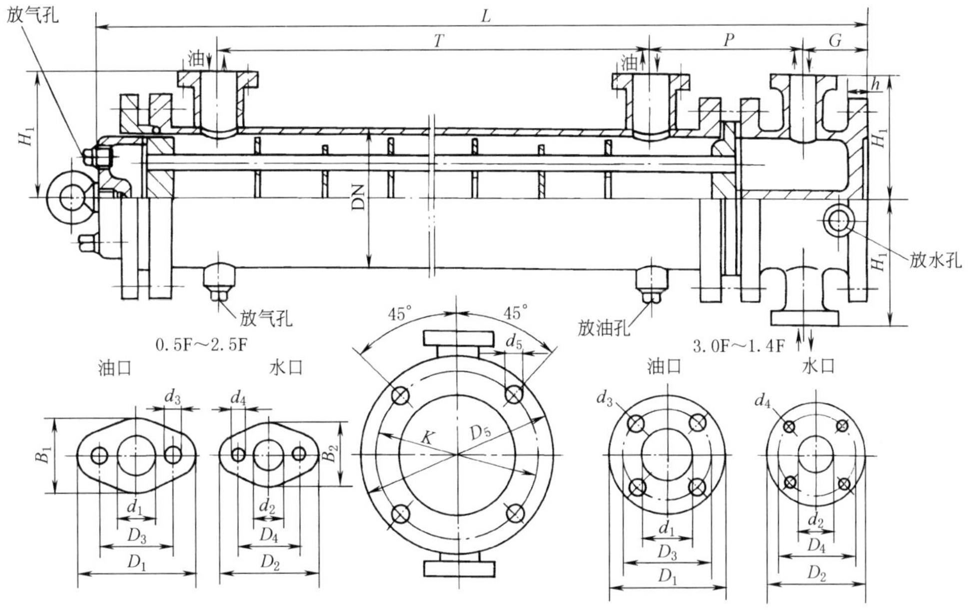

表 20-11-74

mm

型号			A0.5F	A0.65F	A0.8F	A1.0F	A1.2F	A1.46F	A1.7F	A2.1F	A2.5F	A3.0F
换热面积/m^2			0.5	0.65	0.8	1.0	1.2	1.46	1.7	2.1	2.5	3.0
底部尺寸		D_5	186	186	186	220	220	220	270	270	270	308
		K	164	164	164	190	190	190	240	240	240	278
		h	16	16	16	16	16	16	18	18	18	18
		G	75	75	75	80	80	80	85	85	85	90
		d_5	12	12	12	15	15	15	15	15	15	15
筒部尺寸		DN	114	114	114	150	150	150	186	186	186	219
		L	620	745	870	760	886	1010	825	975	1125	960
		H_1	95	95	95	115	115	115	140	140	140	200
		P	93	93	93	105	105	105	120	120	120	170
		T	357	482	607	460	585	710	500	650	800	565
法兰连接	法兰型式		椭圆法兰									
	油	d_1	25	25	25	32	32	32	40	40	40	50
		D_1	90	90	90	100	100	100	118	118	118	160
		B_1	64	64	64	72	72	72	85	85	85	
		D_3	65	65	65	75	75	75	90	90	90	125
		d_3	11	11	11	11	11	11	14	14	14	18
	水	d_2	20	20	20	25	25	25	32	32	32	40
		D_2	80	80	80	90	90	90	100	100	100	145
		B_2	45	45	45	64	64	64	72	72	72	
		D_4	55	55	55	65	65	65	75	75	75	110
		d_4	11	11	11	11	11	11	11	11	11	18
质量/kg			35	38	41	51	55	58	68	77	84	118
型号			A3.6F	A4.3F	A5.0F	A6.0F	A7.2F	A8.5F	A10F	A12F	A14F	A16F
换热面积/m^2			3.6	4.3	5.0	6.0	7.2	8.5	10	12	14	16
底部尺寸		D_5	308	308	340	340	340	406	406	406	406	406
		K	278	278	310	310	310	366	366	366	366	366
		h	18	18	18	18	18	20	20	20	20	20
		G	90	90	95	95	95	100	100	100	100	100
		d_5	15	15	15	15	15	18	18	18	18	18
筒部尺寸		DN	219	219	245	245	245	325	325	325	325	325
		L	1085	1235	1015	1165	1340	1100	1225	1400	1400	1400
		H_1	200	200	240	240	240	280	280	280	280	280
		P	170	170	190	190	190	210	210	210	210	210
		T	690	840	570	720	895	590	715	890	890	890
法兰连接	法兰型式		圆形法兰									
	油	d_1	50	50	65	65	65	80	80	80	80	80
		D_1	160	160	180	180	180	195	195	195	195	195
		B_1										
		D_3	125	125	145	145	145	160	160	160	160	160
		d_3	18	18	18	18	18	8×ϕ18	8×ϕ18	8×ϕ18	8×ϕ18	8×ϕ18
	水	d_2	40	40	50	50	50	65	65	65	65	65
		D_2	145	145	160	160	160	180	180	180	180	180
		B_2										
		D_4	110	110	125	125	125	145	145	145	145	145
		d_4	18	18	18	18	18	18	18	18	18	18
质量/kg			126	137	148	163	179	227	243	265	275	285

3）翅片式多管冷却器（卧式）

$4LQF_3W$ 型冷却器尺寸

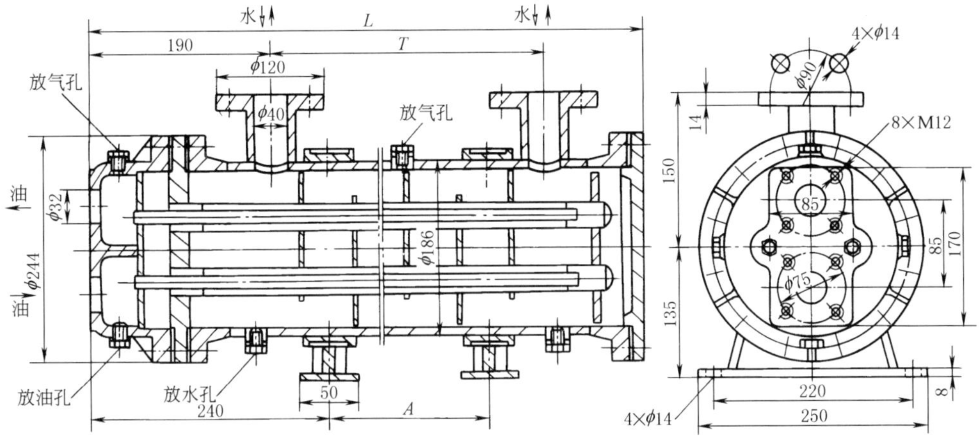

表 20-11-75

型号	换热面积 /m²	L	T	A	质量/kg	容积/L 管内	容积/L 管间	旧　型　号
		mm						
$4LQF_3W$-A1.3F	1.3	490	205	≤105	49	4.8	3.8	$4LQF_3W$-A315F
$4LQF_3W$-A1.7F	1.7	575	290	≤190	53	5.6	4.8	$4LQF_3W$-A400F
$4LQF_3W$-A2.1F	2.1	675	390	≤290	59	6.5	6	$4LQF_3W$-A500F
$4LQF_3W$-A2.6F	2.6	805	520	≤420	66	7.7	7.6	$4LQF_3W$-A630F
$4LQF_3W$-A3.4F	3.4	975	690	≤590	75	9.3	9.7	$4LQF_3W$-A800F
$4LQF_3W$-A4.2F	4.2	1175	890	≤790	86	11.1	12.1	$4LQF_3W$-A1000F
$4LQF_3W$-A5.3F	5.3	1425	1140	≤1040	99	13.4	15.1	$4LQF_3W$-A1250F

油流量 /L·min⁻¹	热量 H_2/W							油侧压力降 /MPa
58	15002	18142	21515	24772	27912	31168	33727	≤0.1
66	17096	20934	24423	28377	31982	35472	38379	
75	19190	23260	27563	31700	35820	40123	43496	
83	20468	26051	29772	34308	38960	43612	48264	0.11~0.15
92	22446	28494	32564	36634	41868	47102	51754	
100	24539	29075	34308	40124	45822	51172	56406	
108	25353	31401	36053	42216	48264	54080	59895	
116	27330	31982	38960	45357	50590	58150	64546	0.15~0.2
125	27912	33145	41868	47102	52916	61058	68036	
132	28494	33727	42450	48846	56406	63965	70943	
150	29656	36635	44776	53498	61639	69780	76758	0.2~0.3
166	31401	40705	47683	56987	66291	75595	84899	
184	34890	41868	51172	58150	68617	80247	89551	
200	37216	44194	53498	63965	75595	87225	97692	
换热面积 /m²	1.3	1.7	2.1	2.6	3.4	4.2	5.3	

4）固定管板式冷却器

$2LQG_2W$ 型冷却器尺寸

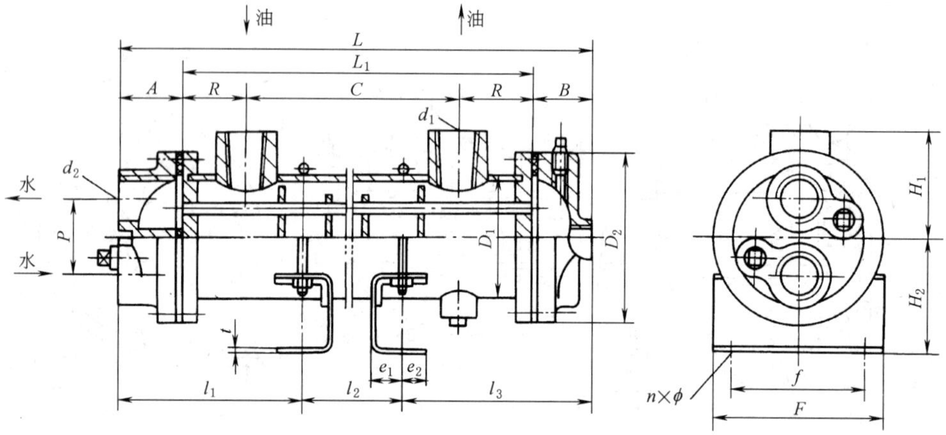

表 20-11-76

mm

型号	换热面积/m²	壳体尺寸							支座尺寸										两端尺寸				
		L	L_1	C	R	D_1	H_1	d_1	l_1	l_2	l_3	H_2	F	f	e_1	e_2	t	$n\times\phi$	D_2	P	d_2	A	B
10/0.2	0.2	347	270	180	45	76	60	ZG1	120	105	122	70	102	80	15	15	3	4×φ10	110	52	ZG 3/4	40	37
10/0.4	0.4	527	450	360						285													
10/0.5	0.5	757	680	590						515													
10/1.0	1.0	444	340	240	50	114	85	ZG 1¼	140	160	142	90	148	120	20	20	3	4×φ12	147	76	ZG1	52	52
10/1.25	1.25	554	450	350						270													
10/1.4	1.4	634	530	430						350													
10/1.8	1.8	784	680	580						500													
10/2.24	2.24	954	850	750						670													
10/2.0	2.0	587	450	340	55	140	95	ZG 1½	175	250	162	145	180	140	24	16	5	4×φ15	194	100	ZG1	72	65
10/3.0	3.0	817	680	570						480													
10/3.75	3.75	987	850	740						650													
10/4.25	4.25	1107	970	860						770													

（2）B型板式冷却器

B型板式冷却器以不锈钢波纹板为传热面，具有高传热系数、体积小、重量轻、组装灵活、拆洗方便等特点。

1）型号意义

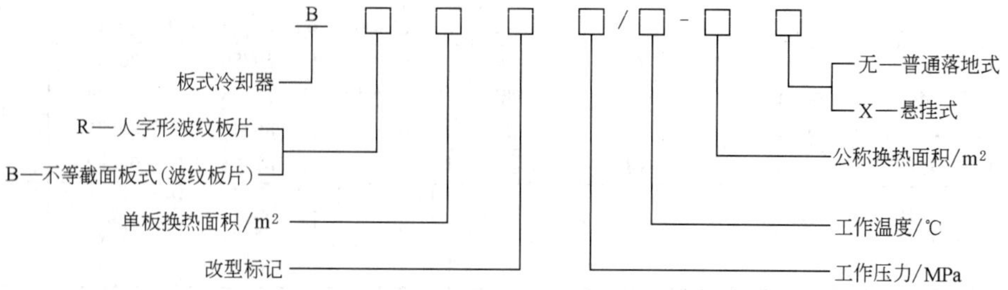

2）技术规格

表 20-11-77

型　　号	换热面积/m^2	传热系数/$W \cdot m^{-2} \cdot K^{-1}$	设计温度/℃	工作压力/MPa
BR0. 05 系列	1～3	230～815	-20～200	0. 6～1. 6
BR0. 1 系列	1～10			
BR0. 2 系列	5～30			
BR0. 3 系列	10～40			
BR0. 35 系列	15～45			
BR0. 5 系列	30～100			
BR0. 8 系列	40～200			
BR1. 0 系列	60～280			
BR1. 2 系列	80～400			
BR1. 4 系列	70～400			
BR1. 6 系列	100～500			
BR2. 0 系列	200～700			
BB0. 3 系列	15～45			
BB0. 5 系列	30～100			
BB0. 8 系列	40～200			
BB1. 2 系列	80～400			

注：外形尺寸见生产厂产品样本。

（3）FL 型空气冷却器

FL 型空气冷却器主要用于工程机械、农业机械，并适用于液压系统、润滑系统等，将工作介质冷却到要求的温度。

1）型号意义

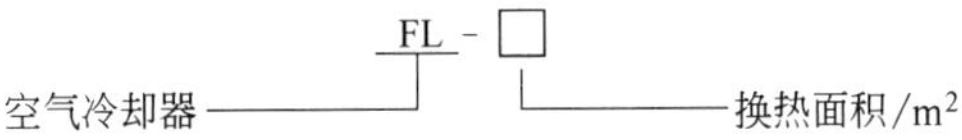

2）技术规格

表 20-11-78

型号	换热面积/m^2	传热系数/$W \cdot m^{-2} \cdot K^{-1}$	工作压力/MPa	设计温度/℃	压力降/MPa	风量/$m^3 \cdot h^{-1}$	风机功率/kW
FL-2	2	55	1. 6	100	0. 1	805	0. 05
FL-3. 15	3. 15					935	0. 05
FL-4	4					1065	0. 09
FL-5	5					1390	0. 09
FL-6. 3	6. 3					1610	0. 09
FL-8	8					1830	0. 09
FL-10	10					2210	0. 12
FL-12. 5	12. 5					3340	0. 25
FL-16	16					3884	0. 25
FL-20	20					6500	0. 6
FL-35	35					15000	2. 2
FL-60	60					8000×2	0. 75×2

注：外形尺寸见生产厂产品样本。

4.2.7 冷却器用电磁水阀

电磁水阀用于控制冷却器内介质的通入或断开。通常采用常闭型二位二通电磁阀，即电磁铁通电时，阀门开启。电磁阀应沿管路水平方向垂直安装，安装时注意介质方向，管路有反向压力时应加装止回阀。

表 20-11-79

型号	相应的旧型号	通径/mm	额定电压/V	功率/W	工作介质	压力范围/MPa	介质温度/℃	泄漏量/mL·min^{-1}	外形尺寸/mm 宽 L	高 H	连接方式
ZCT-5B	DF2-3	5	AC:200、127、110、36、24	15	油水空气	0~0.6	<65	4.5	45	75	M10×1.5
ZCT-8B	DF2-8	8	DC:220、110、48、36、24、12	44		0~0.4			65	120	M14×1.5
ZCT-15A	DF1-1	15	AC：220 127 110 36 24 DC：220	15		空气：0.1~1 油、水：0.1~0.6			100	130	管螺纹 G½
ZCT-20A	DF1-1	20							100	130	管螺纹 G½
ZCT-25A	DF1-2	25						7.5	120	140	管螺纹 G1
ZCT-25A	DF1-2	32						7.5	120	140	管螺纹 G1
ZCT-40A	DF1-3	40						15	150	160	管螺纹 G½
ZCT-50A	DF1-4	50				空气：0.1~0.6 油水：0.1~0.4		22.5	200	210	法兰四孔 ϕ13/ϕ110
ZCT-50A	DF1-4	65							200	210	法兰四孔 ϕ13/ϕ110
ZCT-80A	DF1-5	80							250	260	法兰四孔 ϕ17/ϕ150
ZCT-100A	DF1-6	100		25					350	295	法兰八孔 ϕ18/ϕ170
ZCT-150A	DF1-7	150		44					400	380	ϕ17.5/ϕ225
TDF-DZY1		15	AC：220 DC：24		空气净水低黏度油	0~1.6			82	148	管螺纹 G½
TDF-DZY2		20							82	148	管螺纹 G¾
TDF-DZY3		25							96	156	管螺纹 G1
TDF-DZY4		40							120	170	管螺纹 G1½
TDF-DZY5		50				0~0.6			200	245	法兰四孔 ϕ13/ϕ110
TDF-DZY6		80							250	280	法兰四孔 ϕ17/ϕ150

注：阀的使用寿命为100万次。

5 温度仪表

5.1 温度表（计）

5.1.1 WS※型双金属温度计

型号意义：

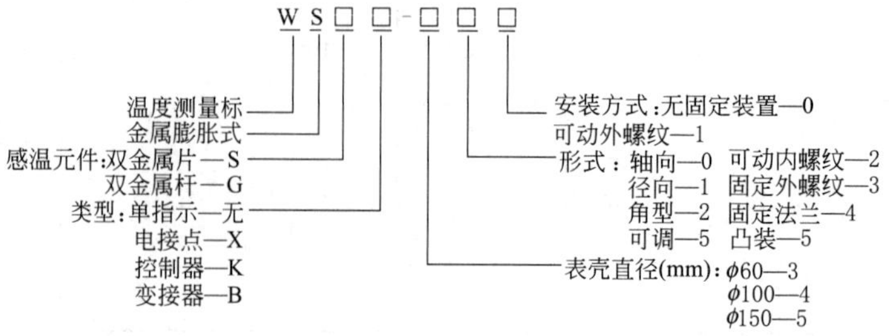

表 20-11-80 **WS※型双金属温度计技术规格和外形尺寸**

型号	表直径/mm	精度等级	温度范围/℃	分度值/℃	保护管直径 d/mm	插入长度/mm	安装螺纹 T/mm
轴定向	ϕ60	1.5	-80~40	2	ϕ6	75~300	M16×1.5
			-40~80	2	ϕ8	75~500	
轴定向 径定向 135°角型 可调角型	ϕ100 ϕ150		-40~160	5	ϕ8 ϕ10 ϕ12 ϕ16	75~500 75~1000 75~1000 75~2000	M27×2
			0~100	2			
			0~150	2			
			0~200	5			
			0~300	5			
			0~400	5			
			0~500	10			

外形尺寸

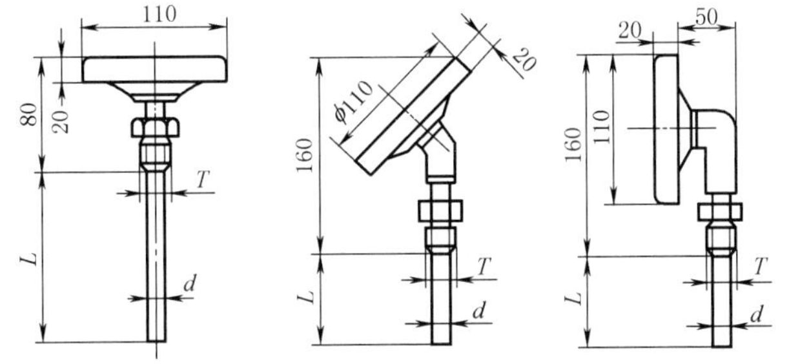

(a) 轴向型　(b) 135°角型　(c) 径向型

5.1.2 WTZ 型温度计

表 20-11-81 **WTZ 型温度计技术规格**

名称		型　号	用　　途	测温范围/℃	灌充介质	温包耐压/MPa	表面直径/mm	质量/kg
蒸气式指示温度计	一般	WTZ-280	利用灌充在密闭系统内流体的温度与压力间的变化，测量 20m 以内工业设备上的气体、液体和蒸气的表面温度	-20~60	氯甲烷或氟利昂 12	1.6	100 125 150	18
				0~50				
				0~100				
				20~120				
				60~160	氯甲烷或氯乙烷	6.4		
				100~200	氯乙烷或乙醚			
				150~250	甲酮 甲苯			
	电接点	WTZ-288	同 WTZ-280，并能在工作温度达到和超过给定值时，自动发出电信号。也可用来作为温度调节系统内的电路接触开关，交流电压为 24~380V，功率小于 10V·A	-20~60	氯甲烷或氟利昂 12	1.6	150	2.5
				0~50				
				0~100				
				20~120	氯甲烷或氯乙烷			
				60~160	氯乙烷或乙醚	6.4		
				100~200	甲酮			
				150~250	甲苯			

表 20-11-82 **WTZ 型温度计外形尺寸** mm

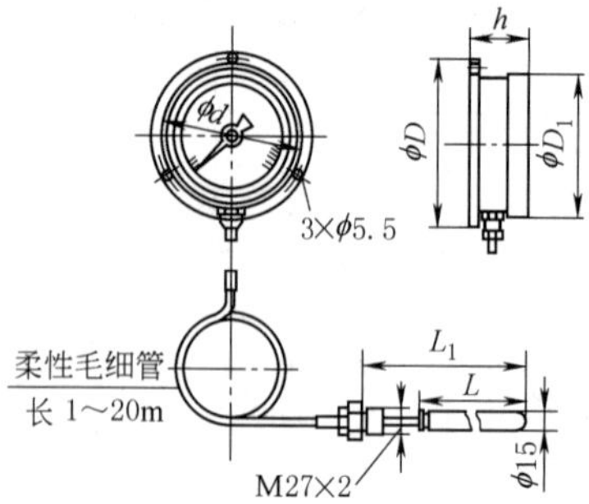

表面直径	ϕD	ϕD_1	ϕd	h	毛细管长度 ≤12000 L	毛细管长度 ≤12000 L_1	毛细管长度 >12000～20000 L	毛细管长度 >12000～20000 L_1
ϕ100	130	118	120	50	150	250	230	340
ϕ125	145	134	135	50				
ϕ150	172	157	160	50				
电接点 ϕ150	175	146	160	98				

5.2 WTYK 型压力式温度控制器

WTYK-11 压力式温度控制器，采用温包式传感器，可使用于冷却水或油液等介质。

控制器一般采用 AK1-1 型微动开关，其触头额定负荷为直流 27V 时 15A。

控制器 78℃ 规格采用 WK1-6 型微动开关，其触头额定负荷为直流 27V 时 10A。

经试验证明：AK1-1 型和 WK1-6 型的微动开关的通断能力均可达到，当直流电压为 110V 时，①感性负载(时间常数为 100ms)，接通电流为 0.5A，分断电流为 0.5A；②阻型负载，接通电流为 12.5A，分断电流为 1A。

表 20-11-83 **WTYK 型压力式温度控制器技术规格和外形尺寸**

设定值/℃	切换值/℃	设定值误差/℃	重复性误差/℃	介质最高温度/℃	外形尺寸/mm
40	1.5～4	±2	1	100	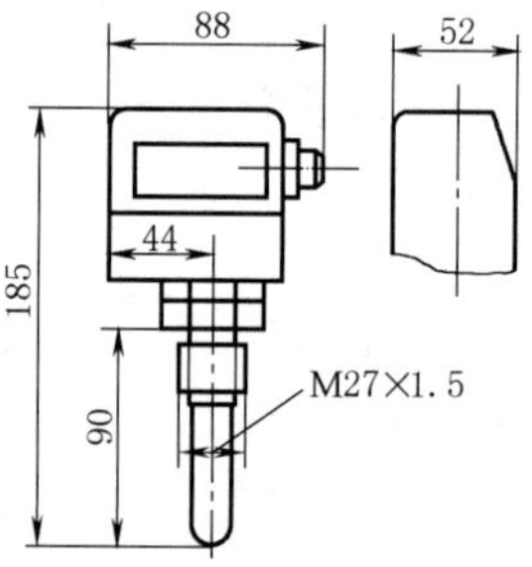
45	1.5～4	±2	1	100	
60	1.5～4	±2	1	100	
65	1.5～4	±2	1	100	
78	4～7	±2	1	100	
85	1.5～4	±2	1	100	
90	1.5～4	±2	1	100	
95	2～5	±2	1	100	
110	2～5	±2	1	125	
120	2～5	±2	1	125	

注：本控制器以上切换值为设定值，切换值不可调。

5.3 WZ※型温度传感器

型号意义：

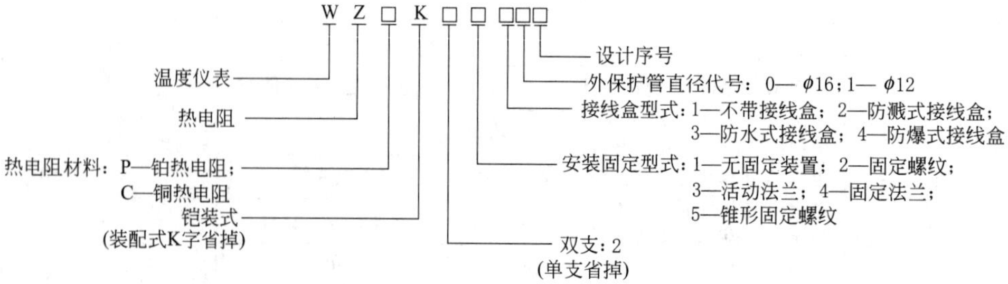

(1) 技术参数（表 20-11-84）

表 20-11-84　　热电阻基本技术参数

分度号	Pt100(R_0=100Ω) $W_{100}=\dfrac{R(100℃)}{R(0℃)}=1.385$	测温范围	−200~600℃
		时间常数	指被测介质自某一温度阶跃变化到另一温度，热电阻感温原件达到某个温度变化范围63.2%的瞬间所需要的时间
精度等级及允许误差	A 级　(100±0.06)Ω(R_0) 允差：$\pm(0.15+2.0\times10^{-3}\|t\|)$℃ B 级　(100±0.12)Ω($R_0$) 允差：$\pm(0.3+5.0\times10^{-3}\|t\|)$℃	电阻自热反应	热电阻允许通过的最大测量电流为5mA，由此而产生的温升不超过0.3℃

(2) 热电阻的安装形式（图 20-11-10）

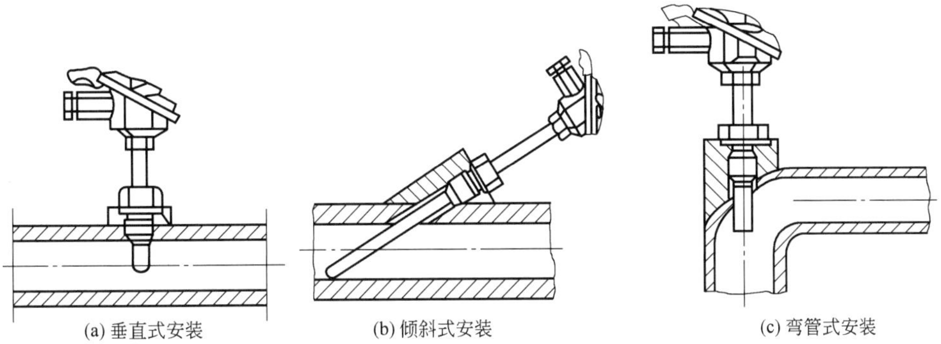

(a) 垂直式安装　　(b) 倾斜式安装　　(c) 弯管式安装

图 20-11-10　热电阻的安装形式

(3) 外形尺寸

表 20-11-85　　WZ※型温度传感器规格及外形尺寸

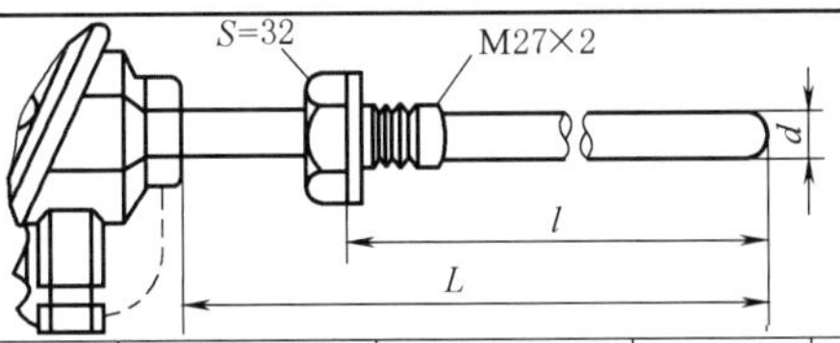

注：接线盒为防水式

产品名称	产品型号	分度号	测量范围/℃	保护管材料	直径 d/mm	时间常数/s	ϕ16 总长 L/mm	ϕ16 插深 l/mm	ϕ12 总长 L/mm	ϕ12 插深 l/mm	公称压力/MPa
单只铂热电阻	WZP-230	Pt100	−200~400	不锈钢 1Cr18Ni9Ti	ϕ16	<90	300	150	225	75	10
	WZP-231		−200~560		ϕ12	<30	350	200	250	100	
							400	250	300	150	
铜热电阻	WZC-231	Cu50 Cu10	−50~100	黄铜 H62 不锈钢 1Cr18Ni9Ti	ϕ12	<120	450	300	350	200	10
							550	400	450	300	
							650	500	550	400	

固定螺纹安装

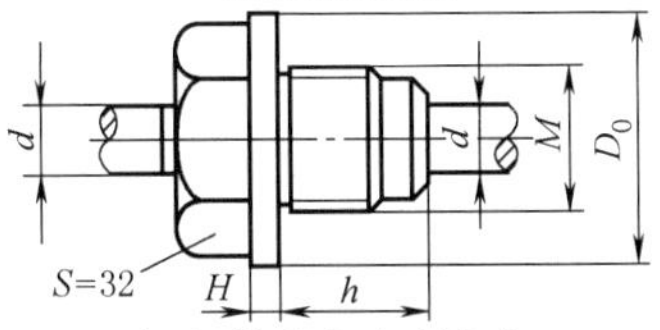

备注：接线盒为防溅式

类别	保护管直径 d	M	S	H	h	D_0
a	ϕ16 ϕ12	M27×2	32	5	32	ϕ40
b		G¾管牙			23	

产品名称	产品型号	分度号	测量范围/℃	保护管材料	直径 d/mm	时间常数/s	ϕ16 总长 L/mm	ϕ16 插深 l/mm	ϕ12 总长 L/mm	ϕ12 插深 l/mm
铜热电阻	WZC-221	Cu50 Cu100	−50~100	黄铜 H62 不锈钢 1Cr18Ni9Ti	ϕ12	<120	300 350	150 200	225 250	75 100

6 压力仪表

现行的压力仪表相关标准见表 20-11-86。

表 20-11-86

序号	标准
1	GB/T 1226—2017《一般压力表》
2	GB/T 1227—2017《精密压力表》
3	GB/T 36411—2018《智能压力仪表　通用技术条件》
4	JB/T 5491—2005《膜片压力表》
5	JB/T 5527—2005《船用压力表》
6	JB/T 6804—2006《抗震压力表》
7	JB/T 7392—2006《数字压力表》
8	JB/T 8624—1997《隔膜式压力表》
9	JB/T 9273—1999《电接点压力表》
10	JB/T 10203—2000《远传压力表》
11	JB/T 12014—2014《洁净型压力表》
12	JB/T 12015—2014《膜片式差压表》
13	JB/T 12016—2014《光电式电接点压力表》
14	JB/T 12900—2016《土方机械　压力表》

注：GB/T 26788—2011《弹性式压力仪表通用安全规范》适用于以弹簧管（包括螺旋弹簧管、盘簧管及 C 形管）、膜片、膜盒及波纹管等机械指针式压力表（简称仪表）。

6.1 Y 系列压力表

型号意义：

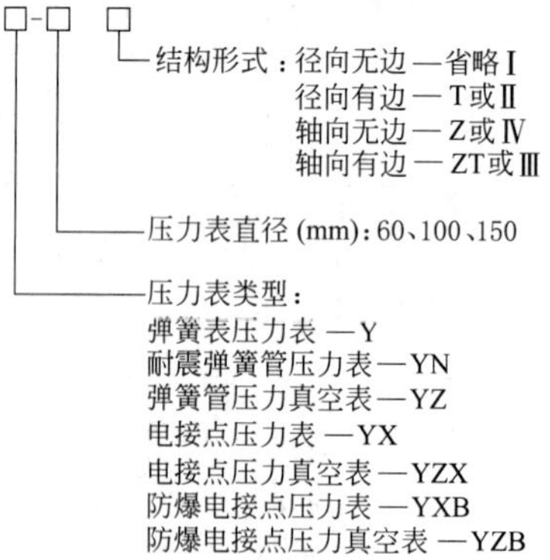

表 20-11-87　　Y 系列压力表技术规格

种　类	型　号	测量范围/MPa
弹簧管压力表	Y-60,Y-100,Y-150,Y-200	0~0.1,0~0.16,0~0.25,0~0.4,0~0.6,0~1,0~1.6,0~2.5,0~4,0~6,0~10,0~16,0~25,0~40,0~60
耐震弹簧管压力表	YN-60,YN-100,YN-150	
电接点压力表	YX-100,YX-150	
弹簧管压力真空表	YZ-60,YZ-100,YZ-150,YZ-200	-0.1~0.06,-0.1~0.15,-0.1~0.3,-0.1~0.5,-0.1~0.9,-0.1~1.5,-0.1~2.4

表 20-11-88 **Y 系列压力表外形尺寸** mm

Y-＊＊、YN-＊＊、YZ-＊＊

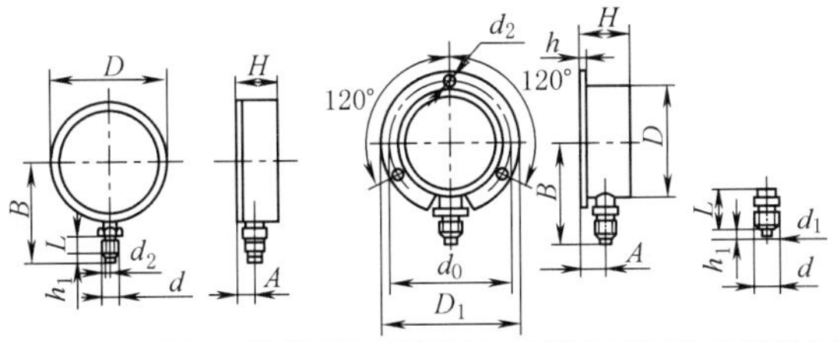

表直径	D	D_1	d_0	A	B	H	h	h_1	L	d	d_1	d_2
60	ϕ60	—	—	14	59.5	37	—	3	14	M14×1.5	ϕ5	—
100	ϕ100	ϕ130	ϕ118	20	93	48	6	5	20	M20×1.5	ϕ6	3×ϕ5.5
150	ϕ150	ϕ180	ϕ165	20	121	51	6	5	20	M20×1.5	ϕ6	3×ϕ5.5
YN60	ϕ64	—	—	11	57	30	2	2	14	M14×1.5	ϕ5	—
YN100	ϕ105	120×120		16.5	98.5	44.5	3	4	20	M20×1.5	ϕ6	4×ϕ6
YN150	ϕ156	ϕ175	ϕ62	20	122	50	3	4	20	M20×1.5	ϕ6	3×ϕ6.5

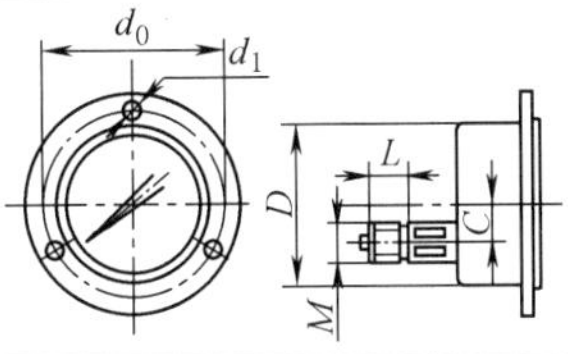

压力表直径 ϕ	D	d_0	d_1	C	L	M
60	60	72	4.5	0	14	M14×1.5
100	100	118	5.5	32	20	M20×1.5
150	150	165	5.5	53	20	M20×1.5

YX-＊＊、YZX-＊＊、YXB-＊＊

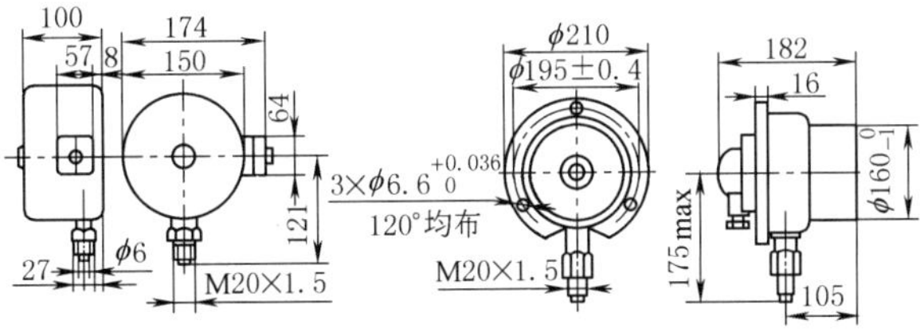

6.2 YTXG 型磁感式电接点压力表

YTXG 型磁感式电接点压力表适用于测量无爆炸危险的非结晶和凝固的、无腐蚀的液体、气体、蒸气等介质的压力，磁敏式传感器开关装置，具有指针系统不带电、输出容量大、动作稳定可靠、使用寿命长等特点。其性能优于电接点压力表和磁助式电接点压力表。

（1）技术规格及参数

表 20-11-89 **YTXG 型压力表技术规格及参数**

型号	标度/MPa	最小控制范围/MPa	指示精确度	控制精确度
YTXG-100	0～6	0.50	1.0	2
	0～10	0.80		
	0～16	1.5		
	0～25	2.0	1.5	
	0～40	3.0		
	0～60	5.0		
YTXG-150	0～6	0.40	1.0	2
	0～10	0.6		
	0～16	0.7		
	0～25	1.75	1.5	
	0～40	2.5		
	0～60	4.0		

（2）电气参数及电气接线

表 20-11-90　　电气参数和电气接线

<table>
<tr><td rowspan="4">电气参数</td><td colspan="3">①仪表的输入电源电压为 AC 220V 50Hz
②仪表的两个磁敏开关（HK_1 和 HK_2）各输出一组转换触点，触电容量如下所示：</td></tr>
<tr><td>触电电压</td><td>max DC 125V</td><td>max AC 250V</td></tr>
<tr><td>触电电流</td><td>DC 28V 10A</td><td>AC 220V 5A</td></tr>
<tr><td>触电功率</td><td>max 280W</td><td>max 1200V · A</td></tr>
<tr><td>电气接线</td><td colspan="3">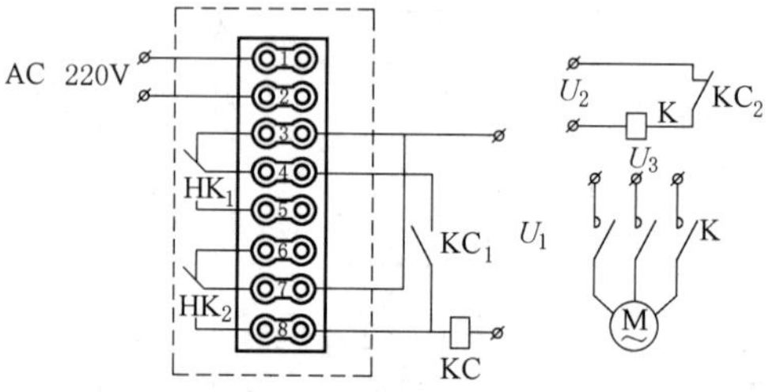

仪表的接线端子与被控线路之间的连接</td></tr>
</table>

注：1. 虚线框内系仪表内部接线示意图。

2. U_1、U_2、U_3 电压依控制对象定。

3. 仪表按图连接时，能将被控（被测）压力保持在预先设定的范围内，达到自动控制目的。

（3）外形尺寸

该仪表安装形式共 5 种：Ⅰ型、Ⅱ型、Ⅲ型、Ⅳ型、Ⅴ型。

表 20-11-91　　YTXG 型压力表外形尺寸　　mm

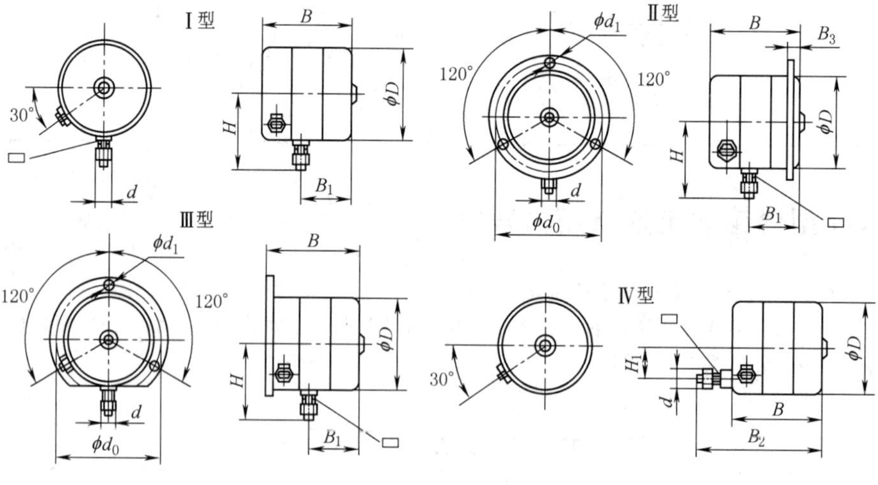

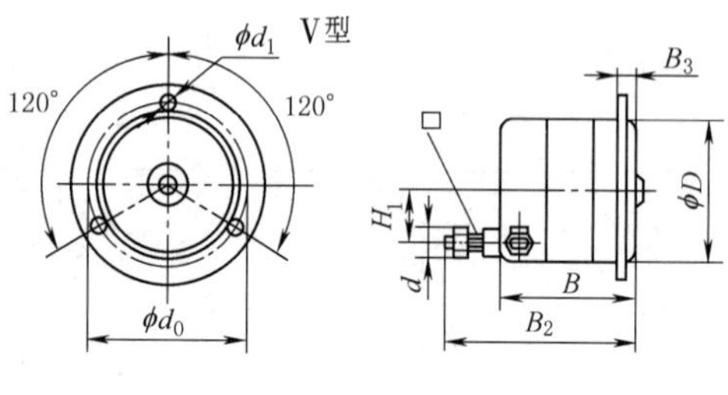

型号	ϕd	B	B_1	B_2	H	H_1	ϕd_0	d	ϕd_1	B_3
YTXG-100	100	98	46		92		118	M20×1.5	6	8
YTXG-150	150	120	49	160	121	55	165	M20×1.5	6	10
YTXG-200	200	120	53	160	142	65	215	M20×1.5	6	13

.3 Y※TZ型远程压力表

仪表机械部分的作用原理与一般弹簧管压力表相同，内部设置装在齿轮传动机构上的电阻发送器，当齿轮传动机构中的扇形齿轮轴发生偏转时，电阻发送器电刷也相应偏转，由于电刷在电阻器上滑行，使得被测压力值的变化转换为电阻值的变化，传至二次仪表上，指示出一相应的读数值，同时一次仪表也指示出相应的压力值。

表 20-11-92　　**Y※TZ 型压力表技术参数**

型号	YTZ-150	YNTZ-150	
公称直径	ϕ150mm	ϕ150mm	
精度等级	1.5、2.5		
接口螺纹	M20×1.5		
测量范围/MPa	0~0.1至60 -0.1~0、-0.1~0.06至2.4		
滑线电阻转换器技术参数	起始电阻	满度电阻	①②端外加电压
	3~20Ω	340~400Ω	不大于6V

注：①②接线端子见表 20-11-93 中图（a）。

表 20-11-93　　**电气接线和外形尺寸**

电气接线	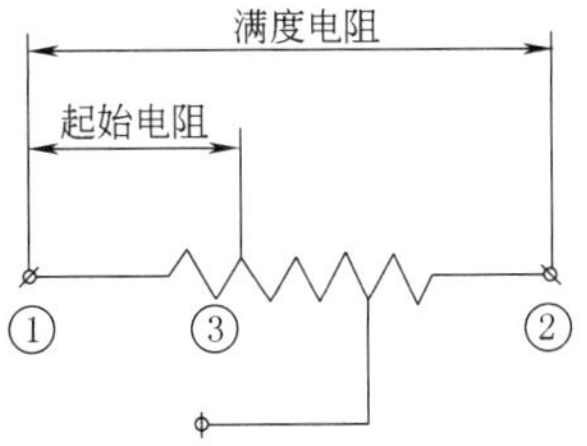 (a) 滑线电阻式发送器接线图 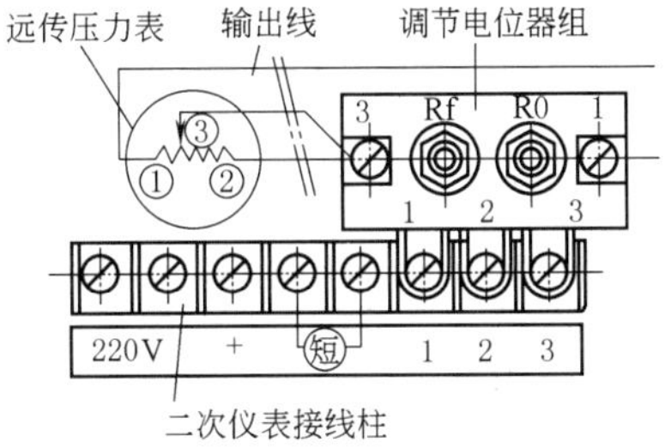 (b) 配置二次仪表的接线图 注：图示配置的是XCY-104型二次仪表
外形尺寸/mm	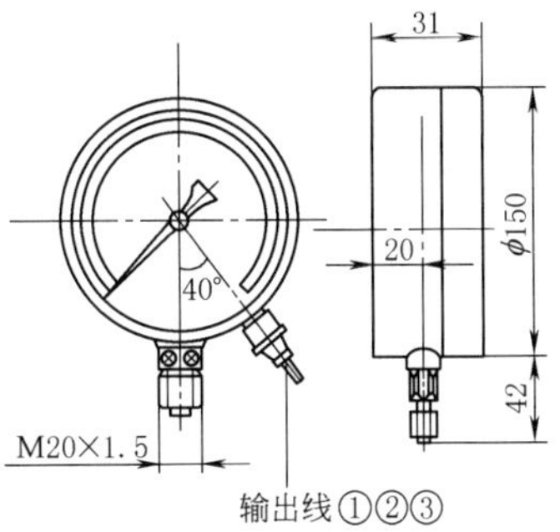

6.4 BT 型压力表

（1）型号意义

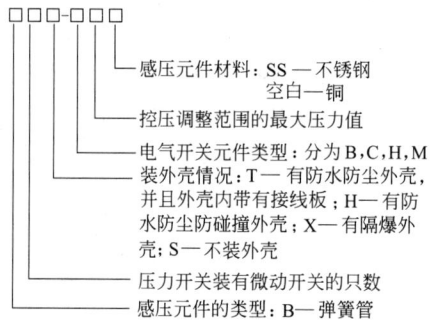

□□□-□□□

- 感压元件材料：SS — 不锈钢；空白—铜
- 控压调整范围的最大压力值
- 电气开关元件类型：分为B,C,H,M
- 装外壳情况：T— 有防水防尘外壳，并且外壳内带有接线板；H— 有防水防尘防碰撞外壳；X— 有隔爆外壳；S— 不装外壳
- 压力开关装有微动开关的只数
- 感压元件的类型：B— 弹簧管

（2）名词术语（表 20-11-94）

表 20-11-94　　名词术语

压力开关	能够自动感受压力变化，当压力达到预定压力值时，将电路进行通断转换的仪表
压力预定值 p_0	根据压力控制要求，预先在压力校验台上调定的使电触点动作（或复位）的压力值
控压调整范围	压力开关的工作压力值范围。最大压力值为 p_{max}，最小压力值为 p_{min}。在该范围内，其弹性元件的弹性特性是线性的，压力开关能正常工作
感压精度%FS	在控压调整范围内，误差的最大值与控压范围最大压力值 p_{max} 之比（用百分比表示）
压力差动值 Δp	压力开关触点的动作压力值与复位压力值之差
升压调整范围	用升压调整法，压力开关所能达到的控压调整范围
降压调整范围	用降压调整法，压力开关所能达到的控压调整范围
压力控制区	在实际使用中，升压调整的第一组电触点的动作压力值与降压调整的第二组电触点的复位压力值之间的压力范围。一般情况下，最小工作压力区大于或等于压力差动值，最大工作压力区等于控压调整范围的 2/5，当只用一组电触点时，压力控制区即压力差动值

（3）技术参数（表 20-11-95 和表 20-11-96）

表 20-11-95　　BT 型压力开关的电气参数

额定电压/V		额定控制容量	
交流	380、220	交流	100V·A
直流	220、110、24	直流	10W

表 20-11-96　　技术参数　　MPa

型号	控压调整范围				各类电气开关压力差动值 Δp			
	降 p_{min}	降 p_{max}	升 p_{min}	升 p_{max}	B	C	H	M
B2T-□124SS	4.14	120.21	7.93	124	2.52～10.48	7.32～15.78	0.99～1.70	1.90～3.79
B2T-□83SS	4.14	79.21	7.93	83	2.52～10.48	7.32～15.78	0.99～1.70	1.90～3.79
B2T-□45SS	2.34	44.21	3.03	45	0.52～2.08	1.48～3.13	0.20～0.36	0.37～0.79
B2T-□33SS	1.65	32.41	2.24	33	0.41～1.56	1.12～2.35	0.15～0.28	0.28～0.59
B2T-□22SS	1.10	21.73	1.37	22	0.35～1.18	0.91～1.97	0.11～0.27	0.13～0.54
B2T-□22	1.10	21.79	1.31	22	0.29～1.01	0.77～1.54	0.10～0.21	0.18～0.41
B2T-□8SS	0.345	7.81	0.53	8	0.14～0.45	0.35～0.69	0.05～0.10	0.08～0.19
B2T-□8	0.345	7.86	0.48	8	0.19～0.66	0.50～1.00	0.07～0.14	0.12～0.27
B2T-□4	0.200	3.85	0.35	4	0.06～0.11	0.10～0.15	0.03～0.07	0.04～0.10
B2T-□1	0.005	0.97	0.034	1	0.06～0.16	0.06～0.28	0.02～0.04	0.04～0.13

注：型号中□为填写电气开关类别 B 或 C 的位置，SS—不锈钢。

(4) 外形尺寸和电气连接（表 20-11-97）

表 20-11-97　　外形尺寸和电气接线

外形尺寸/mm	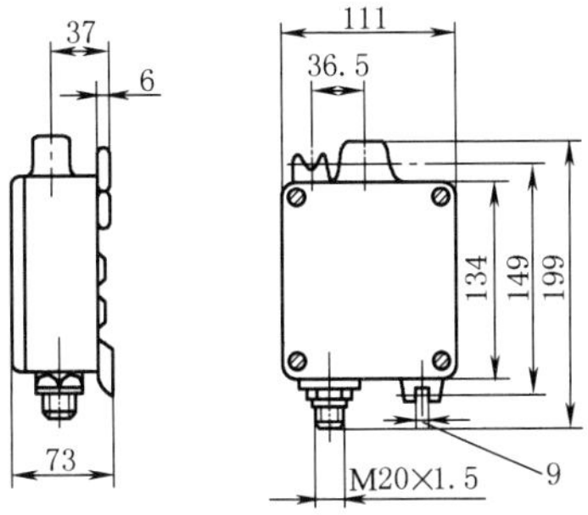
电气接线	BT 型压力开关引线采用红、蓝、黄三色导线。红色导线接常闭(CB),蓝色导线接常开(CK),黄色导线接中心触点(C),见图(a) 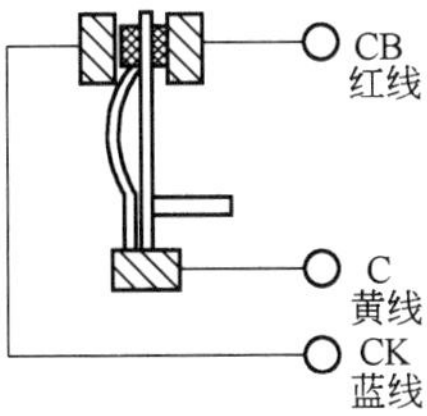 (a)引线标记图 BT 型压力开关带有两个微动开关,其六根引线分别接在外壳内部所装的六联线板上,接线顺序如图(b)所示。图中脚标 1 表示外开关,2 表示内开关 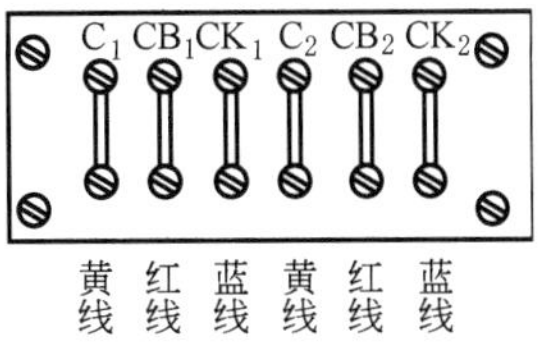 (b)接线板示意图

6.5 压力表开关

6.5.1 AF6 型压力表开关

型号意义：

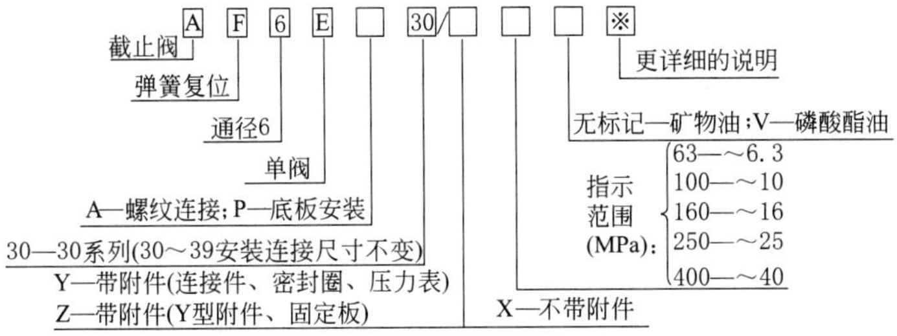

外形尺寸：

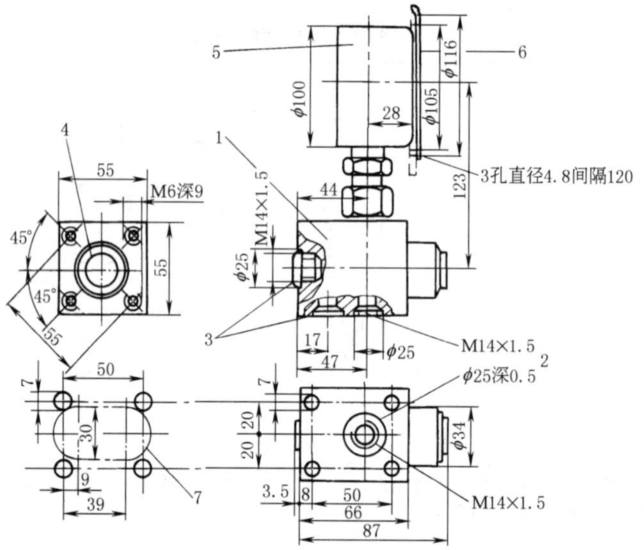

图 20-11-11　AF6 型压力表开关外形尺寸

1—压力表开关；2—压力油口（与泵连接）；3—回油口，可任选；4—按钮；5—压力表；6—固定板；7—面板开口

表 20-11-98　　技术规格

介质	矿物油、磷酸酯
介质温度/℃	-20~70
介质黏度/$m^2\cdot s^{-1}$	$(2.8\sim380)\times10^{-6}$
工作压力/MPa	约 31.5
压力表指示范围/MPa	6.3、10、16、25、40(指示范围应超过最大工作压力约 30%)

6.5.2　MS2 型六点压力表开关

型号意义：

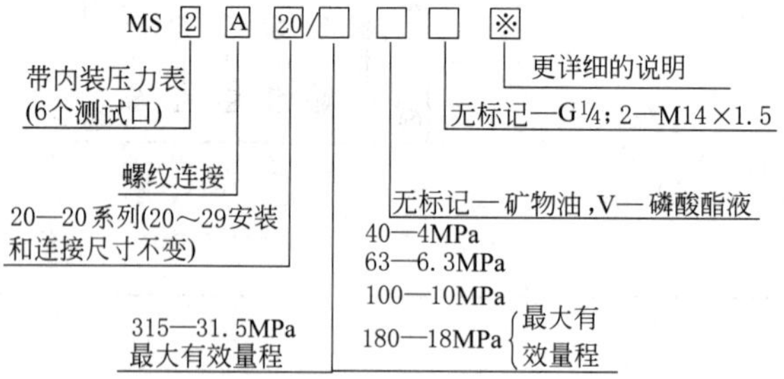

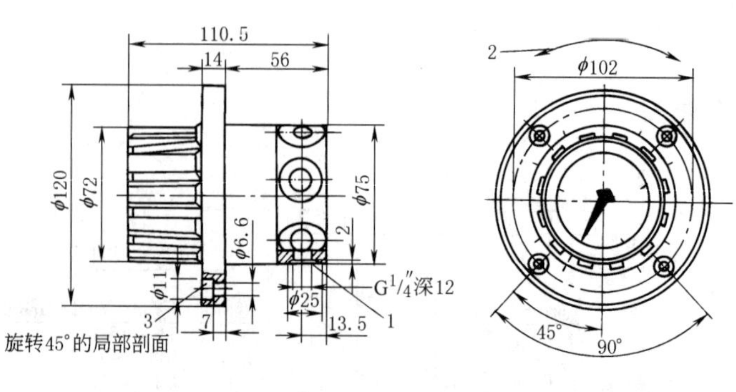

图 20-11-12　MS2 型六点压力表开关外形尺寸

1—6 个测试口和 1 个回油口沿圆周均匀分布；2—顺或逆时针方向转动旋钮，便可直接读数，零点安排在指示点中间；3—4 个固定螺栓孔

表 20-11-99　　技术规格

最高允许工作压力/MPa	31.5 最高允许工作压力与内装压力表的刻度值一致。该压力与压力表实际极限刻度间的区域用红色表示		回油口最高允许背压/MPa	1
内装压力表指示精度	20℃时，内装压力表的指示精度为红色刻度值的 1.6%，温度每上升 10℃，就产生+3%红色刻度指示误差，温度每下降 10℃，就产生-3%的红色刻度指示误差			
介质	矿物油	介质黏度/$m^2 \cdot s^{-1}$	$(23.8 \sim 380) \times 10^{-6}$	
介质温度/℃	-20~70	质量/kg	1.7	

.5.3　KF 型压力表开关

型号意义：

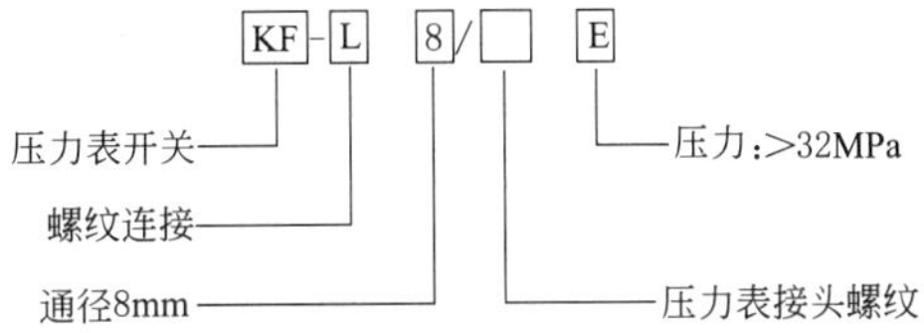

外形尺寸：

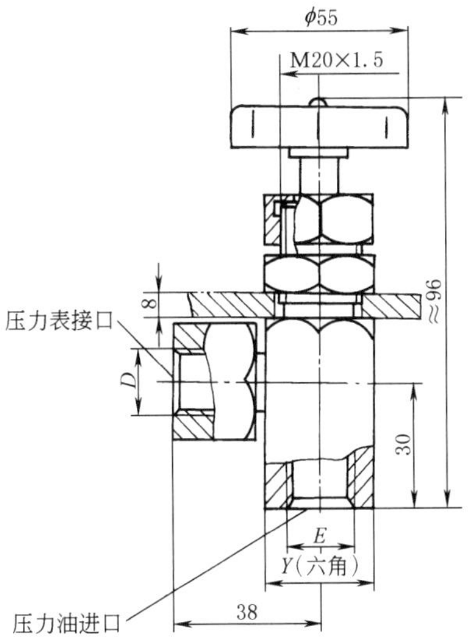

表 20-11-100　　技术规格

型号	通径		压力/MPa	压力表接口 D/mm	压力油进口 E/mm	Y/mm
	mm	in				
KF-L8/12E	8	1/4	350	M12×1.25	M14×1.5	27
KF-L8/14E				M14×1.5	M14×1.5	27
KF-L8/20E				M20×1.5	M14×1.5	27
KF-L8/30E				M30×1.5	M14×1.5	38

6.6　测压、排气接头及测压软管

6.6.1　PT 型测压排气接头

型号意义：

PT □ □-00 □

- 系统和软管的接口螺纹代号（见结构及连接尺寸）
- 管道测压接头的连接螺纹代号（见结构及连接尺寸）
  省略—非管道测压接头
- 省略 — 测压接头
  1— 排气测压接头
- 微型高压测压接头

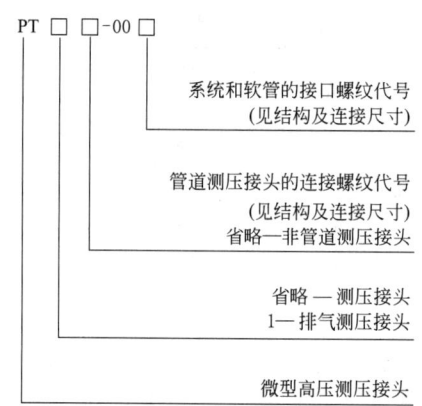

表 20-11-101　　PT 型测压排气接头规格及外形尺寸　　mm

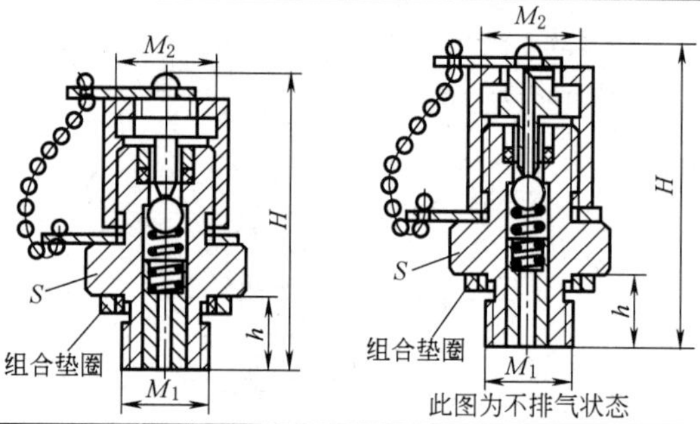

此图为不排气状态

代号		M_1	M_2	h	H	S
PT PT1	-00	M10×1	M12×1.25	12	46	17
	-00A_1	M10×1	M16	12	42	19
	-00A_2	M14×1.5	M16	12	46	19

注：1. 额定工作压力为 40MPa。

2. 非带压连接式测压（管）接头按 GB/T 41981.1—2022《液压传动连接　测压接头　第 1 部分：非带压连接式》，可带压连接式测压（管）接头按 GB/T 41981.2—2022《液压传动连接　测压接头　第 2 部分：可带压连接式》，具体见第 12 章 4.9 节“液压测压接头”。

6.6.2　HF 型测压软管

型号意义：

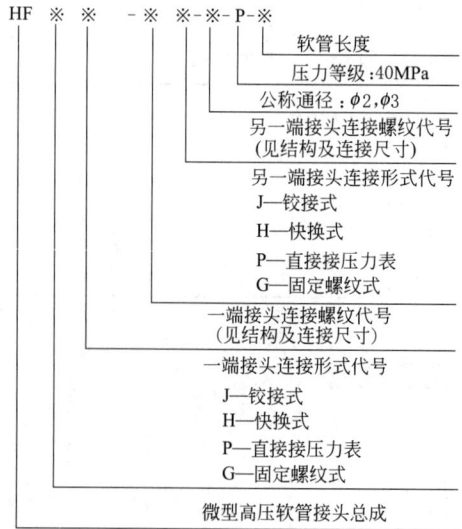

HF ※ ※ -※ ※-※-P-※

- 软管长度
- 压力等级：40MPa
- 公称通径：$\phi 2$，$\phi 3$
- 另一端接头连接螺纹代号（见结构及连接尺寸）
- 另一端接头连接形式代号
  J—铰接式
  H—快换式
  P—直接接压力表
  G—固定螺纹式
- 一端接头连接螺纹代号（见结构及连接尺寸）
- 一端接头连接形式代号
  J—铰接式
  H—快换式
  P—直接接压力表
  G—固定螺纹式
- 微型高压软管接头总成

表 20-11-102 **HF 型测压软管技术参数**

公称通径/mm	3.0	最小爆破压力/MPa	160
最大动态压力/MPa	40	环境适应性	耐臭氧和紫外线无吸湿性
适用温度/℃	-70~260		
软管通径/mm	2.9		
最大静态压力/MPa	64	质量/g·m^{-1}	23
化学性能	耐酸性溶剂	最小弯曲半径/mm	30
软管外径/mm	6.0	安全系数	静载荷时为4,动载荷时为2.5

表 20-11-103 **HF 型测压软管外形尺寸** mm

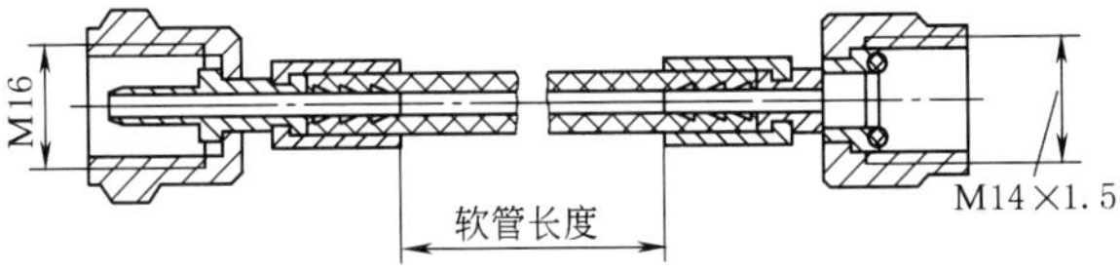

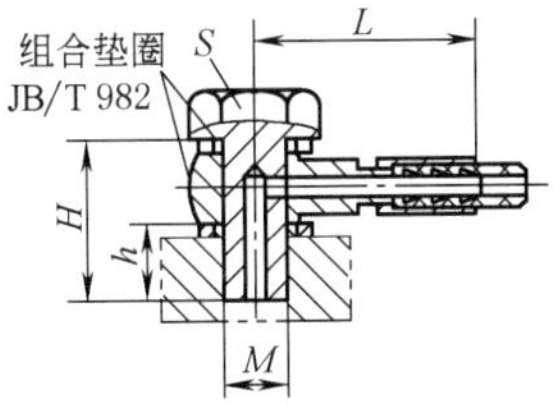

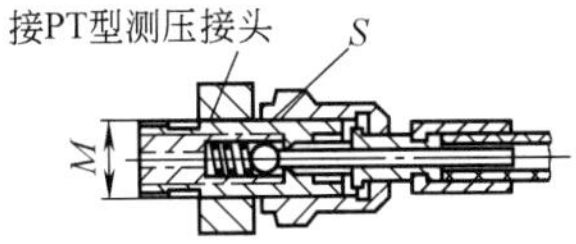

连接形式	代号	*M*	*S*	*L*	*H*	*h*
J 铰接式	1	M10×1	17	32	28	8
	2	M14×1.5	19	41	30	12

连接形式	代号	*M*	*S*
H 快换式	1	M12×1.25	17
	2	M16	19
	3	M14×1.5	17
	4	M16×1.5	19

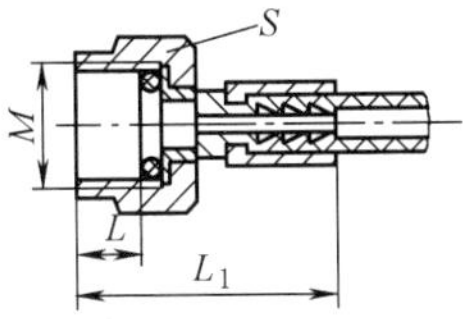

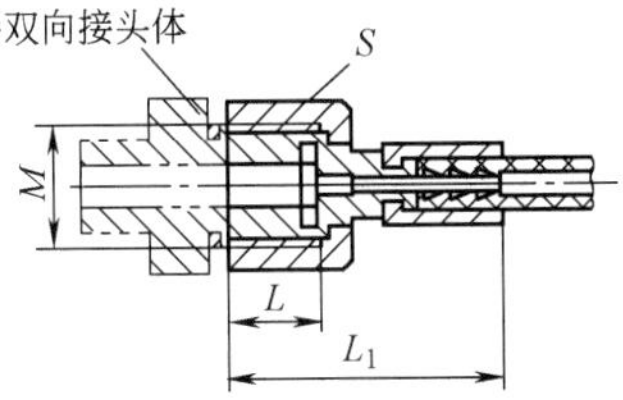

连接形式	代号	*M*	*L*	L_1	*S*
P 直接接 压力表式	1	M14×1.5	10	34	17
	2	M20×1.5	18	42	24
	3	G1/4	10	34	17

连接形式	代号	*M*	*L*	L_1	*S*
G 固定螺 纹式	1	M12×1.25	8	31	17
	2	M14×1.5	10	33	17
	3	M16×1.5	10	33	19

7 通气过滤器

GB/T 17446—2024 给出了术语“通气器”的定义：“可以使元件（例如油箱）与大气之间进行空气交换的器件。”在 GB/T 786.1—2021 中称“通气过滤器”；在 JB/T 12921—2016 中称“（油箱）空气过滤器”；而一些制造商（如黎明）还是称其为“空气滤清器”。

7.1 QUQ 型空气滤清器

型号意义：

QUQ □-□×□·□

空气过滤器

规格：1，2，3，4，5……

空气过滤精度

BH：工作介质为水-乙二醇

省略：介质为一般矿物油

空气流量

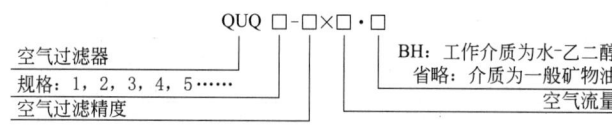

表 20-11-104　　QUQ 型空气滤清器技术规格

型号	QUQ1			QUQ2			QUQ2.5		
空气过滤精度/μm	10	20	40	10	20	40	10	20	40
空气流量/$m^3 \cdot min^{-1}$	0.25	0.4	1.0	0.63	1.0	2.5	1.0	2.0	3.0
油过滤网孔/mm	0.5(可根据用户要求提供其他过滤网孔)								
温度适用范围/℃	-20~100								
型号	QUQ3			QUQ4			QUQ5		
空气过滤精度/μm	10	20	40	10	20	40	10	20	40
空气流量/$m^3 \cdot min^{-1}$	1.0	2.5	4.0	2.5	4.0	6.3	4.0	6.3	10
油过滤网孔/mm	0.5(可根据用户要求提供其他过滤网孔)								
温度适用范围/℃	-20~100								

注：表中空气流量是空气阻力 $\Delta p = 0.02$MPa。若用于工作介质为水-乙二醇，则在型号尾端加 BH。例：QUQ3-100.63BH。

表 20-11-105　　QUQ 型空气滤清器外形尺寸

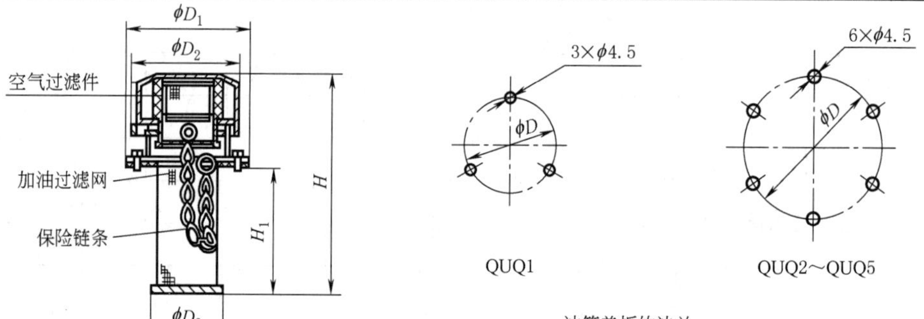

油箱盖板的法兰

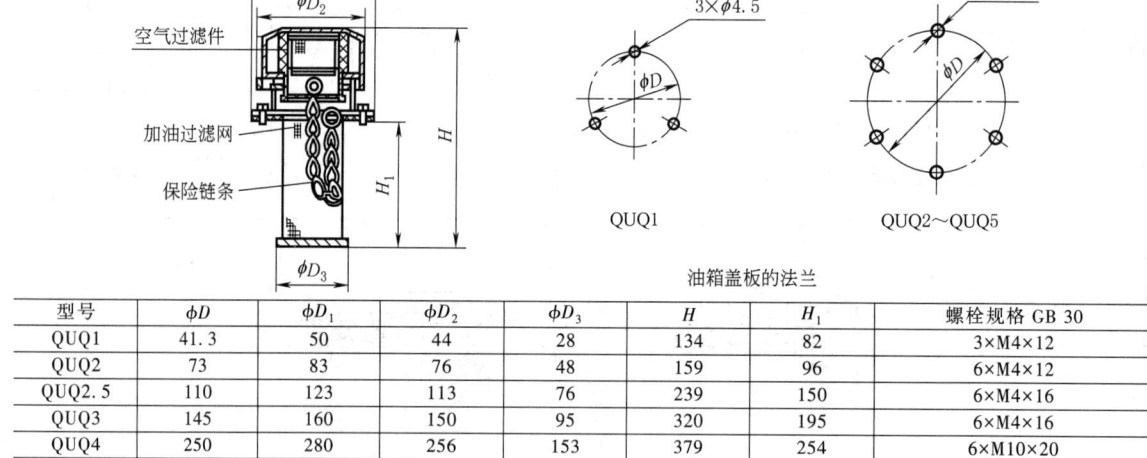

型号	ϕD	ϕD_1	ϕD_2	ϕD_3	H	H_1	螺栓规格 GB 30
QUQ1	41.3	50	44	28	134	82	3×M4×12
QUQ2	73	83	76	48	159	96	6×M4×12
QUQ2.5	110	123	113	76	239	150	6×M4×16
QUQ3	145	160	150	95	320	195	6×M4×16
QUQ4	250	280	256	153	379	254	6×M10×20
QUQ5	280	320	295	197	395	270	6×M12×20

7.2 EF 型空气过滤器

型号意义：

EF □-□

加油口径(mm)：25～120

规格1～8

空气过滤器

表 20-11-106　　EF 型空气过滤器技术规格

规格	空气过滤精度/mm	加油流量	空气流量
		L·min^{-1}	
EF1-25	0.279	9	66
EF2-32	0.279	14	105
EF3-40	0.279	21	170

续表

规格	空气过滤精度 /mm	加油流量	空气流量
		L·min^{-1}	
EF4-50	0.105	32	265
EF5-65	0.105	47	450
EF6-80	0.105	70	675
EF7-100	0.105	110	1055
EF8-120	0.105	160	1512

注：1. 若使用工作介质为水-乙二醇，则在型号尾端加·BH，例 EF3-40·BH。
2. 表中所列空气流量是 15m/s 空气流速的值。

表 20-11-107　　EF 型空气过滤器外形尺寸　　mm

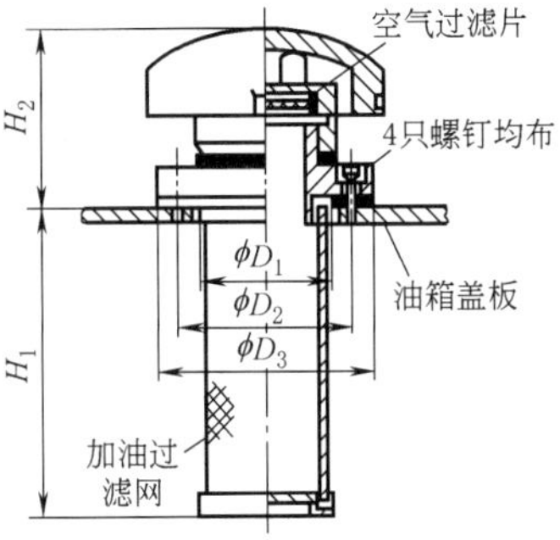

规格	H_1	H_2	ϕD_1	ϕD_2	ϕD_3	螺纹尺寸	质量/kg
EF1-25	79	45	39	51	63	M4×10	0.4
EF2-32	103	48	47	59	71		0.5
EF3-40	121	53	55	66.5	79	M5×12	0.6
EF4-50	154	58	66	82	96	M6×14	0.9
EF5-65	188	68	81	102	120	M8×16	1.5
EF6-80	224	78	96	120	140	M8×16	1.8
EF7-100	471	88	118	140	160	M8×20	2.1
EF8-120	333	98	138	160	180		2.5

7.3　PFB 型增压式空气滤清器

型号意义：

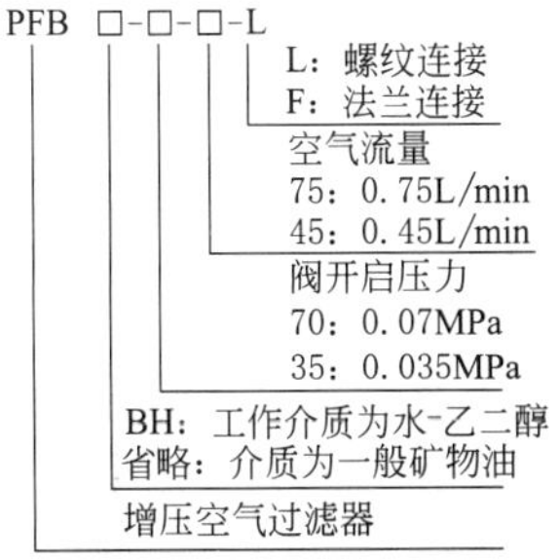

表 20-11-108　　PFB 型增压式空气滤清器技术参数和外形尺寸

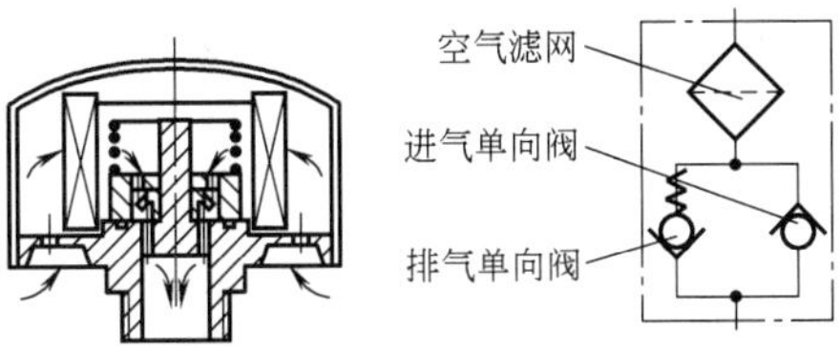

续表

型号	空气流量 /L·min^{-1}	空气过滤精度 /μm	阀开启压力 /MPa	连接方式	质量 /kg
PFB-35-75F	0.75	40	0.035	法兰	0.27
PFB-70-75F			0.070		
PFB-35-45F	0.45	10	0.035		
PFB-70-45F			0.070		
PFB-35-75L	0.75	40	0.035	螺纹 G3/4	0.20
PFB-70-75L			0.070		
PFB-35-45L	0.45	10	0.035		
PFB-70-45L			0.070		
外形尺寸 /mm	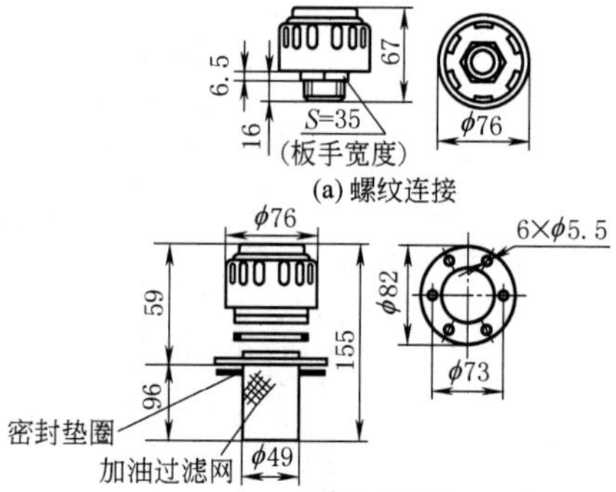 (a) 螺纹连接 (b) 法兰连接				

8 液 位 仪 表

8.1 YWZ 型液位计

型号意义：

YWZ-□ T
- T:带有温度计
- 省略：不带温度计
- 螺钉中心距(H_1):80～500mm
- 液位计

表 20-11-109 **YWZ 型液位计技术参数和外形尺寸** mm

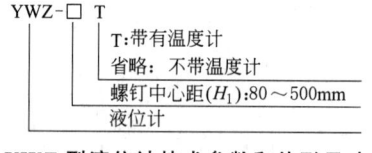

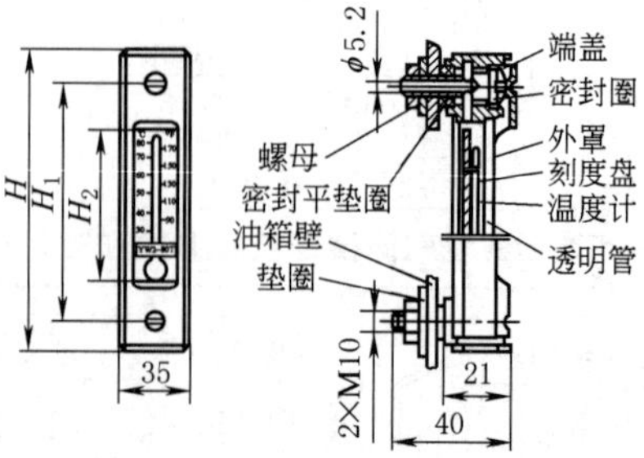

工作温度	-20~100℃
工作压力	0.1~0.15MPa

续表

型　　号	H	H_1	H_2
YWZ-80T	107	80	42
YWZ-100T	127	100	60
YWZ-125T	152	125	88
YWZ-127T	154	127	90
YWZ-150T	177	150	100
YWZ-160T	487	160	110
YWZ-200T	227	200	150
YWZ-250T	277	250	200
YWZ-300T	327	300	250
YWZ-350T	377	350	300
YWZ-400T	427	400	350
YWZ-450T	477	450	400
YWZ-500T	527	500	450

3.2　CYW 型液位液温计

型号意义：

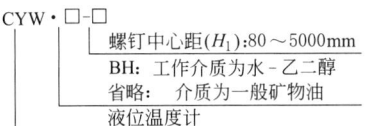

CYW · □-□
- 螺钉中心距(H_1)：80～5000mm
- BH：工作介质为水-乙二醇
- 省略：　介质为一般矿物油
- 液位温度计

表 20-11-110　　　**CYW 型液位液温计技术参数和外形尺寸**　　　mm

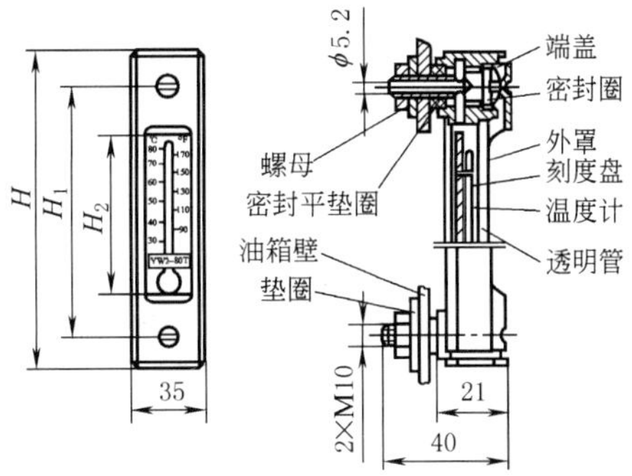

测量温度范围	0～100℃		
测量温度分度值	1℃/格		
测量精度	2.5 级		
工作压力	0.15MPa		
型　　号	H	H_1	H_2
CYW-80	107	80	42
CYW-100	127	100	60
CYW-125	152	125	88
CYW-127	154	127	90
CYW-150	177	150	100
CYW-160	187	160	110
CYW-200	227	200	150
CYW-250	277	250	200
CYW-300	327	300	250
CYW-350	377	350	300
CYW-400	427	400	350
CYW-450	477	450	400
CYW-500	527	500	450

8.3 YKZQ 型液位控制器

型号意义：

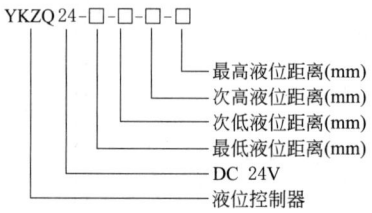

YKZQ 24-□-□-□-□

- 最高液位距离(mm)
- 次高液位距离(mm)
- 次低液位距离(mm)
- 最低液位距离(mm)
- DC 24V
- 液位控制器

表 20-11-111　　YKZQ 型液位控制器技术参数和外形尺寸

工作介质	水、矿物质，水-乙二醇、乳化液	继电器接线标识	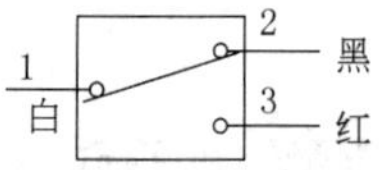
介质压力	小于 0.3MPa	外形尺寸 /mm	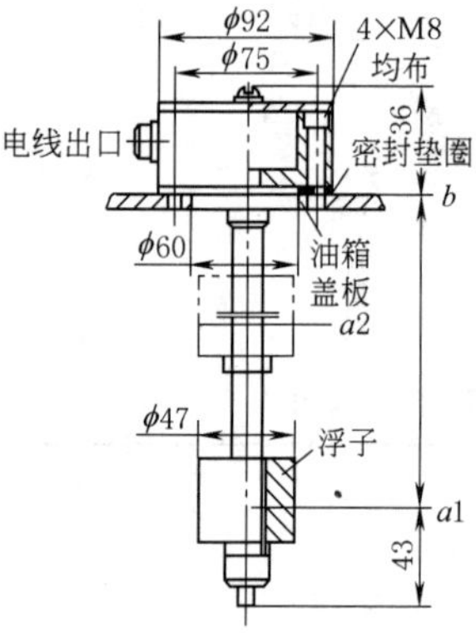
介质黏度范围	10~100mm²/s		
介质温度	-20~100℃		
动作时间	1.7ms		
触点容量	24V，0.3A		
安装位置	垂直安装		

9　流量仪表

9.1 LC12 型椭圆齿轮流量计

表 20-11-112　　LC12 型椭圆齿轮流量计技术规格及性能

允许基本误差：±0.5%
最大工作压力/MPa：
　铸铝：1.0
　铸铁，不锈钢：1.6
　铸钢 DN20、DN25：2.5
　铸钢 DN15，DN40~100：6.4
管道连接法兰：JB 78，JB 79
黏度/mPa·s：0.5 级，0.6~200
压力损失/MPa：<0.1
被测介质温度/℃
　0.5 级，DN10~25　-20~120
　其余口径　-20~80
用在强腐蚀性介质时最大流量要减小 1/3

流量计规格	流量范围/$m^2\cdot h^{-1}$		
公称通径 DN/mm	石油产品黏度		
	0.6~2mPa·s	2~8mPa·s	8~200mPa·s
10			0.025~0.4
15			0.1~1.5
20	0.75~3	0.3~3	0.2~3
25	1.5~6	0.6~6	0.4~6
40	3~15	1.5~15	1~15
50	4.8~24	2.4~24	1.6~24
65	8~40	4~40	2.6~40
80	12~60	6~60	4~60
100	20~100	10~100	6.5~100

表 20-11-113　　　　LC12 型椭圆齿轮流量计外形尺寸　　　　mm

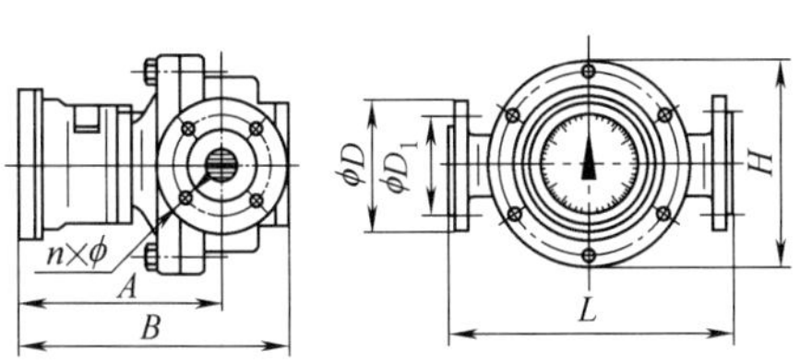

DN10～40型

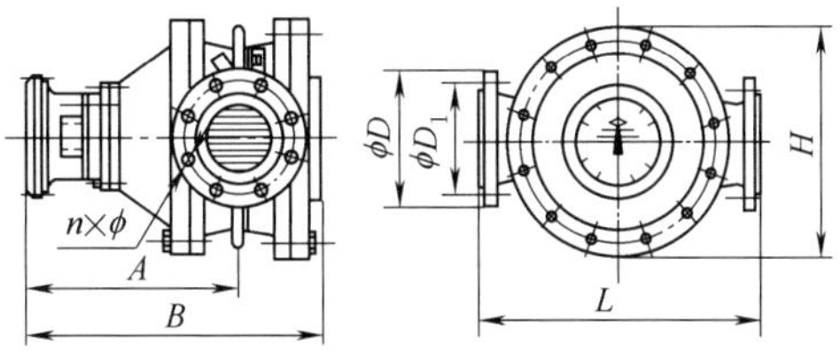

DN50～100型

公称通径	L	H	B	A	ϕD	ϕD_1	n/个	ϕ
10	150	100	210	165	90	60	4	14
15	170	118	226	172	95	65	4	14
20	200	150	238	225	105	75	4	14
25	260	180	246	232	115	85	4	14
40	245	180	271	249	145	110	4	18
50	340	250	372	230	160	125	4	18
65	420	325	386	270	180	145	4	18
80	420	325	433	315	195	160	8	18
100	515	418	458	370	280	240	8	23

.2　LWGY 型涡轮流量传感器

（1）型号意义

L W G□ — □□□□□□□□□□

涡轮流量传感器

介质

Y	液体

编码	07	11	15	21	23	27	31
公称通径	10	15	25	40	50	80	100

编码	3	4	6	7
压力等级/MPa	1.6	2.5	6.3	≥10

编码	1	3
与管道连接方式	法兰连接	管螺纹连接

编码	5	6	7
电源	-12V DC	+24V DC二线制	+24V DC三线制

精确度

编码	1	3	4	5	7
等级	0.2	0.5	1.0	1.5	2.5

编码	0	2	4
防爆等级	不防爆	dIiBT$_3$	ibIICT$_3$

编码	1	3	8
结构形式	一体式	插入式	双向式

流量范围上限值数（$q_V=a\times10^n$中的a）

编码	0	1	2	3	4	5	6	7	8	9
a值	1	1.2	1.6	2	2.5	3	4	5	6	8

编码	1	2	3
壳体材料	不锈钢	不锈钢+碳钢法兰	全碳钢

编码	2	3
流体温度/℃	-20～70	-20～120

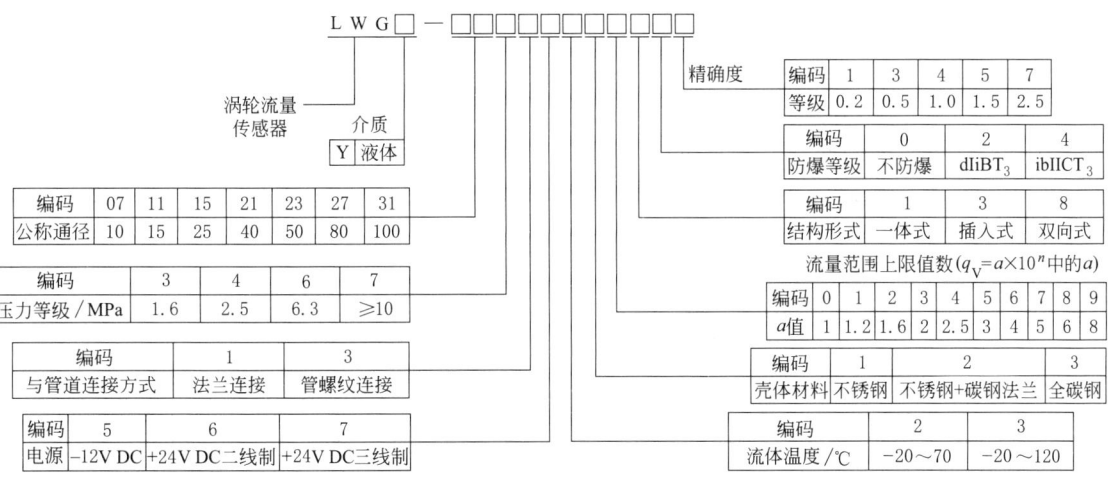

（2）主要技术参数

表 20-11-114　　　　LWGY 型涡轮流量传感器主要技术参数

公称通径 DN/mm	流量范围/m^3·h^{-1}			流量温度/℃		公称压力 /MPa
	0.2 级	0.5 级	1 级	一体式	防爆	
10		0.4～1.2	0.25～1.6	-20～120	-20～70	16
15	1.2～4	0.6～4	0.4～4			
25	3～10	1.2～12	1.2～12			
40	8～25	3～30	3～30			6.3 2.5
50	12～40	5～50	5～50			
80	30～100	16～100	12～120	-20～55		
100	50～160	25～160	20～200			

续表

环境温度	-20~55℃	输入信号	f=20~3000Hz，幅值≥10MV
相对湿度	5%~95%	输出信号	方波或正弦波，V_{P-P}≥5V（DC-12V供电） 方波 V_{P-P}≥7V（DC+24V供电，三线制） 方波 V_{P-P}≥6V（DC+24V供电，二线制，负载1kΩ时）
供电电源	DC-12V或DC+24V，工作电流<40mA		

（3）外形尺寸

表 20-11-115　　LWGY型涡轮流量传感器外形尺寸

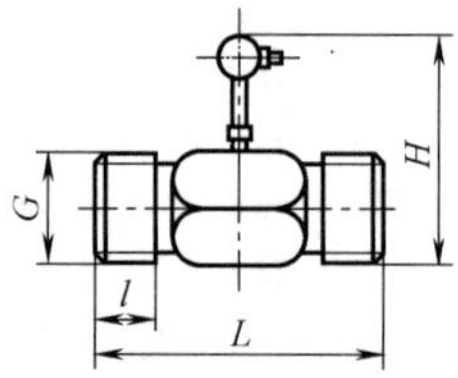

DN10~40

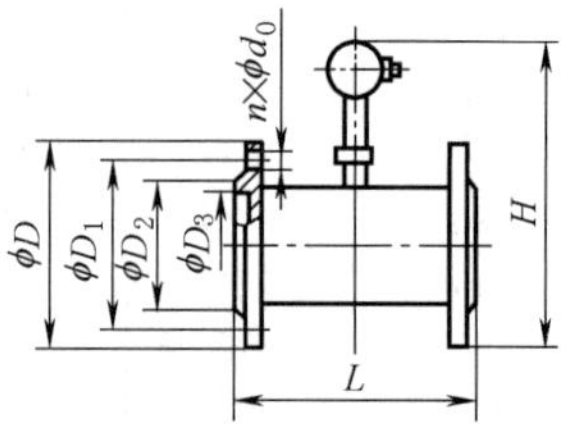

DN50~100 PN6.3MPa

公称通径 DN/mm	传感器尺寸/mm		法兰尺寸/mm					管螺纹尺寸		法兰连接尺寸对应标准
	L	H	ϕD	ϕD_1	ϕD_2	ϕD_3	$n\times\phi d_0$	l/mm	G/in	
10	60	180						18	½	
15	75	190						23	1	
25	100	200						30	1¼	
40	140	215						35	2	
50	150	270	160	125	100	83	4×18			JB 81（2.5MPa）JB 82（6.3MPa）
		275	175	135	105	88	4×23			
80	200	300	195	160	135	116	8×18			
		310	210	170	140	121	8×23			
100	220	330	230	190	160	142	8×23			
		340	250	200	168	150	8×25			

（4）电气连接

表 20-11-116　　电气连接

普通结构放大器（DC+24V三线制）与显示仪表间的接线	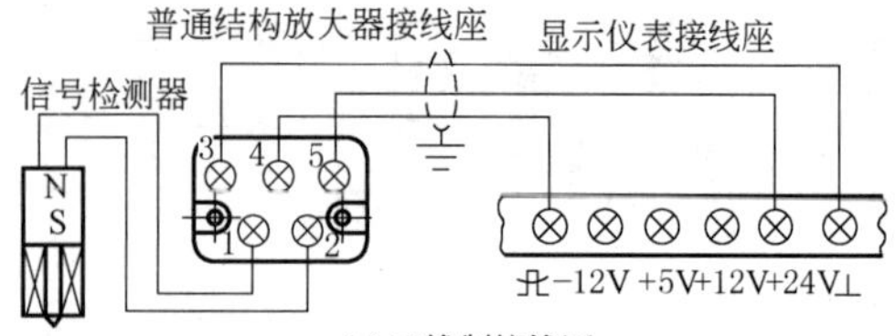 (a) 三线制接线图
普通结构放大器（DC-12V三线制）与显示仪表间的接线	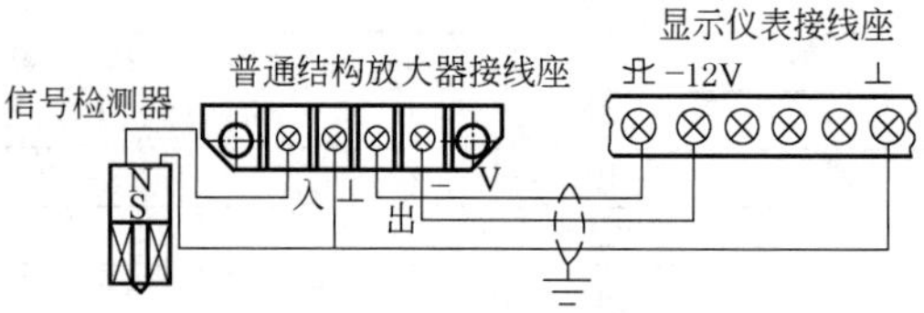 (b) 三线制接线图

续表

普通结构放大器（DC+24V 二线制）与显示仪表间的接线	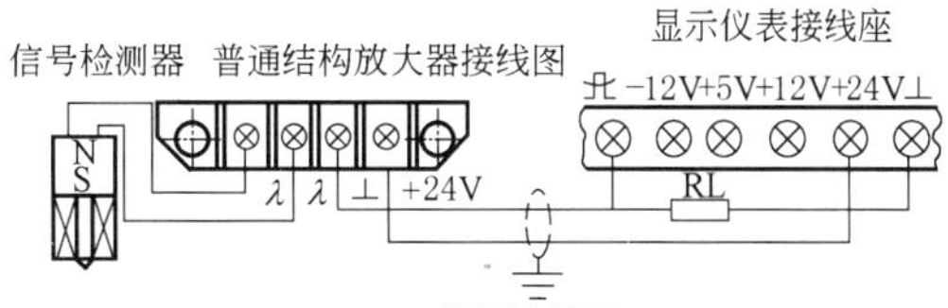 (c) 二线制接线图
本安式防爆放大器（DC+12V 二线制）与显示仪表间的接线	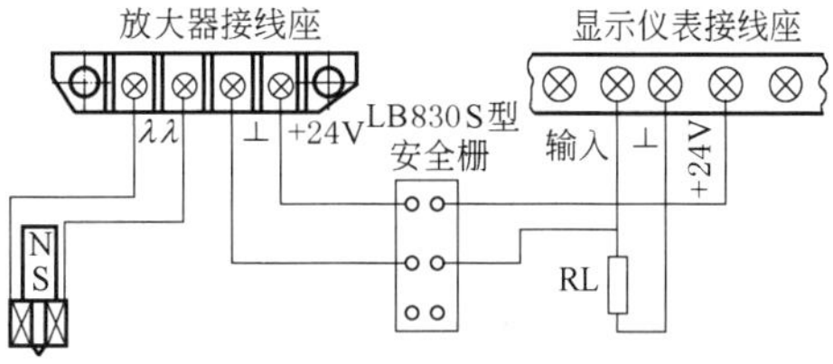 (d) 二线制接线图

（5）放大器外形尺寸

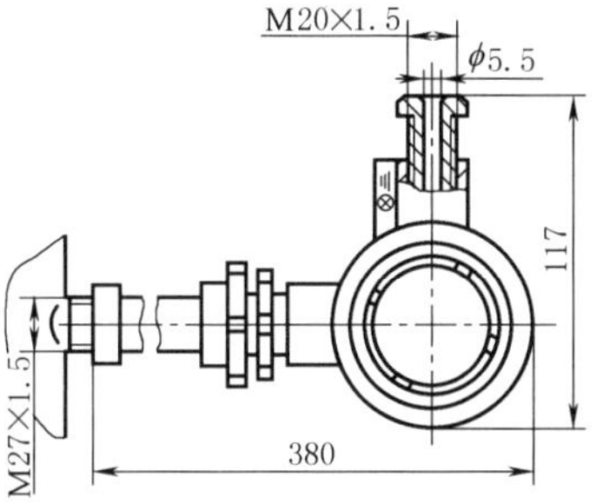

图 20-11-13　放大器外形尺寸

10　液压密封件

10.1　液压气动用 O 形橡胶密封圈（摘自 GB/T 3452.1—2005）

见第 10 篇第 4 章第 4.1 节“液压气动用 O 形橡胶密封圈及其沟槽”。

10.2　液压气动用 O 形橡胶密封圈的抗挤压环（挡环）（摘自 GB/T 3452.4—2020）

见第 10 篇第 4 章第 5 节“液压气动用 O 形橡胶密封圈的抗挤压环（挡环）”。

10.3　往复运动单向密封橡胶密封圈（摘自 GB/T 10708.1—2000）

见第 10 篇第 4 章第 8 节“单向密封橡胶密封圈及其沟槽”。

10.4　往复运动双向密封橡胶密封圈（摘自 GB/T 10708.2—2000）

见第 10 篇第 4 章第 10 节“双向密封橡胶密封圈及其沟槽”。

10.5 往复运动橡胶防尘密封圈（摘自 GB/T 10708.3—2000）

见第10篇第4章第11节“往复运动用橡胶防尘密封圈及其沟槽”。

10.6 密封元件为弹性体材料的旋转轴唇形密封圈（摘自 GB/T 13871.1—2022）

见第10篇第4章第6节“密封元件为弹性体材料的旋转轴唇形密封圈”。

10.7 液压缸活塞和活塞杆动密封同轴密封件（摘自 GB/T 15242.1—2017）

见第10篇第4章第12节“同轴密封件及其沟槽”。

10.8 液压缸活塞和活塞杆动密封支承环（摘自 GB/T 15242.2—2017）

见第10篇第4章第15节“液压缸活塞和活塞杆密封用支承环及其安装沟槽”。

10.9 重载（S系列）A型柱端用填料密封圈（组合密封垫圈）（摘自 GB/T 19674.2—2005）

见第10篇第4章第20节“重载（S系列）A型柱端用填料密封圈（组合密封垫圈）”。
组合密封垫圈（摘自 JB/T 982—1977，已作废，仅供参考）见表20-12-41。

10.10 聚氨酯活塞往复运动密封圈（摘自 GB/T 36520.1—2018）

见第10篇第4章第16节“聚氨酯活塞往复运动密封圈”。

10.11 聚氨酯活塞杆往复运动密封圈（摘自 GB/T 36520.2—2018）

见第10篇第4章第17节“聚氨酯活塞杆往复运动密封圈”。

10.12 聚氨酯防尘圈（摘自 GB/T 36520.3—2019）

见第10篇第4章第18节“聚氨酯防尘圈”。

10.13 聚氨酯缸口密封圈（摘自 GB/T 36520.4—2019）

见第10篇第4章第19节“聚氨酯缸口密封圈”。

10.14 孔用 Yx 密封圈（摘自 JB/ZQ 4264—2006）

见第10篇第4章第14.1节“孔用 Yx 密封圈（JB/ZQ 4264—2006）”。

10.15 轴用 Yx 密封圈（摘自 JB/ZQ 4265—2006）

见第10篇第4章第14.2节“轴用 Yx 密封圈（JB/ZQ 4265—2006）”。
以上15节所列密封件在第3卷第10篇“润滑与密封”中，可根据需要查看具体内容。

一种适用于焊接、卡套、扩口式管接头及螺塞的密封垫圈见表20-12-42。水用螺塞垫圈（摘自JB/ZQ 4180—006）见表20-12-139；螺塞用密封垫（摘自JB/ZQ 4454—2006）见表20-12-140。另外，在JB/T 966—2005中规定的，如图20-12-16所示的垫圈DQG，尺寸见表20-12-32。

11 常用阀门

11.1 高压球阀

11.1.1 YJZQ型高压球阀

本阀适用于液压系统压力管路上作启闭用。

适用介质：液压油、水-乙二醇。

工作温度：-20～65℃。

型号意义：

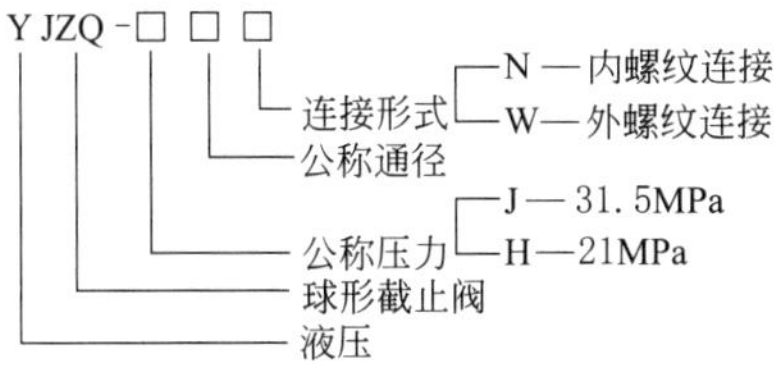

表20-11-117 YJZQ型高压球阀外形及连接尺寸 mm

内螺纹连接

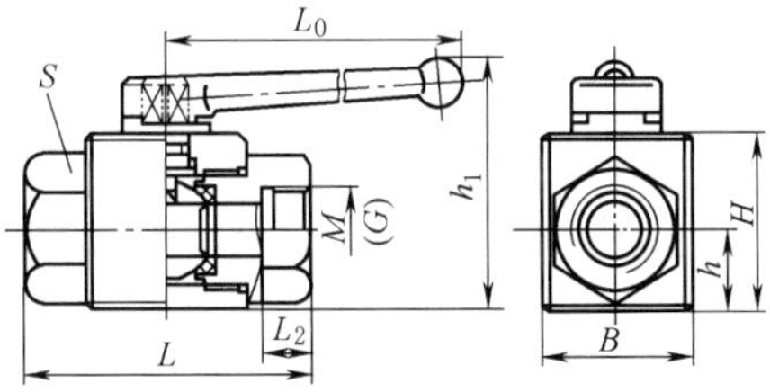

型号	M	G	B	H	h	h_1	L	L_2	S	L_0
YJZQ-J10N	M18×1.5	3/8	32	36	18	72	78	14	27	120
YJZQ-J15N	M22×1.5	1/2	35	40	19	87	86	16	30	120
YJZQ-J20N	M27×2	3/4	48	55	25	96	108	18	41	160
YJZQ-J25N	M33×2	1	58	65	30	116	116	20	50	160
YJZQ-J32N	M42×2	1 1/4	76	84	38	141	136	22	60	200
YJZQ-H40N	M48×2	1 1/2	88	98	45	165	148	24	75	250
YJZQ-H50N	M64×2	2	98	110	52	180	180	26	85	300

外螺纹连接

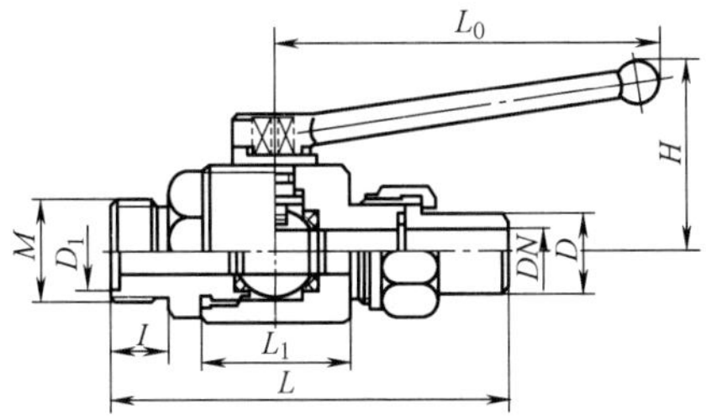

续表

型号	M	D	D_1	L	L_1	H	I	L_0
YJZQ-J10N	M27×1.5	18	20	154	42	58	16	120
YJZQ-J15N	M30×1.5	22	22	166	48	68	18	120
YJZQ-J20N	M36×2	18	28	174	60	72	18	160
YJZQ-J25N	M42×2	34	35	212	64	86	20	160
YJZQ-J32N	M52×2	42	40	230	76	103	22	200
YJZQ-H40N	M64×2	50	50	250	84	120	24	250
YJZQ-H50N	M72×2	64	60	294	108	128	26	300

11.1.2 Q21N 型外螺纹球阀

型号意义：

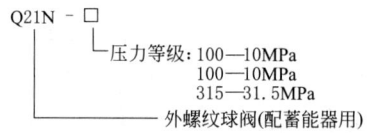

Q21N - □
- □ 压力等级：100—10MPa
  100—10MPa
  315—31.5MPa
- Q21N 外螺纹球阀(配蓄能器用)

表 20-11-118　Q21N 型外螺纹球阀外形尺寸　mm

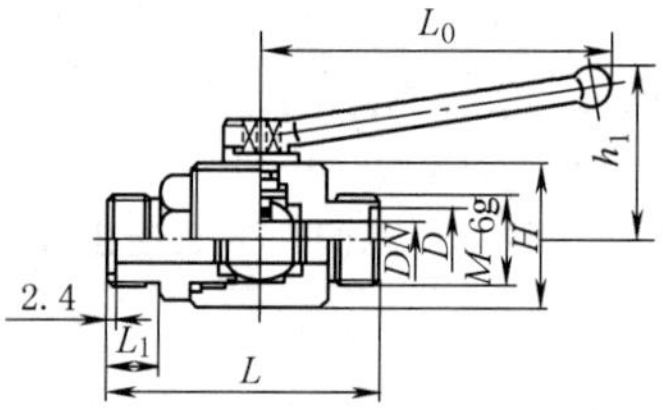

公称通径 DN	M	H	L_1	L	D	h_1	L_0	配蓄能器用
25	M42×2	70	22	112	35	86	160	NXQ-L1.6-6.3/※-H
32	M52×2	85	24	135	40	103	200	NXQ-L10-40/※-H
40	M62×2	100	26	155	50	120	250	NXQ-L40-100/※-H
50	M72×2	110	28	180	60	128	300	NXQ-L40-150/※-H

11.2 JZFS 系列高压截止阀

本阀适用于液压系统压力等各种管路上作截止和节流阀用。

工作温度：-20~65℃。

公称压力：31.5MPa。

适用介质：液压油、水-乙二醇。

试验压力：48MPa。

型号意义：

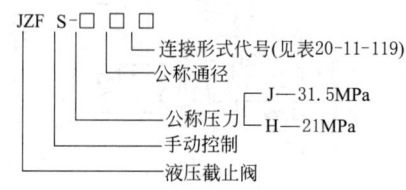

JZF S-□ □ □
- □ 连接形式代号(见表20-11-119)
- □ 公称通径
- □ 公称压力：J—31.5MPa；H—21MPa
- S 手动控制
- JZF 液压截止阀

(1) 垂直板式截止阀

表 20-11-119　　连接形式代号

连接形式	代号	连接形式	代号
垂直板式	BⅠ	直通普通螺纹	LTM
水平板式	BⅡ	直角普通螺纹	LJM
板式法兰	BF	焊接法兰	FH
法兰板式	FB		

表 20-11-120　　垂直板式截止阀　　mm

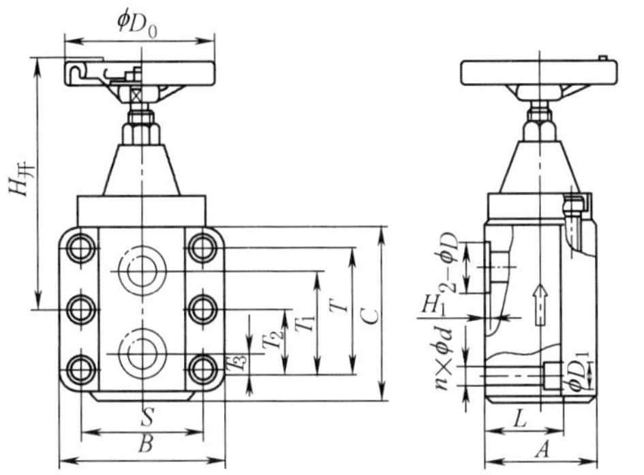

型号	A	B	C	ϕD	ϕD_0	ϕD_1	$n\times\phi d$
JZFS-J10BⅠ	65	90	86	22	100	17	4×11
JZFS-J20BⅠ	72	105	103	32	120	17	4×11
JZFS-J32BⅠ	82	120	120	40	140	17	6×11

型号	L	$H_开$	H_1	T	T_1	T_2	T_3	S
JZFS-J10BⅠ	40	170	1.8	42.9	35.7	—	7.1	66.7
JZFS-J20BⅠ	48	190	2.4	60.3	49.2	—	11.1	79.4
JZFS-J32BⅠ	55	215	2.4	84.1	67.5	42.1	16.7	96.8

(2) 水平板式截止阀

表 20-11-121　　水平板式截止阀　　mm

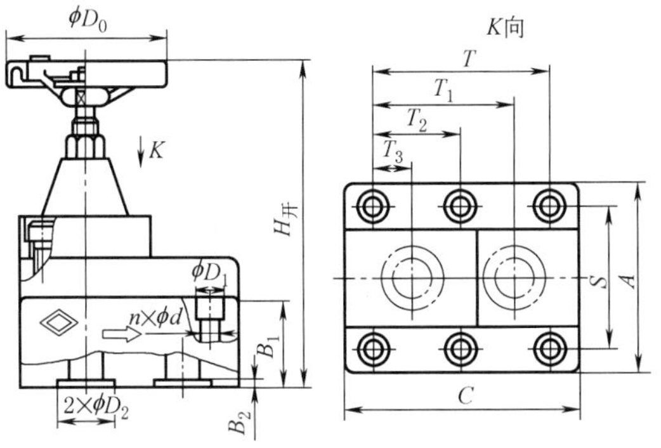

型号	A_1	B_1	B_2	C	ϕD_0	ϕD_1	$n\times\phi d$
JZFS-J10BⅡ	90	30	1.8	77	100	17	4×11
JZFS-J20BⅡ	105	36	2.4	100	120	17	4×11
JZFS-J32BⅡ	120	45	2.4	122	140	17	6×11

型号	ϕD_2	S	T	T_1	T_2	T_3	$H_开$
JZFS-J10BⅡ	22	66.7	42.9	35.7	—	7.1	158
JZFS-J20BⅡ	32	79.4	60.3	49.2	—	11.1	182
JZFS-J32BⅡ	40	96.8	67.5	67.5	42.1	16.7	204

(3) 板式、法兰截止阀

表 20-11-122　　板式、法兰截止阀　　mm

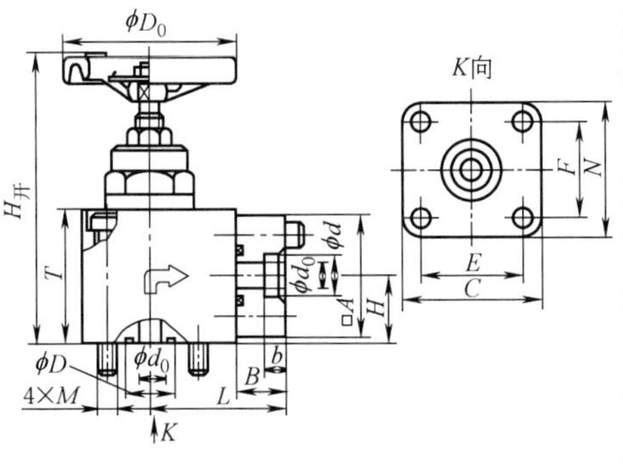

型号	$H_开$	ϕD_0	b	B	L	H	C	N
JZFS-J10BF	154	80	9	20	64	30	64	60
JZFS-J20BF	205	120	12	22	80	43	80	80
JZFS-J32BF	246	140	16	28	100	56	100	100

型号	E	F	T	ϕd_0	ϕd	ϕD	M	A
JZFS-J10BF	48	42	55	10	18.5	22	8	50×50
JZFS-J20BF	56	56	76	18	28.5	35	12	65×65
JZFS-J32BF	73	73	100	30	43	45	16	85×85

(4) 法兰、板式截止阀

表 20-11-123　　法兰、板式截止阀　　mm

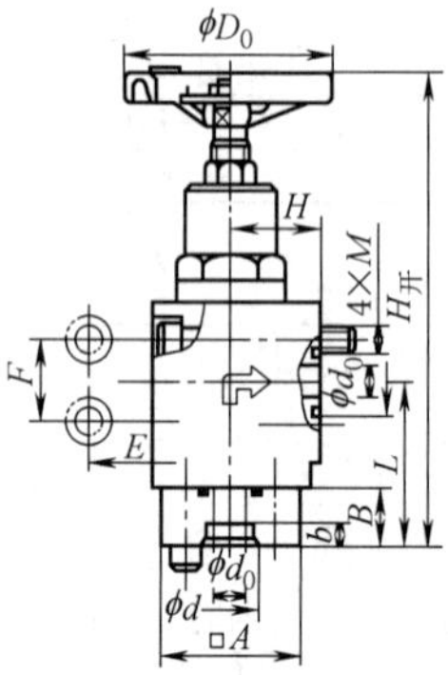

型号	L	B	b	H	E	F	ϕd
JZFS-J10FB	54	20	9	32	50	20	18.5
JZFS-J20FB	67	22	12	45	65	35	28.5
JZFS-J32FB	87	28	16	60	92	42	43

型号	ϕd_0	ϕD	M	$H_开$	ϕD_0	A
JZFS-J10FB	10	22	8	176	80	50×50
JZFS-J20FB	18	35	12	225	120	65×65
JZFS-J32FB	30	45	16	281	140	85×85

(5) 直通式内螺纹截止阀

表 20-11-124　　直通式内螺纹截止阀　　mm

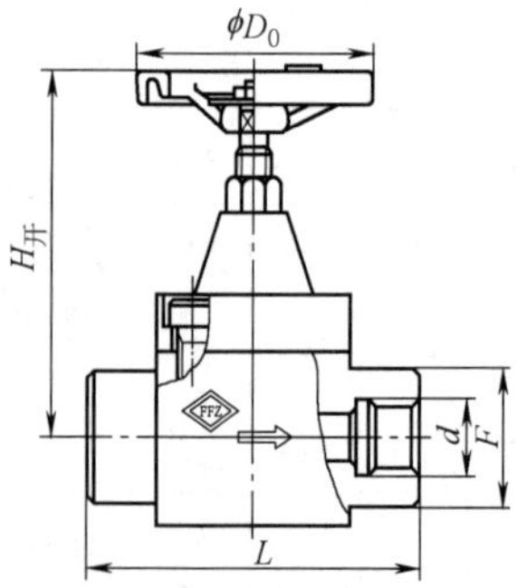

型号	d	L	F	$H_开$	ϕD_0
JZFS-J10LTM	M18×1.5	80	36	122	80
JZFS-J15LTM	M22×1.5	100	40	130	80
JZFS-J20LTM	M27×2	115	50	158	100
JZFS-J25LTM	M33×2	135	58	178	140
JZFS-J32LTM	M42×2	145	68	202	140
JZFS-H40LTM	M48×2	155	76	226	160
JZFS-H50LTM	M64×2	190	90	250	180

(6) 直角式内螺纹截止阀

表 20-11-125　　直角式内螺纹截止阀　　mm

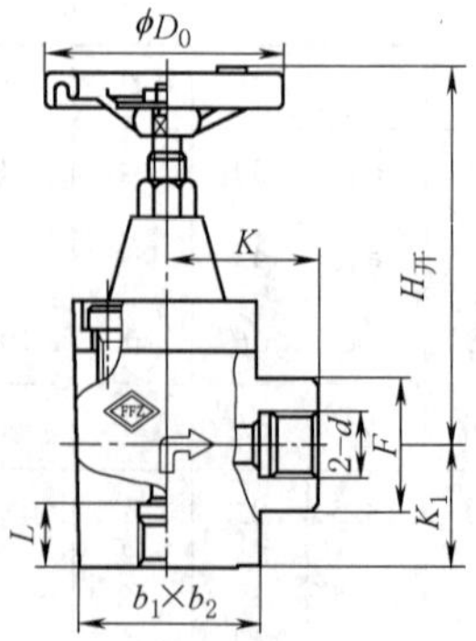

型号	d	$b_1 \times b_2$	F	K	K_1	L	$H_开$	ϕD_0
JZFS-J10LJM	M18×1.5	50×50	36	40	37	18	122	80
JZFS-J15LJM	M22×1.5	55×60	40	45	45	18	130	100
JZFS-J20LJM	M27×2	60×65	50	50	50	20	158	140
JZFS-J25LJM	M33×2	65×75	58	55	60	22	178	140
JZFS-J32LJM	M42×2	75×85	68	60	65	24	202	140
JZFS-J40LJM	M48×2	85×90	76	70	75	26	226	160

(7) 焊接法兰式截止阀

表 20-11-126 **焊接法兰式截止阀** mm

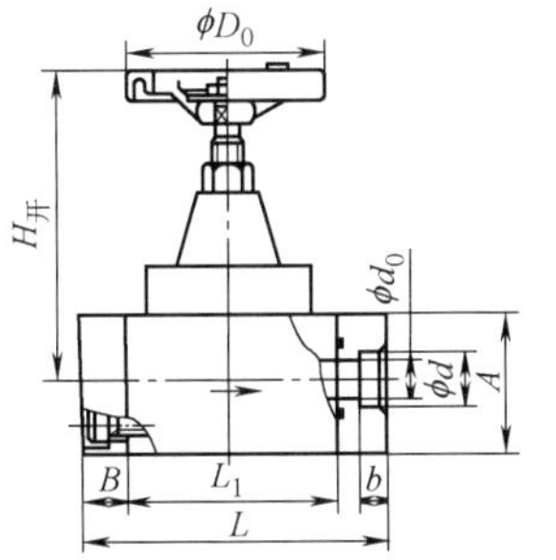

型号	L	L_1	B	b	ϕd	ϕd_0	$H_开$	ϕD_0	A
JZFS-J10FH	110	70	20	9	18.5	12	122	ϕ80	50×50
JZFS-J15FH	120	80	20	11	22.5	15	130	ϕ80	55×55
JZFS-J20FH	130	86	22	12	28.5	18	158	ϕ100	65×65
JZFS-J25FH	160	110	25	14	35	24	178	ϕ140	75×75
JZFS-J32FH	180	124	28	16	43	30	202	ϕ140	85×85
JZFS-H40FH	200	140	30	16	52	38	226	ϕ160	90×90
JZFS-H50FH	214	150	32	18	65.5	48	250	ϕ180	100×100
JZFS-H65FH	260	180	40	22	78	60	275	ϕ220	130×130
JZFS-H80FH	330	240	45	25	91	70	312	ϕ280	150×150

11.3 DD71X 型开闭发信器蝶阀

本阀适用于液压系统、化工、石油等管路上，起启闭作用，适用于以下介质：水-乙二醇、水、油品等。当开闭发信器蝶阀未全部打开时接近开关不动作，从而向管路提供开启保护。

表 20-11-127 **DD71X 型开闭发信器蝶阀规格及外形尺寸** mm

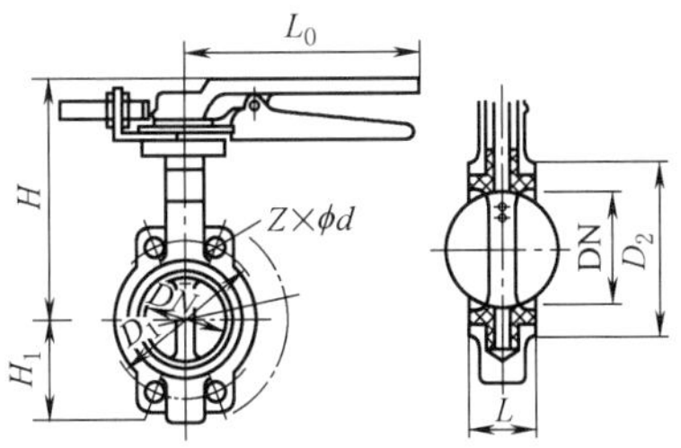

DN	L	H	H_1	D_2	D_1	$Z\times\phi d$	L_0
50	43	140	72	100	125	4×18	240
65	46	152	80	120	145	4×18	240
80	46	158	86	127	160	4×18	240
100	52	175	100	156	180	4×18	240
125	56	190	113	190	210	4×18	345
150	56	205	131	212	240	4×23	345
200	60	221	150	268	295	4×23	345

11.4 D71X-16 对夹式手动蝶阀

表 20-11-128 **D71X-16 对夹式手动蝶阀规格及外形尺寸** mm

公称通径:DN50~150

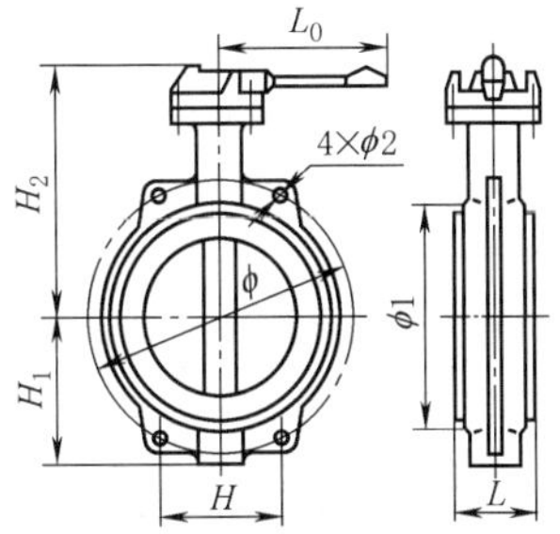

规格 DN	H	H_1	H_2	ϕ	ϕ_1	ϕ_2	L_0	L	质量 /kg
40		69	90	110	84	20	202	36	3.4
50	88.4	80	181	125	93	20	225	43	4.2
65	102.5	89	190	145	111	20	225	46	4.8
80	61.2	95	197	160	127	20	225	46	5.2
100	68.9	114	209	180	153	20	379	52	6.5
125	89.4	127	222	210	180	20	379	56	8
150	91.8	139	234	240	207	25	379	56	10

注：1. 平焊钢法兰按 JB 81 选取。
2. 公称压力：PN≤1.6MPa。
3. 使用温度：正常-30~150℃，瞬时可达 205℃。
4. 适用介质：水、油、气、酸、碱、盐等。

11.5 Q11F-16 型低压内螺纹直通式球阀

表 20-11-129 Q11F-16 型低压内螺纹直通式球阀外形尺寸 mm

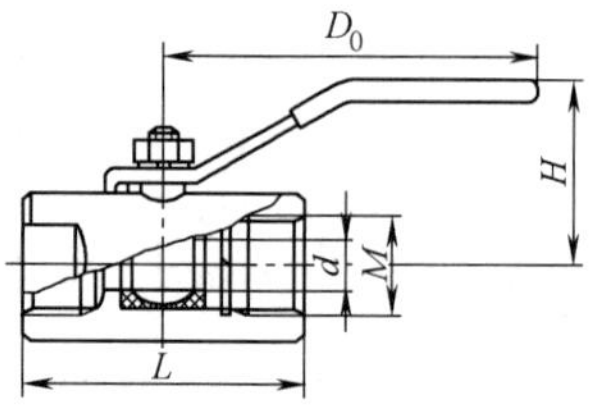

公称通径 DN	d	M/in	H	L	D_0
10	6.5	3/8	58	60	105
15	9.5	1/2	58	65	105
20	12.5	3/4	62	75	120
25	17	1	68	80	120
32	22	1¼	75	95	140
40	26	1½	86	110	180
50	33	2	98	130	200

12 E 型减振器

表 20-11-130 E 型减振器技术数据

产品型号	额定负载 /kg			Z 向额定负载下静变形/mm		动刚度 /N·mm^{-1}			阻尼比	质量 /kg
	Z	Y	X	公称	允差	Z	Y	X		
E10	10	10	5	0.6	±0.3	330	500	350	0.08~0.12	0.16
E15	15	15	10	0.7		450	660	430		0.22
E25	25	25	10	0.9		750	880	690		0.22
E40	40	40	15	0.7		1300	1100	740		0.40
E60	60	60	25	0.7		1600	1400	900		0.65
E85	85	85	35	0.6		2000	1900	1000		1.10
E120	120	110	50	0.9		2500	2100	1100		1.40
E160	160	150	70	0.6		5500	2800	1400		1.80
E220	220	190	80	0.6		7000	3500	1500		2.20
E300	300	210	90	0.6		11000	5500	2260		2.50
E400	400	260	100	0.7		13000	6200	2400		3.10

注：Z、Y、X 分别表示坐标系中三个方向。

表 20-11-131 E 型减振器外形尺寸 mm

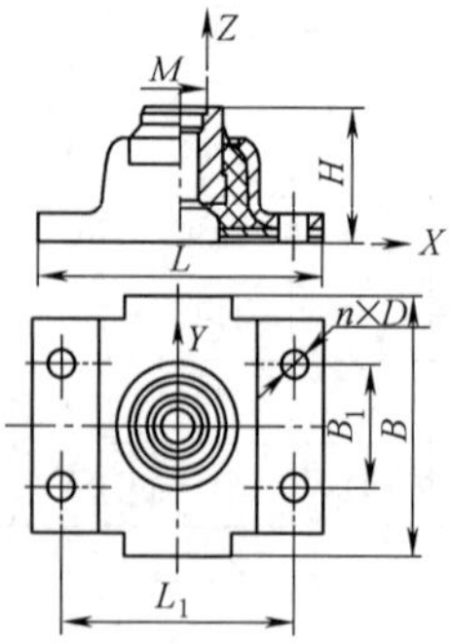

型号	M	L	L_1	H	B	B_1	n	D
E10	M8	70	54	40	35		2	ϕ7
E15	M8	70	54	40	40		2	ϕ7
E25	M8	70	54	40	40		2	ϕ7
E40	M10	85	68	46	55		2	ϕ9
E60	M12	100	80	50	65		2	ϕ9
E85	M14	120	100	60	70		2	ϕ11
E120	M16	140	112	65	85		2	ϕ13
E160	M18	145	115	60	108		2	ϕ13
E220	M22	150	120	60	118		2	ϕ15
E300	M24	155	125	65	125	60	4	ϕ15
E400	M27	175	140	65	130	65	4	ϕ17

13　KXT 型可曲挠橡胶接管

JB/T 7339—2007《挠性管接头》规定了挠性管接头的型式与尺寸、技术要求、耐压试验、检验规则、标志、包装、运输和贮存。适用于水、矿物油、空气等为介质的管路系统，公称压力为 1MPa 和 1.6MPa，公称通径 20～300mm，环境温度-25～80℃的挠性管接头。

型号意义：

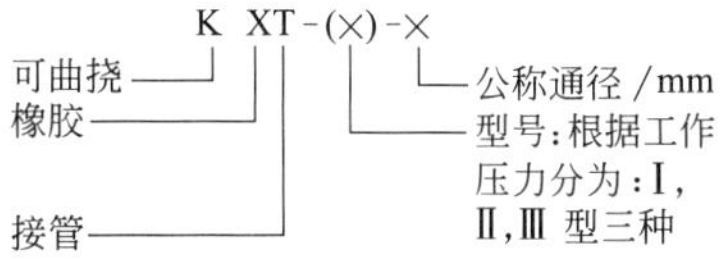

表 20-11-132　　KXT 型可曲挠橡胶接管技术参数

型号	KXT-(Ⅰ)	KXT-(Ⅱ)	KXT-(Ⅲ)
工作压力/MPa	2.0	1.2	0.8
爆破压力/MPa	6.0	3.5	2.4
真空度/kPa	100	86.7	53.3
适用温度/℃	-20～115		
适用介质	空气、压缩空气、水、海水、弱酸(耐油场合需注明)		
接管两端可任意偏转，便于自由调节轴向或横向位移			

注：DN200～300KXT-（1）型工作压力为 1.5MPa，爆破压力为 4.5MPa。

表 20-11-133　　KXT 型可曲挠橡胶接管外形尺寸

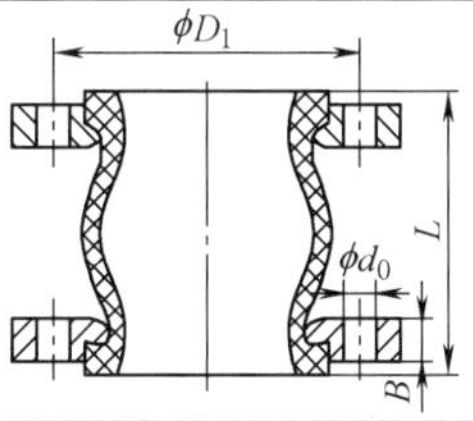

公称通径 DN		长度 L /mm	法兰厚度 B/mm	螺栓数 n	螺栓孔直径 d_0 /mm	螺栓孔中心圆直径 D_1 /mm	轴向位移/mm		径向位移 /mm	偏转角度
mm	in						伸长	压缩		
32	(1¼)	95	16	4	17.5	100	6	9	9	15°
40	(1½)	95	18	4	17.5	110	6	10	9	15°
50	(2)	105	18	4	17.5	125	7	10	10	15°
65	(2½)	115	20	4	17.5	145	7	13	11	15°
80	(3)	135	20	8	17.5	160	8	15	12	15°
100	(4)	150	22	8	17.5	180	10	19	13	15°
125	(5)	165	24	8	17.5	210	12	19	13	15°
150	(6)	180	24	8	22	240	12	20	14	15°
200	(8)	190	24	8	22	295	16	25	22	15°

14　电动机、泵钟形罩

14.1　A 型圆法兰钟形罩

（1）型号说明

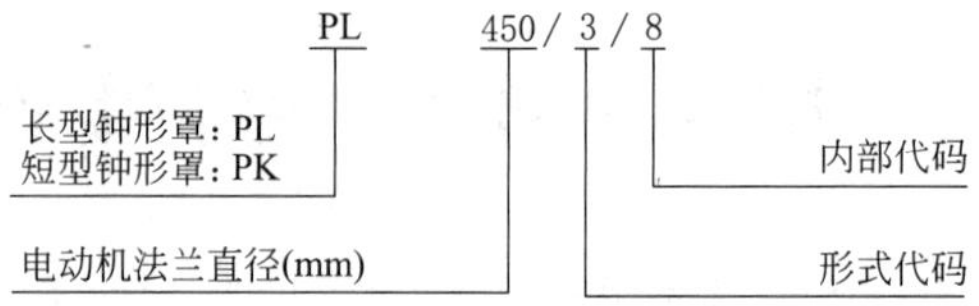

（2）技术规格及外形尺寸（见表 20-11-134）

表 20-11-134　泵钟形罩技术规格及外形尺寸（A 型圆法兰）

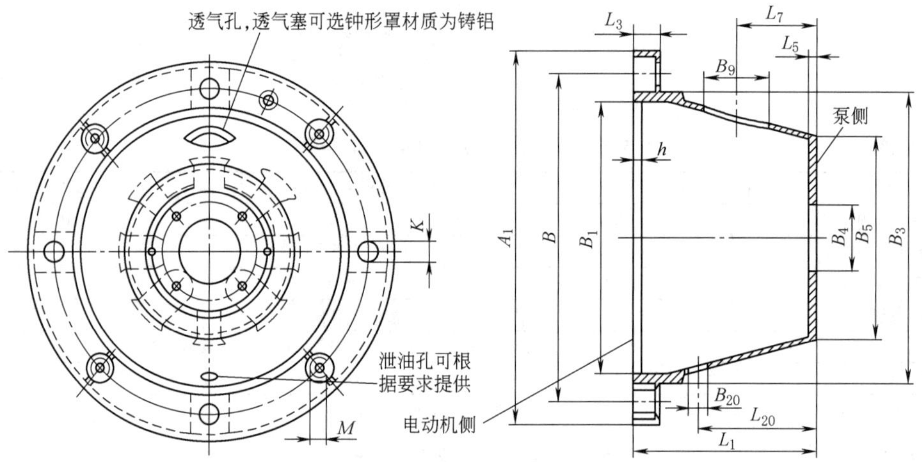

IEC 电动机规格（轴伸）($d_1 \times E$)	功率/kW (n=1500r/min)	钟形罩规格	DP 垫片规格	PTEL PTFS 支架/mm	尺寸/mm												透气孔		泄油孔	
					A_1	B	B_1	B_3	h	K	M	L_1	L_3	L_5	B_5	B_4	B_9	L_7	B_{20}	L_{20}
71 (14×30)	0.25	PK 160/5/..	160	160	160	130	110	110	4	9	M8	80	13	8	105	27	25	33	7.5	28
	0.37	PL 160/5/..										90			102	29		38		
80 (19×40)	0.55	PK 200/3/..	200	200	200	165	130	145	4	11	M10	100	16	12	124	37		43	7.5	36
	0.75	PL 200/3/..										110						47		
		PL 200/8/..										124			133	57	36	60		
90S/90L (24×50)	1.1	PL 200/4/..													144	40		54		
	1.5	PFL 200/6/..										140			180	47		62		
100L/112M (28×60)	2.2	PK 250/6/..	250	250	250	215	180	190	5	14	M12	120	18	12	180	74	40	54	7.5	43
	3	PL 250/3/..										124			124	42		52		
	4	PL 250/6/..										135			180			57		
		PL 250/4/..										148			166	56		64		
		PFL 250/18/..										175			50			77		
132S/132M (38×80)	5.5	PK 300/5/..	300	300	300	265	230	234	5	14	M12	144	20	15	205	57	50	63	7.5	45
	7.7	PL 300/15/..										150			231	77		66		
		PK 300/4/..										155			166	56		68		
		PL 300/4/..										168			220	57		74		
		PL 300/7/..										196						84		
160M/160L (42×110)	11	PK 350/4/..	350	350	350	300	250	260	6	17	M16	188	25	15	230	56	50	82	7.5	51
	15	PK 350/6/..										204						87		
180M/180L (48×110)	18.5	PK 350/10/..										228			251	97		102		
	22	PL 350/7/..										256			258	74		115		
200L (55×110)	30	PK 400/4/..	400	400	400	350	300	300	6	17	M16	204	25	50	230	75	50	92		
		PK 400/5/..										228			290	77		104		
		PL 400/5/..										256				97		118		

续表

IEC电动机规格（轴伸）（$d_1 \times E$）	功率/kW（n=1500r/min）	钟形罩规格	DP垫片规格	PTEL PTFS支架/mm	尺寸/mm															
					A_1	B	B_1	B_3	h	K	M	L_1	L_3	L_5	B_5	B_4	透气孔		泄油孔	
																	B_9	L_7	B_{20}	L_{20}
225S/225M（60×140）	37 45	PK 450/2/..	450	450	450	400	350	350	6	17	M16	234	25	20	260	97	50	107	7.5	51
		PK 450/3/..										262		22	325			121		
		PL 450/3/..										285		20				133		
250M（60×140） 250S/280M（75×140）	55	PL 550/8/..	550	550	550	500	450	450	6	17	M16	248	26	25	340	97	50	116		
		PL 550/1/..										265			360	120		125		
		PK 550/3/..										275			340	97		130		
	75	PL 550/3/..										295						140		
	90	PL 550/2/..										315			400	145		135		
315S/315M（80×170）	110	PK 660/2..	660	660	660	600	550	550	8	22	M20	310	32	30	410	120	50	147	7.5	60
	132	PL 660/5/..										330			400			157		
	160	PL 660/2/..										343			490	174		163		
	200	PL 660/4/..										395			500	197		190		
其他钟形罩																				
71（14×30）	0.25	PFK 160/6/..	160	160	160	130	110	110	4	9	M8	79	13	13	140	30	25	35	7.5	28
	0.37	PFL 160/6..										101				60		46		
80（19×40）	0.55	PK 200/4/..	200	200	200	165	130	145	4	11	M10	109	16	12	144	57	36	46	7.5	36
	0.75	PK 200/11/..										45		10		97	10	15		
		PL 200/11/..										55		12				18		
90S/90L（24×50）	1.1	PK 200/13/..										152				30	36	71		
	1.5	PK 200/30/..										79			142	37	25	30		
		PL 200/30/..										90			127			37		
100L/112M（28×60）	2.2 3 4	PK 250/13/..	250	250	250	215	180	190	5	14	M12	159	18	12	186	77	40	69	7.5	43
		PK 250/15/..										61			187	97	10	20		
		PL 250/15/..										79			187		20	229		
		PK 250/17/..										100			186	74	40	39		
132S/132M（38×80）		PK 300/8/..	300	300	300	265	230	234	5	14	M12	110	20	15	225	95	40	45	7.5	45
	5.5	PK 300/9/..										85			231	97	30	32		
		PL 300/9/..										99					40	37		
	7.7	PL 300/13/..										210				57	50	95		
		PK 300/15/..										138			228	56		57		
160M/160L（42×110） 180M/180L（48×110）		PK 350/8/..	350	350	350	300	250	260	6	17	M16	204	25	15	259	53	50	90	7.5	51
	11	PK 350/11/..										130			252	97		52		
	15	PL 350/11/..										146	26	18		97		60		
	18.5	PK 350/18/..										159	25	20		77		67		
	22	PL 350/18/..										184						80		
200L（55×110）	30	PL 400/3/..	400	400	400	350	300	300	6	17	M16	165	25	20	290	97	50	73		
		PK 400/12/..										170			260	95		75		
		PL 400/12/..										184						82		
225S/225M（60×140）	37 45	PK 450/5/..	450	450	450	400	350	350	6	17	M16	165	25	20	260	120	50	73		
		PL 450/5/..										185			325			83		
		PK 450/6/..										176			260	53		80		
		PFL 450/9/..										253			370	137		116		
		PK 450/12/..										204			260	97		90		
		PL 450/12/..										222						101		
250M（65×140）	55	PK 550/4/..	550	550	550	500	450	450	6	17	M16	192	26	25	400	80	50	88		
		PL 550/4/..										207			340	97		96		
280S/280M（175×140）	75	PK 550/8/..										217			340			100		
	90																			

续表

IEC电动机规格(轴伸)($d_1 \times E$)	功率/kW(n=1500r/min)	钟形罩规格	DP垫片规格	PTEL PTFS支架/mm	尺寸/mm												透气孔		泄油孔	
					A_1	B	B_1	B_3	h	K	M	L_1	L_3	L_5	B_5	B_4	B_9	L_7	B_{20}	L_{20}
315S/315M (180×170)	110 160	PK 660/3/...	660	660	660	600	550	550	8	22	M20	247	32	30	500	80	50	115	7.5	51
		PL 660/3/...										260			340	156		122		
355L/400M (100×210)	355 710	PL 800/1/...	800	800	800	740	680	680	8	22	M20	365	70	35	500	100	50	150	7.5	259
		PL 800/3/...										443	37	38		305		206		371

14.2 矩形法兰钟形罩

(1) 型号说明

PL 250 / 1 / 4

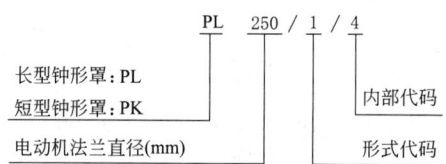

- 长型钟形罩:PL；短型钟形罩:PK
- 电动机法兰直径(mm)
- 形式代码
- 内部代码

(2) 技术规格及外形尺寸(见表 20-11-135)

表 20-11-135　泵钟形罩技术规格及外形尺寸(矩形法兰)

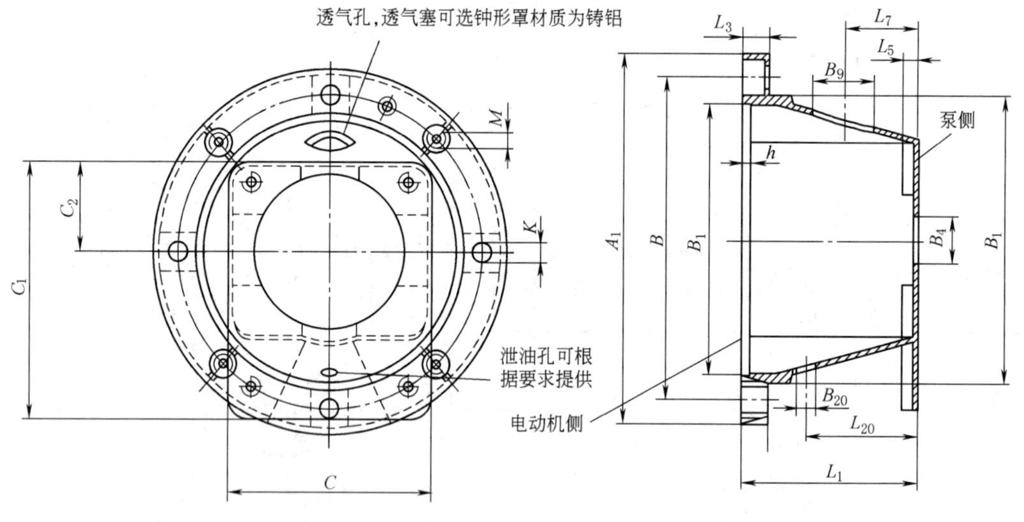

IEC电动机规格(轴伸)($d_1 \times E$)	功率/kW(n=1500r/min)	钟形罩规格	DP垫片规格	PTEL支架规格	尺寸/mm														透气孔		泄油孔	
					A_1	B	B_1	B_3	h	K	M	L_1	L_3	L_5	C	C_1	C_2	B_4	B_9	L_7	B_{20}	L_{20}
71 (14×30)	0.25 0.37	PL 160/1/...	160	160	160	130	110	110	4	9	M8	70	13	8	70	91	35	20	16	27	7.5	42
		PL 160/4/...										110		12	90	120	45	22	25	50		82
		PK 160/4/...										95								43		67
80(19×40) 90S/90L (24×50)	0.55 0.75 1.1 1.5	PL 200/1/...	200	200	200	165	130	145	4	11	M10	90	16	12	70	91	35	22	25	37	7.5	54
		PL 200/2/...										100			90	120	45	22		42		64

续表

IEC电动机规格(轴伸)($d_1 \times E$)	功率/kW(n=1500 r/min)	钟形罩规格	DP垫片规格	PTEL支架规格	尺寸/mm														透气孔		泄油孔	
					A_1	B	B_1	B_3	h	K	M	L_1	L_3	L_5	C	C_1	C_2	B_4	B_9	L_7	B_{20}	L_{20}
100L/112M (28×60)	2.2	PL 250/1/...	250	250	250	215	180	190	5	14	M12	110	18	12	90	120	45	22	36	45	7.5	67
	3	PL 250/2/...										115			120	150	53	47		47		72
	4	PL 250/7/...										125			145	180	64	46		52		82
132S/132M (38×80)	5.5	PL 300/1/...	300	300	300	265	230	234	5	14	M12	132	20	15	120	150	53	33	50	56	7.5	87
	7.5	PK 300/2/...										137			145	180	64	33		59		92
160M/160L (42×110)	11 15	PL 350/1/...	350	350	350	300	250	260	6	18	M16	171	25	15	120	156	59	33	50	73	7.5	121
180M/180L (48×110)	18.5 22	PL 350/2/...										181			145	180	64	31		78		131

15 联 轴 器

15.1 NL型内齿形弹性联轴器

型号意义：

NL 4 $\dfrac{\text{YA}28\times42\ (\text{主动端})}{\text{ZC}30\times62\ (\text{从动端})}$

- NL — 内齿形弹性联轴器
- 4 — 系列号
- Z — 轴孔形式(按国家标准GB/T 3852)：圆柱形Y、圆锥形Z、短圆柱形J
- C — 键槽形式(按国家标准GB/T 3852)：A型键槽、B型键槽、C型键槽
- 30 — 轴孔尺寸/mm
- 62 — 轴孔长度/mm

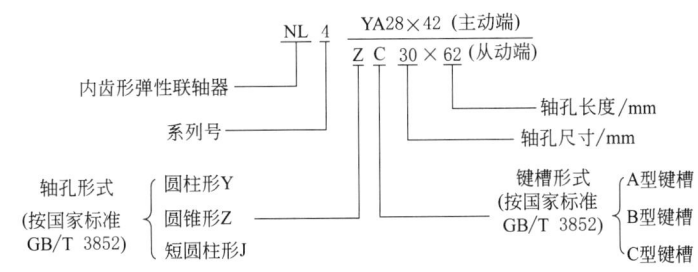

表 20-11-136　　NL型内齿形弹性联轴器主要规格、性能及尺寸

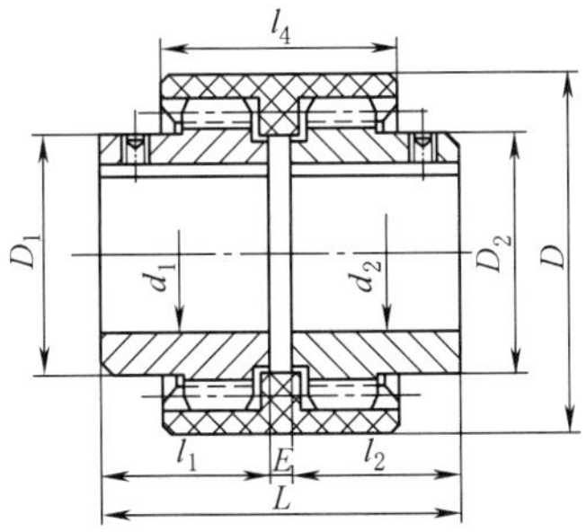

型号	公称力矩/N·m	许用转速/r·min^{-1}	主要尺寸/mm							最大尺寸偏差			惯性力矩/kg·cm^2	质量/kg
			轴孔直径 d_1,d_2	轴孔长度 l_1,l_2	L	D	D_1,D_2	E	l_4	轴向/mm	径向/mm	角度 α/(°)		
NL1	40	6000	6 8 10 12 14	16 20 25 32	37 45 55 69	40	26	4	34	2	±0.3	1	0.25	0.175
NL2	100	6000	10 12 14 24 16 18 20 22	25 32 42 52	57 71 91 111	52	36	4	40	2	±0.4	1	0.92	0.316
NL3	160	6000	20 22 24 25 28	52 62	113 133	66	44	4	46	2	±0.4	1	3.10	9.739

续表

型号	公称力矩/N·m	许用转速/$r\cdot min^{-1}$	主要尺寸/mm							最大尺寸偏差			惯性力矩/$kg\cdot cm^2$	质量/kg
			轴孔直径 d_1,d_2	轴孔长度 l_1,l_2	L	D	D_1, D_2	E	l_4	轴向/mm	径向/mm	角度 α/(°)		
NL4	250	6000	28 30 32	62 82	129 169	83	58	4	48	2	±0.4	1	8.69	1.22
			35 38											
NL5	315	5000	32 35 38	82 112	169 229	93	68	4	50	3	±0.4	2	14.28	1.49
			40 42											
NL6	400	5000	40 42 45	112	230	100	68	4	52	3	±0.4	2	18.34	1.81
			48											
NL7	630	3600	45 48 50	112	229	115	80	4	60	3	±0.6	2	56.5	3.05
			55											
NL8	1250	3600	48 50 55	112 142	229 289	140	96	4	72	3	±0.6	2	98.55	5.18
			60 63 65											
NL9	2000	2000	60 63 65	142 172	295 351	175	124	6	93	4	±0.7	2	370.5	11.5
			70 71 75 80											
NL10	3150	1800	70 71 75 80	142 172 212	292 352 432	220	157	8	110	4	±0.7	2	1156.8	23.2
			80 90 95 100											

注：订货时，弹性体外套材料需用文字注明，未注明，供货时按尼龙弹性套发货。

15.2 LM型梅花形弹性联轴器（摘自GB/T 5272—2017）

GB/T 5272—2017《梅花形弹性联轴器》规定了标准LM型、LMS型、LML型和LMP型梅花形弹性联轴器（以下简称联轴器）的型式、基本参数、主要尺寸、标记方法、技术要求和检验规则，适用于工作环境温度为-35~80℃，传递公称转矩为28~14000N·m，并具有补偿两轴线相对位移和振动、缓冲性能联结两同轴线的传动轴系。

标记方法：

LM □ □

- 第二个□——联轴器规格
- 第一个□——联轴器型式代号(基本型无代号)：S—法兰型，L—制动轮型，P—制动盘型
- LM——梅花形弹性联轴器

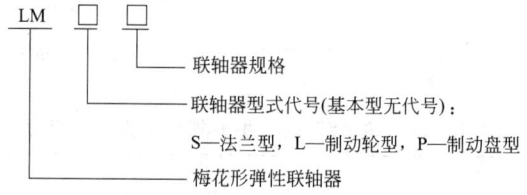

示例：LM145联轴器

联轴器的标记方法按GB/T 3852的规定。

主动端：Y型轴孔，A型键槽，d_1=45mm，L=112mm

从动端：Y型轴孔，A型键槽，d_2=45mm，L=112mm

LM145联轴器 45×112　　GB/T 5272—2017

表20-11-137　　LM型梅花形联轴器基本参数和主要尺寸

型号	公称转矩 T_a /N·m	最大转矩 T_{max} /N·m	许用转速[n] /$r\cdot min^{-1}$	轴孔直径 d_1、d_2、d_z /mm	轴孔长度 Y型 L (mm)	轴孔长度 J、Z型 L_1 (mm)	轴孔长度 J、Z型 L (mm)	D_1/mm	D_2/mm	H/mm	转动惯量/$kg\cdot m^2$	质量/kg
LM50	28	50	15000	10,11	22	—	—	50	42	16	0.0002	1.00
				12,14	27	—	—					
				16,18,19	30	—	—					
				20,22,24	38	—	—					

续表

型号	公称转矩 T_a /N·m	最大转矩 T_{max} /N·m	许用转速[n] /r·min^{-1}	轴孔直径 d_1、d_2、d_z /mm	轴孔长度 Y型 L /mm	轴孔长度 J、Z型 L_1 /mm	轴孔长度 J、Z型 L /mm	D_1 /mm	D_2 /mm	H /mm	转动惯量 /kg·m^2	质量 /kg
LM70	112	200	11000	12,14	27	—	—	70	55	23	0.0011	2.50
				16,18,19	30	—	—					
				20,22,24	38	—	—					
				25,28	44	—	—					
				30,32,35,38	60	—	—					
LM85	160	288	9000	16,18,19	30	—	—	85	60	24	0.0022	3.42
				20,22,24	38	—	—					
				25,28	44	—	—					
				30,32,35,38	60	—	—					
LM105	355	640	7250	18,19	30	—	—	105	65	27	0.0051	5.15
				20,22,24	38	—	—					
				25,28	44	—	—					
				30,32,35,38	60	—	—					
				40,42	84	—	—					
LM125	450	810	6000	20,22,24	38	52	38	125	85	33	0.014	10.1
				25,28	44	62	44					
				30,32,35,38①	60	82	60					
				40,42,45,48,50,55	84	—	—					
LM145	710	1280	5250	25,28	44	62	44	145	95	39	0.025	13.1
				30,32,35,38	60	82	60					
				40,42,45①,48①,50①,55①	84	112	84					
				60,63,65	107	—	—					
LM170	1250	2250	4500	30,32,35,38	60	82	60	170	120	41	0.055	21.2
				40,42,45,48,50,55	84	112	84					
				60,63,65,70,75	107	—	—					
				80,85	132	—	—					
LM200	2000	3600	3750	35,38	60	82	60	200	135	48	0.119	33.0
				40,42,45,48,50,55	84	112	84					
				60,63,65,70①,75①	107	142	107					
				80,85,90,95	132	—	—					
LM230	3150	5670	3250	40,42,45,48,50,55	84	112	84	230	150	50	0.217	45.5
				60,63,65,70,75	107	142	107					
				80,85,90,95	132	—	—					
LM260	5000	9000	3000	45,48,50,55	84	112	84	260	180	60	0.458	75.2
				60,63,65,70,75	107	142	107					
				80,85,90①,95①	132	172	132					
				100,110,120,125	167	—	—					
LM300	7100	12780	2500	60,63,65,70,75	107	142	107	300	200	67	0.804	99.2
				80,85,90,95	132	172	132					
				100,110,120,125	167	—	—					
				130,140	202	—	—					
LM360	12500	22500	2150	60,63,65,70,75	107	142	107	360	225	73	1.73	148.1
				80,85,90,95	132	172	132					
				100,110,120①,125①	167	212	167					
				130,140,150	202	—	—					

续表

型号	公称转矩 T_a /N·m	最大转矩 T_{max} /N·m	许用转速[n] /r·min^{-1}	轴孔直径 d_1、d_2、d_z /mm	轴孔长度 Y型 L (mm)	轴孔长度 J、Z型 L_1 (mm)	轴孔长度 J、Z型 L (mm)	D_1 /mm	D_2 /mm	H /mm	转动惯量 /kg·m^2	质量 /kg
LM400	14000	25200	1900	80,85,90,95	132	172	132	400	250	73	2.84	197.5
				100,110,120,125	167	212	167					
				130,140,150	202	—	—					
				160	242	—	—					

① 无J、Z型轴孔型式。

注：转动惯量和质量是按Y型最大轴孔长度、最小轴孔直径计算的数值。

16 油箱清洁盖

16.1 FC型油箱清洁盖

（1）型号说明

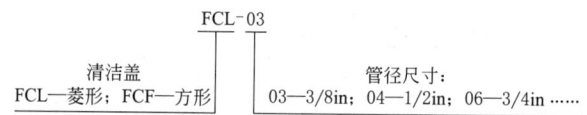

FCL-03

清洁盖：FCL—菱形；FCF—方形

管径尺寸：03—3/8in；04—1/2in；06—3/4in ……

（2）规格及外形尺寸（见表20-11-138）

表20-11-138　FC型油箱清洁盖的规格及外形尺寸

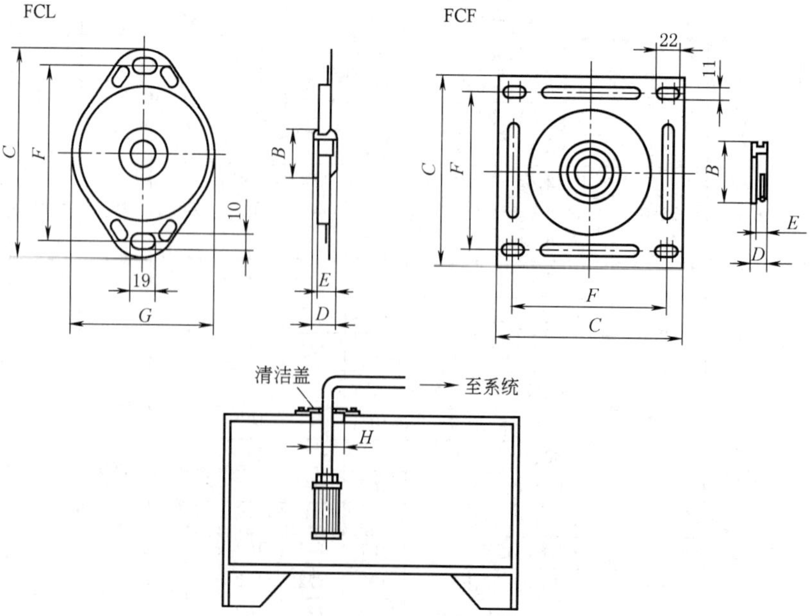

续表

型号	管径/in	B /mm	C /mm	D /mm	E /mm	F /mm	G /mm	最大清洁孔径 H/mm	质量 /kg
FCL-03	⅜	34	142	17	14	120	102	92	0.14
FCL-04	½	40	142	17	14	120	102	92	0.14
FCL-06	¾	49	142	17	14	120	102	92	0.14
FCL-08	1	60	142	17	14	120	102	92	0.14
FCL-10	1¼	70	142	17	14	120	102	92	0.14
FCL-12	1½	80	142	17	14	120	102	92	0.14
FCF-08	1	60	185	17	12	150	—	170	0.64
FCF-10	1¼	70	185	17	12	150	—	170	0.62
FCF-12	1½	80	185	17	12	150	—	170	0.62
FCF-16	2	96	185	28	12	150	—	170	0.5
FCF-20	2½	116	185	28	12	150	—	170	0.58
FCF-24	3	130	185	28	12	150	—	170	0.56

6.2 YG 型油箱清洁盖

表 20-11-139 YG 型油箱清洁盖的外形尺寸 mm

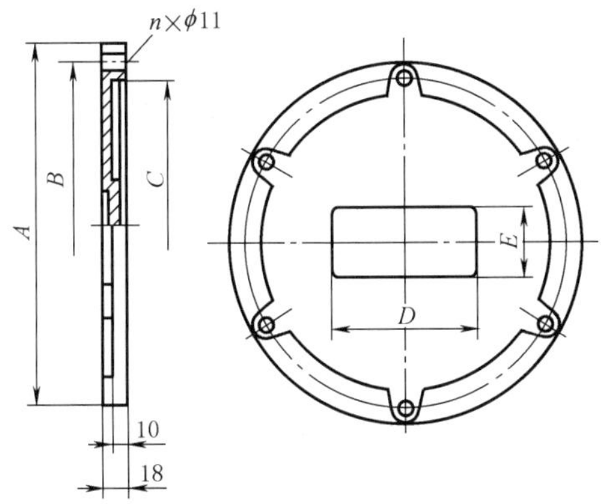

型号	A	B	C	D	E
YG-250	250	ϕ225	ϕ200	100	50
YG-300	300	ϕ275	ϕ250	125	50
YG-350	350	ϕ325	ϕ300	160	63
YG-400	400	ϕ375	ϕ350	160	63
YG-450	450	ϕ425	ϕ400	200	80
YG-500	500	ϕ475	ϕ450	250	80

注:可配套提供清洁盖用密封垫。若需要清洁盖的法兰,也可提供,在原型号后加 F 即可。型号为 YG-250F 的法兰厚度均为 18mm,内、外环及螺孔分布圆直径同清洗盖 A、C、B 尺寸

注:又称"油箱清洗盖"。

CHAPTER 12

第12章 配管

1 配管术语

1.1 管件与管接头术语（摘自GB/T 17446—2024）

表20-12-1

序号	术语	定义
3.7.1	配管	允许流体在元件之间流动的管接头、快换接头、硬管、软管的组合
3.7.2	导管	在管接头之间输送流体的硬管或软管
3.7.3	软管	通常由(增强型)橡胶或塑料制成的柔性导管
3.7.4	软管总成	在软管的一端或两端带有管接头(软管接头)的组合件
3.7.5	硬管	用于传输流体的刚性导管
3.7.6	主支	T形管接头的同一轴线上两个油(气)口所在的流道;十字形管接头最大油(气)口与同一轴线上油(气)口所在的流道
3.7.7	分支	T形管接头或十字形管接头的非主支油(气)口所在的流道
3.7.8	夹套	紧贴在硬管外表面起箍紧作用、但不起密封作用,经硬化处理的纵向开缝环
3.7.9	卡套	通过旋紧管接头螺母起到连接处的密封作用,并靠嵌入硬管外表面将管接头固定在硬管上的环状物
3.7.10	管夹	固定和支撑配管的装置
3.7.11	焊接接管	通过焊接或钎焊永久地固定在配管上的管接头零件
3.7.13	芯尾	软管接头中插入软管并加以紧固的部分
3.7.14	管接头	将硬管、软管相互连接或连接到元件的连接件 注:与软管相连接的管接头称为软管接头
3.7.15	活接式管接头	无需旋转配管即可使之连接或分离的管接头
3.7.16	T形管接头	T字形的管接头
3.7.17	Y形管接头	Y字形的管接头
3.7.18	十字形管接头	十字形的管接头
3.7.19	变径管接头	进出口管径不同的管接头
3.7.20	螺柱端不可调管接头	不可调方向的螺柱端管接头
3.7.21	螺柱端可调管接头	在最终紧固之前,可调方向的螺柱端管接头
3.7.23	隔板式管接头	用于连接隔板两侧的硬管或软管的流体管路的管接头
3.7.25	端面密封管接头	带有密封件且密封面垂直于流动方向的螺纹管接头 示例:O形圈端面密封管接头
3.7.26	自封接头	当被分离时能自动密封一端或两端管路的管接头
3.7.27	过渡接头	可将接合部位尺寸或型式不同的元件或导管相连接的管接头
3.7.28	双端内螺纹过渡接头	两端都是内螺纹的过渡接头
3.7.29	外-内螺纹过渡接头	一端是外螺纹另一端为内螺纹的过渡接头

续表

序号	术语	定义
3.7.30	外-外螺纹过渡接头	两端都是外螺纹的过渡接头
3.7.31	快换接头	不用工具即可连接或分离的管接头 注:此类管接头可带或不带自动关闭阀
3.7.32	卡口式快换接头	公端或母端相对于另一个端转动四分之一圈来实现连接的快换接头
3.7.33	拉脱式快换接头	当施加预定的轴向力时,接头的两个半体自动分离的快换接头
3.7.34	可旋式管接头	允许有限的但不能连续转动的管接头
3.7.35	铰接式管接头	利用一个空心螺栓固定,允许油(气)口在与空心螺栓的轴线呈90°的平面上沿任何方向(360°)转动的管接头
3.7.36	法兰管接头	密封面垂直于流动方向轴线,利用法兰和螺钉安装的管接头
3.7.37	卡套式管接头	利用螺母挤压卡套实现密封的管接头
3.7.38	扣压式软管接头	通过软管接头一端的永久变形实现与软管装配的软管接头
3.7.39	扩口式管接头	与扩口的硬管端部连接以实现密封的管接头
3.7.40	旋转接头	能连续转动的管接头
3.7.41	弯管接头	在相配管路之间形成一个角度的管接头 注:除非有其他说明,角度为90°。角度为45°称为45°弯管接头
3.7.42	分接点	在元件或配管上的用于流体供给或测量的辅助连接
3.7.43	堵帽	带有内螺纹,用于对具有外螺纹的螺柱端进行封闭和密封的配件
3.7.44	堵头	用于封闭和密封孔[如内螺纹油(气)口]的配件
3.7.45	螺孔端	与外螺纹管接头连接的内螺纹端
3.7.46	螺柱端	与油(气)口连接的管接头的外螺纹端
3.7.47	平面型快换接头	为实现公端或母端向一侧滑动分离,使用端面密封管接头连接元件或配管的快换接头。 注:断开连接时不影响快换接头的其他部分
3.7.48	法兰安装	通过法兰平面与元件油口安装面进行连接的方式

1.2 旋转接头术语（摘自GB/T 41069—2021）

表 20-12-2

序号	术语	定义
3.1.1	旋转接头 回转接头	将流体介质由固定管道输送到旋转或摆转到一个角度的管道、设备中的流体动密封装置
3.1.2	旋转接头公称尺寸	旋转接头与转动设备或管道连接的外管公称尺寸
3.1.3	进口	将介质由固定管道输送到旋转设备中流入旋转接头的通道
3.1.4	出口	将介质由旋转设备输送到固定管道流出旋转接头的通道
3.2.1.1	球面密封	由至少一对凸球面与凹球面,在流体压力和补偿机构弹力的作用下,保持贴合并相对滑动而构成的防止流体泄漏的机构
3.2.1.2	平面密封 端面密封	由至少一对垂直于旋转轴线的端面,在流体压力和补偿机构弹力的作用下,保持贴合并相对滑动而构成的防止流体泄漏的机构
3.2.1.3	柱面弹性体密封 轴密封	由外管轴与壳体之间设置的弹性体密封件(如O形圈、唇形密封环、组合密封件等),在被沟槽挤压变形产生的预紧力和流体压力作用下,保持与外管和外壳贴合并与外管相对滑动而构成的防止流体泄漏的机构
3.2.1.4	间隙密封	利用转动件与固定件之间形成的环形缝隙,造成一定的流动阻力来减少流体泄漏的机构
3.2.1.5	迷宫密封	利用转动件与固定件间设置的各种不同形状的曲折通道,造成一定的流动阻力来减少流体泄漏的机构
3.2.1.6	旋转密封	利用螺杆(光轴)与光轴衬套(螺套)配合,使螺旋槽内的液体产生轴向反压,以阻止液体泄漏的密封机构
3.2.1.7	迷宫旋转密封	利用螺杆与螺杆螺纹相反的螺套配合,使螺旋槽内的液体产生轴向反力,以阻止液体泄漏的机构

续表

序号	术语	定义
3.2.1.8	填料密封	通过预紧或介质压力的自紧作用,使填料与旋转轴及壳体之间产生压紧力而构成的防止流体泄漏的密封结构
3.2.2.1	单通路旋转接头 单向旋转接头	仅设有一个通路,具有将介质引入或输出功能的旋转接头
3.2.2.2	双通路旋转接头 双向旋转接头	设有两个通路,具有同时将介质引入和输出功能的旋转接头
3.2.2.3	多通路旋转接头 多向旋转接头	设有三个及以上通路,具有同时将一种或多种介质引入和输出功能的旋转接头
3.2.3.1	内管固定式 旋转接头	外管随所配旋转体同角速度转动,内管相对壳体固定不转的双通路旋转接头
3.2.3.2	内管旋转式 旋转接头	内管与外管同时随旋转体同角速度转动的双通路旋转接头

2　液压气动管接头及其相关件公称压力系列

表 20-12-3　　　　公称压力系列（摘自 GB/T 7937—2008）　　　　MPa

0.25	4	[21]	50	160
0.63	6.3	25	63	
1	10	31.5	80	
1.6	16	[35]	100	
2.5	20	40	125	

注：1. 公称压力应按压力等级，分别以千帕（kPa）或兆帕（MPa）表示。
2. 当没有具体规定时，公称压力应被视为表压，即：相对于大气压的压力。
3. 除本标准规定之外的公称压力应从 GB/T 2346—2003 中选择。
4. 方括号中为非推荐值。

3　管　　路

在液压传动中常用的管子有钢管、铜管、橡胶软管以及尼龙管等。

作者注：在 GB/Z 43075—2023 引言中指出："液压元件通过其油口用管接头与导管（硬管或软管）连接。硬管为刚性导管，软管为柔性导管。"而在 GB/T 2351—2021 引言中也指出："元件通过其油口（气口）和相关的流体导管，管接头相互连接。硬管是刚性或半刚性导管，软管是柔性导管。"

3.1　硬管公称外径和软管公称内径系列（摘自 GB/T 2351—2021）

在 GB/T 2351—2021 中规定了在流体传动系统及元件中使用的刚性或半刚性硬管公称外径及软管公称内径尺寸系列：a. 硬管的公称外径尺寸系列，不考虑材料成分；b. 橡胶或塑料软管的公称内径尺寸系列。

注：硬管的实际外径和公差可参照 ISO 3304 和 ISO 3305；软管的实际内径尺寸和公差可参照 ISO 1307。

硬管公称外径和软管公称内径系列见表 20-1-5。

3.2 硬管

3.2.1 钢管尺寸与公称压力（摘自 GB/T 41354—2022）

适用于液压系统连接用无缝或焊接型的平端精密钢管的尺寸与公称压力见表 20-12-4。

表 20-12-4 钢管尺寸与公称压力 MPa

钢管外径 D/mm	钢管壁厚 t/mm													
	0.5	0.8	1	1.5	2	2.5	3	3.5	4	5	6	7	8	10
4	25.9	46.0	62.4	—	—	—	—	—	—	—	—	—	—	—
5	20.1	34.7	46.0	—	—	—	—	—	—	—	—	—	—	—
6	16.4	27.9	36.5	62.4	98.9	—	—	—	—	—	—	—	—	—
8	12.0	20.1	25.9	42.3	62.4	88.3	—	—	—	—	—	—	—	—
10	—	15.7	20.1	32.1	46.0	62.4	—	—	—	—	—	—	—	—
12	—	12.9	16.4	25.9	36.5	48.5	62.4	—	—	—	—	—	—	—
15	—	10.2	12.9	20.1	27.9	36.5	46.0	—	—	—	—	—	—	—
16	—	9.5	12.0	18.7	25.9	33.7	42.3	51.8	62.4	—	—	—	—	—
18	—	—	10.6	16.4	22.6	29.3	36.5	44.3	52.9	—	—	—	—	—
20	—	—	9.5	14.6	20.1	25.9	32.1	38.8	46.0	62.4	—	—	—	—
22	—	—	8.6	13.2	18.1	23.2	28.7	34.5	40.7	54.6	—	—	—	—
25	—	—	7.5	11.5	15.7	20.1	24.7	29.6	34.7	46.0	—	—	—	—
28	—	—	6.7	10.2	13.9	17.7	21.7	25.9	30.3	39.8	50.4	—	—	—
30	—	—	6.2	9.5	12.9	16.4	20.1	23.9	27.9	36.5	46.0	—	—	—
32	—	—	5.8	8.9	12.0	15.3	18.7	22.2	25.9	33.7	42.3	51.8	62.4	—
35	—	—	5.3	8.1	10.9	13.9	16.9	20.1	23.4	30.3	37.8	46.0	55.0	—
38	—	—	4.9	7.4	10.0	12.7	15.5	18.3	21.3	27.5	34.2	41.4	49.2	67.2
42	—	—	—	6.7	9.0	11.4	13.9	16.4	19.0	24.5	30.3	36.5	43.2	58.2
50	—	—	—	5.6	7.5	9.5	11.5	13.6	15.7	20.1	24.7	29.6	34.7	46.0

注：1. 基于最小抗拉强度 R_m = 360MPa 计算。

2. 在 GB/T 41354—2022/ISO 10763：2020，MOD 中将无缝或焊接型的平端精密钢管“公称工作压力”简称为“公称压力”，但其不符合 GB/T 17446，或称为“最高工作压力”较为合适。

3. 钢管外径应符合 GB/T 2351。

4. 钢管在正火状态（NBK）下的抗拉强度应不低于 360MPa。

5. 公称压力与计算爆破压力比值是 1∶4，计算爆破压力公式见 GB/T 41354—2022。

3.2.2 金属管路

液压系统用钢管有：精密无缝钢管（GB/T 3639）、输送流体用无缝钢管（GB/T 8163）或不锈钢无缝钢管（GB/T 14976）等。卡套式管接头必须采用精密无缝钢管，焊接式管接头一般采用普通无缝钢管。材料用 10 钢或 20 钢，中、高压或大通径（DN>80mm）采用 20 钢。这些钢管均要求在退火状态下使用。无缝钢管的规格见本手册第 1 卷第 3 篇。

注：1. GB/T 3639—2021 规定：钢的牌号和化学成分（熔炼分析）应分别符合 GB/T 699 中 10、20、35、45、25Mn，GB/T 1591 中 Q355B、Q420B 和 GB/T 3077 中 25GrMo、42CrMo 的规定。GB/T 8136—2018 规定：钢管由 10、20、Q345、Q390、Q420、Q460 牌号的钢制造。

2. GB/T 37400—2019 规定：管路采用钢管时，应采用 10 钢、15 钢、20 钢、Q345 等无缝钢管，特殊和重要系统应采用不锈钢无缝钢管。

铜管有紫铜管和黄铜管。紫铜管用于压力较低（p≤6.5~10MPa）的管路，装配时可按需要来弯曲，但抗振能力较低，且易使油氧化，价格昂贵；黄铜管可承受较高压力（p≤25MPa），但不如紫铜管易弯曲。

在液压系统中，管路连接螺纹有细牙普通螺纹（M）、60°圆锥管螺纹（NPT）、公制锥螺纹（ZM），以及 55°

非密封管螺纹（G）和 55°密封管螺纹（R）。螺纹的型式一般根据回路公称压力确定。公称压力小于等于 16MP的中、低压系统，上述各种螺纹连接型式均可采用。公称压力为 16~31.5MPa 的中、高压系统采用 55°非密封管螺纹，或细牙普通螺纹。螺纹的规格尺寸见本手册第 2 卷连接与紧固篇。

表 20-12-5　　管路参数计算

计算项目	计算公式	说明
金属管内油液的流速推荐值 v	①吸油管路取 $v \leqslant 0.5 \sim 2\text{m/s}$ ②压油管路取 $v \leqslant 2.5 \sim 6\text{m/s}$ ③短管道及局部收缩处取 $v = 5 \sim 10\text{m/s}$ ④回流管路取 $v \leqslant 1.5 \sim 3\text{m/s}$ ⑤泄油管路取 $v \leqslant 1\text{m/s}$ 注：GB/T 37400.16—2019 中给出了“（液压）系统金属管路的油液流速推荐值”，其中吸油管路允许流速 $v \leqslant 1\text{m/s}$；压油管路允许流速与压力有关，但最高允许流速 $v<8\text{m/s}$	一般取 1m/s 以下 压力高或管路较短时取大值，压力低或管路较长时取小值，油液黏度大时取小值
管子内径 d	$d \geqslant 4.61\sqrt{\dfrac{Q}{v}}$　（mm）	Q——液体流量，L/min v 按推荐值选定
管子壁厚 δ	$\delta \geqslant \dfrac{pd}{2\sigma_p}$　（mm） 钢管：$\sigma_p = \dfrac{\sigma_b}{n}$ 铜管：$\sigma_p \leqslant 25\text{MPa}$	p——工作压力，MPa σ_p——许用应力，MPa σ_b——抗拉强度，MPa n——安全系数，当 $p<7\text{MPa}$ 时，$n=8$；$p \leqslant 17.5\text{MPa}$ 时，$n=6$；$p>17.5\text{MPa}$ 时，$n=4$
管子弯曲半径	钢管的弯曲半径应尽可能大，其最小弯曲半径一般取 3 倍的管子外径，或见本手册第 1 卷第 1 篇有关规范	

注：关于“钢管的弯曲半径”还可参见 GB/T 37400.11—2019。

表 20-12-6　　钢管公称通径、外径、壁厚、连接螺纹及推荐流量

公称通径 DN		钢管外径 /mm	管接头连接螺纹 /mm	公称压力 PN/MPa					推荐管路通过流量（按 5m/s 流速）/$\text{L} \cdot \text{min}^{-1}$
				≤2.5	≤8	≤16	≤25	≤31.5	
mm	in			管子壁厚/mm					
3		6		1	1	1	1	1.4	0.63
4		8		1	1	1	1.4	1.4	2.5
5;6	⅛	10	M10×1	1	1	1	1.6	1.6	6.3
8	¼	14	M14×1.5	1	1	1.6	2	2	25
10;12	⅜	18	M18×1.5	1	1.6	1.6	2	2.5	40
15	½	22	M22×1.5	1.6	1.6	2	2.5	3	63
20	¾	28	M27×2	1.6	2	2.5	3.5	4	100
25	1	34	M33×2	2	2	3	4.5	5	160
32	1¼	42	M42×2	2	2.5	4	5	6	250
40	1½	50	M48×2	2.5	3	4.5	5.5	7	400
50	2	63	M60×2	3	3.5	5	6.5	8.5	630
65	2½	75		3.5	4	6	8	10	1000
80	3	90		4	5	7	10	12	1250
100	4	120		5	6	8.5			2500

3.3 软管

软管是用于连接两个相对运动部件之间的管路，分高、低压两种。高压软管是以钢丝编织或钢丝缠绕为骨架的橡胶软管，用于压力油路。低压软管是以麻线或棉线编织体为骨架的橡胶软管，用于压力较低的回油路或气动管路中。软管参数的选择及使用注意事项见表 20-12-7。

钢丝编织（或缠绕）胶管由内胶层、钢丝编织（或缠绕）层、中间胶层和外胶层组成（亦可增设辅助织物层）。钢丝编织层有1~3层，钢丝缠绕层有2、3层和6层，层数愈多，管径愈小，耐压力愈高。钢丝缠绕胶管还具有管体较柔软、脉冲性能好的优点。

表 20-12-7　软管参数的选择及使用注意事项

项目	计算及说明	
软管内径	根据软管内径与流量、流速的关系按下式计算 $A=\frac{1}{6}\times\frac{Q}{v}$	A——软管的通流截面积，cm^2 Q——管内流量，L/min v——管内流速，m/s；通常软管的允许流速 $v\leq$ 6m/s
软管尺寸规格	根据工作压力和上式求得管子内径，选择软管的尺寸规格 高压软管的工作压力对不经常使用的情况可提高20%，对于使用频繁经常弯扭者要降低40%	
软管的弯曲半径	①不宜过小，一般不应小于表20-12-12、表20-12-15、表20-12-20和表20-12-27所列的值 ②软管与管接头的连接处应留有一段不小于管外径2倍的直线段	
软管的长度	应考虑软管在通入压力油后，长度方向将发生收缩变形，一般收缩量为管长的3%~4%，因此在选择管长及软管安装时应避免软管处于拉紧状态	
软管的安装	应符合有关标准规定，如"软管敷设规范（JB/ZQ 4398）"，见本篇第14章2.2节"管路安装与清洗"	

3.3.1　织物增强液压型橡胶软管及软管组合件（摘自GB/T 15329—2019）

GB/T 15329—2019/ISO 4079：2017，IDT《橡胶软管及软管组合件　油基或水基流体适用的织物增强液压型规范》规定了公称内径为5~100mm的5个型别的织物增强液压软管及软管合件的要求。在-40~100℃的温度范围内符合ISO 6743-4定义的HH、HL、HM、HR和HV油基液压流体；在0~60℃的温度范围内符合ISO 6743-4定义的HFC、HFAE、HFAS和HFB水基液压流体；在0~60℃的温度范围内的水。

型别：根据结构、工作压力和最小弯曲半径的不同，软管分为5个型别。

1TE型——具有单层织物编织层的软管；

2TE型——具有一层或多层织物编织层的软管；

3TE型——具有一层或多层织物编织层的软管（较高工作压力）；

R3型——具有两层织物编织层的软管；

R6型——具有单层织物编织层的软管。

材料与结构：软管应由耐水或油基液压流体的橡胶内衬层、一层或多层织物增强层和一层耐天候和耐油的橡胶外覆层组成。

当按ISO 4671测量时，软管的内径和外径见表20-12-8。

表 20-12-8　软管的尺寸　　mm

公称内径①	内径						外径									
	1TE型，2TE型，3TE型②		R6型		R3型		1TE型		2TE型		3TE型		R6型		R3型	
	最小	最大	最小	最大	最小	最大	最小	最大	最小	最大	最小	最大	最小	最大	最小	最大
5	4.4	5.2	4.2	5.4	4.5	5.4	10.0	11.6	11.0	12.6	12.0	13.6	10.3	11.9	11.9	13.5
6.3	5.9	6.9	5.6	7.2	6.1	7.0	11.6	13.2	12.6	14.2	13.6	15.2	11.9	13.5	13.5	15.1
8	7.4	8.4	7.2	8.8	7.6	8.5	13.1	14.7	14.1	15.7	16.1	17.7	13.5	15.1	16.7	18.3
10	9.0	10.0	8.7	10.3	9.2	10.1	14.7	16.3	15.7	17.3	17.7	19.3	15.1	16.7	18.3	19.8
12.5	12.1	13.3	11.9	13.5	12.4	13.5	17.7	19.7	18.7	20.7	20.7	22.7	19.0	20.6	23.0	24.6
16	15.3	16.5	15.1	16.7	15.6	16.7	21.9	23.9	22.9	24.9	24.9	26.9	22.2	23.8	26.2	27.8
19	18.2	19.8	18.3	19.9	18.7	19.8	—	—	26.0	28.0	28.0	30.0	25.4	27.8	31.0	32.5
25	24.6	26.2	—	—	25.1	26.2	—	—	32.9	35.9	34.4	37.4	—	—	36.9	39.3
31.5	30.8	32.8	—	—	31.4	32.9	—	—	—	—	40.8	43.8	—	—	42.9	46.0
38	37.1	39.1	—	—	—	—	—	—	—	—	47.6	51.6	—	—	—	—

续表

公称内径①	内径						外径									
	1TE 型,2TE 型,3TE 型②		R6 型		R3 型		1TE 型		2TE 型		3TE 型		R6 型		R3 型	
	最小	最大	最小	最大	最小	最大	最小	最大	最小	最大	最小	最大	最小	最大	最小	最大
51	49.8	51.8	—	—	—	—	—	—	—	—	60.3	64.3	—	—	—	—
60	58.8	61.2	—	—	—	—	—	—	—	—	70.0	74.0	—	—	—	—
80	78.8	81.2	—	—	—	—	—	—	—	—	91.5	96.5	—	—	—	—
100	98.6	101.4	—	—	—	—	—	—	—	—	113.5	118.5	—	—	—	—

① 公称内径与 ISO 1307 中的内径对应。

② 公称内径大于 25 仅适用于 3TE 型的内径。

当按 ISO 1402 或 ISO 6605 进行试验时，最大工作压力见表 20-12-9，验证压力按表 20-12-10 给出的值，最小爆破压力按表 20-12-11 给出的值。

表 20-12-9　　最大工作压力　　MPa

公称内径/mm	1TE 型	2TE 型	3TE 型	R6 型	R3 型
5	2.5	8.0	16.0	3.5	10.5
6.3	2.5	7.5	14.5	3.0	8.8
8	2.0	6.8	13.0	3.0	8.4
10	2.0	6.3	11.0	3.0	7.8
12.5	1.6	5.8	9.3	3.0	7.0
16	1.6	5.0	8.0	2.6	6.1
19	—	4.5	7.0	2.2	5.2
25	—	4.0	5.5	—	3.9
31.5	—		4.5	—	2.6
38	—		4.0	—	—
51	—		3.3	—	—
60	—		2.5	—	—
80	—		1.8	—	—
100	—		1.0	—	—

表 20-12-10　　验证压力　　MPa

公称内径/mm	1TE 型	2TE 型	3TE 型	R6 型	R3 型
5	5.0	16.0	32.0	7.0	21.0
6.3	5.0	15.0	29.0	6.0	17.6
8	4.0	13.6	26.0	6.0	16.8
10	4.0	12.6	22.0	6.0	15.6
12.5	3.2	11.6	18.6	6.0	14.0
16	3.2	10.0	16.0	5.2	12.2
19	—	9.0	14.0	4.4	10.4
25	—	8.0	11.0	—	7.8
31.5	—		9.0	—	5.2
38	—		8.0	—	—
51	—		6.6	—	—
60	—		5.0	—	—
80	—		3.6	—	—
100	—		2.0	—	—

表 20-12-11　　最小爆破压力　　MPa

公称内径/mm	1TE 型	2TE 型	3TE 型	R6 型	R3 型
5	10.0	32.0	64.0	14.0	42.0
6.3	10.0	30.0	58.0	12.0	35.2

续表

公称内径/mm	1TE 型	2TE 型	3TE 型	R6 型	R3 型
8	8.0	27.0	52.0	12.0	33.6
10	8.0	25.2	44.0	12.0	31.2
12.5	6.4	23.2	37.2	12.0	28.0
16	6.4	20.2	32.0	10.4	24.4
19	—	18.0	28.0	8.8	20.8
25	—	16.0	22.0	—	15.6
31.5	—	—	18.0	—	10.4
38	—	—	16.0	—	—
51	—	—	13.2	—	—
60	—	—	10.0	—	—
80	—	—	7.2	—	—
100	—	—	4.0	—	—

当按 GB/T 5565.1—2017 方法 A1 进行试验时，将软管弯曲至表 20-12-12 给出的最小弯曲半径。

表 20-12-12 **最小弯曲半径** mm

公称内径	最小弯曲半径				
	1TE 型	2TE 型	3TE 型	R6 型	R3 型
5	35	25	40	50	75
6.3	45	40	45	65	75
8	65	50	55	75	100
10	75	60	70	75	100
12.5	90	70	85	100	125
16	115	90	105	125	140
19	—	110	130	150	150
25	—	150	150	—	205
31.5	—	—	190	—	250
38	—	—	240	—	—
51	—	—	300	—	—
60	—	—	400	—	—
80	—	—	500	—	—
100	—	—	600	—	—

3.3.2 钢丝编织增强液压型橡胶软管和软管组合件（摘自 GB/T 3683—2023）

GB/T 3683—2023/ISO 1436：2020，IDT《橡胶软管及软管组合件　油基或水基流体适用的钢丝编织增强液压型　规范》规定了内径为 5~51mm 的 6 个型别的钢丝编织增强型软管及软管组合件的要求。该标准还规定了 2SN 型和 R2AT 型公称内径 63 的软管和 2SN 型公称内径为 76 的软管。

该标准适用于使用下列介质的软管和软管组合件：

——在-40~100℃的温度范围内，ISO 6743-4 定义的 HH、HL、HM、HR 和 HV 油基液压流体；

——在 0~70℃的温度范围内，ISO 6743-4 定义的 HFC、HFAE、HFAS 和 HFB 水基液压流体；

——在 0~70℃的温度范围内的水。

该标准不包括管接头的要求，只限于软管及组合件的要求。

注：向软管制造商咨询以确认软管与所使用流体的相容性是使用者的责任。

型别：根据结构、工作压力和耐油性能的不同，软管分为 6 个型别。

1ST 型——具有单层钢丝编织层和厚外覆层的软管；

2ST 型——具有两层钢丝编织层和厚外覆层的软管；

1SN 型和 R1AT 型——具有单层钢丝编织层和薄外覆层的软管；

2SN 型和 R2AT 型——具有两层钢丝编织层和薄外覆层的软管。

新产品设计不推荐使用1ST型和2ST型。

注：除具有较薄的外覆层以便组装软管接头时无需剥掉外覆层或部分外覆层外，1SN型和R1AT型、2SN型和R2AT型软管的增强层尺寸分别与1ST型和2ST型相同。

材料和结构：软管应由耐油基或水基液压流体的或耐水的橡胶内衬层、一层或两层高强度钢丝层以及一层耐天候和耐油的橡胶外覆层组成。

软管组合件应使用符合该标准要求的软管制造。

软管组合件应只使用其功能已按GB/T 3683—2023的7.2、7.4、7.5和7.6验证的管接头制造。制备和组装软管组合件时应遵守制造方的说明书。

当按ISO 4671进行测量时，软管内径和增强层外径应符合表20-12-13。

表20-12-13　　软管内径和增强层外径　　mm

公称内径①	所有型别		R1AT型、1SN型、1ST型		R2AT型、2SN型、2ST型	
	内径		增强层外径			
	最小	最大	最小	最大	最小	最大
5	4.6	5.4	9.0	10.0	10.6	11.6
6.3	6.2	7.0	10.6	11.6	12.1	13.3
8	7.7	8.5	12.1	13.3	13.7	14.9
10	9.3	10.1	14.5	15.7	16.1	17.3
12.5	12.3	13.5	17.5	19.1	19.0	20.6
16	15.5	16.7	20.6	22.2	22.2	23.8
19	18.6	19.8	24.6	26.2	26.2	27.8
25	25.0	26.4	32.5	34.1	34.1	35.7
31.5	31.4	33.0	39.3	41.7	43.3	45.7
38	37.7	39.3	45.6	48.0	49.6	52.0
51	50.4	52.0	58.7	61.7	62.3	64.7
63②	62.3	64.7	—	—	72.2	73.8
76③	75.0	77.4	—	—	87.0	88.6

① 公称内径与ISO 1307给出的内径相对应。

② 该尺寸软管仅适用于R2AT型和2SN型。

③ 该尺寸软管仅适用于2SN型。

按ISO 1402或ISO 6605进行试验时，在表20-12-14给出的最大工作压力、验证压力和最小爆破压力下，软管及软管组合件不应失效。

表20-12-14　　最大工作压力、验证压力和最小爆破压力　　MPa

公称内径①/mm	最大工作压力		验证压力		最小爆破压力	
	1ST型、1SN型和R1AT型	2ST型、2SN型和R2AT型	1ST型、1SN型和R1AT型	2ST型、2SN型和R2AT型	1ST型、1SN型和R1AT型	2ST型、2SN型和R2AT型
5	25.0	42.0	50.0	84.0	100.0	168.0
6.3	22.5	40.0	45.0	80.0	90.0	160.0
8	21.0	35.0	42.0	70.0	84.0	140.0
10	18.0	33.0	36.0	66.0	72.0	132.0
12.5	16.0	28.0	32.0	56.0	64.0	112.0
16	13.0	25.0	26.0	50.0	52.0	100.0
19	10.5	21.0	21.0	42.0	42.0	84.0
25	8.7	16.5	17.5	33.0	35.0	66.0
31.5	6.3	12.5	12.5	25.0	25.0	50.0
38	5.0	9.0	10.0	18.0	20.0	36.0
51	4.0	8.0	8.0	16.0	16.0	32.0
63②	—	7.0	—	14.0	—	28.0
76③	—	5.0	—	10.0	—	20.0

① 公称内径与ISO 1307给出的内径相对应。

② 该尺寸软管仅适用于R2AT型和2SN型。

③ 该尺寸软管仅适用于2SN型。

当软管弯曲至表 20-12-15 给出的最小弯曲半径时，按 ISO 10619-1：2017 中第 4 章的方法 A1 进行测量，在弯曲状态下，软管应符合 GB/T 3683—2023 的 7.4 和 7.6 规定的脉冲和低温曲挠性要求。

表 20-12-15　　最小弯曲半径　　mm

公称内径	最小弯曲半径	公称内径	最小弯曲半径
5	90	25	300
6.3	100	31.5	420
8	115	38	500
10	130	51	630
12.5	180	63	760
16	200	76	900
19	240		

.3.3　致密钢丝编织增强液压型橡胶软管及软管组合件（摘自 GB/T 39313—2020）

GB/T 39313—2020/ISO 11237，2017：IDT《橡胶软管及软管组合件　输送石油基或水基流体用致密钢丝编织增强液压型　规范》规定了五种型别的致密钢丝编织增强软管及软管组合件的要求，其公差内径范围为 5～1.5mm。在-40～100℃的温度范围内符合 ISO 6743-4 定义的 HH、HL、HM、HR 和 HV 油基液压流体；在 0～60℃的温度范围内符合 ISO 6743-4 定义的 HFC、HFAE、HFAS 和 HFB 水基液压流体；在 0～60℃的温度范围内的水。

型别：根据结构、工作压力和最小弯曲半径的不同，软管分为五个型别。

1SC 型——具有单层钢丝编织增强层的软管；

2SC 型——具有两层钢丝编织增强层的软管；

R16S 型——具有一层或两层钢丝编织增强层的软管；

R17 型——具有一层或两层钢丝编织增强层且恒定压力为 21MPa 的软管；

R19 型——具有一层或两层钢丝编织增强层且恒定压力为 28MPa 的软管。

材料与结构：软管应由一层耐油基或水基液压流体的橡胶内衬层、一层或两层层高强度钢丝层以及耐天候和耐油的橡胶外覆层组成。

当按照 ISO 4671 测量时，软管尺寸见表 20-12-16。

表 20-12-16　　软管尺寸　　mm

公称内径①	所有型别		1SC 型			2SC 型			R16S 型		R17 型		R19 型	
	内径		增强层直径		软管外径	增强层直径		软管外径	增强层直径	软管外径	增强层直径	软管外径	增强层直径	软管外径
	最小	最大	最小	最大	最大	最小	最大	最大	最大	最大	最大	最大	最大	最大
5	4.6	5.4	N/A	N/A	N/A	N/A	N/A	N/A	N/A	N/A	10.1	11.6	10.8	12.7
6.3	6.1	6.9	9.6	10.8	13.5	10.6	11.7	14.2	12.3	14.5	11.0	13.2	12.4	14.4
8	7.7	8.5	10.9	12.1	14.5	12.1	13.3	16.0	13.3	15.8	13.0	15.0	14.2	16.3
10	9.3	10.1	12.7	14.5	16.9	14.4	15.6	18.3	15.9	18.8	15.0	17.0	16.0	18.0
12.5	12.3	13.5	15.9	18.1	20.4	17.5	19.1	21.5	19.1	22.0	18.8	21.1	20.4	22.6
16	15.5	16.7	19.8	21.0	23.0	20.5	22.3	24.7	22.5	25.4	23.6	25.9	25.9	27.5
19	18.6	19.8	23.2	24.4	26.7	24.6	26.4	28.6	26.3	29.0	27.7	30.3	29.7	32.5
25	25.0	26.4	30.7	31.9	34.9	32.5	34.3	36.6	34.0	36.6	35.6	38.6	N/A	N/A
31.5	31.4	33.0	37.8	39.0	42.2	39.3	41.7	44.3	41.9	44.3	N/A	N/A	N/A	N/A

① 公称内径符合 ISO 1307 的规定。

注：N/A——不适用。

当按照 ISO 1402 或 ISO 6605 进行测定时，最大工作压力见表 20-12-17，验证压力按表 20-12-18 给出的值，最小爆破压力按表 20-12-19 给出的值。

表 20-12-17　　最大工作压力

公称内径/mm	型别			
	1SC	2SC/R16S	R17	R19
	最大工作压力/MPa			
5	N/A	N/A	21	28
6.3	22.5	40	21	28
8	21.5	35	21	28
10	18	33	21	28
12.5	16	27.5	21	28
16	13	25	21	28
19	10.5	21.5	21	28
25	8.8	16.5	21	N/A
31.5	6.3	12.5	N/A	N/A

注：N/A——不适用。

表 20-12-18　　验证压力

公称内径/mm	型别			
	1SC	2SC/R16S	R17	R19
	验证压力/MPa			
5	N/A	N/A	42	56
6.3	45	80	42	56
8	43	70	42	56
10	36	66	42	56
12.5	32	55	42	56
16	26	50	42	56
19	21	43	42	56
25	17.6	33	42	N/A
31.5	12.5	25	N/A	N/A

注：N/A——不适用。

表 20-12-19　　最小爆破压力

公称内径/mm	型别			
	1SC	2SC/R16S	R17	R19
	最小爆破压力/MPa			
5	N/A	N/A	84	112
6.3	90	160	84	112
8	86	140	84	112
10	72	132	84	112
12.5	64	110	84	112
16	52	100	84	112
19	42	86	84	112
25	35.2	66	84	N/A
31.5	25	50	N/A	N/A

注：N/A——不适用。

当按 GB/T 5565.1—2017 方法 A1 进行试验时，将软管弯曲至表 20-12-20 给出的最小弯曲半径。

表 20-12-20　　最小弯曲半径　　mm

公称内径	最小弯曲半径				
	1SC 型	2SC 型	R16S 型	R17 型	R19 型
5	N/A	N/A	N/A	45	45
6.3	75	75	50	50	50
8	85	85	55	55	55

续表

公称内径	最小弯曲半径				
	1SC 型	2SC 型	R16S 型	R17 型	R19 型
10	90	90	65	65	65
12.5	130	130	90	90	90
16	150	170	100	100	100
19	180	200	120	120	120
25	230	250	150	150	N/A
31.5	250	280	210	N/A	N/A

注：N/A——不适用。

.3.4 钢丝缠绕增强外覆橡胶液压型橡胶软管及软管组合件（摘自 GB/T 10544—2022）

GB/T 10544—2022/ISO 3862：2020，IDT《橡胶软管及软管组合件　油基或水基流体适用的钢丝缠绕增强外覆橡胶液压型　规范》规定了公称内径为 6.3~51mm 的五种型别的钢丝缠绕增强液压软管及软管组合件的要求。SP 和 4SH 型适用在-40~100℃的温度范围内、R12、R13 和 R15 型适用在-40~120℃的温度范围内符合 ISO 743-4 定义的 HH、HL、HM、HR 和 HV 油基液压流体；在-40~70℃的温度范围内符合 ISO 6743-4 定义的 HFC、IFAE、HFAS 和 HFB 水基液压流体；在 0~70℃的温度范围内的水。

型别：按结构、工作压力和耐油性能规定了五种型别的软管。

4SP 型——4 层钢丝缠绕的中压软管；

4SH 型——4 层钢丝缠绕的高压的软管；

R12 型——4 层钢丝缠绕的高温中压重型软管；

R13 型——多层钢丝缠绕的高温高压重型软管；

R15 型——多层钢丝缠绕的高温超高压重型软管。

注：“最小弯曲半径”应是确定软管型别的条件之一。

材料与结构：软管应由一层耐油基或水基液压流体或水的橡胶内衬层、以交替方向缠绕的钢丝增强层和一层耐油和耐天候的橡胶外覆层组成。缠绕钢丝层应由隔离层隔离。

当按 ISO 4671 测量时，软管内径见表 20-12-21，软管增强层外径见表 20-12-22，软管外径见表 20-12-23。

表 20-12-21　　软管的内径　　mm

公称内径[①]	内径									
	4SP 型		4SH 型		R12 型		R13 型		R15 型	
	最小	最大	最小	最大	最小	最大	最小	最大	最小	最大
6.3	6.2	7.0	—	—	—	—	—	—	—	—
10	9.4	10.1	—	—	9.3	10.1	—	—	9.3	10.1
12.5	12.6	13.5	—	—	12.3	13.5	—	—	12.3	13.5
16	15.8	16.7	—	—	15.5	16.7	—	—	—	—
19	18.8	19.8	19.1	19.8	18.6	19.8	18.6	19.8	18.6	19.8
25	25.4	26.4	25.5	26.4	25.0	26.4	25.0	26.4	25.0	26.4
31.5	31.8	33.0	32.0	33.0	31.4	33.0	31.4	33.0	31.4	33.0
38	38.0	39.3	38.2	39.3	37.7	39.3	37.7	39.3	37.7	39.3
51	50.6	52.0	50.6	52.0	50.4	52.0	50.4	52.0	50.4	52.0

① 公称内径与 ISO 1307 给出的相对应。

表 20-12-22　　软管增强层外径　　mm

公称内径[①]	增强层外径									
	4SP 型		4SH 型		R12 型		R13 型		R15 型	
	最小	最大	最小	最大	最小	最大	最小	最大	最小	最大
6.3	14.1	15.3	—	—	—	—	—	—	—	—
10	16.9	18.1	—	—	16.6	17.8	—		—	20.3
12.5	19.4	21.0	—	—	19.9	21.5	—	—	—	24.0

续表

公称内径①	增强层外径									
	4SP 型		4SH 型		R12 型		R13 型		R15 型	
	最小	最大	最小	最大	最小	最大	最小	最大	最小	最大
16	23.0	24.6	—	—	23.8	25.4	—	—	—	—
19	27.4	29.0	27.6	29.2	26.9	28.4	28.2	29.8	—	32.9
25	34.5	36.1	34.4	36.0	34.1	35.7	34.9	36.4	—	38.9
31.5	45.0	47.0	40.9	42.9	42.7	45.1	45.6	48.0	—	48.4
38	51.4	53.4	47.8	49.8	49.2	51.6	53.1	55.5	—	56.3
51	64.3	66.3	62.2	64.2	62.5	64.8	66.9	69.3	—	71.0

① 公称内径与 ISO 1307 给出的相对应。

表 20-12-23　　软管外径　　mm

公称内径①	软管外径									
	4SP 型		4SH 型		R12 型		R13 型		R15 型	
	最小	最大	最小	最大	最小	最大	最小	最大	最小	最大
6.3	17.1	18.7	—	—	—	—	—	—	—	—
10	20.6	22.2	—	—	19.5	21.0	—	—	—	23.3
12.5	23.8	25.4	—	—	23.0	24.6	—	—	—	26.8
16	27.4	29.0	—	—	26.6	28.2	—	—	—	—
19	31.4	33.0	31.4	33.0	29.9	31.5	31.0	33.2	—	36.1
25	38.5	40.9	37.5	39.9	36.8	39.2	37.6	39.8	—	42.9
31.5	49.2	52.4	43.9	47.1	45.4	48.6	48.3	51.3	—	51.5
38	55.6	58.8	51.9	55.1	51.9	56.0	55.8	58.8	—	59.6
51	68.2	71.4	66.5	69.7	65.1	68.3	69.5	72.7	—	74.0

① 公称内径与 ISO 1307 给出的相对应。

当按照 ISO 1402 或 ISO 6605 进行测定时，最大工作压力见表 20-12-24，相关验证压力按表 20-12-25 给出的值，最小爆破压力按表 20-12-26 给出的值。

表 20-12-24　　最大工作压力　　MPa（bar）

公称内径 /mm	型别				
	4SP	4SH	R12	R13	R15
6.3	45.0(450)	—	—	—	—
10	45.0(450)	—	28.0(280)	—	42.0(420)
12.5	42.0(420)	—	28.0(280)	—	42.0(420)
16	35.0(350)	—	28.0(280)	—	—
19	35.0(350)	42.0(420)	28.0(280)	35.0(350)	42.0(420)
25	28.0(280)	38.0(380)	28.0(280)	35.0(350)	42.0(420)
31.5	21.0(210)	32.5(325)	21.0(210)	35.0(350)	42.0(420)
38	18.5(185)	29.0(290)	17.5(175)	35.0(350)	42.0(420)
51	16.5(165)	25.0(250)	17.5(175)	35.0(350)	42.0(420)

表 20-12-25　　验证压力　　MPa（bar）

公称内径 /mm	型别				
	4SP	4SH	R12	R13	R15
6.3	90.0(900)	—	—	—	—
10	90.0(900)	—	56.0(560)	—	84.0(840)
12.5	84.0(840)	—	56.0(560)	—	84.0(840)
16	70.0(700)	—	56.0(560)	—	—
19	70.0(700)	84.0(840)	56.0(560)	70.0(700)	84.0(840)

续表

公称内径/mm	型别				
	4SP	4SH	R12	R13	R15
25	56.0(560)	76.0(760)	56.0(560)	70.0(700)	84.0(840)
31.5	42.0(420)	65.0(650)	42.0(420)	70.0(700)	84.0(840)
38	37.0(370)	58.0(580)	35.0(350)	70.0(700)	84.0(840)
51	33.0(330)	50.0(500)	35.0(350)	70.0(700)	84.0(840)

表 20-12-26　　最小爆破压力　　MPa (bar)

公称内径/mm	型别				
	4SP	4SH	R12	R13	R15
6.3	180.0(1800)	—	—	—	—
10	180.0(1800)	—	112.0(1120)	—	168.0(1680)
12.5	168.0(1680)	—	112.0(1120)	—	168.0(1680)
16	140.0(1400)	—	112.0(1120)	—	—
19	140.0(1400)	168.0(1680)	112.0(1120)	140.0(1400)	168.0(1680)
25	112.0(1120)	152.0(1520)	112.0(1120)	140.0(1400)	168.0(1680)
31.5	84.0(840)	130.0(1300)	84.0(840)	140.0(1400)	168.0(1680)
38	74.0(740)	116.0(1160)	70.0(700)	140.0(1400)	168.0(1680)
51	66.0(660)	100.0(1000)	70.0(700)	140.0(1400)	168.0(1680)

当按照 GB/T 5565.1—2017 方法 A1 进行测量时，将软管弯曲至表 20-12-27 给出的最小弯曲半径。

表 20-12-27　　最小弯曲半径　　mm

公称内径	最小弯曲半径				
	4SP 型	4SH 型	R12 型	R13 型	R15 型
6.3	150	—	—	—	—
10	180	—	130	—	150
12.5	230	—	180	—	200
16	250	—	200	—	—
19	300	280	240	240	265
25	340	340	300	300	330
31.5	460	460	420	420	445
38	560	560	500	500	530
51	660	700	630	630	700

4　管　接　头

4.1　液压管接头的标识与命名（摘自 GB/Z 43075—2023）

表 20-12-28

范围		GB/Z 43075—2023/ISO/TS 11672:2016,MOD《液压传动连接　标识与命名》给出了管接头及类似产品的分类和命名方法,建立了统一的产品命名结构 该标准适用于液压管接头的标识与命名
命名及格式	通则	采购按 SAC/TC3/SC5 制定的国际标准所描述的管接头零件时,其命名及代号格式见图 1。当螺纹管接头有多种端部类型时,应首先确定螺柱端(如适用,例如 SDSWS:回转式螺柱端直通管接头)。若无螺柱端,则应按零件的描述规定命名顺序(例如 WDRDNP 用于焊接式变径接管)。若接管端为外螺纹,则不需要在管接头型式代号中体现

续表

命名及格式	通则	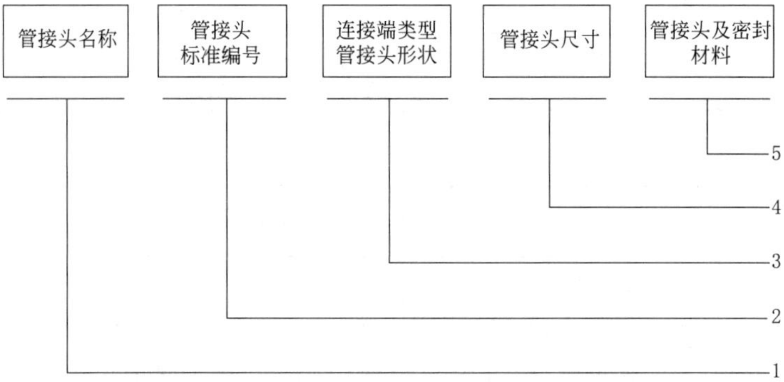 标引序号说明 1——管接头名称:标准中零件的名称(如:管接头、软管接头、快换接头等) 2——管接头标准编号:国际标准代号或国家标准代号 3——管接头类型命名:缩写名称由管接头连接端类型代号(见表1)、后接管接头形状代号(见表2)、后接管接头零件类型代号(见表3)等组成 4——管接头尺寸(见下面“管接头尺寸”) 5——管接头材料代号(见表7),后接密封材料代号(见表8) 图1　命名及代号格式
	管接头尺寸	①螺纹管接头　以下一般规则应适用 ——对于直通和弯管活接管接头,应先标识大的接管端 • 先标识接管端尺寸,再标识管接头的柱端、软管或其他端部的尺寸 • 先标识内螺纹(回转)接管端,再标识外螺纹接管端 ——对于T形管接头,先标识主支(按由大到小的顺序),然后标识分支 ——对于回转式T形管接头,先标识回转端 • 主支T形管接头,先标识回转端,再标识对侧主支端口,然后标识分支 • 分支T形管接头,先标识回转端,再标识主支端口中大的一端,最后标识小的主支端口 ——对于十字形管接头,以尺寸最大的接管端作为主支,置最大端在左侧,上下两端中大端在上方,标识依次是从左到右,再从上到下 ——对于硬管或软管的接管端,使用毫米为单位[对于符合ISO 8434-1的管接头,在其尺寸后接工作压力系列代号(见表6)] ——对于带公制螺纹的螺柱端,符号“M”后是螺纹尺寸(不带螺距),后接工作压力系列代号(见表6),其后是密封类型(见表5),例如M14LB表示带有金属对金属密封的M14×1.5轻型螺柱端 ——对于带有BSP螺纹的螺柱端,符号“G”后是以英寸为单位的螺纹尺寸,后接“A”(公差等级),其后是工作压力系列代号,后接密封类型,例如G¼ ASE,表示带G¼ BSP螺纹和弹性体垫圈的重型螺柱端 ——对于带有UN/UNF螺纹的螺柱端,以英寸为单位的螺纹尺寸(不带螺距)后接对应的UN或UNF符号,后接工作压力系列代号(因为这些螺纹规格仅使用O形圈作密封,故无需标识密封类型) ②法兰管接头 Ⅰ. 分体式法兰夹 分体式法兰夹以FCS命名,如使用公制螺钉,则以字母M标识,后接间隔符“-”和公称尺寸,例如FCS-25和FCSM-32 大多数分体式法兰夹可选配美制(UNC)或公制螺钉,应以FCS命名。对于仅可使用美制(UNC)螺钉的分体式法兰夹应以FCS命名,而仅配用公制螺钉的应以FCSM命名 Ⅱ. 一体式法兰夹 一体式法兰夹以FC命名,如使用公制螺钉,则附加字母M标识,后接间隔符“-”和公称尺寸,例如FC-25或FCM-32 大多数一体式法兰夹可选配美制(UNC)或公制螺钉,应以FC命名。对于仅可使用美制(UNC)螺钉的一体式法兰夹应以FC命名,而仅配用公制螺钉的应以FCM命名 Ⅲ. 法兰油口及法兰头 法兰油口以P命名,后接间隔符“-”和公称尺寸,如法兰油口使用公制螺钉,则附加字母M标识,例如P-76或P-76M 法兰头以FH命名,后接间隔符“-”和公称尺寸,如FH-76

续表

命名及格式

管接头尺寸

③插入式管接头　对于只有管端的管接头，如果所有管径规格相同，即以相连接的管子外径标识，否则按由大到小的顺序，并分别以“×”分隔。对于带有螺柱端的管接头，以相连接的管子外径标识，后接螺柱端螺纹类型名称，以“×”分隔

④软管接头　对于符合 GB/T 9065.1、GB/T 9065.5 和 GB/T 9065.6 的软管接头，以连接件尺寸标识，后接“×”及软管规格，例如 12×12.5

对于符合 GB/T 9065.2、GB/T 9065.3 和 GB/T 9065.4 的软管接头，以工作压力系列代号和连接尺寸标识，后接“×”及软管规格，例如 L22×19

⑤螺塞　与螺纹管接头螺柱端相同（见①）

⑥快换接头　快换接头只需标识连接件系列（A、B 或 C）和公称通径

管接头命名

螺纹管接头、软管接头、螺塞、法兰管接头、插入式管接头和快换接头由字母代号命名以方便订购。由管接头名称和空格标识，后接相关参照标准号，后接间隔符“-”，其后是类型字母代号（管接头的连接端类型和形状，如适用），后接间隔符“-”，其后是连接端尺寸代号（硬管/软管/法兰头、螺纹尺寸代号），最后接间隔符“-”，接连接件和密封件（如适用）的材料代号

连接端的尺寸代号应以“×”分隔。间隔符“-”或“×”的任何一侧均不应有空格

管接头标识和命名所用的字母数字符号，参见表 1～表 9

相关字符的索引应按照 GB/Z 43075—2023 附录 A

GB/Z 43075—2023 附录 B 给出了管接头命名示例

GB/Z 43075—2023 附录 C 给出了 SAE 尺寸规格标号与 ISO 标准管接头、硬管及软管的尺寸规格对照

表 1　用于标识管接头连接端类型的代号

连接端类型	代号	管接头			软管接头参照标准
		螺纹型	法兰式	插入式	
铰接式	BJ	—	—	GB/T 33636	—
隔板式	BH	GB/T 14034.1 GB/T 14034.2 ISO 8434-3 GB/T 14034.4	—	GB/T 33636	—
钎焊	BR	GB/T 14034.1 ISO 8434-3	—	—	—
堵帽	CP	GB/T 14034.1 GB/T 14034.2 ISO 8434-3	—	—	—
螺塞	PL	GB/T 14034.1 GB/T 14034.2 ISO 8434-3	—	GB/T 33636	—
油口	P		ISO 6162-1 ISO 6162-2	GB/T 33636	—
变径	RD	GB/T 14034.1 GB/T 14034.2 ISO 8434-3	—	—	—
带螺母变径	RDA	ISO 8434-3			
不带螺母变径	RDB	ISO 8434-3			
螺柱端	SD	GB/T 14034.1 GB/T 14034.2 ISO 8434-3 GB/T 14034.4	—	GB/T 33636	GB/T 9065.4
回转式	SW	GB/T 14034.1 GB/T 14034.2 ISO 8434-3 GB/T 14034.4	—	GB/T 33636	GB/T 9065.2 GB/T 9065.5 GB/T 9065.6
密封面不外露回转式	SWA				GB/T 9065.1
密封面外露回转式	SWB				GB/T 9065.1
带 O 形圈回转式	SWO	GB/T 14034.1	—	—	—

续表

命名及格式	管接头命名	（见下表）

续表

连接端类型	代号	管接头			软管接头参照标准
		螺纹型	法兰式	插入式	
隔板回转式	SWBH	—	—	GB/T 33636	—
油口回转式	SWP	—	—	GB/T 33636	—
管端	TE	—	—	GB/T 33636	—
外焊/内焊	WD	GB/T 14034.1 ISO 8434-3	—	—	—

表2　用于标识管接头形状的代号

形状	代号	管接头		软管接头参照标准
		螺纹型	插入式	
分支T形	BT	GB/T 14034.1 GB/T 14034.2 ISO 8434-3 GB/T 14034.4	GB/T 33636	
90°弯	E	GB/T 14034.1 GB/T 14034.2 ISO 8434-3 GB/T 14034.4	GB/T 33636	GB/T 9065.1 GB/T 9065.2 GB/T 9065.3 GB/T 9065.4 GB/T 9065.5 GB/T 9065.6
22.5°弯	E22	—	—	GB/T 9065.3
30°弯	E30	—	—	GB/T 9065.3
45°弯	E45	GB/T 14034.1 GB/T 14034.2 ISO 8434.3 GB/T 14034.4	—	GB/T 9065.1 GB/T 9065.2 GB/T 9065.3 GB/T 9065.5 GB/T 9065.6
60°弯	E60	—	—	GB/T 9065.3
67.5°弯	E67	—	—	GB/T 9065.3
十字形	K	GB/T 14034.1 GB/T 14034.2 ISO 8434-3	GB/T 33636	—
主支T形	RT	GB/T 14034.1 GB/T 14034.2 ISO 8434-3 GB/T 14034.4	GB/T 33636	—
直通	S	GB/T 14034.1 GB/T 14034.2 ISO 8434-3 GB/T 14034.4	GB/T 33636	GB/T 9065.1 GB/T 9065.2 GB/T 9065.3 GB/T 9065.4 GB/T 9065.5 GB/T 9065.6
T形	T	GB/T 14034.1 GB/T 14034.2 ISO 8434-3 GB/T 14034.4	GB/T 33636	—
Y形	Y	—	GB/T 33636	—

续表

命名及格式　管接头命名

表3　用于标识管接头零件类型的代号

零件类型	代号	管接头	
		螺纹型	法兰式
卡套	CR	GB/T 14034.1	—
一体式法兰夹	FC	—	ISO 6162-1 ISO 6162-2
分体式法兰夹	FCS	—	ISO 6162-1 ISO 6162-2
法兰头	FH		ISO 6162-1 ISO 6162-2
锁母	LN	GB/T 14034.1 GB/T 14034.2 ISO 8434-3 GB/T 14034.4	—
衬套 公制管用衬套 英制管用衬套	SL MSL ISL	GB/T 14034.2 ISO 8434-3	—
螺母	N	GB/T 14034.1 GB/T 14034.2 ISO 8434-3 GB/T 14034.4	—
标准强度螺母	NA	ISO 8434-3	
高强度螺母	NB	ISO 8434-3	
接管	NP	GB/T 14034.1 ISO 8434-3 GB/T 14034.4	—
公制管用接管	MNP	ISO 8434-3	
英制管用接管	INP	ISO 8434-3	

表4　用于标识带有衬套或卡套和螺母的管接头完整组件代号

完整性标识	代号	管接头
		螺纹型
完整管接头组件	C	GB/T 14034.1 GB/T 14034.2

表5　用于标识管接头的螺柱端密封类型的代号

螺柱端密封类型	代号	管接头	螺塞
		螺纹型	
金属对金属密封	B	ISO 1179-4 GB/T 14034.1 GB/T 14034.2 ISO 9974-3	—
弹性体垫圈密封	E	ISO 1179-2 GB/T 14034.1 GB/T 14034.2 GB/T 14034.4 ISO 9974-2	ISO 9974-4

续表

命名及格式 | 管接头命名

续表

螺柱端密封类型	代号	管接头	螺塞
		螺纹型	
O 形圈密封	F	GB/T 2878.2 GB/T 2878.3 GB/T 14034.1 GB/T 14034.2 ISO 8434-3 GB/T 14034.4 ISO 11926-2 ISO 11926-3	GB/T 2878.4
O 形圈带挡圈： G 型	G	ISO 1179.3 GB/T 14034.2 GB/T 14034.4	—
H 型	H	ISO 1179-3 GB/T 14034.2 GB/T 14034.4	

表 6　用于标识管接头工作压力系列代号

工作压力系列	代号	管接头	软管接头
		螺纹型	
超轻型	LL	GB/T 14034.1	
轻型	L	ISO 1179-3 GB/T 2878.3 GB/T 14034.1 ISO 9974-3 ISO 11926-3	GB/T 9065.2 GB/T 9065.3 GB/T 9065.4
重型	S	ISO 1179-2 GB/T 2878.2 GB/T 14034.1 ISO 9974-2 ISO 11926-2	GB/T 9065.2 GB/T 9065.3 GB/T 9065.4

表 7　用于标识管接头材料的代号

管接头材料	代号
碳钢	S(可省略)
铜和铜合金	B
不锈钢	SS

表 8　用于标识管接头密封材料的代号

密封材料	代号
丁腈橡胶(NBR)	N
氢化丁腈橡胶(HNBR)	H
三元乙丙橡胶(EPDM)	E
氟橡胶(FKM)	F

表 9　用于标识管接头其他特征的代号

其他特征	代号	管接头		软管接头	螺塞
		螺纹型	法兰式		
短型	S	—	—	GB/T 9065.1 GB/T 9065.3 GB/T 9065.5	—
中型	M	—	—	GB/T 9065.1 GB/T 9065.3 GB/T 9065.5	—

续表

续表

		其他特征	代号	管接头		软管接头	螺塞
				螺纹型	法兰式		
命名及格式	管接头命名	长型	L	—	—	GB/T 9065.1 GB/T 9065.5	—
		外六角	EH	—	—	—	GB/T 2878.4 ISO 9974-4
		内六角	IH	—	—	—	GB/T 2878.4 ISO 9974-4
		公制	M				
		英制	I	—	—	—	—
		密封 （带O形圈）	A	GB/T 14034.4	—	GB/T 9065.6	—
		密封 （不带O形圈）	B	GB/T 14034.4	—	GB/T 9065.6	—

4.2 管接头的类型、特点与应用

表 20-12-29

类型		结构图	特点及应用	
焊接式管接头	端面密封焊接式管接头	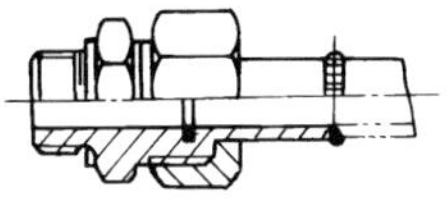 （摘自 JB/T 966—2005） （摘自 JB/ZQ 4399—2006）	利用接管与管子焊接。接头体和接管之间用O形密封圈端面密封。结构简单，密封性好，对管子尺寸精度要求不高，但要求焊接质量高，装拆不便。工作压力可达31.5MPa，工作温度为-25～80℃，适用于油为介质的管路系统	各有7种基本型式：端直通、直通、端直角、直角、端三通、三通和四通管接头。凡带端字的都用于管端与机件间的连接，其余则用于管件间的连接
	锥面密封焊接式管接头	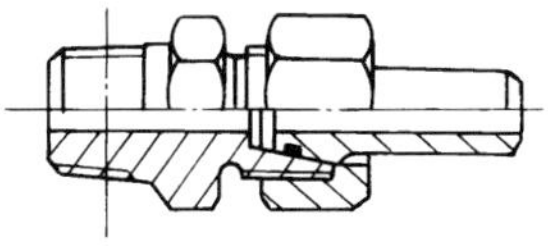 （摘自 JB/T 6381.1～6386—2007） （摘自 JB/ZQ 4188～4189—2006）	除具有焊接式管接头的优点外，由于它的O形密封圈装在24°锥体上，使密封有调节的可能，密封更可靠。工作压力为31.5MPa，工作温度为-25～80℃，适用于以油、气为介质的管路系统。目前国内外多采用这种接头	
卡套式管接头		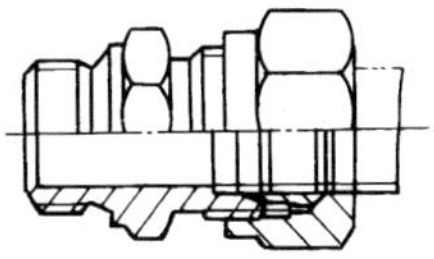 （摘自 GB/T 3733.1～3765—2008） （摘自 JB/ZQ 4401～4407—2006）	利用管子变形卡住管子并进行密封，重量轻，体积小，使用方便，要求管子尺寸精度高，需用冷拔钢管，卡套精度也高，工作压力可达31.5MPa，适用于油、气及一般腐蚀性介质的管路系统	

续表

类型		结构图	特点及应用	
扩口式管接头		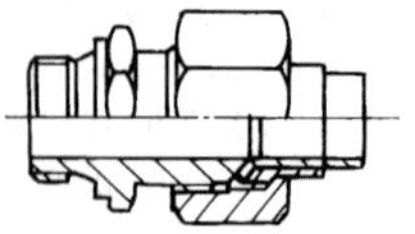 （摘自 GB/T 5625.1～5653—2008） （摘自 JB/ZQ 4408～4411、4529—2006）	利用管子端部扩口进行密封，不需其他密封件。结构简单，适用于薄壁管件连接。允许使用压力为，碳钢管在 5～16MPa，紫铜管在 3.5～16MPa。适用于油、气为介质的压力较低的管路系统	各有 7 种基本型式：端直通、直通、端直角、直角、端三通、三通和四通管接头。凡带端字的都用于管端与机件间的连接，其余则用于管件间的连接
软管接头及橡胶软管总成		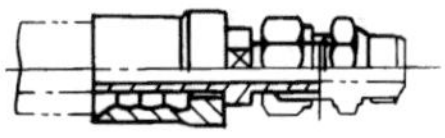 （摘自 GB/T 9065.1～9065.3） （摘自 JB/T 6142.1～6144.5—2007）	安装方便。液压软管接头可与扩口式、卡套式或焊接式管接头连接使用；锥密封橡胶软管总成可选择多种型式螺纹或焊接接头等连接。工作压力与钢丝增强层结构和橡胶软管直径有关，适用于油、水、气为介质的管路系统	
快换接头	两端开闭式	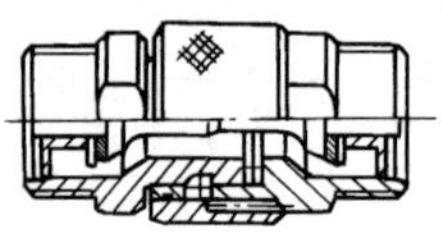 （摘自 JB/ZQ 4078—2006）	管子拆开后，可自行密封，管道内液体不会流失，因此适用于经常拆卸的场合，结构比较复杂，局部阻力损失较大，工作压力低于 31.5MPa，工作温度-20～80℃，适用于油、气为介质的管路系统	
	两端开放式	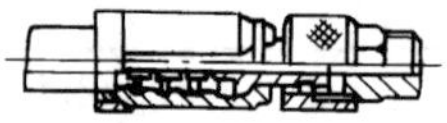 （摘自 JB/ZQ 4079—2006）	适用于油、气为介质的管路系统，工作压力受连接的橡胶软管限定	
承插焊管件		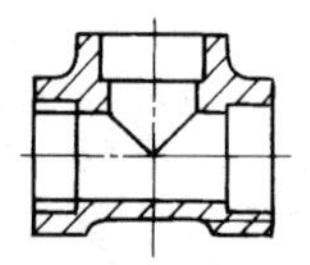 （摘自 GB/T 14383—2021）	将需要长度的管子插入管接头直至管子端面与管接头内端接触，将管子与管接头焊接成一体，可省去接管，但要求管子尺寸严格。适用于油、气为介质的管路系统	
旋转接头		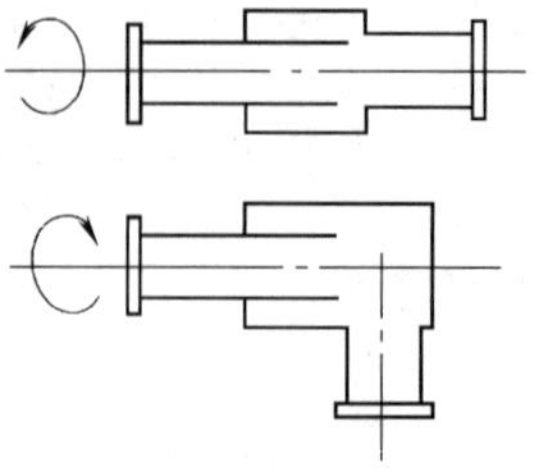 （UX、UXD 系列）	在设备连续、断续（正、反向）旋转或摆动过程中，可将旋转与固定管路连接并能连续输送油、水、气等多种介质。适用于工作压力小于等于 40MPa，工作温度-20～200℃的情况，并可同时输送多种介质，通路数量 1～30。旋转接头许用转速与芯轴直径、介质温度和压力有关。芯轴直径处的最大线速度可达 2m/s	

注：1. GB/T 9065.1—1988 已被 GB/T 9065.1—2015《液压软管接头　第 1 部分：O 形圈端面密封软管接头》代替；GB/T 9065.2—1988 已被 GB/T 9065.2—2010《液压软管接头　第 2 部分：24°锥密封端软管接头》代替；GB/T 9065.3—1988 已被 GB/T 9065.3—2020《液压传动连接　软管接头　第 3 部分：法兰式》代替。

2. 2023-05-23 发布了 GB/T 14034.2—2023《液压传动连接　金属管接头　第 2 部分：37°扩口式》和 GB/T 14034.4—2023《液压传动连接　金属管接头　第 4 部分：60°锥形》。2023-08-06 发布了 GB/T 14034.1—2023《液压传动连接　金属管接头　第 1 部分：24°锥形》。

4.3 O 形圈平面密封接头（摘自 JB/T 966—2005）

本节重点介绍用于流体传动和一般用途的金属管接头、O 形圈平面密封接头（摘自 JB/T 966—2005）的有关内容；并同时给出 JB/T 978—2013、JB/T 982—1977（已作废，仅供参考）等焊接管接头和垫圈的资料，详见表 20-8-39～表 20-8-43。

JB/T 966—2005 标准规定了管子外径为 6～50mm 钢制 O 形圈平面密封接头的结构型式及基本尺寸、性能和试验要求、标志等。

JB/T 966—2005 标准适用于以液压油（液）为工作介质，工作温度范围为-20～100℃，压力在 6.5kPa 的绝对真空压力至表 20-12-37 所示的工作压力下的用 O 形圈平面密封接头的连接。

（1）接头标记型式

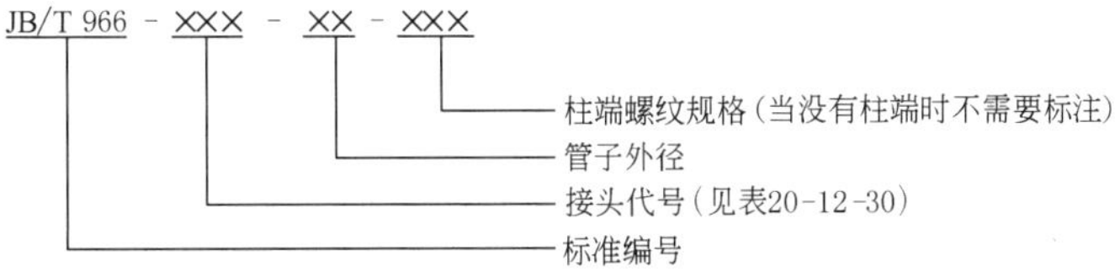

表 20-12-30 接头名称及代号

接头名称	接头代号	图示	接头名称	接头代号	图示
焊接接管	HJG	图 20-12-3	垫圈	DQG	图 20-12-16
连接螺母	JLM	图 20-12-4	柱端直通接头	ZZJ	图 20-12-17
直通接头	ZTJ	图 20-12-5	45°可调柱端接头	4TJ	图 20-12-18
直角接头	ZJJ	图 20-12-6	直角可调柱端接头	JTJ	图 20-12-19
三通接头	SAJ	图 20-12-7	三通分支可调柱端接头	SFT	图 20-12-20
四通接头	SIJ	图 20-12-8	三通主支可调柱端接头	SZT	图 20-12-21
直通隔板接头	ZGJ	图 20-12-9	直角活动接头	JHJ	图 20-12-26
直角隔板接头	JGJ	图 20-12-10	三通分支活动接头	SFH	图 20-12-27
45°隔板接头	4GJ	图 20-12-11	三通主支活动接头	SZH	图 20-12-28
三通分支隔板接头	SFG	图 20-12-12	直通焊接接头	ZWJ	图 20-12-30
三通主支隔板接头	SZG	图 20-12-13	直角焊接接头	JWJ	图 20-12-31
扁螺母	BLM	图 20-12-15			

接头标记示例

示例 1　管子外径为 30mm 的直角接头，标记方法：JB/T 966-ZJJ-30

示例 2　管子外径为 8mm、柱端螺纹为 M14×1.5 的直角可调柱端接头，标记方法：JB/T 966-JTJ-08-M14

（2）接头型式与连接尺寸

典型连接方式及结构应符合图 20-12-1 的规定，O 形圈平面密封连接端结构及尺寸应符合图 20-12-2 和表 20-12-31 的规定。退刀槽结构一般用于直通接头体，螺纹收尾结构一般用于直角、三通、四通等接头体。焊接接管结构及尺寸应符合图 20-12-3 和表 20-12-32 的规定。连接螺母结构及尺寸应符合图 20-12-4 和表 20-12-33 的规定。O 形圈平面密封接头结构应符合图 20-12-5～图 20-12-8 的规定，尺寸应符合表 20-12-34 的规定。

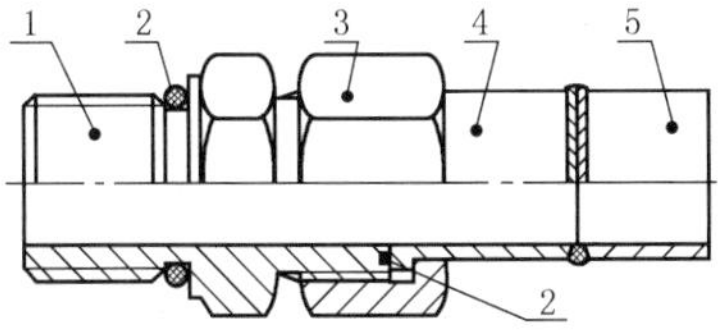

图 20-12-1　典型连接方式及结构

1—接头；2—O 形圈；3—连接螺母；4—焊接接管；5—无缝钢管

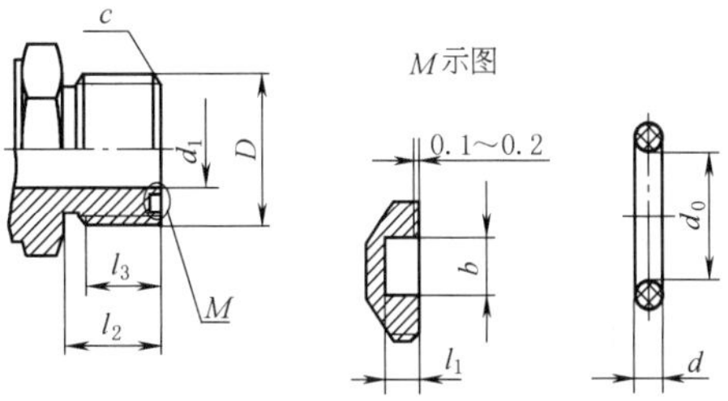

图 20-12-2　O 形圈平面密封连接端结构

表 20-12-31　　O 形圈平面密封连接端尺寸　　mm

管子外径	O 形圈平面密封端尺寸									O 形圈尺寸	
	D	$b^{+0.06}_{-0.06}$	d_1	d_0 尺寸	d_0 公差	l_1	$l_2{}^{+0.03}_{-0.03}$	l_3 min	c	d_0	d
6①	M12×1.5	2.4	3	8.7	±0.08	1.35	11	10	1	5.3	1.8
6	M14×1.5	2.4	5	10.9		1.35	11	10	1	7.5	1.8
8	M16×1.5	2.4	6	11.9		1.35	11	10	1	8.5	1.8
10	M18×1.5	2.4	7	13.1		1.3	11	10	1.5	9.75	1.8
12	M22×1.5	2.4	10.5	16.6		1.35	12	12	1.5	13.2	1.8
16	M27×1.5	2.4	13	20.4		1.35	13	12	1.5	17	1.8
20	M30×1.5	2.4	15.5	22.4	±0.10	1.35	14	13	1.5	19	1.8
25	M36×2	2.4	20	27		1.35	16	15	2	23.6	1.8
28	M39×2	2.4	22.5	29.9		1.35	18	17	2	26.5	1.8
30	M42×2	2.4	25	32.4	±0.13	1.35	20	19	2	29	1.8
35	M45×2	2.4	27	34.9		1.35	20	19	2	31.5	1.8
38	M52×2	2.4	32	40.9		1.35	22	21	2	37.5	1.8
42	M60×2	3.6	36	47.6		2.02	24	23	2	42.5	2.65
50	M64×2	3.6	40	51.3		2.02	27	26	2	46.2	2.65

① 接头标记时用“6A”表示管子外径。

注：O 形圈尺寸及公差应符合 GB/T 3452.1—2005。

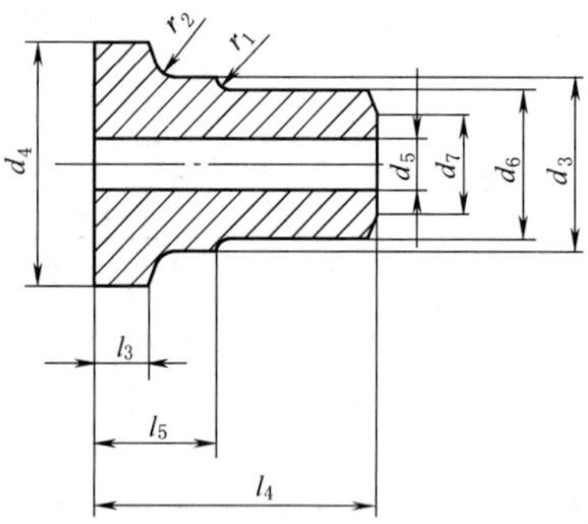

图 20-12-3　焊接接管 HJG

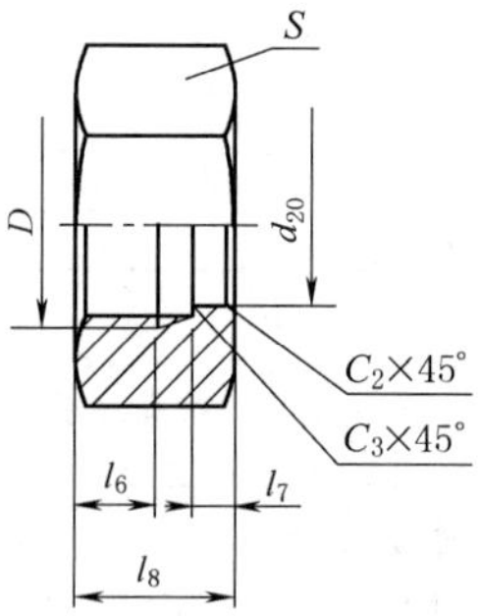

图 20-12-4　连接螺母 JLM

表 20-12-32　　焊接接管尺寸　　mm

管子外径	$d_3{}^{0}_{-0.1}$	$d_4{}^{0}_{-0.15}$	d_5	$d_6{}^{0}_{-0.1}$	d_7	l_3	l_4	l_5	r_1	r_2
6①	7	10	2	6	4	3.5	20	6	0.15	0.5
6	9	12	2	6	4	4	22	6.5	0.15	0.5
8	11	14	3	8	5	4.5	24	7.5	0.15	0.5
10	13	16	4	10	6	5	26	9	0.15	0.5
12	17	20	5	12	7	5	28	9	0.15	1
16	22	25	10	16	12	6	32	11	0.15	1

续表

管子外径	$d_{3\ -0.1}^{\ 0}$	$d_{4\ -0.15}^{\ 0}$	d_5	$d_{6\ -0.1}^{\ 0}$	d_7	l_3	l_4	l_5	r_1	r_2
20	23	27.5	13	20	15	6	32	11	0.15	1
25	28	33	16	25	18	6	35	11	0.25	1.5
28	32	36.5	18	28	20	7	38	13	0.25	1.5
30	34	39	22	30	24	7	38	13	0.25	1.5
35	38	42.5	27	35	29	7	40	13	0.25	1.5
38	44.5	49	28	38	30	7	40	13	0.25	1.5
42	50	57.5	32	42	35	7	44	14	0.25	1.5
50	57.5	61.5	38	50	41	7	46	14	0.25	2

① 接头标记时用“6A”表示管子外径。

表 20-12-33 连接螺母尺寸 mm

管子外径	D	$d_{20\ 0}^{\ +0.1}$	l_6 min	l_7	l_8	S	C_2	C_3
6①	M12×1.5	7.2	9.5	2.5	14.5	14	0.2	0.15
6	M14×1.5	9.2	9.5	2.5	15	17	0.2	0.15
8	M16×1.5	11.2	9.5	3	16	19	0.2	0.15
10	M18×1.5	13.2	9.5	4	17.5	22	0.2	0.15
12	M22×1.5	17.2	11	4	19	27	0.2	0.15
16	M27×1.5	22.2	12	5	21	32	0.2	0.15
20	M30×1.5	23.2	13	5	22	36	0.2	0.15
25	M36×2	28.3	15	5	24	41	0.3	0.25
28	M39×2	32.3	15	6	26	46	0.3	0.25
30	M42×2	34.3	17	6	28	50	0.3	0.25
35	M45×2	38.3	17	6	28	55	0.3	0.25
38	M52×2	44.8	19	6	30	60	0.3	0.25
42	M60×2	53.3	22	7	34	70	0.5	0.25
50	M64×2	57.8	25	7	37	75	0.5	0.25

① 接头标记时用“6A”表示管子外径。

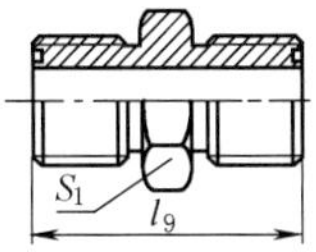

图 20-12-5 直通接头 ZTJ

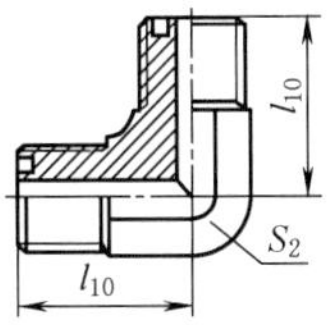

图 20-12-6 直角接头 ZJJ

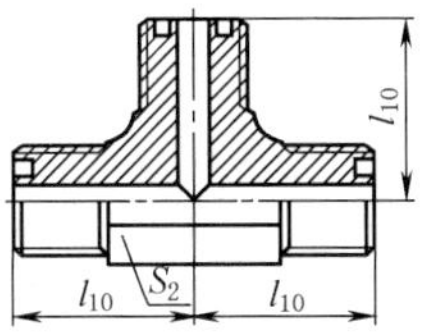

图 20-12-7 三通接头 SAJ

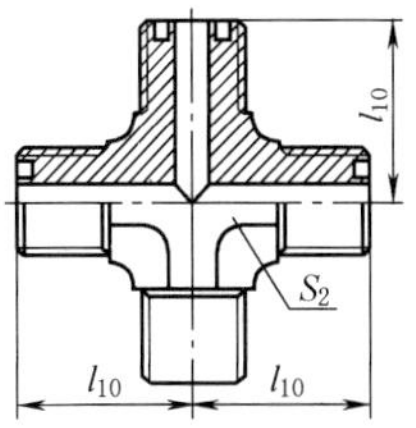

图 20-12-8 四通接头 SIJ

表 20-12-34　**O 形圈平面密封接头尺寸**　mm

管子外径	螺　纹	l_9	l_{10}	S_1	S_2
6①	M12×1.5	28	21.5	14	12
6	M14×1.5	28	22.5	17	14
8	M16×1.5	28	24	17	17
10	M18×1.5	28	26	19	19
12	M22×1.5	32	29	24	22
16	M27×1.5	36	32.5	30	27
20	M30×1.5	39	35.5	32	30
25	M36×2	43	42	38	36
28	M39×2	49	47.5	41	41
30	M42×2	53	49.5	46	41
35	M45×2	53	52.5	46	46
38	M52×2	59	57	55	50
42	M60×2	65	65	65	60
50	M64×2	71	71	65	65

① 接头标记时用“6A”表示管子外径。

O 形圈平面密封隔板接头结构应符合图 20-12-9~图 20-12-16 的规定，尺寸应符合表 20-12-35 的规定。

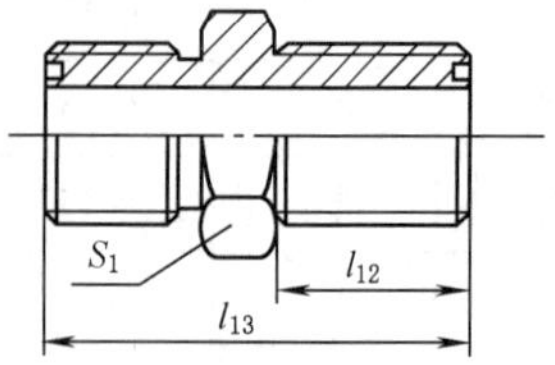

图 20-12-9　直通隔板接头 ZGJ

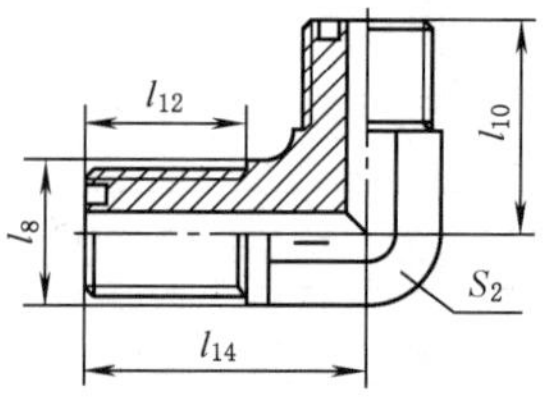

图 20-12-10　直角隔板接头 JGJ

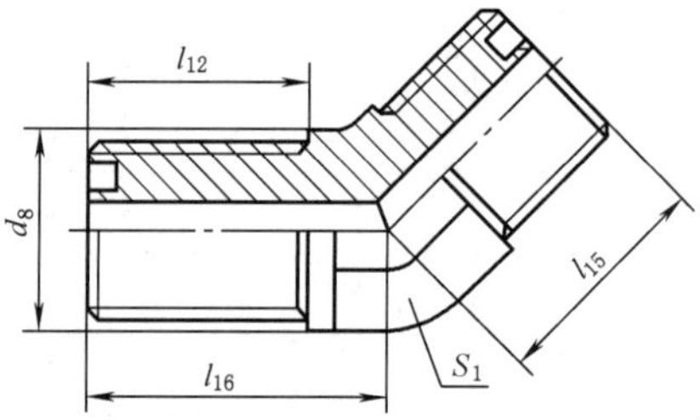

图 20-12-11　45°隔板接头 4GJ

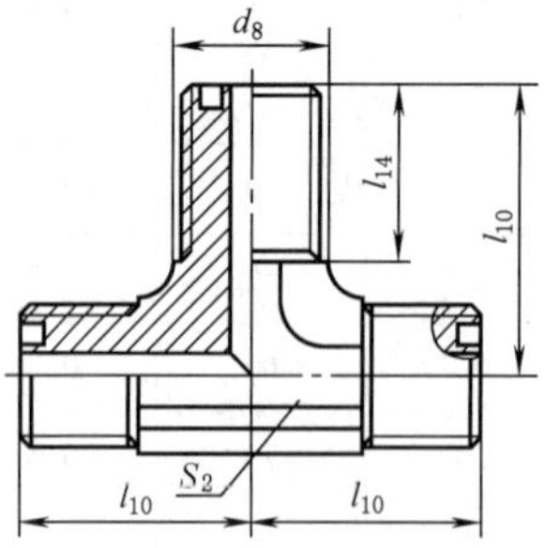

图 20-12-12　三通分支隔板接头 SFG

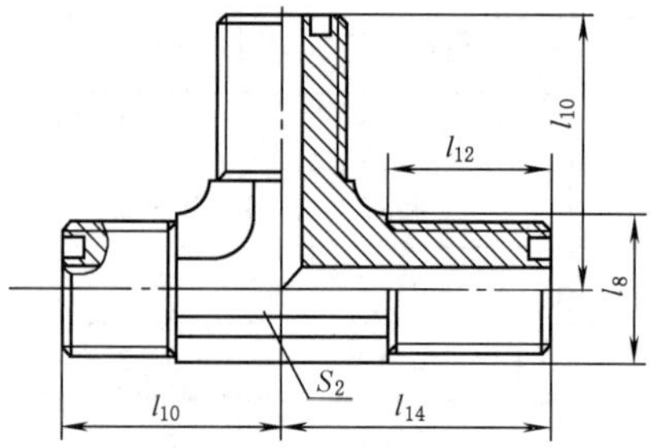

图 20-12-13　三通主支隔板接头 SZG

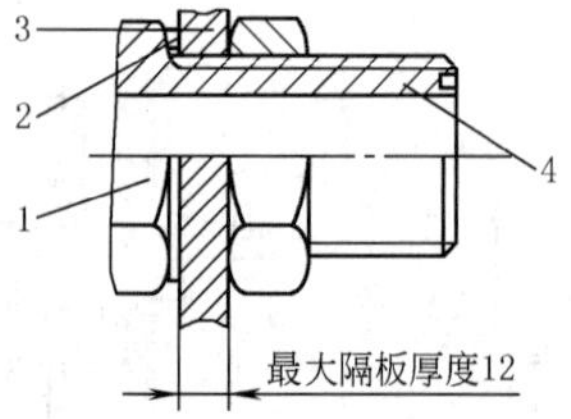

图 20-12-14　隔板接头装配示意图

1—隔板接头体；2—垫圈；3—隔板；4—扁螺母

注：当隔板与接头间无密封要求时，垫圈可省略

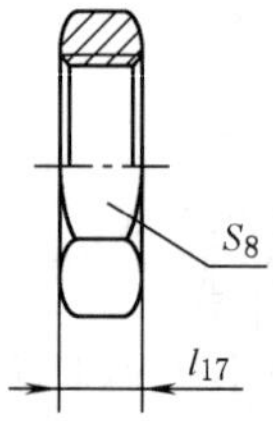

图 20-12-15　扁螺母 BLM

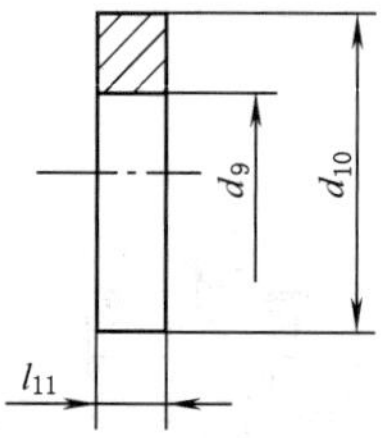

图 20-12-16　垫圈 DQG

表 20-12-35　　O 形圈平面密封隔板接头尺寸　　mm

管子外径	螺纹	d_8	d_9 尺寸	d_9 公差	d_{10} 尺寸	d_{10} 公差	l_{10}	$l_{11}\pm0.1$	l_{12}	l_{13}	l_{14}	l_{15}	l_{16}	$l_{17}\pm0.35$	S_2	S_1	S_8
6①	M12×1.5	17	12.2	+0.24 0	15.9	0 -0.14	21.5	1.5	32.5	49.5	45.5	19	43.5	6	12	17	17
6	M14×1.5	19	14.2		17.9		22.5	1.5	32.5	49.5	46.5	19.5	44	6	14	19	19
8	M16×1.5	22	16.2		19.9		24	1.5	32.5	51.5	48	20	44.5	6	17	22	22
10	M18×1.5	24	18.2		22.9		26	2	33	52	50	21.5	45.5	6	19	24	24
12	M22×1.5	27	22.2		26.9		29	2	35.5	58	54	24	49	7	22	27	30
16	M27×1.5	32	27.2		31.9	0 -0.28	32.5	2	37	61	58.5	25.5	51.5	8	27	32	36
20	M30×1.5	36	30.2	+0.28 0	35.9		35.5	2	38	63	61.5	27	53.5	8	30	36	41
25	M36×2	41	36.2		41.9	0 -0.34	42	2	42	71	71	31.5	60.5	9	36	41	46
28	M39×2	46	39.2		45.9		47.5	2	44	75	76	36	64	9	41	46	50
30	M42×2	50	42.2	+0.34 0	48.9		49.5	2	46	81	78	38	66	9	41	50	50
35	M45×2	55	45.2		51.9		52.5	2	46	81	81	39	67	9	46	55	55
38	M52×2	60	52.2		59.9		57	2	49	86	86	42	71	10	50	60	65
42	M60×2	70	60.2		67.9		65	2	51	92	94	47.5	75.5	10	60	70	70
50	M64×2	75	64.2		71.9		71	2	54	98	99.5	51.5	79.5	10	65	75	75

① 接头标记时用“6A”表示管子外径。

O 形圈平面密封柱端接头结构应符合图 20-12-17～图 20-12-25 的规定，尺寸应符合表 20-12-36 的规定，柱端按 ISO 6149-2，可调柱端用螺纹收尾或退刀槽结构。

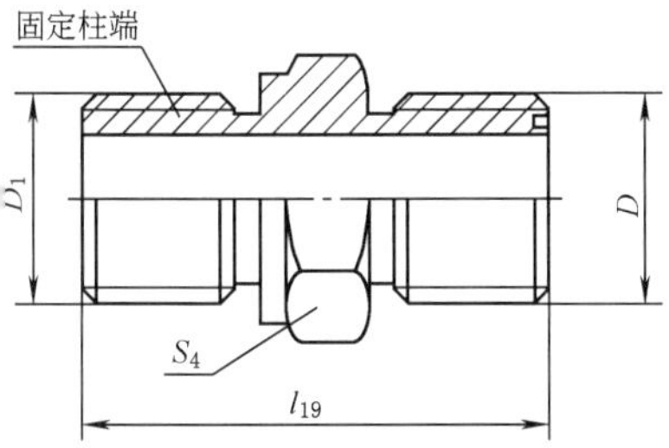

图 20-12-17　柱端直通接头 ZZJ

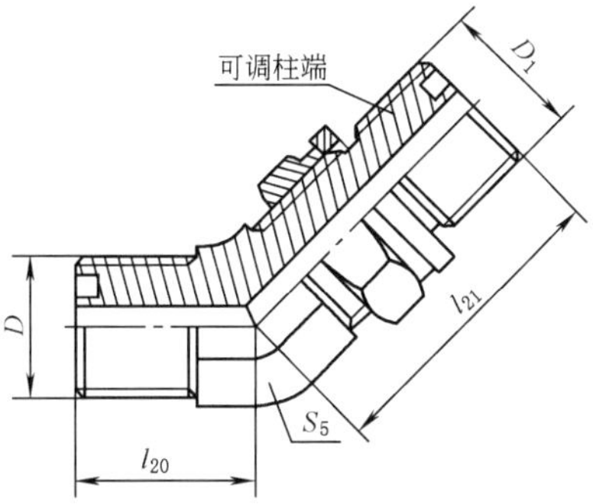

图 20-12-18　45°可调柱端接头 4TJ

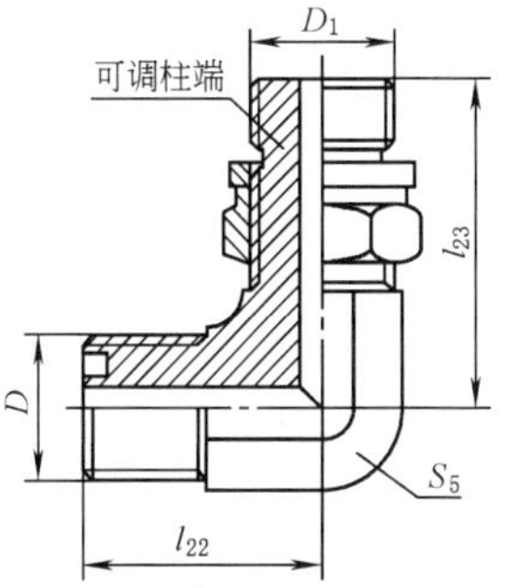

图 20-12-19　直角可调柱端接头 JTJ

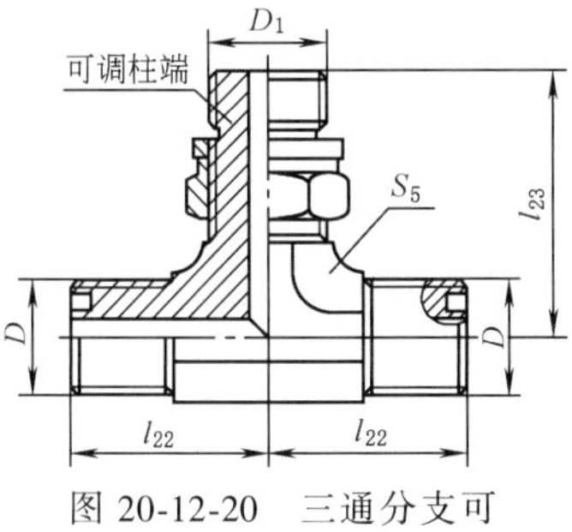

图 20-12-20　三通分支可调柱端接头 SFT

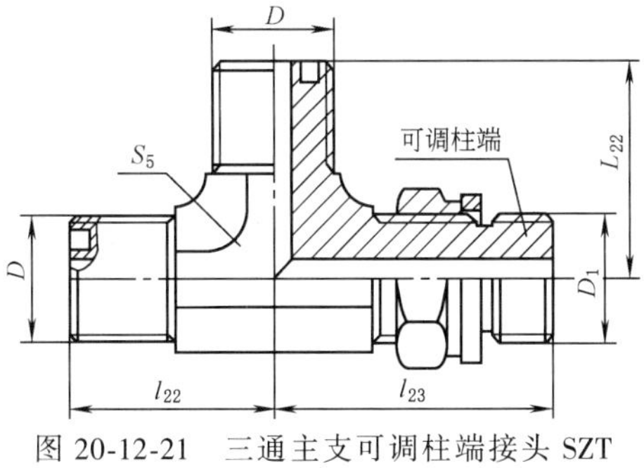

图 20-12-21　三通主支可调柱端接头 SZT

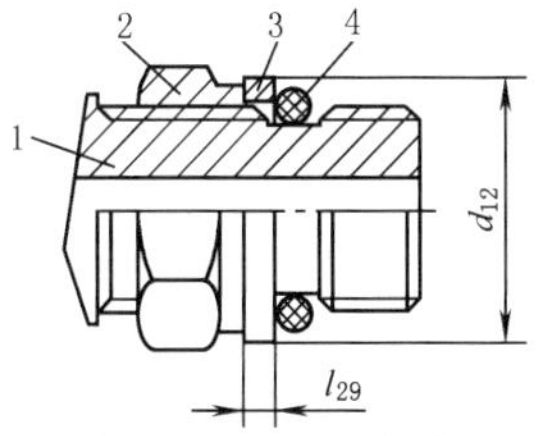

图 20-12-22　可调柱端装配示意

1—可调向接头体；2—扁螺母；3—垫圈；4—O 形圈

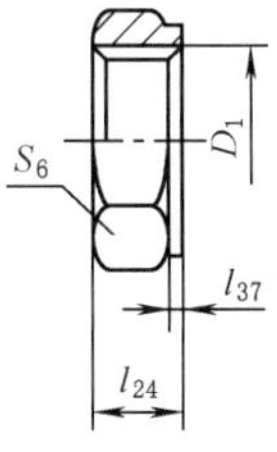

图 20-12-23　扁螺母

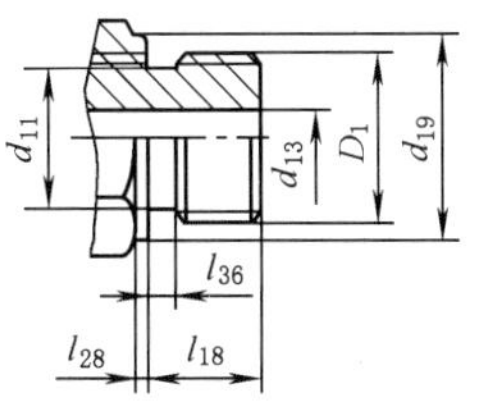

图 20-12-24　固定柱端

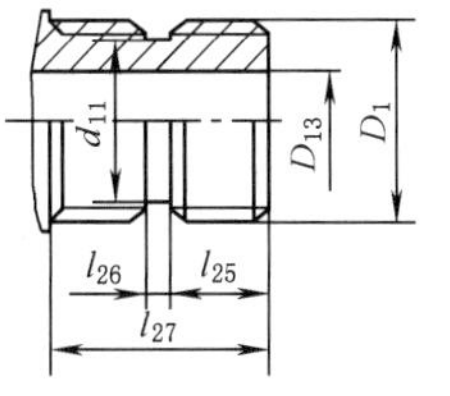

图 20-12-25　可调柱端

表 20-12-36　　**O 形圈平面密封柱端接头尺寸**　　mm

管子外径	D	D_1	$d_{11}{}^{0}_{-0.1}$	d_{12}	d_{13} 尺寸	d_{13} 公差	$d_{19}\pm0.2$	l_{18}	l_{19}	l_{20}	l_{21}	l_{22}	l_{23}	l_{24}	$l_{25}\pm0.2$	$l_{26}\pm0.1$	l_{27} min	$l_{28}\pm0.1$	l_{29}	$l_{36}{}^{0}_{+0.3}$	$l_{37}\pm0.1$	S_4	S_5	S_6	O 形圈 内径	O 形圈 外径
6①	M12×1.5	M10×1	8.4	14.5	3	+0.14 0	13.8	9.5	28	19	25.2	21.5	27.5	7	6.5	4	18	2.5	1	2	1.5	14	12	14	8.1	1.6
6	M14×1.5	M12×1.5	9.7	17.5	4	+0.18 0	16.8	11	29.5	19.5	28.5	22.5	32	8.5	7.5	4.5	21	2.5	1	3	2	17	14	17	9.3	2.2
8	M16×1.5	M14×1.5	11.7	19.5	6	+0.18 0	18.8	11	29.5	20	31.5	24	35.5	8.5	7.5	4.5	21	2.5	1	3	2	19	17	19	11.3	2.2
10	M18×1.5	M16×1.5	13.7	22.5	7	+0.22 0	21.8	12.5	31.5	21.5	33.5	26	38	9	9	4.5	23	2.5	1	3	2	22	19	22	13.3	2.2
12	M22×1.5	M18×1.5	15.7	24.5	9	+0.22 0	23.8	14	34.5	23	38	29	44	10.5	10.5	4.5	26	2.5	1	3	2.5	24	22	24	15.3	2.2
16	M27×1.5	M22×1.5	19.7	27.5	12	+0.27 0	26.8	15	38	24.5	41	32.5	48	11	11	5	27.5	2.5	1.2	3	2.5	30	27	27	19.3	2.2
20	M30×1.5	M27×1.5	24	32.5	15	+0.27 0	31.8	18.5	43.5	26	46	35.5	55	13.5	13.5	6	33.5	2.5	1.2	4	2.5	32	30	32	23.6	2.9
25	M36×2	M33×2	30	41.5	20	+0.33 0	40.8	18.5	47.5	30.5	48	42	59	13.5	13.5	6	33.5	3	1.2	4	3	41	36	41	29.6	2.9
28	M39×5	M33×2	30	41.5	20	+0.33 0	40.8	18.5	49.5	36	49	47.5	61.5	13.5	13.5	6	33.5	3	1.2	4	3	41	41	41	29.6	2.9
30	M42×2	M42×2	39	50.5	26	+0.33 0	49.8	19	54	38	49	49.5	63	14	14	6	34.5	3	1.2	4	3	50	41	50	38.6	2.9
35	M45×2	M42×2	39	50.5	26	+0.33 0	49.8	19	54	39	51	52.5	67	14	14	6	34.5	3	1.2	4	3	50	46	50	38.6	2.9
38	M52×2	M48×2	45	55.5	32	+0.39 0	54.8	21.5	58.5	42	54	56	71.5	15	16.5	6	38	3	1.2	4	3	55	50	55	44.6	2.9
42	M60×2	M60×2	57	65.5	40	+0.39 0	64.8	24	65	47.5	63.5	65	82	17	19	6	42.5	3	1.2	4	3	65	60	65	56.6	2.9
50	M64×2	M60×2	57	65.5	40	+0.39 0	64.8	24	68	51.5	65	71	85	17	19	6	42.5	3	1.2	4	3	65	65	65	56.6	2.9

① O 形圈 1 的尺寸、公差按 ISO 6149-2—2006。接头标记时用“6A”表示管子外径。

O 形圈平面密封活动接头的结构应符合图 20-12-26~图 20-12-29 的规定，尺寸应符合表 20-12-37 的规定。活动螺母与接头体的连接方式由制造商确定。

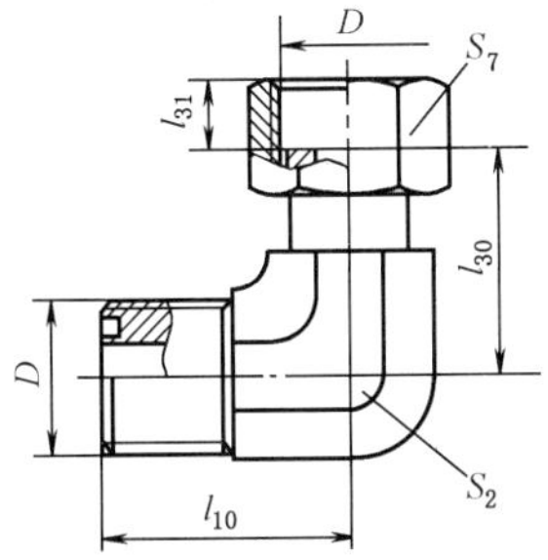

图 20-12-26　直角活动接头 JHJ

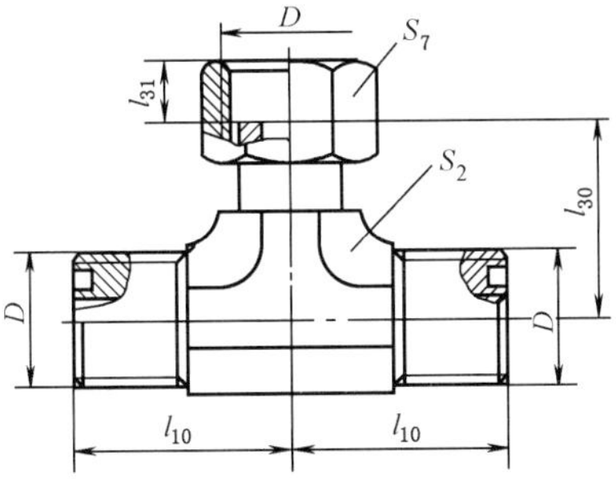

图 20-12-27　三通分支活动接头 SFH

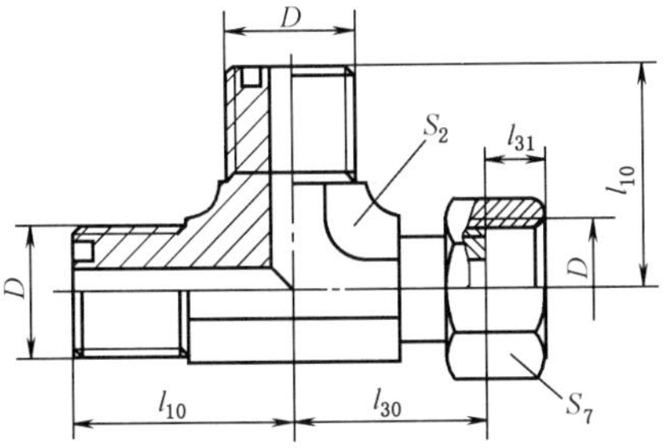

图 20-12-28　三通主支活动接头 SZH

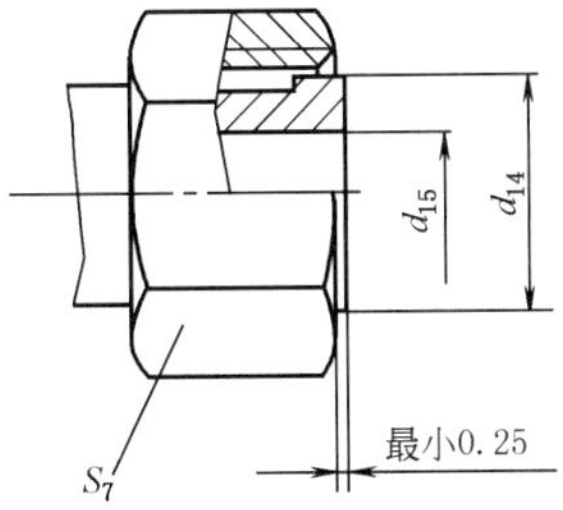

图 20-12-29　活动接头端结构

表 20-12-37　　O 形圈平面密封活动接头尺寸　　mm

管子外径	D	d_{14}(参考)	d_{15}	l_{10}	l_{30}	l_{31}	S_2	S_7
6①	M12×1.5	10	3	21.5	23	8.5	12	17
6	M14×1.5	12	4	22.5	24.5	8.5	14	19
8	M16×1.5	14	6	24	27.5	8.5	17	22
10	M18×1.5	16	7.5	26	30.5	8.5	19	24
12	M22×1.5	20	10	29	34	10	22	27
16	M27×1.5	25	13	32.5	38.5	10	27	32
20	M30×1.5	27	15	35.5	41.5	11	30	36
25	M36×2	33	20	42	47	13	36	41
28	M39×2	36	22.5	47.5	53	13	41	46
30	M42×2	39	25	49.5	55	15	41	50
35	M45×2	42	27	52.5	57.5	15	46	55
38	M52×2	49	32	57	62	17	50	60
42	M60×2	57	36	65	71.5	20	60	70
50	M64×2	61	38	71	78	23	65	75

① 接头标记时用“6A”表示管子外径。

O 形圈平面密封焊接接头的结构应符合图 20-12-30、图 20-12-31 的规定，尺寸应符合表 20-12-38 的规定。

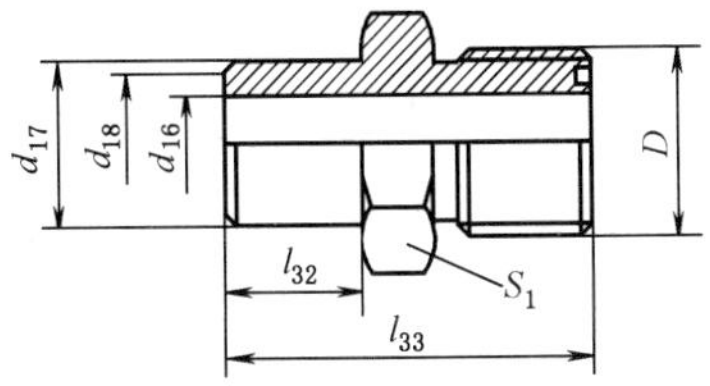

图 20-12-30　直通焊接接头 ZWJ

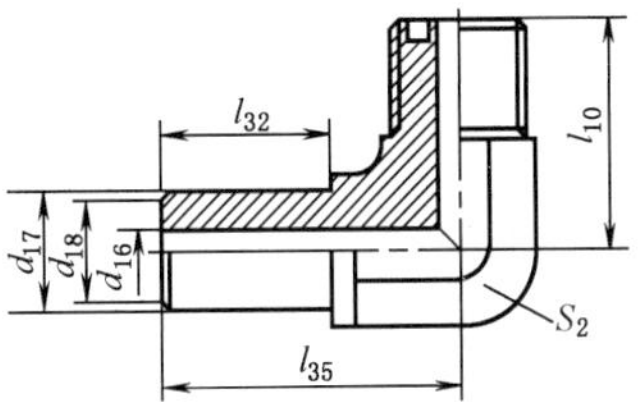

图 20-12-31　直角焊接接头 JWJ

表 20-12-38　　O 形圈平面密封焊接接头尺寸　　mm

管子外径	D	d_{18}	d_{16}	d_{17}	l_{10}	l_{32}	l_{33}	l_{35}	S_1	S_2
6①	M12×1.5	3	3	6	21.5	8	25	16.5	14	12
6	M14×1.5	4	4	6	22.5	8	25	17.5	17	14
8	M16×1.5	6	6	8	24	8	25	19.5	17	17
10	M18×1.5	7	7.5	10	26	12	29	25	19	19
12	M22×1.5	9	10	12	29	12	32.5	27	24	22
16	M27×1.5	12	12	16	32.5	12	35	29.5	30	27
20	M30×1.5	15	15	20	35.5	14	39	33.5	32	30
25	M36×2	20	20	25	42	16	43	39	38	36
28	M39×2	20	22.5	28	47.5	16	47	43	41	41
30	M42×2	26	25	30	49.5	16	49	43	46	41
35	M45×2	26	27	35	52.5	18	51	47.5	46	46
38	M52×2	32	32	38	57	18	55	50	55	50
42	M60×2	40	36	42	65	20	61	58	65	60
50	M64×2	40	38	50	71	20	64	61	65	65

① 接头标记时用“6A”表示管子外径。

(3) 材料要求

① 接头体　材料应是碳钢或不锈钢，应能满足规定的最低压力/温度要求，当对接头进行性能实验时，接头体材料性能应适合流体输送并保证有效连接。焊接用接管应用易于焊接的材料。

② 螺母　材料应与接头体相对应，碳钢接头体配用碳钢螺母，不锈钢接头体配用不锈钢螺母，除非另有规定。接头常用的推荐材料见表 20-12-39。

表 20-12-39　　接头常用的推荐材料

零件名称	牌号	标准号
接头体、螺母	35、45	GB/T 699
	0Cr18Ni9	GB/T 1220
焊接接管、垫片	20	GB/T 699
垫圈	纯铜	GB/T 5231

③ O 形圈　当按表 20-12-40 给出的压力和温度要求使用和测试时，O 形圈应用硬度为 (90±5) IRHD (GB/T 6031) 的丁腈橡胶 (NBR) 制成。

(4) 压力/温度要求

按本标准制造的碳钢或不锈钢 O 形圈平面密封接头，当温度在-20~+100℃，压力在 6.5kPa 的绝对真空压力至表 20-12-40 中所示的工作压力下使用时，应满足无泄漏要求。

接头应满足本标准第 11 章中规定的所有性能要求，试验应在室温下进行。如果需要在表 20-12-40 给出的温度和压力以外使用，应与制造商协商。

表 20-12-40　　O 形圈平面密封接头工作压力

管子外径/mm		工作压力/MPa	
Ⅰ系列	Ⅱ系列	固定柱端	可调柱端
6	—	63	40
8	—	63	40
10	—	63	40
12	—	63	40

续表

管子外径/mm		工作压力/MPa	
Ⅰ系列	Ⅱ系列	固定柱端	可调柱端
16	—	40	40
20	—	40	40
25	—	40	31.5
—	28	40	31.5
30	—	25	25
—	35	25	25
38	—	25	20
—	42	25	16
—	50	16	16

（5）钢管要求

接头应与相适应的钢管配合使用，碳钢钢管应符合 GB/T 3639 要求，管子外径的极限尺寸见表 20-12-41，这些尺寸包括了椭圆度。工作压力低时，用户和制造商可协商使用其他标准的钢管。

表 20-12-41　　钢管外径的极限尺寸　　mm

管　子　外　径		外径极限尺寸	
Ⅰ系列	Ⅱ系列	min	max
6	—	5.9	6.1
8	—	7.9	8.1
10	—	9.9	10.1
12	—	11.9	12.1
16	—	15.9	16.1
20	—	19.9	20.1
25	—	24.9	25.1
—	28	27.9	28.1
30	—	29.85	30.15
—	35	34.85	35.15
38	—	37.85	38.15
—	42	41.85	42.15
—	50	49.85	50.15

注：应优先选用Ⅰ系列钢管。

焊接式铰接管接头（摘自 JB/T 978—2013）

外径10～28mm

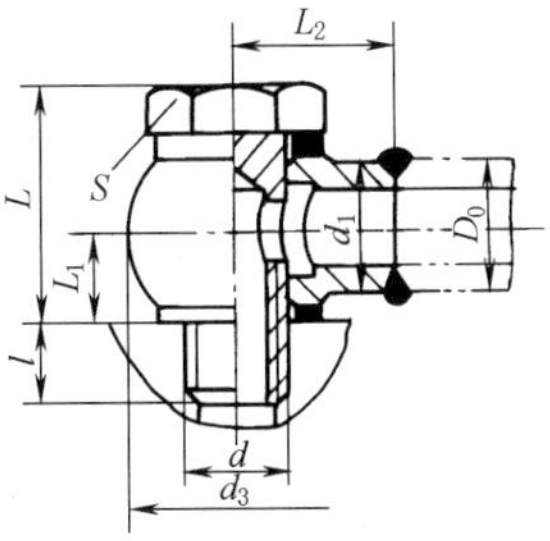

外径34～50mm

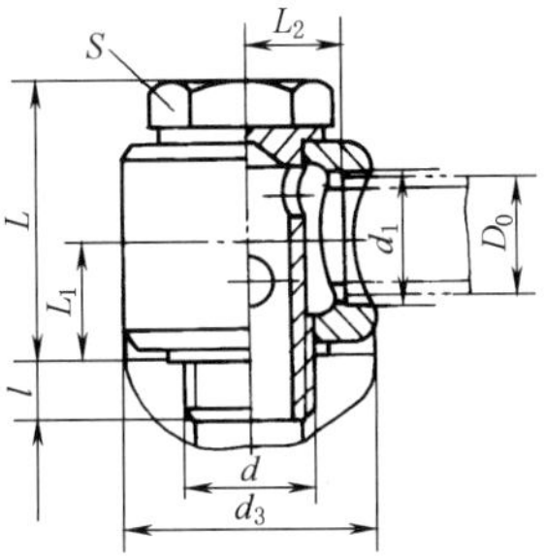

应用无缝钢管的材料为 15 钢、20 钢，精度为普通级。

标记示例

管子外径 $D_0$28mm 的焊接式铰接管接头：

管接头 28　JB/T 978—2013

表 20-12-42

mm

管子外径 D_0	公称通径 DN	d	d_1	d_3	l	L	L_1	L_2	扳手尺寸 S	垫 圈	质量 /kg
10	6	M10×1	11	22	8	23	8.5	15	17	10	0.059
14	8	M14×1.5	16	28	10	29	11	20	19	14	0.103
18	10	M18×1.5	19	36	12	34	13	25	24	18	0.190
22	15	M22×1.5	22	46	14	43	17	30	30	22	0.342
28	20	M27×2	28	56	15	50	20	35	36	27	0.660
34	25	M33×2	34.8	64	16	66	27	24	41	33	1.320
42	32	M42×2	42.8	78	17	82	34	30	55	42	2.140
50	40	M48×2	50.8	90	19	94	38	33	60	48	3.330

表 20-12-43　　**直角焊接接管**（摘自 JB/T 979—2013）

mm

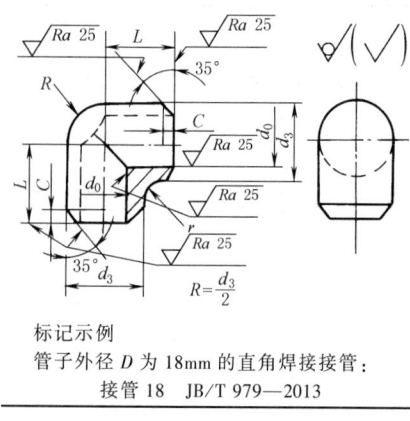

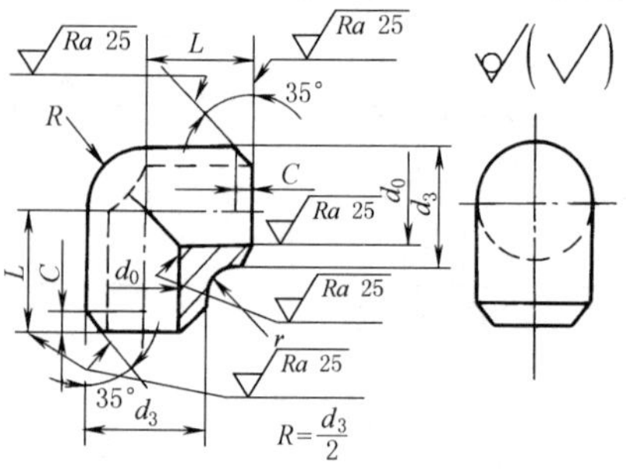

标记示例

管子外径 D 为 18mm 的直角焊接接管：

接管 18　JB/T 979—2013

管子外径 D_0	d_0	d_3	L	r	C	质量 /kg
6	3	9	9	2	2	0.008
10	6	12	12			0.016
14	10	16	15			0.035
18	12	20	19	2.5	2.5	0.060
22	15	24	21		3	0.090
28	20	31	25	3	4	0.150
34	25	36	30			0.250
42	32	44	35	4	5	0.400
50	36	52	40			0.690

表 20-12-44　　**组合密封垫圈**（摘自 JB/T 982—1977，已作废，仅供参考）

mm

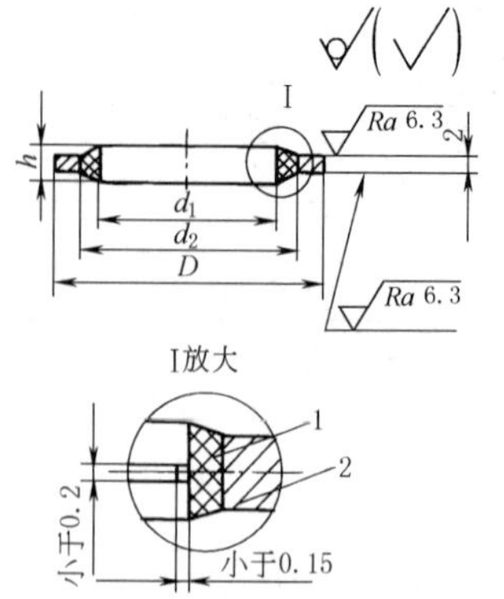

材料：件 1—耐油橡胶

件 2—Q235

件 1 和件 2 在硫化压胶时胶住

标记示例

公称直径为 27mm 的组合密封垫圈：

垫圈 27　JB/T 982—1977

公称直径	d_1 尺寸	d_1 公差	d_2 尺寸	d_2 公差	D 尺寸	D 公差	h±0.1	孔 d_2 允许同轴度	适用螺纹尺寸
8	8.4	±0.12	10	+0.24 0	14	0 −0.24	2.7	0.1	M8
10	10.4		12		16				M10(G⅛)
12	12.4		14		18				M12
14	14.4		16		20	0 −0.28			M14(G¼)
16	16.4		18		22				M16
18	18.4		20	+0.28 0	25				M18(G⅜)
20	20.5	±0.14	23		28				M20
22	22.5		25		30				M22(G½)
24	24.5		27		32			0.15	M24
27	27.5		30		35	0 −0.34			M27(G¾)
30	30.5		33	+0.34 0	38				M30
33	33.5	±0.17	36		42				M33(G1)
36	36.5		40		46		2.9		M36
39	39.6		43		50				M39
42	42.6		46		53	0 −0.40			M42(G1¼)
45	45.6		49		56				M45
48	48.7		52	+0.40 0	60				M48
52	52.7	±0.20	56		66				M52
60	60.7		64		75				M60(G2)

注：JB 982—77（已作废）中一些规格的组合密封圈，可参见 GB/T 19674.2—2005《液压管接头用螺纹油口和柱端　填料密封柱端（A 型和 E 型）》中重载（S 系列）A 型柱端用填料密封圈（适用螺纹规格 M10×1～M48×2）。

表 20-12-45 密封垫圈 mm

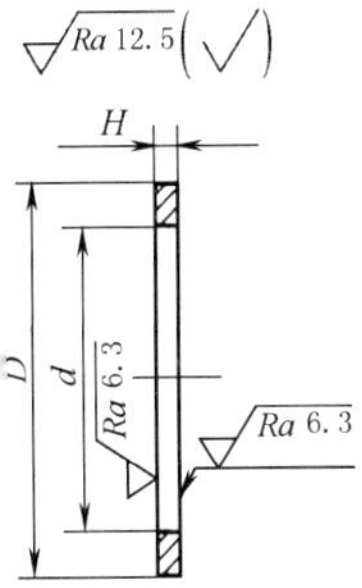

公称直径	d 尺寸	d 公差	D 尺寸	D 公差	$H_{-0.2}^{0}$	允许同轴度	配用螺纹 螺栓上	配用螺纹 螺孔内
4	4.2	±0.24	7.9	0 -0.24	1.5	0.1		M10×1
5	5.2		8.9					M12×1.25
7	7.2		10.9					M14×1.5
8	8.2		11.9				M8	
10	10.2		12.9				M10	
12	12.2		15.9					M18×1.5
13	13.2		16.9					M20×1.5
14	14.2		17.9				M14	
15	15.2		18.9	0 -0.28				M22×1.5
16	16.2		19.9				M16	
18	18.2		22.9		2	0.15		M27×2
20	20.2	±0.28	24.9				M20	
22	22.2		26.9				M22	

公称直径	d 尺寸	d 公差	D 尺寸	D 公差	$H_{-0.2}^{0}$	允许同轴度	配用螺纹 螺栓上	配用螺纹 螺孔内
24	24.2	+0.28 0	28.9	0 -0.28	2	0.15		M33×2
27	27.2		31.9				M27	
30	30.2		35.9	0 -0.34			M30	
32	32.2	+0.34 0	37.9					M42×2
33	33.2		38.9			0.20	M33	
36	36.2		41.9				M36	M48×2
39	39.2		45.9				M39	
40	40.2		46.9				M40	
42	42.2		48.9				M42	
45	45.2		51.9	0 -0.40		0.25	M45	
48	48.2		54.9				M48	M60×2
52	52.2	+0.40 0	59.9				M52	
60	60.2		67.9				M60	

注：适用于焊接、卡套、扩口式管接头及螺塞的密封。

表 20-12-46 焊接式管接头零件的材料及热处理

序号	零件名称	材料牌号	材料标准号
1	接头体、螺母、螺塞	35、15	GB/T 699
2	铰接管接头体，铰接螺栓	45	GB/T 699
3	接管	15、20	GB/T 699
4	金属垫圈	纯铝、纯铜（退火后 32~45HB）	GB/T 2059
5	组合密封垫圈、垫圈体	Q235	GB/T 700
6	组合密封垫圈密封体	丁腈橡胶	HG/T 2810

注：1. 同栏中所列材料允许通用，在采用冷镦、冷挤以及辗制螺纹工艺条件下，序号 1、3 零件允许用 Q235 钢代替，但抗拉强度不应低于 35 钢。

2. 铰接螺栓经调质处理硬度为 200~230HB。

3. 除表中所规定的材料外，可根据使用条件选用其他材料，由供需双方议定，在订货单中注明。

4. 零件材料为碳素钢时，其表面处理均为发黑或发蓝。需要其他处理时，由供需双方议定，在订货单中注明。

4.4 锥密封焊接式管接头

现行的锥密封焊接式管接头标准见表 20-12-47。

表 20-12-47

序号	标准
1	JB/T 6381.1—2007《锥密封焊接式直通管接头》
2	JB/T 6381.2—2007《锥密封焊接式　直通 55°非密封管螺纹管接头》
3	JB/T 6381.3—2007《锥密封焊接式　直通 55°密封管螺纹管接头》
4	JB/T 6381.4—2007《锥密封焊接式　直通 60°密封管螺纹管接头》
5	JB/T 6382.1—2007《锥密封焊接式 90°弯管接头》
6	JB/T 6382.2—2007《锥密封焊接式 55°非密封管螺纹 90°弯管接头》
7	JB/T 6382.3—2007《锥密封焊接式 55°密封管螺纹 90°弯管接头》
8	JB/T 6382.4—2007《锥密封焊接式 60°密封管螺纹 90°弯管接头》
9	JB/T 6383.1—2007《锥密封两端焊接式直通管接头》
10	JB/T 6383.2—2007《锥密封焊接式直角管接头》
11	JB/T 6383.3—2007《锥密封焊接式三通管接头》
12	JB/T 6384.1—2007《锥密封焊接式隔壁直角管接头》
13	JB/T 6384.2—2007《锥密封焊接式隔壁直通管接头》
14	JB/T 6385—2007《锥密封焊接式压力表管接头》
15	JB/T 6386—2007《锥密封焊接式管接头　技术条件》

锥密封焊接式管接头由接头体1、O形密封圈2、螺母3和接管4组成（见图20-12-32），旋紧螺母使接管外锥表面和其上的O形密封圈与接头体内的内锥表面紧密相配。由于圆锥结合使接管与接头体自动对准中心，可以补偿焊接或弯管的误差，使密封更可靠、抗振能力更强，但接管与接头体相互有小的轴向位移，使装卸接头并不方便。锥密封焊接式管接头类型和尺寸见表20-12-48。

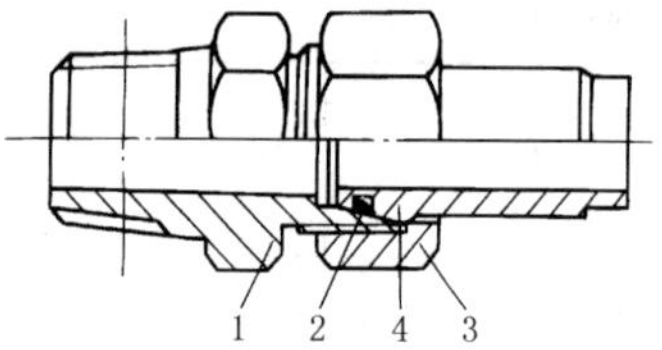

图20-12-32　锥密封焊接式管接头结构

1—接头体；2—O形密封圈；3—螺母；4—接管

适用于以油、气为介质，公称压力PN≤31.5MPa，工作温度-25～80℃。

表20-12-48　　**锥密封焊接式管接头类型和尺寸**　　mm

直通

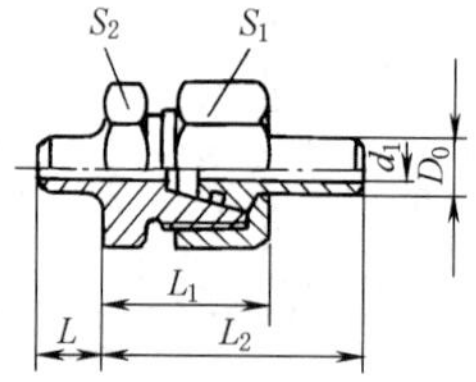

公称压力：≤31.5MPa

标记示例

管子外径 D_0 20mm 的锥密封两端焊接式直通管接头：

管接头 20　JB/T 6383.1—2007

D_0	d_1	L	L_1	L_2	S_1	S_2	质量/kg
8	4	12	27	47	21	18	0.09
10	6	14	28	48	24	21	0.11
12	7		29	50	24	24	0.15
14	8		35	58	27	24	0.18
16	10	19	37	60	30	27	0.23
20	13		41	66	36	34	0.42
25	17	24	46	76	46	41	0.89
30	20		50	81	50	46	1.09
38	26	26	54	90	60	55	1.42

直角

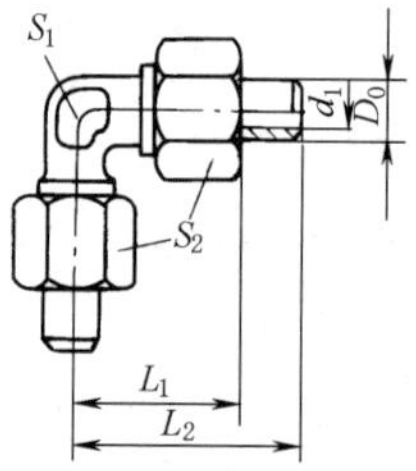

公称压力：≤31.5MPa

标记示例

管子外径 D_0 20mm 的锥密封焊接式直角管接头：

管接头 20　JB/T 6383.2—2007

D_0	d_1	L_1	L_2	S_1	S_2	钢管 $D_0 \times S$	质量/kg
8	4	34	54	16	21	8×2	0.16
10	6	40	60		24	10×2	0.19
12	7	41	62	18	24	12×2.5	0.22
14	8	45	68	21	27	14×3	0.24
16	10	47	70	24	30	16×3	0.34
20	13	55	80	27	36	20×3.5	0.59
25	17	62	92	34	46	25×4	1.05
30	20	68	99	36	50	30×5	1.30
38	26	74	110	46	60	38×6	1.82

三通

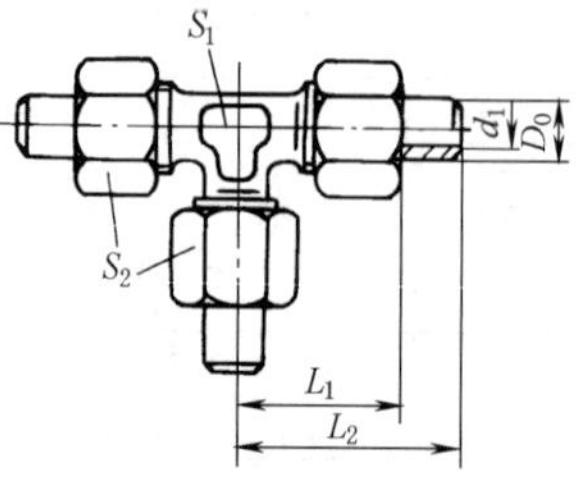

公称压力：≤31.5MPa

标记示例

管子外径 D_0 20mm 的锥密封焊接式三通管接头：

管接头 20　JB/T 6383.3—2007

D_0	d_1	L_1	L_2	S_1	S_2	钢管 $D_0 \times S$	质量/kg
8	4	34	54	16	21	8×2	0.23
10	6	40	60		24	10×2	0.29
12	7	41	62	18	24	12×2.5	0.32
14	8	45	68	21	27	14×2.5	0.36
16	10	47	70	24	30	16×3	0.49
20	13	55	80	27	36	20×3.5	0.82
25	17	62	92	34	46	25×4	1.51
30	20	68	99	36	50	30×5	1.82
38	26	74	110	46	60	38×6	2.66

续表

隔壁直通

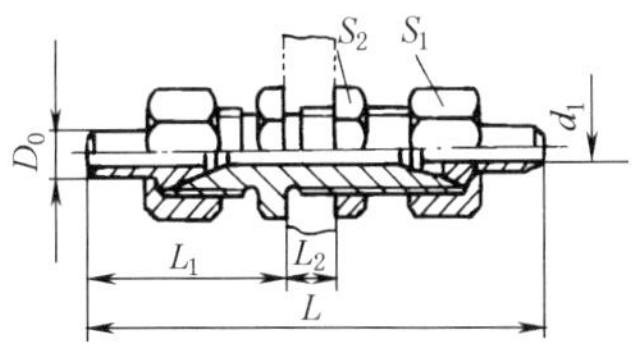

公称压力：≤31.5MPa

标记示例

管子外径 D_0 20mm 的锥密封焊接式隔壁直通管接头：

管接头 20 JB/T 6384.2—2007

D_0	d_1	L	L_1	L_2	S_1	S_2	钢管 $D_0 \times S$	质量/kg
8	4	117	47	≈20	21	24	8×2	0.27
10	6	120	48		24	27	10×2	0.31
12	7	125	50		24	30	12×2.5	0.36
14	8	142	58	≈22	27	30	14×3	0.44
16	10	145	60		30	36	16×3	0.62
20	13	157	66		36	41	20×3.5	0.85
25	17	176	76		46	50	25×4	1.33
30	20	188	81		50	55	30×5	1.75
38	26	206	90		60	65	38×6	2.35

隔壁直角

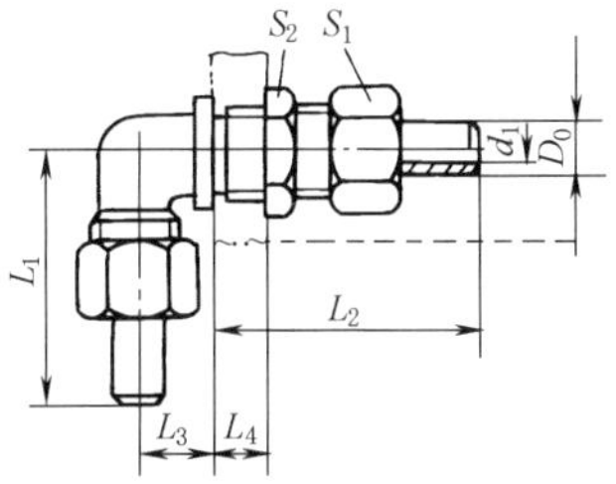

公称压力：≤31.5MPa

标记示例

管子外径 D_0 20mm 的锥密封焊接式隔壁直角管接头：

管接头 20 JB/T 6384.1—2007

D_0	d_1	L_1	L_2	L_3	L_4	S_1	S_2	钢管 $D_0 \times S$	质量/kg
8	4	54	70	17	≈20	21	24	8×2	0.28
10	6	60	72	19		24	27	10×2	0.32
12	7	62	75	19		24	30	12×2.5	0.37
14	8	68	84	22	≈30	27	30	14×3	0.54
16	10	70	85	23		30	36	16×3	0.63
20	13	80	91	27		36	41	20×3.5	0.90
25	17	92	100	31		46	50	25×4	1.38
30	20	99	107	39		50	55	30×5	1.86
38	26	110	116	43		60	65	38×6	2.67

压力表管接头

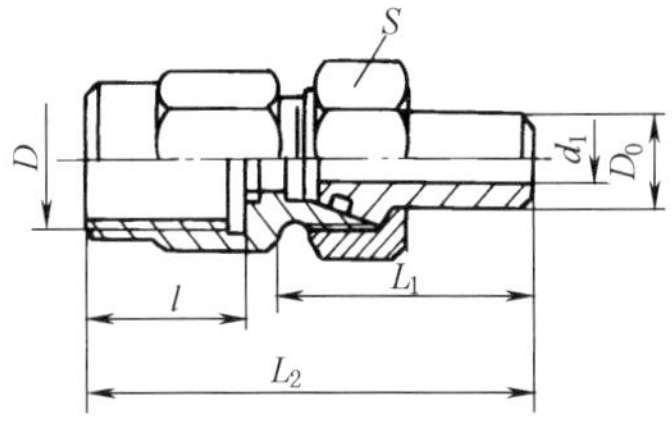

公称压力：≤31.5MPa

标记示例

管子外径 D_0 12mm，压力表螺纹 $D=20\times1.5$ 的锥密封焊接式压力表管接头：

管接头 12-M20×1.5 JB/T 6385—2007

D_0	D	d_1	l	L_1
8	M10×1	4	12	40
	M14×1.5		20	
12	M20×1.5	7	26	42

D_0	L_2	S	钢管 $D_0 \times S$	质量/kg
8	62	21	8×1.5	0.10
	70			0.12
	80			0.14
12	82	24	12×2	0.18

端直通公制螺纹管接头

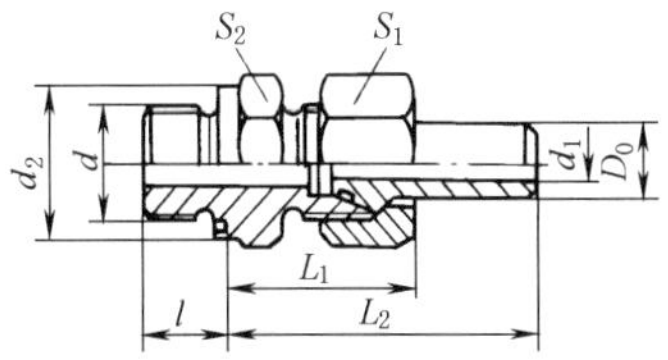

公称压力：≤31.5MPa

标记示例

管子外径 D_0 20mm 的锥密封焊接式直通管接头：

管接头 20 JB/T 6381.1—2007

D_0	d	d_1	d_2	l	L_1	L_2	S_1	S_2	质量/kg
8	M12×1.5	4	18	12	28	48	21	18	0.11
10	M14×1.5	6	21		29	49	24	21	0.13
12	M16×1.5	7	24		30	51	24	24	0.15
14	M18×1.5	8	27	14	36	59	27	27	0.18
16	M22×1.5	10	30		39	62	30	30	0.24
20	M27×2	13	36	16	43	68	36	36	0.47
25	M33×2	17	41	18	48	78	46	46	0.95
30	M42×2	20	55	20	52	83	50	55	1.18
38	M48×2	26	60	22	56	92	60	60	1.26

续表

端接螺纹（公制细牙）连接尺寸

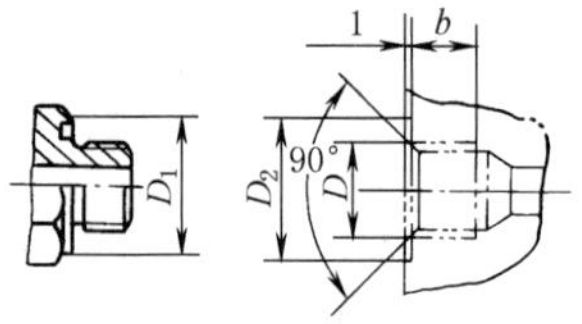

D_0	D	D_1	D_2	b	D_0	D	D_1	D_2	b
8	M12×1.5	18	19	15	20	M27×2	36	37	19
10	M14×1.5	21	22		25	M33×2	46	47	21
12	M16×1.5	24	25		30	M42×2	55	56	23
14	M18×1.5	27	28	17	38	M48×2	60	61	25
16	M22×1.5	30	31						

端接螺纹（圆柱管螺纹）连接尺寸

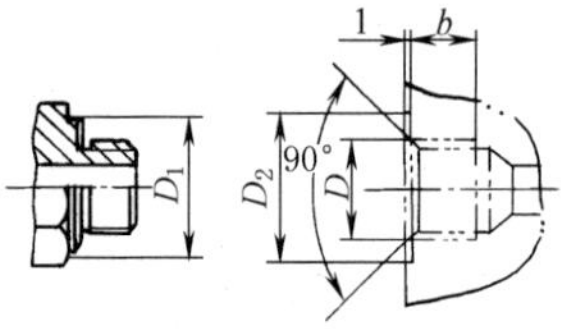

D_0	D	D_1	D_2	b	D_0	D	D_1	D_2	b
10	G¼	24	25	15	20	G¾	41	42	19
12	G⅜	27	28	15	25	G1	46	47	21
14	G⅜	27	28	17	30	G1¼	55	56	23
16	G½	34	35	17	38	G1½	60	61	25

端直通圆柱管螺纹管接头

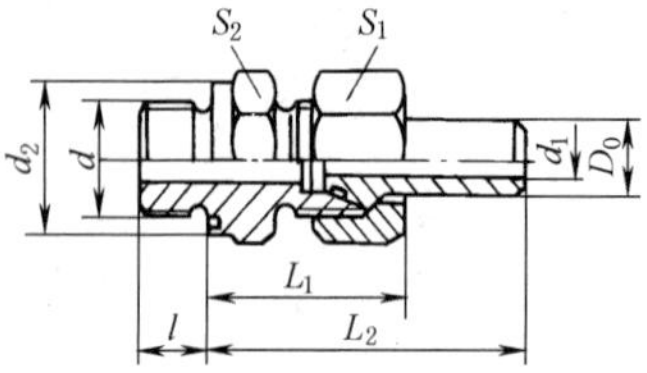

公称压力：≤31.5MPa

标记示例

管子外径 D_0 20mm 的锥密封焊接式直通圆柱管螺纹管接头：

管接头 20 JB/T 6381.2—2007

D_0	d	d_1	d_2	l	L_1	L_2	S_1	S_2	质量/kg
10	G¼	6	24	12	29	49	24	21	0.13
12	G⅜	7	27	12	30	51	24	24	0.16
14	G⅜	8	27	14	36	59	27	27	0.18
16	G½	10	34	14	39	62	30	30	0.24
20	G¾	13	41	16	43	68	36	36	0.47
25	G1	17	46	18	48	78	46	46	0.95
30	G1¼	20	55	20	52	83	50	55	1.18
38	G1½	26	60	22	56	92	60	60	1.26

端直通圆锥管螺纹管接头

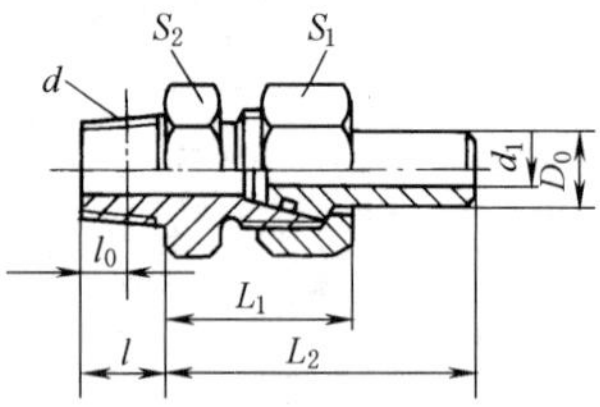

公称压力：≤16MPa

标记示例

管子外径 D_0 20mm 为锥密封焊接式直通圆锥管螺纹管接头：

管接头 20 JB/T 6381.3—2007

D_0	d	d_1	l	l_0	L_1	L_2	S_1	S_2	质量/kg
8	R⅛	4	14	4	27	47	21	18	0.10
10	R¼	6	18	6.0	28	48	24	21	0.11
12	R⅜	7	22	6.4	29	50	24	24	0.15
14	R⅜	8	22	6.4	35	58	27	27	0.18
16	R½	10	25	8.2	37	60	30	30	0.22
20	R¾	13	28	9.5	41	66	36	36	0.45
25	R1	17	32	10.4	46	76	46	46	0.91
30	R1¼	20	35	12.7	50	81	50	55	1.15
38	R1½	26	38	12.7	54	90	60	60	1.51

端直通锥螺纹管接头

外形图同上

公称压力：≤16MPa

标记示例

管子外径 D_0 20mm 的锥密封焊接式直通锥螺纹管接头：

管接头 20 JB/T 6381.4—2007

D_0	d	l	l_0	D_0	d	l	l_0
8	NPT⅛	9	4.102	20	NPT¾	19	8.61
10	NPT¼	14	5.786	25	NPT1	24	10.16
12	NPT⅜	14	6.09	30	NPT1¼	24	10.66
14	NPT⅜	14	6.09	38	NPT1½	26	10.66
16	NPT½	19	8.12	其他尺寸同圆锥管螺纹管接头			

续表

公制螺纹(及圆柱管螺纹)90°弯管接头

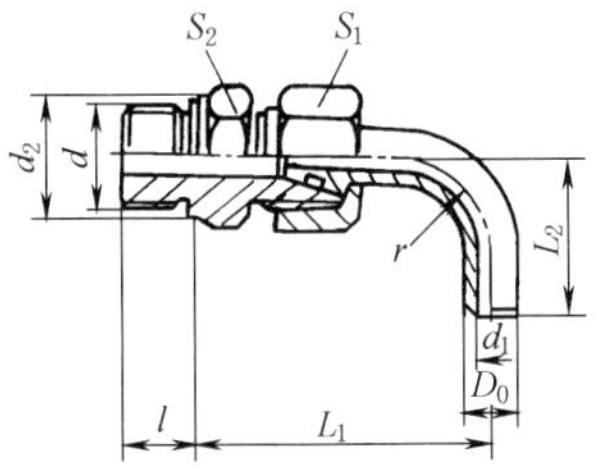

公称压力:≤25MPa
公制螺纹 JB/T 6382.1—2007

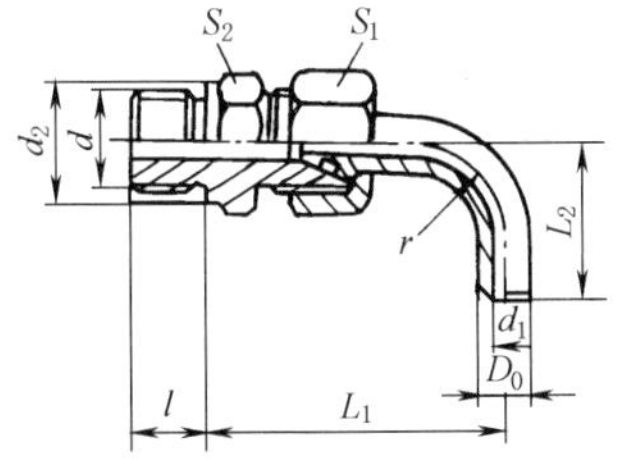

公称压力:≤25MPa
圆柱管螺纹 JB/T 6382.2—2007

JB/T 6382.1 及 6382.2							JB/T 6382.1				JB/T 6382.2			
D_0	d_1	l	L_1	L_2	S_1	r	d	d_2	S_2	质量/kg	d	d_2	S_2	质量/kg
8	4	12	68	56	21	20	M12×1.5	18	18	0.12	—	—	—	—
10	6	12	72	56	24	20	M14×1.5	21	21	0.13	G¼	24	24	0.13
12	7	12	81	58	24	24	M16×1.5	24	24	0.16	G⅜	27	27	0.16
14	8	14	83	58	27	28	M18×1.5	27	27	0.20	G⅜	27	27	0.20
16	10	14	90	60	30	32	M22×1.5	30	30	0.26	G½	34	34	0.26
20	13	16	112	70	36	45	M27×2	36	36	0.60	G¾	41	41	0.60
25	17	18	118	110	46	58	M38×2	41	46	0.84	G1	46	46	0.84
30	20	20	152	130	50	72	M42×2	55	55	1.32	G1¼	55	55	1.32
38	26	22	182	140	60	90	M48×2	60	60	1.85	G1½	60	60	1.85

标记示例 管子外径 D_0 20mm 的锥密封焊接式 90°弯管接头:
管接头 20 JB/T 6382.1—2007
公称压力小于等于 25MPa,JB/T 6382.2 中无管子外径 D_0=8-栏尺寸

圆锥管螺纹(圆锥螺纹)90°弯管接头

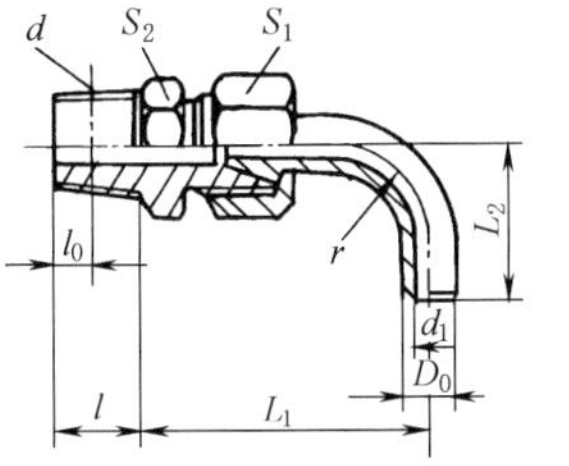

公称压力:≤16MPa
圆锥管螺纹 JB/T 6382.3—2007
圆锥螺纹 JB/T 6382.4—2007
标记示例
管子外径 D_0 20mm 为锥密封焊接式圆锥管螺纹 90°弯管接头:
管接头 20 JB/T 6382.3—2007

JB/T 6382.3 及 6382.4							JB/T 6382.3				JB/T 6382.4			
D_0	d_1	L_1	L_2	S_1	S_2	r	d	l	l_0	质量/kg	d	l	l_0	质量/kg
8	4	67	56	21	18	20	R⅛	14	4	0.12	NPT⅛	9	4.102	0.12
10	6	71	56	24	21	20	R¼	18	6.0	0.13	NPT¼	14	5.786	0.13
12	7	80	58	24	24	24	R⅜	22	6.4	0.16	NPT⅜	14	6.09	0.16
14	8	82	58	27	24	28	R⅜	22	6.4	0.19	NPT⅜	14	6.09	0.19
16	10	89	60	30	27	32	R½	25	8.2	0.24	NPT½	19	8.12	0.25
20	13	110	70	36	34	45	R¾	28	9.5	0.58	NPT¾	19	8.61	0.58
25	17	116	110	46	41	58	R1	32	10.4	1.09	NPT1	24	10.16	1.09
30	20	150	130	50	46	72	R1¼	35	12.7	1.32	NPT1¼	24	10.66	1.32
38	26	180	140	60	55	90	R1½	38	12.7	1.78	NPT1½	26	10.66	1.78

密封圈

管子外径 D_0		8	10	12	14	16	20	25	30	38
O 形密封圈	端面	—	16×2.65	18×2.65	18×2.65	23.6×2.65	30×2.65	34.5×2.65	43.7×2.65	50×2.65
	锥面	7.5×1.8	9×1.8	11.2×1.8	11.8×2.65	14×2.65	18×2.65	23.6×2.65	28×2.65	36.5×2.65
垫圈		12	14	16	18	22	27	33	42	48

锥密封焊接式铰接管接头

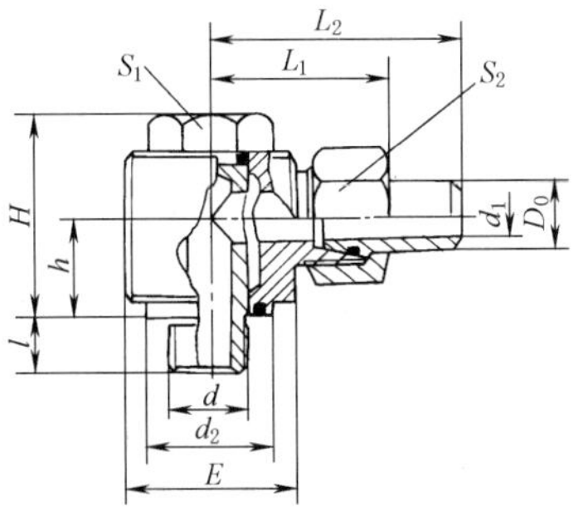

公称压力:≤31.5MPa
JB/ZQ 4188—2006

D_0	d		l	d_1	d_2	h	H	L_1	L_2	S_1	S_2	E	质量/kg
	公制细牙螺纹	管螺纹											
8	M12×1.5	—	12	4	18	12	30	31	47	18	21	22×22	0.15
10	M14×1.5	G¼A	12	6	24	13	31	34	50	18	24	25×25	0.18
12	M16×1.5	G⅜A	12	7	27	15	37	38	53	24	24	30×30	0.26
14	M18×1.5	G⅜A	14	8	27	15	37	38	53	24	27	30×30	0.27
16	M22×1.5	G½A	14	10	34	22	48	45	66	30	30	40×40	0.57
20	M27×2	G¾A	16	13	41	25	53	52	76	36	36	45×45	0.82
25	M33×2	G1A	18	17	46	30	59	56	84	41	46	50×50	1.18
30	M42×2	G1¼A	20	20	55	36	71	65	94	50	50	60×60	1.94
38	M48×2	G1½A	22	26	66	40	87	75	107	60	60	75×75	3.45

标记示例 管子外径 16mm,连接螺纹 d=M22×1.5 的锥密封焊接式铰接管接头:
管接头 16-M22×1.5 JB/ZQ 4188—2006

续表

锥密封焊接式可调向管接头

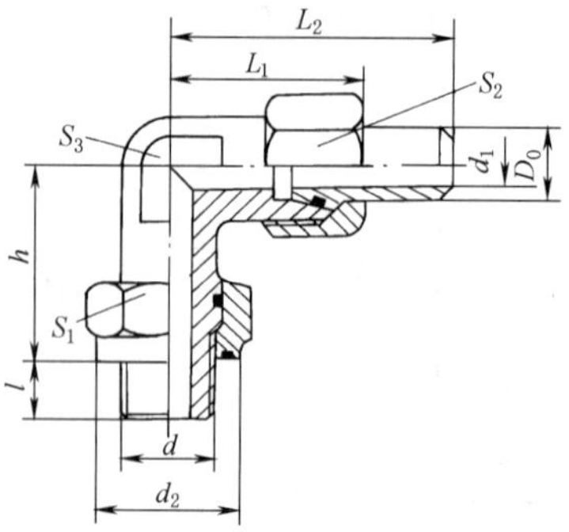

公称压力：≤31.5MPa

JB/ZQ 4189—2006

D_0	d 公制细牙螺纹	d 管螺纹	l	d_1	d_2	h	L_1	L_2	S_1	S_2	S_3	质量/kg
8	M12×1.5	—	12	4	18	36	38	55	18	21	18	0.15
10	M14×1.5	G$\frac{1}{4}$A	12	6	24	36	38	55	24	24	18	0.20
12	M16×1.5	G$\frac{3}{8}$A	12	7	27	37	39	56	27	24	18	0.32
14	M18×1.5	G$\frac{3}{8}$A	14	8	27	37	39	56	27	27	18	0.35
16	M22×1.5	G$\frac{1}{2}$A	14	10	34	43	43	64	34	30	24	0.40
20	M27×2	G$\frac{3}{4}$A	16	13	41	51	52	75	41	36	27	0.90
25	M33×2	G1A	18	17	46	64	61	88	50	46	36	1.10
30	M42×2	G1$\frac{1}{4}$A	20	20	55	68	64	92	60	50	41	1.70
38	M48×2	G1$\frac{1}{2}$A	22	26	65	75	77	109	65	60	50	1.95

标记示例　管子外径 20mm，连接螺纹 M27×2 的锥密封焊接式可调向管接头：

管接头 20-M27×2　JB/ZQ 4189—2006

4.5　卡套式管接头

现行的卡套式管接头标准见表 20-12-49。

表 20-12-49

序号	标准
1	GB/T 3733—2008《卡套式端直通管接头》
2	GB/T 3734—2008《卡套式锥螺纹直通管接头》
3	GB/T 3735—2008《卡套式端直通长管接头》
4	GB/T 3736—2008《卡套式锥螺纹长管接头》
5	GB/T 3737—2008《卡套式直通管接头》
6	GB/T 3738—2008《卡套式可调向端弯通管接头》
7	GB/T 3739—2008《卡套式锥螺纹弯通管接头》
8	GB/T 3740—2008《卡套式弯通管接头》
9	GB/T 3741—2008《卡套式可调向端三通管接头》
10	GB/T 3742—2008《卡套式锥螺纹三通管接头》
11	GB/T 3743—2008《卡套式可调向端弯通三通管接头》
12	GB/T 3744—2008《卡套式锥螺纹弯通三通管接头》
13	GB/T 3745—2008《卡套式三通管接头》
14	GB/T 3746—2008《卡套式四通管接头》
15	GB/T 3747—2008《卡套式焊接管接头》
16	GB/T 3748—2008《卡套式过板直通管接头》
17	GB/T 3749—2008《卡套式过板弯通管接头》
18	GB/T 3750—2008《卡套式铰接管接头》
19	GB/T 3751—2008《卡套式压力表管接头》
20	GB/T 3752—2008《卡套式组合弯通管接头》
21	GB/T 3753—2008《卡套式组合三通管接头》
22	GB/T 3754—2008《卡套式锥密封组合弯通管接头》
23	GB/T 3755—2008《卡套式锥密封组合三通管接头》
24	GB/T 3756—2008《卡套式锥密封组合直通管接头》
25	GB/T 3757—2008《卡套式过板焊接管接头》
26	GB/T 3758—2008《卡套式管接头用锥密封焊接接管》
27	GB/T 3759—2008《卡套式管接头用连接螺母》
28	GB/T 3760—2008《卡套式管接头用锥密封堵头》
29	GB/T 3765—2008《卡套式管接头技术条件》

卡套式管接头由接头体 1、卡套 2、螺母 3 和钢管 4 组成，如图 20-12-33 所示。旋紧螺母前（图 a），卡套和螺母套在钢管 4 上，并插入接头体的锥孔内。旋紧螺母后（图 b），由于接头体和螺母的内锥面作用，使卡套后部卡在钢管壁上起止退作用，同时卡套前刃口卡入钢管壁内，起到密封和防拔脱作用。

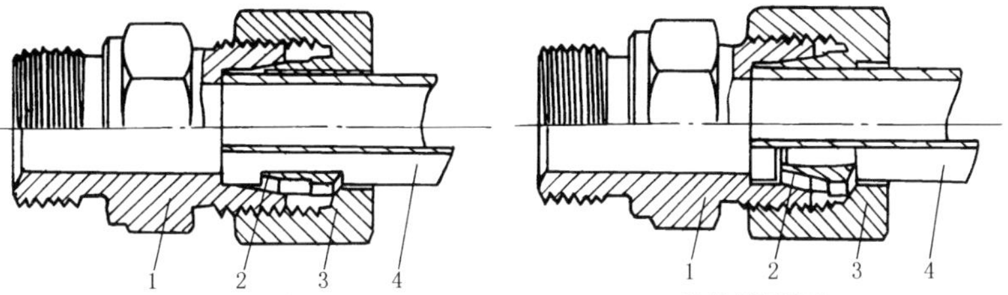

(a) 旋紧螺母前　　(b) 旋紧螺母后

图 20-12-33　卡套式管接头的结构

1—接头体；2—卡套；3—螺母；4—钢管

卡套式端直通管接头（摘自 GB/T 3733—2008）

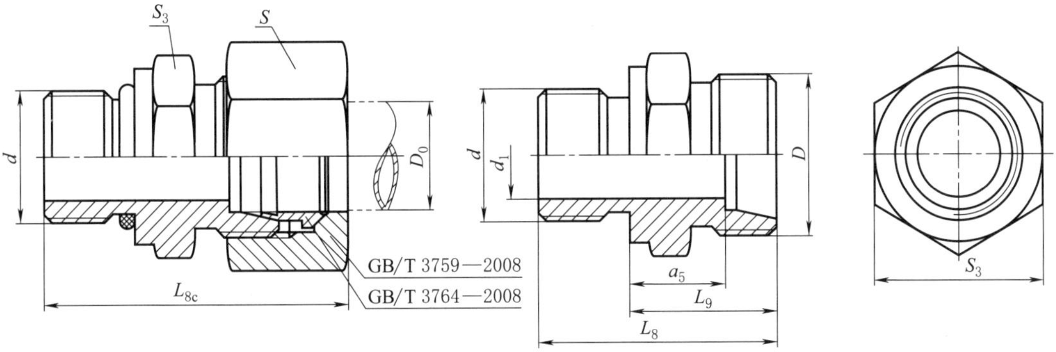

标记示例

接头系列为 L，管子外径为 10mm，普通螺纹（M）F 型柱端，表面镀锌处理的钢制卡套式端直通管接头标记为：

管接头　GB 3733　L10

表 20-12-50　　mm

系列	最大工作压力 /MPa	管子外径 D_0	D	d	d_1 参考	L_9 参考	$L_8 \pm 0.3$	L_{8c} ≈	S	S_1	a_5 参考
L	25	6	M12×1.5	M10×1	4	16.5	25	33	14	14	9.5
		8	M14×1.5	M12×1.5	6	17	28	36	17	17	10
		10	M16×1.5	M14×1.5	7	18	29	37	19	19	11
		12	M18×1.5	M16×1.5	9	19.5	31	39	22	22	12.5
		(14)	M20×1.5	M18×1.5	10	19.5	32	40	24	24	12.5
		15	M22×1.5	M18×1.5	11	20.5	33	41	27	24	13.5
		(16)	M24×1.5	M20×1.5	12	21	33.5	42.5	30	27	13.5
	16	18	M26×1.5	M22×1.5	14	22	35	44	32	27	14.5
		22	M30×2	M27×2	18	24	40	49	36	32	16.5
	10	28	M36×2	M33×2	23	25	41	50	41	41	17.5
		35	M45×2	M42×2	30	28	44	55	50	50	17.5
		42	M52×2	M48×2	36	30	47.5	59.5	60	55	19
S	63	6	M14×1.5	M12×1.5	4	20	31	39	17	17	13
		8	M16×1.5	M14×1.5	5	22	33	41	19	19	15
		10	M18×1.5	M16×1.5	7	22.5	35	44	22	22	15
		12	M20×1.5	M18×1.5	8	24.5	38.5	47.5	24	24	17
		(14)	M22×1.5	M20×1.5	9	25.5	39.5	48.5	27	27	18
	40	16	M24×1.5	M22×1.5	12	27	42	52	30	27	18.5
		20	M30×2	M27×2	15	31	49.5	60.5	36	32	20.5
		25	M36×2	M33×2	20	35	53.5	65.5	46	41	23
	25	30	M42×2	M42×2	25	37	56	69	50	50	23.5
		38	M52×2	M48×2	32	41.5	63	78	60	55	25.5

注：尽可能不采用括号内的规格。

卡套式端直通长管接头（摘自 GB/T 3735—2008）

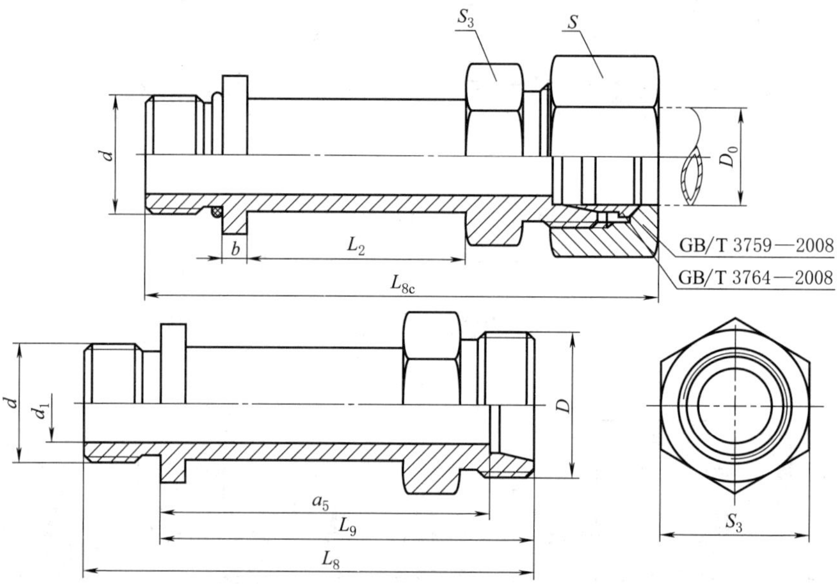

标记示例

接头系列为 L，管子外径为 10mm，普通螺纹（M）F 型柱端，表面镀锌处理的钢制卡套式端直通长管接头标记为：

管接头　GB/T 3735　L10

表 20-12-51

mm

系列	最大工作压力 /MPa	管子外径 D_0	D	d	d_1 参考	L_2	$L_{8c}\pm0.3$	$L_8\pm0.3$	L_9 参考	b	S	S_3	a_5 参考
L	25	6	M12×1.5	M10×1	4	25	59.4	51.4	42.9	3	14	14	35.9
		8	M14×1.5	M12×1.5	6	27	64.5	56.5	45.5	4	17	17	38.5
		10	M16×1.5	M14×1.5	7	29	67.5	59.5	48.5		19	19	41.5
		12	M18×1.5	M16×1.5	9	30	70.5	62.5	51		22	22	44
		(14)	M20×1.5	M18×1.5	10	31	72.5	64.5	52		24	24	45
		15	M22×1.5	M18×1.5	11	32	74.5	66.5	54		27	24	47
		(16)	M24×1.5	M20×1.5	12	32	76	67	54.5		30	27	47
	16	18	M26×1.5	M22×1.5	14	33	78.5	69.5	56.5		32	27	49
		22	M30×2	M27×2	18	38	89.5	80.5	64.5	5	36	32	57
	10	28	M36×2	M33×2	23	41	93	84	68		41	41	60.5
		35	M45×2	M42×2	30	45	102	91	75		50	50	64.5
		42	M52×2	M48×2	36	46	107.5	95.5	78		60	55	67
	63	6	M14×1.5	M12×1.5	4	29	69.5	61.5	50.5	4	17	17	43.5
		8	M16×1.5	M14×1.5	5	31	73.5	65.5	54.5		19	19	47.5
		10	M18×1.5	M16×1.5	7	32	77.5	68.5	56		22	22	48.5
		12	M20×1.5	M18×1.5	8	33	82	73	59		24	24	51.5
		(14)	M22×1.5	M20×1.5	9	33	83	74	60		27	27	52.5
	40	16	M24×1.5	M22×1.5	12	36	89.5	79.5	64.5		30	27	56
		20	M30×2	M27×2	15	37	100	89	70.5	5	36	32	60
		25	M36×2	M33×2	20	44	111.5	99.5	81		46	41	69
	25	30	M42×2	M42×2	25	45	116	103	84		50	50	70.5
		38	M52×2	M48×2	32	46	126	111	89.5		60	55	73.5

注：尽可能不采用括号内的规格。

卡套式锥螺纹直通管接头（摘自 GB/T 3734—2008）

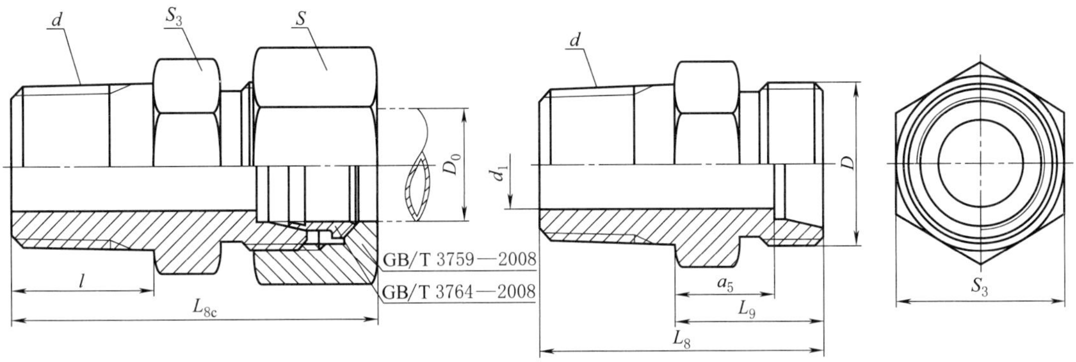

标记示例

接头系列为 L，管子外径为 10mm，55°密封管螺纹（R），表面镀锌处理的钢制卡套式锥螺纹直通管接头标记为：

管接头 GB/T 3734 L10/R1/4

表 20-12-52 mm

系列	最大工作压力/MPa	管子外径 D_0	D	d		d_1 参考	l	L_9 参考	L_8 ≈	L_{8c} ≈	S	S_3	a_5 参考
LL	10	4	M8×1	R⅛	NPT⅛	3	8.5	12	20.5	26.5	10	14	8
		5	M10×1	R⅛	NPT⅛	3	8.5	12	20.5	26.5	12	14	6.5
		6	M10×1	R⅛	NPT⅛	4	8.5	12	20.5	26.5	12	14	6.5
		8	M12×1	R⅛	NPT⅛	4.5	8.5	13	21.5	27.5	14	14	7.5
L	25	6	M12×1.5	R⅛	NPT⅛	4	8.5	14	22.5	30.5	14	14	7
		8	M14×1.5	R¼	NPT¼	6	12.5	15	27.5	35.5	17	19	8
		10	M16×1.5	R¼	NPT¼	7	12.5	16	28.5	36.5	19	19	9
		12	M18×1.5	R⅜	NPT⅜	9	13	17.5	30.5	38.5	22	22	10.5
		(14)	M20×1.5	R½	NPT½	11	17	17	34	42	24	27	10
		15	M22×1.5	R½	NPT½	11	17	18	35	43	27	27	11
		(16)	M24×1.5	R½	NPT½	12	17	18.5	35.5	44.5	30	27	11
	16	18	M26×1.5	R½	NPT½	14	17	19	36	45	32	27	11.5
		22	M30×2	R¾	NPT¾	18	18	21	39	48	36	32	13.5
	10	28	M36×2	R1	NPT1	23	21.5	22	43.5	52.5	41	41	14.5
		35	M45×2	R1¼	NPT1¼	30	24	25	49	60	50	50	14.5
		42	M52×2	R1½	NPT1½	36	24	27	51	63	60	55	16
S	40	6	M14×1.5	R¼	NPT¼	4	12.5	18	30.5	38.5	17	19	11
		8	M16×1.5	R¼	NPT¼	5	12.5	20	32.5	40.5	19	19	13
		10	M18×1.5	R⅜	NPT⅜	7	13	20.5	33.5	42.5	22	22	13
		12	M20×1.5	R⅜	NPT⅜	8	13	22	35	44	24	22	14.5
		(14)	M22×1.5	R½	NPT½	10	17	23	40	49	27	27	15.5
		16	M24×1.5	R½	NPT½	12	17	24	41	51	30	27	15.5
		20	M30×2	R¾	NPT¾	15	18	28	46	57	36	32	17.5
	25	25	M36×2	R1	NPT1	20	21.5	32	53.5	65.5	46	41	20
	16	30	M42×2	R1¼	NPT1¼	25	24	34	58	71	50	50	20.5
		38	M52×2	R1½	NPT1½	32	24	39	63	78	60	55	23

注：尽可能不采用括号内的规格。

卡套式锥螺纹长管接头（摘自 GB/T 3736—2008）

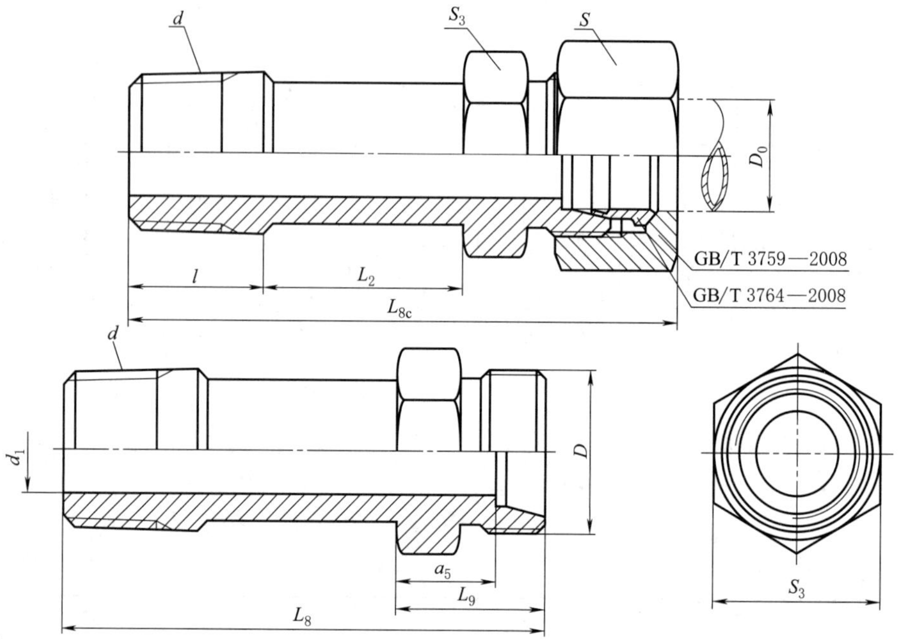

标记示例

接头系列为 L，管子外径为 10mm，55°密封管螺纹（R），表面镀锌处理的钢制卡套式锥螺纹长管接头标记为：

管接头 GB/T 3736 L10/R1/4

表 20-12-53

mm

系列	最大工作压力 /MPa	管子外径 D_0	D	d		d_1 参考	L_2	L_9 参考	L_8 ≈	L_{8c} ≈	l	S	S_3	a_5 参考
LL	10	4	M8×1	R⅛	NPT⅛	3	22	12	42.5	48.5	8.5	10	14	8
		5	M10×1	R⅛	NPT⅛	3	23	12	43.5	49.5	8.5	12	14	6.5
		6	M10×1	R⅛	NPT⅛	4	25	12	45.5	51.5	8.5	12	14	6.5
		8	M12×1	R⅛	NPT⅛	4.5	27	13	48.5	54.5	8.5	14	14	7.5
L	25	6	M12×1.5	R⅛	NPT⅛	4	25	14	47.5	55.5	8.5	14	14	7
		8	M14×1.5	R¼	NPT¼	6	27	15	54.5	62.5	12.5	17	19	8
		10	M16×1.5	R¼	NPT¼	6	29	16	57.5	65.5	12.5	17	19	9
		12	M18×1.5	R⅜	NPT⅜	9	30	17.5	60.5	68.5	13	22	22	10.5
		(14)	M20×1.5	R½	NPT½	11	31	17	65	73	17	24	27	10
		15	M22×1.5	R½	NPT½	11	32	18	67	75	17	27	27	11
		(16)	M24×1.5	R½	NPT½	12	32	18.5	67.5	76.5	17	30	27	11
	16	18	M26×1.5	R½	NPT½	14	33	19	69	78	17	32	27	11.5
		22	M30×2	R¾	NPT¾	18	38	21	77	86	18	36	32	13.5
	10	28	M36×2	R1	NPT1	23	41	22	84.5	93.5	21.5	41	41	14.5
		35	M45×2	R1¼	NPT1¼	30	45	25	94	105	24	50	50	14.5
		42	M52×2	R1½	NPT1½	36	46	27	97	109	24	60	55	16
S	40	6	M14×1.5	R¼	NPT¼	4	29	18	59.5	67.5	12.5	17	19	11
		8	M16×1.5	R¼	NPT¼	5	31	20	63.5	71.5	12.5	19	19	13
		10	M18×1.5	R⅜	NPT⅜	7	32	20.5	65.5	74.5	13	22	22	13
		12	M20×1.5	R⅜	NPT⅜	8	33	22	68	77	13	24	22	14.5
		(14)	M22×1.5	R½	NPT½	10	33	23	73	82	17	27	27	15.5
		16	M24×1.5	R½	NPT½	12	36	24	77	87	17	30	27	15.5
		20	M30×2	R¾	NPT¾	15	37	28	83	94	18	36	32	17.5
	25	25	M36×2	R1	NPT1	20	44	32	97.5	109.5	21.5	46	41	20
	16	30	M42×2	R1¼	NPT1¼	25	45	34	103	116	24	50	50	20.5
		38	M52×2	R1½	NPT1½	32	46	39	109	124	24	60	55	23

注：尽可能不采用括号内的规格。

卡套式直通管接头（摘自 GB/T 3737—2008）

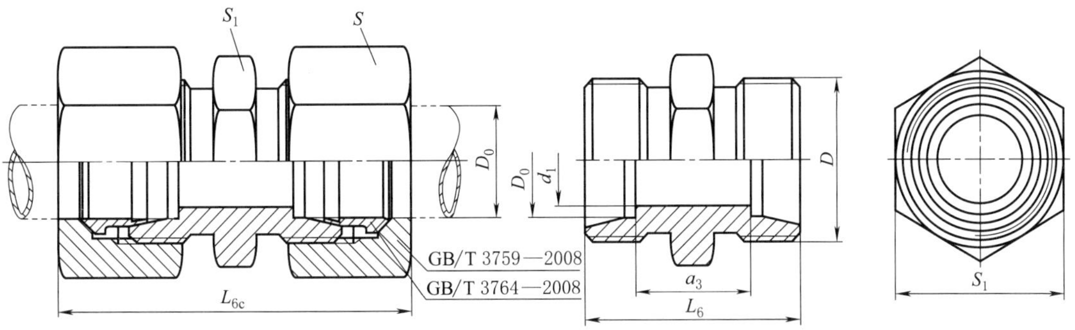

标记示例

接头系列为 L，管子外径为 10mm，表面镀锌处理的钢制卡套式直通管接头标记为：

管接头　GB/T 3737　L10

表 20-12-54

mm

系列	最大工作压力 /MPa	管子外径 D_0	D	d_1 参考	L_6 ±0.3	L_{6c} ≈	S	S_1	a_3 参考
LL	10	4	M8×1	3	20	32	10	9	12
		5	M10×1	3.5	20	32	12	11	9
		6	M10×1	4.5	20	32	12	11	9
		8	M12×1	6	23	35	14	12	12
L	25	6	M12×1.5	4	24	40	14	12	10
		8	M14×1.5	6	25	41	17	14	11
		10	M16×1.5	8	27	43	19	17	13
		12	M18×1.5	10	28	44	22	19	14
		(14)	M20×1.5	11	28	44	24	22	14
		15	M22×1.5	12	30	46	27	24	16
		(16)	M24×1.5	14	31	49	30	27	16
	16	18	M26×1.5	15	31	49	32	27	16
		22	M30×2	19	35	53	36	32	20
	10	28	M36×2	24	36	54	41	41	21
		35	M45×2	30	41	63	50	46	20
		42	M52×2	36	43	67	60	55	21
S	63	6	M14×1.5	4	30	46	17	14	16
		8	M16×1.5	5	32	48	19	17	18
		10	M18×1.5	7	32	50	22	19	17
		12	M20×1.5	8	34	52	24	22	19
		(14)	M22×1.5	9	36	54	27	24	21
	40	16	M24×1.5	12	38	58	30	27	21
		20	M30×2	16	44	66	36	32	23
		25	M36×2	20	50	74	46	41	26
	25	30	M42×2	25	54	80	50	46	27
		38	M52×2	32	61	91	60	55	29

注：尽可能不采用括号内的规格。

卡套式弯通管接头（摘自 GB/T 3740—2008）

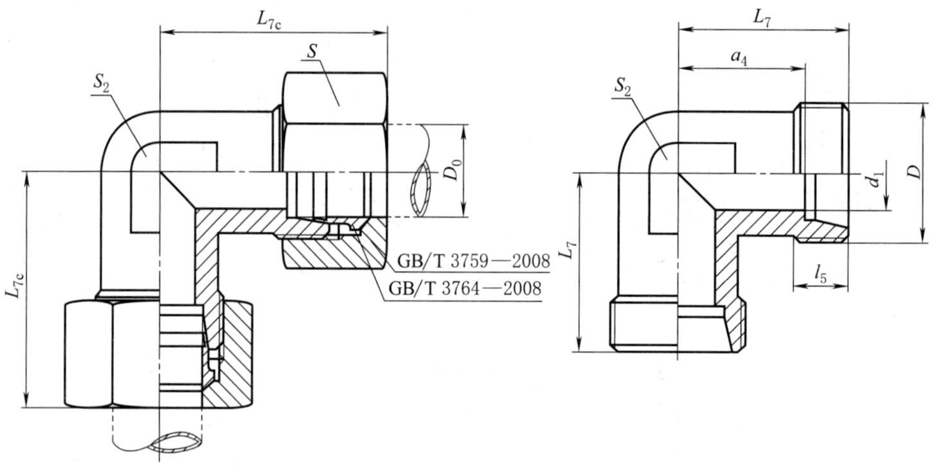

标记示例

接头系列为 L，管子外径为 10mm，表面镀锌处理的钢制卡套式弯通管接头标记为：

管接头　GB/T 3740　L10

表 20-12-55

mm

系列	最大工作压力/MPa	管子外径 D_0	D	d_1 参考	$L_7\pm0.3$	L_{7c} ≈	l_5 min	a_4 参考	S	S_2 锻制 min	S_2 机械加工 max
LL	10	4	M8×1	3	15	21	6	11	10	9	9
		5	M10×1	3.5	15	21	6	9.5	12	9	11
		6	M10×1	4.5	15	21	6	9.5	12	9	11
		8	M12×1	6	17	23	7	11.5	14	12	12
L	25	6	M12×1.5	4	19	27	7	12	14	12	12
		8	M14×1.5	6	21	29	7	14	17	12	14
		10	M16×1.5	8	22	30	8	15	19	14	17
		12	M18×1.5	10	24	32	8	17	22	17	19
		(14)	M20×1.5	11	25	33	8	18	24	19	—
		15	M22×1.5	12	28	36	9	21	27	19	—
		(16)	M24×1.5	14	30	39	9	22.5	30	22	—
	16	18	M26×1.5	15	31	40	9	23.5	32	24	—
		22	M30×2	19	35	44	10	27.5	36	27	—
	10	28	M36×2	24	38	47	10	30.5	41	36	—
		35	M45×2	30	45	56	12	34.5	50	41	—
		42	M52×2	36	51	63	12	40	60	50	—
S	63	6	M14×1.5	4	23	31	9	16	17	12	14
		8	M16×1.5	5	24	32	9	17	19	14	17
		10	M18×1.5	7	25	34	9	17.5	22	17	19
		12	M20×1.5	8	26	35	9	18.5	24	17	22
		(14)	M22×1.5	9	29	38	10	21.5	27	22	—
	40	16	M24×1.5	12	33	43	11	24.5	30	24	—
		20	M30×2	16	37	48	12	26.5	36	27	—
		25	M36×2	20	45	57	14	33	46	36	—
	25	30	M42×2	25	49	62	16	35.5	50	41	—
		38	M52×2	32	57	72	18	41	60	50	—

注：尽可能不采用括号内的规格。

卡套式锥螺纹弯通管接头（摘自 GB/T 3739—2008）

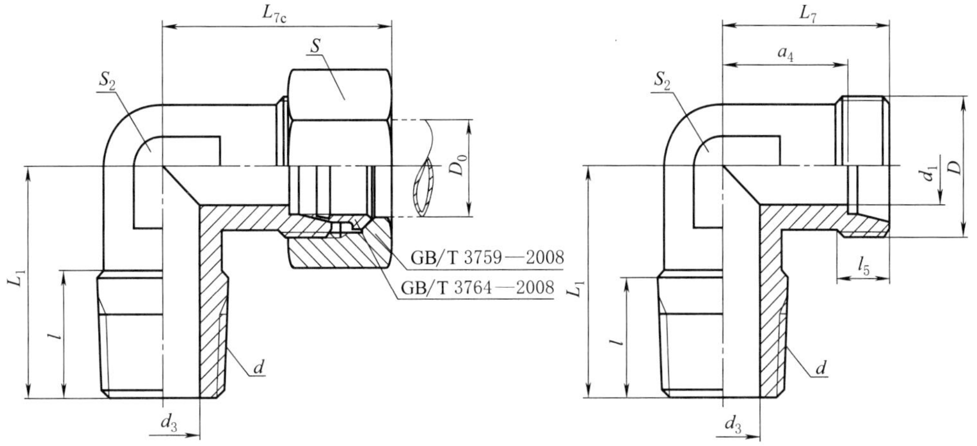

标记示例

接头系列为 L，管子外径为 10mm，55°密封管螺纹（R），表面镀锌处理的钢制卡套式锥螺纹弯通管接头标记为：

管接头 GB 3739 L10/R1/4

表 20-12-56

mm

系列	最大工作压力 /MPa	管子外径 D_0	D	d		d_1 参考	d_3	L_1	$L_7\pm0.3$	L_{7c} ≈	l	l_5 min	a_4 参考	S	S_2	
															锻制 min	机械加工 max
LL	10	4	M8×1	R⅛	NPT⅛	3	3	15.5	15	21	8.5	6	11	10	9	6
		5	M10×1	R⅛	NPT⅛	3.5	3	15.5	15	21	8.5	6	9.5	12	9	6
		6	M10×1	R⅛	NPT⅛	4.5	4	15.5	15	21	8.5	6	9.5	12	9	6
		8	M12×1	R⅛	NPT⅛	6	4.5	16.5	17	23	8.5	7	11.5	14	12	7
L	25	6	M12×1.5	R⅛	NPT⅛	4	4	17.5	19	27	8.5	7	12	14	12	7
		8	M14×1.5	R¼	NPT¼	6	6	23.5	21	29	12.5	7	14	17	12	7
		10	M16×1.5	R¼	NPT¼	8	6	23.5	22	30	12.5	8	15	19	14	8
		12	M18×1.5	R⅜	NPT⅜	10	9	26	24	32	13	8	17	22	17	8
		(14)	M20×1.5	R½	NPT½	11	11	31	25	33	17	8	18	24	19	8
		15	M22×1.5	R½	NPT½	12	11	33	28	36	17	9	21	27	19	9
		(16)	M24×1.5	R½	NPT½	14	12	35	30	39	17	9	22.5	30	22	9
	16	18	M26×1.5	R½	NPT½	15	14	36	31	40	17	9	23.5	32	24	9
		22	M30×2	R¾	NPT¾	19	18	39	35	44	18	10	27.5	36	27	10
	10	28	M36×2	R1	NPT1	24	23	45.5	38	47	21.5	10	30.5	41	36	10
		35	M45×2	R1¼	NPT1¼	30	30	53	45	56	24	12	34.5	50	41	12
		42	M52×2	R1½	NPT1½	36	36	59	51	63	24	12	40	60	50	12
S	40	6	M14×1.5	R¼	NPT¼	4	4	23.5	23	31	12.5	9	16	17	12	9
		8	M16×1.5	R¼	NPT¼	5	5	24.5	24	32	12.5	9	17	19	14	9
		10	M18×1.5	R⅜	NPT⅜	7	7	26	25	34	13	9	17.5	22	17	9
		12	M20×1.5	R⅜	NPT⅜	8	8	27	26	35	13	9	18.5	24	17	9
		(14)	M22×1.5	R½	NPT½	9	10	33	29	38	17	10	21.5	27	22	10
		16	M24×1.5	R½	NPT½	12	12	36	33	43	17	11	24.5	30	24	11
		20	M30×2	R¾	NPT¾	16	15	39	37	48	18	12	26.5	36	27	12
	25	25	M36×2	R1	NPT1	20	20	48.5	45	57	21.5	14	33	46	36	14
	16	30	M42×2	R1¼	NPT1¼	25	25	53	49	62	24	16	35.5	50	41	—
		38	M52×2	R1½	NPT1½	32	32	59	57	72	24	18	41	60	50	—

注：尽可能不采用括号内的规格。

卡套式可调向端弯通管接头（摘自 GB/T 3738—2008）

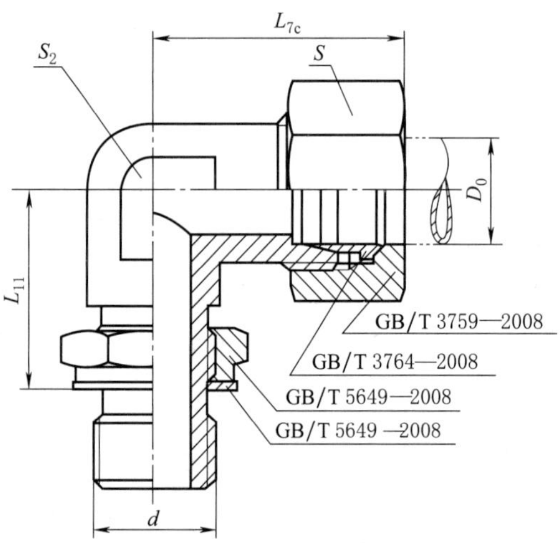

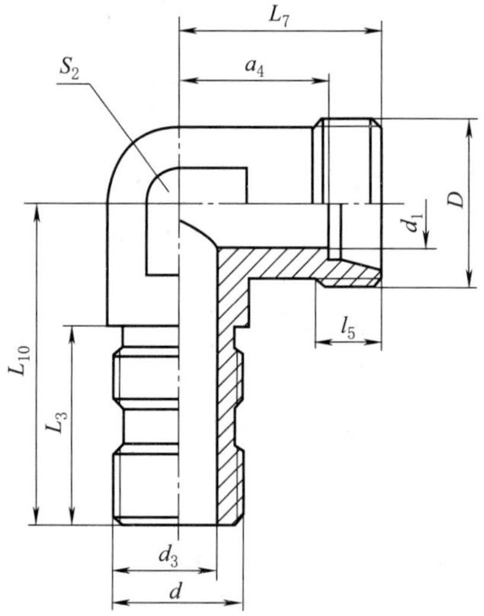

标记示例

接头系列为 L，管子外径为 10mm，普通螺纹（M）可调向螺纹柱端，表面镀锌处理的钢制卡套式可调向端弯通管接头标记为

管接头 GB/T 3738 L10

表 20-12-57

mm

系列	最大工作压力/MPa	管子外径 D_0	D	d	d_1 参考	d_3 参考	L_3 min	$L_7\pm0.3$	$L_{7c}\pm0.3$	$L_{10}\pm1$	L_{11} 参考	l_5 min	a_4 参考	S	S_2 锻制 min	S_2 机械加工 max
L	25	6	M12×1.5	M10×1	4	4	16	19	27	25	16.4	7	12	14	12	12
		8	M14×1.5	M12×1.5	6	6	20	21	29	31	19.9	7	14	17	12	14
		10	M16×1.5	M14×1.5	8	7	20	22	30	31	19.9	8	15	19	14	17
		12	M18×1.5	M16×1.5	10	9	20.5	24	32	33.5	21.9	8	17	22	17	19
		(14)	M20×1.5	M18×1.5	11	10	21.5	25	33	35.5	22.9	8	18	24	19	—
		15	M22×1.5	M18×1.5	12	11	21.5	28	36	37.5	24.9	9	21	27	19	—
		(16)	M24×1.5	M20×1.5	14	12	21.5	30	39	40.5	27.8	9	22.5	30	22	—
	16	18	M26×1.5	M22×1.5	15	14	22.5	31	40	41.5	28.8	9	23.5	32	24	—
		22	M30×2	M27×2	19	18	27.5	35	44	48.5	32.8	10	27.5	36	27	—
	10	28	M36×2	M33×2	24	23	27.5	38	47	51.5	35.8	10	30.5	41	36	—
		35	M45×2	M42×2	30	30	27.5	45	56	56.5	40.8	12	34.5	50	41	—
		42	M52×2	M48×2	36	36	29	51	63	64	46.8	12	40	60	50	—
S	63	6	M14×1.5	M12×1.5	4	4	21	23	31	32	20.9	9	16	17	12	14
		8	M16×1.5	M14×1.5	5	5	21	24	32	33	21.9	9	17	19	14	17
		10	M18×1.5	M16×1.5	7	7	23	25	34	36	23.4	9	17.5	22	17	19
		12	M20×1.5	M18×1.5	8	8	26	26	35	40	25.9	9	18.5	24	17	22
		(14)	M22×1.5	M20×1.5	9	9	26	29	38	43.5	28.8	10	21.5	27	22	—
	40	16	M24×1.5	M22×1.5	12	12	27.5	33	43	46.5	31.8	11	24.5	30	24	—
		20	M30×2	M27×2	16	15	33.5	37	48	54.5	36.3	12	26.5	36	27	—
		25	M36×2	M33×2	20	20	33.5	45	57	60.5	42.3	14	33	46	36	—
	25	30	M42×2	M42×2	25	25	34.5	49	62	63.5	44.8	16	35.5	50	41	—
		38	M52×2	M48×2	32	32	38	57	72	73	51.8	18	41	60	50	—

注：尽可能不采用括号内的规格。

卡套式锥螺纹三通管接头（摘自 GB/T 3742—2008）

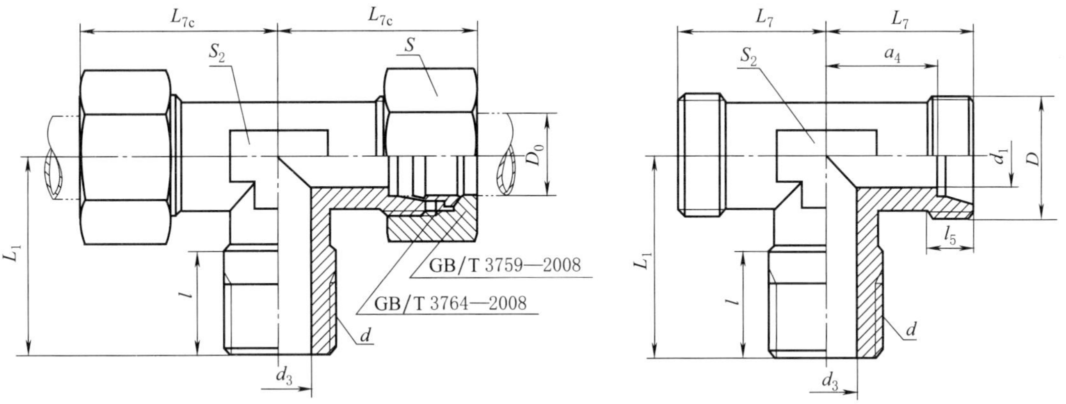

标记示例

接头系列为 L，管子外径为 10mm，55°密封管螺纹（R），表面镀锌处理的钢制卡套式锥螺纹三通管接头标记为：

管接头 GB/T 3742　L10/R1/4

表 20-12-58　　mm

系列	最大工作压力/MPa	管子外径 D_0	D	d		d_1 参考	d_3	L_1	$L_7\pm0.3$	$L_{7c}\approx$	l	l_5 min	a_4 参考	S	S_2 锻制 min	S_2 机械加工 max
LL	10	4	M8×1	R1/8	NPT1/8	3	3	15.5	15	21	8.5	6	11	10	9	6
		5	M10×1	R1/8	NPT1/8	3.5	3	15.5	15	21	8.5	6	9.5	12	9	6
		6	M10×1	R1/8	NPT1/8	4.5	4	15.5	15	21	8.5	6	9.5	12	9	6
		8	M12×1	R1/8	NPT1/8	6	4.5	16.5	17	23	8.5	7	11.5	14	12	7
L	25	6	M12×1.5	R1/8	NPT1/8	4	4	17.5	19	27	8.5	7	12	14	12	7
		8	M14×1.5	R1/4	NPT1/4	6	6	23.5	21	29	12.5	7	14	17	12	7
		10	M16×1.5	R1/4	NPT1/4	8	6	23.5	22	30	12.5	8	15	19	14	8
		12	M18×1.5	R3/8	NPT3/8	10	9	26	24	32	13	8	17	22	17	8
		(14)	M20×1.5	R1/2	NPT1/2	11	11	31	25	33	17	8	18	24	19	8
		15	M22×1.5	R1/2	NPT1/2	12	11	33	28	36	17	9	21	27	19	9
		(16)	M24×1.5	R1/2	NPT1/2	14	12	35	30	39	17	9	22.5	30	22	9
	16	18	M26×1.5	R1/2	NPT1/2	15	14	36	31	40	17	9	23.5	32	24	9
		22	M30×2	R3/4	NPT3/4	19	18	39	35	44	18	10	27.5	36	27	10
	10	28	M36×2	R1	NPT1	24	23	45.5	38	47	21.5	10	30.5	41	36	10
		35	M45×2	R1¼	NPT1¼	30	30	53	45	56	24	12	34.5	50	41	12
		42	M52×2	R1½	NPT1½	36	36	59	51	63	24	12	40	60	50	12
S	40	6	M14×1.5	R1/4	NPT1/4	4	4	23.5	23	31	12.5	9	16	17	12	9
		8	M16×1.5	R1/4	NPT1/4	5	5	24.5	24	32	12.5	9	17	19	14	9
		10	M18×1.5	R3/8	NPT3/8	7	7	26	25	34	13	9	17.5	22	17	9
		12	M20×1.5	R3/8	NPT3/8	8	8	27	26	35	13	9	18.5	24	17	9
		(14)	M22×1.5	R1/2	NPT1/2	9	10	33	29	38	17	10	21.5	27	22	10
		16	M24×1.5	R1/2	NPT1/2	12	12	36	33	43	17	11	24.5	30	24	11
		20	M30×2	R3/4	NPT3/4	16	15	39	37	48	18	12	26.5	36	27	12
	25	25	M36×2	R1	NPT1	20	20	48.5	45	57	21.5	14	33	46	36	14
	16	30	M42×2	R1¼	NPT1¼	25	25	53	49	62	24	16	35.5	50	41	—
		38	M52×2	R1½	NPT1½	32	32	59	57	72	24	18	41	60	50	—

注：尽可能不采用括号内的规格。

卡套式锥螺纹弯通三通管接头（摘自 GB/T 3744—2008）

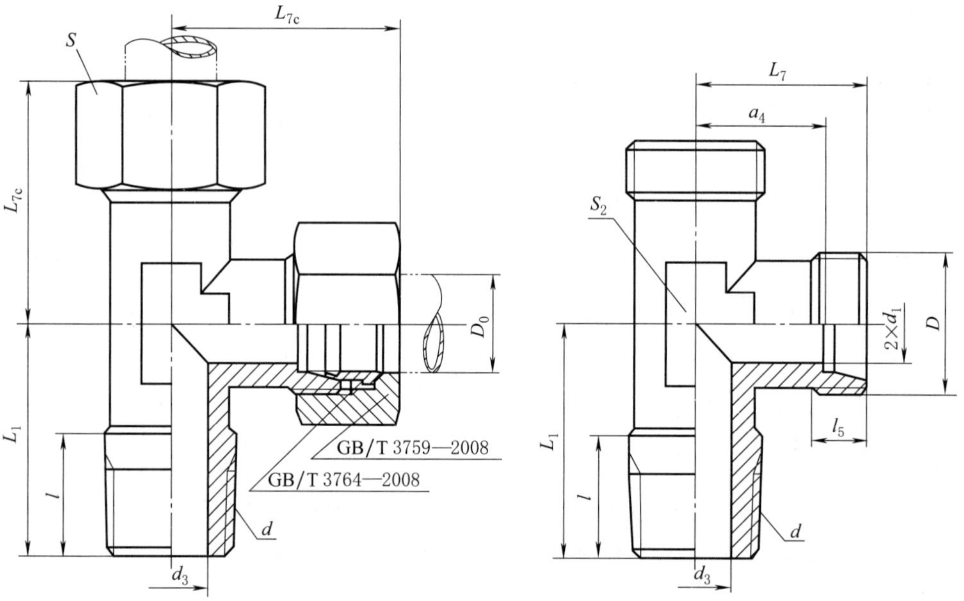

标记示例

接头系列为 L，管子外径为 10mm，55°密封管螺纹（R），表面镀锌处理的钢制卡套式锥螺纹弯通三通管接头标记为：

管接头 GB/T 3744 L10R1/4

表 20-12-59

mm

系列	最大工作压力/MPa	管子外径 D_0	D	d		d_1 参考	d_3	L_1	$L_7\pm0.3$	L_{7c} ≈	l	l_5 min	a_4 参考	S	S_2 锻制 min	S_2 机械加工 max
LL	10	4	M8×1	R⅛	NPT⅛	3	3	15.5	15	21	8.5	6	11	10	9	6
		5	M10×1	R⅛	NPT⅛	3.5	3	15.5	15	21	8.5	6	9.5	12	9	6
		6	M10×1	R⅛	NPT⅛	4.5	4	15.5	15	21	8.5	6	9.5	12	9	6
		8	M12×1	R⅛	NPT⅛	6	4.5	16.5	17	23	8.5	7	11.5	14	12	7
L	25	6	M12×1.5	R⅛	NPT⅛	4	4	17.5	19	27	8.5	7	12	14	12	7
		8	M14×1.5	R¼	NPT¼	6	6	23.5	21	29	12.5	7	14	17	12	7
		10	M16×1.5	R¼	NPT¼	8	6	23.5	22	30	12.5	8	15	19	14	8
		12	M18×1.5	R⅜	NPT⅜	10	9	26	24	32	13	8	17	22	17	8
		(14)	M20×1.5	R½	NPT½	11	11	31	25	33	17	8	18	24	19	8
		15	M22×1.5	R½	NPT½	12	11	33	28	36	17	9	21	27	19	9
		(16)	M24×1.5	R½	NPT½	14	12	35	30	39	17	9	22.5	30	22	9
	16	18	M26×1.5	R½	NPT½	15	14	36	31	40	17	9	23.5	32	24	9
		22	M30×2	R¾	NPT¾	19	18	39	35	44	18	10	27.5	36	27	10
	10	28	M36×2	R1	NPT1	24	23	45.5	38	47	21.5	10	30.5	41	36	10
		35	M45×2	R1¼	NPT1¼	30	30	53	45	56	24	12	34.5	50	41	12
		42	M52×2	R1½	NPT1½	36	36	59	51	63	24	12	40	60	50	12
S	40	6	M14×1.5	R¼	NPT¼	4	4	23.5	23	31	12.5	9	16	17	12	9
		8	M16×1.5	R¼	NPT¼	5	5	24.5	24	32	12.5	9	17	19	14	9
		10	M18×1.5	R⅜	NPT⅜	7	7	26	25	34	13	9	17.5	22	17	9
		12	M20×1.5	R⅜	NPT⅜	8	8	27	26	35	13	9	18.5	24	17	9
		(14)	M22×1.5	R½	NPT½	9	10	33	29	38	17	10	21.5	27	22	10
		16	M24×1.5	R½	NPT½	12	12	36	33	43	17	11	24.5	30	24	11
		20	M30×2	R¾	NPT¾	16	15	39	37	48	18	12	26.5	36	27	12
	25	25	M36×2	R1	NPT1	20	20	48.5	45	57	21.5	14	33	46	36	14
	16	30	M42×2	R1¼	NPT1¼	25	25	53	49	62	24	16	35.5	50	41	—
		38	M52×2	R1½	NPT1½	32	32	59	57	72	24	18	41	60	50	—

注：尽可能不采用括号内的规格。

卡套式可调向端三通管接头（摘自 GB/T 3741—2008）

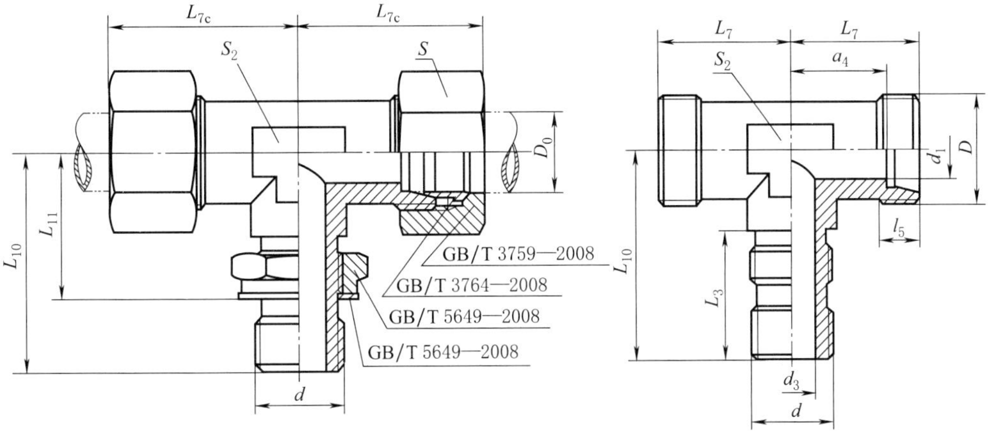

标记示例

接头系列为 L，管子外径为 10mm，普通螺纹（M）可调向螺纹柱端，表面镀锌处理的钢制卡套式可调向端三通管接头标记为：

管接头　GB/T 3741　L10

表 20-12-60

mm

系列	最大工作压力/MPa	管子外径 D_0	D	d	d_1 参考	d_3 参考	L_3 min	$L_7\pm0.3$	L_{7c} ≈	$L_{10}\pm1$	L_{11} 参考	l_5 min	a_4 参考	S	S_2 锻制 min	S_2 机械加工 max
L	25	6	M12×1.5	M10×1	4	4	16	19	27	25	16.4	7	12	14	12	12
		8	M14×1.5	M12×1.5	6	6	20	21	29	31	19.9	7	14	17	12	14
		10	M16×1.5	M14×1.5	8	7	20	22	30	31	19.9	8	15	19	14	17
		12	M18×1.5	M16×1.5	10	9	20.5	24	32	33.5	21.9	8	17	22	17	19
		(14)	M20×1.5	M18×1.5	11	10	21.5	25	33	35.5	22.9	8	18	24	19	—
		15	M22×1.5	M18×1.5	12	11	21.5	28	36	37.5	24.9	9	21	27	19	—
		(16)	M24×1.5	M20×1.5	14	12	21.5	30	39	40.5	27.8	9	22.5	30	22	—
	16	18	M26×1.5	M22×1.5	15	14	22.5	31	40	41.5	28.8	9	23.5	32	24	—
		22	M30×2	M27×2	19	18	27.5	35	44	48.5	32.8	10	27.5	36	27	—
	10	28	M36×2	M33×2	24	23	27.5	38	47	51.5	35.8	10	30.5	41	36	—
		35	M45×2	M42×2	30	30	27.5	45	56	56.5	40.8	12	34.5	50	41	—
		42	M52×2	M48×2	36	36	29	51	63	64	46.8	12	40	60	50	—
S	63	6	M14×1.5	M12×1.5	4	4	21	23	31	32	20.9	9	16	17	12	14
		8	M16×1.5	M14×1.5	5	5	21	24	32	33	21.9	9	17	19	14	17
		10	M18×1.5	M16×1.5	7	7	23	25	34	36	23.4	9	17.5	22	17	19
		12	M20×1.5	M18×1.5	8	8	26	26	35	40	25.9	9	18.5	24	17	22
		(14)	M22×1.5	M20×1.5	9	9	26	29	38	43.5	28.8	10	21.5	27	22	—
	40	16	M24×1.5	M22×1.5	12	12	27.5	33	43	46.5	31.8	11	24.5	30	24	—
		20	M30×2	M27×2	16	15	33.5	37	48	54.5	36.3	12	26.5	36	27	—
		25	M36×2	M33×2	20	20	33.5	45	57	60.5	42.3	14	33	46	36	—
	25	30	M42×2	M42×2	25	25	34.5	49	62	63.5	44.8	16	35.5	50	41	—
		38	M52×2	M48×2	32	32	38	57	72	73	51.8	18	41	60	50	—

注：尽可能不采用括号内的规格。

卡套式可调向端弯通三通管接头（摘自 GB/T 3743—2008）

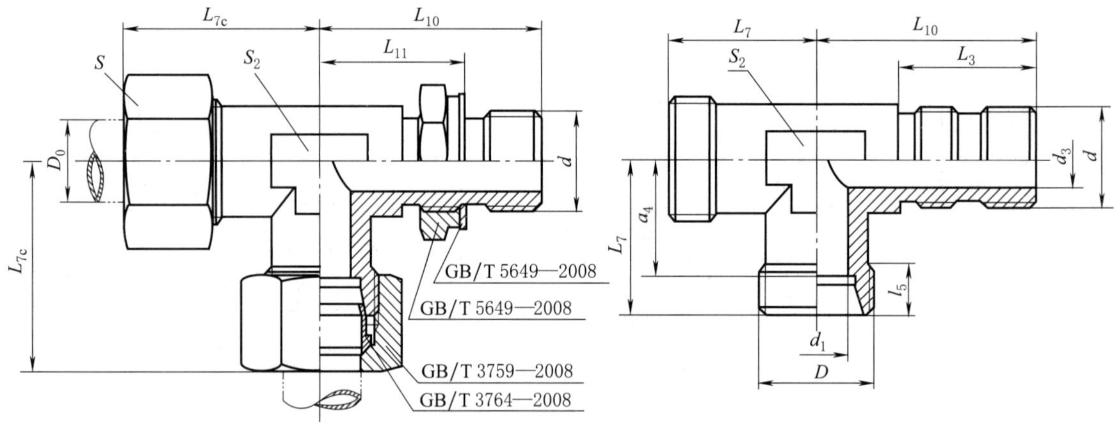

标记示例

接头系列为 L，管子外径为 10mm，普通螺纹（M）可调向螺纹柱端，表面镀锌处理的钢制卡套式可调向端弯通三通管接头标记为：

管接头　GB/T 3743　L10

表 20-12-61　　mm

系列	最大工作压力/MPa	管子外径 D_0	D	d	d_1 参考	d_3 参考	L_3 min	$L_7\pm0.3$	$L_{7c}\approx$	$L_{10}\pm1$	L_{11} 参考	l_5 min	a_4 参考	S	S_2 锻制 min	S_2 机械加工 max
L	25	6	M12×1.5	M10×1	4	4	16	19	27	25	16.4	7	12	14	12	12
		8	M14×1.5	M12×1.5	6	6	20	21	29	31	19.9	7	14	17	12	14
		10	M16×1.5	M14×1.5	8	7	20	22	30	31	19.9	8	15	19	14	17
		12	M18×1.5	M16×1.5	10	9	20.5	24	32	33.5	21.9	8	17	22	17	19
		(14)	M20×1.5	M18×1.5	11	10	21.5	25	33	35.5	22.9	8	18	24	19	—
		15	M22×1.5	M18×1.5	12	11	21.5	28	36	37.5	24.9	9	21	27	19	—
		(16)	M24×1.5	M20×1.5	14	12	21.5	30	39	40.5	27.8	9	22.5	30	22	—
	16	18	M26×1.5	M22×1.5	15	14	22.5	31	40	41.5	28.8	9	23.5	32	24	—
		22	M30×2	M27×2	19	18	27.5	35	44	48.5	32.8	10	27.5	36	27	—
	10	28	M36×2	M33×2	24	23	27.5	38	47	51.5	35.8	10	30.5	41	36	—
		35	M45×2	M42×2	30	30	27.5	45	56	56.5	40.8	12	34.5	50	41	—
		42	M52×2	M48×2	36	36	29	51	63	64	46.8	12	40	60	50	—
S	63	6	M14×1.5	M12×1.5	4	4	21	23	31	32	20.9	9	16	17	12	14
		8	M16×1.5	M14×1.5	5	5	21	24	32	33	21.9	9	17	19	14	17
		10	M18×1.5	M16×1.5	7	7	23	25	34	36	23.4	9	17.5	22	17	19
		12	M20×1.5	M18×1.5	8	8	26	26	35	40	25.9	9	18.5	24	17	22
		(14)	M22×1.5	M20×1.5	9	9	26	29	38	43.5	28.8	10	21.5	27	22	—
	40	16	M24×1.5	M22×1.5	12	12	27.5	33	43	46.5	31.8	11	24.5	30	24	—
		20	M30×2	M27×2	16	15	33.5	37	48	54.5	36.3	12	26.5	36	27	—
		25	M36×2	M33×2	20	20	33.5	45	57	60.5	42.3	14	33	46	36	—
	25	30	M42×2	M42×2	25	25	34.5	49	62	63.5	44.8	16	35.5	50	41	—
		38	M52×2	M48×2	32	32	38	57	72	73	51.8	18	41	60	50	—

注：尽可能不采用括号内的规格。

卡套式三通管接头（摘自 GB/T 3745—2008）

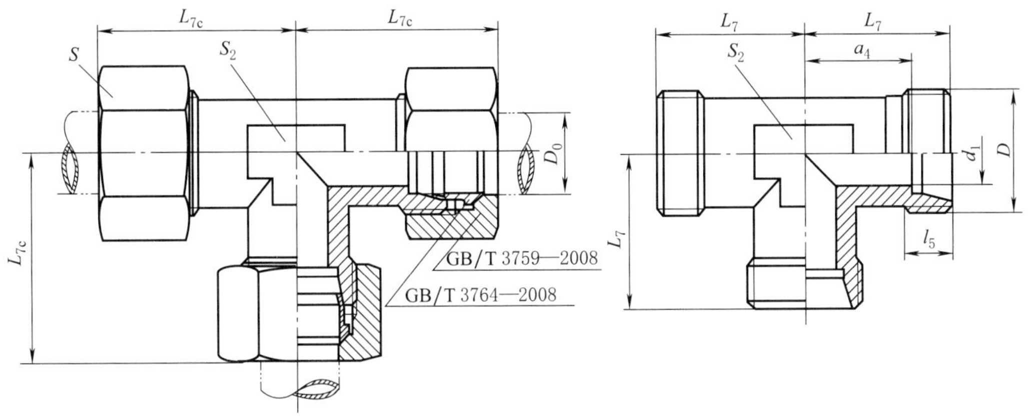

标记示例

接头系列为 L，管子外径为 10mm，表面镀锌处理的钢制卡套式三通管接头标记为：

管接头 GB/T 3745 L10

表 20-12-62 mm

系列	最大工作压力/MPa	管子外径 D_0	D	d_1 参考	$L_7\pm0.3$	$L_{7c}\approx$	l_5 min	a_4 参考	S	S_2 锻制 min	S_2 机械加工 max
LL	10	4	M8×1	3	15	21	6	11	10	9	9
		5	M10×1	3.5	15	21	6	9.5	12	9	11
		6	M10×1	4.5	15	21	6	9.5	12	9	11
		8	M12×1	6	17	23	7	11.5	14	12	12
L	25	6	M12×1.5	4	19	27	7	12	14	12	12
		8	M14×1.5	6	21	29	7	14	17	12	14
		10	M16×1.5	8	22	30	8	15	19	14	17
		12	M18×1.5	10	24	32	8	17	22	17	19
		(14)	M20×1.5	11	25	33	8	18	24	19	—
		15	M22×1.5	12	28	36	9	21	27	19	—
		(16)	M24×1.5	14	30	39	9	22.5	30	22	—
	16	18	M26×1.5	15	31	40	9	23.5	32	24	—
		22	M30×2	19	35	44	10	27.5	36	27	—
	10	28	M36×2	24	38	47	10	30.5	41	36	—
		35	M45×2	30	45	56	12	34.5	50	41	—
		42	M52×2	36	51	63	12	40	60	50	—
S	63	6	M14×1.5	4	23	31	9	16	17	12	14
		8	M16×1.5	5	24	32	9	17	19	14	17
		10	M18×1.5	7	25	34	9	17.5	22	17	19
		12	M20×1.5	8	26	35	9	18.5	24	17	22
		(14)	M22×1.5	9	29	38	10	21.5	27	22	—
	40	16	M24×1.5	12	33	43	11	24.5	30	24	—
		20	M30×2	16	37	48	12	26.5	36	27	—
		25	M36×2	20	45	57	14	33	46	36	—
	25	30	M42×2	25	49	62	16	35.5	50	41	—
		38	M52×2	32	57	72	18	41	60	50	—

注：尽可能不采用括号内的规格。

卡套式四通管接头（摘自 GB/T 3746—2008）

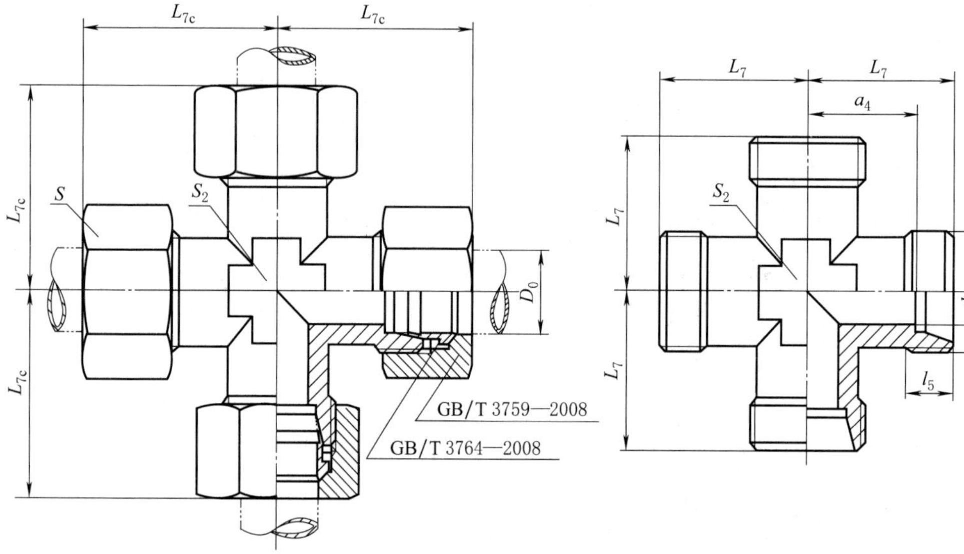

标记示例

接头系列为 L，管子外径为 10mm，表面镀锌处理的钢制卡套式四通管接头标记为：

管接头 GB/T 3746 L10

表 20-12-63

mm

系列	最大工作压力 /MPa	管子外径 D_0	D	d_1 参考	L_7±0.3	L_{7c}±0.3	l_5 min	a_4 参考	S	S_2 锻制 min	S_2 机械加工 max
LL	10	4	M8×1	3	15	21	6	11	10	9	9
		5	M10×1	3.5	15	21	6	9.5	12	9	11
		6	M10×1	4.5	15	21	6	9.5	12	9	11
		8	M12×1	6	17	23	7	11.5	14	12	12
L	25	6	M12×1.5	4	19	27	7	12	14	12	12
		8	M14×1.5	6	21	29	7	14	17	12	14
		10	M16×1.5	8	22	30	8	15	19	14	17
		12	M18×1.5	10	24	32	8	17	22	17	19
		(14)	M20×1.5	11	25	33	8	18	24	19	—
		15	M22×1.5	12	28	36	9	21	27	19	—
		(16)	M24×1.5	14	30	39	9	22.5	30	22	—
	16	18	M26×1.5	15	31	40	9	23.5	32	24	—
		22	M30×2	19	35	44	10	27.5	36	27	—
	10	28	M36×2	24	38	47	10	30.5	41	36	—
		35	M45×2	30	45	56	12	34.5	50	41	—
		42	M52×2	36	51	63	12	40	60	50	—
S	63	6	M14×1.5	4	23	31	9	16	17	12	14
		8	M16×1.5	5	24	32	9	17	19	14	17
		10	M18×1.5	7	25	34	9	17.5	22	17	19
		12	M20×1.5	8	26	35	9	18.5	24	17	22
		(14)	M22×1.5	9	29	38	10	21.5	27	22	—
	40	16	M24×1.5	12	33	43	11	24.5	30	24	—
		20	M30×2	16	37	48	12	26.5	36	27	—
		25	M36×2	20	45	57	14	33	46	36	—
	25	30	M42×2	25	49	62	16	35.5	50	41	—
		38	M52×2	32	57	72	18	41	60	50	—

注：尽可能不采用括号内的规格。

卡套式焊接管接头（摘自 GB/T 3747—2008）

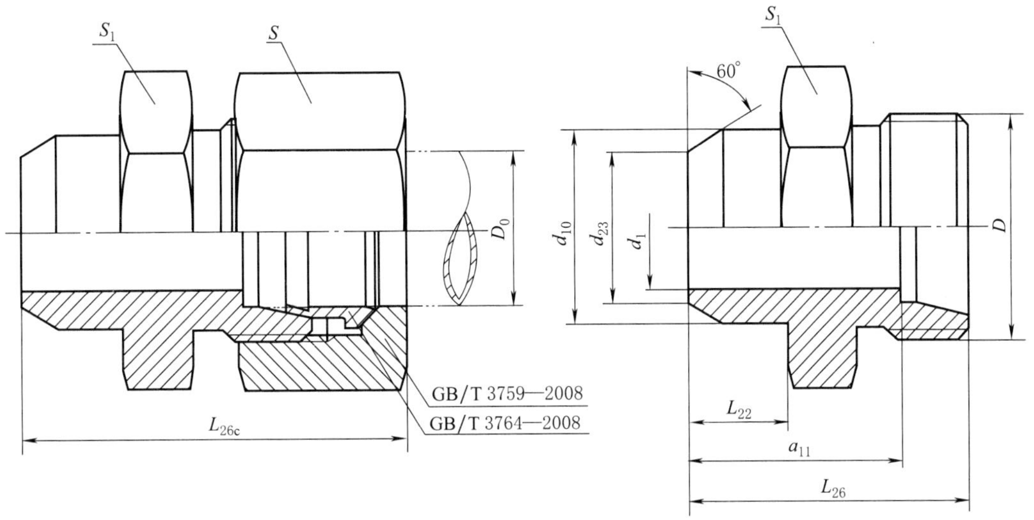

标记示例

接头系列为 L，管子外径为 10mm，表面氧化处理的钢制卡套式焊接管接头标记为：

管接头　GB/T 3747　L10 · O

表 20-12-64　　mm

系列	最大工作压力/MPa	管子外径 D_0	D	d_1 参考	$d_{10}\pm0.2$	$d_{23}\pm0.2$	$L_{22}\pm0.2$	$d_{26}\pm0.3$	L_{26c} ≈	S	S_1	a_{11} 参考
L	25	6	M12×1.5	4	10	6	7	21	29	14	12	14
		8	M14×1.5	6	12	8	8	23	31	17	14	16
		10	M16×1.5	8	14	10	8	24	32	19	17	17
		12	M18×1.5	10	16	12	8	25	33	22	19	18
		(14)	M20×1.5	11	18	14	8	25	33	24	22	18
		15	M22×1.5	12	19	15	10	28	36	27	24	21
		(16)	M24×1.5	14	20	16	10	29	38	30	27	21.5
	16	18	M26×1.5	15	22	18	10	29	38	32	27	21.5
		22	M30×2	19	27	22	12	33	42	36	32	25.5
	10	28	M36×2	24	32	28	12	34	43	41	41	26.5
		35	M45×2	30	40	35	14	39	50	50	46	28.5
		42	M52×2	36	46	42	16	43	55	60	55	32
S	63	6	M14×1.5	4	11	6	7	25	33	17	14	18
		8	M16×1.5	5	13	8	8	28	36	19	17	21
		10	M18×1.5	7	15	10	8	28	37	22	19	20.5
		12	M20×1.5	8	17	12	10	32	41	24	22	24.5
		(14)	M22×1.5	9	19	14	10	33	42	27	24	25.5
	40	16	M24×1.5	12	21	16	10	34	44	30	27	25.5
		20	M30×2	16	26	20	12	40	51	36	32	29.5
		25	M36×2	20	31	24	12	44	56	46	41	32
	25	30	M42×2	25	36	29	14	48	61	50	46	34.5
		38	M52×2	32	44	36	16	55	70	60	55	39

注：尽可能不采用括号内的规格。

卡套式过板直通管接头（摘自 GB/T 3748—2008）

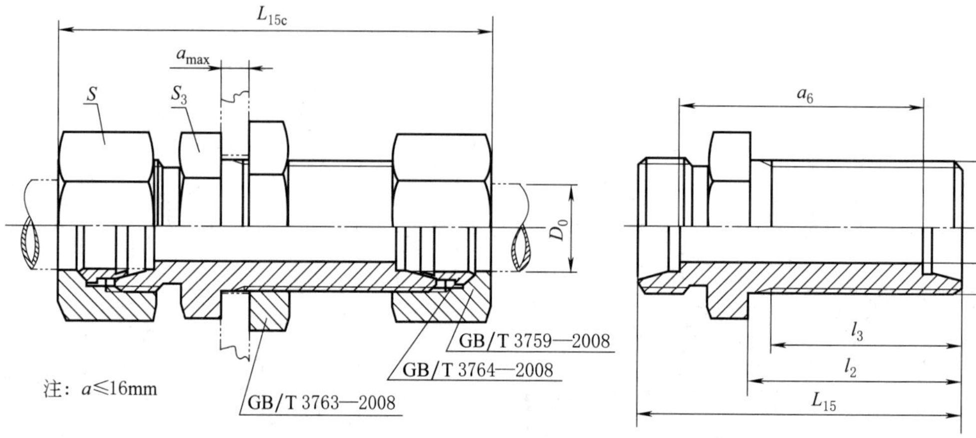

标记示例

接头系列为 L，管子外径为 10mm，表面镀锌处理的钢制卡套式过板直接管接头标记为：

管接头　GB/T 3748　L10

表 20-12-65

mm

系列	最大工作压力 /MPa	管子外径 D_0	D	d_1 参考	$l_2 \pm 0.2$	l_3 min	$L_{15} \pm 0.3$	L_{15c} ≈	S	S_3	a_6 参考
L	25	6	M12×1.5	4	34	30	48	64	14	17	34
		8	M14×1.5	6	34	30	49	65	17	19	35
		10	M16×1.5	8	35	31	51	67	19	22	37
		12	M18×1.5	10	36	32	53	69	22	24	39
		(14)	M20×1.5	11	37	33	54	70	24	27	40
		15	M22×1.5	12	38	34	56	72	27	27	42
		(16)	M24×1.5	14	38	34	57	75	30	30	42
	16	18	M26×1.5	15	40	36	59	77	32	32	44
		22	M30×2	19	42	37	63	81	36	36	48
	10	28	M36×2	24	43	38	65	83	41	41	50
		35	M45×2	30	47	42	72	94	50	50	51
		42	M52×2	36	47	42	74	98	60	60	52
S	63	6	M14×1.5	4	36	32	54	70	17	19	40
		8	M16×1.5	5	36	32	56	72	19	22	42
		10	M18×1.5	7	37	33	57	75	22	24	42
		12	M20×1.5	8	38	34	60	78	24	27	45
		(14)	M22×1.5	9	39	35	62	80	27	27	47
	40	16	M24×1.5	12	40	36	64	84	30	32	47
		20	M30×2	16	44	39	72	94	36	41	51
		25	M36×2	20	47	42	79	103	46	46	55
	25	30	M42×2	25	51	46	85	111	50	50	58
		38	M52×2	32	53	48	92	122	60	65	60

注：尽可能不采用括号内的规格。

卡套式过板弯通管接头（摘自 GB/T 3749—2008）

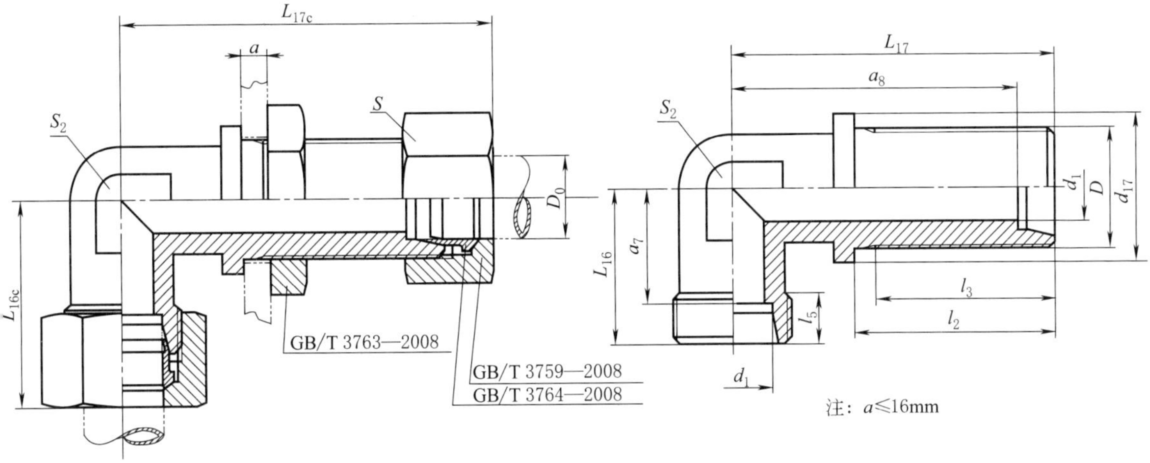

注：$a \leqslant 16$mm

标记示例

接头系列为 L，管子外径为 10mm，表面镀锌处理的钢制卡套式过板弯通管接头标记为：

管接头　GB/T 3749　L10

表 20-12-66　　mm

系列	最大工作压力/MPa	管子外径 D_0	D	d_1 参考	$d_{17}\pm0.2$	$l_2\pm0.2$	l_3 min	l_5 min	$L_{16}\pm0.3$	L_{16c} ≈	$L_{17}\pm0.3$	L_{17c} ≈	a_7 参考	a_8 参考	S	S_2
L	25	6	M12×1.5	4	17	34	30	7	19	27	48	56	12	41	14	12
		8	M14×1.5	6	19	34	30	7	21	29	51	59	14	44	17	12
		10	M16×1.5	8	22	35	31	8	22	30	53	61	15	46	19	14
		12	M18×1.5	10	24	36	32	8	24	32	56	64	17	49	22	17
		(14)	M20×1.5	11	27	37	33	8	25	33	57	65	18	50	24	19
		15	M22×1.5	12	27	38	34	9	28	36	61	69	21	54	27	19
		(16)	M24×1.5	14	30	38	34	9	30	39	62	71	22.5	54.5	30	22
	16	18	M26×1.5	15	32	40	36	9	31	40	64	73	23.5	56.5	32	24
		22	M30×2	19	36	42	37	10	35	44	72	81	27.5	64.5	36	27
	10	28	M36×2	24	42	43	38	10	38	47	77	86	30.5	69.5	41	36
		35	M45×2	30	50	47	42	12	45	56	86	97	34.5	75.5	50	41
		42	M52×2	36	60	47	42	12	51	63	90	102	40	79	60	50
S	63	6	M14×1.5	4	19	36	32	9	23	31	53	61	16	46	17	12
		8	M16×1.5	5	22	36	32	9	24	32	54	62	17	47	19	14
		10	M18×1.5	7	24	37	33	9	25	34	57	66	17.5	49.5	22	17
		12	M20×1.5	8	27	38	34	9	26	35	59	68	18.5	51.5	24	17
		(14)	M22×1.5	9	27	39	35	10	29	38	62	71	21.5	54.5	27	22
	40	16	M24×1.5	12	30	40	36	11	33	43	64	74	24.5	55.5	30	24
		20	M30×2	16	36	44	39	12	37	48	74	85	26.5	63.5	36	27
		25	M36×2	20	42	47	42	14	45	57	81	93	33	69	46	36
	25	30	M42×2	25	50	51	46	16	49	62	90	103	35.5	76.5	50	41
		38	M52×2	32	60	53	48	18	57	72	96	111	41	80	60	50

注：尽可能不采用括号内的规格。

卡套式过板焊接管接头（摘自 GB 3757—2008）

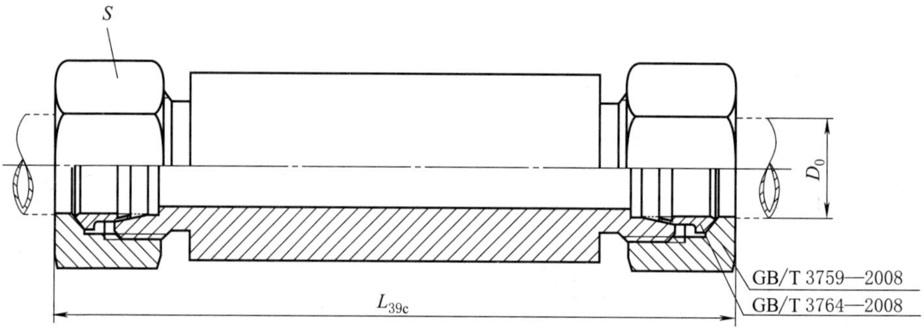

(a) 卡套式过板焊接管接头

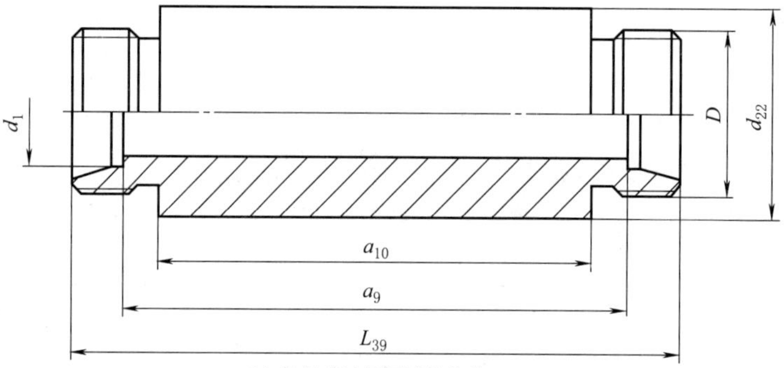

(b) 卡套式过板焊接接头体

标记示例

接头系列为 L，管子外径为 10mm，表面镀锌处理的钢制卡套式过板焊接管接头标记为：

管接头　GB/T 3757　L10

表 20-12-67

mm

系列	最大工作压力 /MPa	管子外径 D_0	D	d_1 参考	$d_{22}\pm0.2$	$L_{39}\pm0.3$	L_{39c} ≈	a_9 参考	a_{10} 参考	S
L	25	6	M12×1.5	4	18	70	86	56	50	14
		8	M14×1.5	6	20	70	86	56	50	17
		10	M16×1.5	8	22	72	88	58	50	19
		12	M18×1.5	10	25	72	88	58	50	22
		(14)	M20×1.5	11	28	72	88	58	50	24
		15	M22×1.5	12	28	84	100	70	60	27
		(16)	M24×1.5	14	30	84	102	69	60	30
	16	18	M26×1.5	15	32	84	102	69	60	32
		22	M30×2	19	36	88	106	73	60	36
	10	28	M36×2	24	40	88	106	73	60	41
		35	M45×2	30	50	92	114	71	60	50
		42	M52×2	36	60	92	116	70	60	60
S	63	6	M14×1.5	4	20	74	90	60	50	17
		8	M16×1.5	5	22	74	90	60	50	19
		10	M18×1.5	7	25	74	92	59	50	22
		12	M20×1.5	8	28	74	92	59	50	24
		(14)	M22×1.5	9	28	86	104	71	60	27
	40	16	M24×1.5	12	35	88	108	71	60	30
		20	M30×2	16	38	92	114	71	60	36
		25	M36×2	20	45	96	120	72	60	46
	25	30	M42×2	25	50	100	126	73	60	50
		38	M52×2	32	60	104	134	72	60	60

注：尽可能不采用括号内的规格。

卡套式铰接管接头（摘自 GB/T 3750—2008）

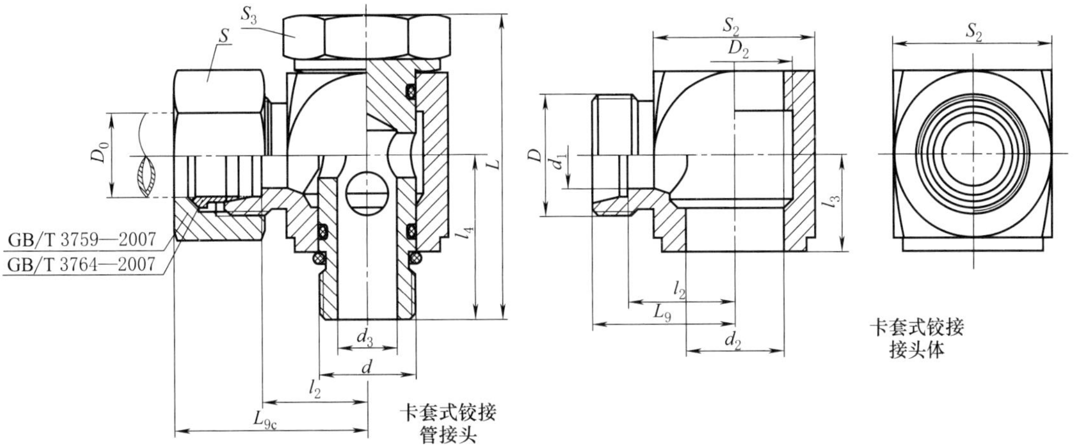

标记示例

接头系列为 L，管子外径为 10mm，普通螺纹（M）F 型柱端，表面镀锌处理的钢制卡套式铰接管接头标记为：

管接头　GB 3750　L10

表 20-12-68

mm

系列	最大工作压力 /MPa	管子外径 D_0	D	D_2	d	d_1	d_2 公称尺寸	d_2 极限偏差	d_3	l_2	l_3	l_4	L	L_9	L_{9c}	S	S_2	S_3
L	25	6	M12×1.5	12.7	M10×1	4	10	+0.022 0	4	11.5	10	18.5	33.5	18.5	26.5	14	17	14
		8	M14×1.5	14.2	M12×1.5	6	12	+0.027 0	6	12.5	11.5	22.5	39	19.5	27.5	17	19	17
		10	M16×1.5	16.5	M14×1.5	8	14		7	15	13	24	42	22	30	19	22	19
		12	M18×1.5	20.3	M16×1.5	10	16		9	17.5	15.5	27	49	24.5	32.5	22	27	22
		(14)	M20×1.5	22.6	M18×1.5	11	18		10	19	17.5	30	53.5	26	34	24	30	24
		15	M22×1.5	22.6	M18×1.5	12	18		11	20	17.5	30	53.5	27	35	27	30	24
		(16)	M24×1.5	24.1	M20×1.5	14	20	+0.033 0	12	20.5	18.5	31	56	28	37	30	32	27
	16	18	M26×1.5	30	M22×1.5	15	22		14	22.5	21	34	62	30	39	32	36	27
		22	M30×2	34	M26×1.5	19	26		18	27	23.5	39.5	70	34.5	43.5	36	41	32
	10	28	M36×2	41	M33×2	24	33	+0.039 0	23	29.5	26	42	76	37	46	41	46	41
		35	M45×2	19	M42×2	30	42		30	33	30.5	46.5	86	43.5	54.5	50	55	50
		42	M52×2	62	M48×2	36	48		36	40	38	55.5	104.5	51	63	60	70	55
S	40	6	M14×1.5	14	M12×1.5	4	12	+0.027 0	4	16	13	24	43	23	31	17	22	17
		8	M16×1.5	15.3	M14×1.5	5	14		5	17	14	25	47	24	32	19	24	19
		10	M18×1.5	17.2	M16×1.5	7	16		7	18	15.5	28	52	25.5	34.5	22	27	22
		12	M20×1.5	19.1	M18×1.5	8	18		8	19.5	17.5	31.5	59	27	36	24	30	24
		(14)	M22×1.5	23	M20×1.5	9	20	+0.033 0	9	23.5	20.5	34.5	65	31	40	27	36	27
		16	M24×1.5	23	M22×1.5	12	22		12	23.5	21	36	67	32	42	30	36	27
		20	M30×2	29	M27×2	16	27		15	28.5	26	44.5	82.5	39	50	36	46	32
	25	25	M36×2	37.6	M33×2	20	33	+0.039 0	20	31	28	46.5	88.5	43	55	46	50	41
	16	30	M42×2	50	M42×2	25	42		25	36.5	33	52	99	50	63	50	60	50
		38	M52×2	58.4	M48×2	32	48		32	41	38	59.5	114	57	72	60	70	55

注：尽可能不采用括号内的规格。

卡套式锥密封组合直通管接头（摘自 GB/T 3756—2008）

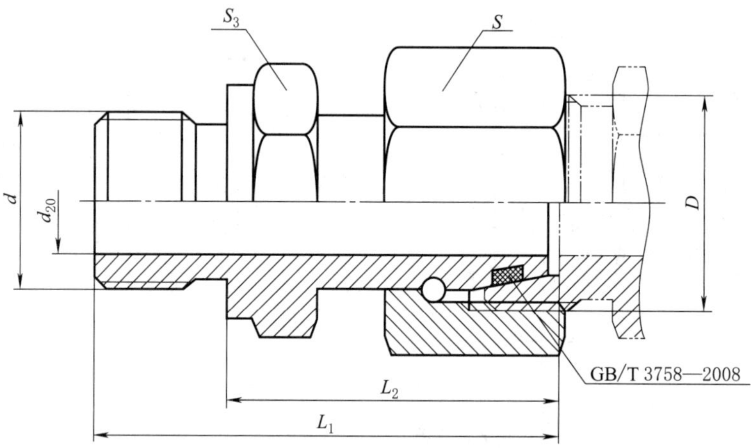

标记示例

接头系列为 L，管子外径为 10mm，普通螺纹（M）F 型柱端，表面镀锌处理的钢制卡套式锥密封组合直通管接头标记为：

管接头 GB/T 3756 L10

表 20-12-69

mm

系列	最大工作压力/MPa	管子外径 D_0	D	d	d_{20} min	$L_1\pm0.5$	L_2 参考	S	S_3
L	25	6	M12×1.5	M10×1	2.5	33	24.5	14	14
		8	M14×1.5	M12×1.5	4	37.5	26.5	17	17
		10	M16×1.5	M14×1.5	6	38.5	27.5	19	19
		12	M18×1.5	M16×1.5	8	42	30.5	22	22
		(14)	M20×1.5	M18×1.5	9	43.5	31	24	24
		15	M22×1.5	M18×1.5	10	44	31.5	27	24
		(16)	M24×1.5	M20×1.5	12	44	31.5	30	27
	16	18	M26×1.5	M22×1.5	13	44.5	31.5	32	27
		22	M30×2	M27×2	17	48.5	32.5	36	32
	10	28	M36×2	M33×2	22	51	35	41①	41
		35	M45×2	M42×2	28	58.5	42.5	50	50
		42	M52×2	M48×2	34	64	46.5	60	55
S	63	6	M14×1.5	M12×1.5	2.5	38	27	17	17
		8	M16×1.5	M14×1.5	4	40.5	29.5	19	19
		10	M18×1.5	M16×1.5	6	44.5	32	22	22
		12	M20×1.5	M18×1.5	8	48	34	24	24
		(14)	M22×1.5	M20×1.5	9	50	36	27	27
	40	16	M24×1.5	M22×1.5	11	52	37	30	27
		20	M30×2	M27×2	14	61.5	43	36	32
		25	M36×2	M33×2	18	66.5	48	46	41
	25	30	M42×2	M42×2	23	70	51	50	50
		38	M52×2	M48×2	30	81.5	60	60	55

① 可为 46mm。

注：尽可能不采用括号内的规格。

卡套式组合弯通管接头（摘自 GB/T 3752—2008）

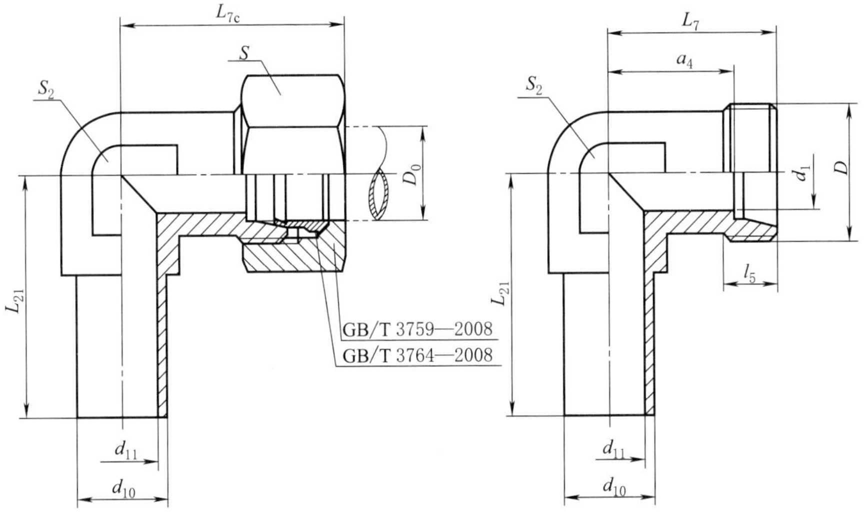

标记示例

接头系列为 L，管子外径为 10mm，表面镀锌处理的钢制卡套式组合弯通管接头标记为：

管接头　GB/T 3752　L10

表 20-12-70　　　　mm

系列	最大工作压力/MPa	管子外径 D_0	D	d_1 参考	$d_{10}\pm0.3$	$d_{11}{}^{+0.20}_{-0.05}$	l_5 min	$L_7\pm0.3$	L_{7c} ≈	$L_{21}\pm0.5$	a_4 参考	S	S_2 锻制 min	S_2 机械加工 max
L	25	6	M12×1.5	4	6	3	7	19	27	26	12	14	12	—
		8	M14×1.5	6	8	5	7	21	29	27.5	14	17	12	14
		10	M16×1.5	8	10	7	8	22	30	29	15	19	14	17
		12	M18×1.5	10	12	8	8	24	32	29.5	17	22	17	19
		(14)	M20×1.5	11	14	10	8	25	33	31.5	18	24	19	—
		15	M22×1.5	12	15	10	9	28	36	32.5	21	27	19	—
		(16)	M24×1.5	14	16	11	9	30	39	33.5	22.5	30	22	—
	16	18	M26×1.5	15	18	13	9	31	40	35.5	23.5	32	24	—
		22	M30×2	19	22	17	10	35	44	38.5	27.5	36	27	—
	10	28	M36×2	24	28	23	10	38	47	41.5	30.5	41	36	—
		35	M45×2	30	35	29	12	45	56	51	34.5	50	41	—
		42	M52×2	36	42	36	12	51	63	56	40	60	50	—
S	63	6	M14×1.5	4	6	2.5	9	23	31	27	16	17	12	14
		8	M16×1.5	5	8	4	9	24	32	27.5	17	19	14	17
		10	M18×1.5	7	10	5	9	25	34	30	17.5	22	17	19
		12	M20×1.5	8	12	6	9	26	35	31	18.5	24	17	22
		(14)	M22×1.5	9	14	7	10	29	38	34	21.5	27	22	—
	40	16	M24×1.5	12	16	10	11	33	43	36.5	24.5	30	24	—
		20	M30×2	16	20	12	12	37	48	44.5	26.5	36	27	—
		25	M36×2	20	25	16	14	45	57	50	33	46	36	—
	25	30	M42×2	25	30	22	16	49	62	55	35.5	50	41	—
		38	M52×2	32	38	28	18	57	72	63	41	60	50	—

注：尽可能不采用括号内的规格。

卡套式锥密封组合弯通管接头（摘自 GB/T 3754—2008）

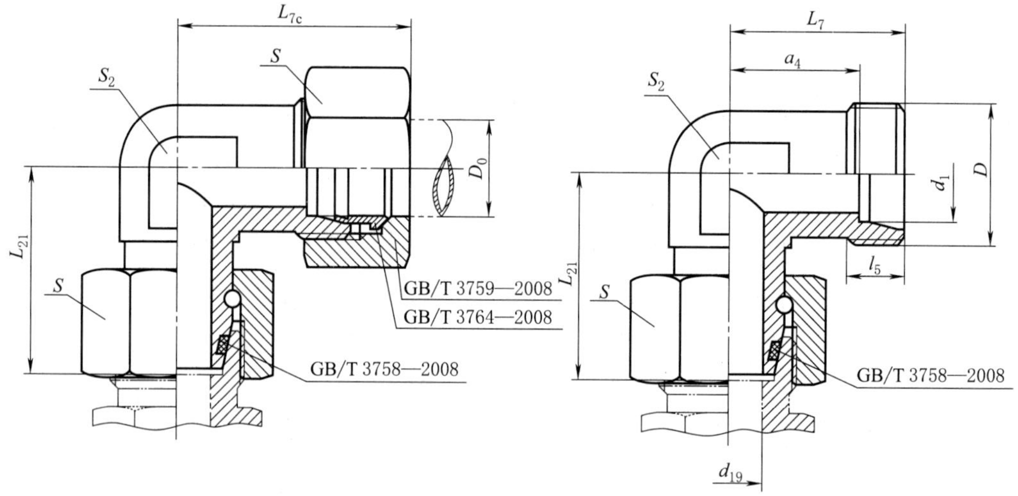

标记示例

接头系列为 L，管子外径为 10mm，表面镀锌处理的钢制卡套式锥密封组合弯通管接头标记为：

管接头　GB/T 3754　L10

表 20-12-71

mm

系列	最大工作压力 /MPa	管子外径 D_0	D	d_1 参考	d_{19} min	$L_7\pm0.3$	L_{7c} ≈	$L_{21}\pm0.5$	a_4 参考	l_5 min	S	S_2 锻制 min	S_2 机械加工 max
L	25	6	M12×1.5	4	2.5	19	27	26	12	7	14	12	—
		8	M14×1.5	6	4	21	29	27.5	14	7	17	12	14
		10	M16×1.5	8	6	22	30	29	15	8	19	14	17
		12	M18×1.5	10	8	24	32	29.5	17	8	22	17	19
		(14)	M20×1.5	11	9	25	33	31.5	18	8	24	19	—
		15	M22×1.5	12	10	28	36	32.5	21	9	27	19	—
		(16)	M24×1.5	14	12	30	39	33.5	22.5	9	30	22	—
	16	18	M26×1.5	15	13	31	40	35.5	23.5	9	32	24	—
		22	M30×2	19	17	35	44	38.5	27.5	10	36	27	—
	10	28	M36×2	24	22	38	47	41.5	30.5	10	41[①]	36	—
		35	M45×2	30	28	45	56	51	34.5	12	50	41	—
		42	M52×2	36	34	51	63	56	40	12	60	50	—
S	63	6	M14×1.5	4	2.5	23	31	27	16	9	17	12	14
		8	M16×1.5	5	4	24	32	27.5	17	9	19	14	17
		10	M18×1.5	7	6	25	34	30	17.5	9	22	17	19
		12	M20×1.5	8	8	26	35	31	18.5	9	24	17	22
		(14)	M22×1.5	9	9	29	38	34	21.5	10	27	22	—
	40	16	M24×1.5	12	11	33	43	36.5	24.5	11	30	24	—
		20	M30×2	16	14	37	48	44.5	26.5	12	36	27	—
		25	M36×2	20	18	45	57	50	33	14	46	36	—
	25	30	M42×2	25	23	49	62	55	35.5	16	50	41	—
		38	M52×2	32	30	57	72	63	41	18	60	50	—

① 可为 46mm。

注：尽可能不采用括号内的规格。

卡套式组合三通管接头（摘自 GB/T 3753—2008）

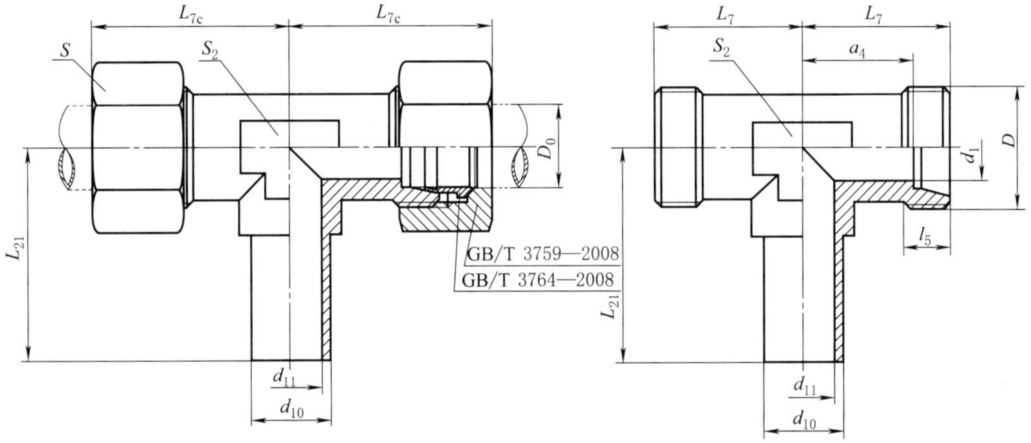

标记示例

接头系列为 L，管子外径为 10mm，表面镀锌处理的钢制卡套式组合三通管接头标记为：

管接头　GB/T 3753　L10

表 20-12-72　　mm

系列	最大工作压力/MPa	管子外径 D_0	D	d_1 参考	$d_{10}\pm0.3$	$d_{11}{}^{+0.20}_{-0.05}$	l_5 min	$L_7\pm0.3$	L_{7c} ≈	$L_{21}\pm0.5$	a_4 参考	S	S_2 锻制 min	S_2 机械加工 max
L	25	6	M12×1.5	4	6	3	7	19	27	26	12	14	12	—
		8	M14×1.5	6	8	5	7	21	29	27.5	14	17	12	14
		10	M16×1.5	8	10	7	8	22	30	29	15	19	14	17
		12	M18×1.5	10	12	8	8	24	32	29.5	17	22	17	19
		(14)	M20×1.5	11	14	10	8	25	33	31.5	18	24	19	—
		15	M22×1.5	12	15	10	9	28	36	32.5	21	27	19	—
		(16)	M24×1.5	14	16	11	9	30	39	33.5	22.5	30	22	—
	16	18	M26×1.5	15	18	13	9	31	40	35.5	23.5	32	24	—
		22	M30×2	19	22	17	10	35	44	38.5	27.5	36	27	—
	10	28	M36×2	24	28	23	10	38	47	41.5	30.5	41	36	—
		35	M45×2	30	35	29	12	45	56	51	34.5	50	41	—
		42	M52×2	36	42	36	12	51	63	56	40	60	50	—
S	63	6	M14×1.5	4	6	2.5	9	23	31	27	16	17	12	14
		8	M16×1.5	5	8	4	9	24	32	27.5	17	19	14	17
		10	M18×1.5	7	10	5	9	25	34	30	17.5	22	17	19
		12	M20×1.5	8	12	6	9	26	35	31	18.5	24	17	22
		(14)	M22×1.5	9	14	7	10	29	38	34	21.5	27	22	—
	40	16	M24×1.5	12	16	10	11	33	43	36.5	24.5	30	24	—
		20	M30×2	16	20	12	12	37	48	44.5	26.5	36	27	—
		25	M36×2	20	25	16	14	45	57	50	33	46	36	—
	25	30	M42×2	25	30	22	16	49	62	55	35.5	50	41	—
		38	M52×2	32	38	28	18	57	72	63	41	60	50	—

注：尽可能不采用括号内的规格。

卡套式锥密封组合三通管接头（摘自 GB/T 3755—2008）

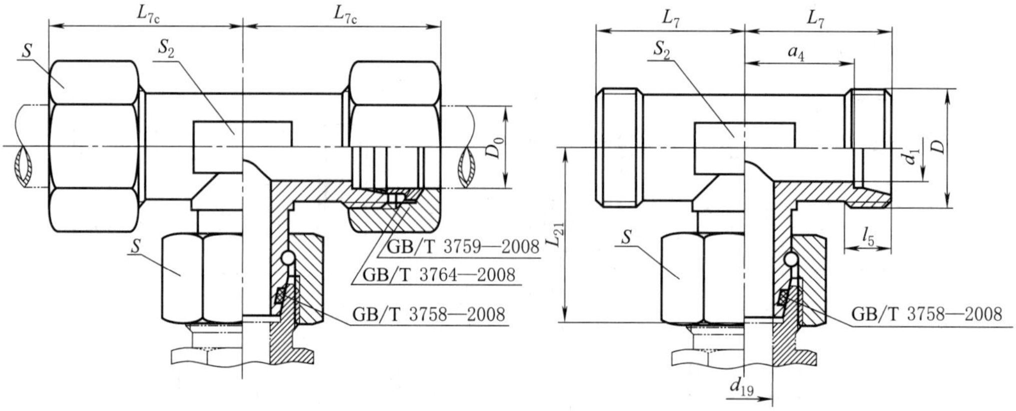

标记示例

接头系列为 L，管子外径为 10mm，表面镀锌处理的钢制卡套式锥密封组合三通管接头标记为：

管接头 GB/T 3755 L10

表 20-12-73

mm

系列	最大工作压力 /MPa	管子外径 D_0	D	d_1 参考	d_{19} min	$L_7\pm0.3$	L_{7c} ≈	$L_{21}\pm0.5$	a_4 参考	l_5 min	S	S_2 锻制 min	S_2 机械加工 max
L	25	6	M12×1.5	4	2.5	19	27	26	12	7	14	12	—
		8	M14×1.5	6	4	21	29	27.5	14	7	17	12	14
		10	M16×1.5	8	6	22	30	29	15	8	19	14	17
		12	M18×1.5	10	8	24	32	29.5	17	8	22	17	19
		(14)	M20×1.5	11	9	25	33	31.5	18	8	24	19	—
		15	M22×1.5	12	10	28	36	32.5	21	9	27	19	—
		(16)	M24×1.5	14	12	30	39	33.5	22.5	9	30	22	—
	16	18	M26×1.5	15	13	31	40	35.5	23.5	9	32	24	—
		22	M30×2	19	17	35	44	38.5	27.5	10	36	27	—
	10	28	M36×2	24	22	38	47	41.5	30.5	10	41①	36	—
		35	M45×2	30	28	45	56	51	34.5	12	50	41	—
		42	M52×2	36	34	51	63	56	40	12	60	50	—
S	63	6	M14×1.5	4	2.5	23	31	27	16	9	17	12	14
		8	M16×1.5	5	4	24	32	27.5	17	9	19	14	17
		10	M18×1.5	7	6	25	34	30	17.5	9	22	17	19
		12	M20×1.5	8	8	26	35	31	18.5	9	24	17	22
		(14)	M22×1.5	9	9	29	38	34	21.5	10	27	22	—
	40	16	M24×1.5	12	11	33	43	36.5	24.5	11	30	24	—
		20	M30×2	16	14	37	48	44.5	26.5	12	36	27	—
		25	M36×2	20	18	45	57	50	33	14	46	36	—
	25	30	M42×2	25	23	49	62	55	35.5	16	50	41	—
		38	M52×2	32	30	57	72	63	41	18	60	50	—

① 可为 46mm。

注：尽可能不采用括号内的规格。

卡套式管接头用锥密封焊接接管（摘自 GB/T 3758—2008）

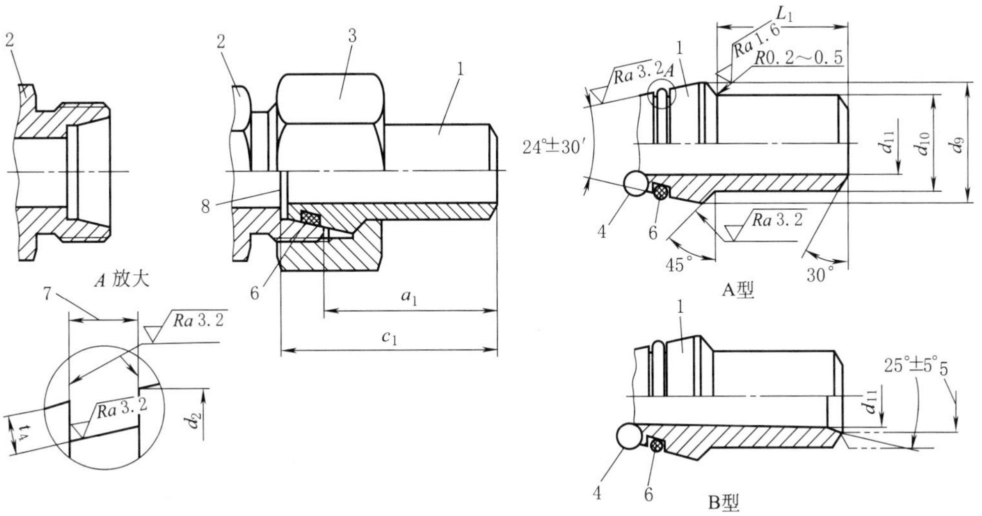

1—焊接锥头，与接头体和螺母一起使用；2—接头体；3—螺母；4—锥端，由制造商决定；5—连接管内径；6—O形圈；7—O形圈槽宽，由制造商决定；8—管止肩

标记示例

接头系列为L，与外径为10mm的管子配套使用，表面氧化处理的钢制卡套式管接头用锥密封焊接接管标记为：

管接头 GB/T 3758 L10·O

表 20-12-74

mm

系列	最大工作压力/MPa	管子外径 D_0	$d_{10}\pm0.1$	$d_{11}{}^{+0.20}_{-0.05}$ ①	d_9 min	d_9 max	d_2 max	$L_1\pm0.2$	$c_1\pm1$	$a_1\pm1$	$t_4\pm0.1$
L	25	6	6	3	9	10	7.8	19	32	25	1.1
		8	8	5	11	12	9.8	19	32	25	1.1
		10	10	7	13	14	12	20	33	26	1.1
		12	12	8	15	16	14	20	33	26	1.1
		(14)	14	10	17	18	16	22	35	28	1.1
		15	15	10	18	20	17	22	35	28	1.5
		(16)	16	11	19	22	18	23	36.5	29	1.5
	16	18	18	13	21	24	20	23	37	29.5	1.5
		22	22	17	25	27	24	24.5	39.5	32	1.5
	10	28	28	23	31	33	30	27.5	42.5	35	1.5
		35	35	29	40	42	37.7	30.5	49.5	39	1.9
		42	42	36	47	49	44.7	30.5	50	39	1.9
S	63	6	6	2.5	9	12	7.8	19	32	25	1.1
		8	8	4	11	14	9.8	19	32	25	1.1
		10	10	5	14	16	12	20	33.5	26	1.1
		12	12	6	16	18	14	20	33.5	26	1.1
		(14)	14	7	18	20	16	22	35.5	28	1.1
	40	16	16	10	20	22	18	26	40.5	32	1.5
		20	20	12	24	27	22.6	28.5	47	36.5	1.8
		25	25	16	29	33	27.6	33.5	53.5	41.5	1.8
	25	30	30	22	35	39	32.7	35.5	57.5	44	1.8
		38	38	28	43	49	40.7	39.5	64.5	48.5	1.8

① A型焊接接管允许的最大内径。当内径大于 d_{11}+0.5mm 时，推荐使用B型焊接接管。

注：尽可能不采用括号内的规格。

卡套式管接头用锥密封焊接接管用 O 形圈

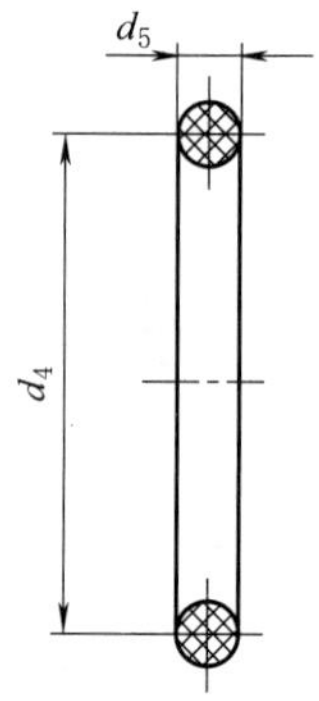

表 20-12-75

mm

系列	管子外径 D_0	d_4		d_5	
		公称	公差	公称	公差
L	6	4	±0.14	1.5	±0.08
	8	6	±0.14	1.5	±0.08
	10	7.5	±0.16	1.5	±0.08
	12	9	±0.16	1.5	±0.08
	(14)	11	±0.18	1.5	±0.08
	15	12	±0.18	2	±0.09
	(16)	12	±0.18	2	±0.09
	18	15	±0.18	2	±0.09
	22	20	±0.22	2	±0.09
	28	26	±0.22	2	±0.09
	35	32	±0.31	2.5	±0.09
	42	38	±0.31	2.5	±0.09
S	6	4	±0.14	1.5	±0.08
	8	6	±0.14	1.5	±0.08
	10	7.5	±0.16	1.5	±0.08
	12	9	±0.16	1.5	±0.08
	(14)	11	±0.16	1.5	±0.08
	16	12	±0.18	2	±0.09
	20	16.3	±0.18	2.4	±0.09
	25	20.3	±0.22	2.4	±0.09
	30	25.3	±0.22	2.4	±0.09
	38	33.3	±0.31	2.4	±0.09

注：1. 优先选用本标准规定 O 形圈尺寸，以保证满足本标准的性能要求。在满足保证密封性能要求情况下，也可使用其他尺寸规格的 O 形圈。

2. 尽可能不采用括号内的规格。

4.6 扩口式管接头

现行的扩口式管接头标准见表 20-12-76。

表 20-12-76

序号	标准
1	GB/T 5625—2008《扩口式端直通管接头》
2	GB/T 5626—2008《扩口式锥螺纹直通管接头》
3	GB/T 5627—2008《扩口式锥螺纹长管接头》
4	GB/T 5628—2008《扩口式直通管接头》
5	GB/T 5629—2008《扩口式锥螺纹弯通管接头》
6	GB/T 5630—2008《扩口式弯通管接头》
7	GB/T 5631—2008《扩口式可调向端弯通管接头》
8	GB/T 5632—2008《扩口式组合弯通管接头》
9	GB/T 5633—2008《扩口式可调向端三通管接头》
10	GB/T 5634—2008《扩口式组合弯通三通管接头》
11	GB/T 5635—2008《扩口式锥螺纹三通管接头》
12	GB/T 5637—2008《扩口式可调向端弯通三通管接头》
13	GB/T 5638—2008《扩口式组合三通管接头》
14	GB/T 5639—2008《扩口式三通管接头》
15	GB/T 5641—2008《扩口式四通管接头》
16	GB/T 5642—2008《扩口式焊接管接头》
17	GB/T 5643—2008《扩口式过板直通管接头》
18	GB/T 5644—2008《扩口式过板弯通管接头》
19	GB/T 5645—2008《扩口式压力表管接头》
20	GB/T 5646—2008《扩口式管接头管套》
21	GB/T 5647—2008《扩口式管接头用 A 型螺母》
22	GB/T 5648—2008《扩口式管接头用 B 型螺母》
23	GB/T 5650—2008《扩口式管接头用空心螺栓》
24	GB/T 5651—2008《扩口式管接头用密合垫》
25	GB/T 5652—2008《扩口式管接头扩口端尺寸》
26	GB/T 5653—2008《扩口式管接头技术条件》

注：注意 GB/T 5653—2008 附录 A（规范性附录）"扩口式管接头用管子扩口型式尺寸的最大工作压力"。

扩口式管接头结构简单，性能良好，加工和使用方便，适用于以油、气为介质的中、低压管路系统，其工作压力取决于管材的许用压力，一般为 3.5~16MPa。管接头本身的工作压力没有明确规定。广泛应用于飞机、汽车及机床行业的液压管路系统。

这种接头有 A 型和 B 型两种结构型式，如图 20-12-34 及图 20-12-35 所示。A 型由具有 74°外锥面的管接头体、起压紧作用的螺母和带有 66°内锥孔的管套组成；B 型由具有 90°外锥面的管接头体和带有 90°内锥孔的螺母组成。将已冲了喇叭口的管子置于接头体的外锥面和管套（或 B 型的螺母）的内锥孔之间，旋紧螺母使管子的喇叭口受压，挤贴于接头体外锥面和管套（或 B 型的螺母）内锥孔所产生的缝隙中，从而起到了密封作用。

接头体和机体的连接有两种型式：一种采用公制锥螺纹，此时依靠锥螺纹自身的结构和塑料填料进行密封；

另一种采用普通细牙螺纹，此时接头体和机件端的连接处需加密封垫圈。垫圈型式推荐按 GB/T 3452.1 “O 形密封圈”、JB/T 982（已作废，仅作参考）“组合密封垫圈” 和 JB/T 966 “密封垫圈” 的规定选取。

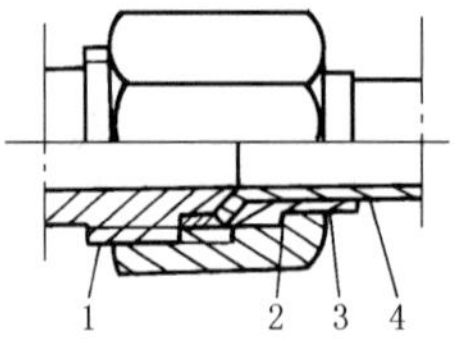

图 20-12-34　扩口式 A 型管接头的结构

1—接头体；2—螺母；3—管套；4—管子

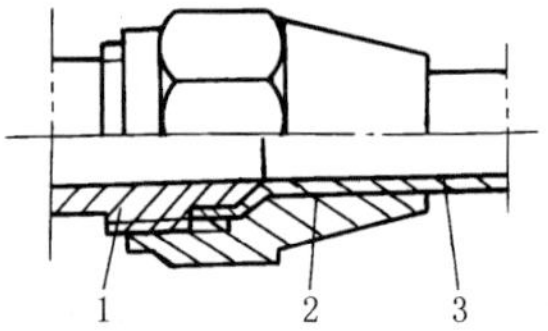

图 20-12-35　扩口式 B 型管接头的结构

1—接头体；2—螺母；3—管子

扩口式端直通管接头（摘自 GB/T 5625—2008）

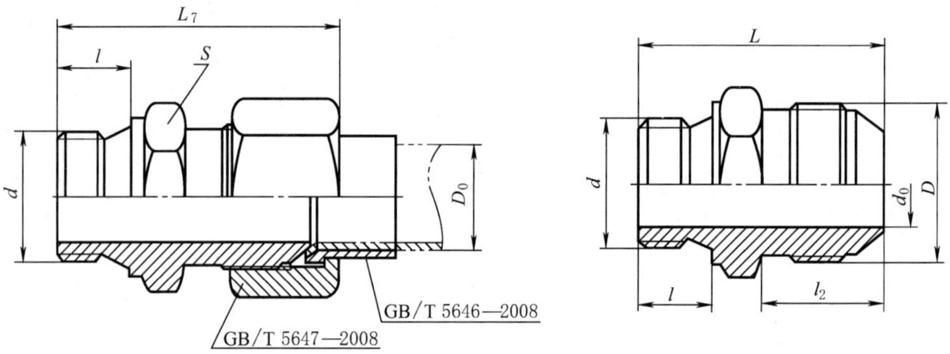

标记示例

扩口型式 A，管子外径为 10mm，普通螺纹（M）A 型柱端，表面镀锌处理的钢制扩口式端直通管接头标记为：

管接头　GB/T 5625　A10/M14×1.5

表 20-12-77

mm

管子外径 D_0	d_0	d①		D	$L_7\approx$		l	l_2	L	S
					A 型	B 型				
4	3	M10×1	G1/8	M10×1	31.5	36	8	12.5	26.5	14
5	3.5									
6	4			M12×1.5	35.5	40		16	30	
8	6	M12×1.5	G1/4	M14×1.5	44	52	12	18	37	17
10	8	M14×1.5		M16×1.5	45	54		19	38	19
12	10	M16×1.5	G3/8	M18×1.5	45.5	57			39	22
14	12②	M18×1.5		M22×1.5		61		19.5	39.5	24
16	14	M22×1.5	G1/2	M24×1.5	49	65	14	20	43	30
18	15			M27×1.5		69		20.5	43.5	
20	17	M27×2	G3/4	M30×2	58.5	—	16	26	52	34
22	19			M33×2	59.5	—				
25	22	M33×2	G1	M36×2	64	—	18		56	41
28	24			M39×2	66.5	—		27.5	58.5	
32	27	M42×2	G1¼	M42×2	71	—	20	28.5	62.5	50
34	30			M45×2	71.5	—				

① 优先选用普通螺纹。

② 采用 55°非密封的管螺纹时尺寸为 10mm。

表 20-12-78　　扩口式锥螺纹直通管接头（摘自 GB/T 5626—2008）　　mm

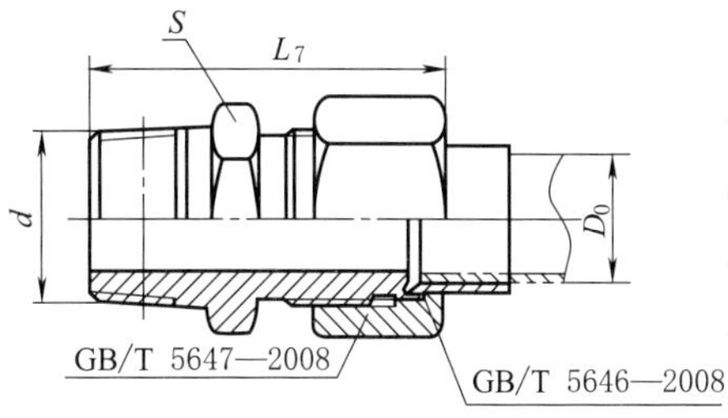

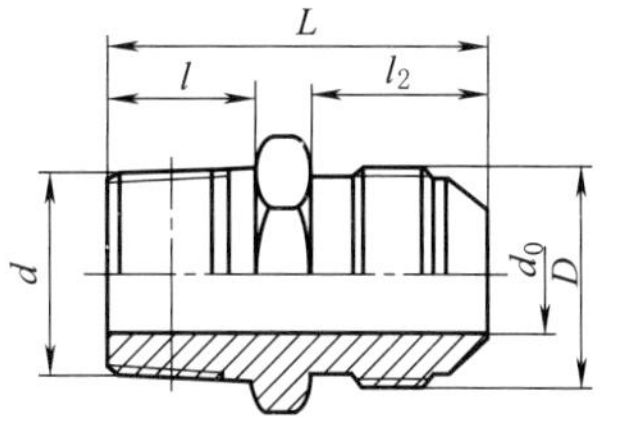

标记示例

扩口型式 A，管子外径 10mm，55°密封螺纹（R），表面镀锌处理的钢制扩口式锥螺纹直通管接头标记为：

管接头　GB/T 5626　A10/R¼

管子外径 D_0	d_0	d①		D	L_7≈		l	l_2	L	S
					A 型	B 型				
4	3	R1/8	NPT1/8	M10×1	31.5	36	8.5	12.5	26.5	12
5	3.5									
6	4			M12×1.5	36	40.5		16	30	14
8	6	R1/4	NPT1/4	M14×1.5	42.5	50.5	12.5	18	36	17
10	8			M16×1.5	43.5	52.5		19	37	19
12	10	R3/8	NPT3/8	M18×1.5	45	56.5	13		38.5	22
14				M22×1.5		60.5		19.5	39	24
16	14	R1/2	NPT1/2	M24×1.5	50.5	67	17	20	44.5	27
18	15			M27×1.5		71		20.5	45	30
20	17	R3/4	NPT3/4	M30×2	58.5	—	18	26	52	32
22	19			M33×2	59.5	—				34
25	22	R1	NPT1	M36×2	65.5	—	21.5		57.5	41
28	24			M39×2	68	—		27.5	60	
32	27	R1¼	NPT1¼	M42×2	73	—	24	28.5	64.5	46
34	30			M45×2		—				

① 优先选用 55°密封管螺纹。

表 20-12-79　　扩口式锥螺纹长管接头（摘自 GB/T 5627—2008）　　mm

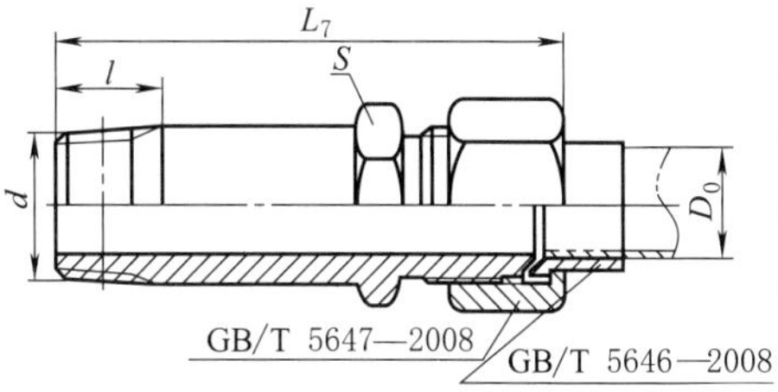

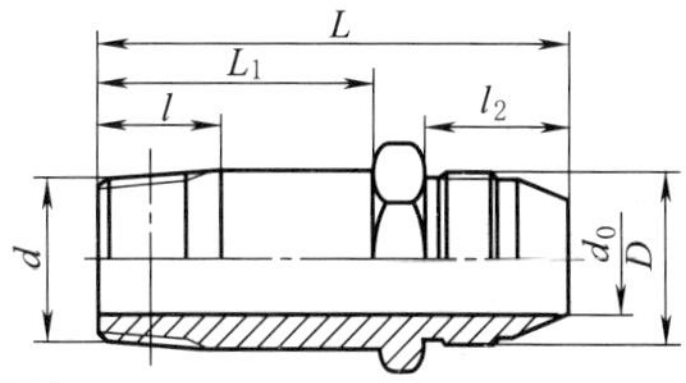

标记示例

扩口型式 A，管子外径为 10mm，55°密封管螺纹（R），表面镀锌处理的钢制扩口式锥螺纹长管接头标记为：

管接头　GB/T 5627　A10/R¼

管子外径 D_0	d_0	d①		D	L_7≈		l	l_2	L	L_1	S
					A 型	B 型					
4	3	R⅛	NPT⅛	M10×1	53.5	58	8.5	12.5	48.5	30	12
5	3.5										
6	4			M12×1.5	58.5	63		16	53		14
8	6	R¼	NPT¼	M14×1.5	92	100	12.5	18	85	60	17
10	8			M16×1.5	93	102		19	86		19
12	10	R⅜	NPT⅜	M18×1.5	93.5	105	13		87		22
14				M22×1.5		109		19.5	87.5		24
16	14	R½	NPT½	M24×1.5	95	111	17	20	89		27
18	15			M27×1.5		115		20.5	89.5		30
20	17	R¾	NPT¾	M30×2	102.5	—	18	26	96		32
22	19			M33×2	103.5	—					34
25	22	R1	NPT1	M36×2	106	—	21.5		98		41
28	24			M39×2	108.5	—		27.5	100.5		
32	27	R1¼	NPT1¼	M42×2	111	—	24	28.5	102.5		46
34	30			M45×2		—					

① 优先选用 55°密封管螺纹。

表 20-12-80 **扩口式直通管接头**（摘自 GB/T 5628—2008） mm

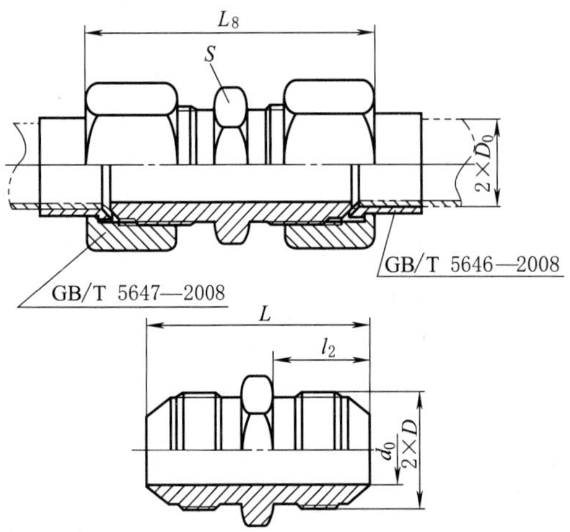

标记示例

扩口型式 A，管子外径为 10mm，表面镀锌处理的钢制扩口式直通管接头标记为：

管接头 GB/T 5628 A10

管子外径 D_0	d_0	D	$L_8\approx$		l_2	L	S
			A 型	B 型			
4	3	M10×1	40	49	12.5	30	12
5	3.5						
6	4	M12×1.5	47.5	57.5	16	37	14
8	6	M14×1.5	55.5	71	18	42	17
10	8	M16×1.5	57.5	75.5	19	44	19
12	10	M18×1.5	58	81		45	22
14	12	M22×1.5		89	19.5	46	24
16	14	M24×1.5	60	92	20	48	27
18	15	M27×1.5		100	20.5	49	30
20	17	M30×2	75.5	—	26	62	32
22	19	M33×2	76.5	—			34
25	22	M36×2	78	—			41
28	24	M39×2	83.5	—	27.5	67	
32	27	M42×2	86	—	28.5	69	46
34	30	M45×2		—			

表 20-12-81 **扩口式锥螺纹弯通管接头**（摘自 GB/T 5629—2008） mm

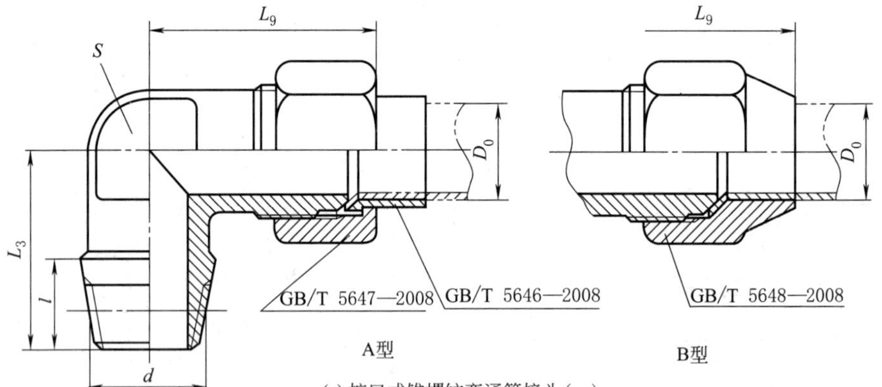

(a) 扩口式锥螺纹弯通管接头(一)

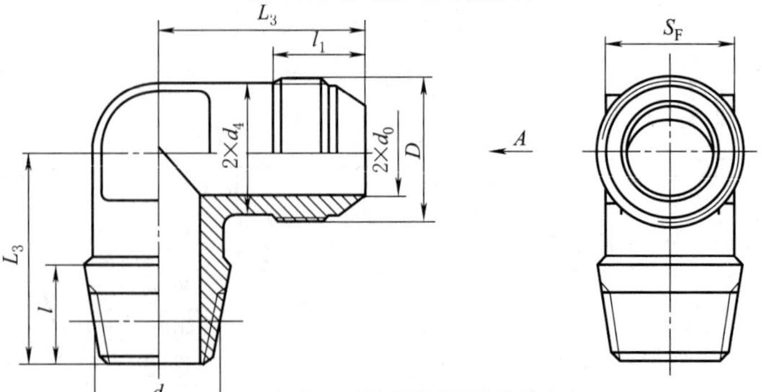

(b) 扩口式锥螺纹弯通接头体(一)

续表

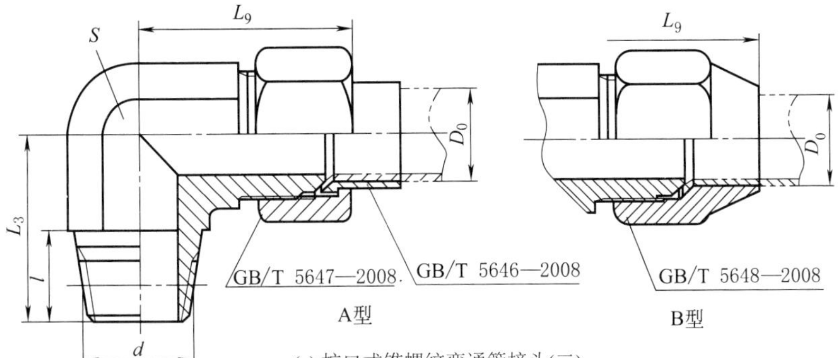

(c) 扩口式锥螺纹弯通管接头(二)

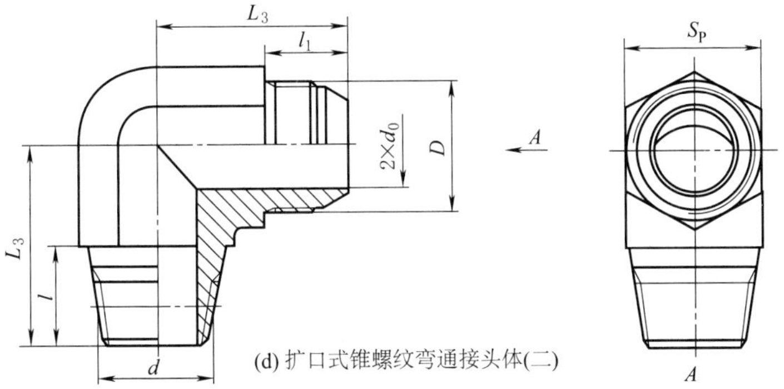

(d) 扩口式锥螺纹弯通接头体(二)

标记示例

扩口型式 A,管子外径为 10mm,55°密封管螺纹(R),表面镀锌处理的钢制扩口式锥螺纹弯通管接头标记为:

管接头　GB/T 5629　A10/R¼

管子外径 D_0	d_0	d[①]		D	$L_9\approx$		l	L_3	d_4	l_1	S	
					A 型	B 型					S_F	S_P
4	3	R⅛	NPT⅛	M10×1	25.5	30	8.5	20.5	8	9.5	8	10
5	3.5											
6	4			M12×1.5	29.5	34.5		24	10	12	10	12
8	6	R¼	NPT¼	M14×1.5	35.5	43	12.5	28.5	11	13.5	12	14
10	8			M16×1.5	37.5	46.5		30.5	13	14.5	14	17
12	10	R⅜	NPT⅜	M18×1.5	38	49.5	13	31.5	15		17	19
14				M22×1.5	39.5	55		34	19	15	19	22
16	14	R½	NPT½	M24×1.5	41.5	57.5	17	35.5	21	15.5	22	24
18	15			M27×1.5	43	63		37.5	24	16	24	27
20	17	R¾	NPT¾	M30×2	50	—	18	43	27	20	27	30
22	19			M33×2	53	—		45.5	30		30	34
25	22	R1	NPT1	M36×2	55	—	21.5	47	33		34	36
28	24			M39×2	58.5	—		50	36	21.5	36	41
32	27	R1¼	NPT1¼	M42×2	61	—	24	52.5	39	22.5	41	46
34	30			M45×2	62.5	—		54	42		46	

① 优先选用 55°密封管螺纹。

表 20-12-82　　扩口式弯通管接头（摘自 GB/T 5630—2008）　　mm

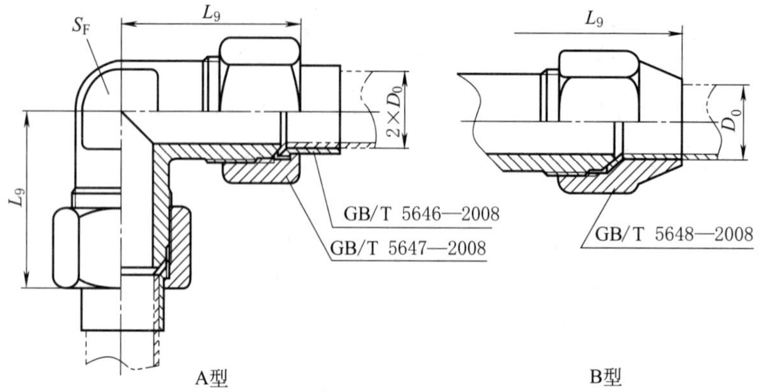

(a) 扩口式弯通管接头(一)

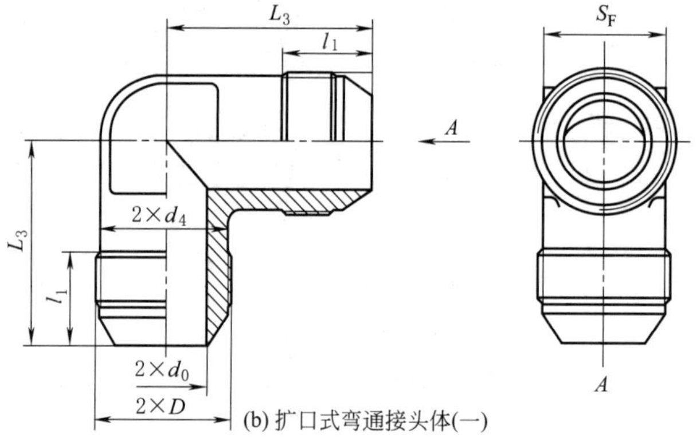

(b) 扩口式弯通接头体(一)

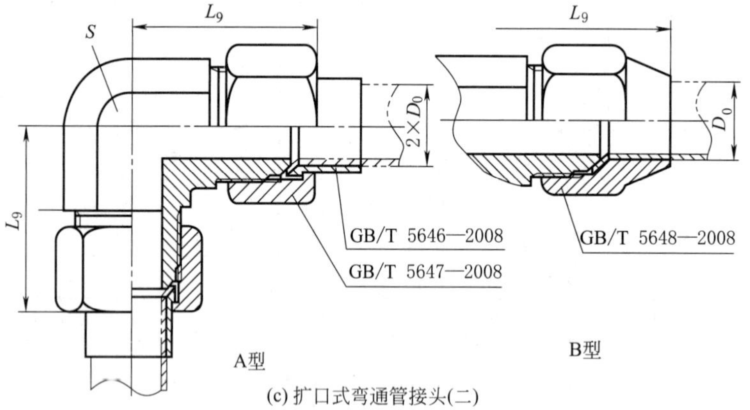

(c) 扩口式弯通管接头(二)

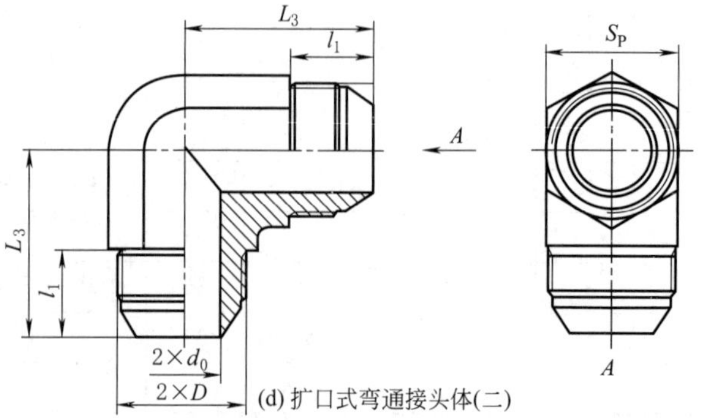

(d) 扩口式弯通接头体(二)

标记示例

扩口型式 A，管子外径为 10mm，表面镀锌处理的钢制扩口式弯通管接头标记为：

管接头　GB/T 5630　A10

续表

管子外径 D_0	d_0	D	d_4	$L_9\approx$		L_3	l_1	S	
				A 型	B 型			S_F	S_P
4	3	M10×1	8	25.5	30	20.5	9.5	8	10
5	3.5								
6	4	M12×1.5	10	29.5	34.5	24	12	10	12
8	6	M14×1.5	11	35.5	43	28.5	13.5	12	14
10	8	M16×1.5	13	37.5	46.5	30.5	14.5	14	17
12	10	M18×1.5	15	38	49.5	31.5		17	19
14	12	M22×1.5	19	39.5	55	34	15	19	22
16	14	M24×1.5	21	41.5	57.5	35.5	15.5	22	24
18	15	M27×1.5	24	43	63	37.5	16	24	27
20	17	M30×2	27	50	—	43	20	27	30
22	19	M33×2	30	53	—	45.5		30	34
25	22	M36×2	33	55	—	47		34	36
28	24	M39×2	36	58.5	—	50	21.5	36	41
32	27	M42×2	39	61	—	52.5	22.5	41	46
34	30	M45×2	42	62.5	—	54		46	

表 20-12-83　扩口式组合弯通管接头（摘自 GB/T 5632—2008）　mm

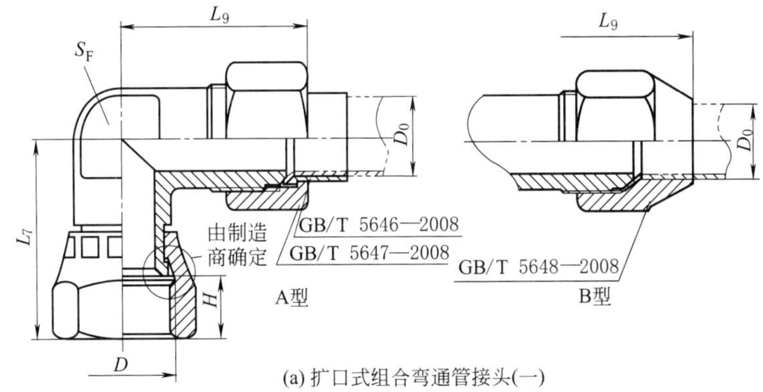

(a) 扩口式组合弯通管接头(一)

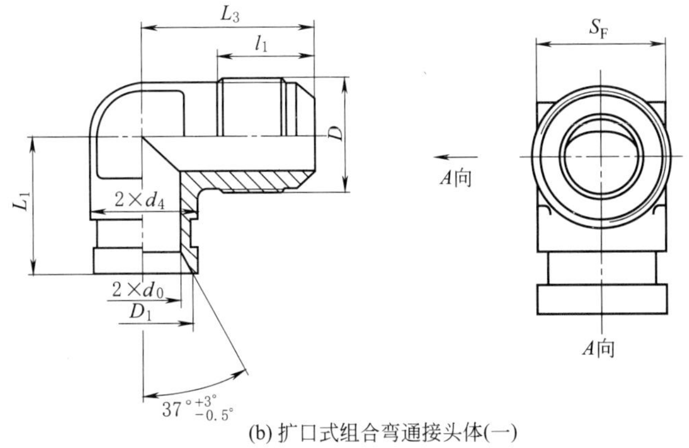

(b) 扩口式组合弯通接头体(一)

续表

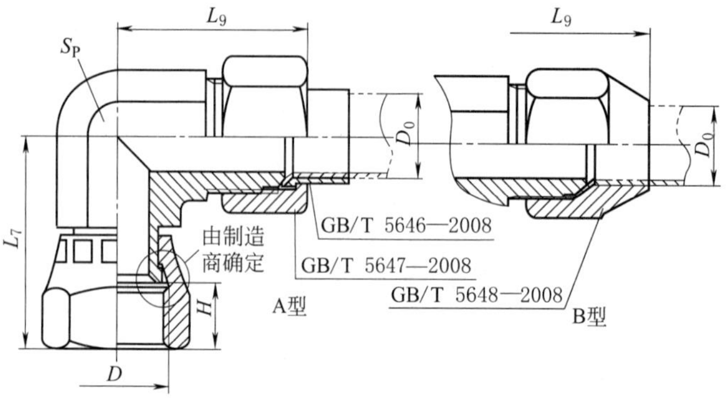

(c) 扩口式组合弯通管接头(二)

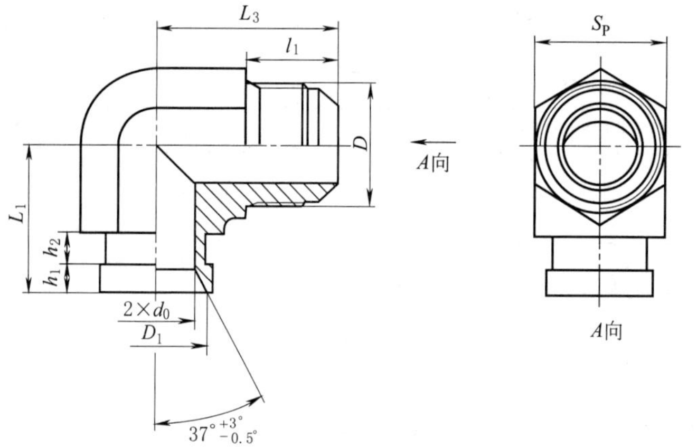

(d) 扩口式组合弯通接头体(二)

标记示例

扩口型式A，管子外径为10mm，表面镀锌处理的钢制扩口式组合弯通管接头标记为：

管接头 GB/T 5632 A10

管子外径 D_0	d_0	D	$D_1\pm0.13$	d_4	$L_9\approx$		L_1	L_3	L_7	l_1	H	S	
					A型	B型						S_F	S_P
4	3	M10×1	7.2	8	25.5	30	14	20.5	24.5	9.5	7.5	8	10
5	3.5						16.5						
6	4	M12×1.5	8.7	10	29.5	34.5	18.5	24	28.5	12	9.5	10	12
8	6	M14×1.5	10.4	11	35.5	43	22.5	28.5	33.5	13.5	10.5	12	14
10	8	M16×1.5	12.4	13	37.5	46.5	23.5	30.5		14.5		14	17
12	10	M18×1.5	14.4	15	38	49.5	24.5	31.5	36.5			17	19
14	12	M22×1.5	17.4	19	39.5	55	26.5	34	38.5	15		19	22
16	14	M24×1.5	19.9	21	41.5	57.5	27.5	35.5	40	15.5	11	22	24
18	15	M27×1.5	22.9	24	43	63	29	37.5	41.5	16		24	27
20	17	M30×2	24.9	27	50	—	31.5	43	47.5	20	13.5	27	30
22	19	M33×2	27.9	30	53	—	36	45.5	51		14	30	34
25	22	M36×2	30.9	33	55	—	38	47	53		14.5	34	36
28	24	M39×2	33.9	36	58.5	—	40	50	56	21.5	15	36	41
32	27	M42×2	36.9	39	61	—	42.5	52.5	58.5	22.5	15.5	41	46
34	30	M45×2	39.9	42	62.5	—	44	54	60.5		16	46	

表 20-12-84　扩口式锥螺纹三通管接头（摘自 GB/T 5635—2008） mm

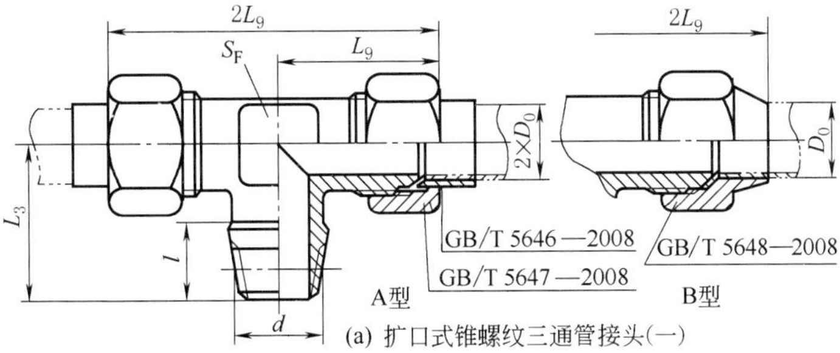

(a) 扩口式锥螺纹三通管接头(一)

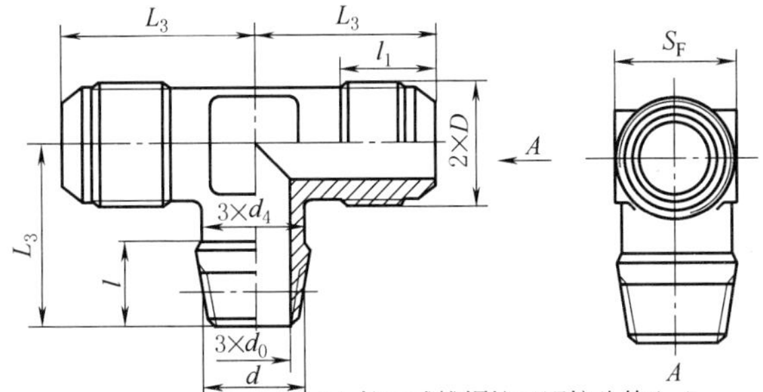

(b) 扩口式锥螺纹三通接头体(一)

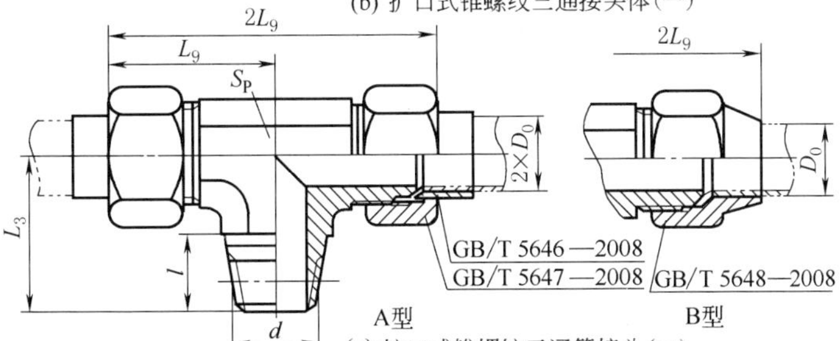

(c) 扩口式锥螺纹三通管接头(二)

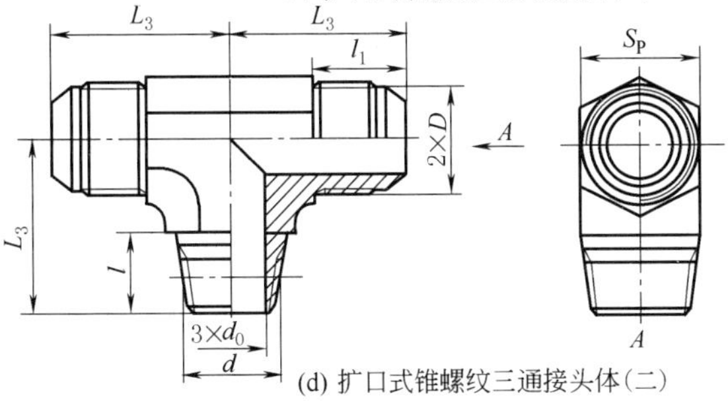

(d) 扩口式锥螺纹三通接头体(二)

标记示例

扩口型式 A，管子外径为 10mm，55°密封管螺纹（R）表面镀锌处理的钢制扩口锥螺纹三通管接头标记为：

管接头　GB/T 5635　A10/R1/4

管子外径 D_0	d_0	d①		D	$L_9\approx$		l	L_3	d_4	l_1	S	
					A 型	B 型					S_F	S_P
4	3	R⅛	NPT⅛	M10×1	25.5	30	8.5	20.5	8	9.5	8	10
5	3.5											
6	4			M12×1.5	29.5	34.5		24	10	12	10	12
8	6	R¼	NPT¼	M14×1.5	35.5	43	12.5	28.5	11	13.5	12	14
10	8			M16×1.5	37.5	46.5		30.5	13	14.5	14	17
12	10	R⅜	NPT⅜	M18×1.5	38	49.5	13	31.5	15		17	19
14				M22×1.5	39.5	55		34	19	15	19	22
16	14	R½	NPT½	M24×1.5	41.5	57.5	17	35.5	21	15.5	22	24
18	15			M27×1.5	43	63		37.5	24	16	24	27

续表

管子外径 D_0	d_0	d①		D	$L_9\approx$		l	L_3	d_4	l_1	S	
					A型	B型					S_F	S_P
20	17	R¾	NPT¾	M30×2	50	—	18	43	27	20	27	30
22	19			M33×2	53	—		45.5	30		30	34
25	22	R1	NPT1	M36×2	55	—	21.5	47	33		34	36
28	24			M39×2	58.5	—		50	36	21.5	36	41
32	27	R1¼	NPT1¼	M42×2	61	—	24	52.5	39	22.5	41	46
34	30			M45×2	62.5	—		54	42		46	

① 优先选用55°密封管螺纹。

表 20-12-85 **扩口式三通管接头**（摘自 GB/T 5639—2008） mm

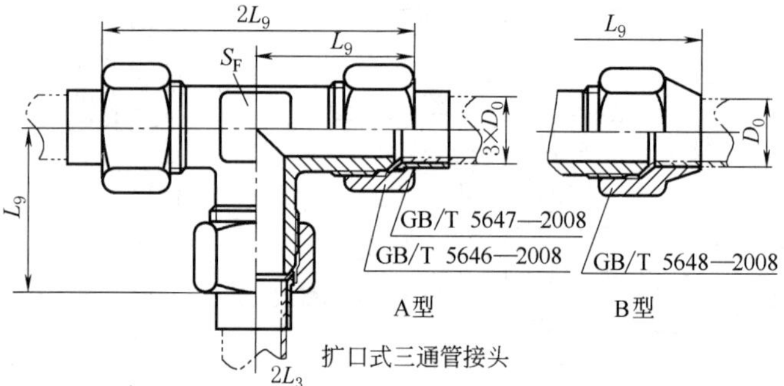

扩口式三通管接头

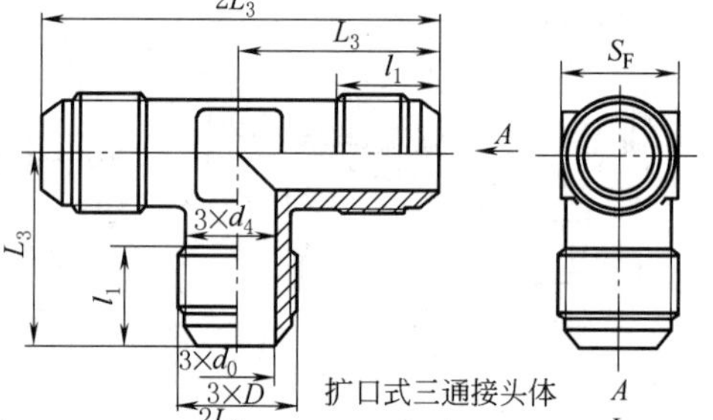

扩口式三通接头体

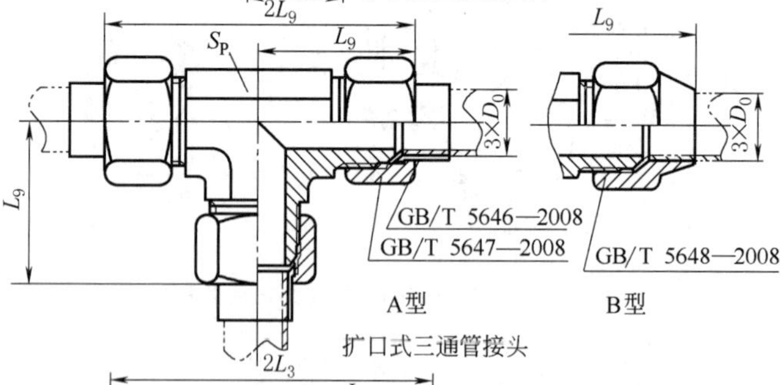

扩口式三通管接头

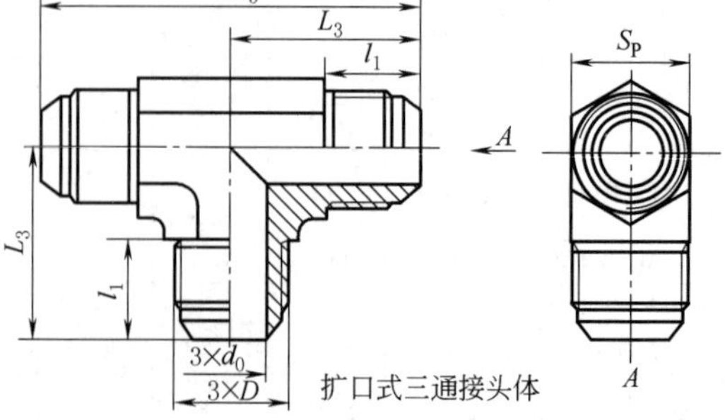

扩口式三通接头体

标记示例

扩口型式A，管子外径为10mm，表面镀锌处理的钢制扩口式三通管接头标记为：

管接头 GB/T 5639 A10

续表

管子外径 D_0	d_0	D	d_4	$L_9\approx$		L_3	l_1	S	
				A 型	B 型			S_F	S_P
4	3	M10×1	8	25.5	30	20.5	9.5	8	10
5	3.5								
6	4	M12×1.5	10	29.5	34.5	24	12	10	12
8	6	M14×1.5	11	35.5	43	28.5	13.5	12	14
10	8	M16×1.5	13	37.5	46.5	30.5	14.5	14	17
12	10	M18×1.5	15	38	49.5	31.5		17	19
14	12	M22×1.5	19	39.5	55	34	15	19	22
16	14	M24×1.5	21	41.5	57.5	35.5	15.5	22	24
18	15	M27×1.5	24	43	63	37.5	16	24	27
20	17	M30×2	27	50	—	43	20	27	30
22	19	M33×2	30	53	—	45.5		30	34
25	22	M36×2	33	55	—	47		34	36
28	24	M39×2	35	58.5	—	50	21.5	36	41
32	27	M42×2	39	61	—	52.5	22.5	41	46
34	30	M45×2	42	62.5	—	54		46	

表 20-12-86　扩口式组合弯通三通管接头（摘自 GB/T 5634—2008） mm

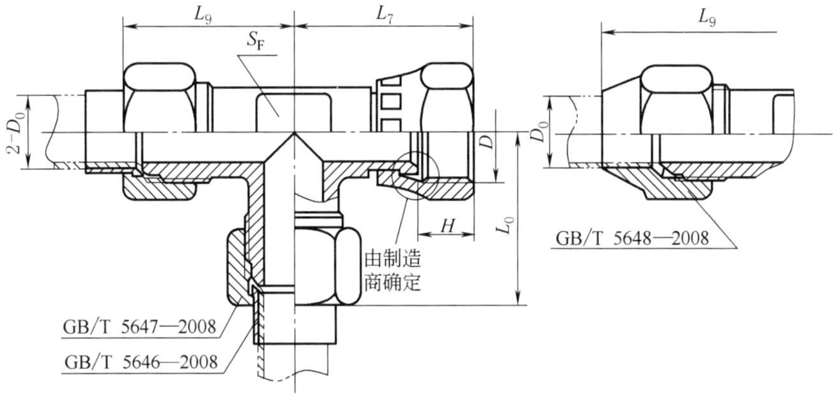

A型　　B型

(a) 扩口式组合弯通三通管接头(一)

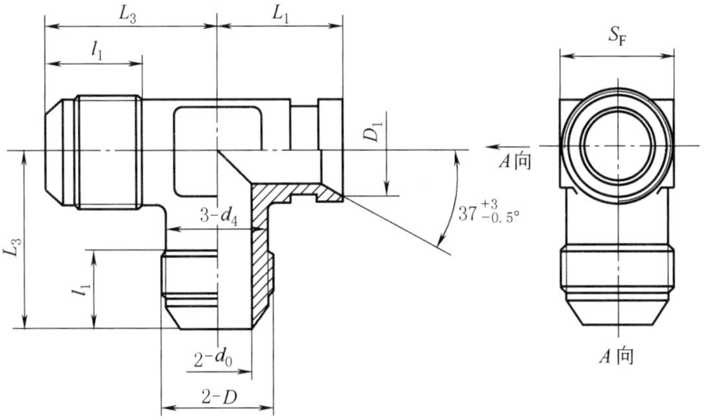

(b) 扩口式组合弯通三通接头体(一)

续表

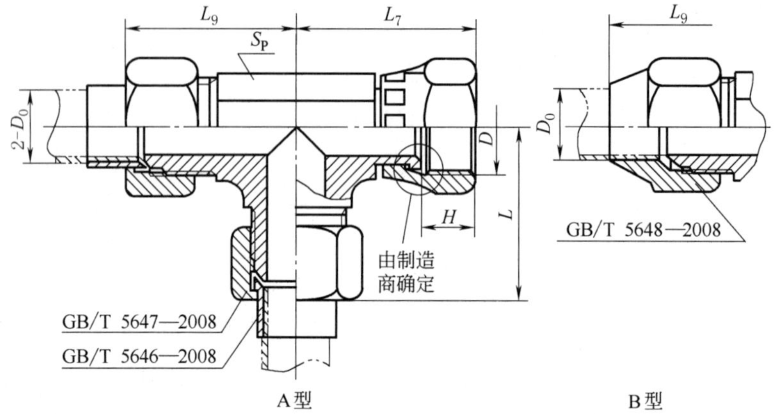

(c) 扩口式组合弯通三通管接头(二)

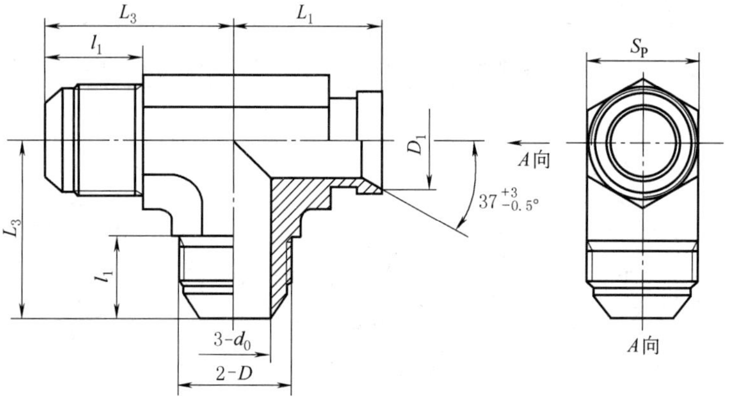

(d) 扩口式组合弯通三通接头体(二)

标记示例

扩口型式 A,管子外径为 10mm,表面镀锌处理的钢制扩口式组合弯通三通管接头标记为:

管接头 GB/T 5634 A10

管子外径 D_0	d_0	D	$D_1 \pm 0.13$	d_4	$L_9 \approx$		L_1	L_3	L_7	l_1	H	S	
					A 型	B 型						S_F	S_P
4	3	M10×1	7.2	8	25.5	30	14	20.5	24.5	9.5	7.5	8	10
5	3.5						16.5						
6	4	M12×1.5	8.7	10	29.5	34.5	18.5	24	28.5	12	9.5	10	12
8	6	M14×1.5	10.4	11	35.5	43	22.5	28.5	33.5	13.5	10.5	12	14
10	8	M16×1.5	12.4	13	37.5	46.5	23.5	30.5		14.5		14	17
12	10	M18×1.5	14.4	15	38	49.5	24.5	31.5	36.5			17	19
14	12	M22×1.5	17.4	19	39.5	55	26.5	34	38.5	15		19	22
16	14	M24×1.5	19.9	21	41.5	57.5	27.5	35.5	40	15.5	11	22	24
18	15	M27×1.5	22.9	24	43	63	29	37.5	41.5	16		24	27
20	17	M30×2	24.9	27	50	—	31.5	43	47.5	20	13.5	27	30
22	19	M33×2	27.9	30	53	—	36	45.5	51		14	30	34
25	22	M36×2	30.9	33	55	—	38	47	53		14.5	34	36
28	24	M39×2	33.9	36	58.5	—	40	50	56	21.5	15	36	41
32	27	M42×2	36.9	39	61	—	42.5	52.5	58.5	22.5	15.5	41	46
34	30	M45×2	39.9	42	62.5	—	44	54	60.5		16	46	

表 20-12-87　　扩口式焊接管接头（摘自 GB/T 5642—2008）　　mm

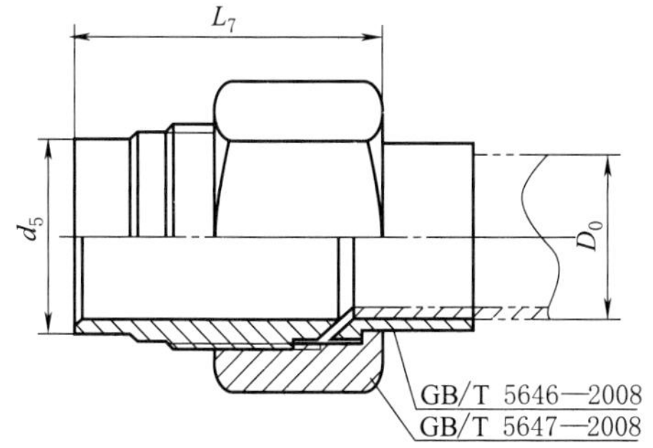

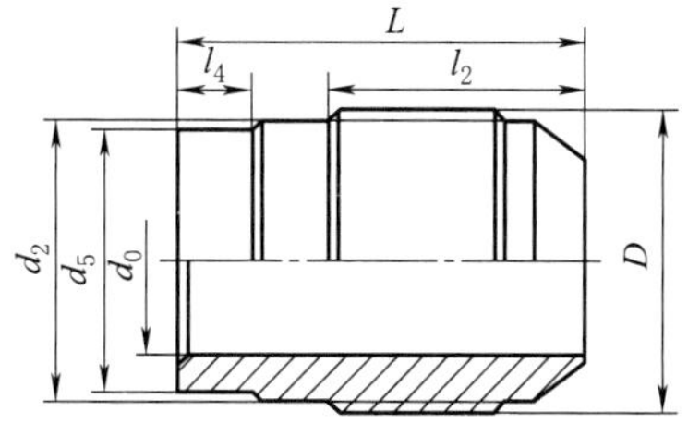

标记示例

扩口型式 A，管子外径为 10mm，表面氧化处理的钢制扩口式焊接管接头标记为：管接头　GB/T 5642　A10・O

管子外径 D_0	d_0	D	d_2	d_5	$L_7\approx$		l_2	l_4	L
					A 型	B 型			
4	3	M10×1	8.5	6	23	27.5	9.5	3	18
5	3.5			7					
6	4	M12×1.5	10	8	27	31.5	12		20.5
8	6	M14×1.5	11.5	10	29	37	13.5		22.5
10	8	M16×1.5	13.5	12	30	41.5	14.5		23.5
12	10	M18×1.5	15.5	15					
14	12	M22×1.5	19.5	18		45.5	15		24
16	14	M24×1.5	21.5	20	30.5	46.5	15.5		24.5
18	15	M27×1.5	24.5	22	31.5	51.5	16	4	26
20	17	M30×2	27	25	36.5	—	20		30
22	19	M33×2	30	28	37.5	—			
25	22	M36×2	33	31	38	—			
28	24	M39×2	36	34	40	—	21.5		31.5
32	27	M42×2	39	37	41	—	22.5		32.5
34	30	M45×2	42	40		—			

表 20-12-88　　扩口式过板直通管接头（摘自 GB/T 5643—2008）　　mm

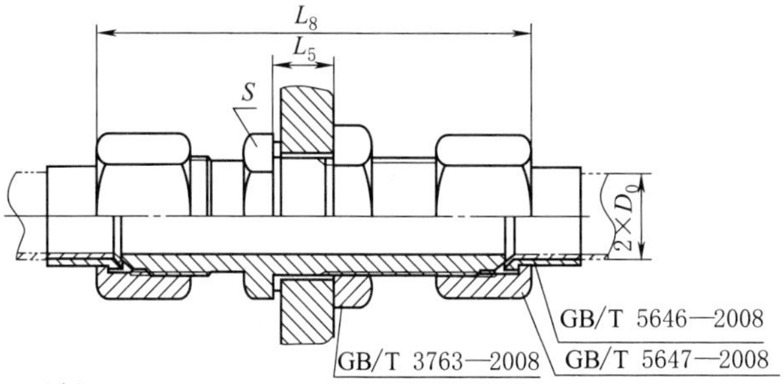

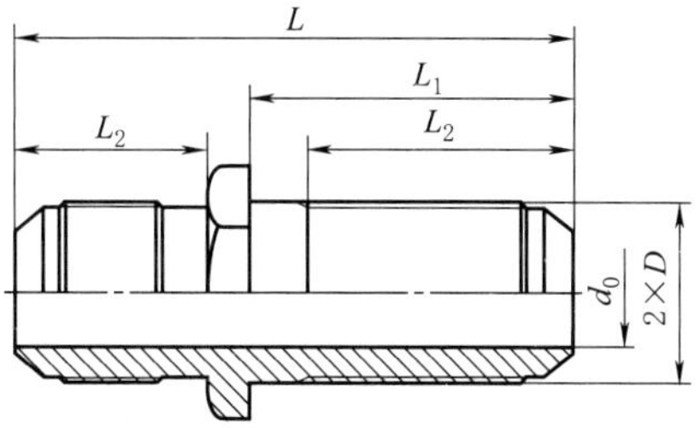

标记示例

扩口型式 A，管子外径为 10mm，表面镀锌处理的钢制扩口式过板直通管接头标记为：管接头　GB/T 5643　A10

管子外径 D_0	d_0	D	$L_8\approx$		l_2	L	L_1	L_2	L_5 max	S
			A 型	B 型						
4	3	M10×1	61.5	70.5	12.5	51.5	34	31	20.5	14
5	3.5									
6	4	M12×1.5	71	80	16	60	38	34	21.5	
8	6	M14×1.5	77.5	93	18	64	40	35.5		17
10	8	M16×1.5	79.5	97.5	19	66	41	36.5		19
12	10	M18×1.5	81	105		68	43	38.5	23.5	22
14	12	M22×1.5		112	19.5	69.5	44	39.5	24.5	27
16	14	M24×1.5	85	117	20	73	45	40.5	25	30
18	15	M27×1.5	87.5	127.5	20.5	76.5	48	43.5	28	32
20	17	M30×2	101.5	—	26	88	53	47	28.5	36
22	19	M33×2	105	—		90	55	49	29.5	41
25	22	M36×2	109	—		93	56	50	30	
28	24	M39×2	114	—	27.5	97.5	58	52	30.5	46
32	27	M42×2	117.5	—	28.5	100.5	59	53		50
34	30	M45×2	120	—		102.5	60	54	31	

扩口式过板弯通管接头（摘自 GB/T 5644—2008）

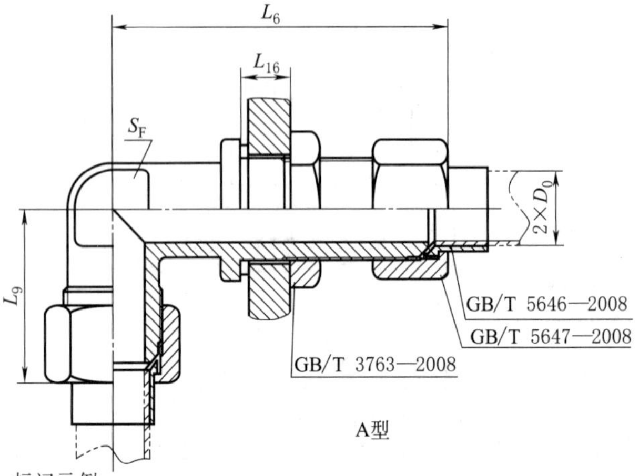

A型

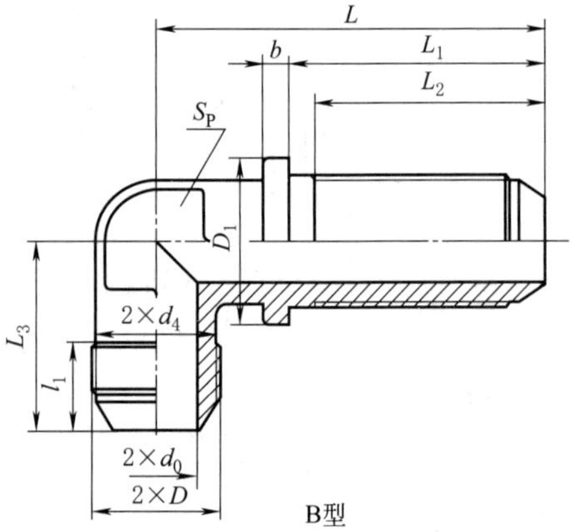

B型

标记示例

扩口型式 A，管子外径为 10mm，表面镀锌处理的钢制扩口式过板弯通管接头标记为：

管接头　GB/T 5644　A10

表 20-12-89

mm

管子外径 D_0	d_0	D	d_4	$L_6\approx$		$L_9\approx$		l_1	L	L_1	L_2	L_3	L_{16} max	D_1	b	S	
				A 型	B 型	A 型	B 型									S_F	S_P
4	3	M10×1	8	56	—	25.5	30	9.5	46	34	31	20.5	20.5	14	3	8	10
5	3.5				60.5												
6	4	M12×1.5	10	63.5	68.5	29.5	34.5	12	52	38	34	24	21.5	17		10	12
8	6	M14×1.5	11	69.5	77	35.5	43	13.5	56	40	35.5	28.5		19	4	12	14
10	8	M16×1.5	13	71.5	80.5	37.5	46.5	14.5	58	41	36.5	30.5		21		14	17
12	10	M18×1.5	15	75	86.5	38	49.5		62	43	38.5	31.5	23.5	23		17	19
14	12	M22×1.5	19	75.5	91	39.5	55	15	64	44	39.5	34	24.5	27		19	22
16	14	M24×1.5	21	73	95	41.5	57.5	15.5	67	45	40.5	35.5	25	29		22	24
18	15	M27×1.5	24	83	103	43	63	16	72	48	43.5	37.5	28	32		24	27
20	17	M30×2	27	84.5	—	50	—	20	78	53	47	43	28.5	35	5	27	30
22	19	M33×2	30	96.5	—	53	—		82	55	49	45.5	29.5	39		30	34
25	22	M36×2	33	102	—	55	—		86	56	50	47	30	42		34	36
28	24	M39×2	36	105	—	58.5	—	21.5	88	58	52	50	30.5	45		36	41
32	27	M42×2	39	112	—	61	—	22.5	95	59	53	52.5		48		41	46
34	30	M45×2	42	113.5	—	62.5	—		96	60	54	54	31	51		46	

扩口式压力表管接头（摘自 GB/T 5645—2008）

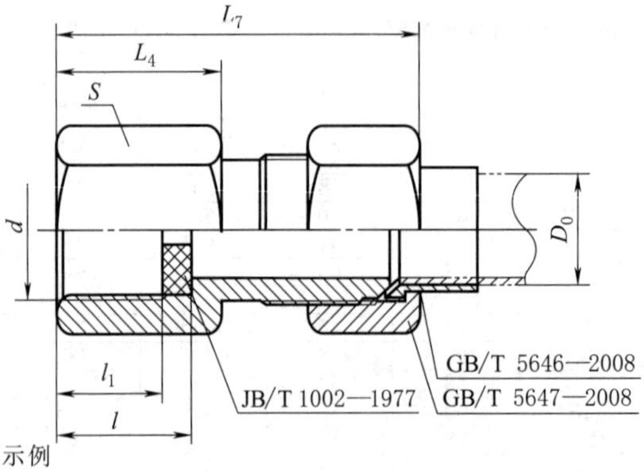

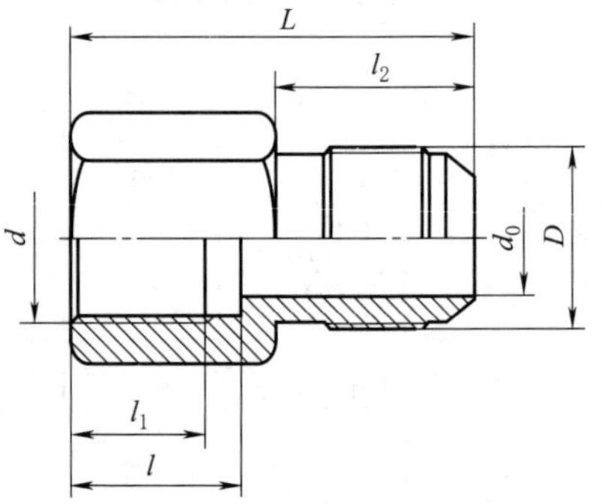

标记示例

扩口型式 A、管子外径为 10mm，表面镀锌处理的钢制扩口式压力表管接头标记为：

管接头　GB/T 5645　A10

表 20-12-90

mm

管子外径 D_0	d_0	d		D	l	l_1	l_2	L	L_4	$L_7\approx$		S
										A 型	B 型	
6	4	M10×1	G⅛	M12×1.5	10.5	5.5	16	30.5	14.5	36	41	14
		M14×1.5	G¼		13.5	8.5		33.5	17.5	39	44	17
		M20×1.5	G½		19	12		40	24	45.5	50	24
14	12			M22×1.5			19.5	43.5		49.5	65	

扩口式管接头用空心螺栓（摘自 GB/T 5650—2008）

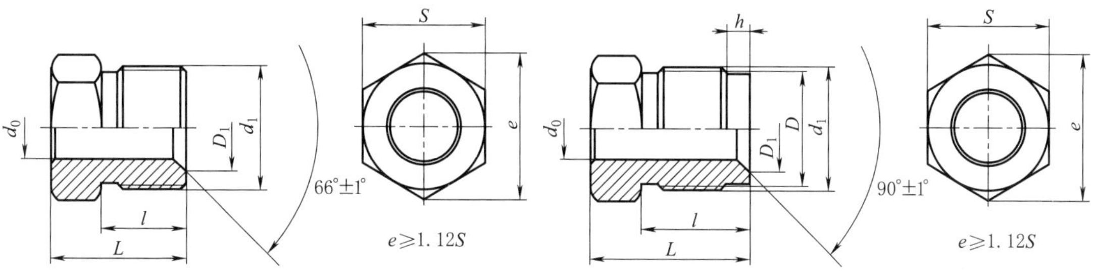

A型　　B型

标记示例

管子外径为 10mm，表面镀锌处理的钢制扩口式管接头用 A 型空心螺栓标记为：

螺栓　GB/T 5650　A10

表 20-12-91

mm

管子外径 D_0	$d_{0\,+0.15}^{\,+0.25}$	d_1	D	D_1	h	l		L		S
						A 型	B 型	A 型	B 型	
4	4	M10×1	8.4	7	4.5	8.5	12.5	13.5	17.5	12
5	5							14.5	18.5	
6	6	M12×1.5	10	8.5		11	14.5	17	20.5	14
8	8	M14×1.5	11.7	10.5	5.5	13	18	19	24	17
10	10	M16×1.5	13.7	12.5		13.5	18.5	20.5	25.5	19
12	12	M18×1.5	15.7	14.5						22
14	14	M22×1.5	19.7	17.5				21.5	26.5	24
16	16	M24×1.5	21.7	19.2						27
18	18	M27×1.5	24.7	22.2						30

扩口式管接头用密合垫（摘自 GB/T 5651—2008）

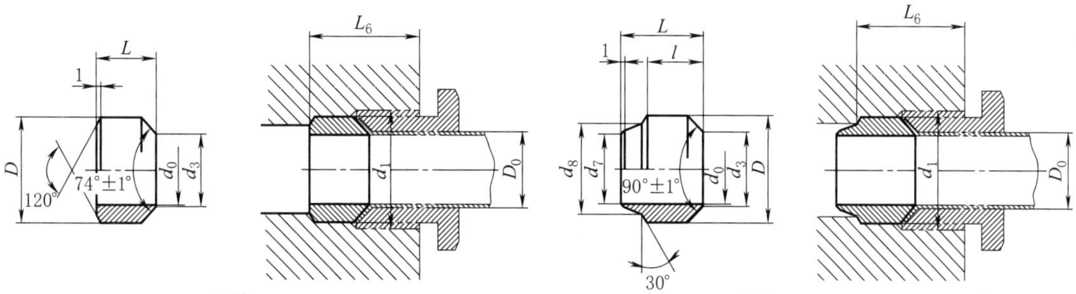

A型　　B型

标记示例

管子外径为 10mm，不经表面处理的钢制扩口式管接头用 A 型密合垫标记为：

密合垫　GB/T 5651　A10

表 20-12-92 mm

管子外径 D_0	d_0	适用螺纹 d_1	d_3	$d_{7\ -0.08}^{\ \ 0}$	$d_{8\ -0.06}^{\ \ 0}$	D	l	L		L_6	
								A 型	B 型	A 型	B 型
4	3	M10×1	3.6	5.2	5.4	8.5	5	7	8	11	11
5	3.5		4.3								
6	4	M12×1.5	4.8	5.9	6.1	10		8	9	13	13
8	6	M14×1.5	7	7.4	7.6	12		9	10	15	15
10	8	M16×1.5	9	9.4	9.6	14	5.5	10		17	16
12	10	M18×1.5	11	11.4	11.6	16	7.5	11		18	18
14	12	M22×1.5	13	—	—	20	—		—	19	—
16	14	M24×1.5	15	—	—	22	—	12	—	20	—
18	15	M27×1.5	16.5	—	—	25	—		—	22	—

4.7 液压软管接头

现行液压软管接头标准见表 20-12-93。

表 20-12-93

序号	标准
1	GB/T 9065.1—2015《液压软管接头　第 1 部分:O 形圈端面密封软管接头》
2	GB/T 9065.2—2010《液压软管接头　第 2 部分:24°锥密封端软管接头》(注:仅摘录了此项)
3	GB/T 9065.3—2020《液压传动连接　软管接头　第 3 部分:法兰式》
4	GB/T 9065.4—2020《液压传动连接　软管接头　第 4 部分:螺柱端》
5	GB/T 9065.5—2010《液压软管接头　第 5 部分:37°扩口端软管接头》
6	GB/T 9065.6—2020《液压传动连接　软管接头　第 6 部分:60°锥形》
7	JB/T 6144.1—2007《锥密封胶管总成　锥接头》
8	JB/T 6144.2—2007《锥密封胶管总成　55°非密封管螺纹锥接头》
9	JB/T 6144.3—2007《锥密封胶管总成　55°密封管螺纹锥接头》
10	JB/T 6144.4—2007《锥密封胶管总成　60°密封管螺纹锥接头》
11	JB/T 6144.5—2007《锥密封胶管总成　焊接锥接头》

软管接头是用于液压橡胶软管与其他管路相连接的接头。橡胶软管总成的两端由接头芯、接头外套和接头螺母等组成。有的橡胶软管总成只要改变接头芯的型式，就可与扩口式、卡套式或焊接式管接头连接使用；还有的橡胶软管总成只要改变两端配套使用的接头，就可选择细牙普通螺纹（M）、圆柱管螺纹（G）、锥管螺纹（R）、圆锥管螺纹（NPT）或焊接接头等多种连接。

按接头芯、接头外套和橡胶软管装配方式不同，又可分成扣压式和可拆式两种。扣压式接头在专用设备上扣压、密封可靠、结构紧凑、外径尺寸小。可拆式接头连接简易，容易更换橡胶软管，但密封性和质量难以保证。

液压软管接头（摘自 GB/T 9065）

GB/T 9065 规定的软管接头以碳钢制成，与公称内径为 5~51mm 的软管配合使用。软管接头与符合不同软管标准要求的软管一起应用于液压系统。

本部分仅摘录 GB/T 9065.2—2010 中最常用的直通内螺纹回转软管接头（SWS），其他类型、形状及系列的软管接头详见上述表 20-12-93 中的标准文件。

直通内螺纹回转软管接头（SWS）

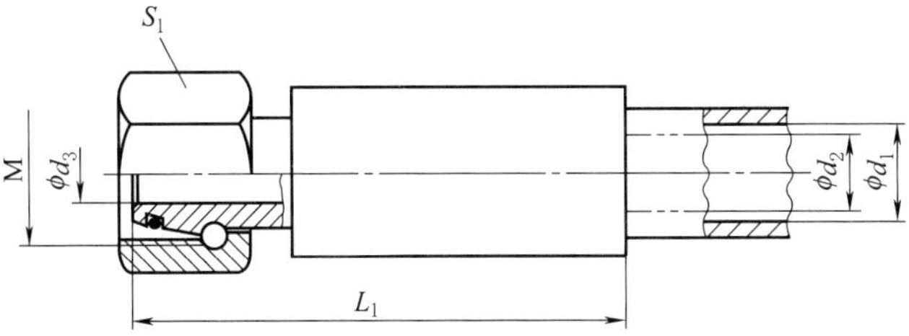

注：1. 在更换O形圈时，管子的自由长度宜位于左侧，以便螺母可以向O形圈沟槽后面移动。

2. 软管接头与软管之间的扣压方法是可选的。

3. 管接头的细节符合ISO 8434-1和ISO 8434-4。

表 20-12-94 mm

系列	软管接头规格	M	接头公称尺寸	公称软管内径 d_1[①]	d_2[②] 最小	d_3[③] 最大	S_1[④] 最小	L_1[⑤] 最大
轻型系列（L）	6×5	M12×1.5	6	5	2.5	3.2	14	59
	8×6.3	M14×1.5	8	6.3	3	5.2	17	59
	10×8	M16×1.5	10	8	5	7.2	19	61
	12×10	M18×1.5	12	10	6	8.2	22	65
	15×12.5	M22×1.5	15	12.5	8	10.2	27	68
	18×16	M26×1.5	18	16	11	13.2	32	68
	22×19	M30×2	22	19	14	17.2	36	74
	28×25	M36×2	28	25	19	23.2	41	85
	31×31.5	M45×2	35	31.5	25	29.2	50	105
	42×38	M52×2	42	38	31	34.3	60	110
重型系列（S）	8×5	M16×1.5	8	5	2.5	4.2	19	59
	10×6.3	M18×1.5	10	6.3	3	6.2	22	67
	12×8	M20×1.5	12	8	5	8.2	24	68
	12×10	M20×1.5	12	10	6	8.2	24	72
	16×12.5	M24×1.5	16	12.5	8	11.2	30	80
	20×16	M30×2	20	16	11	14.2	36	93
	25×19	M36×2	25	19	14	18.2	46	102
	30×25	M42×2	30	25	19	23.2	50	112
	38×31.5	M52×2	38	31.5	25	30.3	60	126

① 符合GB/T 2351。

② 在与软管装配前，软管接头的最小通径。装配后，此通径不小于$0.9d_2$。

③ d_3尺寸符合ISO 8434-1，且d_3的最小值应不小于d_2。在直径d_2（软管接头尾芯的内径）和d_3（管接头端的通径）之间应设置过渡，以减小应力集中。

④ 直通内螺纹回转软管接头的六角形螺母选择。

⑤ 尺寸L_1组装后测量。

软管接头的标识

为便于分类，应以文字与数字组成的代号作为软管接头的标识。其标识应为：文字“软管接头”，后接GB/T 9065.2，后接间隔短横线，然后为连接端类型和形状的字母符号，后接另一个间隔短横线，后接24°锥形端规格（标称连接规格）和软管规格（标称软管内径），两规格之间用乘号（×）隔开。

系列	符号	系列	符号
轻型	L	重型	S

示例：与外径22mm硬管和内径19mm软管配用的回转、直通、轻型系列软管接头，标识如下：

软管接头　GB/T 9065.2-SWS-L22×19

标识的字母符号

连接端类型/符号	形状/符号
回转/SW	直径/S
	90°弯头/E
	45°弯头/E45

锥密封软管总成　锥接头（摘自 JB/T 6144.1～6144.5—2007）

锥密封软管总成适用于油、水介质，与其配套使用的公制细牙螺纹、圆柱管螺纹（G）、锥管螺纹（R）60°圆锥管螺纹（NPT）和焊接锥接头的结构及尺寸见表 20-12-95。

公制细牙螺纹锥接头（JB/T 6144.1）　　锥管螺纹（R）锥接头（JB/T 6144.3）　　焊接锥接头（JB/T 6144.5）

圆柱管螺纹（G）锥接头（JB/T 6144.2）　　60°圆锥管螺纹（NPT）锥接头（JB/T 6144.4）

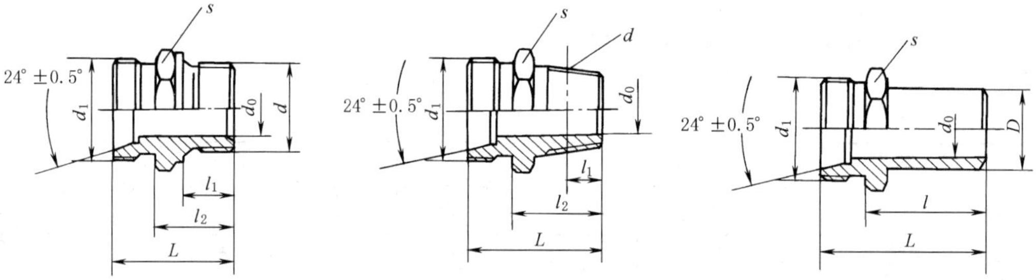

标记示例

1）公称通径为 DN6，连接螺纹 d_1=M18×1.5 的锥密封软管总成旋入端为公制细牙螺纹的锥接头：

锥接头 6-M18×1.5　JB/T 6144.1—2007

2）公称通径为 DN6，连接螺纹 d_1=M18×1.5 的锥密封软管总成旋入端为 G⅛圆柱管螺纹的锥接头：

锥接头 6-M18×1.5（G⅛）　JB/T 6144.2—2007

3）公称通径为 DN6，连接螺纹 d_1=M18×1.5 的锥密封软管总成锥旋入端为 R⅛管螺纹的锥接头：

锥接头 6-M18×1.5（R⅛）　JB/T 6144.3—2007

4）公称通径为 DN6，连接螺纹 d_1=M18×1.5 的锥密封软管总成旋入端 NPT⅛ 60°圆锥管螺纹的锥接头：

锥接头 6-M18×1.5（NPT⅛）　JB/T 6144.4—2007

5）公称通径为 DN6，连接螺纹 d_1=M18×1.5 的锥密封软管总成焊接锥接头：

锥接头 6-M18×1.5　JB/T 6144.5—2007

表 20-12-95　　mm

公称通径 DN	d				d_1	d_0	D	s	l	l_1		
	JB/T 6144.1	JB/T 6144.2	JB/T 6144.3	JB/T 6144.4						JB/T 6144.1～6144.2	JB/T 6144.3	JB/T 6144.4
4	M10×1	G⅛	R⅛	NPT⅛	M16×1.5	2.5	7	18	28	12	4	4.102
6	M10×1	G⅛	R⅛	NPT⅛	M18×1.5	3.5	8	18	28	12	4	4.102
8	M10×1	G⅛	R⅛	NPT⅛	M20×1.5	5	10	21	30	12	4	4.102
10	M14×1.5	G¼	R¼	NPT¼	M22×1.5	7	12	24	33	14	6	5.786
10	M18×1.5	G⅜	R⅜	NPT⅜	M24×1.5	8	14	27	36	14	6.4	6.096
15	M22×1.5	G½	R½	NPT½	M30×2	10	16	30	42	16	8.2	8.128
20	M27×2	G¾	R¾	NPT¾	M33×2	13	20	36	48	18	9.5	8.611
20	M27×2	G¾	R¾	NPT¾	M36×2	17	25	41	52	18	9.5	8.611
25	M33×2	G1	R1	NPT1	M42×2	19	30	46	54	20	10.4	10.160
32	M42×2	G1¼	R1¼	NPT1¼	M52×2	24	36	55	56	22	12.7	10.668
40	M48×2	G1½	R1½	NPT1½	M56×2	30	42	60	58	24	12.7	10.668
50	M60×2	G2	R2	NPT2	M64×2	40	53	75	64	26	15.9	11.074

续表

公称通径DN	l_2			L				质量/kg	
	JB/T 6144.1~6144.2	JB/T 6144.3	JB/T 6144.4	JB/T 6144.1~6144.2	JB/T 6144.3	JB/T 6144.4	JB/T 6144.5	JB/T 6144.1~6144.4	JB/T 6144.5
4	20	17	17	32	29	29	40	0.03	0.03
6	20	17	17	32	29	29	40	0.04	0.04
8	20	18	18	32	30	30	42	0.06	0.05
10	22	22	22	34	34	34	45	0.08	0.06
10	24	24	24	38	38	38	49	0.10	0.07
15	28	27	27	44	43	43	58	0.14	0.10
20	32	28	28	50	46	46	65	0.32	0.22
20	34	38	38	52	56	56	70	0.56	0.45
25	38	39	39	58	59	59	74	0.71	0.60
32	42	44	44	64	66	66	78	0.78	0.78
40	46	46	46	68	68	68	80	0.96	0.92
50	52	53	49	76	77	73	88	1.14	1.25

注：旋入机体端为公制细牙螺纹和圆柱管螺纹（G）者推荐采用组合垫圈。

4.8 快换接头

现行液压快换接头国家标准见表20-12-96。

表 20-12-96

序号	标准
1	GB/T 40565.1—2024《液压传动连接　快换接头　第1部分:通用型》
2	GB/T 40565.2—2021《液压传动连接　快换接头　第2部分:20~31.5MPa平面型》
3	GB/T 40565.3—2021《液压传动连接　快换接头　第3部分:螺纹连接通用型》
4	GB/T 40565.4—2021《液压传动连接　快换接头　第4部分:72MPa螺纹连接型》
5	GB/T 5860—2003《液压快换接头　尺寸和要求》
6	GB/T 5861—2003《液压快换接头试验方法》
7	GB/T 5862—2020《农业拖拉机和机械　通用液压快换接头》
8	GB/T 8606—2003《液压快换接头螺纹连接尺寸及技术要求》
9	JB/ZQ 4078—2006《快换接头(两端开闭式)》
10	JB/ZQ 4079—2006《快换接头(两端开放式)》

快换接头（通用型）（摘自GB/T 40565.1—2024/ISO 7241：2023，IDT）

表 20-12-97

范围	GB/T 40565.1—2024《液压传动连接　快换接头　第1部分:通用型》规定了液压通用型快换接头的尺寸和要求及农业机械用的A系列通用型快换接头的附加要求 该标准适用于A、B两个系列的液压快换接头
尺寸要求	①A系列通用型快换接头应符合图1所示和表1给出的尺寸

续表

尺寸要求

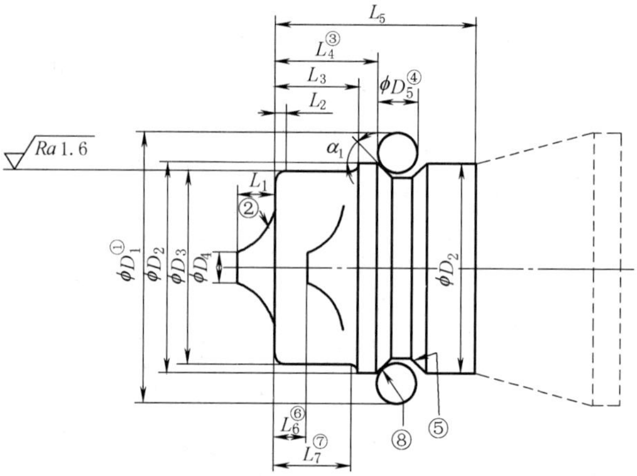

①测量直径；②阀芯形状可选，当阀芯是球形时，不使用 D_4 尺寸；③至锁紧球的距离；④锁紧球的直径；⑤此部位凹槽的形状由制造商确定；⑥阀芯最大停止行程的距离；⑦直径 D_3 的最短长度；⑧与锁紧球接触部位最小硬度 86HR15N，见 ISO 6508-1

图 1　A 系列通用型快换接头

表 1　A 系列通用型快换接头的尺寸要求　　mm

规格①	D_1	D_2	D_3	$D_4$② min	$D_5 \pm 0.0025$	L_1 max	$L_2$③	L_3	L_4	L_5 min	L_6 max	L_7 min	α_1
6.3	18.7	12.913	11.73 11.86	1.9	3.968	2.8	0.7 1.5	5.5 5.7	6.6 6.8	14.5	0.5	3.7	45°±1°
10	24.1	18.3 18.4	17.2 17.3	3	3.968	3.8	0.7 1.5	8.8 9	9.8 10	18	0.5	7	
12.5	30.3	23.66 23.74	20.48 20.56	4.5	4.762	4	0.7 1.5	9.2 9.4	11.6 11.8	24	0.5	8	
19	37.1	30.4 30.5	29 29.1	5.4	4.762	7.2	1 2.5	15.9 16.1	17.5 17.7	27.5	0.6	13.7	
25	43.0	36.5 36.6	34.21 34.34	7.8	4.762	8.5	1.5 3	19.7 20	22.8 23	34	0.7	16.3	
31.5	56.0	47.7 47.8	44.9 45	8.9	6	11	2 4.5	24.9 25.1	28.4 28.6	43	0.7	24	
38	68.5	57.5 57.6	54.9 55	9.9	8	13	3 6	30.6 30.8	33.7 33.9	51	0.8	29.6	
51	83.7	69.9 70	65 65.1	9.9	10	16.6	3 7	35 35.2	39.6 39.8	61	0.8	34	

① 接头规格应按照 GB/T 2351 中规定的软管公称内径。
② 球形阀芯不使用 D_1 尺寸且不优选。
③ 倒圆或倒角尺寸，也可以是倒圆和倒角的组合。

②农业机械用 A 系列通用型快换接头应符合图 2 所示和表 2 给出的附加尺寸

续表

尺寸要求

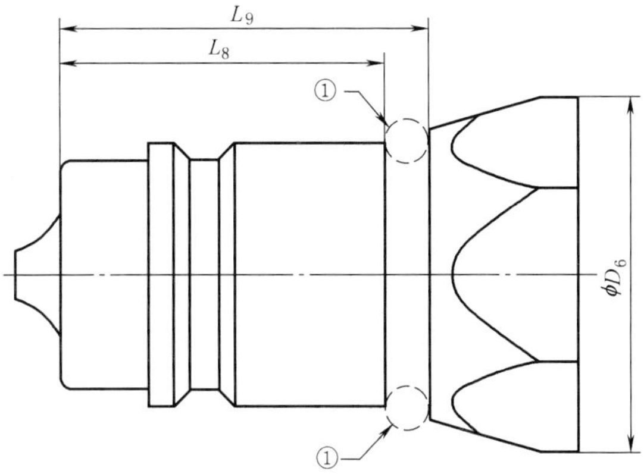

①为便于防尘密封，L_8 和 L_9 之间的颈部应为圆环，形状可选

图 2　农业机械用 A 系列通用型快换接头

表 2　农业机械用 A 系列通用型快换接头的附加尺寸要求　　mm

规格①	D_6 max	L_8 min	L_9 min
12.5	31	28.5	32.7
19	38	27.5	—

① 接头规格应按照 GB/T 2351 中规定的软管公称内径。

③B 系列通用型快换接头应符合图 3、图 4 所示和表 3、表 4 给出的尺寸

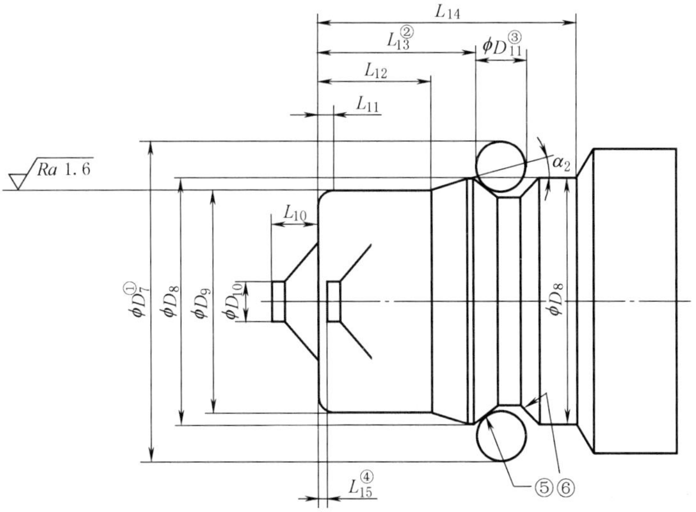

①测量直径；②至锁紧球的距离；③锁紧球的直径；④阀芯最大停止行程的距离；⑤与锁紧球接触部位最小硬度 86HR15N，见 ISO 6508-1；⑥此部位凹槽的形状由制造商确定

图 3　B 系列规格 5~25 通用型快换接头

表 3　B 系列规格 5~25 通用型快换接头的尺寸要求　　mm

规格①	D_7	D_8	D_9	D_{10} min	D_{11} ±0.0025	L_{10} max	$L_{11}^{②}$	L_{12} min	L_{13}	L_{14} min	L_{15} max	α_2 max
5	16.69	12.09 12.19	10.8 10.9	2.16	3.175	2.79	0.64 1.32	7.87	11.28 11.48	18.92	0.5	16°
6.3	21.21	15.6 15.7	14.1 14.2	2.54	3.967	4.06	1.07 1.73	9.65	13.41 13.61	22.1	0.5	

续表

尺寸要求

续表

规格①	D_7	D_8	D_9	D_{10} min	$D_{11}\pm0.0025$	L_{10} max	L_{11}②	L_{12} min	L_{13}	L_{14} min	L_{15} max	α_2 max
10	26.87	20.04 20.14	19 19.1	3.05	4.763	4.83	1.07 1.73	12.45	15.52 15.72	24.89	0.5	16°
12.5	33.45	25.65 25.76	23.44 23.55	4.57	5.555	5.08	1.07 1.73	12.19	17.17 17.37	27.94	0.5	
19	41.66	32.66 32.77	31.34 31.45	5.08	6.35	7.37	1.45 2.51	18.8	22.86 23.06	35.56	0.6	
25	49.38	40.46 40.56	37.69 37.8	6.1	6.35	8.64	1.45 2.51	20.57	27.36 27.56	40.39	0.7	

① 接头规格应按照 GB/T 2351 中规定的软管公称内径

② 倒圆或倒角尺寸，也可以是倒圆和倒角的组合

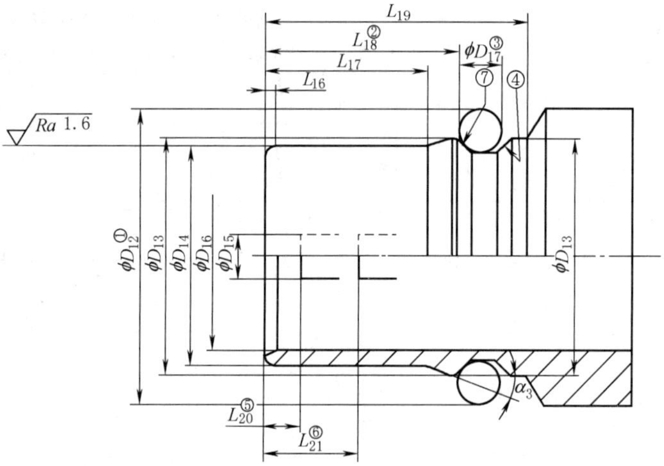

①测量直径；②至锁紧球的距离；③锁紧球的直径；④此部位凹槽的形状由制造商确定；⑤阀芯关闭时的最大距离；⑥至阀芯停止行程的距离；⑦与锁紧球接触部位最小硬度 86HR15N，见 ISO 6508-1

图 4　B 系列规格 38、51 通用型快换接头

表 4　B 系列规格 38、51 通用型快换接头的尺寸要求　mm

规格①	D_{12}	D_{13}	D_{14}	D_{15} min	D_{16}	L_{16}②	L_{17} min	L_{18}	L_{19} min	L_{20} max	L_{21}	$D_{17}\pm0.0025$	α_3 max
38	59.13	47.96 48.06	44.4 44.5	8.89	38.05 38.15	1.4 2.54	32.56	38.91 39.17	53.34	10	26.36 26.87	7.938	21°
51	85.6	66.55 66.68	63.14 63.27	10.16	53 53.16	1.4 2.54	38.1	45.16 45.42	65.02	15	32 32.51	12.7	

① 接头规格应按照 GB/T 2351 中规定的软管公称内径

② 倒圆或倒角尺寸，也可以是倒圆和倒角的组合

性能要求

①符合该标准性能要求的快换接头由碳钢制造。使用其他材料或特殊性能要求时应由制造商和用户商定

②A 系列通用型快换接头应达到或超过表 5 中给出的性能要求。B 系列通用型快换接头应达到或超过表 6 中给出的性能要求。农业机械用 A 系列通用型快换接头的附加要求见下面“农业机械用 A 系列通用型快换接头的附加要求”和表 7

③应进行无曲挠脉冲压力试验来验证最高工作压力，在连接和断开状态下分别达到 10^5 次循环。试验方法按 GB/T 7939.2 的规定

续表

性能要求

表 5　A 系列通用型快换接头性能要求

性能参数	不同规格的性能要求①							
	6.3	10	12.5	19	25	31.5	38	51
最高工作压力（依据 GB/T 2346）/MPa	31.5	31.5	25	25	20	20	16	10
最低爆破压力/MPa	126	126	100	100	80	80	64	40
额定流量/L·min^{-1}	3	23	45	106	189	288	379	757
额定流量下的最大压降/kPa	130	180	200	200	250	200	200	200
额定冲击流量/L·min^{-1}	9	69	135	300	567	864	1137	2271
每次断开的最大流体损失/mL	1	2	2.5	9	25	60	90	150

①接头规格应按照 GB/T 2351 中规定的软管公称内径

表 6　B 系列通用型快换接头性能要求

性能参数	不同规格的性能要求①							
	5	6.3	10	12.5	19	25	38	51
最高工作压力（依据 GB/T 2346）/MPa	25	25	25	25	16	10	6.3	5
最低爆破压力/MPa	100	100	100	100	64	40	25	20
额定流量/L·min^{-1}	3	12	23	45	106	189	375	560
额定流量下的最大压降/kPa	100	100	130	130	130	150	180	200
额定冲击流量/L·min^{-1}	9	36	69	135	300	567	1125	1680
每次断开的最大流体损失/mL	1	2	2.5	5	10	25	100	200

①接头规格应按照 GB/T 2351 中规定的软管公称内径

④应验证最低爆破压力，在连接和断开状态下分别进行试验。试验方法按 GB/T 7939.2 的规定

⑤应验证额定流量下的压降。试验方法按 GB/T 7939.2 的规定

⑥应进行长时间冲击流量或短时间冲击流量试验。试验方法按 GB/T 7939.2 的规定

⑦应进行泄漏量试验，验证每次断开时的流体损失。试验方法按 GB/T 7939.2 的规定

农业机械用 A 系列通用型快换接头的附加要求

通则

除非用户与制造商另有商定，农业机械用规格 12.5 和 19 的 A 系列通用型快换接头应满足本章规定的附加要求，其他性能要求均应符合 GB/T 5862 的规定

连接与断开

快换接头的公端和母端应满足以下要求

a. 在连接力试验中，快换接头在断开状态下，对规格 12.5 的公端加压至 16MPa，母端加压至 0.25MPa，对规格 19 的公端加压至 16MPa，母端加压至 0.1MPa，连接力均不应超过 200N，试验方法按 GB/T 7939.2 的规定

b. 在断开力试验中，快换接头在连接状态下承受 17.5MPa 的内部压力时，规格 12.5 的断开力不应超过 1.7kN，规格 19 的断开力不应超过 2.5kN，试验方法按 GB/T 7939.2 的规定

为了满足试验要求，需要一个能够在压力下连接和断开的特殊快换接头母端

流体损失

快换接头在压力下断开时的流体损失不应超过表 7 中给出的数值，试验方法按 GB/T 7939.2 的规定

表 7　在压力下断开时允许的最大流体损失　　mL

规格	12.5	19
在 0.1MPa 压力下断开的最大流体损失	2.5	9
在 17.5MPa 压力下断开的最大流体损失	4	12.5

阀性能

①快换接头阀开启力：规格 12.5 的公端（内部无压力时）所需的力不应超过 45N，规格 19 的公端（内部无压力时）所需的力不应超过 70N

②按照流量 190L/min（规格 12.5）、250L/min（规格 19），从快换接头公端向母端通入液压油（黏度 32，符合 GB/T 3141），快换接头的阀不应自行关闭

工艺

快换接头应无裂纹和气孔等缺陷，应去除毛刺、外部锋利边缘。除非设计图另有说明，所有去除材料的机加工表面粗糙度应为 $Ra \leqslant 3.2\mu m$。与油口和螺柱端接触的密封区域应符合相应的标准

续表

标识	符合该标准的接头标识如下 a."快换接头" b. 标准号"GB/T 40565.1"和间隔字符"-" c. 系列名称(A 或 B),和间隔字符"-" d. 规格 e. 农业机械用"AG"(必要时) 示例 符合该标准的 A 系列 12.5 规格液压快换接头的标识如下:快换接头 GB/T 40565.1-A-12.5
标记	符合该标准的快换接头至少应永久标记制造商的名称、商标或产品标识
标注说明	当选择遵守该标准时,宜在试验报告、产品目录和商务文件中使用以下说明:"尺寸和要求符合 GB/T 40565.1—2024《液压传动连接　快换接头　第 1 部分:通用型》"

快换接头(20~31.5MPa 平面型)(摘自 GB/T 40565.2—2021/ISO 16028:1999,MOD)

表 20-12-98

范围	GB/T 40565.2—2021《液压传动连接　快换接头　第 2 部分:20~31.5MPa 平面型》规定了用于 20~31.5MPa 压力下,不同规格的液压平面型快换接头的尺寸和要求 该标准适用于非带压连接或断开的液压平面型快换接头 注:当快换接头在连接状态下断开时,分离的接头端自动密封上、下游的流体
尺寸要求	平面型快换接头应符合图 1 所示和表 1 给出的尺寸。接头规格宜按照 GB/T 2351 中规定的软管内径尺寸

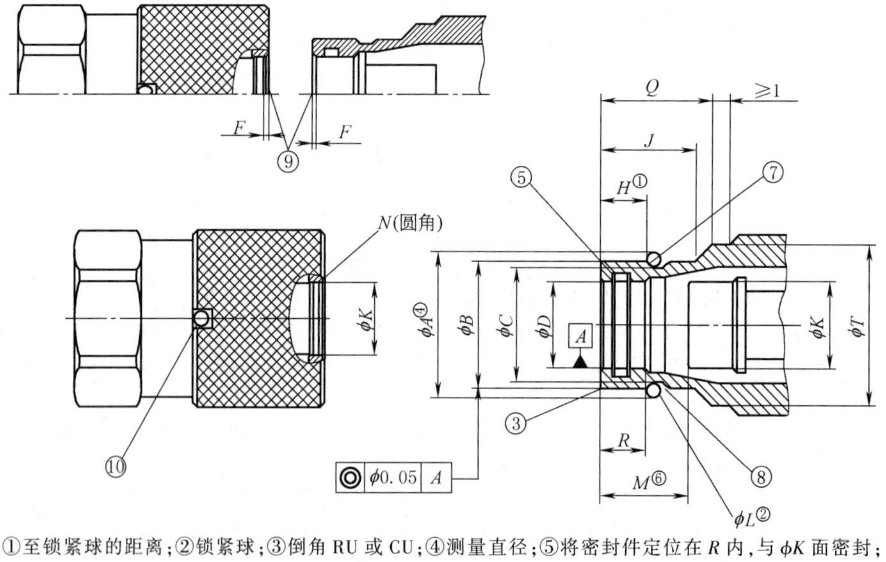

①至锁紧球的距离;②锁紧球;③倒角 RU 或 CU;④测量直径;⑤将密封件定位在 R 内,与 φK 面密封;⑥阀芯的最小行程;⑦与锁紧球接触部位最小硬度 50HRC;⑧此部位的形状由制造商确定;⑨此面应在 F 最大值内齐平;⑩可选锁定机构

图 1　平面型快换接头

表 1　平面型快换接头尺寸　　mm

尺寸		规格					
		6.3	10	12.5	16	19	25
A		20.5	24.1	30.15	32.65	36.68	44.85
B	max	16.2	19.79	24.58	27.08	30	36.07
	min	16.1	19.66	24.45	26.95	29.87	35.94
C	max	14.05	17.73	22.1	24.6	27	32.1
	min	13.85	17.53	21.9	24.4	26.8	31.9

续表

尺寸要求

续表

尺寸		规格					
		6.3	10	12.5	16	19	25
D	max	9.75	12.7	15.7	17.7	20.75	23.75
	min	9.7	12.65	15.62	17.62	20.67	23.67
F	max	0.6	0.6	0.7	0.7	0.9	1.1
H	max	5.8	4.86	9.95	9.95	11.5	11
	min	5.7	4.68	9.75	9.75	11.3	10.8
J	min	11.56	16.25	17.35	17.35	23.2	23.2
K	max	9.6	12.57	15.58	17.55	20.55	23.55
	min	9.55	12.5	15.51	17.48	20.48	23.48
L	±0.0025	3.175	3.175	3.969	3.969	4.7625	6.35
M	min	10.8	15.6	16.9	17.5	21.5	22.6
N	max	0.33	0.41	0.41	0.46	0.46	0.58
	min	0.18	0.25	0.25	0.3	0.3	0.43
Q	max	13.95	18.21	20.4	20.4	27.4	29.95
	min	13.85	18.11	20.3	20.3	27.3	29.85
R	max	7.65	9.65	10.4	10.5	11.25	13.05
T	max	20.8	23.34	30.5	33	38.1	45.35
	min	20.7	23.24	30.4	32.9	38	45.25
U	max	0.75	1.15	1	1	1	1.25
	min	0.25	0.25	0.5	0.5	0.5	0.75

性能要求

①符合该标准的平面型快换接头应达到或超过表2中给出的性能要求

表2 平面型快换接头性能要求

性能参数	不同规格的性能要求					
	6.3	10	12.5	16	19	25
最高工作压力(依据GB/T 7937)/MPa	31.5	25	25	25	25	20

性能参数	不同规格的性能要求				
	6.3	10	12.5	16	19
最低爆破压力/MPa	126	100	100	100	100
额定流量/L·min^{-1}	12	23	45	74	100
额定流量下的最大压降/kPa	100	100	100	100	100
额定冲击流量/L·min^{-1}	36	69	135	222	300
每次断开的最大流体损失/mL	0.02	0.035	0.07	0.1	0.15

②应进行无曲挠脉冲压力试验来验证最高工作压力，在连接状态下达到10^6次循环，在断开状态下达到10^5次循环。试验方法按ISO 18869的规定

③应验证最低爆破压力，在连接和断开状态下分别试验。试验方法按ISO 18869的规定

④应验证额定流量下的压降。试验方法按ISO 18869的规定

⑤应进行泄漏量试验，验证每次断开时的流体损失。试验方法按ISO 18869的规定

⑥应进行冲击流量的试验。试验方法按ISO 18869的规定

⑦为降低意外断开的风险，应规定在连接状态下锁定接头的机构。可有制造商和用户商定

标识

符合该标准的接头标识如下

a. “快换接头”

b. 标准编号“GB/T 40565.2”和间隔字符“-”

c. 规格

示例

符合该标准的液压快换接头的规格为12.5的标记（识）如下

快换接头 GB/T 40565.2-12.5

续表

标记	符合该标准的快换接头至少应永久标记制造商的名称、商标或产品标识
标注说明	当选择遵守该标准时,宜在试验报告、产品目录和商务文件中使用以下说明:“尺寸和要求符合 GB/T 40565.2—2021《液压传动连接　快换接头　第 2 部分:20~31.5MPa 平面型》。”

快换接头（螺纹连接通用型）（摘自 GB/T 40565.3—2021/ISO 14541：2013，MOD）

表 20-12-99

范围

GB/T 40565.3—2021《液压传动连接　快换接头　第 3 部分:螺纹连接通用型》规定了液压螺纹连接通用型快换接头的尺寸和要求

该标准适用于一般液压设备用螺纹连接快换接头

尺寸要求

①螺纹连接通用型快换接头应符合图 1 所示和表 1 给出的尺寸

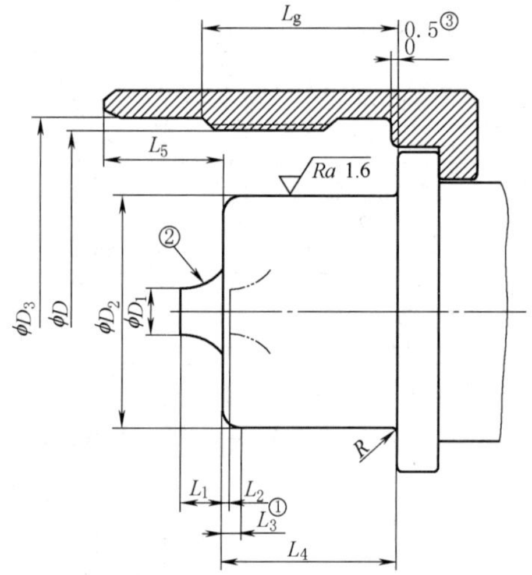

①圆角或圆角与倒角的组合;

②阀芯的形状是可变的;

③见下面④

图 1　螺纹连接通用型快换接头

表 1　螺纹连接通用型快换接头尺寸　　mm

规格	D①	D_1 min	D_2	D_3	L_1 max	L_2 max	L_3	L_4	L_5 min	L_g±0.3	R max
6.3	M24×2	2.5	12.85 12.95	24.40 24.50	3.5	0.5	1 1.5	14.65 14.75	11.5	15.2	0.5
10	M28×2	3.0	17.35 17.45	28.45 28.55	3.8	0.5	1 2	14.95 15.05	12.1	14.1	0.5
12.5	M36×2	4.5	21.90 22.00	36.50 36.70	4.5	0.5	1.5 2.5	16.95 17.05	11.3	16.3	0.5
19	M42×2	5.4	27.85 27.95	42.70 42.80	7.5	0.5	1.5 2.5	20.85 21.00	11.0	21.5	0.5

① 螺纹 D 应符合 GB/T 196；公差应符合 GB/T 197 的 7G 级

②接头规格宜按照 GB/T 2351 中规定的软管内径尺寸

③套筒形状可以是圆形带扳手平面或六角形

④设计应确保母端与公端之间连接后，套筒可相对旋转

性能要求

①符合该标准的快换接头应达到或超过表 2 中给出的性能要求

②快换接头的性能要求适用于碳钢制造。使用其他材料及不同性能要求由制造商和用户商定

续表

性能要求

表 2　螺纹连接通用型快换接头性能要求

规格	最高工作压力 /MPa	最低爆破压力 /MPa		额定流量 /L · min^{-1}	额定流量下的最大压降 /kPa	额定冲击流量 /L · min^{-1}	每次断开的最大流体损失 /mL
		连接	断开				
6.3	35	140	140	12	250	36	0.8
10	30	120	120	23	200	69	1.4
12.5	30	120	120	45	150	135	2.7
19	25	100	100	106	220	318	9.3

③应进行无曲挠脉冲压力试验来验证最高工作压力，在断开状态下达到 2×10^5 次循环，在连接状态下达到 2×10^5 次循环。试验方法按 ISO 18869 的规定

④应验证最低爆破压力，在连接和断开状态下分别进行试验。试验方法按 ISO 18869 的规定

⑤应验证额定流量下的压降。试验方法按 ISO 18869 的规定

⑥应进行泄漏量试验，验证每次断开时的流体损失。试验方法按 ISO 18869 的规定

⑦应进行冲击流量的试验。试验方法按 ISO 18869 的规定

⑧快换接头应保证任意一端在带有最高工作压力 33%的残压下能连接，并在此压力下通过 100 次的连接耐久性试验，无功能性的损坏。试验方法按 ISO 18869 的规定

安装说明

①为了避免在连接和断开过程中液压软管扭曲，应选用适合的工具，例如，可使用扳手或夹紧装置固定接头的一端

②母端宜选用一个保证接头连接到位的指示装置，如图 2 所示的 O 形圈

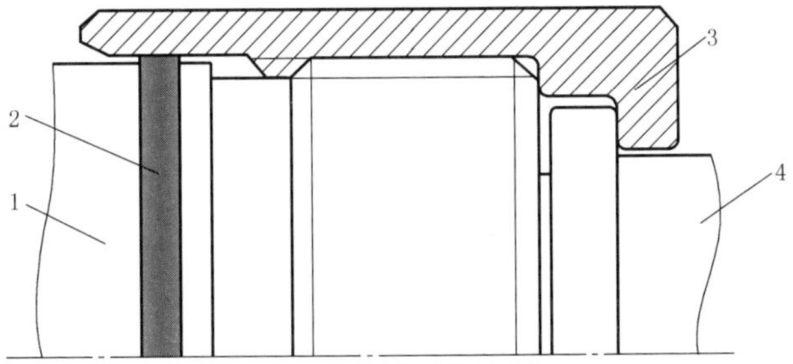

图 2　O 形圈指示装置示例

1—母端；2—O 形圈（也可使用其他指示装置）；3—套筒；4—公端

标识

符合该标准的接头标识如下

a. "快换接头"

b. 标准编号"GB/T 40565.3"和间隔字符"-"

c. 规格

示例

符合该标准的液压快换接头的规格为 12.5 的标记（识）如下

快换接头 GB/T 40565.3-12.5

标记

符合该标准的快换接头至少应永久标记制造商的名称、商标或产品标识

标注说明

当选择遵守该标准时，宜在试验报告、产品目录和商务文件中使用以下说明："尺寸和要求符合 GB/T 40565.3—2021《液压传动连接　快换接头　第 3 部分：螺纹连接通用型》。"

快换接头（72MPa 螺纹连接型）（摘自 GB/T 40565.4—2021/ISO 14540：2013，MOD）

表 20-12-100

范围	GB/T 40565.4—2021《液压传动连接　快换接头　第 4 部分：72MPa 螺纹连接型》规定了 72MPa 压力下，液压螺纹连接型快换接头的尺寸和要求 该标准适用于两种类型的快换接头：带锥阀的 P 型和带球阀的 S 型

续表

尺寸要求

72MPa 螺纹连接型快换接头应符合图 1 所示和表 1 给出的尺寸

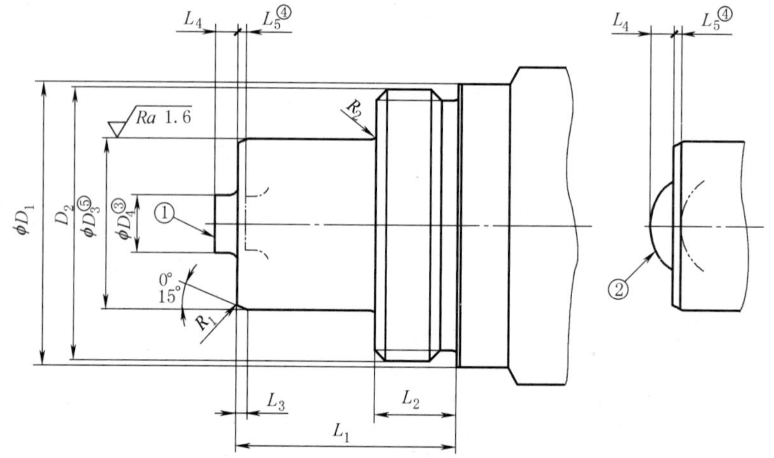

①阀芯的形状是可变的，图示为带锥阀的 P 型；②阀芯的形状是可变的，图示为带锥阀的 S 型；③阀芯直径 D_4 仅适用于带锥阀的 P 型；④阀芯最大停止行程的距离；⑤密封直径

注：其他尺寸和形状由制造商确定

图 1　72MPa 螺纹连接型快换接头

表 1　72MPa 螺纹连接型快换接头尺寸

mm

规格①	D_1 min	$D_2$③	D_3	$D_4$② min	L_1	L_2	L_3 max	L_4 max	L_5 max	R_1	R_2 max
6.3	26.5	1-18 UNS	15.77 15.85	1.9	18.95 19.15	7.75 7.98	2.0	4	0.4	0.5 1.0	0.6
10	31.5	1-3/16-16 UN	18.96 19.04	2.5	25.32 25.47	9.30 9.52	2.5	4	0.4	0.5 1.3	0.6

① 接头规格宜按照 GB/T 2351 中规定的软管内径尺寸

② 直径 D_4 仅适用于带锥阀的 P 型

③ 按 ISO 725 和 GB/T 20666 给出的基本尺寸和公式，公差等级为 2A。其中 1-18 UNS 螺纹的尺寸应符合附录 A

性能要求

①符合该标准的快换接头应达到或超过表 2 中给出的性能要求

表 2　72MPa 螺纹连接型快换接头性能要求

性能参数	6.3①	10①
最高工作压力②/MPa	72	
最低爆破压力(连接状态)③/MPa	216	
P 型的最低爆破压力(断开状态)③/MPa	216	
S 型的最低爆破压力(断开状态)③/MPa	144	
额定流量④/L·min^{-1}	12	23
额定流量下的最大压降④/kPa	300	450
每次断开的最大流体损失⑤/mL	0.5	1
连接的最高残压⑥/MPa	10	

① 接头规格宜按照 GB/T 2351 中规定的软管内径尺寸

② 见表下面③

③ 见表下面④

④ 见表下面⑤

⑤ 见表下面⑥

⑥ 只允许快换接头的一端内部带有残压

②快换接头的性能要求适用于碳钢制造。使用其他材料及不同性能要求由制造商和用户商定

③应进行无曲挠脉冲压力试验来验证最高工作压力，在连接和断开状态下都需验证，试验达到 10^4 次循环，试验压力为最高工作压力，其他试验方法按 ISO 18869 的规定

续表

性能要求	④应验证最低爆破压力,在连接和断开状态下分别进行试验。试验方法按 ISO 18869 的规定 ⑤应验证额定流量下的压降。试验方法按 ISO 18869 的规定 ⑥应进行泄漏量试验,验证每次断开时的流体损失。试验方法按 ISO 18869 的规定 ⑦快换接头应保证任意一端在带有 10MPa 的残压下能连接,并在此压力下通过 100 次的连接耐久性试验,无功能性的损坏。试验方法按 ISO 18869 的规定
注意事项	①符合该标准的快换接头制造商应给与适当的书面说明,向用户提供有关安全性、正确操作和维护的信息,以确保产品的正确和安全使用 ②符合该标准的快换接头因承受很高的内部压力,用户在应用产品时应始终使用最合适的保护装置,并应预留本产品安全作业区域 ③符合该标准设计的快换接头不准许在工作压力下进行连接和断开。表 2 的规定只允许一端带有最高残压状态下的连接 ④带球阀的 S 型快换接头不适用于在断开状态下加压
标识	符合该标准的接头标识如下 a. "快换接头" b. 标准编号"GB/T 40565. 4"和间隔字符"-" c. 规格和间隔字符 d. 快换接头类型:带锥阀的 P 型或待球阀的 S 型 示例 符合该标准的液压快换接头的规格为 6. 3 和 P 型锥阀的标识如下 快换接头 GB/T 40565. 4-6. 3-P
标记	符合该标准的快换接头至少应永久标记制造商的名称、商标或产品标识
标注说明	当选择遵守该标准时,宜在试验报告、产品目录和商务文件中使用以下说明:"尺寸和要求符合 GB/T 40565. 4—2021《液压传动连接　快换接头　第 4 部分:72MPa 螺纹连接型》。"

快换接头（两端开闭式）（摘自 JB/ZQ 4078—2006）

两端开闭式快换接头适用于以油、气为介质的管路系统，介质温度为-20~80℃。其结构及尺寸见表 20-12-101。

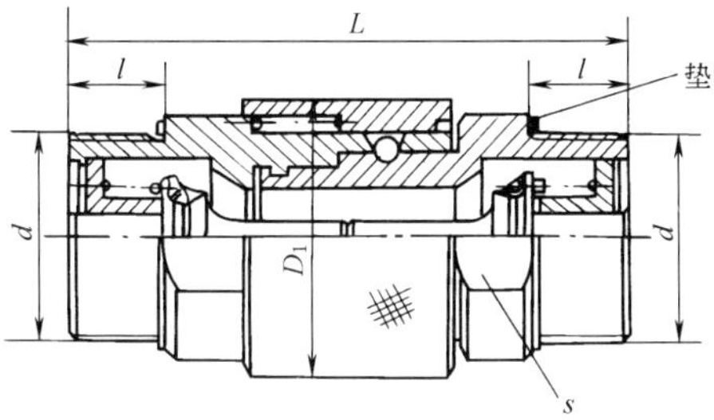

A 型快换接头

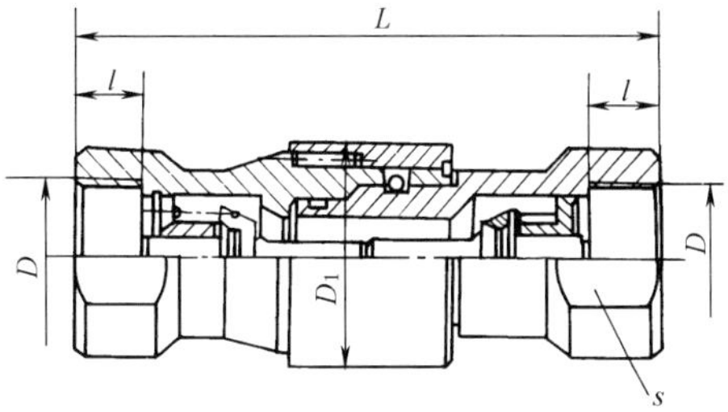

B 型快换接头

标记示例

公称通径 DN 为 15mm 的 A 型快换接头：快换接头 15　JB/ZQ 4078—2006

公称通径 DN 为 15mm 的 B 型快换接头：快换接头 B15　JB/ZQ 4078—2006

表 20-12-101

mm

公称通径 DN	公称压力 /MPa	公称流量 /L·min⁻¹	d (6g)	D (6H)	l A 型	l B 型	L A 型	L B 型	D_1	s	质量/kg A 型	质量/kg B 型
6	31. 5	6. 3	M18×1. 5	M16×1. 5	13	14	76	104	29	21	0. 14	0. 16
8	31. 5	25	M22×1. 5	M20×1. 5	13	14	77	105	34	27	0. 20	0. 25
10	31. 5	40	M27×2	M24×1. 5	13	14	80	108	39	30	0. 32	0. 38
15	25	63	M30×2	M27×2	16	16	91	123	43	34	0. 49	0. 56
20	20	100	M39×2	M36×2	16	20	98	138	55	46	0. 83	0. 92
25	16	160	M42×2	M39×2	20	20	110	150	59	50	1. 21	1. 40
32	16	250	M52×2	M45×2	22	22	130	173	70	60	1. 90	2. 20
40	10	400	M60×2	M52×2	26	26	148	199	78	65	2. 81	3. 10
50	10	630	M72×2	M64×2	30	30	164	224	90	80	4. 20	4. 70

快换接头（两端开放式）（摘自 JB/ZQ 4079—2006）

两端开放式快换接头有 A 型、B 型两种，适用于以油、气为介质的管路系统，介质温度为-20～80℃。

A 型快换接头

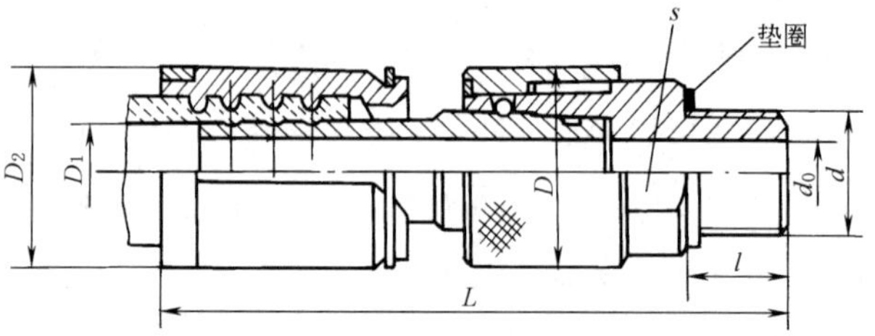

标记示例

公称通径 DN 为 15mm 的 A 型快换接头：快换接头 15　JB/ZQ 4079—2006

表 20-12-102

mm

公称通径 DN	公称流量 /L·min^{-1}	软管内径 D_1	工作压力/MPa 软管层数 Ⅰ	工作压力/MPa 软管层数 Ⅱ、Ⅲ	D_2	D	d_0	d (6g)	s	l	L	质量 /kg
6	6.3	8	17.5	32	32	29	5	M10×1	21	8	114	0.36
8	25	10	16	28	35	34	7	M14×1.5	27	12	120	0.45
10	40	12.5	14	25	40	39	10	M18×1.5	30	12	132	0.67
15	63	16	10.5	20	45	43	13	M22×1.5	34	14	140	0.85
20	100	22	8	16	51	55	17	M27×2	46	16	155	1.21
25	160	25	7	14	58	59	21	M33×2	50	16	160	1.75
32	250	31.5	4.4	11	66	70	28	M42×2	60	18	180	2.65
40	400	38	3.5	9	72	73	33	M48×2	70	20	205	3.50
50	630	51	2.6	8	86	90	42	M60×2	80	24	230	5.12

B 型快换接头

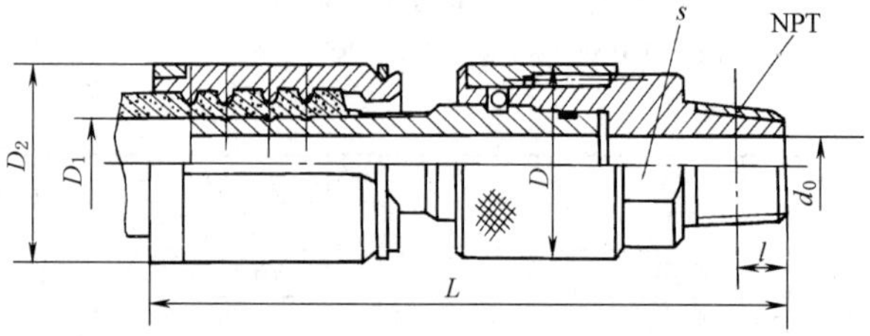

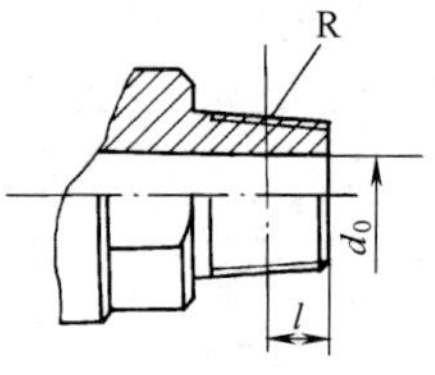

标记示例

公称通径 DN 为 15mm 的 B 型 55°锥管螺纹快换接头：快换接头 B15（R） JB/ZQ 4079—2006

表 20-12-103

mm

公称通径 DN	公称流量 /L·min^{-1}	软管内径 D_1	NPT	R	工作压力 /MPa	D_2	D	d_0	l		L		s	质量 /kg
									NPT	R	NPT	R		
6	6.3	8	⅛		16	32	29	5	4.102	4	115	120	21	0.36
8	25	10	¼		16	35	34	7	5.786	6	122	126	27	0.45
10	40	12.5	⅜		16	40	39	10	6.096	6.4	134	142	30	0.69
15	63	16	½		16	45	43	13	8.128	8.2	145	148	34	0.85
20	100	22	¾		16	51	55	17	8.611	9.5	158	165	46	1.21
25	160	25	1		14	58	59	21	10.160	10.4	170	175	50	1.75
32	250	31.5	1¼		11	66	70	28	10.668	12.7	186	194	60	2.65
40	400	38	1½		9	72	78	33	10.668	12.7	210	216	70	3.50
50	630	51	2		8	86	90	42	11.074	15.9	232	240	80	5.12

注：软管按 GB/T 3683 的规定。

4.9 液压测压接头

4.9.1 非带压连接式测压接头（摘自 GB/T 41981.1—2022/ISO 15171-1：1999，MOD）

表 20-12-104

范围	GB/T 41981.1—2022《液压传动连接 测压接头 第 1 部分:非带压连接式》规定了与符合 GB/T 2878.1 要求的油口匹配的,螺柱端螺纹为 M14×1.5,最高工作压力为 40MPa 的测压接头的性能要求、设计、制造、命名和标记 该标准适用于以矿物油为工作介质的液压系统的管接头 注:用于非矿物油工作介质时,由供需双方协商
性能要求	①通则 符合该标准尺寸的产品不能保证额定性能。制造商需按照该标准所包含的规范进行试验,以确保元件符合额定性能 ②工作压力和温度 测压接头的最高工作压力应为 40MPa,工作温度范围应为-20～+120℃ 注:带弹性(体)密封件接头的工作温度范围取决于密封件 ③额定流量 测压接头的额定流量应为 3L/min,最大压降应为 0.5MPa,最大冲击流量应为 15L/min。试验符合 ISO 18869 ④爆破压力和循环耐久性(脉冲)压力 当按照下面“试验方法”的要求进行试验时,测压接头应能承受至少 160MPa 的爆破压力和 53.2MPa 的循环耐久性(脉冲)压力 ⑤试验方法 Ⅰ. 爆破试验、循环耐久性(脉冲)试验和真空试验应按照 GB/T 26143 Ⅱ. 试验样品应按照 GB/T 2878.2 中规定的力矩拧紧 Ⅲ. 循环耐久性试验后,应能正常进行连接或断开,且无泄漏、黏着或其他故障。试验结果应按照 GB/T 26143 规定的格式出具报告

续表

设计	测压接头的结构和尺寸应符合图1的要求。螺纹和O形圈应符合GB/T 2878.2的要求。螺柱端交货时应包含O形圈，除非制造商和用户另有约定 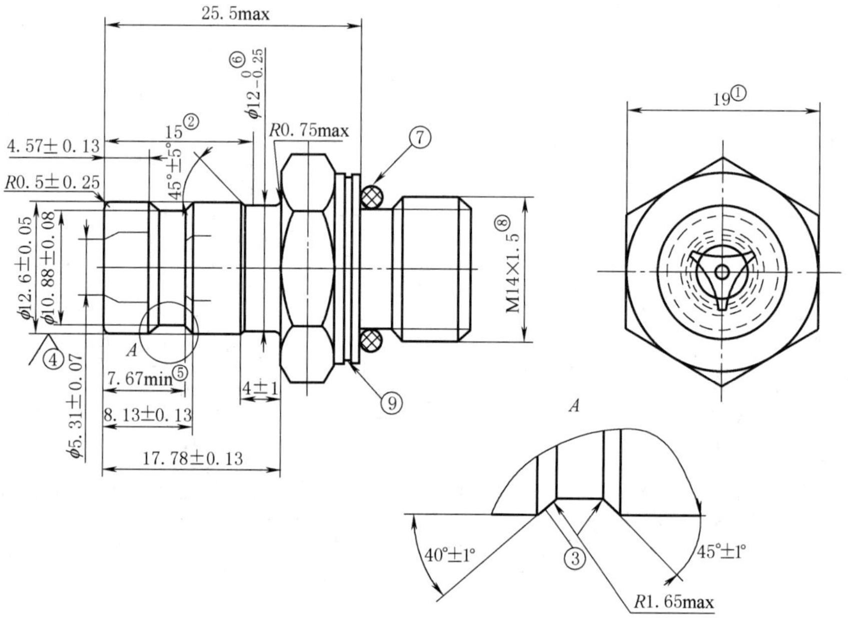 ①六角对边宽度；②最大配合长度；③硬度范围45~55HRC；④"4.57"段表面粗糙度 $Ra \leqslant 3.2\mu m$；⑤阀芯最小行程；⑥此凹槽用于产品标记和保护帽连接，标记也可置于六方平面上；⑦O形圈；⑧螺柱端符号GB/T 2878.2；⑨识别槽符合GB/T 2878.2 图1　测压接头的结构和尺寸
制造	①加工方式　测压接头的零件可通过锻造或冷成型制成，也可用棒料加工而成 ②工艺　工艺应符合最佳商业惯例，以产生高质量的零件。测压接头应无肉眼可见的污物、毛刺、在使用中可能脱落的颗粒或块状物以及可能影响部件功能的其他任何缺陷。除非另有规定，其余加工表面的粗糙度应满足 $Ra \leqslant 6.3\mu m$ ③表面处理　除非制造商和用户另有约定，测压接头的所有外表面和螺纹都应选择合适的材料进行电镀或覆膜，并按照GB/T 10125的规定通过72h的中性盐雾试验。在盐雾试验期间任何部位出现红色的锈斑，应视为不合格，下列指定部位除外 ——所有流体通道 ——棱角，如六角形尖端、锯齿状和螺纹牙顶，这些会因批量生产或运输的影响使电镀层或涂层产生机械形变的部位 ——零件在盐雾试验箱中的悬挂或固定处出现冷凝物聚集的部位 内部流体通道不应进行电镀或其他涂层，但应使用防锈剂，以防贮存期间被腐蚀
接头命名	符合该标准规定的测压接头，应使用以下命名方式："测压接头"空一格后接标准号，后接"-"，然后是符合GB/T 5576的螺柱端密封材料代号 示例 测压接头　GB/T 41981.1-NBR
标记	测压接头应永久标记制造商的名称或商标
标注说明	当选择遵守该标准时，宜在试验报告、产品目录和产品销售文件中使用以下说明："测压接头符合GB/T 41981.1—2022《液压传动连接　测压接头　第1部分：非带压连接式》。"

4.9.2 可带压连接式测压接头（摘自 GB/T 41981.2—2022/ISO 15171-2：2016，MOD）

表 20-12-105

范围	GB/T 41981.2—2022《液压传动连接　测压接头　第 2 部分：可带压连接式》规定了连接端螺纹为 M16×2，最高工作压力为 63MPa 的测压接头的设计、制造、工艺、表面处理、接头的命名和标记，此测压接头可在 40MPa 以下带压连接，并提供相应螺柱端尺寸：GB/T 2878.2-M14×1.5、ISO 9974-2-M14×1.5、ISO 1179-2-G1/4、ISO 11926-2-7/16-20 UNF 该标准适用于以矿物油为工作介质的液压系统的管接头 注：用于非矿物油工作介质时，由供需双方协商
性能要求	①通则　符合该标准尺寸的产品不能保证额定性能。制造商应按照该标准所包含的规范进行试验，以确保元件符合额定性能 ②工作压力和温度　测压接头的最高工作压力应为 63MPa，工作温度范围应为 -20～+120℃ 注：带弹性（体）密封件接头的工作温度范围取决于密封件 ③流量和压降 Ⅰ. 在 6L/min 的流量下，测压接头的压降不应超过 20MPa Ⅱ. 压降值不包括为实现试验所必需的测压软管压降。压降试验应满足 ISO 18869 的要求，并且满足以下规定 a. 检测整个测压接头组件的压降 b. 检测去除阀芯和弹簧后的压降 c. 按 a 测得的压降减去按 b 测得的压降，得到的结果是测压接头的压降 注：测压接头压降的评定，无需考虑顶针部分压降 ④测压接头和匹配接头的连接　如果使用下面"设计"所述的匹配接头，在顶针打开测压接头的阀芯前，应保证测压接头与匹配接头的密封，并且测压接头和匹配接头之间的有效啮合长度不少于 2 倍螺距 ⑤爆破压力和循环耐久性（脉冲）压力　当按照下面"试验要求"的要求进行试验时，测压接头应承受至少 252MPa 的爆破压力和 84MPa 的循环耐久性（脉冲）压力 ⑥试验要求 Ⅰ. 爆破试验和循环耐久性（脉冲）试验应按照 GB/T 26143 Ⅱ. 试验样品应按照下面"设计"②～⑤提及的标准规定的扭矩要求拧紧 Ⅲ. 测压接头试验应包含以下三种状态 ——没有安装保护帽 ——安装有保护帽 ——安装有相应匹配接头 Ⅳ. 循环耐久性试验后，应能正常进行连接或断开，且无泄漏、黏着或其他故障，试验结果应按照 GB/T 26143 规定的格式出具报告
设计	①基本结构、尺寸 Ⅰ. 测压接头的基本结构、尺寸应符合图 1 的规定，螺柱端和密封应符合②～⑤中提及的相应标准 Ⅱ. 匹配接头尺寸见图 2 Ⅲ. M16×2 螺纹应符合 GB/T 196。外螺纹公差等级为 6g，内螺纹公差等级为 6H，应符合 GB/T 197 mm 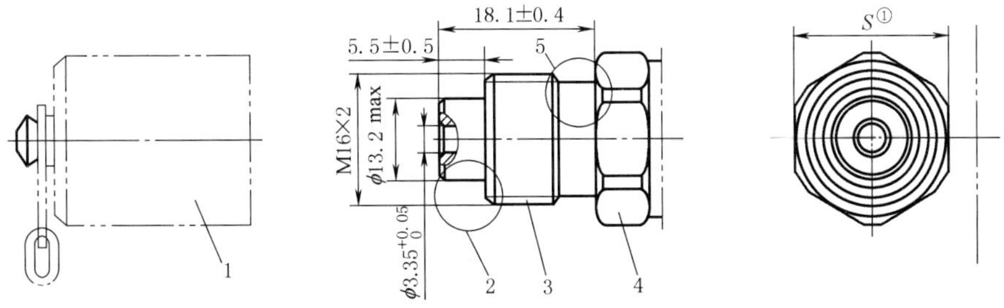 ① $S=19$：适用于 FM14×1.5、EM14×1.5 和 EG 1/4（见下面②～④）；$S=17$：适用于 FU 7/16-20（见下面⑤），S 的公差为 $S_{-0.2}^{0}$ 图 1　测压接头基本结构、尺寸 1—由制造商自行设计的保护帽；2—由制造商自行设计；3—螺纹连接部；4—可选设计；5—由制造商自行设计的放松装置安装部位

续表

设计

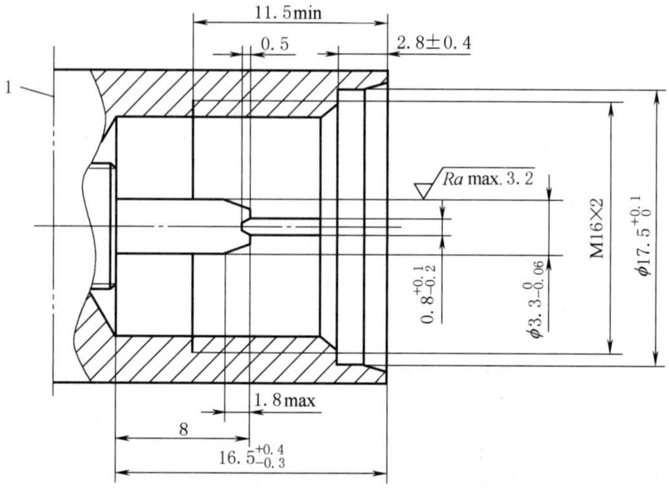

图 2 测压接头的匹配接头尺寸

1—由制造商自行设计

②FM14×1.5 测压接头

Ⅰ. 带符合 GB/T 2878.2 螺柱端螺纹为 M14×1.5 的测压接头尺寸见图 3,代号为 FM14×1.5

Ⅱ. 测压接头交货时应包含螺柱端的密封件和保护帽,除非制造商和用户另有约定

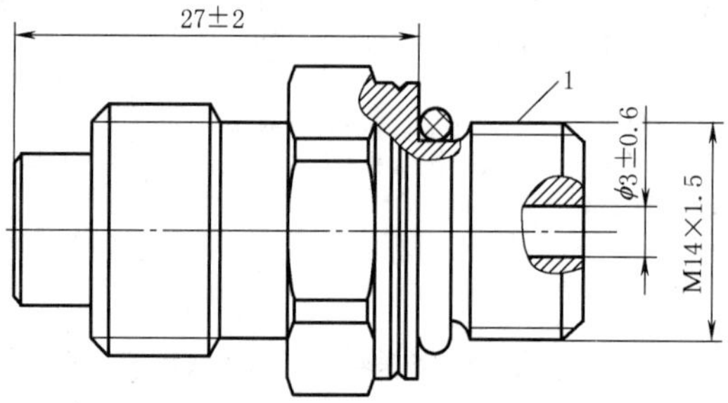

图 3 FM14×1.5 测压接头

1—螺柱端和 O 形圈符合 GB/T 2878.2

③EM14×1.5 测压接头

Ⅰ. 带符合 ISO 9974-2 的螺柱端螺纹为 M14×1.5 的测压接头尺寸见图 4,代号为 EM14×1.5

Ⅱ. 测压接头交货时应包含螺柱端的密封件和保护帽,除非制造商和用户另有约定

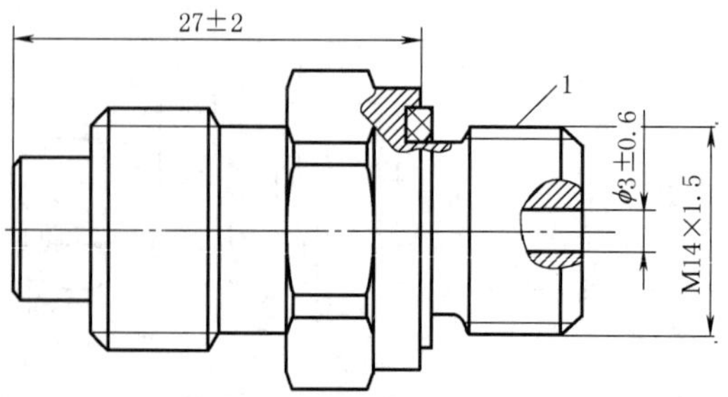

图 4 EM14×1.5 测压接头

1—螺柱端和弹性(体)密封圈符合 ISO 9974-2

④EG 1/4 测压接头

Ⅰ. 带符合 ISO 1179-2 的螺柱端螺纹为 G1/4 的测压接头尺寸见图 5,代号为 EG 1/4

Ⅱ. 测压接头交货时应包含螺柱端的密封件和保护帽,除非制造商和用户另有约定

续表

设计	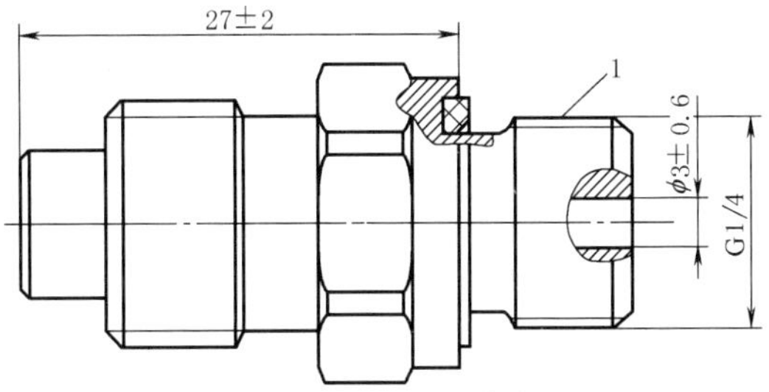 图 5　EG 1/4 测压接头 1—螺柱端和弹性(体)密封圈符合 ISO 1179-2 ⑤FU 7/16-20 测压接头 Ⅰ. 带符合 ISO 11926-2 的螺柱端螺纹为 7/16-20 UNF 的测压接头尺寸见图 6,代号为 FU 7/16-20 Ⅱ. 测压接头交货时应包含螺柱端的密封件和保护帽,除非制造商和用户另有约定 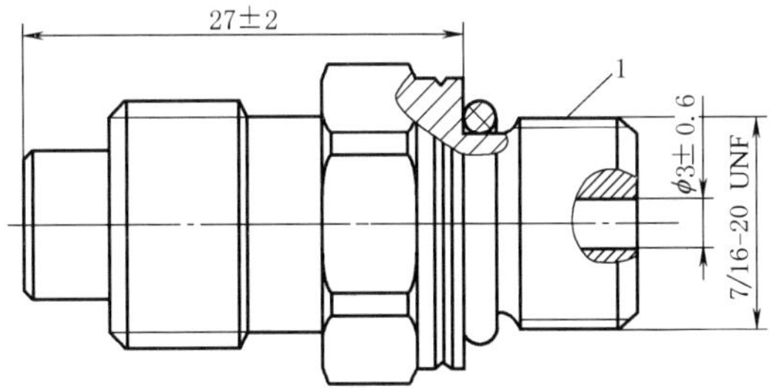 图 6　FU 7/16-20 测压接头 1—螺柱端和 O 形圈符合 ISO 11926-2
制造	①加工方式　测压接头的零件可通过锻造或冷成型制成,也可用棒料加工而成 ②工艺　工艺应符合最佳商业惯例,以产生高质量的零件。测压接头应无肉眼可见的污物、毛刺、在使用中可能脱落的颗粒或块状物以及可能影响部件功能的其他任何缺陷。除非另有规定,其余加工表面的粗糙度应满足 $Ra \leqslant 6.3\mu m$ ③表面处理　除非制造商和用户另有约定,测压接头的所有外表面和螺纹都应选择合适的材料进行电镀或覆膜,并按照 GB/T 10125 的规定通过 72h 的中性盐雾试验。在盐雾试验期过程中,任何部位出现红色的锈斑应视为不合格,下列指定部位除外 ——所有流体通道 ——棱角,如六角形尖端、锯齿状和螺纹牙顶(这些部位由于批量生产或运输的影响使镀层或涂层产生机械损伤) ——由于扣压、扩口、弯曲和其他柱状、板类金属成型引起的镀层或涂层的机械变形区域 ——试验室中零件悬挂或固定处(这些位置可能聚集冷凝物) 内部流体通道在储存期间应防止腐蚀 出于对环境的考虑,按照该标准制造的部件不应镀镉,六价铬酸盐涂料不是首选。镀层的改变可能影响装配力矩,必要时需重新验证
接头的命名	符合该标准规定的测压接头,应使用以下命名方式:“测压接头”空一格后接标准号,然后为上面“设计”中给出的测压接头类型代号,后接“-”,然后为符合 GB/T 5576 的螺柱端密封材料代号 示例 测压接头　GB/T 41981. 2-FM14×1. 5- NBR
标记	测压接头应永久标记制造商的名称或商标
标注说明(引用该标准)	当选择遵守该标准时,宜在试验报告、产品目录和产品销售文件中使用以下说明:“测压接头符合 GB/T 41981. 2—2022《液压传动连接　测压接头　第 2 部分:可带压连接式》。”

4.10 旋（回）转接头

中央回转接头（摘自 GB/T 25629—2021）

表 20-12-106

<table>
<tr><td colspan="2">范围</td><td>GB/T 25629—2021《液压挖掘机　中央回转接头》规定了液压挖掘机用中央回转接头的分类、技术要求、试验方法、检验规则、标志、包装和运输等
该标准适用于液压挖掘机用中央回转接头，起重机、高空作业车、盾构机、旋挖钻机、平地机、海上作业平台等机械设备用的中央回转接头可参照使用</td></tr>
<tr><td rowspan="3">标记</td><td>标记方法</td><td>中央回转接头（见图 1）的标记方法如下
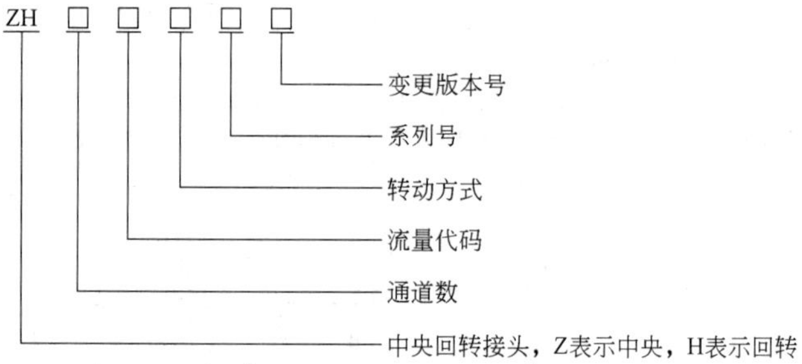
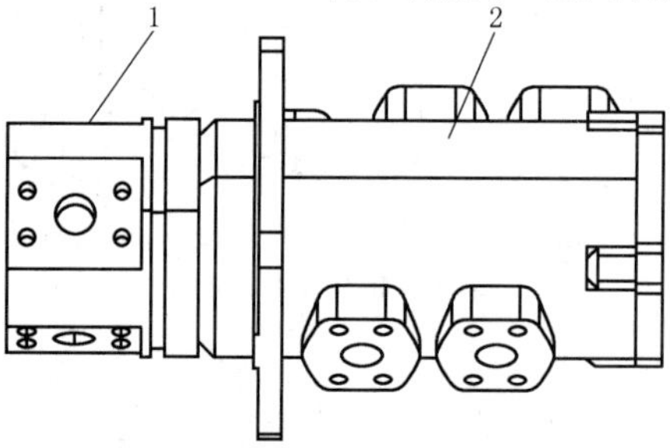
图 1　中央回转接头
1—回转轴；2—回转体</td></tr>
<tr><td>标记说明</td><td>①通道数：用数字“01～99”表示
②流量代码：用流量除以 10 后四舍五入取整两位数字“00～99”表示
③转动方式：用数字“A”或“B”表示，其中 A 表示体固定，B 表示轴固定
④系列号：用数字“0～9”表示。初始系列号用 0 表示
⑤变更版本号：用“00～99”二位数字表示，原始版本号为“00”</td></tr>
<tr><td>标记示例</td><td>6 个通道、体固定、主通道流量 70L/min、系列号 0、变更版本号 00 的中央回转接头标记为 ZH0607A000</td></tr>
<tr><td>技术要求</td><td>一般要求</td><td>①中央回转接头回转体推荐材料的力学性能见表 1
表 1　回转体推荐材料力学性能
<table>
<tr><td>材料</td><td>QT450-10</td><td>QT500-7</td><td>QT600-3</td><td>45</td></tr>
<tr><td>抗拉强度/MPa</td><td>≥450</td><td>≥500</td><td>≥600</td><td>≥600</td></tr>
<tr><td>屈服强度/MPa</td><td>≥310</td><td>≥320</td><td>≥370</td><td>≥355</td></tr>
<tr><td>伸长率/%</td><td>≥10</td><td>≥7</td><td>≥3</td><td>≥16</td></tr>
<tr><td>硬度（HBW）</td><td>160～210</td><td>170～230</td><td>190～270</td><td>197～2229</td></tr>
</table>
②中央回转接头在回转过程中，应灵活、平稳、无卡滞、过热等现象，外部应无渗漏
③中央回转接头回转体表面应平整、光滑，不应有影响外观质量的工艺缺陷。外露非加工表面的涂层应均匀、色泽一致</td></tr>
</table>

续表

技术要求	最大工作压力	最大工作压力是额定工作压力的 1.25 倍,各接口分别加入最大工作压力,2min 内压降不应大于 0.1MPa
	启动阻力矩和回转阻力矩	启动阻力矩不应大于 350N·m,回转阻力矩不应大于 250N·m
	压力损失	液压管路主油道接口正反向压力损失不应大于 0.6MPa,先导接口压力损失不应大于 0.06MPa。气路接口压力损失不应大于 0.06MPa
	密封性能	液压管路各接口内泄漏量不应大于 10mL/min。气路各接口内泄漏量不应大于 0.01MPa/20s
	清洁度要求	中央回转接头内部取出油液清洁度指标不应大于 GB/T 14039—2002 规定的—/18/15
	耐久性要求	中央回转接头在额定压力和回转速度 10~15r/min 时,连续回转 30 万转,相邻二接口的泄漏量不应大于 25mL/min
	高低温要求	中央回转接头在环境温度:低温-30℃±5℃、高温 40℃±5℃,额定压力和回转 10~15r/min 速度下,高低温各连续回转 15 万转或 250h,相邻二接口的泄漏量不应大于 25mL/min
	脉冲要求	中央回转接头在回转速度 10~15r/min,连续脉冲压力下,试验 50 万次,相邻二接口的泄漏量不应大于 30mL/min
	爆破要求	中央回转接头在 2 倍最高工作压力下,中央回转接头不应开裂
	其他要求	中央回转接头其他要求应符合 GB/T 7932 和 GB/T 7935 的规定
标志、包装和运输	标志	①产品标牌应符合 GB/T 13306 的规定 ②产品标牌应包括下列内容 a. 制造商名称和地址 b. 产品名称和型号 c. 额定压力(MPa) d. 额定流量(mL/min) e. 通道数 f. 制造年度或出厂编号 g. 执行标准号 ③中央回转接头出厂前应在所有接口附近清晰标记表示该接口功能的符号
	包装和运输	①中央回转接头的包装应牢靠、并有防振、防锈等措施 ②包装箱内应提供下列文件 a. 产品合格证 b. 产品使用说明 c. 装箱单 ③各接口应用油塞密封,外露加工面应涂防锈油 ④中央回转接头包装箱尺寸和重量应符合铁路、公路和河运等交通运输部门的规定

注：液压挖掘机用中央回转接头的试验方法见 GB/T 25629—2021。

UX 系列多介质旋转接头

UX 系列旋转接头是一种在断续、连续旋转或摆动旋转过程中，可连接并能连续输送油、水、气等多种流体压力介质的装置。旋转接头由芯轴和外套构成，芯轴和外套可相对转动。芯轴和外套上的油口可连接外部管路，内部则用通道把芯轴和外套上对应的油口连接起来。芯轴和外套根据工况需要都可作为转子或定子。转子必须和旋转的设备同轴旋转。定子上的油口与输送流体来的固定管路相连，转子上的油口与旋转设备上的管路相连。

UX 系列高压、高温、多通路、多介质旋转接头产品，已应用于冶金、石化、矿山、港口工程等机械及自动化设备等。

(1) 型号意义

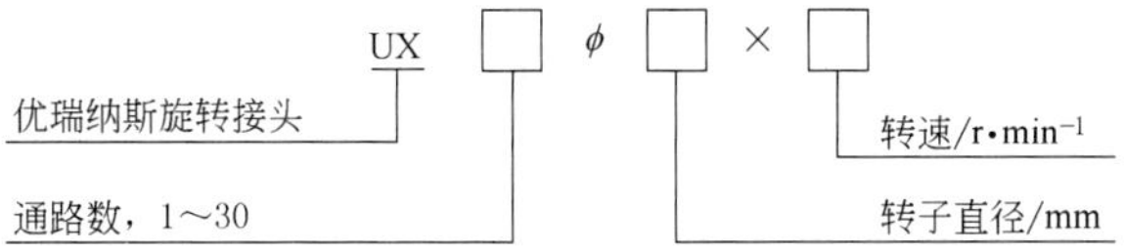

标记示例

具有22个通路，转子直径为250mm，转速为2r/min，使用工作介质为水乙二醇、润滑液、氩气、空气，用于连铸机大包回转工作台的UX旋转接头：UX22ϕ250×2。

（2）技术参数

表 20-12-107　　技术性能

项目		参数
工作压力/MPa		0~40
通路	数量	1~30
	直径/mm	6~300
工作方式		连续旋转、断续旋转、摆动旋转等工况下连续输送各种流体(转子可正、反向旋转)
最大线速度①/m·s^{-1}		2
工作介质②		气体、液体等各种流体和压力介质,例如:空气、水、油、乳化液、水乙二醇等
工作温度/℃		-20~200(特殊密封:-100~260)
结构		可根据工况需要在芯轴中心设置任意通径的通孔,作为电缆、管路或流体的通道。端部法兰可连接电气滑环 特殊材质和具有特殊结构的无油润滑旋转密封,确保较长使用期内不会出现压力介质的内外泄漏 一般芯轴底部为带止口法兰连接(大型旋转接头需现场配做防转销钉)。外套上一般安装两个对称的防转块或防转耳环。如有特殊要求,按客户提供的外形连接尺寸制造

① 芯轴直径处的最大线速度。

② 工作介质均应经过滤后使用。过滤精度不低于10μm。

芯轴直径和许用转速

旋转接头的芯轴直径与通路数量、通路直径、中心孔数量和中心孔直径有关，即通路数量越多，通径越大，中心孔越多，中心孔直径越大，芯轴直径就越大。

旋转接头许用转速与芯轴直径、介质温度和介质压力有关，即芯轴直径越大，介质温度越高，介质压力越大，许用转速就越低。当介质温度高于60℃时，工作压力和转速都必须降低。

表 20-12-108　　UX系列旋转接头芯轴直径标准系列和许用转速（压力小于等于20MPa,常温工况时）

芯轴直径/mm	40	50	63	80	100	125	160	200	250	320	400	500	1000	2000
许用转速/r·min^{-1}	955	764	606	477	382	306	238	191	153	119	95	76	38	19

注：当工作压力大于20MPa或工作介质温度高于60℃时，最高转速需降低⅓~½。

旋转接头的油口

旋转接头的油口有普通螺纹油口和法兰油口两种。如无特殊需要，按表20-12-109或表20-12-110选择。

表 20-12-109　　普通螺纹油口（摘自GB/T 2878—1993,已被GB/T 2878.1—2011代替）　　mm

通　径		3	6	8	10	12	15	16~19	20~24	25~30	31~36	37~40
油口螺纹	直径(6H)	M10×1	M12×1.5	M14×1.5	M16×1.5	M18×1.5	M22×1.5	M27×2	M33×2	M42×2	M48×2	M52×2
	有效深度	10	11.5	11.5	13	14.5	15.5	19	19	19.5	21.5	22

注：油口可与下列标准接头连接：焊接式端直通管接头（JB/T 966）、卡套式端直通管接头（GB/T 3733）、扩口式端直通管接头（GB/T 5625）。接头密封垫可选用组合密封垫圈（JB/T 982，已作废）、软金属密封垫圈（JB/T 1002，已作废）、软金属螺塞用密封垫（JB/ZQ 4454）、金属尖角硬密封。

法兰油口

法兰油口出厂时配带法兰接口板，连接螺钉和O形密封圈，用户只需将管道与接口板焊接起来就行。接口板材质一般为20钢。

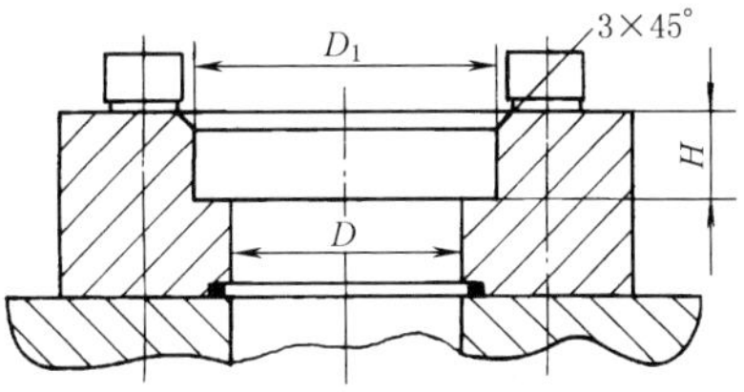

表 20-12-110　　mm

规格	40F	50F	65F	80F	100F	125F	150F	200F	250F	300F
通径 D	40	50	65	80	100	125	150	200	250	300
D_1	52	65	78	97	123	154	182	247	300	353
H	15	20	25	30	35	40	40	40	40	40

（3）订货方法

旋转接头无统一标准的规格尺寸，可根据用户对不同的通路、通径、介质、压力、温度、连接尺寸和油口尺寸等要求进行设计制造。订货的程序如下：

① 绘制 UX 系列旋转接头图形符号，填写技术参数表；

② 用示意图或文字说明芯轴及外套连接固定方式；

③ 根据用户要求，设计旋转接头总装图，经用户确认后制造。

用图形符号和参数表格可简捷准确地表达出旋转接头的主要性能参数。下面以 8 通路旋转接头为例，介绍旋转接头的图形符号和参数表格。

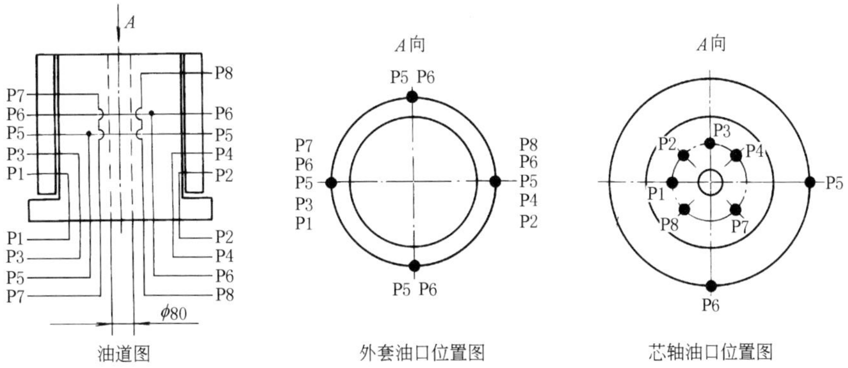

图 20-12-36　8 通路旋转接头图形符号

表 20-12-111　　8 通路旋转接头参数

通路	通径 /mm	芯轴油口		外套油口		工作介质	介质温度 /℃	额定压力 /MPa	测试压力 /MPa	备　注
		规格	数量	规格	数量					
P1	16	M27×2	1	M27×2	1	水乙二醇	60	25	32	
P2	16	M27×2	1	M27×2	1	水乙二醇	60	25	32	
P3	24	G1	1	G1	1	润滑脂	60	40	40	
P4	24	G1	1	G1	1	润滑脂	常温	40	40	
P5	50	50F	1	G1	4	水	常温	0.6	1	
P6	50	50F	1	G1	4	水	常温	0.6	1	
P7	20	M33×2	1	M33×2	1	氩气	80~100	1.6	2.4	
P8	20	M33×2	1	M33×2	1	氩气	常温	1.6	2.4	
ϕ①	80									电缆通道

① 为芯轴中心通道孔径，如为水、气等介质通道时，也应标明接口规格。

UXD 系列单介质旋转接头

UXD 系列旋转接头适用于单种压力介质，如油、水、气等压力介质中的某一种，可实现一种压力介质的直通、角通或多通路旋转连通。直通为两轴向连通的管路（等径或不等径），轴向相对旋转，功能图如图 20-12-37a 所示；角通为两垂直相连通的管路（等径或不等径），其中一根管绕另一根管作径向旋转，或其中一根管沿轴心旋转，功能图如图 20-12-37b 所示；多通是三通路以上，最多可达数十通路，图 20-12-37c 为四通功能图。

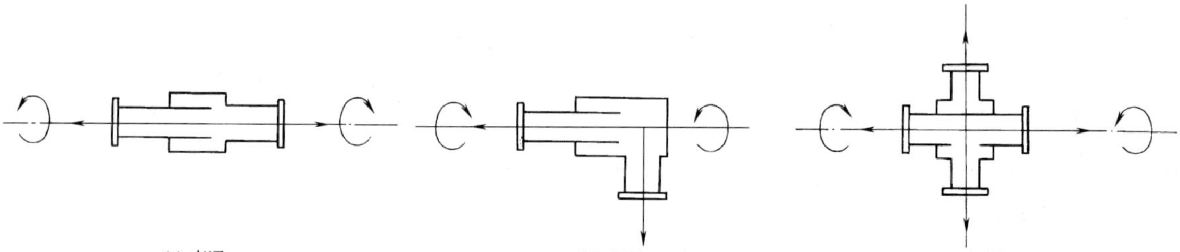

(a) 直通　(b) 角通　(c) 四通

图 20-12-37　旋转接头功能图

（1）型号意义

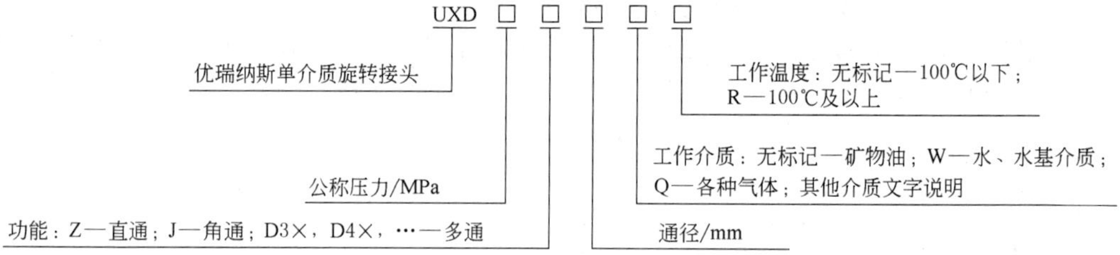

（2）技术参数

表 20-12-112

工作压力/MPa		真空～-40	工作介质	油、水、气等各种介质
通路	数量	1～50	工作温度/℃	-20～200
	直径/mm	≤2000		
工作方式		连续旋转、断续旋转、摆动旋转等（转子可正、反向旋转）	接口方式	公英制螺纹、法兰、焊接等按客户要求
转子线速度/$m \cdot s^{-1}$		≤2		

4.11　其他管件（法兰）

（1）锻制承插焊和螺纹管件

锻制承插焊和螺纹管件（摘自 GB/T 14383—2021）

锻制承插焊和螺纹管件适用于石油、化工、机械、电力、纺织、化纤、冶金等行业的管道工程。

1）管件的品种与代号

表 20-12-113

类型	品种	代号
承插焊(SW)	承插焊 45°弯头	SW-45E
	承插焊 90°弯头	SW-90E
	承插焊三通	SW-T
	承插焊 45°三通	SW-45T
	承插焊四通	SW-CR

续表

类型	品种	代号
承插焊(SW)	同心双承口管箍	SW-FCC
	偏心双承口管箍	SW-FCE
	平口单承口管箍	SW-HCP
	坡口单承口管箍	SW-HCB
	加长单承口管箍	SW-CPT
	承插焊管帽	SW-C
螺纹(THD)	螺纹45°弯头	THD-45E
	螺纹90°弯头	THD-90E
	内外螺纹90°弯头	THD-90SE
	螺纹三通	THD-T
	螺纹四通	THD-CR
	同心双螺口管箍	THD-FCC
	偏心双螺口管箍	THD-FCE
	平口单螺口管箍	THD-HCP
	坡口单螺口管箍	THD-HCB
	加长单螺口管箍	THD-CPT
	螺纹管帽	THD-C
	方头管塞	THD-SHP
	六角头管塞	THD-HHP
	圆头管塞	THD-RHP
	六角头内外螺纹接头	THD-HHB
	无头内外螺纹接头	THD-FB
	六角双螺纹接头	THD-HNC
	双头螺纹短节	THD-PNBE
	单头螺纹短节	THD-PNOE

2）管件的压力等级

承插焊管件的压力等级（Class）为3000、6000或9000，螺纹管件的压力等级为2000、3000或6000。GB/T 14383—2021规定的压力等级仅与对应的钢管壁厚有关，两者之间的对应关系见表20-12-114。

表 20-12-114

类型	压力等级(Class)	对应的钢管壁厚
承插焊(SW)	3000	Sch80,XS
	6000	Sch160
	9000	XXS
螺纹(THD)	2000	Sch80,XS
	3000	Sch160
	6000	XXS

注：本表不限制与管件连接时使用更厚或更薄的钢管。实际使用的钢管可以比本表所示的更厚或更薄。当使用更厚的钢管时，管件的强度决定承压能力；当使用更薄的钢管时，钢管的强度决定承压能力。

承插焊管件——45°弯头、90°弯头、三通和四通（摘自GB/T 14383—2021）

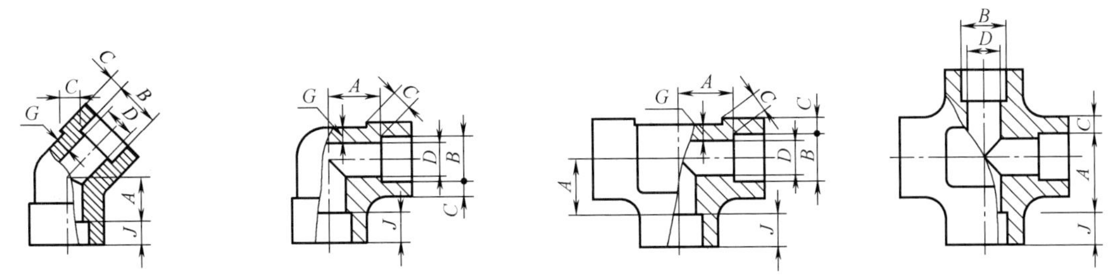

(a) 45°弯头/SW-45E　(b) 90°弯头/SW-90E　(c) 三通/SW-T　(d) 四通/SW-CR

表 20-12-115

mm

公称尺寸		承插孔径 B①	流通孔径 D①			承插孔壁厚 C②						本体壁厚 G_{min}			承插孔深度 J_{min}	中心至承插孔底 A					
DN	NPS /in		3000	6000	9000	3000		6000		9000		3000	6000	9000		90°弯头、三通、四通			45°弯头		
						平均值	最小值	平均值	最小值	平均值	最小值					3000	6000	9000	3000	6000	9000
6	⅛	10.8	6.1	3.2	—	3.18	3.18	3.96	3.43	—	—	2.41	3.15	—	9.5	11.0	11.0	—	8.0	8.0	—
8	¼	14.2	8.5	5.6	—	3.78	3.30	4.60	4.01	—	—	3.02	3.68	—	9.5	11.0	13.5	—	8.0	8.0	—
10	⅜	17.8	11.8	8.4	—	4.01	3.50	5.03	4.37	—	—	3.20	4.01	—	9.5	13.5	15.5	—	8.0	11.0	—
15	½	21.9	15.0	11.0	5.6	4.67	4.09	5.97	5.18	9.53	8.18	3.73	4.78	7.47	9.5	15.5	19.0	25.5	11.0	12.5	15.5
20	¾	27.5	20.2	14.8	10.3	4.90	4.27	6.96	6.04	9.78	8.56	3.91	5.56	7.82	12.5	19.0	22.5	28.5	13.0	14.0	19.0
25	1	34.3	25.9	19.9	14.4	5.69	4.98	7.92	6.93	11.38	9.96	4.55	6.35	9.09	12.5	22.5	27.0	32.0	14.0	17.5	20.5
32	1¼	43.0	34.3	28.7	22.0	6.07	5.28	7.92	6.93	12.14	10.62	4.85	6.35	9.70	12.5	27.0	32.0	35.0	17.5	20.5	22.5
40	1½	48.9	40.1	33.2	27.2	6.35	5.54	8.92	7.80	12.70	11.12	5.08	7.14	10.15	12.5	32.0	38.0	38.0	20.5	25.5	25.5
50	2	61.2	51.7	42.1	37.4	6.93	6.04	10.92	9.50	13.48	12.12	5.54	8.74	11.07	16.0	38.0	41.0	54.0	25.5	28.5	28.5
65	2½	73.9	61.2	—	—	8.76	7.62	—	—	—	—	7.01	—	—	16.0	41.0	—	—	28.5	—	—
80	3	89.9	76.4	—	—	9.52	8.30	—	—	—	—	7.62	—	—	16.0	57.0	—	—	32.0	—	—
100	4	115.5	100.7	—	—	10.69	9.35	—	—	—	—	8.56	—	—	19.0	66.5	—	—	41.0	—	—

① 当选用Ⅱ系列的外径时，见 GB/T 14383—2021 的 6.1。
② 沿承插孔周边的平均壁厚不应小于平均值，局部允许达到最小值。

承插焊管件——双承口管箍、单承口管箍、管帽（摘自 GB/T 14383—2021）

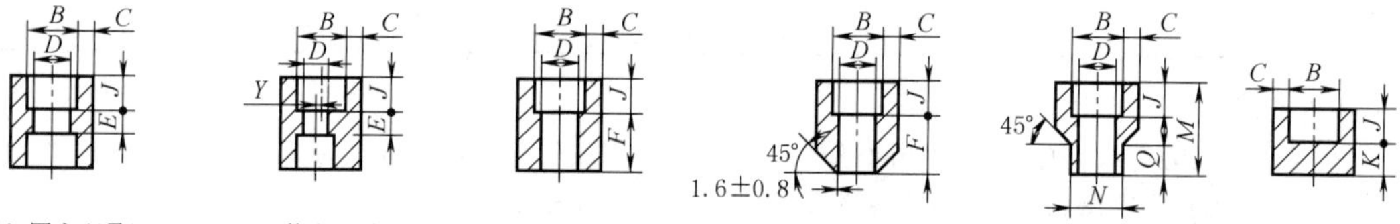

(a) 同心双承口管箍/SW-FCC　(b) 偏心双承口管箍/SW-FCE　(c) 平口单承口管箍/SW-HCP　(d) 坡口单承口管箍/SW-HCB　(e) 加长单承口管箍/SW-CPT　(f) 管帽/SW-C

表 20-12-116

mm

公称尺寸		承插孔径 B①	流通孔径 D①			承插孔壁厚 C②						承插孔深度 J_{min}	承插孔底距离 E	承插孔底至端面 F	顶部厚度 K_{min}			端面至端面 M	加长外径 N	加长长度 Q
DN	NPS /in		3000	6000	9000	3000		6000		9000					3000	6000	9000	3000/6000	3000/6000	3000/6000
						平均值	最小值	平均值	最小值	平均值	最小值									
6	⅛	10.8	6.1	3.2	—	3.18	3.18	3.96	3.43	—	—	9.5	6.5	16.0	4.8	6.4	—	—	—	—
8	¼	14.2	8.5	5.6	—	3.78	3.30	4.60	4.01	—	—	9.5	6.5	16.0	4.8	6.4	—	30.2	17.5	9.5
10	⅜	17.8	11.8	8.4	—	4.01	3.50	5.03	4.37	—	—	9.5	6.5	17.5	4.8	6.4	—	30.2	20.7	9.5
15	½	21.9	15.0	11.0	5.6	4.67	4.09	5.97	5.18	9.53	8.18	9.5	9.5	22.5	6.4	7.9	11.2	33.4	23.8	9.5
20	¾	27.5	20.2	14.8	10.3	4.90	4.27	6.96	6.04	9.78	8.56	12.5	9.5	24.0	6.4	7.9	12.7	34.9	27.0	9.5
25	1	34.3	25.9	19.9	14.4	5.69	4.98	7.92	6.93	11.38	9.96	12.5	12.5	28.5	9.6	11.2	14.2	42.9	33.4	9.5
32	1¼	43.0	34.3	28.7	22.0	6.07	5.28	7.92	6.93	12.14	10.62	12.5	12.5	30.0	9.6	11.2	14.2	47.6	42.9	9.5
40	1½	48.9	40.1	33.2	27.2	6.35	5.54	8.92	7.80	12.70	11.12	12.5	12.5	32.0	11.2	12.7	15.7	50.8	49.2	9.5
50	2	61.2	51.7	42.1	37.4	6.93	6.04	10.92	9.50	13.48	12.12	16.0	19.0	41.0	12.7	15.7	19.0	57.2	61.9	9.5
65	2½	78.9	61.2	—	—	8.76	7.62	—	—	—	—	16.0	19.0	43.0	15.7	—	—	63.5	73.0	9.5
80	3	89.9	76.4	—	—	9.52	8.30	—	—	—	—	16.0	19.0	44.6	19.0	—	—	69.9	88.9	9.5
100	4	115.5	100.7	—	—	10.69	9.35	—	—	—	—	19.0	19.0	48.0	22.4	—	—	76.2	114.3	9.5

①当选用Ⅱ系列的外径时，见 GB/T 14383—2021 的 6.1。
②沿承插孔周边的平均壁厚不应小于平均值，局部允许达到最小值。

承插焊管件——45°三通（摘自 GB/T 14383—2021）

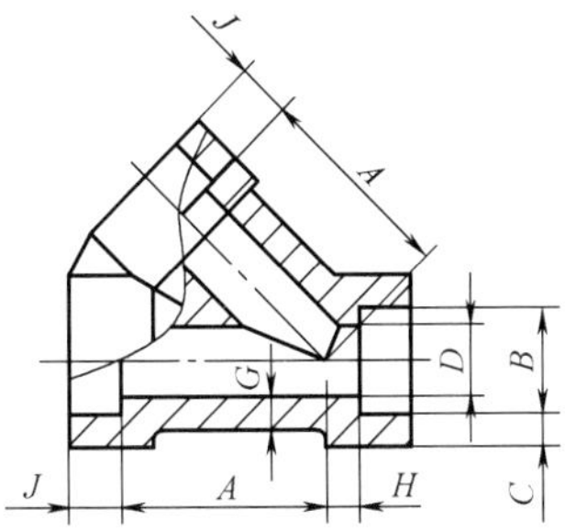

45°三通/SW-45T

表 20-12-117

mm

公称尺寸		承插孔径 B①	流通孔径 D①		承插孔壁厚 C②				本体壁厚 G_{min}		承插孔深度 J_{min}	中心至承插孔底			
					3000		6000					A		H	
DN	NPS /in		3000	6000	平均值	最小值	平均值	最小值	3000	6000		3000	6000	3000	6000
10	⅜	17.8	11.8	—	4.01	3.50	—	—	3.20	—	9.5	37.0	—	9.5	—
15	½	21.9	15.0	11.0	4.67	4.09	5.97	5.18	3.73	4.78	9.5	41.0	51.0	9.5	11.0
20	¾	27.5	20.2	14.8	4.90	4.27	6.96	6.04	3.91	5.56	12.5	51.0	60.0	11.0	13.0
25	1	34.3	25.9	19.9	5.69	4.98	7.92	6.93	4.55	6.35	12.5	60.0	71.0	13.0	16.0
32	1¼	43.0	34.3	28.7	6.07	5.28	7.92	6.93	4.85	6.35	12.5	71.0	81.0	16.0	17.0
40	1½	48.9	40.1	33.2	6.35	5.54	8.92	7.80	5.08	7.14	12.5	81.0	98.0	17.0	21.0
50	2	61.2	51.7	42.1	6.93	6.04	10.92	9.50	5.54	8.74	16.0	98.0	151.0	21.0	30.0
65	2½	73.9	61.2	—	8.76	7.62	—	—	7.01	—	16.0	151.0	—	30.0	—
80	3	89.9	76.4	—	9.52	8.30	—	—	7.62	—	16.0	184.0	—	57.0	—
100	4	115.5	100.7	—	10.69	9.35	—	—	8.56	—	19.0	201.0	—	66.0	—

① 当选用Ⅱ系列的外径时，见 GB/T 14383—2021 的 6.1。
② 沿承插孔周边的平均壁厚不应小于平均值，局部允许达到最小值。

螺纹管件——45°弯头、90°弯头、三通和四通（摘自 GB/T 14383—2021）

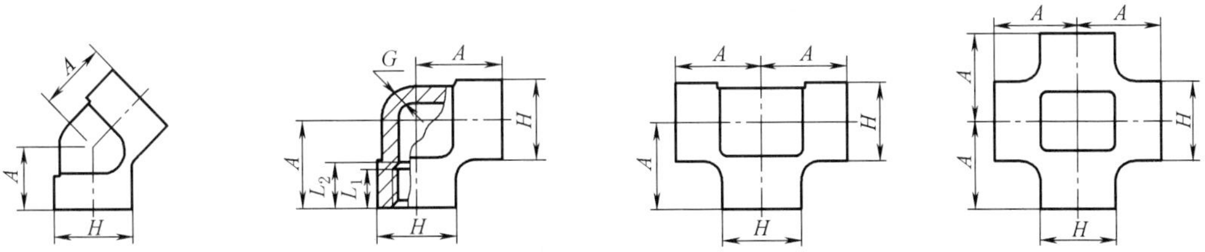

(a) 45°弯头/THD-45E　(b) 90°弯头/THD-90E　(c) 三通/THD-T　(d) 四通/THD-CR

表 20-12-118

mm

公称尺寸 DN	螺纹尺寸代号 NPT /in	中心至端面 A						端部外径 H			本体壁厚 G_{min}			完整螺纹长度 L_{1min}	有效螺纹长度 L_{2min}
		90°弯头、三通和四通			45°弯头										
		2000	3000	6000	2000	3000	6000	2000	3000	6000	2000	3000	6000		
6	⅛	21	21	25	17	17	19	22	22	25	3.18	3.18	6.35	6.4	6.7
8	¼	21	25	28	17	19	22	22	25	33	3.18	3.30	6.60	8.1	10.2
10	¾	25	28	33	19	22	25	25	33	38	3.18	3.51	6.98	9.1	10.4
15	½	28	33	38	22	25	28	33	38	46	3.18	4.09	8.15	10.9	13.6
20	¾	33	38	44	25	28	33	38	46	56	3.18	4.32	8.53	12.7	13.9

续表

公称尺寸 DN	螺纹尺寸代号 NPT /in	中心至端面 A 90°弯头、三通和四通			45°弯头			端部外径 H			本体壁厚 $G_{\min}$			完整螺纹长度 $L_{1\min}$	有效螺纹长度 $L_{2\min}$
		2000	3000	6000	2000	3000	6000	2000	3000	6000	2000	3000	6000		
25	1	38	14	51	28	33	35	46	56	62	3.68	4.98	9.93	14.7	17.3
32	1¼	44	51	60	33	35	43	56	62	75	3.89	5.28	10.59	17.0	18.0
40	1½	51	60	64	35	43	44	62	75	84	4.01	5.56	11.07	17.8	18.4
50	2	60	64	83	43	44	52	75	84	102	4.27	7.14	12.09	19.0	19.2
65	2½	76	83	95	52	52	64	92	102	121	5.61	7.65	15.29	23.6	28.9
80	3	86	95	106	64	64	79	109	121	146	5.99	8.84	16.64	25.9	30.5
100	4	106	114	114	79	79	79	146	152	152	6.55	11.18	18.97	27.7	33.0

螺纹管件——内外螺纹90°弯头（摘自GB/T 14383—2021）

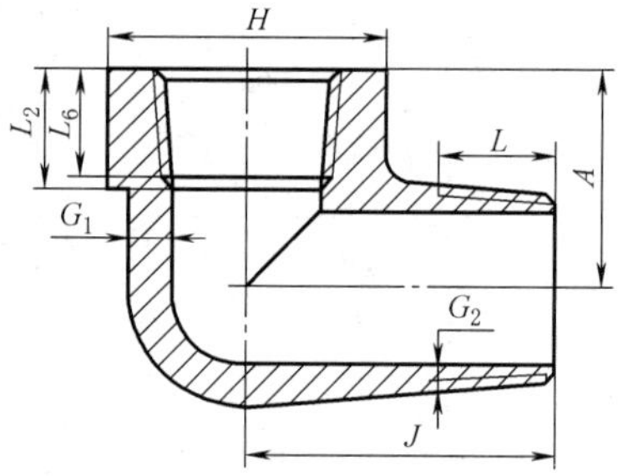

内外螺纹90°弯头/THD-90SE

表 20-12-119

mm

公称尺寸 DN	螺纹尺寸代号 NPT /in	中心至内螺纹端面 A①		中心至外螺纹端面 J		端部外径 H②		本体壁厚 $G_{1\min}$		本体壁厚 $G_{2\min}$③		内螺纹完整长度 $L_{2\min}$	内螺纹有效长度 $L_{2\min}$	外螺纹长度 $L_{\min}$
		3000	6000	3000	6000	3000	6000	3000	6000	3000	6000			
6	⅛	19	22	25	32	19	25	3.18	5.08	2.74	4.22	6.4	6.7	10
8	¼	22	25	32	38	25	32	3.30	5.66	3.22	5.28	8.1	10.2	11
10	⅜	25	28	38	41	32	38	3.51	6.98	3.50	5.59	9.1	10.4	13
15	½	28	35	41	48	38	44	4.09	8.15	4.16	6.35	10.9	13.6	14
20	¾	35	44	48	57	44	51	4.32	8.53	4.88	6.86	12.7	13.9	16
25	1	44	51	57	66	51	62	4.98	9.93	5.56	7.95	14.7	17.3	19
32	1¼	51	54	66	71	62	70	5.28	10.59	5.56	8.48	17.0	18.0	21
40	1½	54	64	71	84	70	84	5.56	11.07	6.25	8.89	17.8	18.4	21
50	2	64	83	84	105	84	102	7.14	12.09	7.64	9.70	19.0	19.2	22

①制造商也可以选择使用表20-12-118中90°弯头的A尺寸。
②制造商也可以选择使用表20-12-118中的H尺寸。
③为加工螺纹前的壁厚。

螺纹管件——管箍和管帽（摘自GB/T 14383—2021）

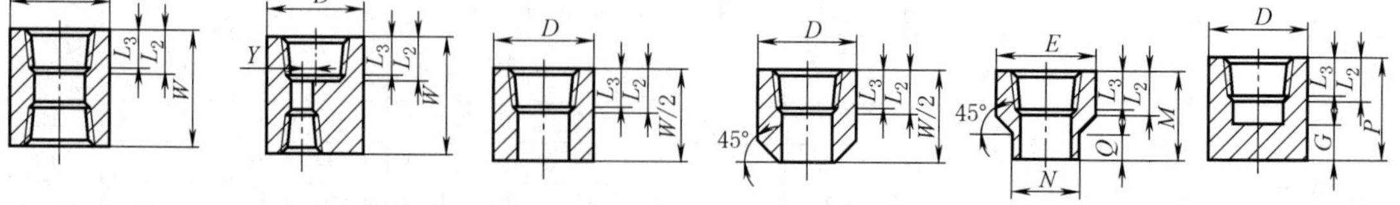

(a) 同心双螺口管箍/THD-FCC
(b) 偏心双螺口管箍/THD-FCE
(c) 平口单螺口管箍/THD-HCP
(d) 坡口单螺口管箍/THD-HCB
(e) 加长单螺口管箍/THD-CPT
(f) 管帽/THD-C

表 20-12-120

mm

公称尺寸 DN	螺纹尺寸代号 NPT/in	端面至端面 W	端面至端面 P		外径 D		顶部厚度 G_{min}		大端外径 E		端面至端面 M	加长外径 N	加长长度 Q	完整螺纹长度 L_{1min}	有效螺纹长度 L_{2min}
		3000/6000	3000	6000	3000	6000	3000	6000	3000	6000					
6	⅛	32	19	—	16	22	4.8	—	—	—	—	—	—	6.4	6.7
8	⅛	35	25	27	19	25	4.8	6.4	23.8	25.4	30.2	17.5	9.5	8.1	10.2
10	⅜	38	25	27	22	32	4.8	6.4	27.0	31.8	30.2	20.7	9.5	9.1	10.4
15	½	48	32	33	28	38	6.4	7.9	33.4	38.1	33.4	23.8	9.5	10.9	13.6
20	¾	51	37	38	35	44	6.4	7.9	38.1	44.5	34.9	27.0	9.5	12.7	13.9
25	1	60	41	43	44	57	9.7	11.2	46.1	87.2	42.9	33.4	9.5	14.7	17.3
32	1¼	67	44	46	57	64	9.7	11.2	55.6	63.5	47.6	42.9	9.5	17.0	18.0
40	1½	79	44	48	64	76	11.2	12.7	63.5	76.2	50.8	49.2	9.5	17.8	18.4
50	2	86	48	51	76	92	12.7	15.7	79.4	92.1	57.2	61.9	9.5	19.0	19.2
65	2½	92	60	64	92	108	15.7	19.0	92.1	108.0	63.5	73.0	9.5	23.6	28.9
80	3	108	65	68	108	127	19.0	22.4	111.1	127.0	69.9	88.9	9.5	25.9	30.5
100	4	121	68	75	140	159	22.4	28.4	141.3	158.8	76.2	114.3	9.5	27.7	33.0

螺纹管件——管塞和内外螺纹接头（摘自 GB/T 14383—2021）

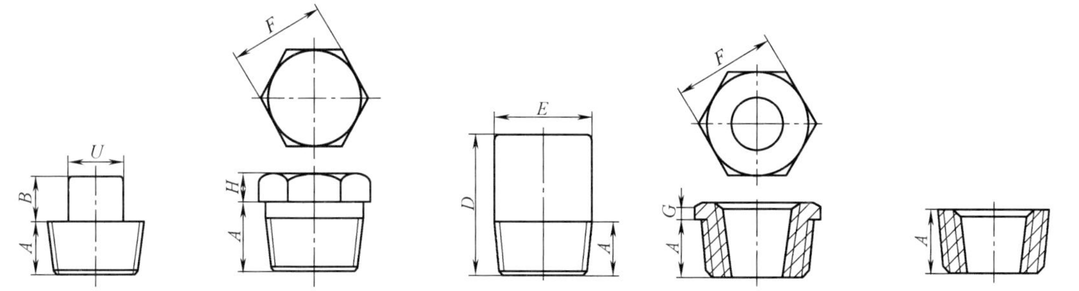

(a) 方头管塞/THD-SHP　(b) 六角头管塞/THD-HHP　(c) 圆头管塞/THD-RHP　(d) 六角头内外螺纹接头/THD-HHB　(e) 无头内外螺纹接头/THD-FB

表 20-12-121

mm

公称尺寸 DN	螺纹尺寸代号 NPT/in	螺纹长度 A_{min}	方头高度 B_{min}	方头对边宽度 U_{min}	圆头直径 E	总长 D_{min}	六角头厚度 H_{min}	六角头厚度 G_{min}	六角头对边宽度 F
6	⅛	10	6	7	10	35	6	—	11
8	¼	11	6	10	14	41	6	3	16
10	⅜	13	8	11	18	41	8	4	18
15	½	14	10	14	21	44	8	5	22
20	¾	16	11	16	27	44	10	6	27
25	1	19	13	21	33	51	10	6	36
32	1¼	21	14	24	43	51	14	7	46
40	1½	21	16	28	48	51	16	8	50
50	2	22	18	32	60	64	18	9	65
65	2½	27	19	36	73	70	19	10	75
80	3	28	21	41	89	70	21	10	90
100	4	32	25	65	114	76	25	13	115

注：本表中的管件无压力等级区分。

内外螺纹接头不应使用在可能受到内部压力以外载荷的受力工况。

螺纹管件——六角双螺纹接头和螺纹短节（摘自 GB/T 14383—2021）

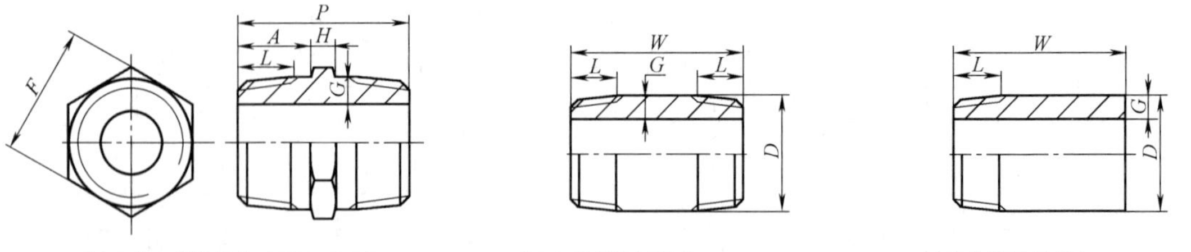

(a) 六角双螺纹接头 /THD-HNC　　(b) 双头螺纹短节/THD-PNBE　　(c) 单头螺纹短节/THD-PNOE

表 20-12-122　　mm

公称尺寸 DN	螺纹尺寸代号 NPT /in	六角厚度 H_{min}	六角对边宽度 F	单边长度 A_{min}	端面至端面 P_{min}	本体壁厚 $G_{min}^{①}$			端面至端面 W_{min}			外径 D_{min}	外螺纹长度 L_{min}
		2000/3000/6000	2000/3000/6000	2000/3000/6000	2000/3000/6000	2000	3000	6000	2000/3000/6000 W-1	2000/3000/6000 W-2	2000/3000/6000 W-3		
6	⅛	6	11	15	36	2.41	3.15	4.83	50	75	100	10.2	10
8	¼	6	16	16	38	3.02	3.68	6.05	50	75	100	13.5	11
10	⅜	8	18	18	44	3.20	4.01	6.40	30	75	100	17.2	13
15	½	8	22	20	48	3.73	4.78	7.47	30	75	100	21.3	14
20	¾	10	27	22	54	3.91	5.56	7.82	50	75	100	26.9	16
25	1	10	36	25	60	4.35	6.35	9.09	30	75	100	33.7	19
32	1¼	12	46	27	66	4.85	6.35	9.70	75	100	150	42.4	21
40	1½	16	50	27	70	5.08	7.14	10.13	75	100	150	48.3	21
50	2	18	65	28	74	5.34	8.74	31.07	75	100	150	60.3	22
65	2½	19	75	35	89	7.01	9.53	14.02	100	150	200	73.0	27
80	3	21	90	36	93	7.62	11.13	15.24	100	150	200	88.9	28
100	4	25	115	40	105	8.35	13.49	17.12	100	150	200	114.3	32

①为加工螺纹前的壁厚。

3）材料

制造管件的常用原材料为镇静钢的锻件或棒材（见 GB/T 14383—2021 附录 C）。管件材料等级的化学成分、分析方法及允许偏差见 GB/T 14383—2021。

空心圆柱状产品可用无缝钢管制造。这种情况下，管件材料等级应符合 GB/T 13401 的规定。

4）热处理

推荐的常用热处理方式见表 20-12-123。

表 20-12-123

材料类别	材料等级	热处理方式
碳素钢	CF415、CF415K	正火或退火
	CF485、CF485K	正火或正火+回火
低温用钢	LF415K1、LF415K2、LF485K2	正火或正火+回火
	LF450K3	正火、正火+回火或淬火+回火
	LF680K4	正火+回火或淬火+回火
合金钢	AF11、AF11G、AF12、AF12G、AF14、AF22、AF22G、AF5、AF5G、AF9、AF9G	退火或正火+回火
	AF91	正火+回火
奥氏体不锈钢	SF304、SF304L、SF304H、SF310、SF316、SF316L、SF316H、SF321、SF321H、SF347、SF347H、SF348、SF348H	固溶处理
奥氏体-铁素体双相不锈钢	SF2225、SF2205、SF2507、SF2760	固溶处理

5）管件焊接前加工与安装要求

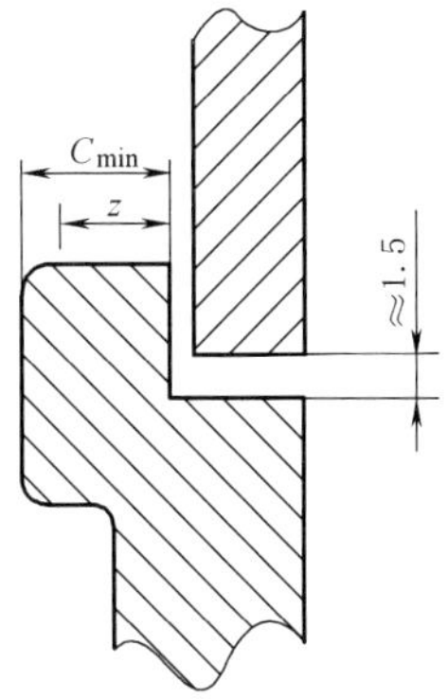

最小焊接平面宽度 $z=0.75\times C_{min}\approx 1.5$mm 为焊接前要求的钢管端部与承插孔底之间的间隙

图 20-12-38　要求的最小焊接平面宽度和焊接前间隙

（2）法兰

液压传动法兰连接（3.5～35MPa、DN13～127 系列）

（摘自 GB/T 42086.1—2022/ISO 6162-1：2012，MOD）

表 20-12-124

范围	GB/T 42086.1—2022《液压传动连接　法兰连接　第 1 部分:3.5～35MPa、DN13～127 系列》规定了用于 3.5～35MPa,四螺钉紧固的法兰夹型式的硬管接头和软管接头(DN13～127)的法兰头、分体式法兰夹(FCS 和 FCSM)、一体式法兰夹(FC 和 FCM)、油口和安装面的通用要求和尺寸;也规定了配合使用的密封圈及密封沟槽的要求和尺寸 该标准适用于不便使用螺纹管接头的工业和商用产品的液压系统的连接件 注:该标准推荐使用公制螺纹紧固件(1 型),也提供了使用既有的英制螺纹紧固件(2 型)的方法
材料	①用分体式法兰夹和一体式法兰夹装配的法兰连接见图 1 和图 2。分体式法兰夹(见图 3)和一体式法兰夹(见图 4)应是在成品状态下具有以下特性的黑色金属材料 a. 法兰公称尺寸 DN13 ——最小屈服强度:220MPa ——最小断裂伸长率:3% b. 其他法兰公称尺寸 ——最小屈服强度:415MPa ——最小断裂伸长率:3% ②法兰头应是在成品状态下具有以下特性的黑色金属材料 ——最小屈服强度:215MPa ——最小断裂伸长率:10% ③除非另有规定,否则应选择使用下列螺钉中的一种 ——符合 GB/T 5783 的六角螺钉,性能等级不低于 GB/T 3098.1 的 10.9 级 ——符合 GB/T 70.1 的内六角螺钉,性能等级不低于 GB/T 3098.1 的 10.9 级 ——符合 SAE J429 的英制六角头螺钉,性能等级不低于 8 级 ——符合 ANSI/ASME B18.3 产品规范的英制内六角螺钉,制造材料符合 ASTM A574 注:GB/T 5783—2016《六角头螺栓　全螺纹》为现行标准 ④除非另有规定,O 形圈应由丁腈橡胶(NBR)制造,硬度(IRHD)为 90±5,按 GB/T 6031 测量,在下面"压力/温度要求"和表 1 或表 2 规定的压力和温度下使用和测试。表 1 和表 2 中规定的 O 形圈应符合 ISO 3601-1 中规定的相关规格的尺寸和 A 级公差,并且应符合或超过 GB/T 3452.2 质量接受准则中的 N 级。如果法兰连接用于超出下面"压力/温度要求"规定的温度范围,应使用其他相应耐温材料的 O 形圈 ⑤符合该标准的法兰管接头包含弹性密封件。除非另有规定,制造和交付时,管接头需带弹性密封件并能适用于规定的石油基流体的工作温度范围。这些管接头和弹性密封件用于其他液压流体时,可能导致工作温度范围和相容不适合。根据需要,制造商可提供能应用于非石油基液压油的管接头和弹性密封件以满足相应的要求 ⑥应考虑螺钉头和法兰夹之间的表面压力,建议使用硬垫圈,垫圈应符合 GB/T 97.1(HV300)A 型并和螺钉规格匹配。当使用 2 型螺钉时,可用符合 ANSI/ASME B18.22.1 的 B 型窄系列 HV300 的平垫圈代替,例外情况见表 1 和表 2
选型	①符合该标准和 GB/T 42086.2 的法兰连接的零件不应互换 ②对于新设计,可通过与法兰通孔(d_2)或法兰台通孔(d_1)的最大直径相对应的公称法兰尺寸来选择法兰管接头规格

续表

<table>
<tr><td>选型</td><td>

③法兰夹、油口和法兰头应与公称法兰尺寸匹配
④新设计不应使用2型（英制）法兰油口和组件
注：法兰头和O形圈的选择不受公制或英制螺纹紧固件的影响
⑤螺钉、O形圈和垫圈的规格应按照公称法兰尺寸和表1（1型）或表2（2型）进行选择
⑥对既有法兰头进行匹配，应测量直径（d_{10}）和厚度（l_{14}）（见图5），测量准确度应不大于0.5mm
⑦对既有法兰油口安装面进行匹配，应测量螺孔尺寸（l_7、l_{10}）（见图6），并确定螺钉类型，选择合适的法兰头和法兰夹。为了避免发生该标准和GB/T 42086.2法兰接头的混淆，测量准确度应不大于1mm
⑧确定选择一体式法兰夹（FC或FCM）或分体式法兰夹（FCS或FCSM）

</td></tr>
<tr><td>尺寸和公差</td><td>

①1型法兰组件（包括螺钉）的尺寸，应符合图1或图2以及表1。2型法兰组件（包括螺钉）的尺寸，应符合图1或图2以及表2
②分体式法兰夹的尺寸应符合图3和表3，一体式法兰夹的尺寸应符合图4和表3。拔模斜度（从图3或图4的B面或从两边的中间开始）最大6°
③法兰头尺寸应符合图5和表4
④用于法兰连接的油口和油口安装面尺寸应符合图6和表5
⑤O形圈尺寸应符合ISO 3601-1（表1和表2的规格代码符合ISO 3601-1）
⑥除非另有规定，未注公差应符合GB/T 1804的m级（中级）
⑦表1～表5给出的尺寸和公差适用于电镀或其他表面处理后的成品

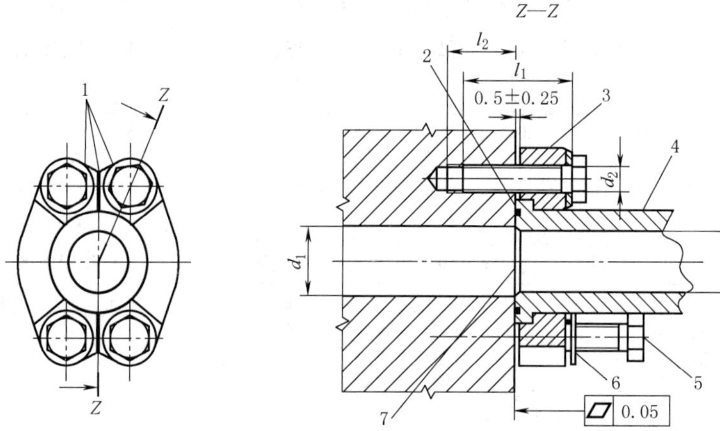

图1　用分体式法兰夹（FCS或FCSM）装配的法兰连接
1—可选形状；2—O形圈；3—分体式法兰夹；4—法兰头；5—螺钉（d_3）；
6—硬垫圈；7—过渡接头、泵等的油口安装面

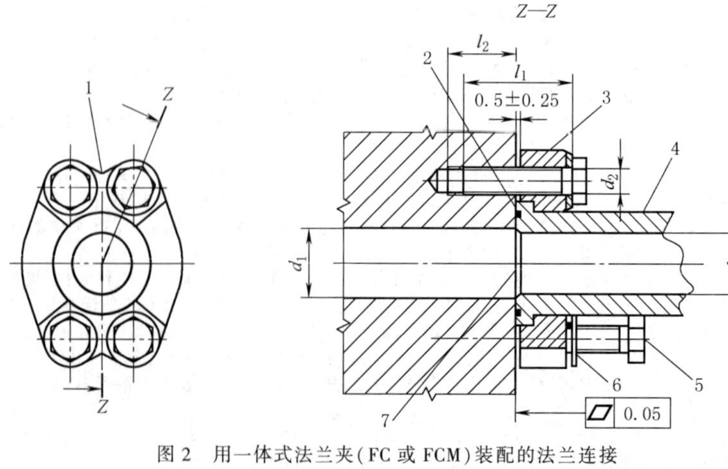

图2　用一体式法兰夹（FC或FCM）装配的法兰连接
1—可选形状；2—O形圈；3——体式法兰夹；4—法兰头；5—螺钉（d_3）；
6—硬垫圈；7—过渡接头、泵等的油口安装面

</td></tr>
</table>

续表

尺寸和公差

表 1　用公制螺钉的 1 型法兰装配的尺寸、扭矩和最大工作压力

公称尺寸 DN①	$d_{1\ -1.5}^{\ \ 0}$	d_2 max	O 形圈规格代码②	平垫圈（推荐）	1 型（公制）螺钉（性能等级 10.9）				最高工作压力 /MPa	最低爆破压力 /MPa
					螺纹③ d_3	螺纹长度④ l_1	最小全螺纹长度 l_2	螺钉扭矩⑤ /N·m $^{+10\%}_{\ \ 0}$		
13	13.0	13.0	210	M8	M8	25	16	32	35	140
19	19.2	19.2	214	M10	M10	30	18	70	35	140
25	25.6	25.6	219	M10	M10	30	18	70	32	128
32	32.0	32.0	222	M10	M10	30	18	70	28	112
38	38.2	38.2	225	M12	M12	35	23	130	21	84
51	51.0	51.0	228	M12	M12	35	23	130	21	84
64	63.5	63.5	232	M12	M12	40	23	130	17.5	70
76	76.2	76.2	237	M16	M16	50	30	295	16	64
89	89.0	89.0	241	M16	M16	50	30	295	3.5	14
102	101.6	101.6	245	M16	M16	50	30	295	3.5	14
127	127.0	127.0	253	M16	M16	55	30	295	3.5	14

警告：在安装过程中，为避免分体式法兰夹或一体式法兰夹破裂，应先对所有的螺钉施加小扭矩，然后再按建议的扭矩值拧紧

① 见 GB/T 17446 定义
② O 形圈规格代码符合 ISO 3601-1
③ 符合 GB/T 193 和 GB/T 196 的粗牙螺纹
④ 螺钉长度按钢材料计算，使用其他材料可能要求不同的螺钉长度
⑤ 扭矩值仅当使用润滑螺钉、摩擦因数 0.17 时计算，扭矩值取决于很多因素，包括润滑、涂层和表面加工

表 2　用英制螺钉的 2 型法兰装配的尺寸、扭矩和最大工作压力

公称尺寸 DN①	$d_{1\ -1.5}^{\ \ 0}$	d_2 max	O 形圈规格代码②	平垫圈③（推荐）	2 型（英制）螺钉性能等级按 SAE J429 8 级				最大工作压力 /MPa	最小爆破压力 /MPa
					螺纹④ d_3 UNC	螺纹长度⑤ l_1 nom	最小全螺纹长度 l_2	螺钉扭矩⑥ /N·m $^{+10\%}_{\ \ 0}$		
13	13.0	13.0	210	M8	5/16-18	32	20	32	35	140
19	19.2	19.2	214	M10	3/8-16	32	22	60	35	140
25	25.6	25.6	219	M10	3/8-16	32	22	60	32	128
32	32.0	32.0	222	7/16	7/16-14	38	25	92	28	112
38	38.2	38.2	225	M12	1/2-13	38	27	150	21	84
51	51.0	51.0	228	M12	1/2-13	38	27	150	21	84
64	63.5	63.5	232	M12	1/2-13	44	27	150	17.5	70
76	76.2	76.2	237	M16	5/8-11	44	30	295	16	64
89	89.0	89.0	241	M16	5/8-11	51	30	295	3.5	14
102	101.6	101.6	245	M16	5/8-11	51	30	295	3.5	14
127	127.0	127.0	253	M16	5/8-11	57	30	295	3.5	14

警告：在安装期间，为避免分体式法兰夹或一体式法兰夹破裂，应先对所有的螺钉施加小扭矩，然后再按建议的扭矩值拧紧

不用于新设计，见 GB/T 42086.1—2022 的 5.4

① 见 GB/T 17446 定义
② O 形圈规格代码符合 ISO 3601-1
③ 用于本表相应螺纹规格的 ANSI/ASME B18.22.1 B 型 HV300 的窄垫圈可被替代，DN32 除外，符合 GB/T 97.1 的垫圈可能引起干涉
④ 符合 GB/T 20670 和 ISO 725（螺钉螺纹为 UNC-2A，油口螺纹为 UNC-2B）的粗牙螺纹
⑤ 螺钉长度按钢材料计算，使用其他材料可能要求不同的螺钉长度
⑥ 扭矩值仅当使用润滑螺钉、摩擦因数 0.17 时计算，扭矩值取决于很多因素，包括润滑、涂层和表面加工

尺寸和公差

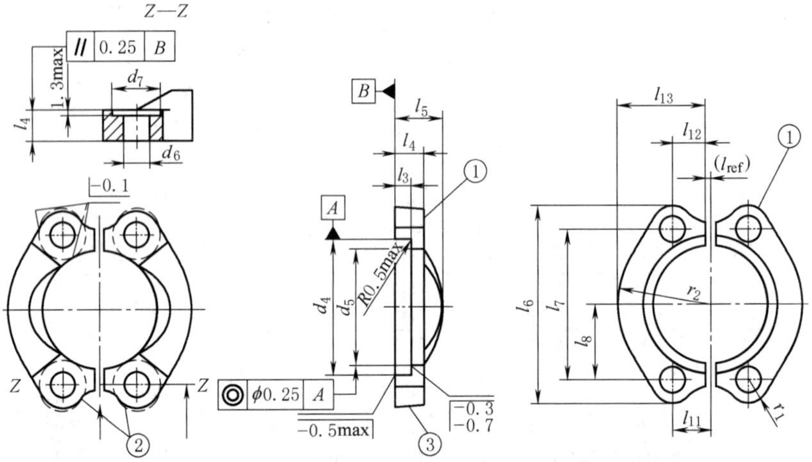

① 对 DN32 的法兰夹，此处标识 M 表示使用公制螺钉，标识 U 表示使用英制螺钉；标识位置可选
② 形状可选
③ 拔模斜度最大 6°

图 3　分体式法兰夹（FCS 或 FCSM）

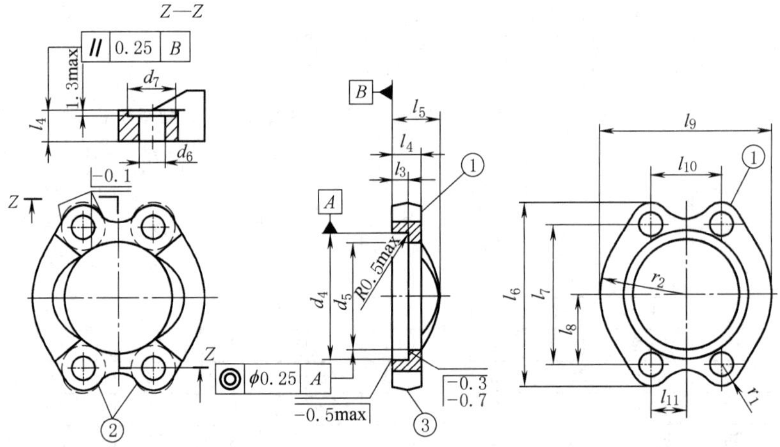

①对 DN32 的法兰夹，此处标识 M 表示使用公制螺钉，标识 U 表示使用英制螺钉；标识位置可选
②形状可选
③拔模斜度最大 6°

图 4　一体式法兰夹（FC 或 FCM）

表 3　分体式和一体式法兰夹的尺寸　mm

公称尺寸 DN	d_4±0.25	d_5±0.25	d_6±0.15	d_7 min	l_3±0.15	l_4±0.5	l_5±0.8	l_6 max	l_6 min
13	30.95	24.25	8.9	16.5	6.2	12.7	19	54.9	53.1
19	38.90	32.15	10.6	20.5	6.2	14.2	22.5	65.8	64.3
25	45.25	38.50	10.6	20.5	7.5	15.8	24	70.6	69.1
32	51.60	43.70	10.6①	24.5	7.5	14.2②	22.5	80.3	78.5
38	61.10	50.80	13.3	26	7.5	15.8	25.5	94.5	93.0
51	72.25	62.75	13.5	26	9.0	15.8	26	103.1	100.1
64	84.95	74.95	13.5	26	9.0	19.1	38	115.8	112.8
76	102.40	90.95	16.7	32.5	9.0	22.4	41	136.7	133.4
89	115.10	102.40	16.7	32.5	10.7	22.4	28.5	153.9	150.9
102	127.80	115.10	16.7	32.5	10.7	25.4	35	163.6	160.3
127	153.20	140.5	16.7	32.5	10.7	28.5	41	185.7	182.6

续表

尺寸和公差

续表

公称尺寸 DN	$l_7\pm0.25$	$l_8\pm0.25$	$l_9\pm0.8$	$l_{10}\pm0.25$	$l_{11}\pm0.25$	$l_{12}\pm0.4$	$l_{13}\pm0.8$	r_1 ref	r_2 ref
13	38.1	19.05	46.0	17.5	8.75	7.9	21.8	8.0	23.0
19	47.6	23.80	52.3	22.2	11.10	10.2	24.9	8.5	26.0
25	52.4	26.20	58.7	26.2	13.10	12.2	28.2	8.5	29.5
32	58.7	29.35	73.2	30.2	15.10	14.2	35.3	10.5	36.5
38	69.9	34.95	82.6	35.7	17.85	17.0	40.1	12.0	41.5
51	77.8	38.90	96.8	42.9	21.45	20.6	47.2	12.0	48.5
64	88.9	44.45	108.7	50.8	25.40	24.4	53.1	12.5	54.5
76	106.4	53.20	131.1	61.9	30.95	30.0	64.3	14.0	65.5
89	120.7	60.35	139.7	69.9	34.95	34.0	68.6	15.5	70.0
102	130.2	65.10	152.4	77.8	38.90	37.8	74.9	15.5	76.0
127	152.4	76.20	180.9	92.1	46.05	45.2	89.4	15.5	90.5

①对于 2 型(英寸),使用(12±0.25)mm

②可选 15.8

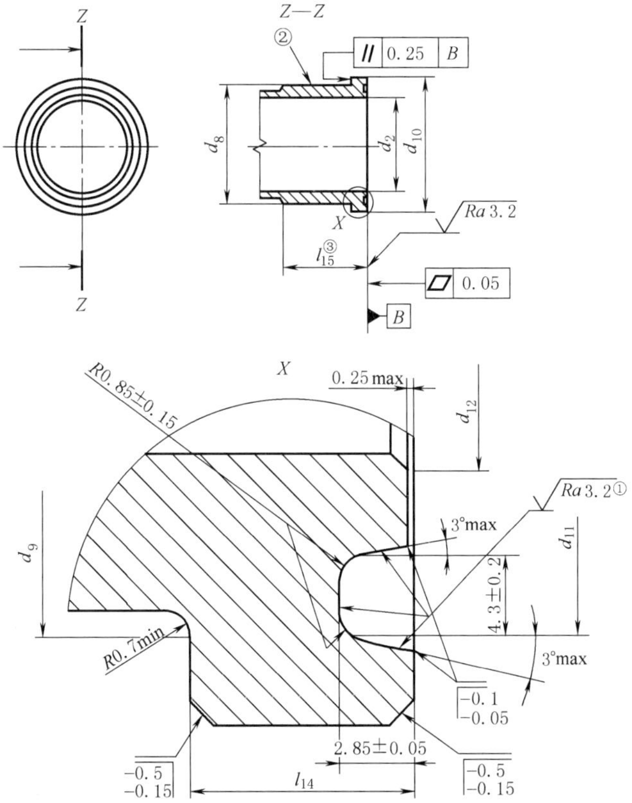

①要求光滑密封面

②轮廓可选

③l_{15} 长度以外的接头设计是可选的，需提供足够的空间安装螺钉

图 5　法兰头

续表

尺寸和公差

表 4　法兰头的尺寸　　mm

公称规格 DN	d_2 max	d_8 max	d_9 max	$d_{10}\pm0.25$	d_{11} max	d_{11} min	d_{12} max	$l_{14}\pm0.15$	l_{15} ref
13	13.0	23.9	25.3	30.20	25.53	25.40	14.2	6.8	13
19	19.2	31.8	33.2	38.10	31.88	31.75	21.0	6.8	14
25	25.6	38.1	39.5	44.45	39.75	39.62	27.0	8.0	14
32	32.0	43.2	44.6	50.80	44.58	44.45	33.3	8.0	14
38	38.2	50.3	51.7	60.35	53.98	53.72	39.6	8.0	16
51	51.0	62.2	63.6	71.40	63.50	63.25	52.3	9.6	16
64	63.5	74.2	75.6	84.10	76.33	76.07	65.0	9.6	18
76	76.2	90.2	91.6	101.60	92.08	91.82	77.7	9.6	19
89	89.0	101.6	103	114.30	104.52	104.01	90.4	11.3	22
102	101.6	114.3	115.7	127.00	117.22	116.71	103.1	11.3	25
127	127.0	139.7	141.7	152.40	142.62	142.11	129.0	11.3	28

警告:法兰头材料和厚度取决于选用的工作压力和直径(d_2)

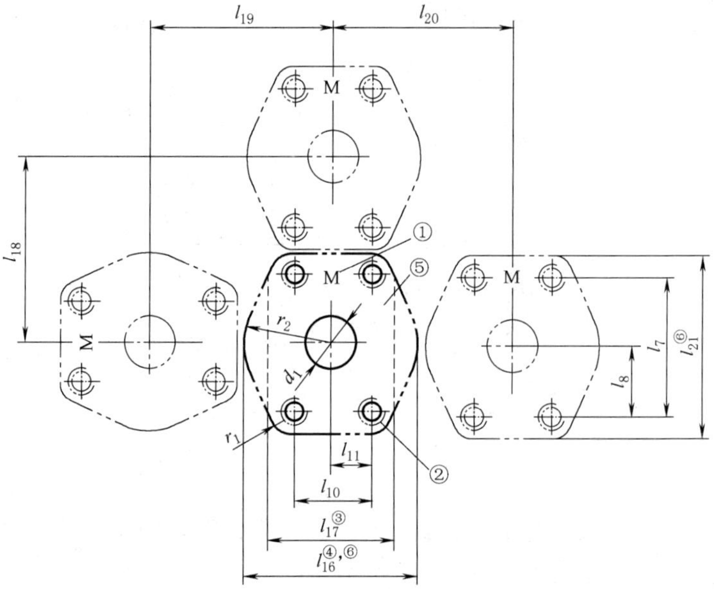

①字母 M 表示 1 型公制油口，字母 U 表示 2 型英制油口，标记不可凸出表面

②油口直径（d_3）的四个螺钉孔、全螺纹长度（l_2）、螺纹与表面的垂直度在 0.25 范围内

③最小法兰台宽度

④推荐的法兰台宽度

⑤油口表面最大的表面粗糙度为 GB/T 131 中 MRR Ra_{max}3.2

⑥此区域内有凸起会引起干涉

图 6　法兰连接的油口尺寸以及最小的法兰台建议宽度

表 5　法兰油口的尺寸和法兰台宽度　　mm

公称规格 DN	$d_{1\ -1.5}^{\ 0}$	r_1 ref	r_2 ref	d_1	l_2	$l_7\pm0.25$	$l_8\pm0.25$	$l_{10}\pm0.25$	$l_{11}\pm0.25$	l_{16} ref	l_{17} min	l_{18} min	l_{19} min	l_{20} min	l_{21} min
13	13.0	8.0	23.0	见表 1(1 型)或表 2(2 型)		38.1	19.05	17.5	8.75	50	33	59	55	51	58
19	19.2	8.5	26.0			47.6	23.80	22.2	11.10	56	41	70	63	57	69
25	25.6	8.5	29.5			52.4	26.20	26.2	13.10	63	47	75	69	64	74
32	32.0	10.5	36.5			58.7	29.35	30.2	15.10	77	53	84	81	78	83
38	38.2	12.0	41.5			69.9	34.95	35.7	17.85	86	63	99	93	87	98

续表

尺寸和公差

续表

公称规格DN	$d_{1}{}_{-1.5}^{0}$	r_1 ref	r_2 ref	d_1	l_2	l_7±0.25	l_8±0.25	l_{10}±0.25	l_{11}±0.25	l_{16} ref	l_{17} min	l_{18} min	l_{19} min	l_{20} min	l_{21} min
51	51.0	12.0	48.5	见表1(1型)或表2(2型)		77.8	38.90	42.9	21.45	101	76	107	104	102	106
64	63.5	12.5	54.5			88.9	44.45	50.8	25.40	113	88	120	117	114	119
76	76.2	14.0	65.5			106.4	53.20	61.9	30.95	135	106	141	138	136	140
89	89.0	15.5	70.0			120.7	60.35	69.9	34.95	144	119	158	151	145	157
102	101.6	15.5	76.0			130.2	65.10	77.8	38.90	156	131	168	162	157	167
127	127.0	15.5	90.5			152.4	76.20	92.1	46.05	185	157	190	188	186	189
警告:使用该标准的用户,如果不使用碳钢材料,应确保选择合适的油口材料,以保证要求的工作压力															

表面要求

①除非供需双方另有约定，所有碳钢法兰夹和碳钢法兰头（焊接法兰头除外）外表面的涂层应通过按 GB/T 10125 进行的至少 72h 中性盐雾试验。焊接法兰头应使用涂油、磷化处理或其他不影响焊接性能的方法进行防腐处理，并应通过按 GB/T 10205 进行的至少 16h 中性盐雾试验

②螺钉和垫圈应使用涂油、磷化处理或其他不会产生氢脆的方法进行防腐处理，通过按 GB/T 10125 进行的至少 16h 中性盐雾试验

注：该标准规定的扭矩值按磷化处理的螺钉确定

③在盐雾试验过程中，任何部位出现红色锈斑应视为不合格，下列指定部位除外

——所有内部流道

——棱角、如六角的尖端、锯齿状和螺纹牙顶（这些部位由于批量产生或运输的影响使镀层或涂层产生机械损伤）

——由于扣压、扩口、弯曲或其他电镀后的金属成型操作所引起的机械变形的区域

——试验箱中零件悬挂或固定处（这些位置可能聚积冷凝物）

④考虑到对环境的影响，不应镀镉，不优先使用六价铬镀层。镀层的改变可能影响装配扭矩，必要时需重新验证

⑤在贮存和运输期间，内部流道应避免受到腐蚀

⑥法兰接头中应没有可见的污染物、毛刺、氧化皮和碎屑以及其他可能会影响零件功能的缺陷。除非另有规定，所有机加工表面的（表面）粗糙度应满足 $Ra \leqslant 6.3\mu m$

⑦密封表面应光滑。刀具产生的环形痕迹形成的表面粗糙度按 GB/T 131 中 MRR 应为 $Ra \leqslant 3.2\mu m$，O 形圈槽在垂直方向、径向或从底部到外径处螺旋形的划痕宽度应不大于 0.13mm

⑧其他规定要求见图 1~图 6

压力/温度要求

①符合该标准的法兰连接应通过 GB/T 26143 规定的爆破和脉冲循环试验

注：压力波动高于额定压力等级时，会降低法兰连接的可靠性，需要在设计时给予考虑

②符合该标准的碳钢法兰连接，应在不低于-20℃的温度下进行装配。在-40~120℃温度范围内适用于表 1 和表 2 规定的最高工作压力

③符合该标准的不锈钢法兰连接，应在不低于-20℃的温度下进行装配。在-60~50℃温度范围内适用于表 1 和表 2 规定的最高工作压力。在高温的情况下使用时，不锈钢接头的最高工作压力应按温度区间使用插值法降低，规则：0（+50℃）、4%（+100℃）、11%（+200℃）、20%（+250℃）

标记

①法兰头应有永久性的标记，至少有制造商的名称或商标

②DN32 的 2 型（英制）FC 和 FCS 法兰夹应用字母 U 作为永久性的标识，表示使用英制螺钉。DN32 的 1 型（公制）FCM 和 FCSM 法兰夹宜用字母 M 作为永久性的标识，标识使用公制螺钉。字母最小高度为 5mm。标记位置应在法兰夹的最上面或外边，可不同于图 3 和图 4 所示。其他规格无标识要求

注：在大多数情况下，该标准规定的螺钉孔尺寸同时适用与公制和英制螺纹

③2 型（英制）法兰连接的油口安装面上宜用字母 U 作为永久性的标识，1 型（公制）法兰连接的油口安装面上宜用字母 M 作为永久性的标识。字母最小高度为 3mm。标记应位于孔间尺寸（l_{10}）的中心线位置（见图 6），且不应在 O 形圈密封范围内

法兰接头及零件的命名 — 分体式法兰夹（一对）

注：只有法兰夹可使用给出的命名进行订货，油口和法兰头的命名仅用描述

使用英制螺钉，或可同时使用公制螺钉的分体式法兰夹，用 FCS 标记。对只使用公制螺钉的用 FCSM 标记

GB/T 42086.1 FCS，字母 M（如果分体式法兰夹仅用于公制螺钉），接着为乘号“×”和公称尺寸，如 FCSM×32 或 FCS×25

示例 1

符合该标准的碳钢分体式法兰夹（既可用公制也可用英制螺钉，配套 DN25 的法兰头）命名：分体式法兰夹，GB/T 42086.1 FCS×25

续表

<table>
<tr><td rowspan="4">法兰接头及零件的命名</td><td>分体式法兰夹（一对）</td><td>示例 2
符合该标准的碳钢分体式法兰夹（用公制螺钉，配套 DN32 的法兰头）命名：公制分体式法兰夹，GB/T 42086.1 FCSM×32
示例 3
符合该标准的碳钢分体式法兰夹（用英制螺钉，配套 DN32 的法兰头）命名：英制分体式法兰夹，GB/T 42086.1 FCS×32</td></tr>
<tr><td>一体式法兰夹（一对）</td><td>使用英制螺钉，或可同时使用公制螺钉的一体式法兰夹，用 FC 标记。对只使用公制螺钉的用 FCM 标记
GB/T 42086.1 FC，字母 M（如果一体式法兰夹仅用于公制螺钉），接着为乘号"×"和公称尺寸，如 FC×25 或 FCM×32
示例 1
符合该标准的碳钢一体式法兰夹（既可用公制也可用英制螺钉，配套 DN25 的法兰头）命名：一体式法兰夹，GB/T 42086.1 FC×25
示例 2
符合该标准的碳钢一体式法兰夹（用公制螺钉，配套 DN32 的法兰头）命名：公制一体式法兰夹，GB/T 42086.1 FCM×32
示例 3
符合该标准的碳钢一体式法兰夹（用英制螺钉，配套 DN32 的法兰头）命名：英制一体式法兰夹，GB/T 42086.1 FC×32</td></tr>
<tr><td>法兰油口</td><td>GB/T 42086.1 P，接着为公称尺寸，字母 M（用公制螺钉的法兰油口），如 P76 或 P76M</td></tr>
<tr><td>法兰头</td><td>GB/T 42086.1 FH，接着为乘号"×"和公称尺寸，如 FH×76</td></tr>
<tr><td colspan="2">安装程序</td><td>符号 GB/T 42086.1—2022 的法兰连接的建议安装程序如下
①确保选择的法兰连接符合应用要求（如额定压力）
②确保法兰零部件和油口符合该标准，并且使用准（正）确的螺钉（1 型为公制螺钉，2 型为英制螺钉）
注：符合该标准的法兰连接的额定压力低于符合 GB/T 42086.2 的法兰连接的额定压力。法兰组件的压力等级取决于螺钉性能等级的正确匹配。这两个系列按不同的螺钉孔特征区分，符合 GB/T 42086.2 的法兰头具有一个识别槽，符合该标准和符合 GB/T 42086.2 的法兰连接的零件不能互换
③确保所有密封和表面结合处无毛刺、刻痕、刮擦和任何污染物
④为防止 O 形圈脱落，必要时，需在 O 形圈上涂上与系统相容的液压油脂
注意：过量的油脂会导致假渗现象
⑤定位法兰头和法兰夹
⑥如果使用硬垫圈，要把硬垫圈放在螺钉上，并把螺钉穿过法兰夹的孔
⑦按图 7 所示的顺序用手拧螺钉，确保四个螺钉均匀接触法兰夹，以防止法兰倾斜，否则在施加最终扭矩期间可能导致法兰夹断裂
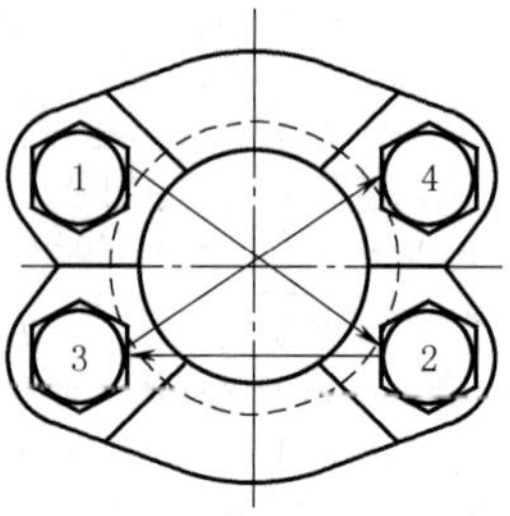

图 7　螺钉拧紧顺序
⑧按图 7 所示顺序，使用表 6 对应的扳手尺寸，通过两次或多次对螺钉逐渐增加扭矩，直至达到表 1 或表 2 给出的螺钉扭矩值</td></tr>
</table>

表 6　法兰连接用的扳手尺寸

公称尺寸 /mm	最大工作压力 /MPa	1 型（公制）			2 型（英制）		
		螺纹	扳手		螺纹	扳手	
			外六角螺钉 /mm	内六角螺钉 /mm		外六角螺钉 /in	内六角螺钉 /in
13	35	M8	13	6	$\frac{5}{16}$-18	$\frac{1}{2}$	$\frac{1}{4}$
19	35	M10	16	8	$\frac{3}{8}$-16	$\frac{9}{16}$	$\frac{5}{16}$

续表

<table>
<tr><td rowspan="11">安装程序</td><td colspan="7">续表</td></tr>
</table>

公称尺寸/mm	最大工作压力/MPa	1型(公制) 螺纹	1型 扳手 外六角螺钉/mm	1型 扳手 内六角螺钉/mm	2型(英制) 螺纹	2型 扳手 外六角螺钉/in	2型 扳手 内六角螺钉/in
25	31.5	M10	16	8	3/8-16	9/16	5/16
32	25	M10	16	8	7/16-14	5/8	3/8
38	20	M12	18	10	1/2-13	3/4	3/8
51	20	M12	18	10	1/2-13	3/4	3/8
64	16	M12	18	10	1/2-13	3/4	3/8
76	16	M16	24	14	5/8-11	15/16	1/2
89	3.5	M16	24	14	5/8-11	15/16	1/2
102	3.5	M16	24	14	5/8-11	15/16	1/2
127	3.5	M16	24	14	5/8-11	15/16	1/2

O形圈的代码和尺寸

表7给出了用于该标准的O形圈代号和尺寸（仅供参考）

表7　O形圈代号和尺寸

ISO 3601-1尺寸代号	ISO 3601-1标记代号	内径/mm	横截面直径/mm
210	O形圈-ISO 3601-1-210A-18.64×3.53-N	18.64	3.53
214	O形圈-ISO 3601-1-214A-24.99×3.53-N	24.99	
219	O形圈-ISO 3601-1-219A-32.92×3.53-N	32.92	
222	O形圈-ISO 3601-1-222A-37.69×3.53-N	37.69	
225	O形圈-ISO 3601-1-225A-47.22×3.53-N	47.22	
228	O形圈-ISO 3601-1-228A-56.74×3.53-N	56.74	
232	O形圈-ISO 3601-1-232A-69.44×3.53-N	69.44	
237	O形圈-ISO 3601-1-237A-85.32×3.53-N	85.32	
241	O形圈-ISO 3601-1-241A-98.02×3.53-N	98.02	
245	O形圈-ISO 3601-1-245A-110.72×3.53-N	110.72	
253	O形圈-ISO 3601-1-253A-136.12×3.53-N	136.12	

液压传动法兰连接（42MPa、DN13~76系列）
（摘自GB/T 42086.2—2022/ISO 6162-2：2018，MOD）

表20-12-125

范围	GB/T 42086.2—2022《液压传动连接　法兰连接　第2部分:42MPa、DN13~76系列》规定了用于42MPa,四螺钉紧固的法兰夹型式的硬管接头和软管接头(DN13~76)的法兰头、分体式法兰夹(FCS和FCSM)、一体式法兰夹(FC和FCM)、油口和安装面的通用要求和尺寸,也规定了配合使用的密封圈及密封沟槽的要求和尺寸 该标准适用于不便使用螺纹管接头的工业和商用产品的液压系统的连接件 注:该标准推荐使用公制螺纹紧固件(1型,DN13~76),也提供了使用既有的英制螺纹紧固件(2型,DN13~51)的方法

续表

材料	①用分体式法兰夹和一体式法兰夹装配的法兰连接见图 1 和图 2。分体式法兰夹(见图 3)和一体式法兰夹(见图 4)应是在成品状态下具有以下特性的黑色金属材料 ——最小屈服强度:330MPa ——最小断裂伸长率:3% ②法兰头应是在成品状态下具有以下特性的黑色金属材料 ——最小屈服强度:215MPa ——最小断裂伸长率:10% ③除非另有规定,否则应选择使用下列螺钉中的一种 ——符合 GB/T 5783 的六角螺钉,性能等级不低于 GB/T 3098.1 的 10.9 级 ——符合 GB/T 70.1 的内六角螺钉,性能等级不低于 GB/T 3098.1 的 10.9 级 ——符合 SAE J429 的英制六角头螺钉,性能等级不低于 8 级 ——符合 ANSI/ASME B18.3 产品规范的英制内六角螺钉,制造材料符合 ASTM A574 注:GB/T 5783—2016《六角头螺栓　全螺纹》为现行标准 ④除非另有规定,O 形圈应由丁腈橡胶(NBR)制造,硬度(IRHD)为 90±5,按 GB/T 6031 测量,在下面"压力/温度要求"和表 1 或表 2 规定的压力和温度下使用和测试。表 1 和表 2 中规定的 O 形圈应符合 ISO 3601-1 中规定的相关规定的尺寸和 A 级公差,并且应符合或超过 GB/T 3452.2 质量接受准则中的 N 级。如果法兰连接用于超出下面"压力/温度要求"规定的温度范围,应使用其他相应耐温材料的 O 形圈 ⑤符合该标准的法兰管接头包含弹性密封件。除非另有规定,制造和交付时,管接头需带弹性密封件并能适用于规定的石油基流体的工作温度范围。这些管接头和弹性密封件用于其他液压流体时,可能导致工作温度范围和相容不适合。根据需要,制造商可提供能应用于非石油基液压油的管接头和弹性密封件以满足相应的要求 ⑥应考虑螺钉头和法兰夹之间的表面压力,建议使用硬垫圈,垫圈应符合 GB/T 97.1(HV300)A 型并和螺钉规格匹配。当使用 2 型螺钉时,可用符合 ANSI/ASME B18.22.1 的 B 型窄系列 HV300 的平垫圈代替,例外情况见表 1 和表 2
选型	①符合该标准和 GB/T 42086.1 的法兰连接的零件不应互换 ②对于新设计,可通过与法兰通孔(d_2)或法兰台通孔(d_1)的最大直径相对应的公称法兰尺寸来选择法兰管接头规格 ③法兰夹、油口和法兰头应与公称法兰尺寸匹配 ④新设计不应使用 2 型(英制)法兰油口和组件 注:法兰头和 O 形圈的选择不受公制或英制螺纹紧固件的影响 ⑤螺钉、O 形圈和垫圈的规格应按照公称法兰尺寸和表 1(1 型)或表 2(2 型)进行选择 ⑥对既有法兰头进行匹配,应测量直径(d_{10})和厚度(l_{14})(见图 5),测量准确度应不大于 0.5mm ⑦对既有法兰油口安装面进行匹配,应测量螺孔尺寸(l_7、l_{10})(见图 6),并确定螺钉类型,选择合适的法兰头和法兰夹。为了避免发生该标准和 GB/T 42086.1 法兰接头的混淆,测量准确度应不大于 1mm ⑧确定选择一体式法兰夹(FC 或 FCM)或分体式法兰夹(FCS 或 FCSM)
尺寸和公差	①1 型法兰组件(包括螺钉)的尺寸,应符合图 1 或图 2 以及表 1。2 型法兰组件(包括螺钉)的尺寸,应符合图 1 或图 2 以及表 2 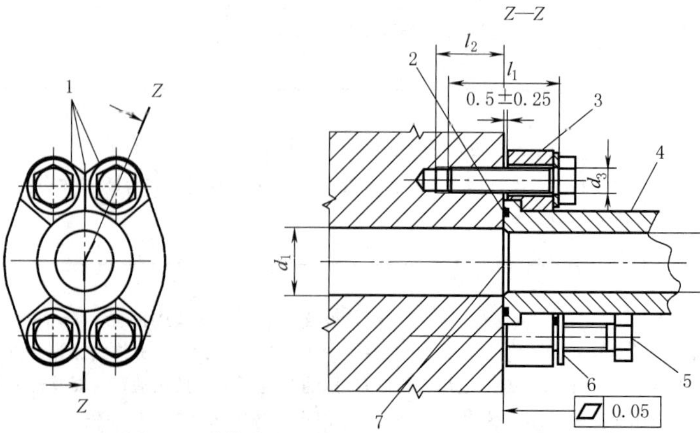 图 1　用分体式法兰夹(FCS 或 FCSM)装配的法兰连接 1—可选形状;2—O 形圈;3—分体式法兰夹;4—法兰头;5—螺钉(d_3); 6—硬垫圈;7—过渡接头、泵等的油口安装面

尺寸和公差

②分体式法兰夹的尺寸应符合图3和表3，一体式法兰夹的尺寸应符合图4和表3。拔模斜度（从图3或图4的B面或从两边的中间开始）最大6°

③法兰头尺寸应符合图5和表4

④用于法兰连接的油口和油口安装面尺寸应符合图6和表5

⑤O形圈尺寸应符合ISO 3601-1（表1和表2的规格代码符合ISO 3601-1）

⑥除非另有规定，未注公差应符合GB/T 1804的m级（中级）

⑦表1~表5给出的尺寸和公差适用于电镀或其他表面处理后的成品

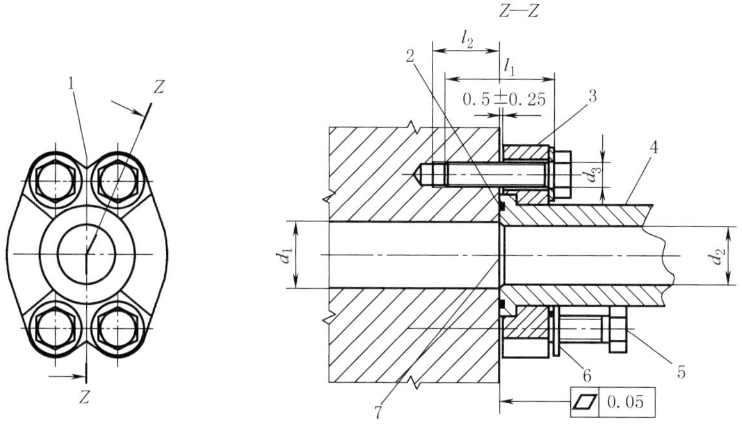

图2　用一体式法兰夹（FC或FCM）装配的法兰连接

1—可选形状；2—O形圈；3—一体式法兰夹；4—法兰头；5—螺钉（d_3）；6—硬垫圈；7—过渡接头、泵等的油口安装面

表1　用公制螺钉的1型法兰装配的尺寸、扭矩和最大工作压力　mm

公称尺寸DN①	$d_{1\ -1.5}^{\ 0}$	d_2 max	O形圈规格代码②	平垫圈（推荐）	1型（公制）螺钉（性能等级10.9）				最大工作压力/MPa	最小爆破压力/MPa
					螺纹③ d_3	螺纹长度④ l_1	最小全螺纹长度 l_2	螺纹扭矩⑤/N·m $^{+10\%}_{0}$		
13	13	13	210	M8	M8	30	16	32	42	168
19	19.2	19.2	214	M10	M10	35	18	70	42	168
25	25.6	25.6	219	M12	M12	45	23	130	42	168
32	32	32	222	M12	M12	45	23	130	42	168
38	38.2	38.2	225	M16	M16	55	27	295	42	168
51	51	51	228	M20	M20	70	35	550	42	168
64	63	63.5	232	M24	M24	80	50	550	42	168
76	76	76.2	237	M30	M30	90	60	650	42	168

警告：在安装期间，为避免分体式法兰夹或一体式法兰夹破裂，应先对所有的螺钉施加小扭矩，然后再按建议的扭矩值拧紧

① 见GB/T 17446定义

② O形圈规格代码符合ISO 3601-1

③ 符合GB/T 193和GB/T 196的粗牙螺纹

④ 螺钉长度按钢材料计算，使用其他材料可能要求不同的螺钉长度

⑤ 扭矩值仅当使用摩擦因数为0.17的润滑螺钉时计算得出。扭矩值取决于很多因素，包括润滑、涂层和表面加工

续表

尺寸和公差

表 2　用英制螺钉的 2 型法兰装配的尺寸、扭矩和最大工作压力 mm

公称尺寸 DN①	$d_{1\ -1.5}^{\ 0}$	d_2 max	O 形圈规格代码②	平垫圈③（推荐）	2 型(英制)螺钉性能等级按 SAE J429 8 级				最大工作压力 /MPa	最小爆破压力 /MPa
					螺纹④ d_3	螺纹长度⑤ l_1	最小全螺纹长度 l_2	螺钉扭矩⑥ /N·m $^{+10\%}_{0}$		
13	13	13	210	M8	5/16-18	32	21	32	42	168
19	19.2	19.2	214	M10	3/8-16	38	24	60	42	168
25	25.6	25.6	219	7/16	7/16-14	44	27	92	42	168
32	32	32	222	M12	1/2-13	44	25	150	42	168
38	38.2	38.2	225	M16	5/8-11	57	35	295	42	168
51	51	51	228	M20	3/4-10	70	38	450	42	168

警告：在安装期间，为避免分体式法兰夹或一体式法兰夹破裂，应先对所有的螺钉施加小扭矩，然后再按建议的扭矩值拧紧

注：不用于新设计，见 GB/T 42086.1—2022 的 5.4

① 见 GB/T 17446 定义

② O 形圈规格代码符合 ISO 3601-1

③ 用于本表相应螺纹规格的 ANSI/ASME B18.22.1 B 型 HV300 的窄垫圈可以被替代（DN25 除外），符合 GB/T 97.1 的垫片可能引起干涉

④ 符合 GB/T 20670 和 ISO 725（螺钉螺纹为 UNC-2A，油口螺纹为 UNC-2B）的粗牙螺纹

⑤ 螺钉长度按钢材料计算，使用其他材料可能要求不同的螺钉长度

⑥ 扭矩值仅当使用摩擦因数为 0.17 的润滑螺钉时计算得出。扭矩值取决于很多因素，包括润滑、涂层和表面加工

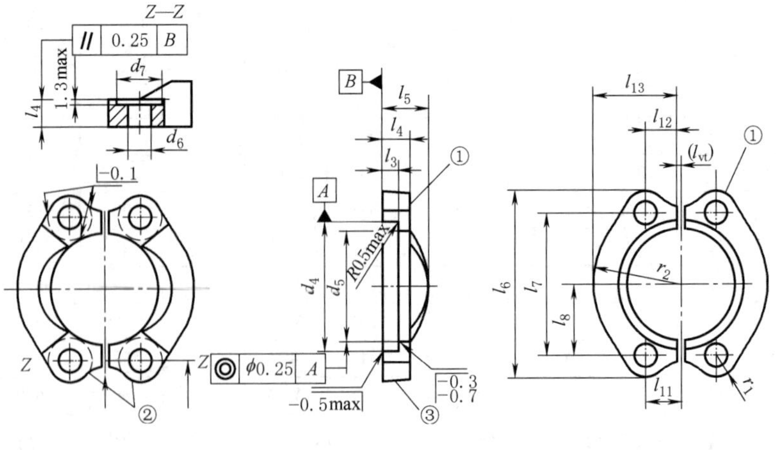

①对 DN25 的法兰夹，此处标识 M 表示使用公制螺钉，标识 U 表示使用英制螺钉；标识位置可选

②形状可选

③拔模斜度最大 6°

图 3　分体式法兰夹（FCS 或 FCSM）

续表

尺寸和公差

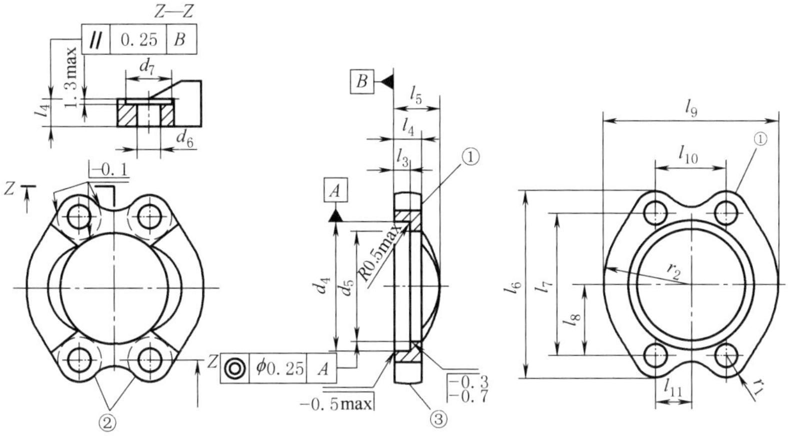

①对 DN25 的法兰夹,此处标识 M 表示使用公制螺钉,标识 U 表示使用英制螺钉;标识位置可选
②形状可选
③拔模斜度最大 6°

图 4　一体式法兰夹(FC 或 FCM)

表 3　分体式和一体式法兰夹的尺寸　mm

公称尺寸 DN	$d_4\pm0.25$	$d_5\pm0.25$	$d_6\pm0.15$	d_7 min	$l_3\pm0.15$	$l_4\pm0.5$	$l_5\pm0.8$	l_6 max	l_6 min
13	32.5	24.65	8.9	16.5	7.2	15.7	22.5	57.2	55.6
19	42	32.5	10.6	20.5	8.2	19.1	28.5	72.1	70.6
25	48.4	38.85	13.3①	26	9	23.9	33.5	81.8	80.3
32	54.75	44.45	13.3	26	9.8	26.9	38	96	94.5
38	64.25	51.55	16.7	32.5	12.1	30.2	43	114.3	111.3
51	80.15	67.55	20.6	38	12.1	36.6	52.5	134.9	131.8
64	108.5	89.5	25	45	20	48	—	176.9	174.8
76	132.5	114.5	31	57	25	58	—	216	208

公称尺寸 DN	$l_7\pm0.25$	$l_8\pm0.25$	$l_9\pm0.8$	$l_{10}\pm0.25$	$l_{11}\pm0.25$	$l_{12}\pm0.4$	$l_{13}\pm0.8$	r_1 ref	r_2 ref
13	40.5	20.25	47.8	18.2	9.1	8.1	22.6	8	24
19	50.8	25.4	60.5	23.8	11.9	10.9	29	10.5	30
25	57.2	28.6	69.9	27.8	13.9	13	33.8	12	35
32	66.7	33.35	77.7	31.8	15.9	15	37.6	14	39
38	79.4	39.7	95.3	36.5	18.25	17.3	46.5	17	48.5
51	96.8	48.4	114.3	44.5	22.25	21.3	55.9	18	57
64	123.8	61.9	150	58.7	29.35	28.4	74	26	75
76	152.4	76.2	176	71.4	35.7	34.7	88	29	89

① 对于 2 型(英制),使用(12±0.25)mm

尺寸和公差

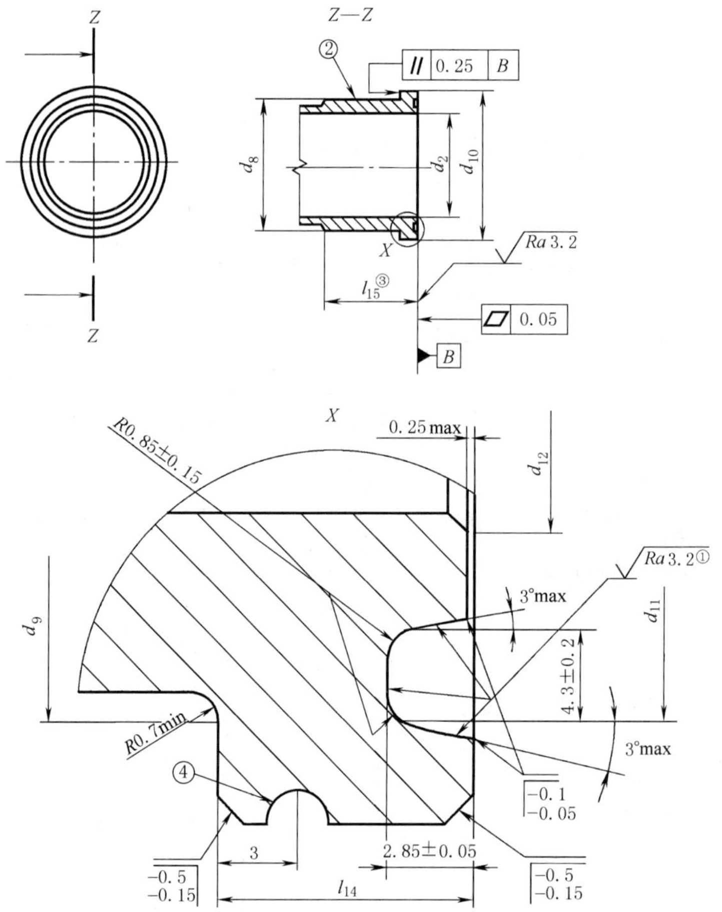

①要求光滑密封面
②轮廓可选
③ l_{15} 长度以外的接头设计是可选的,需提供足够的空间安装螺钉
④识别槽

图5 法兰头

表4 法兰头的尺寸

mm

公称规格 DN	d_2 max	d_8 max	d_9 max	$d_{10}\pm0.25$	d_{11} max	d_{11} min	d_{12} max	$l_{13}\pm0.15$	l_{14} ref
13	13	23.9	25.3	31.75	25.53	25.4	14.2	7.8	14
19	19.2	31.8	33.2	41.3	31.88	31.75	21	8.8	18
25	25.6	38.1	39.5	47.65	39.75	39.62	27	9.5	21
32	32	43.7	45.1	54	44.58	44.45	33.3	10.3	25
38	38.2	50.8	52.2	63.5	53.98	53.72	39.6	12.6	30
51	51	66.5	67.9	79.4	63.50	63.25	52.3	12.6	38
64	63.5	89	90.4	107.7	76.35	76.05	65	20.5	50
76	76.2	113.5	114.9	131.7	92.1	91.8	80	26	65

警告:法兰头材料和厚度取决于选用的工作压力和直径(d_8)

续表

尺寸和公差

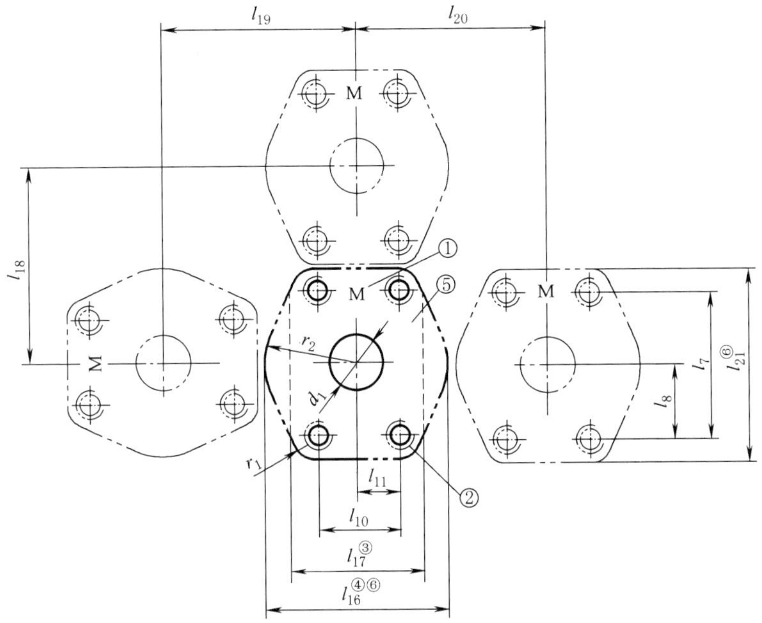

①字母 M 表示 1 型公制油口,字母 U 表示 2 型英制油口,标记不可凸出表面
②油口直径(d_3)的四个螺钉孔、全螺纹长度(l_2)、螺纹与表面的垂直度在 0.25 范围内
③最小法兰台宽度
④推荐的法兰台宽度
⑤油口表面最大的表面粗糙度为 GB/T 131 中 MRR Ra_{max}3.2
⑥此区域内有凸起会引起干涉

图 6 法兰连接的油口尺寸以及最小的法兰台建议宽度

表 5 法兰油口的尺寸和法兰台宽度 mm

公称规格 DN	$d_1{}^{0}_{-1.5}$	r_1 ref	r_2 ref	d_3	l_2	l_7 ±0.25	l_8 ±0.25	l_{10} ±0.25	l_{11} ±0.25	l_{16} ref	l_{17} min	l_{18} min	l_{19} min	l_{20} min	l_{21} min
13	13	8	24	见表 1(1 型)或表 2(2 型)		40.5	20.25	18.2	9.1	52	38	61	57	53	60
19	19.2	10.5	30			50.8	25.4	23.8	11.9	64	47	76	70	65	75
25	25.6	12	35			57.2	28.6	27.8	13.9	74	53	86	80	75	85
32	32	14	39			66.7	33.35	31.8	15.9	82	60	100	91	83	99
38	38.2	17	48.5			79.4	39.7	36.5	18.25	99	69	118	109	100	117
51	51	18	57			96.8	48.4	44.5	22.25	118	85	139	129	119	138
64	63	26	75			123.8	61.9	58.7	29.35	150.8	113	183	169	156	180
76	76	29	89			152.4	76.2	71.4	35.7	178.8	132	218	202	184	219

警告:使用本文件的用户,如果不使用碳钢材料,应确保选择合适的油口材料,以保证要求的工作压力

表面要求

①除非供需双方另有约定,所有碳钢法兰夹和碳钢法兰头(焊接法兰头除外)外表面的涂层应通过按 GB/T 10125 进行的至少 72h 中性盐雾试验。焊接法兰头应使用涂油、磷化处理或其他不影响焊接性能的方法进行防腐处理,并应通过按 GB/T 10205 进行的至少 16h 中性盐雾试验

②螺钉和垫圈应使用涂油、磷化处理或其他不会产生氢脆的方法进行防腐处理,通过按 GB/T 10125 进行的至少 16h 中性盐雾试验

注:该标准规定的扭矩值按磷化处理的螺钉确定

③在盐雾试验过程中,任何部位出现红色锈斑应视为不合格,下列指定部位除外

——所有内部流道

——棱角、如六角的尖端、锯齿状和螺纹牙顶(这些部位由于批量产生或运输的影响使镀层或涂层产生机械损伤)

续表

表面要求		——由于扣压、扩口、弯曲或其他电镀后的金属成型操作所引起的机械变形的区域 ——试验箱中零件悬挂或固定处(这些位置可能聚积冷凝物) ④考虑到对环境的影响,不应镀镉,不优先使用六价铬镀层。镀层的改变可能影响装配扭矩,必要时需重新验证 ⑤在贮存和运输期间,内部流道应避免受到腐蚀 ⑥法兰接头中应没有可见的污染物、毛刺、氧化皮和碎屑以及其他可能会影响零件功能的缺陷。除非另有规定,所有机加工表面的(表面)粗糙度应满足 $Ra \leqslant 6.3\mu m$ ⑦密封表面应光滑。刀具产生的环形痕迹形成的表面粗糙度按 GB/T 131 中 MRR 应为 $Ra \leqslant 3.2\mu m$,O 形圈槽在垂直方向、径向或从底部到外径处螺旋形的划痕宽度应不大于 0.13mm ⑧其他规定要求见图 1~图 6
压力/温度要求		①符合该标准的法兰连接应通过 GB/T 26143 规定的爆破和脉冲循环试验 注:压力波动高于额定压力等级时,会降低法兰连接的可靠性,需要在设计时给予考虑 ②符合该标准的碳钢法兰连接,应在不低于-20℃的温度下进行装配。在-40~120℃温度范围内适用于表 1 和表 2 规定的最高工作压力 ③符合该标准的不锈钢法兰连接,应在不低于-20℃的温度下进行装配。在-60~50℃温度范围内适用于表 1 和表 2 规定的最高工作压力。在高温的情况下使用时,不锈钢接头的最高工作压力应按温度区间使用插值法降低,规则:0(+50℃)、4%(+100℃)、11%(+200℃)、20%(+250℃)
标记		①法兰头应有永久性的标记,包括 a. 制造商的名称或商标 b. 在法兰头的圆周上,从端面其(l_{14}-3)mm(见图 5 基面 B 处),加工 1~1.5mm 宽、0.5~0.75mm 深的识别槽,槽的形状可选,用于识别符合本文件的法兰头 ②DN25 的 2 型(英制)FC 和 FCS 法兰夹应用字母 U 作为永久性的标识,表示使用英制螺钉。DN25 的 1 型(公制)FCM 和 FCSM 法兰夹宜用字母 M 作为永久性的标识,标识使用公制螺钉。字母最小高度为 5mm。标记位置应在法兰夹的最上面或外边,可不同于图 3 和图 4 所示。其他规格无标识要求 注:在大多数情况下,该标准规定的螺钉孔尺寸同时适用与公制和英制螺纹 ③2 型(英制)法兰连接的油口安装面上宜用字母 U 作为永久性的标识,1 型(公制)法兰连接的油口安装面上宜用字母 M 作为永久性的标识。字母最小高度为 3mm。标记应位于孔间尺寸(l_{10})的中心线位置(见图 6),且不应在 O 形圈密封范围内
法兰接头及零件的命名	分体式法兰夹(一对)	注:只有法兰夹可使用给出的命名进行订货,油口和法兰头的命名仅用描述 使用英制螺钉,或可同时使用公制螺钉的分体式法兰夹,用 FCS 标记。对只使用公制螺钉的用 FCSM 标记 GB/T 42086.2 FCS,字母 M(如果分体式法兰夹仅用于公制螺钉),接着为乘号"×"和公称尺寸,如 FCSM×25 或 FCS×32 示例 1 符合该标准的碳钢分体式法兰夹(既可用公制也可用英制螺钉,配套 DN32 的法兰头)命名:分体式法兰夹,GB/T 42086.2 FCS×32 示例 2 符合该标准的碳钢分体式法兰夹(用公制螺钉,配套 DN25 的法兰头)命名:公制分体式法兰夹,GB/T 42086.2 FCSM×25 示例 3 符合该标准的碳钢分体式法兰夹(用英制螺钉,配套 DN25 的法兰头)命名:英制分体式法兰夹,GB/T 42086.2 FCS×25
	一体式法兰夹(一对)	使用英制螺钉,或可同时使用公制螺钉的一体式法兰夹,用 FC 标记。对只使用公制螺钉的用 FCM 标记 GB/T 42086.2 FC,字母 M(如果一体式法兰夹仅用于公制螺钉),接着为乘号"×"和公称尺寸,如 FC×25 或 FCM×32 示例 1 符合该标准的碳钢一体式法兰夹(既可用公制也可用英制螺钉,配套 DN32 的法兰头)命名:一体式法兰夹,GB/T 42086.2 FC×32 示例 2 符合该标准的碳钢一体式法兰夹(用公制螺钉,配套 DN25 的法兰头)命名:公制一体式法兰夹,GB/T 42086.2 FCM×25 示例 3 符合该标准的碳钢一体式法兰夹(用英制螺钉,配套 DN25 的法兰头)命名:英制一体式法兰夹,GB/T 42086.2 FC×25
	法兰油口	GB/T 42086.2 P,接着为公称尺寸,字母 M(用公制螺钉的法兰油口),如 P76 或 P76M
	法兰头	GB/T 42086.2 FH,接着为乘号"×"和公称尺寸,如 FH×76

续表

安装程序

符合 GB/T 42086.2—2022 的法兰连接的建议安装程序如下

①确保选择的法兰连接符合应用要求(如额定压力)

②确保法兰零部件和油口符合该标准,并且使用准(正)确的螺钉(1 型为公制螺钉,2 型为英制螺钉)

注:符合 GB/T 42086.1 的法兰连接的额定压力低于符合该标准的法兰连接的额定压力。法兰组件的压力等级取决于螺钉性能等级的正确匹配。这两个系列按不同的螺钉孔特征区分,符合该标准的法兰头具有一个识别槽,符合 GB/T 42086.1 和符合该标准的法兰连接的零件不能互换

③确保所有密封和表面结合处无毛刺、刻痕、刮擦和任何污染物

④为防止 O 形圈脱落,必要时,需在 O 形圈上涂上与系统相容的液压油脂

注意:过量的油脂会导致假渗现象

⑤定位法兰头和法兰夹

⑥如果使用硬垫圈,要把硬垫圈放在螺钉上,并把螺钉穿过法兰夹的孔

⑦按图 7 所示的顺序用手拧螺钉,确保四个螺钉均匀接触法兰夹,以防止法兰倾斜,否则在施加最终扭矩期间可能导致法兰夹断裂

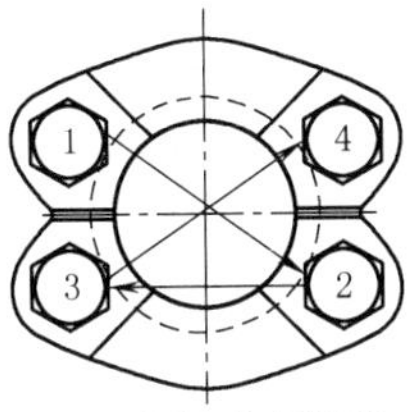

图 7　螺钉拧紧顺序

⑧按图 7 所示顺序,使用表 6 对应的扳手尺寸,通过两次或多次对螺钉逐渐增加扭矩,直至达到表 1 或表 2 给出的螺钉扭矩值

表 6　法兰连接用的扳手尺寸

公称尺寸/mm	最大工作压力/MPa	1 型(公制)			2 型(英制)		
		螺纹	扳手		螺纹	扳手	
			外六角螺钉/mm	内六角螺钉/mm		外六角螺钉/in	内六角螺钉/in
13	42	M8	13	6	5/16-18	1/2	1/4
19	42	M10	16	8	3/8-16	9/16	5/16
25	42	M12	18	10	7/16-14	5/8	3/8
32	42	M12	18	10	1/2-13	3/4	3/8
38	42	M16	24	14	5/8-11	15/16	1/2
51	42	M20	30	17	3/4-10	1 1/8	5/8
64	42	M24	36	19	—	—	—
76	42	M30	46	22	—	—	—

O 形圈的代码和尺寸

表 7 给出了用于该标准的 O 形圈代号和尺寸(仅供参考)

表 7　O 形圈代号和尺寸

ISO 3601-1 尺寸代号	ISO 3601-1 标记代号	内径/mm	横截面直径/mm
210	O 形圈-ISO 3601-1-210A-18.64×3.53-N	18.64	3.53
214	O 形圈-ISO 3601-1-214A-24.99×3.53-N	24.99	
219	O 形圈-ISO 3601-1-219A-32.92×3.53-N	32.92	
222	O 形圈-ISO 3601-1-222A-37.69×3.53-N	37.69	
225	O 形圈-ISO 3601-1-225A-47.22×3.53-N	47.22	
228	O 形圈-ISO 3601-1-228A-56.74×3.53-N	56.74	
232	O 形圈-ISO 3601-1-232A-69.44×3.53-N	69.44	
237	O 形圈-ISO 3601-1-237A-85.32×3.53-N	85.32	

高压法兰（PN=10MPa、16MPa、25MPa）（摘自 JB/ZQ 4485—2006）

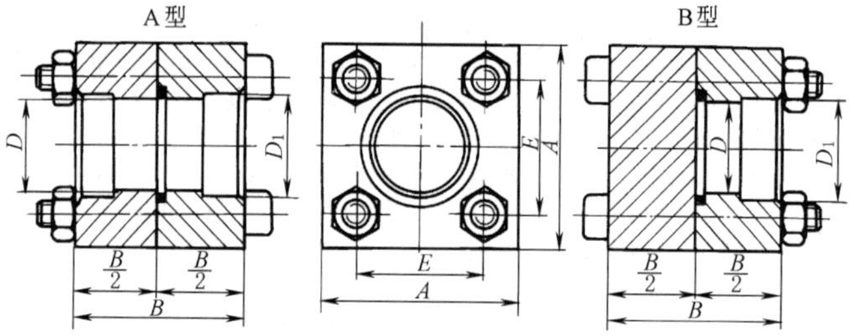

标记示例

公称通径DN 50mm，管子外径 76mm，公称压力 PN= 25MPa 的 A 型法兰：

法兰 A50/76-25　JB/ZQ 4485—2006

公称通径 DN 40mm，管子外径 48mm，公称压力 PN=16MPa 的 B 型法兰：

法兰 B40/48-16　JB/ZQ 4485—2006

表 20-12-126

mm

公称通径 DN	公称压力 PN /MPa	D	D_1	A	B	E	螺栓	螺母	O 形密封圈 (GB/T 3452.1)	管子尺寸 (外径×壁厚)	质量/kg A 型	质量/kg B 型
40	10,16	40	49	100	80	70	M12×100	M12	45×2.65G	48×5	5.4	5.8
	25		61	110	90	75	M16×110	M16		60×10	6.5	8.7
50	10,16	50	61	110	90	75	M16×110	M16	56×2.65G	60×5	6.6	7.6
	25		77	140	110	100	M16×130	M16		76×12	14.0	16.0
65	10,16	65	77	140	110	100	M16×130	M16	75×5.30G	76×8	13.8	15.7
	25		90	160	140	120	M20×160	M20		89×12	23.1	26.3
80	10	80	90	160	140	120	M20×160	M20	90×5.30G	89×8	22.0	25.8

注：连接螺栓强度级别不低于 8.8 级。

直通法兰（PN=20MPa）（摘自 JB/ZQ 4486—2006）

适用于公称压力 PN 20MPa，温度-25～80℃的介质。

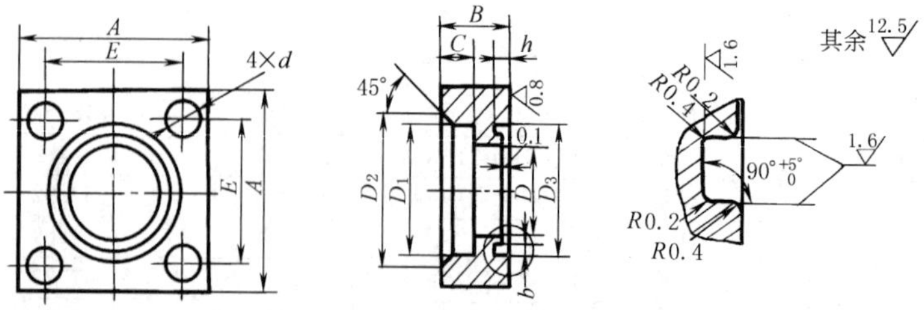

标记示例

公称通径 DN 为 20mm 的直通法兰：直通法兰 20　JB/ZQ 4486—2006

表 20-12-127

mm

公称通径 DN	钢管 $D_0 \times S$	A	B	C	D	D_1		D_2	D_3 H11	d	b		h		E		法兰用螺钉	O 形圈 (GB/T 3452.1)	质量 /kg
10	18×2	55	22	9	12	18.5		28	30.3	11	3.8		1.97		36		M10	25.0×2.65G	0.40
15	22×3	55	22	11	16	22.5		32	30.3	11	3.8		1.97		40		M10	25.0×2.65G	0.45
20	28×4	55	22	12	20	28.5		38	35.3	11	3.8		1.97		40		M10	30.0×2.65G	0.40
25	34×5	75	28	14	24	35		45	42.6	13	5.0		2.75		56		M12	35.5×3.55G	0.94
32	42×6	75	28	16	30	43	$^{+0.3}_{0}$	55	47.1	13	5.0	$^{+0.25}_{0}$	2.75	$^{+0.1}_{0}$	56	±0.4	M12	40.0×3.55G	0.84
40	50×6	100	36	18	38	52		63	57.1	18	5.0		2.75		73		M16	50.0×3.55G	2.10
50	63×7	100	36	20	48	65		75	67.1	18	5.0		2.75		73		M16	60.0×3.55G	1.85
65	76×8	140	45	22	60	78		95	78.1	24	5.0		2.75		103		M22	71.0×3.55G	5.30
80	89×10	140	45	25	70	91		108	92.1	24	5.0		2.75		103		M22	85.0×3.55G	4.50

注：1. 直通法兰配用的螺栓按 GB/T 3098.1，强度等级为 8.8。

2. 直通法兰材料为 20 钢。

直角法兰（PN＝20MPa）（摘自 JB/ZQ 4487—2006）

适用于公称压力 PN 20MPa，温度－25～80℃的介质。

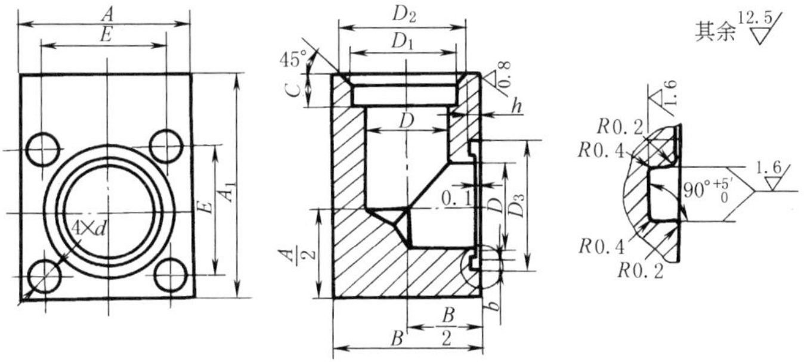

标记示例

公称通径 DN 为 20mm 的直角法兰：直角法兰 20　JB/ZQ 4487—2006

表 20-12-128

mm

公称通径 DN	钢管 $D_0 \times S$	A	A_1	B	C	D	D_1		D_2	D_3 H11	d	b		h		E		法兰用螺钉	O 形圈 (GB/T 3452.1)	质量 /kg
10	18×2	55	70	45	9	12	18.5		28	30.3	11	3.8		1.97		36		M10	25.0×2.65G	0.95
15	22×3	55	70	45	11	16	22.5		32	30.3	11	3.8		1.97		40		M10	25.0×2.65G	1.12
20	28×4	55	70	45	12	20	28.5		38	35.3	11	3.8		1.97		40		M10	30.0×2.65G	1.08
25	34×5	75	92	65	14	24	35		45	42.6	13	5.0		2.75		56		M12	35.5×2.65G	2.35
32	42×6	75	92	65	16	30	43	$^{+0.3}_{0}$	55	47.1	13	5.0	$^{+0.25}_{0}$	2.75	$^{+0.1}_{0}$	56	±0.4	M12	40.0×3.55G	2.10
40	50×6	100	125	85	18	38	52		63	57.1	18	5.0		2.75		73		M16	50.0×3.55G	6.75
50	63×7	100	125	85	20	48	65.5		75	67.1	18	5.0		2.75		73		M16	60.0×3.55G	6.10
65	76×8	140	170	120	22	60	78		95	78.1	24	5.0		2.75		103		M22	71.0×3.55G	18.00
80	89×10	140	170	120	25	70	91		108	92.1	24	5.0		2.75		103		M22	85.0×3.55G	17.00

注：1. 法兰配用的螺钉按 GB/T 3098.1，强度等级为 8.8。

2. 法兰材料为 20 钢。

中间法兰（PN=20MPa）（摘自 JB/ZQ 4488—2006）

适用于公称压力 PN 20MPa，温度-25~80℃的介质。

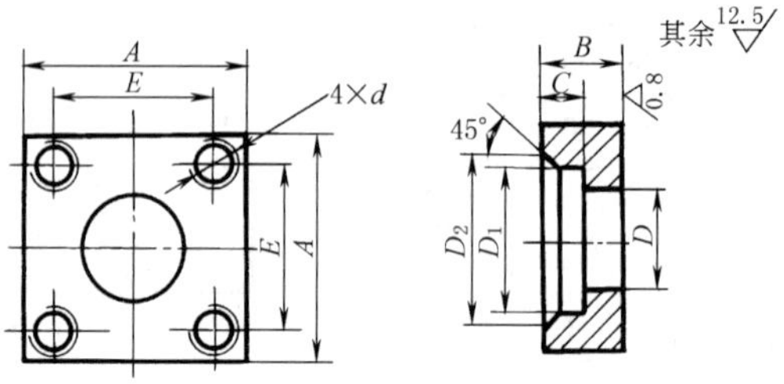

标记示例

公称通径 DN 为 20mm 的中间法兰：中间法兰 20 JB/ZQ 4488—2006

表 20-12-129

mm

公称直径 DN	钢管 $D_0 \times S$	A	B	C	D	D_1		D_2	d	E		质量 /kg
10	18×2	55	22	9	12	18.5		28	M10	36		0.41
15	22×3	55	22	11	16	22.5		32	M10	40		0.46
20	28×4	55	22	12	20	28.5		38	M10	40		0.41
25	34×5	75	28	14	24	35		45	M12	56		0.95
32	42×6	75	28	16	30	43	$^{+0.3}_{0}$	55	M12	56	±0.4	0.85
40	50×6	100	36	18	38	52		63	M16	73		2.12
50	63×7	100	36	20	48	65.5		75	M16	73		1.87
65	76×8	140	45	22	60	78		95	M22	103		5.32
80	89×10	140	45	25	70	91		108	M22	103		4.52

注：1. 法兰配用的螺钉按 GB 3098.1，强度等级为 8.8。

2. 该法兰与直通法兰相配，用于管道中间连接。

3. 法兰材料为 20 钢。

法兰盖（PN=20MPa）（摘自 JB/ZQ 4489—2006）

适用于公称压力 PN 20MPa，温度-25~80℃的介质。

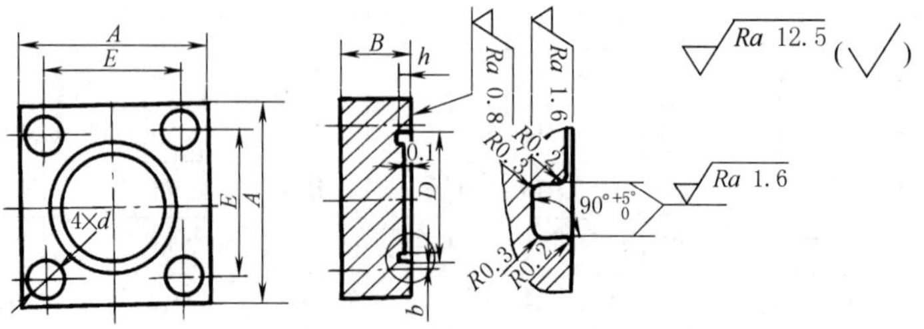

标记示例

公称通径 DN 为 20mm 的法兰盖：法兰盖 20 JB/ZQ 4489—2006

表 20-12-130

mm

公称通径 DN	A	B	D	d	b		h		E		法兰盖用螺钉	O形圈 (GB/T 3452.1)	质量 /kg
10	55	22	30.3	11	3.8	$^{+0.25}_{0}$	1.97	$^{+0.1}_{0}$	36	±0.4	M10	25.0×2.65G	0.45
15	55	22	30.3	11	3.8		1.97		40		M10	25.0×2.65G	0.50
20	55	22	30.3	11	3.8		1.97		40		M10	30.0×2.65G	0.50
25	75	28	42.6	13	5.0		2.75		56		M12	35.5×3.55G	1.00
32	75	28	47.1	13	5.0		2.75		56		M12	40.0×3.55G	1.00
40	100	36	57.1	18	5.0		2.75		73		M16	50.0×3.55G	2.80
50	100	36	67.1	18	5.0		2.75		73		M16	60.0×3.55G	2.80
65	140	45	78.1	24	5.0		2.75		103		M22	71.0×3.55G	6.60
80	140	45	92.1	24	5.0		2.75		103		M22	85.0×3.55G	6.60

注：1. 法兰配用的螺钉按 GB/T 3098.1，强度等级为 8.8。

2. 法兰材料为 20 钢。

3. 锻钢制螺纹管件（摘自 GB/T 14383—2008/2021）、钢制对焊无缝管件（摘自 GB/T 12459—2005/GB/T 12459—2017《钢制对焊管件　类型与参数》）等管件见本手册第 10 篇第 2 章管件。

4.12　螺塞及其弹性体垫圈（摘自 GB/T 43077.4—2023）

在 GB/T 43077.4—2023 中给出了术语“螺塞”的定义：“用于封堵液压流体，无流体通道的螺柱端。”而垫圈即是在 GB/T 17446—2024 中定义的“垫片”。

表 20-12-131

<table>
<tr><td>范围</td><td>GB/T 43077.4—2023/ISO 9974-4:2016,IDT《液压传动连接　普通螺纹平油口和螺柱端　第 4 部分:六角螺塞》规定了符合 ISO 9974-1 的油口所使用的公制外六角和内六角螺塞的尺寸和性能要求
该标准适用的螺塞的工作压力最高可达 63MPa(最高工作压力根据螺塞的端部尺寸、材料、结构、工作条件和应用场合等来确定)
仅符合该标准中规定尺寸的六角螺塞不能保证达到其额定性能</td></tr>
<tr><td>尺寸</td><td>①螺塞尺寸　外六角螺塞应符合图 1 所示及表 1 给出的尺寸,内六角螺塞应符合图 2 所示及表 2 给出的尺寸
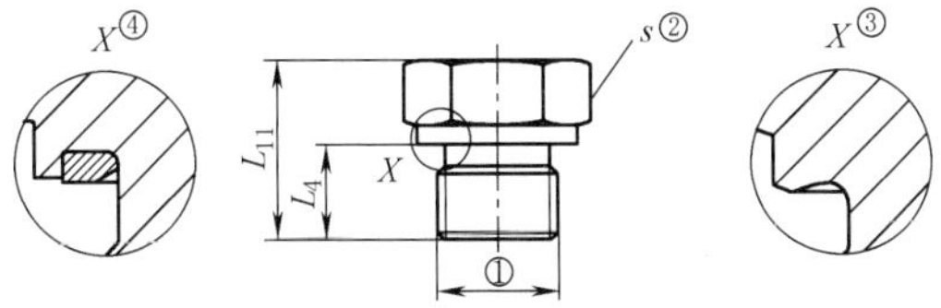

注:螺柱端细节,B 型密封符合 ISO 9974-3,E 型密封符合 ISO 9974-2
①螺纹($d_1 \times P$)
②六角对边宽度
③B 型(PLEH)
④E 型(PLEHS)
图 1　外六角螺塞(PLEH 和 PLEHS)</td></tr>
</table>

续表

尺寸

表 1　外六角螺塞尺寸

mm

螺纹($d_1 \times P$)	$L_4 \pm 0.2$	$L_{11} \pm 0.5$	s①	密封型式
M8×1	8	15	12	B
M10×1	8	16	14	E
M12×1.5	12	20	17	
M14×1.5	12	20	19	
M16×1.5	12	22	22	
M18×1.5	12	23	24	
M20×1.5②	14	25	27	
M22×1.5	14	26	27	
M26×1.5	16	29	32	
M27×2	16	29	32	
M33×2	16	34	41	
M42×2	16	36	50	
M48×2	16	37	55	

① 公差见下面②六角公差

② 测试用油口

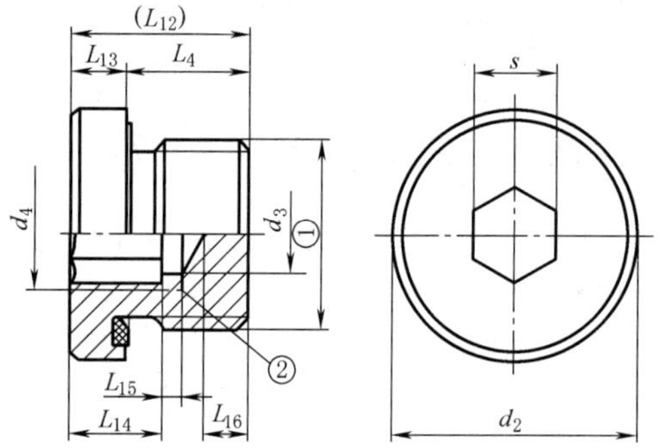

注:螺柱端细节符合 ISO 9974-2

①螺纹($d_1 \times P$)

②可选的内六角凹槽 $d_4 \times L_{15}$

图 2　内六角螺塞(PLIHS)

表 2　内六角螺塞尺寸

mm

螺纹($d_1 \times P$)	$d_{2\ -0.2}^{\ 0}$	$d_3 \pm 0.1$	$d_{4\ 0}^{+0.25}$	$L_4 \pm 0.2$	L_{12} 参考	$L_{13} \pm 0.1$	L_{14} min	L_{15} max	L_{16} min	s①	密封方式
M10×1	14	5	5.9	8	12.3	4.3	5	2	3	5	E
M12×1.5	17	6	7	12	17.3	5.3	7	2	3	6	E
M14×1.5	19	6	7	12	17.3	5.3	7	2	3	6	
M16×1.5	22	8	9.3	12	17.3	5.3	7	2	3	8	
M18×1.5	24	8	9.3	12	17.3	5.3	7	2	3	8	
M20×1.5②	26	10	11.6	14	19.3	5.3	7.5	2	3	10	
M22×1.5	27	10	11.6	14	19.3	5.3	7.5	2	3	10	
M26×1.5	32	12	14	16	21.3	5.3	9	2.4	3	12	
M27×2	32	12	14	16	21.3	5.3	9	2.4	3	12	
M33×2	40	17	19.7	16	22.8	6.8	9	2.5	3	17	
M42×2	50	22	25.5	16	22.8	6.8	10.5	2.5	3	22	
M48×2	55	24	27.8	16	22.8	6.8	10.5	2.5	3	24	

① 公差见下面②六角公差

② 测试用油口

续表

尺寸

②六角公差　外六角对边宽度的公差应符合 GB/T 3103.1—2002 规定的 C 级。六角形对角尺寸的最小值为对边宽度的 1.092 倍，侧平面长度的最小值为对边宽度的 0.43 倍。除非另有说明，外六角端面应倒角 10°~30°，倒角直径和六角对边宽度相同，公差为 $^{0}_{-0.4}$mm

内六角对边宽度的尺寸公差应符合 GB/T 3103.1—2002 规定的 A 级

③螺纹　螺塞的螺纹应符合 ISO 261:1998，螺纹公差为 6g

要求

①压力和温度　符合该标准的外六角和内六角螺塞应在表 3 中给出的最高工作压力下和-40~120℃的温度范围内使用；用于此范围之外的压力、温度时，应咨询制造商

符合该标准规定的螺塞可包含弹性体垫圈。除非另有规定，带有弹性体垫圈的螺塞在制造和交货时，应提供适用于石油基液压油、规定工作温度范围的密封件。此类螺塞和弹性体垫圈用于其他流体时，可能导致工作温度范围缩小或不适合应用。根据需要，制造商可提供满足规定工作温度范围的带有弹性体垫圈的螺塞，用于除石油基液压油以外的其他流体

②性能　符合该标准的外六角和内六角螺塞应满足表 3 中给出的爆破和脉冲压力要求，按照下面“试验方法”试验时应能够承受 6.5kPa 的绝对压力

表 3　外六角和内六角螺塞的压力　　MPa

螺纹	螺塞		测试压力	
	外六角	内六角		
	最高工作压力①		爆破	脉冲②
M8×1	63		252	83.8
M10×1	63	—	252	83.8
	—	40	160	53.2
M12×1.5	63	—	252	83.8
		40	160	53.2
M14×1.5	63	—	252	83.8
	—	40	160	53.2
M16×1.5	63	—	252	83.8
		40	160	53.2
M18×1.5	63	—	252	83.8
	—	40	160	53.2
M20×1.5③	63	—	252	83.8
	—	40	160	53.2
M22×1.5	40	40	160	53.2
M26×1.5④	16	16	64	21.3
M27×2	40	40	160	53.2
M33×2	40	40	160	53.2
M42×2	25	25	100	33.2
M48×2	25	25	100	33.2

① 上述压力值适用于用碳钢制成的螺塞，根据下面“试验方法”的要求所做的试验
② 循环耐久性测试压力
③ 测试用油口
④ 仅在轻型(L 系列)应用中使用

弹性体垫圈

除非另有规定，按上面要求中的①和表 3 要求的压力以及温度下使用和试验时，所采用的弹性体垫圈应

——采用硬度为(90±5)IRHD(测试方法按 ISO 48-2)的丁腈橡胶(NBR)制成

——符合 ISO 9974-2 给出的相关尺寸(见 GB/T 43077.4—2023 附录或表 20-12-132)

注：在 GB/T 17446—2024 中给出了术语“弹性体密封件”的定义：“具有很大变形能力并在变形力去除后能迅速和基本完全恢复原形的橡胶或类橡胶材料制成的密封件”

续表

试验方法

警告：使用符合该标准的螺塞用于 ISO 1179-1 或 ISO 6149-1 和 ISO 11926-1 的油口时可能会导致出现危险情况

应按照 ISO 19879 的规定对螺塞进行爆破、耐久性（脉冲）和真空试验，在试验中应按表 4 给出的扭矩值进行安装。试验结果应记录在 ISO 19879 规定的试验数据表中

表 4　外六角和内六角螺塞合格判定试验扭矩

螺纹	螺塞	
	外六角	内六角
	扭矩①/N·m $^{+10\%}_{0}$	
M8×1	15	—
M10×1	20	12
M12×1.5	30	25
M14×1.5	45	35
M16×1.5	60	50
M18×1.5	80	60
M20×1.5②	100	70
M22×1.5	80	80
M26×1.5	120	120
M27×2	135	135
M33×2	225	225
M42×2	360	360
M48×2	400	400

① 适用于镀锌碳钢材质，用液压油润滑的螺塞

② 测试用油口

螺塞的命名

为了方便订购，应使用代号命名螺塞。以“螺塞”标记，空一格，接标准号“ISO 9974-4”或“GB/T 43077.4—2023”，接间隔符“-”，其后是形状代号，对于外六角螺塞用“PLEH”，内六角螺塞用“PLIH”，对于交货时带有弹性体垫圈的螺塞，后接密封符号 S 作为密封标识，接间隔符“-”，其后是螺塞螺纹尺寸。如需要，可对密封标识附加补充信息，在间隔符“-”后接符合 ISO 1629 的弹性体垫圈材料代号，接间隔符“-”，其后接符合 ISO 4042 或 ISO 10683 的涂层代号

示例 1：用于 ISO 9974-1 油口，螺纹尺寸为 M12×1.5 的外六角螺塞，命名如下

螺塞 GB/T 43077.4-PLEH-M12

示例 2：用于 ISO 9974-1 油口，螺纹尺寸为 M12×1.5，订货带有符合上面“弹性体垫圈”要求的弹性体垫圈的外六角螺塞，命名如下

螺塞 GB/T 43077.4-PLEHS-M12

示例 3：用于 ISO 9974-1 油口，螺纹尺寸为 M12×1.5，订货带有符合上面“弹性体垫圈”要求的氟橡胶（FKM）弹性体垫圈的内六角螺塞，命名如下

螺塞 GB/T 43077.4-PLIHS-M12-FKM

示例 4：用于 ISO 9974-1 油口，螺纹尺寸为 M12×1.5，订货带有符合上面“弹性体垫圈”要求的弹性体垫圈以及符合 ISO 4042 规定的镀锌层的内六角螺塞，命名如下

螺塞 GB/T 43077.4-PLIHS-M12-A3C

制造

①加工　除非另有规定，螺塞通常可用碳钢通过锻造、冷成型加工、棒料切削加工而成

②工艺　应采用经济有效的工艺来生产高质量的螺塞。螺塞应没有可见的污染物，以及在使用中可能脱落的毛刺、氧化皮、碎屑和可能影响零件功能的其他缺陷

除非另有规定，所有表面的（表面）粗糙度应为 $Ra \leqslant 6.3\mu m$

③表面处理　除非制造商和用户另有协议，螺塞的外表面和螺纹应涂（镀）以适当的材料，应按照 ISO 9227 的规定通过 72h 的中性盐雾试验。在盐雾试验过程中，任何部位出现红锈都应视为不合格

腐蚀防护要求不适用于边棱角，如六角的尖端、锯齿状和螺纹牙顶，试验箱中零件悬挂或固定处（这些位置可能聚集冷凝液）

考虑到对环境的影响，不应镀镉。镀层的改变可能影响装配扭矩，如有必要需重新验证

续表

采购信息	当购买方咨询或订购时,宜使用与上面“螺塞的命名”中螺塞的命名一致的描述。如购买方对材料、压力和温度等选择与该标准所要求不一致,应与供方协商
标识	螺塞应永久性标记制造商名称或商标
标注说明	当选择遵守该标准时,宜在试验报告、产品目录和销售文件中使用以下说明 “螺塞符合 GB/T 43077.4《液压传动连接　普通螺纹平油口和螺柱端　第4部分:六角螺塞》。”

用于符合 ISO 9974-4 螺塞的弹性体垫圈(摘自 GB/T 43077.4—2023)

表 20-12-132

尺寸

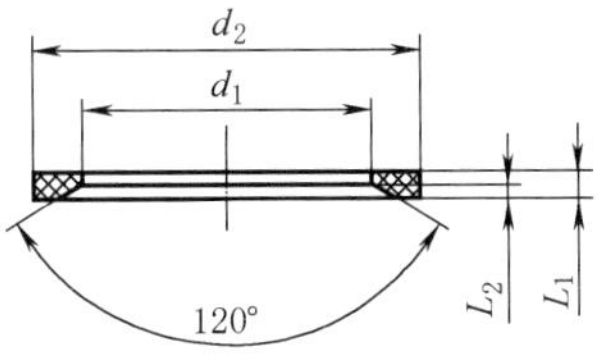

mm

螺塞螺纹	弹性体垫圈尺寸 $d_1 \times d_2$	L_1 参考	L_2 参考
M10×1	8.4×11.9	1.0	0.5
M12×1.5	9.8×14.4	1.5	0.8
M14×1.5	11.6×16.5		
M16×1.5	13.8×18.9		
M18×1.5	15.7×20.9		
M20×1.5	17.8×22.9		
M22×1.5	19.6×24.3		
M26×1.5	23.9×29.2		
M27×2			
M33×2	29.7×35.7	2	1
M42×2	38.8×45.8		
M48×2	44.7×50.7		

注:弹性体垫圈的完整尺寸规格见 ISO 9974-2

带米制螺纹和 O 形圈密封的油口用六角螺塞

(摘自 GB/T 2878.4—2011/ISO 6149-4:2006,MOD)

表 20-12-133

范围	GB/T 2878.4—2011《液压传动连接　带米制螺纹和 O 形圈密封的油口和螺柱端　第4部分:六角螺塞》规定了适用于 GB/T 3878.1 中规定的油口的外六角和内六角螺塞的尺寸和性能要求 符合该标准的螺塞适用于最高工作压力 63MPa(630bar)。许用工作压力应根据螺塞的末端尺寸、材料、结构、工作条件和应用场合等条件来确定 仅符合该标准规定尺寸的六角螺塞不能保证达到该标准规定的额定性能。为确保六角螺塞符合其额定性能,制造商应按照该标准规定的技术规范进行检测

续表

尺寸

①螺塞尺寸

外六角和内六角螺塞应分别符合图 1 和图 2 所示及表 1 和表 2 所给的尺寸

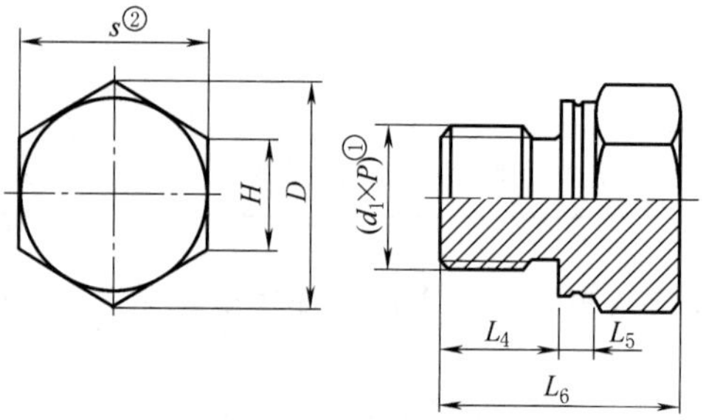

注:螺纹端应符合 GB/T 2878.2 不可调节重型(S 系列)螺柱端规定

①螺纹

②外六角对边宽度

图 1　外六角螺塞(PLEH)

表 1　外六角螺塞尺寸

mm

螺纹 (d_1×P)	L_4 参考	L_5 参考	L_6±0.5	s①
M8×1	9.5	1.6	16.5	12
M10×1	9.5	1.6	17	14
M12×1.5	11	2.5	18.5	17
M14×1.5	11	2.5	19.5	19
M16×1.5	12.5	2.5	22	22
M18×1.5	14	2.5	24	24
M20×1.5②	14	2.5	25	27
M22×1.5	15	2.5	26	27
M27×2	18.5	2.5	31.5	32
M30×2	18.5	2.5	33	36
M33×2	18.5	3	34	41
M42×2	19	3	36.5	50
M48×2	21.5	3	40	55
M60×2	24	3	22.5	65

①公差见 GB/T 2878.4—2011 中 4.2 节

②仅适用于插装阀的插装孔(参见 JB/T 5963)

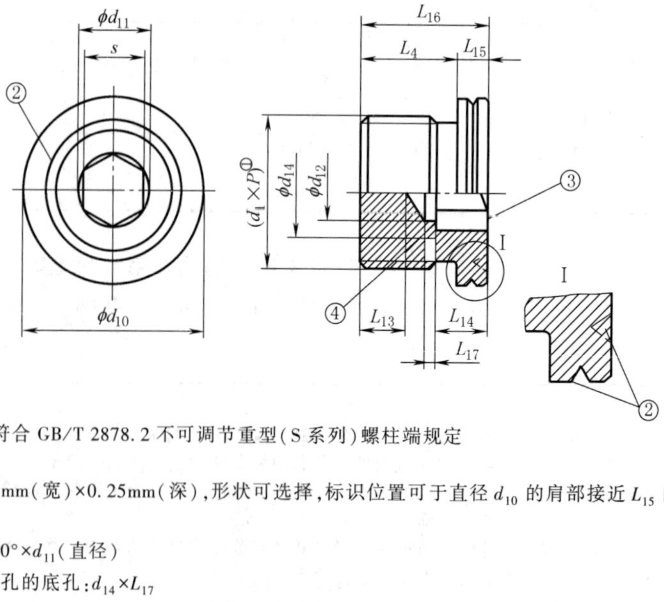

注:螺纹端应符合 GB/T 2878.2 不可调节重型(S 系列)螺柱端规定

①螺纹

②标识凹槽:1mm(宽)×0.25mm(深),形状可选择,标识位置可于直径 d_{10} 的肩部接近 L_{15} 的中点。亦可位于螺塞的顶面

③孔口倒角:90°×d_{11}(直径)

④可选择的沉孔的底孔:d_{14}×L_{17}

图 2　内六角螺塞(PLIH)

续表

尺寸

表 2　内六角螺塞尺寸　　mm

螺纹 ($d_1 \times P$)	$d_{10}\pm0.2$	$d_{11}{}^{+0.25}_{0}$	$d_{12}{}^{+0.13}_{0}$	$d_{14}{}^{+0.25}_{0}$	L_4	L_{13}	L_{14}	L_{15}	L_{16}	L_{17}	s①
M8×1	11.8	4.6	4	4.7	9.5	3	5	3.5	13	2.1	4
M10×1	13.8	5.8	5	5.9	9.5	3	5.5	4	13.5	2.1	5
M12×1.5	16.8	6.9	6	7	11	3	7.5	4.5	15.5	2.5	6
M14×1.5	18.8	6.0	6	7	11	3	7.7	5	116	2.5	6
M16×1.5	21.8	9.2	8	9.3	12.5	3	8.5	5	17.5	2.5	8
M18×1.5	23.8	9.2	8	9.3	14	3	8.5	5	19	2.5	8
M20×1.5②	26.8	11.5	10	11.6	14	3	85	5	19	2.9	10
M22×1.5	26.8	11.5	10	11.6	15	3	8.5	5	20	2.9	10
M27×2	31.8	13.9	12	14	18.5	3	10.5	5	23.5	3.7	12
M30×2	35.8	16.2	14	16.3	18.5	3	11	6	24.5	3.7	14
M33×2	40.8	16.2	14	16.3	18.5	3	11	6	24.5	3.7	14
M42×2	49.8	19.6	17	19.7	19	3	11	6	25	3.7	17
M48×2	54.8	19.6	17	19.7	21.5	3	11	6	27.5	3.7	17
M60×2	64.8	21.9	19	22	24	3	12	6	30	3.7	19

① 公差见 GB/T 2878.4—2011 中 4.2 节

② 仅适用于插装阀的插装孔(参见 JB/T 5963)

②六角形公差　外六角对边宽度 s 的公差应符合 GB/T 3103.1—2002 规定的 C 级。对角 D 的最小尺寸是相对平面尺寸的 1.092 倍。最小侧面尺寸 H 是标称六角对边宽度的 0.43 倍。内六角对边宽度的尺寸公差应符合 GB/T 3103.1—2002 规定的 A 级。外六角端面应倒角 10°~30°,倒角直径等于六角对边宽度,公差为 ${}^{0}_{-0.4}$mm

③螺塞的螺纹应符合 GB/T 193—2003 规定的公制螺纹,其精度应为 GB/T 193—2003 规定的 6g

要求

①工作压力和工作温度　符合该标准的外六角和内六角螺塞适合在表 3 给出的最高工作压力下和-40~120℃的温度范围内使用。用于此范围之外的压力和/或温度时,应向制造商咨询

符合该标准的螺塞可以带有橡胶密封件。螺塞制造和交货时应带有适用于石油基液压油的橡胶密封件,并标明密封件适用的工作温度范围。此类螺塞和密封件若用于其他介质,可能导致工作温度范围缩小或不适合应用。根据需要,制造商可以提供带有适用于除石油基液压油之外的油液并满足螺塞指定工作温度范围的橡胶密封件的螺塞

②性能　符合该标准的外六角和内六角螺塞应满足表 3 中给出的爆破和脉冲压力要求,按照下面“试验方法”试验时应能够承受 6.5kPa(0.065bar)的绝对真空压力

表 3　外六角和内六角螺塞的压力

螺纹 ($d_1 \times P$)	外六角螺塞			内六角螺塞		
	最高工作压力① /MPa	试验压力/MPa		最高工作压力① /MPa	试验压力/MPa	
		爆破	脉冲②		爆破	脉冲②
M8×1	63	252	84	42	168	56
M10×1	63	252	84	42	160	56
M12×1.5	63	252	84	42	160	56
M14×1.5	63	152	84	63	152	84
M16×1.5	63	252	84	63	252	84
M18×1.5	63	252	84	63	252	84
M20×1.5③	40	160	52	40	160	52
M22×1.5	63	252	84	63	252	84
M27×2	40	160	52	40	160	52
M30×2	40	160	52	40	160	52
M33×2	40	160	52	40	160	52
M42×2	25	100	33	25	100	33
M48×2	25	100	33	25	100	33
M60×2	25	100	33	25	100	33

① 适用于碳钢制造的螺塞

② 循环耐久性试验压力

③ 仅适用于插装阀阀孔(参见 JB/T 5963)

续表

O形圈

除非另有规定，当用于按上面“要求”①和表3要求的压力以及试验时，O形圈应

——采用硬度为(90±5)IRHD的丁腈橡胶(NBR)制成，按照GB/T 6031检测

——符合图3所示及表4所给的尺寸

——满足或超过GB/T 3452.2—2007中N级O形圈质量验收标准

O形圈的尺寸公差按照GB/T 2878.2的规定

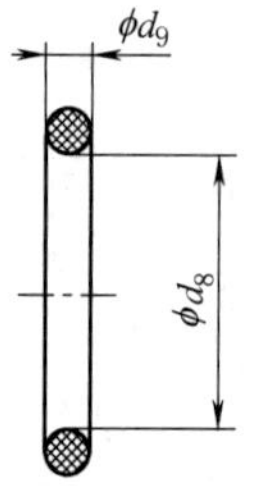

图3 O形圈

表4 O形圈规格

mm

螺纹 ($d_1 \times P$)	内径 d_8		截面直径 d_9	
	尺寸	公差	尺寸	公差
M8×1	6.1	±0.2	1.6	±0.08
M10×1	8.1	±0.2	1.6	±0.08
M12×1.5	9.3	±0.2	2.2	±0.08
M14×1.5	11.3	±0.2	2.2	±0.08
M16×1.5	13.3	±0.2	2.2	±0.08
M18×1.5	15.3	±0.2	2.2	±0.08
M20×1.5①	17.3	±0.22	2.2	±0.08
M22×1.5	19.3	±0.22	2.2	±0.08
M27×2	23.6	±0.24	2.9	±0.09
M30×2	26.6	±0.26	2.9	±0.09
M33×2	29.6	±0.29	2.9	±0.09
M42×2	38.6	±0.37	2.9	±0.09
M48×2	44.6	±0.43	2.9	±0.09
M60×2	56.6	±0.51	2.9	±0.09

① 仅适用于插装阀阀孔的螺塞(参见JB/T 5963)

试验方法

应按照GB/T 26143的规定，对螺塞进行爆破、耐久性(脉冲)和真空试验。在试验中应使用表5给出的扭矩进行按照。试验结果应记录在GB/T 26143规定的试验数据表中

表5 螺塞合格判定试验扭矩

螺纹	螺塞		螺纹	螺塞	
	内六角	外六角		内六角	外六角
	扭矩/N·m $^{+10\%}_{0}$			扭矩/N·m $^{+10\%}_{0}$	
M8×1	8	10	M22×1.5	100	100
M10×1	15	20	M27×2	170	170
M12×1.5	22	35	M30×2	215	215
M14×1.5	45	45	M33×2	310	310
M16×1.5	55	55	M42×2	330	330
M18×1.5	70	70	M48×2	420	420
M20×1.5①	80	80	M60×2	500	500

① 仅适用于插装阀阀孔(参见JB/T 5963)

续表

螺塞的命名	为了方便订购,应使用代号命名六角螺塞。用"GB/T 2878.4"作区分,然后是连字符,后接形状代号,对于外六角用"PLEH",或内六角用"PLIH",然后是连字符,后接螺塞螺纹尺寸,对于交付带有符合上面"O 形圈"要求的 O 形圈的螺塞,后接 O 形圈(材料)代号 NBR。如果需要,可以对代号补充,用连字符后跟符合 GB/T 5267.1 或 GB/T 5267.2 规定的镀层代号,后接符合 GB/T 5576 规定的 O 形圈材料代号 示例 1:用于 GB/T 2878.1 油口,螺纹尺寸为 M12×1.5 的外六角螺塞,命名如下 螺塞　GB/T 2878.4-PLEH -M12 示例 2:用于 GB/T 2878.1 油口,螺纹尺寸为 M12×1.5,订货带有符合上面"O 形圈"要求的 O 形圈的外六角螺塞,命名如下 螺塞　GB/T 2878.4-PLEH -M12-NBR 示例 3:用于 GB/T 2878.1 油口,螺纹尺寸为 M12×1.5,订货带有符上面"O 形圈"要求且用 FKN(氟橡胶)代替 NBR 制作的 O 形圈的外六角螺塞,命名如下 螺塞　GB/T 2878.4-PLEH -M12-FKM 示例 4:用于 GB/T 2878.1 油口,螺纹尺寸为 M12×1.5,订货带有符合 GB/T 5267.1 规定的镀锌层及装有符合上面"O 形圈"要求且用 FKM 代替 NBR 制作的 O 形圈的外六角螺塞,命名如下 螺塞　GB/T 2878.4-PLEH -M12-A3C-FKM
标识	外六角螺塞在规格尺寸允许的情况下宜做出符合 GB/T 2878.2 中对不可调节螺柱端要求的标识。内六角螺塞在规格尺寸允许的情况下宜做出图 2 所示的标识
加工	①结构　除非另有要求,通常螺塞可以用碳钢通过锻造、冷成型制造或用棒料通过机加工而成,其性能应满足上面"要求"规定的要求 ②工艺　工艺应符合制造高质量螺塞的大批量生产要求。螺塞应无可视的污染物和所有在使用中会被冲出的毛刺、切屑和碎片,以及其他任何会影响螺塞功能的缺陷。除非另有规定,密封面表面粗糙度应为 $Ra \leqslant 3.2\mu m$,其与表面的(表面)粗糙度应为 $Ra \leqslant 6.3\mu m$ ③表面处理　所有碳钢螺塞的外表面和螺纹应镀上或涂以合适的材料。除非供需双方另有协议,螺塞应按照 GB/T 10205 的要求通过 72h 中性盐雾试验。除下列指定部位外,在盐雾试验期间,螺塞的任何部位出现红色铁锈都应视为失效 ——棱边,如六角形的尖点、螺纹的齿牙和齿顶,由于批量生产和运输的影响使得镀层和涂层产生机械损伤处 ——由于卷曲、扩口、弯曲和其他后续金属加工引起的镀层或涂层机械变形的部位 ——试验箱中零件悬挂或固定处,这些位置可能聚集冷凝液 在贮存过程中,应避免受到腐蚀 考虑到对环境的影响,按照本标准制造的零件不应采用镉镀层 在应用过程中,镀层的变化会影响安装扭矩,需要重新验证
采购信息	当用户咨询或订购时,宜使用与上面"螺塞的命名"中螺塞的命名一致的描述。如果材料、压力和温度等选择与该标准要求不一致,应向制造商咨询
标识	螺塞宜永久性地标注出制造商名称或商标
标注说明(引用 GB/T 2878.4)	当选择遵守该标准时,建议制造商在试验报告、产品目录和销售文件中使用以下说明:"螺塞符合 GB/T 2878.4—2011《液压传动连接　带米制螺纹和 O 形圈密封的油口和螺柱端　第 4 部分:六角螺塞》的规定"

内六角螺塞 (PN=31.5MPa) (摘自 JB/ZQ 4444—2006)

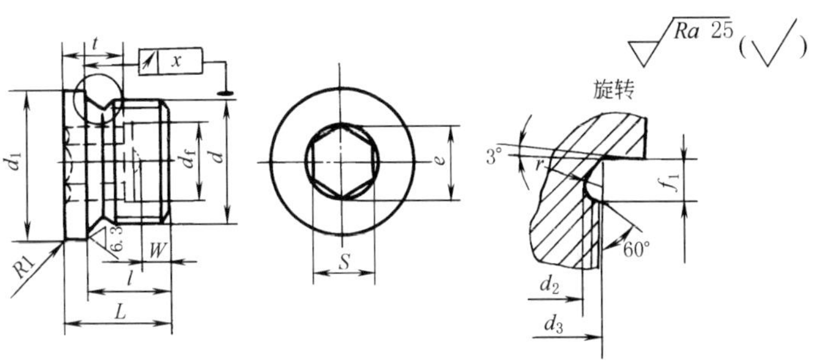

标记示例

d=M20×1.5 的内六角螺塞:螺塞 M20×1.5　JB/ZQ 4444—2006

d=G⅜A 的内六角螺塞:螺塞 G⅜A　JB/ZQ 4444—2006

表 20-12-134

mm

d			d_1 h14	$d_{2\ -0.2}^{\ 0}$	$d_{3\ -0.3}^{\ 0}$	e ≥	l±0.2	L ≈	S D12	t ≥	W ≥	$f_{1\ \ 0}^{+0.3}$	x	每1000件质量/kg
米制螺纹		管螺纹												
M8×1	—	—	14	6.4	8.3	4.6	8	11	4	3.5	3	2	0.1	6.4
M10×1	—	G⅛A	14	8.3	10	5.7	8	11	5	5	3	2		6.34
M12×1.5	—	—	17	9.7	12.3	6.9	12	15	5.5	7	3	3		11.3
—	—	G¼A	18	11.2	13.4	6.9	12	15	5.5	7	3	3		14.6
M14×1.5	—	—	19	11.7	14.3	6.9	12	15	5.5	7	3	3		16.0
M16×1.5	—	—	21	13.7	16.3	9.2	12	15	8	7.5	3	3		19.0
—	—	G⅜A	22	14.7	17	9.2	12	15	8	7.5	3	3		21.4
M18×1.5	—	—	23	15.7	18.3	9.2	12	16	8	7.5	3	3		28.3
M20×1.5	—	—	25	17.7	20.3	11.4	14	18	10	7.5	4	3		37.5
—	—	G½A	26	18.4	21.3	11.4	14	18	10	7.5	4	4		40.8
M22×1.5	—	—	27	19.7	22.3	11.4	14	18	10	7.5	4	3		47.5
M24×1.5	—	—	29	21.7	24.3	13.7	14	18	11	7.5	4	3		53.5
M26×1.5	—	—	31	23.7	26.3	13.7	16	20	11	9	4	3		68.7
—	M27×2	G¾A	32	23.9	27	13.7	16	20	11	9	4	4	0.2	73.5
M30×1.5	M30×2	—	36	27.7	30.3	19.4	16	20	16	9	4	4		84.0
—	M33×2	G1A	39	29.9	33.3	19.4	16	21	16	9	4	4		111
M36×1.5	M36×2	—	42	33	36.3	21.7	16	21	18	10.5	4	4		134
M38×1.5	—	G1⅛A	44	35	38.3	21.7	16	21	18	10.5	4	4		149
—	M39×2	—	46	36	39.3	21.7	16	21	18	10.5	4	4		163
M42×1.5	M42×2	G1¼A	49	39	42.3	25.2	16	21	21	10.5	4	4		187
M45×1.5	M45×2	—	52	42	45.3	25.2	16	21	21	10.5	4	4		215
M48×1.5	M48×2	G1½A	55	45	48.1	27.4	16	21	24	10.5	4	4		246
M52×1.5	M52×2	—	60	49	52.3	27.4	16	21	24	10.5	4	4		302
—	—	G1¾A	62	50.4	54	36.6	20	25	32	14	4	5		320
—	M56×2	—	64	53	56.3	36.6	20	25	32	14	4	4		386
—	M60×2	G2A	68	56.3	60.3	36.6	20	25	32	14	4	4		445
—	M64×2	—	72	61	64.3	36.6	20	25	32	14	4	4		530
—	—	G2½A	84	71.2	75.6	36.6	26	34	32	20	6	5		1110
—	—	G3A	100	83.9	88.4	36.6	26	34	32	20	6	5		1530

注：材料35，d_f尺寸由制造厂确定。

60°圆锥管螺纹内六角螺塞（PN=16MPa）（摘自JB/ZQ 4447—2006）、55°密封管螺纹内六角螺塞（PN=10MPa）（摘自JB/ZQ 4446—2006）

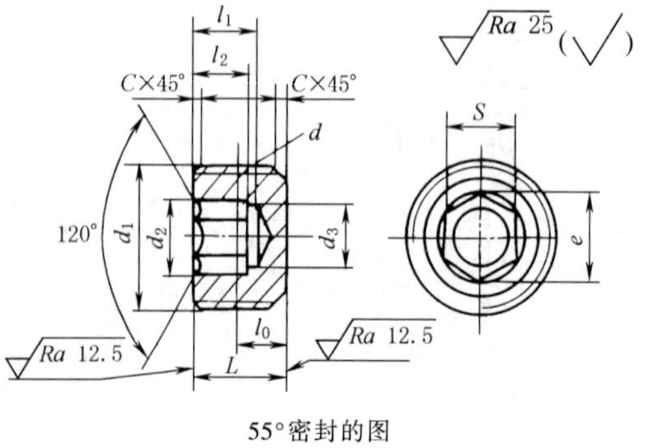

55°密封的图

材料35钢，公称压力：圆锥管螺纹内六角螺塞16~20MPa

锥管螺纹内六角螺塞10MPa

标记示例

（a）d为NPT ¼的锥螺纹内六角螺塞：

螺塞 NPT ¼ JB/ZQ 4447—2006

（b）d为R¼的锥管螺纹内六角螺塞：

螺塞 R¼ JB/ZQ 4446—2006

技术要求：热处理，207~229HB，表面发蓝处理

表 20-12-135 mm

(a)						(b)						(a)、(b)					
锥螺纹 d	d_1	l_0	l_1	L	C	锥管螺纹 d	d_1	l_0	l_1	L	C	d_2	d_3	l_2	S	e	质量/kg
NPT⅛	10.486		4	8	1	R⅛	9.929	4.0	4	8	1	6	5	3.5	5	5.8	0.003
NPT¼	18.750		5		1.5	R¼	13.406	6	6	10	1.5	7.5	6	4	5.5	5.7	0.006
NPT⅜	17.300	6.096	6	10		R⅜	17.035	6.4	7	12		9.5	8	5	8	9.2	0.014
NPT½	21.460	8.128	8	12		R½	21.42	8.2	9	15	2	12	10	7	10	11.5	0.030
NPT¾	26.960	8.611	10	15		R¾	26.968	9.5	11	18		14	12	9	13	15	0.054
NPT1	33.720	10.160	12	18	2	R1	33.81	10.4	12	20		17	14	10	16	18.5	0.102

表 20-12-136 外六角螺塞（摘自 JB/ZQ 4450—2006）、55°非密封管螺纹外六角螺塞（PN=16MPa）（摘自 JB/ZQ 4451—2006） mm

外六角螺塞

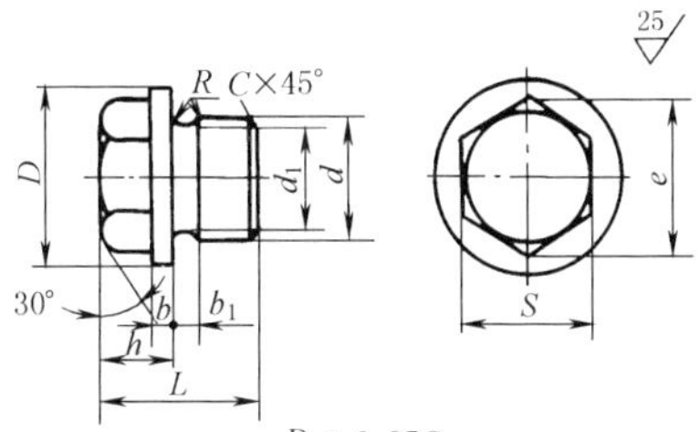

$D_1 \approx 0.95S$

d	d_1	D	e	S	S的极限偏差	L	h	b	b_1	R	C	质量/kg
M12×1.25	10.2	22	15	13	$^{0}_{-0.24}$	24	12	3	3	1	1.0	0.032
M 20×1.5	17.8	30	24.2	21	$^{0}_{-0.28}$	30	15	4				0.090
M24×2	21	34	31.2	27		32	16		4		1.5	0.145
M30×2	27	42	39.3	34	$^{0}_{-0.34}$	38	18					0.252

管螺纹外六角螺塞

d	D	b	h	L	e ≥	S	S的极限偏差	质量/kg
G⅛A	14	3	9	17	10.89	10	$^{0}_{-0.270}$	0.012
G¼A	18			21	14.20	13		0.024
G⅜A	22				18.72	17		0.038
G½A	26	4	12	26	20.88	19	$^{0}_{-0.330}$	0.067
G¾A	32			30	26.17	24		0.127
G1A	39	5	16	32	29.56	27		0.195
G1¼A	49		17	33	32.95	30		0.300
G1½A	55							0.375
G2A	68		20	40	39.55	36	$^{0}_{-0.390}$	0.695
G2½A	85							1.020
G3A	100	6		46	47.30	41		1.200

材料 35 钢

标记示例

（a）d 为 M10×1 的外六角螺塞：

螺塞 M10×1 JB/ZQ 4450—2006

（b）d 为 G½A PN 16MPa 的管螺纹外六角螺塞：

螺塞 G½A JB/ZQ 4451—2006

技术要求：表面发蓝处理

表 20-12-137 圆柱头螺塞（摘自 JB/ZQ 4452—2006） mm

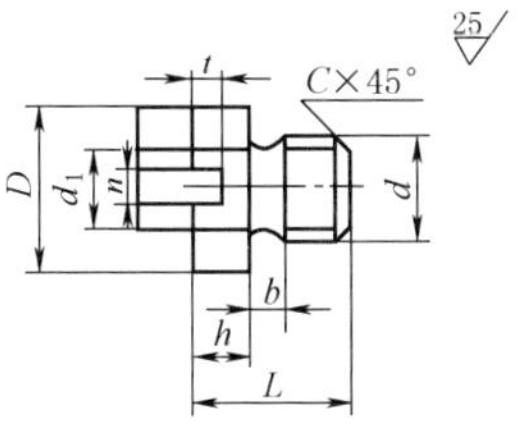

材料 35 钢

标记示例

d 为 M12 的圆柱头螺塞：

螺塞 M12 JB/ZQ 4452—2006

技术要求：表面发蓝处理

d	d_1	D	L	h	n	t	b	C	质量/kg
M6	4.5	9	12	4	1.2	2	2	1	0.003
M10	7.5	15	16	6	2	3	3	1.5	0.012
M12	9.5	18	19	7	3	3.5	4	1.8	0.020
M16	13	24	24	9		4		2	0.048

表 20-12-138 高压螺塞（摘自 JB/ZQ 4453—2006） mm

油用螺塞

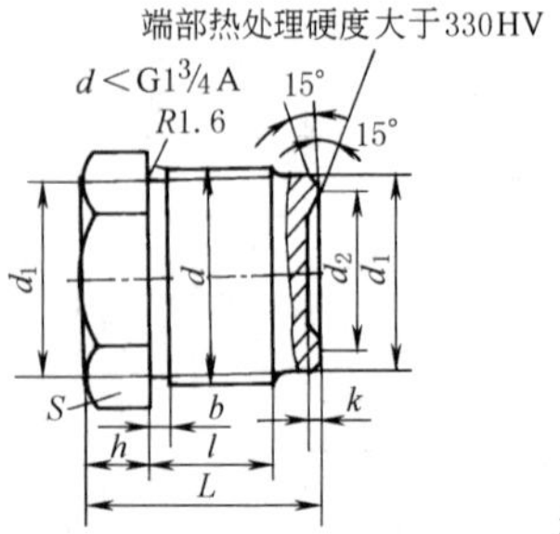

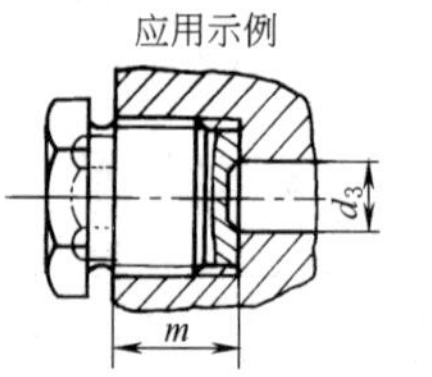

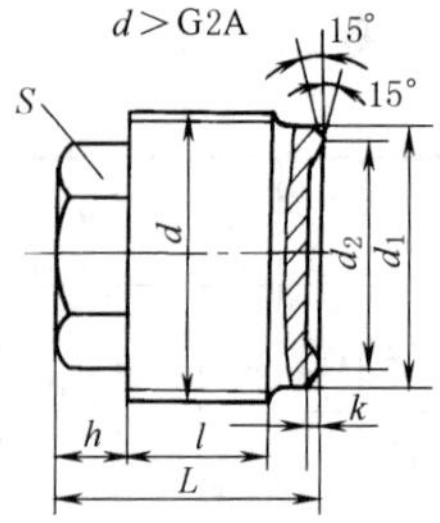

材料 45 钢，公称压力 ≤40MPa

标记示例

d 为 G1⅛A 的油用螺塞：

油用螺塞 G1⅛A JB/ZQ 4453—2006

d	d_1	d_2	h	l	b	k	L	S	安装尺寸		质量/kg
									d_3	m	
G½A	18	13	10	15	4	1.5	33.5	24	8	19.5	0.08
G⅝A	20	15	10	17	4	1.5	35.5	24	10	21.5	0.1
G¾A	23.5	18	12	19	4	1.5	39.5	30	12	23.5	0.15
G1A	29	22	14	24	5	2	48	36	15	29	0.2
G1⅛A	34	27	15	25	5	2	50	41	20	30	0.4
G1¼A	38	32	16	28	5	2	54	46	25	33	0.6
G1½A	44	37	17	30	5	2	57	50	30	35	0.8
G1¾A	50	45	18	35	5	2	63	55	40	40	0.9
G2A	55	50	15	32		2	57	41	45	42	0.8
G2¼A	62	56	16	34		2	60	46	50	44	0.9
G2½A	71	65	18	40		2	68	55	60	50	1.7
G3A	84	76	19	47		2	76	60	70	57	3.15
G3½A	96	86	20	50		2	80	65	80	60	4.1

水用螺塞

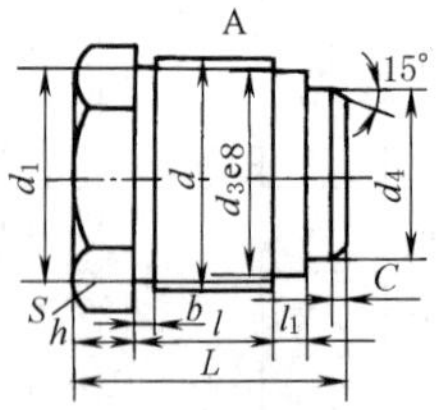

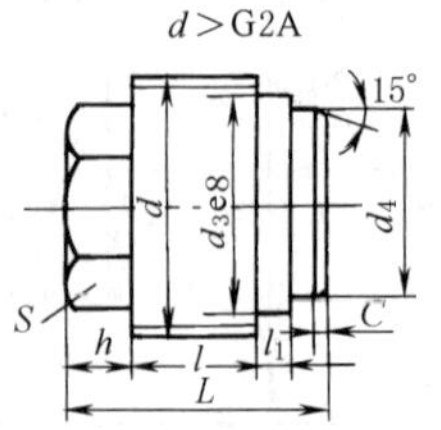

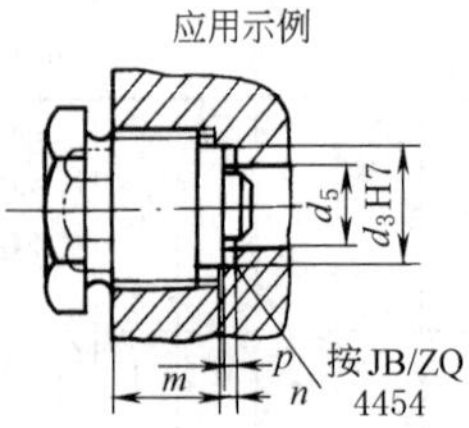

d	d_3	d_4	d_1	h	l	l_1	C	b	L	S	安装尺寸				质量/kg
											m	n	p	d_5	
G½A	15	7.5	18	10	15	10.5	2	4	41.5	24	19.5	4	2	8	0.1
G⅝A	18	9.5	20	10	17	10.5	2	4	43.5	24	21.5	4	2	10	0.15
G¾A	20	11.5	23.5	12	19	10.5	2	4	47.5	30	23.5	4	2	12	0.3
G1A	25	14.5	29	14	24	12	2	5	56	36	29	4	2	15	0.4
G1⅛A	30	19.5	34	15	25	12	2	5	58	41	30	4	2	20	0.55
G1¼A	35	24.5	38	16	28	12	2	5	62	46	33	4	2	25	0.6
G1½A	40	29.5	44	17	30	13	3	5	69	50	35	6	3	30	0.8
G1¾A	45	34.5	50	18	33	13	3	5	73	55	38	6	3	35	0.95
G2A	52	44.5		15	32	13	3		69	41	42	6	3	45	0.9
G2¼A	58	49.5		16	34	13	3		72	46	44	6	3	50	1.0
G2½A	65	54.5		17	36	13	3		75	50	46	6	3	55	1.3
G3A	80	69.5		19	47	13	3		88	60	57	6	3	70	3.4
G3½A	90	79.5		20	50	13	3		92	65	60	6	3	80	4.5

材料 45 钢，公称压力 ≤40MPa

标记示例

d 为 G¾A 的水用螺塞：

水用螺塞 G¾A JB/ZQ 4453—2006

水用螺塞垫圈（摘自 JB/ZQ 4180—2006）

表 20-12-139　　mm

与高压螺塞 JB/ZQ 4453 配套使用
材料：纯铜、纯铝

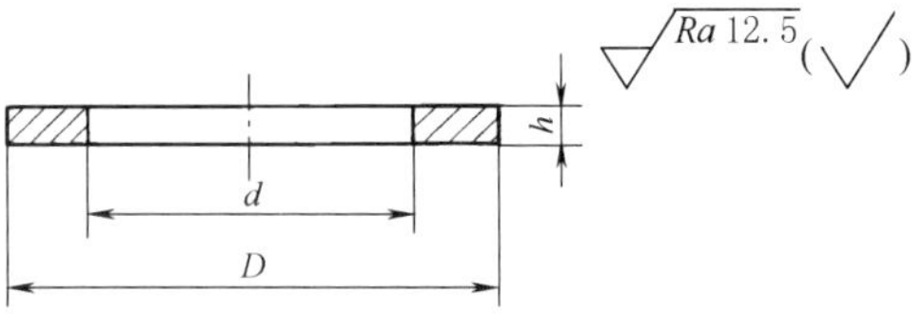

标记示例
螺塞公称尺寸为 G1½A 的水用螺塞垫圈：
垫圈 G1½A　JB/ZQ 4180—2006

螺塞公称尺寸	d	D	h	每 1000 件质量 /kg
G½A	7.5	15	2	0.92
G⅝A	9.5	18		1.26
G¾A	11.5	20		1.32
G1A	14.5	25		1.55
G1⅛A	19.5	30		2.32
G1¼A	24.5	35		4.60
G1½A	29.5	40	3	5.50
G1¾A	34.5	45		6.90
G2A	44.5	52		8.95
G2¼A	49.5	58		9.30
G2½A	54.5	65		13.01
G3A	69.5	80		22.20
G3½A	79.5	90		29.80

螺塞用密封垫（摘自 JB/ZQ 4454—2006）

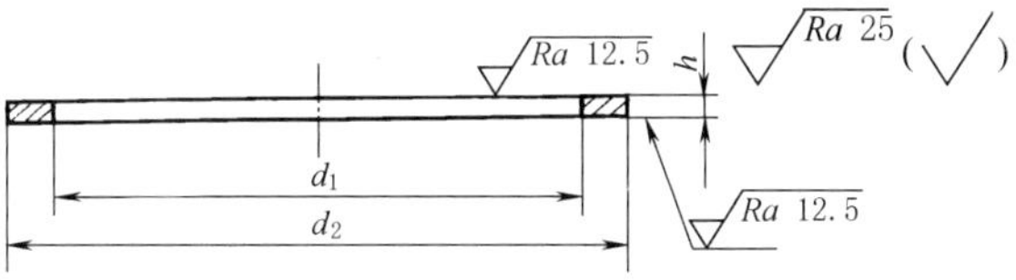

标记示例
公称尺寸为 21mm×26mm 的纯铜制螺塞用密封垫：密封垫 21×26　JB/ZQ 4454—2006

表 20-12-140　　mm

公称尺寸	d_1	d_2	h	适用于管螺纹	每 1000 件质量 /kg
8×11.5	$8.2^{+0.3}_{0}$	$11.4^{0}_{-0.2}$	1±0.2		0.39
10×13.5	$10.2^{+0.3}_{0}$	$13.4^{0}_{-0.2}$	1±0.2	G⅛A	0.59
12×16	$12.2^{+0.3}_{0}$	$15.9^{0}_{-0.2}$	1.5±0.2		0.96
14×18	$14.2^{+0.3}_{0}$	$17.9^{0}_{-0.2}$	1.5±0.2	G¼A	1.17
16×20	$16.2^{+0.3}_{0}$	$19.9^{0}_{-0.2}$	1.5±0.2		1.23
17×21	$17.2^{+0.3}_{0}$	$20.9^{0}_{-0.2}$	1.5±0.2	G⅜A	1.43
18×22	$18.2^{+0.3}_{0}$	$21.9^{0}_{-0.2}$	1.5±0.2		1.47
20×24	$20.2^{+0.3}_{0}$	$23.9^{0}_{-0.2}$	1.5±0.2		1.51
21×26	$21.2^{+0.3}_{0}$	$25.9^{0}_{-0.2}$	1.5±0.2	G½A	2.22
22×27	$22.2^{+0.3}_{0}$	$26.9^{0}_{-0.2}$	1.5±0.2		2.23
24×29	$24.2^{+0.3}_{0}$	$28.9^{0}_{-0.2}$	1.5±0.2		2.31
27×32	$27.3^{+0.3}_{0}$	$31.9^{0}_{-0.2}$	1.5±0.2	G¾A	3.64
30×36	$30.3^{+0.3}_{0}$	$35.9^{0}_{-0.2}$	2±0.2		4.57
33×39	$33.3^{+0.3}_{0}$	$38.9^{0}_{-0.2}$	2±0.2	G1A	5.44
36×42	$36.3^{+0.3}_{0}$	$41.9^{0}_{-0.2}$	2±0.2		5.60
39×46	$39.3^{+0.3}_{0}$	$45.9^{0}_{-0.2}$	2±0.2		6.93
42×49	$42.3^{+0.3}_{0}$	$48.9^{0}_{-0.2}$	2±0.2	G1¼A	8.15
45×52	$45.3^{+0.3}_{0}$	$51.9^{0}_{-0.2}$	2±0.2		8.91
48×55	$48.3^{+0.3}_{0}$	$54.9^{0}_{-0.2}$	2±0.2	G1½A	9.23
52×60	$52.3^{+0.3}_{0}$	$59.8^{0}_{-0.2}$	2±0.2		10.36

续表

公称尺寸	d_1	d_2	h	适用于管螺纹	每1000件质量/kg
54×62	$54.3^{+0.3}_{0}$	$61.8^{0}_{-0.2}$	2±0.2	G1¾A	10.37
56×64	$56.3^{+0.3}_{0}$	$63.8^{0}_{-0.2}$	2±0.2		12.61
60×68	$60.5^{+0.5}_{0}$	$67.8^{0}_{-0.3}$	2.5±0.2	G2A	14.8
64×72	$64.5^{+0.5}_{0}$	$71.8^{0}_{-0.3}$	2.5±0.2		19.20
75×84	$75.5^{+0.5}_{0}$	$88.8^{0}_{-0.3}$	2.5±0.2	G2½A	22.30
90×100	$90.7^{+0.5}_{0}$	$99.8^{0}_{-0.3}$	2.5±0.2	G3A	29.50

注：材料为纯铜、纯铝。

5 管 夹

5.1 钢管夹

单管夹（摘自JB/ZQ 4492—2006）、**单管夹垫板**（摘自JB/ZQ 4499—2006）

材料：Q235表面镀锌或发蓝（黑）处理

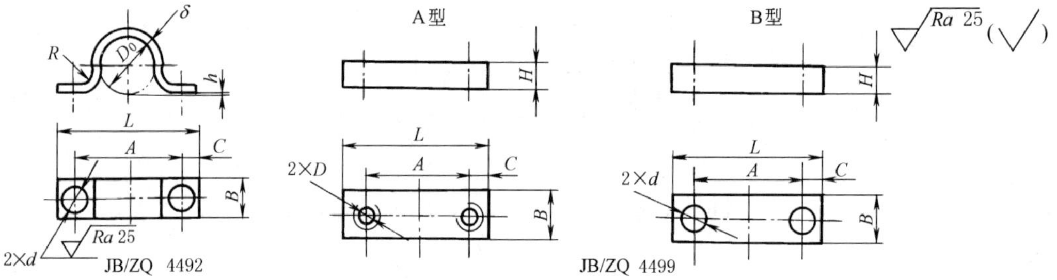

标记示例

管子外径 D_0 为14mm用的单管夹：单管夹14 JB/ZQ 4492—2006

管子外径 D_0 为22mm用的单管夹螺孔垫板：管夹垫板A22 JB/ZQ 4499—2006

管子外径 D_0 为22mm用的单管夹光孔垫板：管夹垫板B22 JB/ZQ 4499—2006

表 20-12-141 mm

管子外径 D_0	A	L	C	B	d	单管夹(JB/ZQ 4492) δ	单管夹 h	单管夹 R	垫板(JB/ZQ 4499) H	垫板 D	质量/kg JB/ZQ 4492	质量/kg JB/ZQ 4499
6	25	40	7.5	15	7	2	2	2	8	M6	0.011	0.035
8	28	43									0.013	0.038
10	30	45									0.017	0.04
12	32	47									0.019	0.043
14	35	50									0.021	0.044
16	38	53									0.022	0.046
18	40	55									0.023	0.048
22	45	60									0.025	0.05
24	48	63									0.026	0.052
28	50	65									0.027	0.054
34	65	85	10	20	9	3	5	3	14	M8	0.08	0.16
42	70	90									0.098	0.18
48	80	100									0.106	0.20
60	90	110									0.113	0.24
76	110	135	12.5	25		4					0.140	0.34
89	125	150									0.150	0.40

双管夹（摘自 JB/ZQ 4494—2006）、双管夹垫板（摘自 JB/ZQ 4500—2006）

材料：Q235 表面镀锌或发蓝（黑）处理

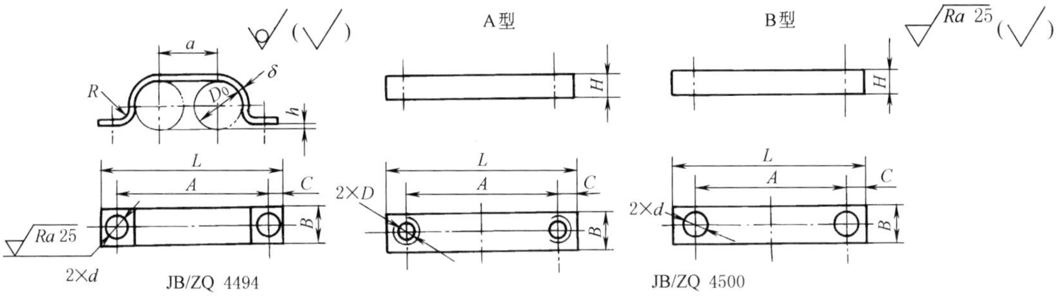

标记示例

管子外径 D_0 为 14mm 用的双管夹：双管夹 14　JB/ZQ 4494—2006

管子外径 D_0 为 22mm 用的双管夹螺孔垫板：螺孔垫板 A22　JB/ZQ 4500—2006

管子外径 D_0 为 22mm 用的双管夹光孔垫板：光孔垫板 B22　JB/ZQ 4500—2006

表 20-12-142　　mm

管子外径 D_0	A	L	C	B	d	双管夹(JB/ZQ 4494)				垫板(JB/ZQ 4500)		质量/kg	
						δ	h	a	R	H	D	JB/ZQ 4494	JB/ZQ 4500
6	35	50	7.5	15	7	2	2	10	2	—	—	0.015	—
8	40	55						12		—	—	0.017	—
10	44	59						14		8	M6	0.021	0.05
12	48	63						16			—	0.024	—
14	54	69						18		8	M6	0.025	0.06
16	58	73						20				0.025	0.065
18	62	77						22				0.026	0.07
22	72	87						26				0.028	0.084
24	76	91						28				0.032	0.086
28	82	97						32				0.040	0.088
34	104	124	10	20	9	3	5	38	3	14	M8	0.065	0.26
42	116	136						46				0.090	0.30
48	134	154						54				0.105	0.32
60	155	175						65				0.134	0.38

注：管子外径 D_0 为 6mm、8mm、12mm 用的双管夹垫板依次分别按 JB/ZQ 4499 中 D_0 为 14mm、18mm、24mm 的选用。

三管夹（摘自 JB/ZQ 4495—2006）、三管夹垫板（摘自 JB/ZQ 4502—2006）

材料：Q235 表面镀锌或发蓝（黑）处理

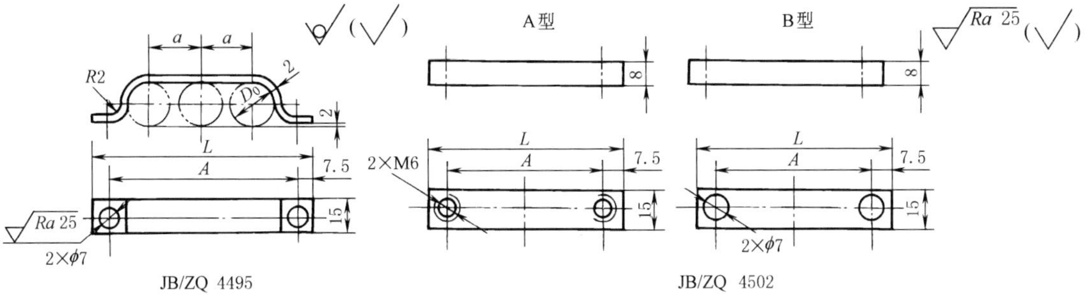

标记示例

管子外径 D_0 为 14mm 用的三管夹：三管夹 14　JB/ZQ 4495—2006

管子外径 D_0 为 22mm 用的三管夹螺孔垫板：管夹垫板 A22　JB/ZQ 4502—2006

管子外径 D_0 为 22mm 用的三管夹光孔垫板：管夹垫板 B22　JB/ZQ 4502—2006

表 20-12-143　mm

管子外径 D_0	A	L	三管夹(JB/ZQ 4495)	质量/kg	
			a	JB/ZQ 4495	JB/ZQ 4502
6	45	60	10	0.018	—
8	52	67	12	0.022	0.055
10	58	73	14	0.023	—
12	64	79	16	0.027	0.072
14	72	87	18	0.030	—
16	78	93	20	0.035	0.087
18	84	99	22	0.038	0.09
22	98	113	26	0.044	0.10
24	104	119	28	0.046	0.11
28	114	129	32	0.050	0.12

注：管子外径 D_0 为 6mm、10mm、14mm 用的三管夹垫板，分别依次按 JB/ZQ 4499 中 $D_0$22mm、JB/ZQ 4500 中 $D_0$16mm、22mm 选用。

四管夹（摘自 JB/ZQ 4496—2006）、四管夹垫板（摘自 JB/ZQ 4503—2006）

材料：Q235 表面镀锌或发蓝（黑）处理

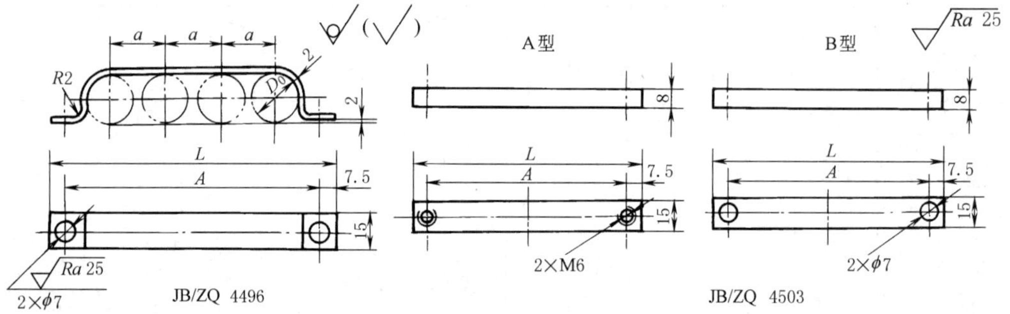

标记示例

管子外径 D_0 为 14mm 用的四管夹：四管夹 14　JB/ZQ 4496—2006

管子外径 D_0 为 22mm 用的四管夹螺孔垫板：管夹垫板 A22　JB/ZQ 4503—2006

管子外径 D_0 为 22mm 用的四管夹光孔垫板：管夹垫板 B22　JB/ZQ 4503—2006

表 20-12-144　mm

管子外径 D_0	A	L	四管夹(JB/ZQ 4496)	质量/kg	
			a	JB/ZQ 4496	JB/ZQ 4503
6	55	70	10	0.021	0.062
8	64	79	12	0.025	—
10	72	87	14	0.028	—
12	80	95	16	0.030	0.087
14	90	105	18	0.035	0.09
16	98	113	20	0.037	—
18	106	121	22	0.043	0.11
22	124	139	26	0.045	0.13
24	134	147	28	0.050	0.14
28	146	161	32	0.058	0.15

注：管子外径 D_0 为 8mm、10mm、16mm 用的四管夹垫板，分别依次按 JB/ZQ 4502 中 $D_0$12mm、JB/ZQ 4500 中 $D_0$22mm、JB/ZQ 4502 中 $D_0$22mm 选用。

大直径单管夹（摘自 JB/ZQ 4493—2006）

表 20-12-145　　mm

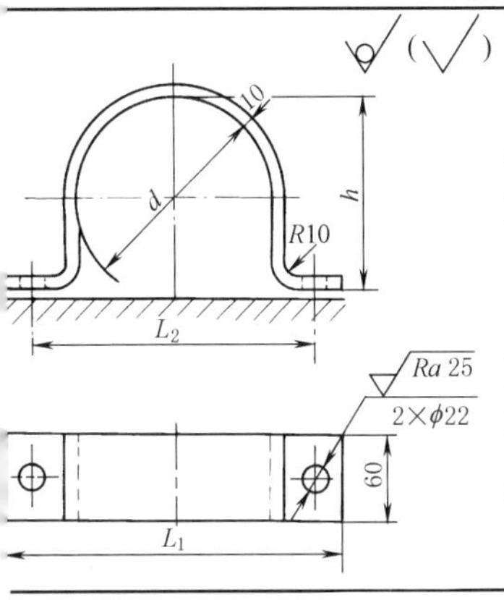

材料：Q235
表面镀锌或发蓝(黑)处理
标记示例
管子外径 D_0 为 146mm 用的大直径单管夹：
管夹 146　JB/ZQ 4493—1997

管子外径 D_0	d	h	L_1	L_2	螺栓	展开长度 ≈	质量/kg
127	129	124	265	215	M20×35	440	2.10
140	142	137	278	228		480	2.18
146	148	143	285	235		490	2.22
152	155	150	292	242		510	2.36
159	162	156	300	250	M20×40	525	2.42
168	171	166	310	260		550	2.51
180	183	178	320	270		580	2.65

5.2　塑料管夹

(1) 塑料管夹（摘自 JB/ZQ 4008—2006）

表 20-12-146　　mm

型式：适用于以油、水、气为介质的管路固定，工作温度 -5～100℃

A 系列

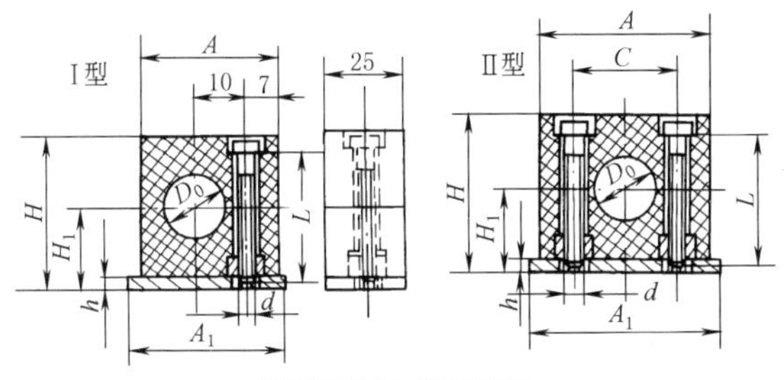

适用于中压、低压管路

标记示例

A 系列Ⅰ型、管子外径为 12mm 的塑料管夹：
塑料管夹 A(Ⅰ)12　JB/ZQ 4008—2006

型式	管子外径 D_0	A	A_1	C	H	H_1	h	螺栓 d	螺栓 L	质量/kg
Ⅰ	6,8,10,12	28	33		32	19	6	M6	20	0.06
Ⅱ	6,8,10,12	34	39	20						0.08
	14,16,18	40	45	26	40	23			25	0.12
	20,22,25	48	53	33	42	24			30	0.14
	28,30,32 34,40,42	70	75	52	64	35			50	0.19
	48,50	86	91	66	72	39			60	0.22

B 系列

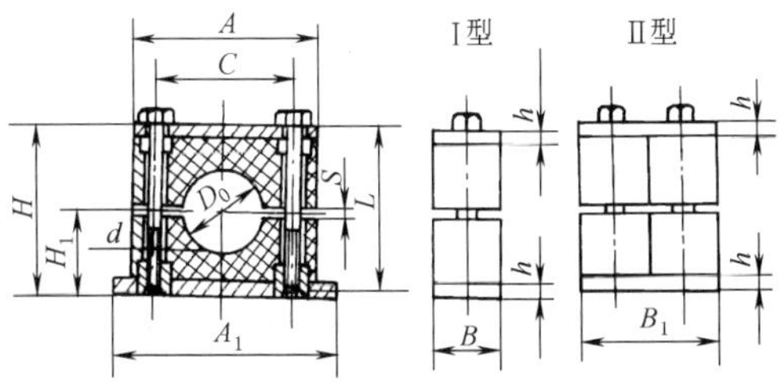

适用于中、高压力(≤31.5MPa)和有一定振动的管路

标记示例

B 系列Ⅱ型、管子外径为 28mm 的塑料管夹：
塑料管夹 B(Ⅱ)28　JB/ZQ 4008—2006

管子外径 D_0	A	A_1	B	B_1	C	H_1	H_2	h	S	螺栓 d	螺栓 L	质量/kg Ⅰ	质量/kg Ⅱ
10、12 14、16	55	73	30	60	33	48	24	8	2	M10	45	0.3	0.6
18、20、22 25、28	70	85			45	64	32				60	0.4	0.8
30、32、34 40、42	84	100			60	76	38				70	0.5	1.0
48、50、57 60、63.5	115	150	45	90	90	110	55	10	3	M12	100	1.8	3.6
76、89	152	200	60	120	122	140	70		3.5	M16	130	2.5	5.0
102、108 114、127	205	270	80	160	168	200	100	15	4.5	M20	190	5.5	11
138、140 159、168	250	310	90	180	205	230	115			M24	220	8	16

续表

B系列I型管夹组合安装	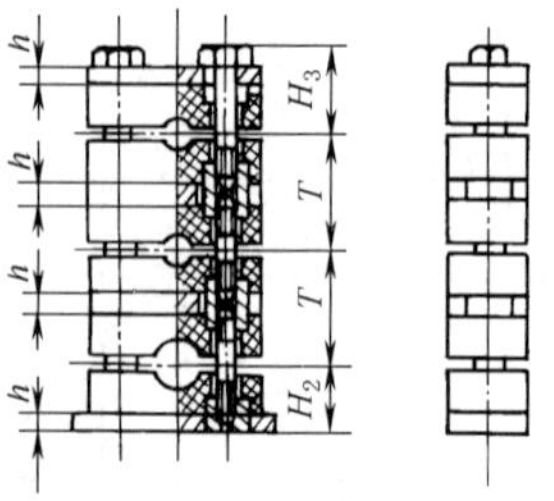	同一外形尺寸的B系列I型管夹，可叠垒成组安装，但最多不能超过5层 标记示例 B系列I型组合叠装、管子外径为22mm的3根、管子外径为28mm的2根的塑料管夹： 塑料管夹 B(I)22×3-28×2 JB/ZQ 4008—2006 H_2 见B系列	管子外径 D_0	10、12、14、16	18、20、22、25、28	32、34、40、42	48、50、57、60、63.5	76、89	102、108、114、127	133、140、159、168
			H_3	31	39	45	63	80	113	130
			T	40	56	68	100	130	185	215

(2) 双联管夹系列

表 20-12-147　　**组合及订货代号**

订货代号 TTPG—双联塑料管夹内孔凹槽型 TTPS—双联塑料管夹内孔光滑 TTNG—双联尼龙管夹内孔凹槽型 TTNS—双联尼龙管夹内孔光滑 (根据要求，请调换“订货代号”中的标准缩写“TTPG”部分)		管夹用焊接底板固定，用外六角螺栓加盖板压紧管夹	管夹用焊接底板固定，用内六角螺钉加盖板压紧管夹	管夹用外六角螺栓加盖板与导轨螺母压紧(在导轨上)	管夹用内六角螺钉加盖板与导轨螺母压紧(在导轨上)	管夹用叠加螺栓加防松盖板和其他底板或叠加另一管夹压紧	管夹用外六角螺栓加盖板和其他底板或叠加另一管夹压紧
尺寸系列	外径/mm	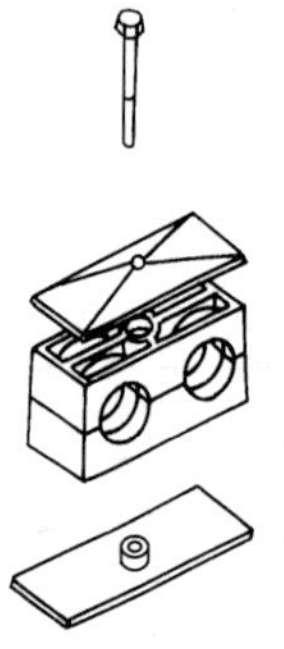	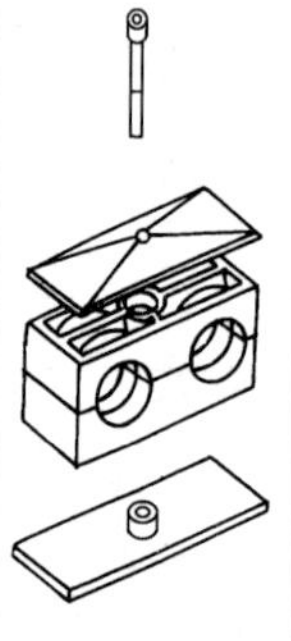	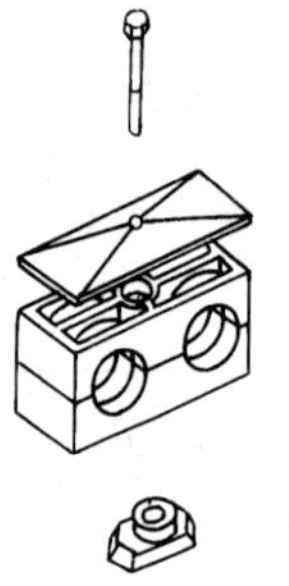	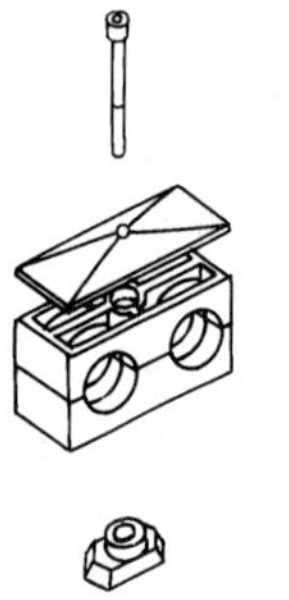	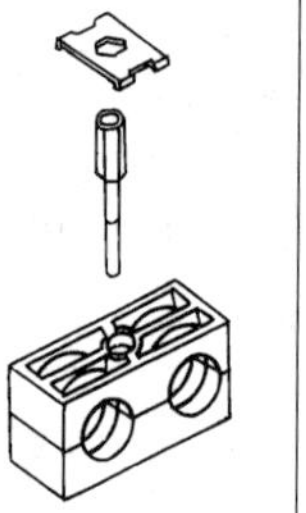	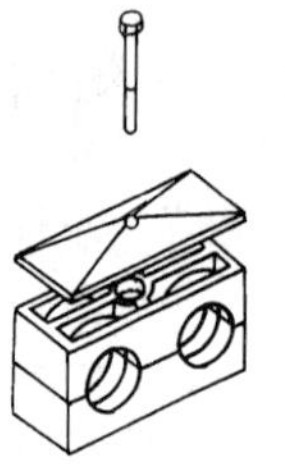
1	6	TTPG1-106	TTPG3-106	TTPG4-106	TTPG5-106	TTPG8-106	TTPG16-106
	6.4	TTPG1-106.4	TTPG3-106.4	TTPG4-106.4	TTPG5-106.4	TTPG8-106.4	TTPG16-106.4
	8	TTPG1-108	TTPG3-108	TTPG4-108	TTPG5-108	TTPG8-108	TTPG16-108
	9.5	TTPG1-109.5	TTPG3-109.5	TTPG4-109.5	TTPG5-109.5	TTPG8-109.5	TTPG16-109.5
	10	TTPG1-110	TTPG3-110	TTPG4-110	TTPG5-110	TTPG8-110	TTPG16-110
	12	TTPG1-112	TTPG3-112	TTPG4-112	TTPG5-112	TTPG8-112	TTPG16-112
2	12.7	TTPG1-212.7	TTPG3-212.7	TTPG4-212.7	TTPG5-212.7	TTPG8-212.7	TTPG16-212.7
	13.5	TTPG1-213.5	TTPG3-213.5	TTPG4-213.5	TTPG5-213.5	TTPG8-213.5	TTPG16-213.5
	14	TTPG1-214	TTPG3-214	TTPG4-214	TTPG5-214	TTPG8-214	TTPG16-214
	15	TTPG1-215	TTPG3-215	TTPG4-215	TTPG5-215	TTPG8-215	TTPG16-215
	16	TTPG1-216	TTPG3-216	TTPG4-216	TTPG5-216	TTPG8-216	TTPG16-216
	17.2	TTPG1-217.2	TTPG3-217.2	TTPG4-217.2	TTPG5-217.2	TTPG8-217.2	TTPG16-217.2
	18	TTPG1-218	TTPG3-218	TTPG4-218	TTPG5-218	TTPG8-218	TTPG16-218
3	19	TTPG1-319	TTPG3-319	TTPG4-319	TTPG5-319	TTPG8-319	TTPG16-319
	20	TTPG1-320	TTPG3-320	TTPG4-320	TTPG5-320	TTPG8-320	TTPG16-320
	21.3	TTPG1-321.3	TTPG3-321.3	TTPG4-321.3	TTPG5-321.3	TTPG8-321.3	TTPG16-321.3
	22	TTPG1-322	TTPG3-322	TTPG4-322	TTPG5-322	TTPG8-322	TTPG16-322
	23	TTPG1-323	TTPG3-323	TTPG4-323	TTPG5-323	TTPG8-323	TTPG16-323
	25	TTPG1-325	TTPG3-325	TTPG4-325	TTPG5-325	TTPG8-325	TTPG16-325
	25.4	TTPG1-325.4	TTPG3-325.4	TTPG4-325.4	TTPG5-325.4	TTPG8-325.4	TTPG16-325.4
4	26.9	TTPG1-426.9	TTPG3-426.9	TTPG4-426.9	TTPG5-426.9	TTPG8-426.9	TTPG16-426.9
	28	TTPG1-428	TTPG3-428	TTPG4-428	TTPG5-428	TTPG8-428	TTPG16-428
	30	TTPG1-430	TTPG3-430	TTPG4-430	TTPG5-430	TTPG8-430	TTPG16-430
5	32	TTPG1-532	TTPG3-532	TTPG4-532	TTPG5-532	TTPG8-532	TTPG16-532
	33.7	TTPG1-533.7	TTPG3-533.7	TTPG4-533.7	TTPG5-533.7	TTPG8-533.7	TTPG16-533.7
	35	TTPG1-535	TTPG3-535	TTPG4-535	TTPG5-535	TTPG8-535	TTPG16-535
	38	TTPG1-538	TTPG3-538	TTPG4-538	TTPG5-538	TTPG8-538	TTPG16-538
	40	TTPG1-540	TTPG3-540	TTPG4-540	TTPG5-540	TTPG8-540	TTPG16-540
	42	TTPG1-542	TTPG3-542	TTPG4-542	TTPG5-542	TTPG8-542	TTPG16-542

注：双联系列管夹符合德国 DIN 3015 第三部分要求，可应用于5种尺寸系列的一般压力管路。管夹材料有聚丙烯或尼龙6。

表 20-12-148　　零部件尺寸及订货代号　　mm

尺寸系列	外径 a_1、a_2 /mm	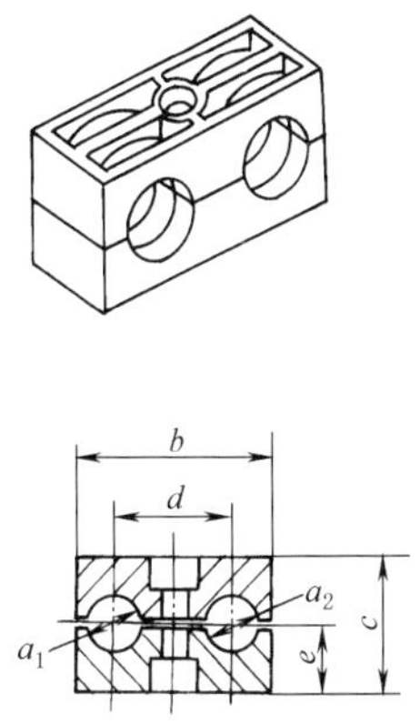					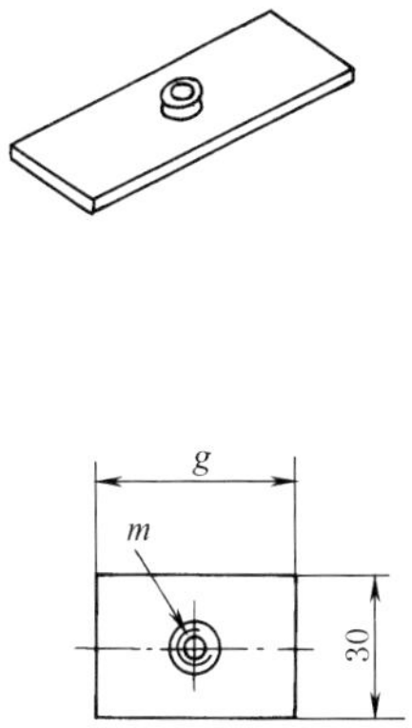			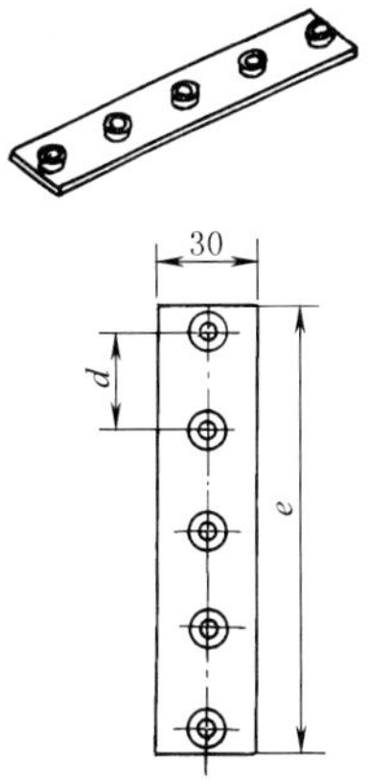			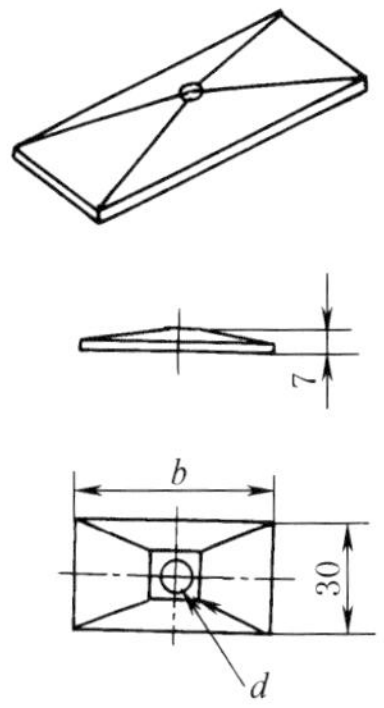		
		TTPG 型双联管夹					焊接底板			多联焊接底板			盖板		
		代　号	b	c	d	e	代　号	g	m	代号	d	e	代号	b	d
1	6 6.4 8 9.5 10 12	TTPG-106 TTPG-106.4 TTPG-108 TTPG-109.5 TTPG-110 TTPG-112	36	27	20	13.5	TT-A1	37	M6	TT-D1	40	196	TT-G1	34	6.6
2	12.7 13.5 14 15 16 17.2 18	TTPG-212.7 TTPG-213.5 TTPG-214 TTPG-215 TTPG-216 TTPG-217.2 TTPG-218	53	26	29	13	TT-A2	55	M8	TT-D2	58	288	TT-G2	51	8.6
3	19 20 21.3 22 23 25 25.4	TTPG-319 TTPG-320 TTPG-321.3 TTPG-322 TTPG-323 TTPG-325 TTPG-325.4	67	37	36	18.5	TT-A3	70	M8	TT-D3	72	358	TT-G3	64	8.6
4	26.9 28 30	TTPG-426.9 TTPG-428 TTPG-430	82	42	45	21	TT-A4	85	M8	TT-D4	90	446	TT-G4	78	8.6
5	32 33.7 35 38 40 42	TTPG-532 TTPG-533.7 TTPG-535 TTPG-538 TTPG-540 TTPG-542	106	54	56	27	TT-A5	110	M8	TT-D5	112	558	TT-G5	102	8.6

续表

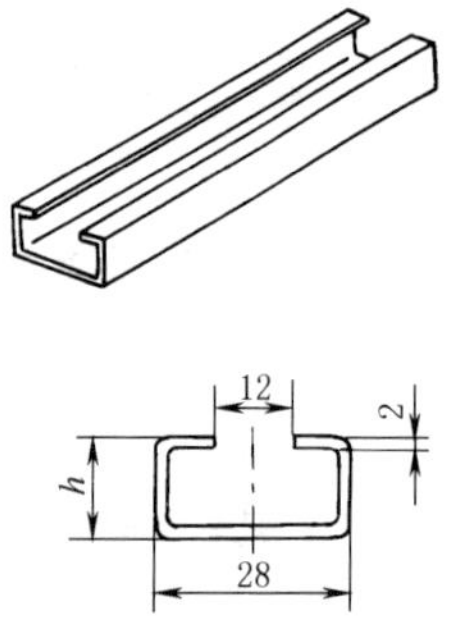

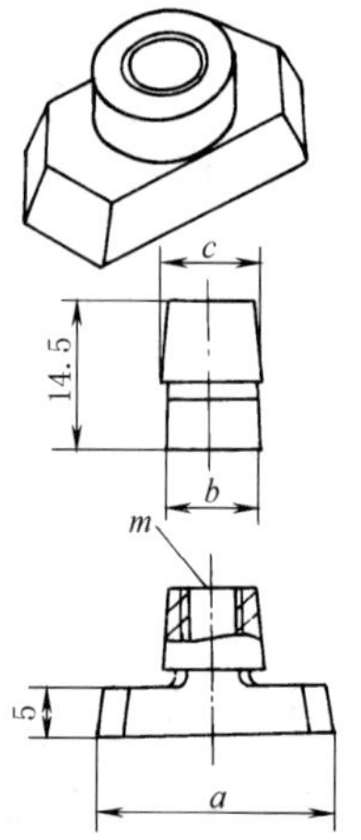

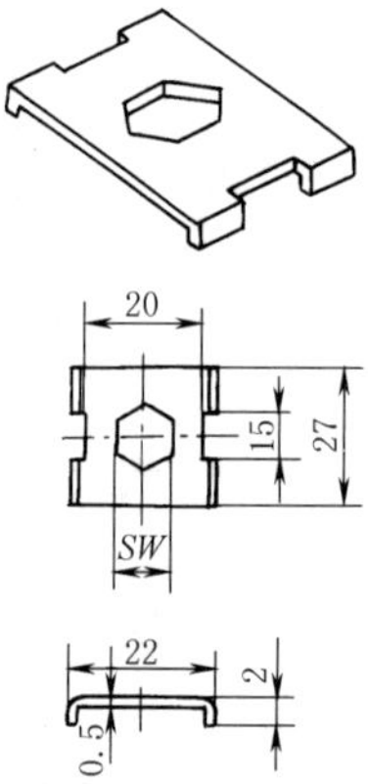

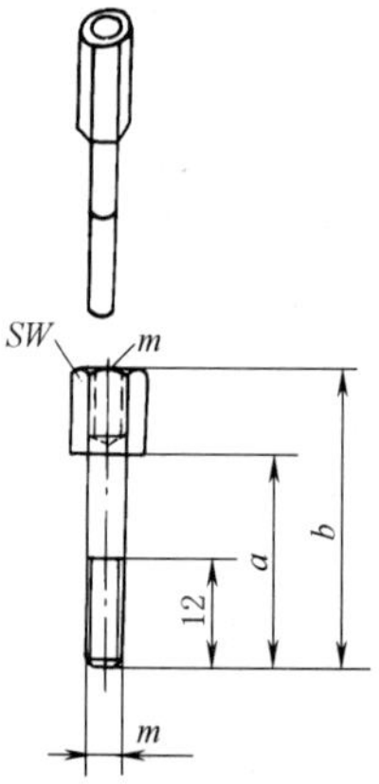

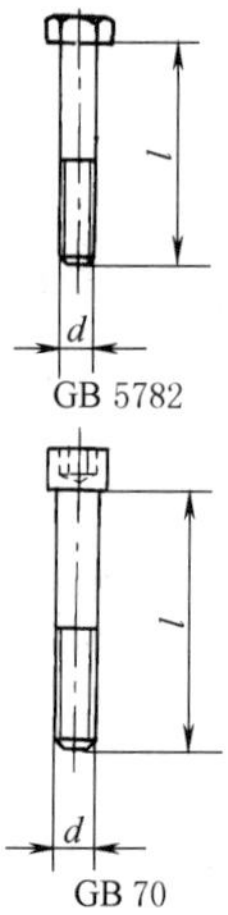

尺寸系列	安装导轨		导轨螺母					防松盖板		叠加螺栓					螺栓、螺钉
	代号	*h*	代号	*a*	*b*	*c*	*m*	代号	*SW*	代号	*a*	*b*	*m*	*SW*	*d*×*l*
1	TL-E1	11	TL-F			12	M6	TT-L1	11	TT-H1	20	33	M6	11	M6×35
2										TT-H2					M8×35
3	TL-E2	14	TT-F	25.4	10.4	14	M8	TT-L2	12	TT-H3	29	44	M8	12	M8×45
4										TT-H4	34	49			M8×50
5	TL-E3	30								TT-H5	47	62			M8×60

型号意义：

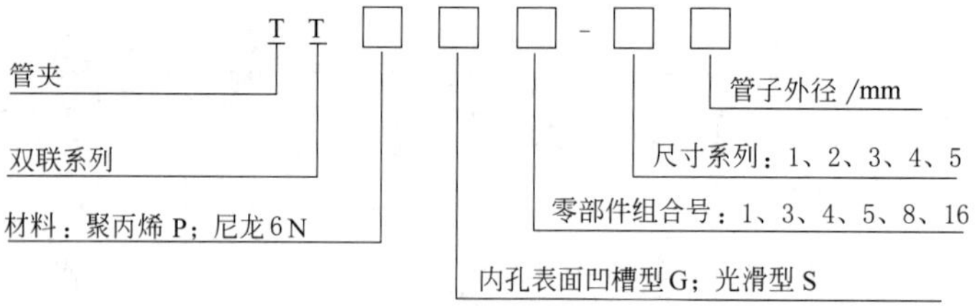

5.3 管夹装配位置及装配方法（摘自 GB/T 37400.11—2019 附录 A）

表 20-12-149

范围	适用于管子外径不大于 25mm 配管用管夹的装配
连续直线配管没有管接头的场合	①水平配管时，间隔应小于 1500mm，见图 1 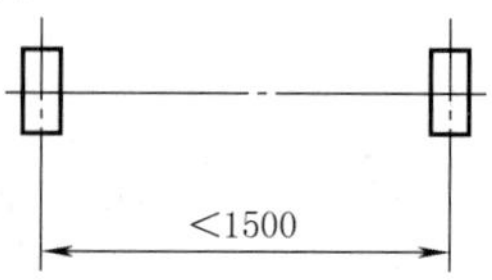 图 1

续表

连续直线配管没有管接头的场合	②垂直配管时,间隔应小于 2000mm,见图 2 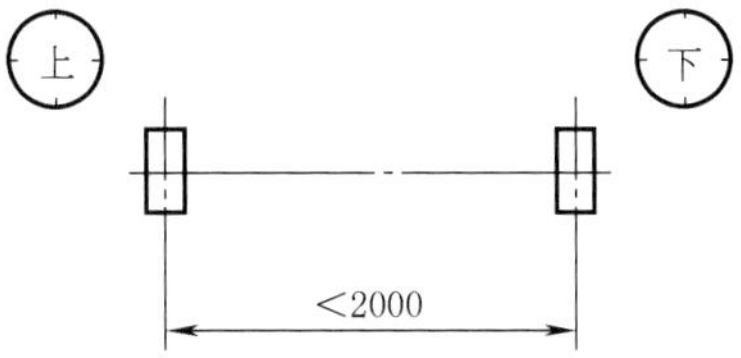 图 2
连续直线配管有管接头的场合	①水平配管时 a. 接头间隔为 600~1500mm 时,按图 3 装配 b. 接头间隔为 300~600mm 时,按图 4 装配 c. 接头间隔不大于 300mm 时,按图 5 装配 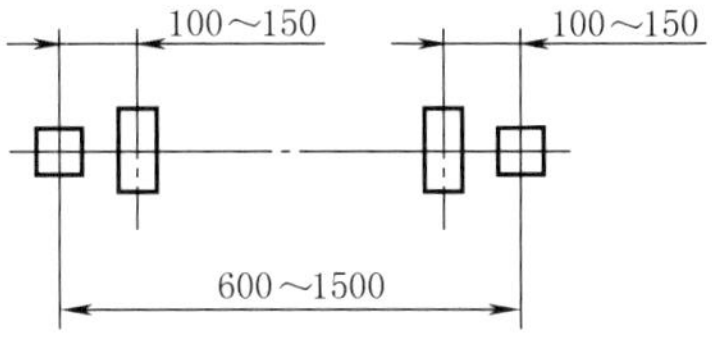 图 3 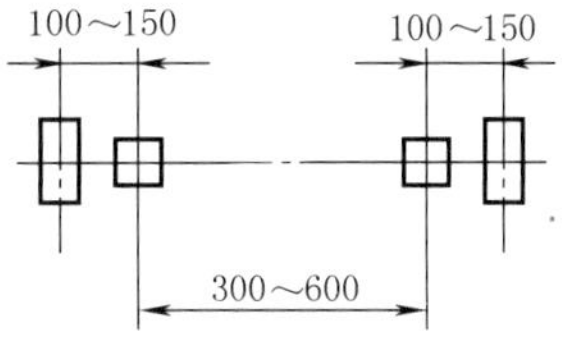 图 4 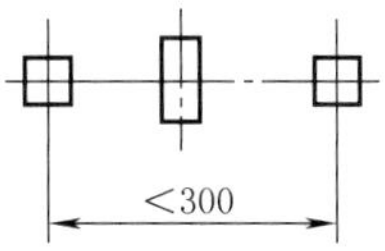 图 5 ②垂直配管时 a. 接头间隔为 600~2000mm 时,按图 6 装配 b. 接头间隔为 300~600mm 时,按图 4 装配 c. 接头间隔不大丁 300mm 时,按图 5 装配 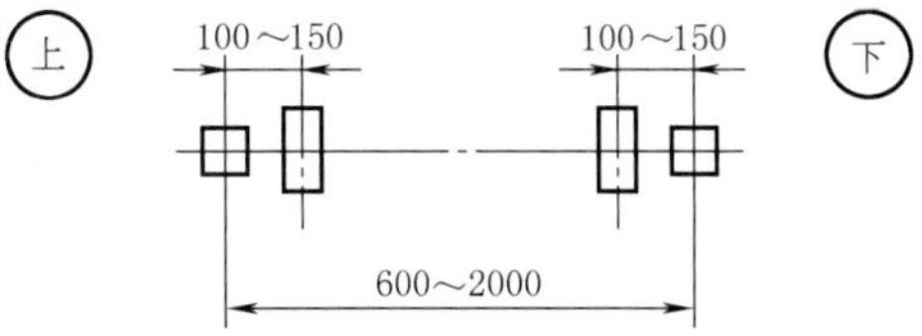 图 6

续表

非直线配管的场合	①当 L_1 不大于 300mm，且 L_2 不大于 350mm 时，按图 7 装配；当 L_1 大于 300mm，且 L_2 大于 350mm 时，按图 8 装配 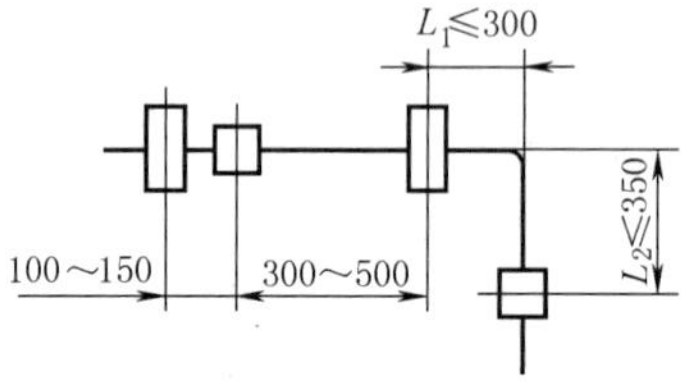 图 7 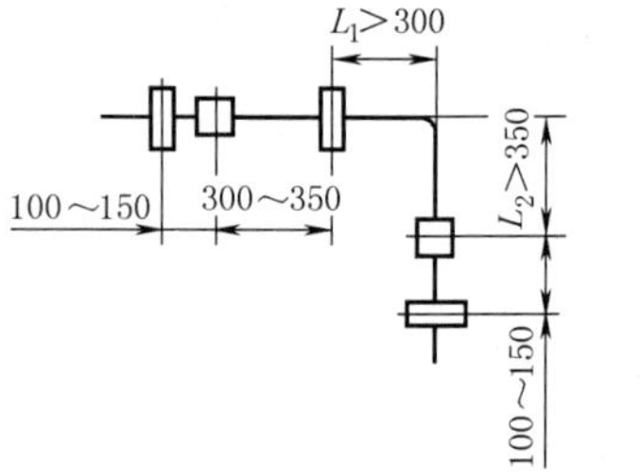 图 8 ②其他情况的配管按图 9 和图 10 装配管夹 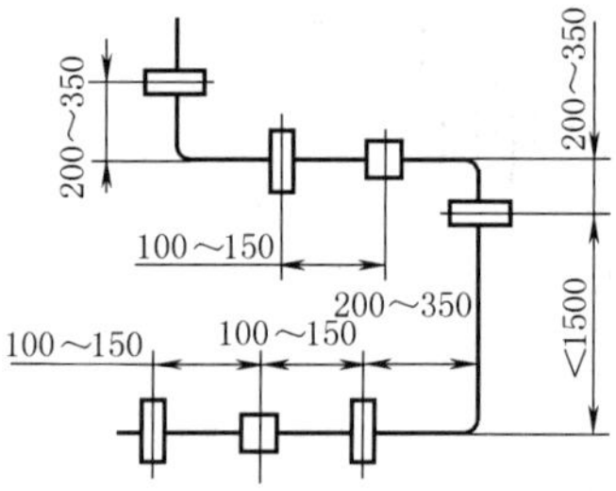 图 9 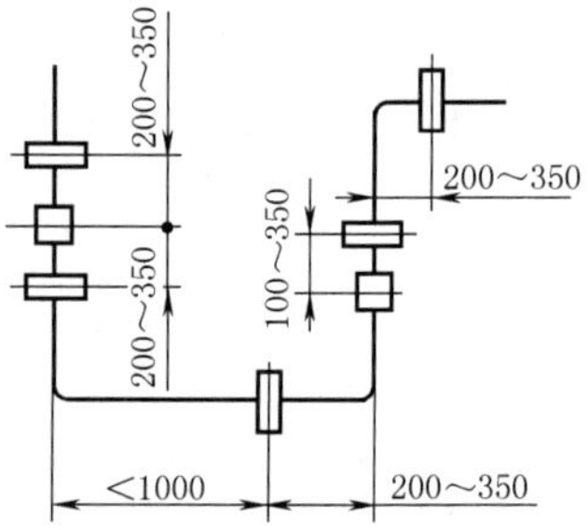 图 10
运转时管夹位置确定	运转时(包括试运转)，管子的振动振幅大于 1mm 时，应在其发生最大振幅附近装配管夹
管夹垫板的焊接方法	管夹垫板根据实际情况可按图 11 所示进行断续焊 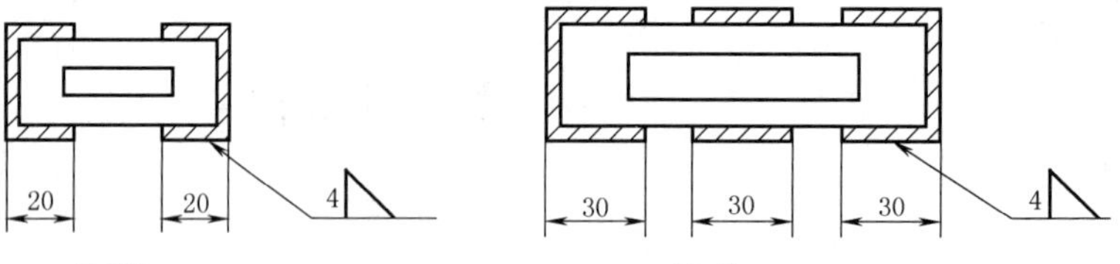 D≤48　　D>48 图 11

6　焊接式液压金属管总成（摘自 JB/T 10760—2017）

表 20-12-150

范围	在 JB/T 10760—2017《工程机械　焊接式液压金属管总成》规定了工程机械用焊接式液压金属管总成的分类和标记、要求、试验方法、检验规则、标志、包装、贮存和运输 该标准适用于焊接式液压金属管总成(以下简称金属管总成)

续表

分类和标记 | 分类

①型式　典型金属管总成按接头连接型式分为平面O形圈密封式、24°锥O形圈密封式、24°内锥外螺纹式和对分法兰式四种，如图1~图4所示。连接总成两端的不同型式在公称通径相同时可组合，这依据用户提出的要求确定，金属管部位可以为直形或者折弯，折弯部位的弯曲半径为R，如图5所示

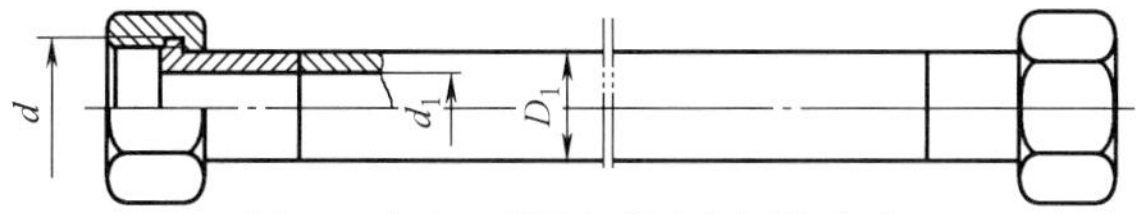

图1　平面O形圈密封式金属管总成

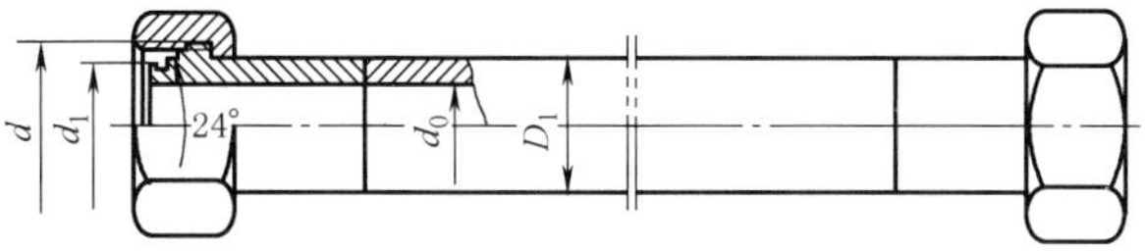

图2　24°锥O形圈密封式金属管总成

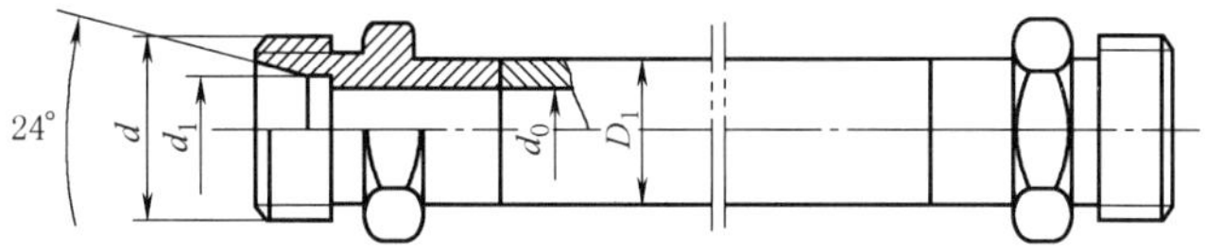

图3　24°内锥外螺纹式金属管总成

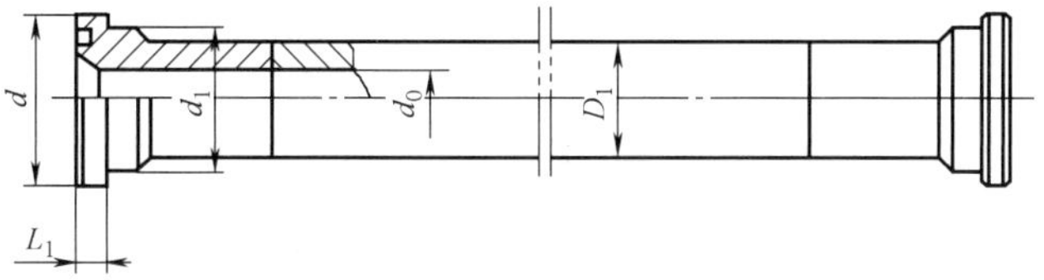

图4　对分法兰式金属管总成

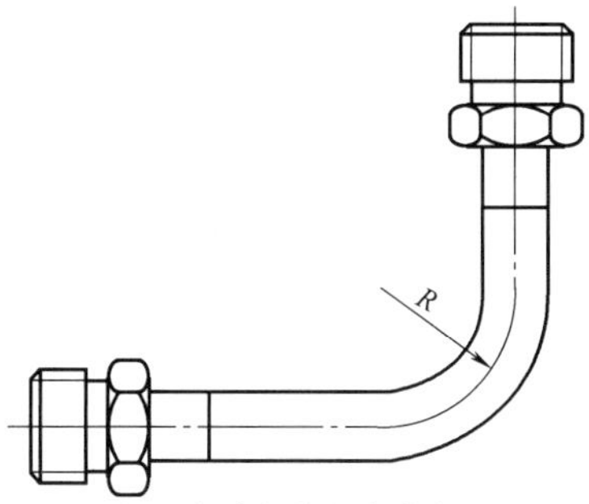

图5　折弯部位的弯曲半径

②基本参数及尺寸　　基本参数及尺寸见表1~表4

表1　平面O形圈密封式金属管总成基本参数及连接尺寸

管子外径 D_1/mm	公称通径 d_1/mm	连接螺纹 d/mm	最高工作压力 p/MPa	最小弯曲半径 R（至管径中心）/mm
6	2	M14×1.5	63.0	2倍管外径
8	3	M16×1.5	63.0	
10	4	M18×1.5	63.0	
12	6	M22×1.5	63.0	
16	10	M27×1.5	40.0	
20	13	M30×1.5	40.0	
25	16	M36×2	40.0	
28	18	M39×2	40.0	
30	22	M42×2	25.0	
35	27	M45×2	25.0	
38	28	M52×2	25.0	
42	32	M60×2	25.0	

注：特殊要求可由用户与制造商商定

续表

分类和标记 | 分类

表 2　24°锥 O 形圈密封式金属管总成基本参数及连接尺寸

系列	管子外径 D_1/mm	公称通径 d_0/mm	d_1/mm	连接螺纹 d/mm	最高工作压力 p/MPa	最小弯曲半径 R（至管径中心）/mm
轻型系列（L）	6	3	6	M12×1.5	25.0	2 倍管外径
	8	5	8	M14×1.5	25.0	
	10	7	10	M16×1.5	25.0	
	12	8	12	M18×1.5	25.0	
	15	10	15	M22×1.5	25.0	
	18	13	18	M26×1.5	16.0	
	22	17	22	M30×2	16.0	
	28	23	28	M36×2	10.0	
	35	29	35	M45×2	10.0	
	42	36	42	M52×2	10.0	
重型系列（S）	6	2.5	6	M14×1.5	63.0	
	8	4	8	M16×1.5	63.0	
	10	5	10	M18×1.5	63.0	
	12	6	12	M20×1.5	63.0	
	16	10	16	M24×1.5	40.0	
	20	12	20	M30×2	40.0	
	25	16	25	M36×2	40.0	
	30	22	30	M42×2	25.0	
	38	28	38	M52×2	25.0	

注：特殊要求可由用户与制造商商定

表 3　24°内锥外螺纹式金属管总成基本参数及连接尺寸

系列	管子外径 D_1/mm	公称通径 d_0/mm	d_1/mm	连接螺纹 d/mm	最高工作压力 p/MPa	最小弯曲半径 R（至管径中心）/mm
轻型系列（L）	6	3	6	M12×1.5	25.0	2 倍管外径
	8	5	8	M14×1.5	25.0	
	10	7	10	M16×1.5	25.0	
	12	8	12	M18×1.5	25.0	
	15	10	15	M22×1.5	25.0	
	18	13	18	M26×1.5	16.0	
	22	17	22	M30×2	16.0	
	28	23	28	M36×2	10.0	
	35	29	35	M45×2	10.0	
	42	36	42	M52×2	10.0	
重型系列（S）	6	2.5	6	M14×1.5	63.0	
	8	4	8	M16×1.5	63.0	
	10	5	10	M18×1.5	63.0	
	12	6	12	M20×1.5	63.0	
	16	10	16	M24×1.5	40.0	
	20	12	20	M30×2	40.0	
	25	16	25	M36×2	40.0	
	30	22	30	M42×2	25.0	
	38	28	38	M52×2	25.0	

注：特殊要求可由用户与制造商商定

续表

分类和标记

分类

表 4　对分法兰式金属管总成基本参数及连接尺寸

系列	管子外径 D_1/mm	公称通径 d_0/mm	d/mm	d_1(max)/mm	(L_1±0.13)/mm	最大工作压力 p/MPa	最小弯曲半径 R(至管径中心)/mm
标准系列(S)	20	13	30.20	23.9	6.8	35	2 倍管外径
	28	19	38.10	31.8	6.8	35	
	34	25	44.45	38.1	8.00	32	
	42	32	50.80	43.2	8.00	28	
	50	38	60.35	50.3	8.00	21.0	
高压系列(H)	20	13	31.75	23.9	7.8	42	
	28	19	41.3	31.8	8.8	42	
	34	25	47.65	38.1	9.5	42	
	42	32	54	43.7	10.3	42	
	50	38	63.50	50.8	12.6	42	

注:特殊要求可由用户与制造商商定

标记

①金属管总成标记由产品名称代号、接头连接型式代号、主参数、标准编号组成,具体如下

□ □□□□ □ — JB/T 10760

- 标准编号
- 主参数:公称通径,单位为毫米(mm)
- 接头连接型式代号:平面O形圈密封式用A表示;24°锥O形圈密封式用H表示;24°内锥外螺纹式用E表示,轻型用L表示,重型用S表示;对分法兰式用F表示,标准系列用S表示,高压系列用H表示。前两位表示左端接头,后两位表示右端接头,其中平面O形圈密封式只用一位表示
- 产品名称代号:用J表示,即金属焊接

示例:

公称通径为 10mm,接头连接型式左端为对分法兰式标准系列,右端为 24°锥 O 形圈密封式轻型系列的焊接式液压金属管总成标记为:

液压金属管总成　JFSHL10—JB/T 10760

②金属管总成也可按主机用户液压系统中金属管总成的代号标记

要求

零部件要求

①金属管总成钢管、接头、螺母、法兰的材料按表 5 的规定

表 5　金属管总成钢管、接头、螺母、法兰材料

零件名称	材料	
	抗拉强度/MPa	标准编号
冷拔无缝钢管	≥410	GB/T 3639、GB/T 8163(交货状态均为正火)
接头、螺母	≥530	GB/T 699
法兰	≥380	GB/T 699

注:若选其他材料,供需双方协商

②平面 O 形圈密封式金属管总成的焊接钢管要求应符合 GB/T 3639—2009《冷拔或冷轧精密无缝钢管》的规定,平面 O 形圈密封式接头的其他要求应符合 JB/T 966—2005《用于流体传动和一般用途的金属管接头　O 形圈平面密封接头》的规定

③24°锥 O 形圈密封式,24°内锥外螺纹式接头的其他要求应符合 GB/T 14034.1—2010《流体传动金属管连接　第 1 部分:24°锥形管接头》的规定

④对分法兰式接头的其他要求应符合 ISO 6162-1:2012《液压传动　带分离式或一体式法兰夹和米制或英制螺纹的凸缘连接器　第 1 部分:3.5~35MPa(35~350bar)压力下使用的 DN13~127 的凸缘连接器》和 ISO 6162-2:2018《液压传动　带分离式或一体式法兰夹和米制或英制螺纹的凸缘连接器　第 2 部分:42MPa(420bar)压力下使用的 DN13~76 的凸缘连接器》的规定

⑤所有零件应清洁干净,内外表面不允许有任何污物(如油污、铁屑、毛刺、锈蚀、纤维状杂质等)存在,并严禁用棉纱、纸张等纤维易脱落物擦拭元件内腔及配合面

⑥锻造零件的非机加工表面应干净、光滑,不应有影响外观质量的缺陷

续表

要求	零部件要求	⑦金属管总成的弯曲部位截面的长短轴之比 $a/b \leqslant 1.1$。如图6所示。用户有特殊要求的按用户要求 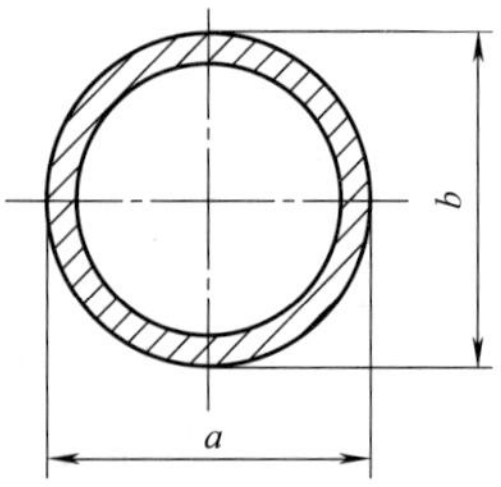 图6　弯管零件的弯曲部位截面 ⑧金属管总成的弯管零件弯曲部位的内、外侧不应有锯齿形、凹凸不平、压坏或扭坏现象
	总成基本要求	①金属管总成应符合 GB/T 7935 和 JB/T 10760—2017 的规定 ②金属管总成应能在-40~120℃范围内正常工作 ③金属管总成连接从尺寸、外形尺寸应符合设计文件的规定,长度偏差按表6的规定

表6　金属管总成长度偏差

mm

金属管形状	长度尺寸范围													
	≤100		>100~500		>500~1000		>1000~1500		>1500~2000		>2000~3000		>3000~10000	
	长度极限偏差													
	精密	一般	精密	一般	精密	一般	精密	一般	精密	一般	精密	一般	精密	一般
直管或弯一处	±1	±2	±2	±3	±3	±4	±3	±4	±4	±5	±4	±5	±5	±6
弯二处							±4	±5	±5	±6	±5	±6	±6	±7
弯二处以上	±2	±3	±3	±4	±4	±5					±6	±7	±7	±8

注:1. 图样上采用 GB/T 3639 精密无缝钢管时,按精密尺寸控制;采用 GB/T 8163 输送流体用无缝钢管时,按一般尺寸控制

2. 有特殊要求时供需双方商定

要求	总成基本要求	④工作压力小于0.3MPa的金属管总成应进行密封性试验,在水中引入0.14MPa的压缩空气时,其各处不应有气泡 ⑤工作压力不小于0.3MPa的金属管总成应进行耐压试验,在2倍工作压力下不应出现渗漏和破裂等异常现象 ⑥金属管总成内部污染物重量不应大于 $100mg/m^2$,或内部油液固体颗粒污染物等级不应大于 GB/T 14039—2002 规定的—/18/15
	装配和焊接	①所有零件在装配前应清洁干净,内外表面不允许有任何污物(如油污、铁屑、毛刺、纤维状杂质等),并严禁用棉纱、纸张等纤维易脱落物擦拭元件内腔及配合面 ②装配要求应符合 GB/T 7935 的规定,应使用经检验合格的零件和外购件,按相应产品标准或技术文件的规定和要求进行装配,任何变形、损伤和锈蚀的零件及外购件不应用于装配 ③金属管总成焊接应符合 JB/T 5943—2018《工程机械　焊接件通用技术条件》的规定,焊缝应均匀、美观、不得有漏焊、裂纹、弧坑、气孔、夹渣、烧穿、咬边等缺陷,飞渣、焊渣必须清除干净 ④焊缝内部质量等级一般不低于 GB/T 3323—2005《金属熔化焊焊接接头射线照相》(已被 GB/T 3323.1—2019 代替)中的Ⅱ级要求 ⑤金属管总成装配密封件时,不应使用有缺陷及超过主机厂规定的有效使用期限的密封件
	表面质量要求	①金属管总成内外表面不应有锈蚀、裂纹、毛刺、飞边、凹痕、刮伤、磕碰等影响使用的缺陷 ②除制造商和用户之间另有协议规定外,焊接金属管总成应用合适的镀层或涂层进行保护,涂层不包括内孔、密封面及连接螺纹等影响使用性能的部位 ③金属管总成表面镀锌处理应符合 GB/T 9799—2011《金属及其他无机覆盖层　钢铁上经过处理的锌电镀层》的规定。镀锌层应光亮均匀,呈银白色或按客户要求,不应有明显可见的镀层缺陷,诸如起泡、粗糙、锈蚀或局部无镀层等。镀层厚度为10~25μm ④金属管总成表面磷化处理应符合 GB/T 6807—2001《钢铁工件涂装前磷化处理技术条件》的规定。磷化膜的颜色应为灰黑色,膜层应结晶致密、连续和均匀,不允许存在疏松的磷化膜层、腐蚀或绿斑、局部无磷化膜及表面严重挂灰等缺陷 ⑤金属管总成涂装应符合 JB/T 5946—2018《工程机械　涂装通用技术条件》的规定。涂膜应光滑平整、色泽均匀,无鼓泡、气孔、皱褶、漏涂、剥落、明显流挂等缺陷,以及无灰尘、油污等污染物。涂层厚度一般为60~120μm,颜色按客户要求 ⑥内孔无镀层或涂层要求处,以及不要求涂装的密封面、连接螺纹等,均不应生锈

续表

标志、包装、贮存和运输	标志	①除非用户与制造商另有协议，金属管总成应在产品的明显位置，同时具备永久性标志和产品合格证 ②永久性标志，应包括以下内容 ——产品名称、规格型号或出厂编号 ——制造商名称、商标或代码 ——制造日期 ③金属管总成应在产品的外表面粘贴产品合格证，产品合格证应包括以下内容 ——产品规格型号 ——制造日期 ——检验签章
	包装	①金属管总成包装前各接口应封堵 ②金属管总成外表面应有保护层防止划痕或磕碰，并防止雨雪浸淋 ③金属管总成根据批量、规格大小、重量等情况不同，进行捆扎或用货架定位；捆扎后外加包装箱，包装箱或货架承重应符合要求，箱内应附有装箱单，包装箱外表至少有下列标记 ——制造商名称 ——产品名称、产品型号或规格 ——数量
	贮存	金属管总成应存放在通风良好、清洁、干燥、无腐蚀性物质、相对湿度不大于80%的仓库内
	运输	①包装好的金属管总成的运输应符合水路、陆路和航空运输及装载的要求 ②金属管总成在运输中应避免磕碰、撞击、雨雪浸淋，杜绝与腐蚀性物品混装

注：JB/T 10760—2017 由全国土方机械标准化技术委员会（SAC/TC 334）归口。

7　液压软管总成和高温高压液压软管总成

（1）液压软管总成（摘自 JB/T 8727—2017）

表 20-12-151

范围		JB/T 8727—2017《液压软管总成》规定了 5 种连接型式和 2 种软管类型（钢丝编织型和钢丝缠绕型）液压软管总成的术语和定义、产品标识、基本参数、连接尺寸、性能要求、其他要求、试验项目、试验方法、装配和外观的检验项目及方法、检验规则、标志、包装、运输、贮存和标注说明 该标准适用于以液压油液为工作介质，工作温度为-40～100℃的钢丝编织型液压软管总成和 4SP、4SH 钢丝缠绕型液压软管总成，以及工作温度范围为-40～120℃的 R12、R13 和 R15 钢丝缠绕型液压软管总成
产品标识	液压软管总成型式	液压软管总成按接头型式分为：O 形圈端面密封式、24°锥密封式和卡套式、法兰式、螺柱式、37°扩口式（见图 1～图 18）
	产品标记方法	①软管总成产品的标记方式如下 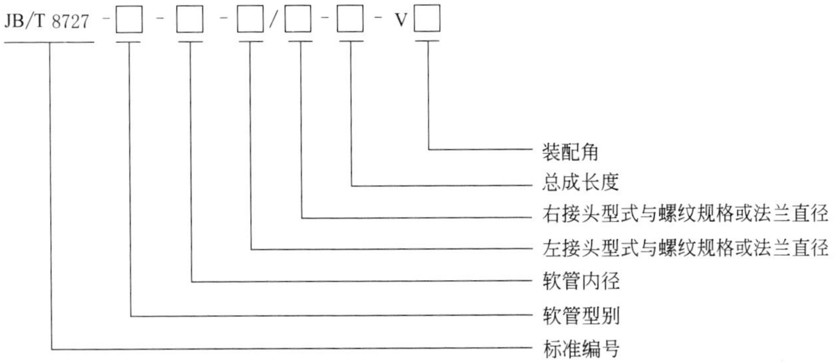 ②液压软管总成接头型式代号为：A（O 形圈端面密封式）、C（37°扩口式）、F（法兰式）、H（24°锥密封式）、HB（卡套式）、L（螺柱式），标记方法按 JB/T 8727—2017 附录 A（共 42 种）的规定 ③液压软管总成两端接头型式相同时，只标注一端接头

续表

产品标识 — 产品标记方法

④液压软管总成两端均为弯接头时，两端弯接头间装配角度 V 的测量方法及图示按 JB/T 8727—2017 附录 B 的规定

⑤液压软管总成两端均为直通接头或一端为弯接头时不标注装配角度 V

⑥软管型别见 GB/T 3683—2011《橡胶软管及软管组合件　油基或水基流体适用的钢丝编织增强液压型　规范》和 GB/T 10544—2013(2022)《橡胶软管及软管组合件　油基或水基流体适用的钢丝缠绕增强外覆橡胶液压型　规范》的规定

示例 1

软管总成使用 2SN 型钢丝编织增强型软管，软管内径为 16mm；左端为公制螺纹 O 形圈端面密封直通软管接头，螺纹为 M27×1.5；右端为轻系列 24°锥密封 45°弯软管接头，螺纹为 M26×1.5；总成长度为 1000mm，标记为

JB/T 8727-2SN-16-AM27×1.5/H45LM26×1.5-1000

示例 2

软管总成使用 4SH 型钢丝缠绕增强型软管，软管内径为 25mm；左端为统一螺纹 O 形圈端面密封直通软管接头，螺纹为 1 7/16-12UN；右端为重系列法兰式 45°中弯软管接头，法兰尺寸为 47.6mm；总成长度为 1000mm，标记为

JB/T 8727-4SH-25-AU1 7/16-12UN/FS45M47.6-1000

示例 3

软管总成使用 1SN 型钢丝编织增强型软管，软管内径为 19mm；左端为公制螺纹 37°扩口端 90°长弯软管接头，螺纹为 M30×1.5；右端为统一螺纹内 37°扩口端 90°长弯软管接头，螺纹为 1 5/16-12UNF；装配角度 V 为 225°，总成长度为 1000mm，标记为

JB/T 8727-1SN-19-C90LM30×1.5/CU90L1 5/16-12UNF-1000-V225°

示例 4

软管总成使用 1SN 型钢丝编织增强型软管，软管内径为 19mm，左右两端同为公制螺纹 37°扩口端 90°长弯软管接头，螺纹为 M30×1.5，装配角度 V 为 90°，总成长度为 1000mm，标记为

JB/T 8727-1SN-19-C90LM30×1.5-1000-V90°

基本参数与连接尺寸 — O 形圈端面密封式液压软管总成（A 型）

①O 形圈端面密封式（公制螺纹）直通（SWS）液压软管总成结构型式、基本参数与连接尺寸应符合图 1 和表 1 的规定

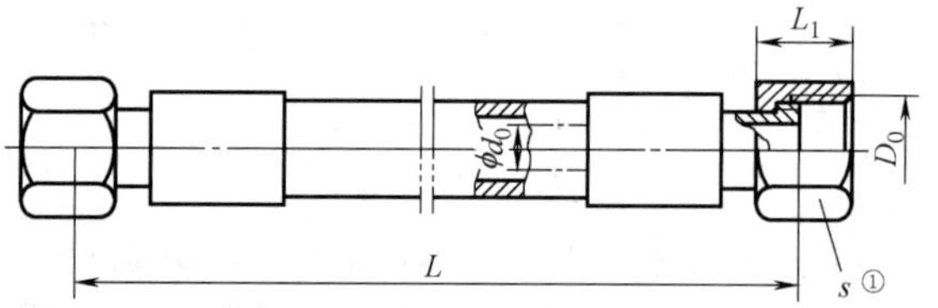

①螺母六角形相对平面尺寸（扳手尺寸）

注：1. 连接部位的细节参见 ISO 8434-3：2005

2. 液压软管总成长度 L 由供需双方确定

图 1　O 形圈端面密封式（公制螺纹）直通（SWS）液压软管总成

表 1　O 形圈端面密封式（公制螺纹）直通（SWS）液压软管总成基本参数与连接尺寸

软管内径 /mm	钢丝编织液压软管总成最高工作压力/MPa		钢丝缠绕液压软管总成最高工作压力①/MPa					螺纹 D_0/mm	$d_0$② 最小 /mm	$L_1$③ /mm	s /mm
	1ST，1SN，R1ATS 型	2ST，2SN，R2ATS 型	4SP	4SH	R12	R13	R15				
5	25.0	41.4	—	—	—	—	—	M12×1.25	2.5	14	14
6.3	22.5	40.0	45.0	—	—	—	—	M14×1.5	3	15	17
8	21.0	35	—	—	—	—	—	M14×1.5	5	15	17
								M16×1.5	5	15.5	19
								M18×1.5	5	17	22
10	18.0	33	44.5	—	28.0	—	42.0	M18×1.5	6	17	22
								M22×1.5	6	19	27

基本参数与连接尺寸

O形圈端面密封式液压软管总成（A型）

续表

软管内径/mm	钢丝编织液压软管总成最高工作压力/MPa		钢丝缠绕液压软管总成最高工作压力①/MPa					螺纹 D_0/mm	$d_0$② 最小/mm	$L_1$③/mm	s/mm
	1ST,1SN,R1ATS型	2ST,2SN,R2ATS型	4SP	4SH	R12	R13	R15				
12.5	16.0	27.5	41.5	—	28.0	—	42.0	M22×1.5	8	19	27
								M27×1.5	8	21	32
16	13.0	25.0	35.0	—	28.0	—	—	M27×1.5	11	21	32
								M30×1.5	11	22	36
19	10.5	21.5	35.0	40.0	28.0	35.0	40.0	M30×1.5	14	22	36
								M36×2	14	24	41
25	8.7	16.5	28.0	38.0	28.0	35.0	40.0	M36×2	19	24	41
								M39×2	19	26	46
								M42×2	19	2	50
31.5	6.2	12.5	21.0	25.0	21.0	25.0	25.0	M42×2	25	27	50
								M52×2	25	30	60
38	5.0	9.0	18.5	25.0	17.5	25.0	25.0	M52×2	31	30	60
51	4.0	8.0	16.5	25.0	17.5	25.0	—	M64×2	42	37	75

①软管总成的最高工作压力应取 ISO 8434-3:2005 中给定的相同规格的管接头压力和相同软管规格压力的较低值

②软管接头和软管装配之前，软管接头内孔的最小直径。装配后应满足最小通过量的要求

③允许使用扣压式螺母，其六角头宽度见 GB/T 9065.1—2015《液压软管接头　第1部分：O形圈端面密封软管接头》的附录A

②O形圈端面密封式（统一螺纹）直通（SWS）液压软管总成结构型式、基本参数与连接尺寸应符合图2和表2的规定

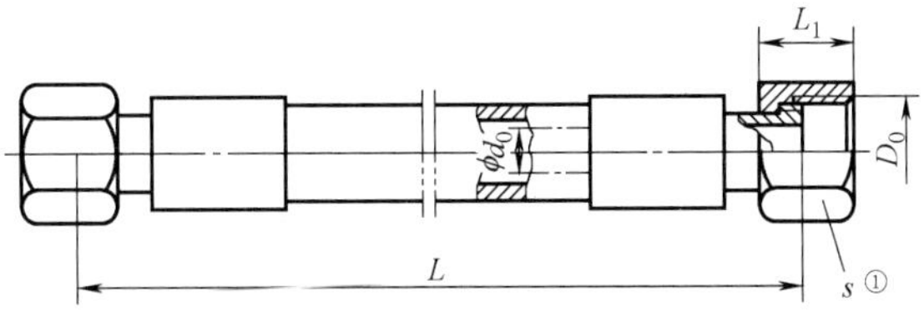

①螺母六角形相对平面尺寸（扳手尺寸）

注：1. 连接部位的细节参见 ISO 8434-3:2005

2. 液压软管总成长度 L 由供需双方确定

图2　O形圈端面密封式（统一螺纹）直通（SWS）液压软管总成

续表

基本参数与连接尺寸

O形圈端面密封式液压软管总成(A型)

表2　O形圈端面密封式(统一螺纹)直通(SWS)液压软管总成基本参数与连接尺寸

软管内径/mm	钢丝编织液压软管总成最高工作压力/MPa		钢丝缠绕液压软管总成最高工作压力①/MPa					螺纹 D_0/in	$d_0$② 最小/mm	$L_1$③ /mm	s /mm
	1ST,1SN,R1ATS型	2ST,2SN,R2ATS型	4SP	4SH	R12	R13	R15				
6.3	22.5	40.0	45.0	—	—	—	—	9/16-18UNF	3	15	17
								11/16-16UNF	3	17	22
8	21.0	35	—	—	—	—	—	9/16-18UNF	5	15	17
								11/16-16UNF	5	17	22
10	18.0	33.0	44.5	—	28.0	—	42.0	11/16-16UNF	6	17	22
								13/16-16UN	6	20	24
12.5	16.0	27.5	41.5	—	28.0	—	42.0	13/16-16UN	8	20	24
								1-14UNS	8	24	30
16	13.0	25.0	35.0	—	28.0	—	—	1-14UNS	11	24	30
								1 3/16-12UN	11	26.5	36
19	10.5	21.5	35.0	40.0	28.0	35.0	40.0	1 3/16-12UN	14	26.5	36
								1 7/16-12UN	14	27.5	41
25	8.7	16.5	28.0	38.0	28.0	35.0	40.0	1 7/16-12UN	19	27.5	41
								1 11/16-12UN	19	27.5	50
31.5	6.2	12.5	21.0	25.0	21.0	25.0	25.0	1 11/16-12UN	25	27.5	50
								2-12UN	25	27.5	60
38	5.0	9.0	18.5	25.0	17.5	25.0	25.0	2-12UN	31	27.5	60

① 软管总成的最高工作压力应取 ISO 8434-3:2005 中给定的相同规格的管接头压力和相同软管规格压力的较低值。若按 GB/T 10544—2013 的规定选择更高的软管总成工作压力,应向管接头制造商咨询

② 软管接头和软管组装之前,软管接头内孔的最小直径。装配后应满足最小通过量的要求

③允许使用扣压式螺母,其六角头宽度见 GB/T 9065.1—2015 的附录 A

③O形圈端面密封式(公制螺纹)45°弯头(SWE45)液压软管总成结构型式、基本参数与连接尺寸应符合图3和表3的规定

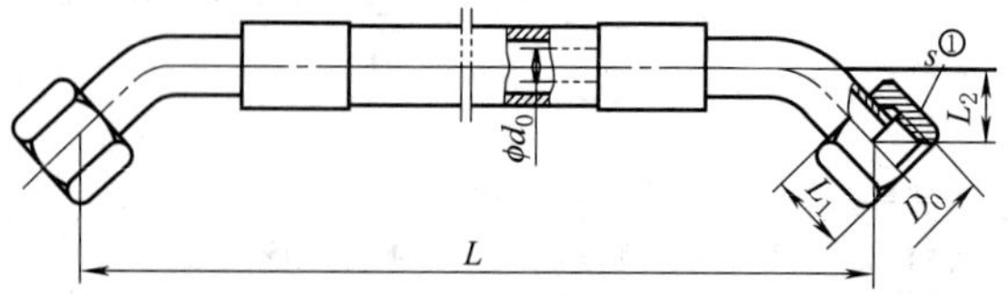

①螺母六角形相对平面尺寸(扳手尺寸)

注:1. 连接部位的细节参见 ISO 8434-3:2005

2. 液压软管总成长度 L 由供需双方确定

图3　O形圈端面密封式(公制螺纹)45°弯头(SWE45)液压软管总成

续表

基本参数与连接尺寸

O形圈端面密封式液压软管总成(A型)

表3 O形圈端面密封式(公制螺纹)45°弯头(SWE45)液压软管总成基本参数与连接尺寸

软管内径/mm	钢丝编织液压软管总成最高工作压力/MPa		钢丝缠绕液压软管总成最高工作压力①/MPa					螺纹 D_0/mm	$d_0$② 最小/mm	$L_1$③ /mm	L_2 (±3)/mm	s /mm
	1ST,1SN,R1ATS型	2ST,2SN,R2ATS型	4SP	4SH	R12	R13	R15					
5	25.0	41.5	—	—	—	—	—	M12×1.25	2.5	14	18.5	14
6.3	22.5	40.0	45.0	—	—	—	—	M14×1.5	3	15	18.5	17
8	21.0	35	—	—	—	—	—	M14×1.5	5	15	19.5	17
								M16×1.5	5	15.5	20	19
								M18×1.5	5	17	20	22
10	18.0	33.0	44.5	—	28.0	—	42.0	M18×1.5	6	17	21.5	22
								M22×1.5	6	19	21.5	27
12.5	16.0	27.5	41.5	—	28.0	—	42.0	M22×1.5	8	19	24	27
								M27×1.5	8	21	24	32
16	13.0	25.0	35.0	—	28.0	—	—	M27×1.5	11	21	24	32
								M30×1.5	11	22	24	36
19	10.5	21.5	35.0	40.0	28.0	35.0	40.0	M30×1.5	14	22	30	36
								M36×2	14	24	30	41
25	8.7	16.5	28.0	38.0	28.0	35.0	40.0	M36×2	19	24	31.5	41
								M39×2	19	26	31.5	46
								M42×2	19	27	31.5	50
31.5	6.2	12.5	21.0	25.0	21.0	25.0	25.0	M42×2	25	27	35	50
								M52×2	25	30	35	60
38	5.0	9.0	18.5	25.0	17.5	25.0	25.0	M52×2	31	30	35	60
51	4.0	8.0	16.5	25.0	17.5	25.0	—	M64×2	42	37	45	75

① 软管总成的最高工作压力应取 ISO 8434-3:2005 中给定的相同规格的管接头压力和相同软管规格压力的较低值。若按 GB/T 10544—2013 的规定选择更高的软管总成工作压力,应向管接头制造商咨询

② 软管接头和软管组装之前,软管接头内孔的最小直径。装配后应满足最小通过量的要求

③允许使用扣压式螺母,其六角头宽度见 GB/T 9065.1—2015 的附录 A

④O 形圈端面密封式(统一螺纹)45°短弯头(SWE45S)和中弯头(SWE45M)液压软管总成结构型式、基本参数与连接尺寸应符合图 4 和表 4 的规定

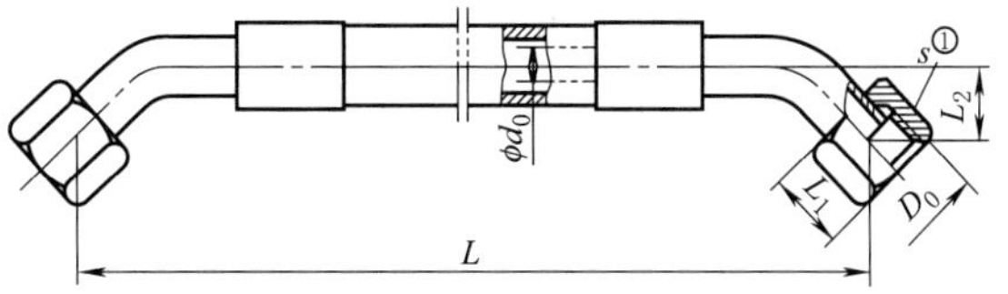

①螺母六角形相对平面尺寸(扳手尺寸)

注:1. 连接部位的细节参见 ISO 8434-3:2005

2. 液压软管总成长度 L 由供需双方确定

图 4 O 形圈端面密封式(统一螺纹)45°短弯头(SWE45S)和中弯头(SWE45M)液压软管总成

续表

基本参数与连接尺寸

O形圈端面密封式液压软管总成(A型)

表4　O形圈端面密封式(统一螺纹)45°短弯头(SWE45S)和中弯头(SWE45M)液压软管总成基本参数与连接尺寸

软管内径/mm	钢丝编织液压软管总成最高工作压力/MPa		钢丝缠绕液压软管总成最高工作压力①/MPa					螺纹 D_0/in	$d_0$② 最小/mm	$L_1$③/mm	$L_2(\pm3)$/mm		s/mm
	1ST,1SN,R1ATS型	2ST,2SN,R2ATS型	4SP	4SH	R12	R13	R15				SWE45S	SWE45M	
6.3	22.5	40.0	45.0	—	—	—	—	9/16-18UNF	3	15	10	—	17
								11/16-16UNF	3	17	10	—	22
8	21.0	35	—	—	—	—	—	9/16-18UNF	5	15	11	—	17
								11/16-16UNF	5	17	11	—	22
10	18.0	33.0	44.5	—	28.0	—	42.0	11/16-16UNF	6	17	11	—	22
								13/16-16UN	6	20	15	—	24
12.5	16.0	27.5	41.5	—	28.0	—	42.0	13/16-16UN	8	20	15	—	24
								1-14UNS	8	24	16	—	30
16	13.0	25.0	35.0	—	28.0	—	—	1-14UNS	11	24	16	—	30
								1 3/16-12UN	11	26.5	21	—	36
19	10.5	21.5	35.0	40.0	28.0	35.0	40.0	1 3/16-12UN	14	26.5	21	—	36
								1 7/16-12UN	14	27.5	24	—	41
25	8.7	16.5	28.0	38.0	28.0	35.0	40.0	1 7/16-12UN	19	27.5	24	32	41
								1 11/16-12UN	19	27.5	25	32	50
31.5	6.2	12.5	21.0	25.0	21.0	25.0	25.0	1 11/16-12UN	25	27.5	25	—	50
								2-12UN	25	27.5	27	42	60
38	5.0	9.0	18.5	25.0	17.5	25.0	25.0	2-12UN	31	27.5	27	42	60

① 软管总成的最高工作压力应取ISO 8434-3:2005中给定的相同规格的管接头压力和相同软管规格压力的较低值。若按GB/T 10544—2013的规定选择更高的软管总成工作压力,应向管接头制造商咨询

② 软管接头和软管组装之前,软管接头内孔的最小直径。装配后应满足最小通过量的要求

③允许使用扣压式螺母,其六角头宽度见GB/T 9065.1—2015的附录A

⑤O形圈端面密封式(公制螺纹)90°弯头(SWE)液压软管总成结构型式、基本参数与连接尺寸应符合图5和表5的规定

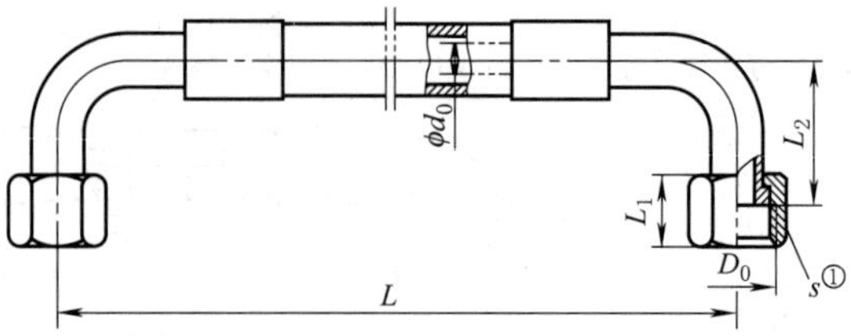

①螺母六角形相对平面尺寸(扳手尺寸)

注:1. 连接部位的细节参见ISO 8434-3:2005

2. 液压软管总成长度L由供需双方确定

图5　O形圈端面密封式(公制螺纹)90°弯头(SWE)液压软管总成

续表

基本参数与连接尺寸

O形圈端面密封式液压软管总成（A型）

表5 O形圈端面密封式（公制螺纹）90°弯头（SWE）液压软管总成基本参数与连接尺寸

软管内径/mm	钢丝编织液压软管总成最高工作压力/MPa 1ST，1SN，R1ATS型	钢丝编织液压软管总成最高工作压力/MPa 2ST，2SN，R2ATS型	钢丝缠绕液压软管总成最高工作压力①/MPa 4SP	4SH	R12	R13	R15	螺纹 D_0/mm	$d_0$② 最小/mm	$L_1$③/mm	L_2(±3)/mm	s/mm
5	25.0	41.5	—	—	—	—	—	M12×1.25	2.5	14	34	14
6.3	22.5	40.0	45.0	—	—	—	—	M14×1.5	3	15	34	17
8	21.0	35	—	—	—	—	—	M14×1.5	5	15	37	17
								M16×1.5	5	15.5	38	19
								M18×1.5	5	17	38	22
10	18.0	33.0	44.5	—	28.0	—	42.0	M18×1.5	6	17	41	22
								M22×1.5	6	19	41	27
12.5	16.0	27.5	41.5	—	28.0	—	42.0	M22×1.5	8	19	48	27
								M27×1.5	8	21	48	32
16	13.0	25.0	35.0	—	28.0	—	—	M27×1.5	11	21	51	32
								M30×1.5	11	22	51	36
19	10.5	21.5	35.0	40.0	28.0	35.0	40.0	M30×1.5	14	22	64	36
								M36×2	14	24	64	41
25	8.7	16.5	28.0	38.0	28.0	35.0	40.0	M36×2	19	24	70	41
								M39×2	19	26	70	46
								M42×2	19	27	70	50
31.5	6.2	12.5	21.0	25.0	21.0	25.0	25.0	M42×2	25	27	80	50
								M52×2	25	30	80	60
38	5.0	9.0	18.5	25.0	17.5	25.0	25.0	M52×2	31	30	92	60
51	4.0	8.0	16.5	25.0	17.5	25.0	—	M64×2	42	37	113	75

① 软管总成的最高工作压力应取 ISO 8434-3：2005 中给定的相同规格的管接头压力和相同软管规格压力的较低值。若按 GB/T 10544—2013 的规定选择更高的软管总成工作压力，应向管接头制造商咨询

② 软管接头和软管组装之前，软管接头内孔的最小直径。装配后应满足最小通过量的要求

③允许使用扣压式螺母，其六角头宽度见 GB/T 9065.1—2015 的附录 A

⑥O形圈端面密封式（统一螺纹）90°短弯头（SWES）、中弯头（SWEM）和长弯头（SWEL）液压软管总成结构型式、基本参数与连接尺寸应符合图6和表6的规定

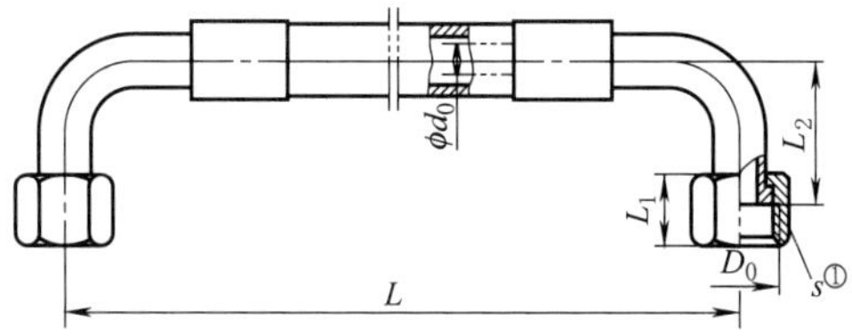

①螺母六角形相对平面尺寸（扳手尺寸）

注：1. 连接部位的细节参见 ISO 8434-3：2005

2. 液压软管总成长度 L 由供需双方确定

图6 O形圈端面密封式（统一螺纹）90°短弯头（SWES）、中弯头（SWEM）和长弯头（SWEL）液压软管总成

续表

基本参数与连接尺寸

O形圈端面密封式液压软管总成（A型）

表6　O形圈端面密封式（统一螺纹）90°短弯头（SWES）、中弯头（SWEM）和长弯头（SWEL）液压软管总成基本参数与连接尺寸

软管内径/mm	钢丝编织液压软管总成最高工作压力/MPa		钢丝缠绕液压软管总成最高工作压力①/MPa					螺纹 D_0/in	$d_0$② 最小/mm	$L_1$③/mm	L_2(±3)/mm			s/mm
	1ST，1SN，R1ATS型	2ST，2SN，R2ATS型	4SP	4SH	R12	R13	R15				SWES	SWEM	SWEL	
6.3	22.5	40.0	45.0	—	—	—	—	$^{9}/_{16}$-18UNF	3	15	21	32	46	17
								$^{11}/_{16}$-16UNF	3	17	23	38	54	22
8	21.0	35	—	—	—	—	—	$^{9}/_{16}$-18UNF	5	15	21	32	46	17
								$^{11}/_{16}$-16UNF	5	17	23	38	54	22
10	18.0	33.0	44.5	—	28.0	—	42.0	$^{11}/_{16}$-16UNF	6	17	23	38	54	22
								$^{13}/_{16}$-16UN	6	20	29	41	64	24
12.5	16.0	27.5	41.5	—	28.0	—	42.0	$^{13}/_{16}$-16UN	8	20	29	41	64	24
								1-14UNS	8	24	32	47	70	30
16	13.0	25.0	35.0	—	28.0	—	—	1-14UNS	11	24	32	47	70	30
								1$^{3}/_{16}$-12UN	11	26.5	48	58	96	36
19	10.5	21.5	35.0	40.0	28.0	35.0	40.0	1$^{3}/_{16}$-12UN	14	26.5	48	58	96	36
								1$^{7}/_{16}$-12UN	14	27.5	56	71	114	41
25	8.7	16.5	28.0	38.0	28.0	35.0	40.0	1$^{7}/_{16}$-12UN	19	27.5	56	71	114	41
								1$^{11}/_{16}$-12UN	19	27.5	64	78	129	50
31.5	6.2	12.5	21.0	25.0	21.0	25.0	25.0	1$^{11}/_{16}$-12UN	25	27.5	64	78	129	50
								2-12UN	25	27.5	69	86	141	60
38	5.0	9.0	18.5	25.0	17.5	25.0	25.0	2-12UN	31	27.5	69	86	141	60

① 软管总成的最高工作压力应取 ISO 8434-3:2005 中给定的相同规格的管接头压力和相同软管规格压力的较低值。若按 GB/T 10544—2013 的规定选择更高的软管总成工作压力，应向管接头制造商咨询

② 软管接头和软管组装之前，软管接头内孔的最小直径。装配后应满足最小通过量的要求

③允许使用扣压式螺母，其六角头宽度见 GB/T 9065.1—2015 的附录 A

24°锥密封式液压软管总成（H型）和卡套式液压软管总成（HB型）

①24°锥密封式直通（SWS）液压软管总成结构型式、基本参数与连接尺寸应符合图7和表7的规定

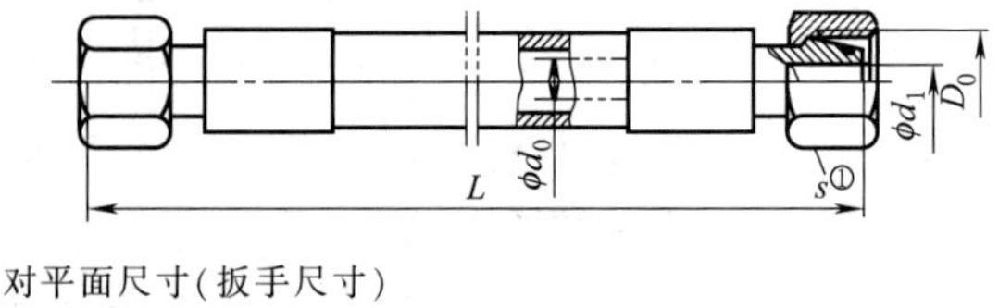

①螺母六角形相对平面尺寸（扳手尺寸）

注：1. 连接部位的细节参见 GB/T 14034.1—2010

2. 液压软管总成长度 L 由供需双方确定

图7　24°锥密封式直通（SWS）液压软管总成

续表

基本参数与连接尺寸

24°锥密封式液压软管总成（H型）和卡套式液压软管总成（HB型）

表7　24°锥密封式直通（SWS）液压软管总成基本参数与连接尺寸

系列	软管内径 /mm	钢丝编织液压软管总成最高工作压力①/MPa		钢丝缠绕液压软管总成最高工作压力①/MPa					螺纹 D_0 /mm	$d_0$② 最小 /mm	$d_1$③ /mm	s /mm
		1ST,1SN,R1ATS型	2ST,2SN,R2ATS型	4SP	4SH	R12	R13	R15				
轻系列（L）	5	25.0	25.0	—	—	—	—	—	M12×1.25	2.5	3.2	14
	6.3	22.5	25.0	25.0	—	—	—	—	M14×1.25	3	5.2	17
	8	21.0	25.0	—	—	—	—	—	M16×1.25	5	7.2	19
	10	18.0	25.0	25.0	—	25.0	—	25.0.	M18×1.25	6	8.2	22
	12.5	16.0	25.0	25.0	—	25.0	—	25.5	M22×1.25	8	10.2	27
	16	13.0	16.0	16.0	—	16.0	—	—	M26×1.25	11	13.2	32
	19	10.5	16.0	16.0	16.0	16.0	16.0	16.0	M30×2	14	17.2	36
	25	8.7	10.0	10.0	10.0	10.0	10.0	10.0	M36×2	19	23.3	41
	31.5	6.2	10.0	10.0	10.0	10.0	10.0	10.0	M45×2	25	29.2	50
	38	5.0	9.0	10.0	10.0	10.0	10.0	10.0	M52×2	31	34.3	60
重系列（S）	5	25.0	41.5	—	—	—	—	—	M16×1.5	2.5	4.2	19
	6.3	22.5	40.5	45.0	—	—	—	—	M18×1.5	3	6.2	22
	8	21.5	35.0	—	—	—	—	—	M20×1.5	5	8.2	24
	10	18.0	33.0	44.5	—	28.0	—	41.0	M20×1.5	6	8.2	24
	12.5	16.0	27.5	40.0	—	28.0	—	40.0	M24×1.5	8	11.2	30
	16	13.0	25.0	35.0	—	28.0	—	—	M30×2	11	14.2	36
	19	10.5	21.5	35.0	40.0	28.0	35.0	40.0	M36×2	14	18.2	46
	25	8.7	16.5	25.0	25.0	25.0	25.0	25.0	M42×2	19	23.2	50
	31.5	6.2	12.5	21.0	25.0	21.0	25.0	25.0	M52×2	25	30.2	60

① 软管总成的最高工作压力应取 GB/T 14034.1—2010 中给定的相同规格的管接头压力和相同软管规格压力的较低值。若按 GB/T 3683—2011 或 GB/T 10544—2013(2022)的规定选择更高的软管总成工作压力，应向管接头制造商咨询

② 经软管接头和软管装配之前，软管接头内孔的最小直径。装配后应满足最小通过量的要求

③ d_1 尺寸符合 GB/T 14034.1—2010 的规定，且 d_1 的最小值应不小于 d_0，在直径 d_0（接头芯尾部）与 d_1（管接头端内径）之间应平滑过渡，以减小应力集中

②24°锥密封式 45°弯头（SWE45）液压软管总成结构型式、基本参数与连接尺寸应符合图 8 和表 8 的规定

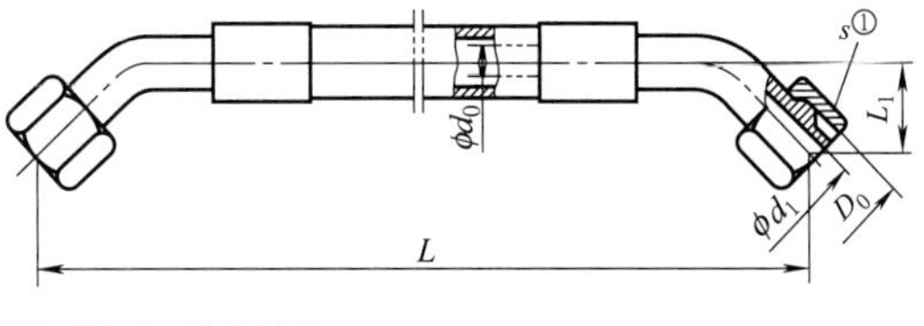

① 螺母六角形相对平面尺寸（扳手尺寸）

注：1. 连接部位的细节参见 GB/T 14034.1—2010

2. 液压软管总成长度 L 由供需双方确定

图 8　24°锥密封式 45°弯头（SWE45）液压软管总成

续表

基本参数与连接尺寸

24°锥密封式液压软管总成(H型)和卡套式液压软管总成(HB型)

表8　24°锥密封式45°弯头(SWE45)液压软管总成基本参数与连接尺寸

系列	软管内径/mm	钢丝编织液压软管总成最高工作压力①/MPa		钢丝缠绕液压软管总成最高工作压力①/MPa					螺纹 D_0 /mm	$d_0$② 最小/mm	$d_1$③ 最大/mm	L_1 (±3)/mm	s /mm
		1ST,1SN,R1ATS型	2ST,2SN,R2ATS型	4SP	4SH	R12	R13	R15					
轻系列(L)	5	25.0	25.0	—	—	—	—	—	M12×1.5	2.5	3.2	15	14
	6.3	22.5	25.0	25.0	—	—	—	—	M14×1.5	3	5.2	16	17
	8	21.0	25.0	—	—	—	—	—	M16×1.5	5	7.2	17	19
	10	18.0	25.0	25.0	—	25.0	—	25.0	M18×1.5	6	8.2	18.5	22
	12.5	16.0	25.0	25.0	—	25.0	—	25.0	M22×1.5	8	10.2	19.5	27
	16	13.0	16.0	16.0	—	16.0	—	—	M26×1.5	11	13.2	23.5	32
	19	10.5	16.0	16.0	16.0	16.0	16.0	16.0	M30×2	14	17.2	25.5	36
	25	8.7	10.0	10.0	10.0	10.0	10.0	10.0	M36×2	19	23.2	32	41
	31.5	6.2	10.0	10.0	10.0	10.0	10.0	10.0	M45×2	25	29.2	38	50
	38	5.0	9.0	10.0	10.0	10.0	10.0	10.0	M52×2	31	34.3	44.5	60
重系列(S)	5	25.0	41.5	—	—	—	—	—	M16×1.5	2.5	4.2	17	19
	6.3	22.5	40.0	45.0	—	—	—	—	M18×1.5	3	6.2	17	22
	8	21.0	35.0	—	—	—	—	—	M20×1.5	5	8.2	18	24
	10	18.0	33.0	44.5	—	28.0	—	42.0	M20×1.5	6	8.2	18.5	24
	12.5	16.0	27.5	40.0	—	28.0	—	40.0	M24×1.5	8	11.2	21	30
	16	13.0	25.0	35.0	—	28.0	—	—	M30×2	11	14.2	25	36
	19	10.5	21.5	35.0	40.0	28.0	35.0	40.0	M36×2	14	18.2	30.5	46
	25	8.7	16.5	25.0	25.0	25.0	25.0	25.0	M42×2	19	23.2	35.5	50
	31.5	6.2	12.5	21.0	25.0	21.0	25.0	25.0	M52×2	25	30.3	44.5	60

① 软管总成的最高工作压力应取 GB/T 14034.1—2010 中给定的相同规格的管接头压力和相同软管规格压力的较低值。若按 GB/T 3683—2011 或 GB/T 10544—2013 的规定选择更高的软管总成工作压力,应向管接头制造商咨询

② 软管接头和软管装配前,软管接头内孔的最小直径。装配后应满足最小通过量的要求

③ d_1 尺寸符合 GB/T 14034.1—2010 的规定,且 d_1 的最小值应不小于 d_0,在直径 d_0(接头芯尾部)与 d_1(管接头端的内径)之间应平滑过渡,以减小应力集中

③24°锥密封式90°弯头(SWE)液压软管总成结构型式、基本参数与连接尺寸应符合图9和表9的规定

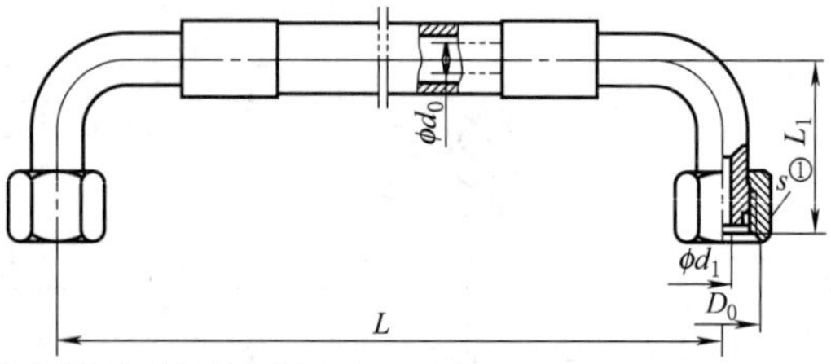

① 螺母六角形相对平面尺寸(扳手尺寸)

注:1. 连接部位的细节参见 GB/T 14034.1—2010

2. 液压软管总成长度 L 由供需双方确定

图9　24°锥密封式90°弯头(SWE)液压软管总成

续表

基本参数与连接尺寸

24°锥密封式液压软管总成（H型）和卡套式液压软管总成（HB型）

表9　24°锥密封式90°弯头（SWE）液压软管总成基本参数与连接尺寸

系列	软管内径/mm	钢丝编织液压软管总成最高工作压力[①]/MPa		钢丝缠绕液压软管总成最高工作压力[①]/MPa					螺纹 D_0 /mm	d_0[②] 最小/mm	d_1[③] 最大/mm	L_1 (±3)/mm	s/mm
		1ST，1SN，R1ATS型	2ST，2SN，R2ATS型	4SP	4SH	R12	R13	R15					
轻系列（L）	5	25.0	25.0	—	—	—	—	—	M12×1.5	2.5	3.2	30	14
	6.3	22.5	25.0	25.0	—	—	—	—	M14×1.5	3	5.2	30.5	17
	8	21.0	25.0	—	—	—	—	—	M16×1.5	5	7.2	33	19
	10	18.0	25.0	25.0	—	25.0	—	25.0	M18×1.5	6	8.2	36	22
	12.5	16.0	25.0	25.0	—	25.0	—	25.0	M22×1.5	8	10.2	40.5	27
	16	13.0	16.0	16.0	—	16.0	—	—	M26×1.5	11	13.2	51.5	32
	19	10.5	16.0	16.0	16.0	16.0	16.0	16.0	M30×2	14	17.2	56.5	36
	25	8.7	10.0	10.0	10.0	10.0	10.0	10.0	M36×2	19	23.2	68.5	41
	31.5	6.2	10.0	10.0	10.0	10.0	10.0	10.0	M45×2	25	29.2	78.5	50
	38	5.0	9.0	10.0	10.0	10.0	10.0	10.0	M52×2	31	36.3	95	60
重系列（S）	5	25.0	41.5	—	—	—	—	—	M16×1.5	2.5	4.2	32	19
	6.3	22.5	40.0	45.0	—	—	—	—	M18×1.5	3	6.2	32	22
	8	21.0	35.0	—	—	—	—	—	M20×1.5	5	8.2	34	24
	10	18.0	33.0	44.5	—	28.0	—	42.0	M20×1.5	6	8.2	35.5	24
	12.5	16.0	27.5	40.0	—	28.0	—	40.0	M24×1.5	8	11.2	43	30
	16	13.0	25.0	35.0	—	28.0	—	—	M30×2	11	14.2	49.5	36
	19	10.5	21.5	35.0	40.0	28.0	35.0	40.0	M36×2	14	19.2	59	46
	25	8.7	16.5	25.0	25.0	25.0	25.0	25.0	M42×2	19	24.2	70	50
	31.5	6.2	12.5	21.0	25.0	21.0	25.0	25.0	M52×2	25	32.2	87	60

① 软管总成的最高工作压力应取GB/T 14034.1—2010中给定的相同规格的管接头压力和相同软管规格压力的较低值。若按GB/T 3683—2011或GB/T 10544—2013的规定选择更高的软管总成工作压力，应向管接头制造商咨询

② 软管接头和软管装配前，软管接头内孔的最小直径。装配后应满足最小通过量的要求

③ d_1尺寸符合GB/T 14034.1—2010的规定，且d_1的最小值应不小于d_0，在直径d_0（接头芯尾部）与d_1（管接头端的内径）之间应平滑过渡，以减小应力集中

④卡套式液压软管总成结构型式、基本参数与连接尺寸应符合图10和表10的规定

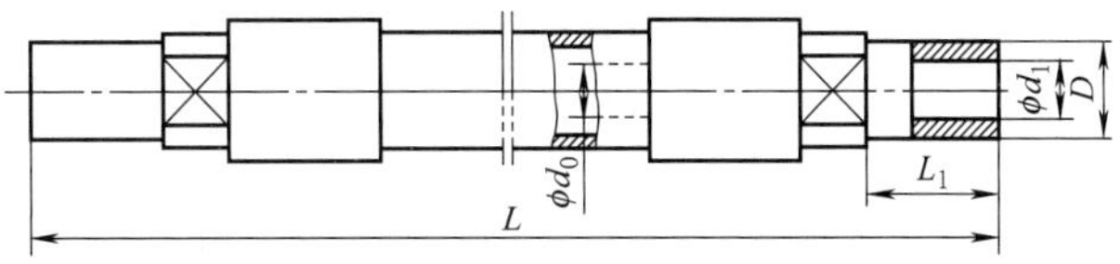

注：液压软管总成长度L由供需双方确定

图10　卡套式直通（HB）液压软管总成

续表

基本参数与连接尺寸

24°锥密封式液压软管总成(H型)和卡套式液压软管总成(HB型)

表 10　卡套式直通(HB)液压软管总成基本参数与连接尺寸

系列	软管内径/mm	钢丝编织液压软管总成最高工作压力①/MPa		钢丝缠绕液压软管总成最高工作压力①/MPa					接头公称尺寸/mm		$d_0$②最小/mm	$d_1$③最大/mm	L_1/mm
		1ST,1SN,R1AT型	2ST,2SN,R2AT型	4SP	4SH	R12	R13	R15	D	极限偏差			
轻系列(L)	5	25.0	25.0	—	—	—	—	—	6	±0.060	2.5	3.2	22
	6.3	22.5	25.0	25.0	—	—	—	—	8	±0.075	3	5.2	23
	8	21.0	25.0	—	—	—	—	—	10	±0.075	5	7.2	23
	10	18.0	25.0	25.0	—	25.0	—	25.0	12	±0.090	6	8.2	24
	12.5	16.0	25.0	25.0	—	25.0	—	25.0	15	±0.090	8	10.2	25
	16	13.0	16.0	16.0	—	16.0	—	—	18	±0.090	11	13.2	26
	19	10.5	16.0	16.0	16.0	16.0	16.0	16.0	22	±0.105	14	17.2	28
	25	8.7	10.0	10.0	10.0	10.0	10.0	10.0	28	±0.105	19	23.2	30
	31.5	8.7	10.0	10.0	10.0	10.0	10.0	10.0	35	±0.125	25	29.2	38
	38	5.0	9.0	10.0	10.0	10.0	10.0	10.0	42	±0.125	31	34.3	40
重系列(S)	5	25.0	41.5	—	—	—	—	—	8	±0.060	2.5	4.2	24
	6.3	22.5	40.0	45.0	—	—	—	—	10	±0.075	3	6.2	26
	8	21.0	35.0	—	—	—	—	—	12	±0.075	5	8.2	26
	10	18.0	33.0	44.5	—	28.0	—	42.0	14	±0.090	6	8.2	29
	12.5	16.0	27.5	40.0	—	28.0	—	40.0	16	±0.090	8	11.2	30
	16	13.0	25.0	35.0	—	28.0	—	—	20	±0.090	11	14.2	36
	19	10.5	21.5	35.0	40.0	28.0	35.0	40.0	25	±0.105	14	18.2	40
	25	8.7	16.5	25.0	25.0	25.0	25.0	25.0	30	±0.105	19	23.2	44
	31.5	8.7	12.5	21.0	25.0	21.0	25.0	25.0	38	±0.125	25	33	50

① 软管总成的最高工作压力取 GB/T 14034.1—2010 中给定的相同规格的管接头压力和相同软管规格压力的较低值。若按 GB/T 3683—2011 或 GB/T 10544—2013 的规定选择更高的软管总成工作压力,应向管接头制造商咨询

② 软管接头和软管装配前,软管接头内孔的最小直径。装配后应满足最小通过量的要求

③ d_1 尺寸符合 GB/T 14034.1—2010 的规定,且 d_1 应不小于 d_0,在直径 d_0(接头芯尾部)与 d_1(管接头端的内径)之间应平滑过渡,以减小应力集中

法兰式液压软管总成(F型)

①法兰式直通(S)液压软管总成结构型式、基本参数与连接尺寸应符合图 11 和表 11 的规定

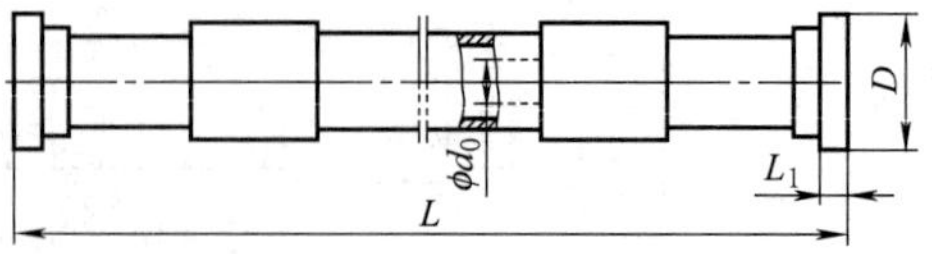

注:1. 接头细节和 O 形圈规格参见 ISO 6162-1:2012 或 ISO 6162-2:2018

2. 液压软管总成长度 L 由供需双方确定

图 11　法兰式直通(S)液压软管总成

续表

基本参数与连接尺寸

法兰式液压软管总成(F型)

表 11　法兰式直通(S)液压软管总成基本参数与连接尺寸

系列	软管内径/mm	钢丝编织液压软管总成最高工作压力①/MPa		钢丝缠绕液压软管总成最高工作压力①/MPa					(D±0.25)/mm	$d_0$②最小/mm	(L±0.15)/mm
		1ST,1SN,R1ATS型	2ST,2SN,R2ATS型	4SP	4SH	R12	R13	R15			
轻系列(L)	12.5	16.0	27.5	34.5	—	28.0	—	34.5	30.2	8	6.8
	16	13.0	25.0	34.5	—	28.0	—	—	38.1	11	6.8
	19	10.5	21.5	34.5	34.5	28.0	34.5	34.5	38.1	14	6.8
		10.5	21.5	34.5	34.5	28.0	34.5	34.5	44.4	14	6.8
	25	8.7	16.5	28.0	34.5	28.0	34.5	34.5	44.4	19	8
		8.7	16.5	28.0	34.5	28.0	34.5	34.5	50.8	19	8
	31.5	6.2	12.5	21.0	27.6	21.0	27.6	27.6	50.8	25	8
		6.2	12.5	21.0	27.6	21.0	27.6	27.6	60.3	25	8
	38	5.0	9.0	18.5	20.7	17.5	20.7	20.7	60.3	31	8
		5.0	9.0	18.5	20.7	17.5	20.7	20.7	71.4	31	9.6
	51	4.0	8.0	16.5	20.7	17.5	20.7	—	71.4	42	9.6
重系列(S)	12.5	16.0	27.5	41.4	—	28.0	—	41.4	31.8	8	7.8
	16	13.0	25.0	35.0	—	28.0	—	—	41.3	11	8.8
	19	10.5	21.5	35.0	41.4	28.0	35.0	41.4	41.3	14	8.8
		10.5	21.5	35.5	41.4	28.0	35.0	41.4	47.6	14	9.5
	25	8.7	16.5	28.0	38.0	28.0	35.0	41.4	47.6	19	9.5
		8.7	16.5	28.0	38.0	28.0	35.0	41.4	54	19	10.3
	31.5	6.2	12.5	21.0	32.5	21.0	35.0	41.4	54	25	10.3
		6.2	12.5	21.0	32.5	21.0	35.0	41.4	63.5	25	12.6
	38	5.0	9.0	18.5	29.0	17.5	35.0	41.4	63.5	31	12.6
		5.0	9.0	18.5	29.0	17.5	35.0	41.4	79.4	31	12.6
	51	4.0	8.0	16.5	25.0	17.5	35.0	—	79.4	42	12.6

① 软管总成的最高工作压力应取 ISO 6162-1:2012、ISO 6162-2:2018 中给定的相同规格的管接头压力和相同软管规格压力的较低值。若按 GB/T 3683—2011 或 GB/T 10544—2013(2022)的规定选择更高的软管总成工作压力,应向管接头制造商咨询

② 软管接头和软管装配之前,软管接头内孔的最小直径。装配后应满足最小通过量的要求

②法兰式 45°短弯头(E45S)和中弯头(E45M)液压软管总成结构型式、基本参数与连接尺寸应符合图 12 和表 12 的规定

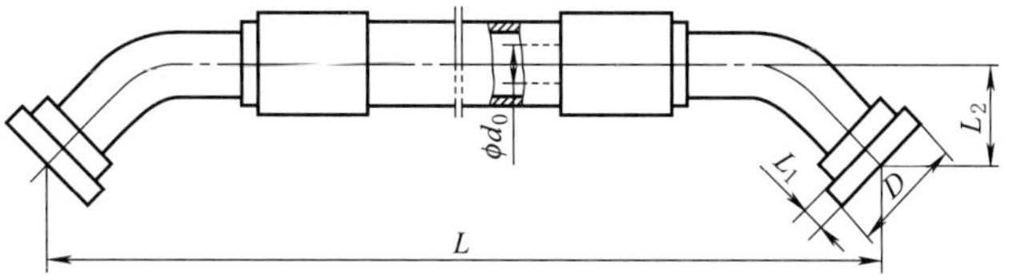

注:1. 接头细节和 O 形圈规格参见 ISO 6162-1:2012、ISO 6162-2:2018

2. 液压软管总成长度 L 由供需双方确定

图 12　法兰式 45°短弯头(E45S)和中弯头(E45M)液压软管总成

续表

基本参数与连接尺寸

法兰式液压软管总成(F型)

表 12　法兰式 45°短弯头(E45S)和中弯头(E45M)液压软管总成基本参数与连接尺寸

系列	软管内径/mm	钢丝编织液压软管总成最高工作压力①/MPa		钢丝缠绕液压软管总成最高工作压力①/MPa					(D±0.25)/mm	$d_0$② 最小/mm	(L_1±0.15)/mm	(L_2±3)/mm	
		1ST,1SN,R1AT型	2ST,2SN,R2AT型	4SP	4SH	R12	R13	R15				E45S	E45M
轻系列(L)	12.5	16.0	27.5	34.5	—	28.0	—	34.5	30.2	8	6.8	—	19
	16	13.0	25.0	34.5	—	28.0	—	—	38.1	11	6.8	—	26
	19	10.5	21.5	34.5	34.5	28.0	34.5	34.5	38.1	14	6.8	—	26
		10.5	21.5	34.5	34.5	28.0	34.5	34.5	44.4	14	6.8	—	32
	25	8.7	16.5	28.0	34.5	28.0	34.5	34.5	44.4	19	8	28	32
		8.7	16.5	28.0	34.5	28.0	34.5	34.5	50.8	19	8	32	38
	31.5	6.2	12.5	21.0	27.6	21.0	27.6	27.6	50.8	25	8	32	38
		6.2	12.5	21.0	27.6	21.0	27.6	27.6	60.3	25	8	38	44
	38	5.0	9.0	18.5	20.7	17.5	20.7	20.7	60.3	31	8	38	44
		5.0	9.0	18.5	20.7	17.5	20.7	20.7	71.4	31	9.6	52	56
	51	4.0	8.0	16.5	20.7	17.5	20.7	—	71.4	42	9.6	52	56
重系列(S)	12.5	16.0	27.5	41.4	—	28.0	—	41.4	31.8	8	7.8	—	19
	16	13.0	25.0	35.0	—	28.0	—	—	41.3	11	8.8	—	26
	19	10.5	21.5	35.0	41.4	28.0	35.0	41.4	41.3	14	8.8	—	26
		10.5	21.5	35.0	41.4	28.0	35.0	41.4	47.6	14	9.5	—	32
	25	8.7	16.5	28.0	38.0	28.0	35.0	41.4	47.6	19	9.5	28	32
		8.7	16.5	28.0	38.0	28.0	35.0	41.4	54	19	10.3	32	38
	31.5	6.2	12.5	21.0	32.5	21.0	35.0	41.4	54	25	10.3	32	38
		6.2	12.5	21.0	32.5	21.0	35.0	41.4	63.5	25	12.6	38	44
	38	5.0	9.0	18.5	29.0	17.5	35.0	41.4	63.5	31	12.6	38	44
		5.0	9.0	18.5	29.0	17.5	35.0	41.4	79.4	31	12.6	52	56
	51	4.0	8.0	16.5	25.0	17.5	35.0	—	79.4	42	12.6	52	56

① 软管总成的最高工作压力应取 ISO 6162-1:2012、ISO 6162-2:2018 中给定的相同规格的管接头压力和相同软管规格压力的较低值。若按 GB/T 3683—2011 或 GB/T 10544—2013 的规定选择更高的软管总成工作压力,应向管接头制造商咨询

② 接头与软管装配前,软管接头内孔的最小直径。装配后应满足最小通过量的要求

③法兰式 90°短弯头(ES)和中弯头(EM)液压软管总成结构型式、基本参数与连接尺寸应符合图 13 和表 13 的规定

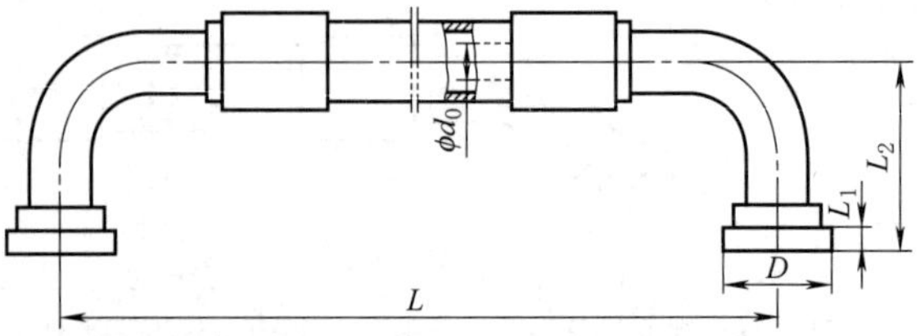

注:1. 接头细节和 O 形圈规格参见 ISO 6162-1:2012、ISO 6162-2:2018

2. 液压软管总成长度 L 由供需双方确定

图 13　法兰式 90°短弯头(ES)和中弯头(EM)液压软管总成

基本参数与连接尺寸

法兰式液压软管总成（F型）

表13　法兰式90°短弯头（ES）和中弯头（EM）液压软管总成基本参数与连接尺寸

系列	软管内径/mm	钢丝编织液压软管总成最高工作压力①/MPa		钢丝缠绕液压软管总成最高工作压力①/MPa					(D±0.25)/mm	$d_0$② 最小/mm	(L_1±0.15)/mm	(L_2±3)/mm	
		1ST，1SN，R1AT型	2ST，2SN，R2AT型	4SP	4SH	R12	R13	R15				ES	EM
轻系列（L）	12.5	16.0	27.5	34.5	—	28.0	—	34.5	30.2	8	6.8	—	40
	16	13.0	25.0	34.5	—	28.0	—	—	38.1	11	6.8	—	58
	19	10.5	21.5	34.5	34.5	28.0	34.5	34.5	38.1	14	6.8	—	58
		10.5	21.5	34.5	34.5	28.0	34.5	34.5	44.4	14	6.8	—	70
	25	8.7	16.5	28.0	34.5	28.0	34.5	34.5	44.4	19	8	61	70
		8.7	16.5	28.0	34.5	28.0	34.5	34.5	50.8	19	8	68	90
	31.5	6.2	12.5	21.0	27.6	21.0	27.6	27.6	50.8	25	8	68	90
		6.2	12.5	21.0	27.6	21.0	27.6	27.6	60.3	25	8	81	104
	38	5.0	9.0	18.5	20.7	17.5	20.7	20.7	60.3	31	8	81	104
		5.0	9.0	18.5	20.7	17.5	20.7	20.7	71.4	31	9.6	120	138
	51	4.0	8.0	16.5	20.7	17.5	20.7	—	71.4	42	9.6	120	138
重系列（S）	12.5	16.0	27.5	41.4	—	28.0	—	41.4	31.8	8	7.8	—	40
	16	13.0	25.0	35.0	—	28.0	—	—	41.3	11	8.8	—	58
	19	10.5	21.5	35.0	41.4	28.0	35.0	41.4	41.3	14	8.8	—	58
		10.5	21.5	35.0	41.4	28.0	35.0	41.4	47.6	14	9.5	—	70
	25	8.7	16.5	28.0	38.0	28.0	35.0	41.4	47.6	19	9.5	61	70
		8.7	16.5	28.0	38.0	28.0	35.0	41.4	54	19	10.3	68	90
	31.5	6.2	12.5	21.0	32.5	21.0	35.0	41.4	54	25	10.3	68	90
		6.2	12.5	21.0	32.5	21.0	35.0	41.4	63.5	25	12.6	81	104
	38	5.0	9.0	18.5	29.0	17.5	35.0	41.4	63.5	31	12.6	81	104
		5.0	9.0	18.5	29.0	17.5	35.0	41.4	79.4	31	12.6	120	138
	51	4.0	8.0	16.5	25.0	17.5	35.0	—	79.4	42	12.6	120	138

① 软管总成的最高工作压力应取ISO 6162-1:2012、ISO 6162-2:2018中给定的相同规格的管接头压力和相同软管规格压力的较低值。若按GB/T 3683—2011或GB/T 10544—2013的规定选择更高的软管总成工作压力时应向管接头制造商咨询

② 接头与软管装配前，软管接头内孔的最小直径。装配后应满足最小通过量的要求

公制螺柱式液压软管总成（L型）

①公制螺柱式直通（SDS）液压软管总成结构型式、基本参数与连接尺寸应符合图14和表14的规定

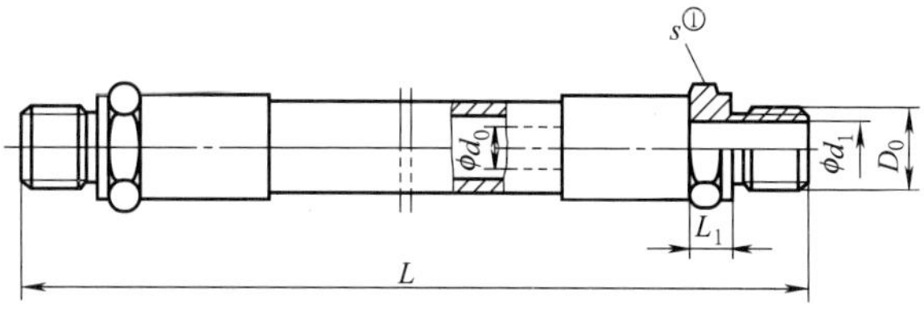

①螺母六角形相对平面尺寸（扳手尺寸）

注：1. 接头细节参见GB/T 2878.2或GB/T 2878.3

2. 液压软管总成长度L由供需双方确定

图14　公制螺柱式直通（SDS）液压软管总成

续表

基本参数与连接尺寸

公制螺柱式液压软管总成(L型)

表 14　公制螺柱式直通(SDS)液压软管总成基本参数与连接尺寸

系列	软管内径/mm	钢丝编织液压软管总成最高工作压力①/MPa		钢丝缠绕液压软管总成最高工作压力①/MPa					螺纹 D_0 /mm	$d_0$② 最小 /mm	$d_1$③ 最大 /mm	L_1 最小 /mm	s /mm
		1ST, 1SN, R1ATS 型	2ST, 2SN, R2ATS 型	4SP	4SH	R12	R13	R15					
轻系列(L)	6.3	22.5	40.0	40.0	—	—	—	—	M12×1.5	3	6	9	17
	8	21.0	35.0	—	—	—	—	—	M14×1.5	5	7.5	10	19
	10	18.0	31.5	31.5	—	28.0	—	31.5	M16×1.5	6	9	11	22
	12.5	16.0	27.5	31.5	—	28.0	—	31.5	M18×1.5	8	11	12	24
	16	13.0	25.0	31.5	—	28.0	—	—	M22×1.5	11	14	13	27
	19	10.5	20.0	20.0	20.0	20.0	20.0	20.0	M27×2	14	18	15	32
	25	8.7	16.5	20.0	20.0	20.0	20.0	20.0	M33×2	19	23	18	41
	31.5	6.2	12.5	20.0	20.0	20.0	20.0	20.0	M42×2	25	30	20	50
	38	5.0	9.0	18.5	20.0	17.5	20.0	20.0	M48×2	31	36	21	55
重系列(S)	6.3	22.5	40.0	45.0	—	—	—	—	M12×1.5	3	4	9	17
	8	21.0	35.0	—	—	—	—	—	M14×1.5	5	6	10	19
	10	18.0	33.0	44.5	—	28.0	—	42.0	M16×1.5	6	7	11	22
	12.5	16.0	27.5	41.5	—	28.0	—	42.0	M18×1.5	8	9	12	24
	16	13.0	25.0	35.0	—	28.0	—	—	M22×1.5	11	12	13	27
	19	10.5	21.5	35.0	40.0	28.0	25.0	40.0	M27×2	14	15	15	32
	25	8.7	16.5	28.0	38.0	28.0	35.0	40.0	M33×2	19	20	18	41
	31.5	6.2	12.5	21.0	25.0	21.0	25.0	25.0	M42×2	25	26	20	50
	38	5.0	9.0	18.5	25.0	17.5	25.0	25.0	M48×2	31	32	21	55

① 软管总成的最高工作压力应取 GB/T 2878.2 或 GB/T 2878.3 中给定的不可调节型相同规格的管接头压力和相同软管规格压力的较低值。若按 GB/T 3683—2011 或 GB/T 10544—2013(2022)的规定选择更高的软管总成工作压力,应向管接头制造商咨询

② 软管接头和软管装配之前,软管接头内孔的最小直径。装配后应满足最小通过量的要求

③ d_1 的最小值不能小于 d_0,d_1 的尺寸应符合 GB/T 2878.2 或 GB/T 2878.3 的规定。软管接头两端的内径 d_0 与 d_1 之间应平滑过渡,以减小应力集中

②公制可调节螺柱式 90°弯(SDE)液压软管总成结构型式、基本参数与连接尺寸应符合图 15 和表 15 的规定

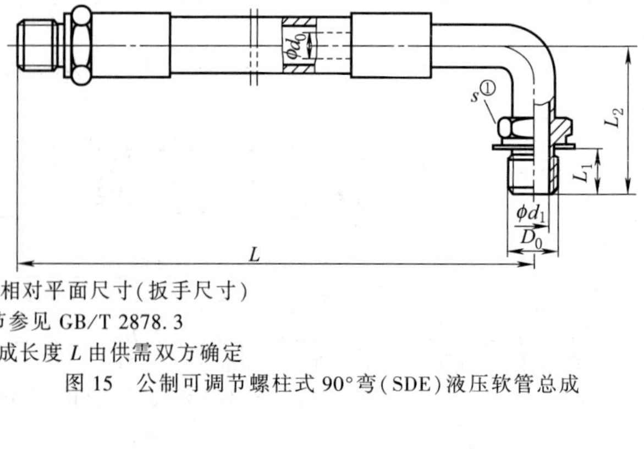

① 螺母六角形相对平面尺寸(扳手尺寸)

注:1. 接头细节参见 GB/T 2878.3

2. 液压软管总成长度 L 由供需双方确定

图 15　公制可调节螺柱式 90°弯(SDE)液压软管总成

续表

公制螺柱式液压软管总成（L型）

表15　公制可调节螺柱式90°弯（SDE）液压软管总成基本参数与连接尺寸

系列	软管内径/mm	钢丝编织液压软管总成最高工作压力①/MPa		钢丝缠绕液压软管总成最高工作压力①/MPa					螺纹 D_0/mm	$d_0$② 最小/mm	$d_1$③ 最大/mm	（L_1 ±1）/mm	L_2/mm 参考	s/mm
		1ST，1SN，R1ATS型	2ST，2SN，R2ATS型	4SP	4SH	R12	R13	R15						
轻系列（L）	6.3	22.5	31.5	31.5	—	—	—	—	M12×1.5	3	6	11.1	30.5	17
	8	21.0	31.5	—	—	—	—	—	M14×1.5	5	7.5	11.1	33.5	19
	10	18.0	25.0	25.0	—	25.0	—	25.0	M16×1.5	6	9	11.6	38	22
	12.5	16.0	25.0	25.0	—	25.0	—	25.0	M18×1.5	8	11	12.6	40	24
	16	13.0	25.0	25.0	—	25.0	—	—	M22×1.5	11	14	12.8	42.5	27
	19	10.5	16.0	16.0	16.0	16.0	16.0	16.0	M27×2	14	18	15.8	51	32
	25	8.7	16.0	16.0	16.0	16.0	16.0	16.0	M33×2	19	23	15.8	53	41
	31.5	6.2	12.5	16.0	16.0	16.0	16.0	16.0	M42×2	25	30	15.8	58	50
	38	5.0	9.0	16.0	16.0	16.0	16.0	16.0	M48×2	31	36	17.3	63.5	55

① 软管总成的最高工作压力应取GB/T 2878.3给定的可调节类型相同规格的管接头压力和相同软管规格压力的较低值。若按GB/T 3683—2011或GB/T 10544—2013的规定选择更高的软管总成工作压力，应向管接头制造商咨询

② 软管接头和软管装配前，软管接头内孔的最小直径。装配后应满足最小通过量的要求

③ d_1 的最小值不能小于 d_0，d_1 的尺寸应符合GB/T 2878.3的规定。软管接头两端的内径 d_0 与 d_1 之间应平滑过渡，以减小应力集中

37°扩口式液压软管总成（C型）

①37°扩口式直通（SWS）液压软管总成结构型式、基本参数与连接尺寸应符合图16和表16的规定

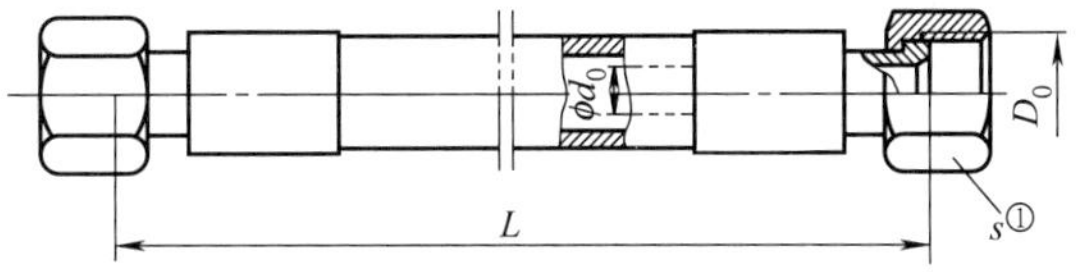

① 螺母六角形相对平面尺寸（扳手尺寸）

注：1. 连接部位的细节参见ISO 8434-2：2007

2. 液压软管总成长度 L 由供需双方确定

图16　37°扩口式直通（SWS）液压软管总成

表16　37°扩口式直通（SWS）液压软管总成基本参数与连接尺寸

软管内径/mm	钢丝编织液压软管总成最高工作压力①/MPa		钢丝缠绕液压软管总成最高工作压力①/MPa					公制螺纹 D_0/mm	$d_0$② 最小/mm	s③/mm
	1ST，1SN，R1ATS型	2ST，2SN，R2ATS型	4SP	4SH	R12	R13	R15			
6.3	22.5	35.0	35.0	—	—	—	—	M14×1.5	3	17
8	21.5	35.0	—	—	—	—	—	M16×1.5	5	19
10	18.5	33.0	35.0	—	28.0	—	35.0	M18×1.5	6	22
12.5	16.0	27.5	31.0	—	28.0	—	31.0	M22×1.5	8	27
16	13.0	24.0	24.0	—	24.0	—	—	M27×1.5	11	32
19	10.5	21.5	24.0	24.0	24.0	24.0	24.0	M30×2	14	36
25	8.7	16.5	21.0	21.0	21.0	21.0	21.0	M29×2	19	46
31.5	6.2	12.5	17.0	17.0	17.0	17.0	17.0	M42×2	25	50
38	5.0	9.0	14.0	14.0	14.0	14.0	14.0	M52×2	31	60
51	4.0	8.0	10.5	10.5	10.5	10.5	—	M64×2	42	75

① 软管总成的最高工作压力应取ISO 8434-2：2007中给定的相同规格的管接头压的较低值。若按GB/T 3638—2011或GB/T 10544—2013（2022）的规定选择更高的软管总成工作压力，应向管接头制造商咨询

② 软管接头和软管装配之前，软管接头内孔的最小直径。装配后应满足最小通过量的要求

③ 螺母六角形相对平面尺寸（扳手尺寸），见GB/T 9065.5—2010的附录A

基本参数与连接尺寸

37°扩口式液压软管总成（C型）

②37°扩口式45°短弯头（SWE45S）和中弯头（SWE45M）液压软管总成结构型式、基本参数与连接尺寸应符合图17和表17的规定

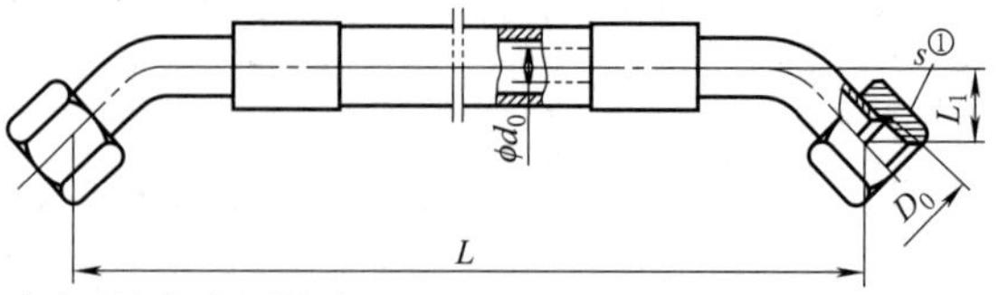

① 螺母六角形相对平面尺寸（扳手尺寸）

注：1. 连接部位的细节参见 ISO 8434-2:2007

2. 液压软管总成长度 L 由供需双方确定

图17 37°扩口式45°短弯头（SWE45S）和中弯头（SWE45M）液压软管总成

表17 37°扩口式45°短弯头（SWE45S）和中弯头（SWE45M）液压软管总成基本参数与连接尺寸

软管内径/mm	钢丝编织液压软管总成最高工作压力①/MPa		钢丝缠绕液压软管总成最高工作压力①/MPa					螺纹		$d_0$② 最小/mm	(L_1±3)/mm		s③/mm	
	1ST,1SN,R1ATS型	2ST,2SN,R2ATS型	4SP	4SH	R12	R13	R15	公制/mm	统一螺纹/in		SWE45S	SWE45M	公制	统一螺纹
6.3	22.5	35.0	35.0	—	—	—	—	M14×1.5	7/16-20UNF	3	10	—	17	14
8	21.0	35.0	—	—	—	—	—	M16×1.5	1/2-20UNF	5	10	—	19	17
10	18.0	33.0	35.0	—	28.0	—	35.0	M18×1.5	9/16-18UNF	6	11	—	22	19
12.5	16.0	27.5	31.0	—	28.0	—	31.0	M22×1.5	3/4-16UNF	8	15	—	27	22
16	13.0	24.0	24.0	—	24.0	—	—	M27×1.5	7/8-14UNF	11	16	—	32	27
19	10.5	21.5	24.0	24.0	24.0	24.0	24.0	M30×2	1 1/16-12UNF	14	21	—	36	32
25	8.7	16.5	21.0	21.0	21.0	21.0	21.0	M39×2	1 5/16-12UNF	19	24	—	46	41
31.5	6.2	12.5	17.0	17.0	17.0	17.0	17.0	M42×2	1 5/8-12UNF	25	25④	32	50	50
38	5.0	9.0	14.0	14.0	14.0	14.0	14.0	M52×2	1 7/8-12UNF	31	27④	42	60	60
51	4.0	8.0	10.5	10.5	10.5	10.5	—	M64×2	2 1/2-12UNF	42	34	—	75	75

① 软管总成的最高工作压力应取 ISO 8434-2:2007 给定的相同规格的管接头压力和相同软管规格压力的较低值。若按 GB/T 3683—2011 或 GB/T 10544—2013 的规定选择更高的软管总成工作压力，应向管接头制造商咨询

② 软管接头和软管组装之前，软管接头内孔的最小直径。装配后应满足最小通过量的要求

③ 螺母六角形相对平面尺寸（扳手尺寸），见 GB/T 9065.5—2010 的附录 A

④ 软管内径为31.5mm和38mm的短弯曲软管接头不适于在高压（尺寸31.5mm和38mm管接头的设计工作压力分为17.0MPa和14.0MPa）下与钢丝缠绕胶管一起使用，应优先使用中弯曲软管接头或咨询制造商

③37°扩口式90°短弯头（SWES）、中弯头（SWEM）和长弯头（SWEL）液压软管总成结构型式、基本参数与连接尺寸应符合图18和表18的规定

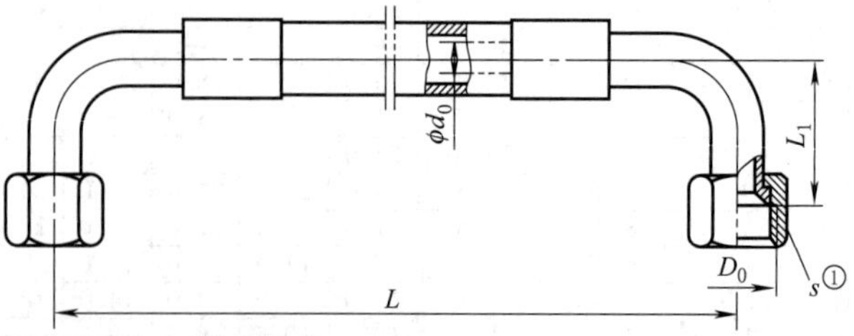

① 螺母六角形相对平面尺寸（扳手尺寸）

注：1. 连接部位的细节参见 ISO 8434-2:2007

2. 液压软管总成长度 L 由供需双方确定

图18 37°扩口式90°短弯头（SWES）、中弯头（SWEM）和长弯头（SWEL）液压软管总成

续表

基本参数与连接尺寸

37°扩口式液压软管总成（C 型）

表 18　37°扩口式 90°短弯头（SWES）、中弯头（SWEM）和长弯头（SWEL）液压软管总成基本参数与连接尺寸

软管内径 /mm	钢丝编织液压软管总成最高工作压力①/MPa		钢丝缠绕液压软管总成最高工作压力①/MPa					螺纹		$d_0$② 最小 /mm	(L_1±3) /mm			s③ /mm	
	1ST，1SN，R1ATS 型	2ST，2SN，R2ATS 型	4SP	4SH	R12	R13	R15	公制 /mm	统一螺纹 /in		SWES	SWEM	SWEL	公制	统一螺纹
6.3	22.5	35.0	35.0	—	—	—	—	M14×1.5	7/16-20UNF	3	21	32	46	17	14
8	21.0	35.0	—	—	—	—	—	M16×1.5	1/2-20UNF	5	21	32	46	19	17
10	18.0	33.0	35.0	—	28.0	—	35.0	M18×1.5	9/16-18UNF	6	23	38	54	22	19
12.5	16.0	27.5	31.0	—	28.0	—	31.0	M22×1.5	3/4-16UNF	8	29	41	64	27	22
16	13.0	24.0	24.0	—	24.0	—	—	M27×1.5	7/8-14UNF	11	32	47	70	32	27
19	10.5	21.5	24.0	24.0	24.0	24.0	24.0	M30×2	1 1/16-12UNF	14	48	58	96	36	32
25	8.7	16.5	21.0	21.0	21.0	21.0	21.0	M39×2	1 5/16-12UNF	19	56	71	114	46	41
31.5	6.2	12.5	17.0	17.0	17.0	17.0	17.0	M42×2	1 5/8-12UNF	25	64④	78	129	50	50
38	5.0	9.0	14.0	14.0	14.0	14.0	14.0	M52×2	1 7/8-12UNF	31	69④	86	141	60	60
51	4.0	8.0	10.5	10.5	10.5	10.5	—	M64×2	2 1/2-12UNF	42	88	140	222	75	75

① 软管总成的最高工作压力应取 ISO 8434-2:2007 给定的相同规格的管接头压力和相同软管规格压力的较低值。若按 GB/T 3683—2011 或 GB/T 10544—2013 的规定选择更高的软管总成工作压力，应向管接头制造商咨询

② 软管接头和软管组装之前，软管接头内孔的最小直径。装配后应满足最小通过量的要求

③ 螺母六角形相对平面尺寸（扳手尺寸）见 GB/T 9065.5—2010 的附录 A

④ 软管内径为 31.5mm 和 38mm 的短弯曲软管接头不适于在高压（尺寸 31.5mm 和 38mm 管接头的设计工作压力分为 17.0MPa 和 14.0MPa）下与钢丝缠绕胶管一起使用，应优先使用中弯曲软管接头或咨询制造商

性能要求

长度变化

液压软管总成在最高工作压力下的长度变化应符合表 19 的规定

表 19　长度变化

软管类型	钢丝编织液压软管		钢丝缠绕液压软管				
	1ST，1SN，R1ATS 型	2ST，2SN，R2ATS 型	4SP	4SH	R12	R13	R15
长度变化	-4%～+2%				±2%		

项目	要求
低温弯曲性	在-40℃低温条件下，液压软管总成弯曲时不应出现表面龟裂或渗漏现象
耐压性	在耐压压力下，液压软管总成不应出现泄漏和其他失效迹象
泄漏	在 70%的最小爆破压力下，液压软管总成不应出现泄漏和其他失效现象
最小通过量	软管总成扣压后，接头芯受挤压后内孔的最小内切圆直径不应小于扣压前该直径的 90%
爆破性能	在规定的最小爆破压力下，液压软管总成不应出现泄漏和破裂现象

耐久性

液压软管总成经受表 20 和表 21 中规定条件下的脉冲次数，不应出现失效现象

表 20　钢丝编织液压软管总成脉冲试验次数及条件

软管类型	软管内径 /mm	脉冲压力/MPa	脉冲次数 /次	试验温度 /℃
1ST，1SN，R1ATS 型	5～25	最高工作压力的 125%	150000	100±3
	25～51	最高工作压力的 100%		
2ST，2SN，R2ATS 型	5～51	最高工作压力的 133%	200000	

表 21　钢丝缠绕液压软管总成脉冲试验次数及条件

软管型别	脉冲压力/MPa	脉冲次数/次	试验温度/℃
4SP	最高工作压力的 133%	400000	100±3
4SH	最高工作压力的 133%	400000	100±3
R12	最高工作压力的 133%	500000	120±3
R13	最高工作压力的 120%	500000	120±3
R15	最高工作压力的 120%	500000	120±3

续表

其他要求

液压软管接头

零件的材料应按表 22 的规定

表 22　零件的材料

零件名称	抗拉强度 R_m/MPa	牌号(推荐)
螺母	≥530	35
接头芯	530~600	35、45
接头外套	≥410	20
卡套接头芯	≥410	20

注:若选用其他材料,供需双方协商确定,并在订货合同中注明

螺纹

①普通螺纹基本尺寸应符合 GB/T 196 的规定

②统一螺纹基本尺寸应符合 GB/T 20670 的规定

③普通螺纹公差应符合 GB/T 197—2003(已被 GB/T 197—2018《普通螺纹　公差》代替)的规定:内螺纹为 6H 级,外螺纹为 6f 级或 6g 级

④统一螺纹公差符合 GB/T 20666—2006 的规定:内螺纹为 2B 级,外螺纹为 2A 级

⑤螺纹收尾、肩距、退刀槽和倒角尺寸应符合 GB/T 3 的规定

⑥外螺纹表面粗糙度应为 Ra≤3.2μm,内螺纹侧面的表面粗糙度应为 Ra≤6.3μm

零件加工

①零件中六方端面(包括过孔式螺母、扣压式螺母、外螺纹型式的六方接头芯六方部位)倒角约为 30°,倒角直径 $d_w≈0.95s$,如图 19 所示

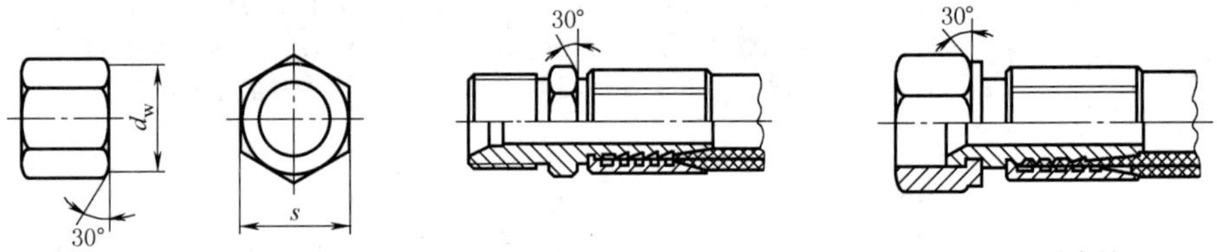

(a) 过孔式螺母　(b) 外螺纹型式的六方接头芯　(c) 扣压式螺母

图 19　零件六方端面

②零件六方头部的几何公差应符合 GB/T 3103.1 的规定

③机械加工的零件六方头部 s 尺寸极限偏差应符合表 23 的规定

表 23　机械加工的零件六方头部 s 尺寸极限偏差　mm

s	14~22	24~30	32~50	55~75
极限偏差	$^{0}_{-0.27}$	$^{0}_{-0.33}$	$^{0}_{-0.62}$	$^{0}_{-0.74}$

④铸造或模锻加工的 s 尺寸极限偏差应符合表 24 的规定

表 24　铸造或模锻加工的 s 尺寸极限偏差　mm

s	16~22	24~30	32~50	55~75
极限偏差	$^{0}_{-0.43}$	$^{0}_{-0.84}$	$^{0}_{-1.00}$	$^{0}_{-1.20}$

⑤零件中机械加工部位未注公差尺寸的极限偏差应不低于 GB/T 1804—2000 规定的 m 级(中等级)

⑥零件中未注的几何公差应不低于 GB/T 1184—1996 规定的 K 级

⑦需要弯曲的接头芯,其弯曲部位截面的长短轴之比应满足 a/b≤1.10,如图 20 所示

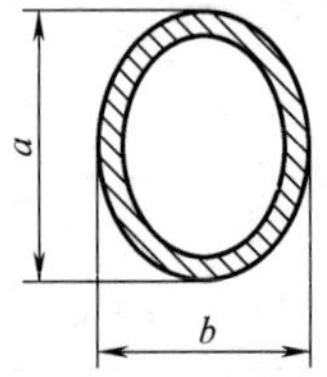

图 20　接头芯弯曲截面

⑧外螺纹连接型式的软管总成接头芯六方前端面有密封作用时,其端面与螺纹轴线垂直度极限偏差应为±0.05mm

⑨45°和 90°弯接头芯,弯曲后两轴线夹角极限偏差应为±3°

⑩除非制造商和用户另有商定,所有碳钢零件的外表面和螺纹都应选择适当的材料进行电镀或涂敷,并按 GB/T 10125 的规定通过 72h 的中性盐雾试验。在盐雾试验过程中任何部位出现了红色的锈斑,应视为不合格,下列指定部位除外

——所有内部流道

续表

其他要求	零件加工	——棱角，如六角形尖角、锯齿状和螺纹牙顶，这些会因批量生产或运输的影响使电镀层或涂层产生机械变形的部位 ——由于扣压、扩口、弯曲或其他电镀后的金属成形操作所引起的机械变形区域 ——零件在盐雾试验箱中悬挂或固定处出现冷凝物凝聚的部位 零件的内部流道应采取保护措施，以防止贮存期间被腐蚀 注：出于对环境的考虑，不赞成镀镉。电镀产生的变化可能影响装配力矩，需重新验证
	液压软管	液压软管总成选用符合 GB/T 3683—2011 和 GB/T 10544—2022 规定的液压橡胶软管。如有其他要求，供需双方协商确定，应在订货合同中注明
	装配要求	①液压软管总成的装配应符合 GB/T 7935 的规定 ②液压软管总成接头零件表面不应有裂纹、毛刺、飞边、凸凹痕迹、划伤锈蚀等影响产品质量的缺陷 ③液压软管与软管接头的扣压连接应平整，内壁应光滑、畅通，无拉伤内胶层现象 ④液压软管在切割、剥胶、装配过程中不应损伤钢丝增强层，不允许出现钢丝外露现象 ⑤液压软管总成产品的内部清洁度应 JB/T 7858 的规定 ⑥液压软管总成装配扣压后的长度极限偏差按 JB/T 8727—2017 附录 C 的规定
标志、包装、运输和贮存		①检验合格的液压软管总成产品两端应封堵，防止污染物进入 ②液压软管总成产品的标志、包装和运输应符合 GB/T 9577—2001《橡胶和塑料软管及软管组合件　标志、包装和运输规则》的要求 ③液压软管总成产品的贮存应符合 GB/T 9576—2019《橡胶和塑料软管及软管组合件　选择、贮存、使用和维护指南》的规定。制造商应保证从出厂日期起，在不超过一年贮存期内，其使用性能符合 JB/T 8727—2017 标准的规定 ④液压软管总成产品合格证应包括 ——制造商名称 ——液压软管总成名称及型号 ——生产日期 ——质检部门签章
标注说明(引用 JB/T 8727—2017 标准)		决定遵守 JB/T 8727—2017 标准时，建议制造商在试验报告、产品样本和销售文件中采用以下说明："液压软管总成符合 JB/T 8727—2017《液压软管总成》"

(2) 高温高压液压软管总成（摘自 JB/T 10759—2017）

表 20-12-152

范围		在 JB/T 10759—2017《工程机械　高温高压液压软管总成》中规定了公称内径为 5~51mm 的钢丝编织增强液压软管总成(以下简称钢丝编织软管总成)和钢丝缠绕增强外覆橡胶的液压橡胶软管总成(以下简称钢丝缠绕软管总成)的分类和标记、基本参数和结构型式、要求、试验方法、检验规则、标志、包装、运输和贮存，适用于以 GB/T 7631.2—2003 定义的 HH、HL、HM、HR 和 HV 油基液压流体为介质，温度范围为 -40~100℃ 的钢丝编织软管总成，以及温度范围为 -40~100℃ 的 4SP 和 4SH 型、温度范围为 -40~120℃ 的 R12、R13 及 R15 型的钢丝缠绕软管总成(以下统称软管总成)
分类和标记	分类	软管总成按接头结构型式分为 ——O 形圈端面密封软管总成(简称 A 型端面密封式) ——37°扩口端软管总成(简称 C 型扩口式) ——法兰端软管总成(简称 F 型法兰式) ——24°外锥密封端软管总成(简称 H 型 24°外锥密封式) ——24°内锥密封端软管总成(简称 E 型 24°内锥密封式) ——卡套直管端软管总成(简称 B 型卡套式)
	标记方法	①软管总成的标记是由软管总成型式代号、左端接头芯外连接型式代号、右端接头芯外连接型式代号、左端接头芯规格代号、右端接头芯规格代号、软管总成内径规格代号、软管总成长度、护套型式代号、软管总成两端弯头芯空间角度代号组成，具体如下

续表

分类和标记 — **标记方法**

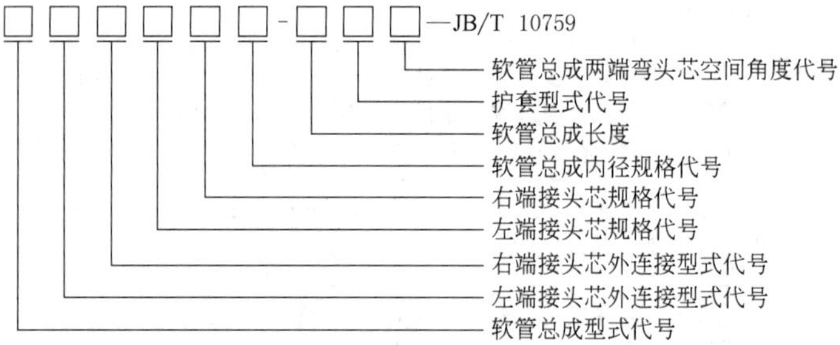

示例

软管内径为 10mm 的两层(2SN)钢丝编织软管总成,左端接头芯外连接型式为 H 型 24°外锥密封式,轻系列 12L,弯头角度为 45°,右端接头芯外连接型式为 H 型 24°外锥型密封式,重系列 12S,弯头角度 90°,软管总成长度为 1000mm,软管总成两端弯头芯空间角度为 88°,软管总成标记为:

2SNHEH4121206-1000V88°—JB/T 10759

②软管总成型式代号表示方法(JB/T 10759—2017 附录 A)

软管总成型式代号

软管总成型式代号	说明
1SN	具有单层钢丝编织增强层和薄外覆层的软管
1ST	具有单层钢丝编织增强层和厚外覆层的软管
R1ATS	具有单层钢丝编织增强层和薄外覆层的软管
2SN	具有两层钢丝编织增强层和薄外覆层的软管
2ST	具有两层钢丝编织增强层和厚外覆层的软管
R2ATS	具有两层钢丝编织增强层和薄外覆层的软管
4SP	四层钢丝缠绕的中压软管
4SH	四层钢丝缠绕的高压软管
R12	四层钢丝缠绕高温中压重型软管
R13	多层钢丝缠绕的高温高压重型软管
R15	多层钢丝缠绕的高温超高压重型软管

③两端接头芯外连接型代号和规格表示方法见 JB/T 10759—2017 附录 B

④软管总成内径规格代号表示方法见 JB/T 10759—2017 附录 C

⑤护套型式代号表示方法见 JB/T 10759—2017 附录 D

基本参数与结构型式 — **基本参数及连接尺寸**

①A 型端面密封式软管总成的结构如图 1 所示,基本参数及连接尺寸见表 1

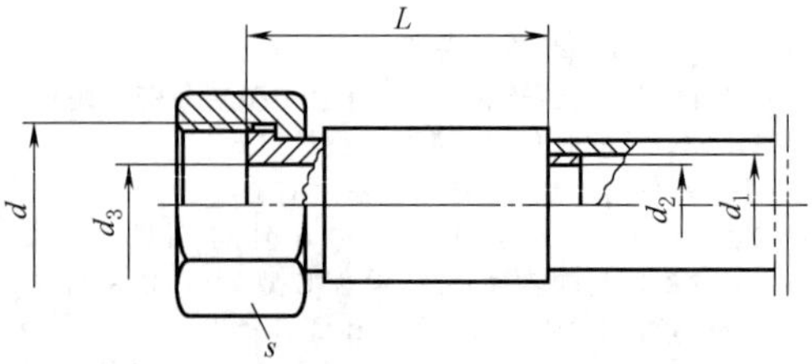

注:1. d_3 的最小值不能小于 d_2,直径 d_2 和 d_3 之间应设置过渡,以减小应力集中

2. 允许采用扣压式或穿钢丝式螺母

3. s 为六方头两对边的距离

图 1　A 型端面密封式软管总成

续表

基本参数与结构型式

基本参数及连接尺寸

表 1　A 型端面密封式软管总成基本参数及连接尺寸

公称软管内径 d_1 /mm	d /mm	软管接头规格	钢丝编织软管总成最高工作压力①/MPa		钢丝缠绕软管总成最高工作压力②/MPa					$d_2$③ 最小 /mm	L④ 最大 /mm	s⑤ /mm
			1ST、1SN、R1ATS 型	2ST、2SN、R2ATS 型	4SP 型	4SH 型	R12 型	R13 型	R15 型			
6.3	M14×1.5	6×6.3	22.5	40.0	45.0	—	—	—	—	3	70	17
8	M14×1.5	6×8	21.5	35.0	—	—	—	—	—	5	75	17
8	M16×1.5	8×8	21.5	35.0	—	—	—	—	—	5	75	19
8	M18×1.5	10×8	21.5	35.0	—	—	—	—	—	5	78	22
10	M18×1.5	10×10	18.0	33.0	44.5	—	28.0	—	42.0	6	80	22
10	M22×1.5	12×10	18.0	33.0	44.5	—	28.0	—	42.0	6	85	27
12.5	M22×1.5	12×12.5	16.0	27.5	41.5	—	28.0	—	42.0	8	90	27
12.5	M27×1.5	16×12.5	16.0	27.5	41.5	—	28.0	—	42.0	8	93	32
16	M27×1.5	16×16	13.0	25.0	35.0	—	28.0	—	—	11	95	32
16	M30×1.5	20×16	13.0	25.0	35.0	—	28.0	—	—	11	100	36
19	M30×1.5	20×19	10.5	21.5	35.0	42.0	28.0	35.0	42.0	14	100	36
19	M36×2	25×19	10.5	21.5	35.0	42.0	28.0	35.0	42.0	14	105	41
25	M36×2	25×25	8.7	16.5	28.0	38.0	28.0	35.0	42.0	19	105	41
25	M39×2	28×25	8.7	16.5	28.0	38.0	28.0	35.0	42.0	19	110	46
25	M42×2	32×25	8.7	16.5	28.0	38.0	28.0	35.0	42.0	19	115	50
31.5	M42×2	32×31.5	6.2	12.5	21.0	32.5	21.0	35.0	42.0	25	135	50
31.5	M52×2	38×31.5	6.2	12.5	21.0	32.5	21.0	35.0	42.0	25	135	60
38	M52×2	38×38	5.0	9.0	18.5	29.0	17.5	35.0	42.0	31	175	60
51	M64×2	50×51	4.0	8.0	16.5	25.0	17.0	35.0	—	42	210	75

① 钢丝编织软管总成最高工作压力符合 GB/T 3683—2011 规定的压力值，当 GB/T 3683—2011 规定的压力值高于与之对应的 ISO 8434-3:2005 软管接头的工作压力时，应向管接头制造商咨询

② 钢丝缠绕软管总成最高工作压力符合 GB/T 10544—2013 规定的压力值，当 GB/T 10544—2013 规定的压力值高于与之对应的 ISO 8434-3:2005 软管接头的工作压力时，应向管接头制造商咨询

③ d_2 为软管接头与软管装配前的接头尾芯的最小通径，装配后该尺寸不应小于 $0.9d_2$

④ 尺寸 L 组装后测量

⑤ 符合 GB/T 3103.1，产品等级 C

②C 型扩口式软管总成的结构如图 2 所示，基本参数及连接尺寸见表 2

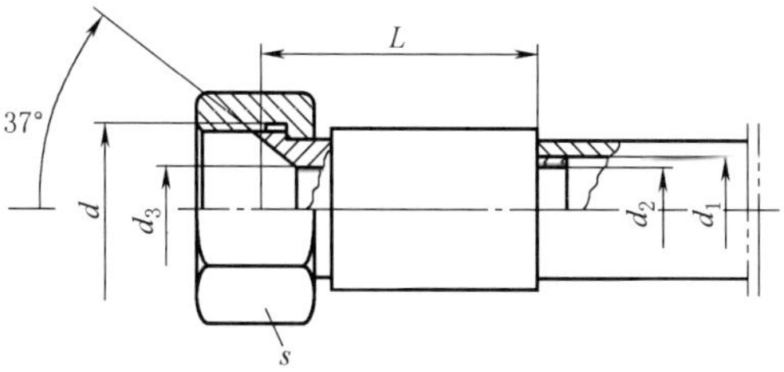

注 1. d_3 的最小值不能小于 d_2，直径 d_2 和 d_3 之间应设置过渡，以减小应力集中

2. 允许采用扣压式或穿钢丝式螺母

3. s 为六方头两对边的距离

图 2　C 型扩口式软管总成

续表

基本参数与结构型式

基本参数及连接尺寸

表 2 C 型扩口式软管总成基本参数及连接尺寸

公称软管内径 d_1 /mm	d		软管接头规格	钢丝编织软管总成最高工作压力① /MPa		钢丝缠绕软管总成最高工作压力② /MPa					$d_2$③ 最小 /mm	L④ 最大 /mm	s⑤ /mm	
	普通螺纹 /mm	ISO 12151-5:2007		1ST、1SN、R1ATS 型	2ST、2SN、R2ATS 型	4SP 型	4SH 型	R12 型	R13 型	R15 型			普通螺纹	ISO 12151-5:2007
6.3	M14×1.5	7/16-20UNF	6×6.3	22.5	40.0	45.0	—	—	—	—	3	75	17	14
8	M16×1.5	1/2-20UNF	8×8	21.5	35.0	—	—	—	—	—	5	80	19	17
10	M18×1.5	9/16-18UNF	10×10	18.0	33.0	44.5	—	28.0	—	42.0	6	85	22	19
12.5	M22×1.5	3/4-16UNF	12×12.5	16.0	27.5	41.5	—	28.0	35.0	42.0	8	100	27	22
16	M27×1.5	7/8-14UNF	16×16	13.0	25.0	35.0	—	28.0	—	—	11	110	32	27
19	M30×1.5	$1\frac{1}{16}$-12UNF	20×19	10.5	21.5	35.0	42.0	28.0	35.0	42.0	14	115	36	32
25	M39×2	$1\frac{5}{16}$-12UNF	25×25	8.7	16.5	28.0	38.0	28.0	35.0	42.0	19	140	46	41
31.5	M42×2	$1\frac{5}{8}$-12UNF	32×31.5	6.2	12.5	21.0	32.5	21.0	35.0	42.0	25	160	50	50
	M45×2	—	35×31.5							42.0			55	—
38	M52×2	$1\frac{7}{8}$-12UNF	38×38	5.0	9.0	18.5	29.0	17.5	35.0	42.0	31	175	60	60
51	M64×2	$2\frac{1}{2}$-12UNF	50×51	4.0	8.0	16.5	25.0	17.0	35.0	—	42	210	75	75

① 钢丝编织软管总成最高工作压力符合 GB/T 3683—2011 规定的压力值，当 GB/T 3683—2011 规定的压力值高于与之对应的 ISO 8434-2:2007 软管接头的工作压力时，应向管接头制造商咨询

② 钢丝缠绕软管总成最高工作压力符合 GB/T 10544—2013 规定的压力值，当 GB/T 10544—2013 规定的压力值高于与之对应的 ISO 8434-2:2007 软管接头的工作压力时，应向管接头制造商咨询

③ d_2 为软管接头与软管装配前的接头尾芯的最小通径，装配后该尺寸不应小于 $0.9d_2$

④ 尺寸 L 组装后测量

⑤ 符合 GB/T 3103.1，产品等级 C

③F 型法兰式软管总成的结构如图 3 所示，基本参数及连接尺寸见表 3

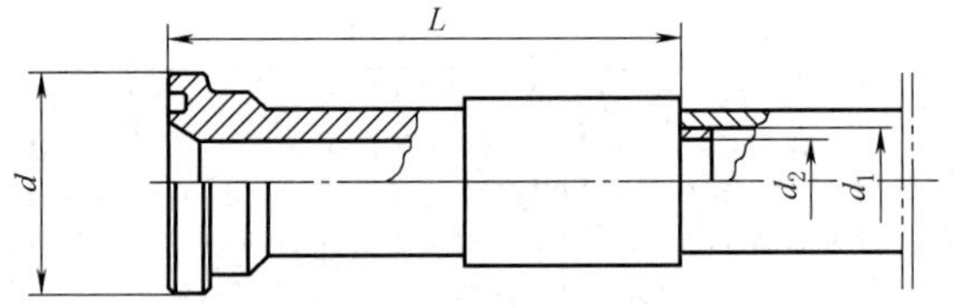

图 3 F 型法兰式软管总成

表 3 F 型法兰式软管总成基本参数及连接尺寸

系列	公称软管内径 d_1 /mm	$d\pm0.25$ /mm	软管接头规格	钢丝编织软管总成最高工作压力① /MPa		钢丝缠绕软管总成最高工作压力② /MPa					$d_2$③ 最小 /mm	L④ 最大 /mm	O 形圈规格
				1ST、1SN、R1ATS 型	2ST、2SN、R2ATS 型	4SP 型	4SH 型	R12 型	R13 型	R15 型			
标准系列 S	12.5	30.2	8×12.5	16.0	27.5	41.5	—	28.0	—	—	8	100	18.64×3.53
	19	38.1	12×19	10.5	21.5	35.0	42.0	28.0	35.0	—	14	140	24.99×3.53
	25	44.45	16×25	8.7	16.5	28.0	38.0	28.0	35.0	—	19	150	32.92×3.53
	31.5	50.8	20×31.5	6.2	12.5	21.0	32.5	21.0	35.0	—	25	175	37.69×3.53
	38	60.35	24×38	5.0	9.0	18.5	29.0	17.5	35.0	—	31	200	47.22×3.53
	51	71.4	32×51	4.0	8.0	16.5	25.0	17.0	35.0	—	42	240	56.74×3.53

续表

基本参数与结构型式 | 基本参数及连接尺寸

续表

系列	公称软管内径 d_1 /mm	d±0.25 /mm	软管接头规格	钢丝编织软管总成最高工作压力① /MPa		钢丝缠绕软管总成最高工作压力② /MPa					$d_2$③ 最小 /mm	L④ 最大 /mm	O形圈规格
				1ST、1SN、R1ATS型	2ST、2SN、R2ATS型	4SP型	4SH型	R12型	R13型	R15型			
高压系列H	12.5	31.8	8×12.5	16.0	27.5	41.5	—	28.0	—	42.0	8	100	18.64×3.53
	19	41.3	12×19	10.5	21.5	35.0	42.0	28.0	35.0	42.0	14	140	24.99×3.53
	25	47.6	16×25	8.7	16.5	28.0	38.0	28.0	35.0	42.0	19	150	32.92×3.53
	31.5	54	20×31.5	6.2	12.5	21.0	32.5	21.0	35.0	42.0	25	175	37.69×3.53
	38	63.5	24×38	5.0	9.0	18.5	29.0	17.5	35.0	42.0	31	200	47.22×3.53
	51	79.4	32×51	4.0	8.0	16.5	25.0	17.0	35.0	42.0	42	240	56.74×3.53

① 钢丝编织软管总成最高工作压力符合 GB/T 3683—2011 规定的压力值，当 GB/T 3683—2011 规定的压力值高于与之对应的 ISO 6162-1、ISO 6162-2 软管接头的工作压力时，应向管接头制造商咨询

② 钢丝缠绕软管总成最高工作压力符合 GB/T 10544—2013 规定的压力值，当 GB/T 10544—2013 规定的压力值高于与之对应的 ISO 6162-1、ISO 6162-2 软管接头的工作压力时，应向管接头制造商咨询

③ d_2 为软管接头与软管装配前的接头尾芯的最小通径，装配后该尺寸不应小于 $0.9d_2$

④ 尺寸 L 组装后测量

④H 型 24°外锥密封式软管总成的结构如图 4 所示，基本参数及连接尺寸见表 4

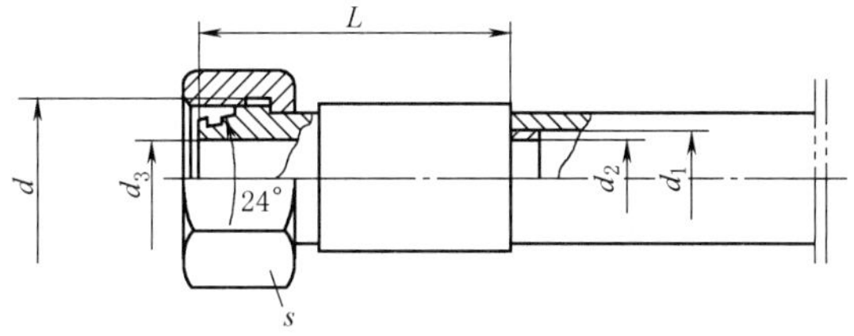

注：s 为六方头两对边的距离

图 4　H 型 24°外锥密封式软管总成

表 4　H 型 24°外锥密封式软管总成基本参数及连接尺寸

系列	公称软管内径 d_1 /mm	d /mm	软管接头规格	钢丝编织软管总成最高工作压力① /MPa		钢丝缠绕软管总成最高工作压力② /MPa					$d_2$③ 最小 /mm	$d_3$④ 最大 /mm	L⑤ 最大 /mm	s /mm
				1ST、1SN、R1ATS型	2ST、2SN、R2ATS型	4SP型	4SH型	R12型	R13型	R15型				
轻系列（L）	5	M12×1.5	6×5	25.0	41.5	—	—	—	—	—	2.5	3.2	59	14
	6.3	M14×1.5	8×6.3	22.5	40.0	45.0	—	—	—	—	3	5.2	59	17
	8	M16×1.5	10×8	21.5	35.0	—	—	—	—	—	5	7.2	61	19
	10	M18×1.5	12×10	18.0	33.0	44.5	—	28.0	—	—	6	8.2	65	22
	12.5	M22×1.5	15×12.5	16.0	27.5	41.5	—	28.0	—	—	8	10.2	68	27
	16	M26×1.5	18×16	13.0	25.0	35.0	—	28.0	—	—	11	13.2	68	32
	19	M30×2	22×19	10.5	21.5	35.0	42.0	28.0	35.0	—	14	17.2	74	36

续表

基本参数与结构型式

基本参数及连接尺寸

续表

系列	公称软管内径 d_1 /mm	d /mm	软管接头规格	钢丝编织软管总成最高工作压力[①] /MPa		钢丝缠绕软管总成最高工作压力[②] /MPa					d_2[③] 最小 /mm	d_3[④] 最大 /mm	L[⑤] 最大 /mm	s /mm
				1ST、1SN、R1ATS型	2ST、2SN、R2ATS型	4SP型	4SH型	R12型	R13型	R15型				
轻系列(L)	25	M36×2	28×25	8.7	16.5	28.0	38.0	28.0	35.0	—	19	23.2	85	41
	31.5	M45×2	35×31.5	6.2	12.5	21.0	32.5	21.0	35.0	—	25	29.2	105	50
	38	M52×2	42×38	5.0	9.0	18.5	29.0	17.5	35.0	—	31	34.3	110	60
重系列(S)	5	M16×1.5	8×5	25.0	41.5	—	—	—	—	—	2.5	4.2	59	19
	6.3	M18×1.5	10×6.3	22.5	40.0	45.0	—	—	—	—	3	6.2	67	22
	8	M20×1.5	12×8	21.5	35.0	—	—	—	—	—	5	8.2	68	24
	10	M20×1.5	12×10	18.0	33.0	44.5	—	28.0	—	42.0	6	8.2	72	24
	12.5	M24×1.5	16×12.5	16.0	27.5	41.5	—	28.0	—	42.0	8	11.2	80	30
	16	M30×2	20×16	13.0	25.0	35.0	—	28.0	—	42.0	11	14.2	93	36
	19	M36×2	25×19	10.5	21.5	35.0	42.0	28.0	35.0	42.0	14	18.2	102	46
	25	M42×2	30×25	8.7	16.5	28.0	38.0	28.0	35.0	—	19	23.2	112	50
	31.5	M52×2	38×31.5	6.2	12.5	21.0	32.5	21.0	35.0	—	25	30.3	126	60

① 钢丝编织软管总成最高工作压力符合 GB/T 3683—2011 规定的压力值，当 GB/T 3683—2011 规定的压力值高于与之对应的 GB/T 14034.1—2010 软管接头的工作压力时，应向管接头制造商咨询

② 钢丝缠绕软管总成最高工作压力符合 GB/T 10544—2013 规定的压力值，当 GB/T 10544—2013 规定的压力值高于与之对应的 GB/T 14034.1—2010 软管接头的工作压力时，应向管接头制造商咨询

③ d_2 为软管接头与软管装配前的接头尾芯的最小通径，装配后该尺寸不应小于 $0.9d_2$

④ d_3 的尺寸应符合 GB/T 9065.2 的规定，且 d_3 的最小值不能小于 d_2，直径 d_2 和 d_3 之间应设置过渡，以减少应力集中

⑤ 尺寸 L 组装后测量

⑤B 型卡套式软管总成的结构如图 5 所示，基本参数及连接尺寸见表 5

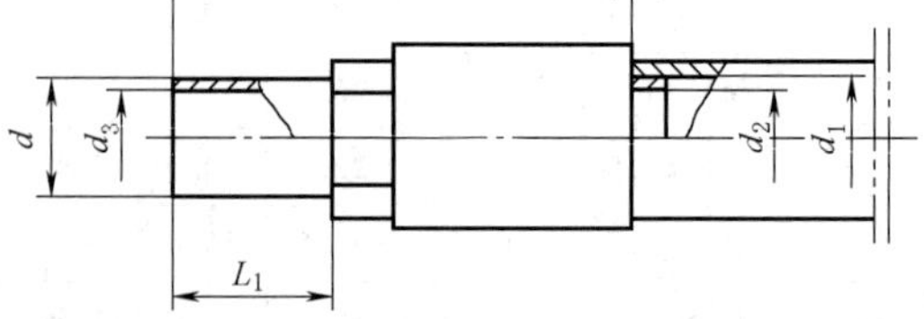

图 5　B 型卡套式软管总成

续表

基本参数与结构型式

基本参数及连接尺寸

表 5　B 型卡套式软管总成基本参数及连接尺寸

系列	公称软管内径 d_1 /mm	软管接头规格	d /mm 尺寸	d /mm 极限偏差	钢丝编织软管总成最高工作压力①/MPa 1ST、1SN、R1ATS 型	钢丝编织软管总成最高工作压力①/MPa 2ST、2SN、R2ATS 型	钢丝缠绕软管总成最高工作压力②/MPa 4SP 型	4SH 型	R12 型	R13 型	R15 型	$d_2$③ 最小 /mm	$d_3$④ 最大 /mm	L_1 /mm	L⑤ 最大 /mm
轻系列(L)	5	6×5	6	±0.060	25.0	41.5	—	—	—	—	—	2.5	3.2	22	59.5
	6.3	8×6.3	8	±0.075	22.5	40.0	45.0	—	—	—	—	3	5.2	23	61.5
	8	10×8	10	±0.075	21.5	35.0	—	—	—	—	—	5	7.2	23	63
	10	12×10	12	±0.090	18.0	33.0	44.5	—	28.0	—	—	6	8.2	24	63.5
	12.5	15×12.5	15	±0.090	16.0	27.5	41.5	—	28.0	—	—	8	10.2	25	68.5
	16	18×16	18	±0.090	13.0	25.0	35.0	—	28.0	—	—	11	13.2	26	74
	19	22×19	22	±0.105	10.5	21.5	35.0	42.0	28.0	35.0	—	14	17.2	28	81.5
	25	28×25	28	±0.105	8.7	16.5	28.0	38.0	28.0	35.0	—	19	23.2	30	92
	31.5	35×31.5	35	±0.125	6.2	12.5	21.0	32.5	21.0	35.0	—	25	29.2	36	107
	38	42×38	42	±0.125	5.0	9.0	18.5	29.0	17.5	35.0	—	31	34.3	40	128
重系列(S)	5	8×5	8	±0.075	25.0	41.5	—	—	—	—	—	2.5	4.2	24	61.5
	6.3	10×6.3	10	±0.075	22.5	40.0	45.0	—	—	—	—	3	5.2	26	71.5
	8	12×8	12	±0.090	21.5	35.0	—	—	—	—	—	5	6.2	26	76.5
	10	14×10	14	±0.090	18.0	33.0	44.5	—	28.0	—	42.0	6	7.7	29	76.5
	12.5	16×12.5	16	±0.090	16.0	27.5	41.5	—	28.0	—	42.0	8	10.1	30	79.5
	16	20×16	20	±0.105	13.0	25.0	35.0	—	28.0	—	42.0	11	12.6	36	88
	19	25×19	25	±0.105	10.5	21.5	35.0	42.0	28.0	35.0	42.0	14	15.8	40	101.5
	25	30×25	30	±0.105	8.7	16.5	28.0	38.0	28.0	35.0	—	19	21.8	44	117.5
	31.5	38×31.5	38	±0.125	6.2	12.5	21.0	32.5	21.0	35.0	—	25	27.8	50	123.5

① 钢丝编织软管总成最高工作压力符合 GB/T 3683—2011 规定的压力值，当 GB/T 3683—2011 规定的压力值高于与之对应的 GB/T 14034.1—2010 软管接头的工作压力时，应向管接头制造商咨询

② 钢丝缠绕软管总成最高工作压力符合 GB/T 10544—2013 规定的压力值，当 GB/T 10544—2013 规定的压力值高于与之对应的 GB/T 14034.1—2010 软管接头的工作压力时，应向管接头制造商咨询

③ d_2 为软管接头与软管装配前的接头尾芯的最小通径，装配后该尺寸不应小于 $0.9d_2$

④ d_3 的尺寸应符合 GB/T 9065.2 的规定，且 d_3 的最小值不能小于 d_2，直径 d_2 和 d_3 之间应设置过渡，以减少应力集中

⑤ 尺寸 L 组装后测量

⑥E 型 24°内锥密封式软管总成的结构如图 6 所示，基本参数及连接尺寸见表 6

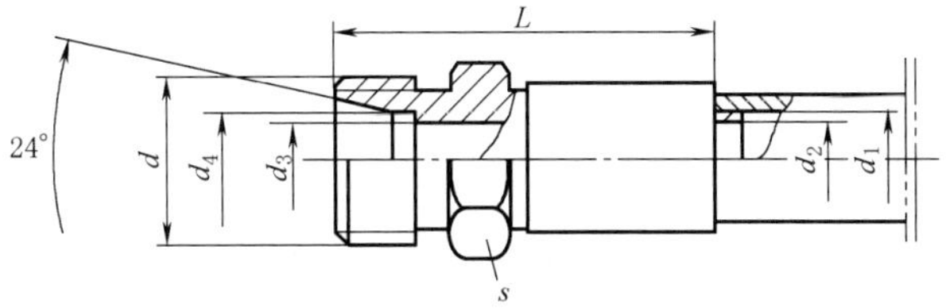

注：s 为六方头两对边的距离

图 6　E 型 24°内锥密封式软管总成

续表

基本参数与结构型式

基本参数及连接尺寸

表 6　E 型 24°内锥密封式软管总成基本参数及连接尺寸

系列	公称软管内径 d_1 /mm	d /mm	软管接头规格	钢丝编织软管总成最高工作压力①/MPa		钢丝缠绕软管总成最高工作压力②/MPa					$d_2$③ 最小 /mm	$d_3$④ 最大 /mm	d_4 /mm		L⑤ 最大 /mm	s /mm
				1ST、1SN、R1ATS 型	2ST、2SN、R2ATS 型	4SP 型	4SH 型	R12 型	R13 型	R15 型			B11	$^{+0.1}_{0}$		
轻系列(L)	5	M12×1.5	6×5	25.0	41.5	—	—	—	—	—	2.5	4.2	6	—	59	14
	6.3	M14×1.5	8×6.3	22.5	40.0	45.0	—	—	—	—	3	6.2	8	—	59	17
	8	M16×1.5	10×8	21.5	35.0	—	—	—	—	—	5	8.2	10	—	60	17
	10	M18×1.5	12×10	18.0	33.0	44.5	—	28.0	—	—	6	10.2	12	—	62	19
	12.5	M22×1.5	15×12.5	16.0	27.5	41.5	—	28.0	—	—	8	12.2	15	—	70	24
	16	M26×1.5	18×16	13.0	25.0	35.0	—	28.0	—	—	11	15.2	18	—	75	27
	19	M30×2	22×19	10.5	21.5	35.0	42.0	28.0	35.0	—	14	19.2	22	—	78	32
	25	M36×2	28×25	8.7	16.5	28.0	38.0	28.0	35.0	—	19	24.2	28	—	90	41
	31.5	M45×2	35×31.5	6.2	12.5	21.0	32.5	21.0	35.0	—	25	30.3	—	35.3	108	46
	38	M52×2	42×38	5.0	9.0	18.5	29.0	17.5	35.0	—	31	36.3	—	42.3	110	55
重系列(S)	5	M16×1.5	8×5	25.0	41.5	—	—	—	—	—	2.5	5.1	8	—	62	17
	6.3	M18×1.5	10×6.3	22.5	40.0	45.0	—	—	—	—	3	7.2	10	—	65	19
	8	M20×1.5	12×8	21.5	35.0	—	—	—	—	—	5	8.2	12	—	66	22
	10	M20×1.5	12×10	18.0	33.0	44.5	—	28.0	—	42.0	6	8.2	14	—	68	22
	12.5	M24×1.5	16×12.5	16.0	27.5	41.5	—	28.0	—	42.0	8	12.2	16	—	76	27
	16	M30×2	20×16	13.0	25.0	35.0	—	28.0	—	42.0	11	16.2	20	—	82	32
	19	M36×2	25×19	10.5	21.5	35.0	42.0	28.0	35.0	42.0	14	20.2	25	—	97	41
	25	M42×2	30×25	8.7	16.5	28.0	38.0	28.0	35.0	—	19	25.2	30	—	108	46
	31.5	M52×2	38×31.5	6.2	12.5	21.0	32.5	21.0	35.0	—	25	32.3	—	38.3	120	55

① 钢丝编织软管总成最高工作压力符合 GB/T 3683—2011 规定的压力值，当 GB/T 3683—2011 规定的压力值高于与之对应的 GB/T 14034.1—2010 软管接头的工作压力时，应向管接头制造商咨询

② 钢丝缠绕软管总成最高工作压力符合 GB/T 10544—2013 规定的压力值，当 GB/T 10544—2013 规定的压力值高于与之对应的 GB/T 14034.1—2010 软管接头的工作压力时，应向管接头制造商咨询

③ d_2 为软管接头与软管装配前的接头尾芯的最小通径，装配后该尺寸不应小于 $0.9d_2$

④ d_3 的尺寸应符合 GB/T 9065.2 的规定，且 d_3 的最小值不能小于 d_2，直径 d_2 和 d_3 之间应设置过渡，以减少应力集中

⑤ 尺寸 L 组装后测量

软管总成长度

①软管总成长度

软管总成长度 L_1 如图 7 所示

②软管总成长度测量

Ⅰ．使软管处于伸直状态，测量两弯接头芯端面中心之间在软管长度方向上距离，该距离即为软管总成长度，参见图 7a

Ⅱ．对直接头类，测量两接头芯端面之间在软管长度方向上的距离，该距离即为软管总成长度，参见图 7b～d

续表

基本参数与结构型式	软管总成长度	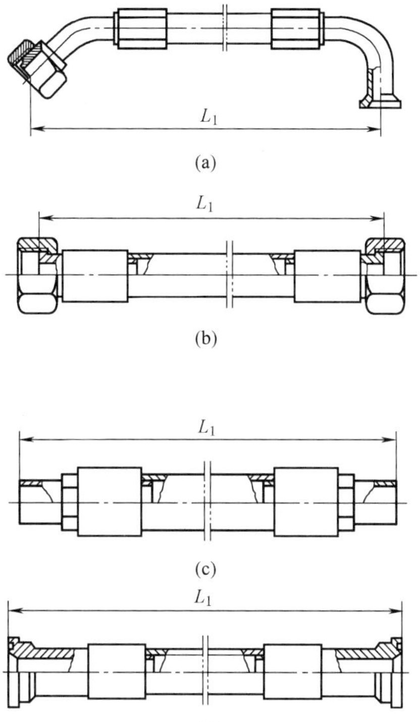 (a) (b) (c) (d) 图 7　软管总成长度
	软管总成空间角度	①如果软管总成两端都为弯头接头芯，两弯头之间形成的空间角度即为软管总成空间角度 ②软管总成空间角度测量：以两端弯头接头芯向下为基准，如图 8a 所示，将近端弯接头自基准位置顺时针旋转到最终位置所经过的角度即为软管总成空间角度值，如图 8b、c 所示 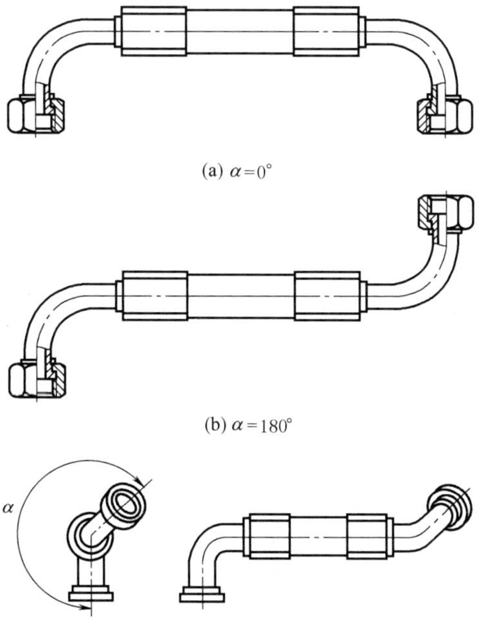 (a) $\alpha=0°$ (b) $\alpha=180°$ (c) $\alpha=228°$ 图 8　软管总成空间角度

续表

要求

性能要求

①长度变化

软管总成在最高工作压力下的长度变化按表 7 的规定

表 7 长度变化

软管类型	钢丝编织软管		钢丝缠绕软管				
	1ST、1SN、R1ATS 型	2ST、2SN、R2ATS 型	4SP 型	4SH 型	R12 型	R13 型	R15 型
长度变化	-4%～2%				±2%		

②低温弯曲性

按 GB/T 7939 的规定进行试验时软管总成不得有表面龟裂或渗漏现象。低温试验后做耐压试验

③耐压

按 GB/T 7939 的规定进行耐压试验时，软管总成不应有渗漏和其他异常现象。软管总成耐压检验抽样规定见 JB/T 10759—2017 附录

④泄漏压

按 GB/T 7939 的规定进行试验时，软管总成不应有泄漏和其他异常现象

⑤爆破性能

按 GB/T 79379 的规定进行试验时，在规定的最小爆破压力下，软管总成不应出现泄漏和破裂现象，最小爆破压力为最高工作压力的 4 倍

⑥按 GB/T 79379 的规定进行试验时各型软管应达到表 8 和表 9 规定的脉冲次数，不应有渗漏和其他异常现象

表 8 钢丝编织软管总成脉冲试验次数

软管型号	软管内径/mm	脉冲试验压力	脉冲试验温度	脉冲试验次数/万次
1ST、1SN、R1ATS 型	≤25	软管最大工作压力的 125%	100℃±3℃	≥15
	≥32	软管最大工作压力		
2ST、2SN、R2ATS 型	5～51	软管最大工作压力的 133%		≥20

表 9 钢丝缠绕软管总成脉冲试验次数

软管型号	脉冲试验压力	脉冲试验温度	脉冲试验次数/万次
4SP、4SH 型	软管最大工作压力的 133%	100℃±3℃	≥40
R12、R13、R15 型		120℃±3℃	≥50

零部件要求

①软管接头要求

Ⅰ. 软管接头材料、螺纹、零件加工质量等要求按 JB/T 8727 的规定

Ⅱ. 软管弯头接头中心高 L_2、L_3 如图 9 所示，具体尺寸参考 GB/T 9065.1、GB/T 9065.2、GB/T 9065.5 的规定

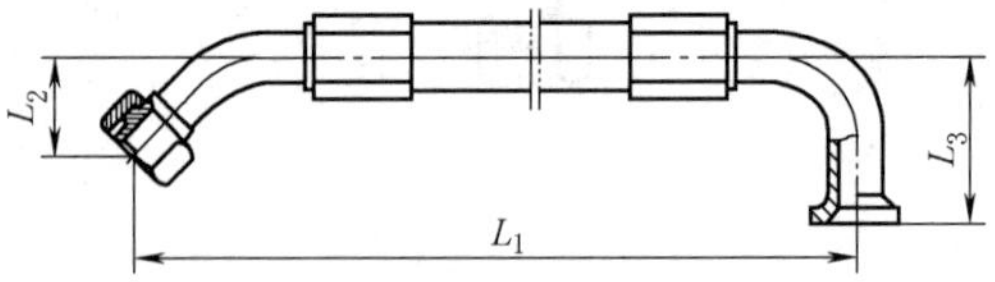

图 9 软管弯头接头中心高

②软管要求

Ⅰ. 软管应选用符合 GB/T 3683 和 GB/T 10544 规定的液压橡胶软管；如有特殊要求，由需求方和制造商商定，并应在订货合同中注明

Ⅱ. 选用该标准规定的各型软管时，应在订货合同中注明型号规格和压力等级

Ⅲ. 软管总成的工作温度与工作介质有关，各型软管在不同工作介质下具体适应工作温度范围按表 10 的规定

表 10 各型软管在不同工作介质下的工作温度范围

介质	工作温度范围						
	1ST、1SN、R1ATS 型	2ST、2SN、R2ATS 型	4SP 型	4SH 型	R12 型	R13 型	R15 型
GB/T 7631.2—2003 定义的 HH、HL、HM、HR、HV 油基液压流体	-40～100℃		-40～100℃		-40～120℃		

Ⅳ. 各型软管的最小弯曲半径见表 11，软管总成的使用弯曲半径不应小于表 11 的规定，否则，软管总成的承压能力或工作寿命将会大幅度降低

续表

要求

零部件要求

表 11 各型软管的最小弯曲半径 mm

软管内径	最小弯曲半径						
	1ST,1SN,R1ATS 型	2ST,2SN,R2ATS 型	4SP 型	4SH 型	R12 型	R13 型	R15 型
5	90	90	—	—	—	—	—
6.3	100	100	150	—	—	—	—
8	115	115	—	—	—	—	—
10	130	130	180	—	130	—	150
12.5	180	180	230	—	180	—	200
16	200	200	250	—	200	—	—
19	240	240	300	280	240	240	265
25	300	300	340	340	300	300	330
31.5	420	420	460	460	420	420	445
38	500	500	560	560	500	500	530
51	630	630	660	700	630	630	—

装配质量要求

①软管总成的装配

软管总成的装配要求按 GB/T 7935 的规定

②软管的切割及剥胶和装配

软管在切割、剥胶、装配过程中不应损伤钢丝增强层，不允许出现钢丝外露现象

③软管与接头的扣压连接处

软管与接头的扣压连接处应平整，内壁应光滑、畅通、无拉伤内胶层现象

④软管总成长度

软管总成长度极限偏差见 JB/T 10759—2017 附录 F

⑤软管总成空间角度极限偏差

软管总成空间角度极限偏差见表 12

表 12 软管总成空间角度极限偏差

总成长度/mm	0~900	901~1500	1501~2100	2101~2700	2701 以上
角度极限偏差	±3°	±4°	±5°	±6°	±8°

⑥内部清洁度

Ⅰ. 软管总成产品出厂前应进行清洗，清洗后内部清洁度指标的测定方法可根据用户要求选择称重法或颗粒度检测法

Ⅱ. 软管总成清洁度测定方法采用称重法时，其评定方法按 JB/T 7858 的规定，内部清洁度指标应不大于表 13 的规定

表 13 内部清洁度指标

软管内径/mm	5	6.3	8	10	12.5	16	19	22	25	31.5	38	51
清洁度指标值/mg	1.57*L*	1.98*L*	2.52*L*	3.15*L*	3.93*L*	5.03*L*	5.98*L*	6.92*L*	7.86*L*	9.91*L*	11.95*L*	16.04*L*

注：*L* 为软管长度，单位为米(m)

Ⅲ. 软管总成内部清洁度若选用颗粒度检测法测定，则应不大于 GB/T 14039 中的污染度等级 18/15。如用户提出特殊要求，用户和制造商商定，并应在订货合同中注明

注：(用显微镜计数报告的)污染度等级 18/15 表示油液中大于 5μm 的颗粒数的等级为 18，每毫升颗粒数在 1300~2500 之间；大于 15μm 的颗粒数的等级为 15，每毫升颗粒数在 160~320 之间

⑦外观质量要求

Ⅰ. 软管表面不允许存在气泡、裂开、划伤、脱层、裸露钢丝等影响产品质量的缺陷

Ⅱ. 软管与接头扣压连接处应平整、无钢丝外露现象

Ⅲ. 软管接头镀层应均匀、色泽光亮，零件表面不允许有裂纹、毛刺、飞边、磕碰、锈蚀等影响产品质量的缺陷

其他要求

其他要求按 JB/T 8727 的规定

标志、包装、运输和贮存

标志、包装、运输按 GB/T 9577 的规定，贮存按 GB/T 9576 的规定

锥密封钢丝编织软（胶）管总成（摘自 JB/T 6142.1～6142.4—2007）

锥密封钢丝编织软管总成，适用于油、水介质，介质温度为-40～100℃。

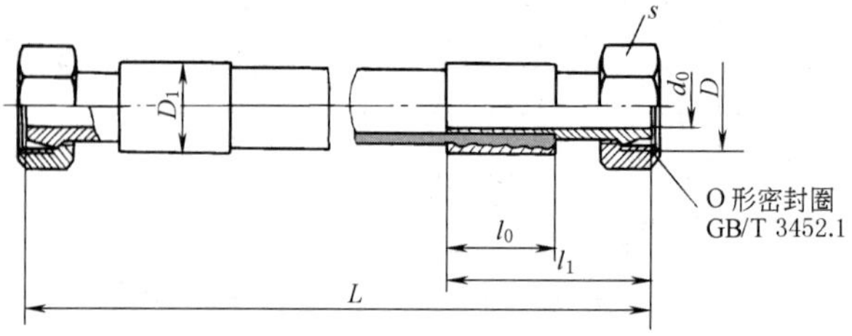

锥密封钢丝编织胶管总成（JB/T 6142.1—2007）

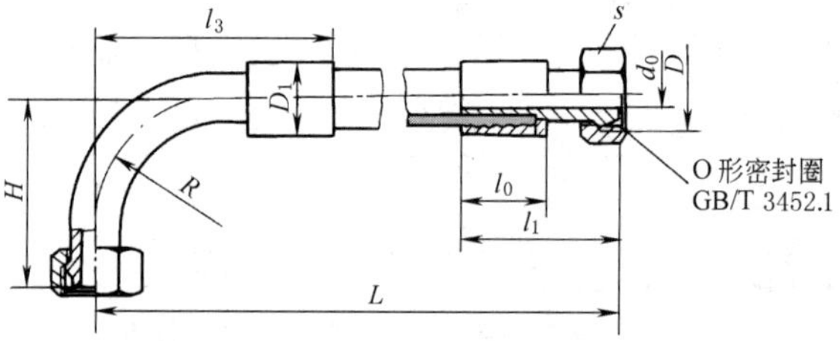

锥密封 90°钢丝编织胶管总成（JB/T 6142.2—2007）

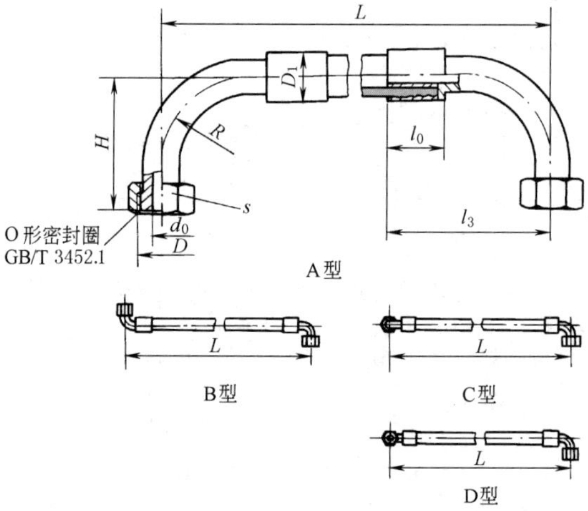

锥密封双 90°钢丝编织胶管总成（JB/T 6142.3—2007）

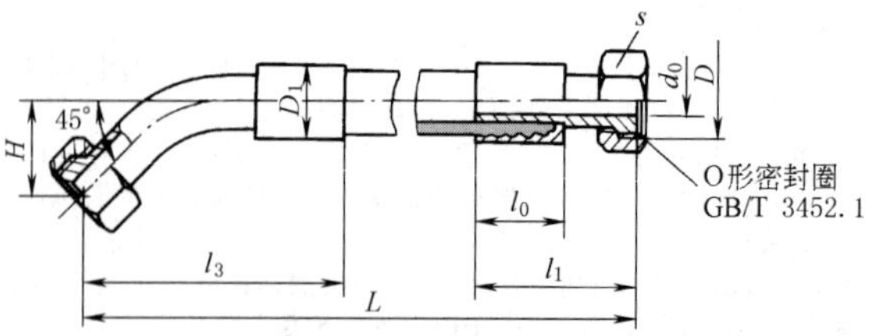

锥密封 45°钢丝编织胶管总成（JB/T 6142.4—2007）

标记示例

1）软管内径为 6.3mm，总成长度 L=1000mm 的锥密封Ⅲ层钢丝编织软管总成：

软管总成 6.3 Ⅲ-1000 JB/T 6142.1—2007

2）软管内径为 6.3mm，总成长度 L=1000mm 的锥密封 90°Ⅲ层钢丝编织软管总成：

软管总成 6.3 Ⅲ-1000 JB/T 6142.2—2007

3）软管内径为 6.3mm，总成长度 L=1000mm 的 A 型锥密封双 90° Ⅲ层钢丝编织软管总成：

软管总成 6.3A Ⅲ-1000 JB/T 6142.3—2007

4）软管内径为 6.3mm，总成长度 L=1000mm 的锥密封 45° Ⅲ层钢丝编织软管总成：

软管总成 6.3 Ⅲ-1000 JB/T 6142.4—2007

表 20-12-153

mm

软管内径	公称通径 DN	工作压力/MPa			扣压直径 D_1			d_0	D	s	l_0	l_1	l_3		R	H		O 形橡胶密封圈（GB/T 3452.1）
		Ⅰ	Ⅱ	Ⅲ	Ⅰ	Ⅱ	Ⅲ						90°软管总成	45°软管总成		90°软管总成	45°软管总成	
5	4	21	37	45	15	16.7	18.5	2.5	M16×1.5	21	26	53	55	63	20	50	15	6.3×1.8
6.3	6	20	35	40	17	18.7	20.5	3.5	M18×1.5	24	37	65	70	74	20	50	26	8.5×1.8
8	8	17.5	30	33	19	20.7	22.5	5	M20×1.5	24	38	68	75	80	24	55	28	10.6×1.8
10	10	16	28	31	21	22.7	24.5	7	M22×1.5	27	38	69	80	83	28	60	30	12.5×1.8
12.5	10	14	25	27	25.2	28.0	29.5	8	M24×1.5	30	44	76	90	93	32	65	32	13.2×2.65
16	15	10.5	20	22	28.2	31	32.5	10	M30×2	36	44	82	105	108	45	85	40	17.0×2.65
19	20	9	16	18	31.2	34	35.5	13	M33×2	41	50	88	115	118	50	90	42	19.0×2.65
22	20	8	14	16	34.2	37	38.5	17	M36×2	46	50	92	125	126	57	100	46	22.4×2.65
25	25	7	13	15	38.2	40	41.5	19	M42×2	50	54	100	145	145	72	120	54	26.5×3.55
31.5	32	4.4	11	12	46.5	48	49.5	24	M52×2	60	60	115	175	175	90	145	65	34.5×3.55
38	40	3.5	9	—	52.5	54	—	30	M56×2	65	64	120	185	182	95	155	67	37.5×3.55
51	50	2.6	8	—	67.0	68.5	—	40	M64×2	75	75	145	230	218	125	200	80	47.5×3.55

软管内径	两端质量/kg											
	钢丝编织软管总成（JB/T 6142.1）			90°钢丝编织软管总成（JB/T 6142.2）			双 90°钢丝编织软管总成（JB/T 6142.3）			45°钢丝编织软管总成（JB/T 6142.4）		
	Ⅰ	Ⅱ	Ⅲ	Ⅰ	Ⅱ	Ⅲ	Ⅰ	Ⅱ	Ⅲ	Ⅰ	Ⅱ	Ⅲ
5	0.14	0.16	0.18	0.16	0.18	0.20	0.20	0.22	0.24	0.14	0.16	0.18
6.3	0.20	0.22	0.24	0.18	0.20	0.22	0.28	0.30	0.32	0.16	0.18	0.20
8	0.28	0.30	0.32	0.32	0.34	0.36	0.44	0.45	0.46	0.30	0.32	0.34
10	0.34	0.36	0.38	0.44	0.45	0.46	0.58	0.63	0.65	0.42	0.43	0.45
12.5	0.46	0.50	0.56	0.49	0.51	0.54	0.60	0.66	0.71	0.47	0.49	0.51
16	0.60	0.64	0.68	0.60	0.62	0.64	0.74	0.75	0.82	0.58	0.60	0.62
19	0.78	0.84	0.90	0.85	0.88	0.90	1.05	1.10	1.14	0.81	0.84	0.86
22	1.10	1.12	1.14	1.30	1.33	1.35	1.40	1.44	1.52	1.25	1.28	1.32
25	1.32	1.34	1.38	1.75	1.78	1.82	2.40	2.45	2.62	1.68	1.72	1.75
31.5	1.64	1.66	1.68	2.05	2.08	2.10	3.00	3.14	3.25	1.92	1.94	1.96
38	2.00	2.10	—	3.05	3.15	—	5.80	5.86	—	2.95	3.00	—
51	3.90	4.00	—	6.10	6.20	—	8.42	8.50	—	5.85	5.92	—

软管总成推荐长度														
	总成长度 L	320	360	400	450	500	560	630	710	800	900	1000	1120	1250
	偏差	$^{+20}_{0}$					$^{+25}_{0}$			$^{+30}_{0}$				
	总成长度 L	1400	1600	1800	2000	2240	2500	2800	3000	4000~5000	≥5000			
	偏差	$^{+30}_{0}$	$^{+40}_{0}$								$^{+50}_{0}$			

锥密封棉线编织软（胶）管总成（摘自 JB/T 6143.1～6143.4—2007）

锥密封棉线编织胶管总成适用于油、水介质，介质温度为-40～100℃。

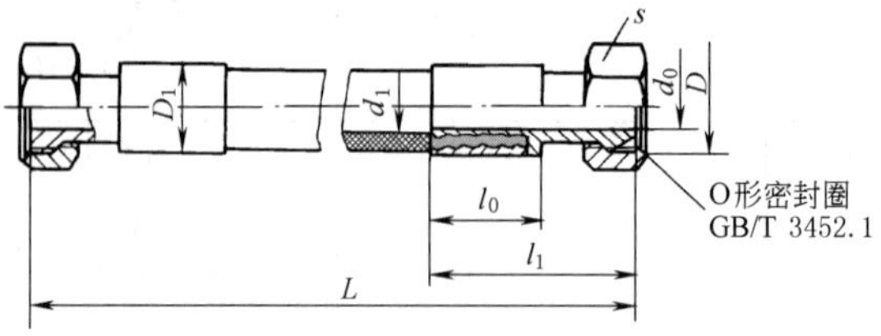

锥密封棉线编织软管总成（JB/T 6143.1—2007）

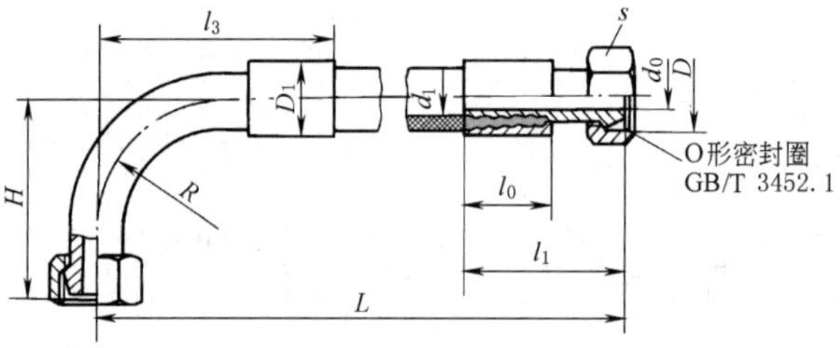

锥密封90°棉线编织软管总成（JB/T 6143.2—2007）

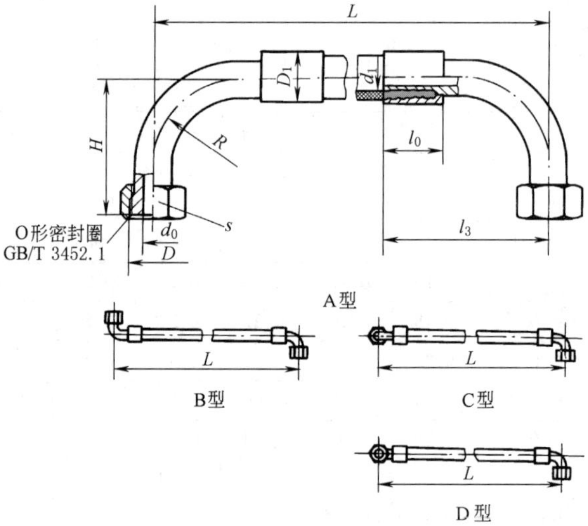

锥密封双90°棉线编织软管总成（JB/T 6143.3—2007）

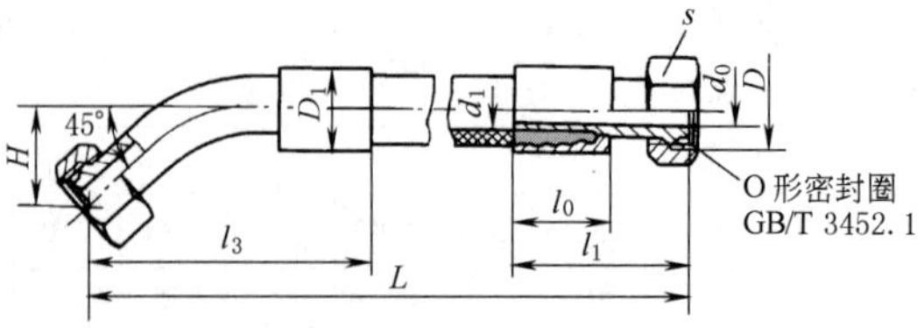

锥密封45°棉线编织软管总成（JB/T 6143.4—2007）

标记示例

1）软管内径为6mm，总成长度 $L=1000$mm 的锥密封棉线编织软管总成：

软管总成 6-1000　JB/T 6143.1—2007

2）软管内径为 6mm，总成长度 L=1000mm 的锥密封 90°棉线编织软管总成：

软管总成 6-1000　JB/T 6143.2—2007

3）软管内径为 6mm，总成长度 L=1000mm 的 A 型锥密封双 90°棉线编织软管总成：

软管总成 6A-1000　JB/T 6143.3—2007

4）软管内径为 6mm，总成长度 L=1000mm 的锥密封 45°棉线编织软管总成：

软管总成 6-1000　JB/T 6143.4—2007

表 20-12-154　mm

公称通径 DN	软管内径 d_1	工作压力 /MPa	扣压直径 D_1	D	d_0	l_0	l_1	l_3 90°总成	l_3 45°总成
4	5	2	18.5	M16×1.5	2.5	26	53	55	63
6	6	2	20	M18×1.5	3.5	37	65	70	74
8	8	2	21	M20×1.5	5	38	68	75	80
10	10	1.5	24.5	M22×1.5	7	38	69	80	83
10	13	1.5	27	M24×1.5	8	44	76	90	93
15	16	1	31	M30×2	10	44	82	105	108
20	19	1	35.5	M33×2	13	50	88	115	118
20	22	1	38.5	M36×2	17	50	92	125	126
25	25	1	42.5	M42×2	19	54	100	145	145
32	32	1	49	M52×2	24	60	115	175	175
40	38	1	55.5	M56×2	30	64	120	185	182
50	51	1	70.5	M64×2	40	75	145	230	218

公称通径 DN	H 90°总成	H 45°总成	s	R	O 形密封圈	两端质量/kg 总成	两端质量/kg 90°总成	两端质量/kg 双 90°总成	两端质量/kg 45°总成
4	50	15	21	20	6.3×1.8	0.18	0.18	0.20	0.14
6	50	26	24	20	8.5×1.8	0.24	0.25	0.28	0.16
8	55	28	24	24	10.6×1.8	0.28	0.33	0.44	0.32
10	60	30	27	28	12.5×1.8	0.36	0.46	0.58	0.42
10	65	32	30	32	13.2×2.65	0.46	0.51	0.60	0.45
15	85	40	36	45	17.0×2.65	0.66	0.66	0.74	0.60
20	90	42	41	50	19.0×2.65	0.84	1.22	1.05	0.80
20	100	46	46	57	22.4×2.65	1.10	1.80	1.40	1.30
25	120	54	50	72	26.5×3.55	1.38	1.87	2.40	1.70
32	145	65	60	90	34.5×3.55	1.74	3.05	3.00	1.90
40	155	67	65	95	37.5×3.55	2.10	3.95	5.80	2.95
50	200	80	75	125	47.5×3.55	3.72	6.20	8.42	5.86

软管总成推荐长度

总成长度 L	320	360	400	450	500	560	630	710	800	900	1000	1120	1250
偏差	$^{+20}_{0}$					$^{+25}_{0}$			$^{+30}_{0}$				

总成长度 L	1400	1600	1800	2000	2240	2500	2800	3000	4000~5000	≥5000
偏差	$^{+30}_{0}$	$^{+40}_{0}$								$^{+50}_{0}$

8 液压管接头、液压快换接头、焊接式液压金属管总成和液压软管总成的试验方法

8.1 液压管接头试验方法（摘自 GB/T 7939.1—2024）

表 20-12-155

<table>
<tr><td colspan="2">范围</td><td>GB/T 7939.1—2024/ISO 19879:2021,IDT《液压传动连接　试验方法　第1部分:管接头》描述了液压传动中使用的各类钢管连接、螺柱端连接和法兰连接的管接头试验和性能评价的统一方法
该标准所述的试验是彼此独立的,是各项试验遵循的文件。具体需进行的试验项目和性能要求见相应的标准文件
对于管接头的合格判定,以该标准规定的最小试验样品数进行试验,但在相关管接头标准中另有规定的或制造商与用户另行商定的情况除外</td></tr>
<tr><td rowspan="2">一般要求</td><td colspan="2">警告:该标准中描述的一些试验是危险的。因此在进行这些试验时,必须严格采取各种适合的安全预防措施。对于爆炸、细微喷射(可能会穿透皮肤)和膨胀气体的能量释放等危险应引起注意。为了减少能量释放的危险,在压力试验前须排出被试件内的空气。试验应由经过培训合格的人员操作和完成,并使用合适的个人防护装备(PPE)</td></tr>
<tr><td>试验组件</td><td>所有被试件都应是最终形态,包括已退火的螺母(按铜焊元件要求)。除非另有规定,用于钢管连接的1型试验组件应如图1所示,用于螺柱端连接的2型试验组件应如图2所示。为检测管接头的极限性能,对于爆破和循环耐久性(脉冲)试验,可选择不使用钢管连接,并且可组合成如图3所示具有相似功能但配置不同的3型试验组件。适用于法兰式连接的4型试验组件应如图4所示。试验组件应符合表1中的规定
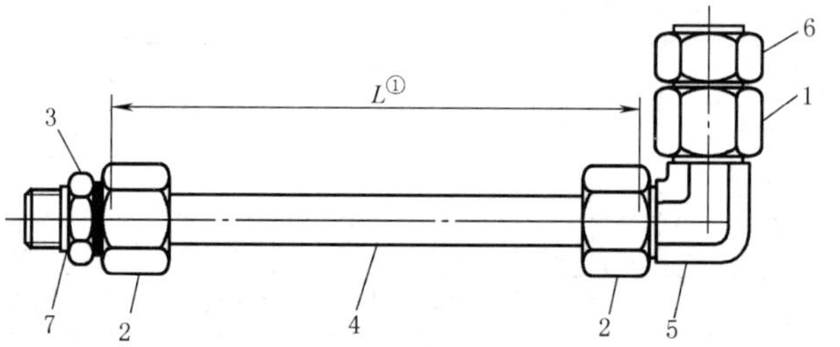

①L为钢管的长度,L=5×钢管外径(mm)+50mm
图1　钢管连接的典型试验组件—1型
1—回转螺母;2—管螺母;3—端直通管接头;4—钢管;5—异形管接头;
6—堵头或堵帽;7—密封件,如O形圈
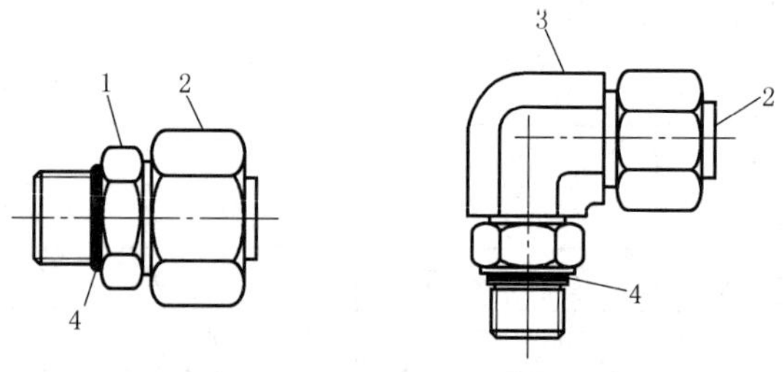

(a) 螺柱端不可调连接　　(b) 螺柱端可调连接
(适用时,可带异形管接头)
图2　螺柱端连接的典型试验组件—2型
1—端直通管接头;2—堵头或堵帽;3—异形螺柱端可调管接头;4—密封件,如O形圈</td></tr>
</table>

续表

一般要求	试验组件	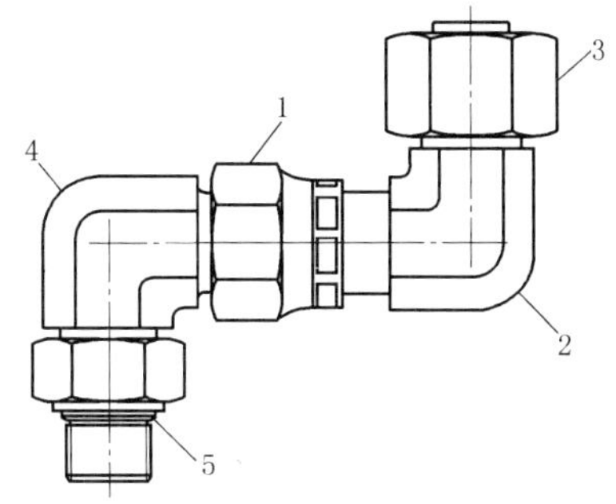 图 3　无管连接的典型试验组件—3 型 1—回转螺母；2—异形回转式管接头；3—堵头或堵帽；4—异形螺柱端可调管接头； 5—密封件，如 O 形圈 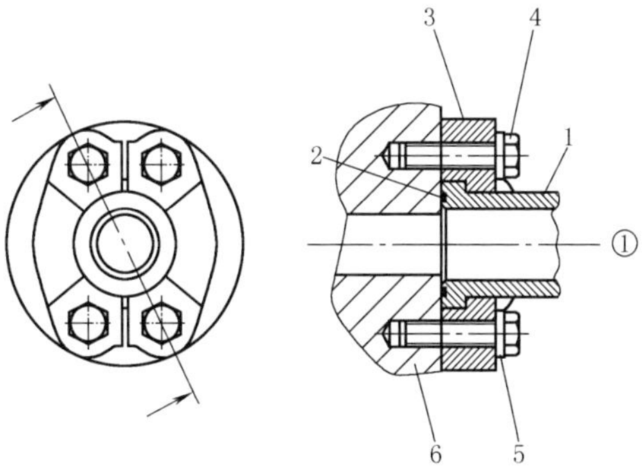 ①此端盖住或塞住 图 4　法兰式连接的典型试验组件—4 型 1—法兰式管接头；2—密封件，如 O 形圈；3—分体式法兰夹； 4—螺钉；5—垫圈；6—试验连接块
	试验装置	①试验连接块　试验连接块应无镀层且硬度不小于 35HRC（按 ISO 6508-1 测定）。对于有多个油口的试验连接块，油口的最小中心距应为油口直径的 1.5 倍。油口中心至试验连接块边缘的最小距离应不小于油口直径 ②试验密封件　除过载拧紧试验和另有规定外，所有试验用密封件的材质应是丁腈橡胶，其硬度应为（90±5）IRHD（按 ISO 48-2 测定），其尺寸应符合相应的要求。O 形密封圈应符合 ISO 3601-3 中的 N 级质量要求（一般用途）
	程序	①螺纹润滑　在所有试验中，对于被试的碳钢管接头，在施加扭矩拧紧之前，应在螺纹和接触表面使用黏度符合 ISO 3448 规定的 ISO VG 32 的液压油进行润滑。对于非碳钢的管接头，应按照制造商的建议对螺纹进行润滑 ②扭矩　在所有试验中，除重复装配和过载拧紧试验外，钢管连接和螺柱端连接应按相应标准中规定的最小扭矩或由手指拧紧位置继续拧紧的角度或圈数（如果有规定）进行试验。否则，应以制造商提供的建议进行试验。对于 2 型和 3 型试验组件，对螺柱端可调管接头的可调柱端扭矩的施加应在从手指拧紧位置倒退一圈后进行 ③温度　在所有试验中，液压介质的温度应在 15～80℃，除非在相应标准中另有规定
	试验报告	应在报告中记录试验结果和试验条件（相关表格参见 GB/T 7939.1—2024 附录 A） 注：ISO/TR 11340 提供了一种报告泄漏的方法
重复装配试验	通则	除非在相应标准中另有规定，否则应对 3 个 1 型试验组件进行试验，以确定在几次拆装后，仍可满足要求
	步骤	端直通管接头（图 1 中的零件 3）和异形管接头（图 1 中的零件 5）应重复拆装 6 次。在每次重新装配前，钢管应顺时针转动 60°。在重新装配时，应采用相应标准或制造商建议的最大扭矩或拧紧圈数拧紧螺母。所有组件，在进行了第一次装配和第六次重新装配后，应按照表 1 的规定进行气密性试验和耐压试验

续表

<table>
<tr><td rowspan="2">重复装配试验</td><td>步骤</td><td>
表 1　重复装配试验的参数和步骤
<table>
<tr><th>试验参数及判定标准</th><th>参数值和试验步骤</th></tr>
<tr><td>介质</td><td rowspan="3">按下面“气密性试验”和“耐压试验”的规定</td></tr>
<tr><td>压力</td></tr>
<tr><td>持续时间</td></tr>
<tr><td>判定标准</td><td>在气密性和耐压试验期间,应无任何泄漏</td></tr>
</table>
</td></tr>
<tr><td>被试件的再利用</td><td>经过该项试验的被试件,在规定的最小装配扭矩或拧紧圈数下,可用于爆破试验和循环耐久性(脉冲)试验。但不应用于实际使用或返回库存</td></tr>
<tr><td rowspan="3">气密性试验</td><td>通则</td><td>除非在相应标准中另有规定,应取经重复装配试验的所有 1 型试验组件,以及适用时,2 型、3 型或 4 型试验组件各 3 个进行气密性试验,以确定在试验压力下这些组件不会泄漏</td></tr>
<tr><td>步骤</td><td>
如图 5 所示和表 2 所述,应在水下对试验组件进行加压

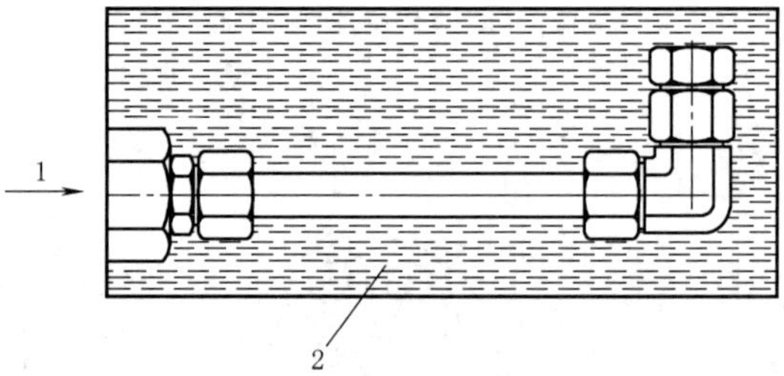

图 5　气密性试验的典型试验装置

1—试验介质进口;2—水

表 2　气密性试验的参数和步骤
<table>
<tr><th>试验参数及判定标准</th><th>参数值和试验步骤</th></tr>
<tr><td>介质</td><td>空气、氮气或氦气。试验介质应记录在试验报告中</td></tr>
<tr><td>压力</td><td>试验压力应连续增加至相应标准规定的最高工作压力的 15%,不超过 6.3MPa</td></tr>
<tr><td>持续时间</td><td>将管接头螺纹之间的空气完全排出之后,在试验压力下最小保持 180s</td></tr>
<tr><td>判定标准</td><td>应无泄漏(冒出气泡即泄漏)</td></tr>
</table>
</td></tr>
<tr><td>被试件的再利用</td><td>经过该项试验的被试件可用于后续的试验,但不应用于实际使用或返回库存</td></tr>
<tr><td rowspan="2">耐压试验</td><td>通则</td><td>除非在相应标准中另有规定,应取 1 型试验组件,以及适用时,2 型、3 型或 4 型试验组件各 3 个进行试验,以确定管接头在至少 2 倍的最高工作压力下没有任何可见的泄漏</td></tr>
<tr><td>步骤</td><td>
如图 6 所示,应按表 3 的规定对试验组件进行加压。在施加静态压力前,应排尽试验组件中的空气

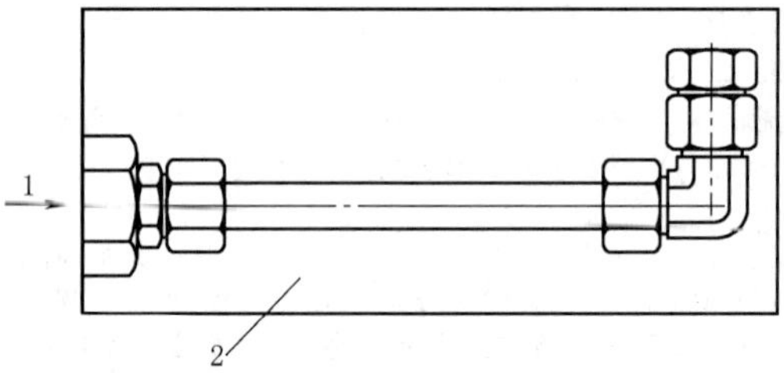

图 6　耐压试验和爆破试验的典型试验装置

1—试验介质进口;2—空气

表 3　耐压试验的参数和步骤
<table>
<tr><th>试验参数及判定标准</th><th>参数值和试验步骤</th></tr>
<tr><td>介质</td><td>符合 ISO 6743-4 黏度不高于 ISO 3448 的 ISO VG 32 的液压油(如 HM);或水试验介质应记录在试验报告中</td></tr>
<tr><td>压力</td><td>2 倍管接头最高工作压力,适用时,按照相应标准的规定
应以每秒不超过管接头最高工作压力 16% 的速率增加压力,直至达到试验压力</td></tr>
<tr><td>持续时间</td><td>试验组件应在试验压力下至少保持 60s</td></tr>
<tr><td>判定标准</td><td>在试验期间,试验组件应无泄漏或其他失效</td></tr>
</table>
</td></tr>
</table>

续表

<table>
<tr><td>耐压试验</td><td>被试件的再利用</td><td>经过该项试验的被试件可用于爆破试验,但不应用于实际使用或返回库存</td></tr>
<tr><td rowspan="3">爆破试验</td><td>通则</td><td>除非在相应标准中另有规定,应取1型或3型试验组件,以及适用时,2型或4型试验组件各3个进行试验,以确定管接头至少能够承受其4倍的最高工作压力</td></tr>
<tr><td>步骤</td><td>如图6所示,应按表4的规定对试验组件进行加压
表4　爆破试验的参数和步骤
<table>
<tr><th>试验参数及判定标准</th><th>参数值和试验步骤</th></tr>
<tr><td>介质</td><td>符合ISO 6743-4黏度不高于ISO 3448的ISO VG 32的液压油(如HM);或水试验介质应记录在试验报告中</td></tr>
<tr><td>压力</td><td>最低试验压力应为4倍的管接头最高工作压力,按照相应标准
应以每秒不超过管接头最高工作压力16%的速率增加压力</td></tr>
<tr><td>持续时间</td><td>达到规定的最低试验压力或持续到管接头泄漏为止(如有必要)</td></tr>
<tr><td>判定标准</td><td>在最低试验压力以下,试验组件应无泄漏</td></tr>
</table></td></tr>
<tr><td>被试件的再利用</td><td>经过该项试验的被试件不应再做其他试验,也不应用于实际使用或返回库存</td></tr>
<tr><td rowspan="3">循环耐久性(脉冲)试验</td><td>通则</td><td>除非在相应标准中另有规定,应取1型3个或3型6个试验组件,以及适用时,2型或4型的试验组件各6个进行试验,以确定其在133%的最高工作压力下循环100万次无泄漏或元件失效。对于通径51mm及以上的法兰组件和钢管外径为50mm及以上的管接头,如果设计时通过计算或有限元分析校核,则取3个试验组件进行试验即可
注:通过计算或有限元分析校核是指有正式计算书或报告</td></tr>
<tr><td>步骤</td><td>循环耐久性(脉冲)试验应按表5的规定进行
表5　循环耐久性(脉冲)试验的参数和步骤
<table>
<tr><th>试验参数及判定标准</th><th>参数值和试验步骤</th></tr>
<tr><td>介质</td><td>符合ISO 6743-4黏度不高于ISO 3448的ISO VG 32的液压油(如HM);或水试验介质应记录在试验报告中</td></tr>
<tr><td>压力</td><td>试验压力应符合ISO 6605中规定的波形,峰值压力应为管接头最高工作压力的133%,脉冲频率不超过2.0Hz</td></tr>
<tr><td>持续时间</td><td>最少100万次压力脉冲循环</td></tr>
<tr><td>判定标准</td><td>在试验期间,试验组件应无泄漏或失效</td></tr>
</table></td></tr>
<tr><td>被试件的再利用</td><td>经过该项试验的被试件不应再做其他试验,也不应用于实际使用或返回库存</td></tr>
<tr><td rowspan="3">真空试验</td><td>通则</td><td>除非在相应标准中另有规定,应取1型试验组件,以及适用时,2型或4型试验组件各2个进行试验,承受初始的绝对压力6.5kPa至少300s,以确定其密封性能</td></tr>
<tr><td>步骤</td><td>真空试验应按照表6的规定进行
表6　真空试验的参数和步骤
<table>
<tr><th>试验参数及判定标准</th><th>参数值和试验步骤</th></tr>
<tr><td>介质</td><td>空气</td></tr>
<tr><td>压力</td><td>6.5kPa的绝对压力</td></tr>
<tr><td>步骤</td><td>试验组件应连接到一个有压力计和截止阀的真空源,关闭截止阀能够切断真空源。抽取到指定的真空试验压力后,关闭截止阀。在此压力下保持试验组件达到规定的试验持续时间。随着泄漏的增加,绝对压力读数会随之增加</td></tr>
<tr><td>持续时间</td><td>至少300s</td></tr>
<tr><td>判定标准</td><td>对任何试验组件,绝对压力的增加不应超过3kPa</td></tr>
</table></td></tr>
<tr><td>被试件的再利用</td><td>经过该项试验的被试件可用于其他试验或实际使用</td></tr>
</table>

续表

过载拧紧试验	通则	除非在相应标准中另有规定,应对 6 个试验组件进行试验,包括 3 个带管螺母(图 1 零件 2)的管接头试验组件和 3 个带回转螺母(图 1 零件 1)的管接头试验组件。按照相应管接头标准中给出的过载拧紧扭矩或过载拧紧圈数进行试验,确定管螺母和回转螺母的过载拧紧性能
	试验装置	除非另有规定,应使用与管接头相配的无镀层的钢制螺纹芯轴或试验连接块,芯轴和试验连接块的硬度应不小于 35HRC(按 ISO 6508-1 测定)
	步骤	在试验期间应固定螺纹芯轴或试验连接块,并且扳手应靠近被试六角螺母的螺纹端。过载拧紧试验应按照表 7 的规定进行

表 7　过载拧紧试验的参数和步骤

试验参数及判定标准	参数值和试验步骤
持续时间	连续对螺母施加扭矩,直到达到规定的扭矩值。除非另有规定,过载拧紧扭矩应至少是各管接头标准规定扭矩的 1.5 倍
判定标准	如果出现以下情况,则认为被试件没有通过试验: ——螺母拧松后不能用手完全拧开 ——螺母不能用手自由旋转 ——螺母不能用手拧回原始位置 ——在密封面或螺母上出现任何可见裂缝

过载拧紧试验	被试件的再利用	经过该项试验的被试件不应再做其他试验,不应用于实际使用或返回库存
振动试验	通则	除非在相应标准中另有规定,应按下面“步骤”规定的步骤对 6 个试验组件进行试验,以确定管接头是否能够承受规定的振动,没有泄漏或元件失效。对于通径 51mm 及以上的法兰组件和钢管外径为 50mm 及以上的管接头,如果设计时通过计算或有限元分析校核,则对 3 个试验组件进行试验即可
	步骤	①振动试验应按照表 8 和②~⑦的规定进行

表 8　振动试验的参数和步骤

试验参数及判定标准	参数值和试验步骤
介质	符合 ISO 6743-4 黏度不高于 ISO 3448 的 ISO VG 32 的液压油(如 HM);或水试验介质应记录在试验报告中
压力	按选用钢管的工作压力并低于管接头的最高工作压力
弯曲应力	钢管最小屈服强度的 25%,但不超过 60MPa
振动频率	10~50Hz 的固定频率
持续时间	最少 1000 万次振动循环
判定标准	试验组件在完成 1000 万次循环之前应无泄漏或失效

②按图 7 所示准备试验组件。应变片应安装在图 7 指定的位置。最小测量长度 L 应符合表 9 的规定

③如图 7 所示,将试验组件安装在能提供旋转或平面振动的试验装置上

④给试验组件加压至表 8 中规定的试验压力

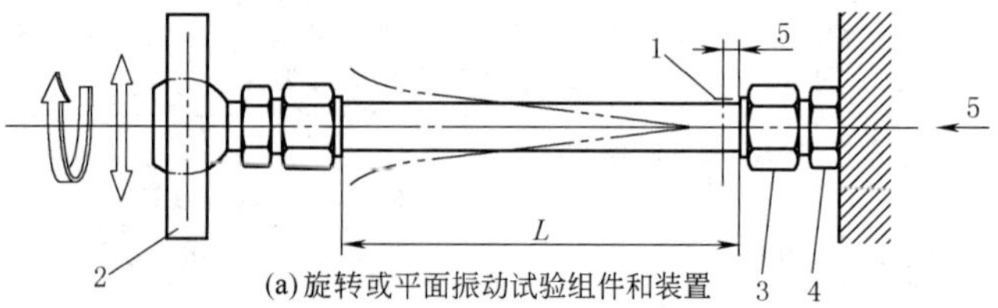

(a) 旋转或平面振动试验组件和装置

1—应变片;2—驱动端;3—试验组件;4—固定端;5—液压油或水进口

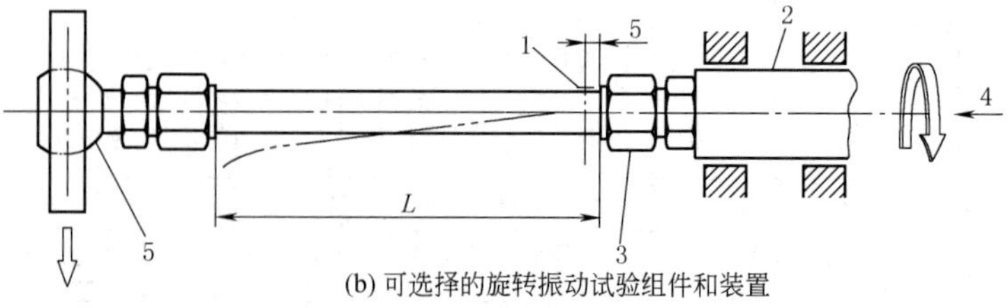

(b) 可选择的旋转振动试验组件和装置

图 7　典型振动试验组件和装置

1—应变片;2—驱动端;3—试验组件;4—液压油或水进口;5—荷载作用位置

续表

<table>
<tr><td rowspan="2">振动试验</td><td>步骤</td><td>⑤在与应变片相对的钢管末端施加弯曲载荷，直至试验弯曲应力达到钢管最小屈服强度的 25%
注：当使用最小屈服强度大于 235MPa 的钢管时，确定试验中使用的应力水平，需要考虑钢管的动态性能
⑥给试验组件施加 10～50Hz 的振动，直至其失效或达到 1000 万次循环
⑦如果试验组件在完成 1000 万次循环前出现失效，记录达到的循环次数和失效类型

表 9　振动试验的最小测量长度　　mm
<table>
<tr><th>钢管外径 D</th><th>最小测量长度 L</th></tr>
<tr><td>$D \leqslant 20$</td><td>250</td></tr>
<tr><td>$20 < D \leqslant 50$</td><td>250 或 $8D$，取大值</td></tr>
<tr><td>$D > 50$</td><td>400 或 $8D$，取大值</td></tr>
</table></td></tr>
<tr><td>被试件的再利用</td><td>经过该项试验的被试件不应再进行其他试验，不应用于实际使用或返回库存</td></tr>
<tr><td rowspan="3">带振动的循环耐久性（脉冲）试验</td><td>通则</td><td>除非在相应标准中另有规定，应按照图 8 所示对 3 个试验组件进行试验，在 133% 的最高工作压力下循环 50 万次并同时施加振动，以确定无泄漏或元件失效。对于通径 51mm 及以上的法兰组件和钢管外径 50mm 及以上的管接头，如果设计时通过计算或有限元分析校核，对 3 个试验组件进行试验即可</td></tr>
<tr><td>步骤</td><td>①带振动的循环耐久性（脉冲）试验应按表 10 和图 8 的规定进行
②按图 8 所示准备试验组件。应变片应安装在图 8 规定的位置，最小测量长度 L 应符合表 9 规定
表 10　带振动的循环耐久性（脉冲）试验的参数和步骤
<table>
<tr><th>试验参数及判定标准</th><th>参数值和试验步骤</th></tr>
<tr><td>介质</td><td>符合 ISO 6743-4 黏度不高于 ISO 3448 的 ISO VG 32 的液压油（如 HM）；或水试验介质应记录在试验报告中</td></tr>
<tr><td>压力</td><td>试验压力应符合 ISO 6605 规定的波形，其峰值压力为管接头最高工作压力的 133%，脉冲频率不超过 2.0Hz</td></tr>
<tr><td>弯曲应力</td><td>钢管最小屈服强度的 25%，但不超过 60MPa</td></tr>
<tr><td>振动频率</td><td>20 倍脉冲频率</td></tr>
<tr><td>持续时间</td><td>最少 50 万次压力脉冲循环</td></tr>
<tr><td>判定标准</td><td>在试验期间，试验组件应无泄漏或失效</td></tr>
</table>
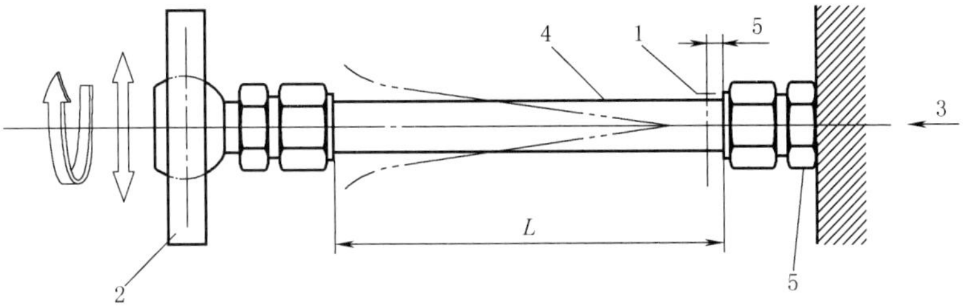

图 8　带振动的循环耐久性（脉冲）试验的典型试验组件和装置
1—应变片；2—驱动端；3—液压油或水进口；4—试验组件；5—固定端</td></tr>
<tr><td>被试件的再利用</td><td>经过该项试验的被试件，不应再进行其他试验，也不应用于实际使用或返回库存</td></tr>
<tr><td colspan="2">标注说明</td><td>当选择遵守该标准时，宜在试验报告、产品目录和销售文件中使用以下说明
“液压管接头的试验方法符合 GB/T 7939.1—2024《液压传动连接　试验方法　第 1 部分：管接头》”</td></tr>
</table>

8.2　液压快换接头试验方法（摘自 GB/T 7939.2—2024）

表 20-12-156

范围	GB/T 7939.2—2024/ISO 18869：2017，IDT《液压传动连接　试验方法　第 2 部分：快换接头》描述了液压传动中使用的快换接头性能的试验和评价方法。该标准不适用于 GB/T 7939.1 所规定的各类钢管连接、螺柱端连接和法兰连接的管接头试验和性能评价

续表

<table>
<tr><td colspan="2">范围</td><td>该标准所述的试验是彼此独立的，是各项试验遵循的文件。具体需进行的试验项目和性能要求见相应的快换接头标准文件。针对不同的应用，并不要求所有项目都进行试验，由用户根据该标准选择适合的试验项目
对于快换接头的合格判定，以该标准规定的最小试验样本数进行试验，但在相关快换接头标准中另有规定的或制造商与用户另行商定的情况除外</td></tr>
<tr><td colspan="2">试验组件选择</td><td>①被试快换接头组件应选择在设计、材料、表面处理、工艺等各方面构成生产批次的代表性样品。被试快换接头和生产中的快换接头应具有实质的相似性
②对于合格判定试验，试验样本数的选取应按照表1
注：快换接头规格符合 ISO 4397 中规定的公称软管内径
表1　试验样本数
<table>
<tr><th>快换接头规格</th><th>样本数</th></tr>
<tr><td>5</td><td>5</td></tr>
<tr><td>6.3</td><td>5</td></tr>
<tr><td>10</td><td>5</td></tr>
<tr><td>12.5</td><td>5</td></tr>
<tr><td>16</td><td>5</td></tr>
<tr><td>19(20)</td><td>5</td></tr>
<tr><td>25</td><td>4</td></tr>
<tr><td>31.5</td><td>2</td></tr>
<tr><td>38(40)</td><td>2</td></tr>
<tr><td>51(50)</td><td>2</td></tr>
</table></td></tr>
<tr><td rowspan="6">试验条件</td><td>安全注意事项</td><td>①除以下建议外，其他规定和注意事项也可适用
②在试验过程中，必须严格执行安全预防措施。特别要注意以下情况
a. 快换接头或软管破裂
b. 能穿透皮肤的细小流体喷射
c. 气体膨胀引起的能量释放
d. 在高温和低温下触摸物体
e. 使用附加装置和耐久性试验设备时执行机构和金属部件的移动
注：在 GB/T 3766—2015 中有“重大危险一览表”，可参见表 20-1-7
③试验人员应经过培训
④为减少流体喷射的危险，被试件应采用充分的防护措施
⑤为减少能量释放的危险，在施加压力之前，应从被试件中排出空气
⑥为减少烫伤的危险，应使用适当的工具操作被试件
⑦为减少人身伤害，试验设备和被试件应采用充分的防护措施。不应手动操作可移动的自动化装置
⑧试验全过程应使用适当的人身防护装备</td></tr>
<tr><td>螺纹润滑</td><td>在所有试验中，对于碳钢制造的快换接头，在施加扭矩拧紧之前，应在螺纹和接触表面使用黏度符合 ISO 3448 规定的 ISO VG 32 的液压油进行润滑。对于非碳钢制造的快换接头，应按照制造商的建议对螺纹进行润滑</td></tr>
<tr><td>扭矩</td><td>在所有试验中，被试快换接头应按相应标准规定的扭矩安装至试验台</td></tr>
<tr><td>试验介质和温度</td><td>除非另有规定，应使用黏度符合 ISO 3448 规定的 ISO VG 32 的液压油。在所有试验中，油温应在 15～80℃</td></tr>
<tr><td>试验压力</td><td>试验压力应符合相应快换接头标准的规定</td></tr>
<tr><td>试验报告</td><td>应使用附录 A 中给出的试验数据表记录试验条件和结果
注：ISO/TR 11340 提供了一种记录泄漏的方法</td></tr>
<tr><td rowspan="2">试验装置</td><td>试验连接块（用于脉冲、爆破、曲挠脉冲和过载拧紧试验）</td><td>与被试件相连的连接块表面，不应有涂层或镀层且硬度应在 35～45HRC（按 ISO 6508-1 测定）。对于有多个油口的试验连接块，油口的中心距应不小于油口直径的 1.5 倍。油口中心至试验连接块边缘的距离应不小于油口直径</td></tr>
<tr><td>试验密封件</td><td>除过载拧紧试验和另有规定外，所有试验用密封件的材质应是丁腈橡胶，其硬度应为(90±5)IRHD（按 ISO 48-2 测定），其尺寸应符合相应的要求。O 形密封圈应符合 ISO 3601-3 中的 N 级质量要求</td></tr>
</table>

续表

<table>
<tr><td>试验装置</td><td>测量仪器</td><td>测量仪器的准确度应符合表2
表2　测量仪器准确度
<table>
<tr><th>参数</th><th>数据准确度(最大测量值的百分比)</th></tr>
<tr><td>流量/L·min⁻¹</td><td>±3%</td></tr>
<tr><td>力/N</td><td>±3%</td></tr>
<tr><td>压力和压降/MPa</td><td>±3%</td></tr>
<tr><td>扭矩/N·m</td><td>±3%</td></tr>
<tr><td>容积(测泄漏量)/mL</td><td>±1%</td></tr>
<tr><td>温度/℃</td><td>±3</td></tr>
</table></td></tr>
<tr><td colspan="2">连接力或连接扭矩试验</td><td>①当快换接头的内部存在压力时,应遵循GB/T 7939.2—2024附录B中相关的试验要求
②用试验油液润滑被试件上的快换接头的连接部位。将快换接头装入试验夹具中。保持相应的快换接头标准中规定的或供需双方商定的内部试验压力。使用表3中给出的参数进行试验和判定
表3　连接力和断开力试验的参数和判定准则
<table>
<tr><th>试验参数</th><th>参数值和判定准则</th></tr>
<tr><td>试验介质</td><td>按上面“试验条件”的规定</td></tr>
<tr><td>试验压力和温度</td><td>按上面“试验条件”或相应快换接头标准的规定,或经供需双方商定</td></tr>
<tr><td>试验环境条件</td><td>按相应快换接头标准中的规定或供需双方商定</td></tr>
<tr><td>合格/不合格判定准则</td><td>被试件出现任何影响连接和断开的机械损伤,应判定为不合格
可接受的流体损失值和空气夹带量,宜符合相应快换接头标准的规定或经供需双方商定,若超过规定值应判定为不合格</td></tr>
</table>
③在端接头上施加力或扭矩,直到完全连接。在操作过程中,必要时可手动操作锁紧机构,使两个端接头能正常连接
④测量连接力、连接扭矩
⑤同一个被试快换接头组件重复试验5次。取5次试验的平均值作为连接力或连接扭矩。在试验报告中记录平均值,该值是额定连接力或额定连接扭矩
⑥在试验报告中记录表3中的不合格现象(如损坏、故障、泄漏等)</td></tr>
<tr><td colspan="2">断开力或断开扭矩试验</td><td>①当快换接头的内部存在压力时,应遵循GB/T 7939.2—2024附录B中相关的试验要求
②用试验油液润滑被试件上的快换接头的连接部位。将快换接头装入试验夹具中。保持相应的快换接头标准中规定的或供需双方商定的内部试验压力。使用表3中给出的参数进行试验和判定
③对快换接头的锁紧机构施加力或扭矩,直到完全断开
④测量断开力、断开扭矩
⑤同一个被试快换接头组件重复试验5次。取5次试验的平均值作为断开力或断开扭矩。在试验报告中记录平均值,该值是额定断开力或额定断开扭矩
⑥在试验报告中记录表3中的不合格现象(如损坏、故障、泄漏等)</td></tr>
<tr><td>泄漏试验</td><td>连接状态的低压泄漏试验</td><td>①将被试快换接头组件装入试验装置中,如图1所示。向试验装置中注入试验介质(见上面“试验介质和温度”),使液柱的高度达到750mm。在距离快换接头连接的主密封件中心线10D处,施加垂直于快换接头中心线50N载荷
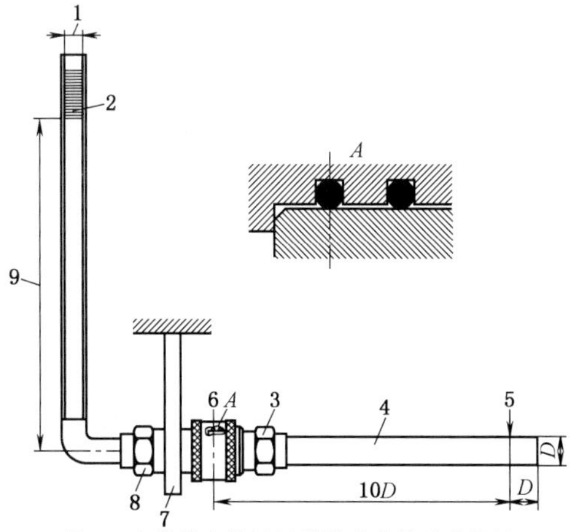

图1　连接状态的低压泄漏试验的试验装置
1—内径,最大13mm;2—带有测量刻度的圆柱管;3—公端;4—连接在公端的钢棒,不固定在夹具中;5—垂直于快换接头中心线施加50N载荷;6—连接的主密封中心线(见A剖面图);7—固定母端的夹具;8—母端;9—液柱;A—剖面图:主密封件;D—接头公称尺寸,mm</td></tr>
</table>

续表

泄漏试验	连接状态的低压泄漏试验	②在不短于30min的试验时间内测量液柱高度下降值。计算泄漏量(mL/h) ③在试验报告中记录泄漏量
	断开状态的低压泄漏试验(仅用于带阀的端接头)	①将被试端接头装入试验装置中,如图2所示。向试验装置中注入试验介质(见上面“试验介质和温度”),使液柱的高度达到750mm 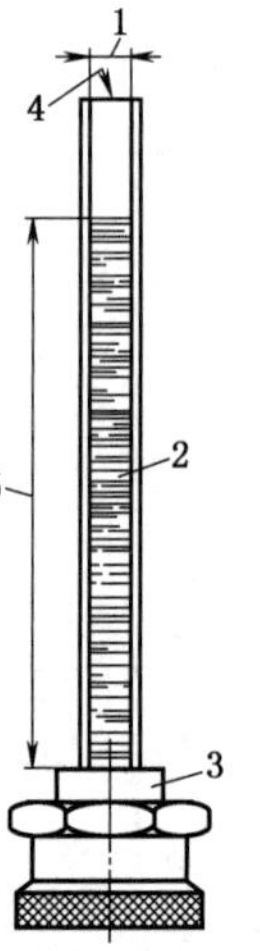 图2　断开状态的低压泄漏试验的试验装置 1—内径,最大13mm;2—带有测量刻度的圆柱管;3—被试端接头(公端或母端);4—圆柱管顶部开口;5—液柱 ②在不短于30min的试验时间内测量液柱高度下降值。计算泄漏量(mL/h) ③在试验报告中记录泄漏量
	连接状态的最高工作压力泄漏试验	①清除回路中的内部空气。用试验介质对被试快换接头组件施加压力,在相应的快换接头标准中规定的或供需双方商定的最高工作压力下保持30min ②在试验期间,采用有刻度的量筒测量泄漏,计算泄漏量(mL/h) ③在试验报告中记录泄漏量
	断开状态的最高工作压力泄漏试验(仅用于带阀的端接头)	①清除回路中的内部空气。用试验介质对被试端接头施加压力,在相应的快换接头标准中规定的或供需双方商定的最高工作压力下保持30min ②在试验期间,采用有刻度的量筒测量泄漏,计算泄漏量(mL/h) ③在试验报告中记录泄漏量
真空试验	概述	本步骤推荐用于真空试验,不测量泄漏量
	连接状态真空试验	①如图3所示,将快换接头组件装入试验装置中 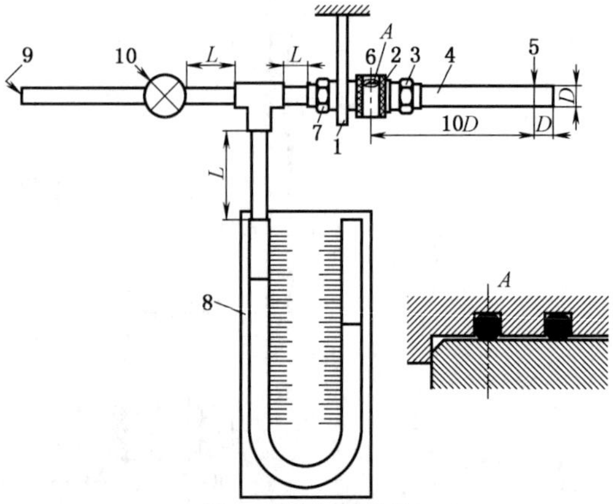 图3　真空试验装置 1—固定母端的夹具;2—被试快换接头或端接头;3—公端;4—连接在公端的钢棒,不固定在夹具中;5—垂直于快换接头中心线施加50N载荷;6—连接的主密封中心线(见A剖面图);7—母端;8—压力计;9—真空泵;10—截止阀;A—剖面图:主密封件;D—快换接头公称尺寸;L—最长15D

续表

<table>
<tr><td rowspan="2">真空试验</td><td>连接状态真空试验</td><td>②如图 3 所示，向被试快换接头组件施加侧向载荷
③启动真空泵并产生真空，达到相应的快换接头标准中规定的或供需双方商定的值
④关闭截止阀，保持 10min
⑤观察压力计有无真空度变化
⑥在试验报告中记录压力计读数值</td></tr>
<tr><td>断开试验（仅用于带阀的端接头）</td><td>①如图 3 所示，将端接头装入试验装置中
②启动真空泵并产生真空，达到相应的快换接头标准中规定的或供需双方商定的值
③关闭截止阀，保持 10min
④观察压力计有无真空度变化
⑤在试验报告中记录压力计读数值</td></tr>
<tr><td colspan="2">空气夹带试验</td><td>①如图 4 所示，将被试快换接头组件装入试验装置中。连接快换接头，使封闭容器和开口容器液位一致，记录封闭容器的液位值
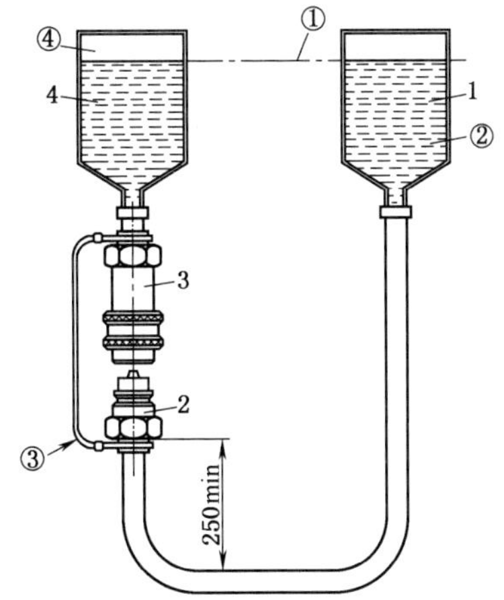

①当取读数值时，液位应一致
②如果该容器中出现气泡，应重新进行试验
③可使用挂绳来防止配对的端接头意外跌落至 250mm 线之下
④截留的空气容积差代表总的空气夹带量
图 4　空气夹带试验装置
1—盛有液体的顶部开口容器；2—配对的端接头；3—固定的端接头；4—盛有液体的带有刻度的封闭容器
②在被试快换接头组件进行断开、连接动作后，让断开后的端接头流出的液体排出。在每次断开、连接的循环过程之后，应敲击快换接头组件以清除其内部的所有空气
③重复②中规定的步骤，直到封闭容器中排出的液体超过 10 个最小分辨刻度。在连接状态下，垂直调整顶部开口容器，使液位保持一致。记录封闭容器的液位值
④将①中记录的液位值减去③中记录的液位值，并将差值除以连接、断开的循环次数，即为每次连接、断开的循环过程中的空气夹带量
⑤在试验报告中记录每次连接、断开的循环过程中的空气夹带量（单位为 mL）</td></tr>
<tr><td colspan="2">流体损失试验</td><td>①如图 5 所示，将被试快换接头组件装入试验装置中。将试验介质装入带有刻度的容器中且压力为 0.1MPa。如果试验介质的黏度影响气泡迅速清除，可使用较低黏度的液体并记录所用液体的类型。记录刻度容器的液位
②被试快换接头组件进行连接、断开动作。每次断开后，让油液从端接头中排出。每次连接后，轻敲快换接头组件以清除其内部的所有空气
③重复②中规定的步骤，直到容器的液位至少下降 10 个最小分辨刻度。记录刻度容器的液位值
④将①中记录的液位值减去③中记录的液位值，并将差值除以连接、断开的循环次数，即为每次连接、断开的循环过程中的流体损失量
⑤在试验报告中记录每次连接、断开的循环过程中的流体损失量（单位为 mL）</td></tr>
</table>

续表

流体损失试验

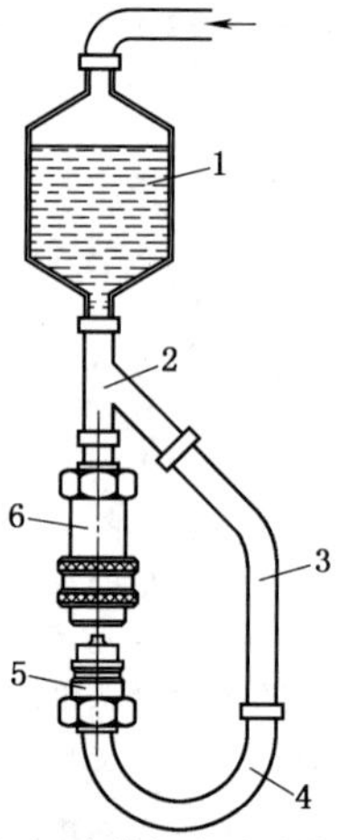

图 5　流体损失试验装置

1—盛有液体的带有刻度的容器；2—Y 形接管；3—硬管；4—聚四氟乙烯（PTFE）管；5—配对的端接头；6—固定的端接头

压降（Δp）试验

①如图 6 所示，将被试快换接头装入试验装置中；测压口应符合 ISO 4411 的测量精度等级 B 和 C 的要求。选择额定流量的 25%～150%中至少六个流量值（应包括额定流量的 100%）。如果相应的快换接头标准中未规定额定流量，则使用表 4 中给出的值

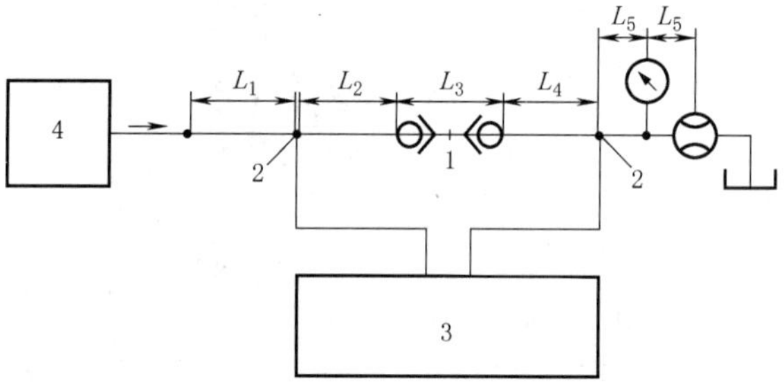

注：尺寸 L_1～L_5 为要求的最小长度

L_1：接管内径的 10 倍

L_2：接管内径的 5 倍

L_3：接头加端部配件的长度

L_4：接管内径的 10 倍

L_5：接管内径的 5 倍

图 6　压降试验回路

1—被试快换接头；2—测压点；3—压差测量装置；4—流量控制装置

表 4　标准的额定流量

快换接头规格（软管公称内径）D/mm	额定流量 Q/L · min^{-1}
5	3
6.3	12
10	23
12.5	45
16	74
19(20)	100(106)
25	189
31.5	288
38(40)	342(379)
51(50)	788(757)

续表

压降(Δp)试验		②按①选择额定流量,测定并记录被试快换接头在公端流向母端和母端流向公端两个不同方向的压降 ③从试验装置上拆下被试快换接头,并用相应尺寸的管接头连接管子。测定并记录按①选择的相同流量下的压降 ④在整个试验过程中,将试验液体的黏度保持在 28.8~35.2mm^2/s。记录液体类型和温度 ⑤将②测定的压降值中减去③测定的压降值,其差值即是被试快换接头的净压降。以图形形式绘制每个方向的净压降。为了得到一条直线,建议采用全对数作图法。直线不一定穿过记录值的点,但宜代表出点与点之间的公值 ⑥通过被试快换接头的一个方向上任何一个流量的压降值与通过另一个方向相同流量的压降之差(通常小于 10%),应使用两值中的较大值 ⑦将压降图附在试验报告中
耐压试验	连接状态	①对被试快换接头施加规定的耐压压力,保压至少 5min ②按"连接状态的低压泄漏试验"和"连接状态的最高工作压力泄漏试验"测定泄漏量 ③在零压力下连接和断开快换接头 5 次 ④记录任何咬合或故障现象 ⑤在试验报告中记录泄漏量
	断开状态(仅用于带阀的端接头)	①对断开的两个被试端接头分别施加规定的耐压压力,保压至少 5min ②按"断开状态的低压泄漏试验(仅用于带阀的端接头)"和"断开状态的最高工作压力泄漏试验(仅用于带阀的端接头)"测定泄漏量 ③记录任何咬合或故障现象 ④在试验报告中记录泄漏量
高低温试验	环境高温试验	①通则 试验应在最高工作温度下进行 在②和③中规定的试验可能需要特定及专用的 a. 防止人身伤害和环境破坏的安全指示 b. 大气和环境条件 在连接和断开状态下进行试验时,应采取有效的安全预防措施 ②连接状态 Ⅰ. 向被试快换接头中注满试验介质,保持最高工作温度至少 6h。在温度调节期间,快换接头内部应通大气 Ⅱ. 使快换接头冷却至环境温度。断开并重新连接之后,按"连接状态的低压泄漏试验"和"连接状态的最高工作压力泄漏试验"测定泄漏量。如需在特定温度下进行连接和断开,则该温度宜由供需双方商定 Ⅲ. 在试验报告中记录泄漏量 ③断开状态(仅用于带阀的端接头) Ⅰ. 向被试端接头中注满试验介质,保持最高工作温度至少 6h Ⅱ. 让端接头冷却至环境温度,并手动将阀打开、关闭 5 次。按"断开状态的低压泄漏试验(仅用于带阀的端接头)"和"断开状态的最高工作压力泄漏试验(仅用于带阀的端接头)"测定泄漏量 Ⅲ. 在试验报告中记录泄漏量
	工作高温试验	①连接状态 Ⅰ. 向被试快换接头中注满试验介质,保持最高工作温度至少 6h。在温度调节期间,快换接头内部应通大气 Ⅱ. 按"连接状态的低压泄漏试验"和"连接状态的最高工作压力泄漏试验"测定泄漏量 Ⅲ. 在试验报告中记录泄漏量 ②断开状态(仅用于带阀的端接头) Ⅰ. 向被试端接头中注满试验介质,保持最高工作温度至少 6h Ⅱ. 按"断开状态的低压泄漏试验(仅用于带阀的端接头)"和"断开状态的最高工作压力泄漏试验(仅用于带阀的端接头)"测定泄漏量 Ⅲ. 在试验报告中记录泄漏量
	工作低温试验	①连接状态 Ⅰ. 向被试快换接头中注满试验介质,保持最低工作温度至少 4h Ⅱ. 按"连接状态的低压泄漏试验"和"连接状态的最高工作压力泄漏试验"测定泄漏量 Ⅲ. 在试验报告中记录泄漏量 ②断开状态(仅用于带阀的端接头) Ⅰ. 向被试端接头中注满试验介质,保持最低工作温度至少 4h Ⅱ. 手动操作端接头内部的阀,将阀打开、关闭 5 次。按"断开状态的低压泄漏试验(仅用于带阀的端接头)"和"断开状态的最高工作压力泄漏试验(仅用于带阀的端接头)"测定泄漏量 Ⅲ. 在试验报告中记录泄漏量

续表

<table>
<tr><td rowspan="3">耐久性试验</td><td colspan="2">注：当快换接头内部存在压力时，试验说明见 GB/T 7939.2—2024 附录 B</td></tr>
<tr><td>非螺纹连接式快换接头</td><td>①由于耐久性试验属于破坏性试验，应使用新的快换接头进行试验。试验后，该快换接头不应再用于任何其他试验或返回库存
②将快换接头连接到可提供 0.1MPa 试验的压力源上。记录所用试验介质的类型
③按照相应快换接头标准的规定或供需双方商定的循环次数，进行连接和断开循环。对于规格不大于 12.5 的快换接头，连接、断开的循环频次不应超过 1800 次/h；对于规格大于 12.5 的快换接头，连接、断开的循环频次不应超过 600 次/h
④记录任何咬合或故障现象
⑤按上面“泄漏试验”测定泄漏量
⑥在试验报告中记录泄漏量</td></tr>
<tr><td>螺纹连接式快换接头</td><td>①通则　应使用上面“连接力或连接扭矩试验”和“断开力或断开扭矩试验”中测定的扭矩，对快换接头进行试验，确认其在多次断开和连接后能够满足必要的试验条件。除非相应的快换接头标准中另有规定
②步骤
Ⅰ. 如图 7 所示，将带有旋转件的端接头安装到试验装置上
Ⅱ. 将另一半的端接头安装到软管总成上
Ⅲ. 使带旋转件的端接头旋转至止动肩。确保其旋转件紧贴止动肩的最大扭矩为额定连接扭矩的 20%。并确保旋转件在其行程的末端
Ⅳ. 把快换接头断开
Ⅴ. 重复以上操作，直到达到供需双方商定的连接、断开的循环次数
Ⅵ. 允许使用辅助的试验装置，以便于操作
Ⅶ. 试验参数见表 5
表 5　螺纹连接式快换接头耐久性试验参数和步骤
<table>
<tr><th>试验参数</th><th>参数值和步骤</th></tr>
<tr><td>试验介质</td><td>按上面“试验条件”的规定</td></tr>
<tr><td>压力和温度试验</td><td>按上面“试验条件”或相应快换接头标准的规定，或供需双方商定</td></tr>
<tr><td>试验环境条件</td><td>按相应快换接头标准的规定或供需双方商定</td></tr>
<tr><td>试验持续时间</td><td>按相应快换接头标准的规定或供需双方商定</td></tr>
<tr><td>合格/不合格判定准则</td><td>被试件出现任何影响连接和断开的机械损伤，应判定为不合格
可接受的流体损失值和空气夹带量，宜符合相应快换接头标准的规定或经供需双方商定，若超过规定值应判定为不合格</td></tr>
</table>
③被试件再利用　在规定的最小装配扭矩或转数下通过该项试验的端接头可用于爆破或脉冲压力试验，不应用于实际使用或退回库存</td></tr>
<tr><td rowspan="3">螺纹连接式快换接头的过载拧紧试验</td><td>通则</td><td>应按表 1 对每种规格快换接头进行规定样本数的试验，以确认其能够在试验至相应的快换接头标准中给出的或供需双方商定的过载拧紧值或圈数时，承受过载拧紧鉴定试验。除非相应的快换接头标准中另有规定</td></tr>
<tr><td>试验设备</td><td>使用上面“耐久性试验”规定的相同设备，除非另有规定</td></tr>
<tr><td>步骤</td><td>①将具有旋转件的端接头组装到试验块上
②如图 7 所示，将另一半的端接头装到软管总成上
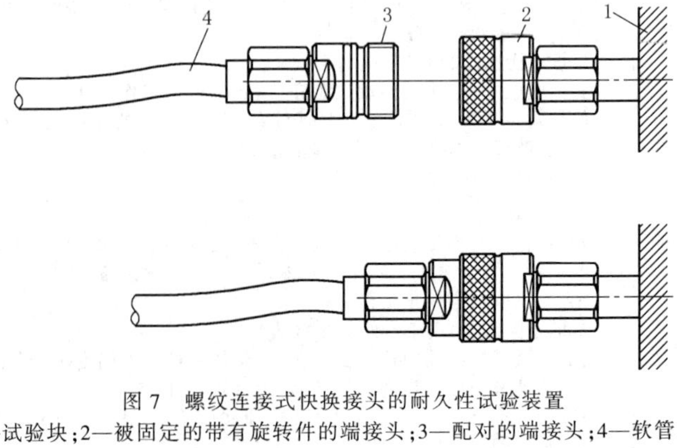

图 7　螺纹连接式快换接头的耐久性试验装置
1—试验块；2—被固定的带有旋转件的端接头；3—配对的端接头；4—软管总成</td></tr>
</table>

续表

<table>
<tr><td rowspan="2">螺纹连接式快换接头的过载拧紧试验</td><td>步骤</td><td>③使带旋转件的端接头旋转至止动肩。确保其旋转件紧贴止动肩的最大扭矩为额定连接扭矩的20%,并确保旋转件在其行程的末端。使用相应的快换接头标准中规定的或供需双方商定的过载拧紧扭矩值
④断开快换接头的连接,记录断开扭矩值
⑤重复上述操作,直至达到相应的快换接头标准规定的或由供需双方商定的连接、断开的循环次数
⑥允许使用辅助的试验装置,以方便操作
⑦试验参数见表6
表6　过载拧紧试验的参数和步骤
<table>
<tr><th>试验参数</th><th>参数值和步骤</th></tr>
<tr><td>试验持续时间</td><td>连续旋转快换接头施加过载扭矩,直到达到规定的扭矩
试验循环次数按相应快换接头标准的规定或供需双方商定
过载扭矩值按相应快换接头标准的规定或供需双方商定</td></tr>
<tr><td>合格/不合格判定准则</td><td>如果发生以下情况,视为快换接头不合格:
a. 出现任何影响连接和断开的机械损伤
b. 流体损失或空气夹带偏离了相应快换接头标准的规定或供需双方商定</td></tr>
</table></td></tr>
<tr><td>被试件再利用</td><td>试验后的快换接头不应再用于其他试验、实际使用或退回库存</td></tr>
<tr><td rowspan="3">爆破试验</td><td>安全须知</td><td>应按上面"安全注意事项"规定的安全预防措施</td></tr>
<tr><td>断开状态下的爆破压力(仅用于带阀的端接头)</td><td>①清除回路中内部空气。以不超过100MPa/min的速率对端接头施加压力
②在试验报告中记录爆破压力值</td></tr>
<tr><td>连接状态下的爆破压力</td><td>①清除回路中内部空气。以不超过100MPa/min的速率对快换接头组件施加压力
②在试验报告中记录爆破压力值</td></tr>
<tr><td rowspan="3">脉冲压力试验(按ISO 6803)</td><td>通则</td><td>应只对通过了上面"连接力或连接扭矩试验"至"高低温试验"规定试验(任何一项或多项)的快换接头或新的快换接头进行脉冲压力试验。由于脉冲压力试验是破坏性试验,试验结束后,不应将快换接头再用于其他试验</td></tr>
<tr><td>连接状态</td><td>①将被试快换接头连接到能产生ISO 6803中规定的脉冲压力波形的试验装置中。除非供需双方另有商定,设定试验压力至额定压力的133%,设定试验温度至80℃±5℃。除非供需双方另有商定,软管总成或管路的选择应由实验室自定
②调整试验设备,以获得与ISO 6803规定的试验波形阴影区域内所示曲线相对应的压力-时间循环
③在0.5~1Hz范围内选择一个固定的循环频率,使快换接头承受规定的脉冲压力循环次数
④为了检查快换接头是否正常工作,应按照相应快换接头标准的规定或供需双方商定的间隔次数停止脉冲循环,将快换接头至少断开、连接一次再继续进行试验。如果未规定间隔次数,则宜使用等于循环总数的10%的次数(如,循环总数为10^6,则应以10^5次循环为间隔断开并重新连接)
⑤记录任何咬合或故障现象
⑥按"连接状态的低压泄漏试验"和"连接状态的最高工作压力泄漏试验"测定泄漏量
⑦在试验报告中记录泄漏量和试验循环次数</td></tr>
<tr><td>断开状态(仅用于带阀的端接头)</td><td>①将被试端接头连接到能产生ISO 6803中规定的脉冲压力波形的试验装置中。除非供需双方另有商定,设定试验压力至额定压力的133%,设定试验温度至80℃±5℃
②调整试验设备,以获得与ISO 6803规定的试验波形阴影区域内所示曲线相对应的压力-时间循环
③在0.5~1Hz范围内选择一个固定的循环频率,使快换接头承受规定的脉冲压力循环次数
④为了检查端接头是否正常工作,应按照相应快换接头标准的规定或供需双方商定的间隔次数停止脉冲循环,将快换接头至少断开、连接一次再继续进行试验。如果未规定间隔次数,则宜使用等于循环总数的10%的次数(如,循环总数为10^6,则应以10^5次循环为间隔断开并重新连接)
⑤记录任何咬合或故障现象
⑥按"断开状态的低压泄漏试验(仅用于带阀的端接头)"和"断开状态的最高工作压力泄漏试验(仅用于带阀的端接头)"测定泄漏量
⑦在试验报告中记录泄漏量和试验循环次数</td></tr>
</table>

续表

<table>
<tr><td rowspan="4">曲挠脉冲压力试验（按 ISO 6802）（仅适用于连接状态的快换接头）</td><td>通则</td><td>应只对通过了上面“连接力或连接扭矩试验”至“高低温试验”规定试验（任何一项或多项）的快换接头或新的快换接头进行曲挠脉冲压力试验。由于曲挠脉冲压力试验是破坏性试验，试验结束后，不应将快换接头再用于其他试验</td></tr>
<tr><td>试验装置</td><td>使用符合 ISO 6802 中规定的试验装置</td></tr>
<tr><td>试验要求</td><td>被试快换接头应安装在试验块和软管接头之间并与软管无扭曲现象。软管的尺寸宜与快换接头的规格相同。软管的最高工作压力宜等于或超过被试快换接头的最高工作压力。软管的弯曲半径应等于或超过相应软管标准中规定的最小尺寸。软管的类型应由供需双方商定。试验装置如图 8 所示

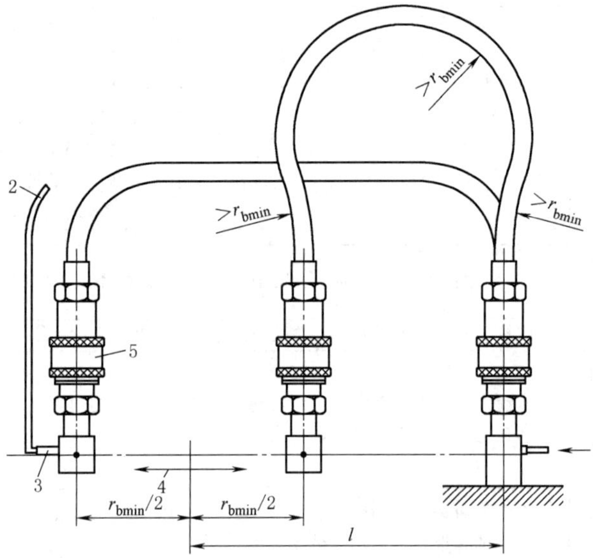

图 8　水平往复运动的曲挠脉冲压力试验装置
1—试验介质进口；2—流体循环管路；3—单向阀；4—水平往复运动；5—连接状态的快换接头</td></tr>
<tr><td>步骤</td><td>①将被试快换接头连接到能产生 ISO 6802 中规定的脉冲压力波形的试验装置中。除非供需双方另有商定，设定试验压力至额定压力的 133%，设定试验温度至 80℃±5℃
②调整试验设备，以获得与 ISO 6802 规定的试验波形阴影区域内所示曲线相对应的压力-时间循环
③在 0.5～1Hz 范围内选择一个固定的循环频率，使快换接头承受规定的脉冲压力循环次数
④为了检查快换接头是否正常工作，应按照相应快换接头标准的规定或供需双方商定的间隔次数停止脉冲循环，将快换接头至少断开、连接一次再继续进行试验。如果未规定间隔次数，则宜使用等于循环总数的 10% 的次数（如，循环总数为 10^6，则应以 10^5 次循环为间隔断开并重新连接）
⑤记录任何咬合或故障现象
⑥按“连接状态的低压泄漏试验”和“连接状态的最高工作压力泄漏试验”测定泄漏量
⑦在试验报告中记录泄漏量和试验循环次数</td></tr>
<tr><td rowspan="2">旋转脉冲压力试验（仅适用于连接状态的快换接头）</td><td>通则</td><td>应只对通过了上面“连接力或连接扭矩试验”至“高低温试验”规定试验（任何一项或多项）的快换接头或新的快换接头进行旋转脉冲压力试验。由于旋转脉冲压力试验是破坏性试验，试验结束后，不应将快换接头再用于其他试验</td></tr>
<tr><td>步骤</td><td>①将被试快换接头连接到能产生 ISO 6803 中规定的脉冲压力波形的试验装置中。除非供需双方另有商定，设定试验压力至额定压力的 133%，设定试验温度至 80℃±5℃
②将快换接头装入试验夹具中，当压力低于 1MPa 时，该夹具能够在每次脉冲压力循环之间，使公端相对于母端旋转不少于 5°
③在 0.5～1Hz 范围内选择一个固定的循环频率，使快换接头承受规定的脉冲压力循环次数
④为了检查快换接头是否正常工作，应按照规定的间隔次数停止脉冲循环，将快换接头至少断开、连接一次再继续进行试验
⑤记录任何咬合或故障现象
⑥按“连接状态的低压泄漏试验”和“连接状态的最高工作压力泄漏试验”测定泄漏量
⑦在试验报告中记录泄漏量和试验循环次数</td></tr>
</table>

续表

冲击流量试验-长时间

①表 7 规定了"冲击流量试验-长时间"和"冲击流量试验-短时间"中使用的参数、符号和单位

表 7　冲击流量试验用参数、符号和单位

参数	说明
额定流量 $Q_R/L \cdot min^{-1}$	按表 4，除非相应的快换接头标准中另有规定
额定流量 Q_R 下压降 $\Delta p_R/MPa$	按"压降（Δp）试验"规定的压降试验测定
冲击流量 $Q_S/L \cdot min^{-1}$	按相应快换接头标准的规定
冲击流量比率 S_C	按相应快换接头标准中规定的 Q_S/Q_R 比率（如 ISO 16028 中的 $S_C=3$ 或苛刻应用条件 $S_C=5$）
试验装置压力设定 p_{SF}/MPa	仅适用于短时冲击流量试验

②按上面"泄漏试验"对快换接头进行泄漏试验

③按上面"压降（Δp）试验"测定快换接头的压降

④在每一个流动方向上使快换接头经受规定的冲击流量（Q_S）时间至少 5s。如果在相应的快换接头标准中未规定冲击流量，则用表 4 给出的快换接头规格所对应的额定流量（Q_R），然后用公式（1）计算

$$Q_S = Q_R S_C \tag{1}$$

⑤在每一个流动方向做④中规定的循环 100 次。循环重复的方法是在一个方向上运行 100 次循环，然后在相反的方向再运行 100 次循环

⑥按上面"泄漏试验"对快换接头进行泄漏试验

⑦按上面"压降（Δp）试验"测定快换接头的压降

⑧在试验报告中记录以下结果

a. 冲击流量循环前后的泄漏量

b. 冲击流量循环前后的压降

c. 冲击流量循环造成的任何可见的损坏现象

冲击流量试验-短时间

注意：此试验过程中存在流速较高的情况，在试验设置、试验方法和使用设备等方面应采取预防措施，以避免对操作人员造成危害和对设备造成损坏

①按上面"泄漏试验"对快换接头进行泄漏试验

②按上面"压降（Δp）试验"测定快换接头的压降

③用公式（2）计算试验压力 p_{SF}（单位为 MPa）

$$p_{SF} = \Delta p_R S_C{}^2 \tag{2}$$

如果未规定额定流量 Q_R，则用表 4 给出的快换接头规格所对应的额定流量

④如图 6 所示，将快换接头安装在试验回路中。流量计可从回路中拆除

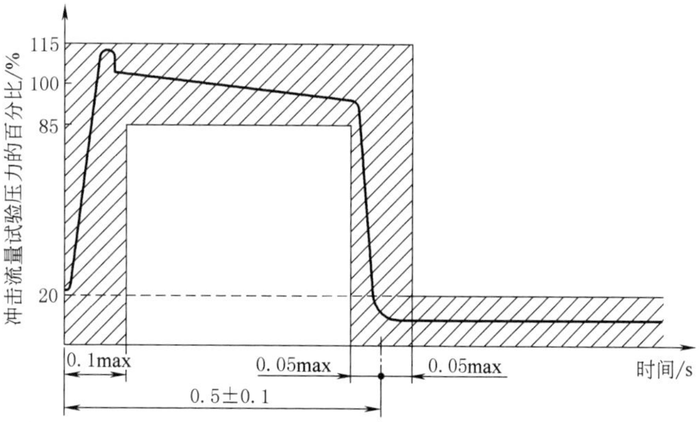

图 9　冲击流量试验的压力-时间曲线（短时间）

⑤调整介质的供排特性以产生一条曲线，该曲线位于图 9 所示的压力-时间曲线周围的阴影区域内。上游和下游压力测量点之间的压差应等于在③中计算的试验压力。一次循环应为一次流体排放。试验报告中应包括试验的实际压力-时间曲线

⑥使连接的快换接头循环 100 次

⑦在回路中反向连接快换接头。如有必要，调整试验设备，以符合③和⑤的要求。只有当快换接头的压降在额定流量下的正反不同流动方向差值超过 10%时，才需要进行调整

⑧使快换接头在反方向循环 100 次

⑨按上面"泄漏试验"对快换接头进行泄漏试验

⑩按上面"压降（Δp）试验"测定快换接头的压降

⑪在试验报告中记录以下结果

a. 冲击流量循环前后的泄漏量

b. 冲击流量循环前后的压降

c. 冲击流量循环造成的任何可见损坏现象

续表

耐腐蚀试验	应按 ISO 9227 的规定测定耐腐蚀性。合格/不合格判定标准应按相应快换接头标准的规定或供需双方商定
需要报告的试验信息	应报告以下信息 a. 额定流量 Q_R b. 额定压力 p_R c. 耐压压力 p_{RS} d. 冲击流量比率 S_C e. 最高工作压力 p_{max} f. 最高工作温度 T_{max} g. 最低工作温度 T_{min} h. 真空压力 i. 流体损失 j. 空气夹带量

8.3 焊接式液压金属管总成试验方法（摘自 JB/T 10760—2017）

表 20-12-157

范围	JB/T 10760—2017《工程机械　焊接式液压金属管总成》规定了工程机械用焊接式液压金属管总成的分类和标记、要求、试验方法、检验规则、标志、包装、贮存和运输 该标准适用于焊接式液压金属管总成(以下简称金属管总成)
密封性试验	工作压力小于 0.3MPa 的金属管总成,用堵头封闭总成各接口,然后浸入水中,内腔引入 0.14MPa 压缩空气,至少保压 60s,不应有气泡。若在焊缝上发现渗漏,应将缺陷部分铲除重焊后,再行试验
耐压试验	工作压力不小于 0.3MPa 的金属管总成,将一端接口与压力源连接,另一端接入系统(或封堵),其余各端口封闭,内腔通入介质,以 2 倍的工作压力进行耐压试验,至少保压 5min,不应有渗漏、破损和其他异常现象。若在焊缝上发现渗漏或潮湿,应将缺陷部分铲除重焊后,再行试验
污染物检测	①污染物检测分为称重法和颗粒度检测法两种,可根据用户要求选择 ②称重法按照 JB/T 7158—2010《工程机械　零部件清洁度测定方法》执行,金属管总成内部污染物重量不应大于 $100mg/m^2$ ③颗粒度检测法中污染物收集方法应符合 GB/T 20110—2006《液压传动　零件和元件的清洁度与污染物的收集、分析和数据报告相关的检验文件和准则》的规定,采用晃动法;判定方法应符合 GB/T 14039—2002 的要求,采用自动颗粒计数器进行污染物的分级,污染度等级不应高于—/18/15。介质建议采用液压油或 120 号工业汽油,试验用液压油的油液污染度等级不应高于—/16/13
焊缝检验	①焊缝表面质量:采用目测法,按 JB/T 10760—2017 的 4.3.3 条检测 ②焊缝的几何形状与尺寸按 JB/T 5943 的规定,焊缝等级按关键焊缝,采用通用量具或样板检查 ③焊缝内部检测按 GB/T 3323(已被 GB/T 3323.1—2019 代替)采用射线照相法 ④焊缝的密封性及耐压性能检测按照密封性试验和耐压试验进行检测
厚度检测	镀层或涂层的颜色及厚度检测:颜色采用色板检查,厚度采用覆层测厚仪测量
附着力和光泽度检测	涂层的附着力、光泽度等均按 JB/T 5946 检测,或根据用户要求

8.4 液压软管总成试验方法（摘自 GB/T 7939.3—2023）

表 20-12-158

范围	GB/T 7939.3—2023/ISO 6605:2017,IDT《液压传动连接　试验方法　第 3 部分:软管总成》规定了用于评价液压传动连接中软管总成性能的试验方法 该标准适用于根据相关技术要求进行软管和软管总成的试验和性能评价

续表

外观检查		软管总成应按照 ISO/TS 17165-2 进行目测检查,以确定软管和软管接头的正确组装
试验项目	尺寸检测	①一般要求 应检测软管所有尺寸是否符合相关软管的技术要求 注:此检测方法与 ISO 4671 一致 ②外径和增强层外径测量 Ⅰ. 可通过测量周长来计算软管外径和增强层外径,或使用柔性刻度尺直接测量外径 Ⅱ. 在距离软管端面至少 25mm 处测量外径 ③内径测量 Ⅰ. 使用合适的扩张球或伸缩式内径规测量内径,应依据 ISO 4671 中方法 2 Ⅱ. 在距离软管端面至少 25mm 处测量内径 ④同心度测量 Ⅰ. 使用百分表或千分表测量增强层、软管外径的同心度 Ⅱ. 在距离软管端面至少 15mm 处测量同心度 Ⅲ. 以软管内径为同心度测量基准,调整测量仪器,使其与软管内径贴合 Ⅳ. 绕圆周以 90°的间隔读数。根据壁厚的最高和最低读数的差值,确定同心度是否符合要求
	耐压试验	①按 ISO 1402 中规定的试验方法对软管总成进行耐压试验。除非另有规定,耐压压力应是产品最高工作压力的 2 倍。所有规格的试验时间为 30~60s ②经耐压试验后,软管总成应不出现泄漏或其他失效
	长度变化试验	①应在未经使用的且未老化的软管总成上测量长度变化率,软管接头之间的软管自由长度至少为 600mm ②将软管总成的一端连接到压力源,另一端封堵,呈自由状态。如果因软管自然弯曲未处于直线状态,可横向限制使其处于直线状态。加压到最高工作压力并保压 30s,然后卸压 ③在软管总成卸压后静置 30s,在软管中间位置的外表面,做距离 500mm(l_0)的精确参考标记 ④对软管总成重新加压至最高工作压力,保压 30s ⑤软管保压期间,测量软管上参考标记的距离,记录 l_1 ⑥根据 ISO 1402,按以下公式确定长度变化率 $\Delta l=\frac{l_1-l_0}{l_0}\times 100\%$ 式中 l_0——软管总成在初次加压、卸压并静置后,参考标记间距离,mm l_1——软管总成在重新加压状态下,参考标记间的距离,mm Δl——长度变化率,长度伸长为正值(+),缩短为负值(-)
	爆破试验	①通则　此为破坏性试验,试验后的软管或软管总成宜报废 ②步骤 Ⅰ. 对未老化的软管或 30d 之内组装软管接头的软管总成,按 ISO 1402 规定的升压速度进行加压,直到软管或软管总成失效。除非相关软管标准中另有规定,否则最低爆破压力应为最高工作压力的 4 倍 Ⅱ. 软管总成在低于规定的最低爆破压力下应不出现泄漏或其他失效
	低温弯曲试验	①通则　此为破坏性试验,试验后的软管或软管总成宜报废 注:次试验方法与 ISO 10619-2 中方法 B 一致 ②步骤 Ⅰ. 使软管总成处在产品规定的最低使用温度下持续 24h,并保持直线状态 Ⅱ. 保持最低使用温度,在 8~12s 内将软管总成在芯轴(金属制成的表面光滑的圆柱体,只承受弯矩而不传递扭矩)上弯曲一次,芯轴直径为规定的最小弯曲半径的 2 倍。当软管总成的公称内径不大于 22mm,应在芯轴上弯曲 180°;当软管总成的公称内径大于 22mm,应在芯轴上弯曲 90° Ⅲ. 弯曲后,让试样恢复到室温,目测检查外覆层有无裂纹,在做耐压试验 Ⅳ. 软管总成在低温弯曲试验后不应出现可见裂纹、泄漏或其他失效
	循环耐久性(脉冲)试验	①通则　此为破坏性试验,试验后的软管总成宜报废 注:次试验方法与 ISO 6803 一致 ②步骤 Ⅰ. 应使用 30d 之内组装软管接头的软管总成进行此项试验 Ⅱ. 计算在试验下的软管的自由(暴露)长度(如图 1 所示) a. 软管公称内径不大于 22mm:$L_1=\pi(r+d/2)+2d$ b. 软管公称内径大于 22mm:$L_2=0.5\pi(r+d/2)+2d$ 式中 L_1——180°弯曲的自由长度 L_2——90°弯曲的自由长度 r——最小弯曲半径(在相关软管标准中确定) d——软管外径(测量值,d<25mm 除外)

续表

试验项目	循环耐久性(脉冲)试验	见下文

若 $d<25\text{mm}$,则软管自由长度的公式中的 $2d$ 项采用 $d=25\text{mm}$,使软管接头末端与弯曲半径起始点的软管处于直线状态

实际的软管自由长度与计算的软管自由长度的偏差应在 0~1%或 0~8mm 内,取较大的偏差值

Ⅲ. 按图 1 所示把软管总成连接到试验装置上。当软管总成公称内径不大于 22mm 时,应弯曲 180°;大于 22mm 时,应弯曲 90°

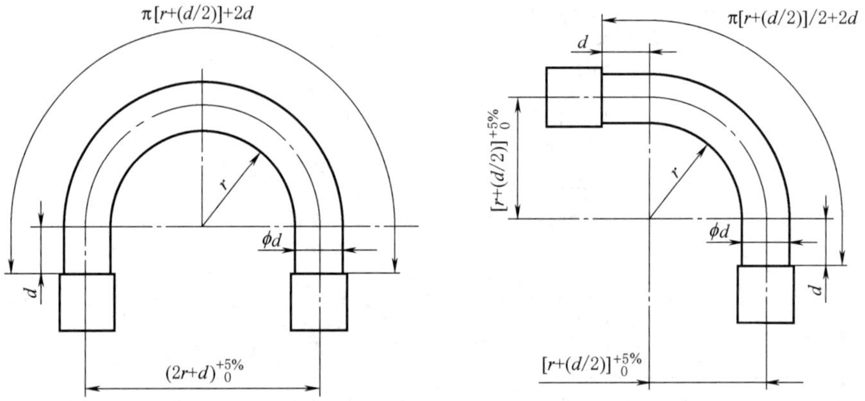

(a) 软管公称内径不大于22mm　　(b) 软管公称内径大于22mm

图 1　软管总成循环耐久性(脉冲)试验安装示例图

Ⅳ. 试验油液应符合 ISO 3448 中黏度等级 ISO VG 46(在 40℃时,$46\text{mm}^2/\text{s}\pm4.6\text{mm}^2/\text{s}$)的要求,使其在软管总成内以足够的速度循环,以保证温度的一致性

Ⅴ. 对软管总成内部施加脉冲压力,对于高压试验,其频率在 0.5~1.3Hz;对于低压试验,其频率在 0.2~1.0Hz,记录试验的频率

Ⅵ. 对于高压试验(大于 2.5MPa),压力循环应在图 2 所示的阴影区域内;对于低压试验(不大于 2.5MPa),压力循环应在图 3 所示的阴影区域内,并使之尽可能接近图示曲线。压力上升的实际速率应按图 2 所示确定,且应在计算公称值±10%的公差值范围内

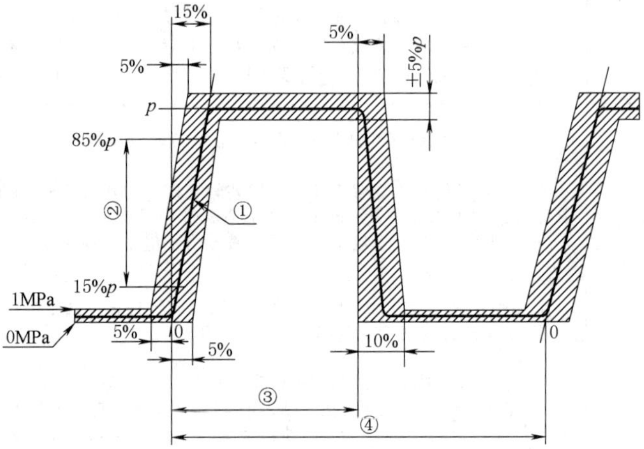

①压力上升速率的斜线
②在此两点之间确定压力上升速率
③一个完整脉冲周期的 45%~55%
④一个完整的脉冲周期

注:1. 压力上升速率的斜线通过压力上升曲线的两个点绘制。一个点在试验压力的 15%处,而另一个点在试验压力的 85%处

2. 0 点是压力上升速率的斜线与压力 0MPa 的交点
3. 压力上升速率使压力上升斜线的斜率,用 MPa/s 表示
4. 在 0.5~1.3Hz 范围内,循环频率需保持不变
5. 公称压力上升速度:$R=f(10p-k)$

式中　R——压力上升速度,MPa/s
f——频率,Hz
p——公称脉冲试验压力,MPa
k——等于 5MPa

图 2　高压试验的循环耐久性(脉冲)试验压力循环图

续表

试验项目	循环耐久性(脉冲)试验	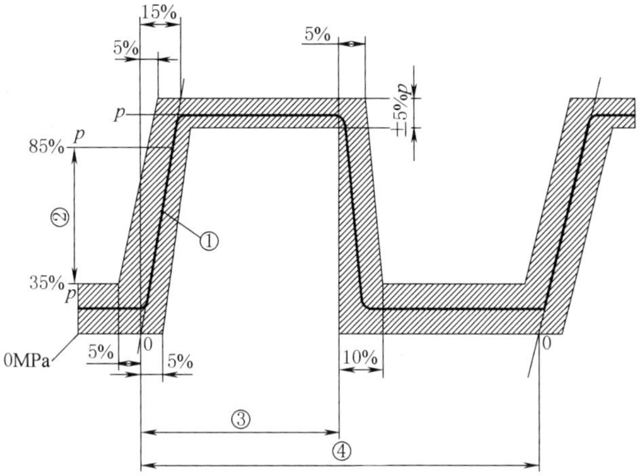 ①压力上升速率的斜线 ②在此两点之间确定压力上升速率 ③一个完整脉冲周期的 45%~55% ④一个完整的脉冲周期 注:1. 压力上升速率的斜线通过压力上升曲线的两个点绘制,一个点在试验压力的 35%处,而另一个点在试验压力的 85%处 2. 0 点是压力上升速率的斜线与压力 0MPa 的交点 3. 压力上升速率使压力上升斜线的斜率,用 MPa/s 表示 4. 在 0.2~1.0Hz 范围内,循环频率需保持不变 5. 公称压力上升速度:$R=f(10p-k)$ 式中　R——压力上升速度,MPa/s f——频率,Hz p——公称脉冲试验压力,MPa k——等于 5MPa 图 3　低压试验的循环耐久性(脉冲)试验压力循环图 Ⅶ. 根据相关产品规范,确定脉冲压力和试验温度 Ⅷ. 根据产品规范,确定脉冲试验的持续时间(以脉冲循环总次数计) Ⅸ. 进行规定循环次数的试验,或直至软管总成失效。如果在完成最小循环次数之前停止试验,在重新开始试验边达到规定的试验温度之前,软管和软管接头结合处可能出现泄漏。若泄漏量小于 ISO/TR 11340 中规定的 4 级泄漏,则不判定为软管总成失效。应根据 ISO/TR 11340 中的分类来记录泄漏情况 Ⅹ. 在未完成所需的总脉冲次数之前,软管总成应不出现失效
	泄漏试验	①通则　此为破坏性试验,试验后的软管总成宜报废 ②步骤 Ⅰ. 应使用 30d 之内组装软管接头的软管总成进行此项试验。施加的静态压力为规定的最低爆破压力的 70%,保压 5~5.5min Ⅱ. 卸压到 0MPa Ⅲ. 重新加压到最低爆破压力的 70%,再保压 5~5.5min Ⅳ. 软管总成应不出现泄漏或其他失效
	黏合强度试验	①通则　此为破坏性试验,试验后的软管总成宜报废 注:次试验方法与 ISO 8033 一致 ②试验装置 Ⅰ. 动力驱动装置应配备合适的测力计,且能使移动端的横向速度保持恒定。装置应配备自动记录仪,并应符合 ISO 5893 中 A 级要求 Ⅱ. 自紧式夹具应能夹紧试验样本,使其不产生滑动 ③试验样本　除非软管特定要求或供需双方另有规定,否则应根据 ISO 8033 选择试验样本类型。试验前,应测量并记录每个试验样本的实际宽度

续表

试验项目	黏合强度试验	④试验条件　按照ISO 23529的规定,试验样本应在温度(23±2)℃和相对湿度(50±5)%,或温度(27±2)℃和相对湿度(65±5)%的环境中至少静止16h,且不应在生产后24h内进行试验 ⑤步骤 Ⅰ.将试验样本安装在夹具中,是条状试验样本的剥离角度约为180°,环状试验样本的剥离角度约为90°。调整试验装置,以确保试验样本所受张力均匀且不会发生扭曲。动力驱动装置应提供(50±5)mm/min的剥离速率,并确保拉力作用于剥离面内 Ⅱ.试验期间,记录最小间隔长度为100mm或最大距离(当试验长度小于100mm)的力,单位为牛(N) Ⅲ.试验装置应以图形形式记录层间剥离时力随位移的变化 ⑥结果　根据ISO 6133规定的相应方法确定力峰值的中值。试验样品的黏合强度用力峰值的中值除以样品的有效宽度表示,单位为千牛每米(kN/m)
验收准则		软管总成的验收应符合该标准要求以及相关软管和软管接头标准
标注说明		当选择遵守该标准时,宜在试验报告、产品目录和销售文件中使用以下说明 "液压软管和软管总成的试验方法符合GB/T 7939.3—2023《液压传动连接　试验方法　第3部分:软管总成》"

CHAPTER 13

第13章 油箱、液压泵站和电液推杆

1 油　　箱

1.1 流体容器术语（摘自 GB/T 17446—2024）

表 20-13-1

序号	术语	定义
3.10.2.9	油箱	液压系统中用来储存液体的容器
3.10.2.10	开式油箱	在大气压下储存液压流体的油箱
3.10.2.11	密闭油箱	使液压流体与大气环境隔绝的油箱
3.10.2.12	压力油箱	储存高于大气压的液压流体的密闭油箱
3.10.2.13	油箱容量	油箱可以储存流体的最大允许体积
3.10.2.14	隔板	阻碍直接流动并使其流向另一个方向的装置
3.10.2.15	扩散器	安装在回油管路通入油箱内部,与隔板结合以降低回油流动速度的一种液压元件
3.10.2.16	油箱油量计	测量并指示油箱中液压流体的液面高度、质量或压力的器件

注：安装在油箱上（内）的一些元器件术语见表 20-11-2 等。

1.2 油箱的用途与分类

油箱在系统中的主要功能是储油和散热，也起着分离油液中的气体及沉淀污物的作用。根据系统的具体条件，合理选用油箱的容积、型式和附件，可以使油箱充分发挥作用。

油箱有开式和闭式两种。

（1）开式油箱

开式油箱应用广泛。箱内液面与大气相通。为防止油液被大气污染，在油箱顶部设置空气滤清器，并兼作注油口用。

（2）闭式油箱

闭式油箱一般指箱内液面不直接与大气连通，而将通气孔与具有一定压力的惰性气体相接，充气压力可达 0.05MPa。

油箱的形状一般采用矩形，而容量大于 $2m^3$ 的油箱采用圆筒形结构比较合理，设备重量轻，油箱内部压力可达 0.05MPa。

1.3 油箱要求

表 20-13-2

油箱结构完整性要求	油箱设计应提供足够的结构完整性，以满足以下要求 a. 一般油箱应采用碳钢板制作，重要油箱和特殊油箱应采用不锈钢板制作 b. 油箱应有足够的强度、刚度，必要时可通过加装筋板等提高其结构完整性。在所有可预见条件下，油箱应能承受所存放的油箱容量下的液压油液重量以及液压系统以所需流速吸油或回油而引起的正压力、负压力，油箱不能出现泄漏或过度变形 c. 应具有大于充满到液压系统所需液压油液最大容量的油箱容量 d. 应能安全、可靠地支撑安装在油箱上的液压元件、配管及其他装置等 e. 应能满足装卸、运输的要求 如果油箱上提供了运输用的起吊点，其支撑结构及附加装置应足以承受预料的最大装卸力，包括可预见的碰撞和拉扯，并且没有不利影响。为保持被安装或附加在油箱上的系统部件在装卸和运输期间被安全约束及无损坏或永久变形，附加装置应具有足够的强度和弹性
油箱的设计要求	①按液压机的预定用途，在正常工作或维修过程中应能容纳所有来自液压系统的油液，亦即油箱的容量应足够，但一般不包括充液油箱内的液压油液 ②在液压机所有工作循环和工作状态期间，应保持液面在安全的工作高度并有足够的液压油液进入供油管路。通常油箱的最低工作液面也应在液压泵吸油管上安装的粗过滤器上面 150mm 以上 ③在油箱最高工作液面之上，应留有足够的空间用于液压油液的热膨胀和空气分离 ④油箱设计宜尽量减少液压油液中沉淀污染物的泛起 ⑤对于液压机液压系统中的油箱，应将其顶盖或底座设计成具有接油盘功能，以便能有效地收集从油箱上的液压元件和配管泄漏的液压油液，或油箱意外少量溢出的液压油液 ⑥油箱的顶盖如果是可拆卸的，则应能密封且可牢固地固定在油箱体上，并应设计成能防止污染物进入油箱的结构，包括防止泄漏或溢出的液压油液直接返回油箱 在油箱上的手孔、人孔以及安装液压元件和配管的孔口或基板位置，均应焊装凸台法兰（如盲孔法兰、通孔法兰等） ⑦油箱底部的形状应能将所存放的液压油液排放干净，并在底部设置排放口 ⑧当液压元件（如液压泵）被安装在油箱内或直接装在油箱上时，应注意防止过度的结构振动和空气传播噪声 ⑨油箱结构应有利于散热，即宜采取被动冷却方式控制液压油液的温度 ⑩宜使油箱内的液压油液能够低速循环流动，以允许夹带的气体释放和重的污染物沉淀，亦即方便污染物（包括空气）的分离 ⑪应按规定尺寸制作吸油管，以使液压泵的吸油性能符合设计要求。如果没有其他要求，吸油管所处位置应能在最低工作液面时保持足够的供油，并能消除液压油液中的夹带空气和涡流 ⑫回油管终端宜在最低工作液面以下以最低流速排油，并可促进油箱内形成所希望的液压油液循环流动方式，但此循环流动不应促进夹带空气。扩散器与隔板结合可以降低回油流动的速度 ⑬穿过油箱体和顶盖的任何管路都应有效地密封 ⑭油箱的回油口与液压泵的吸油口应远离，可设置隔板将它们分隔开，但隔板不应妨碍对油箱的彻底清扫，并在液压系统正常运行中不会造成吸油区与回油区的液位差 ⑮宜避免在油箱内侧使用可拆卸的紧固件，如不能避免，应确保可靠紧固，防止其意外松动；且当紧固件位于液面上部时，应采取防锈措施 ⑯油箱的内部和外部表面都应进行防腐蚀保护，尤其是最高工作液面以上的油箱体内表面和顶盖的下表面 ⑰宜提供底部支架或构件，使油箱的底部高于地面至少 150mm，以便于搬运、排放和散热。油箱的四脚或支撑构件宜提供足够的面积，以用于地脚固定和调平 如将其底座设计成具有接油盘功能，则应将地脚螺栓孔体设计成具有一定高度，避免由各地脚螺栓孔处泄漏液压油液 ⑱如果需要，应提供等电位连接（如接地）
油箱维护的要求	①液压机液压系统中的油箱应设置清洗孔或检修孔（人孔、手孔），可供进入油箱内部各处进行清洗和检查。清洗孔或检修孔盖宜设计成可由一人拆下或重新装上。允许选择其他检查方式，例如：内窥镜 ②吸油过滤器、回油扩散器或消泡装置及其他可更换的油箱内部元件应便于拆卸或清洗 ③油箱应具有在安装位置易于排空液压油液的排放装置（如排放阀或放液阀）。当油箱上既有注油口又有放液阀时，宜在放液阀采样 ④油箱应设置液压油液取样点，以便能从正在工作的液压系统的油箱中提取液样 注：在 GB/T 17489—2022 中的规定："取样端伸入到液面下 $h/2$ 的深度处" ⑤除设计和制造宜避免使油箱形成聚集和存留外部固体颗粒、液压油液污染物和废弃物的区域外，应通过布置或安装防护装置来防止人员随意接近油箱

续表

油箱附件要求	①液位指示器　油箱应配备液位指示器或油箱油量计(例如,目视液位计、液位开关、液位继电器和液位传感器),并符合以下要求 a. 应做出油箱液压油液最高、最低工作液面的永久性标记 b. 目视液位计应安装在合适的位置并具有合适的尺寸,以便注油时可清楚地观察到 c. 重要油箱应加设液位开关,用以对油箱高、低限液位的监测与发信 d. 对有特殊要求的油箱宜做出适当的附加标记 e. 液位传感器应能显示实际液位和规定的极限 ②油液温度计和温度传感器　对于液压油液和冷却介质,宜设置温度测量点。测量点设有传感器的固定接口,并保证可在不损失流体的情况下进行检修 油箱应设置油液温度计以及油温检测元件(温度传感器)。用以目测油液温度及油液温度设定值的发讯 ③注油口(点)　注油口应易于接近并做出明显和永久的标记。注油口宜配备带密封且不可脱离的盖子,当盖上时可防止污染物进入。在注油期间,应通过过滤或其他方式防止污染 现在的注油过滤器或加油过滤器一般不具备提高液压油清洁度的能力 如需利用注油口(点)作为采样点,则应采取措施防止污染物由此进入油箱 ④通气口　考虑到环境条件,应提供一种方法(如使用空气滤清器)保证进入油箱的空气具有与液压系统要求相适合的清洁度。如果使用的空气滤清器可更换滤芯,宜配备指示滤清器需要维护的装置。所选择的空气滤清器应能满足液压机液压系统正常工作要求,油箱呼吸通畅并始终处于常压状态,其过滤精度与液压系统的要求相适应 ⑤水分离器　如果提供了水分离器,应安装当需要维护时能发讯的指示器 ⑥箱置吸油过滤器和箱置回油过滤器　在油箱上加装过滤器宜根据制造商的规定,但应考虑液压系统及元件(如液压泵)的安全技术要求,如磁材压机液压系统中应设有磁性过滤器。过滤器应安装在易于接近处,并应留出足够的空间以便更换滤芯 ⑦热交换器　当自然冷却(即被动冷却)不能将液压系统油液温度控制在允许范围内时,或要求精确控制液压油液温度时,应使用热交换器(加热器和/或冷却器) 为保持所需的液压油液温度,宜使用温度控制器。为保持所需的液压油液温度和使所需冷却介质的流量减到最小,温度控制装置应设置在热交换器的冷却介质一侧

1.4　油箱的容量与计算

油箱有效容量一般为泵每分钟流量的 3~7 倍。对于行走机械，冷却效果比较好的设备，油箱的容量可选择小些；对于固定设备，空间、面积不受限制的设备，则应采用较大的容量。如冶金机械液压系统的油箱容量通常取为每分钟流量的 7~10 倍，锻压机械的油箱容量通常取为每分钟流量的 6~12 倍。

油箱中油液温度一般推荐 30~50℃，最高不应超过 65℃，最低不低于 15℃。对于工具机及其他固定装置，工作温度允许在 40~55℃。

行走机械，工作温度允许达 65℃。在特殊情况下可达 80℃。对于高压系统，为了减少漏油。最好不超过 50℃。

另外，油箱容量大小可以从散热角度设计，计算出系统发热量或散热量（加冷却器时，再考虑冷却器散热后），从热平衡角度计算出油箱容积，详见表 20-13-3。

1.5　油箱中液压流体的冷却与加热

油箱中的油，一般在 30~50℃范围内工作比较合适，最高不大于 60℃，最低不小于 15℃。过高，将使油液迅速变质，同时使泵的容积效率下降；过低，油泵启动吸入困难。因此，油液必须进行加热或冷却，其计算方法见表 20-13-4。

表 20-13-3

项目	计算公式	说明
发热计算	(1)液压泵功率损失 H_1 $H_1=P(1-\eta)$　(W) 如在一个工作循环中,有几个工序,则可根据各个工序的功率损失,求出总平均功率损失 H_1 $H_1=\frac{1}{T}\sum_{i=1}^{n}P_i(1-\eta)t_i$　(W)	P——液压泵的输入功率,$P=\frac{pq}{\eta}$,W η——液压泵的总效率,一般在 0.7~0.85 之间,常取 0.8 p——液压泵实际出口压力,Pa q——液压泵实际流量,m^3/s T——工作循环周期,s t_i——工序的工作时间,s i——工序的次序
	(2)阀的功率损失 H_2 其中以泵的全部流量流经溢流阀返回油箱时,功率损失为最大 $H_2=pq$　(W)	p——溢流阀的调整压力,Pa q——经过溢流阀流回油箱的流量,m^3/s 如计算其他阀门的发热量时,则上式中的 p 为该阀的压力降,Pa;q 为流经该阀的流量,m^3/s
	(3)管路及其他功率损失 H_3 此项功率损失,包括很多复杂的因素,由于其值较小,加上管路散热的关系,在计算时常予以忽略。一般可取全部能量的 0.03~0.05 倍,即 $H_3=(0.03\sim0.05)P$　(W)	也可根据各部分的压力降 p 及流量 q 代入式中求得。在考虑此项发热量时,必须相应考虑管路的散热
	系统总的功率损失,即系统的发热功率 H 为上述各项之和 $H=\sum H_i=H_1+H_2+H_3+\cdots$　(W)	
散热计算	液压系统各部分所产生的热量,在开始时一部分由运动介质及装置本体所吸收,较少一部分向周围辐射,当温度达到一定数值,散热量与发热量相对平衡,系统即保持一定的温度不再上升,若只考虑油液温度上升所吸收的热量和油箱本身所散发的热量时,系统的温度 T 随运转时间 t 的变化关系如下 $T=T_0+\frac{H}{kA}\left[1-\exp\left(\frac{-kA}{cm}t\right)\right]$　(K) 当 $t\to t_\infty$ 时,系统的平衡温度为 $T_{max}=T_0+\frac{H}{kA}$　(K)	T——油液温度,K T_0——环境温度,K A——油箱的散热面积,m^2 c——油液的比热容,矿物油一般可取 $c=1675\sim2093$J/(kg·K) m——油箱中油液的质量,kg t——运转的时间,s k——油箱的传热系数,W/(m^2·K) 周围通风很差时,$k=8\sim9$ 周围通风良好时,$k=15$ 用风扇冷却时,$k=23$ 用循环水强制冷却时,$k=110\sim174$ V——油箱的有效体积,m^3 V_{min}——自然散热时油箱的最小容积
油箱容积计算	由此可见,环境温度为 T_0 时,最高允许温度为 T_Y 的油箱的最小散热面积 A_{min} 为 $A_{min}=\frac{H}{k(T_Y-T_0)}$　(m^2) 如油箱尺寸的高、宽、长之比为(1∶1∶1)~(1∶2∶3),油面高度达油箱高度的 0.8 时,油箱靠自然冷却使系统保持在允许温度 T_Y 以下时,则油箱散热面积可用下列近似公式计算 $A\approx6.66\sqrt[3]{V^2}$　(m^2)	
	当取 $k=15$W/(m^2·K)时,令 $A=A_{min}$,得油箱自然散热的最小体积 $V_{min}\approx10^{-3}\sqrt{\left(\frac{H}{T_Y-T_0}\right)^3}$　(m^3)	

表 20-13-4

项目	计 算 公 式	说 明
油箱中油液的冷却	最简单的冷却办法是在油箱中安设水冷蛇形管,缺点是冷却效率低(自然对流),水耗量大,运转费用较高。因此,在回油系统中采用强制对流的冷却器降低油温,更为普遍 系统达到热平衡时的油温(此时系统的发热量与散热量相等),或操作时的最高油温,如在允许温度以下时,只需自然冷却。否则,也可在油箱中设置水冷蛇形管进行冷却 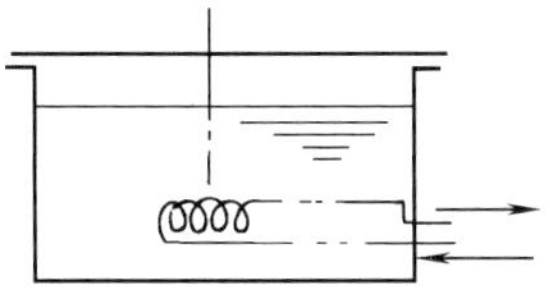 用蛇形管冷却的油箱 蛇形管的冷却面积 $A=\dfrac{H-H'}{K_1\Delta\tau_m}$ (m^2) 蛇形管长度 $L=\dfrac{A}{\pi d}$ (m)	H——系统的发热功率,W,一般只考虑油泵及溢流阀的发热量 H_1 及 H_2,见表 20-13-3 H'——系统的散热功率,W,在计算时可只考虑油箱的散热量 $H'=kA\Delta\tau$ k——油箱的传热系数,$W/(m^2\cdot K)$,见表 20-13-3 A——油箱的散热面积,m^2 $\Delta\tau$——油在操作时,油与周围空气的允许温度差,K K_1——蛇形铜管表面传热系数,$W/(m^2\cdot K)$,一般取 $K=375\sim384W/(m^2\cdot K)$ $\Delta\tau_m$——油与冷却水之间的平均温度差,K d——管内径,m,管径一般在 15~25mm 范围内选取
油箱中油液的加热	在低温环境工作,为保持合适的油温,油箱必须进行加热。可用蒸汽加热或电加热。加热器的发热能力,可按下式估算 $H\geqslant\dfrac{c\gamma V\Delta\tau}{T}$ (W) (1)蒸汽加热蛇形管的计算 蛇形管加热面积 $A=\dfrac{H}{K\Delta\tau_m}$ (m^2) 蛇形管长 $L=\dfrac{A}{\pi d}$ (m) 蒸汽冷却时,冷凝水聚集下端增加了排除未凝结气体的困难,降低了传热效果,因此管不宜过长。若需传热面积较大,则可分成若干并联部分,各并联管互相排成同心圆形状 当用蒸汽加热时,管长与管径之比不应超过下列数值:	c——油的比热容(矿物油),$J/(kg\cdot K)$,取 $c\approx1675\sim2093J/(kg\cdot K)$ γ——油的密度,kg/m^3,取 $\gamma\approx900kg/m^3$ V——油箱容积,m^3 $\Delta\tau$——油加热后温升,K T——加热时间,s K——蒸汽蛇形管传热系数,$W/(m^2\cdot K)$,取 $K=70\sim100W/(m^2\cdot K)$ $\Delta\tau_m$——油与蒸汽间的平均温度差,K d——管内径,m,管径通常在 20~28mm 范围内选取

蒸汽压力/kPa	45	83	125	150	200	300	400	500
$\left(\dfrac{L}{d}\right)_{max}$	100	125	150	175	200	225	250	275

项目	计 算 公 式	说 明
油箱中油液的加热	(2)电加热器的计算 电加热器的功率 $N=H/860\eta$ (kW) 装设电加热器后,可以根据允许的最高、最低油温自动进行	η——热效率,取 0.6~0.8

1.6 油箱渗漏试验

渗漏试验是以煤油为介质,对器皿类零部件(包括油箱、水箱)、阀组静密封的致密性及加工质量的检查。在一些液压机标准中规定:"油箱必须做煤油渗漏试验,不得有任何渗漏现象。"参考参考文献[27]和相关标准,试给出油箱渗漏试验方法和技术要求:

1)渗漏试验应在油箱涂漆前进行。

2)渗漏试验时,将油箱外表面干燥后盛以煤油检查,试验持续时间不少于 15min。

注：在 MH/T 3016—2007《航空器渗漏检测》中规定："被检测表面应无可能遮盖渗漏的污物。用液体清洁后，应在渗漏检测之前对被检测表面进行干燥。"

3）补焊后的油箱应重新进行渗漏试验。

4）油箱经渗漏试验后，试验结果为"油箱表面无渗漏和渗出"的可评定为合格。

所有等级的焊缝均需进行100%目视检验。一些无损检测也可以用于油箱的渗漏检测，是否适用由甲乙双方商定。

1.7 油箱产品（引进力士乐技术产品）

型号意义：

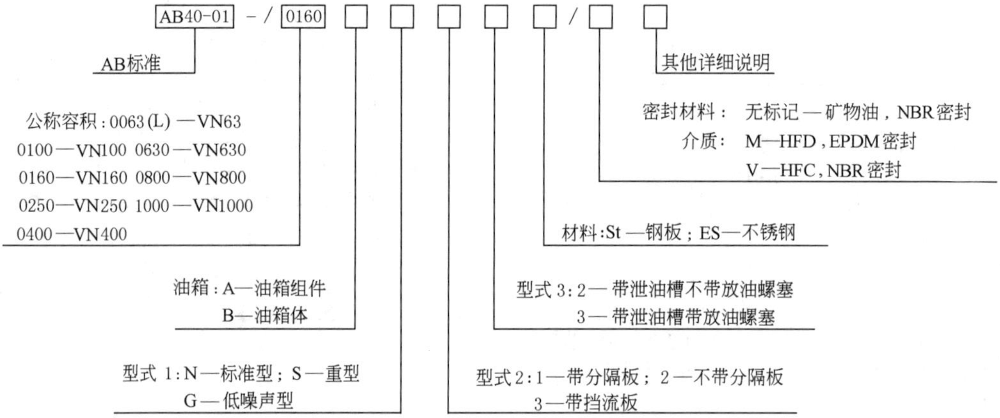

注：AB40-33为不带支撑脚的矩形油箱，AB40-30为带管支撑脚的矩形油箱；其型号标记意义除AB标准处必须分别代之AB40-33或AB40-30外，其他均相同

油箱的规格参数见表20-13-5～表20-13-8。

带支撑脚的矩形油箱

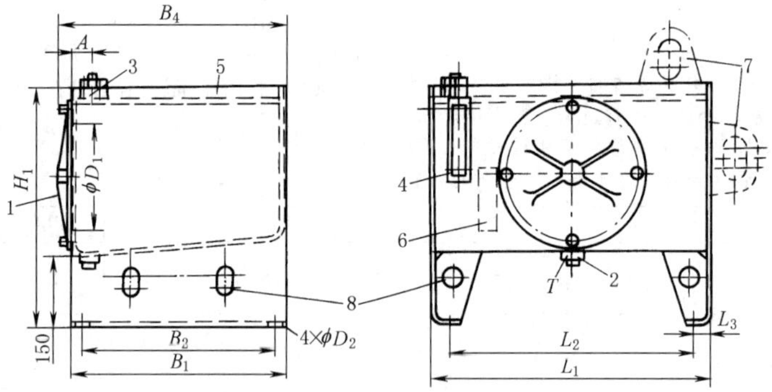

1—清洗用盖；2—放油螺塞；3—注油/滤清器（RE31020）；4—液面指示器；5—盛油槽；6—用于规格1000的第二个液面指示器；7—运输用吊环，根据需要；8—起吊用孔（标准型）

表 20-13-5 mm

规格	质量/kg 标准型	质量/kg 重型	工作容量/L	工作容积/L	A	B_1	$B_2\pm1$	B_4	$D_1{}^{+3}_{0}$	D_2	H_1	$L_1\pm2$	$L_2\pm1$	L_3	T
60	55	95	66	20	50	463	415	499	220	14	500	600	520	60	R1
120	75	140	125	25.5	75	510	460	546	350	14	600	760	680	60	R1
250	135	225	250	46	75	620	570	656	350	14	670	1010	912	70	R1
350	175	300	375	56	90	764	650	800	465	14	750	1014	914	70	R1½
500	280	415	540	84	90	766	650	802	465	14	750	1516	1416	70	R1½
800	385	630	830	127	90	866	750	902	465	23	750	2000	1900	70	R1½
1000	435	820	1100	320	90	866	750	902	465	23	900	2000	1900	70	R1½

不带支撑脚的矩形油箱

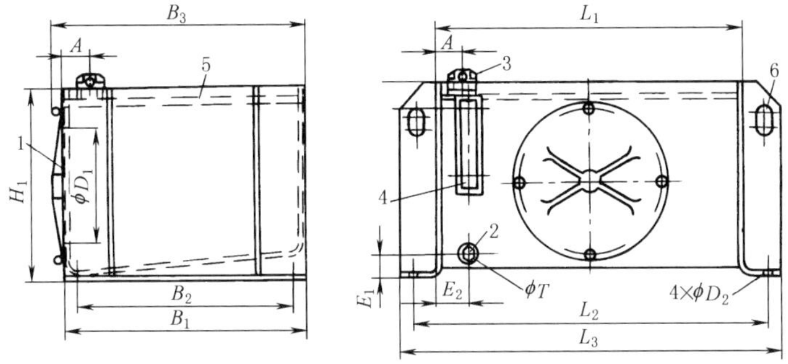

1—清洗用盖；2—放油螺塞；3—注油/滤清器；4—液面指示器（规格60~800）；5—盛油槽；6—支撑用孔（标准型）

表 20-13-6 mm

规格	质量/kg		工作容量/L	工作容积/L	A	$B_1\pm1$	$B_2\pm2$	B_3	$D_1{}^{+3}_{\ 0}$	D_2	E_1	E_2	H_1	$L_1\pm1$	$L_2\pm1$	$L_3\pm1$	T
	标准型	重型															
60	55	90	75	20	50	463	415	495	220	14	60	60	360	600	690	740	1″BSP
120	75	135	141	28	75	510	460	540	350	14	60	60	460	760	850	900	1″BSP
250	135	220	265	46	75	620	570	650	350	14	60	60	530	1010	1102	1150	1″BSP
350	165	275	388	57	90	764	650	800	465	14	60	60	610	1014	1104	1154	1″BSP
500	265	385	578	84	90	766	650	805	465	14	60	60	610	1516	1606	1656	1½″BSP
800	370	615	889	127	90	866	750	900	465	14	150	150	610	2000	2090	2140	1½″BSP
1000	430	—	1166	—	90	760	650	920	500	23	150	150	815	2200	2290	2340	1½″BSP
1500	510	—	1676	—	90	860	750	920	500	23	150	150	1000	2200	2290	2340	1½″BSP
2000	590	—	2086	—	90	860	750	920	500	23	150	150	1250	2200	2290	2340	1½″BSP

型号意义：

AB40-02 / □ □ □ □ / □ □

- AB标准
- 公称容积：01000(L)—VN1000，01500—VN1500，02000—VN2000，03000—VN3000，04000—VN4000，05000—VN5000，06000—VN6000，07000—VN7000，10000—VN10000，13000—VN13000，16000—VN16000，20000—VN20000
- 油箱：A—油箱组件；B—油箱体
- 型式：1—不带隔板；2—带隔板；3—带挡流板
- 材料：St—钢板；ES—不锈钢
- 密封材料：无标记—矿物油，NBR密封；M—HFD，EPDM密封；V—HFC，NBR密封
- 其他详细说明

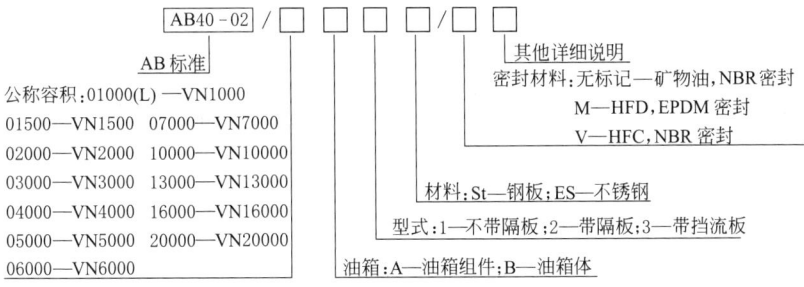

筒形油箱

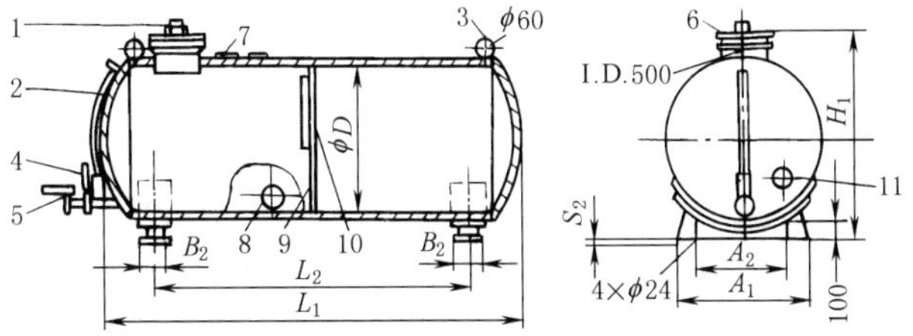

1—注油/通气滤器3″；2—液面指示器；3—运输用吊环；4—龙头；5—放油龙头2″；6—清洗用盖任选；7—泄油口1½″；8—温度计连接口1/2″；9—清洗用孔；10—挡板，任选；11—测试点1/2″

表 20-13-7

mm

规格	质量/kg	A_1	A_2	B_2	D	H_1	L_1	L_2	S_2	DIN 6608	DIN 6616
1000	165	750	600	150	1000	1220	1510	765	8~10	×	
1500	218						2050	1400			
2000	260	950	800		1250	1470	1830	1100			
3000	355						2740	1920		×	
4000	587						3490	2740			
4000	628	1200	1050	300	1600	1820	2230	1280	10~12		
5000	740						2820	1770			×
6000	846						3250	2250			
7000	930						3740	2770			×
10000	1250						5350	4290			×
13000	1560	1150	1000	475			6960	5625			
16000	2060	1750	1600	550	2000	2220	5550	4210			
20000	2420						6960	5395			

表 20-13-8 筒形油箱不同液位的容量

mm

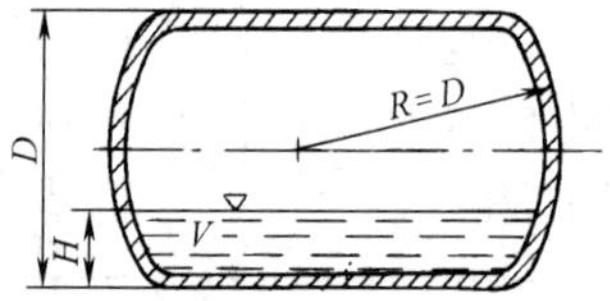

规格	1000	1500	2000	3000	4000	4000	5000	6000	7000	10000	13000	16000	20000
D	1000		1250			1600						2000	
H	与 H 有关的容积 V/L												
2000												16330	20760
1800												15530	19730
1600						4000	5170	6025	7000	10195	13430	14150	17880
1500						3865	5010	5840	6790	9910	13120	13215	16780
1400						3715	4800	5590	6485	9440	12430	12285	15600
1300						3500	4515	5260	6100	8875	11690	11300	14350
1250			2010	3110	4010								
1200			1980	3070	3960	3250	4190	4880	5660	8230	10840	10275	13050
1100			1880	2905	3750	2925	3770	4390	5095	7410	9920	9225	11725
1000	1060	1475	1735	2680	3455	2490	3390	3945	4580	6660	8770	8165	10380
900	1010	1400	1560	2410	3110	2315	2690	3180	4040	5885	7750	7105	9035
800	915	1270	1370	2110	2720	2000	2585	3010	3500	5100	6715	6055	7710
700	800	1110	1160	1795	2315	1630	2115	2465	2865	4180	5680	5030	6820
600	670	930	950	1470	1900	1325	1715	2055	2330	3410	4490	4040	5160
500	530	740	740	1150	1490	1030	1335	1570	1820	2660	3600	3110	3975
400	390	450	540	845	1090	705	925	1080	1260	1850	2580	2245	2875
300	260	365	355	560	725	435	605	710	830	1220	1740	1470	1885
200	145	205	195	310	400	250	330	340	455	670	880	800	1030
100	50	70	70	110	145	65	90	105	120	180	315	283	365

2 液压泵站

液压泵站由泵组、油箱组件、过滤器组件、控温组件及蓄能器组件等组合而成。它是液压系统的动力源，可按机械设备工况需要的压力、流量和清洁度，提供工作介质。目前液压泵站产品除登陆舰艇部液压泵站（CB 1375—2005）、舰船用液压泵站（见 CB 1389—2008）、船用液压泵站（见 CB/T 3754—1995）、数控机床液压泵站（见 JB/T 6105—2007）等外，其他尚未标准化，为获得一套性能良好的液压系统，建议主机厂委托液压专业厂设计、制造。一些研究单位和专业厂开发了 BJHD 系列、AB-C 系列、UZ 系列和 UP 系列产品，还有适用于中低压系统的 YZ 系列及 EZ 系列等产品均可供使用者选用。

2.1 液压泵站的分类及特点

规模小的单机型液压泵站，通常将液压控制阀安装在油箱面板之上或集成在油路块上，再安装在油箱之上。中等规模的机组型液压泵站则将控制阀组安装于一个或几个阀台（架）上，阀台设置在被控设备（机构）附近。大规模的中央型液压泵站，往往设置在地下室内，可以对组成的各液压系统进行集中管理。

表 20-13-9

<table>
<tr><th colspan="3">泵组布置型式</th><th>液压泵站简图</th><th>特　　点</th><th>适用功率范围</th><th>输出流量特性</th></tr>
<tr><td rowspan="4">整体型</td><td rowspan="2">上置式</td><td>立式</td><td>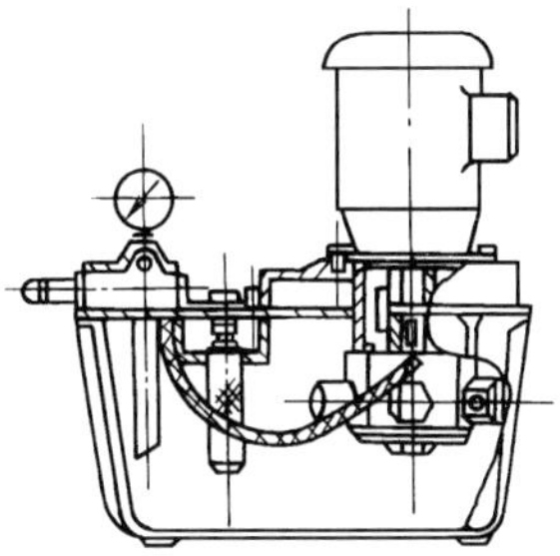</td><td>电动机立式安装在油箱上，液压泵置于油箱之内
结构紧凑，占地小，噪声低</td><td rowspan="2">广泛应用于中、小功率液压泵站
油箱容量可达 1000L</td><td rowspan="5">均可制造成定量型或变量型（恒功率式、恒压式、恒流量式、限压式和压力切断式）</td></tr>
<tr><td>卧式</td><td>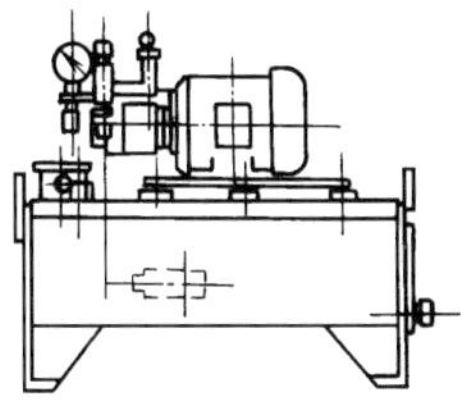</td><td>电动机卧式安装在油箱上，液压泵置于油箱之上，控制阀组也可置于油箱之上
结构紧凑，占地小</td></tr>
<tr><td rowspan="2">非上置式</td><td>旁置式</td><td>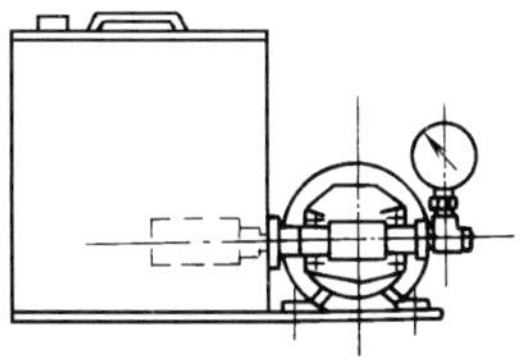</td><td>泵组（液压泵、电动机、联轴器、传动底座等）安装在油箱旁侧，与油箱共用同一个底座，泵站高度低，便于维修</td><td rowspan="2">传动功率较大</td></tr>
<tr><td>下置式</td><td>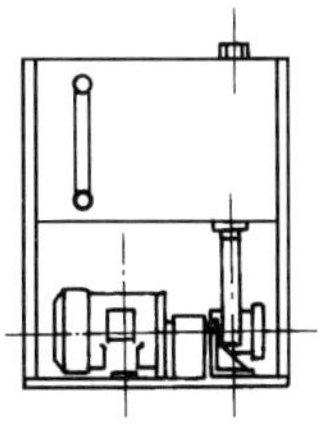</td><td>泵组安装在油箱之下，有效地改善液压泵的吸入性能</td></tr>
<tr><td></td><td colspan="2">柜式</td><td>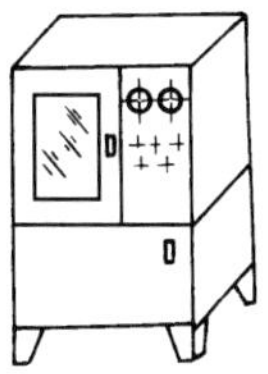</td><td>泵组和油箱置于封闭型柜体内，可以在柜体上布置仪表板和电控箱
外形整齐，尺寸较大，噪声低，受外界污染小</td><td>仅应用于中、小功率液压泵站</td></tr>
<tr><td></td><td colspan="2">微型液压动力包</td><td></td><td>采用螺纹插装阀块将电动机、泵、阀及油箱紧凑地连接在一起，体积小，重量轻
有卧式、立式和挂式三种安装方式。有多种控制回路</td><td>作为小型液压缸、液压马达的动力源
油箱容积 3~30L</td><td>定量型</td></tr>
</table>

续表

泵组布置型式		液压泵站简图	特点	适用功率范围	输出流量特性
分离型	非上置式 旁置式	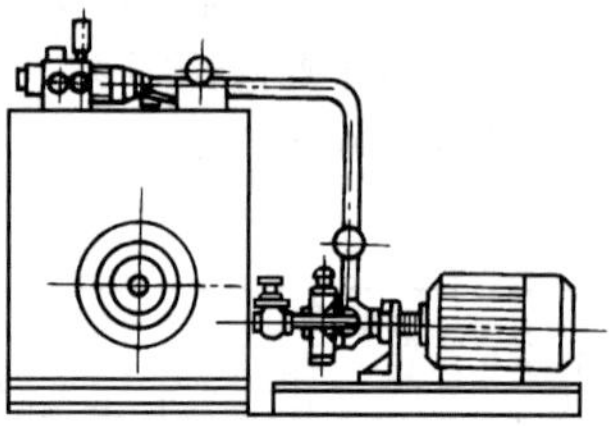	泵组和油箱组件分离，单独安装在地基上 改善液压泵的吸入性能，便于维修，占地大	传动功率大，油箱容量大	可制造成定量型或变量型（恒功率式、恒压式、恒流量式、限压式和压力切断式）

2.2 BJHD 系列液压泵站

BJHD 系列液压泵站由北京华德液压工业集团公司液压成套设备分公司开发生产。本系列液压泵站主要采用引进德国 REXROTH 技术生产的高压泵和高压阀，适用于冶金、航空航天、机械制造等行业配套的液压系统和润滑系统。

液压泵站型式有上置式、下置式、旁置式及柜式。阀组为座椅式或方凳式。集成油路块采用 35 钢锻件加工，发黑处理，长度达 1.4m，油箱及管件经酸洗、磷化、喷漆。

本系列液压泵站的油箱最大容量可达 20000L，系统最高工作压力 31.5MPa。

（1）泵组

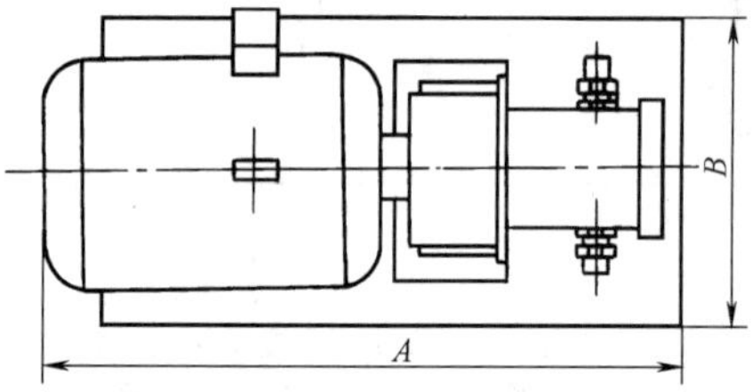

表 20-13-10

工作压力/MPa	电动机			油泵				A /mm	B /mm
	型号	功率 /kW	转速 $/r \cdot min^{-1}$	种类	型号	额定压力 /MPa	公称排量 $/mL \cdot r^{-1}$		
10	Y132M-4	7.5	1440	变量叶片泵	$1PV_2V_4$10/20RA1MCO16N1	16	20	730	345
	Y160M-4	11	1460		$1PV_2V_4$10/32RA1MCO16N1	16	32	840	420
	Y160L-4	15	1460		$1PV_2V_4$10/50RA1MCO16N1	16	50	930	420
	Y180L-4	22	1470		$1PV_2V_4$10/80RA1MCO16N1	16	80	1000	465
	Y225S-4	37	1480		$1PV_2V_4$10/125RA1MCO16N1	16	125	1200	570
	Y132M-4	7.5	1440	变量柱塞泵	PVB10	20.7	21.10	775	345
	Y160M-4	11	1460		PVB15	13.8	33.00	860	420
	Y160L-4	15	1460		PVB20	20.7	42.80	950	420
	Y180L-4	18.5	1470		PVB29	13.8	61.60	980	465
	Y225S-4	30	1480		PVB45	20.7	94.50	1185	510
16	Y132S-4	5.5	1440	变量柱塞泵	10SCY14-1B	31.5	10	775	345
	Y160M-4	11	1460		25SCY14-1B	31.5	25	965	420
	Y200L-4	30	1470		63SCY14-1B	31.5	63	1215	510
	Y280S-4	75	1480		160SCY14-1B	31.5	160	1600	690
	Y225S-4	37	1480		A7V78	35	78	1320	570
	Y250M-4	55	1480		A7V107	35	107	1445	635

续表

工作压力/MPa	电动机			油泵				A /mm	B /mm
	型号	功率/kW	转速/r·min^{-1}	种类	型号	额定压力/MPa	公称排量/mL·r^{-1}		
16	Y160L-4	15	1460	定量柱塞泵	A2F28	35	28.1	945	420
	Y180L-4	22	1470		A2F45	35	44.3	1095	465
	Y200L-4	30	1470		A2F55	35	54.8	1160	510
	Y200L-4	30	1470		A2F63	35	63.0	1225	510
	Y225S-4	37	1480		A2F80	35	80.0	1270	570
	Y250M-4	55	1480		A2F107	35	107	1325	635
	Y250M-4	55	1480		A2F125	35	125	1480	635
	Y280S-4	75	1480		A2F160	35	160	1550	690
27	Y132M-4	7.5	1440	变量柱塞泵	10SCY14-1B	31.5	10	815	345
	Y180L-4	22	1470		25SCY14B-1B	31.5	25	1075	465
	Y250M-4	55	1480		63SCY14-1B	31.5	63	1375	635
	Y280S-4	75	1480		A7V78	35	78	1500	690
	Y280M-4	90	1480		A7V107	35	107	1565	690
	Y180L-4	22	1470	定量柱塞泵	A2F28	35	28.1	1010	465
	Y225S-4	37	1470		A2F45	35	44.3	1205	570
	Y225M-4	45	1480		A2F55	35	54.8	1230	635
	Y250M-4	55	1480		A2F63	35	63.0	1380	635
	Y280S-4	75	1480		A2F80	35	80.0	1450	690
	Y280M-4	90	1480		A2F107	35	107	1530	690
	Y315S-4	110	1480		A2F125	35	125	1770	900

注：表中所示尺寸是一套泵组之数。若为 n 套泵组，则 B 尺寸为 n（150+B）。

（2）蓄能器组

单排蓄能器组

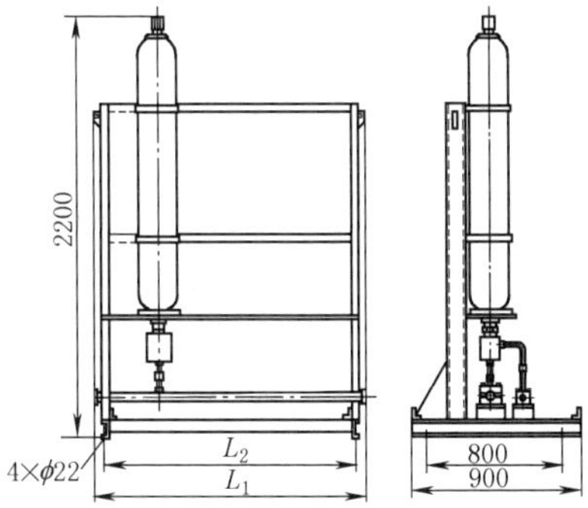

表 20-13-11 mm

蓄能器型号	蓄能器个数			
NXQ-L40	2	3	4	5
L_1	900	1200	1500	1800
L_2	750	1050	1350	1650

双排蓄能器组

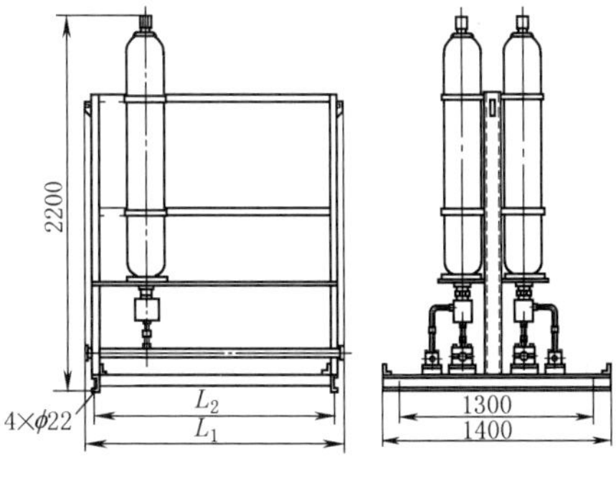

表 20-13-12 mm

蓄能器型号	蓄能器个数		
NXQ-L40	5;6	7;8	9;10
L_1	1200	1500	1800
L_2	1050	1350	1650

（3）阀台

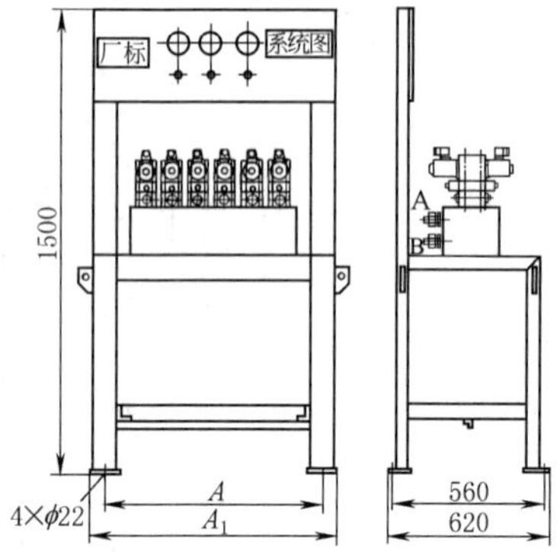

表 20-13-13 mm

折合叠加 10 通径阀个数	4~8 组	8~12 组	12~16 组
A	800	1200	1500
A_1	900	1300	1600

（4）油箱

矩 形 油 箱

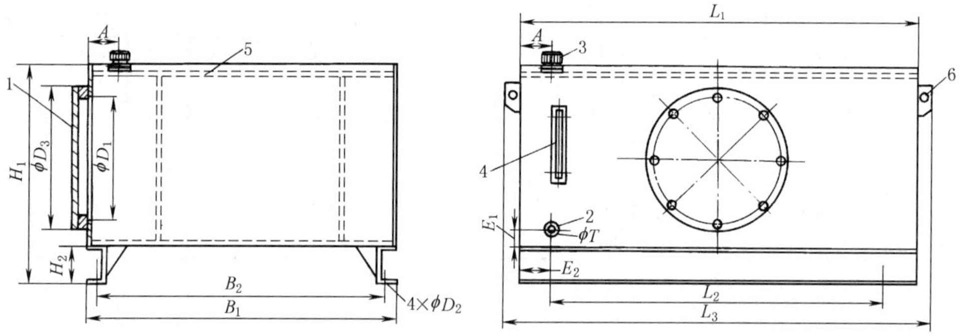

1—清洗用盖；2—放油螺塞；3—注油/滤清器；4—液面指示器；5—盛油槽；6—支撑用孔

表 20-13-14 mm

规格	质量/kg		工作容量/L	A	$B_1\pm1$	$B_2\pm2$	$D_1{}^{+3}_{0}$	D_2	D_3	E_1	E_2	H_1	H_2	$L_1\pm1$	$L_2\pm1$	$L_3\pm1$	T
	标准型	重型															
60	55	90	75	50	463	415	220	14	240	60	60	440	80	600	500	740	1″BSP
120	75	135	141	75	510	460	350	14	370	60	60	540	80	760	660	900	1″BSP
250	135	220	265	75	620	570	350	14	370	60	60	630	100	1010	910	1150	1″BSP
350	165	275	388	90	764	650	465	14	485	60	60	710	100	1014	914	1154	1″BSP
500	265	385	578	90	766	650	465	14	485	60	60	730	120	1516	1416	1656	1½″BSP
800	370	615	889	90	866	750	465	14	485	150	150	730	120	2000	1900	2140	1½″BSP
1000	430	—	1166	90	760	650	500	23	520	150	150	955	140	2200	2100	2340	1½″BSP
1500	510	—	1676	90	860	750	500	23	520	150	150	1140	140	2200	2100	2340	1½″BSP
2000	590	—	2086	90	860	750	500	23	520	150	150	1390	140	2200	2100	2340	1½″BSP

注：筒形油箱见上节“1.7 油箱产品（引进力士乐技术产品）”。

2.3 UZ 系列微型液压站

UZ 系列微型液压站（以下简称 UZ 站），是由电动机泵组、油箱、液压阀集成块等组成的小型液压动力源。UZ 站的电动机全部立式安装在油箱上。UZ 站以各种功能螺纹插装阀为主体，兼用各种板式阀和叠加阀，结构紧凑、功能齐全。既有常规液压系统，也有比例和伺服液压系统。既有常规的测量显示仪表，也有压力、流量、油温、液位等传感器，输出模拟量或数字量信号，由智能控制器、单板机或微机实现高精度和远程监控。

(1) 型号意义

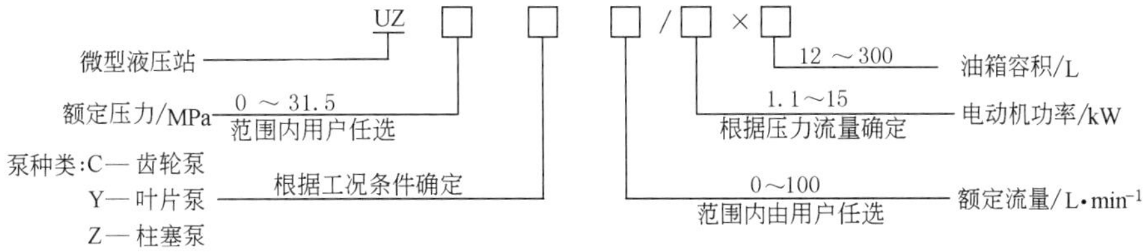

标记示例

优瑞纳斯微型液压站，额定压力 10MPa，齿轮泵，额定流量 36L/min、电动机功率 7.5kW，油箱容积 225L：

UZ10C36/7.5×225

(2) 技术规格

表 20-13-15 **技术性能**

工作压力/MPa		0～31.5(连续增压器回路最高压力为 200)
流量/L·min^{-1}		0～100
泵装置		有齿轮泵、叶片泵、柱塞泵三种型式可供选择
电动机	功率/kW	1.1～15(1.1、1.5、2.2、3、4、5.5、7.5、11、15)
	电源	三相 380V AC,50Hz(单相交流电机、直流电机等需商定)
油箱容积/L		12～300(12、20、35、50、60、75、100、150、225、300)
产品检验		液压泵站清洗组装完毕后,逐台严格按国标企标进行出厂试验,并提供出厂试验报告、产品合格证及使用维护说明 产品出厂清洁度(油液污染等级)9 级(NAS 1638)或 18/15 级(ISO 4406)

注：由于 UZ 站电机最大功率为 15kW，因此系统额定压力和流量不能同时取较大值。即压力高时，流量值小；流量大时，压力值低。压力（MPa）×流量（L/min）应小于 750。

常用基本回路

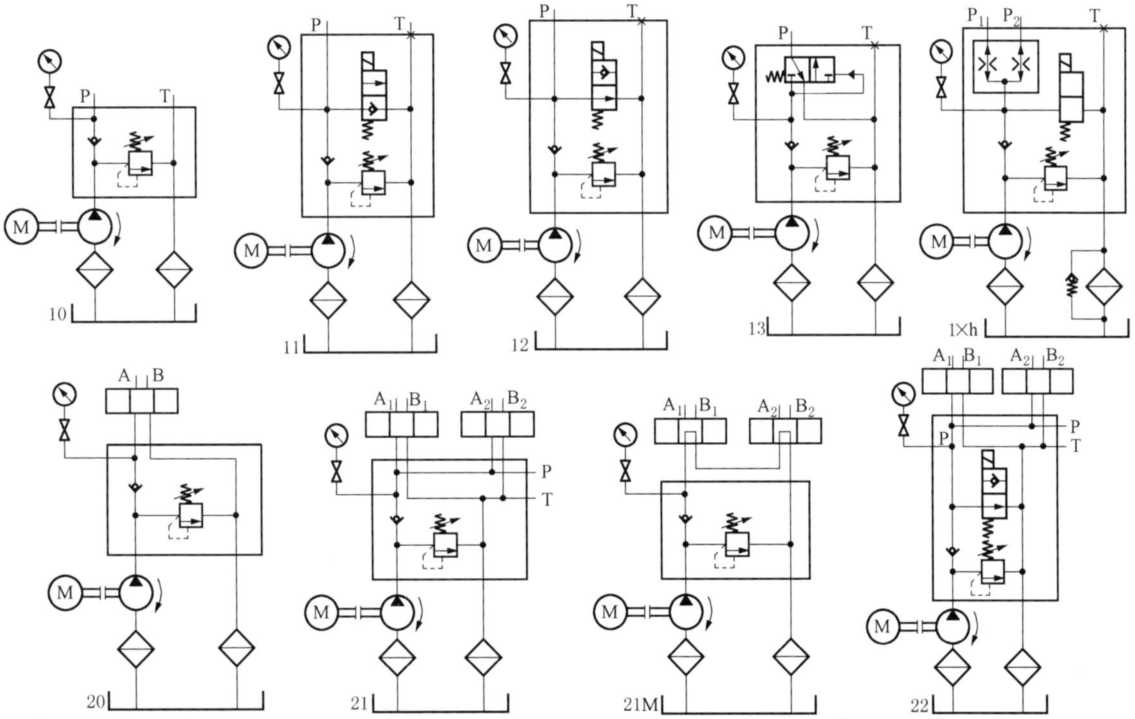

注：1. 1×h 回路同步阀 h 可安装在 11、12、13 回路中，成为 11h、12h 或 13h 回路。

2. 21、22 回路可并联多个板式换向阀，不能选用 M、H 型机能阀。

3. 20、21、21M、22 回路各换向阀还可叠加各种功能阀。

4. 将 21M 回路中的一个阀换成 H 型机能阀时，成为 21MH 回路，如两个阀都换成 H 型机能阀时，则成为 21H 回路。

5. 回路工作原理参见 UP 液压动力包的表。

(3) 外形尺寸

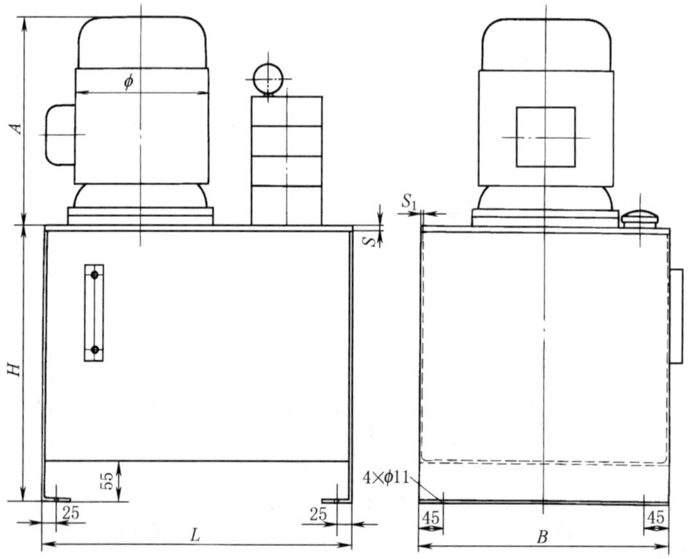

表 20-13-16

mm

油箱	容积/L	12	20	35	50	60	75	100	150	225	300
	L	310	400	470	500	550	550	700	750	900	900
	B	310	310	310	400	400	400	400	500	600	700
	H	275	325	400	420	445	530	530	620	650	700
	S_1	2						3		4	
	S	6								8	

电动机	功率/kW	1.1	1.5	2.2	3	4	5.5	7.5	11	15
	转速/$r \cdot min^{-1}$	1400		1420		1440	1450		1470	
	ϕ	195		220		240	275		335	
	A	280	305	370		380	475	515	605	650

UZ 站的订货方法如下：

① 由用户提供液压原理图、技术参数和技术要求或由用户提供性能要求、工况条件；

② 根据液压原理图选择电动机、泵、阀、油箱等主要元件，经用户同意后设计制造。

2.4 UP 液压动力包

UP 系列液压动力包（以下简称 UP 液压包）是一种用螺纹插装阀块把电动机、泵、阀、油箱紧凑地连接在一起的微型液压动力源。与同规格的常规液压站相比，结构紧凑，体积小，重量轻。UP 液压包作为小型液压缸，液压马达的动力源，现已广泛应用于我国的工程机械、医疗、环保、液压机具、升降平台、自动化设备等行业。

UP 液压包最高工作压力 25MPa；流量范围 0.22~22L/min；有交流单相 220V、三相 380V，直流 24V 和 12V 共 4 种电源几十种规格的电动机；有 6 种标准回路和可以自由扩展的多种回路；有卧式、立式、挂式三种安装方式；油箱容积 3~30L，9 种规格的油箱；增压器最高输出压力 200MPa。

液压包的核心是一个 150mm×150mm×50mm 的矩形插装阀块。在阀块的两个 150mm×150mm 大平面上一端固定着电动机，另一端固定着齿轮泵和油箱，电动机通过联轴器带动齿轮泵，齿轮泵输出的压力油从油泵前盖出油口直接进入阀块。溢流阀、单向阀、换向阀等都直接插装在阀块侧面上，通过阀块内部油道相连，进出油口 P、T，板式阀座孔 P、T、A、B，压力表接口 G，固定安装孔也都开在阀块的侧面上。吸油过滤器固定在油泵后盖的吸油口上。油泵、过滤器被封闭在油箱内，油箱有加油口和放油口。

(1) 型号意义

UP □×□ □ □ □ □ □ □

项目	内容	代号	说明
优瑞纳斯液压动力包		UP	
最大工作压力/MPa	在0.5～20范围内用户自定	□	见表20-13-17
最大流量/L·min⁻¹	在0.2～22范围内用户自定	□	见表20-13-17

电动机电源			代号	说明
电动机电源	交流	单相220V、50Hz(0.55～2.2kW)	A	见表20-13-18～表20-13-21
		三相380V、50Hz(0.55～4.0kW)	B	
	直流	24V(0.3～3kW)	C	
		12V(0.3～2kW)	D	

回路	代号	说明
基本回路	10	见表20-13-15图
单通基本回路：零泄漏二位二通阀 常闭 11 / 常开 12 + 扩展回路阀	a、b、…	见表20-13-15和表20-13-16图；不加阀无标记

双通基本回路：

外加板式换向阀		代号
单阀		20
多阀	无卸荷阀	21
	有卸荷阀	22

\+ 滑阀机能：M、H、O、……

\+ 定位方式：弹簧（无标记）；钢球（Q）

\+ 叠加阀：y1、y2、y3、……

不加阀无标记

换向阀操纵方式			代号	说明
电磁铁	交流	220V、50Hz	A	无换向阀无标记 与电机共用电源无标记
		380V、50Hz	B	
	直流	24V	C	
		12V	D	
手动			S	

油箱容积/L		代号	说明
卧式	3、5、7.5、10	W_	见图20-13-2、表20-13-22和表20-13-23
立式	12、16、20、25、30	L_	
挂式	3、5、7.5、10、12、16、20、25、30	G_	

项目		代号	说明
压力表	不锈钢充油防震压力表	B	不带表无标记

增压器		代号	说明
标准	增压比5∶1,最高压力80MPa	Z	不带增压器无标记
非标	增压比(1.2～20)∶1,最高压力20MPa	Zt	Zt需加注文字说明

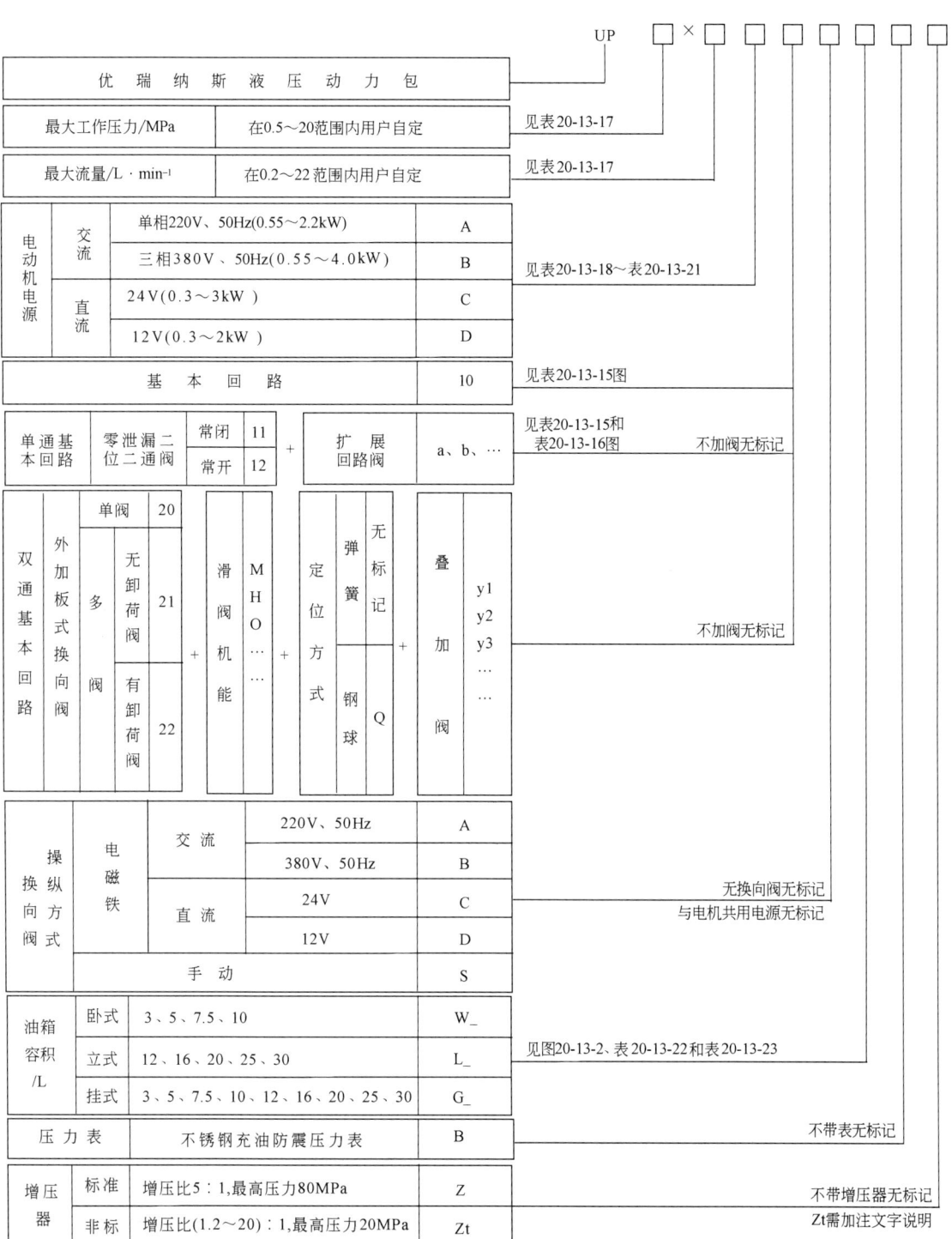

注：1. 液压包电动机计算功率 P（kW）= 0.02×最大工作压力（MPa）×最大流量（L/min）。

2. 当选用直流电动机时，其每次通电连续运转不得超过2min。

标记示例

① 20MPa、1.54L/min、220V 单相交流电机、10 回路立式 12L 油箱带压力表的液压包，标记为

UP20×1.54A10L12B

② 8MPa、1.4L/min、12V 直流电机、11e 回路常闭二通电磁阀带回油恒速阀、两通电磁阀操纵电压直流 12V，卧式 3L 油箱的液压包，标记为

UP8×1.4D11eW3

③ 20MPa、2.24L/min、380V 三相交流电机 22 回路；第 1 阀组：O 型机能三位四通弹簧复位电磁换向阀叠加双路单向节流阀；第 2 阀组：Y 型机能三位四通弹簧复位电磁换向阀叠加双路液控单向阀；第 3 阀组：C_1 型钢球定位二位四通手动换向阀。电磁阀操纵电压交流 220V、立式 12L 油箱带压力表的液压包，标记为

UP20×2.24B22（Ol_7+Ya_9+C_1QS）L12B

（2）技术规格

表 20-13-17　　液压包常用标准回路

名称	原　理　图	工　作　原　理
10 回路	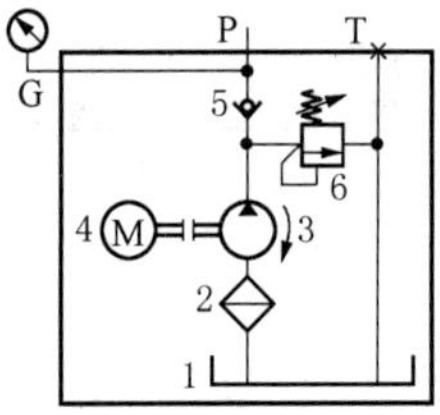	基本型回路。常作为外接阀组的液压源，也可直接带动单向液压马达 电动机 4 带动齿轮泵 3 转动，经过网式滤油器 2 过滤后，将油箱 1 中的工作介质吸入泵内。被齿轮泵增压的工作介质经单向阀 5 从压力油口（P 口）输出。经用户外接阀组到执行元件，如液压马达液压缸等，工作后的介质，经回油口（T 口）返回油箱。6 是可调节的螺纹插装溢流阀，用于调定系统压力。当执行元件工作压力达到溢流阀调定的额定压力时，压力介质会从溢流阀返回油箱，使系统压力保持在额定压力调定值，不再升高，起到安全保护作用。当齿轮泵停止工作时，螺纹插装单向阀 5 防止执行元件内的压力介质经泵和溢流阀返回油箱，起到保压和保护泵的双重作用
11 回路	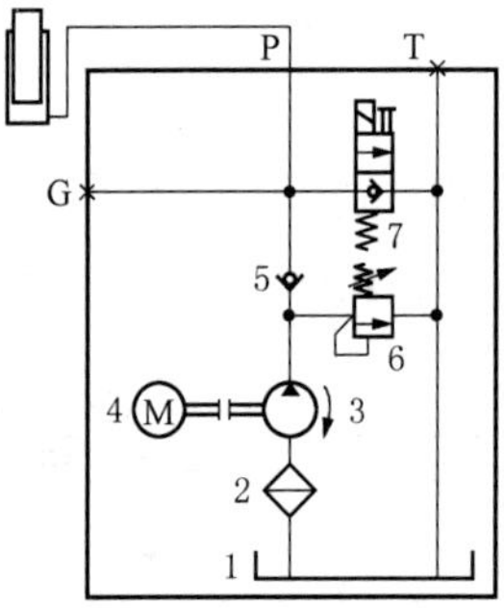	单作用常闭式基本型回路。是在 10 回路基础上增加了一个无泄漏的常闭式螺纹插装二通电磁换向阀 7。本回路适用于短时间工作，较长时间保压的工况，例如举升重物用单作用液压缸。电机带负载启动，液压缸举升动作完成后即关闭电机。由于回路中采用的是无泄漏常闭式螺纹插装二通阀和单向阀，所以只要液压缸和管道无泄漏，柱塞就不会出现沉降。在需要柱塞下降时，只要使二通阀换向，就可使液压缸内工作介质经二通阀流回油箱，使柱塞复位。二通阀换向可选择电动，也可选择手动，或者电动带手动调整。在阀块的侧面，压力油口 P 旁开有备用回油口 T，当双作用缸只使用一腔工作时，该油口可作为另一腔的泄漏油口或呼吸油口
12 回路	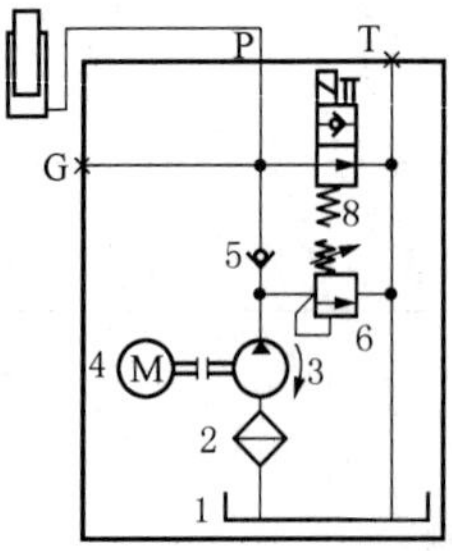	二通常开式基本回路。本回路只是将 11 回路中的常闭式二通阀 7 改为常开式二通阀 8，适用于长时间连续频繁升降，并需要短时保压的工况。电动机 4 空载启动，二通阀 8 换向，压力油进入液压缸。液压缸举升动作完成后，如需保压，只要二通阀 8 不复位，即使液压缸有轻微泄漏，也可继续保压，压力油经溢流阀 6 回油箱。但这种保压方式不能时间太久，否则介质会很快发热。二通阀 8 复位后，液压缸内介质经二通阀 8 流回油箱，柱塞复位。本回路也适用于弹簧回程的柱塞缸压力机

续表

名称	原理图	工作原理
20回路	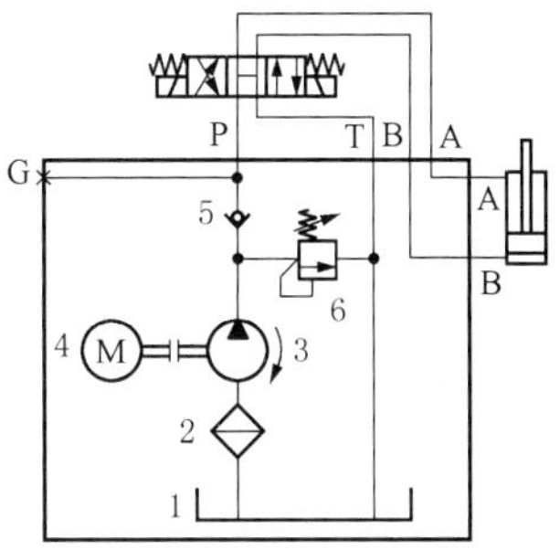	单个四通阀基本型回路。本回路是在10回路基础上，在插装阀块上增加了一个板式换向阀座孔。可将板式阀直接安装在阀块侧面上。因此本回路必须加装一个板式换向阀，才能使用。本回路常用于工作时间短，停止时间长，电机断续运转的工况。如需要电机长时间连续运转时，必须选用中立位置PT口接通的M型、H型等三位四通换向阀。这几种换向阀在中立位置时，使电机转动时不带负载，压力介质直接回油箱，不会造成系统的发热和能源的浪费。本回路常用于双作用液压缸。电机启动，换向阀换向后，压力介质从P口经换向阀进入液压缸A腔。B腔的压力介质经T口回油箱。换向阀换向后，压力介质进入B腔，A腔介质回油箱，实现液压缸的往复运动。如果需要，还可以在阀块上叠加、插装、串联各种功能的阀，组成各种扩展液压回路
21回路	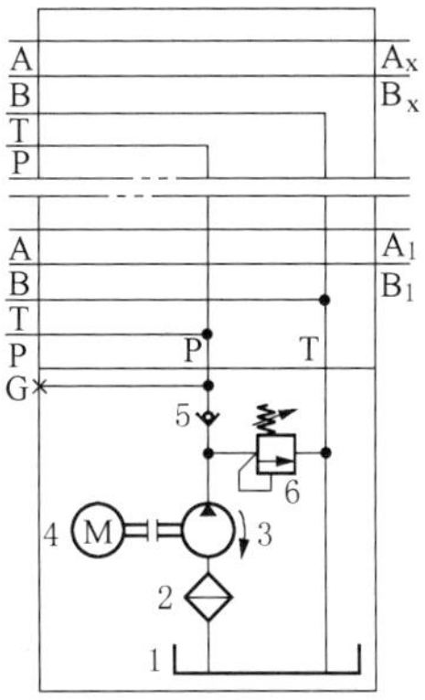	适用操纵多个执行元件。21回路由于无卸荷阀，常用于工作时间短，停止时间长的工况 21回路所有阀件都安装在一块过渡垫板上，该垫板固定在液压包阀块的侧面，油路与阀块相通 由于21回路中阀件较多，在选型时按顺序分组标示，最好能提供所需要的液压原理图
22回路	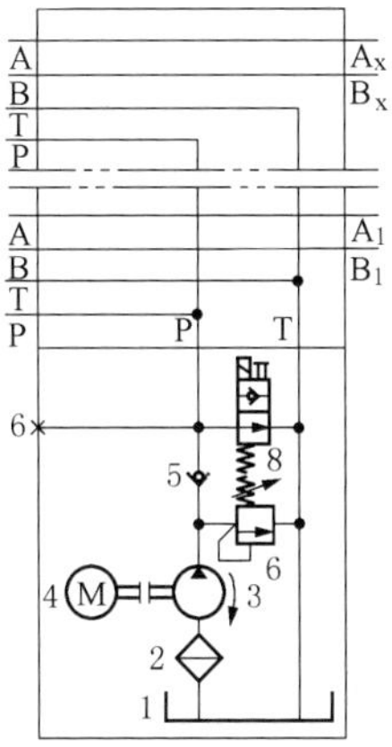	适用操纵多个执行元件。带电磁卸荷阀的22回路常用于频繁换向，长时间开机的工况，泵出的压力介质通过常开的二通电磁换向阀8直接流回油箱，电机空载运转，既不浪费能源，也不会导致系统发热。当系统需要压力时，使换向阀8电磁铁带电，截断压力油回油路，系统建压 22回路所有阀件都安装在一块过渡垫板上，该垫板固定在液压包阀块的侧面，油路与阀块相通 由于22回路中阀件较多，在选型时按顺序分组标示，最好能提供所需要的液压原理图

表 20-13-18　　　　液压包扩展回路

扩展回路阀符号	a	 固定节流阀	b	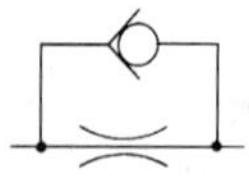 单向固定节流阀	c	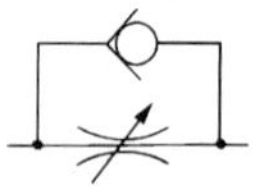 单向可调节流阀	d	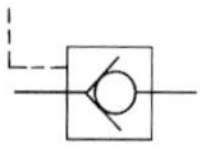 液控单向阀	Z	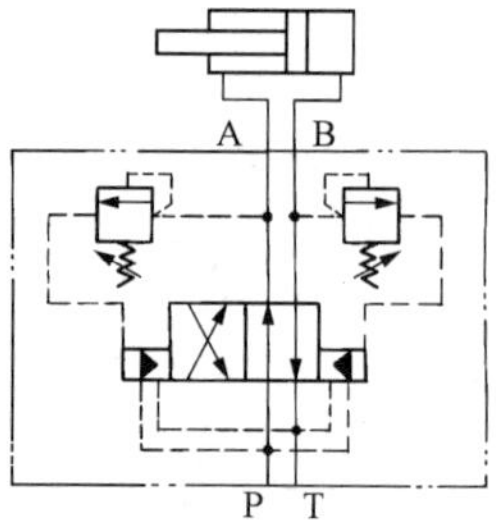 板式液控自动换向阀
	e	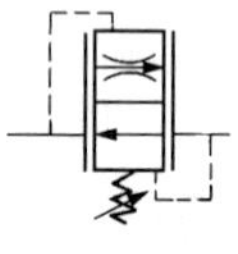 恒速阀	f	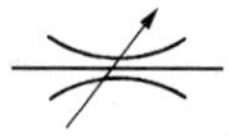 可调节流阀	g	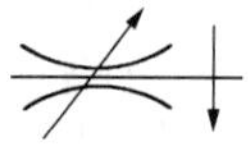 调速阀	h	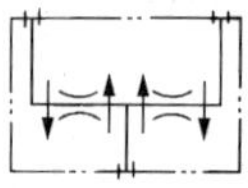 同步阀		
扩展回路液压原理图示例	在阀块上插装各种液压阀或串联各种管式阀、板式阀,可以组成多种扩展回路,见下图。例如:11a 回路可以实现重载荷柱塞缸的慢速下降。常用于载荷不变或变化较小的工况。插装恒速阀的 11e 回路,在工作载荷范围内,无论载荷怎样变化,都能确保柱塞缸的下降速度不变。常作为叉车的货物升降回路 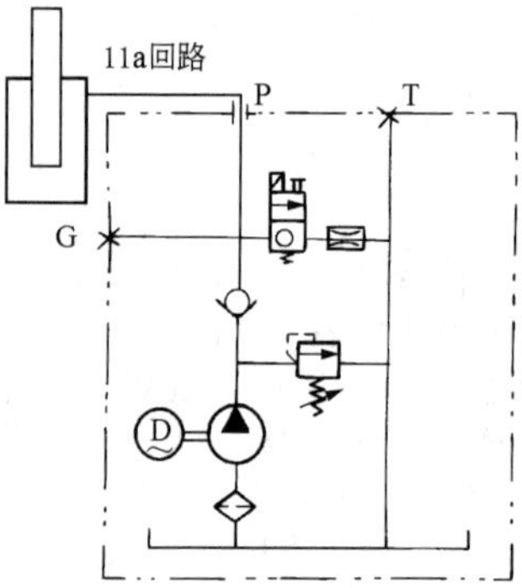 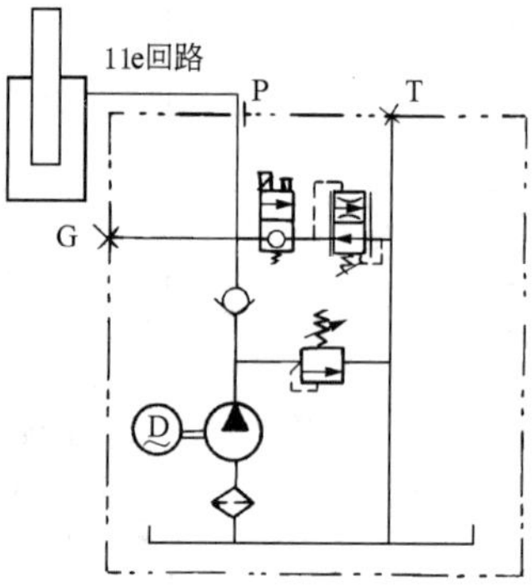 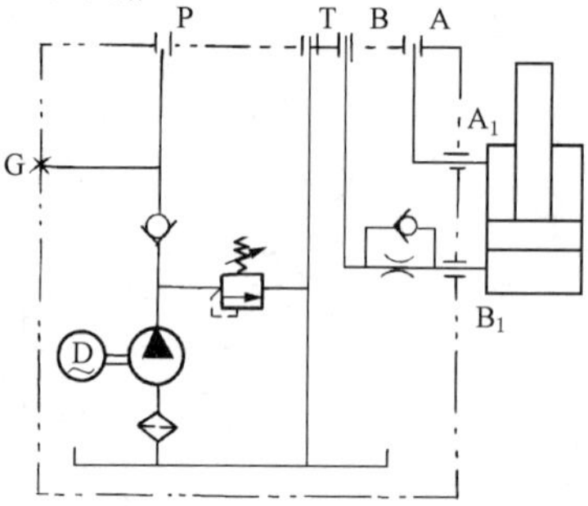 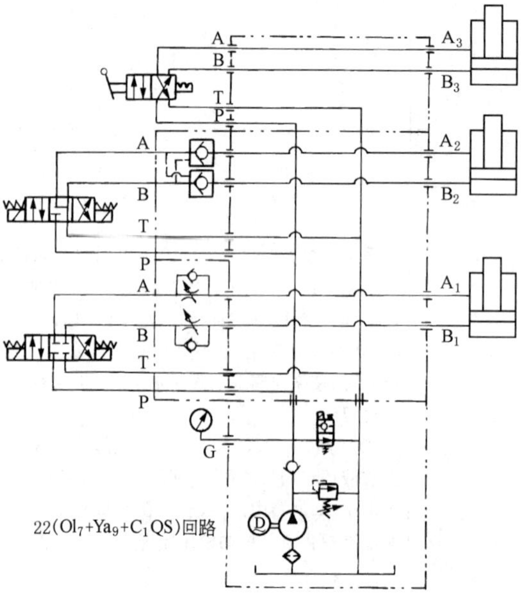 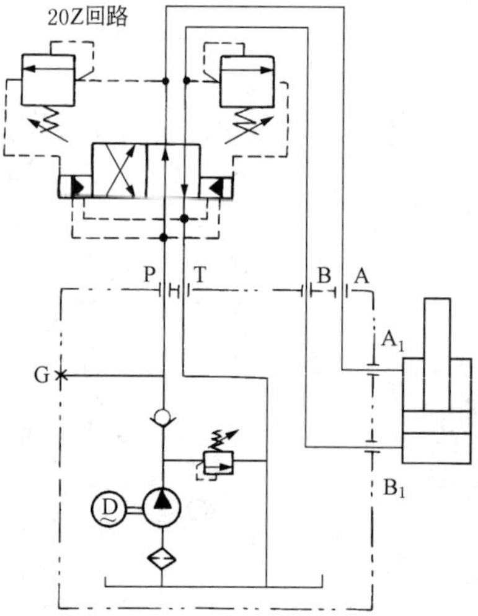									

带增压器的液压包

液压包用二位或三位四通换向阀向增压器供油，经增压器增压后，连续输出高压油。常用于柱塞缸、弹簧复位缸和单腔高压的双作用缸，其原理图见图 20-13-1。标准增压器比为 5∶1，输出流量是输入流量的 10%，最高输出压力为 80MPa。非标增压器有 11 种增压比，从 1.2∶1 到 20∶1；最大输入/输出流量为 70/9L/min；最高输出压力为 200MPa；还可提供双路增压器，用于两腔都需高压油的双作用液压缸。

增压器的优点：输出压力可调；连续输出压力介质；带无泄漏液控单向阀；常压时由初级回路直接供油，高压时才由增压器供油，既可提高效率，又能节省能源；由于采用初级常压回路控制，因此故障率极小，性能可靠，使用寿命长。

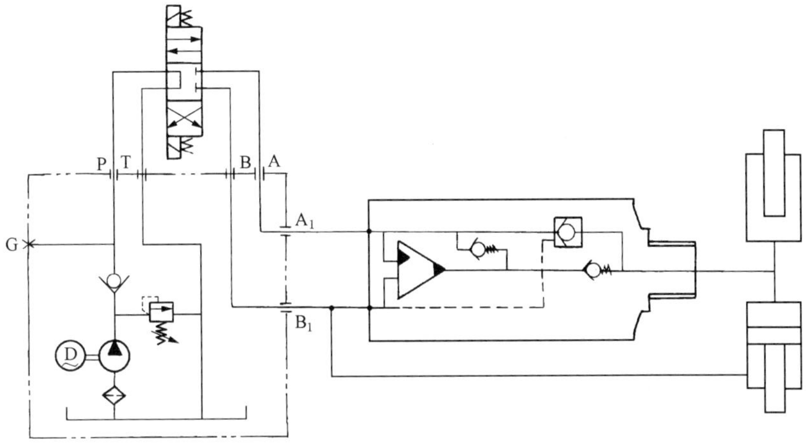

图 20-13-1　带增压器的液压包原理

表 20-13-19　　液压包专用齿轮泵的排量与压力

排量/mL·r^{-1}	0.16	0.24	0.45	0.56	0.75	0.92	1.1	1.6	2.1	2.6	3.2	3.7	4.2	4.8	5.8	7.9
公称压力/MPa	17						21				20		18		17	15
峰值压力/MPa	20						25				24		22		21	19

注：系统调定压力不得大于泵公称压力。

液压包专用电动机

表 20-13-20　　单相交流电源 220V 50Hz

型号	4L/0.55	4L/0.75	4L/1.1	4L/1.5	4L/2.2	2L/0.75	2L/1.1	2L/1.5	2L/2.2
功率/kW	0.55	0.75	1.1	1.5	2.2	0.75	1.1	1.5	2.2
转速/r·min^{-1}	1400					2800			
ϕ/mm	165	165	185	185		165	165	185	185
H/mm	120	120	130	130		120	120	130	130
L/mm	275	275	280	310	345	275	275	280	310
质量/kg	13.5	14.5	18	22	26	13.5	14.5	18	22

表 20-13-21　　三相交流电源 380V 50Hz

型号	4S/0.55	4S/0.75	4S/1.1	4S/1.5		2S/0.75	2S/1.1	2S/1.5	2S/2.2	4Y/2.2	4Y/3.0	4Y/4.0
功率/kW	0.55	0.75	1.1	1.5		0.75	1.1	1.5	2.2	2.2	3.0	4.0
转速/r·min^{-1}	1400①					2800				1420		1440
ϕ/mm	165	165	180	180	152	165	165	185	185	220	220	240
H/mm	120	120	130	130	110	120	120	130	130	180	180	190
L/mm	275	275	280	305	230	275	275	280	305	370	370	380
质量/kg	13.5	14.5	18	21	16	13.5	14.5	18	21	34	38.5	44

① 汽车举升机专用电动机。

表 20-13-22　　直流电源 24V

型号	C0.3	C0.5	C0.8	C1.2	C2.0	C3.0
功率/kW	0.3	0.5	0.8	1.2	2.0	3.0
转速/$r \cdot min^{-1}$	3500~2000					
ϕ/mm	89	130	115			130
L/mm	160	180	170			180
质量/kg	3.1	8.5	6.5			8.5

表 20-13-23　　直流电源 12V

型号	D0.3	D0.5	D0.8	D1.5	D2.0
功率/kW	0.3	0.5	0.8	1.5	2.0
转速/$r \cdot min^{-1}$	4000~2300				
ϕ/mm	89	130	115		130
L/mm	160	180	170		180
质量/kg	3.1	8.5	6.5		8.5

UP 系列液压包共有四种电源的电动机可供选用，在确定系统压力、流量及电动机电源时应注意以下要点。

① 液压包电动机功率 P（kW）= 0.02×系统最高压力 p（MPa）×系统最大流量 Q（L/min），当 P 大于表中所列最大电动机功率时，已超出 UP 系列液压动力包供货范围，可选用该公司 UZ 系列微型液压站。

② 直流电动机的转速与工作压力成反比，其变化范围在 3500~2000r/min 之间。其平均流量近似值按 2500r/min 计算。直流电动机每次通电连续运转时间不得超过 2min。

③ 一般情况下用户只提供系统最高压力、最大流量数值和电源种类。泵和电动机规格由供方确定。为节省投资和能源，应在确定压力和流量参数时，尽量符合实际使用工况，不要过大或过小。

液压包专用油箱

表 20-13-24　　立式、挂式

容积/L	12	16	20	25	30
B/mm	200	230	260	290	320
质量/kg	6	16	28	42	58

表 20-13-25　　卧式、挂式

容积/L	3	5	7.5	10
ϕ/mm	140	180		
Y/mm	220	220	320	420
质量/kg	1	1.5	2	2.5

选择油箱时要考虑以下两个因素，综合比较后，选定恰当的油箱容积。

① 系统流量：油箱容积一般是系统流量的 1~4 倍，系统工作频率低，则系数小；频率高则系数大。系统周围的环境温度低，系数小；环境温度高，散热条件不好，则系数要大。

② 液压缸缸杆伸出时需要的补充油量：油箱容积至少为液压缸所需补充油量的 1.2~2 倍。

油箱容积及安装方式：UP 系列液压包有三种安装方式，即 W（卧式）、L（立式）、G（挂式）。其标注方式为安装方式字母代号和容积升数。例如：20L 容积的立式油箱油标为 L20。

在第一次安装调试时，要注意保持油箱内油位。尤其是在液压缸较大，油箱较小的情况下，首先要使活塞杆缩回，然后使液压缸充满油，并使油箱保持较高油位。

板式换向阀（ϕ6mm 通径）

表 20-13-26

		二位四通换向阀符号及标记	三位四通换向阀符号及标记
滑阀机能		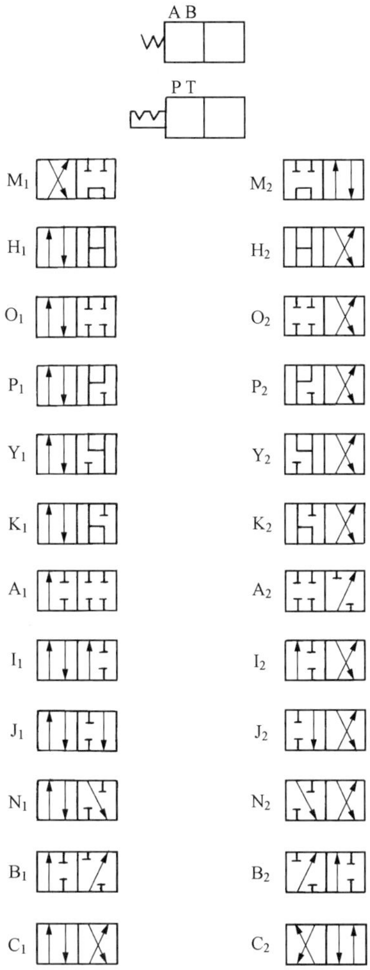	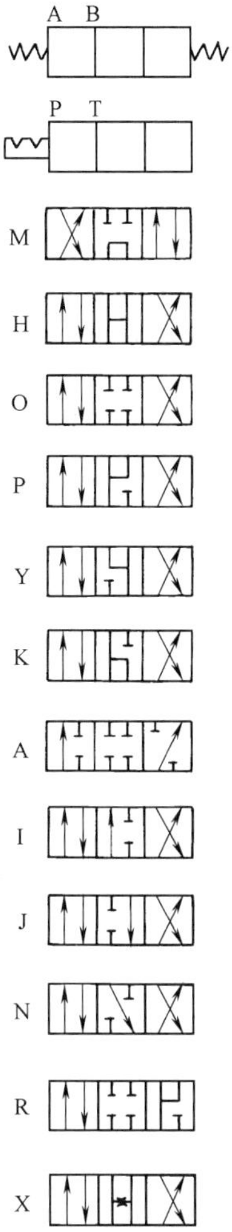
定位方式	弹簧复位	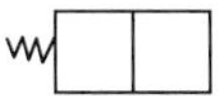 无标记	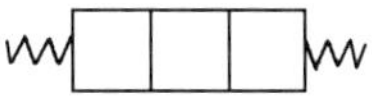 无标记
	钢球定位	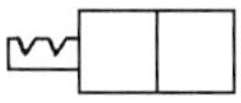 Q	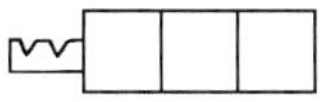 Q
操纵方式	电磁换向	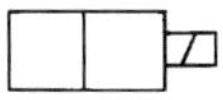 A、B、C、D之一	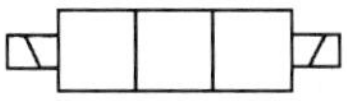 A、B、C、D之一
	手动换向	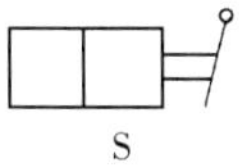 S	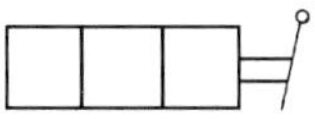

注：方向阀操纵方式：方向阀有许多种操纵方式，本表只列出电动和手动两种常用方式。如选用电动方式，当电磁阀与电机电源相同时，无须再标记。220V 电磁铁与 380V 电机电源相同，也无须标记。如需要本表以外的其他操纵方式，请用 X 字母表示，并加以文字或图示说明。本项所指方向阀包括二通球阀和外加板式换向阀，如需要带手动调整的电磁阀，应加注 S，如 AS、BS、CS、DS。

叠加阀（ϕ6mm 通径）

表 20-13-27

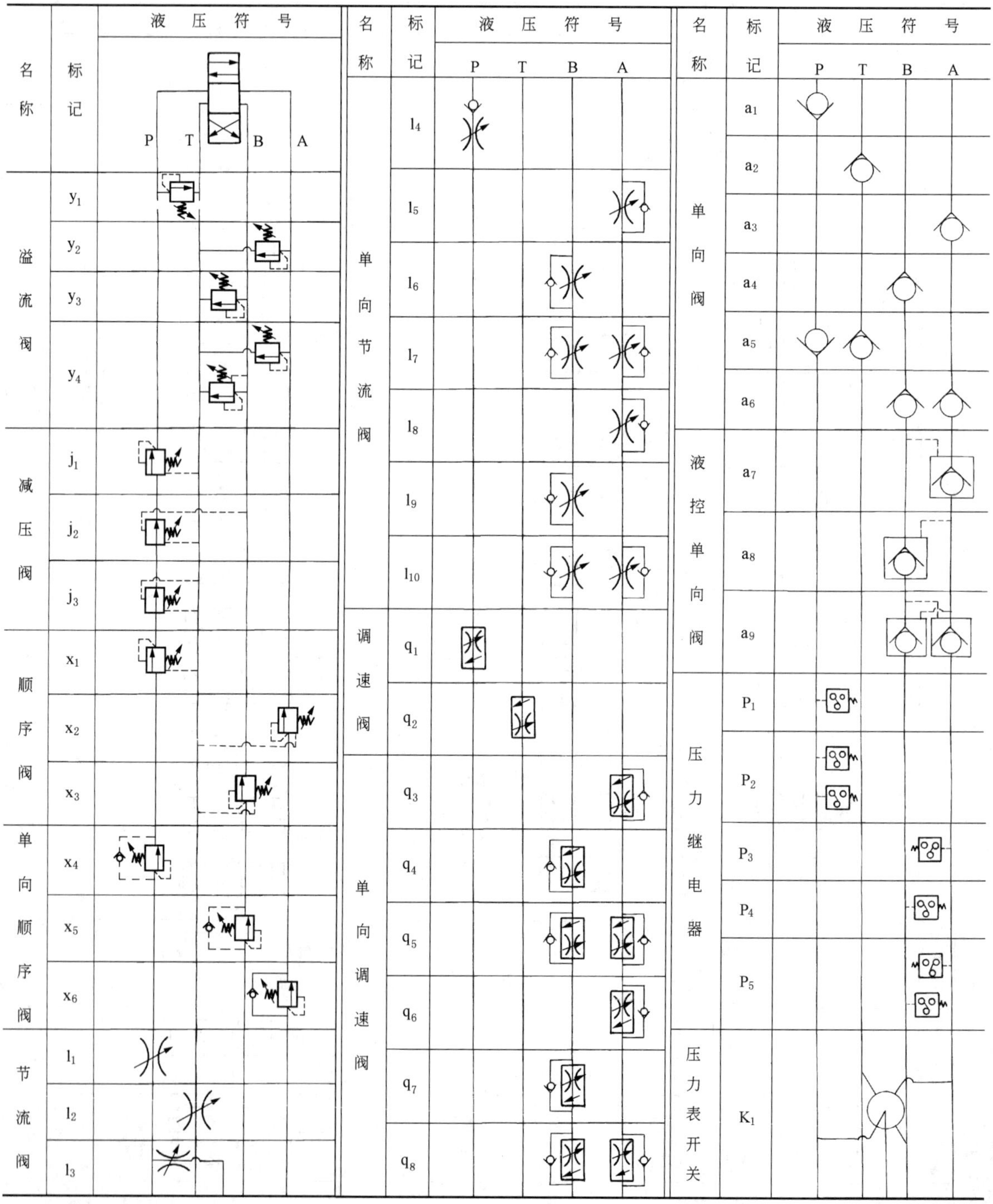

工作介质及工作条件：工作介质，建议采用黏度为（2.5～4）×$10^{-5}m^2/s$ 的抗磨液压油、透平油、机油等矿物油。油液清洁度应达到 NAS 1638-9 级或 ISO 4406-19/15 级以上。工作介质温度应控制在 15～60℃范围内。如用户需要使用特殊工作介质和较高、较低的工作温度时应在订货时说明。

（3）外形尺寸

液压包的安装方式有卧式、立式和挂式三种。

卧式液压包（W）是用阀块将电机和油箱左右连接在一起。安装时用阀块 C 向侧面的 2 个 M10 深 15mm 的安装螺孔将其固定。卧式油箱有 3L、5L、7.5L 和 10L 四种容积。

立式液压包（L）是用阀块将电机和油箱上下连接在一起，安装时用油箱底脚的 4 个 ϕ9mm 通孔将其固定。立式油箱有 12L、16L、20L、25L、30L 五种容积。不随机移动的立式液压包也可直接放置在平整的地板上。

挂式液压包（G）是利用阀块 C 向侧面的 2 个 M10 深 15mm 的安装螺孔将卧式和立式液压包悬挂起来的安装型式。卧挂式油箱是将卧式油箱直油口更换成 90°油口，使油箱油口保持向上，并高于油液平面；立挂式油箱是立式油箱不带安装底脚。其余外形及尺寸与卧式和立式完全相同。

参照液压原理图，用清洁的管路、接头把液压包油口与执行元件正确连接起来。

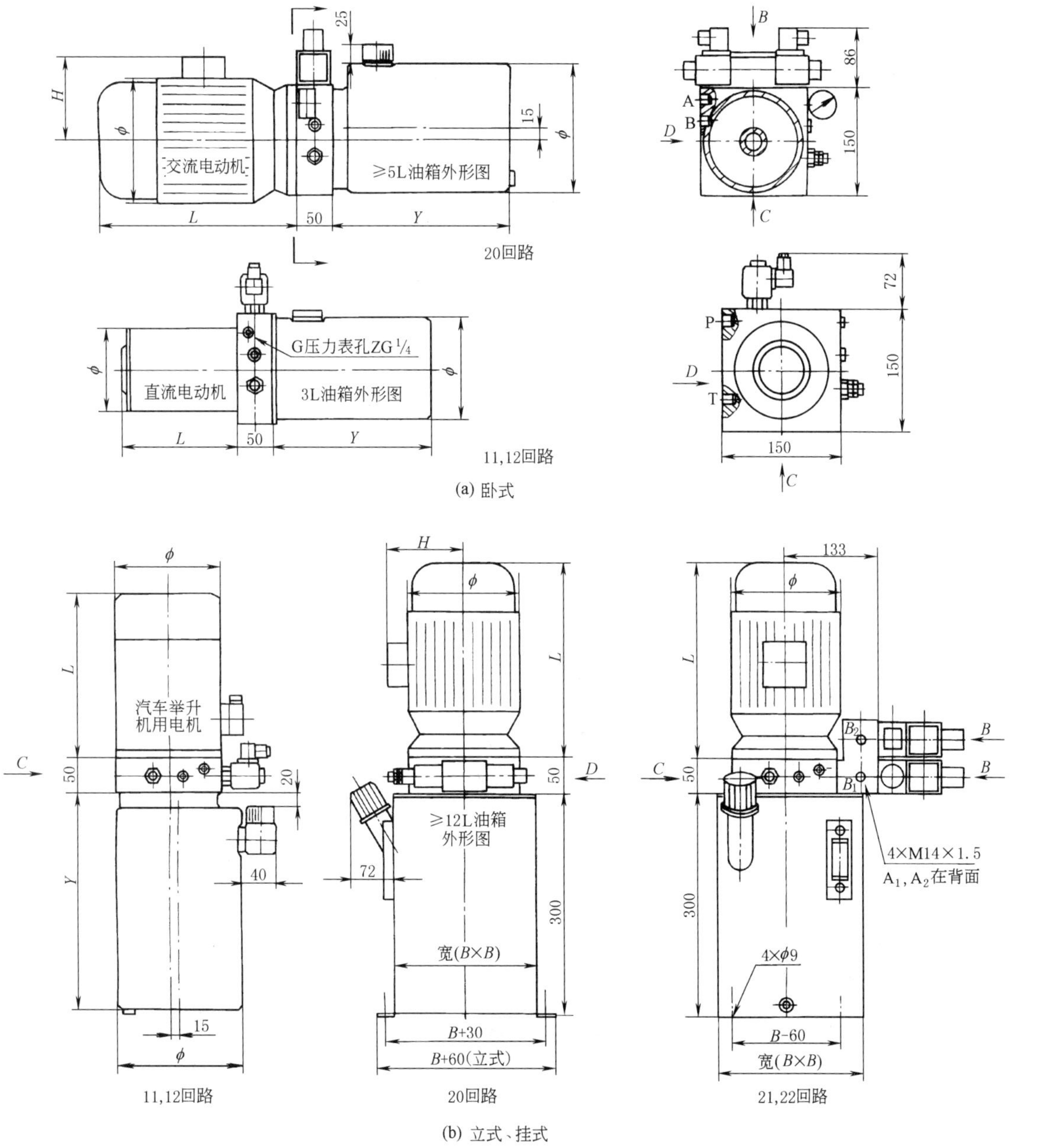

图 20-13-2

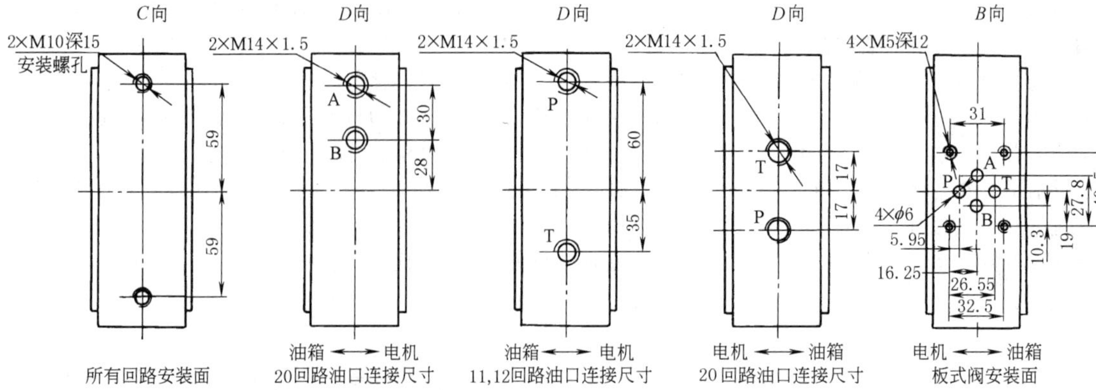

图 20-13-2 液压包外形（图中 ϕ、H、L、B、Y 尺寸见表 20-13-20～表 20-13-25）

3 液压泵站设计运行应注意的问题

表 20-13-28

设计运行应注意的问题	说明
①柱塞泵安装位置应低于油箱液面 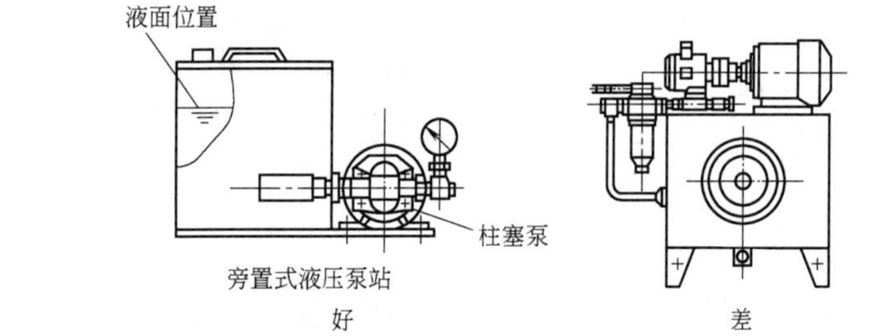 	柱塞泵与其他形式的液压泵比较，其自吸性能差。如果柱塞泵吸油口距离油液面较高，则容易吸空而使泵损坏。因此，通常将柱塞泵低于油箱中的油液面，这样可以使油液以一定的压力流入泵的吸油口，从而解决了其自吸能力差的问题
②大功率液压泵站与油箱应采用软管连接 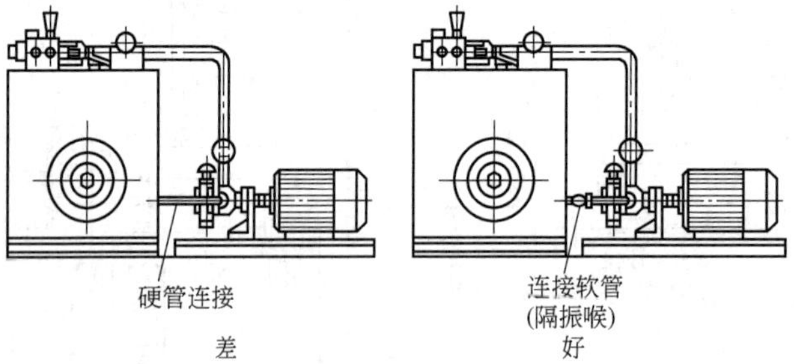 	泵的吸油口必须与油管相连来吸取液压油。对于大功率液压系统，电动机的功率很大，泵的流量和压力也很高，会产生较大的机械振动。为了使泵、电动机的振动不直接传到油箱而引起油箱的共振，应采用橡胶软管来连接油箱和泵的吸油口
③液压泵置于油箱盖上时，油箱应有足够的强度 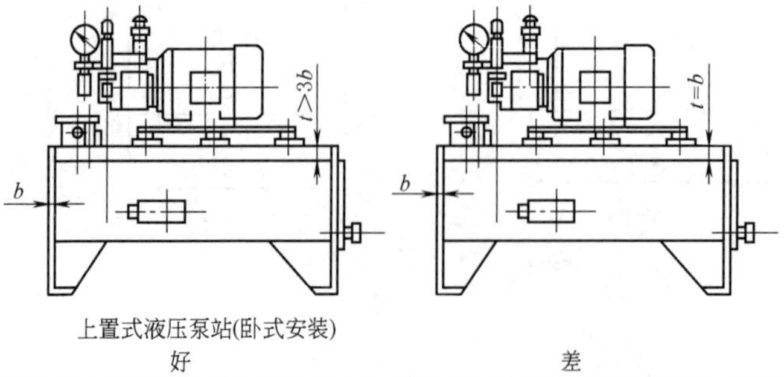 	有些小型液压泵站为了减少占地而设计成液压泵和电动机置于油箱盖之上。这样，就要求油箱有足够的强度以避免振动和噪声的产生。根据液压泵和电动机功率的大小，油箱盖的厚度应为油箱侧壁厚的 3 倍以上。对油箱盖较大的情况，应设置加强强度的辅助结构

续表

设计运行应注意的问题	说明
④液压泵的转速不宜过高	液压泵有额定转速，不允许在使用中转速过高，以免造成泵吸油不充分、磨损加剧、寿命降低等问题。通常齿轮泵和叶片泵最大转速为2000r/min，而柱塞泵在转速为1000r/min下工作为宜，不得超过1500r/min
⑤液压泵站内注油应采用过滤精度相适合的滤油小车加油 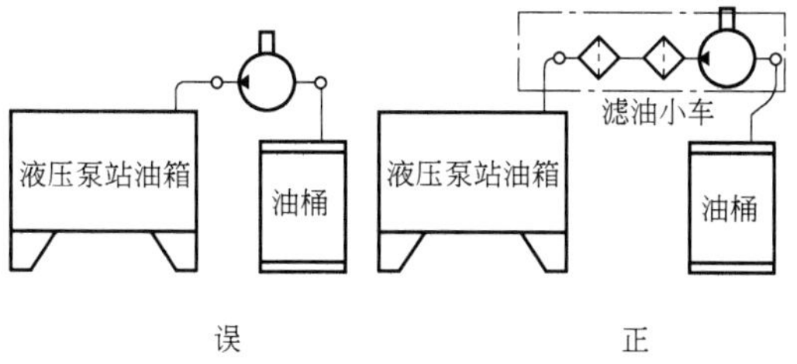 	向油箱内注入新的液压油需达到液压系统对工作介质清洁度指标的要求，否则将会对系统造成污染。整桶的油品购入时，其清洁度指标不能满足普通液压系统正常工作要求，为保证液压系统能安全可靠地运行，应采用适中过滤精度的滤油小车进行注油，加油过程应注意清洁，防止污染物的侵入
⑥液压系统必须设置压力调节和显示装置 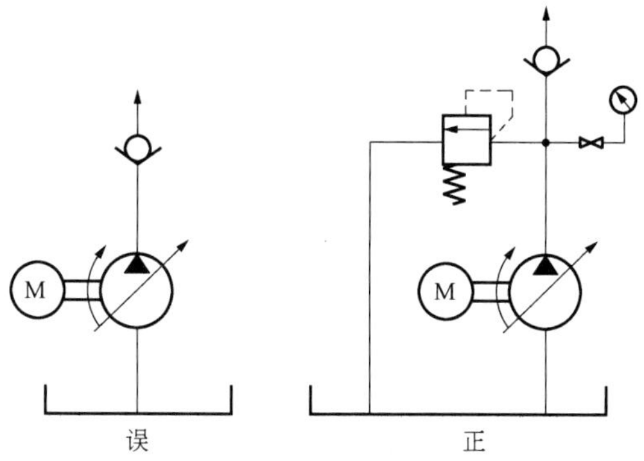 	一个完整的液压系统必须有压力调节装置，如溢流阀，以维持系统的压力稳定，并防止系统超压爆裂的危险。设置了调压装置，还要有观测压力的显示装置，如压力表，这样可以知道压力设定值，超压溢流
⑦无压力表的液压系统不可盲目调压	通常液压系统必须配有压力表以显示系统压力。对于无压力表的系统，切不可轻易进行调压，因为盲目调压可能会使压力过高而造成重大事故
⑧系统不允许在执行元件运动状态下调节系统压力	在执行元件运动时调节工作压力是不正确的。因为执行元件运动时只是克服摩擦力，而表压也只能反映出克服摩擦力所需的压力，不能反映出调整所需求的工作压力。正确的方法是执行元件停止运动（即死挡铁状态）时，调定系统溢流阀来确定系统工作压力

4 电液推杆

4.1 电动液压缸

4.1.1 UE系列电动液压缸与系列液压泵技术参数

表 20-13-29 电动液压缸与系列液压泵技术参数举例

液压缸/mm		1系列泵			
		01		02	
缸径	40	20mm/s(推速)	26kN(最大推力)	27mm/s(推速)	26kN(最大推力)
杆径	20	27mm/s(拉速)	19kN(最大拉力)	36mm/s(拉速)	19kN(最大拉力)
	22	29mm/s(拉速)	18kN(最大拉力)	38mm/s(拉速)	18kN(最大拉力)
	28	39mm/s(拉速)	13kN(最大拉力)	52mm/s(拉速)	13kN(最大拉力)

表 20-13-30 电动液压缸与1系列液压泵技术参数

液压缸/mm		1系列泵																					
		01		02		03		04		05		06		07		08		09		10		11	
		速度/mm·s^{-1}	推、拉力/kN	速度/mm·s^{-1}	推、拉力/kN	速度/mm·s^{-1}	推、拉力/kN	速度/mm·s^{-1}	推、拉力/kN	速度/mm·s^{-1}	推、拉力/kN	速度/mm·s^{-1}	推、拉力/kN	速度/mm·s^{-1}	推、拉力/kN	速度/mm·s^{-1}	推、拉力/kN	速度/mm·s^{-1}	推、拉力/kN	速度/mm·s^{-1}	推、拉力/kN	速度/mm·s^{-1}	推、拉力/kN
缸径	40	20	26	27	26	36	26	44	26	53	25	62	25	71	22	84	22	100	21	129	20	169	18
杆径	20	27	19	36	19	47	19	59	19	71	18	83	18	95	17	113	17	133	16	172	15	225	14
	22	29	18	38	18	51	18	64	18	76	17	89	17	102	15	121	15	143	15	185	14	242	13
	28	39	13	52	13	70	13	87	13	105	13	122	13	139	11	165	11	196	10	253	10	331	9
缸径	50	13	41	17	41	23	41	28	41	34	39	40	39	45	35	54	35	64	33	82	31	108	28
杆径	25	17	31	23	31	30	31	40	31	45	29	53	29	61	26	72	26	85	25	110	23	144	22
	28	19	28	25	28	33	28	41	28	50	27	58	27	66	24	79	24	93	23	120	21	157	20
	36	27	20	35	20	47	20	59	20	71	19	83	19	94	17	112	17	133	16	171	15	224	14
缸径	63	8.1	65	11	65	14	65	18	65	21	62	25	62	29	56	34	56	40	53	52	50	68	44
杆径	32	11	48	14	48	19	48	24	48	29	46	34	46	39	41	46	41	54	39	70	37	92	34
	36	12	44	16	44	21	44	27	44	32	42	37	42	43	37	51	37	60	35	77	33	101	31
	45	16	32	22	32	29	32	37	32	44	30	51	30	58	27	69	27	82	26	106	24	139	22
缸径	80	5	105	6.7	105	8.9	105	11	105	13	100	16	100	18	90	21	90	25	85	32	80	42	75
杆径	40	6.7	79	8.9	79	12	79	15	79	18	75	21	75	24	67	28	67	33	64	43	60	56	56
	45	7.3	72	9.7	72	13	72	16	72	19	68	23	68	26	61	31	61	37	58	47	55	62	51
	56	9.8	53	13	53	17	53	22	53	26	51	30	51	35	46	41	46	49	43	63	41	83	38
缸径	90	3.9	133	5.3	133	7	133	8.8	133	11	127	12	127	14	114	17	114	20	108	25	101	33	95
杆径	45	5.3	100	7	100	9.4	100	12	100	14	95	16	95	19	85	22	85	26	81	34	76	44	71
	50	5.7	92	7.6	92	10	92	13	92	15	88	18	88	20	79	24	79	29	74	37	70	48	65
	63	7.7	68	10	68	14	68	17	68	21	64	24	64	28	58	33	58	39	55	50	51	65	48
缸径	100	3.2	165	4.3	165	5.7	165	7.1	165	8.5	157	9.9	157	11	141	14	141	16	133	21	125	27	117
杆径	50	4.3	123	5.7	123	7.6	123	9.5	123	11	117	13	117	15	106	18	106	21	100	27	94	36	88
	56	4.7	113	6.2	113	8.3	113	10	113	12	107	14	107	17	97	20	97	23	91	30	86	39	80
	70	6.3	84	8.4	84	11	84	14	84	17	80	20	80	22	72	26	72	31	68	40	64	53	60
缸径	110	2.6	200	3.5	200	4.7	200	5.9	200	7	190	8.2	190	9.4	171	11	171	13	161	17	152	22	142
杆径	56	3.6	148	4.8	148	6.3	148	7.9	148	9.5	140	11	140	13	126	15	126	18	119	23	112	30	105
	63	3.9	134	5.2	134	7	134	8.7	134	10	127	12	127	14	115	17	115	20	108	25	102	33	95
	80	5.6	94	7.5	94	10	94	12	94	15	89	17	89	20	80	24	80	28	76	36	71	47	67

注：UEC系列直列式电动液压缸优先选用本系列。

表 20-13-31　　电动液压缸与 2 系列液压泵技术参数

液压缸/mm		2 系列泵																			
		20		21		22		23		24		25		26		27		28		29	
		速度/mm·s⁻¹	推、拉力/kN	速度/mm·s⁻¹	推、拉力/kN	速度/mm·s⁻¹	推、拉力/kN	速度/mm·s⁻¹	推、拉力/kN	速度/mm·s⁻¹	推、拉力/kN	速度/mm·s⁻¹	推、拉力/kN	速度/mm·s⁻¹	推、拉力/kN	速度/mm·s⁻¹	推、拉力/kN	速度/mm·s⁻¹	推、拉力/kN	速度/mm·s⁻¹	推、拉力/kN
缸径	40	55	31	79	31	111	31	140	31	196	31	236	31	284	31	331	27	391	25	440	22
杆径	20	73	23	105	23	148	23	187	23	262	23	314	23	378	23	442	20	522	18	588	17
	22	78	22	113	22	159	22	201	22	282	22	338	22	407	22	475	19	561	17	632	15
	28	107	16	154	16	218	16	275	16	385	16	462	16	556	16	650	14	767	12	864	11
缸径	50	35	49	50	49	71	49	90	49	126	49	151	49	181	49	212	43	250	39	282	35
杆径	25	47	36	67	36	95	36	120	36	168	36	201	36	242	36	283	32	334	29	376	26
	28	51	33	73	33	104	33	131	33	183	33	220	33	264	33	309	29	365	27	411	24
	36	73	23	104	23	148	23	186	23	261	23	313	23	377	23	440	20	520	18	586	17
缸径	63	22	78	32	78	45	78	56	78	79	78	95	78	114	78	134	68	158	62	178	56
杆径	32	30	57	43	57	60	57	76	57	107	57	128	57	154	57	180	50	213	46	239	41
	36	33	52	47	52	66	52	84	52	118	52	141	52	170	52	198	46	234	42	264	37
	45	45	38	65	38	91	38	115	38	162	38	194	38	233	38	273	33	322	30	363	27
缸径	80	14	125	20	125	28	125	35	125	49	125	59	125	71	125	83	110	98	100	110	90
杆径	40	18	94	26	94	37	94	47	94	65	94	79	94	95	94	110	83	130	75	147	67
	45	20	86	29	86	41	86	51	86	72	86	86	86	104	86	121	75	143	68	161	61
	56	27	64	39	64	54	64	69	64	96	64	116	64	139	64	162	56	192	51	216	46
缸径	90	11	159	16	159	22	159	28	159	39	159	47	159	56	159	65	140	77	127	87	114
杆径	45	14	119	21	119	29	119	37	119	52	119	62	119	75	119	87	105	103	95	116	85
	50	16	110	22	110	32	110	40	110	56	110	67	110	81	110	95	96	112	88	126	79
	63	21	81	30	81	43	81	54	81	76	81	91	81	110	81	128	71	152	64	171	58
缸径	100	8.7	196	13	196	18	196	22	196	31	196	38	196	45	196	53	172	63	157	71	141
杆径	50	12	147	17	147	24	147	30	147	42	147	50	147	60	147	71	129	83	117	94	106
	56	13	134	18	134	26	124	33	134	46	134	55	134	66	134	77	118	91	107	103	97
	70	17	100	25	100	35	100	44	100	62	100	74	100	89	100	104	88	123	80	138	72
缸径	110	7.2	237	10	237	15	237	19	237	26	237	31	237	37	237	44	209	52	190	58	171
杆径	56	9.8	176	14	176	20	176	25	176	35	176	42	176	51	176	59	154	70	140	79	126
	63	11	159	15	159	22	159	28	159	39	159	46	159	56	159	65	140	78	127	87	115
	80	15	112	22	112	31	112	39	112	55	112	66	112	81	112	93	98	110	89	124	80
缸径	125	5.6	306	8	306	11	306	14	306	20	306	24	306	29	306	34	270	40	245	45	220
杆径	63	7.5	228	11	228	15	228	19	228	27	228	32	228	39	228	45	201	54	183	60	164
	70	8.2	210	12	210	17	210	21	210	29	210	35	210	42	210	49	185	58	168	66	151
	90	12	147	17	147	24	147	30	147	42	147	50	147	60	147	70	130	83	118	94	106

续表

液压缸/mm		2 系列泵																			
		20		21		22		23		24		25		26		27		28		29	
		速度/mm·s^{-1}	推、拉力/kN	速度/mm·s^{-1}	推、拉力/kN	速度/mm·s^{-1}	推、拉力/kN	速度/mm·s^{-1}	推、拉力/kN	速度/mm·s^{-1}	推、拉力/kN	速度/mm·s^{-1}	推、拉力/kN	速度/mm·s^{-1}	推、拉力/kN	速度/mm·s^{-1}	推、拉力/kN	速度/mm·s^{-1}	推、拉力/kN	速度/mm·s^{-1}	推、拉力/kN
缸径	140	4.5	384	6.4	384	9.1	384	11	384	16	384	19	384	23	384	27	338	32	307	36	277
杆径	70	6	288	8.6	288	12	288	15	288	21	288	26	288	31	288	36	254	43	231	48	207
	80	6.6	259	9.5	259	13	259	17	259	24	259	29	259	34	259	40	228	47	207	53	186
	100	9.1	188	13	188	19	188	23	188	33	188	39	188	47	188	55	165	65	150	73	135
缸径	150	3.9	441	5.6	441	7.9	441	10	441	14	441	17	441	20	441	24	388	28	353	31	318
杆径	75	5.2	331	7.5	331	11	331	13	331	19	331	22	331	27	331	31	291	37	265	42	238
	85	5.7	300	8.2	300	12	300	15	300	21	300	25	300	30	300	35	264	41	240	46	216
	105	7.6	225	11	225	15	225	20	225	27	225	33	225	40	225	46	198	55	180	61	162
缸径	160	3.4	502	4.9	502	6.9	502	8.8	502	12	502	15	502	18	502	21	442	24	402	28	362
杆径	80	4.6	377	6.5	377	9.3	377	12	377	16	377	20	377	24	377	28	331	33	301	37	271
	90	5	343	7.2	343	10	343	13	343	18	343	22	343	26	343	30	302	36	274	40	247
	110	6.5	265	9.3	265	13	265	17	265	23	265	28	265	34	265	39	233	46	212	52	190
缸径	180	2.7	636	3.9	636	5.5	636	6.9	636	9.7	636	12	636	14	636	16	560	19	509	22	458
杆径	90	3.6	477	5.2	477	7.3	477	9.2	477	13	477	16	477	19	477	22	419	26	381	29	343
	100	3.9	439	5.6	439	7.9	439	10	439	14	439	17	439	20	439	24	387	28	351	31	316
	125	5.2	329	7.5	329	11	329	13	329	19	329	22	329	27	329	32	289	37	263	42	237
缸径	200	2.2	785	3.1	785	4.4	785	5.6	785	7.9	785	9.4	785	11	785	13	691	16	628	18	565
杆径	100	2.9	589	4.2	589	5.9	589	7.5	589	10	589	13	589	15	589	18	518	21	471	24	424
	110	3.1	547	4.5	547	6.4	547	8	547	11	547	14	547	16	547	19	482	22	438	25	394
	140	4.3	400	6.2	400	8.7	400	11	400	15	400	18	400	22	400	26	352	31	320	35	288
缸径	220	1.8	950	2.6	950	3.7	950	4.6	950	6.5	950	7.8	950	9.4	950	11	836	13	760	15	684
杆径	110	2.4	712	3.5	712	4.9	712	6.2	712	8.7	712	10	712	12	712	15	627	17	570	19	513
	125	2.7	643	3.8	643	5.4	643	6.8	643	9.6	643	12	643	14	643	16	566	19	514	22	463
	160	3.8	447	5.5	447	7.8	447	9.8	447	14	447	17	447	20	447	23	394	27	358	31	322
缸杆	250	1.4	1227	2	1227	2.8	1227	3.6	1227	5	1227	6	1227	7.3	1227	8.5	1080	10	981	11	883
杆径	125	1.9	920	2.7	920	3.8	920	4.8	920	6.7	920	8	920	9.7	920	11	810	13	736	15	662
	140	2	842	2.9	842	4.1	842	5.2	842	7.3	842	8.8	842	11	842	12	741	15	673	16	606
	180	2.9	591	4.2	591	5.9	591	7.4	591	10	591	13	591	15	590	18	520	21	472	23	425

表 20-13-32　　UE 系列电动液压缸等速差动回路参数

缸径/mm	40	50	63	80	90	100	110	125	140	150	180	200	220	250
杆径/mm	28	36	45	56	63	70	80	90	100	105	125	140	160	180
速比 φ	0.96	1.08	1.04	0.96	0.96	0.96	1.12	1.08	1.04	0.96	0.93	0.96	1.12	1.08

注：计算公式 $v_c=\dfrac{v_h}{\varphi}$　$F_{cmax}=\varphi F_{hmax}$

式中 v_c——推速，mm/s；

v_h——拉速，mm/s；

φ——速比；

F_{cmax}——最大推力，kN；

F_{hmax}——最大拉力，kN。

表 20-13-33　　**SDTC/Z 型推杆性能参数**

型号	SDTC/Z-1	SDTC/Z-2	SDTC/Z-5	SDTC/Z-10	SDTC/Z-20	SDTC/Z-30
额定推力/kN	0.36	0.714	1.786	3.57	7.14	10.7
推杆额定速度/mm·s^{-1}	250					
推杆有效行程/mm	80~1200					
选用伺服电机性能参数						

4.1.2　UEC 系列直列式电动液压缸选型方法

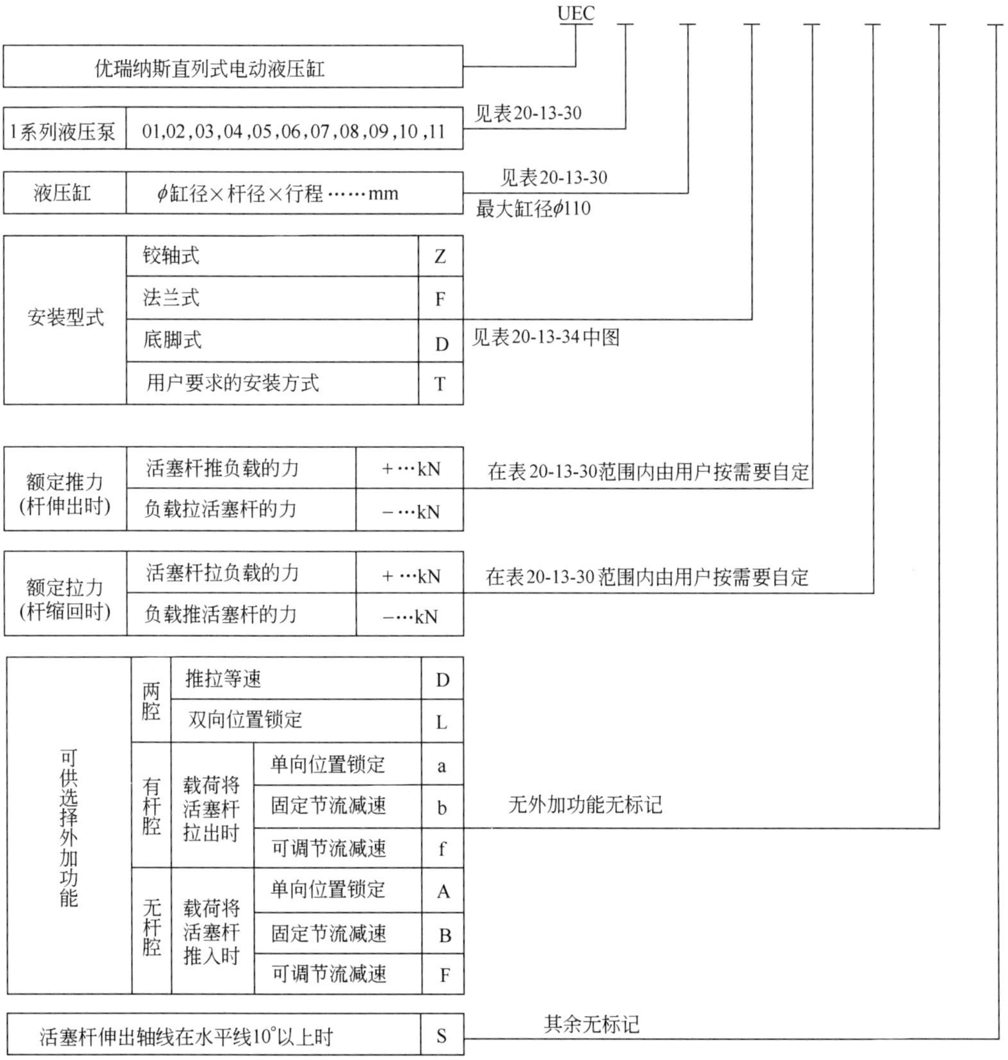

注：1. 活塞杆伸出时，外力对活塞杆的拉力标记为负值。例如，活塞杆朝下，将挂在杆端 1000kg 的重物慢慢放下时，重物对活塞杆的拉力是 10kN，应标记为：-10kN。

2. 活塞杆缩回时，外力对活塞杆的推力标记为负值。例如，伸出的活塞杆朝上，托着 1000kg 重物，慢慢落下时，重物对活塞杆的推力是 10kN，应标记为：-10kN。

3. 推拉等速功能是系统采用差动回路实现的。其推拉速度和最大推拉力都近似，请查表 20-13-31。

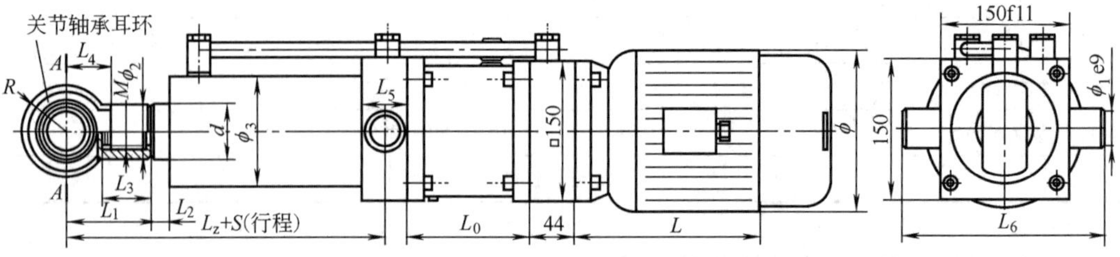

铰轴式 UEC…Z…

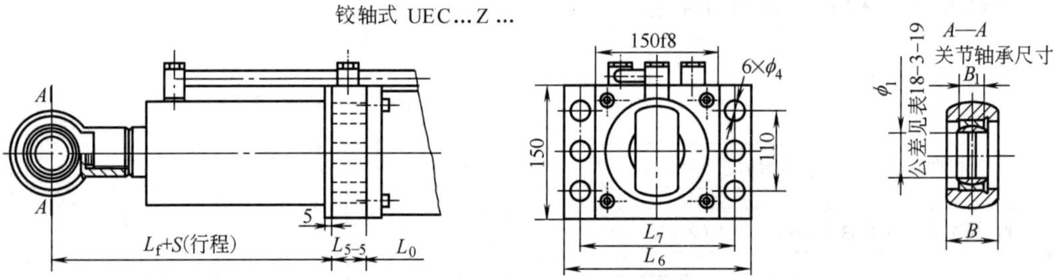

法兰式 UEC…F…

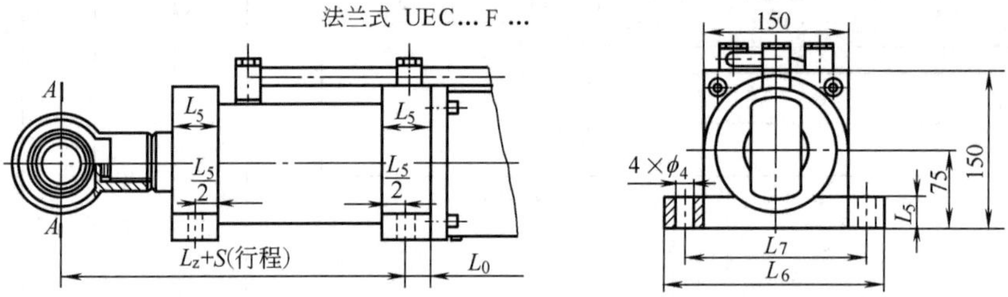

底脚式 UEC…D…

UEC 系列直列式电动液压缸外形连接

表 20-13-34 外形及安装尺寸 mm

缸径	杆径 d	M	ϕ_2	R	B	B_1	ϕ_1 尺寸	ϕ_1 轴承公差	ϕ_3	ϕ_4	L_1	L_2	L_3	L_4	L_5	L_6	L_7	L_z	L_f	$L_0\geqslant150$
40	20	M14×1.5	25	25		16	20	$^{0}_{-0.01}$	58	13	50	16	25	30	25	200	175	220	212	0.04S
	22	M16×1.5	28																	0.05S
	28	M22×1.5	35																	0.08S
50	25	M20×1.5	28	35		22	30		70	13	60	18	30	40	30	200	175	233	223	0.06S
	28	M22×1.5	35																	0.08S
	36	M27×2	42																	0.12S
63	32	M24×1.5	35						83	17	65	20	35	40	30	200	175	270	260	0.10S
	36	M27×2	42																	0.12S
	45	M33×2	45																	0.20S
80	40	M30×2	42	45		28	40	$^{0}_{-0.012}$	108	17	105	20	45	55	40	200	175	322	307	0.16S
	45	M33×2	48																	0.20S
	56	M42×3	60																	0.30S
90	45	M33×2	48						114	17	110	20	45	55	40	220	185	327	312	0.20S
	50	M36×2	52																	0.24S
	63	M48×2	68																	0.38S
100	50	M36×2	52	60		35	50		127	21	130	20	50	70	50	220	185	377	357	0.24S
	56	M42×2	60																	0.30S
	70	M52×2	72																	0.50S
110	56	M42×2	60						140	21	135	20	55	70	50	220	185	387	367	0.30S
	63	M48×2	68																	0.38S
	80	M60×2	80																	0.60S

4.1.3 UEG 系列并列式电动液压缸选型方法

UEG — — — — — — — —

优瑞纳斯并列式电动液压缸	UEG

液压泵	2系列	20,21,22,23,24,25,26,27,28,29	见表20-13-31
	1系列	01,02,03,04,05,06,07,08,09,10,11	见表20-13-30

液压缸	ϕ缸径×杆径×行程······mm	见表20-13-30和表20-13-31

工作类型	常规缸	无标记
	等速缸	D

安装型式	关节轴承(GE...ES型)耳环	G	见图20-13-3
	无油润滑衬套耳环	C	
	前法兰	Q	
	后法兰	H	
	前铰轴	J	
	中铰轴	Z	
	底　脚	D	
	用户要求的安装方式	T	

额定推力(杆伸出时)	活塞杆推负载的力	+···kN	在表20-13-30、表20-13-31范围内由用户按需要自定
	负载拉活塞杆的力	−···kN	

额定拉力(杆缩回时)	活塞杆拉负载的力	+···kN	在表20-13-30、表20-13-31范围内由用户按需要自定
	负载推活塞杆的力	−···kN	

可供选择外加功能	两腔	推拉等速		D	无外加功能无标记
		双向位置锁定		L	
	有杆腔	载荷将活塞杆拉出时	单向位置锁定	a	
			固定节流减速	b	
			可调节流减速	f	
	无杆腔	载荷将活塞杆推入时	单向位置锁定	A	
			固定节流减速	B	
			可调节流减速	F	

活塞杆伸出轴线在水平线10°以上时	S	其余无标记

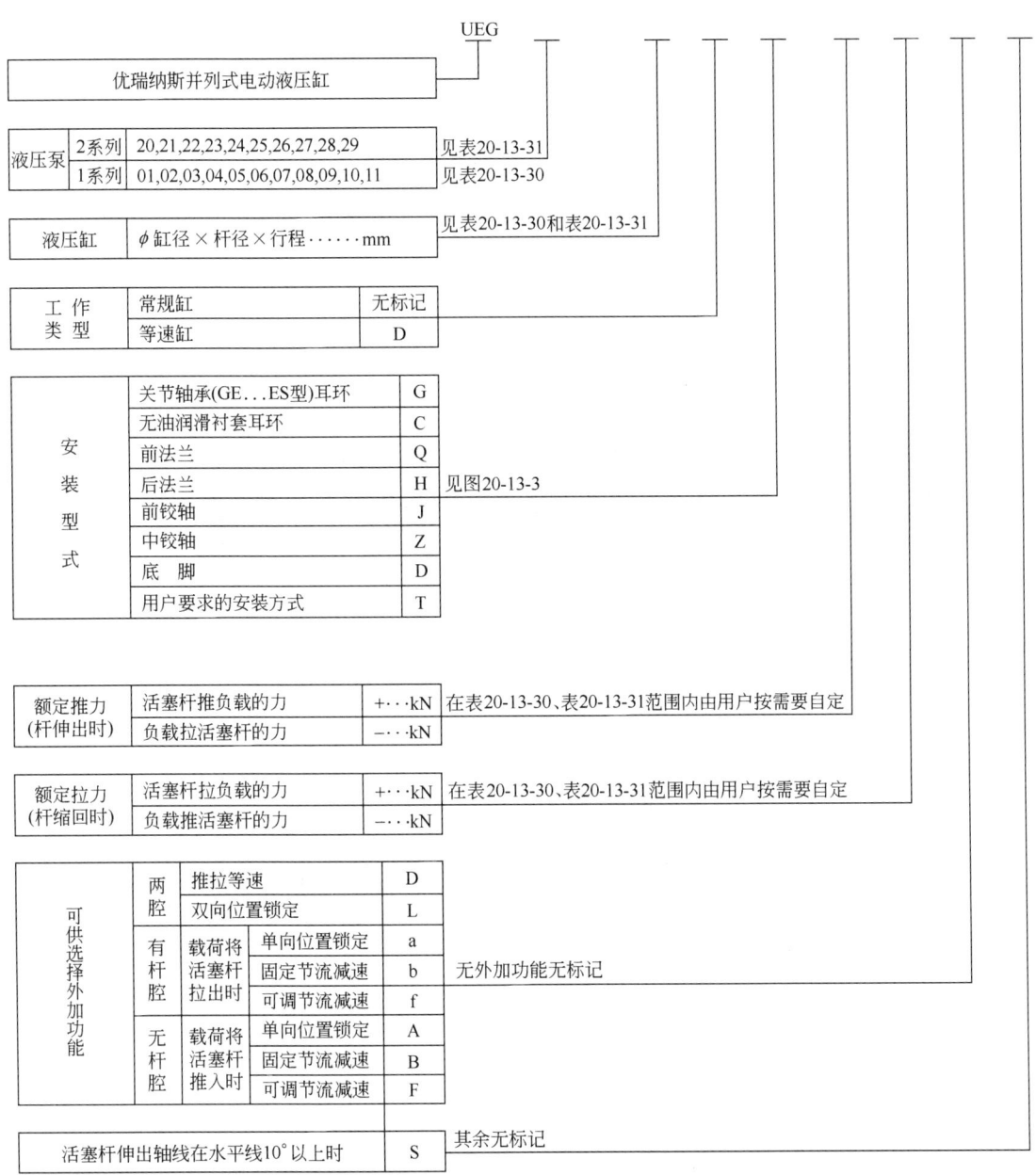

注：1. 活塞杆伸出时，外力对活塞杆的拉力标记为负值。例如，活塞杆朝下，将挂在杆端 1000kg 的重物慢慢放下时，重物对活塞杆的拉力值是 10kN，应标记为：-10kN。

2. 活塞杆缩回时，外力对活塞杆的推力标记为负值。例如，伸出的活塞杆朝上，托着 1000kg 重物，慢慢落下时，重物对活塞杆的推力值是 10kN，应标记为：-10kN。

3. 推拉等速功能是系统采用差动回路实现的。其推拉速度和最大推拉力都近似，请查表 20-13-31。

关节轴承耳环式　UEG…G…
无油润滑衬套耳环式　UEG…C…

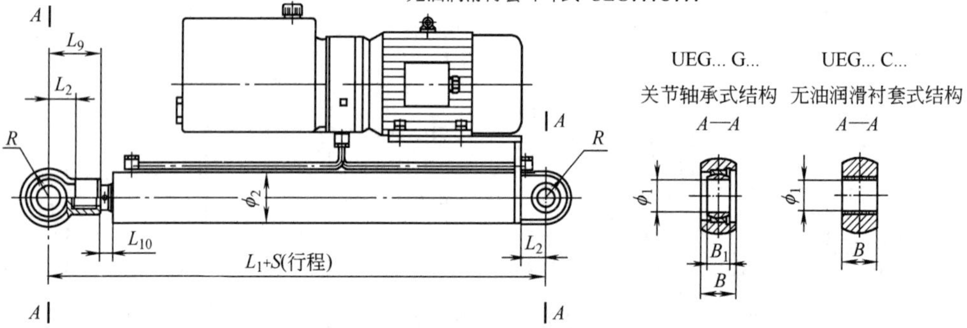

前法兰式 UEG... Q...

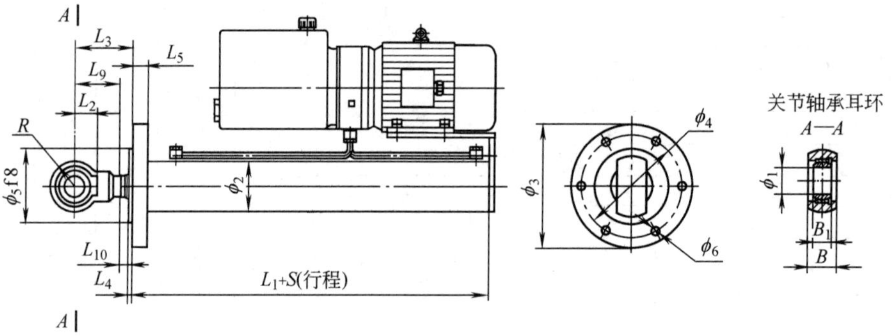

后法兰式 UEG... H...

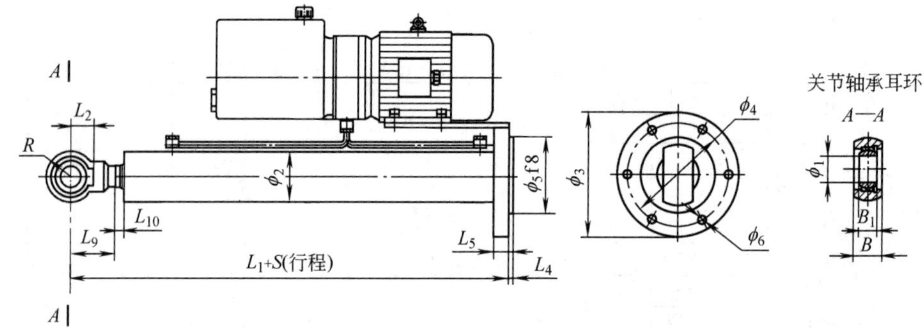

前铰轴式 UEG... J...

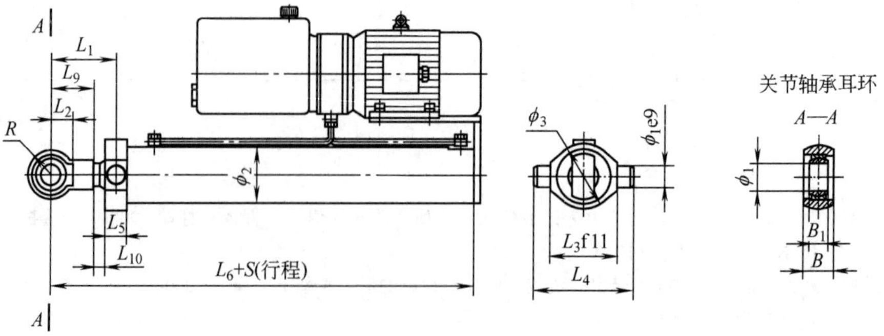

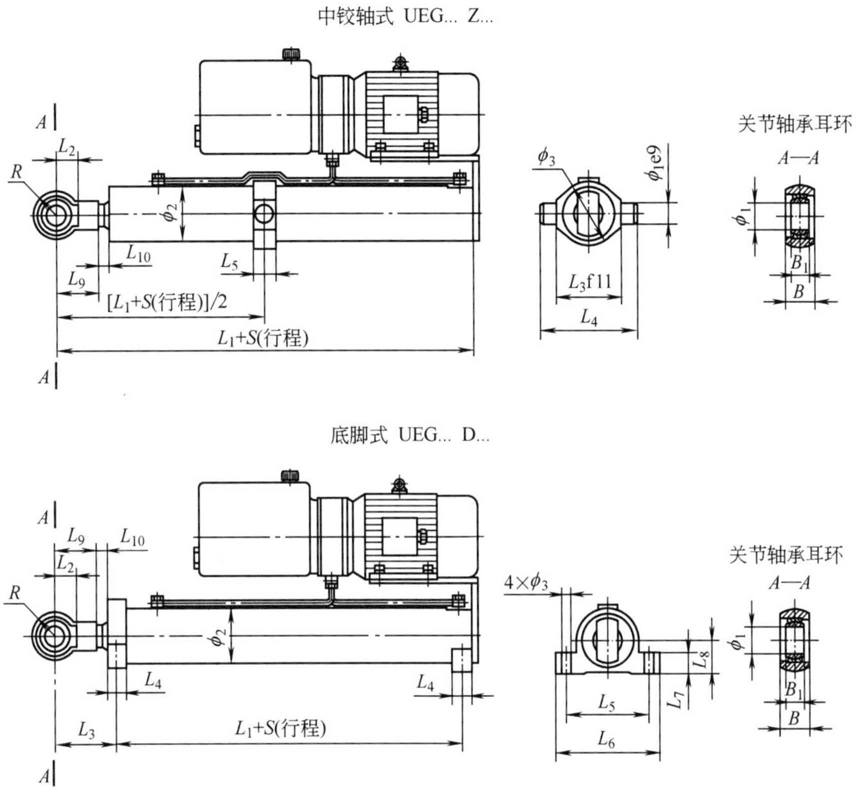

图 20-13-3 UEG 系列并列式电动液压缸外形连接尺寸图

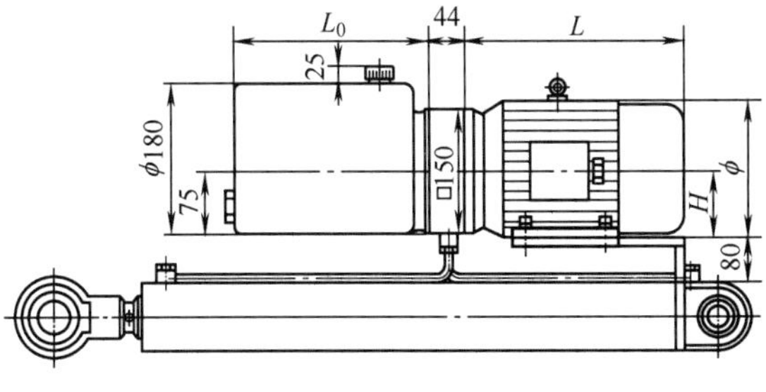

图 20-13-4

表 20-13-35 **电动机技术参数**（见图 20-13-4） mm

电机功率/kW	0.55	0.75	1.1	1.5	2.0	2.2	3.0	4.0	5.5	7.5	11	15
ϕ	175	175	195	195	195	215	215	240	275	275	335	335
H	80	80	90	90	90	100	100	112	132	132	160	160
L	275	275	280	305	320	370	370	380	475	515	605	650

注：$L_0=0.00005d^2S$，式中，L_0 为油箱长度，mm；d 为活塞杆直径，mm；S 为行程，mm。L_0 最小值为 220，每个档次+100，依次分别为 220，320，420，520，…。

表 20-13-36 **UEG 系列并列式电动液压缸外形连接尺寸**（见图 20-13-3） mm

型式	缸径	40	50	63	80	90	100	110	125	140	150	160	180	200	220	250
	杆径	20 22 28	25 28 36	32 36 45	40 45 56	45 50 63	50 56 70	56 63 80	63 70 90	70 80 100	75 85 105	80 90 110	90 100 125	100 110 140	110 125 160	125 140 180
G、C型	L_1	250	265	310	365	370	430	440	455	500	507	515	590	630	690	730
	L_2	30	40	40	55	55	70	70	70	80	80	80	90	100	110	120
	L_9	50	60	65	105	110	130	135	140	155	157	160	180	200	225	245
	L_{10}	16	18	20	20	20	20	20	20	20	20	20	25	25	25	25
	ϕ_1	$20^{+0.01}_{0}$	$30^{+0.01}_{0}$	$30^{+0.01}_{0}$	$40^{+0.012}_{0}$	$40^{+0.012}_{0}$	$50^{+0.012}_{0}$	$50^{+0.012}_{0}$	$50^{+0.012}_{0}$	$60^{+0.015}_{0}$	$60^{+0.015}_{0}$	$60^{+0.015}_{0}$	$70^{+0.015}_{0}$	$80^{+0.015}_{0}$	$90^{+0.02}_{0}$	$100^{+0.02}_{0}$
	ϕ_2	58	70	83	108	114	127	140	152	168	180	194	219	245	272	299
	R	25	35	35	45	45	60	60	60	70	70	70	80	90	100	110
	B															
	B_1	16	22	22	28	28	35	35	35	44	44	44	49	55	60	70
	$S \leqslant$	2000			3000			4000					5000			
Q型	L_1	162	165	195	212	212	247	252	262	287	292	292	333	343	383	393
	L_2	30	40	40	55	55	70	70	70	80	80	80	90	100	110	120
	L_3	71	83	90	130	135	155	160	165	180	182	190	215	235	260	280
	L_4	5	5	5	5	5	5	5	5	5	5	10	10	10	10	10
	L_5	20	20	25	25	25	30	30	40	40	40	50	50	60	70	70
	L_9	50	60	65	105	110	130	135	140	155	157	160	180	200	225	245
	L_{10}	16	18	20	20	20	20	20	20	20	20	20	25	25	25	25
	ϕ_1	$20^{+0.01}_{0}$	$30^{+0.01}_{0}$	$30^{+0.01}_{0}$	$40^{+0.012}_{0}$	$40^{+0.012}_{0}$	$50^{+0.012}_{0}$	$50^{+0.012}_{0}$	$50^{+0.012}_{0}$	$60^{+0.015}_{0}$	$60^{+0.015}_{0}$	$60^{+0.015}_{0}$	$70^{+0.015}_{0}$	$80^{+0.015}_{0}$	$90^{+0.02}_{0}$	$100^{+0.02}_{0}$
	ϕ_2	58	70	83	108	114	127	140	152	168	180	194	219	245	272	299
	ϕ_3	104	120	140	175	190	210	225	240	260	285	300	325	365	405	450
	ϕ_4	84	98	115	145	160	180	195	210	225	245	260	285	320	355	390
	ϕ_5	64	76	90	115	130	145	160	175	190	205	220	245	275	305	330
	ϕ_6	$6\times\phi11$	$6\times\phi11$	$6\times\phi13$	$8\times\phi13.5$	$8\times\phi15.5$	$8\times\phi18$	$8\times\phi18$	$10\times\phi18$	$10\times\phi20$	$10\times\phi22$	$10\times\phi22$	$10\times\phi24$	$10\times\phi26$	$10\times\phi29$	$12\times\phi32$
	R	25	35	35	45	45	60	60	60	70	70	70	80	90	100	110
	B															
	B_1	16	22	22	28	28	35	35	35	44	44	44	49	55	60	70

续表

型	缸径	40	50	63	80	90	100	110	125	140	150	160	180	200	220	250
	杆径	20 22 28	25 28 36	32 36 45	40 45 56	45 50 63	50 56 70	56 63 80	63 70 90	70 80 100	75 85 105	80 90 110	90 100 125	100 110 140	110 125 160	125 140 180
H型	L_1	253	268	310	367	372	432	442	467	507	514	532	598	638	713	743
	L_2	30	40	40	55	55	70	70	70	80	80	80	90	100	110	120
	L_4	5	5	5	5	5	5	5	5	5	5	10	10	10	10	10
	L_5	20	20	25	25	25	30	30	40	40	40	50	50	60	70	70
	L_9	50	60	65	105	110	130	135	140	155	157	160	180	200	225	245
	L_{10}	16	18	20	20	20	20	20	20	20	20	20	25	25	25	25
	ϕ_1	$20^{+0.01}_{0}$	$30^{+0.01}_{0}$	$30^{+0.01}_{0}$	$40^{+0.012}_{0}$	$40^{+0.012}_{0}$	$50^{+0.012}_{0}$	$50^{+0.012}_{0}$	$50^{+0.012}_{0}$	$60^{+0.015}_{0}$	$60^{+0.015}_{0}$	$60^{+0.015}_{0}$	$70^{+0.015}_{0}$	$80^{+0.015}_{0}$	$90^{+0.02}_{0}$	$100^{+0.02}_{0}$
	ϕ_2	58	70	83	108	114	127	140	152	168	180	194	219	245	272	299
	ϕ_3	104	120	140	175	190	210	225	240	260	285	300	325	365	405	450
	ϕ_4	84	98	115	145	160	180	195	210	225	245	260	285	320	355	390
	ϕ_5	64	76	90	115	130	145	160	175	190	205	220	245	275	305	330
	ϕ_6	$6\times\phi11$	$6\times\phi11$	$6\times\phi13$	$8\times\phi13.5$	$8\times\phi15.5$	$8\times\phi18$	$8\times\phi18$	$10\times\phi18$	$10\times\phi20$	$10\times\phi22$	$10\times\phi22$	$10\times\phi24$	$10\times\phi26$	$10\times\phi29$	$12\times\phi32$
	R	25	35	35	45	45	60	60	60	70	70	70	80	90	100	110
	B															
	B_1	16	22	22	28	28	35	35	35	44	44	44	49	55	60	70
J型	L_1	80	95	102	147	152	177	182	187	207	209	212	242	267	297	321
	L_2	30	40	40	55	55	70	70	70	80	80	80	90	100	110	120
	L_3	70	80	100	125	140	155	170	185	200	215	230	255	285	320	350
	L_4	110	130	155	185	200	230	245	260	290	305	320	360	405	455	500
	L_5	28	34	34	44	44	54	54	54	64	64	64	74	84	94	102
	L_6	233	248	285	342	347	402	412	427	467	474	482	548	578	643	673
	L_9	50	60	65	105	110	130	135	140	155	157	160	180	200	225	245
	L_{10}	16	18	20	20	20	20	20	20	20	20	20	25	25	25	25
	ϕ_1	$20^{+0.01}_{0}$	$30^{+0.01}_{0}$	$30^{+0.01}_{0}$	$40^{+0.012}_{0}$	$40^{+0.012}_{0}$	$50^{+0.012}_{0}$	$50^{+0.012}_{0}$	$50^{+0.012}_{0}$	$60^{+0.015}_{0}$	$60^{+0.015}_{0}$	$60^{+0.015}_{0}$	$70^{+0.015}_{0}$	$80^{+0.015}_{0}$	$90^{+0.02}_{0}$	$100^{+0.02}_{0}$
	ϕ_2	58	70	83	108	114	127	140	152	168	180	194	219	245	272	299
	ϕ_3	70	80	100	120	135	150	165	185	210	222	235	270	295	330	355
	R	25	35	35	45	45	60	60	60	70	70	70	80	90	100	110
	B															
	B_1	16	22	22	28	28	35	35	35	44	44	44	49	55	60	70

续表

	缸径	40	50	63	80	90	100	110	125	140	150	160	180	200	220	250
	杆径	20 22 28	25 28 36	32 36 45	40 45 56	45 50 63	50 56 70	56 63 80	63 70 90	70 80 100	75 85 105	80 90 110	90 100 125	100 110 140	110 125 160	125 140 180
Z型	L_1	233	248	285	342	347	402	412	427	467	474	482	548	578	643	673
	L_2	30	40	40	55	55	70	70	70	80	80	80	90	100	110	120
	L_3	70	80	100	125	140	155	170	185	200	215	230	255	285	320	350
	L_4	110	130	155	185	200	230	245	260	290	305	320	360	405	455	500
	L_5	28	34	34	44	44	54	54	54	64	64	64	74	84	94	102
	L_9	50	60	65	105	110	130	135	140	155	157	160	180	200	225	245
	L_{10}	16	18	20	20	20	20	20	20	20	20	20	25	25	25	25
	ϕ_1	$20^{+0.01}_{0}$	$30^{+0.01}_{0}$	$30^{+0.01}_{0}$	$40^{+0.012}_{0}$	$40^{+0.012}_{0}$	$50^{+0.012}_{0}$	$50^{+0.012}_{0}$	$50^{+0.012}_{0}$	$60^{+0.015}_{0}$	$60^{+0.015}_{0}$	$60^{+0.015}_{0}$	$70^{+0.015}_{0}$	$80^{+0.015}_{0}$	$90^{+0.02}_{0}$	$100^{+0.02}_{0}$
	ϕ_2	58	70	83	108	114	127	140	152	168	180	194	219	245	272	299
	ϕ_3	70	80	100	120	135	150	165	185	210	222	235	270	295	330	355
	R	25	35	35	45	45	60	60	60	70	70	70	80	90	100	110
	B															
	B_1	16	22	22	28	28	35	35	35	44	44	44	49	55	60	70
D型	L_1	142	145	170	177	177	207	212	212	237	237	237	273	283	306	311
	L_2	30	40	40	55	55	70	70	70	80	80	80	90	100	110	120
	L_3	78.5	90.5	100	145	150	172.5	177.5	187.5	202.5	207	212.5	240	260	293.5	316
	L_4	25	25	30	40	40	45	45	55	55	60	65	70	70	87	92
	L_5	105	120	140	160	185	205	230	255	280	295	310	345	385	435	495
	L_6	130	150	175	200	230	255	280	310	340	355	375	415	465	525	595
	L_7	25	30	35	40	45	50	55	60	65	67	70	75	80	90	100
	L_8	40	45	50	60	70	80	90	100	115	120	130	145	165	185	205
	L_9	50	60	65	105	110	130	135	140	155	157	160	180	200	225	245
	L_{10}	16	18	20	20	20	20	20	20	20	20	20	25	25	25	25
	ϕ_1	$20^{+0.01}_{0}$	$30^{+0.01}_{0}$	$30^{+0.01}_{0}$	$40^{+0.012}_{0}$	$40^{+0.012}_{0}$	$50^{+0.012}_{0}$	$50^{+0.012}_{0}$	$50^{+0.012}_{0}$	$60^{+0.015}_{0}$	$60^{+0.015}_{0}$	$60^{+0.015}_{0}$	$70^{+0.015}_{0}$	$80^{+0.015}_{0}$	$90^{+0.02}_{0}$	$100^{+0.02}_{0}$
	ϕ_2	58	70	83	108	114	127	140	152	168	180	194	219	245	272	299
	ϕ_3	11	11	13	17	17	21	21	25	25	25	31	31	31	37	45
	R	25	35	35	45	45	60	60	60	70	70	70	80	90	100	110
	B															
	B_1	16	22	22	28	28	35	35	35	44	44	44	49	55	60	70

注：各型行程 S 与 G、C 型相同。

4.2 电液推杆及电液转角器

4.2.1 电液推杆（摘自 JB/T 14001—2020）

表 20-13-37

定义

采用集成的一体化结构，利用电动机正反转驱动双向液压缸输出液压油，推动液压缸活塞及活塞杆往复直线运动的系统或装置

工作原理、分类、基本参数和型号

工作原理

电液推杆的工作原理如图 1 所示

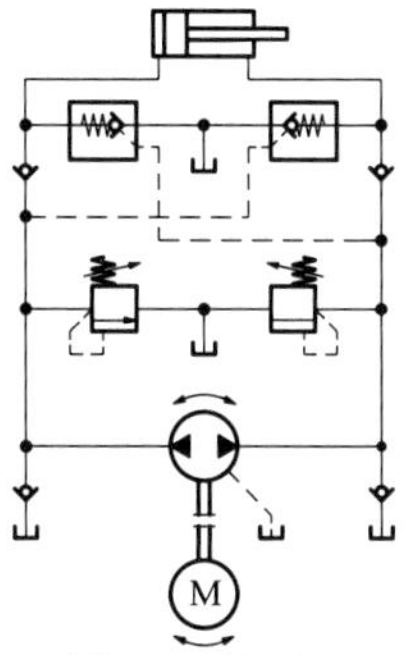

图 1 工作原理

分类

电液推杆按结构型式分为直式电液推杆和平行式电液推杆两类，如图 2 所示

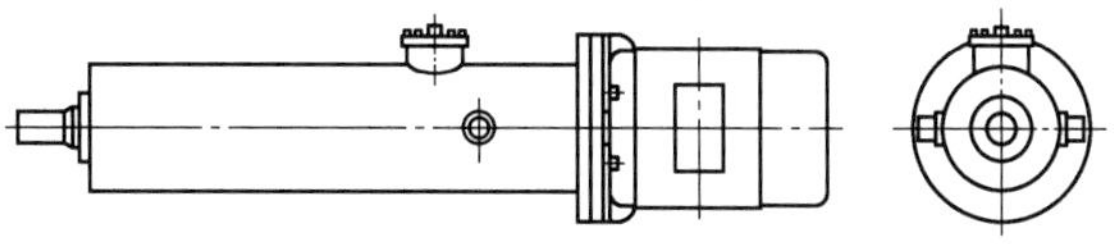

(a) 直式

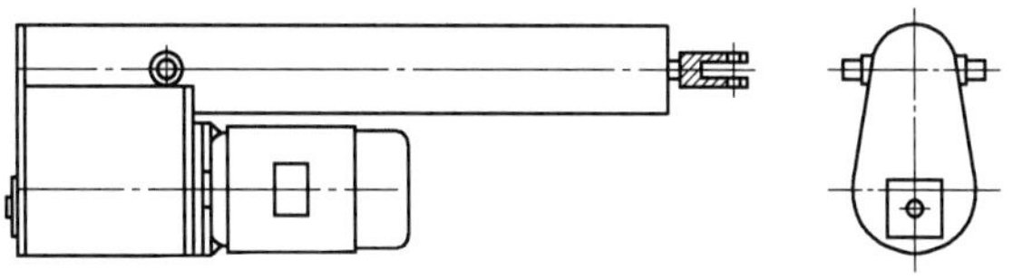

(b) 平行式

图 2 结构型式

基本参数

电液推杆的基本参数应包括电动机功率、推力、拉力、推速、拉速、行程等，见表 1

表 1 基本参数

型号	输出力/N		输出速度/mm·s^{-1}		电动机功率/kW	行程范围/mm
	推力	拉力	推速	拉速		
DYT□□1500-□/70-□	1500	1000	70	100	0.37	50~600
DYT□□3000-□/70-□	3000	2050	70	100	0.37	
DYT□□4500-□/70-□	4500	3100	70	100	0.75	50~600
DYT□□7500-□/75-□	7500	5100	75	110	1.1	50~1500
DYT□□10000-□/75-□	10000	6900	75	110	1.1	50~1500
DYT□□15000-□/75-□	15000	10300	75	110	1.5	50~1500
DYT□□17500-□/75-□	17500	11800	75	110	2.2	50~2000
DYT□□25000-□/75-□	25000	17000	75	110	3	50~2000
DYT□□40000-□/60-□	40000	27000	60	85	4	50~2000
DYT□□50000-□/60-□	50000	34000	60	85	4	50~2000
DYT□□70000-□/35-□	70000	50000	35	50	5.5	50~2000
DYT□□100000-□/35-□	100000	72000	35	50	7.5	50~2000

注：1. 表中的推力、拉力、推速、拉速均为公称值

2. 输出速度可根据用户要求调整，范围为 30~250mm/s

3. 电液推杆宜优先选用本表推荐型号；有特殊要求时，由供需双方协商确定

续表

工作原理、分类、基本参数和型号	型号	电液推杆的型号由产品代号、结构型式代号、电动机类型代号、推力、行程、推速、使用方向代号组成 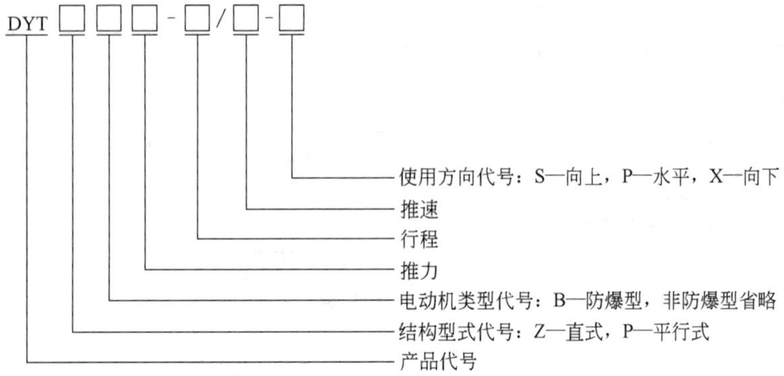
要求	一般要求	①电动机的外壳防护等级应不低于 GB/T 4942 规定的 IP44；绝缘等级应不低于 E 级 ②齿轮泵应符合 JB/T 7041.2 的规定 注：可采用其他液压泵 ③液压缸应符合 JB/T 10205 的规定 ④单向阀、液控单向阀应符合 JB/T 10364 的规定 ⑤溢流阀应符合 JB/T 10374 的规定 ⑥活塞杆螺纹型式和尺寸应符合 GB/T 2335 的规定 ⑦电液推杆的基本参数应符合表 1 的规定 ⑧一般情况下，电液推杆的工作环境温度在-15～40℃范围内，工作介质温度在-20～80℃范围内 ⑨其他技术要求应符合 GB/T 3766 和 GB/T 7935 的规定 ⑩有特殊要求的产品，由制造厂与用户协商确定
	性能要求	①推力(拉力)　电液推杆推力(拉力)的允许误差为公差值的 0～15% ②推速(拉速)　电液推杆推速(拉速)的允许误差为公差值的±10% ③全行程　电液推杆全行程允许误差应按照 JB/T 10205 的规定 ④外渗漏 Ⅰ. 除活塞杆外，电液推杆其他部位不得有外渗漏 Ⅱ. 活塞杆静止时不得有外渗漏 ⑤耐久性 Ⅰ. 电液推杆耐久性试验可在下列方案中任选一种 a. 电液推杆按设计的最高换向频率满载往复运动 2400h b. 当行程 $L \leqslant 500$mm 时，电液推杆设计的最高换向频率满载往复运行 20 万次；当行程 $L \geqslant 500$mm 时，电液推杆允许按行程 500mm 换向，按设计的最高换向频率满载往复运行 20 万次。 注：如果满载往复运行不足 20 万次而累积运行时间先达到 2400h，则试验完成 Ⅱ. 耐久性试验后，输出速度下降应不超过 5%；零件不应有异常磨损和损坏，各连接处不得有渗漏 ⑥电液推杆满载工作时　噪声应不大于 85dB(A) 注：电动机功率超出表 1 规定的最大值时，噪声值由供需双方协商确定 ⑦超载保护　当电液推杆在工作中超载时，溢流阀应溢流，电动机电流值的变化应不超过 JB/T 14001—2020 中表 4 规定的 C 级(即±1.5%)

续表

要求	装配要求	①外购件、外协件和原材料应有产品合格证和质量保证书,所有零件应经检验部门检验合格后方可装配 ②各元件及零部件应清洗干净,无杂质、毛刺、铁屑、铁锈等 ③外壳焊接应平整、均匀、焊缝应无裂纹、脱焊、咬边等缺陷 ④所有零部件从制造到安装过程的清洁度控制应符合 GB/Z 19848 的要求。电液推杆内部油液固体颗粒污染度等级不应高于 GB/T 14039 规定的—/19/16
	外观质量	电液推杆外观应符合 GB/T 7935 的规定,并满足下列要求 ①法兰结构的电液推杆,两法兰结合面径向错位量≤0.5mm ②铸锻件表面应光洁,无缺陷 ③焊缝应平整、均匀、微观,不应有焊渣、飞溅物等 ④按图样规定的位置制作标记或固定标牌,且应清晰、正确、平整
	安全要求	①电液推杆应符合 GB/T 3766 和 GB/T 5226.1 的规定 ②有防爆要求的电液推杆,防爆电机 ③有特殊安全要求的行业,防爆电机等电器的防爆性能应符合该行业的规定,应有该行业的安全认证标志

4.2.2 DYT（B）电液推杆

电液推杆具有体积小、动作灵活、工作平稳的特点，可带负荷启动，推拉力大，有过载保护装置，能适应远距离、危险及高空的地方控制作业。其推拉型式有单推、单拉和推拉；调速型式有推调速、拉调速、推拉调速或均不调速；锁定型式有推锁定、拉锁定、推拉锁定或推拉均不锁定。推杆行程：50~3000mm。

(1) 型号与技术参数

表 20-13-38 型号与技术参数

型号	推力/N	拉力/N	最大速度/mm·s^{-1}		电动机		最大行程/mm
			伸出	缩回	型号	功率/kW	
DYT□-□□2500 Ⅰ□□	0~2500	0~2500	45	64		0.37	1000
DYT□-□□2500 Ⅱ□□			70	100	Y801-4	0.55	
DYT□-□□2500 Ⅲ□□			110	160	Y802-4	0.75	
DYT□-□□4500 Ⅰ□□	0~4500	0~4500	45	65	Y801-4	0.55	
DYT□-□□4500 Ⅱ□□			70	100	Y802-4	0.75	
DYT□-□□4500 Ⅲ□□			110	160	Y90S-4	1.1	
DYT□-□□7000 Ⅰ□□	0~7000	0~5100	45	65	Y801-4	0.55	1500
DYT□-□□7000 Ⅱ□□			70	100	Y802-4	0.75	
DYT□-□□7000 Ⅲ□□			100	160	Y90L-4	1.5	
DYT□-□□10000 Ⅰ□□	0~10000	0~7500	45	65	Y90S-4	0.75	1500
DYT□-□□10000 Ⅱ□□			70	100	Y90L-4	1.1	
DYT□-□□10000 Ⅲ□□			100	150	Y100L1-4	1.5	
DYT□-□□14000 Ⅰ□□	0~14000	0~10000	45	65	Y90S-4	1.1	2000
DYT□-□□14000 Ⅱ□□			70	100	Y90L-4	1.5	
DYT□-□□14000 Ⅲ□□			110	160	Y100L1-4	2.2	
DYT□-□□17000 Ⅰ□□	0~17000	0~13200	45	65	Y90S-4	1.1	
DYT□-□□17000 Ⅱ□□			70	100	Y100L1-4	2.2	
DYT□-□□17000 Ⅲ□□			110	160	Y100L2-4	3	
DYT□-□□21000 Ⅰ□□	0~21000	0~16000	45	65	Y90L-4	1.5	
DYT□-□□21000 Ⅱ□□			70	100	Y100L1-4	2.2	
DYT□-□□21000 Ⅲ□□			110	160	Y112M-4	4	
DYT□-□□27000 Ⅰ□□	0~27000	0~18500	45	65	Y100L1-4	2.2	
DYT□-□□27000 Ⅱ□□			70	100	Y100L2-4	3	
DYT□-□□27000 Ⅲ□□			110	160	Y112M-4	4	

续表

型　　号	推力/N	拉力/N	最大速度/mm·s^{-1}		电动机		最大行程/mm
			伸出	缩回	型号	功率/kW	
DYT□-□□40000 Ⅰ□□	0~40000	0~29500	45	65	Y100L2-4	3	2000
DYT□-□□40000 Ⅱ□□			70	100	Y112M-4	4	
DYT□-□□50000 Ⅰ□□	0~50000	0~34000	45	65	Y112M-4	4	
DYT□-□□50000 Ⅱ□□			70	100	Y132S-4	5.5	
DYT□-□□60000 Ⅰ□□	0~60000	0~41000	45	65	Y132S-4	5.5	2000
DYT□-□□60000 Ⅱ□□			60	85	Y132S-4	5.5	
DYT□-□□70000 Ⅰ□□	0~70000	0~48000	45	65	Y132S-4	5.5	2000
DYT□-□□80000 Ⅰ□□	0~80000	0~55000	45	65	Y132S-4	5.5	
DYT□-□□100000 Ⅰ□□	0~100000	0~68000	35	50	Y132S-4	5.5	2000
DYT□-□□120000 Ⅰ□□	0~120000	0~80000	35	50	Y132S-4	5.5	
DYT□-□□150000 Ⅰ□□	0~150000	0~110000	30	40	Y132M-4	7.5	2500
DYT□-□□200000 Ⅰ□□	0~200000	0~180000	20	25	Y132M-4	7.5	2500
DYT□-□□250000 Ⅰ□□	0~250000	0~200000	20	25	Y132M-4	11	2500

注：1. 各种类型的电液推杆如配置传感器和数字显示装置，即可显示运行距离。

2. 所有电液推杆可以具备手动装置，技术参数、安装距离一律不变。

3. 用户需行程大于表中规定的最大行程时，应通过双方协商解决。

4. 用户如需表未列出的推（拉）力、速度时，可按用户要求设计、制造。

5. 用户如对外形尺寸、安装方式和尺寸有特殊要求时，可按用户要求设计。

6. 用户应按型号表示方法，标明使用要求或在型号外另加说明，电动机由生产厂配套。

型号表示方法

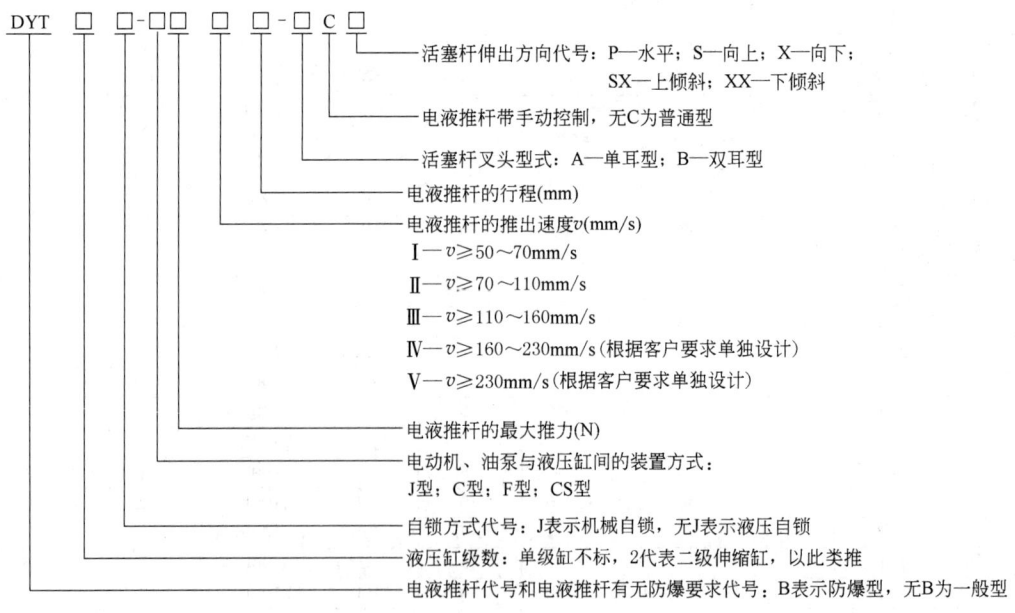

DYT □ □-□□ □ □-□ C □

- 活塞杆伸出方向代号：P—水平；S—向上；X—向下；SX—上倾斜；XX—下倾斜
- 电液推杆带手动控制，无C为普通型
- 活塞杆叉头型式：A—单耳型；B—双耳型
- 电液推杆的行程(mm)
- 电液推杆的推出速度v(mm/s)
  - Ⅰ—$v \geqslant$50～70mm/s
  - Ⅱ—$v \geqslant$70～110mm/s
  - Ⅲ—$v \geqslant$110～160mm/s
  - Ⅳ—$v \geqslant$160～230mm/s（根据客户要求单独设计）
  - Ⅴ—$v \geqslant$230mm/s（根据客户要求单独设计）
- 电液推杆的最大推力(N)
- 电动机、油泵与液压缸间的装置方式：J型；C型；F型；CS型
- 自锁方式代号：J表示机械自锁，无J表示液压自锁
- 液压缸级数：单级缸不标，2代表二级伸缩缸，以此类推
- 电液推杆代号和电液推杆有无防爆要求代号：B表示防爆型，无B为一般型

(2) 外形安装尺寸

DYT (B)-J 型系列外形安装尺寸

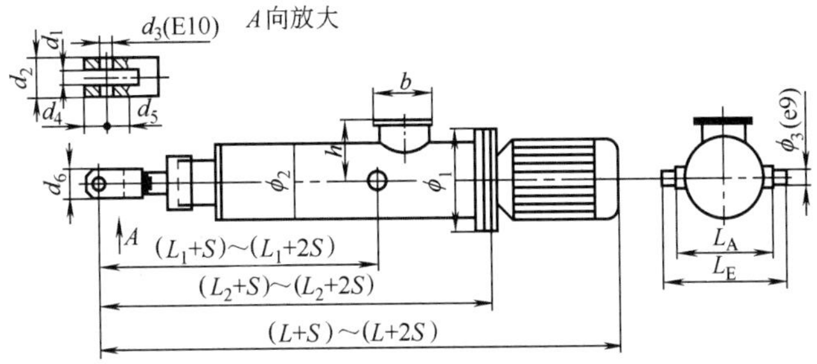

表 20-13-39

mm

型　号	L	L_1	L_2	L_A	L_E	ϕ_1	ϕ_2	ϕ_3	h	b	d_1	d_2	d_3	d_4	d_5	d_6	推力 F_t 范围/N
DYT□-□J 2500-4500	795	295	500/550	150/180	200/230	ϕ150/ϕ200	ϕ140/ϕ165	ϕ25	120/140	ϕ140/ϕ180	20	44	ϕ16	20	45	44	$0 \leq F_t < 4500$
DYT□-□J 4500-7000	795	295	500/550	150/180	210/240	ϕ200	ϕ140/ϕ165	ϕ30	120/140	ϕ140/ϕ180	20	44	ϕ16	20	45	44	$4500 \leq F_t < 7000$
DYT□-□J 7000-14000	908	330	518/588	150/180	210/240	ϕ200/ϕ250	ϕ140/ϕ165	ϕ30	120/140	ϕ140/ϕ180	20	44	ϕ20	20	50	44	$7000 \leq F_t < 14000$
DYT□-□J 14000-21000	949	354	629	180	250	ϕ200/ϕ250	ϕ165	ϕ35	140	ϕ180	25	57	ϕ25	25	53	55	$14000 \leq F_t < 21000$
DYT□-□J 21000-27000	969	354	629	180	250	ϕ250	ϕ165	ϕ35	140	ϕ180	25	57	ϕ25	25	53	55	$21000 \leq F_t < 27000$
DYT□-□J 27000-40000	969	354	629	180	260	ϕ250	ϕ165	ϕ40	140	ϕ180	25	57	ϕ25	25	53	55	$27000 \leq F_t < 40000$
DYT□-□J 40000-60000	1077	412	682	210	290	ϕ250/ϕ300	ϕ180	ϕ45	150	ϕ180	38	70	ϕ35	35	70	70	$40000 \leq F_t < 60000$
DYT□-□J 60000-80000	1109	444	714	240	340	ϕ300	ϕ220	ϕ50	160	ϕ180	42	82	ϕ40	40	70	80	$60000 \leq F_t \leq 80000$
DYT□-□J 80000-120000	1149	484	754	270	380	ϕ300	ϕ245	ϕ55	160	ϕ200	52	102	ϕ45	45	80	90	$80000 < F_t \leq 120000$
DYT□-□J 120000-150000	1222	517	787	300	420	ϕ350	ϕ273	ϕ60	170	ϕ200	50	110	ϕ50	50	90	100	$120000 < F_t \leq 150000$

续表

型　号	L	L_1	L_2	L_A	L_E	ϕ_1	ϕ_2	ϕ_3	h	b	d_1	d_2	d_3	d_4	d_5	d_6	推力 F_t 范围/N
DYT□-□J 150000-200000	1286	581	851	320	440	φ350	φ299	φ60	195	φ200	60	120	φ60	60	100	120	150000<F_t≤200000
DYT□-□J 200000-250000	1475	635	985	360	500	φ350	φ325	φ70	215	φ250	70	140	φ70	65	110	140	200000<F_t≤250000

注：以上数据为行程大于100mm，凡有两个数据者，横线上的为速度Ⅰ数据，横线下的为速度Ⅱ、Ⅲ数据。

DYT（B）-C型系列外形安装尺寸

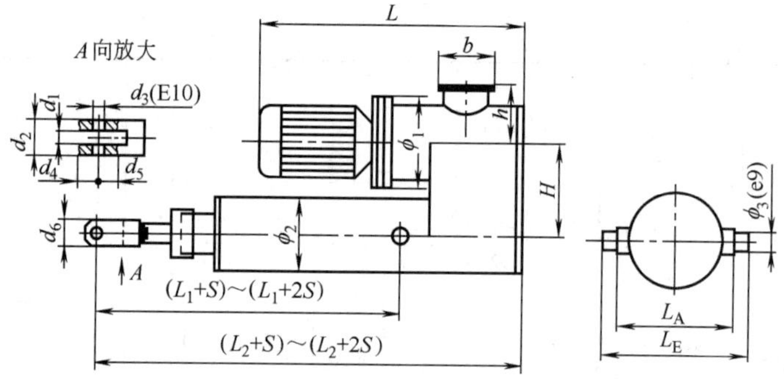

表 20-13-40

mm

型　号	L	L_1	L_2	L_A	L_E	ϕ_1	ϕ_2	ϕ_3	h	b	H	d_1	d_2	d_3	d_4	d_5	d_6	推力 F_t 范围/N
DYT□-□C 2500-4500	605	135	255	150	200	φ150 φ200	φ140	φ25	120 140	φ140 φ180	200	20	44	φ16	20	45	44	0≤F_t<4500
DYT□-□C 4500-7000	625	135	255	150	210	φ200	φ140	φ30	120 140	φ140 φ180	200	20	44	φ16	20	45	44	4500≤F_t<7000
DYT□-□C 7000-14000	685	163	283	150 180	210 240	φ200 φ250	φ140 φ165	φ30	120 140	φ140 φ180	220	20	44	φ20	20	50	44	7000≤F_t<14000
DYT□-□C 14000-21000	685	194	314	180	250	φ200 φ250	φ165	φ35	140	φ180	220	25	57	φ25	25	53	55	14000≤F_t≤21000
DYT□-□C 21000-27000	685	194	314	180	250	φ250	φ165	φ35	140	φ180	220	25	57	φ25	25	53	55	21000<F_t<27000
DYT□-□C 27000-40000	685	194	314	180	260	φ250	φ165	φ40	140	φ180	220	25	57	φ25	25	53	55	27000≤F_t<40000
DYT□-□C 40000-60000	750	247	367	210	290	φ250 φ300	φ180	φ45	150	φ180	230 250	38	70	φ35	35	70	70	40000≤F_t<60000
DYT□-□C 60000-80000	750	254	404	240	340	φ300	φ220	φ50	160	φ180	280	42	82	φ40	40	70	80	60000≤F_t≤80000
DYT□-□C 80000-120000	750	294	444	240	340	φ300	φ220	φ55	160	φ200	280	52	102	φ45	45	80	90	80000<F_t≤120000
DYT□-□C 120000-150000	850	322	472	280	400	φ350	φ245	φ60	170	φ200	290	50	110	φ50	50	90	110	120000<F_t≤150000
DYT□-□C 150000-200000	850	386	536	320	440	φ350	φ273	φ60	195	φ200	320	60	120	φ60	60	100	120	150000<F_t≤200000
DYT□-□C 200000-250000	925	435	585	360	500	φ350	φ325	φ70	215	φ250	370	70	140	φ70	65	110	140	200000<F_t≤250000

注：以上数据为行程大于100mm，凡有两个数据者，横线上的为速度Ⅰ数据，横线下的为速度Ⅱ、Ⅲ数据。

DYT（B）-CS 型系列外形安装尺寸

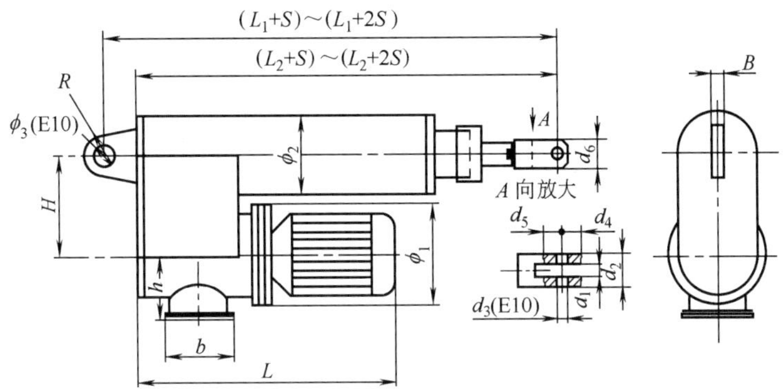

表 20-13-41

mm

型号	L	L_1	L_2	ϕ_1	ϕ_2	ϕ_3	h	b	H	R	B	d_1	d_2	d_3	d_4	d_5	d_6	推力 F_t 范围/N
DYT□-□CS 2500-4500	605	305	255	$\frac{\phi 150}{\phi 200}$	$\phi 140$	$\phi 25$	$\frac{120}{140}$	$\frac{\phi 140}{\phi 180}$	200	25	20	20	44	$\phi 16$	20	45	44	$0 \leqslant F_t < 4500$
DYT□-□CS 4500-7000	625	305	255	$\phi 200$	$\phi 140$	$\phi 30$	$\frac{120}{140}$	$\frac{\phi 140}{\phi 180}$	200	30	25	20	44	$\phi 16$	20	45	44	$4500 \leqslant F_t < 7000$
DYT□-□CS 7000-14000	685	333	283	$\frac{\phi 200}{\phi 250}$	$\frac{\phi 140}{\phi 165}$	$\phi 30$	$\frac{120}{140}$	$\frac{\phi 140}{\phi 180}$	220	30	25	20	44	$\phi 20$	20	50	44	$7000 \leqslant F_t < 14000$
DYT□-□CS 14000-21000	685	374	314	$\frac{\phi 200}{\phi 250}$	$\phi 165$	$\phi 35$	140	$\phi 180$	220	35	30	25	57	$\phi 25$	25	53	55	$14000 \leqslant F_t \leqslant 21000$
DYT□-□CS 21000-27000	685	374	314	$\phi 250$	$\phi 165$	$\phi 35$	140	$\phi 180$	220	35	30	25	57	$\phi 25$	25	53	55	$21000 < F_t < 27000$
DYT□-□CS 27000-40000	685	374	314	$\phi 250$	$\phi 165$	$\phi 35$	140	$\phi 180$	220	35	30	25	57	$\phi 25$	25	53	55	$27000 \leqslant F_t < 40000$
DYT□-□CS 40000-60000	750	437	367	$\frac{\phi 250}{\phi 300}$	$\phi 180$	$\phi 40$	150	$\phi 180$	$\frac{230}{250}$	40	30	38	70	$\phi 35$	35	70	70	$40000 \leqslant F_t < 60000$
DYT□-□CS 60000-80000	750	484	404	$\phi 300$	$\phi 220$	$\phi 50$	160	$\phi 180$	280	50	40	42	82	$\phi 40$	40	70	80	$60000 \leqslant F_t \leqslant 80000$
DYT□-□CS 80000-120000	750	524	444	$\phi 300$	$\phi 220$	$\phi 55$	160	$\phi 200$	280	55	50	52	102	$\phi 45$	45	80	90	$80000 < F_t \leqslant 120000$
DYT□-□CS 120000-150000	850	572	472	$\phi 350$	$\phi 245$	$\phi 60$	170	$\phi 200$	290	60	60	50	110	$\phi 50$	50	90	100	$120000 < F_t \leqslant 150000$
DYT□-□CS 150000-200000	850	626	536	$\phi 350$	$\phi 273$	$\phi 60$	195	$\phi 200$	320	60	70	60	120	$\phi 60$	60	100	120	$150000 < F_t \leqslant 200000$
DYT□-□CS 200000-250000	925	675	585	$\phi 350$	$\phi 325$	$\phi 70$	215	$\phi 250$	370	70	70	70	140	$\phi 70$	65	110	140	$200000 < F_t \leqslant 250000$

注：以上数据为行程大于100mm，凡有两个数据者，横线上的为速度Ⅰ数据，横线下的为速度Ⅱ、Ⅲ数据。

DYT（B）-F 型分离式油箱技术参数及外形安装尺寸

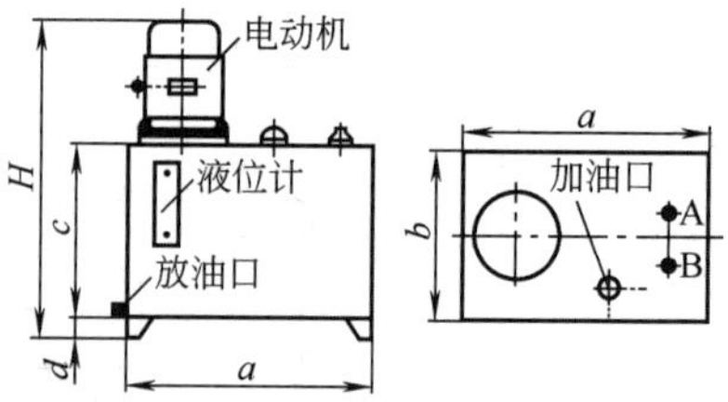

表 20-13-42

型号	电机功率/kW	容积/L	油箱规格	a (mm)	b (mm)	c (mm)	d (mm)	$H_{最大}$ (mm)	推力 F_t 范围/N
DYT□-□F2500-4500	0.37、0.55、0.75	30	$1^{\#}$	420	260	290	60	625	$0 \leqslant F_t < 4500$
DYT□-□F4500-7000	0.55、0.75、1.1	30	$1^{\#}$	420	260	290	60	640	$4500 \leqslant F_t < 7000$
DYT□-□F7000-14000	0.55、0.75、1.1	30	$1^{\#}$	420	260	290	60	665	$7000 \leqslant F_t < 14000$
	1.5、2.2								
DYT□-□F14000-21000	1.1、1.5								$14000 \leqslant F_t \leqslant 21000$
	2.2、3、4	70	$2^{\#}$	560	400	380	70	810	
DYT□-□F21000-27000	2.2、3、4								$21000 < F_t < 27000$
DYT□-□F27000-40000	2.2、3、4	70	$2^{\#}$	560	400	380	70	810	$27000 \leqslant F_t < 40000$
DYT□-□F40000-60000	3、4、5.5	70	$2^{\#}$	560	400	380	70	870	$40000 \leqslant F_t < 60000$
DYT□-□F60000-80000	5.5	70	$2^{\#}$	560	400	380	70	870	$60000 \leqslant F_t \leqslant 80000$
DYT□-□F80000-120000	5.5	70	$2^{\#}$	560	400	380	70	870	$80000 < F_t \leqslant 120000$
DYT□-□F120000-150000	7.5	180	$3^{\#}$	700	600	500	110	1075	$120000 < F_t \leqslant 150000$
DYT□-□F150000-200000	7.5	180	$3^{\#}$	700	600	500	110	1075	$150000 < F_t \leqslant 200000$
DYT□-□F200000-250000	11	180	$3^{\#}$	700	600	500	110	1130	$200000 < F_t \leqslant 250000$

注：客户选型时注意电机功率 0.37～1.5kW 范围用 $1^{\#}$ 油箱；2.2～5.5kW 范围用 $2^{\#}$ 油箱；$3^{\#}$ 油箱可根据油缸行程而定。

DYT（B）-F 型分离式耳轴系列外形安装尺寸

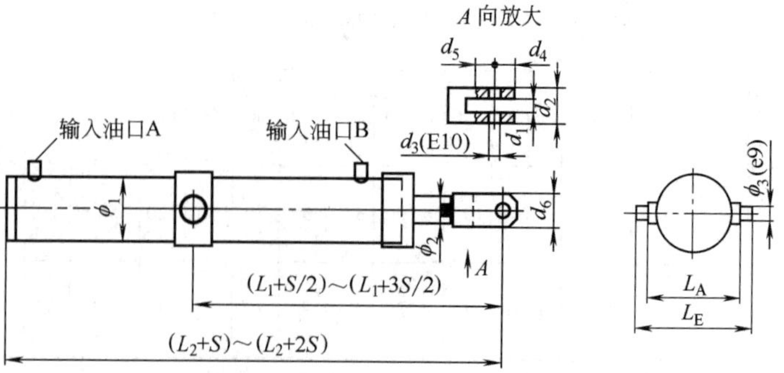

表 20-13-43

mm

型号	L_1	L_2	ϕ_1	ϕ_2	ϕ_3	L_A	L_E	d_1	d_2	d_3	d_4	d_5	d_6	推力 F_t 范围/N
DYT□-□F2500-4500	255	255	ϕ65	ϕ28	ϕ25	95	145	20	44	ϕ16	20	45	44	$0 \leqslant F_t < 4500$
DYT□-□F4500-7000	255	255	ϕ65	ϕ28	ϕ30	95	145	20	44	ϕ16	20	45	44	$4500 \leqslant F_t < 7000$
DYT□-□F7000-14000	283	283	ϕ76	ϕ35	ϕ30	110	170	20	44	ϕ20	20	50	44	$7000 \leqslant F_t < 14000$
DYT□-□F14000-21000	314	314	ϕ95	ϕ45	ϕ35	130	190	25	57	ϕ25	25	53	55	$14000 \leqslant F_t \leqslant 21000$
DYT□-□F21000-27000	314	314	ϕ95	ϕ45	ϕ35	130	190	25	57	ϕ25	25	53	55	$21000 < F_t < 27000$
DYT□-□F27000-40000	314	314	ϕ95	ϕ45	ϕ35	130	190	25	57	ϕ25	25	53	55	$27000 \leqslant F_t < 40000$
DYT□-□F40000-60000	367	367	ϕ121	ϕ55	ϕ40	160	240	38	70	ϕ35	35	70	70	$40000 \leqslant F_t < 60000$
DYT□-□F60000-80000	404	404	ϕ146	ϕ70	ϕ50	190	290	42	82	ϕ40	40	70	80	$60000 \leqslant F_t \leqslant 80000$
DYT□-□F80000-120000	444	444	ϕ161	ϕ80	ϕ55	205	315	52	102	ϕ45	45	80	90	$80000 < F_t \leqslant 120000$
DYT□-□F120000-150000	472	472	ϕ184	ϕ80	ϕ60	235	355	50	110	ϕ50	50	90	100	$120000 < F_t \leqslant 150000$
DYT□-□F150000-200000	536	536	ϕ203	ϕ90	ϕ60	270	390	60	120	ϕ60	60	100	120	$150000 < F_t \leqslant 200000$
DYT□-□F200000-250000	585	585	ϕ240	ϕ100	ϕ70	310	450	70	140	ϕ70	65	110	140	$200000 < F_t \leqslant 250000$

DYT（B）-F 型分离式耳环系列外形安装尺寸

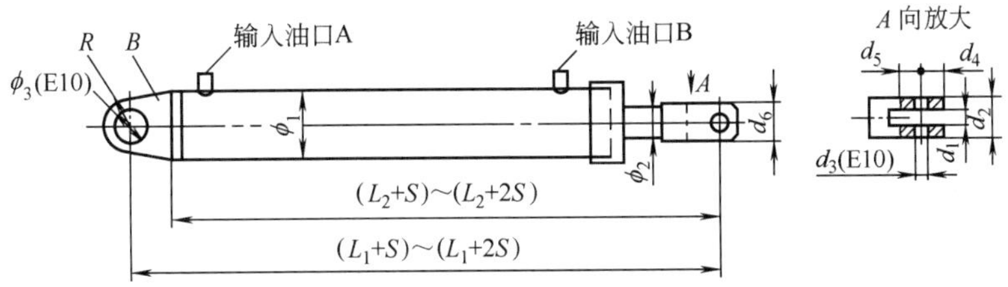

表 20-13-44

mm

型号	L_1	L_2	ϕ_1	ϕ_2	ϕ_3	R	B	d_1	d_2	d_3	d_4	d_5	d_6	推力 F_t 范围/N
DYT□-□F2500-4500	305	255	ϕ65	ϕ28	ϕ25	25	20	20	44	ϕ16	20	45	44	$0 \leqslant F_t < 4500$
DYT□-□F4500-7000	305	255	ϕ65	ϕ28	ϕ30	30	25	20	44	ϕ16	20	45	44	$4500 \leqslant F_t < 7000$
DYT□-□F7000-14000	333	283	ϕ76	ϕ35	ϕ30	30	25	20	44	ϕ20	20	50	44	$7000 \leqslant F_t < 14000$
DYT□-□F14000-21000	374	314	ϕ95	ϕ45	ϕ35	35	30	25	57	ϕ25	25	53	55	$14000 \leqslant F_t \leqslant 21000$
DYT□-□F21000-27000	374	314	ϕ95	ϕ45	ϕ35	35	30	25	57	ϕ25	25	53	55	$21000 < F_t < 27000$
DYT□-□F27000-40000	374	314	ϕ95	ϕ45	ϕ35	35	30	25	57	ϕ25	25	53	55	$27000 \leqslant F_t < 40000$
DYT□-□F40000-60000	437	367	ϕ121	ϕ55	ϕ40	40	30	38	70	ϕ35	35	70	70	$40000 \leqslant F_t < 60000$
DYT□-□F60000-80000	484	404	ϕ146	ϕ70	ϕ50	50	40	42	82	ϕ40	40	70	80	$60000 \leqslant F_t \leqslant 80000$
DYT□-□F80000-120000	524	444	ϕ161	ϕ80	ϕ55	55	50	52	102	ϕ45	45	80	90	$80000 < F_t \leqslant 120000$
DYT□-□F120000-150000	572	472	ϕ184	ϕ80	ϕ60	60	60	50	110	ϕ50	50	90	100	$120000 < F_t \leqslant 150000$
DYT□-□F150000-200000	626	536	ϕ203	ϕ90	ϕ60	60	70	60	120	ϕ60	60	100	120	$150000 < F_t \leqslant 200000$
DYT□-□F200000-250000	675	585	ϕ240	ϕ100	ϕ70	70	70	70	140	ϕ70	65	110	140	$200000 < F_t \leqslant 250000$

4.2.3 ZDY 电液转角器

电液转角器是一种液压旋转摆动部件，通过油泵、液压集成阀可使液压缸完成0°~90°、0°~120°范围的旋转摆动运动，与任何蝶阀、球阀、风门等配套使用，是取代电动头的更新换代产品。

（1）型号与技术参数

表 20-13-45　　型号与技术参数

规格型号	额定力矩/N·m	回转角度	启闭时间/s	控制信号	电机功率/kW
ZDY□5□	50	90°+2° 120°+2°	3	行程开关角度显示仪或4~20mA微机控制	0.18
ZDY□15□	150		4		0.37
ZDY□45□	450		8		0.37
ZDY□85□	850		8		0.55
ZDY□150□	1500		12		0.55
ZDY□200□	2000		20		0.75
ZDY□300□	3000		15		0.75
ZDY□400□	4000		20		1.5
ZDY□500□	5000		25		2.2
ZDY□600□	6000		32		2.2
ZDY□800□	8000		30		2.2
ZDY□1000□	10000		47		2.2
ZDY□1500□	15000		70		3
ZDY□2000□	20000		55		3
ZDY□2500□	25000		78		3
ZDY□3000□	30000		78		4

注：1. 表中启闭时间为回转角度90°时的数值，如有表中未列出的特殊要求，可按需设计制造。

2. 型号后数字表示额定力矩的1/10（如ZDY5表示额定力矩50N·m）。

3. 用户按型号表示方法填写要求，电机为Y或YB系列，电压380V，功率范围0.18~4kW。用户有不明确或特殊要求的，请与生产单位联系。

型号表示方法：

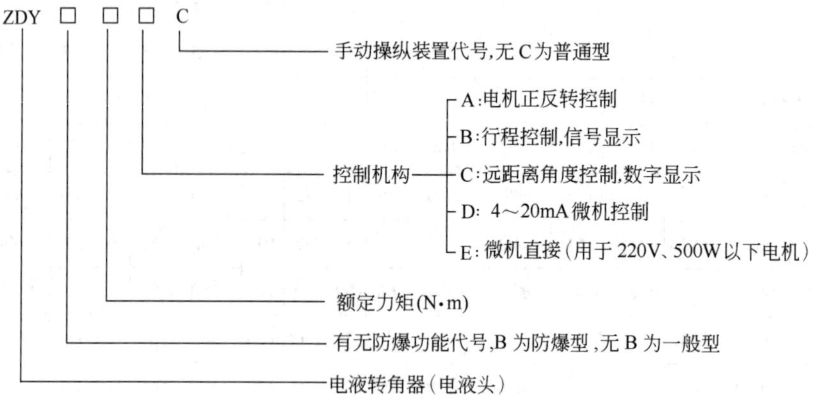

（2）主要外形连接尺寸

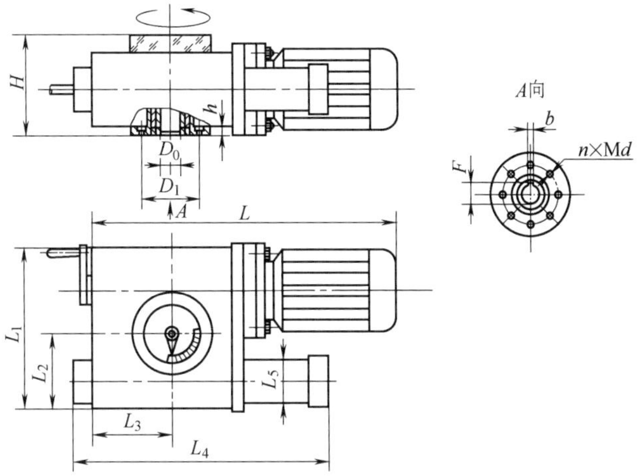

表 20-13-46 外形安装尺寸 mm

规格型号	L	L_1	L_2	L_3	L_4	L_5	H	D_0	D_1	F	b	h	n×Md
ZDY□5□	470	210	90	132	280	ϕ65	135	18	90	20.3	5	15	4×M8
ZDY□15□	520	222	102	152	325	ϕ65	145	20	95	22.8	6	15	4×M8
ZDY□45□	545	320	160	135	480	ϕ76	165	24	100	27.3	8	20	4×M12
ZDY□85□	545	330	170	135	490	ϕ95	210	32	110	35.3	10	20	4×M14
ZDY□150□	625	340	200	160	625	ϕ121	210	38	140	41.3	10	25	4×M18
ZDY□200□	625	340	220	160	630	ϕ133	230	42	160	45.3	12	25	4×M18
ZDY□300□	695	480	235	230	640	ϕ140	230	50	160	53.8	14	25	8×M18
ZDY□400□	695	505	260	230	640	ϕ159	290	60	195	64.4	18	30	8×M20
ZDY□500□	695	505	260	230	640	ϕ184	290	70	235	74.9	20	30	8×M20
ZDY□600□	695	505	260	260	750	ϕ184	290	70	235	74.9	20	30	8×M20
ZDY□800□	695	505	260	260	780	ϕ184	340	70	280	79.8	20	30	8×M20
ZDY□1000□	750	550	300	290	810	ϕ184	380	76	300	86.8	22	30	8×M24
ZDY□1500□	750	550	300	290	810	ϕ203	400	98	350	110.8	28	35	8×M24
ZDY□2000□	750	550	300	290	870	ϕ203	420	120	390	134.8	32	35	8×M24
ZDY□2500□	815	580	350	320	950	ϕ219	440	120	390	134.8	32	40	8×M24
ZDY□3000□	815	580	350	320	980	ϕ219	460	120	390	134.8	32	40	8×M24

注：如有表中未列出的特殊要求，可按需设计制造。

4.2.4 有关说明

1）电液缸使用、维护注意事项。

① 勿放置和使用于水淋、过度潮湿、高温、低温等工况。

② 电液缸出厂时，油口盖内加 O 形密封圈，将呼吸口封死，在使用时应将此 O 形圈取出以便于油箱的呼吸。等速回路和等速电液缸可不取下此 O 形圈。

③ 电液缸工作介质，建议采用黏度为 25~40mm^2/s 的抗磨液压油（一般选用 $46^{\#}$）、透平油、机油等矿物油，油液要过滤，清洁度要达到 NAS 1638-9 级或 ISO 4406-19/15 级以上，工作温度控制在 15~60℃ 范围内。

④ 电液缸首次使用时，应注意排净液压缸内的空气。当液压缸活塞杆缩回时，使液压缸有杆腔和油箱都充

满工作介质。电液缸的油箱很小，一旦出现外泄漏应立即修复，并补足工作介质，因工作介质不足造成液压泵吸空现象，会很快造成泵的损坏和液压缸的气蚀。在电液缸运行中如出现爬行和振动，应首先检查是否油液太少、油泵吸空、液压缸内进入空气。

⑤ 溢流阀在出厂时已调整好，请勿随意调高。超负荷使用，会损坏泵和电机等。

⑥ 电液缸由于油箱太小，不宜用于连续长时间运转和频繁换向的工况，当油箱因连续运转出现高温时，应暂停，等冷却后使用。必须连续长时间运转和频繁换向的电液缸，在订货时应加以说明，以便在设计时采取防止温升过高过快的措施。

⑦ 每年应定期更换一次工作介质。

2）选型有不详之处或特殊要求，用户可与生产单位联系。

CHAPTER 14

第14章 液压系统的安装、调试、使用和维护

尽管液压技术作为现代动力传动与控制的重要手段应用越来越广泛，然而，由于设计制造、安装调试和使用维护过程中存在的不足与缺陷却制约着系统乃至主机的正常运行，影响到设备的使用寿命、工作性能和产品质量，也影响了液压技术优势的发挥。所以，液压系统的安装调试和使用维护在液压技术中占有重要地位。

液压系统在设计完成之后，就要对专用零件加工制造，购买液压元件、标准件及其他材料，然后把这些零件、部件、液压元件等连成一个完整的液压系统。这项工作称为液压系统的安装，亦称装配。最后把安装好的液压系统与机械部件连成一体。

液压系统安装完毕后，要经过调试才能进行正式的运转。调试的目的是使液压系统的运转符合设计要求，验证试验方案是否正确合理，所选择的液压元件的功能是否达到设计要求。

液压系统的制造、安装和调试是液压设备正常运行的前期保障，对于保证整机的工作性能有着重要的意义。良好的、规范的设备使用、维护以及对故障的及时处理，对于提高液压设备的可靠性，保证系统长期发挥和保持良好工作性能是非常重要的。

任何一个设计合理的液压系统，如果安装调试不正确或使用维护不当，就会出现各自故障，不能长期发挥和保持其良好的工作性能。因此，在安装调试及使用过程中，必须熟悉主机的工艺目的、工况特点及其液压系统的工作原理与各组成部分的结构、功能和作用，并严格按照设计要求来进行，在系统使用中应对其加强日常维护和管理，并遵循相关的使用维护要求。

1　液压系统的安装

1.1　液压元件安装

液压元件的安装应遵守GB/T 3766—2015/ISO 4413：2010，MOD《液压传动　系统及其元件的通用规则和安全要求》和GB/Z 19848—2005/ISO/TR 10949：2002《液压元件从制造到安装达到和控制清洁度的指南》等有关规定。

各种液压元件的安装方法和具体要求，在产品说明书中，都有详细的说明，在安装时必须加以注意。以下仅是液压元件在安装时一般应注意的事项。

1）安装前元件应进行质量检查。一般来说，买方不得拆卸元件。若确认元件被污染需进行拆洗，应正确地清洗、正确地重新组装，并进行测试，应符合GB/T 7935—2005《液压元件　通用技术条件》的有关规定，合格后安装。

2）安装前应将各种自动控制仪表（如压力表、电接点压力表、压力继电器、液位计、温度计等）进行校验。这对以后调整工作极为重要，以避免不准确而造成事故。

3）液压泵装置安装要求如下。

① 液压泵与原动机之间的联轴器的型式及安装要求必须符合制造厂的规定。

② 外露的旋转轴、联轴器必须安装防护罩。

③ 液压泵与原动机的安装底座必须有足够的刚性，以保证运转时始终同轴。

注：在GB/T 3766—2015中规定：“不会因负载循环、温度变化或施加重载荷引起轴线错位。”

④ 液压泵的进油管路应短而直，避免拐弯增多，断面突变。在规定的油液黏度范围内，必须使泵的进油压

力和其他条件符合泵制造厂的规定值。

⑤ 液压泵的进油管路密封必须可靠，不得吸入空气。

⑥ 高压、大流量的液压泵装置推荐采用：

a. 泵进油口设置橡胶弹性补偿接管；

b. 泵出油口连接高压软管；

c. 泵装置底座设置弹性减振垫（如 E 型减振器）。

4）油箱装置安装要求如下。

① 油箱应仔细清洗，用压缩空气干燥后，再用煤油检查焊缝质量。

② 油箱底部应高于安装面 150mm 以上，以便搬移、放油和散热。

③ 必须有足够的支撑面积，以便在装配和安装时用垫片和楔块等进行调整。

5）液压阀的安装要求如下。

① 阀的安装方式应符合制造厂规定。

② 板式阀或插装阀必须有正确定向措施。

③ 为了保证安全，阀的安装必须考虑重力、冲击、振动对阀内主要零件的影响。

④ 阀用连接螺钉的性能等级必须符合制造厂的要求，不得随意代换。

⑤ 应注意进油口与回油口的方位，某些阀如将进油口与回油口装反，会造成事故。有些阀件为了安装方便，往往开有同作用的两个孔，安装后不用的一个要堵死。

⑥ 为了避免空气渗入阀内，连接处应保证密封良好。

⑦ 方向控制阀的安装，一般应使轴线安装在水平位置上。

⑧ 一般调整的阀件，顺时针方向旋转时，增加流量、压力，反时针方向旋转时，则减少流量、压力。

6）其他辅件安装要求如下。

① 换热器

a. 安装在油箱上的加热器的位置必须低于油箱低极限液面位置，加热器的表面耗散功率不得超过 $0.7W/cm^2$；

b. 使用换热器时，应有液压油（液）和冷却（或加热）介质的测温点；

c. 采用空气冷却器时，应防止进排气通路被遮蔽或堵塞。

② 过滤器　为了指示过滤器何时需要清洗和更换滤芯，必须装有污染指示器（压差指示装置）或设有测试装置。

③ 蓄能器

a. 蓄能器（包括气体加载式蓄能器）充气气体种类和安装必须符合制造厂的规定；

b. 蓄能器的安装位置必须远离热源；

c. 蓄能器在卸压前不得拆卸，禁止在蓄能器上进行焊接、铆接或机加工。

注：在 GB/T 3766—2015 中规定："不应以加工、焊接或任何其他方式修改充气式蓄能器。"

④ 密封件

a. 密封件的材料应与相接触的介质相容。

b. 密封件的使用压力、温度以及密封件的安装应符合制造商的推荐。

c. 随机附带的密封件，应在制造商规定的贮存条件及贮存有效期内使用。

7）液压执行元件安装要求如下。

① 液压缸

a. 设计或选用液压缸时，应考虑行程、负载和装配条件，以防止活塞杆在外伸工况时产生不正常的弯曲。

b. 液压缸的安装应符合设计图样和/或制造商的规定。

c. 若结构允许，安装液压缸时进出油口的位置应在最上面，应使其能自动放气或装有方便的放气阀或人工放气的排气阀。

d. 液压缸的安装应牢固可靠；在行程大和工作条件热的场合，缸的一端应保持浮动，以避免热膨胀的影响。

e. 配管连接不应松弛。

f. 液压缸的安装面和活塞杆的滑动面的平行度和垂直度应符合设计图样和/或制造商的规定。

g. 密封圈的安装应符合制造商的规定。

② 液压马达

a. 液压马达与被驱动装置之间的联轴器型式及安装要求应符合制造商的规定。

b. 外露的旋转轴和联轴器应有防护罩。

c. 在应用液压马达时，应考虑它的启动力矩、失速力矩、负载变化、负载动能以及低速性等因素的影响。

③ 安装底座　液压执行元件的安装底座应具有足够的刚度，以保证执行机构正常工作。

8）系统内开闭器的手轮位置和泵、各种阀以及指示仪表等的安装位置，应注意使用及维修的方便。

1.2　管路安装与清洗

管路安装一般在所连接的设备及元件安装完毕后进行。管路采用钢管时，管路酸洗应在管路配制完毕，且已具备冲洗条件后进行。管路酸洗复位后，应尽快进行循环冲洗，以保证清洁及防锈。

1）根据工作压力及使用场合选择管件。系统管路必须有足够的强度，可采用钢管、铜管、胶管、尼龙管等。管路采用钢管时，推荐使用 10 钢、15 钢、20 钢、Q345 等无缝钢管，特殊和重要系统应采用不锈钢无缝钢管。管子的精度等级应与所采用的管路辅件相适应。管件的最低精度必须符合 GB/T 8163 的规定。

管子内壁应光滑清洁，无砂、锈蚀、氧化铁皮等缺陷。若发现有下列情况之一时，即不能使用：内、外壁面已腐蚀或显著变色；有伤口裂痕；表面凹入；表面有离层或结疤。

2）管路安装应遵循下列要求：

① 管路敷设、安装应按有关工艺规范进行；

② 管路敷设、安装应防止元件、液压装置受到污染；

③ 管路应在自由状态下进行敷设，焊装后的管路固定和连接不得施加过大的径向力强行固定和连接；

④ 管路的排列和走向应整齐一致，层次分明，尽量采用水平或垂直布管；

⑤ 相邻管路的管件轮廓边缘的距离不应小于 10mm；

⑥ 同排管道的法兰或活接头应相间错开 100mm 以上，保证装拆方便；

⑦ 穿墙管道应加套管，其接头位置宜距墙面 800mm 以上；

⑧ 配管不能在圆弧部分接合，必须在平直部分接合；

⑨ 管路的最高部分应设有排气装置，以便排放管路中的空气；

⑩ 细的管子应沿着设备主体、房屋及主管路布置；

⑪ 管路避免无故使用短管件进行拼焊。

3）管路在管路沟槽中的敷设和沟槽要求应符合有关的规定，如“管道沟槽及管子固定”（JB/ZQ 4396）。

① 管道沟槽的尺寸应满足下列要求。

a. 主沟槽一般在宽度方向其最小间距（指管道附件之间的自由通道）等于 1200mm，最小深度为 2000mm。沟槽的地基图，必须根据管子的数量和规格来绘制。增加量 a_i 按表 20-14-1 确定。

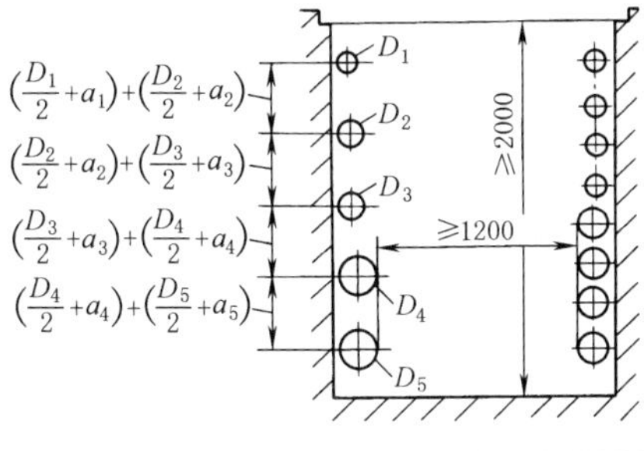

表 20-14-1　　mm

管道种类	管子外径 D_0	选用 JB/ZQ 4485、JB/ZQ 4463、JB/T 82.1（已被 JB/T 82—2015 代替）（PN = 1.6MPa 法兰）时每根管道需要增加的位置量 a_i	管道种类	管子外径 D_0	选用 JB/ZQ 4485、JB/ZQ 4463、JB/T 82.1（已被 JB/T 82—2015 代替）（PN = 1.6MPa 法兰）时每根管道需要增加的位置量 a_i
高压	≤50	30①	低压	≤168	40
	>50~114	50		>168~351	公称通径大于 150 管子的位置量必须根据托架（JB/ZQ 4518）和卡箍（JB/ZQ 4519）确定

① 30mm 是选用 JB/ZQ 4485《高压法兰》时的数值。当选用 JB/ZQ 4462、JB/ZQ 4463《对焊钢法兰》时，该值至少还要增加 10mm。

注：1. 确定一般管道所需位置量时，对于回油管道应考虑有 3%的斜度。

2. 当选用其他型号管接头时，a_i 应满足扳手空间或其他操作的要求。

b. 管子沿垂直方向布置的支沟槽，如图 20-14-1 所示。在宽度方向的最小间距大于等于 800mm，沟槽深度按表 20-14-1。

公称通径小于等于 32mm 的管子沿水平方向布置的支沟槽如图 20-14-2 所示。深度小于等于 400mm，宽度根据所铺设的管子数量和尺寸 a 来确定。

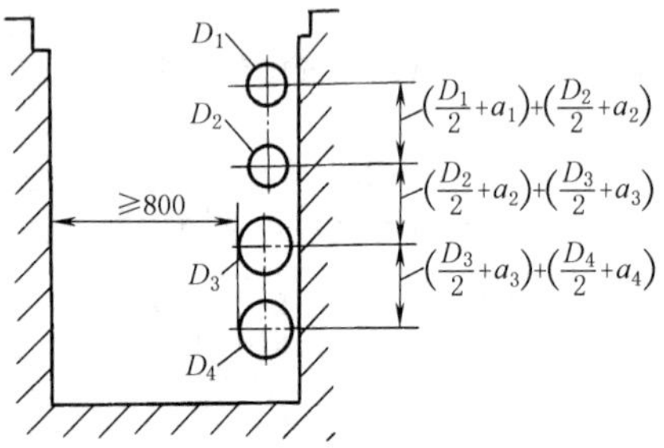

图 20-14-1　垂直布置支沟槽

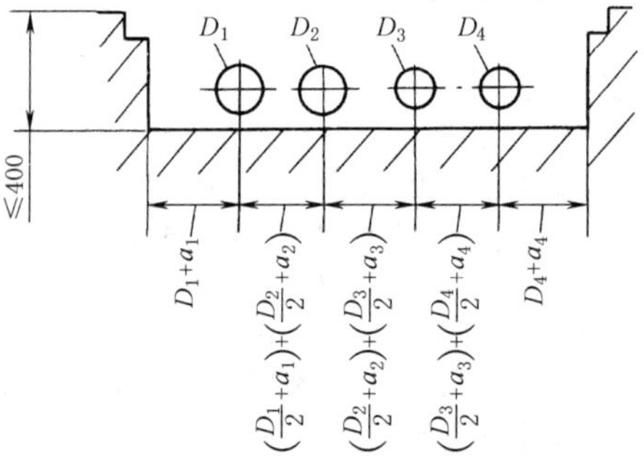

图 20-14-2　水平布置支沟槽

c. 支沟和主沟连接处，管道由主沟进入支沟或由支沟进入主沟时，可能会产生某种干涉。因此需通过基础设计给以保证（例如：管道之间互相上下交错开）。

② 为了在沟槽中固定管子，必须在基础中装进相应的扁钢。扁钢与扁钢之间的距离应当在 1500mm 左右，以便在受到撞击时不致使管道系统产生振动。距离沟槽拐角处的间距约为 250mm，见图 20-14-3。

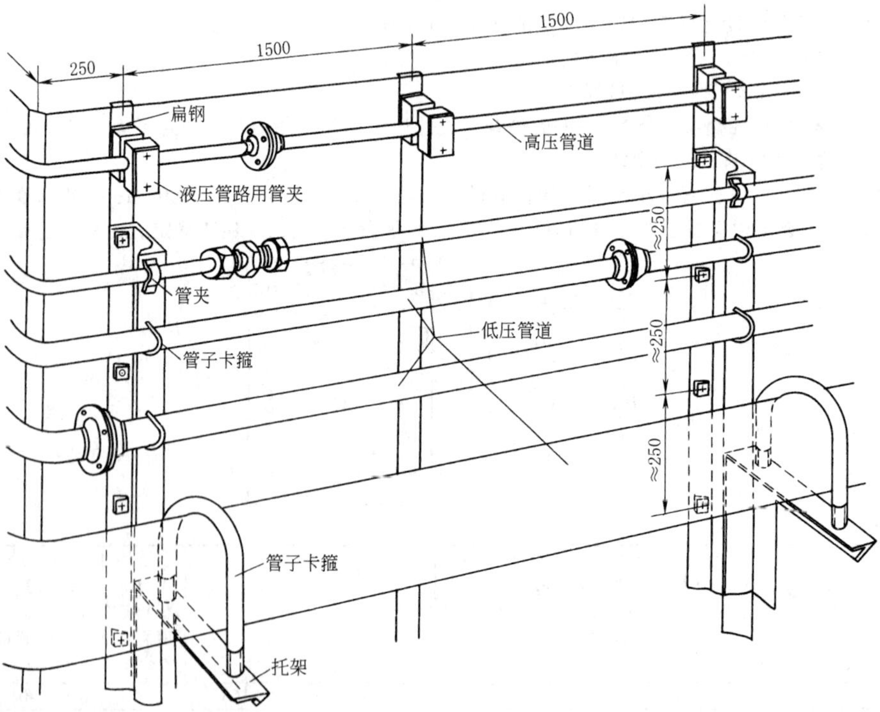

图 20-14-3

③ 管道的安装要求如下。

a. 高压管道的安装，固定管夹时，可以直接固定在已浇灌在基础中的扁钢上。

b. 低压管道的安装，管子可以采用管夹固定在 12 号槽钢上，管子的公称通径 DN 大于等于 32mm 选用管夹固定；DN 大于等于 200mm 选用托架与管子卡箍一起固定。

4）管子弯曲的要求如下。

① 现场制作的管子弯曲推荐采用弯管机冷弯。

② 弯管的最小弯曲半径应符合有关标准规定。弯管半径一般应大于 3 倍管子外径。

③ 管子弯曲处应圆滑，不应有明显的凹痕、波纹及压扁现象（短长轴比不应小于 0.75）。

更为具体的技术要求见 GB/T 37400.11—2019 中"3.3 管子的弯曲加工"。

5）管道焊接的要求如下。

① 管子焊接的坡口形式、加工方法和尺寸标准等，均应符合有关标准规定。

② 管道与管道、管道与管接头的焊接应采用对口焊接。不可采用插入式的焊接形式。

③ 管路焊缝的评定按照 GB/T 37400.3—2019 中表 9 中规定的评定等级，即：压力不大于 2.5MPa，则按照评定等级 D 级施工（仅 GB/T 37400.3—2019 中表 B.1 的序号 9 按照评定等级 C）；压力大于 2.5MPa，则按照评定等级 C 级施工；如有特殊要求，则无论压力等级如何，都应按照评定等级 B 进行焊缝施工，此时应在图样上注明。

④ 壁厚大于 25mm 的 10、15 和 20 低碳钢管道在焊接前应进行预热，预热温度为 100~200℃；合金钢管道的预热按设计规定进行。壁厚大于 36mm 的低碳钢、大于 20mm 的低合金钢、大于 10mm 的不锈钢管道，焊接后应进行与其相应的热处理。

⑤ 应采用氩弧焊焊接或用氩弧焊打底，电弧焊填充。采用氩弧焊时，管内宜通保护气体。

⑥ 焊缝探伤抽查量应符合表 20-14-2 的规定。按规定抽查量探伤不合格者，应加倍抽查该焊工的焊缝，当仍不合格时，应对其全部焊缝进行无损探伤。

表 20-14-2　　焊缝探伤抽查量

工作压力/MPa	抽查量/%
≤6.3	5
6.3~31.5	15
>31.5	100

注：在 GB/T 37400.11—2019 中规定："所有等级焊缝需执行 100%目视检验；B 级焊缝 X 光检验不小于 25%、C 级焊缝 X 光检验不小于 10%，也可以使用等效的内部特性检验方法代替 X 光检验；压力和密封检验按 GB/T 37400.11—2019 的 3.6 规定执行。"

更为具体的技术要求见 GB/T 37400.11—2019 中"4 配管焊接技术要求"。

6）软管安装要求如下。

① 软管敷设应符合有关标准规定，如《软管敷设规范》（JB/ZQ 4398）。

a. 正确的敷设方法。软管长度由其相应结构尺寸确定。软管在压力作用下缩短或者变长请参照软管标准资料。长度变化一般在 +2%~-4%。

应尽量避免软管的扭转，见图 20-14-4。软管安装时，应使其在工作状态时经过本身重量使各个拉应力消失。

软管应尽可能装有防机械作用的装置，同时应按其自然位置安装，弯曲半径不允许超过最小允许值，见图 20-14-5。软管弯曲开始处应为其直径 d 的 1.5 倍长，见图 20-14-6。即长 $\approx 1.5d$，同时应装有折弯保护。

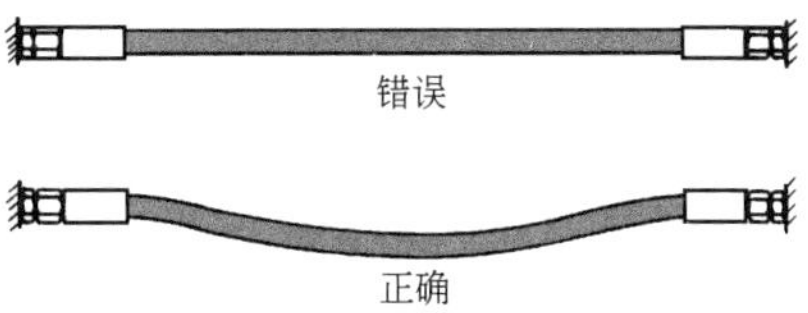

图 20-14-4

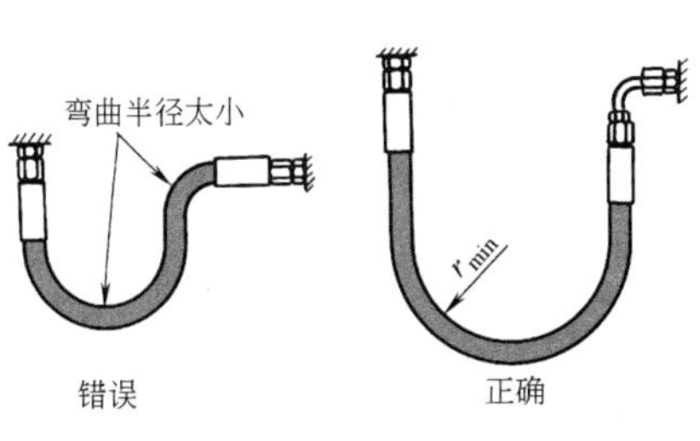

图 20-14-5

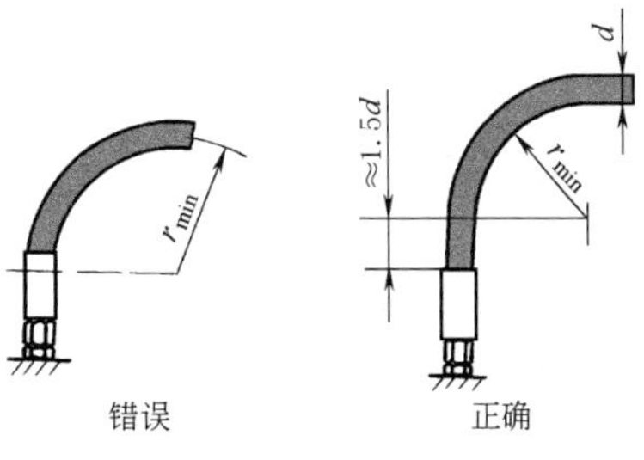

图 20-14-6

正确采用合适的附件及连接件可以避免软管的附加应力，见图 20-14-7。

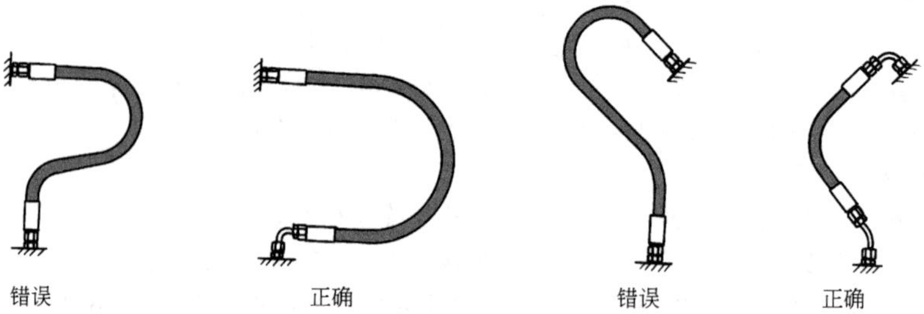

图 20-14-7

b. 避免外部损伤。外部机械对软管的作用，软管对构件的摩擦作用以及软管之间互相作用可以通过软管合理的配置和固定加以避免。如软管加外套保护，加防摩擦件等，见图 20-14-8。对在人行道上或车道上放置的软管，应用软管桥以防损伤和变形，见图 20-14-9。

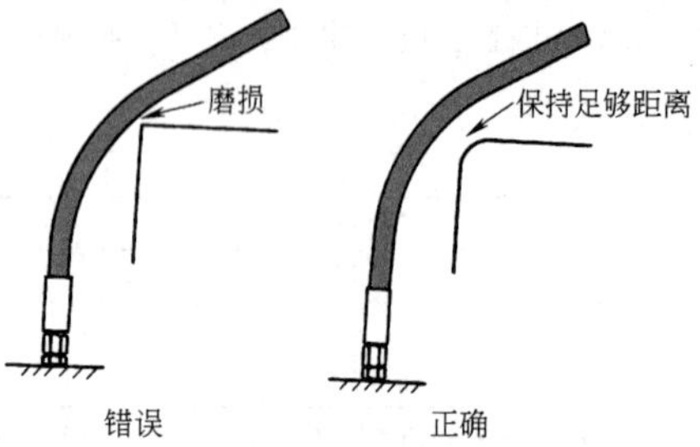

图 20-14-8

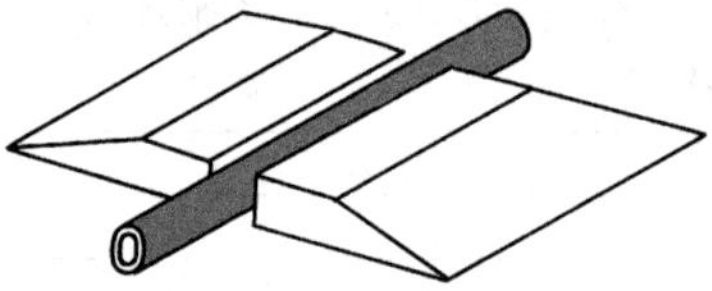

图 20-14-9

c. 减少弯曲应力。连接活动部件的软管长度应满足在其总的运动范围内不超过允许的最小半径，同时软管不承受拉应力，见图 20-14-10。

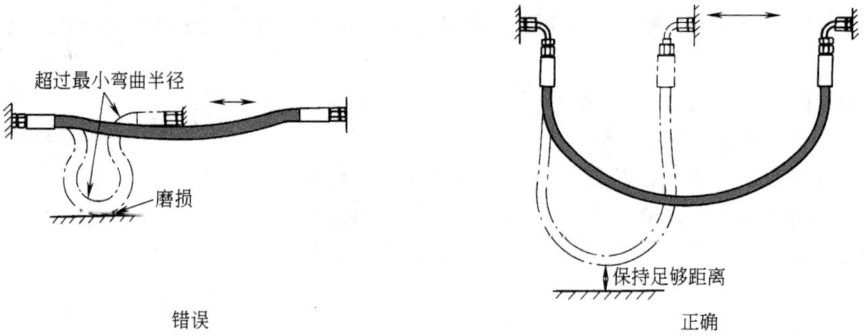

图 20-14-10

d. 避免扭转应力。连接活动部件的软管应避免扭转，见图 20-14-11。可以通过合理安装或在结构上采取措施加以解决。

e. 安装辅件。对于零散放置的软管可以装上合适的软管导向装置，以避免折弯，见图 20-14-12 和图 20-14-13。安装软管夹可以减少软管自然运动，见图 20-14-14，在此情况下，软管夹可以代替软管导向装置。

f. 防温度作用。当出现不允许的高辐射温度时，软管应与热辐射构件有足够的距离，而且还要有合理的保护措施，见图 20-14-15。

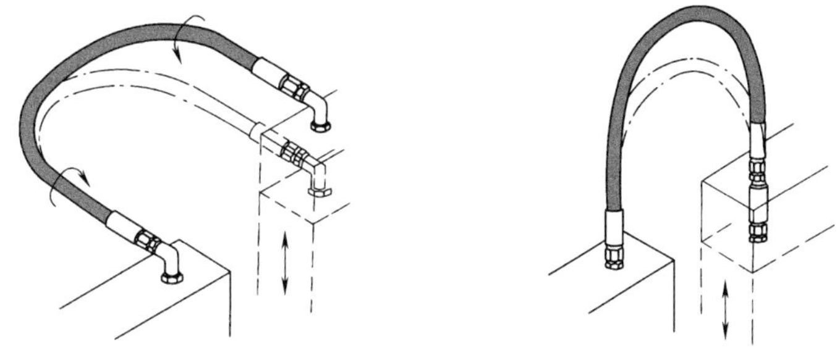

图 20-14-11

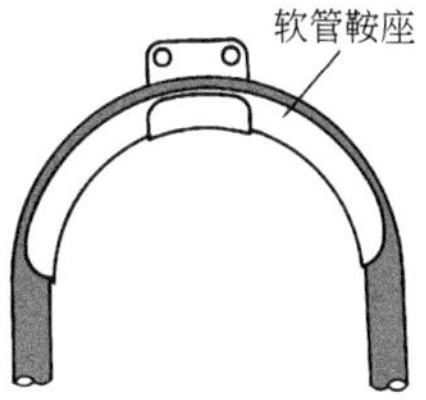

图 20-14-12

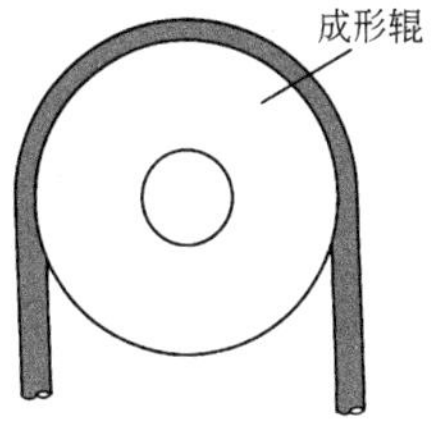

图 20-14-13

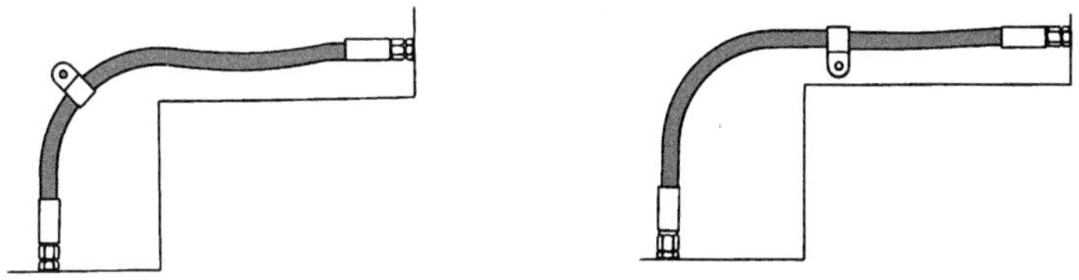

图 20-14-14

② 软管必须在规定的曲率半径范围内工作，应避免急转弯，其弯曲半径 $R\geqslant(9\sim10)D$（D 为软管外径）。最小弯曲半径见 GB/T 3683 等标准规定（见本篇第 12 章“3.3 软管”）。在可移动的场合下工作，当变更位置后，亦应符合上述要求。若弯曲半径只有规定的 1/2 时，就不能使用，否则寿命大为缩短。

③ 软管的弯曲同软管接头的安装及其运动平面应该是在同一平面上，以防扭转。但在特殊情况下，若软管两端的接头需在两个不同的平面上运动时，应在适当的位置安装夹子，把软管分成两部分，使每一部分在同一平面上运动。

④ 软管过长或承受急剧振动的情况下，宜用夹子夹牢。但在高压下使用的软管应尽量少用夹子，因软管受压变形，在夹子处会发生摩擦。

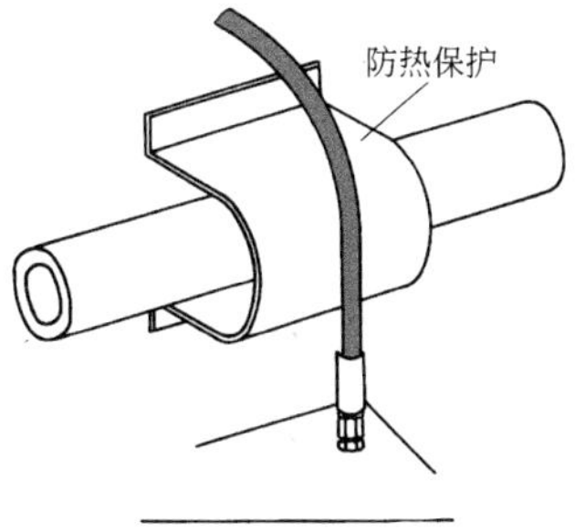

图 20-14-15

⑤ 使长度尽可能短，以避免机械设备在运行中发生软管严重弯曲变形。

⑥ 如软管自重会引起过分变形时，软管应有充分的支托或使管端下垂布置。

⑦ 不要和其他软管或配管接触，以免磨损破裂。可用卡板隔开或在配管设计上适当考虑。

⑧ 软管宜沿设备的轮廓安装，并尽可能平行排列。

⑨ 当有多根软管需同时做水平、垂直或水平/垂直混合运动时，应选用合适的拖链来保护软管，也使软管排

列整齐、美观。

⑩ 如软管的故障会引起危险，必须限制使用软管或予以屏蔽。

7）管路固定的要求如下。

① 管夹和管路支架应符合 GB/T 37400.11 的规定。

② 管子弯曲两直边应用管夹固定。

③ 管子在其端部与沿其长度上应采用管夹加以牢固支承，表 20-14-3 所列数值适用于静载荷，与相应的管子外径配合的管夹间距为推荐数值。

表 20-14-3 mm

管子外径 d	管夹间距 l	管子外径 d	管夹间距 l
$0<d\leqslant 10$	$0<l\leqslant 1000$	$80<d\leqslant 120$	$3000<l\leqslant 4000$
$10<d\leqslant 25$	$1000<l\leqslant 1500$	$120<d\leqslant 170$	$4000<l\leqslant 5000$
$25<d\leqslant 50$	$1500<l\leqslant 2000$	$170<d$	$l=5000$
$50<d\leqslant 80$	$2000<l\leqslant 3000$		

④ 管子不应直接焊在支架上或管夹上。

⑤ 管路不应用来支承设备和油路板或作为人行过桥。

8）管路上的采样点应符合 GB/T 3766 和 GB/T 17489 规定。

9）管路的酸洗和冲洗是保证液压系统工作可靠性和元件使用寿命的关键环节之一，必须足够重视。应按《机械设备安装工程及验收通用规范》（GB 50231—2009）、《重型机械通用技术条件　第 16 部分：液压系统》（GB/T 37400.16—2019）等有关规范进行。

① 管路酸洗。管路安装后，应采用酸洗法除锈。酸洗法有两种：槽式酸洗法和循环酸洗法。使用槽式酸洗法时，管路一般应进行二次安装。即将一次安装好的管路拆下来，置入酸洗槽，酸洗操作完毕并合格后，再将其二次安装。而循环酸洗可在一次安装好的管路中进行，需注意的是循环酸洗仅限于管道，其他液压元件必须从管路上断开或拆除。液压站或阀站内的管道，宜采用槽式酸洗法；液压站或阀站至液压缸、液压马达的管道，可采用循环酸洗法。

a. 槽式酸洗法。槽式酸洗法一般操作程序为：脱脂→水冲洗→酸洗→水冲洗→中和→钝化→水冲洗→干燥→喷防锈油（剂）→封口。

槽式酸洗法的脱脂、酸洗、中和、钝化液配合比，宜符合表 20-14-4 的规定。

表 20-14-4　脱脂、酸洗、中和、钝化液配合比

溶液	成分	浓度/%	温度/℃	时间/min	pH 值
脱脂液	氢氧化钠 碳酸氢钠 磷酸钠 硅酸钠	8~10 1.5~2.5 3~4 1~2	60~80	240 左右	—
酸洗液	盐酸 乌洛托品	12~15 1~2	常温	240~360	—
中和液	氨水	8~12	常温	2~4	10~11
钝化液	亚硝酸钠 氨水	1~2	常温	10~15	8~10

b. 循环酸洗法。循环酸洗法一般操作程序为：水试漏→脱脂→水冲洗→酸洗→中和→钝化→水冲洗→干燥→喷防锈油（剂）。循环酸洗法的脱脂、酸洗、中和、钝化液配合比，宜符合表 20-14-5 的规定。

表 20-14-5　脱脂、酸洗、中和、钝化液配合比

溶液	成分	浓度/%	温度	时间/min	pH 值
脱脂液	四氯化碳		常温	30 左右	
酸洗液	盐酸 乌洛托品	10~15 1	常温	120~240	
中和液	氨水	1	常温	15~30	10~12
钝化液	亚硝酸钠 氨水	10~15 1~3	常温	25~30	10~15

组成回路的管道长度，可根据管径、管压和实际情况确定，但不宜超过 300m；回路的构成，应使所有管道的内壁全部接触酸液。在酸洗完成后，应将溶液排净，再通入中和液，并应使出口溶液不呈酸性为止。溶液的酸碱度可采用 pH 试纸检查。

② 循环冲洗。液压系统的管道在酸洗合格后，应尽快采用工作介质或相当于工作介质的液体进行冲洗，且宜采用循环方式冲洗，并应符合下列要求。

a. 液压系统管道在安装位置上组成循环冲洗回路时，应将液压缸、液压马达及蓄能器与冲洗回路分开，伺服阀和比例阀应用冲洗板代替。在冲洗回路中，当有节流阀或减压阀时，应将其调整到最大开口度。

b. 管路复杂时，可适当分区对各部分进行冲洗。

c. 冲洗液加入油箱时，应采用滤油小车对油液进行过滤。过滤器等级不应低于系统的过滤器等级。

d. 冲洗液可用液压系统准备使用的工作介质或与它相容的低黏度工作介质，如 L-AN10。注意切忌使用煤油做冲洗液。

e. 冲洗液的冲洗流速应使液流呈紊流状态，且应尽可能高。

f. 冲洗液为液压油时，油温不宜超过 60℃；冲洗液为高水基液压液时，液温不宜超过 50℃。在不超过上述温度下，冲洗液温度宜高。

g. 循环冲洗要连续进行，冲洗时间通常在 72h 以上。冲洗过程宜采用改变冲洗方向或对焊接处和管子反复地进行敲打、振动等方法加强冲洗效果。

h. 冲洗检验：采用目测法检测时，在回路开始冲洗后的 15~30min 内应开始检查过滤器，此后可随污染物的减少相应延长检查的间隔时间，直至连续过滤 1h 在过滤器上无肉眼可见的固体污染物时为冲洗合格。

应尽量采用颗粒计数法检验，样液应在冲洗回路的最后一根管道上抽取，一般液压传动系统的清洁度不应低于 JB/T 6996 规定的 20/17 级（相当于 GB/T 14039 和 ISO 4406 标准中的污染等级 20/17 或 NAS 1638 标准中的 11 级）。

液压伺服系统和液压比例系统必须采用颗粒计数法检测，液压伺服系统的清洁度不应低于 15/12 级，液压比例系统的清洁度不应低于 17/14 级。

关于工作介质固体颗粒污染等级代号及颗粒数，见第 4 章“3.2　油液固体颗粒污染等级代号”。

i. 管道冲洗完成后，当要拆卸接头时，应立即封口；当需对管口焊接处理时，对该管道应重新进行酸洗和冲洗。

注：在 GB/T 37400.11 中规定：“液压系统及伺服系统的清洗检验及清洁度应符合 GB/T 37400.16 要求”。

2　液压系统的调试

2.1　试压

系统的压力试验应在安装完毕组成系统，并冲洗合格后进行。

1）试验压力在一般情况下应符合以下规定。

① 试验压力应符合表 20-14-6 的规定。

表 20-14-6

公称压力 p/MPa	≤16	16~31.5	>31.5
试验压力	$1.5p$	$1.25p$	$1.15p$

注：在 GB/T 37400.11—2019 中，液压及工业用水系统管路试验压力是以“系统（最高）工作压力”的倍数进行规定的，且要求保压 15min 应无泄漏。

② 在冲击大或压力变化剧烈的回路中，其试验压力应大于峰值压力。

2）系统在充液前，其清洁度应符合规定。所充液压油（液）的规格、品种及特性等均应符合使用说明书的规定；充液时应多次开启排气口，把空气排除干净（当有油液从排气阀中喷出时，即可认为空气已排除干净），同时将节流阀打开。

3）系统中的液压缸、液压马达、伺服阀、比例阀、压力继电器、压力传感器以及蓄能器等均不得参加压力试验。

4）试验压力应逐级升高，每升高一级宜稳压2~3min，达到试验压力后，持压10min，然后降至工作压力，进行全面检查，以系统所有焊缝、接口和密封处无漏油，管道无永久变形为合格。

5）系统中出现不正常声响时，应立即停止试验。处理故障必须先卸压。如有焊缝需要重焊，必须将该管卸下，并在除净油液后方可焊接。

6）压力试验期间，不得锤击管道，且在试验区域的5m范围内不得进行明火作业或重噪声作业。

7）压力试验应有试验规程，试验完毕后应填写《系统压力试验记录》。

注：在GB/T 37400.16—2019中规定："系统应按试验大纲和制造商试验规范进行性能试验。应对试验进行记录，记录的参数值应与实测参数值相一致。"

2.2 调试和试运转

液压系统的调试应在相关的土建、机械、电气、仪表以及安全防护等工程确认具备试车条件后进行。

系统调试一般应按泵站调试、系统压力调试和执行元件速度调试的顺序进行，并应配合机械的单部件调试、单机调试、区域联动、机组联动的调试顺序。

（1）泵站调试

启动液压泵，进油（液）压力应符合说明书的规定；泵进口油温不得大于60℃，且不得低于15℃；过滤器不得吸入空气，先空转10~20min，再调整溢流阀（或调压阀）逐渐分挡升压（每挡3~5MPa，每挡时间10min）到溢流阀调节值。升压中应多次开启系统放气口将空气排除。

1）蓄能器

① 气囊式、活塞式和气液直接接触式蓄能器应按设计规定的气体介质和预充压力充气；气囊式蓄能器必须在充油（最好在安装）之前充气。充气应缓慢，充气后必须检查充气阀是否漏气；气液直接接触式和活塞式蓄能器应在充油之后，并在其液位监控装置调试完毕后充气。

② 重力式蓄能器宜在液压泵负荷试运转后进行调试，在充油升压或卸压时，应缓慢进行；配重升降导轨间隙必须一致，散装配重应均匀分布；配重的重量和液位监控装置的调试均应符合设计要求。

2）油箱附件

① 油箱的液位开关必须按设计高度定位。当液位变动超过规定高度时，应能立即发出报警信号并实现规定的联锁动作。

② 调试油温监控装置前应先检查油箱上的温度表是否完好；油温监控装置调试后应使油箱的油温控制在规定的范围内。当油温超过规定范围时，应发出规定的报警信号。

泵站调试应在工作压力下运转2h后进行。要求泵壳温度不超过70℃，泵轴颈及泵体各结合面无漏油及异常的噪声和振动；如为变量泵，则其调节装置应灵活可靠。

（2）压力调试

系统的压力调试应从压力调定值最高的主溢流阀开始，逐次调整每个分支回路的各种压力阀。压力调定后，需将调整螺杆锁紧。压力调定值及以压力联锁的动作和信号应与设计相符。

（3）流量调试（执行机构调速）

速度调试应在正常工作压力和正常工作油温下进行；遵循先低速后高速的原则。

① 液压马达的转速调试。液压马达在投入运转前，应和工作机构脱开。在空载状态先点动，再从低速到高速逐步调试并注意空载排气，然后反向运转。同时应检查壳体温升和噪声是否正常。待空载运转正常后，再停机将马达与工作机构连接，再次启动液压马达并从低速至高速负载运转。如出现低速爬行现象，可检查工作机构的润滑是否充分，系统排气是否彻底，或有无其他机械干扰。

② 液压缸的速度调试。液压缸的速度调试与液压马达的速度调试方法相似。对带缓冲调节装置的液压缸，在调速过程中应同时调整缓冲装置，直至满足该缸所带机构的平稳性要求。如液压缸系内缓冲且为不可调型，则必须将该液压缸拆下，在试验台上调试处理合格后再装机调试，试验应符合GB/T 15622—2023《液压缸 试验方法》等有关规定。双缸同步回路在调速时，应先将两缸调整到相同的起步位置，再进行速度调整。

③ 系统的速度调试。系统的速度调试应逐个回路（系指带动和控制一个机械机构的液压系统）进行，在调试一个回路时，其余回路应处于关闭（不通油）状态；单个回路开始调试时，电磁换向阀宜用手动操纵。在系

统调试过程中所有元件和管道应无漏油和异常振动；所有联锁装置应准确、灵敏、可靠。速度调试完毕，再检查液压缸和液压马达的工作情况。要求在启动、换向及停止时平稳，在规定低速下运行时，不得爬行，运行速度应符合设计要求。系统调试应有调试规程和详尽的调试记录。

3 液压系统的使用和维护

3.1 液压系统的日常检查和定期检查

液压设备的检查通常采用日常检查和定期检查两种方法，以保证设备的正常运行。日常检查及定期检查项目和内容见表 20-14-7 和表 20-14-8。

表 20-14-7 日常检查项目和内容

检查时间	项　目	内　容	检查时间	项　目	内　容
在启动前检查	液　位	是否正常	在设备运行中监视工况	压　力	系统压力是否稳定和在规定范围内
	行程开关和限位块	是否紧固		噪声、振动	有无异常。一般系统压力为 7MPa 时，噪声小于等于 75dB(A)；14MPa 时，小于等于 90dB(A)
	手动、自动循环	是否正常		油　温	是否在 35～55℃ 范围内，不得大于 60℃
	电磁阀	是否处于原始状态		漏　油	全系统有无漏油
				电　压	是否保持在额定电压的+5%～-15%范围内

做到液压系统的合理使用，还必须注意以下事项。

1）油箱中的液压油液应经常保持正常液面。管路和液压缸的容量很大时，最初应放入足够数量的油液，在启动之后，由于油液进入了管路和液压缸，液面会下降，甚至使过滤器露出液面，因此必须再一次补充油液。在使用过程中，还会发生泄漏，故要求在油箱上应该设置液面计，以便经常观察和补充油液。

2）液压油液应经常保持清洁。检查油液的清洁应经常和检查油液面同时进行。

3）换油时的要求如下。

① 更换的新油液或补加的油液必须符合本系统规定使用的油液牌号，并应经过化验，符合规定的指标。

表 20-14-8 定期检查项目和内容

项　目	内　容	项　目	内　容
螺钉及管接头	定期紧固： a. 10MPa 以上系统，每月一次 b. 10MPa 以下系统，每三个月一次	油污染度检验	对新换油，经 1000h 使用后，应取样化验 对精、大、稀等设备用油，经 600h 取样 取油样需用专用容器，并保证不受污染 取油样需在设备停止运转后，立即从油箱的中下部或放油口取油样，数量约为每次 300～500mL 按油料化验单化验 油料化验单应纳入设备档案
过滤器、空气滤清器	定期情况（另有规定者除外）： a. 一般系统每月一次 b. 比例、伺服系统每半月一次		
油箱、管道、阀板	定期情况：大修时	压力表	按设备使用情况，规定检验周期
密封件	按环境温度、工作压力、密封件材质等具体规定	高压软管	根据使用工况，规定更换时间
弹簧	按工作情况、元件质量等具体规定	电控部分	按电器使用维修规定，定期检查维修
油污染度检验	对已确定换油周期的设备，提前一周取样化验	液压元件	根据使用工况，规定对泵、阀、马达、缸等元件进行性能测定。尽可能采取在线测试办法测定其主要参数

② 换油液时必须将油箱内部的旧油液全部放完，并且冲洗合格。

③ 新油液过滤后再注入油箱，过滤精度不得低于系统的过滤精度。

④ 新油液加入油箱前，应把流入油箱的主回油管拆开，用临时油桶接油。点动液压泵电动机，使新油将管道内的旧油“推出”（置换出来），如在液压泵转动时，操纵液压缸的换向阀，还可将缸内旧油置换出来。

⑤ 加油液时，注意油桶口、油箱口、滤油机进出油管的清洁。

⑥ 油箱的油液量在系统（管路和元件）充满油液后应保持在规定液位范围内。

⑦ 更换液压油（液）的期限，因油（液）品种、工作环境和运行工况不同而有很大不同。一般来说，在连续运转，高温、高湿、灰尘多的地方，需要缩短换油的周期。表 20-14-9 给出的更换周期可供换油前储备油品时参考使用，油（液）的更换时间应按使用过程中监测的数据，若采样油（液）中有一项达到该种油（液）的换油指标（见本篇第 4 章表 20-4-23～表 20-4-27），就应及时更换油（液），以确保液压系统正常运转。

表 20-14-9　　液压介质的更换周期

介质种类	普通液压油	专用液压油	全损耗系统用油	汽轮机油	水包油乳化液	油包水乳化液	磷酸酯液压液
更换周期/月	12～18	>12	6	12	2～3	12～18	>12

4）油温应适当。油箱的油温不能超过 60℃，一般液压机械在 30～50℃范围内工作比较合适。从维护的角度看，也应绝对避免油温过高。若油温有异常上升时应进行检查，常见原因如下：

① 油的黏度太高；

② 受外界的影响（例如开关炉门的油压装置等）；

③ 回路设计不好，例如效率太低，采用的元件的容量太小、流速过高等所致；

④ 油箱容量小，散热慢（一般来说，油箱容量在油泵每分钟排油量的 3 倍以上）；

⑤ 阀的性能不好，例如容易发生振动就可能引起异常发热；

⑥ 油质变坏，阻力增大；

⑦ 冷却器的性能不好，例如水量不足，管道内有水垢等。

5）回路里的空气应完全清除掉。回路里进入空气后，因为气体的体积和压力成反比，所以随着载荷的变动，液压缸的运动也要受到影响（例如机床的切削力是经常变化的，但需保持送进速度平稳，所以应特别避免空气混入）。另外空气又是造成油液变质和发热的重要原因，所以应特别注意下列事项：

① 为了防止回油管回油时带入空气，回油管必须插入油面以下；

② 入口过滤器堵塞后，吸入阻力大大增加，溶解在油中的空气分离出来，产生所谓空蚀现象；

③ 吸入管和泵轴密封部分等各个低于大气压的地方应注意不要漏入空气；

④ 油箱的液面要尽量大些，吸入侧和回油侧要用隔板隔开，以达到消除气泡的目的；

⑤ 管路及液压缸的最高部分均要有放气孔，在启动时应放掉其中的空气。

6）装在室外的液压装置使用时应注意以下事项：

① 随着季节的不同室外温度变化比较剧烈，因此尽可能使用黏度指数大的油；

② 由于气温变化，油箱中水蒸气会凝成水滴，在冬天应每一星期进行一次检查，发现后应立即除去；

③ 在室外因为脏物容易进入油中，因此要经常换油。

7）在初次启动液压泵时，应注意以下事项：

① 向泵里灌满工作介质；

② 检查转动方向是否正确；

③ 入口和出口是否接反；

④ 用手试转；

⑤ 检查吸入侧是否漏入空气；

⑥ 在规定的转速内启动和运转。

8）在低温下启动液压泵时，应注意以下事项：

① 在寒冷地带或冬天启动液压泵时，应该开开停停，往复几次使油温上升，液压装置运转灵活后，再进入正式运转；

② 在短时间内用加热器加热油箱，虽然可以提高油温，但这时泵等装置还是冷的，仅仅油是热的，很容易造成故障，应该注意。

9）其他注意事项：

① 在液压泵启动和停止时，应使溢流阀卸荷；

② 溢流阀的调定压力不得超过液压系统的最高压力；

③ 应尽量保持电磁阀的电压稳定，否则可能会导致线圈过热；

④ 易损零件，如密封圈等，应经常有备品，以便及时更换。

3.2 液压系统、元件清洁度等级

液压系统总成循环冲洗的清洁度指标可参考《重型机械液压系统通用　技术条件》（JB/T 6996—2007）中的“液压系统总成冲洗清洁度等级标准”，见表 20-14-10。每一清洁度等级一般由两个代表每 100mL 工作介质中固体污染物颗粒数的代码组成，其中一个代码代表大于 5μm 的颗粒数，另一个代码代表大于 15μm 的颗粒数，两个代码间用一根斜线分隔，即清洁度等级表示为：大于 5μm 的颗粒数代码/大于 15μm 的颗粒数代码。

表 20-14-10　　常用的清洁度等级

清洁度等级	每 100mL 工作介质的污染物颗粒数		清洁度等级	每 100mL 工作介质的污染物颗粒数	
	>5μm	>15μm		>5μm	>15μm
20/17	$500\times10^3\sim1\times10^6$	$64\times10^3\sim130\times10^3$	16/12	$32\times10^3\sim64\times10^3$	$2\times10^3\sim4\times10^3$
20/16	$500\times10^3\sim1\times10^6$	$32\times10^3\sim64\times10^3$	16/11	$32\times10^3\sim64\times10^3$	$1\times10^3\sim2\times10^3$
20/15	$500\times10^3\sim1\times10^6$	$16\times10^3\sim32\times10^3$	16/10	$32\times10^3\sim64\times10^3$	$500\sim1\times10^3$
20/14	$500\times10^3\sim1\times10^6$	$8\times10^3\sim16\times10^3$	15/12	$16\times10^3\sim32\times10^3$	$2\times10^3\sim4\times10^3$
19/16	$250\times10^3\sim500\times10^3$	$32\times10^3\sim64\times10^3$	15/11	$16\times10^3\sim32\times10^3$	$1\times10^3\sim2\times10^3$
19/15	$250\times10^3\sim500\times10^3$	$16\times10^3\sim32\times10^3$	15/10	$16\times10^3\sim32\times10^3$	$500\sim1\times10^3$
19/14	$250\times10^3\sim500\times10^3$	$8\times10^3\sim16\times10^3$	15/9	$16\times10^3\sim32\times10^3$	$250\sim500$
19/13	$250\times10^3\sim500\times10^3$	$4\times10^3\sim8\times10^3$	14/11	$8\times10^3\sim16\times10^3$	$1\times10^3\sim2\times10^3$
18/15	$130\times10^3\sim250\times10^3$	$16\times10^3\sim32\times10^3$	14/10	$8\times10^3\sim16\times10^3$	$500\sim1\times10^3$
18/14	$130\times10^3\sim250\times10^3$	$8\times10^3\sim16\times10^3$	14/9	$8\times10^3\sim16\times10^3$	$250\sim500$
18/13	$130\times10^3\sim250\times10^3$	$4\times10^3\sim8\times10^3$	14/8	$8\times10^3\sim16\times10^3$	$130\sim250$
18/12	$130\times10^3\sim250\times10^3$	$2\times10^3\sim4\times10^3$	13/10	$4\times10^3\sim8\times10^3$	$500\sim1\times10^3$
17/14	$64\times10^3\sim130\times10^3$	$8\times10^3\sim16\times10^3$	13/9	$4\times10^3\sim8\times10^3$	$250\sim500$
17/13	$64\times10^3\sim130\times10^3$	$4\times10^3\sim8\times10^3$	13/8	$4\times10^3\sim8\times10^3$	$130\sim250$
17/12	$64\times10^3\sim130\times10^3$	$2\times10^3\sim4\times10^3$	12/9	$2\times10^3\sim4\times10^3$	$250\sim500$
17/11	$64\times10^3\sim130\times10^3$	$1\times10^3\sim2\times10^3$	12/8	$2\times10^3\sim4\times10^3$	$130\sim250$
16/13	$32\times10^3\sim64\times10^3$	$4\times10^3\sim8\times10^3$	11/8	$1\times10^3\sim2\times10^3$	$130\sim250$

注：1. 在 GB/T 37400.16—2019 附录 A（规范性附录）“液压系统总成冲洗清洁度等级”给出的“常用的清洁度等级”与上表相同。

2. 在 GB/T 14039—2002 中规定的用显微镜计数的代号确定：“为了与自动颗粒计数器所得的数据报告相一致，代号由三部分组成，第一部分用符号‘—’表示。例如：—/18/13。”

该清洁度等级标准中的代号和数值与《液压传动油液固体颗粒污染等级代号》（GB/T 14039—2002）中采用显微镜计数的油液污染度代号和相应数值相同。

由美国宇航学会提出的 NAS 1638 污染度等级也是常采用的以颗粒浓度为基础的检测标准，还有 PALL、SAE 749D 等标准及其与 ISO 4406 国际标准的对照，见第 4 章“3.2　油液固体颗粒污染等级代号”。

液压工作介质被污染是液压系统发生故障和液压元件过早磨损甚至损坏的重要原因，因此对液压工作介质的污染及其控制问题必须引起足够重视。对典型液压系统和液压元件的清洁度要求，见表 20-14-11 和表 20-14-12。

表 20-14-11　　典型液压系统清洁度等级

类　型	等　级									
	12/9	13/10	14/11	15/12	16/13	17/14	18/15	19/16	20/17	21/18
精密电液伺服系统	——	——	——							
伺服系统			——	——	——					
电液比例系统					——	——	——			
高压系统				——	——	——	——			
中压系统						——	——	——	——	
低压系统							——	——	——	——

续表

类型	等级									
	12/9	13/10	14/11	15/12	16/13	17/14	18/15	19/16	20/17	21/18
数控机床系统		—	—	—	—	—				
机床液压系统					—	—	—	—	—	
一般机器液压系统						—	—	—	—	—
行走机械液压系统				—	—	—	—	—		
重型设备液压系统					—	—	—	—	—	
重型和行走设备传动系统						—	—	—	—	—
冶金轧钢设备液压系统				—	—	—	—	—		

注：上表与表20-1-9有所不同，仅供参考。

表 20-14-12　　典型液压元件清洁度等级

液压元件类型	优等品	一等品	合格品
各种类型液压泵	16/13	18/15	19/16
一般液压阀	16/13	18/15	19/16
伺服阀	13/10	14/11	15/12
比例控制阀	14/11	15/12	16/13
液压马达	16/13	18/15	19/16
液压缸	16/13	18/15	19/16
摆动液压缸	17/14	19/16	20/17
蓄能器	16/13	18/15	19/16
滤油器(壳体)	15/12	16/13	17/14

注：详细指标见JB/T 7858—2006《液压元件　清洁度评定方法及液压元件清洁度指标》。

一般液压传动系统总成出厂清洁度不得低于20/17级（相当于NAS 11级），液压伺服系统总成出厂清洁度不得低于16/13级（相当于NAS 7级）。

4　液压系统及元件常见故障及排除方法

液压系统某回路的某项液压功能出现失灵、失效、失控、失调或功能不完全统称为液压故障。它会导致液压机构某项技术指标或经济指标偏离正常值或正常状态，如液压机构不能动作、力输出不稳定、运动速度不符合要求、运动不稳定、运动方向不正确、产生爬行或液压冲击等，这些故障一般都可以从液压系统的压力、流量、液流方向去查找原因，并采取相应对策予以排除，详见表20-14-13~表20-14-19。

液压系统的故障大量属于突发性故障和磨损性故障，这些故障在液压系统的调试期、运行的初期、中期和后期表现形式与规律也不一样。应尽力采用状态监测技术，努力做到故障的早期诊断及排除。还有，一般说来液压系统发生故障的因素约85%是由于液压油（液）污染所造成的。

4.1　液压系统故障诊断及排除

表 20-14-13　　压力不正常的故障分析和排除方法

故障现象	故障分析	排除方法	故障现象	故障分析	排除方法
没有压力	①油泵吸不进油液 ②油液全部从溢流阀溢回油箱 ③液压泵装配不当，泵不工作 ④泵的定向控制装置位置错误 ⑤液压泵损坏 ⑥泵的驱动装置扭断	油箱加油、换过滤器等 调整溢流阀 修理或更换 检查控制装置线路 更换或修理 更换、调整联轴器	压力偏低	①减压阀或溢流阀设定值过低 ②减压阀或溢流阀损坏 ③油箱液面低 ④泵转速过低 ⑤泵、马达、液压缸损坏、内泄漏大 ⑥回路或油路块设计有误	重新调整 修理或更换 加油至标定高度 检查原动机及控制 修理或更换 重新设计、修改

续表

故障现象	故障分析	排除方法	故障现象	故障分析	排除方法
压力不稳定	①油液中有空气 ②溢流阀内部磨损 ③蓄能器有缺陷或失掉压力 ④泵、马达、液压缸磨损 ⑤油液被污染	排气、堵漏、加油 修理或更换 更换或修理 修理或更换 冲洗、换油	压力过高	①溢流阀、减压阀或卸荷阀失调 ②变量泵的变量机构不工作 ③溢流阀、减压阀或卸荷阀损坏或堵塞	重新设定调整 修理或更换 更换、修理或清洗

表 20-14-14　流量不正常的故障分析和排除方法

故障现象	故障分析	排除方法	故障现象	故障分析	排除方法
没有流量	①参考表20-14-13没有压力时的分析 ②换向阀的电磁铁松动、线圈短路 ③油液被污染，阀芯卡住 ④M、H型机能滑阀未换向	更换或修理 冲洗、换油	流量过小	⑤系统内泄漏严重 ⑥变量泵正常调节无效 ⑦管路沿程损失过大 ⑧泵、阀、缸及其他元件磨损	紧连接、换密封 修理或更换 增大管径、提高压力 更换或修理
流量过小	①流量控制装置调整太低 ②溢流阀或卸荷阀压力调得太低 ③旁路控制阀关闭不严 ④泵的容积效率下降	调高 调高 更换阀、查控制线路 换新泵、排气	流量过大	①流量控制装置调整过高 ②变量泵正常调节无效 ③检查泵的型号和电动机转速是否正确	调低 修理或更换

表 20-14-15　液压冲击大的故障分析和排除方法

故障现象	故障分析	排除方法
换向阀换向冲击	换向时，液流突然被切断，由于惯性作用使油液受到瞬间压缩，产生很高的压力峰值	调长换向时间 采用开节流三角槽或锥角的阀芯 加大管径、缩短管路
液压缸、液压马达突然被制动时的液压冲击	液压缸、液压马达运行时，具有很大的动量和惯性，突然被制动，引起较大的压力峰值	液压缸、液压马达进出油口处分别设置反应快、灵敏度高的小型溢流阀 在液压缸液压马达附近安装囊式蓄能器 适当提高系统背压或减少系统压力

表 20-14-16　噪声过大的故障分析和排除方法

故障现象	故障分析		排除方法	故障现象	故障分析	排除方法
泵噪声	①泵内有气穴	a. 油液温度太低或黏度太高 b. 吸入管太长、太细、弯头太多 c. 进油过滤器过小或堵塞 d. 泵离液面太高 e. 辅助泵故障 f. 泵转速太快	加热油液或更换 更改管道设计 更换或清洗 更改泵安装位置 修理或更换 减小到合理转速	泵噪声	③泵磨损或损坏 ④泵与原动机同轴度低	更换或修理 重新调整
				油马达噪声	①管接头密封件不良 ②油马达磨损或损坏 ③油马达与工作机同轴度低	换密封件 更换或修理 重新调整
	②油液中有空气	a. 油液选用不合适 b. 油箱中回油管在液面上 c. 油箱液面太低 d. 进油管接头进入空气 e. 泵轴油封损坏 f. 系统排气不好	更换油液 管伸到液面下 油加至规定范围 更换或紧固接头 更换油封 重新排气	溢流阀尖叫声	①压力调整过低或与其他阀太近 ②锥阀、阀座磨损	重新调节、组装或更换 更换或修理
				管道噪声	油流剧烈流动	加粗管道、少用弯头、采用胶管、采用蓄能器等

表 20-14-17 振动过大的故障分析和排除方法

故障现象	故障分析	排除方法	故障现象	故障分析	排除方法
泵振动	①联轴器不平衡 ②泵与原动机同轴度低 ③泵安装不正确 ④系统内有空气	更换 调整 重新安装 排除空气	油箱振动	①油箱结构不良	增厚箱板，在侧板、底板上增设筋板
管道振动	①管道长、固定不良	增加管夹，加防振垫并安装压板		②泵安装在油箱上	泵和电动机单独装在油箱外底座上，并用软管与油箱连接
	②溢流阀、卸荷阀、液控单向阀、平衡阀、方向阀等工作不良	对回路进行检查，在管道的某一部分装入节流阀		③没有防振措施	在油箱脚下、泵的底座下增加防振垫

表 20-14-18 油温过高的故障分析和排除方法

故障现象	故障分析	排除方法
油液温度过高	①系统压力太高	在满足工作要求条件下，尽量调低至合适的压力
	②当系统不需要压力油时，而油仍在溢流阀的设定压力下溢回油箱。即卸荷回路的动作不良	改进卸荷回路设计；检查电控回路及相应各阀动作；调低卸荷压力；高压小流量、低压大流量时，采用变量泵
	③蓄能器容量不足或有故障	换大蓄能器，修理蓄能器
	④油液脏或供油不足	清洗或更换过滤器；加油至规定油位
	⑤油液黏度不对	更换合适黏度的油液
	⑥油液冷却不足： a. 冷却水供应失灵或风扇失灵 b. 冷却水管道中有沉淀或水垢 c. 油箱的散热面积不足	 检查冷却水系统，更换、修理电磁水阀；更换、修理风扇 清洗、修理或更换冷却器 改装冷却系统或加大油箱容量
	⑦泵、马达、阀、缸及其他元件磨损	更换已磨损的元件
	⑧油液的阻力过大，如：管道的内径和需要的流量不相适应或者由于阀规格过小，能量损失太大	装置适宜尺寸的管道和阀
	⑨附近有热源影响，辐射热大	采用隔热材料反射板或变更布置场所；设置通风、冷却装置等，选用合适的工作油液
液压泵过热	①油液温度过高	见"油液温度过高"故障排除
	②有气穴现象	见表 20-14-16
	③油液中有空气	见表 20-14-16
	④溢流阀或卸荷阀压力调得太高	调整至合适压力
	⑤油液黏度过低或过高	选择适合本系统黏度的油
	⑥过载	检查支撑与密封状况，检查超出设计要求的载荷
	⑦泵磨损或损坏	修理或更换
液压马达过热	①油液温度过高	见"油液温度过高"故障排除
	②溢流阀、卸荷阀压力调得太高	调至正确压力
	③过载	检查支撑与密封状况，检查超出设计要求的载荷
	④马达磨损或损坏	修理或更换
溢流阀温度过高	①油液温度过高	见"油液温度过高"故障排除
	②阀调整错误	调至正确压力
	③阀磨损或损坏	修理或更换

表 20-14-19　　运动不正常的故障分析和排除方法

故障现象	故障分析	排除方法	故障现象	故障分析	排除方法
没有运动	①没有油流或压力 ②方向阀的电磁铁有故障 ③机械式、电气式或液动式的限位或顺序装置不工作或调得不对或没有指令信号 ④液压缸或马达损坏 ⑤液控单向阀的外控油路有问题 ⑥减压阀、顺序阀的压力过低或过高 ⑦机械故障	见表 20-14-13 修理或更换 调整、修复或更换 修复或更换 修理排除 重新调整 查找、修复	运动过快	①流量过大 ②放大器失调或调得不对	见表 20-14-14 调整修复或更换
			运动无规律	①压力不正常、无规律变化 ②油液中混有空气 ③信号不稳定、反馈失灵 ④放大器失调或调得不对 ⑤润滑不良 ⑥阀芯卡涩 ⑦液压缸或马达磨损或损坏	见表 20-14-13 排气、加油 修理或更换 调整、修复或更换 加润滑油 清洗或换油 修理或更换
运动缓慢	①流量不足或系统泄漏太大 ②油液黏度太高或温度太低 ③阀的控制压力不够 ④放大器失调或调得不对 ⑤阀芯卡涩 ⑥液压缸或马达磨损或损坏 ⑦载荷过大	见表 20-14-14 换油(液)或提高油(液)工作温度 见表 20-14-13 调整修复或更换 清洗、调整或更换 更换或修理 检查、调整	机构爬行	①液压缸和管道中有空气 ②系统压力过低或不稳 ③滑动部件阻力太大 ④液压缸与滑动部件安装不良,如机架刚度不够、紧固螺栓松动等	排除系统中空气 调整、修理压力阀 修理、加润滑油 调整、加固

注：机构运动不正常，不仅仅是流量、压力等因素引起，通常是液压系统和机械系统的综合性故障，必须综合分析、排除故障。

表 20-14-20　　开环液压控制系统的故障诊断

故障现象	故障原因	
	机械/液压部分	电气/电子部分
轴向运动不稳定压力或流量波动	液压泵故障;管道中有空气;液体清洁度不合格;两级阀先导控制油压不足;液压缸密封摩擦力过大引起忽停忽动;液压马达速度低于最低许用速度(最低转速)	电功率不足;信号接地屏蔽不良;产生电干扰;电磁铁通断电引起电或电磁干扰
执行机构动作超限	软管弹性过大;遥控单向阀不能及时关闭,执行器内空气未排尽;执行器内部泄漏	偏流设定值太高;斜坡时间太长;限位开关超限;电气切换时间太长
停顿或不可控制的轴向运动	液压泵故障;控制阀卡阻(由于污脏);手动阀及调整装置不在正确位置	接线错误;控制回路开路;信号装置整定不当或损坏;断电或无输入信号;传感器机构校准不良
执行机构运行太慢	液压泵内部泄漏;流量控制阀整定太低	输入信号不正确;增益调整不正确
输出的力和力矩不够	供油或回油管阻力过大;控制阀设定压力太低;控制阀两端压降过大;泵和阀由于磨损而内部泄漏	输入信号不正确;增益调整不正确
工作时系统内有撞击	阀切换时间太短;节流口或阻尼损坏蓄能系统前未加节流机构重量或驱动力过大	斜坡时间太短
工作温度过高	管道截面不够;连续的大量溢流消耗;压力设定值过高;冷却系统不工作;工作中断或间歇期间无压力卸荷	
噪声过大	过滤器堵塞;液压油气泡沫;液压泵组安装松动;吸油管压力过大;控制阀振动;阀电磁铁腔内有空气	高频脉冲调整不正确
控制信号输入系统后执行器不动作	系统油压不正常;液压泵、溢流阀和执行器是否有卡锁现象	放大器的输入、输出电信号不正常,电液阀的电信号有输入和有变化时,液压输出也正常,可判定电液阀不正常。阀故障一般应由生产厂家处理
控制信号输入系统后执行器向某一方向运动到底		传感器未接入系统;传感器的输入信号与放大器误接

续表

故障现象	故障原因	
	机械/液压部分	电气/电子部分
执行器零位不准确	阀调零不正常	阀的调零偏置信号调节不当；阀的颤振信号调节不当
执行器出现振动	系统油压太高	放大器的放大倍数调得过高；传感器的输出信号不正常
执行器跟不上输入信号的变化	系统油压太低；执行元件和运动机构之间游隙太大	放大器的放大倍数调得过低
执行机构出现爬行现象	油路中气体没有排尽；运动部件的摩擦力过大；液压油压力不够	

表 20-14-21　闭环液压控制系统的故障诊断

故障现象		故障原因	
		机械/液压部分	电气/电子部分
1. 静态工况			
低频振荡	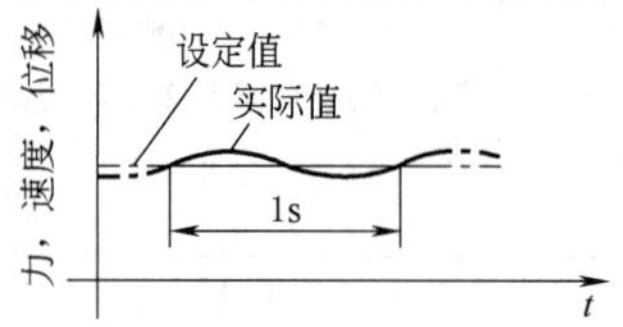	液压功率不足；先导控制压力不足；阀磨损或污脏	比例增益设定值太低；积分增益设定值太低；采样时间太长
高频振荡	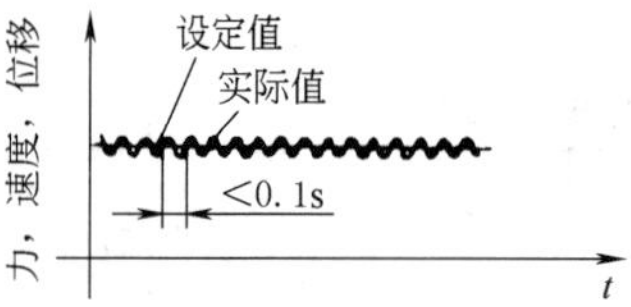	液体起泡沫；阀因磨损或污脏有故障；阀两端压降太大；阀电磁铁室内有空气	比例增益设定值太高；电干扰
短时间内出现一个或两个方向的高峰（随机性的）	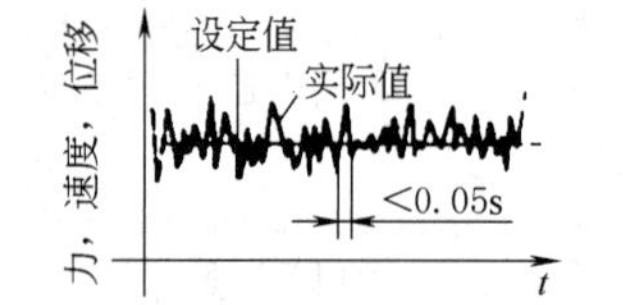	机械连接不牢固；阀电磁铁室内空气；阀因磨损或污脏有故障	偏流不正确；电磁干扰
自励放大振荡	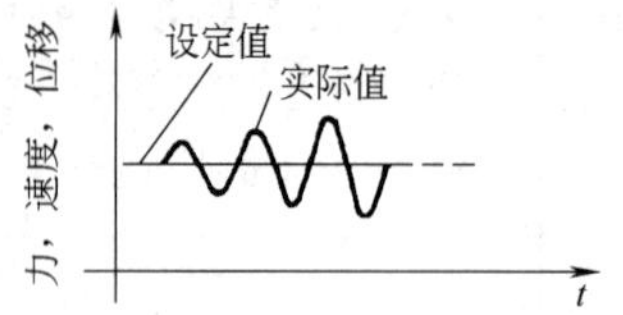	液压软管弹性过大；机械非刚性连接，阀两端压降过大；液压阀增益过大	比例增益值太高；积分增益值太高
2. 动态工况：阶跃响应			
一个方向的超调	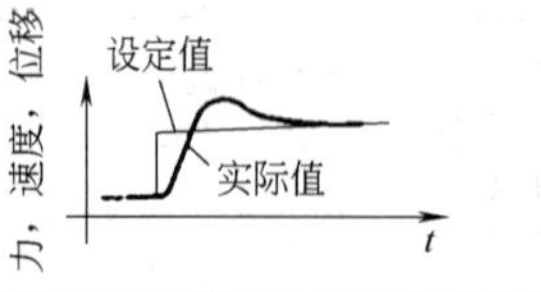	阀两端压降过大	微分增益太低；插入了斜坡时间
两个方向的超调	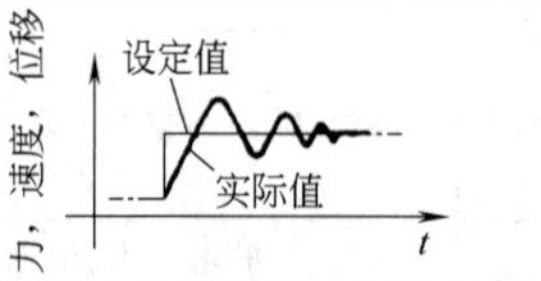	机构连接不牢固；软管弹性过大；控制阀安装的离驱动机构太远	比例增益设定值太高；积分增益设定值太低
逼近设定值的时间长	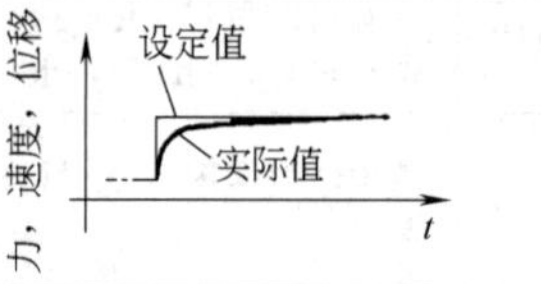	控制阀的压力灵敏度过低	比例增益设定值太低；偏流不正确

续表

故障现象		故障原因	
		机械/液压部分	电气/电子部分
驱动达不到设定值	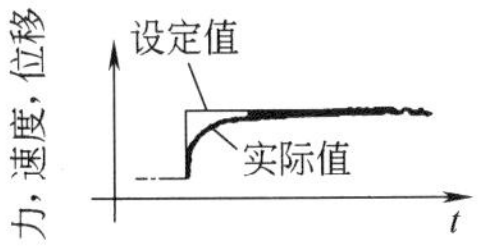	压力或流量不足	积分增益设定值太高;增益及偏流不正确;比例及微分增益设定值太低
不稳定控制	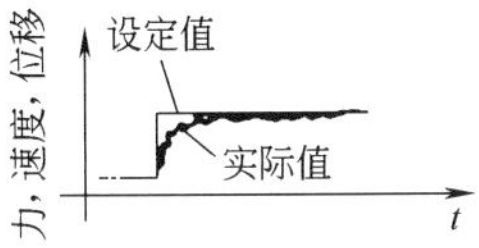	反馈传感器接线时断时续;软管弹性过大;阀电磁铁室内有空气	比例增益设定值太高;积分增益设定值太低;电噪声
抑制控制	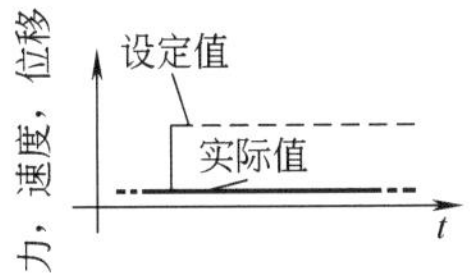	反馈传感器机械方面未校准;液压功率不足	电功率不足;没有输入型号乎哟反馈信号;接线错误
重复精度低及滞后时间长	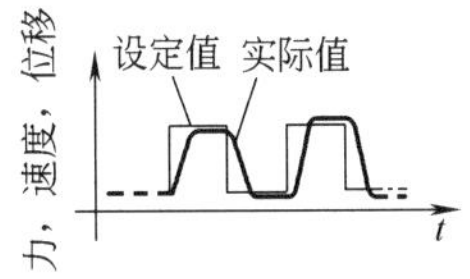	反馈传感器接线时断时续;	比例增益设定值太高;积分增益设定值太低;
3. 动态工况:频率响应			
幅值降低	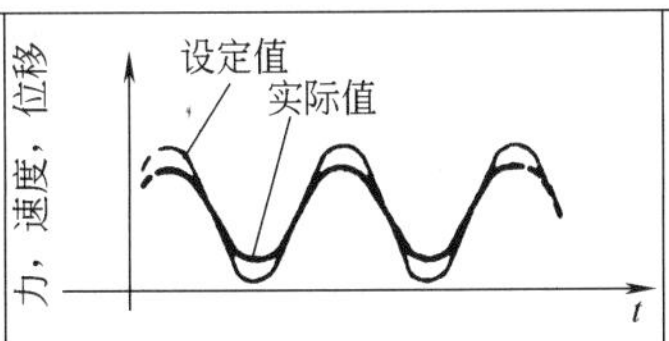	压力及流量不足	比例增益设定值太低;增益设定值太低
波形放大	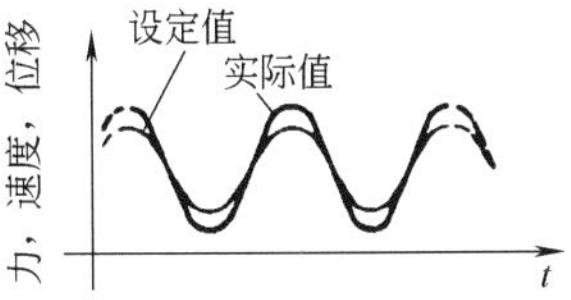	软管弹性过大;控制阀离驱动机构太远	增益值调整不正确
时间滞后	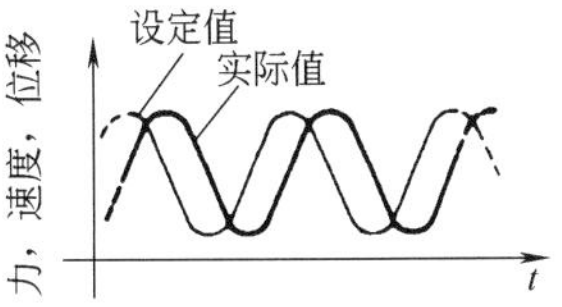	压力及流量不足	插入了斜坡时间;积分增益设定值太低
振动型的控制	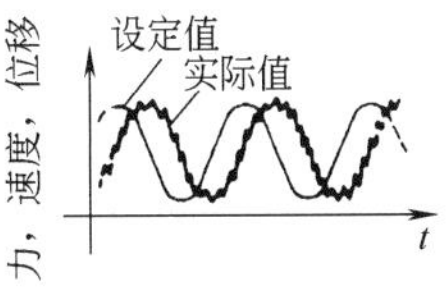	阀电磁铁室内有空气	比例增益设定值太高;电干扰;微分增益设定值太高

4.2 液压元件故障诊断及排除

由于泵、缸、阀等元件的类型、品种相当多，下面仅介绍几种主要液压元件的常见、共性故障分析及排除方法，见表20-14-22~表20-14-30。故障分析时，应首先熟悉和掌握元件的结构、特性和工作原理，应加强现场观测、分析研究、注意防止错误诊断，做到及时、有效排除液压故障。元件的修理、试验应按“液压元件通用技术条件（GB/T 7935）”和有关标准进行。

表 20-14-22　　液压泵常见故障分析与排除方法

故障现象	故障分析	排除方法
不出油、输油量不足、压力上不去	①电动机转向不对 ②吸油管或过滤器堵塞 ③轴向间隙或径向间隙过大 ④连接处泄漏,混入空气 ⑤油液黏度太高或油液温升太高	①改变电动机转向 ②疏通管道,清洗过滤器,换新油 ③检查更换有关零件 ④紧固各连接处螺钉,避免泄漏,严防空气混入 ⑤正确选用油液,控制温升
噪声严重、压力波动厉害	①吸油管及过滤器堵塞或过滤器容量小 ②吸油管密封处漏气或油液中有气泡 ③泵与联轴器不同轴 ④油位低 ⑤油温低或黏度高 ⑥泵轴承损坏 ⑦供油量波动 ⑧油液过脏	①清洗过滤器使吸油管通畅,正确选用过滤器 ②在连接部位或密封处加点油,如噪声减小,可拧紧接头处或更换密封圈;回油管口应在油面以下,与吸油管要有一定距离 ③调整同轴 ④加油液 ⑤把油液加热到适当的温度 ⑥更换泵轴承 ⑦更换或修理辅助泵 ⑧冲洗、换油
泵轴颈油封漏油	泄油管道液阻过大,使泵体内压力升高到超过油封许用的耐压值	检查柱塞泵泵体上的泄油口是否用单独油管直接接通油箱。若发现把几台柱塞泵的泄漏油管并联在一根同直径的总管后再接通油箱,或者把柱塞泵的泄油管接到总回油管上,则应予改正。最好在泵泄油口接一个压力表,以检查泵体内的压力,其值应小于 0.08MPa

液压马达与液压泵结构基本相同，其故障分析与排除方法可参考液压泵。液压马达的特殊问题是启动转矩和效率等。这些问题与液压泵的故障也有一定关系。

表 20-14-23　　液压缸常见故障分析及排除方法

故障现象	故障分析	排除方法
推力不足或工作速度逐渐下降甚至停止	①液压缸和活塞配合间隙太大或密封圈损坏,造成高低压腔互通 ②由于工作时经常用工作行程的某一段,造成液压缸孔径直线性不良(局部有腰鼓形),致使液压缸两端高低压油互通 ③缸端油封压得太紧或活塞杆弯曲,使摩擦力或阻力增加 ④泄漏过多 ⑤油温太高,黏度减小,靠间隙密封或密封质量差的液压缸行速变慢。若液压缸两端高低压油腔互通,运行速度逐渐减慢直至停止	①单配活塞和液压缸的间隙或更换密封圈 ②镗磨修复液压缸孔径,单配活塞 ③放松油封,以不漏油为限,校直活塞杆 ④寻找泄漏部位,紧固各接合面 ⑤分析发热原因,设法散热降温,如密封间隙过大则单配活塞或增装密封环
冲击	①活塞和液压缸间隙过大,节流阀失去节流作用 ②端头缓冲的单向阀失灵,缓冲不起作用	①按规定配活塞与液压缸的间隙,减少泄漏现象 ②修正研配单向阀与阀座
爬行	①空气侵入 ②液压缸端盖密封圈压得太紧或过松 ③活塞杆与活塞不同轴 ④活塞杆全长或局部弯曲 ⑤液压缸的安装位置偏移 ⑥液压缸内孔直线性不良(鼓形锥度等) ⑦缸内壁腐蚀、拉毛 ⑧双活塞杆两端同轴度不良	①增设排气装置;如无排气装置,可开动液压系统以最大行程使工作部件快速运动,强迫排除空气 ②调整密封圈,使它不紧不松 ③校正二者同轴度 ④校直活塞杆 ⑤检查液压缸与导轨的平行性并校正 ⑥镗磨修复,重配活塞 ⑦轻微者修去锈蚀和毛刺,严重者必须镗磨 ⑧校正同轴度

表 20-14-24　溢流阀的故障分析及排除方法

故障现象	故障分析	排除方法
压力波动	①弹簧弯曲或太软 ②锥阀与阀座接触不良 ③钢球与阀座密合不良 ④滑阀变形或拉毛 ⑤油不清洁,阻尼孔堵塞	①更换弹簧 ②如锥阀是新的即卸下调整螺母,将导杆推几下,使其接触良好;或更换锥阀 ③检查钢球圆度,更换钢球,研磨阀座 ④更换或修研滑阀 ⑤疏通阻尼孔,更换清洁油液
调整无效	①弹簧断裂或漏装 ②阻尼孔阻塞 ③滑阀卡住 ④进出油口装反 ⑤锥阀漏装	①检查、更换或补装弹簧 ②疏通阻尼孔 ③拆出、检查、修整 ④检查油源方向 ⑤检查、补装
泄漏严重	①锥阀或钢球与阀座的接触不良 ②滑阀与阀体配合间隙过大 ③管接头没拧紧 ④密封破坏	①锥阀或钢球磨损时更换新的锥阀或钢球 ②检查阀芯与阀体间隙 ③拧紧连接螺钉 ④检查更换密封
噪声及振动	①螺母松动 ②弹簧变形,不复原 ③滑阀配合过紧 ④主滑阀动作不良 ⑤锥阀磨损 ⑥出油路中有空气 ⑦流量超过允许值 ⑧和其他阀产生共振	①紧固螺母 ②检查并更换弹簧 ③修研滑阀,使其灵活 ④检查滑阀与壳体的同轴度 ⑤换锥阀 ⑥排出空气 ⑦更换与流量对应的阀 ⑧略为改变阀的额定压力值(如额定压力值的差在0.5MPa以内时,则容易发生共振)

表 20-14-25　减压阀的故障分析及排除方法

故障现象	故障分析	排除方法
压力波动不稳定	①油液中混入空气 ②阻尼孔有时堵塞 ③滑阀与阀体内孔圆度超过规定,使阀卡住 ④弹簧变形或在滑阀中卡住,使滑阀移动困难或弹簧太软 ⑤钢球不圆,钢球与阀座配合不好或锥阀安装不正确	①排除油中空气 ②清理阻尼孔 ③修研阀孔及滑阀 ④更换弹簧 ⑤更换钢球或拆开锥阀调整
二次压力升不高	①外泄漏 ②锥阀与阀座接触不良	①更换密封件,紧固螺钉,并保证力矩均匀 ②修理或更换
不起减压作用	①泄油口不通;泄油管与回油管道相连,并有回油压力 ②主阀芯在全开位置时卡死	①泄油管必须与回油管道分开,单独回入油箱 ②修理、更换零件,检查油质

表 20-14-26　节流调速阀的故障分析及排除方法

故障现象	故障分析	排除方法
节流作用失灵及调速范围不大	①节流阀和孔的间隙过大,有泄漏以及系统内部泄漏 ②节流孔阻塞或阀芯卡住	①检查泄漏部位零件损坏情况,予以修复、更新,注意接合处的油封情况 ②拆开清洗,更换新油液,使阀芯运动灵活
运动速度不稳定如逐渐减慢、突然增快及跳动等现象	①油中杂质黏附在节流口边上,通油截面减小,使速度减慢 ②节流阀的性能较差,低速运动时由于振动使调节位置变化 ③节流阀内部、外部有泄漏	①拆卸清洗有关零件,更换新油,并经常保持油液洁净 ②增加节流联锁装置 ③检查零件的精度和配合间隙,修配或更换超差的零件,连接处要严加封闭

续表

故障现象	故障分析	排除方法
运动速度不稳定如逐渐减慢、突然增快及跳动等现象	④在简式的节流阀中,因系统载荷有变化,使速度突变 ⑤油温升高,油液的黏度降低,使速度逐步升高 ⑥阻尼装置堵塞,系统中有空气,出现压力变化及跳动	④检查系统压力和减压装置等部件的作用以及溢流阀的控制是否正常 ⑤液压系统稳定后调整节流阀或增加油温散热装置 ⑥清洗零件,在系统中增设排气阀,油液要保持洁净

表 20-14-27　换向阀的故障分析及排除方法

故障现象	故障分析	排除方法
滑阀不换向	①滑阀卡死 ②阀体变形 ③具有中间位置的对中弹簧折断 ④操纵压力不够 ⑤电磁铁线圈烧坏或电磁铁推力不足 ⑥电气线路出故障 ⑦液控换向阀控制油路无油或被堵塞	①拆开清洗脏物,去毛刺 ②调节阀体安装螺钉使压紧力均匀,或修研阀孔 ③更换弹簧 ④操纵压力必须大于0.35MPa ⑤检查、修理、更换 ⑥消除故障 ⑦检查原因并消除
电磁铁控制的方向阀作用时有响声	①滑阀卡住或摩擦力过大 ②电磁铁不能压到底 ③电磁铁铁芯接触面不平或接触不良	①修研或调配滑阀 ②校正电磁铁高度 ③消除污物,修正电磁铁铁芯

表 20-14-28　液控单向阀的故障分析及排除方法

故障现象	故障分析	排除方法
油液不逆流	①控制压力过低 ②控制油管道接头漏油严重 ③单向阀卡死	①提高控制压力使之达到要求值 ②紧固接头,消除漏油 ③清洗
逆方向不密封,有泄漏	①单向阀在全开位置上卡死 ②单向阀锥面与阀座锥面接触不均匀	①修配,清洗 ②检修或更换

表 20-14-29　电液比例阀的故障分析及排除方法

故障现象	故障原因	排除方法
电液比例压力阀		
比例电磁铁无电流通过,导致调压失灵	①比例电磁铁发生故障 ②比例电磁铁控制电路发生故障 ③阀体发生故障	①按比例电磁铁的故障排除方法 ②检修电磁铁控制电路 ③维修比例压力阀的阀体
流经比例电磁铁的电流足够大,但是比例压力阀的压力升不上去,或达不到所要求的压力值	①比例电磁铁的线圈电阻远小于规定值,电磁铁线圈断路 ②连接比例放大器的连线短路	①重绕电磁线圈或更换比例电磁铁 ②重新连接比例放大器连线
压力发生阶跃变化时,压力不稳定,发生小振幅的波动	①比例电磁的铁芯和导向套之间有污物,阻碍铁芯运动,导致滞环增大,在滞环范围内,压力不稳定,发生波动 ②主阀芯滑动部分粘有污物,阻碍主阀芯运动,导致滞环增大,在滞环范围内,压力不稳定,发生波动 ③铁芯与导套的配合副发生磨损,造成间隙增大,力滞环增加,导致所调压力不稳定,发生波动	①拆卸比例压力阀,清洗比例电磁铁,并检查液压油的清洁度,如不符合规定要求,更换清洁油液 ②拆卸比例压力阀,清洗主阀芯,并检查液压油的清洁度,如不符合规定要求,更换清洁油液 ③加大铁芯外径尺寸,使铁芯与导套良好配合

续表

故障现象	故障原因	排除方法
压力响应迟滞，压力改变缓慢	①比例电磁铁内存有空气 ②电磁铁铁芯上的固定阻尼节流孔及主阀芯节流孔或旁路节流孔被污物堵住，比例电磁铁铁芯及主阀芯的运动受到阻碍 ③设备刚装好开始运转时或长期停机后，系统中进入空气	①比例压力阀在开始使用前要先拧松放气螺钉，放干净空气，直到有油液流出为止 ②拆开比例电磁铁和主阀进行清洗，检查油液清洁度，如不符合要求，进行更换 ③在空气集中的系统油路的最高位置设置放气阀进行放气，或拧松管接头进行放气
CGE型电液比例溢流阀的电磁线圈输入500mA额定电流时，阀进口压力达不到21MPa额定工作压力，而是比额定压力低2~6MPa	磁隙调整垫片的紧固螺钉松动，使磁隙和磁阻增大，电磁力下降，液压间隙增大，导致喷嘴上游压力和主阀芯上腔压力降低，造成主阀芯开启压力下降，及发进口压力下降，达不到最高压力	适当增减磁隙调整垫片厚度，拧紧磁隙调整垫片紧固螺钉，减小磁隙，是磁隙初始设置值在0.89~0.94mm范围内
CGE型电液比例溢流阀线圈输入零电流时，阀初始压力过高	喷嘴挡板的初始间隙过小，导致初始压力过高	拆卸重新安装电液比例溢流阀，使喷嘴挡板的初始间隙在0.1~0.13mm范围内
电液比例流量阀		
节流调节流量作用失效	①流量阀流量调节失效 ②比例电磁铁插座老化导致接触不良，造成比例电磁铁未能通电 ③比例放大器出现故障	①参考流量阀流量调节失效故障排除方法 ②参照比例电磁铁故障排除方法 ③检查比例放大器电路各组成元件，更换故障元件
流量调定后不稳定	径向不平衡力及机械摩擦增大，导致力滞环增加，造成流量调定不稳定	尽量减小衔铁和导磁套的磨损；使推杆导杆与衔铁同心；采用过滤器使油液清洁，防止污染物进入衔铁与导磁套之间的间隙内而卡死衔铁；导磁套和衔铁磨损后，要进行修复，是二者的间隙满足规定范围要求
电液比例方向阀		
方向调节作用失效或不稳定	①方向阀失去方向调节能力 ②比例电磁铁插座老化导致接触不良，电磁铁引线脱焊，线圈内部断线等，造成比例电磁铁未能通电 ③比例放大器出现故障 ④存在径向不平衡力，磨损严重，污物进入衔铁和导磁套间隙，导致力滞环增加，造成方向调节不稳定	①参考方向阀故障排除方法 ②参照比例电磁铁故障排除方法 ③检查比例放大器电路各组成元件，更换故障元件 ④尽量减小衔铁和导磁套的磨损，磨损后要进行修复，使推杆导杆与衔铁同心；采用过滤器使油液清洁，防止污染物进入衔铁与导磁套之间的间隙内而卡死衔铁
比例电磁铁		
比例电磁铁出现故障	①插头组件的接线插座老化、接触不良以及电磁铁引线脱焊，造成比例电磁铁不能通入电流 ②线圈温升过大，造成比例电磁铁输出力不够 ③线圈老化、烧毁及线圈内部断线 ④衔铁工作过程中磨损，造成阀力滞环增加 ⑤推杆导杆与衔铁不同心，造成阀力滞环增加 ⑥电磁套焊接不牢或焊接处断裂，导致比例电磁铁丧失比例功能 ⑦导磁套在冲击压力作用下发生变形，或导磁套磨损，造成比例阀力滞环增加 ⑧比例放大器发生故障，导致比例电磁铁不能工作 ⑨比例放大器和电磁铁间的连线断线或放大器接线端子接线脱开，导致比例电磁铁不能正常工作	①用电表进行检测，如电阻检测值为无穷大，重新焊牢引线，同时修复插座，并将插座插牢 ②检查线圈输入电流是否过大，线圈漆包线是否绝缘不良，阀芯是否因污物卡死，根据检查结果，对线圈进行维修或更换，拆阀清洗 ③更换线圈 ④更换衔铁 ⑤重新安装推杆导杆，保证其与衔铁同心 ⑥重新牢固焊接导磁套 ⑦维修或更换导磁套 ⑧检查放大器电路各组成元件，确定故障原因，更换故障元件，消除比例放大器电路故障 ⑨更换断线，重新牢固连线

表 20-14-30　　电液伺服阀的故障分析及排除方法

故障现象	分析与排除
电液伺服阀无动作造成执行元件也无动作	①检查供油压力,如供油压力过低造成阀先导控制压力不够导致故障发生,则需根据电液伺服阀要求提高其阀先导控制压力,排除此故障 ②检查电液伺服阀安装,在一些特殊情况下如P、T装反导致故障发生,可通过正确安装电液伺服阀排除此故障 ③检查电液伺服阀安装,如安装面平面度超差或安装面孔位置度超差,造成电液伺服阀在安装时变形导致故障,可通过修改安装面使其合格排除此故障 ④检查电液伺服阀放大器,如其接线错误或接触不良(如接头虚焊)导致故障,可按图纸重新正确接线或焊牢接头,排除此故障 ⑤拆解、检查力马达或力矩马达线圈及插头和插头座,如断线、脱焊或接触不良导致故障发生,可采取适当方法维修排除此故障,但不能降低其绝缘电阻及绝缘介电强度 ⑥拆解、检查力马达或力矩马达等,如零件损坏导致故障,可更换已损坏零件排除此故障 ⑦拆解、检查阀芯,如污染物将阀芯卡紧导致故障,则需清洗、组装电液伺服阀排除此故障 ⑧拆解、检查喷嘴,如喷嘴被污染物堵塞导致故障,则需清洗、组装电液伺服阀排除此故障 ⑨拆解、检查挡板,如污染物黏附在挡板(反馈杆)上导致故障发生,则需清洗、组装电液伺服阀排除此故障 ⑩拆解、检查内装滤芯,如污染物粘堵塞滤芯导致故障发生,则需清洗、组装电液伺服阀;如滤芯已损坏,则应更换滤芯并全面检查、清洗各零件,然后再进行组装电液伺服阀排除此故障
电液伺服阀无输入信号但是执行元件发生移动	①拆解、检查主滑阀,如主滑阀卡滞在某一位置导致故障发生,可清洗、局部修研排除此故障 ②拆解、检查喷嘴,如某一喷嘴堵塞导致故障发生,可清洗此喷嘴排除此故障 ③拆解、检查节流孔,如某一节流孔堵塞导致故障发生,可清洗此节流孔排除此故障 ④拆解、检查喷嘴与挡板和力矩马达,如喷嘴与挡板间隙不相等、力矩马达气隙不相等导致故障发生,则可通过修研、重新组装等排除此故障
电液伺服阀经常出现零位偏移且零位漂移量大	①检查供油压力,如因供油压力波动大导致零位漂移,可通过在阀前供油管路上加装液压蓄能器进行稳压来排除此故障 ②检查液压油液温度,如因油温波动大,导致油液黏度和内泄漏量等发生改变,引起零位漂移,可通过在系统中加装加热器和/或冷却器等油温控制装置,将油温控制在要求的范围内来排除来排除此故障 ③检查液压油清洁度,如因液压油液污染加重,油液内颗粒污染物增多,导致零位漂移,可通过更换滤芯、提高过滤精度、冲洗液压系统或在压力管路上加装过滤器,甚至可以通过更换新油等来提高油液清洁度,以此排除故障 ④检查电液伺服阀,如在其零位调节螺钉可调节范围内无法调出零位导致故障发生,可通过清洗内装过滤器及两端节流孔,保证阀制造商的推荐调节P口最低供油压力(现行国家标准规定:调节先导供油压力至10MPa,除非制造商另有规定)来排除此故障 ⑤检查电气如电液伺服阀放大器,如因放大器零位发生变化,引起电液伺服阀零位漂移,可通过对放大器零位调整,从而减小或消除零位漂移 ⑥拆解、检查电液伺服阀各件及其连接,如喷嘴堵塞、内装滤芯堵塞、衔铁组件松动、压合的喷嘴松动等造成零偏超差和不稳定导致故障发生,对于堵塞可采用清洗的方法、对于松动的可采用确实可行措施(如激光点焊)排除故障。其他一些常用调节零偏的方法还有:对于有阀套的电液伺服阀,可通过调节阀套位置来调节零偏;对于无阀套的电液伺服阀,可通过交换两边节流孔位置或另外更换一组节流孔来调节零偏;修研力矩马达气隙,也可消除或减小零偏 ⑦检查电气零位、液压零位和机械零位,如滑阀各零位不重合,致使弹性元件在阀处于零位时受力,如在温度变化时电液伺服阀发生零位漂移,可通过在电液伺服阀装配时,首先在喷嘴不起作用、反馈杆不受力情况下使滑阀处于机械零位;其次在喷嘴工作时,使滑阀在弹簧管不受力情况下使滑阀处于液压零位,即可实现了机械零位和液压零位重合;最后装上力矩马达的线圈和磁钢后,使滑阀处于电气零位,即实现了电气零位、液压零位和机械零位重合。另外,弹性元件选用恒弹性模量材料等弹性模量温度系数小的材料,可减小弹性元件造成的零位漂移,从而排除此故障 ⑧检查多级电液伺服阀,如电液伺服阀各级不同时处于零位,导致故障发生,可通过对其逐级进行调零,使各级同时处于零位来排除此故障。 ⑨拆解、检查电液伺服阀,如因阀内零件堵塞或松动(退)导致故障发生,可通过清洗、重新装配电液伺服阀,重新调试喷嘴等排除此故障 ⑩拆解、检查各节流孔,如因固定节流孔、可变节流孔(喷嘴)尺寸与形状及角度不一致(对称),造成液压参数不对称,液压零位偏移,两喷嘴压力差大于0.3MPa,产生零漂,可通过互换两节流孔、用两固定节流孔的差异来弥补两喷嘴差异,或更换喷嘴,重新装配等来排除此故障 ⑪拆解、检查阀各零组件如阀体、阀套、阀芯衔铁等,如因温度变化,导致各零组件几何尺寸发生变化,引起零位漂移,可选用相同材料或线胀系数一致或接近的材料制造阀各零组件,注意提高零件加工、装配的对中度和对称性,以排除此故障 ⑫拆解、检查电液伺服阀各级液压放大器,如因其液压对称性差,放大了液压油液因温度变化而致使的黏度变化造成的零位漂移,可通过使节流孔孔形好、无毛刺、节流长度尽量短,使喷嘴孔形好、端面环带尽量窄、无毛刺,使节流孔和喷嘴具有足够高的硬度和耐磨性,提高各级液压放大器的对称性,从而排除此故障 ⑬检查阀芯位移量,如因阀芯位移量偏小,在温度变化时造成零位漂移增大,可通过适当增大阀芯位移量来排除此故障 ⑭拆解、检查电液伺服阀,如阀芯、阀套的节流边被冲蚀磨损,阀芯和阀套尺寸精度、几何精度有问题,阀芯和阀套配合不当如间隙过小(一般应大于0.002mm)等造成零位偏移或零漂增大,可通过修理、更换阀零件来排除此故障

续表

故障现象	分析与排除
电液伺服阀输出流量少	①检查电液伺服阀，如供油压力过低导致故障发生，可通过适当增加电液伺服阀的供油压力排除此故障 ②检查电液伺服阀，如输入流量不足导致故障发生，可通过增加供油量排除此故障 ③检查电液伺服阀放大器及其输入信号，如电液伺服阀放大器输出功率不足导致故障发生，应先检查输入信号是否正常，再检查电液伺服阀放大器是否存在故障，根据检查结果维修或更换电液伺服阀放大器排除此故障 ④检查内装过滤器，如过滤器堵塞导致故障发生，可清洗或更换过滤器排除故障。但同时也注意检查液压油液的清洁度
内泄漏量增大压力增益下降	①拆解、检查液压前置级放大器，如喷嘴与挡板间间隙大导致先导级阀流量（或包括先导级阀流量在内的总的内泄漏量）过大导致故障，则采取合适办法修复或更换零件排除故障 ②拆解、检查主滑阀阀芯、阀套，如配合间隙、几何公差、表面粗糙度等导致内泄漏量增大而出现故障，可采取合适办法修复或更换零件排除此故障 ③拆解、检查电液伺服阀，如因阀套节流矩形孔边塌边导致故障发生，可采取流量配磨方法，严格控制阀芯与阀套的搭接量，保持节流矩形孔边锐边，排除此故障
电液伺服控制系统稳定性差稳态误差增大产生振动	①检查执行机构和被控对象，如产生爬行，则应从设计、制造和控制等方面查找原因，解决好动静摩擦力等问题，排除此故障 ②检查液压油液，如因油液含气量超标造成压力脉动和执行元件液压固有频率降低，导致系统连续振动这样的不稳定工况，可采取适当措施尽量降低油液的含气量排除此故障 ③检查电液伺服阀与伺服液压缸间的连接管道，如因管道弹性变形造成系统产生振动，可通过提高管道的刚度排除此故障 ④检查电液伺服阀与伺服液压缸间的连接管道，如因其中液压油液体积过大，导致系统稳定性差，可通过尽量缩短管道长度，适当减小管道直径，或改变液压缸结构（如适当增大活塞有效面积）等措施，排除此故障 ⑤检查反馈机构，如因反馈机构存在由间隙造成的死区导致系统的稳定性差，可通过减小或消除该死区排除此故障 ⑥检查液压动力源和负载，如因供油压力和负载发生突变，导致系统产生自振，可采取加装液压蓄能器等措施提高系统的抗干扰能力，排除此故障 ⑦检查电液伺服阀，如因射流管式电液伺服阀在供油压力高时产生振动，应另选其他型式的电液伺服阀以排除此故障 ⑧检查液压系统，如因系统随动速度大，系统稳定性差，稳态误差大，导致故障发生，可通过适当降低被控对象速度排除此故障 ⑨检查作于在伺服液压缸上的负载力，如因负载力大，系统稳定性差，稳态误差大，导致故障发生，可适当减小执行机构及被控对象运动部件质量，采用液压蓄能器稳压等措施，排除此故障 ⑩检查电液伺服阀和机械信号传递机构等，如电液伺服阀存在正遮盖、机械信号传递机构存在变形或间隙，生产死区、不灵敏区，系统中各部分油液泄漏生产无效腔不灵敏区，无效腔的存在和死区大小的变化导致系统不稳定，可通过选用负遮盖电液伺服阀、减小或消除机械信号传递机构间隙，提高机械信号传递机构刚度，减小泄漏量等措施排除此故障
电液伺服阀动态特性差	①检查供油压力，如因供油压力过低，造成速度放大系数小，响应速度低，导致动态特性差，可通过提高供油压力排除此故障。但供油压力不能超过极限值，否则将造成系统发生振动乃至不稳定 ②检验液压油液温度，如因油温过低、黏度过大，造成系统响应速度降低，可通过选择合适液压油液，并将油液温度控制在规定的范围内，消除或减小油液黏度受油温的影响，从而排除此故障 ③检查液压油液及电液伺服阀，如因油液中污染物挤入阀芯阀套间，造成阀芯运动卡滞或阻力增大，致使电液伺服阀响应速度降低，可通过清（冲）洗电液伺服阀排除此故障 ④检查液压系统背压，如因背压过高，虽然提高了系统的稳定性，但系统的动特性可能因此变差，可通过调整系统背压将其控制在合适的范围内来排除此故障 ⑤检查液压伺服阀的输入电流，如因输入电流信号的幅值过大，造成系统的动态特性变差，超调量增大，可通过调整输入电流将其控制在一定范围内来排除此故障 ⑥拆下电液伺服阀检查阀的安装面，如因安装面平面度超差或安装面孔位置度超差，造成电液伺服阀在安装时变形过大，导致系统动态特性变差，可通过修改安装面使其合格排除此故障 ⑦检查电液伺服阀，如因阀套通流面积小，致使流量放大系数小，灵敏度低，造成系统响应速度慢，可增大阀套的通流面积和采用负遮盖电液伺服阀，使流量系数增大，提供阀的灵敏度，使系统的响应速度加快，排除此故障 ⑧拆解、检查力矩马达，如因力矩马达存在磁滞现象或各零部件间产生摩擦，造成系统动态性能变差，可通过尽量减小力矩马达的磁滞现象和消除各零部件间摩擦来排除此故障 ⑨拆解、检查电液伺服阀，如因电液伺服阀机械信号传递（反馈）机构间隙增大致使阀超调量调节时间增长，导致系统动态特性变差，可通过维修更换零件的方法排除此故障 ⑩检查系统设计及系统的修改情况，如因为了提高系统的稳定性，过分地增大伺服液压缸的活塞有效面积，造成了系统的动态性能变差，可通过设计计算及平衡好系统的稳定性与快速性关系，改为适度增大伺服液压缸的活塞有效面积，以排除此故障

在 GB/T 15623.1—2018《液压传动 电调制液压控制阀 第 1 部分：四通方向流量控制阀试验方法》的"8.2.11 失效保护功能试验"中规定："检查阀的固有失效保护特性，例如输入信号消失，断电或供电不足，供油压力损失或降低，反馈信号消失等"。

5 液压故障诊断及排除典型案例

表 20-14-31 液压故障诊断及排除典型案例

案例		分析说明
四柱液压机液压系统	功能原理	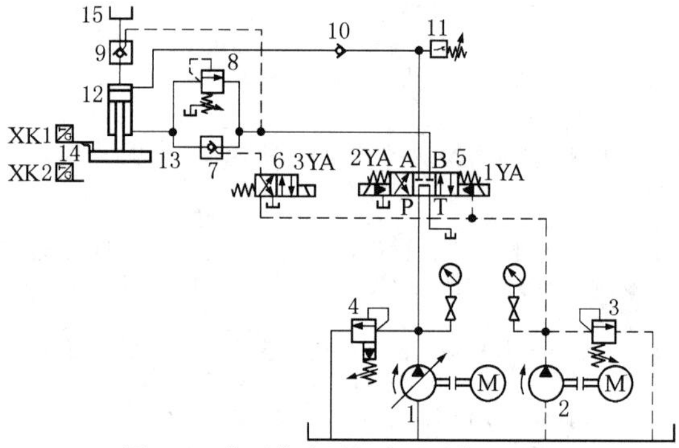 图 1 四柱万能液压机液压系统原理图 1—主液压泵;2—辅助液压泵;3,4—溢流阀;5—三位四通电液动换向阀; 6—二位四通电磁换向阀;7,9—液控单向阀;8—背压阀;10—单向阀;11—压力继电器; 12—主缸;13—滑块;14—活动挡块;15—副油箱 图 1 为某四柱万能液压机主缸部分的简化液压系统原理图,主缸带动滑块可以完成的动作为快速下行→慢速加压→保压→快速回程→任意位置停留。系统的油源为主泵 1 和辅泵 2。主泵为高压大流量压力补偿式恒功率变量泵,最高工作压力为 32MPa,由溢流阀 4 设定;辅泵为低压小流量定量泵,主要用作电液换向阀 5 的控制油源,其工作压力由溢流阀 3 设定。系统的执行元件为主缸 12,其换向由电液动换向阀 5 控制;液控单向阀 9 用作充液阀,在主缸快速下行时开启,使副油箱 15 向主缸充液;液控单向阀 7 用于主缸快速下行通路和快速回程通路(阀 7 的启闭由电磁阀 6 控制),顺序阀 8 作液压缸的平衡阀,缸慢速下行时提供背压;单向阀 10 用于主缸的保压;压力继电器 11 用作保压起始的发信装置。系统的信号源除了启动按钮外,还有行程开关 XK1 和 XK2 等
	故障现象	上述系统在调试和使用中发现如下两个故障 ①缸不动作 ②主缸回程时,出现强烈冲击和巨大炮鸣声,造成机器和管路振动,影响液压机正常工作
	故障原因分析与排除	主缸不动作可能产生的原因 ①主泵 1 未能供油 ②电液换向阀 5 未动作 针对主泵 1 未能供油,可以采取的故障排除方法 ①主泵 1 转向不正确,检查发现转向正确 ②主泵 1 漏气,检查发现主泵正在卸荷,说明吸排油正常。从而说明主泵 1 可供油 针对电液换向阀 5 未动作,可以采取的故障排除方法 ①电液换向阀 5 的电磁导阀未动作,检查阀的供电情况和插头连接情况,发现正常 ②控制泵 2 故障,检查发现该泵正在经溢流阀 3 溢流,说明此泵无问题 ③控制压力太低,检查泵 2 出口压力,发现仅 0.1MPa,不能使阀 5 的液动主阀换向。通过调整溢流阀 3,将控制压力逐渐调到 0.6MPa,主缸开始动作,故障排除 执行元件不动作的原因可能是多方面的,如流量、压力、方向等泵、阀、缸等,要逐一检查进行排除

续表

<table>
<tr><th colspan="2">案例</th><th>分析说明</th></tr>
<tr><td>四柱液压机液压系统</td><td>故障原因分析与排除</td><td>

主缸回程时出现强烈冲击和巨大炮鸣声，造成机器和管路振动，影响液压机正常工作可能原因

主缸回程前未泄压或泄压不当

原因分析如下

该液压机主缸内径 $D=400\text{mm}$，工作行程 $S=800\text{mm}$，保压时工作压力 $p=32\text{MPa}$，保压时液压缸活塞常处于 2/3 工作行程处。换向时间 $\Delta t=0.1\text{s}$。保压时主缸工作腔油液容积

$$V=D^2(\pi/4)\times(2/3)S = 40^2\times(\pi/4)\times(2/3)\times80=67020(\text{cm}^3)$$

若不计管道和液压缸变形，则缸内油液压缩后的容积变化为

$$\Delta V=\beta V(p-p_0)=7\times10^{-10}\times67200\times32\times10^6=1500(\text{cm}^3)=1.5(\text{L})$$

式中，β 为油液压缩系数，取 $\beta=7\times10^{-10}\text{m}^2/\text{N}$

p_0 为加压前油液压力，此处认为 $p_0=0$

如果在保压阶段完成后立即回程，缸上腔立即与油箱接通，缸上腔油压突然迅速降低。此时即使主缸活塞未开始回程，但由于压力骤然降落，原压缩容积 ΔV 迅速膨胀，这意味着 $\Delta V=1.5\text{L}$ 的油液要在 $\Delta t=0.1\text{s}$ 时间内排回油箱，瞬时流量 $q=\Delta V/\Delta t=1.5\times60/0.1=900(\text{L/min})$

这样大的流量通过直径为 $d=30\text{mm}$ 的管道，引起很大冲击流速

$$v=q/[d^2(\pi/4)]=15000/[3^2\times(\pi/4)]=2.12\times10^3(\text{cm/s})=21.2(\text{m/s})$$

在 $\Delta t=0.1\text{s}$ 内，受压油液由 $p=32\text{MPa}$ 降至零释放的巨大液压势能可粗略估算如下

$$\Delta E=1/(2pq\Delta t)= 1/[2\times(32\times10^6)\times(15\times10^{-3})\times0.1]=24000(\text{J})$$

如此大的流量、能量的排出和释放，必然会引发剧烈冲击、振动和惊人的响声，甚至使管道和阀门破裂

针对主缸回程前未泄压或泄压不当，可以采取的故障排除方法

解决方法的主导思路是使主缸上腔有控制地释压，待上腔压力降至较低时再转入回程

①采用卸荷阀实现释压。即在原系统增设带阻尼孔的卸荷阀 12(图 2)，用该阀实现释压控制。具体动作是：当电磁铁 2YA 通电使阀 5 切换至左位后，主缸上腔尚未释压，压力很高，卸荷阀 12 呈开启状态，主泵 1 经阀 12 中阻尼孔回油箱。此时泵 1 在低压下运转，此压力不足以使主缸活塞回程，但能打开充液阀 9 中的卸载阀芯，使上腔释压。这一释压过程持续到主缸上腔压力降低，卸荷阀 12 关闭为止。此时泵 1 经阀 12 的循环通路被切断，油压升高并推开阀 9 中的主阀芯，主缸开始回程

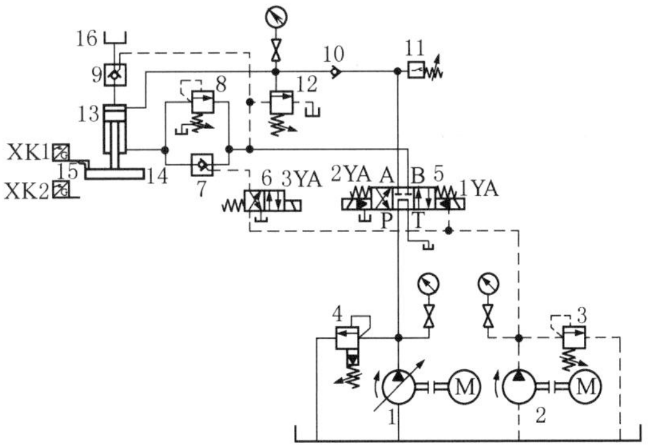

图 2　采用卸荷阀实现释压的四柱万能液压机液压系统原理图

1—主液压泵；2—辅助液压泵；3，4—溢流阀；5—三位四通电液动换向阀；
6—二位四通电磁换向阀；7，9—液控单向阀；8—背压阀；10—单向阀；11—压力继电器；
12—卸荷阀；13—主缸；14—滑块；15—活动挡块；16—副油箱

②单独控制充液阀实现释压。即在主缸上腔的充液阀 9 用电磁阀 12 控制(图 3)，实现释压。具体动作是：压制时，电磁铁 1YA 通电；保压时，1YA、2YA、3YA、4YA 均断电；回程时，先 4YA 通电，延时 2s 由阀 9 逐渐释放保压能量，然后 2YA 通电，即可消除炮鸣声

</td></tr>
</table>

续表

<table>
<tr><th colspan="2">案例</th><th>分析说明</th></tr>
<tr><td>四柱液压机液压系统</td><td>故障原因分析与排除</td><td>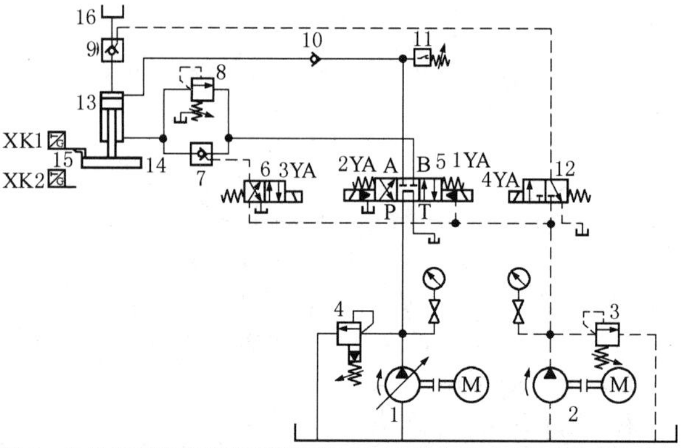

图 3　单独控制充液阀实现释压的四柱万能液压机液压系统原理图
1—主液压泵；2—辅助液压泵；3，4—溢流阀；5—三位四通电液动换向阀；
6—二位四通电磁换向阀；7，9—液控单向阀；8—背压阀；10—单向阀；11—压力继电器；
12—二位三通电磁阀；13—主缸；14—滑块；15—活动挡块；16—副油箱

大型液压机的炮鸣现象往往会造成连接螺纹松动，液压元件和管件爆裂，致使设备泄漏等，影响正常工作，所以要对此给以足够重视，设计合理的释压回路</td></tr>
<tr><td>双动薄板冲压机液压系统</td><td>功能原理</td><td>双动薄板冲压机液压系统图如图 4 所示。该双动薄板冲压机最大输出力为 450t（使用压力 $p=250\text{MPa}$），用于完成薄板的压延成型等工作
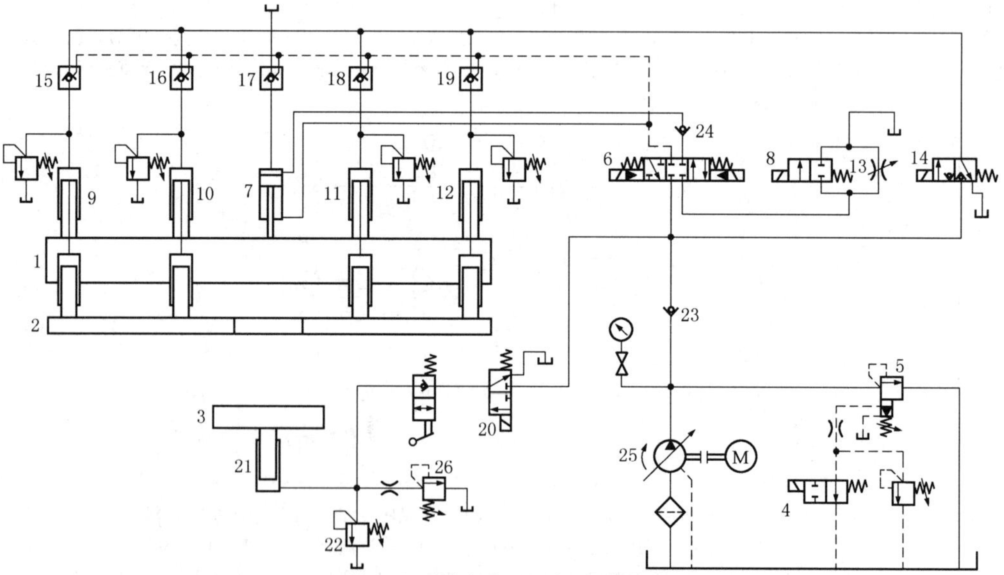

图 4　双动薄板冲压机液压系统图
1—拉延滑块；2—压边滑块；3—顶出滑块；4—二位二通电磁阀；5—压力阀；6—电液换向阀；
7—拉延缸；8，14—电磁换向阀；9～12—压边缸；13—节流阀；15～19—液控单向阀；
20—电磁阀；21—顶出缸；22—溢流阀；23，24—单向阀；25—变量泵</td></tr>
</table>

续表

案例		分析说明
双动薄板冲压机液压系统	功能原理	双动薄板冲压机的主要运动部件是拉延滑块1、压边滑块2和顶出滑块3。其工艺过程为拉延滑块1和压边滑块2快速下行，接近工件时，减速，压边圈加压（即板料周边压紧），拉延滑块1带动上模继续下行（即进入压延工作）。压延完毕后，压延滑块1先上行回程，在回程中，带动压边滑块2和压边圈一起回程。而后顶出滑块3和顶出器顶出工件。顶出运动完成后，顶出滑块3和顶出器靠自重完成退回动作 为实现双动薄板冲压机的上述工艺过程，其液压系统的动作有 ①液压泵25启动，阀4得电，压力阀5进入正常工作状态（结束卸荷状态） ②快速下行。液压泵输出的油液经过单向阀23、电磁换向阀6右位、单向阀24进入拉伸缸7的上腔，下腔回油经电磁换向阀6和二位二通阀8左位（电磁铁带电）流回油箱。与此同时，四个压边缸9、10、11、12经二位三通阀14左位从油箱自动补油 ③慢速下行（压延）。二位二通阀电磁铁断电，阀8右位工作，拉延缸下腔的回油经过节流阀13流回油箱，拉延缸实现慢进。当拉延滑块1带动上模接触到工件后，二位二通阀14电磁铁通电，泵的压力油通过其右位进入液压缸9、10、11、12上腔加压（并设有四个溢流阀其保护作用）。此时连同液压缸7继续下行，完成拉延工艺 ④快速上行。电磁换向阀6左位，阀14左位接通，压力油经阀6的左位进入拉延缸7的下腔，其上腔回油经液控单向阀17流回油箱。缸9、10、11、12的回油，分别经液控单向阀15、16、18、19及二位三通电磁换向阀14流回油箱 ⑤工件的顶出及退回。电磁阀20的电磁铁通电，右位接通。压力油进入顶出缸21，顶出工件。电磁阀20电磁铁断电，压力油经其左位流回油箱，顶出缸靠自重回程 顶出缸上行、下行时，溢流阀22起保护作用；浮动压边（下行）时溢流阀22则起背压作用 作者注：根据参考文献[25]对参考文献[11]中的图14-1即上图4进行了修改。关于“浮动压边”可参考文献[25]第163页
	故障现象	双动薄板冲压机液压系统在生产现场经常遇到的问题 ①快速下行缓慢 ②压延压力低或无压力 ③快速上行缓慢 ④顶出滑块上升缓慢或不上升 ⑤顶出滑块下降缓慢或不下降
	故障原因分析与排除	快速下行缓慢可能产生的原因 ①液控单向阀17的锥阀芯或控制活塞卡死，阀口封油不严，一部分油流回油箱 ②电磁换向阀8阀芯换向不到位或不换向卡死 针对故障产生原因，可以采取的故障排除方法 ①清洗液控单向阀，并进行修磨，达到阀芯、控制活塞活动自如，阀口封油严密 ②检修电路，修复阀芯达到换向灵活可靠
		压延压力低或无压力可能产生的原因 ①溢流阀5阀内存有污染颗粒、异物，主阀芯卡死或主阀和先导阀口不严 ②电磁换向阀4的阀芯换向不到位或不换向卡死 ③液控单向阀17锥阀口不严或锥阀芯和控制活塞卡死 ④电磁换向阀14不换向或卡死 ⑤液压泵15工作不正常 针对故障产生原因，可以采取的故障排除方法 ①清洗修复达到主阀芯动作灵活，主阀口和导阀口严密 ②检修电路，修复阀芯，保证换向灵活可靠 ③清洗修复达到阀口严密，锥阀芯和控制活塞动作灵活 ④检修电路，修复阀芯保证换向灵活可靠 ⑤检修液压泵
		快速上行缓慢可能产生的原因 ①电液换向阀6的主阀芯换向不到位或卡死 ②液控单向阀15~19的锥阀芯和控制活塞卡死 针对故障产生原因，可以采取的故障排除方法 ①修复阀芯达到换向灵活可靠，重新紧固安装螺钉，使其受力均匀 ②清洗修复使锥阀芯和控制活塞动作灵活
		顶出滑块上升缓慢或不上升可能产生的原因 电磁换向阀20的阀芯卡死或不换向 针对故障产生原因，可以采取的故障排除方法 检修电路，修复阀芯使其换向灵活自如

续表

案例		分析说明
双动薄板冲压机液压系统	故障原因分析与排除	顶出滑块下降缓慢或不下降可能产生的原因 ①溢流阀 22 内部有污染颗粒和异物，主阀芯卡死 ②溢流阀 22 的调节压力过高，导致顶出缸回油背压太大 针对故障产生原因，可以采取的故障排除方法 ①清洗修复达到主阀芯动作灵活 ②重新调整顶出缸回油背压
毛呢罐蒸机液压系统	功能结构	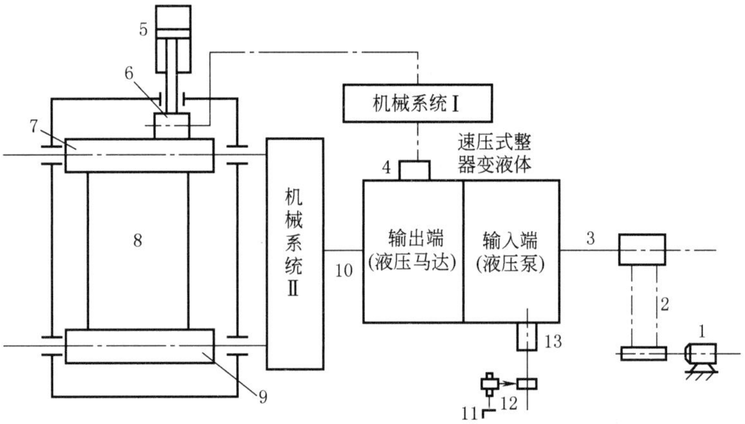 图 5　毛呢罐蒸机卷绕机运动联系示意图 1—电动机；2—V 带；3—输入轴；4—输出端变量调节机构；5—气缸；6—小轮； 7，9—胶辊；8—毛呢织物；10—输出轴；11—手轮；12—链传动机构； 13—输出端变量调节机构 毛呢罐蒸机是从英国 Saler 公司引进的一种纺织设备，由卷绕机和罐蒸器两部分组成，用于毛呢织物的卷绕和罐蒸，以提高产品美观度。卷绕机（图 5）由一整体式液压变速器驱动和控制，其主要功能是将经剪绒之后卷在胶辊 9 上的毛呢织物均匀地卷绕到胶辊 7 上。按卷绕工艺，要求该液压变速器能通过由齿轮、同步齿形带等机构零件组成的机械系统Ⅱ正、反向启动胶辊 9 及 7，且能通过该变速器输入和输出端的变量调节机构使两个胶辊的转速从 0～1500r/min 得到无级调节，同时还能通过起反馈作用的机械系统Ⅰ与气缸 5 及小轮 6 的配合，使两个胶辊之间的织物的线速度基本恒定，以保证适当张力，实现均匀卷绕
	故障现象	该机在正常使用四年多后发现，胶辊转速调节不到高速区上，即只能在低速区（约 500r/min）工作，大大影响了生产率
	故障原因分析与排除	首先会同现场操作者及有关人员，概略检查了暴露在外的机械系统Ⅰ和油箱液位，发现这几部分均正常。故推断是液压变速器内部发生了某种故障。故转而分析故障原因，寻求排除方法 从机器的使用说明书中的文本部分并结合实物了解到该整体式液压变速器，其输入端和输出端分别为双向变量的叶片泵和叶片马达。泵和马达轴均为水平安装。输入端前部和输出端后部的凸出部分别是泵和马达的变量调节机构 13 和 4，泵和马达通过外壳固定在附有紫铜薄壁散热管油箱的顶部 由于原技术文件中无该液压装置的系统原理图，故经仔细分析推断认为，该液压变速器实质是一个变量泵和变量马达组成的闭式容积调速系统，根据推断试探性绘出的液压原理图（图 6）。该变速器驱动功率（即电动机输入功率）为 5kW，但其整体尺寸（含油箱）仅约长×宽×高 = 600mm×200mm×700mm。液压泵和液压马达的变量调节机构采用丝杆-螺母组成的螺旋副，并分别通过手轮和链传动进行手动和自动调节；调压部分采用 6 片碟形弹簧组；变速器输入端与动力源采用柔性联系（液压泵与驱动电机通过两根 V 带传动） 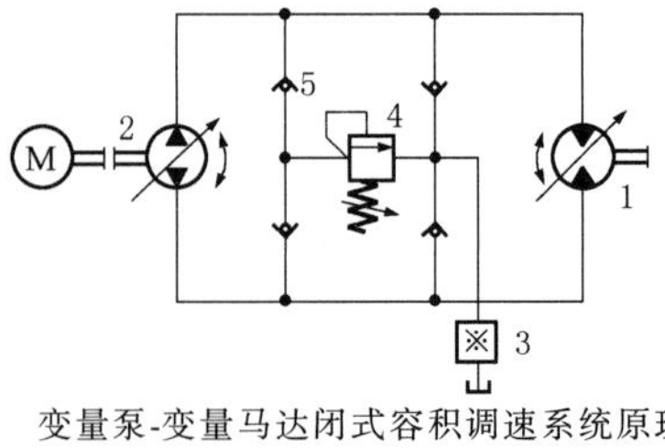 图 6　变量泵-变量马达闭式容积调速系统原理图 1—变量泵；2—变量马达；3—真空吸入阀；4—溢流阀；5—单向阀

续表

<table>
<tr><th colspan="2">案例</th><th>分析说明</th></tr>
<tr><td>毛呢罐蒸机液压系统</td><td>故障原因分析与排除</td><td>

由如下变量泵-变量马达液压系统转速特性公式可知，液压马达输出转速

$$n_m=\frac{V_{Pmax}x_P n_P}{V_{mmax}x_m}\eta_{PV}\eta_{lV}\eta_{mV}$$

对于本系统，液压泵和马达的最大排量 V_{Pmax} 和 V_{mmax} 均为常数，故影响马达输出转速 n_m 的参数只能是泵的输入转速 n_P、泵和马达的调节参数 x_P 及 x_m 以及泵、马达的容积效率 η_{PV}、η_{mV} 和管路容积效率 η_{lV}

基于上述分析，对该液压变速器的有关部位进行了如下检查和拆解处理

①检查泵的输入转速 n_P，发现电动机与泵之间的V带已很松，皮带打滑会降低运转时的传动比。为此，通过调整电动机上的底座螺钉，张紧了皮带

②检查马达和泵的变量机构，发现马达的变量机构正常；但泵的变量机构中丝杆的台肩与端盖的结合面A(图7)有一约1.5mm的磨损量，故丝杆转动时，螺母产生径向"空量"，得到的是一个"伪"x_P 值

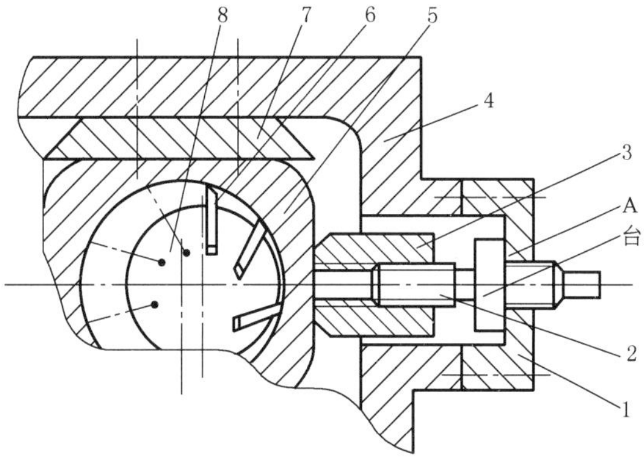

图7　泵的变量机构示意图

1—端盖；2—丝杆；3—螺母；4—壳体；5—定子环；6—叶片；7—滑轨块；8—转子

解决上述磨损问题的办法是在结合面处加装一相应厚度的耐磨垫圈或重新制作一丝杆，这样即可消除上述"空量"。迫于生产任务，采用了加耐磨垫圈的方法

鉴于毛呢罐蒸机机使用4年多以来，该液压变速器一直未更换过液压油液的情况，将原系统中所有油液排出，发现其中有少量织物纤维，油箱底都还附着大量颗状污物。考虑到这些杂质易引起液压元件堵塞和磨损，可能会导致各容积效率及吸油量下降，故对系统进行了彻底清洗。最后，重新组装并按使用要求加足新液压油液，一次试车成功，排除了上述故障，使罐蒸机及液压变速器恢复了正常工作状态，生产效率得以提高

从国外引进的液压机械，在进行验收时，应重视其技术文件(原理图、特殊备件表等)的完整性；对液压机械应定期检查液压元件及系统的工作状态，并对易损零件和油液的清洁度给予足够重视

</td></tr>
<tr><td>二手压滤机液压系统</td><td>工作原理</td><td>

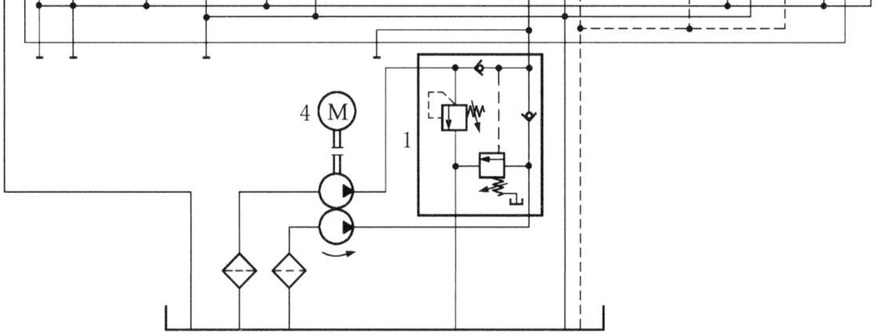

图8　二手压滤机液压系统原理图

1—阀组；2—三位四通电液换向阀；3-1，3-2—液控单向阀；4—电动机；5，6—溢流阀；7—二位二通换向阀；8，9—压力继电器；10—液压缸

</td></tr>
</table>

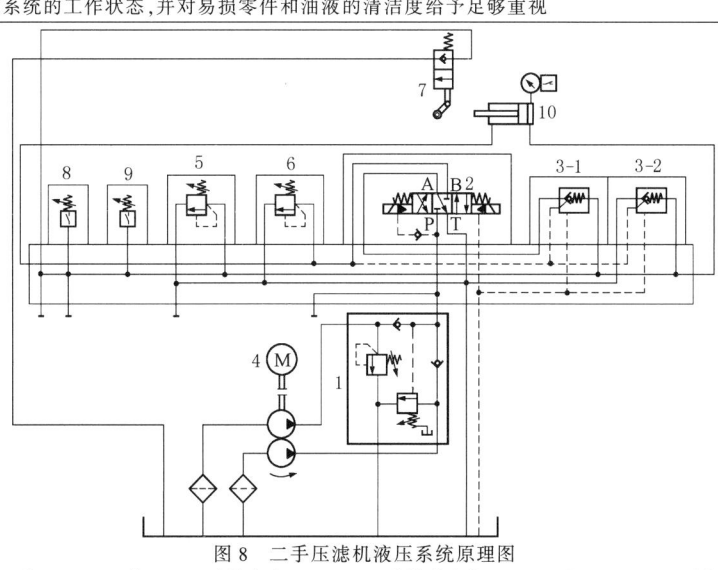

续表

<table>
<tr><th colspan="2">案例</th><th>分析说明</th></tr>
<tr><td rowspan="3">二手压滤机液压系统</td><td>工作原理</td><td>某引进国外的二手压滤机其液压系统原理如图 8 所示。系统油源为低压大流($q_1=87$L/min)泵 HP 和高压小流量($q_2=5.8$L/min)泵 NP 组成的双联泵，双泵压力分别由阀组 1 中的顺序阀和高压溢流阀限定。执行元件为拖动滤板的活塞式液压缸 10，其运动方向由电液换向阀 2 控制
工作开始时，液压泵的压力油经高压溢流阀、单向阀、顺序阀(卸荷阀)组成的阀组 1、电液换向阀 2(右位)、液控单向阀 3-1 进入液压缸无杆腔。由于双泵同时供油，故活塞杆空载快速伸出。空程结束后系统压力开始上升。当系统压力超过低压齿轮泵的出口压力(3.0MPa)时，顺序阀开启，齿轮泵卸载。压力继电器 8 控制换向阀 2 接通位置，并由集中控制实现泵间歇运行，使系统压力始终稳定在工作压力状态。在换向阀断电情况下，液控单向阀 3-1 反向截止，此时活塞杆所能承受滤板对其作用力的大小取决于溢流阀 5 的设定压力。当停止向滤板内注入煤泥水，滤板对活塞杆的作用力自行消失后，电动机 4 通电，泵启动，压力油进入有杆腔，同时反向导通液控单向阀 3-2，无杆腔压力油排回油箱，系统压力降低，顺序阀又恢复关闭状态，活塞杆迅速回收，至此一个工作循环结束</td></tr>
<tr><td>故障现象</td><td>该压滤机在调试中系统最高压力只能达到低压齿轮泵出口压力(3MPa)</td></tr>
<tr><td>故障原因分析与排除</td><td>①校验压力表，合格
②检查元件液压阀泄油。在油箱上盖处打开溢流阀 5、6 及液控单向阀 3-1、3-2 的泄油管，开泵后无泄油。检查二位二通换向阀 7，无泄油
③检查液压泵：
a. 从泵的流量大小来简单判断高压泵是否工作。双泵流量之和为
$$q_1+q_2=87+5.8=92.8(\text{L/min})$$
即：当泵的流量为 92.8L/min 时，活塞移动速度为 0.014m/s。若高压小流量泵停止工作，则活塞的移动速度为
$$\frac{87\times0.014}{92.9}=0.013(\text{m/s})$$
测量结果与标准值(0.014m/s)基本接近。即高压泵参与工作，有流量输出，而液压源出口压力有问题。这疑点通过在阀组 1 的出口直接装压力表(见图 9)得以证实，液压源显示压力最高只有 3MPa。至此，可将故障点锁定在图 9 所示范围内
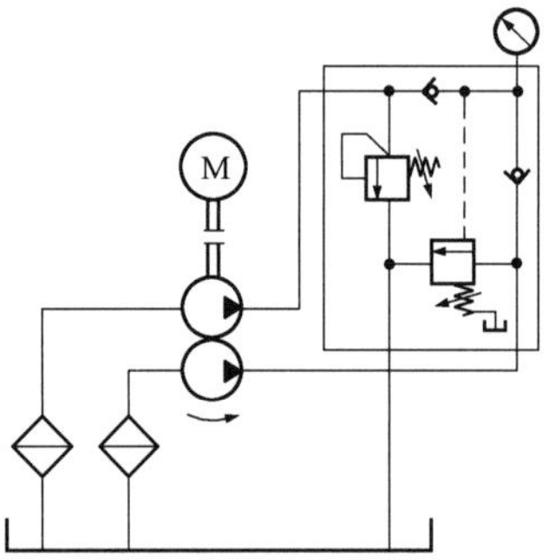

图 9　缩小了故障范围
这里有两种可能：一是高压泵自身故障。二是低压泵出口单向阀失灵导致高压油经开启的顺序阀泄回油箱
b. 检查高压泵出口压力。单独试高压泵(拆除低压泵出口短管，使其吸排口短路退出工作)，却发现工作压力即刻达到设计压力(44MPa)。再重新并入低压泵，出口压力又回到了原来的 3MPa。此现象说明，在二台泵并联工作状态下，高压泵输出的压力油存在泄漏，而泄漏的唯一通道是由于低压泵出口单向阀不起逆止作用，使得高压油经此从被打开的顺序阀流回油箱
现在问题的焦点是两台泵同时工作时，单向阀为何就会失效
就其现象本身，可以这样理解：单向阀内钢球的移动是因为钢球的两侧存在着压力差，失效，说明当工作需要反向截止的时候，钢球不能处在逆止位置不动。换言之，假若有一外界干扰力把钢球“摆”在逆止位置，那么钢球的两侧一定存着压力差，并有从这个位置离开的倾向，这个压力差表现为高压泵出口压力 p_g 与低压泵出口压力 p_d 的差(忽略弹簧力)，且 $p_g<p_d$，这里 p_g 为瞬时压力
为了证实上述分析，又对高压泵进行了细致检查，该泵为固定缸体偏心式，共由 7 个柱塞组成，凸轮每旋转一周，每个柱塞分别完成一次吸、排油过程
逐个试验，结果发现其中一个缸体的泵阀(单向阀)损坏，吸排油腔导通。正是这个缸体起到了“卸压”作用，使得泵的出口压力脉动过大，直接表现为每一个工作循环内(凸轮旋转一周)的那一时刻，压力便降到低压泵出口压力以下，形成的压力差使低压泵出口单向阀内的钢球离开了“关闭”位置。因配流盘结构所致以及钢球动作滞后性的影响，使单向阀不能保持“逆止”状态，导致高压油泄漏
原因查明，把这只损坏的缸体修复好，系统便恢复了正常</td></tr>
</table>

续表

<table>
<tr><th colspan="2">案例</th><th>分析说明</th></tr>
<tr><td rowspan="2">MOOG30系列伺服阀</td><td>功能原理</td><td>

MOOG30 系列伺服阀是一种适用于小流量的精密控制系统的双喷嘴挡板式力反馈伺服阀。它接收来自控制系统的电流信号，并转换成伺服阀的流量输出，伺服阀的流量转换成执行机构（液压缸）的位移，执行机构的位移又通过位移传感器送入控制系统，形成闭环反馈，构成一个完整的电液控制系统。其中伺服阀起到电液信号的转换作用，是整套电液控制系统的核心。MOOG30 系列伺服阀的工作压力可达 21MPa，流量可达 0.45~5.0L/min 不等

该系列伺服阀的电气-机械转换器为力矩马达，先导级阀为双喷嘴挡板阀，功率放大级主阀为滑阀，故是一个典型的两级流量控制伺服阀。其中双喷嘴挡板阀为对称结构（图 10）。高压油经过阀的内置过滤器分流到两个固定节流孔 R_1 和 R_2，再分别流过两喷嘴挡板之间间隙形成的可变节流 R_3 和 R_4，最后汇总经过回油阻尼孔 R_5 回到油箱。简化的工作原理组成两个对称的桥路（图 11），桥路中间点的控制压力 p_{c1}、p_{c2} 为左、右两喷嘴前的压力，其压差推动滑阀运动

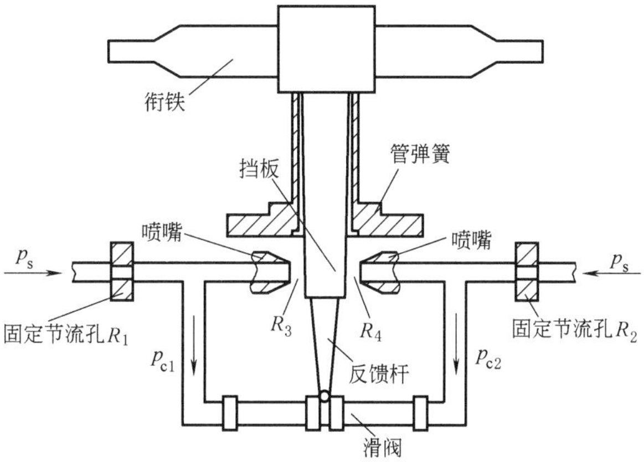

图 10　MOOG30 系列伺服阀结构原理图

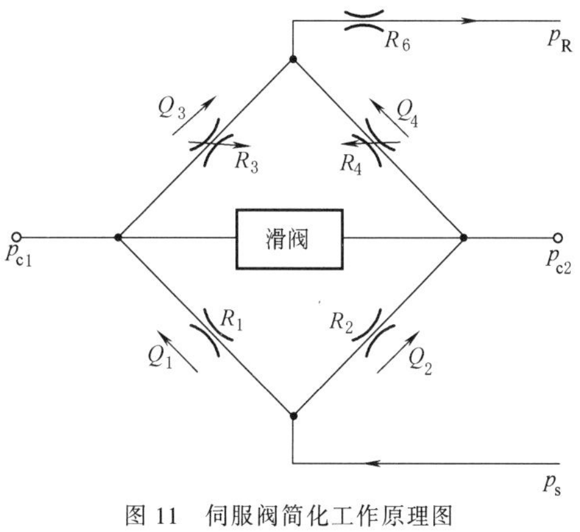

图 11　伺服阀简化工作原理图

</td></tr>
<tr><td>故障现象</td><td>

MOOG30 系列伺服阀在国产化研制中曾出现过流量单边输出故障，即当伺服阀控制执行机构运动时，无论给伺服阀加上正向或反向电流，执行机构都做同一方向运动，直至活塞碰缸。将伺服阀装在试验台进行空载性能测试，出现下列异常现象

①该伺服阀喷嘴前控制压力 p_{c1}、p_{c2} 均与供油压力 p_s 基本相同，而正常值应为供油压力的一半左右

②阀的内泄漏量小于 82mL/min，而正常值应小于等于 350mL/min

③从空载流量曲线上看，-10mA 时流量为 -3.96L/min，0mA 时流量为 -0.42L/min，+10mA 时流量为 -0.242L/min，流量负向单边输出

④检测两喷嘴前压力差 Δp_c 与输入电流之间的对应关系：输入 0~+10mA 电流时，压力不变，压差为恒定值 Δp_c = 0.05MPa（正常值 Δp_c = 0.4~0.5MPa）；输入 0~10mA 电流量，左、右喷嘴前压力同时开始降低，-10mA 电流时左、右喷嘴前最大压差 Δp_c = 0.55MPa

</td></tr>
</table>

续表

案例		分析说明
MOOG30系列伺服阀	故障原因分析与排除	在伺服阀初调时，操作者通过改变的液阻 R_3 和 R_4，即调整喷嘴与两个挡板之间的间隙，使 $R_1R_3=R_2R_4$，此时 $p_{c1}=p_{c2}$，滑阀处于中位，当输入某一控制电流时，力矩马达电磁力矩的作用使挡板产生位移，液阻 R_3、R_4 发生反向变化，桥路失去平衡，即 $p_{c1}\neq p_{c2}$，形成先导级阀控制压差 Δp_c。在 Δp_c 的作用下，滑阀产生位移，通过反馈杆反力矩作用，使桥路到达新的平衡位置，伺服阀输出相应的流量。伺服阀的输出流量与阀芯位移成正比，阀芯位移与输入电流成正比，伺服阀的输出流量与输入电流之间建立了一一对应关系 从故障现象上看，无信号输入时，伺服阀的控制压力 p_{c1}、p_{c2} 增大且近似相等，与供油压力 p_s 接近，说明两侧的喷嘴挡板之间基本没有间隙，液阻 R_3、R_4 趋于无穷大，流量 q_3、q_4 接近零，阀的内泄漏量小于 82L/min 也证明了这一点。从空载流量曲线上看，当伺服阀输入正向电流时，控制压力 p_{c1}、p_{c2} 不变，阀芯位置不变，无流量输出。而当伺服阀输入负向电流量，控制压力 p_{c1}、p_{c2} 发生变化，产生压差 Δp_c，伺服阀有负向流量输出，说明伺服阀的挡板在电磁力矩的作用下能向右侧移动，却不能向左侧移动。当挡板向右侧移动后左侧产生间隙，使控制压力 p_c 下降，压差推动滑阀阀芯向左侧移动，伺服阀产生负向流量输出。可以判断该伺服阀的故障为先导级阀堵塞，且堵塞处为右侧喷嘴与挡板间，左侧喷嘴与挡板靠死 将该伺服阀拆解检查，在右喷嘴口发现条状堵塞物。取出堵塞物，在工具显微镜下观察，条状堵塞物形态为月牙形，尺寸为 1.497mm×0.392mm×0.22mm，材质为橡胶 当伺服阀输入正向电流时，电磁力矩使挡板向左侧喷嘴偏转，由于喷嘴与挡板已接触，故堵塞状态无改善，控制压力无压差，阀芯无位移，伺服阀无输出流量。当伺服阀输入负向电流时，电磁力矩使挡板向右侧喷嘴偏转，由于堵塞物为弹性体，故挡板有位移，左侧喷嘴与挡板间堵塞状态改善，前置放大级有压差，阀芯有位移，伺服阀有流量输出。因此说是右侧喷嘴挡板间隙被堵塞物堵塞造成了伺服阀流量负向单边输出的异常 伺服阀先导级控制压力油必须经过伺服阀内部 10μm 的过滤器才能到达喷嘴。经检查，过滤器并未失效。可以肯定，如此大的橡胶堵塞物是无法通过过滤器进入喷嘴的。仔细检查过滤器到喷嘴之间的所有密封件，在右端盖的密封圈上发现了与条状堵塞物形态相似、尺寸相似的凹形缺陷。经实物拼合，确认条状堵塞物即为右端盖密封圈上的脱落物 经对该伺服阀端盖与阀体安装实际尺寸计算和作图分析，确定该伺服阀端盖密封圈挤伤、脱落的原因如下（参见图 12） 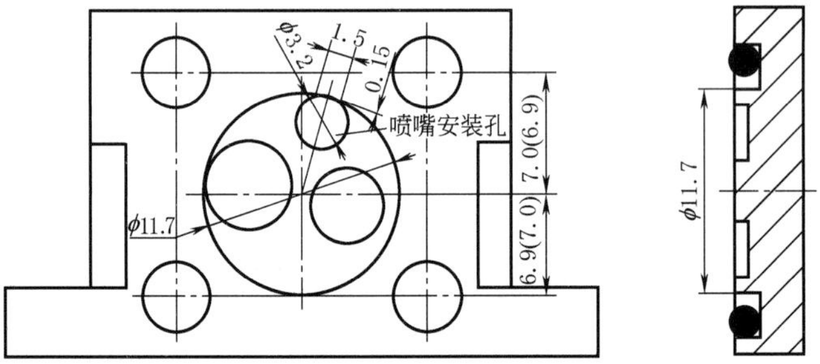 阀体端面图　　端盖剖面图 图 12　伺服阀端盖阀体安装图 ①该伺服阀的端盖为非对称性结构，密封圈的中心距上下螺钉安装孔的距离分别为 6.9mm 和 7.0mm（图中括号内尺寸），但没有识别标志，在实际装配中很难辨别方向 ②在装配端盖时将偏心方向装反，使端盖密封圈槽内径尺寸小 11.7mm 与阀体喷嘴安装孔中 3.2mm 边缘产生干涉（见图中尺寸），在端盖与阀体界面形成尺寸约为 1.5mm×0.15mm 月牙形通道。当端盖与壳体之间通过螺钉连接紧固后，端盖密封圈受到压缩变形，变形后的密封圈内圈覆盖在月牙形通道上的部分实体被挤入通道形成压痕 ③喷嘴安装孔中 3.2mm 孔口在图纸上有 $R0.1$ 的圆角要求，但在加工过程中未加以控制，以至最后的零件孔口为锐边 ④由于伺服阀在调试及各项工艺试验中工作压力需反复在 0~21MPa 之间变化，密封圈月牙形的实体压痕因被喷嘴安装孔的孔口锐边剪切变为挤伤；在工作中该实体最终产生脱落，进入到喷嘴孔内形成堵塞物 针对上述故障产生的原因，提出以下解决方案 ①将壳体端面喷嘴安装由 $\phi3.2$mm 改为 $\phi3.1$mm，并将孔倒圆角 $R0.2$ ②将端盖密封圈槽内径尺寸由 $\phi11.7$mm 改为 $\phi12.1$mm，且将槽口锐边倒圆角 $R0.2$ 经计算端盖与阀体装配时密封圈槽内孔中 12.1mm 离开壳体喷嘴安装孔小 3.1mm 边缘的最小距离为 0.1mm ③将密封圈规格由中 12.5×1.5 改为 12.9 ×1.3，将端盖密封圈槽深尺寸由 1.1mm 改为 1.0mm ④在端盖尺寸 6.9mm 一侧写标记，便于端盖装配时识别方向 经过上述改进，该系列伺服阀从根本上杜绝了密封圈损坏堵塞嘴故障的发生，并在实际使用中得到验证

续表

<table>
<tr><th colspan="2">案例</th><th>分析说明</th></tr>
<tr><td rowspan="2">铝型材挤压机液压系统</td><td>功能原理</td><td>

挤压机是铝型材生产中使用广泛的一种重要设备，它由供锭器、挤压杆、挤压筒、模座和压余分离剪等部分构成，如图13所示，它通过主液压缸带动挤压杆前进，将挤压筒内经加热的铝铸棒料进行高压挤压，经模具挤压成所需形状的型材或管材。挤压结束后，用分离剪刀将型材制品和压余部分分离。其工作循环为：供锭器上升(即将加热后的铸铝棒举起)→"主缸快进(同时供锭器下降)→主缸挤压→挤压完毕主缸快退"→剪刀下降→所有机构复位

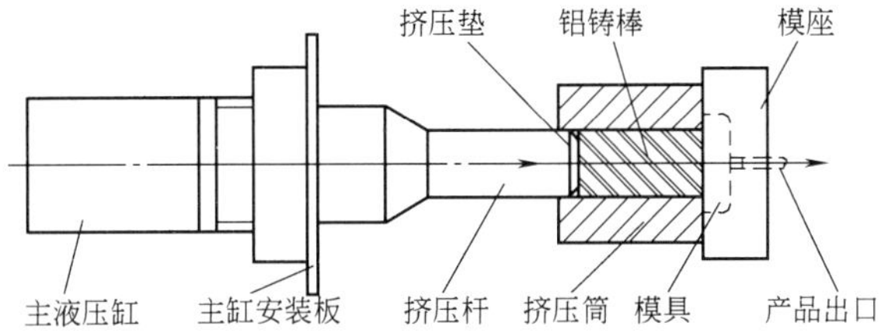

图13 挤压机主要构成及原理示意图

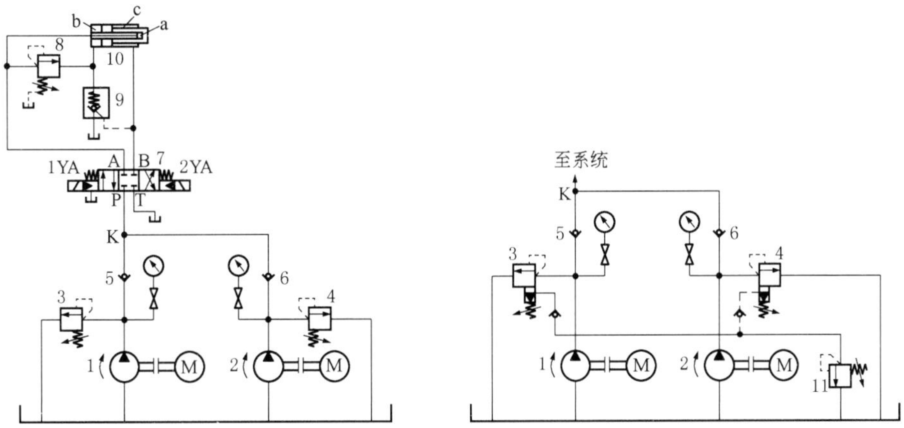

(a)挤压机主缸液压系统原理图　(b)改进后挤压机主缸液压系统原理图

图14 挤压机主缸液压系统

1,2—液压泵；3,4—溢流阀；5,6—单向阀；7—电液换向阀；8—顺序阀；9—液控单向阀(充液阀)；10—复合液压缸；11—远程调压阀

挤压机主缸液压系统原理如图14a所示，其油源为二同规格的定量泵泵1和2；阀3和4是同规格的溢流阀，作定压溢流之用，二阀调定压力均为14MPa；单向阀5和6用于保护液压泵。阀7为电液动换向阀，主缸10为三腔复合缸，其动作循环为快进→挤压→后退。顺序阀8用于主缸10的快慢速切换，液控单向阀用于主缸快进时的b腔充液和退回时的回油。系统的具体工作过程如下

当电磁铁1YA通电使换向阀7切换至左位时，双泵输出的压力油经单向阀5、6及阀7的左位全部进入主缸小腔a，大腔b所需油液经充液阀9从油箱中吸取，主缸c腔油液经阀7左位排回油箱，从而实现主缸快进

当主缸推动挤压杆将铸铝棒推进挤压筒后，油压逐渐升高，当油压升高到顺序阀8的调定压力后，压力油经阀8流入主缸大腔b，主缸便推动挤压杆慢慢向前挤出制品

当挤压行程结束时，电磁铁2YA通电，换向阀7切换至右位工作，双泵输出的压力油经单向阀5、6及阀7的右位全部进入主缸中腔c同时反向导通充液阀9，主缸a腔油液经阀7右位排回油箱，大腔b中的油液经充液阀9排回油箱中，从而实现主缸快速退回

</td></tr>
<tr><td>故障现象</td><td>在挤压机试车时发现，工作循环一进入快进转挤压工序，系统就发出鸣笛般的啸叫声</td></tr>
</table>

续表

<table>
<tr><th colspan="2">案例</th><th>分析说明</th></tr>
<tr><td rowspan="1">铝型材挤压机液压系统</td><td>故障原因分析与排除</td><td>在快进阶段，系统并没有发出噪声，只有在挤压过程中（即溢流阀 3 和 4 同时定压溢流时）才有噪声出现。同时还发现，当只有一侧的液压泵和溢流阀工作时，并无上述的啸叫声。这表明，噪声是由于两个溢流阀在流体作用下发生共振造成的。由溢流阀的工作原理可知，溢流阀是在激振液压力和弹簧力相互作用下进行工作的，因此极易激起振动而发出噪声。溢流阀的入出口和控制口的压力油一旦发生波动，即产生液压冲击，溢流阀内的主阀芯、先导阀芯及弹簧就要振动起来，振动的程度及状态，随流体的压力冲击和波动状况而变。因此，与溢流阀相关的油流越稳定，溢流阀就越能稳定地工作，反之就不能稳定地工作
在上述系统中，双泵输出的压力油经单向阀后合流，发生流体冲击与波动，引起单向阀振荡，从而导致液压泵出口压力油不稳定。又由于泵输出的压力油存在固有脉动，故泵输出的压力油将剧烈地波动，并激起溢流阀振动。因两个溢流阀结构、规格及调定压力均一样，故二者的固有频率相同，极易导致两溢流阀共振，并发出异常噪声
针对故障产生原因，可以采取的故障排除方法
①采用一个溢流阀。将原回路中的溢流阀 3 和 4 用一个大容量的溢流阀代替，安置于双泵合流点 K 处。这样，溢流阀虽然也会振动，但不太强烈，因为排除了共振产生的条件
②采用一个远程调压阀。即将图 14a 的系统的液压源改为图 14b 所示形式，亦即即将两个溢流阀的远程控制口接到一个远程调压阀 11 上，系统的调整压力由远程调压阀确定，与溢流阀的先导阀无直接关系，但要保证先导阀调压弹簧的调定压力值必须高于远程调压阀 11 的最高调整压力</td></tr>
<tr><td rowspan="2">波浪补偿起重机液压系统</td><td>功能原理</td><td>波浪补偿起重机原理样机是在折臂式起重机基础上，加装一套主动式波浪补偿系统改进而成。该机是利用起重机式吊杆加油装置原有的绞车作为主起升动力，起重索在补偿液压缸驱动的两组动滑轮上缠绕后，再经过一个定滑轮来起重重物。波浪补偿的目的是通过保持相对平稳的着船速度，减小货物着船的冲击加速度，使货物能平稳地下放到接收船上。补给物资的着船速度与补给船、接收船的升沉速度无关。机器的液压系统原理图如图 15 所示，它由主机液压系统和补偿液压系统两部分组成
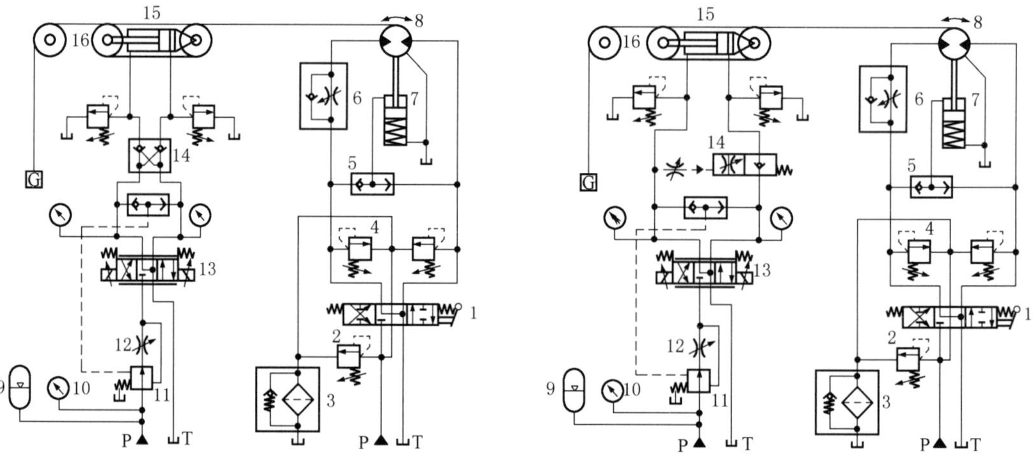
(a) 改进前　　(b) 改进后
图 15　波浪补偿起重机液压系统原理图
1—多路阀；2—主安全阀；3—过滤器；4—限压阀；5—梭阀；6—单向节流阀；7—制动缸；
8—绞车马达；9—蓄能器；10—压力表；11—减压阀；12—节流阀；13—电磁比例阀；
14—双向液压锁（改进前），平衡阀（改进后）；15—补偿液压缸；16—滑轮组
主机工作时，操作多路换向阀的手柄，压力油经过梭阀使制动缸缩回，打开锁紧装置，同时压力油驱动绞车马达 8，绞车开始起吊或放下货物。进行波浪补偿时，先由激光传感器测得两船的相对运动参数和货物下降运动参数，然后利用有线传输方式将信号传给波浪补偿控制器，波浪补偿控制器根据控制算法计算出控制参数，然后控制电磁比例换向阀 13 的动作，改变液压系统油流的方向和速度，从而控制补偿液压缸 15 的伸缩，最终达到对起重索进行收放控制，实现波浪补偿的功能。其中蓄能器 9 起消振作用，减压阀 11 用于稳定电磁比例阀 13 两端的压力差，限压阀 4 是为了保护缸 15 或绞车马达承受过大载荷而不被损坏</td></tr>
<tr><td>故障现象</td><td>补偿液压系统发热严重</td></tr>
</table>

续表

<table>
<tr><th colspan="2">案例</th><th>分析说明</th></tr>
<tr><td>波浪补偿起重机液压系统</td><td>故障原因分析与排除</td><td>补偿系统液压站开启一段时间后，无论补偿缸工作与否，油温很快升到 70℃，不得不停机，等待系统自然冷却，严重影响了试验进度。同时，油温过高直接导致以下几个问题：橡胶密封件变形，提前老化失效，缩短使用寿命，丧失密封性能，造成泄漏，泄漏又会进一步造成部件发热，产生温升。试验时，补偿系统液压站出油口出现喷油，拆卸检查后发现，该处密封圈严重老化变形，更换后，喷油现象消失；加速油液氧化变质，并析出沥青物质，缩短液压油使用寿命，析出物质堵塞阻尼小孔和缝隙式阀口，导致压力阀调压失灵、流量阀流量不稳定和方向阀卡死不换向等故障；系统压力降低，油中溶解空气逸出，产生气穴，致使液压系统工作性能降低，在电磁比例阀开口由极小慢慢变大时，偶尔出现刺耳的啸叫声
在补偿液压系统中，电磁比例阀 13 为 Y 型中位机能(图 15a)，中位时系统处于保压状态，此时液压泵通过溢流阀高压溢流。试验时，由于经常需要调试控制程序，此时液压系统不动作，而液压泵一直连续地向系统充压，高压溢流损失转换成了系统热量，使油温很快达到 70℃。针对高压溢流现象，用 H 型中位机能电磁比例阀(图 15b)替换了该 Y 型比例阀，使其在中位不动作时液压泵低压卸荷，减少了溢流损失。同时在回油管路上加装了冷却器，以保证压力油在进入油箱前充分冷却。改进后，工作时油温处于正常范围内，故障得以基本解除</td></tr>
<tr><td>CNTA-3150/16A型液压剪板机</td><td>功能原理</td><td>CNTA-3150/16A 型液压剪板机是从捷克进口的 20 世纪 80 年代的设备，采用全液压传动，可剪板厚 16mm，板宽 3150mm，具有生产效率高、产品精度高和使用调节灵活等特点。图 16 为该机液压系统原理图

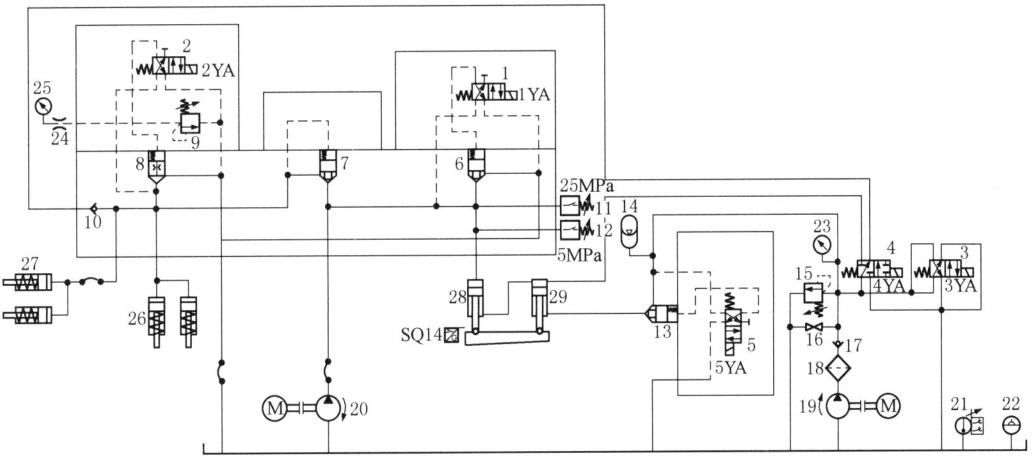

图 16 CNTA-3150/16A 型液压剪板机系统原理图
1～3，5—二位四通电磁阀；4—特殊机能电磁阀；6～8，13—插装阀；9，15—溢流阀；10，17—单向阀；11，12—压力继电器；14—蓄能器；16—截止阀；18—过滤器；19—辅助泵；20—主泵；21—温度计；22—液位计；23，25—压力表；24—阻尼器；26，27—夹紧缸；28，29—主缸

系统执行元件有夹紧缸 26 和 27，串联的动剪刀液压缸(简称主缸)28 和 29。两主缸的同步精度由缸的制造精度来确定
系统以双泵加蓄能器为动力源，其主泵 20 为高压大流量柱塞泵，用于板料的裁剪；辅助泵 19 为低压小流量齿轮泵，用于协助蓄能器 14 回程、板料的预夹紧及剪刀刃角的调节等。蓄能器可在出现例外松开手动按钮或停电时，上刀口能自动返回
系统采用了插装式和板式阀。插装阀 6～8 用于主要对高压大流量液压油的方向和压力进行控制。插装阀 7 与单向阀 10 一起保证在剪裁作业中板料夹紧缸中压力不降低；插装阀 8 与先导阀(溢流阀 9 及电磁阀 2)一起构成电磁溢流阀，当电磁铁 2YA 通电切换至右位时，阀 8 关闭，此时主泵压力由溢流阀 9 设定，此压力既是夹紧板料的压力，也是剪裁板料的压力；当电磁铁 2YA 断电处于图示左位时，阀 8 开启，主泵卸载。电磁换向阀 1 的电磁铁的通断电控制插装阀 6 的启闭，即控制着主缸 28 和 29 的下裁与回升。电磁换向阀 5 的电磁铁 5YA 通断电对应着插装阀 13 的启闭状态，也即控制着主缸 29 有杆腔油液是否与蓄能器 14 相通。蓄能器与缸 29 有杆腔在合适时刻相通对应着剪刀的下裁与上升。电磁换向阀 3 用于控制辅助泵 19 的卸荷，当电磁铁 3YA 通电使阀 3 切换至右位时，溢流阀 15 对泵 19 和蓄能器的压力进行调定。单向阀 17 用于保持蓄能器有足够的压力。电磁换向阀 4 的特殊机能是在通常工作时，辅泵 19 的压力油用于板料的预夹紧，在需要对剪刀的刃角进行调整时，电磁铁 4YA 通电使阀 4 切换至左位时，使主缸 29 的无杆腔通入压力油或与油箱相通。压力继电器 12 用于检测主缸和夹紧缸的压力，以利于顺序动作和过载报警</td></tr>
</table>

续表

<table>
<tr><th colspan="2">案例</th><th>分析说明</th></tr>
<tr><td rowspan="3">CNTA-3150/16A型液压剪板机</td><td>功能原理</td><td>
系统的动作状态见表1
表1　CNTA-3150/16A 型液压剪板机系统动作状态
<table>
<tr><th rowspan="2">序号</th><th rowspan="2">工况</th><th colspan="5">电磁铁状态</th><th rowspan="2">说明</th></tr>
<tr><th>1YA</th><th>2YA</th><th>3YA</th><th>4YA</th><th>5YA</th></tr>
<tr><td>1</td><td>板料预夹紧</td><td></td><td>+</td><td>+</td><td></td><td></td><td rowspan="6">2YA 通电，阀 8 关闭；3YA 通电，用小流量泵的压力油实现板料预夹紧时，1YA、5YA 通电，在板料夹紧的同时剪刀下落。1YA 断电，2YA 继续通电实现剪刀回升时仍有一定的夹紧力。蓄能器将剪刀提升在最大高度，其他压力释放，可以取料。5YA 通电，蓄能器的油液进入主缸 29 下腔；4YA 通电，主缸 29 的上腔油液排回油箱，剪刀刃角增大；3YA 通电，主缸 29 此时为差动连接，剪刀刃角减小</td></tr>
<tr><td>2</td><td>剪刀下裁</td><td>+</td><td>+</td><td>+</td><td></td><td>+</td></tr>
<tr><td>3</td><td>剪刀上升</td><td></td><td>+</td><td>+</td><td></td><td>+</td></tr>
<tr><td>4</td><td>取料</td><td></td><td></td><td></td><td></td><td>+</td></tr>
<tr><td>5</td><td>刃角增大</td><td></td><td></td><td></td><td>+</td><td>+</td></tr>
<tr><td>6</td><td>刃角减小</td><td></td><td></td><td>+</td><td>+</td><td>+</td></tr>
</table>
</td></tr>
<tr><td>故障现象</td><td>该剪板机在实际使用过程中，其主缸回程时冲击较大，有撞缸现象，因未得到及时修理，又出现剪板机剪板结束后不能自动返回现象，严重影响了生产</td></tr>
<tr><td>故障原因分析与排除</td><td>
由剪板机液压原理图可知，引起主缸返回失常的原因是蓄能器 14 不能提供合适压力和流量的液压油供主缸返程之用。其原因有如下几个方面
①蓄能器失效。在剪板机液压系统中，蓄能器作辅助动力源，用来提升上刀口，其有效补油量可按蓄能器公式确定。若蓄能器皮囊漏气，则充气压力 p_0 下降，当 p_0 下降到一定值时，补充的液压油不足以提升上刀口，刀口回升不到位。若 p_0 下降到大气压（亦即蓄能器中的氮气漏完），则无压力油补充，主缸无法返回
②两串联主缸内漏。两串联主缸经长时间使用加之油液污染，密封圈磨损很快，磨损到一定程度会出现内漏。如一个液压缸内漏，则剪刀角度倾斜，不能同步返回；若两个液压缸同时内漏，蓄能器补充的液压油经两液压缸流回油箱，不能带动刀口返回
③低压溢流阀调压不正常。低压溢流阀 15 是既是低压泵 19 的溢流阀也是蓄能器 14 的安全阀，若阀 15 调压过低，则蓄能器充液压力 p_2 也很低，则蓄能器补油量很少，主缸因补油不足而不能完全回程，若溢流阀调得过高，蓄能器补油压力高流量大，液压缸能完全返程，但冲击很大。若溢流阀损坏，不能正常调压，也会出现液压缸不能返回或返回冲击大等现象
针对故障产生原因，可以采取的故障排除方法
①检查蓄能器失效情况。打开截止阀 16，将蓄能器中的压力油放出，用充气工具直接检查充气压力，发现蓄能器中充入氮气的压力与剪板机说明书中提供的相符，蓄能器止常
②检查两液压缸内漏情况。在试机时，未发现两液压缸不同步即剪刀倾斜现象，说明不是两液压缸中有一只缸内漏。用软管将低压泵和液压缸下油口联起来，并在管路上并联一正常的管式溢流阀，启动低压泵，调节管式溢流阀，发现液压缸能正常动作，说明两液压缸都不内漏
③检查低压溢流阀调压是否正常。启动低压泵，调节溢流阀 15，发现调节手柄调到压力最高位置，压力表 25 无变化。表明显然是溢流阀故障。将溢流阀 15 拆下，放到试验台上测试，发现溢流阀有时调节压力很高，调节调压手柄压力降不下来；有时压力很低，调节调压手柄压力升不上来，拆开溢流阀，看到溢流溢内有脏物。当主阀芯上阻尼孔堵塞，液压力传递不到主阀上腔和先导锥阀前腔，先导阀就失去对主阀压力的调节作用。因主阀上腔无油压力，弹簧力又很小，所以主阀成为一个弹簧力很小的直动式溢流阀，系统便建立不起压力；当先导锥阀座上的阻尼小孔堵塞，液压传递不到锥阀上，同样先导阀就失去了对主阀压力的调节作用，阻尼小孔堵塞后，在任何压力作用下，锥阀都不能打开泄压，阀内无油液流动，主阀芯上下腔压力相等，主阀芯在弹簧作用下处于关闭状态，所以此系统的压力很高，蓄能器内压力处于极限状态。这就是剪板机动剪刀液压缸回程时冲击或不能返回的原因
清洗溢流阀，冲洗油箱及所有管道和整个系统，然后加入干净的液压油，系统即能正常工作
</td></tr>
</table>

续表

案例		分析说明
IP-750型压铸机	功能原理	IP-750型压铸机系意大利生产的750t压铸机，其液压系统油源原理如图17所示 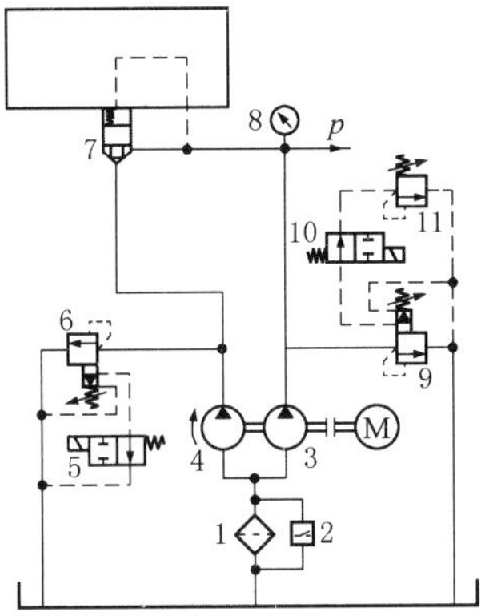 图17　IP-750型压铸机液压油源原理图 1—过滤器；2—负压压力继电器；3—高压泵；4—低压泵；5，10—二位二通电磁阀； 6，9，11—溢流阀；7—插装阀；8—压力表 液压泵3、4为双联叶片泵（美国VICKERS公司产品），其中泵3为高压泵，先导式溢流阀9用于设定该泵高压工作压力（14MPa），远程调压阀11用于设定其低压工作压力（5.5MPa），二级压力转换由二位二通电磁阀11控制；泵4为低压泵，其压力设定（5MPa）与卸荷由先导式溢流阀6和电磁阀5完成，系统压力由压力表8显示。插装阀7是单向阀，用于高压工作期间高低压泵的隔离。负压压力继电器2用于防止液压泵因吸油阻力太大引起负压而损坏，即保护液压泵。系统工作介质为水-乙二醇液，其允许黏度为35m^2/s左右（在38℃情况下）
	故障现象	在正常工作时，压铸机出现自动停机。强制消除设备所允许的报警，重新启动液压泵，仅2~3s时间，设备又停机。检查发现液位偏低，但不至于报警停机。考虑到液压泵的启动及液压系统中蓄能器（图中未画出）的充液会使液位进一步下降，于是向油箱加油约200L，再启动液压泵，设备仍在2~3s后停机，说明故障仍未排除。当检查液压泵吸油口的压力继电器时，发现其在液压泵启动后马上动作，故初步确定是由于液压泵吸油阻力太大，引起负压继电器动作，从而停机
	故障原因分析与排除	①该压铸机为成熟产品且已使用了几年，故可排除因设计不足导致故障，主要原因应是使用方面的问题，例如过滤器堵塞、油液黏度过高等。另因本机所用吸油管为硬管，吸油管变形可以排除，同时液压泵吸油口在液面之下，液位问题也可排除。拆下过滤器，发现过滤器堵塞严重，清洗后安装好，再启动液压泵，发现负压继电器在4s左右动作，设备停机，后违章拆掉负压继电器，强行启动，发现液压泵能连续运行，但噪声过大，被迫停机。重新装好负压继电器，启动液压泵，4s后动作、停机。这确实表明是液压泵吸油阻力过大导致了气穴现象 ②查阅原油液黏度检测资料，其黏度为50m^2/s（40℃时），已超过压铸机允许范围。同时由于温度较低的原因使黏度进一步增高，液压泵吸油更加困难。引起油温较低的原因有：环境温度低（环境温度为-3℃左右）；停机时间长，从清洗过滤器到重新安装好，大约2h，此时油箱冷却系统未关闭，冷却水温度很低；加入200L新油，其温度为环境温度 ③针对上述情况，考虑到液压工作介质为水-乙二醇液，故向油箱加入70L蒸馏水，以降低其黏度（水-乙二醇液在长时间使用后，水分会蒸发，其黏度会增高。为降低其黏度可直接加入蒸馏水），并加热油液，再启动液压泵，液压泵连续工作，但压力较低（3MPa左右）。估计所加蒸馏水与水-乙二醇液未充分混合。为此，低压循环加以混合，但1h后压力仍未上升，故停机检查 ④由于此时压力表8显示为3MPa，使电磁阀10动作，油源压力仍为3MPa，低于溢流阀6的设定压力及远程调压阀11的设定压力。因此怀疑高压溢流阀9有故障，使得无论是低压泵4还是高压泵3的液压油均可从溢流阀9泄掉，而在表8上反映不出高压来。但检查溢流阀9发现一切正常。安装后再开机，表8上的压力仍未上升 ⑤若高压泵3损坏，会致使低压泵4的液压油液经插装阀7和泵3回到油箱，从而油源压力低于溢流阀6设定的低压泵4的工作压力。因此，对液压泵进行了拆解检查，发现：连接高、低压泵的花联轴已断掉，故在启动液压泵后，只有低压泵工作；进一步拆开高压泵3，发现连接定子与泵体的两定位销被拉断，在转子上，两相邻叶片间的一块转子断裂下来，并且与两叶片一起被卡住在定子圈内。从而使得两叶片及断裂的转子本该分别形成高、低压封闭区，由于转子的断裂，使高压3的高、低压区出现窜油，低压泵4的液压油通过阀7和泵3流回至油箱，故压力表8显示的压力低于溢流阀6的设定值 ⑥更换高压泵及花键轴后，系统压力恢复正常，设备恢复正常工作

续表

<table>
<tr><th colspan="2">案例</th><th>分析说明</th></tr>
<tr><td rowspan="2">液压系统安装调试</td><td>故障现象</td><td>液压系统在正常工作过程中,若出现电磁换向阀阀芯被卡死现象,多数情况是因液压油污染所导致。然而新的液压系统在安装完毕进行调试时,也会出现电磁换向阀阀芯卡死现象。实践表明,安装调试时出现阀芯卡死的电磁换向阀往往是小通径(≈6以下)板式电磁换向阀,而叠加阀更容易出现阀芯卡死现象。这些阀安装在液压系统中之前,其阀芯运动自如,而当用螺栓将其与阀板或油路块固紧后就出现阀芯卡死现象</td></tr>
<tr><td>故障原因分析与排除</td><td>图18a为小通径板式电磁换向阀与阀板(块)用螺钉固紧在一起的示意图
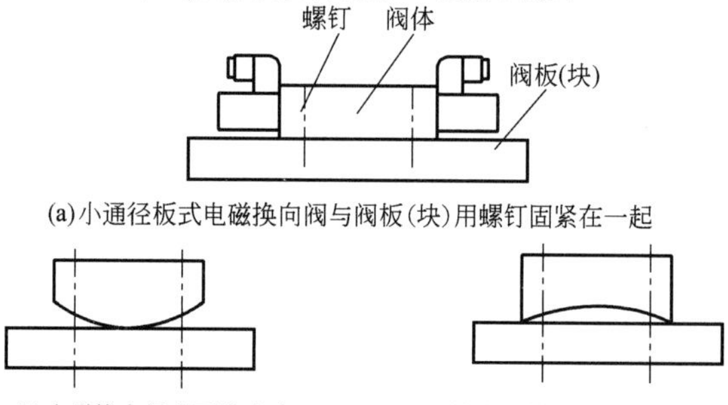

(a)小通径板式电磁换向阀与阀板(块)用螺钉固紧在一起
(b)电磁换向阀底面凸出来　(c)电磁换向阀底面凹进去
图18　电磁换向阀与阀板(块)固紧在一起及卡死原因示意图
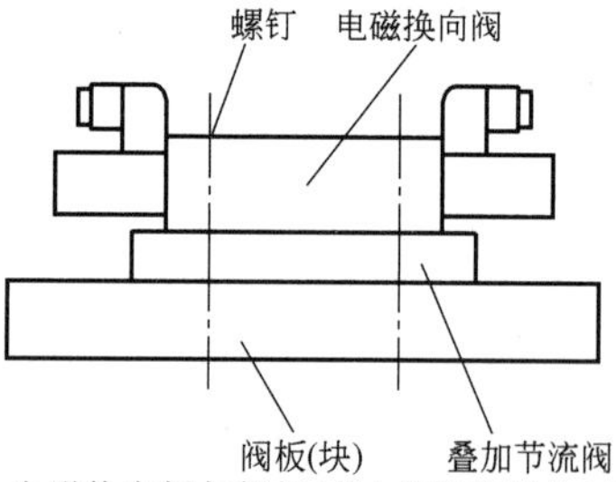

图19　电磁换向阀与阀板(块)之间夹有叠加节流阀
阀板(块)在加工时,一般均能按设计要求使其平面度达到足够的精度,故出现当用螺钉固紧后阀芯卡死的原因如图18b、c所示,即当电磁换向阀底面凸出来或凹进去,此时小通径电磁换向阀由于阀体比较单薄,当用螺钉与阀板(块)固紧后,使阀体变形,从而造成阀芯卡死在阀腔中
当电磁换向阀与阀板(块)之间夹有叠加节流阀(图19)时,更容易出现电磁换向阀阀芯卡死现象。这是由于电磁换向阀底面、叠加节流阀上下连接面在加工中都可能出现加工精度不高,叠加在一起累积误差增大,用螺钉把紧后造成电磁换向阀阀体变形而使阀芯卡死
在实践中发现,小通径板式电磁换向阀与阀板(块)用螺钉把紧后出现阀芯卡死的现象有时会遇到,而中间夹一叠加节流阀时,电磁阀阀芯卡死现象会经常出现。这是由于叠加节流阀阀体大多采用铸铁材质,上下连接面加工时,铸铁阀体尚未达到足够的失效时间,机加工完毕的叠加阀,经一定时间后上下连接面产生变形,使其平面度大大降低
针对故障产生原因,只需把电磁换向阀底面或叠加节流阀上下表面重新加工一次,使之平面度达到足够的精度,即可解决问题</td></tr>
<tr><td rowspan="2">150t精炼炉电极升降液压缸</td><td>故障现象</td><td>精炼炉属冶金机械,因其负载大、频繁作业且工况恶劣,故极易发生故障而影响生产,液压缸泄漏引起不保压即为一常见故障</td></tr>
<tr><td>故障原因分析与排除</td><td>液压缸工作时,腔内压力远大于腔外压力,油液可通过静密封(如缸筒与缸盖连接处)或动密封(如缸筒与活塞之间隙)而泄漏(图20),影响泄漏的因素见表2
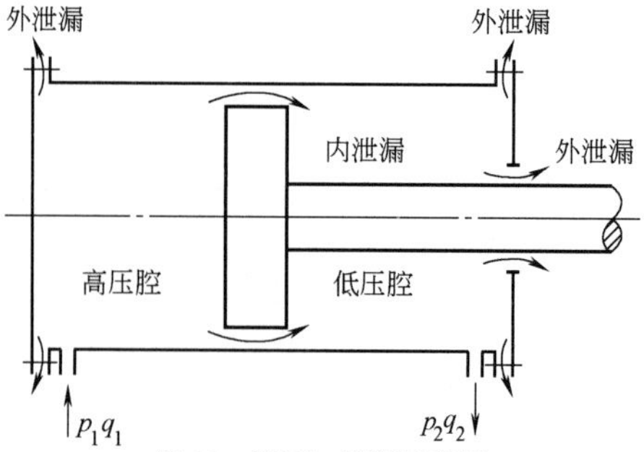

图20　液压缸泄漏示意图</td></tr>
</table>

续表

<table>
<tr><th colspan="2">案例</th><th>分析说明</th></tr>
<tr><td>150t精炼炉电极升降液压缸</td><td>故障原因分析与排除</td><td>
表 2　影响液压缸泄漏的因素
<table>
<tr><th>序号</th><th>影响因素</th><th>描述</th></tr>
<tr><td>1</td><td>密封件的材质与结构形式</td><td>密封件材质太软，致使液压缸工作时，密封件易挤入缸筒的密封间隙而损伤造成泄漏；密封件材质太硬，在较大外力作用下，密封件也难变形，对密封面产生的初始接触应力和附加接触应力达不到密封要求造成泄漏；密封材料与液压油液不相容导致密封件产生溶胀、软化及溶解等现象，使弹性降低而丧失密封能力造成泄漏</td></tr>
<tr><td>2</td><td>密封沟槽与密封接触表面质量</td><td>密封沟槽表面粗糙度及形位公差达不到要求将导致密封件损伤，引起泄漏</td></tr>
<tr><td>3</td><td>密封件安装与磨损</td><td>密封件具有较高尺寸精度和形位精度，密封件装配或磨损过程中损伤，是液压缸泄漏的主要原因</td></tr>
<tr><td>4</td><td>液压缸的工作环境</td><td>过高或过低的温度环境均会加速密封件的损坏，导致密封件的失效而泄漏</td></tr>
<tr><td>5</td><td>液压缓冲阀磨损</td><td>对于阀缓冲液压缸，液压缓冲阀阀芯与阀座磨损是液压缸泄漏的主要原因</td></tr>
<tr><td>6</td><td>液压系统污染</td><td>液压系统污染，液压油液中的颗粒物对密封件运动表面产生研磨作用，导致密封件失效产生泄漏</td></tr>
<tr><td>7</td><td>焊接工艺不良</td><td>焊接工艺不当，承受变载荷疲劳形成裂纹，使液压缸产生外泄漏</td></tr>
</table>
目测液压管道及各组成元件（含液压缸）无介质外泄漏；系统启动正常，泵未失效。测量介质温度为 60~70℃，正常工作油温应为 40~60℃。液压缸在满载时，用手摸液压缸有烫手感觉，可坚持约 5s，故推断液压缸有质量问题或其密封已损坏。拆解液压缸发现密封有磨损，表面有撕裂痕迹
电极升降液压缸密封圈为氟橡胶（FPM）型圈，缸的提升速度为 4.8m/min，压环、支撑环及密封环均采用夹织物，液压介质为水-乙二醇。尽管氟橡胶适合该液压介质，但氟橡胶（FPM）不适合作 V 形圈。本故障可能是密封磨损导致液压缸内泄漏，引起介质升温，升温又加剧密封磨损、内漏并导致其他元件损伤。针对上述情况，在密封材质上用聚丙烯酸酯橡胶 ACM 代替氟橡胶（FPM），在密封构造上用橡胶和夹织物相间的形式代替全夹织物的形式并添加密封挡圈防止缝隙挤压变形。改进后效果明显，故障发生时间延长半年以上
</td></tr>
<tr><td>PV18型电液伺服双向变量轴向柱塞泵</td><td>功能原理</td><td>
PV18 型电液伺服双向变量柱塞泵是美国 RVA 公司生产的石棉水泥管卷压成型机液压系统的主液压泵，通过控制变量泵的排油压力间接对压辊装置压下力实施控制。PV18 泵是整个系统的核心部件，图 21 为该泵的结构原理图
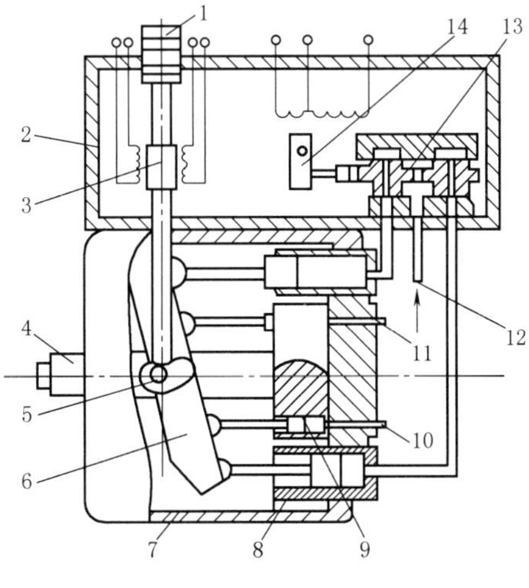

图 21　PV18 型电液伺服双向变量轴向柱塞泵结构原理图
1—机械指示器；2—控制盒；3—位置检测器 LVDT；4—泵主轴；5—耳轴；6—斜盘；7—壳体；8—伺服缸；9—柱塞泵主体；10，11—泵主体进出油口；12—控制油进口；13—电液伺服阀；14—力矩马达
</td></tr>
</table>

续表

<table>
<tr><th>案例</th><th colspan="2">分析说明</th></tr>
<tr><td rowspan="3">PV18型电液伺服双向变量轴向柱塞泵</td><td>功能原理</td><td>

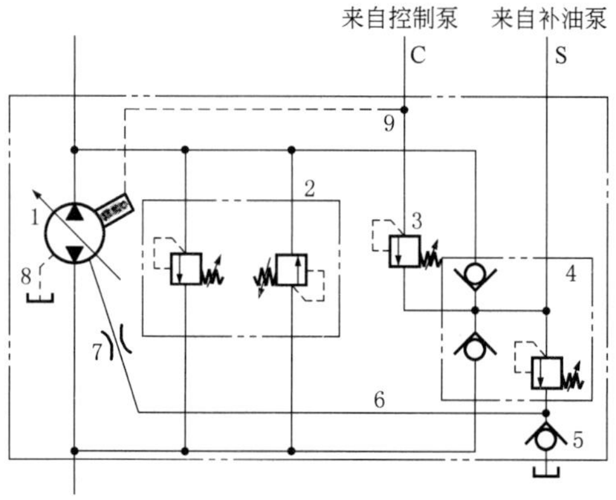

图22　PV18型电液伺服双向变量轴向柱塞泵液压原理图
1—柱塞泵;2—双溢流阀组;3—溢流阀;4—双单向阀的溢流阀组;5—单向阀;
6,9—油路;7—节流小孔;8—泄油管

该泵主要由柱塞泵主体9、伺服缸8和控制盒2(内装伺服阀)及用凸轮耳轴5与斜盘6机械连接的位置检测器(LVDT)3组成,与泵配套的电控柜内,装有伺服放大器和泵控分析仪。由泵的液压原理图(图22)可知,PV泵内还附有双溢流阀组2,溢流阀3和双单向阀的溢流阀组4等液压元件。当泵工作时,控制压力油从油口C经油路9进入PV泵的电液伺服变量机构(Servo),通过改变斜盘倾角,改变泵的流量和方向;控制压力由溢流阀3调定;斜盘位置可通过与LVDT3相连的机械指示器观测并反馈至信号端;双溢流阀组2对PV泵双向安全保护;另配的补油泵可通过油口S和阀组4向PV泵驱动的液压系统充液补油;由阀组4和阀3排出的低压油经油路6及节流小孔7可冷却泵内摩擦副发热并冲洗磨损物,与泵内泄油混合在一起从泄油管8回油箱;阀5为单向背压阀。PV泵的额定压力12MPa;额定流量205L/min;额定转速900r/min;驱动电机功率18kW;控制压力3.5MPa;控制流量20L/min。PV变量泵实质上是一个闭环电液位置控制系统,其控制原理方块图如图23所示

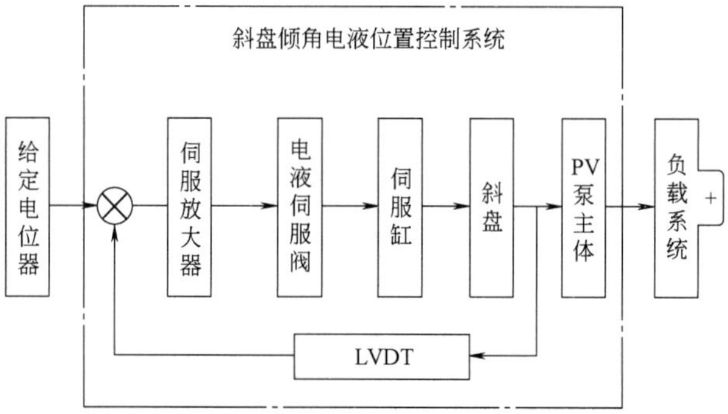

图23　PV18泵控制原理方块图
(闭环电液位置控制系统)
</td></tr>
<tr><td>故障现象</td><td>PV泵一般情况下工作良好,但“有时出现难以启动甚至完全不能启动”故障</td></tr>
<tr><td>故障原因分析与排除</td><td>针对这种故障,起初,试图用加大控制信号(调高电路增益)的方法解决,但未能奏效。后来经认真分析认为,石棉水泥管卷压成型机及其液压系统工作环境恶劣,粉尘较多,容易对液压系统的油液造成污染,从而引起PV泵内电液伺服阀堵塞和卡阻。检查果然发现:伺服阀周围有大量铁磁物质和非金属杂质,清洗后故障得以排除。进一步分析发现,该泵的控制油路原已装有10μm过滤精度的过滤器,但仍出现这样问题,表明,使用的过滤器过滤精度太低,不能满足要求,因此更换为5μm纸质带污染发信过滤器,效果较好</td></tr>
</table>

参 考 文 献

[1] 雷天觉．新编液压工程手册［M］．北京：北京理工大学出版社，1998.
[2] 路甬祥．液压气动技术手册［M］．北京：机械工业出版社，2002.
[3] 中国机械工程学会，中国技术设计大典编委会．中国技术设计大典［M］：第5卷．南昌：江西科学技术出版社，2002.
[4] 范存德．液压技术手册［M］．沈阳：辽宁科学技术出版社，2004.
[5] 陈启松．液压传动与控制手册［M］．上海：上海科学技术出版社，2006.
[6] 李壮云．液压、气动与液力工程手册［M］．北京：电子工业出版社，2008.
[7] 张岚，弓海峡，刘宇辉．新编实用液压技术手册［M］．北京：人民邮电出版社，2008.
[8] 宋锦春．液压技术实用手册［M］．北京：中国电力出版社，2011.
[9] 吴博．液压系统使用与维修手册［M］．北京：机械工业出版社，2012.
[10] 李新德．液压系统故障诊断与维修技术手册［M］．第2版．北京：中国电力出版社，2013.
[11] 魏喜新．液压技术手册［M］．上海：上海科学技术出版社，2013.
[12] 吴博．液压阀使用与维修手册［M］．北京：机械工业出版社，2014.
[13] 高殿荣，王益群．液压工程师技术手册［M］．第2版．北京：化学工业出版社，2015.
[14] 成大先．机械设计手册［M］．第6版．北京：化学工业出版社，2016.
[15] 张利平．液压气动技术速查手册［M］．第2版．北京：化学工业出版社，2016.
[16] 赵静一，郭锐，程斐．液压系统故障诊断与排除案例精选［M］．北京：机械工业出版社，2017.
[17] 唐颖达，刘尧编．液压回路分析与设计［M］．北京：化学工业出版社，2017.
[18] 杨培元，朱福元．液压系统设计简明手册［M］．北京：机械工业出版社，2017.
[19] 闻邦椿．机械设计手册［M］．第6版．北京：机械工业出版社，2017.
[20] 唐颖达，刘尧．电液伺服阀/液压缸及其系统［M］．北京：化学工业出版社，2018.
[21] 秦大同，谢里阳．现代机械设计手册［M］．第2版．北京：化学工业出版社，2019.
[22] 唐颖达．液压缸手册［M］．北京：机械工业出版社，2020.
[23] 姜继海，张健，张彪．液压传动［M］．第6版．哈尔滨：哈尔滨工业大学出版社，2020.
[24] 宋锦春．液压与气压传动［M］．第4版．北京：科学出版社，2021.
[25] 张利平．现代液压气动系统结构原理·使用维护·故障诊断［M］．北京：化学工业出版社，2022.
[26] 张利平．液压阀原理、使用与维护［M］．第4版．北京：化学工业出版社，2022.
[27] 唐颖达，刘尧．液压机液压传动与控制系统设计手册［M］．北京：化学工业出版社，2022.
[28] 唐颖达，潘玉迅．液压缸密封技术及其应用［M］．第2版．北京：化学工业出版社，2023.
[29] 许仰曾．现代液压气动手册［M］．北京：机械工业出版社，2023.